工程建设标准年册（2011）

（下）

住房和城乡建设部标准定额研究所　编

中国建筑工业出版社
中国计划出版社

目　录

一、工程建设国家标准

上

中

下

二、住房和城乡建设部行业标准

三、附录　工程建设国家标准与住房和城乡建设部行业标准目录

二、住房和城乡建设部行业标准

2011

中华人民共和国行业标准

高层建筑筏形与箱形基础技术规范

Technical code for tall building raft foundations and box foundations

JGJ 6—2011

批准部门：中华人民共和国住房和城乡建设部

施行日期：2 0 1 1 年 1 2 月 1 日

中华人民共和国住房和城乡建设部
公　告

第904号

关于发布行业标准《高层建筑筏形与箱形基础技术规范》的公告

现批准《高层建筑筏形与箱形基础技术规范》为行业标准，编号为JGJ 6－2011，自2011年12月1日起实施。其中，第3.0.2、3.0.3、6.1.7条为强制性条文，必须严格执行。原行业标准《高层建筑箱形与筏形基础技术规范》JGJ 6－99同时废止。

本规范由我部标准定额研究所组织中国建筑工业出版社出版发行。

中华人民共和国住房和城乡建设部

2011年1月28日

前　言

根据原建设部《关于印发〈2005年工程建设标准规范制订、修订计划〉的通知》（建标［2005］84号）的要求，规范编制组经广泛调查研究，认真总结实践经验，参考有关国际标准和国外先进标准，并在广泛征求意见的基础上，修订本规范。

本规范的主要技术内容是：1 总则；2 术语和符号；3 基本规定；4 地基勘察；5 地基计算；6 结构设计与构造要求；7 施工；8 检测与监测。

本规范修订的主要技术内容是：1. 增加了筏形与箱形基础稳定性计算方法；2. 增加了大面积整体基础的沉降计算和构造要求；3. 修订了高层建筑筏形与箱形基础的沉降计算公式；4. 修订了筏形与箱形基础底板的冲切、剪切计算方法；5. 修订了桩筏、桩箱基础板的设计计算方法；6. 修订了筏形与箱形基础整体弯矩的简化计算方法；7. 根据新的研究成果和实践经验修订了原规范执行过程中发现的一些问题。

本规范中以黑体字标志的条文为强制性条文，必须严格执行。

本规范由住房和城乡建设部负责管理和对强制性条文的解释，由中国建筑科学研究院负责具体技术内容的解释。执行过程中如有意见或建议，请寄送中国建筑科学研究院（地址：北京市北三环东路30号；邮政编码：100013）。

本规范主编单位：中国建筑科学研究院

本规范参编单位：北京市建筑设计研究院
上海现代建筑设计集团申元岩土工程有限公司
北京市勘察设计研究院有限公司
中国建筑西南勘察设计研究院有限公司
中国建筑设计研究院
广东省建筑设计研究院
同济大学

本规范主要起草人员：钱力航　宫剑飞　侯光瑜　裴　捷　王曙光　唐建华　康景文　尤天直　罗赤宇　楼晓明　薛慧立　谭永坚

本规范主要审查人员：许溶烈　李广信　胡庆昌　顾晓鲁　章家驹　武　威　沈保汉　林立岩　陈祥福

目　次

Contents

1 总 则

1.0.1 为了在高层建筑筏形与箱形基础的设计与施工中做到安全适用、环保节能、经济合理、确保质量、技术先进，制定本规范。

1.0.2 本规范适用于高层建筑筏形与箱形基础的设计、施工与监测。

1.0.3 高层建筑筏形与箱形基础的设计与施工，应综合分析整个建筑场地的地质条件、施工方法、施工顺序、使用要求以及与相邻建筑的相互影响。

1.0.4 在进行高层建筑筏形与箱形基础的设计、施工与监测时，除应符合本规范外，尚应符合国家现行有关标准的规定。

2 术语和符号

2.1 术 语

2.1.1 筏形基础 raft foundation

柱下或墙下连续的平板式或梁板式钢筋混凝土基础。

2.1.2 箱形基础 box foundation

由底板、顶板、侧墙及一定数量内隔墙构成的整体刚度较好的单层或多层钢筋混凝土基础。

2.1.3 桩筏基础 piled raft foundation

与群桩连接的筏形基础。

2.1.4 桩箱基础 piled box foundation

与群桩连接的箱形基础。

2.2 符 号

A——基础底面面积；

A_1——上过梁的有效截面积；

A_2——下过梁的有效截面积；

b——基础底面宽度（最小边长）；或平行于剪力方向的基础边长之和；或墙体的厚度；或矩形均布荷载宽度；

b_w——筏板计算截面单位宽度；

c——土的黏聚力；

c_1——与弯矩作用方向一致的冲切临界截面的边长；

c_2——垂直于 c_1 的冲切临界截面的边长；

c_{AB}——沿弯矩作用方向，冲切临界截面重心至冲切临界截面最大剪应力点的距离；

c_{cu}——土的固结不排水三轴试验所得的黏聚力；

c_{uu}——土的不固结不排水三轴试验所得的黏聚力；

d——基础埋置深度；或地下室墙的间距；

d_c——控制性勘探孔的深度；

d_g——一般性勘探孔的深度；

e——偏心距；

E_s——土的压缩模量；

E'_s——土的回弹再压缩模量；

E_0——土的变形模量；或静止土压力；

E_a——主动土压力；

E_p——被动土压力；

f_a——修正后的地基承载力特征值；

f_{aE}——调整后的地基抗震承载力；

f_{ak}——地基承载力特征值；

f_c——混凝土轴心抗压强度设计值；

f_h——土与混凝土之间摩擦系数；

f_t——混凝土轴心抗拉强度设计值；

F——上部结构传至基础顶面的竖向力值；

F_1——基底摩擦力合力；

F_2——平行于剪力方向的侧壁摩擦力合力；

F_l——冲切力；

G——恒载；

h_0——扩大部分墙体的竖向有效高度；或筏板的有效高度；

H——自室外地面算起的建筑物高度；

I——截面惯性矩；

I_s——冲切临界截面对其重心的极惯性矩；

K_r——抗倾覆稳定性安全系数；

K_s——基床系数；或抗滑移稳定性安全系数；

K_v——基准基床系数；

l——垂直于剪力方向的基础边长；或基础底面长度；或洞口的净宽；或上部结构弯曲方向的柱距；或矩形均布荷载长度；

l_{n1}——计算板格的短边的净长度；

l_{n2}——计算板格的长边的净长度；

M——作用于基础底面的力矩或截面的弯矩；

M_1——上过梁的弯矩设计值；

M_2——下过梁的弯矩设计值；

M_c——倾覆力矩；

M_r——抗倾覆力矩；

M_R——抗滑力矩；

M_S——滑动力矩；

M_{unb}——作用在冲切临界截面重心上的不平衡弯矩；

p——基础底面处平均压力；

p_0——准永久组合下的基础底面处的附加压力；

p_c——基础底面处地基土的自重压力；

p_k——基础底面处的平均压力值；

p_n——扣除底板自重及其上土自重后的基底平均反力设计值；

P——竖向总荷载；

q_1——作用在上过梁上的均布荷载设计值；

q_2——作用在下过梁上的均布荷载设计值；

q_u——土的无侧限抗压强度；

Q——作用在筏形或箱形基础顶面的风荷载、水平地震作用或其他水平荷载；

s——沉降量；

S——荷载效应基本组合设计值；

u_m——冲切临界截面的最小周长；

V——扩大部分墙体根部的竖向剪力设计值；

V_1——上过梁的剪力设计值；

V_2——下过梁的剪力设计值；

V_s——距内筒、柱或墙边缘h_0处，由基底反力平均值产生的剪力设计值；

W——基础底面的抵抗矩；

z_n——地基沉降计算深度；

α——附加应力系数；

$\bar{\alpha}$——平均附加应力系数；

α_m——不平衡弯矩通过弯曲传递的分配系数；

α_s——不平衡弯矩通过冲切临界截面上的偏心剪力传递的分配系数；

β——沉降计算深度调整系数；或与高层建筑层数或基底压力有关的经验系数；

β_{hp}——受冲切承载力截面高度影响系数；

β_{hs}——受剪切承载力截面高度影响系数；

β_s——柱截面长边与短边的比值；

γ——土的重度；

ζ_a——地基抗震承载力调整系数；

η——基础沉降计算修正系数；或内筒冲切临界截面周长影响系数；

μ——剪力分配系数；

τ——剪应力；

φ——土的内摩擦角；

φ_{cu}——土的固结不排水三轴试验所得的内摩擦角；

φ_{uu}——土的不固结不排水三轴试验所得的内摩擦角；

ψ_s——沉降计算经验系数；

ψ'——考虑回弹影响的沉降计算经验系数。

3 基 本 规 定

3.0.1 高层建筑筏形与箱形基础的设计等级，应按现行国家标准《建筑地基基础设计规范》GB 50007确定。

3.0.2 高层建筑筏形与箱形基础的地基设计应进行承载力和地基变形计算。对建造在斜坡上的高层建筑，应进行整体稳定验算。

3.0.3 高层建筑筏形与箱形基础设计和施工前应进行岩土工程勘察，为设计和施工提供依据。

3.0.4 高层建筑筏形与箱形基础设计时，所采用的荷载效应最不利组合与相应的抗力限值应符合下列规定：

1 按修正后地基承载力特征值确定基础底面积及埋深或按单桩承载力特征值确定桩数时，传至基础或承台底面上的荷载效应应按正常使用极限状态下荷载效应的标准组合计算；

2 计算地基变形时，传至基础底面上的荷载效应应按正常使用极限状态下荷载效应的准永久组合计算，不应计入风荷载和地震作用，相应的限值应为地基变形允许值；

3 计算地下室外墙土压力、地基或斜坡稳定及滑坡推力时，荷载效应应按承载能力极限状态下荷载效应的基本组合计算，但其荷载分项系数均为1.0；

4 在进行基础构件的承载力设计或验算时，上部结构传来的荷载效应组合和相应的基底反力，应采用承载能力极限状态下荷载效应的基本组合及相应的荷载分项系数；当需要验算基础裂缝宽度时，应采用正常使用极限状态荷载效应标准组合；

5 基础设计安全等级、结构设计使用年限、结构重要性系数应按国家现行有关标准的规定采用，但结构重要性系数γ_0不应小于1.0。

3.0.5 荷载组合应符合下列规定：

1 在正常使用极限状态下，荷载效应的标准组合值S_k应用下式表示：

$$S_k = S_{Gk} + S_{Q1k} + \psi_{c2} S_{Q2k} + \cdots\cdots + \psi_{ci} S_{Qik} \quad (3.0.5\text{-}1)$$

式中：S_{Gk}——按永久荷载标准值G_k计算的荷载效应值；

S_{Qik}——按可变荷载标准值Q_{ik}计算的荷载效应值；

ψ_{ci}——可变荷载Q_i的组合值系数，按现行国家标准《建筑结构荷载规范》GB 50009的规定取值。

2 荷载效应的准永久组合值S_k应用下式表示：

$$S_k = S_{Gk} + \psi_{q1} S_{Q1k} + \psi_{q2} S_{Q2k} + \cdots\cdots + \psi_{qi} S_{Qik} \quad (3.0.5\text{-}2)$$

式中：ψ_{qi}——准永久值系数，按现行国家标准《建筑结构荷载规范》GB 50009的规定取值。

承载能力极限状态下，由可变荷载效应控制的基本组合设计值S，应用下式表达：

$$S = \gamma_G S_{Gk} + \gamma_{Q1} S_{Q1k} + \gamma_{Q2} \psi_{c2} S_{Q2k} + \cdots\cdots + \gamma_{Qi} \psi_{ci} S_{Qik} \quad (3.0.5\text{-}3)$$

式中：γ_G——永久荷载的分项系数，按现行国家标准《建筑结构荷载规范》GB 50009的规定取值；

γ_{Qi}——第i个可变荷载的分项系数，按现行国家标准《建筑结构荷载规范》GB 50009的规定取值。

3 对由永久荷载效应控制的基本组合，也可采用简化规则，荷载效应基本组合的设计值S按下式确定：

$$S=1.35S_k\leqslant R \quad (3.0.5\text{-}4)$$

式中：R——结构构件抗力的设计值，按有关建筑结构设计规范的规定确定；

S_k——荷载效应的标准组合值。

3.0.6 从基础施工阶段至竣工后建筑物沉降稳定以前，应对地基变形及基础工作状况进行监测。

4 地基勘察

4.1 一般规定

4.1.1 高层建筑筏形与箱形基础设计前，应通过工程勘察查明场地工程地质条件和不良地质作用，并应提供资料完整、评价正确、建议合理的岩土工程勘察报告。

4.1.2 岩土工程勘察宜按可行性研究勘察、初步勘察和详细勘察三个阶段进行；对于复杂场地、复杂地基以及特殊土地基，尚应根据筏形与箱形基础设计、地基处理或施工过程中可能出现的岩土工程问题进行施工勘察或专项勘察；对重大及特殊工程，或当场地水文地质条件对地基评价和地下室抗浮以及施工降水有重大影响时，应进行专门的水文地质勘察。

4.1.3 岩土工程勘察前，应取得与勘察阶段相应的建筑和结构设计文件，包括建筑及地下室的平面图、剖面图、地下室设计深度、荷载情况、可能采用的基础方案及支护结构形式等。

4.1.4 岩土工程勘察应符合下列规定：

1 应查明建筑场地及其邻近地段内不良地质作用的类型、成因、分布范围、发展趋势和危害程度，提出治理方案的建议；

2 应查明建筑场地的地层结构、成因年代以及各岩土层的物理力学性质，评价地基均匀性和承载力；

3 应查明埋藏的古河道、浜沟、墓穴、防空洞、孤石等埋藏物和人工地下设施等对工程不利的埋藏物；

4 应查明地下水埋藏情况、类型、水位及其变化幅度；判定土和水对建筑材料的腐蚀性；

5 对场地抗震设防烈度大于或等于 6 度的地区，应对场地和地基的地震效应进行评价；

6 应提出地基基础方案的评价和建议以及相应的基础设计和施工建议；

7 对需进行地基变形计算的建筑物，应提供变形计算所需的参数，预测建筑物的变形特征；

8 当基础埋深低于地下水位时，应提出地下水控制的建议和分析地下水控制对相邻建筑物的影响，并提供有关的技术参数；

9 对基坑工程应提出放坡开挖、坑壁支护、环境保护和监测工作的方案和建议，并提出基坑稳定计算所需参数；

10 对边坡工程应提供边坡稳定计算参数，评价边坡稳定性，提出整治潜在的不稳定边坡措施的建议。

4.1.5 当工程需要时，应在专项勘察的基础上，根据建筑物基础埋深、场地岩土工程条件，论证地下水在建筑施工和使用期间可能产生的变化及其对工程和环境的影响，提出抗浮设计水位的建议。

4.1.6 勘察文件的编制，除应符合本规范的要求外，尚应符合国家现行标准《岩土工程勘察规范》GB 50021、《高层建筑岩土工程勘察规程》JGJ 72 等相关标准的规定。

4.2 勘探要求

4.2.1 在布置勘探点和确定勘探孔的深度时，应考虑建筑物的体形、荷载分布和地层的复杂程度，并能满足对建筑物纵横两个方向地层结构和地基进行均匀性评价的要求。

4.2.2 勘探点间距和数量应符合下列规定：

1 勘探点间距宜为 15m～35m，地层变化复杂时取低值。

2 勘探点宜沿建筑物周边、角点和中心点布置，并宜在建筑层数或荷载变化较大的位置增加勘探点。

3 对单桩承载力较大的一柱一桩工程，宜在每个柱下设置一个勘探点。

4 对处于断裂破碎带、冲沟地段、地裂缝等不良地质作用发育的场地及位于斜坡上或坡脚下的高层建筑，勘察点的布置和数量应满足整体稳定性验算和评价的需要。

5 对于基坑支护工程，勘探点应均匀布置在基坑周边。在软土或地质条件复杂的地区，勘探点宜布置在从基坑边到不小于 2 倍基坑开挖深度的范围内。当开挖边界外无法布置勘探点时，应通过调查取得相关资料。

6 单幢建筑的勘探点不应少于 5 个，其中控制性勘探点的数量不应少于勘探点总数的 1/3，且不应少于 2 个。

4.2.3 勘探孔的深度应符合下列规定：

1 一般性勘探孔的深度应大于主要受力层的深度，可按下式估算：

$$d_g=d+\alpha_g\beta b \quad (4.2.3\text{-}1)$$

式中：d_g——一般性勘探孔的深度（m）；

d——基础埋置深度（m）；

α_g——与土层有关的经验系数，根据地基主要受力土层的类别按表 4.2.3 取值；

β——与高层建筑层数或基底压力有关的经验系数，对地基基础设计等级为甲级的高层建筑可取1.1，对设计等级为甲级以外的高层建筑可取1.0；

b——基础底面宽度（m），对圆形基础或环形基础，按最大直径计算；对形状不规则的基础，按面积等代成方形、矩形或圆形面积的宽度或直径计算。

2 控制性勘探孔的深度应大于地基压缩层深度，可按下式估算：

$$d_c = d + \alpha_c \beta b \qquad (4.2.3\text{-}2)$$

式中：d_c——控制性勘探孔的深度（m）；

α_c——与土层有关的经验系数，根据地基主要压缩层土类按表4.2.3取值。

表4.2.3 经验系数 α_c、α_g

土类 / 经验系数	岩土类别				
	碎石土	砂　土	粉　土	黏性土	软　土
α_c	0.5～0.7	0.7～0.9	0.9～1.2	1.0～1.5	1.5～2.0
α_g	0.3～0.4	0.4～0.5	0.5～0.7	0.6～0.9	1.0～1.5

注：1 表中范围值对同类土中，地质年代老、密实或地下水位深者取小值，反之取大值；

2 在软土地区，取值时应考虑基础宽度，当 b>60m时取小值；b≤20m时取大值。

3 抗震设防区的勘探孔深度尚应符合现行国家标准《建筑抗震设计规范》GB 50011的有关规定。

4 桩筏和桩箱基础控制性勘探孔应穿透桩端平面以下的压缩层；一般性勘探孔应达到桩端平面以下（3～5）倍桩身设计直径的深度，且不应小于桩端平面以下3m；对于大直径桩不应小于桩端平面以下5m；当钻至预计深度遇到软弱土层时，勘探孔深度应加深。

5 当需要对处于断裂破碎带、冲沟地段、地裂缝等不良地质作用发育场地及位于斜坡上或坡脚下的高层建筑进行整体稳定性验算时，控制性勘察孔的深度应满足验算和评价的需要。

6 当需对土的湿陷性、膨胀性、地震液化、场地覆盖层厚度、地下水渗透性等进行特殊评价时，勘探孔的深度应按相关规范的要求确定。

4.2.4 采取土试样和进行原位测试的勘探孔，应符合下列规定：

1 采取土试样和进行原位测试的勘探点数量，应根据地层结构、地基土的均匀性和设计要求确定，宜占勘探点总数的1/2～2/3，对于单幢建筑不应少于3个；

2 地基持力层和主要受力土层采取的原状土样每层不应少于6件，或原位测试数据不应少于6组。

4.3 室内试验与现场原位测试

4.3.1 室内压缩试验所施加的最大压力值应大于土的有效自重压力与预计的附加压力之和。压缩系数和压缩模量应取土的有效自重压力至土的有效自重压力与附加压力之和的压力段进行计算，当需分析深基坑开挖卸荷和再加荷对地基变形的影响时，应进行回弹再压缩试验，其压力的施加应模拟实际加卸荷的应力状态。

4.3.2 抗剪强度试验方法应根据建筑物施工速率、地层排水条件确定，宜采用不固结不排水剪试验或快剪试验。

4.3.3 地基基础设计等级为甲级建筑物的地基承载力和变形计算参数，宜通过平板载荷试验取得。

4.3.4 在查明黏性土、粉土、砂土的均匀性和承载力及变形特征时，宜进行静力触探、标准贯入试验和旁压试验。

4.3.5 确定粉土和砂土的密实度或判别其地震液化的可能性时，宜进行标准贯入试验。

4.3.6 在查明碎石土的均匀性和承载力时，宜进行重型或超重型动力触探试验。

4.3.7 当抗震设计需要提供相关参数时，应进行波速试验。

4.3.8 当设计需要地基土的基床系数时，应进行基床系数载荷试验。基床系数载荷试验应按本规范附录A的规定执行。

4.3.9 对重要建筑、地质条件复杂、特殊土、有特殊设计要求的场地，宜采用两种以上原位测试方法，通过对比试验确定岩土参数。

4.3.10 大直径桩的桩端阻力应根据现行行业标准《高层建筑岩土工程勘察规程》JGJ 72的规定，通过深层荷载试验确定。

4.4 地　下　水

4.4.1 应根据场地特点和工程需要，查明下列水文地质状况，并提出相应的工程建议：

1 地下水类型和赋存状态；

2 主要含水层的分布规律及岩性特征；

3 年降水量、蒸发量及其变化规律和对地下水的影响等区域性资料；

4 地下水的补给排泄条件、地表水与地下水的补排关系及其对地下水位的影响；

5 勘察时的地下水位、历史最高水位、近（3～5）年最高水位、常年水位变化幅度或水位变化趋势及其主要影响因素；

6 当场地内存在对工程有影响的多层地下水时，应分别查明每层地下水的类型、水位和年变化规律，以及地下水分布特征对地基和基础施工可能造成的影响；

7 当地下水可能对地基或基坑开挖造成影响时，应根据地基基础形式或基坑支护方案对地下水控制措施提出建议；

8 当地下水位可能高于基础埋深并存在基础抗浮问题时，应提出与建筑物抗浮有关的建议；

9 应查明场区是否存在对地下水和地表水的污染源及其可能的污染程度，提出相应工程措施的建议。

4.4.2 当场地水文地质条件对地基评价和地下室抗浮以及施工降水有重大影响时，或对重大及特殊工程，除应进行专门的水文地质勘察外，对缺少地下水位相关资料的地区尚宜设置地下水位长期观测孔。

4.4.3 含水层的渗透系数等水文地质参数，宜根据岩土层特性和工程需要，采用抽水试验、渗水试验或注水试验等试验获得。

4.4.4 在评价地下水对工程及环境的作用和影响时，应包括下列内容：

1 地下水对基础及建筑物的上浮作用；

2 地下水位变化对地基变形和地基承载力的影响；

3 地下水对边坡稳定性的不利影响；

4 地下水产生潜蚀、流土、管涌的可能性；

5 不同排水条件下静水压力和渗透力对支挡结构的影响；

6 施工期间降水或隔水措施的可行性及其对地基、基坑稳定和邻近工程的影响。

4.4.5 地下水的物理、化学作用的评价应包括下列内容：

1 对混凝土、金属材料的腐蚀性；

2 对软质岩石、强风化岩石、残积土、湿陷性土、膨胀岩土和盐渍岩土等特殊地基，地下水的聚集和散失所产生的软化、崩解、湿陷、胀缩和潜蚀等有害作用；

3 在冻土地区，地下水对土的冻胀和融陷的影响。

4.4.6 对地下水采取降低水位措施时，应符合下列规定：

1 设计降水深度应在基坑底面 0.5m 以下；

2 应防止细颗粒土在降水过程中流失；

3 应防止承压水引起的基坑底部突涌。

5 地 基 计 算

5.1 一 般 规 定

5.1.1 高层建筑筏形与箱形基础的地基应进行承载力和变形计算，当基础埋深不符合本规范第 5.2.3 条的要求或地基土层不均匀时应进行基础的抗滑移和抗倾覆稳定性验算及地基的整体稳定性验算。

5.1.2 当多幢新建相邻高层建筑的基础距离较近时，应分析各高层建筑之间的相互影响。当新建高层建筑的基础和既有建筑的基础距离较近时，应分析新旧建筑的相互影响，验算新旧建筑的地基承载力、地基变形和地基稳定性。

5.1.3 对单幢建筑物，在地基均匀的条件下，筏形与箱形基础的基底平面形心宜与结构竖向永久荷载重心重合；当不能重合时，在荷载效应准永久组合下，偏心距 e 宜符合下式规定：

$$e \leqslant 0.1\frac{W}{A} \tag{5.1.3}$$

式中：W——与偏心距方向一致的基础底面边缘抵抗矩（m^3）；

A——基础底面积（m^2）。

5.1.4 大面积整体基础上的建筑宜均匀对称布置。当整体基础面积较大且其上建筑数量较多时，可将整体基础按单幢建筑的影响范围分块，每幢建筑的影响范围可根据荷载情况、基础刚度、地下结构及裙房刚度、沉降后浇带的位置等因素确定。每幢建筑竖向永久荷载重心宜与影响范围内的基底平面形心重合。当不能重合时，宜符合本规范第 5.1.3 条的规定。

5.1.5 下列桩筏与桩箱基础应进行沉降计算：

1 地基基础设计等级为甲级的非嵌岩桩和桩端为非深厚坚硬土层的桩筏、桩箱基础；

2 地基基础设计等级为乙级的体形复杂、荷载不均匀或桩端以下存在软弱下卧层的桩筏、桩箱基础；

3 摩擦型桩的桩筏、桩箱基础。

5.1.6 对于地质条件不复杂、荷载较均匀、沉降无特殊要求的端承型桩筏、桩箱基础，当有可靠地区经验时，可不进行沉降计算。

5.1.7 筏形与箱形基础的整体倾斜值，可根据荷载偏心、地基的不均匀性、相邻荷载的影响和地区经验进行计算。

5.2 基础埋置深度

5.2.1 高层建筑筏形与箱形基础的埋置深度，应按下列条件确定：

1 建筑物的用途，有无地下室、设备基础和地下设施，基础的形式和构造；

2 作用在地基上的荷载大小和性质；

3 工程地质和水文地质条件；

4 相邻建筑物基础的埋置深度；

5 地基土冻胀和融陷的影响；

6 抗震要求。

5.2.2 高层建筑筏形与箱形基础的埋置深度应满足地基承载力、变形和稳定性要求。

5.2.3 在抗震设防区，除岩石地基外，天然地基上的筏形与箱形基础的埋置深度不宜小于建筑物高度的 1/15；桩筏与桩箱基础的埋置深度（不计桩长）不宜小于建筑物高度的 1/18。

5.3 承载力计算

5.3.1 筏形与箱形基础的底面压力应符合下列公式规定：

1 当受轴心荷载作用时

$$p_k \leqslant f_a \quad (5.3.1\text{-}1)$$

式中：p_k——相应于荷载效应标准组合时，基础底面处的平均压力值（kPa）；

f_a——修正后的地基承载力特征值（kPa）。

2 当受偏心荷载作用时，除应符合式（5.3.1-1）规定外，尚应符合下式规定：

$$p_{kmax} \leqslant 1.2 f_a \quad (5.3.1\text{-}2)$$

式中：p_{kmax}——相应于荷载效应标准组合时，基础底面边缘的最大压力值（kPa）。

3 对于非抗震设防的高层建筑筏形与箱形基础，除应符合式（5.3.1-1）、式（5.3.1-2）的规定外，尚应符合下式规定：

$$p_{kmin} \geqslant 0 \quad (5.3.1\text{-}3)$$

式中：p_{kmin}——相应于荷载效应标准组合时，基础底面边缘的最小压力值（kPa）。

5.3.2 筏形与箱形基础的底面压力，可按下列公式确定：

1 当受轴心荷载作用时

$$p_k = \frac{F_k + G_k}{A} \quad (5.3.2\text{-}1)$$

式中：F_k——相应于荷载效应标准组合时，上部结构传至基础顶面的竖向力值（kN）；

G_k——基础自重和基础上的土重之和，在稳定的地下水位以下的部分，应扣除水的浮力（kN）；

A——基础底面面积（m^2）。

2 当受偏心荷载作用时

$$p_{kmax} = \frac{F_k + G_k}{A} + \frac{M_k}{W} \quad (5.3.2\text{-}2)$$

$$p_{kmin} = \frac{F_k + G_k}{A} - \frac{M_k}{W} \quad (5.3.2\text{-}3)$$

式中：M_k——相应于荷载效应标准组合时，作用于基础底面的力矩值（kN·m）；

W——基础底面边缘抵抗矩（m^3）。

5.3.3 对于抗震设防的建筑，筏形与箱形基础的底面压力除应符合第5.3.1条的要求外，尚应按下列公式验算地基抗震承载力：

$$p_{kE} \leqslant f_{aE} \quad (5.3.3\text{-}1)$$

$$p_{max} \leqslant 1.2 f_{aE} \quad (5.3.3\text{-}2)$$

$$f_{aE} = \zeta_a f_a \quad (5.3.3\text{-}3)$$

式中：p_{kE}——相应于地震作用效应标准组合时，基础底面的平均压力值（kPa）；

p_{max}——相应于地震作用效应标准组合时，基础底面边缘的最大压力值（kPa）；

f_{aE}——调整后的地基抗震承载力（kPa）；

ζ_a——地基抗震承载力调整系数，按表5.3.3确定。

在地震作用下，对于高宽比大于4的高层建筑，基础底面不宜出现零应力区；对于其他建筑，当基础底面边缘出现零应力时，零应力区的面积不应超过基础底面面积的15%；与裙房相连且采用天然地基的高层建筑，在地震作用下主楼基础底面不宜出现零应力区。

表 5.3.3　地基抗震承载力调整系数 ζ_a

岩土名称和性状	ζ_a
岩石，密实的碎石土，密实的砾、粗、中砂，f_{ak}≤300kPa的黏性土和粉土	1.5
中密、稍密的碎石土，中密和稍密的砾、粗、中砂，密实和中密的细、粉砂，150kPa≤f_{ak}<300kPa的黏性土和粉土	1.3
稍密的细、粉砂，100kPa≤f_{ak}<150kPa的黏性土和粉土，新近沉积的黏性土和粉土	1.1
淤泥，淤泥质土，松散的砂，填土	1.0

注：f_{ak}为地基承载力的特征值。

5.3.4 地基承载力特征值可由载荷试验等原位测试或按理论公式并结合工程实践经验综合确定。

5.3.5 地基承载力特征值应按现行国家标准《建筑地基基础设计规范》GB 50007的规定进行深度和宽度修正。

5.4 变形计算

5.4.1 高层建筑筏形与箱形基础的地基变形计算值，不应大于建筑物的地基变形允许值，建筑物的地基变形允许值应按地区经验确定，当无地区经验时应符合现行国家标准《建筑地基基础设计规范》GB 50007的规定。

5.4.2 当采用土的压缩模量计算筏形与箱形基础的最终沉降量 s 时，应按下列公式计算：

$$s = s_1 + s_2 \quad (5.4.2\text{-}1)$$

$$s_1 = \psi' \sum_{i=1}^{m} \frac{p_c}{E'_{si}} (z_i \bar{\alpha}_i - z_{i-1} \bar{\alpha}_{i-1}) \quad (5.4.2\text{-}2)$$

$$s_2 = \psi_s \sum_{i=1}^{n} \frac{p_0}{E_{si}} (z_i \bar{\alpha}_i - z_{i-1} \bar{\alpha}_{i-1}) \quad (5.4.2\text{-}3)$$

式中：s——最终沉降量（mm）；

s_1——基坑底面以下地基土回弹再压缩引起的沉降量（mm）；

s_2——由基底附加压力引起的沉降量（mm）；

ψ'——考虑回弹影响的沉降计算经验系数，无经验时取 $\psi'=1$；

ψ_s——沉降计算经验系数，按地区经验采用；当缺乏地区经验时，可按现行国家标准《建筑地基基础设计规范》GB 50007的有关规定采用；

p_c——相当于基础底面处地基土的自重压力的基底压力（kPa），计算时地下水位以下部分取土的浮重度（kN/m^3）；

p_0——准永久组合下的基础底面处的附加压力（kPa）；

E'_{si}、E_{si}——基础底面下第 i 层土的回弹再压缩模量和压缩模量（MPa），按本规范第 4.3.1 条试验要求取值；

m——基础底面以下回弹影响深度范围内所划分的地基土层数；

n——沉降计算深度范围内所划分的地基土层数；

z_i、z_{i-1}——基础底面至第 i 层、第 $i-1$ 层底面的距离（m）；

$\bar{\alpha}_i$、$\bar{\alpha}_{i-1}$——基础底面计算点至第 i 层、第 $i-1$ 层底面范围内平均附加应力系数，按本规范附录 B 采用。

式（5.4.2-2）中的沉降计算深度应按地区经验确定，当无地区经验时可取基坑开挖深度；式（5.4.2-3）中的沉降计算深度可按现行国家标准《建筑地基基础设计规范》GB 50007 确定。

5.4.3 当采用土的变形模量计算筏形与箱形基础的最终沉降量 s 时，应按下式计算：

$$s = p_k b\eta \sum_{i=1}^{n} \frac{\delta_i - \delta_{i-1}}{E_{0i}} \qquad (5.4.3)$$

式中：p_k——长期效应组合下的基础底面处的平均压力标准值（kPa）；

b——基础底面宽度（m）；

δ_i、δ_{i-1}——与基础长宽比 L/b 及基础底面至第 i 层土和第 $i-1$ 层土底面的距离深度 z 有关的无因次系数，可按本规范附录 C 中的表 C 确定；

E_{0i}——基础底面下第 i 层土的变形模量（MPa），通过试验或按地区经验确定；

η——沉降计算修正系数，可按表 5.4.3 确定。

表 5.4.3 修正系数 η

$m=\frac{2z_n}{b}$	$0<m\leqslant 0.5$	$0.5<m\leqslant 1$	$1<m\leqslant 2$	$2<m\leqslant 3$	$3<m\leqslant 5$	$5<m\leqslant\infty$
η	1.00	0.95	0.90	0.80	0.75	0.70

5.4.4 按式（5.4.3）进行沉降计算时，沉降计算深度 z_n 宜按下式计算：

$$z_n = (z_m + \xi b)\beta \qquad (5.4.4)$$

式中：z_m——与基础长宽比有关的经验值（m），可按表 5.4.4-1 确定；

ξ——折减系数，可按表 5.4.4-1 确定；

β——调整系数，可按表 5.4.4-2 确定。

表 5.4.4-1 z_m 值和折减系数 ξ

L/b	$\leqslant 1$	2	3	4	$\geqslant 5$
z_m	11.6	12.4	12.5	12.7	13.2
ξ	0.42	0.49	0.53	0.60	1.00

表 5.4.4-2 调整系数 β

土 类	碎 石	砂 土	粉 土	黏性土	软 土
β	0.30	0.50	0.60	0.75	1.00

5.4.5 带裙房高层建筑的大面积整体筏形基础的沉降宜按上部结构、基础与地基共同作用的方法进行计算。

5.4.6 对于多幢建筑下的同一大面积整体筏形基础，可根据每幢建筑及其影响范围按上部结构、基础与地基共同作用的方法分别进行沉降计算，并可按变形叠加原理计算整体筏形基础的沉降。

5.5 稳定性计算

5.5.1 高层建筑在承受地震作用、风荷载或其他水平荷载时，筏形与箱形基础的抗滑移稳定性（图 5.5.1）应符合下式的要求：

$$K_s Q \leqslant F_1 + F_2 + (E_p - E_a)l \qquad (5.5.1)$$

式中：F_1——基底摩擦力合力（kN）；

F_2——平行于剪力方向的侧壁摩擦力合力（kN）；

E_a、E_p——垂直于剪力方向的地下结构外墙面单位长度上主动土压力合力、被动土压力合力（kN/m）；

l——垂直于剪力方向的基础边长（m）；

Q——作用在基础顶面的风荷载、水平地震作用或其他水平荷载（kN）。风荷载、地震作用分别按现行国家标准《建筑结构荷载规范》GB 50009、《建筑抗震设计规范》GB 50011 确定，其他水平荷载按实际发生的情况确定；

K_s——抗滑移稳定性安全系数，取 1.3。

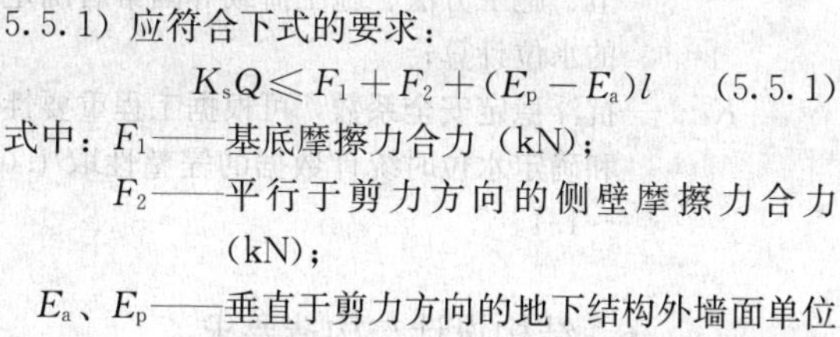

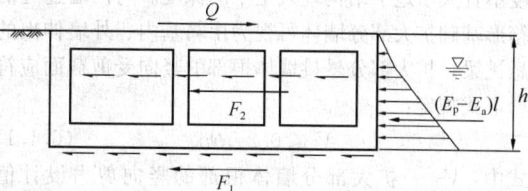

图 5.5.1 抗滑移稳定性验算示意

5.5.2 高层建筑在承受地震作用、风荷载、其他水平荷载或偏心竖向荷载时，筏形与箱形基础的抗倾覆稳定性应符合下式的要求：

$$K_r M_c \leqslant M_r \qquad (5.5.2)$$

式中：M_r——抗倾覆力矩（kN·m）；

M_c——倾覆力矩（kN·m）；

K_r——抗倾覆稳定性安全系数，取1.5。

5.5.3 当地基内存在软弱土层或地基土质不均匀时，应采用极限平衡理论的圆弧滑动面法验算地基整体稳定性。其最危险的滑动面上诸力对滑动中心所产生的抗滑力矩与滑动力矩应符合下式规定：

$$KM_S \leqslant M_R \quad (5.5.3)$$

式中：M_R——抗滑力矩（kN·m）；

M_S——滑动力矩（kN·m）；

K——整体稳定性安全系数，取1.2。

5.5.4 当建筑物地下室的一部分或全部在地下水位以下时，应进行抗浮稳定性验算。抗浮稳定性验算应符合下式的要求：

$$F'_k + G_k \geqslant K_f F_f \quad (5.5.4)$$

式中：F'_k——上部结构传至基础顶面的竖向永久荷载（kN）；

G_k——基础自重和基础上的土重之和（kN）；

F_f——水浮力（kN），在建筑物使用阶段按与设计使用年限相应的最高水位计算；在施工阶段，按分析地质状况、施工季节、施工方法、施工荷载等因素后确定的水位计算；

K_f——抗浮稳定安全系数，可根据工程重要性和确定水位时统计数据的完整性取1.0～1.1。

6 结构设计与构造要求

6.1 一般规定

6.1.1 筏形和箱形基础的平面尺寸，应根据工程地质条件、上部结构布置、地下结构底层平面及荷载分布等因素，按本规范第5章有关规定确定。当需要扩大底板面积时，宜优先扩大基础的宽度。当采用整体扩大箱形基础方案时，扩大部分的墙体应与箱形基础的内墙或外墙连通成整体，且扩大部分墙体的挑出长度不宜大于地下结构埋入土中的深度。与内墙连通的箱形基础扩大部分墙体可视为由箱基内、外墙伸出的悬挑梁，扩大部分悬挑墙体根部的竖向受剪截面应符合下式规定：

$$V \leqslant 0.2 f_c b h_0 \quad (6.1.1)$$

式中：V——扩大部分墙体根部的竖向剪力设计值（kN）；

f_c——混凝土轴心抗压强度设计值（kPa）；

b——扩大部分墙体的厚度（m）；

h_0——扩大部分墙体的竖向有效高度（m）。

当扩大部分墙体的挑出长度大于地下结构埋入土中的深度时，箱基基底反力及内力应按弹性地基理论进行分析。计算分析时应根据土层情况和地区经验选用地基模型和参数。

6.1.2 筏形与箱形基础地下室施工完成后，应及时进行基坑回填。回填土应按设计要求选料。回填时应先清除基坑内的杂物，在相对的两侧或四周同时进行并分层夯实，回填土的压实系数不应小于0.94。

6.1.3 当地下室的四周外墙与土层紧密接触时，上部结构的嵌固部位按下列规定确定：

1 上部结构为剪力墙结构，地下室为单层或多层箱形基础地下室，地下一层结构顶板可作为上部结构的嵌固部位。

2 上部结构为框架、框架-剪力墙或框架-核心筒结构时：

1） 地下室为单层箱形基础，箱形基础的顶板可作为上部结构的嵌固部位[图6.1.3(a)]；

2） 对采用筏形基础的单层或多层地下室以及采用箱形基础的多层地下室，当地下一层的结构侧向刚度K_B大于或等于与其相连的上部结构底层楼层侧向刚度K_F的1.5倍时，地下一层结构顶板可作为的结构上部结构的嵌固部位[图6.1.3(b)、(c)]；

3） 对大底盘整体筏形基础，当地下室内、外墙与主体结构墙体之间的距离符合表6.1.3要求时，地下一层的结构侧向刚度可计入该范围内的地下室内、外墙刚度，但此范围内的侧向刚度不能重复使用于相邻塔楼。当K_B小于$1.5K_F$时，建筑物的嵌固部位可设在筏形基础或箱形基础的顶部，结构整体计算分析时宜考虑基底土和基侧土的阻抗，可在地下室与周围土层之间设置适当的弹簧和阻尼器来模拟。

表6.1.3 地下室墙与主体结构墙之间的最大间距 *d*

非抗震设计	抗震设防烈度		
	6度，7度	8度	9度
$d\leqslant$50m	$d\leqslant$40m	$d\leqslant$30m	$d\leqslant$20m

6.1.4 当地下一层结构顶板作为上部结构的嵌固部位时，应能保证将上部结构的地震作用或水平力传递到地下室抗侧力构件上，沿地下室外墙和内墙边缘的板面不应有大洞口；地下一层结构顶板应采用梁板式楼盖，板厚不应小于180mm，其混凝土强度等级不宜小于C30；楼面应采用双层双向配筋，且每层每个方向的配筋率不宜小于0.25%。

6.1.5 地下室的抗震等级、构件的截面设计以及抗震构造措施应符合现行国家标准《建筑抗震设计规范》GB 50011的有关规定。剪力墙底部加强部位的高度应从地下室顶板算起；当结构嵌固在基础顶面时，剪力墙底部加强部位的范围亦应从地面算起，并

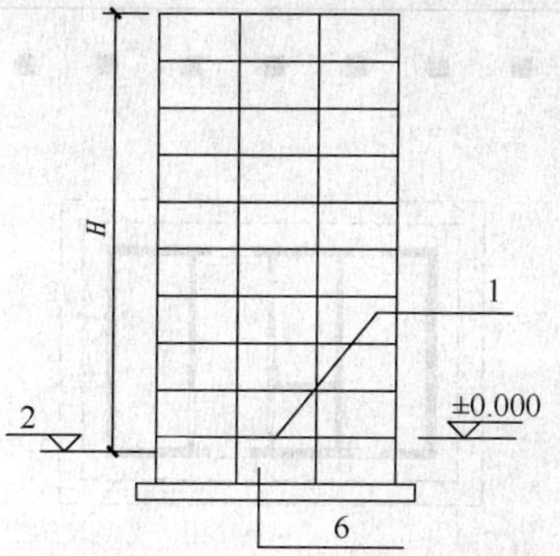

(a) 地下室为箱基、上部结构为框架或框架-剪力墙结构时的嵌固部位

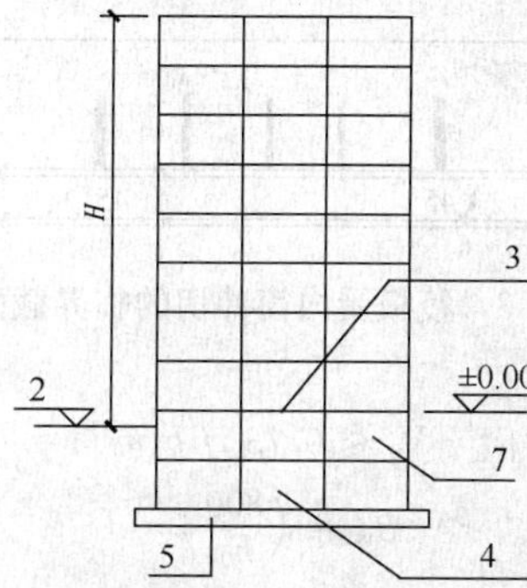

(b) 采用筏基或箱基的多层地下室，$K_B \geqslant 1.5K_F$，上部结构为框架或框架-剪力墙结构时的嵌固部位

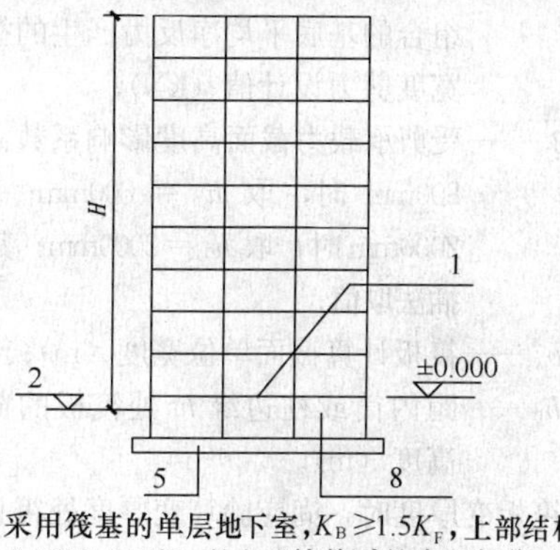

(c) 采用筏基的单层地下室，$K_B \geqslant 1.5K_F$，上部结构为框架或框架-剪力墙结构时的嵌固部位

图 6.1.3　上部结构的嵌固部位示意

1—嵌固部位：地下室顶板；2—室外地坪；3—嵌固部位：地下一层顶板；4—地下二层（或地下二层为箱基）；5—筏基；6—地下室为箱基；7—地下一层；8—单层地下室

将底部加强部位延伸至基础顶面。

6.1.6　当四周与土体紧密接触带地下室外墙的整体式筏形和箱形基础建于Ⅲ、Ⅳ类场地时，按刚性地基假定计算的基底水平地震剪力和倾覆力矩可根据结构刚度、埋置深度、场地类别、土质情况、抗震设防烈度以及工程经验折减。

6.1.7　基础混凝土应符合耐久性要求。筏形基础和桩箱、桩筏基础的混凝土强度等级不应低于 C30；箱形基础的混凝土强度等级不应低于 C25。

6.1.8　当采用防水混凝土时，防水混凝土的抗渗等级应按表 6.1.8 选用。对重要建筑，宜采用自防水并设置架空排水层。

表 6.1.8　防水混凝土抗渗等级

埋置深度 d（m）	设计抗渗等级	埋置深度 d（m）	设计抗渗等级
$d<10$	P6	$20\leqslant d<30$	P10
$10\leqslant d<20$	P8	$30\leqslant d$	P12

6.2　筏 形 基 础

6.2.1　平板式筏形基础和梁板式筏形基础的选型应根据地基土质、上部结构体系、柱距、荷载大小、使用要求以及施工等条件确定。框架－核心筒结构和筒中筒结构宜采用平板式筏形基础。

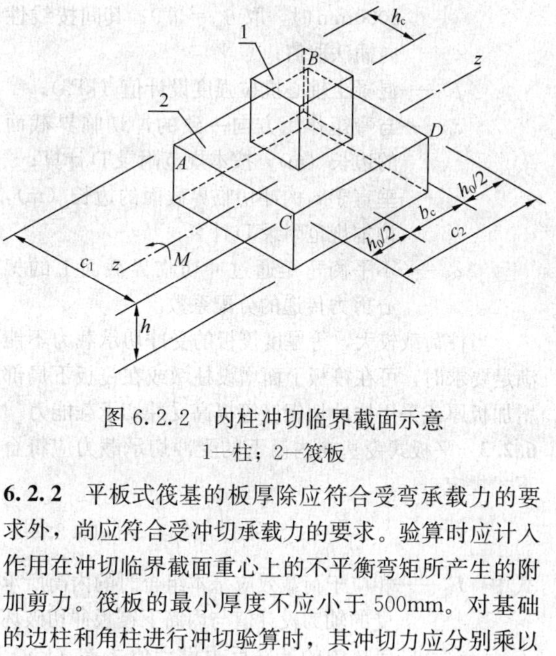

图 6.2.2　内柱冲切临界截面示意

1—柱；2—筏板

6.2.2　平板式筏基的板厚除应符合受弯承载力的要求外，尚应符合受冲切承载力的要求。验算时应计入作用在冲切临界截面重心上的不平衡弯矩所产生的附加剪力。筏板的最小厚度不应小于 500mm。对基础的边柱和角柱进行冲切验算时，其冲切力应分别乘以 1.1 和 1.2 的增大系数。距柱边 $h_0/2$ 处冲切临界截面（图 6.2.2）的最大剪应力 τ_{max} 应符合下列公式的规定：

$$\tau_{max}=\frac{F_l}{u_m h_0}+\alpha_s\frac{M_{unb}c_{AB}}{I_s} \quad (6.2.2\text{-}1)$$

$$\tau_{max}\leqslant 0.7(0.4+1.2/\beta_s)\beta_{hp}f_t \quad (6.2.2\text{-}2)$$

$$\alpha_s=1-\frac{1}{1+\frac{2}{3}\sqrt{\left(\frac{c_1}{c_2}\right)}} \quad (6.2.2\text{-}3)$$

式中：F_l ——相应于荷载效应基本组合时的冲切力（kN），对内柱取轴力设计值与筏板冲切破坏锥体内的基底反力设计值之差；对基础的边柱和角柱，取轴力设计值与筏板冲切临界截面范围内的基底反力设计值之差；计算基底反力值时应扣除底板及其上填土的自重；

u_m——距柱边缘不小于 $h_0/2$ 处的冲切临界截面的最小周长（m），按本规范附录D计算；

h_0——筏板的有效高度（m）；

M_{unb}——作用在冲切临界截面重心上的不平衡弯矩（kN·m）；

c_{AB}——沿弯矩作用方向，冲切临界截面重心至冲切临界截面最大剪应力点的距离（m），按本规范附录D计算；

I_s——冲切临界截面对其重心的极惯性矩（m^4），按本规范附录D计算；

β_s——柱截面长边与短边的比值：当 $\beta_s<2$ 时，β_s 取2；当 $\beta_s>4$ 时，β_s 取4；

β_{hp}——受冲切承载力截面高度影响系数：当 $h\leqslant 800$mm 时，取 $\beta_{hp}=1.0$；当 $h\geqslant 2000$mm 时，取 $\beta_{hp}=0.9$；其间按线性内插法取值；

f_t——混凝土轴心抗拉强度设计值（kPa）；

c_1——与弯矩作用方向一致的冲切临界截面的边长（m），按本规范附录D计算；

c_2——垂直于 c_1 的冲切临界截面的边长（m），按本规范附录D计算；

α_s——不平衡弯矩通过冲切临界截面上的偏心剪力传递的分配系数。

当柱荷载较大，等厚度筏板的受冲切承载力不能满足要求时，可在筏板上面增设柱墩或在筏板下局部增加板厚或采用抗冲切钢筋等提高受冲切承载能力。

6.2.3 平板式筏基在内筒下的受冲切承载力应符合下式规定：

$$\frac{F_l}{u_m h_0}\leqslant 0.7\beta_{hp}f_t/\eta \quad (6.2.3\text{-}1)$$

式中：F_l——相应于荷载效应基本组合时的内筒所承受的轴力设计值与内筒下筏板冲切破坏锥体内的基底反力设计值之差（kN）。计算基底反力值时应扣除底板及其上填土的自重；

u_m——距内筒外表面 $h_0/2$ 处冲切临界截面的周长（m）（图6.2.3）；

h_0——距内筒外表面 $h_0/2$ 处筏板的截面有效高度（m）；

η——内筒冲切临界截面周长影响系数，取1.25。

当需要考虑内筒根部弯矩的影响时，距内筒外表面 $h_0/2$ 处冲切临界截面的最大剪应力可按本规范式（6.2.2-1）计算，此时最大剪应力应符合下式规定：

$$\tau_{max}\leqslant 0.7\beta_{hp}f_t/\eta \quad (6.2.3\text{-}2)$$

6.2.4 平板式筏基除应符合受冲切承载力的规定外，尚应按下列公式验算距内筒和柱边缘 h_0 处截面的受剪承载力：

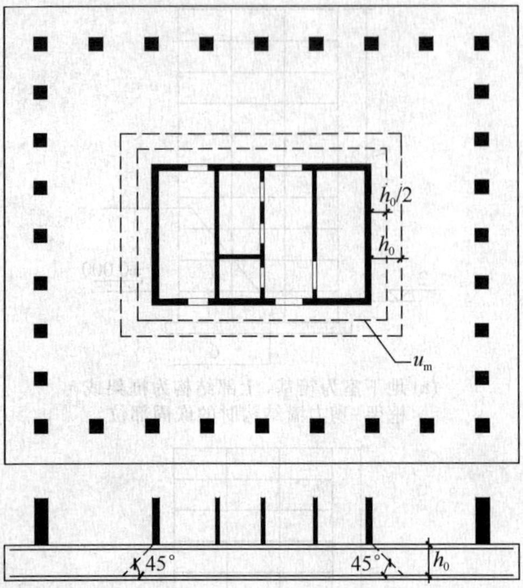

图6.2.3 筏板受内筒冲切的临界截面位置

$$V_s\leqslant 0.7\beta_{hs}f_t b_w h_0 \quad (6.2.4\text{-}1)$$

$$\beta_{hs}=\left(\frac{800}{h_0}\right)^{1/4} \quad (6.2.4\text{-}2)$$

式中：V_s——距内筒或柱边缘 h_0 处，扣除底板及其上填土的自重后，相应于荷载效应基本组合的基底平均净反力产生的筏板单位宽度剪力设计值（kN）；

β_{hs}——受剪承载力截面高度影响系数：当 $h_0<800$mm 时，取 $h_0=800$mm；当 $h_0>2000$mm 时，取 $h_0=2000$mm；其间按内插法取值；

b_w——筏板计算截面单位宽度（m）；

h_0——距内筒或柱边缘 h_0 处筏板的截面有效高度（m）。

当筏板变厚度时，尚应验算变厚度处筏板的截面受剪承载力。

6.2.5 梁板式筏基底板的厚度应符合受弯、受冲切和受剪承载力的要求，且不应小于400mm；板厚与最大双向板格的短边净跨之比尚不应小于1/14。梁板式筏基梁的高跨比不宜小于1/6。

6.2.6 梁板式筏基的基础梁除应符合正截面受弯承载力的要求外，尚应验算柱边缘处或梁柱连接面八字角边缘处基础梁斜截面受剪承载力。

6.2.7 梁板式筏形基础梁和平板式筏形基础底板的顶面应符合底层柱下局部受压承载力的要求。对抗震设防烈度为9度的高层建筑，验算柱下基础梁、板局部受压承载力时，尚应按现行国家标准《建筑抗震设计规范》GB 50011的要求，考虑竖向地震作用对柱轴力的影响。

6.2.8 地下室底层柱、剪力墙与梁板式筏基的基础梁连接的构造应符合下列规定：

1 当交叉基础梁的宽度小于柱截面的边长时，交叉基础梁连接处宜设置八字角，柱角和八字角之间的净距不宜小于 50mm[图 6.2.8(a)]；

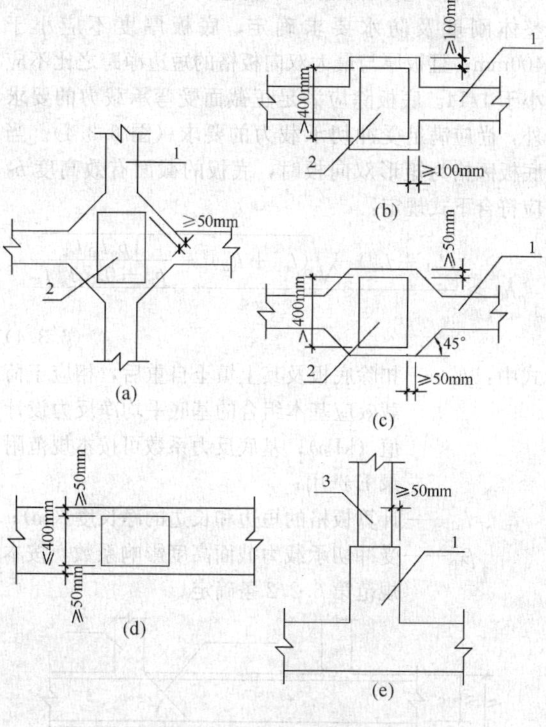

图 6.2.8 地下室底层柱和剪力墙与梁板式筏基的基础梁连接构造

1—基础梁；2—柱；3—墙

2 当单向基础梁与柱连接、且柱截面的边长大于 400mm 时，可按图 6.2.8(b)、图 6.2.8(c)采用，柱角和八字角之间的净距不宜小于 50mm；当柱截面的边长小于或等于 400mm 时，可按图 6.2.8(d)采用；

3 当基础梁与剪力墙连接时，基础梁边至剪力墙边的距离不宜小于 50mm[图 6.2.8(e)]。

6.2.9 筏形基础地下室的外墙厚度不应小于 250mm，内墙厚度不宜小于 200mm。墙体内应设置双面钢筋，钢筋不宜采用光面圆钢筋。钢筋配置量除应满足承载力要求外，尚应考虑变形、抗裂及外墙防渗等要求。水平钢筋的直径不应小于 12mm，竖向钢筋的直径不应小于 10mm，间距不应大于 200mm。当筏板的厚度大于 2000mm 时，宜在板厚中间部位设置直径不小于 12mm、间距不大于 300mm 的双向钢筋。

6.2.10 当地基土比较均匀、地基压缩层范围内无软弱土层或可液化土层、上部结构刚度较好，柱网和荷载较均匀、相邻柱荷载及柱间距的变化不超过 20%，且平板式筏基板的厚跨比或梁板式筏基梁的高跨比不小于 1/6 时，筏形基础可仅考虑底板局部弯曲作用，计算筏形基础的内力时，基底反力可按直线分布，并扣除底板及其上填土的自重。

当不符合上述要求时，筏基内力可按弹性地基梁板等理论进行分析。计算分析时应根据土层情况和地区经验选用地基模型和参数。

6.2.11 对有抗震设防要求的结构，嵌固端处的框架结构底层柱根截面组合弯矩设计值应按现行国家标准《建筑抗震设计规范》GB 50011 的规定乘以与其抗震等级相对应的增大系数。

6.2.12 当梁板式筏基的基底反力按直线分布计算时，其基础梁的内力可按连续梁分析，边跨的跨中弯矩以及第一内支座的弯矩值宜乘以 1.2 的增大系数。考虑到整体弯曲的影响，梁板式筏基的底板和基础梁的配筋除应满足计算要求外，基础梁和底板的顶部跨中钢筋应按实际配筋全部连通，纵横方向的底部支座钢筋尚应有 1/3 贯通全跨。底板上下贯通钢筋的配筋率均不应小于 0.15%。

6.2.13 按基底反力直线分布计算的平板式筏基，可按柱下板带和跨中板带分别进行内力分析，并应符合下列要求：

1 柱下板带中在柱宽及其两侧各 0.5 倍板厚且不大于 1/4 板跨的有效宽度范围内，其钢筋配置量不应小于柱下板带钢筋的一半，且应能承受部分不平衡弯矩 $\alpha_m M_{unb}$，M_{unb} 为作用在冲切临界截面重心上的部分不平衡弯矩，α_m 可按下式计算：

$$\alpha_m = 1 - \alpha_s \tag{6.2.13}$$

式中：α_m——不平衡弯矩通过弯曲传递的分配系数；

α_s——按本规范式（6.2.2-3）计算。

2 考虑到整体弯曲的影响，筏板的柱下板带和跨中板带的底部钢筋应有 1/3 贯通全跨，顶部钢筋应按实际配筋全部连通，上下贯通钢筋的配筋率均不应小于 0.15%。

3 有抗震设防要求、平板式筏基的顶面作为上部结构的嵌固端、计算柱下板带截面组合弯矩设计值时，柱根内力应考虑乘以与其抗震等级相应的增大系数。

6.2.14 带裙房高层建筑筏形基础的沉降缝和后浇带设置应符合下列要求：

1 当高层建筑与相连的裙房之间设置沉降缝时，高层建筑的基础埋深应大于裙房基础的埋深，其值不应小于 2m。地面以下沉降缝的缝隙应用粗砂填实[图 6.2.14(a)]。

2 当高层建筑与相连的裙房之间不设置沉降缝时，宜在裙房一侧设置用于控制沉降差的后浇带。当高层建筑基础面积满足地基承载力和变形要求时，后浇带宜设在与高层建筑相邻裙房的第一跨内。当需要满足高层建筑地基承载力、降低高层建筑沉降量，减小高层建筑与裙房间的沉降差而增大高层建筑基础面积时，后浇带可设在距主楼边柱的第二跨内，此时尚应满足下列条件：

1）地基土质应较均匀；

2）裙房结构刚度较好且基础以上的地下室和裙房结构层数不应少于两层；

3）后浇带一侧与主楼连接的裙房基础底板厚度应与高层建筑的基础底板厚度相同[图 6.2.14(b)]。

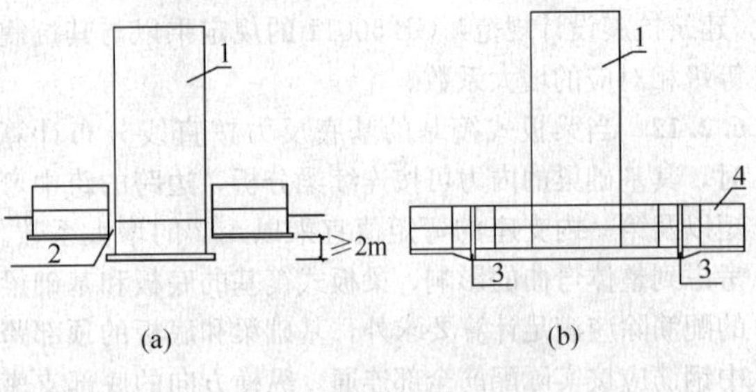

图 6.2.14 后浇带（沉降缝）示意
1—高层；2—室外地坪以下用粗砂填实；
3—后浇带；4—裙房及地下室

根据沉降实测值和计算值确定的后期沉降差满足设计要求后，后浇带混凝土方可进行浇筑。

3 当高层建筑与相连的裙房之间不设沉降缝和后浇带时，高层建筑及与其紧邻一跨裙房的筏板应采用相同厚度，裙房筏板的厚度宜从第二跨裙房开始逐渐变化，应同时满足主、裙楼基础整体性和基础板的变形要求；应进行地基变形和基础内力的验算，验算时应分析地基与结构间变形的相互影响，并应采取有效措施防止产生有不利影响的差异沉降。

6.2.15 在同一大面积整体筏形基础上有多幢高层和低层建筑时，筏基的结构计算宜考虑上部结构、基础与地基土的共同作用。筏基可采用弹性地基梁板的理论进行整体计算；也可按各建筑物的有效影响区域将筏基划分为若干单元分别进行计算，计算时应考虑各单元的相互影响和交界处的变形协调条件。

6.2.16 带裙房的高层建筑下的大面积整体筏形基础，其主楼下筏板的整体挠曲值不应大于 0.5‰，主楼与相邻的裙房柱的差异沉降不应大于跨度的 1‰。

6.2.17 在同一大面积整体筏形基础上有多幢高层和低层建筑时，各建筑物的筏板厚度应各自满足冲切及剪切要求。

6.2.18 在大面积整体筏形基础上设置后浇带时，应符合本规范第 6.2.14 条以及第 7.4 节的规定。

6.3 箱 形 基 础

6.3.1 箱形基础的内、外墙应沿上部结构柱网和剪力墙纵横均匀布置，当上部结构为框架或框剪结构时，墙体水平截面总面积不宜小于箱基水平投影面积的 1/12；当基础平面长宽比大于 4 时，纵墙水平截面面积不宜小于箱形基础水平投影面积的 1/18。在计算墙体水平截面面积时，可不扣除洞口部分。

6.3.2 箱形基础的高度应满足结构承载力和刚度的要求，不宜小于箱形基础长度（不包括底板悬挑部分）的 1/20，且不宜小于 3m。

6.3.3 高层建筑同一结构单元内，箱形基础的埋置深度宜一致，且不得局部采用箱形基础。

6.3.4 箱形基础的底板厚度应根据实际受力情况、整体刚度及防水要求确定，底板厚度不应小于 400mm，且板厚与最大双向板格的短边净跨之比不应小于 1/14。底板除应满足正截面受弯承载力的要求外，尚应满足受冲切承载力的要求（图 6.3.4）。当底板区格为矩形双向板时，底板的截面有效高度 h_0 应符合下式规定：

$$h_0 \geqslant \frac{(l_{n1}+l_{n2})-\sqrt{(l_{n1}+l_{n2})^2-\dfrac{4p_n l_{n1} l_{n2}}{p_n+0.7\beta_{hp} f_t}}}{4} \qquad (6.3.4)$$

式中：p_n——扣除底板及其上填土自重后，相应于荷载效应基本组合的基底平均净反力设计值（kPa）；基底反力系数可按本规范附录 E 选用；

l_{n1}、l_{n2}——计算板格的短边和长边的净长度（m）；

β_{hp}——受冲切承载力截面高度影响系数，按本规范第 6.2.2 条确定。

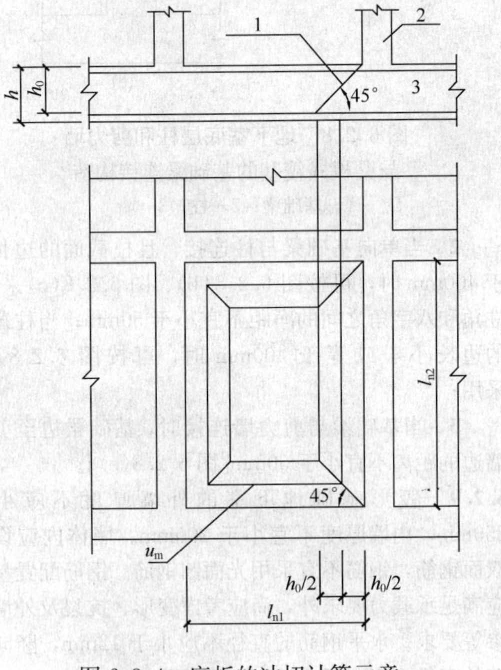

图 6.3.4 底板的冲切计算示意
1—冲切破坏锥体的斜截面；2—墙；3—底板

6.3.5 箱形基础的底板应满足斜截面受剪承载力的要求。当底板板格为矩形双向板时，其斜截面受剪承载力可按下式计算：

$$V_s \leqslant 0.7\beta_{hs} f_t (l_{n2}-2h_0) h_0 \qquad (6.3.5)$$

式中：V_s——距墙边缘 h_0 处，作用在图 6.3.5 阴影部分面积上的扣除底板及其上填土自重后，相应于荷载效应基本组合的基底平均净反力产生的剪力设计值（kN）；

β_{hs}——受剪承载力截面高度影响系数，按本规范式（6.2.4-2）确定。

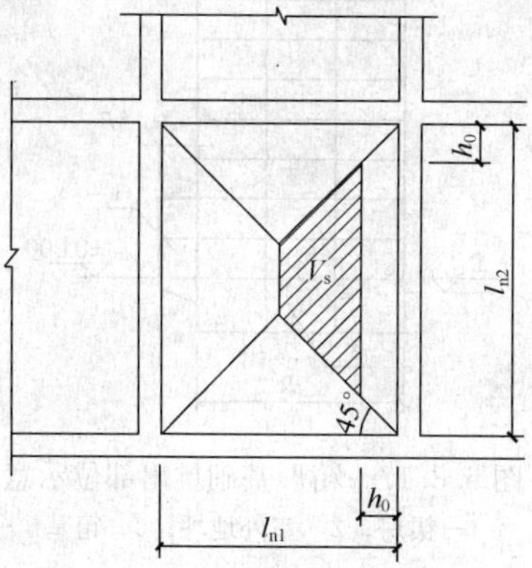

图 6.3.5　V_s计算方法的示意

当底板板格为单向板时，其斜截面受剪承载力应按本规范式（6.2.4-1）计算，其中 V_s 为支座边缘处由基底平均净反力产生的剪力设计值。

6.3.6　箱形基础的墙身厚度应根据实际受力情况、整体刚度及防水要求确定。外墙厚度不应小于250mm；内墙厚度不宜小于 200mm。墙体内应设置双面钢筋，竖向和水平钢筋的直径均不应小于10mm，间距不应大于 200mm。除上部为剪力墙外，内、外墙的墙顶处宜配置两根直径不小于 20mm 的通长构造钢筋。

6.3.7　当地基压缩层深度范围内的土层在竖向和水平方向较均匀、且上部结构为平、立面布置较规则的剪力墙、框架、框架-剪力墙体系时，箱形基础的顶、底板可仅按局部弯曲计算，计算时地基反力应扣除板的自重。顶、底板钢筋配置量除满足局部弯曲的计算要求外，跨中钢筋应按实际配筋全部连通，支座钢筋尚应有 1/4 贯通全跨，底板上下贯通钢筋的配筋率均不应小于 0.15%。

6.3.8　对不符合本规范第 6.3.7 条要求的箱形基础，应同时计算局部弯曲及整体弯曲作用。计算整体弯曲时应采用上部结构、箱形基础和地基共同作用的分析方法；底板局部弯曲产生的弯矩应乘以 0.8 折减系数；箱形基础的自重应按均布荷载处理；基底反力可按本规范附录 E 确定。对等柱距或柱距相差不大于20%的框架结构，箱形基础整体弯矩的简化计算可按本规范附录 F 进行。

在箱形基础顶、底板配筋时，应综合考虑承受整体弯曲的钢筋与局部弯曲的钢筋的配置部位，使截面各部位的钢筋能充分发挥作用。

6.3.9　当地下室箱形基础的墙体面积率不能满足本规范第 6.3.1 条要求时，箱形基础的内力可按截条法，或其他有效计算方法确定。

6.3.10　箱形基础的内、外墙，除与上部剪力墙连接者外，各片墙的墙身的竖向受剪截面应符合本规范式（6.1.1）要求。

计算各片墙竖向剪力设计值时，可按地基反力系数表确定的地基反力按基础底板等角分线与板中分线所围区域传给对应的纵横基础墙（图 6.3.10），并假设底层柱为支点，按连续梁计算基础墙上各点竖向剪力。对不符合本规范第 6.3.1 条和第 6.3.7 条要求的箱形基础，尚应考虑整体弯曲的影响。

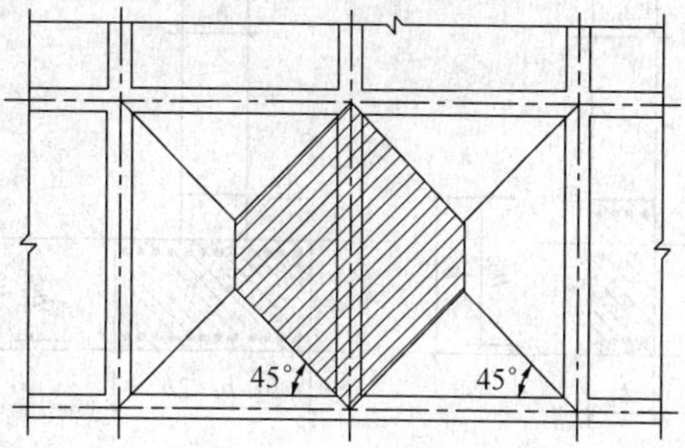

图 6.3.10　计算墙竖向剪力时地基反力分配图

6.3.11　箱基上的门洞宜设在柱间居中部位，洞边至上层柱中心的水平距离不宜小于 1.2m，洞口上过梁的高度不宜小于层高的 1/5，洞口面积不宜大于柱距与箱形基础全高乘积的 1/6。

墙体洞口周围应设置加强钢筋，洞口四周附加钢筋面积不应小于洞口内被切断钢筋面积的一半，且不应少于两根直径为 14mm 的钢筋，此钢筋应从洞口边缘处延长 40 倍钢筋直径。

6.3.12　单层箱基洞口上、下过梁的受剪截面应分别符合下列公式的规定：

当 $h_i/b \leqslant 4$ 时

$$V_i \leqslant 0.25 f_c A_i \text{（}i=1\text{，为上过梁；}i=2\text{，为下过梁）} \tag{6.3.12-1}$$

当 $h_i/b \geqslant 6$ 时

$$V_i \leqslant 0.20 f_c A_i \text{（}i=1\text{，为上过梁；}i=2\text{，为下过梁）} \tag{6.3.12-2}$$

当 $4 < h_i/b < 6$ 时，按线性内插法确定。

$$V_1 = \mu V + \frac{q_1 l}{2} \tag{6.3.12-3}$$

$$V_2 = (1-\mu)V + \frac{q_2 l}{2} \tag{6.3.12-4}$$

$$\mu = \frac{1}{2}\left(\frac{b_1 h_1}{b_1 h_1 + b_2 h_2} + \frac{b_1 h_1^3}{b_1 h_1^3 + b_2 h_2^3}\right) \tag{6.3.12-5}$$

式中：V_1、V_2——上、下过梁的剪力设计值(kN)；

V——洞口中点处的剪力设计值(kN)；

μ——剪力分配系数；

q_1、q_2——作用在上、下过梁上的均布荷载设计值(kPa)；

l——洞口的净宽；

A_1、A_2——上、下过梁的有效截面积(m²)，可按图 6.3.12(a)及图 6.3.12(b)的阴影部分计算，并取其中较大值。

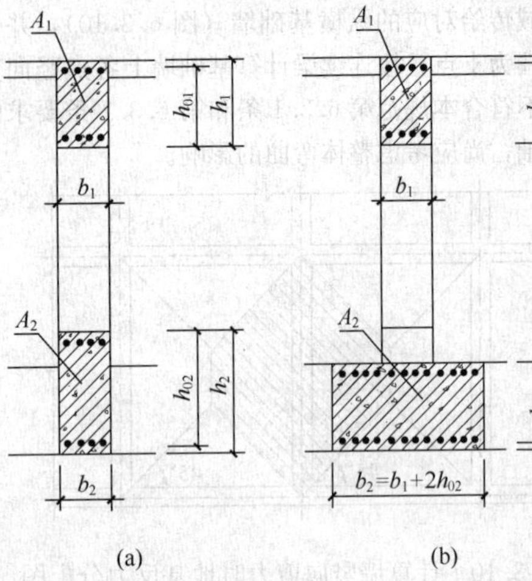

图 6.3.12 洞口上下过梁的有效截面积

多层箱基洞口过梁的剪力设计值也可按式(6.3.12-1)～式(6.3.12-5)计算。

6.3.13 单层箱基洞口上、下过梁截面的顶部和底部纵向钢筋，应分别按式(6.3.13-1)、式(6.3.13-2)求得的弯矩设计值配置：

$$M_1 = \mu V \frac{l}{2} + \frac{q_1 l^2}{12} \quad (6.3.13\text{-}1)$$

$$M_2 = (1-\mu) V \frac{l}{2} + \frac{q_2 l^2}{12} \quad (6.3.13\text{-}2)$$

式中：M_1、M_2——上、下过梁的弯矩设计值(kN·m)。

6.3.14 底层柱与箱形基础交接处，柱边和墙边或柱角和八字角之间的净距不宜小于 50mm，并应验算底层柱下墙体的局部受压承载力；当不能满足时，应增加墙体的承压面积或采取其他有效措施。

6.3.15 底层柱纵向钢筋伸入箱形基础的长度应符合下列规定：

1 柱下三面或四面有箱形基础墙的内柱，除四角钢筋应直通基底外，其余钢筋可终止在顶板底面以下 40 倍钢筋直径处；

2 外柱、与剪力墙相连的柱及其他内柱的纵向钢筋应直通到基底。

6.3.16 当箱形基础的外墙设有窗井时，窗井的分隔墙应与内墙连成整体。窗井分隔墙可视作由箱形基础内墙伸出的挑梁。窗井底板应按支承在箱形基础外墙、窗井外墙和分隔墙上的单向板或双向板计算。

6.3.17 与高层建筑相连的门厅等低矮结构单元的基础，可采用从箱形基础挑出的基础梁方案（图 6.3.17）。挑出长度不宜大于 0.15 倍箱形基础宽度，并应验算挑梁产生的偏心荷载对箱基的不利影响。挑出部分下面应填充一定厚度的松散材料，或采取其他

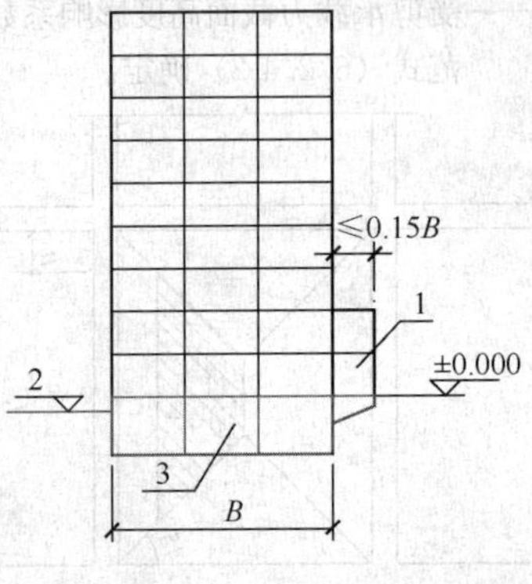

图 6.3.17 箱形基础挑出部位示意

1—裙房；2—室外地坪；3—箱基

能保证其自由下沉的措施。

6.3.18 当箱形基础兼作人防地下室时，箱形基础的设计和构造尚应符合现行国家标准《人民防空地下室设计规范》GB 50038 的规定。

6.4 桩筏与桩箱基础

6.4.1 当筏形基础或箱形基础下的天然地基承载力或沉降值不能满足设计要求时，可采用桩筏或桩箱基础。桩的类型应根据工程地质状况、结构类型、荷载性质、施工条件以及经济指标等因素决定。桩的设计应符合国家现行标准《建筑地基基础设计规范》GB 50007 和《建筑桩基技术规范》JGJ 94 的规定，抗震设防区的桩基尚应符合现行国家标准《建筑抗震设计规范》GB 50011的规定。

6.4.2 桩筏或桩箱基础中桩的布置应符合下列原则：

1 桩群承载力的合力作用点宜与结构竖向永久荷载合力作用点相重合；

2 同一结构单元应避免同时采用摩擦桩和端承桩；

3 桩的中心距应符合现行行业标准《建筑桩基技术规范》JGJ 94 的相关规定；

4 宜根据上部结构体系、荷载分布情况以及基础整体变形特征，将桩集中在上部结构主要竖向构件（柱、墙和筒）下面，桩的数量宜与上部荷载的大小和分布相对应；

5 对框架-核心筒结构宜通过调整桩径、桩长或桩距等措施，加强核心筒外缘 1 倍底板厚度范围以内的支承刚度，以减小基础差异沉降和基础整体弯矩；

6 有抗震设防要求的框架-剪力墙结构，对位于基础边缘的剪力墙，当考虑其两端应力集中影响时，宜适当增加墙端下的布桩量；当桩端为非岩石持力层时，宜将地震作用产生的弯矩乘以 0.8 的降低系数。

6.4.3 桩上的筏形与箱形基础计算应符合下列规定：

1 均匀布桩的梁板式筏形与箱形基础的底板厚度，以及平板式筏形基础的厚度应符合受冲切和受剪切承载力的规定。梁板式筏形与箱形基础底板的受冲

切承载力和受剪承载力，以及平板式筏基上的结构墙、柱、核心筒、桩对筏板的受冲切承载力和受剪承载力可按国家现行标准《建筑地基基础设计规范》GB 50007和《建筑桩基技术规范》JGJ 94 进行计算。

当平板式筏形基础柱下板的厚度不能满足受冲切承载力要求时，可在筏板上增设柱墩或在筏板内设置抗冲切钢筋提高受冲切承载力。

2 对底板厚度符合受冲切和受剪切承载力规定的箱形基础、基础板的厚跨比或基础梁的高跨比不小于 1/6 的平板式和梁板式筏形基础，当桩端持力层较坚硬且均匀、上部结构为框架、剪力墙、框剪结构，柱距及柱荷载的变化不超过 20%时，筏形基础和箱形基础底板的板与梁的内力可仅按局部弯矩作用进行计算。计算时先将基础板上的竖向荷载设计值按静力等效原则移至基础底面桩群承载力重心处，弯矩引起的桩顶不均匀反力按直线分布计算，求得各桩顶反力，并将桩顶反力均匀分配到相关的板格内，按倒楼盖法计算箱形基础底板和筏形基础板、梁的内力。内力计算时应扣除底板、基础梁及其上填土的自重。当桩顶反力与相关的墙或柱的荷载效应相差较大时，应调整桩位再次计算桩顶反力。

3 对框架-核心筒结构以及不符合本条第 2 款要求的结构，当桩筏、桩箱基础均匀布桩时，可将基桩简化为弹簧，按支承于弹簧上的梁板结构进行桩筏、桩箱基础的整体弯曲和局部弯曲计算。当上述结构按本规范第 6.4.2 条第 5 款布桩时，可仅按局部弯矩作用进行计算。基桩的弹簧系数可取桩顶压力与桩顶沉降量之比，并结合地区经验确定；当群桩效应不明显、桩基沉降量较小时，桩的弹簧系数可根据单桩静荷载试验的荷载-位移曲线按桩顶荷载和桩顶沉降量之比确定。

6.4.4 基桩的构造及桩与筏形或箱形基础的连接应符合现行行业标准《建筑桩基技术规范》JGJ 94 的规定。

6.4.5 桩上筏形与箱形基础的构造应符合下列规定：

1 桩上筏形与箱形基础的混凝土强度等级不应低于 C30；垫层混凝土强度等级不应低于 C10，垫层厚度不应小于 70mm；

2 当箱形基础的底板和筏板仅按局部弯矩计算时，其配筋除应满足局部弯曲的计算要求外，箱基底板和筏板顶部跨中钢筋应全部连通，箱基底板和筏基的底部支座钢筋应分别有 1/4 和 1/3 贯通全跨，上下贯通钢筋的配筋率均不应小于 0.15%；

3 底板下部纵向受力钢筋的保护层厚度在有垫层时不应小于 50mm，无垫层时不应小于 70mm，此外尚不应小于桩头嵌入底板内的长度；

4 均匀布桩的梁板式筏基的底板和箱基底板的厚度除应满足承载力计算要求外，其厚度与最大双向板格的短边净跨之比不应小于 1/14，且不应小于 400mm；平板式筏基的板厚不应小于 500mm；

5 当筏板厚度大于 2000mm 时，宜在板厚中间设置直径不小于 12mm、间距不大于 300mm 的双向钢筋网。

6.4.6 当基础板的混凝土强度等级低于柱或桩的混凝土强度等级时，应验算柱下或桩上基础板的局部受压承载力。

6.4.7 当抗拔桩常年位于地下水位以下时，可按现行国家标准《混凝土结构设计规范》GB 50010 关于控制裂缝宽度的方法进行设计。

7 施 工

7.1 一 般 规 定

7.1.1 高层建筑筏形与箱形基础的施工组织设计应依据基础设计施工图、基坑支护设计施工图、场地的工程地质、水文地质资料等进行编制，并应对降水和隔水、支护结构、地基处理、土方开挖、基础混凝土浇筑等施工项目的顺序和相互之间的搭接进行合理安排。

7.1.2 高层建筑筏形与箱形基础的施工组织设计应包括下列内容：

1 降水和隔水施工；

2 周围废旧建（构）筑物基础和废旧管道处理；

3 地基处理；

4 基坑支护结构施工、土方开挖、堆放和运输；

5 基础和地下室施工，基础施工各阶段的抗浮验算和措施；

6 施工监测和信息化施工；

7 周围既有建筑和环境保护及应急抢险预案等。

7.1.3 基坑施工前，应对周围的既有建（构）筑物、道路和地下管线的状态进行详细调查；对裂缝、下沉、倾斜等损坏迹象，应做好标记和影像、文字记录；对需要保护的原有建（构）筑物、道路和地下管线的位移应确定控制标准，必要时应采取加固措施。

7.1.4 对下列基坑的施工方案应组织专家进行可行性和安全性论证：

1 重要建（构）筑物附近的基坑；

2 工程地质条件复杂的基坑；

3 深度超过 5m 的基坑；

4 有特殊要求的基坑。

7.1.5 基坑支护结构应由专业设计单位进行。在软土地区基坑的设计与施工中宜分析土体的蠕变和空间尺度对支护结构位移的影响，规定允许位移量，并制定控制位移的技术措施。

7.1.6 基坑支护的设计使用期限应满足基础施工的要求，且不应小于一年。

7.1.7 在基坑施工过程中存在下列情况时，应进行地基土加固处理：

1 基坑及周围的土层不能满足开挖、放坡及基础的正常施工条件；

2 基坑内地基不能满足基坑侧壁的稳定要求；

3 对影响范围内须保护的建（构）筑物、道路和地下管线的影响超过其承受能力。

7.1.8 基坑内外地基土加固处理应与支护结构统一进行设计。

7.1.9 基坑开挖完成后，应立即进行基础施工。当不能立即进行基础施工时，应采取防止基坑底部积水和土体扰动的保护措施。

7.1.10 基坑施工过程中应对降水、隔水系统、支护结构、各类观察点和监测点采取保护措施，并应根据施工组织设计做好监测记录，及时反馈信息，发现异常情况应及时处理。

7.2 地下水控制

7.2.1 当地表水、地下水影响基坑施工时，应采取排水、截水、隔水、人工降低地下水位或降低承压水压力的措施；在可能发生流砂、管涌等现象的场区，不得采用明沟排水。

7.2.2 地下水控制方案应根据水文地质资料、基坑开挖深度、支护方式及降水影响区域内建（构）筑物、管线对降水反应的敏感程度等因素确定。

7.2.3 对未设置隔水帷幕的基坑，宜将地下水位降低至基坑底面以下 0.5m～1.0m。对已设置隔水帷幕的基坑，应对坑内土体进行临时疏干。

7.2.4 应对降水影响范围进行估算。对降水影响区域内的危房、重要建筑、变形敏感的建（构）筑物，除在降水过程中应进行监测外，尚应估算由降水引起的附加沉降。如沉降超过允许值，应采取隔水、回灌等措施或对建（构）筑物进行加固。

7.2.5 降水工程的施工应符合现行国家标准《建筑地基基础工程施工质量验收规范》GB 50202 的规定，并严格控制出水的含沙量。当发现抽出的水体中有较多泥沙时，应立即封井停止抽水。

7.2.6 严禁施工用水、废旧管道渗漏的水和雨水等积聚在坑外土体中并严禁其流入基坑。应随时做好坑内临时排水明沟和集水井，保证大气降水能及时排出。当基坑及其汇水面积较大时，应计算暴雨可能产生的汇水水量，并准备足够的排水泵等应急设备。

7.2.7 降水方案可选用轻型井点、喷射井点、深井井点和真空深井井点。轻型井点的降水深度不宜超过 6m，大于 6m 时可采用多级轻型井点。轻型井点的真空设备可采用真空泵、隔膜泵或射流泵。真空泵应与总管放在同一标高。

7.2.8 喷射井点可在降水深度不超过 8m 时采用。喷射井点的喷射器应放到井点管的滤管中，直接在滤管附近形成真空。

7.2.9 当降水深度大于 6m，且土层的渗透系数大于 1.0×10^{-5}cm/s 时，宜采用自流深井井点。自流深井井点宜采用通长滤管。

7.2.10 当降水深度大于 6m，且土层的渗透系数小于 1.0×10^{-5}cm/s 时，宜采用在深井井管内施加真空的真空深井井点。真空深井井点应在开挖面以下的井底设置滤管，滤管长度宜为 4m。当降水深度较深时，可设置多个滤管。真空深井井点可疏干的面积宜取其周围 $150m^2$～$300m^2$。

7.2.11 深井井点的井管宜用外径为 250mm～300mm 的钢管，井孔直径不宜小于 700mm。管壁与孔壁之间应回填不小于 200mm 的洁净砾砂滤层。真空泵宜采用柱塞泵。应始终保持砾砂滤层和滤层中稳定的真空度。抽水期间井内真空度不应小于 0.7。井孔上部接近土体表面处应用黏土封闭，开挖后裸露的滤管也应及时拆除或封闭，防止漏气。

7.2.12 降水井点的平面布置应与土方开挖的分层、分块和顺序相结合，并应与坑内支撑的布置相结合。放坡开挖的基坑，井点管至坑边的距离不应小于 1m。机房至坑边的距离不应小于 1.5m，地面应夯实填平。降水完毕后，应根据工程特点和土方回填进度陆续关闭和拔除井点管。轻型井点管拔除后应立即用砂土将井孔回填密实。对于深井井点，应制定专门的封井措施，防止承压水在停止降水后向上冲冒。

7.2.13 当基坑底面以下存在渗透性较强、含承压水的土层时，应按下式验算坑底突涌的危险性：

$$\sigma_{ww} \leqslant \frac{1}{K}\sum_i \gamma_i \cdot h_i \qquad (7.2.13)$$

式中：γ_i——含承压水土层顶面到基坑底面第 i 层土的重度（kN/m^3）；

h_i——含承压水土层顶面到基坑底面第 i 层土的厚度（m）；

σ_{ww}——含承压水土层顶面处的水头压力（kPa）；

K——安全系数，可取 $K=1.05$。

7.2.14 在施工阶段应根据地下水位和基础施工的实际情况按本规范第 5.5.4 条进行抗浮稳定验算；在确定抗浮验算水位时，尚应考虑岩石裂隙水积聚等因素的影响。

7.2.15 可采取延长降水井抽水时间或在基底设置倒滤层等措施减小基底水压力，防止地下室上浮。

7.3 基坑开挖

7.3.1 在下列情况下，基坑开挖时应采取支护措施：

1 基坑深度较大，不具备自然放坡施工条件；

2 地基土质松软，地下水位高或有丰盛上层滞水；

3 基坑开挖可能危及邻近建（构）筑物、道路及地下管线的安全与使用。

7.3.2 基坑支护结构应根据当地工程经验，综合分析水文地质条件、基坑开挖深度、场地条件及周围环境等因素进行设计、施工。

7.3.3 当支护结构的水平位移和周围建（构）筑物的沉降达到预警值时，应加强观测，并分析原因；达到控制值时，应采取应急措施，确保基坑及周围建（构）筑物的安全。

7.3.4 基坑开挖时，应在地面和坑内设置排水系统；必要时应对基坑顶部一定范围进行硬化封闭；冬期和雨期施工时，应采取有效措施，防止地基土的冻胀和浸泡。

7.3.5 在基坑隔水帷幕的施工中，应加强防水薄弱部位的观察和处理，并应制订防止接缝处渗水的措施。

7.3.6 基坑周边的施工荷载严禁超过设计规定的限值，施工荷载至基坑边的距离不得小于1m。当有重型机械需在基坑边作业时，应采取确保机械和基坑安全的措施。

7.3.7 在基坑开挖过程中，严禁损坏支护结构、降水设施和工程桩；应避免挖土机械直接压在支撑上。对工程监测设施，宜设置醒目的提示标志和可靠的保护构架进行保护。

7.3.8 采用钢筋混凝土内支撑的基坑，当支撑长度大于50m时，宜分析支撑混凝土收缩和昼夜温差变化引起的热胀冷缩对支护结构的影响。当基坑的长度和宽度均大于100m时，宜采用中心岛法、逆作法等方法，减小混凝土收缩不利影响。

7.3.9 基坑开挖应根据支护结构特点、开挖土体的性质、大小、深度和形状按设计流程分块、分层进行，严禁超挖。在软土中挖土的分层厚度不宜大于3m，并应采取措施，防止因土体流动造成桩基损坏。

7.3.10 当开挖过程中出现坑内临时土坡时，应在施工组织设计中注明放坡坡度，防止土坡失稳。

7.3.11 挖土机械宜放置在高于挖土标高的台阶上，向下挖土，边挖边退，减少挖土机械对刚挖出土面的扰动。当挖到坑底时，应在基坑设计底面以上保留200mm～300mm土层，由人工挖除。

7.3.12 基坑开挖至设计标高并经验收合格后，应立即进行垫层施工，防止暴晒和雨水浸泡造成地基土破坏。

7.3.13 在软土地区地面堆土时应均衡进行，堆土量不应超过地基承载力特征值。不应危及在建和既有建筑物的安全。

7.3.14 当地下连续墙作为永久结构一部分时，其施工应符合下列规定：

1 应进行二次清槽或采用槽底注浆等方法，确保沉渣满足要求；

2 应采用抗渗性能强的墙幅间的接头形式，或在接头的内侧或外侧增设抗渗措施；

3 与板、柱、梁、内衬墙等的连接可采用预埋钢筋、钢板和钢筋接驳器等形式。

7.3.15 在软弱地基上采用逆作法施工时，应采取措施保证施工期间受力桩及桩上钢构架柱的垂直度和平面位置精度。

7.3.16 当用于基坑支护的钢板桩需回收时，应逐根拔除，并应及时用土将拔桩留下的孔洞回填密实。

7.4 筏形与箱形基础施工

7.4.1 筏形与箱形基础的施工应符合现行国家标准《混凝土结构工程施工及验收规范》GB 50204 的有关规定。

7.4.2 当筏形与箱形基础的长度超过40m时，应设置永久性的沉降缝和温度收缩缝。当不设置永久性的沉降缝和温度收缩缝时，应采取设置沉降后浇带、温度后浇带、诱导缝或用微膨胀混凝土、纤维混凝土浇筑基础等措施。

7.4.3 后浇带的宽度不宜小于800mm，在后浇带处，钢筋应贯通。后浇带两侧应采用钢筋支架和钢丝网隔断，保持带内的清洁，防止钢筋锈蚀或被压弯、踩弯。并应保证后浇带两侧混凝土的浇注质量。

7.4.4 后浇带浇筑混凝土前，应将缝内的杂物清理干净，做好钢筋的除锈工作，并将两侧混凝土凿毛，涂刷界面剂。后浇带混凝土应采用微膨胀混凝土，且强度等级应比原结构混凝土强度等级增大一级。

7.4.5 沉降后浇带混凝土浇筑之前，其两侧宜设置临时支护，并应限制施工荷载，防止混凝土浇筑及拆除模板过程中支撑松动、移位。

7.4.6 沉降后浇带应在其两侧的差异沉降趋于稳定后再浇筑混凝土。

7.4.7 温度后浇带从设置到浇筑混凝土的时间不宜少于两个月。

7.4.8 后浇带混凝土浇筑时的环境温度宜低于两侧混凝土浇筑时的环境温度。后浇带混凝土浇筑完毕后，应做好养护工作。

7.4.9 当地下室有防水要求时，地下室后浇带不宜留成直槎，并应做好后浇带与整体基础连接处的防水处理。

7.4.10 桩筏与桩箱基础底板与桩连接的防水做法应符合现行行业标准《建筑桩基技术规范》JGJ 94 的规定。

7.4.11 基础混凝土应采用同一品种水泥、掺合料、外加剂和同一配合比。

7.4.12 大体积混凝土施工应符合下列规定：

1 宜采用掺合料和外加剂改善混凝土和易性，减少水泥用量，降低水化热，其用量应通过试验确定。掺合料和外加剂的质量应符合现行国家标准《混凝土质量控制标准》GB 50164 的规定；

2 宜连续浇筑，少设施工缝；宜采用斜面式薄层浇捣，利用自然流淌形成斜坡，浇筑时应采取防止混凝土将钢筋推离设计位置的措施；采用分仓浇筑时，相邻仓块浇筑的间隔时间不宜少于14d；

3 宜采用蓄热法或冷却法养护，其内外温差不宜大于25℃；

4 必须进行二次抹面，减少表面收缩裂缝，必要时可在混凝土表层设置钢丝网。

7.4.13 混凝土的泌水宜采用抽水机抽吸或在侧模上设置泌水孔排除。

8 检测与监测

8.1 一般规定

8.1.1 高层建筑筏形与箱形基础施工以前应编制检测与监测方案。检测与监测方案应根据建筑场地的地质条件和工程需要确定。方案中应包括工程概况、环境状况、地质条件、检测与监测项目、测点布置、传感器埋设与测试方法、监测项目的设计值和报警值、读数的间隔时间和数据速报制度。

8.1.2 高层建筑筏形与箱形基础应进行沉降观测。重要的、体形复杂的高层建筑，尚应进行地基反力和基础内力的监测。在软土地区或工程需要时，宜进行地基土分层沉降和基坑回弹观测。

8.1.3 地下水位变化对拟建工程或周边环境有较大影响时，应进行地下水位监测。在施工降水和回灌过程中，尚应对各个相关的含水土层进行水位监测。

8.1.4 基坑开挖时，应对支护结构的位移、变形和内力进行监测。

8.1.5 基坑开挖后，应对开挖揭露的地基状况进行检验，当发现与勘察报告和设计文件不一致或遇到异常情况时，应进行处理。

8.1.6 监测与检测数据应真实、完整，测试工作完成后，应提交监测或检测报告。

8.2 施工监测

8.2.1 施工过程中应按监测方案对影响区域内的建（构）筑物、道路和地下管线的变形进行监测，监测数据应作为调整施工进度和工艺的依据。

8.2.2 对承受地下水浮力的工程，地下水位的监测应进行至荷载大于浮力并确认建筑物安全时方可停止。

8.2.3 在进行筏形与箱形基础大体积混凝土施工时，应对其表面和内部的温度进行监测。

8.3 基坑检验

8.3.1 基坑检验应包括下列内容：

1 核对基坑的位置、平面尺寸、坑底标高是否与勘察和设计文件一致；

2 核对基坑侧面和基坑底的土质及地下水状况是否与勘察报告一致；

3 检查是否有洞穴、古墓、古井、暗沟、防空掩体及地下埋设物，并查清其位置、深度、性状；

4 检查基坑底土是否受到施工的扰动及扰动的范围和深度；

5 冬、雨期施工时应检查基坑底土是否受冻，是否受浸泡、冲刷或干裂等，并应查明受影响的范围和深度；对开挖完成后未能立即浇筑混凝土的基坑，应检查基坑底的保护措施；

6 对地基土，可采用轻型圆锥动力触探进行检验；轻型圆锥动力触探的规格及操作应符合现行国家标准《岩土工程勘察规范》GB 50021的规定；

7 基坑检验尚应符合现行国家标准《建筑地基基础工程施工质量验收规范》GB 50202的有关规定。

8.3.2 对经过处理的地基，应检验地基处理的质量是否符合设计要求。

8.3.3 对桩筏与桩箱基础，基坑开挖后，应检验桩的位置、桩顶标高、桩头混凝土质量及预留插入底板的钢筋长度是否符合设计要求。

8.3.4 应根据基坑检验发现的问题，提出关于设计和施工的处理意见。

8.3.5 当现场检验结果与勘察报告有较大差异时，应进行补充勘察。

8.4 建筑物沉降观测

8.4.1 建筑物沉降观测应设置永久性高程基准点，每个场地永久性高程基准点的数量不得少于3个。高程基准点应设置在变形影响范围以外，高程基准点的标石应埋设在基岩或稳定的地层中，并应保证在观测期间高程基准点的标高不发生变动。

8.4.2 沉降观测点的布设，应根据建筑物体形、结构特点、工程地质条件等确定。宜在建筑物中心点、角点及周边每隔10m～15m或每隔（2～3）根柱处布设观测点，并应在基础类型、埋深和荷载有明显变化及可能发生差异沉降的两侧布设观测点。

8.4.3 沉降观测的水准测量级别和精度应根据建筑物的重要性、使用要求、环境影响、工程地质条件及预估沉降量等因素按现行行业标准《建筑变形测量规范》JGJ 8的有关规定确定。

8.4.4 沉降观测应从完成基础底板施工时开始，在施工和使用期间连续进行长期观测，直至沉降稳定终止。

8.4.5 沉降稳定的控制标准宜按沉降观测期间最后100d的平均沉降速率不大于0.01mm/d采用。

附录A 基床系数载荷试验要点

A.0.1 本试验要点适用于测求弹性地基基床系数。

A.0.2 平板载荷试验应布置在有代表性的地点进行，每个场地不宜少于3组试验，且应布置于基础底面标高处。

A.0.3 载荷试验的试坑直径不应小于承压板直径的3倍。

A.0.4 用于基床系数载荷试验的标准承压板应为圆形，其直径应为0.30m。

A.0.5 试验最大加载量应达到破坏。承压板的安装、加荷分级、观测时间、稳定标准和终止加荷条件等，应符合现行国家标准《建筑地基基础设计规范》GB 50007浅层平板载荷试验要点的要求。

A.0.6 根据载荷试验成果分析要求，应绘制 p-s 曲线，必要时绘制各级荷载下 s-t 或 s-lg$t$ 曲线，根据 p-s 曲线拐点，结合 s-lg$t$ 曲线特征，确定比例界限压力。

A.0.7 确定地基土基床系数 K_s 应符合下列要求：

1 根据标准承压板载荷试验 p-s 曲线，应按下式计算基准基床系数 K_v：

$$K_v = p/s \qquad (A.0.7\text{-}1)$$

式中：p——实测 p-s 曲线比例界限压力，若 p-s 曲线无明显直线段，p 可取极限压力之半（kPa）；

s——为相应于该 p 值的沉降量（m）。

2 根据实际基础尺寸，修正后的地基土基准基床系数 K_{vl} 应按下式计算：

黏性土：$$K_{vl} = \frac{0.30}{b}K_v \qquad (A.0.7\text{-}2)$$

砂土：$$K_{vl} = \left(\frac{b+0.30}{2b}\right)^2 K_v \qquad (A.0.7\text{-}3)$$

式中：b——基础底面宽度（m）。

3 根据实际基础形状，修正后的地基基床系数 K_{sl} 应按下式计算：

黏性土：$$K_{sl} = K_{vl}\frac{2l+b}{3l} \qquad (A.0.7\text{-}4)$$

砂土：$$K_{sl} = K_{vl} \qquad (A.0.7\text{-}5)$$

式中：l——基础底面长度（m）。

附录B 附加应力系数 α、平均附加应力系数 $\bar{\alpha}$

B.0.1 矩形面积上均布荷载下角点的附加应力系数 α、平均附加应力系数 $\bar{\alpha}$ 应按表B.0.1-1、表B.0.1-2确定。

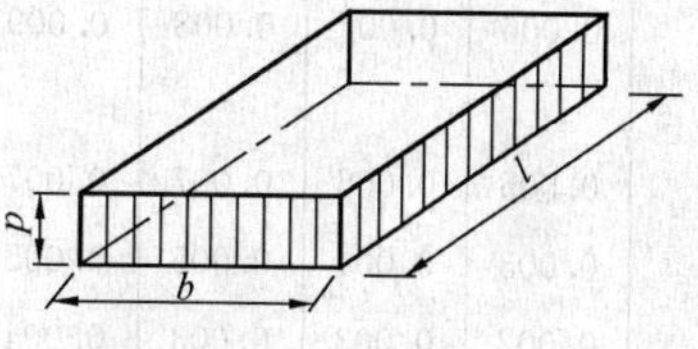

表B.0.1-1 矩形面积上均布荷载作用下角点附加应力系数 α

z/b \ l/b	1.0	1.2	1.4	1.6	1.8	2.0	3.0	4.0	5.0	6.0	10.0	条形
0.0	0.250	0.250	0.250	0.250	0.250	0.250	0.250	0.250	0.250	0.250	0.250	0.250
0.2	0.249	0.249	0.249	0.249	0.249	0.249	0.249	0.249	0.249	0.249	0.249	0.249
0.4	0.240	0.242	0.243	0.243	0.244	0.244	0.244	0.244	0.244	0.244	0.244	0.244
0.6	0.223	0.228	0.230	0.232	0.232	0.233	0.234	0.234	0.234	0.234	0.234	0.234
0.8	0.200	0.207	0.212	0.215	0.216	0.218	0.220	0.220	0.220	0.220	0.220	0.220
1.0	0.175	0.185	0.191	0.195	0.198	0.200	0.203	0.204	0.204	0.204	0.205	0.205
1.2	0.152	0.163	0.171	0.176	0.179	0.182	0.187	0.188	0.189	0.189	0.189	0.189
1.4	0.131	0.142	0.151	0.157	0.161	0.164	0.171	0.173	0.174	0.174	0.174	0.174
1.6	0.112	0.124	0.133	0.140	0.145	0.148	0.157	0.159	0.160	0.160	0.160	0.160
1.8	0.097	0.108	0.117	0.124	0.129	0.133	0.143	0.146	0.147	0.148	0.148	0.148
2.0	0.084	0.095	0.103	0.110	0.116	0.120	0.131	0.135	0.136	0.137	0.137	0.137
2.2	0.073	0.083	0.092	0.098	0.104	0.108	0.121	0.125	0.126	0.127	0.128	0.128
2.4	0.064	0.073	0.081	0.088	0.093	0.098	0.111	0.116	0.118	0.118	0.119	0.119
2.6	0.057	0.065	0.072	0.079	0.084	0.089	0.102	0.107	0.110	0.111	0.112	0.112
2.8	0.050	0.058	0.065	0.071	0.076	0.080	0.094	0.100	0.102	0.104	0.105	0.105
3.0	0.045	0.052	0.058	0.064	0.069	0.073	0.087	0.093	0.096	0.097	0.099	0.099

续表 B.0.1-1

z/b \ l/b	1.0	1.2	1.4	1.6	1.8	2.0	3.0	4.0	5.0	6.0	10.0	条形
3.2	0.040	0.047	0.053	0.058	0.063	0.067	0.081	0.087	0.090	0.092	0.093	0.094
3.4	0.036	0.042	0.048	0.053	0.057	0.061	0.075	0.081	0.085	0.086	0.088	0.089
3.6	0.033	0.038	0.043	0.048	0.052	0.056	0.069	0.076	0.080	0.082	0.084	0.084
3.8	0.030	0.035	0.040	0.044	0.048	0.052	0.065	0.072	0.075	0.077	0.080	0.080
4.0	0.027	0.032	0.036	0.040	0.044	0.048	0.060	0.067	0.071	0.073	0.076	0.076
4.2	0.025	0.029	0.033	0.037	0.041	0.044	0.056	0.063	0.067	0.070	0.072	0.073
4.4	0.023	0.027	0.031	0.034	0.038	0.041	0.053	0.060	0.064	0.066	0.069	0.070
4.6	0.021	0.025	0.028	0.032	0.035	0.038	0.049	0.056	0.061	0.063	0.066	0.067
4.8	0.019	0.023	0.026	0.029	0.032	0.035	0.046	0.053	0.058	0.060	0.064	0.064
5.0	0.018	0.021	0.024	0.027	0.030	0.033	0.043	0.050	0.055	0.057	0.061	0.062
6.0	0.013	0.015	0.017	0.020	0.022	0.024	0.033	0.039	0.043	0.046	0.051	0.052
7.0	0.009	0.011	0.013	0.015	0.016	0.018	0.025	0.031	0.035	0.038	0.043	0.045
8.0	0.007	0.009	0.010	0.011	0.013	0.014	0.020	0.025	0.028	0.031	0.037	0.039
9.0	0.006	0.007	0.008	0.009	0.010	0.011	0.016	0.020	0.024	0.026	0.032	0.035
10.0	0.005	0.006	0.007	0.007	0.008	0.009	0.013	0.017	0.020	0.022	0.028	0.032
12.0	0.003	0.004	0.005	0.005	0.006	0.006	0.009	0.012	0.014	0.017	0.022	0.026
14.0	0.002	0.003	0.003	0.004	0.004	0.005	0.007	0.009	0.011	0.013	0.018	0.023
16.0	0.002	0.002	0.003	0.003	0.003	0.004	0.005	0.007	0.009	0.010	0.014	0.020
18.0	0.001	0.002	0.002	0.002	0.003	0.003	0.004	0.006	0.007	0.008	0.012	0.018
20.0	0.001	0.001	0.002	0.002	0.002	0.002	0.004	0.005	0.006	0.007	0.010	0.016
25.0	0.001	0.001	0.001	0.001	0.001	0.002	0.002	0.003	0.004	0.004	0.007	0.013
30.0	0.001	0.001	0.001	0.001	0.001	0.001	0.002	0.002	0.003	0.003	0.005	0.011
35.0	0.000	0.000	0.001	0.001	0.001	0.001	0.001	0.002	0.002	0.002	0.004	0.009
40.0	0.000	0.000	0.000	0.000	0.001	0.001	0.001	0.001	0.001	0.002	0.003	0.008

注：l—矩形均布荷载长度（m）；b—矩形均布荷载宽度（m）；z—计算点离基础底面或桩端平面垂直距离（m）。

表 B.0.1-2 矩形面积上均布荷载作用下角点平均附加应力系数 $\bar{\alpha}$

z/b \ l/b	1.0	1.2	1.4	1.6	1.8	2.0	2.4	2.8	3.2	3.6	4.0	5.0	10.0
0.0	0.2500	0.2500	0.2500	0.2500	0.2500	0.2500	0.2500	0.2500	0.2500	0.2500	0.2500	0.2500	0.2500
0.2	0.2496	0.2497	0.2497	0.2498	0.2498	0.2498	0.2498	0.2498	0.2498	0.2498	0.2498	0.2498	0.2498
0.4	0.2474	0.2479	0.2481	0.2483	0.2483	0.2484	0.2485	0.2485	0.2485	0.2485	0.2485	0.2485	0.2485
0.6	0.2423	0.2437	0.2444	0.2448	0.2451	0.2452	0.2454	0.2455	0.2455	0.2455	0.2455	0.2455	0.2456
0.8	0.2346	0.2372	0.2387	0.2395	0.2400	0.2403	0.2407	0.2408	0.2409	0.2409	0.2410	0.2410	0.2410
1.0	0.2252	0.2291	0.2313	0.2326	0.2335	0.2340	0.2346	0.2349	0.2351	0.2352	0.2352	0.2353	0.2353
1.2	0.2149	0.2199	0.2229	0.2248	0.2260	0.2268	0.2278	0.2282	0.2285	0.2286	0.2287	0.2288	0.2289
1.4	0.2043	0.2102	0.2140	0.2146	0.2180	0.2191	0.2204	0.2211	0.2215	0.2217	0.2218	0.2220	0.2221
1.6	0.1939	0.2006	0.2049	0.2079	0.2099	0.2113	0.2130	0.2138	0.2143	0.2146	0.2148	0.2150	0.2152
1.8	0.1840	0.1912	0.1960	0.1994	0.2018	0.2034	0.2055	0.2066	0.2073	0.2077	0.2079	0.2082	0.2084

续表 B.0.1-2

z/b \ l/b	1.0	1.2	1.4	1.6	1.8	2.0	2.4	2.8	3.2	3.6	4.0	5.0	10.0
2.0	0.1746	0.1822	0.1875	0.1912	0.1980	0.1958	0.1982	0.1996	0.2004	0.2009	0.2012	0.2015	0.2018
2.2	0.1659	0.1737	0.1793	0.1833	0.1862	0.1883	0.1911	0.1927	0.1937	0.1943	0.1947	0.1952	0.1955
2.4	0.1578	0.1657	0.1715	0.1757	0.1789	0.1812	0.1843	0.1862	0.1873	0.1880	0.1885	0.1890	0.1895
2.6	0.1503	0.1583	0.1642	0.1686	0.1719	0.1745	0.1779	0.1799	0.1812	0.1820	0.1825	0.1832	0.1838
2.8	0.1433	0.1514	0.1574	0.1619	0.1654	0.1680	0.1717	0.1739	0.1753	0.1763	0.1769	0.1777	0.1784
3.0	0.1369	0.1449	0.1510	0.1556	0.1592	0.1619	0.1658	0.1682	0.1698	0.1708	0.1715	0.1725	0.1733
3.2	0.1310	0.1390	0.1450	0.1497	0.1533	0.1562	0.1602	0.1628	0.1645	0.1657	0.1664	0.1675	0.1685
3.4	0.1256	0.1334	0.1394	0.1441	0.1478	0.1508	0.1550	0.1577	0.1595	0.1607	0.1616	0.1628	0.1639
3.6	0.1205	0.1282	0.1342	0.1389	0.1427	0.1456	0.1500	0.1528	0.1548	0.1561	0.1570	0.1583	0.1595
3.8	0.1158	0.1234	0.1293	0.1340	0.1378	0.1408	0.1452	0.1482	0.1502	0.1516	0.1526	0.1541	0.1554
4.0	0.1114	0.1189	0.1248	0.1294	0.1332	0.1362	0.1408	0.1438	0.1459	0.1474	0.1485	0.1500	0.1516
4.2	0.1073	0.1147	0.1205	0.1251	0.1289	0.1319	0.1365	0.1396	0.1418	0.1434	0.1445	0.1462	0.1479
4.4	0.1035	0.1107	0.1164	0.1210	0.1248	0.1279	0.1325	0.1357	0.1379	0.1396	0.1407	0.1425	0.1444
4.6	0.1000	0.1107	0.1127	0.1172	0.1209	0.1240	0.1287	0.1319	0.1342	0.1359	0.1371	0.1390	0.1410
4.8	0.0967	0.1036	0.1091	0.1136	0.1173	0.1204	0.1250	0.1283	0.1307	0.1324	0.1337	0.1357	0.1379
5.0	0.0935	0.1003	0.1057	0.1102	0.1139	0.1169	0.1216	0.1249	0.1273	0.1291	0.1304	0.1325	0.1348
5.2	0.0906	0.0972	0.1026	0.1070	0.1106	0.1136	0.1183	0.1217	0.1241	0.1259	0.1273	0.1295	0.1320
5.4	0.0878	0.0943	0.0996	0.1039	0.1075	0.1105	0.1152	0.1186	0.1210	0.1229	0.1243	0.1265	0.1292
5.6	0.0852	0.0916	0.0968	0.1010	0.1046	0.1076	0.1122	0.1156	0.1181	0.1200	0.1215	0.1238	0.1266
5.8	0.0828	0.0890	0.0941	0.0983	0.1018	0.1047	0.1094	0.1128	0.1153	0.1172	0.1187	0.1211	0.1240
6.0	0.0805	0.0866	0.0916	0.0957	0.0991	0.1021	0.1067	0.1101	0.1126	0.1146	0.1161	0.1185	0.1216
6.2	0.0783	0.0842	0.0891	0.0932	0.0966	0.0995	0.1041	0.1075	0.1101	0.1120	0.1136	0.1161	0.1193
6.4	0.0762	0.0820	0.0869	0.0909	0.0942	0.0971	0.1016	0.1050	0.1076	0.1096	0.1111	0.1137	0.1171
6.6	0.0742	0.0799	0.0847	0.0886	0.0919	0.0948	0.0993	0.1027	0.1053	0.1073	0.1088	0.1114	0.1149
6.8	0.0723	0.0779	0.0826	0.0865	0.0898	0.0926	0.0970	0.1004	0.1030	0.1050	0.1066	0.1092	0.1129
7.0	0.0705	0.0761	0.0806	0.0844	0.0877	0.0904	0.0949	0.0982	0.1008	0.1028	0.1044	0.1071	0.1109
7.2	0.0688	0.0742	0.0787	0.0825	0.0857	0.0884	0.0928	0.0962	0.0987	0.1008	0.1023	0.1051	0.1090
7.4	0.0672	0.0725	0.0769	0.0806	0.0838	0.0865	0.0908	0.0942	0.0967	0.0988	0.1004	0.1031	0.1071
7.6	0.0656	0.0709	0.0752	0.0789	0.0820	0.0846	0.0889	0.0922	0.0948	0.0968	0.0984	0.1012	0.1054
7.8	0.0642	0.0693	0.0736	0.0771	0.0802	0.0828	0.0871	0.0904	0.0929	0.0950	0.0966	0.0994	0.1036
8.0	0.0627	0.0678	0.0720	0.0755	0.0785	0.0811	0.0853	0.0886	0.0912	0.0932	0.0948	0.0976	0.1020
8.2	0.0614	0.0663	0.0705	0.0739	0.0769	0.0795	0.0837	0.0869	0.0894	0.0914	0.0931	0.0959	0.1004
8.4	0.0601	0.0649	0.0690	0.0724	0.0754	0.0779	0.0820	0.0852	0.0878	0.0893	0.0914	0.0943	0.0938
8.6	0.0588	0.0636	0.0676	0.0710	0.0739	0.0764	0.0805	0.0836	0.0862	0.0882	0.0898	0.0927	0.0973

续表 B.0.1-2

l/b z/b	1.0	1.2	1.4	1.6	1.8	2.0	2.4	2.8	3.2	3.6	4.0	5.0	10.0
8.8	0.0576	0.0623	0.0663	0.0696	0.0724	0.0749	0.0790	0.0821	0.0846	0.0866	0.0882	0.0912	0.0959
9.2	0.0554	0.0599	0.0637	0.0670	0.0697	0.0721	0.0761	0.0792	0.0817	0.0837	0.0853	0.0882	0.0931
9.6	0.0533	0.0577	0.0614	0.0645	0.0672	0.0696	0.0734	0.0765	0.0789	0.0809	0.0825	0.0855	0.0905
10.0	0.0514	0.0556	0.0592	0.0622	0.0649	0.0672	0.0710	0.0739	0.0763	0.0783	0.0799	0.0829	0.0880
10.4	0.0496	0.0537	0.0572	0.0601	0.0627	0.0649	0.0686	0.0716	0.0739	0.0759	0.0775	0.0804	0.0857
10.8	0.0479	0.0519	0.0553	0.0581	0.0606	0.0628	0.0664	0.0693	0.0717	0.0736	0.0751	0.0781	0.0834
11.2	0.0463	0.0502	0.0535	0.0563	0.0587	0.0609	0.0664	0.0672	0.0695	0.0714	0.0730	0.0759	0.0813
11.6	0.0448	0.0486	0.0518	0.0545	0.0569	0.0590	0.0625	0.0652	0.0675	0.0694	0.0709	0.0738	0.0793
12.0	0.0435	0.0471	0.0502	0.0529	0.0552	0.0573	0.0606	0.0634	0.0656	0.0674	0.0690	0.0719	0.0774
12.8	0.0409	0.0444	0.0474	0.0499	0.0521	0.0541	0.0573	0.0599	0.0621	0.0639	0.0654	0.0682	0.0739
13.6	0.0387	0.0420	0.0448	0.0472	0.0493	0.0512	0.0543	0.0568	0.0589	0.0607	0.0621	0.0649	0.0707
14.4	0.0367	0.0398	0.0425	0.0488	0.0468	0.0486	0.0516	0.0540	0.0561	0.0577	0.0592	0.0619	0.0677
15.2	0.0349	0.0379	0.0404	0.0426	0.0446	0.0463	0.0492	0.0515	0.0535	0.0551	0.0565	0.0592	0.0650
16.0	0.0332	0.0361	0.0385	0.0407	0.0425	0.0442	0.0469	0.0492	0.0511	0.0527	0.0540	0.0567	0.0625
18.0	0.0297	0.0323	0.0345	0.0364	0.0381	0.0396	0.0422	0.0442	0.0460	0.0475	0.0487	0.0512	0.0570
20.0	0.0269	0.0292	0.0312	0.0330	0.0345	0.0359	0.0383	0.0402	0.0418	0.0432	0.0444	0.0468	0.0524

B.0.2 矩形面积上三角形分布荷载下角点的附加应力系数 α、平均附加应力系数 $\overline{\alpha}$ 应按表 B.0.2 确定。

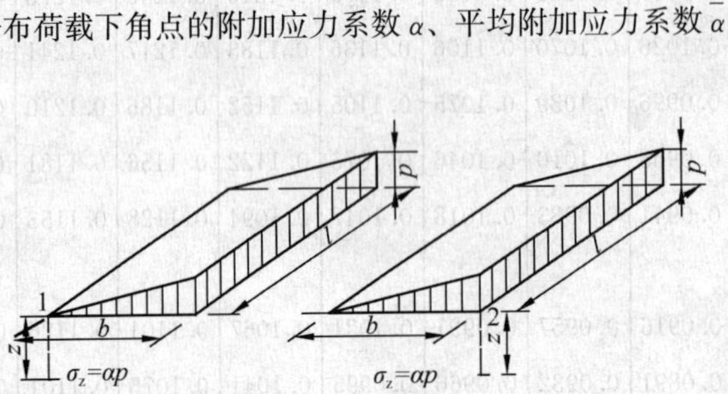

表 B.0.2 矩形面积上三角形分布荷载作用下的附加应力系数 α 与平均附加应力系数 $\overline{\alpha}$

l/b	0.2				0.4				0.6				l/b
点	1		2		1		2		1		2		点
系数 z/b	α	$\overline{\alpha}$	α	$\overline{\alpha}$	α	$\overline{\alpha}$	α	$\overline{\alpha}$	α	$\overline{\alpha}$	α	$\overline{\alpha}$	系数 z/b
0.0	0.0000	0.0000	0.2500	0.2500	0.0000	0.0000	0.2500	0.2500	0.0000	0.0000	0.2500	0.2500	0.0
0.2	0.0223	0.0112	0.1821	0.2161	0.0280	0.0140	0.2115	0.2308	0.0296	0.0148	0.2165	0.2333	0.2
0.4	0.0269	0.0179	0.1094	0.1810	0.0420	0.0245	0.1604	0.2084	0.0487	0.0270	0.1781	0.2153	0.4
0.6	0.0259	0.0207	0.0700	0.1505	0.0448	0.0308	0.1165	0.1851	0.0560	0.0355	0.1405	0.1966	0.6
0.8	0.0232	0.0217	0.0480	0.1277	0.0421	0.0340	0.0853	0.1640	0.0553	0.0405	0.1093	0.1787	0.8
1.0	0.0201	0.0217	0.0346	0.1104	0.0375	0.0351	0.0638	0.1461	0.0508	0.0430	0.0852	0.1624	1.0
1.2	0.0171	0.0212	0.0260	0.0970	0.0324	0.0351	0.0491	0.1312	0.0450	0.0439	0.0673	0.1480	1.2
1.4	0.0145	0.0204	0.0202	0.0865	0.0278	0.0344	0.0386	0.1187	0.0392	0.0436	0.0540	0.1356	1.4

续表 B. 0. 2

z/b \ l/b、点、系数	0.2				0.4				0.6				l/b、点、系数 / z/b
	1		2		1		2		1		2		
	α	$\bar{\alpha}$	α	$\bar{\alpha}$	α	$\bar{\alpha}$	α	$\bar{\alpha}$	α	$\bar{\alpha}$	α	$\bar{\alpha}$	
1.6	0.0123	0.0195	0.0160	0.0779	0.0238	0.0333	0.0310	0.1082	0.0339	0.0427	0.0440	0.1247	1.6
1.8	0.0105	0.0186	0.0130	0.0709	0.0204	0.0321	0.0254	0.0993	0.0294	0.0415	0.0363	0.1153	1.8
2.0	0.0090	0.0178	0.0108	0.0650	0.0176	0.0308	0.0211	0.0917	0.0255	0.0401	0.0304	0.1071	2.0
2.5	0.0063	0.0157	0.0072	0.0538	0.0125	0.0276	0.0140	0.0769	0.0183	0.0365	0.0205	0.0908	2.5
3.0	0.0046	0.0140	0.0051	0.0458	0.0092	0.0248	0.0100	0.0661	0.0135	0.0330	0.0148	0.0786	3.0
5.0	0.0018	0.0097	0.0019	0.0289	0.0036	0.0175	0.0038	0.0424	0.0054	0.0236	0.0056	0.0476	5.0
7.0	0.0009	0.0073	0.0010	0.0211	0.0019	0.0133	0.0019	0.0311	0.0028	0.0180	0.0029	0.0352	7.0
10.0	0.0005	0.0053	0.0004	0.0150	0.0009	0.0097	0.0010	0.0222	0.0014	0.0133	0.0014	0.0253	10.0

z/b \ l/b、点、系数	0.8				1.0				1.2				l/b、点、系数 / z/b
	1		2		1		2		1		2		
	α	$\bar{\alpha}$	α	$\bar{\alpha}$	α	$\bar{\alpha}$	α	$\bar{\alpha}$	α	$\bar{\alpha}$	α	$\bar{\alpha}$	
0.0	0.0000	0.0000	0.2500	0.2500	0.0000	0.0000	0.2500	0.2500	0.0000	0.0000	0.2500	0.2500	0.0
0.2	0.0301	0.0151	0.2178	0.2339	0.0304	0.0152	0.2182	0.2341	0.0305	0.0153	0.2184	0.2342	0.2
0.4	0.0517	0.0280	0.1844	0.2175	0.0531	0.0285	0.1870	0.2184	0.0539	0.0288	0.1881	0.2187	0.4
0.6	0.0621	0.0376	0.1520	0.2011	0.0654	0.0388	0.1575	0.2030	0.0673	0.0394	0.1602	0.2039	0.6
0.8	0.0637	0.0440	0.1232	0.1852	0.0688	0.0459	0.1311	0.1883	0.0720	0.0470	0.1355	0.1899	0.8
1.0	0.0602	0.0476	0.0996	0.1704	0.0666	0.0502	0.1086	0.1746	0.0708	0.0518	0.1143	0.1769	1.0
1.2	0.0546	0.0492	0.0807	0.1571	0.0615	0.0525	0.0901	0.1621	0.0664	0.0546	0.0962	0.1649	1.2
1.4	0.0483	0.0495	0.0661	0.1451	0.0554	0.0534	0.0751	0.1507	0.0606	0.0559	0.0817	0.1541	1.4
1.6	0.0424	0.0490	0.0547	0.1345	0.0492	0.0533	0.0628	0.1405	0.0545	0.0561	0.0696	0.1443	1.6
1.8	0.0371	0.0480	0.0457	0.1252	0.0435	0.0525	0.0534	0.1313	0.0487	0.0556	0.0596	0.1354	1.8
2.0	0.0324	0.0467	0.0387	0.1169	0.0384	0.0513	0.0456	0.1232	0.0434	0.0547	0.0513	0.1274	2.0
2.5	0.0236	0.0429	0.0265	0.1000	0.0284	0.0478	0.0318	0.1063	0.0326	0.0513	0.0365	0.1107	2.5
3.0	0.0176	0.0392	0.0192	0.0871	0.0214	0.0439	0.0233	0.0931	0.0249	0.0476	0.0270	0.0976	3.0
5.0	0.0071	0.0285	0.0074	0.0576	0.0088	0.0324	0.0091	0.0624	0.0104	0.0356	0.0108	0.0661	5.0
7.0	0.0038	0.0219	0.0038	0.0427	0.0047	0.0251	0.0047	0.0465	0.0056	0.0277	0.0056	0.0496	7.0
10.0	0.0019	0.0162	0.0019	0.0308	0.0023	0.0186	0.0024	0.0336	0.0028	0.0207	0.0028	0.0359	10.0

z/b \ l/b、点、系数	1.4				1.6				1.8				l/b、点、系数 / z/b
	1		2		1		2		1		2		
	α	$\bar{\alpha}$	α	$\bar{\alpha}$	α	$\bar{\alpha}$	α	$\bar{\alpha}$	α	$\bar{\alpha}$	α	$\bar{\alpha}$	
0.0	0.0000	0.0000	0.2500	0.2500	0.0000	0.0000	0.2500	0.2500	0.0000	0.0000	0.2500	0.2500	0.0
0.2	0.0305	0.0153	0.2185	0.2343	0.0306	0.0153	0.2185	0.2343	0.0306	0.0153	0.2185	0.2343	0.2
0.4	0.0543	0.0289	0.1886	0.2189	0.0545	0.0290	0.1889	0.2190	0.0546	0.0290	0.1891	0.2190	0.4
0.6	0.0684	0.0397	0.1616	0.2043	0.0690	0.0399	0.1625	0.2046	0.0649	0.0400	0.1630	0.2047	0.6
0.8	0.0739	0.0476	0.1381	0.1907	0.0751	0.0480	0.1396	0.1912	0.0759	0.0482	0.1405	0.1915	0.8
1.0	0.0735	0.0528	0.1176	0.1781	0.0753	0.0534	0.1202	0.1789	0.0766	0.0538	0.1215	0.1794	1.0
1.2	0.0698	0.0560	0.1007	0.1666	0.0721	0.0568	0.1037	0.1678	0.0738	0.0574	0.1055	0.1684	1.2
1.4	0.0644	0.0575	0.0864	0.1562	0.0672	0.0586	0.0897	0.1576	0.0692	0.0594	0.0921	0.1585	1.4
1.6	0.0586	0.0580	0.0743	0.1467	0.0616	0.0594	0.0780	0.1484	0.0639	0.0603	0.0806	0.1494	1.6

续表 B.0.2

z/b	l/b=1.4 点1 α	1.4 点1 $\bar{\alpha}$	1.4 点2 α	1.4 点2 $\bar{\alpha}$	l/b=1.6 点1 α	1.6 点1 $\bar{\alpha}$	1.6 点2 α	1.6 点2 $\bar{\alpha}$	l/b=1.8 点1 α	1.8 点1 $\bar{\alpha}$	1.8 点2 α	1.8 点2 $\bar{\alpha}$	z/b
1.8	0.0528	0.0578	0.0644	0.1381	0.0560	0.0593	0.0681	0.1400	0.0585	0.0604	0.0709	0.1413	1.8
2.0	0.0474	0.0570	0.0560	0.1303	0.0507	0.0587	0.0596	0.1324	0.0533	0.0599	0.0625	0.1338	2.0
2.5	0.0362	0.0540	0.0405	0.1139	0.0393	0.0560	0.0440	0.1163	0.0419	0.0575	0.0469	0.1180	2.5
3.0	0.0280	0.0503	0.0303	0.1008	0.0307	0.0525	0.0333	0.1033	0.0331	0.0541	0.0359	0.1052	3.0
5.0	0.0120	0.0382	0.0123	0.0690	0.0135	0.0403	0.0139	0.0714	0.0148	0.0421	0.0154	0.0734	5.0
7.0	0.0064	0.0299	0.0066	0.0520	0.0073	0.0318	0.0074	0.0541	0.0081	0.0333	0.0083	0.0558	7.0
10.0	0.0033	0.0224	0.0032	0.0379	0.0037	0.0239	0.0037	0.0395	0.0041	0.0252	0.0042	0.0409	10.0

z/b	l/b=2.0 点1 α	2.0 点1 $\bar{\alpha}$	2.0 点2 α	2.0 点2 $\bar{\alpha}$	l/b=3.0 点1 α	3.0 点1 $\bar{\alpha}$	3.0 点2 α	3.0 点2 $\bar{\alpha}$	l/b=4.0 点1 α	4.0 点1 $\bar{\alpha}$	4.0 点2 α	4.0 点2 $\bar{\alpha}$	z/b
0.0	0.0000	0.0000	0.2500	0.2500	0.0000	0.0000	0.2500	0.2500	0.0000	0.0000	0.2500	0.2500	0.0
0.2	0.0306	0.0153	0.2185	0.2343	0.0306	0.0153	0.2186	0.2343	0.0306	0.0153	0.2186	0.2343	0.2
0.4	0.0547	0.0290	0.1892	0.2191	0.0548	0.0290	0.1894	0.2192	0.0549	0.0291	0.1894	0.2192	0.4
0.6	0.0696	0.0401	0.1633	0.2048	0.0701	0.0402	0.1638	0.2050	0.0702	0.0402	0.1639	0.2050	0.6
0.8	0.0764	0.0483	0.1412	0.1917	0.0773	0.0486	0.1423	0.1920	0.0776	0.0487	0.1424	0.1920	0.8
1.0	0.0774	0.0540	0.1225	0.1797	0.0790	0.0545	0.1244	0.1803	0.0794	0.0546	0.1248	0.1803	1.0
1.2	0.0749	0.0577	0.1069	0.1689	0.0774	0.0584	0.1096	0.1697	0.0779	0.0586	0.1103	0.1699	1.2
1.4	0.0707	0.0599	0.0937	0.1591	0.0739	0.0609	0.0973	0.1603	0.0748	0.0612	0.0982	0.1605	1.4
1.6	0.0656	0.0609	0.0826	0.1502	0.0697	0.0623	0.0870	0.1517	0.0708	0.0626	0.0882	0.1521	1.6
1.8	0.0604	0.0611	0.0730	0.1422	0.0652	0.0628	0.0782	0.1441	0.0666	0.0633	0.0797	0.1445	1.8
2.0	0.0553	0.0608	0.0649	0.1348	0.0607	0.0629	0.0707	0.1371	0.0624	0.0634	0.0726	0.1377	2.0
2.5	0.0440	0.0586	0.0491	0.1193	0.0504	0.0614	0.0559	0.1223	0.0529	0.0623	0.0585	0.1233	2.5
3.0	0.0352	0.0554	0.0380	0.1067	0.0419	0.0589	0.0451	0.1104	0.0449	0.0600	0.0482	0.1116	3.0
5.0	0.0161	0.0435	0.0167	0.0749	0.0214	0.0480	0.0221	0.0797	0.0248	0.0500	0.0256	0.0817	5.0
7.0	0.0089	0.0347	0.0091	0.0572	0.0124	0.0391	0.0126	0.0619	0.0152	0.0414	0.0154	0.0642	7.0
10.0	0.0046	0.0263	0.0046	0.0403	0.0066	0.0302	0.0066	0.0462	0.0084	0.0325	0.0083	0.0485	10.0

z/b	l/b=6.0 点1 α	6.0 点1 $\bar{\alpha}$	6.0 点2 α	6.0 点2 $\bar{\alpha}$	l/b=8.0 点1 α	8.0 点1 $\bar{\alpha}$	8.0 点2 α	8.0 点2 $\bar{\alpha}$	l/b=10.0 点1 α	10.0 点1 $\bar{\alpha}$	10.0 点2 α	10.0 点2 $\bar{\alpha}$	z/b
0.0	0.0000	0.0000	0.2500	0.2500	0.0000	0.0000	0.2500	0.2500	0.0000	0.0000	0.2500	0.2500	0.0
0.2	0.0306	0.0153	0.2186	0.2343	0.0306	0.0153	0.2186	0.2343	0.0306	0.0153	0.2186	0.2343	0.2
0.4	0.0549	0.0291	0.1894	0.2192	0.0549	0.0291	0.1894	0.2192	0.0549	0.0291	0.1894	0.2192	0.4
0.6	0.0702	0.0402	0.1640	0.2050	0.0702	0.0402	0.1640	0.2050	0.0702	0.0402	0.1640	0.2050	0.6
0.8	0.0776	0.0487	0.1426	0.1921	0.0776	0.0487	0.1426	0.1921	0.0776	0.0487	0.1426	0.1921	0.8
1.0	0.0795	0.0546	0.1250	0.1804	0.0796	0.0546	0.1250	0.1804	0.0796	0.0546	0.1250	0.1804	1.0
1.2	0.0782	0.0587	0.1105	0.1700	0.0783	0.0587	0.1105	0.1700	0.0783	0.0587	0.1105	0.1700	1.2
1.4	0.0752	0.0613	0.0986	0.1606	0.0752	0.0613	0.0987	0.1606	0.0753	0.0613	0.0987	0.1606	1.4
1.6	0.0714	0.0628	0.0887	0.1523	0.0715	0.0628	0.0888	0.1523	0.0715	0.0628	0.0889	0.1523	1.6
1.8	0.0673	0.0635	0.0805	0.1447	0.0675	0.0635	0.0806	0.1448	0.0675	0.0635	0.0808	0.1448	1.8
2.0	0.0634	0.0637	0.0734	0.1380	0.0636	0.0638	0.0736	0.1380	0.0636	0.0638	0.0738	0.1380	2.0
2.5	0.0543	0.0627	0.0601	0.1237	0.0547	0.0628	0.0604	0.1238	0.0548	0.0628	0.0605	0.1239	2.5
3.0	0.0469	0.0607	0.0504	0.1123	0.0474	0.0609	0.0509	0.1124	0.0476	0.0609	0.0511	0.1125	3.0
5.0	0.0283	0.0515	0.0290	0.0833	0.0296	0.0519	0.0303	0.0837	0.0301	0.0521	0.0309	0.0839	5.0
7.0	0.0186	0.0435	0.0190	0.0663	0.0204	0.0442	0.0207	0.0671	0.0212	0.0445	0.0216	0.0674	7.0
10.0	0.0111	0.0349	0.0111	0.0509	0.0128	0.0359	0.0130	0.0520	0.0139	0.0364	0.0141	0.0526	10.0

B.0.3 圆形面积上均布荷载下角点的附加应力系数 α、平均附加应力系数 $\bar{\alpha}$ 应按表 B.0.3 确定。

表 B.0.3 圆形面积上均布荷载作用下中点的附加应力系数 α 与平均附加应力系数 $\bar{\alpha}$

z/r	圆形 α	圆形 $\bar{\alpha}$	z/r	圆形 α	圆形 $\bar{\alpha}$
0.0	1.000	1.000	2.6	0.187	0.560
0.1	0.999	1.000	2.7	0.175	0.546
0.2	0.992	0.998	2.8	0.165	0.532
0.3	0.976	0.993	2.9	0.155	0.519
0.4	0.949	0.986	3.0	0.146	0.507
0.5	0.911	0.974	3.1	0.138	0.495
0.6	0.864	0.960	3.2	0.130	0.484
0.7	0.811	0.942	3.3	0.124	0.473
0.8	0.756	0.923	3.4	0.117	0.463
0.9	0.701	0.901	3.5	0.111	0.453
1.0	0.647	0.878	3.6	0.106	0.443
1.1	0.595	0.855	3.7	0.101	0.434
1.2	0.547	0.831	3.8	0.096	0.425
1.3	0.502	0.808	3.9	0.091	0.417
1.4	0.461	0.784	4.0	0.087	0.409
1.5	0.424	0.762	4.1	0.083	0.401
1.6	0.390	0.739	4.2	0.079	0.393
1.7	0.360	0.718	4.3	0.076	0.386
1.8	0.332	0.697	4.4	0.073	0.379
1.9	0.307	0.677	4.5	0.070	0.372
2.0	0.285	0.658	4.6	0.067	0.365
2.1	0.264	0.640	4.7	0.064	0.359
2.2	0.245	0.623	4.8	0.062	0.353
2.3	0.229	0.606	4.9	0.059	0.347
2.4	0.210	0.590	5.0	0.057	0.341
2.5	0.200	0.574			

B.0.4 圆形面积上三角形分布荷载下角点的附加应力系数 α、平均附加应力系数 $\bar{\alpha}$ 应按表 B.0.4 确定。

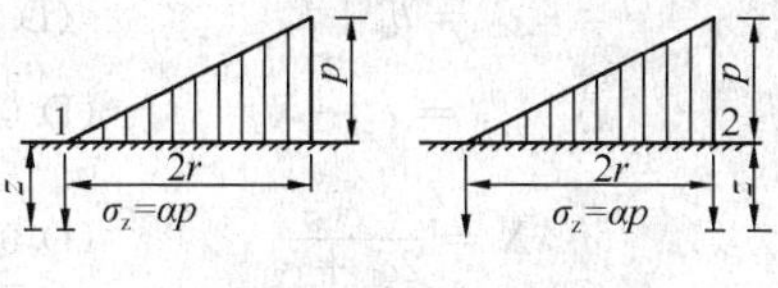

r—圆形面积的半径

表 B.0.4 圆形面积上三角形分布荷载作用下边点的附加应力系数 α 与平均附加应力系数 $\bar{\alpha}$

z/r ＼ 点 / 系数	1 α	1 $\bar{\alpha}$	2 α	2 $\bar{\alpha}$
0.0	0.000	0.000	0.500	0.500
0.1	0.016	0.008	0.465	0.483
0.2	0.031	0.016	0.433	0.466
0.3	0.044	0.023	0.403	0.450
0.4	0.054	0.030	0.376	0.435
0.5	0.063	0.035	0.349	0.420
0.6	0.071	0.041	0.324	0.406
0.7	0.078	0.045	0.300	0.393
0.8	0.083	0.050	0.279	0.380
0.9	0.088	0.054	0.258	0.368
1.0	0.091	0.057	0.238	0.356
1.1	0.092	0.061	0.221	0.344
1.2	0.093	0.063	0.205	0.333
1.3	0.092	0.065	0.190	0.323
1.4	0.091	0.067	0.177	0.313
1.5	0.089	0.069	0.165	0.303
1.6	0.087	0.070	0.154	0.294
1.7	0.085	0.071	0.144	0.286
1.8	0.083	0.072	0.134	0.278
1.9	0.080	0.072	0.126	0.270
2.0	0.078	0.073	0.117	0.263
2.1	0.075	0.073	0.110	0.255
2.2	0.072	0.073	0.104	0.249
2.3	0.070	0.073	0.097	0.242
2.4	0.067	0.073	0.091	0.236
2.5	0.064	0.072	0.086	0.230
2.6	0.062	0.072	0.081	0.225
2.7	0.059	0.071	0.078	0.219
2.8	0.057	0.071	0.074	0.214
2.9	0.055	0.070	0.070	0.209
3.0	0.052	0.070	0.067	0.204
3.1	0.050	0.069	0.064	0.200
3.2	0.048	0.069	0.061	0.196
3.3	0.046	0.068	0.059	0.192
3.4	0.045	0.067	0.055	0.188
3.5	0.043	0.067	0.053	0.184
3.6	0.041	0.066	0.051	0.180
3.7	0.040	0.065	0.048	0.177
3.8	0.038	0.065	0.046	0.173
3.9	0.037	0.064	0.043	0.170
4.0	0.036	0.063	0.041	0.167
4.2	0.033	0.062	0.038	0.161
4.4	0.031	0.061	0.034	0.155
4.6	0.029	0.059	0.031	0.150
4.8	0.027	0.058	0.029	0.145
5.0	0.025	0.057	0.027	0.140

附录C 按 E_0 计算沉降时的 δ 系数

表C δ 系 数

$m=\frac{2z}{b}$	$n=\frac{l}{b}$						$n\geqslant 10$
	1	1.4	1.8	2.4	3.2	5	
0.0	0.000	0.000	0.000	0.000	0.000	0.000	0.000
0.4	0.100	0.100	0.100	0.100	0.100	0.100	0.104
0.8	0.200	0.200	0.200	0.200	0.200	0.200	0.208
1.2	0.299	0.300	0.300	0.300	0.300	0.300	0.311
1.6	0.380	0.394	0.397	0.397	0.397	0.397	0.412
2.0	0.446	0.472	0.482	0.486	0.486	0.486	0.511
2.4	0.499	0.538	0.556	0.565	0.567	0.567	0.605
2.8	0.542	0.592	0.618	0.635	0.640	0.640	0.687
3.2	0.577	0.637	0.671	0.696	0.707	0.709	0.763
3.6	0.606	0.676	0.717	0.750	0.768	0.772	0.831
4.0	0.630	0.708	0.756	0.796	0.820	0.830	0.892
4.4	0.650	0.735	0.789	0.837	0.867	0.883	0.949
4.8	0.668	0.759	0.819	0.873	0.908	0.932	1.001
5.2	0.683	0.780	0.834	0.904	0.948	0.977	1.050
5.6	0.697	0.798	0.867	0.933	0.981	1.018	1.096
6.0	0.708	0.814	0.887	0.958	1.011	1.056	1.138
6.4	0.719	0.828	0.904	0.980	1.031	1.090	1.178
6.8	0.728	0.841	0.920	1.000	1.065	1.122	1.215
7.2	0.736	0.852	0.935	1.019	1.088	1.152	1.251
7.6	0.744	0.863	0.948	1.036	1.109	1.180	1.285
8.0	0.751	0.872	0.960	1.051	1.128	1.205	1.316
8.4	0.757	0.881	0.970	1.065	1.146	1.229	1.347
8.8	0.762	0.888	0.980	1.078	1.162	1.251	1.376
9.2	0.768	0.896	0.989	1.089	1.178	1.272	1.404
9.6	0.772	0.902	0.998	1.100	1.192	1.291	1.431
10.0	0.777	0.908	1.005	1.110	1.205	1.309	1.456
11.0	0.786	0.922	1.022	1.132	1.238	1.349	1.506
12.0	0.794	0.933	1.037	1.151	1.257	1.384	1.550

注：b—矩形基础的长度与宽度；

z—基础底面至该层土底面的距离。

附录D 冲切临界截面周长及极惯性矩计算

D.0.1 冲切临界截面的周长 u_m 以及冲切临界截面对其重心的极惯性矩 I_s，应根据柱所处的部位分别按下列公式进行计算：

1 内柱

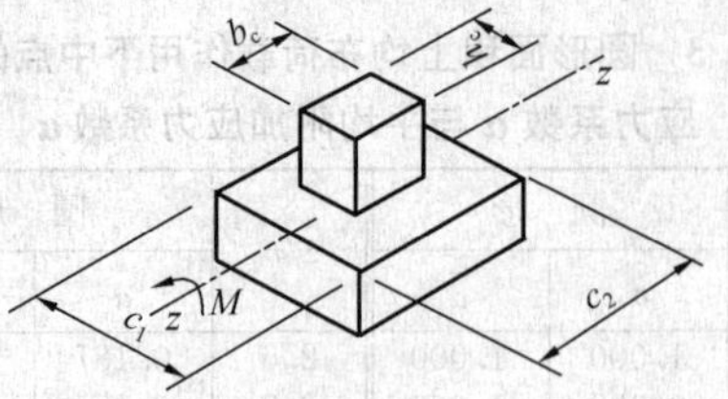

图 D.0.1-1

$$u_m=2c_1+2c_2 \quad (D.0.1\text{-}1)$$

$$I_s=\frac{c_1h_0^3}{6}+\frac{c_1^3h_0}{6}+\frac{c_2h_0c_1^2}{2} \quad (D.0.1\text{-}2)$$

$$c_1=h_c+h_0 \quad (D.0.1\text{-}3)$$

$$c_2=b_c+h_0 \quad (D.0.1\text{-}4)$$

$$c_{AB}=\frac{c_1}{2} \quad (D.0.1\text{-}5)$$

式中：h_c——与弯矩作用方向一致的柱截面的边长（m）；

b_c——垂直于 h_c 的柱截面边长（m）。

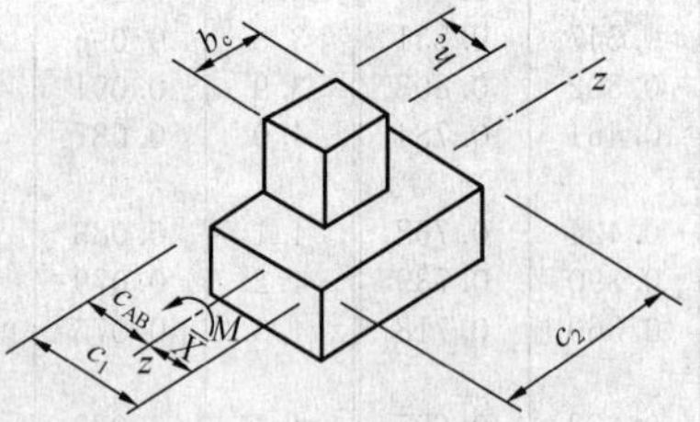

图 D.0.1-2

2 边柱

$$u_m=2c_1+c_2 \quad (D.0.1\text{-}6)$$

$$I_s=\frac{c_1h_0^3}{6}+\frac{c_1^3h_0}{6}+2h_0c_1\left(\frac{c_1}{2}-\overline{X}\right)^2+c_2h_0\overline{X}^2 \quad (D.0.1\text{-}7)$$

$$c_1=h_c+\frac{h_0}{2} \quad (D.0.1\text{-}8)$$

$$c_2=b_c+h_0 \quad (D.0.1\text{-}9)$$

$$c_{AB}=c_1-\overline{X} \quad (D.0.1\text{-}10)$$

$$\overline{X}=\frac{c_1^2}{2c_1+c_2} \quad (D.0.1\text{-}11)$$

式中：$\overline{X}$——冲切临界截面重心位置（m）。

式（D.0.1-6）～式（D.0.1-11）适用于柱外侧齐筏板边缘的边柱。对外伸式筏板，边柱柱下筏板冲切临界截面的计算模式应根据边柱外侧筏板的悬挑长度和柱子的边长确定。当边柱外侧的悬挑长度小于或等于（$h_0+0.5b_c$）时，冲切临界截面可计算至垂直于自由边的板端，计算 c_1 及 I_s 值时应计及边柱外侧的悬挑长度；当边柱外侧筏板的悬挑长度大于（$h_0+0.5b_c$）时，边柱柱下筏板冲切临界截面的计算模式同中柱。

3 角柱

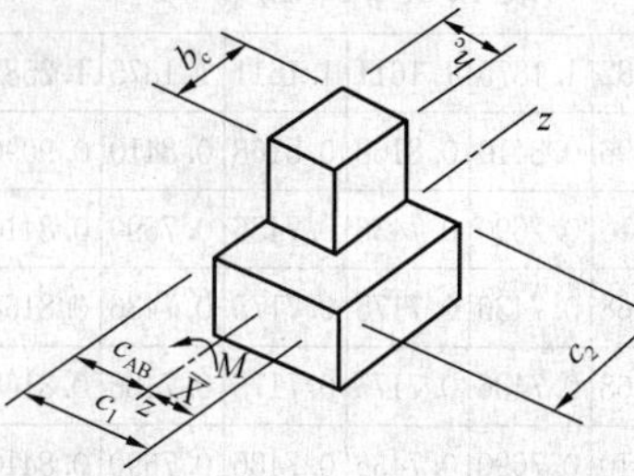

图 D. 0. 1-3

$$u_m = c_1 + c_2 \qquad (D.0.1\text{-}12)$$

$$I_s = \frac{c_1 h_0^3}{12} + \frac{c_1^3 h_0}{12} + c_1 h_0 \left(\frac{c_1}{2} - \overline{X}\right)^2 + c_2 h_0 \overline{X}^2 \qquad (D.0.1\text{-}13)$$

$$c_1 = h_c + \frac{h_0}{2} \qquad (D.0.1\text{-}14)$$

$$c_2 = b_c + \frac{h_0}{2} \qquad (D.0.1\text{-}15)$$

$$c_{AB} = c_1 - \overline{X} \qquad (D.0.1\text{-}16)$$

$$\overline{X} = \frac{c_1^2}{2c_1 + 2c_2} \qquad (D.0.1\text{-}17)$$

式中：$\overline{X}$——冲切临界截面重心位置（m）。

式（D. 0. 1-12）～式（D. 0. 1-17）适用于柱两相邻外侧齐筏板边缘的角柱。对外伸式筏板，角柱柱下筏板冲切临界截面的计算模式应根据角柱外侧筏板的悬挑长度和柱子的边长确定。当角柱两相邻外侧筏板的悬挑长度分别小于或等于（h_0 + 0. 5b_c）和（h_0 + 0. 5h_c）时，冲切临界截面可计算至垂直于自由边的板端，计算 c_1、c_2 及 I_s 值应计及角柱外侧筏板的悬挑长度；当角柱两相邻外侧筏板的悬挑长度大于（h_0 + 0. 5b_c）和（h_0 + 0. 5h_c）时，角柱柱下筏板冲切临界截面的计算模式同中柱。

附录 E　地基反力系数

E. 0. 1　黏性土地基反力系数应按下列表值确定。

表 E. 0. 1-1　*L*/*B*=1

1. 381	1. 179	1. 128	1. 108	1. 108	1. 128	1. 179	1. 381
1. 179	0. 952	0. 898	0. 879	0. 879	0. 898	0. 952	1. 179
1. 128	0. 898	0. 841	0. 821	0. 821	0. 841	0. 898	1. 128
1. 108	0. 879	0. 821	0. 800	0. 800	0. 821	0. 879	1. 108
1. 108	0. 879	0. 821	0. 800	0. 800	0. 821	0. 879	1. 108
1. 128	0. 898	0. 841	0. 821	0. 821	0. 841	0. 898	1. 128
1. 179	0. 952	0. 898	0. 879	0. 879	0. 898	0. 952	1. 179
1. 381	1. 179	1. 128	1. 108	1. 108	1. 128	1. 179	1. 381

表 E. 0. 1-2　*L*/*B*=2～3

1. 265	1. 115	1. 075	1. 061	1. 061	1. 075	1. 115	1. 265
1. 073	0. 904	0. 865	0. 853	0. 853	0. 865	0. 904	1. 073
1. 046	0. 875	0. 835	0. 822	0. 822	0. 835	0. 875	1. 046
1. 073	0. 904	0. 865	0. 853	0. 853	0. 865	0. 904	1. 073
1. 265	1. 115	1. 075	1. 061	1. 061	1. 075	1. 115	1. 265

表 E. 0. 1-3　*L*/*B*=4～5

1. 229	1. 042	1. 014	1. 003	1. 003	1. 014	1. 042	1. 229
1. 096	0. 929	0. 904	0. 895	0. 895	0. 904	0. 929	1. 096
1. 081	0. 918	0. 893	0. 884	0. 884	0. 893	0. 918	1. 081
1. 096	0. 929	0. 904	0. 895	0. 895	0. 904	0. 929	1. 096
1. 229	1. 042	1. 014	1. 003	1. 003	1. 014	1. 042	1. 229

表 E. 0. 1-4　*L*/*B*=6～8

1. 214	1. 053	1. 013	1. 008	1. 008	1. 013	1. 053	1. 214
1. 083	0. 939	0. 903	0. 899	0. 899	0. 903	0. 939	1. 083
1. 069	0. 927	0. 892	0. 888	0. 888	0. 892	0. 927	1. 069
1. 083	0. 939	0. 903	0. 899	0. 899	0. 903	0. 939	1. 083
1. 214	1. 053	1. 013	1. 008	1. 008	1. 013	1. 053	1. 214

E. 0. 2　软土地基反力系数按表 E. 0. 2 确定。

表 E. 0. 2　软土地基反力系数

0. 906	0. 966	0. 814	0. 738	0. 738	0. 814	0. 966	0. 906
1. 124	1. 197	1. 009	0. 914	0. 914	1. 009	1. 197	1. 124
1. 235	1. 314	1. 109	1. 006	1. 006	1. 109	1. 314	1. 235
1. 124	1. 197	1. 009	0. 914	0. 914	1. 009	1. 197	1. 124
0. 906	0. 966	0. 811	0. 738	0. 738	0. 811	0. 966	0. 906

E. 0. 3　黏性土地基异形基础地基反力系数按下列表值确定。

表 E. 0. 3-1

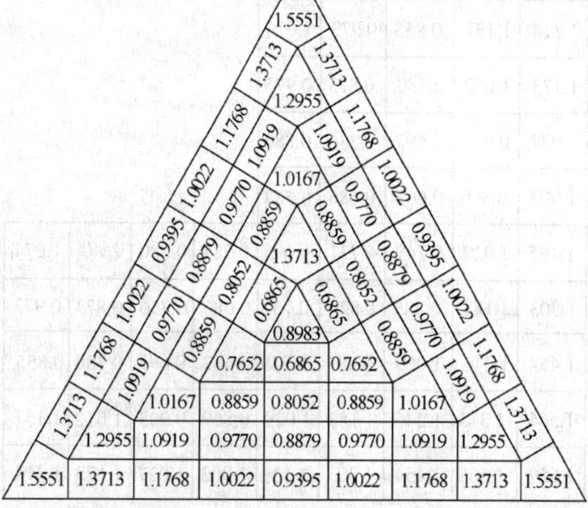

表 E. 0. 3-2

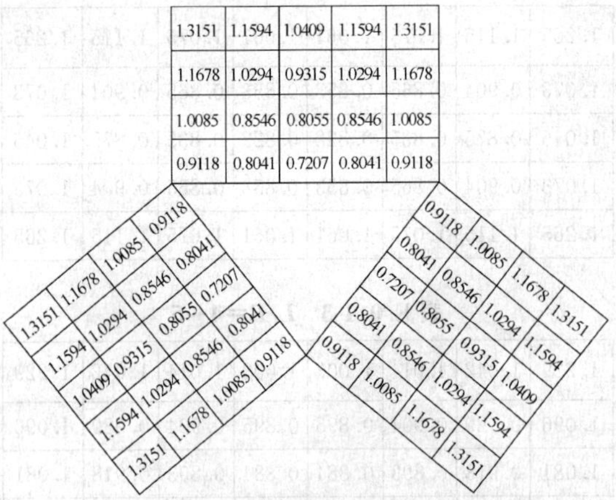

表 E. 0. 3-3

			1.4799	1.3443	1.2086	1.3443	1.4799			
			1.2336	1.1199	1.0312	1.1199	1.2336			
			0.9623	0.8726	0.8127	0.8726	0.9623			
1.4799	1.2336	0.9623	0.7850	0.7009	0.6673	0.7009	0.7850	0.9623	1.2336	1.4799
1.3443	1.1199	0.8726	0.7009	0.6024	0.5693	0.6024	0.7009	0.8726	1.1199	1.3443
1.2086	1.0312	0.8127	0.6673	0.5693	0.4996	0.5693	0.6673	0.8127	1.0312	1.2086
1.3443	1.1199	0.8726	0.7009	0.6024	0.5693	0.6024	0.7009	0.8726	1.1199	1.3443
1.4799	1.2336	0.9623	0.7850	0.7009	0.6673	0.7009	0.7850	0.9623	1.2336	1.4799
			0.9623	0.8726	0.8127	0.8726	0.9623			
			1.2336	1.1199	1.0312	1.1199	1.2336			
			1.4799	1.3443	1.2086	1.3443	1.4799			

表 E. 0. 3-4

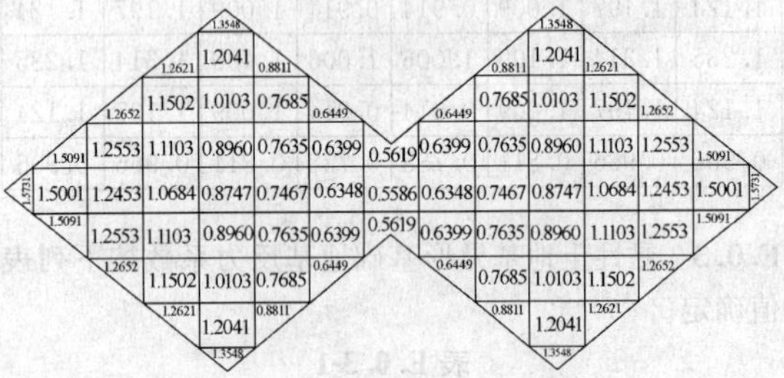

表 E. 0. 3-5

1.314	1.137	0.855	0.973	1.074				
1.173	1.012	0.780	0.873	0.975				
1.027	0.903	0.697	0.756	0.880				
1.003	0.869	0.667	0.686	0.783				
1.135	1.029	0.749	0.731	0.694	0.783	0.880	0.975	1.074
1.303	1.183	0.885	0.829	0.731	0.686	0.756	0.873	0.973
1.454	1.246	1.069	0.885	0.749	0.667	0.697	0.780	0.855
1.566	1.313	1.246	1.183	1.029	0.869	0.903	1.012	1.137
1.659	1.566	1.454	1.303	1.135	1.003	1.027	1.173	1.314

E. 0. 4 砂土地基反力系数应按下列表值确定。

表 E. 0. 4-1 $L/B=1$

1. 5875	1. 2582	1. 1875	1. 1611	1. 1611	1. 1875	1. 2582	1. 5875
1. 2582	0. 9096	0. 8410	0. 8168	0. 8168	0. 8410	0. 9096	1. 2582
1. 1875	0. 8410	0. 7690	0. 7436	0. 7436	0. 7690	0. 8410	1. 1875
1. 1611	0. 8168	0. 7436	0. 7175	0. 7175	0. 7436	0. 8168	1. 1611
1. 1611	0. 8168	0. 7436	0. 7175	0. 7175	0. 7436	0. 8168	1. 1611
1. 1875	0. 8410	0. 7690	0. 7436	0. 7436	0. 7690	0. 8410	1. 1875
1. 2582	0. 9096	0. 8410	0. 8168	0. 8168	0. 8410	0. 9096	1. 2582
1. 5875	1. 2582	1. 1875	1. 1611	1. 1611	1. 1875	1. 2582	1. 5875

表 E. 0. 4-2 $L/B=2\sim3$

1. 409	1. 166	1. 109	1. 088	1. 088	1. 109	1. 166	1. 409
1. 108	0. 847	0. 798	0. 781	0. 781	0. 798	0. 847	1. 108
1. 069	0. 812	0. 762	0. 745	0. 745	0. 762	0. 812	1. 069
1. 108	0. 847	0. 798	0. 781	0. 781	0. 798	0. 847	1. 108
1. 409	1. 166	1. 109	1. 088	1. 088	1. 109	1. 166	1. 409

表 E. 0. 4-3 $L/B=4\sim5$

1. 395	1. 212	1. 166	1. 149	1. 149	1. 166	1. 212	1. 395
0. 992	0. 828	0. 794	0. 783	0. 783	0. 794	0. 828	0. 992
0. 989	0. 818	0. 783	0. 772	0. 772	0. 783	0. 818	0. 989
0. 992	0. 828	0. 794	0. 783	0. 783	0. 794	0. 828	0. 992
1. 395	1. 212	1. 166	1. 149	1. 149	1. 166	1. 212	1. 395

注：1 以上各表表示将基础底面（包括底板悬挑部分）划分为若干区格，每区格基底反力＝$\frac{\text{上部结构竖向荷载加箱形基础自重和挑出部分台阶上的自重}}{\text{基底面积}}\times$该区格的反力系数。

2 本附录适用于上部结构与荷载比较匀称的框架结构，地基土比较均匀、底板悬挑部分不宜超过 0.8m，不考虑相邻建筑物的影响以及满足本规范构造要求的单幢建筑物的箱形基础。当纵横方向荷载不很匀称时，应分别将不匀称荷载对纵横方向对称轴所产生的力矩值所引起的地基不均匀反力和由附表计算的反力进行叠加。力矩引起的地基不均匀反力按直线变化计算。

3 本规范表 E. 0. 3-2 中，三个翼和核心三角形区域的反力与荷载应各自平衡，核心三角形区域内的反力可按均布考虑。

附录 F 筏形或箱形基础整体弯矩的简化计算

F. 0. 1 框架结构等效刚度 $E_B I_B$ 可按下列公式计算（图 F. 0. 1）：

$$E_B I_B = \sum_{i=1}^{n}\left[E_b I_{bi}\left(1+\frac{K_{ui}+K_{li}}{2K_{bi}+K_{ui}+K_{li}}m^2\right)\right] \tag{F.0.1}$$

式中：　E_b——梁、柱的混凝土弹性模量（kPa）；

K_{ui}、K_{li}、K_{bi}——第 i 层上柱、下柱和梁的线刚度（m^3），其值分别为 $\frac{I_{ui}}{h_{ui}}$、$\frac{I_{li}}{h_{li}}$ 和 $\frac{I_{bi}}{l}$；

I_{ui}、I_{li}、I_{bi}——第 i 层上柱、下柱和梁的截面惯性矩（m^4）；

h_{ui}、h_{li}——第 i 层上柱及下柱的高度（m）；

L——上部结构弯曲方向的总长度（m）；

l——上部结构弯曲方向的柱距（m）；

m——在弯曲方向的节间数；

n——建筑物层数，当层数不大于 5 层时，n 取实际层数；当层数大于 5 层时，n 取 5。

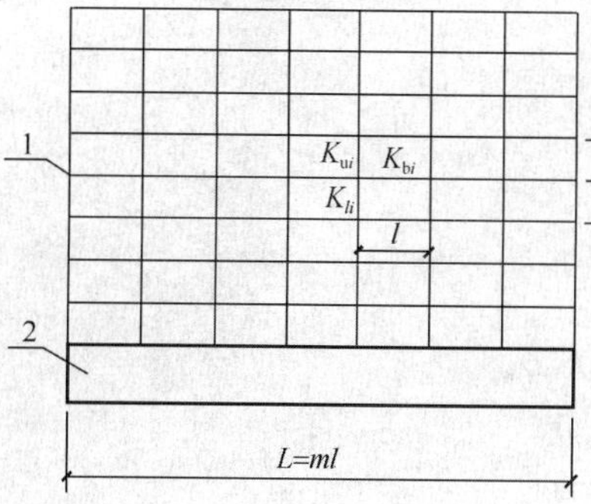

图 F.0.1　式（F.0.1）中符号的示意

1—第 i 层；2—基础

式（F.0.1）用于等柱距的框架结构。对柱距相差不超过 20%的框架结构也可适用，此时，l 取柱距的平均值。

F.0.2　筏形与箱形基础的整体弯矩可将上部框架简化为等代梁并通过结构的底层柱与筏形或箱形基础连接，按图 F.0.2 所示计算模型进行计算。上部框架结构等效刚度 $E_B I_B$ 可按式（F.0.1）计算。当上部结构存在剪力墙时，可按实际情况布置在图 F.0.2 上，一并进行分析。

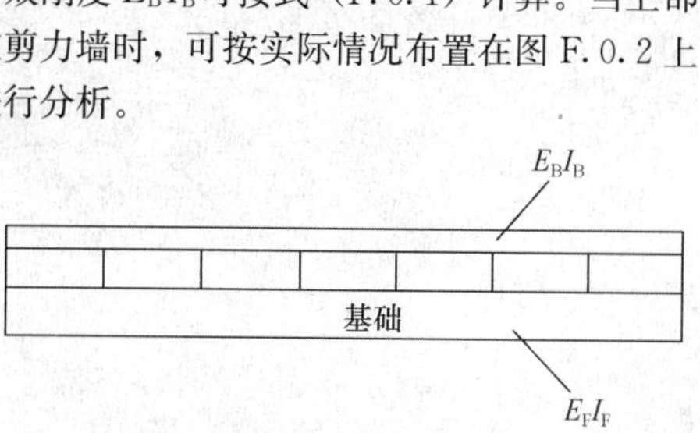

图 F.0.2

在图 F.0.2 中，$E_F I_F$ 为筏形与箱形基础的刚度，其中 E_F 为筏形与箱形基础的混凝土弹性模量；I_F 为按工字形截面计算的箱形基础截面惯性矩、按倒 T 字形截面计算的梁板式筏形基础的截面惯性矩、或按基础底板全宽计算的平板式筏形基础截面惯性矩；工字形截面的上、下翼缘宽度分别为箱形基础顶、底板的全宽，腹板厚度为在弯曲方向的墙体厚度的总和；倒 T 字形截面的下翼缘宽度为筏形基础底板的全宽，腹板厚度为在弯曲方向的基础梁宽度的总和。

本规范用词说明

1　为便于在执行本规范条文时区别对待，对要求严格程度不同的用词说明如下：

1） 表示很严格，非这样做不可的：
正面词采用“必须”，反面词采用“严禁”；

2） 表示严格，在正常情况下均应这样做的：
正面词采用“应”，反面词采用“不应”或“不得”；

3） 表示允许稍有选择，在条件许可时首先应这样做的：
正面词采用“宜”，反面词采用“不宜”；

4） 表示有选择，在一定条件下可以这样做的，采用“可”。

2　条文中指明应按其他有关标准执行的写法为：“应符合……的规定”或“应按……执行”。

引用标准名录

1　《建筑地基基础设计规范》GB 50007

2　《建筑结构荷载规范》GB 50009

3　《混凝土结构设计规范》GB 50010

4　《建筑抗震设计规范》GB 50011

5　《岩土工程勘察规范》GB 50021

6　《人民防空地下室设计规范》GB 50038

7　《混凝土质量控制标准》GB 50164

8　《建筑地基基础工程施工质量验收规范》GB 50202

9　《混凝土结构工程施工及验收规范》GB 50204

10　《建筑变形测量规范》JGJ 8

11　《高层建筑岩土工程勘察规程》JGJ 72

12　《建筑桩基技术规范》JGJ 94

中华人民共和国行业标准

高层建筑筏形与箱形基础技术规范

JGJ 6—2011

条 文 说 明

修 订 说 明

《高层建筑筏形与箱形基础技术规范》JGJ 6-2011，经住房和城乡建设部2011年1月28日以第904号公告批准、发布。

本规范是在《高层建筑箱形与筏形基础技术规范》JGJ 6-99的基础上修订而成，上一版的主编单位是中国建筑科学研究院，参编单位是北京市建筑设计研究院、北京市勘察设计研究院、上海市建筑设计研究院、中国兵器工业勘察设计研究院、辽宁省建筑设计研究院、北京市建工集团总公司，主要起草人员是：何颐华、钱力航、侯光瑜、袁炳麟、彭安宁、黄强、谭永坚、裴捷、章家驹、郑孟祥、余志成。本次修订的主要技术内容是：1. 增加了筏形与箱形基础稳定性计算方法；2. 增加了大面积整体基础的沉降计算和构造要求；3. 修订了高层建筑筏形与箱形基础的沉降计算公式；4. 修订了箱筏基础底板的冲切、剪切计算方法；5. 修订了桩箱、桩筏基础板的设计计算方法；6. 修订了筏形与箱形基础整体弯矩的简化计算方法；7. 根据新的研究成果和实践经验修订了原规范执行过程中发现的一些问题。

本规范修订过程中，编制组对国内外高层建筑设计施工的应用情况进行了广泛的调查研究，总结了我国工程建设中高层建筑筏形和箱形基础设计、施工领域的实践经验，同时参考了国外先进技术法规、技术标准，通过室内模型试验和现场原位测试取得了能够反映我国当前高层建筑领域设计与施工整体水平的重要技术参数。

为便于广大设计、施工、科研、学校等单位有关人员在使用本规范时能正确理解和执行条文规定，《高层建筑筏形与箱形基础技术规范》编制组按章、节、条顺序编制了本规范的条文说明，对条文规定的目的、依据以及执行中需注意的有关事项进行了说明。但是，本条文说明不具备与规范正文同等的法律效力，仅供使用者作为理解和把握规范规定的参考。

目　次

1 总 则

1.0.1 说明了制定本规范的目的是在高层建筑筏形和箱形基础的设计与施工中贯彻国家的技术政策，做到安全适用、环保节能、经济合理、确保质量、技术先进。

1.0.2 规定了本规范的适用范围是高层建筑筏形和箱形基础的设计、施工与监测。因为作为本规范编制依据的工程实测资料、研究成果和工程经验均来自高层建筑。高层建筑的一个重要特点是上部结构参与筏形或箱形基础的共同作用以后，使筏形或箱形基础呈现出刚性基础的特征，而一般基础并不完全具备这种特征。

1.0.3 说明了高层建筑筏形和箱形基础在设计与施工时应综合分析各种因素，这些因素都非常重要，如忽略某个因素，甚至可能造成严重的工程事故。这一条必须引起设计施工人员的重视。

1.0.4 说明了在进行高层建筑筏形和箱形基础的设计、施工与监测时，执行本规范与执行国家现行有关标准的关系。

3 基 本 规 定

3.0.2 高层建筑筏形与箱形基础在进行地基设计时，首先应进行承载力和地基变形计算。在受轴心荷载、偏心荷载及地震作用下，基础底面压力均应符合本规范关于承载力的规定；地基变形计算值，不应大于建筑物的地基变形允许值；对建造在斜坡上或边坡附近的高层建筑，应进行整体稳定验算。只有当承载力和地基变形和稳定性均满足相应规定时，才能保证采用筏形与箱形基础的高层建筑的安全和正常使用。

3.0.3 岩土工程勘察是为高层建筑筏形与箱形基础设计和施工提供最基本的地质、地形、水文资料和参数的，是进行合理设计和科学施工的基本依据，所以本规范对此作了严格的规定。

4 地 基 勘 察

4.1 一 般 规 定

4.1.1 2000年1月30日由国务院颁发的《建设工程质量管理条例》第5条规定："从事建设工程活动，必须严格执行基本建设程序，坚持先勘察、后设计、再施工的原则"。结合目前勘察设计市场的实际情况，故在地基勘察章节一般规定中，特别强调各方建设主体必须遵守基本建设程序的规定，在进行高层建筑筏形与箱形基础设计前，应先进行岩土工程勘察，查明场地工程地质条件，同时对岩土工程勘察提出了工作要求。

4.1.2 本条规定岩土工程勘察宜分阶段进行。勘察单位应根据设计阶段和工程任务的具体要求进行相应阶段的勘察工作。不过在实际工作中，由于项目的特殊性或业主的开发要求，即使复杂场地、复杂地基以及特殊土地基勘察，不一定能清晰划分阶段，甚至是并为一次完成。只要岩土工程勘察能满足高层建筑筏形与箱形基础设计对地基计算的需求，并解决施工过程中可能出现的岩土工程问题就可以。

对于专项勘察，应结合工程需要，可穿插在三个勘察阶段或施工勘察的不同时期进行。专项勘察可以是单项岩土问题勘察，也可是专项问题研究或咨询。

4.1.3 在岩土工程勘察前，应详细了解建设方和设计方要求，取得与勘察阶段相应的设计资料，特别是在初步勘察和详细勘察时，应主动通过建设方搜集相关的建筑与结构设计文件，包括建筑总平面图、建筑结构类型、建筑层数、总高度、荷载及荷载效应组合、地下室层数、基础埋深、预计的地基基础形式、可能的基坑支护方案以及设计方的技术要求等，以便合理地进行勘察工作量的策划，有针对性地进行岩土工程评价，提出相应的地基基础方案及相关建议。但在不具备上述条件的情况下，也可先按方格网布点进行勘察，且勘察点应适当加密。在具备本条规定的条件后，根据实际需要进一步完善勘察方案。

4.1.4 本条规定了岩土工程勘察工作的基本内容和要求。此外，还应满足《岩土工程勘察规范》GB 50021、《高层建筑岩土工程勘察规程》JGJ 72和《建筑工程勘察文件编制深度规定》等相关要求。

4.1.5 建筑物抗浮设计水位与场地的工程地质和水文地质条件以及建筑物使用期内地下水位的变化趋势有关。而地下水位的变化趋势受人为因素和政府水资源政策控制的影响，因此抗浮设计水位是一个技术经济指标。抗浮设计水位的确定是十分复杂的问题，需要进行深入的研究工作。条文中的专项工作是指依据本场地的历史最高水位、近（3～5）年最高地下水位、勘探时地下水位、基础埋深、建筑荷载等资料，综合考虑建筑物使用期间地下水人工采取量和地区地下水补给条件的变化，确定抗浮设计水位。

4.2 勘 探 要 求

4.2.1 本条规定了布置勘探点和确定勘探孔深度应考虑的因素和遵循的基本原则，重点探明高层建筑地基的均匀性，防止发生倾斜。

4.2.2 勘探点间距的规定是参照现行行业标准《高层建筑岩土工程勘察规程》JGJ 72提出的。单幢高层建筑的勘探点不应少于5个，其中控制性深孔不应少于2个是为满足倾斜和差异沉降分析的要求规定的。大直径桩因其承受荷载较大，结构对其沉降量要求较严，因此，当地基条件复杂时，宜在每个桩下都布置有钻孔，以取得准确可靠的地质资料。

4.2.3 勘探孔深度的确定原则是依照国家现行标准《高层建筑岩土工程勘察规程》JGJ 72、《建筑抗震设计规范》GB 50011 和《建筑桩基技术规范》JGJ 94 提出的。此外，本条还重点强调特殊土场地，尤其是对处于断裂破碎带等不良地质作用发育、位于斜坡附近对整体稳定性有影响以及抗震设防有要求的场地，其控制性勘察孔应满足的基本要求。

4.3 室内试验与现场原位测试

4.3.1 高层建筑的荷载大，地基压缩层的深度也大，因此，在确定土的压缩模量时，必须考虑土的自重压力的影响。计算地基变形时应取土的有效自重压力至土的有效自重压力与附加压力之和的压力段来计算压缩模量。

当基坑开挖较深时，尤其是软土地区，应考虑卸荷对地基土性状和基础沉降的影响，应进行回弹再压缩试验以及模拟地基土和基坑侧壁土体的卸荷试验。

计算地基变形时，需取得地基压缩层范围内各土层的压缩模量或变形模量，但遇到难于取到原状土样的土层（如软土、砂土和碎石土）而使变形计算产生困难，为解决这类土进行地基变形计算所需的计算参数问题，可以考虑利用适当的原位测试方法（如标准贯入试验、重型动力触探等），将测试数据与地区的建筑物沉降观测资料以反演方法算出的变形参数建立统计关系。

4.3.2 由于试验方法不同，测得的抗剪强度指标也明显不同，因此试验方法应根据地基的加荷及卸荷速率和地基土的排水条件综合选择。

直剪和三轴剪切试验是室内试验抗剪强度的基本手段。其中，三轴剪力试验的土样受力条件比较清楚，测得的抗剪强度指标也比较符合实际情况。直剪试验具有操作方便、造价低等优点。多年的实践经验表明：对有经验的地区，采用直剪试验也可满足工程需要。

4.3.3 载荷试验是确定地基承载力较为可靠的方法，本条规定了地基基础设计等级为甲级的建筑物宜通过载荷试验确定地基承载力和变形计算参数。

对于极破碎或易软化的岩基或类似同类土的岩石地基，除应进行岩基平板载荷试验外，还宜进行压板面积不小于 500mm×500mm 的载荷试验，进行对比研究，以便确定地基的实际性状和地基承载力的修正方式及变形参数，积累地区工程经验。

4.3.10 用深层载荷试验确定大直径桩端阻力时，应特别注意试验压板周边的约束条件，因实际工作中经常出现将无约束条件的深井载荷试验结果误当作桩端阻力进行使用。进行深井载荷试验时，除满足压板直径不小于 800mm 和周边约束土层厚度不小于压板直径外，压板边缘与约束土体的距离不应大于 1/3 的压板直径。

4.4 地 下 水

4.4.1 地下水埋藏情况是地基基础设计和基坑设计施工的重要依据。近年来由于地下水引发的工程事故时有发生，因此查明地下水赋存状态是勘察阶段的一项重要任务。地基勘察除应满足本条规定的要求外，在有条件时还应掌握与建筑物设计使用年限相同时间周期内的最高水位、水位变化幅度或水位变化趋势及其主要影响因素。

4.4.2 由于高层建筑筏形和箱形基础的埋深较深，场地的地下水对筏基、箱基的设计和施工影响都很大，如水压力的计算、永久性抗浮和防水的设计以及施工降水和施工阶段的抗浮等。因此，当场地水文地质条件对地基评价和地下室抗浮以及施工降水有重大影响时，或对重大及特殊工程，应通过专门的水文地质勘察探明场地的地下水类型、水位和水质情况，分析地下水位的变化幅度和变化趋势。对于重要建筑物或缺少区域水文地质资料的地区，应设置地下水长期观测孔。

5 地 基 计 算

5.1 一 般 规 定

5.1.1 高层建筑筏形和箱形基础的地基承载力和变形计算在正常情况下均应进行，而抗滑移和抗倾覆稳定性验算及地基的整体稳定性验算仅当基础埋深不符合本规范 5.2.3 条的要求或地基土层不均匀时应进行计算，对此在第 5.2.2 条、第 5.2.3 条中还将进一步说明。

5.1.2 无论是新建建筑与原有建筑，还是新建建筑物之间，当基础相距较近时，相互之间的影响总是存在的。距离过近，影响过大，就会危及建筑物的安全或正常使用。因此分析建筑物之间的相互影响，验算新旧建筑物的地基承载力、地基变形和地基稳定性是必要的。决定建筑物相邻影响距离大小的因素，主要有“影响建筑”的沉降量和“被影响建筑”的刚度等。“影响建筑”的沉降量与地基土的压缩性、建筑物的荷载大小有关，而“被影响建筑”的刚度则与其结构形式、长高比以及地基土的性质有关。现行国家标准《建筑地基基础设计规范》GB 50007 根据国内 55 个工程实例的调查和分析规定，当“影响建筑物”的平均沉降小于 7cm 或“被影响建筑物”具有较好刚度、长高比小于 1.5 时，一般可不考虑对相邻建筑的影响。当“影响建筑物”的平均沉降大于 40cm 时，相邻建筑基础之间的距离应大于 12m。这些规定对于高层建筑筏形与箱形基础也是可以参考的。

当相邻建筑物较近时，应采取措施减小相互影响：①尽量减小“影响建筑物”的沉降量；②新建建筑物的基础埋深不宜大于原有建筑基础；③选择对地基变形不敏感的结构形式；④采用施工后浇带；⑤设置沉降缝：⑥施工时采取措施，保护或加固原有建筑物地基等。

5.1.3 对单幢建筑物，在均匀地基的条件下，基础底面的压力和基础的整体倾斜主要取决于永久荷载与可变荷载效应组合产生的偏心距大小。对基底平面为矩形的箱基，在偏心荷载作用下，基础抗倾覆稳定系数 K_F 可用下式表示：

$$K_F=\frac{y}{e}=\frac{\gamma B}{e}=\frac{\gamma}{\frac{e}{B}} \quad (1)$$

式中：B——与组合荷载竖向合力偏心方向平行的箱基边长；

e——作用在基底平面的组合荷载全部竖向合力对基底面积形心的偏心距；

y——基底平面形心至最大受压边缘的距离，γ 为 y 与 B 的比值。

从式中可以看出 e/B 直接影响着抗倾覆稳定系数 K_F，K_F 随着 e/B 的增大而降低，因此容易引起较大的倾斜。表 1 三个典型工程的实测证实了在地基条件相同时，e/B 越大，则倾斜越大。

表 1 e/B 值与整体倾斜的关系

地基条件	工程名称	横向偏心距 e（m）	基底宽度 B（m）	$\frac{e}{B}$	实测倾斜（‰）
上海软土地基	胸科医院	0.164	17.9	$\frac{1}{109}$	2.1（有相邻影响）
上海软土地基	某研究所	0.154	14.8	$\frac{1}{96}$	2.7
北京硬土地基	中医医院	0.297	12.6	$\frac{1}{42}$	1.716（唐山地震北京烈度为 6 度，未发现明显变化）

高层建筑由于楼身质心高，荷载重，当箱形基础开始产生倾斜后，建筑物总重对箱形基础底面形心将产生新的倾覆力矩增量，而倾覆力矩的增量又产生新的倾斜增量，倾斜可能随时间而增长，直至地基变形稳定为止。因此，为避免箱基产生倾斜，应尽量使结构竖向永久荷载与基础平面形心重合，当偏心难以避免时，则应规定竖向合力偏心距的限值。本规范根据实测资料并参考《公路桥涵设计通用规范》JTG D60-2004 对桥墩合力偏心距的限制，规定了在永久荷载与楼（屋）面活载组合时，$e\leqslant 0.1\frac{W}{A}$。从实测结果来看，这个限制对硬土地区稍严格，当有可靠依据时可适当放松。

5.1.4 大面积整体基础上的建筑宜均匀对称布置，使建筑物荷载与整体基础的形心尽量重合。但在实际工程中要做到二者重合是比较困难的。根据中国建筑科学研究院地基所黄熙龄、袁勋、宫剑飞等人的研究成果，多幢建筑下的大面积整体基础，具有以下一些特征：

1 大型地下框架厚筏的变形与高层建筑的布置、荷载的大小有关。筏板变形具有以高层建筑为变形中心的不规则变形特征，高层建筑间的相互影响与加载历程有关。高层建筑本身的变形仍具有刚性结构的特征，框架-筏板结构具有扩散高层建筑荷载的作用。

2 各塔楼独立作用下产生的变形效应通过以各个塔楼下面一定范围内的区域为沉降中心，各自沿径向向外围衰减，并在其共同的影响范围内相互叠加。地基反力的分布规律与此相同（图 1）。

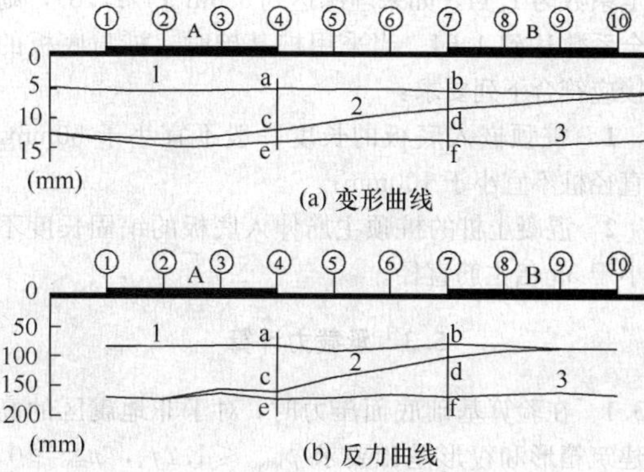

图 1 双塔楼不同加载路径反力、变形曲线

1—主楼 A、B 同步加载至 800kN；2—主楼 A 由 800kN 加载至 1600kN，主楼 B 持载 800kN；3—主楼 B 由 800kN 加载至 1600kN，主楼 A 持载 1600kN

3 双塔楼共同作用下的沉降变形曲线基本上可以看作是每个塔楼单独作用下的沉降变形曲线的叠加，见图 1。

4 由于主楼荷载扩散范围的有限性和地基变形的连续性，在通常的楼层范围内，对于同一大底盘框架厚筏基础上的多个高层建筑，应用叠加原理计算基础的沉降变形和地基反力是可行的。

因此可以将整体基础按单幢建筑分块进行近似计算，每幢建筑的有效影响范围可按主楼外边缘向外延伸一跨确定，影响范围内的基底平面形心宜与结构竖向永久荷载重心重合。当不能重合时，宜符合本规范第 5.1.3 条的规定。

5.1.5、5.1.6 桩筏与桩箱基础是否应进行沉降计算的规定与现行行业标准《建筑桩基技术规范》JGJ 94 的规定是一致的。

5.2 基础埋置深度

5.2.2 在确定高层建筑筏形和箱形基础的埋置深度时，满足地基承载力、变形和稳定性要求是必须的，是前提。有一定的埋置深度才能保证基础的抗倾覆和抗滑移稳定性，也能使地基土的承载力得到充分发挥。

5.2.3 在抗震设防区，除岩石地基外，天然地基上的筏形和箱形基础的埋置深度不宜小于建筑物高度的1/15、桩筏或桩箱基础的埋置深度（不计桩长）不宜小于建筑物高度的1/18是高层建筑筏形和箱形基础埋深的经验值，是根据工程经验经过统计分析得到的。北京市勘察设计研究院张在明等研究了高层建筑地基整体稳定性与基础埋深的关系，以二幢分别为15层和25层的居住建筑，抗震设防烈度为8度，地震作用按《建筑抗震设计规范》GBJ 11—89计算，并考虑了地基的种种不利因素，用圆弧滑动面法进行分析，其结论是25层的建筑物，埋深1.8m，其稳定安全系数为1.44，如果埋深达到3.8m（1/17.8），则安全系数达到1.64。当采用桩基础时，桩与底板的连接应符合下列要求：

1 桩顶嵌入底板的长度一般不宜小于50mm，大直径桩不宜小于100mm；

2 混凝土桩的桩顶主筋伸入底板的锚固长度不宜小于35倍主筋直径。

5.3 承载力计算

5.3.1 在验算基础底面压力时，对于非地震区的高层建筑箱形和筏形基础要求 $p_{kmax} \leqslant 1.2f_a$，$p_{min} \geqslant 0$。前者与一般建筑物基础的要求是一致的，而 $p_{min} \geqslant 0$ 是根据高层建筑的特点提出的。因为高层建筑的高度大，重量大，本身对倾斜的限制也比较严格，所以它对地基的强度和变形的要求也较一般建筑严格。

5.3.3 对于地震区的高层建筑筏形和箱形基础，在验算地基抗震承载力时，采用了地基抗震承载力设计值 f_{aE}，即：

$$f_{aE} = \zeta_a f_a \tag{2}$$

式中 f_a 为经过深度和宽度修正后的地基承载力特征值（kPa）。这是总结工程实践经验以后确定的。

5.4 变形计算

5.4.1 建筑物的地基变形计算值，不应大于地基变形允许值，地基变形允许值应按地区经验确定，当无地区经验时应符合现行国家标准《建筑地基基础设计规范》GB 50007的规定。

5.4.2 建于天然地基上的建筑物，其基础施工时均需先开挖基坑。此时地基土受力性状的改变，相当于卸除该深度土自重压力 p_c 的荷载，卸载后地基即发生回弹变形。在建筑物从砌筑基础以至建成投入使用期间，地基处于逐步加载受荷的过程中。当外荷小于或等于 p_c 时，地基沉降变形 s_1 是由地基回弹转化为再压缩的变形。当外荷大于 p_c 时，除上述 s_1 回弹再压缩地基沉降变形外，还由于附加压力 $p_0 = p - p_c$ 产生地基固结沉降变形 s_2。对基础埋置深的建筑物地基最终沉降变形皆应由 $s_1 + s_2$ 组成；如按分层总和法计算地基最终沉降，即如本规范中式（5.4.2-1）～式（5.4.2-3）所示。

由于建筑物基础埋置深度不同，地基的回弹再压缩变形 s_1 在量值程度上有较大差别。如果建筑物的基础埋深小，该回弹再压缩变形 s_1 值甚小，计算沉降时可以忽略不计。这样考虑正是常规的仅以附加压力 p_0 计算沉降的方法，也就是按式（5.4.2-3）计算的 s_2 沉降部分。

应该指出高层建筑箱基和筏基由于基础埋置较深，因此地基回弹再压缩变形 s_1 往往在总沉降中占重要地位，甚至有些高层建筑设置（3～4）层（甚至更多层）地下室时，总荷载有可能等于或小于 p_c，这样的高层建筑地基沉降变形将仅由地基回弹再压缩变形决定。由此看来，对于高层建筑筏基和箱基在计算地基最终沉降变形中 s_1 部分的变形不但不应忽略，而应予以重视和考虑。

式（5.4.2-2）中所用的回弹再压缩模量 E'_s 和压缩模量 E_s 应按本规范第4.3.1条的试验要求取得。按式（5.4.2-1）～式（5.4.2-3）计算最终沉降，实际上也考虑了应力历史对地基土固结的影响。

式（5.4.2-3）中沉降计算经验系数 ψ_s 可按地区经验采用；由于该系数仅用于对 s_2 部分的沉降进行调整，这样就与现行国家标准《建筑地基基础设计规范》GB 50007相一致，故在缺乏经验地区时可按现行国家标准《建筑地基基础设计规范》GB 50007的有关规定采用。地基沉降回弹再压缩变形 s_1 部分的经验系数 ψ' 亦可按地区经验确定，但目前有经验的地区和单位较少，尚须不断积累，目前暂可按 $\psi' = 1$ 考虑。

按式（5.4.2-3）计算时，基础中点的沉降计算深度可按现行国家标准《建筑地基基础设计规范》GB 50007采用，不另作说明。而按式（5.4.2-2）计算时，沉降计算深度可取基坑开挖深度。

5.4.3 本规范除在第5.4.2条规定采用室内压缩模量计算沉降量外，又在第5.4.3条规定了按变形模量计算沉降的方法。设计人员可以根据工程的具体情况选择其中任一种方法进行沉降计算。或者采用两种方法计算，进行比较，根据工程经验预估沉降量。

高层建筑筏形与箱形基础地基的沉降计算与一般中小型基础有所不同，如前所述，高层建筑除具有基础面积大、埋置深，尚有地基回弹等影响。因此，利用本条方法计算地基沉降变形时尚应遵守以下原则：

1 关于计算荷载问题

我国地基沉降变形计算是以附加压力作为计算荷载，并且已积累了很多经验。一些高层建筑基础埋置较深，根据使用要求及地质条件，有时将筏形与箱形基础做成补偿基础，此种情况下，附加压力很小或等于零。如按附加压力为计算荷载，则其沉降变形也很小或等于零。但实际上并非如此，由于筏形或箱形基础的基坑面积大，基坑开挖深度深，基坑底土回弹不能忽视，当建筑物荷载增加到一定程度时，基础仍然会有沉降变形，该变形即为回弹再压缩变形。

为了使沉降计算与实际变形接近，采用总荷载作为地基沉降计算压力的建议，对于埋置深度很深、面积很大的基础是适宜的。也比采用附加压力计算合理。一方面近似考虑了深埋基础（或补偿基础）计算中的复杂问题，另一方面也近似解决了大面积开挖基坑坑底的回弹再压缩问题。

2　关于地基变形模量问题

采用野外载荷试验资料算得的变形模量 E_0，基本上解决了试验土样扰动的问题。土中应力状态在载荷板下与实际情况比较接近。因此，有关资料指出在地基沉降计算公式中宜采用原位载荷试验所确定的变形模量最理想。其缺点是试验工作量大，时间较长。目前我国采用旁压仪确定变形模量或标准贯入试验及触探资料，间接推算与原位载荷试验建立关系以确定变形模量，也是一种有前途的方法。例如我国《深圳地区建筑地基基础设计试行规程》就规定了花岗岩残积土的变形模量可根据标准贯入锤击数 N 确定。

3　大基础的地基压缩层深度问题

高层建筑筏形及箱形基础宽度一般都大于 10m，可按大基础考虑。由何颐华《大基础地基压缩层深度计算方法的研究》一文可知大基础地基压缩层的深度 z_n 与基础宽度 B、土的类别有密切的关系。该资料已根据不同基础宽度 B 计算了方形、矩形及带形基础地基压缩层 z_n，并将计算结果 z_n 与 B 绘成曲线。由曲线可知在基础宽度 B＝10m～30m（带形基础为 10m～20m）的区段间，z_n 与 B 的曲线近似直线关系。从而得到了地基压缩层深度的计算公式。又根据工程实测的地基压缩层深度对计算值作了调整，即乘一调整系数 β 值，对砂类土 $\beta=0.5$，一般黏土 $\beta=0.75$，软弱土 $\beta=1.00$，最后得到了大基础地基压缩层 z_n 的近似计算式（5.4.4）。利用该式计算地基压缩层深度 z_n 并与工程实测作了对比，一般接近实际，而且简易实用。

4　高层建筑筏形及箱形基础地基沉降变形计算方法

目前，国内外高层建筑筏形及箱形基础采用的地基沉降变形计算方法一般有分层总和法与弹性理论法。地基是处于三向应力状态下的，土是分层的，地基的变形是在有效压缩层深度范围之内的。很多学者在三向应力状态下计算地基沉降变形量的研究中作了大量工作。本条所述方法以弹性理论为依据，考虑了地基中的三向应力作用、有效压缩层、基础刚度、形状及尺寸等因素对基础沉降变形的影响，给出了在均布荷载下矩形刚性基础沉降变形的近似解及带形刚性基础沉降变形的精确解，计算结果与实测结果比较接近，见表 2。

表 2　按本规范第 5.4.3 条计算的地基沉降与实测值比较表

序号	工程类别	地基土的类别	土层厚度（m）	本条方法计算值（cm）	工程实测值（cm）
1	郑州黄和平大厦	粉细砂土 黏质粉土 粉质黏土	2.30 5.20 2.10	3.6	已下沉 3.0cm 预计 3.75cm
2	深圳上海宾馆	花岗岩残积土	20.0	3.6	2.6～2.8
3	深圳长城大厦 C	花岗岩残积土	13.0	1.7	1.5
4	深圳长城大厦 B	花岗岩残积土	13.0	1.42	1.49
5	深圳长城大厦 B737 点	花岗岩残积土	13.0	1.80	1.94
6	深圳长城大厦 D	花岗岩残积土	13.0	1.48	1.47
7	深圳中航工贸大厦	花岗岩残积土	20.0	2.75	2.80
8	直径 38m 的烟筒基础	黏　土 黏质砂土 黏　土	3.0 1.5 —	10.3	9.0
9	直径 38m 的烟筒基础	黏　土 黏质砂土 黏　土	3.5 2.5 —	9.6	10.0
10	直径 23m 的烟筒基础	黏　土 黑黏土 细　砂 黑黏土 石灰岩	5.6 4.0 6.0 4.7 —	8.8	8.0
11	直径 32m 的烟筒基础	坍陷黏土 黏质砂土 黏　土	1.0 5.0 —	10.3	9.0
12	直径 41m 的烟筒基础	细　砂 粗　砂 黏　土 泥灰岩	11.0 5.0 3.0 —	6.5	4.5
13	直径 36m 的烟筒基础	细　砂 粗　砂 黏质砂土 泥灰岩 硬泥灰岩	2.5 3.0 1.0 5.0 —	4.5	4.8
14	直径 32m 的烟筒基础	细　砂 粉　砂 粗　砂 黏　土	5.0 5.5 5.5 —	3.9	2.4
15	直径 21.5m 的烟筒基础	细　砂 中　砂 细　砂 中　砂 黏　土	2.0 2.0 3.0 9.5 —	3.2	2.5
16	直径 30m 的烟筒基础	细　砂 中　砂 黏　土 黏　土 石灰岩	2.5 4.0 5.0 35.0	13.7	15

5.4.5 带裙房高层建筑的大面积整体筏形基础的沉降按上部结构、基础与地基共同作用的方法进行计算是比较合理的。设计人员可根据所在单位的技术条件酌情采用。

5.4.6 对于多幢建筑下的同一大面积整体筏形基础，可按叠加原理计算基础的沉降的原因，可参看第5.1.4条的说明。

5.5 稳定性计算

5.5.1 高层建筑承受各种竖向荷载和水平荷载的作用，地质条件也千差万别，本规范规定通过抗滑移稳定性、抗倾覆稳定性、抗浮稳定性和地基整体滑动稳定性这四种稳定性的验算来保证高层建筑的安全。当高层建筑在承受较强地震作用、风荷载或其他水平荷载时，筏形与箱形基础应验算其抗滑移稳定性。抗滑移的力是基底摩擦力、平行于剪力方向的侧壁摩擦力和垂直于剪力方向被动土压力的合力。计算基底摩擦力 F_1 时，除了按基础底面的竖向总压力和土与混凝土之间摩擦系数计算外，还应按地基土抗剪强度进行计算，取二者中的小值作为其抗滑移的力，是安全的。

土与混凝土之间的摩擦系数可根据试验或经验取值，也可参照现行国家标准《建筑地基基础设计规范》GB 50007 中关于挡土墙设计时按墙面平滑与填土摩擦的情况取值，其值如表3所示。

表3 土对挡土墙基底的摩擦系数

土的类别		摩擦系数
黏性土	可塑	0.25～0.30
	硬塑	0.30～0.35
	坚硬	0.35～0.45
粉土		0.30～0.40
中砂、粗砂、砾砂		0.40～0.50
碎石土		0.40～0.60
软质岩		0.40～0.60
表面粗糙的硬质岩		0.65～0.75

注：1 对易风化的软质岩和塑性指数 I_P 大于22的黏性土，基底摩擦系数应通过试验定；

2 对碎石土，可根据其密实程度、填充物状况、风化程度等确定。

5.5.2 高层建筑在承受较强地震作用、风荷载、其他水平荷载或偏心竖向荷载时，应验算筏形和箱形基础的抗倾覆稳定性，验算的公式是明了的。

5.5.3 当非岩石地基内存在软弱土层或地基土质不均匀时，应采用极限平衡理论的圆弧滑动面法验算地基整体滑动稳定性。其计算方法是成熟的，可见于一般教科书。

5.5.4 建筑物地下室、地下车库、水池等由于水浮力的作用，上浮的事故常有发生。因此，当筏形和箱形基础部分或全部在地下水位以下时，应进行抗浮验算。抗浮验算的关键是地下水位的确定。抗浮验算用的地下水位应由勘察单位提供。

抗浮设防水位应在研究场区各层地下水的赋存条件、场区地下水与区域性水文地质条件之间的关系、各层地下水的变化趋势以及引起这种变化的客观条件的基础上，经综合分析确定：

1 当有长期水位观测资料时，抗浮设防水位可根据历史最高水位和建筑物使用期间可能发生的变化来确定；

2 当无长期水位观测资料或资料缺乏时，按勘察期间实测最高稳定水位并结合场地地形地貌、地下水补给、排泄条件等因素综合确定；

3 场地有承压水且与潜水有水力联系时，应实测承压水水位并考虑其对抗浮设防水位的影响；

4 在可能发生地面积水和洪水泛滥的地区，可取地面标高为抗浮设防水位；

5 施工期间的抗浮设防水位可根据施工地区、季节和现场的具体情况，按近（3～5）年的最高水位确定。

水浮力、结构永久荷载的分项系数应取1.0。

6 结构设计与构造要求

6.1 一般规定

6.1.1 箱形基础的平面尺寸，通常是先将上部结构底层平面或地下室布置确定后，再根据荷载分布情况验算地基承载力、沉降量和倾斜值。若不满足要求则需调整其底面积和形状，将基础底板一侧或全部适当挑出，或将箱形基础整体加大，或增加埋深以满足地基承载力和变形的要求。

当采用整体扩大箱形基础方案时，扩大部分的墙体应与箱形基础的内墙或外墙连通成整体，且扩大部分墙体的挑出长度不宜大于地下结构埋入土中的深度，以保证主楼荷载有效地扩散到悬挑的墙体上。

对平面为矩形的箱形基础，沉降观察结果表明纵向相对挠曲要比横向大得多，为防止由于加大基础的纵向尺寸而引起纵向挠曲的增加，当需要扩大基底面积时，以及增加基础抗倾覆能力，宜优先扩大基础的宽度。

6.1.2 试验资料和理论分析都表明，回填土的质量影响着基础的埋置作用，如果不能保证填土和地下室外墙之间的有效接触，将减弱土对基础的约束作用，降低基侧土对地下结构的阻抗和基底土对基础的转动阻抗。因此，应注意地下室四周回填土应均匀分层夯实。

6.1.3 在设计中通常都假定上部结构嵌固在基础结构上，实际上这一假定只有在刚性地基的条件下才能实现。对绝大多数都属柔性地基的地基土而言，在水平力作用下结构底部以及地基都会出现转动，因此所谓嵌固实质上是指异常接近于固定的计算基面而已。本条款中的嵌固即属此意。

1989年，美国旧金山市一幢257.9m高的钢结构建筑，地下室采用钢筋混凝土剪力墙加强，其下为2.7m厚的筏板，基础持力层为黏性土和密实性砂土，基岩位于室外地面下48m～60m处。在强震作用下，地下室除了产生52.4mm的整体水平位移外，还产生了万分之三的整体转角。实测记录反映了两个基本情况：其一是地下室经过剪力墙加强后其变形呈现出与刚体变形相似的特征；其二是地下结构的转角体现了柔性地基的影响。在强震作用下，既然四周与土层接触的具有外墙的地下室其变形与刚体变形基本一致，那么在抗震设计中可假设地下结构为一刚体，上部结构嵌固在地下室的顶板上，而在嵌固部位处增加一个大小与柔性地基相同的转角。

对有抗震设防要求的高层建筑，基础结构设计中的一个重要原则是，要保证上部结构在强震作用下能实现预期的耗能机制，要求基础结构的刚度和强度大于上部结构刚度，逼使上部结构先于基础结构屈服，保证上部结构进入非弹性阶段时，基础结构仍具有足够的承载力，始终能承受上部结构传来的荷载并将荷载安全传递到地基上。

四周外墙与土层紧密接触、且具有较多纵横墙的箱形基础和带有外围挡土墙的厚筏基础其特点是刚度较大，能承受上部结构屈服超强所产生的内力。同时地震作用逼使与地下室接触的土层发生相应的变形，导致土对地下室外墙及底板产生抗力，约束了地下结构的变形，从而提高了基侧土对地下结构的阻抗和基底土对基础的转动阻抗。

当上部结构为框架、框架-剪力墙或框架-核心筒结构时：采用筏形基础的单、多层地下室，其非基础部分的地下室除外围挡土墙外，地下室内部结构布置基本与上部结构相同。数据分析表明，由于地下室外墙参与工作，其层间侧向刚度一般都大于上部结构，为保证上部结构在地震作用下出现预期的耗能机制，本规范参考了1993年北京市建筑设计研究院胡庆昌《带地下室的高层建筑抗震设计》以及罗马尼亚有关规范，规定了当上部结构嵌固在地下一层顶板时，地下一层的层间侧向刚度大于或等于与其相连的上部结构楼层刚度的1.5倍；对于大底盘基础，当地下室基础墙与主楼剪力墙的间距符合表6.1.3要求时，可将该基础墙的刚度计入地下室层间侧向刚度内，但该范围内的侧向刚度不能重叠使用于相邻建筑。

当上部结构为剪力墙结构、采用的箱基其净高又较大，在忽略箱基周边土的有利条件下，箱形基础墙的侧向刚度与相邻上部结构底层剪力墙侧向刚度之比会达不到1.5倍的要求。如何处理此类结构计算简图的嵌固部位，目前有两种不同的看法：其一是将上部结构的嵌固部位定在箱基底板的上皮，将箱基底板视作筏板；其二是将箱基视作为箱式筏基，上部结构的嵌固部位定在箱基的顶部。JGJ 6－99在编制时曾做了大量分析工作，计算结果表明，在地震作用下，第二种计算模型算得的基底剪力大于第一种计算模型算得的基底剪力。

图2为一典型的一梯十户高层住宅，层高为2.7m，基础为单层箱基，埋深取建筑物高度的1/15，箱形基础高度不小于3m。抗震设防烈度为8度，场地类别为Ⅱ类，设计地震分组为第一组。上部结构按嵌固在基底和箱基顶部两种计算简图进行计算。计算结果列于表4中，表中F_0、F_1分别表示基底和首层结构的总水平地震作用标准值；M_0、M_1分别表示基底和首层结构的倾覆力矩标准值。从表中我们可以看到第二种计算模型算得的结果大于第一种计算模型算得的结果。从基础变形角度来看，由于第一种计算模型将底板与刚度很大的基础墙割开，把上部结构置于厚度较薄的底板上，因而算得的地基变形值远大于规范规定的变形允许值。此外，考虑到地震发生时四周与土壤接触的箱基其变形与刚体变形基本一致的事实，对单、多层箱基的地下室，上部为剪力墙结构时，本规范推荐其嵌固部位取地下一层箱基的顶部。

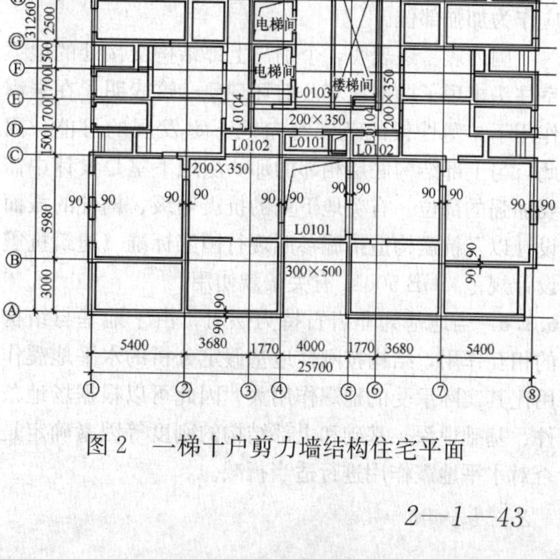

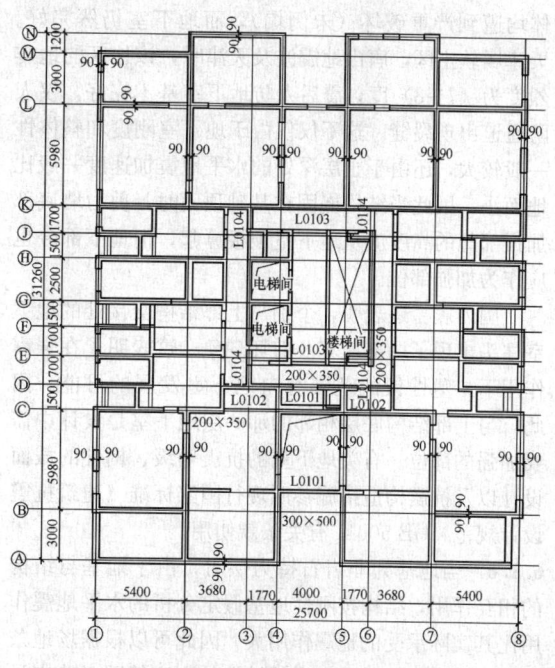

图2 一梯十户剪力墙结构住宅平面

表 4　剪力墙结构单层箱基-地基交接面上水平地震作用和倾覆力矩比较

层数	楼高 (m)	箱高 (m)	嵌固在箱基底					嵌固在箱基顶			
			T_1 (s)	F_0 (kN)	M_0 (kN·m)	F_1 (kN)	M_1 (kN·m)	T_1 (sec)	F_0 (kN)	M_0^* (kN·m)	M_1 (kN·m)
12	32.4	3.0	0.449	13587	324328	13438	285467	0.416	13590	337814	297044
15	40.5	3.0	0.599	13314	375378	13189	338338	0.562	13526	390538	349460
18	48.6	3.2	0.761	13310	425756	13182	387595	0.721	13197	441788	399558
21	56.7	3.8	0.903	13805	492980	13648	447470	0.856	13609	512933	461239
24	64.8	4.3	1.033	15965	620964	15746	563341	0.975	15643	649564	582299
27	72.9	4.8	1.207	15879	677473	15631	609637	1.148	15684	707500	632217

注：* 表示 $M_0=M_1+F_0\times$箱高

6.1.4　当地下一层结构顶板作为上部结构的嵌固部位时，为保证上部结构的地震等水平作用能有效通过楼板传递到地下室抗侧力构件中，地下一层结构顶板上开设洞口的面积不宜过大；沿地下室外墙和内墙边缘的楼板不应有大洞口；地下一层结构顶板应采用梁板式楼盖；楼板的厚度、混凝土强度等级及配筋率不应过小。本规范提出地下一层结构顶板的厚度不应小于 180mm 的要求，不仅旨在保证楼板具有一定的传递水平作用的整体刚度外，还旨在有效减小基础变形和整体弯曲度以及基础内力，使结构受力、变形合理而且经济。

6.1.5　国内震害调查表明，唐山地震中绝大多数地面以上的工程均遭受严重破坏，而地下人防工程基本完好。如新华旅社上部结构为 8 层组合框架，8 度设防，实际地震烈度为 10 度。该建筑物的梁、柱和墙体均遭到严重破坏（未倒塌），而地下室仍然完好。天津属软土区，唐山地震波及天津时，该地区的地震烈度为（7～8）度，震后人防地下室基本完好，仅人防通道出现裂缝。这不仅仅由于地下室刚度和整体性一般较大，还由于土层深处的水平地震加速度一般比地面小，因此当结构嵌固在基础顶面时，剪力墙底部加强部位的高度应从地下室顶板算起，但地下部分也应作为加强部位。

国内震害还表明，个别与上部结构交接处的地下室柱头出现了局部压坏及剪坏现象。这表明了在强震作用下，塑性铰的范围有向地下室发展的可能。因此，与上部结构底层相邻的那一层地下室是设计中需要加强的部位。有关地下室的抗震等级、构件的截面设计以及抗震构造措施参照现行国家标准《建筑抗震设计规范》GB 50011 有关条款使用。

6.1.6　当地基为非岩石持力层时，由于地基与结构的相互作用，结构按刚性地基假定分析的水平地震作用比其实际承受的地震作用大，因此可以根据场地条件、基础埋深、基础和上部结构的刚度等因素确定是否对水平地震作用进行适当折减。

实测地震记录及理论分析表明，土中的水平地震加速度一般随深度而渐减，较大的基础埋深，可以减少来自基底的地震输入，例如日本取地表下 20m 深处的地震系数为地表的 0.5 倍；法国规定筏基或带地下室的建筑的地震作用比一般的建筑少 20%。同时，较大的基础埋深，可以增加基础侧面的摩擦阻力和土的被动土压力，增强土对基础的嵌固作用。

通过对比美国“UBC 和 NEMA386”、法国、希腊等国规范以及本规范编制时所作的计算分析工作，建议：

对四周与土层紧密接触带地下室外墙的整体式的筏基和箱基，结构基本自振周期处于特征周期的 1.2 倍至 5 倍范围时，场地类别为Ⅲ和Ⅳ类、抗震设防烈度为 8 度和 9 度，按刚性地基假定分析的基底水平地震剪力和倾覆力矩可分别折减 10% 和 15%，但该折减系数不能与现行国家标准《建筑抗震设计规范》GB 50011 第 5.2 节中提出的折减系数同时使用。

6.1.7　筏形和箱形基础除应通过计算使之符合受弯、受冲切和受剪承载力的要求外，为了保证其整体刚度、防渗能力和耐久性，本规范不仅对筏形和箱形基础的构造作出了规定，还对其抗裂性提出了要求。而要满足这些要求，最根本的保证则是基础混凝土的强度，所以本规范对此作出了强制性规定。

6.2　筏 形 基 础

6.2.1　框架-核心筒结构和筒中筒结构的核心筒竖向刚度大，荷载集中，需要基础具有足够的刚度和承载能力将核心筒的荷载扩散至地基。与梁板式筏基相比，平板式筏基具有抗冲切及抗剪切能力强的特点，且构造简单，施工便捷，经大量工程实践和部分工程事故分析，平板式筏基具有更好的适应性。

6.2.2　N. W. Hanson 和 J. M. Hanson 在他们的“混凝土板柱之间剪力和弯矩的传递”试验报告中指出：板与柱之间的不平衡弯矩传递，一部分不平衡弯矩是通过临界截面周边的弯曲应力 T 和 C 来传递，而一部分不平衡弯矩则通过临界截面上的偏心剪力对临界截面重心产生的弯矩来传递的，如图 3 所示。因此，在验算距柱边 $h_0/2$ 处的冲切临界截面剪应力时，除需考虑竖向荷载产生的剪应力外，尚应考虑作用在冲切临界截面重心上的不平衡弯矩所产生的附加剪应力。本规范式（6.2.2-1）右侧第一项是根据现行国家标准《混凝土结构设计规范》GB 50010 在集中力作用下的受冲切承载力计算公式换算而得，右侧第二项是引自美国 ACI 318 规范中有关的计算规定。

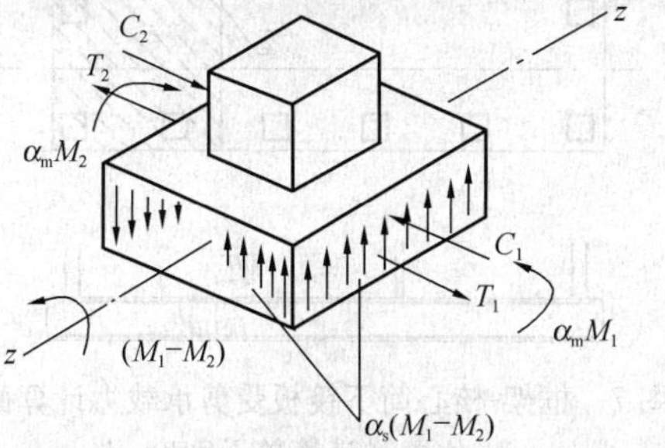

图 3　板与柱不平衡弯矩传递示意

关于式（6.2.2-1）中冲切力取值的问题，国内外大量试验结果表明，内柱的冲切破坏呈完整的锥体状，我国工程实践中一直沿用柱所承受的轴向力设计值减去冲切破坏锥体范围内相应的地基反力作为冲切力；对边柱和角柱，中国建筑科学研究院地基所试验结果表明，其冲切破坏锥体近似为 1/2 和 1/4 圆台体，本规范参考了国外经验，取柱轴力设计值减去冲切临界截面范围内相应的地基反力作为冲切力设计值。本规范中的角柱和边柱是相对于基础平面而言的，大量计算结果表明，受基础盆形挠曲的影响，基础的角柱和边柱产生了附加的压力。中国建筑科学研究院地基所滕延京和石金龙在《柱下筏板基础角柱边柱冲切性状的研究报告》中，将角柱、边柱和中柱的冲切破坏荷载与规范公式计算的冲切破坏荷载进行了对比，计算结果表明，角柱和边柱下筏板的冲切承载力的"安全系数"偏低，约为 1.45 和 1.6。为使角柱和边柱与中柱抗冲切具有基本一致的安全度，本次规范修订时将角柱和边柱的冲切力乘以了放大系数 1.2 和 1.1。

式（6.2.2-1）中的 M_{unb} 是指作用在柱边 $h_0/2$ 处冲切临界截面重心上的弯矩，对边柱它包括由柱根处轴力设计值 N 和该处筏板冲切临界截面范围内相应的地基反力 P 对临界截面重心产生的弯矩。由于本条款中筏板和上部结构是分别计算的，因此计算 M 值时尚应包括柱子根部的弯矩 M_c，如图 4 所示，M 的表达式为：

$$M_{unb} = Ne_N - Pe_p \pm M_c$$

对于内柱，由于对称关系，柱截面形心与冲切临界截面重心重合，$e_N = e_p = 0$，因此冲切临界截面重心上的弯矩，取柱根弯矩。

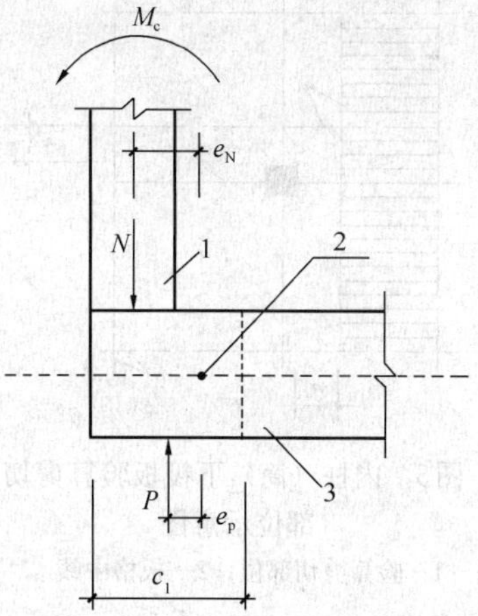

图 4　边柱 M_{unb} 计算示意图

1—冲切临界截面重心；2—柱；3—筏板

本规范的式（6.2.2-2）是引自我国现行国家标准《建筑地基基础设计规范》GB 50007，式中包含了柱截面长、短边比值的影响，适用于包括扁柱和单片剪力墙在内的平板式筏基。

对有抗震设防要求的平板式筏基，尚应验算地震作用组合的临界截面的最大剪应力 $\tau_{E,max}$，此时式（6.2.2-1）和式（6.2.2-2）应改写为：

$$\tau_{E,max} = \frac{V_{sE}}{A_s} + \alpha_s \frac{M_E}{I_s} C_{AB} \tag{3}$$

$$\tau_{E,max} \leqslant \frac{0.7}{\gamma_{RE}}(0.4 + \frac{1.2}{\beta_s})\beta_{hp} f_t \tag{4}$$

式中：V_{sE}——考虑地震作用组合后的冲切力设计值（kN）；

M_E——考虑地震作用组合后的冲切临界截面重心上的弯矩（kN·m）；

A_s——距柱边 $h_0/2$ 处的冲切临界截面的筏板有效面积(m^2)；

γ_{RE}——抗震调整系数，取 0.85。

6.2.3 Venderbilt 在他的"连续板的抗剪强度"试验报告中指出：混凝土受冲切承载力随比值 u_m/h_0 的增加而降低。在框架核心筒结构中，内筒占有相当大的面积，因而距内筒外表面 $h_0/2$ 处的冲切临界截面周长是很大的，在 h_0 保持不变的条件下，内筒下筏板的受冲切承载力实际上是降低了，因此需要局部提高内筒下筏板的厚度。本规范引用了我国现行国家标准《建筑地基基础设计规范》GB 50007 给出的内筒下筏板受冲切承载力计算公式。对于处在基础边缘的筒体下的筏板受冲切承载力应按现行国家标准《混凝土结构设计规范》GB 50010 中有关公式计算。

6.2.4 本规范明确了取距内柱和内筒边缘 h_0 处作为验算筏板受剪的部位，如图 5 所示；角柱下验算筏板受剪的部位取距柱角 h_0 处，如图 6 所示。式（6.2.4-1）中的 V_s 即作用在图 5 或图 6 中阴影面积上的地基平均净反力设计值除以验算截面处的板格中至中的长

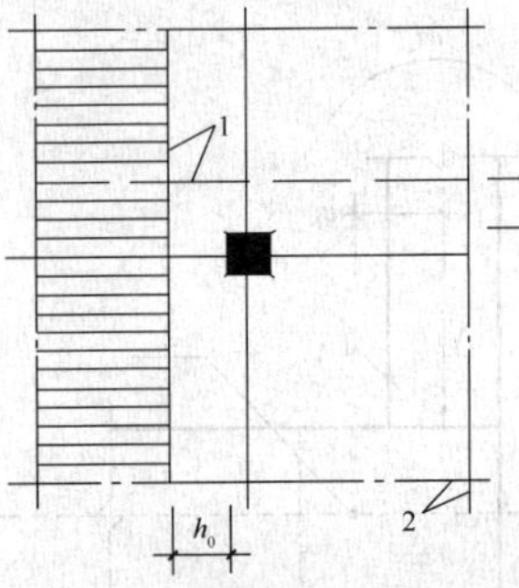

图5　内柱（筒）下筏板验算剪切部位示意图

1—验算剪切部位；2—板格中线

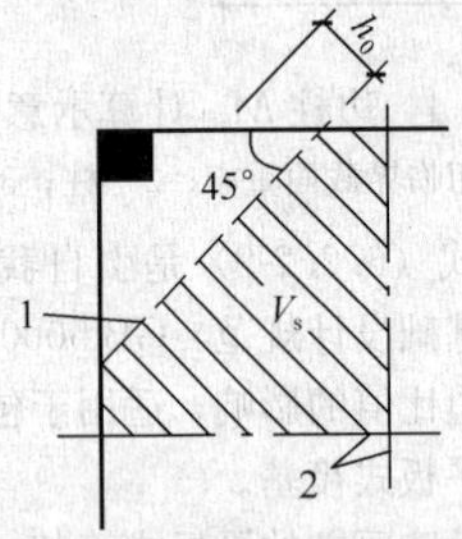

图6　角柱（筒）下筏板验算剪切部位示意图

1—验算剪切部位；2—板格中线

度（内柱）、或距角柱角点 h_0 处 45°斜线的长度（角柱）。国内筏板试验报告表明：筏板的裂缝首先出现在板的角部，设计中需适当考虑角点附近土反力的集中效应，乘以 1.2 增大系数。当角柱下筏板受剪承载力不满足规范要求时，可采用适当加大底层角柱横截面或局部增加筏板角隅板厚等有效措施，以期降低受剪截面处的剪力。

对上部为框架-核心筒结构的平板式筏形基础，设计人应根据工程的具体情况采用符合实际的计算模型或根据实测确定的地基反力来验算距核心筒 h_0 处的筏板受剪承载力。当边柱与核心筒之间的距离较大时，式（6.2.4-1）中的 V_s 即作用在图 7 中阴影面积上的地基平均净反力设计值与边柱轴力设计值之差除以 b（图 7），b 取核心筒两侧紧邻跨的跨中分线之间。当主楼核心筒外侧有两排以上框架柱或边柱与核心筒之间的距离较小时，设计人应根据工程具体情况慎重确定筏板受剪承载力验算单元的计算宽度。

6.2.10　中国建筑科学研究院地基所黄熙龄和郭天强在他们的框架柱-筏基础模型试验报告中指出，在均匀地基上，上部结构刚度较好，柱网和荷载分布较均匀，且基础梁的截面高度大于或等于 1/6 的梁板式筏形基础，可不考虑筏板的整体弯曲影响，只按局部弯曲计算，地基反力可按直线分布。试验是在粉质黏土和碎石土两种不同类型的土层上进行的，筏基平面尺寸为 3220mm×2200mm，厚度为 150mm（图 8），其

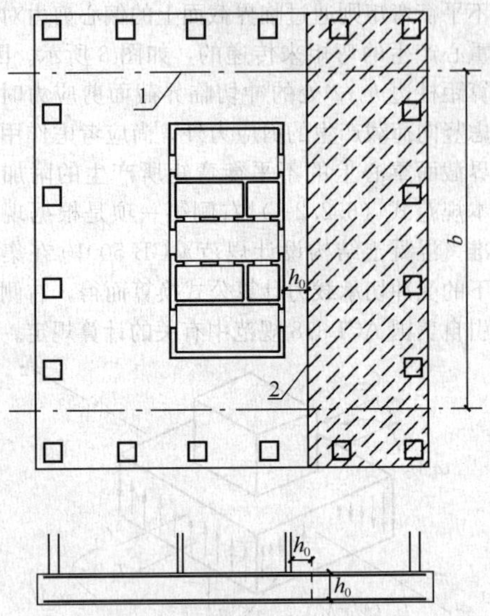

图 7　框架-核心筒下筏板受剪承载力计算截面位置和计算单元宽度

1—混凝土核心筒与柱之间的分界线；2—剪切计算截面；b—验算单元的计算宽度

上为三榀单层框架（图 9）。试验结果表明，土质无

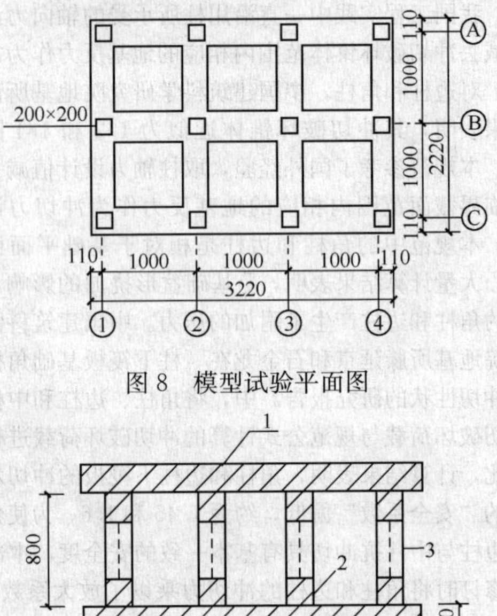

图 8　模型试验平面图

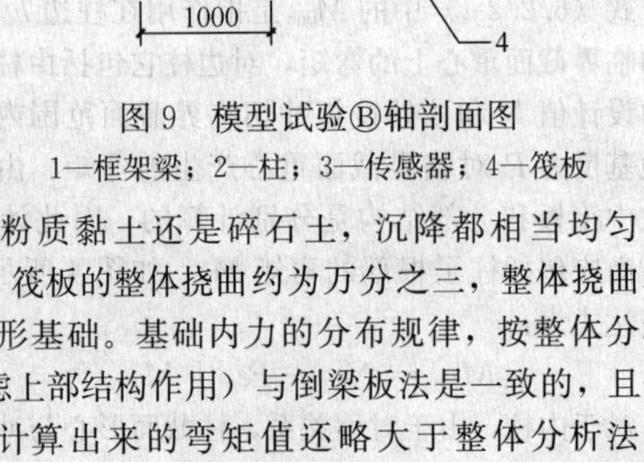

图 9　模型试验Ⓑ轴剖面图

1—框架梁；2—柱；3—传感器；4—筏板

论是粉质黏土还是碎石土，沉降都相当均匀（图 10），筏板的整体挠曲约为万分之三，整体挠曲相似于箱形基础。基础内力的分布规律，按整体分析法（考虑上部结构作用）与倒梁板法是一致的，且倒梁板法计算出来的弯矩值还略大于整体分析法（图 11）。规定的基础梁高度大于或等于 1/6 柱距的条件是根据柱距 l 与文克勒地基模型中的弹性特征系数 λ

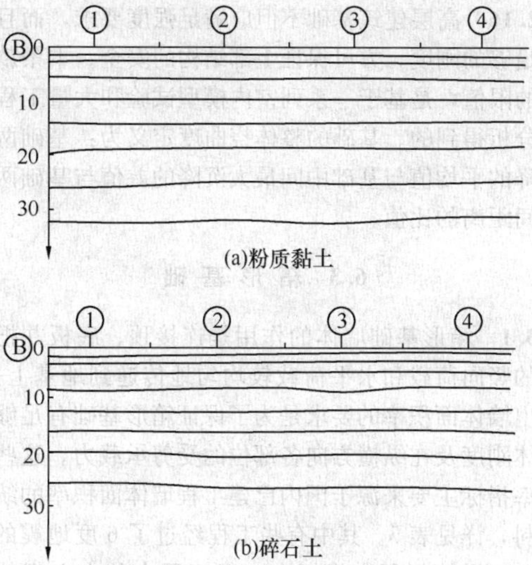

图 10　Ⓑ轴线沉降曲线

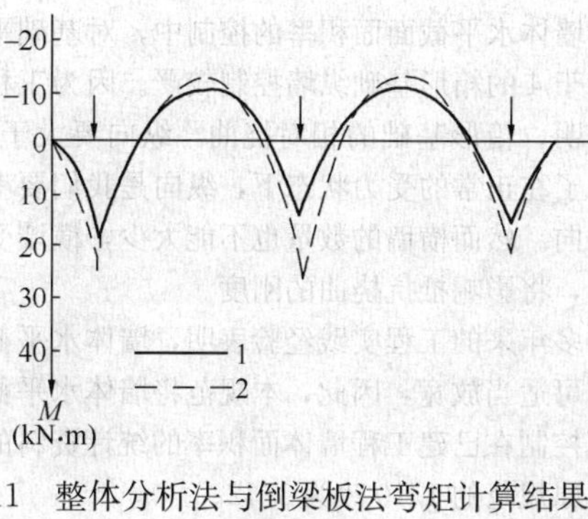

图 11　整体分析法与倒梁板法弯矩计算结果比较

1—整体（考虑上部结构刚度）；2—倒梁板法

的乘积$\lambda l \leqslant 1.75$作了对比，分析结果表明，当高跨比大于或等于1/6时，对一般柱距及中等压缩性的地基都可考虑地基反力为直线分布。当不满足上述条件时，宜按弹性地基梁法计算内力，分析时采用的地基模型应结合地区经验进行选择。

对于单幢平板式筏基，当地基土比较均匀，地基压缩层范围内无软弱土层或液化土层，上部结构刚度较好，柱网和荷载分布较均匀，相邻荷载及柱间的变化不超过20%，筏板厚度满足受冲切和受剪切承载力要求，且筏板的厚跨比不小于1/6时，平板式筏基可仅考虑局部弯曲作用。筏形基础内力可按直线分布进行计算。当不满足上述条件时，宜按弹性地基理论计算内力。

对于地基土、结构布置和荷载分布不符合本条款要求的结构，如框架-核心筒结构等，核心筒和周边框架柱之间竖向荷载差异较大，一般情况下核心筒下的基底反力大于周边框架柱下基底反力，因此不适用于本条款提出的简化计算方法，应采用能正确反映结构实际受力情况的计算方法。

6.2.13　工程实践表明，在柱宽及其两侧一定范围的有效宽度内，其钢筋配置量不应小于柱下板带配筋量的一半，且应能承受板与柱之间一部分不平衡弯矩$\alpha_m M_{unb}$，以保证板柱之间的弯矩传递，并使筏板在地震作用过程中处于弹性状态。条款中有效宽度的范围，是根据筏板较厚的特点，以小于1/4板跨为原则而提出来的。有效宽度范围如图12所示。

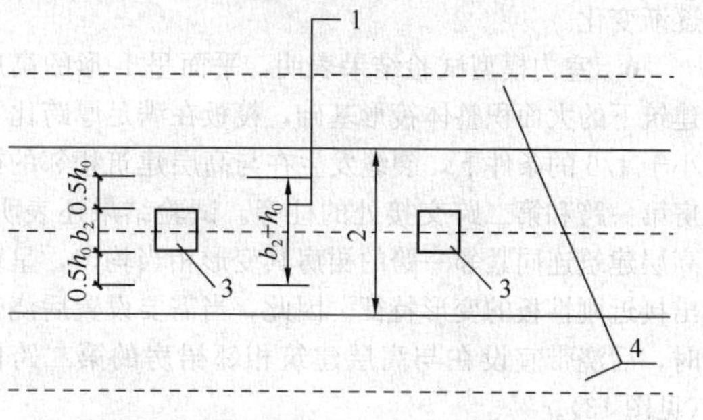

图 12　两侧有效宽度范围的示意

1—有效宽度范围内的钢筋应不小于柱下板带配筋量的一半，且能承担$\alpha_m M_{unb}$；2—柱下板带；3—柱；4—跨中板带

对于筏板的整体弯曲影响，本条款通过构造措施予以保证，要求柱下板带和跨中板带的底部钢筋应有1/3贯通全跨，顶部钢筋按实际配筋全部连通，上下贯通钢筋配筋率均不应小于0.15%。

6.2.14　中国建筑科学研究院地基所黄熙龄、袁勋、宫剑飞、朱红波等通过大比例室内模型试验及实际工程的原位沉降观测，得到以下结论：

1　厚筏基础具备扩散主楼荷载的作用，扩散范围与相邻裙房地下室的层数、间距以及筏板的厚度有关。在满足本规范给定的条件下，主楼荷载向周围扩散，影响范围不超过三跨，并随着距离的增大扩散能力逐渐衰减。

2　多塔楼作用下大底盘厚筏基础（厚跨比不小于1/6）的变形特征为：各塔楼独立作用下产生的变形通过以各个塔楼下面一定范围内的区域为沉降中心，各自沿径向向外围衰减，并在其共同影响范围内相互叠加而形成。

3　多塔楼作用下大底盘厚筏基础的基底反力的分布规律为：各塔楼荷载以其塔楼下某一区域为中心，通过各自塔楼周围的裙房基础沿径向向外围扩散，并随着距离的增大扩散能力逐渐衰减，在其共同荷载扩散范围内，基底反力相互叠加。

4　基于上述试验结果，在同一大面积整体筏形基础上有多幢高层和低层建筑时，沉降可以高层建筑为单元将筏基划分为若干块按弹性理论进行计算，并考虑各单元的相互影响，当各单元间交界处的变形协调时，便可将计算的沉降值进行叠加。

5　室内模型试验和工程实测结果表明，当高层建筑与相连的裙房之间不设沉降缝和后浇带时，高层建筑的荷载通过裙房基础向周围扩散并逐渐减小，因此与高层建筑邻近一定范围内裙房基础下的地基反力相对较大。当与高层建筑紧邻的裙房的基础板厚度突然减小过多时，有可能出现基础板的截面承载力不够而发生破坏或因其变形过大造成裂缝不满足要求。因此本条款提出高层建筑及与其紧邻一跨的裙房筏板应采用相同厚度，裙房筏板的厚度宜从第二跨裙房开始逐渐变化。

6 室内模型试验结果表明，平面呈L形的高层建筑下的大面积整体筏形基础，筏板在满足厚跨比不小于1/6的条件下，裂缝发生在与高层建筑相邻的裙房第一跨和第二跨交接处的柱旁。试验结果还表明，高层建筑连同紧邻一跨的裙房其变形相当均匀，呈现出接近刚性板的变形特征。因此，当需要设置后浇带时，后浇带宜设在与高层建筑相邻裙房的第二跨内（见图13）。

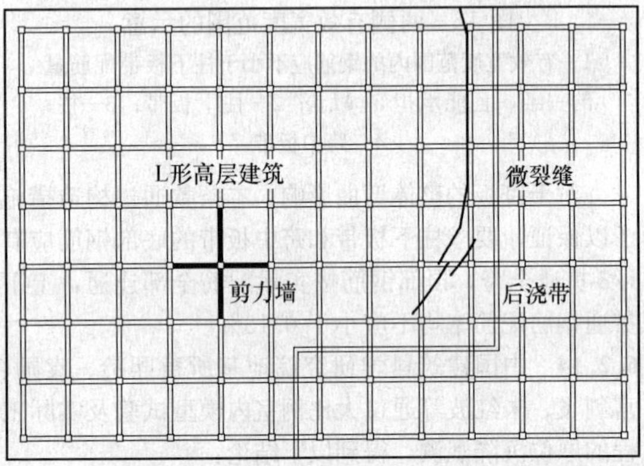

图13 后浇带（沉降缝）示意图

6.2.15 在同一大面积整体筏形基础上有多幢高层和低层建筑时，筏基的结构计算宜考虑上部结构、基础与地基土的共同作用，进行整体计算。对塔楼数目较多且塔裙之间平面布局较复杂的工程，设计时可能存在一定难度。基于中国建筑科学研究院地基所的研究成果，对于同一大面积整体筏形基础上的复杂工程，建议可按高层建筑物的有效影响区域将筏基划分为若干单元分别按弹性理论进行计算，计算时宜考虑上部结构、基础与地基土的共同作用。采用这种方法计算时，需要根据各单元间交界处的变形协调条件，依据沉降达到基本稳定的时间长短或工程经验，控制和调整各建筑单元之间的沉降差后，得到整体筏基的计算结果。

6.2.16 高层建筑基础不但应满足强度要求，而且应有足够的刚度，方可保证上部结构的安全。本条款给出的限值，是基于一系列室内模型试验和大量工程实测分析得到的。基础的整体挠曲度定义为：基础两端沉降的平均值与基础中间最大沉降的差值与基础两端之间距离的比值。

6.3 箱形基础

6.3.1 箱形基础墙体的作用是连接顶、底板并把很大的竖向荷载和水平荷载较均匀地传递到地基上去。提出墙体面积率的要求是为了保证箱形基础有足够的整体刚度及在纵横方向各部位的受剪承载力。这些面积率指标主要来源于国内已建工程墙体面积率的统计资料，详见表5。其中有些工程经过了6度地震的考验，这样的面积率指标在一般工程中基本上都能达到，并且能满足一般人防使用上的要求。

在墙体水平截面面积率的控制中，对基础平面长宽比大于4的箱形基础纵墙控制较严。因为工程实测沉降表明，箱形基础的相对挠曲，纵向要大于横向。这说明了在正常的受力状态下，纵向是我们要考虑的主要方向。然而横墙的数量也不能太少，横墙受剪面积不足，将影响抵抗挠曲的刚度。

十多年来的工程实践经验表明，墙体水平截面总面积率可适当放宽，因此，本规范将墙体水平截面总面积率控制在已建工程墙体面积率的统计资料的下限值，由原规范的1/10改为1/12。

6.3.2 本规范提出箱形基础高度不宜小于基础长度的1/20，且不宜小于3m的要求，旨在要求箱形基础具有一定的刚度，能适应地基的不均匀沉降，满足使用功能上的要求，减少不均匀沉降引起的上部结构附加应力。制定这种控制条件的依据是：从已建工程的统计资料来看，箱形基础的高度与长度的比值在1/3.8至1/21.1之间，这些工程的实测相对挠曲值，软土地区一般都在万分之三以下，硬土地区一般都小于万分之一，除个别工程，由于施工中拔钢板桩将基底下的土带出，使部分外纵墙出现上大下小内外贯通裂缝外（裂缝最宽处达2mm），其他工程并没有出现异常现象，刚度都较好。表6给出了北京、上海、西安、保定等地的12项工程的实测最大相对挠曲资料。

表5 箱形基础工程实例表

序号	工程名称	上部结构体系	层数	建筑高度 H (m)	箱基埋深 h' (m)	箱基高度 h (m)	箱基长度 L (m)	箱基宽度 B (m)	$\frac{L}{B}$	箱基面积 A (m^2)	$\frac{h'}{H}$	$\frac{h}{H}$	$\frac{h}{L}$	顶板厚/底板厚 (cm)	内墙厚/外墙厚 (cm)	横墙总长 (m)	纵墙总长 (m)	每平米箱基面积上墙体长度 (cm)			墙体水平截面积/箱基面积		
																		横向	纵向	纵横	横墙	纵墙	横+纵
1	北京展览馆	框剪		44.95 (94.5)	4.25	4.25	48.5	45.2	1.07	2192	$\frac{1}{10.6}$ ($\frac{1}{19.9}$)	$\frac{1}{10.6}$	$\frac{1}{11.4}$	$\frac{20}{100}$	$\frac{50}{50}$	289	309	13.2	14.1	27.3	$\frac{1}{15.2}$	$\frac{1}{14.2}$	$\frac{1}{7.33}$

续表 5

序号	工程名称	上部结构体系	层数	建筑高度 H (m)	箱基埋深 h' (m)	箱基高度 h (m)	箱基长度 L (m)	箱基宽度 B (m)	$\frac{L}{B}$	箱基面积 A (m^2)	$\frac{h'}{H}$	$\frac{h}{H}$	$\frac{h}{L}$	顶板厚/底板厚 (cm)	内墙厚/外墙厚 (cm)	横墙总长 (m)	纵墙总长 (m)	每平米箱基面积上墙体长度 (cm)			墙体水平截面积/箱基面积		
																		横向	纵向	纵横	横墙	纵墙	横+纵
2	民族文化宫	框剪	13	62.1	6	5.92	22.4	22.4	1	502	$\frac{1}{10.4}$	$\frac{1}{10.5}$	$\frac{1}{3.8}$	$\frac{40}{60}$	$\frac{40\sim50}{40}$	134	134	26.8	26.8	57.6	$\frac{1}{8.6}$	$\frac{1}{8.6}$	$\frac{1}{4.3}$
3	三里屯外交公寓	框剪	10	37.5	4	3.05	41.6	14.1	2.95	585	$\frac{1}{9.3}$	$\frac{1}{12.2}$	$\frac{1}{13.6}$	$\frac{25}{40(加腋)}$	$\frac{30}{35}$	127	146	21.7	24.9	46.6	$\frac{1}{14.3}$	$\frac{1}{12.2}$	$\frac{1}{6.6}$
4	中国图片社	框架	7	33.8	4.45	3.6	17.6	13.7	1.27	241	$\frac{1}{7.6}$	$\frac{1}{9.4}$	$\frac{1}{4.9}$	$\frac{20}{40}$	$\frac{40}{40}$	69	70	28.4	29.2	57.6	$\frac{1}{8.8}$	$\frac{1}{8.6}$	$\frac{1}{4.34}$
5	外交公寓16号楼	剪力墙	17	54.7	7.65	9.06	36	13	2.77	468	$\frac{1}{7.2}$	$\frac{1}{6.1}$	$\frac{1}{4}$	$\frac{10、8、20}{180}$	$\frac{30}{35}$	117	144	23.1	30.7	53.8	$\frac{1}{12.9}$	$\frac{1}{10}$	$\frac{1}{5.63}$
6	外贸谈判楼	框剪	10	36.9	4.7	3.5	31.5	21	1.5	662	$\frac{1}{7.9}$	$\frac{1}{10.5}$	$\frac{1}{9}$	$\frac{40}{60}$	$\frac{20\sim35}{35}$	147	179	22	27	49	$\frac{1}{14.8}$	$\frac{1}{11.8}$	$\frac{1}{6.55}$
7	中医病房楼	框架	10	38.3	6 (3.2)	5.35	86.8	12.6	6.9	1096	$\frac{1}{6.4(12)}$	$\frac{1}{7.2}$	$\frac{1}{16.2}$	$\frac{30}{70}$	$\frac{20}{30}$	158	347	14.5	31.7	46.2	$\frac{1}{27.7}$	$\frac{1}{12.6}$	$\frac{1}{8.7}$
8	双井服务楼	框剪	11	35.8	7	3.6	44.8	11.4	3.03	511	$\frac{1}{5.1}$	$\frac{1}{9.9}$	$\frac{1}{12.4}$	$\frac{10、20}{80}$	$\frac{30}{35}$	91	134	17.8	26.3	44.1	$\frac{1}{14.3}$	$\frac{1}{12.2}$	$\frac{1}{6.6}$
9	水规院住宅	框剪	10	27.8	4.2	3.25	63	9.9	6.4	624	$\frac{1}{6.6}$	$\frac{1}{8.6}$	$\frac{1}{19.4}$	$\frac{25}{50}$	$\frac{20}{30}$	109	189	17.5	30.3	47.8	$\frac{1}{28.7}$	$\frac{1}{12.4}$	$\frac{1}{8.65}$
10	总参住宅	框剪	14	35.5	4.9	3.52	73.8	10.8	6.83	797	$\frac{1}{7.9}$	$\frac{1}{10.9}$	$\frac{1}{21}$	$\frac{25}{65}$	$\frac{20\sim35}{25}$	140	221	17.6	27.8	45.4	$\frac{1}{25.9}$	$\frac{1}{14.4}$	$\frac{1}{9.3}$
11	前三门604号楼	剪力墙	11	30.2	3.6	3.3	45	9.9	4.55	446	$\frac{1}{8.4}$	$\frac{1}{9.4}$	$\frac{1}{14}$	$\frac{30}{50}$	$\frac{18}{30}$	149	135	33.2	30.3	63.5	$\frac{1}{15.3}$	$\frac{1}{12.7}$	$\frac{1}{6.95}$
12	中科有机所实验室	预制框架	7	27.48	3.1	3.2	69.6	16.8	4.12	1169	$\frac{1}{9}$	$\frac{1}{18.4}$	$\frac{1}{21.1}$	$\frac{40}{40}$	$\frac{25、30、40}{30}$	210.6	278.4	18	23.8	41.8		$\frac{1}{14}$	$\frac{1}{8.6}$
13	广播器材厂彩电车间	预制框架	7	27.23	3.1	3.1	18.3	15.3	1.19	234	$\frac{1}{8.8}$	$\frac{1}{7.8}$	$\frac{1}{6.1}$	$\frac{20、40}{50}$	$\frac{30}{30}$	55.2	67.2	23.59	28.72	52.31		$\frac{1}{16.1}$	$\frac{1}{6.4}$
14	胸科医院外科大楼	框剪	10	36.7	6.0	5	45.5	17.9	2.54	814	$\frac{1}{6.1}$	$\frac{1}{7.3}$	$\frac{1}{9.1}$	$\frac{40}{50}$	$\frac{20、25}{30}$	187.1	273	22.98	33.54	56.52		$\frac{1}{12.8}$	$\frac{1}{7.7}$
15	科技情报站综合楼	框架	8	34.1	2.85	3.25	30.25	12	2.5	363	$\frac{1}{12}$	$\frac{1}{10.5}$	$\frac{1}{9.3}$	$\frac{40}{50}$	$\frac{20}{30}$	72	91	19.83	24.93	44.76		$\frac{1}{14.2}$	$\frac{1}{8.5}$

续表5

序号	工程名称	上部结构体系	层数	建筑高度 H (m)	箱基埋深 h' (m)	箱基高度 h (m)	箱基长度 L (m)	箱基宽度 B (m)	$\frac{L}{B}$	箱基面积 A (m^2)	$\frac{h'}{H}$	$\frac{h}{H}$	$\frac{h}{L}$	顶板厚/底板厚 (cm)	内墙厚/外墙厚 (cm)	横墙总长 (m)	纵墙总长 (m)	每平米箱基面积上墙体长度 (cm) 横向	纵向	纵横	墙体水平截面积/箱基面积 横墙	纵墙	横+纵
16	武宁旅馆	框架	10	34.9	4.0	5.2	51.4	13.4	3.83	689	$\frac{1}{8.7}$	$\frac{1}{6.7}$	$\frac{1}{9.9}$	$\frac{20}{30}$	$\frac{25}{25}$	108.2	174	15.71	25.29	41		$\frac{1}{15.8}$	$\frac{1}{9.8}$
17	615号工程试验楼	预制框架	8	31.3	2.69	3.1	55.8	16.5	3.38	922	$\frac{1}{11.6}$	$\frac{1}{10.1}$	$\frac{1}{18}$	$\frac{40}{50}$	$\frac{25,30}{30}$	489.6	222	53.13	24.11	77.24		$\frac{1}{15.1}$	$\frac{1}{8.9}$
18	邮电520厂交换机生产楼	框剪（现柱预梁）	9	40.4	3.85	4.6	34.8	32.6	1.07	850	$\frac{1}{8.8}$	$\frac{1}{8.8}$	$\frac{1}{7.5}$	$\frac{25}{50}$	$\frac{25}{25}$	228	161	26.83	18.99	75.82		$\frac{1}{20.1}$	$\frac{1}{8.7}$
19	起重电器厂综合楼北楼	框剪（现柱预梁）	5～9	32.3	2.85	3.1	34.7	12.4	2.8	430	$\frac{1}{11.3}$	$\frac{1}{10.4}$	$\frac{1}{11.2}$	$\frac{40}{40}$	$\frac{25、30}{25、30、40}$	84	114	19.52	26.49	46.01		$\frac{1}{13}$	$\frac{1}{7.7}$
20	宝钢生活区旅馆	框剪（现柱预梁）	9	28.78	3.9	4.66	48.5	16	5.27	1063	$\frac{1}{7.4}$	$\frac{1}{6.2}$	$\frac{1}{18.1}$	$\frac{30}{40}$	$\frac{20、25、30}{25}$	312.8	246	29.44	23.15	52.59		$\frac{1}{16.9}$	$\frac{1}{8.2}$
21	邮电医院病房楼	框架	8	28.9	2.71	3.35	46.3	14.3	3.23	750	$\frac{1}{10.4}$	$\frac{1}{8.6}$	$\frac{1}{13.8}$	$\frac{40}{50}$	$\frac{25、40}{30}$	162.3	159	21.65	21.97	43.62		$\frac{1}{18.2}$	$\frac{1}{8.8}$
22	医疗研究所实验楼	框架	7	27	3.26	3.61	42.7	14.8	2.88	706	$\frac{1}{8.3}$	$\frac{1}{7.5}$	$\frac{1}{11.8}$	$\frac{35}{50}$	$\frac{25}{30}$	134.8	170.8	19.1	24.2	43.3		$\frac{1}{15}$	$\frac{1}{8.2}$
23	上海展览馆	框架	14	91.8	0.5	7.27	46.5	46.5	1	2159	$\frac{1}{18.3}$	$\frac{1}{12.6}$	$\frac{1}{6.4}$	$\frac{20}{100}$	$\frac{40}{50}$	311	311	14.4	14.4	28.8			
24	西安铁一局综合楼	框架	7～9	25.6～34	4.45	4.15	64.8	14.1	4.6	914	$\frac{1}{5.76}$	$\frac{1}{6.18}$	$\frac{1}{15.6}$	$\frac{35}{30}$	$\frac{30}{30}$	102.6	165.2	11.22	18.2	29.32		$\frac{18}{41}$	$\frac{1}{11.36}$
25	康乐路12层住宅	剪力墙	12	37.5	5.4	5.70	67.6	11.7	5.78	787.3	$\frac{1}{6.9}$	$\frac{1}{3.8}$	$\frac{1}{11.8}$	$\frac{30}{50}$	$\frac{25,30}{40}$								
26	华盛路12层住宅	框架	12	36.8	5.55	3.55	55.8	12.5	4.46	697.5	$\frac{1}{6.6}$	$\frac{1}{10.3}$	$\frac{1}{15.7}$	$\frac{30}{50}$	$\frac{30}{24\sim30}$	178.5	167	25.6	23.9	49.5		$\frac{1}{13.3}$	$\frac{1}{7.2}$
27	北站旅馆	框架	8	28.52	3.08	3.25	41.1	14.7	2.80	742.3	$\frac{1}{9.2}$	$\frac{1}{8.8}$	$\frac{1}{12.6}$	$\frac{25}{25}$	$\frac{砖24}{20}$	126.9	193.8	17.1	26.1	43.2		$\frac{1}{17.5}$	$\frac{1}{6.4}$

表 6　建筑物实测最大相对挠曲

工程名称	主要基础持力层	上部结构	层数 / 建筑总高（m）	箱基长度（m） / 箱基高度（m）	$\frac{\Delta s}{L}\times 10^{-4}$
北京水规院住宅	第四纪黏性土与砂卵石交互层	框架剪力墙	$\frac{9}{27.8}$	$\frac{63}{3.25}$	0.80
北京 604 住宅	第四纪黏性土与砂卵石交互层	现浇剪力墙及外挂板	$\frac{10}{30.2}$	$\frac{45}{3.3}$	0.60
北京中医病房楼	第四纪中、轻砂黏与黏砂交互层	预制框架及外挂板	$\frac{10}{38.3}$	$\frac{86.8}{5.35}$	0.46
北京总参住宅	第四纪中、轻砂黏与黏砂交互层	预制框剪结构	$\frac{14}{35.5}$	$\frac{73.8}{3.52}$	0.546
上海四平路住宅	淤泥及淤泥质土	现浇剪力墙	$\frac{12}{35.8}$	$\frac{50.1}{3.68}$	1.40
上海胸科医院外科大楼	淤泥及淤泥质土	预制框架	$\frac{10}{36.7}$	$\frac{45.5}{5.0}$	1.78
上海国际妇幼保健院	淤泥及淤泥质土	预制框架	$\frac{7}{29.8}$	$\frac{50.65}{3.15}$	2.78
上海中波 1 号楼	淤泥及淤泥质土	现浇框架	$\frac{7}{23.7}$	$\frac{25.60}{3.30}$	1.30
上海康乐路住宅	淤泥及淤泥质土	现浇剪力墙底框架	$\frac{12}{37.5}$	$\frac{67.6}{5.7}$	−3.4
上海华盛路住宅	淤泥及淤泥质土	预制框剪及外挂板	$\frac{12}{36.8}$	$\frac{55.8}{3.55}$	−1.8
西安宾馆	非湿陷性黄土	现浇剪力墙	$\frac{15}{51.8}$	$\frac{62}{7.0}$	0.89
保定冷库	亚黏土含淤泥	现浇无梁楼盖	$\frac{5}{22.2}$	$\frac{54.6}{4.5}$	0.37

注：$\frac{\Delta s}{L}$为正值时表示基底变形呈盆状，即"∪"状。

6.3.4　为使基础底板具有一定刚度以减少其下地基土反力不均匀程度和避免基础底板因板厚过小而产生较大裂缝，底板厚度最小限值由原《高层建筑箱形与筏形基础技术规范》JGJ 6－99 中的 300mm 改为 400mm，并规定了板厚与最大双向板格的短边净跨之比不应小于 1/14。

6.3.5　本规范箱形基础和梁板式筏基双向底板受冲切承载力和受剪承载力验算方法源于 1980 年颁布实施的《高层建筑箱形基础设计与施工规程》JGJ 6－80。验算底板受剪承载力时，《高层建筑箱形基础设计与施工规程》JGJ 6－80 规定了以距墙边 h_0（底板的有效高度）处作为验算底板受剪承载力的部位。《建筑地基基础设计规范》GB 50007－2002 在编制时，对北京市十余幢已建的箱形基础进行调查及复算，调查结果表明按此规定计算的底板并没有发现异常现象，情况良好。多年工程实践表明按《高层建筑箱形基础设计与施工规程》JGJ 6－80 提出的方法计算此类双向板是可行的。表 7 和表 8 给出了部分已建工程有关箱形基础双向底板的信息，以及箱形基础双向底板按不同规范计算剪切所需的 h_0。分析比较结果表明，取距支座边缘 h_0 处作为验算双向底板受剪承载力的部位，并将梯形受荷面积上的平均净反力摊在（$l_{n2}-2h_0$）上的计算结果与工程实际的板厚以及按 ACI318 计算结果是十分接近的。

表 7　已建工程箱形基础双向底板信息表

序号	工程名称	板格尺寸（m×m）	地基净反力标准值（kPa）	支座宽度（m）	混凝土强度等级	底板实用厚度 h（mm）
①	海军军医院门诊楼	7.2×7.5	231.2	0.60	C25	550
②	望京Ⅱ区 1# 楼	6.3×7.2	413.6	0.20	C25	850
③	望京Ⅱ区 2# 楼	6.3×7.2	290.4	0.20	C25	700
④	望京Ⅱ区 3# 楼	6.3×7.2	384.0	0.20	C25	850
⑤	松榆花园 1# 楼	8.1×8.4	616.8	0.25	C35	1200
⑥	中鑫花园	6.15×9.0	414.4	0.30	C30	900
⑦	天创成	7.9×10.1	595.5	0.25	C30	1300
⑧	沙板庄小区	6.4×8.7	434.0	0.20	C30	1000

表 8　已建工程箱形基础双向底板剪切计算分析

序号	双向底板剪切计算的 h_0（mm）			按 GB 50007 双向底板冲切计算的 h_0（mm）	工程实用厚度 h（mm）
	GB 50010	ACI-318	GB 50007		
	梯形土反力摊在 l_{n2} 上		梯形土反力摊在（$l_{n2}-2h_0$）上		
	支座边缘	距支座边 h_0	距支座边 h_0		
①	600	584	514	470	550
②	1200	853	820	710	850
③	760	680	620	540	700
④	1090	815	770	670	850
⑤	1880	1160	1260	1000	1200
⑥	1210	915	824	700	900
⑦	2350	1355	1440	1120	1300
⑧	1300	950	890	740	1000

6.3.6　箱形基础的墙身厚度，除应按实际受力情况进行验算外，还规定了内、外墙的最小厚度，即外墙不应小于 250mm，内墙不宜小于 200mm，这一限制是在保证箱形基础整体刚度的条件下及分析了大量工程实例的基础上提出的，统计资料列于表 5。这一限制，也是配合本标准第 6.3.1 条使用的。

6.3.7　箱基分析实质上是一个求解地基—基础—上部结构协同工作的课题。近 40 年来，国内外不少学者先后对这一课题进行了研究，在非线性地基模型及其参数的选择、上下协同工作机理的研究上取得了不少成果。特别是 20 世纪 70 年代后期以来，国内一些科研、设计单位结合具体工程在现场进行了包括基底接触应力、箱基钢筋应力以及基础沉降观测等一系列测试，积累了大量宝贵资料，为箱基的研究和分析提供了可靠的依据。

建筑物沉降观测结果和理论研究表明，对平面布置规则、立面沿高度大体一致的单幢建筑物，当箱基下压缩土层范围内沿竖向和水平方向土层较均匀时，箱形基础的纵向挠曲曲线的形状呈盆状形。纵向挠曲曲线的曲率并不随着楼层的增加、荷载的增大而始终增大。最大的曲率发生在施工期间的某一临界层，该临界层与上部结构形式及影响其刚度形成的施工方式有关。当上部结构最初几层施工时，由于其混凝土尚处于软塑状态，上部结构的刚度还未形成，上部结构只能以荷载的形式施加在箱基的顶部，因而箱基的整体挠曲曲线的曲率随着楼层的升高而逐渐增大，其工作犹如弹性地基上的梁或板。当楼层上升至一定的高度之后，最早施工的下面几层结构随着时间的推移，它的刚度就陆续形成，一般情况下，上部结构刚度的形成时间约滞后三层左右。在刚度形成之后，上部结构要满足变形协调条件，符合呈盆状形的箱形基础沉降曲线，中间柱子或中间墙段将产生附加的拉力，而边柱或尽端墙段则产生附加的压力。上部结构内力重分布的结果，导致了箱基整体挠曲及其弯曲应力的降低。在进行装修阶段，由于上部结构的刚度已基本完成，装修阶段所增加的荷载又使箱基的整体挠曲曲线的曲率略有增加。图 14 给出了北京中医医院病房楼各施工阶段（1～5）的箱基纵向沉降曲线图，从图中可以清楚看出箱基整体挠曲曲线的基本变化规律。

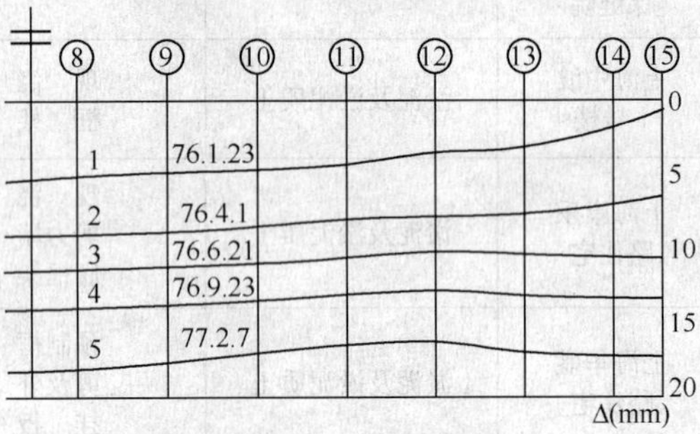

图 14　北京中医医院病房楼箱形基础纵向沉降曲线图

1—四层；2—八层；3—主体完工；4—装修阶段Ⅰ；5—装修阶段Ⅱ

国内大量测试表明，箱基顶、底板钢筋实测应力，一般只有 20N/mm² ～ 30N/mm²，最高也不过 50N/mm²。造成钢筋应力偏低的因素很多，除了上部结构参与工作以及箱基端部土层出现塑性变形，导致箱基整体弯曲应力降低等因素外，主要原因是：

（1）箱形基础弯曲受拉区的混凝土参与了工作。为保证上部结构和箱基在使用荷载下不致出现裂缝，本规范在编制时曾利用实测纵向相对挠曲值来反演箱基的抗裂度。反演时挑选了上部结构刚度相对较弱的框架结构、框剪结构下的箱形基础作为分析对象。分析时假定箱形基础自身为一挠曲单元，其整体挠曲曲线近似为圆弧形，箱基中点的弯矩 $M=\dfrac{8\Delta_s EI}{L^2}$，按受弯构件验算箱基的抗裂度，验算时箱基的混凝土强度等级为 C20，EI 为混凝土的长期刚度，其值取 $0.5E_cI$。表 9 列出了按现行《混凝土结构设计规范》GB 50010 计算的几个典型工程的箱形基础抗裂度。上海国际妇幼保健院是我们目前收集到的箱形基础纵向相对挠曲最大的一个，其纵向相对挠曲值 $\frac{\Delta s}{L}$ 为 2.78×10^{-4}，验算的抗裂度为 1.13。应该指出的是，验算时箱形基础的刚度是按实腹工字形截面计算的，没有考虑墙身洞口对刚度的削弱影响，实际的抗裂度要稍大于计算值。因此，一般情况下按本规范提出的箱基高度和墙率设计的箱形基础，其抗裂度可满足混凝土结构设计规范的要求。

(2) 箱形基础底板下土反力存在向墙下集中的现象，对 5 个工程的箱形基础的 14 块双向底板的墙下和跨中实测反力值进行多元回归分析，结果表明一般情况下双向板的跨中平均土反力约为墙下平均土反力的 85%。计算结果表明箱基底板截面并未开裂，混凝土及钢筋均处于弹性受力阶段。这也是钢筋应力偏小的主要原因之一。

(3) 基底与土之间的摩擦力影响。地基与基础的关系实质上是一个不同材性、不同结构的整体。从接触条件来讲，箱基受力后它与土壤之间应保持接触原则。箱基整体挠曲不仅反映了点与点之间的沉降差，也反映了基础与地基之间沿水平方向的变形。这种水平方向的变形值虽然很小，但引发出的基底与土壤之间的摩擦力，却对箱基产生一定的影响。摩擦力对箱基中和轴所产生的弯矩其方向总是与整体弯矩相反。一般情况下，箱基顶、底板在基底摩擦力作用下分别处于拉、压状态，与呈盆状变形的箱基顶、底板的受力状态相反，从而改善了底板的受力状态，降低了底板的钢筋应力。

因此，当地基压缩层深度范围内的土层在竖向和水平方向较均匀、且上部结构为平、立面布置较规则的剪力墙、框架、框架-剪力墙体系时，箱形基础的顶、底板可仅按局部弯曲计算。

考虑到整体弯曲的影响，箱基顶、底板纵横方向的部分支座钢筋应贯通全跨，跨中钢筋按实际配筋全部连通。箱基顶、底板纵横方向的支座钢筋贯通全跨的比例，由原《高层建筑箱形与筏形基础技术规范》JGJ 6－99 中的 1/2～1/3 改为 1/4。底板上下贯通钢筋的配筋率均不应小于 0.15%。

表 9　按实测纵向相对挠曲反演箱基抗裂度

建筑物名称	上部结构	箱高 h (m)	箱长 L (m)	$\frac{h}{L}$	$\frac{\Delta s}{L}\times10^{-4}$	抗裂度
北京中医病房楼	框架	5.35	86.8	$\frac{1}{16.2}$	0.47	8.44
北京水规院住宅	框架-剪力墙	3.25	63	$\frac{1}{19.4}$	0.8	5.58

续表 9

建筑物名称	上部结构	箱高 h (m)	箱长 L (m)	$\frac{h}{L}$	$\frac{\Delta s}{L}\times10^{-4}$	抗裂度
北京总参住宅	框架-剪力墙	3.52	73.8	$\frac{1}{21}$	0.546	9.23
上海国际妇幼保健院	框架	3.15	50.65	$\frac{1}{16.1}$	2.78	1.13

6.3.8　1980 年颁布的《高层建筑箱形基础设计与施工规程》JGJ 6－80，提出了在分析整体弯曲作用时，将上部结构简化为等代梁，按照无榫连接的双梁原理，将上部结构框架等效刚度 E_BI_B 和箱形基础刚度 E_FI_F 叠加得总刚度，按静定梁分析各截面的弯矩和剪力，并按刚度比将弯矩分配给箱基的计算原则。这个考虑了上部结构抗弯刚度的简化方法，是符合共同工作机理的。但是，国内许多研究人员的分析结果表明，上部结构刚度对基础的贡献并不是随着层数的增加而简单的增加，而是随着层数的增加逐渐衰减。例如，上海同济大学朱百里、曹名葆、魏道垛分析了每层楼的竖向刚度 K_{VY} 对基础贡献的百分比，其结果见表 10。从表中可以看到上部结构刚度的贡献是有限的，结果是符合圣维南原理的。

表 10　楼层竖向刚度 K_{VY} 对减小基础内力的贡献

层	一	二	三	四～六	七～九	十～十二	十三～十五
K_{VY} 的贡献 (%)	17.0	16.0	14.3	9.6	4.6	2.2	1.2

北京工业大学孙家乐、武建勋则利用二次曲线型内力分布函数，考虑了柱子的压缩变形，推导出连分式框架结构等效刚度公式。利用该公式算出的结果，也说明了上部结构刚度的贡献是有限的，见图 15。

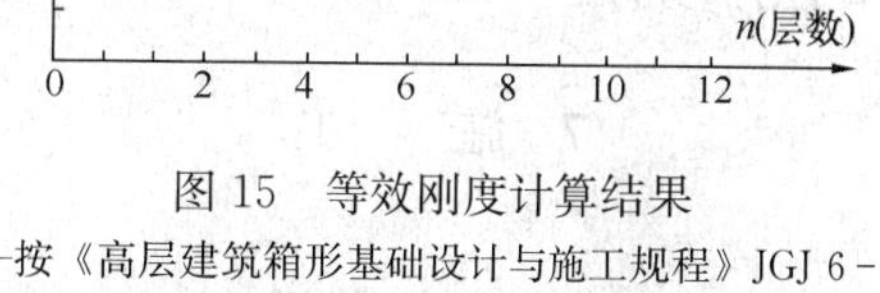

图 15　等效刚度计算结果

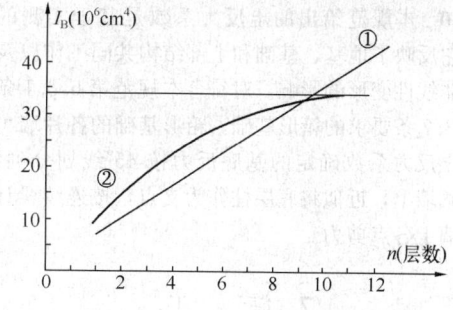

①—按《高层建筑箱形基础设计与施工规程》JGJ 6－80 的等效刚度计算结果；②—按北工大提出的连分式等效刚度计算结果

因此，在确定框架结构刚度对箱基的贡献时，《高层建筑箱形与筏形基础技术规范》JGJ 6－99 规范在《高层建筑箱形基础设计与施工规程》JGJ 6－80 的框架结构等效刚度公式的基础上，提出了对层数的限制，规定了框架结构参与工作的层数不多于8层，该限制是综合了上部框架结构竖向刚度、弯曲刚度以及剪切刚度的影响。

在本规范修订中总结了近十年来工程实践经验，同时考虑到计算机的普及，提出了如本规范附录F中图F.0.2所示的更接近实际情况的整体弯曲作用分析计算模型，即将上部框架简化为等代梁并以底层柱与筏形或箱形基础连接。修改后的计算模型的最大优点是，其计算结果可反映由于上部结构参与工作而发生的荷载重分布现象，为设计人员提供了一种估算上部结构底层竖向构件次应力的简化方法。此外，根据上部结构各层对箱基的贡献大小以及工程实践，本次规范修改时将框架结构参与工作的层数最大限值由8层修改为5层。

在计算底板局部弯曲内力时，考虑到双向板周边与墙体连接产生的推力作用，注意到双向板实测跨中反压力小于墙下实测反压力的情况，对底板为双向板的局部弯曲内力采用0.8的折减系数。

箱形基础的地基反力，可按附录E采用，也可参照其他有效方法确定。地基反力系数表，系中国建筑科学研究院地基所根据北京地区一般黏性土和上海淤泥质黏性土上高层建筑实测反力资料以及收集到的西安、沈阳等地的实测成果研究编制的。

当荷载、柱距相差较大，箱基长度大于上部结构的长度（悬挑部分大于1m）时，或者建筑物平面布置复杂、地基不均匀时，箱基内力宜根据土—箱基或土—箱基—上部结构协同工作的计算程序进行分析。

6.3.9 当墙体水平截面面积率较小时，其内力和整体挠曲变形应采取能反映其实际受力和变形情况的有效计算方法确定。此时，为保证箱形基础刚度分布较均匀应注意内墙布置尽可能均匀对称，并且横墙间距不宜过大。

6.3.10 本规范给出的土反力系数是基于实测的结果，它反映了地基、基础和上部结构共同工作以及地基的非线性变形的影响。对符合本规范第6.3.1条和第6.3.7条要求的箱形基础，箱形基础的各片墙可直接按土反力系数确定的基底反力按45°线划分到纵、横基础墙上，近似将底层柱作为支点，按连续梁计算基础墙上各点剪力。

7 施　　工

7.1 一 般 规 定

7.1.1 不同的建设工程项目具有不同的特点，因此，筏形与箱形基础的施工组织设计除应根据建筑场地、工程地质和水文地质资料以及现场环境等条件外，还应分析工程项目的特殊性和施工难点，以明晰施工控制的关键点，尤其对施工过程中可能出现的问题有一个清醒的认识和必要的准备。

7.1.6 大多数高层建筑基础埋置深度较深，有的超过20m。深基坑支护设计合理与否直接影响建筑物的施工工期与造价，影响邻近建筑物的安全。有的工程采用永久性支护方案即把支护结构作为地下室外墙，取得较好的经济效益，施工前应做好准备工作，施工时能顺利进行，保证质量。

7.1.10 监测工作不仅限于施工过程，有些内容应延续至现场施工结束。观测和监测结果是对建设工程实际状态的真实反映，对观测和监测资料的及时整理和分析及反馈是作好施工过程控制以及处理异常情况的基本要求。

7.2 地下水控制

7.2.1 降水的目的是为了降低地下水位、疏干基坑、固结土体、稳定边坡、防止流砂与管涌，便于基坑开挖与基础施工。边坡失稳、流砂与管涌的发生一般都与地下水有关，尤其是与地下水的动水压力梯度的增大有关。

目前降水、隔水方案很多，如：井点降水（包括轻型井点、真空井点）、地下连续墙支护与隔水、支护桩配以搅拌桩或高压旋喷桩隔水、降水与回灌相结合疏干基坑和保持坑外地下水位等等。采用哪种方法进行地下水控制除考虑本条所列的因素外还应考虑经济效益和地区成熟的经验与技术。

7.2.5 在施工中常发生由于降水对邻近建筑物、道路及管线产生不良影响的工程事故。降水产生不良影响的原因主要有两个，一是降水引起地下水位下降使土体产生固结沉降，二是降水过程带出大量土颗粒，在土体中产生孔洞、孔洞塌陷造成沉降。

7.2.12 一定要注意使排水远离基坑边坡，如边坡被水浸泡，土的抗剪强度、黏聚力立即下降，容易引起基坑坍塌和滑坡。

7.2.14 当基础埋置深度大，而地下水位较高时尤其要重视水浮力，必须满足抗浮要求。当建筑物高低层采用整体基础时，要验算高低层结合处基础板的负弯矩和抗裂强度，需要时，可在低层部分的基础下打抗拔桩或拉锚。

7.3 基 坑 开 挖

7.3.1 基坑开挖是否要支护视具体情况而定，各地区差异很大，即使同一地区也不尽相同，本条所列三种情况应予以重视。由于支护属临时性措施，因此在保证安全的前提下还应考虑经济性。

采用自然放坡一定要谨慎，作稳定性分析时，土的物理力学指标的选用必须符合实际。需要指出的是土的力学指标对含水量的变化非常敏感，虽然计算得十分安全，往往一场大雨之后严重的塌方就发生了。施工时一定要考虑好应急措施。

7.3.2 我国地域辽阔，基坑支护方法很多，作为一种临时性的支护结构，应充分考虑土质、结构特点以及地区，因地制宜进行支护设计。

7.3.3 基坑及周边环境的沉降及水平位移的允许值、报警值的确定因要求不同而不同，应结合环境条件和特殊要求并结合地区工程经验。

7.3.4 坑内排水可设排水沟和集水坑，由水泵排出基坑。在严寒地区冬期施工要做好保温措施，由于季节变化易出现基础板底面与地基脱开。

7.3.6 由于施工场地狭小，常常发生坑边堆载超过设计规定的现象，因此，在施工过程中必须严格控制。

7.3.12 防止雨水浸泡地基是避免地基性状改变的基本条件，对膨胀土和湿陷性严重的地基尤显其重要性。基坑开挖完成并经验收合格后，应立即进行垫层施工，防止暴晒和雨水浸泡造成地基土破坏。

7.4 筏形与箱形基础施工

7.4.2 筏形和箱形基础长度超 40m，基础墙体都易发生裂缝（垂直分布），外墙上的裂缝对防水不利，处理费用很高。

7.4.4 后浇带施工做法很多，或事先把钢筋贯通，用钢丝网模隔断，接缝前用人工将混凝土表面凿毛，或直接采用齿口连接拉板网放置在施工缝处模板内侧，待拆模后，表面露出拉板网齿槽，增加新老混凝土之间的咬接，或钢筋也有事先不贯通的，先在缝的两侧伸出受力钢筋，但不相连，而在基础混凝土浇筑三至四星期之后再将伸出的钢筋等强焊接。

7.4.9 差异沉降容易造成基础板开裂，对于有防水要求的基础，后浇带的防水处理要考虑这一因素，施工缝与后浇带的防水处理要与整片基础同时做好，不要在此处断缝。并要采取必要的保护措施，防止施工时损坏。

7.4.11 混凝土外加剂与掺合料的应用技术性很强，应通过试验。

7.4.12 大体积混凝土的养护以前多采用冷却法，而目前蓄热养护法正被许多工程人员所接受，效果也很理想。

二次抹面工作很重要，应及时进行，否则一旦泥水混入则难以处理，二次抹面不但具有补强效果，而且对防渗也有很大作用。

8 检测与监测

8.1 一 般 规 定

8.1.1 现场监测是指在工程施工及使用过程中对岩土体性状的变化、建筑物内部结构工作状态和使用状态、对相邻建筑和地下设施等周边环境的影响所引起的变化进行的系统的现场观测工作，并视其变化规律和发展趋势，作出预测或预警反应。

现场监测应作出系统的监测方案，监测方案应包括监测目的、监测项目、监测方法等。监测项目和要求随工程地质条件和工程的具体情况确定，难以在规范条文中作出具体的规定，应由设计人员根据工程需要，在设计文件中明确。

8.1.2 由于地基沉降计算方法还不完善，变形参数和经验修正系数不能完全反映地基实际的应力状态和变形特性，因此预估沉降和实际沉降往往有较大出入。为了积累科研数据，提高沉降预测和地基基础设计的水平，本条规定在工程需要时，可进行地基反力、基础内力的测试以及分层沉降观测、基坑回弹观测等特殊项目的监测工作。

8.1.3 近年来，由于地下水引发的工程事故很多，因此本条规定当地下水水位的升降以及施工排水对拟建工程和邻近工程有较大影响时，应进行地下水位的监测，以规避工程风险。

8.2 施 工 监 测

8.2.2 随着地下空间的利用，高层建筑与裙房、深大地下室及地下车库连为一体的工程日益增多，抗浮问题尤为突出。一般情况下，正常使用阶段存在的抗浮问题会受到人们关注，设计人将进行专门的抗浮设计；施工期间存在的抗浮问题，则应该通过施工降排水和地下水位监测解决和控制，但这一点往往被人们所忽视。近年来，因施工期间停止降水，地下水位过早升高而发生的工程问题常有发生。如：某工程设有4层地下室，因场区地下水位较高，采取施工降水措施。但结构施工至±0.000时，施工停止了降水，也未通知设计人。两个月后，发现整个地下室上浮，最大处可达 20cm。之后又重新开始降水，并在地下室内施加一定的重量，使地下室下沉至原位。因此施工期间的抗浮问题应该引起重视，同时作好地下水位监测，确保工程安全。

8.2.3 混凝土结构在建设和使用过程中出现不同程度、不同形式的裂缝，这是一个相当普遍的现象，大体积混凝土结构出现裂缝更普遍。在全国调查的高层建筑地下结构中，底板出现裂缝的现象占调查总数的20%左右，地下室的外墙混凝土出现裂缝的现象占调查总数的 80%左右。据裂缝原因分析，属于由变形（温度、湿度、地基沉降）引起的约占 80%以上，属于荷载引起的约占 20%左右。为避免大体积混凝土工程在浇筑过程中，由于水泥水化热引起的混凝土内部温度和温度应力的剧烈变化，从而导致混凝土发生裂缝，需对混凝土表面和内部的温度进行监测，采取有效措施控制混凝土浇筑块体因水化热引起的升温速度、混凝土浇筑块体的内外温差及降温速度，防止混凝土出现有害的温度裂缝（包括混凝土收缩）。

8.3 基坑检验

8.3.1 本条规定的基坑与基槽开挖后应检验的内容，是对几十年来工程实践，特别是北京地区工程实践经验的总结。关于钎探（本规范改为轻型圆锥动力触探），北京市建设工程质量监督总站及北京市勘察设计管理处曾于1987年6月18日联合发文［市质监总站质字（87）第35号、市设管处管字（87）第1号］，规定"钎探钎锤一律按《工业与民用建筑地基基础设计规范》附录四之二，轻便触探器穿心锤的质量10kg，钎探杆直径ϕ25焊上圆锥头，净长度1.5m～1.8m，上部穿心锤自由净落距离等于500mm"。因此，标准的钎探与轻型圆锥动力触探意义相同，本条条文作了相应的规定。

8.3.4 基坑检验过程中当发现洞穴、古墓、古井、暗沟、防空掩体及地下埋设物，或槽底土质受到施工的扰动、受冻、浸泡和冲刷、干裂等，应在现场提出对设计和施工处理的建议。

8.4 建筑物沉降观测

8.4.1 本条重点强调了水准点的埋设要求。目前有些工程在进行建筑物沉降观测时，通常使用浅埋或施工单位设置的普通水准点。由于水准点不稳定，并时常受周围环境和区域沉降的影响，致使建筑物实测沉降较小、甚至出现"上浮"。实际上这种情况所获得的实测沉降数据只是建筑物的相对沉降，不能真实反映建筑物的实际沉降量。因此水准点的埋设质量直接影响建筑物沉降观测的准确性。

8.4.4 高层建筑地下室埋置较深，为获取完整的沉降观测资料，沉降观测应从基础底板浇筑后立即进行埋点观测。由于高层建筑荷载较大，地基压缩层较深，一般地基土固结变形都需要较长的时间。大量实测工程也证明，高层建筑在结构封顶或竣工后，其后期沉降还是较大的。但目前多数建筑物仅在施工期间进行沉降观测，甚至在结构主体封顶或竣工后立刻停止沉降观测。不仅没有了解建筑物竣工后的沉降发展规律，而且也未真正获取建筑物完整的实测沉降数据。建筑物沉降观测工作量不大，经费较低，但确有较高的应用价值。设计单位和建设方即可依据观测结果规避建设风险，也可积累工程经验，为优化类似工程的地基基础设计方案提供可靠依据。

8.4.5 现行行业规范《建筑变形测量规范》JGJ 8规定的稳定标准沉降速率为（1～4）mm/100d，主要是根据北京、上海、天津、济南和西安5个城市的稳定控制指标确定的。其中，北京、上海和济南为1mm/100d；天津为（1～1.7）mm/100d；西安为（2～4）mm/100d。实际应用中，稳定标准应根据不同地区地基土压缩性综合确定。

中华人民共和国行业标准

混凝土泵送施工技术规程

Technical specification for construction of concrete pumping

JGJ/T 10—2011

批准部门：中华人民共和国住房和城乡建设部
施行日期：2 0 1 2 年 3 月 1 日

中华人民共和国住房和城乡建设部
公　告

第 1061 号

关于发布行业标准《混凝土泵送施工技术规程》的公告

现批准《混凝土泵送施工技术规程》为行业标准，编号为 JGJ/T 10－2011，自 2012 年 3 月 1 日起实施。原行业标准《混凝土泵送施工技术规程》JGJ/T 10－95 同时废止。

本规程由我部标准定额研究所组织中国建筑工业出版社出版发行。

中华人民共和国住房和城乡建设部

2011 年 7 月 13 日

前　言

根据住房和城乡建设部《关于印发“2008 年工程建设标准规范制订、修订计划（第一批）”的通知》（建标［2008］102 号）的要求，规程编制组经广泛调查研究，认真总结实践经验，参考有关国际标准和国外先进标准，并在广泛征求意见的基础上，修订本规程。

本规程的主要技术内容是：1 总则；2 术语和符号；3 混凝土泵送施工方案设计；4 泵送混凝土的运输；5 混凝土的泵送；6 泵送混凝土的浇筑；7 施工安全与环境保护；8 泵送混凝土质量控制。

本次修订的主要技术内容是：1 增加了术语；2 增加了 C60 以上混凝土泵送的有关内容；3 取消了“泵送混凝土原材料和配合比”的有关条文，与相关标准协调；4 修改了泵送过程中的换算压力损失值；5 修改了部分泵送工艺要求；6 增加了施工安全与环境保护有关内容；7 根据施工流程调整了规程章节结构。

本规程由住房和城乡建设部负责管理，由中国建筑科学研究院负责具体技术内容的解释。执行过程中如有意见或建议，请寄送中国建筑科学研究院（地址：北京市北三环东路 30 号；邮编：100013）。

本 规 程 主 编 单 位：中国建筑科学研究院
浙江省二建建设集团有限公司

本 规 程 参 编 单 位：三一重工股份有限公司
中建六局二公司
唐山建设集团有限责任公司
同济大学
华丰建设股份有限公司
武汉理工大学
建研建材有限公司
廊坊凯博建设机械科技有限公司

本规程主要起草人员：张声军　陈春雷　易秀明　于吉鹏　程启国　应惠清　孙启峰　马保国　张幸祥　韦庆东　王　平　孟晓东

本规程主要审查人员：龚　剑　何　穆　邵凯平　卓　新　李海波　唐明贤　吴月华　王桂玲　王瑞堂　陈天民　何云军　秦兆文　胡裕新　王骁敏

目 次

Contents

1 总 则

1.0.1 为提高混凝土泵送施工质量，促进混凝土泵送技术的发展，制定本规程。

1.0.2 本规程适用于建筑工程、市政工程的混凝土泵送施工，本规程不适用于轻骨料混凝土的泵送施工。

1.0.3 混凝土泵送施工应编制施工方案，前项工序验收合格方可进行混凝土泵送施工。

1.0.4 混凝土泵送施工除应符合本规程外，尚应符合国家现行有关标准的规定。

2 术语和符号

2.1 术 语

2.1.1 泵送混凝土 pumping concrete

可通过泵压作用沿输送管道强制流动到目的地并进行浇筑的混凝土。

2.1.2 混凝土可泵性 concrete pumpability

表示混凝土在泵压下沿输送管道流动的难易程度以及稳定程度的特性。

2.1.3 混凝土布料设备 concrete distributor

可将臂架伸展覆盖一定区域范围对混凝土进行布料浇筑的装置或设备。

2.2 符 号

K_1——粘着系数；

K_2——速度系数；

L——混凝土泵送管路系统的累计水平换算距离；

L_1——混凝土搅拌运输车往返距离；

L_{max}——混凝土泵最大水平输送距离；

N_1——混凝土搅拌运输车台数；

N_2——混凝土泵台数；

P_e——混凝土泵额定工作压力；

P_f——混凝土泵送系统附件及泵体内部压力损失；

P_{max}——混凝土泵送的最大阻力；

ΔP_H——混凝土在水平输送管内流动每米产生的压力损失；

Q——混凝土浇筑体积量；

Q_1——每台混凝土泵的实际平均输出量；

Q_{max}——每台混凝土泵的最大输出量；

r——混凝土输送管半径；

S_0——混凝土搅拌运输车平均行车速度；

S_1——混凝土坍落度；

$\frac{t_2}{t_1}$——混凝土泵分配阀切换时间与活塞推压混凝土时间之比；

T_0——混凝土泵送计划施工作业时间；

T_1——每台混凝土搅拌运输车总计停歇时间；

V_1——每台混凝土搅拌运输车容量；

V_2——混凝土拌合物在输送管内的平均流速；

α——混凝土输送管倾斜角；

α_1——配管条件系数；

α_2——径向压力与轴向压力之比；

β——混凝土输送管弯头张角；

η——作业效率；

η_V——搅拌运输车容量折减系数。

3 混凝土泵送施工方案设计

3.1 一 般 规 定

3.1.1 混凝土泵送施工方案应根据混凝土工程特点、浇筑工程量、拌合物特性以及浇筑进度等因素设计和确定。

3.1.2 混凝土泵送施工方案应包括下列内容：

1 编制依据；

2 工程概况；

3 施工技术条件分析；

4 混凝土运输方案；

5 混凝土输送方案；

6 混凝土浇筑方案；

7 施工技术措施；

8 施工安全措施；

9 环境保护技术措施；

10 施工组织。

3.1.3 当多台混凝土泵同时泵送或与其他输送方法组合输送混凝土时，应根据各自的输送能力，规定浇筑区域和浇筑顺序。

3.2 混凝土可泵性分析

3.2.1 在混凝土泵送方案设计阶段，应根据施工技术要求、原材料特性、混凝土配合比、混凝土拌制工艺、混凝土运输和输送方案等技术条件分析混凝土的可泵性。

3.2.2 混凝土的骨料级配、水胶比、砂率、最小胶凝材料用量等技术指标应符合现行行业标准《普通混凝土配合比设计规程》JGJ 55 中有关泵送混凝土的要求。

3.2.3 不同入泵坍落度或扩展度的混凝土，其泵送高度宜符合表 3.2.3 的规定。

表 3.2.3 混凝土入泵坍落度与泵送高度关系表

最大泵送高度（m）	50	100	200	400	400 以上
入泵坍落度（mm）	100～140	150～180	190～220	230～260	—
入泵扩展度（mm）	—	—	—	450～590	600～740

3.2.4 泵送混凝土宜采用预拌混凝土。当需要在现场搅拌混凝土时，宜采用具有自动计量装置的集中搅拌方式，不得采用人工搅拌的混凝土进行泵送。

3.2.5 混凝土供应方应有严格的质量保障体系，供应能力应符合连续泵送的要求。混凝土的性能除应符合设计要求外，尚应符合现行国家标准《预拌混凝土》GB/T 14902 的有关规定。

3.2.6 泵送混凝土搅拌的最短时间，应符合现行国家标准《预拌混凝土》GB/T 14902 的有关规定。当混凝土强度等级高于 C60 时，泵送混凝土的搅拌时间应比普通混凝土延长 20s～30s。

3.2.7 拌制强度等级高于 C60 的泵送混凝土时，应根据现场具体情况增加坍落度和经时坍落度损失的检测频率，并做好相应记录。

3.3 混凝土泵的选配

3.3.1 应根据混凝土输送管路系统布置方案及浇筑工程量、浇筑进度以及混凝土坍落度、设备状况等施工技术条件，确定混凝土泵的选型。

3.3.2 混凝土泵的实际平均输出量可根据混凝土泵的最大输出量、配管情况和作业效率，按下式计算：

$$Q_1 = \eta \alpha_1 Q_{max} \tag{3.3.2}$$

式中：Q_1——每台混凝土泵的实际平均输出量（m^3/h）；

Q_{max}——每台混凝土泵的最大输出量（m^3/h）；

α_1——配管条件系数，可取 0.8～0.9；

η——作业效率。根据混凝土搅拌运输车向混凝土泵供料的间断时间、拆装混凝土输送管和布料停歇等情况，可取 0.5～0.7。

3.3.3 混凝土泵的配备数量可根据混凝土浇筑体积量、单机的实际平均输出量和计划施工作业时间，按下式计算：

$$N_2 = \frac{Q}{Q_1 T_0} \tag{3.3.3}$$

式中：N_2——混凝土泵的台数，按计算结果取整，小数点以后的部分应进位；

Q——混凝土浇筑体积量（m^3）；

Q_1——每台混凝土泵的实际平均输出量（m^3/h）；

T_0——混凝土泵送计划施工作业时间（h）。

3.3.4 混凝土泵的额定工作压力应大于按下式计算的混凝土最大泵送阻力：

$$P_{max} = \frac{\Delta P_H L}{10^6} + P_f \tag{3.3.4}$$

式中：P_{max}——混凝土最大泵送阻力（MPa）；

L——各类布置状态下混凝土输送管路系统的累计水平换算距离，可按本规程附录 A 表 A.0.1 换算累加确定（m）；

ΔP_H——混凝土在水平输送管内流动每米产生的压力损失，可按本规程附录 B 公式（B.0.2-1）计算（Pa/m）；

P_f——混凝土泵送系统附件及泵体内部压力损失，当缺乏详细资料时，可按本规程附录 B 表 B.0.1 取值累加计算（MPa）。

3.3.5 混凝土泵的最大水平输送距离，可按下列方法之一确定：

1 由试验确定；

2 根据混凝土泵的最大出口压力、配管情况、混凝土性能指标和输出量，按下式计算：

$$L_{max} = \frac{P_e - P_f}{\Delta P_H} \times 10^6 \tag{3.3.5}$$

式中：L_{max}——混凝土泵最大水平输送距离（m）；

P_e——混凝土泵额定工作压力（MPa）；

P_f——混凝土泵送系统附件及泵体内部压力损失（MPa）；

ΔP_H——混凝土在水平输送管内流动每米产生的压力损失（Pa/m）；

3 根据产品的性能表（曲线）确定。

3.3.6 混凝土泵不宜采用接力输送的方式。当必须采用接力泵输送混凝土时，接力泵的设置位置应使上、下泵的输送能力匹配。对设置接力泵的结构部位应进行承载力验算，必要时应采取加固措施。

3.3.7 混凝土泵集料斗应设置网筛。

3.4 混凝土运输车的选配

3.4.1 泵送混凝土宜采用搅拌运输车运输，运输车性能应符合现行行业标准《混凝土搅拌运输车》GB/T 26408 的有关规定。

3.4.2 当混凝土泵连续作业时，每台混凝土泵所需配备的混凝土搅拌运输车数量，可按下式计算：

$$N_1 = \frac{Q_1}{60 V_1 \eta_V}\left(\frac{60 L_1}{S_0} + T_1\right) \tag{3.4.2}$$

式中：N_1——混凝土搅拌运输车台数，按计算结果取整数，小数点以后的部分应进位；

Q_1——每台混凝土泵的实际平均输出量，按本规程公式（3.3.2）计算（m^3/h）；

V_1——每台混凝土搅拌运输车容量（m^3）；

η_V——搅拌运输车容量折减系数，可取 0.90～0.95；

S_0——混凝土搅拌运输车平均行车速度（km/h）；

L_1——混凝土搅拌运输车往返距离（km）；

T_1——每台混凝土搅拌运输车总计停歇时间（min）。

3.5 混凝土输送管的选配

3.5.1 混凝土输送管应根据工程特点、施工场地条件、混凝土浇筑方案等进行合理选型和布置。输送管布置宜平直，宜减少管道弯头用量。

3.5.2 混凝土输送管规格应根据粗骨料最大粒径、混凝土输出量和输送距离以及拌合物性能等进行选择，宜符合表 3.5.2 规定，并应符合现行国家标准《无缝钢管尺寸、外形、重量及允许偏差》GB/T 17395 的有关规定。

表 3.5.2 混凝土输送管最小内径要求

粗骨料最大粒径（mm）	输送管最小内径（mm）
25	125
40	150

3.5.3 混凝土输送管强度应满足泵送要求，不得有龟裂、孔洞、凹凸损伤和弯折等缺陷。应根据最大泵送压力计算出最小壁厚值。

3.5.4 管接头应具有足够强度，并能快速装拆，其密封结构应严密可靠。

3.6 布料设备的选配

3.6.1 布料设备的选型与布置应根据浇筑混凝土的平面尺寸、配管、布料半径等要求确定，并应与混凝土输送泵相匹配。

3.6.2 布料设备的输送管最小内径应符合本规程表 3.5.2 的规定。

3.6.3 布料设备的作业半径宜覆盖整个混凝土浇筑范围。

4 泵送混凝土的运输

4.1 一 般 规 定

4.1.1 泵送混凝土的供应，应根据技术要求、施工进度、运输条件以及混凝土浇筑量等因素编制供应方案。混凝土的供应过程应加强通信联络、调度，确保连续均衡供料。

4.1.2 混凝土在运输、输送和浇筑过程中，不得加水。

4.2 泵送混凝土的运输

4.2.1 混凝土搅拌运输车的施工现场行驶道路，应符合下列规定：

1 宜设置环形车道，并应满足重车行驶要求；

2 车辆出入口处，宜设交通安全指挥人员；

3 夜间施工时，现场交通出入口和运输道路上应有良好照明，危险区域应设安全标志。

4.2.2 混凝土搅拌运输车装料前，应排净拌筒内积水。

4.2.3 泵送混凝土的运输延续时间应符合现行国家标准《预拌混凝土》GB/T 14902 的有关规定。

4.2.4 混凝土搅拌运输车向混凝土泵卸料时，应符合下列规定：

1 为了使混凝土拌合均匀，卸料前应高速旋转拌筒；

2 应配合泵送过程均匀反向旋转拌筒向集料斗内卸料；集料斗内的混凝土应满足最小集料量的要求；

3 搅拌运输车中断卸料阶段，应保持拌筒低速转动；

4 泵送混凝土卸料作业应由具备相应能力的专职人员操作。

5 混凝土的泵送

5.1 一 般 规 定

5.1.1 混凝土泵送施工现场，应配备通信联络设备，并应设专门的指挥和组织施工的调度人员。

5.1.2 当多台混凝土泵同时泵送或与其他输送方法组合输送混凝土时，应分工明确、互相配合、统一指挥。

5.1.3 炎热季节或冬期施工时，应采取专门技术措施。冬期施工尚应符合现行行业标准《建筑工程冬期施工规程》JGJ/T 104 的有关规定。

5.1.4 混凝土泵的操作应严格按照使用说明书和操作规程进行。

5.1.5 混凝土泵送宜连续进行。混凝土运输、输送、浇筑及间歇的全部时间不应超过国家现行标准的有关规定；如超过规定时间时，应临时设置施工缝，继续浇筑混凝土，并应按施工缝要求处理。

5.2 混凝土泵送设备安装

5.2.1 混凝土泵安装场地应平整坚实、道路畅通、接近排水设施、便于配管。

5.2.2 同一管路宜采用相同管径的输送管，除终端出口处外，不得采用软管。

5.2.3 垂直向上配管时，地面水平管折算长度不宜小于垂直管长度的 1/5，且不宜小于 15m；垂直泵送高度超过 100m 时，混凝土泵机出料口处应设置截止阀。

5.2.4 倾斜或垂直向下泵送施工时，且高差大于 20m 时，应在倾斜或垂直管下端设置弯管或水平管，弯管和水平管折算长度不宜小于 1.5 倍高差。

5.2.5 混凝土输送管的固定应可靠稳定。用于水平输送的管路应采用支架固定；用于垂直输送的管路支架应与结构牢固连接。支架不得支承在脚手架上，并应符合下列规定：

1 水平管的固定支撑宜具有一定离地高度；

2　每根垂直管应有两个或两个以上固定点；

3　如现场条件受限，可另搭设专用支承架；

4　垂直管下端的弯管不应作为支承点使用，宜设钢支撑承受垂直管重量；

5　应严格按要求安装接口密封圈，管道接头处不得漏浆。

5.2.6　手动布料设备不得支承在脚手架上，也不得直接支承在钢筋上，宜设置钢支撑将其架空。

5.3　混凝土的泵送

5.3.1　泵送混凝土时，混凝土泵的支腿应伸出调平并插好安全销，支腿支撑应牢固。

5.3.2　混凝土泵与输送管连通后，应对其进行全面检查。混凝土泵送前应进行空载试运转。

5.3.3　混凝土泵送施工前应检查混凝土送料单，核对配合比，检查坍落度，必要时还应测定混凝土扩展度，在确认无误后方可进行混凝土泵送。

5.3.4　泵送混凝土的入泵坍落度不宜小于100mm，对强度等级超过C60的泵送混凝土，其入泵坍落度不宜小于180mm。

5.3.5　混凝土泵启动后，应先泵送适量清水以湿润混凝土泵的料斗、活塞及输送管的内壁等直接与混凝土接触部位。泵送完毕后，应清除泵内积水。

5.3.6　经泵送清水检查，确认混凝土泵和输送管中无异物后，应选用下列浆液中的一种润滑混凝土泵和输送管内壁：

1　水泥净浆；

2　1：2水泥砂浆；

3　与混凝土内除粗骨料外的其他成分相同配合比的水泥砂浆。

润滑用浆料泵出后应妥善回收，不得作为结构混凝土使用。

5.3.7　开始泵送时，混凝土泵应处于匀速缓慢运行并随时可反泵的状态。泵送速度应先慢后快，逐步加速。同时，应观察混凝土泵的压力和各系统的工作情况，待各系统运转正常后，方可以正常速度进行泵送。

5.3.8　泵送混凝土时，应保证水箱或活塞清洗室中水量充足。

5.3.9　在混凝土泵送过程中，如需加接输送管，应预先对新接管道内壁进行湿润。

5.3.10　当混凝土泵出现压力升高且不稳定、油温升高、输送管明显振动等现象而泵送困难时，不得强行泵送，并应立即查明原因，采取措施排除故障。

5.3.11　当输送管堵塞时，应及时拆除管道，排除堵塞物。拆除的管道重新安装前应湿润。

5.3.12　当混凝土供应不及时，宜采取间歇泵送方式，放慢泵送速度。间歇泵送可采用每隔4min～5min进行两个行程反泵，再进行两个行程正泵的泵送方式。

5.3.13　向下泵送混凝土时，应采取措施排除管内空气。

5.3.14　泵送完毕时，应及时将混凝土泵和输送管清洗干净。

6　泵送混凝土的浇筑

6.1　一 般 规 定

6.1.1　泵送混凝土的浇筑应符合现行国家标准《混凝土结构工程施工质量验收规范》GB 50204的有关规定。

6.1.2　应有效控制混凝土的均匀性和密实性，混凝土应连续浇筑使其成为连续的整体。

6.1.3　泵送浇筑应预先采取措施避免造成模板内钢筋、预埋件及其定位件移动。

6.2　混凝土的浇筑

6.2.1　混凝土的浇筑顺序，应符合下列规定：

1　当采用输送管输送混凝土时，宜由远而近浇筑；

2　同一区域的混凝土，应按先竖向结构后水平结构的顺序分层连续浇筑。

6.2.2　混凝土的布料方法，应符合下列规定：

1　混凝土输送管末端出料口宜接近浇筑位置。浇筑竖向结构混凝土，布料设备的出口离模板内侧面不应小于50mm。应采取减缓混凝土下料冲击的措施，保证混凝土不发生离析。

2　浇筑水平结构混凝土，不应在同一处连续布料，应水平移动分散布料。

7　施工安全与环境保护

7.1　一 般 规 定

7.1.1　混凝土泵送施工应符合国家安全与环境保护方面的有关规定。

7.1.2　混凝土输送泵及布料设备在转移、安装固定、使用时的安全要求，应符合产品安装使用说明书及相关标准的规定。

7.2　安 全 规 定

7.2.1　用于泵送混凝土的模板及其支承件的设计，应考虑混凝土泵送浇筑施工所产生的附加作用力，并按实际工况对模板及其支撑件进行强度、刚度、稳定性验算。浇筑过程中应对模板和支架进行观察和维护，发现异常情况应及时进行处理。

7.2.2　对安装于垂直管下端钢支撑、布料设备及接力泵的结构部位应进行承载力验算，必要时应采取加固措施。布料设备尚应验算其使用状态的抗倾覆稳定性。

7.2.3 在有人员通过之处的高压管段、距混凝土泵出口较近的弯管，宜设置安全防护设施。

7.2.4 当输送管发生堵塞而需拆卸管夹时，应先对堵塞部位混凝土进行卸压，混凝土彻底卸压后方可进行拆卸。为防止混凝土突然喷射伤人，拆卸人员不应直接面对输送管管夹进行拆卸。

7.2.5 排除堵塞后重新泵送或清洗混凝土泵时，末端输送管的出口应固定，并应朝向安全方向。

7.2.6 应定期检查输送管道和布料管道的磨损情况，弯头部位应重点检查，对磨损较大、不符合使用要求的管道应及时更换。

7.2.7 在布料设备的作业范围内，不得有高压线或影响作业的障碍物。布料设备与塔吊和升降机械设备不得在同一范围内作业，施工过程中应进行监护。

7.2.8 应控制布料设备出料口位置，避免超出施工区域，必要时应采取安全防护设施，防止出料口混凝土坠落。

7.2.9 布料设备在出现雷雨、风力大于 6 级等恶劣天气时，不得作业。

7.3 环 境 保 护

7.3.1 施工现场的混凝土运输通道，或现场拌制混凝土区域，宜采取有效的扬尘控制措施。

7.3.2 设备油液不能直接泄漏在地面上，应使用容器收集并妥善处理。

7.3.3 废旧油品、更换的油液过滤器滤芯等废物应集中清理，不得随地丢弃。

7.3.4 设备废弃的电池、塑料制品、轮胎等对环境有害的零部件，应分类回收，依据相关规定处理。

7.3.5 设备在居民区施工作业时，应采取降噪措施。搅拌、泵送、振捣等作业的允许噪声，昼间为 70dB（A声级），夜间为 55dB（A声级）。

7.3.6 输送管的清洗，应采用有利于节水节能、减少排污量的清洗方法。

7.3.7 泵送和清洗过程中产生的废弃混凝土或清洗残余物，应按预先确定的处理方法和场所，及时进行妥善处理，并不得将其用于未浇筑的结构部位中。

8 泵送混凝土质量控制

8.0.1 应建立质量控制保证体系，制定保证质量的技术措施。

8.0.2 泵送混凝土的原材料及其储存、计量应符合现行国家标准《预拌混凝土》GB/T 14902 的有关规定，原材料的储备量应满足泵送要求。

8.0.3 泵送混凝土质量应符合现行国家标准《混凝土结构工程施工质量验收规范》GB 50204 和《预拌混凝土》GB/T 14902 的有关规定。

8.0.4 泵送混凝土的质量控制除应符合现行国家标准《预拌混凝土》GB/T 14092 的相关规定外，尚应符合下列规定：

1 泵送混凝土的可泵性试验，可按现行国家标准《普通混凝土拌合物性能试验方法标准》GB/T 50080 有关压力泌水试验的方法进行检测，10s 时的相对压力泌水率不宜大于 40%。

2 混凝土入泵时的坍落度及其允许偏差，应符合表 8.0.4 的规定。

3 混凝土强度的检验评定，应符合现行国家标准《混凝土强度检验评定标准》GB/T 50107 的规定。

表 8.0.4 混凝土坍落度允许偏差

坍落度（mm）	坍落度允许偏差（mm）
100～160	±20
>160	±30

8.0.5 出泵混凝土的质量检查，应按现行国家标准《混凝土结构工程施工质量验收规范》GB 50204 的有关规定进行。用作评定结构或构件混凝土强度质量的试件，应在浇筑地点取样、制作，且混凝土的取样、试件制作、养护和试验均应符合现行国家标准《混凝土强度检验评定标准》GB/T 50107 的规定。

附录 A 混凝土输送管换算

A.0.1 混凝土输送管的泵送阻力宜按表 A.0.1 进行等效换算。

表 A.0.1 混凝土输送管水平换算长度表

管类别或布置状态	换算单位	管规格		水平换算长度（m）
向上垂直管	每米	管径（mm）	100	3
			125	4
			150	5
倾斜向上管（输送管倾斜角为 α，图 A.0.1）	每米	管径（mm）	100	$\cos\alpha+3\sin\alpha$
			125	$\cos\alpha+4\sin\alpha$
			150	$\cos\alpha+5\sin\alpha$
垂直向下及倾斜向下管	每米	—		1
锥形管	每根	锥径变化（mm）	175→150	4
			150→125	8
			125→100	16
弯管（弯头张角为 β，$\beta\leqslant90°$，图 A.0.1）	每只	弯曲半径（mm）	500	$12\beta/90$
			1000	$9\beta/90$
胶管	每根	长 3m～5m		20

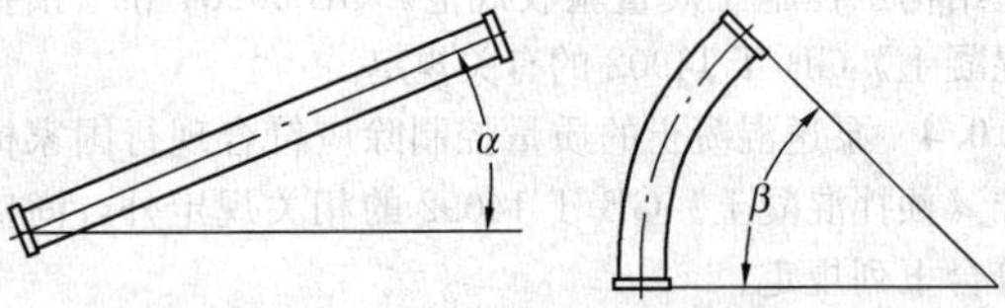

图 A.0.1 布管计算角度示意

附录B 混凝土泵送阻力计算

B.0.1 混凝土泵送系统附件的估算压力损失宜按表B.0.1取值累加计算。

表 B.0.1 混凝土泵送系统附件的估算压力损失

附件名称		换算单位	估算压力损失（MPa）
管路截止阀		每个	0.1
泵体附属结构	分配阀	每个	0.2
	启动内耗	每台泵	1.0

B.0.2 混凝土在水平输送管内流动每米产生的压力损失宜按下列公式计算，采用其他方法确定压力损失时，宜通过试验验证。

$$\Delta P_H = \frac{2}{r}\left[K_1 + K_2\left(1+\frac{t_2}{t_1}\right)V_2\right]\alpha_2 \quad (B.0.2\text{-}1)$$

$$K_1 = 300 - S_1 \quad (B.0.2\text{-}2)$$

$$K_2 = 400 - S_1 \quad (B.0.2\text{-}3)$$

式中：ΔP_H——混凝土在水平输送管内流动每米产生的压力损失（Pa/m）；

r——混凝土输送管半径（m）；

K_1——粘着系数（Pa）；

K_2——速度系数（Pa·s/m）；

S_1——混凝土坍落度（mm）；

$\frac{t_2}{t_1}$——混凝土泵分配阀切换时间与活塞推压混凝土时间之比，当设备性能未知时，可取0.3；

V_2——混凝土拌合物在输送管内的平均流速（m/s）；

α_2——径向压力与轴向压力之比，对普通混凝土取0.90。

本规程用词说明

1 为便于在执行本规程条文时区别对待，对要求严格程度不同的用词说明如下：

1）表示很严格，非这样做不可的：
正面词采用“必须”，反面词采用“严禁”；

2）表示严格，在正常情况均应这样做的：
正面词采用“应”，反面词采用“不应”或“不得”；

3）对表示允许稍有选择，在条件许可时首先应这样做的：
正面词采用“宜”，反面词采用“不宜”。

4）表示有选择，在一定条件下可以这样做的，采用“可”。

2 条文中指明应按其他有关标准执行的写法为：“应符合……的规定”或“应按……执行”。

引用标准名录

1 《普通混凝土拌合物性能试验方法标准》GB/T 50080

2 《混凝土强度检验评定标准》GB/T 50107

3 《混凝土结构工程施工质量验收规范》GB 50204

4 《预拌混凝土》GB/T 14902

5 《无缝钢管尺寸、外形、重量及允许偏差》GB/T 17395

6 《混凝土搅拌运输车》GB/T 26408

7 《普通混凝土配合比设计规程》JGJ 55

8 《建筑工程冬期施工规程》JGJ/T 104

中华人民共和国行业标准

混凝土泵送施工技术规程

JGJ/T 10—2011

条 文 说 明

修 订 说 明

《混凝土泵送施工技术规程》JGJ/T 10－2011，经住房和城乡建设部2011年7月13日以第1061号公告批准、发布。

本规程是在《混凝土泵送施工技术规程》JGJ/T 10－95的基础上修订而成，上一版的主编单位是中国建筑科学研究院，参编单位是北京市第五建筑工程公司、上海市第八建筑工程公司、同济大学、湖北建设机械厂，主要起草人员是崔朝栋、王忠鹏、齐大文、赵志缙、施国璋。

本次修订增加了术语以及施工安全与环境保护章节，并增加了C60以上混凝土泵送的有关内容，取消了“泵送混凝土原材料和配合比”的有关条文，修改了泵送过程中的换算压力损失值，修改了部分泵送工艺要求，并根据实际施工流程需要调整了章节结构。

本规程修订过程中，编制组进行了广泛的调查研究，总结了我国工程建设混凝土泵送施工的实践经验，同时参考了国外先进技术法规、技术标准，通过试验取得了多项重要技术参数。

为便于广大设计、施工、科研、学校等单位的有关人员在使用本规程时能正确理解和执行条文规定，《混凝土泵送施工技术规程》编制组按章、节、条顺序编制了本规程的条文说明，对条文规定的目的、依据以及执行中需注意的有关事项进行了说明。但是，本条文说明不具备与标准正文同等的法律效力，仅供使用者作为理解和把握标准规定的参考。

目　次

1 总 则

1.0.2 鉴于我国在市政（包括路桥、隧道、地铁等）、水利水电等工程中已成功地应用混凝土泵送施工，故在本规程适用范围中，列入该类工程，以便推广应用混凝土泵送施工。

因轻骨料混凝土泵送存在一些特殊性，在我国缺乏试验研究且工程实践较少，故不包括轻骨料混凝土泵送。

根据目前技术形势，本次修订新增了C60以上混凝土泵送施工的相关内容，但对C60以上混凝土的泵送仍需要注意积累资料、总结经验，以便进一步改进和完善。

1.0.3 混凝土泵送施工技术性强，一般应连续进行，对混凝土泵输送管的选择布置、泵送混凝土供应、混凝土泵送与浇筑、施工管理等要求较高，且均需在施工组织设计中充分考虑，所以混凝土泵送施工应制定严密的施工方案，故将原“施工组织设计”改为“施工方案”。

1.0.4 混凝土泵送施工时的技术、安全、劳动保护、防火、环保等要求，必须符合国家现行有关标准的规定。

3 混凝土泵送施工方案设计

3.1 一 般 规 定

3.1.2 施工技术条件分析是泵送工艺控制的首要环节，该过程主要根据施工要求、原材料特性、混凝土配合比、混凝土拌制工艺、混凝土运输和输送方案等技术条件分析混凝土的可泵性，以评估其工艺可行性，如有不合理之处，应在泵送施工前及时协商调整，以保证后期工艺顺利进行。混凝土运输方案、混凝土输送方案、混凝土浇筑方案是混凝土泵送施工方案设计的关键内容，主要对混凝土运输设备、泵送设备、输送管路、布料设备等进行设计和配置。

3.2 混凝土可泵性分析

3.2.1 在泵压作用下，混凝土拌合物通过管道进行输送，这是泵送混凝土的显著特点。泵送混凝土应满足可泵性要求，这是与普通混凝土配合比设计的主要不同之处。

3.2.2 确定泵送混凝土的配合比时，仍可采用普通方法施工的混凝土配合比设计方法，故泵送混凝土配合比设计应符合普通混凝土配合比设计有关标准的规定。但还需考虑混凝土拌合物在泵压作用下的管道输送的特点，在水泥用量、坍落度、砂率等方面应予以特殊考虑，并宜根据具体泵送条件（材料、设备、气温等）经试配确定配合比。如果缺乏经验或必要时，尚应通过试泵送确定配合比。

3.2.3 表3.2.3主要是根据原规程内容以及上海建工集团等单位提供的超高层建筑施工经验数据而提出的，本次修订增大了泵送高度范围，并提出了扩展度要求。

3.2.4 根据《商务部、公安部、建设部、交通部关于限期禁止在城市城区现场搅拌混凝土的通知》（商改发［2003］341号）的规定，禁止在城市城区现场搅拌混凝土，城市城区必须使用预拌混凝土；禁止采用手工搅拌的混凝土进行泵送的理由是：(1) 人工拌制的混凝土质量，由于计量难以准确控制和拌合方法无法达到要求，混凝土质量不能满足设计配合比的质量要求；(2) 人工搅拌混凝土的效率低，往往不能满足当前混凝土输送泵的最低排量的技术要求，故不能保证混凝土泵送连续工作，此时，混凝土输送管路会因混凝土供应中断频率太高而发生堵塞事故；(3) 混凝土人工搅拌工艺的技术落后、劳动强度大。

3.3 混凝土泵的选配

3.3.1 日本建筑学会制订的《混凝土泵送施工规程》规定：混凝土泵的型号要根据配管计划、输送管水平换算距离及平均单位时间所需的输送量来确定。日本土木学会制订的《混凝土泵送施工规程》规定：混凝土泵的型号必须考虑混凝土种类、品质、配管计划及泵送条件来确定。

我国各施工单位都应根据混凝土浇筑计划、要求的最大输出量和最大输送距离来选择混凝土泵的型号。选型的重点是确定混凝土泵的额定压力、额定排量、台数等参数。

3.3.2 公式（3.3.2）是根据《建筑技术》1990年第11期中《混凝土泵送的机理及计算方法》一文提出的。

日本学者毛见虎雄提出混凝土泵的平均输出量按下式计算：

$$Q_1 = Q_{max} \cdot \eta = Q_{max} \cdot \frac{T}{\Sigma T} \qquad (1)$$

式中：Q_1——混凝土泵的平均输出量；

Q_{max}——混凝土泵的最大输出量（m^3/h）；

η——作业效率；

T——混凝土泵的实际作业时间（h）；

ΣT——混凝土泵的全部作业时间（h）。

其提供的作业效率 η 在建筑工程中平均为0.6左右，取值0.4～0.9。根据我国实际施工情况，作业效率取值0.5～0.7较宜。

3.3.3 日本建筑学会规定，确定混凝土泵的台数，必须核对每小时的平均输出量和预定型号的最大输出量，同时要考虑操作上产生的各种时间中断造成的效率降低的因素。日本土木学会规定：混凝土泵的数量，必须根据所需要的泵送量和预定型号的输出量来确定。我国在实际施工中，可按公式（3.3.3）确定混凝土泵的台数。

重要工程的混凝土泵送施工，混凝土泵的所需台数，除根据计算确定外，宜有一定的备用台数。

3.3.5 在泵送混凝土施工中，有时需确定混凝土泵的最大输送距离，以便确定其是否满足施工要求。

如具备试验条件，试验确定最可靠；也可按实际配管情况，根据公式计算最大输送距离；如制造商提供有可靠的产品性能表（或曲线），亦可参照确定。

3.3.7 为防止粒径过大骨料或异物入泵造成堵塞，混凝土集料斗必须设置网筛，该网筛同时可防止人体误入搅拌区造成伤害。

3.4 混凝土运输车的选配

3.4.1 泵送混凝土坍落度一般都比较大，为使泵送混凝土在运输过程中不产生分层离析现象，确保泵送混凝土的质量和顺利泵送，泵送混凝土宜采用搅拌运输车运送，国家现行标准《预拌混凝土》GB/T 14902 对运输车也提出了相应要求。

3.4.2 本公式为经验公式，是根据北京市第五建筑公司的《板柱剪力墙体系 BUPC—飞模—泵送工法（WJGF—004—90）》等文献中推荐的公式确定的。经过在几个泵送混凝土施工实例中的应用和测算，在正常条件下，基本能满足使用要求。例如：北京市朝阳区东大桥百货商场工程的顶层楼板混凝土泵送施工，混凝土搅拌运输车所需台数的选定如下。

已知条件：单台混凝土泵设计平均输出量 Q_1 为 $30m^3/h$；

使用的混凝土搅拌运输车容量 V_1 为 $6m^3$；

混凝土搅拌运输车的平均车速 S_0 为 20km/h；

混凝土搅拌运输车往返运输距离 L_1 为 5km；

混凝土搅拌运输车一个运输周期的总计停歇时间 T_1 为 30min。

所需搅拌运输车台数按公式计算如下：

$$N_1 = \frac{30}{60 \times 6 \times 0.95} \times \left(\frac{60 \times 5}{20} + 30\right) \qquad (2)$$

$$= 3.947$$

故选 4 台混凝土搅拌运输车。

在混凝土泵送作业时，实际测定的情况是：在交通条件正常情况下，混凝土能够保证连续供应。由于顶板混凝土泵送布料间断时间过长，使每台混凝土搅拌运输车在施工现场停留时间为 15min～25min。又由于此运输路程当时有外宾车队经过，大型运输车辆需绕行，致使第 3 台和第 4 台混凝土搅拌车间隔大约 55min。但采取了降低混凝土泵排量及间断泵送措施，没有发生比较大的问题。

此公式在其他施工项目中应用时，基本能满足泵送混凝土施工需要。为了保证泵送混凝土的连续供应，混凝土搅拌车的运输量应大于泵送量。由于混凝土运输过程受交通条件的影响比较大，而我国大中城市的交通状况比较差，尤其是繁华的闹市区进行泵送混凝土施工，交通条件更为恶劣，因此往往会出现用此公式计算确定的车辆台数与实际需求量不符。由于交通不畅通、混凝土泵待料和施工准备条件不足造成间歇停泵，使混凝土搅拌运输车辆积压的现象也时有发生。因此建议：应通过通信联络，加强车辆调度及时解决车辆积压问题。为解决因交通不畅致使混凝土泵待料问题，应在利用上述公式选定所需台数的基础上适当安排（1～2）台储备机动车辆。

3.5 混凝土输送管的选配

3.5.1 经过多年混凝土泵送施工的实践，证明宜按照本规定的原则进行配管。同时日本建筑学会亦规定，配管要根据浇筑计划、浇筑顺序、浇筑速度来确定。输送管的长度尽可能短，并尽可能少用弯管和橡胶软管，以减少压力损失。

3.5.2 日本建筑学会规定，输送管尺寸要根据泵送条件、混凝土泵送难易程度、单位时间的平均输出量和粗骨料的最大粒径进行选择。表 3.5.2 提出了输送管径与粗骨料最大粒径的关系，应予满足，否则易产生堵塞等故障。

3.5.3 输送管要求采用无龟裂、无孔、无凸面损伤的材料，往高处泵送或压力特别大时，要尽可能采用管壁较厚的输送管。

3.6 布料设备的选配

3.6.1 布料设备应能覆盖整个结构平面，并能均匀、迅速地进行布料。

3.6.3 本条规定的目的是有利于连续浇筑，并减少移动设备等附加工作量。

4 泵送混凝土的运输

4.1 一 般 规 定

4.1.1 泵送混凝土的连续均匀供应是为了确保符合国家现行标准《混凝土结构工程施工质量验收规范》GB 50204 的规定，混凝土的供应必须保证混凝土泵能连续工作，故应根据泵送混凝土施工方案编制混凝土供应计划。影响混凝土供应计划能否实现的主要因素是：混凝土搅拌站、搅拌运输车、混凝土泵及其他附属设备的技术状况是否完好；上述设备的技术性能是否匹配和满足供应计划要求；以及混凝土的原材料供应情况、混凝土供应期间的气候条件和道路交通条件、混凝土泵作业时排量的选定等。总之，保证混凝土泵能够连续作业的主要目的就是要确保混凝土泵送浇筑质量和混凝土输送管路不因混凝土供应中断时间过长，而发生堵塞事故。

4.1.2 在混凝土运输过程中随意加水是当前常见的不良现象，严重影响混凝土后期强度，应予控制和纠正。搅拌运输车在行驶过程中，给混凝土泵喂料前和喂料过程中均不得往拌筒内加水，以保证混凝土质量。

4.2 泵送混凝土的运输

4.2.1 混凝土搅拌运输车自重及载重较大，一般满载质量都在20t以上，同时考虑施工时倒车、调度等因素，故行车道应满足重车行驶要求，且宜设置循环行车道，尽量避免交会车。

4.2.2 混凝土搅拌站每次为混凝土搅拌运输车提供的商品混凝土都要符合泵送混凝土的设计配合比（包括用水量），而残留在混凝土搅拌运输车中的积水，如果不清除掉，无疑会改变混凝土的设计配合比，使混凝土质量得不到保障。

4.2.4 规定卸料前高速旋转拌筒的原因如下：泵送混凝土在拌筒内由于运输过程中拌筒转速受到限制，易发生离析现象或得不到充分的拌合，卸料前泵送混凝土往往难以达到均匀性要求。为了确保泵送混凝土经过运输后仍能够保证质量，使混凝土泵送作业顺利进行，应在给混凝土泵喂料前高速旋转运输车拌筒，以使混凝土在拌筒内再次拌合均匀，保证混凝土的质量。拌筒的旋转时间应根据不同混凝土搅拌车的具体要求和实际泵送混凝土的作业情况而定。

喂料时保证集料斗最小集料量的原因是：避免因空气进入泵管引起“空气锁”，易增加活塞磨损，并导致管路堵塞，或可能在出口处形成混凝土高压喷射等危险现象。

为防止混凝土发生离析，搅拌运输车中断卸料阶段也应保持拌筒低速转动。

5 混凝土的泵送

5.1 一般规定

5.1.1 施工现场必须设有通信装置。如：对讲机、无线电话和信号灯等，并必须配备泵送混凝土施工的专业指挥人员。混凝土泵送施工，在混凝土的拌制、运输、泵送、布料和浇筑的全过程中，是远距离、多工种、多单位和多设备的同时协作施工。为确保混凝土泵送施工能连续、顺利和快速进行，根据工程规模大小在现场设置通信设备，进行搅拌站、搅拌运输车、混凝土泵、布料设备与浇筑点之间的泵送施工进度等信息的及时联络是十分必要的。同时在现场设置适当的指挥系统，进行统一指挥，及时协调处理出现的矛盾，也是必不可少的。

5.1.3 炎热季节施工，宜用湿布、湿袋等材料遮盖露天的混凝土输送管，避免暴晒。严寒季节施工，宜用保温材料包裹混凝土输送管，防止管内混凝土受冻，并保证混凝土的入模温度。

5.1.5 本条参考日本建筑学会的《混凝土泵送施工规程》和上海市第四建筑工程公司的《高层建筑结构泵送混凝土工法》编写的。能否连续泵送混凝土，是混凝土泵送施工成败的关键因素之一。如混凝土泵的输送管中的混凝土超过了初凝时间减去布料入模和振捣密实所必需的时间，则因混凝土质量不合格，将导致管道堵塞。所以当遇到混凝土供应中断等情况时，应采取慢速和间歇泵送，但一定要满足所泵送的混凝土从搅拌到浇筑完毕的延续时间不超过初凝时间的要求。

5.2 混凝土泵送设备安装

5.2.1 日本建筑学会规定：混凝土泵要设置在混凝土供应方便和便于配管处。用混凝土搅拌运输车运送混凝土时，如有可能，对于一台混凝土泵要便于停放两台混凝土搅拌运输车。其次还要配备排水、供水设施，如有必要还要设置照明设备。日本土木学会规定：混凝土泵的设置必须水平、稳定，并有利于混凝土搅拌运输车靠近。同时，本条中的内容亦为我国施工经验的总结。

5.2.2 我国经过多年混凝土泵送施工的实践证明宜按照本条规定的原则进行配管，布管尽可能少用弯管和橡胶软管，以减小泵送阻力。

5.2.3 垂直向上配管时，随着高度的增加，混凝土势能增加，混凝土存在回流的趋势，因此应在混凝土泵与垂直配管之间铺设一定长度的水平管道，以保证有足够的阻力阻止混凝土回流。水平配管长度与垂直管长度的比值要求多种多样，从1∶3～1∶10者皆有，但当前要求1∶5者较多。

日本土木学会制订的《混凝土泵送施工规程》中规定原则上要安装截止阀。根据我国泵送混凝土施工经验，垂直输送高度超过100m时，应设截止阀，且宜安装在离泵机出口3m～6m（即1～2节输送管）处。

5.2.4 向下配置的管道底部应设有足量的弯头或水平配管，以平衡混凝土因自重产生的下压力，避免在管道中产生真空段。

5.2.5 这是我国泵送混凝土施工经验的总结。水平管支撑应具有一定离地高度，以便于排除堵管或清洗时拆管；为克服泵送过程产生的反作用力，垂直管道必须牢固地固定，因单点无法固定，至少需要两点定位。垂直管下端的弯管不能作为上部管道的支撑，并应保证弯管易于拆除，以便处理堵管等故障。

5.2.6 我国有关施工规范已明确规定脚手架不得作为其他施工设备的支撑，以防发生安全事故。根据日本建筑学会的《混凝土泵送施工规程》和我国的施工实际经验，对混凝土泵送施工时的钢筋骨架保护也应有明确规定。由于泵送法浇筑混凝土的速度快、分层厚，甚至有时会出现布料超厚现象，容易造成对钢筋骨架的压缩变形，所以根据工程实际需要，对楼板和块体结构的钢筋骨架要设置足够的钢支撑。

5.3 混凝土的泵送

5.3.1 因混凝土泵工作时会产生较大的振动，为保证安全，应支撑稳定。

5.3.2 在混凝土泵启动前，应对混凝土泵的各种用油的储量、水箱中水位、液压系统是否漏油、换向阀的磨损及接口是否严密、搅拌轴运转是否正常等关键部位进行全面检查，且应在其符合要求后才能开机。

5.3.3 混凝土泵送工艺较为复杂，泵送前检查配比设计和坍落度属过程控制，有利于保证顺利施工。

5.3.4 大量的施工经验表明，当混凝土入泵坍落度小于100mm时，泵送困难。而对于高强混凝土，因其运动黏度较大，坍落度需要达到180mm以上才能保证顺利施工。

5.3.5 在泵送润滑水泥砂浆或水泥浆前，先泵送适量水的作用是：第一，可湿润混凝土泵的料斗、活塞及输送管内壁等直接与混凝土接触部位，减少润滑水泥砂浆用量和强度的损失；第二，可检查混凝土泵和输送管中有无异物，接头是否严密。

5.3.6 新铺设或重复安装的管道以及混凝土泵的活塞和料斗，一般都较干燥且吸水性较大。泵送适量水泥砂浆或水泥净浆后，能使混凝土泵的料斗、活塞及输送管内壁充分润滑形成一层润滑膜，从而有利于减小混凝土的流动阻力。润滑浆的种类可根据各地经验，按本规程选用。一般常选用与混凝土成分相同的水泥砂浆作润滑浆。水灰比宜为0.5～0.6，润滑浆的体积量可根据混凝土泵操作说明提供的定额和管道长度来确定。

5.3.7 本条根据各地泵送混凝土的实际操作经验而编写。开始泵送时，可能遇到难以预料的复杂情况，先进行慢速泵送有利于监视泵送系统状态；逐步加载进入正常工作状态，也有利于延长设备使用寿命。混凝土泵随时能反泵，有利于快速处理可能出现的管路系统等的异常。

5.3.8 水箱是指汽车式泵的盛水器，活塞清洗室是指固定式泵的盛水器。根据施工经验：如果混凝土泵盛水器水量不足，轻者易使水温升高；重者会造成机械故障，使混凝土不能连续泵送。

5.3.9 本规定的目的是防止混凝土水分被管壁吸收，并润滑减少阻力。

5.3.10 当出现混凝土泵送困难时，可采用木槌敲击输送管的弯管、锥形管，因为混凝土通过这些部位比通过直管困难，用木槌可将这些部位的混凝土敲击松散，使其顺利通过管道，恢复正常泵送，避免堵塞。

5.3.11 本规定的目的是防止混凝土水分被管壁吸收，并减少泵送阻力。

5.3.12 间歇正泵和反泵是为防止混凝土结块或离析沉淀造成管道堵塞事故。

5.3.13 向下泵送混凝土时，由于混凝土自由下落，压缩管内混凝土下面的空气，易形成气柱阻碍混凝土下落，同时也易使混凝土产生离析，因此开始向下泵送混凝土时，要先排气，使管内混凝土下面的空气不能形成气柱，从而使混凝土能正常自由向下流动。待输送管下段的混凝土有了一定压力时，关闭排气装置进入正常泵送。部分混凝土泵操作要求向下泵送混凝土前，先在管中放入海棉球，也是适宜的措施。

5.3.14 当混凝土泵送完毕时，及时清洗干净混凝土泵和输送管，有利于再次泵送时减少摩阻力，顺利进行泵送。长距离的输送管宜用水清洗。对于垂直管道，也可从上向下用压缩空气吹洗管道。但是水洗法和空气吹洗法都会有混凝土、石子和过滤器从输送管顶端飞出的危险，所以清洗混凝土泵和输送管时，必须要有专人统一指挥，认真执行有关清洗的操作规程，以确保安全泵送。

6 泵送混凝土的浇筑

6.1 一 般 规 定

6.1.1 《混凝土结构工程施工质量验收规范》GB 50204中明确规定，混凝土浇筑过程应有效控制混凝土的均匀性和密实性。为确保各浇筑区域之间的混凝土在初凝时间内结合，应根据工程结构特点、平面形状和几何尺寸、混凝土供应和泵送设备能力、劳动力和管理能力，以及周围场地大小等条件，预先划分好混凝土浇筑区域。

6.1.3 由于拆装输送管牵动软管布料和排除故障等原因，操作人员常会碰动钢筋骨架；启动混凝土泵时，管道脉冲和振捣混凝土时横向流动产生的水平推力，也会造成钢筋骨架移位；所以对于钢筋骨架，除绑扎牢固外，还宜在钢筋竖横交错节点等主要部位，采用电焊工艺连接牢固。

6.2 混凝土的浇筑

6.2.1 当采用输送管道输送混凝土时，由远至近浇筑混凝土，不仅布料、拆管和移动布料设备等不会影响先浇筑混凝土的质量，而且施工过程中，拆管等工作是越来越少，便于施工。浇筑泵送混凝土时，为了方便施工，提高工效，缩短浇筑时间，保证浇筑质量，应当认真确定合理的浇筑次序，并加以严格执行。

6.2.2 浇筑竖向结构泵送混凝土时，混凝土不得直冲侧模板内侧面和钢筋骨架，主要目的是防止混凝土离析。浇筑楼板和块体结构泵送混凝土时，为避免将混凝土集中布入一个地方，除了应水平移动布料管外，还应配足操作人员和设备。

7 施工安全与环境保护

7.1 一般规定

7.1.2 本条是根据国内外有关标准和施工经验编写的，认真执行各类混凝土泵的使用说明规定，不仅有利于施工安全，而且也有利于顺利进行泵送和浇筑，延长混凝土泵的使用寿命。

7.2 安全规定

7.2.1 混凝土泵送浇筑与其他浇筑方法相比，其浇筑速度快，混凝土坍落度大、流动性大，混凝土是在泵压作用下入模的，且在入模经振捣密实后的较短时间内就会对模板产生最大的侧压力。所以更容易对模板产生局部性的侧压力增大，使模板变形或移位。为此，在设计模板时，对模板和支架必须考虑耐侧压和采取必要的加固措施。

7.2.2 支撑结构部位需承受泵、布料机或输送管的重力或反作用力，工作时又产生振动，所以其所处的结构要按动荷载进行验算，如承载能力不足，则需进行加固。布料设备经常需要进行高空作业或大跨度作业，作业过程中又存在一定冲击，其抗倾覆稳定性非常重要。

7.2.3 高压管段、泵出口附近弯管受力较大，由于各种因素，它们存在爆管的风险，为保证通过人员的安全，应设安全防护措施。

7.2.4 堵管时，管内往往存在一定的压力，未卸压而直接拆管，会发生突然喷射伤人的事故，这一点很容易被忽视，需要引起重视。即便卸压后，也可能在局部管段存在较小压力，所以操作者不得面对管口操作，以防混凝土喷向人体尤其是面部。

7.2.5 本条目的是防止堵塞物或废浆高速飞出或管端甩动伤人。

7.2.6 在泵送安全风险中，因管道磨损过度而在泵送过程中发生爆管现象占较大比重，需严加防范。

7.2.7 本条目的是防止布料设备与空中障碍物发生运动干涉导致撞击或触电事故。布料设备移动布料臂架前，应检查周围是否有障碍物，以防臂架触碰障碍物，引起重大安全事故。

7.2.9 一般布料设备露天作业且展开面较大，大风天气作业可能使设备受到较大附加风载，设备存在倾覆的危险，故不得作业。

7.3 环境保护

7.3.1 运输通道或混凝土搅拌区域可能产生大量扬尘，这是施工现场环境的重要污染源，需严格加以控制。

7.3.2 混凝土泵一般采用液压系统，在维护保养甚至使用过程中易产生油液泄漏，需提前准备容器收集泄漏物，以防污染作业环境并减少清理工作量。

7.3.4 废弃物的分类回收有利于废弃物的处理和再生利用。

7.3.5 在居民区施工时，混凝土的搅拌、泵送、振捣等的作业噪声，往往会对居民生活休息造成一定影响，应尽可能采取措施降低噪声。本条允许的噪声值根据现行国家标准《建筑施工场界噪声限值》GB 12523中的规定确定。

8 泵送混凝土质量控制

8.0.1 要保证泵送混凝土的质量，就应建立严格的质量控制体系。

8.0.2 泵送混凝土原材料必须合格，为此规定对原材料进行合格验收。同时为防止材料变质和使用混乱，故又对保管、存放作了规定。对原材料储备量要求的目的，主要是为了满足泵送混凝土连续作业要求。

8.0.4 混凝土的可泵性评价方法是一个比较复杂的问题。用压力泌水率控制混凝土的可泵性，国内外已进行了不少研究。上海、天津、广州等地已积累了一定的实践经验。根据《普通混凝土拌合物性能试验方法标准》GB/T 50080 测定的 10s 时的相对压力泌水率（以下记为 S_{10}）要求，是根据中国建研院混凝土所、铁道建科院、天津建科所、广东四建等单位的120多个试验数据经统计分析得来的。统计结果为：单掺（外加剂）、双掺（外加剂、粉煤灰），S_{10} 平均值分别为28.9%和24.5%。仅掺粉煤灰时平均值为43.4%。广东四建的《高层建筑一次泵送混凝土工法》中 S_{10} 控制在20%左右，上海南浦大桥工程高强泵送混凝土 18 个压力泌水试验数据的平均值为36.9%，故规定 S_{10} 宜不超过40%。目前混凝土原材料成分日益复杂，在修订本标准的研究试验中发现，在添加高效减水剂的情况下，压力泌水率可能很低，但可泵性并不一定符合要求，所以有关压力泌水率的技术要求是必要条件，而非充分条件，还需要本行业积累有关经验和数据，形成更完善的技术体系。

混凝土坍落度允许误差表是根据国家现行标准以及我国混凝土泵送施工经验确定的。

8.0.5 评定结构或构件混凝土强度质量的试块取样、制作，其目的是检验泵送到建筑物中的混凝土是否符合设计配合比要求。日本有关标准规定：应在向建筑物浇筑的配管口进行取样和制作。结合我国施工经验，评定泵送混凝土强度质量的试块，亦应在浇筑地点取样、制作。为检验泵送入模的混凝土强度质量，应严格执行此项规定。

附录 A　混凝土输送管换算

A.0.1　日本建筑学会 1979 年修订的《混凝土泵送施工规程》及日本土木学会 1985 年编制的《混凝土泵送施工规程》中输送管的水平换算长度如表 1 所示，表 A.0.1 即是参考本表确定的。

表 1　混凝土输送管的水平换算长度

项　目	单位	规　格	水平换算长度（m）
向上垂直管	每米	100A（4B） 125A（5B） 150A（6B）	3（3） 4（4） 5（5）
锥形管	每根	175A→150A 150A→125A 125A→100A	4（3） 8（3） 16（3）
90°弯管	每根	R=0.5m R=1.0m	12（6） 9（6）
软　管	每根	5m～8m	20（20）

表 1 中 R 代表弯曲半径，A 代表单位毫米，B 代表单位英寸。“水平换算长度”栏内括号中的数字是日本土木学会数据，括号外的数字是日本建筑学会数据。

附录 B　混凝土泵送阻力计算

B.0.1　表 B.0.1 是根据三一重工总结的泵送施工数据而修订的。该表相对原规程有所简化，其中管卡阻力计算被删去，因国内现用管卡阻力较小，可以忽略。

B.0.2　本条是根据国外 S·Morinaga 公式制定的。单位长度水平管产生的压力损失的确定，常见的还有以下两种计算方法：

1　日本建筑学会提供的计算图表

表 2　输送普通混凝土时单位长度水平管的压力损失（10^5Pa/m）

混凝土坍落度（mm）	管径（mm）	输出量（m^3/h） 20	30	40	50	60
80	100 125	0.18 0.11	0.21 0.12	0.24 0.13	0.28 0.15	0.32 0.17
120	100 125	0.15 0.10	0.18 0.11	0.21 0.12	0.25 0.13	0.28 0.14
150	100 125	0.12 0.09	0.15 0.10	0.18 0.11	0.21 0.12	0.24 0.13
180	100 125	0.10 0.07	0.12 0.08	0.14 0.09	0.17 0.10	0.20 0.11
210	100 125	0.08 0.05	0.10 0.06	0.12 0.07	0.14 0.08	0.16 0.09

2　日本土木学会《混凝土泵送施工规程》推荐的计算公式

其公式内容与 S·Morinaga 公式基本相同，主要区别是分配阀的切换时间与活塞推压混凝土时间之比取值不同，其经验值一般取为 0.20。

利用这三种方法计算所得的示例如表 3 所示，计算时应注意混凝土坍落度的单位为毫米（mm）。国内一般采用 S·Morinaga 算法，更偏于安全。

表 3　不同计算方法求得的单位长度水平管的压力损失

管径（mm）	坍落度（mm）	输出量（m^3/h）	图表（10^5Pa/m）	日本土木学会推荐的公式（10^5Pa/m）	S·Morinaga 公式（10^5Pa/m）
125	80	50	0.15	0.189	0.199
		60	0.17	0.214	0.226
	150	50	0.12	0.141	0.149
		60	0.13	0.161	0.170
	210	50	0.08	0.100	0.106
		60	0.09	0.115	0.123

在上海环球金融中心泵送施工的计算和实测数据如表 4，该工程采用三一重工 90CH2135D 型混凝土输送泵进行施工，混凝土强度等级为 C40～C60，输送管实际内径 128mm。由表 4 看，现行计算方法用于指导混凝土泵及其配管的设计选型是偏于安全的。

表 4　上海环球金融中心计算与实测泵压数据表

测试位置	垂直高度（m）	水平距离（m）	90°弯头（个）	45°弯头（个）	平均坍落度（mm）	混凝土泵排量（m^3）	计算泵送压力（MPa）	实测泵送压力（MPa）
1（F52）	230	120	12	2	180	41.7	13	12.5
2（F78）	340	120	14	2	180	51.3	20.6	16
3（F93）	414	120	16	2	200	51.3	21.8	19
4（F101）	492	120	16	2	200	48.1	24	20

中华人民共和国行业标准

混凝土小型空心砌块建筑技术规程

Technical specification for concrete small-sized hollow block masonry buildings

JGJ/T 14—2011

批准部门：中华人民共和国住房和城乡建设部
施行日期：2 0 1 2 年 4 月 1 日

中华人民共和国住房和城乡建设部
公　　告

第 1131 号

关于发布行业标准《混凝土小型空心砌块建筑技术规程》的公告

现批准《混凝土小型空心砌块建筑技术规程》为行业标准，编号为 JGJ/T 14－2011，自 2012 年 4 月 1 日起实施。原行业标准《混凝土小型空心砌块建筑技术规程》JGJ/T 14－2004 同时废止。

本规程由我部标准定额研究所组织中国建筑工业出版社出版发行。

中华人民共和国住房和城乡建设部

2011 年 8 月 29 日

前　　言

根据住房和城乡建设部《关于印发〈2009 年工程建设标准规范制订、修订计划〉的通知》（建标［2009］88 号）的要求，规程编制组经广泛调查研究，认真总结实践经验，参考有关国际标准和国外先进标准，并在广泛征求意见的基础上，修订本规程。

本规程主要内容：总则，术语和符号，材料和砌体的结构设计计算指标，建筑设计与建筑节能设计，小砌块砌体静力设计，配筋砌块砌体剪力墙静力设计，抗震设计，施工和工程验收等。

本规程修订的主要技术内容：

1. 增加了多层、高层配筋砌块砌体建筑的设计与施工要求；

2. 修订了砌块建筑的抗震措施；

3. 增加了轻骨料混凝土自承重砌块墙体的设计内容；

4. 调整了部分构件承载力计算参数及计算公式；

5. 调整了建筑节能设计的部分计算参数及计算公式；

6. 增加了复合保温砌块墙体结构设计与施工要求。

本规程由住房和城乡建设部负责管理，由四川省建筑科学研究院负责具体技术内容的解释。执行过程中如有意见或建议，请寄送四川省建筑科学研究院（成都市一环路北三段 55 号，邮编：610081）。

本规程主编单位：四川省建筑科学研究院
广西建工集团第五建筑工程有限责任公司

本规程参编单位：哈尔滨工业大学
浙江大学建筑设计研究院
北京市建筑设计研究院
同济大学
天津市建筑设计院
四川省建筑设计院
上海住总（集团）总公司
上海城乡建筑设计院有限公司
上海申城建筑设计有限公司
上海中房建筑设计有限公司
安徽省建筑科学研究设计院
辽宁省建设科学研究院
重庆市建筑科学研究院
成都市墙材革新建筑节能办公室

本规程主要起草人员：孙氰萍　侯立林　唐岱新　严家熺　周炳章　韦延年　程才渊　李渭渊　刘声惠　高永孚　刘永峰　林文修　吴　体　章茂木　章一萍　楼永林　薛慧立　冯锦华　周海波　尹　康

本规程主要审查人员：白生翔　李　琇　周运灿　刘国亮　陈旭能　章关福　周九仪　于本英　陈正祥　程绍革

目　次

Contents

1 总 则

1.0.1 为保证混凝土小型空心砌块建筑的设计和施工质量，做到因地制宜、就地取材、技术先进、经济合理、安全适用、质量可靠，制定本规程。

1.0.2 本规程适用于非抗震地区和抗震设防烈度为6度至9度地区，以混凝土小型空心砌块为墙体材料的房屋建筑的设计、施工及工程质量验收。

1.0.3 混凝土小型空心砌块建筑的设计、施工及工程质量验收，除应符合本规程之外，尚应符合国家现行有关标准的规定。

2 术语和符号

2.1 术 语

2.1.1 混凝土小型空心砌块 concrete small-sized hollow block

普通混凝土小型空心砌块和轻骨料混凝土小型空心砌块的总称，简称小砌块（或砌块）。

2.1.2 普通混凝土小型空心砌块 normal concrete small-sized hollow block

以碎石或碎卵石为粗骨料制作的混凝土小型空心砌块，主规格尺寸为390mm×190mm×190mm，简称普通小砌块。

2.1.3 轻骨料混凝土小型空心砌块 lightweight aggregated concrete small-sized hollow block

以浮石、火山渣、煤渣、自然煤矸石、陶粒等粗骨料制作的混凝土小型空心砌块，主规格尺寸为390mm×190mm×190mm，简称为轻骨料小砌块。

2.1.4 单排孔小砌块 single row small-sized hollow block

沿厚度方向有单排方形孔的混凝土小型空心砌块。按骨料不同简称单排孔普通小砌块或单排孔轻骨料小砌块。

2.1.5 对孔砌筑 stacked hollow bond

小砌块砌体砌筑时上下层砌块孔洞相对。

2.1.6 错孔砌筑 staggered hollow bond

小砌块砌体砌筑时上下层砌块孔洞相互错位。

2.1.7 反砌 reverse bond

小砌块砌体砌筑时砌块底面朝上。

2.1.8 芯柱 core column

按建筑设计要求，在小砌块墙体中对孔砌筑的竖向孔洞内浇灌混凝土形成的混凝土柱，竖向孔洞内不插钢筋称素混凝土芯柱，竖向孔洞内插钢筋称钢筋混凝土芯柱。

2.1.9 构造柱 structural column

按设计要求，设置在砌块墙体中并先砌墙后浇灌混凝土柱的钢筋混凝土柱，简称构造柱。

2.1.10 控制缝 control joint

设置在墙体应力比较集中或墙的垂直灰缝相一致的部位，并允许墙身自由变形和对外力有足够抗能力的构造缝。

2.1.11 配筋砌体用小砌块 small concrete hollow block for reinforced masonry

由普通混凝土制成，主要规格尺寸为390mm×190mm×190mm、孔洞率在46%～48%、壁和肋部开有槽口、适合配筋小砌块砌体施工的单排孔空心砌块。

2.1.12 配筋小砌块砌体 reinforced small concrete hollow block masonry

配筋砌体用小砌块的孔洞和凹槽中配置竖向钢筋和水平钢筋、并采用灌孔混凝土填实孔洞后的砌体。

2.1.13 保温小砌块 thermal insulation small-sized hollow block

由单一材料成型具有良好保温性能的小砌块总称。其名称应冠以材料名称及排孔数，如陶粒混凝土三排孔保温小砌块。

2.1.14 复合保温小砌块 compound thermal insulation small-sized hollow block

由两种或两种以上材料复合成型具有良好保温性能的小砌块总称。

2.1.15 夹心保温砌块砌体 sandwiched complex thermal insulation hollow block masonry

由两个相互独立的内叶、外叶内夹保温隔热材料，并通过连接拉筋将其相互之间复合成整体的夹心保温砌块砌体。

2.1.16 承载面 area for loading

小砌块建筑墙体的砌筑中，设计承受墙体轴向压应力的面。

2.1.17 墙体保温隔热系统 thermal insulation system on walls

由保温层、保护层和固定材料（胶粘剂、锚固构件等）构成保温隔热构造系统的总称。按复合在外墙内外表面上的位置不同，分外墙外保温隔热系统和外墙内保温隔热系统。

2.1.18 传热系数 heat transfer coefficient

在稳定传热条件下，小砌块墙体两侧空气温度差为1K（1℃），1h内通过$1m^2$面积墙体传递的热量。传热系数用K表示，是传热阻R_0的倒数。小砌块建筑墙体的传热系数应考虑结构性冷（热）桥部位影响的平均传热系数，用符号K_m表示，单位为W/（m^2·K）。

2.1.19 热惰性指标 index of thermal inertia

表征小砌块外墙体反抗温度波动和热流波动的无量纲指标，用符号D表示。小砌块建筑外墙体的热惰性指标应取考虑结构性热桥部位影响后的平均热惰性指标，用符号 D_m 表示。

2.1.20 配筋砌块砌体剪力墙结构 reinforced concrete masonry shear wall structure

由承受竖向和水平作用的配筋砌块砌体剪力墙和混凝土楼、屋盖所组成的房屋建筑结构。

2.2 符 号

2.2.1 材料性能

Cb——混凝土砌块灌孔混凝土的强度等级；

D_b——小砌块砌体热惰性指标；

f_1——小砌块抗压强度平均值；

f_2——砂浆抗压强度平均值；

f_g——对孔砌筑单排孔混凝土砌块灌孔砌体抗压强度设计值；

f_t——砌体轴心抗拉强度设计值；

f_v——砌体抗剪强度设计值；

f_{gv}——对孔砌筑单排孔混凝土砌块灌孔砌块抗剪强度设计值；

f_{vE}——砌体沿阶梯形截面破坏抗震抗剪强度设计值；

f_y——钢筋抗拉强度设计值；

f_c——混凝土轴心抗压强度设计值；

Mb——混凝土砌块砌筑砂浆的强度等级；

MU——小砌块强度等级；

R_b——小砌块砌体热阻。

2.2.2 作用、效应与抗力

F——集中力设计值；

F_{EK}——结构总水平地震作用标准值；

G_{eq}——地震时结构（构件）的等效总重力荷载代表值；

K——结构（构件）的刚度；

N——轴向力设计值；

N_k——轴向力标准值；

N_l——局部受压面积上轴向力设计值，梁端支承压力设计值；

N_0——上部轴向力设计值；

V——剪力设计值。

2.2.3 几何参数

A——构件截面毛面积；

A_l——局部受压面积；

A_c——芯柱截面总面积；

A_0——影响局部抗压强度的计算面积；

A_b——垫块面积；

A_s——钢筋截面面积；

a——距离，边长，梁端实际支承长度；

a_0——梁端有效支承长度；

B——房屋总宽度；

b——截面宽度，边长；

b_f——带壁柱端的计算截面翼缘宽度，冀墙计算宽度；

b_s——在相邻横墙、窗间墙间或壁柱间的距离范围内的门窗洞口宽度；

e——轴向力合力作用点到截面重心的距离，简称轴向力的偏心距；

H——结构或墙体总高度，构件高度；

H_i——第 i 层高；

H_0——构件的计算高度；

h——墙的厚度或矩形截面轴向力偏心方向的边长；

h_c——梁的截面高度；

h_b——小砌块的高度；

h_0——截面有效高度；

h_T——T形截面的折算厚度；

L——结构（单元）总长度；

S——相邻横墙、窗间墙间或壁柱间的距离；

y——截面重心到轴向力所在偏心方向截面边缘的距离。

2.2.4 计算系数

n——总数，如楼层数、质点数、钢筋根数、跨数等；

α_{max}——水平地震影响系数最大值；

β——墙、柱的高厚比；

γ——砌体局部抗压强度提高系数；

γ_a——砌体强度设计值调整系数；

γ_f——结构构件材料性能分项系数；

γ_{RE}——承载力抗震调整系数；

φ——组合值系数，轴向力影响系数；

ζ——计算系数，局压系数；

λ——构件长细比，比例系数；

μ_1——自承重墙允许高厚比的修正系数；

μ_2——有门窗洞口墙允许高厚比的修正系数；

μ_c——设构造柱墙体允许高厚比提高系数；

ρ——配筋灌孔率，比率。

3 材料和砌体的结构设计计算指标

3.1 材料强度等级

3.1.1 小砌块、砌筑砂浆和灌孔混凝土的强度等级，应按下列规定采用：

1 普通混凝土小型空心砌块强度等级可采用MU20、MU15、MU10、MU7.5和MU5；

2 轻骨料混凝土小型空心砌块强度等级可采用MU15、MU10、MU7.5、MU5和MU3.5；

3 砌筑砂浆的强度等级可采用Mb20、Mb15、Mb10、Mb7.5和Mb5；

4 灌孔混凝土强度等级可采用Cb40、Cb35、Cb30、Cb25和Cb20。

注：1 普通混凝土小型空心砌块、轻骨料混凝土小型空心砌块和砌筑砂浆的技术要求、试验方法和检验规则应符合现行国家标准；

2 确定砌筑砂浆强度等级时，试块底模应采用同类小砌块侧面做底模。

3.2 砌体的结构设计计算指标

3.2.1 龄期为 28d 的以毛截面计算单排孔普通混凝土小砌块和轻骨料混凝土小砌块砌体的抗压强度设计值，当施工质量控制等级为 B 级时，应根据块体和砂浆强度等级分别按下列规定采用。

1 单排孔普通混凝土小砌块和轻骨料混凝土小砌块对孔砌筑的抗压强度设计值，应按本规程表 3.2.1-1 的规定取值。

2 单排孔普通混凝土小砌块对孔砌筑时，灌孔砌体的抗压强度设计值 f_g，应按下列方法确定：

表 3.2.1-1 单排孔普通混凝土小砌块和煤矸石混凝土小砌块砌体的抗压强度设计值（MPa）

砌块强度等级	砌筑砂浆强度等级					砌筑砂浆强度
	Mb20	Mb15	Mb10	Mb7.5	Mb5	0
MU20	6.30	5.68	4.95	4.44	3.94	2.33
MU15	—	4.61	4.02	3.61	3.20	1.89
MU10	—	—	2.79	2.50	2.22	1.31
MU7.5	—	—	—	1.93	1.71	1.01
MU5	—	—	—	—	1.19	0.70

注：1 对独立柱或厚度为双排组砌的小砌块砌体，应按表中数值乘以 0.7；

2 对 T 形截面砌体墙体和柱，应按表中数值乘以 0.85；

3 当砌筑砂浆强度等级高于小砌块强度等级时，应按小砌块强度等级相同的砌筑砂浆强度等级，按表 3.2.1.1 采用小砌块砌体的抗压强度设计值；

4 表中煤矸石为自然煤矸石。

1） 普通混凝土小砌块砌体的灌孔混凝土强度等级不应低于 Cb20，也不应低于 1.5 倍的块体强度等级；

注：灌孔混凝土的强度等级 Cb20 等同于对应的混凝土强度等级 C20 的强度指标。

2） 灌孔普通混凝土小砌块砌体的抗压强度设计值 f_g，应按下列公式计算：

$$f_g = f + 0.6\alpha f_c \tag{3.2.1-1}$$

$$\alpha = \delta\rho \tag{3.2.1-2}$$

式中：f_g——灌孔普通混凝土小砌块砌体的抗压强度设计值（MPa），设计取值不应大于未灌孔普通混凝土小砌块砌体抗压强度设计值的 2 倍；

f——未灌孔普通混凝土小砌块砌体的抗压强度设计值（MPa），应按本规程表 3.2.1-1 取值；

f_c——灌孔混凝土的轴心抗压强度设计值（MPa）；

α——普通混凝土小砌块砌体中灌孔混凝土面积与砌体毛截面积的比值；

δ——普通混凝土小砌块的孔洞率；

ρ——混凝土砌块砌体的灌孔率，系截面灌孔混凝土面积与截面孔洞面积的比值，灌孔率应根据受力情况或施工条件确定，ρ 不应小于 33%。

3 双排孔、多排孔普通混凝土小砌块砌体的抗压强度设计值，应按本规程表 3.2.1-1 的规定取值。

4 小砌块孔洞率不大于 35% 的双排孔或多排孔轻骨料混凝土小砌块砌体的抗压强度设计值，应按本规程表 3.2.1-2 的规定取值。

表 3.2.1-2 轻骨料混凝土小砌块砌体的抗压强度设计值（MPa）

砌块强度等级	砌筑砂浆强度等级			砌筑砂浆强度
	Mb10	Mb7.5	Mb5	0
MU10	3.08	2.76	2.45	1.44
MU7.5	—	2.13	1.88	1.12
MU5	—	—	1.31	0.78
MU3.5	—	—	0.95	0.56

注：1 表中的小砌块为火山渣、浮石和陶粒轻骨料混凝土小砌块；

2 对厚度方向为双排组砌的轻骨料混凝土小砌块砌体的抗压强度设计值，应按表中数值乘以 0.8。

3.2.2 龄期为 28d 的以毛截面计算的小砌块砌体的轴心抗拉强度设计值、弯曲抗拉强度设计值和抗剪强度设计值，当施工质量控制等级为 B 级时，应按本规程表 3.2.2 的规定取值。

表 3.2.2 沿砌块砌体灰缝截面破坏时砌体的轴心抗拉强度设计值、弯曲抗拉强度设计值和抗剪强度设计值（MPa）

强度类别	破坏特征	砌筑砂浆强度等级		
		≥Mb10	Mb7.5	Mb5
轴心抗拉	沿齿缝截面	0.09	0.08	0.07
弯曲抗拉	沿齿缝截面	0.11	0.09	0.08
	沿通缝截面	0.08	0.06	0.05
抗剪	沿通缝或阶梯形截面	0.09	0.08	0.06

注：1 对于形状规则的砌块砌筑的砌体，当搭接长度与砌块高度的比值小于 1 时，其轴心抗拉强度设计值 f_t 和弯曲抗拉强度设计值 f_{tm} 应按表中值乘以搭接长度与砌块高度的比值后采用；

2 对孔洞率不大于 35% 的双排孔和多排孔轻骨料混凝土小砌块的抗剪强度设计值，应按表中的砌块砌体抗剪强度设计值乘以 1.1。

单排孔普通混凝土小砌块对孔砌筑时，灌孔砌体的抗剪强度设计值 f_{gv}，应按下式计算或按本规程附录A中表A.0.1-1～表A.0.1-4取用：

$$f_{gv}=0.2f_{g}^{0.55} \quad (3.2.2)$$

式中：f_g——灌孔砌体的抗压强度设计值（MPa）。

3.2.3 下列情况的小砌块砌体的砌体强度设计值应乘以调整系数 γ_a，γ_a应按下列规定取值：

1 对无筋小砌块砌体，其截面面积小于0.3m²时，γ_a应取其截面面积加0.7；对配筋小砌块砌体，当其中小砌块砌体截面面积小于0.2m²时，γ_a应取其截面面积加0.8；

2 当砌体用强度等级小于Mb5水泥砂浆砌筑时，对本规程第3.2.1条各表中的数值，γ_a应取为0.9；对于本规程表3.2.2中数值，γ_a应取为0.8；

3 当验算施工中房屋的砌体时，γ_a应取为1.1；

4 当施工质量控制等级为C级时，γ_a应取为0.89。

注：1 构件截面面积以m²计；

2 配筋砌体的施工质量控制等级不得采用C级。

3.2.4 施工阶段砂浆尚未硬化的新砌砌体的强度和稳定性，可按砌筑砂浆强度为零进行验算。

对冬期施工采用掺盐法施工的砌体，砌筑砂浆强度按常温施工的强度等级提高一级时，砌体强度和稳定性可不验算。

注：配筋砌体不得用掺盐砂浆施工。

3.2.5 小砌块砌体的弹性模量、线膨胀系数、收缩系数和摩擦系数可分别按表3.2.5-1～表3.2.5-3规定取值。砌体的剪变模量可按砌体弹性模量的40%采用。

1 砌体的弹性模量，可按表3.2.5-1规定取值；

单排孔且对孔砌筑的普通混凝土小砌块灌孔砌体的弹性模量，应按下列公式计算：

$$E=2000f_g \quad (3.2.5)$$

式中：f_g——灌孔砌体的抗压强度设计值（MPa）。

2 小砌块砌体的线膨胀系数和收缩率，可按表3.2.5-2规定取值；

表3.2.5-1 砌体的弹性模量（MPa）

砌体类别	砂浆强度等级		
	≥Mb10	Mb7.5	Mb5
普通混凝土小砌块砌体	1700f	1600f	1500f
轻骨料混凝土小砌块砌体	1700f	1600f	1500f

表3.2.5-2 砌体的线膨胀系数和收缩率

砌体类别	线膨胀系数 10^{-6}/℃	收缩率 mm/m
普通混凝土小砌块砌体	10	−0.2
轻骨料混凝土小砌块砌体	10	−0.3

注：表中的收缩率由达到收缩允许标准的小砌块砌筑28d的砌体收缩率，当地方有可靠的小砌块砌体收缩试验数据时，亦可采用当地的试验数据。

3 砌体的摩擦系数，可按表3.2.5-3规定取值。

表3.2.5-3 摩擦系数

材料类别	摩擦面情况	
	干燥的	潮湿的
砌体沿砌体或混凝土滑动	0.70	0.60
砌体沿木材滑动	0.60	0.50
砌体沿钢滑动	0.45	0.35
砌体沿砂或卵石滑动	0.60	0.50
砌体沿粉土滑动	0.55	0.40
砌体沿黏性土滑动	0.50	0.30

3.2.6 小砌块砌体应按小砌块实际的小砌块孔洞率并应考虑在墙体中增加的构造措施的重量计算墙体自重。灌孔砌体应按实际灌孔后的砌体重量计算墙体自重。

4 建筑设计与建筑节能设计

4.1 建筑设计

4.1.1 小砌块建筑和配筋小砌块砌体建筑的平面及竖向设计应符合下列要求：

1 小砌块建筑平面设计宜以 $2M_0$ 为基本模数，特殊情况下可采用 $1M_0$；竖向设计及墙的分段净长度应以 $1M_0$ 为模数。

2 配筋小砌块砌体建筑宜用配筋小砌块砌体专用混凝土小型空心砌块砌筑，平面设计应以 $2M_0$ 为模数。

3 应做墙体的平面及竖向排块设计。对配筋小砌块砌体建筑要保证砌块错缝和孔洞上下贯通。排块设计时，应采用主规格砌块为主，减少辅助规格砌块的数量和种类。

4 平面应简洁，不宜凹凸转折过多。竖向尽量规则，宜避免过大的外挑和内收。配筋墙体门、窗洞口宜层层上、下对齐。在用小砌块作填充墙的框架建筑中，填充墙的平面布置宜均匀对称，沿高度方向宜连续贯通。

5 设计预留的孔洞、管线槽口以及门窗、设备等固定点和固定件，应在墙体排块图上详细标注。小砌块建筑施工时应用混凝土填实各固定范围内的孔洞。

6 小砌块砌体设置控制缝时，应做好室内墙面的盖缝粉刷。

7 住宅建筑的门厅和楼梯间内，应根据功能需求合理安排好水、电、暖通管线等用的管道竖井及各种表盒位置。水表、电表、燃气表、消火栓箱等洞口，亦可在砌体墙中预埋预制钢筋混凝土表箱框。应保证表盒安装后的楼梯及通道的尺寸符合有关规范要求。

8 排水管道的主管、支管或立管、横管宜明管安装。管径较小的其他管线，可预埋于墙体内。

9 在满足节能要求下，立面设计宜利用装饰砌块突出小砌块建筑的特色。

4.1.2 小砌块建筑和配筋小砌块砌体建筑的防水设计应符合下列要求：

1 清水外墙或装饰性砌块外墙面采用的小砌块的抗渗性能应符合有关规定。宜采用掺加适量憎水剂的砂浆砌筑墙体，且宜在清水外墙表面喷涂透明防水涂料。

2 在多雨水地区，单排孔小砌块墙体应作双面粉刷，勒脚应采用水泥砂浆粉刷。

3 室外散水坡顶面以上和室内地面以下的砌体内，应设置防潮层。

4 对伸出墙外的雨篷、开敞式阳台、室外空调机搁板、遮阳板、窗套、外楼梯根部及水平装饰线脚处，均应采用节能保温措施和防水措施。

5 处于潮湿环境的小砌块墙体，墙面应采用水泥砂浆粉刷等有效的防水措施。

6 在夹心墙的外叶墙每层圈梁上的砌块竖缝底宜设置排水孔。

7 墙体粉刷应在砌体结构验收及完工 28d 后进行。面积较大的外墙面粉刷宜设置分格缝。

4.1.3 小砌块墙体的耐火极限应按表 4.1.3 采用。

表 4.1.3 小砌块墙体的燃烧性能和耐火极限

小砌块墙体类型	耐火极限（h）	燃烧性能
90mm 厚小砌块墙体	1	不燃烧体
190mm 厚小砌块墙体	承重墙 2	不燃烧体
190mm 厚配筋小砌块墙体	承重墙 3.5	不燃烧体

注：墙体两侧无粉刷层。

对防火要求高的小砌块建筑或其局部，可采用混凝土或松散材料灌实孔洞的方法来提高墙体的耐火极限，也可采取其他附加防火措施。

复合保温砌块中所复合的保温材料，宜采用燃烧性能为 A 级的保温材料。当采用不是不燃或难燃级别的保温材料时，应提出复合保温砌块砌体的耐火极限和燃烧性能。

当小砌块建筑墙体采用外保温系统时，应符合国家现行有关标准的规定。

4.1.4 对 190mm 厚小砌块墙体双面粉刷（各 20mm 厚）的空气声计权隔声量应按 45dB 采用。对 190mm 厚配筋小砌块墙体双面粉刷（各 20mm 厚）的空气声计权隔声量应按 50dB 采用。

对隔声要求较高的小砌块建筑，可采用下列措施提高其隔声性能：

1 孔洞内填矿渣棉、膨胀珍珠岩、膨胀蛭石等松散材料；

2 在小砌块墙体的一面或双面采用纸面石膏板或其他板材做带有空气隔层的复合墙体构造。

对有吸声要求的建筑或其局部，墙体宜采用吸声砌块砌筑。

4.1.5 小砌块建筑及配筋小砌块砌体建筑的屋面设计应符合下列要求：

1 采用钢筋混凝土平屋面时，应在屋面上设置保温隔热层。

2 小砌块住宅建筑宜做成有檩体系坡屋面。当采用钢筋混凝土基层坡屋面时，坡屋面宜外挑出墙面，并应在坡屋面上设置保温隔热层。

3 钢筋混凝土屋面板及上面保温隔热防水层中的砂浆找平层、刚性面层等应设置分格缝，并应与周边的女儿墙断开。

4.2 建筑节能设计

4.2.1 小砌块建筑的建筑节能设计应符合下列要求：

1 建筑的体形系数、窗墙面积比及其对应的窗的传热系数、遮阳系数和空气渗透性能，以及其他围护结构的传热系数、热惰性指标，均应符合设计建筑所在气候地区现行居住建筑与公共建筑节能设计标准的规定；

2 通过建筑节能设计计算确定的围护结构的构造设计，应满足建筑结构整体性、变形能力及防火性能的要求，安全、可靠，并具有可操作性；

3 墙体及楼地板的建筑节能设计，应同时考虑建筑装饰与设备节能对管线及设备埋设、安装和维修的要求。

4.2.2 小砌块及配筋小砌块砌体的热工性能计算参数应符合下列要求：

1 小砌块及配筋小砌块砌体的热工性能计算参数用砌体热阻和砌体热惰性指标表征，分别用符号 R_{ma} 和 D_{ma} 表示。砌体热阻 R_{ma} 应按现行国家标准《民用建筑热工设计规范》GB 50176 规定的计算方法与《绝热　稳态传热性质的测定　标定和防护热箱法》GB/T 13475 规定的检测方法计算或检测确定。砌体热惰性指标 D_{ma} 可按本规程附录 B 的计算方法计算确定。

2 普通小砌块及配筋小砌块砌体的热阻 R_{ma} 和热惰性指标 D_{ma} 可按表 4.2.2 采用。

4.2.3 小砌块建筑外墙的建筑热工设计应符合下列要求：

表 4.2.2　普通小砌块及配筋小砌块砌体的热阻 R_{ma} 和热惰性指标 D_{ma}

小砌块砌体块型	厚度 mm	孔洞率 %	表观密度 kg/m³	R_{ma} (m^2·K)/W	D_{ma}
单排孔小砌块	90	30	1500	0.12	0.85
	190	40	1280	0.17	1.47
双排孔小砌块	190	40	1280	0.22	1.70
三排孔小砌块	240	45	1200	0.35	2.31
单排孔配筋小砌块	190	—	2400	0.11	1.88

注：1　取单排孔配筋小砌块砌体的当量导热系数 $\lambda_{ma.c}$＝1.74W/(m·K)，平均蓄热系数 $\overline{S}_{ma}$＝17.20W/(m^2·K)；

2　表中的热阻及热惰性指标值未包含砌体两侧的抹灰层；

3　小砌块的基材、块型及厚度与表 4.2.2 不同，或孔洞中内填、内插保温材料形成的复合保温小砌块砌体和带有空气间层或不带有空气间层的内、外叶小砌块夹心砌体的热阻 R_{ma} 和热惰性指标 D_{ma}，应按 4.2.2 条 1 款和本规程附录 C 的规定进行检测和计算确定；

4　孔洞中内插、内填保温材料的复合保温小砌块砌体的热阻 R_{ma} 和热惰性指标 D_{ma} 可按本规程附录 D 采用。

1　外墙的传热系数和热惰性指标，应考虑外墙上结构性热桥部位的影响取平均传热系数和平均热惰性指标。小砌块主体部位与结构性热桥部位的传热系数 K_p、K_b 及热惰性指标 D_p、D_b 和外墙平均传热系数 K_m、平均热惰性指标 D_m 按本规程附录 E 的计算方法进行计算。

2　外墙中结构性热桥部位的传热阻 $R_{o\cdot b}$，不仅应满足外墙平均传热系数 K_m 的要求，而且不应小于按现行国家标准《民用建筑热工设计规范》GB 50176 规定计算的设计建筑所在气候地区外墙要求的最小传热阻（$R_{o\cdot min}$）值。

3　外墙宜采用外墙外保温系统技术。采用外墙内保温系统技术时，应将计算的外墙平均传热系数乘以 1.2 作为外墙平均传热系数 K_m 的设计值。同时还应对横墙与外墙交接处的 400mm 宽度范围进行适宜的保温处理。

4　在夏热冬冷和夏热冬暖地区，外墙宜采用外反射、外遮阳、外通风和外绿化等外隔热措施。当采用符合现行国家标准《建筑用反射隔热涂料》GB/T 25261 要求的涂料饰面时，外墙传热阻计算值中可附加一个热阻值 R_{ad}：夏热冬冷地区，R_{ad}＝0.20(m^2·K)/W，夏热冬暖地区，R_{ad}＝0.25(m^2·K)/W；若外墙平均热惰性指标 D_m 小于平均传热系数 K_m 对应的规定性指标时，可不进行隔热性能设计验算。

5　建筑热工设计计算时，保温材料的导热系数和蓄热系数应采用计算导热系数 λ_c 和计算蓄热系数 S_c。

6　在严寒和寒冷地区，当外墙的保温层外侧有密实保护层或内侧构造层为加气混凝土及其他多孔材料时，保温设计时应根据地区气候条件及室内环境设计指标，按现行国家标准《民用建筑热工设计规范》GB 50176 的规定进行内部冷凝受潮验算确定是否设置隔气层。设置隔气层应保证施工质量，并应有与室外空气相通的排湿措施。

7　外墙的填充墙采用具有优良热工性能的保温小砌块、复合保温小砌块及小砌块夹心砌体构成的墙体自保温系统时，保温小砌块、复合保温小砌块及小砌块夹心砌体的厚度应根据设计建筑所在地区现行建筑节能设计标准对外墙平均传热系数 K_m 的限值规定，考虑到结构性热桥部位应采用的保温系统的计算厚度确定。同时应保证墙体自保温系统部位与结构性热桥部位交接处构造合理，表面平整。

8　外墙的保温隔热措施，应与屋顶、楼地板、门窗等构件连接部位的保温隔热措施保持构造上的连续性和可靠性。

4.2.4　居住建筑的分户墙或公共建筑的采暖空调房间与非采暖空调房间隔墙采用小砌块墙体时，建筑热工设计应符合下列要求：

1　分户墙或隔墙采用普通小砌块及配筋小砌块砌体时，应按现行建筑节能设计标准的规定，在其一侧或两侧采取适宜的保温技术进行热工设计计算；

2　分户墙或隔墙采用保温小砌块及复合保温小砌块砌体时，若保温小砌块及复合保温小砌块砌体部位的面积大于或等于分户墙或隔墙面积的 70%，可将保温小砌块及复合保温小砌块砌体部位的传热系数 K_p 作为分户墙或隔墙的传热系数 K 计算值；若保温小砌块及复合保温小砌块砌体部位的面积小于分户墙或隔墙面积的 70%，应考虑结构性热桥部位的影响按本规程附录 E 的计算方法计算分户墙或隔墙的平均传热系数 K_m。

4.2.5　小砌块建筑屋面的建筑热工设计应符合下列要求：

1　屋面的传热系数及热惰性指标应符合设计建筑所在气候地区现行居住建筑与公共建筑节能设计标准的规定。保温层材料的导热系数和蓄热系数应采用计算导热系数 λ_c 和计算蓄热系数 S_c。

2　屋面宜设计为保温隔热层置于防水层上的倒置式屋面，且宜选择憎水型的绝热材料做保温隔热层。

3　在夏热冬冷和夏热冬暖地区，屋面宜采用绿色植被屋面或有保温材料作基层的架空通风屋面。

4 屋面的天沟、女儿墙、变形缝及突出屋面的构件与屋面交接处，应按现行国家标准《民用建筑热工设计规范》GB 50176 的规定，通过建筑热工设计计算在该部位的垂直或水平面上设置一定厚度的保温材料，使该部位的最小传热阻不低于设计建筑所在气候地区屋面要求的最小传热阻（$R_{o\cdot min}$）值。

5 小砌块砌体静力设计

5.1 设计基本规定

5.1.1 本规程采用以概率理论为基础的极限状态设计方法，以可靠指标度量结构可靠度，用分项系数的设计表达式进行计算。

5.1.2 小砌块砌体结构应按承载能力极限状态设计，并应有相应的构造措施满足正常使用极限状态的要求。

5.1.3 砌体结构和结构构件在设计使用年限内，在正常使用及正常维护条件下，必须保持满足使用要求，而不需大修或加固。设计使用年限应按现行国家标准《建筑结构可靠度设计统一标准》GB 50068 规定。

5.1.4 根据建筑结构破坏可能产生的后果（危及人的生命、造成经济损失、产生社会影响等）的严重性，建筑结构按表 5.1.4 划分为三个安全等级。

表 5.1.4 建筑结构的安全等级

安全等级	破坏后果	建筑物类型
一级	很严重	重要的建筑物
二级	严重	一般的建筑物
三级	不严重	次要的建筑物

注：1 对特殊的建筑物，其安全等级可根据具体情况另行确定；

2 对地震区砌体结构设计，应按现行国家标准《建筑工程抗震设防分类标准》GB 50223 根据建筑物重要性区分建筑物类别。

5.1.5 小砌块砌体结构承载能力极限状态设计表达式，整体稳定性验算表达式，弹性方案、刚弹性方案、刚性方案的静力设计规定及其相应的横墙间距要求以及耐久性规定等，应按现行国家标准《砌体结构设计规范》GB 50003 的规定执行。

5.1.6 梁支承在墙上时，梁端支承压力（N_l）到墙边的距离，对刚性方案房屋屋盖梁和楼盖梁均应取梁端有效支承长度（a_0）的 40%（图 5.1.6）。多层房屋由上面楼层传来的荷载（N_u），可视为作用于上一楼层的墙、柱的截面重心处。

注：当板支承于墙上时，板端支承压力 N_l 到墙内边的距离可取板的实际支承长度 a 的 40%。

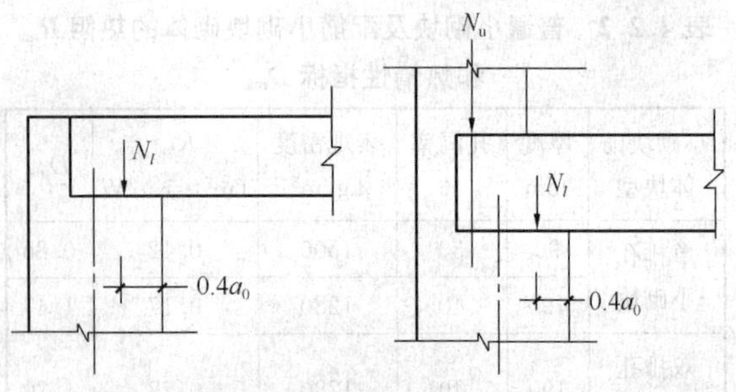

图 5.1.6 梁端支承压力位置

5.1.7 带壁柱墙的计算截面翼缘宽度（b_f）可按下列规定采用：

1 对多层房屋，当有门窗洞口时，可取窗间墙宽度；当无门窗洞口时，每侧翼墙宽度可取壁柱高度的 1/3；

2 对单层房屋，可取壁柱宽加 2/3 墙高，但不应大于窗间墙宽度和相邻壁柱间的距离；

3 计算带壁柱墙体的条形基础时，应取相邻壁柱间的距离。

5.1.8 当转角墙段受竖向集中荷载时，计算截面的长度可从角点算起，每侧宜取层高的 1/3。当上述墙体范围内有门窗洞口时，则计算截面取至洞边，但不宜大于层高的 1/3。当上层荷载传至本层时，可按均布荷载计算，此时转角墙段可按角形截面偏心受压构件进行承载力验算。

5.2 受压构件承载力计算

5.2.1 受压构件的承载力应符合下式要求：

$$N \leqslant \varphi f A \tag{5.2.1}$$

式中：N——轴向力设计值（N）；

φ——高厚比 β 和轴向力偏心距 e 对受压构件承载力的影响系数，应按本规程附录 F 附表采用；

f——砌体抗压强度设计值（MPa），应按本规程第 3.2.1 条采用；

A——截面毛面积（mm^2）；对带壁柱墙，其翼缘宽度可按本规程第 5.1.7 条采用。

注：对矩形截面构件，当轴向力偏心方向的截面边长大于另一方向的边长时，除按偏心受压计算外，还应对较小边长方向，按轴心受压进行验算。

5.2.2 确定影响系数 φ 时，构件高厚比 β 应按下列公式计算：

对矩形截面：$$\beta = 1.1\frac{H_0}{h} \tag{5.2.2-1}$$

对 T 形截面：$$\beta = 1.1\frac{H_0}{h_T} \tag{5.2.2-2}$$

对灌孔混凝土砌块砌体：$$\beta = \frac{H_0}{h} \tag{5.2.2-3}$$

式中：H_0——受压构件的计算高度（m），按本规程表 5.2.4 确定；

h——矩形截面轴向力偏心方向的边长（m），当轴心受压时为截面较小边长；

h_T——T 形截面的折算厚度（m），可近似按 $3.5i$ 计算；

i——截面回转半径（m）。

5.2.3 受压构件计算高度 H_0 应按下列规定采用：

1 对房屋底层，取楼板顶面到构件下端支点的距离。下端支点的位置，应取在基础顶面；当基础埋置较深且有刚性地坪时，可取室外地面下 500mm 处。

2 对在房屋其他层次，取楼板或其他水平支点间的距离。

3 对无壁柱的山墙，可取层高加山墙尖高度的 1/2；对带壁柱的山墙可取壁柱处的山墙高度。

5.2.4 受压构件的计算高度 H_0 应根据房屋类别、构件支承条件等按表 5.2.4 采用。

表 5.2.4 受压构件的计算高度 H_0

房屋类别		柱		带壁柱墙或周边拉结的墙		
		排架方向	垂直排架方向	$S>2H$	$2H\geqslant S>H$	$S\leqslant H$
单跨	弹性方案	$1.50H$	$1.00H$	$1.50H$		
	刚弹性方案	$1.20H$	$1.00H$	$1.20H$		
两跨或多跨	弹性方案	$1.25H$	$1.00H$	$1.25H$		
	刚性方案	$1.10H$	$1.00H$	$1.10H$		
刚性方案		$1.00H$	$1.00H$	$1.00H$	$0.40S+0.20H$	$0.60S$

注：1 对上端为自由端的构件 $H_0=2H$；

2 对独立柱，当无柱间支撑时，在垂直排架方向的 H_0，应按表中数值乘以 1.25 后采用；

3 自承重墙的计算高度应根据周边支承或拉结条件确定；

4 S 为房屋横墙间距。

5.2.5 轴向力的偏心距 e 应符合下式要求：

$$e\leqslant 0.6y \tag{5.2.5}$$

式中：e——轴向力的偏心距（mm），按内力设计值计算；

y——截面重心到轴向力所在偏心方向截面边缘的距离（mm）。

5.3 局部受压承载力计算

5.3.1 砌体截面中受局部均匀压力时的承载力应符合下式要求：

$$N_l\leqslant\gamma fA_l \tag{5.3.1}$$

式中：N_l——局部受压面积上的轴向力设计值（N）；

γ——砌体局部抗压强度提高系数；

f——砌体的抗压强度设计值（MPa），当局部荷载作用面用混凝土灌实一皮时，应按未灌实砌体强度值采用；

A_l——局部受压面积（mm^2）。

5.3.2 砌体局部抗压强度提高系数 γ，应符合下列要求：

1 γ 可按下式计算：

$$\gamma=1+0.35\sqrt{\frac{A_0}{A_l}-1} \tag{5.3.2}$$

式中：A_0——影响砌体局部抗压强度的计算面积（m^2）。

2 计算所得 γ 值，尚应符合下列要求：

1）在图 5.3.2a 的情况下，$\gamma\leqslant2.5$；

2）在图 5.3.2b 的情况下，$\gamma\leqslant2.0$；

3）在图 5.3.2c 的情况下，$\gamma\leqslant1.5$；

4）在图 5.3.2d 的情况下，$\gamma\leqslant1.25$；

5）按本规范第 5.8.2 条的要求灌孔的砌块砌体，在 1）、2）、3）项的情况下，尚应符合 γ 小于等于 1.5。未灌孔混凝土砌块砌体 γ 等于 1。

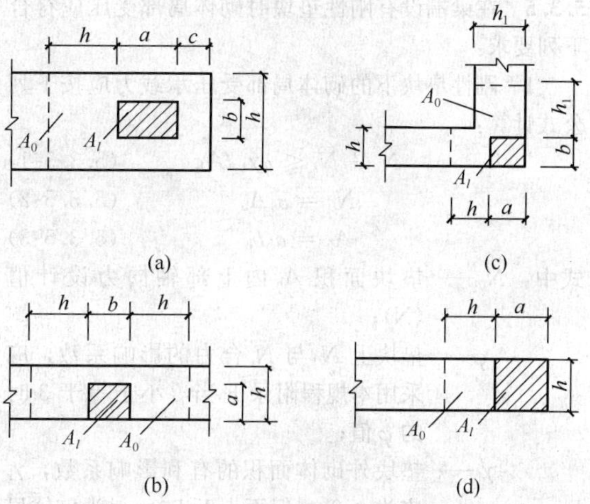

图 5.3.2 影响局部抗压强度的面积 A_0

5.3.3 影响砌体局部抗压强度的计算面积可按下列规定采用：

1 在图 5.3.2a 的情况下，$A_0=(a+c+h)h$；

2 在图 5.3.2b 的情况下，$A_0=(b+2h)h$；

3 在图 5.3.2c 的情况下，$A_0=(a+h)h+(b+h_1-h)h_1$；

4 在图 5.3.2d 的情况下，$A_0=(a+h)h$。

注：a、b 为矩形局部受压面积 A_l 的边长；h、h_1 为墙厚或柱的较小边长，墙厚；c 为矩形局部受压面积的外边缘至构件边缘的较小距离，当小于 h 时，应取为 h。

5.3.4 梁端支承处砌体的局部受压承载力应按下列公式计算：

$$\psi N_0+N_l\leqslant\eta\gamma fA_l \tag{5.3.4-1}$$

$$\psi=1.5-0.5\frac{A_0}{A_l} \tag{5.3.4-2}$$

$$N_0=\sigma_0A_l \tag{5.3.4-3}$$

$$A_l = a_0 b \quad (5.3.4\text{-}4)$$

$$a_0 = 10\sqrt{\frac{h_c}{f}} \quad (5.3.4\text{-}5)$$

式中：ψ——上部荷载的折减系数，当 A_0/A_l 大于等于3时，应取 ψ 等于0；

N_0——局部受压面积内上部轴向力设计值（N）；

N_l——梁端支承压力设计值（N）；

σ_0——上部平均压应力设计值（N/mm^2）；

η——梁端底面压应力图形的完整系数，应取0.7，对于过梁和墙梁应取1.0；

a_0——梁端有效支承长度（mm），当 a_0 大于 a 时，应取 a_0 等于 a；

a——梁端实际支承长度（mm）；

b——梁的截面宽度（mm）；

h_c——梁的截面高度（mm）；

f——砌体的抗压强度设计值（MPa）。

5.3.5 在梁端设有刚性垫块时砌体局部受压应符合下列要求：

1 刚性垫块下的砌体局部受压承载力应按下列公式计算：

$$N_0 + N_l \leqslant \varphi\gamma_1 f A_b \quad (5.3.5\text{-}1)$$

$$N_0 = \sigma_0 A_b \quad (5.3.5\text{-}2)$$

$$A_b = a_b b_b \quad (5.3.5\text{-}3)$$

式中：N_0——垫块面积 A_b 内上部轴向力设计值（N）；

φ——垫块上 N_0 与 N_l 合力的影响系数，应采用本规程附录F当 β 小于等于3时的 φ 值；

γ_1——垫块外砌体面积的有利影响系数，γ_1 应为0.8γ，但不小于1.0。γ 为砌体局部抗压强度提高系数，按本规程公式（5.3.2）以 A_b 代替 A_l 计算得出；

A_b——垫块面积（mm^2）；

a_b——垫块伸入墙内的长度（mm）；

b_b——垫块的宽度（mm）。

2 刚性垫块的构造应符合下列要求：

1） 刚性垫块的高度不宜小于190mm，自梁边算起的垫块挑出长度不宜大于垫块高度 t_b；

2） 在带壁柱墙的壁柱内设刚性垫块时（图5.3.5），其计算面积应取壁柱范围内的面积，而不应计算翼缘部分，同时壁柱上垫块伸入翼墙内的长度不应小于100mm；

3） 当现浇垫块与梁端整体浇筑时，垫块可在梁高范围内设置。

3 梁端设有刚性垫块时，梁端有效支承长度 a_0 应按下式确定：

$$a_0 = \delta_1\sqrt{\frac{h_c}{f}} \quad (5.3.5\text{-}4)$$

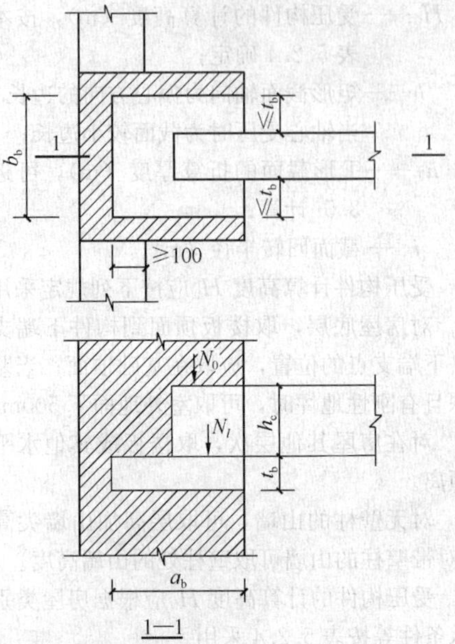

图5.3.5 壁柱上设有垫块时梁端局部受压

式中：δ_1——刚性垫块的影响系数，可按表5.3.5采用。

垫块上 N_l 作用点的位置可取0.4a_0处。

表5.3.5 系数 δ_1 值表

σ_0/f	0	0.2	0.4	0.6	0.8
δ_1	5.4	5.7	6.0	6.9	7.8

注：表中其间的数值可采用插入法求得。

4 梁端设现浇刚性垫块时，其局压强度亦应按本条规定计算。

5.3.6 梁下设有长度大于 πh_0 的垫梁时（图5.3.6），垫梁下的砌体局部受压承载力应按下列公式计算：

$$N_0 + N_l \leqslant 2.4\delta_2 f b_b h_0 \quad (5.3.6\text{-}1)$$

$$N_0 = \pi b_b h_0 \sigma_0 / 2 \quad (5.3.6\text{-}2)$$

$$h_0 = 2\sqrt[3]{\frac{E_b I_b}{Eh}} \quad (5.3.6\text{-}3)$$

式中：N_0——垫梁上部轴向力设计值（N）；

b_b——垫梁在墙厚方向的宽度（mm）；

δ_2——垫梁底面压应力分布系数，当荷载沿墙厚方向均匀分布时可取1.0，不均匀分布时可取0.8；

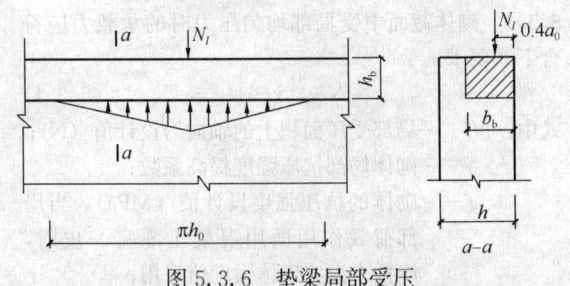

h_0——垫梁折算高度（mm）；

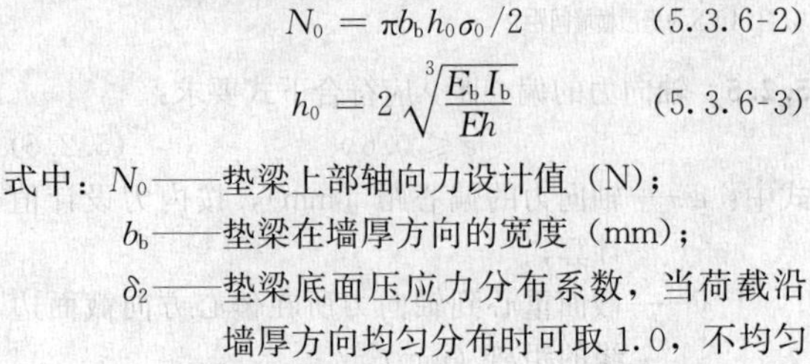

图5.3.6 垫梁局部受压

E_b、I_b——分别为垫梁的混凝土弹性模量（MPa）和截面惯性矩（mm^4）；

h_b——垫梁的高度（mm）；

E——砌体的弹性模量；

h——墙厚（mm）。

垫梁上梁端有效支承长度 a_0 可按本规程公式（5.3.5-4）计算。

5.4 轴心受拉构件承载力计算

5.4.1 轴心受拉构件的承载力应按下式计算：

$$N_t \leqslant f_t A \tag{5.4.1}$$

式中：N_t——轴心拉力设计值（N）；

f_t——砌体的轴心抗拉强度设计值（MPa），应按本规程表3.2.2采用。

5.5 受弯构件承载力计算

5.5.1 受弯构件的承载力应按下式计算：

$$M \leqslant f_{tm} W \tag{5.5.1}$$

式中：M——弯矩设计值（N·mm）；

f_{tm}——砌体弯曲抗拉强度设计值（MPa），应按本规程表3.2.2采用；

W——截面抵抗矩（mm^3）。

5.5.2 受弯构件的受剪承载力，应按下列公式计算：

$$V \leqslant f_v bz \tag{5.5.2-1}$$

$$z = I/S \tag{5.5.2-2}$$

式中：V——剪力设计值（N）；

f_v——砌体的抗剪强度设计值（MPa），应按本规程表3.2.2采用；

b——截面宽度（mm）；

z——内力臂，当截面为矩形时取 z 等于 $2h/3$；

I——截面惯性矩（mm^4）；

S——截面面积矩（mm^3）；

h——截面高度（mm）。

5.6 受剪构件承载力计算

5.6.1 沿通缝或沿阶梯形截面破坏时受剪构件的承载力应按下列公式计算：

$$V \leqslant (f_v + \alpha\mu\sigma_0)A \tag{5.6.1-1}$$

当荷载分项系数 $\gamma_G = 1.2$ 时

$$\mu = 0.26 - 0.082\frac{\sigma_0}{f} \tag{5.6.1-2}$$

当荷载分项系数 $\gamma_G = 1.35$ 时

$$\mu = 0.23 - 0.065\frac{\sigma_0}{f} \tag{5.6.1-3}$$

式中：V——截面剪力设计值（N）；

A——截面面积（mm^2）。对各类砌体均按毛截面计算；

f_v——砌体抗剪强度设计值（N），对灌孔的混凝土砌块砌体取 f_{gv}；

α——修正系数：当 $\gamma_G = 1.2$ 时，混凝土砌块砌体取0.64；当 $\gamma_G = 1.35$ 时，混凝土砌块砌体取0.66；

μ——剪压复合受力影响系数；

σ_0——永久荷载设计值产生的水平截面平均压应力（MPa）；

f——砌体的抗压强度设计值（MPa）；

σ_0/f——轴压比，且不大于0.8。

5.7 墙、柱的允许高厚比

5.7.1 墙、柱高厚比应按下式验算：

$$\beta = \frac{H_0}{h} \leqslant \mu_1\mu_2\mu_c[\beta] \tag{5.7.1}$$

式中：H_0——墙、柱的计算高度（m）；

h——墙厚或矩形柱与 H_0 相对应的边长（m）；

μ_1——自承重墙允许高厚比的修正系数；

μ_2——有门窗洞口墙允许高厚比的修正系数；

μ_c——设构造柱墙体允许高厚比提高系数；

$[\beta]$——墙、柱的允许高厚比应按表5.7.1采用。

注：当与墙连的相邻两横墙间的距离 S 不大于 $\mu_1\mu_2[\beta]h$ 时，墙的高厚比可不受本条限制。

表5.7.1 墙、柱的允许高厚比 [β] 值

砂浆强度等级	墙	柱
Mb5	24	16
≥Mb7.5	26	17

注：1 配筋小砌块砌体构件的允许高厚比不应大于30；

2 验算施工阶段砂浆尚未硬化的新砌砌体高厚比时，对墙允许高厚比取14，对柱允许高厚比取11。

5.7.2 带壁柱墙和带构造柱墙的高厚比验算，应符合下列规定：

1 当按本规程式（5.7.1）验算带壁柱墙的高厚比时，公式中 h 应改用带壁柱墙截面的折算厚度 h_T；当确定截面回转半径时，墙截面的翼缘宽度，可按本规程第5.1.7条的规定采用；当确定带壁柱墙的计算高度 H_0 时，S 应取相邻横墙间的距离。

2 当构造柱截面宽度不小于墙厚时，可按本规程式（5.7.1）验算带构造柱墙的高厚比，此时公式中 h 取墙厚；当确定墙的计算高度时，S 应取相邻横墙间的距离；墙的允许高厚比 $[\beta]$ 可乘以下列的提高系数 μ_c：

$$\mu_c = 1 + \frac{b_c}{l} \tag{5.7.2}$$

式中：b_c——构造柱沿墙长方向的宽度（m）；

l——构造柱的间距（m）。

当$b_c/l>0.25$时，取$b_c/l=0.25$；当$b_c/l<0.05$时，取$b_c/l=0$。

注：考虑构造柱有利作用的高厚比验算不适用于施工阶段。

3 当按本规程式（5.7.1）验算壁柱间墙的高厚比时，S值应取相邻壁柱间的距离。设有钢筋混凝土圈梁的带壁柱墙，b/S不小于1/30时，圈梁可视作壁柱间墙的不动铰支点（b为圈梁宽度）。如不允许增加圈梁宽度，可按等刚度原则（墙体平面外刚度相等）增加圈梁高度。

5.7.3 当自承重墙厚度等于190mm时，允许高厚比修正系数μ_1取值应为1.2；当厚度等于90mm时，μ_1取值应为1.5；当厚度在90mm～190mm之间时，μ_1可按插入法取值。

注：上端为自由端墙的允许高厚比，除按上述规定提高外，尚可再提高30%。

5.7.4 对有门窗洞口的墙，允许高厚比修正系数μ_2应按下式计算：

$$\mu_2=1-0.4\frac{b_s}{S} \tag{5.7.4}$$

式中：b_s——在宽度S范围内的门窗洞口总宽度（m）；

S——相邻窗间墙或壁柱之间的距离（m）；

μ_2——允许高厚比修正系数，当$\mu_2<0.7$时，应取0.7。当洞口高度等于或小于墙高的1/5时，可取μ_2等于1.0。

5.8 一般构造要求

5.8.1 砌块房屋所用的材料，除应满足承载力计算要求外，对地面以下或防潮层以下的砌体、潮湿房间的墙，所用材料的最低强度等级尚应符合表5.8.1的要求。

表5.8.1 地面以下或防潮层以下的墙体、潮湿房间墙所用材料的最低强度等级

基土潮湿程度	混凝土小砌块	水泥砂浆
稍潮湿的	MU7.5	Mb5
很潮湿的	MU10	Mb7.5
含水饱和的	MU15	Mb10

注：1 砌块孔洞应采用强度等级不低于C20的混凝土灌实；

2 对安全等级为一级或设计使用年限大于50年的房屋，表中材料强度等级应至少提高一级。

5.8.2 在墙体的下列部位，应采用C20混凝土灌实砌体的孔洞：

1 无圈梁和混凝土垫块的檩条和钢筋混凝土楼板支承面下的一皮砌块；

2 未设置圈梁和混凝土垫块的屋架、梁等构件支承处，灌实宽度不应小于600mm，高度不应小于600mm的砌块；

3 挑梁支承面下，其支承部位的内外墙交接处，纵横各灌实3个孔洞，灌实高度不小于三皮砌块。

5.8.3 跨度大于4.2m的梁和跨度大于6m的屋架，其支承面下应设置混凝土或钢筋混凝土垫块。当墙中设有圈梁时，垫块宜与圈梁浇成整体。

当大梁跨度大于4.8m，且墙厚为190mm时，其支承处宜加设壁柱，或采取其他加强措施。

跨度大于或等于7.2m的屋架或预制梁的端部，应采用锚固件与墙、柱上的垫块锚固。

5.8.4 小砌块墙与后砌隔墙交接处，应沿墙高每400mm在水平灰缝内设置不少于2ϕ4、横筋间距不大于200mm的焊接钢筋网片（图5.8.4）。

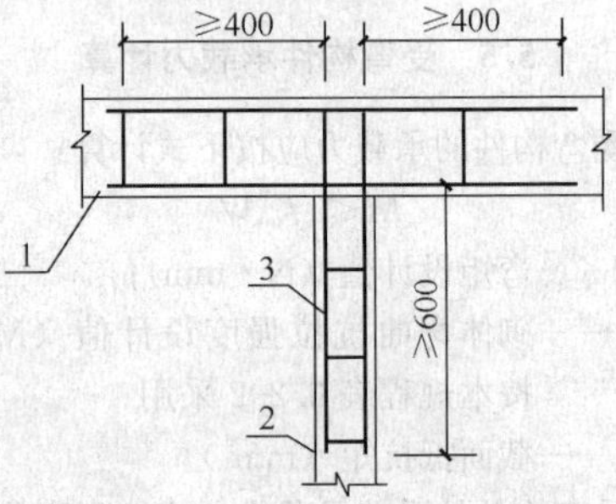

图5.8.4 砌块墙与后砌隔墙交接处钢筋网片

1—砌块墙；2—后砌隔墙；3—ϕ4焊接钢筋网片

5.8.5 预制钢筋混凝土板在墙上或圈梁上支承长度不应小于80mm，板端伸出的钢筋应与圈梁可靠连接，并一起浇筑。当不能满足上述要求时，应按下列方法进行连接：

1 布置在内墙上的板中钢筋应伸出进行相互可靠对接，板端钢筋伸出长度不应少于70mm，并用混凝土浇筑成板带，混凝土强度不应低于C20；

2 布置在外墙上的板中钢筋应伸出进行相互可靠连接，板端钢筋伸出长度不应少于100mm，并用混凝土浇筑成板带，混凝土强度不应低于C20；

3 与现浇板对接时，预制钢筋混凝土板端钢筋应伸入现浇板中进行可靠连接后，再浇筑现浇板。

5.8.6 山墙处的壁柱或构造柱，应砌至山墙顶部，且屋面构件应与山墙可靠拉结。

5.8.7 在砌体中留槽洞及埋设管道时，应符合下列要求：

1 在截面长边小于500mm的承重墙体、独立柱内不得埋设管线；

2 墙体中应避免穿行暗线或预留、开凿沟槽；当无法避免时，应采取必要的加强措施或按削弱后的截面验算墙体的承载力。

5.9 砌块墙体的抗裂措施

5.9.1 小砌块房屋的墙体应按表 5.9.1 规定设置伸缩缝。在钢筋混凝土屋面上挂瓦的屋盖应按钢筋混凝土屋盖采用。墙体的伸缩缝应与结构的其他变形缝相重合，在进行立面处理时，必须保证缝隙的伸缩作用。

表 5.9.1 砌块房屋伸缩缝的最大间距（m）

屋盖或楼盖类别		间距	
		砌块砌体房屋	配筋砌块砌体房屋
整体式或装配整体式钢筋混凝土结构	有保温层或隔热层的屋盖、楼盖	40	50
	无保温层或隔热层的屋盖	32	40
装配式无檩体系钢筋混凝土结构	有保温层或隔热层的屋盖、楼盖	48	60
	无保温层或隔热层的屋盖	40	50
装配式有檩体系钢筋混凝土结构	有保温层或隔热层的屋盖	60	75
	无保温层或隔热层的屋盖	48	60
瓦材屋盖、木屋盖或楼盖、砖石屋盖或楼盖		75	100

注：1 当有实践经验并采取有效措施时，可适当放宽；

2 温差较大且变化频繁地区和严寒地区不采暖的房屋及构筑物墙体的伸缩缝的最大间距，应按表中数值予以适当减小。

5.9.2 小砌块房屋顶层墙体可根据情况采取下列措施：

1 采用装配式有檩体系钢筋混凝土屋盖和瓦材屋盖。

2 屋面应设置保温、隔热层。屋面保温（隔热）层的屋面刚性面层及砂浆找平层应设置分格缝，分格缝间距不宜大于 6m，并应与女儿墙隔开，其缝宽不应小于 30mm。

3 当钢筋混凝土屋面板与墙体圈梁的接触面处设置水平滑动层时，滑动层可采用两层油毡夹滑石粉或橡胶片等；对长纵墙可仅在其两端的 2～3 个开间内设置，对横墙可只在横墙两端1/4长度范围内设置。

4 现浇钢筋混凝土屋盖当房屋较长时，宜在屋盖设置分格缝。

5 当顶层屋面板下设置现浇钢筋混凝土圈梁并沿内外墙拉通时，圈梁高度不宜小于 190mm，纵向钢筋不应少于 4ϕ12。

6 顶层挑梁末端下墙体灰缝内设置 3 道焊接钢筋网片（纵向钢筋不宜少于 2ϕ4，横筋间距不宜大于 200mm），钢筋网片应自挑梁末端伸入两边墙体不小于 1m（图 5.9.2）。

7 顶层墙体门窗洞口过梁上砌体每皮水平灰缝内设置 2ϕ4 焊接钢筋网片，并应伸入过梁两端墙内不小于 600mm。

8 女儿墙应设置钢筋混凝土芯柱或构造柱，构造柱间距不宜大于 4m（或每开间设置），插筋芯柱间距不宜大于 1.6m，构造柱或芯柱插筋应伸至女儿墙顶，并与现浇钢筋混凝土压顶整浇在一起。

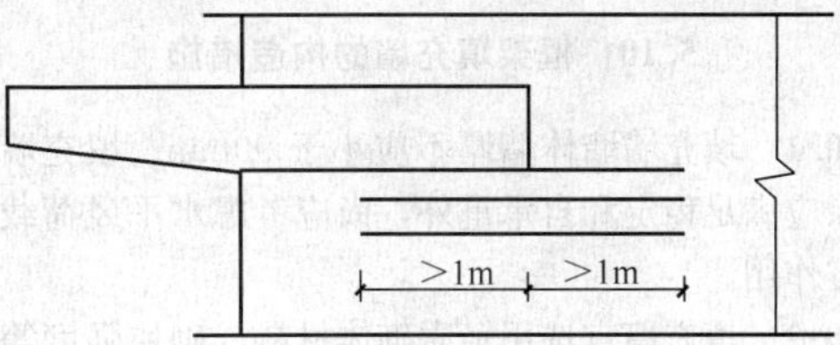

图 5.9.2 顶层挑梁末端钢筋网片

9 加强顶层芯柱（或构造柱）与墙体的拉结，拉结钢筋网片的竖向间距不宜大于 400mm，伸入墙体长度不宜小于 1000mm。

10 房屋山墙可采取设置水平钢筋网片或在山墙中增设钢筋混凝土芯柱或构造柱。在山墙内设置水平钢筋网片时，其间距不宜大于 400mm；在山墙内增设钢筋混凝土芯柱或构造柱时，其间距不宜大于 3m。

5.9.3 防止或减轻房屋底层墙体裂缝，可根据情况采取下列措施：

1 增大基础圈梁刚度；

2 基础部分砌块墙体在砌块孔洞中用 Cb20 混凝土灌实；

3 底层窗台下墙体设置通长钢筋网片 2ϕ4 及横筋 ϕ4@200，竖向间距不大于 400mm；

4 底层窗台采用现浇钢筋混凝土窗台板，窗台板伸入窗间墙内不小于 600mm。

5.9.4 防止房屋顶层外纵墙两端和底层第一、第二开间门窗洞处的裂缝，可采取下列措施：

1 在门窗洞口两侧不少于一个孔洞中设置不小于 1ϕ12 钢筋，钢筋应在楼层圈梁或基础内锚固，并采用不低于 C20 灌孔混凝土灌实；

2 在门窗洞口两边的墙体水平灰缝中，设置长度不小于 900mm、竖向间距为 400mm 的 2ϕ4 焊接钢筋网片；

3 在顶层设置通长钢筋混凝土窗台梁时，窗台梁的高度宜为块高的模数，纵筋不少于 4ϕ10，箍筋宜为 ϕ6@200，混凝土强度等级宜为 C20。

5.9.5 防止房屋顶层和次顶层第一开间内纵墙上裂缝，可在墙中设置钢筋混凝土芯柱，芯柱间距不大于 1.2m。

5.9.6 防止房屋顶层横墙上的裂缝，可在连接外纵墙的横墙端部设置钢筋混凝土芯柱。顶层楼梯间横墙可按 1.6m 间距设置钢筋混凝土芯柱。

5.9.7 砌块房屋的顶层可在窗台下或窗台角处墙体内设置竖向控制缝，缝的间距宜为 8m～12m。在墙体高度或厚度突然变化处也宜设置竖向控制缝，或采取其他可靠的防裂措施。竖向控制缝的构造和嵌缝材料应能满足墙体平面外传力和防护的要求。

5.10 框架填充墙的构造措施

5.10.1 填充墙墙体墙厚不应小于 90mm。填充墙墙体除应满足稳定和自承重外，尚应考虑水平风荷载及地震作用。

5.10.2 填充墙宜选用轻质砌体材料。砌块强度等级不宜低于 MU3.5。

5.10.3 根据房屋的高度、建筑体形、结构的层间变形、地震作用、墙体自身抗侧力的利用等因素，选择采用填充墙与框架柱、梁不脱开方法或填充墙与框架柱、梁脱开方法。

5.10.4 填充墙与框架柱、梁脱开的方法宜符合下列要求：

1 填充墙两端与框架柱、填充墙顶面与框架梁之间留出 20mm 的间隙。

2 填充墙两端与框架柱之间宜用钢筋拉结。

3 填充墙长度超过 5m 或墙长大于 2 倍层高时，中间应加设构造柱；墙体高厚比大于本规程第 5.7.1 条规定或墙高度超过 4m 时宜在墙高中部设置与柱连通的水平系梁。水平系梁的截面高度不小于 60mm。填充墙高不宜大于 6m。

4 填充墙与框架柱、梁的缝隙可采用聚苯乙烯泡沫塑料板条或聚氨酯发泡充填，并用硅酮胶或其他弹性密封材料封缝。

5.10.5 填充墙与框架柱、梁不脱开的方法宜符合下列要求：

1 墙厚不大于 240mm 时，宜沿柱高每隔 400mm 配置 2 根直径 6mm 的拉结钢筋；墙厚大于 240mm 时，宜沿柱高每隔 400mm 配置 3 根直径 6mm 的拉结钢筋。钢筋伸入填充墙长度不宜小于 700mm，且拉结钢筋应错开截断，相距不宜小于 200mm。填充墙墙顶应与框架梁紧密结合。顶面与上部结构接触处宜用一皮混凝土砖或混凝土配砖斜砌楔紧。

2 当填充墙有洞口时，宜在窗洞口的上端或下端、门洞口的上端设置钢筋混凝土带，钢筋混凝土带应与过梁的混凝土同时浇筑，其过梁的断面及配筋由设计确定。钢筋混凝土带的混凝土强度等级不宜小于 C20。当有洞口的填充墙尽端至门窗洞口边距离小于 240mm 时，宜采用钢筋混凝土门窗框。

3 填充墙长度超过 5m 或墙长大于 2 倍层高时，墙顶与梁宜有拉结措施，中间应加设构造柱；墙高度超过 4m 时宜在墙高中部设置与柱连接的水平系梁；墙高超过 6m 时，宜沿墙高每 2m 设置与柱连接的水平系梁，梁的截面高度不小于 60mm。

5.11 夹心复合墙的构造规定

5.11.1 夹心复合墙应符合下列要求：

1 混凝土小砌块的强度等级不应低于 MU10；

2 夹心复合墙的夹层厚度不宜大于 100mm；

3 夹心复合墙的有效厚度可取内、外叶墙（层）厚度的算数平方根（$h_l = \sqrt{h_1^2 + h_2^2}$）；

4 夹心复合墙的有效面积应取承重或主叶墙的面积；

5 夹心复合墙外叶墙的最大横向支承间距不宜大于 9m。

5.11.2 夹心复合墙叶墙间的连接应符合下列要求：

1 叶墙间的拉结件或钢筋网片应进行防腐处理，当采用热镀锌时，其镀层厚度不应小于 290g/m²，或采用具有等效防腐性能的其他材料涂层；

2 当采用环形拉结件时，钢筋直径不应小于 4mm，当为 Z 形拉结件时，钢筋直径不应小于 6mm；拉结件应沿竖向梅花形布置，拉结件的水平和竖向最大间距分别不宜大于 800mm 和 600mm；对有振动或有抗震设防要求时，其水平和竖向最大间距分别不宜大于 800mm 和 400mm；

3 当采用可调拉结件时，钢筋直径不应小于 4mm，拉结件的水平和竖向最大间距均不宜大于 400mm。叶墙间灰缝的高差不大于 3.2mm，可调拉结件中孔眼和扣钉间的公差不大于 1.6mm；

4 当采用钢筋网片作拉结件时，网片横向钢筋的直径不应小于 4mm；其间距不应大于 400mm；网片的竖向间距不宜大于 600mm；对有振动或有抗震设防要求时，不宜大于 400mm；

5 拉结件在叶墙上的搁置长度，不应小于叶墙厚度的 2/3，并不应小于 60mm；

6 门窗洞口周边 300mm 范围内应附加间距不大于 600mm 的拉结件。

注：对安全等级为一级或使用年限大于 50 年的房屋，夹心墙叶墙间宜采用不锈钢拉结件。

5.11.3 夹心复合墙拉结件或网片的选择应符合下列要求：

1 非抗震设防地区的多层房屋，或风荷载较小地区的高层的夹心复合墙可采用环形或 Z 形拉结件；风荷载较大地区的高层建筑房屋宜采用焊接钢筋网片。

2 抗震设防地区的砌体房屋（含高层建筑房屋）夹心复合墙应采用焊接钢筋网作为拉结件，焊接网应沿夹心复合墙连续通长设置，外叶墙至少有一根纵向钢筋。钢筋网片可计入内叶墙的配筋率，其搭接与锚固长度应符合有关规范的规定。

5.12 圈梁、过梁、芯柱和构造柱

5.12.1 钢筋混凝土圈梁应按下列要求设置：

1 多层房屋或比较空旷的单层房屋，应在基础部位设置一道现浇圈梁；当房屋建筑在软弱地基或不均匀地基上时，圈梁刚度应适当加强。

2 比较空旷的单层房屋，当檐口高度为 4m～5m 时，应设置一道圈梁；当檐口高度大于 5m 时，

宜增设。

3 多层民用砌块房屋，层数为3层～4层时，应在底层和檐口标高处各设置一道圈梁。当层数超过4层时，应在所有纵、横墙上层层设置。

4 采用现浇混凝土楼（屋）盖的多层砌块结构房屋，当层数超过5层时，除在檐口标高处设置一道圈梁外，可隔层设置圈梁，并与楼（屋）面板一起现浇。未设置圈梁的楼面板嵌入墙内的长度不应小于100mm，并沿墙长配置不少于2ϕ10的纵向钢筋。

5 多层工业砌块房屋，应每层设置钢筋混凝土圈梁。

5.12.2 圈梁应符合下列构造要求：

1 圈梁宜连续地设在同一水平面上，并形成封闭状；当不能在同一水平面上闭合时，应增设附加圈梁，其搭接长度不应小于两倍圈梁间的垂直距离，且不应小于1m；

2 圈梁截面高度不应小于200mm，纵向钢筋不应少于4ϕ10，箍筋间距不应大于300mm，混凝土强度等级不应低于C20；

3 圈梁兼作过梁时，过梁部分的钢筋应按计算用量另行增配；

4 屋盖处圈梁应现浇，楼盖处圈梁可采用预制槽形底模整浇，槽形底模应采用不低于C20细石混凝土制作；

5 挑梁与圈梁相遇时，应整体现浇；当采用预制挑梁时，应采取措施，保证挑梁、圈梁和芯柱的整体连接。

5.12.3 门窗洞口顶部应采用钢筋混凝土过梁，验算过梁下砌体局部受压承载力时，可不考虑上层荷载的影响。

5.12.4 过梁上的荷载，可按下列规定采用：

1 对于梁、板荷载，当梁、板下的墙体高度小于过梁净跨时，可按梁、板传来的荷载采用。当梁、板下墙体高度不小于过梁净跨时，可不考虑梁、板荷载。

2 对于墙体荷载，当过梁上墙体高度小于1/2过梁净跨时，应按墙体的均布自重采用。当墙体高度不小于1/2过梁净跨时，应按高度为1/2过梁净跨墙体的均布自重采用。

5.12.5 墙体的下列部位应设置芯柱：

1 纵横墙交接处孔洞应设置混凝土芯柱。在外墙转角、楼梯间四角的纵横墙交接处的三个孔洞，宜设置钢筋混凝土芯柱；

2 五层及五层以上的房屋，应在上述部位设置钢筋混凝土芯柱。

5.12.6 芯柱应符合下列构造要求：

1 芯柱截面不宜小于120mm×120mm，宜采用不低于Cb20的灌孔混凝土灌实；

2 钢筋混凝土芯柱每孔内插竖筋不应小于1ϕ10，底部应伸入室内地坪下500mm或与基础圈梁锚固，顶部应与屋盖圈梁锚固；

3 芯柱应沿房屋全高贯通，并与各层圈梁整体现浇；

4 在钢筋混凝土芯柱处，沿墙高每隔400mm应设ϕ4钢筋网片拉结，每边伸入墙体不应小于600mm。

5.12.7 采用钢筋混凝土构造柱加强的砌块房屋，应在外墙四角、楼梯间四角的纵横墙交接处设置构造柱。在纵横墙交接处，沿竖向每隔400mm设置直径4mm焊接钢筋网片，埋入长度从墙的转角处伸入墙不应小于700mm。

5.12.8 砌块房屋的构造柱应符合下列要求：

1 构造柱最小截面宜为190mm×190mm，纵向钢筋宜采用4ϕ12，箍筋间距不宜大于250mm；

2 构造柱与砌块连接处宜砌成马牙槎，并应沿墙高每隔400mm设焊接钢筋网片（纵向钢筋不应少于2ϕ4，横筋间距不应大于200mm），伸入墙体不应小于600mm；

3 与圈梁连接处的构造柱的纵筋应穿过圈梁，构造柱纵筋上下应贯通。

6 配筋砌块砌体剪力墙静力设计

6.1 设计基本规定

6.1.1 配筋小砌块砌体剪力墙结构的内力与位移分析可采用弹性分析方法，应根据荷载效应的基本组合或偶然组合按承载能力极限状态设计，并满足正常使用状态的要求。

6.1.2 配筋小砌块砌体剪力墙平面外的轴向力偏心距e按内力设计值计算，并不应超过$0.7y$。

6.2 正截面受压承载力计算

6.2.1 配筋小砌块砌体剪力墙正截面承载力应按下列基本假定进行计算：

1 受力后的截面变形符合平截面假定；

2 钢筋与灌孔混凝土之间、灌孔混凝土与砌块之间无相对滑移；

3 砌体、灌孔混凝土的抗拉强度忽略不计；

4 灌孔小砌块砌体的极限压应变不大于0.003，钢筋的极限拉应变不大于0.01。

6.2.2 轴心受压配筋小砌块砌体剪力墙正截面受压承载力应按下列公式计算：

$$N \leqslant \varphi_{0g}(f_g A + 0.8 f'_y A'_s) \quad (6.2.2\text{-}1)$$

$$\varphi_{0g} = \frac{1}{1 + 0.001\beta^2} \quad (6.2.2\text{-}2)$$

式中：N——轴向力设计值（N）；

f_g——灌孔小砌块砌体的抗压强度设计值（MPa）；

f'_y——钢筋的抗压强度设计值（MPa）；

A——构件的毛截面面积（mm^2）；

A'_s——全部竖向钢筋的截面面积（mm^2）；

φ_{0g}——轴心受压构件的稳定系数；

β——构件的高厚比。

注：无箍筋或水平分布钢筋时，$f'_yA'_s=0$。

6.2.3 配筋小砌块砌体剪力墙构件的计算高度（H_0），房屋底层取楼板顶面到剪力墙下端基础或地下室顶面的距离，对房屋其他楼层取该层层高。

6.2.4 矩形截面偏心受压配筋小砌块砌体构件正截面承载力计算，应符合下列规定：

1 大小偏心受压界限：

当 $x\leqslant\xi_b h_0$ 时，为大偏心受压；

当 $x>\xi_b h_0$ 时，为小偏心受压。

式中：ξ_b——界限相对受压区高度，对 HPB300 级钢筋取 ξ_b 等于 0.56，对 HRB335 级钢筋取 ξ_b 等于 0.53，对 HRB400 或 RRB400 级钢筋取 ξ_b 等于 0.50；

x——截面受压区高度（mm）；

h_0——截面有效高度（mm）。

2 大偏心受压时应按下列公式计算（图 6.2.4）：

$$N\leqslant f_g bx+f'_yA'_s-f_yA_s-\Sigma f_{si}A_{si} \tag{6.2.4-1}$$

$$Ne_N\leqslant f_g bx(h_0-x/2)+f'_yA'_s(h_0-a'_s)-\Sigma f_{si}S_{si} \tag{6.2.4-2}$$

式中：N——轴向力设计值（N）；

f_g——灌孔砌体的抗压强度设计值（MPa）；

f_y，f'_y——竖向受拉、压主筋的强度设计值（MPa）；

b——截面宽度（mm）；

f_{si}——竖向分布钢筋的抗拉强度设计值（MPa）；

A_s，A'_s——竖向受拉、压主筋的截面面积（mm^2）；

A_{si}——单根竖向分布钢筋的截面面积（mm^2）；

S_{si}——第 i 根竖向分布钢筋对竖向受拉主筋的面积矩（mm^3）；

e_N——轴向力作用点到竖向受拉主筋合力点之间的距离（mm）；

a'_s——受压区纵向钢筋合力点至截面受压区边缘的距离，对 T 形、L 形、工形截面，当翼缘受压时取 100mm，其他情况取 300mm；

a_s——受拉区纵向钢筋合力点至截面受拉区边缘的距离，对 T 形、L 形、工形截面，当翼缘受压时取 300mm，其他情况取 100mm。

当受压区高度 $x<2a'_s$ 时，其正截面承载力可按下式进行计算：

$$Ne'_N\leqslant f_yA_s(h_0-a'_s) \tag{6.2.4-3}$$

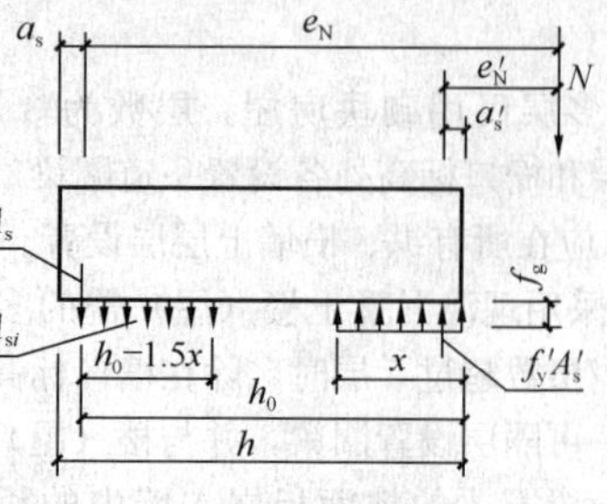

(a) 大偏心受压

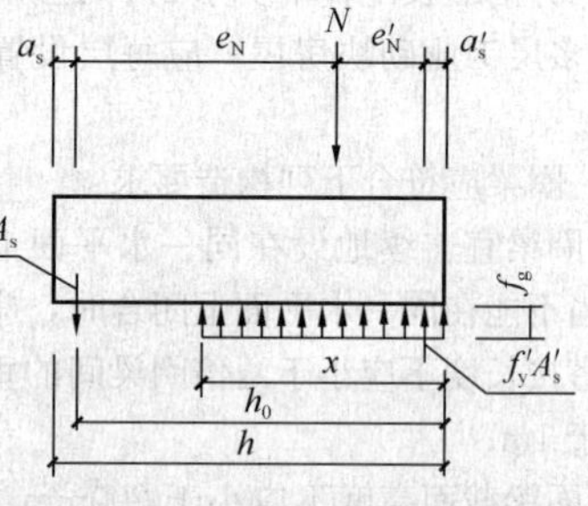

(b) 小偏心受压

图 6.2.4 矩形截面偏心受压正截面承载力计算简图

式中：e'_N——轴向力作用点至竖向受压主筋合力点之间的距离（mm）。

3 小偏心受压时，应按下列公式计算（图 6.2.4）：

$$N\leqslant f_g bx+f'_yA'_s-\sigma_sA_s \tag{6.2.4-4}$$

$$Ne_N\leqslant f_g bx(h_0-x/2)+f'_yA'_s(h_0-a'_s) \tag{6.2.4-5}$$

$$\sigma_s=\frac{f_y}{\xi_b-0.8}\left(\frac{x}{h_0}-0.8\right) \tag{6.2.4-6}$$

式中：σ_s——钢筋 A_s 的应力（MPa）。

注：当受压区竖向受压主筋无箍筋或无水平钢筋约束时，可不考虑竖向受压主筋的作用，取 $f'_yA'_s=0$。

矩形截面对称配筋小砌块砌体小偏心受压时，可近似按下列公式计算钢筋截面面积：

$$A_s=A'_s=\frac{Ne_N-\xi(1-0.5\xi)f_g bh_0^2}{f'_y(h_0-a'_s)} \tag{6.2.4-7}$$

其中相对受压区高度 ξ，可按下式计算：

$$\xi=\frac{x}{h_0}=\frac{N-\xi_b f_g bh_0}{\dfrac{Ne_N-0.43f_g bh_0^2}{(0.8-\xi_b)(h_0-a'_s)}+f_g bh_0}+\xi_b \tag{6.2.4-8}$$

注：小偏心受压计算中不考虑竖向分布钢筋的作用。

6.2.5 T 形、L 形、工形截面偏心受压构件，当翼缘和腹板的相交处采用错缝搭接砌筑和同时设置垂直间距不大于 1.2m 的水平配筋带，且水平配筋带的截面高度≥60mm，钢筋不少于 2ϕ12 时，可考虑翼缘的共同工作，翼缘的计算宽度取表 6.2.5 中的最小值，其正截面受压承载力应按下列规定计算：

1 当受压区高度 $x \leqslant h'_f$ 时，应按宽度为 b'_f 的矩形截面计算；

2 当受压区高度 $x > h'_f$ 时，则应考虑腹板的受压作用，应按下列公式计算：

1）大偏心受压（图 6.2.5）

$$N \leqslant f_g[bx+(b'_f-b)h'_f]+f'_yA'_s-f_yA_s-\Sigma f_{si}A_{si} \quad (6.2.5\text{-}1)$$

$$Ne_N \leqslant f_g[bx(h_0-x/2)+(b'_f-b)h'_f(h_0-h'_f/2)]+f'_yA'_s(h_0-a'_s)-\Sigma f_{si}S_{si} \quad (6.2.5\text{-}2)$$

式中：b'_f——T形、L形、工形截面受压区的翼缘计算宽度（mm）；

h'_f——T形、L形、工形截面受压区的翼缘厚度（mm）。

2）小偏心受压

$$N \leqslant f_g[bx+(b'_f-b)h'_f]+f'_yA'_s-\sigma_sA_s \quad (6.2.5\text{-}3)$$

$$Ne_N \leqslant f_g[bx(h_0-x/2)+(b'_f-b)h'_f(h_0-h'_f/2)]+f'_yA'_s(h_0-a'_s) \quad (6.2.5\text{-}4)$$

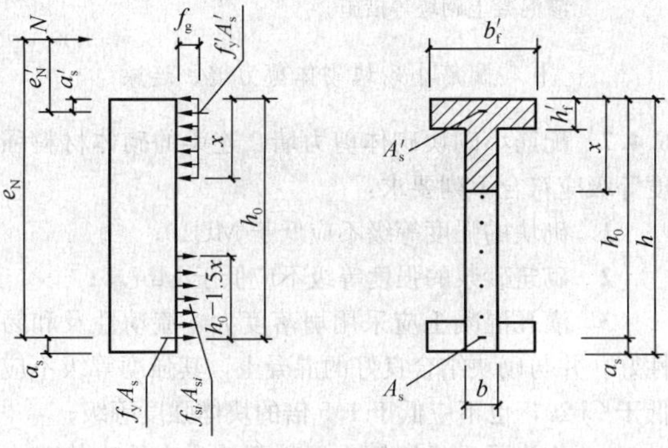

图 6.2.5 T形截面偏心受压构件正截面承载力计算简图

表 6.2.5 T形、L形、工形截面偏心受压构件翼缘计算宽度 b'_f

考虑情况	T形、工形截面	L形截面
按构件计算高度 H_0 考虑	$H_0/3$	$H_0/6$
按腹板间距 L 考虑	L	$L/2$
按翼缘厚度 h'_f 考虑	$b+6h'_f$	$b+3h'_f$
按翼缘的实际宽度 b'_f 考虑	b'_f	b'_f

注：表中 b 为腹板宽度，构件的计算高度 H_0 可按本规程第 6.2.3 条的规定取用。

6.2.6 矩形截面出平面偏心受压配筋小砌块砌体剪力墙承载力计算，应按下列公式计算：

$$N \leqslant \varphi_g(f_gA+0.8f'_yA'_s) \quad (6.2.6\text{-}1)$$

$$\varphi_g=\frac{1}{1+2.5\times\left[\frac{e}{b}+\sqrt{\frac{1}{2.5}\times\left(\frac{1}{\varphi_{0g}}-1\right)}\right]^2} \quad (6.2.6\text{-}2)$$

式中：φ_g——出平面偏心受压构件承载力影响系数；

e——出平面偏心力作用点至墙片受压端边缘的距离（mm）；

A——剪力墙受压面积（mm^2），$A=b\times h$；

b——配筋小砌块砌体剪力墙厚度（mm）；

h——配筋小砌块砌体剪力墙计算长度（mm），沿墙均布偏心荷载作用时取墙的长度，楼面梁与剪力墙墙肢在墙肢平面外方向连接时，h 取梁两边各 200mm 再加梁宽；

φ_{0g}——轴心受压构件的稳定系数。

6.3 斜截面受剪承载力计算

6.3.1 偏心受压和偏心受拉配筋小砌块砌体剪力墙，其斜截面受剪承载力应根据下列情况进行计算：

1 剪力墙的截面应满足下列要求：

$$V \leqslant 0.25f_gbh_0 \quad (6.3.1\text{-}1)$$

式中：V——剪力墙的剪力设计值（N）；

b——剪力墙截面宽度或T形、倒L形截面腹板宽度（mm）；

h_0——剪力墙截面的有效高度（mm）。

2 剪力墙在偏心受压时的斜截面受剪承载力应按下列公式计算：

$$V \leqslant \frac{1}{\lambda-0.5}\left(0.6f_{gv}bh_0+0.12N\frac{A_w}{A}\right)+0.9f_{yh}\frac{A_{sh}}{S}h_0 \quad (6.3.1\text{-}2)$$

$$\lambda=M/Vh_0 \quad (6.3.1\text{-}3)$$

式中：f_{gv}——灌孔小砌块砌体抗剪强度设计值（MPa）；

M、N、V——计算截面的弯矩（N·mm）、轴向力（N）和剪力设计值（N），其中 V 不大于 $0.25f_gbh_0$；

A——剪力墙的截面面积（mm^2），其中翼缘的有效面积，可按本规程表 6.2.5 确定；

A_w——T形或倒L形截面腹板的截面面积（mm^2），对矩形截面取 A_w 等于 A；

λ——计算截面的剪跨比，当 λ 小于 1.5 时取 1.5，当 λ 大于等于 2.2 时取 2.2；

h_0——剪力墙截面的有效高度（mm）；

A_{sh}——配置在同一截面内的水平分布钢筋的全部截面面积（mm^2）；

S——水平分布钢筋的竖向间距（mm）；

f_{yh}——水平钢筋的抗拉强度设计值（MPa）。

3 剪力墙在偏心受拉时的斜截面受剪承载力应按下式计算：

$$V \leqslant \frac{1}{\lambda-0.5}\left(0.6f_{gv}bh_0-0.22N\frac{A_w}{A}\right)+0.9f_{yh}\frac{A_{sh}}{S}h_0 \quad (6.3.1\text{-}4)$$

6.3.2 配筋小砌块砌体剪力墙跨高比大于 2.5 的

连梁宜采用钢筋混凝土连梁，其截面组合的剪力设计值和斜截面承载力，应符合现行国家标准《混凝土结构设计规范》GB 50010 对连梁的有关规定。

6.3.3 剪力墙采用配筋小砌块砌体连梁时应符合下列要求：

1 连梁的截面应满足下式的要求：

$$V \leqslant 0.25 f_{g} b h_{0} \quad (6.3.3\text{-}1)$$

2 连梁的斜截面受剪承载力应按下式计算：

$$V \leqslant 0.8 f_{gv} b h_{0} + f_{yv} \frac{A_{sh}}{S} h_{0} \quad (6.3.3\text{-}2)$$

式中：A_{sh}——配置在同一截面内的箍筋各肢的全部截面面积（mm^2）；

f_{yv}——箍筋的抗拉强度设计值（MPa）。

6.4 构造措施

Ⅰ 钢 筋

6.4.1 钢筋的规格应符合下列要求：

1 钢筋的直径不宜大于 25mm，设置在灰缝中的箍筋不应小于 6mm，在其他部位不应小于 10mm；

2 配置在孔洞或空腔中的钢筋面积不应大于孔洞或空腔面积的 5%。

6.4.2 钢筋的设置应符合下列规定：

1 设置在灰缝中钢筋的直径不宜大于灰缝厚度的 1/2；

2 两平行的水平钢筋间的净距不应小于 50mm；两平行的水平钢筋间应设不小于 $\phi 4$ 拉结筋，水平间距不应大于 600mm。

6.4.3 灌孔混凝土中竖向钢筋的锚固应符合下列要求：

1 当计算中充分利用竖向受拉钢筋强度时，其锚固长度 L_a，对 HPB300 级和 HRB335 级钢筋不应小于 $30d$；对 HRB400 和 RRB400 级钢筋不应小于 $35d$；在任何情况下钢筋的锚固长度不应小于 300mm；

2 当计算中充分利用竖向受压钢筋强度时，其锚固长度不应小于 $0.7L_a$；

3 受力光面钢筋，应在钢筋末端作弯钩，在轴心受压构件中，可不作弯钩；绑扎骨架中的受力变形钢筋，在钢筋的末端可不作弯钩。

6.4.4 配筋小砌块砌体墙内竖向钢筋的接头应符合下列要求：

钢筋的直径大于 22mm 时宜采用机械连接接头，接头的质量应符合有关标准的规定；其他直径的钢筋可采用搭接接头，并应符合下列要求：

1 钢筋的接头位置宜设置在受力较小处。

2 受拉钢筋的搭接接头长度不应小于 $1.1L_a$，受压钢筋的搭接接头长度不应小于 $0.8L_a$，且均不应小于 300mm。

3 当相邻接头钢筋的间距不大于 75mm 时，其搭接长度不应小于 $1.2L_a$。当钢筋间接头错开 $20d$ 时，搭接长度可不增加。

6.4.5 设置在凹槽砌块混凝土带中的水平分布钢筋可弯入端部灌孔混凝土中，锚固长度不宜小于 $30d$，且其水平或垂直弯折段的长度不应小于 $20d$ 和 200mm；钢筋的搭接长度不宜小于 $35d$。

6.4.6 钢筋的最小保护层厚度应符合下列要求：

1 灰缝中钢筋砂浆保护层，室内正常环境不应小于 15mm，在室外或潮湿环境不应小于 30mm；

2 位于砌块孔槽中的钢筋保护层，在室内正常环境不宜小于 20mm；在室外或潮湿环境不宜小于 30mm。

注：对安全等级为一级或设计使用年限大于 50 年的配筋砌体结构构件，钢筋的保护层应比本条规定的厚度至少增加 5mm，或采用经防腐处理的钢筋、抗渗混凝土砌块等措施。

Ⅱ 配筋小砌块砌体剪力墙、连梁

6.4.7 配筋小砌块砌体剪力墙、连梁的砌体材料强度等级应符合下列要求：

1 砌块的强度等级不应低于 MU10；

2 砌筑砂浆的强度等级不应低于 Mb7.5；

3 灌孔混凝土应采用坍落度大、流动性及和易性好，并与砌块结合良好的混凝土，其强度等级不应低于 Cb20，也不应低于 1.5 倍的块体强度等级；

4 作为承重或抗侧作用的配筋小砌块砌体剪力墙的孔洞，应全部用灌孔混凝土灌实。

注：对安全等级为一级或设计使用年限大于 50 年的配筋小砌块砌体房屋，所用材料的最低强度等级应至少提高一级。

6.4.8 配筋小砌块砌体剪力墙厚度为 190mm，连梁截面宽度不应小于 190mm。

6.4.9 配筋小砌块砌体剪力墙的构造配筋应符合下列要求：

1 应在墙的转角、端部和洞口的两侧配置竖向连续的钢筋，钢筋直径不宜小于 12mm；

2 应在洞口的底部和顶部设置不小于 $2\phi 10$ 的水平钢筋，其伸入墙内的长度不宜小于 $40d$ 和 600mm；

3 应在楼（屋）盖的所有纵横墙处设置现浇钢筋混凝土圈梁，圈梁的宽度宜等于墙厚且其高度应符合立面排块的模数，圈梁主筋不应少于 $4\phi 10$ 且不应小于相应配筋砌体墙的水平钢筋，圈梁的混凝土强度等级不应小于相应灌孔小砌块砌体的强度，也不应低于 C20；

4 剪力墙其他部位的竖向和水平钢筋的间距不应大于墙长及墙高的 1/3，也不应大于 800mm；

5 剪力墙沿竖向和水平方向的构造钢筋配筋率

均不应小于0.07%。

6.4.10 按短肢墙设计的配筋砌块窗间墙除应符合本规程第6.4.8条和第6.4.9条规定外，尚应符合下列要求：

1 窗间墙的截面应符合下列要求：

1）墙宽不应小于800mm；

2）墙净高与墙宽之比不宜大于5。

2 窗间墙中的竖向钢筋应符合下列要求：

1）每片窗间墙中沿全高不应少于4根钢筋；

2）窗间墙的竖向钢筋的配筋率不宜小于0.2%，也不宜大于0.8%。

3 窗间墙中的水平分布钢筋应符合下列要求：

1）水平分布钢筋应在墙端部纵筋处向下弯折90°，弯折段长度不小于15d和150mm；

2）水平分布钢筋的间距：在距梁边1倍墙宽范围内不应大于1/4墙长，其余部位不应大于1/2墙长；

3）水平分布钢筋的配筋率不宜小于0.15%。

6.4.11 配筋小砌块砌体剪力墙应按下列情况设置边缘构件：

1 当利用剪力墙端的砌体时，应符合下列要求：

1）应在一字形墙端至少3倍墙厚范围内的孔中设置不小于ϕ12通长竖向钢筋；

2）应在墙体交接处设置每孔不小于ϕ12的通长竖向钢筋，L形宜设置3个孔，T形宜设置4个孔，十字形宜设置5个孔；

3）剪力墙端部压应力大于0.6f_g的部位，除按本款第一项的规定设置竖向钢筋外，尚应设置间距不大于200mm、直径不小于6mm的封闭箍筋，该封闭箍筋宜设置在灌孔混凝土中。

2 当在剪力墙墙端设置混凝土柱时，应符合下列要求：

1）柱的截面宽度不应小于墙厚，柱的截面高度宜为1倍~2倍的墙厚，并不应小于200mm；

2）柱混凝土的强度等级不应小于相应灌孔小砌块砌体的强度，也不应低于C20；

3）柱的竖向钢筋不宜小于4ϕ12，箍筋不宜小于ϕ6、间距不宜大于200mm；

4）墙体中的水平钢筋应在柱中锚固，并应满足钢筋的锚固要求；

5）柱的施工顺序应为先砌砌块墙体，将与混凝土柱交界面所有砌块的堵头凿除后，同时浇捣灌孔混凝土。

6.4.12 应控制配筋小砌块砌体剪力墙平面外的弯矩，当剪力墙肢的平面外方向梁的偏心距大于本规程第6.1.2条规定时，应采取下列措施之一：

1 沿梁轴线方向设置与梁相连的配筋小砌块砌体剪力墙，抵抗该墙肢平面外弯矩；

2 当不能设置时，可将梁端与墙连接作为铰接处理，并采取相应梁与墙铰接的构造措施；

3 梁高不宜大于墙截面厚度的2倍。

6.4.13 配筋小砌块砌体剪力墙中当连梁采用钢筋混凝土时，连梁混凝土的强度等级不应小于相应灌孔小砌块砌体的强度，也不应低于C20；其他构造尚应符合现行国家标准《混凝土结构设计规范》GB 50010的有关规定要求。

6.4.14 配筋小砌块砌体剪力墙中当连梁采用配筋小砌块砌体时，连梁应符合下列要求：

1 连梁的截面应符合下列要求：

1）连梁的高度不应小于两皮砌块的高度和400mm；

2）连梁应采用H型砌块或凹槽砌块组砌，孔洞应全部浇灌混凝土。

2 连梁的水平钢筋宜符合下列要求：

1）连梁上、下水平受力钢筋宜对称、通长设置，在灌孔砌体内的锚固长度不宜小于40d和600mm；

2）连梁水平受力钢筋的配筋率不宜小于0.2%，也不宜大于0.8%。

3 连梁的箍筋应符合下列要求：

1）箍筋的直径不应小于6mm；

2）箍筋的间距不宜大于1/2梁高和600mm；

3）在距支座等于梁高范围内的箍筋间距不应大于1/4梁高，距支座表面第一根箍筋的间距不应大于100mm；

4）箍筋的面积配筋率不宜小于0.15%；

5）箍筋宜为封闭式，双肢箍末端弯钩为135°；单肢箍末端的弯钩为180°，或弯90°加12倍箍筋直径的延长段。

6.4.15 部分框支配筋小砌块砌体剪力墙结构中框支层上一层及以下的配筋小砌块砌体墙的水平及竖向分布钢筋最小配筋率均不应小于0.10%，最大间距均不应大于600mm。

7 抗震设计

7.1 一般规定

7.1.1 抗震设防地区的混凝土小砌块砌体承重的多层房屋，底部一层或两层框架-抗震墙砌体房屋，配筋小砌块砌体抗震墙房屋，除应满足静力设计要求外，尚应按本章的规定进行抗震设计，同时应符合现行国家标准《建筑抗震设计规范》GB 50011的要求。

注：本章中“配筋小砌块砌体抗震墙”指全部灌芯配筋砌块砌体。

7.1.2 多层小砌块砌体房屋的抗震设计，应保证结构的整体性，并按规定设置钢筋混凝土圈梁、芯柱或构造柱，或采用约束砌体、配筋砌体等。

7.1.3 多层小砌块砌体房屋和配筋小砌块砌体抗震墙房屋宜避免采用不规则建筑结构方案。

1 多层小砌块砌体房屋的建筑布置和结构体系宜符合国家标准《建筑抗震设计规范》GB 50011－2010 中 7.1 节的要求，并应符合下列要求：

1） 应优先采用横墙承重或纵横墙共同承重的结构体系；

2） 楼梯间不宜设置在房屋的尽端和转角处；

3） 多层小砌块砌体房屋，不应在房屋转角处设置转角窗；

4） 横墙较少、跨度较大或高度较大的房屋，宜采用现浇钢筋混凝土楼、屋盖；

5） 烟道、风道等不应削弱墙体，不宜采用无竖向配筋的附墙烟囱及出屋面的烟囱；

6） 不应采用无锚固的钢筋混凝土预制挑檐。

2 配筋小砌块砌体抗震墙房屋应符合国家标准《建筑抗震设计规范》GB 50011－2010 中 3.4 节的规则性要求，并符合下列要求：

1） 纵横向抗震墙宜拉通对直；每个独立墙段长度不宜大于 8m，也不宜小于墙厚的 5 倍；墙段的高度与墙段长度之比不宜小于 2。门窗洞口宜上下对齐，成列布置。

2） 宜避免设置转角窗，否则应采取加强措施。

7.1.4 抗震设计时，房屋应根据不规则程度、地基基础条件和技术经济等因素的比较分析，确定是否设置防震缝。

1 多层小砌块砌体房屋有下列情况之一时宜设置防震缝，缝两侧均应设置墙体，缝宽应根据烈度和房屋高度确定，可采用 70mm～100mm：

1） 房屋立面高差在 6m 以上；

2） 房屋有错层，且楼板高差大于层高的 1/4；

3） 各部分结构刚度、质量截然不同。

2 配筋小砌块砌体抗震墙房屋，体形复杂、平立面不规则时宜设防震缝。防震缝宽度应根据烈度和房屋高度确定，当房屋高度不超过 24m 时，可采用 100mm；当超过 24m 时，6 度、7 度、8 度和 9 度相应每增加 6m、5m、4m 和 3m，宜加宽 20mm。

7.1.5 抗震设计时结构材料性能指标，应符合下列要求：

1 混凝土小砌块的强度等级不应低于 MU7.5，其砌筑砂浆强度等级不应低于 Mb7.5。配筋小砌块砌体抗震墙，混凝土小砌块的强度等级不应低于 MU10，其砌筑砂浆强度等级不应低于 Mb10。

2 混凝土材料，应符合下列要求：

1） 托梁，底部框架-抗震墙砌体房屋中的框架梁、柱、节点核芯区、落地混凝土墙和过渡层楼板，部分框支配筋小砌块砌体抗震墙结构中的框支梁和框支柱等转换构件、节点核芯区、落地混凝土墙和转换层楼板，其混凝土的强度等级不应低于 C30；

2） 构造柱、圈梁、水平现浇钢筋混凝土带及其他各类构件不应低于 C20，砌块砌体芯柱和配筋小砌块砌体抗震墙的灌孔混凝土强度等级不应低于 Cb20。

3 普通钢筋材料应符合抗震性能指标，宜优先采用延性、韧性和焊接性较好的钢筋，并宜符合下列规定：

1） 砌体中普通钢筋宜选用 HRB400 级钢筋和 HRB335 级钢筋，也可采用 HPB300 级钢筋；

2） 托梁、框架梁、框架柱、落地混凝土墙和框支梁、框支柱等混凝土构件，其纵向受力普通钢筋和墙分布钢筋宜选用不低于 HRB400 的热轧钢筋，也可采用 HRB335 级热轧钢筋；箍筋宜选用不低于 HRB335 级的热轧钢筋，也可选用 HPB300 级热轧钢筋。

Ⅰ 多层小砌块砌体结构

7.1.6 多层小砌块砌体房屋的层数和总高度应符合下列要求：

1 一般情况下，房屋的层数和总高度不应超过表 7.1.6 的规定。

表 7.1.6 房屋的层数和总高度限值

房屋类别	最小抗震墙厚度（mm）	烈度和设计基本地震加速度											
		6度		7度				8度				9度	
		0.05g		0.10g		0.15g		0.20g		0.30g		0.40g	
		高度（m）	层数	高度（m）	层数	高度（m）	层数	高度（m）	层数	高度（m）	层数	高度（m）	层数
多层混凝土小砌块砌体房屋	190	21	7	21	7	18	6	18	6	15	5	9	3
底部框架-抗震墙混凝土小砌块砌体房屋	190	22	7	22	7	19	6	16	5	—	—	—	—

注：1 房屋的总高度指室外地面到主要屋面板板顶或檐口的高度，半地下室从地下室室内地面算起，全地下室和嵌固条件好的半地下室应允许从室外地面算起；对带阁楼的坡屋面应算到山尖墙的 1/2 高度处；

2 室内外高差大于 0.6m 时，房屋总高度应允许比表中的数据适当增加，但增加量应少于 1.0m；

3 乙类的多层砌体房屋仍按本地区设防烈度查表，其层数应减少一层且总高度应降低 3m；不应采用底部框架-抗震墙砌体房屋；

4 本表小砌块砌体房屋不包括配筋小砌块砌体抗震墙房屋。

2 各层横墙较少的多层砌体房屋，总高度应比表 7.1.6 的规定降低 3m，层数相应减少一层；各层横墙很少的多层砌体房屋，还应再减少一层。

注：横墙较少是指同一楼层内开间大于 4.2m 的房间占该层总面积的 40%以上；其中，开间不大于 4.2m 的房间占该层总面积不到 20%且开间大于 4.8m 的房间占该层总面积的 50%以上为横墙很少。

3 6、7 度时，横墙较少的丙类多层砌体房屋，当按第 7.3.14 条规定采取加强措施并满足抗震承载力要求时，其高度和层数应允许仍按表 7.1.6 的规定采用。

7.1.7 多层小砌块砌体承重房屋的层高，不应超过 3.6m。

底部框架-抗震墙砌体房屋的底部，层高不应超过 4.5m；当底层采用约束小砌块砌体抗震墙时，底层的层高不应超过 4.2m。

7.1.8 多层小砌块砌体房屋总高度与总宽度的最大比值，宜符合表 7.1.8 的要求。

表 7.1.8 房屋最大高宽比

烈　度	6 度	7 度	8 度	9 度
最大高宽比	2.5	2.5	2.0	1.5

注：1 单面走廊房屋的总宽度不包括走廊宽度；
2 建筑平面接近正方形时，其高宽比宜适当减小。

7.1.9 多层小砌块砌体房屋抗震横墙的间距，不应超过表 7.1.9 的要求：

表 7.1.9 房屋抗震横墙的间距（m）

房　屋　类　别		烈度			
		6 度	7 度	8 度	9 度
多层砌体房屋	现浇或装配整体式钢筋混凝土楼、屋盖	15	15	11	7
	装配式钢筋混凝土楼、屋盖	11	11	9	4
底部框架-抗震墙砌体房屋	上部各层	同多层砌体房屋			—
	底层或底部两层	18	15	11	—

注：多层砌体房屋的顶层，最大横墙间距应允许适当放宽，但应采取相应加强措施。

7.1.10 多层小砌块砌体房屋中砌体墙段的局部尺寸限值，宜符合表 7.1.10 的要求：

表 7.1.10 房屋的局部尺寸限值（m）

部　位	6 度	7 度	8 度	9 度
承重窗间墙最小宽度	1.0	1.0	1.2	1.5
承重外墙尽端至门窗洞边的最小距离	1.0	1.0	1.2	1.5
非承重外墙尽端至门窗洞边的最小距离	1.0	1.0	1.0	1.0
内墙阳角至门窗洞边的最小距离	1.0	1.0	1.5	2.0
无锚固女儿墙（非出入口处）的最大高度	0.5	0.5	0.5	0.0

注：1 局部尺寸不足时，应采取增加构造柱或芯柱及增大配筋等局部加强措施弥补，且最小宽度不宜小于 1/4 层高和表列数据的 80%；
2 当表中部位采用全灌孔配筋小砌块或钢筋混凝土墙垛时，其局部尺寸不受本表限制；
3 出入口处的女儿墙应有锚固。

7.1.11 底部框架-抗震墙砌体房屋的结构布置和钢筋混凝土结构部分，应符合现行国家标准《建筑抗震设计规范》GB 50011 的有关规定。底部混凝土框架的抗震等级，6、7、8 度应分别按三、二、一级采用，混凝土墙体的抗震等级，6、7、8 度应分别按三、三、二级采用。

Ⅱ　配筋小砌块砌体抗震墙结构

7.1.12 配筋小砌块砌体抗震墙房屋的最大高度应符合表 7.1.12-1 的规定，且房屋高宽比不宜超过表 7.1.12-2 的规定；对横墙较少或建造于Ⅳ类场地的房屋，适用的最大高度应适当降低。

表 7.1.12-1 配筋小砌块砌体抗震墙房屋适用的最大高度（m）

结构类型	最小墙厚	烈度和设计基本地震加速度					
		6 度	7 度		8 度		9 度
		0.05*g*	0.10*g*	0.15*g*	0.20*g*	0.30*g*	0.40*g*
配筋小砌块砌体抗震墙	190mm	60	55	45	40	30	24
配筋小砌块砌体部分框支抗震墙		55	49	40	31	24	—

注：1 房屋高度指室外地面至檐口的高度（不包括局部突出屋顶部分）；
2 某层或几层开间大于 6.0m 以上的房间建筑面积占相应层建筑面积 40%以上时，应按表内的规定相应降 6.0m 取用；
3 房屋的高度超过表内高度时，应进行专门的研究和论证，采取有效的加强措施。

表 7.1.12-2 配筋小砌块砌体抗震墙房屋的最大高宽比

烈　度	6 度	7 度	8 度	9 度
最大高宽比	4.5	4.0	3.0	2.0

注：房屋的平面布置和竖向布置不规则时应适当减小最大高宽比的值。

7.1.13 配筋小砌块砌体抗震墙房屋应根据抗震设防分类、抗震设防烈度、房屋高度和结构类型采用不同的抗震等级，并应符合相应的计算和构造措施要求。

丙类建筑的抗震等级宜按表 7.1.13 确定。

表 7.1.13　抗震等级的划分

结构类型 \ 高度（m）		设防烈度						
		6度		7度		8度		9度
		≤24	>24	≤24	>24	≤24	>24	≤24
配筋小砌块砌体抗震墙		四	三	三	二	二	一	一
部分框支配筋小砌块砌体抗震墙	非底部加强部位抗震墙	四	三	三	二	二	不应采用	不应采用
	底部加强部位抗震墙	三	二	二	一	一		
	框支框架	二		二	一	一		

注：1　接近或等于高度分界时，可结合房屋不规则程度及场地、地基条件确定抗震等级；
2　多层房屋（总高度≤18m）可按表中抗震等级降低一级取用，已是四级时取四级；
3　部分框支抗震墙结构指首层或底部两层为框支层的结构，不包括仅个别框支墙的情况；
4　乙类建筑按表内提高一度所对应的抗震等级采取抗震措施，已是一级时取一级。

7.1.14　采用现浇钢筋混凝土楼、屋盖时，抗震横墙的最大间距，应符合表 7.1.14 的要求：

表 7.1.14　配筋小砌块砌体抗震横墙的最大间距

烈度	6度	7度	8度	9度
最大间距（m）	15	15	11	7

7.1.15　配筋小砌块砌体抗震墙房屋的层高应符合下列要求：

1　底部加强部位的层高，一、二级不宜大于 3.2m，三、四级不宜大于 3.9m；

2　其他部位的层高，一、二级不宜大于 3.9m，三、四级不宜大于 4.8m。

注：底部加强部位指不小于房屋高度的 1/6 且不小于底部二层的高度范围，房屋总高度小于 18m 时取一层。

7.1.16　配筋小砌块砌体抗震墙的短肢墙应符合下列要求：

1　不应采用全部为短肢墙的配筋小砌块砌体抗震墙结构，应形成短肢抗震墙与一般抗震墙共同抵抗水平地震作用的抗震墙结构，9 度时不宜采用短肢墙；

2　短肢墙的抗震等级应比本规程表 7.1.13 的规定提高一级采用；已为一级时，配筋应按 9 度的要求提高；

3　在给定的水平力作用下，一般抗震墙承受的地震倾覆力矩不应小于结构总倾覆力矩的 50%，且短肢抗震墙截面面积与同层抗震墙总截面面积比例，抗震等级为三级及以上房屋两个主轴方向均不宜大于 20%，抗震等级为四级的房屋，两个主轴方向均不宜大于 50%；总高度小于等于 18m 的多层房屋，短肢抗震墙截面面积与同层抗震墙总截面面积比例，一、二级时两个主轴方向均不宜大于 30%，三级时不宜大于 50%，四级时不宜大于 70%；

4　短肢墙宜设置翼墙；不应在一字形短肢墙平面外布置与之单侧相交的楼、屋面梁。

注：短肢抗震墙是指墙肢截面高度与宽度之比为 5～8 的抗震墙，一般抗震墙是指墙肢截面高度与厚度之比大于 8 的抗震墙。“L”形，“T”形，“+”形等多肢墙截面的长短肢性质应由较长一肢确定。

7.1.17　配筋小砌块砌体抗震墙房屋抗震计算时，应按本节规定调整地震作用效应；6 度时可不作截面抗震验算（不规则建筑除外），但应按本规程的有关要求采取抗震构造措施。配筋小砌块砌体抗震墙房屋应进行多遇地震作用下的抗震变形验算，其楼层内最大的层间弹性位移角不宜超过 1/800，底层不宜超过 1/1200，部分框支配筋小砌块砌体抗震墙结构除底层之外的部分框支层不宜超过 1/1000。

7.1.18　部分框支配筋小砌块砌体抗震墙房屋的结构布置应符合下列要求：

1　上部的配筋小砌块砌体抗震墙的中心线宜与底部的抗震墙或框架的中心线相重合。

2　房屋的底部应沿纵横两个方向设置一定数量的抗震墙，并应均匀布置。底部抗震墙可采用配筋小砌块砌体抗震墙或钢筋混凝土抗震墙，但同一层内不应混用。如采用钢筋混凝土抗震墙，混凝土强度等级不宜大于 C35。

3　矩形平面的部分框支配筋小砌块砌体抗震墙房屋结构的楼层侧向刚度比和底层框架部分承担的地震倾覆力矩，应符合国家标准《建筑抗震设计规范》GB 50011－2010 第 6.1.9 条的有关要求。

4　抗震墙应采用条形基础、筏板基础、箱基或桩基等整体性能较好的基础。

5　除应符合本规程有关条文要求之外，部分框支配筋小砌块砌体抗震墙房屋的结构布置尚应符合国家现行标准《建筑抗震设计规范》GB 50011 和《高层建筑混凝土结构技术规程》JGJ 3 中的有关要求。

7.2　地震作用和结构抗震验算

7.2.1　计算地震作用时，建筑的重力荷载代表值应取结构和构件自重标准值和各可变荷载组合值之和。各可变荷载的组合值系数，应按表 7.2.1 采用。

表 7.2.1　组合值系数

可变荷载种类		组合值系数
雪荷载		0.5
屋面积灰荷载		0.5
屋面活荷载		不计入
按实际情况计算的楼面活荷载		1.0
按等效均布荷载计算的楼面活荷载	藏书库、档案库	0.8
	其他民用建筑	0.5

7.2.2 结构抗震计算应符合现行国家标准《建筑抗震设计规范》GB 50011 相关规定。配筋小砌块砌体抗震墙房屋宜采用振型分解反应谱法，多层小砌块砌体房屋可采用底部剪力法进行抗震计算。

7.2.3 多层小砌块砌体房屋采用底部剪力法计算时，各楼层可仅取一个自由度，结构的水平地震作用标准值应按下列公式确定（图 7.2.3）：

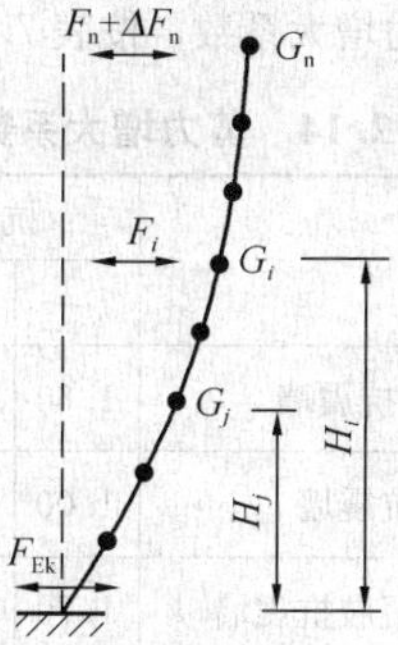

图 7.2.3 结构水平地震作用计算简图

$$F_{Ek}=\alpha_{max}G_{eq} \quad (7.2.3\text{-}1)$$

$$F_i=\frac{G_iH_i}{\sum_{j=1}^{n}G_jH_j}F_{Ek}(1-\delta_n) \quad (i=1,2\cdots n) \quad (7.2.3\text{-}2)$$

$$\Delta F_n=\delta_nF_{Ek} \quad (7.2.3\text{-}3)$$

式中：F_{Ek}——结构总水平地震作用标准值（N）；

α_{max}——水平地震影响系数最大值，应按表 7.2.3 采用；

G_{eq}——结构等效总重力荷载（N），单质点应取总重力荷载代表值，多质点可取总重力荷载代表值的 85%；

F_i——质点 i 的水平地震作用标准值（N）；

G_i，G_j——分别为集中于质点 i、j 的重力荷载代表值（N），应按本规程第 7.2.1 条确定；

H_i，H_j——分别为质点 i、j 的计算高度（mm）；

ΔF_n——顶部附加水平地震作用（N）；

δ_n——顶部附加地震作用系数，多层小砌块砌体房屋可采用 0.0。

表 7.2.3 水平地震影响系数最大值

烈 度	6 度	7 度	8 度	9 度
多遇地震 α_{max}	0.04	0.08（0.12）	0.16（0.24）	0.32

注：括号中数值分别用于设计基本地震加速度为 0.15g 和 0.30g 的地区。

7.2.4 采用底部剪力法时，突出屋面的屋顶间、女儿墙、烟囱等的地震作用效应，宜乘以增大系数 3，此增大部分不应往下传递，但与该突出部分相连的构件应予计入。采用振型分解反应谱法时，突出屋面部分可作为一个质点。

7.2.5 一般情况下，小砌块砌体房屋应至少在建筑结构的两个主轴方向分别计算水平地震作用并进行抗震验算，各方向的水平地震作用应由该方向抗侧力构件承担。

7.2.6 质量和刚度分布明显不对称的小砌块砌体房屋，应计入双向水平地震作用下的扭转影响。

Ⅰ 多层小砌块砌体结构

7.2.7 采用底部剪力法时，结构的楼层水平地震剪力设计值，应按下式计算：

$$V_i=1.3V_{hi} \quad (7.2.7)$$

式中：V_i——第 i 层水平地震剪力设计值（N）；

V_{hi}——第 i 层水平地震剪力标准值（N），由本规程第 7.2.3 条的水平地震作用标准值计算得到。

7.2.8 进行地震剪力分配和截面验算时，砌体墙段的层间等效侧向刚度应按下列原则确定：

1 刚度的计算应计及高宽比的影响。高宽比小于 1 时，可只计算剪切变形；高宽比不大于 4 且不小于 1 时，应同时计算弯曲和剪切变形；高宽比大于 4 时，等效侧向刚度可取 0；

注：墙段的高宽比指层高与墙长之比，对门窗洞边的小墙段指洞净高与洞侧墙宽之比。

2 墙段宜按门窗洞口划分；对设置构造柱的小开口墙段按毛墙面计算的刚度，可根据开洞率乘以表 7.2.8 的墙段洞口影响系数。

表 7.2.8 墙段洞口影响系数

开 洞 率	0.10	0.20	0.30
影响系数	0.98	0.94	0.88

注：1 开洞率为洞口水平截面积与墙段水平毛截面积之比，相邻洞口之间净宽小于 500mm 的墙段视为洞口；

2 洞口中线偏离墙段中线大于墙段长度的 1/4，表中影响系数值折减 0.9；门洞的洞顶高度大于层高 80% 时，表中数据不适用；窗洞高度大于 50% 层高时，按门洞对待。

7.2.9 多层小砌块砌体房屋，可只选从属面积较大或竖向应力较小的墙段进行截面抗震承载力验算。

7.2.10 小砌块砌体沿阶梯形截面破坏的抗震抗剪强度设计值，应按下式确定：

$$f_{vE}=\zeta_Nf_v \quad (7.2.10)$$

式中：f_{vE}——砌体沿阶梯形截面破坏的抗震抗剪强度设计值（MPa）；

f_v——非抗震设计的砌体抗剪强度设计值；应按本规程表 3.2.2 采用；

ζ_N——砌体抗震抗剪强度的正应力影响系数，应按表 7.2.10 采用。

表 7.2.10　砌体强度的正应力影响系数

砌体类别	σ_0/f_v						
	1.0	3.0	5.0	7.0	10.0	12.0	≥16.0
普通小砌块	1.23	1.69	2.15	2.57	3.02	3.32	3.92

注：σ_0为对应于重力荷载代表值的砌体截面平均压应力。

7.2.11　小砌块墙体的截面抗震受剪承载力，应按下式验算：

$$V \leqslant f_{vE}A/\gamma_{RE} \quad (7.2.11)$$

式中：V——考虑地震作用组合的墙体剪力设计值（N）；

A——墙体横截面积（mm²）；

γ_{RE}——承载力抗震调整系数，应按表 7.2.11 采用。

表 7.2.11　承载力抗震调整系数

墙体	两端设置芯柱或构造柱的承重抗震墙	自承重抗震墙	其他抗震墙
γ_{RE}	0.90	0.75	1.00

7.2.12　设置构造柱和芯柱的小砌块墙体的截面抗震受剪承载力，可按下式验算：

$$V \leqslant \frac{1}{\gamma_{RE}}[f_{vE}A + (0.3f_{t1}A_{c1} + 0.3f_{t2}A_{c2} + 0.05f_{y1}A_{s1} + 0.05f_{y2}A_{s2})\zeta_c] \quad (7.2.12)$$

式中：f_{t1}——芯柱混凝土轴心抗拉强度设计值（MPa）；

f_{t2}——构造柱混凝土轴心抗拉强度设计值（MPa）；

A_{c1}——墙中部芯柱截面总面积（mm²）；

A_{c2}——墙中部构造柱截面总面积（mm²）；

A_{s1}——芯柱钢筋截面总面积（mm²）；

A_{s2}——构造柱钢筋截面总面积（mm²）；

f_{y1}——芯柱钢筋抗拉强度设计值（MPa）；

f_{y2}——构造柱钢筋抗拉强度设计值（MPa）；

ζ_c——芯柱、构造柱参与工作系数，可按表 7.2.12 采用。

表 7.2.12　芯柱和构造柱参与工作系数

填孔率 ρ	$\rho<0.15$	$0.15\leqslant\rho<0.25$	$0.25\leqslant\rho<0.5$	$\rho\geqslant0.5$
ζ_c	0	1.00	1.10	1.15

注：填孔率指芯柱和构造柱根数（含构造柱和芯柱数量）与孔洞总数之比。

7.2.13　底部框架-抗震墙房屋的抗震验算，应按现行国家标准《建筑抗震设计规范》GB 50011 的有关规定执行。

Ⅱ　配筋小砌块砌体抗震墙结构

7.2.14　配筋小砌块砌体抗震墙承载力计算时，底部加强部位截面的组合剪力设计值应按下列规定调整：

$$V = \eta_{vw}V_w \quad (7.2.14)$$

式中：V——抗震墙截面组合的剪力设计值（N）；

V_w——抗震墙截面组合的剪力计算值（N）；

η_{vw}——剪力增大系数，按表 7.2.14 取用。

表 7.2.14　剪力增大系数 η_{vw}

结构部位	抗震等级			
	一	二	三	四
底部加强区抗震墙	1.60	1.40	1.20	1.00
其他部位抗震墙	1.00	1.00	1.00	1.00
底部加强区的短肢抗震墙	1.70	1.50	1.30	1.10
多层房屋其他部位的短肢抗震墙	1.20	1.15	1.10	1.05

注：表中多层房屋是指总高度小于等于 18m 且按本规程第 7.1.16 条第 3 款要求布置的短肢抗震墙多层房屋。

7.2.15　配筋小砌块砌体抗震墙截面组合的剪力设计值，应符合下列公式要求：

剪跨比大于 2

$$V \leqslant \frac{1}{\gamma_{RE}}(0.2f_g bh) \quad (7.2.15\text{-}1)$$

剪跨比不大于 2

$$V \leqslant \frac{1}{\gamma_{RE}}(0.15f_g bh) \quad (7.2.15\text{-}2)$$

式中：f_g——灌孔小砌块砌体抗压强度设计值（MPa）；

b——抗震墙截面宽度（mm）；

h——抗震墙截面高度（mm）；

γ_{RE}——承载力抗震调整系数，取 0.85。

7.2.16　偏心受压配筋小砌块砌体抗震墙截面受剪承载力，应按下列公式验算：

$$V \leqslant \frac{\lambda}{\gamma_{RE}}\left[\frac{\lambda}{\lambda-0.5}(0.48f_{gv}bh_0 + 0.1N) + 0.72f_{yh}\frac{A_{sh}}{S}h_0\right] \quad (7.2.16\text{-}1)$$

$$0.5V \leqslant \frac{1}{\gamma_{RE}}\left(0.72f_{yh}\frac{A_{sh}}{S}h_0\right) \quad (7.2.16\text{-}2)$$

式中：N——抗震墙组合的轴向压力设计值（N）；当 $N>0.2f_gbh$ 时，取 $N=0.2f_gbh$；

λ——计算截面处的剪跨比，取 $\lambda=M/Vh_0$；小于 1.5 时取 1.5，大于 2.2 时取 2.2；

f_{gv}——灌孔小砌块砌体抗剪强度设计值（MPa）；$f_{gv}=0.2f_g^{0.55}$；

A_{sh}——同一截面的水平钢筋截面面积（mm²）；

S——水平分布钢筋间距（mm）；

f_{yh}——水平分布钢筋抗拉强度设计值（MPa）；

h_0——抗震墙截面有效高度（mm）。

7.2.17 偏心受拉配筋小砌块砌体抗震墙，其斜截面受剪承载力应按下列公式计算：

$$V \leqslant \frac{1}{\gamma_{RE}}\left[\frac{1}{\lambda-0.5}(0.48 f_{gv} b h_0 - 0.17N) + 0.72 f_{yh} \frac{A_{sh}}{S} h_0\right] \quad (7.2.17\text{-}1)$$

$$0.5V \leqslant \frac{1}{\gamma_{RE}}\left(0.72 f_{yh} \frac{A_{sh}}{S} h_0\right) \quad (7.2.17\text{-}2)$$

当 $0.48 f_{gv} b h_0 - 0.17N \leqslant 0$ 时，取 $0.48 f_{gv} b h_0 - 0.17N = 0$。

7.2.18 抗震墙采用配筋小砌块砌体连梁时应符合下列要求：

1 连梁的截面应满足下式的要求：

$$V \leqslant \frac{1}{\gamma_{RE}}(0.15 f_g b h_0) \quad (7.2.18\text{-}1)$$

2 连梁的斜截面受剪承载力应按下式计算：

$$V \leqslant \frac{1}{\gamma_{RE}}\left(0.56 f_{gv} b h_0 + 0.7 f_{yv} \frac{A_{sv}}{S} h_0\right) \quad (7.2.18\text{-}2)$$

式中：A_{sv}——配置在同一截面内的箍筋各肢的全部截面面积（mm^2）；

f_{yv}——箍筋的抗拉强度设计值（MPa）。

7.2.19 配筋小砌块砌体结构构件抗震设计，除应符合本章规定外，尚应符合现行国家标准《建筑抗震设计规范》GB 50011 和《砌体结构设计规范》GB 50003 的有关要求，混凝土构件部分应符合国家现行标准《混凝土结构设计规范》GB 50010 和《高层建筑混凝土结构技术规程》JGJ 3 的有关要求。

7.3 抗震构造措施

Ⅰ 多层小砌块砌体结构

7.3.1 小砌块砌体房屋同时设置构造柱和芯柱时，应按下列要求设置现浇钢筋混凝土构造柱（以下简称构造柱）：

1 构造柱设置部位，应符合表 7.3.1 的要求。

2 外廊式和单面走廊式的多层小砌块砌体房屋，应根据房屋增加一层后的层数，按表 7.3.1 的要求设置构造柱，且单面走廊两侧的纵墙均应按外墙处理。

3 横墙较少的房屋，应根据房屋增加一层的层数，按表 7.3.1 的要求设置构造柱。当横墙较少的房屋为外廊式或单面走廊式时，应按本条 2 款要求设置构造柱；但 6 度不超过 4 层、7 度不超过 3 层和 8 度不超过 2 层时，应按增加 2 层的层数设置。

4 各层横墙很少的房屋，应按增加两层的层数设置构造柱。

5 有错层的多层房屋，错层部位应设置墙，墙中部构造柱间距不宜大于 2m，在错层部位的纵横墙交接处应设置构造柱。

表 7.3.1 多层小砌块砌体房屋构造柱设置要求

<table>
<tr><th colspan="4">房屋层数</th><th colspan="2" rowspan="2">设置部位</th></tr>
<tr><th>6度</th><th>7度</th><th>8度</th><th>9度</th></tr>
<tr><td>≤5</td><td>≤4</td><td>≤3</td><td>1</td><td rowspan="3">外墙四角和对应转角；
楼、电梯间四角，楼梯斜梯段上下端对应的墙体处；
错层部位横墙与外纵墙交接处；
大房间内外墙交接处；
较大洞口两侧</td><td>隔 12m 或单元横墙与外纵墙交接处；
楼梯间对应的另一侧内横墙与外纵墙交接处</td></tr>
<tr><td>6</td><td>5</td><td>4</td><td>2</td><td>隔开间横墙（轴线）与外墙交接处；
山墙与内纵墙交接处</td></tr>
<tr><td>7</td><td>6、7</td><td>5、6</td><td>3、4</td><td>内墙（轴线）与外墙交接处；
内墙的局部较小墙垛处；
内纵墙与横墙（轴线）交接处</td></tr>
</table>

注：1 较大洞口，内墙指不小于 2.1m 的洞口；外墙在内外墙交接处已设置构造柱时允许适当放宽，但洞侧墙体应加强；

2 当按本条第 2～4 款规定确定的层数超出表 7.3.1 范围，构造柱设置要求不应低于表中相应烈度的最高要求且宜适当提高。

7.3.2 小砌块砌体房屋的构造柱，应符合下列构造要求：

1 构造柱截面不宜小于 190mm×190mm，纵向钢筋不宜少于 4ϕ12，箍筋间距不宜大于 250mm，且在柱上下端应适当加密；6、7 度时超过 5 层、8 度时超过 4 层和 9 度时，构造柱纵向钢筋宜采用 4ϕ14，箍筋间距不应大于 200mm；外墙转角的构造柱应适当加大截面及配筋；

2 构造柱与小砌块墙连接处应砌成马牙槎；与构造柱相邻的砌块孔洞，6 度时宜填实，7 度时应填实，8、9 度时应填实并插筋 1ϕ12；

3 构造柱与圈梁连接处，构造柱的纵筋应在圈梁纵筋内侧穿过，保证构造柱纵筋上下贯通；

4 构造柱可不单独设置基础，但应伸入室外地面下 500mm，或与埋深小于 500mm 的基础圈梁相连；

5 必须先砌筑小砌块墙体，再浇筑构造柱混凝土。

7.3.3 小砌块砌体房屋采用芯柱做法时，应按表 7.3.3 的要求设置钢筋混凝土芯柱，并应满足下列要求：

1 混凝土砌块砌体墙纵横墙交接处、墙段两端和较大洞口两侧宜设置不少于单孔的芯柱。

2 有错层的多层房屋，错层部位应设置墙，墙中部的钢筋混凝土芯柱间距宜适当加密，在错层部位纵横墙交接处宜设置不少于4孔的芯柱。

3 房屋层数或高度等于或接近本规程表7.1.6中限值时，纵、横墙内芯柱间距尚应符合下列要求：

1）底部1/3楼层横墙中部的芯柱间距，6度时不宜大于2m；7、8度时不宜大于1.5m；9度时不宜大于1.0m；

2）当外纵墙开间大于3.9m时，应另设加强措施。

4 对外廊式和单面走廊式的房屋、横墙较少的房屋、各层横墙很少的房屋，尚应分别按本规程第7.3.1条第2、3、4款关于增加层数的对应要求，按表7.3.3的要求设置芯柱。

表7.3.3 小砌块砌体房屋芯柱设置要求

房屋层数				设置部位	设置数量
6度	7度	8度	9度		
≤5	≤4	≤3	—	外墙转角和对应转角；楼、电梯间四角，楼梯斜梯段上下端对应的墙体处（单层房屋除外）；大房间内外墙交接处；错层部位横墙与外纵墙交接处；隔12m或单元横墙与外纵墙交接处	外墙转角，灌实3个孔；内外墙交接处，灌实4个孔；楼梯斜段上下端对应的墙体处，灌实2个孔
6	5	4	1	同上；隔开间横墙（轴线）与外纵墙交接处	
7	6	5	2	同上；各内墙（轴线）与外纵墙交接处；内纵墙与横墙（轴线）交接处和洞口两侧	外墙转角，灌实5个孔；内外墙交接处，灌实4个孔；内墙交接处，灌实4个孔～5个孔；洞口两侧各灌实1个孔
—	7	6	3	同上；横墙内芯柱间距不大于2m	外墙转角，灌实7个孔；内外墙交接处，灌实5个孔；内墙交接处，灌实4个孔～5个孔；洞口两侧各灌实1个孔

注：1 外墙转角、内外墙交接处、楼电梯间四角等部位，应允许采用钢筋混凝土构造柱替代部分芯柱；

2 当按本规程第7.3.1条第2～4款规定确定的层数超出表7.3.3范围，芯柱设置要求不应低于表中相应烈度的最高要求且宜适当提高。

7.3.4 小砌块砌体房屋的芯柱，尚应符合下列构造要求：

1 小砌块砌体房屋芯柱截面不宜小于120mm×120mm；

2 芯柱混凝土强度等级，不应低于Cb20；

3 芯柱的竖向插筋应贯通墙身且与圈梁连接；插筋不应小于1ϕ12，6、7度时超过5层、8度时超过4层和9度时，插筋不应小于1ϕ14；

4 芯柱混凝土应贯通楼板，当采用装配式钢筋混凝土楼盖时，应采用贯通措施（图7.3.4）；

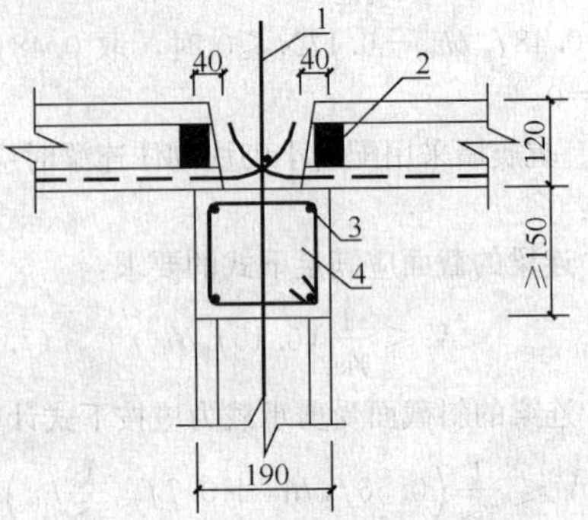

图7.3.4 芯柱贯穿楼板构造

1—芯柱插筋；2—堵头；3—1ϕ8；4—圈梁

5 芯柱应伸入室外地面下500mm或与埋深小于500mm的基础圈梁相连。

7.3.5 小砌块砌体房屋墙体交接处或芯柱、构造柱与墙体连接处应设置拉结钢筋网片，网片可采用直径4mm的钢筋点焊而成，沿墙高间距不大于600mm，并应沿墙体水平通长设置。6、7度时底部1/3楼层，8度时底部1/2楼层，9度时全部楼层，上述拉结钢筋网片沿墙高间距不大于400mm。

7.3.6 小砌块砌体房屋各楼层均应设置现浇钢筋混凝土圈梁，不得采用槽形砌块代作模板，并应按表7.3.6的要求设置；纵墙承重时，抗震横墙上的圈梁间距应比表内要求适当加密。现浇或装配整体式钢筋混凝土楼、屋盖与墙体有可靠连接的房屋，应允许不另设圈梁，但楼板沿抗震墙体周边均应加强配筋并应与相应的构造柱、芯柱钢筋可靠连接。有错层的多层小砌块砌体房屋，在错层部位的错层楼板位置应设置现浇钢筋混凝土圈梁。

表7.3.6 小砌块砌体房屋现浇钢筋混凝土圈梁设置要求

墙类	烈度		
	6、7度	8度	9度
外墙和内纵墙	屋盖处及每层楼盖处	屋盖处及每层楼盖处	屋盖处及每层楼盖处
内横墙	同上；屋盖处间距不应大于4.5m；楼盖处间距不应大于7.2m；构造柱对应部位	同上；各层所有横墙，且间距不应大于4.5m；构造柱对应部位	同上；各层所有横墙

7.3.7 圈梁除应符合现行国家标准《建筑抗震设计规范》GB 50011要求外，尚应符合下列构造要求：

1 现浇混凝土圈梁的截面宽度宜取墙宽且不应小于190mm，配筋宜符合表7.3.7的要求，箍筋直径不应小于$\phi6$；基础圈梁的截面宽度宜取墙宽，截面高度不应小于200mm，纵筋不应少于4ϕ14。

表7.3.7 混凝土砌块砌体房屋圈梁配筋要求

配筋	烈度		
	6、7度	8度	9度
最小纵筋	4ϕ10	4ϕ12	4ϕ14
箍筋最大间距(mm)	250	200	150

2 圈梁应闭合，遇有洞口圈梁应上下搭接。圈梁宜与预制板设在同一标高处或紧靠板底。

3 圈梁在本规程第7.3.6条圈梁设置要求的间距内无横墙时，应利用梁或板缝中配筋替代圈梁。

7.3.8 多层小砌块砌体房屋的层数，6度时超过5层、7度时超过4层、8度时超过3层和9度时，在底层和顶层的窗台标高处，沿纵横墙应设置通长的水平现浇钢筋混凝土带；其截面高度不小于60mm，纵筋不少于2ϕ10，并应有分布拉结钢筋；其混凝土强度等级不应低于C20。

水平现浇混凝土带亦可采用槽形砌块替代模板，其纵筋和拉结钢筋不变。

7.3.9 楼梯间应符合下列要求：

1 楼梯间墙体中部的芯柱间距，6度时不宜大于2m；7、8度时不宜大于1.5m；9度时不宜大于1.0m；房屋层数或高度等于或接近本规程表7.1.6中限值时，底部1/3楼层芯柱间距宜适当减少。突出屋顶的楼梯间和电梯间，构造柱、芯柱应伸到顶部，并与顶部圈梁连接。

2 楼梯间墙体，应沿墙高每隔400mm水平通长设置$\phi4$点焊拉结钢筋网片。

3 楼梯间及门厅内墙阳角处的大梁支承长度不应小于500mm，并应与圈梁连接。

4 装配式楼梯段应与平台板的梁可靠连接，8、9度时不应采用装配式楼梯段；不应采用墙中悬挑式踏步或踏步竖肋插入墙体的楼梯，不应采用无筋砖砌栏板。

7.3.10 小砌块砌体房屋的楼、屋盖应符合下列要求：

1 装配式钢筋混凝土楼板或屋面板，当板的跨度大于4.8m并与外墙平行时，靠外墙的预制板侧边应与墙或圈梁拉结。

2 房屋端部大房间的楼盖，6度时房屋的屋盖和7度～9度时房屋的楼、屋盖，当圈梁设在板底时，钢筋混凝土预制板应相互拉结，并应与梁、墙或圈梁拉结。

3 楼、屋盖的钢筋混凝土梁和屋架应与墙、柱（包括构造柱）或圈梁可靠连接。在梁支座处墙内不少于3个孔洞应设置芯柱。当8、9度房屋采用大跨梁或井字梁时，宜在梁支座处墙内设置构造柱；在梁端支座处构造柱和墙体的承载力，尚应考虑梁端弯矩对墙体和构造柱的影响。

4 坡屋顶房屋的屋架应与顶层圈梁可靠连接，檩条或屋面板应与墙及屋架可靠连接，房屋出入口处的檐口瓦应与屋面构件锚固；采用硬山搁檩时，顶层内纵墙顶，8度和9度时，应增砌支撑山墙的踏步式墙垛，7度时，宜增砌支撑山墙的踏步式墙垛，并设构造柱。

7.3.11 预制阳台，6、7度时应与圈梁和楼板的现浇板带可靠连接；8、9度时不应采用预制阳台。

7.3.12 小砌块砌体女儿墙高度超过0.5m时，应在墙中增设锚固于顶层圈梁构造柱或芯柱做法，构造柱间距不大于3m，芯柱间距不大于1.6m；女儿墙顶应设置压顶圈梁，其截面高度不应小于60mm，纵向钢筋不应少于2ϕ10。

7.3.13 同一结构单元的基础或桩承台，宜采用同一类型的基础，底面宜埋置在同一标高上，否则应增设基础圈梁并应按1∶2的台阶逐步放坡。

7.3.14 丙类的多层小砌块砌体房屋，当横墙较少且总高度和层数接近或达到本规程表7.1.6规定限值，应采取下列加强措施：

1 房屋的最大开间尺寸不宜大于6.6m；

2 同一结构单元内横墙错位数量不宜超过横墙总数的1/3，且连续错位不宜多于两道；错位的墙体交接处均应增设构造柱或芯柱，且楼、屋面板应采用现浇钢筋混凝土板；

3 横墙和内纵墙上洞口的宽度不宜大于1.5m，外纵墙上洞口的宽度不宜大于2.1m或开间尺寸的一半，且内外墙上洞口位置不应影响内外纵墙与横墙的整体连接；

4 所有纵横墙均应在楼、屋盖标高处设置加强的现浇钢筋混凝土圈梁：圈梁的截面高度不宜小于150mm，上下纵筋各不应少于3ϕ10，箍筋不小于$\phi6$，间距不大于300mm；

5 所有纵横墙交接处及横墙的中部，均应增设构造柱或2个芯柱，在纵、横墙内的柱距不宜大于3.0m；芯柱每孔插筋的直径不应小于18mm；构造柱截面尺寸不宜小于240mm×240mm（墙厚190mm时为240mm×190mm），配筋宜符合表7.3.14的要求；

6 同一结构单元的楼、屋面板应设置在同一标高处；

7 房屋底层和顶层的窗台标高处，宜设置沿纵横墙通长的水平现浇钢筋混凝土带；其截面高度不小于60mm，宽度不小于190mm，纵向钢筋不少于3ϕ10，横向分布筋的直径不小于$\phi6$且其间距不大于200mm；

表 7.3.14 增设构造柱的纵筋和箍筋设置要求

位置	纵向钢筋			箍筋		
	最大配筋率（%）	最小配筋率（%）	最小直径（mm）	加密区范围（mm）	加密区间距（mm）	最小直径（mm）
角柱	1.8	0.8	14	全高	100	6
边柱			14	上端 700 下端 500		
中柱	1.4	0.6	12			

8 所有门窗洞口两侧，均应设置一个芯柱，钢筋不应少于 1ϕ12。

7.3.15 底部框架-抗震墙房屋过渡层小砌块砌体块材的强度等级不应低于 MU10，砌筑砂浆强度等级不应低于 Mb10。

7.3.16 过渡层墙体的构造，应符合下列要求：

1 上部抗震墙的中心线宜与底部的框架梁、抗震墙的中心线相重合；构造柱或芯柱宜与框架柱或墙贯通。

2 过渡层应在底部框架柱、混凝土墙或约束砌体墙所对应处设置构造柱或芯柱；墙体内的构造柱间距不宜大于层高；芯柱除应按本规程表 7.3.3 设置外，最大间距不宜大于 1m。

3 过渡层构造柱的纵向钢筋，6、7 度时不宜少于 4ϕ16，8 度时不宜少于 4ϕ18。过渡层芯柱的纵向钢筋，6、7 度时不宜少于每孔 1ϕ16，8 度时不宜少于每孔 1ϕ18。一般情况下，纵向钢筋应锚入下部的框架柱或混凝土墙内；当纵向钢筋锚固在托墙梁或次梁内时，梁的相应位置应加强。

4 过渡层的小砌块墙在窗台标高处，应设置沿纵横墙通长的水平现浇钢筋混凝土带或系梁块；现浇钢筋混凝土带的截面高度不应小于 60mm，宽度不应小于墙厚，纵向钢筋不应少于 2ϕ10，横向分布筋的直径不小于 6mm 且其间距不大于 200mm。此外，小砌块砌体墙芯柱之间沿墙高应每隔 400mm 设置 ϕ4 通长水平点焊钢筋网片。

5 过渡层的砌体墙，凡宽度不小于 1.2m 的门洞和 2.1m 的窗洞，洞口两侧宜增设截面不小于 120mm×190mm 的构造柱或单孔芯柱。

6 当过渡层的砌体抗震墙与底部框架梁、墙体不对齐时，应在底部框架内设置托墙转换梁，并且过渡层小砌块墙应采取比本条 4 款更高的加强措施。

7.3.17 底部框架-抗震墙房屋的楼盖应符合下列要求：

1 过渡层的底板应采用现浇钢筋混凝土板，板厚不应小于 120mm；并应少开洞、开小洞，当洞口尺寸大于 800mm 时，洞口周边应设置边梁；

2 其他楼层，采用装配式钢筋混凝土楼板时均应设置现浇圈梁；采用现浇钢筋混凝土楼板时应允许不另设圈梁，但楼板沿抗震墙体周边均应加强配筋并应与相应的构造柱可靠连接。

7.3.18 底部框架-抗震墙房屋的钢筋混凝土托墙梁，其截面和构造应符合下列要求：

1 梁的截面宽度不应小于 300mm，梁的截面高度不应小于跨度的 1/10。

2 梁上、下部纵向钢筋最小配筋率，一、二级时不应小于 0.4%，三、四级时不应小于 0.3%。

3 箍筋的直径不应小于 10mm，间距不应大于 200mm；梁端在 1.5 倍梁高且不小于 1/5 梁净跨范围内，以及上部墙体的洞口处和洞口两侧各 500mm 且不小于梁高的范围内，箍筋间距不应大于 100mm。对托墙梁支承在框架梁的一端，梁端箍筋可不设置箍筋加密区；支承托墙次梁的框架梁，全跨箍筋间距不应大于 100mm，且在托墙次梁两侧设置附加横向钢筋。

4 沿梁高应设腰筋，数量不应少于 2ϕ14，间距不应大于 200mm。

5 梁的纵向受力钢筋和腰筋应按受拉钢筋的要求锚固在柱内，且支座上部的纵向钢筋在柱内的锚固长度应符合钢筋混凝土框支梁的有关要求。

7.3.19 底部框架-抗震墙房屋的底部采用配筋小砌块砌体抗震墙时，抗震墙水平向或竖向钢筋在边框梁、柱中的锚固长度，应按现行国家标准《混凝土结构设计规范》GB 50010 的规定确定。

7.3.20 底部框架-抗震墙砌体房屋的底部采用钢筋混凝土墙时，其截面和构造应符合下列要求：

1 抗震墙周边应设置梁（或暗梁）和边框柱（或框架柱）组成的边框；边框梁的截面宽度不宜小于墙板厚度的 1.5 倍，截面高度不宜小于墙板厚度的 2.5 倍；边框柱的截面高度不宜小于墙板厚度的 2 倍；

2 抗震墙的厚度不宜小于 160mm，且不应小于墙板净高的 1/20；抗震墙宜设竖缝或洞口形成若干墙段，各墙段的高宽比不宜小于 2；

3 抗震墙的竖向和横向分布钢筋配筋率均不应小于 0.30%，并应采用双排布置；双排分布钢筋间拉筋的间距不应大于 600mm，直径不应小于 6mm；

4 墙体的边缘构件可按国家标准《建筑抗震设计规范》GB 50011－2010 第 6.4 节关于一般部位的规定设置。

7.3.21 对 6 度设防且层数不超过 4 层的底层框架-抗震墙房屋，可采用嵌砌于框架之间的小砌块抗震墙，但应计入小砌块墙对框架的附加轴力和附加剪力，并应符合下列构造要求：

1 墙厚不应小于 190mm，砌筑砂浆强度等级不应低于 Mb10，应先砌墙后浇框架；

2 沿框架柱每隔 400mm 配置 ϕ4 点焊拉结钢筋网片，并沿小砌块墙水平通长设置；在墙体半高处尚应设置与框架柱相连的钢筋混凝土水平系梁，系梁截面不应小于 190mm×190mm，纵筋不应小于 4ϕ12，箍筋直径不应小于 ϕ6，间距不应大于 200mm；

3 墙体在门、窗洞口两侧应设置芯柱；墙长大于 4m 时，应在墙内增设芯柱，芯柱应符合本规程第 7.3.4 条的有关规定；其余位置，宜采用钢筋混凝土构造柱替代芯柱，钢筋混凝土构造柱应符合本规程第 7.3.2 条的有关规定。

7.3.22 底部框架-抗震墙房屋的框架柱应符合下列要求：

1 柱的截面不应小于 400mm×400mm，圆柱直径不应小于 450mm；

2 柱的轴压比，6 度时不宜大于 0.85，7 度时不宜大于 0.75，8 度时不宜大于 0.65；

3 柱的纵向钢筋最小总配筋率，当钢筋的强度标准值低于 400MPa 时，中柱在 6、7 度时不应小于 0.9%，8 度时不应小于 1.1%；边柱、角柱和混凝土抗震墙端柱在 6、7 度时不应小于 1.0%，8 度时不应小于 1.2%；

4 柱的箍筋直径，6、7 度时不应小于 8mm，8 度时不应小于 10mm，并应全高加密箍筋，间距不应大于 100mm；

5 柱的最上端和最下端组合的弯矩设计值应乘以增大系数，一、二、三级的增大系数应分别按 1.5、1.25 和 1.15 采用。

7.3.23 底部框架-抗震墙房屋的其他抗震构造措施，应符合现行国家标准《建筑抗震设计规范》GB 50011 的有关要求。

Ⅱ 配筋小砌块砌体抗震墙结构

7.3.24 配筋小砌块砌体抗震墙的水平和竖向分布钢筋应符合表 7.3.24-1和表 7.3.24-2 的要求。

表 7.3.24-1 配筋小砌块砌体抗震墙水平分布钢筋的配筋构造要求

抗震等级	最小配筋率(%)		最大间距(mm)	最小直径(mm)
	一般部位	加强部位		
一级	0.13	0.15	400	ϕ8
二级	0.13	0.13	600	ϕ8
三级	0.11	0.13	600	ϕ8
四级	0.10	0.10	600	ϕ6

注：1 9 度时配筋率不应小于 0.2%；
2 水平分布钢筋宜双排布置，在顶层和底部加强部位，最大间距不应大于 400mm；
3 双排水平分布钢筋应设不小于 ϕ6 拉结筋，水平间距不应大于 400mm。

7.3.25 配筋小砌块砌体抗震墙在重力荷载代表值作用下的轴压比，应符合下列要求：

表 7.3.24-2 配筋小砌块砌体抗震墙竖向分布钢筋的配筋构造要求

抗震等级	最小配筋率(%)		最大间距(mm)	最小直径(mm)
	一般部位	加强部位		
一级	0.15	0.15	400	ϕ12
二级	0.13	0.13	600	ϕ12
三级	0.11	0.13	600	ϕ12
四级	0.10	0.10	600	ϕ12

注：1 9 度时配筋率不应小于 0.2%；
2 竖向分布钢筋宜采用单排布置，直径不应大于 25mm；
3 在顶层和底部加强部位，最大间距应适当减小。

1 一级（9 度）不宜大于 0.4，一级（7、8 度）不宜大于 0.5，二、三级不宜大于 0.6。

2 短肢墙体全高范围，一级不宜大于 0.5，二、三级不宜大于 0.6；对于无翼缘的一字形短肢墙，其轴压比限值应相应降低 0.1。

3 各向墙肢截面均为 $3b<h<5b$ 的小墙肢，一级不宜大于 0.4，二、三级不宜大于 0.5，其全截面竖向钢筋的配筋率在底部加强部位不宜小于 1.2%，一般部位不宜小于 1.0%。对于无翼缘的一字形独立小墙肢，其轴压比限值应相应降低 0.1。

4 多层房屋（总高度小于等于 18m）的短肢墙及各向墙肢截面均为 $3b<h<5b$ 的小墙肢的全部竖向钢筋的配筋率，底部加强部位不宜小于 1%，其他部位不宜小于 0.8%。

7.3.26 配筋小砌块砌体抗震墙墙肢端部应设置边缘构件(图 7.3.26)。构造边缘构件的配筋范围：无翼墙端部为 3 孔配筋，“L” 形转角节点为 3 孔配筋，“T” 形转角节点为 4 孔配筋，其最小配筋应符合表 7.3.26 的要求，边缘构件范围内应设置水平箍筋。底部加强部位的轴压比，一级大于 0.2 和二、三级大于 0.3 时，应设置约束边缘构件，约束边缘构件的范围应沿受力方向比构造边缘构件增加 1 孔，水平箍筋应相应加强，也可采用钢筋混凝土边框柱。

表 7.3.26 配筋小砌块砌体抗震墙边缘构件的配筋要求

抗震等级	每孔竖向钢筋最小量		水平箍筋最小直径	水平箍筋最大间距(mm)
	底部加强部位	一般部位		
一级	1ϕ20	1ϕ18	ϕ8	200
二级	1ϕ18	1ϕ16	ϕ6	200
三级	1ϕ16	1ϕ14	ϕ6	200
四级	1ϕ14	1ϕ12	ϕ6	200

注：1 边缘构件水平箍筋宜采用搭接点焊网片形式；
2 当抗震等级为一、二、三级时，边缘构件箍筋应采用不低于 HRB335 级或 RRB335 级钢筋；
3 二级轴压比大于 0.3 时，底部加强部位边缘构件的水平箍筋最小直径不应小于 ϕ8；
4 约束边缘构件采用混凝土边框柱时，应符合相应抗震等级的钢筋混凝土框架柱的要求。

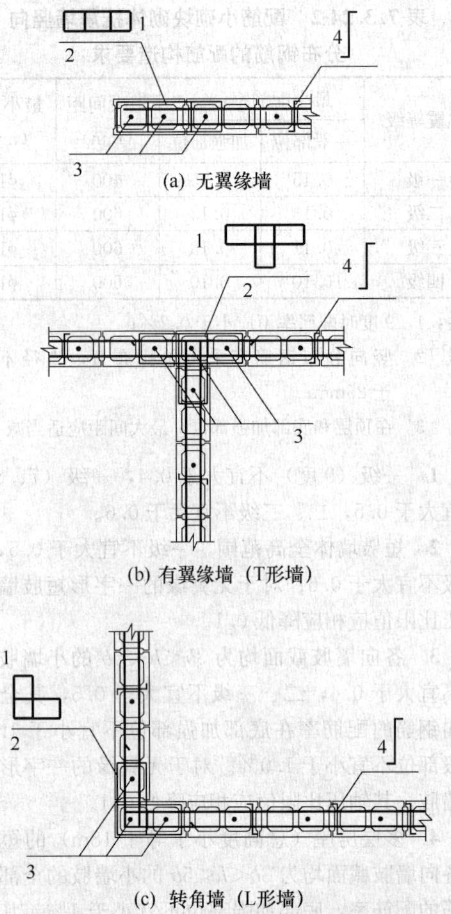

图 7.3.26　配筋小砌块砌体抗震墙的构造边缘构件

1—水平箍筋；2—芯柱区；3—芯柱纵筋（3孔）；4—拉筋

7.3.27　宜避免设置转角窗，否则，转角窗开间相关墙体尽端边缘构件最小纵筋直径应比本规程表7.3.26的规定值提高一级，且转角窗开间的楼、屋面应采用现浇钢筋混凝土楼、屋面板。

7.3.28　配筋小砌块砌体抗震墙内钢筋的锚固和搭接，应符合下列要求：

1　配筋小砌块砌体抗震墙内竖向和水平分布钢筋的搭接长度不应小于48倍钢筋直径，竖向钢筋的锚固长度不应小于42倍钢筋直径；

2　配筋小砌块砌体抗震墙的水平分布钢筋，沿墙长应连续设置，两端的锚固应符合下列规定：

1）一、二级的抗震墙，水平分布钢筋可绕主筋弯180°弯钩，弯钩端部直段长度不宜小于12d；水平分布钢筋亦可弯入端部灌孔混凝土中，锚固长度不应小于30d，且不应小于250mm；

2）三、四级的抗震墙，水平分布钢筋可弯入端部灌孔混凝土中，锚固长度不应小于25d，且不应小于200mm。

7.3.29　配筋小砌块砌体抗震墙连梁的构造，当采用混凝土连梁时，应符合本规程第6.4.13条的规定和《混凝土结构设计规范》GB 50010中有关地震区连梁的构造要求；当采用配筋小砌块砌体连梁时，除符合第6.4.14条的规定以外，尚应符合下列要求：

1　连梁上下水平钢筋锚入墙体内的长度，一、二级不应小于1.15倍锚固长度，三级不应小于1.05倍锚固长度，四级不应小于锚固长度，且不应小于600mm。

2　连梁的箍筋应沿梁长布置，并应符合表7.3.29的要求：

表 7.3.29　连梁箍筋的构造要求

抗震等级	箍筋最大间距(mm)	直　径
一级	75	ϕ10
二级	100	ϕ8
三级	120	ϕ8
四级	150	ϕ8

注：当梁端纵筋配筋率大于2%时，表中箍筋最小直径应加大2mm。

3　顶层连梁在伸入墙体的纵向钢筋长度范围内应设置间距不大于200mm的构造封闭箍筋，其规格和直径与该连梁的箍筋相同。

4　墙体水平钢筋应作为连梁腰筋在连梁拉通连续配置。当连梁截面高度大于700mm时，自梁顶面下200mm至梁底面上200mm范围内应设置腰筋，其间距不应大于200mm；每皮腰筋数量，一级不小于2ϕ12，二级～四级不小于2ϕ10；对跨高比不大于2.5的连梁，梁两侧腰筋的面积配筋率不应小于0.3%；腰筋伸入墙体内的长度不应小于30d，且不应小于300mm。

5　连梁不宜开洞，当必须开洞时应满足下列要求：

1）在跨中梁高1/3处预埋外径不应大于200mm的钢套管；

2）洞口上下的有效高度不应小于1/3梁高，且不应小于200mm；

3）洞口处应配补强钢筋并在洞周边浇筑灌孔混凝土，被洞口削弱的截面应进行受剪承载力验算。

6　对于跨高比不小于5的连梁宜按框架梁设计，计算时其刚度不应按连梁方法折减；短肢墙的剪力增大系数应满足本规程表7.2.14的规定。

7.3.30　配筋小砌块砌体抗震墙的圈梁构造，应符合下列要求：

1　在基础及各楼层标高处，每道配筋小砌块砌体抗震墙均应设置现浇钢筋混凝土圈梁，圈梁的宽度不应小于墙厚，其截面高度不宜小于200mm；

2 圈梁混凝土抗压强度不应小于相应灌孔混凝土的强度，且不应小于C20；

3 圈梁纵向钢筋不应小于相应配筋砌体墙的水平钢筋，且不应小于4ϕ12；基础圈梁纵筋不应小于4ϕ12；圈梁及基础圈梁箍筋直径不应小于ϕ8，间距不应大于200mm；当圈梁高度大于300mm时，应沿梁截面高度方向设置腰筋，其间距不应大于200mm，直径不应小于10mm；

4 圈梁底部嵌入墙顶小砌块孔洞内，深度不宜小于30mm；圈梁顶部应是毛面。

7.3.31 配筋小砌块砌体抗震墙房屋的基础（或钢筋混凝土框支梁）与抗震墙结合处的受力钢筋，当房屋高度超过50m或一级抗震等级时宜采用机械连接，其他情况可采用搭接。当采用搭接时，一、二级抗震等级时搭接长度不宜小于50d，三、四级抗震等级时不宜小于40d（d为受力钢筋直径）。

7.3.32 部分框支配筋小砌块砌体抗震墙结构中底部加强区配筋小砌块砌体墙的水平及竖向分布钢筋最小配筋率，不应小于0.13%，多层不应小于0.10%，最大间距不应大于400mm。

7.3.33 部分框支配筋小砌块砌体抗震墙结构中混凝土部分的设计尚应符合现行国家标准《混凝土结构设计规范》GB 50010、《建筑抗震设计规范》GB 50011的相关要求。

7.3.34 总层数8层及以上或高度超过24m的部分框支配筋小砌块砌体抗震墙结构房屋，其混凝土部分的设计尚应符合现行行业标准《高层建筑混凝土结构技术规程》JGJ 3的相关要求。

8 施 工

8.1 材料要求

8.1.1 小砌块在厂内的自然养护龄期或蒸汽养护后的停放时间应确保28d。轻骨料小砌块的厂内自然养护龄期宜延长至45d。

8.1.2 同一单位工程使用的小砌块应为同一厂家生产的产品，并需有产品合格证书和进场复验报告。

8.1.3 小砌块孔洞内及块体内部复合的聚苯板或其他绝热保温材料的性能、密度、厚度、位置、数量应在厂内按小砌块墙体节能设计的要求进行插填或充填，不得歪斜或自行脱落，并列为复验检查项目。

8.1.4 小砌块产品宜包装出厂，并可采用托板装运。雨、雪天运输小砌块应有防雨雪措施。

8.1.5 水泥进场后应检查产品合格证、出厂检验报告，并在使用前分批对其强度、安定性进行复验。抽检时，应以同一生产厂家、同一编号、同一品种、同一强度等级且持续进场的水泥为一批，其中袋装水泥一批的检验量不应超过200t，散装水泥则应以500t为一批，每批抽样不得少于一次。安定性不合格的水泥严禁使用。不同品种的水泥，不得混合使用。

8.1.6 砌筑砂浆宜采用过筛的洁净中砂，应符合现行国家标准《建筑用砂》GB/T 14684的规定；构造柱、芯柱及灌孔混凝土用砂应符合现行行业标准《普通混凝土用砂、石质量及检验方法标准》JGJ 52的规定。采用人工砂、山砂及特细砂时应符合相应的技术标准。

8.1.7 芯柱与灌孔混凝土中的粗骨料粒径宜为5mm～15mm，构造柱混凝土中的粗骨料粒径宜为10mm～30mm，并均应符合现行行业标准《普通混凝土用砂、石质量及检验方法标准》JGJ 52的有关规定。

8.1.8 拌制水泥混合砂浆用的石灰膏、粉煤灰等无机掺合料应符合下列要求：

1 配制石灰膏的生石灰、磨细生石灰粉的品质指标应符合现行行业标准《建筑生石灰》JC/T 479与《建筑生石灰粉》JC/T 480的有关规定。

2 石灰膏用生石灰熟化时，应采用孔格不大于3mm × 3mm的网过滤。熟化时间不得少于7d，磨细生石灰粉的熟化时间不得小于2d。石灰膏用量，应按稠度120mm±5mm计量。石灰膏不同稠度的换算系数，可按表8.1.8确定。沉淀池中的石灰膏应防止干燥、冻结和污染。严禁使用脱水硬化的石灰膏。

表8.1.8 石灰膏不同稠度的换算系数

稠度(mm)	120	110	100	90	80	70	60	50	40	30
换算系数	1.00	0.99	0.97	0.95	0.93	0.92	0.90	0.88	0.87	0.86

3 消石灰粉不得直接用于砌筑砂浆中。

4 粉煤灰的性能指标应符合现行行业标准《混凝土小型空心砌块和混凝土砖砌筑砂浆》JC 860和《抹灰砂浆技术规程》JGJ/T 220的有关规定。

5 采用其他掺合料时，应经试验并符合砌筑砂浆规定的各项性能指标方可使用。

8.1.9 掺入砌筑砂浆中的有机塑化剂或早强、缓凝、防冻等外加剂，应经检验和试配，符合要求后，方可计量使用。有机塑化剂产品，应具有法定检测机构出具的砌体强度型式检验报告。

8.1.10 砌筑砂浆和混凝土的拌合用水应符合现行行业标准《混凝土用水标准》JGJ 63的规定。

8.1.11 钢筋进场应有产品合格证书，并按规定取样复验，合格后方可使用。

8.2 砌筑砂浆

8.2.1 小砌块砌体的砌筑砂浆配合比及其技术要求应符合现行行业标准《砌筑砂浆配合比设计规程》JGJ/T 98和《混凝土小型空心砌块和混凝土砖砌筑

砂浆》JC 860 的规定，并应按重量比计量配制。

8.2.2 砌筑砂浆应具有良好的保水性，其保水率不得小于88%。砌筑普通小砌块砌体的砂浆稠度宜为50mm～70mm；轻骨料小砌块的砌筑砂浆稠度宜为60mm～90mm。

8.2.3 小砌块基础砌体应采用水泥砂浆砌筑；地下室内部及室内地坪以上的小砌块墙体应采用水泥混合砂浆砌筑。施工中用水泥砂浆代替水泥混合砂浆，应按现行国家标准《砌体结构设计规范》GB 50003 的规定执行。

8.2.4 墙体采用具有保温功能的砌筑砂浆时，其砂浆强度等级应符合设计要求。

8.2.5 砌筑砂浆应采用机械搅拌，拌合时间自投料完算起，不得少于 2min。当掺有外加剂时，不得少于 3min；当掺有机塑化剂时，应为 3min～5min。

8.2.6 砌筑砂浆应随拌随用，并应在 3h 内使用完毕；当施工期间最高气温超过 30℃时，应在 2h 内使用完毕。砂浆出现泌水现象时，应在砌筑前再次拌合。

8.2.7 预拌砂浆的性能、运输、储存、使用及检验等应符合现行国家行业标准《预拌砂浆》JG/T 230 的规定。

8.2.8 砌筑砂浆试块取样应取自搅拌机或运输湿的预拌砂浆车辆的出料口。同盘或同车砂浆应制作一组试块。

8.2.9 砌筑砂浆强度等级的评定应以标准养护、龄期为 28d 的试块抗压试验结果为准，并应按现行行业标准《建筑砂浆基本性能试验方法标准》JGJ/T 70 的规定执行。

8.2.10 同一验收批的砌筑砂浆试块抗压强度平均值应大于或等于设计强度等级所对应的立方体抗压强度值的 1.1 倍；其中抗压强度最小一组的平均值应大于或等于设计强度等级所对应的立方体抗压强度值的 85%。砌筑砂浆的验收批指同类型、同强度等级的砂浆试块不应少于 3 组，每组 3 块；当同一验收批只有 1 组或 2 组试块时，每组试块抗压强度的平均值应大于或等于设计强度等级所对应的立方体抗压强度值的 1.1 倍；建筑结构的安全等级为一级或设计使用年限为 50 年及以上的房屋，同一验收批砂浆试块的数量不得少于 3 组。

注：制作试块的砂浆稠度应与工程使用一致。

8.2.11 每一检验批且不超过一个楼层或 250m³ 小砌块砌体所用的砌筑砂浆，每台搅拌机应至少抽检一次。当配合比变更时，应制作相应试块。

注：用小砌块砌筑的基础砌体可按一个楼层计。

8.2.12 当施工中或验收时出现下列情况时，宜采用非破损或微破损检验方法对砌筑砂浆和砌体强度进行原位检测，判定砌筑砂浆的强度：

1 砌筑砂浆试块缺乏代表性或试块数量不足；

2 对砌筑砂浆试块的试验结果有怀疑或争议；

3 砌筑砂浆试块的试验结果不能满足设计要求时，需另行确认砌筑砂浆或砌体的实际强度；

4 对工程质量事故有疑义。

8.3 施工准备

8.3.1 墙体施工前必须按房屋设计图编绘小砌块平、立面排块图。排块时应根据小砌块规格、灰缝厚度和宽度、门窗洞口尺寸、过梁与圈梁或连系梁的高度、芯柱或构造柱位置、预留洞大小、管线、开关、插座敷设部位等进行对孔、错缝搭砌排列，并以主规格小砌块为主，辅以配套的辅助块。

8.3.2 各种型号、规格的小砌块备料量应依据设计图和排块图进行计算，并按施工进度计划分期、分批进入现场。

8.3.3 堆放小砌块的场地应预先夯实平整，并应有防潮和防雨、雪等排水设施。不同规格型号、强度等级的小砌块应分别覆盖堆放；堆置高度不宜超过 1.6m，且不得着地堆放；堆垛上应有标志，垛间宜留适当宽度的通道。装卸时，不得翻斗卸车和随意抛掷。

8.3.4 砌入墙体内的各种建筑构配件、埋设件、钢筋网片与拉结筋等应事先预制及加工；各种金属类拉结件、支架等预埋铁件应做防锈处理，并按不同型号、规格分别存放。

8.3.5 备料时，不得使用有竖向裂缝、断裂、受潮、龄期不足的小砌块及插填聚苯板或其他绝热保温材料的厚度、位置、数量不符合墙体节能设计要求的小砌块进行砌筑。

8.3.6 小砌块表面的污物和用于芯柱及所有灌孔部位的小砌块，其底部孔洞周围的混凝土毛边应在砌筑前清理干净。

8.3.7 砌筑小砌块基础或底层墙体前，应采用经检定的钢尺校核房屋放线尺寸，允许偏差值应符合表 8.3.7 的规定。

表 8.3.7 房屋放线尺寸允许偏差

长度 L、宽度 B(m)	允许偏差(mm)
$L(B) \leqslant 30$	±5
$30 < L(B) \leqslant 60$	±10
$60 < L(B) \leqslant 90$	±15
$L(B) > 90$	±20

8.3.8 砌筑底层墙体前必须对基础工程按有关规定进行检查和验收。当芯柱竖向钢筋的基础插筋作为房屋避雷设施组成部分时，应用检定合格的专用电工仪表进行检测，符合要求后方可进行墙体施工。

8.3.9 配筋小砌块砌体剪力墙施工前，应按设计要求在施工现场建造与工程实体完全相同的具有代表性的模拟墙。剖解后的模拟墙质量应符合设计要求，方可正式施工。

8.3.10 编制施工组织设计时，应根据设计按表8.3.10要求确定小砌块砌体施工质量控制等级。

表 8.3.10 小砌块砌体施工质量控制等级

项 目	施工质量控制等级		
	A	B	C
现场质量管理	监督检查制度健全，并严格执行；施工方有在岗专业技术管理人员，人员齐全，并持证上岗	监督检查制度基本健全，并能执行；施工方有在岗专业技术管理人员，并持证上岗	有监督检查制度；施工方有在岗专业技术管理人员
砌筑砂浆、混凝土强度	试块按规定制作，强度满足验收规定，离散性小	试块按规定制作，强度满足验收规定，离散性较小	试块按规定制作，强度满足验收规定，离散性大
砌筑砂浆拌合方式	机械拌合；配合比计量控制严格	机械拌合；配合比计量控制一般	机械或人工拌合；配合比计量控制较差
砌筑工人	中级工以上，其中高级工不少于30%	高、中级工不少于70%	初级工以上

注：1 砌筑砂浆与混凝土强度的离散性大小，应按强度标准差确定；

2 配筋小砌块砌体的施工质量控制等级不允许采用C级；对配筋小砌块砌体高层建筑宜采用A级。

8.4 墙体施工基本要求

8.4.1 墙体砌筑应从房屋外墙转角定位处开始。砌筑皮数、灰缝厚度、标高应与皮数杆标志相一致。皮数杆应竖立在墙体的转角和交界处，间距宜小于15m。

8.4.2 砌筑厚度大于240mm的小砌块墙体时，宜在墙体内外侧同时挂两根水平准线。

8.4.3 正常施工条件下，小砌块墙体（柱）每日砌筑高度宜控制在1.4m或一步脚手架高度内。

8.4.4 小砌块在砌筑前与砌筑中均不应浇水，尤其是插填聚苯板或其他绝热保温材料的小砌块。当施工期间气候异常炎热干燥时，对无聚苯板或其他绝热保温材料的小砌块及轻骨料小砌块可在砌筑前稍喷水湿润，但表面明显潮湿的小砌块不得上墙。

8.4.5 砌筑单排孔小砌块、多排孔封底小砌块、插填聚苯板或其他绝热保温材料的小砌块时，均应底面朝上反砌于墙上。

8.4.6 小砌块墙内不得混砌黏土砖或其他墙体材料。镶砌时，应采用实心小砌块（90mm×190mm×53mm）或与小砌块材料强度同等级的预制混凝土块。

8.4.7 小砌块砌筑形式应每皮顺砌。当墙、柱（独立柱、壁柱）内设置芯柱时，小砌块必须对孔、错缝、搭砌，上下两皮小砌块搭砌长度应为195mm；当墙体设构造柱或使用多排孔小砌块及插填聚苯板或其他绝热保温材料的小砌块砌筑墙体时，应错缝搭砌，搭砌长度不应小于90mm。否则，应在此部位的水平灰缝中设$\phi 4$点焊钢筋网片。网片两端与该位置的竖缝距离不得小于400mm。墙体竖向通缝不得超过2皮小砌块，柱（独立柱、壁柱）宜为3皮。

8.4.8 190mm厚的非承重小砌块墙体可与承重墙同时砌筑。小于190mm厚的非承重小砌块墙宜后砌，且应按设计要求从承重墙预留出不少于600mm长的$2\phi 6@400$拉结筋或$\phi 4@400$ T（L）形点焊钢筋网片；当需同时砌筑时，小于190mm厚的非承重墙不得与设有芯柱的承重墙相互搭砌，但可与无芯柱的承重墙搭砌。两种砌筑方式均应在两墙交接处的水平灰缝中埋置$2\phi 6@400$拉结筋或$\phi 4@400$ T（L）形点焊钢筋网片。

8.4.9 混合结构中的各楼层内隔墙砌至离上层楼板的梁、板底尚有100mm间距时暂停砌筑，且顶皮应采用封底小砌块反砌或用Cb20混凝土填实孔洞的小砌块正砌砌筑。当暂停时间超过7d时，可用实心小砌块斜砌楔紧，且小砌块灰缝及与梁、板间的空隙应用砂浆填实；房屋顶层内隔墙的墙顶应离该处屋面板板底15mm，缝内宜用弹性腻子或1：3石灰砂浆嵌塞。

8.4.10 小砌块采用内、外两排组砌时，应按下列要求进行施工：

1 当内、外两排小砌块之间插有聚苯板等绝热保温材料时，应采取隔皮（分层）交替对孔或错孔的砌筑方式，且上下相邻两皮小砌块在墙体厚度方向应搭砌，其搭砌长度不得小于90mm。否则，应在内、外两排小砌块的每皮水平灰缝中沿墙长铺设$\phi 4$点焊钢筋网片。

2 小砌块内、外两排组砌宜采用一顺一丁方式进行砌筑，但上下相邻两皮小砌块的竖缝不得同缝。

3 当内、外两排小砌块从墙底到墙顶均采取顺砌方式时，则应在内、外排小砌块的每皮水平灰缝中沿墙长铺设$\phi 4$点焊钢筋网片。

4 小砌块内、外两排之间的缝宽应为10mm，并与水平、垂直（竖）灰缝一致饱满。

8.4.11 砌筑小砌块的砂浆应随铺随砌。水平灰缝应满铺下皮小砌块的全部壁肋或单排、多排孔小砌块的封底面；竖向灰缝宜将小砌块一个端面朝上满铺砂浆，上墙应挤紧，并加浆插捣密实。灰缝应横平竖直。

8.4.12 砌筑时，墙（柱）面应用原浆做勾缝处理。缺灰处应补浆压实，并宜做成凹缝，凹进墙面2mm。

8.4.13 砌入墙（柱）内的钢筋网片、拉结筋和拉结件的防腐要求应符合设计规定。砌筑时，应将其放置在水平灰缝的砂浆层中，不得有露筋现象。钢筋网片应采用点焊工艺制作，且纵横筋相交处不得重叠点焊，应控制在同一平面内。2根$\phi4$纵筋应分置于小砌块内、外壁厚的中间位置，$\phi4$横筋间距应为200mm。

8.4.14 现浇圈梁、挑梁、楼板等构件时，支承墙的顶皮小砌块应正砌，其孔洞应预先用C20混凝土填实至140mm高度，尚余50mm高的洞孔应与现浇构件同时浇灌密实。

8.4.15 圈梁等现浇构件的侧模板高度除应满足梁的高度外，尚应向下延伸紧贴墙体的两侧。延伸部分不宜少于2皮～3皮小砌块高度。

8.4.16 固定现浇圈梁、挑梁等构件侧模的水平拉杆、扁铁或螺栓所需的穿墙孔洞宜在砌体灰缝中预留，或采用设有穿墙孔洞的异型小砌块，不得在小砌块上打凿安装洞。内墙可利用侧砌的小砌块孔洞进行支模，模板拆除后应用实心小砌块或C20混凝土填实孔洞。

8.4.17 预制梁、板直接安放在墙上时，应将墙的顶皮小砌块正砌，并用C20混凝土填实孔洞，或用填实的封底小砌块反砌，也可丁砌三皮实心小砌块（90mm×190mm×53mm）。

8.4.18 安装预制梁、板时，支座面应先找平后坐浆，不得两者合一，不得干铺，并按设计要求与墙体支座处的现浇圈梁进行可靠的锚固。预制楼板安装也可采用硬架支模法施工。

8.4.19 钢筋混凝土窗台梁、板的两端伸入墙内部位应预留孔洞。洞口的大小、位置应与此部位的上下皮小砌块孔洞完全一致，窗洞两侧的芯柱孔洞应竖向贯通。

8.4.20 墙体施工段的分段位置宜设在伸缩缝、沉降缝、防震缝、构造柱或门窗洞口处。相邻施工段的砌筑高度差不得超过一个楼层高度，也不应大于4m。

8.4.21 墙体的伸缩缝、沉降缝和防震缝内不得夹有砂浆、碎砌块和其他杂物。

8.4.22 基础或每一楼层砌筑完成后，应校核墙体的轴线位置和标高。对允许范围内的轴线偏差，应在基础顶面或本层楼面上校正。标高偏差宜逐皮调整上部墙体的水平灰缝厚度。

8.4.23 在砌体中设置临时性施工洞口时，洞口净宽度不应超过1m。洞边离交接处的墙面距离不得小于600mm，并应在洞口两侧每隔2皮小砌块高度设置长度为600mm的$\phi4$点焊钢筋网片及经计算的钢筋混凝土门过梁。

8.4.24 尚未施工楼板或屋面以及未灌孔的墙和柱，其抗风允许自由高度不得超过表8.4.24的规定。当允许自由高度超过时，应加设临时支撑或及时浇注灌孔混凝土、现浇圈梁或连梁。

表8.4.24 小砌块墙和柱的允许自由高度

墙（柱）厚度（mm）	墙和柱的允许自由高度（m）		
	风载（kN/m²）		
	0.3（相当于7级风）	0.4（相当于8级风）	0.6（相当于9级风）
190	1.4	1.0	0.6
240	2.2	1.6	1.0
390	4.2	3.2	2.0
490	7.0	5.2	3.4
590	10.0	8.6	5.6

注：1 本表适用于施工处相对标高H在10m范围的情况。如10m＜H≤15m，15m＜H≤20m时，表中的允许自由高度应分别乘以0.9、0.8的系数；如H＞20m时，应通过抗倾覆验算确定其允许自由高度；

2 当所砌筑的墙有横墙或其他结构与其连接，而且间距小于表中相应墙、柱的允许自由高的2倍时，砌筑高度可不受本表的限制。

8.4.25 砌筑小砌块墙体应采用双排外脚手架、里脚手架或工具式脚手架，不得在砌筑的墙体上设脚手孔洞。

8.4.26 在楼面、屋面上堆放小砌块或其他物料时，不得超过楼板的允许荷载值。当施工楼层进料处的施工荷载较大时，应在楼板下增设临时支撑。

8.5 保温墙体施工

8.5.1 小砌块孔洞中需填散粒状的绝热保温或隔声材料时，应砌一皮填满一皮，不得捣实。充填材料的性能指标应符合设计要求，且洁净、干燥。

8.5.2 孔洞内插填聚苯板或其他绝热保温材料的复合保温小砌块的砌筑要求、铺灰方法、搭砌长度等应符合本规程第8.4节相关条文的规定。砌筑时，应采用强度等级符合设计要求并具有保温功能的砌筑砂浆。

8.5.3 砌筑带内复合绝热保温层（板）的夹心复合保温小砌块墙体时，上下左右的小砌块内复合绝热保温层（板）应相互平直对接，不得留有缝隙。当内复合绝热保温层（板）具有阻断、隔绝墙体任何部位的热桥功能时，可不予对接，并按常用砌筑砂浆错位砌筑；当内复合绝热保温层（板）的长度和高度均未超出小砌块块体时，应用符合设计强度等级的保温砌筑砂浆砌筑。

8.5.4 90mm厚外叶墙与190mm厚内叶墙组成的小

砌块夹心墙施工应符合下列要求：

1 内、外叶墙小砌块的排块宜一一对应。

2 砌筑时，内、外叶墙均应挂水平准线，并按皮数杆上的标志先砌内叶墙后砌外叶墙，依次交替往上砌筑。

3 空腔两侧内、外叶墙的水平灰缝与竖缝应随砌随勾平缝，墙面应平整，不得挂有砂浆，并及时清除掉入空腔内的砂浆等杂物。

4 聚苯板或其他保温板材应在内、外叶墙每砌筑 2 或 3 皮时插入空腔内。板间的上下左右拼缝应正交、平直对接，不得歪斜、重叠，不得相互分离、留有缝隙。当空腔内同时设保温层和空气间层时，应将聚苯板或其他保温板材用胶粘剂粘贴在内叶墙墙面上，并按设计要求的位置、间距留设排水道和出水孔。保温板周边的胶粘剂应形成连续的封闭圈，板的中间部分可采用点粘法涂抹。涂胶粘剂的面积不得少于保温板面积的 40%；当采用浇注型硬质聚氨酯泡沫塑料、发泡脲醛树脂或现浇泡沫混凝土等保温材料时，应符合本规程第 8.13.23 和 8.13.24 条的规定。

5 钢筋网片的纵、横筋均应采用 $\phi4$ 钢筋，长度宜为房屋开间或相邻轴线间的距离，并需编号。纵、横筋组成的网片形状应与该开间或轴线内的小砌块排块图完全一致。内叶墙应设纵筋 2 根，分置于小砌块两个壁厚的中间；外叶墙仅在小砌块外侧壁厚 1/2 处设纵筋；内、外叶墙的竖向灰缝 1/2 宽度处设长横筋，间距应为 400mm；短横筋仅设在内叶墙小砌块中肋的中间位置，离长横筋间距应为 200mm。网片的纵、横筋均不宜位于小砌块孔洞处，并应按本规程第 8.4.13 条的要求进行焊接与埋置，竖向间距宜为 400mm ～ 600mm。

6 拉结件采用 $\phi4$ 热镀锌钢筋制成箍筋形状的拉结环时，其环箍的外围长度应比夹心墙厚度少 30mm，外围宽度宜为 40mm；当采用 $\phi6$ 热镀锌钢筋制成 Z 形拉结件时，其长度同拉结环，Z 形的弯钩长度不应小于 100mm。拉结件在同皮水平灰缝中的间距不得大于 800mm，竖向间距宜为 400mm ～ 600mm，且相邻上、下皮拉结件的水平投影间距应为 400mm，呈梅花状布置。

7 砌筑室内地面以下的夹心墙时，小砌块孔洞应用 C20 混凝土填实，空腔内填实高度宜为 400mm～600mm。

8 在夹心墙上安装预制挑梁或支设现浇圈梁的模板前，应在梁底处的外叶墙顶面铺 2 层～3 层油毡或聚苯板，不得将外叶墙作为挑梁与圈梁的支承点。

9 窗洞口两侧的夹心墙空腔处，应用 2mm 厚的钢板网全封闭。

10 砌筑时，门洞两侧内、外叶墙端部的孔洞处应埋置 $\phi6@400$ 拉结环或 $\phi6@200$ 拉结筋。墙端空腔中的保温材料不得外露，应用 1∶2 水泥砂浆或 C20 混凝土封闭；当采用现浇钢筋混凝土边框加强内、外叶墙时，边框的纵向钢筋应伸入现浇门过梁内，$\phi6@200$ 的水平箍筋两端应分别锚入内、外叶墙端部的小砌块孔洞中。

11 门洞两侧内叶墙端部的小砌块孔洞，应按插筋芯柱的要求进行施工；外叶墙端部的小砌块长孔可用 Cb20 混凝土填实。

8.5.5 190mm 厚度外叶墙与 90mm 厚度内叶墙组成的小砌块夹心墙施工应符合下列要求：

1 在多层砌体混合结构房屋中，190mm 厚度外叶墙在 L 形与 T 形节点处，可设置芯柱或构造柱。

2 在墙体设置芯柱的 L 形节点处，外墙与山墙应错缝搭砌并每隔 2 皮小砌块埋置转角的 $\phi4$ 点焊钢筋网片或 $2\phi6$ 拉结钢筋；在 T 形节点处，内墙不得与外墙搭砌，但仍应按 2 皮小砌块垂直间距设 $\phi4$ 点焊钢筋网片或 $2\phi6$ 拉结钢筋。芯柱数量、位置应按设计要求设置，且在 T 形部位内墙不得少于 3 孔芯柱。

3 在墙体设置构造柱的 L 形节点处，外墙、山墙与构造柱间应按 2 皮小砌块垂直间距埋设 $\phi4$ 点焊钢筋网片或 $2\phi6$ 拉结钢筋并留马牙槎口；在 T 形节点处，外墙与构造柱仍按前述要求设拉结筋，留马牙槎，但内墙仅将 $2\phi6@400$ 拉结钢筋锚入构造柱，不留槎口。构造柱在 L 形节点处的截面边长应与外墙、山墙厚度一致；在 T 形节点处，构造柱的外侧表面应平齐外墙面，其截面边长应与内墙厚度等宽，另一方向的截面边长宜为外墙厚度 190mm 减 20mm。

4 当墙体 T 形节点设芯柱时，邻近外墙的内墙第一块小砌块的端面从墙底到墙顶应用预先满贴聚苯板的小砌块砌筑。聚苯板厚度宜为 10mm；当 T 形节点设构造柱时，聚苯板厚度宜为 20mm。

5 保温墙夹心层（空腔）与 90mm 厚度的内叶墙可日后施工。保温板粘贴可在外叶墙较干燥时进行。

6 内、外叶墙间可不设拉结钢筋网片或任何形式的拉结件，但内叶墙两端与内墙应每隔 2 皮小砌块设置 $\phi4$ 点焊钢筋网片或 $2\phi6$ 拉结钢筋。当内叶墙高度超过 4m 时，宜在 1/2 墙高处设置与内墙连接且沿墙全长贯通的钢筋混凝土水平系梁。

7 墙体 T 形交接处的楼、屋面现浇圈梁中的纵向钢筋须连通，但混凝土在结合处的聚苯板位置留缝断开。缝宽宜为10mm～20mm，缝内宜充填聚氨酯填缝剂。

8 在不改变室内净宽度和净长度尺寸的前提下，外墙的定位轴线应设在 190mm 厚度的外叶墙上。

8.6 芯 柱 施 工

8.6.1 每根芯柱的柱脚部位应采用带清扫口的 U 型、E 型或 C 型等异型小砌块砌筑。

8.6.2 砌筑中应及时清除芯柱孔洞内壁及孔道内掉

落的砂浆等杂物。

8.6.3 芯柱的纵向钢筋应采用带肋钢筋，并从每层墙（柱）顶向下穿入小砌块孔洞，通过清扫口与从圈梁（基础圈梁、楼层圈梁）或连系梁伸出的竖向插筋绑扎搭接。搭接长度应符合设计要求。

8.6.4 用模板封闭清扫口时，应有防止混凝土漏浆的措施。

8.6.5 灌筑芯柱的混凝土前，应先浇 50mm 厚与灌孔混凝土成分相同不含粗骨料的水泥砂浆。

8.6.6 芯柱的混凝土应待墙体砌筑砂浆强度等级达到 1MPa 及以上时，方可浇灌。

8.6.7 芯柱的混凝土坍落度不应小于 90mm；当采用泵送时，坍落度不宜小于 160mm。

8.6.8 芯柱的混凝土应按连续浇灌、分层捣实的原则进行操作，直浇至离该芯柱最上一皮小砌块顶面 50mm 止，不得留施工缝。振捣时，宜选用微型行星式高频振动棒。

8.6.9 芯柱沿房屋高度方向应贯通。当采用预制钢筋混凝土楼板时，其芯柱位置处的每层楼面应预留缺口或设置现浇钢筋混凝土板带。

8.6.10 芯柱的混凝土试件制作、养护和抗压强度取值应符合现行国家标准《混凝土结构工程施工质量验收规范》GB 50204 的规定。混凝土配合比变更时，应相应制作试块。施工现场实测检验宜采用锤击法敲击芯柱外表面。必要时，可采用钻芯法或超声法检测。

8.7 构造柱施工

8.7.1 设置钢筋混凝土构造柱的小砌块墙体，应按绑扎钢筋、砌筑墙体、支设模板、浇灌混凝土的施工顺序进行。

8.7.2 墙体与构造柱连接处应砌成马牙槎，从每层柱脚开始，先退后进。槎口尺寸为长 100mm、高 200mm。墙、柱间的水平灰缝内应按设计要求埋置 ϕ4 点焊钢筋网片。

8.7.3 构造柱两侧模板应紧贴墙面，不得漏浆。柱模底部应预留 100mm × 200mm 清扫口。

8.7.4 构造柱纵向钢筋的混凝土保护层厚度宜为 20mm，且不应小于 15mm。混凝土坍落度宜为 50mm～70mm。

8.7.5 构造柱混凝土浇灌前，应清除砂浆等杂物并浇水湿润模板，然后先注入与混凝土成分相同不含粗骨料的水泥砂浆 50mm 厚，再分层浇灌、振捣混凝土，直至完成。凹形槎口的腋部应振捣密实。

8.8 填充墙体施工

8.8.1 小砌块填充墙的砌筑除应按本规程第 8.4 节的规定执行外，尚应符合本节要求。

8.8.2 小砌块堆放要求除符合本规程第 8.3.3 条的规定外，应充分利用在建框架结构的空间，将小砌块按每层的使用量分散堆放至各层楼面的墙体砌筑位置处。

8.8.3 轻骨料小砌块用于未设混凝土反梁或坎台（导墙）的厨房、卫生间及其他需防潮、防湿房间的墙体时，其底部第一皮应用 C20 混凝土填实孔洞的普通小砌块或实心小砌块（90mm×190mm×53mm）三皮砌筑。

8.8.4 填充墙与框架或剪力墙间的界面缝连接应按下列要求施工：

1 沿框架柱或剪力墙全高每隔 400mm 埋设或用植筋法预留 2ϕ6 拉结钢筋，其伸入填充墙内水平灰缝中的长度应按抗震设计要求沿墙全长贯通。

2 填充内墙砌筑时，除应每隔 2 皮小砌块在水平灰缝中埋置长度不得小于 1000mm 或至门窗洞口边并与框架柱（剪力墙）拉结的 2ϕ6 钢筋外，尚宜在水平灰缝中按垂直间距 400mm 沿墙全长铺设直径为 ϕ4 点焊钢筋网片。网片与拉结筋可不设在同皮水平灰缝内，宜相距一皮小砌块的高度。网片应按本规程第 8.4.13 条的要求进行制作与埋设，不得翘曲。铺设时，应将网片的纵、横向钢筋分置于小砌块的壁、肋上。网片间搭接长度不宜小于 90mm 并焊接。

3 除芯柱部位外，填充墙的底皮和顶皮小砌块宜用 C20 混凝土或 LC20 轻骨料混凝土预先填实后正砌砌筑。

4 界面缝采用柔性连接时，填充墙与框架柱或剪力墙相接处应预留 10mm～15mm 宽的缝隙；填充墙顶与上层楼面的梁底或板底间也应预留 10mm～20mm 宽的缝隙。缝内中间处宜在填充墙砌完后 28d 用聚乙烯（PE）棒材嵌塞，其直径宜比缝宽大 2mm～5mm。缝的两侧应充填聚氨酯泡沫填缝剂（PU 发泡剂）或其他柔性嵌缝材料。缝口应在 PU 发泡剂外再用弹性腻子封闭；缝内也可嵌填宽度为墙厚减 60mm，厚度比缝宽大 1mm～2mm 的膨胀聚苯板，应挤紧，不得松动。聚苯板的外侧应喷 25mm 厚 PU 发泡剂，并用弹性腻子封至缝口。

5 界面缝采用刚性连接时，填充墙与框架柱或剪力墙相接处的灰缝必须饱满、密实，并应二次补浆勾缝，凹进墙面宜 5mm；填充墙砌至接近上层楼面的梁、板底时，应留空隙 100mm 高。空隙宜在填充墙砌完后 28d 用实心小砌块（90mm× 190mm× 53mm）斜砌挤紧，灰缝等空隙处的砂浆应饱满、密实。

6 填充墙与框架柱或剪力墙之间不埋设拉结钢筋，并相离 10mm～15mm；墙的两端与墙中或 1/3 墙长处以及门窗洞口两侧各设 2 孔～3 孔配筋芯柱或构造柱，其纵筋的上下两端应采用预留钢筋、预埋铁件、化学植筋或膨胀螺栓等连接方式与主体结构固定；墙体内应按本条第 2 款的要求，在砌筑时每隔 2

皮小砌块沿墙长铺设 $\phi4$ 点焊钢筋网片；墙顶除芯柱或构造柱部位外，宜留 10mm～20mm 宽的缝隙，并按本条第 4 款的要求进行界面缝施工。填充外墙尚应在窗台与窗顶位置沿墙长设置现浇钢筋混凝土连系带，并与各芯柱或构造柱拉结。连系带宜用 U 型小砌块砌筑，内置的纵向水平钢筋应符合设计要求且不得小于 $2\phi12$。

8.8.5 小砌块填充墙与框架柱、梁或剪力墙相接处的界面缝的正反两面，均应平整地紧贴墙、柱、梁的表面钉设钢丝直径为 0.5mm～0.9mm、菱形网孔边长 20mm 的热镀锌钢丝网。网宽应为缝两侧各 200mm，且不得使用翘曲、扭曲等不平整的钢丝网。固定钢丝网的射钉、水泥钉、骑马钉（U 形钉）等紧固件应为金属制品并配带垫圈或压板压紧。同时，在此部位的抹灰层面层且靠近面层的表面处，宜增设一层与钢丝网外形尺寸相同由聚酯纤维制成的无纺布或薄型涤棉平布。

8.8.6 小砌块填充墙内设置构造柱时，应按本规程第 8.7 节的规定进行施工。

8.8.7 填充墙中的芯柱施工除底部设清扫口外，尚应在 1/2 柱高与柱顶处设置。芯柱纵向钢筋的下料长度应为 1/2 柱高加搭接长度，数量应为两根，并应同时放入中部的清扫口。一根纵筋应通过底部清扫口与本层楼面的竖向插筋或其他方式固定；另一根纵筋应在砌到墙顶时通过中部清扫口向上提升，在顶部清扫口与上层梁、板底的预留筋或其他方式连接。底部清扫口应在清除孔道内砂浆等杂物后先行封模；中部清扫口应在芯柱下半部的混凝土浇灌、振捣完成后封闭，并继续浇灌直至顶部清扫口下缘。顶部清扫口内应用 C20 干硬性混凝土或粗砂拌制的 1∶2 水泥砂浆填实。

8.8.8 小砌块填充外墙当采用带有锚栓的外保温系统时，其小砌块的强度等级不得低于 MU5.0 级且外壁厚度不得少于 30mm。

8.8.9 内嵌式填充外墙当采用复合保温小砌块砌筑时，宜将整个墙体外挑，其挑出宽度不得大于 50mm，且应沿墙底全长用经防腐处理的金属托条支承。托条宜采用一肢宽度为 40mm～50mm、厚度不小于 5mm 的不等边角钢或高强铝合金件，且与主体结构的梁、柱或墙固定。

8.8.10 填充外墙采用夹心复合保温小砌块砌筑时，宜采取外贴式外包框架外柱；当采用内嵌式砌筑时，应按本规程第 8.8.9 条的要求将整个墙体外挑。

8.8.11 填充外墙采用夹心墙时，190mm 厚度的外叶墙不宜外挑并外包框架柱。框架柱外侧应按设计要求粘贴保温板或其他保温材料。保温夹心层（空腔）与 90mm 厚度的内叶墙可日后施工。内叶墙与框架柱连接应按本规程第 8.8.4 条第 1 款要求施工；当采用内嵌式砌筑时，应将 190mm 厚度的外叶墙外挑，并按本规程第 8.8.9 条要求施工。保温夹心层（空腔）与 90mm 厚度的内叶墙可日后施工；当 90mm 厚度墙作外叶墙、190mm 厚度墙为内叶墙时，应采取不外挑的外贴式外包框架外柱或按内嵌式填充外墙进行砌筑，其施工要求应符合本规程第 8.5.4 条的规定。严禁内嵌式填充外墙将 90mm 厚度外叶墙外挑。

8.8.12 框架结构中的楼梯间、通道、走廊、门厅、出入口等人流通过的交通区域，该范围内的填充墙两侧墙面应分层抹 1∶2 水泥砂浆钢丝网面层，总厚度宜为 20mm。钢丝网的规格、尺寸应符合本规程第 8.8.5 条的要求。

8.9 单层房屋非承重围护墙体施工

8.9.1 小砌块用于生产性用房（厂房、车间、仓库等）与非生产性用房（食堂、练习房、多功能厅等）的单层房屋的非承重围护墙时，其砌筑要求应符合本规程第 8.4 节的有关规定。

8.9.2 围护墙与房屋主体结构钢筋混凝土柱连接的拉结筋应为 $2\phi6$ 钢筋，竖向间距 400mm，埋入墙内水平灰缝中的长度不得小于 700mm；围护墙与钢柱间的连接构造、焊缝形式、焊缝长度和厚度应符合设计要求。

8.9.3 门窗洞口两侧的单排孔小砌块孔洞，应用 C20 普通混凝土或 LC20 轻骨料混凝土灌孔填实；双排孔或多排孔小砌块的孔洞宜填实后砌筑。

8.9.4 围护墙的窗台处，应设现浇或预制的钢筋混凝土窗台梁、板。当无窗台梁或窗台板时，应将窗台长度范围内的顶面一皮小砌块孔洞用 C20 混凝土填实；对插填聚苯板或其他绝热保温材料的小砌块应用 2mm 厚的钢板网封闭顶面，外抹 1∶2 水泥砂浆。

8.9.5 设有钢筋混凝土抗风柱的单层房屋的山墙，应在柱顶与屋架以及屋架间的支撑均已连接固定后，方可砌筑。

8.9.6 围护墙的壁柱与山墙的抗风柱应采用强度等级不得低于 MU7.5 级单排孔小砌块砌筑。相邻的上下皮小砌块应对孔搭砌，竖向通缝不得超过 3 皮，并应将壁柱与抗风柱范围内的所有孔洞用 Cb20 混凝土全高灌实。当柱的孔洞内设有纵向钢筋时，应按本规程第 8.10 节的要求进行施工。

8.9.7 清水围护墙应采用符合抗渗性指标要求的小砌块砌筑，除灰缝砌筑饱满、勾缝密实外，墙面应至少刷两遍中、高档弹性防水涂料。

8.9.8 围护墙上现浇圈梁、连梁、过梁等构件的施工，应符合本规程第 8.4.13～8.4.15 条的规定。

8.9.9 小砌块山墙顶部的斜坡或卧梁应用 C20 混凝土现浇，内埋铁件与屋面构件或纵向连系杆连接。

8.10 配筋小砌块砌体施工

Ⅰ 小砌块砌筑

8.10.1 配筋小砌块砌体应采用带功能缝的小砌块砌筑，并应符合本规程第8.4节和本节的要求。

8.10.2 灌孔混凝土墙、柱的每层第一皮应用带清扫口的小砌块砌筑。

8.10.3 设置墙体水平钢筋的小砌块槽口应在砌筑时按需随砌随敲，且槽口应向下反砌。

8.10.4 小砌块水平灰缝砂浆宜铺一块砌一块；竖缝砂浆仅铺于小砌块端面两边缘部位，中间凹槽面不得铺灰，应为空腔。

8.10.5 砌筑时，应随砌随清理孔道内壁和竖缝空腔内被挤出的砂浆，并用原浆勾缝。

8.10.6 高层小砌块配筋砌体当采用夹心墙时，应按本规程第8.5.4条的规定进行施工。

Ⅱ 钢 筋 施 工

8.10.7 配筋小砌块墙体内的水平钢筋应置于反砌小砌块的槽口内，并应对称位于墙体中心线两侧，水平中距宜为80mm，用定位拉筋固定；水平筋的竖向间距应符合设计要求。环箍钢筋、S形拉筋应埋置在水平灰缝砂浆层中，不得露筋。

8.10.8 墙、柱的纵向钢筋应按本规程第8.6.3条的要求进行穿孔安装。

8.10.9 配筋小砌块墙体内的上下楼层的纵向钢筋（竖筋），宜对称位于小砌块孔洞中心线两侧并相互搭接；竖筋在每层墙体顶部处应用定位钢筋焊接固定；竖筋表面离小砌块孔洞内壁的水平净距不宜小于20mm。

8.10.10 环箍钢筋的两端应焊接闭合，且在同一平面。

8.10.11 独立柱与壁柱的每个小砌块孔洞中宜放置1根纵向钢筋，不应超过2根。当孔内设置2根时，两根钢筋的搭接接头不得在同一位置，应上下错开一个搭接长度的距离。

8.10.12 独立柱、壁柱的箍筋与拉筋应埋设在水平灰缝或灌孔混凝土中。箍筋与拉筋置于灌孔混凝土内时，应将其通过小砌块壁、肋的部位开出槽口。槽的宽度宜比箍筋或拉筋的直径大2mm，高度宜为50mm；箍筋与拉筋置于水平灰缝时，其直径不得大于10mm。

Ⅲ 灌孔混凝土施工

8.10.13 灌孔混凝土浇灌前，应按工程设计图对墙、柱内的钢筋品种、规格、数量、位置、间距、接头要求及预埋件的规格、数量、位置等进行隐蔽工程验收。

8.10.14 墙肢较短的配筋小砌块砌体与独立柱，在浇灌混凝土前应有防止砌体侧向移位的措施。

8.10.15 灌孔混凝土应采用粗骨料粒径5mm～16mm的预拌混凝土。浇灌时，混凝土不得有离析现象。坍落度宜为230mm～250mm。

8.10.16 灌孔混凝土浇灌应按本规程第8.6.4～第8.6.6条及第8.6.8条要求执行，并符合下列规定：

1 采用混凝土泵浇灌时，混凝土应经浇灌平台再入模（墙、柱），不得直接灌入墙、柱内。

2 振捣时，应逐孔按顺序捣实。振动棒在小砌块各个孔洞内的插入深度宜一致，不得遗漏或重复振捣。

3 浇灌时，应防止混凝土流入非承重墙的小砌块孔洞内。

8.11 管线与设备安装

8.11.1 水、电等管线应按小砌块排块图的要求进行敷设安装，并应与土建施工进度密切配合。

8.11.2 设计规定或施工所需的孔洞、沟槽与预埋件等，应在砌筑时预留或预埋，不得在已砌筑的墙体上打洞和凿槽。设计更改或施工遗漏的少量孔洞、沟槽宜用石材切割机开设。

8.11.3 水、电、煤气管道的进户水平向总管应埋于室外地面下；竖向总管应敷设于管道井内或楼梯间等阴角部位。

8.11.4 照明、电信、有线电视等线路可采用内穿12号钢丝的白色增强塑料管。水平管线宜敷设在圈梁（连梁）模板内侧或现浇混凝土楼板（屋面板）中，也可埋于专供安装水平管的带凹槽的异型小砌块内，凹槽深50mm，宽为130mm；竖向管线应随墙体砌筑埋设在小砌块孔洞内或在墙内水平钢筋与小砌块孔洞内壁之间。管线出口处应采用U型小砌块（190mm×190mm×190mm）竖砌或用石材切割机开出槽口，内埋安装开关、插座的接线盒等配件，四周应用水泥砂浆填实且凹进墙面2mm。

8.11.5 冷、热给水管应明装。当非配筋墙体需暗设时，水平管可敷设在带凹槽的异型小砌块内；立管宜安装在E型或ㄖ型小砌块的开口孔洞中。给水管道经试水验收合格，应按本规程第8.11.6条的要求进行封闭。

8.11.6 安装在小砌块凹槽内与开口孔洞中的管道应用管卡与墙体固定，不得有松动、反弹现象。浇水湿润后用1∶2水泥砂浆或C20干硬性细石混凝土填实凹槽，封闭面宜低凹于墙面2mm。外设10mm×10mm直径为0.5mm～0.9mm的钢丝网。网宽应跨过槽、洞口，每边与墙搭接的宽度不得小于100mm。

8.11.7 污水管、粪便管等排水管不论立管还是水平管均宜明管安装。

8.11.8 挂壁式的卫生设备安装宜用膨胀螺栓与墙体

固定。

8.11.9 电表箱、电话箱、水表箱、煤气表箱、有线电视铁盒及信报箱等应按设计要求在砌筑墙体时留设或明装。当安装表箱的洞口宽度大于400mm时，洞顶应设外形尺寸符合小砌块模数的钢筋混凝土过梁。

8.11.10 脱排油烟机和空调机的排气管与排水管应按集中排放的要求，预留出墙洞口的位置。在外墙面同一部位的上下洞口位置应垂直对齐，洞口直径的允许偏差为15mm，上下洞口位置偏移不得大于20mm。

8.12 门窗框安装

8.12.1 木门窗框两侧与非配筋墙体连接处的上、中、下部位，宜砌入单排孔小砌块（190mm×190mm×190mm）。孔洞内应预埋满涂沥青的楔形木块，其端头小的端面应与小砌块洞口齐平，四周用C20混凝土填实，或砌入3皮一顺一丁的实心小砌块（90mm×190mm×53mm）。木门窗框应用铁钉与木块连接或用射钉、膨胀螺栓与实心小砌块固定。

8.12.2 配筋小砌块墙体及非配筋墙体的门窗洞口两侧的小砌块用C20普通混凝土或LC20轻骨料混凝土填实时，门窗框与墙体间的连接件可采用射钉或膨胀螺栓固定，其施工方法同实心混凝土墙体（剪力墙）的门窗安装。

8.12.3 工业建筑、公共建筑及单层房屋中的大型、重型及组合式的门窗安装，应按设计要求在洞边和洞顶现浇钢筋混凝土门窗框与过梁。夹心墙上的门窗洞现浇钢筋混凝土框时，应按本规程第8.5.4条要求与内、外叶墙连接。

8.12.4 外墙门窗框与墙体间空隙的室外一侧应采用外墙弹性腻子封闭，室内侧及内墙门窗框与墙的间隙处均应用聚氨酯泡沫填缝剂（PU）充填。

8.12.5 外墙为外保温系统时，门窗框与墙体之间预留的缝隙宽度应考虑保温层的厚度。整个保温系统遮盖门窗框的宽度不应大于20mm。

8.13 墙体节能工程施工

8.13.1 小砌块外墙保温系统各组成部分的构造、材料性能、技术要求及保温系统的整体性能与试验方法应符合国家现行标准《外墙外保温工程技术规程》JGJ 144、《建筑节能工程施工质量验收规范》GB 50411、《膨胀聚苯板薄抹灰外墙外保温系统》JG 149、《胶粉聚苯颗粒外墙外保温系统》JG 158、《喷涂硬质聚氨酯泡沫塑料》GB/T 20219、《硬泡聚氨酯保温防水工程技术规范》GB 50404、《建筑保温砂浆》GB/T 20473等标准的规定。

8.13.2 外墙饰面层面砖的胶粘剂、勾缝剂的性能应分别符合现行行业标准《陶瓷墙地砖胶粘剂》JC/T 547与《陶瓷墙地砖填缝剂》JC/T 1004的要求。

8.13.3 外墙饰面层涂料的性能应符合现行国家标准《合成树脂乳液外墙涂料》GB/T 9755的要求。

8.13.4 施工现场应对下列材料的性能进行见证取样送检复验：

1 保温材料的导热系数、密度、抗压强度或压缩强度。

2 粘贴保温板的胶粘剂、面砖胶粘剂的粘结强度。严寒和寒冷地区尚应进行冻融试验，其试验结果应符合当地最低气温环境的使用要求。

3 耐碱涂塑玻璃纤维网格布、热镀锌电焊钢丝网的力学性能、抗腐蚀性能。

4 锚栓的抗拉承载力。

8.13.5 施工现场应对下列项目进行拉拔试验：

1 膨胀聚苯板、聚氨酯硬泡保温板、岩棉板等保温板材与基层的粘结强度；

2 后置入的锚栓锚固力；

3 饰面砖与防护层或基层的粘结强度。

8.13.6 组成小砌块外墙保温系统的各构造层的施工工序，均应列为隐蔽工程验收项目，每道工序验收合格方可进入下一施工顺序。

8.13.7 小砌块外墙保温系统施工前，墙体基层或找平层应平整、干净，不得有杂物、油污，其表面平整度的允许偏差应为4mm，立面垂直度允许偏差应为5mm。

8.13.8 保温层表面的平整度、垂直度及阴阳角方正的偏差均不超过4mm时，方可进行抗裂砂浆或抹面胶浆防护层施工。

8.13.9 抗裂砂浆或抹面胶浆防护层表面的平整度、垂直度及阴阳角方正的偏差均不超过3mm时，方可进行饰面层施工。

8.13.10 膨胀聚苯板、聚氨酯硬泡保温板、岩棉板等保温板材的粘贴应符合下列规定：

1 保温板粘贴宜采用满粘法。

2 膨胀聚苯板出厂前应在自然条件下陈化42d或在60℃蒸气中陈化5d。陈化时间不足的膨胀聚苯板不得上墙粘贴。

3 墙体找平层表面应按排板图的要求弹线标明每一行保温板的粘贴位置。粘贴顺序应自下而上沿水平方向横向铺贴，上下相邻两行板缝应错缝搭接；墙体阴阳角部位应楼口咬合；门窗洞口处应用整板粘贴，板间接缝离洞口四角不得小于200mm。现场裁切保温板的切口边缘应平直。

4 膨胀聚苯板不得用于高度100m及以上的居住建筑和高度50m及以上的公共建筑外墙外保温工程。

8.13.11 外墙外保温系统锚栓施工应符合下列规定：

1 锚栓应采用拧入打结式。螺钉应用不锈钢或镀锌的沉头自攻钢钉，锌的涂层厚度不得小于5μm；膨胀套管外径应为7mm～10mm，用尼龙6或尼龙66制成，不得使用回收的再生材料，且应带大于ϕ50塑料圆盘压住保温板或带U形金属压盘固定钢丝网。单个锚栓抗拉承载力标准值不得小于0.8kN。

2 锚栓安装应在保温板粘贴24h后进行。锚栓孔应采用旋转方式钻孔并清孔。孔深应大于锚栓长度至少20mm，锚入墙体小砌块内的有效深度不得少于25mm。当房屋高度为20m及以下时，锚栓数量不宜少于6个/m^2；房屋高度超过20m时宜为8个/m^2，且墙体阳角两侧各2.4m宽的部位宜每平方米增加2个。板的四角、中心部位及板长边的中间点位置均应设置锚栓。

8.13.12 膨胀聚苯板薄抹灰的抹面胶浆防护层厚度不应小于3mm，也不宜大于6mm，并分底、面两层。底层抹面胶浆可直接抹在膨胀聚苯板面上，厚度宜为2mm～3mm。耐碱涂塑玻璃纤维网格布（以下简称耐碱网布或网布）应及时进行铺贴。门窗洞口四角和墙体阴阳角等处的加强型耐碱网布应先平整压入底层胶浆中，连续铺贴的大面积普通型网布应压盖局部、分散的加强型网布，不得褶皱、空鼓、翘边。耐碱网布间竖、横向搭接宽度均不宜少于100mm；墙体阳角处网布的转角包边宽度应为200mm，阴角处的转角搭接宽度不得少于150mm。面层抹面胶浆应在底层胶浆稍干涂抹，厚度宜为1mm～3mm，并应全遮盖耐碱网布。

8.13.13 胶粉聚苯颗粒保温浆料（以下简称保温浆料或浆料）施工前，应在墙体基层表面涂刷或滚刷界面砂浆，厚度宜为2mm。界面砂浆中的水泥与中细砂应先均匀混合成干混料，使用时拌入界面剂。

8.13.14 保温浆料施工应符合下列要求：

1 保温浆料应为袋装干混预拌料。施工现场取样的保温浆料干密度应为180kg/m^3～250kg/m^3。施工中应制作同条件养护试件，并见证取样送检。

2 保温浆料层的厚度、平整度与垂直度的控制应按外墙抹灰工艺的要求进行。施工时，应分遍抹浆料，每遍厚度不宜超过20mm，且间隔时间应大于24h。第一遍浆料应抹压实，面层浆料应平整，厚度宜为10mm。浆料与基层及各构造层之间的粘结必须牢固，不应脱层、空鼓和开裂。保温浆料应随拌随用，并在4h内用完，回收落地的保温浆料应及时拌合使用。

3 在严寒和寒冷地区，不得将浆料类外墙外保温系统作为单一的外保温材料使用，但可与高效保温材料复合应用。

8.13.15 抗裂砂浆应由42.5级普通硅酸盐水泥、中砂、抗裂剂按1∶3∶1重量比组成。预拌干混抗裂砂浆应按照该产品的使用要求加水拌合，并宜在2h内用完。稠度宜为80mm～130mm。

8.13.16 抗裂砂浆防护层采用耐碱网布增强时，其底层厚度宜为2mm～3mm。耐碱网布应按本规程第8.13.12条的要求进行铺贴，但房屋首层（底层）外墙面应粘贴双层耐碱网布，第一层加强型耐碱网布可采用平缝对接，第二层普通型耐碱网布应搭接。铺贴顺序应先抹抗裂砂浆并及时压入第一层耐碱网布，再抹抗裂砂浆压入第二层耐碱网布，上下两层耐碱网布搭接位置应错开。首层墙体阳角部位在第一层耐碱网布铺贴后应及时安装35mm×35mm×0.5mm的金属护角并压实；抹第二遍抗裂砂浆压第二层耐碱网布时，应包裹整个护角。面层抗裂砂浆应在底层抗裂砂浆稍干涂抹，厚度宜为1mm～3mm，并应全覆盖所有的耐碱网布。

8.13.17 饰面层为面砖时，抗裂砂浆防护层中的增强网应采用热镀锌电焊钢丝网（以下简称钢丝网）代替耐碱网布，并应用锚栓固定。

8.13.18 抗裂砂浆防护层采用钢丝网增强时，其底层厚度宜为3mm～5mm；面层砂浆应在钢丝网铺设完成并检查合格后涂抹，厚度宜为5mm～7mm，且应全覆盖钢丝网。砂浆层总厚度宜为（10±2）mm。

8.13.19 外墙外保温系统中钢丝网施工应符合下列要求：

1 钢丝网丝径宜为0.9mm，网孔尺寸为12.5mm×12.5mm，并用克丝钳剪成长度不超过3m，宽度宜为楼层高度的网片并整平。墙体阴阳角和门窗洞口部位的钢丝网应用专用成型机将其预先折成方正直角。

2 钢丝网应按从上到下、自左至右的顺序铺设，并将呈弧形弯曲面的钢丝网内侧面朝向抗裂砂浆底层，不得有凸鼓、褶皱和翘曲等现象。钢丝网应用带金属U形压盘的尼龙锚栓固定。锚栓安装与钢丝网铺设应前后配合同步进行。锚栓锚入墙体小砌块内的深度不得小于25mm，间距宜为400mm，呈梅花状布置。局部铺设不平整之处，宜用12号镀锌钢丝制作的U形卡压平固定。钢丝网的竖、横向搭接宽度应大于50mm，并用22号镀锌钢丝绑扎连接。钢丝网在墙体阳角部位应转角包边，宽度不得少于200mm，在阴角处的弯折宽度应为150mm。门窗洞侧面、女儿墙、变形缝等处的钢丝网应用带金属U形压盘的尼龙锚栓或带钢垫片的水泥钉与墙体固定。

8.13.20 小砌块外墙采用岩棉板外墙外保温系统施工应符合下列要求：

1 岩棉板的性能应符合现行国家标准《建筑用岩棉、矿渣棉绝热制品》GB/T 19686和《绝热用岩棉、矿渣棉及其制品》GB/T 11835的规定。

2 岩棉板外墙外保温系统应采用耐碱网布和钢丝网“双网”增强网结构。

3 岩棉板表面应涂刷界面砂浆后方可进行下一道工序。

4 当饰面层为涂料时，钢丝网应直接铺设在岩棉保温板板面，抗裂砂浆防护层应覆盖耐碱网布；当饰面层为面砖时，耐碱网布应压入底层抗裂砂浆并紧贴岩面板板面，钢丝网应铺设在网布外侧，并用锚栓固定。面层抗裂砂浆应全覆盖钢丝网。

5 采用面砖饰面时，岩棉板的抗拉强度应大于0.015MPa；耐碱网布的经、纬向耐碱断裂强力应大于1250N/50mm。

8.13.21 小砌块外墙采用泡沫玻璃保温系统的施工应符合下列要求：

1 泡沫玻璃的性能应符合现行行业标准《泡沫玻璃绝热制品》JC/T 641的规定。

2 泡沫玻璃可用于内、外保温系统，其各部分的构造层均应为：墙体基层、粘贴层、泡沫玻璃保温层、防护层和饰面层组成。

3 当粘结层使用胶粘剂粘贴泡沫玻璃时，应符合本规程第8.13.10条的规定，可不设锚栓固定。

4 抗裂砂浆防护层应按本规程第8.13.15条和第8.13.16条的规定施工。耐碱网布应视工程情况按需设置。

5 外墙室外饰面层应使用乳液型弹性外墙涂料；外墙室内饰面层可用涂料、墙纸或粘贴纸面石膏板。

8.13.22 小砌块外墙采用喷涂聚氨酯硬泡外墙外保温系统施工应符合下列要求：

1 喷涂聚氨酯硬泡保温层前，墙体基层应先抹聚氨酯底漆或抹面胶浆。

2 喷涂施工时的环境温度宜为10℃～40℃，风速不应大于5m/s三级风。当施工环境温度低于10℃时，应有保证喷涂质量的措施。

3 喷枪口距作业面的距离不宜超过1.5m，且应遮挡、保护门窗、阳台等不需喷涂的部位和部件。

4 聚氨酯硬泡的喷涂厚度标志应均匀布设整个墙面。每次喷涂厚度宜为10mm，不得流淌。上一层喷涂的聚氨酯硬泡表面不粘手时，方可喷涂下一层。

5 喷涂后的聚氨酯硬泡保温层应充分熟化后方可进行下道工序施工。

6 不平整的聚氨酯硬泡保温层表面应抹界面砂浆层与保温浆料或保温砂浆找平层。

7 抗裂砂浆覆盖增强网的施工要求应符合本规程第8.13.16条和第8.13.18条的规定。

8.13.23 小砌块夹心墙中的保温层为现场浇注聚氨酯硬泡、发泡脲醛树脂或泡沫混凝土保温材料时，应符合下列要求：

1 浇注聚氨酯硬泡、发泡脲醛树脂或泡沫混凝土保温材料前，每层内、外叶墙的砌筑、勾缝等工序应完成，且夹心墙空腔部位的门窗等洞口周边应严密封闭，不得渗漏。

2 浇注时，小砌块墙体的砌筑砂浆强度等级不得低于1MPa。

3 浇注应采取循环、连续、间隔的浇注方式进行作业，一次浇注高度宜为350mm～500mm。

4 浇注后，在墙顶圈梁等楼、屋面构件尚未施工前，应予遮盖保护。

5 泡沫混凝土的导热系数、干密度、抗压强度等性能指标应符合墙体节能设计的要求。

6 泡沫混凝土宜采用预拌混凝土，或在现场制备，就地浇注，两种拌制方式，均应见证取样送检复验。

8.13.24 单排孔小砌块墙体灌注聚氨酯硬泡、发泡脲醛树脂或泡沫混凝土时，应符合下列要求：

1 灌注的保温材料其导热系数、密度、强度等性能指标应符合墙体节能设计的规定。

2 墙体交接处应设构造柱，且不留马牙槎口，应采用平直缝及拉结筋连接。在墙体T形结合处，内墙紧邻构造柱的第一块小砌块从墙底到墙顶均应用复合保温小砌块或紧贴构造柱的端面粘有厚度10mm～20mm聚苯板的小砌块砌筑。

3 每层外墙的第一皮小砌块应设清扫口。当孔洞内的杂物清理完成并在灌注绝热保温材料前应予封闭。

4 过梁、圈梁应为节能型现浇钢筋混凝土构件。

5 保温材料的灌注应按房屋楼层分层进行，且所灌注的墙体其砌筑及墙内管线埋设等作业已经完成。

6 灌注时，小砌块砌体的砌筑砂浆强度等级应达到1MPa及以上。

8.13.25 小砌块墙体采用保温砂浆保温时，应符合下列要求：

1 保温砂浆施工前，应对小砌块墙体基层（找平层）进行界面处理。

2 保温砂浆分层厚度不应大于20mm。保温砂浆层的厚度宜为10mm～30mm，且应分遍施工，每遍的砂浆厚度不宜大于10mm。后一遍保温砂浆应在前一遍保温砂浆初凝且表面有一定强度后方可施工。抹时可适度用力，但不宜过大，不得在同一部位反复抹压。

3 保温砂浆的外保温抹灰顺序应由上向下，内保温可由顶层开始。墙体阳角、门窗洞口、踢脚线等易被碰撞的部位应用水泥砂浆做护角或踢脚线。

4 保温砂浆层的表面应用聚合物抗裂砂浆层罩面，厚度宜为3mm～5mm。抗裂砂浆层内应压贴耐碱网布。

5 饰面层材料应采用涂料。

6 施工中应制作同条件养护试件，检测其导热系数、干密度和抗压强度，并应见证取样送检。

8.13.26 外墙外保温防火隔离带设置应符合国家现行有关标准的规定。

8.13.27 外保温施工时，对聚苯板、聚氨酯等非A级保温材料的保管、使用应有防火应急预案，并实行全过程、全方位的防火监控与设防。

8.13.28 饰面层应采用乳液型弹性外墙涂料。施工时，防护层应干燥，并应按“一底二面”分遍涂刷，对要求较高的工程可增加涂层的遍数。后一遍涂料的涂刷应待前一遍涂料表面干燥后方可进行。避免在大风、强日照的天气条件下施工。

8.13.29 饰面层面砖施工应符合下列要求：

1 面砖自重不应大于 30kg /m²，厚度宜为 8mm～10mm，砖面尺寸长度×宽度应小于或等于 300mm×300mm 或 200mm×400mm，单块面积不应大于 0.09m²，吸水率应在 3 %以下，且砖背面应有燕尾槽。

2 面砖粘贴应在表面拉毛的抗裂砂浆层完成且稍湿养护 7d 后进行。粘结层厚度宜为 3mm ～ 5mm，应采用满粘法自上而下粘贴，必须粘贴牢固，不得出现空鼓。面砖间的缝宽不应小于 5mm，不得密缝粘贴。

3 面砖勾缝剂应为高憎水型，并具有柔性。勾缝施工离面砖完工时间应至少相隔 2d。勾缝应按先平缝后竖缝的顺序进行，且应连续、平直、光滑、无裂纹、无空鼓。缝深不宜大于 2mm，可采用平缝。

8.13.30 房屋楼层数的 1/4～1/5 的顶部楼层，其室内抹灰及装饰装修宜在屋面保温层乃至整个屋面工程完工后进行。

8.13.31 房屋外墙抹灰及外保温工程应待屋面工程全部完工后进行。

8.13.32 墙面抹灰前及设有钢丝网的部位，应先用有机胶拌制的水泥浆或界面剂等材料满涂后，方可进行抹灰施工。

8.13.33 抹灰前墙面不宜洒水。天气炎热干燥时可在操作前 1h～2h 适度喷水。

8.13.34 墙面抹灰应分层进行，总厚度宜为 15mm～20mm。

8.14 雨期、冬期施工

8.14.1 雨量为小雨及以上时，应停止砌筑，并对已砌筑的砌体与堆放在室外的小砌块进行遮盖。继续砌筑时，应先复核砌体垂直度。

8.14.2 室外日平均气温连续 5d 稳定低于 5℃或气温骤然下降以及冬期施工期限以外的日最低气温低于 0℃时，均应采取冬期施工措施。

8.14.3 冬期施工，砌筑砂浆的稠度应视实际情况适当减小。日砌筑高度不宜超过 1.2m。

8.14.4 小砌块砌体冬期施工应按国家现行标准《砌体结构工程施工质量验收规范》GB 50203 和《建筑工程冬期施工规程》JGJ/T 104 的规定执行。

8.14.5 冬期小砌块砌体施工所用的材料，应符合下列要求：

1 不得使用表面结冰的小砌块；

2 砌筑砂浆宜用普通硅酸盐水泥拌制；

3 石灰膏应防止受冻；遭冻结的石灰膏应融化后使用；

4 砌筑砂浆、构造柱混凝土和灌孔混凝土所用的砂与粗骨料不得含有冰块和直径大于 10mm 的冻结块；

5 拌合砌筑砂浆时，水的温度不得超过 80℃，砂的温度不得超过 40℃，砂浆稠度宜较常温减小；

6 干粉砂浆应按需适量拌制，随拌随用；

7 现场拌制、储存与运送砂浆应有冬期施工措施。

8.14.6 冬期施工应及时用保温材料对新砌砌体进行覆盖，砌筑面不得留有砂浆。继续砌筑前，应清扫砌筑面。

8.14.7 冬期施工时，砌筑砂浆的强度等级应视气温的高低比常温施工至少提高 1 级。

8.14.8 冬期施工时，砌筑砂浆试块的留置除应按常温规定外，尚应增留不少于 1 组与砌体同条件养护的试块，测试检验 28d 强度。

8.14.9 砌筑砂浆使用时的温度不应低于 5℃。

8.14.10 记录冬期砌筑的施工日记除应按常规要求外，尚应记载室外空气温度、砌筑时砂浆温度、外加剂掺量以及其他有关数据。

8.14.11 构造柱混凝土与灌孔混凝土的冬期施工应按现行行业标准《建筑工程冬期施工规程》JGJ/T 104 的规定执行。

8.14.12 基土无冻胀性时，基础可在冻结的地基上砌筑；基土有冻胀性时，应在未冻的地基上砌筑。在基槽、基坑回填土前应采取防止地基遭受冻结的措施。

8.14.13 小砌块砌体不得采用冻结法施工。配筋小砌块砌体与埋有未经防腐处理的钢筋及钢筋网片的砌体，不得使用掺氯盐的砌筑砂浆。

8.14.14 采用掺外加剂法时，其掺量应由试验确定，并应符合现行国家标准《混凝土外加剂应用技术规范》GB 50119 的规定。

8.14.15 采用暖棚法施工时，小砌块和砂浆在砌筑时的温度不应低于 5℃，同时离所砌的结构底面 500mm 处的棚内温度也不应低于 5℃。

8.14.16 暖棚内的小砌块砌体养护时间，应根据暖棚内的温度按表 8.14.16 确定。

表 8.14.16 暖棚法小砌块砌体的养护时间

暖棚内温度(℃)	5	10	15	20
养护时间不少于(d)	6	5	4	3

8.14.17 雨期、冬期不得进行外墙外保温工程与涂料、面砖饰面施工。

9 工程验收

9.1 一般规定

9.1.1 小砌块砌体工程验收应按检验批验收、分项工程验收、子分部工程验收的程序依次进行。

9.1.2 检验批的数量及范围可按楼层及施工段数确定，不应超过 250m^3 小砌块砌体，且应为同质材料及同强度等级的砌体；小砌块基础砌体，可按一个楼层数计；小砌块填充墙砌体的量很少时，可将几个楼层的同质材料及同强度等级的填充墙砌体合为一个检验批。

9.1.3 检验批验收时，其主控项目应全部符合本章的规定；一般项目应有 80%及以上的抽检处符合本章的规定；允许偏差项目的最大超差值，不得大于允许偏差值的 1.5 倍。

9.1.4 检验批的工程质量不符合要求时，应按现行国家标准《建筑工程施工质量验收统一标准》GB 50300 的规定执行。

9.1.5 子分部工程验收时，应对小砌块砌体工程的观感质量作出总体评价。

9.1.6 对有裂缝的小砌块砌体应分别按下列情况进行验收：

1 有可能影响结构安全性的砌体裂缝，应由有资质的检测单位检测鉴定。凡返修或加固处理的部分，应符合使用要求并进行再次验收。

2 不影响结构安全性的砌体裂缝，应予以验收。有碍使用功能和观感效果的裂缝，应进行遮蔽处理。

9.1.7 通过返修或加固处理仍不能满足安全使用要求的子分部工程，严禁验收。

9.1.8 小砌块砌体工程验收时，应提供下列文件和资料：

1 小砌块（含复合保温砌块、夹心复合保温砌块）、水泥、钢材等原材料的合格证书、产品性能检测报告和复验报告；

2 砌筑砂浆（含保温砌筑砂浆）和混凝土的配合比报告；

3 砌筑砂浆（含保温砌筑砂浆）和混凝土试件抗压强度试验报告；

4 施工记录；

5 配筋小砌块墙体实体检测记录；

6 钢筋施工隐蔽工程验收记录；

7 夹心墙保温层施工隐蔽工程验收记录；

8 填充墙界面缝施工记录；

9 各检验批的主控项目、一般项目质量验收记录；

10 分项工程质量验收记录；

11 子分部工程质量验收记录；

12 施工质量控制资料；

13 重大技术问题处理记录；

14 修改及变更设计的文件和资料；

15 其他必要提供的资料。

9.1.9 配筋小砌块砌体剪力墙应进行结构实体检验，其灌孔混凝土的强度应以在混凝土浇筑入模处取样制备并与结构实体同条件养护的试件强度为依据，并应采用非破损（超声波检测）或局部破损（钻孔取芯）的方法进行检测验证。同条件养护的试件留置数量与强度判定应按现行国家标准《混凝土强度检验评定标准》GB/T 50107 和《混凝土结构工程施工质量验收规范》GB 50204 的规定执行。

9.1.10 填充墙砌体与钢筋混凝土柱（墙、梁）间的界面缝施工应列为隐蔽工程验收。

9.1.11 小砌块墙体保温工程验收应按现行国家标准《建筑节能工程施工质量验收规范》GB 50411 的规定执行。

9.2 小砌块砌体工程

Ⅰ 主控项目

9.2.1 小砌块的强度等级必须符合设计要求，其中复合保温砌块与夹心复合保温砌块中的绝热保温材料的材性、数量、位置、厚度等尚应符合小砌块墙体节能设计要求。

检查数量：

1 产地（厂家）相同的原材料以同一生产时间、配合比例、生产工艺、成型设备所生产的同强度等级的每 1 万块标准小砌块（或用于配筋砌体的带功能缝的标准小砌块）至少应抽检一组；用于房屋的基础和底层的小砌块抽检数量不应少于 2 组。

2 在材料、配比、工艺、设备、参数、规格及型号都相同的条件下，不带功能缝的 5 块小砌块抗压强度平均值应等于或大于带功能缝的 5 块小砌块抗压强度平均值的 1.1 倍。同时，单块带缝与不带缝小砌块的最小抗压强度值均不得小于各自平均值的 80%。

检验方法：检查小砌块的产品合格证书和试验、复验报告。

9.2.2 砌筑砂浆的强度等级必须符合设计要求，其中保温砌筑砂浆的导热系数、密度等性能指标尚应符合小砌块墙体节能设计要求。

检查数量：现场拌制的砌筑砂浆与干混砂浆的抽检应符合本规程第 8.2.11 条的规定；预拌砂浆以每次进入施工现场的数量为一检验批。

检验方法：检查砌筑砂浆试块的试验报告。预拌砂浆尚应检查砂浆合格证书、配合比报告和施工记录。

9.2.3 小砌块砌体的水平灰缝砂浆饱满度应按扣除小砌块孔洞后的净面积计算，不得小于 90%；竖向灰缝饱满度不应小于 90%，且不得有透光缝与假缝存在。配筋小砌块砌体的竖缝饱满度不计凹槽部位的面积。

检查数量：每检验批不得少于 5 处。

检验方法：用专用百格网检测小砌块与砂浆粘结痕迹。每处检测 3 块小砌块，取其平均值。

9.2.4 除应设置构造柱的部位外，墙体转角和纵横墙交接处应同时砌筑。临时间断处应砌成斜槎。斜槎水平投影长度不应小于其高度的2/3。

检查数量：每检验批抽检不应少于5处。

检验方法：观察检查。

Ⅱ 一 般 项 目

9.2.5 墙体的水平灰缝厚度和竖向灰缝宽度宜为10mm，不得大于12mm，也不应小于8mm。

检查数量：每检验批抽检不得少于5处。

检验方法：用尺量5皮小砌块的高度和2m长度的墙体进行折算。

9.2.6 小砌块砌体的轴线、垂直度与一般尺寸的允许偏差值以及检验要求应符合表9.2.6的规定。

表9.2.6 小砌块砌体的轴线、垂直度与一般尺寸的允许偏差

项次	项目			允许偏差(mm)	检验方法	抽检数量
1	轴线位移			10	用经纬仪和尺或用其他测量仪器检查	承重墙、柱全数检查
2	基础、墙、柱顶面标高			±15	用水准仪和尺检查	不应少于5处
3	墙面垂直度	每层		5	用2m托线板检查	不应少于5处
		全高	≤10m	10	用经纬仪、吊线和尺或用其他测量仪器检查	外墙全部阳角
			>10m	20		
4	表面平整度	清水墙、柱		5	用2m靠尺和楔形塞尺检查	不应少于5处
		混水墙、柱		8		
5	水平灰缝平直度	清水墙		7	拉5m线和尺检查	不应少于5处
		混水墙		10		
6	门窗洞口高、宽(后塞口)			±10	用尺检查	不应少于5处
7	外墙上下窗口偏移			20	以底层窗口为准，用经纬仪或吊线检查	不应少于5处

9.3 配筋小砌块砌体工程

Ⅰ 主 控 项 目

9.3.1 配筋小砌块砌体中的小砌块与砌筑砂浆的检验应符合本规程第9.2.1条和第9.2.2条的规定。

9.3.2 钢筋的品种、级别、规格、数量和设置部位应符合设计要求。

检查数量：按设计图全数检查。

检验方法：检查钢筋的合格证书、钢筋性能试验报告、隐蔽工程记录。

9.3.3 芯柱的混凝土、构造柱的混凝土及配筋小砌块砌体的灌孔混凝土的强度等级应符合设计要求。

检查数量：

1 每一检验批砌体中的芯柱、构造柱至少各应制作一组标准养护试块，验收批砌体试块不得少于3组。

2 配筋小砌块砌体的灌孔混凝土以灌注一个楼层或一个施工段墙体的同配合比的浇灌量为一检验批，其取样不得少于一次，并应至少留置一组标准养护试块；同一检验批的同配合比浇灌量超过100m^3时，其取样次数和标准养护试件留置组数应相应增加。同条件养护试件的留置组数应按工程实际需要确定，但不应少于6组。

检验方法：检查混凝土试块试验报告和施工记录。

9.3.4 构造柱与小砌块砌体连接处的马牙槎砌筑应符合本规程第8.7.2条的规定。槎口处的拉结钢筋直径、位置与垂直间距应正确，施工中不得随意弯折，且垂直位移不应超过一皮小砌块的高度。每一构造柱的拉结钢筋垂直移位和槎口尺寸偏差不应超过2处。

检查数量：每检验批抽检不得少于5处。

检验方法：观察与测量检查。

9.3.5 芯柱的混凝土应按本规程第8.6.9条的规定在预制楼板处全截面贯通，不得被楼盖截断。

检查数量：每检验批抽检不应少于5处。

检验方法：观察检查。

9.3.6 配筋小砌块砌体的竖向和水平向受力钢筋锚固长度与搭接长度应符合设计要求。

检查数量：每检验批抽检不应少于5处。

检验方法：尺量检查。

Ⅱ 一 般 项 目

9.3.7 构造柱位置及垂直度的允许偏差应符合表9.3.7的规定。

表9.3.7 构造柱尺寸允许偏差

项次	项目			允许偏差(mm)	检查方法
1	柱中心线位置			10	用经纬仪和尺量检查
2	柱层间错位			8	用经纬仪和尺量检查
3	柱垂直度	每层		5	用吊线法和尺量检查
		全高	≤10m	10	用经纬仪或吊线法和尺量检查
			>10m	20	

检查数量：每检验批抽检不得少于5处。

9.3.8 墙体水平灰缝内的直钢筋、钢筋网片、环箍状钢筋、S形拉筋均应被砂浆层包裹，不得外露。

检查数量：每检验批抽检不得少于5处。

检验方法：观察检查。

9.3.9 配筋小砌块砌体中的受力钢筋保护层厚度与凹槽中水平钢筋间距的允许偏差值均应为±10mm。

检查数量：每检验批抽检不应少于5处。

检验方法：检查保护层厚度应在浇筑灌孔混凝土前进行观察并用尺量；检查水平钢筋间距可用钢尺连续量三档，取最大值。

9.4 填充墙小砌块砌体工程

Ⅰ 主控项目

9.4.1 小砌块和砌筑砂浆的强度等级应符合设计要求，其中复合保温砌块与夹心复合保温砌块中的绝热保温材料及保温砌筑砂浆的导热系数、密度等性能指标尚应符合小砌块填充墙体节能设计要求。

检查数量：按本规程第9.2.1条的规定执行。

检验方法：检查小砌块的产品合格证书、产品性能检测报告、强度试验（复验）报告和砌筑砂浆试块试验报告，并应按本规程第9.2.1条的规定进行抽检与检验。

9.4.2 小砌块填充墙砌体与房屋主体结构间的连接构造应符合设计要求。

检查数量：每检验批抽检不应少于5处。

检验方法：观察检查，并应有全施工过程的影像资料。

9.4.3 当小砌块填充墙与框架柱（剪力墙、框架梁）之间的拉结筋，采用化学植筋方式连接时，应进行实体检测。拉结钢筋非破坏的拉拔试验其轴向受拉的承载力不应小于6.0kN，且钢筋无滑移，基材不得有裂缝；在2min持荷时间内，载荷值降低不得大于5%。化学植筋的锚固力检验抽样判定应符合本规程附录G的规定。

检查数量：按表9.4.3确定。

表 9.4.3 检验批抽检锚固钢筋样本最小容量

检验批的容量	样本最小容量	检验批的容量	样本最小容量
≤90	5	281～500	20
91～150	8	501～1200	32
151～280	13	1201～3200	50

检验方法：原位试验检查。

Ⅱ 一般项目

9.4.4 同一柱、墙体，应使用同厂家、同品种、同材质、同强度等级的小砌块砌筑，不得混砌。

检查数量：每检验批抽检不应少于5处。

检验方法：外观检查。

9.4.5 填充墙小砌块砌体的砂浆饱满度及检验方法应符合表9.4.5的规定。

检查数量：每检验批抽检不应少于5处。

表 9.4.5 填充墙小砌块砌体的砂浆饱满度及检验方法

砌体名称	灰缝位置	饱满度要求	检验方法
小砌块砌体	水平	≥90%	采用百格网检查小砌块的底面或侧面砂浆粘结痕迹面积
	垂直（竖向）	≥90%，不得有透明缝、瞎缝、假缝	

9.4.6 预留的或植筋的拉结钢筋均应置于填充墙砌体水平灰缝中，不得露筋。拉结钢筋的直径、数量、竖向间距及墙内的埋设长度应符合设计要求。竖向位置的偏差不得超过一皮小砌块高度。

检查数量：每检验批抽检不应少于5处。

检验方法：观察和尺量检查。

9.4.7 填充墙上下相邻皮小砌块应错缝搭砌。

检查数量：每检验批抽检不应少于5处。

检查方法：观察和尺量检查。

9.4.8 填充墙小砌块砌体的灰缝厚度和宽度宜为10mm，不得小于8mm，也不应大于12mm。

检查数量：每检验批抽检不应少于5处。

检查方法：用尺量5皮小砌块的高度和2m长度的墙体进行折算。

9.4.9 填充墙小砌块砌体一般尺寸的允许偏差和检验方法应符合表9.4.9的规定。

检查数量：每检验批抽检不应少于5处。

表 9.4.9 填充墙小砌块砌体一般尺寸允许偏差

项次	项目		允许偏差（mm）	检验方法
1	轴线位移		10	尺量检查
	垂直度	墙高≤3m	5	用2m托线板或吊线、尺量检查
		墙高＞3m	10	
2	表面平整度		8	用2m靠尺和楔形塞尺检查
3	门窗洞口高、宽(后塞口)		±10	尺量检查
4	外墙上、下窗口偏移		20	用经纬仪或吊线和尺量检查

附录A 单排孔普通混凝土砌块灌孔砌体抗压强度设计值

A.0.1 单排孔普通混凝土砌块灌孔砌体抗压强度设计值应符合表A.0.1-1～表A.0.1-4的规定。

表 A.0.1-1 δ=0.49，ρ=0.33 灌孔砌体抗压强度设计值 f_g（MPa）

砌块强度等级	砂浆强度等级	灌孔混凝土强度等级				
		Cb20	Cb25	Cb30	Cb35	Cb40
MU20	Mb20	—	—	7.70	7.94	8.17
	Mb15	—	—	7.08	7.32	7.55
	Mb10	—	—	6.35	6.59	6.82
MU15	Mb15	—	5.78	6.01	6.25	—
	Mb10	—	5.19	5.42	5.56	—
	Mb7.5	—	4.78	5.01	5.25	—
MU10	Mb10	3.73	3.96	4.19	—	—
	Mb7.5	3.44	3.67	3.90	—	—
	Mb5	3.16	3.39	3.62	—	—
MU7.5	Mb7.5	2.87	3.10	—	—	—
	Mb5	2.65	2.88	—	—	—

注：1 表中上部未列灌孔砌体抗压强度设计值的范围是灌孔混凝土强度等级小于1.5倍块体强度的应用限制范围；

2 表中下部未列灌孔砌体抗压强度设计值的范围是应用不合理的范围。

表 A.0.1-2 δ=0.49，ρ=0.50 灌孔砌体抗压强度设计值 f_g（MPa）

砌块强度等级	砂浆强度等级	灌孔混凝土强度等级				
		Cb20	Cb25	Cb30	Cb35	Cb40
MU20	Mb20	—	—	8.40	8.75	9.11
	Mb15	—	—	7.78	8.13	8.49
	Mb10	—	—	7.05	7.40	7.76
MU15	Mb15	—	6.36	6.71	7.06	—
	Mb10	—	5.77	6.12	6.47	—
	Mb7.5	—	5.36	5.71	6.06	—
MU10	Mb10	4.20	4.54	4.89	—	—
	Mb7.5	3.91	4.25	4.60	—	—
	Mb5	3.63	3.97	4.32	—	—
MU7.5	Mb7.5	3.34	3.68	—	—	—
	Mb5	3.12	3.42	—	—	—

注：1 表中上部未列灌孔砌体抗压强度设计值的范围是灌孔混凝土强度等级小于1.5倍块体强度的应用限制范围；

2 表中下部未列灌孔砌体抗压强度设计值的范围是应用不合理的范围；

3 表中粗线下的灌孔砌体抗压强度设计值为灌孔砌体抗压强设计值取2倍未灌孔砌体抗压强度的范围。

表 A.0.1-3 δ=0.49，ρ=0.66 灌孔砌体抗压强度设计值 f_g（MPa）

砌块强度等级	砂浆强度等级	灌孔混凝土强度等级				
		Cb20	Cb25	Cb30	Cb35	Cb40
MU20	Mb20	—	—	9.10	9.57	10.04
	Mb15	—	—	8.48	8.95	9.42
	Mb10	—	—	7.75	8.22	8.69
MU15	Mb15	—	6.94	7.41	7.88	—
	Mb10	—	6.35	6.82	7.29	—
	Mb7.5	—	5.94	6.41	6.88	—
MU10	Mb10	4.67	5.12	5.58	—	—
	Mb7.5	4.38	4.83	5.0	—	—
	Mb5	4.10	4.44	4.44	—	—
MU7.5	Mb7.5	3.81	3.86	—	—	—
	Mb5	3.42	3.42	—	—	—

注：同表 A.0.1-2 的注。

表 A.0.1-4 δ=0.49，ρ=1.00 灌孔砌体抗压强度设计值 f_g（MPa）

砌块强度等级	砂浆强度等级	灌孔混凝土强度等级				
		Cb20	Cb25	Cb30	Cb35	Cb40
MU20	Mb20	—	—	10.50	11.20	11.92
	Mb15	—	—	9.88	10.59	11.30
	Mb10	—	—	9.15	9.86	9.90
MU15	Mb15	—	8.11	8.81	9.22	—
	Mb10	—	7.52	8.04	8.04	—
	Mb7.5	—	7.11	7.22	7.22	—
MU10	Mb10	5.58	5.58	5.58	—	—
	Mb7.5	5.0	5.0	5.0	—	—
	Mb5	4.44	4.44	4.44	—	—

注：同表 A.0.1-2 的注。

A.0.2 应用本附录查表得到单排孔普通混凝土砌块灌孔砌体抗压强度设计值时应满足如下条件：

1 本附录表中的小砌块孔洞率 δ=0.49，系 390mm×190mm×190mm 规格，壁、肋厚均为 30mm，内圆角为 r=30mm 的小砌块的体积孔洞率。

$$\delta=\frac{(390-2\times31-32)(190-2\times31)-(2\times60\times60-2\times3.14\times30^2)}{190\times390}$$

$$=0.49$$

2 本附录各表中选用的灌孔率 ρ 分别为：

A. 0. 1-1 $\rho=0.33$

A. 0. 1-2 $\rho=0.50$

A. 0. 1-3 $\rho=0.66$

A. 0. 1-4 $\rho=1.00$

3 附录 A 表依据本规程 3. 2. 1-2 条规定计算

A. 0. 1-1 $f_g=f+0.6\times0.49\times0.33f_c$

A. 0. 1-2 $f_g=f+0.6\times0.49\times0.50f_c$

A. 0. 1-3 $f_g=f+0.6\times0.49\times0.66f_c$

A. 0. 1-4 $f_g=f+0.6\times0.49\times1.00f_c$

注：本附录表中的适用范围是常用的应用范围，不在该范围内的，应根据本规程第 3. 2. 1-2 条规定计算灌孔砌体强度设计值。

附录 B 小砌块砌体的热惰性指标计算方法

B. 0. 1 小砌块砌体的热惰性指标可按下列公式计算：

$$D_{ma}=R_{ma}\cdot\overline{S}_{ma} \quad (B. 0. 1-1)$$

$$R_{ma}=\frac{\delta}{\lambda_{ma\cdot c}} \quad (B. 0. 1-2)$$

$$\overline{S}_{ma}=0.51\sqrt{\gamma_{ma}\cdot\lambda_{ma\cdot c}\cdot\overline{C}_{ma}} \quad (B. 0. 1-3)$$

$$\lambda_{ma\cdot c}=\frac{\delta}{R_{ma}} \quad (B. 0. 1-4)$$

$$\overline{C}_{ma}=C_1\cdot V_1+C_2\cdot V_2 \quad (B. 0. 1-5)$$

式中：D_{ma}——砌体热惰性指标；

R_{ma}——砌体热阻[$(m^2\cdot K)/W$]；

$\overline{S}_{ma}$——砌体平均蓄热系数[$W/(m^2\cdot K)$]，亦称砌体计算蓄热系数 S_c；

γ_{ma}——砌体干密度(kg/m^2)；

$\lambda_{ma\cdot c}$——砌体计算导热系数[$W/(m\cdot K)$]；

δ——砌体厚度(m)；

$\overline{C}_{ma}$——砌体平均比热容[$W\cdot h/(kg\cdot K)$]；

C_1、C_2——分别为砌体中小砌块及砌筑砂浆的比热容[$W\cdot h/(kg\cdot K)$]；

V_1、V_2——分别为单位砌体体积中，小砌块及砌筑砂浆所占的体积比值。

B. 0. 2 小砌块砌体的热惰性指标计算应满足下列要求：

1 小砌块砌体的干密度 γ_{ma}，可由构成砌体的小砌块或配筋小砌块的表观密度、砌筑砂浆的密度及它们在单位体积中所占的体积比值加权计算求出；

2 砌体计算导热系数 $\lambda_{ma\cdot c}$ 可由检测的砌体热阻 R_{ma} 及厚度 δ 按公式(B. 0. 1-4)求出；

3 孔洞中内填保温材料的复合保温小砌块的比热容 C_1 可用混凝土的比热容和孔洞中空气(或内填保温材料)的比热容和它们在小砌块体积中所占的体积比值与小砌块的体积按加权平均计算方法求出；

4 空气的比热容为 $0.2W\cdot h/(kg\cdot K)$；

5 配筋小砌块砌体的比热容可取钢筋混凝土的比热容 $C_1=0.27W\cdot h/(kg\cdot K)$；

6 各类混凝土及保温材料的比热容可在现行国家标准《民用建筑热工设计规范》GB 50176 中查取，计算时应将查取的比热容值乘以 0.28 换算系数，使其单位变为 $W\cdot h/(kg\cdot K)$。

附录 C 小砌块夹心砌体热阻计算方法

C. 0. 1 小砌块夹心砌体的热阻可按下式计算：

$$R_{s\cdot ma}=R_{ma\cdot i}+R_s+R_{ma\cdot e} \quad (C. 0. 1)$$

式中：$R_{s\cdot ma}$——小砌块夹心砌体热阻[$(m^2\cdot K)/W$]；

$R_{ma\cdot i}$——内叶小砌块砌体热阻[$(m^2\cdot K)/W$]；

$R_{ma\cdot e}$——外叶小砌块砌体热阻[$(m^2\cdot K)/W$]；

R_s——夹心层热阻[$(m^2\cdot K)/W$]。

C. 0. 2 小砌块夹心砌体的热阻计算应满足下列要求：

1 内叶、外叶小砌块砌体的热阻 $R_{ma\cdot i}$、$R_{ma\cdot e}$ 可按照本规程表 4. 2. 2 和附录 D 选取，亦可根据本规程 4. 2. 2 第 1 款的要求，按现行国家标准《绝热 稳态传热性质的测定 标定和防护热箱法》GB/T 13475 的规定检测确定。

2 夹心层是封闭空气间层时，

$$R_s=0.8R_a \quad (C. 0. 2-1)$$

式中：R_a——空气间层热阻[$(m^2\cdot K)/W$]，按现行国家标准《民用建筑热工设计规范》GB 50176 查取；

0. 8——考虑连接筋影响的修正系数。

3 夹心层是保温材料填充时，

$$R_s=\frac{0.8\delta_s}{\lambda_c} \quad (C. 0. 2-2)$$

$$\lambda_c=\lambda\cdot a \quad (C. 0. 2-3)$$

式中：δ_s——夹心层厚度(m)；

λ_c——保温材料的计算导热系数[$W/(m^2\cdot K)$]；

λ——保温材料的导热系数[$W/(m^2\cdot K)$]；

a——修正系数，按现行国家标准《民用建筑热工设计规范》GB 50176 查取。

附录D 孔洞中内插、内填保温材料的复合保温小砌块砌体的热阻和热惰性指标

表D 孔洞中内插、内填保温材料的复合保温小砌块砌体的热阻和热惰性指标

序号	措施	砌体厚度(mm)	保温材料及其导热系数		砌体热阻 R_{ma} [(m²·K)/W]	砌体热惰性指标 D_{ma}
			材料	λ [W/(m·K)]		
1	孔洞中插板	190	25厚发泡聚苯小板	0.04	0.32	1.66
2			30厚矿棉毡(包塑)	0.05	0.31	1.66
3			40厚膨胀珍珠岩芯板	0.06	0.31	1.75
4			25厚硬质矿棉板	0.05	0.33	1.70
5			2厚单面铝箔聚苯板	0.04	0.42	1.55
6	孔洞中填料	190	满填膨胀珍珠岩	0.06	0.40	1.91
7			满填松散矿棉	0.45	0.43	1.90
8			满填水泥聚苯碎粒混合料	0.09	0.36	1.91
9			满填水泥珍珠岩混合料	0.12	0.33	1.95

附录E 墙体传热系数及热惰性指标计算方法

E.1 墙体传热系数计算方法

E.1.1 墙体传热系数可按下列公式计算：

$$K_p = \frac{1}{R_{o\cdot p}} = \frac{1}{R_i + R_p + R_e} \quad (E.1.1\text{-}1)$$

$$K_b = \frac{1}{R_{o\cdot b}} = \frac{1}{R_i + R_b + R_e} \quad (E.1.1\text{-}2)$$

$$R_p = \Sigma R_{j\cdot p} \quad (E.1.1\text{-}3)$$

$$R_b = \Sigma R_{j\cdot b} \quad (E.1.1\text{-}4)$$

$$R_{j\cdot p} = \frac{\delta_{j\cdot p}}{\lambda_{c\cdot j\cdot p}} \quad (E.1.1\text{-}5)$$

$$R_{j\cdot b} = \frac{\delta_{i\cdot b}}{\lambda_{c\cdot j\cdot b}} \quad (E.1.1\text{-}6)$$

式中：K_p、K_b——分别为墙体主体部位和结构性热桥部位的传热系数[W/(m²·K)]；

$R_{o\cdot p}$、$R_{o\cdot b}$——分别为墙体主体部位和结构性热桥部位的传热阻[(m²·K)/W]；

R_p、R_b——分别为墙体主体部位和结构性热桥部位的构造系统热阻[(m²·K)/W]，为各构造层热阻之和；

$R_{j\cdot p}$、$R_{j\cdot b}$——分别为墙体主体部位和结构性热桥部位的各构造层热阻[(m²·K)/W]，小砌块砌体层应取砌体热阻 R_{ma}；

$\delta_{j\cdot p}$、$\delta_{j\cdot b}$——分别为墙体主体部位和结构性热桥部位的各构造层厚度(m)；

$\lambda_{c\cdot j\cdot p}$、$\lambda_{c\cdot j\cdot b}$——分别为墙体主体部位和结构性热桥部位的各构造层材料的计算导热系数[W/(m²·K)]；

R_i——墙体内表面换热阻[(m²·K)/W]，一般取 $R_i = 0.11$ (m²·K)/W；

R_e——墙体外表面换热阻[(m²·K)/W]，对于外墙外表面，一般取 $R_e = 0.04$ (m²·K)/W。

E.1.2 墙体传热系数计算应满足下列要求：

1 小砌块砌体是一个构造层次，计算导热系数 λ_c 为砌体的当量导热系数 λ_e，可按本规程附录B中的计算公式（B.0.1-4）计算求出。若砌体热阻已知，可直接用砌体热阻 R_{ma} 代入计算。

2 结构性热桥部位主要是指以钢筋混凝土为主的结构构件部位，钢筋混凝土构件的计算厚度按结构体系选择：

1）砖混和框架结构体系建筑以混凝土小砌块砌体的厚度为计算厚度 δ；

2）框剪和剪力墙结构体系建筑以剪支或剪力墙的厚度为计算厚度 δ。

3 计算内墙的传热系数时，内墙两侧面的表面换热阻 R_i 均取 0.11(m²·K)/W。

E.2 墙体热惰性指标计算方法

E.2.1 墙体热惰性指标可按下列公式计算：

$$D_p = \Sigma D_{j.p} \quad (E.2.1\text{-}1)$$

$$D_b = \Sigma D_{j.b} \quad (E.2.1\text{-}2)$$

$$D_{j.p} = R_{j.p} \cdot S_{c.j.p} \quad (E.2.1\text{-}3)$$

$$D_{j.b} = R_{j.b} \cdot S_{c.j.b} \quad (E.2.1\text{-}4)$$

式中：D_p、D_b——分别为墙体主体部位和结构性热桥部位的热惰性指标，为主体部位和结构性热桥部位各构造层热惰性指标 $D_{j.p}$、$D_{j.b}$ 之和；

$R_{j.p}$、$R_{j.b}$——分别为墙体主体部位和结构性热桥部位各构造层的热阻[(m²·K)/W]；

$S_{c.j.p}$、$S_{c.j.b}$——分别为墙体主体部位和结构性热桥部位各构造层材料的计算蓄热系数[W/(m²·K)]。

E.2.2 墙体热惰性指标计算应满足下列要求：

1 小砌块砌体是一个构造层次，计算蓄热系数 S_c 为砌体平均蓄热系数 $\overline{S}_{ma}$，可按本规程附录B的计算公式计算求出；

2 结构性热桥部位的钢筋混凝土构件计算厚度同该层的热阻计算厚度 δ。

E.3 外墙平均传热系数及平均热惰性指标计算方法

E.3.1 外墙平均传热系数及平均热惰性指标可按下列公式计算：

$$K_m = K_p \cdot A + K_b \cdot B \quad (E.3.1-1)$$

$$D_m = D_p \cdot A + D_b \cdot B \quad (E.3.1-2)$$

式中：K_m、D_m——分别为外墙的平均传热系数[W/(m²·K)]和平均热惰性指标；

K_p、K_b——分别为外墙主体部位和结构性热桥部位的传热系数[W/(m²·K)]，按本规程E.1的计算方法进行计算；

D_p、D_b——分别为外墙主体部位和结构性热桥部位的热惰性指标，按本规程E.2的计算方法进行计算；

A、B——分别为外墙主体部位和结构性热桥部位的面积F_p、F_b在建筑外墙中(不含外门、外窗)所占的面积比值，可计算统计得出，亦可根据设计建筑的结构体系按表E.3.1选取。

表 E.3.1 F_p和F_b在外墙中所占比值A和B

建筑的结构体系	A	B
砖混结构体系	0.75	0.25
框架结构体系	0.65	0.35
框剪(异形柱)结构体系	0.45	0.55
剪力墙结构体系	0.30	0.70
	亦可取剪力墙部位的$K_b=K_m$	

E.3.2 混凝土小砌块用作居住建筑的分户墙或公共建筑的采暖空调与非采暖空调房间的隔墙时，分户墙或隔墙的传热系数亦应取平均传热系数K_m，计算方法与外墙平均传热系数相同，只是分户墙或隔墙两侧表面的换热阻R_i均取0.11(m²·K)/W。

附录F 影响系数φ

F.0.1 高厚比β和轴向力偏心距e对受压构件承载力的影响系数φ，应按表F.0.1-1～表F.0.1-3采用：

表 F.0.1-1 影响系数φ(砂浆强度等级≥Mb5)

β	$\frac{e}{h}$或$\frac{e}{h_T}$												
	0	0.025	0.05	0.075	0.1	0.125	0.15	0.175	0.2	0.225	0.25	0.275	0.3
≤3	1	0.99	0.97	0.94	0.89	0.84	0.79	0.73	0.68	0.62	0.57	0.52	0.48
4	0.98	0.95	0.90	0.85	0.80	0.74	0.69	0.64	0.58	0.53	0.49	0.45	0.41
6	0.95	0.91	0.86	0.81	0.75	0.69	0.64	0.59	0.54	0.49	0.45	0.42	0.38
8	0.91	0.86	0.81	0.76	0.70	0.64	0.59	0.54	0.50	0.46	0.42	0.39	0.36
10	0.87	0.82	0.76	0.71	0.65	0.60	0.55	0.50	0.46	0.42	0.39	0.36	0.33
12	0.82	0.77	0.71	0.66	0.60	0.55	0.51	0.47	0.43	0.39	0.36	0.33	0.31
14	0.77	0.72	0.66	0.61	0.56	0.51	0.47	0.43	0.40	0.36	0.34	0.31	0.29
16	0.72	0.67	0.61	0.56	0.52	0.47	0.44	0.40	0.37	0.34	0.31	0.29	0.27
18	0.67	0.62	0.57	0.52	0.48	0.44	0.40	0.37	0.34	0.31	0.29	0.27	0.25
20	0.62	0.57	0.53	0.48	0.44	0.40	0.37	0.34	0.32	0.29	0.27	0.25	0.23
22	0.58	0.53	0.49	0.45	0.41	0.38	0.35	0.32	0.30	0.27	0.25	0.24	0.22
24	0.54	0.49	0.45	0.41	0.38	0.35	0.32	0.30	0.28	0.26	0.24	0.22	0.21
26	0.50	0.46	0.42	0.38	0.35	0.33	0.30	0.28	0.26	0.24	0.22	0.21	0.19
28	0.46	0.42	0.39	0.36	0.33	0.30	0.28	0.26	0.24	0.22	0.21	0.19	0.18
30	0.42	0.39	0.36	0.33	0.31	0.28	0.26	0.24	0.22	0.21	0.20	0.18	0.17

表 F.0.1-2　影响系数 φ（砂浆强度等级 Mb2.5）

β	$\frac{e}{h}$ 或 $\frac{e}{h_T}$												
	0	0.025	0.05	0.075	0.1	0.125	0.15	0.175	0.2	0.225	0.25	0.275	0.3
≤3	1	0.99	0.97	0.94	0.89	0.84	0.79	0.73	0.68	0.62	0.57	0.52	0.48
4	0.97	0.94	0.89	0.84	0.78	0.73	0.67	0.62	0.57	0.52	0.48	0.44	0.40
6	0.93	0.89	0.84	0.78	0.73	0.67	0.62	0.57	0.52	0.48	0.44	0.40	0.37
8	0.89	0.84	0.78	0.72	0.67	0.62	0.57	0.52	0.48	0.44	0.40	0.37	0.34
10	0.83	0.78	0.72	0.67	0.61	0.56	0.52	0.47	0.43	0.40	0.37	0.34	0.31
12	0.78	0.72	0.67	0.61	0.56	0.52	0.47	0.43	0.40	0.37	0.34	0.31	0.29
14	0.72	0.66	0.61	0.56	0.51	0.47	0.43	0.40	0.36	0.34	0.31	0.29	0.27
16	0.66	0.61	0.56	0.51	0.47	0.43	0.40	0.36	0.34	0.31	0.29	0.26	0.25
18	0.61	0.56	0.51	0.47	0.43	0.40	0.36	0.33	0.31	0.29	0.26	0.24	0.23
20	0.56	0.51	0.47	0.43	0.39	0.36	0.33	0.31	0.28	0.26	0.24	0.23	0.21
22	0.51	0.47	0.43	0.39	0.36	0.33	0.31	0.28	0.26	0.24	0.23	0.21	0.20
24	0.46	0.43	0.39	0.36	0.33	0.31	0.28	0.26	0.24	0.23	0.21	0.20	0.18
26	0.42	0.39	0.36	0.33	0.31	0.28	0.26	0.24	0.22	0.21	0.20	0.18	0.17
28	0.39	0.36	0.33	0.30	0.28	0.26	0.24	0.22	0.21	0.20	0.18	0.17	0.16
30	0.36	0.33	0.30	0.28	0.26	0.24	0.22	0.21	0.20	0.18	0.17	0.16	0.15

表 F.0.1-3　影响系数 φ（砂浆强度 0）

β	$\frac{e}{h}$ 或 $\frac{e}{h_T}$												
	0	0.025	0.05	0.075	0.1	0.125	0.15	0.175	0.2	0.225	0.25	0.275	0.3
≤3	1	0.99	0.97	0.94	0.89	0.84	0.79	0.73	0.68	0.62	0.57	0.52	0.48
4	0.87	0.82	0.77	0.71	0.66	0.60	0.55	0.51	0.46	0.43	0.39	0.36	0.33
6	0.76	0.70	0.65	0.59	0.54	0.50	0.46	0.42	0.39	0.36	0.33	0.30	0.28
8	0.63	0.58	0.54	0.49	0.45	0.41	0.38	0.35	0.32	0.30	0.28	0.25	0.24
10	0.53	0.48	0.44	0.41	0.37	0.34	0.32	0.29	0.27	0.25	0.23	0.22	0.20
12	0.44	0.40	0.37	0.34	0.31	0.29	0.27	0.25	0.23	0.21	0.20	0.19	0.17
14	0.36	0.33	0.31	0.28	0.26	0.24	0.23	0.21	0.20	0.18	0.17	0.16	0.15
16	0.30	0.28	0.26	0.24	0.22	0.21	0.19	0.18	0.17	0.16	0.15	0.14	0.13
18	0.26	0.24	0.22	0.21	0.19	0.18	0.17	0.16	0.15	0.14	0.13	0.12	0.12
20	0.22	0.20	0.19	0.18	0.17	0.16	0.15	0.14	0.13	0.12	0.12	0.11	0.10
22	0.19	0.18	0.16	0.15	0.14	0.14	0.13	0.12	0.12	0.11	0.10	0.10	0.09
24	0.16	0.15	0.14	0.13	0.13	0.12	0.11	0.11	0.10	0.10	0.09	0.09	0.08
26	0.14	0.13	0.13	0.12	0.11	0.11	0.10	0.10	0.09	0.09	0.08	0.08	0.07
28	0.12	0.12	0.11	0.11	0.10	0.10	0.09	0.09	0.08	0.08	0.08	0.07	0.07
30	0.11	0.10	0.10	0.09	0.09	0.09	0.08	0.08	0.07	0.07	0.07	0.07	0.06

附录 G　填充墙砌体植筋锚固力检验抽样判定

G.0.1　填充墙砌体植筋锚固力检验抽样判定应按表 G.0.1-1 和表 G.0.1-2 判定。

表 G.0.1-1　正常一次性抽样的判定

样本容量	合格判定数	不合格判定数	样本容量	合格判定数	不合格判定数
5	0	1	20	2	3
8	1	2	32	3	4
13	1	2	50	5	6

表 G.0.1-2　正常二次性抽样的判定

抽样次数与样本容量	合格判定数	不合格判定数	抽样次数与样本容量	合格判定数	不合格判定数
(1)—5	0	2	(1)—20	1	3
(2)—10	1	2	(2)—40	3	4
(1)—8	0	2	(1)—32	2	5
(2)—16	1	2	(2)—64	6	7
(1)—13	0	3	(1)—50	3	6
(2)—26	3	4	(2)—100	9	10

本规程用词说明

1 为了便于在执行本规程条文时区别对待，对要求严格程度不同的用词说明如下：

1） 表示很严格，非这样做不可的：
正面词采用“必须”，反面词采用“严禁”；

2） 表示严格，在正常情况下均应这样做的：
正面词采用“应”，反面词采用“不应”或“不得”；

3） 表示允许稍有选择，在条件许可时首先这样做的：
正面词采用“宜”，反面词采用“不宜”；

4） 表示有选择，在一定条件下可以这样做的，采用“可”。

2 条文中指明应按其他有关标准执行的写法为：“应符合……的规定”或“应按……执行”。

引用标准名录

1 《砌体结构设计规范》GB 50003

2 《混凝土结构设计规范》GB 50010

3 《建筑抗震设计规范》GB 50011

4 《建筑结构可靠度设计统一标准》GB 50068

5 《混凝土强度检验评定标准》GB/T 50107

6 《混凝土外加剂应用技术规范》GB 50119

7 《民用建筑热工设计规范》GB 50176

8 《砌体结构工程施工质量验收规范》GB 50203

9 《混凝土结构工程施工质量验收规范》GB 50204

10 《建筑工程抗震设防分类标准》GB 50223

11 《建筑工程施工质量验收统一标准》GB 50300

12 《硬泡聚氨酯保温防水工程技术规范》GB 50404

13 《建筑节能工程施工质量验收规范》GB 50411

14 《合成树脂乳液外墙涂料》GB/T 9755

15 《绝热用岩棉、矿渣棉及其制品》GB/T 11835

16 《绝热　稳态传热性质的测定　标定和防护热箱法》GB/T 13475

17 《建筑用砂》GB/T 14684

18 《建筑用岩棉、矿渣棉绝热制品》GB/T 19686

19 《喷涂硬质聚氨酯泡沫塑料》GB/T 20219

20 《建筑保温砂浆》GB/T 20473

21 《建筑用反射隔热涂料》GB/T 25261

22 《高层建筑混凝土结构技术规程》JGJ 3

23 《普通混凝土用砂、石质量及检验方法标准》JGJ 52

24 《混凝土用水标准》JGJ 63

25 《建筑砂浆基本性能试验方法标准》JGJ/T 70

26 《砌筑砂浆配合比设计规程》JGJ/T 98

27 《建筑工程冬期施工规程》JGJ/T 104

28 《外墙外保温工程技术规程》JGJ 144

29 《膨胀聚苯板薄抹灰外墙外保温系统》JG 149

30 《胶粉聚苯颗粒外墙外保温系统》JG 158

31 《抹灰砂浆技术规程》JGJ/T 220

32 《预拌砂浆》JG/T 230

33 《建筑生石灰》JC/T 479

34 《建筑生石灰粉》JC/T 480

35 《陶瓷墙地砖胶粘剂》JC/T 547

36 《泡沫玻璃绝热制品》JC/T 641

37 《混凝土小型空心砌块和混凝土砖砌筑砂浆》JC 860

38 《陶瓷墙地砖填缝剂》JC/T 1004

中华人民共和国行业标准

混凝土小型空心砌块建筑技术规程

JGJ/T 14—2011

条 文 说 明

修 订 说 明

《混凝土小型空心砌块建筑技术规程》JGJ/T 14－2011，经住房和城乡建设部2011年8月29日以第1131号公告批准、发布。

本规程是在《混凝土小型空心砌块建筑技术规程》JGJ/T 14－2004的基础上修订而成，上一版的主编单位是四川省建筑科学研究院，参编单位是哈尔滨工业大学、浙江大学建筑设计研究院、北京市建筑设计研究院、上海住总（集团）总公司、上海市城乡建筑设计院、上海中房建筑设计院、中国建筑标准设计所、上海市申城建筑设计有限公司、天津市建筑设计院、四川省建筑设计院、辽宁省建设科学研究院、甘肃省建筑科学研究院、重庆市建筑科学研究院、成都市墙材革新与建筑节能办公室，主要起草人员是孙氰萍、唐岱新、严家熺、周炳章、李渭渊、韦延年、刘声惠、刘永峰、高永孚、李晓明、楼永林、李振长、林文修、唐元旭、尹康。本次修订的主要技术内容是：1. 增加了多层、高层配筋砌块砌体建筑的设计和砌筑、施工技术；2. 修订了砌块建筑的抗震措施；3. 增加了轻骨料混凝土自承重砌块墙体的设计内容；4. 调整了部分构件承载力计算参数及计算公式；5. 调整了建筑节能设计的部分计算参数及计算公式；6. 增加了复合保温砌块墙体结构设计与施工技术。

本规程修订过程中，编制组进行了深入广泛的调查研究，总结了我国在混凝土小型空心砌块建筑自上一版颁布实施以来在研究、设计、施工、验收等方面工作的实践经验，同时参考了国内外先进技术法规、技术标准，并对混凝土砌块砌体的抗剪、抗弯、抗裂等性能进行了试验研究。

为便于广大设计、施工、科研、学校等单位有关人员在使用本规程时能正确理解和执行条文规定，《混凝土小型空心砌块建筑技术规程》编制组按章、节、条顺序编制了本标准的条文说明，对条文规定的目的、依据以及执行中需注意的有关事项进行了说明。但是，本条文说明不具备与标准正文同等的法律效力，仅供使用者作为理解和把握规程规定的参考。

目　次

1 总　　则

1.0.1、1.0.2　混凝土小型空心砌块已成为我国发展的一种主导墙体材料。《混凝土小型空心砌块建筑技术规程》JGJ/T 14－2004（以下简称 JGJ/T 14－2004 或原规程）自 2004 年颁布实行以来，对我国混凝土小型空心砌块建筑的发展，起到了巨大的推动作用。近几年来，有关科研、大专院校对混凝土小型空心砌块砌体静力和动力性能、配筋砌体力学性能和抗震性能进行了深入的科学研究，并获得了丰硕成果；设计和施工单位也积累了丰富的工程实践经验。JGJ/T 14－2004 已不能满足我国混凝土小型空心砌块建筑发展的需要，为此，很有必要对 JGJ/T 14－2004 进行修订。这次增加的主要内容：

1　多层、高层配筋砌体砌块建筑设计和施工技术；

2　调整了不同地区建筑的抗震措施，特别是抗震设防烈度 6 度～8 度地区的抗震、抗裂措施；

3　轻骨料混凝土自承重砌块材料强度等级和砌体计算指标；

4　调整构件承载力与建筑节能设计计算部分计算参数及计算公式；砌块砌体及建筑墙体的传热系数及热惰性指标计算方法和保温隔热措施。

2 术语和符号

2.1.14　复合保温砌块为由两种或两种以上材料复合成型具有良好保温性能的小砌块总称，包括在小砌块孔洞内填充或内插不同类型轻质保温隔热材料的保温砌块。

3 材料和砌体的结构设计计算指标

3.1 材料强度等级

3.1.1　《混凝土小型空心砌块试验方法》GB/T 4111 确定碳化系数时，采用人工碳化系数的试验方法，目前我国砌墙用砖和砌块产品标准中规定的碳化系数不应小于 0.85，按原规程取人工碳化系数时应乘 1.15 倍，1.15 乘 0.85 等于 0.98，接近 1.0，故取消原规程注 2 的规定。

3.2 砌体的结构设计计算指标

本章规定的砌块砌体的强度设计值指标和强度平均值公式的说明见《混凝土小型空心砌块建筑技术规程》JGJ/T 14－2004 的条文说明。

本章砌块砌体计算指标，依据《建筑结构可靠度设计统一标准》GB 50068 的要求，材料性能分项系数，按施工质量控制等级为 B 级时，取 $\gamma_f = 1.6$；当为 A 级时取 $\gamma_f = 1.5$；当为 C 级时，取 $\gamma_f = 1.8$。

3.2.1　砌块孔洞率不大于 35% 的双排孔、多排孔轻骨料混凝土小砌块砌体，二排组砌的方式有多种，本条仅适用在厚度方向二排组砌的砌体采用同类砌块错缝搭砌的砌体。

本条本次修订有以下内容：

1　随着我国高层砌块建筑的发展，根据目前应用情况，表 3.2.1-1 增加 MU20、Mb20 的单排孔混凝土小砌块砌体抗压强度设计值。取值依据砌体结构设计规范，该强度设计值主要用于灌孔混凝土砌块砌体。本规程与上海全灌孔混凝土小砌块砌体试验值比较，偏于安全。

2　因水泥煤渣混凝土砌块产品变异系数较大，应用中较易出现墙体裂缝，故取消了水泥煤渣混凝土小砌块。应用在建筑的煤矸石混凝土仅能用自然煤矸石，故表 3.2.1-1 中加了注 4。

3　增加了双排孔、多排孔普通混凝土小砌块砌体的抗压强度设计值，近年我国部分地区多层混凝土砌块建筑中为了节能和提高抗剪强度，采用了双排孔或多排孔小砌块为墙体材料，已建成几十万平方米的住宅，并对双排孔和多排孔小砌块砌体进行了砌体抗压强度和抗剪强度的验证试验，其抗压和抗剪强度均高于单排孔小砌块砌体的抗压、抗剪强度，规程对双排孔和多排孔普通小砌块砌体抗压强度和抗剪强度设计值采用单排孔普通小砌块砌体的抗压强度和抗剪强度设计值，偏于安全。

3.2.3　取消了有吊车房屋砌体、跨度不小于 7.2m 的梁下混凝土和轻骨料混凝土砌块砌体 γ_a 为 0.9 的规定，原规程规定主要考虑动荷载和跨度较大时对砌体结构的影响，属于结构分析和构造内容，本次修订取消该系数。

3.2.5　根据历年和近年单排孔对孔砌筑的普通混凝土砌块灌孔砌体的弹性模量的试验数据，原规程灌孔砌块砌体弹性模量偏低，使高层砌块建筑内力计算值偏低，本次规程修订，通过验证修改了灌孔砌块砌体的弹性模量，原规程为 $E = 1700 f_g$，现修改为 $E = 2000 f_g$。

4 建筑设计与建筑节能设计

4.1 建 筑 设 计

4.1.1　混凝土小型空心砌块是我国目前发展的主导墙材之一。与原规程相比，本次修订小砌块建筑定义中增加了配筋小砌块砌体建筑，在建筑设计中，除遵守本规程外，还应遵守国家颁布的有关建筑设计标准的规定。

1　在建筑平面设计中，不采用小于 $1M_0$ 的分模数，是砌块规格所决定，尽可能采用 $2M_0$ 可减少辅助砌块种类，方便生产和施工。再则，模数协调也是住宅产业化的前提条件。

2 配筋小砌块砌体用的专用混凝土小砌块是指小砌块的壁和肋都为 30mm 厚并开有槽口或留有凹槽、适合配筋小砌块砌体施工的单排孔空心小砌块。其主规格尺寸仍为 390mm×190mm×190mm，空心率为 46%～48%。

为保证配筋砌体的插筋和灌孔，配筋砌体建筑的平面设计应以 $2M_0$ 为模数，这样才可能避免出现半孔相对。在上海的配筋砌体试点建筑和黑龙江的大量的配筋砌体建筑的实践中都证实了这一点。

3 在施工前要做平面和立面的排块设计，这是混凝土小砌块建筑不同于其他砌体建筑的特殊要求，它可保证砌块建筑芯柱的位置及数量，保证设备管线的预留和敷设，保证设计规定的洞口、开槽和预埋件的位置，避免了在砌好的墙体上凿槽或开洞。

对配筋砌体建筑，排块设计能保证砌块错缝砌筑的整孔贯通，便于插筋和灌孔。

在排块设计时，应着重解决好转角墙、丁字墙和十字墙的排块。

表 1 和图 1、图 2、图 3 是配筋砌体用的专用小砌块块型和排块图，是上海市多次配筋砌体建筑试点的总结成果，供设计时参考。本图表选自上海市地方规程《配筋混凝土小型空心砌块砌体建筑技术规程》DG/TJ 08-2006 附录 A。

表 1 配筋小砌块块型

块型	规 格	适用部位
PK1	390mm×190mm×190mm	主规格
PK2	390mm×190mm×190mm	用于 T 形和 L 形墙角处
PK3、PK4	390mm×190mm×190mm	用于清扫口（每层墙体第一皮）
PK5	190mm×190m×190mm	
PK6	290mm×190mm×190mm	用于 T 形墙体交接处的辅助块
PK7	190mm×190m×190mm	与 PK1 配套使用
PK8	390mm×190mm×190mm	用于现浇混凝土圈梁梁底第二皮砌块（预留半圆孔，用于支模板时放置横撑）

4 根据现行国家标准《建筑抗震设计规范》GB 50011 和《砌体结构设计规范》GB 50003 的有关条文要求，对小砌块建筑的平面布置和竖向布置提出相应的要求。

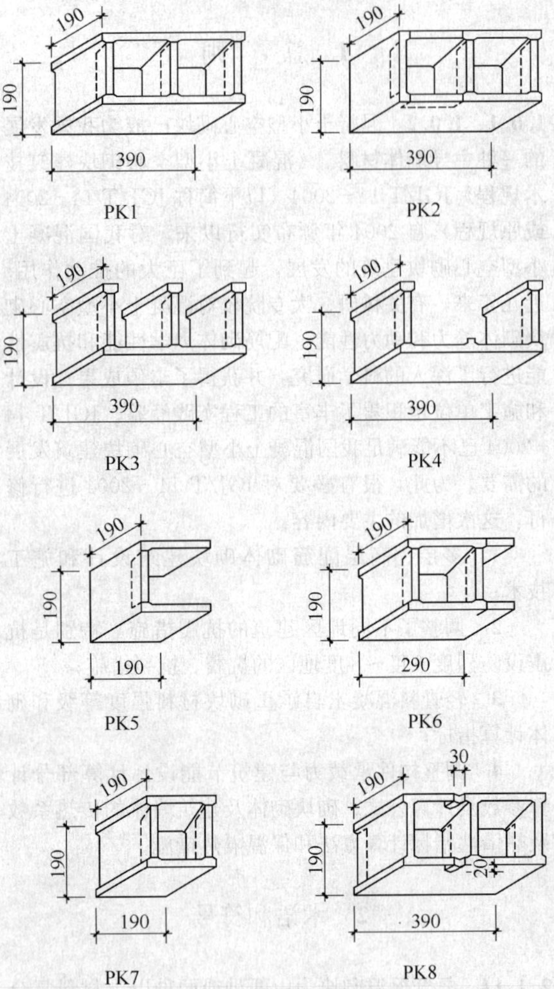

图 1 PK1～PK8 块型图

注：图中虚线为在施工现场开凿的砌块槽口，专门用于布置水平钢筋及使灌孔混凝土能相互流通。

原规程中曾对小砌块住宅建筑的体形系数提出过“不宜大于 0.3”的要求，这是基于两方面的理由：一是小砌块的热工性能较砖制品差，减少外墙面积，对节能有利。二是体形系数小反映了建筑体形简洁，平面规整，对小砌块建筑的抗震有利。随着国家对建筑节能的要求不断提高，在国家和地方颁布的节能标准中体形系数都作为一个重要参数作出了规定，本规程应该执行，就不再另作要求了。

6 设控制缝对于防止小砌块墙体开裂是一项有“放”作用的措施。在国外早有报道和实践，在国内近年来也有采用，如上海恒隆广场。北京市试用图《普通混凝土小型空心砌块建筑墙体构造》中也有建筑设计沿外墙设控制缝的做法。

根据国内外经验，非配筋砌体控制缝间距与在水平灰缝内设钢筋网片的间距有关，控制缝在墙体薄弱和应力集中处。如墙体高度和厚度突变处，门窗洞口的一侧或两侧设置，并与抗震缝、沉降缝、温度缝及楼地面、屋面的施工缝合并设置。控制缝与结构抗震

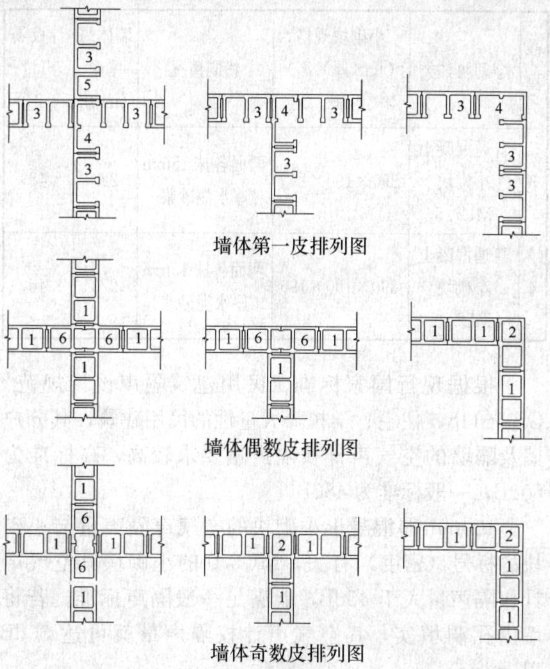

图 2　砌块砌体排列组合示例

注：图中所示数字 1～6 分别表示砌块块型 PK1～PK6。

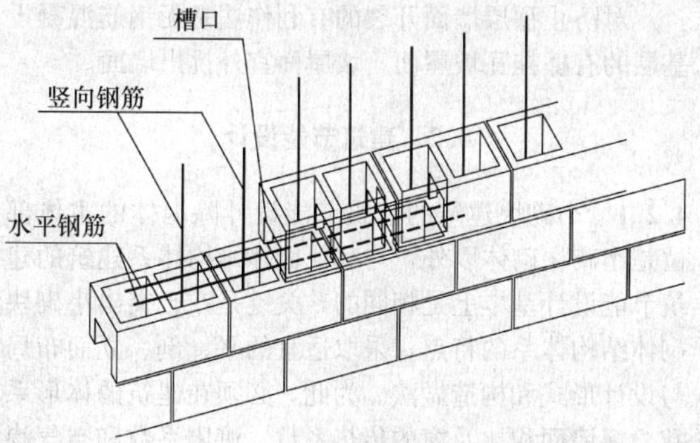

图 3　砌块砌体配筋示例

应结合考虑。

在非配筋的单排砌块墙或夹心墙的内叶墙上设控制缝，在室内会有缝出现。若室内装修允许设缝，则可按室内变形缝做法做盖缝处理。若内墙上不希望有缝，则应作盖缝粉刷，例如可在缝口用聚合物胶粘剂贴耐碱玻纤布或无纺布，再用防裂砂浆粉刷。

7　小砌块住宅建筑的公共部分只有门厅、楼梯间和公共走道，特别在单元式的多层住宅中，公共走道也没有了，户门是直接开在楼梯间里。在门厅和楼梯间里要安排好住宅公共设备的管道井和各种表箱，特别是七层及以上的单元式住宅，超过六层的塔式住宅、通廊式住宅，底层设有商业网点的单元式住宅，还应在此设室内消防给水设施。门厅、楼梯间面积小，墙面少，而且是住宅交通和紧急疏散的要道。为了保证楼梯间墙的耐火极限，200 厚的墙还不能因安置表箱而减薄（即表箱嵌墙设置），否则应另加防火措施。根据防火规范要求，在安置管道井和表箱后，走道的净宽，多层住宅不应小于 1.1m，高层住宅不应小于 1.2m。故在设计中应适当加大门厅和楼梯间的尺寸。对于人员是从楼梯间一侧进入住户的，楼梯间开间宜不小于 2.6m。

8　配筋砌块砌体建筑中管径较小的其他管线，水平管道宜设在圈梁中，垂直管线宜布置在无竖向插筋孔洞中。

9　突出小砌块建筑的特色就是用砌块作清水外墙，这在国外尤其在美国是常见的，它的前提应是满足建筑节能要求。夹心墙的外叶墙和节能要求不高的工业建筑外墙是可以做砌块清水外墙的。

4.1.2　防水设计的措施都是做在容易漏水的部位，这样做效果明显。

1　本次修订增加了对清水外墙的防水抗渗措施。

3　原规程中对"室外散水坡顶面以上和室内地面以下的砌体内，宜设防潮层。"改为"应设防潮层"。

6　在夹心墙夹层中会产生冷凝水，故设排水孔以便随时排出。

7　这是本次修订中新增的一条，是对砌块墙体粉刷的要求。

4.1.3　耐火极限的规定

混凝土小砌块墙体的耐火极限取值是根据近年来国内各地一些小砌块生产厂家和科研单位测试数值并参考了美国、加拿大等国的有关标准来确定的。考虑到各地小砌块生产的水平有高低，取值比实测值略有降低，以保证安全。

当 190mm 厚小砌块墙体双面抹水泥砂浆或混合砂浆各 20mm 厚时，其耐火极限可提高到 2.5h 以上。如果要作为防火墙，则需要在 190mm 厚的小砌块墙体用混凝土灌孔或在孔洞内填砂石、页岩陶粒或矿渣，其耐火极限可大于 4.0h。

190mm 厚配筋小砌块墙体的材性与钢筋混凝土相当，其耐火极限是按等厚的钢筋混凝土取值，配筋小砌块砌体的燃烧性能和耐火极限已达到作为防火墙的要求。

轻骨料混凝土小砌块由于轻骨料的不同其耐火极限也有差异，但总体而言比普通混凝土小砌块的耐火极限稍好，故仍按本规程表 4.1.3 取值。

表 2　混凝土小型空心砌块墙体耐火极限

序号	小砌块种类	小砌块规格（长×厚×高）（mm）	孔内填充情况	墙面粉刷情况	耐火极限
1	普通混凝土小砌块（承重）	390×190×190	无	无粉刷	2.43h

续表 2

序号	小砌块种类	小砌块规格（长×厚×高）(mm)	孔内填充情况	墙面粉刷情况	耐火极限
2	普通混凝土小砌块（承重）	390×190×190	灌芯	无粉刷	>4h
3	普通混凝土小砌块（承重）	390×190×190	孔内填充	双面各抹 10mm 厚砂浆	>4h

随着建筑节能的要求逐步提高，对外围护结构中的重要部位外墙体的保温性能的要求也愈来愈高，各种形式的复合保温砌块也应运而生。对于复合保温砌块所复合的保温材料宜采用燃烧性能为不燃（A 级）或难燃（B_1 级）的材料来保障安全。纵观目前全国的复合保温砌块所复合的保温材料中，大多数是燃烧性能为可燃（B_2 级）的 EPS 或 XPS 板。如果用它们来作为多排孔保温砌块中孔洞的插板，问题还不大，但如果要作为图 4 中所示的复合保温砌块中的保温夹层，这种复合保温砌块的耐火极限及燃烧性能应给出。这样有利于决定其使用的场所和防火所必须采取的措施。

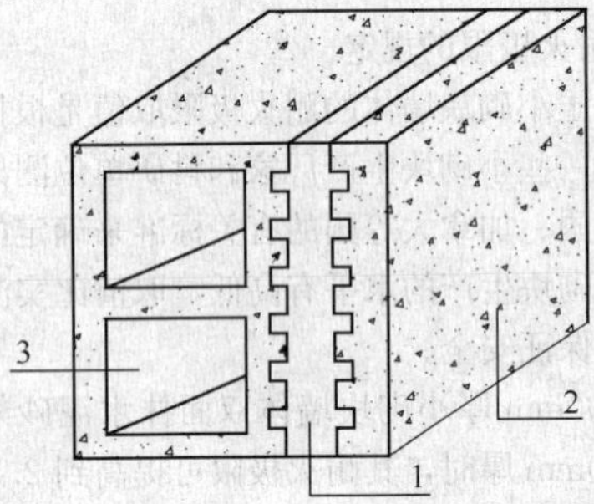

图 4　一种复合保温砌块

1—EPS 板（XPS 板）保温夹层；2—外壁（混凝土）；3—小砌块本体（混凝土）

4.1.4　混凝土小砌块的空气声计权隔声量取值是根据近几年来国内许多科研单位和小砌块生产厂家提供的测试数据确定的，见表 3。

表 3　190mm 混凝土小砌块的计权隔声量

序号	小砌块种类	小砌块规格（长×厚×高）(mm)	粉刷情况	墙体总厚度 (mm)	计权隔声量 (dB)
1	普通混凝土小砌块 MU15	390×190×190	两面各抹 15mm 厚水泥砂浆	220	51
2	普通混凝土小砌块 MU10	390×190×190	两面各抹 15mm 厚水泥砂浆	220	50

续表 3

序号	小砌块种类	小砌块规格（长×厚×高）(mm)	粉刷情况	墙体总厚度 (mm)	计权隔声量 (dB)
3	普通混凝土小砌块 MU7.5	390×190×190	两面各抹 15mm 厚水泥砂浆	220	48
4	普通混凝土小砌块 MU5.0	390×190×190	两面各抹 15mm 厚水泥砂浆	220	46

根据现行国家标准《民用建筑隔声设计规范》GB 50118，住宅、学校等大量性的民用建筑，其分户墙及隔墙的空气声计权隔声量要求较高，高标准为 50dB，一般标准为 45dB。

100mm 厚混凝土小砌块的空气声隔声量与小砌块的标号（密度）有关，MU5.0 的小砌块其空气声计权隔声量大于 45dB，能满足一般隔声标准。若将墙内孔洞填实，其空气声计权隔声量就可达 50dB 以上。

4.1.5　满足对屋面设计的要求可防止或减轻屋顶因温度变化而引起小砌块房屋顶层墙体开裂。

对防止顶层墙面开裂的有利作法是无钢筋混凝土基层的有檩挂瓦坡屋面。坡屋面宜外挑出墙面。

4.2　建筑节能设计

4.2.1　小砌块建筑的建筑节能设计除墙体的主体部位是小砌块砌体以外，与其他墙体结构体系建筑的建筑节能设计基本上是相同的，关键是在于突出小砌块砌体结构体系的特点，采取适宜的平、剖、立面布局与设计形式和构造做法。为此，必须在建筑的体形系数、窗墙面积比及窗的传热系数、遮阳系数和空气渗透性能等方面，均应符合本地区建筑节能设计标准的规定；围护结构各部分的热工性能，除应符合本地区现行民用建筑节能设计标准的规定外，其构造措施尚应满足建筑结构整体性和变形能力的要求，以保证整个建筑结构构造的完整性、安全性、经济性和可操作性；特别是墙体和楼地板的建筑热工节能设计，应同时考虑建筑装饰工程与设备节能工程的需要，对管线及设备埋设、安装和维修的要求，以保证墙体和楼板的保温隔热设计构造措施不受破坏。

4.2.2　本条是对小砌块及配筋小砌块砌体的建筑热工设计计算参数提出要求。

小砌块砌体的热阻（R_{ma}）和热惰性指标（D_{ma}）是建筑节能热工设计计算中的基本参数。小砌块砌体是带有空洞，而不是带有空气间层的砌体，它包含混凝土肋壁、孔洞和砌筑砂浆三部分，是一个均值，必须通过一定的计算和实测予以确定。表 4.2.2 是综合国内各地区的测试与计算结果，列出的小砌块及配筋小砌块砌体的计算热阻（R_{ma}）和计算热惰性指标（D_{ma}），建筑热工设计计算时可直接采用。

如果实际工程应用中的小砌块孔型、厚度或孔洞率与表4.2.2所列不同，应按现行国家标准《绝热稳态传热性质的测定　标定和防护热箱法》GB/T 13475的规定通过试验检测确定，或根据现行国家标准《民用建筑热工设计规范》GB 50176的计算方法计算确定砌体热阻，按本规程附录C计算小砌块砌体的热惰性指标。

在普通小砌块中内填、内插不同类型的轻质保温材料，是改善小砌块砌体热工性能的一个措施，如本规程附录D。但由于混凝土肋壁的传热较大，砌体的热阻值增加很有限。而且多为手工操作，工序多，施工速度慢，效率低。如表4所示，内插或内填轻质保温材料后的外墙主体部位的传热系数 $K_p=(1.33\sim1.50)W/(m^2\cdot K)$，仍较大。所以，宜从砌块基材、孔形或复合方式上进行合理设计来提高混凝土小砌块砌体的保温隔热性能。

在本规程附录D中列出了部分孔洞中内插（填）保温材料的复合保温小砌块砌体的热阻及热惰性指标，建筑热工设计计算时，可参考采用。

表4　孔洞中内插、内填保温材料的小砌块墙体主体部位的热工性能

编号	构造做法	$K_p[W/(m^2\cdot K)]$	D_p
1	1　20mm厚水泥砂浆外抹灰； 2　单排孔小砌块孔洞内插25mm厚发泡聚苯小板； 3　20mm厚石膏聚苯颗粒保温砂浆内抹灰	1.50	2.29
2	1　20mm厚水泥砂浆外抹灰； 2　单排孔小砌块孔洞内满填膨胀珍珠岩； 3　20mm厚石膏聚苯颗粒保温砂浆内抹灰	1.33	2.52

4.2.3　本条是对小砌块建筑外墙的热工设计提出要求。

1　外墙的热工性能包含主体部位和结构性热桥部位及其构成的整墙体部位。所以，建筑节能设计标准中规定外墙的传热系数和热惰性指标应取平均传热系数和平均热惰性指标。

平均传热系数（K_m）和平均热惰性指标（D_m）是由外墙中主体部位的传热系数 K_p 与热惰性指标 D_p 和结构性热桥部位的传热系数 K_b 和热惰性指标 D_b，以及它们在外墙上（不含门窗）的面积 F_p 和 F_b 加权计算求得。本条提出了便捷的计算方法。

2　由混凝土或钢筋混凝土填实的芯柱、构造柱、圈梁、门窗洞口边框，以及外墙与女儿墙、阳台、楼地板等构件连接的实体部位，都属结构性热桥部位，与主体部位比较，其传热（冷）损失都较大，也是产生表面冷凝的敏感部位，这些部位应通过建筑热工设计计算采取适宜的保温构造处理，以满足热工性能指标的要求。结构性热桥部位的传热系数和热惰性指标 K_b 和 D_b 的计算方法与主体部位传热系数 K_p 和热惰性指标 D_p 的计算方法相同。

进行建筑设计时首先要尽量减少结构性热桥部位的数量和面积。

为保证结构性热桥部位的内表面在冬季正常采暖期间不致产生结露，其最小传热阻 $R_{o\cdot min}$（或最大允许的传热系数 $K_{b\cdot max}$），应根据地区的室内外气候计算参数，按照现行国家标准《民用建筑热工设计规范》GB 50176规定的计算方法计算确定。

3　大量的热工性能实测和计算结果表明，仅有双面抹灰层的小砌块墙体，不管在北方和南方，都不能满足现行建筑节能设计标准中规定的室内热舒适环境和对外墙、楼梯间内墙及分户墙的热工性能指标要求，必须采取一定的保温隔热措施提高其热工性能。也正是因为过去不重视小砌块墙体的保温隔热措施这一重要环节，形成了房屋建成后居民普遍有“热”的反映，严重地影响了小砌块墙体及小砌块建筑的进一步推广应用。

最适宜于小砌块外墙的保温隔热措施，是在其外侧直接复合外墙外保温系统，或在外侧设置空气层。若采用内保温系统，本条提出了提高其保温性能的设计要求。

外墙采用不同外墙保温系统施工完成后的检测结果与节能设计要求的节能率对比计算、研究分析表明：

外墙采用外墙外保温系统能符合节能设计要求的95%～100%；

外墙采用外墙自保温系统能符合节能设计要求的85%～90%；

外墙采用外墙内保温系统能符合节能设计要求的75%～80%。

产生以上节能率差异的原因，主要是外墙自保温与外墙内保温系统中的结构性热桥部位保温隔热性能差所引起。为补偿这一差异，在上海市的《居住建筑节能设计标准》DG/TJ 08-205-2008中，提出了如表5所示的不同主墙体的平均传热系数修正系数 C_2。目前，四川省内也有设计院在进行外墙的热工设计时，将采用外墙内保温系统的外墙平均传热系数计算值乘以1.2作为外墙平均传热系数 K_m 的设计值，这实际上就是要求增加内保温系统的保温层厚度来使其热工性能达到采用外墙外保温系统的热工性能。这是科学的，也是合理的。

表 5　不同主墙体的平均传热系数修正系数 C_2

结构体系与保温形式	剪力墙			短肢剪力墙			框剪/框架			砖　混		
	外保温	自保温或中保温	内保温	外保温	自保温或中保温	内保温	外保温	自保温或中保温	内保温	外保温	自保温或中保温	内保温
主墙体	钢筋混凝土			钢筋混凝土			填充材料			填充材料		
修正系数 C_2	1.0	—	1.4	1.0	—	1.4	1.1	1.45	1.45	1.15	1.5	1.5

本条还对采用外墙内保温系统的外墙与横墙交接处 400mm 宽范围内的保温处理提出了要求，即该部位的传热阻 R_o 不能小于设计建筑所在气候地区的外墙最小传热阻 $R_{o\cdot\min}$。

从求真务实地实施建筑节能工作来讲，提出这个要求是非常必要的，可对现在墙体热工节能设计中随意地采用外墙内保温系统有所约束。

4　对夏热冬冷及夏热冬暖地区建筑的外墙隔热，本条提出宜采用外隔热措施，可有效地降低小砌块墙体的内外表面温差，减少恶劣环境的作用，保护小砌块墙体。最好是采用建筑用反射隔热涂料作外墙饰面，不仅可显著提高外墙的隔热性能，而且通过计算对比，还可使外墙有 0.20($m^2\cdot K$)/W 以上的附加热阻值。

由于小砌块墙体有孔洞存在，孔洞中空气的蓄热系数近似为 0。加之轻质保温材料的蓄热系数也很小，如表 4 所示，将导致小砌块外墙的建筑热工性能设计计算结果，往往是外墙的传热系数能满足居住建筑节能设计标准的规定，而热惰性指标 D 不能满足规定。出现这种情况时，居住建筑节能设计标准要求按照国家标准《民用建筑热工设计规范》GB 50176－93 第 5.1.1 条进行隔热设计验算。应当指出，国家标准《民用建筑热工设计规范》GB 50176－93 第 5.1.1 条是指房间在自然通风良好的使用条件下规定的隔热指标验算方法，不符合节能住宅的居室是在门窗关闭的使用条件。而且没有提出具体的外墙内表面最高温度允许值，也无法用第 5.1.1 条的计算公式和计算方法进行验算。

5　无论采用哪种保温构造技术及饰面做法，都要根据本地区的建筑节能标准要求和室内外气候计算参数，计算确定其热工性能指标要求的保温层厚度。考虑到保温材料在安装敷设中可能受损，以及环境湿作用的影响使保温材料的保温性能削弱，在建筑热工计算中，应取计算导热系数和计算蓄热系数，一般可用实际测定的导热系数和蓄热系数乘以修正系数 a。修正系数 a 应按照现行国家标准《民用建筑热工设计规范》GB 50176，根据其使用场合及影响因素进行选择，以确保墙体在正常使用时的保温性能不致削弱。

6　在寒冷地区，建筑的外围护结构保温设计，都要进行内部冷凝受潮验算，确定是否设置隔气层。对于寒冷地区的小砌块建筑外墙，应根据现行国家标准《民用建筑热工设计规范》GB 50176 的规定，在外墙的保温设计时，进行外墙内部冷凝受潮验算，确定是否设置隔气层。若需设置隔气层，应保证其施工质量，并有与室外空气相通的排湿措施。目前在夏热冬冷地区的个别城市，也有参照国外严寒地区的外墙外保温技术设置隔气层和排潮措施的工程。是否适宜，应根据计算确定，否则会造成不必要的经济损失。对于夏热冬冷地区的小砌块建筑外墙，一般可不用进行冷凝受潮验算，也不用设置隔气层。

7　本条提出对有优良热工性能的保温小砌块及复合保温小砌块在建筑外墙中应用时，可按墙体自保温系统应用在建筑的填充墙中，该部位可不再复合内、外保温系统。在夏热冬冷地区及夏热冬暖地区，这是非常可取的一种保温小砌块墙体自保温系统工程做法。

8　小砌块外墙的保温隔热措施，必须与屋面、楼地板和门窗等构件的连接部位有联系，这些连接部位也是传热敏感部位，除了做好这些部位的保温措施外，尚应保持构造上的连续性和可靠性。

4.2.4　本条对小砌块居住建筑的分户墙和公共建筑的采暖空调房间与非采暖空调房间隔墙的建筑热工设计提出应以平均传热系数 K_m 作为热工性能评价指标，因为不是一种墙材构成，应和外墙的要求一样。

4.2.5　本条是对小砌块建筑屋面的建筑热工设计提出要求。

1　小砌块建筑屋面的建筑热工设计，与其他墙体结构体系建筑的屋面热工设计基本相同，首先应符合建筑节能设计标准的规定，并选择适宜的保温隔热构造做法，重视结构性热桥部位的构造设计和处理措施。

2　与外墙外保温技术一样，倒置式屋面比正置式屋面（即保温层在防水层之下）有很多优点，但需采用憎水型的保温材料。保温层的厚度应根据地区的气候条件、室内外气候计算参数和节能设计标准规定的热工性能指标计算确定，计算时应采用材料的计算导热系数和计算蓄热系数，即应乘以修正系数 a。憎水型保温材料的修正系数 a 可取 1.2，多孔吸湿保湿材料的修正系数 a 可取 1.5。

3　在夏热冬冷和夏热冬暖地区，屋面采用浅色饰面，采用绿色植被屋面或有保温材料基层的架空通风屋面，都是有效而可行的屋面外隔热措施。采用绿色植被屋面或架空通风屋面时，应按照屋面防水规范的要求，保证防水层的设计和施工质量。

4　应重视结构性热桥部位的保温隔热构造设计与处理。对于小砌块建筑，由于要保证墙体顶部与屋顶之间是柔性连接，更应采取适宜的保温隔热构造措施，以避免热桥的出现。

5 小砌块砌体静力设计

5.1 设计基本规定

5.1.1～5.1.5 砌块砌体结构仍然采用以概率理论为基础的极限状态设计方法，砌块砌体受压、受剪构件可靠指标已达到4.0以上，且与国家标准《砌体结构设计规范》GB 50003保持一致。本次修订补充了《建筑结构可靠度设计统一标准》GB 50068使用年限的规定。

5.1.6 将梁端支承力的位置由原规程的两种情况简化为一种，均按$0.4a_0$以方便设计应用。

5.1.8 补充了转角墙体受集中荷载时计算截面的规定和可按角形截面偏心受压构件进行承载力验算。

5.2 受压构件承载力计算

5.2.2 补充了确定影响系数φ时，构件高厚比β的计算公式，公式中的1.1系数是经砌块砌体长柱试验确定的。对灌孔混凝土砌块砌体β取H_0/h，是依据《砌体结构设计规范》GB 50003的规定。

5.2.5 轴向力的偏心距按内力设计计算，偏心距e的限值与《砌体结构设计规范》GB 50003一致。

5.3 局部受压承载力计算

5.3.2 为避免空心砌块砌体直接承受局部荷载时可能出现的内肋压溃提前破坏，所以强调对未灌实的空心砌块砌体局部抗压强度提高系数γ为1.0。要求采取灌实一皮砌块的构造措施后才能按局部抗压强度提高系数计算。

5.3.4 关于梁端有效支承长度a_0计算，原《混凝土小型空心砌块建筑技术规程》JGJ/T 14-95列了两个计算公式，即$a_0=\sqrt{\frac{N_e}{bf\tan\theta}}$和简化公式$a_0=10\sqrt{\frac{h_c}{f}}$，为避免工程应用上引起争端，并且为简化计算，在上一版修订中取消前一个公式，只保留简化公式。工程实践表明，应用简化公式并未出现安全问题。本次修订仍维持只保留简化公式。

5.3.5 明确规定梁端现浇刚性垫块下局部抗压应按本条方法计算。本条第2款第2）项中“……壁柱上垫块伸入翼墙内的长度不应小于100mm”，《砌体结构设计规范》GB 50003是“……壁柱上垫块伸入翼墙内的长度不应小于120mm”。造成这一差别的原因是因为砌块模数M=100，砌块主规格尺寸为390mm×190mm×190mm。

5.3.6 进深梁支承于圈梁的情况在砌块房屋中经常遇到，因而增加了柔性垫梁下砌体局压的计算方法，根据哈尔滨工业大学的分析研究提出了考虑砌体局压应力三维分布时的实用计算方法，并与《砌体结构设计规范》GB 50003相一致。

5.4 轴心受拉构件承载力计算

5.4.1 增加了轴心受拉构件计算。

5.5 受弯构件承载力计算

5.5.1 增加了受弯构件计算。

5.6 受剪构件承载力计算

5.6.1 根据重庆建筑大学的试验和分析，提出了考虑复合受力影响的剪摩理论公式。该式亦能适合砌块砌体构件的抗剪计算，能较好地反映在不同轴压比下的剪压相关性和相应阶段的受力工作机理，克服了原公式的局限性。

5.7 墙、柱的允许高厚比

5.7.1 在表5.7.1表注中增加了配筋混凝土砌块砌体构件的允许高厚比不应大于30。该项规定是引进了国际标准的规定。

5.7.2 砌块墙体的加强一般可以利用其天然的竖向孔洞配筋灌芯形成芯柱，也可采用设钢筋混凝土构造柱（集中配筋）来加强。墙体中设有构造柱时可提高使用阶段墙体的稳定性和刚度，因此本次修订保留了配构造柱情况下墙体允许高厚比的提高系数的计算公式。

5.8 一般构造要求

5.8.1～5.8.7 砌块房屋的合理构造是保证房屋结构安全使用和耐久性的重要措施，根据设计和应用经验在下列几个关键问题上给予加强：①受力较大、环境条件差（潮湿环境），材料最低强度等级给予明确规定；②对一些受力不利的部位强调用混凝土灌孔；③加强一些构件的连接构造；④墙体中预留槽洞设管道的构造措施。原规程表5.8.1中最低强度等级，很潮湿的MU7.5，改为MU10。含饱和水的MU10改为MU15。主要是考虑材料耐久性要求。

5.9 砌块墙体的抗裂措施

随着砌块建筑的推广应用和住房商品化进程的推进，小砌块房屋的裂缝问题显得十分突出，受到比较广泛的关注。因此，本规程根据迄今国内外的研究成果和建设经验，按照治理墙体裂缝“防、放、抗”相结合，设计、施工、材料综合防治的基本思路，较多地充实了砌块墙体的防裂措施。

5.9.1 按表5.9.1设置的墙体伸缩缝，一般不能同时防止由于钢筋混凝土屋盖的温度变形和砌体干缩变形引起的墙体局部裂缝。

5.9.5 该条为修改条文，根据工程调查顶层和次顶层两端第一开间墙体上常易出现斜裂缝或水平裂缝，该条文明确在墙中设置钢筋混凝土芯柱的间距。

5.9.6 该条为修改条文，根据工程调查横墙上常易在靠近外纵墙处的横墙上发生斜裂缝，一般该裂缝在纵墙窗台角高度按约45°向上延伸至楼盖，也可在该区段中设置钢筋混凝土芯柱。

楼梯间横墙墙身较高，且较易受外界气候影响，常易发生水平缝和斜裂缝，因水平缝在全墙发生，故在全墙按1.6m间距设置钢筋混凝土芯柱。

5.10 框架填充墙的构造措施

新增加本节主要基于以往历次大地震，尤其是此次汶川地震的震害情况表明，框架（含框剪）结构填充墙等非结构构件均遭到不同程度破坏，有的损害甚至超出了主体结构，导致不必要的经济损失，尤其高级装饰条件下的高层建筑的损失更为严重。这种现象引起人们的广泛关注，尽快制订防止或减轻该类墙体震害的有效设计方法和构造措施已成为工程界的急需。

5.10.2 填充墙选用轻质砌体材料可减轻结构重量、降低造价，有利于结构抗震。但填充墙体材料强度不应过低，否则，当框架稍有变形时，填充墙体就可能开裂，在意外荷载或烈度不高的地震作用时，容易遭到损坏，甚至造成人员伤亡和财产损失。

5.10.4 震害经验表明：嵌砌在框架和梁中间的填充墙砌体，当强度和刚度较大，在地震发生时，产生的水平地震作用力，将会顶推框架梁柱，易造成柱节点处的破坏，所以过强的填充墙并不完全有利于框架结构的抗震。本条提出填充墙与框架柱、梁脱开的方式，是为在地震发生时，减小填充墙对框架梁柱的顶推作用，避免框架的损坏。但为了保证填充墙平面外的稳定性，在填充墙中应设构造柱和水平系梁，并在与主体结构连接处留20mm缝隙用聚苯泡沫材料填充。

5.11 夹心复合墙的构造规定

为适应建筑节能要求，北方地区砌块房屋的外墙往往采用复合墙形式，即由内叶墙承重外叶墙保护，中间填以高效保温（岩棉、苯板等）材料。这种墙体也称夹心墙。哈尔滨工业大学等单位做过试验，试验表明两叶墙之间的拉结构件能在一定程度上协调内、外墙的变形，外叶墙的存在对内叶墙的稳定性以及水平荷载下脱落倒塌有一定的支撑作用。本规程只是在夹心墙的构造上提出一些具体规定。本次修订在原规程基础上作了一些补充。

5.12 圈梁、过梁、芯柱和构造柱

5.12.1 为加强小砌块房屋的整体刚度，保证垂直荷载能较均匀地向下传递，考虑到砌块砌体抗剪、抗拉强度较低的特点，根据各地的实践经验，本规程对圈梁设置作了较严格的规定。本次修订对多层民用砌块房屋圈梁的设置进行了修改，根据近期砌块房屋圈梁设置的调查，一般在房屋内外墙均设置圈梁，故取消了原规程表5.8.1中分内、外墙设置的要求。

5.12.2 本次修订将屋盖处圈梁宜现浇改为应现浇，挑梁与圈梁相遇时，宜整体现浇改为应整体现浇。

5.12.4 对过梁上的荷载取值作了规定。由于过梁上墙体内拱的卸荷作用，当梁、板下的墙体高度大于过梁净跨时，梁、板荷载及墙体自重产生的过梁内力很小，过梁设计由施工阶段的荷载控制，荷载取本条规定的一定高度的墙体均匀自重作为当量荷载。

5.12.5 设置混凝土及钢筋混凝土芯柱是一种构造措施，主要是为了提高小砌块房屋的整体工作性能，不必进行强度计算。本次修订将原规程5.6.7条对纵横墙交接处孔洞用混凝土灌实的规定移至本条，原规程要求灌实范围为在墙中心线每边不小于300mm范围内的孔洞，改为在墙体交接处孔洞设置混凝土芯柱。

5.12.6 提出了芯柱构造和施工的具体要求，以保证芯柱发挥作用。

5.12.7 当小砌块房屋中采用钢筋混凝土构造柱加强时，应满足构造要求。

6 配筋砌块砌体剪力墙静力设计

6.1 设计基本规定

6.1.1 根据试验研究结果，配筋小砌块砌体剪力墙结构的受力性能与钢筋混凝土剪力墙结构的受力性能相似，因此在设计计算时可以采用与钢筋混凝土剪力墙相同的线弹性计算、分析方法，对结构构件的计算则应符合本规程有关条文的要求，同时对结构的位移变形也应按照本规程的要求进行验算。在计算、分析时，楼层侧移刚度取楼层等效剪切刚度。在计算分析时还应注意，即使是多层配筋小砌块砌体剪力墙结构仍应按剪力墙进行设计计算。

6.1.2 配筋小砌块砌体剪力墙的配筋方式与普通钢筋混凝土剪力墙不同，由于配筋小砌块砌体剪力墙中的竖向垂直钢筋是单排配置在墙厚的中央，当出平面受弯时，竖向垂直钢筋不能充分发挥作用，因此配筋小砌块砌体剪力墙作为主要的承载力构件其出平面的抗弯能力比普通钢筋混凝土剪力墙要弱，但又要明显强于普通砖砌体墙。条文是依据目前的试验研究情况以及综合各地的工程实践经验，规定了配筋小砌块砌体房屋剪力墙平面外的轴向力偏心距 e 不应超过 $0.7y$。从试验结果来看，规定偏于安全，因此今后如积累了确切、可靠的试验数据和计算分析，平面外的轴向力偏心距 e 的规定可适当放宽。

6.2 正截面受压承载力计算

6.2.1 根据试验研究结果，灌孔混凝土与砌块和钢筋之间的粘结状况良好，在承载力极限状态配筋小砌块砌体墙片中的竖向垂直钢筋和水平钢筋都能达到屈服，而且配筋小砌块砌体与钢筋混凝土的受力性能相似，因此配筋小砌块砌体计算的基本假定也与钢筋混凝土类似。根据试验研究结果，配筋小砌块砌体中的砌体与灌孔混凝土是分两次施工，在荷载作用下的变形状态不完全相同，因此灌孔小砌块砌体的极限压应变稍小于混凝土的极限压应变。

试验研究结果表明，配筋小砌块砌体墙片在偏心荷载作用下，当达到70%的极限荷载时，即使是竖向钢筋上的小标距应变量测结果也表明砌体截面的变形能较好的符合平截面假定，而有部分试件在90%以上的极限荷载时仍基本符合平截面假定。因此根据平截面假定的定义，配筋小砌块砌体在垂直荷载作用下的截面变形符合平截面假定。

6.2.2 式（6.2.2-1）和式（6.2.2-2）是根据欧拉公式和灌孔砌体的应力-应变关系以及配筋小砌块砌体的试验结果推导和拟合得到的，它不同于一般砌体的稳定性计算公式，不仅考虑了灌孔砌体，而且还考虑了竖向钢筋的抗压作用。在使用公式进行计算时还应注意，配筋小砌块砌体是指配置有垂直和水平钢筋、且水平钢筋必须布置在砌块水平槽内、用专用灌孔混凝土灌孔后形成的配筋小砌块砌体，如无水平钢筋或水平钢筋放置在砂浆灰缝中，则按配筋小砌块砌体的公式来计算其抗压稳定性可能会偏于不安全。

6.2.3 配筋小砌块砌体剪力墙房屋的结构性能与钢筋混凝土剪力墙房屋的结构性能相似，因此配筋小砌块砌体剪力墙构件的计算高度取值不应该按砌体结构，而是应该和钢筋混凝土剪力墙房屋相同。除一般情况，当有跃层或开洞形成无楼板支承的高墙的情况时，层高应取至有楼板支承的墙体之间的高度。

6.2.4 根据平截面假定，配筋小砌块砌体剪力墙上的任1根钢筋的应变均可根据变形协调的相似关系计算得到，而钢筋的应力及性质可由该处钢筋应变确定；按6.2.1条的基本假定，根据截面内力平衡条件也可以计算得到配筋小砌块砌体受压区截面高度，从而确定墙体的承载能力；但计算时需解联立方程或进行试算逐步迭代，计算比较复杂。本条采用的是钢筋混凝土构件的计算模式，大偏压时近似认为在荷载作用下，修正后的受拉区和受压区范围内的分布钢筋都能够达到屈服，而小偏压时则根据受压区高度近似求解钢筋的应力状况，使复杂的计算问题简化。关于偏心距 e，是参照混凝土偏心受压构件的计算方法进行计算。

6.2.5 由于配筋小砌块砌体之间的连接主要靠砌块的搭接砌筑、水平钢筋和砌块水平槽内的通长混凝土连接键相连，因此T形截面和L形截面的腹板和翼缘之间的连接要弱于类似的整浇钢筋混凝土墙片。根据同济大学所做的配筋小砌块砌体工字形截面和Z字形截面墙片的压弯反复荷载试验，当墙片的翼缘宽度为腹板厚度的3倍（工字形截面）和2倍（Z字形截面）时，在垂直荷载和水平反复荷载作用下，虽然翼缘部分的钢筋仍能达到屈服，但在接近破坏时，翼缘和腹板的连接处会突然产生垂直通缝，翼缘和腹板的共同工作明显减弱。因此如参照混凝土剪力墙进行设计，可能高估了配筋小砌块砌体翼缘和腹板的共同工作作用，从而使实际构件处于不安全状态。根据上述的试验结果和分析，本条对T形和倒L形截面偏心受压构件翼缘的计算宽度采用了比较严格的规定。

6.2.6 同济大学在2005年进行了墙片出平面偏心受压试验研究，试验共设计了三组高度的试件，尺寸分别为590mm×190mm×800mm、590mm×190mm×1200mm、590mm×190mm×1600mm（宽×厚×高）。每组高度的试件包括三种不同的出平面偏心距，分别为20mm、50mm和80mm，总共9个墙片。在极限荷载时，测得的各试件竖向钢筋的应变与偏心距和墙片高度有关，当出平面荷载偏心距为60mm～65mm时，竖向钢筋应力几乎为零。试验结果表明，同一高度的试件，极限荷载随偏心距的增大而减小。试验中9个试件都表现为脆性破坏的形式，但随着偏心距的增大，试件的破坏模式有从受压破坏向受弯破坏模式转化的趋势。试验结果还显示竖向垂直钢筋对墙片脆性破坏的改善作用有限，因为虽然偏心较大，试件墙片的竖向钢筋已经达到屈服状态，但由于钢筋是布置在墙体的中心位置，形成的抵抗力矩较小，因此墙片出平面抗弯能力有限。

根据普通砖砌体计算偏心受压影响系数的计算公式，假设矩形截面配筋小砌块砌体（$\beta<3$ 时）单向偏心受压影响系数 $\varphi=\dfrac{1}{1+m\times(e/h)^2}$，其中：$h$ 为矩形截面在轴向力偏心方向的边长；m 为小于12的系数。对于高而薄的墙片（$\beta>3$）承受出平面单向偏心荷载时，还应考虑附加偏心距 e_i，因此，出平面偏心受压配筋小砌块砌体墙片的承载力影响系数 $\varphi=\dfrac{1}{1+m\times[(e+e_i)/h]^2}$。当轴心受压时，$e=0$，该影响系数应该等于轴心受压稳定系数，可以解得 $e_i=h\times\sqrt{\dfrac{1}{m}\times\left(\dfrac{1}{j_0}-1\right)}$，于是出平面偏心受压配筋小砌块砌体墙片承载力的影响系数 $\varphi=\dfrac{1}{1+m\times\left[\dfrac{e}{h}+\sqrt{\dfrac{1}{m}\times\left(\dfrac{1}{j_0}-1\right)}\right]^2}$。将试验数据与该公式拟和，当 $m=2.5$ 时，公式计算结果与试验值吻合较好，因此可以认为出平面偏心受压配筋小砌块砌体墙片承载力的影响系数 $\varphi=\dfrac{1}{1+2.5\times\left[\dfrac{e}{h}+\sqrt{\dfrac{1}{2.5}\times\left(\dfrac{1}{j_0}-1\right)}\right]^2}$。

上述公式的计算结果与试验结果比较如表 6 所示，计算结果与试验值吻合较好。

表 6　同济大学的试验结果与公式计算值的比较

试件编号	墙高(mm)	高厚比	偏心距(mm)	试验值(kN)	φ	$N=\varphi\times f_{gm}\times A$(本规程公式)	试验值/计算值
Q1	800	4.21	20	2334	0.902	2097	1.11
Q2	800	4.21	50	2032	0.749	1741	1.17
Q3	800	4.21	80	1536	0.593	1378	1.11
Q4	1200	6.32	20	1932	0.855	1989	0.97
Q5	1200	6.32	50	1620	0.696	1618	1.00
Q6	1200	6.32	80	1420	0.547	1271	1.12
Q7	1600	8.42	20	2472	0.805	1871	1.32
Q8	1600	8.42	50	1724	0.645	1499	1.15
Q9	1600	8.42	80	1212	0.504	1172	1.03
平均值							1.11

哈尔滨工业大学在 2005 年也进行了无水平分布钢筋灌孔砌体墙片轴心受压及出平面偏心受压承载力试验，其中 11 个试件为出平面偏心受压，偏心距分别为 20mm、30mm、40mm 和 60mm，哈尔滨工业大学的试验结果与公式的计算结果比较如表 7 所示。

表 7　哈尔滨工业大学的试验结果与公式计算值的比较

试件编号	墙高(mm)	高厚比	偏心距(mm)	试验值(kN)	φ	$N=\varphi\times f_{gm}\times A$(本规程公式)	试验值/计算值
Q4	1000	5.26	20	2188	0.879	2107	1.04
Q10	1000	5.26	20	1980	0.879	2017	0.98
Q11	1000	5.26	20	2199	0.879	2017	1.09
Q12	1000	5.26	30	1624	0.829	1770	0.92
Q13	1000	5.26	30	1560	0.829	1770	0.88
Q1	1000	5.26	40	1650	0.776	1826	0.90
Q2	1000	5.26	40	1476	0.776	1826	0.81
Q3	1000	5.26	40	1778	0.776	1826	0.97
Q7	1000	5.26	60	1120	0.669	1564	0.72
Q8	1000	5.26	60	1230	0.669	1564	0.79
Q9	1000	5.26	60	1329	0.669	1564	0.85
平均值							0.90

由于哈尔滨工业大学的墙片试件没有配置水平钢筋，因此试验结果稍小于本规程公式计算的结果，但试件破坏现象和规律与同济大学的试验结果类似。

由于到目前为止，仅同济大学和哈尔滨工业大学分别做过 9 个和 11 个配筋小砌块砌体墙片出平面偏心受压试验，试验数据偏少，而且墙片试件的高厚比也不够充分大，因此有关墙体的出平面偏心受压性能还有待进一步开展试验研究，但按公式 6.2.6 进行设计计算还是安全的。

6.3　斜截面受剪承载力计算

6.3.1　根据有关试验研究结果，影响配筋小砌块砌体墙片抗剪承载力的因素主要有墙片的形状、尺寸；高宽比 λ；灌孔砌体的抗压强度；竖向荷载；水平钢筋和垂直钢筋的配筋率等等。①墙片抗剪承载力受其尺寸大小的影响是显而易见的，在组成墙片的材料相同的情况下，墙片的尺寸越大其承载能力也越大；②对于配筋小砌块砌体墙片，已有的试验研究表明，墙片的高宽比 λ 对抗剪强度有很大的影响，而且墙片的抗剪强度在高宽比 λ 一定范围内变动时，随着高宽比的加大而逐渐减小；③根据已有的试验研究成果，配筋小砌块砌体墙片的抗剪强度与灌孔砌体的抗压强度基本上呈正比关系，由于灌孔砌体抗剪能力占整个墙片抗剪能力的很大一部分，因此当采用强度较高的砌体和灌孔混凝土时，其抗剪承载能力也会相应有较大增加；④墙片承受水平荷载作用时，如果有适当垂直荷载共同作用，则在墙片内的主拉应力轨迹线与水平轴的夹角变大，斜向主拉应力值降低，从而可以推迟斜裂缝的出现，垂直荷载也使得斜裂缝之间的骨料咬合力增加，使斜裂缝出现后开展比较缓慢，从而提高墙片的抗剪能力。垂直荷载对墙片的抗剪能力有很大的影响，当墙片的轴压比 $\dfrac{N}{f_m bh}\approx 0.3\sim 0.5$ 时，垂直荷载对墙片的抗剪强度影响最大，当轴压比超过此值时，墙片的破坏形态由剪切破坏转化为斜压破坏，反而使得墙片的抗剪承载能力下降；⑤墙片开裂以后，配筋小砌块砌体墙片的抗剪能力将大大削弱，而穿过斜裂缝的水平钢筋直接参与受拉，由墙片开裂面的骨料咬合及水平钢筋共同承担剪力，因此，水平钢筋的配筋率是影响墙片抗剪能力的主要因素之一；⑥垂直钢筋的配筋率。国内外许多研究结果表明，配置于墙片中的垂直钢筋可以有效地提高其抗剪能力，垂直钢筋对墙片抗剪的贡献主要是由于销栓作用，以及墙片在配置一定数量的钢筋以后对原素墙片受力性能的改良，但一般将其有利作用计入在灌孔砌体的抗剪强度这一部分中。

根据上述对影响配筋小砌块砌体剪力墙截面受剪承载力诸因素的试验研究和分析，配筋小砌块砌体剪力墙截面受剪承载力可以按照式（6.3.1-2）和式

(6.3.1-4) 公式进行计算。

当配筋小砌块砌体剪力墙所承担的剪力较大，而墙片的截面积又较小时，增加墙片内的水平钢筋不仅不能有效提高墙片的抗剪能力，而且会导致剪力墙发生斜压脆性破坏，因此公式 (6.3.1-1) 规定与承受剪力相对应的剪力墙要有一定的截面积。

6.3.2、6.3.3 配筋小砌块砌体由于受其块型、砌筑方法和配筋方式的影响，不适宜做跨高比较大的梁构件。而连梁配筋小砌块砌体剪力墙结构中，连梁是保证房屋整体性的重要构件，为了保证连梁与剪力墙节点处在弯曲屈服前不会出现剪切破坏和具有适当的刚度和承载能力，对于跨高比大于 2.5 的连梁宜采用受力性能较好的钢筋混凝土连梁，以确保连梁构件的“强剪弱弯”。对于跨高比小于 2.5 的连梁（主要指窗下墙部分），则允许采用配筋小砌块砌体连梁。

6.4 构造措施

Ⅰ 钢 筋

6.4.1 配筋小砌块砌体剪力墙孔洞内配筋面积不应过大，否则钢筋太多，直径太大，不仅影响结构延性，也不利于灌孔混凝土施工。

6.4.2 配筋小砌块砌体剪力墙，配置在灰缝中钢筋直径应控制，以避免影响钢筋的握裹力及钢筋强度的发挥。根据工程经验，水平箍筋放置于砌体灰缝中，受灰缝高度限制（一般灰缝高度为 10mm)，水平箍筋直径不小于 6mm，且不应大于 8mm 比较合适；当箍筋直径较大时，将难以保证砌体结构灰缝的砌筑质量，会影响配筋小砌块砌体强度；灰缝过厚则会给现场施工和施工验收带来困难，也会影响砌体的强度。

6.4.3～6.4.6 我国沈阳建筑大学和北京建筑工程学院作了专门锚固实验，结果表明，位于灌孔混凝土中的钢筋，不论位置是否对中，均能在远小于规定的锚固长度内达到屈服。国际标准《配筋砌体设计规范》ISO 9652-3 中有砌块约束的混凝土内的钢筋锚固粘结强度比无砌块约束（不在砌块孔洞内）的数值（混凝土强度等级为 C10～C25 情况下），对光面钢筋高出 85%～20%；对变形钢筋高出 140%～64%。

实验发现对于配置在水平灰缝中的受力钢筋，其握裹条件较灌孔混凝土中的钢筋要差一些。灰缝中砂浆的最小保护层要求，是基于在正常条件下，钢筋不会锈蚀和保证需要的握裹力发挥而确定的。在灌孔混凝土中钢筋的保护层，基本同普通混凝土中的钢筋保护层要求，但它的条件要更好些，因为有一层砌块外壳的保护，国外规范规定抗渗砌块的钢筋保护层可以减少。

根据安全等级为一级或设计使用年限大于 50 年的房屋，对耐久性的要求更高的原则，提出了第 6.4.6 条的注（含第 6.4.7 条)。

Ⅱ 配筋砌块砌体剪力墙、连梁

6.4.7 根据配筋砌块砌体目前的应用情况及耐久性要求，对材料等级进行相应规定。灌孔混凝土是指由水泥、砂、石等主要原材料配制的大流动性细石混凝土，石子粒径控制在 5mm～16mm 之间，坍落度控制在 230mm～250mm，大流动性是砌块孔洞内细石混凝土灌实的先决条件，才能保障混凝土与砌块结合紧密。灌孔混凝土强度与混凝土小砌块块材的强度应匹配，由此组成的灌孔砌体的性能可得到充分发挥。配筋小砌块砌体剪力墙是一个整体，必须全部灌孔，才能保证平截面假定。在配筋小砌块砌体剪力墙结构的房屋中，允许有部分墙体不灌孔，但不灌孔部分的墙体不能按配筋小砌块砌体剪力墙计算，而必须按填充墙考虑。

6.4.8 这是根据承重混凝土砌块的最小厚度规格尺寸和承重墙支承长度确定的。最通常采用的配筋砌块厚度为 190mm。在允许的前提下，连梁可加宽以满足抗剪要求。

6.4.9 这是配筋砌块砌体剪力墙的最低构造钢筋要求。对由于孔洞削弱的墙体进行了加强。剪力墙的配筋比较均匀，其隐含的构造含钢率约为 0.05%～0.06%。据国外规范的背景材料，该构造配筋率有两个作用：一是限制砌体干缩裂缝，二是能保证剪力墙具有一定的延性，一般在非地震设防地区的剪力墙结构应满足这种要求。

6.4.10 窗间墙一般为短肢墙，构造及配筋适当加强。

6.4.11 配筋砌块砌体剪力墙的边缘构件，要求在该区设置一定数量的竖向构造钢筋和横向箍筋或等效的约束件，以提高剪力墙的整体抗弯能力和延性。本条是根据工程实践和参照我国有关规范的有关要求，及砌块剪力墙的特点给出的。

另外，在保证等强设计的原则，并在砌块砌筑、混凝土浇灌质量保证的情况下，砌块砌体剪力墙端可采用混凝土柱为边缘构件。虽然在施工程序上增加模板工序，但能集中设置较多竖向钢筋，水平钢筋的锚固也易解决，美国有类似的成功工程经验。

6.4.12 剪力墙的特点是平面内刚度及承载力大，而平面外刚度及承载力都相对很小。当剪力墙与平面外方向的梁连接时，会造成墙肢平面外弯矩，而一般情况下并不验算墙的平面外的刚度及承载力。配筋小砌块砌体剪力墙的竖向配筋居墙截面中心处，对剪力墙平面外的受弯能力甚为不利。试验表明，配筋小砌块砌体剪力墙平面外受弯能力较差。

剪力墙平面外设置的扶壁柱宜按计算确定截面及配筋，但当扶壁柱较短，其总长不大于 3 倍墙厚时，往往超筋或配筋过大。为保证其一定的抗弯能力，扶壁柱全截面配筋应不低于本规程的有关规定。

当梁高大于 2 倍墙厚时，梁端弯矩对墙平面外的安全不利，因此应采取措施，降低梁的刚度，减少剪力墙平面外的弯矩，以利墙体安全。

本条所列措施，均可增大墙肢抵抗平面外弯矩的能力。另外，对截面高度较小的楼面梁可设计为铰接或半刚接，减小墙肢平面外弯矩。铰接端或半刚接端可通过弯矩调幅或梁变截面来实现，此时应相应加大梁跨中弯矩，且梁顶配筋不宜过小。

6.4.13 本条规定了当采用钢筋混凝土连梁时的有关技术要求。

6.4.14 本条是参照美国规范和混凝土砌块的特点以及我国的工程实践制定的。混凝土砌块砌体剪力墙连梁由 H 型砌块或凹槽砌块组砌（当采用钢筋混凝土与配筋砌块组合连梁时受此限制），并应全部浇灌混凝土，以确保其整体性和受力。

6.4.15 部分框支配筋砌块砌体剪力墙结构底部的配筋砌块砌体墙的水平及竖向分布钢筋最小配筋率适当提高。

7 抗 震 设 计

7.1 一 般 规 定

7.1.1 抗震设防地区的小砌块砌体房屋抗震设计，首先要在满足静力设计要求的基础上进行，应对结构进行抗震承载力验算。

7.1.2 小砌块砌体房屋抗震设计时应共同遵守的原则和要求，对于刚性较大的砌体结构基本都是一样的。通过设置圈梁、构造柱或芯柱约束砌体墙，使砌体墙发生裂缝后不致崩塌和散落而丧失对重力荷载的承载能力。

配筋小砌块砌体抗震墙地震作用下受力状态与钢筋混凝土墙接近，应采取措施避免混凝土压碎、构件剪切破坏、钢筋锚固部分拉脱（粘结破坏）等脆性破坏。

7.1.3 小砌块砌体房屋抗震设计时，结构布置应按照优先采用横墙承重或纵横墙混合承重的结构体系，以利于房屋整体抗震要求。

多层小砌块砌体房屋，应避免设置转角窗。配筋小砌块砌体抗震墙房屋宜避免设置转角窗，否则，转角窗开间相关墙体尽端边缘构件最小纵筋直径应按规定值提高一级。

由于配筋小砌块砌体结构的受力性能类似于钢筋混凝土结构，因此参照钢筋混凝土抗震墙结构要求配筋小砌块砌体结构房屋的平面布置宜规则，不应采用严重不规则的平面布置形式，从结构体形的设计上保证房屋具有较好的抗震性能。

考虑到抗震墙结构应具有延性，细高的抗震墙（高宽比大于 2）属弯曲型的延性抗震墙，可避免脆性的剪切破坏，因此要求配筋小砌块砌体墙段的长度（即墙段截面高度）不宜大于 8m。当墙很长时，可通过开设洞口将长墙分成长度较小、较均匀的超静定次数较高的联肢墙，洞口连梁宜采用约束弯矩较小的弱连梁（其跨高比宜大于 6），使其可近似认为分成了独立墙段。由于配筋小砌块砌体抗震墙的纵向钢筋设置在砌块孔洞内（距墙端约 100mm），因此墙肢长度很短时很难充分发挥作用，因此设计时墙肢长度也不宜过短。高度小于 18m 的配筋小砌块砌体抗震墙多层房屋，由于相对地震作用较小，往往结构平面布置短肢抗震墙即能满足强度和刚度的要求，但是根据试验研究结果短肢抗震墙的抗震性能相对较差，因此宜在房屋外墙四角布置非一字形（一般为 L 形）一般抗震墙以保证房屋的整体性，提高房屋的抗震性能。

7.1.4 小砌块砌体房屋防震缝宽度应根据烈度和房屋高度确定。

根据试验研究结果，由于配筋小砌块砌体抗震墙存在水平灰缝和垂直灰缝，其结构变形能力要优于钢筋混凝土抗震墙，因此在规定防震缝的宽度时，相应的也要大于钢筋混凝土抗震墙结构建筑。当房屋高度不超过 24m 时，可采用 100mm；当超过 24m 时，在 100mm 宽度的基础上，随着房屋高度增大按不同烈度相应加大防震缝宽度。

汶川地震中，在大震作用下，设置防震缝的房屋在缝两侧均发生不同程度破坏，破坏部位全部集中在高度相对较小房屋顶部对应的高度范围内。为避免相撞部位墙体破坏严重而倒塌伤人甚至造成相对较高房屋局部坍塌，因此建议加强相撞部位墙体防倒塌能力。

7.1.5 承重砌块的最低强度等级应根据房屋层数和强度大小而确定。本条规定的最低强度等级是适合多层和低层小砌块砌体房屋的要求。

在抗震设计中，根据荷载作用性质的不同，对配筋小砌块砌体的材料强度要求应比非抗震设计的要求要高一些。

Ⅰ 多层小砌块砌体结构

7.1.6 小砌块砌体房屋地震作用时的破坏与房屋的层数和高度成正比。所以，要控制房屋的层数和高度，以避免遭到严重破坏或倒塌。根据有关科研资料和抗震设计规范的规定，混凝土小砌块多层房屋基本与其他砌体结构类同。对底部框架-抗震墙结构，均取与一般砌体房屋相同的层数和高度，考虑该结构体系不利于抗震，8 度（0.20g）设防时适当降低层数和高度，8 度（0.30g）和 9 度设防时及乙类建筑不允许采用。

对要求设置大开间的多层小砌块砌体房屋，在符合横墙较少条件的情况下，通过多方面的加强措施，可以弥补大开间带来的削弱作用，而使多层小砌块砌体房屋不降低层数和总高度。

本条按照2010年版抗震规范作下列变动：

1 补充规定了7度（0.15g）和8度（0.30g）的高度和层数限值。

2 底部框架-抗震墙砌体房屋，不允许用于乙类建筑和8度（0.3g）以上的丙类建筑。

3 表7.1.6中底部框架-抗震墙砌体房屋的最小砌体墙厚系指上部砌体房屋部分。

4 根据横墙较少砌体房屋的试设计结果，横墙较少的房屋，按规定的措施加强后，总层数和总高度不变的适用范围，扩大到丙类建筑，但规定仅6、7度时允许总层数和总高度不降低。

5 补充了横墙很少的多层砌体房屋的定义。对各层横墙很少的多层砌体房屋，其总层数应比横墙较少时再减少一层，由于层高的限制，总高度也有所降低。

坡屋面阁楼层一般仍需计入房屋总高度和层数；但重力荷载小于标准层1/3的突出屋面小建筑，不计入层数和高度的控制范围。斜屋面下的“小建筑”通常按实际有效使用面积或重力荷载代表值小于顶层30%控制。

7.1.8 若砌体房屋考虑整体弯曲进行验算，目前的方法即使在7度时，超过3层就不满足要求，与大量的地震宏观调查结果不符。实际上，多层砌体房屋一般可以不做整体弯曲验算，但为了保证房屋的稳定性，限制了其高宽比。

7.1.9 小砌块砌体房屋的主要抗震构件是各道墙体。因此，作为横向地震作用的主要承力构件就是横墙。横墙的分布决定了房屋横向的抗震能力。为此，要求限制横墙的最大间距，以保证横向地震作用的满足。

本次修订，考虑到原规定的抗震横墙最大间距在实际工程中一般并不需要这么大，同时，亦为提高多层砌体房屋的抗震能力，故将横墙间距均减小2m～3m，并补充了9度时相关规定。

7.1.10 小砌块砌体房屋的局部尺寸规定，主要是为防止由于局部尺寸的不足引起连锁反应，导致房屋整体破坏倒塌。当然，小砌块的局部墙垛尺寸还要符合自身的模数；当局部尺寸不能满足规定要求，也可以采取增加构造柱或芯柱及增大配筋来弥补；当表中部位采用全灌孔配筋小砌块或钢筋混凝土墙垛时，其局部尺寸可不受表7.1.10限制，但其截面尺寸和配筋应满足稳定和承载力要求。

本次修订，补充了承重外墙尽端局部尺寸限值和9度时相关规定。

承重外墙尽端指，建筑物平面凸角处（不包括外墙总长的中部局部凸折处）的外墙端头，以及建筑物平面凹角处（不包括外墙总长的中部局部凹折处）未与内墙相连的外墙端头。

7.1.11 底部框架-抗震墙房屋，当上层砌体部分采用小砌块墙体时，其结构布置及有关构造要求应与其他砌体结构一致，所不同的仅是砌块砌体材料。而试验资料已经表明，小砌块代替其他砌体材料，具有更多的优点，如可以配置较多的钢筋，使底部框架的材料与小砌块材料更为接近等，有利于变形及动力特性的一致。

底部框架-抗震墙房屋的钢筋混凝土结构部分，其抗震要求原则上均应符合国家标准《建筑抗震设计规范》GB 50011－2010第6章的要求，抗震等级与钢筋混凝土结构的框支层相当。但考虑到底部框架-抗震墙房屋高度较低，底部的钢筋混凝土抗震墙应按低矮墙或开竖缝设计，构造上有所区别。

Ⅱ 配筋小砌块砌体抗震墙结构

7.1.12 国内外有关试验研究结果表明，配筋小砌块砌体抗震墙结构具有强度高、延性好的特点，其受力性能和计算方法都与钢筋混凝土抗震墙结构相似，因此理论上其房屋适用高度可参照钢筋混凝土抗震墙房屋，但应适当降低。上海、哈尔滨、大庆等地都曾成功建造过18层的配筋小砌块砌体抗震墙住宅房屋，同济大学和湖南大学都曾进行过7度～9度区配筋小砌块砌体抗震墙住宅房屋的静力弹塑性分析，计算结果表明，按表7.1.12-1规定的适用最大高度是比较合适的。试验研究表明，底部为框支抗震墙的配筋小砌块砌体抗震墙结构抗震相对不利，因此对于这类房屋的最大适用高度应给予更严格的控制，同时在9度区不应采用。

近年来的工程实践和计算分析表明，配筋小砌块砌体抗震墙结构在8层～18层范围时具有很强的竞争力，相对钢筋混凝土抗震墙结构房屋，土建造价要低5%～7%，为了鼓励和推动配筋小砖块砌体房屋的推广应用，当经过专门研究和论证，有可靠技术依据，采取必要的加强措施后，可适当突破表7.1.12-1的规定，但增加高度一般不宜大于6m、2层。

配筋小砌块砌体房屋高宽比限制在一定范围内时，有利于房屋的稳定性，一般可不做整体弯曲验算；配筋小砌块砌体抗震墙抗拉相对不利，因此限制房屋高宽比可以使抗震墙墙肢一般不会出现大偏心受拉状况。根据试验研究和计算分析，当房屋的平面布置和竖向布置比较规则时，对提高房屋的整体性和抗震能力有利。当房屋的平面布置和竖向布置不规则时，会增大房屋的地震反应，此时应适当减小房屋高宽比以保证在地震荷载作用下结构不会发生整体弯曲破坏。

计算配筋小砌块砌体抗震墙房屋的高宽比，一般情况，可按所考虑方向的最小投影宽度计算高宽比，但对突出建筑物平面很小的局部结构（如楼梯间、电梯间等），一般不应包含在计算宽度内；对于不宜采用最小投影宽度计算高宽比的情况，还应根据实际情况确定。

7.1.13 配筋小砌块砌体结构的抗震等级是考虑了结构构件的受力性能和变形性能，同时参照了钢筋混凝土房屋的抗震设计要求而确定的，主要是根据抗震设防分类、烈度、房屋高度和结构类型等因素划分配筋小砌块砌体结构的不同抗震等级，对于底部为框支抗震墙的配筋小砌块砌体抗震墙结构的抗震等级则相应提高一级。

7.1.14 楼、屋盖平面内的变形，将影响楼层水平地震作用在各抗侧力构件之间的分配，为了保证配筋小砌块砌体抗震墙结构房屋的整体性，楼、屋盖宜采用现浇钢筋混凝土楼、屋盖，横墙间距也不应过大，使楼盖具备传递地震力给横墙所需的水平刚度。

7.1.15 已有的试验研究表明，抗震墙的高度对抗震墙出平面偏心受压强度和变形有直接关系，因此本条文规定配筋小砌块砌体抗震墙的层高主要是为了保证抗震墙出平面的强度、刚度和稳定性。由于小砌块的厚度是确定的为190mm，因此当房屋的层高为3.2m～4.8m时，与普通钢筋混凝土抗震墙的要求基本相当。

7.1.16 虽然短肢抗震墙结构有利于建筑布置，能扩大使用空间，减轻结构自重，但是其抗震性能较差，因此抗震墙不能过少、墙肢不宜过短。对于高层配筋小砌块砌体抗震墙房屋不应设计多数为短肢抗震墙的建筑，而要求设置足够数量的一般抗震墙，形成以一般抗震墙为主、短肢抗震墙与一般抗震墙相结合的共同抵抗水平力的结构，保证房屋的抗震能力，因此参照有关规定，对短肢抗震墙截面面积与同一层内所有抗震墙截面面积比例作了规定；而对于高度小于18m的多层房屋，考虑到地震作用相对较小，应与高层建筑房屋有所区别，因此对短肢抗震墙截面面积与同一层内所有抗震墙截面面积的比例予以放宽，但仍应满足7.1.3条第2款的要求，即在房屋外墙四角布置L形一般抗震墙。

一字形短肢抗震墙延性及平面外稳定均十分不利，因此规定不宜布置单侧楼面梁与之平面外垂直或斜交，同时要求短肢抗震墙应尽可能设置翼缘，保证短肢抗震墙具有适当的抗震能力。

7.1.17 由于配筋小砌块砌体抗震墙存在水平灰缝和垂直灰缝，在荷载作用下其变形性能类似于钢筋混凝土开缝抗震墙，因此在地震作用下此类结构具有良好的耗能能力，而且灌孔砌体的强度和弹性模量也要低于相对应的混凝土性能指标，其变形能力要比普通钢筋混凝土抗震墙好。根据同济大学进行的配筋小砌块砌体抗震墙受弯、受剪试验研究结果，墙片开裂时的层间位移角都在1/480以上，哈尔滨工业大学、湖南大学等有关单位的试验研究结果也都在该值之上，说明配筋小砌块砌体抗震墙的层间变形能力确实优于普通钢筋混凝土抗震墙。本条文根据试验研究结果，综合考虑了钢筋混凝土抗震墙弹性层间位移角限值，规定了配筋小砌块砌体抗震墙结构在多遇地震作用下的抗震变形验算时，其楼层内的弹性层间位移角限值为1/800，底层由于承受的剪力最大，主要是剪切变形，因此其弹性层间位移角限值要求也较高，为1/1200。

7.1.18 对于底部框架抗震墙结构的房屋，保持纵向受力构件的连续性是防止结构纵向刚度突变而产生薄弱层的主要措施，对结构抗震有利。在结构平面布置时，由于配筋小砌块砌体抗震墙和钢筋混凝土抗震墙在强度、刚度和变形能力方面都有一定差异，因此应避免在同一层面上混合使用。底部框架-抗震墙房屋的过渡层担负结构转换，在地震时容易遭受破坏，因此除在计算时应满足有关规定之外，在构造上也应予以加强。底部框架-抗震墙房屋的抗震墙往往要承受较大的弯矩、轴力和剪力，应选用整体性能好的基础，否则抗震墙不能充分发挥作用。

对于底下一层或多层的底部框架抗震墙结构的房屋还应按照《建筑抗震设计规范》GB 50011和《高层建筑混凝土结构技术规程》JGJ 3中的有关要求，采用适当的结构布置。

7.2 地震作用和结构抗震验算

7.2.1 根据《建筑结构可靠度设计统一标准》GB 50068的规定，发生地震时荷载与其他重力荷载的可能组合结果称为抗震设计重力荷载代表值G_E，即永久荷载标准值与有关的可变荷载组合值之和。组合值系采用《建筑抗震设计规范》GB 50011规定的数值。

7.2.3、7.2.4 多层小砌块砌体房屋层数和高度已有限制，刚度沿高度分布一般也比较均匀，变形以剪切变形为主。因此，符合采用底部剪力法的条件。对局部突出于顶层的部分，按《建筑抗震设计规范》GB 50011的规定乘以3倍地震作用进行本层的强度验算。

7.2.5、7.2.6 地震作用于房屋是任意方向的，但均可按力分解为两个主轴方向，抗震验算时分别沿房屋的两个主轴方向作用。当房屋的质量和刚度有明显不均匀时，或采用了不对称结构时，应考虑地震作用导致的扭转影响，进行扭转验算。

Ⅰ 多层小砌块砌体结构

7.2.7 根据《建筑抗震设计规范》GB 50011结构构件的地震作用效应和其他荷载效应的基本组合的规定，直接规定了多层小砌块砌体房屋结构楼层水平地震剪力设计值的计算。

7.2.8 在各楼层的各墙段间进行地震剪力与配筋截面验算时，可根据层间墙段的不同高宽比（一般墙段和门窗洞边的小墙段），分别按剪切变形、弯曲变形或同时考虑弯剪变形区别对待进行验算。计算墙段时可按门窗洞口划分。

墙段的高宽比指层高与墙长之比，对门窗洞边的小墙段指洞净高与洞侧墙宽之比。

本次修订明确，关于开洞率的定义及适用范围，系参照原行业标准《设置钢筋混凝土构造柱多层砖房抗震技术规程》JGJ/T 13 的相关内容得到的，墙段洞口影响系数表仅适用于带构造柱的小开口墙段。当本层门窗过梁及以上墙体的合计高度小于层高的20%时，洞口两侧应分为不同的墙段。

7.2.9 一般情况下，抗震验算可只选择纵、横向不利墙段进行截面验算。

7.2.10 地震作用下的砌体材料强度指标难以求得。小砌块砌体强度主要通过试验，采用调整抗剪强度的方法来表达。

由于小砌块砌体的抗剪强度 f_v 较低，σ_0/f_v 相对较大，根据试验资料，砌体强度正应力影响的系数由剪摩公式得到。对普通小砌块的公式是：

$$\zeta_N = 1 + 0.25\sigma_0/f_v \qquad (\sigma_0/f_v \leqslant 5) \qquad (1)$$

$$\zeta_N = 2.25 + 0.17(\sigma_0/f_v - 5) \qquad (\sigma_0/f_v > 5) \qquad (2)$$

本次修订，根据砌体规范 f_v 取值的变化，对表内数值作了调整，使 f_{vE} 与 σ 的函数关系基本不变。根据有关试验资料，当 $\sigma_0/f_v \geqslant 16$ 时，小砌块砌体的正应力影响系数如仍按剪摩公式线性增加，则其值偏高，偏于不安全。因此当 σ_0/f_v 大于 16 时，普通小砌块砌体的正应力影响系数都按 $\sigma_0/f_v = 16$ 时取 3.92。

7.2.11、7.2.12 多层小砌块墙体截面的抗震抗剪承载能力，采用《建筑抗震设计规范》GB 50011 的规定。相应的承载力抗震调整系数也均取一致的数值。

对设置芯柱的小砌块墙体截面抗震抗剪承载力计算，主要是依据有关的试验资料统计确定的。

当墙段中既设有芯柱，又设有构造柱时，根据北京市建筑设计研究院数十片墙体试验结果统计分析，可按式（7.2.12）直接计算。

7.2.13 底部框架-抗震墙的抗震验算，应按《建筑抗震设计规范》GB 50011 规定进行。

Ⅱ 配筋小砌块砌体抗震墙结构

7.2.14 配筋小砌块砌体抗震墙房屋的抗震计算分析，包括内力调整和截面应力计算方法，大多参照钢筋混凝土结构的有关规定，并针对配筋小砌块砌体结构的特点做了修正。

在配筋小砌块砌体抗震墙房屋抗震设计计算中，抗震墙底部的荷载作用效应最大，因此应根据计算分析结果，对底部截面的组合剪力设计值采用按不同抗震等级确定剪力放大系数的形式进行调整，以使房屋的最不利截面得到加强。多层配筋小砌块砌体房屋（≤18m），根据其受力特点一般布置有较多短肢抗震墙，因此在本规程第 7.1.16 条第 3 款中对短肢抗震墙截面面积与同层抗震墙总截面面积的比例予以了适当调整，但考虑到短肢抗震墙抗震性能相对不利，因此对短肢抗震墙的剪力增大系数取值要求更高，而且在多层配筋小砌块砌体房屋设计中，适当提高其剪力增大系数可调整短肢抗震墙的布置，使结构更加合理。

7.2.15～7.2.19 规定配筋小砌块砌体抗震墙的截面抗剪能力限制条件，是为了规定抗震墙截面尺寸的最小值，或者说是限制了抗震墙截面的最大名义剪应力值。试验研究结果表明，抗震墙的名义剪应力过高，灌孔砌体会在早期出现斜裂缝，水平抗剪钢筋不能充分发挥作用，即使配置很多水平抗剪钢筋，也不能有效地提高抗震墙的抗剪能力。

配筋小砌块砌体抗震墙截面应力控制值，类似于混凝土抗压强度设计值，采用"灌孔小砌块砌体"的抗压强度，它不同于砌体抗压强度，也不同于混凝土抗压强度。

配筋小砌块砌体抗震墙截面受剪承载力由砌体、竖向钢筋和水平分布筋三者共同承担，为使水平分布钢筋不致过小，要求水平分布筋应承担一半以上的水平剪力。

7.3 抗震构造措施

Ⅰ 多层小砌块砌体结构

7.3.1 在小砌块砌体房屋中，国外和国内以往的做法中均采用芯柱，即在规定的部位内，设置若干个芯柱来加强小砌块墙段的抗压、抗剪以及整体性，对于抗震而言，可以增大变形能力和延性。

但是，芯柱做法存在要求设置的数量多，施工浇灌混凝土不易密实，浇灌的混凝土质量难以检查，多排孔小砌块无法做芯柱等不足，因此有待改进和完善这种构造做法。

经过试验研究，如北京市建筑设计研究院进行的数十片墙的芯柱、构造柱对比试验，以及 6 层芯柱体系和 9 层构造柱体系的 1/4 比例模型正弦波激振试验。结果表明，小砌块砌体房屋中采用构造柱做法比芯柱做法具有下列优点：①减少现浇混凝土量，减少芯柱的数量，在墙体连接中可用一个构造柱替代多个芯柱；②构造柱替代芯柱，可节约混凝土浇灌量和竖向钢筋；③构造柱做法容易检查浇灌混凝土的质量，比芯柱质量有保证，施工亦较方便；④根据试验结果，构造柱比芯柱体系的变形能力有较大提高，结构耗能两者相差 1.6 倍，延性系数从 2 可提高到 3 以上。

根据有关试验和工程实践，采用部分构造柱代替芯柱做法是结合了我国工程实践和经济条件的特点，是符合我国国情的。

本次关于构造柱设置和构造要求主要作了下列

修改：

1 增加了不规则平面的外墙对应转角（凸角）处设置构造柱的要求；楼梯斜段上下端对应墙体处增加 4 根构造柱，与在楼梯间四角设置的构造柱合计有 8 根构造柱。

2 对横墙很少的多层砌体房屋，明确按增加 2 层的层数设置构造柱。

7.3.2 小砌块砌体房屋中设置的构造柱需符合小砌块墙的特点，包括构造柱截面尺寸及与墙的拉结。

7.3.3 小砌块砌体房屋采用芯柱做法时，对芯柱的间距适当减小，可减少墙体裂缝的发生。因此，对房屋顶层和底部一、二层墙体的芯柱间距要求，更为严格，以减少相应部位的墙体开裂。

芯柱伸入室外地面下 500mm，地下部分为砖砌体时，可采用类似于构造柱的方法。

本次关于芯柱的修订，与本规程第 7.3.1 条相同，增加了楼、电梯间的芯柱或构造柱的布置要求，并补充 9 度的设置要求。

小砌块砌体房屋墙体交接处、墙体与构造柱、芯柱的连接，均要设钢筋网片，保证连接的有效性。本次修订，要求拉结钢筋网片沿墙体水平通长设置；为加强下部楼层墙体的抗震性能，将下部楼层墙体的拉结钢筋网片沿墙高的间距加密，提高抗倒塌能力。

7.3.4 同本规程第 7.3.1 条和本规程第 7.3.3 条，本次修订对芯柱设置和构造要求也作了相应的修改。

7.3.5 小砌块墙体交接处，不论采用芯柱做法还是构造柱做法，为了加强墙体之间的连接，沿墙高设置拉结钢筋网片，以保证房屋有较好的整体性。

原规定拉结筋每边伸入墙内不小于 1m，构造柱间距 4m，中间只剩下 2m 无拉结筋。为加强下部楼层墙体的抗震性能，本次修订将下部楼层构造柱或芯柱间的拉结筋贯通。

7.3.6 小砌块多层房屋楼层要设置现浇钢筋混凝土圈梁，不允许采用槽形砌块代替现浇圈梁。

根据震害调查结果，现浇钢筋混凝土楼盖不需要设置圈梁。现浇或装配整体式钢筋混凝土楼、屋盖与墙体有可靠连接的房屋，允许不另设圈梁，但为加强砌体房屋的整体性，楼板沿抗震墙体周边均应加强配筋并应与相应的构造柱钢筋可靠连接。

有错层的多层小砌块砌体房屋，即使采用现浇或装配整体式钢筋混凝土楼、屋盖，在错层部位的错层楼板位置均应设置现浇钢筋混凝土圈梁。

7.3.7 本次修订补充了 9 度时圈梁配筋要求。

7.3.8 小砌块多层房屋，在房屋层数相对较高时，为了防止小砌块砌体房屋在顶层和底层墙体发生开裂现象，因此，要求在顶层和底层窗台标高处，沿纵、横墙设置通长的现浇钢筋混凝土带，截面高度不小于 60mm，纵筋不小于 2ϕ10，混凝土强度等级不低于 C20。此时也可利用砌块开槽的做法现浇混凝土。

7.3.9 楼梯间墙体是抗震的薄弱环节，为了保证其安全，提出了对楼梯间墙体的特殊要求。如减小芯柱间距等，加强楼梯段的连接，加大楼梯间梁的支承长度等措施。

历次地震震害表明，楼梯间由于比较空旷，常常破坏严重，必须采取一系列有效措施。本次修订增加 8、9 度时不应采用装配式楼梯段的要求。

突出屋顶的楼、电梯间，地震中受到较大的地震作用，因此在构造措施上也需要特别加强。

7.3.10 本次修订，提高了 6 度～8 度时预制板相互拉结的要求。

坡屋顶房屋逐年增加，做法亦不尽相同。对于檩条或屋面板应与墙或屋架有可靠的连接，以保证坡屋顶的整体性能。对于房屋出入口的檐口瓦，为防止地震时首先脱落，应与屋面构件有可靠锚固。

对于硬山搁檩的坡屋顶房屋，为了保证各道山墙的侧面稳定和抗震安全，要求在山墙两侧增砌踏步式的扶墙垛。

7.3.11 预制的悬挑构件，特别是较大跨度时，需要加强与圈梁和楼板等现浇构件的可靠连接，以增强稳定性。本次修订，对预制阳台的限制有所加严。

7.3.12 小砌块砌体女儿墙高度超过 0.5m 时，应在女儿墙中增设构造柱或芯柱做法；构造柱间距不大于 3m，芯柱间距不大于 1m。并在女儿墙顶设压顶圈梁，与构造柱或芯柱相连，保证女儿墙地震时的安全。

7.3.13 同一结构单元的基础宜采用同一类型的基础形式，底标高亦宜一致。否则必须按 1：2 的台阶放坡。

7.3.14 本次修订将本条适用范围由横墙较少的多层小砌块住宅扩大到横墙较少的丙类多层小砌块砌体房屋。

对于横墙较少的丙类多层小砌块砌体房屋，由于开间加大，横墙减少，各道墙体的承载面积加大，要求墙体抗侧能力相应提高，为此，除限定最大开间为 6.6m 以外，还要相应增大圈梁和构造柱的截面和配筋；限定一个单元内横墙错位数量不宜大于总墙数的 1/3，连续错位墙不宜多于两道等措施，以保持横墙较少的小砌块砌体房屋可以不降低层数和高度。

7.3.16 过渡层指与底部框架-抗震墙相邻的上一小砌块砌体楼层。对过渡层应采取加强措施，以保证上下层的抗侧移刚度的变化不宜过大。

由于过渡层在地震时破坏较重，因此，本次修订将关于过渡层的要求集中在一条内叙述并予以特别加强。

1 增加了过渡层小砌块砌体墙芯柱设置及插筋的要求。

2 加强了过渡层构造柱或芯柱的设置间距要求。

3 过渡层构造柱纵向钢筋配置的最小要求，增加了6度时的加强要求，8度时考虑到构造柱纵筋根数与其截面的匹配性，统一取为4根。

4 增加了过渡层墙体在窗台标高处设置通长水平现浇钢筋混凝土带的要求；加强了墙体与构造柱或芯柱拉结措施。

5 过渡层墙体开洞较大时，要求在洞口两侧增设构造柱或单孔芯柱。

6 对于底部次梁转换的情况，过渡层墙体应另外采取加强措施。

7.3.17～7.3.22 底部框架-抗震墙小砌块砌体房屋，对于楼板、屋盖、托墙梁、框架柱、抗震墙以及其他有关抗震构造措施，可以参照现行国家标准《建筑抗震设计规范》GB 50011。

本次修订规定底框房屋的框架柱不同于一般框架-抗震墙结构中的框架柱的要求，大体上接近框支柱的有关要求。柱的轴压比、纵向钢筋和箍筋要求，参照国家标准《建筑抗震设计规范》GB 50011-2010第6章对框架结构柱的要求，同时箍筋全高加密。

Ⅱ 配筋小砌块砌体抗震墙结构

7.3.24 根据有关的试验研究结果、配筋小砌块砌体的特点和试点工程的经验，并参照了国内外相应的规范等资料，规定了配筋小砌块砌体抗震墙中配筋的最低构造要求。同时，配筋小砌块砌体抗震墙是由带槽口的混凝土小型空心砌块通过砌筑、布筋、灌孔而成，是一种类似预制装配整体式的结构，一般小砌块的空心率不大于48%。因此，相比全现浇混凝土抗震墙，配筋小砌块砌体抗震墙的工地现场混凝土湿作业量将减少将近一半，相应的材料水化热与收缩量也大幅降低，且由于配筋小砌块砌体建筑的总高度在本规程中已有严格限制，所以其最小构造配筋率比现浇混凝土抗震墙有一定程度的减小。

7.3.25 配筋小砌块砌体抗震墙在重力荷载代表值作用下的轴压比控制是为了保证配筋小砌块砌体在水平荷载作用下的延性和强度的发挥，同时也是为了防止墙片截面过小、配筋率过高，保证抗震墙结构延性。对多层、高层及一般墙、短肢墙、一字形短肢墙的轴压比限值做了区别对待，由于短肢墙和无翼缘的一字形短肢墙的抗震性能较差，因此对其轴压比限值应该做更为严格的规定。

7.3.26 在配筋小砌块砌体抗震墙结构中，边缘构件无论是在提高墙体强度和变形能力方面的作用都非常明显，因此参照混凝土抗震墙结构边缘构件设置的要求，结合配筋小砌块砌体抗震墙的特点，规定了边缘构件的配筋要求。

在配筋小砌块砌体抗震墙端部设置水平箍筋是为了提高对砌体的约束作用及墙端部混凝土的极限压应变，提高墙体的延性。根据工程经验，水平箍筋放置于砌体灰缝中，受灰缝高度限制（一般灰缝高度为10mm），水平箍筋直径不小于6mm，且不应大于8mm比较合适；当箍筋直径较大时，将难以保证砌体结构灰缝的砌筑质量，会影响配筋小砌块砌体强度；灰缝过厚则会给现场施工和施工验收带来困难，也会影响砌体的强度。抗震等级为一级，水平箍筋最小直径为$\phi8$，二级～四级为$\phi6$，为了适当弥补钢筋直径减小造成的损失，本条文注明抗震等级为一、二、三级时，应采用HRB335或RRB335级钢筋。亦可采用其他等效的约束件如等截面面积，厚度不大于5mm的一次冲压钢圈，对边缘构件，将具有更强约束作用。

本条文参照混凝土抗震墙，增加了一、二、三级抗震墙的底部加强部位设置约束边缘构件的要求。当房屋高度接近本规程的限值时，也可以采用钢筋混凝土边框柱作为约束边缘构件来加强对墙体的约束，边框柱截面沿墙体方向的长度可取400mm。在设计时还应注意，过于强大的边框柱可能会造成墙体与边框柱的受力和变形不协调，使边框柱和配筋小砌块墙体的连接处开裂，影响整片墙体的抗震性能。

7.3.27 转角窗的设置将削弱结构的抗扭能力，配筋小砌块砌体抗震墙较难采取措施（如：墙加厚，梁加高），故建议避免转角窗的设置。但配筋小砌块砌体抗震墙结构受力特性类似于钢筋混凝土抗震墙结构，若需设置转角窗，则应适当增加边缘构件配筋，并且将楼、屋面板做成现浇板以增强整体性。

7.3.28 配筋小砌块砌体抗震墙竖向受力钢筋的焊接接头到现在仍是个难题。主要是由施工程序造成的，要先砌墙或柱，后插钢筋，并在底部清扫孔中焊接，由于狭小的空间，只能局部点焊，满足不了受力要求，因此目前大部采用搭接。根据配筋小砌块砌体抗震墙的施工特点，墙内的钢筋放置无法绑扎搭接，因此墙内钢筋的搭接长度应比普通混凝土构件的搭接长度要长些，对于直径大于22mm的竖向钢筋，则宜采用工具式机械接头。

根据国内外有关试验研究成果，小砌块砌体抗震墙的水平钢筋，当采用围绕墙端竖向钢筋180°加$12d$延长段锚固时，施工难度较大，而一般作法可将该水平钢筋在末端弯钩锚于灌孔混凝土中，弯入长度不小于200mm，在试验中发现这样的弯折锚固长度已能保证该水平钢筋能达到屈服。因此，本条文考虑不同的抗震等级和施工因素，给出该锚固长度规定。

7.3.29 本条是根据国内外试验研究成果和经验以及配筋小砌块砌体连梁的特点而制定的，并将配筋混凝土小型空心砌块连梁的箍筋要求用表列出，使设计使用更加方便、明了。

7.3.30 在配筋小砌块砌体抗震墙和楼盖的结合处设置钢筋混凝土圈梁，可进一步增加结构的整体性，同时该圈梁也可作为建筑竖向尺寸调整的手段。钢筋混凝土圈梁作为配筋小砌块砌体抗震墙的一部分，其强度应和灌孔小砌块砌体强度基本一致，相互匹配，其纵筋配筋量不应小于配筋小砌块砌体抗震墙水平筋数量，其间距不应大于配筋小砌块砌体抗震墙水平筋间距，并宜适当加密。

7.3.31 根据配筋小砌块砌体墙的施工特点，竖向受力钢筋的连接方式采用焊接接头不合适，因此目前大部采用搭接。墙内的钢筋放置无法绑扎搭接，且在同一截面搭接，因此墙内钢筋的搭接长度应比普通混凝土构件的搭接长度要长些。条件许可时，竖向钢筋连接，宜优先采用机械连接接头。

7.3.32～7.3.34 框支层以下的框架及抗震墙采用钢筋混凝土，其设计可参照《混凝土结构设计规范》GB 50010、《建筑抗震设计规范》GB 50011、《高层建筑混凝土结构技术规程》JGJ 3 相关规定。

8 施　工

8.1 材 料 要 求

8.1.1 干燥收缩是小砌块的特征，而影响收缩的因素又较多。在正常生产工艺条件下，小砌块收缩值达到0.37mm/m，经28d养护后收缩值可完成60%。因此，延长养护时间，能减少因小砌块收缩而引起的墙体裂缝。工程实践发现，用于填充墙的轻骨料小砌块产生裂缝的现象较为普遍，故养护时间必须超过28d。有的地方认为，陶粒混凝土小砌块自然养护期应不少于60d。总之，各地可根据具体情况对养护时间作适当的调整，但应满足28d厂内养护期的规定。

8.1.2 小砌块产品合格证书应具有型号、规格、产品等级、强度等级、密度等级、相对含水率、生产日期等内容。主规格小砌块即标准块（390mm×190mm×190mm）应进行尺寸偏差和外观质量的检验以及强度等级的复验；辅助规格小砌块仅做尺寸偏差和外观质量的检验，但应有保证强度等级的产品合格证书。同一单位工程不宜使用不同厂家生产的小砌块，这是为避免墙体收缩裂缝对产品提出的要求。

8.1.3 随着节能建筑工作的深入开展，不少地方在单排孔与多排孔孔洞内插填聚苯板或其他绝热保温材料，有的满插满填，有的插填一排孔或两排孔，以期改善墙体的热工性能；有些地方在小砌块块体内复合聚苯板保温层，并使小砌块之间的聚苯板上下左右可平缝对接，彻底阻断了冷热桥效应。聚苯板的外侧有混凝土保护层，内侧为小砌块主体，使保温材料的使用年限与主体建筑一致；有的地方利用夹心墙的空腔将聚苯板或其他绝热保温材料夹在内、外叶小砌块墙体之间，同时在小砌块孔洞内还插填了聚苯板，以满足节能65%的要求。对此种种，本规程施工部分都作了相应的规定。

8.1.4 产品包装可减少小砌块搬运、堆放过程中的损耗，并为现场创建文明工地提供方便和条件。

8.1.5 水泥质量应符合国家标准，并要求复验合格方可使用，这是保证工程质量的重要措施。不同水泥混合使用，会产生强度降低或材性变化，所以强调不同品种、不同强度等级的水泥不能混堆储存与使用。

8.1.6 砌筑砂浆与混凝土用砂一般以中砂为宜。对使用人工砂、山砂与特细砂的地区应按相应的技术规范并结合当地施工经验采用。

8.1.7 由于小砌块孔洞较小，为防止粗骨料被卡住，粒径以5mm～15mm为宜。构造柱混凝土用的粗骨料可按一般混凝土构件要求。

8.1.8 生石灰熟化成石灰膏时，应用筛网过滤，并使其充分熟化。沉淀池中储存的石灰膏，应防止干燥、冻结和污染。脱水硬化的石灰膏已失去化学活性，对砌筑砂浆保水性与和易性会有影响，故不得使用。

8.1.9 鉴于市场上外加剂与有机塑化剂品牌较多，为保证砌筑砂浆质量，对外加剂应进行检验与试配，合格后方可应用于工程；对有机塑化剂应作砌体强度的型式检验，并按其结果确定砌体强度。

8.1.10 现城市中一般使用自来水拌制砌筑砂浆和混凝土。若用河水或其他水源，应符合混凝土用水标准。

8.1.11 芯柱钢筋、构造柱钢筋、拉结钢筋、钢筋网片及配筋小砌块砌体中的各类钢筋，其材质要求应符合现行相关国家标准，并按国家标准《混凝土结构工程施工质量验收规范》GB 50204 的规定抽取试样做力学性能试验，合格后方可使用。

8.2 砌 筑 砂 浆

8.2.1 砌筑砂浆配料时，不严格称量是造成砌筑砂浆达不到设计强度等级或超出规定强度等级过多的原因，离散性相当大，既浪费了材料又影响了质量。因此，本条文规定砌筑砂浆配合比应根据计算和试配确定，并按重量比控制。

8.2.2 砌筑砂浆的操作性能对小砌块砌体质量影响较大，它不仅影响砌体的抗压强度，而且对砌体抗剪和抗拉强度影响较为明显。砂浆良好的保水性、稠度及粘结力对防止墙体渗漏、开裂与消除干缩裂缝有一定的成效。

8.2.3 用水泥砂浆砌筑小砌块基础砌体是地下防潮要求，并应将小砌块孔洞全部用C20混凝土填实。对于地下室室内的填充墙等墙体可用水泥混合砂浆砌筑。水泥混合砂浆的保水性较好，易于砌筑，有利砌体质量，在无防潮要求的情况下应首先使用。

8.2.4 当聚苯板或其他绝热保温材料仅插填在小砌块孔洞内而并不伸出或超出小砌块块体之外时，为防止灰缝产生热桥现象，提高墙体热工性能，故要求这类小砌块，应使用符合设计强度等级并具有保温功能的砌筑砂浆进行砌筑。

8.2.5 施工单位一般都采用机械拌制砂浆，但有些地区仍存在用手工拌制的情况。显然，手工不易拌合均匀，影响砂浆质量。因此，条文强调采用机械拌制。

8.2.6 砌筑砂浆应在条文规定的时间内使用完毕，否则会较大地降低砌体强度。施工时，砂浆放置时间过长会产生泌水现象，致使砂浆和易性变差，操作困难，灰缝不易饱满，影响砂浆与小砌块的粘结力。因此，砌筑前应再次拌合。

8.2.7 预拌砂浆的推广应用有利于小砌块墙体砌筑质量的提高，也为现场实现文明施工创造了条件。

8.2.8 为统一现场拌制砌筑砂浆的试块取样方法，使其具有代表性和可比性，条文规定了以出料口为取样点。

8.2.9～8.2.11 现场拌制的砌筑砂浆立方体抗压强度试件的制作、养护和强度计算要求应按《建筑砂浆基本性能试验方法标准》JGJ/T 70 的规定执行。不同搅拌机拌制的砂浆质量状况不完全相同，所以应分别取样检查砂浆强度。不同强度等级的砂浆及材料、配合比的改变也都应取样检查，使试块的试验数据更能反映工程实际情况，具有代表性。

8.2.12 为保证小砌块砌体质量，对条文中所规定的四种情况应进行砌体原位检测。

8.3 施工准备

8.3.1 编制小砌块排块图是施工作业准备的一项首要工作，也是保证小砌块墙体工程质量的重要技术措施，尤其是初次接触小砌块施工更应编制排块图。在编制时，土建施工人员应与管线安装人员共同商定，使排块图真正起到指导施工的作用。以主规格小砌块为主进行排块可提高砌筑工效，并可减少砌筑砂浆量。

8.3.2 为保证小砌块按施工进度计划的需用量配套供货，应按实际排块图进行计算。小砌块分期分批配套进场，既可满足施工进度的要求，又便于现场开展文明施工，这对场地窄小的工地是有利的。

8.3.3 为防止小砌块砌筑前受潮湿，堆放场地要有排水和防雨、雪的设施。小砌块属薄壁空心制品，堆放不当或搬运中翻斗倾卸与抛掷，极易造成小砌块缺棱掉角而不能使用，故应推广小砌块包装化，以利施工现场文明管理，同时又可减少小砌块损耗。

8.3.4 由于小砌块墙体构造的特殊性，如与门窗连接的预制块，局部墙体的填实块，暗敷水平管线的凹形块，以及砌入墙体的钢筋网片和拉结筋等都要求在施工准备阶段先行加工并分类、分规格存放，以备砌筑时使用。

8.3.5 干燥收缩是小砌块的重要特征，也是造成砌体裂缝的主要起因。在自然条件下，混凝土干燥收缩一般需要 180d 后才趋于稳定，养护 28d 的混凝土仅完成最终收缩值的 60%，其余收缩将在 28d 后完成，故在生产厂的室内或棚内的停置时间应越长越好。这样对减少小砌块上墙后的收缩裂缝有好处。考虑到工厂堆放场地有限，故条文规定了不得使用在厂内的停置时间即龄期不足 28d 的小砌块进行砌筑。

8.3.6 清理小砌块表面的污物是为了使小砌块与砌筑砂浆或抹灰层之间粘结得更好。小砌块在制造中形成孔洞周围的水泥砂浆毛边使孔洞缩小，用于芯柱将引起柱断面颈缩，影响芯柱质量。因此，要求在砌筑前清除。同时，也便于芯柱混凝土浇灌。

8.3.7、8.3.8 基础工程质量将影响上部砌体工程及整个建筑工程的质量。因此，应坚持上道基础工序未经验收，下道砌筑工序不得施工的原则。

8.3.9 建造与工程实体完全相同的模拟墙能使管理和操作人员做到心中有数，有利施工参数的验证与调整，为工程施工作好铺垫，是一项切实保证工程质量的重要举措。

8.3.10 为了逐步和国际上同类标准接轨，参照国际标准的有关内容，结合我国工程建设的特点、管理方式、施工技术水平、质量等级评定标准等，提出了小砌块砌体施工质量控制等级。小砌块砌体施工质量控制等级的确定应由建设、设计、工程监理等单位共同商定。

8.4 墙体施工基本要求

8.4.1 皮数杆是保证小砌块砌体砌筑质量的重要措施。它能使墙面平整，砌体水平灰缝平直并厚度一致，故施工中应坚持使用。

8.4.2 夹心墙与插填聚苯板或其他绝热保温材料的自保温小砌块其墙体厚度一般都较厚，为保证墙体两侧面平整和垂直，应挂双线砌筑。

8.4.3 规定小砌块墙体日砌筑高度有利于已砌筑墙体尽快形成强度使其稳定安全，有利于墙体收缩裂缝的减少。因此，适当控制每天的砌筑速度是必要的。

8.4.4 浇过水的小砌块与表面明显潮湿的小砌块会产生湿胀和日后干缩现象，上墙后易使墙体产生裂缝，所以不应使用。考虑到气候特别炎热干燥时，砂浆铺摊后会失水过快，影响砌筑砂浆与小砌块间的粘结，因此，砌筑时可稍喷水湿润。

8.4.5 小砌块底面的铺灰面较大，便于砂浆铺摊，对保证水平灰缝的饱满度以及小砌块受力有利。

8.4.6 小砌块是混凝土制成的薄壁空心墙体材料，其块体强度与黏土砖或其他墙体材料并不等强，而且两者间的线膨胀值也不一致。混砌极易引起砌体裂缝，影响砌体强度。所以，即使混砌也应采用与小砌块材料强度同等级的预制混凝土块。

8.4.7 单排孔小砌块孔肋对齐、错缝搭砌，主要是保证墙体传递竖向荷载的直接性，避免产生竖向裂缝，影响砌体强度。同时，也可使墙体转角等交接部位的芯柱孔洞上下贯通。鉴于设计原因，有时不易做到完全对孔，因此，规定最小搭砌长度不得小于90mm，即主规格小砌块块长的1/4。否则，应在此水平灰缝中加设$\phi 4$钢筋网片，以保证小砌块壁肋均匀受力。

多排孔小砌块及插填聚苯板或其他绝热保温材料的小砌块主要用于无芯柱或设构造柱的墙，无对孔砌筑要求，但上下皮小砌块仍应搭砌，并不得小于90mm。

8.4.8 条文作此规定，是为了保证承重墙中的芯柱贯通。

8.4.9 为防止混合结构中的内隔墙顶与梁、板底间产生裂缝，应等待一段时间再补砌斜砌实心小砌块，使隔墙有一个凝固稳定的过程。实心小砌块应斜砌在无孔洞或孔洞被填满填实的小砌块上，以确保墙体稳定；房屋顶层内隔墙墙顶预留间隙，是为了避免因温度作用使屋面板变形，从而拉动隔墙引起墙体开裂，故顶层内隔墙不得与屋面板底接触。

8.4.10 内、外两排小砌块组砌的墙体在承重或保温节能方面具有特定的优势。在严寒和寒冷地区，可根据当地气候、施工等条件予以采用，但必须保证内、外排小砌块墙体的整体稳定。

8.4.11 小砌块不应浇水砌筑，为防止砂浆中水分被小砌块吸收，以随铺随砌为宜。垂直灰缝饱满度对防止墙体裂缝和渗水至关重要，故提出提高垂直灰缝饱满度的具体措施。

8.4.12 随砌随勾缝可使墙体灰缝密实不渗水。凹缝有利于抹灰层与墙体基层粘结。

8.4.13 砌入小砌块墙体的$\phi 4$点焊钢筋网片，若纵横向钢筋重叠为8mm厚，则有露筋的可能。因此，要求钢筋点焊应在同一平面内。

8.4.14 为防止现浇构件时混凝土漏浆，应将支承梁、板的顶皮小砌块孔洞预先填实140mm高，余下部分与现浇构件一起浇筑，形成整体。

8.4.15 为防止现浇圈梁底与小砌块墙体间出现水平裂缝，向下延伸圈梁两侧模板，将力传至下部墙体可克服这种通病。

8.4.16 考虑支模需要，同时防止在已砌好的墙体上打洞，特提出本条措施。当外墙利用侧砌的小砌块孔洞支模时，应防止该部位存在渗水隐患。

8.4.17 预制梁、板支承处的小砌块填实或用实心小砌块砌筑可增加梁、板底接触面，对支承与局部受压有利。

8.4.18 为使预制梁、板安装平整，不因支座不平发生断裂，故强调了找平后再坐浆的操作步骤。

8.4.19 目的使门窗洞口两侧的芯柱贯通。

8.4.20 为组织流水施工，房屋变形缝和门窗洞口是划分施工工作段的最佳位置。构造柱将墙体分隔成几个独立部分，因此，也是施工工作段的划分位置。同时，出于墙体稳定性考虑，规定相邻施工工作段高差不得超过一个楼层高度，也不应大于4m。

8.4.21 缝内有了砂浆、碎块等杂物就限制了房屋建筑的变形，使变形缝起不到应有的作用。

8.4.22 这是保证整幢房屋建筑和每一层墙体质量的一项有效的施工技术措施。

8.4.23 主要防止施工中随意留设施工洞口，以确保人身安全。

8.4.24 本规定引自《砌体结构工程施工质量验收规范》GB 50203，并结合小砌块组砌的截面尺寸对墙（柱）厚度进行了调整。

8.4.25 小砌块属薄壁空心材料，墙上留设脚手孔洞会造成墙体局部受压；事后镶砌，将使该部位砂浆较难饱满密实。多年施工实践证实，小砌块墙体施工可完全做到不设脚手孔洞。因此，条文作了严格规定。

8.4.26 施工中，应防止因局部堆载或冲击荷载超过楼面、屋面的允许承载力而发生楼板开裂甚至突然坍塌的重大安全事故，为此，作出本规定。

8.5 保温墙体施工

8.5.1 砌一皮填一皮隔热、隔声材料可避免漏放的情况。

8.5.2 保温砌筑砂浆的强度等级与导热系数等指标应符合设计要求方可用于墙体砌筑。砌筑时，应防止聚苯板等绝热保温材料粘有砂浆。

8.5.3 砌筑中应使上下左右的保温夹芯层相互衔接成一体，避免热桥现象，以提高墙体保温效果。

8.5.4 拉结件的防腐与埋设关系到内、外叶墙的稳定与安全，施工中应予注意。

8.5.5 在多层砌体混合结构的房屋中，将190mm厚度墙作外叶墙、90mm厚度墙为内叶墙所组成的夹心墙有以下特点：

1 在外叶墙较干燥时进行保温夹心层施工能保持聚苯板外表干燥，使保温效果不受影响。

2 内、外叶墙可不同时砌筑，既方便了施工，又节省了钢筋网片或拉结件。

3 内、外叶墙间的空腔内可不设排水通道。

4 有利室内装修及管线安装。在90mm厚度内叶墙上打洞凿槽，无碍主体结构墙。

8.6 芯柱施工

8.6.1 凡有芯柱之处应设清扫口，一是用于清扫孔道内杂物，二是便于上下芯柱钢筋绑扎固定。施工时，芯柱清扫口可用U型砌块砌筑，但仅用一种单孔U型块竖砌将在此部位发生两皮同缝的状况。为避免此现象，应与双孔E型块同用为宜。C型小砌块用于墙体90°转角部位，可使转角芯柱底部相互贯通。

8.6.2 芯柱孔洞内有杂物将影响混凝土质量。内壁的砂浆将使芯柱断面缩小。因此，在砌筑时应随砌随刮从灰缝中挤出的砂浆。

8.6.3 因芯柱孔洞较小，使用带肋钢筋可省却两端弯钩占去的空间，有利于芯柱的混凝土浇灌。

8.6.4 由于灌注芯柱混凝土的流动度较大，为保证混凝土密实，要求有严密封闭清扫口的措施，防止漏浆。

8.6.5 先浇 50mm 厚与芯柱的混凝土成分相同的水泥砂浆，可防止芯柱底部的混凝土显露粗骨料。

8.6.6 当砌筑砂浆未达到规定强度即浇灌、振捣芯柱的混凝土会造成墙体位移。因此，施工时应予注意。

8.6.7 芯柱的混凝土坍落度应比一般混凝土大，有利于浇灌，稍许振捣即可密实。但非泵送的预拌混凝土坍落度过大会给施工操作带来一定的困难。

8.6.8 为使芯柱的混凝土有较好的整体性，应实行连续浇灌，直浇至离该芯柱最上一皮小砌块顶面 50mm 止，使每层圈梁的底与所有芯柱交接处均形成凹凸形暗键，以增强房屋的抗震能力。

8.6.9 为了充分发挥芯柱在房屋抗震中的作用，芯柱沿房屋高度方向应在每层楼面处全截面贯通。

8.6.10 目前，锤击法听其声音是最简单的方法。若有异疑可随机抽查，凿开芯柱外壁观察。超声法属无损伤检验，方法科学可靠，但费用稍大，不宜作为常规检测手段，仅对芯柱质量有争议时使用。

8.7 构造柱施工

8.7.1 先砌墙后浇柱的施工顺序有利构造柱与墙体的结合，施工中应切实遵守。

8.7.2 为避免构造柱因混凝土收缩而导致柱、墙脱开状况，小砌块墙体与构造柱之间应设马牙槎。由于小砌块块体较大，马牙槎槎口尺寸也相应较大，一般为 100mm×200mm，否则小砌块不易排列。

8.7.3 构造柱两侧模板与墙体表面的间隙是混凝土浇捣时漏浆的通道，易造成构造柱混凝土施工质量问题。施工中，可在两侧模板与墙体接触处边缘，沿模板高度粘贴泡沫塑料条，以达到模板紧贴墙体的要求，堵塞混凝土浆水流出。

8.7.4 坍落度可根据施工时气温、泵送高度作适当调整。

8.7.5 由于小砌块马牙槎较大，凹形槎口的腋部混凝土不易密实，故浇灌、振捣构造柱混凝土时要引起注意。

8.8 填充墙体施工

8.8.1 本节用于框架填充墙施工也包括混凝土剪力墙内的填充墙。为避免内容重复，施工时应遵守本规程中的有关条文。

8.8.2 将小砌块堆置在各楼层内，既可充分利用空间又使小砌块与框架结构处于同一温湿环境中，这对日后填充墙与框架柱、梁间尽可能缩小两者因干缩湿涨与温度及风吹等影响而产生的变形较为有利。

8.8.3 从防潮与耐久性考虑，作此规定。

8.8.4、8.8.5 为防止界面裂缝的产生，应按条文要求采取柔性接缝的构造较为妥当，并在缝外与抹灰层中分设钢丝网及可以防裂的织造物。

8.8.6 当填充墙较长较高时，为保证墙体自身稳定并防止墙体产生裂缝，应在墙内设置构造柱或芯柱。

8.8.7 对填充墙内设置芯柱的施工方法作了规定。

8.8.8 为保证锚栓锚入墙体内牢固可靠，特作此规定。

8.8.9 将复合保温小砌块墙体外挑是为了解决主体结构框架柱与梁存在热桥问题而采取的技术措施，但外挑宽度不得大于 50mm，以防墙体重心外移而倾倒。

8.8.10 夹心复合保温小砌块填充外墙采取外贴式可从根本上解决热桥问题。当采取内嵌式时，应将墙体外挑，凸出框架柱 50mm。框架柱外侧粘贴保温板后与外墙面应在同一垂直面内，并外抹内置耐碱网格布的抗裂砂浆。

8.8.11 夹心墙可解决墙体保温问题，外贴式能阻断结构存在的热桥问题。为使墙体稳定，防止倾倒，严禁外叶墙外挑。

8.8.12 墙面抹水泥砂浆钢丝网，既可加强墙的整体性，又能防止其突然倾倒。在突发事件时，有利于人流安全疏散、撤离。

8.9 单层房屋非承重围护墙体施工

8.9.1 小砌块可广泛用于单层房屋的围护墙。当前，在我国推进城镇化的道路上，在新农村建设与城乡经济的发展中，小砌块将大有用武之地。对此，本节的条文是在既有小砌块单层房屋施工经验的基础上进行了归纳与总结。

8.9.2 拉结筋与现浇圈梁是围护墙连接房屋主体结构的两种主要方式，它关系到墙体的稳定与房屋的安全，应按条文规定进行设置。

8.9.3 单层房屋中的生产用房与公共建筑，一般门窗都较大，故洞口两侧的小砌块孔洞应用混凝土填实加强。

8.9.4 无窗台板或梁时，水极易渗入墙内，故应封闭。

8.9.5 抗风柱柱顶固定前犹如一根竖立的悬臂杆件，发生位移的可能性很大，并影响到与其相连接的山墙也跟随移位。同时，山墙承受的正、负风压又传给悬臂的抗风柱，两者间互相影响，导致山墙不稳定而倒塌，故从安全计，应遵守条文规定的施工程序。

8.9.6 壁柱、抗风柱均是稳定墙体的重要受力部件。孔洞内全高灌实混凝土可加强整体性。

8.9.7 当生产性用房的外墙不作外抹灰时，为防止墙体渗水，应采用抗渗小砌块砌筑较妥。

8.9.8 见本规程第 8.4.13 条～8.4.15 条条文说明。

8.9.9 山墙虽是围护墙实际上它是承受风压的受力部件，加之山墙处一般开设较大的门洞，对墙体整体有一定的削弱。为传递风荷载及加强整体稳定性，在山墙顶现浇钢筋混凝土斜坡并埋设与屋盖连接的铁件，对房屋安全是有利的。

8.10 配筋小砌块砌体施工

Ⅰ 小砌块砌筑

8.10.1 带功能缝（槽口）的小砌块是专用于配筋小砌块砌体的墙体材料。开设槽口的目的，一是为配置砌体内的通长水平钢筋；二是保证灌孔混凝土沿墙长水平流动；三是使小砌块竖缝的中间空腔部位也可灌实混凝土，从而使小砌块、砌筑砂浆、水平钢筋、竖向钢筋通过灌孔混凝土连接成整体。

8.10.2 设清扫口的目的，一是用于清扫孔道内杂物，二是便于上下竖向钢筋绑扎固定。因配筋小砌块砌体所有小砌块孔洞均需灌实混凝土，故每层砌体的第一皮小砌块应用带清扫口的小砌块砌筑。

8.10.3 鉴于小砌块底面（反面）的铺灰面较顶面（正面）大，有利砂浆铺摊，易保证水平灰缝饱满度，故应反砌。

8.10.4 为防止砌筑砂浆中水分过早过快地被小砌块吸收，使操作困难，故宜铺一块砌一块，随铺随砌。配筋小砌块砌体的竖缝中间部位应为空腔，不得留有砌筑砂浆，待日后灌孔混凝土填实。

8.10.5 为防止砌筑时挤出的砌筑砂浆占了小砌块孔洞的空间，使灌孔混凝土与每块小砌块孔洞内壁能够紧密结合，保证竖向孔洞内壁尺寸一致，故应及时清除挤出的砂浆。

8.10.6 高层配筋砌体因受力需要一般都在墙体的端部及转角部位配以纵筋，故夹心墙中的 190mm 厚度墙应为内叶墙，并加强内、外叶墙间的拉结，以保证 90mm 厚度外叶墙的稳定与安全。

Ⅱ 钢筋施工

8.10.7～8.10.12 竖向钢筋、水平钢筋、环箍状钢筋、S形拉筋，其规格、数量、位置、间距、搭接长度与部位等均应符合设计要求和条文的规定。施工中，应随时进行检查，尤其是水平钢筋、环箍状钢筋和S形拉筋，力求避免事后返工事故。

Ⅲ 灌孔混凝土施工

8.10.13 配筋小砌块砌体内的钢筋应按隐蔽工程要求进行检查验收，并作书面记录和必要的影像资料。合格后，方可浇筑灌孔混凝土。

8.10.14 从短墙肢与独立柱的稳定、安全考虑，防止混凝土灌孔时受振动、捣固等影响造成砌体位移，故应适当加强墙、柱支撑或砌体间的拉结。

8.10.15 混凝土坍落度是确保灌孔混凝土在小砌块砌体内处处密实的一项重要施工技术指标。工程实践表明，在符合混凝土强度等级的前提下，其坍落度为 230mm ～ 250mm 较适宜。

8.10.16 条文对灌孔混凝土施工顺序及技术要求作了规定：

1 为防止混凝土泵在送料、布料时将脉动式冲击直接传至墙体，故要求混凝土应经浇灌平台后再入模（墙、柱）较妥，并可减少混凝土流失。

2 按条文要求操作，既可防漏振，又能均衡振捣混凝土。

3 浇捣时，可在承重墙与非承重墙交接处采取临时隔断阻挡措施。

8.11 管线与设备安装

8.11.1、8.11.2 编制小砌块排块图时，应将土建施工与水电等安装通盘考虑，做到预留、预埋。施工时，负责水电安装的施工员应时时跟随现场，密切配合土建施工进度，做好管线暗敷和空调机、脱排油烟机等洞口留设工作，仅个别考虑不周的部位方可用电动机具开凿，以确保墙体工程质量。

8.11.3～8.11.7 条文对各类管线敷设作了原则性规定。无论多层或高层小砌块砌体建筑均宜设管道井或集中设置在某个隐蔽部位，便于检修管理。

8.11.8 各类设备安装可采用金属或塑料锚栓固定。

8.11.9 各类表箱的安装位置应按设计要求预留。

8.11.10 预留上下楼层同一部位的脱排油烟机废气口和空调机出墙管的洞口中心应在同一垂线上，洞口位置和大小也应上下一致。

8.12 门窗框安装

8.12.1 木门与小砌块墙体连接方式采用混凝土包木砖，再用钉子相连。这种传统连接的可靠度已为工程实践所证实，也可直接将木框固定在实心小砌块上。塑料门窗和铝合金门窗可用射钉或膨胀螺栓连接固定。

8.12.2 门窗与实心混凝土墙体连接安装可按本规程第 8.12.1 条提供的方法施工。木门框安装应先在墙上钻洞，然后塞入四周涂满胶粘剂的木榫（木桩），再用钉子连接。

8.12.3 小砌块墙体自重较轻，不适宜直接承受大型或重型门窗的重量及其风载。同时，为减少门窗开闭对墙体撞击的影响，门窗洞周边应现浇钢筋混凝土框及设置相应的连接铁件。

8.12.4 采用聚氨酯泡沫填缝剂填充门窗框与墙体间的缝隙其施工方便，质量也较传统水泥砂浆嵌塞为好。条件不具备的地区，在保证门窗安装质量的前提下，仍可采用传统的嵌塞方法。

8.12.5 预留门窗洞时，必须考虑外保温层厚度，否则洞口周边的保温层施工将影响到门窗的开启、采光及外表。

8.13 墙体节能工程施工

8.13.1 本节墙体节能工程主要针对膨胀聚苯板薄抹灰等外保温系统所存在的工程质量问题而提出的具体措施与要求，以规范施工操作，保证工程质量。小砌块建筑应根据小砌块自身特点，积极发展推广小砌块墙体自保温与夹心墙保温技术，使保温材料使用年限与房屋建筑寿命尽可能一致，以充分发挥小砌块在这方面具有其他墙体材料无可比拟的优势。

8.13.2、8.13.3 关于外保温饰面层使用的面砖胶粘剂、勾缝剂及涂料的选用有很多说法，不便于施工单位操作。为保证工程质量，材料的性能指标仍应以国内现行标准为准并结合工程具体情况作些变动。

8.13.4 根据建设部 2005 年 141 号令第 12 条规定，见证取样试验应由建设单位委托，送至具备见证资质的检测机构进行试验。同一厂家的同一种类产品（不考虑规格）应至少抽样复验 3 次。不同厂家、不同种类（品种）的材料均应分别抽样复验。

8.13.5 条文列出的拉拔试验项目关系到工程质量与安全，尤其是面砖的粘贴质量及使用年限较长后容易变形脱落等问题，更应引起关注和重视。

8.13.6 隐蔽工程除书面签证验收等施工记录外，应有影像摄影资料，尤其是节点构造、交错搭接、转角包边等细部处理部位应有清晰的照片或录像，能再现各个组成部分的施工过程。

8.13.7 墙体基层或找平层的平整、干净是确保外保温系统工程质量的基础，应引起高度重视。

8.13.8、8.13.9 为保证外保温系统工程质量，条文规定了基层、保温层、防护层每一层的允许偏差值，层层把关，偏差不累积，使每一层的厚度在墙面各个部位基本一致，既保证工程质量又提高节能效果。

8.13.10 满粘法粘贴保温板材有利板材与墙体基层的粘结，尤其适合饰面层为面砖的保温系统，各地可根据工程实际情况斟酌。

膨胀聚苯板在自然环境中自身的收缩变形长达 90d，而按条文规定的时间进行陈化，则自身收缩变形可完成 98%左右。倘若陈化时间不够就上墙，聚苯板将会继续收缩，往往在板缝处产生集中应力，导致防护层抹面胶浆产生裂缝。此外，低密度聚苯板易变形，抗冲击性能差，也是造成保温系统产生裂缝的原因。

聚氨酯硬泡板是工厂化生产的泡沫板材，分单板和复合板两种。单板指纯聚氨酯硬质泡沫板；复合板是在单板的外面再复饰面层等材料，形成保温装饰一体化的新型板材。单板的施工方法同膨胀聚苯板薄抹灰外墙外保温系统，而聚氨酯保温装饰复合板的施工方法有：粘贴法、粘贴加锚固件固定法、干挂法等。

8.13.11 安装锚栓位置的保温板背面胶粘剂应饱满密实。为避免外力冲击对墙内小砌块造成破坏，应采用回转钻孔方法。尼龙锚栓应在小砌块孔洞内自行打结锚固。锚栓不应生锈，并有较小的材料导热系数，其抗拔力应大于设计拉拔力。

8.13.12 抹面胶浆是置于聚苯板外的一种柔性抗裂砂浆，对整个保温系统起着十分重要的作用。当抹面胶浆中的聚合物量掺少了，将导致胶浆柔性不够，引起开裂；未掺或少掺保水剂，则胶浆中的水分将会部分被聚苯板吸收，使胶浆操作性变差，甚至会使胶凝材料不能充分水化，导致胶浆与聚苯板间的界面强度降低，使胶浆开裂、脱落。因此，在胶浆中应掺入纤维材料。当胶浆发生收缩时，收缩应力将被分散到具有高强度低弹性模量的纤维上，起到耗能、缓冲的作用，从而提高了胶浆的柔韧性，抑制微裂纹的产生和发展。

8.13.13 界面砂浆可增强胶粉聚苯颗粒浆料与墙体找平层之间的粘结力，防止浆料层空鼓与脱落。界面砂浆中的砂与水泥应先混合成均匀的干混料，界面剂在使用时拌入，这样可使水泥均匀分散，不易形成粉团，所拌的料浆也较均匀。

8.13.14 胶粉聚苯颗粒保温浆料是一种干拌保温砂浆，其胶凝材料胶粉的主要成分是质量比较小的硅灰、熟石灰、粉煤灰，因而密度比较小，与水反应后的主要生成物是水化硅酸钙等硅酸盐化合物。骨料采用轻质保温的废聚苯颗粒，使浆料密度大大减小，导热系数也随之降低；聚苯颗粒粒度过大，易使浆料产生分层，和易性差；粒度过小，聚苯颗粒间的空隙率和总表面积增加，致使浆料密度也随之增大，影响浆料的导热系数与热工性能。

施工现场应对保温浆料做湿密度测定。检测时，将容积为 1 升量筒的浆料进行称量，其重量不得大于 0.4kg。否则浆料的干密度与导热系数均不符合要求，应重新配制。这种方法较简单，便于工地作初步控制，但最终结果应按标准的试验方法为准。

8.13.15 干混料抗裂砂浆应按使用要求在施工现场加水拌合。当采用抗裂剂时，鉴于抗裂剂的黏度大，对细颗粒砂容易包裹，所以应先将抗裂剂与砂拌匀。水泥加入后，即与抗裂剂进行正常水化反应，搅拌成水泥抗裂砂浆。否则颠倒了拌料的顺序，易形成水泥块，影响抗裂砂浆的质量，且拌合时不得加水。

8.13.16 由于抗裂砂浆（抹面胶浆）水化后生成氢氧化钙，使胶浆呈现强碱性。因此，必须用耐碱网布。在抗裂砂浆（抹面胶浆）中压入耐碱网布，可起到增强并分散收缩应力和温度应力的作用。耐碱涂塑玻璃纤维网格布是以含二氧化锆的玻璃纤维网格布为基布，面层涂覆合成胶乳类物质，能有效抵抗水泥中的碱性物质的侵蚀。试验表明，当玻璃纤维中二氧化锆含量大于14.5%时，网布的耐碱强度保留率可大于90%。复验时，应由专门机构按规定的要求在饱和Ca（OH）$_2$溶液、饱和水泥溶液及5%NaOH溶液中分别浸泡28d进行测定。

8.13.17～8.13.19 抗裂防护层由水泥抗裂砂浆与热镀锌电焊钢丝网（耐碱网布）复合组成。砂浆中的钢丝网（耐碱网布）能使应力均匀向四周分散，起到抗裂和抗冲击的作用。水泥抗裂砂浆中的聚合物乳液（抗裂剂）增添了砂浆的柔性，改变了水泥砂浆易开裂的特性。加入纤维材料更增强了砂浆的柔韧性和抗裂性。

热镀锌电焊钢丝网做抗裂防护层的骨架既保护了保温层，又增强了防护层自身。施工中应使钢丝网位于抗裂砂浆层的中间，以获得最大的拉拔强度。试验表明：抗裂砂浆厚度小于5mm时，对保温层保护作用不大，拉拔破坏面集中在保温层上；当厚度超过5mm乃至大于8mm时，拉拔破坏面发生在抗裂防护层中，保温层得到了有效的保护。为此，条文规定抗裂砂浆层总厚度为（10±2）mm，过薄起不到应有的保护增强作用，过厚则将增加工程造价。

8.13.20 鉴于岩棉板质软，易分层，抗拉强度低等特点，在岩棉板外墙外保温系统中采用了耐碱网布与钢丝网"双网"配置的构造。

在岩棉板上喷涂界面砂浆，可提高岩棉板表面的强度和防水性能，并能提高胶粉聚苯颗粒浆料或抗裂砂浆与岩棉板间的粘结力。

胶粉聚苯颗粒浆料不但有保温功能并有良好的粘结性与抗裂性，优于保温砂浆只有单一的保温功能，故用其作找平层材料。

鉴于岩棉板垂直于板面方向的抗拉强度较低的缘故，且饰面层又为重质面砖，因此条文规定岩棉板的抗拉强度应大于0.015MPa，并采取了将钢丝网置于耐碱网布的外侧，选用耐碱断裂强力大于1250N/50mm的网布；锚栓的一端应紧紧扣压住抗裂砂浆防护层中的钢丝网，另一端应锚入墙体基层内，以及控制面砖的尺寸和重量等一系列措施。

8.13.21 泡沫玻璃为多孔无机非金属材料，具有防火、防水、防磁波、防静电、不燃烧、不易老化、不霉变、无毒、无害、无放射性、耐腐蚀、绝缘、尺寸稳定等特点，是一种环保型多功能建筑保温材料，但目前成本较高，可用于医院、学校一类公益性建筑及作防火隔离带。

8.13.22 聚氨酯喷涂前应用聚氨酯底漆对基层墙体进行界面处理，使基层墙体上的水分、杂质不会对聚氨酯喷涂产生不利影响，保证聚氨酯与基层墙体间的粘结。

喷涂时应注意：

1 施工时的环境温度宜高，冬、雨期不得进行喷涂作业。当环境温度低于18℃以下时，部分反应热就会散发到环境中，推迟泡沫熟化期。温度越低，泡沫的成型收缩率越高，并增加了材料的用量。

2 基层墙体应清洁、平整，而且墙体温度不能太低，否则材料混合反应后所产生的热量会被墙体基层吸收，从而减少了发泡量。墙体基层未经找平也会造成材料的浪费。

3 聚氨酯材料在高压作用下以雾状液滴形式从喷枪喷出，质量很轻，易被风吹散飞逸。在喷房屋阳角、装饰线等部位时，材料浪费极其严重，不少材料未能喷涂到墙体上。

4 喷涂前应对会波及的部位、物件等进行全封闭遮挡，以免对环境造成污染。同时，操作人员应做好劳动防护。

5 严禁电焊等明火作业，应有安全可靠的防火设施。

6 应在喷涂4h后涂刷界面砂浆，可起到有效的防火作用。

8.13.23 在夹心墙中浇注聚氨酯硬泡、发泡脲醛树脂或泡沫混凝土等材料作保温层是一种较好的施工方法，适用于我国南北广大省、区。这两种材料有利于内、外叶墙的连接，有利于小砌块建筑的抗震设防。

8.13.24 往小砌块墙体单排孔洞中灌注绝热保温材料是一种较好的保温施工方法。若同时用保温砂浆做内保温或外保温，则冷、热桥问题能基本得以解决，可用于夏热冬冷和夏热冬暖地区。

8.13.25 目前国家标准《建筑保温砂浆》GB/T 20473-2006是专指以膨胀珍珠岩或膨胀蛭石、胶凝材料为主要成分的保温砂浆，而国内不少单位已研制了相当数量的不同品种不同成分的保温砂浆，有的已用于工程上，这一切有待实践验证并逐渐完善、规范。鉴于此，条文仅对保温砂浆的施工操作提出了要求。物理力学性能参照上述标准。总之，保温砂浆应有保温效果，使用后能达到预期的节能目标，与保温系统其他材料具有相容性，并有抗裂性较好的防护面层。

8.13.27 鉴于外保温施工中时有火灾发生的情况，故对易引燃的保温材料应妥善存放保管与使用。严禁明火及电焊作业靠近施工点。事前必须有应急预案和相应的安全措施与消防设施，杜绝一切事故苗头与隐患。

8.13.28 涂料长期经受风吹日晒，应选用耐老化、耐水的涂料，否则涂料层会开裂、起泡，故条文规定应使用水性弹性涂料，并与外保温系统相容。

8.13.29 按《外墙外保温工程技术规程》JGJ 144的要求，膨胀聚苯板的压缩性能与抗拉强度均不应低于0.1MPa，即垂直于板面方向的聚苯板每平方米能够承受10t重的力；粘贴聚苯板的胶粘剂拉伸粘结强度按 JG 149 的规定不得低于 0.1MPa，且粘贴面积本规定要求满粘法，但考虑到施工等各种不利因素以 60%粘贴面积计，则板与墙体基层间的粘结力应为 0.06MPa，即可以承受 $60kN/m^2$ 的拉力，相当于承受 $6t/m^2$ 左右的重量；单个锚栓的抗拉承载力标准值按 JG 149 的规定不小于 0.30kN，本规定要求每平方米为 6 个，则锚栓的抗拉承载力标准值为 $1.80kN/m^2$ 即 $0.18t/m^2$。所以将板的强度、胶粘剂的粘结力、锚栓的锚固力三者相加，采用粘贴加锚固的方式，外保温系统粘贴面砖的安全度是有保证的，技术上也是可行的。从计算数据可看出，锚栓仅起辅助作用，可防止负风压及板的局部脱落。真正发挥主力的是聚苯板自身的强度和胶粘剂强度及其粘结面积。因此，施工中应把握住这两项材料的质量检验关。

8.13.30 适当延缓房屋顶部楼层内装饰施工时间，可较有效控制墙面裂缝。根据工程实践，规程提出了"房屋顶部楼层"即房屋楼层数的 1/4～1/5 概念，以引起施工等有关单位予以重视。

8.13.31 待房屋外墙稍稳定并且顶上几层砌筑砂浆终凝完成后再做外抹灰，有利于外抹灰与墙体基层间粘结，墙面不致产生不规则裂缝或龟裂。

8.13.32 涂刷有机胶或界面剂有利于抹灰材料与钢丝网及墙体基层间粘结。

8.13.33 小砌块墙面抹灰前一般不需要洒水。当使用有机胶或界面剂时更不应洒水。

8.13.34 分层抹灰有利于防止抹灰层空壳和裂纹等质量弊病。外墙抹灰分三道工序可提高抹灰质量。施工实践证实，外墙面使用带弹性的中高档涂料有利于外墙面防渗。当使用瓷砖、面砖饰面材料时，应选用专用粘贴和嵌缝材料。若粘贴不周、施工马虎会引起外墙渗水，应引起注意。

8.14 雨期、冬期施工

8.14.1 小砌块被雨水淋湿将会产生湿胀，日后上墙因干缩缘故易使墙体开裂，所以对堆放在室外的小砌块应有防雨覆盖设施。当雨量为小雨及以上时，若继续往上砌筑，常因已砌好砌体的灰缝砂浆尚未凝固而使墙体发生偏斜。

8.14.2 条文是我国对冬期施工期限界定的规定，和其他国家基本一致，并体现了我国气候特点。详见《建筑工程冬期施工规程》JGJ/T 104。

8.14.3 砌筑砂浆稠度应视气温和天气情况变化而定。冬期不利小砌块砌筑。因此，日砌筑高度也应适当减小。

8.14.4 小砌块砌体冬期施工除符合本节要求外，应遵守条文规定的两项现行国家标准。

8.14.5 表面结冰的小砌块会降低与砌筑砂浆间的粘结强度并有滑移现象，故冬期施工中不得使用。

普通硅酸盐水泥早期强度增长较快，有利于砂浆在冻结前即具有一定强度，应优先选用。

为使砌筑砂浆和混凝土的强度在冬期施工中能有效增长，故对石灰膏、砂、石等原材料也分别提出要求。

干粉砂浆宜在室内或有遮蔽的操作棚内拌制，随拌随用。

砂浆的现场运输与储存应结合施工现场的实际情况，采取相应的御寒防冻措施。

8.14.6 本条文规定是为了保证砌体冬期砌筑的质量。

8.14.7 冬期施工期间适当提高砌筑砂浆强度等级有利于砌体质量。

8.14.8 留置与砌体同条件养护的砂浆试块，可真实反映砌筑砂浆的实际强度值。

8.14.9 气温低于 5℃不利于砂浆强度增长，故冬期砂浆强度等级宜比常温施工提高一级。

8.14.10 记录条文规定内容的数据和情况，便于日后施工质量检查。

8.14.11 现行行业标准《建筑工程冬期施工规程》JGJ/T 104 中对混凝土冬期施工要求已有详细规定，故不予重复，遵照执行。

8.14.12 为保证在冻胀性地基施工的质量，作出此规定。

8.14.13 因小砌块砌体的水平灰缝中有效铺灰面较小，若采用冻结法施工，在解冻期间施工中易产生墙体稳定问题，故不予取之。掺有氯盐的砂浆对未经防腐处理的钢筋、网片易造成腐蚀，故也不应采用。

8.14.14 现市场上防冻剂产品较多，为保证砂浆质量，使其在负温下强度能缓慢增长，应注意产品的适用条件，并符合《混凝土外加剂应用技术规范》GB 50119 中有关规定，实际掺量由试验确定。

8.14.15 暖棚法施工可使砌体中砂浆强度始终在大于 5℃的气温状态下得到增长而不遭冻结的一项施工技术措施。

8.14.16 表中数值是最少养护期限，如果施工要求强度能较快增长，可以提高棚内温度或适当延长养护时间。

8.14.17 因保温材料和涂料材性的原因，决定了冬、雨期不可进行保温和饰面施工。

9 工程验收

9.1 一般规定

9.1.1、9.1.2 小砌块砌体工程可由一个或若干个检验批组成。检验批可根据不同材质、不同强度等级的小砌块砌体的施工量，按房屋楼层、施工段、变形缝位置等进行划分。

9.1.3 主控项目是对工程质量起决定作用的检验项

目，应全部符合本规定，一般项目是对工程质量尤其是涉及安全性方面的施工质量不起决定作用的检验项目，可允许有20%以内的抽查处超出验收条文合格标准的规定。

9.1.4 国家标准《建筑工程施工质量验收统一标准》GB 50300－2001第5.0.6条明确了质量不符合要求的4种处理办法。

9.1.5 鉴于砌体工程的质量与人为因素相关，其外观质量即墙面平整度、垂直度、灰缝平直度等优劣在某种程度上可判定砌体内在质量的好坏，故评价观感质量是必要的验收程序。

9.1.6 砌体的裂缝问题常困扰着各有关方，并影响到工程验收。条文以工程安全性为准则，对有裂缝的砌体提出了不同的验收要求。

9.1.7 条文引自国家标准《建筑工程施工质量验收统一标准》GB 50300－2001。

9.1.8 条文所列的文件和资料，反映了小砌块砌体施工的全过程，是第一手原始资料，也是正确评价工程质量的可靠依据。

9.1.9 本条文应与《混凝土结构工程施工质量验收规范》GB 50204中的相关条文同时执行。

9.1.10 填充墙与框架柱、梁及剪力墙的界面处常因处理不当产生裂缝，因此该部位施工应列为隐蔽工程。

9.1.11 有关墙体保温系统中的主体结构基层、保温材料、饰面层等验收均应按现行国家标准《建筑节能工程施工质量验收规范》GB 50411执行。

9.2 小砌块砌体工程

Ⅰ 主 控 项 目

9.2.1、9.2.2 小砌块和砌筑砂浆的强度等级直接关系到小砌块砌体的工程质量，因此，必须符合设计要求。鉴于现行国家标准规定小砌块的强度等级由标准块（390mm×190mm×190mm）的抗压强度值决定，故带功能缝的同尺寸小砌块强度等级与标准块强度等级两者间应通过一定数量的试件测试并按数理统计方法建立相关关系，以满足砌块生产、现场施工验收等要求。这种关系可以用数据、方程、图表等方式表示。

9.2.3 小砌块因有孔洞原因，水平缝铺灰面积较少，仅铺于壁肋部位，故对水平灰缝饱满度提出了较高要求；竖缝饱满度与砌体抗剪强度有关，并可提高砌体抗渗性，故饱满度不得小于90%。

9.2.4 为加强墙体整体性及提高房屋抗震性能，在墙体转角处和交接处应同时砌筑。对不能同时砌筑而又必须留置的临时间断处应按条文规定砌成斜槎。

Ⅱ 一 般 项 目

9.2.5 工程实践表明，小砌块砌体水平灰缝的厚度和垂直灰缝的宽度宜为10mm，这是小砌块外形尺寸设计时的基本要求。大于12mm的水平灰缝不但降低砌体强度，而且也不便于铺灰操作；而小于8mm，则易造成空缝、瞎缝及露筋，故应按本条文要求砌筑。

9.2.6 小砌块砌体的轴线位置偏移和垂直度偏差将影响墙体受力性能和房屋结构安全。而砌体的其他一般尺寸允许偏差，虽无碍砌体的受力性能和房屋结构的安全，但对外观质量及日后使用有一定影响，故应逐项检查。

9.3 配筋小砌块砌体工程

Ⅰ 主 控 项 目

9.3.1 见本规程第9.2.1条和第9.2.2条的条文说明。

9.3.2 小砌块砌体内的钢筋配置应按图施工，变更设计应有相关文件，不得擅自修改。

9.3.3 混凝土的强度等级符合设计要求是保证小砌块砌体受力性能的基础，直接影响砌体的结构性能，故应合格。

9.3.4 构造柱是房屋抗震设防的重要结构件。为保证构造柱与墙体可靠连接，特设马牙槎与拉结钢筋，使其共同工作。

9.3.5 见本规程第8.6.9条条文说明。

9.3.6 小砌块砌体内的竖向和水平向受力钢筋均应按绑扎搭接形式进行施工安装。竖向钢筋搭接位置应在基础顶面及每层楼面标高处。

Ⅱ 一 般 项 目

9.3.7 构造柱从基础面到房屋顶层或女儿墙必须垂直，对准柱中心线。柱模板安装应控制垂直度，偏差值不得大于6mm。

9.3.8 为使灰缝内钢筋不因外露而锈蚀，要求水平灰缝厚度应大于钢筋直径4mm，使钢筋位于缝厚的中间，避免钢筋与上下皮小砌块直接接触，不致影响砌筑砂浆与小砌块间的粘结。

9.3.9 引自现行国家标准《砌体结构工程施工质量验收规范》GB 50203的相关规定。

9.4 填充墙小砌块砌体工程

Ⅰ 主 控 项 目

9.4.1 小砌块（含复合保温砌块、夹心复合保温砌块）和砌筑砂浆（含保温砌筑砂浆）的强度等级符合设计要求是保证砌体强度、稳定性及耐久性的基础，故应合格。

9.4.2 填充墙与主体结构间的构造连接关系到房屋抗震与墙体裂缝，关系到房屋的安全和使用，因此应列为主控项目。

9.4.3 为检验化学植筋的施工质量，使其起到拉结筋应有的作用，应按国家现行标准《建筑结构检测技术标准》GB/T 50344和《混凝土结构后锚固技术规程》JGJ 145的要求，对其进行非破坏的原位拉拔试验，以确保房屋安全。

Ⅱ 一 般 项 目

9.4.4 为防止或减少墙体日后产生干缩裂缝而采取的预控性措施。

9.4.5 填充墙砌体的砂浆饱满度虽能直接影响砌体的质量，但一般不危及结构的重大安全，故列为一般项目检查验收。

9.4.6 设置拉结筋是为了使填充墙与框架柱等承重结构有可靠的连接。

9.4.7 为使砌体稳定并形成整体，因此砌筑上、下皮小砌块时应错缝搭砌。

9.4.8 灰缝横平竖直，厚薄均匀，不但砌体表面美观，还有利于砌体均匀受力。试验表明，灰缝过厚或过薄对砌体强度都有一定影响。长期工程实践积累表明，规定灰缝厚度（宽度）8mm～12mm，并以10mm为标准灰缝厚度（宽度）是适宜的。

9.4.9 因填充墙属非受力构件，故将轴线位移和垂直度允许偏差列为一般项目检查验收。

中华人民共和国行业标准

回弹法检测混凝土抗压强度技术规程

Technical specification for inspecting of concrete compressive strength by rebound method

JGJ/T 23—2011

批准部门：中华人民共和国住房和城乡建设部
施行日期：2 0 1 1 年 1 2 月 1 日

中华人民共和国住房和城乡建设部
公　告

第1000号

关于发布行业标准《回弹法检测混凝土抗压强度技术规程》的公告

现批准《回弹法检测混凝土抗压强度技术规程》为行业标准，编号为JGJ/T 23-2011，自2011年12月1日起实施。原行业标准《回弹法检测混凝土抗压强度技术规程》JGJ/T 23-2001同时废止。

本规程由我部标准定额研究所组织中国建筑工业出版社出版发行。

中华人民共和国住房和城乡建设部

2011年5月3日

前　言

根据住房和城乡建设部《关于印发〈2008年工程建设标准规范制订、修订计划（第一批）〉的通知》（建标［2008］102号）的要求，规程编制组经过广泛的调查研究，认真总结实践经验，参考有关国际标准和国外先进标准，并在广泛征求意见的基础上，修订了本规程。

本规程的主要技术内容是：1. 总则；2. 术语和符号；3. 回弹仪；4. 检测技术；5. 回弹值计算；6. 测强曲线；7. 混凝土强度的计算。

修订的主要技术内容是：1. 增加了数字式回弹仪的技术要求；2. 增加了泵送混凝土测强曲线及测区强度换算表。

本规程由住房和城乡建设部负责管理，陕西省建筑科学研究院负责具体技术内容的解释。执行过程中如有意见或建议，请寄送陕西省建筑科学研究院（地址：西安市环城西路北段272号，邮政编码：710082，E-mail：sjkwhw@126.com）。

本规程主编单位：陕西省建筑科学研究院
浙江海天建设集团有限公司

本规程参编单位：浙江省建筑科学设计研究院有限公司
中国建筑科学研究院
乐陵市回弹仪厂
四川省建筑科学研究院
舟山市博远科技开发有限公司
江苏省建筑科学研究院
贵州中建建筑科研设计院
浙江省建设工程检测协会
四川华西混凝土工程有限公司
广州穗监工程质量安全检测中心
山东省建筑科学研究院
中山市建设工程质量检测中心

本规程主要起草人员：文恒武　卢锡雷　魏超琪　徐国孝　张仁瑜　王明堂　彭泽杨　应培新　崔士起　周岳年　顾瑞南　朱艾路　张　晓　诸华丰　马　林　郭　林　吴福成　王金山　吴照海

本规程主要审查人员：罗骐先　黄政宇　王福川　薛永武　郝挺宇　叶　健　童寿兴　朱金根　国天逵　王文明　张荣成

目 次

Contents

1 总　　则

1.0.1 为统一使用回弹仪检测普通混凝土抗压强度的方法，保证检测精度，制定本规程。

1.0.2 本规程适用于普通混凝土抗压强度（以下简称混凝土强度）的检测，不适用于表层与内部质量有明显差异或内部存在缺陷的混凝土强度检测。

1.0.3 使用回弹法进行检测的人员，应通过专门的技术培训。

1.0.4 回弹法检测混凝土强度除应符合本规程外，尚应符合国家现行有关标准的规定。

2 术语和符号

2.1 术　　语

2.1.1 测区　test area

检测构件混凝土强度时的一个检测单元。

2.1.2 测点　test point

测区内的一个回弹检测点。

2.1.3 测区混凝土强度换算值　conversion value of concrete compressive strength of test area

由测区的平均回弹值和碳化深度值通过测强曲线或测区强度换算表得到的测区现龄期混凝土强度值。

2.1.4 混凝土强度推定值　estimation value of strength for concrete

相应于强度换算值总体分布中保证率不低于95%的构件中的混凝土强度值。

2.2 符　　号

d_m ——测区的平均碳化深度值。

$f^c_{cu,i}$ ——测区混凝土强度换算值。

$f_{cor,m}$ ——芯样试件混凝土强度平均值。

$f_{cu,m}$ ——同条件立方体试块混凝土强度平均值。

$f^c_{cu,m0}$ ——对应于钻芯部位或同条件试块回弹测区混凝土强度换算值的平均值。

$f_{cor,i}$ ——第 i 个混凝土芯样试件的抗压强度。

$f_{cu,i}$ ——第 i 个混凝土立方体试块的抗压强度。

$f^c_{cu,i0}$ ——修正前第 i 个测区的混凝土强度换算值。

$f^c_{cu,i1}$ ——修正后第 i 个测区的混凝土强度换算值。

$f^c_{cu,min}$ ——构件中测区混凝土强度换算值的最小值。

$f_{cu,e}$ ——构件混凝土强度推定值。

$m_{f^c_{cu}}$ ——测区混凝土强度换算值的平均值。

$S_{f^c_{cu}}$ ——构件测区混凝土强度换算值的标准差。

R_i ——测区第 i 个测点的回弹值。

R_m ——测区或试块的平均回弹值。

$R_{m\alpha}$ ——回弹仪非水平方向检测时，测区的平均回弹值。

R^t_m ——回弹仪在水平方向检测混凝土浇筑表面时，测区的平均回弹值。

R^b_m ——回弹仪在水平方向检测混凝土浇筑底面时，测区的平均回弹值。

R^t_a ——回弹仪检测混凝土浇筑表面时，回弹值的修正值。

R^b_a ——回弹仪检测混凝土浇筑底面时，回弹值的修正值。

$R_{a\alpha}$ ——非水平方向检测时，回弹值的修正值。

Δ_{tot} ——测区混凝土强度修正量。

3 回　弹　仪

3.1 技术要求

3.1.1 回弹仪可为数字式的，也可为指针直读式的。

3.1.2 回弹仪应具有产品合格证及计量检定证书，并应在回弹仪的明显位置上标注名称、型号、制造厂名（或商标）、出厂编号等。

3.1.3 回弹仪除应符合现行国家标准《回弹仪》GB/T 9138 的规定外，尚应符合下列规定：

1 水平弹击时，在弹击锤脱钩瞬间，回弹仪的标称能量应为 2.207J；

2 在弹击锤与弹击杆碰撞的瞬间，弹击拉簧应处于自由状态，且弹击锤起跳点应位于指针指示刻度尺上的“0”处；

3 在洛氏硬度 HRC 为 60±2 的钢砧上，回弹仪的率定值应为 80±2；

4 数字式回弹仪应带有指针直读示值系统；数字显示的回弹值与指针直读示值相差不应超过 1。

3.1.4 回弹仪使用时的环境温度应为(−4～40)℃。

3.2 检　　定

3.2.1 回弹仪检定周期为半年，当回弹仪具有下列情况之一时，应由法定计量检定机构按现行行业标准《回弹仪》JJG 817 进行检定：

1 新回弹仪启用前；

2 超过检定有效期限；

3 数字式回弹仪数字显示的回弹值与指针直读示值相差大于 1；

4 经保养后，在钢砧上的率定值不合格；

5 遭受严重撞击或其他损害。

3.2.2 回弹仪的率定试验应符合下列规定：

1 率定试验应在室温为(5～35)℃的条件下进行；

2 钢砧表面应干燥、清洁，并应稳固地平放在刚度大的物体上；

3 回弹值应取连续向下弹击三次的稳定回弹结

果的平均值；

4 率定试验应分四个方向进行，且每个方向弹击前，弹击杆应旋转 90 度，每个方向的回弹平均值均应为 80±2。

3.2.3 回弹仪率定试验所用的钢砧应每 2 年送授权计量检定机构检定或校准。

3.3 保 养

3.3.1 当回弹仪存在下列情况之一时，应进行保养：

1 回弹仪弹击超过 2000 次；

2 在钢砧上的率定值不合格；

3 对检测值有怀疑。

3.3.2 回弹仪的保养应按下列步骤进行：

1 先将弹击锤脱钩，取出机芯，然后卸下弹击杆，取出里面的缓冲压簧，并取出弹击锤、弹击拉簧和拉簧座。

2 清洁机芯各零部件，并应重点清理中心导杆、弹击锤和弹击杆的内孔及冲击面。清理后，应在中心导杆上薄薄涂抹钟表油，其他零部件不得抹油。

3 清理机壳内壁，卸下刻度尺，检查指针，其摩擦力应为(0.5～0.8)N。

4 对于数字式回弹仪，还应按产品要求的维护程序进行维护。

5 保养时，不得旋转尾盖上已定位紧固的调零螺丝，不得自制或更换零部件。

6 保养后应按本规程第 3.2.2 条的规定进行率定。

3.3.3 回弹仪使用完毕，应使弹击杆伸出机壳，并应清除弹击杆、杆前端球面以及刻度尺表面和外壳上的污垢、尘土。回弹仪不用时，应将弹击杆压入机壳内，经弹击后按下按钮，锁住机芯，然后装入仪器箱。仪器箱应平放在干燥阴凉处。当数字式回弹仪长期不用时，应取出电池。

4 检 测 技 术

4.1 一 般 规 定

4.1.1 采用回弹法检测混凝土强度时，宜具有下列资料：

1 工程名称、设计单位、施工单位；

2 构件名称、数量及混凝土类型、强度等级；

3 水泥安定性，外加剂、掺合料品种，混凝土配合比等；

4 施工模板，混凝土浇筑、养护情况及浇筑日期等；

5 必要的设计图纸和施工记录；

6 检测原因。

4.1.2 回弹仪在检测前后，均应在钢砧上做率定试验，并应符合本规程第 3.1.3 条的规定。

4.1.3 混凝土强度可按单个构件或按批量进行检测，并应符合下列规定：

1 单个构件的检测应符合本规程第 4.1.4 条的规定。

2 对于混凝土生产工艺、强度等级相同，原材料、配合比、养护条件基本一致且龄期相近的一批同类构件的检测应采用批量检测。按批量进行检测时，应随机抽取构件，抽检数量不宜少于同批构件总数的 30%且不宜少于 10 件。当检验批构件数量大于 30 个时，抽样构件数量可适当调整，并不得少于国家现行有关标准规定的最少抽样数量。

4.1.4 单个构件的检测应符合下列规定：

1 对于一般构件，测区数不宜少于 10 个。当受检构件数量大于 30 个且不需提供单个构件推定强度或受检构件某一方向尺寸不大于 4.5m 且另一方向尺寸不大于 0.3m 时，每个构件的测区数量可适当减少，但不应少于 5 个。

2 相邻两测区的间距不应大于 2m，测区离构件端部或施工缝边缘的距离不宜大于 0.5m，且不宜小于 0.2m。

3 测区宜选在能使回弹仪处于水平方向的混凝土浇筑侧面。当不能满足这一要求时，也可选在使回弹仪处于非水平方向的混凝土浇筑表面或底面。

4 测区宜布置在构件的两个对称的可测面上，当不能布置在对称的可测面上时，也可布置在同一可测面上，且应均匀分布。在构件的重要部位及薄弱部位应布置测区，并应避开预埋件。

5 测区的面积不宜大于 $0.04m^2$。

6 测区表面应为混凝土原浆面，并应清洁、平整，不应有疏松层、浮浆、油垢、涂层以及蜂窝、麻面。

7 对于弹击时产生颤动的薄壁、小型构件，应进行固定。

4.1.5 测区应标有清晰的编号，并宜在记录纸上绘制测区布置示意图和描述外观质量情况。

4.1.6 当检测条件与本规程第 6.2.1 条和第 6.2.2 条的适用条件有较大差异时，可采用在构件上钻取的混凝土芯样或同条件试块对测区混凝土强度换算值进行修正。对同一强度等级混凝土修正时，芯样数量不应少于 6 个，公称直径宜为 100mm，高径比应为 1。芯样应在测区内钻取，每个芯样应只加工一个试件。同条件试块修正时，试块数量不应少于 6 个，试块边长应为 150mm。计算时，测区混凝土强度修正量及测区混凝土强度换算值的修正应符合下列规定：

1 修正量应按下列公式计算：

$$\Delta_{tot} = f_{cor,m} - f^{c}_{cu,m0} \quad (4.1.6\text{-}1)$$

$$\Delta_{tot} = f_{cu,m} - f^{c}_{cu,m0} \quad (4.1.6\text{-}2)$$

$$f_{cor,m} = \frac{1}{n}\sum_{i=1}^{n} f_{cor,i} \quad (4.1.6\text{-}3)$$

$$f_{cu,m} = \frac{1}{n}\sum_{i=1}^{n} f_{cu,i} \quad (4.1.6\text{-}4)$$

$$f^{c}_{cu,m0} = \frac{1}{n}\sum_{i=1}^{n} f^{c}_{cu,i} \quad (4.1.6\text{-}5)$$

式中：Δ_{tot} ——测区混凝土强度修正量（MPa），精确到 0.1MPa；

$f_{cor,m}$ ——芯样试件混凝土强度平均值（MPa），精确到 0.1MPa；

$f_{cu,m}$ ——150mm 同条件立方体试块混凝土强度平均值（MPa），精确到 0.1MPa；

$f^{c}_{cu,m0}$ ——对应于钻芯部位或同条件立方体试块回弹测区混凝土强度换算值的平均值（MPa），精确到 0.1MPa；

$f_{cor,i}$ ——第 i 个混凝土芯样试件的抗压强度；

$f_{cu,i}$ ——第 i 个混凝土立方体试块的抗压强度；

$f^{c}_{cu,i}$ ——对应于第 i 个芯样部位或同条件立方体试块测区回弹值和碳化深度值的混凝土强度换算值，可按本规程附录 A 或附录 B 取值；

n ——芯样或试块数量。

2 测区混凝土强度换算值的修正应按下式计算：

$$f^{c}_{cu,i1} = f^{c}_{cu,i0} + \Delta_{tot} \quad (4.1.6\text{-}6)$$

式中：$f^{c}_{cu,i0}$ ——第 i 个测区修正前的混凝土强度换算值（MPa），精确到 0.1MPa；

$f^{c}_{cu,i1}$ ——第 i 个测区修正后的混凝土强度换算值（MPa），精确到 0.1MPa。

4.2 回弹值测量

4.2.1 测量回弹值时，回弹仪的轴线应始终垂直于混凝土检测面，并应缓慢施压、准确读数、快速复位。

4.2.2 每一测区应读取 16 个回弹值，每一测点的回弹值读数应精确至 1。测点宜在测区范围内均匀分布，相邻两测点的净距离不宜小于 20mm；测点距外露钢筋、预埋件的距离不宜小于 30mm；测点不应在气孔或外露石子上，同一测点应只弹击一次。

4.3 碳化深度值测量

4.3.1 回弹值测量完毕后，应在有代表性的测区上测量碳化深度值，测点数不应少于构件测区数的 30%，应取其平均值作为该构件每个测区的碳化深度值。当碳化深度值极差大于 2.0mm 时，应在每一测区分别测量碳化深度值。

4.3.2 碳化深度值的测量应符合下列规定：

1 可采用工具在测区表面形成直径约 15mm 的孔洞，其深度应大于混凝土的碳化深度；

2 应清除孔洞中的粉末和碎屑，且不得用水擦洗；

3 应采用浓度为 1%～2%的酚酞酒精溶液滴在孔洞内壁的边缘处，当已碳化与未碳化界线清晰时，应采用碳化深度测量仪测量已碳化与未碳化混凝土交界面到混凝土表面的垂直距离，并应测量 3 次，每次读数应精确至 0.25mm；

4 应取三次测量的平均值作为检测结果，并应精确至 0.5mm。

4.4 泵送混凝土的检测

4.4.1 检测泵送混凝土强度时，测区应选在混凝土浇筑侧面。

5 回弹值计算

5.0.1 计算测区平均回弹值时，应从该测区的 16 个回弹值中剔除 3 个最大值和 3 个最小值，其余的 10 个回弹值按下式计算：

$$R_m = \frac{\sum_{i=1}^{10} R_i}{10} \quad (5.0.1)$$

式中：R_m——测区平均回弹值，精确至 0.1；

R_i——第 i 个测点的回弹值。

5.0.2 非水平方向检测混凝土浇筑侧面时，测区的平均回弹值应按下式修正：

$$R_m = R_{m\alpha} + R_{a\alpha} \quad (5.0.2)$$

式中：$R_{m\alpha}$ ——非水平方向检测时测区的平均回弹值，精确至 0.1；

$R_{a\alpha}$ ——非水平方向检测时回弹值修正值，应按本规程附录 C 取值。

5.0.3 水平方向检测混凝土浇筑表面或浇筑底面时，测区的平均回弹值应按下列公式修正：

$$R_m = R^{t}_{m} + R^{t}_{a} \quad (5.0.3\text{-}1)$$

$$R_m = R^{b}_{m} + R^{b}_{a} \quad (5.0.3\text{-}2)$$

式中：R^{t}_{m}、R^{b}_{m} ——水平方向检测混凝土浇筑表面、底面时，测区的平均回弹值，精确至 0.1；

R^{t}_{a}、R^{b}_{a} ——混凝土浇筑表面、底面回弹值的修正值，应按本规程附录 D 取值。

5.0.4 当回弹仪为非水平方向且测试面为混凝土的非浇筑侧面时，应先对回弹值进行角度修正，并应对修正后的回弹值进行浇筑面修正。

6 测强曲线

6.1 一般规定

6.1.1 混凝土强度换算值可采用下列测强曲线计算：

1 统一测强曲线：由全国有代表性的材料、成型工艺制作的混凝土试件，通过试验所建立的测强曲线。

2 地区测强曲线：由本地区常用的材料、成型工艺制作的混凝土试件，通过试验所建立的测强曲线。

3 专用测强曲线：由与构件混凝土相同的材料、成型养护工艺制作的混凝土试件，通过试验所建立的测强曲线。

6.1.2 有条件的地区和部门，应制定本地区的测强曲线或专用测强曲线。检测单位宜按专用测强曲线、地区测强曲线、统一测强曲线的顺序选用测强曲线。

6.2 统一测强曲线

6.2.1 符合下列条件的非泵送混凝土，测区强度应按本规程附录A进行强度换算：

1 混凝土采用的水泥、砂石、外加剂、掺合料、拌合用水符合国家现行有关标准；

2 采用普通成型工艺；

3 采用符合国家标准规定的模板；

4 蒸汽养护出池经自然养护7d以上，且混凝土表层为干燥状态；

5 自然养护且龄期为(14～1000)d；

6 抗压强度为(10.0～60.0)MPa。

6.2.2 符合本规程第6.2.1条的泵送混凝土，测区强度可按本规程附录B的曲线方程计算或按本规程附录B的规定进行强度换算。

6.2.3 测区混凝土强度换算表所依据的统一测强曲线，其强度误差值应符合下列规定：

1 平均相对误差(δ)不应大于±15.0%；

2 相对标准差(e_r)不应大于18.0%。

6.2.4 当有下列情况之一时，测区混凝土强度不得按本规程附录A或附录B进行强度换算：

1 非泵送混凝土粗骨料最大公称粒径大于60mm，泵送混凝土粗骨料最大公称粒径大于31.5mm；

2 特种成型工艺制作的混凝土；

3 检测部位曲率半径小于250mm；

4 潮湿或浸水混凝土。

6.3 地区和专用测强曲线

6.3.1 地区和专用测强曲线的强度误差应符合下列规定：

1 地区测强曲线：平均相对误差(δ)不应大于±14.0%，相对标准差(e_r)不应大于17.0%。

2 专用测强曲线：平均相对误差(δ)不应大于±12.0%，相对标准差(e_r)不应大于14.0%。

3 平均相对误差（δ）和相对标准差（e_r）的计算应符合本规程附录E的规定。

6.3.2 地区和专用测强曲线应按本规程附录E的方法制定。使用地区或专用测强曲线时，被检测的混凝土应与制定该类测强曲线混凝土的适应条件相同，不得超出该类测强曲线的适应范围，并应每半年抽取一定数量的同条件试件进行校核，当存在显著差异时，应查找原因，不得继续使用。

7 混凝土强度的计算

7.0.1 构件第i个测区混凝土强度换算值，可按本规程第5章所求得的平均回弹值（R_m）及按本规程第4.3条所求得的平均碳化深度值（d_m）由本规程附录A、附录B查表或计算得出。当有地区或专用测强曲线时，混凝土强度的换算值宜按地区测强曲线或专用测强曲线计算或查表得出。

7.0.2 构件的测区混凝土强度平均值应根据各测区的混凝土强度换算值计算。当测区数为10个及以上时，还应计算强度标准差。平均值及标准差应按下列公式计算：

$$m_{f_{cu}^c}=\frac{\sum_{i=1}^{n}f_{cu,i}^c}{n} \quad (7.0.2\text{-}1)$$

$$S_{f_{cu}^c}=\sqrt{\frac{\sum_{i=1}^{n}(f_{cu,i}^c)^2-n(m_{f_{cu}^c})^2}{n-1}} \quad (7.0.2\text{-}2)$$

式中：$m_{f_{cu}^c}$——构件测区混凝土强度换算值的平均值(MPa)，精确至0.1MPa；

n——对于单个检测的构件，取该构件的测区数；对批量检测的构件，取所有被抽检构件测区数之和；

$S_{f_{cu}^c}$——结构或构件测区混凝土强度换算值的标准差（MPa），精确至0.01MPa。

7.0.3 构件的现龄期混凝土强度推定值（$f_{cu,e}$）应符合下列规定：

1 当构件测区数少于10个时，应按下式计算：

$$f_{cu,e}=f_{cu,min}^c \quad (7.0.3\text{-}1)$$

式中：$f_{cu,min}^c$——构件中最小的测区混凝土强度换算值。

2 当构件的测区强度值中出现小于10.0MPa时，应按下式确定：

$$f_{cu,e}<10.0\text{MPa} \quad (7.0.3\text{-}2)$$

3 当构件测区数不少于10个时，应按下式计算：

$$f_{cu,e}=m_{f_{cu}^c}-1.645S_{f_{cu}^c} \quad (7.0.3\text{-}3)$$

4 当批量检测时，应按下式计算：

$$f_{cu,e}=m_{f_{cu}^c}-kS_{f_{cu}^c} \quad (7.0.3\text{-}4)$$

式中：k——推定系数，宜取1.645。当需要进行推定强度区间时，可按国家现行有关标准的规定取值。

注：构件的混凝土强度推定值是指相应于强度换算值总体分布中保证率不低于95%的构件中混凝土抗压强度值。

7.0.4 对按批量检测的构件，当该批构件混凝土强度标准差出现下列情况之一时，该批构件应全部按单个构件检测：

1 当该批构件混凝土强度平均值小于25MPa、$S_{f^c_{cu}}$ 大于4.5MPa时；

2 当该批构件混凝土强度平均值不小于25MPa且不大于60MPa、$S_{f^c_{cu}}$ 大于5.5MPa时。

7.0.5 回弹法检测混凝土抗压强度报告可按本规程附录F的格式编写。

附录A 测区混凝土强度换算表

表A 测区混凝土强度换算表

平均回弹值 R_m	测区混凝土强度换算值 $f^c_{cu,i}$（MPa） 平均碳化深度值 d_m（mm）												
	0.0	0.5	1.0	1.5	2.0	2.5	3.0	3.5	4.0	4.5	5.0	5.5	≥6
20.0	10.3	10.1	—	—	—	—	—	—	—	—	—	—	—
20.2	10.5	10.3	10.0	—	—	—	—	—	—	—	—	—	—
20.4	10.7	10.5	10.2	—	—	—	—	—	—	—	—	—	—
20.6	11.0	10.8	10.4	10.1	—	—	—	—	—	—	—	—	—
20.8	11.2	11.0	10.6	10.3	—	—	—	—	—	—	—	—	—
21.0	11.4	11.2	10.8	10.5	10.0	—	—	—	—	—	—	—	—
21.2	11.6	11.4	11.0	10.7	10.2	—	—	—	—	—	—	—	—
21.4	11.8	11.6	11.2	10.9	10.4	10.0	—	—	—	—	—	—	—
21.6	12.0	11.8	11.4	11.0	10.6	10.2	—	—	—	—	—	—	—
21.8	12.3	12.1	11.7	11.3	10.8	10.5	10.1	—	—	—	—	—	—
22.0	12.5	12.2	11.9	11.5	11.0	10.6	10.2	—	—	—	—	—	—
22.2	12.7	12.4	12.1	11.7	11.2	10.8	10.4	10.0	—	—	—	—	—
22.4	13.0	12.7	12.4	12.0	11.4	11.0	10.7	10.3	10.0	—	—	—	—
22.6	13.2	12.9	12.5	12.1	11.6	11.2	10.8	10.4	10.2	—	—	—	—
22.8	13.4	13.1	12.7	12.3	11.8	11.4	11.0	10.6	10.3	—	—	—	—
23.0	13.7	13.4	13.0	12.6	12.1	11.6	11.2	10.8	10.5	10.1	—	—	—
23.2	13.9	13.6	13.2	12.8	12.2	11.8	11.4	11.0	10.7	10.3	10.0	—	—
23.4	14.1	13.8	13.4	13.0	12.4	12.0	11.6	11.2	10.9	10.4	10.2	—	—
23.6	14.4	14.1	13.7	13.2	12.7	12.2	11.8	11.4	11.1	10.7	10.4	10.1	—
23.8	14.6	14.3	13.9	13.4	12.8	12.4	12.0	11.5	11.2	10.8	10.5	10.2	—
24.0	14.9	14.6	14.2	13.7	13.1	12.7	12.2	11.8	11.5	11.0	10.7	10.4	10.1
24.2	15.1	14.8	14.3	13.9	13.3	12.8	12.4	11.9	11.6	11.2	10.9	10.6	10.3
24.4	15.4	15.1	14.6	14.2	13.6	13.1	12.6	12.2	11.9	11.4	11.1	10.8	10.4
24.6	15.6	15.3	14.8	14.4	13.7	13.3	12.8	12.3	12.0	11.5	11.2	10.9	10.6
24.8	15.9	15.6	15.1	14.6	14.0	13.5	13.0	12.6	12.2	11.8	11.4	11.1	10.7
25.0	16.2	15.9	15.4	14.9	14.3	13.8	13.3	12.8	12.5	12.0	11.7	11.3	10.9

续表 A

平均回弹值 R_m	测区混凝土强度换算值 $f^c_{cu,i}$（MPa）												
	平均碳化深度值 d_m（mm）												
	0.0	0.5	1.0	1.5	2.0	2.5	3.0	3.5	4.0	4.5	5.0	5.5	≥6
25.2	16.4	16.1	15.6	15.1	14.4	13.9	13.4	13.0	12.6	12.1	11.8	11.5	11.0
25.4	16.7	16.4	15.9	15.4	14.7	14.2	13.7	13.2	12.9	12.4	12.0	11.7	11.2
25.6	16.9	16.6	16.1	15.7	14.9	14.4	13.9	13.4	13.0	12.5	12.2	11.8	11.3
25.8	17.2	16.9	16.3	15.8	15.1	14.6	14.1	13.6	13.2	12.7	12.4	12.0	11.5
26.0	17.5	17.2	16.6	16.1	15.4	14.9	14.4	13.8	13.5	13.0	12.6	12.2	11.6
26.2	17.8	17.4	16.9	16.4	15.7	15.1	14.6	14.0	13.7	13.2	12.8	12.4	11.8
26.4	18.0	17.6	17.1	16.6	15.8	15.3	14.8	14.2	13.9	13.3	13.0	12.6	12.0
26.6	18.3	17.9	17.4	16.8	16.1	15.6	15.0	14.4	14.1	13.5	13.2	12.8	12.1
26.8	18.6	18.2	17.7	17.1	16.4	15.8	15.3	14.6	14.3	13.8	13.4	12.9	12.3
27.0	18.9	18.5	18.0	17.4	16.6	16.1	15.5	14.8	14.6	14.0	13.6	13.1	12.4
27.2	19.1	18.7	18.1	17.6	16.8	16.2	15.7	15.0	14.7	14.1	13.8	13.3	12.6
27.4	19.4	19.0	18.4	17.8	17.0	16.4	15.9	15.2	14.9	14.3	14.0	13.4	12.7
27.6	19.7	19.3	18.7	18.0	17.2	16.6	16.1	15.4	15.1	14.5	14.1	13.6	12.9
27.8	20.0	19.6	19.0	18.2	17.4	16.8	16.3	15.6	15.3	14.7	14.2	13.7	13.0
28.0	20.3	19.7	19.2	18.4	17.6	17.0	16.5	15.8	15.4	14.8	14.4	13.9	13.2
28.2	20.6	20.0	19.5	18.6	17.8	17.2	16.7	16.0	15.6	15.0	14.6	14.0	13.3
28.4	20.9	20.3	19.7	18.8	18.0	17.4	16.9	16.2	15.8	15.2	14.8	14.2	13.5
28.6	21.2	20.6	20.0	19.1	18.2	17.6	17.1	16.4	16.0	15.4	15.0	14.3	13.6
28.8	21.5	20.9	20.0	19.4	18.5	17.8	17.3	16.6	16.2	15.6	15.2	14.5	13.8
29.0	21.8	21.1	20.5	19.6	18.7	18.1	17.5	16.8	16.4	15.8	15.4	14.6	13.9
29.2	22.1	21.4	20.8	19.9	19.0	18.3	17.7	17.0	16.6	16.0	15.6	14.8	14.1
29.4	22.4	21.7	21.1	20.2	19.3	18.6	17.9	17.2	16.8	16.2	15.8	15.0	14.2
29.6	22.7	22.0	21.3	20.4	19.5	18.8	18.2	17.5	17.0	16.4	16.0	15.1	14.4
29.8	23.0	22.3	21.6	20.7	19.8	19.1	18.4	17.7	17.2	16.6	16.2	15.3	14.5
30.0	23.3	22.6	21.9	21.0	20.0	19.3	18.6	17.9	17.4	16.8	16.4	15.4	14.7
30.2	23.6	22.9	22.2	21.2	20.3	19.6	18.9	18.2	17.6	17.0	16.6	15.6	14.9
30.4	23.9	23.2	22.5	21.5	20.6	19.8	19.1	18.4	17.8	17.2	16.8	15.8	15.1
30.6	24.3	23.6	22.8	21.9	20.9	20.2	19.4	18.7	18.0	17.5	17.0	16.0	15.2
30.8	24.6	23.9	23.1	22.1	21.2	20.4	19.7	18.9	18.2	17.7	17.2	16.2	15.4
31.0	24.9	24.2	23.4	22.4	21.4	20.7	19.9	19.2	18.4	17.9	17.4	16.4	15.5
31.2	25.2	24.4	23.7	22.7	21.7	20.9	20.2	19.4	18.6	16.1	17.6	16.6	15.7
31.4	25.6	24.8	24.1	23.0	22.0	21.2	20.5	19.7	18.9	18.4	17.8	16.9	15.8
31.6	25.9	25.1	24.3	23.3	22.3	21.5	20.7	19.9	19.2	18.6	18.0	17.1	16.0
31.8	26.2	25.4	24.6	23.6	22.5	21.7	21.0	20.2	19.4	18.9	18.2	17.3	16.2
32.0	26.5	25.7	24.9	23.9	22.8	22.0	21.2	20.4	19.6	19.1	18.4	17.5	16.4
32.2	26.9	26.1	25.3	24.2	23.1	22.3	21.5	20.7	19.9	19.4	18.6	17.7	16.6

续表 A

平均回弹值 R_m	测区混凝土强度换算值 $f^c_{cu,i}$（MPa）												
	平均碳化深度值 d_m（mm）												
	0.0	0.5	1.0	1.5	2.0	2.5	3.0	3.5	4.0	4.5	5.0	5.5	≥6
32.4	27.2	26.4	25.6	24.5	23.4	22.6	21.8	20.9	20.1	19.6	18.8	17.9	16.8
32.6	27.6	26.8	25.9	24.8	23.7	22.9	22.1	21.3	20.4	19.9	19.0	18.1	17.0
32.8	27.9	27.1	26.2	25.1	24.0	23.2	22.3	21.5	20.6	20.1	19.2	18.3	17.2
33.0	28.2	27.4	26.5	25.4	24.3	23.4	22.6	21.7	20.9	20.3	19.4	18.5	17.4
33.2	28.6	27.7	26.8	25.7	24.6	23.7	22.9	22.0	21.2	20.5	19.6	18.7	17.6
33.4	28.9	28.0	27.1	26.0	24.9	24.0	23.1	22.3	21.4	20.7	19.8	18.9	17.8
33.6	29.3	28.4	27.4	26.4	25.2	24.2	23.3	22.6	21.7	20.9	20.0	19.1	18.0
33.8	29.6	28.7	27.7	26.6	25.4	24.4	23.5	22.8	21.9	21.1	20.2	19.3	18.2
34.0	30.0	29.1	28.0	26.8	25.6	24.6	23.7	23.0	22.1	21.3	20.4	19.5	18.3
34.2	30.3	29.4	28.3	27.0	25.8	24.8	23.9	23.2	22.3	21.5	20.6	19.7	18.4
34.4	30.7	29.8	28.6	27.2	26.0	25.0	24.1	23.4	22.5	21.7	20.8	19.8	18.6
34.6	31.1	30.2	28.9	27.4	26.2	25.2	24.3	23.6	22.7	21.9	21.0	20.0	18.8
34.8	31.4	30.5	29.2	27.6	26.4	25.4	24.5	23.8	22.9	22.1	21.2	20.2	19.0
35.0	31.8	30.8	29.6	28.0	26.7	25.8	24.8	24.0	23.2	22.3	21.4	20.4	19.2
35.2	32.1	31.1	29.9	28.2	27.0	26.0	25.0	24.2	23.4	22.5	21.6	20.6	19.4
35.4	32.5	31.5	30.2	28.6	27.3	26.3	25.4	24.4	23.7	22.8	21.8	20.8	19.6
35.6	32.9	31.9	30.6	29.0	27.6	26.6	25.7	24.7	24.0	23.0	22.0	21.0	19.8
35.8	33.3	32.3	31.0	29.3	28.0	27.0	26.0	25.0	24.3	23.3	22.2	21.2	20.0
36.0	33.6	32.6	31.2	29.6	28.2	27.2	26.2	25.2	24.5	23.5	22.4	21.4	20.2
36.2	34.0	33.0	31.6	29.9	28.6	27.5	26.5	25.5	24.8	23.8	22.6	21.6	20.4
36.4	34.4	33.4	32.0	30.3	28.9	27.9	26.8	25.8	25.1	24.1	22.8	21.8	20.6
36.6	34.8	33.8	32.4	30.6	29.2	28.2	27.1	26.1	25.4	24.4	23.0	22.0	20.9
36.8	35.2	34.1	32.7	31.0	29.6	28.5	27.5	26.4	25.7	24.6	23.2	22.2	21.1
37.0	35.5	34.4	33.0	31.2	29.8	28.8	27.7	26.6	25.9	24.8	23.4	22.4	21.3
37.2	35.9	34.8	33.4	31.6	30.2	29.1	28.0	26.9	26.2	25.1	23.7	22.6	21.5
37.4	36.3	35.2	33.8	31.9	30.5	29.4	28.3	27.2	26.6	25.4	24.0	22.9	21.8
37.6	36.7	35.6	34.1	32.3	30.8	29.7	28.6	27.5	26.8	25.7	24.2	23.1	22.0
37.8	37.1	36.0	34.5	32.6	31.2	30.0	28.9	27.8	27.1	26.0	24.5	23.4	22.3
38.0	37.5	36.4	34.9	33.0	31.5	30.3	29.2	28.1	27.4	26.2	24.8	23.6	22.5
38.2	37.9	36.8	35.2	33.4	31.8	30.6	29.5	28.4	27.7	26.5	25.0	23.9	22.7
38.4	38.3	37.2	35.6	33.7	32.1	30.9	29.8	28.7	28.0	29.8	25.3	24.1	23.0
38.6	38.7	37.5	36.0	34.1	32.4	31.2	30.1	29.0	28.3	27.0	25.5	24.4	23.2
38.8	39.1	37.9	36.4	34.4	32.7	31.5	30.4	29.3	28.5	27.2	25.8	24.6	23.5
39.0	39.5	38.2	36.7	34.7	33.0	31.8	30.6	29.6	28.8	27.4	26.0	24.8	23.7
39.2	39.9	38.5	37.0	35.0	33.3	32.1	30.8	29.8	29.0	27.6	26.2	25.0	25.0
39.4	40.3	38.8	37.3	35.3	33.6	32.4	31.0	30.0	29.2	27.8	26.4	25.2	24.2

续表 A

平均回弹值 R_m	测区混凝土强度换算值 $f^c_{cu,i}$（MPa）												
	平均碳化深度值 d_m（mm）												
	0.0	0.5	1.0	1.5	2.0	2.5	3.0	3.5	4.0	4.5	5.0	5.5	≥6
39.6	40.7	39.1	37.6	35.6	33.9	32.7	31.2	30.2	29.4	28.0	26.6	25.4	24.4
39.8	41.2	39.6	38.0	35.9	34.2	33.0	31.4	30.5	29.7	28.2	26.8	25.6	24.7
40.0	41.6	39.9	38.3	36.2	34.5	33.3	31.7	30.8	30.0	28.4	27.0	25.8	25.0
40.2	42.0	40.3	38.6	36.5	34.8	33.6	32.0	31.1	30.2	28.6	27.3	26.0	25.2
40.4	42.4	40.7	39.0	36.9	35.1	33.9	32.3	31.4	30.5	28.8	27.6	26.2	25.4
40.6	42.8	41.1	39.4	37.2	35.4	34.2	32.6	31.7	30.8	29.1	27.8	26.5	25.7
40.8	43.3	41.6	39.8	37.7	35.7	34.5	32.9	32.0	31.2	29.4	28.1	26.8	26.0
41.0	43.7	42.0	40.2	38.0	36.0	34.8	33.2	32.3	31.5	29.7	28.4	27.1	26.2
41.2	44.1	42.3	40.6	38.4	36.3	35.1	33.5	32.6	31.8	30.0	28.7	27.3	26.5
41.4	44.5	42.7	40.9	38.7	36.6	35.4	33.8	32.9	32.0	30.3	28.9	27.6	26.7
41.6	45.0	43.2	41.4	39.2	36.9	35.7	34.2	33.3	32.4	30.6	29.2	27.9	27.0
41.8	45.4	43.6	41.8	39.5	37.2	36.0	34.5	33.6	32.7	30.9	29.5	28.1	27.2
42.0	45.9	44.1	42.2	39.9	37.6	36.3	34.9	34.0	33.0	31.2	29.8	28.5	27.5
42.2	46.3	44.4	42.6	40.3	38.0	36.6	35.2	34.3	33.3	31.5	30.1	28.7	27.8
42.4	46.7	44.8	43.0	40.6	38.3	36.9	35.5	34.6	33.6	31.8	30.4	29.0	28.0
42.6	47.2	45.3	43.4	41.1	38.7	37.3	35.9	34.9	34.0	32.1	30.7	29.3	28.3
42.8	47.6	45.7	43.8	41.4	39.0	37.6	36.2	35.2	34.3	32.4	30.9	29.5	28.6
43.0	48.1	46.2	44.2	41.8	39.4	38.0	36.6	35.6	34.6	32.7	31.3	29.8	28.9
43.2	48.5	46.6	44.6	42.2	39.8	38.3	36.9	35.9	34.9	33.0	31.5	30.1	29.1
43.4	49.0	47.0	45.1	42.6	40.2	38.7	37.2	36.3	35.3	33.3	31.8	30.4	29.4
43.6	49.4	47.4	45.4	43.0	40.5	39.0	37.5	36.6	35.6	33.6	32.1	30.6	29.6
43.8	49.9	47.9	45.9	43.4	40.9	39.4	37.9	36.9	35.9	33.9	32.4	30.9	29.9
44.0	50.4	48.4	46.4	43.8	41.3	39.8	38.3	37.3	36.3	34.3	32.8	31.2	30.2
44.2	50.8	48.8	46.7	44.2	41.7	40.1	38.6	37.6	36.6	34.5	33.0	31.5	30.5
44.4	51.3	49.2	47.2	44.6	42.1	40.5	39.0	38.0	36.9	34.9	33.3	31.8	30.8
44.6	51.7	49.6	47.6	45.0	42.4	40.8	39.3	38.3	37.2	35.2	33.6	32.1	31.0
44.8	52.2	50.1	48.0	45.4	42.8	41.2	39.7	38.6	37.6	35.5	33.9	32.4	31.3
45.0	52.7	50.6	48.5	45.8	43.2	41.6	40.1	39.0	37.9	35.8	34.3	32.7	31.6
45.2	53.2	51.1	48.9	46.3	43.6	42.0	40.4	39.4	38.3	36.2	34.6	33.0	31.9
45.4	53.6	51.5	49.4	46.6	44.0	42.3	40.7	39.7	38.6	36.4	34.8	33.2	32.2
45.6	54.1	51.9	49.8	47.1	44.4	42.7	41.1	40.0	39.0	36.8	35.2	33.5	32.5
45.8	54.6	52.4	50.2	47.5	44.8	43.1	41.5	40.4	39.3	37.1	35.5	33.9	32.8
46.0	55.0	52.8	50.6	47.9	45.2	43.5	41.9	40.8	39.7	37.5	35.8	34.2	33.1
46.2	55.5	53.3	51.1	48.3	45.5	43.8	42.2	41.1	40.0	37.7	36.1	34.4	33.3
46.4	56.0	53.8	51.5	48.7	45.9	44.2	42.6	41.4	40.3	38.1	36.4	34.7	33.6
46.6	56.5	54.2	52.0	49.2	46.3	44.6	42.9	41.8	40.7	38.4	36.7	35.0	33.9

续表 A

平均回弹值 R_m	测区混凝土强度换算值 $f^c_{cu,i}$（MPa）												
	平均碳化深度值 d_m（mm）												
	0.0	0.5	1.0	1.5	2.0	2.5	3.0	3.5	4.0	4.5	5.0	5.5	≥6
46.8	57.0	54.7	52.4	49.6	46.7	45.0	43.3	42.2	41.0	38.8	37.0	35.3	34.2
47.0	57.5	55.2	52.9	50.0	47.2	45.2	43.7	42.6	41.4	39.1	37.4	35.6	34.5
47.2	58.0	55.7	53.4	50.5	47.6	45.8	44.1	42.9	41.8	39.4	37.7	36.0	34.8
47.4	58.5	56.2	53.8	50.9	48.0	46.2	44.5	43.3	42.1	39.8	38.0	36.3	35.1
47.6	59.0	56.6	54.3	51.3	48.4	46.6	44.8	43.7	42.5	40.1	40.0	36.6	35.4
47.8	59.5	57.1	54.7	51.8	48.8	47.0	45.2	44.0	42.8	40.5	38.7	36.9	35.7
48.0	60.0	57.6	55.2	52.2	49.2	47.4	45.6	44.4	43.2	40.8	39.0	37.2	36.0
48.2	—	58.0	55.7	52.6	49.6	47.8	46.0	44.8	43.6	41.1	39.3	37.5	36.3
48.4	—	58.6	56.1	53.1	50.0	48.2	46.4	45.1	43.9	41.5	39.6	37.8	36.6
48.6	—	59.0	56.6	53.5	50.4	48.6	46.7	45.5	44.3	41.8	40.0	38.1	36.9
48.8	—	59.5	57.1	54.0	50.9	49.0	47.1	45.9	44.6	42.2	40.3	38.4	37.2
49.0	—	60.0	57.5	54.4	51.3	49.4	47.5	46.2	45.0	42.5	40.6	38.8	37.5
49.2	—	—	58.0	54.8	51.7	49.8	47.9	46.6	45.4	42.8	41.0	39.1	37.8
49.4	—	—	58.5	55.3	52.1	50.2	48.3	47.1	45.8	43.2	41.3	39.4	38.2
49.6	—	—	58.9	55.7	52.5	50.6	48.7	47.4	46.2	43.6	41.7	39.7	38.5
49.8	—	—	59.4	56.2	53.0	51.0	49.1	47.8	46.5	43.9	42.0	40.1	38.8
50.0	—	—	59.9	56.7	53.4	51.4	49.5	48.2	46.9	44.3	42.3	40.4	39.1
50.2	—	—	60.0	57.1	53.8	51.9	49.9	48.5	47.2	44.6	42.6	40.7	39.4
50.4	—	—	—	57.6	54.3	52.3	50.3	49.0	47.7	45.0	43.0	41.0	39.7
50.6	—	—	—	58.0	54.7	52.7	50.7	49.4	48.0	45.4	43.4	41.4	40.0
50.8	—	—	—	58.5	55.1	53.1	51.1	49.8	48.4	45.7	43.7	41.7	40.3
51.0	—	—	—	59.0	55.6	53.5	51.5	50.1	48.8	46.1	44.1	42.0	40.7
51.2	—	—	—	59.4	56.0	54.0	51.9	50.5	49.2	46.4	44.4	42.3	41.0
51.4	—	—	—	59.9	56.4	54.4	52.3	50.9	49.6	46.8	44.7	42.7	41.3
51.6	—	—	—	60.0	56.9	54.8	52.7	51.3	50.0	47.2	45.1	43.0	41.6
51.8	—	—	—	—	57.3	55.2	53.1	51.7	50.3	47.5	45.4	43.3	41.8
52.0	—	—	—	—	57.8	55.7	53.6	52.1	50.7	47.9	45.8	43.7	42.3
52.2	—	—	—	—	58.2	56.1	54.0	52.5	51.1	48.3	46.2	44.0	42.6
52.4	—	—	—	—	58.7	56.5	54.4	53.0	51.5	48.7	46.5	44.4	43.0
52.6	—	—	—	—	59.1	57.0	54.8	53.4	51.9	49.0	46.9	44.7	43.3
52.8	—	—	—	—	59.6	57.4	55.2	53.8	52.3	49.4	47.3	45.1	43.6
53.0	—	—	—	—	60.0	57.8	55.6	54.2	52.7	49.8	47.6	45.4	43.9
53.2	—	—	—	—	—	58.3	56.1	54.6	53.1	50.2	48.0	45.8	44.3
53.4	—	—	—	—	—	58.7	56.5	55.0	53.5	50.5	48.3	46.1	44.6
53.6	—	—	—	—	—	59.2	56.9	55.4	53.9	50.9	48.7	46.4	44.9
53.8	—	—	—	—	—	59.6	57.3	55.8	54.3	51.3	49.0	46.8	45.3

续表 A

平均回弹值 R_m	测区混凝土强度换算值 $f^c_{cu,i}$（MPa）												
	平均碳化深度值 d_m（mm）												
	0.0	0.5	1.0	1.5	2.0	2.5	3.0	3.5	4.0	4.5	5.0	5.5	≥6
54.0	—	—	—	—	—	60.0	57.8	56.3	54.7	51.7	49.4	47.1	45.6
54.2	—	—	—	—	—	—	58.2	56.7	55.1	52.1	49.8	47.5	46.0
54.4	—	—	—	—	—	—	58.6	57.1	55.6	52.5	50.2	47.9	46.3
54.6	—	—	—	—	—	—	59.1	57.5	56.0	52.9	50.5	48.2	46.6
54.8	—	—	—	—	—	—	59.5	57.9	56.4	53.2	50.9	48.5	47.0
55.0	—	—	—	—	—	—	59.9	58.4	56.8	53.6	51.3	48.9	47.3
55.2	—	—	—	—	—	—	60.0	58.8	57.2	54.0	51.6	49.3	47.7
55.4	—	—	—	—	—	—	—	59.2	57.6	54.4	52.0	49.6	48.0
55.6	—	—	—	—	—	—	—	59.7	58.0	54.8	52.4	50.0	48.4
55.8	—	—	—	—	—	—	—	60.0	58.5	55.2	52.8	50.3	48.7
56.0	—	—	—	—	—	—	—	—	58.9	55.6	53.2	50.7	49.1
56.2	—	—	—	—	—	—	—	—	59.3	56.0	53.5	51.1	49.4
56.4	—	—	—	—	—	—	—	—	59.7	56.4	53.9	51.4	49.8
56.6	—	—	—	—	—	—	—	—	60.0	56.8	54.3	51.8	50.1
56.8	—	—	—	—	—	—	—	—	—	57.2	54.7	52.2	50.5
57.0	—	—	—	—	—	—	—	—	—	57.6	55.1	52.5	50.8
57.2	—	—	—	—	—	—	—	—	—	58.0	55.5	52.9	51.2
57.4	—	—	—	—	—	—	—	—	—	58.4	55.9	53.3	51.6
57.6	—	—	—	—	—	—	—	—	—	58.9	56.3	53.7	51.9
57.8	—	—	—	—	—	—	—	—	—	59.3	56.7	54.0	52.3
58.0	—	—	—	—	—	—	—	—	—	59.7	57.0	54.4	52.7
58.2	—	—	—	—	—	—	—	—	—	60.0	57.4	54.8	53.0
58.4	—	—	—	—	—	—	—	—	—	—	57.8	55.2	53.4
58.6	—	—	—	—	—	—	—	—	—	—	58.2	55.6	53.8
58.8	—	—	—	—	—	—	—	—	—	—	58.6	55.9	54.1
59.0	—	—	—	—	—	—	—	—	—	—	59.0	56.3	54.5
59.2	—	—	—	—	—	—	—	—	—	—	59.4	56.7	54.9
59.4	—	—	—	—	—	—	—	—	—	—	59.8	57.1	55.2
59.6	—	—	—	—	—	—	—	—	—	—	60.0	57.5	55.6
59.8	—	—	—	—	—	—	—	—	—	—	—	57.9	56.0
60.0	—	—	—	—	—	—	—	—	—	—	—	58.3	56.4

注：表中未注明的测区混凝土强度换算值为小于 10MPa 或大于 60MPa。

附录B 泵送混凝土测区强度换算表

表B 泵送混凝土测区强度换算表

平均回弹值 R_m	测区混凝土强度换算值 $f^c_{cu,i}$（MPa）												
	平均碳化深度值 d_m（mm）												
	0.0	0.5	1.0	1.5	2.0	2.5	3.0	3.5	4.0	4.5	5.0	5.5	≥6
18.6	10.0	—	—	—	—	—	—	—	—	—	—	—	—
18.8	10.2	10.0	—	—	—	—	—	—	—	—	—	—	—
19.0	10.4	10.2	10.0	—	—	—	—	—	—	—	—	—	—
19.2	10.6	10.4	10.2	10.0	—	—	—	—	—	—	—	—	—
19.4	10.9	10.7	10.4	10.2	10.0	—	—	—	—	—	—	—	—
19.6	11.1	10.9	10.6	10.4	10.2	10.0	—	—	—	—	—	—	—
19.8	11.3	11.1	10.9	10.6	10.4	10.2	10.0	—	—	—	—	—	—
20.0	11.5	11.3	11.1	10.9	10.6	10.4	10.2	10.0	—	—	—	—	—
20.2	11.8	11.5	11.3	11.1	10.9	10.6	10.4	10.2	10.0	—	—	—	—
20.4	12.0	11.7	11.5	11.3	11.1	10.8	10.6	10.4	10.2	10.0	—	—	—
20.6	12.2	12.0	11.7	11.5	11.3	11.0	10.8	10.6	10.4	10.2	10.0	—	—
20.8	12.4	12.2	12.0	11.7	11.5	11.3	11.0	10.8	10.6	10.4	10.2	10.0	—
21.0	12.7	12.4	12.2	11.9	11.7	11.5	11.2	11.0	10.8	10.6	10.4	10.2	10.0
21.2	12.9	12.7	12.4	12.2	11.9	11.7	11.5	11.2	11.0	10.8	10.6	10.4	10.2
21.4	13.1	12.9	12.6	12.4	12.1	11.9	11.7	11.4	11.2	11.0	10.8	10.6	10.3
21.6	13.4	13.1	12.9	12.6	12.4	12.1	11.9	11.6	11.4	11.2	11.0	10.7	10.5
21.8	13.6	13.4	13.1	12.8	12.6	12.3	12.1	11.9	11.6	11.4	11.2	10.9	10.7
22.0	13.9	13.6	13.3	13.1	12.8	12.6	12.3	12.1	11.8	11.6	11.4	11.1	10.9
22.2	14.1	13.8	13.6	13.3	13.0	12.8	12.5	12.3	12.0	11.8	11.6	11.3	11.1
22.4	14.4	14.1	13.8	13.5	13.3	13.0	12.7	12.5	12.2	12.0	11.8	11.5	11.3
22.6	14.6	14.3	14.0	13.8	13.5	13.2	13.0	12.7	12.5	12.2	12.0	11.7	11.5
22.8	14.9	14.6	14.3	14.0	13.7	13.5	13.2	12.9	12.7	12.4	12.2	11.9	11.7
23.0	15.1	14.8	14.5	14.2	14.0	13.7	13.4	13.1	12.9	12.6	12.4	12.1	11.9
23.2	15.4	15.1	14.8	14.5	14.2	13.9	13.6	13.4	13.1	12.8	12.6	12.3	12.1
23.4	15.6	15.3	15.0	14.7	14.4	14.1	13.9	13.6	13.3	13.1	12.8	12.6	12.3
23.6	15.9	15.6	15.3	15.0	14.7	14.4	14.1	13.8	13.5	13.3	13.0	12.8	12.5
23.8	16.2	15.8	15.5	15.2	14.9	14.6	14.3	14.1	13.8	13.5	13.2	13.0	12.7
24.0	16.4	16.1	15.8	15.5	15.2	14.9	14.6	14.3	14.0	13.7	13.5	13.2	12.9
24.2	16.7	16.4	16.0	15.7	15.4	15.1	14.8	14.5	14.2	13.9	13.7	13.4	13.1
24.4	17.0	16.6	16.3	16.0	15.7	15.3	15.0	14.7	14.5	14.2	13.9	13.6	13.3
24.6	17.2	16.9	16.5	16.2	15.9	15.6	15.3	15.0	14.7	14.4	14.1	13.8	13.6
24.8	17.5	17.1	16.8	16.5	16.2	15.8	15.5	15.2	14.9	14.6	14.3	14.1	13.8

续表 B

平均回弹值 R_m	测区混凝土强度换算值 $f^c_{cu,i}$（MPa）												
	平均碳化深度值 d_m（mm）												
	0.0	0.5	1.0	1.5	2.0	2.5	3.0	3.5	4.0	4.5	5.0	5.5	≥6
25.0	17.8	17.4	17.1	16.7	16.4	16.1	15.8	15.5	15.2	14.9	14.6	14.3	14.0
25.2	18.0	17.7	17.3	17.0	16.7	16.3	16.0	15.7	15.4	15.1	14.8	14.5	14.2
25.4	18.3	18.0	17.6	17.3	16.9	16.6	16.3	15.9	15.6	15.3	15.0	14.7	14.4
25.6	18.6	18.2	17.9	17.5	17.2	16.8	16.5	16.2	15.9	15.6	15.2	14.9	14.7
25.8	18.9	18.5	18.2	17.8	17.4	17.1	16.8	16.4	16.1	15.8	15.5	15.2	14.9
26.0	19.2	18.8	18.4	18.1	17.7	17.4	17.0	16.7	16.3	16.0	15.7	15.4	15.1
26.2	19.5	19.1	18.7	18.3	18.0	17.6	17.3	16.9	16.6	16.3	15.9	15.6	15.3
26.4	19.8	19.4	19.0	18.6	18.2	17.9	17.5	17.2	16.8	16.5	16.2	15.9	15.6
26.6	20.0	19.6	19.3	18.9	18.5	18.1	17.8	17.4	17.1	16.8	16.4	16.1	15.8
26.8	20.3	19.9	19.5	19.2	18.8	18.4	18.0	17.7	17.3	17.0	16.7	16.3	16.0
27.0	20.6	20.2	19.8	19.4	19.1	18.7	18.3	17.9	17.6	17.2	16.9	16.6	16.2
27.2	20.9	20.5	20.1	19.7	19.3	18.9	18.6	18.2	17.8	17.5	17.1	16.8	16.5
27.4	21.2	20.8	20.4	20.0	19.6	19.2	18.8	18.5	18.1	17.7	17.4	17.1	16.7
27.6	21.5	21.1	20.7	20.3	19.9	19.5	19.1	18.7	18.4	18.0	17.6	17.3	17.0
27.8	21.8	21.4	21.0	20.6	20.2	19.8	19.4	19.0	18.6	18.3	17.9	17.5	17.2
28.0	22.1	21.7	21.3	20.9	20.4	20.0	19.6	19.3	18.9	18.5	18.1	17.8	17.4
28.2	22.4	22.0	21.6	21.1	20.7	20.3	19.9	19.5	19.1	18.8	18.4	18.0	17.7
28.4	22.8	22.3	21.9	21.4	21.0	20.6	20.2	19.8	19.4	19.0	18.6	18.3	17.9
28.6	23.1	22.6	22.2	21.7	21.3	20.9	20.5	20.1	19.7	19.3	18.9	18.5	18.2
28.8	23.4	22.9	22.5	22.0	21.6	21.2	20.7	20.3	19.9	19.5	19.2	18.8	18.4
29.0	23.7	23.2	22.8	22.3	21.9	21.5	21.0	20.6	20.2	19.8	19.4	19.0	18.7
29.2	24.0	23.5	23.1	22.6	22.2	21.7	21.3	20.9	20.5	20.1	19.7	19.3	18.9
29.4	24.3	23.9	23.4	22.9	22.5	22.0	21.6	21.2	20.8	20.3	19.9	19.5	19.2
29.6	24.7	24.2	23.7	23.2	22.8	22.3	21.9	21.4	21.0	20.6	20.2	19.8	19.4
29.8	25.0	24.5	24.0	23.5	23.1	22.6	22.2	21.7	21.3	20.9	20.5	20.1	19.7
30.0	25.3	24.8	24.3	23.8	23.4	22.9	22.5	22.0	21.6	21.2	20.7	20.3	19.9
30.2	25.6	25.1	24.6	24.2	23.7	23.2	22.8	22.3	21.9	21.4	21.0	20.6	20.2
30.4	26.0	25.5	25.0	24.5	24.0	23.5	23.0	22.6	22.1	21.7	21.3	20.9	20.4
30.6	26.3	25.8	25.3	24.8	24.3	23.8	23.3	22.9	22.4	22.0	21.6	21.1	20.7
30.8	26.6	26.1	25.6	25.1	24.6	24.1	23.6	23.2	22.7	22.3	21.8	21.4	21.0
31.0	27.0	26.4	25.9	25.4	24.9	24.4	23.9	23.5	23.0	22.5	22.1	21.7	21.2
31.2	27.3	26.8	26.2	25.7	25.2	24.7	24.2	23.8	23.3	22.8	22.4	21.9	21.5
31.4	27.7	27.1	26.6	26.0	25.5	25.0	24.5	24.1	23.6	23.1	22.7	22.2	21.8
31.6	28.0	27.4	26.9	26.4	25.9	25.3	24.8	24.4	23.9	23.4	22.9	22.5	22.0
31.8	28.3	27.8	27.2	26.7	26.2	25.7	25.1	24.7	24.2	23.7	23.2	22.8	22.3
32.0	28.7	28.1	27.6	27.0	26.5	26.0	25.5	25.0	24.5	24.0	23.5	23.0	22.6

续表 B

平均回弹值 R_m	测区混凝土强度换算值 $f^c_{cu,i}$（MPa）												
	平均碳化深度值 d_m（mm）												
	0.0	0.5	1.0	1.5	2.0	2.5	3.0	3.5	4.0	4.5	5.0	5.5	≥6
32.2	29.0	28.5	27.9	27.4	26.8	26.3	25.8	25.3	24.8	24.3	23.8	23.3	22.9
32.4	29.4	28.8	28.2	27.7	27.1	26.6	26.1	25.6	25.1	24.6	24.1	23.6	23.1
32.6	29.7	29.2	28.6	28.0	27.5	26.9	26.4	25.9	25.4	24.9	24.4	23.9	23.4
32.8	30.1	29.5	28.9	28.3	27.8	27.2	26.7	26.2	25.7	25.2	24.7	24.2	23.7
33.0	30.4	29.8	29.3	28.7	28.1	27.6	27.0	26.5	26.0	25.5	25.0	24.5	24.0
33.2	30.8	30.2	29.6	29.0	28.4	27.9	27.3	26.8	26.3	25.8	25.2	24.7	24.3
33.4	31.2	30.6	30.0	29.4	28.8	28.2	27.7	27.1	26.6	26.1	25.5	25.0	24.5
33.6	31.5	30.9	30.3	29.7	29.1	28.5	28.0	27.4	26.9	26.4	25.8	25.3	24.8
33.8	31.9	31.3	30.7	30.0	29.5	28.9	28.3	27.7	27.2	26.7	26.1	25.6	25.1
34.0	32.3	31.6	31.0	30.4	29.8	29.2	28.6	28.1	27.5	27.0	26.4	25.9	25.4
34.2	32.6	32.0	31.4	30.7	30.1	29.5	29.0	28.4	27.8	27.3	26.7	26.2	25.7
34.4	33.0	32.4	31.7	31.1	30.5	29.9	29.3	28.7	28.1	27.6	27.0	26.5	26.0
34.6	33.4	32.7	32.1	31.4	30.8	30.2	29.6	29.0	28.5	27.9	27.4	26.8	26.3
34.8	33.8	33.1	32.4	31.8	31.2	30.6	30.0	29.4	28.8	28.2	27.7	27.1	26.6
35.0	34.1	33.5	32.8	32.2	31.5	30.9	30.3	29.7	29.1	28.5	28.0	27.4	26.9
35.2	34.5	33.8	33.2	32.5	31.9	31.2	30.6	30.0	29.4	28.8	28.3	27.7	27.2
35.4	34.9	34.2	33.5	32.9	32.2	31.6	31.0	30.4	29.8	29.2	28.6	28.0	27.5
35.6	35.3	34.6	33.9	33.2	32.6	31.9	31.3	30.7	30.1	29.5	28.9	28.3	27.8
35.8	35.7	35.0	34.3	33.6	32.9	32.3	31.6	31.0	30.4	29.8	29.2	28.6	28.1
36.0	36.0	35.3	34.6	34.0	33.3	32.6	32.0	31.4	30.7	30.1	29.5	29.0	28.4
36.2	36.4	35.7	35.0	34.3	33.6	33.0	32.3	31.7	31.1	30.5	29.9	29.3	28.7
36.4	36.8	36.1	35.4	34.7	34.0	33.3	32.7	32.0	31.4	30.8	30.2	29.6	29.0
36.6	37.2	36.5	35.8	35.1	34.4	33.7	33.0	32.4	31.7	31.1	30.5	29.9	29.3
36.8	37.6	36.9	36.2	35.4	34.7	34.1	33.4	32.7	32.1	31.4	30.8	30.2	29.6
37.0	38.0	37.3	36.5	35.8	35.1	34.4	33.7	33.1	32.4	31.8	31.2	30.5	29.9
37.2	38.4	37.7	36.9	36.2	35.5	34.8	34.1	33.4	32.8	32.1	31.5	30.9	30.2
37.4	38.8	38.1	37.3	36.6	35.8	35.1	34.4	33.8	33.1	32.4	31.8	31.2	30.6
37.6	39.2	38.4	37.7	36.9	36.2	35.5	34.8	34.1	33.4	32.8	32.1	31.5	30.9
37.8	39.6	38.8	38.1	37.3	36.6	35.9	35.2	34.5	33.8	33.1	32.5	31.8	31.2
38.0	40.0	39.2	38.5	37.7	37.0	36.2	35.5	34.8	34.1	33.5	32.8	32.2	31.5
38.2	40.4	39.6	38.9	38.1	37.3	36.6	35.9	35.2	34.5	33.8	33.1	32.5	31.8
38.4	40.9	40.1	39.3	38.5	37.7	37.0	36.3	35.5	34.8	34.2	33.5	32.8	32.2
38.6	41.3	40.5	39.7	38.9	38.1	37.4	36.6	35.9	35.2	34.5	33.8	33.2	32.5
38.8	41.7	40.9	40.1	39.3	38.5	37.7	37.0	36.3	35.5	34.8	34.2	33.5	32.8
39.0	42.1	41.3	40.5	39.7	38.9	38.1	37.4	36.6	35.9	35.2	34.5	33.8	33.2
39.2	42.5	41.7	40.9	40.1	39.3	38.5	37.7	37.0	36.3	35.5	34.8	34.2	33.5

续表B

平均回弹值 R_m	测区混凝土强度换算值 $f^c_{cu,i}$（MPa）												
	平均碳化深度值 d_m（mm）												
	0.0	0.5	1.0	1.5	2.0	2.5	3.0	3.5	4.0	4.5	5.0	5.5	≥6
39.4	42.9	42.1	41.3	40.5	39.7	38.9	38.1	37.4	36.6	35.9	35.2	34.5	33.8
39.6	43.4	42.5	41.7	40.9	40.0	39.3	38.5	37.7	37.0	36.3	35.5	34.8	34.2
39.8	43.8	42.9	42.1	41.3	40.4	39.6	38.9	38.1	37.3	36.6	35.9	35.2	34.5
40.0	44.2	43.4	42.5	41.7	40.8	40.0	39.2	38.5	37.7	37.0	36.2	35.5	34.8
40.2	44.7	43.8	42.9	42.1	41.2	40.4	39.6	38.8	38.1	37.3	36.6	35.9	35.2
40.4	45.1	44.2	43.3	42.5	41.6	40.8	40.0	39.2	38.4	37.7	36.9	36.2	35.5
40.6	45.5	44.6	43.7	42.9	42.0	41.2	40.4	39.6	38.8	38.1	37.3	36.6	35.8
40.8	46.0	45.1	44.2	43.3	42.4	41.6	40.8	40.0	39.2	38.4	37.7	36.9	36.2
41.0	46.4	45.5	44.6	43.7	42.8	42.0	41.2	40.4	39.6	38.8	38.0	37.3	36.5
41.2	46.8	45.9	45.0	44.1	43.2	42.4	41.6	40.7	39.9	39.1	38.4	37.6	36.9
41.4	47.3	46.3	45.4	44.5	43.7	42.8	42.0	41.1	40.3	39.5	38.7	38.0	37.2
41.6	47.7	46.8	45.9	45.0	44.1	43.2	42.3	41.5	40.7	39.9	39.1	38.3	37.6
41.8	48.2	47.2	46.3	45.4	44.5	43.6	42.7	41.9	41.1	40.3	39.5	38.7	37.9
42.0	48.6	47.7	46.7	45.8	44.9	44.0	43.1	42.3	41.5	40.6	39.8	39.1	38.3
42.2	49.1	48.1	47.1	46.2	45.3	44.4	43.5	42.7	41.8	41.0	40.2	39.4	38.6
42.4	49.5	48.5	47.6	46.6	45.7	44.8	43.9	43.1	42.2	41.4	40.6	39.8	39.0
42.6	50.0	49.0	48.0	47.1	46.1	45.2	44.3	43.5	42.6	41.8	40.9	40.1	39.3
42.8	50.4	49.4	48.5	47.5	46.6	45.6	44.7	43.9	43.0	42.2	41.3	40.5	39.7
43.0	50.9	49.9	48.9	47.9	47.0	46.1	45.2	44.3	43.4	42.5	41.7	40.9	40.1
43.2	51.3	50.3	49.3	48.4	47.4	46.5	45.6	44.7	43.8	42.9	42.1	41.2	40.4
43.4	51.8	50.8	49.8	48.8	47.8	46.9	46.0	45.1	44.2	43.3	42.5	41.6	40.8
43.6	52.3	51.2	50.2	49.2	48.3	47.3	46.4	45.5	44.6	43.7	42.8	42.0	41.2
43.8	52.7	51.7	50.7	49.7	48.7	47.7	46.8	45.9	45.0	44.1	43.2	42.4	41.5
44.0	53.2	52.2	51.1	50.1	49.1	48.2	47.2	46.3	45.4	44.5	43.6	42.7	41.9
44.2	53.7	52.6	51.6	50.6	49.6	48.6	47.6	46.7	45.8	44.9	44.0	43.1	42.3
44.4	54.1	53.1	52.0	51.0	50.0	49.0	48.0	47.1	46.2	45.3	44.4	43.5	42.6
44.6	54.6	53.5	52.5	51.5	50.4	49.4	48.5	47.5	46.6	45.7	44.8	43.9	43.0
44.8	55.1	54.0	52.9	51.9	50.9	49.9	48.9	47.9	47.0	46.1	45.1	44.3	43.4
45.0	55.6	54.5	53.4	52.4	51.3	50.3	49.3	48.3	47.4	46.5	45.5	44.6	43.8
45.2	56.1	55.0	53.9	52.8	51.8	50.7	49.7	48.8	47.8	46.9	45.9	45.0	44.1
45.4	56.5	55.4	54.3	53.3	52.2	51.2	50.2	49.2	48.2	47.3	46.3	45.4	44.5
45.6	57.0	55.9	54.8	53.7	52.7	51.6	50.6	49.6	48.6	47.7	46.7	45.8	44.9
45.8	57.5	56.4	55.3	54.2	53.1	52.1	51.0	50.0	49.0	48.1	47.1	46.2	45.3
46.0	58.0	56.9	55.7	54.6	53.6	52.5	51.5	50.5	49.5	48.5	47.5	46.6	45.7
46.2	58.5	57.3	56.2	55.1	54.0	52.9	51.9	50.9	49.9	48.9	47.9	47.0	46.1
46.4	59.0	57.8	56.7	55.6	54.5	53.4	52.3	51.3	50.3	49.3	48.3	47.4	46.4

续表 B

平均回弹值 R_m	测区混凝土强度换算值 $f^c_{cu,i}$（MPa）												
	平均碳化深度值 d_m（mm）												
	0.0	0.5	1.0	1.5	2.0	2.5	3.0	3.5	4.0	4.5	5.0	5.5	≥6
46.6	59.5	58.3	57.2	56.0	54.9	53.8	52.8	51.7	50.7	49.7	48.7	47.8	46.8
46.8	60.0	58.8	57.6	56.5	55.4	54.3	53.2	52.2	51.1	50.1	49.1	48.2	47.2
47.0	—	59.3	58.1	57.0	55.8	54.7	53.7	52.6	51.6	50.5	49.5	48.6	47.6
47.2	—	59.8	58.6	57.4	56.3	55.2	54.1	53.0	52.0	51.0	50.0	49.0	48.0
47.4	—	60.0	59.1	57.9	56.8	55.6	54.5	53.5	52.4	51.4	50.4	49.4	48.4
47.6	—	—	59.6	58.4	57.2	56.1	55.0	53.9	52.8	51.8	50.8	49.8	48.8
47.8	—	—	60.0	58.9	57.7	56.6	55.4	54.4	53.3	52.2	51.2	50.2	49.2
48.0	—	—	—	59.3	58.2	57.0	55.9	54.8	53.7	52.7	51.6	50.6	49.6
48.2	—	—	—	59.8	58.6	57.5	56.3	55.2	54.1	53.1	52.0	51.0	50.0
48.4	—	—	—	60.0	59.1	57.9	56.8	55.7	54.6	53.5	52.5	51.4	50.4
48.6	—	—	—	—	59.6	58.4	57.3	56.1	55.0	53.9	52.9	51.8	50.8
48.8	—	—	—	—	60.0	58.9	57.7	56.6	55.5	54.4	53.3	52.2	51.2
49.0	—	—	—	—	—	59.3	58.2	57.0	55.9	54.8	53.7	52.7	51.6
49.2	—	—	—	—	—	59.8	58.6	57.5	56.3	55.2	54.1	53.1	52.0
49.4	—	—	—	—	—	60.0	59.1	57.9	56.8	55.7	54.6	53.5	52.4
49.6	—	—	—	—	—	—	59.6	58.4	57.2	56.1	55.0	53.9	52.9
49.8	—	—	—	—	—	—	60.0	58.8	57.7	56.6	55.4	54.3	53.3
50.0	—	—	—	—	—	—	—	59.3	58.1	57.0	55.9	54.8	53.7
50.2	—	—	—	—	—	—	—	59.8	58.6	57.4	56.3	55.2	54.1
50.4	—	—	—	—	—	—	—	60.0	59.0	57.9	56.7	55.6	54.5
50.6	—	—	—	—	—	—	—	—	59.5	58.3	57.2	56.0	54.9
50.8	—	—	—	—	—	—	—	—	60.0	58.8	57.6	56.5	55.4
51.0	—	—	—	—	—	—	—	—	—	59.2	58.1	56.9	55.8
51.2	—	—	—	—	—	—	—	—	—	59.7	58.5	57.3	56.2
51.4	—	—	—	—	—	—	—	—	—	60.0	58.9	57.8	56.6
51.6	—	—	—	—	—	—	—	—	—	—	59.4	58.2	57.1
51.8	—	—	—	—	—	—	—	—	—	—	59.8	58.7	57.5
52.0	—	—	—	—	—	—	—	—	—	—	60.0	59.1	57.9
52.2	—	—	—	—	—	—	—	—	—	—	—	59.5	58.4
52.4	—	—	—	—	—	—	—	—	—	—	—	60.0	58.8
52.6	—	—	—	—	—	—	—	—	—	—	—	—	59.2
52.8	—	—	—	—	—	—	—	—	—	—	—	—	59.7

注：表中未注明的测区混凝土强度换算值为小于 10MPa 或大于 60MPa；

表中数值是根据曲线方程 $f=0.034488R^{1.9400}10^{(-0.0173d_m)}$ 计算。

附录C 非水平方向检测时的回弹值修正值

表C 非水平方向检测时的回弹值修正值

$R_{m\alpha}$	检测角度							
	向上				向下			
	90°	60°	45°	30°	−30°	−45°	−60°	−90°
20	−6.0	−5.0	−4.0	−3.0	+2.5	+3.0	+3.5	+4.0
21	−5.9	−4.9	−4.0	−3.0	+2.5	+3.0	+3.5	+4.0
22	−5.8	−4.8	−3.9	−2.9	+2.4	+2.9	+3.4	+3.9
23	−5.7	−4.7	−3.9	−2.9	+2.4	+2.9	+3.4	+3.9
24	−5.6	−4.6	−3.8	−2.8	+2.3	+2.8	+3.3	+3.8
25	−5.5	−4.5	−3.8	−2.8	+2.3	+2.8	+3.3	+3.8
26	−5.4	−4.4	−3.7	−2.7	+2.2	+2.7	+3.2	+3.7
27	−5.3	−4.3	−3.7	−2.7	+2.2	+2.7	+3.2	+3.7
28	−5.2	−4.2	−3.6	−2.6	+2.1	+2.6	+3.1	+3.6
29	−5.1	−4.1	−3.6	−2.6	+2.1	+2.6	+3.1	+3.6
30	−5.0	−4.0	−3.5	−2.5	+2.0	+2.5	+3.0	+3.5
31	−4.9	−4.0	−3.5	−2.5	+2.0	+2.5	+3.0	+3.5
32	−4.8	−3.9	−3.4	−2.4	+1.9	+2.4	+2.9	+3.4
33	−4.7	−3.9	−3.4	−2.4	+1.9	+2.4	+2.9	+3.4
34	−4.6	−3.8	−3.3	−2.3	+1.8	+2.3	+2.8	+3.3
35	−4.5	−3.8	−3.3	−2.3	+1.8	+2.3	+2.8	+3.3
36	−4.4	−3.7	−3.2	−2.2	+1.7	+2.2	+2.7	+3.2
37	−4.3	−3.7	−3.2	−2.2	+1.7	+2.2	+2.7	+3.2
38	−4.2	−3.6	−3.1	−2.1	+1.6	+2.1	+2.6	+3.1
39	−4.1	−3.6	−3.1	−2.1	+1.6	+2.1	+2.6	+3.1
40	−4.0	−3.5	−3.0	−2.0	+1.5	+2.0	+2.5	+3.0
41	−4.0	−3.5	−3.0	−2.0	+1.5	+2.0	+2.5	+3.0
42	−3.9	−3.4	−2.9	−1.9	+1.4	+1.9	+2.4	+2.9
43	−3.9	−3.4	−2.9	−1.9	+1.4	+1.9	+2.4	+2.9
44	−3.8	−3.3	−2.8	−1.8	+1.3	+1.8	+2.3	+2.8
45	−3.8	−3.3	−2.8	−1.8	+1.3	+1.8	+2.3	+2.8
46	−3.7	−3.2	−2.7	−1.7	+1.2	+1.7	+2.2	+2.7
47	−3.7	−3.2	−2.7	−1.7	+1.2	+1.7	+2.2	+2.7
48	−3.6	−3.1	−2.6	−1.6	+1.1	+1.6	+2.1	+2.6
49	−3.6	−3.1	−2.6	−1.6	+1.1	+1.6	+2.1	+2.6
50	−3.5	−3.0	−2.5	−1.5	+1.0	+1.5	+2.0	+2.5

注：1 $R_{m\alpha}$ 小于20或大于50时，分别按20或50查表；

2 表中未列入的相应于 $R_{m\alpha}$ 的修正值 $R_{m\alpha}$ ，可用内插法求得，精确至0.1。

附录D 不同浇筑面的回弹值修正值

表D 不同浇筑面的回弹值修正值

R_m^t 或 R_m^b	表面修正值（R_a^t）	底面修正值（R_a^b）	R_m^t 或 R_m^b	表面修正值（R_a^t）	底面修正值（R_a^b）
20	+2.5	−3.0	36	+0.9	−1.4
21	+2.4	−2.9	37	+0.8	−1.3
22	+2.3	−2.8	38	+0.7	−1.2
23	+2.2	−2.7	39	+0.6	−1.1
24	+2.1	−2.6	40	+0.5	−1.0
25	+2.0	−2.5	41	+0.4	−0.9
26	+1.9	−2.4	42	+0.3	−0.8
27	+1.8	−2.3	43	+0.2	−0.7
28	+1.7	−2.2	44	+0.1	−0.6
29	+1.6	−2.1	45	0	−0.5
30	+1.5	−2.0	46	0	−0.4
31	+1.4	−1.9	47	0	−0.3
32	+1.3	−1.8	48	0	−0.2
33	+1.2	−1.7	49	0	−0.1
34	+1.1	−1.6	50	0	0
35	+1.0	−1.5			

注：1 R_m^t 或 R_m^b 小于 20 或大于 50 时，分别按 20 或 50 查表；

2 表中有关混凝土浇筑表面的修正系数，是指一般原浆抹面的修正值；

3 表中有关混凝土浇筑底面的修正系数，是指构件底面与侧面采用同一类模板在正常浇筑情况下的修正值；

4 表中未列入相应于 R_m^t 或 R_m^b 的 R_a^t 和 R_a^b，可用内插法求得，精确至 0.1。

附录E 地区和专用测强曲线的制定方法

E.0.1 制定地区和专用测强曲线的试块应与欲测构件在原材料（含品种、规格）、成型工艺、养护方法等方面条件相同。

E.0.2 试块的制作、养护应符合下列规定：

1 应按最佳配合比设计 5 个强度等级，且每一强度等级不同龄期应分别制作不少于 6 个 150mm 立方体试块；

2 在成型 24h 后，应将试块移至与被测构件相同条件下养护，试块拆模日期宜与构件的拆模日期相同。

E.0.3 试块的测试应按下列步骤进行：

1 擦净试块表面，以浇筑侧面的两个相对面置于压力机的上下承压板之间，加压(60～100)kN（低强度试件取低值)；

2 在试块保持压力下，采用符合本规程第 3.1.3 条规定的标准状态的回弹仪和本规程第 4.2.1 条规定的操作方法，在试块的两个侧面上分别弹击 8 个点；

3 从每一试块的 16 个回弹值中分别剔除 3 个最大值和 3 个最小值，以余下的 10 个回弹值的平均值(计算精确至 0.1）作为该试块的平均回弹值 R_m；

4 将试块加荷直至破坏，计算试块的抗压强度值 f_{cu} (MPa)，精确至 0.1MPa；

5 按本规程第 4.3 节的规定在破坏后的试块边缘测量该试块的平均碳化深度值。

E.0.4 地区和专用测强曲线的计算应符合下列规定：

1 地区和专用测强曲线的回归方程式，应按每一试件测得的 R_m、d_m 和 f_{cu}，采用最小二乘法原理计算；

2 回归方程宜采用以下函数关系式：

$$f_{cu}^c = aR_m^b \cdot 10^{cd_m} \qquad (E.0.4\text{-}1)$$

3 用下式计算回归方程式的强度平均相对误差 δ 和强度相对标准差 e_r，且当 δ 和 e_r 均符合本规程第 6.3.1 条规定时，可报请上级主管部门审批：

$$\delta = \pm\frac{1}{n}\sum_{i=1}^{n}\left|\frac{f_{cu,i}^c}{f_{cu,i}}-1\right| \times 100 \qquad (E.0.4\text{-}2)$$

$$e_r = \sqrt{\frac{1}{n-1}\sum_{i=1}^{n}\left(\frac{f_{cu,i}^c}{f_{cu,i}}-1\right)^2} \times 100 \qquad (E.0.4\text{-}3)$$

式中：δ——回归方程式的强度平均相对误差（%），精确至 0.1；

e_r——回归方程式的强度相对标准差（%），精确至 0.1；

$f_{cu,i}$——由第 i 个试块抗压试验得出的混凝土抗压强度值（MPa），精确至 0.1MPa；

$f_{cu,i}^{c}$——由同一试块的平均回弹值R_m及平均碳化深度值d_m按回归方程式算出的混凝土的强度换算值（MPa），精确至0.1MPa；

n——制定回归方程式的试件数。

附录F 回弹法检测混凝土抗压强度报告

表F 回弹法检测混凝土抗压强度报告

编号（ ）第____号第____页 共____页

委托单位________ 施工单位________

工程名称________ 混凝土类型________

强度等级________ 浇筑日期________

检测原因________ 检测依据________

环境温度________ 检测日期________

回弹仪型号________ 回弹仪检定证号________

检测结果

构件		测区混凝土抗压强度换算值（MPa）			构件现龄期混凝土强度推定值（MPa）	备注
名称	编号	平均值	标准差	最小值		

（有需要说明的问题或表格不够请续页）

批准：________审核：________

主检________上岗证书号________主检________上岗证号书________

报告日期________年________月________日

本规程用词说明

1 为便于在执行本规程条文时区别对待，对于要求严格程度不同的用词说明如下：

1）表示很严格，非这样做不可的：
正面词采用“必须”；反面词采用“严禁”；

2）表示严格，在正常情况下均应这样做的：
正面词采用“应”；反面词采用“不应”或“不得”；

3）表示允许稍有选择，在条件许可时首先应这样做的：
正面词采用“宜”；反面词采用“不宜”；

4）表示有选择，在一定条件下可以这样做的，采用“可”。

2 条文中指明应按其他有关标准执行的写法为：“应按……执行”或“应符合……规定”。

引用标准名录

1 《回弹仪》GB/T 9138

2 《回弹仪》JJG 817

中华人民共和国行业标准

回弹法检测混凝土抗压强度技术规程

JGJ/T 23—2011

条 文 说 明

修 订 说 明

《回弹法检测混凝土抗压强度技术规程》JGJ/T 23－2011，经住房和城乡建设部 2011 年 5 月 3 日以第 1000 号公告批准、发布。

本规程是在《回弹法检测混凝土抗压强度技术规程》JGJ/T 23－2001 的基础上修订而成。本规程第一版于 1985 年颁布实施，主编单位是陕西省建筑科学研究院，参编单位是中国建筑科学研究院、浙江省建筑科学研究院、四川省建筑科学研究院、贵州中建建筑科学研究院、重庆市建建筑科学研究院、天津建筑仪器试验机公司。

本规程经过 1992 年和 2001 年两次修订，本次为第三次修订。

为便于广大设计、生产、施工、科研、学校等单位有关人员在使用本规程时能正确理解和执行条文规定，本规程编制组按章、节、条顺序编制了本规程的条文说明，供使用者参考。但是，本条文说明不具备与规程正文同等的法律效力，仅供使用者作为理解和把握规程规定的参考。

目　次

1 总 则

1.0.1 统一回弹仪检测方法，保证检测精度是本规程制定的目的。回弹法在我国已使用了几十年，应用非常广泛，为了保证检测的准确性和可靠性，就必须统一检测方法。

1.0.2 本条所指的普通混凝土系主要由水泥、砂、石、外加剂、掺合料和水配制的密度为 $2000kg/m^3$～$2800kg/m^3$ 的混凝土。

1.0.3 由于本规程规定的方法是处理混凝土质量问题的依据，若不进行统一培训，则会对同一构件混凝土强度的推定结果存在着因人而异的混乱现象，因此本条规定，凡从事本项检测的人员应经过培训并持有相应的资格证书。

1.0.4 凡本规程涉及的其他有关方面，例如钻芯取样，高空、深坑作业时的安全技术和劳动保护等，均应遵守相应的标准和规范。

3 回 弹 仪

3.1 技 术 要 求

3.1.1 随着光电子技术在回弹仪上的应用，国内数字式回弹仪的技术水平有了很大的提高，技术上已经成熟，我国一些回弹仪企业生产的数字回弹仪性能已相当稳定。为了推广和应用先进技术，提高工作效率，减少人为产生的读数、记录、计算等过程出现差错，因此，本条规定可使用数字式回弹仪也可使用传统指针直读式回弹仪。

3.1.2 由于回弹仪为计量仪器，因此在回弹仪明显的位置上要标明名称、型号、制造厂名、生产编号及生产日期。

3.1.3 回弹仪的质量及测试性能直接影响混凝土强度推定结果的准确性。根据多年对回弹仪的测试性能试验研究，编制组认为：回弹仪的标准状态是统一仪器性能的基础，是使回弹法广泛应用于现场的关键所在；只有采用质量统一，性能一致的回弹仪，才能保证测试结果的可靠性，并能在同一水平上进行比较。在此基础上，提出了下列回弹仪标准状态的各项具体指标：

1 水平弹击时，对于中型回弹仪弹击锤脱钩的瞬间，回弹仪的标准能量 E，即中型回弹仪弹击拉簧恢复原始状态所作的功为：

$$E=\frac{1}{2}KL^2=\frac{1}{2}\times784.532\times0.075^2=2.207\text{J} \tag{3-1}$$

式中：K——弹击拉簧的刚度系数（N/m）；

L——弹击拉簧工作时拉伸长度（m）。

2 弹击锤与弹击杆碰撞瞬间，弹击拉簧应处于自由状态，此时弹击锤起跳点应相应于刻度尺上的“0”处，同时弹击锤应在相应于刻度尺上的“100”处脱钩，也即在“0”处起跳。

试验表明，当弹击拉簧的工作长度、拉伸长度及弹击锤的起跳点不符合以上规定的要求，即不符合回弹仪工作的标准状态时，则各仪器在同一试块上测得的回弹值的极差高达 7.82 分度值，调为标准状态后，极差为 1.72 分度值。

3 检验回弹仪的率定值是否符合 80±2 的作用是：检验回弹仪的标称能量是否为 2.207J；回弹仪的测试性能是否稳定；机芯的滑动部分是否有污垢等。

当钢砧率定值达不到规定值时，不允许用混凝土试块上的回弹值予以修正，更不允许旋转调零螺丝人为地使其达到率定值。试验表明上述方法不符合回弹仪测试性能，破坏了零点起跳亦即使回弹仪处于非标准状态。此时，可按本规程第 3.3 节要求进行常规保养，若保养后仍不合格，可送检定单位检定。

4 现有绝大多数数字式回弹仪都是在传统机械构造和标准技术参数的基础上实现回弹值的数字化采样的，即现有数字式回弹仪所得到的回弹值采样系统都是把回弹仪的指针示值实现数字化采样。也只有这种形式的数字回弹仪才符合现行回弹法技术规程的使用要求。

市场上少数劣质数字回弹仪采样系统所采用的技术手段落后、器件质量耐久性差，工作不久就经常出现采样数据与实际指针回弹值发生偏差的故障。如早期机械接触式数显回弹仪，由于采样系统的电阻片耐久性差，容易发生低值区严重磨损出现率定值（采样高值区）正确而实际检测值（采样低值区）严重失真的情况。

保留人工直读示值系统能使数字回弹仪的操作者在实际检测过程中随时核对数字回弹仪所显示的采样值是否与指针示值相同，及时发现仪器采样系统的故障。

如数字回弹仪不保留人工直读示值系统，检测单位或操作人员将难以及时发现和判断数字回弹仪采样系统的故障，极易造成检测结果错误，严重时将影响被测建筑物的安全性判断。

因此，规定数字式回弹仪应带有指针直读系统，这是保证数字式回弹仪的数字显示与指针显示一致性的基本要求。

3.1.4 环境温度异常时，对回弹仪的性能有影响，故规定了其使用时的环境温度。

3.2 检 定

3.2.1 本条指出，检定混凝土回弹仪的单位应由主管部门授权，并按照国家计量检定规程《回弹仪》JJG 817（新修订的计量检定规程将原《混凝土回弹仪》更名为《回弹仪》）进行。开展检定工作要备有回弹仪检定器、拉簧刚度测量仪等设备。目前有的地区或部门不具备检定回弹仪的资格及条件，甚至不懂得回弹仪的标准状态，进行调整调零螺丝以使其钢砧率定值达到80±2的错误做法；有的没有检定设备也开展检定工作，以至于影响了回弹法的正确推广应用。因此，有必要强调检定单位的资格和统一检定回弹仪的方法。

目前，回弹仪生产不能完全保证每台新回弹仪均为标准状态，因此新回弹仪在使用前必须检定。回弹仪检定期限为半年，这样规定比较符合我国目前使用回弹仪的情况。原规程规定的6000次，是参照国内外有关试验资料而定的。一般情况下，如不超过这一界限，正常质量的弹击拉簧不会产生显著的塑性变形而影响其工作性能。但是，6000次如何具体定量，相对较困难，所以这次予以删除，用半年期限和其他参数控制。

3.2.2 本条给出了回弹仪的率定方法。

3.2.3 钢砧的钢芯硬度和表面状态会随着弹击次数的增加而变化，故规定钢砧应每两年校验一次。

3.3 保 养

3.3.1 本条主要规定了回弹仪常规保养的要求。

3.3.2 本条给出了回弹仪常规保养的步骤。进行常规保养时，必须先使弹击锤脱钩后再取出机芯，否则会使弹击杆突然伸出造成伤害。取机芯时要将指针轴向上轻轻抽出，以免造成指针片折断。此外，各零部件清洗完后，不能在指针轴上抹油，否则，使用中由于指针轴的油污垢，将使指针摩擦力变化，直接影响检测结果。数字式回弹仪结构和原理较复杂，其厂商已提供了使用和维护手册，应按该手册的要求进行维护和保养。

3.3.3 回弹仪每次使用完毕后，应及时清除表面污垢。不用时，应将弹击杆压入仪器内，必须经弹击后方可按下按钮锁住机芯，如果未经弹击而锁住机芯，将使弹击拉簧在不工作时仍处于受拉状态，极易因疲劳而损坏。存放时回弹仪应平放在干燥阴凉处，如存放地点潮湿将会使仪器锈蚀。

4 检 测 技 术

4.1 一 般 规 定

4.1.1 本条列举的1～6项资料，是为了对被检测的构件有全面、系统的了解。此外，必须了解水泥的安定性。如水泥安定性不合格则不能检测，如不能确切提供水泥安定性合格与否则应在检测报告上说明，以免产生由于后期混凝土强度因水泥安定性不合格而降低或丧失所引起的事故责任不清的问题。另外，也应了解清楚混凝土成型日期，这样可以推算出检测时构件混凝土的龄期。

4.1.2 本条是为了保证在使用中及时发现和纠正回弹仪的非标准状态。

4.1.3 由于回弹法测试具有快速、简便的特点，能在短期内进行较多数量的检测，以取得代表性较高的总体混凝土强度数据，故规定：按批进行检测的构件，抽检数量不得少于同批构件总数的30%且构件数量不得少于10个。当检验批构件数量过多时，抽检构件数量可按照《建筑结构检测技术标准》GB/T 50344进行适当调整。

此外，抽取试样应严格遵守“随机”的原则，并宜由建设单位、监理单位、施工单位会同检测单位共同商定抽样的范围、数量和方法。

4.1.4 某一方向尺寸不大于4.5m且另一方向尺寸不大于0.3m时，作为是否需要10个测区数的界线。另外，当受检构件数量较多且混凝土质量较均匀时，如果还按10个测区，检测工作量太大，可以适当减少测区数量，但不得少于5个测区。

检测构件布置测区时，相邻两测区的间距及测区离构件端部或施工缝的距离应遵守本条规定。布置测区时，宜选在构件两个对称的可测面上。当可测面的对称面无法检测时，也可在一个检测面上布置测区。

检测面应为混凝土原浆面，已经粉刷的构件应将粉刷层清除干净，不可将粉刷层当作混凝土原浆面进行检测。如果养护不当，混凝土表面会产生疏松层，尤其在气候干燥地区更应注意，应将疏松层清除后方可检测，否则会造成误判。

对于薄壁小型构件，如果约束力不够，回弹时产生颤动，会造成回弹能量损失，使检测结果偏低。因此必须加以可靠支撑，使之有足够的约束力时方可检测。

4.1.5 在记录纸上描述测区在构件上的位置和外观质量（例如有无裂缝），目的是以备推定和分析处理构件混凝土强度时参考。

4.1.6 当检测条件与测强曲线的适用条件有较大差异时，例如龄期、成型工艺、养护条件等有差异时，可以采用钻取混凝土芯样或同条件试块进行修正，修正时试件数量应不少于6个。芯样数量太少代表性不够，且离散较大。如果数量过大，则钻取芯工作量太大，有些构件又不宜取过多芯样，否则影响其结构安全性，因此，规定芯样数量不少于6个。考虑到芯样强度计算时，不同的规格修正会带来新的误差，因此规定芯样的直径宜为100mm，高径比为1。另外，需要指出的是，此处每一个钻取芯样的部位均应在回弹测区内，先测定测区回弹值、碳化深度值，然后再钻取芯样。不可以将较长芯样沿长度方向截取为几个芯样试件来计算修正值。芯样的钻取、加工、计算可参照中国工程建设标准化协会标准《钻芯法检测混凝土强度技术规程》CECS 03的规定执行。同样，同条件试块修正时，试块数量不少于6个，试块边长应为150mm，避免试块尺寸不同进行换算时带来二次误差。

为了更精确、合理的对测区混凝土强度进行修正，修订编制组经过反复讨论，推荐采用修正量方法对测区混凝土强度进行修正。具体理由如下：

1 国家标准《建筑结构检测技术标准》GB/T 50344－2004的第4.3.3条文为“采用钻芯修正法时，宜选用总体修正量的方法。”中国工程建设标准化协会标准《钻芯法检测混凝土强度技术规程》CECS 03：2007的第3.3.1条文为“对间接测强方法进行钻芯修正时，宜采用修正量的方法”。

2 经过数学公式的推定及查阅国内相关的技术文章，得出统一结论：修正量方法对测区强度进行修正后，只修正混凝土测区强度值，不会改变同一构件或同批构件的标准差。

3 根据CECS 03：2007的条文解释，修正量的概念与现行国家标准《数据的统计处理和解释　在成对观测值情形下两个均值的比较》GB/T 3361的概念相符；欧洲标准《Assessment of in-suit compressive strength in structures and precast concrete components》BS EN 13791：2007也采取修正量的方法。

4.2 回弹值测量

4.2.1 检测时，应注意回弹仪的轴线应始终垂直于混凝土检测面，并且缓慢施压不能冲击，否则回弹值读数不准确。

4.2.2 本条规定每一测区记取16点回弹值，它不包含弹击隐藏在薄薄一层水泥浆下的气孔或石子上的数值，这两种数值与该测区的正常回弹值偏差很大，很好判断。同一测点只允许弹击一次，若重复弹击则后者回弹值高于前者，这是因为经弹击后该局部位置较密实，再弹击时吸收的能量较小从而使回弹值偏高。

4.3 碳化深度值测量

4.3.1 本规程附录A中测区混凝土强度换算值由回弹值及碳化深度值两个因素确定，因此需要具体确定每一个测区的碳化深度值。当出现测区间碳化深度值极差大于2.0mm情况时，可能预示该构件混凝土强度不均匀，因此要求每一测区应分别测量碳化深度值。

4.3.2 由于现在所用水泥掺合料品种繁多，有些水泥水化后不能立即呈现碳化与未碳化的界线，需等待一段时间显现。因此本条规定了量测碳化深度时，需待碳化与未碳化界线清楚时再进行量测的内容。与回弹值一样，碳化深度值的测量准确与否，直接影响推定混凝土强度的准确性，因此在测量碳化深度值时应为垂直距离，并非孔洞中显现的非垂直距离。测量碳化深度值时应采用专用碳化深度测量仪，每个点测量3次，每次测量碳化深度可以精确到0.25mm，3次测量结果取平均值，精确到0.5mm。当测区的碳化深度的极差大于2.0mm时，可能预示着该构件的混凝土强度不均匀，因此要求每一个测区均需要测量碳化深度值。征求意见稿中有些专家提出“用2%的酚酞酒精溶液来显示碳化深度，效果较好”，经编制组的多次试验，1%的酚酞酒精溶液和2%的酚酞酒精溶液差别不大，因此将原来规定的1%的酒精酚酞溶液改为1%～2%的酚酞酒精溶液。对于因养护不当及酸性隔离剂等因素引起的异常碳化，可用其他方法对检测结果进行修正。

4.4 泵送混凝土的检测

4.4.1 泵送混凝土的流动性大，其浇筑面的表面和底面性能相差较大，由于缺乏足够的具有说服力的实验数据，故规定测区应选在混凝土浇筑侧面。

5 回弹值计算

5.0.1 本条规定的测区平均回弹值计算方法和建立测强曲线时的取舍方法一致，不会引进新的误差。

5.0.2、5.0.3 由于现场检测条件的限制，有时不能满足水平方向检测混凝土浇筑侧面的要求，需按照规定修正。本规程附录C及附录D系参考国外有关标准和国内试验资料而制定的。

5.0.4 当检测时回弹仪为非水平方向且测试面为非混凝土的浇筑侧面时，应先按本规程附录C对回弹值进行角度修正，然后用上述按角度修正后的回弹值查本规程附录D再行修正，两次修正后的值可理解为水平方向检测混凝土浇筑侧面的回弹值。这种先后修正的顺序不能颠倒，更不允许分别修正后的值直接与原始回弹值相加减。

6 测强曲线

6.1 一般规定

6.1.1 我国地域辽阔，气候差别很大，混凝土材料种类繁多，工程分散，施工和管理水平参差不齐。在全国工程中使用回弹法检测混凝土强度，除应统一仪器标准，统一测试技术，统一数据处理，统一强度推定方法外，还应尽力提高检测曲线的精度，发挥各地区的技术作用。各地区使用统一测强曲线外，也可以根据各地的气候和原材料特点，因地制宜地制定和采用专用测强曲线和地区测强曲线。

6.1.2 对于有条件的地区如能建立本地区的测强区线或专用测强曲线，则可以提高该地区的检测精度。地区和专用测强曲线须经地方建设行政主管部门组织的审查和批准，方能实施。各地可以根据专用测强曲线、地区测强曲线、统一测强曲线的次序选用。

6.2 统一测强曲线

6.2.1 统一测强曲线经过了20多年的使用，对于非泵送混凝土效果良好，这次修订时予以保留。本条给出了全国统一测强曲线的适应条件。

6.2.2 泵送混凝土在原材料、配合比、搅拌、运输、浇筑、振捣、养护等环节与传统的混凝土都有很大的区别。为了适用混凝土技术的发展，提高回弹法检测的精度，这次把泵送混凝土进行单独回归。本次各参加实验单位共取得泵送混凝土实验数据 9843 个，按照最小二乘法的原理，通过回归而得到的幂函数曲线方程为：

$$f = 0.034488R^{1.9400}\ 10^{(-0.0173d_{\mathrm{m}})}$$

其强度误差值为：平均相对误差(δ)±13.89%；相对标准差(e_{r})17.24%；相关系数(r)：0.878。

得到的指数方程为：

$$f = 5.1392e^{(0.0535R-0.0444d_{\mathrm{m}})}$$

其强度误差值为：平均相对误差(δ)±14.31%；相对标准差(e_{r})17.69%；相关系数(r)：0.870。

通过分析比较，最后采用幂函数曲线方程作为泵送混凝土的测强曲线方程。该曲线方程与全国部分地方曲线方程相比，在混凝土抗压强度区间(10.0～60.0)MPa 范围内，各地的测强曲线中回弹值既有一定的差异，同时又比较接近，这就充分说明了本次修订的泵送混凝土的测强曲线具有广泛的适应性和可靠性。

下面是全国部分地方曲线方程强度在(10.0～60.0)MPa 范围内的回弹区间：

陕西省	回弹值 17.0～48.6	强度值(MPa) 10.0～59.8
山东省	回弹值 20.6～45.8	强度值(MPa) 9.8～60.1
浙江省(碎石)	回弹值 18.2～47.6	强度值(MPa) 13.1～59.9
浙江省(卵石)	回弹值 20.0～48.0	强度值(MPa) 10.3～60.0
辽宁省	回弹值 20.0～54.8	强度值(MPa) 10.0～60.0
北京市	回弹值 20.0～50.0	强度值(MPa) 10.9～60.1
唐山市(2003 年)	回弹值 20.0～47.6	强度值(MPa) 14.5～60.0
成都市(1997 年)	回弹值 35.0～43.6	强度值(MPa) 31.9～60.2
温州市(2003 年)	回弹值 27.0～47.2	强度值(MPa) 17.4～60.2
焦作市	回弹值 18.6～46.6	强度值(MPa) 10.0～59.5
宁夏回族自治区	回弹值 21.0～46.2	强度值(MPa) 11.2～60.3
本次修订的行标	回弹值 18.6～46.8	强度值(MPa) 10.0～60.0

6.2.3 本条给出了对统一测强曲线误差的基本要求。

6.2.4 粗骨料最大公称粒径大于 60mm，已超出实验时试块及试件粗骨料的最大粒径，泵送混凝土粗骨料最大公称粒径大于 31.5mm 时已不能满足泵送的要求；构件生产中，有的并非一般机械成型工艺可以完成，例如混凝土轨枕，上、下水管道等，就需采用加压振动或离心法成型工艺，超出了该测强曲线的使用范围；对于在非平面的构件上测得的回弹值与在平面上测得的回弹值关系，国内目前尚无试验资料，现参照国外资料，规定凡测试部位的曲率半径小于 250mm 的构件一律不能采用该测强曲线；混凝土表面湿度对回弹法测强影响很大，应等待混凝土表面干燥后再进行检测。

6.3 地区和专用测强曲线

6.3.1 地区和专用测强曲线的强度误差值均应小于全国统一测强曲线，本条给出了地区和专用测强曲线的强度误差值要求。

6.3.2 地区和专用测强曲线的制定应按本规程附录 E 进行并报主管部门批准实施，使用中应注意其使用范围，只能在制定曲线时的试件条件范围内，例如龄期、原材料、外加剂、强度区间等，不允许超出该使用范围。这些测强曲线均为经验公式制定，因此决不能根据测强公式而任意外推，以免得出错误的计算结果。此外，应经常抽取一定数量的同条件试块进行校核，如发现误差较大时，应停止使用并应及时查找原因。

7 混凝土强度的计算

7.0.1 构件的每一测区的混凝土强度换算值，是由每一测区的平均回弹值及平均碳化深度值按照测强曲线计算或查表得出。

7.0.2 此条给出了测区混凝土强度平均值及标准差的计算方法。需要说明的是，在计算标准差时，强度平均值应精确至 0.01MPa，否则会因二次数据修约而增大计算误差。

7.0.3 当测区数量≥10 个时，为了保证构件的混凝土强度满足 95%的保证率，采用数理统计的公式计算强度推定值；当构件测区数＜10 个时，因样本太少，取最小值作为强度推定值。此外，当构件中出现测区强度无法查出（如 f^{c}_{cu} ＜10.0MPa 或 f^{c}_{cu} ＞60MPa）时，因无法计算平均值及标准差，也只能以最小值作为该强度推定值。

7.0.4 当测区间的标准差过大时，说明已有某些系统误差因素起作用，例如构件不是同一强度等级，龄期差异较大等，不属于同一母体，因此不能按批进行推定。

7.0.5 检测报告是工程测试的最后结果，是处理混凝土质量问题的依据，宜按统一格式出具。

中华人民共和国行业标准

房屋渗漏修缮技术规程

Technical specification for repairing water seepage of building

JGJ/T 53—2011

批准部门：中华人民共和国住房和城乡建设部
施行日期：2 0 1 1 年 1 2 月 1 日

中华人民共和国住房和城乡建设部
公　告

第 901 号

关于发布行业标准《房屋渗漏修缮技术规程》的公告

现批准《房屋渗漏修缮技术规程》为行业标准，编号为 JGJ/T 53－2011，自 2011 年 12 月 1 日起实施。原行业标准《房屋渗漏修缮技术规程》CJJ 62－95 同时废止。

本规程由我部标准定额研究所组织中国建筑工业出版社出版发行。

中华人民共和国住房和城乡建设部

2011 年 1 月 28 日

前　言

根据住房和城乡建设部《关于印发〈2009 年工程建设标准规范制订、修订计划〉的通知》（建标［2009］88 号）的要求，规程编制组经过广泛调查研究，认真总结实践经验，参考有关国际标准和国外先进标准，并在广泛征求意见的基础上，修订了本规程。

本规程的主要技术内容是：1. 总则；2. 术语；3. 基本规定；4. 屋面渗漏修缮工程；5. 外墙渗漏修缮工程；6. 厕浴间和厨房渗漏修缮工程；7. 地下室渗漏修缮工程；8. 质量验收；9. 安全措施。

修订的主要技术内容是：1. 修订了总则、屋面渗漏修缮工程、外墙渗漏修缮工程、厕浴间和厨房渗漏修缮工程、地下室渗漏修缮工程等的有关条款；2. 修订了质量验收的要求；3. 增加了术语，基本规定，安全措施等内容。

本规程由住房和城乡建设部负责管理，由河南国基建设集团有限公司负责具体技术内容的解释。在执行过程中如有意见和建议，请寄送河南国基建设集团有限公司（地址：河南省郑州市郑花路 65 号恒华大厦 11 楼，邮政编码：450047）。

本规程主编单位：河南国基建设集团有限公司
新蒲建设集团有限公司

本规程参编单位：北京市建筑工程研究院
河南省第一建筑工程集团有限责任公司
南京天堰防水工程有限公司
总参工程兵科研三所
中国工程建设标准化协会建筑防水专业委员会
河南建筑材料研究设计院有限责任公司
中国建筑学会防水技术专业委员会
杭州金汤建筑防水有限公司
东莞市普赛达密封粘胶有限公司
宁波镭纳涂层技术有限公司

本规程主要起草人员：周忠义　王麦对　朱国防　刘　铁　彭建新　孙惠民　王君若　叶林标　任绍志　孙家齐　陈宝贵　吴　明　胡保刚　胡　骏　施嘉霖　高延继　徐昊辉　曹征富　职晓云　冀文政

本规程主要审查人员：吴松勤　李承刚　张玉玲　薛绍祖　杨嗣信　徐宏峰　张道真　曲　慧　韩世敏　哈承德　王　天　姜静波

目　次

Contents

1 总 则

1.0.1 为提高房屋渗漏修缮的技术水平，保证修缮质量，制定本规程。

1.0.2 本规程适用于既有房屋的屋面、外墙、厕浴间和厨房、地下室等渗漏修缮。

1.0.3 房屋渗漏修缮应遵循因地制宜、防排结合、合理选材、综合治理的原则，并做到安全可靠、技术先进、经济合理、节能环保。

1.0.4 房屋渗漏修缮除应符合本规程外，尚应符合国家现行有关标准的规定。

2 术 语

2.0.1 渗漏修缮 seepage repairs

对已发生渗漏部位进行维修和翻修等防渗封堵的工作。

2.0.2 查勘 survey

采用实地调查、观察或仪器检测的形式，寻找渗漏原因和渗漏范围的工作。

2.0.3 维修 maintenance

对房屋局部不能满足正常使用要求的防水层采取定期检查更换、整修等措施进行修复的工作。

2.0.4 翻修 renovation

对房屋不能满足正常使用要求的防水层及相关构造层，采取重新设计、施工等恢复防水功能的工作。

3 基本规定

3.0.1 房屋渗漏修缮施工前，应进行现场查勘，并应编制现场查勘书面报告。现场勘查后，应根据查勘结果编制渗漏修缮方案。

3.0.2 现场查勘宜包括下列内容：

1 工程所在位置周围的环境，使用条件、气候变化对工程的影响；

2 渗漏水发生的部位、现状；

3 渗漏水变化规律；

4 渗漏部位防水层质量现状及破坏程度，细部防水构造现状；

5 渗漏原因、影响范围，结构安全和其他功能的损害程度。

3.0.3 现场查勘宜采用走访、观察、仪器检测等方法，并宜符合下列规定：

1 对屋顶、外墙的渗漏部位，宜在雨天进行反复观察，划出标记，做好记录；

2 对卷材、涂膜防水层，宜直接观察其裂缝、翘边、龟裂、剥落、腐烂、积水及细部节点部位损坏等现状，并宜在雨后观察或蓄水检查防水层大面及细部节点部位渗漏现象；

3 对刚性防水层，宜直接观察其开裂、起砂、酥松、起壳；密封材料剥离、老化；排气管、女儿墙等部位防水层破损等现状，并宜在雨后观察或蓄水检查防水层大面及细部节点渗漏现象；

4 对瓦件，宜直接观察其裂纹、风化、接缝及细部节点部位现状，并宜在雨后观察瓦件及细部节点部位渗漏现象；

5 对清水、抹灰、面砖与板材等墙面，宜直接观察其裂缝、接缝、空鼓、剥落、酥松及细部节点部位损坏等现状，并宜在雨后观察和淋水检查墙面及细部节点部位渗漏现象；

6 对厕浴间和楼地面，宜直接观察其裂缝、积水、空鼓及细部节点部位损坏等现状，并宜在蓄水后检查楼地面、厕浴间墙面及细部节点部位渗漏现象；

7 对地下室墙地面、顶板，宜观察其裂缝、蜂窝、麻面及细部节点部位损坏等现状，宜直接观察渗漏水量较大或比较明显的部位；对于慢渗或渗漏水点不明显的部位，宜辅以撒水泥粉确定。

3.0.4 编制渗漏修缮方案前，应收集下列资料：

1 原防水设计文件；

2 原防水系统使用的构配件、防水材料及其性能指标；

3 原施工组织设计、施工方案及验收资料；

4 历次修缮技术资料。

3.0.5 编制渗漏修缮方案时，应首先根据房屋使用要求、防水等级，结合现场查勘书面报告，确定采用局部维修或整体翻修措施。渗漏修缮方案宜包括下列内容：

1 细部修缮措施；

2 排水系统设计及选材；

3 防水材料的主要物理力学性能；

4 基层处理措施；

5 施工工艺及注意事项；

6 防水层相关构造与功能恢复；

7 保温层相关构造与功能恢复；

8 完好防水层、保温层、饰面层等保护措施。

3.0.6 渗漏修缮方案设计应符合下列规定：

1 因结构损害造成的渗漏水，应先进行结构修复；

2 不得采用损害结构安全的施工工艺及材料；

3 渗漏修缮中宜改善提高渗漏部位的导水功能；

4 渗漏修缮应统筹考虑保温和防水的要求；

5 施工应符合国家有关安全、劳动保护和环境保护的规定。

3.0.7 修缮用的材料应按工程环境条件和施工工艺的可操作性选择，并应符合下列规定：

1 应满足施工环境条件的要求，且应配置合理、安全可靠、节能环保；

2 应与原防水层相容、耐用年限相匹配；

3 对于外露使用的防水材料，其耐老化、耐穿刺等性能应满足使用要求；

4 应满足由温差等引起的变形要求。

3.0.8 房屋渗漏修缮用的防水材料和密封材料应符合下列规定：

1 防水卷材宜选用高聚物改性沥青防水卷材、合成高分子防水卷材等，并宜热熔或胶粘铺设；

2 柔性防水涂料宜选用聚氨酯防水涂料、喷涂聚脲防水涂料、聚合物水泥防水涂料、高聚物改性沥青防水涂料、丙烯酸乳液防水涂料等，并宜涂布（喷涂）施工；

3 刚性防水涂料宜选用高渗透性渗透型改性环氧树脂防水涂料、无机防水涂料等，并宜涂布施工；

4 密封材料宜选用合成高分子密封材料、自粘聚合物沥青泛水带、丁基橡胶防水密封胶带、改性沥青嵌缝油膏等，并宜嵌填施工；

5 抹面材料宜选用聚合物水泥防水砂浆或掺防水剂的水泥砂浆等，并宜抹压施工；

6 刚性、柔性防水材料宜复合使用。

3.0.9 渗漏修缮选用材料的质量、性能指标、试验方法等应符合国家现行有关标准的规定。进场材料应合格。

3.0.10 渗漏修缮施工应具有资质的专业施工队伍承担，作业人员应持证上岗。

3.0.11 渗漏修缮施工应符合下列规定：

1 施工前应根据修缮方案进行技术、安全交底；

2 潮湿基层应进行处理，并应符合修缮方案要求；

3 铲除原防水层时，应预留新旧防水层搭接宽度；

4 应做好新旧防水层搭接密封处理，使两者成为一体；

5 不得破坏原有完好防水层和保温层；

6 施工过程中应随时检查修缮效果，并应做好隐蔽工程施工记录；

7 对已完成渗漏修缮的部位应采取保护措施；

8 渗漏修缮完工后，应恢复该部位原有的使用功能。

3.0.12 整体翻修或大面积维修时，应对防水材料进行现场见证抽样复验。局部维修时，应根据用量及工程重要程度，由委托方和施工方协商防水材料的复验。

3.0.13 修缮施工过程中的隐蔽工程，应在隐蔽前进行验收。

4 屋面渗漏修缮工程

4.1 一般规定

4.1.1 本章适用于卷材防水屋面、涂膜防水屋面、瓦屋面和刚性防水屋面渗漏修缮工程。

4.1.2 屋面渗漏宜从迎水面进行修缮。

4.1.3 屋面渗漏修缮工程基层处理宜符合下列规定：

1 基层酥松、起砂、起皮等应清除，表面应坚实、平整、干净、干燥，排水坡度应符合设计要求；

2 基层与突出屋面的交接处，以及基层的转角处，宜作成圆弧；

3 内部排水的水落口周围应作成略低的凹坑；

4 刚性防水屋面的分格缝应修整、清理干净。

4.1.4 屋面渗漏局部维修时，应采取分隔措施，并宜在背水面设置导排水设施。

4.1.5 屋面渗漏修缮过程中，不得随意增加屋面荷载或改变原屋面的使用功能。

4.1.6 屋面渗漏修缮施工应符合下列规定：

1 应按修缮方案和施工工艺进行施工；

2 防水层施工时，应先做好节点附加层的处理；

3 防水层的收头应采取密封加强措施；

4 每道工序完工后，应经验收合格后再进行下道工序施工；

5 施工过程中应做好完好防水层等保护工作。

4.1.7 雨期修缮施工应做好防雨遮盖和排水措施，冬期施工应采取防冻保温措施。

4.2 查 勘

4.2.1 屋面渗漏修缮查勘应全面检查屋面防水层大面及细部构造出现的弊病及渗漏现象，并应对排水系统及细部构造重点检查。

4.2.2 卷材、涂膜防水屋面渗漏修缮查勘应包括下列内容：

1 防水层的裂缝、翘边、空鼓、龟裂、流淌、剥落、腐烂、积水等状况；

2 天沟、檐沟、檐口、泛水、女儿墙、立墙、伸出屋面管道、阴阳角、水落口、变形缝等部位的状况。

4.2.3 瓦屋面渗漏修缮查勘应包括下列内容：

1 瓦件裂纹、缺角、破碎、风化、老化、锈蚀、变形等状况；

2 瓦件的搭接宽度、搭接顺序、接缝密封性、平整度、牢固程度等；

3 屋脊、泛水、上人孔、老虎窗、天窗等部位的状况；

4 防水基层开裂、损坏等状况。

4.2.4 刚性屋面渗漏修缮查勘应包括下列内容：

1 刚性防水层开裂、起砂、酥松、起壳等状况；

2 分格缝内密封材料剥离、老化等状况；

3 排气管、女儿墙等部位防水层及密封材料的破损程度。

4.3 修缮方案

Ⅰ 选材及修缮要求

4.3.1 屋面渗漏修缮工程应根据房屋重要程度、防水设计等级、使用要求，结合查勘结果，找准渗漏部位，综合分析渗漏原因，编制修缮方案。

4.3.2 屋面渗漏修缮选用的防水材料应依据屋面防水设防要求、建筑结构特点、渗漏部位及施工条件选定，并应符合下列规定：

1 防水层外露的屋面应选用耐紫外线、耐老化、耐腐蚀、耐酸雨性能优良的防水材料；外露屋面沥青卷材防水层宜选用上表面覆有矿物粒料保护的防水卷材。

2 上人屋面应选用耐水、耐霉菌性能优良的材料；种植屋面宜选用耐根穿刺的防水卷材。

3 薄壳、装配式结构、钢结构等大跨度变形较大的建筑屋面应选用延伸性好、适应变形能力优良的防水材料。

4 屋面接缝密封防水，应选用粘结力强，延伸率大、耐久性好的密封材料。

4.3.3 屋面工程渗漏修缮中多种材料复合使用时，应符合下列规定：

1 耐老化、耐穿刺的防水层宜设置在最上面，不同材料之间应具有相容性；

2 合成高分子类卷材或涂膜的上部不得采用热熔型卷材。

4.3.4 瓦屋面选材应符合下列规定：

1 瓦件及配套材料的产品规格宜统一。

2 平瓦及其脊瓦应边缘整齐，表面光洁，不得有剥离、裂纹等缺陷，平瓦的瓦爪与瓦槽的尺寸应准确。

3 沥青瓦应边缘整齐，切槽清晰，厚薄均匀，表面无孔洞、楞伤、裂纹、折皱和起泡等缺陷。

4.3.5 柔性防水层破损及裂缝的修缮宜采用与其类型、品种相同或相容性好的卷材、涂料及密封材料。

4.3.6 涂膜防水层开裂的部位，宜涂布带有胎体增强材料的防水涂料。

4.3.7 刚性防水层的修缮可采用沥青类卷材、涂料、防水砂浆等材料，其分格缝应采用密封材料。

4.3.8 瓦屋面修缮时，更换的瓦件应采取固定加强措施，多雨地区的坡屋面檐口修缮宜更换制品型檐沟及水落管。

4.3.9 混凝土微细结构裂缝的修缮宜根据其宽度、深度、漏水状况，采用低压化学灌浆。

4.3.10 重新铺设的卷材防水层应符合国家现行有关标准的规定，新旧防水层搭接宽度不应小于100mm。翻修时，铺设卷材的搭接宽度应按现行国家标准《屋面工程技术规范》GB 50345的规定执行。

4.3.11 粘贴防水卷材应使用与卷材相容的胶粘材料，其粘结性能应符合表4.3.11的规定。

表 4.3.11 防水卷材粘结性能

项目		自粘聚合物沥青防水卷材粘合面		三元乙丙橡胶和聚氯乙烯防水卷材胶粘剂	丁基橡胶自粘胶带
		PY类	N类		
剪切状态下的粘合性（卷材-卷材）	标准试验条件（N/mm）	≥4或卷材断裂	≥2或卷材断裂	≥2或卷材断裂	≥2或卷材断裂
粘结剥离强度（卷材-卷材）	标准试验条件（N/mm）	≥1.5或卷材断裂		≥1.5或卷材断裂	≥0.4或卷材断裂
	浸水168h后保持率（%）	≥70		≥70	≥80
与混凝土粘结强度（卷材-混凝土）	标准试验条件（N/mm）	≥1.5或卷材断裂		≥1.5或卷材断裂	≥0.6或卷材断裂

4.3.12 采用涂膜防水修缮时，涂膜防水层应符合国家现行有关标准的规定，新旧涂膜防水层搭接宽度不应小于100mm。

4.3.13 保温隔热层浸水渗漏修缮，应根据其面积的大小，进行局部或全部翻修。保温层浸水不易排除时，宜增设排水措施；保温层潮湿时，宜增设排汽措施，再做防水层。

4.3.14 屋面发生大面积渗漏，防水层丧失防水功能时，应进行翻修，并按现行国家标准《屋面工程技术规范》GB 50345的规定重新设计。

Ⅱ 卷材防水屋面

4.3.15 天沟、檐沟卷材开裂渗漏修缮应符合下列规定：

1 当渗漏点较少或分布零散时，应拆除开裂破损处已失效的防水材料，重新进行防水处理，修缮后应与原防水层衔接形成整体，且不得积水（图4.3.15）。

2 渗漏严重的部位翻修时，宜先将已起鼓、破损的原防水层铲除、清理干净，并修补基层，再铺设卷材或涂布防水涂料附加层，然后重新铺设防水层，

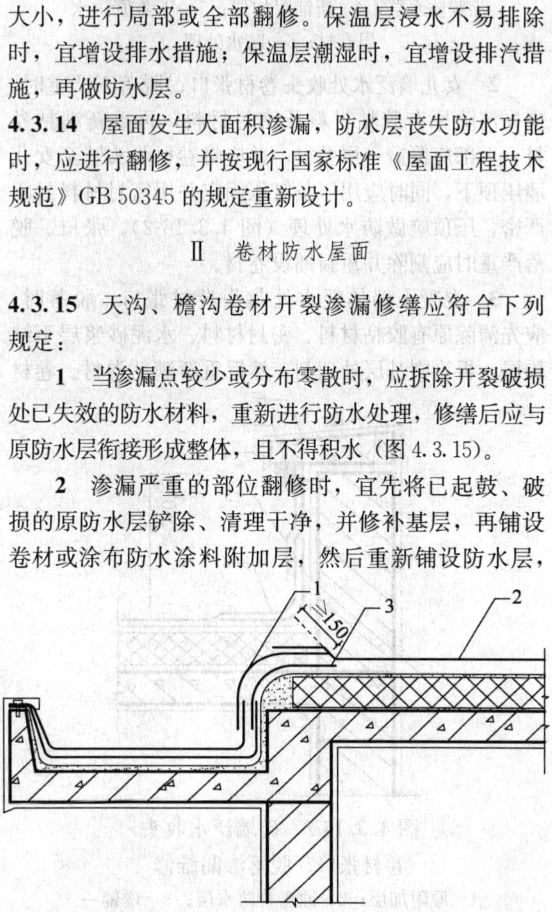

图 4.3.15 天沟、檐沟与屋面交接处渗漏维修
1—新铺卷材或涂膜防水层；2—原防水层；3—新铺附加层

卷材收头部位应固定、密封。

4.3.16 泛水处卷材开裂、张口、脱落的维修应符合下列规定：

1 女儿墙、立墙等高出屋面结构与屋面基层的连接处卷材开裂时，应先将裂缝清理干净，再重新铺设卷材或涂布防水涂料，新旧防水层应形成整体（图 4.3.16-1）。卷材收头可压入凹槽内固定密封，凹槽距屋面找平层高度不应小于 250mm，上部墙体应做防水处理。

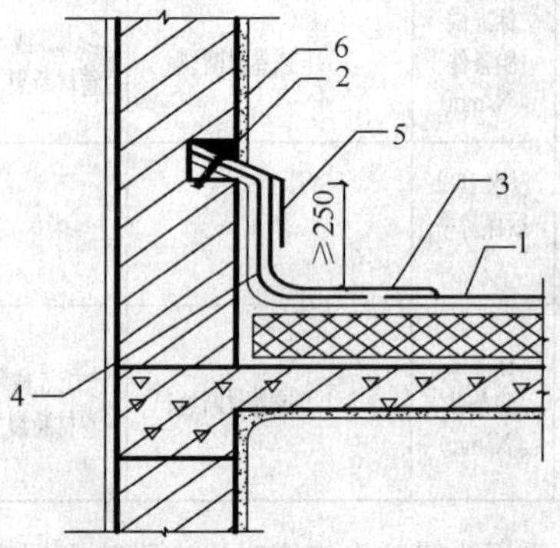

图 4.3.16-1 女儿墙、立墙与屋面基层连接处开裂维修

1—原防水层；2—密封材料；3—新铺卷材或涂膜防水层；4—新铺附加层；5—压盖原防水层卷材；6—防水处理

2 女儿墙泛水处收头卷材张口、脱落不严重时，应先清除原有胶粘材料及密封材料，再重新满粘卷材。上部应覆盖一层卷材，并应将卷材收头铺至女儿墙压顶下，同时应用压条钉压固定并用密封材料封闭严密，压顶应做防水处理（图 4.3.16-2）。张口、脱落严重时应割除并重新铺设卷材。

3 混凝土墙体泛水处收头卷材张口、脱落时，应先清除原有胶粘材料、密封材料、水泥砂浆层至结构层，再涂刷基层处理剂，然后重新满粘卷材。卷材收头端部应裁齐，并应用金属压条钉压固定，最大钉距不应大于 300mm，并应用密封材料封严。上部应采用金属板材覆盖，并应钉压固定、用密封材料封严（图 4.3.16-3）。

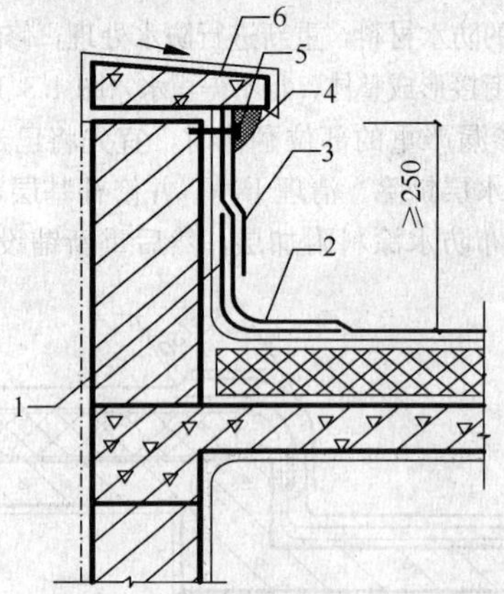

图 4.3.16-2 砖墙泛水收头卷材张口、脱落渗漏维修

1—原附加层；2—原卷材防水层；3—增铺一层卷材防水层；4—密封材料；5—金属压条钉压固定；6—防水处理

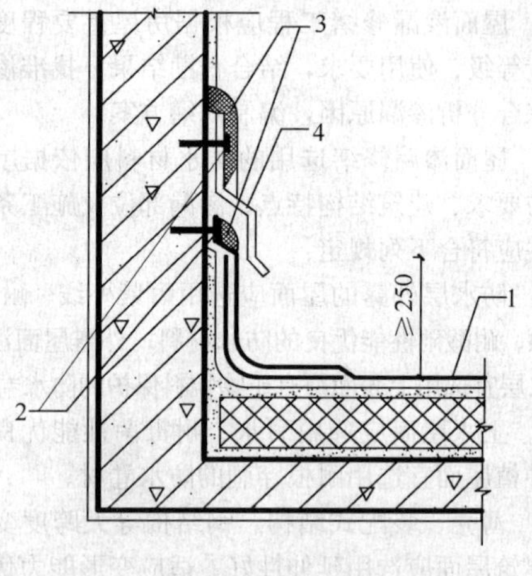

图 4.3.16-3 混凝土墙体泛水处收头卷材张口、脱落渗漏维修

1—原卷材防水层；2—金属压条钉压固定；3—密封材料；4—增铺金属板材或高分子卷材

4.3.17 女儿墙、立墙和女儿墙压顶开裂、剥落的维修应符合下列规定：

1 压顶砂浆局部开裂、剥落时，应先剔除局部砂浆后，再铺抹聚合物水泥防水砂浆或浇筑 C20 细石混凝土。

2 压顶开裂、剥落严重时，应先凿除酥松砂浆，再修补基层，然后在顶部加扣金属盖板，金属盖板应做防锈蚀处理。

4.3.18 变形缝渗漏的维修应符合下列规定：

1 屋面水平变形缝渗漏维修时，应先清除缝内原卷材防水层、胶结材料及密封材料，且基层应保持干净、干燥，再涂刷基层处理剂、缝内填充衬垫材料，并用卷材封盖严密，然后在顶部加扣混凝土盖板或金属盖板，金属盖板应做防腐蚀处理（图 4.3.18-1）。

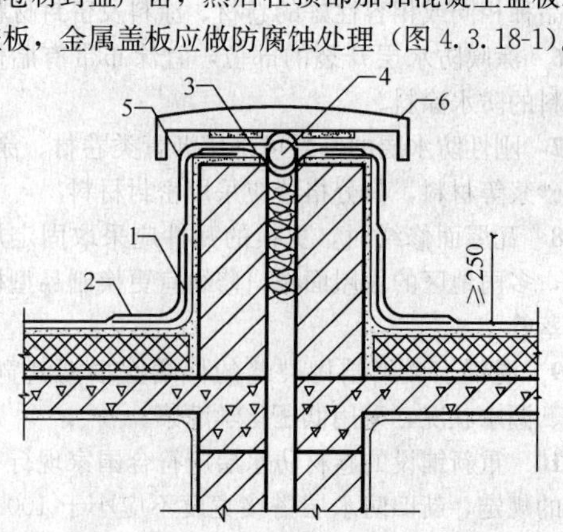

图 4.3.18-1 水平变形缝渗漏维修

1—原附加层；2—原卷材防水层；3—新铺卷材；4—新嵌衬垫材料；5—新铺卷材封盖；6—新铺金属盖板

2 高低跨变形缝渗漏时，应先按本条第 1 款进行清理及卷材铺设，卷材应在立墙收头处用金属压条钉压固定和密封处理，上部再用金属板或合成高分子卷材覆盖，其收头部位应固定密封（图 4.3.18-2）。

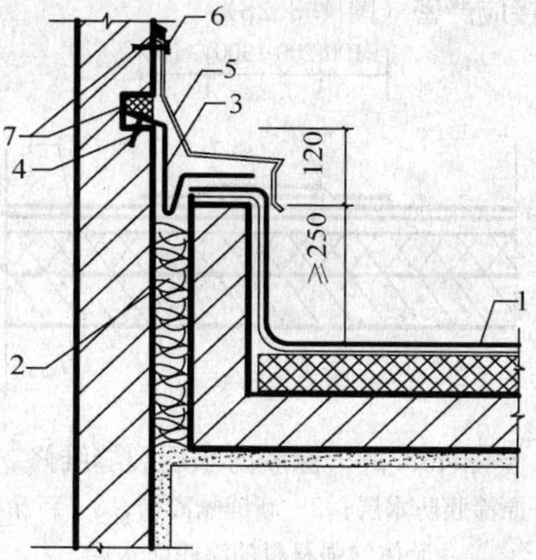

图 4.3.18-2 高低跨变形缝渗漏维修

1—原卷材防水层；2—新铺泡沫塑料；3—新铺卷材封盖；4—水泥钉；5—新铺金属板材或合成高分子卷材；6—金属压条钉压固定；7—新嵌密封材料

3 变形缝挡墙根部渗漏应按本规程第 4.3.16 条第 1 款的规定进行处理。

4.3.19 水落口防水构造渗漏维修应符合下列规定：

1 横式水落口卷材收头处张口、脱落导致渗漏时，应拆除原防水层，清理干净，嵌填密封材料，新铺卷材或涂膜附加层，再铺设防水层（图 4.3.19-1）。

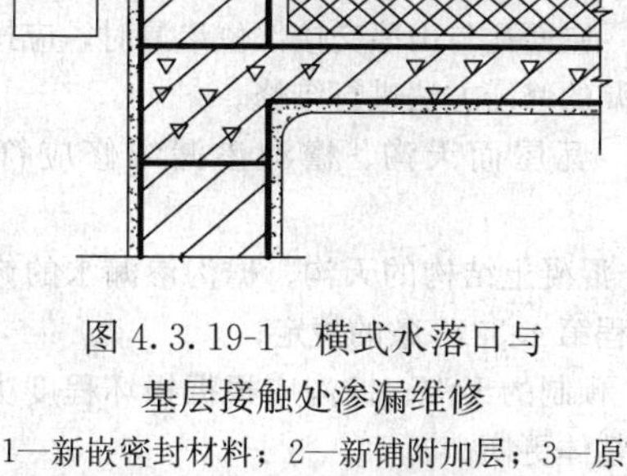

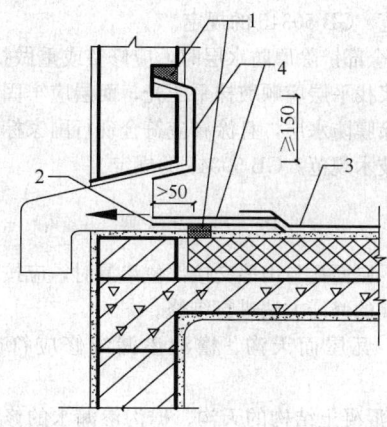

图 4.3.19-1 横式水落口与基层接触处渗漏维修

1—新嵌密封材料；2—新铺附加层；3—原防水层；4—新铺卷材或涂膜防水层

2 直式水落口与基层接触处出现渗漏时，应清除周边已破损的防水层和凹槽内原密封材料，基层处理后重新嵌填密封材料，面层涂布防水涂料，厚度不应小于 2mm（图 4.3.19-2）。

4.3.20 伸出屋面的管道根部渗漏时，应先将管道周围的卷材、胶粘材料及密封材料清除干净至结构层，

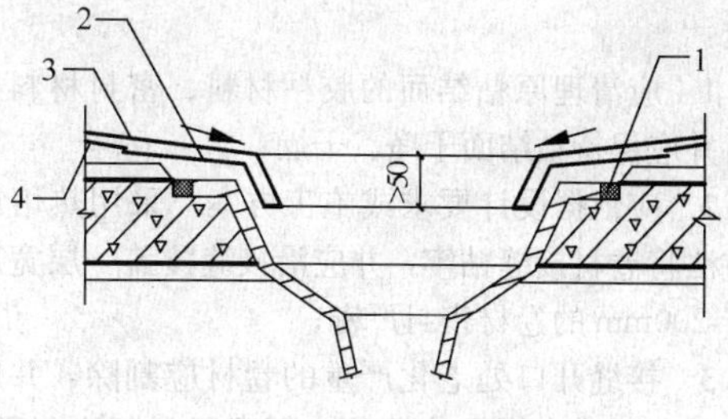

图 4.3.19-2 直式水落口与基层接触处渗漏维修

1—新嵌密封材料；2—新铺附加层；3—新涂膜防水层；4—原防水层

再在管道根部重做水泥砂浆圆台，上部增设防水附加层，面层用卷材覆盖，其搭接宽度不应小于 200mm，并应粘结牢固，封闭严密。卷材防水层收头高度不应小于 250mm，并应先用金属箍箍紧，再用密封材料封严（图 4.3.20）。

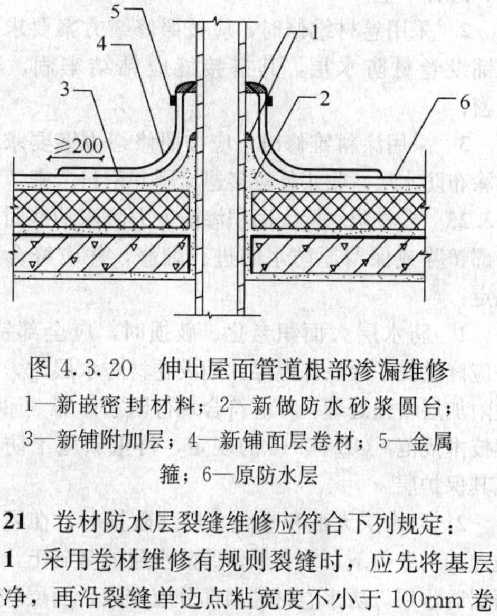

图 4.3.20 伸出屋面管道根部渗漏维修

1—新嵌密封材料；2—新做防水砂浆圆台；3—新铺附加层；4—新铺面层卷材；5—金属箍；6—原防水层

4.3.21 卷材防水层裂缝维修应符合下列规定：

1 采用卷材维修有规则裂缝时，应先将基层清理干净，再沿裂缝单边点粘宽度不小于 100mm 卷材隔离层，然后在原防水层上铺设宽度不小于 300mm 卷材覆盖层，覆盖层与原防水层的粘结宽度不应小于 100mm。

2 采用防水涂料维修有规则裂缝时，应先沿裂缝清理面层浮灰、杂物，再沿裂缝铺设隔离层，其宽度不应小于 100mm，然后在面层涂布带有胎体增强材料的防水涂料，收头处密封严密。

3 对于无规则裂缝，宜沿裂缝铺设宽度不小于 300mm 卷材或涂布带有胎体增强材料的防水涂料。维修前，应沿裂缝清理面层浮灰、杂物。防水层应满粘满涂，新旧防水层应搭接严密。

4 对于分格缝或变形缝部位的卷材裂缝，应清除缝内失效的密封材料，重新铺设衬垫材料和嵌填密封材料。密封材料应饱满、密实，施工中不得裹入空气。

4.3.22 卷材接缝开口、翘边的维修应符合下列

规定：

1 应清理原粘结面的胶粘材料、密封材料、尘土，并应保持粘结面干净、干燥；

2 应依据设计要求或施工方案，采用热熔或胶粘方法将卷材接缝粘牢，并应沿接缝覆盖一层宽度不小于200mm的卷材密封严密；

3 接缝开口处老化严重的卷材应割除，并应重新铺设卷材防水层，接缝处应用密封材料密封严密、粘结牢固。

4.3.23 卷材防水层起鼓维修时，应先将卷材防水层鼓泡用刀割除，并清除原胶粘材料，基层应干净、干燥，再重新铺设防水卷材，防水卷材的接缝处应粘结牢固、密封严密。

4.3.24 卷材防水层局部龟裂、发脆、腐烂等的维修应符合下列规定：

1 宜铲除已破损的防水层，并应将基层清理干净、修补平整；

2 采用卷材维修时，应按照修缮方案要求，重新铺设卷材防水层，其搭接缝应粘结牢固、密封严密；

3 采用涂料维修时，应按照修缮方案要求，重新涂布防水层，收头处应多遍涂刷并密封严密。

4.3.25 卷材防水层大面积渗漏丧失防水功能时，可全部铲除或保留原防水层进行翻修，并应符合下列规定：

1 防水层大面积老化、破损时，应全部铲除，并应修整找平层及保温层。铺设卷材防水层时，应先做附加层增强处理，并应符合现行国家标准《屋面工程技术规范》GB 50345的规定，再重新施工防水层及其保护层。

2 防水层大面积老化、局部破损时，在屋面荷载允许的条件下，宜在保留原防水层的基础上，增做面层防水层。防水卷材破损部分应铲除，面层应清理干净，必要时应用水冲刷干净。局部修补、增强处理后，应铺设面层防水层，卷材铺设应符合现行国家标准《屋面工程技术规范》GB 50345的规定。

Ⅲ 涂膜防水屋面

4.3.26 涂膜防水屋面泛水部位渗漏维修应符合下列规定：

1 应清理泛水部位的涂膜防水层，且面层应干燥、干净。

2 泛水部位应先增设涂膜防水附加层，再涂布防水涂料，涂膜防水层有效泛水高度不应小于250mm。

4.3.27 天沟水落口维修时，应清理防水层及基层，天沟应无积水且干燥，水落口杯应与基层锚固。施工时，应先做水落口的密封防水处理及增强附加层，其直径应比水落口大200mm，再在面层涂布防水涂料。

4.3.28 涂膜防水层裂缝的维修应符合下列规定：

1 对于有规则裂缝维修，应先清除裂缝部位的防水涂膜，并将基层清理干净，再沿缝干铺或单边点粘空铺隔离层，然后在面层涂布涂膜防水层，新旧防水层搭接应严密（图4.3.28）；

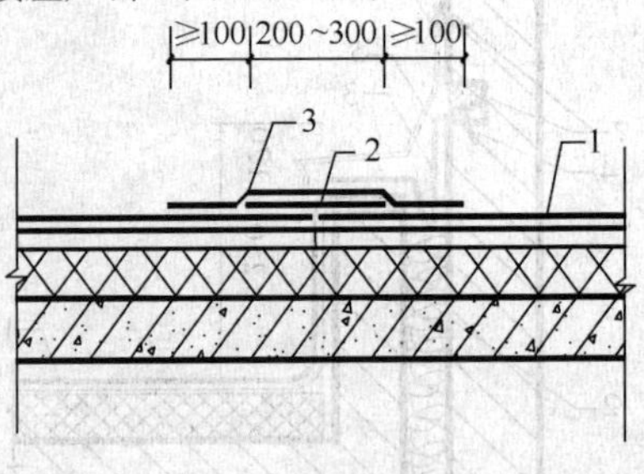

图4.3.28 涂膜防水层裂缝维修

1—原涂膜防水层；2—新铺隔离层；3—新涂布有胎体增强材料的涂膜防水层

2 对于无规则裂缝维修，应先铲除损坏的涂膜防水层，并清除裂缝周围浮灰及杂物，再沿裂缝涂布涂膜防水层，新旧防水层搭接应严密。

4.3.29 涂膜防水层起鼓、老化、腐烂等维修时，应先铲除已破损的防水层并修整或重做找平层，找平层应抹平压光，再涂刷基层处理剂，然后涂布涂膜防水层，且其边缘应多遍涂刷涂膜。

4.3.30 涂膜防水层翻修应符合下列规定：

1 保留原防水层时，应将起鼓、腐烂、开裂及老化部位涂膜防水层清除。局部维修后，面层应涂布涂膜防水层，且涂布应符合现行国家标准《屋面工程技术规范》GB 50345的规定。

2 全部铲除原防水层时，应修整或重做找平层，水泥砂浆找平层应顺坡抹平压光，面层应牢固。面层应涂布涂膜防水层，且涂布应符合现行国家标准《屋面工程技术规范》GB 50345的规定。

Ⅳ 瓦屋面

4.3.31 屋面瓦与山墙交接部位渗漏时，应按女儿墙泛水渗漏的修缮方法进行维修。

4.3.32 瓦屋面天沟、檐沟渗漏维修应符合下列规定：

1 混凝土结构的天沟、檐沟渗漏水的修缮应符合本规程第4.3.15条的规定；

2 预制的天沟、檐沟应根据损坏程度决定局部维修或整体更换。

4.3.33 水泥瓦、黏土瓦和陶瓦屋面渗漏维修应符合下列规定：

1 少量瓦件产生裂纹、缺角、破碎、风化时，应拆除破损的瓦件，并选用同一规格的瓦件予以更换；

2 瓦件松动时，应拆除松动瓦件，重新铺挂瓦件；

3　块瓦大面积破损时，应清除全部瓦件，整体翻修。

4.3.34　沥青瓦屋面渗漏维修应符合下列规定：

1　沥青瓦局部老化、破裂、缺损时，应更换同一规格的沥青瓦；

2　沥青瓦大面积老化时，应全部拆除沥青瓦，并按现行国家标准《屋面工程技术规范》GB 50345的规定重新铺设防水垫层及沥青瓦。

V　刚性防水屋面

4.3.35　刚性防水层泛水部位渗漏的维修应符合下列规定：

1　泛水渗漏的维修应在泛水处用密封材料嵌缝，并应铺设卷材或涂布涂膜附加层；

2　当泛水处采用卷材防水层时，卷材收头应用金属压条钉压固定，并用密封材料封闭严密（图4.3.35）。

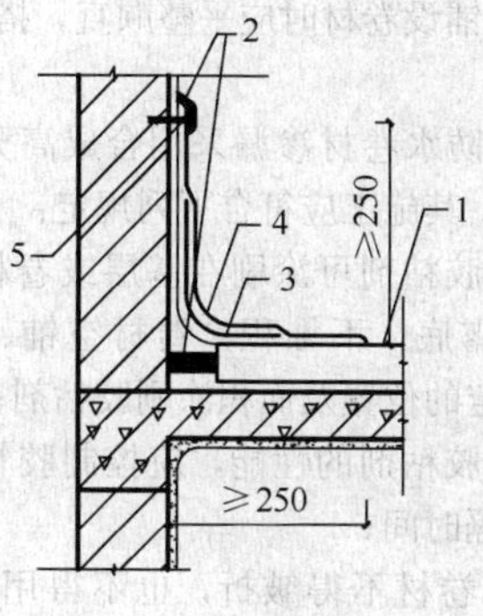

图 4.3.35　泛水部位的渗漏维修

1—原刚性防水层；2—新嵌密封材料；3—新铺附加层；4—新铺防水层；5—金属条钉压

4.3.36　分格缝渗漏维修应符合下列规定：

1　采用密封材料嵌缝时，缝槽底部应先设置背衬材料，密封材料覆盖宽度应超出分格缝每边50mm以上（图4.3.36-1）。

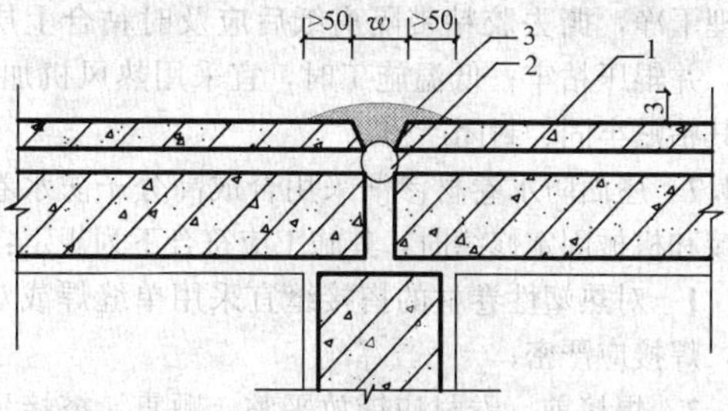

图 4.3.36-1　分格缝采用密封材料嵌缝维修

1—原刚性防水层；2—新铺背衬材料；3—新嵌密封材料；w—分格缝上口宽度

2　采用铺设卷材或涂布有胎体增强材料的涂膜防水层维修时，应清除高出分格缝的密封材料。面层铺设卷材或涂布有胎体增强材料的涂膜防水层应与板面贴牢封严。铺设防水卷材时，分格缝部位的防水卷材宜空铺，卷材两边应满粘，且与基层的有效搭接宽度不应小于100mm（图4.3.36-2）。

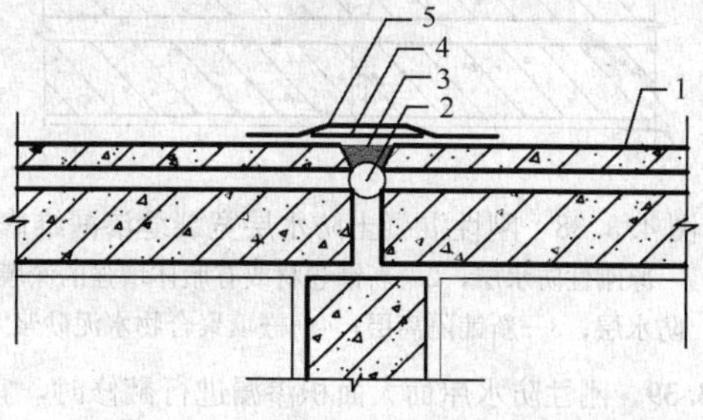

图 4.3.36-2　分格缝采用卷材或涂膜防水层维修

1—原刚性防水层；2—新铺背衬材料；3—新嵌密封材料；4—隔离层；5—新铺卷材或涂膜防水层

4.3.37　刚性防水层表面因混凝土风化、起砂、酥松、起壳、裂缝等原因而导致局部渗漏时，应先将损坏部位清除干净，再浇水湿润后，然后用聚合物水泥防水砂浆分层抹压密实、平整。

4.3.38　刚性混凝土防水层裂缝维修时，宜针对不同部位的裂缝变异状况，采取相应的维修措施，并应符合下列规定：

1　有规则裂缝采用防水涂料维修时，宜选用高聚物改性沥青防水涂料或合成高分子防水涂料，并应符合下列规定：

1）应在基层补强处理后，沿缝设置宽度不小于100mm的隔离层，再在面层涂布带有胎体增强材料的防水涂料，且宽度不应小于300mm；

2）采用高聚物改性沥青防水涂料时，防水层厚度不应小于3mm，采用合成高分子防水涂料时，防水层厚度不应小于2mm；

3）涂膜防水层与裂缝两侧混凝土粘结宽度不应小于100mm。

2　有规则裂缝采用防水卷材维修时，应在基层补强处理后，先沿裂缝空铺隔离层，其宽度不应小于100mm，再铺设卷材防水层，宽度不应小于300mm，卷材防水层与裂缝两侧混凝土防水层的粘结宽度不应小于100mm，卷材与混凝土之间应粘贴牢固、收头密封严密。

3　有规则裂缝采用密封材料嵌缝维修时，应沿裂缝剔凿出15mm×15mm的凹槽，基层清理后，槽壁涂刷与密封材料配套的基层处理剂，槽底填放背衬材料，并在凹槽内嵌填密封材料，密封材料应嵌填密实、饱满，防止裹入空气，缝壁粘牢封严。

4　宽裂缝维修时，应先沿缝嵌填聚合物水泥防水砂浆或掺防水剂的水泥砂浆，再按本规程第4.3.21条第1款或第2款的规定进行维修（图4.3.38）。

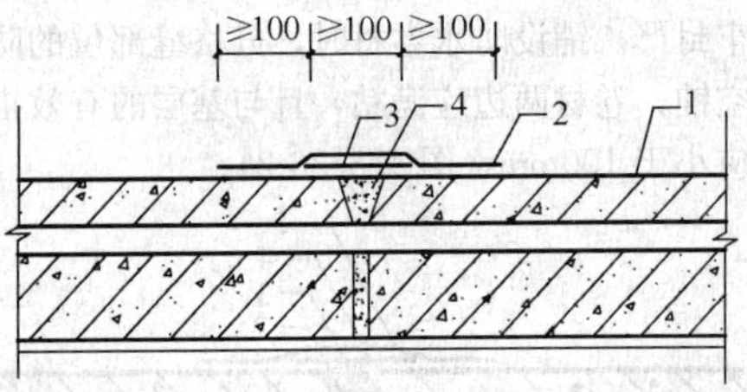

图 4.3.38　刚性混凝土防水层宽裂缝渗漏维修

1—原刚性防水层；2—新铺卷材或有胎体增强的涂膜防水层；3—新铺隔离层；4—嵌填聚合物水泥砂浆

4.3.39　刚性防水屋面大面积渗漏进行翻修时，宜优先采用柔性防水层，且防水层施工应符合现行国家标准《屋面工程技术规范》GB 50345 的规定。翻修前，应先清除原防水层表面损坏部分，再对渗漏的节点及其他部位进行维修。

4.4　施　　工

4.4.1　屋面渗漏修缮基层处理应满足材料及施工工艺的要求，并应符合本规程第 4.1.3 条的规定。

4.4.2　采用基层处理剂时，其配制与施工应符合下列规定：

1　基层处理剂可采取喷涂法或涂刷法施工；

2　喷、涂基层处理剂前，应用毛刷对屋面节点、周边、转角等部分进行涂刷；

3　基层处理剂配比应准确，搅拌充分，喷、涂应均匀一致，覆盖完全，待其干燥后应及时施工防水层。

4.4.3　屋面防水卷材渗漏采用卷材修缮时，其施工应符合下列规定：

1　铺设卷材的基层处理应符合修缮方案的要求，其干燥程度应根据卷材的品种与施工要求确定；

2　在防水层破损或细部构造及阴阳角、转角部位，应铺设卷材加强层；

3　卷材铺设宜采用满粘法施工；

4　卷材搭接缝部位应粘结牢固、封闭严密；铺设完成的卷材防水层应平整，搭接尺寸应符合设计要求；

5　卷材防水层应先沿裂缝单边点粘或空铺一层宽度不小于 100mm 的卷材，或采取其他能增大防水层适应变形的措施，然后再大面积铺设卷材。

4.4.4　屋面水落口、天沟、檐沟、檐口及立面卷材收头等渗漏修缮施工应符合下列规定：

1　重新安装的水落口应牢固固定在承重结构上；当采用金属制品时应做防锈处理；

2　天沟、檐沟重新铺设的卷材应从沟底开始，当沟底过宽、卷材需纵向搭接时，搭接缝应用密封材料封口；

3　混凝土立面的卷材收头应裁齐后压入凹槽，并用压条或带垫片钉子固定，最大钉距不应大于 300mm，凹槽内用密封材料嵌填封严；

4　立面铺设高聚物改性沥青防水卷材时，应采用满粘法，并宜减少短边搭接。

4.4.5　屋面防水卷材渗漏采用高聚物改性沥青防水卷材热熔修缮时，施工应符合下列规定：

1　火焰加热器的喷嘴距卷材面的距离应适中，幅宽内加热应均匀，以卷材表面熔融至光亮黑色为度，不得过分加热卷材；

2　厚度小于 3mm 的高聚物改性沥青防水卷材，严禁采用热熔法施工；

3　卷材表面热熔后应立即铺设卷材，铺设时应排除卷材下面的空气，使之平展并粘贴牢固；

4　搭接缝部位宜以溢出热熔的改性沥青为度，溢出的改性沥青宽度以 2mm 左右并均匀顺直为宜；当接缝处的卷材有铝箔或矿物粒（片）料时，应清除干净后再进行热熔和接缝处理；

5　重新铺设卷材时应平整顺直，搭接尺寸准确，不得扭曲。

4.4.6　屋面防水卷材渗漏采用合成高分子防水卷材冷粘修缮时，其施工应符合下列规定：

1　基层胶粘剂可涂刷在基层或卷材底面，涂刷应均匀，不露底，不堆积；卷材空铺、点粘、条粘时，应按规定的位置及面积涂刷胶粘剂；

2　根据胶粘剂的性能，应控制胶粘剂涂刷与卷材铺设的间隔时间；

3　铺设卷材不得皱折，也不得用力拉伸卷材，并应排除卷材下面的空气，辊压粘贴牢固；

4　铺设的卷材应平整顺直，搭接尺寸准确，不得扭曲；

5　卷材铺好压粘后，应将搭接部位的粘合面清理干净，并采用与卷材配套的接缝专用胶粘剂粘贴牢固；

6　搭接缝口应采用与防水卷材相容的密封材料封严；

7　卷材搭接部位采用胶粘带粘结时，粘合面应清理干净，撕去胶粘带隔离纸后应及时粘合上层卷材，并辊压粘牢；低温施工时，宜采用热风机加热，使其粘贴牢固、封闭严密。

4.4.7　屋面防水卷材渗漏采用合成高分子防水卷材焊接和机械固定修缮时，其施工应符合下列规定：

1　对热塑性卷材的搭接缝宜采用单缝焊或双缝焊，焊接应严密；

2　焊接前，卷材应铺放平整、顺直，搭接尺寸准确，焊接缝的结合面应清扫干净；

3　应先焊长边搭接缝，后焊短边搭接缝；

4　卷材采用机械固定时，固定件应与结构层固定牢固，固定件间距应根据当地的使用环境与条件确定，并不宜大于 600mm；距周边 800mm 范围内的卷材应满粘。

4.4.8 屋面防水卷材渗漏采用防水涂膜修缮时应符合本规程第4.4.9条～第4.4.12条的规定。

4.4.9 涂膜防水层渗漏修缮施工应符合下列规定：

1 基层处理应符合修缮方案的要求，基层的干燥程度，应视所选用的涂料特性而定；

2 涂膜防水层的厚度应符合国家现行有关标准的规定；

3 涂膜防水层修缮时，应先做带有铺胎体增强材料涂膜附加层，新旧防水层搭接宽度不应小于100mm；

4 涂膜防水层应采用涂布或喷涂法施工；

5 涂膜防水层维修或翻修时，天沟、檐沟的坡度应符合设计要求；

6 防水涂膜应分遍涂布，待先涂布的涂料干燥成膜后，方可涂布后一遍涂料，且前后两遍涂料的涂布方向应相互垂直；

7 涂膜防水层的收头，应采用防水涂料多遍涂刷或用密封材料封严；

8 对已开裂、渗水的部位，应凿出凹槽后再嵌填密封材料，并增设一层或多层带有胎体增强材料的附加层；

9 涂膜防水层应沿裂缝增设带有胎体增强材料的空铺附加层，其空铺宽度宜为100mm。

4.4.10 涂膜防水层渗漏采用高聚物改性沥青防水涂膜修缮时，其施工应符合下列规定：

1 防水涂膜应多遍涂布，其总厚度应达到设计要求；

2 涂层的厚度应均匀，且表面平整；

3 涂层间铺设带有胎体增强材料时，宜边涂布边铺胎体；胎体应铺设平整，排除气泡，并与涂料粘结牢固；在胎体上涂布涂料时，应使涂料浸透胎体，覆盖完全，不得有胎体外露现象；最上面的涂层厚度不应小于1.0mm；

4 涂膜施工应先做好节点处理，铺设带有胎体增强材料的附加层，然后再进行大面积涂布；

5 屋面转角及立面的涂膜应薄涂多遍，不得有流淌和堆积现象。

4.4.11 涂膜防水层渗漏采用合成高分子防水涂膜修缮时，其施工应符合下列要求：

1 可采用涂布或喷涂施工；当采用涂布施工时，每遍涂布的推进方向宜与前一遍相互垂直；

2 多组分涂料应按配合比准确计量，搅拌均匀，已配制的多组分涂料应及时使用；配料时，可加入适量的缓凝剂或促凝剂来调节固化时间，但不得混入已固化的涂料；

3 在涂层间铺设带有胎体增强材料时，位于胎体下面的涂层厚度不宜小于1mm，最上层的涂层不应少于两遍，其厚度不应小于0.5mm。

4.4.12 涂膜防水层渗漏采用聚合物水泥防水涂膜修缮施工时，应有专人配料、计量，搅拌均匀，不得混入已固化或结块的涂料。

4.4.13 屋面防水层渗漏采用合成高分子密封材料修缮时，其施工应符合下列规定：

1 单组分密封材料可直接使用；多组分密封材料应根据规定的比例准确计量，拌合均匀；每次拌合量、拌合时间和拌合温度，应按所用密封材料的要求严格控制；

2 密封材料可使用挤出枪或腻子刀嵌填，嵌填应饱满，不得有气泡和孔洞；

3 采用挤出枪嵌填时，应根据接缝的宽度选用口径合适的挤出嘴，均匀挤出密封材料嵌填，并由底部逐渐充满整个接缝；

4 一次嵌填或分次嵌填应根据密封材料的性能确定；

5 采用腻子刀嵌填时，应先将少量密封材料批刮在缝槽两侧，分次将密封材料嵌填在缝内，并防止裹入空气，接头应采用斜槎；

6 密封材料嵌填后，应在表干前用腻子刀进行修整；

7 多组分密封材料拌合后，应在规定时间内用完，未混合的多组分密封材料和未用完的单组分密封材料应密封存放；

8 嵌填的密封材料表干后，方可进行保护层施工；

9 对嵌填完毕的密封材料，应避免碰损及污染；固化前不得踩踏。

4.4.14 瓦屋面渗漏修缮施工应符合下列规定：

1 更换的平瓦应铺设整齐，彼此紧密搭接，并应瓦榫落槽，瓦脚挂牢，瓦头排齐；

2 更换的油毡瓦应自檐口向上铺设，相邻两层油毡瓦，其拼缝及瓦槽应均匀错开；

3 每片油毡瓦不应少于4个油毡钉，油毡钉应垂直钉入，钉帽不得外露油毡瓦表面；当屋面坡度大于150%时，应增加油毡钉或采用沥青胶粘贴。

4.4.15 刚性防水层渗漏采用聚合物水泥防水砂浆或掺外加剂的防水砂浆修缮时，其施工应符合下列规定：

1 基层表面应坚实、洁净，并应充分湿润、无明水；

2 防水砂浆配合比应符合设计要求，施工中不得随意加水；

3 防水层应分层抹压，最后一层表面应提浆压光；

4 聚合物水泥防水砂浆拌合后应在规定时间内用完，凡结硬砂浆不得继续使用；

5 砂浆层硬化后方可浇水养护，并应保持砂浆表面湿润，养护时间不应少于14d，温度不宜低于5℃。

4.4.16 刚性防水层渗漏采用柔性防水层修缮时，其施工应符合本规程第4.4.3条～第4.4.13条的规定。

4.4.17 屋面大面积渗漏进行翻修时，其施工应符合下列规定：

1 基层处理应符合修缮方案要求；

2 采用防水卷材修缮施工应符合本规程第4.4.3条～第4.4.8条的规定，并应符合现行国家标准《屋面工程技术规范》GB 50345的规定；

3 采用防水涂膜修缮施工应符合本规程第4.4.9条～第4.4.12条的规定，并应符合现行国家标准《屋面工程技术规范》GB 50345的规定；

4 防水层修缮合格后，应恢复屋面使用功能。

4.4.18 屋面渗漏修缮施工严禁在雨天、雪天进行；五级风及其以上时不得施工。施工环境气温应符合现行国家标准的规定。

4.4.19 当工程现场与修缮方案有出入时，应暂停施工。需变更修缮方案时应做好洽商记录。

5 外墙渗漏修缮工程

5.1 一般规定

5.1.1 本章适用于建筑外墙渗漏修缮工程。

5.1.2 建筑外墙渗漏宜以迎水面修缮为主。

5.1.3 对于因房屋结构损坏造成的外墙渗漏，应先加固修补结构，再进行渗漏修缮。

5.2 查勘

5.2.1 外墙渗漏现场查勘应重点检查节点部位的渗漏现象。

5.2.2 外墙渗漏修缮查勘应包括下列内容：

1 清水墙灰缝、裂缝、孔洞等；

2 抹灰墙面裂缝、空鼓、风化、剥落、酥松等；

3 面砖与板材墙面接缝、开裂、空鼓等；

4 预制混凝土墙板接缝、开裂、风化、剥落、酥松等；

5 外墙变形缝、外装饰分格缝、穿墙管道根部、阳台、空调板及雨篷根部、门窗框周边、女儿墙根部、预埋件或挂件根部、混凝土结构与填充墙结合处等节点部位。

5.3 修缮方案

Ⅰ 选材及修缮要求

5.3.1 外墙渗漏修缮的选材应符合下列规定：

1 外墙渗漏局部修缮选用材料的材质、色泽、外观宜与原建筑外墙装饰材料一致，翻修时，所采用的材料、颜色应由设计确定；

2 嵌缝材料宜选用粘结强度高、耐久性好、冷施工和环保型的密封材料；

3 抹面材料宜选用聚合物水泥防水砂浆或掺加防水剂的水泥砂浆；

4 防水涂料宜选用粘结性好、耐久性好、对基层开裂变形适应性强并符合环保要求的合成高分子防水涂料。

5.3.2 外墙渗漏修缮宜遵循“外排内治”、“外排内防”、“外病内治”的原则。

5.3.3 对于因面砖、板材等材料本身破损而导致的渗漏，当需更换面砖、板材时，宜采用聚合物水泥防水砂浆或胶粘剂粘贴并做好接缝密封处理。

5.3.4 对于面砖、板材接缝的渗漏，宜采用聚合物水泥防水砂浆或密封材料重新嵌缝。

5.3.5 对于外墙水泥砂浆层裂缝而导致的渗漏，宜先在裂缝处刮抹聚合物水泥腻子后，再涂刷具有装饰功能的防水涂料。裂缝较大时，宜先凿缝嵌填密封材料，再涂刷高弹性防水涂料。

5.3.6 对于孔洞的渗漏，应根据孔洞的用途，采取永久封堵、临时封堵或排水等维修方法。

5.3.7 对于预埋件或挂件根部的渗漏，宜采用嵌填密封材料、外涂防水涂料维修。

5.3.8 对于门窗框周边的渗漏，宜在室内外两侧采用密封材料封堵。

5.3.9 混凝土结构与填充墙结合处裂缝的渗漏，宜采用钢丝网或耐碱玻纤网格布挂网，抹压防水砂浆的方法维修。

Ⅱ 清水墙面

5.3.10 清水墙渗漏维修应符合下列规定：

1 墙体坚实完好、墙面灰缝损坏时，可先将渗漏部位的灰缝剔凿出深度为(15～20)mm的凹槽，经浇水湿润后，再采用聚合物水泥防水砂浆勾缝；

2 墙面局部风化、碱蚀、剥皮，应先将已损坏的砖面剔除，并清理干净，再浇水湿润，然后抹压聚合物水泥防水砂浆，并进行调色处理使其与原墙面基本一致；

3 严重渗漏时，应先抹压聚合物水泥防水砂浆对基层进行防水补强后，再采用涂刷具有装饰功能的防水涂料或聚合物水泥防水砂浆粘贴面砖等进行处理。

Ⅲ 抹灰墙面

5.3.11 抹灰墙面局部损坏渗漏时，应先剔凿损坏部分至结构层，并清理干净、浇水湿润，然后涂刷界面剂，并分层抹压聚合物水泥防水砂浆，每层厚度宜控制在10mm以内并处理好接槎。抹灰层完成后，应恢复饰面层。

5.3.12 抹灰墙面裂缝渗漏的维修应符合下列规定：

1　对于抹灰墙面的龟裂，应先将表面清理干净，再涂刷颜色与原饰面层一致的弹性防水涂料；

2　对于宽度较大的裂缝，应先沿裂缝切割并剔凿出15mm×15mm的凹槽，且对于松动、空鼓的砂浆层，应全部清除干净，再在浇水湿润后，用聚合物水泥防水砂浆修补平整，然后涂刷与原饰面层颜色一致且具有装饰功能的防水涂料。

5.3.13　外墙外保温墙面渗漏维修时，宜针对保温及饰面层体系构造、损坏程度、渗漏现状等状况，采取相应的维修措施，并应符合下列规定：

1　对于保温层裂缝渗漏，可不拆除保温层，并应根据保温层及饰面层体系形式，按本规程第5.3.1条～第5.3.9条的规定进行维修；

2　保温层局部严重渗漏且丧失保温功能时，应先将其局部拆除，并对结构墙体补强处理后，再涂布防水涂料，然后恢复保温层及饰面层。

5.3.14　抹灰墙面大面积渗漏时，应进行翻修，并应在基层补强处理后，采用涂布外墙防水饰面涂料或防水砂浆粘贴面砖等方法进行饰面处理。

Ⅳ　面砖与板材墙面

5.3.15　面砖、板材饰面层渗漏的维修应符合下列规定：

1　对于面砖饰面层接缝处渗漏，应先清理渗漏部位的灰缝，并用水冲洗干净，再采用聚合物水泥防水砂浆勾缝；

2　对于面砖局部损坏，应先剔除损坏的面砖，并清理干净，再浇水湿润，然后在修补基层后，再用聚合物水泥防水砂浆粘贴与原有饰面砖一致的面砖，并勾缝严密；

3　对于板材局部破损，应先剔除破损的板材，并清理干净，再在经防水处理后，恢复板材饰面层；

4　严重渗漏时应翻修，并可在对损坏部分修补后，选用下列方法进行防水处理：

1）涂布高弹性且具有防水装饰功能的外墙涂料；

2）分段抹压聚合物水泥防水砂浆后，再恢复外墙面砖、板材饰面层。

Ⅴ　预制混凝土墙板

5.3.16　预制混凝土墙板渗漏维修应符合下列规定：

1　墙板接缝处的排水槽、滴水线、挡水台、披水坡等部位渗漏，应先将损坏及周围酥松部分剔除，并清理干净，再浇水湿润，然后嵌填聚合物水泥防水砂浆，并沿缝涂布防水涂料。

2　墙板的垂直缝、水平缝、十字缝需恢复空腔构造防水时，应先将勾缝砂浆清理干净，并更换缝内损坏或老化的塑料条或油毡条，再用护面砂浆勾缝。勾缝应严密，十字缝的四方应保持通畅，缝的下方应留出与空腔连通的排水孔。

3　墙板的垂直缝、水平缝、十字缝空腔构造防水改为密封材料防水时，应先剔除原勾缝砂浆，并清除空腔内杂物，再嵌填聚合物水泥防水砂浆进行勾缝，并在空腔内灌注水泥砂浆，然后在填背衬材料后，嵌填密封材料。

封贴保护层应按外墙装饰要求镶嵌面砖或用砂浆着色勾缝。

4　墙板的垂直缝、水平缝、十字缝防水材料损坏时，应先凿除接缝处松动、脱落、老化的嵌缝材料，并清理干净，待基层干燥后，再用密封材料补填嵌缝，粘贴牢固。

5　当墙板板面渗漏时，板面风化、酥松、蜂窝、孔洞周围松动等的混凝土应先剔除，并冲水清理干净，再用聚合物水泥防水砂浆分层抹压，面层涂布防水涂料。蜂窝、孔洞部位应先灌注C20细石混凝土，并用钢钎振捣密实后再抹压防水砂浆。

高层建筑外墙混凝土墙板渗漏，宜采用外墙内侧堵水维修，并应浇水湿润后，再嵌填或抹压聚合物水泥防水砂浆，涂布防水涂膜层。

6　对于上、下墙板连接处，楼板与墙板连接处坐浆灰不密实，风化、酥松等引起的渗漏，宜采用内堵水维修，并应先剔除松散坐浆灰，清理干净，再沿缝嵌填密封材料，密封应严密，粘结应牢固。

Ⅵ　细 部 修 缮

5.3.17　墙体变形缝渗漏维修应符合下列规定：

1　原采用弹性材料嵌缝的变形缝渗漏维修时，应先清除缝内已失效的嵌缝材料及浮灰、杂物，待缝内干燥后再设置背衬材料，然后分层嵌填密封材料，并应密封严密、粘结牢固。

2　原采用金属折板盖缝的外墙变形缝渗漏维修时，应先拆除已损坏的金属折板、防水层和衬垫材料，再重新粘铺衬垫材料，钉粘合成高分子防水卷材，收头处钉压固定并用密封材料封闭严密，然后在表面安装金属折板，折板应顺水流方向搭接，搭接长度不应小于40mm。金属折板应做好防腐蚀处理后锚固在墙体上，螺钉眼宜选用与金属折板颜色相近的密封材料嵌填、密封（图5.3.17）。

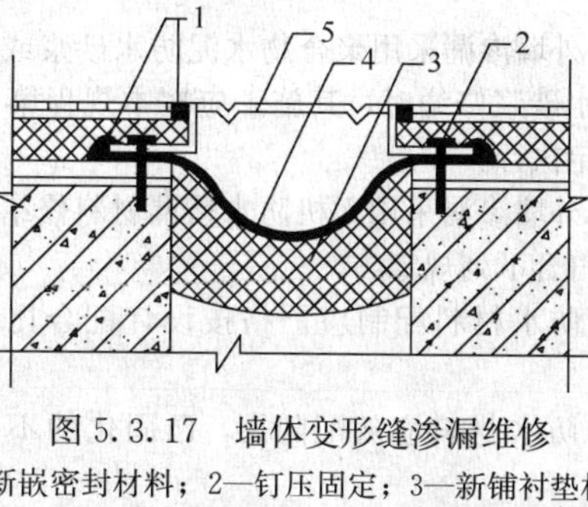

图5.3.17　墙体变形缝渗漏维修

1—新嵌密封材料；2—钉压固定；3—新铺衬垫材料；4—新铺防水卷材；5—不锈钢板或镀锌薄钢板

5.3.18 外装饰面分格缝渗漏维修，应嵌填密封材料和涂布高分子防水涂料。

5.3.19 穿墙管道根部渗漏维修，应用掺聚合物的细石混凝土或水泥砂浆固定穿墙管，在穿墙管外墙外侧的周边应预留出 20mm×20mm 的凹槽，凹槽内应嵌填密封材料（图 5.3.19）。

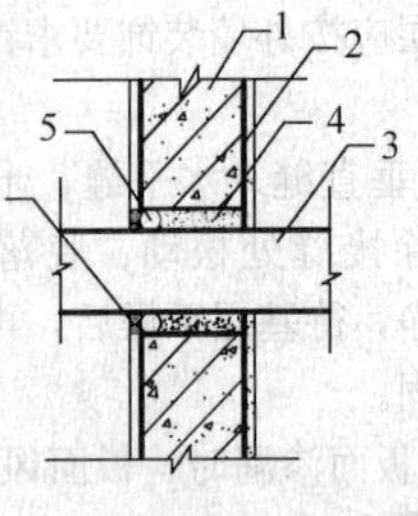

图 5.3.19 穿墙管根部渗漏维修

1—墙体；2—外墙面；3—穿墙管；4—细石混凝土或水泥砂浆；5—新嵌背衬材料；6—新嵌密封材料

5.3.20 混凝土结构阳台、雨篷根部墙体渗漏的维修应符合下列规定：

1 阳台、雨篷、遮阳板等产生倒泛水或积水时，可凿除原有找平层，再用聚合物水泥防水砂浆重做找平层，排水坡度不应小于 1%。当阳台、雨篷等水平构件部位埋设的排水管出现淋湿墙面状况时，应加大排水管的伸出长度或增设水落管。

2 阳台、雨篷与墙面交接处裂缝渗漏维修，应先在连接处沿裂缝墙上剔凿沟槽，并清理干净，再嵌填密封材料。剔凿时，不得重锤敲击，不得损坏钢筋。

3 阳台、雨篷的滴水线（滴水槽）损坏时，应重新修复。

5.3.21 女儿墙根部外侧水平裂缝渗漏维修，应先沿裂缝切割宽度为 20mm、深度至构造层的凹槽，再在槽内嵌填密封材料，并封闭严密。

5.3.22 现浇混凝土墙体穿墙套管渗漏，应将外墙外侧或内侧的管道周边嵌填密封材料，并封堵严密。

5.3.23 现浇混凝土墙体施工缝渗漏，可采用在外墙面喷涂无色透明或与墙面相似色防水剂或防水涂料，厚度不应小于 1mm。

5.4 施 工

5.4.1 外墙渗漏采用聚合物水泥防水砂浆或掺外加剂的防水砂浆修缮时，其施工应按本规程第 4.4.15 条的规定执行。

5.4.2 外墙渗漏采用无机防水堵漏材料修缮时，其施工应符合下列规定：

1 防水材料配制应严格按设计配合比控制用水量；

2 防水材料应随配随用，已固化的不得再次使用；

3 初凝前应全部完成抹压，并将现场及基层清理干净；

4 宜按照从上到下的顺序进行施工。

5.4.3 面砖与板材墙面面砖与板材接缝渗漏修缮的施工应符合下列规定：

1 接缝嵌填材料和深度应符合设计要求，接缝嵌填应连续、平直、光滑、无裂纹、无空鼓；

2 接缝嵌填宜先水平后垂直的顺序进行。

5.4.4 外墙墙体结构缺陷渗漏修缮应符合下列规定：

1 对于孔洞、酥松、外表等缺陷，应凿除胶结不牢固部分墙体，用钢丝刷清理，浇水湿润后用水泥砂浆抹平；

2 裂缝采用无机防水堵漏材料封闭；

3 清水墙修补后宜在水泥砂浆或细石混凝土修补后用磨光机械磨平。

5.4.5 外墙变形缝渗漏采用金属折板盖缝修缮时，其施工应符合下列规定：

1 止水带安装应在无渗漏水时进行；

2 基层转角处先用无机防水堵漏材料抹成钝角，并设置衬垫材料；

3 水泥钉的长度和直径应符合设计要求，宜采取防锈处理；安装时，不得破坏变形缝两侧的基层；

4 合成高分子卷材铺设时应留有变形余量，外侧装设外墙专用金属压板配件。

5.4.6 孔洞渗漏采用防水涂料及无机防水堵漏材料修缮的施工应符合本规程第 4.4.9 条～第 4.4.12 条和第 5.4.2 条的规定。

5.4.7 外墙裂缝渗漏修缮采用无机防水堵漏材料封堵裂缝渗漏的施工宜符合本规程第 5.4.2 条的规定；采用防水砂浆的施工应符合本规程第 4.4.15 条的规定。

5.4.8 外墙大面积渗漏修缮施工应符合下列规定：

1 抹压无机防水堵漏材料时，应先清理基层，除去表面的酥松、起皮和杂质，然后分多遍抹压无机防水涂料并形成连续的防水层；

2 涂布防水涂料时，应按照从高处向低处、先细部后整体、先远处后近处的顺序进行施工，其施工应符合本规程第 4.4.9 条～第 4.4.12 条的规定；

3 抹压防水砂浆修缮施工应符合本规程第 4.4.15 条的规定；

4 防水层修缮合格后，再恢复饰面层。

6 厕浴间和厨房渗漏修缮工程

6.1 一 般 规 定

6.1.1 本章适用于厕浴间和厨房等渗漏修缮工程。

6.1.2 厕浴间和厨房渗漏修缮宜在迎水面进行。

6.2 查 勘

6.2.1 厕浴间和厨房的查勘应包括下列内容：

1 地面与墙面及其交接部位裂缝、积水、空鼓等；

2 地漏、管道与地面或墙面的交接部位；

3 排水沟及其与下水管道交接部位等。

6.2.2 厕浴间和厨房的查勘时，应查阅相关资料，并应查明隐蔽性管道的铺设路径、接头的数量与位置。

6.3 修缮方案

6.3.1 厕浴间和厨房的墙面和地面面砖破损、空鼓和接缝的渗漏修缮，应拆除该部位的面砖、清理干净并洒水湿润后，再用聚合物水泥防水砂浆粘贴与原有面砖一致的面砖，并应进行勾缝处理。

6.3.2 厕浴间和厨房墙面防水层破损渗漏维修，应采用涂布防水涂料或抹压聚合物水泥防水砂浆进行防水处理。

6.3.3 地面防水层破损渗漏的修缮，应涂布防水涂料，且管根、地漏等部位应进行密封防水处理。修缮后，排水应顺畅。

6.3.4 地面与墙面交接处防水层破损渗漏维修，宜在缝隙处嵌填密封材料，并涂布防水涂料。

6.3.5 设施与墙面接缝的渗漏维修，宜采用嵌填密封材料的方法进行处理。

6.3.6 穿墙（地）管根渗漏维修，宜嵌填密封材料，并涂布防水涂料。

6.3.7 地漏部位渗漏修缮，应先在地漏周边剔出15mm×15mm的凹槽，清理干净后，再嵌填密封材料封闭严密。

6.3.8 墙面防水层高度不足引起的渗漏维修应符合下列规定：

1 维修后，厕浴间防水层高度不宜小于2000mm，厨房间防水层高度不宜小于1800mm；

2 在增加防水层高度时，应先处理加高部位的基层，新旧防水层之间搭接宽度不应小于150mm。

6.3.9 厨房排水沟渗漏维修，可选用涂布防水涂料、抹压聚合物水泥防水砂浆，修缮后应满足排水要求。

6.3.10 卫生洁具与给排水管连接处渗漏时，宜凿开地面，清理干净，洒水湿润后，抹压聚合物水泥防水砂浆或涂布防水涂料做好便池底部的防水层，再安装恢复卫生洁具。

6.3.11 地面因倒泛水、积水而造成的渗漏维修，应先将饰面层凿除，重新找坡，再涂刷基层处理剂，涂布涂膜防水层，然后铺设饰面层，重新安装地漏。地漏接口和翻口外沿应嵌填密封材料，并应保持排水畅通。

6.3.12 地面砖破损、空鼓和接缝处渗漏的维修，应先将损坏的面砖拆除，对基层进行防水处理后，再采用聚合物水泥防水砂浆将面砖满浆粘贴牢固并勾缝严密。

6.3.13 楼地面裂缝渗漏应区分裂缝大小，分别采用涂布有胎体增强材料涂膜防水层及抹压防水砂浆或直接涂布防水涂料的方式进行维修。

6.3.14 穿过楼地面管道的根部积水或裂缝渗漏的维修，应先清除管道周围构造层至结构层，再重新抹聚合物水泥防水砂浆找坡并在管根周边预留出凹槽，然后嵌填密封材料，涂布防水涂料，恢复饰面层。

6.3.15 墙面渗漏维修，宜先清除饰面层至结构层，再抹压聚合物水泥砂浆或涂布防水涂料。

6.3.16 卫生洁具与给排水管连接处渗漏维修应符合下列规定：

1 便器与排水管连接处漏水引起楼地面渗漏时，宜凿开地面，拆下便器，并用防水砂浆或防水涂料做好便池底部的防水层；

2 便器进水口漏水，宜凿开便器进水口处地面进行检查，皮碗损坏应更换；

3 卫生洁具更换、安装、修理完成后，应经检查无渗漏水后再进行其他修复工序。

6.3.17 楼地面防水层丧失防水功能严重渗漏进行翻修时，应符合下列规定：

1 采用聚合物水泥防水砂浆时，应将面层、原防水层凿除至结构层，并清理干净后。裂缝及节点应按本规程第6.3.2条～第6.3.5条的规定进行基层补强处理后，再分层抹压聚合物水泥防水砂浆防水层，然后恢复饰面层。

2 采用防水涂料时，应先进行基层补强处理，并应做到坚实、牢固、平整、干燥。卫生洁具、设备、管道（件）应安装牢固并处理好固定预埋件的防腐、防锈、防水和接口及节点的密封。应先做附加层，再涂布涂膜防水层，最后恢复饰面层。

6.4 施 工

6.4.1 厕浴间渗漏采用防水砂浆修缮的施工应按本规程第4.4.15条的规定执行。

6.4.2 厕浴间渗漏采用防水涂膜修缮的施工应按本规程第4.4.9条～第4.4.12条的规定执行。

6.4.3 穿过楼地面管道的根部积水或裂缝渗漏的维修施工应符合下列规定：

1 采用无机防水堵漏材料修缮施工应按本规程第5.4.2条的规定执行；

2 采用防水涂料修缮时应先清除管道周围构造层至结构层，重新抹压聚合物水泥防水砂浆找坡并在管根预留凹槽嵌填密封材料，涂布防水涂料应按本规程第4.4.9条～第4.4.12条的规定执行。

6.4.4 楼地面裂缝渗漏的维修施工应符合下列规定：

1 裂缝较大时，应先凿除面层至结构层，清理干净后，再沿缝嵌填密封材料，涂布有胎体增强材料涂膜防水层，并采用聚合物水泥防水砂浆找平，恢复饰面层；

2 裂缝较小时，可沿裂缝剔缝，清理干净，涂布涂膜防水层，或直接清理裂缝表面，沿裂缝涂布两遍无色或浅色合成高分子涂膜防水层，宽度不应小于100mm。

6.4.5 楼地面与墙面交接处渗漏维修，应先清除面层至防水层，并在基层处理后，再涂布防水涂料。立面涂布的防水层高度不应小于250mm，水平面与原防水层的搭接宽度不应小于150mm，防水层完成后应恢复饰面层。

6.4.6 面砖接缝渗漏修缮应按本规程第5.4.3条的规定执行。

6.4.7 楼地面防水层丧失防水功能严重渗漏应进行翻修，施工应符合下列规定：

1 采用聚合物水泥防水砂浆修缮时，应按本规程第4.4.15条的规定执行；

2 采用防水涂料修缮时应按本规程第4.4.9条～第4.4.12条的规定执行；

3 防水层修缮合格后，再恢复饰面层。

6.4.8 各种卫生器具与台面、墙面、地面等接触部位修缮后密封严密。

7 地下室渗漏修缮工程

7.1 一般规定

7.1.1 本章适用于混凝土及砌体结构地下室渗漏水的修缮工程。

7.1.2 地下室有积水时，宜先将积水抽干后，再进行查勘。

7.1.3 结构变形引起的裂缝，宜待结构稳定后再进行处理。

7.2 查 勘

7.2.1 混凝土及砌体结构地下室现场查勘宜包括下列内容：

1 墙地面、顶板结构裂缝、蜂窝、麻面等；

2 变形缝、施工缝、预埋件周边、管道穿墙（地）部位、孔洞等。

7.2.2 渗漏水部位的查找可采用下列方法：

1 渗漏水量较大或比较明显的部位，可直接观察确定；

2 慢渗或渗漏水点不明显的部位，将表面擦干后均匀撒一层干水泥粉，出现湿渍处，可确定为渗漏水部位。

7.3 修缮方案

7.3.1 根据查勘结果及渗水点的位置、渗水状况及损坏程度编制修缮方案。

7.3.2 地下室渗漏修缮宜按照大漏变小漏、缝漏变点漏、片漏变孔漏的原则，逐步缩小渗漏水范围。

7.3.3 地下室渗漏修缮用的材料应符合下列规定：

1 防水混凝土的配合比应通过试验确定，其抗渗等级不应低于原防水混凝土设计要求；掺用的外加剂宜采用防水剂、减水剂、膨胀剂及水泥基渗透结晶型防水材料等；

2 防水抹面材料宜采用掺水泥基渗透结晶型防水材料、聚合物乳液等非憎水性外加剂、防水剂的防水砂浆；

3 防水涂料的选用应符合国家现行标准《地下工程渗漏治理技术规程》JGJ/T 212的规定；

4 防水密封材料应具有良好的粘结性、耐腐蚀性及施工性能；

5 注浆材料的选用应符合国家现行标准《地下工程渗漏治理技术规程》JGJ/T 212的规定；

6 导水及排水系统宜选用铝合金或不锈钢、塑料类排水装置。

7.3.4 大面积轻微渗漏水和漏水点，宜先采用漏点引水，再做抹压聚合物水泥防水砂浆或涂布涂膜防水层等进行加强处理，最后采用速凝材料进行漏点封堵。

7.3.5 渗漏水较大的裂缝，宜采用钻斜孔注浆法处理，并应符合国家现行标准《地下工程渗漏治理技术规程》JGJ/T 212的规定。

7.3.6 变形缝渗漏修缮应符合国家现行标准《地下工程渗漏治理技术规程》JGJ/T 212的规定。

7.3.7 穿墙管和预埋件可先采用快速堵漏材料止水，再采用嵌填密封材料、涂布防水涂料、抹压聚合物水泥防水砂浆等措施处理。

7.3.8 施工缝可根据渗水情况采用注浆、嵌填密封材料等方法处理，表面应增设聚合物水泥防水砂浆、涂膜防水层等加强措施。

7.4 施 工

7.4.1 地下室渗漏水修缮施工应符合下列规定：

1 地下室封堵施工顺序应先高处、后低处，先墙身、后底板。

2 渗漏墙面、地面维修部位的基层应牢固，表面浮浆应清刷干净。

3 施工时应采取排水措施。

7.4.2 混凝土裂缝渗漏水的维修应符合下列规定：

1 水压较小的裂缝可采用速凝材料直接封堵。维修时，应沿裂缝剔出深度不小于30mm、宽度不小于15mm的U形槽。用水冲刷干净，再用速凝堵漏材料嵌填密实，使速凝材料与槽壁粘结紧密，封堵材料表面低于板面不应小于15mm。经检查无渗漏后，用聚合物水泥防水砂浆沿U形槽壁抹平、扫毛，再分层抹压聚合物水泥防水砂浆防水层。

2 水压较大的裂缝，可在剔出的沟槽底部沿裂缝放置线绳（或塑料管），沟槽采用速凝材料嵌填密实。抽出线绳，使漏水顺线绳导出后进行维修。裂缝较长时，可分段封堵，段间留 20mm 空隙，每段均用速凝材料嵌填密实，空隙用包有胶浆钉子塞住，待胶浆快要凝固时，将钉子转动拔出，钉孔采用孔洞漏水直接封堵的方法处理。封堵完毕，采用聚合物水泥防水砂浆分层抹压防水层。

3 水压较大的裂缝急流漏水，可在剔出的沟槽底部每隔 500mm～1000mm 扣一个带有圆孔的半圆铁片（PVC管），把胶管插入圆孔内，按裂缝渗漏水分段直接封堵。漏水顺胶管流出后，应用速凝材料嵌填沟槽，拔管堵眼，再分层抹压聚合物水泥防水砂浆防水层（图 7.4.2）。

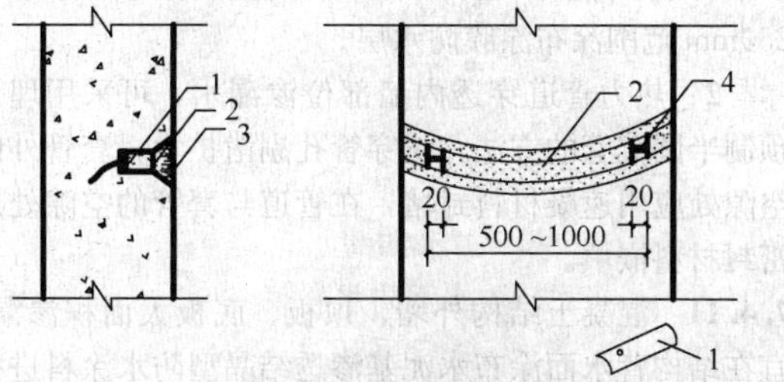

图 7.4.2 裂缝漏水下半圆铁片封堵

1—半圆铁片；2—速凝材料；3—防水砂浆；4—引流孔

4 局部较深的裂缝且水压较大的急流漏水，可采用注浆封堵，并应符合下列规定：

1）裂缝处理：沿裂缝剔成 V 形槽，用水冲刷干净。

2）布置注浆孔：注浆孔位置宜选择在漏水密集处及裂缝交叉处，其间距视漏水压力、漏水量、缝隙大小及所选用的注浆材料而定，间距宜为 500mm～1000mm。注浆孔应交错布置，注浆嘴用速凝材料嵌固于孔洞内。

3）封闭漏水部位：混凝土裂缝表面及注浆嘴周边应用速凝材料封闭，各孔应畅通，经注水检查封闭情况。

4）灌注浆液：确定注浆压力后（注浆压力应大于地下水压力 2～3 倍），注浆应按水平缝自一端向另一端，垂直缝先下后上的顺序进行。当浆液注到不再进浆，且邻近灌浆嘴冒浆时，应立即封闭，停止压浆，按顺序依次灌注直至全部注完。

5）封孔：注浆完毕，经检查无渗漏现象后，剔除注浆嘴，封堵注浆孔，再分层抹压聚合物水泥防水砂浆防水面层。

7.4.3 混凝土结构竖向或斜向贯穿裂缝渗漏水维修采用钻斜孔注浆时，应符合下列规定：

1 采用钻机钻孔时，孔径不宜大于 20mm，注浆孔可布置在裂缝一侧，或呈梅花形布置在裂缝两侧。钻斜孔角度 45°～60°，钻入缝垂直深度不应小于 150mm，孔间距 300mm～500mm（图 7.4.3）。

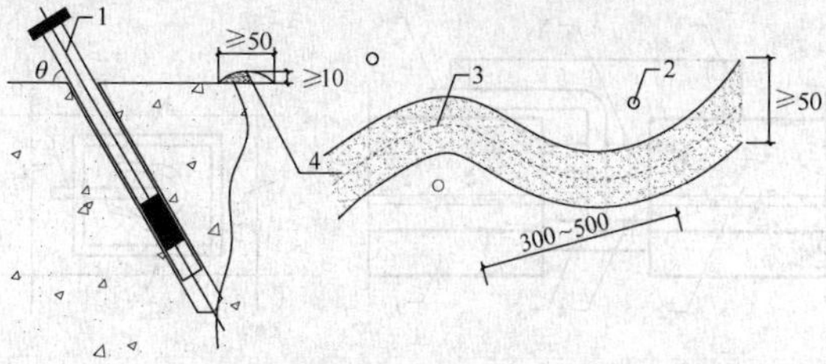

图 7.4.3 钻孔注浆示意图

1—注浆嘴；2—钻孔；3—裂缝；4—封缝材料

2 注浆嘴应根据钻孔深度及孔径大小要求优先采用单向止逆压环式注浆嘴注浆，注浆液应采用亲水性低黏度环氧浆液或聚氨酯浆液。

3 竖向结构裂缝灌浆顺序应沿裂缝走向自下而上依次进行。

4 注浆宜用低压注浆，压力 0.8MPa～1.0MPa，注浆孔压力不得超过最大注浆压力，达到设计注浆终压或出现漏浆且无法封堵时应停止注浆。注浆范围内无渗水后，按照设计要求加固注浆孔。

5 斜孔注浆裂缝较宽、钻孔偏浅时应封闭。采用速凝堵漏材料封闭时，宽度不宜小于 50mm，厚度不宜小于 10mm。

7.4.4 混凝土表面渗漏水采用聚合物水泥砂浆维修时，应先将酥松、起壳部分剔除，堵住漏水，排除地面积水，清除污物，其维修方法宜符合下列要求：

1 混凝土表面凹凸不平处深度大于 10mm，剔成慢坡形，表面凿毛，用水冲刷干净。面层涂刷混凝土界面剂后，应用聚合物水泥防水砂浆分层抹压至板面齐平，抹平压光。

2 混凝土蜂窝孔洞维修时，应剔除松散石子，将蜂窝孔洞周边剔成斜坡并凿毛，用水冲刷干净。表面涂刷混凝土界面剂后，用比原强度等级高一级的细石混凝土或补偿收缩混凝土嵌填捣实，养护后，应用聚合物水泥防水砂浆分层抹压至板面齐平，抹平压光。

3 混凝土表面蜂窝麻面，应用水冲刷干净。表面涂刷混凝土界面剂后，应用聚合物水泥防水砂浆分层抹压至板面齐平。

7.4.5 混凝土孔洞漏水的维修应符合下列规定：

1 水位小于等于 2m、孔洞不大，采用速凝材料封堵时。漏水孔洞应剔成圆槽，用水冲刷干净，槽壁涂刷混凝土界面剂后，应用速凝材料按本规程第 7.4.2 条第 1 款的要求封堵。经检查无渗漏后，应用聚合物水泥防水砂浆分层抹压至板面齐平。

2 水位在 2m～4m、孔洞较大，采用下管引水封堵时。将引水管穿透卷材层至碎石内引走孔洞漏水，用速凝材料灌满孔洞，挤压密实，表面应低于结构面不小于 15mm（图 7.4.5）。嵌填完毕，经检查无渗漏水后，拔管堵眼，再用聚合物水泥防水砂浆分层抹压至板面齐平。

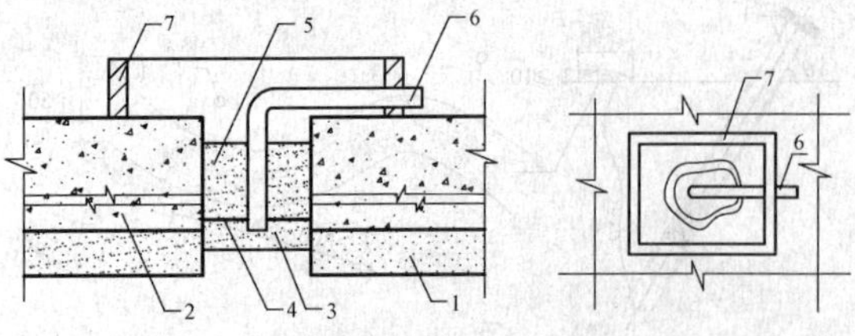

图 7.4.5 孔洞漏水下管引水堵漏

1—垫层；2—基层；3—碎石层；4—卷材；5—速凝材料；6—引水管；7—挡水墙

3 水位大于等于 4m、孔洞漏水水压很大时，宜采用木楔等堵塞孔眼，先将水止住，再用速凝材料封堵。经检查无渗漏后，再用聚合物水泥防水砂浆分层抹压密实。

7.4.6 砌体结构水泥砂浆防水层维修应符合下列规定：

1 防水层局部渗漏水，应剔除渗水部位并查出漏水点，封堵应符合本规程第 7.4.2 条～第 7.4.4 条的规定。经检查无渗漏水后，重新抹压聚合物水泥防水砂浆防水层至表面齐平。

2 防水层空鼓、裂缝渗漏水，应剔除空鼓处水泥砂浆，沿裂缝剔成凹槽。混凝土裂缝应按本规程第 7.4.2 条规定封堵。砖砌体结构应剔除酥松部分并清除干净，采用下管引水的方法封堵。经检查无渗漏后，重新抹压聚合物水泥防水砂浆防水层至表面齐平。

3 防水层阴阳角处渗漏水，维修可按本规程第 7.4.2 条第 1 款或第 2 款的规定执行，阴阳角的防水层应抹成圆弧形，抹压应密实。

7.4.7 变形缝渗漏水修缮施工应按国家现行标准《地下工程渗漏治理技术规程》JGJ/T 212 的规定执行。

7.4.8 施工缝渗漏水修缮施工应按国家现行标准《地下工程渗漏治理技术规程》JGJ/T 212 的规定执行。

7.4.9 预埋件周边渗漏水，应将其周边剔成环形沟槽，清除预埋件锈蚀，并用水冲刷干净，再采用嵌填速凝材料或灌注浆液等方法进行封堵处理。

对于受振动而造成预埋件周边出现的渗漏水，宜凿除预埋件，将预埋位置剔成凹槽，将替换的混凝土预制块表面抹防水层后，固定于凹槽内，周边应用速凝材料嵌填密实，分层抹压聚合物水泥防水砂浆防水层至表面齐平（图 7.4.9）。

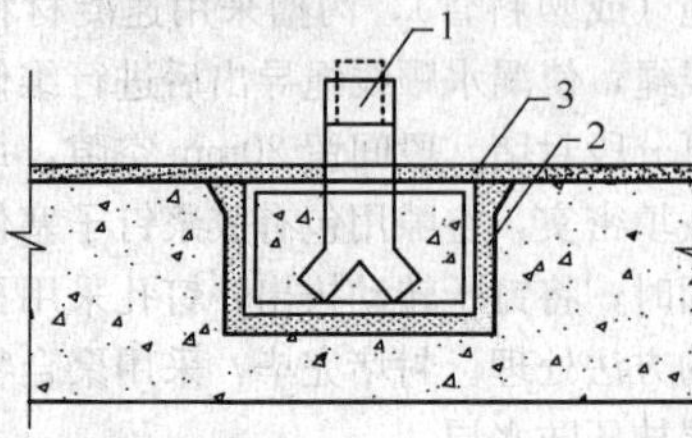

图 7.4.9 受振动的预埋件部位渗漏水维修

1—预埋件及预制块；2—速凝材料；3—防水砂浆

7.4.10 管道穿墙（地）部位渗漏水的维修应符合下列规定：

1 常温管道穿墙（地）部位渗漏水，应沿管道周边剔成环形沟槽，用水冲刷干净，宜用速凝材料嵌填密实，经检查无渗漏后，分层抹压聚合物水泥防水砂浆与基面嵌平；亦可用密封材料嵌缝，管道外 250mm 范围涂布涂膜防水层。

2 热力管道穿透内墙部位渗漏水，可采用埋设预制半圆套管的方法，将穿管孔剔凿扩大，套管外的空隙处应用速凝材料封堵，在管道与套管的空隙处用密封材料嵌填。

7.4.11 混凝土结构外墙、顶板、底板大面积渗漏，宜在结构背水面涂布水泥基渗透结晶型防水涂料进行维修，并应符合下列规定：

1 将饰面层凿除至结构层，将混凝土表面凿毛，基层应坚实、粗糙、干净、平整、无浮浆和明显积水。

2 对结构裂缝、施工缝、穿墙管等缺陷应先凿 U 形槽，槽宽 20mm，槽深 25mm，用水冲刷干净，表面无明水，槽内分层嵌填防水涂料胶浆料后，面层涂布防水涂料（图 7.4.11-1、图 7.4.11-2）。或按照本规程第 7.4.2 条或第 7.4.3 条的规定执行。

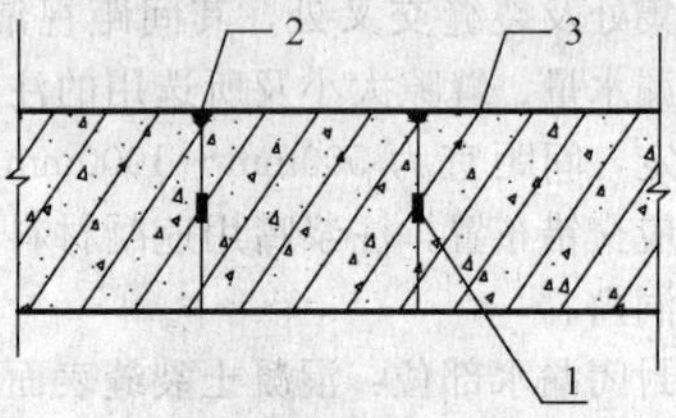

图 7.4.11-1 后浇带渗漏维修

1—遇水膨胀条；2—U 形槽嵌填水泥基渗透结晶型防水涂料胶浆；3—外墙结构（背水面）水泥基渗透结晶型防水涂料防水层

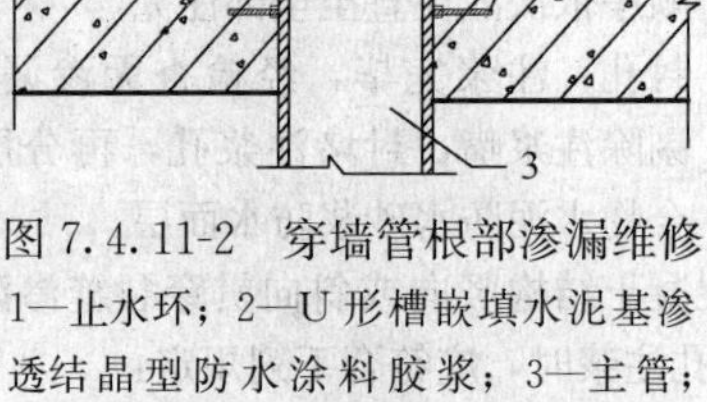

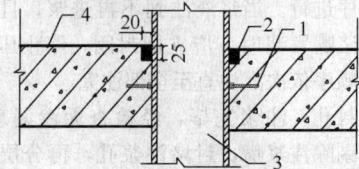

图 7.4.11-2 穿墙管根部渗漏维修

1—止水环；2—U 形槽嵌填水泥基渗透结晶型防水涂料胶浆；3—主管；4—外墙结构（背水面）水泥基渗透结晶型防水涂料防水层

3 蜂窝、孔洞、麻面等酥松结构，基层处理应按照本规程第7.4.4条第2款、第3款的规定执行。

4 大面积施工前先喷水湿润，但不得有明水现象，再分层涂布防水涂料，涂布应均匀，不允许漏涂和露底，接槎宽度不应小于100mm；涂料用量不应小于$1.5kg/m^2$，且厚度不应小于1.0mm。

5 涂布完工终凝后3h～4h或根据现场湿度，采用喷雾洒水养护，每天喷水养护（3～5）遍，连续3d，养护期间不得碰撞防水层。

7.4.12 地下室其他部位渗漏时，其施工应按国家现行标准《地下工程渗漏治理技术规程》JGJ/T 212的规定执行。

8 质量验收

8.0.1 房屋渗漏修缮施工完成后，应对修缮工程质量进行验收。

8.0.2 房屋渗漏修缮工程质量检验应符合下列规定：

1 整体翻修时应按修缮面积每$100m^2$抽查一处，每处$10m^2$，且不得少于3处。零星维修时可抽查维修工程量的20%～30%。

2 细部构造部位应全部进行检查。

8.0.3 对于屋面和楼地面的修缮检验，应在雨后或持续淋水2h后进行。有条件进行蓄水检验的部位，应蓄水24h后检查，且蓄水最浅处不得少于20mm。

8.0.4 房屋渗漏修缮工程质量验收文件和记录应符合表8.0.4的要求。

表8.0.4 房屋渗漏修缮工程质量验收文件和记录

序号	资料项目	资料内容
1	修缮方案	渗漏查勘与诊断报告，渗漏修缮方案、防水材料性能、防水层相关构造的恢复设计、设计方案及工程洽商资料
2	材料质量	质量证明文件：出厂合格证、质量检验报告、复验报告
3	中间检查记录	隐蔽工程验收记录、施工检验记录、淋水或蓄水检验记录
4	工程检验记录	质量检验及观察检查记录

主控项目

8.0.5 选用材料的质量应符合设计要求，且与原防水层相容。

检验方法：检查出厂合格证和质量检验报告等。

8.0.6 防水层修缮完成后不得有积水和渗漏现象，有排水要求的，修缮完成后排水应顺畅。

检验方法：雨后或蓄（淋）水检查。

8.0.7 天沟、檐沟、泛水、水落口和变形缝等防水层构造、保温层构造应符合设计要求。

检验方法：观察检查和检查隐蔽工程验收记录。

一般项目

8.0.8 卷材铺贴方向和搭接宽度应符合设计要求，卷材搭接缝应粘（焊）结牢固，封闭严密，不得有皱折、翘边和空鼓现象。卷材收头应采取固定措施并封严。

检验方法：观察检查。

8.0.9 涂膜防水层的平均厚度应符合设计要求，最小厚度不应小于设计厚度的80%。

检验方法：针刺法或取样量测。

8.0.10 嵌缝密封材料应与基层粘结牢固，表面应光滑，不得有气泡、开裂和脱落、鼓泡现象。

检验方法：观察检查。

8.0.11 瓦件的规格、品种、质量应符合原设计要求，应与原有瓦件规格、色泽接近，外形应整齐，无裂缝、缺棱掉角等残次缺陷。铺瓦应与原有部分相接吻合。

检验方法：观察检查。

8.0.12 抹压防水砂浆应密实，各层间结合应牢固、无空鼓。表面应平整，不得有酥松、起砂、起皮现象。

检验方法：观察检查。

8.0.13 上人屋面或其他使用功能的面层，修缮后应按照修缮方案要求恢复使用功能。

检验方法：观察检查。

9 安全措施

9.0.1 编制修缮方案时，应结合工程特点、施工方法、现场环境和气候条件等提出改善劳动条件和预防伤亡中毒等事故的安全技术措施。

9.0.2 开工前，应按安全技术措施向作业人员做书面技术交底，并签字。

9.0.3 在2m及以上高处作业无可靠防护设施时，应使用安全带。

9.0.4 屋面周边和既有孔洞部位应设置安全护栏，高处作业人员不得穿硬底鞋。

9.0.5 坡屋顶作业时，屋檐处应搭设防护栏杆并应铺设防滑设备。

9.0.6 渗漏修缮场所应保持通风良好。

9.0.7 修缮施工过程中遇有易燃、可燃物及保温材料时，严禁明火作业。

9.0.8 在不便人员出入的房屋渗漏修缮施工现场，应设置安全出入口和警示标志。

9.0.9 遇有雨、雪天及五级以上大风时，应停止露天和高处作业。

9.0.10 雨季施工的排水宜利用原有排水设施，必要时可修建临时排水设施。

9.0.11 脚手架应根据渗漏修缮工程实际情况进行设计和搭设，并应与建筑物建立牢固拉接。

9.0.12 施工现场临时用电应符合现行行业标准《施工现场临时用电安全技术规范》JGJ 46 的规定。

9.0.13 高处作业应符合现行行业标准《建筑施工高处作业安全技术规范》JGJ 80 的规定。

9.0.14 拆除作业应符合现行行业标准《建筑拆除工程安全技术规范》JGJ 147 的规定。

9.0.15 手持式电动工具应符合现行国家标准《手持式电动工具的管理、使用、检查和维修安全技术规程》GB/T 3787 的规定。

本规程用词说明

1 为便于在执行本规程条文时区别对待，对要求严格程度不同的用词说明如下：

1） 表示很严格，非这样不可的用词：

正面词采用“必须”，反面词采用“严禁”；

2） 表示严格，在正常情况下均应这样做的用词：

正面词采用“应”，反面词采用“不应”或“不得”；

3） 表示允许稍有选择，在条件许可时首先应这样做的用词：

正面词采用“宜”，反面词采用“不宜”；

4） 表示有选择，在一定条件下可以这样做的，采用“可”。

2 条文中指明应按其他有关标准执行的写法为：“应符合……的规定”或“应按……执行”。

引用标准名录

1 《屋面工程技术规范》GB 50345

2 《手持式电动工具的管理、使用、检查和维修安全技术规程》GB/T 3787

3 《施工现场临时用电安全技术规范》JGJ 46

4 《建筑施工高处作业安全技术规范》JGJ 80

5 《建筑拆除工程安全技术规范》JGJ 147

6 《地下工程渗漏治理技术规程》JGJ/T 212

中华人民共和国行业标准

房屋渗漏修缮技术规程

JGJ/T 53—2011

条 文 说 明

修订说明

《房屋渗漏修缮技术规程》JGJ/T 53-2011，经住房和城乡建设部2011年1月28日以第901号公告批准、发布。

本规程是在《房屋渗漏修缮技术规程》CJJ 62-95的基础上修订而成，上一版的主编单位是南京市房产管理局，参编单位是天津市房地产管理局、北京市房地产管理局、上海市房产管理局、武汉市房地产管理局、西安市房地产管理局，主要起草人是：孙家齐、蔡东明、吴洵都、童闯、韩世敏、徐益超、俞汉媛、贠志德。本次修订的主要技术内容是：总则，术语，基本规定，屋面渗漏修缮工程，外墙渗漏修缮工程，厕浴间和厨房渗漏修缮工程，地下室渗漏修缮工程，质量验收，安全措施。

本规程修订过程中，规程编制组进行了国内房屋渗漏修缮技术现状的调查研究，总结了我国工程建设房屋渗漏修缮的一般规定、查勘、修缮方案、施工和质量验收等方面的实践经验，同时参考了国外先进技术法规、技术标准，修订了本规程。

为便于广大设计、施工、科研、学校等单位有关人员在使用本规程时能正确理解和执行条文的规定，《房屋渗漏修缮技术规程》编制组按章、节、条顺序编制了本规程的条文说明，对条文规定的目的、依据以及执行中需注意的有关事项进行了说明。虽然，本条文说明不具备与规程正文同等的法律效力，但建议使用者认真阅读，作为正确理解和把握规程规定的参考。

目　次

1 总　　则

1.0.1 当前，我国的房屋建筑，不论是屋面，还是外墙、厕浴间和厨房、地下室等均存在不同程度的渗漏水现象，造成房屋渗漏的原因很多，综合起来分析，主要有设计、施工、材料和使用管理等四个方面。我国作为当前世界上最大的建筑市场，既有建筑保有量和年新建建筑量均十分庞大，既有建筑渗漏修缮已成为一项日常的工作。

由于渗漏修缮的对象主要是既有建筑物或构筑物，其查勘、修缮方案、施工和质量验收均与新建工程不同，既要遵循“材料是基础，设计是前提，施工是关键，管理维护要加强”的防水工程基本原则，更应做到“查勘仔细全面，分析严谨准确，方案合理可行，施工认真细致”。

房屋渗漏影响房屋的使用功能和住用安全，给国家造成巨大的经济损失。渗漏修缮工程由于措施不当，效果不好，以致出现年年漏、年年修，年年修、年年漏的现象。为规范房屋渗漏修缮，促进建筑防水、节能环保新技术的发展，确保房屋修缮质量，恢复房屋使用功能，在总结近年来国内工程实践经验的基础上，修订本规程。

1.0.2 本规程适用于既有房屋的屋面、外墙、厕浴间和厨房、地下室渗漏修缮工程，对渗漏修缮的查勘、修缮方案、材料选择、施工及质量验收都提出了明确的规定与要求。

根据现行国家标准《地下工程防水技术规范》GB 50108 对地下工程防水范围的界定，本规程将住宅、公共建筑的地下室渗漏修缮的技术措施在原规程基础上进行修订。其他地下工程的渗漏治理应按照现行行业标准《地下工程渗漏治理技术规程》JGJ/T 212 的有关规定执行。

鉴于当前我国屋面渗漏问题依然严重，本规程对卷材屋面、涂膜屋面、刚性屋面提出渗漏修缮的技术规定。同时增加瓦屋面渗漏修缮的技术规定。

环境保护和建筑节能，已经成为当前全社会不容忽视的问题，房屋渗漏修缮施工应符合国家和地方有关环境保护和建筑节能的规定。

1.0.3 本规程是在总结我国目前房屋渗漏修缮工程技术和行之有效的科研成果的基础上编制而成，本规程提出的查勘方法、方案设计、材料选择、技术措施、质量标准应符合国家现行技术政策，突出房屋渗漏修缮特点，结合实际，操作性强，为房屋渗漏修缮提供了技术依据。

房屋渗漏修缮工程应遵循“查勘是首要步骤，材料是基础、设计是前提、施工是关键、管理是保证”的综合治理原则。为使房屋建筑渗漏问题得到尽快解决，本规范将房屋渗漏修缮工程的修缮方案单列一节，并对有关章节的查勘内容、材料要求、修缮方案、施工、验收等内容均提出了要求，明确了房屋渗漏修缮工程设计、选材、施工和验收的技术规定。

渗漏修缮工艺因时、因地、因现场条件不同而异。本规程针对具体部位规定了一些具体的治理措施，编制修缮方案时根据实际情况应因地制宜、灵活掌握。防水工程是一项系统工程，与新建工程相比，渗漏修缮对设计、选材、施工的要求更高，必须合理、综合运用各种防、排水手段才可能杜绝渗漏的发生，确保工程质量。

1.0.4 本规程系国家行业标准，突出了房屋渗漏修缮技术特色，是各类房屋渗漏修缮工程规范化、科学化的依据，为确保工程质量，必须严格贯彻执行。

在执行本规程时，尚应符合国家现行标准的有关规定，详见引用标准名录。

对于建筑美学及舒适、节能的不断追求使得建筑防水工程的内涵不断拓宽，难度逐渐加大，防水工程与建筑结构、保温、加固、装饰装修等专业的关系日益密切。执行本规程时，尚应符合现行国家标准《屋面工程技术规范》GB 50345、《屋面工程质量验收规范》GB 50207、《地下工程防水技术规范》GB 50108、《地下防水工程质量验收规范》GB 50208、《混凝土结构加固设计规范》GB 50367 等的规定。

2 术　　语

根据住房和城乡建设部《关于印发〈工程建设标准编写规定〉的通知》（建标［2008］182 号）第二十三条的规定，标准中采用的术语和符号，当现行标准中尚无统一规定，且需要给出定义或涵义时，可独立成章，集中列出。按照该规定规程本次修订时增加该章内容。本规程的术语是从房屋渗漏修缮查勘、修缮方案、施工、验收的角度赋予其涵义的，将本规程中尚未在其他国家标准、行业标准中规定的术语单独列出，如渗漏修缮、查勘、维修、翻修等，为房屋渗漏修缮工程的特色用语。

3 基 本 规 定

3.0.1 现场查勘是全面掌握房屋渗漏情况的首要步骤，由使用方或监理单位、物业单位、施工单位等参加。现场查勘结束后应根据现场查勘结果、技术资料、修缮合同等撰写现场查勘书面报告，并包括渗漏原因、判断依据、漏水部位等内容。现场查勘书面报告是编制修缮方案的主要依据。

3.0.2 房屋渗漏修缮的成功与否，现场查勘起了决定性作用，本条规定了现场查勘应包括的内容，从使用环境、渗漏水、细部构造及影响结构安全和使用功能等方面均作了明确规定。但由于渗漏修缮工程的工程量相差悬殊，查勘内容可根据工程实际情况进行选择取舍。

3.0.3 现场查勘方法主要采用走访、观察等，仪器检测可作为辅助手段，必要时可采用取样的方法。取样通常是在特殊情况下才能采用的，但为了避免因破坏防水层而引起更严重的渗漏，一般不采用取样的方法。同时本条对渗漏查勘的基本内容及要求均作出了规定，查勘时可根据具体工程实际情况选用。

3.0.4 收集原防水设计、防水材料、施工方案等工程技术资料是编制修缮方案重要的前期工作，这些资料对正确分析造成房屋渗漏的原因具有非常重要的作用，现场查勘时一定要注意收集。

3.0.5 修缮方案是确定房屋渗漏修缮工程报价、工期、质量的基础性文件，其技术性、经济性应合理、可行。修缮方案应明确采用维修措施还是翻修措施，并明确修缮目标，即修缮后工程总体防水等级及相应的设防要求，具体可参照现行国家标准《屋面工程技术规范》GB 50345的相关要求，修缮方案中明确修缮设防等级的，施工应符合该设计要求。

1 细部节点是防水工程的重要部位，渗漏往往与细部节点的防水失败有关。因此，规定细部修缮措施是一项重要工作。

2 需增强原有排水功能时，应在修缮方案中注明排水系统的设计和选材要求。

3 为杜绝使用不合格防水材料，修缮方案中应列出选用防水材料的主要物理性能，以方便监督管理。

6～7 根据现场实际情况，防水层、保温层等修缮完工后应根据修缮合同或协议要求恢复使用功能。

3.0.6 房屋渗漏修缮是因为结构损坏造成时，应首先保证房屋结构安全，根据另行设计的修缮方案先进行结构修复合格后，再进行渗漏修缮。

渗漏修缮禁止采用对房屋结构安全有影响的工艺和材料，同时禁止随意增加屋面及阳台荷载等行为。否则便失去房屋渗漏修缮的意义。渗漏修缮施工时应充分利用既有完好的排水设施，必要时才可另行设计排水措施。

渗漏修缮工程应优先选用符合国家“节能减排”政策要求的建筑材料，修缮施工安全文明，减少或避免有毒废弃物排放。

3.0.7 材料选用是房屋渗漏修缮工程的基础，选用的材料要根据工程环境条件和工艺的可操作性选择，因地制宜、经济合理，推广应用新技术并限制、禁止使用落后的技术。

3.0.8 本条列举了目前国内现阶段经常采用的修缮材料和修缮施工方法：包括铺贴防水卷材、涂布防水涂料、嵌填密封材料、抹压刚性防水材料等，同时推荐防水材料复合使用，刚柔相济，提高防水性能。

3.0.9 根据渗漏修缮工程的特点及常用材料种类，对修缮材料的质量、性能指标、试验方法等选用时可对照相应标准执行。

3.0.10 渗漏修缮施工是对防水材料进行再加工的专业性施工活动之一，专业施工队伍和作业人员必须具备相应的资格后才能承担该项工作。

3.0.11 修缮方案是保证渗漏修缮质量的基本依据，施工前进行书面技术、安全交底是指导操作人员全面正确理解修缮方案，严格执行修缮工艺，确保修缮质量安全的重要措施。

防水层维修后每道防水构造层次必须封闭（交圈），并应做好新旧防水层搭接密封处理工作，使两者成为一体，确保防水系统的完整性。现存的原有完好防水层已基本适应使用环境要求，维修施工时应禁止破坏，同时也减少了建筑垃圾排放量。

渗漏修缮的隐蔽工程如基面处理、新旧防水层搭接宽度等，施工时应随时检查，发现问题及时纠正，验收不合格不得进行下道工序施工。

渗漏修缮有使用功能要求时，如屋面、厕浴间和厨房等修缮完工后应基本恢复原使用功能。

3.0.12 渗漏修缮工程严禁使用不合格的材料。因渗漏修缮工程中实际材料用量差异较大，本条规定翻修或大面积维修工程材料必须进行现场抽检并提交检测报告。重要房屋和防水要求高的渗漏修缮工程，由委托方和施工方协商是否进行现场复验。

3.0.13 修缮施工过程中的隐蔽工程验收，有利于及时发现质量隐患并得以纠正。

4 屋面渗漏修缮工程

4.1 一般规定

4.1.1 根据现行国家标准《屋面工程技术规范》GB 50345常用屋面分类，本条分别规定了卷材防水屋面、涂膜防水屋面、瓦屋面、刚性防水屋面的渗漏维修和翻修措施。本次修订弱化了刚性防水屋面的技术内容，增加了瓦屋面和保温隔热屋面的渗漏修缮措施。

4.1.2 屋面防水层位于结构迎水面，具备从迎水面进行修缮的基本条件。随着屋面结构和使用功能的日趋复杂，在迎水面修缮较容易发现防水层和细部节点的质量弊病，有利于纠正原质量隐患。

4.1.3 屋面渗漏修缮施工首先要处理好基层，本条对基层处理提出严格要求、施工时应遵照执行。检查基层是否干燥的简易方法：将1m^{2}卷材平铺在基层上，待（3～4）h后掀开检查，基层被覆盖部位及卷材上均无水印为合格。

4.1.4 屋面局部维修要采取分隔措施，当具备条件时，屋面渗漏修缮应在背水面相应增设导排水设施，贯彻“防排结合、以排为主”的防水理念，保证防水效果。

4.1.5 屋面渗漏修缮的目的是恢复或改进屋面原有使用功能，修缮时增加荷载将直接影响房屋结构安全，增加安全隐患。实际工程中需增加荷载或改变原屋面使用功能时必须事先征得业主同意并经设计验算后进行。

4.1.6 修缮方案是修缮施工的基本依据，必须严格执行。修缮施工中，应做好节点附加层及嵌缝处理，卷材防水层的收头应固定牢固，并用密封材料密封严密，涂膜防水层的收头应多遍涂刷，搭接严密。

4.1.7 下雨或天气寒冷时将直接影响渗漏修缮质量，雨期施工时要做好的防雨遮盖和排水工作，冬期施工要采取防冻保温措施。

4.2 查　勘

4.2.1 调查表明，70%的屋面渗漏是由细部构造的防水处理措施不当或失败而造成的。天沟、檐沟等细部构造部位是容易出现渗漏的部位。屋面排水系统设计不合理、施工质量隐患或排水不顺畅等造成积水渗漏的应全部检查。

4.2.2 卷材和涂膜防水屋面渗漏查勘内容包括重点检查的部位、弊病及检查中应注意的问题。同时还应重点检查排水比较集中的部位，如天沟、檐口、檐沟、屋面转角处以及伸出屋面管道周围等。

4.2.3 瓦屋面渗漏查勘应重点检查瓦件自身质量缺陷、节点部位、施工质量弊病等，可采用雨天室内观察的方法查找渗漏部位。瓦屋面渗漏一般多发生在屋脊、泛水、上人孔等部位。

4.2.4 刚性屋面渗漏查勘应从顶层室内观察顶棚、墙体部分，记录漏水位置以及渗漏现象。对分格缝特别是女儿墙、檐沟、排水系统等部位进行检查，一般可采用浇水法。屋面渗漏部位大多数情况下内外不对应，应综合分析，确定渗漏部位。

刚性屋面渗漏一般发生在天沟、纵横分格缝交叉处、屋面与墙（管道）交接处等部位。

4.3 修缮方案

Ⅰ　选材及修缮要求

4.3.1 在修缮前必须综合分析、查清渗漏原因，主要从选用材料、节点构造及防水做法上入手查清渗漏部位，对症下药，采用科学、有效的渗漏修缮技术措施，解决屋面渗漏。

综合考虑经济和社会效益等因素，房屋重要程度实质上已经决定了渗漏修缮的标准——是维修还是翻修，故本次修订增加了该项指标。

4.3.2 本条给出了屋面工程渗漏修缮选用材料的原则，相关内容参考了现行国家标准《屋面工程质量验收规范》GB 50207 的规定。选用防水材料时，根据原屋面防水层做法、渗漏现状、特征以及施工条件、经济条件、工程造价等因素选择适宜的材料。最终选用的防水材料应是最适宜渗漏修缮且对原防水层破坏最小，同时产生建筑垃圾最少的。

4.3.3 本条规定是为了充分发挥材料各自的优势，实现最优防水性能。屋面渗漏修缮推荐多种材料复合使用，刚柔相济，综合治理，实现渗漏修缮目的。当不同材料复合使用时，相互间不能出现材料性能劣化、丧失功能的不良反应，如溶胀、降解、硌破等现象。

4.3.4 瓦件一般与配套材料配套使用，本条规定修缮时要尽量选用统一规格的瓦件及配套材料，且优先选用原厂同规格瓦件。

4.3.5 柔性防水层包括卷材或涂膜防水层，修缮防水层破损及裂缝时要选用与原防水层相容、耐用年限相匹配的防水材料或选用两种及以上材料复合使用。

4.3.6 维修涂膜防水层裂缝时，涂布带有胎体增强材料的目的是提高防水层适应基层变形的能力。

4.3.7 柔性材料主要指卷材、涂料、密封材料。刚性材料主要有掺无机类和有机类材料两大类：掺无机类材料如防水宝、膨胀剂、UEA 等，掺有机类材料有 EVA、丙烯酸、聚氨酯、环氧树脂等其他聚合物材料。

聚合物水泥防水砂浆的配制：

1 聚合物水泥防水砂浆是由水泥、砂和一定量的橡胶胶乳或树脂乳液以及稳定剂、消泡剂等助剂经搅拌混合配制而成。

2 聚合物水泥防水砂浆的各项性能在很大程度上取决于聚合物本身的特性及其在砂浆中的掺入量。聚合物水泥防水砂浆的质量应符合《聚合物水泥防水砂浆》JC/T 984 的规定。

3 聚合物水泥防水砂浆的配制：

聚合物水泥防水砂浆主要由水泥、砂、乳胶等组成，其参考配合比可参见表 1。

表 1　聚合物水泥防水砂浆参考配合比

用　途	参考配合比（重量比）			涂层厚度（mm）
	水泥	砂	聚合物	
防水层材料	1	2～3	0.3～0.5	5～20
新旧混凝土或砂浆接缝材料	1	0～1	>0.2	—
修补裂缝材料	1	0～3	>0.2	—

柔性防水材料宜用于防水层裂缝、分格缝、构造节点及复杂部位的处理。刚性防水材料宜用于防水面层风化修补或翻修防水层，不宜用做防水层裂缝或分格缝的维修。

4.3.8 瓦件被大风掀起、脱落会造成质量安全事故，更换新瓦件时应按照现行国家标准《屋面工程技术规范》GB 50345 的规定采取固定加固措施。

4.3.9 刚性防水层上宽度小于 0.2mm 的裂缝可以通过低压注入高渗透性改性环氧树脂灌浆材料等方法修缮，其灌浆压力不应大于 0.2MPa。

4.3.10 防水卷材是应用最为广泛的防水材料，也是渗漏修缮的主要材料。卷材厚度和新旧卷材、卷材与涂膜防水层的搭接宽度决定了修缮后防水层质量。新铺卷材必须具有足够的厚度，才能保证修缮的可靠性和耐久性。搭接宽度、搭接缝密封是实现整体性防水系统的重要环节，为保证搭接宽度，确保修缮质量，维修防水层搭接宽度统一按照最小 100mm 的规定取值，使用时应严格掌握。翻修的防水层搭接宽度同新建工程。国家有关建筑防水材料标准的现行版本见表 2。

表 2 国家有关建筑防水材料标准的现行版本

类别	标准名称	标准号
沥青防水卷材	(1) 弹性体改性沥青防水卷材	GB 18242-2008
	(2) 塑性体改性沥青防水卷材	GB 18243-2008
	(3) 改性沥青聚乙烯胎防水卷材	GB 18967-2009
	(4) 自粘聚合物改性沥青防水卷材	GB 23441-2009
	(5) 带自粘层的防水卷材	GB/T 23260-2009
	(6) 预铺/湿铺防水卷材	GB 23457-2009
	(7) 沥青基防水卷材用基层处理剂	JC/T 1069-2008
高分子防水卷材	(1) 聚氯乙烯防水卷材	GB 12952-2003
	(2) 高分子防水材料 第1部分：片材	GB 18173.1-2006
	(3) 高分子防水卷材胶粘剂	JC 863-2000
防水涂料	(1) 聚氨酯防水涂料	GB/T 19250-2003
	(2) 水乳型沥青防水涂料	JC/T 408-2005
	(3) 聚合物乳液建筑防水涂料	JC/T 864-2008
	(4) 聚合物水泥防水涂料	GB/T 23445-2009
	(5) 喷涂聚脲防水涂料	GB/T 23446-2009
	(6) 建筑表面用有机硅防水剂	JC/T 902-2002
	(7) 混凝土界面处理剂	JC/T 907-2002
密封材料	(1) 硅酮建筑密封胶	GB/T 14683-2003
	(2) 聚氨酯建筑密封胶	JC/T 482-2003
	(3) 聚硫建筑密封胶	JC/T 483-2006
	(4) 丙烯酸酯建筑密封胶	JC/T 484-2006
	(5) 丁基橡胶防水密封胶粘带	JC/T 942-2004
刚性防水材料	(1) 水泥基渗透结晶型防水材料	GB 18445-2001
	(2) 无机防水堵漏材料	GB 23440-2009
	(3) 砂浆、混凝土防水剂	JC 474-2008
	(4) 聚合物水泥防水砂浆	JC/T 984-2005
瓦	(1) 玻纤胎沥青瓦	GB/T 20474-2006
	(2) 混凝土瓦	JC/T 746-2007
	(3) 烧结瓦	GB/T 21149-2007
灌浆材料	(1) 混凝土裂缝用环氧树脂灌浆材料	JC/T 1041-2007
	(2) 聚氨酯灌浆材料	JC/T 2041-2010
发泡填充材料	(1) 单组分聚氨酯泡沫填缝剂	JC 936-2004
防水材料试验方法	(1) 建筑防水卷材试验方法	GB/T 328.1-2007～GB/T 328.27-2007
	(2) 建筑胶粘剂通用试验方法	GB/T 12954-1991
	(3) 建筑密封材料试验方法	GB/T 13477.1-2002～GB/T 13477.20-2002
	(4) 建筑防水涂料试验方法	GB/T 16777-2008
	(5) 建筑防水材料老化试验方法	GB 18244-2000

4.3.11 渗漏修缮施工对防水材料的粘结性能要求较高，粘结性能必须符合本条列表的规定。相关内容参考了现行国家标准《屋面工程质量验收规范》GB 50207 的规定。

4.3.12 厚度和搭接宽度是涂膜防水层质量的主要技术指标，为有效控制涂膜防水层修缮质量，本条列出了涂膜防水层的厚度和新旧防水层搭接的要求，设计施工时应严格执行。翻修时防水层搭接宽度同新建工程。

涂膜厚度是影响防水质量的关键因素，大面积施工前应经过试验，规定出每平方米最低材料用量。

4.3.13 屋面保温层局部维修时，将已浸水的保温层清除干净，更换聚苯板保温层。不具备拆除条件时，为防止温度变化导致防水层产生鼓胀而发生局部破坏，引起重复渗漏，有条件的工程可增设排水、排汽措施，具体做法可参照现行国家标准《屋面工程技术规范》GB 50345 的有关规定。

4.3.14 防水层翻修前，首先应根据原屋面现状及破损程度来确定防水层、找平层的处理方法。翻修时可考虑采用保留和铲除原防水层两种措施，修缮施工应优先考虑符合“节能减排”要求的技术措施，即采用保留原防水层的翻修措施。屋面防水层翻修同新建工程，防水层可采用卷材、涂料或复合使用。

Ⅱ 卷材防水屋面

4.3.15 渗漏点较少或分布较零散的天沟、檐沟卷材开裂时应局部维修，渗漏点较多或分布较集中严重渗漏时应翻修。修缮采用铺设卷材或涂布涂膜防水层。一般情况下，将原防水层覆盖搭接在新铺设防水层上面很难做到，实际多采用新铺防水层直接覆盖原防水层。

4.3.16 屋面泛水的防水功能与原屋面防水材料、防水构造及女儿墙结构密切相关。女儿墙、立墙等与屋面基层连接处易出现开裂渗漏，采用铺设卷材或涂布涂料维修，新旧防水层形成整体。墙体泛水处张口等渗漏维修时应按现行国家标准《屋面工程技术规范》GB 50345 的规定将防水层收头重新固定并密封。

4.3.17 现浇或预制女儿墙压顶渗漏，应结合渗漏实际情况，分别采用抹压防水砂浆或加扣金属盖板进行防水处理。

4.3.18 变形缝是为了防止因温差、沉降等因素使建筑物产生变形、开裂破坏而设置的构造缝。根据变形缝两片挡墙上部高度是否相同，分屋面和高低跨变形缝，其渗漏原因和维修方法基本相同。两侧卷材防水层根部损坏，雨水顺变形缝两侧墙体向室内渗透导致渗漏，维修时应选用具有良好强度、断裂延伸率和耐候性好的高分子防水卷材恢复防水构造，变形缝顶部加扣混凝土盖板或金属盖板，做好排水措施。

4.3.19 由于水落口与混凝土的膨胀系数不同，环境温度变化热胀冷缩导致水落口周围产生裂缝发生渗漏。渗漏原因因水落口的安装形式而异，修缮方法也不同。本条对横式和直式水落口的维修方法分别列出，供维修时选用。

4.3.20 伸出屋面管道与混凝土易在结合部位产生缝隙，导致防水层开裂产生渗漏。维修方法是在迎水面管道根部将原防水层等清除至结构层，管道四周剔成凹槽并修整找平层，锥台损坏的先修补完好，槽内嵌填密封材料。本条规定新旧防水层的最小搭接宽度为200mm，使用时应严格掌握。

4.3.21 卷材防水层引起裂缝的主要原因是屋面结构应力及温度变化造成屋面板应力变化，一般裂缝维修时沿缝覆盖铺设卷材或涂布带有胎体增强材料涂膜防水层。对有规则性裂缝的维修处理，应力集中、变形大的裂缝部位干铺一层卷材做缓冲层处理，涂膜防水隔离层采用空铺或单边点粘的方法处理，其目的就是满足和适应裂缝的伸缩变化。

4.3.22 原卷材接缝处存在施工质量隐患已张口、开裂而导致渗漏，卷材未严重老化时应保留，不得随意割除，重新热熔粘结固定即可，严重损坏时需割除，面层采用满粘法覆盖一层卷材，搭接缝密封应严密。

4.3.23 卷材与基层粘贴不实、窝有水分或气体时，受热后体积膨胀导致防水层起鼓。维修时将鼓泡割除，基层晾干后覆盖铺设一层卷材，搭接平整严密即可。

4.3.24 卷材防水层局部过早老化损坏且丧失防水功能时，应选用高聚物改性沥青卷材或防水涂料维修。先将开裂、剥落、收缩、腐烂部位的卷材清除，基层牢固、无浮灰，提高防水层与基层之间的粘结力。搭接缝采用耐热性能好的胶粘剂密封，新旧卷材搭接宽度不得小于100mm。

4.3.25 经过多次大修或较长使用年限，屋面防水层大面积老化、严重渗漏、丧失防水功能时，应将原防水层全部铲除。在屋面荷载允许的情况下，可保留原防水层，先对裂缝、节点及破损部位进行修补处理后，在原防水层上空铺或机械固定覆盖铺设新防水层。

Ⅲ 涂膜防水屋面

4.3.26 泛水处渗漏包括根部和防水层收口处开裂渗漏两种情况。维修时可参照卷材屋面泛水渗漏维修方法执行，但涂膜防水层应增设带有胎体增强材料的附加层。多种原因导致屋面泛水一般达不到设计高度，修缮施工时应予以纠正，修缮完工后泛水高度应大于或等于250mm。

4.3.27 天沟、水落口是雨水汇集部位，同时也是防水的重要部位且易发生渗漏，维修时密封防水及附加层处理措施必须满足修缮方案的要求。

4.3.28 涂膜防水层裂缝一般有两种：有规则和无规则裂缝。有规则通长直裂缝可直接导致屋面雨水浸入，对于此类裂缝维修时应注意以下两点：

1 处理找平层时，对裂缝较宽部位，应嵌填密封材料。

2 铺防水层前，应沿裂缝通常干铺或点粘隔离层。该做法可适应基层的伸缩变形，能较好地起到缓冲作用，是解决有规则裂缝渗漏的有效措施。

4.3.29 防水层起鼓一般为圆形或椭圆形，也有树枝形，且大小不一。多数鼓泡出现在向阳的屋面平面部位，泛水部位也有发生。鼓泡的一般维修方法是割除，老化、腐烂时应视损坏程度决定采用保留或铲除起鼓部位原防水层修缮措施。

4.3.30 防水层翻修前，应视防水层损坏程度决定采用保留原防水层或是全部铲除的修缮措施。

Ⅳ 瓦 屋 面

4.3.31 目前屋面瓦与山墙交接部位的防水处理主要采用的是柔性防水层，其渗漏维修可参照女儿墙泛水执行。

4.3.32 本条分别规定了现浇和预制两种结构形式的天沟、檐沟渗漏水的维修措施。预制的天沟、檐沟主要包括镀锌薄钢板或不锈钢等材料压制成型的成品，维修时将损坏严重的原天沟、檐沟整体拆除予以更换即可。

4.3.33 瓦屋面出现渗漏的原因一般是瓦件本身质量缺陷、施工质量弊病、瓦缝密封不严等，修缮时应针对具体问题，采取相应措施。

1 瓦件本身质量问题如裂纹、缺角、破损、风化时，应拆除旧瓦件更换新瓦件。

2 瓦件松动时必须重新铺挂瓦件，清除原施工弊病，固定牢固。瓦件大面积严重渗漏时应整体翻修。

4.3.34 沥青瓦局部老化、破裂、缺损时，应更换新瓦。沥青瓦大面积老化丧失防水功能时应进行翻修。

Ⅴ 刚性防水屋面

4.3.35 刚性屋面泛水部位渗漏采用柔性防水材料维修，接缝及裂缝处应先嵌填密封材料增强防水能力，同时铺设附加层及密封处理应符合修缮方案要求。

4.3.36 刚性防水层分格缝渗漏可采取沿缝嵌填密封

材料，铺设卷材或涂布有胎体增强材料涂膜防水层三种修缮措施。分格缝渗漏维修时应注意：

1 分格缝中的原有密封材料如嵌填不实或已变质失效，应剔除干净，必要时可用喷灯烧除并清理干净。变形中的分格缝，维修时缝上防水层应空铺或点粘法施工。

2 原施工分格缝漏设的，修缮时应纠正，割缝至找平层，防水层应完全断开（有钢筋时要剪断）。宽度宜为（20～40）mm，横截面宜成倒梯形，缝壁混凝土应无损坏现象。

4.3.37 本条对刚性防水层混凝土表面局部损坏部位提出了表面凿毛、浇水湿润的要求，目的是增强抹压聚合物水泥防水砂浆与基层的粘结力。

4.3.38 刚性防水层维修裂缝的方法与其性质、特点及所处的位置有关，本条对维修裂缝的常用方法作了规定。

结构裂缝一般发生在屋面板拼接缝处，并穿过防水层而上下贯通，即有规则的通长的裂缝。对于其他裂缝如因水泥收缩产生的龟裂，受撞击或震动导致的裂缝，一般是不规则的、断续的裂缝。

裂缝一般采用柔性材料进行修缮。采用卷材或涂膜防水层维修时，应沿缝增铺隔离层，以适应裂缝变形的应力变化。

4.3.39 刚性防水层大面积严重渗漏、防水层丧失防水功能时应进行翻修，可采用柔性防水材料或刚柔防水材料复合使用的修缮措施。先将原防水层裂缝、节点、渗漏部位及板缝处进行修整合格后再进行翻修。

4.4 施　工

4.4.1 基层处理是做好防水工作的基本要求，应按照所选用的修缮材料及施工工艺的不同而不同。

4.4.2 本条规定了基层处理剂配制及施工的要求，修缮时可参照执行。

4.4.3～4.4.8 分别规定了屋面防水卷材渗漏时，采用高聚物改性沥青防水卷材热熔法、合成高分子防水卷材冷粘法、焊接和机械固定法等防水卷材和采用防水涂膜修缮施工的要点。施工时可参照执行。

铺设防水层前在阴阳角、转角等部位做附加层。卷材防水层维修采用满粘法施工时，卷材与基层、卷材、搭接缝的粘结及密封质量决定了防水层施工质量。

4.4.9 涂膜厚度是影响防水质量的关键因素，涂膜厚度必须符合国家现行有关标准的规定。涂膜施工前应经过试验，确定达到设计厚度要求的每平方米最低材料用量。

目前社会上薄质涂料较多，薄质涂料涂刷时，必须待上遍涂膜实干后才能进行下一遍涂膜施工。涂膜施工一般不宜在气温较低的条件下施工，由于涂膜厚度大，涂层内部不易固化。强风下施工，基层不易清扫干净，涂刷时，涂料易被风吹散。

天沟、檐沟渗漏修缮时，原排水坡度不符合设计要求时应纠正，"防排结合"，应重视排水措施。

4.4.10～4.4.12 分别规定了涂膜防水层渗漏采用高聚物改性沥青防水涂膜修缮、合成高分子防水涂膜修缮、聚合物水泥防水涂膜修缮施工的要点，施工时应遵照执行。

4.4.13 本条规定了屋面防水层渗漏采用合成高分子密封材料修缮施工的要点，施工时应遵照执行。

4.4.14 本条规定了瓦屋面渗漏修缮施工的要点，施工时应遵照执行。

4.4.15、4.4.16 分别规定了刚性防水层渗漏采用聚合物水泥防水砂浆或掺外加剂防水砂浆和采用柔性防水层修缮施工的要点，施工时应遵照执行。

4.4.17 本条规定了屋面大面积渗漏进行翻修的施工规定，施工时应遵照执行。

4.4.18 本条对屋面渗漏修缮施工的气候、环境温度都作了规定，施工时应遵照执行。

4.4.19 施工现场的情况与修缮方案有出入时，应办理变更手续后方可施工。

5 外墙渗漏修缮工程

5.1 一般规定

5.1.1 房屋外墙墙体的种类繁多，使用的材料和构造不尽相同，有砖、石、砌块等砌体墙，预制或现浇混凝土墙以及木结构、金属板结构、玻璃板结构、塑料板结构、膜结构等墙体结构形式。目前国内，砖砌体和混凝土墙体占有比例最大，本章针对砌体和混凝土围护结构外墙墙体的渗漏修缮特点规定了相应的技术措施。

5.1.2 建筑外墙防水、保温、装饰等细部节点做法日益复杂，外墙渗漏日益增多。

外墙采用面砖、石板材等饰面层产生渗漏的原因是采用防水砂浆粘贴面砖时易产生空腔，且勾缝不严密并易开裂。下雨时，雨水在风力作用下在勾缝处侵入空腔内汇集起来，并慢慢向墙体内渗、洇水，造成在降水后的一定时期内持续发生。这就是根据墙内渗漏情况判断墙外渗漏部位不准确的最主要原因。

迎水面防水对墙体保温层及墙体起到防水防护的作用。因此，一般情况下采用迎水面进行渗漏修缮。

5.1.3 外墙渗漏修缮应首先检查渗漏对外墙结构产生的不利影响，不安全结构构件应先行按加固方案修缮合格后再进行渗漏修缮。目的是为了保证房屋的基本安全、确保渗漏修缮的质量。

5.2 查　勘

5.2.1 外墙渗漏现场查勘应结合外墙结构、材料性能和使用情况综合分析，查清渗漏原因，对变形缝等节点部位应重点查勘。

5.2.2 本条分别规定了清水墙、抹灰墙面、面砖与板材墙面、预制混凝土墙板、节点部位等外墙渗漏修缮的查勘内容，供查勘时参考。具体工程应根据实际情况，灵活掌握。

5.3 修缮方案

Ⅰ 选材及修缮要求

5.3.1 本条对外墙渗漏修缮选用材料的材质及色泽、外观作出了规定，同时对嵌缝、抹面材料和防水涂料的选用也作了明确规定，修缮时应遵照执行。受施工条件限制，嵌缝材料宜选用低模量的聚氨酯密封膏，抹面材料宜选用与基面粘结好，抗裂性能优的聚合物水泥防水砂浆，涂料类选用丙烯酸酯类或有机硅类防水涂料（防水剂）等合成高分子防水涂料。

5.3.2 本条规定了外墙和窗台渗漏修缮时需遵循“防排结合、以排为主、预防渗漏”的原则，修缮设计施工时应严格执行。

5.3.3 面砖、板材破损时应更换，并采用聚合物水泥防水砂浆或胶粘剂粘贴，接缝密封应严密。

5.3.4 在粘贴面砖或石板材时易在接缝处产生集水空腔。因此，接缝处理很重要，目前勾缝通常采用聚合物水泥砂浆，高档的石板材接缝采用密封胶。修缮范围建议以渗漏点为中心向上不宜小于6m，向下不应小于1m，左右不宜小于3m，或到阴角、阳角止。

5.3.5 外墙水泥砂浆层裂缝渗漏，先用密封材料嵌缝，再涂布具有防水功能和装饰功能的外墙涂料。

5.3.6 施工安装时留下的脚手架孔洞，应永久封堵。预留用于设备安装的空调、电缆洞口等，宜采取临时封堵措施。专门预留用于采光、通风等，应采取必要的防、排水措施。

5.3.7 随着建筑外墙安装设备的增多直接导致预埋件或挂件越来越多，但其根部易产生渗漏，维修时先用密封材料嵌填处理后，面层再涂刷防水涂料。

5.3.8 外墙门窗框周边的渗漏主要是门窗框与墙体间接缝填充的密封材料开裂或失效，修缮时先清除原失效的密封材料，再重新嵌填密封材料恢复防水功能。

5.3.9 混凝土结构与填充墙结合处裂缝一般为一道水平缝，修缮时先清除至结构层，再铺设宽度200mm～300mm的钢丝网，面层抹压聚合物水泥防水砂浆或掺外加剂的防水砂浆。

Ⅱ 清水墙面

5.3.10 清水墙渗漏一般发生在墙面灰缝、墙面局部破损部位，本条列出了相应的维修措施。一般渗漏维修采用聚合物水泥防水砂浆勾缝和抹压处理，严重渗漏时应进行翻修。在原墙面上分段抹压聚合物水泥防水砂浆或掺外加剂的防水砂浆进行基层防水处理后，外墙再重新涂布外墙涂料或粘贴面砖饰面层。

Ⅲ 抹灰墙面

5.3.11 抹灰墙面局部损坏时应凿除至结构层，并禁止扰动完好抹灰层，然后在缝内分层嵌填聚合物水泥防水砂浆，嵌填应密实、平整。

5.3.12 外墙裂缝渗漏修缮应视其宽度，采用相应的材料和维修措施。外墙墙面经修补后应坚实、平整，无浮渣。墙面龟裂用防水剂或合成高分子防水涂料等进行修缮关键是控制好喷涂范围及涂膜厚度，使涂料充分覆盖裂缝。宽度较大的裂缝重点处理好裂缝、周围基层及嵌缝的处理。

5.3.13 目前，国内已形成外墙外保温多体系、多形式的局面，使得外墙外保温的渗漏原因多种多样，本工程将继续针对保温体系渗漏机理、原因、修缮方法进行研究和收集资料，积累修缮经验，完善技术措施。

5.3.14 抹灰墙面翻修优先采用涂布同时具有装饰和防水等功能的外墙涂料。或在原饰面层上整体抹压聚合物水泥防水砂浆找平层兼防水层处理后，再进行饰面层的处理。

Ⅳ 面砖与板材墙面

5.3.15 面砖、板材饰面层是目前采用的主要外墙装饰形式，其渗漏一般多发生在接缝、裂缝等部位。

1 面砖饰面层接缝开裂引起的渗漏，先用专用工具将原勾缝砂浆清除干净，浇水润湿，用聚合物水泥防水砂浆重新勾缝。

2 当面砖、板材局部风化、损坏时，应更换面砖。

3 饰面层渗漏严重时应翻修，翻修时应根据原饰面层损坏程度决定采用何种翻修措施，但应优先考虑不铲除原饰面层的翻修方案。该方案对局部损坏部位先进行补强处理，在原饰面层上涂布同时具有装饰和防水功能外墙涂料或分段抹压聚合物水泥防水砂浆找平层兼防水层，再进行饰面层的处理。

Ⅴ 预制混凝土墙板

5.3.16 本条对板面风化、起酥部分的清除作了明确的规定，经清理后其基面必须牢固、平整。对于板面出现的蜂窝、空洞，灌注细石混凝土必须要捣实，要做好养护，提高混凝土的密实性，增强抗渗能力。

Ⅵ 细部修缮

5.3.17 原金属折板盖缝外墙变形缝渗漏修缮时应根据构造特点，采取更换高分子防水卷材和金属折板盖板并嵌填密封材料的方法维修。

5.3.18　外墙分格缝渗漏的现象比较普遍，造成这种情况的主要原因是：

1　分格缝不交圈、不平直或缝内砂浆等残留物，雨水易积聚；

2　木条嵌入过深，底部抹灰层厚度不足，雨水易侵入；

3　缝内嵌填材料老化，已丧失防水密封功能。

维修时，先剔凿缝槽并清理干净，重新嵌填密封材料。

5.3.19　穿墙管道根部应根据裂缝开裂程度，先采用掺聚合物的细石混凝土或水泥砂浆固定并预留凹槽，再在槽内嵌填密封材料。

5.3.20　阳台渗漏维修要区分板式和梁式。在荷载允许的条件下，阳台、雨篷倒泛水，重做找平层纠正泛水坡度。板式阳台、雨篷与墙面交接处开裂处剔凿时禁止损坏受力钢筋，不允许重锤敲击。

5.3.21　渗漏水侵入砌体结构女儿墙根部防水层裂缝，经冻融循环在其四周出现一道水平裂缝，维修时先切割凹槽，再在槽内嵌填密封材料。

5.3.22　穿墙套管维修时，先清除原凹槽密封材料后再重新嵌填，一般常用聚氨酯密封膏。

5.3.23　施工缝渗漏，表面喷涂防水剂或防水涂料进行修缮，防水层厚度满足设计要求。

5.4　施　工

5.4.1～5.4.8　分别规定了外墙渗漏采用聚合物水泥防水砂浆修缮、采用无机防水堵漏材料修缮，面砖与板材接缝渗漏修缮，墙体结构缺陷渗漏修缮，外墙变形缝渗漏采用金属折板盖缝修缮及外墙饰面层大面积严重渗漏进行翻修施工要点，供施工时参照。

6　厕浴间和厨房渗漏修缮工程

6.1　一般规定

6.1.1　本章适用于厕浴间和厨房楼地面、墙面及其接合处、与设备交接部位的渗漏水维修，但不包括设备损坏、节点漏水的处理。

6.1.2　厕浴间和厨房面积一般较小，管道、设施等细部防水构造多，从迎水面进行修缮容易保证质量。

6.2　查　勘

6.2.1　蓄水检查厕浴间和厨房渗漏现象，楼板底部下方直接观察渗漏痕迹，综合分析渗漏原因。

6.2.2　相关资料是指装修图纸等，目前厕浴间和厨房装修多数情况下更改水路采用将明改暗的方式，因此查明隐蔽性管道的走向、接头有利于准确判断渗漏原因等。

6.3　修缮方案

6.3.1　墙、地面面砖破损、空鼓、接缝引起的渗漏，更换面砖时采用聚合物水泥防水砂浆粘贴并勾缝严密。接缝处理范围：渗漏点向四周不宜小于1m，或到阴角、阳角止。

6.3.2　墙面防水层破损时优先选用涂布防水涂料或抹压防水砂浆进行防水处理，涂布防水涂料或抹压防水砂浆易做到无缝施工，可以保证防水质量，一般情况下不采用卷材。

6.3.3　防水涂料宜选用聚合物水泥防水涂料、水泥基渗透结晶型防水涂料、无机防水涂料或非焦油聚氨酯防水涂料。

6.3.4　一般情况下地面与墙面交接处防水层破损是开裂引起的，修缮时先在裂缝内嵌填密封材料后，再涂布防水涂料。

6.3.5　浴盆、洗脸盆与墙面结合处渗漏水应先处理墙面，最后在结合处嵌填密封材料。

6.3.6　穿墙管道根部渗漏多见上水管滴漏，水沿管外侧倒流，渗入接触管墙面或顺墙流到地面，这种水压力不大，但流量不一定小，故应先排除水咀、管子等渗漏，先堵水源，再治管根渗漏。

6.3.7　地漏渗漏一般是泛水坡度不符合设计要求、局部安装过高、管道密封失效引起的。轻微泛水坡度不足时，以地漏口作为最低点重新找坡。地漏局部安装过高时剔除高出部分并重新安装。

6.3.8　厕浴间因防水高度不足引起的墙面侵蚀渗漏，维修时应增加防水层高度。根据设计尺寸和实践经验，本条规定了渗漏修缮防水层完工后的最低高度。

6.3.9　排水沟按材质分为砌筑、不锈钢或塑料等类型。一般情况下，只有大厨房有排水沟，砌筑排水沟发生渗漏应涂布JS防水涂料、抹压防水砂浆维修，不得采用聚氨酯（911）、沥青类材料。

6.3.10　排水管连接处渗漏应先凿开地面，先维修连接处不渗漏后，在便池等设施底部再抹压防水砂浆或涂布防水涂料进行防水处理。

6.3.11　地面因倒泛水、积水造成渗漏的维修，应重新做防水处理，并恢复饰面层。

6.3.12　地面砖局部损坏时，更换新面砖采用聚合物水泥防水砂浆粘贴并勾缝严密。

6.3.13　裂缝较大时，一般沿裂缝中心线剔除整块面层材料至结构层，基层补强处理后，在基层上重新涂布涂膜防水层。

较小裂缝多产生于管根处或地面墙面交界处，一般渗漏较轻，有时走向无规则，实践经验表明维修时可直接在原面层沿缝涂布高分子涂膜防水层。为美观和使防水涂膜对裂缝有较好的渗透性和粘合力，宜选用透明或较浅（淡）颜色的合成高分子材料（如聚氨酯）。在具体操作时应注意两点：

1 面层必须干净、干燥；

2 涂刷的材料要稀，把涂料稀释一倍以上，作多次（两次以上）涂刷成膜，目的使涂料充分渗入裂缝之内，达到既不破坏面层，又解决渗漏和不影响美观的目的。

6.3.14 穿过楼地面管道管道包括上下水、暖气、热力管道及套管等。裂缝较小时，直接沿缝嵌填密封材料，再涂刷渗透性较大的经稀释的防水涂料即可。根部积水或较大裂缝渗漏维修，先将面层等其他材料清除至结构层。防水砂浆补强处理根除施工弊病后，再做防水处理。

6.3.15 本条维修范围包括楼地面、墙面基层和楼地面及墙面交接部位的维修。

6.3.16 本条对卫生洁具与给排水管连接处渗漏维修作了相应规定，维修时应遵照执行。

6.3.17 楼地面翻修有两种情况：一是原楼地面没有防水层，二是原防水层已老化或大面积损坏失去防水功能。本条对采用刚性和柔性防水材料的翻修做法分别作出了规定。重新施工防水层前，先将裂缝及节点等部分处理合格。

6.4 施 工

6.4.1～6.4.6 分别规定了厕浴间渗漏采用防水砂浆修缮，采用涂布防水涂膜修缮，楼地面管道的根部积水或裂缝渗漏的维修，厕浴间楼地面裂缝渗漏的维修施工，楼地面与墙面交接处渗漏维修施工，面砖接缝渗漏修缮施工要点，供施工时参考。

6.4.7 本条对厕浴间楼地面防水层丧失防水功能严重渗漏进行翻修的技术措施，分别采用聚合物水泥砂浆、防水涂料进行修缮，饰面层施工前，防水层施工应合格。

6.4.8 本条规定了各种卫生器具与台面、墙面、地面等接触部位修缮完成后应用硅酮胶或防水密封条密封。

7 地下室渗漏修缮工程

7.1 一般规定

7.1.1 本章适用于地下室室内顶板及墙体的渗漏维修工程。地下室一般无法在迎水面维修，通常是在背水面。维修内容包括裂缝、孔洞、大面积渗漏及变形缝、施工缝等特殊部位的渗漏修缮。

7.1.2 地下室渗漏修缮时大多情况下存在积水，为方便查勘，应将积水排干。

7.1.3 结构仍在变形中的裂缝，修缮质量不易保证，结构裂缝应处于稳定状态下方可进行维修施工。

7.2 查 勘

7.2.1 地下室渗漏修缮的关键是查清渗漏原因，找准漏水的位置，对症下药，采取有效的维修措施。

7.2.2 本条针对地下室渗漏水的表现特征，提出了通常查找渗漏水部位的检查方法。

7.3 修缮方案

7.3.1 为了保证维修质量，修缮方案应根据查勘结果、渗水位置、结构损坏的程度进行编制。维修措施需兼顾结构渗漏修缮和抵抗高压渗透水的能力，确保完工后不渗漏。

7.3.2 有水状态渗漏修缮时，应采取逐步缩小渗漏范围的修缮措施，使漏水集中于"点"，再封堵止水。

7.3.3 选用的防水材料必须满足本条对材质性能的技术要求。刚性防水材料是地下室渗漏维修的主要材料，条文对掺外加剂的混凝土及水泥砂浆在其配合比、抗渗等级、外加剂品种和应用提出了要求，应根据工程具体情况和有关技术规定执行。为满足实际需要，本次修订增加柔性防水材料的材质性能指标，供设计施工参考。

7.3.4 本条针对大面积轻微渗漏水和漏水点规定了维修方法，先采用速凝材料封堵止水维修，再抹压聚合物水泥防水砂浆防水层或涂布涂膜防水层。

7.3.5 渗漏水较大的裂缝，钻孔宜采用钻斜孔法处理。其注浆压力根据裂缝宽度、深度进行设计，并符合国家现行标准《地下工程渗漏治理技术规程》JGJ/T 212 的规定。

7.3.6 变形缝渗漏治理在国家现行标准《地下工程渗漏治理技术规程》JGJ/T 212 中已有详细规定，在本规程中直接引用。

7.3.7 穿墙管和预埋件处渗漏按照先止水，再嵌填密封材料、最后做防水处理的方法进行维修。

7.3.8 根据渗漏水情况，施工缝采用注浆、嵌填密封材料等方式进行维修合格后，表面再做防水处理增强措施。

7.4 施 工

7.4.1 本条规定了地下室渗漏修缮封堵施工的顺序。由于受渗漏水影响，维修部位往往有酥松损坏和污物等现象，修缮前应将基面先修补牢固、平整，以达到维修的质量要求，有利于新旧防水层结合牢固，保证修缮质量。

7.4.2 混凝土裂缝渗漏水的维修一般根据水压和漏水量采取相应的方法。布管间距宜根据裂缝宽度进行调整，当裂缝宽、水流量大，则间距小；裂缝小，则间距大。

采用速凝材料直接封堵的方法，适用于水压较小的裂缝渗漏水，裂缝应剔成深度不小于 30mm、宽度不小于 15mm 的凹槽。当速凝材料开始凝固时方可嵌填，并用力向槽壁挤压密实，水泥砂浆应分层抹压并与表面嵌平。

掺外加剂水泥砂浆系指掺无机盐防水剂的水泥砂浆或聚合物水泥防水砂浆。渗漏部位修补优先采用聚合物水泥防水砂浆。

7.4.3 采用钻斜孔注浆修缮混凝土结构竖向或斜向贯穿缝是近年来经工程实践检验成熟有效的维修新技术。本条针对斜孔注浆施工的注浆液、钻孔孔径、深度、间距、角度及竖向裂缝注浆工序及压力等作了明确规定。

7.4.4 当混凝土出现蜂窝、麻面时，应按以下工艺顺序进行处理：

剔除——凿毛——冲刷——涂刷混凝土界面剂——抹压掺外加剂水泥砂浆。

7.4.5 孔洞渗漏水按水压和孔洞大小分别采取不同的处理方法，达到维修封堵止水的目的。

1 根据渗漏水量大小，以漏点为圆心剔成圆槽（直径×深度＝10mm×20mm、20mm×30mm、30mm×50mm），将速凝材料捻成与圆槽直径相似的圆锥体，待速凝材料开始凝固时用力堵塞于槽内。应控制好速凝材料的初凝过程，确保维修渗漏有效。

2 当水压较高、孔洞较大时，采用下管引水封堵的方法，最后用速凝材料堵塞修补。

3 当水压较大、孔洞较小时，宜采用木楔封堵等技术措施，将水堵住，再采取相应的修补措施。

7.4.6 20世纪五六十年代，地下室大多采用砖结构及水泥砂浆防水层，做在外墙外侧面，因此这类工程宜进行迎水面修缮。水泥砂浆防水层维修应区别不同渗漏现象，采用不同的修缮措施。

1 局部渗漏水的防水层应剔除干净，并查明漏水点，再采取相应的维修措施。

2 条文对混凝土和砖砌体结构裂缝分别规定了不同的处理方法。砖砌体结构在采取下管引水封堵之前应将酥松部分和污物清除干净，使重新抹压防水层与基层紧密结合。

7.4.7 变形缝渗漏治理在国家现行标准《地下工程渗漏治理技术规程》JGJ/T 212中有详细的规定，在本规程中直接引用。

7.4.8 施工缝渗漏治理在国家现行标准《地下工程渗漏治理技术规程》JGJ/T 212中有详细的规定，在本规程中直接引用。

7.4.9 一般预埋件周边渗漏时，剔环形槽，槽内嵌填密封材料密封严密即可。预埋件如已受扰动的，修缮时将预埋件剔除，重新嵌固更换的新埋件。

7.4.10 条文规定了热力管道穿透内墙部位的渗漏水所采取的扩大穿孔、埋设预制半圆混凝土套管的方法，旨在防止因温差变化而导致管道周边防水的失效。

7.4.11 水泥基渗透结晶型防水涂料是混凝土结构背水面防水处理的理想材料。施工时应重点控制基层处理、涂布、养护等工作，养护期间不得磕碰防水层。

首先清除混凝土表面的化学养护膜、模板隔离剂、浮灰等，使混凝土毛细管畅通，对混凝土模板对拉孔，有缺陷的施工缝、裂缝、蜂窝麻面等表面要补强处理。对混凝土出现裂缝的部位用钢丝刷进行打毛，裂缝大于0.4mm的要开U形槽处理，再沿缝嵌填防水涂料胶浆料，再涂布防水涂料。

混凝土表面光滑时，应进行酸洗或磨砂，使之粗糙。施工基层应保持充分湿润、润透但不得有明水。防水涂料完工后，应保持雾状喷水养护，时间不少于3天。

7.4.12 地下室其他部位渗漏时，其治理技术措施应直接引用国家现行标准《地下工程渗漏治理技术规程》JGJ/T 212的相关规定。

8 质量验收

8.0.1 质量验收是检验修缮质量的最后关键环节。修缮完工后，应依据修缮合同或协议进行验收，验收不合格应返工。

8.0.2 渗漏修缮涉及工序多，工程量大小不一，差别较大，多数达不到现行国家标准《建筑工程施工质量验收统一标准》GB 50300中规定的分项工程检验批的要求。为保证房屋渗漏修缮工程质量，本条规定屋面、墙面、楼地面、地下室整体翻修的质量验收按修缮面积划分检验批，零星工程抽查验收，鉴于细部构造是防水工程的薄弱环节故细部构造应全数检查。

8.0.3 渗漏修缮的目的是解决渗漏或积水弊病，本条对渗漏的检查方法做了规定，检查修缮部位有无渗漏和积水、排水系统是否畅通，在雨后、淋水或蓄水后检查。

8.0.4 本条规定了房屋渗漏修缮工程质量验收的文件和记录，工程资料应与施工同步进行，施工时应注意保留完整的修缮资料并及时归档。完工后，按照合同要求提供验收资料。

8.0.5～8.0.13 房屋渗漏修缮目的是无渗漏且恢复或改进使用功能。第8.0.5条～第8.0.7条作为主控项目，分别对修缮选用材料的质量和防水层修缮质量、细部构造及保温层构造的恢复和改进作出了明确的规定，施工验收时必须遵照执行。渗漏修缮施工过程的检查是施工质量控制的重要环节，第8.0.8条～第8.0.13条作为一般项目，分别对卷材防水层、涂膜防水层、密封材料以及瓦件等施工要求作出了明确的规定，验收时应遵照执行。

9 安全措施

9.0.1～9.0.15 为加强房屋渗漏修缮工程安全技术

管理，保障房屋渗漏修缮施工安全，在总结房屋渗漏修缮工程特点及实践经验的基础上，本次修订增加安全措施并单列一章。

安全措施包括现场通风、消防、警示标志、临时用电、临时防护、特殊天气施工、脚手架、高处作业、拆除作业等。作业人员应当遵守安全施工强制性标准、规章制度和操作规程，正确使用安全防护用具、机械设备等。

安全措施除执行本规程外，还应当严格执行国家及地方现行的安全生产法律法规、标准等。

中华人民共和国行业标准

普通混凝土配合比设计规程

Specification for mix proportion design of ordinary concrete

JGJ 55—2011

批准部门：中华人民共和国住房和城乡建设部
施行日期：2 0 1 1 年 1 2 月 1 日

中华人民共和国住房和城乡建设部
公　　告

第 991 号

关于发布行业标准《普通混凝土配合比设计规程》的公告

现批准《普通混凝土配合比设计规程》为行业标准，编号为 JGJ 55－2011，自 2011 年 12 月 1 日起实施。其中第 6.2.5 条为强制性条文，必须严格执行。原行业标准《普通混凝土配合比设计规程》JGJ 55－2000 同时废止。

本规程由我部标准定额研究所组织中国建筑工业出版社出版发行。

中华人民共和国住房和城乡建设部

2011 年 4 月 22 日

前　　言

根据原建设部《关于印发〈2005 年度工程建设标准规范制订、修订计划（第一批）〉的通知》（建标［2005］84 号）的要求，编制组经广泛调查研究，认真总结实践经验，参考有关国际标准和国外先进标准，并在广泛征求意见的基础上，修订了本规程。

本规程的主要技术内容是：1. 总则；2. 术语和符号；3. 基本规定；4. 混凝土配制强度的确定；5. 混凝土配合比计算；6. 混凝土配合比的试配、调整与确定；7. 有特殊要求的混凝土。

本次修订的主要技术内容是：1. 与 2000 年以后颁布的相关标准规范进行了协调；2. 增加并突出了混凝土耐久性的规定；3. 修订了普通混凝土试配强度的计算公式和强度标准差；4. 修订了混凝土水胶比计算公式中的胶砂强度取值以及回归系数 α_a 和 α_b；5. 增加了高强混凝土试配强度的计算公式；6. 增加了高强混凝土水胶比、胶凝材料用量和砂率推荐表。

本规程中以黑体字标志的条文为强制性条文，必须严格执行。

本规程由住房和城乡建设部负责管理和对强制性条文的解释，由中国建筑科学研究院负责具体技术内容的解释。执行过程中如有意见或建议，请寄送中国建筑科学研究院《普通混凝土配合比设计规程》管理组（地址：北京市北三环东路 30 号，邮政编码：100013）。

本规程主编单位：中国建筑科学研究院

本规程参编单位：北京建工集团有限责任公司
中国建筑材料科学研究总院
重庆市建筑科学研究院
辽宁省建设科学研究院
贵州中建建筑科研设计院有限公司
云南建工混凝土有限公司
甘肃土木工程科学研究院
广东省建筑科学研究院
宁波金鑫商品混凝土有限公司
深圳大学土木工程学院
黑龙江省寒地建筑科学研究院
中南大学土木建筑学院
沈阳飞耀技术咨询有限公司
深圳市富通混凝土有限公司
山东省建筑科学研究院
天津港保税区航保商品砼供应有限公司
山西四建集团有限公司
河北麒麟建筑科技发展有限公司
建研建材有限公司
金华市建筑科学研究所有限公司
西麦斯（天津）有限公司

天津津贝尔建筑工程试验检测技术有限公司
延边朝鲜族自治州建设工程质量检测中心
四川省建筑科学研究院
中国水利水电第三工程局有限公司
张家口市建设工程质量检测中心
北京城建亚泰建设工程有限公司

本规程主要起草人员：丁　威　冷发光　艾永祥　赵顺增　韦庆东　肖保怀　王　元　张秀芳　钟安鑫　李章建　王惠玲　王新祥　陆士强　周永祥　田冠飞　丁　铸　朱广祥　胡晓波　刘良季　吴义明　王文奎　张　锋　刘雅晋　侯翠敏　季　宏　齐广华　尚静媛　谢凯军　姜　博　王鹏禹　毛海勇　刘　源　戴会生　李路明　费　恺　何更新　纪宪坤　王　晶

本规程主要审查人员：石云兴　郝挺宇　罗保恒　闻德荣　蔡亚宁　朋改非　封孝信　王　军　李帼英　高金枝

目　次

Contents

1 总 则

1.0.1 为规范普通混凝土配合比设计方法，满足设计和施工要求，保证混凝土工程质量，达到经济合理，制定本规程。

1.0.2 本规程适用于工业与民用建筑及一般构筑物所采用的普通混凝土配合比设计。

1.0.3 普通混凝土配合比设计除应符合本规程的规定外，尚应符合国家现行有关标准的规定。

2 术语和符号

2.1 术 语

2.1.1 普通混凝土 ordinary concrete

干表观密度为 $2000kg/m^3$ ～ $2800kg/m^3$ 的混凝土。

2.1.2 干硬性混凝土 stiff concrete

拌合物坍落度小于 10mm 且须用维勃稠度（s）表示其稠度的混凝土。

2.1.3 塑性混凝土 plastic concrete

拌合物坍落度为 10mm～90mm 的混凝土。

2.1.4 流动性混凝土 flowing concrete

拌合物坍落度为 100mm～150mm 的混凝土。

2.1.5 大流动性混凝土 high flowing concrete

拌合物坍落度不低于 160mm 的混凝土。

2.1.6 抗渗混凝土 impermeable concrete

抗渗等级不低于 P6 的混凝土。

2.1.7 抗冻混凝土 frost-resistant concrete

抗冻等级不低于 F50 的混凝土。

2.1.8 高强混凝土 high strength concrete

强度等级不低于 C60 的混凝土。

2.1.9 泵送混凝土 pumped concrete

可在施工现场通过压力泵及输送管道进行浇筑的混凝土。

2.1.10 大体积混凝土 mass concrete

体积较大的、可能由胶凝材料水化热引起的温度应力导致有害裂缝的结构混凝土。

2.1.11 胶凝材料 binder

混凝土中水泥和活性矿物掺合料的总称。

2.1.12 胶凝材料用量 binder content

每立方米混凝土中水泥用量和活性矿物掺合料用量之和。

2.1.13 水胶比 water-binder ratio

混凝土中用水量与胶凝材料用量的质量比。

2.1.14 矿物掺合料掺量 percentage of mineral admixture

混凝土中矿物掺合料用量占胶凝材料用量的质量百分比。

2.1.15 外加剂掺量 percentage of chemical admixture

混凝土中外加剂用量相对于胶凝材料用量的质量百分比。

2.2 符 号

f_b——胶凝材料 28d 胶砂抗压强度实测值（MPa）；

f_{ce}——水泥 28d 胶砂抗压强度(MPa)；

$f_{ce,g}$——水泥强度等级值(MPa)；

$f_{cu,0}$——混凝土配制强度(MPa)；

$f_{cu,i}$——第 i 组的试件强度(MPa)；

$f_{cu,k}$——混凝土立方体抗压强度标准值(MPa)；

m_a——每立方米混凝土的外加剂用量(kg/m^3)；

m_{a0}——计算配合比每立方米混凝土的外加剂用量(kg/m^3)；

m_b——每立方米混凝土的胶凝材料用量(kg/m^3)；

m_{b0}——计算配合比每立方米混凝土的胶凝材料用量(kg/m^3)；

m_c——每立方米混凝土的水泥用量(kg/m^3)；

m_{c0}——计算配合比每立方米混凝土的水泥用量(kg/m^3)；

m_{cp}——每立方米混凝土拌合物的假定质量(kg/m^3)；

m_f——每立方米混凝土的矿物掺合料用量(kg/m^3)；

m_{f0}——计算配合比每立方米混凝土的矿物掺合料用量(kg/m^3)；

m_{fcu}——n 组试件的强度平均值(MPa)；

m_g——每立方米混凝土的粗骨料用量(kg/m^3)；

m_{g0}——计算配合比每立方米混凝土的粗骨料用量(kg/m^3)；

m_s——每立方米混凝土的细骨料用量(kg/m^3)；

m_{s0}——计算配合比每立方米混凝土的细骨料用量(kg/m^3)；

m_w——每立方米混凝土的用水量(kg/m^3)；

m_{w0}——计算配合比每立方米混凝土的用水量(kg/m^3)；

m'_{w0}——未掺外加剂时推定的满足实际坍落度要求的每立方米混凝土用水量(kg/m^3)；

n——试件组数，n 值应大于或者等于 30；

P_t——6 个试件中不少于 4 个未出现渗水时的最大水压值(MPa)；

P——设计要求的抗渗等级值；

W/B——混凝土水胶比；

α——混凝土的含气量百分数；

α_a、α_b——混凝土水胶比计算公式中的回归系数；

β——外加剂的减水率（%）；
β_a——外加剂的掺量（%）；
β_f——矿物掺合料的掺量（%）；
β_s——砂率（%）；
γ_c——水泥强度等级值的富余系数；
γ_f——粉煤灰影响系数；
γ_s——粒化高炉矿渣粉影响系数；
δ——混凝土配合比校正系数；
ρ_c——水泥密度（kg/m^3）；
$\rho_{c,c}$——混凝土拌合物表观密度计算值（kg/m^3）；
$\rho_{c,t}$——混凝土拌合物表观密度实测值（kg/m^3）；
ρ_f——矿物掺合料密度（kg/m^3）；
ρ_g——粗骨料的表观密度（kg/m^3）；
ρ_s——细骨料的表观密度（kg/m^3）；
ρ_w——水的密度（kg/m^3）；
σ——混凝土强度标准差（MPa）。

3 基 本 规 定

3.0.1 混凝土配合比设计应满足混凝土配制强度及其他力学性能、拌合物性能、长期性能和耐久性能的设计要求。混凝土拌合物性能、力学性能、长期性能和耐久性能的试验方法应分别符合现行国家标准《普通混凝土拌合物性能试验方法标准》GB/T 50080、《普通混凝土力学性能试验方法标准》GB/T 50081 和《普通混凝土长期性能和耐久性能试验方法标准》GB/T 50082 的规定。

3.0.2 混凝土配合比设计应采用工程实际使用的原材料；配合比设计所采用的细骨料含水率应小于0.5%，粗骨料含水率应小于0.2%。

3.0.3 混凝土的最大水胶比应符合现行国家标准《混凝土结构设计规范》GB 50010 的规定。

3.0.4 除配制C15及其以下强度等级的混凝土外，混凝土的最小胶凝材料用量应符合表3.0.4的规定。

表 3.0.4 混凝土的最小胶凝材料用量

最大水胶比	最小胶凝材料用量（kg/m³）		
	素混凝土	钢筋混凝土	预应力混凝土
0.60	250	280	300
0.55	280	300	300
0.50	320		
≤0.45	330		

3.0.5 矿物掺合料在混凝土中的掺量应通过试验确定。采用硅酸盐水泥或普通硅酸盐水泥时，钢筋混凝土中矿物掺合料最大掺量宜符合表3.0.5-1的规定，预应力混凝土中矿物掺合料最大掺量宜符合表3.0.5-2的规定。对基础大体积混凝土，粉煤灰、粒化高炉矿渣粉和复合掺合料的最大掺量可增加5%。采用掺量大于30%的C类粉煤灰的混凝土应以实际使用的水泥和粉煤灰掺量进行安定性检验。

表 3.0.5-1 钢筋混凝土中矿物掺合料最大掺量

矿物掺合料种类	水胶比	最大掺量（%）	
		采用硅酸盐水泥时	采用普通硅酸盐水泥时
粉煤灰	≤0.40	45	35
	>0.40	40	30
粒化高炉矿渣粉	≤0.40	65	55
	>0.40	55	45
钢渣粉	—	30	20
磷渣粉	—	30	20
硅灰	—	10	10
复合掺合料	≤0.40	65	55
	>0.40	55	45

注：1 采用其他通用硅酸盐水泥时，宜将水泥混合材掺量20%以上的混合材量计入矿物掺合料；
2 复合掺合料各组分的掺量不宜超过单掺时的最大掺量；
3 在混合使用两种或两种以上矿物掺合料时，矿物掺合料总掺量应符合表中复合掺合料的规定。

表 3.0.5-2 预应力混凝土中矿物掺合料最大掺量

矿物掺合料种类	水胶比	最大掺量（%）	
		采用硅酸盐水泥时	采用普通硅酸盐水泥时
粉煤灰	≤0.40	35	30
	>0.40	25	20
粒化高炉矿渣粉	≤0.40	55	45
	>0.40	45	35
钢渣粉	—	20	10
磷渣粉	—	20	10
硅灰	—	10	10
复合掺合料	≤0.40	55	45
	>0.40	45	35

注：1 采用其他通用硅酸盐水泥时，宜将水泥混合材掺量20%以上的混合材量计入矿物掺合料；
2 复合掺合料各组分的掺量不宜超过单掺时的最大掺量；
3 在混合使用两种或两种以上矿物掺合料时，矿物掺合料总掺量应符合表中复合掺合料的规定。

3.0.6 混凝土拌合物中水溶性氯离子最大含量应符合表3.0.6的规定，其测试方法应符合现行行业标准《水运工程混凝土试验规程》JTJ 270中混凝土拌合物中氯离子含量的快速测定方法的规定。

表 3.0.6 混凝土拌合物中水溶性氯离子最大含量

环境条件	水溶性氯离子最大含量（%，水泥用量的质量百分比）		
	钢筋混凝土	预应力混凝土	素混凝土
干燥环境	0.30	0.06	1.00
潮湿但不含氯离子的环境	0.20		
潮湿且含有氯离子的环境、盐渍土环境	0.10		
除冰盐等侵蚀性物质的腐蚀环境	0.06		

3.0.7 长期处于潮湿或水位变动的寒冷和严寒环境以及盐冻环境的混凝土应掺用引气剂。引气剂掺量应根据混凝土含气量要求经试验确定，混凝土最小含气量应符合表 3.0.7 的规定，最大不宜超过 7.0%。

表 3.0.7 混凝土最小含气量

粗骨料最大公称粒径（mm）	混凝土最小含气量（%）	
	潮湿或水位变动的寒冷和严寒环境	盐冻环境
40.0	4.5	5.0
25.0	5.0	5.5
20.0	5.5	6.0

注：含气量为气体占混凝土体积的百分比。

3.0.8 对于有预防混凝土碱骨料反应设计要求的工程，宜掺用适量粉煤灰或其他矿物掺合料，混凝土中最大碱含量不应大于 $3.0kg/m^3$；对于矿物掺合料碱含量，粉煤灰碱含量可取实测值的 1/6，粒化高炉矿渣粉碱含量可取实测值的 1/2。

4 混凝土配制强度的确定

4.0.1 混凝土配制强度应按下列规定确定：

1 当混凝土的设计强度等级小于 C60 时，配制强度应按下式确定：

$$f_{cu,0} \geqslant f_{cu,k} + 1.645\sigma \qquad (4.0.1\text{-}1)$$

式中：$f_{cu,0}$——混凝土配制强度（MPa）；

$f_{cu,k}$——混凝土立方体抗压强度标准值，这里取混凝土的设计强度等级值（MPa）；

σ——混凝土强度标准差（MPa）。

2 当设计强度等级不小于 C60 时，配制强度应按下式确定：

$$f_{cu,0} \geqslant 1.15 f_{cu,k} \qquad (4.0.1\text{-}2)$$

4.0.2 混凝土强度标准差应按下列规定确定：

1 当具有近 1 个月～3 个月的同一品种、同一强度等级混凝土的强度资料，且试件组数不小于 30 时，其混凝土强度标准差 σ 应按下式计算：

$$\sigma = \sqrt{\frac{\sum_{i=1}^{n} f_{cu,i}^2 - n m_{fcu}^2}{n-1}} \qquad (4.0.2)$$

式中：σ——混凝土强度标准差；

$f_{cu,i}$——第 i 组的试件强度（MPa）；

m_{fcu}——n 组试件的强度平均值（MPa）；

n——试件组数。

对于强度等级不大于 C30 的混凝土，当混凝土强度标准差计算值不小于 3.0MPa 时，应按式（4.0.2）计算结果取值；当混凝土强度标准差计算值小于 3.0MPa 时，应取 3.0MPa。

对于强度等级大于 C30 且小于 C60 的混凝土，当混凝土强度标准差计算值不小于 4.0MPa 时，应按式（4.0.2）计算结果取值；当混凝土强度标准差计算值小于 4.0MPa 时，应取 4.0MPa。

2 当没有近期的同一品种、同一强度等级混凝土强度资料时，其强度标准差 σ 可按表 4.0.2 取值。

表 4.0.2 标准差 σ 值（MPa）

混凝土强度标准值	≤C20	C25～C45	C50～C55
Σ	4.0	5.0	6.0

5 混凝土配合比计算

5.1 水 胶 比

5.1.1 当混凝土强度等级小于 C60 时，混凝土水胶比宜按下式计算：

$$W/B = \frac{\alpha_a f_b}{f_{cu,0} + \alpha_a \alpha_b f_b} \qquad (5.1.1)$$

式中：W/B——混凝土水胶比；

α_a、α_b——回归系数，按本规程第 5.1.2 条的规定取值；

f_b——胶凝材料 28d 胶砂抗压强度（MPa），可实测，且试验方法应按现行国家标准《水泥胶砂强度检验方法（ISO 法）》GB/T 17671 执行；也可按本规程第 5.1.3 条确定。

5.1.2 回归系数（α_a、α_b）宜按下列规定确定：

1 根据工程所使用的原材料，通过试验建立的水胶比与混凝土强度关系式来确定；

2 当不具备上述试验统计资料时，可按表 5.1.2 选用。

表 5.1.2 回归系数（α_a、α_b）取值表

系数 \ 粗骨料品种	碎 石	卵 石
α_a	0.53	0.49
α_b	0.20	0.13

5.1.3 当胶凝材料 28d 胶砂抗压强度值（f_b）无实测值时，可按下式计算：

$$f_b = \gamma_f \gamma_s f_{ce} \qquad (5.1.3)$$

式中：γ_f、γ_s——粉煤灰影响系数和粒化高炉矿渣粉影响系数，可按表5.1.3选用；

f_{ce}——水泥28d胶砂抗压强度（MPa），可实测，也可按本规程第5.1.4条确定。

表5.1.3 粉煤灰影响系数（γ_f）和粒化高炉矿渣粉影响系数（γ_s）

种类 / 掺量（%）	粉煤灰影响系数 γ_f	粒化高炉矿渣粉影响系数 γ_s
0	1.00	1.00
10	0.85～0.95	1.00
20	0.75～0.85	0.95～1.00
30	0.65～0.75	0.90～1.00
40	0.55～0.65	0.80～0.90
50	—	0.70～0.85

注：1 采用Ⅰ级、Ⅱ级粉煤灰宜取上限值；

2 采用S75级粒化高炉矿渣粉宜取下限值，采用S95级粒化高炉矿渣粉宜取上限值，采用S105级粒化高炉矿渣粉可取上限值加0.05；

3 当超出表中的掺量时，粉煤灰和粒化高炉矿渣粉影响系数应经试验确定。

5.1.4 当水泥28d胶砂抗压强度（f_{ce}）无实测值时，可按下式计算：

$$f_{ce} = \gamma_c f_{ce,g} \quad (5.1.4)$$

式中：γ_c——水泥强度等级值的富余系数，可按实际统计资料确定；当缺乏实际统计资料时，也可按表5.1.4选用；

$f_{ce,g}$——水泥强度等级值（MPa）。

表5.1.4 水泥强度等级值的富余系数（γ_c）

水泥强度等级值	32.5	42.5	52.5
富余系数	1.12	1.16	1.10

5.2 用水量和外加剂用量

5.2.1 每立方米干硬性或塑性混凝土的用水量（m_{w0}）应符合下列规定：

1 混凝土水胶比在0.40～0.80范围时，可按表5.2.1-1和表5.2.1-2选取；

2 混凝土水胶比小于0.40时，可通过试验确定。

表5.2.1-1 干硬性混凝土的用水量（kg/m³）

拌合物稠度		卵石最大公称粒径（mm）			碎石最大公称粒径（mm）		
项目	指标	10.0	20.0	40.0	16.0	20.0	40.0
维勃稠度（s）	16～20	175	160	145	180	170	155
	11～15	180	165	150	185	175	160
	5～10	185	170	155	190	180	165

表5.2.1-2 塑性混凝土的用水量（kg/m³）

拌合物稠度		卵石最大公称粒径（mm）				碎石最大公称粒径（mm）			
项目	指标	10.0	20.0	31.5	40.0	16.0	20.0	31.5	40.0
坍落度（mm）	10～30	190	170	160	150	200	185	175	165
	35～50	200	180	170	160	210	195	185	175
	55～70	210	190	180	170	220	205	195	185
	75～90	215	195	185	175	230	215	205	195

注：1 本表用水量系采用中砂时的取值。采用细砂时，每立方米混凝土用水量可增加5kg～10kg；采用粗砂时，可减少5kg～10kg；

2 掺用矿物掺合料和外加剂时，用水量应相应调整。

5.2.2 掺外加剂时，每立方米流动性或大流动性混凝土的用水量（m_{w0}）可按下式计算：

$$m_{w0} = m'_{w0}(1-\beta) \quad (5.2.2)$$

式中：m_{w0}——计算配合比每立方米混凝土的用水量（kg/m³）；

m'_{w0}——未掺外加剂时推定的满足实际坍落度要求的每立方米混凝土用水量（kg/m³），以本规程表5.2.1-2中90mm坍落度的用水量为基础，按每增大20mm坍落度相应增加5 kg/m³用水量来计算，当坍落度增大到180mm以上时，随坍落度相应增加的用水量可减少。

β——外加剂的减水率（%），应经混凝土试验确定。

5.2.3 每立方米混凝土中外加剂用量（m_{a0}）应按下式计算：

$$m_{a0} = m_{b0}\beta_a \quad (5.2.3)$$

式中：m_{a0}——计算配合比每立方米混凝土中外加剂用量（kg/m³）；

m_{b0}——计算配合比每立方米混凝土中胶凝材料用量（kg/m³），计算应符合本规程第5.3.1条的规定；

β_a——外加剂掺量（%），应经混凝土试验确定。

5.3 胶凝材料、矿物掺合料和水泥用量

5.3.1 每立方米混凝土的胶凝材料用量（m_{b0}）应按式（5.3.1）计算，并应进行试拌调整，在拌合物性能满足的情况下，取经济合理的胶凝材料用量。

$$m_{b0} = \frac{m_{w0}}{W/B} \quad (5.3.1)$$

式中：m_{b0}——计算配合比每立方米混凝土中胶凝材料用量（kg/m³）；

m_{w0}——计算配合比每立方米混凝土的用水量（kg/m³）；

W/B——混凝土水胶比。

5.3.2 每立方米混凝土的矿物掺合料用量（m_{f0}）应按下式计算：

$$m_{f0}=m_{b0}\beta_f \quad (5.3.2)$$

式中：m_{f0}——计算配合比每立方米混凝土中矿物掺合料用量（kg/m^3）；

β_f——矿物掺合料掺量（%），可结合本规程第3.0.5条和第5.1.1条的规定确定。

5.3.3 每立方米混凝土的水泥用量（m_{c0}）应按下式计算：

$$m_{c0}=m_{b0}-m_{f0} \quad (5.3.3)$$

式中：m_{c0}——计算配合比每立方米混凝土中水泥用量（kg/m^3）。

5.4 砂 率

5.4.1 砂率（β_s）应根据骨料的技术指标、混凝土拌合物性能和施工要求，参考既有历史资料确定。

5.4.2 当缺乏砂率的历史资料时，混凝土砂率的确定应符合下列规定：

1 坍落度小于10mm的混凝土，其砂率应经试验确定；

2 坍落度为10mm～60mm的混凝土，其砂率可根据粗骨料品种、最大公称粒径及水胶比按表5.4.2选取；

3 坍落度大于60mm的混凝土，其砂率可经试验确定，也可在表5.4.2的基础上，按坍落度每增大20mm、砂率增大1%的幅度予以调整。

表5.4.2 混凝土的砂率（%）

水胶比	卵石最大公称粒径(mm)			碎石最大公称粒径(mm)		
	10.0	20.0	40.0	16.0	20.0	40.0
0.40	26～32	25～31	24～30	30～35	29～34	27～32
0.50	30～35	29～34	28～33	33～38	32～37	30～35
0.60	33～38	32～37	31～36	36～41	35～40	33～38
0.70	36～41	35～40	34～39	39～44	38～43	36～41

注：1 本表数值系中砂的选用砂率，对细砂或粗砂，可相应地减少或增大砂率；
2 采用人工砂配制混凝土时，砂率可适当增大；
3 只用一个单粒级粗骨料配制混凝土时，砂率应适当增大。

5.5 粗、细骨料用量

5.5.1 当采用质量法计算混凝土配合比时，粗、细骨料用量应按式（5.5.1-1）计算；砂率应按式（5.5.1-2）计算。

$$m_{f0}+m_{c0}+m_{g0}+m_{s0}+m_{w0}=m_{cp} \quad (5.5.1\text{-}1)$$

$$\beta_s=\frac{m_{s0}}{m_{g0}+m_{s0}}\times100\% \quad (5.5.1\text{-}2)$$

式中：m_{g0}——计算配合比每立方米混凝土的粗骨料用量（kg/m^3）；

m_{s0}——计算配合比每立方米混凝土的细骨料用量（kg/m^3）；

β_s——砂率（%）；

m_{cp}——每立方米混凝土拌合物的假定质量（kg），可取2350kg/m^3～2450kg/m^3。

5.5.2 当采用体积法计算混凝土配合比时，砂率应按公式（5.5.1-2）计算，粗、细骨料用量应按公式（5.5.2）计算。

$$\frac{m_{c0}}{\rho_c}+\frac{m_{f0}}{\rho_f}+\frac{m_{g0}}{\rho_g}+\frac{m_{s0}}{\rho_s}+\frac{m_{w0}}{\rho_w}+0.01\alpha=1 \quad (5.5.2)$$

式中：ρ_c——水泥密度（kg/m^3），可按现行国家标准《水泥密度测定方法》GB/T 208测定，也可取2900kg/m^3～3100kg/m^3；

ρ_f——矿物掺合料密度（kg/m^3），可按现行国家标准《水泥密度测定方法》GB/T 208测定；

ρ_g——粗骨料的表观密度（kg/m^3），应按现行行业标准《普通混凝土用砂、石质量及检验方法标准》JGJ 52测定；

ρ_s——细骨料的表观密度（kg/m^3），应按现行行业标准《普通混凝土用砂、石质量及检验方法标准》JGJ 52测定；

ρ_w——水的密度（kg/m^3），可取1000kg/m^3；

α——混凝土的含气量百分数，在不使用引气剂或引气型外加剂时，α可取1。

6 混凝土配合比的试配、调整与确定

6.1 试 配

6.1.1 混凝土试配应采用强制式搅拌机进行搅拌，并应符合现行行业标准《混凝土试验用搅拌机》JG 244的规定，搅拌方法宜与施工采用的方法相同。

6.1.2 试验室成型条件应符合现行国家标准《普通混凝土拌合物性能试验方法标准》GB/T 50080的规定。

6.1.3 每盘混凝土试配的最小搅拌量应符合表6.1.3的规定，并不应小于搅拌机公称容量的1/4且不应大于搅拌机公称容量。

表6.1.3 混凝土试配的最小搅拌量

粗骨料最大公称粒径(mm)	拌合物数量(L)
≤31.5	20
40.0	25

6.1.4 在计算配合比的基础上应进行试拌。计算水胶比宜保持不变，并应通过调整配合比其他参数使混

凝土拌合物性能符合设计和施工要求，然后修正计算配合比，提出试拌配合比。

6.1.5 在试拌配合比的基础上应进行混凝土强度试验，并应符合下列规定：

1 应采用三个不同的配合比，其中一个应为本规程第6.1.4条确定的试拌配合比，另外两个配合比的水胶比宜较试拌配合比分别增加和减少0.05，用水量应与试拌配合比相同，砂率可分别增加和减少1%；

2 进行混凝土强度试验时，拌合物性能应符合设计和施工要求；

3 进行混凝土强度试验时，每个配合比应至少制作一组试件，并应标准养护到28d或设计规定龄期时试压。

6.2 配合比的调整与确定

6.2.1 配合比调整应符合下列规定：

1 根据本规程第6.1.5条混凝土强度试验结果，宜绘制强度和胶水比的线性关系图或插值法确定略大于配制强度对应的胶水比；

2 在试拌配合比的基础上，用水量（m_w）和外加剂用量（m_a）应根据确定的水胶比作调整；

3 胶凝材料用量（m_b）应以用水量乘以确定的胶水比计算得出；

4 粗骨料和细骨料用量（m_g和m_s）应根据用水量和胶凝材料用量进行调整。

6.2.2 混凝土拌合物表观密度和配合比校正系数的计算应符合下列规定：

1 配合比调整后的混凝土拌合物的表观密度应按下式计算：

$$\rho_{c,c} = m_c + m_f + m_g + m_s + m_w \quad (6.2.2\text{-}1)$$

式中：$\rho_{c,c}$——混凝土拌合物的表观密度计算值（kg/m³）；

m_c——每立方米混凝土的水泥用量（kg/m³）；

m_f——每立方米混凝土的矿物掺合料用量（kg/m³）；

m_g——每立方米混凝土的粗骨料用量（kg/m³）；

m_s——每立方米混凝土的细骨料用量（kg/m³）；

m_w——每立方米混凝土的用水量（kg/m³）。

2 混凝土配合比校正系数应按下式计算：

$$\delta = \frac{\rho_{c,t}}{\rho_{c,c}} \quad (6.2.2\text{-}2)$$

式中：δ——混凝土配合比校正系数；

$\rho_{c,t}$——混凝土拌合物的表观密度实测值（kg/m³）。

6.2.3 当混凝土拌合物表观密度实测值与计算值之差的绝对值不超过计算值的2%时，按本规程第6.2.1条调整的配合比可维持不变；当二者之差超过2%时，应将配合比中每项材料用量均乘以校正系数（δ）。

6.2.4 配合比调整后，应测定拌合物水溶性氯离子含量，试验结果应符合本规程表3.0.6的规定。

6.2.5 对耐久性有设计要求的混凝土应进行相关耐久性试验验证。

6.2.6 生产单位可根据常用材料设计出常用的混凝土配合比备用，并应在启用过程中予以验证或调整。遇有下列情况之一时，应重新进行配合比设计：

1 对混凝土性能有特殊要求时；

2 水泥、外加剂或矿物掺合料等原材料品种、质量有显著变化时。

7 有特殊要求的混凝土

7.1 抗渗混凝土

7.1.1 抗渗混凝土的原材料应符合下列规定：

1 水泥宜采用普通硅酸盐水泥；

2 粗骨料宜采用连续级配，其最大公称粒径不宜大于40.0mm，含泥量不得大于1.0%，泥块含量不得大于0.5%；

3 细骨料宜采用中砂，含泥量不得大于3.0%，泥块含量不得大于1.0%；

4 抗渗混凝土宜掺用外加剂和矿物掺合料，粉煤灰等级应为Ⅰ级或Ⅱ级。

7.1.2 抗渗混凝土配合比应符合下列规定：

1 最大水胶比应符合表7.1.2的规定；

2 每立方米混凝土中的胶凝材料用量不宜小于320kg；

3 砂率宜为35%～45%。

表7.1.2 抗渗混凝土最大水胶比

设计抗渗等级	最大水胶比	
	C20～C30	C30以上
P6	0.60	0.55
P8～P12	0.55	0.50
>P12	0.50	0.45

7.1.3 配合比设计中混凝土抗渗技术要求应符合下列规定：

1 配制抗渗混凝土要求的抗渗水压值应比设计值提高0.2MPa；

2 抗渗试验结果应满足下式要求：

$$P_t \geqslant \frac{P}{10} + 0.2 \quad (7.1.3)$$

式中：P_t——6个试件中不少于4个未出现渗水时的最大水压值(MPa)；

P——设计要求的抗渗等级值。

7.1.4 掺用引气剂或引气型外加剂的抗渗混凝土，应进行含气量试验，含气量宜控制在3.0%～5.0%。

7.2 抗冻混凝土

7.2.1 抗冻混凝土的原材料应符合下列规定：

1 水泥应采用硅酸盐水泥或普通硅酸盐水泥；

2 粗骨料宜选用连续级配，其含泥量不得大于1.0%，泥块含量不得大于0.5%；

3 细骨料含泥量不得大于3.0%，泥块含量不得大于1.0%；

4 粗、细骨料均应进行坚固性试验，并应符合现行行业标准《普通混凝土用砂、石质量及检验方法标准》JGJ 52的规定；

5 抗冻等级不小于F100的抗冻混凝土宜掺用引气剂；

6 在钢筋混凝土和预应力混凝土中不得掺用含有氯盐的防冻剂；在预应力混凝土中不得掺用含有亚硝酸盐或碳酸盐的防冻剂。

7.2.2 抗冻混凝土配合比应符合下列规定：

1 最大水胶比和最小胶凝材料用量应符合表7.2.2-1的规定；

2 复合矿物掺合料掺量宜符合表7.2.2-2的规定；其他矿物掺合料掺量宜符合本规程表3.0.5-1的规定；

3 掺用引气剂的混凝土最小含气量应符合本规程第3.0.7条的规定。

表7.2.2-1 最大水胶比和最小胶凝材料用量

设计抗冻等级	最大水胶比		最小胶凝材料用量（kg/m³）
	无引气剂时	掺引气剂时	
F50	0.55	0.60	300
F100	0.50	0.55	320
不低于F150	—	0.50	350

表7.2.2-2 复合矿物掺合料最大掺量

水胶比	最大掺量（%）	
	采用硅酸盐水泥时	采用普通硅酸盐水泥时
≤0.40	60	50
>0.40	50	40

注：1 采用其他通用硅酸盐水泥时，可将水泥混合材掺量20%以上的混合材量计入矿物掺合料；

2 复合矿物掺合料中各矿物掺合料组分的掺量不宜超过表3.0.5-1中单掺时的限量。

7.3 高强混凝土

7.3.1 高强混凝土的原材料应符合下列规定：

1 水泥应选用硅酸盐水泥或普通硅酸盐水泥；

2 粗骨料宜采用连续级配，其最大公称粒径不宜大于25.0mm，针片状颗粒含量不宜大于5.0%，含泥量不应大于0.5%，泥块含量不应大于0.2%；

3 细骨料的细度模数宜为2.6～3.0，含泥量不应大于2.0%，泥块含量不应大于0.5%；

4 宜采用减水率不小于25%的高性能减水剂；

5 宜复合掺用粒化高炉矿渣粉、粉煤灰和硅灰等矿物掺合料；粉煤灰等级不应低于Ⅱ级；对强度等级不低于C80的高强混凝土宜掺用硅灰。

7.3.2 高强混凝土配合比应经试验确定，在缺乏试验依据的情况下，配合比设计宜符合下列规定：

1 水胶比、胶凝材料用量和砂率可按表7.3.2选取，并应经试配确定；

表7.3.2 水胶比、胶凝材料用量和砂率

强度等级	水胶比	胶凝材料用量（kg/m³）	砂率(%)
≥C60，<C80	0.28～0.34	480～560	35～42
≥C80，<C100	0.26～0.28	520～580	
C100	0.24～0.26	550～600	

2 外加剂和矿物掺合料的品种、掺量，应通过试配确定；矿物掺合料掺量宜为25%～40%；硅灰掺量不宜大于10%；

3 水泥用量不宜大于500kg/m³。

7.3.3 在试配过程中，应采用三个不同的配合比进行混凝土强度试验，其中一个可为依据表7.3.2计算后调整拌合物的试拌配合比，另外两个配合比的水胶比，宜较试拌配合比分别增加和减少0.02。

7.3.4 高强混凝土设计配合比确定后，尚应采用该配合比进行不少于三盘混凝土的重复试验，每盘混凝土应至少成型一组试件，每组混凝土的抗压强度不应低于配制强度。

7.3.5 高强混凝土抗压强度测定宜采用标准尺寸试件，使用非标准尺寸试件时，尺寸折算系数应经试验确定。

7.4 泵送混凝土

7.4.1 泵送混凝土所采用的原材料应符合下列规定：

1 水泥宜选用硅酸盐水泥、普通硅酸盐水泥、矿渣硅酸盐水泥和粉煤灰硅酸盐水泥；

2 粗骨料宜采用连续级配，其针片状颗粒含量不宜大于10%；粗骨料的最大公称粒径与输送管径之比宜符合表7.4.1的规定；

表 7.4.1　粗骨料的最大公称粒径与输送管径之比

粗骨料品种	泵送高度（m）	粗骨料最大公称粒径与输送管径之比
碎　石	＜50	≤1∶3.0
	50～100	≤1∶4.0
	＞100	≤1∶5.0
卵　石	＜50	≤1∶2.5
	50～100	≤1∶3.0
	＞100	≤1∶4.0

3　细骨料宜采用中砂，其通过公称直径为315μm筛孔的颗粒含量不宜少于15%；

4　泵送混凝土应掺用泵送剂或减水剂，并宜掺用矿物掺合料。

7.4.2　泵送混凝土配合比应符合下列规定：

1　胶凝材料用量不宜小于300kg/m^3；

2　砂率宜为35%～45%。

7.4.3　泵送混凝土试配时应考虑坍落度经时损失。

7.5　大体积混凝土

7.5.1　大体积混凝土所用的原材料应符合下列规定：

1　水泥宜采用中、低热硅酸盐水泥或低热矿渣硅酸盐水泥，水泥的3d和7d水化热应符合现行国家标准《中热硅酸盐水泥　低热硅酸盐水泥　低热矿渣硅酸盐水泥》GB 200规定。当采用硅酸盐水泥或普通硅酸盐水泥时，应掺加矿物掺合料，胶凝材料的3d和7d水化热分别不宜大于240kJ/kg和270kJ/kg。水化热试验方法应按现行国家标准《水泥水化热测定方法》GB/T 12959执行。

2　粗骨料宜为连续级配，最大公称粒径不宜小于31.5mm，含泥量不应大于1.0%。

3　细骨料宜采用中砂，含泥量不应大于3.0%。

4　宜掺用矿物掺合料和缓凝型减水剂。

7.5.2　当采用混凝土60d或90d龄期的设计强度时，宜采用标准尺寸试件进行抗压强度试验。

7.5.3　大体积混凝土配合比应符合下列规定：

1　水胶比不宜大于0.55，用水量不宜大于175kg/m^3；

2　在保证混凝土性能要求的前提下，宜提高每立方米混凝土中的粗骨料用量；砂率宜为38%～42%；

3　在保证混凝土性能要求的前提下，应减少胶凝材料中的水泥用量，提高矿物掺合料掺量，矿物掺合料掺量应符合本规程第3.0.5条的规定。

7.5.4　在配合比试配和调整时，控制混凝土绝热温升不宜大于50℃。

7.5.5　大体积混凝土配合比应满足施工对混凝土凝结时间的要求。

本规程用词说明

1　为便于在执行本规程条文时区别对待，对要求严格程度不同的用词说明如下：

1）表示很严格，非这样做不可的：
正面词采用“必须”，反面词采用“严禁”；

2）表示严格，在正常情况下均应这样做的：
正面词采用“应”，反面词采用“不应”或“不得”；

3）表示允许稍有选择，在条件许可时首先应这样做的：
正面词采用“宜”，反面词采用“不宜”；

4）表示有选择，在一定条件下可以这样做的，采用“可”。

2　条文中指明应按其他有关标准执行的写法为：“应符合……的规定”或“应按……执行”。

引用标准名录

1　《混凝土结构设计规范》GB 50010

2　《普通混凝土拌合物性能试验方法标准》GB/T 50080

3　《普通混凝土力学性能试验方法标准》GB/T 50081

4　《普通混凝土长期性能和耐久性能试验方法标准》GB/T 50082

5　《中热硅酸盐水泥　低热硅酸盐水泥　低热矿渣硅酸盐水泥》GB 200

6　《水泥密度测定方法》GB/T 208

7　《水泥水化热测定方法》GB/T 12959

8　《水泥胶砂强度检验方法（ISO法）》GB/T 17671

9　《普通混凝土用砂、石质量及检验方法标准》JGJ 52

10　《混凝土试验用搅拌机》JG 244

11　《水运工程混凝土试验规程》JTJ 270

中华人民共和国行业标准

普通混凝土配合比设计规程

JGJ 55—2011

条 文 说 明

修 订 说 明

《普通混凝土配合比设计规程》JGJ 55－2011，经住房和城乡建设部2011年4月22日以第991号公告批准、发布。

本规程是在《普通混凝土配合比设计规程》JGJ 55－2000的基础上修订而成。上一版的主编单位为中国建筑科学研究院，参编单位有：北京建工集团有限责任公司、北京城建集团有限责任公司混凝土公司、沈阳北方建设集团、上海徐汇区建工质量监督站、上海建工材料工程有限公司、山西四建集团有限公司、中建三局建筑技术研究设计院、北京住总构件厂、深圳安托山混凝土有限公司、中国建筑材料科学研究院、广东省建筑科学研究院、四川省建筑科学研究院和陕西省建筑科学研究设计院。主要起草人有：韩素芳、许鹤力、艾永祥、路来军、张秀芳、徐欣、丁整伟、陈尧亮、佘振阳、魏荣华、韩秉刚、朱艾路、杨晓梅、陈社生、李玮、刘树财、白显明。

本规程修订的主要技术内容是：1. 与2000年以后颁布的相关标准规范进行了协调；2. 增加并突出了混凝土耐久性的规定；3. 修订了普通混凝土试配强度的计算公式和强度标准差；4. 修订了混凝土水胶比计算公式中的胶砂强度取值以及回归系数 α_a 和 α_b；5. 增加了高强混凝土试配强度的计算公式；6. 增加了高强混凝土水胶比、胶凝材料用量和砂率推荐表。

本规程修订过程中，编制组进行了广泛而深入的调查研究，总结了我国工程建设中普通混凝土配合比设计的实践经验，同时参考了国外先进技术法规、技术标准，通过试验取得了普通混凝土配合比设计的重要技术参数。

为便于广大设计、生产、施工、科研、学校等单位有关人员在使用本规程时能正确理解和执行条文规定，《普通混凝土配合比设计规程》编制组按章、节、条顺序编制了本规程的条文说明，供使用者参考。但是，本条文说明不具备与规程正文同等的法律效力，仅供使用者作为理解和把握规程规定的参考。

目　次

1 总 则

1.0.1 混凝土配合比是生产、施工的关键环节之一，对于保证混凝土工程质量和节约资源具有重要意义。

1.0.2 普通混凝土配合比设计的适用范围非常广泛，除一些专业工程以及特殊构筑物的混凝土外，一般混凝土工程都可以采用。

1.0.3 与本规程有关的、难以详尽的技术要求，应符合国家现行有关标准的规定。

2 术语和符号

2.1 术 语

2.1.1 目前我国普通混凝土的定义是按干表观密度范围确定的，即干表观密度为 2000kg/m^3～2800kg/m^{3}的抗渗混凝土、抗冻混凝土、高强混凝土、泵送混凝土和大体积混凝土等均属于普通混凝土范畴。在建工行业，普通混凝土简称混凝土，是指水泥混凝土。

2.1.2 用维勃稠度（s）可以合理表示坍落度很小甚至为零的混凝土拌合物稠度，维勃稠度等级划分应符合表1的规定。

表 1 混凝土拌合物的维勃稠度等级划分

等 级	维勃时间（s）
V0	≥31
V1	30～21
V2	20～11
V3	10～6
V4	5～3

2.1.3～2.1.5 用坍落度可以合理表示塑性或流动性混凝土拌合物稠度，坍落度等级划分应符合表 2 的规定。

表 2 混凝土拌合物的坍落度等级划分

等 级	坍落度(mm)
S1	10～40
S2	50～90
S3	100～150
S4	160～210
S5	≥220

2.1.6 本条特指设计提出抗渗要求的混凝土，抗渗等级不低于 P6。

2.1.7 本条特指设计提出抗冻要求的混凝土，F50是混凝土抗冻性能划分的最低抗冻等级。

2.1.8 本条定义已被混凝土工程界普遍接受，正在编制的高强混凝土应用技术规程中高强混凝土定义与本条相同。

2.1.9 泵送混凝土包括流动性混凝土和大流动性混凝土，泵送时坍落度不小于 100mm，应用极为广泛。

2.1.10 大体积混凝土也可以定义为：混凝土结构物实体最小几何尺寸不小于 1m 的大体量混凝土，或预计会因混凝土中胶凝材料水化引起的温度变化和收缩而导致有害裂缝产生的混凝土。

2.1.11、**2.1.12** 胶凝材料、胶凝材料用量的术语和定义在混凝土工程技术领域已被普遍接受。

2.1.13 随着混凝土矿物掺合料的广泛应用，国内外已经普遍采用水胶比取代水灰比。

2.1.14、**2.1.15** 本规程中，掺量含义是相对质量百分比，用量含义是绝对质量。

3 基 本 规 定

3.0.1 混凝土配合比设计不仅仅应满足配制强度要求，还应满足施工性能、其他力学性能、长期性能和耐久性能的要求。强调混凝土配合比设计应满足耐久性能要求，这是本次修订的重点之一。

3.0.2 基于我国骨料的实际情况和技术条件，我国长期以来一直在建设工程中采用以干燥状态骨料为基准的混凝土配合比设计，具有可操作性，应用情况良好。

3.0.3 控制最大水胶比是保证混凝土耐久性能的重要手段，而水胶比又是混凝土配合比设计的首要参数。现行国家标准《混凝土结构设计规范》GB 50010对不同环境条件的混凝土最大水胶比作了规定。

3.0.4 在控制最大水胶比的条件下，表 3.0.4 中最小胶凝材料用量是满足混凝土施工性能和掺加矿物掺合料后满足混凝土耐久性能的胶凝材料用量下限。

3.0.5 规定矿物掺合料最大掺量主要是为了保证混凝土耐久性能。矿物掺合料在混凝土中的实际掺量是通过试验确定的，在本规程配合比调整和确定步骤中规定了耐久性试验验证，以确保满足工程设计提出的混凝土耐久性要求。当采用超出表 3.0.5-1 和表 3.0.5-2 给出的矿物掺合料最大掺量时，全盘否定不妥，通过对混凝土性能进行全面试验论证，证明结构混凝土安全性和耐久性可以满足设计要求后，还是能够采用的。

3.0.6 本规程按环境条件影响氯离子引起钢筋锈蚀的程度简明地分为四类，并规定了各类环境条件下的混凝土中氯离子最大含量。本规程采用测定混凝土拌合物中氯离子的方法，与测试硬化后混凝土中氯离子的方法相比，时间大大缩短，有利于配合比设计和控制。表 3.0.6 中的氯离子含量是相对混凝土中水泥用量的百分比，与控制氯离子相对混凝土中胶凝材料用量的百分比相比，偏于安全。

3.0.7 掺加适量引气剂有利于混凝土的耐久性，尤其对于有较高抗冻要求的混凝土，掺加引气剂可以明显提高混凝土的抗冻性能。引气剂掺量要适当，引气量太少作用不够，引气量太多混凝土强度损失较大。

3.0.8 将混凝土中碱含量控制在 3.0kg/m³ 以内，并掺加适量粉煤灰和粒化高炉矿渣粉等矿物掺合料，对预防混凝土碱-骨料反应具有重要意义。混凝土中碱含量是测定的混凝土各原材料碱含量计算之和，而实测的粉煤灰和粒化高炉矿渣粉等矿物掺合料碱含量并不是参与碱-骨料反应的有效碱含量，对于矿物掺合料中有效碱含量，粉煤灰碱含量取实测值的 1/6，粒化高炉矿渣粉碱含量取实测值的 1/2，已经被混凝土工程界采纳。

4 混凝土配制强度的确定

4.0.1 混凝土配制强度对生产施工的混凝土强度应具有充分的保证率。对于强度等级小于 C60 的混凝土，实践证明传统的计算公式是合理的，因此仍然沿用传统的计算公式；对于强度等级不小于 C60 的混凝土，传统的计算公式已经不能满足要求，修订后采用公式（4.0.1-2），这个公式早已经在现行行业标准《公路桥涵施工技术规范》JTJ 041 中体现，并在公路桥涵和建筑工程等实际工程中得到检验。

4.0.2 根据实际生产技术水平和大量调研，适当调高了按公式（4.0.2）计算的强度标准差取值，并给出表 4.0.2 的强度标准差取值，这些取值与目前实际控制水平的标准差比较，是偏于安全的，也与国际上提高安全性的总体趋势是一致的。

5 混凝土配合比计算

5.1 水 胶 比

5.1.1～5.1.4 为了使混凝土水胶比计算公式更符合实际情况以及普遍掺加粉煤灰和粒化高炉矿渣粉等矿物掺合料的技术发展情况，在试验验证的基础上，对 0.30～0.68 水胶比范围，采用掺加矿物掺合料的胶凝材料胶砂强度和相应的混凝土强度进行回归分析，调整了表 5.1.2 的回归系数，并经过试验验证，给出了表 5.1.3 粉煤灰影响系数 γ_f 和粒化高炉矿渣粉影响系数 γ_s。表 5.1.4 中水泥强度等级值的富余系数是在全国范围内调研的基础上给出的。

验证试验覆盖全国代表性的主要地区和城市，参加试验的单位有：中国建筑科学研究院、北京建工集团有限责任公司、中国建筑材料科学研究总院、建研建材有限公司、中建商品混凝土公司、重庆市建筑科学研究院、辽宁省建设科学研究院、贵州中建建筑科研设计院有限公司、云南建工混凝土有限公司、上海嘉华混凝土有限公司、甘肃土木工程科学研究院、广东省建筑科学研究院、宁波金鑫商品混凝土有限公司、深圳市富通混凝土有限公司、天津港保税区航保商品砼供应有限公司、山西四建集团有限公司等。试验量多达上千组，试验结果规律性良好。

5.2 用水量和外加剂用量

5.2.1 表 5.2.1-1 和表 5.2.1-2 是未掺加外加剂的干硬性和塑性混凝土的用水量，经多年应用，证明基本符合实际。干硬性和塑性混凝土也可以掺加外加剂，掺加外加剂后的用水量可在表 5.2.1-1 和表 5.2.1-2 的基础通过试验进行调整。

5.2.2 本节中的外加剂特指具有减水功能的外加剂。

5.2.3 本条具有指导性作用，尤其对于缺乏经验和试验资料者更为重要。在实际工作中，有经验的专业技术人员通常将满足混凝土性能和节约成本作为目标，结合经验并经试验来确定流动性或大流动性混凝土的外加剂用量和用水量。

5.3 胶凝材料、矿物掺合料和水泥用量

5.3.1 对于同一强度等级混凝土，矿物掺合料掺量增加会使水胶比相应减小，如果取用水量不变，按公式（5.3.1）计算的胶凝材料用量也会增加，并可能不是最节约的胶凝材料用量，因此，公式（5.3.1）计算结果仅仅为初算的胶凝材料用量，实际采用的胶凝材料用量应按本规程第 6.1.4 条调整，经过试拌选取一个满足拌合物性能要求的、较节约的胶凝材料用量。

5.3.2、5.3.3 计算矿物掺合料用量所采用的矿物掺合料掺量是在计算水胶比过程中选用不同掺量经过比较后确定的。计算得出的胶凝材料、矿物掺合料和水泥的用量还要在试配过程中调整验证。

5.4 砂 率

5.4.1、5.4.2 本节对砂率的取值具有指导性，经实际应用，证明基本符合实际。在实际工作中，也可以根据经验和历史资料初选砂率。砂率对混凝土拌合物性能影响较大，可调整范围略宽，也关系到材料成本，因此，按本节选取的砂率仅是初步的，需要在试配过程中调整后确定合理的砂率。

5.5 粗、细骨料用量

5.5.1、5.5.2 在实际工程中，混凝土配合比设计通常采用质量法。混凝土配合比设计也允许采用体积法，可视具体技术需要选用。与质量法比较，体积法需要测定水泥和矿物掺合料的密度以及骨料的表观密度等，对技术条件要求略高。

6 混凝土配合比的试配、调整与确定

6.1 试 配

6.1.1 本条提及的搅拌方法的内涵主要包括搅拌方式、投料方式和搅拌时间等。

6.1.2 本条规范了试配过程中试件成型的基本要求。

6.1.3 如果搅拌量太小，由于混凝土拌合物浆体粘锅因素影响和体量不足等原因，拌合物的代表性不足。

6.1.4 在试配过程中，首先是试拌，调整混凝土拌合物。在试拌调整过程中，在计算配合比的基础上，保持水胶比不变，尽量采用较少的胶凝材料用量，以节约胶凝材料为原则，通过调整外加剂用量和砂率，使混凝土拌合物坍落度及和易性等性能满足施工要求，提出试拌配合比。

6.1.5 调整好混凝土拌合物并形成试拌配合比后，即开始混凝土强度试验。无论是计算配合比还是试拌配合比，都不能保证混凝土配制强度是否满足要求，混凝土强度试验的目的是通过三个不同水胶比的配合比的比较，取得能够满足配制强度要求的、胶凝材料用量经济合理的配合比。由于混凝土强度试验是在混凝土拌合物调整适宜后进行，所以强度试验采用三个不同水胶比的配合比的混凝土拌合物性能应维持不变，即维持用水量不变，增加和减少胶凝材料用量，并相应减少和增加砂率，外加剂掺量也作减少和增加的微调。

在没有特殊规定的情况下，混凝土强度试件在28d龄期进行抗压试验；当规定采用60d或90d等其他龄期的设计强度时，混凝土强度试件在相应的龄期进行抗压试验。

6.2 配合比的调整与确定

6.2.1 通过绘制强度和胶水比关系图，或采用插值法，选用略大于配制强度的强度对应的胶水比作进一步配合比调整偏于安全。也可以直接采用前述3个水胶比混凝土强度试验中一个满足配制强度的胶水比作进一步配合比调整，虽然相对比较简明，但有时可能强度富余较多，经济代价略高。

6.2.2、6.2.3 混凝土配合比是指每立方米混凝土中各种材料的用量。在配合比计算、混凝土试配和配合比调整过程中，每立方米混凝土的各种材料混成的混凝土可能不足或超过1m^3，即通常所说的亏方或盈方，通过配合比校正，可使依据配合比计算的混凝土生产方量更为准确。

6.2.4 在确定设计配合比前，对混凝土氯离子含量进行试验验证是非常必要的。

6.2.5 在确定设计配合比前，应对设计规定的混凝土耐久性能进行试验验证，例如设计规定的抗水渗透、抗氯离子渗透、抗冻、抗碳化和抗硫酸盐侵蚀等耐久性能要求，以保证混凝土质量满足设计规定的性能要求。

6.2.6 备用的混凝土配合比在启用时，即便是条件类同，进行配合比验证试验是不可省略的。原材料质量显著变化是指诸如水泥胶砂强度、外加剂减水率和矿物掺合料细度等发生明显变化。

7 有特殊要求的混凝土

7.1 抗渗混凝土

7.1.1 原材料的选用和质量控制对抗渗混凝土非常重要。大量抗渗混凝土用于地下工程，为了提高抗渗性能和适合地下环境特点，掺加外加剂和矿物掺合料十分有利，也是普遍的做法。在以胶凝材料最小用量作为控制指标的情况下，采用普通硅酸盐水泥有利于提高混凝土耐久性能和进行质量控制。骨料粒径太大和含泥（包括泥块）较多都对混凝土抗渗性能不利。

7.1.2 采用较小的水胶比可提高混凝土的密实性，从而使其有较好的抗渗性，因此，控制最大水胶比是抗渗混凝土配合比设计的重要法则。另外，胶凝材料和细骨料用量太少也对混凝土抗渗性能不利。

7.1.3 抗渗混凝土的配制抗渗等级比设计值要求高，有利于确保实际工程混凝土抗渗性能满足设计要求。

7.1.4 在混凝土中掺用引气剂适量引气，有利于提高混凝土抗渗性能。

7.2 抗冻混凝土

7.2.1 采用硅酸盐水泥或普通硅酸盐水泥配制抗冻混凝土是一个基本做法，目前寒冷或严寒地区一般都这样做。骨料含泥（包括泥块）较多和骨料坚固性差都对混凝土抗冻性能不利。一些混凝土防冻剂中掺用氯盐，采用后会引起混凝土中钢筋锈蚀，导致严重的结构混凝土耐久性问题。现行国家标准《混凝土外加剂应用技术规范》GB 50119规定含亚硝酸盐或碳酸盐的防冻剂严禁用于预应力混凝土结构。

7.2.2 混凝土水胶比大则密实性差，对抗冻性能不利，因此要控制混凝土最大水胶比。在通常水胶比情况下，混凝土中掺入过量矿物掺合料也对混凝土抗冻性能不利。混凝土中掺用引气剂是提高混凝土抗冻性能的有效方法之一。

7.3 高强混凝土

7.3.1 原材料的选用和质量控制对高强混凝土非常重要。

1 在水泥方面，由于高强混凝土强度高，水胶比低，所以采用硅酸盐水泥或普通硅酸盐水泥无论是

技术还是经济都比较合理：不仅胶砂强度较高，适合配制高强等级混凝土；而且水泥中混合材较少，可掺加较多的矿物掺合料来改善高强混凝土的施工性能。

2 在骨料方面，如果粗骨料粒径太大或（和）针片状颗粒含量较多，不利于混凝土中骨料合理堆积和应力合理分布，直接影响混凝土强度，也影响混凝土拌合物性能。细度模数为2.6～3.0的细骨料更适用于高强混凝土，使胶凝材料较多的高强混凝土中总体材料颗粒级配更加合理；骨料含泥（包括泥块）较多将明显降低高强混凝土强度。

3 在减水剂方面，目前采用具有高减水率的聚羧酸高性能减水剂配制高强混凝土相对较多，其主要优点是减水率高，可不低于28%，混凝土拌合物保塑性较好，混凝土收缩较小；在矿物掺合料方面，采用复合掺用粒化高炉矿渣粉和粉煤灰配制高强混凝土比较普遍，对于强度等级不低于C80的高强混凝土，复合掺用粒化高炉矿渣粉、粉煤灰和硅灰比较合理，硅灰掺量一般为3%～8%。

7.3.2 近年来，高强混凝土研究已经较多，工程应用也逐渐增多。根据国内外研究成果和工程应用的实践经验，推荐高强混凝土配合比参数范围对高强混凝土配合比设计具有指导意义。当经过充分试验验证，确认所设计的混凝土配合比满足拌合物性能、力学性能、长期性能和耐久性能要求时，可不受此条限制。

7.3.3 高强混凝土水胶比变化对强度影响比一般强度等级混凝土敏感，因此，在试配的强度试验中，三个不同配合比的水胶比间距为0.02比较合理。

7.3.4 因为高强混凝土强度稳定性和重要性受到高度重视，所以对高强混凝土配合比进行复验是必要的。

7.3.5 采用标准尺寸试件测定高强混凝土抗压强度最为合理。

7.4 泵送混凝土

7.4.1 硅酸盐水泥、普通硅酸盐水泥、矿渣硅酸盐水泥和粉煤灰硅酸盐水泥配制的混凝土的拌合物性能比较稳定，易于泵送。良好的骨料颗粒粒型和级配有利于配制泵送性能良好的混凝土。在混凝土中掺用泵送剂或减水剂以及粉煤灰，并调整其合适掺量，是配制泵送混凝土的基本方法。

7.4.2 如果胶凝材料用量太少，水胶比大则浆体太稀，黏度不足，混凝土容易离析，水胶比小则浆体不足，混凝土中骨料量相对过多，这些都不利于混凝土的泵送。泵送混凝土的砂率通常控制在35%～45%。

7.4.3 泵送混凝土的坍落度经时损失值可以通过调整外加剂进行控制，通常坍落度经时损失控制在30mm/h以内比较好。

7.5 大体积混凝土

7.5.1 采用低水化热的胶凝材料，有利于限制大体积混凝土由于温度应力引起的裂缝。粗骨料粒径太小则限制混凝土变形作用较小。掺用缓凝型减水剂有利于缓解温升，起到温控作用。

7.5.2 由于采用低水化热的胶凝材料有利于限制大体积混凝土由于温度应力引起的裂缝，所以大体积混凝土的胶凝材料中往往掺用大量粉煤灰等矿物掺合料，使混凝土强度发展较慢，设计采用混凝土60d或90d龄期强度也是合理的。当标准养护时间和标准尺寸试件未能两全时，维持标准尺寸试件比较合理。

7.5.3 水胶比大，用水量多对限制裂缝不利。混凝土中粗骨料较多有利于限制胶凝材料硬化体的变形作用。因为水泥水化热相对较高，所以大体积混凝土中往往掺用大量粉煤灰，减少胶凝材料中的水泥用量，以达到降低水化热的目的。

7.5.4 可在配合比试配和调整时通过混凝土绝热温升测试设备测定混凝土的绝热温升，或通过计算求出混凝土的绝热温升，从而在配合比设计过程中控制混凝土绝热温升。

7.5.5 延迟混凝土的凝结时间对大体积混凝土施工操作和温度控制有利，大体积混凝土配合比设计应重视混凝土的凝结时间。

中华人民共和国行业标准

建筑施工安全检查标准

Standard for construction safety inspection

JGJ 59—2011

批准部门：中华人民共和国住房和城乡建设部
施行日期：2 0 1 2 年 7 月 1 日

中华人民共和国住房和城乡建设部
公　告

第1204号

关于发布行业标准《建筑施工安全检查标准》的公告

现批准《建筑施工安全检查标准》为行业标准，编号为JGJ 59－2011，自2012年7月1日起实施。其中，第4.0.1、5.0.3条为强制性条文，必须严格执行。原行业标准《建筑施工安全检查标准》JGJ 59－99同时废止。

本标准由我部标准定额研究所组织中国建筑工业出版社出版发行。

中华人民共和国住房和城乡建设部
2011年12月7日

前　言

根据住房和城乡建设部《关于印发〈2009年工程建设标准规范制订、修订计划〉的通知》（建标［2009］88号）的要求，标准编制组经广泛调查研究，认真总结实践经验，参考有关国际标准和国外先进标准，并在广泛征求意见的基础上，修订本标准。

本标准的主要技术内容是：1. 总则；2. 术语；3. 检查评定项目；4. 检查评分方法；5. 检查评定等级。

本标准修订的主要技术内容是：1. 增设“术语”章节；2. 增设“检查评定项目”章节；3. 将原“检查分类及评分方法”一章调整为“检查评分方法”和“检查评定等级”两个章节，并对评定等级的划分标准进行了调整；4. 将原“检查评分表”一章调整为附录；5. 将“建筑施工安全检查评分汇总表”中的项目名称及分值进行了调整；6. 删除“挂脚手架检查评分表”、“吊篮脚手架检查评分表”；7. 将“‘三宝’、‘四口’防护检查评分表”改为“高处作业检查评分表”，并新增移动式操作平台和悬挑式钢平台的检查内容；8. 新增“碗扣式钢管脚手架检查评分表”、“承插型盘扣式钢管脚手架检查评分表”、“满堂脚手架检查评分表”、“高处作业吊篮检查评分表”；9. 依据现行法规和标准对检查评分表的内容进行了调整。

本标准中以黑体字标志的条文为强制性条文，必须严格执行。

本标准由住房和城乡建设部负责管理和对强制性条文的解释，由天津市建工工程总承包有限公司负责具体技术内容的解释。在执行过程中如有意见或建议，请寄送天津市建工工程总承包有限公司（地址：天津市新技术产业园区华苑产业区开华道1号，邮政编码：300384）。

本标准主编单位：天津市建工工程总承包有限公司
中启胶建集团有限公司

本标准参编单位：中国建筑业协会建筑安全分会
中国工程建设标准化协会施工安全专业委员会
天津市建设工程质量安全监督管理总队
天津一建建筑工程有限公司
天津二建建筑工程有限公司
天津三建建筑工程有限公司
上海市建设工程安全质量监督总站
陕西省建设工程质量安全监督总站
河南省建设安全监督总站
杭州市建设工程质量安全监督总站
北京建工集团有限责任公司
重庆建工集团有限责任

公司
北京建科研软件技术有限公司

本标准主要起草人员：耿洁明　张宝利　郭道盛　陈　锟　秦春芳　戴贞洁　翟家常　王兰英　王明明　薛　涛　丁天强　孙汝西　左洪胜　张德光　倪树华　戴宝荣　刘　震　牛福增　熊　琰　丁守宽　任占厚　唐　伟　孙宗辅　李海涛　王玉恒　康电祥　李忠雨　张承亮

本标准主要审查人员：郭正兴　任兆祥　张有闻　祁忠华　陈高立　杨福波　汤坤林　刘新玉　施卫东　葛兴杰　张继承

目　次

Contents

1 总 则

1.0.1 为科学评价建筑施工现场安全生产，预防生产安全事故的发生，保障施工人员的安全和健康，提高施工管理水平，实现安全检查工作的标准化，制定本标准。

1.0.2 本标准适用于房屋建筑工程施工现场安全生产的检查评定。

1.0.3 建筑施工安全检查除应符合本标准外，尚应符合国家现行有关标准的规定。

2 术 语

2.0.1 保证项目 assuring items

检查评定项目中，对施工人员生命、设备设施及环境安全起关键性作用的项目。

2.0.2 一般项目 general items

检查评定项目中，除保证项目以外的其他项目。

2.0.3 公示标牌 public signs

在施工现场的进出口处设置的工程概况牌、管理人员名单及监督电话牌、消防保卫牌、安全生产牌、文明施工牌及施工现场总平面图等。

2.0.4 临边 temporary edges

施工现场内无围护设施或围护设施高度低于0.8m的楼层周边、楼梯侧边、平台或阳台边、屋面周边和沟、坑、槽、深基础周边等危及人身安全的边沿的简称。

3 检查评定项目

3.1 安 全 管 理

3.1.1 安全管理检查评定应符合国家现行有关安全生产的法律、法规、标准的规定。

3.1.2 安全管理检查评定保证项目应包括：安全生产责任制、施工组织设计及专项施工方案、安全技术交底、安全检查、安全教育、应急救援。一般项目应包括：分包单位安全管理、持证上岗、生产安全事故处理、安全标志。

3.1.3 安全管理保证项目的检查评定应符合下列规定：

1 安全生产责任制

1）工程项目部应建立以项目经理为第一责任人的各级管理人员安全生产责任制；

2）安全生产责任制应经责任人签字确认；

3）工程项目部应有各工种安全技术操作规程；

4）工程项目部应按规定配备专职安全员；

5）对实行经济承包的工程项目，承包合同中应有安全生产考核指标；

6）工程项目部应制定安全生产资金保障制度；

7）按安全生产资金保障制度，应编制安全资金使用计划，并应按计划实施；

8）工程项目部应制定以伤亡事故控制、现场安全达标、文明施工为主要内容的安全生产管理目标；

9）按安全生产管理目标和项目管理人员的安全生产责任制，应进行安全生产责任目标分解；

10）应建立对安全生产责任制和责任目标的考核制度；

11）按考核制度，应对项目管理人员定期进行考核。

2 施工组织设计及专项施工方案

1）工程项目部在施工前应编制施工组织设计，施工组织设计应针对工程特点、施工工艺制定安全技术措施；

2）危险性较大的分部分项工程应按规定编制安全专项施工方案，专项施工方案应有针对性，并按有关规定进行设计计算；

3）超过一定规模危险性较大的分部分项工程，施工单位应组织专家对专项施工方案进行论证；

4）施工组织设计、专项施工方案，应由有关部门审核，施工单位技术负责人、监理单位项目总监批准；

5）工程项目部应按施工组织设计、专项施工方案组织实施。

3 安全技术交底

1）施工负责人在分派生产任务时，应对相关管理人员、施工作业人员进行书面安全技术交底；

2）安全技术交底应按施工工序、施工部位、施工栋号分部分项进行；

3）安全技术交底应结合施工作业场所状况、特点、工序，对危险因素、施工方案、规范标准、操作规程和应急措施进行交底；

4）安全技术交底应由交底人、被交底人、专职安全员进行签字确认。

4 安全检查

1）工程项目部应建立安全检查制度；

2）安全检查应由项目负责人组织，专职安全员及相关专业人员参加，定期进行并填写检查记录；

3）对检查中发现的事故隐患应下达隐患整改通知单，定人、定时间、定措施进行整改。重大事故隐患整改后，应由相关部门组织复查。

5 安全教育

1）工程项目部应建立安全教育培训制度；

2）当施工人员入场时，工程项目部应组织进行以国家安全法律法规、企业安全制度、施工现场安全管理规定及各工种安全技术操作规程为主要内容的三级安全教育培训和考核；

3）当施工人员变换工种或采用新技术、新工艺、新设备、新材料施工时，应进行安全教育培训；

4）施工管理人员、专职安全员每年度应进行安全教育培训和考核。

6 应急救援

1）工程项目部应针对工程特点，进行重大危险源的辨识；应制定防触电、防坍塌、防高处坠落、防起重及机械伤害、防火灾、防物体打击等主要内容的专项应急救援预案，并对施工现场易发生重大安全事故的部位、环节进行监控；

2）施工现场应建立应急救援组织，培训、配备应急救援人员，定期组织员工进行应急救援演练；

3）按应急救援预案要求，应配备应急救援器材和设备。

3.1.4 安全管理一般项目的检查评定应符合下列规定：

1 分包单位安全管理

1）总包单位应对承揽分包工程的分包单位进行资质、安全生产许可证和相关人员安全生产资格的审查；

2）当总包单位与分包单位签订分包合同时，应签订安全生产协议书，明确双方的安全责任；

3）分包单位应按规定建立安全机构，配备专职安全员。

2 持证上岗

1）从事建筑施工的项目经理、专职安全员和特种作业人员，必须经行业主管部门培训考核合格，取得相应资格证书，方可上岗作业；

2）项目经理、专职安全员和特种作业人员应持证上岗。

3 生产安全事故处理

1）当施工现场发生生产安全事故时，施工单位应按规定及时报告；

2）施工单位应按规定对生产安全事故进行调查分析，制定防范措施；

3）应依法为施工作业人员办理保险。

4 安全标志

1）施工现场入口处及主要施工区域、危险部位应设置相应的安全警示标志牌；

2）施工现场应绘制安全标志布置图；

3）应根据工程部位和现场设施的变化，调整安全标志牌设置；

4）施工现场应设置重大危险源公示牌。

3.2 文明施工

3.2.1 文明施工检查评定应符合现行国家标准《建设工程施工现场消防安全技术规范》GB 50720 和《建筑施工现场环境与卫生标准》JGJ 146、《施工现场临时建筑物技术规范》JGJ/T 188 的规定。

3.2.2 文明施工检查评定保证项目应包括：现场围挡、封闭管理、施工场地、材料管理、现场办公与住宿、现场防火。一般项目应包括：综合治理、公示标牌、生活设施、社区服务。

3.2.3 文明施工保证项目的检查评定应符合下列规定：

1 现场围挡

1）市区主要路段的工地应设置高度不小于 2.5m 的封闭围挡；

2）一般路段的工地应设置高度不小于 1.8m 的封闭围挡；

3）围挡应坚固、稳定、整洁、美观。

2 封闭管理

1）施工现场进出口应设置大门，并应设置门卫值班室；

2）应建立门卫值守管理制度，并应配备门卫值守人员；

3）施工人员进入施工现场应佩戴工作卡；

4）施工现场出入口应标有企业名称或标识，并应设置车辆冲洗设施。

3 施工场地

1）施工现场的主要道路及材料加工区地面应进行硬化处理；

2）施工现场道路应畅通，路面应平整坚实；

3）施工现场应有防止扬尘措施；

4）施工现场应设置排水设施，且排水通畅无积水；

5）施工现场应有防止泥浆、污水、废水污染环境的措施；

6）施工现场应设置专门的吸烟处，严禁随意吸烟；

7）温暖季节应有绿化布置。

4 材料管理

1）建筑材料、构件、料具应按总平面布局进行码放；

2）材料应码放整齐，并应标明名称、规格等；

3）施工现场材料码放应采取防火、防锈蚀、防雨等措施；

4）建筑物内施工垃圾的清运，应采用器具或管道运输，严禁随意抛掷；

5）易燃易爆物品应分类储藏在专用库房内，并应制定防火措施。

5 现场办公与住宿

1）施工作业、材料存放区与办公、生活区应划分清晰，并应采取相应的隔离措施；

2）在建工程内、伙房、库房不得兼作宿舍；

3）宿舍、办公用房的防火等级应符合规范要求；

4）宿舍应设置可开启式窗户，床铺不得超过2层，通道宽度不应小于0.9m；

5）宿舍内住宿人员人均面积不应小于2.5m^2，且不得超过16人；

6）冬季宿舍内应有采暖和防一氧化碳中毒措施；

7）夏季宿舍内应有防暑降温和防蚊蝇措施；

8）生活用品应摆放整齐，环境卫生应良好。

6 现场防火

1）施工现场应建立消防安全管理制度，制定消防措施；

2）施工现场临时用房和作业场所的防火设计应符合规范要求；

3）施工现场应设置消防通道、消防水源，并应符合规范要求；

4）施工现场灭火器材应保证可靠有效，布局配置应符合规范要求；

5）明火作业应履行动火审批手续，配备动火监护人员。

3.2.4 文明施工一般项目的检查评定应符合下列规定：

1 综合治理

1）生活区内应设置供作业人员学习和娱乐的场所；

2）施工现场应建立治安保卫制度，责任分解落实到人；

3）施工现场应制定治安防范措施。

2 公示标牌

1）大门口处应设置公示标牌，主要内容应包括：工程概况牌、消防保卫牌、安全生产牌、文明施工牌、管理人员名单及监督电话牌、施工现场总平面图；

2）标牌应规范、整齐、统一；

3）施工现场应有安全标语；

4）应有宣传栏、读报栏、黑板报。

3 生活设施

1）应建立卫生责任制度并落实到人；

2）食堂与厕所、垃圾站、有毒有害场所等污染源的距离应符合规范要求；

3）食堂必须有卫生许可证，炊事人员必须持身体健康证上岗；

4）食堂使用的燃气罐应单独设置存放间，存放间应通风良好，并严禁存放其他物品；

5）食堂的卫生环境应良好，且应配备必要的排风、冷藏、消毒、防鼠、防蚊蝇等设施；

6）厕所内的设施数量和布局应符合规范要求；

7）厕所必须符合卫生要求；

8）必须保证现场人员卫生饮水；

9）应设置淋浴室，且能满足现场人员需求；

10）生活垃圾应装入密闭式容器内，并应及时清理。

4 社区服务

1）夜间施工前，必须经批准后方可进行施工；

2）施工现场严禁焚烧各类废弃物；

3）施工现场应制定防粉尘、防噪声、防光污染等措施；

4）应制定施工不扰民措施。

3.3 扣件式钢管脚手架

3.3.1 扣件式钢管脚手架检查评定应符合现行行业标准《建筑施工扣件式钢管脚手架安全技术规范》JGJ 130的规定。

3.3.2 扣件式钢管脚手架检查评定保证项目应包括：施工方案、立杆基础、架体与建筑结构拉结、杆件间距与剪刀撑、脚手板与防护栏杆、交底与验收。一般项目应包括：横向水平杆设置、杆件连接、层间防护、构配件材质、通道。

3.3.3 扣件式钢管脚手架保证项目的检查评定应符合下列规定：

1 施工方案

1）架体搭设应编制专项施工方案，结构设计应进行计算，并按规定进行审核、审批；

2）当架体搭设超过规范允许高度时，应组织专家对专项施工方案进行论证。

2 立杆基础

1）立杆基础应按方案要求平整、夯实，并应采取排水措施，立杆底部设置的垫板、底座应符合规范要求；

2）架体应在距立杆底端高度不大于200mm处设置纵、横向扫地杆，并应用直角扣件固定在立杆上，横向扫地杆应设置在纵向扫地杆的下方。

3 架体与建筑结构拉结

1）架体与建筑结构拉结应符合规范要求；

2）连墙件应从架体底层第一步纵向水平杆处开始设置，当该处设置有困难时应采取其他可靠措施固定；

3）对搭设高度超过 24m 的双排脚手架，应采用刚性连墙件与建筑结构可靠拉结。

4 杆件间距与剪刀撑

1）架体立杆、纵向水平杆、横向水平杆间距应符合设计和规范要求；

2）纵向剪刀撑及横向斜撑的设置应符合规范要求；

3）剪刀撑杆件的接长、剪刀撑斜杆与架体杆件的固定应符合规范要求。

5 脚手板与防护栏杆

1）脚手板材质、规格应符合规范要求，铺板应严密、牢靠；

2）架体外侧应采用密目式安全网封闭，网间连接应严密；

3）作业层应按规范要求设置防护栏杆；

4）作业层外侧应设置高度不小于 180mm 的挡脚板。

6 交底与验收

1）架体搭设前应进行安全技术交底，并应有文字记录；

2）当架体分段搭设、分段使用时，应进行分段验收；

3）搭设完毕应办理验收手续，验收应有量化内容并经责任人签字确认。

3.3.4 扣件式钢管脚手架一般项目的检查评定应符合下列规定：

1 横向水平杆设置

1）横向水平杆应设置在纵向水平杆与立杆相交的主节点处，两端应与纵向水平杆固定；

2）作业层应按铺设脚手板的需要增加设置横向水平杆；

3）单排脚手架横向水平杆插入墙内不应小于 180mm。

2 杆件连接

1）纵向水平杆杆件宜采用对接，若采用搭接，其搭接长度不应小于 1m，且固定应符合规范要求；

2）立杆除顶层顶步外，不得采用搭接；

3）杆件对接扣件应交错布置，并符合规范要求；

4）扣件紧固力矩不应小于 40N·m，且不应大于 65N·m。

3 层间防护

1）作业层脚手板下应采用安全平网兜底，以下每隔 10m 应采用安全平网封闭；

2）作业层里排架体与建筑物之间应采用脚手板或安全平网封闭。

4 构配件材质

1）钢管直径、壁厚、材质应符合规范要求；

2）钢管弯曲、变形、锈蚀应在规范允许范围内；

3）扣件应进行复试且技术性能符合规范要求。

5 通道

1）架体应设置供人员上下的专用通道；

2）专用通道的设置应符合规范要求。

3.4 门式钢管脚手架

3.4.1 门式钢管脚手架检查评定应符合现行行业标准《建筑施工门式钢管脚手架安全技术规范》JGJ 128 的规定。

3.4.2 门式钢管脚手架检查评定保证项目应包括：施工方案、架体基础、架体稳定、杆件锁臂、脚手板、交底与验收。一般项目应包括：架体防护、构配件材质、荷载、通道。

3.4.3 门式钢管脚手架保证项目的检查评定应符合下列规定：

1 施工方案

1）架体搭设应编制专项施工方案，结构设计应进行计算，并按规定进行审核、审批；

2）当架体搭设超过规范允许高度时，应组织专家对专项施工方案进行论证。

2 架体基础

1）立杆基础应按方案要求平整、夯实，并应采取排水措施；

2）架体底部应设置垫板和立杆底座，并应符合规范要求；

3）架体扫地杆设置应符合规范要求。

3 架体稳定

1）架体与建筑物结构拉结应符合规范要求；

2）架体剪刀撑斜杆与地面夹角应在 45°～60°之间，应采用旋转扣件与立杆固定，剪刀撑设置应符合规范要求；

3）门架立杆的垂直偏差应符合规范要求；

4）交叉支撑的设置应符合规范要求。

4 杆件锁臂

1）架体杆件、锁臂应按规范要求进行组装；

2）应按规范要求设置纵向水平加固杆；

3）架体使用的扣件规格应与连接杆件相匹配。

5 脚手板

1）脚手板材质、规格应符合规范要求；

2）脚手板应铺设严密、平整、牢固；

3）挂扣式钢脚手板的挂扣必须完全挂扣在水平杆上，挂钩应处于锁住状态。

6 交底与验收

1）架体搭设前应进行安全技术交底，并应有文字记录；

2）当架体分段搭设、分段使用时，应进行分段验收；

3）搭设完毕应办理验收手续，验收应有量化内容并经责任人签字确认。

3.4.4 门式钢管脚手架一般项目的检查评定应符合下列规定：

1 架体防护

1）作业层应按规范要求设置防护栏杆；

2）作业层外侧应设置高度不小于 180mm 的挡脚板；

3）架体外侧应采用密目式安全网进行封闭，网间连接应严密；

4）架体作业层脚手板下应采用安全平网兜底，以下每隔 10m 应采用安全平网封闭。

2 构配件材质

1）门架不应有严重的弯曲、锈蚀和开焊；

2）门架及构配件的规格、型号、材质应符合规范要求。

3 荷载

1）架体上的施工荷载应符合设计和规范要求；

2）施工均布荷载、集中荷载应在设计允许范围内。

4 通道

1）架体应设置供人员上下的专用通道；

2）专用通道的设置应符合规范要求。

3.5 碗扣式钢管脚手架

3.5.1 碗扣式钢管脚手架检查评定应符合现行行业标准《建筑施工碗扣式钢管脚手架安全技术规范》JGJ 166 的规定。

3.5.2 碗扣式钢管脚手架检查评定保证项目应包括：施工方案、架体基础、架体稳定、杆件锁件、脚手板、交底与验收。一般项目应包括：架体防护、构配件材质、荷载、通道。

3.5.3 碗扣式钢管脚手架保证项目的检查评定应符合下列规定：

1 施工方案

1）架体搭设应编制专项施工方案，结构设计应进行计算，并按规定进行审核、审批；

2）当架体搭设超过规范允许高度时，应组织专家对专项施工方案进行论证。

2 架体基础

1）立杆基础应按方案要求平整、夯实，并应采取排水措施，立杆底部设置的垫板和底座应符合规范要求；

2）架体纵横向扫地杆距立杆底端高度不应大于 350mm。

3 架体稳定

1）架体与建筑结构拉结应符合规范要求，并应从架体底层第一步纵向水平杆处开始设置连墙件，当该处设置有困难时应采取其他可靠措施固定；

2）架体拉结点应牢固可靠；

3）连墙件应采用刚性杆件；

4）架体竖向应沿高度方向连续设置专用斜杆或八字撑；

5）专用斜杆两端应固定在纵横向水平杆的碗扣节点处；

6）专用斜杆或八字形斜撑的设置角度应符合规范要求。

4 杆件锁件

1）架体立杆间距、水平杆步距应符合设计和规范要求；

2）应按专项施工方案设计的步距在立杆连接碗扣节点处设置纵、横向水平杆；

3）当架体搭设高度超过 24m 时，顶部 24m 以下的连墙件应设置水平斜杆，并应符合规范要求；

4）架体组装及碗扣紧固应符合规范要求。

5 脚手板

1）脚手板材质、规格应符合规范要求；

2）脚手板应铺设严密、平整、牢固；

3）挂扣式钢脚手板的挂扣必须完全挂扣在水平杆上，挂钩应处于锁住状态。

6 交底与验收

1）架体搭设前应进行安全技术交底，并应有文字记录；

2）架体分段搭设、分段使用时，应进行分段验收；

3）搭设完毕应办理验收手续，验收应有量化内容并经责任人签字确认。

3.5.4 碗扣式钢管脚手架一般项目的检查评定应符合下列规定：

1 架体防护

1）架体外侧应采用密目式安全网进行封闭，网间连接应严密；

2）作业层应按规范要求设置防护栏杆；

3）作业层外侧应设置高度不小于 180mm 的挡脚板；

4）作业层脚手板下应采用安全平网兜底，以下每隔 10m 应采用安全平网封闭。

2 构配件材质

1）架体构配件的规格、型号、材质应符合规范要求；

2）钢管不应有严重的弯曲、变形、锈蚀。

3 荷载

1）架体上的施工荷载应符合设计和规范要求；

2）施工均布荷载、集中荷载应在设计允许范围内。

4 通道

1）架体应设置供人员上下的专用通道；

2）专用通道的设置应符合规范要求。

3.6 承插型盘扣式钢管脚手架

3.6.1 承插型盘扣式钢管脚手架检查评定应符合现行行业标准《建筑施工承插型盘扣式钢管支架安全技术规程》JGJ 231 的规定。

3.6.2 承插型盘扣式钢管脚手架检查评定保证项目包括：施工方案、架体基础、架体稳定、杆件设置、脚手板、交底与验收。一般项目包括：架体防护、杆件连接、构配件材质、通道。

3.6.3 承插型盘扣式钢管脚手架保证项目的检查评定应符合下列规定：

1 施工方案

1）架体搭设应编制专项施工方案，结构设计应进行计算；

2）专项施工方案应按规定进行审核、审批。

2 架体基础

1）立杆基础应按方案要求平整、夯实，并应采取排水措施；

2）立杆底部应设置垫板和可调底座，并应符合规范要求；

3）架体纵、横向扫地杆设置应符合规范要求。

3 架体稳定

1）架体与建筑结构拉结应符合规范要求，并应从架体底层第一步水平杆处开始设置连墙件，当该处设置有困难时应采取其他可靠措施固定；

2）架体拉结点应牢固可靠；

3）连墙件应采用刚性杆件；

4）架体竖向斜杆、剪刀撑的设置应符合规范要求；

5）竖向斜杆的两端应固定在纵、横向水平杆与立杆汇交的盘扣节点处；

6）斜杆及剪刀撑应沿脚手架高度连续设置，角度应符合规范要求。

4 杆件设置

1）架体立杆间距、水平杆步距应符合设计和规范要求；

2）应按专项施工方案设计的步距在立杆连接插盘处设置纵、横向水平杆；

3）当双排脚手架的水平杆未设挂扣式钢脚手板时，应按规范要求设置水平斜杆。

5 脚手板

1）脚手板材质、规格应符合规范要求；

2）脚手板应铺设严密、平整、牢固；

3）挂扣式钢脚手板的挂扣必须完全挂扣在水平杆上，挂钩应处于锁住状态。

6 交底与验收

1）架体搭设前应进行安全技术交底，并应有文字记录；

2）架体分段搭设、分段使用时，应进行分段验收；

3）搭设完毕应办理验收手续，验收应有量化内容并经责任人签字确认。

3.6.4 承插型盘扣式钢管脚手架一般项目的检查评定应符合下列规定：

1 架体防护

1）架体外侧应采用密目式安全网进行封闭，网间连接应严密；

2）作业层应按规范要求设置防护栏杆；

3）作业层外侧应设置高度不小于 180mm 的挡脚板；

4）作业层脚手板下应采用安全平网兜底，以下每隔 10m 应采用安全平网封闭。

2 杆件连接

1）立杆的接长位置应符合规范要求；

2）剪刀撑的接长应符合规范要求。

3 构配件材质

1）架体构配件的规格、型号、材质应符合规范要求；

2）钢管不应有严重的弯曲、变形、锈蚀。

4 通道

1）架体应设置供人员上下的专用通道；

2）专用通道的设置应符合规范要求。

3.7 满堂脚手架

3.7.1 满堂脚手架检查评定应符合现行行业标准《建筑施工扣件式钢管脚手架安全技术规范》JGJ 130、《建筑施工门式钢管脚手架安全技术规范》JGJ 128、《建筑施工碗扣式钢管脚手架安全技术规程》JGJ 166 和《建筑施工承插型盘扣式钢管支架安全技术规程》JGJ 231 的规定。

3.7.2 满堂脚手架检查评定保证项目应包括：施工方案、架体基础、架体稳定、杆件锁件、脚手板、交底与验收。一般项目应包括：架体防护、构配件材质、荷载、通道。

3.7.3 满堂脚手架保证项目的检查评定应符合下列规定：

1 施工方案

1）架体搭设应编制专项施工方案，结构设计应进行计算；

2）专项施工方案应按规定进行审核、审批。

2 架体基础

1）架体基础应按方案要求平整、夯实，并应采取排水措施；

2）架体底部应按规范要求设置垫板和底座，垫板规格应符合规范要求；

3）架体扫地杆设置应符合规范要求。

3 架体稳定

1）架体四周与中部应按规范要求设置竖向剪刀撑或专用斜杆；

2）架体应按规范要求设置水平剪刀撑或水平斜杆；

3）当架体高宽比大于规范规定时，应按规范要求与建筑结构拉结或采取增加架体宽度、设置钢丝绳张拉固定等稳定措施。

4 杆件锁件

1）架体立杆件间距、水平杆步距应符合设计和规范要求；

2）杆件的接长应符合规范要求；

3）架体搭设应牢固，杆件节点应按规范要求进行紧固。

5 脚手板

1）作业层脚手板应满铺，铺稳、铺牢；

2）脚手板的材质、规格应符合规范要求；

3）挂扣式钢脚手板的挂扣应完全挂扣在水平杆上，挂钩处应处于锁住状态。

6 交底与验收

1）架体搭设前应进行安全技术交底，并应有文字记录；

2）架体分段搭设、分段使用时，应进行分段验收；

3）搭设完毕应办理验收手续，验收应有量化内容并经责任人签字确认。

3.7.4 满堂脚手架一般项目的检查评定应符合下列规定：

1 架体防护

1）作业层应按规范要求设置防护栏杆；

2）作业层外侧应设置高度不小于 180mm 的挡脚板；

3）作业层脚手板下应采用安全平网兜底，以下每隔 10m 应采用安全平网封闭。

2 构配件材质

1）架体构配件的规格、型号、材质应符合规范要求；

2）杆件的弯曲、变形和锈蚀应在规范允许范围内。

3 荷载

1）架体上的施工荷载应符合设计和规范要求；

2）施工均布荷载、集中荷载应在设计允许范围内。

4 通道

1）架体应设置供人员上下的专用通道；

2）专用通道的设置应符合规范要求。

3.8 悬挑式脚手架

3.8.1 悬挑式脚手架检查评定应符合现行行业标准《建筑施工扣件式钢管脚手架安全技术规范》JGJ 130、《建筑施工门式钢管脚手架安全技术规范》JGJ 128、《建筑施工碗扣式钢管脚手架安全技术规范》JGJ 166 和《建筑施工承插型盘扣式钢管支架安全技术规程》JGJ 231 的规定。

3.8.2 悬挑式脚手架检查评定保证项目应包括：施工方案、悬挑钢梁、架体稳定、脚手板、荷载、交底与验收。一般项目应包括：杆件间距、架体防护、层间防护、构配件材质。

3.8.3 悬挑式脚手架保证项目的检查评定应符合下列规定：

1 施工方案

1）架体搭设应编制专项施工方案，结构设计应进行计算；

2）架体搭设超过规范允许高度，专项施工方案应按规定组织专家论证；

3）专项施工方案应按规定进行审核、审批。

2 悬挑钢梁

1）钢梁截面尺寸应经设计计算确定，且截面形式应符合设计和规范要求；

2）钢梁锚固端长度不应小于悬挑长度的 1.25 倍；

3）钢梁锚固处结构强度、锚固措施应符合设计和规范要求；

4）钢梁外端应设置钢丝绳或钢拉杆与上层建筑结构拉结；

5）钢梁间距应按悬挑架体立杆纵距设置。

3 架体稳定

1）立杆底部应与钢梁连接柱固定；

2）承插式立杆接长应采用螺栓或销钉固定；

3）纵横向扫地杆的设置应符合规范要求；

4）剪刀撑应沿悬挑架体高度连续设置，角度应为 45°～60°；

5）架体应按规定设置横向斜撑；

6）架体应采用刚性连墙件与建筑结构拉结，设置的位置、数量应符合设计和规范要求。

4 脚手板

1）脚手板材质、规格应符合规范要求；

2）脚手板铺设应严密、牢固，探出横向水平杆长度不应大于 150mm。

5 荷载

架体上施工荷载应均匀，并不应超过设计和规范要求。

6 交底与验收

1）架体搭设前应进行安全技术交底，并应有文字记录；

2）架体分段搭设、分段使用时，应进行分段验收；

3）搭设完毕应办理验收手续，验收应有量化内容并经责任人签字确认。

3.8.4 悬挑式脚手架一般项目的检查评定应符合下列规定：

1 杆件间距

1）立杆纵、横向间距、纵向水平杆步距应符合设计和规范要求；

2）作业层应按脚手板铺设的需要增加横向水平杆。

2 架体防护

1）作业层应按规范要求设置防护栏杆；

2）作业层外侧应设置高度不小于180mm的挡脚板；

3）架体外侧应采用密目式安全网封闭，网间连接应严密。

3 层间防护

1）架体作业层脚手板下应采用安全平网兜底，以下每隔10m应采用安全平网封闭；

2）作业层里排架体与建筑物之间应采用脚手板或安全平网封闭；

3）架体底层沿建筑结构边缘在悬挑钢梁与悬挑钢梁之间应采取措施封闭；

4）架体底层应进行封闭。

4 构配件材质

1）型钢、钢管、构配件规格材质应符合规范要求；

2）型钢、钢管弯曲、变形、锈蚀应在规范允许范围内。

3.9 附着式升降脚手架

3.9.1 附着式升降脚手架检查评定应符合现行行业标准《建筑施工工具式脚手架安全技术规范》JGJ 202的规定。

3.9.2 附着式升降脚手架检查评定保证项目包括：施工方案、安全装置、架体构造、附着支座、架体安装、架体升降。一般项目包括：检查验收、脚手板、架体防护、安全作业。

3.9.3 附着式升降脚手架保证项目的检查评定应符合下列规定：

1 施工方案

1）附着式升降脚手架搭设作业应编制专项施工方案，结构设计应进行计算；

2）专项施工方案应按规定进行审核、审批；

3）脚手架提升超过规定允许高度，应组织专家对专项施工方案进行论证。

2 安全装置

1）附着式升降脚手架应安装防坠落装置，技术性能应符合规范要求；

2）防坠落装置与升降设备应分别独立固定在建筑结构上；

3）防坠落装置应设置在竖向主框架处，与建筑结构附着；

4）附着式升降脚手架应安装防倾覆装置，技术性能应符合规范要求；

5）升降和使用工况时，最上和最下两个防倾装置之间最小间距应符合规范要求；

6）附着式升降脚手架应安装同步控制装置，并应符合规范要求。

3 架体构造

1）架体高度不应大于5倍楼层高度，宽度不应大于1.2m；

2）直线布置的架体支承跨度不应大于7m，折线、曲线布置的架体支撑点处的架体外侧距离不应大于5.4m；

3）架体水平悬挑长度不应大于2m，且不应大于跨度的1/2；

4）架体悬臂高度不应大于架体高度的2/5，且不应大于6m；

5）架体高度与支承跨度的乘积不应大于110m^2。

4 附着支座

1）附着支座数量、间距应符合规范要求；

2）使用工况应将竖向主框架与附着支座固定；

3）升降工况应将防倾、导向装置设置在附着支座上；

4）附着支座与建筑结构连接固定方式应符合规范要求。

5 架体安装

1）主框架和水平支承桁架的节点应采用焊接或螺栓连接，各杆件的轴线应汇交于节点；

2）内外两片水平支承桁架的上弦和下弦之间应设置水平支撑杆件，各节点应采用焊接或螺栓连接；

3）架体立杆底端应设在水平桁架上弦杆的节点处；

4）竖向主框架组装高度应与架体高度相等；

5）剪刀撑应沿架体高度连续设置，并应将竖向主框架、水平支承桁架和架体构架连成一体，剪刀撑斜杆水平夹角应为45°～60°。

6 架体升降

1）两跨以上架体同时升降应采用电动或液压动力装置，不得采用手动装置；

2）升降工况附着支座处建筑结构混凝土强度应符合设计和规范要求；

3）升降工况架体上不得有施工荷载，严禁人员在架体上停留。

3.9.4 附着式升降脚手架一般项目的检查评定应符合下列规定：

1 检查验收

1）动力装置、主要结构配件进场应按规定进行验收；

2）架体分区段安装、分区段使用时，应进行分区段验收；

3）架体安装完毕应按规定进行整体验收，验收应有量化内容并经责任人签字确认；

4）架体每次升、降前应按规定进行检查，并应填写检查记录。

2 脚手板

1）脚手板应铺设严密、平整、牢固；

2）作业层里排架体与建筑物之间应采用脚手板或安全平网封闭；

3）脚手板材质、规格应符合规范要求。

3 架体防护

1）架体外侧应采用密目式安全网封闭，网间连接应严密；

2）作业层应按规范要求设置防护栏杆；

3）作业层外侧应设置高度不小于 180mm 的挡脚板。

4 安全作业

1）操作前应对有关技术人员和作业人员进行安全技术交底，并应有文字记录；

2）作业人员应经培训并定岗作业；

3）安装拆除单位资质应符合要求，特种作业人员应持证上岗；

4）架体安装、升降、拆除时应设置安全警戒区，并应设置专人监护；

5）荷载分布应均匀，荷载最大值应在规范允许范围内。

3.10 高处作业吊篮

3.10.1 高处作业吊篮检查评定应符合现行行业标准《建筑施工工具式脚手架安全技术规范》JGJ 202 的规定。

3.10.2 高处作业吊篮检查评定保证项目应包括：施工方案、安全装置、悬挂机构、钢丝绳、安装作业、升降作业。一般项目应包括：交底与验收、安全防护、吊篮稳定、荷载。

3.10.3 高处作业吊篮保证项目的检查评定应符合下列规定：

1 施工方案

1）吊篮安装作业应编制专项施工方案，吊篮支架支撑处的结构承载力应经过验算；

2）专项施工方案应按规定进行审核、审批。

2 安全装置

1）吊篮应安装防坠安全锁，并应灵敏有效；

2）防坠安全锁不应超过标定期限；

3）吊篮应设置为作业人员挂设安全带专用的安全绳和安全锁扣，安全绳应固定在建筑物可靠位置上，不得与吊篮上的任何部位连接；

4）吊篮应安装上限位装置，并应保证限位装置灵敏可靠。

3 悬挂机构

1）悬挂机构前支架不得支撑在女儿墙及建筑物外挑檐边缘等非承重结构上；

2）悬挂机构前梁外伸长度应符合产品说明书规定；

3）前支架应与支撑面垂直，且脚轮不应受力；

4）上支架应固定在前支架调节杆与悬挑梁连接的节点处；

5）严禁使用破损的配重块或其他替代物；

6）配重块应固定可靠，重量应符合设计规定。

4 钢丝绳

1）钢丝绳不应有断丝、断股、松股、锈蚀、硬弯及油污和附着物；

2）安全钢丝绳应单独设置，型号规格应与工作钢丝绳一致；

3）吊篮运行时安全钢丝绳应张紧悬垂；

4）电焊作业时应对钢丝绳采取保护措施。

5 安装作业

1）吊篮平台的组装长度应符合产品说明书和规范要求；

2）吊篮的构配件应为同一厂家的产品。

6 升降作业

1）必须由经过培训合格的人员操作吊篮升降；

2）吊篮内的作业人员不应超过 2 人；

3）吊篮内作业人员应将安全带用安全锁扣正确挂置在独立设置的专用安全绳上；

4）作业人员应从地面进出吊篮。

3.10.4 高处作业吊篮一般项目的检查评定应符合下列规定：

1 交底与验收

1）吊篮安装完毕，应按规范要求进行验收，验收表应由责任人签字确认；

2）班前、班后应按规定对吊篮进行检查；

3）吊篮安装、使用前对作业人员进行安全技术交底，并应有文字记录。

2 安全防护

1）吊篮平台周边的防护栏杆、挡脚板的设置应符合规范要求；

2）上下立体交叉作业时吊篮应设置顶部防护板。

3 吊篮稳定

1）吊篮作业时应采取防止摆动的措施；

2）吊篮与作业面距离应在规定要求范围内。

4 荷载

1）吊篮施工荷载应符合设计要求；

2）吊篮施工荷载应均匀分布。

3.11 基坑工程

3.11.1 基坑工程安全检查评定应符合现行国家标准《建筑基坑工程监测技术规范》GB 50497 和现行行业标准《建筑基坑支护技术规程》JGJ 120、《建筑施工土石方工程安全技术规范》JGJ 180 的规定。

3.11.2 基坑工程检查评定保证项目应包括：施工方案、基坑支护、降排水、基坑开挖、坑边荷载、安全防护。一般项目应包括：基坑监测、支撑拆除、作业环境、应急预案。

3.11.3 基坑工程保证项目的检查评定应符合下列规定：

1 施工方案

1）基坑工程施工应编制专项施工方案，开挖深度超过 3m 或虽未超过 3m 但地质条件和周边环境复杂的基坑土方开挖、支护、降水工程，应单独编制专项施工方案；

2）专项施工方案应按规定进行审核、审批；

3）开挖深度超过 5m 的基坑土方开挖、支护、降水工程或开挖深度虽未超过 5m 但地质条件、周围环境复杂的基坑土方开挖、支护、降水工程专项施工方案，应组织专家进行论证；

4）当基坑周边环境或施工条件发生变化时，专项施工方案应重新进行审核、审批。

2 基坑支护

1）人工开挖的狭窄基槽，开挖深度较大并存在边坡塌方危险时，应采取支护措施；

2）地质条件良好、土质均匀且无地下水的自然放坡的坡率应符合规范要求；

3）基坑支护结构应符合设计要求；

4）基坑支护结构水平位移应在设计允许范围内。

3 降排水

1）当基坑开挖深度范围内有地下水时，应采取有效的降排水措施；

2）基坑边沿周围地面应设排水沟；放坡开挖时，应对坡顶、坡面、坡脚采取降排水措施；

3）基坑底四周应按专项施工方案设排水沟和集水井，并应及时排除积水。

4 基坑开挖

1）基坑支护结构必须在达到设计要求的强度后，方可开挖下层土方，严禁提前开挖和超挖；

2）基坑开挖应按设计和施工方案的要求，分层、分段、均衡开挖；

3）基坑开挖应采取措施防止碰撞支护结构、工程桩或扰动基底原状土土层；

4）当采用机械在软土场地作业时，应采取铺设渣土或砂石等硬化措施。

5 坑边荷载

1）基坑边堆置土、料具等荷载应在基坑支护设计允许范围内；

2）施工机械与基坑边沿的安全距离应符合设计要求。

6 安全防护

1）开挖深度超过 2m 及以上的基坑周边必须安装防护栏杆，防护栏杆的安装应符合规范要求；

2）基坑内应设置供施工人员上下的专用梯道；梯道应设置扶手栏杆，梯道的宽度不应小于 1m，梯道搭设应符合规范要求；

3）降水井口应设置防护盖板或围栏，并应设置明显的警示标志。

3.11.4 基坑工程一般项目的检查评定应符合下列规定：

1 基坑监测

1）基坑开挖前应编制监测方案，并应明确监测项目、监测报警值、监测方法和监测点的布置、监测周期等内容；

2）监测的时间间隔应根据施工进度确定，当监测结果变化速率较大时，应加密观测次数；

3）基坑开挖监测工程中，应根据设计要求提交阶段性监测报告。

2 支撑拆除

1）基坑支撑结构的拆除方式、拆除顺序应符合专项施工方案的要求；

2）当采用机械拆除时，施工荷载应小于支撑结构承载能力；

3）人工拆除时，应按规定设置防护设施；

4）当采用爆破拆除、静力破碎等拆除方式时，必须符合国家现行相关规范的要求。

3 作业环境

1）基坑内土方机械、施工人员的安全距离应符合规范要求；

2）上下垂直作业应按规定采取有效的防护措施；

3）在电力、通信、燃气、上下水等管线 2m 范围内挖土时，应采取安全保护措施，并应设专人监护；

4）施工作业区域应采光良好，当光线较弱时应设置有足够照度的光源。

4 应急预案

1）基坑工程应按规范要求结合工程施工过程中可能出现的支护变形、漏水等影响基坑工程安全的不利因素制定应急预案；

2）应急组织机构应健全，应急的物资、材料、工具、机具等品种、规格、数量应满足应急的需要，并应符合应急预案的要求。

3.12 模板支架

3.12.1 模板支架安全检查评定应符合现行行业标准《建筑施工模板安全技术规范》JGJ 162、《建筑施工扣件式钢管脚手架安全技术规范》JGJ 130、《建筑施工门式钢管脚手架安全技术规范》JGJ 128、《建筑施工碗扣式钢管脚手架安全技术规范》JGJ 166和《建筑施工承插型盘扣式钢管支架安全技术规程》JGJ 231的规定。

3.12.2 模板支架检查评定保证项目应包括：施工方案、支架基础、支架构造、支架稳定、施工荷载、交底与验收。一般项目应包括：杆件连接、底座与托撑、构配件材质、支架拆除。

3.12.3 模板支架保证项目的检查评定应符合下列规定：

1 施工方案

1）模板支架搭设应编制专项施工方案，结构设计应进行计算，并应按规定进行审核、审批；

2）模板支架搭设高度8m及以上；跨度18m及以上，施工总荷载15kN/m² 及以上；集中线荷载20kN/m及以上的专项施工方案，应按规定组织专家论证。

2 支架基础

1）基础应坚实、平整，承载力应符合设计要求，并应能承受支架上部全部荷载；

2）支架底部应按规范要求设置底座、垫板，垫板规格应符合规范要求；

3）支架底部纵、横向扫地杆的设置应符合规范要求；

4）基础应采取排水设施，并应排水畅通；

5）当支架设在楼面结构上时，应对楼面结构强度进行验算，必要时应对楼面结构采取加固措施。

3 支架构造

1）立杆间距应符合设计和规范要求；

2）水平杆步距应符合设计和规范要求，水平杆应按规范要求连续设置；

3）竖向、水平剪刀撑或专用斜杆、水平斜杆的设置应符合规范要求。

4 支架稳定

1）当支架高宽比大于规定值时，应按规定设置连墙杆或采用增加架体宽度的加强措施；

2）立杆伸出顶层水平杆中心线至支撑点的长度应符合规范要求；

3）浇筑混凝土时应对架体基础沉降、架体变形进行监控，基础沉降、架体变形应在规定允许范围内。

5 施工荷载

1）施工均布荷载、集中荷载应在设计允许范围内；

2）当浇筑混凝土时，应对混凝土堆积高度进行控制。

6 交底与验收

1）支架搭设、拆除前应进行交底，并应有交底记录；

2）支架搭设完毕，应按规定组织验收，验收应有量化内容并经责任人签字确认。

3.12.4 模板支架一般项目的检查评定应符合下列规定：

1 杆件连接

1）立杆应采用对接、套接或承插式连接方式，并应符合规范要求；

2）水平杆的连接应符合规范要求；

3）当剪刀撑斜杆采用搭接时，搭接长度不应小于1m；

4）杆件各连接点的紧固应符合规范要求。

2 底座与托撑

1）可调底座、托撑螺杆直径应与立杆内径匹配，配合间隙应符合规范要求；

2）螺杆旋入螺母内长度不应少于5倍的螺距。

3 构配件材质

1）钢管壁厚应符合规范要求；

2）构配件规格、型号、材质应符合规范要求；

3）杆件弯曲、变形、锈蚀量应在规范允许范围内。

4 支架拆除

1）支架拆除前结构的混凝土强度应达到设计要求；

2）支架拆除前应设置警戒区，并应设专人监护。

3.13 高处作业

3.13.1 高处作业检查评定应符合现行国家标准《安全网》GB 5725、《安全帽》GB 2118、《安全带》GB 6095和现行行业标准《建筑施工高处作业安全技术规范》JGJ 80的规定。

3.13.2 高处作业检查评定项目应包括：安全帽、安全网、安全带、临边防护、洞口防护、通道口防护、攀登作业、悬空作业、移动式操作平台、悬挑式物料钢平台。

3.13.3 高处作业的检查评定应符合下列规定：

1 安全帽

1）进入施工现场的人员必须正确佩戴安全帽；

2）安全帽的质量应符合规范要求。

2 安全网

1）在建工程外脚手架的外侧应采用密目式安全网进行封闭；

2）安全网的质量应符合规范要求。

3 安全带

1）高处作业人员应按规定系挂安全带；

2）安全带的系挂应符合规范要求；

3）安全带的质量应符合规范要求。

4 临边防护

1）作业面边沿应设置连续的临边防护设施；

2）临边防护设施的构造、强度应符合规范要求；

3）临边防护设施宜定型化、工具式，杆件的规格及连接固定方式应符合规范要求。

5 洞口防护

1）在建工程的预留洞口、楼梯口、电梯井口等孔洞应采取防护措施；

2）防护措施、设施应符合规范要求；

3）防护设施宜定型化、工具式；

4）电梯井内每隔2层且不大于10m应设置安全平网防护。

6 通道口防护

1）通道口防护应严密、牢固；

2）防护棚两侧应采取封闭措施；

3）防护棚宽度应大于通道口宽度，长度应符合规范要求；

4）当建筑物高度超过24m时，通道口防护顶棚应采用双层防护；

5）防护棚的材质应符合规范要求。

7 攀登作业

1）梯脚底部应坚实，不得垫高使用；

2）折梯使用时上部夹角宜为35°～45°，并应设有可靠的拉撑装置；

3）梯子的材质和制作质量应符合规范要求。

8 悬空作业

1）悬空作业处应设置防护栏杆或采取其他可靠的安全措施；

2）悬空作业所使用的索具、吊具等应经验收，合格后方可使用；

3）悬空作业人员应系挂安全带、佩带工具袋。

9 移动式操作平台

1）操作平台应按规定进行设计计算；

2）移动式操作平台轮子与平台连接应牢固、可靠，立柱底端距地面高度不得大于80mm；

3）操作平台应按设计和规范要求进行组装，铺板应严密；

4）操作平台四周应按规范要求设置防护栏杆，并应设置登高扶梯；

5）操作平台的材质应符合规范要求。

10 悬挑式物料钢平台

1）悬挑式物料钢平台的制作、安装应编制专项施工方案，并应进行设计计算；

2）悬挑式物料钢平台的下部支撑系统或上部拉结点，应设置在建筑结构上；

3）斜拉杆或钢丝绳应按规范要求在平台两侧各设置前后两道；

4）钢平台两侧必须安装固定的防护栏杆，并应在平台明显处设置荷载限定标牌；

5）钢平台台面、钢平台与建筑结构间铺板应严密、牢固。

3.14 施 工 用 电

3.14.1 施工用电检查评定应符合现行国家标准《建设工程施工现场供用电安全规范》GB 50194和现行行业标准《施工现场临时用电安全技术规范》JGJ 46的规定。

3.14.2 施工用电检查评定的保证项目应包括：外电防护、接地与接零保护系统、配电线路、配电箱与开关箱。一般项目应包括：配电室与配电装置、现场照明、用电档案。

3.14.3 施工用电保证项目的检查评定应符合下列规定：

1 外电防护

1）外电线路与在建工程及脚手架、起重机械、场内机动车道的安全距离应符合规范要求；

2）当安全距离不符合规范要求时，必须采取隔离防护措施，并应悬挂明显的警示标志；

3）防护设施与外电线路的安全距离应符合规范要求，并应坚固、稳定；

4）外电架空线路正下方不得进行施工、建造临时设施或堆放材料物品。

2 接地与接零保护系统

1）施工现场专用的电源中性点直接接地的低压配电系统应采用TN-S接零保护系统；

2）施工现场配电系统不得同时采用两种保护系统；

3）保护零线应由工作接地线、总配电箱电源侧零线或总漏电保护器电源零线处引出，电气设备的金属外壳必须与保护零线连接；

4）保护零线应单独敷设，线路上严禁装设开关或熔断器，严禁通过工作电流；

5）保护零线应采用绝缘导线，规格和颜色标记应符合规范要求；

6）保护零线应在总配电箱处、配电系统的中间处和末端处作重复接地；

7）接地装置的接地线应采用2根及以上导体，

在不同点与接地体做电气连接。接地体应采用角钢、钢管或光面圆钢；

8）工作接地电阻不得大于4Ω，重复接地电阻不得大于10Ω；

9）施工现场起重机、物料提升机、施工升降机、脚手架应按规范要求采取防雷措施，防雷装置的冲击接地电阻值不得大于30Ω；

10）做防雷接地机械上的电气设备，保护零线必须同时作重复接地。

3 配电线路

1）线路及接头应保证机械强度和绝缘强度；

2）线路应设短路、过载保护，导线截面应满足线路负荷电流；

3）线路的设施、材料及相序排列、档距、与邻近线路或固定物的距离应符合规范要求；

4）电缆应采用架空或埋地敷设并应符合规范要求，严禁沿地面明设或沿脚手架、树木等敷设；

5）电缆中必须包含全部工作芯线和用作保护零线的芯线，并应按规定接用；

6）室内明敷主干线距地面高度不得小于2.5m。

4 配电箱与开关箱

1）施工现场配电系统应采用三级配电、二级漏电保护系统，用电设备必须有各自专用的开关箱；

2）箱体结构、箱内电器设置及使用应符合规范要求；

3）配电箱必须分设工作零线端子板和保护零线端子板，保护零线、工作零线必须通过各自的端子板连接；

4）总配电箱与开关箱应安装漏电保护器，漏电保护器参数应匹配并灵敏可靠；

5）箱体应设置系统接线图和分路标记，并应有门、锁及防雨措施；

6）箱体安装位置、高度及周边通道应符合规范要求；

7）分配箱与开关箱间的距离不应超过30m，开关箱与用电设备间的距离不应超过3m。

3.14.4 施工用电一般项目的检查评定应符合下列规定：

1 配电室与配电装置

1）配电室的建筑耐火等级不应低于三级，配电室应配置适用于电气火灾的灭火器材；

2）配电室、配电装置的布设应符合规范要求；

3）配电装置中的仪表、电器元件设置应符合规范要求；

4）备用发电机组应与外电线路进行连锁；

5）配电室应采取防止风雨和小动物侵入的措施；

6）配电室应设置警示标志、工地供电平面图和系统图。

2 现场照明

1）照明用电应与动力用电分设；

2）特殊场所和手持照明灯应采用安全电压供电；

3）照明变压器应采用双绕组安全隔离变压器；

4）灯具金属外壳应接保护零线；

5）灯具与地面、易燃物间的距离应符合规范要求；

6）照明线路和安全电压线路的架设应符合规范要求；

7）施工现场应按规范要求配备应急照明。

3 用电档案

1）总包单位与分包单位应签订临时用电管理协议，明确各方相关责任；

2）施工现场应制定专项用电施工组织设计、外电防护专项方案；

3）专项用电施工组织设计、外电防护专项方案应履行审批程序，实施后应由相关部门组织验收；

4）用电各项记录应按规定填写，记录应真实有效；

5）用电档案资料应齐全，并应设专人管理。

3.15 物料提升机

3.15.1 物料提升机检查评定应符合现行行业标准《龙门架及井架物料提升机安全技术规范》JGJ 88的规定。

3.15.2 物料提升机检查评定保证项目应包括：安全装置、防护设施、附墙架与缆风绳、钢丝绳、安拆、验收与使用。一般项目应包括：基础与导轨架、动力与传动、通信装置、卷扬机操作棚、避雷装置。

3.15.3 物料提升机保证项目的检查评定应符合下列规定：

1 安全装置

1）应安装起重量限制器、防坠安全器，并应灵敏可靠；

2）安全停层装置应符合规范要求，并应定型化；

3）应安装上行程限位并灵敏可靠，安全越程不应小于3m；

4）安装高度超过30m的物料提升机应安装渐进式防坠安全器及自动停层、语音影像信号监控装置。

2 防护设施

1）应在地面进料口安装防护围栏和防护棚，防护围栏、防护棚的安装高度和强度应符合规范要求；

2）停层平台两侧应设置防护栏杆、挡脚板，平台脚手板应铺满、铺平；

3）平台门、吊笼门安装高度、强度应符合规范要求，并应定型化。

3 附墙架与缆风绳

1）附墙架结构、材质、间距应符合产品说明书要求；

2）附墙架应与建筑结构可靠连接；

3）缆风绳设置的数量、位置、角度应符合规范要求，并应与地锚可靠连接；

4）安装高度超过 30m 的物料提升机必须使用附墙架；

5）地锚设置应符合规范要求。

4 钢丝绳

1）钢丝绳磨损、断丝、变形、锈蚀量应在规范允许范围内；

2）钢丝绳夹设置应符合规范要求；

3）当吊笼处于最低位置时，卷筒上钢丝绳严禁少于 3 圈；

4）钢丝绳应设置过路保护措施。

5 安拆、验收与使用

1）安装、拆卸单位应具有起重设备安装工程专业承包资质和安全生产许可证；

2）安装、拆卸作业应制定专项施工方案，并应按规定进行审核、审批；

3）安装完毕应履行验收程序，验收表格应由责任人签字确认；

4）安装、拆卸作业人员及司机应持证上岗；

5）物料提升机作业前应按规定进行例行检查，并应填写检查记录；

6）实行多班作业，应按规定填写交接班记录。

3.15.4 物料提升机一般项目的检查评定应符合下列规定：

1 基础与导轨架

1）基础的承载力和平整度应符合规范要求；

2）基础周边应设置排水设施；

3）导轨架垂直度偏差不应大于导轨架高度 0.15%；

4）井架停层平台通道处的结构应采取加强措施。

2 动力与传动

1）卷扬机、曳引机应安装牢固，当卷扬机卷筒与导轨架底部导向轮的距离小于 20 倍卷筒宽度时，应设置排绳器；

2）钢丝绳应在卷筒上排列整齐；

3）滑轮与导轨架、吊笼应采用刚性连接，滑轮应与钢丝绳相匹配；

4）卷筒、滑轮应设置防止钢丝绳脱出装置；

5）当曳引钢丝绳为 2 根及以上时，应设置曳引力平衡装置。

3 通信装置

1）应按规范要求设置通信装置；

2）通信装置应具有语音和影像显示功能。

4 卷扬机操作棚

1）应按规范要求设置卷扬机操作棚；

2）卷扬机操作棚强度、操作空间应符合规范要求。

5 避雷装置

1）当物料提升机未在其他防雷保护范围内时，应设置避雷装置；

2）避雷装置设置应符合现行行业标准《施工现场临时用电安全技术规范》JGJ 46 的规定。

3.16 施工升降机

3.16.1 施工升降机检查评定应符合现行国家标准《施工升降机安全规程》GB 10055 和现行行业标准《建筑施工升降机安装、使用、拆卸安全技术规程》JGJ 215 的规定。

3.16.2 施工升降机检查评定保证项目应包括：安全装置、限位装置、防护设施、附墙架、钢丝绳、滑轮与对重、安拆、验收与使用。一般项目应包括：导轨架、基础、电气安全、通信装置。

3.16.3 施工升降机保证项目的检查评定应符合下列规定：

1 安全装置

1）应安装起重量限制器，并应灵敏可靠；

2）应安装渐进式防坠安全器并应灵敏可靠，防坠安全器应在有效的标定期内使用；

3）对重钢丝绳应安装防松绳装置，并应灵敏可靠；

4）吊笼的控制装置应安装非自动复位型的急停开关，任何时候均可切断控制电路停止吊笼运行；

5）底架应安装吊笼和对重缓冲器，缓冲器应符合规范要求；

6）SC 型施工升降机应安装一对以上安全钩。

2 限位装置

1）应安装非自动复位型极限开关并应灵敏可靠；

2）应安装自动复位型上、下限位开关并应灵敏可靠，上、下限位开关安装位置应符合规范要求；

3）上极限开关与上限位开关之间的安全越程不应小于 0.15m；

4）极限开关、限位开关应设置独立的触发元件；

5）吊笼门应安装机电连锁装置，并应灵敏可靠；

6）吊笼顶窗应安装电气安全开关，并应灵敏可靠。

3 防护设施

1）吊笼和对重升降通道周围应安装地面防护围栏，防护围栏的安装高度、强度应符合规范要求，围栏门应安装机电连锁装置并应灵敏可靠；

2）地面出入通道防护棚的搭设应符合规范要求；

3）停层平台两侧应设置防护栏杆、挡脚板，平台脚手板应铺满、铺平；

4）层门安装高度、强度应符合规范要求，并应定型化。

4 附墙架

1）附墙架应采用配套标准产品，当附墙架不能满足施工现场要求时，应对附墙架另行设计，附墙架的设计应满足构件刚度、强度、稳定性等要求，制作应满足设计要求；

2）附墙架与建筑结构连接方式、角度应符合产品说明书要求；

3）附墙架间距、最高附着点以上导轨架的自由高度应符合产品说明书要求。

5 钢丝绳、滑轮与对重

1）对重钢丝绳绳数不得少于 2 根且应相互独立；

2）钢丝绳磨损、变形、锈蚀应在规范允许范围内；

3）钢丝绳的规格、固定应符合产品说明书及规范要求；

4）滑轮应安装钢丝绳防脱装置，并应符合规范要求；

5）对重重量、固定应符合产品说明书要求；

6）对重除导向轮或滑靴外应设有防脱轨保护装置。

6 安拆、验收与使用

1）安装、拆卸单位应具有起重设备安装工程专业承包资质和安全生产许可证；

2）安装、拆卸应制定专项施工方案，并经过审核、审批；

3）安装完毕应履行验收程序，验收表格应由责任人签字确认；

4）安装、拆卸作业人员及司机应持证上岗；

5）施工升降机作业前应按规定进行例行检查，并应填写检查记录；

6）实行多班作业，应按规定填写交接班记录。

3.16.4 施工升降机一般项目的检查评定应符合下列规定：

1 导轨架

1）导轨架垂直度应符合规范要求；

2）标准节的质量应符合产品说明书及规范要求；

3）对重导轨应符合规范要求；

4）标准节连接螺栓使用应符合产品说明书及规范要求。

2 基础

1）基础制作、验收应符合说明书及规范要求；

2）基础设置在地下室顶板或楼面结构上时，应对其支承结构进行承载力验算；

3）基础应设有排水设施。

3 电气安全

1）施工升降机与架空线路的安全距离或防护措施应符合规范要求；

2）电缆导向架设置应符合说明书及规范要求；

3）施工升降机在其他避雷装置保护范围外应设置避雷装置，并应符合规范要求。

4 通信装置

施工升降机应安装楼层信号联络装置，并应清晰有效。

3.17 塔式起重机

3.17.1 塔式起重机检查评定应符合现行国家标准《塔式起重机安全规程》GB 5144 和现行行业标准《建筑施工塔式起重机安装、使用、拆卸安全技术规程》JGJ 196 的规定。

3.17.2 塔式起重机检查评定保证项目应包括：载荷限制装置、行程限位装置、保护装置、吊钩、滑轮、卷筒与钢丝绳、多塔作业、安拆、验收与使用。一般项目应包括：附着、基础与轨道、结构设施、电气安全。

3.17.3 塔式起重机保证项目的检查评定应符合下列规定：

1 载荷限制装置

1）应安装起重量限制器并应灵敏可靠。当起重量大于相应档位的额定值并小于该额定值的 110%时，应切断上升方向的电源，但机构可作下降方向的运动；

2）应安装起重力矩限制器并应灵敏可靠。当起重力矩大于相应工况下的额定值并小于该额定值的 110%，应切断上升和幅度增大方向的电源，但机构可作下降和减小幅度方向的运动。

2 行程限位装置

1）应安装起升高度限位器，起升高度限位器的安全越程应符合规范要求，并应灵敏可靠；

2）小车变幅的塔式起重机应安装小车行程开

关，动臂变幅的塔式起重机应安装臂架幅度限制开关，并应灵敏可靠；

3）回转部分不设集电器的塔式起重机应安装回转限位器，并应灵敏可靠；

4）行走式塔式起重机应安装行走限位器，并应灵敏可靠。

3 保护装置

1）小车变幅的塔式起重机应安装断绳保护及断轴保护装置，并应符合规范要求；

2）行走及小车变幅的轨道行程末端应安装缓冲器及止挡装置，并应符合规范要求；

3）起重臂根部绞点高度大于 50m 的塔式起重机应安装风速仪，并应灵敏可靠；

4）当塔式起重机顶部高度大于 30m 且高于周围建筑物时，应安装障碍指示灯。

4 吊钩、滑轮、卷筒与钢丝绳

1）吊钩应安装钢丝绳防脱钩装置并应完好可靠，吊钩的磨损、变形应在规定允许范围内；

2）滑轮、卷筒应安装钢丝绳防脱装置并应完好可靠，滑轮、卷筒的磨损应在规定允许范围内；

3）钢丝绳的磨损、变形、锈蚀应在规定允许范围内，钢丝绳的规格、固定、缠绕应符合说明书及规范要求。

5 多塔作业

1）多塔作业应制定专项施工方案并经过审批；

2）任意两台塔式起重机之间的最小架设距离应符合规范要求。

6 安拆、验收与使用

1）安装、拆卸单位应具有起重设备安装工程专业承包资质和安全生产许可证；

2）安装、拆卸应制定专项施工方案，并经过审核、审批；

3）安装完毕应履行验收程序，验收表格应由责任人签字确认；

4）安装、拆卸作业人员及司机、指挥应持证上岗；

5）塔式起重机作业前应按规定进行例行检查，并应填写检查记录；

6）实行多班作业，应按规定填写交接班记录。

3.17.4 塔式起重机一般项目的检查评定应符合下列规定：

1 附着

1）当塔式起重机高度超过产品说明书规定时，应安装附着装置，附着装置安装应符合产品说明书及规范要求；

2）当附着装置的水平距离不能满足产品说明书要求时，应进行设计计算和审批；

3）安装内爬式塔式起重机的建筑承载结构应进行承载力验算；

4）附着前和附着后塔身垂直度应符合规范要求。

2 基础与轨道

1）塔式起重机基础应按产品说明书及有关规定进行设计、检测和验收；

2）基础应设置排水措施；

3）路基箱或枕木铺设应符合产品说明书及规范要求；

4）轨道铺设应符合产品说明书及规范要求。

3 结构设施

1）主要结构构件的变形、锈蚀应在规范允许范围内；

2）平台、走道、梯子、护栏的设置应符合规范要求；

3）高强螺栓、销轴、紧固件的紧固、连接应符合规范要求，高强螺栓应使用力矩扳手或专用工具紧固。

4 电气安全

1）塔式起重机应采用 TN-S 接零保护系统供电；

2）塔式起重机与架空线路的安全距离或防护措施应符合规范要求；

3）塔式起重机应安装避雷接地装置，并应符合规范要求；

4）电缆的使用及固定应符合规范要求。

3.18 起重吊装

3.18.1 起重吊装检查评定应符合现行国家标准《起重机械安全规程》GB 6067 的规定。

3.18.2 起重吊装检查评定保证项目应包括：施工方案、起重机械、钢丝绳与地锚、索具、作业环境、作业人员。一般项目应包括：起重吊装、高处作业、构件码放、警戒监护。

3.18.3 起重吊装保证项目的检查评定应符合下列规定：

1 施工方案

1）起重吊装作业应编制专项施工方案，并按规定进行审核、审批；

2）超规模的起重吊装作业，应组织专家对专项施工方案进行论证。

2 起重机械

1）起重机械应按规定安装荷载限制器及行程限位装置；

2）荷载限制器、行程限位装置应灵敏可靠；

3）起重拔杆组装应符合设计要求；

4）起重拔杆组装后应进行验收，并应由责任人签字确认。

3 钢丝绳与地锚

1）钢丝绳磨损、断丝、变形、锈蚀应在规范允许范围内；

2）钢丝绳规格应符合起重机产品说明书要求；

3）吊钩、卷筒、滑轮磨损应在规范允许范围内；

4）吊钩、卷筒、滑轮应安装钢丝绳防脱装置；

5）起重拔杆的缆风绳、地锚设置应符合设计要求。

4 索具

1）当采用编结连接时，编结长度不应小于15倍的绳径，且不应小于300mm；

2）当采用绳夹连接时，绳夹规格应与钢丝绳相匹配，绳夹数量、间距应符合规范要求；

3）索具安全系数应符合规范要求；

4）吊索规格应互相匹配，机械性能应符合设计要求。

5 作业环境

1）起重机行走作业处地面承载能力应符合产品说明书要求；

2）起重机与架空线路安全距离应符合规范要求。

6 作业人员

1）起重机司机应持证上岗，操作证应与操作机型相符；

2）起重机作业应设专职信号指挥和司索人员，一人不得同时兼顾信号指挥和司索作业；

3）作业前应按规定进行安全技术交底，并应有交底记录。

3.18.4 起重吊装一般项目的检查评定应符合下列规定：

1 起重吊装

1）当多台起重机同时起吊一个构件时，单台起重机所承受的荷载应符合专项施工方案要求；

2）吊索系挂点应符合专项施工方案要求；

3）起重机作业时，任何人不应停留在起重臂下方，被吊物不应从人的正上方通过；

4）起重机不应采用吊具载运人员；

5）当吊运易散落物件时，应使用专用吊笼。

2 高处作业

1）应按规定设置高处作业平台；

2）平台强度、护栏高度应符合规范要求；

3）爬梯的强度、构造应符合规范要求；

4）应设置可靠的安全带悬挂点，并应高挂低用。

3 构件码放

1）构件码放荷载应在作业面承载能力允许范围内；

2）构件码放高度应在规定允许范围内；

3）大型构件码放应有保证稳定的措施。

4 警戒监护

1）应按规定设置作业警戒区；

2）警戒区应设专人监护。

3.19 施 工 机 具

3.19.1 施工机具检查评定应符合现行行业标准《建筑机械使用安全技术规程》JGJ 33和《施工现场机械设备检查技术规程》JGJ 160的规定。

3.19.2 施工机具检查评定项目应包括：平刨、圆盘锯、手持电动工具、钢筋机械、电焊机、搅拌机、气瓶、翻斗车、潜水泵、振捣器、桩工机械。

3.19.3 施工机具的检查评定应符合下列规定：

1 平刨

1）平刨安装完毕应按规定履行验收程序，并应经责任人签字确认；

2）平刨应设置护手及防护罩等安全装置；

3）保护零线应单独设置，并应安装漏电保护装置；

4）平刨应按规定设置作业棚，并应具有防雨、防晒等功能；

5）不得使用同台电机驱动多种刃具、钻具的多功能木工机具。

2 圆盘锯

1）圆盘锯安装完毕应按规定履行验收程序，并应经责任人签字确认；

2）圆盘锯应设置防护罩、分料器、防护挡板等安全装置；

3）保护零线应单独设置，并应安装漏电保护装置；

4）圆盘锯应按规定设置作业棚，并应具有防雨、防晒等功能；

5）不得使用同台电机驱动多种刃具、钻具的多功能木工机具。

3 手持电动工具

1）Ⅰ类手持电动工具应单独设置保护零线，并应安装漏电保护装置；

2）使用Ⅰ类手持电动工具应按规定戴绝缘手套、穿绝缘鞋；

3）手持电动工具的电源线应保持出厂时的状态，不得接长使用。

4 钢筋机械

1）钢筋机械安装完毕应按规定履行验收程序，并应经责任人签字确认；

2）保护零线应单独设置，并应安装漏电保护装置；

3）钢筋加工区应搭设作业棚，并应具有防雨、防晒等功能；

4）对焊机作业应设置防火花飞溅的隔离设施；

5）钢筋冷拉作业应按规定设置防护栏；

6）机械传动部位应设置防护罩。

5 电焊机

1）电焊机安装完毕应按规定履行验收程序，并应经责任人签字确认；

2）保护零线应单独设置，并应安装漏电保护装置；

3）电焊机应设置二次空载降压保护装置；

4）电焊机一次线长度不得超过5m，并应穿管保护；

5）二次线应采用防水橡皮护套铜芯软电缆；

6）电焊机应设置防雨罩，接线柱应设置防护罩。

6 搅拌机

1）搅拌机安装完毕应按规定履行验收程序，并应经责任人签字确认；

2）保护零线应单独设置，并应安装漏电保护装置；

3）离合器、制动器应灵敏有效，料斗钢丝绳的磨损、锈蚀、变形量应在规定允许范围内；

4）料斗应设置安全挂钩或止挡装置，传动部位应设置防护罩；

5）搅拌机应按规定设置作业棚，并应具有防雨、防晒等功能。

7 气瓶

1）气瓶使用时必须安装减压器，乙炔瓶应安装回火防止器，并应灵敏可靠；

2）气瓶间安全距离不应小于5m，与明火安全距离不应小于10m；

3）气瓶应设置防振圈、防护帽，并应按规定存放。

8 翻斗车

1）翻斗车制动、转向装置应灵敏可靠；

2）司机应经专门培训，持证上岗，行车时车斗内不得载人。

9 潜水泵

1）保护零线应单独设置，并应安装漏电保护装置；

2）负荷线应采用专用防水橡皮电缆，不得有接头。

10 振捣器

1）振捣器作业时应使用移动配电箱，电缆线长度不应超过30m；

2）保护零线应单独设置，并应安装漏电保护装置；

3）操作人员应按规定戴绝缘手套、穿绝缘鞋。

11 桩工机械

1）桩工机械安装完毕应按规定履行验收程序，并应经责任人签字确认；

2）作业前应编制专项方案，并应对作业人员进行安全技术交底；

3）桩工机械应按规定安装安全装置，并应灵敏可靠；

4）机械作业区域地面承载力应符合机械说明书要求；

5）机械与输电线路安全距离应符合现行行业标准《施工现场临时用电安全技术规范》JGJ 46的规定。

4 检查评分方法

4.0.1 建筑施工安全检查评定中，保证项目应全数检查。

4.0.2 建筑施工安全检查评定应符合本标准第3章中各检查评定项目的有关规定，并应按本标准附录A、B的评分表进行评分。检查评分表应分为安全管理、文明施工、脚手架、基坑工程、模板支架、高处作业、施工用电、物料提升机与施工升降机、塔式起重机与起重吊装、施工机具分项检查评分表和检查评分汇总表。

4.0.3 各评分表的评分应符合下列规定：

1 分项检查评分表和检查评分汇总表的满分分值均应为100分，评分表的实得分值应为各检查项目所得分值之和；

2 评分应采用扣减分值的方法，扣减分值总和不得超过该检查项目的应得分值；

3 当按分项检查评分表评分时，保证项目中有一项未得分或保证项目小计得分不足40分，此分项检查评分表不应得分；

4 检查评分汇总表中各分项项目实得分值应按下式计算：

$$A_1 = \frac{B \times C}{100} \tag{4.0.3-1}$$

式中：A_1——汇总表各分项项目实得分值；

B——汇总表中该项应得满分值；

C——该项检查评分表实得分值。

5 当评分遇有缺项时，分项检查评分表或检查评分汇总表的总得分值应按下式计算：

$$A_2 = \frac{D}{E} \times 100 \tag{4.0.3-2}$$

式中：A_2——遇有缺项时总得分值；

D——实查项目在该表的实得分值之和；

E——实查项目在该表的应得满分值之和。

6 脚手架、物料提升机与施工升降机、塔式起重机与起重吊装项目的实得分值，应为所对应专业的分项检查评分表实得分值的算术平均值。

5 检查评定等级

5.0.1 应按汇总表的总得分和分项检查评分表的得分，对建筑施工安全检查评定划分为优良、合格、不合格三个等级。

5.0.2 建筑施工安全检查评定的等级划分应符合下列规定：

1 优良：

分项检查评分表无零分，汇总表得分值应在80分及以上。

2 合格：

分项检查评分表无零分，汇总表得分值应在80分以下，70分及以上。

3 不合格：

1）当汇总表得分值不足70分时；

2）当有一分项检查评分表为零时。

5.0.3 当建筑施工安全检查评定的等级为不合格时，必须限期整改达到合格。

附录A 建筑施工安全检查评分汇总表

表A 建筑施工安全检查评分汇总表

企业名称： 资质等级： 年 月 日

单位工程（施工现场）名称	建筑面积（m^2）	结构类型	总计得分(满分100分)	项目名称及分值									
				安全管理（满分10分）	文明施工（满分15分）	脚手架（满分10分）	基坑工程（满分10分）	模板支架（满分10分）	高处作业（满分10分）	施工用电（满分10分）	物料提升机与施工升降机（满分10分）	塔式起重机与起重吊装（满分10分）	施工机具（满分5分）
评语：													
检查单位				负责人		受检项目			项目经理				

附录B 建筑施工安全分项检查评分表

表B.1 安全管理检查评分表

序号	检查项目		扣分标准	应得分数	扣减分数	实得分数
1	保证项目	安全生产责任制	未建立安全生产责任制，扣10分 安全生产责任制未经责任人签字确认，扣3分 未备有各工种安全技术操作规程，扣2～10分 未按规定配备专职安全员，扣2～10分 工程项目部承包合同中未明确安全生产考核指标，扣5分 未制定安全生产资金保障制度，扣5分 未编制安全资金使用计划或未按计划实施，扣2～5分 未制定伤亡控制、安全达标、文明施工等管理目标，扣5分 未进行安全责任目标分解，扣5分 未建立对安全生产责任制和责任目标的考核制度，扣5分 未按考核制度对管理人员定期考核，扣2～5分	10		
2		施工组织设计及专项施工方案	施工组织设计中未制定安全技术措施，扣10分 危险性较大的分部分项工程未编制安全专项施工方案，扣10分 未按规定对超过一定规模危险性较大的分部分项工程专项施工方案进行专家论证，扣10分 施工组织设计、专项施工方案未经审批，扣10分 安全技术措施、专项施工方案无针对性或缺少设计计算，扣2～8分 未按施工组织设计、专项施工方案组织实施，扣2～10分	10		

续表 B.1

序号	检查项目		扣分标准	应得分数	扣减分数	实得分数
3	保证项目	安全技术交底	未进行书面安全技术交底，扣10分 未按分部分项进行交底，扣5分 交底内容不全面或针对性不强，扣2～5分 交底未履行签字手续，扣4分	10		
4		安全检查	未建立安全检查制度，扣10分 未有安全检查记录，扣5分 事故隐患的整改未做到定人、定时间、定措施，扣2～6分 对重大事故隐患整改通知书所列项目未按期整改和复查，扣5～10分	10		
5		安全教育	未建立安全教育培训制度，扣10分 施工人员入场未进行三级安全教育培训和考核，扣5分 未明确具体安全教育培训内容，扣2～8分 变换工种或采用新技术、新工艺、新设备、新材料施工时未进行安全教育，扣5分 施工管理人员、专职安全员未按规定进行年度教育培训和考核，每人扣2分	10		
6		应急救援	未制定安全生产应急救援预案，扣10分 未建立应急救援组织或未按规定配备救援人员，扣2～6分 未定期进行应急救援演练，扣5分 未配置应急救援器材和设备，扣5分	10		
		小计		60		
7	一般项目	分包单位安全管理	分包单位资质、资格、分包手续不全或失效，扣10分 未签订安全生产协议书，扣5分 分包合同、安全生产协议书，签字盖章手续不全，扣2～6分 分包单位未按规定建立安全机构或未配备专职安全员，扣2～6分	10		
8		持证上岗	未经培训从事施工、安全管理和特种作业，每人扣5分 项目经理、专职安全员和特种作业人员未持证上岗，每人扣2分	10		
9		生产安全事故处理	生产安全事故未按规定报告，扣10分 生产安全事故未按规定进行调查分析、制定防范措施，扣10分 未依法为施工作业人员办理保险，扣5分	10		
10		安全标志	主要施工区域、危险部位未按规定悬挂安全标志，扣2～6分 未绘制现场安全标志布置图，扣3分 未按部位和现场设施的变化调整安全标志设置，扣2～6分 未设置重大危险源公示牌，扣5分	10		
		小计		40		
检查项目合计				100		

表 B.2　文明施工检查评分表

序号	检查项目		扣分标准	应得分数	扣减分数	实得分数
1	保证项目	现场围挡	市区主要路段的工地未设置封闭围挡或围挡高度小于 2.5m，扣 5～10 分 一般路段的工地未设置封闭围挡或围挡高度小于 1.8m，扣 5～10 分 围挡未达到坚固、稳定、整洁、美观，扣 5～10 分	10		
2		封闭管理	施工现场进出口未设置大门，扣 10 分 未设置门卫室，扣 5 分 未建立门卫值守管理制度或未配备门卫值守人员，扣 2～6 分 施工人员进入施工现场未佩戴工作卡，扣 2 分 施工现场出入口未标有企业名称或标识，扣 2 分 未设置车辆冲洗设施，扣 3 分	10		
3		施工场地	施工现场主要道路及材料加工区地面未进行硬化处理，扣 5 分 施工现场道路不畅通、路面不平整坚实，扣 5 分 施工现场未采取防尘措施，扣 5 分 施工现场未设置排水设施或排水不通畅、有积水，扣 5 分 未采取防止泥浆、污水、废水污染环境措施，扣 2～10 分 未设置吸烟处、随意吸烟，扣 5 分 温暖季节未进行绿化布置，扣 3 分	10		
4		材料管理	建筑材料、构件、料具未按总平面布局码放，扣 4 分 材料码放不整齐，未标明名称、规格，扣 2 分 施工现场材料存放未采取防火、防锈蚀、防雨措施，扣 3～10 分 建筑物内施工垃圾的清运未使用器具或管道运输，扣 5 分 易燃易爆物品未分类储藏在专用库房、未采取防火措施，扣 5～10 分	10		
5		现场办公与住宿	施工作业区、材料存放区与办公、生活区未采取隔离措施，扣 6 分 宿舍、办公用房防火等级不符合有关消防安全技术规范要求，扣 10 分 在施工程、伙房、库房兼作住宿，扣 10 分 宿舍未设置可开启式窗户，扣 4 分 宿舍未设置床铺、床铺超过 2 层或通道宽度小于 0.9m，扣 2～6 分 宿舍人均面积或人员数量不符合规范要求，扣 5 分 冬季宿舍内未采取采暖和防一氧化碳中毒措施，扣 5 分 夏季宿舍内未采取防暑降温和防蚊蝇措施，扣 5 分 生活用品摆放混乱、环境卫生不符合要求，扣 3 分	10		
6		现场防火	施工现场未制定消防安全管理制度、消防措施，扣 10 分 施工现场的临时用房和作业场所的防火设计不符合规范要求，扣 10 分 施工现场消防通道、消防水源的设置不符合规范要求，扣 5～10 分 施工现场灭火器材布局、配置不合理或灭火器材失效，扣 5 分 未办理动火审批手续或未指定动火监护人员，扣 5～10 分	10		
		小计		60		

续表 B.2

序号	检查项目		扣分标准	应得分数	扣减分数	实得分数
7	一般项目	综合治理	生活区未设置供作业人员学习和娱乐场所，扣 2 分 施工现场未建立治安保卫制度或责任未分解到人，扣 3～5 分 施工现场未制定治安防范措施，扣 5 分	10		
8		公示标牌	大门口处设置的公示标牌内容不齐全，扣 2～8 分 标牌不规范、不整齐，扣 3 分 未设置安全标语，扣 3 分 未设置宣传栏、读报栏、黑板报，扣2～4分	10		
9		生活设施	未建立卫生责任制度，扣 5 分 食堂与厕所、垃圾站、有毒有害场所的距离不符合规范要求，扣 2～6 分 食堂未办理卫生许可证或未办理炊事人员健康证，扣 5 分 食堂使用的燃气罐未单独设置存放间或存放间通风条件不良，扣 2～4 分 食堂未配备排风、冷藏、消毒、防鼠、防蚊蝇等设施，扣 4 分 厕所内的设施数量和布局不符合规范要求，扣 2～6 分 厕所卫生未达到规定要求，扣 4 分 不能保证现场人员卫生饮水，扣 5 分 未设置淋浴室或淋浴室不能满足现场人员需求，扣 4 分 生活垃圾未装容器或未及时清理，扣3～5分	10		
10		社区服务	夜间未经许可施工，扣 8 分 施工现场焚烧各类废弃物，扣 8 分 施工现场未制定防粉尘、防噪声、防光污染等措施，扣 5 分 未制定施工不扰民措施，扣 5 分	10		
		小计		40		
检查项目合计				100		

表 B.3　扣件式钢管脚手架检查评分表

序号	检查项目		扣分标准	应得分数	扣减分数	实得分数
1	保证项目	施工方案	架体搭设未编制专项施工方案或未按规定审核、审批，扣 10 分 架体结构设计未进行设计计算，扣 10 分 架体搭设超过规范允许高度，专项施工方案未按规定组织专家论证，扣 10 分	10		
2		立杆基础	立杆基础不平、不实，不符合专项施工方案要求，扣 5～10 分 立杆底部缺少底座、垫板或垫板的规格不符合规范要求，每处扣 2～5 分 未按规范要求设置纵、横向扫地杆，扣 5～10 分 扫地杆的设置和固定不符合规范要求，扣 5 分 未采取排水措施，扣 8 分	10		
3		架体与建筑结构拉结	架体与建筑结构拉结方式或间距不符合规范要求，每处扣 2 分 架体底层第一步纵向水平杆处未按规定设置连墙件或未采用其他可靠措施固定，每处扣 2 分 搭设高度超过 24m 的双排脚手架，未采用刚性连墙件与建筑结构可靠连接，扣 10 分	10		

续表 B.3

序号	检查项目		扣分标准	应得分数	扣减分数	实得分数
4	保证项目	杆件间距与剪刀撑	立杆、纵向水平杆、横向水平杆间距超过设计或规范要求，每处扣2分 未按规定设置纵向剪刀撑或横向斜撑，每处扣5分 剪刀撑未沿脚手架高度连续设置或角度不符合规范要求，扣5分 剪刀撑斜杆的接长或剪刀撑斜杆与架体杆件固定不符合规范要求，每处扣2分	10		
5		脚手板与防护栏杆	脚手板未满铺或铺设不牢、不稳，扣5～10分 脚手板规格或材质不符合规范要求，扣5～10分 架体外侧未设置密目式安全网封闭或网间连接不严，扣5～10分 作业层防护栏杆不符合规范要求，扣5分 作业层未设置高度不小于180mm的挡脚板，扣3分	10		
6		交底与验收	架体搭设前未进行交底或交底未有文字记录，扣5～10分 架体分段搭设、分段使用未进行分段验收，扣5分 架体搭设完毕未办理验收手续，扣10分 验收内容未进行量化，或未经责任人签字确认，扣5分	10		
		小计		60		
7	一般项目	横向水平杆设置	未在立杆与纵向水平杆交点处设置横向水平杆，每处扣2分 未按脚手板铺设的需要增加设置横向水平杆，每处扣2分 双排脚手架横向水平杆只固定一端，每处扣2分 单排脚手架横向水平杆插入墙内小于180mm，每处扣2分	10		
8		杆件连接	纵向水平杆搭接长度小于1m或固定不符合要求，每处扣2分 立杆除顶层顶步外采用搭接，每处扣4分 杆件对接扣件的布置不符合规范要求，扣2分 扣件紧固力矩小于40N·m或大于65N·m，每处扣2分	10		
9		层间防护	作业层脚手板下未采用安全平网兜底或作业层以下每隔10m未采用安全平网封闭，扣5分 作业层与建筑物之间未按规定进行封闭，扣5分	10		
10		构配件材质	钢管直径、壁厚、材质不符合要求，扣5分 钢管弯曲、变形、锈蚀严重，扣5分 扣件未进行复试或技术性能不符合标准，扣5分	5		
11		通道	未设置人员上下专用通道，扣5分 通道设置不符合要求，扣2分	5		
		小计		40		
检查项目合计				100		

表 B.4　门式钢管脚手架检查评分表

序号	检查项目		扣分标准	应得分数	扣减分数	实得分数
1	保证项目	施工方案	未编制专项施工方案或未进行设计计算，扣10分 专项施工方案未按规定审核、审批，扣10分 架体搭设超过规范允许高度，专项施工方案未组织专家论证，扣10分	10		
2		架体基础	架体基础不平、不实，不符合专项施工方案要求，扣5～10分 架体底部未设置垫板或垫板的规格不符合要求，扣2～5分 架体底部未按规范要求设置底座，每处扣2分 架体底部未按规范要求设置扫地杆，扣5分 未采取排水措施，扣8分	10		
3		架体稳定	架体与建筑物结构拉结方式或间距不符合规范要求，每处扣2分 未按规范要求设置剪刀撑，扣10分 门架立杆垂直偏差超过规范要求，扣5分 交叉支撑的设置不符合规范要求，每处扣2分	10		
4		杆件锁臂	未按规定组装或漏装杆件、锁臂，扣2～6分 未按规范要求设置纵向水平加固杆，扣10分 扣件与连接的杆件参数不匹配，每处扣2分	10		
5		脚手板	脚手板未满铺或铺设不牢、不稳，扣5～10分 脚手板规格或材质不符合要求，扣5～10分 采用挂扣式钢脚手板时挂钩未挂扣在横向水平杆上或挂钩未处于锁住状态，每处扣2分	10		
6		交底与验收	架体搭设前未进行交底或交底未有文字记录，扣5～10分 架体分段搭设、分段使用未办理分段验收，扣6分 架体搭设完毕未办理验收手续，扣10分 验收内容未进行量化，或未经责任人签字确认，扣5分	10		
		小计		60		
7	一般项目	架体防护	作业层防护栏杆不符合规范要求，扣5分 作业层未设置高度不小于180mm的挡脚板，扣3分 架体外侧未设置密目式安全网封闭或网间连接不严，扣5～10分 作业层脚手板下未采用安全平网兜底或作业层以下每隔10m未采用安全平网封闭，扣5分	10		
8		构配件材质	杆件变形、锈蚀严重，扣10分 门架局部开焊，扣10分 构配件的规格、型号、材质或产品质量不符合规范要求，扣5～10分	10		
9		荷载	施工荷载超过设计规定，扣10分 荷载堆放不均匀，每处扣5分	10		
10		通道	未设置人员上下专用通道，扣10分 通道设置不符合要求，扣5分	10		
		小计		40		
检查项目合计				100		

表 B.5　碗扣式钢管脚手架检查评分表

序号	检查项目		扣分标准	应得分数	扣减分数	实得分数
1	保证项目	施工方案	未编制专项施工方案或未进行设计计算，扣 10 分 专项施工方案未按规定审核、审批，扣 10 分 架体搭设超过规范允许高度，专项施工方案未组织专家论证，扣 10 分	10		
2		架体基础	基础不平、不实，不符合专项施工方案要求，扣 5～10 分 架体底部未设置垫板或垫板的规格不符合要求，扣 2～5 分 架体底部未按规范要求设置底座，每处扣 2 分 架体底部未按规范要求设置扫地杆，扣 5 分 未采取排水措施，扣 8 分	10		
3		架体稳定	架体与建筑结构未按规范要求拉结，每处扣 2 分 架体底层第一步水平杆处未按规范要求设置连墙件或未采用其他可靠措施固定，每处扣 2 分 连墙件未采用刚性杆件，扣 10 分 未按规范要求设置专用斜杆或八字形斜撑，扣 5 分 专用斜杆两端未固定在纵、横向水平杆与立杆汇交的碗扣节点处，每处扣 2 分 专用斜杆或八字形斜撑未沿脚手架高度连续设置或角度不符合要求，扣 5 分	10		
4		杆件锁件	立杆间距、水平杆步距超过设计或规范要求，每处扣 2 分 未按专项施工方案设计的步距在立杆连接碗扣节点处设置纵、横向水平杆，每处扣 2 分 架体搭设高度超过 24 m 时，顶部 24m 以下的连墙件层未按规定设置水平斜杆，扣 10 分 架体组装不牢或上碗扣紧固不符合要求，每处扣 2 分	10		
5		脚手板	脚手板未满铺或铺设不牢、不稳，扣5～10分 脚手板规格或材质不符合要求，扣5～10分 采用挂扣式钢脚手板时挂钩未挂扣在横向水平杆上或挂钩未处于锁住状态，每处扣 2 分	10		
6		交底与验收	架体搭设前未进行交底或交底未有文字记录，扣 5～10 分 架体分段搭设、分段使用未进行分段验收，扣 5 分 架体搭设完毕未办理验收手续，扣 10 分 验收内容未进行量化，或未经责任人签字确认，扣 5 分	10		
		小计		60		
7	一般项目	架体防护	架体外侧未采用密目式安全网封闭或网间连接不严，扣5～10分 作业层防护栏杆不符合规范要求，扣 5 分 作业层外侧未设置高度不小于 180mm 的挡脚板，扣 3 分 作业层脚手板下未采用安全平网兜底或作业层以下每隔 10m 未采用安全平网封闭，扣 5 分	10		
8		构配件材质	杆件弯曲、变形、锈蚀严重，扣 10 分 钢管、构配件的规格、型号、材质或产品质量不符合规范要求，扣 5～10 分	10		
9		荷载	施工荷载超过设计规定，扣 10 分 荷载堆放不均匀，每处扣 5 分	10		
10		通道	未设置人员上下专用通道，扣 10 分 通道设置不符合要求，扣 5 分	10		
		小计		40		
检查项目合计				100		

表 B.6　承插型盘扣式钢管脚手架检查评分表

序号	检查项目		扣 分 标 准	应得分数	扣减分数	实得分数
1	保证项目	施工方案	未编制专项施工方案或未进行设计计算，扣 10 分 专项施工方案未按规定审核、审批，扣 10 分	10		
2		架体基础	架体基础不平、不实，不符合专项施工方案要求，扣 5～10 分 架体立杆底部缺少垫板或垫板的规格不符合规范要求，每处扣 2 分 架体立杆底部未按要求设置可调底座，每处扣 2 分 未按规范要求设置纵、横向扫地杆，扣 5～10 分 未采取排水措施，扣 8 分	10		
3		架体稳定	架体与建筑结构未按规范要求拉结，每处扣 2 分 架体底层第一步水平杆处未按规范要求设置连墙件或未采用其他可靠措施固定，每处扣 2 分 连墙件未采用刚性杆件，扣 10 分 未按规范要求设置竖向斜杆或剪刀撑，扣 5 分 竖向斜杆两端未固定在纵、横向水平杆与立杆汇交的盘扣节点处，每处扣 2 分 斜杆或剪刀撑未沿脚手架高度连续设置或角度不符合规范要求，扣 5 分	10		
4		杆件设置	架体立杆间距、水平杆步距超过设计或规范要求，每处扣 2 分 未按专项施工方案设计的步距在立杆连接插盘处设置纵、横向水平杆，每处扣 2 分 双排脚手架的每步水平杆，当无挂扣钢脚手板时未按规范要求设置水平斜杆，扣 5～10 分	10		
5		脚手板	脚手板不满铺或铺设不牢、不稳，扣5～10分 脚手板规格或材质不符合要求，扣 5～10 分 采用挂扣式钢脚手板时挂钩未挂扣在水平杆上或挂钩未处于锁住状态，每处扣 2 分	10		
6		交底与验收	架体搭设前未进行交底或交底未有文字记录，扣 5～10 分 架体分段搭设、分段使用未进行分段验收，扣 5 分 架体搭设完毕未办理验收手续，扣 10 分 验收内容未进行量化，或未经责任人签字确认，扣 5 分	10		
		小计		60		
7	一般项目	架体防护	架体外侧未采用密目式安全网封闭或网间连接不严，扣 5～10 分 作业层防护栏杆不符合规范要求，扣 5 分 作业层外侧未设置高度不小于 180mm 的挡脚板，扣 3 分 作业层脚手板下未采用安全平网兜底或作业层以下每隔 10m 未采用安全平网封闭，扣 5 分	10		
8		杆件连接	立杆竖向接长位置不符合要求，每处扣 2 分 剪刀撑的斜杆接长不符合要求，扣 8 分	10		
9		构配件材质	钢管、构配件的规格、型号、材质或产品质量不符合规范要求，扣 5 分 钢管弯曲、变形、锈蚀严重，扣 10 分	10		
10		通道	未设置人员上下专用通道，扣 10 分 通道设置不符合要求，扣 5 分	10		
		小计		40		
检查项目合计				100		

表 B.7 满堂脚手架检查评分表

序号	检查项目		扣分标准	应得分数	扣减分数	实得分数
1	保证项目	施工方案	未编制专项施工方案或未进行设计计算，扣10分 专项施工方案未按规定审核、审批，扣10分	10		
2		架体基础	架体基础不平、不实，不符合专项施工方案要求，扣5～10分 架体底部未设置垫板或垫板的规格不符合规范要求，每处扣2～5分 架体底部未按规范要求设置底座，每处扣2分 架体底部未按规范要求设置扫地杆，扣5分 未采取排水措施，扣8分	10		
3		架体稳定	架体四周与中间未按规范要求设置竖向剪刀撑或专用斜杆，扣10分 未按规范要求设置水平剪刀撑或专用水平斜杆，扣10分 架体高宽比超过规范要求时未采取与结构拉结或其他可靠的稳定措施，扣10分	10		
4		杆件锁件	架体立杆间距、水平杆步距超过设计和规范要求，每处扣2分 杆件接长不符合要求，每处扣2分 架体搭设不牢或杆件节点紧固不符合要求，每处扣2分	10		
5		脚手板	脚手板不满铺或铺设不牢、不稳，扣5～10分 脚手板规格或材质不符合要求，扣5～10分 采用挂扣式钢脚手板时挂钩未挂扣在水平杆上或挂钩未处于锁住状态，每处扣2分	10		
6		交底与验收	架体搭设前未进行交底或交底未有文字记录，扣5～10分 架体分段搭设、分段使用未进行分段验收，扣5分 架体搭设完毕未办理验收手续，扣10分 验收内容未进行量化，或未经责任人签字确认，扣5分	10		
		小计		60		
7	一般项目	架体防护	作业层防护栏杆不符合规范要求，扣5分 作业层外侧未设置高度不小于180mm挡脚板，扣3分 作业层脚手板下未采用安全平网兜底或作业层以下每隔10m未采用安全平网封闭，扣5分	10		
8		构配件材质	钢管、构配件的规格、型号、材质或产品质量不符合规范要求，扣5～10分 杆件弯曲、变形、锈蚀严重，扣10分	10		
9		荷载	架体的施工荷载超过设计和规范要求，扣10分 荷载堆放不均匀，每处扣5分	10		
10		通道	未设置人员上下专用通道，扣10分 通道设置不符合要求，扣5分	10		
		小计		40		
检查项目合计				100		

表 B.8 悬挑式脚手架检查评分表

序号	检查项目		扣分标准	应得分数	扣减分数	实得分数
1	保证项目	施工方案	未编制专项施工方案或未进行设计计算，扣10分 专项施工方案未按规定审核、审批，扣10分 架体搭设超过规范允许高度，专项施工方案未按规定组织专家论证，扣10分	10		
2		悬挑钢梁	钢梁截面高度未按设计确定或截面形式不符合设计和规范要求，扣10分 钢梁固定段长度小于悬挑段长度的1.25倍，扣5分 钢梁外端未设置钢丝绳或钢拉杆与上一层建筑结构拉结，每处扣2分 钢梁与建筑结构锚固处结构强度、锚固措施不符合设计和规范要求，扣5～10分 钢梁间距未按悬挑架体立杆纵距设置，扣5分	10		
3		架体稳定	立杆底部与悬挑钢梁连接处未采取可靠固定措施，每处扣2分 承插式立杆接长未采取螺栓或销钉固定，每处扣2分 纵横向扫地杆的设置不符合规范要求，扣5～10分 未在架体外侧设置连续式剪刀撑，扣10分 未按规定设置横向斜撑，扣5分 架体未按规定与建筑结构拉结，每处扣5分	10		
4		脚手板	脚手板规格、材质不符合要求，扣5～10分 脚手板未满铺或铺设不严、不牢、不稳，扣5～10分	10		
5		荷载	脚手架施工荷载超过设计规定，扣10分 施工荷载堆放不均匀，每处扣5分	10		
6		交底与验收	架体搭设前未进行交底或交底未有文字记录，扣5～10分 架体分段搭设、分段使用未进行分段验收，扣6分 架体搭设完毕未办理验收手续，扣10分 验收内容未进行量化，或未经责任人签字确认，扣5分	10		
		小 计		60		
7	一般项目	杆件间距	立杆间距、纵向水平杆步距超过设计或规范要求，每处扣2分 未在立杆与纵向水平杆交点处设置横向水平杆，每处扣2分 未按脚手板铺设的需要增加设置横向水平杆，每处扣2分	10		
8		架体防护	作业层防护栏杆不符合规范要求，扣5分 作业层架体外侧未设置高度不小于180mm的挡脚板，扣3分 架体外侧未采用密目式安全网封闭或网间不严，扣5～10分	10		
9		层间防护	作业层脚手板下未采用安全平网兜底或作业层以下每隔10m未采用安全平网封闭，扣5分 作业层与建筑物之间未进行封闭，扣5分 架体底层沿建筑结构边缘，悬挑钢梁与悬挑钢梁之间未采取封闭措施或封闭不严，扣2～8分 架体底层未进行封闭或封闭不严，扣2～10分	10		
10		构配件材质	型钢、钢管、构配件规格及材质不符合规范要求，扣5～10分 型钢、钢管、构配件弯曲、变形、锈蚀严重，扣10分	10		
		小 计		40		
检查项目合计				100		

表 B.9　附着式升降脚手架检查评分表

序号	检查项目		扣分标准	应得分数	扣减分数	实得分数
1	保证项目	施工方案	未编制专项施工方案或未进行设计计算，扣 10 分 专项施工方案未按规定审核、审批，扣 10 分 脚手架提升超过规定允许高度，专项施工方案未按规定组织专家论证，扣 10 分	10		
2		安全装置	未采用防坠落装置或技术性能不符合规范要求，扣 10 分 防坠落装置与升降设备未分别独立固定在建筑结构上，扣 10 分 防坠落装置未设置在竖向主框架处并与建筑结构附着，扣 10 分 未安装防倾覆装置或防倾覆装置不符合规范要求，扣 5～10 分 升降或使用工况，最上和最下两个防倾装置之间的最小间距不符合规范要求，扣 8 分 未安装同步控制装置或技术性能不符合规范要求，扣 5～8 分	10		
3		架体构造	架体高度大于 5 倍楼层高，扣 10 分 架体宽度大于 1.2m，扣 5 分 直线布置的架体支承跨度大于 7m 或折线、曲线布置的架体支承跨度大于 5.4m，扣 8 分 架体的水平悬挑长度大于 2m 或大于跨度 1/2，扣 10 分 架体悬臂高度大于架体高度 2/5 或大于 6m，扣 10 分 架体全高与支撑跨度的乘积大于 $110m^2$，扣 10 分	10		
4		附着支座	未按竖向主框架所覆盖的每个楼层设置一道附着支座，扣 10 分 使用工况未将竖向主框架与附着支座固定，扣 10 分 升降工况未将防倾、导向装置设置在附着支座上，扣 10 分 附着支座与建筑结构连接固定方式不符合规范要求，扣 5～10 分	10		
5		架体安装	主框架及水平支承桁架的节点未采用焊接或螺栓连接，扣 10 分 各杆件轴线未汇交于节点，扣 3 分 水平支承桁架的上弦及下弦之间设置的水平支撑杆件未采用焊接或螺栓连接，扣 5 分 架体立杆底端未设置在水平支承桁架上弦杆件节点处，扣 10 分 竖向主框架组装高度低于架体高度，扣 5 分 架体外立面设置的连续剪刀撑未将竖向主框架、水平支承桁架和架体构架连成一体，扣 8 分	10		
6		架体升降	两跨以上架体升降采用手动升降设备，扣 10 分 升降工况附着支座与建筑结构连接处混凝土强度未达到设计和规范要求，扣 10 分 升降工况架体上有施工荷载或有人员停留，扣 10 分	10		
		小计		60		
7	一般项目	检查验收	主要构配件进场未进行验收，扣 6 分 分区段安装、分区段使用未进行分区段验收，扣 8 分 架体搭设完毕未办理验收手续，扣 10 分 验收内容未进行量化，或未经责任人签字确认，扣 5 分 架体提升前未有检查记录，扣 6 分 架体提升后、使用前未履行验收手续或资料不全，扣 2～8 分	10		
8		脚手板	脚手板未满铺或铺设不严、不牢，扣3～5分 作业层与建筑结构之间空隙封闭不严，扣 3～5 分 脚手板规格、材质不符合要求，扣 5～10 分	10		
9		架体防护	脚手架外侧未采用密目式安全网封闭或网间连接不严，扣 5～10 分 作业层防护栏杆不符合规范要求，扣 5 分 作业层未设置高度不小于 180mm 的挡脚板，扣 3 分	10		
10		安全作业	操作前未向有关技术人员和作业人员进行安全技术交底或交底未有文字记录，扣 5～10 分 作业人员未经培训或未定岗定责，扣5～10分 安装拆除单位资质不符合要求或特种作业人员未持证上岗，扣 5～10 分 安装、升降、拆除时未设置安全警戒区及专人监护，扣 10 分 荷载不均匀或超载，扣 5～10 分	10		
		小计		40		
检查项目合计				100		

表 B.10　高处作业吊篮检查评分表

序号	检查项目		扣分标准	应得分数	扣减分数	实得分数
1	保证项目	施工方案	未编制专项施工方案或未对吊篮支架支撑处结构的承载力进行验算，扣10分 专项施工方案未按规定审核、审批，扣10分	10		
2		安全装置	未安装防坠安全锁或安全锁失灵，扣10分 防坠安全锁超过标定期限仍在使用，扣10分 未设置挂设安全带专用安全绳及安全锁扣或安全绳未固定在建筑物可靠位置，扣10分 吊篮未安装上限位装置或限位装置失灵，扣10分	10		
3		悬挂机构	悬挂机构前支架支撑在建筑物女儿墙上或挑檐边缘，扣10分 前梁外伸长度不符合产品说明书规定，扣10分 前支架与支撑面不垂直或脚轮受力，扣10分 上支架未固定在前支架调节杆与悬挑梁连接的节点处，扣5分 使用破损的配重块或采用其他替代物，扣10分 配重块未固定或重量不符合设计规定，扣10分	10		
4		钢丝绳	钢丝绳有断丝、松股、硬弯、锈蚀或有油污附着物，扣10分 安全钢丝绳规格、型号与工作钢丝绳不相同或未独立悬挂，扣10分 安全钢丝绳不悬垂，扣5分 电焊作业时未对钢丝绳采取保护措施，扣5～10分	10		
5		安装作业	吊篮平台组装长度不符合产品说明书和规范要求，扣10分 吊篮组装的构配件不是同一生产厂家的产品，扣5～10分	10		
6		升降作业	操作升降人员未经培训合格，扣10分 吊篮内作业人员数量超过2人，扣10分 吊篮内作业人员未将安全带用安全锁扣挂置在独立设置的专用安全绳上，扣10分 作业人员未从地面进出吊篮，扣5分	10		
		小计		60		
7	一般项目	交底与验收	未履行验收程序，验收表未经责任人签字确认，扣5～10分 验收内容未进行量化，扣5分 每天班前班后未进行检查，扣5分 吊篮安装使用前未进行交底或交底未留有文字记录，扣5～10分	10		
8		安全防护	吊篮平台周边的防护栏杆或挡脚板的设置不符合规范要求，扣5～10分 多层或立体交叉作业未设置防护顶板，扣8分	10		
9		吊篮稳定	吊篮作业未采取防摆动措施，扣5分 吊篮钢丝绳不垂直或吊篮距建筑物空隙过大，扣5分	10		
10		荷载	施工荷载超过设计规定，扣10分 荷载堆放不均匀，扣5分	10		
		小计		40		
检查项目合计				100		

表 B.11 基坑工程检查评分表

序号	检查项目		扣分标准	应得分数	扣减分数	实得分数
1	保证项目	施工方案	基坑工程未编制专项施工方案，扣10分 专项施工方案未按规定审核、审批，扣10分 超过一定规模条件的基坑工程专项施工方案未按规定组织专家论证，扣10分 基坑周边环境或施工条件发生变化，专项施工方案未重新进行审核、审批，扣10分	10		
2		基坑支护	人工开挖的狭窄基槽，开挖深度较大或存在边坡塌方危险未采取支护措施，扣10分 自然放坡的坡率不符合专项施工方案和规范要求，扣10分 基坑支护结构不符合设计要求，扣10分 支护结构水平位移达到设计报警值未采取有效控制措施，扣10分	10		
3		降排水	基坑开挖深度范围内有地下水未采取有效的降排水措施，扣10分 基坑边沿周围地面未设排水沟或排水沟设置不符合规范要求，扣5分 放坡开挖对坡顶、坡面、坡脚未采取降排水措施，扣5～10分 基坑底四周未设排水沟和集水井或排除积水不及时，扣5～8分	10		
4		基坑开挖	支护结构未达到设计要求的强度提前开挖下层土方，扣10分 未按设计和施工方案的要求分层、分段开挖或开挖不均衡，扣10分 基坑开挖过程中未采取防止碰撞支护结构或工程桩的有效措施，扣10分 机械在软土场地作业，未采取铺设渣土、砂石等硬化措施，扣10分	10		
5		坑边荷载	基坑边堆置土、料具等荷载超过基坑支护设计允许要求，扣10分 施工机械与基坑边沿的安全距离不符合设计要求，扣10分	10		
6		安全防护	开挖深度2m及以上的基坑周边未按规范要求设置防护栏杆或栏杆设置不符合规范要求，扣5～10分 基坑内未设置供施工人员上下的专用梯道或梯道设置不符合规范要求，扣5～10分 降水井口未设置防护盖板或围栏，扣10分	10		
小计				60		
7	一般项目	基坑监测	未按要求进行基坑工程监测，扣10分 基坑监测项目不符合设计和规范要求，扣5～10分 监测的时间间隔不符合监测方案要求或监测结果变化速率较大未加密观测次数，扣5～8分 未按设计要求提交监测报告或监测报告内容不完整，扣5～8分	10		
8		支撑拆除	基坑支撑结构的拆除方式、拆除顺序不符合专项施工方案要求，扣5～10分 机械拆除作业时，施工荷载大于支撑结构承载能力，扣10分 人工拆除作业时，未按规定设置防护设施，扣8分 采用非常规拆除方式不符合国家现行相关规范要求，扣10分	10		
9		作业环境	基坑内土方机械、施工人员的安全距离不符合规范要求，扣10分 上下垂直作业未采取防护措施，扣5分 在各种管线范围内挖土作业未设专人监护，扣5分 作业区光线不良，扣5分	10		
10		应急预案	未按要求编制基坑工程应急预案或应急预案内容不完整，扣5～10分 应急组织机构不健全或应急物资、材料、工具机具储备不符合应急预案要求，扣2～6分	10		
		小计		40		
检查项目合计				100		

表 B.12 模板支架检查评分表

序号	检查项目		扣分标准	应得分数	扣减分数	实得分数
1	保证项目	施工方案	未编制专项施工方案或结构设计未经计算，扣 10 分 专项施工方案未经审核、审批，扣 10 分 超规模模板支架专项施工方案未按规定组织专家论证，扣 10 分	10		
2		支架基础	基础不坚实平整，承载力不符合专项施工方案要求，扣 5～10 分 支架底部未设置垫板或垫板的规格不符合规范要求，扣 5～10 分 支架底部未按规范要求设置底座，每处扣 2 分 未按规范要求设置扫地杆，扣 5 分 未采取排水设施，扣 5 分 支架设在楼面结构上时，未对楼面结构的承载力进行验算或楼面结构下方未采取加固措施，扣 10 分	10		
3		支架构造	立杆纵、横间距大于设计和规范要求，每处扣 2 分 水平杆步距大于设计和规范要求，每处扣 2 分 水平杆未连续设置，扣 5 分 未按规范要求设置竖向剪刀撑或专用斜杆，扣 10 分 未按规范要求设置水平剪刀撑或专用水平斜杆，扣 10 分 剪刀撑或斜杆设置不符合规范要求，扣 5 分	10		
4		支架稳定	支架高宽比超过规范要求未采取与建筑结构刚性连接或增加架体宽度等措施，扣 10 分 立杆伸出顶层水平杆的长度超过规范要求，每处扣 2 分 浇筑混凝土未对支架的基础沉降、架体变形采取监测措施，扣 8 分	10		
5		施工荷载	荷载堆放不均匀，每处扣 5 分 施工荷载超过设计规定，扣 10 分 浇筑混凝土未对混凝土堆积高度进行控制，扣 8 分	10		
6		交底与验收	支架搭设、拆除前未进行交底或无文字记录，扣 5～10 分 架体搭设完毕未办理验收手续，扣 10 分 验收内容未进行量化，或未经责任人签字确认，扣 5 分	10		
		小计		60		
7	一般项目	杆件连接	立杆连接不符合规范要求，扣 3 分 水平杆连接不符合规范要求，扣 3 分 剪刀撑斜杆接长不符合规范要求，每处扣 3 分 杆件各连接点的紧固不符合规范要求，每处扣 2 分	10		
8		底座与托撑	螺杆直径与立杆内径不匹配，每处扣 3 分 螺杆旋入螺母内的长度或外伸长度不符合规范要求，每处扣 3 分	10		
9		构配件材质	钢管、构配件的规格、型号、材质不符合规范要求，扣 5～10 分 杆件弯曲、变形、锈蚀严重，扣 10 分	10		
10		支架拆除	支架拆除前未确认混凝土强度达到设计要求，扣 10 分 未按规定设置警戒区或未设置专人监护，扣 5～10 分	10		
		小计		40		
检查项目合计				100		

表 B.13 高处作业检查评分表

序号	检查项目	扣分标准	应得分数	扣减分数	实得分数
1	安全帽	施工现场人员未佩戴安全帽，每人扣5分 未按标准佩戴安全帽，每人扣2分 安全帽质量不符合现行国家相关标准的要求，扣5分	10		
2	安全网	在建工程外脚手架架体外侧未采用密目式安全网封闭或网间连接不严，扣2～10分 安全网质量不符合现行国家相关标准的要求，扣10分	10		
3	安全带	高处作业人员未按规定系挂安全带，每人扣5分 安全带系挂不符合要求，每人扣5分 安全带质量不符合现行国家相关标准的要求，扣10分	10		
4	临边防护	工作面边沿无临边防护，扣10分 临边防护设施的构造、强度不符合规范要求，扣5分 防护设施未形成定型化、工具式，扣3分	10		
5	洞口防护	在建工程的孔、洞未采取防护措施，每处扣5分 防护措施、设施不符合要求或不严密，每处扣3分 防护设施未形成定型化、工具式，扣3分 电梯井内未按每隔两层且不大于10m设置安全平网，扣5分	10		
6	通道口防护	未搭设防护棚或防护不严、不牢固，扣5～10分 防护棚两侧未进行封闭，扣4分 防护棚宽度小于通道口宽度，扣4分 防护棚长度不符合要求，扣4分 建筑物高度超过24m，防护棚顶未采用双层防护，扣4分 防护棚的材质不符合规范要求，扣5分	10		
7	攀登作业	移动式梯子的梯脚底部垫高使用，扣3分 折梯未使用可靠拉撑装置，扣5分 梯子的材质或制作质量不符合规范要求，扣10分	10		
8	悬空作业	悬空作业处未设置防护栏杆或其他可靠的安全设施，扣5～10分 悬空作业所用的索具、吊具等未经验收，扣5分 悬空作业人员未系挂安全带或佩带工具袋，扣2～10分	10		
9	移动式操作平台	操作平台未按规定进行设计计算，扣8分 移动式操作平台，轮子与平台的连接不牢固可靠或立柱底端距离地面超过80mm，扣5分 操作平台的组装不符合设计和规范要求，扣10分 平台台面铺板不严，扣5分 操作平台四周未按规定设置防护栏杆或未设置登高扶梯，扣10分 操作平台的材质不符合规范要求，扣10分	10		
10	悬挑式物料钢平台	未编制专项施工方案或未经设计计算，扣10分 悬挑式钢平台的下部支撑系统或上部拉结点，未设置在建筑结构上，扣10分 斜拉杆或钢丝绳未按要求在平台两侧各设置两道，扣10分 钢平台未按要求设置固定的防护栏杆或挡脚板，扣3～10分 钢平台台面铺板不严或钢平台与建筑结构之间铺板不严，扣5分 未在平台明显处设置荷载限定标牌，扣5分	10		
检查项目合计			100		

表 B.14　施工用电检查评分表

序号	检查项目		扣分标准	应得分数	扣减分数	实得分数
1	保证项目	外电防护	外电线路与在建工程及脚手架、起重机械、场内机动车道之间的安全距离不符合规范要求且未采取防护措施，扣 10 分 防护设施未设置明显的警示标志，扣 5 分 防护设施与外电线路的安全距离及搭设方式不符合规范要求，扣 5～10 分 在外电架空线路正下方施工、建造临时设施或堆放材料物品，扣 10 分	10		
2		接地与接零保护系统	施工现场专用的电源中性点直接接地的低压配电系统未采用 TN-S 接零保护系统，扣 20 分 配电系统未采用同一保护系统，扣 20 分 保护零线引出位置不符合规范要求，扣 5～10 分 电气设备未接保护零线，每处扣 2 分 保护零线装设开关、熔断器或通过工作电流，扣 20 分 保护零线材质、规格及颜色标记不符合规范要求，每处扣 2 分 工作接地与重复接地的设置、安装及接地装置的材料不符合规范要求，扣 10～20分 工作接地电阻大于 4Ω，重复接地电阻大于 10Ω，扣 20 分 施工现场起重机、物料提升机、施工升降机、脚手架防雷措施不符合规范要求，扣 5～10 分 做防雷接地机械上的电气设备，保护零线未做重复接地，扣 10 分	20		
3		配电线路	线路及接头不能保证机械强度和绝缘强度，扣 5～10 分 线路未设短路、过载保护，扣 5～10 分 线路截面不能满足负荷电流，每处扣 2 分 线路的设施、材料及相序排列、档距、与邻近线路或固定物的距离不符合规范要求，扣 5～10 分 电缆沿地面明设，沿脚手架、树木等敷设或敷设不符合规范要求，扣 5～10 分 线路敷设的电缆不符合规范要求，扣5～10分 室内明敷主干线距地面高度小于 2.5m，每处扣 2 分	10		
4		配电箱与开关箱	配电系统未采用三级配电、二级漏电保护系统，扣 10～20 分 用电设备未有各自专用的开关箱，每处扣 2 分 箱体结构、箱内电器设置不符合规范要求，扣 10～20 分 配电箱零线端子板的设置、连接不符合规范要求，扣 5～10 分 漏电保护器参数不匹配或检测不灵敏，每处扣 2 分 配电箱与开关箱电器损坏或进出线混乱，每处扣 2 分 箱体未设置系统接线图和分路标记，每处扣 2 分 箱体未设门、锁，未采取防雨措施，每处扣 2 分 箱体安装位置、高度及周边通道不符合规范要求，每处扣 2 分 分配电箱与开关箱、开关箱与用电设备的距离不符合规范要求，每处扣 2 分	20		
		小计		60		

续表 B.14

序号	检查项目		扣分标准	应得分数	扣减分数	实得分数
5	一般项目	配电室与配电装置	配电室建筑耐火等级未达到三级，扣15分 未配置适用于电气火灾的灭火器材，扣3分 配电室、配电装置布设不符合规范要求，扣5～10分 配电装置中的仪表、电气元件设置不符合规范要求或仪表、电气元件损坏，扣5～10分 备用发电机组未与外电线路进行连锁，扣15分 配电室未采取防雨雪和小动物侵入的措施，扣10分 配电室未设警示标志、工地供电平面图和系统图，扣3～5分	15		
6		现场照明	照明用电与动力用电混用，每处扣2分 特殊场所未使用36V及以下安全电压，扣15分 手持照明灯未使用36V以下电源供电，扣10分 照明变压器未使用双绕组安全隔离变压器，扣15分 灯具金属外壳未接保护零线，每处扣2分 灯具与地面、易燃物之间小于安全距离，每处扣2分 照明线路和安全电压线路的架设不符合规范要求，扣10分 施工现场未按规范要求配备应急照明，每处扣2分	15		
7		用电档案	总包单位与分包单位未订立临时用电管理协议，扣10分 未制定专项用电施工组织设计、外电防护专项方案或设计、方案缺乏针对性，扣5～10分 专项用电施工组织设计、外电防护专项方案未履行审批程序，实施后相关部门未组织验收，扣5～10分 接地电阻、绝缘电阻和漏电保护器检测记录未填写或填写不真实，扣3分 安全技术交底、设备设施验收记录未填写或填写不真实，扣3分 定期巡视检查、隐患整改记录未填写或填写不真实，扣3分 档案资料不齐全，未设专人管理，扣3分	10		
		小计		40		
检查项目合计				100		

表 B.15　物料提升机检查评分表

序号	检查项目		扣分标准	应得分数	扣减分数	实得分数
1	保证项目	安全装置	未安装起重量限制器、防坠安全器，扣15分 起重量限制器、防坠安全器不灵敏，扣15分 安全停层装置不符合规范要求或未达到定型化，扣5～10分 未安装上行程限位，扣15分 上行程限位不灵敏，安全越程不符合规范要求，扣10分 物料提升机安装高度超过30m，未安装渐进式防坠安全器、自动停层、语音及影像信号监控装置，每项扣5分	15		
2		防护设施	未设置防护围栏或设置不符合规范要求，扣5～15分 未设置进料口防护棚或设置不符合规范要求，扣5～15分 停层平台两侧未设置防护栏杆、挡脚板，每处扣2分 停层平台脚手板铺设不严、不牢，每处扣2分 未安装平台门或平台门不起作用，扣5～15分 平台门未达到定型化，每处扣2分 吊笼门不符合规范要求，扣10分	15		
3		附墙架与缆风绳	附墙架结构、材质、间距不符合产品说明书要求，扣10分 附墙架未与建筑结构可靠连接，扣10分 缆风绳设置数量、位置不符合规范要求，扣5分 缆风绳未使用钢丝绳或未与地锚连接，扣10分 钢丝绳直径小于8mm或角度不符合45°～60°要求，扣5～10分 安装高度超过30m的物料提升机使用缆风绳，扣10分 地锚设置不符合规范要求，每处扣5分	10		

续表 B.15

序号	检查项目		扣分标准	应得分数	扣减分数	实得分数
4	保证项目	钢丝绳	钢丝绳磨损、变形、锈蚀达到报废标准，扣10分 钢丝绳绳夹设置不符合规范要求，每处扣2分 吊笼处于最低位置，卷筒上钢丝绳少于3圈，扣10分 未设置钢丝绳过路保护措施或钢丝绳拖地，扣5分	10		
5	保证项目	安拆、验收与使用	安装、拆卸单位未取得专业承包资质和安全生产许可证，扣10分 未制定专项施工方案或未经审核、审批，扣10分 未履行验收程序或验收表未经责任人签字，扣5～10分 安装、拆除人员及司机未持证上岗，扣10分 物料提升机作业前未按规定进行例行检查或未填写检查记录，扣4分 实行多班作业未按规定填写交接班记录，扣3分	10		
		小计		60		
6	一般项目	基础与导轨架	基础的承载力、平整度不符合规范要求，扣5～10分 基础周边未设排水设施，扣5分 导轨架垂直度偏差大于导轨架高度0.15%，扣5分 井架停层平台通道处的结构未采取加强措施，扣8分	10		
7	一般项目	动力与传动	卷扬机、曳引机安装不牢固，扣10分 卷筒与导轨架底部导向轮的距离小于20倍卷筒宽度未设置排绳器，扣5分 钢丝绳在卷筒上排列不整齐，扣5分 滑轮与导轨架、吊笼未采用刚性连接，扣10分 滑轮与钢丝绳不匹配，扣10分 卷筒、滑轮未设置防止钢丝绳脱出装置，扣5分 曳引钢丝绳为2根及以上时，未设置曳引力平衡装置，扣5分	10		
8	一般项目	通信装置	未按规范要求设置通信装置，扣5分 通信装置信号显示不清晰，扣3分	5		
9	一般项目	卷扬机操作棚	未设置卷扬机操作棚，扣10分 操作棚搭设不符合规范要求，扣5～10分	10		
10	一般项目	避雷装置	物料提升机在其他防雷保护范围以外未设置避雷装置，扣5分 避雷装置不符合规范要求，扣3分	5		
		小计		40		
检查项目合计				100		

表 B.16 施工升降机检查评分表

序号	检查项目		扣分标准	应得分数	扣减分数	实得分数
1	保证项目	安全装置	未安装起重量限制器或起重量限制器不灵敏，扣10分 未安装渐进式防坠安全器或防坠安全器不灵敏，扣10分 防坠安全器超过有效标定期限，扣10分 对重钢丝绳未安装防松绳装置或防松绳装置不灵敏，扣5分 未安装急停开关或急停开关不符合规范要求，扣5分 未安装吊笼和对重缓冲器或缓冲器不符合规范要求，扣5分 SC型施工升降机未安装安全钩，扣10分	10		
2	保证项目	限位装置	未安装极限开关或极限开关不灵敏，扣10分 未安装上限位开关或上限位开关不灵敏，扣10分 未安装下限位开关或下限位开关不灵敏，扣5分 极限开关与上限位开关安全越程不符合规范要求，扣5分 极限开关与上、下限位开关共用一个触发元件，扣5分 未安装吊笼门机电连锁装置或不灵敏，扣10分 未安装吊笼顶窗电气安全开关或不灵敏，扣5分	10		

续表 B.16

序号	检查项目		扣分标准	应得分数	扣减分数	实得分数
3	保证项目	防护设施	未设置地面防护围栏或设置不符合规范要求，扣5～10分 未安装地面防护围栏门连锁保护装置或连锁保护装置不灵敏，扣5～8分 未设置出入口防护棚或设置不符合规范要求，扣5～10分 停层平台搭设不符合规范要求，扣5～8分 未安装层门或层门不起作用，扣5～10分 层门不符合规范要求、未达到定型化，每处扣2分	10		
4		附墙架	附墙架采用非配套标准产品未进行设计计算，扣10分 附墙架与建筑结构连接方式、角度不符合产品说明书要求，扣5～10分 附墙架间距、最高附着点以上导轨架的自由高度超过产品说明书要求，扣10分	10		
5		钢丝绳、滑轮与对重	对重钢丝绳绳数少于2根或未相对独立，扣5分 钢丝绳磨损、变形、锈蚀达到报废标准，扣10分 钢丝绳的规格、固定不符合产品说明书及规范要求，扣10分 滑轮未安装钢丝绳防脱装置或不符合规范要求，扣4分 对重重量、固定不符合产品说明书及规范要求，扣10分 对重未安装防脱轨保护装置，扣5分	10		
6		安拆、验收与使用	安装、拆卸单位未取得专业承包资质和安全生产许可证，扣10分 未编制安装、拆卸专项方案或专项方案未经审核、审批，扣10分 未履行验收程序或验收表未经责任人签字，扣5～10分 安装、拆除人员及司机未持证上岗，扣10分 施工升降机作业前未按规定进行例行检查，未填写检查记录，扣4分 实行多班作业未按规定填写交接班记录，扣3分	10		
		小计		60		
7	一般项目	导轨架	导轨架垂直度不符合规范要求，扣10分 标准节质量不符合产品说明书及规范要求，扣10分 对重导轨不符合规范要求，扣5分 标准节连接螺栓使用不符合产品说明书及规范要求，扣5～8分	10		
8		基础	基础制作、验收不符合产品说明书及规范要求，扣5～10分 基础设置在地下室顶板或楼面结构上，未对其支承结构进行承载力验算，扣10分 基础未设置排水设施，扣4分	10		
9		电气安全	施工升降机与架空线路距离不符合规范要求，未采取防护措施，扣10分 防护措施不符合规范要求，扣5分 未设置电缆导向架或设置不符合规范要求，扣5分 施工升降机在防雷保护范围以外未设置避雷装置，扣10分 避雷装置不符合规范要求，扣5分	10		
10		通信装置	未安装楼层信号联络装置，扣10分 楼层联络信号不清晰，扣5分	10		
		小计		40		
检查项目合计				100		

表 B.17 塔式起重机检查评分表

序号	检查项目		扣分标准	应得分数	扣减分数	实得分数
1	保证项目	载荷限制装置	未安装起重量限制器或不灵敏，扣10分 未安装力矩限制器或不灵敏，扣10分	10		
2		行程限位装置	未安装起升高度限位器或不灵敏，扣10分 起升高度限位器的安全越程不符合规范要求，扣6分 未安装幅度限位器或不灵敏，扣10分 回转不设集电器的塔式起重机未安装回转限位器或不灵敏，扣6分 行走式塔式起重机未安装行走限位器或不灵敏，扣10分	10		
3		保护装置	小车变幅的塔式起重机未安装断绳保护及断轴保护装置，扣8分 行走及小车变幅的轨道行程末端未安装缓冲器及止挡装置或不符合规范要求，扣4～8分 起重臂根部绞点高度大于50m的塔式起重机未安装风速仪或不灵敏，扣4分 塔式起重机顶部高度大于30m且高于周围建筑物未安装障碍指示灯，扣4分	10		
4		吊钩、滑轮、卷筒与钢丝绳	吊钩未安装钢丝绳防脱钩装置或不符合规范要求，扣10分 吊钩磨损、变形达到报废标准，扣10分 滑轮、卷筒未安装钢丝绳防脱装置或不符合规范要求，扣4分 滑轮及卷筒磨损达到报废标准，扣10分 钢丝绳磨损、变形、锈蚀达到报废标准，扣10分 钢丝绳的规格、固定、缠绕不符合产品说明书及规范要求，扣5～10分	10		
5		多塔作业	多塔作业未制定专项施工方案或施工方案未经审批，扣10分 任意两台塔式起重机之间的最小架设距离不符合规范要求，扣10分	10		
6		安拆、验收与使用	安装、拆卸单位未取得专业承包资质和安全生产许可证，扣10分 未制定安装、拆卸专项方案，扣10分 方案未经审核、审批，扣10分 未履行验收程序或验收表未经责任人签字，扣5～10分 安装、拆除人员及司机、指挥未持证上岗，扣10分 塔式起重机作业前未按规定进行例行检查，未填写检查记录，扣4分 实行多班作业未按规定填写交接班记录，扣3分	10		
		小计		60		
7	一般项目	附着	塔式起重机高度超过规定未安装附着装置，扣10分 附着装置水平距离不满足产品说明书要求，未进行设计计算和审批，扣8分 安装内爬式塔式起重机的建筑承载结构未进行承载力验算，扣8分 附着装置安装不符合产品说明书及规范要求，扣5～10分 附着前和附着后塔身垂直度不符合规范要求，扣10分	10		
8		基础与轨道	塔式起重机基础未按产品说明书及有关规定设计、检测、验收，扣5～10分 基础未设置排水措施，扣4分 路基箱或枕木铺设不符合产品说明书及规范要求，扣6分 轨道铺设不符合产品说明书及规范要求，扣6分	10		
9		结构设施	主要结构件的变形、锈蚀不符合规范要求，扣10分 平台、走道、梯子、护栏的设置不符合规范要求，扣4～8分 高强螺栓、销轴、紧固件的紧固、连接不符合规范要求，扣5～10分	10		
10		电气安全	未采用TN-S接零保护系统供电，扣10分 塔式起重机与架空线路安全距离不符合规范要求，未采取防护措施，扣10分 防护措施不符合规范要求，扣5分 未安装避雷接地装置，扣10分 避雷接地装置不符合规范要求，扣5分 电缆使用及固定不符合规范要求，扣5分	10		
		小计		40		
检查项目合计				100		

表 B.18 起重吊装检查评分表

序号	检查项目		扣分标准	应得分数	扣减分数	实得分数
1	保证项目	施工方案	未编制专项施工方案或专项施工方案未经审核、审批，扣10分 超规模的起重吊装专项施工方案未按规定组织专家论证，扣10分	10		
2		起重机械	未安装荷载限制装置或不灵敏，扣10分 未安装行程限位装置或不灵敏，扣10分 起重拔杆组装不符合设计要求，扣10分 起重拔杆组装后未履行验收程序或验收表无责任人签字，扣5～10分	10		
3		钢丝绳与地锚	钢丝绳磨损、断丝、变形、锈蚀达到报废标准，扣10分 钢丝绳规格不符合起重机产品说明书要求，扣10分 吊钩、卷筒、滑轮磨损达到报废标准，扣10分 吊钩、卷筒、滑轮未安装钢丝绳防脱装置，扣5～10分 起重拔杆的缆风绳、地锚设置不符合设计要求，扣8分	10		
4		索具	索具采用编结连接时，编结部分的长度不符合规范要求，扣10分 索具采用绳夹连接时，绳夹的规格、数量及绳夹间距不符合规范要求，扣5～10分 索具安全系数不符合规范要求，扣10分 吊索规格不匹配或机械性能不符合设计要求，扣5～10分	10		
5		作业环境	起重机行走作业处地面承载能力不符合产品说明书要求或未采用有效加固措施，扣10分 起重机与架空线路安全距离不符合规范要求，扣10分	10		
6		作业人员	起重机司机无证操作或操作证与操作机型不符，扣5～10分 未设置专职信号指挥和司索人员，扣10分 作业前未按规定进行安全技术交底或交底未形成文字记录，扣5～10分	10		
		小计		60		
7	一般项目	起重吊装	多台起重机同时起吊一个构件时，单台起重机所承受的荷载不符合专项施工方案要求，扣10分 吊索系挂点不符合专项施工方案要求，扣5分 起重机作业时起重臂下有人停留或吊运重物从人的正上方通过，扣10分 起重机吊具载运人员，扣10分 吊运易散落物件不使用吊笼，扣6分	10		
8		高处作业	未按规定设置高处作业平台，扣10分 高处作业平台设置不符合规范要求，扣5～10分 未按规定设置爬梯或爬梯的强度、构造不符合规范要求，扣5～8分 未按规定设置安全带悬挂点，扣8分	10		
9		构件码放	构件码放荷载超过作业面承载能力，扣10分 构件码放高度超过规定要求，扣4分 大型构件码放无稳定措施，扣8分	10		
10		警戒监护	未按规定设置作业警戒区，扣10分 警戒区未设专人监护，扣5分	10		
		小计		40		
检查项目合计				100		

表 B.19　施工机具检查评分表

序号	检查项目	扣分标准	应得分数	扣减分数	实得分数
1	平刨	平刨安装后未履行验收程序，扣5分 未设置护手安全装置，扣5分 传动部位未设置防护罩，扣5分 未作保护接零或未设置漏电保护器，扣10分 未设置安全作业棚，扣6分 使用多功能木工机具，扣10分	10		
2	圆盘锯	圆盘锯安装后未履行验收程序，扣5分 未设置锯盘护罩、分料器、防护挡板安全装置和传动部位未设置防护罩，每处扣3分 未作保护接零或未设置漏电保护器，扣10分 未设置安全作业棚，扣6分 使用多功能木工机具，扣10分	10		
3	手持电动工具	Ⅰ类手持电动工具未采取保护接零或未设置漏电保护器，扣8分 使用Ⅰ类手持电动工具不按规定穿戴绝缘用品，扣6分 手持电动工具随意接长电源线，扣4分	8		
4	钢筋机械	机械安装后未履行验收程序，扣5分 未作保护接零或未设置漏电保护器，扣10分 钢筋加工区未设置作业棚，钢筋对焊作业区未采取防止火花飞溅措施或冷拉作业区未设置防护栏板，每处扣5分 传动部位未设置防护罩，扣5分	10		
5	电焊机	电焊机安装后未履行验收程序，扣5分 未作保护接零或未设置漏电保护器，扣10分 未设置二次空载降压保护器，扣10分 一次线长度超过规定或未进行穿管保护，扣3分 二次线未采用防水橡皮护套铜芯软电缆，扣10分 二次线长度超过规定或绝缘层老化，扣3分 电焊机未设置防雨罩或接线柱未设置防护罩，扣5分	10		
6	搅拌机	搅拌机安装后未履行验收程序，扣5分 未作保护接零或未设置漏电保护器，扣10分 离合器、制动器、钢丝绳达不到规定要求，每项扣5分 上料斗未设置安全挂钩或止挡装置，扣5分 传动部位未设置防护罩，扣4分 未设置安全作业棚，扣6分	10		
7	气瓶	气瓶未安装减压器，扣8分 乙炔瓶未安装回火防止器，扣8分 气瓶间距小于5m或与明火距离小于10m未采取隔离措施，扣8分 气瓶未设置防振圈和防护帽，扣2分 气瓶存放不符合要求，扣4分	8		
8	翻斗车	翻斗车制动、转向装置不灵敏，扣5分 驾驶员无证操作，扣8分 行车载人或违章行车，扣8分	8		

续表 B.19

序号	检查项目	扣分标准	应得分数	扣减分数	实得分数
9	潜水泵	未作保护接零或未设置漏电保护器，扣6分 负荷线未使用专用防水橡皮电缆，扣6分 负荷线有接头，扣3分	6		
10	振捣器	未作保护接零或未设置漏电保护器，扣8分 未使用移动式配电箱，扣4分 电缆线长度超过30m，扣4分 操作人员未穿戴绝缘防护用品，扣8分	8		
11	桩工机械	机械安装后未履行验收程序，扣10分 作业前未编制专项施工方案或未按规定进行安全技术交底，扣10分 安全装置不齐全或不灵敏，扣10分 机械作业区域地面承载力不符合规定要求或未采取有效硬化措施，扣12分 机械与输电线路安全距离不符合规范要求，扣12分	12		
检查项目合计			100		

本标准用词说明

1 为便于在执行本标准条文时区别对待，对要求严格程度不同的用词说明如下：

1)表示很严格，非这样做不可的：
正面词采用“必须”，反面词采用“严禁”；

2)表示严格，在正常情况下均应这样做的：
正面词采用“应”，反面词采用“不应”或“不得”；

3)表示允许稍有选择，在条件许可时首先应这样做的：
正面词采用“宜”，反面词采用“不宜”；

4)表示有选择，在一定条件下可以这样做的，采用“可”。

2 条文中指明应按其他有关标准执行的，写法为“应符合……的规定”或“应按……执行”。

引用标准名录

1 《建设工程施工现场供用电安全规范》GB 50194

2 《建筑基坑工程监测技术规范》GB 50497

3 《建设工程施工现场消防安全技术规范》GB 50720

4 《安全帽》GB 2118

5 《塔式起重机安全规程》GB 5144

6 《安全网》GB 5725

7 《起重机械安全规程》GB 6067

8 《安全带》GB 6095

9 《施工升降机》GB/T 10054

10 《施工升降机安全规程》GB 10055

11 《建筑机械使用安全技术规程》JGJ 33

12 《施工现场临时用电安全技术规范》JGJ 46

13 《建筑施工高处作业安全技术规范》JGJ 80

14 《龙门架及井架物料提升机安全技术规范》JGJ 88

15 《建筑基坑支护技术规程》JGJ 120

16 《建筑施工门式钢管脚手架安全技术规范》JGJ 128

17 《建筑施工扣件式钢管脚手架安全技术规范》JGJ 130

18 《建筑施工现场环境和卫生标准》JGJ 146

19 《施工现场机械设备检查技术规程》JGJ 160

20 《建筑施工模板安全技术规范》JGJ 162

21 《建筑施工碗扣式钢管脚手架安全技术规范》JGJ 166

22 《建筑施工土石方工程安全技术规范》JGJ 180

23 《施工现场临时建筑物技术规范》JGJ/T 188

24 《建筑施工塔式起重机安装、使用、拆卸安全技术规程》JGJ 196

25 《建筑施工工具式脚手架安全技术规范》JGJ 202

26 《建筑施工升降机安装、使用、拆卸安全技术规程》JGJ 215

27 《建筑施工承插型盘扣式钢管支架安全技术规程》JGJ 231

中华人民共和国行业标准

建筑施工安全检查标准

JGJ 59—2011

条 文 说 明

修　订　说　明

《建筑施工安全检查标准》JGJ 59－2011，经住房和城乡建设部 2011 年 12 月 7 日以第 1204 号公告批准、发布。

本标准是在《建筑施工安全检查标准》JGJ 59－99 的基础上修订而成，上一版的主编单位是天津建工集团总公司，参编单位是中国工程标准化协会施工安全专业委员会、上海市建设工程安全监督站、哈尔滨市建设工程安全监察站、嘉兴市建筑安全监督站、杭州市建筑工程安全监督站、深圳市施工安全监督站、北京建工集团、山西省建筑安全监督站，主要起草人是秦春芳、刘嘉福、戴贞洁。本次修订的主要技术内容是：1. 增设"术语"章节；2. 增设"检查评定项目"章节；3. 将原"检查分类及评分方法"一章调整为"检查评分方法"和"检查评定等级"两个章节，并对评定等级的划分标准进行了调整；4. 将原"检查评分表"一章调整为附录；5. 将"建筑施工安全检查评分汇总表"中的项目名称及分值进行了调整；6. 删除"挂脚手架检查评分表"、"吊篮脚手架检查评分表"；7. 将"'三宝'、'四口'防护检查评分表"改为"高处作业检查评分表"，并新增移动式操作平台和悬挑式钢平台的检查内容；8. 新增"碗扣式钢管脚手架检查评分表"、"承插型盘扣式钢管脚手架检查评分表"、"满堂脚手架检查评分表"、"高处作业吊篮检查评分表"；9. 依据现行法规和标准对检查评分表的内容进行了调整。

本标准修订过程中，编制组进行了大量的调查研究，总结了我国房屋建筑工程施工现场安全检查的实践经验。

为便于广大设计、施工、科研、学校等单位有关人员在使用本标准时能正确理解和执行条文规定，《建筑施工安全检查标准》编制组按章、节、条顺序编制了本标准的条文说明，对条文规定的目的、依据以及执行中需注意的有关事项进行了说明，还着重对强制性条文的强制性理由作了解释。但是，本条文说明不具备与标准正文同等的法律效力，仅供使用者作为理解和把握标准的参考。

目　次

1 总　　则

1.0.1 本标准编制的目的。

1.0.2 本标准适用于建筑施工企业或其他方对房屋建筑施工现场的安全检查评定。

1.0.3 建筑施工安全检查除应符合本标准规定外，针对施工现场的实际情况尚应符合国家现行有关标准中的要求。

3 检查评定项目

3.1 安 全 管 理

3.1.3 对安全管理保证项目说明如下：

1 安全生产责任制

安全生产责任制主要是指工程项目部各级管理人员，包括：项目经理、工长、安全员、生产、技术、机械、器材、后勤、分包单位负责人等管理人员，均应建立安全责任制。根据《建筑施工安全检查标准》和项目制定的安全管理目标，进行责任目标分解。建立考核制度，定期(每月)考核。

工程的主要施工工种，包括：砌筑、抹灰、混凝土、木工、电工、钢筋、机械、起重司索、信号指挥、脚手架、水暖、油漆、塔吊、电梯、电气焊等工种均应制定安全技术操作规程，并在相对固定的作业区域悬挂。

工程项目部专职安全人员的配备应按住建部的规定，1万 m^2 以下工程1人；1万 m^2～5万 m^2 的工程不少于2人；5万 m^2 以上的工程不少于3人。

制定安全生产资金保障制度，就是要确保购置、制作各种安全防护设施、设备、工具、材料及文明施工设施和工程抢险等需要的资金，做到专款专用。同时还应提前编制计划并严格按计划实施，保证安全生产资金的投入。

2 施工组织设计与专项施工方案

施工组织设计中的安全技术措施应包括安全生产管理措施。

危险性较大的分部分项工程专项方案，经专家论证后提出修改完善意见的，施工单位应按论证报告进行修改，并经施工单位技术负责人、项目总监理工程师、建设单位项目负责人签字后，方可组织实施。专项方案经论证后需做重大修改的，应重新组织专家进行论证。

3 安全技术交底

安全技术交底主要包括三个方面：一是按工程部位分部分项进行交底；二是对施工作业相对固定，与工程施工部位没有直接关系的工种，如起重机械、钢筋加工等，应单独进行交底；三是对工程项目的各级管理人员，应进行以安全施工方案为主要内容的交底。

4 安全检查

安全检查应包括定期安全检查和季节性安全检查。

定期安全检查以每周一次为宜。

季节性安全检查，应在雨期、冬期之前和雨期、冬期施工中分别进行。

对重大事故隐患的整改复查，应按照谁检查谁复查的原则进行。

5 安全教育

施工人员入场安全教育应按照先培训后上岗的原则进行，培训教育应进行试卷考核。施工人员变换工种或采用新技术、新工艺、新设备、新材料施工时，必须进行安全教育培训，保证施工人员熟悉作业环境，掌握相应的安全知识技能。

现场应填写三级安全教育台账记录和安全教育人员考核登记表。

施工管理人员、专职安全员每年应进行一次安全培训考核。

6 应急救援

重大危险源的辨识应根据工程特点和施工工艺，将施工中可能造成重大人身伤害的危险因素、危险部位、危险作业列为重大危险源并进行公示，并以此为基础编制应急救援预案和控制措施。

项目应定期组织综合或专项的应急救援演练。对难以进行现场演练的预案，可按演练程序和内容采取室内桌牌式模拟演练。

按照工程的不同情况和应急救援预案要求，应配备相应的应急救援器材，包括：急救箱、氧气袋、担架、应急照明灯具、消防器材、通信器材、机械、设备、材料、工具、车辆、备用电源等。

3.1.4 对安全管理一般项目说明如下：

1 分包单位安全管理

分包单位安全员的配备应按住建部的规定，专业分包至少1人；劳务分包的工程50人以下的至少1人；50～200人的至少2人；200人以上的至少3人。

分包单位应根据每天工作任务的不同特点，对施工作业人员进行班前安全交底。

2 持证上岗

项目经理、安全员、特种作业人员应进行登记造册，资格证书复印留查，并按规定年限进行延期审核。

3 生产安全事故处理

工程项目发生的各种安全事故应进行登记报告，并按规定进行调查、处理、制定预防措施，建立事故档案。重伤以上事故，按国家有关调查处理规定进行登记建档。

4 安全标志

施工现场安全标志的设置应根据工程部位进行调整。主要包括：基础施工、主体施工、装修施工三个阶段。

对夜间施工或人员经常通行的危险区域、设施，应安装灯光警示标志。

按照危险源辨识的情况，施工现场应设置重大危险源公示牌。

3.2 文明施工

3.2.3 对文明施工保证项目说明如下：

1 现场围挡

工地必须沿四周连续设置封闭围挡，围挡材料应选用砌体、金属板材等硬性材料，并做到坚固、稳定、整洁和美观。

2 封闭管理

现场进出口应设置大门、门卫室、企业名称或标识、车辆冲洗设施等，并严格执行门卫制度，持工作卡进出现场。

3 施工场地

现场主要道路必须采用混凝土、碎石或其他硬质材料进行硬化处理，做到畅通、平整，其宽度应能满足施工及消防等要求。

对现场易产生扬尘污染的路面、裸露地面及存放的土方等，应采取合理、严密的防尘措施。

4 材料管理

应根据施工现场实际面积及安全消防要求，合理布置材料的存放位置，并码放整齐。

现场存放的材料(如：钢筋、水泥等)，为了达到质量和环境保护的要求，应有防雨水浸泡、防锈蚀和防止扬尘等措施。

建筑物内施工垃圾的清运，为防止造成人员伤亡和环境污染，必须要采用合理容器或管道运输，严禁凌空抛掷。

现场易燃易爆物品必须严格管理，在使用和储藏过程中，必须有防暴晒、防火等保护措施，并应间距合理、分类存放。

5 现场办公与住宿

为了保证住宿人员的人身安全，在建工程内、伙房、库房严禁兼做员工宿舍。

施工现场应做到作业区、材料区与办公区、生活区进行明显的划分，并应有隔离措施；如因现场狭小，不能达到安全距离的要求，必须对办公区、生活区采取可靠的防护措施。

宿舍内严禁使用通铺，床铺不应超过2层，为了达到安全和消防的要求，宿舍内应有必要的生活空间，居住人员不得超过16人，通道宽度不应小于0.9m，人均使用面积不应小于2.5m^2。

6 现场防火

现场临时用房和设施，包括：办公用房、宿舍、厨房操作间、食堂、锅炉房、库房、变配电房、围挡、大门、材料堆场及其加工场、固定动火作业场、作业棚、机具棚等设施，在防火设计上，必须达到有关消防安全技术规范的要求。

现场木料、保温材料、安全网等易燃材料必须实行入库、合理存放，并配备相应、有效、足够的消防器材。

为了保证现场防火安全，动火作业前必须履行动火审批程序，经监护和主管人员确认、同意，消防设施到位后，方可施工。

3.2.4 对文明施工一般项目说明如下：

2 公示标牌

施工现场的进口处应有明显的公示标牌，如果认为内容还应增加，可结合本地区、本企业及本工程特点进行要求。

3 生活设施

食堂与厕所、垃圾站等污染及有毒有害场所的间距必须大于15m，并应设置在上述场所的上风侧(地区主导风向)。

食堂必须经相关部门审批，颁发卫生许可证和炊事人员的身体健康证。

食堂使用的煤气罐应进行单独存放，不能与其他物品混放，且存放间有良好的通风条件。

食堂应设专人进行管理和消毒，门扇下方设防鼠挡板，操作间设清洗池、消毒池、隔油池、排风、防蚊蝇等设施，储藏间应配有冰柜等冷藏设施，防止食物变质。

厕所的蹲位和小便槽应满足现场人员数量的需求，高层建筑或作业面积大的场地应设置临时性厕所，并由专人及时进行清理。

现场的淋浴室应能满足作业人员的需求，淋浴室与人员的比例宜大于1∶20。

现场应针对生活垃圾建立卫生责任制，使用合理、密封的容器，指定专人负责生活垃圾的清运工作。

4 社区服务

为了保护环境，施工现场严禁焚烧各类废弃物(包括：生活垃圾、废旧的建筑材料等)，应进行及时的清运。

施工活动泛指施工、拆除、清理、运输及装卸等动态作业活动，在动态作业活动中，应有防粉尘、防噪声和防光污染等措施。

3.3 扣件式钢管脚手架

3.3.3 对扣件式钢管脚手架保证项目说明如下：

1 施工方案

搭设高度超过规范要求的脚手架应编制专项施工方案，基础、连墙件应经设计计算，专项施工方案经审批后实施；搭设高度超过50m的架体，必须采取加强措施，专项施工方案必须经专家论证。

2 立杆基础

基础土层、排水设施、扫地杆设置对脚手架基础稳定性有着重要影响；脚手架基础应采取防止积水浸泡的措施，减少或消除在搭设和使用过程中由于地基不均匀沉降导致的架体变形。

3 架体与建筑结构拉结

脚手架拉结形式、拉结部位对架体整体刚度有重要影响；脚手架与建筑物进行拉结可以防止因风荷载而发生的架体倾翻事故，减小立杆的计算长度，提高承载能力，保证脚手架的整体稳定性；连墙杆应靠近节点位置从架体底部第一步横向水平杆开始设置。

4 杆件间距与剪刀撑

纵向水平杆设在立杆内侧，可以减少横向水平杆跨度，接长立杆和安装剪刀撑时比较方便，对高处作业更为安全。

5 脚手板与防护栏杆

架体使用的脚手板宽度、厚度以及材质类型应符合规范要求，通过限定脚手板的对接和搭接尺寸，控制探头板长度，以防止脚手板倾翻或滑脱。

6 交底与验收

脚手架在搭设前，施工负责人应按照方案结合现场作业条件进行细致的安全技术交底；脚手架搭设完毕或分段搭设完毕，应由施工负责人组织有关人员进行检查验收，验收内容应包括用数据衡量合格与否的项目，确认符合要求后，才可投入使用或进入下一阶段作业。

3.3.4 对扣件式钢管脚手架一般项目说明如下：

1 横向水平杆设置

横向水平杆应紧靠立杆用十字扣件与纵向水平杆扣牢；主要作用是承受脚手板传来的荷载，增强脚手架横向刚度，约束双排脚手架里外两侧立杆的侧向变形，缩小立杆长细比，提高立杆的承载能力。

3.4 门式钢管脚手架

3.4.3 对门式钢管脚手架保证项目说明如下：

1 施工方案

搭设高度超过规范要求的脚手架应编制专项施工方案，基础、连墙件应经设计计算，专项施工方案经审批后实施；搭设超过规范允许高度的架体，必须采取加强措施，所以专项方案必须经专家论证。

2 架体基础

基础土层、排水设施、扫地杆设置对脚手架基础稳定性有着重要影响；脚手架基础应采取防止积水浸泡的措施，减少或消除在搭设和使用过程中由于地基不均匀沉降导致的架体变形。

3 架体稳定

连墙件、剪刀撑、加固杆件、立杆偏差对架体整体刚度有着重要影响；连墙件的设置应按规范要求间距从底层第一步架开始，随脚手架搭设同步进行不得漏设；剪刀撑、加固杆件位置应准确，角度应合理，连接应可靠，并连续设置形成闭合圈，以提高架体的纵向刚度。

4 杆件锁臂

门架杆件与配件的规格应配套统一，并应符合标准，杆件、构配件尺寸误差在允许的范围之内；搭设时各种组合情况下，门架与配件均能处于良好的连接、锁紧状态。

5 脚手板

当使用与门架配套的挂扣式脚手板时，应有防止脚手板松动或脱落的措施。

6 交底与验收

脚手架在搭设前，施工负责人应按照方案结合现场作业条件进行细致的安全技术交底；脚手架搭设完毕或分段搭设完毕，应由施工负责人组织有关人员进行检查验收，验收内容应包括用数据衡量合格与否的项目，确认符合要求后，才可投入使用或进入下一阶段作业。

3.4.4 对门式钢管脚手架一般项目说明如下：

1 架体防护

作业层的防护栏杆、挡脚板、安全网应按规范要求正确设置，以防止作业人员坠落和作业面上的物料滚落。

3.5 碗扣式钢管脚手架

3.5.3 对碗扣式钢管脚手架保证项目说明如下：

1 施工方案

搭设高度超过规范要求的脚手架应编制专项施工方案，基础、连墙件应经设计计算，专项施工方案经审批后实施；搭设超过规范允许高度的架体，必须采取加强措施，所以专项方案必须经专家论证。

2 架体基础

基础土层、排水设施、扫地杆设置对脚手架基础稳定性有着重要影响；脚手架基础应采取防止积水浸泡的措施，减少或消除在搭设和使用过程中由于地基不均匀沉降导致的架体变形。

3 架体稳定

连墙件、斜杆、八字撑对架体整体刚度有着重要影响；当采用旋转扣件作斜杆连接时应尽量靠近有横杆、立杆的碗扣节点，斜杆采用八字形布置的目的是为了避免钢管重叠，斜杆角度应与横杆、立杆对角线角度一致。

4 杆件锁件

杆件间距、碗扣紧固、水平斜杆对架体稳定性有着重要影响；当架体高度超过 24m 时，在各连墙件层应增加水平斜杆，使纵横杆与斜杆形成水平桁架，使无连墙立杆构成支撑点，以保证立杆承载力及稳定性。

5 脚手板

使用的工具式钢脚手板必须有挂钩，并带有自锁装置与廊道横杆锁紧，防止松动脱落。

6 交底与验收

脚手架在搭设前，施工负责人应按照方案结合现场作业条件进行细致的安全技术交底；脚手架搭设完毕或分段搭设完毕，应由施工负责人组织有关人员进行检查验收，验收内容应包括用数据衡量合格与否的项目，确认符合要求后，才可投入使用或进入下一阶段作业。

3.5.4 对碗扣式钢管脚手架一般项目说明如下：

1 架体防护

作业层的防护栏杆、挡脚板、安全网应按规范要求正确设置，以防止作业人员坠落和作业面上的物料滚落。

3.6 承插型盘扣式钢管脚手架

3.6.3 对承插型盘扣式钢管脚手架保证项目说明如下：

1 施工方案

搭设高度超过规范要求的脚手架应编制专项施工方案，基础、连墙件应经设计计算，专项施工方案经审批后实施；搭设超过规范允许高度的架体，必须采取加强措施，所以专项方案必须经专家论证。

2 架体基础

基础土层、排水设施、扫地杆设置对脚手架基础稳定性有着重要影响；脚手架基础应采取防止积水浸泡的措施，减少或消除在搭设和使用过程中由于地基不均匀沉降导致的架体变形。

3 架体稳定

拉结点、剪刀撑、竖向斜杆的设置对脚手架整体稳定有着重要影响；当脚手架下部暂时不能设置连墙件时，宜外扩搭设多排脚手架并设置斜杆形成外侧斜面状附加梯形架，以保证架体稳定。

4 杆件设置

承插型盘扣式钢管脚手架各杆件、构配件应按规范要求设置；盘扣插销外表面应与水平杆和斜杆端扣接内表面吻合，使用不小于0.5kg锤子击紧插销，保证插销尾部外露不小于15mm；作业面无挂扣钢脚手板时，应设置水平斜杆以保证平面刚度。

5 脚手板

使用的挂扣式钢脚手板必须有挂钩，并带有自锁装置，防止松动脱落。

6 交底与验收

脚手架在搭设前，施工负责人应按照方案结合现场作业条件进行细致的安全技术交底；脚手架搭设完毕或分段搭设完毕，应由施工负责人组织有关人员进行检查验收，验收内容应包括用数据衡量合格与否的项目，确认符合要求后，才可投入使用或进入下一阶段作业。

3.6.4 对承插型盘扣式钢管脚手架一般项目说明如下：

1 架体防护

作业层的防护栏杆、挡脚板、安全网应按规范要求正确设置，以防止作业人员坠落和作业面上的物料滚落。

2 杆件连接

当搭设悬挑式脚手架时，由于同一步架体立杆的接头部位全部位于同一水平面内，为增强架体刚度，立杆的接长部位必须采用专用的螺栓配件进行固定。

3.7 满堂脚手架

3.7.3 对满堂脚手架保证项目说明如下：

1 施工方案

搭设、拆除满堂式脚手架应编制专项施工方案，方案经审批后实施；搭设超过规范允许高度的满堂脚手架，必须采取加强措施，所以专项方案必须经专家论证。

2 架体基础

基础土层、排水设施、扫地杆设置对脚手架基础稳定性有着重要影响；脚手架基础应采取防止积水浸泡的措施，减少或消除在搭设和使用过程中由于地基不均匀沉降导致的架体变形。

3 架体稳定

架体中剪刀撑、斜杆、连墙件等加强杆件的设置对整体刚度有着重要影响；增加竖向、水平剪刀撑，可增加架体刚度，提高脚手架承载力，在竖向剪刀撑顶部交点平面设置一道水平连续剪刀撑，可使架体结构稳固；增加连墙件也可以提高架体承载力；在有空间部位，也可超出顶部加载区域投影范围向外延伸布置2～3跨，以提高架体高宽比，达到提升架体强度的目的。

4 杆件锁件

满堂式脚手架的搭设应符合施工方案及相关规范的要求，各杆件的连接节点应紧固应可靠，保证架体的有效传力。

5 脚手板

使用的挂扣式钢脚手板必须有挂钩，并带有自锁装置，防止松动脱落。

6 交底与验收

脚手架在搭设前，施工负责人应按照方案结合现场作业条件进行细致的安全技术交底；脚手架搭设完毕或分段搭设完毕，应由施工负责人组织有关人员进行检查验收，验收内容应包括用数据衡量合格与否的项目，确认符合要求后，才可投入使用或进入下一阶段作业。

3.7.4 对满堂脚手架一般项目说明如下：

1 架体防护

作业层的防护栏杆、挡脚板、安全网应按规范要求正确设置，以防止作业人员坠落和作业面上的物料滚落。

3.8 悬挑式脚手架

3.8.3 对悬挑式脚手架保证项目说明如下：

1 施工方案

搭设、拆除悬挑式脚手架应编制专项施工方案，悬挑钢梁、连墙件应经设计计算，专项施工方案经审批后实施；搭设高度超过规范要求的悬挑架体，必须采取加强措施，所以专项方案必须经专家论证。

2 悬挑钢梁

悬挑钢梁的选型计算、锚固长度、设置间距、斜拉措施等对悬挑架体稳定有着重要影响；型钢悬挑梁宜采用双轴对称截面的型钢，现场多使用工字钢；悬挑钢梁前端应采用吊拉卸荷，结构预埋吊环应使用HPB235级钢筋制作，但钢丝绳、钢拉杆卸荷不参与悬挑钢梁受力计算。

3 架体稳定

立杆在悬挑钢梁上的定位点可采取竖直焊接长0.2m、直径25mm～30mm的钢筋或短管等方式；在架体内侧及两端设置横向斜杆并与主体结构加强连接；连墙件偏离主节点的距离不能超过300mm，目的在于增强对架体横向变形的约束能力。

4 脚手板

架体使用的脚手板宽度、厚度以及材质类型应符合规范要求，通过限定脚手板的对接和搭接尺寸，控制探头板长度，以防止脚手板倾翻或滑脱。

5 荷载

架体上的荷载应均匀布置，均布荷载、集中荷载应在设计允许范围内。

6 交底与验收

脚手架在搭设前，施工负责人应按照方案结合现场作业条件进行细致的安全技术交底；脚手架搭设完毕或分段搭设完毕，应由施工负责人组织有关人员进行检查验收，验收内容应包括用数据衡量合格与否的项目，确认符合要求后，才可投入使用或进入下一阶段作业。

3.8.4 对悬挑式脚手架一般项目说明如下：

2 架体防护

作业层的防护栏杆、挡脚板、安全网应按规范要求正确设置，以防止作业人员坠落和作业面上的物料滚落。

3.9 附着式升降脚手架

3.9.3 对附着式升降脚手架保证项目说明如下：

1 施工方案

搭设、拆除附着式升降脚手架应编制专项施工方案，竖向主框架、水平支撑桁架、附着支撑结构应经设计计算，专项施工方案经审批后实施；提升高度超过规定要求的附着架体，必须采取相应强化措施，所以专项方案必须经专家论证。

2 安全装置

在使用、升降工况下必须配置可靠的防倾覆、防坠落和同步升降控制等安全防护装置；防倾覆装置必须有可靠的刚度和足够的强度，其导向件应通过螺栓连接固定在附墙支座上，不能前后左右移动；为了保证防坠落装置的高度可靠性，因此必须使用机械式的全自动装置，严禁使用手动装置；同步控制装置是用来控制多个升降设备在同时升降时，出现不同步状态的设施，防止升降设备因荷载不均衡而造成超载事故。

3 架体构造

附着式升降脚手架架体的整体性能要求较高，既要符合不倾斜、不坠落的安全要求，又要满足施工作业的需要；架体高度主要考虑了3层未拆模的层高和顶部1.8m防护栏杆的高度，以满足底层模板拆除作业时的外防护要求；限制支撑跨度是为了有效控制升降动力设备提升力的超载现象；安装附着式升降脚手架时，应同时控制高度和跨度，确保控制荷载和安全使用。

4 附着支座

附着支座是承受架体所有荷载并将其传递给建筑结构的构件，应于竖向主框架所覆盖的每一楼层处设置一道支座；使用工况时主要是保证主框架的荷载能直接有效的传递各附墙支座；附墙支座还应具有防倾覆和升降导向功能；附墙支座与建筑物连接，要考虑受拉端的螺母止退要求。

5 架体安装

强调附着式升降脚手架的安装质量对后期的使用安全特别重要。

6 架体升降

升降操作是附着式脚手架使用安全的关键环节；仅当采用单跨式架体提升时，允许采用手动升降设备。

3.9.4 对附着式升降脚手架一般项目说明如下：

1 检查验收

附着式提升脚手架在组装前，施工负责人应按规范要求对各种构配件及动力装置、安全装置进行验收；组装搭设完毕或分段搭设完毕，应由施工负责人组织有关人员进行检查验收，验收内容应包括用数据衡量合格与否的项目，确认符合要求后，才可投入使用或进入下一阶段作业。

3.10 高处作业吊篮

3.10.3 对高处作业吊篮保证项目说明如下：

1 施工方案

安装、拆除高处作业吊篮应编制专项施工方案，吊篮的支撑悬挂机构应经设计计算，专项施工方案经审批后实施。

2 安全装置

安全装置包括防坠安全锁、安全绳、上限位装置；安全锁扣的配件应完整、齐全，规格和标识应清晰可辨；安全绳不得有松散、断股、打结现象，与建筑物固定位置应牢靠；安装上限位装置是为了防止吊篮在上升过程出现冒顶现象。

3 悬挂机构

悬挂机构应按规范要求正确安装；女儿墙或建筑物挑檐边承受不了吊篮的荷载，因此不能作为悬挂机构的支撑点；悬挂机构的安装是吊篮的重点环节，应在专业人员的带领、指导下进行，以保证安装正确；悬挂机构上的脚轮是方便吊篮作平行位移而设置的，其本身承载能力有限，如吊篮荷载传递到脚轮就会产生集中荷载，易对建筑物产生局部破坏。

4 钢丝绳

钢丝绳的型号、规格应符合规范要求；在吊篮内施焊前，应提前采用石棉布将电焊火花迸溅范围进行遮挡，防止烧毁钢丝绳，同时防止发生触电事故。

5 安装作业

安装前对提升机的检验以及吊篮构配件规格的统一对吊篮组装后安全使用有着重要影响。

6 升降作业

考虑吊篮作业面小，出现坠落事故时尽量减少人员伤亡，将上人数量控制在2人以内。

3.10.4 对高处作业吊篮一般项目说明如下：

2 安全防护

安装防护棚的目的是为了防止高处坠物对吊篮内作业人员的伤害。

4 荷载

禁止吊篮作为垂直运输设备，是因为吊篮运送物料易超载，造成吊篮翻转或坠落事故。

3.11 基坑工程

3.11.3 对基坑工程保证项目说明如下：

1 施工方案

在基坑支护土方作业施工前，应编制专项施工方案，并按有关程序进行审批后实施。危险性较大的基坑工程应编制安全专项方案，施工单位技术、质量、安全等专业部门进行审核，施工单位技术负责人签字，超过一定规模的必须经专家论证。

2 基坑支护

人工开挖的狭窄基槽，深度较大或土质条件较差，可能存在边坡塌方危险时，必须采取支护措施，支护结构应有足够的稳定性。

基坑支护结构必须经设计计算确定，支护结构产生的变形应在设计允许范围内。变形达到预警值时，应立即采取有效的控制措施。

3 降排水

在基坑施工过程中，必须设置有效的降排水措施以确保正常施工，深基坑边界上部必须设有排水沟，以防止雨水进入基坑，深基坑降水施工应分层降水，随时观测支护外观测井水位，防止邻近建筑物等变形。

4 基坑开挖

基坑开挖必须按专项施工方案进行，并应遵循分层、分段、均衡挖土，保证土体受力均衡和稳定。

机械在软土场地作业应采用铺设砂石、铺垫钢板等硬化措施，防止机械发生倾覆事故。

5 坑边荷载

基坑边沿堆置土、料具等荷载应在基坑支护设计允许范围内，施工机械与基坑边沿应保持安全距离，防止基坑支护结构超载。

6 安全防护

基坑开挖深度达到2m及以上时，按高处作业安全技术规范要求，应在其边沿设置防护栏杆并设置专用梯道，防护栏杆及专用梯道的强度应符合规范要求，确保作业人员安全。

3.12 模板支架

3.12.3 对模板支架保证项目说明如下：

1 施工方案

模板支架搭设、拆除前应编制专项施工方案，对支架结构进行设计计算，并按程序进行审核、审批。

按照住房和城乡建设部建质[2009]38号文件要求，模板支架搭设高度8m及以上；跨度18m及以上，施工荷载15kN/m² 及以上；集中线荷载20kN/m及以上的专项施工方案，必须经专家论证。

2 支架基础

支架基础承载力必须符合设计要求，应能承受支架上部全部荷载，必要时应进行夯实处理，并应设置排水沟、槽等设施。

支架底部应设置底座和垫板，垫板长度不小于2倍立杆纵距，宽度不小于200mm，厚度不小于50mm。

支架在楼面结构上应对楼面结构强度进行验算，必要时应对楼面结构采取加固措施。

3 支架构造

采用对接连接，立杆伸出顶层水平杆中心线至支撑点的长度：碗扣式支架不应大于700mm；承插型盘扣式支架不应大于680mm；扣件式支架不应大于500mm。

支架高宽比大于2时，为保证支架的稳定，必须按规定设置连墙件或采用其他加强构造的措施。

连墙件应采用刚性构件，同时应能承受拉、压荷载。连墙件的强度、间距应符合设计要求。

4 支架稳定

立杆间距、水平杆步距应符合设计要求，竖向、水平剪刀撑或专用斜杆、水平斜杆的设置应符合规范要求。

5 施工荷载

支架上部荷载应均匀布置，均布荷载、集中荷载应在设计允许范围内。

6 交底与验收

支架搭设前，应按专项施工方案及有关规定，对施工人员进行安全技术交底，交底应有文字记录。

支架搭设完毕，应组织相关人员对支架搭设质量进行全面验收，验收应有量化内容及文字记录，并应有责任人签字确认。

3.13 高 处 作 业

3.13.3 对高处作业检查项目说明如下：

1 安全帽

安全帽是防冲击的主要防护用品，每顶安全帽上都应有制造厂名称、商标、型号、许可证号、检验部门批量验证及工厂检验合格证；佩戴安全帽时必须系紧下颚帽带，防止安全帽掉落。

2 安全网

应重点检查安全网的材质及使用情况；每张安全网出厂前，必须有国家制定的监督检验部门批量验证和工厂检验合格证。

3 安全带

安全带用于防止人体坠落发生，从事高处作业人员必须按规定正确佩戴使用；安全带的带体上缝有永久字样的商标、合格证和检验证，合格证上注有产品名称、生产年月、拉力试验、冲击试验、制造厂名、检验员姓名等信息。

4 临边防护

临边防护栏杆应定型化、工具化、连续性；护栏的任何部位应能承受任何方向的1000N的外力。

5 洞口防护

洞口的防护设施应定型化、工具化、严密性；不能出现作业人员随意找材料盖在预留洞口上的临时做法，防止发生坠落事故；楼梯口、电梯井口应设防护栏杆，井内每隔两层(不大于10m)设置一道安全平网或其他形式的水平防护，并不得留有杂物。

6 通道口防护

通道口防护应具有严密性、牢固性的特点；为防止在进出施工区域的通道处发生物体打击事故，在出入口的物体坠落半径内搭设防护棚，顶部采用50mm木脚手板铺设，两侧封闭密目式安全网；建筑物高度大于24m或使用竹笆脚手板等低强度材料时，应采用双层防护棚，以提高防砸能力。

7 攀登作业

使用梯子进行高处作业前，必须保证地面坚实平整，不得使用其他材料对梯脚进行加高处理。

8 悬空作业

悬空作业应保证使用索具、吊具、料具等设备的合格可靠；悬空作业部位应有牢靠的立足点，并视具体环境配备相应的防护栏杆、防护网等安全措施。

9 移动式操作平台

移动式操作平台应按方案设计要求进行组装使用，作业面的四周必须按临边作业要求设置防护栏杆，并应布置登高扶梯。

10 悬挑式物料钢平台

悬挑式钢平台应按照方案设计要求进行组装使用，其结构应稳固，严禁将悬挑钢平台放置在外防护架体上；平台边缘必须按临边作业设置防护栏杆及挡脚板，防止出现物料滚落伤人事故。

3.14 施 工 用 电

3.14.3 对施工用电保证项目说明如下：

1 外电防护

施工现场所遇到的外电线路一般为10kV以上或220/380V的架空线路。因为防护措施不当，造成重大人身伤亡和巨额财产损失的事故屡有发生，所以做好外电线路的防护是确保用电安全的重要保证。外电线路与在建工程(含脚手架)、高大施工设备、场内机动车道必须满足规定的安全距离。对达不到安全距离的架空线路，要采取符合规范要求的绝缘隔离防护措施或者与有关部门协商对线路采取停电、迁移等方式，确保用电安全。外电防护架体材料应选用木、竹等绝缘材料，不宜采用钢管等金属材料搭设。

目前场地狭窄的施工现场越来越多，许多工地经常在外电架空线路下方搭建宿舍、作业棚、材料区等违章设施，对电力运行安全和人身安全构成严重威胁，因此对施工现场架空线路下方区域的安全检查也是极为关键的环节。

2 接地与接零保护系统

施工现场配电系统的保护方式正确与否是保证用电安全的基础。按照现行行业标准《施工现场临时用电安全技术规范》JGJ 46(以下简称《临电规范》)的规定，施工现场专用的电源中性点直接接地的220/380V三相四线制低压电力系统必须采用TN-S接零保护系统，同时规定同一配电系统不允许采用两种保护系统。保护零线、工作接地、重复接地以及防雷接地在《临电规范》中都明确了具体的做法和要求，这些都是安全检查的重点。

3 配电线路

施工现场内所有线路必须严格按照规范的要求进行架设和埋设。由于施工的特殊性，供电线路、设施经常由于各种原因而改动，但工地往往忽视线路的安装质量，其安全性大大降低，极易诱发触电事故。因此，对施工现场配电线路的种类、规格和安装必须严格检查。

4　配电箱与开关箱

施工现场的配电箱是电源与用电设备之间的中枢环节，而开关箱是配电系统的末端，是用电设备的直接控制装置，它们的设置和使用直接影响施工现场的用电安全，因此必须严格执行《临电规范》中"三级配电，二级漏电保护"和"一机、一闸、一漏、一箱"的规定，并且在设计、施工、验收和使用阶段，都要作为检查监督的重点。

近些年，很多省市在执行规范过程中，研发使用了符合规范要求的标准化电闸箱，对降低施工现场触电事故几率起到了积极的作用。施工现场应该坚决杜绝各类私自制造、改造的违规电闸箱，大力推广使用国家认证的标准化电闸箱，逐步实现施工用电的本质安全。

3.14.4　对施工用电一般项目说明如下：

1　配电室与配电装置

随着大型施工设备的增加，施工现场用电负荷不断增长，对电气设备的管理提出了更高的要求。在工地，以往简单设置一个总配电箱逐步为配电室、配电柜替代。在施工用电上有必要制定相应的规定措施，进一步加强对配电室及配电装置的监督管理，保证供电源头的安全。

2　现场照明

目前很多工程都要进行夜间施工和地下施工，对施工照明的要求更加严格。因此施工现场必须提供科学合理的照明，根据不同场所设置一般照明、局部照明、混合照明和应急照明，保证施工的照明符合规范要求。在设计和施工阶段，要严格执行规范的规定，做到动力和照明用电分设，对特殊场所和手持照明采用符合要求的安全电压供电。尤其是安全电压的线路和电器装置，必须按照规范进行架设安装，不得随意降低作业标准。

3　用电档案

用电档案是施工现场用电管理的基础资料，每项资料都非常重要。工地要设专人负责资料的整理归档。总包分包安全协议、施工用电组织设计、外电防护专项方案、安全技术交底、安全检测记录等资料的内容都要符合有关规定，保证真实有效。

3.15　物料提升机

3.15.3　对物料提升机保证项目说明如下：

1　安全装置

安全装置主要有起重量限制器、防坠安全器、上限位开关等。

起重量限制器：当荷载达到额定起重量的90%时，限制器应发出警示信号；当荷载达到额定起重量的110%时，限制器应切断上升主电路电源，使吊笼制停。

防坠安全器：吊笼可采用瞬时动作式防坠安全器，当吊笼提升钢丝绳意外断绳时，防坠安全器应制停带有额定起重量的吊笼，且不应造成结构破坏。

上限位开关：当吊笼上升至限定位置时，触发限位开关，吊笼被制停，此时，上部越程不应小于3m。

2　防护设施

安全防护设施主要有防护围栏、防护棚、停层平台、平台门等。

防护围栏高度不应小于1.8m，围栏立面可采用网板结构，强度应符合规范要求。

防护棚长度不应小于3m，宽度应大于吊笼宽度，顶部可采用厚度不小于50mm的木板搭设。

停层平台应能承受3kN/m²的荷载，其搭设应符合规范要求。

平台门的高度不宜低于1.8m，宽度与吊笼门宽度差不应大于200mm，并应安装在平台外边缘处。

3　附墙架与缆风绳

附墙架宜使用制造商提供的标准产品，当标准附墙架结构尺寸不能满足要求时，可经设计计算采用非标附墙架。

附墙架是保证提升机整体刚度、稳定性的重要设施，其间距和连接方式必须符合产品说明书要求。

缆风绳的设置应符合设计要求，每一组缆风绳与导轨架的连接点应在同一水平高度，并应对称设置，缆风绳与导轨架连接处应采取防止钢丝绳受剪的措施，缆风绳必须与地锚可靠连接。

4　钢丝绳

钢丝绳的维修、检验和报废应符合现行国家标准《起重机钢丝绳保养、维护、安装、检验和报废》GB/T 5972的规定。

钢丝绳固定采用绳夹时，绳夹规格应与钢丝绳匹配，数量不少于3个，绳夹夹座应安放在长绳一侧。

吊笼处于最低位置时，卷筒上钢丝绳必须保证不少于3圈，本条款依照行业标准《龙门架及井架物料提升机安全技术规程》JGJ 88规定。

5　安拆、验收与使用

物料提升机属建筑起重机械，依据《建设工程安全生产管理条例》、《特种设备安全监察条例》规定，其安装、拆除单位应具有相应的资质。安装、拆除等作业人员必须经专门培训，取得特种作业资格，持证上岗。

安装、拆除作业前应依据相关规定及施工实际编制安全施工专项方案，并应经单位技术负责人审批后实施。

物料提升机安装完毕，应由工程负责人组织安装、使用、租赁、监理单位对安装质量进行验收，验收必须有文字记录，并有责任人签字确认。

3.15.4　对物料提升机一般项目说明如下：

1　基础与导轨架

基础应能承受最不利工作条件下的全部荷载，一般要求基础土层的承载力不应小于80kPa。

基础混凝土强度等级不应低于C20，厚度不应小于300mm。

井架停层平台通道处的结构应在设计制作过程中采取加强措施。

3.16 施工升降机

3.16.3 对施工升降机保证项目说明如下：

1 安全装置

为了限制施工升降机超载使用，施工升降机应安装超载保护装置，该装置应对吊笼内载荷、吊笼顶部载荷均有效。超载保护装置应在荷载达到额定载重量的90%时，发出明确报警信号，载荷达到额定载重量的110%前终止吊笼启动。

施工升降机每个吊笼上应安装渐进式防坠安全器，不允许采用瞬时安全器。根据现行行业标准规定：防坠安全器只能在有效的标定期限内使用，有效标定期限不应超过1年。防坠安全器无论使用与否，在有效检验期满后都必须重新进行检验标定。施工升降机防坠安全器的寿命为5年。

施工升降机对重钢丝绳组的一端应设张力均衡装置，并装有由相对伸长量控制的非自动复位型的防松绳开关。当其中一条钢丝绳出现相对伸长量超过允许值或断绳时，该开关将切断控制电路，制动器动作。

齿轮齿条式施工升降机吊笼应安装一对以上安全钩，防止吊笼脱离导轨架或防坠安全器输出端齿轮脱离齿条。

2 限位装置

施工升降机每个吊笼均应安装上、下限位开关和极限开关。上、下限位开关可用自动复位型，切断的是控制回路。极限开关不允许使用自动复位型，切断的是主电路电源。

极限开关与上、下限位开关不应使用同一触发元件，防止触发元件失效致使极限开关与上、下限位开关同时失效。

3 防护设施

吊笼和对重升降通道周围应安装地面防护围栏。地面防护围栏高度不应低于1.8m，强度应符合规范要求。围栏登机门应装有机械锁止装置和电气安全开关，使吊笼只有位于底部规定位置时围栏登机门才能开启，且在开门后吊笼不能启动。

各停层平台应设置层门，层门安装和开启不得突出到吊笼的升降通道上。层门高度和强度应符合规范要求。

4 附墙架

当附墙架不能满足施工现场要求时，应对附墙架另行设计，严禁随意代替。

5 钢丝绳、滑轮与对重

钢丝绳的维修、检验和报废应符合现行国家有关标准的规定。

钢丝绳式人货两用施工升降机的对重钢丝绳不得少于2根，且相互独立。每根钢丝绳的安全系数不应小于12，直径不应小于9mm。

对重两端应有滑靴或滚轮导向，并设有防脱轨保护装置。若对重使用填充物，应采取措施防止其窜动，并标明重量。对重应按有关规定涂成警告色。

6 安拆、验收与使用

施工升降机安装（拆卸）作业前，安装单位应编制施工升降机安装、拆除工程专项施工方案，由安装单位技术负责人批准后方可实施。

验收应符合规范要求，严禁使用未经验收或验收不合格的施工升降机。

3.16.4 对施工升降机一般项目说明如下：

1 导轨架

垂直安装的施工升降机的导轨架垂直度偏差应符合表1规定。

表1 施工升降机安装垂直度偏差

导轨架架设高度 h(m)	$h\leqslant70$	$70<h\leqslant100$	$100<h\leqslant150$	$150<h\leqslant200$	$h>200$
垂直度偏差(mm)	不大于导轨架架设高度的0.1‰	≤70	≤90	≤110	≤130

对重导轨接头应平直，阶差不大于0.5mm，严禁使用柔性物体作为对重导轨。

标准节连接螺栓使用应符合说明书及规范要求，安装时应螺杆在下、螺母在上，一旦螺母脱落后，容易及时发现安全隐患。

2 基础

施工升降机基础应能承受最不利工作条件下的全部载荷，基础周围应有排水设施。

3 电气安全

施工升降机与架空线路的安全距离是指施工升降机最外侧边缘与架空线路边线的最小距离，见表2。当安全距离小于表2规定时必须按规定采取有效的防护措施。

表2 施工升降机与架空线路边线的安全距离

外电线路电压(kV)	<1	1~10	35~110	220	330~500
安全距离(m)	4	6	8	10	15

3.17 塔式起重机

3.17.3 对塔式起重机保证项目说明如下：

1 载荷限制装置

塔式起重机应安装起重力矩限制器。力矩限制器控制定码变幅的触点或控制定幅变码的触点应分别设置，且能分别调整；对小车变幅的塔式起重机，其最大变幅速度超过 40m/min，在小车向外运行，且起重力矩达到额定值的 80%时，变幅速度应自动转换为不大于 40m/min。

2 行程限位装置

回转部分不设集电器的塔式起重机应安装回转限位器，防止电缆绞损。回转限位器正反两个方向动作时，臂架旋转角度应不大于±540°。

3 保护装置

对小车变幅的塔式起重机应设置双向小车变幅断绳保护装置，保证在小车前后牵引钢丝绳断绳时小车在起重臂上不移动；断轴保护装置必须保证即使车轮失效，小车也不能脱离起重臂。

对轨道运行的塔式起重机，每个运行方向应设置限位装置，其中包括限位开关、缓冲器和终端止挡装置。限位开关应保证开关动作后塔式起重机停车时其端部距缓冲器最小距离大于 1m。

4 吊钩、滑轮、卷筒与钢丝绳

滑轮、起升和动臂变幅塔式起重机的卷筒均应设有钢丝绳防脱装置，该装置表面与滑轮或卷筒侧板外缘的间隙不应超过钢丝绳直径的 20%，装置与钢丝绳接触的表面不应有棱角。

钢丝绳的维修、检验和报废应符合现行国家有关标准的规定。

5 多塔作业

任意两台塔式起重机之间的最小架设距离应符合以下规定：

1)低位塔式起重机的起重臂端部与另一台塔式起重机的塔身之间的距离不得小于 2m；

2)高位塔式起重机的最低位置的部件(或吊钩升至最高点或平衡重的最低部位)与低位塔式起重机中处于最高位置部件之间的垂直距离不得小于 2m。

两台相邻塔式起重机的安全距离如果控制不当，很可能会造成重大安全事故。当相邻工地发生多台塔式起重机交错作业时，应在协调相互作业关系的基础上，编制各自的专项使用方案，确保任意两台塔式起重机不发生触碰。

6 安拆、验收与使用

塔式起重机安装(拆卸)作业前，安装单位应编制塔式起重机安装、拆除工程专项施工方案，由安装单位技术负责人批准后实施。

验收程序应符合规范要求，严禁使用未经验收或验收不合格的塔式起重机。

3.17.4 对塔式起重机一般项目说明如下：

1 附着

塔式起重机附着的布置不符合说明书规定时，应对附着进行设计计算，并经过审批程序，以确保安全。设计计算要适应现场实际条件，还要确保安全。

附着前、后塔身垂直度应符合规范要求，在空载、风速不大于 3m/s 状态下：

1)独立状态塔身(或附着状态下最高附着点以上塔身)对支承面的垂直度≤0.4%；

2)附着状态下最高附着点以下塔身对支承面的垂直度≤0.2%。

2 基础与轨道

塔式起重机说明书提供的设计基础如不能满足现场地基承载力要求时，应进行塔式起重机基础变更设计，并履行审批、检测、验收手续后方可实施。

3 结构设施

连接件被代用后，会失去固有的连接作用，可能会造成结构松脱、散架，发生安全事故，所以实际使用中严禁连接件代用。高强螺栓只有在扭力达到规定值时才能确保不松脱。

4 电气安全

塔式起重机与架空线路的安全距离是指塔式起重机的任何部位与架空线路边线的最小距离，见表 3。当安全距离小于表 3 规定时必须按规定采取有效的防护措施。

表 3 塔式起重机与架空线路边线的安全距离

安全距离(m)	电压(kV)				
	<1	1～15	20～40	60～110	220
沿垂直方向	1.5	3.0	4.0	5.0	6.0
沿水平方向	1.0	1.5	2.0	4.0	6.0

为避免雷击，塔式起重机的主体结构应做防雷接地，其接地电阻应不大于 4Ω。采取多处重复接地时，其接地电阻应不大于 10Ω。接地装置的选择和安装应符合有关规范要求。

3.18 起 重 吊 装

3.18.3 对起重吊装保证项目说明如下：

1 施工方案

起重吊装作业前应结合施工实际，编制专项施工方案，并应由单位技术负责人进行审核。采用起重拔杆等非常规起重设备且单件起重量超过 10t 时，专项施工方案应经专家论证。

2 起重机械

荷载限制器：当荷载达到额定起重量的 95%时，限制器宜发出警报；当荷载达到额定起重量的 100%～110%时，限制器应切断起升动力主电路。

行程限位装置：当吊钩、起重小车、起重臂等运行至限定位置时，触发限位开关制停。安全越程应符合现行国家标准《起重机械安全规程》GB 6067 的规定。

起重拔杆按设计要求组装后，应按程序及设计要求进行验收，验收合格应有文字记录，并有责任人签字确认。

3 钢丝绳与地锚

钢丝绳的维护、检验和报废应符合现行国家有关标准的规定。

4 索具

索具采用编结或绳夹连接时，连接紧固方式应符合现行国家标准《起重机械安全规程》GB 6067 的规定。

5 作业环境

起重机作业现场地面承载能力应符合起重机说明书规定，当现场地面承载能力不满足规定时，可采用铺设路基箱等方式提高承载力。

起重机与架空线路的安全距离应符合国家现行标准《起重机安全规程》GB 6067 的规定。

6 作业人员

起重吊装作业单位应具有相应资质，作业人员必须经专门培训，取得特种作业资格，持证上岗。

作业前，应按规定对所有作业人员进行安全技术交底，并应有交底记录。

3.18.4 对起重吊装一般项目说明如下：

2 高处作业

高处作业必须按规定设置作业平台，作业平台防护栏杆不应少于两道，其高度和强度应符合规范要求。攀登用爬梯的构造、强度应符合规范要求。

安全带应悬挂在牢固的结构或专用固定构件上，并应高挂低用。

3.19 施工机具

3.19.3 对施工机具检查项目说明如下：

1 平刨

平刨的安全装置主要有护手和防护罩，安全护手装置应能在操作人员刨料发生意外时，不会造成手部伤害事故。

明露的转动轴、轮及皮带等部位应安装防护罩，防止人身伤害事故。

不得使用同台电机驱动多种刃具、钻具的多功能木工机具，由于该机具运转时，多种刃具、钻具同时旋转，极易造成人身伤害事故。

2 圆盘锯

圆盘锯的安全装置主要有分料器、防护挡板、防护罩等，分料器应能具有避免木料夹锯的功能。防护挡板应能具有防止木料向外倒退的功能。

3 手持电动工具

I类手持电动工具为金属外壳，按规定必须作保护接零，同时安装漏电保护器，使用人员应戴绝缘手套和穿绝缘鞋。

手持电动工具的软电缆不允许接长使用，必要时应使用移动配电箱。

4 钢筋机械

钢筋加工区应按规定搭设作业棚，作业棚应具有防雨、防晒功能，并应达到标准化。

对焊机作业区应设置防止火花飞溅的挡板等隔离设施，冷拉作业应设置防护栏，将冷拉区与操作区隔离。

5 电焊机

电焊机除应做保护接零、安装漏电保护器外，还应设置二次空载降压保护装置，防止触电事故发生。

电焊机一次线长度不应超过 5m，并应穿管保护，二次线必须使用防水橡皮护套铜芯电缆，严禁使用其他导线代替。

6 搅拌机

搅拌机离合器、制动器运转时不能有异响，离合制动灵敏可靠。料斗钢丝绳的磨损、锈蚀、变形量应在规定允许范围内。

料斗应设置安全挂钩或止挡，在维修或运输过程中必须用安全挂钩或止挡将料斗固定牢固。

7 气瓶

气瓶的减压器是气瓶重要安全装置之一，安装前应严格进行检查，确保灵敏可靠。

作业时，气瓶间安全距离不应小于 5m，与明火安全距离不应小于 10m，不能满足安全距离要求时，应采取可靠的隔离防护措施。

8 翻斗车

翻斗车行驶前应检查制动器及转向装置确保灵敏可靠，驾驶人员应经专门培训，持证上岗。为保证行驶安全，车斗内严禁载人。

9 潜水泵

水泵的外壳必须作保护接零，开关箱中应安装动作电流不大于 15mA、动作时间小于 0.1s 的漏电保护器，负荷线应采用专用防水橡皮软线，不得有接头。

10 振捣器

振捣器作业时应使用移动式配电箱，电缆线长度不应超过 30m，其外壳应做保护接零，并应安装动作电流不大于 15mA、动作时间小于 0.1s 的漏电保护器，作业人员必须戴绝缘手套、穿绝缘鞋。

11 桩工机械

桩工机械安装完毕应按规定进行验收，并应经责任人签字确认，作业前应依据现场实际，编制专项施工方案，并对作业人员进行安全技术交底。

桩工机械应按规定安装行程限位等安全装置，确保齐全有效。作业区地面承载力应符合说明书要求，必要时应采取措施提高承载力。机械与输电线路的安全距离必须符合规范要求。

4 检查评分方法

4.0.1 保证项目是各级各部门在安全检查监督中必须严格检查的项目，对查出的隐患必须按照“三定”原则立即落实整改。

4.0.2 在建筑施工安全检查评定时，应依照本标准第3章中各检查评定项目的有关规定进行检查，并按本标准附录A、B的评分表进行评分。分项检查评分表共分为10项19张表格，其中的脚手架项目对应扣件式钢管脚手架、门式钢管脚手架、碗扣式钢管脚手架、承插型盘扣式钢管脚手架、满堂脚手架、悬挑式脚手架、附着式升降脚手架、高处作业吊篮8张分项检查评分表；物料提升机与施工升降机项目对应物料提升机、施工升降机2张分项检查评分表；塔式起重机与起重吊装项目对应塔式起重机、起重吊装2张分项检查评分表。

4.0.3 本条规定了各评分表的评分原则和方法。重点强调了在分项检查评分表评分时，保证项目出现零分或保证项目实得分值不足40分时，此分项检查评分表不得分，突出了对重大安全隐患"一票否决"的原则。

5 检查评定等级

5.0.1、**5.0.2** 规定了检查评定等级分为优良、合格、不合格三个等级，并明确了等级之间的划分标准。基于目前施工现场的安全生产状况，为切实提高施工现场对安全工作的认识，有效防止重大生产安全事故的发生，在等级划分上实行了更加严格的标准。

5.0.3 建筑施工现场经过检查评定确定为不合格，说明在工地的安全管理上存在着重大安全隐患，这些隐患如果不及时整改，可能诱发重大事故，直接威胁员工和企业的生命、财产等安全。因此，本条列为强制性条文就是要求评定为不合格的工地必须立即限期整改，达到合格标准后方可继续施工。

中华人民共和国行业标准

钢结构高强度螺栓连接技术规程

Technical specification for high strength bolt connections of steel structures

JGJ 82—2011

批准部门：中华人民共和国住房和城乡建设部

施行日期：2 0 1 1 年 1 0 月 1 日

中华人民共和国住房和城乡建设部
公　告

第 875 号

关于发布行业标准《钢结构高强度螺栓连接技术规程》的公告

现批准《钢结构高强度螺栓连接技术规程》为行业标准，编号为 JGJ 82-2011，自 2011 年 10 月 1 日起实施。其中，第 3.1.7、4.3.1、6.1.2、6.2.6、6.4.5、6.4.8 条为强制性条文，必须严格执行。原行业标准《钢结构高强度螺栓连接的设计、施工及验收规程》JGJ 82-91 同时废止。

本规程由我部标准定额研究所组织中国建筑工业出版社出版发行。

中华人民共和国住房和城乡建设部
2011 年 1 月 7 日

前　言

根据原建设部《关于印发〈2004 年工程建设标准规范制订、修订计划〉的通知》(建标[2004] 66 号)的要求，规程编制组经广泛调查研究，认真总结实践经验，参考有关国际标准和国外先进标准，并在广泛征求意见的基础上，修订本规程。

本规程的主要技术内容是：1. 总则；2. 术语和符号；3. 基本规定；4. 连接设计；5. 连接接头设计；6. 施工；7. 施工质量验收。

本规程修订的主要技术内容是：1. 增加调整内容：由原来的 3 章增加调整到 7 章；增加第 2 章“术语和符号”、第 3 章“基本规定”、第 5 章“接头设计”；原来的第二章“连接设计”调整为第 4 章，原来第三章“施工及验收”调整为第 6 章“施工”和第 7 章“施工质量验收”；2. 增加孔型系数，引入标准孔、大圆孔和槽孔概念；3. 增加涂层摩擦面及其抗滑移系数 μ；4. 增加受拉连接和端板连接接头，并提出杠杆力计算方法；5. 增加栓焊并用连接接头；6. 增加转角法施工和检验；7. 细化和明确高强度螺栓连接分项工程检验批。

本规程中以黑体字标志的条文为强制性条文，必须严格执行。

本规程由住房和城乡建设部负责管理和强制性条文的解释，由中冶建筑研究总院有限公司负责具体技术内容的解释。执行过程中如有意见或建议，请寄送中冶建筑研究总院有限公司(地址：北京市海淀区西土城路 33 号，邮编：100088)。

本规程主编单位：中冶建筑研究总院有限公司

本规程参编单位：国家钢结构工程技术研究中心
铁道科学研究院
中冶京诚工程技术有限公司
包头钢铁设计研究总院
清华大学
青岛理工大学
天津大学
北京工业大学
西安建筑科技大学
中国京冶工程技术有限公司
北京远达国际工程管理有限公司
中冶京唐建设有限公司
浙江杭萧钢构股份有限公司
上海宝冶建设有限公司
浙江精工钢结构有限公司
浙江泽恩标准件有限公司
北京三杰国际钢结构有限公司
宁波三江检测有限公司
北京多维国际钢结构有限公司

北京首钢建设集团有限公司
五洋建设集团股份有限公司

本规程主要起草人员：侯兆欣　柴　昶　沈家骅　贺贤娟　文双玲　王　燕　王元清　何文汇　王　清　马天鹏　杨强跃　张爱林　陈志华　严洪丽　程书华　陈桥生　郭剑云　郝际平　洪　亮　蒋荣夫　张圣华　张亚军　孟令阁

本规程主要审查人员：沈祖炎　陈禄如　刘树屯　柯长华　徐国彬　赵基达　尹敏达　范　重　游大江　李元齐

目　次

Contents

1 总 则

1.0.1 为在钢结构高强度螺栓连接的设计、施工及质量验收中做到技术先进、经济合理、安全适用、确保质量，制定本规程。

1.0.2 本规程适用于建筑钢结构工程中高强度螺栓连接的设计、施工与质量验收。

1.0.3 高强度螺栓连接的设计、施工与质量验收除应符合本规程外，尚应符合国家现行有关标准的规定。

2 术语和符号

2.1 术 语

2.1.1 高强度大六角头螺栓连接副 heavy-hex high strength bolt assembly

由一个高强度大六角头螺栓，一个高强度大六角螺母和两个高强度平垫圈组成一副的连接紧固件。

2.1.2 扭剪型高强度螺栓连接副 twist-off-type high strength bolt assembly

由一个扭剪型高强度螺栓，一个高强度大六角螺母和一个高强度平垫圈组成一副的连接紧固件。

2.1.3 摩擦面 faying surface

高强度螺栓连接板层之间的接触面。

2.1.4 预拉力(紧固轴力) pre-tension

通过紧固高强度螺栓连接副而在螺栓杆轴方向产生的，且符合连接设计所要求的拉力。

2.1.5 摩擦型连接 friction-type joint

依靠高强度螺栓的紧固，在被连接件间产生摩擦阻力以传递剪力而将构件、部件或板件连成整体的连接方式。

2.1.6 承压型连接 bearing-type joint

依靠螺杆抗剪和螺杆与孔壁承压以传递剪力而将构件、部件或板件连成整体的连接方式。

2.1.7 杠杆力(撬力)作用 prying action

在受拉连接接头中，由于拉力荷载与螺栓轴心线偏离引起连接件变形和连接接头中的杠杆作用，从而在连接件边缘产生的附加压力。

2.1.8 抗滑移系数 mean slip coefficient

高强度螺栓连接摩擦面滑移时，滑动外力与连接中法向压力(等同于螺栓预拉力)的比值。

2.1.9 扭矩系数 torque-pretension coefficient

高强度螺栓连接中，施加于螺母上的紧固扭矩与其在螺栓导入的轴向预拉力(紧固轴力)之间的比例系数。

2.1.10 栓焊并用连接 connection of sharing on a shear load by bolts and welds

考虑摩擦型高强度螺栓连接和贴角焊缝同时承担同一剪力进行设计的连接接头形式。

2.1.11 栓焊混用连接 joint with combined bolts and welds

在梁、柱、支撑构件的拼接及相互间的连接节点中，翼缘采用熔透焊缝连接，腹板采用摩擦型高强度螺栓连接的连接接头形式。

2.1.12 扭矩法 calibrated wrench method

通过控制施工扭矩值对高强度螺栓连接副进行紧固的方法。

2.1.13 转角法 turn-of-nut method

通过控制螺栓与螺母相对转角值对高强度螺栓连接副进行紧固的方法。

2.2 符 号

2.2.1 作用及作用效应

F——集中荷载；

M——弯矩；

N——轴心力；

P——高强度螺栓的预拉力；

Q——杠杆力(撬力)；

V——剪力。

2.2.2 计算指标

f——钢材的抗拉、拉压和抗弯强度设计值；

f_c^b——高强度螺栓连接件的承压强度设计值；

f_t^b——高强度螺栓的抗拉强度设计值；

f_v——钢材的抗剪强度设计值；

f_v^b——高强度螺栓的抗剪强度设计值；

N_c^b——单个高强度螺栓的承压承载力设计值；

N_t^b——单个高强度螺栓的受拉承载力设计值；

N_v^b——单个高强度螺栓的受剪承载力设计值；

σ——正应力；

τ——剪应力。

2.2.3 几何参数

A——毛截面面积；

A_{eff}——高强度螺栓螺纹处的有效截面面积；

A_f——一个翼缘毛截面面积；

A_n——净截面面积；

A_w——腹板毛截面面积；

a——间距；

d——直径；

d_0——孔径；

e——偏心距；

h——截面高度；

h_f——角焊缝的焊脚尺寸；

I——毛截面惯性矩；

l——长度；

S——毛截面面积矩。

2.2.4 计算系数及其他

k——扭矩系数；

n——高强度螺栓的数目；

n_i——所计算截面上高强度螺栓的数目；

n_v——螺栓的剪切面数目；

n_f——高强度螺栓传力摩擦面数目；

μ——高强度螺栓连接摩擦面的抗滑移系数；

N_v——单个高强度螺栓所承受的剪力；

N_t——单个高强度螺栓所承受的拉力；

P_c——高强度螺栓施工预拉力；

T_c——施工终拧扭矩；

T_{ch}——检查扭矩。

3 基本规定

3.1 一般规定

3.1.1 高强度螺栓连接设计采用概率论为基础的极限状态设计方法，用分项系数设计表达式进行计算。除疲劳计算外，高强度螺栓连接应按下列极限状态准则进行设计：

1 承载能力极限状态应符合下列规定：

1)抗剪摩擦型连接的连接件之间产生相对滑移；

2)抗剪承压型连接的螺栓或连接件达到剪切强度或承压强度；

3)沿螺栓杆轴方向受拉连接的螺栓或连接件达到抗拉强度；

4)需要抗震验算的连接其螺栓或连接件达到极限承载力。

2 正常使用极限状态应符合下列规定：

1)抗剪承压型连接的连接件之间应产生相对滑移；

2)沿螺栓杆轴方向受拉连接的连接件之间应产生相对分离。

3.1.2 高强度螺栓连接设计，宜符合连接强度不低于构件的原则。在钢结构设计文件中，应注明所用高强度螺栓连接副的性能等级、规格、连接类型及摩擦型连接摩擦面抗滑移系数值等要求。

3.1.3 承压型高强度螺栓连接不得用于直接承受动力荷载重复作用且需要进行疲劳计算的构件连接，以及连接变形对结构承载力和刚度等影响敏感的构件连接。

承压型高强度螺栓连接不宜用于冷弯薄壁型钢构件连接。

3.1.4 高强度螺栓连接长期受辐射热（环境温度）达150℃以上，或短时间受火焰作用时，应采取隔热降温措施予以保护。当构件采用防火涂料进行防火保护时，其高强度螺栓连接处的涂料厚度不应小于相邻构件的涂料厚度。

当高强度螺栓连接的环境温度为100℃～150℃时，其承载力应降低10%。

3.1.5 直接承受动力荷载重复作用的高强度螺栓连接，当应力变化的循环次数等于或大于5×10^4次时，应按现行国家标准《钢结构设计规范》GB 50017中的有关规定进行疲劳验算，疲劳验算应符合下列原则：

1 抗剪摩擦型连接可不进行疲劳验算，但其连接处开孔主体金属应进行疲劳验算；

2 沿螺栓轴向抗拉为主的高强度螺栓连接在动力荷载重复作用下，当荷载和杠杆力引起螺栓轴向拉力超过螺栓受拉承载力30%时，应对螺栓拉应力进行疲劳验算；

3 对于进行疲劳验算的受拉连接，应考虑杠杆力作用的影响；宜采取加大连接板厚度等加强连接刚度的措施，使计算所得的撬力不超过荷载外拉力值的30%；

4 栓焊并用连接应按全部剪力由焊缝承担的原则，对焊缝进行疲劳验算。

3.1.6 当结构有抗震设防要求时，高强度螺栓连接应按现行国家标准《建筑抗震设计规范》GB 50011 等相关标准进行极限承载力验算和抗震构造设计。

3.1.7 在同一连接接头中，高强度螺栓连接不应与普通螺栓连接混用。承压型高强度螺栓连接不应与焊接连接并用。

3.2 材料与设计指标

3.2.1 高强度大六角头螺栓（性能等级 8.8s 和 10.9s）连接副的材质、性能等应分别符合现行国家标准《钢结构用高强度大六角头螺栓》GB/T 1228、《钢结构用高强度大六角螺母》GB/T 1229、《钢结构用高强度垫圈》GB/T 1230 以及《钢结构用高强度大六角头螺栓、大六角螺母、垫圈技术条件》GB/T 1231 的规定。

3.2.2 扭剪型高强度螺栓（性能等级 10.9s）连接副的材质、性能等应符合现行国家标准《钢结构用扭剪型高强度螺栓连接副》GB/T 3632 的规定。

3.2.3 承压型连接的强度设计值应按表 3.2.3 采用。

表 3.2.3 承压型高强度螺栓连接的强度设计值(N/mm^2)

螺栓的性能等级、构件钢材的牌号和连接类型			抗拉强度 f_t^b	抗剪强度 f_v^b	承压强度 f_c^b
承压型连接	高强度螺栓连接副	8.8s	400	250	—
		10.9s	500	310	—
	连接处构件	Q235	—	—	470
		Q345	—	—	590
		Q390	—	—	615
		Q420	—	—	655

3.2.4 高强度螺栓连接摩擦面抗滑移系数 μ 的取值应符合表 3.2.4-1 和表 3.2.4-2 中的规定。

表 3.2.4-1 钢材摩擦面的抗滑移系数 μ

连接处构件接触面的处理方法		构件的钢号			
		Q235	Q345	Q390	Q420
普通钢结构	喷砂(丸)	0.45	0.50		0.50
	喷砂(丸)后生赤锈	0.45	0.50		0.50
	钢丝刷清除浮锈或未经处理的干净轧制表面	0.30	0.35		0.40
冷弯薄壁型钢结构	喷砂(丸)	0.40	0.45	—	—
	热轧钢材轧制表面清除浮锈	0.30	0.35	—	—
	冷轧钢材轧制表面清除浮锈	0.25	—	—	—

注：1 钢丝刷除锈方向应与受力方向垂直；

2 当连接构件采用不同钢号时，μ 应按相应的较低值取值；

3 采用其他方法处理时，其处理工艺及抗滑移系数值均应经试验确定。

表 3.2.4-2 涂层摩擦面的抗滑移系数 μ

涂层类型	钢材表面处理要求	涂层厚度(μm)	抗滑移系数
无机富锌漆	Sa2 $\frac{1}{2}$	60~80	0.40*
锌加底漆(ZINGA)			0.45
防滑防锈硅酸锌漆		80~120	0.45
聚氨酯富锌底漆或醇酸铁红底漆	Sa2 及以上	60~80	0.15

注：1 当设计要求使用其他涂层(热喷铝、镀锌等)时，其钢材表面处理要求、涂层厚度以及抗滑移系数均应经试验确定；

2 *当连接板材为 Q235 钢时，对于无机富锌漆涂层抗滑移系数 μ 值取 0.35；

3 防滑防锈硅酸锌漆、锌加底漆(ZINGA)不应采用手工涂刷的施工方法。

3.2.5 每一个高强度螺栓的预拉力设计取值应按表 3.2.5 采用。

表 3.2.5 一个高强度螺栓的预拉力 P(kN)

螺栓的性能等级	螺栓规格						
	M12	M16	M20	M22	M24	M27	M30
8.8s	45	80	125	150	175	230	280
10.9s	55	100	155	190	225	290	355

3.2.6 高强度螺栓连接的极限承载力取值应符合现行国家标准《建筑抗震设计规范》GB 50011 有关规定。

4 连 接 设 计

4.1 摩擦型连接

4.1.1 摩擦型连接中，每个高强度螺栓的受剪承载力设计值应按下式计算：

$$N_v^b = k_1 k_2 n_f \mu P \quad (4.1.1)$$

式中：k_1——系数，对冷弯薄壁型钢结构(板厚 $t \leqslant$ 6mm)取 0.8；其他情况取 0.9；

k_2——孔型系数，标准孔取 1.0；大圆孔取 0.85；荷载与槽孔长方向垂直时取 0.7；荷载与槽孔长方向平行时取 0.6；

n_f——传力摩擦面数目；

μ——摩擦面的抗滑移系数，按本规程表 3.2.4-1 和 3.2.4-2 采用；

P——每个高强度螺栓的预拉力(kN)，按本规程表 3.2.5 采用；

N_v^b——单个高强度螺栓的受剪承载力设计值(kN)。

4.1.2 在螺栓杆轴方向受拉的连接中，每个高强度螺栓的受拉承载力设计值应按下式计算：

$$N_t^b = 0.8P \quad (4.1.2)$$

式中：N_t^b——单个高强度螺栓的受拉承载力设计值(kN)。

4.1.3 高强度螺栓连接同时承受剪力和螺栓杆轴方向的外拉力时，其承载力应按下式计算：

$$\frac{N_v}{N_v^b} + \frac{N_t}{N_t^b} \leqslant 1 \quad (4.1.3)$$

式中：N_v——某个高强度螺栓所承受的剪力(kN)；

N_t——某个高强度螺栓所承受的拉力(kN)。

4.1.4 轴心受力构件在摩擦型高强度螺栓连接处的强度应按下列公式计算：

$$\sigma = \frac{N'}{A_n} \leqslant f \quad (4.1.4\text{-}1)$$

$$\sigma = \frac{N}{A} \leqslant f \quad (4.1.4\text{-}2)$$

式中：A——计算截面处构件毛截面面积(mm^2)；

A_n——计算截面处构件净截面面积(mm^2)；

f——钢材的抗拉、抗压和抗弯强度设计值(N/mm^2)；

N——轴心拉力或轴心压力(kN)；

N'——折算轴力(kN)，$N' = \left(1 - 0.5\frac{n_1}{n}\right)N$；

n——在节点或拼接处，构件一端连接的高强度螺栓数；

n_1——计算截面(最外列螺栓处)上高强度螺栓数。

4.1.5 在构件节点或拼接接头的一端，当螺栓沿受力方向连接长度 l_1 大于 15 d_0 时，螺栓承载力设计值应乘以折减系数 $\left(1.1 - \frac{l_1}{150d_0}\right)$。当 l_1 大于 60 d_0 时，折减系数为 0.7，d_0 为相应的标准孔孔径。

4.2 承压型连接

4.2.1 承压型高强度螺栓连接接触面应清除油污及

浮锈等，保持接触面清洁或按设计要求涂装。设计和施工时不应要求连接部位的摩擦面抗滑移系数值。

4.2.2 承压型连接的构造、选材、表面除锈处理以及施加预拉力等要求与摩擦型连接相同。

4.2.3 承压型连接承受螺栓杆轴方向的拉力时，每个高强度螺栓的受拉承载力设计值应按下式计算：

$$N_{t}^{b} = A_{eff} f_{t}^{b} \tag{4.2.3}$$

式中：A_{eff} ——高强度螺栓螺纹处的有效截面面积（mm^2），按表 4.2.3 选取。

表 4.2.3 螺栓在螺纹处的有效截面面积 A_{eff}（mm^2）

螺栓规格	M12	M16	M20	M22	M24	M27	M30
A_{eff}	84.3	157	245	303	353	459	561

4.2.4 在受剪承压型连接中，每个高强度螺栓的受剪承载力，应按下列公式计算，并取受剪和承压承载力设计值中的较小者。

受剪承载力设计值：

$$N_{v}^{b} = n_{v} \frac{\pi d^2}{4} f_{v}^{b} \tag{4.2.4-1}$$

承压承载力设计值：

$$N_{c}^{b} = d \sum t f_{c}^{b} \tag{4.2.4-2}$$

式中：n_v ——螺栓受剪面数目；

d ——螺栓公称直径（mm）；在式（4.2.4-1）中，当剪切面在螺纹处时，应按螺纹处的有效截面面积 A_{eff} 计算受剪承载力设计值；

$\sum t$ ——在不同受力方向中一个受力方向承压构件总厚度的较小值（mm）。

4.2.5 同时承受剪力和杆轴方向拉力的承压型连接的高强度螺栓，应分别符合下列公式要求：

$$\sqrt{\left(\frac{N_v}{N_v^b}\right)^2 + \left(\frac{N_t}{N_t^b}\right)^2} \leqslant 1 \tag{4.2.5-1}$$

$$N_v \leqslant N_c^b / 1.2 \tag{4.2.5-2}$$

4.2.6 轴心受力构件在承压型高强度螺栓连接处的强度应按本规程第 4.1.4 条规定计算。

4.2.7 在构件的节点或拼接接头的一端，当螺栓沿受力方向连接长度 l_1 大于 15 d_0 时，螺栓承载力设计值应按本规程第 4.1.5 条规定乘以折减系数。

4.2.8 抗剪承压型连接正常使用极限状态下的设计计算应按照本规程第 4.1 节有关规定进行。

4.3 连 接 构 造

4.3.1 每一杆件在高强度螺栓连接节点及拼接接头的一端，其连接的高强度螺栓数量不应少于 2 个。

4.3.2 当型钢构件的拼接采用高强度螺栓时，其拼接件宜采用钢板；当连接处型钢斜面斜度大于 1/20 时，应在斜面上采用斜垫板。

4.3.3 高强度螺栓连接的构造应符合下列规定：

1 高强度螺栓孔径应按表 4.3.3-1 匹配，承压型连接螺栓孔径不应大于螺栓公称直径 2mm。

2 不得在同一个连接摩擦面的盖板和芯板同时采用扩大孔型（大圆孔、槽孔）。

表 4.3.3-1 高强度螺栓连接的孔径匹配（mm）

螺栓公称直径			M12	M16	M20	M22	M24	M27	M30
孔型	标准圆孔	直径	13.5	17.5	22	24	26	30	33
	大圆孔	直径	16	20	24	28	30	35	38
	槽孔	长度 短向	13.5	17.5	22	24	26	30	33
		长度 长向	22	30	37	40	45	50	55

3 当盖板按大圆孔、槽孔制孔时，应增大垫圈厚度或采用孔径与标准垫圈相同的连续型垫板。垫圈或连续垫板厚度应符合下列规定：

1) M24 及以下规格的高强度螺栓连接副，垫圈或连续垫板厚度不宜小于 8mm；

2) M24 以上规格的高强度螺栓连接副，垫圈或连续垫板厚度不宜小于 10mm；

3) 冷弯薄壁型钢结构的垫圈或连续垫板厚度不宜小于连接板（芯板）厚度。

4 高强度螺栓孔距和边距的容许间距应按表 4.3.3-2 的规定采用。

表 4.3.3-2 高强度螺栓孔距和边距的容许间距

名 称	位置和方向			最大容许间距（两者较小值）	最小容许间距
中心间距	外排（垂直内力方向或顺内力方向）			$8d_0$ 或 $12t$	$3d_0$
	中间排	垂直内力方向		$16d_0$ 或 $24t$	
		顺内力方向	构件受压力	$12d_0$ 或 $18t$	
			构件受拉力	$16d_0$ 或 $24t$	
	沿对角线方向			—	
中心至构件边缘距离	顺力方向			$4d_0$ 或 $8t$	$2d_0$
	切割边或自动手工气割边				$1.5d_0$
	轧制边、自动气割边或锯割边				

注：1 d_0 为高强度螺栓连接板的孔径，对槽孔为短向尺寸；t 为外层较薄板件的厚度；

2 钢板边缘与刚性构件（如角钢、槽钢等）相连的高强度螺栓的最大间距，可按中间排的数值采用。

4.3.4 设计布置螺栓时，应考虑工地专用施工工具的可操作空间要求。常用扳手可操作空间尺寸宜符合表 4.3.4 的要求。

表 4.3.4 施工扳手可操作空间尺寸

扳手种类		参考尺寸（mm）		示 意 图
		a	b	
手动定扭矩扳手		1.5 d_0 且不小于 45	140＋c	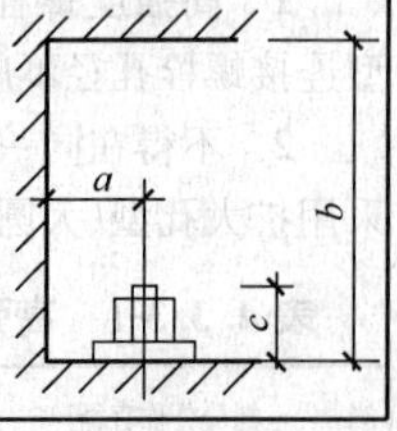
扭剪型电动扳手		65	530＋c	
大六角电动扳手	M24 及以下	50	450＋c	
	M24 以上	60	500＋c	

5 连接接头设计

5.1 螺栓拼接接头

5.1.1 高强度螺栓全栓拼接接头适用于构件的现场全截面拼接，其连接形式应采用摩擦型连接。拼接接头宜按等强原则设计，也可根据使用要求按接头处最大内力设计。当构件按地震组合内力进行设计计算并控制截面选择时，尚应按现行国家标准《建筑抗震设计规范》GB 50011 进行接头极限承载力的验算。

5.1.2 H 型钢梁截面螺栓拼接接头（图 5.1.2）的计算原则应符合下列规定：

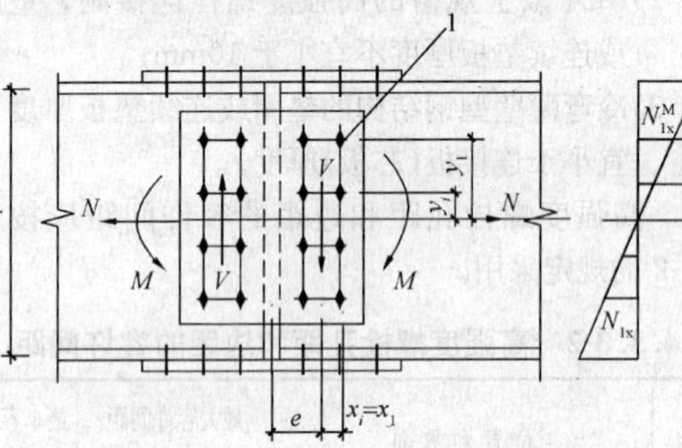

图 5.1.2 H 型钢梁高强度螺栓拼接接头
1—角点 1 号螺栓

1 翼缘拼接板及拼接缝每侧的高强度螺栓，应能承受按翼缘净截面面积计算的翼缘受拉承载力；

2 腹板拼接板及拼接缝每侧的高强度螺栓，应能承受拼接截面的全部剪力及按刚度分配到腹板上的弯矩；同时拼接处拼材与螺栓的受剪承载力不应小于构件截面受剪承载力的 50%；

3 高强度螺栓在弯矩作用下的内力分布应符合平截面假定，即腹板角点上的螺栓水平剪力值与翼缘螺栓水平剪力值成线性关系；

4 按等强原则计算腹板拼接时，应按与腹板净截面承载力等强计算；

5 当翼缘采用单侧拼接板或双侧拼接板中夹有垫板拼接时，螺栓的数量应按计算增加 10%。

5.1.3 在 H 型钢梁截面螺栓拼接接头中的翼缘螺栓计算应符合下列规定：

1 拼接处需由螺栓传递翼缘轴力 N_f 的计算，应符合下列规定：

1）按等强拼接原则设计时，应按下列公式计算，并取二者中的较大者：

$$N_f = A_{nf} f\left(1 - 0.5\frac{n_1}{n}\right) \quad (5.1.3\text{-}1)$$

$$N_f = A_f f \quad (5.1.3\text{-}2)$$

式中：A_{nf}——一个翼缘的净截面面积（mm^2）；

A_f——一个翼缘的毛截面面积（mm^2）；

n_1——拼接处构件一端翼缘高强度螺栓中最外列螺栓数目。

2）按最大内力法设计时，可按下式计算取值：

$$N_f = \frac{M_1}{h_1} + N_1\frac{A_f}{A} \quad (5.1.3\text{-}3)$$

式中：h_1——拼接截面处，H 型钢上下翼缘中心间距离（mm）；

M_1——拼接截面处作用的最大弯矩（kN·m）；

N_1——拼接截面处作用的最大弯矩相应的轴力（kN）。

2 H 型钢翼缘拼接缝一侧所需的螺栓数量 n 应符合下式要求：

$$n \geqslant N_f / N_v^b \quad (5.1.3\text{-}4)$$

式中：N_f——拼接处需由螺栓传递的上、下翼缘轴向力（kN）。

5.1.4 在 H 型钢梁截面螺栓拼接接头中的腹板螺栓计算应符合下列规定：

1 H 型钢腹板拼接缝一侧的螺栓群角点栓 1（图 5.1.2）在腹板弯矩作用下所承受的水平剪力 N_{1x}^M 和竖向剪力 N_{1y}^M，应按下列公式计算：

$$N_{1x}^M = \frac{(MI_{wx}/I_x + Ve)y_1}{\sum(x_i^2 + y_i^2)} \quad (5.1.4\text{-}1)$$

$$N_{1y}^M = \frac{(MI_{wx}/I_x + Ve)x_1}{\sum(x_i^2 + y_i^2)} \quad (5.1.4\text{-}2)$$

式中：e——偏心距（mm）；

I_{wx}——梁腹板的惯性矩（mm^4），对轧制 H 型钢，腹板计算高度取至弧角的上下边缘点；

I_x——梁全截面的惯性矩（mm^4）；

M——拼接截面的弯矩（kN·m）；

V——拼接截面的剪力（kN）；

N_{1x}^M——在腹板弯矩作用下，角点栓 1 所承受的水平剪力(kN)；

N_{1y}^M——在腹板弯矩作用下，角点栓 1 所承受的竖向剪力（kN）；

x_i——所计算螺栓至栓群中心的横标距（mm）；

y_i——所计算螺栓至栓群中心的纵标距（mm）。

2 H 型钢腹板拼接缝一侧的螺栓群角点栓 1（图 5.1.2）在腹板轴力作用下所承受的水平剪力 N_{1x}^N 和竖向剪力 N_{1y}^V，应按下列公式计算：

$$N_{1x}^{N}=\frac{N}{n_w}\frac{A_w}{A} \tag{5.1.4-3}$$

$$N_{1y}^{V}=\frac{V}{n_w} \tag{5.1.4-4}$$

式中：A_w——梁腹板截面面积（mm^2）；

N_{1x}^{N}——在腹板轴力作用下，角点栓 1 所承受的同号水平剪力（kN）；

N_{1y}^{V}——在剪力作用下每个高强度螺栓所承受的竖向剪力(kN)；

n_w——拼接缝一侧腹板螺栓的总数。

3 在拼接截面处弯矩 M 与剪力偏心弯矩 Ve、剪力 V 和轴力 N 作用下，角点 1 处螺栓所受的剪力 N_v 应满足下式的要求：

$$N_v=\sqrt{(N_{1x}^{M}+N_{1x}^{N})^2+(N_{1y}^{M}+N_{1y}^{N})^2}\leqslant N_v^b \tag{5.1.4-5}$$

5.1.5 螺栓拼接接头的构造应符合下列规定：

1 拼接板材质应与母材相同；

2 同一类拼接节点中高强度螺栓连接副性能等级及规格应相同；

3 型钢翼缘斜面斜度大于 1/20 处应加斜垫板；

4 翼缘拼接板宜双面设置；腹板拼接板宜在腹板两侧对称配置。

5.2 受拉连接接头

5.2.1 沿螺栓杆轴方向受拉连接接头（图 5.2.1），由 T 形受拉件与高强度螺栓连接承受并传递拉力，适用于吊挂 T 形件连接节点或梁柱 T 形件连接节点。

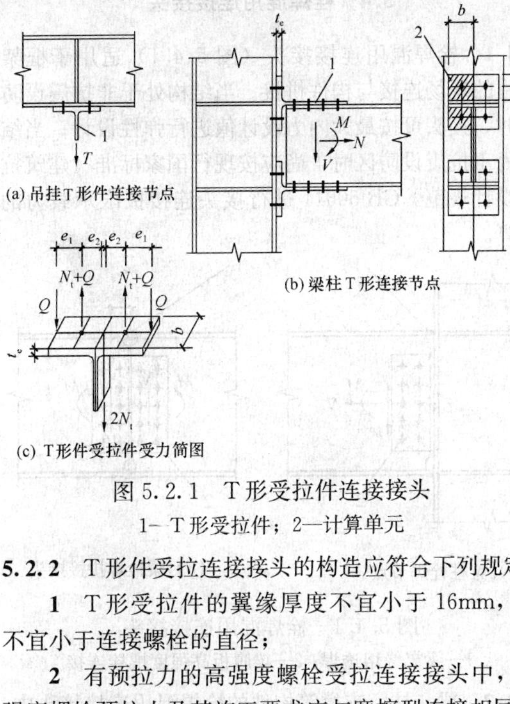

图 5.2.1 T形受拉件连接接头

1- T形受拉件；2—计算单元

5.2.2 T形件受拉连接接头的构造应符合下列规定：

1 T形受拉件的翼缘厚度不宜小于 16mm，且不宜小于连接螺栓的直径；

2 有预拉力的高强度螺栓受拉连接接头中，高强度螺栓预拉力及其施工要求应与摩擦型连接相同；

3 螺栓应紧凑布置，其间距除应符合本规程第 4.3.3 条规定外，尚应满足 $e_1\leqslant 1.25e_2$ 的要求；

4 T形受拉件宜选用热轧剖分 T 型钢。

5.2.3 计算不考虑撬力作用时，T形受拉连接接头应按下列规定计算确定 T 形件翼缘板厚度与连接螺栓。

1 T形件翼缘板的最小厚度 t_{ec} 按下式计算：

$$t_{ec}=\sqrt{\frac{4e_2N_t^b}{bf}} \tag{5.2.3-1}$$

式中：b——按一排螺栓覆盖的翼缘板（端板）计算宽度（mm）；

e_1——螺栓中心到 T 形件翼缘边缘的距离（mm）；

e_2——螺栓中心到 T 形件腹板边缘的距离（mm）。

2 一个受拉高强度螺栓的受拉承载力应满足下式要求：

$$N_t\leqslant N_t^b \tag{5.2.3-2}$$

式中：N_t——一个高强度螺栓的轴向拉力（kN）。

5.2.4 计算考虑撬力作用时，T形受拉连接接头应按下列规定计算确定 T 形件翼缘板厚度、撬力与连接螺栓。

1 当 T 形件翼缘厚度小于 t_{ec} 时应考虑橇力作用影响，受拉 T 形件翼缘板厚度 t_e 按下式计算：

$$t_e\geqslant\sqrt{\frac{4e_2N_t}{\psi bf}} \tag{5.2.4-1}$$

式中：ψ——撬力影响系数，$\psi=1+\delta\alpha'$；

δ——翼缘板截面系数，$\delta=1-\frac{d_0}{b}$；

α'——系数，当 $\beta\geqslant 1.0$ 时，α' 取 1.0；当 $\beta<1.0$ 时，$\alpha'=\frac{1}{\delta}\left(\frac{\beta}{1-\beta}\right)$，且满足 $\alpha'\leqslant 1.0$；

β——系数，$\beta=\frac{1}{\rho}\left(\frac{N_t^b}{N_t}-1\right)$；

ρ——系数，$\rho=\frac{e_2}{e_1}$。

2 撬力 Q 按下式计算：

$$Q=N_t^b\left[\delta\alpha\rho\left(\frac{t_e}{t_{ec}}\right)^2\right] \tag{5.2.4-2}$$

式中：α——系数，$\alpha=\frac{1}{\delta}\left[\frac{N_t}{N_t^b}\left(\frac{t_{ec}}{t_e}\right)^2-1\right]\geqslant 0$。

3 考虑撬力影响时，高强度螺栓的受拉承载力应按下列规定计算：

1）按承载能力极限状态设计时应满足下式要求：

$$N_t+Q\leqslant 1.25N_t^b \tag{5.2.4-3}$$

2）按正常使用极限状态设计时应满足下式要求：

$$N_t+Q\leqslant N_t^b \tag{5.2.4-4}$$

5.3 外伸式端板连接接头

5.3.1 外伸式端板连接为梁或柱端头焊以外伸端板，

再以高强度螺栓连接组成的接头（图 5.3.1）。接头可同时承受轴力、弯矩与剪力，适用于钢结构框架（刚架）梁柱连接节点。

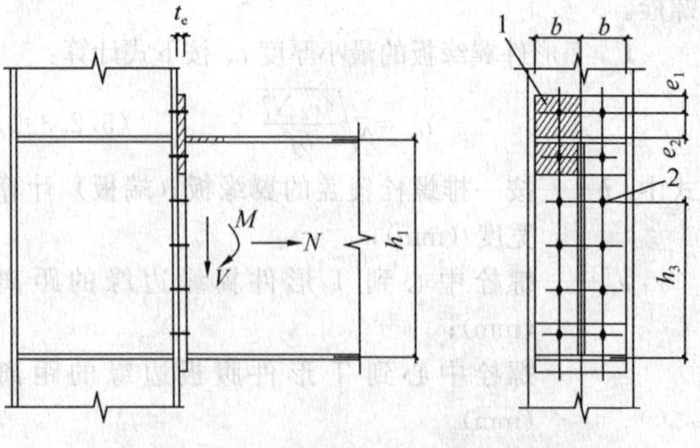

图 5.3.1　外伸式端板连接接头

1—受拉 T 形件；2—第三排螺栓

5.3.2　外伸式端板连接接头的构造应符合下列规定：

1　端板连接宜采用摩擦型高强度螺栓连接；

2　端板的厚度不宜小于 16mm，且不宜小于连接螺栓的直径；

3　连接螺栓至板件边缘的距离在满足螺栓施拧条件下应采用最小间距紧凑布置；端板螺栓竖向最大间距不应大于 400mm；螺栓布置与间距除应符合本规程第 4.3.3 条规定外，尚应满足 $e_1 \leqslant 1.25e_2$ 的要求；

4　端板直接与柱翼缘连接时，相连部位的柱翼缘板厚度不应小于端板厚度；

5　端板外伸部位宜设加劲肋；

6　梁端与端板的焊接宜采用熔透焊缝。

5.3.3　计算不考虑撬力作用时，应按下列规定计算确定端板厚度与连接螺栓。计算时接头在受拉螺栓部位按 T 形件单元（图 5.3.1 阴影部分）计算。

1　端板厚度应按本规程公式（5.2.3-1）计算。

2　受拉螺栓按 T 形件（图 5.3.1 阴影部分）对称于受拉翼缘的两排螺栓均匀受拉计算，每个螺栓的最大拉力 N_t 应符合下式要求：

$$N_t = \frac{M}{n_2 h_1} + \frac{N}{n} \leqslant N_t^b \qquad (5.3.3\text{-}1)$$

式中：M——端板连接处的弯矩；

N——端板连接处的轴拉力，轴力沿螺栓轴向为压力时不考虑（$N=0$）；

n_2——对称布置于受拉翼缘侧的两排螺栓的总数（如图 5.3.1 中 $n_2=4$）；

h_1——梁上、下翼缘中心间的距离。

3　当两排受拉螺栓承载力不能满足公式（5.3.3-1）要求时，可计入布置于受拉区的第三排螺栓共同工作，此时最大受拉螺栓的拉力 N_t 应符合下式要求：

$$N_t = \frac{M}{h_1\left[n_2 + n_3\left(\frac{h_3}{h_1}\right)^2\right]} + \frac{N}{n} \leqslant N_t^b \qquad (5.3.3\text{-}2)$$

式中：n_3——第三排受拉螺栓的数量（如图 5.3.1 中 $n_3=2$）；

h_3——第三排螺栓中心至受压翼缘中心的距离（mm）。

4　除抗拉螺栓外，端板上其余螺栓按承受全部剪力计算，每个螺栓承受的剪力应符合下式要求：

$$N_v = \frac{V}{n_v} \leqslant N_v^b \qquad (5.3.3\text{-}3)$$

式中：n_v——抗剪螺栓总数。

5.3.4　计算考虑撬力作用时，应按下列规定计算确定端板厚度、撬力与连接螺栓。计算时接头在受拉螺栓部位按 T 形件单元（图 5.3.1 阴影部分）计算。

1　端板厚度应按本规程式（5.2.4-1）计算；

2　作用于端板的撬力 Q 应按本规程式（5.2.4-2）计算；

3　受拉螺栓按对称于梁受拉翼缘的两排螺栓均匀受拉承担全部拉力计算，每个螺栓的最大拉力应符合下式要求：

$$\frac{M}{n_t h_1} + \frac{N}{n} + Q \leqslant 1.25N_t^b \qquad (5.3.4)$$

当轴力沿螺栓轴向为压力时，取 $N=0$。

4　除抗拉螺栓外，端板上其余螺栓可按承受全部剪力计算，每个螺栓承受的剪力应符合式（5.3.3-3）的要求。

5.4　栓焊混用连接接头

5.4.1　栓焊混用连接接头（图 5.4.1）适用于框架梁柱的现场连接与构件拼接。当结构处于非抗震设防区时，接头可按最大内力设计值进行弹性设计；当结构处于抗震设防区时，尚应按现行国家标准《建筑抗震设计规范》GB 50011 进行接头连接极限承载力的验算。

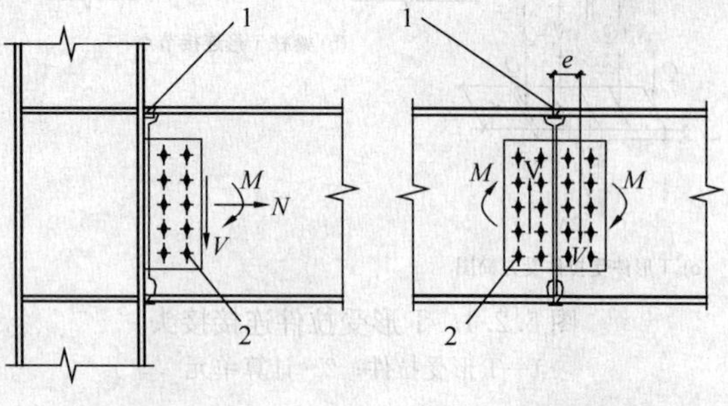

（a）梁柱栓焊节点　　（b）梁栓焊拼接接头

图 5.4.1　栓焊混用连接接头

1—梁翼缘熔透焊；2—梁腹板高强度螺栓连接

5.4.2　梁、柱、支撑等构件的栓焊混用连接接头中，腹板连（拼）接的高强度螺栓的计算及构造，应符合本规程第 5.1 节以及下列规定：

1　按等强方法计算拼接接头时，腹板净截面宜考虑锁口孔的折减影响；

2　施工顺序宜在高强度螺栓初拧后进行翼缘的焊接，然后再进行高强度螺栓终拧；

3　当采用先终拧螺栓再进行翼缘焊接的施工工序时，腹板拼接高强度螺栓宜采取补拧措施或增加螺栓数量10%。

5.4.3　处于抗震设防区且由地震作用组合控制截面设计的框架梁柱栓焊混用接头，当梁翼缘的塑性截面模量小于梁全截面塑性截面模量的70%时，梁腹板与柱的连接螺栓不得少于2列，且螺栓总数不得小于计算值的1.5倍。

5.5　栓焊并用连接接头

5.5.1　栓焊并用连接接头（图5.5.1）宜用于改造、加固的工程。其连接构造应符合下列规定：

1　平行于受力方向的侧焊缝端部起弧点距板边不应小于 h_f，且与最外端的螺栓距离应不小于 1.5 d_0；同时侧焊缝末端应连续绕角焊不小于 2 h_f 长度；

2　栓焊并用连接的连接板边缘与焊件边缘距离不应小于30mm。

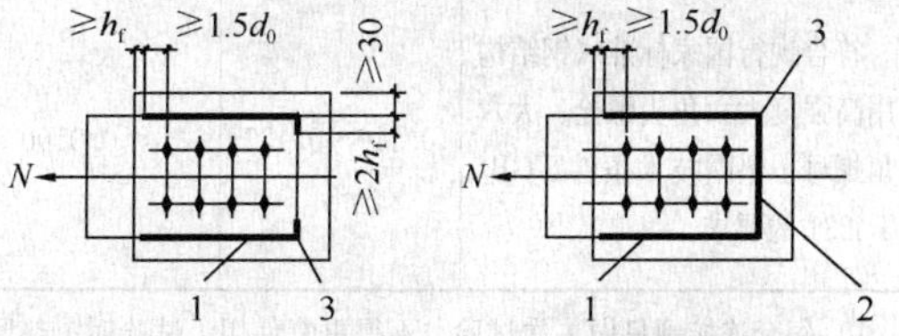

(a) 高强度螺栓与侧焊缝并用　(b) 高强度螺栓与侧焊缝及端焊缝并用

图5.5.1　栓焊并用连接接头

1—侧焊缝；2—端焊缝；3—连续绕焊

5.5.2　栓焊并用连接的施工顺序应先高强度螺栓紧固，后实施焊接。焊缝形式应为贴角焊缝。高强度螺栓直径和焊缝尺寸应按栓、焊各自受剪承载力设计值相差不超过3倍的要求进行匹配。

5.5.3　栓焊并用连接的受剪承载力应分别按下列公式计算：

1　高强度螺栓与侧焊缝并用连接

$$N_{wb} = N_{fs} + 0.75N_{bv} \quad (5.5.3\text{-}1)$$

式中：N_{bv} ——连接接头中摩擦型高强度螺栓连接受剪承载力设计值（kN）；

N_{fs} ——连接接头中侧焊缝受剪承载力设计值（kN）；

N_{wb} ——连接接头的栓焊并用连接受剪承载力设计值（kN）。

2　高强度螺栓与侧焊缝及端焊缝并用连接

$$N_{wb} = 0.85N_{fs} + N_{fe} + 0.25N_{bv} \quad (5.5.3\text{-}2)$$

式中：N_{fe} ——连接接头中端焊缝受剪承载力设计值（kN）。

5.5.4　在既有摩擦型高强度螺栓连接接头上新增角焊缝进行加固补强时，其栓焊并用连接设计应符合下列规定：

1　摩擦型高强度螺栓连接和角焊缝焊接连接应分别承担加固焊接补强前的荷载和加固焊接补强后所增加的荷载；

2　当加固前进行结构卸载或加固焊接补强前的荷载小于摩擦型高强度螺栓连接承载力设计值25%时，可按本规程第5.5.3条进行连接设计。

5.5.5　当栓焊并用连接采用先栓后焊的施工工序时，应在焊接24h后对离焊缝100mm范围内的高强度螺栓补拧，补拧扭矩应为施工终拧扭矩值。

5.5.6　摩擦型高强度螺栓连接不宜与垂直受力方向的贴角焊缝（端焊缝）单独并用连接。

6　施　工

6.1　储运和保管

6.1.1　大六角头高强度螺栓连接副由一个螺栓、一个螺母和两个垫圈组成，使用组合应按表6.1.1规定。扭剪型高强度连接副由一个螺栓、一个螺母和一个垫圈组成。

表6.1.1　大六角头高强度螺栓连接副组合

螺　栓	螺　母	垫　圈
10.9s	10H	(35～45) HRC
8.8s	8H	(35～45) HRC

6.1.2　高强度螺栓连接副应按批配套进场，并附有出厂质量保证书。高强度螺栓连接副应在同批内配套使用。

6.1.3　高强度螺栓连接副在运输、保管过程中，应轻装、轻卸，防止损伤螺纹。

6.1.4　高强度螺栓连接副应按包装箱上注明的批号、规格分类保管；室内存放，堆放应有防止生锈、潮湿及沾染脏物等措施。高强度螺栓连接副在安装使用前严禁随意开箱。

6.1.5　高强度螺栓连接副的保管时间不应超过6个月。当保管时间超过6个月后使用时，必须按要求重新进行扭矩系数或紧固轴力试验，检验合格后，方可使用。

6.2　连接构件的制作

6.2.1　高强度螺栓连接构件的栓孔孔径应符合设计要求。高强度螺栓连接构件制孔允许偏差应符合表6.2.1的规定。

表 6.2.1 高强度螺栓连接构件制孔允许偏差（mm）

公称直径			M12	M16	M20	M22	M24	M27	M30
孔型	标准圆孔	直径	13.5	17.5	22.0	24.0	26.0	30.0	33.0
		允许偏差	+0.43 0	+0.43 0	+0.52 0	+0.52 0	+0.52 0	+0.84 0	+0.84 0
		圆度	1.00		1.50				
	大圆孔	直径	16.0	20.0	24.0	28.0	30.0	35.0	38.0
		允许偏差	+0.43 0	+0.43 0	+0.52 0	+0.52 0	+0.52 0	+0.84 0	+0.84 0
		圆度	1.00		1.50				
	槽孔	长度 短向	13.5	17.5	22.0	24.0	26.0	30.0	33.0
		长度 长向	22.0	30.0	37.0	40.0	45.0	50.0	55.0
		允许偏差 短向	+0.43 0	+0.43 0	+0.52 0	+0.52 0	+0.52 0	+0.84 0	+0.84 0
		允许偏差 长向	+0.84 0	+0.84 0	+1.00 0	+1.00 0	+1.00 0	+1.00 0	+1.00 0
中心线倾斜度			应为板厚的3%，且单层板应为2.0mm，多层板叠组合应为3.0mm						

6.2.2 高强度螺栓连接构件的栓孔孔距允许偏差应符合表6.2.2的规定。

表 6.2.2 高强度螺栓连接构件孔距允许偏差（mm）

孔距范围	<500	501～1200	1201～3000	>3000
同一组内任意两孔间	±1.0	±1.5	—	—
相邻两组的端孔间	±1.5	±2.0	±2.5	±3.0

注：孔的分组规定：

1 在节点中连接板与一根杆件相连的所有螺栓孔为一组；

2 对接接头在拼接板一侧的螺栓孔为一组；

3 在两相邻节点或接头间的螺栓孔为一组，但不包括上述1、2两款所规定的孔；

4 受弯构件翼缘上的孔，每米长度范围内的螺栓孔为一组。

6.2.3 主要构件连接和直接承受动力荷载重复作用且需要进行疲劳计算的构件，其连接高强度螺栓孔应采用钻孔成型。次要构件连接且板厚小于或等于12mm时可采用冲孔成型，孔边应无飞边、毛刺。

6.2.4 采用标准圆孔连接处板迭上所有螺栓孔，均应采用量规检查，其通过率应符合下列规定：

1 用比孔的公称直径小1.0mm的量规检查，每组至少应通过85%；

2 用比螺栓公称直径大(0.2～0.3)mm的量规检查(M22及以下规格为大0.2mm，M24～M30规格为大0.3mm)，应全部通过。

6.2.5 按本规程第6.2.4条检查时，凡量规不能通过的孔，必须经施工图编制单位同意后，方可扩钻或补焊后重新钻孔。扩钻后的孔径不应超过1.2倍螺栓直径。补焊时，应用与母材相匹配的焊条补焊，严禁用钢块、钢筋、焊条等填塞。每组孔中经补焊重新钻孔的数量不得超过该组螺栓数量的20%。处理后的孔应作出记录。

6.2.6 高强度螺栓连接处的钢板表面处理方法及除锈等级应符合设计要求。连接处钢板表面应平整、无焊接飞溅、无毛刺、无油污。经处理后的摩擦型高强度螺栓连接的摩擦面抗滑移系数应符合设计要求。

6.2.7 经处理后的高强度螺栓连接处摩擦面应采取保护措施，防止沾染脏物和油污。严禁在高强度螺栓连接处摩擦面上作标记。

6.3 高强度螺栓连接副和摩擦面抗滑移系数检验

6.3.1 高强度大六角头螺栓连接副应进行扭矩系数、螺栓楔负载、螺母保证载荷检验，其检验方法和结果应符合现行国家标准《钢结构用高强度大六角头螺栓、大六角螺母、垫圈技术条件》GB/T 1231规定。高强度大六角头螺栓连接副扭矩系数的平均值及标准偏差应符合表6.3.1的要求。

表 6.3.1 高强度大六角头螺栓连接副扭矩系数平均值及标准偏差值

连接副表面状态	扭矩系数平均值	扭矩系数标准偏差
符合现行国家标准《钢结构用高强度大六角头螺栓、大六角螺母、垫圈技术条件》GB/T l231的要求	0.110～0.150	≤0.0100

注：每套连接副只做一次试验，不得重复使用。试验时，垫圈发生转动，试验无效。

6.3.2 扭剪型高强度螺栓连接副应进行紧固轴力、螺栓楔负载、螺母保证载荷检验，检验方法和结果应符合现行国家标准《钢结构用扭剪型高强度螺栓连接副》GB/T 3632规定。扭剪型高强度螺栓连接副的紧固轴力平均值及标准偏差应符合表6.3.2的要求。

表 6.3.2 扭剪型高强度螺栓连接副紧固轴力平均值及标准偏差值

螺栓公称直径		M16	M20	M22	M24	M27	M30
紧固轴力值(kN)	最小值	100	155	190	225	290	355
	最大值	121	187	231	270	351	430
标准偏差(kN)		≤10.0	≤15.4	≤19.0	≤22.5	≤29.0	≤35.4

注：每套连接副只做一次试验，不得重复使用。试验时，垫圈发生转动，试验无效。

6.3.3 摩擦面的抗滑移系数（图6.3.3）应按下列规定进行检验：

1 抗滑移系数检验应以钢结构制作检验批为单位，由制作厂和安装单位分别进行，每一检验批三组；单项工程的构件摩擦面选用两种及两种以上表面处理工艺时，则每种表面处理工艺均需检验；

2 抗滑移系数检验用的试件由制作厂加工，试件与所代表的构件应为同一材质、同一摩擦面处理工艺、同批制作，使用同一性能等级的高强度螺栓连接副，并在相同条件下同批发运；

3 抗滑移系数试件宜采用图 6.3.3 所示形式（试件钢板厚度 $2t_2 \geqslant t_1$）；试件的设计应考虑摩擦面在滑移之前，试件钢板的净截面仍处于弹性状态；

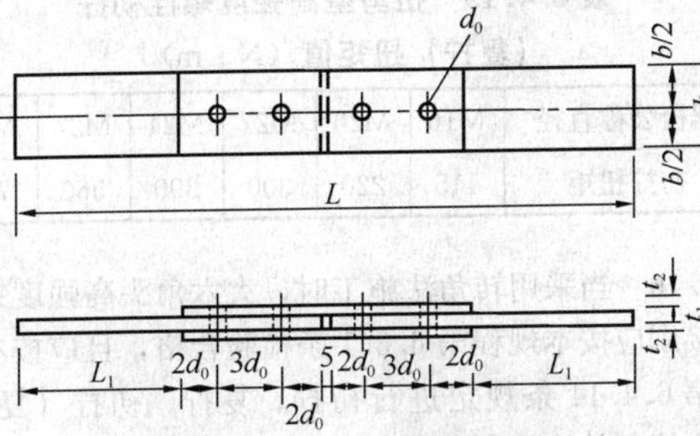

图 6.3.3 抗滑移系数试件

4 抗滑移系数应在拉力试验机上进行并测出其滑移荷载；试验时，试件的轴线应与试验机夹具中心严格对中；

5 抗滑移系数 μ 应按下式计算，抗滑移系数 μ 的计算结果应精确到小数点后 2 位。

$$\mu = \frac{N}{n_f \cdot \sum P_t} \quad (6.3.3)$$

式中：N——滑移荷载；

n_f——传力摩擦面数目，$n_f = 2$；

P_t——高强度螺栓预拉力实测值（误差小于或等于 2%），试验时控制在 $0.95P \sim 1.05P$ 范围内；

$\sum P_t$——与试件滑动荷载一侧对应的高强度螺栓预拉力之和。

6 抗滑移系数检验的最小值必须大于或等于设计规定值。当不符合上述规定时，构件摩擦面应重新处理。处理后的构件摩擦面应按本节规定重新检验。

6.4 安 装

6.4.1 高强度螺栓长度 l 应保证在终拧后，螺栓外露丝扣为 2～3 扣。其长度应按下式计算：

$$l = l' + \Delta l \quad (6.4.1)$$

式中：l'——连接板层总厚度（mm）；

Δl——附加长度（mm），$\Delta l = m + n_w s + 3p$；

m——高强度螺母公称厚度（mm）；

n_w——垫圈个数；扭剪型高强度螺栓为 1，大六角头高强度螺栓为 2；

s——高强度垫圈公称厚度（mm）；

p——螺纹的螺距（mm）。

当高强度螺栓公称直径确定之后，Δl 可按表 6.4.1 取值。但采用大圆孔或槽孔时，高强度垫圈公称厚度（s）应按实际厚度取值。根据式 6.4.1 计算出的螺栓长度按修约间隔 5mm 进行修约，修约后的长度为螺栓公称长度。

表 6.4.1 高强度螺栓附加长度 Δl（mm）

螺栓公称直径	M12	M16	M20	M22	M24	M27	M30
高强度螺母公称厚度	12.0	16.0	20.0	22.0	24.0	27.0	30.0
高强度垫圈公称厚度	3.00	4.00	4.00	5.00	5.00	5.00	5.00
螺纹的螺距	1.75	2.00	2.50	2.50	3.00	3.00	3.50
大六角头高强度螺栓附加长度	23.0	30.0	35.5	39.5	43.0	46.0	50.5
扭剪型高强度螺栓附加长度	—	26.0	31.5	34.5	38.0	41.0	45.5

6.4.2 高强度螺栓连接处摩擦面如采用喷砂（丸）后生赤锈处理方法时，安装前应以细钢丝刷除去摩擦面上的浮锈。

6.4.3 对因板厚公差、制造偏差或安装偏差等产生的接触面间隙，应按表 6.4.3 规定进行处理。

表 6.4.3 接触面间隙处理

项目	示意图	处 理 方 法
1	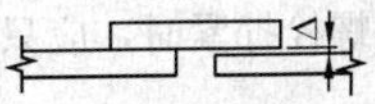	Δ＜1.0mm 时不予处理
2	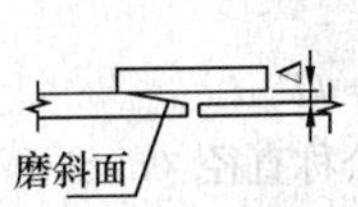	Δ＝（1.0～3.0）mm 时将厚板一侧磨成 1∶10 缓坡，使间隙小于 1.0mm
3	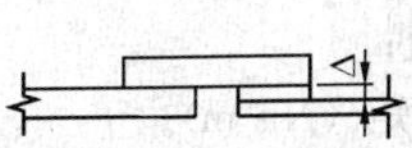	Δ≥3.0mm 时加垫板，垫板厚度不小于 3mm，最多不超过 3 层，垫板材质和摩擦面处理方法应与构件相同

6.4.4 高强度螺栓连接安装时，在每个节点上应穿入的临时螺栓和冲钉数量，由安装时可能承担的荷载计算确定，并应符合下列规定：

1 不得少于节点螺栓总数的 1/3；

2 不得少于 2 个临时螺栓；

3 冲钉穿入数量不宜多于临时螺栓数量的 30%。

6.4.5 在安装过程中，不得使用螺纹损伤及沾染脏物的高强度螺栓连接副，不得用高强度螺栓兼作临时螺栓。

6.4.6 工地安装时，应按当天高强度螺栓连接副需要使用的数量领取。当天安装剩余的必须妥善保管，不得乱扔、乱放。

6.4.7 高强度螺栓的安装应在结构构件中心位置调

整后进行，其穿入方向应以施工方便为准，并力求一致。高强度螺栓连接副组装时，螺母带圆台面的一侧应朝向垫圈有倒角的一侧。对于大六角头高强度螺栓连接副组装时，螺栓头下垫圈有倒角的一侧应朝向螺栓头。

6.4.8 安装高强度螺栓时，严禁强行穿入。当不能自由穿入时，该孔应用铰刀进行修整，修整后孔的最大直径不应大于 1.2 倍螺栓直径，且修孔数量不应超过该节点螺栓数量的 25%。修孔前应将四周螺栓全部拧紧，使板迭密贴后再进行铰孔。严禁气割扩孔。

6.4.9 按标准孔型设计的孔，修整后孔的最大直径超过 1.2 倍螺栓直径或修孔数量超过该节点螺栓数量的 25%时，应经设计单位同意。扩孔后的孔型尺寸应作记录，并提交设计单位，按大圆孔、槽孔等扩大孔型进行折减后复核计算。

6.4.10 安装高强度螺栓时，构件的摩擦面应保持干燥，不得在雨中作业。

6.4.11 大六角头高强度螺栓施工所用的扭矩扳手，班前必须校正，其扭矩相对误差应为±5%，合格后方准使用。校正用的扭矩扳手，其扭矩相对误差应为±3%。

6.4.12 大六角头高强度螺栓拧紧时，应只在螺母上施加扭矩。

6.4.13 大六角头高强度螺栓的施工终拧扭矩可由下式计算确定：

$$T_c = kP_c d \tag{6.4.13}$$

式中：d——高强度螺栓公称直径（mm）；

k——高强度螺栓连接副的扭矩系数平均值，该值由第 6.3.1 条试验测得；

P_c——高强度螺栓施工预拉力（kN），按表 6.4.13 取值；

T_c——施工终拧扭矩（N·m）。

表 6.4.13 高强度大六角头螺栓施工预拉力（kN）

螺栓性能等级	螺栓公称直径						
	M12	M16	M20	M22	M24	M27	M30
8.8s	50	90	140	165	195	255	310
10.9s	60	110	170	210	250	320	390

6.4.14 高强度大六角头螺栓连接副的拧紧应分为初拧、终拧。对于大型节点应分为初拧、复拧、终拧。初拧扭矩和复拧扭矩为终拧扭矩的 50%左右。初拧或复拧后的高强度螺栓应用颜色在螺母上标记，按本规程第 6.4.13 条规定的终拧扭矩值进行终拧。终拧后的高强度螺栓应用另一种颜色在螺母上标记。高强度大六角头螺栓连接副的初拧、复拧、终拧宜在一天内完成。

6.4.15 扭剪型高强度螺栓连接副的拧紧应分为初拧、终拧。对于大型节点应分为初拧、复拧、终拧。初拧扭矩和复拧扭矩值为 $0.065 \times P_c \times d$，或按表 6.4.15 选用。初拧或复拧后的高强度螺栓应用颜色在螺母上标记，用专用扳手进行终拧，直至拧掉螺栓尾部梅花头。对于个别不能用专用扳手进行终拧的扭剪型高强度螺栓，应按本规程第 6.4.13 条规定的方法进行终拧（扭矩系数可取 0.13）。扭剪型高强度螺栓连接副的初拧、复拧、终拧宜在一天内完成。

表 6.4.15 扭剪型高强度螺栓初拧（复拧）扭矩值（N·m）

螺栓公称直径	M16	M20	M22	M24	M27	M30
初拧扭矩	115	220	300	390	560	760

6.4.16 当采用转角法施工时，大六角头高强度螺栓连接副应按本规程第 6.3.1 条检验合格，且应按本规程第 6.4.14 条规定进行初拧、复拧。初拧（复拧）后连接副的终拧角度应按表 6.4.16 规定执行。

表 6.4.16 初拧（复拧）后大六角头高强度螺栓连接副的终拧转角

螺栓长度 L 范围	螺母转角	连接状态
$L \leqslant 4d$	1/3 圈（120°）	连接形式为一层芯板加两层盖板
$4d < L \leqslant 8d$ 或 200mm 及以下	1/2 圈（180°）	
$8d < L \leqslant 12d$ 或 200mm 以上	2/3 圈（240°）	

注：1 螺母的转角为螺母与螺栓杆之间的相对转角；

2 当螺栓长度 L 超过螺栓公称直径 d 的 12 倍时，螺母的终拧角度应由试验确定。

6.4.17 高强度螺栓在初拧、复拧和终拧时，连接处的螺栓应按一定顺序施拧，确定施拧顺序的原则为由螺栓群中央顺序向外拧紧，和从接头刚度大的部位向约束小的方向拧紧（图 6.4.17）。几种常见接头螺栓施拧顺序应符合下列规定：

1 一般接头应从接头中心顺序向两端进行（图 6.4.17a）；

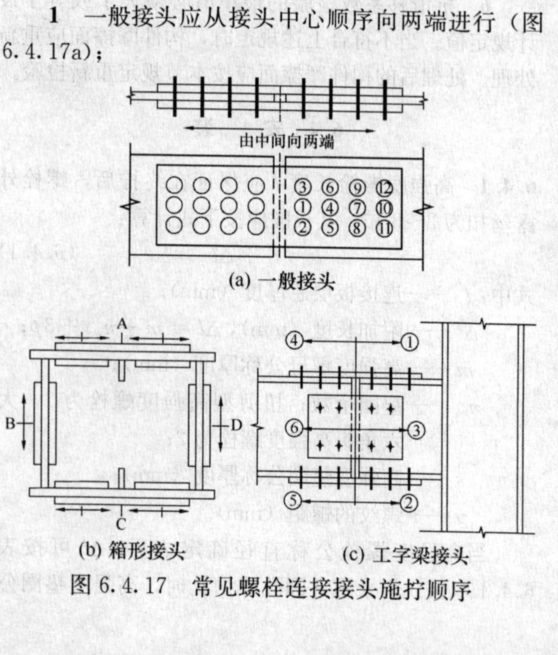

图 6.4.17 常见螺栓连接接头施拧顺序

2 箱形接头应按 A、C、B、D 的顺序进行（图 6.4.17b）；

3 工字梁接头栓群应按①～⑥顺序进行（图 6.4.17c）；

4 工字形柱对接螺栓紧固顺序为先翼缘后腹板；

5 两个或多个接头栓群的拧紧顺序应先主要构件接头，后次要构件接头。

6.4.18 对于露天使用或接触腐蚀性气体的钢结构，在高强度螺栓拧紧检查验收合格后，连接处板缝应及时用腻子封闭。

6.4.19 经检查合格后的高强度螺栓连接处，防腐、防火应按设计要求涂装。

6.5 紧固质量检验

6.5.1 大六角头高强度螺栓连接施工紧固质量检查应符合下列规定：

1 扭矩法施工的检查方法应符合下列规定：

1）用小锤（约 0.3kg）敲击螺母对高强度螺栓进行普查，不得漏拧；

2）终拧扭矩应按节点数抽查 10%，且不应少于 10 个节点；对每个被抽查节点应按螺栓数抽查 10%，且不应少于 2 个螺栓；

3）检查时先在螺杆端面和螺母上画一直线，然后将螺母拧松约 60°；再用扭矩扳手重新拧紧，使两线重合，测得此时的扭矩应在 $0.9\,T_{ch} \sim 1.1\,T_{ch}$ 范围内。T_{ch} 应按下式计算：

$$T_{ch} = kPd \qquad (6.5.1)$$

式中：P——高强度螺栓预拉力设计值（kN），按本规程表 3.2.5 取用；

T_{ch}——检查扭矩（N·m）。

4）如发现有不符合规定的，应再扩大 1 倍检查，如仍有不合格者，则整个节点的高强度螺栓应重新施拧；

5）扭矩检查宜在螺栓终拧 1h 以后、24h 之前完成；检查用的扭矩扳手，其相对误差应为±3%。

2 转角法施工的检查方法应符合下列规定：

1）普查初拧后在螺母与相对位置所画的终拧起始线和终止线所夹的角度应达到规定值；

2）终拧转角应按节点数抽查 10%，且不应少于 10 个节点；对每个被抽查节点按螺栓数抽查 10%，且不应少于 2 个螺栓；

3）在螺杆端面和螺母相对位置画线，然后全部卸松螺母，再按规定的初拧扭矩和终拧角度重新拧紧螺栓，测量终止线与原终止线画线间的角度，应符合本规程表 6.4.16 要求，误差在±30°者为合格；

4）如发现有不符合规定的，应再扩大 1 倍检查，如仍有不合格者，则整个节点的高强度螺栓应重新施拧；

5）转角检查宜在螺栓终拧 1h 以后、24h 之前完成。

6.5.2 扭剪型高强度螺栓终拧检查，以目测尾部梅花头拧断为合格。对于不能用专用扳手拧紧的扭剪型高强度螺栓，应按本规程第 6.5.1 条的规定进行终拧紧固质量检查。

7 施工质量验收

7.1 一般规定

7.1.1 高强度螺栓连接分项工程验收应按现行国家标准《钢结构工程施工质量验收规范》GB 50205 和本规程的规定执行。

7.1.2 高强度螺栓连接分项工程检验批合格质量标准应符合下列规定：

1 主控项目必须符合现行国家标准《钢结构工程施工质量验收规范》GB 50205 中合格质量标准的要求；

2 一般项目其检验结果应有 80%及以上的检查点（值）符合现行国家标准《钢结构工程施工质量验收规范》GB 50205 中合格质量标准的要求，且允许偏差项目中最大超偏差值不应超过其允许偏差限值的 1.2 倍；

3 质量检查记录、质量证明文件等资料应完整。

7.1.3 当高强度螺栓连接分项工程施工质量不符合现行国家标准《钢结构工程施工质量验收规范》GB 50205 和本规程的要求时，应按下列规定进行处理：

1 返工或更换高强度螺栓连接副的检验批，应重新进行验收；

2 经有资质的检测单位检测鉴定能够达到设计要求的检验批，应予以验收；

3 经有资质的检测单位检测鉴定达不到设计要求，但经原设计单位核算认可能够满足结构安全的检验批，可予以验收；

4 经返修或加固处理的检验批，如满足安全使用要求，可按处理技术方案和协商文件进行验收。

7.2 检验批的划分

7.2.1 高强度螺栓连接分项工程检验批宜与钢结构安装阶段分项工程检验批相对应，其划分宜遵循下列原则：

1 单层结构按变形缝划分；

2 多层及高层结构按楼层或施工段划分；

3 复杂结构按独立刚度单元划分。

7.2.2 高强度螺栓连接副进场验收检验批划分宜遵循下列原则：

1 与高强度螺栓连接分项工程检验批划分一致；

2 按高强度螺栓连接副生产出厂检验批批号，宜以不超过2批为1个进场验收检验批，且不超过6000套；

3 同一材料（性能等级）、炉号、螺纹（直径）规格、长度（当螺栓长度≤100mm时，长度相差≤15mm；当螺栓长度>100mm时，长度相差≤20mm，可视为同一长度）、机械加工、热处理工艺及表面处理工艺的螺栓、螺母、垫圈为同批，分别由同批螺栓、螺母及垫圈组成的连接副为同批连接副。

7.2.3 摩擦面抗滑移系数验收检验批划分宜遵循下列原则：

1 与高强度螺栓连接分项工程检验批划分一致；

2 以分部工程每2000t为一检验批；不足2000t者视为一批进行检验；

3 同一检验批中，选用两种及两种以上表面处理工艺时，每种表面处理工艺均需进行检验。

7.3 验收资料

7.3.1 高强度螺栓连接分项工程验收资料应包含下列内容：

1 检验批质量验收记录；

2 高强度大六角头螺栓连接副或扭剪型高强度螺栓连接副见证复验报告；

3 高强度螺栓连接摩擦面抗滑移系数见证试验报告（承压型连接除外）；

4 初拧扭矩、终拧扭矩（终拧转角）、扭矩扳手检查记录和施工记录等；

5 高强度螺栓连接副质量合格证明文件；

6 不合格质量处理记录；

7 其他相关资料。

本规程用词说明

1 为便于在执行本规程条文时区别对待，对要求严格程度不同的用词说明如下：

1）表示很严格，非这样做不可的：
正面词采用“必须”，反面词采用“严禁”；

2）表示严格，在正常情况下均应这样做的：
正面词采用“应”，反面词采用“不应”或“不得”；

3）表示允许稍有选择，在条件许可时首先应这样做的：
正面词采用“宜”，反面词采用“不宜”；

4）表示有选择，在一定条件下可以这样做的，采用“可”。

2 条文中指明应按其他有关标准执行的写法为：“应符合……的规定”或“应按……执行”。

引用标准名录

1 《建筑抗震设计规范》GB 50011

2 《钢结构设计规范》GB 50017

3 《钢结构工程施工质量验收规范》GB 50205

4 《钢结构用高强度大六角头螺栓》GB/T 1228

5 《钢结构用高强度大六角螺母》GB/T 1229

6 《钢结构用高强度垫圈》GB/T 1230

7 《钢结构用高强度大六角头螺栓、大六角螺母、垫圈技术条件》GB/T 1231

8 《钢结构用扭剪型高强度螺栓连接副》GB/T 3632

中华人民共和国行业标准

钢结构高强度螺栓连接技术规程

JGJ 82—2011

条 文 说 明

修 订 说 明

《钢结构高强度螺栓连接技术规程》JGJ 82－2011，经住房和城乡建设部2011年1月7日以第875号公告批准、发布。

本规程是在《钢结构高强度螺栓连接的设计、施工及验收规程》JGJ 82－91的基础上修订而成，上一版的主编单位是湖北省建筑工程总公司，参编单位是包头钢铁设计研究院、铁道部科学院、冶金部建筑研究总院、北京钢铁设计研究总院，主要起草人员是柴昶、吴有常、沈家骅、程季青、李国兴、肖建华、贺贤娟、李云、罗经亩。本规程修订的主要技术内容是：1. 增加、调整内容：由原来的3章增加调整到7章；增加第2章“术语和符号”、第3章“基本规定”、第5章“接头设计”；原第二章“连接设计”调整为第4章，原第三章“施工及验收”调整为第6章“施工”和第7章“施工质量验收”；2. 增加孔型系数，引入标准孔、大圆孔和槽孔概念；3. 增加涂层摩擦面及其抗滑移系数；4. 增加受拉连接和端板连接接头，并提出杠杆力（撬力）计算方法；5. 增加栓焊并用连接接头；6. 增加转角法施工和检验内容；7. 细化和明确高强度螺栓连接分项工程检验批。

本规程修订过程中，编制组进行了一般调研和专题调研相结合的调查研究，总结了我国工程建设的实践经验，对本次新增内容“孔型系数”、“涂层摩擦面抗滑移系数”、“栓焊并用连接”、“转角法施工”等进行了大量试验研究，并参考国内外类似规范而取得了重要技术参数。

为便于广大设计、施工、科研、学校等单位有关人员在使用本规程时能正确理解和执行条文规定，《钢结构高强度螺栓连接技术规程》编制组按章、节、条顺序编制了本规程的条文说明，对条文规定的目的、依据以及执行中需注意的有关事项进行了说明，还着重对强制性条文的强制性理由做了解释。但是，本条文说明不具备与规程正文同等的法律效力，仅供使用者作为理解和把握规程规定的参考。

目　次

1 总　　则

1.0.1 本条为编制本规程的宗旨和目的。

1.0.2 本条明确了本规程的适用范围。

1.0.3 本规程的编制是以原行业标准《钢结构高强度螺栓连接的设计、施工及验收规程》JGJ 82－91为基础，对现行国家标准《钢结构设计规范》GB 50017、《冷弯薄壁型钢结构技术规范》GB 50018及《钢结构工程施工质量验收规范》GB 50205等规范中有关高强度螺栓连接的内容，进行细化和完善，对上述三个规范中没有涉及但实际工程实践中又遇到的内容，参照国内外相关试验研究成果和标准引入和补充，以满足工程实际要求。

2 术语和符号

2.1 术　　语

本规程给出了13个有关高强度螺栓连接方面的特定术语，该术语是从钢结构高强度螺栓连接设计与施工的角度赋予其涵义的，但涵义又不一定是术语的定义。本规程给出了相应的推荐性英文术语，该英文术语不一定是国际上的标准术语，仅供参考。

2.2 符　　号

本规程给出了41个符号及其定义，这些符号都是本规程各章节中所引用且未给具体解释的。对于在本规程各章节条文中所使用的符号，应以本条或相关条文中的解释为准。

3 基本规定

3.1 一般规定

3.1.1 高强度螺栓的摩擦型连接和承压型连接是同一个高强度螺栓连接的两个阶段，分别为接头滑移前、后的摩擦和承压阶段。对承压型连接来说，当接头处于最不利荷载组合时才发生接头滑移直至破坏，荷载没有达到设计值的情况下，接头可能处于摩擦阶段。所以承压型连接的正常使用状态定义为摩擦型连接是符合实际的。

沿螺栓杆轴方向受拉连接接头在外拉力的作用下也分两个阶段，首先是连接端板之间被拉脱离前，螺栓拉应力变化很小，被拉脱离后螺栓或连接件达到抗拉强度而破坏。当外拉力(含撬力)不超过0.8P(摩擦型连接螺栓受拉承载力设计值)时，连接端板之间不会被拉脱离，因此将定义为受拉连接的正常使用状态。

3.1.2 目前国内只有高强度大六角头螺栓连接副(10.9s、8.8s)和扭剪型高强度螺栓连接副(10.9s)两种产品，从设计计算角度上没有区别，仅施工方法和构造上稍有差别。因此设计可以不选定产品类型，由施工单位根据工程实际及施工经验来选定产品类型。

3.1.3 因承压型连接允许接头滑移，并有较大变形，故对承受动力荷载的结构以及接头变形会引起结构内力和结构刚度有较大变化的敏感构件，不应采用承压型连接。

冷弯薄壁型钢因板壁很薄，孔壁承压能力非常低，易引起连接板撕裂破坏，并因承压承载力较小且低于摩擦承载力，使用承压型连接非常不经济，故不宜采用承压型连接。但当承载力不是控制因素时，可以考虑采用承压型连接。

3.1.4 高环境温度会引起高强度螺栓预拉力的松弛，同时也会使摩擦面状态发生变化，因此对高强度螺栓连接的环境温度应加以限制。试验结果表明，当温度低于100℃时，影响很小。当温度在(100～150)℃范围时，钢材的弹性模量折减系数在0.966左右，强度折减很小。中冶建筑研究总院有限公司的试验结果表明，当接头承受350℃以下温度烘烤时，螺栓、螺母、垫圈的基本性能及摩擦面抗滑移系数基本保持不变。温度对高强度螺栓预拉力有影响，试验结果表明，当温度在(100～150)℃范围时，螺栓预拉力损失增加约为10%，因此本条规定降低10%。当温度超过150℃时，承载力降低显著，采取隔热防护措施应更经济合理。

3.1.5 对摩擦型连接，当其疲劳荷载小于滑移荷载时，螺栓本身不会产生交变应力，高强度螺栓没有疲劳破坏的情况。但连接板或拼接板母材有疲劳破坏的情况发生。本条中循环次数的规定是依据现行国家标准《钢结构设计规范》GB 50017的有关规定确定的。

高强度螺栓受拉时，其连接螺栓有疲劳破坏可能，国内外研究及国外规范的相关规定表明，螺栓应力低于螺栓抗拉强度30%时，或螺栓所产生的轴向拉力(由荷载和杠杆力引起)低于螺栓受拉承载力30%时，螺栓轴向应力几乎没有变化，可忽略疲劳影响。当螺栓应力超过螺栓抗拉强度30%时，应进行疲劳验算，由于国内有关高强度螺栓疲劳强度的试验不足，相关规范中没有设计指标可依据，因此目前只能针对个案进行试验，并根据试验结果进行疲劳设计。

3.1.6 现行国家标准《建筑抗震设计规范》GB 50011规定钢结构构件连接除按地震组合内力进行弹性设计外，还应进行极限承载力验算，同时要满足抗震构造要求。

3.1.7 高强度螺栓连接和普通螺栓连接的工作机理完全不同，两者刚度相差悬殊，同一接头中两者并用没有意义。承压型连接允许接头滑移，并有较大变形，而焊缝的变形有限，因此从设计概念上，承压型连接不能和焊接并用。本条涉及结构连接的安全，为从设计源头上把关，定为强制性条款。

3.2 材料与设计指标

3.2.1 当设计采用进口高强度大六角头螺栓(性能等级 8.8s 和 10.9s)连接副时，其材质、性能等应符合相应产品标准的规定。设计计算参数的取值应有可靠依据。

3.2.2 当设计采用进口扭剪型高强度螺栓(性能等级 10.9s)连接副时，其材质、性能等应符合相应产品标准的规定。设计计算参数的取值应有可靠依据。

3.2.3 当设计采用其他钢号的连接材料时，承压强度取值应有可靠依据。

3.2.4 高强度螺栓连接摩擦面抗滑移系数可按表 3.2.4 规定值取值，也可按摩擦面的实际情况取值。当摩擦承载力不起控制因素时，设计可以适当降低摩擦面抗滑移系数值。设计应考虑施工单位在设备及技术条件上的差异，慎重确定摩擦面抗滑移系数值，以保证连接的安全度。

喷砂应优先使用石英砂；其次为铸钢砂；普通的河砂能够起到除锈的目的，但对提高摩擦面抗滑移系数效果不理想。

喷丸(或称抛丸)是钢材表面处理常用的方法，其除锈的效果较好，但对满足高摩擦面抗滑移系数的要求有一定的难度。对于不同抗滑移系数要求的摩擦面处理，所使用的磨料(主要是钢丸)成分要求不同。例如，在钢丸中加入部分钢丝切丸或破碎钢丸，以及增加磨料循环使用次数等措施都能改善摩擦面处理效果。这些工艺措施需要加工厂家多年经验积累和总结。

对于小型工程、加固改造工程以及现场处理，可以采用手工砂轮打磨的处理方法，此时砂轮打磨的方向应与受力方向垂直，打磨的范围不应小于 4 倍螺栓直径。手工砂轮打磨处理的摩擦面抗滑移系数离散相对较大，需要试验确定。

试验结果表明，摩擦面处理后生成赤锈的表面，其摩擦面抗滑移系数会有所提高，但安装前应除去浮锈。

本条新增加涂层摩擦面的抗滑移系数值，其中无机富锌漆是依据现行国家标准《钢结构设计规范》GB 50017 的有关规定制定。防滑防锈硅酸锌漆已在铁路桥梁中广泛应用，效果很好。锌加底漆(ZINGA)属新型富锌类底漆，其锌颗粒较小，在国内外所进行试验结果表明，抗滑移系数值取 0.45 是可靠的。同济大学所进行的试验结果表明，聚氨酯富锌底漆或醇酸铁红底漆抗滑移系数平均值在 0.2 左右，取 0.15 是有足够可靠度的。

涂层摩擦面的抗滑移系数值与钢材表面处理及涂层厚度有关，因此本条列出钢材表面处理及涂层厚度有关要求。当钢材表面处理及涂层厚度不符合本条的要求时，应需要试验确定。

在实际工程中，高强度螺栓连接摩擦面采用热喷铝、镀锌、喷锌、有机富锌以及其他底漆处理，其涂层摩擦面的抗滑移系数值需要有可靠依据。

3.2.5 高强度螺栓预拉力 P 只与螺栓性能等级有关。当采用进口高强度大六角头螺栓和扭剪型高强度螺栓时，预拉力 P 取值应有可靠依据。

3.2.6 抗震设计中构件的高强度螺栓连接或焊接连接尚应进行极限承载力设计验算，据此本条作出了相应规定。具体计算方法见《建筑抗震设计规范》GB 50011－2010 第 8.2.8 条。

4 连接设计

4.1 摩擦型连接

4.1.1 本条所列螺栓受剪承载力计算公式与现行国家标准《钢结构设计规范》GB 50017 规定的基本公式相同，仅将原系数 0.9 替换为 k_1，并增加系数 k_2。

k_1 可取值为 0.9 与 0.8，后者适用于冷弯型钢等较薄板件(板厚 $t \leqslant 6$mm)连接的情况。

k_2 为孔型系数，其取值系参考国内外试验研究及相关标准确定的。中冶建筑研究总院有限公司所进行的试验结果表明，M20 高强度螺栓大圆孔和槽型孔孔型系数分别为 0.95 和 0.86，M24 高强度螺栓大圆孔和槽型孔孔型系数分别为 0.95 和 0.87，因此本条参照美国规范的规定，高强度螺栓大圆孔和槽型孔孔型系数分别为 0.85、0.7、0.6。另外美国规范所采用的槽型孔分短槽孔和长槽孔，考虑到我国制孔加工工艺的现状，本次只考虑一种尺寸的槽型孔，其短向尺寸与标准圆孔相同，但长向尺寸介于美国规范短槽孔和长槽孔尺寸的中间。正常情况下，设计应采用标准圆孔。

涂层摩擦面对预拉力松弛有一定的影响，但涂层摩擦面抗滑移系数值中已考虑该因素，因此不再折减。

摩擦面抗滑移系数的取值原则上应按本规程 3.2.4 条采用，但设计可以根据实际情况适当调整。

4.1.5 本条所规定的折减系数同样适用于栓焊并用连接接头。

4.2 承压型连接

4.2.1 除正常使用极限状态设计外，承压型连接承载力计算中没有摩擦面抗滑移系数的要求，因此连接板表面可不作摩擦面处理。虽无摩擦面处理的要求，但其他如除锈、涂装等设计要求不能降低。

由于承压型连接和摩擦型连接是同一高强度螺栓

连接的两个不同阶段，因此，两者在设计和施工的基本要求(除抗滑移系数外)是一致的。

4.2.3 按照现行国家标准《钢结构设计规范》GB 50017的规定，公式4.2.3是按承载能力极限状态设计时螺栓达到其受拉极限承载力。

4.2.8 由于承压型连接和摩擦型连接是同一高强度螺栓连接的两个不同阶段，因此，将摩擦型连接定义为承压型连接的正常使用极限状态。按正常使用极限状态设计承压型连接的抗剪、抗拉以及剪、拉同时作用计算公式同摩擦型连接。

4.3 连接构造

4.3.1 高强度大六角头螺栓扭矩系数和扭剪型高强度螺栓紧固轴力以及摩擦面抗滑移系数都是统计数据，再加上施工的不确定性以及螺栓延迟断裂问题，单独一个高强度螺栓连接的不安全隐患概率要高，一旦出现螺栓断裂，会造成结构的破坏，本条为强制性条文。

对不施加预拉力的普通螺栓连接，在个别情况下允许采用一个螺栓。

4.3.3 本条列出了高强度螺栓连接孔径匹配表，其内容除原有规定外，参照国内外相应规定与资料，补充了大圆孔、槽孔的孔径匹配规定，以便于应用。对于首次引入大圆孔、槽孔的应用，设计上应谨慎采用，有三点值得注意：

1 大圆孔、槽孔仅限在摩擦型连接中使用；

2 只允许在芯板或盖板其中之一按相应的扩大孔型制孔，其余仍按标准圆孔制孔；

3 当盖板采用大圆孔、槽孔时，为减少螺栓预拉力松弛，应增设连续型垫板或使用加厚垫圈(特制)。

考虑工程施工的实际情况，对承压型连接的孔径匹配关系均按与摩擦型连接相同取值(现行国家标准《钢结构设计规范》GB 50017对承压型连接孔径要求比摩擦型连接严)。

4.3.4 高强度螺栓的施拧均需使用特殊的专用扳手，也相应要求必需的施拧操作空间，设计人员在布置螺栓时应考虑这一施工要求。实际工程中，常有为紧凑布置而净空限制过小的情况，造成施工困难或大部分施拧均采用手工套筒，影响施工质量与效率，这一情况应尽量避免。表4.3.4仅为常用扳手的数据，供设计参考，设计可根据施工单位的专用扳手尺寸来调整。

5 连接接头设计

5.1 螺栓拼接接头

5.1.1 高强度螺栓全栓拼接接头应采用摩擦型连接，以保证连接接头的刚度。当拼接接头设计内力明确且不变号时，可根据使用要求按接头处最大内力设计，其所需接头螺栓数量较少。当构件按地震组合内力进行设计计算并控制截面选择时，应按现行国家标准《建筑抗震设计规范》GB 50011进行连接螺栓极限承载力的验算。

5.1.2 本条适用于H型钢梁截面螺栓拼接接头，在拼接截面处可有弯矩M与剪力偏心弯矩Ve、剪力V和轴力N共同作用，一般情况弯矩M为主要内力。

5.1.3 本条对腹板拼接螺栓的计算只列出按最大内力计算公式，当腹板拼接按等强原则计算时，应按与腹板净截面承载力等强计算。同时，按弹性计算方法要求，可仅对受力较大的角点栓1(图5.1.2)处进行验算。

一般情况下H型钢柱与支撑构件的轴力N为主要内力，其腹板的拼接螺栓与拼接板宜按与腹板净截面承载力等强原则计算。

5.2 受拉连接接头

5.2.3、5.2.4 T形受拉件在外加拉力作用下其翼缘板发生弯曲变形，而在板边缘产生撬力，撬力会增加螺栓的拉力并降低接头的刚度，必要时在计算中考虑其不利影响。T形件撬力作用计算模型如图1所示，分析时假定翼缘与腹板连接处弯矩M与翼缘板栓孔中心净截面处弯矩M_2'均达到塑性弯矩值，并由平衡条件得：

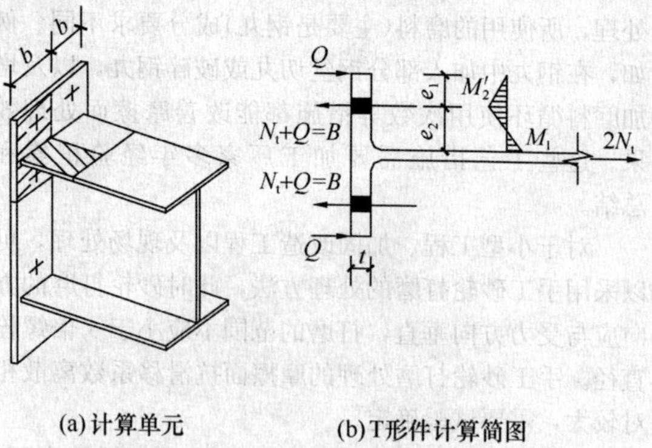

(a)计算单元　　(b)T形件计算简图

图1 T形件计算模型

$$B=Q+N_t \tag{1}$$

$$M_2'=Qe_1 \tag{2}$$

$$M_1+M_2'-N_te_2=0 \tag{3}$$

经推导后即可得到计入撬力影响的翼缘厚度计算公式如下：

$$t=\sqrt{\frac{4N_te_2}{bf_y(1+\alpha\delta)}} \tag{4}$$

式中：f_y为翼缘钢材的屈服强度，α、δ为相关参数。当$\alpha=0$时，撬力$Q=0$，并假定螺栓受力N_t达到N_t^b，以钢板设计强度f代替屈服强度f_y，则得到

翼缘厚度 t_c 的计算公式(5)。故可认为 t_c 为T形件不考虑撬力影响的最小厚度。撬力 $Q=0$ 意味着T形件翼缘在受力中不产生变形，有较大的抗弯刚度，此时，按欧洲规范计算要求 t_c 不应小于(1.8～2.2)d(d 为连接螺栓直径)，这在实用中很不经济。故工程设计宜适当考虑撬力并减少翼缘板厚度。即当翼缘板厚度小于 t_c 时，T形连接件及其连接应考虑撬力的影响，此时计算所需的翼缘板较薄，T形件刚度较弱，但同时连接螺栓会附加撬力 Q，从而会增大螺栓直径或提高强度级别。本条根据上述公式推导与使用条件，并参考了美国钢结构设计规范(AISC)中受拉T形连接接头设计方法，分别提出了考虑或不考虑撬力的T形受拉接头的设计方法与计算公式。由于推导中简化了部分参数，计算所得撬力值会略偏大。

$$t_c=\sqrt{\frac{4N_t^b e_2}{bf}} \tag{5}$$

公式中的 N_t^b 取值为 $0.8P$，按正常使用极限状态设计时，应使高强度螺栓受拉板间保留一定的压紧力，保证连接件之间不被拉离；按承载能力极限状态设计时应满足式(5.2.4-3)的要求，此时螺栓轴向拉力控制在 $1.0P$ 的限值内。

5.3 外伸式端板连接接头

5.3.1 端板连接接头分外伸式和平齐式，后者转动刚度只及前者的30%，承载力也低很多。除组合结构半刚性连接节点外，已较少应用，故本节只列出外伸式端板连接接头。图5.3.1外伸端板连接接头仅为典型图，实际工程中可按受力需要做成上下端均为外伸端板的构造。关于接头连接一般应采用摩擦型连接，对门式刚架等轻钢结构也宜采用承压型连接。

5.3.2 本条根据工程经验与国内外相关规定的要求，列出了外伸端板的构造规定。当考虑撬力作用时，外伸端板的构造尺寸(见图5.3.1)应满足 $e_1\leqslant1.25e_2$ 的要求。这是由于计算模型假定在极限荷载作用时杠杆力分布在端板边缘，若 e_1 与 e_2 比值过大，则杠杆力的分布由端板边缘向内侧扩展，与杠杆力计算模型不符，为保证计算模型的合理性，因此应限制 $e_1\leqslant1.25e_2$。

为了减小弯矩作用下端板的弯曲变形，增加接头刚度，宜在外伸端板的中间设竖向短加劲肋。同时考虑梁受拉翼缘的全部撬力均由梁端焊缝传递，故要求该部位焊缝为熔透焊缝。

5.3.3、5.3.4 按国内外研究与相关资料，外伸端板接头计算均可按受拉T形件单元计算，本条据此提出了相关的计算公式。主要假定是对称于受拉翼缘的两排螺栓均匀受拉，以及转动中心在受压翼缘中心。关于第三排螺栓参与受拉工作是按陈绍蕃教授的有关论文列入的。对于上下对称布置螺栓的外伸式端板连接接头，本条计算公式同样适用。当考虑撬力作用时，受拉螺栓宜按承载能力极限状态设计。当按正常使用极限状态设计时，公式(5.3.4)右边的 $1.25N_t^b$ 改为 N_t^b 即可。

5.4 栓焊混用连接接头

5.4.1 栓焊混用连接接头是多、高层钢结构梁柱节点中最常用的接头形式，本条中图示了此类典型节点，规定了接头按弹性设计与极限承载力验算的条件。

5.4.2 混用连接接头中，腹板螺栓连(拼)接的计算构造仍可参照第5.1节的规定进行。同时，结合工程经验补充提出了有关要求。翼缘焊缝焊后收缩有可能会引起腹板高强度螺栓连接摩擦面发生滑移，因此对施工的顺序有所要求，施工单位应采取措施以避免腹板摩擦面滑移。

5.5 栓焊并用连接接头

5.5.1 栓焊并用连接在国内设计中应用尚少，故原则上不宜在新设计中采用。

5.5.2 从国内外相关标准和研究文献以及试验研究看，摩擦型高强度螺栓连接与角焊缝能较好地共同工作，当螺栓的规格、数量等与焊缝尺寸相匹配到一定范围时，两种连接的承载力可以叠加，甚至超过两者之和。据此本文提出节点构造匹配的规定。

5.5.3 综合国内外相关标准和研究文献以及试验研究结果得出并用系数，计算分析和试验结果证明栓焊并用连接承载力长度折减系数要小于单独螺栓或焊接连接，本条不考虑这一有利因素，偏于安全。

5.5.4 在加固改造或事故处理中采用栓焊并用连接比较现实，本条结合国外相关标准和研究文献以及试验研究，给出比较实用、简化的设计计算方法。

5.5.5 焊接时高强度螺栓处的温度有可能超过100℃，而引起高强度螺栓预拉力松弛，因此需要对靠近焊缝的螺栓补拧。

5.5.6 由于端焊缝与摩擦型高强度螺栓连接的刚度差异较大，目前对于摩擦型高强度螺栓连接单独与端焊缝并用连接的研究尚不充分，本次修订暂不纳入。

6 施 工

6.1 储运和保管

6.1.1 本条规定了大六角头高强度螺栓连接副的组成、扭剪型高强度螺栓连接副的组成。

6.1.2 高强度螺栓连接副的质量是影响高强度螺栓连接安全性的重要因素，必须达到螺栓标准中技术条件的要求，不符合技术条件的产品，不得使用。因此，每一制造批必须由制造厂出具质量保证书。由于高强度螺栓连接副制造厂是按批保证扭矩系数或紧固轴力，所以在使用时应在同批内配套使用。

6.1.3 螺纹损伤后将会改变高强度螺栓连接副的扭矩系数或紧固轴力，因此在运输、保管过程中应轻装、轻卸，防止损伤螺纹。

6.1.4 本条规定了高强度螺栓连接副在保管过程中应注意事项，其目的是为了确保高强度螺栓连接副使用时同批；尽可能保持出厂状态，以保证扭矩系数或紧固轴力不发生变化。

6.1.5 现行国家标准《钢结构用高强度大六角头螺栓、大六角螺母、垫圈技术条件》GB/T 1231 和《钢结构用扭剪型高强度螺栓连接副》GB/T 3632 中规定高强度螺栓的保质期 6 个月。在不破坏出厂状态情况下，对超过 6 个月再次使用的高强度螺栓，需重新进行扭矩系数或轴力复验，合格后方准使用。

6.2 连接构件的制作

6.2.1 根据第 4.3.3 条，增加大圆孔和槽孔两种孔型。并规定大圆孔和槽孔仅限于盖板或芯板之一，两者不能同时采用大圆孔和槽孔。

6.2.3 当板厚时，冲孔工艺会使孔边产生微裂纹和变形，钢板表面的不平整降低钢结构疲劳强度。随着冲孔设备及加工工艺的提高，允许板厚小于或等于 12mm 时可冲孔成型，但对于承受动力荷载且需进行疲劳计算的构件连接以及主体结构梁、柱等构件连接不应采用冲孔成型。孔边的毛刺和飞边将影响摩擦面板层密贴。

6.2.6 钢板表面不平整，有焊接飞溅、毛刺等将会使板面不密贴，影响高强度螺栓连接的受力性能，另外，板面上的油污将大幅度降低摩擦面的抗滑移系数，因此表面不得有油污。表面处理方法的不同，直接影响摩擦面的抗滑移系数的取值，设计图中要求的处理方法决定了抗滑移系数值的大小，故加工中必须与设计要求一致。

6.2.7 高强度螺栓连接处钢板表面上，如粘有脏物和油污，将大幅度降低板面的抗滑移系数，影响高强度螺栓连接的承载能力，所以摩擦面上严禁作任何标记，还应加以保护。

6.3 高强度螺栓连接副和摩擦面抗滑移系数检验

6.3.1、6.3.2 高强度螺栓运到工地后，应按规定进行有关性能的复验。合格后方准使用，是使用前把好质量的关键。其中高强度大六角头螺栓连接副扭矩系数复验和扭剪型高强度螺栓连接副紧固轴力复验是现行国家标准《钢结构工程施工质量验收规范》GB 50205 进场验收中的主控项目，应特别重视。

6.3.3 本条规定抗滑移系数应分别经制造厂和安装单位检验。当抗滑移系数符合设计要求时，方准出厂和安装。

1 制造厂必须保证所制作的钢结构构件摩擦面的抗滑移系数符合设计规定，安装单位应检验运至现场的钢结构构件摩擦面的抗滑移系数是否符合设计要求；考虑到每项钢结构工程的数量和制造周期差别较大，因此明确规定了检验批量的划分原则及每一批应检验的组数；

2 抗滑移系数检验不能在钢结构构件上进行，只能通过试件进行模拟测定；为使试件能真实地反映构件的实际情况，规定了试件与构件为相同的条件；

3 为了避免偏心引起测试误差，本条规定了试件的连接形式采用双面对接拼接；为使试件能真实反映实际构件，因此试件的连接计算应符合有关规定；试件滑移时，试板仍处于弹性状态；

4 用拉力试验测得的抗滑移系数值比用压力试验测得的小，为偏于安全，本条规定了抗滑移系数检验采用拉力试验；为避免偏心对试验值的影响，试验时要求试件的轴线与试验机夹具中心线严格对中；

5 在计算抗滑移系数值时，对于大六角头高强度螺栓 P_t 为拉力试验前拧在试件上的高强度螺栓实测预拉力值；因为高强度螺栓预拉力值的大小对测定抗滑移系数有一定的影响，所以本条规定了每个高强度螺栓拧紧预拉力的范围；

6 为确保高强度螺栓连接的可靠性，本条规定了抗滑移系数检验的最小值必须大于或等于设计值，否则就认为构件的摩擦面没有处理好，不符合设计要求，钢结构不能出厂或者工地不能进行拼装，必须对摩擦面作重新处理，重新检验，直到合格为止。

监理工程师将试验合格的摩擦面作为样板，对照检查构件摩擦面处理结果，有参考和借鉴的作用。

6.4 安　装

6.4.1 相同直径的螺栓其螺纹部分的长度是固定的，其值为螺母厚度加 5～6 扣螺纹。使用过长的螺栓将浪费钢材，增加不必要的费用，并给高强度螺栓施拧时带来困难，有可能出现拧到头的情况。螺栓太短的会使螺母受力不均匀，为此本条提出了螺栓长度的计算公式。

6.4.4 构件安装时，应用冲钉来对准连接节点各板层的孔位。应用临时螺栓和冲钉是确保安装精度和安全的必要措施。

6.4.5 螺纹损伤及沾染脏物的高强度螺栓连接副其扭矩系数将会大幅度变大，在同样终拧扭矩下达不到螺栓设计预拉力，直接影响连接的安全性。用高强度螺栓兼作临时螺栓，由于该螺栓从开始使用到终拧完成相隔时间较长，在这段时间内因环境等各种因素的影响(如下雨等)，其扭矩系数将会发生变化，特别是螺纹损伤概率极大，会严重影响高强度螺栓终拧预拉力的准确性，因此，本条规定高强度螺栓不能兼作临时螺栓。

6.4.6 为保证大六角头高强度螺栓的扭矩系数和扭

剪型高强度螺栓的轴力，螺栓、螺母、垫圈及表面处理出厂时，按批配套装箱供应。因此要求用到螺栓应保持其原始出厂状态。

6.4.7 对于大六角头高强度螺栓连接副，垫圈设置内倒角是为了与螺栓头下的过渡圆弧相配合，因此在安装时垫圈带倒角的一侧必须朝向螺栓头，否则螺栓头就不能很好与垫圈密贴，影响螺栓的受力性能。对于螺母一侧的垫圈，因倒角侧的表面平整、光滑，拧紧时扭矩系数较小，且离散率也较小，所以垫圈有倒角一侧应朝向螺母。

6.4.8 强行穿入螺栓，必然损伤螺纹，影响扭矩系数从而达不到设计预拉力。气割扩孔的随意性大，切割面粗糙，严禁使用。修整后孔的最大直径和修孔数量作强制性规定是必要的。

6.4.9 过大孔，对构件截面局部削弱，且减少摩擦接触面，与原设计不一致，需经设计核算。

6.4.11 大六角头高强度螺栓，采用扭矩法施工时，影响预拉力因素除扭矩系数外，就是拧紧机具及扭矩值，所以规定了施拧用的扭矩扳手和矫正扳手的误差。

6.4.13 高强度螺栓连接副在拧紧后会产生预拉力损失，为保证连接副在工作阶段达到设计预拉力，为此在施拧时必须考虑预拉力损失值，施工预拉力比设计预拉力增加10%。

6.4.14 由于连接处钢板不平整，致使先拧与后拧的高强度螺栓预拉力有很大的差别，为克服这一现象，提高拧紧预拉力的精度，使各螺栓受力均匀，高强度螺栓的拧紧应分为初拧和终拧。当单排(列)螺栓个数超过15时，可认为是属于大型接头，需要进行复拧。

6.4.15 扭剪型高强度螺栓连接副不进行扭矩系数检验，其初拧(复拧)扭矩值参照大六角头高强度螺栓连接副扭矩系数的平均值(0.13)确定。

6.4.16 在某些情况下，大六角头高强度螺栓也可采用转角法施工。高强度螺栓连接副首先须经第6.3.1条检验合格方可应用转角法施工。大量转角试验用一层芯板、两层盖板基础上得出，所以作出三层板规定。本条是参考国外(美国和日本)标准及中冶建筑研究总院有限公司试验研究成果得出。作为国内第一次引入转角法施工，对其适用范围有较严格的规定，应符合下列要求：

1 螺栓直径规格范围为：M16、M20、M22、M24；

2 螺栓长度在12d之内；

3 连接件(芯板和盖板)均为平板，连接件两面与螺栓轴垂直；

4 连接形式为双剪接头(一层芯板加两层盖板)；

5 按本规程第6.4.14条初拧(复拧)，并画出转角起始标记，按本条进行终拧。

6.4.17 螺栓群由中央顺序向外拧紧，为使高强度螺栓连接处板层能更好密贴。

6.4.19 高强度螺栓连接副在工厂制造时，虽经表面防锈处理，有一定的防锈能力，但远不能满足长期使用的防锈要求，故在高强度螺栓连接处，不仅要对钢板进行涂漆防锈，对高强度螺栓连接副也应按照设计要求进行涂漆防锈、防火。

6.5 紧固质量检验

6.5.1 考虑到在进行施工质量检查时，高强度螺栓的预拉力损失大部分已经完成，故在检查扭矩计算公式中，高强度螺栓的预拉力采用设计值。现行国家标准《钢结构工程施工质量验收规范》GB 50205中终拧扭矩的检验是按照施工扭矩值的±10%以内为合格，由于预拉力松弛等原因，终拧扭矩值基本上在1.0～1.1倍终拧扭矩标准值范围内(施工扭矩值=1.1倍终拧扭矩标准值)，因此本条规定与现行国家标准《钢结构工程施工质量验收规范》GB 50205并无实质矛盾，待修订时统一。

6.5.2 不能用专用扳手拧紧的扭剪型高强度螺栓，应根据所采用的紧固方法(扭矩法或转角法)按本规程第6.5.1条的规定进行检查。

7 施工质量验收

7.1 一 般 规 定

7.1.1 高强度螺栓连接属于钢结构工程中的分项工程之一，其施工质量的验收按照现行国家标准《钢结构工程施工质量验收规范》GB 50205执行，对于超出《钢结构工程施工质量验收规范》GB 50205的项目可按本规程的规定进行验收。

7.1.2、7.1.3 本节中列出的合格质量标准及不合格项目的处理程序来自于现行国家标准《钢结构工程施工质量验收规范》GB 50205和《建筑工程施工质量验收统一标准》GB 50300，其目的是强调并便于工程使用。

7.2 检验批的划分

7.2.1 高强度螺栓连接分项工程检验批划分应按照现行国家标准《钢结构工程施工质量验收规范》GB 50205的规定执行。

7.2.2 高强度螺栓连接副进场验收属于高强度螺栓连接分项工程中的验收项目，其验收批的划分除考虑高强度螺栓连接分项工程检验批划分外，还应考虑出厂批及螺栓规格。

高强度螺栓连接副进场验收属于复验，其产品标准中规定出厂检验最大批量不超过3000套，作为复验的最大批量不宜超过2个出厂检验批，且不宜超过6000套。

同一材料（性能等级）、炉号、螺纹（直径）规格、长度（当螺栓长度≤100mm时，长度相差≤15mm；当螺栓长度＞100mm时，长度相差≤20mm，可视为同一长度）、机械加工、热处理工艺及表面处理工艺的螺栓为同批；同一材料、炉号、螺纹规格、厚度、机械加工、热处理工艺及表面处理工艺的螺母为同批；同一材料、炉号、直径规格、厚度、机械加工、热处理工艺及表面处理工艺的垫圈为同批。分别由同批螺栓、螺母及垫圈组成的连接副为同批连接副。

7.2.3 摩擦面抗滑移系数检验属于高强度螺栓连接分项工程中的一个强制性检验项目，其检验批的划分除应考虑高强度螺栓连接分项检验批外，还应考虑不同的处理工艺和钢结构用量。

中华人民共和国行业标准

软土地区岩土工程勘察规程

Specification for geotechnical investigation
in soft clay area

JGJ 83—2011

批准部门：中华人民共和国住房和城乡建设部
施行日期：2 0 1 1 年 1 2 月 1 日

中华人民共和国住房和城乡建设部
公　告

第998号

关于发布行业标准《软土地区岩土工程勘察规程》的公告

现批准《软土地区岩土工程勘察规程》为行业标准，编号为JGJ 83-2011，自2011年12月1日起实施。其中，第5.0.5条为强制性条文，必须严格执行。原行业标准《软土地区工程地质勘察规程》JGJ 83-91同时废止。

本标准由我部标准定额研究所组织中国建筑工业出版社出版发行。

中华人民共和国住房和城乡建设部

2011年4月22日

前　言

根据原建设部《关于印发〈二〇〇二～二〇〇三年度工程建设城建、建工行业标准制订、修订计划〉的通知》(建标[2003]104号)的要求，编制组经广泛调查研究，认真总结实践经验，参考有关国际标准和国外先进标准，并在广泛征求意见的基础上，修订了本规程。

本规程的主要技术内容是：1. 总则；2. 术语和符号；3. 基本规定；4. 测绘调查、勘探和测试；5. 地下水；6. 场地和地基的地震效应；7. 天然地基勘察；8. 地基处理勘察；9. 桩基工程勘察；10. 基坑工程勘察；11. 勘察成果报告。

本规程修订的主要技术内容是：1. 将原规范由8章调整为11章；2. 增加了"术语和符号"；3. 岩土工程勘察基本要求中明确了软土勘察等级，初步勘察的勘探线、勘探点间距和初步勘察的勘探孔深度；4. 修订了"调查、勘探和测试"一章，强调软土地区应加强原位测试工作，规定了原位测试的试验项目、测定参数、主要试验目的；5. 修订了"地下水"一章，增加了"现场勘察时地下水测量要求"和"抗浮设防水位确定"内容；6. 修订了"强震区场地和地基"一章，增加了"软土地区地震效应勘察内容"和"当设防烈度等于或大于7度时，对厚层软土分布区软土震陷可能性的判别"内容；7. 增加了"天然地基勘察"一章；8. 增加了"地基处理勘察"一章；9. 修订了"桩基工程勘察"一章，增加了"单桩极限承载力根据地区经验按土的埋深和物理力学指标进行计算"的内容和"附录E 单桩竖向承载力的经验公式"；10. 增加了"基坑工程勘察"一章；11. 增加了"岩土工程勘察成果报告"一章。

本规程中以黑体字标志的条文为强制性条文，必须严格执行。

本由住房和城乡建设部负责管理和对强制性条文的解释，由中国建筑科学研究院负责具体技术内容的解释。执行过程中如有意见或建议，请寄送中国建筑科学研究院(地址：北京市北三环东路30号，邮政编码100013)。

本规程主编单位：中国建筑科学研究院

本规程参编单位：上海市岩土工程勘察设计研究院
南京市测绘勘察研究院有限公司
天津市勘察院
中航勘察设计研究院
北京市勘察设计研究院
深圳市勘察研究院有限公司
福建省建筑设计研究院

本规程主要起草人员：李显忠(以下按姓氏笔画排列)
邓文龙　吴永红　李　峰
杨俊峰　陈希泉　林胜天
周宏磊　顾国荣　樊有维
滕延京

本规程主要审查人员：方鸿琪　王静霞　宋二祥
姜建军　阎德刚　金　淮
周与诚　汪一帆　张效军

目　次

Contents

1 总　则

1.0.1 为在软土地区岩土工程勘察中贯彻国家的技术经济政策，做到安全适用、技术先进、经济合理、确保质量、保护环境，制定本规程。

1.0.2 本规程适用于软土地区的建筑场地和地基的岩土工程勘察。

1.0.3 软土地区岩土工程勘察，应做到体现软土地区的特点、重视地区经验、广泛搜集资料、详细了解建设和设计要求，精心勘察、精心分析，并应提出资料完整、真实准确、评价正确的勘察报告。

1.0.4 对于重要的建筑物和有特殊要求的软土地基或对环境有影响的工程，在施工及使用过程中，宜根据工程建设的需要进行监测。

1.0.5 软土地区岩土工程勘察除应符合本规程外，尚应符合国家现行有关标准的规定。

2 术语和符号

2.1 术　语

2.1.1 软土　soft clay

天然孔隙比大于或等于1.0、天然含水量大于液限、具有高压缩性、低强度，高灵敏度、低透水性和高流变性，且在较大地震力作用下可能出现震陷的细粒土，包括淤泥、淤泥质土、泥炭、泥炭质土等。

2.1.2 薄壁取土器　thin wall sampler

内径为75mm～100mm、面积比不大于10%(内间隙比为0)或面积比为10%～13%(内间隙比为0.5～1.0)的无衬管取土器。

2.1.3 灵敏度　sensitivity

原状黏性土与其含水率不变时的重塑土的强度比值。

2.1.4 流变性　rheological property

软土在长期荷载作用下，随时间增长发生的缓慢、长期的剪切变形，导致土的长期强度小于瞬间强度的性质。

2.1.5 触变性　thixotropy

黏性土受到扰动作用导致结构破坏、强度丧失，当扰动停止后，强度逐渐恢复的性质。

2.1.6 压缩层　compressed layer

地基沉降计算深度范围内土层的总称。

2.1.7 软土震陷　soft clay earthquake subsidence

由于地震引起软土软化而产生的地面或地基沉陷的现象。

2.1.8 地面沉降　ground subsidence, land subsidence

由于大范围过量抽汲地下水，引起地下水位下降，土层固结压密而造成的大面积地面下沉现象，或者由于大面积堆载而产生的地面下沉现象。

2.1.9 负摩阻力　negative skin friction, dragdown

桩身周围土的沉降大于桩身垂直向下的位移时，土对桩侧面所产生的向下摩擦力，其方向与正摩擦力相反。

2.1.10 抗浮设防水位　water level for prevention of up floating

地下建(构)筑物抗浮评价所需的、保证抗浮设防安全合理的场地地下水水位。

2.2 符　号

A_p——桩端面积；

a——压缩系数；

a_{1-2}——垂直压力为100kPa～200kPa时的压缩系数；

b——基础底面宽度；

C_c——压缩指数；

C_h——径向固结系数；

C_s——回弹指数；

C_u——十字板剪切强度；不排水抗剪强度；

C_v——垂直向固结系数；

c——黏聚力；

d——基础埋置深度或桩身直径；

d_i——第i层土层厚度；

d_s——静力触探试验点深度；

d_w——地下水位深度；

E_m——旁压模量；

E_0——土的变形模量；

E_s——土的压缩模量；

e——孔隙比；

e_0——天然孔隙比；

F_{lei}——液化强度比；

f_a——深宽修正后的地基承载力特征值；

f_{ak}——地基承载力特征值；

f_r——岩石饱和单轴极限抗压强度；

f_s——双桥静力触探侧壁摩阻力；

H——分层厚度；

I_L——液性指数；

I_{lE}——液化指数；

I_P——塑性指数；

K——安全系数；

k——渗透系数；

L——桩长度、分段桩长或基础长度；

N——标准贯入试验实测锤击数；

N_{10}——轻型圆锥动力触探试验实测锤击数；

N_r、N_q、N_c——地基承载力系数；

N_{cr}——液化判别标准贯入锤击数临界值；

N_0——液化判别标准贯入锤击数基准值；

n——土层分层数；

p——基底压力；

p_c——土的前期固结压力；

p_0——旁压试验初始压力；基底附加应力；

p_L——旁压试验极限压力；

p_s——单桥静力触探比贯入阻力；

p_{sb}——桩端附近的静力触探比贯入阻力平均值；

p_{scr}、p_{s0}——分别为比贯入阻力临界值和基准值；

p_z——土的有效自重压力；

p_y——旁压试验临塑压力；

Q_u——单桩竖向极限承载力；

q_c——双桥静力触探锥尖阻力；

q_{ccr}、q_{c0}——分别为锥尖阻力临界值和基准值；

q_{pk}——极限端阻力标准值；

q_{sik}——桩侧第 i 层土的极限侧阻力标准值；

q_{sis}——桩侧土的极限侧阻力；

q_u——无侧限抗压强度；

R_a——单桩竖向承载力特征值；

R_f——静力触探摩阻比；

S_c——地基土固结沉降量；

S_r——饱和度；

S_t——灵敏度；

s——基础沉降量，载荷试验沉降量；

u——桩身周长；

v_{se}——土层等效剪切波波速；

w——含水率；

w_P——塑限；

w_L——液限；

w_i——第 i 测点的层位影响权函数值；

z_n——沉降计算深度；

α_b——桩端阻力修正系数；

β——桩周土侧阻力修正系数；

η_d、η_b——基础埋深和宽度的地基承载力特征值修正系数；

γ——土的重度；

γ_0——基础底面以上土的重度；

φ——内摩擦角；

ρ_c——黏粒含量百分率；

ψ_s——沉降计算经验系数；

μ——土的泊松比；

K_{20}——标准温度（20℃）时试样的渗透系数。

3 基本规定

3.1 一般规定

3.1.1 按工程性质结合自然地质地理环境，可将我国划分为三个软土分布区，且沿秦岭走向向东至连云港以北的海边一线，作为Ⅰ、Ⅱ地区的界线，沿苗岭、南岭走向向东至莆田的海边一线，作为Ⅱ、Ⅲ地区的界线。中国软土主要分布地区的工程地质区划略图见附录A。中国软土主要分布地区软土的工程地质特征应符合本规程附录B的规定。

3.1.2 软土地区岩土工程勘察可划分为初步勘察阶段和详细勘察阶段，当工程需要时，应增加施工勘察阶段。

3.1.3 对大型厂址、重点工程，宜按可行性研究勘察、初步勘察、详细勘察和施工勘察四个阶段进行勘察；对于一般建筑，当其建筑性质和总平面位置已经确定时，可仅进行详细勘察。

3.2 勘察等级

3.2.1 软土地区岩土工程的勘察等级可按工程重要性等级、软土场地和地基的复杂程度划分为甲、乙、丙三级。

3.2.2 工程重要性等级的划分应符合现行国家标准《岩土工程勘察规范》GB 50021的规定。

3.2.3 软土场地和地基的复杂程度应根据下列规定划分为复杂、中等和简单三个等级：

1 符合下列条件之一者为复杂场地和地基：

1)场地地层分布不稳定，交交互层复杂；

2)土质变化大，场地处于不同的工程地质单元，地基主要受力层内硬层和基岩面起伏大；

3)抗震设防烈度大于或等于7度，存在可液化土层，发生过较大的软土震陷；

4)地形起伏较大，微地貌单元较多，不良地质作用发育，地下水对地基基础有不良影响；

5)场地受污染，地下水(土)对基础结构材料具有强腐蚀性；

6) 暗塘、暗沟较多，分布复杂，填土很厚且工程性质很差；

7) 场地地质环境或周边环境条件复杂。

2 符合下列条件之一者为中等复杂场地和地基：

1) 场地地层分布不稳定，交互层较为复杂；

2) 土质变化较大，地基主要受力层内硬层和基岩面起伏较大；

3) 地形微起伏，地貌单元较单一；

4) 不良地质作用较发育；

5) 地下水对地基基础可能有不良影响；

6）暗塘、暗沟较少；

7）场地地质环境或周边环境条件较复杂。

3 符合下列条件之一者为简单场地和地基：

1）场地地层稳定，交互层简单，持力层的层面平缓；

2）土质变化较小，地基条件简单；

3）无不良地质作用；

4）地形平坦，地貌单元单一；

5）地下水对地基基础无不良地质影响；

6）无暗塘、暗沟；

7）场地地质环境或周边环境条件简单。

3.2.4 根据工程重要性等级、场地和地基的复杂程度，软土地区勘察等级应按表3.2.4的规定划分。

表3.2.4 软土地区勘察等级

场地和地基复杂程度 \ 工程重要性等级	一级	二级	三级
复杂	甲级	甲级	甲级
中等复杂	甲级	乙级	乙级
简单	甲级	乙级	丙级

3.3 可行性研究勘察

3.3.1 可行性研究勘察，应对拟选场址的稳定性和适宜性作出评价，并应为城镇规划、场址选择、建设项目的技术经济方案比选提供可行性研究的依据。

3.3.2 可行性研究勘察阶段应进行下列工作：

1 搜集区域地质、地形地貌、水文地质、地震、冻土和当地的工程地质、水文地质、岩土工程治理和建筑经验等资料；

2 进行现场踏勘、调查，了解场地的地形、地貌、地层、土质、不良地质作用和地下水等条件；

3 当拟建场地工程地质条件复杂，已有资料不能满足要求时，应针对具体情况和工程需要，增加工程地质调查、测绘和钻探、测试、试验工作；

4 调查有无洪水和海潮威胁或地下水的不良影响、地下有无未开采的矿藏和文物；

5 初步评价场地和地基的地震效应；

6 调查当地软土地基治理的工程经验；

7 对建设场地稳定性进行评价；

8 对工程建设的适宜性进行评价。

3.4 初步勘察

3.4.1 初步勘察阶段，应对场地内各建筑地段的稳定性作出评价，并应为确定建筑总平面布置、主要建筑物地基基础方案及对不良地质作用的防治提供工程地质资料和依据。

3.4.2 初步勘察应在搜集分析已有资料或进行工程地质调查与测绘的基础上进行。

3.4.3 初步勘察前应取得下列资料：

1 建筑场地范围的地形图，其比例尺以1：500～1：2000为宜；

2 已有地质资料和建筑经验；

3 场地范围内地下管线的现状；

4 有关工程的性质、规模和规划布局的初步设想等。

3.4.4 初步勘察阶段应进行下列工作：

1 初步查明场地的地层结构、年代、成因，软土的分布范围、横向和纵向分布特征，土层的基本物理力学性质；

2 初步查明地表硬壳层的分布与厚度，下伏硬土层和浅埋基岩的埋藏条件与起伏；

3 初步查明场地微地貌的形态，暗埋的古河道、塘、浜、沟、坑、穴等的分布范围；

4 初步查明场区的不良地质作用发育特征，对场地稳定性的影响程度及发展趋势；

5 对抗震设防烈度等于或大于6度的地区，划分对建筑抗震有利、不利或危险的地段，判定场地的地震效应；

6 初步查明场地水文地质条件及冻结深度；

7 初步分析评价地质环境对建筑场地的影响；

8 对建设场地稳定性进行评价；

9 初步评价工程适宜性，为合理确定建筑物总平面的布置，地基基础方案的选择、软土地基的治理以及不良地质作用的防治措施提供依据。

3.4.5 初步勘察的勘探点、线、网的布置应符合下列规定：

1 勘探线应垂直地貌单元边界线、地层界线，在海边的勘探线应垂直海岸线；

2 勘探点宜按勘探线布置，在每个地貌单元和地貌交接部位均应布置勘探点，在微地貌和地层变化较大地段应当加密；

3 在地形平坦地区，可按方格网布置勘探点；

4 应按规划主要建筑物的设想布置勘探点、线。

3.4.6 初步勘察的勘探线、勘探点间距可按表3.4.6的规定确定，局部异常地段应适当加密。控制性勘探点宜占勘探点总数的1/4～1/2，且每个地貌单元均应有控制性勘探点，每个主要建筑物地段应有控制性勘探孔。

表3.4.6 初步勘察的勘探线、勘探点间距（m）

场地地基复杂程度等级	勘探线间距	勘探点间距
复杂	50～100	30～50
中等复杂	75～150	40～100
简单	150～300	75～200

注：表中间距不适用于地球物理勘探。

3.4.7 初步勘察勘探孔的深度，应根据结构特点和荷载条件按表3.4.7的规定确定，并应符合下列

规定：

1　在预定深度内遇基岩时，控制性勘探孔应钻入基岩适当深度，其他勘探孔在进入基岩后，可终止钻进；

2　在预定深度内有厚度较大、且分布均匀的密实土层时，控制性勘探孔应达到规定深度，一般性勘探孔的深度可适当减少；

3　当预定深度内有软弱土层时，勘探孔深度应适当增加，部分控制性勘探孔宜穿透软弱土层。

表 3.4.7　初步勘察勘探孔的深度（m）

工程重要性等级	一般性勘探孔	控制性勘探孔
一级（重要工程）	＞30	＞50
二级（一般工程）	＞20	＞30
三级（次要工程）	＞10	＞20

注：勘探点包括钻孔、探井和原位测试孔。

3.4.8　初步勘察采取土试样和进行原位测试时应符合下列规定：

1　采取土试样和进行原位测试的勘探点应结合地貌单元、地层结构和土的工程性质进行布置，且其数量不应少于勘探点总数的1/2；

2　采取土试样的数量和孔内原位测试的竖向间距，应按地层特点和土的均匀程度确定；每层土均应采取土试样或进行原位测试，且其数量不宜少于6个。

3.4.9　初步勘察的水文地质工作应符合下列规定：

1　应调查地下水的类型、与地表水的水力联系、补给和排泄条件，以及地下水位的变化幅度。需绘制地下水等水位线图时，应统一量测地下水位。

2　应采取有代表性的水试样进行腐蚀性评价，取样点位的数量不应少于2个，且在有污染源的地区宜增加取样点的数量。

3.5　详 细 勘 察

3.5.1　详细勘察阶段应按单体建筑物或建筑群提出详细的岩土工程资料和设计、施工所需的岩土参数，并应对建筑地基作出岩土工程评价，对地基类型、基础形式、地基处理、基坑支护、地下水控制和不良地质作用的防治等提出建议。

3.5.2　详细勘察前应搜集下列资料：

1　附有坐标及地形的建筑总平面布置图；

2　场地初步勘察报告或邻近地质资料；

3　建筑物的性质、规模、荷载、结构特点，室内外地面设计标高；

4　可能采取的基础形式、埋置深度，地基允许变形；

5　有特殊要求的地基基础设计和施工方案。

3.5.3　详细勘察阶段，应在初步勘察的基础上进行下列工作：

1　查明建筑物范围内的地层成因类型、结构、分布规律及其物理力学性质，软土的固结历史、水平向和垂直向的均匀性、结构破坏对强度和变形特征的影响，地表硬壳层的分布与厚度、下伏硬土层或基岩的埋深和起伏，分析和评价地基的稳定性、均匀性和承载力；

2　查明微地貌形态和暗埋的塘、浜、沟、坑、穴的分布、埋深，并查明回填土的工程性质、范围和填埋时间；

3　查明地下水的埋藏条件，提供地下水位及其变化幅度；

4　判定水和土对建筑材料的腐蚀性；

5　提供地基强度与变形计算参数，预测建筑物的变形特征和稳定性；

6　对抗震设防烈度等于或者大于6度的场地，提供勘察场地的抗震设防烈度、设计基本地震动加速度和设计地震分组，并划分场地类别，划分对抗震有利、不利或危险的地段；

7　提供深基坑开挖后，边坡稳定性计算、支护和降水设计所需的岩土参数，分析开挖、回填、支护、地下水控制、打桩、沉井等对软土应力状态、强度和压缩性的影响。

3.5.4　在详细勘察阶段采取土试样和进行原位测试时，应符合下列规定：

1　采取土试样和进行原位测试的勘探点数量，应根据地层结构、地基土的均匀性和设计要求确定，对地基基础设计等级为甲级的建筑物每栋不应少于3个；

2　每个场地每一主要土层的原状土试样或原位测试数据不应少于6件（组）；

3　在地基主要受力层内，对厚度大于0.5m的夹层或透镜体，应采取土试样或进行原位测试；

4　当土层性质不均匀时，应增加取土或原位测试的数量。

3.5.5　软土地区勘察宜采用钻探取样与静力触探结合的方法。软土取样应采用薄壁取土器，其规格应符合本规程附录C的规定。软土的力学参数宜采用静力触探试验、旁压试验、十字板剪切试验、扁铲侧胀试验和螺旋板载荷试验等方法获取。

3.5.6　软土的物理力学参数宜采用室内试验和原位测试方法，并结合当地经验加以确定。有条件时，可根据载荷试验、原型监测反分析确定。抗剪强度指标室内宜采用三轴试验，原位测试宜采用十字板剪切试验。压缩系数、先期固结压力、压缩指数、回弹指数、固结系数，可分别采用常规固结试验、高压固结试验等方法确定。

3.5.7　根据工程重要性等级和场地地基的复杂程度，软土的岩土工程评价应包括下列内容：

1 判定地基产生失稳和不均匀变形的可能性；对位于池塘、河岸、边坡附近的工程，应评价其稳定性。

2 根据室内试验、原位测试和当地经验，并结合下列因素综合确定软土地基承载力：

1）软土成层条件、应力历史、结构性、灵敏度等力学特性和排水条件；

2）上部结构类型、刚度、荷载性质和分布，对不均匀沉降的敏感性；

3）基础的类型、尺寸、埋深和刚度等；

4）施工方法、加荷速率对软土性质的影响。

3 当建筑物相邻高低层荷载相差较大时，应分析其变形差异和相互影响；当地面有大面积堆载时，应分析对相邻建筑物的不利影响。

4 地基沉降计算可采用分层总和法或土的应力历史法，并应根据当地经验进行修正，必要时，应考虑软土的次固结效应。

5 提出基础形式和持力层的建议；对于上为硬层，下为软土的双层土地基，应进行下卧层验算。

3.6 施工勘察

3.6.1 当遇到下列情况之一，应进行施工勘察：

1 基槽开挖和地基基础施工过程，地质条件有差异，并影响到地基基础的设计施工时；

2 对暗埋的塘、浜、沟、谷等的位置，需进一步查明及处理时；

3 在施工阶段，变更设计条件或设计施工需要时。

4 测绘调查、勘探和测试

4.1 一般规定

4.1.1 工程地质测绘和调查的内容应根据勘察阶段和地形、地貌复杂程度综合确定，测绘和调查的成果应作为勘察纲要编制和岩土工程评价的基本资料。

4.1.2 钻探、取样、室内试验和原位测试的适用范围、仪器标准、方法和有关要求，应与软土地区工程特点相适应，并应符合现行国家标准《岩土工程勘察规范》GB 50021 和《土工试验方法标准》GB/T 50123 的规定。原位测试的仪器设备应定期检验和标定。

4.1.3 软土地区应加强原位测试工作。原位测试手段应根据岩土条件、设计对参数的要求和测试方法的适用性等因素选用。

4.1.4 原位测试应与钻探、取样、室内试验结合使用，成果的使用应考虑地区性和经验性，采用与地区经验相结合的原则确定岩土工程参数，进行岩土工程评价。

4.2 工程地质测绘和调查

4.2.1 工程地质测绘和调查宜包括下列内容：

1 土层的成因年代、埋藏条件、分布范围、应力历史等；

2 场地地形地貌特征和暗埋的塘、浜、沟、坑、故河道等的分布与埋深等；

3 地下水类型、补给来源、排泄条件、水位变化幅度及其与地表径流及潮汐的水力联系；

4 气象、水文、植被、土的标准冻结深度等；

5 场区的地震烈度、震害、地裂缝和软土震陷等；

6 拟建场地附近已建建筑物的变形和软土地基处理经验。

4.2.2 工程地质测绘和调查的范围，应包括拟建场地及其附近相关地段。

4.2.3 工程地质测绘和调查的比例尺宜符合下列规定：

1 可行性研究勘察可选用 1：5000～1：10000；

2 初步勘察可选用 1：2000～1：5000；

3 详细勘察可选用 1：500～1：1000；

4 条件复杂时，比例尺宜适当放大；

5 对工程有重要影响的地质单元体，宜采用扩大比例尺表示。

4.2.4 对于建筑地段地质界线的测绘精度，在图上的不应超过 3mm，其他地段不应超过 5mm。

4.2.5 测绘与调查的成果资料宜包括实际材料图、综合工程地质图、工程地质分区图、综合地质柱状图、工程地质剖面图以及各种素描图、照片和文字材料等。

4.3 钻探和取样

4.3.1 钻探应符合下列规定：

1 在黏性土中应采用空心螺纹提土器进行回转钻进，提土器上端应有排水孔，下端应有排水活门。对于粉土和砂土，当螺纹提土器取不上土样时，可采用泥浆钻进，必要时可采用岩芯管取芯钻进。

2 钻进过程中应防止缩孔或坍孔。

3 当成孔困难或需间歇施工时，应采取护壁措施。

4 钻进时，应准确测量尺寸，并应保证分层清楚，软土回次进尺不应大于 2.0m，粉性土回次进尺不应大于 1.5m，取芯率应大于 80%。当土的取芯率不能满足土的鉴别和分层要求时，可采用标准贯入器采取土样作土层鉴别。

4.3.2 钻探编录应符合下列规定：

1 记录应按钻进回次逐段填写记录表各栏内容，分层应另记，不得将若干回次合并记录和事后追记；

2 钻进过程中深度量测的允许偏差应为

±0.05m；

3　编录内容除一般性要求外，尚应着重描述软土的状态、有机质和腐殖质含量、气味、含砂量（夹砂厚度），包含物、结构特征、钻进难易程度、提土情况等；

4　对于重要的工程或有特殊要求时，应选择有代表性钻孔分段留样，应详细描述土样结构或拍摄土芯照片，并应保存土芯样；

5　钻探结束后，次日应测量孔内地下水静止水位。

4.3.3　采取软土试样的质量以及所使用取土器，应根据工程要求、所需试样的质量等级确定，软塑～流塑状态的黏性土应采用薄壁取土器压入取土样。试样质量等级符合本规程附录C的规定。

4.3.4　在钻孔中采取Ⅰ～Ⅱ级土样时，应符合下列规定：

1　用泥浆钻进时，应保持孔内泥浆液面等于或稍高于地下水位；

2　采用回转方法钻进时，至取土位置前应减速钻进，且不得影响孔底土层；

3　孔底残留浮土厚度不得大于取土器上端废土段长度，进入取土器的土样总长度不得超过取土器（包括上端废土段）总长度，下放取土器时严禁冲击孔底；

4　贯入取土器宜采用油压给进装置的静压法，当遇到硬土夹层且人工压入困难时，可采用重锤少击方式贯入。

4.3.5　土试样封装、运输、储存应符合下列规定：

1　取土器提出地面之后，应小心地将土试样卸下，并应妥善密封、防止湿度变化。土样应直立安放，严禁倒放或平放，并应避免曝晒或冰冻。

2　土试样运输前应妥善装箱，并充填缓冲材料，运输途中应行驶平稳，避免颠簸。对易于扰动的土试样，宜在现场进行试验工作。

3　土试样应储存在温度10℃～30℃条件下，取后至试验前的储存时间不宜超过7d。

4.3.6　土试样制备应符合下列规定：

1　制备试样前，应进行描述，包括土名、颜色、状态、含有物、均匀性等，并应按扰动程度核定试样质量等级，对显著扰动的土样不得按不扰动土制备试样；

2　用环刀切取土试样前，应用钢丝锯小心切剖纵断面，土试样切取应具有层次的代表性和归一性；

3　土试样与环刀应密合，并应擦净环刀外壁后再称环刀和土的总质量，同一组试样的天然密度的差值不宜大于0.03g/cm³。力学性试件严禁重叠堆放。

4.4　室内试验

4.4.1　室内试验宜包括土的物理性质、力学性质指标测试和化学分析，实际试验项目应根据工程性质、基础类型、荷载条件和土质特性等因素综合确定。试验方法、技术标准及仪器设备，应符合现行国家标准《土工试验方法标准》GB/T 50123的规定。

4.4.2　对于一级建筑物，土粒相对密度应采用比重瓶法实测；对于二、三级建筑物，土粒相对密度可按本地区经验值确定，也可按本规程附录D表D.0.1确定。

4.4.3　液限试验宜采用圆锥仪方法，工程需要时也可采用碟式仪方法。

4.4.4　土的含水量与密度试验应采用环刀法同时测定，且试件应具有代表性，其天然密度的差值不应大于0.03g/cm³。

4.4.5　土的渗透试验应同时测定土的垂直向和水平向渗透系数，且应根据地下水的温度以K_{20}作为标准提供数据。砂土应用取砂器所取土样进行试验。

4.4.6　水、土的化学分析应主要测定pH值、氯化物、硫酸盐、碳酸盐等成分的含量，评价标准应按现行国家标准《岩土工程勘察规范》GB 50021的有关规定执行。

4.4.7　对于软土常规固结试验，第一级压力应根据土的有效自重压力确定，并宜用12.5kPa、25kPa或50kPa，最后一级压力应大于土的有效自重压力与附加压力之和。

试验报告中的压缩系数（a_{1-2}）应为相应于垂直压力为100kPa～200kPa的值，并应按下列规定评价地基土的压缩性：

1　当a_{1-2}小于0.1MPa^{-1}时，应确定为低压缩性土；

2　当a_{1-2}大于等于0.1MPa^{-1}且小于0.5MPa^{-1}时，应确定为中压缩性土；

3　当a_{1-2}大于等于0.5MPa^{-1}时，应确定为高压缩性土。

4.4.8　固结系数应包括垂直向固结系数（C_v）和水平向固结系数（C_h）的测定，压力范围可采用在土的自重压力至土的自重压力加附加压力之和的范围内选定。

4.4.9　当采用压缩模量进行沉降计算时，试验成果可用空隙比-压力（e-p）曲线整理，压缩系数和压缩模量的计算应取自土的有效自重压力至土的有效自重压力与附加压力之和的压力段。当考虑基坑开挖卸荷和再加荷影响时，应进行回弹试验，其压力的施加应模拟实际的加、卸荷状态。

4.4.10　当考虑土的应力历史进行沉降计算时，试验成果应按空隙比-压力对数（e-lg$p$曲线）曲线整理，并应确定前期固结压力（p_c）、计算压缩指数和回弹指数。施加的最大压力应能满足绘制完整的e-lg$p$曲线的要求，并应在估计的前期固结压力之后，进行一次卸荷回弹，再继续加荷，直至完成预定的最后一级压力。

土的固结状态应按下列规定确定：

1 当 p_c/p_0 小于1时，应确定为欠固结土；

2 p_c/p_0 等于1时，应确定为正常固结土；

3 p_c/p_0 大于1时，应确定为超固结土。

注：p_0 为土的有效自重压力。

4.4.11 当需要计算厚层高压缩性软土的次固结沉降及其历时关系时，应测定其次固结系数，且每层不应少于6个土试样。

4.4.12 对一级工程或有特殊要求的工程，应采用三轴剪切试验测定黏性土的抗剪强度。三轴剪切试验的试验方法应按下列条件确定：

1 对饱和黏性土，当加荷速率较快时，宜采用不固结不排水（UU）试验；对饱和软土试样应在有效自重压力下预固结后再进行试验；

2 对经预压处理的地基、排水条件好的地基、加荷速率不高的工程，可采用固结不排水（CU）试验；当需提供有效应力抗剪强度指标时，应采用固结不排水试验测定孔隙水压力。

4.4.13 直接剪切试验的试验方法，应根据荷载类型、加荷速率和地基土的排水条件确定。对内摩擦角（φ）接近于0的软黏土，可用Ⅰ级土试样进行无侧限抗压强度试验。对土体可能发生大应变的工程，应测定残余抗剪强度。

4.4.14 软土的静弹性模量可在应力控制式三轴压缩仪上在侧压力侧向压力 σ_2 与 σ_3 相等条件下，用轴向反复加、卸荷的方法确定，且垂直压力的施加应模拟实际加、卸荷的应力状态。

4.4.15 软土的动力特性试验，施加荷载的波形、频率、振幅、持续时间，试样的固结应力和破坏标准，以及操作方法和成果整理等，均应先编制能满足工程需要的试验方案。

4.4.16 对于土的泊松比（μ），对一级建筑物应通过试验求得，对其他等级建筑物可应用本地区的经验值或按本规程附录D的表D.0.2确定。

4.4.17 软土的结构性分类宜采用现场十字板剪切试验，也可采用无侧限抗压强度的试验方法测定其灵敏度（S_t），并按表4.4.17的规定进行判定。

表 4.4.17 软土的结构性分类

灵敏度 S_t	结构性分类
$2<S_t\leqslant4$	中灵敏性
$4<S_t\leqslant8$	高灵敏性
$8<S_t\leqslant16$	极灵敏性
$S_t>16$	流性

注：无侧限抗压强度试验土样，应采用薄壁取土器取样。

4.4.18 有机质含量可采用灼失量试验确定，且当有机质含量不大于15%时，宜采用重铬酸钾容量法测定。

4.5 原位测试

4.5.1 原位测试的试验项目、测定参数、主要试验目的可按表4.5.1的规定确定。

表 4.5.1 软土地区岩土工程勘察原位测试项目

试验项目	测定参数	主要试验目的
静力触探	单桥比贯入阻力（P_S）、双桥锥尖阻力（q_c）、侧壁摩阻力（f_s）、摩阻比（R_f）、孔压静力触探的孔隙水压力（u）	1. 判定土层均匀性和划分土层； 2. 选择桩基持力层，估算单桩承载力； 3. 估算地基土承载力和压缩模量； 4. 判定沉桩可能性； 5. 判别地基土液化可能性及等级
标准贯入试验	标准贯入击数（N）	1. 判定土层均匀性和划分土层； 2. 判别地基土液化可能性及等级； 3. 估算地基土承载力和压缩模量； 4. 选择桩基持力层，估算单桩承载力； 5. 判定沉桩可能性
十字板剪切试验	不排水抗剪强度（C_u）和残余强度（C'_u）	1. 测定原位应力条件下黏性土的不排水抗剪强度（C_u）； 2. 估算软黏性土的灵敏度； 3. 判断软黏性土的应力历史
载荷试验	比例界限压力（p_0）、极限压力（p_L）、压力与变形关系	1. 确定地基土承载力； 2. 估算地基土的变形模量； 3. 计算地基土的基床系数
旁压试验	初始压力（p_0）、临塑压力（p_y）、极限压力（p_L）和旁压模量（E_m）	1. 测求地基土的临塑荷载和极限荷载，评定地基土的承载力和变形参数； 2. 计算土的侧向基床系数； 3. 自钻式旁压试验可确定土的原位水平应力和静止侧压力系数
扁铲侧胀试验	侧胀模量（E_D）、侧胀土性指数（I_D）、侧胀水平应力指数（K_0）、侧胀孔压指数（U_0）	1. 划分土层和判别土类； 2. 计算土的侧向基床系数
波速测试	压缩波速（V_p）、剪切波速（V_s）	1. 划分场地类别； 2. 提供场地土动力参数； 3. 估算场地卓越周期

4.5.2 采用静力触探方法评价土的强度和变形指标时，应结合本地区经验取值。应用静力触探曲线分层时，应综合考虑土的类别、成因和地下水条件等因素。

4.5.3 软土的抗剪强度可采取十字板剪切试验测定。对重荷载的大型建筑，应测定其残余强度并计算其灵敏度。

4.5.4 旁压试验宜采用自钻式旁压仪，并应根据仪器设备和土质条件，选择适当的钻头、转速、进速、泥浆压力和流量、刃口的距离等以确定最佳自钻方式。

4.5.5 用载荷试验确定地基承载力时，承压板面积不宜小于1.0m^2。承载力特征值的选用，应根据压力和沉降、沉降与时间关系曲线的特征，结合地区经验取值。

4.5.6 根据扁铲侧胀试验指标并结合地区经验，可判别土的类别，并确定静止侧压力系数、水平基床系数等参数。

4.5.7 标准贯入试验可用于评价土的均匀性和定性划分不同性质的土层，以及软土中夹砂层的密实度和承载力。

4.5.8 场地土的动力参数可采用弹性波速单孔法测试，测点间距宜采用1.0m～1.5m。当地层复杂时，宜采用跨孔法，两测孔间距宜采用4.0m～5.0m，并应测量孔的倾斜度。

4.6 监 测

4.6.1 下列建筑物应在施工期和使用期进行沉降监测：

1 一级建筑物；

2 二、三级建筑物具有下列情况之一时：

1）工程地质条件复杂；

2）对周围建筑物有影响；

3）对地基不均匀变形特别敏感；

4）加层、接建及邻近开挖、堆载等使地基应力发生显著变化；

5）地基加固处理后需要检验；

6）其他有关规范规定需要做监测的工程。

4.6.2 遇下列情况之一，应进行地下水监测：

1 地下水位的变化对地基土的性质有较大影响时；

2 地下水位的变化对建筑物基础或地下工程的抗浮、防水、防潮和防腐有较大影响时；

3 施工降水对拟建工程或相邻工程有较大影响时；

4 施工或环境条件改变，造成的孔隙水压力、地下水压力变化，对工程设计或施工有较大影响时；

5 地下水位的下降造成区域性地面沉降时。

4.6.3 地下水监测工作应符合下列规定：

1 应设置专门的地下水位观测孔，每个场地的观测孔宜按三角形布置，孔数不得少于3个；

2 地下水变化较大的地段或上层滞水赋存地段，应布置观测孔；

3 在临近地表水体的地段，应观测地表水与地下水的水力联系；

4 地下水受污染地段，应长期进行水质变化的观测；

5 地下水监测方法与监测时间等应符合现行国家标准《岩土工程勘察规范》GB 50021的有关规定。

5 地 下 水

5.0.1 在软土地区进行地下水勘察，应通过调查和现场勘察方法，查明地下水的性质和变化规律，为设计施工提供有关的参数和指标，分析评价地下水对地基基础设计、施工和环境的影响，预估可能产生的危害，提出预防和处理措施的建议。

5.0.2 软土地区地下水勘察，除应符合一般地区的勘察要求外，尚应根据工程需要重点查明下列内容：

1 地表水与地下水的水力联系，在江河、湖泊、滨海地区，还应查明潮汐变化；

2 地下水的补给排泄条件，与工程相关的含水层相互之间的补给关系；

3 地下水腐蚀性和污染源情况。

5.0.3 已有地区经验或场地水文地质条件简单，且有常年地下水位监测资料的地区，可通过调查方法掌握地下水的性质和规律、地下水的变化或含水层的水文地质特性。

5.0.4 对于需要采取水试样的含水层，同一场地应至少采取3件，对污染严重的场地，还应进行地基土的腐蚀性试验。地下水的采取和试验应按现行国家标准《岩土工程勘察规范》GB 50021的有关规定执行。

5.0.5 现场勘察时，应测量地下水位，水位测量孔的数量应满足工程评价的需求，并应符合下列规定：

1 当遇第一层稳定潜水时，每个场地的水位测量孔数量不应少于钻探孔数量的1/2，且对单栋建筑物场地，水位测量孔数量不应少于3个；

2 当场地有多层对工程有影响的地下水时，应专门设置水位测量孔，并应分层测量地下水位或承压水头高度。

5.0.6 多层地下水测量时，应采取止水措施将被测含水层与其他含水层隔离，并宜埋设孔隙水压力计，或采用孔压静力触探试验进行测量。

5.0.7 初见水位和稳定水位可在钻孔或测压管内直接测量，软土地区测量稳定水位的间隔时间不得少于24h，测量结果的允许偏差应为±2cm。对位于江边、岸边的工程，地表水、地下水应同时测量，并应注明测量时间。水试样应及时试验，清洁水的放置时间不宜超过72h，稍受污染水的放置时间不宜超过48h，受污染水的放置时间不宜超过12h。

5.0.8 含水层渗透系数的测定宜采用现场试验和室内试验综合确定。砂性土的含水层渗透系数可直接通过抽水试验测定，黏性土的含水层渗透系数可采用室内试验测定。当对数据精度要求不高时，可采用经验数值。

5.0.9 软土地区地下水作用的评价，除应符合一般地区的要求外，尚应重点评价下列内容：

1 对地基基础、地下结构应评价地下水对结构的上浮作用；

2 采取降水措施或大量抽取地下水时，在地下水位下降的影响范围内，应评价可能引起土体变形或大面积地面沉降及其对工程的危害；

3 在有水头压差的粉细砂、粉土地层中，应评价产生潜蚀、流砂、管涌的可能性；

4 在地下水位下开挖基坑，应评价降水或截水措施的可行性及其对基坑稳定和周边环境的影响；

5 当基坑底下存在高水头的承压含水层时，应评价基坑底土层的隆起或产生突涌的可能性；

6 对地下水位以下的工程结构，应评价地下水对混凝土与金属材料的腐蚀性。

5.0.10 评价地下水对结构的上浮作用时，宜通过专项研究确定抗浮设防水位。在研究场区各层地下水的赋存条件、场区地下水与区域性水文地质条件之间的关系、各层地下水的变化趋势以及引起这种变化的客观条件的基础上，应按下列原则对建筑物运营期间内各层地下水位的最高水位作出预测和估计：

1 当有长期水位观测资料时，抗浮设防水位可根据该层地下水实测最高水位和建筑物运营期间地下水的变化来确定；

2 无长期水位观测资料或资料缺乏时，可按勘察期间实测最高稳定水位并结合场地地形地貌、地下水补给、排泄条件等因素综合确定；

3 场地有承压水且与潜水有水力联系时，应实测承压水水位并考虑其对抗浮设防水位的影响；

4 只考虑施工期间的抗浮设防时，抗浮设防水位可按近3年～5年的最高水位确定。

6 场地和地基的地震效应

6.1 一 般 规 定

6.1.1 软土地区地震效应勘察，应根据工程的重要性、地震地质条件及工程的具体要求进行下列工作：

1 划分建筑场地抗震地段，评价建筑场地类别，提供抗震设计的地震动参数；

2 对可能发生液化的场地与地基，应判别液化土层，确定液化等级和液化深度；

3 对可能发生震陷的场地与地基，应判别软土震陷，工程需要时应进行专门性的软土震陷量计算。

6.1.2 软土地区地震效应勘察与测试应符合下列规定：

1 土层剪切波速的测试宜采用单孔检层法、跨孔法或面波法（雷利波法）。同一地质单元测量土层剪切波速的钻孔数量，单幢高层建筑和多层建筑组团（每组团）不宜少于2个，高层建筑群每幢不得少于一个；钻孔深度一般情况下应大于场地覆盖层厚度或20m。

2 地震液化判别宜采用标准贯入试验和静力触探试验方法，且判断液化的勘探点不应少于3个，每个标准贯入试验孔的试验点的竖向间距宜为1.0m～1.5m，每层土的试验点数不宜少于6个。

3 地震液化判别应查明可能液化土层的地下水埋藏条件、水位变化幅度及近期3年～5年内最高水位。

4 对粉土、含泥质砂土、砂土夹淤泥质黏土、砂土与淤泥质黏土互层等，应取土的颗粒分析样品，并采用六偏磷酸钠作为分散剂的测定方法，测定土的黏粒含量百分比（ρ_c）。

5 对需要采用时程分析法进行抗震设计的工程，每幢高层建筑物的同一地质单元宜布置不少于二个剪切波速孔，测试孔应深至准基岩面（剪切波速大于500m/s的土层）或深度超过100m，且剪切波速有明显跃升的分界面或由物探等其他分法确定的准基岩面。对于准基岩面及其以上各土层，宜采集土试样进行室内动三轴试验或共振柱试验，并提供剪变模量比与剪应变关系曲线、阻尼比与剪应变关系曲线。

6.2 抗震地段划分与场地类别

6.2.1 对设防烈度等于或大于6度区的场地进行抗震地段划分时，应根据场地岩土特性、局部地形条件以及场地稳定性对建筑工程抗震的影响等，划分出有利、不利和危险地段，以及可进行建设的一般场地。划分原则应符合现行国家标准《建筑抗震设计规范》GB 50011的规定。对软土，当设防烈度为7度、8度、9度，等效剪切波速值分别小于90m/s、140m/s和200m/s时，可划分为不利地段。

6.2.2 对于设防烈度等于或大于6度区，建筑场地类别划分应符合现行国家标准《建筑抗震设计规范》GB 50011的有关规定。对多层建筑组团场地类别评价时，宜进行剪切波速测定。对多层建筑物，当坚硬土层埋深大或受勘探孔深限制，难以查明覆盖层厚度时，有经验地区可收集并引用邻近工程深孔覆盖层厚度资料。

6.3 液化与震陷

6.3.1 设防烈度等于或大于7度区，对饱和砂土和粉土的液化判别应符合现行国家标准《建筑抗震设计规范》GB 50011的有关规定。当符合下列条件之一时，可初步判别为不液化土或不考虑液化影响：

1 设防烈度为7度、8度、9度区，粉土中的黏粒（粒径小于0.005mm的颗粒）含量百分率（ρ_c），分别不小于10、13和16时，可判为不液化土；

2 当土层为粉土或粉砂与黏土互层时，其黏性土合计厚度达到或超过土层总厚度1/3时，可不考虑液化影响；

3 粉土或砂土层的平均厚度不足1m或呈局部透镜体状时，可不考虑液化影响。

6.3.2 经初步判别认为需要进一步进行液化判别时，对含泥质砂土、砂土夹淤泥质黏土，砂土与淤泥质黏土互层等，除采用标准贯入试验方法外，尚宜采用静力触探试验方法，综合判定液化可能性及其液化等级。当采用静力触探试验方法判别液化时，若土的比贯入阻力或锥尖阻力实测值大于临界值，可判为不液化土。临界值应按下列公式计算：

1 单桥比贯入阻力临界值应按下式计算：

$$p_{scr}=p_{s0}\left[1-0.06d_s+\frac{d_s-d_w}{a+b(d_s-d_w)}\right]\sqrt{\frac{3}{\rho_c}} \tag{6.3.2-1}$$

2 双桥锥尖阻力临界值应按下式计算：

$$q_{ccr}=q_{c0}\left[1-0.06d_s+\frac{d_s-d_w}{a+b(d_s-d_w)}\right]\sqrt{\frac{3}{\rho_c}} \tag{6.3.2-2}$$

式中：p_{scr}、q_{ccr}——分别为比贯入阻力临界值和锥尖阻力临界值（MPa）；

p_{s0}、q_{c0}——分别为比贯入阻力基准值和锥尖阻力基准值，按表6.3.2取值；

d_s——静力触探试验点深度（m），当深度为15m～20m时，取15m；

d_w——地下水位深度（m），按可液化土层近期3～5年内的最高水位确定；

a——系数，可取1.0；

b——系数，可取0.75；

ρ_c——黏粒含量百分率，取邻近钻孔资料或场地平均值，且当小于3或砂土时，应采用3。

表6.3.2 比贯入阻力和锥尖阻力基准值(MPa)

设计地震分组		7度	8度	9度
第一组	p_{s0}	2.60(3.20)	6.00(7.30)	9.40
	q_{c0}	2.35(2.90)	5.50(6.60)	8.60
第二、三组	p_{s0}	3.20(6.00)	6.70(8.60)	10.40
	q_{c0}	2.90(5.50)	6.10(7.80)	9.50

注：括号内数值用于设计基本地震加速度为0.15g和0.30g地区。

3 液化判别式中的地下水深度，应根据可液化土层近期3～5年内最高水位确定。当确定与上部土层地下水存在水力联系和补给关系时，可采用上部含水层地下水深度。

4 对于粉土、含泥质砂土、砂土夹淤泥质黏土、砂土与淤泥质黏土互层等，液化判别式中的黏粒含量百分率，可计入各试验点颗粒分析的黏粒含量。

6.3.3 对于存在可液化土层的地基，除应按下式计算各孔和场地平均的液化指数外，尚应根据各孔液化指数，按现行国家标准《建筑抗震设计规范》GB 50011有关规定，综合评定场地液化等级，并应采取抗液化措施：

$$I_{lE}=\sum_{i=1}^{n}(1-F_{lei})d_i w_i \tag{6.3.3}$$

式中：I_{lE}——液化指数；

n——可液化土层深度范围内，每个试验孔测点的总数；

F_{lei}——液化强度比（标准贯入或静力触探实测值与临界值的比值，当实测值大于临界值时，应取临界值的数值）；

d_i——第i测点所代表的土层厚度（m）；

w_i——第i测点的层位影响权函数值（m^{-1}），应按表6.3.3确定。

表6.3.3 第i测点的层位影响权函数值（m^{-1}）

判别深度d(m)	$d_i\leqslant 5$m	5m$<d_i<d$	$d_i=d$
15	10	15$-d_i$	0
20	10	(20$-d_i$) 2/3	0

6.3.4 设防烈度等于或大于7度时，对厚层软土分布区宜判别软土震陷的可能性，并应符合下列规定：

1 当临界等效剪切波速大于表6.3.4-1的数值时，可不考虑震陷影响。

表6.3.4-1 临界等效剪切波速

抗震设防烈度	7度	8度	9度
临界等效剪切波速v_{se}（m/s）	90	140	200

2 对于采用天然地基的建筑物，当临界等效剪切波速小于或等于表6.3.4-1的数值时，甲级建筑物和对沉降有严格要求的乙级建筑物应进行专门的震陷分析计算；对沉降无特殊要求的乙级建筑物和对沉降敏感的丙级建筑物，可按表6.3.4-2的建筑物震陷估算值或根据地区经验确定。

表6.3.4-2 建筑物震陷估算值

设防烈度 / 震陷估算值(mm) / 地基条件	7(0.1g～0.15g)	8(0.2g)	9(0.4g)
地基主要受力层深度内软土厚度>3m 地基土等效剪切波速值<90m/s	30～80	150	>350

注：1 当地基土实际条件与表中的两项条件相比，只要有一项不符合时，应按实际条件变化的大小和建筑物性质及结构类型，适当地减小震陷值；当地基土实际条件与表中的两项条件均不相符时，可不考虑震陷对建筑物的影响；

2 当需要估算软土震陷量时，宜采用以静力计算代替动力分析的简化分层总和法。

6.4 地震效应评价

6.4.1 对工程建设场地，应提出工程抗震设防烈度、设计基本地震加速度值和设计地震分组。

6.4.2 建筑的场地类别，是根据土层的等效剪切波速和场地覆盖层厚度作为评定指标；建筑的设计特征周期，一般工程是根据场地所在地的设计地震分组和场地类别确定。其取值应按现行的《建筑抗震设计规范》GB 50011 有关规定。

6.4.3 评价建筑场地的抗震地段，应提出饱和砂土液化和软土震陷对建筑工程地基基础设计的影响和处理措施。

6.4.4 对需要采用时程分析的工程，应提出设计地震动参数和输入地震加速度时程曲线。

7 天然地基勘察

7.1 一 般 规 定

7.1.1 天然地基勘察应在确保各地基土层采取的原状土土样的数量符合本规程第 4.4.8 条和第 4.5.4 条规定的前提下，适当提高原位测试孔的比例。

7.1.2 勘探孔的平面布设应符合下列规定：

1 勘探孔宜沿建筑物周边或主要基础柱列线布置，对排列比较密集的建筑群可按网格状布置，且勘探孔位置宜布置在建筑物周边或角点处。勘探孔间距可按表 7.1.2 的规定确定。

表 7.1.2 勘探孔间距（m）

场地地基复杂程度	勘探孔间距
复杂	10～15
中等复杂	15～30
简单	30～50

2 重大设备基础应单独布置勘探孔；重大的动力机器基础和高耸构筑物，勘探点不宜少于 3 个；在复杂场地上，对面积小但荷重大或重心高的单独建筑物，勘探点不得少于 2 个。

3 控制性勘探孔应占总数的 1/3；单栋高层建筑勘探孔的布置，应满足对地基均匀性评价的要求，且不应少于 4 个；对密集的高层建筑群，勘探孔可适当减少，但每栋建筑物至少应有 1 个控制性勘探孔。

4 当场地地层分布不稳定，持力层层面起伏大或处于不同工程地质单元并影响基础设计时，宜适当加密勘探孔。

7.1.3 勘探深度应自基础底面起算，并应符合下列规定：

1 一般性勘探孔深度应能控制地基主要受力层，当基础底面宽度不大于 5m 时，条形基础的勘探孔深度不应小于基础底面宽度的 3.0 倍，单独柱基础的勘探孔深度不应小于基础底面宽度的 1.5 倍，且不应小于 5m；

2 需作变形计算的地基，控制性勘探孔的深度应超过地基变形计算深度；对于地基变形计算深度，中、低压缩性土可取附加压力小于或等于上覆有效自重压力 20%处的深度，高压缩性土层可取附加压力小于或等于上覆土层有效自重压力 10%处的深度；

3 高层建筑的一般性勘探孔的深度应达到基底下 0.5～1.0 倍的基础宽度，并应深入稳定分布的地层；

4 当有大面积地面堆载或软弱下卧层时，应适当加深控制性勘探孔的深度；

5 在上述规定深度内，当遇基岩或厚层碎石土等稳定地层时，勘探孔深度应根据情况进行调整。

7.1.4 浅层勘探可采用小螺纹钻孔或轻便触探法，其勘探点宜沿建筑物周边和主要基础柱列线布置，孔距可为 10m～15m，深度宜进入持力层 3m。当遇到暗浜等不良地质现象时，应加密孔距，控制其边界的孔距宜为 2m～3m，进入正常沉积土层深度不宜少于 0.5m。当拟建场地内存在明浜（塘）时，应测量其断面，并应查明浜底淤泥厚度。

7.1.5 当场地内存在厚度较大、填筑时间较长的大面积填土时，宜选择适当的原位测试手段。对由粉土或黏性土组成的素填土，可采用钻探取样或静力触探试验；对含较多粗粒成分的素填土和杂填土，宜采用轻便触探法或载荷试验法，查明其均匀性以及强度和变形特性。

7.2 地基承载力确定

7.2.1 软土的承载力应结合建筑物等级和场地地层条件按变形控制的原则确定，或根据已有成熟的工程经验采用土性类比法确定。当采用不同方法所得结果有较大差异时，应综合分析加以选定，并应说明其适用条件。

7.2.2 采用静载荷试验确定地基承载力特征值时应符合下列规定：

1 当试验承压板宽度大于或接近实际基础宽度或其持力层下的土层力学性质好于持力层时，其地基承载力特征值应按下式计算：

$$f_{ak} = f_k/2 \quad (7.2.2)$$

式中：f_k——地基极限承载力标准值（kPa）。

2 当试验承压板宽度远小于实际基础宽度，且持力层下存在软弱下卧层时，应考虑下卧层对地基承载力特征值的影响。

7.2.3 采用原位测试成果确定地基承载力特征值时，宜符合表 7.2.3 的规定。

表 7.2.3 地基承载力特征值 f_{ak}

原位测试方法	土性	f_{ak} (kPa)	适用范围值	符号说明
静力触探试验	一般黏性土	$f_{ak}=34+0.068p_s$ $f_{ak}=34+0.077q_c$	$p_s>2000$ 取 2000 $q_c>1700$ 取 1700	p_s、q_c——分别为各土层静探比贯入阻力和锥尖阻力的平均值（kPa）
	淤泥质土	$f_{ak}=29+0.063p_s$ $f_{ak}=29+0.072q_c$	$p_s>800$ 取 800 $q_c>700$ 取 700	
	粉性土	$f_{ak}=36+0.045p_s$ $f_{ak}=36+0.054q_c$	$p_s>2500$ 取 2500 $q_c>2200$ 取 2200	
	素填土	$f_{ak}=27+0.054p_s$ $f_{ak}=27+0.063q_c$	$p_s>1500$ 取 1500 $q_c>1300$ 取 1300	
	冲填土	$f_{ak}=20+0.040p_s$ $f_{ak}=20+0.047q_c$	$p_s>1000$ 取 1000 $q_c>900$ 取 900	
十字板试验	饱和黏性土	$f_{ak}=10+2.5c_u$	$c_u>100$ 取 100	c_u——十字板试验的抗剪强度（kPa）
	淤泥质土	$f_{ak}=10+2.2c_u$	$c_u>50$ 取 50	
轻型动力触探试验	素填土	$f_{ak}=40+2.0N_{10}$	$N_{10}>30$ 取 30	N_{10}——轻便触探试验的锤击数（击/30cm）
	冲填土	$f_{ak}=29+1.4N_{10}$		
旁压试验	黏性土	$f_{ak}=(p_y-p_0)/1.3$ $f_{ak}=(p_L-p_0)/2.5$	—	p_0——由试验曲线和经验综合确定的侧向压力（kPa）； p_y——由旁压试验曲线确定的临塑压力（kPa）； p_L——由旁压试验曲线确定的极限压力（kPa）
	粉性土	$f_{ak}=(p_y-p_0)/1.4$ $f_{ak}=(p_L-p_0)/2.7$		
	砂土	$f_{ak}=(p_y-p_0)/1.6$ $f_{ak}=(p_L-p_0)/3$		

注：1 表中经验公式具有一定的地区性，使用前应根据地区资料进行验证；
2 当土质较均匀时，可取平均值；当土质不均匀时，宜取最小平均值；
3 冲填土或素填土指冲填或回填时间超过5年以上者。

7.2.4 采用类比法确定地基承载力特征值时，宜在充分比较类似工程的沉降观测资料和工程地质、荷载、基础等条件后，综合分析确定。

7.2.5 当持力层下存在软弱下卧层时，应考虑下卧层对地基承载力特征值的影响，地基承载力特征值（f_{ak}）可按下列条件确定：

1 当持力层厚度（h_1）与基础宽度（b）之比（h_1/b）大于0.7时，地基承载力特征值可不计下卧层影响，并可按下式计算：

$$f_{ak}=f_{ak1} \tag{7.2.5-1}$$

式中：f_{ak1}——持力层的地基承载力特征值（kPa）。

2 当 h_1/b 大于等于0.5且小于等于0.7时，地基承载力特征值可按下式计算：

$$f_{ak}=(f_{ak1}+f_{ak2})/2 \tag{7.2.5-2}$$

式中：f_{ak2}——软弱下卧层的地基承载力特征值（kPa）。

3 当 h_1/b 大于等于0.25且小于0.5时，地基承载力特征值可按下式计算：

$$f_{ak}=(f_{ak1}+3f_{ak2})/4 \tag{7.2.5-3}$$

4 当 h_1/b 小于0.25时，地基承载力特征值可不计持力层影响，并可按下式计算：

$$f_{ak}=f_{ak2} \tag{7.2.5-4}$$

7.2.6 当基础宽度大于3m或埋置深度大于0.5m时，载荷试验或原位测试、经验值等方法确定的地基承载力特征值，应按下式进行修正：

$$f_a=f_{ak}+\eta_d\gamma_0(d-0.5)+\eta_b\gamma(b-3) \tag{7.2.6}$$

式中：f_a——修正后的地基承载力特征值（kPa）；

f_{ak}——按本规程第7.2.5条确定的地基承载力特征值（kPa）；

η_d、η_b——基础埋深和宽度的地基承载力特征值修正系数，按基底下土类确定：淤泥质土 $\eta_d=1.0$，$\eta_b=0$；一般黏性土 $\eta_d=1.1$，$\eta_b=0$；粉性土 $\eta_d=1.3$，$\eta_b=0.3$；

b——基础宽度（m），基础宽度小于3m的，按3m计算，大于6m的，按6m计算；

d——基础埋置深度（m），宜自室外地面算起；

γ_0、γ——分别为基础底面以上和以下土的重度（kN/m^3），地下水位以下取浮重度。

7.2.7 当采用室内土工试验三轴不固结不排水抗剪强度计算时，地基承载力特征值可按现行国家标准《建筑地基基础设计规范》GB 50007的有关规定确定。

7.3 地基变形验算

7.3.1 天然地基最终沉降量可采用分层总和法、按现行国家标准《建筑地基基础设计规范》GB 50007的规定进行计算。

7.3.2 地基变形计算值不应大于现行国家标准《建筑地基基础设计规范》GB 50007规定的地基变形允许值。计算地基变形时，应符合下列规定：

1 传至基础底面的荷载效应应采用正常使用极限状态下荷载效应的准永久组合，并不应计入风荷载和地震作用；

2 对于砌体结构，应由局部倾斜值控制；对于框架结构和排架结构，应由相邻柱基沉降差控制；对于多层或高层建筑，应由整体倾斜值控制，必要时尚应控制平均沉降量；

3 地面有大面积堆载或基础周围有局部堆载，沉降计算应计入地面沉降引起的附加沉降；

4 应考虑相邻基础荷载影响；当基础面积系数大于0.6时，可按基础外包面积计算基底附加压力；

5 当建筑物设有地下室且埋置较深时，应考虑基坑开挖后，地基土回弹再压缩引起的沉降值；

6 对高压缩性土地基，当基底附加压力大于地基土承载力特征值的0.75时，应预测沉降变化趋势，并控制施工期间的加荷速率；

7 宜考虑上部结构、基础与地基共同作用进行变形计算。

7.3.3 当考虑应力历史对粘性土压缩性的影响时，应提供各土层的前期固结压力（p_c）以及超固结比（OCR）、压缩指数（C_c）、回弹指数（C_s）的值。对正常固结土、超固结土、欠固结土，地基固结沉降量的计算应符合下列规定：

1 正常固结土的地基固结沉降量应按下式计算：

$$S_c = \psi_{s1}\sum_{i=1}^{n}\frac{H_i}{1+e_{0i}}\left[C_{ci}\log\left(\frac{p_{1i}+\Delta p_i}{p_{1i}}\right)\right] \tag{7.3.3-1}$$

式中：ψ_{s1}——沉降计算经验系数，应根据类似工程条件下沉降观测资料及地区经验确定；

S_c——地基固结沉降量（cm）；

H_i——第 i 层分层厚度（cm）；

e_{0i}——第 i 层土的初始孔隙比，由试验确定；

p_{1i}——第 i 层土自重应力的平均值；

Δp_i——第 i 层土附加应力的平均值（有效应力增量）（kPa）；

C_{ci}——第 i 层土的压缩指数。

2 超固结土的地基固结沉降量应按下列公式计算：

1）当 $\Delta p_i > p_{ci} - p_{1i}$ 时：

$$S_{cn} = \psi_{s2}\sum_{i=1}^{n}\frac{H_i}{1+e_{0i}}\left[C_{si}\log\left(\frac{p_{ci}}{p_{1i}}\right)+C_{ci}\log\left(\frac{p_{1i}+\Delta p_i}{p_{ci}}\right)\right] \tag{7.3.3-2}$$

2）当 $\Delta p_i \leqslant p_{ci} - p_{1i}$ 时：

$$S_{cm} = \psi_{s3}\sum_{i=1}^{m}\frac{H_i}{1+e_{0i}}\left[C_{si}\log\left(\frac{p_{1i}+\Delta p_i}{p_{1i}}\right)\right] \tag{7.3.3-3}$$

式中：ψ_{s2}、ψ_{s3}——沉降计算经验系数，应根据类似工程条件下沉降观测资料及地区经验确定；

n——分层计算沉降时，压缩土层中有效应力增量 $\Delta p_i >$（$p_{ci} - p_{1i}$）时的分层数；

m——分层计算沉降时，压缩土层中具有 $\Delta p_i \leqslant$（$p_{ci} - p_{1i}$）的分层数；

C_{si}——第 i 层土的回弹指数；

p_{ci}——第 i 层土的前期固结压力（kPa）。

3 欠固结土的地基固结沉降量应按下式计算：

$$S_c = \psi_{s4}\sum_{i=1}^{m}\frac{H_i}{1+e_{0i}}\left[C_{ci}\log\left(\frac{p_{1i}+\Delta p_i}{p_{ci}}\right)\right] \tag{7.3.3-4}$$

式中：ψ_{s4}——沉降计算经验系数，应根据类似工程条件下沉降观测资料及地区经验确定。

4 天然地基压缩层厚度应自基础底面算起。对于高压缩性土层，可算到附加压力等于土层自重压力的10%处；对中、低压缩性土，可算到附加压力等于土层自重压力的20%处。计算附加压力时，应考虑相邻基础的影响。

7.4 天然地基的评价

7.4.1 天然地基的评价应包括下列内容：

1 天然地基持力层的选择和建议；

2 各拟建物适宜采用的基础形式及基础埋置深度（标高）的建议值，相应基础尺寸的地基承载力特征值，地基变形的验算；

3 明浜、暗浜等不良地质的地基处理方法建议；

4 大面积填方工程等的压实填土的质量控制参数；

5 工程需要时，对可能采用的地基加固处理方案进行技术经济分析、比较并提出建议。

7.4.2 当地表有硬壳层时，应利用其作为天然地基的持力层。

7.4.3 当建筑物离池塘、河岸、边坡较近时，应判别软土侧向塑性挤出或滑移产生的危险程度。

7.4.4 当地基土受力范围内有基岩或硬土层，且表面起伏倾斜时，应判定其对地基产生滑移或不均匀变形的影响。

7.4.5 当地基主要受力层中有薄砂层或软土与砂土层呈互层时，应根据其固结排水条件，判定其对地基变形的影响。

7.4.6 天然地基评价时，应评定地下水的变化幅度和承压水头等水文地质条件对软土地基稳定性和变形的影响。

7.4.7 对含有沼气的地基，应评价沼气逸出对地基稳定性和变形的影响。

8 地基处理勘察

8.1 一 般 规 定

8.1.1 在地基处理勘察前，应进行下列工作：

1 初步掌握场地的岩土工程勘察资料、上部结构及基础设计资料等；

2 根据工程的要求和采用天然地基存在的主要

问题，确定地基处理的目的、处理范围和处理后要求达到的各项技术参数等；

3 结合工程情况，了解当地类似工程地基处理经验、施工条件以及地基处理后的使用情况；

4 调查邻近建筑物、管线等周边环境情况。

8.1.2 地基处理勘察除应查明软弱土层组成、分布范围和土质特性外，尚应完成下列工作：

1 针对软土的特点，结合建筑物性质、荷载特点和变形控制等要求，对可能选用的地基处理方法提供设计和施工所需的岩土特性参数；

2 搜集地区和类似工程经验；

3 提出地基处理方案的建议及质量控制要点；

4 预测所选用地基处理方法对周边环境的影响，提出防护措施及监测建议。

8.1.3 在选择地基处理方法时，应综合考虑场地工程地质和水文地质条件、建筑物对地基要求、建筑结构类型和基础形式、周围环境条件、材料供应、施工条件等因素，经过技术经济指标比较分析后择优采用。

8.1.4 软土地基主要处理方法和适用范围可按表8.1.4的规定确定。

表 8.1.4 软土地基主要处理方法和适用范围

软土地基主要处理方法	适用范围	加固效果	有效处理深度（m）
换填层法	适用于浅层有淤泥、淤泥质土、松散填土、冲填土等软弱土的换土处理与低洼区域的填筑	提高强度和减少变形	2～3
预压法	适用于大面积淤泥、淤泥质土、松散填土、冲填土及饱和黏性土等工程地基预压处理	提高强度和减少变形	8～10
水泥土搅拌桩法	适用于淤泥、淤泥质土、冲填土等地基处理	提高强度、减少变形以及防渗处理	8～12
桩土复合地基法	适用于处理淤泥、淤泥质土、饱和黏性土等地基处理	减少变形	15～25

8.2 地基处理勘察与评价

8.2.1 换填垫层法的勘察与评价宜包括下列内容：

1 查明待换填的不良土层的分布范围和埋深；

2 测定换填材料的最优含水量、最大干密度；

3 评定换填材料对地下水的环境影响；

4 评定垫层以下软弱下卧层的承载力和变形特性；

5 对换填垫层施工质量控制及施工过程中应注意的事项提出建议；

6 对换填垫层质量检验或现场试验提出建议。

8.2.2 预压法的勘察与评价宜包括下列内容：

1 查明土的成层条件，排水层和夹砂层的埋深和厚度，地下水的补给和排泄条件等；

2 提供待处理软土的先期固结压力、压缩性参数、固结特性参数和抗剪强度指标；

3 预估预压荷载大小、分级、加荷速率和沉降量；

4 对重要工程，宜选择代表性试验区进行预压试验并反算软土固结系数，预测固结度与时间、沉降量的关系，为预压处理的设计施工提供可靠依据；

5 任务需要时，对检验预压处理效果提出建议。

8.2.3 水泥土搅拌法的勘察与评价宜包括下列内容：

1 查明浅层填土层的厚度和组成，软土层组成、含水量、塑性指数、有机质含量及分布范围；

2 查明地下水 pH 值及其腐蚀性；

3 提供加固深度范围内各土层侧阻力及桩端地基土承载力特征值；

4 对大型处理工程，设计前进行拟处理土的室内配比试验，针对现场拟处理的最弱软土层的性质，选择合适的固化剂、外掺剂及其掺量，提供各种龄期、各种配比的强度参数；

5 选择有代表性场地进行水泥土搅拌法试成桩，确定各项施工参数；

6 对水泥土搅拌桩施工时桩身质量检验、承载力检验提出建议。

8.2.4 桩土复合地基的勘察与评价宜包括下列内容：

1 查明暗塘、暗浜、暗沟、洞穴等分布和埋深；

2 查明土的组成、分布和物理力学性质，软弱土的厚度和埋深，并可作为桩基持力层的相对硬层的埋深；

3 预估沉桩施工可能性和沉桩对周围环境的影响；

4 评定桩间土承载力，预估单桩承载力；

5 评定桩间土、桩身、复合地基、桩端以下变形计算深度范围内各土层的压缩性；

6 根据桩土复合地基的设计，进行桩间土、单桩和复合地基载荷试验，检验复合地基承载力。

9 桩基工程勘察

9.1 一 般 规 定

9.1.1 桩基勘察应包括下列内容：

1 查明软土的分布范围、厚度、成因类型，埋藏条件及工程特性，必要时应查明土层的应力历史；

2 查明软土中夹砂及可塑至硬塑黏性土层的分布及变化规律；

3 查明可供选择的持力层和下卧层的埋藏深度、厚度及其变化规律，同时根据工程需要提供其抗剪强度和压缩性指标；

4 查明水文地质条件，判定地下水对桩基材料的腐蚀性；

5 查明可液化土层的分布及其对桩基的危害程度，并提出防治措施的建议；

6 评价成桩可能性，论证桩的施工条件及其对环境的影响。

9.1.2 桩基勘探点的布设应符合下列规定：

1 对于端承型桩或以基岩作为持力层时，勘探点应按柱列线或建筑物周边、角点布置，其间距应以能控制桩端持力层层面和厚度的变化为原则，并宜取12m～24m；当相邻勘探点所揭露持力层层面的坡度超过10%时，宜加密勘探点。复杂地基的一柱一桩工程，宜在每个柱位设置勘探点。

2 对于摩擦型桩或以摩擦型为主的桩，勘探点应按建筑物周边、角点或柱列线布设，其间距宜为20m～35m。当相邻勘探点所揭露土层性质或状态在水平方向分布变化较大，可能影响成桩或桩基方案选择时，应适当加密勘探点。

3 控制性的勘探点应占勘探点总数的 1/3～1/2。

9.1.3 勘探孔的深度应符合下列规定：

1 控制性勘探点的深度应深入预计桩尖平面以下 5m～10m 或 $6d$～$10d$（d 为桩身直径或方桩的换算直径，直径大的桩取小值，直径小的桩取大值），并应满足软弱下卧层验算要求。对于需要验算沉降的桩基，应超过地基变形计算深度（可按 1～2 倍假想实体基础宽度考虑）；一般性勘探孔深度达到预计桩端下3m～5m 或 $3d$～$5d$。

2 对于基岩持力层，控制性勘探点的深度应深入中、微风化带 5m～8m，一般性勘探点的深度应深入中、微风化带内3m～5m。遇断裂破碎带时，宜将破碎带钻穿，并应进入完整岩体 3m～5m。

9.1.4 桩基工程勘探手段的选择应符合下列规定：

1 应以回转钻进提取鉴别土样，并宜用薄壁取土器采用原状土样进行室内物理、力学试验；

2 应有静力触探原位测试手段相配合，其测试孔的布置原则宜与钻探孔相同，部分测试孔可单独布置或钻探孔并列布置；

3 对于软土中夹粉性土和砂土地层以及下伏砂性土、全风化和强风化岩，宜采用标准贯入原位测试方法，并采取Ⅲ级土样测定土的组成；对碎石土宜采用重型圆锥动力触探；

4 对于极软弱的土层，在难以取得原状土样时，应进行十字板原位试验，测试土的抗剪强度。

9.1.5 桩基工程勘察除应进行一般物理力学试验外，尚应进行下列试验项目：

1 当需验算下卧层强度时，对桩尖以下压缩范围内的黏性土宜进行三轴不固结不排水剪切试验；

2 对需估算沉降的桩基工程，应进行压缩试验，试验最大压力应大于上覆自重压力与附加压力之和；

3 需查明土层的应力历史，并进行固结沉降计算时，应进行高压固结试验，提供 p_c、C_c，C_s 值；需测算沉降速率时，尚应进行固结系数的测定，提供 C_v 和 C_h 值；

4 当桩端持力层为基岩时，应采取岩样进行饱和单轴抗压强度试验，必要时尚应进行软化试验；对软岩和极软岩，可进行天然湿度的单轴抗压强度试验。对于破碎和极破碎的岩石，宜进行原位测试，也可进行点荷载试验。

9.2 承载力与变形

9.2.1 单桩承载力应通过单桩静载荷试验确定。当基础承受水平荷载控制时，应进行桩的水平载荷试验；当基础受上拔荷载时，应进行抗拔试验。单桩竖向极限承载力估算应符合下列规定：

1 当有本地区经验，可根据土的埋深和物理力学性质指标，按本规程附录 E 第 E.0.1 条进行估算，且当静力触探的测试深度满足桩基勘察深度要求时，应同时结合本地区的经验，按静力触探测试参数进行估算；

2 当无本地区经验时，可按本规程附录 E 第 E.0.2 条进行估算；

3 当有标准贯入的地区经验时，可应用标准贯入的测试参数和土的试验指标综合确定；

4 当无标准贯入的地区经验时，可按本规程附录 E 第 E.0.3 条进行估算；

5 单桩竖向承载力特征值（R_a）可按下式确定：

$$R_a = Q_u / K \tag{9.2.1}$$

式中：R_a——单桩竖向承载力特征值（kN）；

Q_u——单桩竖向极限承载力（kN）；

K——安全系数，可取 $K=2$。

9.2.2 下列桩基应进行变形计算，并应分析变形对建筑物的影响：

1 地基基础设计等级为甲级的建筑物桩基；

2 体型复杂、荷载不均匀或桩端以下存在软弱土层的设计等级为乙级的建筑物桩基；

3 摩擦型桩基。

9.2.3 下列桩基可不进行变形计算和分析：

1 嵌岩桩、设计等级为丙级的建筑物桩基、对沉降无特殊要求的条形基础下不超过两排桩的桩基、吊车工作级别 A5 及 A5 以下的单层工业厂房桩基（桩端下为密实土层）；

2 当有可靠的地区经验时，地质条件不复杂、荷载均匀、对沉降无特殊要求的端承型桩基。

9.2.4 当工程需要验算建筑物桩基沉降时，宜按现行国家标准《建筑地基基础设计规范》GB 50007 计算最终沉降量，也可按当地成熟的桩基沉降计算方法计算最终沉降量。

9.3 桩基勘察评价

9.3.1 桩基勘察评价应包括下列内容：

1 提出桩的类型、规格和桩入土深度的要求，提出桩周各岩土层侧阻力和桩端阻力的设计参数，预测或计算单桩承载力，工程需要时提出试桩方案及要求；

2 提出沉降计算参数，工程需要时进行桩基沉降分析；

3 评价地下水对桩基设计和施工的影响，提出成桩可能性的分析意见；

4 评价桩基施工对周围环境影响，并提出预防措施和监测方案；

5 当桩侧土层为欠固结土或抽取地下水且有大面积地面沉降的场地，以及周围有大面积堆载时，应考虑桩的负摩阻力。

9.3.2 桩端持力层的选择应符合下列规定：

1 软土地区中的桩基应优先选择软土中夹砂及可塑至硬塑黏性土层，以及软土场地下伏砂性土、可塑至硬塑黏性土、碎石土、全风化和强风化岩及基岩作为桩端持力层；

2 以较硬地层作为桩端持力层时，桩端下持力层厚度不宜小于4倍桩径，扩底桩桩端下持力层厚度不宜小于2倍扩底直径。

9.3.3 成（沉）桩的分析评价内容应包括下列内容：

1 采用挤土桩时，分析挤土效应对邻近桩、建（构）筑物、道路和地下管线等产生的不利影响；

2 锤击沉桩产生的多次反复振动对邻近既有建（构）筑物及公用设施等的损害；

3 先沉桩后开挖基坑时，分析基坑挖土顺序、坑边土体侧移对桩的影响；

4 灌注桩施工中产生的泥浆对环境的污染。

10 基坑工程勘察

10.1 一 般 规 定

10.1.1 软土地区基坑工程勘察宜与地基勘察同步进行。在初步勘察阶段，应初步查明场地环境情况和工程地质条件，预测基坑工程中可能产生的主要岩土工程问题，并应为基坑工程的设计、施工提供相应参数和基础资料，对基坑工程安全等级、支护方案提出建议。必要时，应进行专项勘察。

10.1.2 基坑工程勘察应进行环境状况的搜集调查，并应包括下列内容：

1 邻近的建（构）筑物的结构类型、层数、地基、基础类型、埋深、持力层及上部结构现状；

2 周边各类管线及地下工程情况；

3 周边地表水汇集、排泄以及地下管网分布及渗漏情况；

4 周边道路等级情况等。

10.1.3 基坑工程勘察报告除应包括一般工程勘察报告的内容外，尚应包括下列内容：

1 基坑工程设计所需的地层结构、岩土的物理力学性质指标以及含水层水文地质参数指标，主要包括下列内容：

1）土层不固结不排水抗剪强度指标或十字板原位测试指标，有经验的地区，宜提供固结不排水抗剪强度指标或直接快剪强度指标；

2）土的颗粒组成、颗粒级配曲线、不均匀系数等；

3）回弹系数；

4）对基坑工程深部有影响的承压水头。

2 评价地下水对基坑工程的影响，提出地下水控制方法的建议。

3 评价基坑工程与周边环境的相互影响并提出设计、施工应注意的事项和必要的保护措施的建议。

4 对施工过程中形成的流砂、流土、管涌及整体失稳等现象的可能性，进行评价并提出预防措施；对具有特殊性质的岩土，分析其对基坑工程的影响，并提出设计施工的相应措施的建议。

5 提供平面图、地层剖面图及与支护设计有关的岩土试验成果图表。

10.2 勘察工作量及参数选用

10.2.1 基坑工程勘察区范围宜达到基坑边线以外2～3倍基坑深度，勘探点宜沿基坑周边布置，边线以外宜以调查或搜集资料为主。勘探点的间距应根据地质条件的复杂程度确定，并宜为15m～30m。当基坑周边遇暗浜、暗塘，填土厚度变化或基岩面起伏很大时，宜加密勘探点。

10.2.2 基坑工程勘探深度应满足支护结构稳定性验算的要求，并不宜小于基坑深度的2.5倍。当在此深度内遇到坚硬土层时，可根据岩土类别和支护设计要求减少深度。控制性勘探孔应穿透主要含水层，并进入隔水层。当在基坑深度内遇微风化基岩时，一般性勘探孔应钻入微风化岩层1m～3m，控制性勘探孔应超过基坑深度1m～3m；控制性勘探点宜为勘探点总数的1/3，且每一基坑侧边不宜少于2个控制性勘探点。

10.2.3 基坑工程勘察除应分层采取土试样进行试验外，还应进行相应的原位测试。对软土、一般黏性土、粉土、砂土，可进行静力触探试验；对粉土、砂土，可进行标准贯入试验；对软土，尚可进行十字板剪切试验、旁压试验、扁铲侧胀试验等。每一主要土层的室内试验和各种原位测试的数量不应少于6个。

10.2.4 当地下水可能与邻近地表水体有水力联系时，宜查明其补给、排泄条件，水位变化规律；当基坑坑底以下影响深度范围内有承压水，且有突涌可能时，应测量其水头高度和含水层界面。当基坑内钻孔钻入拟开挖深度以下的砂土、粉性土时，钻探结束后应立即采用黏土球回填封孔。

10.2.5 室内试验项目除包括常规试验外，尚应符合下列规定：

1 土的抗剪强度试验方法应与基坑工程设计工况一致，并应符合设计采用的标准，且应在勘察报告中说明；

2 对于软土及淤泥或淤泥质土，应测定土的灵敏度；

3 必要时，应提供土的静止土压力系数。

10.3 基坑工程评价及地下水控制

10.3.1 软土地区基坑工程岩土工程评价应包括下列内容：

1 对基坑工程安全等级提出建议；

2 对基坑的整体稳定性和可能的破坏模式作出评价；

3 对地下水控制方案提出建议，且当建议采取降水措施时，应提供水文地质计算的有关参数和预测降水对周边环境可能造成的影响；

4 对基坑工程支护方案和施工中应注意的问题提出建议；

5 对基坑工程的监测工作提出建议。

10.3.2 基坑工程应根据地层情况、含水层埋置条件、补给条件、地下水类型等条件进行地下水控制设计，可采用降低地下水位、隔离地下水、坑内明排等方法，并应提出控制降、排水引起的地层变形的措施建议。

10.3.3 基坑工程应充分考虑基坑开挖暴露时间造成对土体可能发生的软化崩解及强度的影响。

10.3.4 当基坑底部有饱和软土时，应提出抗隆起、抗突涌和整体稳定加固的措施或建议，必要时，应对基坑底土进行加固以提高基坑内侧被动抗力。

10.3.5 软土地区基坑工程应建立信息反馈处理程序，加强过程监测。监测的主要内容宜包括变形监测、应力监测、地下水动态监测等方面。

11 勘察成果报告

11.1 一 般 规 定

11.1.1 软土地区勘察成果报告应对岩土试验成果进行统计分析，并结合场地实际情况进行岩土工程分析评价。岩土工程分析评价宜具备下列条件：

1 上部结构的类型、刚度、荷载情况和对变形控制等要求；

2 软土成层条件、应力历史、结构性、灵敏性、流变性等力学特性和排水固结条件等场地的工程地质条件；

3 地区经验和类似工程经验。

11.1.2 岩土工程分析评价内容应符合本规程第6章～第11章中的有关规定。

11.1.3 软土的强度参数指标宜优先选择静力触探试验等原位测试指标。

11.1.4 勘察报告应结合软土地区的特点和主要岩土工程问题进行编写，并应做到资料完整、真实准确、数据无误、图表清晰、结论有据、重点突出、建议合理、有明确的工程针对性、便于使用，文字报告与图表部分应相互配合、相辅相成、前后呼应。

11.2 岩土参数的分析和选定

11.2.1 岩土参数应根据下列因素分析和选定：

1 取样和试验的方法；

2 软土的形成条件、成层特点、均匀性、应力历史、地下水及其变化条件；

3 施工方法、程序以及加荷速率对软土性质的影响；

4 测试方法与计算模型的配套性。

11.2.2 地基土室内试验及原位测试的参数统计应符合下列规定：

1 应按不同工程地质单元分层进行统计；

2 子样的取舍宜考虑数据的离散程度和已有经验；

3 按工程性质及各类参数在工程设计中的作用，可分别给定范围值、计算值（算术平均值、标准值或最大、最小平均值）、子样数及变异系数，当变异系数较大时，应分析其原因，并提出建议值。

11.2.3 地基土室内及原位测试的参数统计应符合现行国家标准《岩土工程勘察规范》GB 50021的规定。

11.2.4 岩土工程特性指标应包括强度指标、压缩性指标、静力触探试验、标准贯入试验、动力触探试验指标和载荷试验承载力等特性指标。岩土工程特性指标代表值可包括标准值、平均值及特征值等。抗剪强度指标应取标准值，压缩性指标应取平均值，载荷试验应取承载力特征值，土的物理性质指标宜取平均值。

11.2.5 静力触探测试参数应提供分层统计值，当土质均匀、测试数据离散较小时，可采用单孔分层平均法确定计算值。当土质不均匀、测试数据离散性较大时，可采用单孔分层厚度加权平均法计算最小平均值。

11.2.6 十字板剪切强度、标准贯入试验击数、扁铲侧胀试验成果及剪切波速等指标，应提供分层统计值和建议值，并应绘制随深度的变化曲线。

11.2.7 对于重大的岩土工程问题，可根据工程原型或足尺试验获得量测结果，用反分析的方法反求土性参数，验证设计计算，查验工程效果。

11.3 成果报告的基本要求

11.3.1 软土地区勘察成果报告编写前，应对所依据的搜集、调查、测绘、勘探、测试所得等原始资料，进行整理、分析、鉴定，并应经确定无误后再作为编写报告的依据。

11.3.2 初步勘察报告应满足软土地区初步设计的要求，并应对拟建场地的稳定性和建筑适宜性作出评价并给出明确结论，为合理确定建筑总平面布置、选择地基基础结构类型、防治不良地质作用和地基处理提供依据。

11.3.3 详细勘察报告应满足施工图设计要求，为地基基础设计、地基处理、基坑工程、基础施工方案及降水截水方案的确定等提供岩土工程资料，并作出相应的分析和评价。

11.3.4 详细勘察报告除应符合现行国家标准《岩土工程勘察规范》GB 50021 的规定外，尚应重点阐明下列问题：

1 影响地基稳定性的各种因素及不良地质作用，埋藏的河道、浜沟、墓穴、防空洞、孤石等对工程不利的埋藏物的分布及发育情况，评价其对工程的影响；

2 对地基岩土层的空间分布规律、均匀性、强度和变形状态及与工程有关的主要地层特性进行定性和定量评价；

3 软土层采取土试样的方法；

4 场地地下水的类型、埋藏条件、水位、渗流状态及有关水文地质参数，评价地下水的腐蚀性及对深基坑、边坡等的不良影响，必要时应分析地下水对成桩工艺及复合地基施工的影响；

5 当采用天然地基方案时，应对地基持力层及下卧层进行分析，提出地基承载力和沉降计算的参数，必要时结合工程条件对地基变形进行分析；

6 提供地基处理分析计算所需的岩土参数，根据软土地区特征及场地条件建议一种或多种地基处理方案，并宜分析评价复合地基承载力及复合地基的变形特征；

7 提供桩基承载力和桩基沉降计算的参数，必要时应进行不同情况下桩基承载力和桩基沉降量的分析与评价，提出桩型、桩端持力层的建议，对各种可能选用的桩基方案进行分析比较，提出成桩中可能出现的问题和可能引起的环境问题，建议可行的基础方案及施工方法；

8 根据基坑的规模及场地工程地质、水文地质条件提出基坑支护、地下水控制方案的建议；

9 对地基基础及基坑支护等施工中应注意的岩土工程问题及工程检测、现场检验、监测工作提出建议；

10 必要时，对特殊岩土工程问题提出专题研究的建议。

11.3.5 软土地区勘察成果报告宜对地基基础和上部结构的设计、施工和使用等进行综合分析，提出减少和预防由于地基变形引起建筑物的结构损坏或影响正常使用的建议。

11.3.6 软土地区勘察报告应包括下列主要图件：

1 拟建建筑平面位置及勘探点平面布置图；

2 勘探点主要数据一览表；

3 工程地质钻孔柱状图或综合柱状图；

4 工程地质剖面图；

5 室内试验及原位测试图表。

11.3.7 当工程地质条件复杂或地基基础分析评价需要时，应附下列图表：

1 软土层面等高线图和等厚度线图；

2 拟采用持力层层面等高线图；

3 不良地质作用发育平面分布图；

4 综合工程地质图或分区图；

5 地下水等水位线图；

6 岩土利用、整治、改造方案的有关图表；

7 岩土工程计算简图及计算成果图表。

11.3.8 软土地区勘察报告可根据需要附下列附件：

1 岩土工程勘察任务书（含建筑物基本情况及勘察技术要求）；

2 重要的审查报告或审查会（或鉴定会）纪要；

3 任务委托书（或勘察合同）、勘察工作纲要；

4 本次勘察所用的机具、仪器的型号、性能说明；

5 重要函电；

6 专题研究报告。

附录 A 中国软土主要分布地区的工程地质区划略图

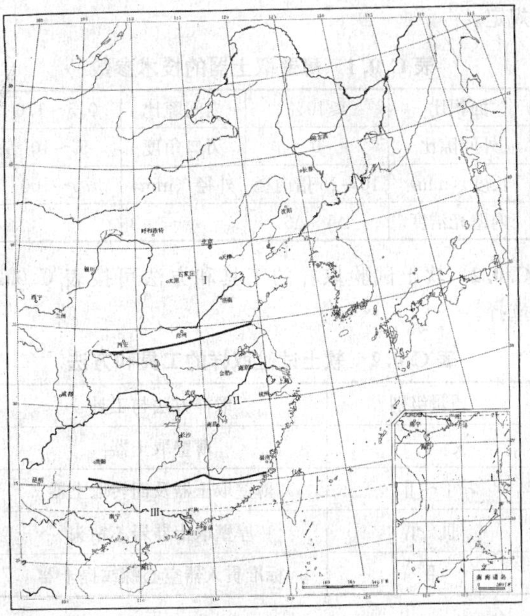

Ⅰ—北方地区；Ⅱ—中部地区；Ⅲ—南方地区

附录B　中国软土主要分布地区软土的工程地质特征表

区划	海陆别	沉积相	土层埋深	物理力学指标（平均值）											抗剪强度（固快）		无侧限抗压强度
				天然含水率 w	重力密度 γ	孔隙比 e	饱和度 s_r	液限 w_L	塑限 w_P	塑性指数 I_P	液性指数 I_L	有机质含量	压缩系数 a_{1-2}	垂直方向渗透系数 k	内摩擦角 φ	黏聚力 c	q_u
			m	%	kN/m^3	—	%	%	%	—	—	%	MPa^{-1}	cm/s	度	kPa	kPa
北方Ⅰ地区	沿海	滨海	2-24	43	17.8	1.21	98	44	25	19.2	1.22	5.0	0.88	5.0×10^{-6}	10	11	40
		三角洲	5-29	40	17.9	1.11	97	35	19	16	1.35	—	0.67	—	—	—	—
中部Ⅱ地区	沿海	滨海	2-30	52	17.0	1.42	98	42	21	21	—	2.3	1.06	4.0×10^{-8}	11	4	50
		泻湖	1-30	50	16.8	1.56	98	47	25	22	1.34	6	1.30	7.0×10^{-8}	13	6	145
		溺谷	2-30	58	16.3	1.67	97	52	31	26	1.90	8	1.55	3×10^{-7}	15	8	26
		三角洲	2-19	43	17.6	1.24	98	40	23	17	1.11	—	1.00	1.5×10^{-6}	17	6	40
	内陆	高原湖泊	—	77	15.6	1.93	—	70	—	28	1.28	18.4	1.60	—	6	12	—
		平原湖泊	—	47	17.4	1.31	—	43	23	19	—	9.9	—	2×10^{-7}	—	—	—
		河漫滩	—	47	17.5	1.22	—	39	—	17	1.44	—	—	—	—	—	—
南方Ⅲ地区	沿海	滨海	1-20	88.2	15.0	2.35	100	55.9	34.4	21.5	2.56	6.8	2.04	3.59×10^{-7}	2.1	6	4.8
		三角洲	1-19	50.8	17.0	1.45	100	33.0	18.8	14.2	1.79	2.75	1.32	7.33×10^{-7}	5.2	11.6	13.8

附录C　试样质量等级的选择

C.0.1　薄壁取土器的技术参数应符合表C.0.1的规定。

表C.0.1　薄壁取土器的技术参数

面积比	≤10%	内间隙比	0.5～1.0
外间隙比	0	刃口角度	5°～10°
长度（mm）	10～15倍内径	外径（mm）	75～100
内壁光洁度	∆5～∆6	—	—

C.0.2　软土试验取样的工具和方法可按表C.0.2选择。

表C.0.2　软土试验取样的工具和方法

质量级别	取样方法与工具
Ⅰ	薄壁取土器
Ⅰ～Ⅱ	薄壁取土器及回转取土器
Ⅲ～Ⅳ	厚壁取土器岩芯钻头
Ⅳ	标准贯入器空心螺纹提土器

C.0.3　土样质量应根据被扰动程度进行分级，并应符合表C.0.3的规定。

表C.0.3　土样质量分级

级别	扰动程度	试验内容
Ⅰ	不扰动	土类定名、含水量、密度、强度、固结
Ⅱ	轻微扰动	土类定名、含水量、密度
Ⅲ	显著扰动	土类定名、含水量
Ⅳ	完全扰动	土类定名

注：1　不扰动是指原位应力状态虽已改变，但土的结构、密度和含水量变化很小，能满足室内试验各项要求；

2　除地基基础设计等级为甲级的工程外，在工程技术要求允许的情况下，可用Ⅱ级土试样进行强度和固结试验，但宜先对土试样受扰动程度作抽样鉴定，判定用于试验的适宜性，并结合地区经验使用试验成果。

附录D　土粒相对密度和泊松比的经验值

D.0.1　土粒相对密度经验值可按表D.0.1确定。

表D.0.1　土粒相对密度经验值

塑性指数 I_P	土粒相对密度	塑性指数 I_P	土粒相对密度
$I_P<6$	2.69	$17<I_P\leqslant20$	2.73
$6<I_P\leqslant10$	2.70	$20<I_P\leqslant24$	2.74
$10<I_P\leqslant14$	2.71	$I_P>24$	2.75
$14<I_P\leqslant17$	2.72	—	—

注：本表不适用于有机质含量大于10%的土。

D.0.2 土的泊松比（μ）可按表 D.0.2 确定。

表 D.0.2 土的泊松比

土 类	泊松比（μ）
粉土	0.30
粉质黏土	0.35
黏土	0.42

附录 E 单桩竖向承载力的经验公式

E.0.1 当单桩竖向极限承载力按土的埋深和物理力学性质指标估算时，可按下式计算：

$$Q_u = u\Sigma q_{sik} l_i + q_{pk} A_p \quad \text{(E.0.1)}$$

式中：q_{sik}——桩侧第 i 层土的极限侧阻力标准值，可根据当地经验确定；

q_{pk}——极限端阻力标准值，可根据当地经验确定；

Q_u——单桩竖向极限承载力（kN）；

u——桩身周长（m）；

l_i——第 i 层土桩长（m）；

A_P——桩端面积（m^2）。

E.0.2 当单桩竖向极限承载力按静力触探试验成果估算时，应符合下列规定：

1 采用单桥静力触探比贯入阻力（p_s）估算预制桩单桩竖向极限承载力时，可按下式计算：

$$Q_u = u\Sigma q_{sik} l_i + \alpha_b p_{sb} A_p \quad \text{(E.0.2-1)}$$

式中：Q_u——单桩竖向极限承载力（kN）；

u——桩身周长（m）；

q_{sik}——用单桥静力触探比贯入阻力（p_s）估算的第 i 层土的桩间极限侧阻力（kPa），可按表 E.0.2-1 取值，且当桩端穿越粉土、粉砂、细砂及砂层底面时，粉土及砂土估算的 q_{sik} 应乘以表 E.0.2-2 中系数（φ_s）；

l_i——第 i 层土桩长（m）；

α_b——桩端阻力修正系数，按表 E.0.2-3 取值；

p_{sb}——桩端附近的静力触探比贯入阻力平均值（kPa），按表 E.0.2-4 计算；

p_{sb1}——桩端全断面以上 8 倍桩径范围内的比贯入阻力平均值（kPa）；

p_{sb2}——桩端全断面以下 4 倍桩径范围内的比贯入阻力平均值（kPa），当桩端持力层为密实的砂土层，其比贯入阻力平均值（p_s）超过 20MPa 时，应乘以表 E.0.2-5 中系数（C）后，再计算 p_{sk2} 及 p_{sk1} 值；

β——折减系数，按表 E.0.2-6 取值；

A_p——桩端面积（m^2）。

表 E.0.2-1 桩间极限侧阻力 q_{sik}

土的类别		单桥静力触探比贯入阻力（p_s）	桩间极限侧阻力（kPa）
地表以下 6m 范围内的浅层土		—	15
黏性土	位于粉土及砂性土以上	$p_s \leqslant 1000$kPa	$q_{sik}=\frac{p_s}{20}$
		$1000\text{kPa}<p_s\leqslant 4000$kPa	$q_{sik}=0.025p_s+25$
		$p_s>4000$kPa	125
	位于粉土及砂性土以下	$p_s\leqslant 600$kPa	$q_{sik}=\frac{p_s}{20}$
		$600\text{kPa}<p_s\leqslant 5000$kPa	$q_{sik}=0.016p_s+20.45$
		$p_s\geqslant 5000$kPa	100
粉土及砂性土		$p_s\leqslant 5000$kPa	$q_{sik}=\frac{p_s}{50}$
		$p_s>5000$kPa	$q_{sik}=100$

表 E.0.2-2 系数 φ_s

p_s/p_{s1}	$\leqslant 5$	7.5	$\geqslant 10$
φ_s	1.00	0.50	0.33

注：1 p_s 为桩端穿越的中密—密实砂土、粉土的单桥静力触探比贯入阻力平均值；p_{s1} 为砂土、粉土的下卧软土层的比贯入阻力平均值；

2 单桥探头的圆锥底面积为 $15cm^2$，底部带 7cm 高滑套，锥角 60°。

表 E.0.2-3 桩端阻力修正系数 α_b

桩入土深度 l（m）	$h<15$	$15\leqslant h\leqslant 30$	$30<h\leqslant 60$
α_b	0.75	0.75～0.90	0.90

表 E.0.2-4 桩端附近的静力触探比贯入阻力平均值 p_{sb}

当 $p_{sb1}\leqslant p_{sb2}$ 时	$p_{sb}=\frac{p_{sb1}+p_{sb2}\beta}{2}$
当 $p_{sb1}>p_{sb2}$ 时	$p_{sb}=p_{sb2}$

表 E.0.2-5 系数 C

p_s（MPa）	20～30	35	>40
系数 C	5/6	2/3	1/3

表 E.0.2-6 桩端阻力折减系数 β

p_{sb2}/p_{sb1}	<5	5～10	10～15	>15
β	1	5/6	2/3	1/2

对于比贯入阻力值为2500kPa～6500kPa的浅层粉性土及稍密的砂性土，计算桩端阻力和桩周侧阻力时应结合经验，考虑数值可能偏大的因素。用 p_s 估算的桩的极限端阻力不宜超过8000kPa，桩周极限侧阻力不宜超过100kPa。

2 对于一般黏性土和砂土，采用静力触探试验双桥静力触探锥尖阻力（q_c）和探头侧摩阻力（f_{si}）估算预制桩单桩竖向极限承载力时，可按下式计算：

$$Q_u = u\Sigma f_{si} l_i \beta_i + \alpha q_c A_p \qquad (E.0.2\text{-}2)$$

式中：f_{si}——第 i 层土的（kPa）；

β_i——第 i 层土桩身侧摩阻力修正系数：对于黏性土、粉土，$\beta_i = 10.043 f_{si}^{-0.55}$；对于砂性土，$\beta_i = 5.045 f_{si}^{-0.45}$；

α——桩端阻力修正系数：对黏性土、粉土，α 取2/3；对饱和砂土，α 取1/2；

q_c——桩端上、下探头阻力，取桩尖平面以上 $4d$ 范围内按厚度的加权平均值，然后再和桩端平面以下 $1d$ 范围内的 q_c 值进行平均（kPa）。

E.0.3 对于预制桩、预应力管桩和沉管灌注桩，采用标准贯入试验成果估算单桩竖向极限承载力时，可按下式计算：

$$Q_u = \beta_s u \Sigma q_{sis} l_i + q_{ps} A_p \qquad (E.0.3)$$

式中：q_{sis}——第 i 层土的极限侧阻力（kPa），可按表E.0.3-1采用；

q_{ps}——桩端土的极限端阻力（kPa），可按表E.0.3-2采用；

β_s——桩侧阻力修正系数，土层埋深大于等于10m且小于等于30m时，β_s 取1.0；土层埋深大于30m时，β_s 取1.1～1.2。

表 E.0.3-1 极限侧阻力 q_{sis}

土的类别	土(岩)层平均标准贯入实测击数(击)	极限侧阻力 q_{sis}(kPa)
淤泥	＜1～3	10～16
淤泥质土	3～5	18～26
黏性土	5～10	20～30
	10～15	30～50
	15～30	50～80
	30～50	80～100
粉土	5～10	20～40
	10～15	40～60
	15～30	60～80
	30～50	80～100

续表 E.0.3-1

土的类别	土(岩)层平均标准贯入实测击数(击)	极限侧阻力 q_{sis}(kPa)
粉细砂	5～10	20～40
	10～15	40～60
	15～30	60～90
	30～50	90～110
中砂	10～15	40～60
	15～30	60～90
	30～50	90～110
粗砂	15～30	70～90
	30～50	90～120
砾砂（含卵石）	＞30	110～140
全风化岩	40～70	100～160
强风化软质岩	＞70	160～200
强风化硬质岩	＞70	200～240

注：表中数据对无经验的地区应先用试桩资料进行验证。

表 E.0.3-2 极限端阻力 q_{ps}

标准贯入实测击数（击）/ q_{pk}（kPa）/ 桩入土深度（m）	70	50	40	30	20	10
15	9000	8200	7800	6000	4000	1800
20	11000	8600	8200	6600	4400	2000
25	—	9000	8600	7000	4800	2200
30	—	9400	9000	7400	5000	2400
＞30	—	10000	9400	7800	6000	2600

注：1 表中数据可以内插；

2 表中数据对无经验的地区应先用试桩资料进行验证。

本规程用词说明

1 为了便于在执行本规程条文时区别对待，对要求严格程度不同的用词说明如下：

1） 表示很严格，非这样做不可的：
正面词采用“必须”；反面词采用“严禁”；

2） 表示严格，在正常情况下均应这样做的：
正面词采用“应”；反面词采用“不应”或“不得”；

3）表示允许稍有选择，在条件许可时首先应这样做的：
正面词采用“宜”；反面词采用“不宜”；

4）表示有选择，在一定条件下可以这样做的，采用“可”。

2 条文中指明应按其他有关标准执行的写法为：“应符合……的规定”或“应按……执行”。

引用标准名录

1 《建筑地基基础设计规范》GB 50007

2 《建筑抗震设计规范》GB 50011

3 《岩土工程勘察规范》GB 50021

4 《土工试验方法标准》GB/T 50123

中华人民共和国行业标准

软土地区岩土工程勘察规程

JGJ 83—2011

条 文 说 明

修 订 说 明

《软土地区岩土工程勘察规程》JGJ 83－2011，经住房和城乡建设部2011年4月22日以第998号公告批准、发布。

本规程是在《软土地区工程地质勘察规范》JGJ 83－91的基础上修订而成，上一版的主编单位是中国建筑科学研究院，参加单位是上海勘察院、天津市规划设计管理局、天津市勘察院，主要起草人员是翟礼生、莫群欢、翁鹿年、费仲良、邓红灯、陆莲美、杨石红、顾国荣、石曾传、焦景有、李珊林。本次修订的主要技术内容是：1. 将原规范由8章调整为11章；2. 增加了“术语和符号”；3. 岩土工程勘察基本要求中明确了软土勘察等级，初步勘察的勘探线、勘探点间距和初步勘察的勘探孔深度；4. 修订了“调查、勘探和测试”一章，强调软土地区应加强原位测试工作，规定了原位测试的试验项目、测定参数、主要试验目的；5. 修订了“地下水”一章，增加了“现场勘察时地下水测量要求”和“抗浮设防水位确定”内容；6. 修订了“强震区场地和地基”一章，增加了“软土地区地震效应勘察内容”和“当设防烈度等于或大于7度时，对厚层软土分布区软土震陷可能性的判别”内容；7. 增加了“天然地基勘察”一章；8. 增加了“地基处理勘察”一章；9. 修订了“桩基工程勘察”一章，增加了“单桩极限承载力根据地区经验按土的埋深和物理力学指标进行计算”的内容和“附录E单桩竖向承载力的经验公式”；10. 增加了“基坑工程勘察”一章；11. 增加了“岩土工程勘察成果报告”一章。

本规程修订过程中，编制组进行了广泛的调查研究，总结了我国工程建设软土地区岩土工程勘察的实践经验，同时参考了国外先进的技术法规、技术标准，通过试验取得了多项重要技术参数。

为便于广大设计、施工、科研、学校等单位有关人员在使用本规程时能正确理解和执行条文规定，《软土地区岩土工程勘察规程》编制组按章、节、条顺序编制了本规程的条文说明，对条文规定的目的、依据以及执行中需注意的有关事项进行了说明。但是，本条文说明不具备与规程正文同等的法律效力，仅供使用者作为理解和把握规程规定的参考。

目　次

1 总　　则

1.0.1 制定本规程的目的是在软土地区岩土工程勘察中贯彻执行国家技术经济政策，合理统一技术标准，促进技术进步。软土地区岩土工程勘察不仅要客观反映工程地质条件，而且要为建筑物的设计、施工和建设使用的全过程服务。本次修订中加强了分析评价内容，并吸收了近十几年来软土地区岩土工程勘察中的新技术和新经验，特别是一些成熟有代表性的地区经验。

1.0.2 本条规定了本规程的适用范围。条文中的建筑是指建筑物及其附属构筑物、单独构筑物。

1.0.3 本条提出了软土地区岩土工程勘察的共性和原则性要求。软土的地基和场地属于不良工程地质条件，因此，针对软土地区特点的勘察做到精心勘察、精心分析是十分必要的。

1.0.5 在执行本规程时，尚应符合的国家现行标准主要包括：《岩土工程勘察规范》GB 50021、《建筑地基基础设计规范》GB 50007、《建筑抗震设计规范》GB 50011、《建筑桩基技术规范》JGJ 94、《建筑地基处理技术规范》JGJ 79、《建筑边坡工程技术规范》GB 50330、《土工试验方法标准》GB/T 50123 等。

2 术语和符号

2.1 术　　语

2.1.1 软土除包括淤泥、淤泥质土、泥炭、泥炭质土外，某些冲填、吹填的细粒土其性质与淤泥相似，也属软土或软弱土的范畴。另外，按《港口工程地质勘察规范》JTJ 240－97 的划分，淤泥性土包括淤泥质土、淤泥、流泥和浮泥等均属软土。

2.1.3 按《岩土工程基本术语标准》GB/T 50279 的定义，灵敏度为原状黏性土试样与含水率不变时该土重塑土试样无侧限抗压强度的比值。考虑到灵敏度还可以通过十字板试验获得，因此没有限定为试样的无侧限抗压强度。

2.1.4 《工程地质手册》（第四版）“软土的工程性质”中的流变性叙述为：“软土在长期荷载作用下，除产生排水固结引起的变形外，还会发生缓慢而长期的剪切变形”。综合专家的意见进行修改确定。

2.1.8 地面沉降的定义参考《岩土工程基本术语标准》GB/T 50279－98 中 3.2.72 地面下沉的定义。

3 基 本 规 定

3.1 一 般 规 定

3.1.1 从第四纪开始，中国大陆的轮廓已基本上形成，也就是说，软土是在南北气候差别、新构造运动变异、物质来源多样的条件下，在静水或缓慢水流中，经过生物化学作用而淤积形成的，它必然存在着成因、构造、结构及工程性质的地区性差异，理论上是如此。通过实际资料的统计，初步建立起来的软土的区域工程性质特征，从实践上也说明如此。这些区域性特征，可供区划、规划和勘察的前期工作使用。

3.1.2 分阶段勘察的原则必须坚持。但是，由于各行业设计阶段的划分不完全一致，工程的规模和要求也不同，场地和地基的复杂程度差别很大，要求每个工程都进行分阶段勘察是不实际、不必要的，勘察单位应根据任务要求进行相应阶段的勘察工作。

3.1.3 对于城区和工业区，当已经积累了大量的工程勘察经验情况下，建筑物平面布置已确定时，可以直接进行详细勘察。

3.2 勘 察 等 级

3.2.3 “不良地质作用发育”是指对极不稳定场地，不良地质作用直接威胁工程安全。“地质环境条件”是指人为和自然因素引起的地下采空、地面沉降、地裂缝、化学污染、水位上升等。“地质环境条件复杂”是指上述条件对工程的安全已构成直接威胁。“地质环境条件较复杂”是指上述条件的作用不强烈，对工程的安全的影响不严重。

对于分布有严重震陷可能的松软土、盐渍土、污染土等特殊性土，以及其他需要作专门处理的工程场地，可视为场地和地基复杂。

3.3 可行性研究勘察

3.3.1 工程建设适宜性应在可行性研究阶段评价，以便场地方案比选，或为制定避让、治理等措施，为可能进行的专项地质调查、评估工作提供依据。必要时应进行工程地质分区或分段。

3.3.2 可行性研究勘察阶段的工作，一般主要是搜集和分析已有的相关资料，进行现场踏勘，必要时才进行工程地质测绘及测量、勘探、测试和试验工作。最后应对拟建场地的稳定性和适宜性以及技术经济效益进行综合评价。

3.4 初 步 勘 察

3.4.3 地下管线的安全对保障国民经济发展和城镇人民的生活具有重要意义，在初步勘查阶段就应取得场地的地下管线现状资料，若直接进行场地详细勘察时，应取得场地的地下管线现状资料，并制定安全勘探措施。

3.4.4 本规程编制中综合考虑了国家标准《岩土工程勘察规范》GB 50021 及《建筑抗震设计规范》GB 50011 中的有关规定，规定对抗震设防烈度等于或大于 6 度的场地，划分对建筑抗震有利、不利、危险的地段，应判定场地和地基的地震效应。

3.4.5、3.4.6 由于地貌形态及其变化在很大程度上反映地质情况的变化，因此，初步勘察阶段勘探线的布置首先要考虑地貌因素。勘探线要在每个地貌单元和地貌交接部位布置，应该而且尽可能垂直地貌单元线、地层界线及海岸线，同时在微地貌和地层变化较大地段适当加密，这对于查明隐伏的不良地质作用是十分重要的。

3.4.7 基岩一般是指中等风化岩石。对于拟考虑桩基方案的控制性勘探孔应进入微风化岩石内适当深度；对于软质岩石，由于风化层很厚，可考虑一般性勘探孔孔进入强风化岩石适当深度。

3.4.9 对于涉及基坑降水、基础抗浮设计的工程场地，在初勘阶段宜与委托单位或设计单位沟通，设置地下水位长期监测孔，为场地详细勘察阶段的水文地质评价及基础设计、施工提供科学依据。

3.5 详细勘察

3.5.3 暗埋的塘、浜、沟、坑、穴的分布、埋深，对工程的安全影响很大，应予查明，在调查过程中，需要进行场地利用历史的查询、相关部门的配合及必要的勘探、探测工作。对于建筑基础底板标高附近以上深度范围内的地层，宜取土样进行腐蚀性测试。

3.5.4 本规程编制中，在天然地基、桩基、地基处理各章中对详细勘察阶段的勘察要求专门进行了规定，故此处未涉及详细勘察阶段的勘探点布置和深度的具体要求。第2款规定每个场地每一主要土层的原状土试样或原位测试数据不应少于6（组），这是基本要求，对于建筑群场地每一主要土层的原状土试样或原位测试数据应适当增加，充分考虑地层相变及均匀性的影响，使得参数统计结果具有充分代表性；对于地面下20m范围的砂土、粉土层，每一主要土层的原位测试数据不应少于6组，以满足地震液化评价要求。

3.6 施工勘察

3.6.1 软土地区的岩土工程条件与施工方法有着密切的关系，因此，本规程把施工勘察作为一个独立的勘察阶段。该阶段的勘察工作具有更强的针对性，主要是为施工设计提供资料和参数，特别是在设计条件出现重大变更或者施工方案设计和实施存在特定需求时。其次要在配合设计、施工单位进行地基验槽的基础上，针对地质条件的变化，开展进一步的勘察工作。

4 测绘调查、勘探和测试

4.1 一般规定

4.1.1 工程地质调查和测绘是在地质条件复杂的场地进行勘察不可缺少的内容。工程地质调查对各项工程都要进行，不同勘察阶段对工程地质调查和测绘的内容和要求也不尽相同。

可行性研究勘察的主要任务是从总体上评价拟选场地的稳定性和适宜性，进行技术经济分析以决定场地的取舍，因此，一般通过调查工作，搜集研究已有地质资料，进行现场踏勘，对影响工程的重点工程地质问题进行核实与补充勘察，发现场地存在重大地质问题（如滑坡、发震断裂、洪水等）时，才进行详细的调查和测绘。

在初步勘察阶段，除做工程地质调查外，一般要进行工程地质测绘，因为本阶段场地已经选定，勘察工作的主要任务是进一步评定场地内各地段的稳定性和建筑条件，进行工程地质分区或分段，为确定建筑物总平面布置提供资料。

详细勘察阶段，是在初步勘察阶段的调查和测绘的基础上，在建筑物布置的地段，对地质界线或微地貌形态作必要的补充。当地质条件特别复杂时，应对前一勘察阶段遗留下来的某些专门性问题作必要的详细调查和测绘。

4.1.3 本条强调了软土地区原位测试工作，这是我国软土地区几十年工程勘察经验的总结。现场原位测试，目前在国内一般勘察单位常用的手段，以载荷试验、静力触探试验、十字板剪切试验，标准贯入试验、旁压试验、波速试验等为主。这些试验标准与方法，可按有关的规程来执行，但应按软土的特性来选用。静力触探是软土地区十分有效的原位测试方法，能较准确地进行力学分层。旁压试验比较适宜测试软土的模量和强度。十字板剪切试验比较适宜测试内摩擦角近似为零的软土强度。扁铲侧胀试验虽然经验不多，但适用于软土也是公认的。标准贯入试验对软土测试并不适用，但可用于软土中砂土、粉土和较硬黏性土等测试。

4.1.4 现场原位测试能得到广泛的应用，原因在于地基土处在原位天然状态下，不受人为的扰动影响，测得其性能指标精确性优于室内试验。但是，由于原位测试所获得的土性指标较单一，不能作为全面评价地基土性能的依据，故而应与室内试验配合使用，应用中应当考虑本地区地基土的性质特点和工程实践经验。土工试验资料的分析整理，应以现场原位测试为主要依据。对明显不合理的数据，应分析原因，并结合地区资料合理取值。

4.2 工程地质测绘和调查

4.2.2 工程地质测绘与调查的范围不应仅针对建设范围内的场地，还应适当扩大范围，对附近相关地段也应进行工程地质测绘与调查。

4.2.3 根据设计工作在初步设计和施工图设计阶段采用的地形图比例尺，在初步勘察阶段为1：2000～

1∶10000，详细勘察阶段为1∶500～1∶2000。在具体工作时，可根据场地工程地质条件的复杂程度和工程要求，在上述范围内选择。当场地工程地质条件复杂和工程要求较高时，应采用较大比例尺。对工程有特殊意义的地质单元体，如滑坡、洞穴等，都应进行测绘，必要时可用扩大比例尺表示。

4.2.4 为了达到精度要求，要求在测绘填图中采用比提交成图比例尺大一级的地形图作为填图的底图。

4.3 钻探和取样

4.3.1 软土地区钻探时常出现涌土、缩孔、坍孔等现象，尤其当上部土层夹砂性土、粉性土时，一般成孔困难，必须采取护壁等措施，连续施工。为避免出现涌土、缩孔、坍孔等不良现象，提出了钻探的基本要求。

4.3.2 钻探编录应由经过训练的专职人员承担。钻探编录的程序一般应对土层作确切定名，并记录其埋藏深度。

钻探描述：矿物成分、包含物、土层结构与层理特征等。对于土类不同、颜色不同、结构不同，其厚度大于0.5m的土层以及厚度小于0.5m有特殊工程意义的土层和标志层（如淤泥、泥炭等）均应单独分层描述。对“夹层”、“互层”及“夹薄层”等不均匀土层的描述，除一般描述要求外，尚应补充各单层和薄层土的厚度，出现频率（最好用素描表示）及层理等特征。参照上海规范，若两种不同土层相间成韵律，沉积厚度相差较大（厚度比为1/10～1/3）时，可定名为“夹层”；厚度相差不大（厚度比大于1/ 3）时，可定名为“互层”；若在很厚的土层中夹厚度非常薄（厚度比小于1/10）的不同土层，且有规律地多次出现时，应以“夹薄层”定名。

对于重要钻孔，应保存土芯样或分段拍摄土芯照片，以利于分析施工中出现的问题。

4.3.4 关于贯入取土器的操作方法，本条规定宜用快速静力连续压入法，即只要能压入的要优先采用压入法，特别对软土必须采用压入法。压入法应连续而不间断，如用钻机给进装置施压，则应配备足够压入行程和压入速度的钻机。

影响原状土样质量因素很多，除取土器结构、钻探操作等因素外，还有：

1 钻孔内残土：取土前应将孔内钻进过程中所残存的土清理干净，否则残土过多，取土时易挤压土样而影响土样质量。

2 取土方法：

1）轻锤多击法：由于锤的重量轻，锤击次数多，其速度及下击力往往不均匀，钻杆的摆动也大，故对土的扰动较大；

2）重锤少击法：是用重锤以少击快速将取土器击入土中，根据取样试验比较，重锤少击比轻锤多击取土质量好，而又以重锤一次击入更好；

3）压入法：是将取土器均匀地压入土中，采用这种方法对土样的扰动程度最小，有条件时采用油压给进装置效果最佳。

为了减少对土的扰动，本条文对采取Ⅰ～Ⅱ级土样，提出了以上两点操作要求。

4.3.5 本条需说明两点：

1 关于土样储存时温度

众所周知，土层深处的地温一般要比室温低得多，如果土样从地基中取出后，不是在地温相近的温度下储存、试验，则必然会受到温度变化影响。

对强度特性的影响，在一定的地温下固结的原位黏土，取土后运到室内试验时，随着温度上升，试样中的气体逸出，孔隙水压力上升，使残余有效应力减小，土的强度降低。

对固结特性的影响，随温度升高，其压缩性增大。

因此，土样储存温度应接近地温，据《上海市地基基础设计规范》：地下水温度在16℃～18℃，因此，规定土样应储存在温度10℃～30℃条件下。

2 关于土样储存时间

已经发现土样中的残余有效应力随其储存时间而显著下降，即土样的质量会随着时间的推移而变坏。从图1看出：土样储存50d后的残余有效应力只有取土后初始值的10%～20%。土样在储存期间，其水分可能发生内部转移，从表面附近的扰动区转移到相对不扰动的中部，溶于孔隙水中的气体也会由于总应力的卸除和温度变化而析出，特别是对深层取出的和孔隙水矿化程度较高的土样，将导致残余有效应力逐渐降低。因此，取土后最好尽快进行试验。本次规程修订储存时间定为7d。

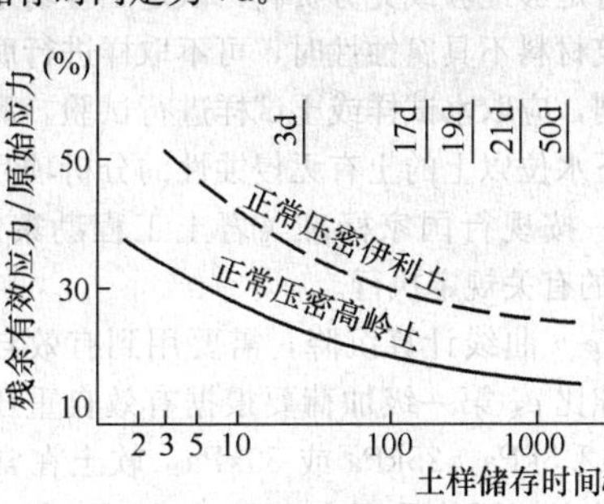

图1 残余有效应力的降低与时间关系

4.3.6 制定土样制备要求依据为：

1 由于土样是不均匀的，强调必须进行详细描述，并判别其质量等级，对不符合不扰动土样标准的，不宜进行力学性项目试验；

2 应用钢丝锯剖示纵剖面，保证试样切取具有代表性，避免试验指标离散性过大；

3 同一组试件的天然湿密度差值不宜大于

0.03g/cm^3，其目的是保证各项土性指标的一致性。

4.4 室内试验

4.4.1 室内土工试验项目一般分为物理性质指标试验和力学性质指标试验，以及土和地下水质化学分析三方面。这里所指的土性质指标是属常规试验项目，如土的天然含水量、湿密度、界限含水量、渗透系数、颗粒大小分析，以及计算所得的孔隙比、饱和含水量、干密度、塑性指数，液性指数等物性指标，还有土的压缩系数、压缩模量、内摩擦角、黏聚力等力学指标。一些特殊土性质指标，如无侧限抗压强度、灵敏度、先期固结压力、压缩指数、静止侧压力系数、泊松比、弹性模量和蠕变性质等，必须按工程需要来选择试验。至于化学分析，主要用于判别地下水对建筑材料的腐蚀性。对于研究影响软土强度因素时，有必要对土含盐量和含有机质量进行分析测定。

4.4.2 土的相对密度变化幅度不大，有经验的地区可根据经验判定，误差不大，是可行的。但在缺乏经验的地区，仍应直接测定。

4.4.3 测定液限，我国通常采用 76g 瓦氏圆锥仪，但在国际上更通用卡氏碟式仪，故目前在我国是两种方法并用。《土工试验方法标准》GB/T 50123－1999 也同时规定这两种方法和液塑限联合测定法。由于测定方法的试验成果有差异，故应在试验报告上注明。

4.4.5 土的透水性，一般以渗透系数表示，这是室内试验常用的方法。对均质土测其垂直向一个渗透系数即可。而软土地区常见砂黏互层非均质土，其水平向透水性一般大于垂直向透水性，必须同时测定土的垂直向和水平向的渗透系数。

4.4.6 水、土的化学分析主要目的，是针对地下水和地下水位以上的土对混凝土和金属材料的腐蚀性作判定。当有足够经验或充分资料，认定工程场地的土或水对建筑材料不具腐蚀性时，可不取样进行腐蚀性评价。否则，应取水试样或土试样进行试验。测定地下水和地下水位以上的土有无侵蚀性的分析项目、评价标准统一按现行国家标准《岩土工程勘察规范》GB 50021 的有关规定执行。

4.4.7 用 e-p 曲线计算沉降，需要用到有效自重压力下的孔隙比 e，第一级加荷要根据有效自重压力大小，宜用 12.5kPa、25kPa 或 50kPa。软土在常规压缩试验中最大加压荷重不宜大于 400kPa。在土质极软时，最大加压荷重不宜大于 200kPa，以免土样挤出失真。

4.4.8 固结系数测定要求做垂直向 C_v 和水平向 C_h 两个固结系数，是根据《上海市地基基础设计规范》规定提出的，C_v 与 C_h 两者的结果不一致。

4.4.9 采用常规固结试验求得的压缩模量和一维固结理论进行沉降计算，是目前广泛应用的方法。由于压缩系数和压缩模量的值随压力段而变，故本条作了明确的规定，并与现行国家标准《建筑地基基础设计规范》GB 50007 一致。

4.4.10 考虑土的应力历史，按 e-lg$p$ 曲线整理固结试验成果，计算压缩指数、回弹指数，确定先期固结压力，并按不同的固结状态（正常固结、欠固结、超固结）进行计算，是国际上通用的方法，故本条作了相应规定，并与现行国家标准《土工试验方法标准》GB/T 50123 一致。

4.4.11 沉降计算时一般只考虑主固结，不考虑次固结。但对于厚层高压缩性软土，次固结沉降可能占相当分量，不容忽视。

4.4.12 排水状态对三轴试验成果影响很大，不同的排水状态所测得的 c、φ 值差别很大，故本条在这方面作了一些具体的规定，使试验时的排水状态尽量与工程实际一致。不固结不排水剪得到的抗剪强度最小，用其进行计算结果偏于安全，但是饱和软黏土的原始固结程度不高，而且取样等过程又难免有一定的扰动影响，为了不使试验结果过低，规定了在有效自重压力下进行预固结的要求。

4.4.13 虽然直剪试验存在一些明显的缺点，受力条件比较复杂，排水条件不能控制，但由于仪器和操作都比较简单，又有大量实践经验，故在一定条件下仍可利用，但对其应用范围应予限制。极软的土在室内直接剪切试验中，经常发生试样挤出现象和应力环变形千分表读数不准的现象，对这样的软土，应当减小垂直荷重和应用薄壁应力环，保证土样不挤出和应力环变形读数显著。

无侧限抗压强度试验实际上是三轴试验的一个特例，适用于 $\varphi\approx0$ 的软黏土，国际上用得较多，故在本条作了相应的规定，但对土试样的质量等级作了严格规定。

4.4.14 弹性模量测试，在本条强调了试验加荷必须模拟工程实际加、卸荷载的应力状态，这样求得的弹性模量在使用中可以更符合工程设计施工的要求。

4.4.15 软土动力特性参数试验，在试验前必须拟订试验方案设计，对采用仪器和操作、动荷载大小、波形、频率、振幅、持续时间、固结应力和破坏标准（或终点标准）、成果的整理、参数的采取和修正等都要预先确定出来，在试验中有章可循，保证试验成果的精确性，满足设计和研究的技术要求。

4.4.17 由于工程的原因需要对土的结构性状进行了解，可测定软土的灵敏度 S_t，作出其分类和评价。

4.5 原位测试

4.5.2 静力触探已为当前勘察中常用手段，其操作方法基本上都趋向一致，但评价土的强度和变形指标必须结合本地区的经验，也就是必须建立本地区的经验公式。因为软土的性能各地区不可能相同，有本地区的特点，很难建立一个各地区皆能适用的计算公式。一些地区如天津市、上海市地方标准，按土类分别提供了不同的公式和计算方法，适用性比较强。根据静力触探确定土的承载力和变形指标可按地区标准执行。

4.5.3 应用十字板剪切试验测定软土的抗剪强度是目前常用的一种手段，所得成果也较精确。十字板头规格宜采用 75mm×150mm，其他规格的不甚合适。试验操作按现行国家标准《岩土工程勘察规范》GB 50021 执行。在大型工程十字板剪切试验中，应同时测定软土的残余抗剪强度，研究软土在重荷作用下强度变化过程，并应计算其灵敏度。

4.5.4 自钻式旁压仪比预钻式旁压仪为优，在软土区测试深层土的强度时，应当采用自钻式旁压仪，深度大，成孔有保证。预钻式旁压仪在试验深度上有一定的限制，成孔有一定的困难，软土的缩孔问题也很难克服，试验成果精度不如自钻式为佳，故建议用自钻式为宜，在作浅层评价时，预钻式也可以应用。所以旁压试验中成孔是一个很关键性的问题。目前在资料整理和取旁压特性指标的方法上没有统一，不少问题尚待进一步研究。建议采用现行行业标准《PY 型预钻式旁压试验规程》JGJ 69 的规定执行。

4.5.5 软土的特性就是强度低变形量大，在其上做载荷试验时承压板面积不能太小，小于 1.0m^{2}时往往不易测得满意的结果，因为土质软，当压板面积小时易发生冲切式的破坏，不能全面表达应力-应变关系。同时，首级荷重不能太大，应当不超过试坑底面以上土的自重压力，一般分八级加荷为宜。最大加载量不应小于设计荷载的两倍。在软土地基上做载荷试验，必须充分考虑土质特性、工程特性及施工加荷过程，应因地因事地来做，求出合理的应力-应变曲线图形，获得较精确的强度变形指标，结合地区经验取值。

载荷试验的影响深度有很大的局限性，一般为不超过承压板宽度的两倍，如要了解深部的土层承载力，可以用面积为 500cm^{2}螺旋板分层载荷试验。

4.5.6 扁铲侧胀试验成果的应用经验目前尚不丰富。根据铁道部第四勘测设计院的研究成果，利用侧胀土性指数 I_D 划分土类，黏性土的状态，利用侧胀模量计算饱和黏性土的水平不排水指数 K_D 确定土的静止侧压力系数等，有良好的效果，并被列入铁道部《铁路工程地质原位测试规程》TB 10018。上海、天津以及国际上都有一些研究成果和工程经验，但由于扁铲侧胀试验在我国开展较晚，故应用时必须结合当地经验，并与其他测试方法配合，相互印证。

4.5.7 标准贯入试验可以用来评价土的均匀性和定性地划分土层，这可以与钻探孔配合使用。在软土地区往往锤击数小于 3 击，有的靠设备自重下沉击数为 0 击。这就很难确定土的强度，只能定性地评价土的软硬，无定量值。所以在软土地区用标贯试验来评价强度和变形不甚适用的。在软土中夹有较硬的土层时，也可按现行国家标准《岩土工程勘察规范》GB 50021 执行。

4.5.8 弹性波速度的测试方法，应用的有单孔法和跨孔法两种，跨孔法的成果精度优于单孔法，但跨孔法的仪器设备一般勘察单位都不具备，很难推广。故提出在地层复杂时宜采用跨孔法，没有规定一定要用跨孔法。至于记录曲线的整理和解释方法两者基本是一致的。在应用跨孔法测超过 30m 深度的土层波速时，钻孔的偏斜对成果有较明显的影响，必须测量孔斜。一般小于 30m 深度的钻孔偏斜角度很小，对计算土层波速影响很小，故可以不测孔斜。

4.6 监 测

4.6.1 一级建筑物工程大、造价高、损坏不易补救，施工也较复杂，难度大，所以应该在施工期和使用期中进行沉降监测。对工程地质条件复杂等情况的二、三级建筑物亦应当进行沉降监测。在地基土强度和变形有变化且不均质，或者地基虽经加固处理，仍可能对建筑物的安全有影响时，也应进行沉降监测。沉降监测的目的在于保证施工的顺利进行，一旦发生问题可采取合理的措施，保证安全使用，积累设计施工经验。所以沉降监测工作是一项甚为重要的工作。

4.6.2 对一般的场地和一般的建筑物设计施工，用勘探钻孔内测定的静止水位，就可以满足应用。但在地下水位升降变化较大的场地，地下水质变化大、对混凝土和金属材料腐蚀性大的场地，地下水对地基土强度影响大的场地，应进行地下水动态观测。这类观测在施工前和竣工后都要进行。

4.6.3 地下水的动态观测不单纯测量水位的变化和水质的变化，还必须测得地下水位面的倾向和起伏、补给和流向、地表水和地下水的水力联系、污染源等。这些资料的取得不是几天就行的，至少要一个水文年才能获得较可靠的资料。要想获得较准确的动态资料，就必须进行地下水动态长期观测工作。如北京、天津等城市已观测 30 多年，动态资料丰富，有利于城市建设的需要。

5 地 下 水

5.0.1 随着城市建设的发展，尤其对地下空间开发利用，地下水对工程建设的影响日渐突出，地下水作用对工程建设的安全产生极大的影响。由于软土地区通常是处于地下水位较高的地段，同时地下水与软土的物理力学性质及其工程特性密切相关，在勘察设计施工过程中地下水始终是一个极其重要的问题，应引起足够重视。本条规定了软土地区建筑勘察对地下水的基本要求。

5.0.2 规定了软土地区地下水勘察的主要内容，结合软土地区的特点提出了重点查明的内容。软土大部分布在滨海、江、河、湖附近，勘察时应有针对性地查明地下水与江、河、湖、海水体的水力联系。

5.0.3 针对不同地区、不同工程地下水的勘察内容和方法需要区别对待；如天津地区、上海地区对地下水的分布规律都有相当地区经验，对一般工程可通过调查方法。

5.0.5 地下水位的量测是地下水勘察的重要内容之一，对一些基础埋深较大的建筑物，可能遇到2层或2层以上的地下水，必须有针对性地对多层地下水水位进行量测。

5.0.8 简易的抽水试验或简易注水试验较适合粉性土、砂土及黏、砂互层土。由于软土地区土层的成层性，土的渗透性是各向异性，在采取注水试验测定土的渗透系数时，采用孔壁和孔底同时进水的试验较好。

上海地区在钻孔中进行简易抽水试验测定原位渗透系数值时，按下式计算渗透系数：

$$k=\frac{3.5r^2}{(H+2r)t}\ln\frac{s}{s'} \tag{1}$$

式中：k——渗透系数（cm/s）；

r——钻孔半径（cm）；

H——潜水含水层厚度（cm）；

s——停止抽水后孔内水位下降值（cm）；

s'——经过时间 t 后（水位恢复）的水位下降值（cm）。

在钻孔中进行简易降水头注水试验时，在钻孔的非试验段下套管、试验段由孔壁和孔底同时进水的条件下，按下式计算渗透系数：

$$k=\frac{D^2\ln\dfrac{2L}{D}\ln\dfrac{H_1}{H_2}}{8L(t_2-t_1)} \tag{2}$$

式中：D——注水管内径（cm）；

H_1、H_2——分别为观测时间 t_1、t_2 时的水头高度（cm）；

L——进水段长度（cm）。

5.0.9 在岩土工程勘察、设计、施工过程中，地下水的影响始终是一个极为重要的问题，在岩土工程勘察中应当对其作用进行预测和评估。地下水作用的评价具体说明见现行国家标准《岩土工程勘察规范》GB 50021。

5.0.10 地下水对结构有上浮作用，结构设计人员最关心的是抗浮设防水位；抗浮设防水位预测确定历史最高水位作为抗浮设防水位，从工程安全角度看，最为可靠，但不经济。如水位预测值低于实际值许多，就存在极大安全隐患。它的预测是在掌握大量资料和地区经验基础上进行，必要时应作专项咨询。

抗浮设防水位确定后，关于浮力的计算，在静水环境中，浮力可以用阿基米德原理计算。实际工程中地下水赋存于地层中，始终在运动，并受多种因素影响，并不是所谓的静水环境。由于地下建筑物的存在，改变了拟建场地原有地下水的运动边界条件，即便在基础埋深范围内仅存在一层地下水；在地下水赋存体系比较复杂的情况下，上层水与下部含水层之间也存在一定的水力联系，在各含水层之间有非饱和带时更是如此。基底的实际水压力可以通过实测结合渗流分析来确定。

6 场地和地基的地震效应

6.1 一般规定

6.1.1 软土地区建（构）筑物震害，主要受场地和地基条件影响造成，如：地基失稳（液化、震陷）场地地面破坏效应；或受场地土层（刚度和厚度）影响，而使得软土厚度较大、埋深较浅地区的某些建筑物，振动幅度加大、振动时间加长等，建筑物振动破坏。本章条文主要针对抗震设防烈度6～9度地区，提出了软土地区地震效应勘察应做的工作和深度，在原则上作了规定，并对获取勘察评价资料的方法提出了要求。同时条文强调对所规定的工作内容和方法，应根据工程的重要性、地震地质条件及工程的具体要求进行。如：对软土震陷量计算问题，一般情况下可不做，但强调当工程需要时可进行专门性分析评价工作。

6.2 抗震地段划分与场地类别

6.2.1 建筑场地抗震地段划分的方法和依据，应采用现行国家标准《建筑抗震设计规范》GB 50011的有关规定。但在具体工程实际中，场地的条件不可能采用一种简单模式套用，往往是杂乱的，一般情况下应以最不利于抗震的条件为主要评价依据。同时考虑到现行国家标准《建筑抗震设计规范》GB 50011的条文说明中，对有些场地既不属于有利地段，也不属于不利或危险地段的其他条件地段，将其划分为可进行建设的一般场地。本次修订，为便于工程评价，除有利、不利或危险地段外，将可进行建设的一般场地列入了本次修编的正式条文中。

6.2.2 场地类别的评定方法可参照现行国家标准《建筑抗震设计规范》GB 50011执行。但由于近年来全国各地房地产开发和小区建设得到了蓬勃发展，目前已由市区向郊区、卫星县镇延伸，为了提高对多层建筑群（或小区）场地类别划分的可靠性和安全性，条文中补充规定了对7度及其以上地震区，6栋以上的多层建筑组团，要求采用剪切波速测定方法，计算等效剪切波速值。同时根据近年来在执行《建筑抗震设计规范》GB 50011过程中，针对多层建筑，当坚硬土层埋深大，控制性钻孔难以满足覆盖层厚度评价要求，专门为揭示覆盖厚度布置深孔有困难时，有经验的地区可引用邻近工程深孔资料，但为了保证资料来源的真实、可靠，报告书中应说明引用资料的工程名称；无经验地区，布置少量深孔是必要的，但深度宜控制在基本能满足评价要求。

6.3 液化与震陷

6.3.2 饱和砂土和粉土液化，目前所采用的液化判别法都是经验方法，存在一定的局限性和模糊性。宜采用多种方法分析、比较和判断，不宜采用单一方法作出判定。当各种方法判别有矛盾时，应根据环境地震地质条件和具体工程条件，作出经济合理的综合判定。因此，本条文中针对非单一性的砂土特性，如：含泥质砂土、砂土夹淤泥质黏土、砂土与淤泥质黏土互层等，提出了除采用标准贯入试验方法外，还推荐了采用静力触探试验方法，判别地震液化可能性的判别式。

静力触探试验判别法，早在10年前已纳入《铁路工程抗震设计规范》GB 50111和《岩土工程勘察规范》GB 50021的条文说明中，但推荐的判别式，一般适用于单一性的砂土。本条文中推荐的判别式是采用上海岩土工程勘察设计研究院、同济大学等有关单位，针对上海和南方软土地区砂类土的特性（非单一性的砂土）建立起来的。由于静力触探试验方法在反映此类砂土的原始沉积特点和物理力学性质方面，比标准贯入试验更具有独到的优点，将此类土物理力学性质的静探贯入阻力与标准贯入锤击数之间进行相关分析，并通过现场对比试验，找到液化非液化土的贯入阻力，并参照标准贯入试验的相关影响因素及判别的形式建立用静力触探贯入阻力判别液化土的基本公式，该公式按液化应力比概念及锥尖阻力与标贯试验锤击数经验关系，确立动剪应力比与土体埋藏深度之间关系拟合而成。因此，本条文是根据多年来工程实践经验总结提出的，现已纳入上海地方标准《地基基础设计规范》DBJ 08-11和《岩土工程勘察规范》DBJ 08-37。

1 判别式中（标准贯入试验和静力触探试验）地下水位深度，可依据砂土所处的地下水应力条件分析，认为一般情况下液化土层的地下水，常与地表浅部土层中地下水存在水力联系与补给关系，液化判别计算时采用场地历史最高水位参加计算。但中国南方某些地区如福建、江苏等沿海城市，液化土层中的地下水与地表浅部填土中的潜水或上层滞水，中间存在着较厚的弱透水层，且上、下两层地下水之间不存在明显的水力联系和补给关系。因此，条文中补充规定此类埋藏条件的地下水，当采用标准贯入试验或静力触探试验方法进行液化土层判别计算时，宜采用液化土层中的地下水最高水位。

2 砂土与黏性土互层、砂土夹黏性土等，是砂土与黏性土在同一土层中相间呈韵律组合沉积的一种特殊砂类土和混合砂土如：含泥质砂土。土中的黏粒含量决定了这种土的物理力学性质。若黏粒含量多，其力学特性就接近黏土，一般就不会液化，相反如果黏粒含量少，则其力学特性将接近砂土，地震时就可能液化。由于此类砂土中黏粒的存在，标贯击数偏低，不同于“纯砂”的一般液化特性。我国南方如：上海、南京、福州等沿海地区，砂类土地基多为冲积与淤积形成的，砂类土中黏粒含量较多的混合砂土并常以两种不同类别土层相间成层，呈互层、夹层、夹薄层特性的砂土类出现，对抗液化是有利的。因此，本条文补充规定此类砂土，当采用标准贯入试验或静力触探试验方法判别液化时，可考虑按土层中的实际黏粒量参加判别计算。

6.3.4 判别软土震陷可能性的有关规范是根据天津等地区的经验，提出的关于采用地基承载力特征值或等效剪切波值评价软土震陷问题。在相关规范条文说明中规定当设防烈度为7度区，地基土承载力特征值 $f_a>80$kPa，或等效剪切波速 $v_{se}>90$m/s，可不考震陷影响问题。但在我国南方地区，如江苏、上海、福建和深圳沿海等地，地表浅部或上部沉积的滨海相、溺谷相淤泥层，地基土的承载力特征值较低，但现场剪切波速测试，等效剪切波速值一般大于90m/s。若按地基土承载力评价，本地区淤泥层应考虑软土震陷的可能性；按等效剪切波速值规定，可不考虑震陷的影响，两者存在矛盾，考虑到原位测试成果较为真实可靠，为解决这个问题，在本次条文修改中强调应以临界等效剪切波速值，作为软土震陷判别标准，当等效剪切波速值 $v_{se}>90$m/s时，可不考虑震陷影响。

表6.3.4-2中震陷估算的条件和震陷数值，是原规程根据1969年渤海地震和1976年唐山大地震中，天津市区和新港区建筑物震陷实测值结合地质条件综合分析统计后提出来的，可作为在没条件进行震陷分析计算时的参考。

由于对震陷的理论研究还不够深入，认识也不统一，目前全国有关软土地区震陷资料，唯一来自天津地区的震陷实测值。软土震陷的计算分析方法和研究成果，主要有两类：即采用有限单元分析计算法和简化的地基最终沉降量分层总和法（包括采用动力试验原状土“震陷系数”的分层总和法与“软化模型”的分层总和法）。

1987年天津市勘察院翁鹿年与国家地震局工程力学研究所石兆吉、郁寿松，在对天津塘沽新港地区共同研究成果《塘沽新港地区震陷计算分析》和《一般民用房屋震陷计算分析》等有关资料中通过勘察试验获得软土的动、静力学参数，结合建筑物的性质，基于“软化模型”概念提出的震陷理论计算方法来估算震陷值。设震动前的土层模量为 E_i，与震动作用相应的拟割线模量定义为 $E_p=\sigma_d/\varepsilon_p$，$\sigma_d$ 为动应力，ε_p 为残余应变。软化后土的模量：$E_{ip}=1/(1/E_i+1/$

E_p)，然后进行两次静力有限元分析，第一次用 E_i，第二次用 E_{ip}。两次静力分析求得的位移之差，即为待求的震陷值。这一计算方法是建立在有限元分析基础上，当工程需要时可参照上述方法进行专门性的软土震陷量计算。但有限元分析计算方法，对于一般勘察单位因设备能力和勘察周期短等原因，这一方法的普遍应用受到了限制。

在地震力作用下由建筑物结构引起的土的震陷，也可以理解为两部分震陷值之差，即结构加土的应力状态下所产生的震陷与无结构的天然土层应力状态下所产生的震陷之差。震陷简化计算方法的计算过程图 2 所示。

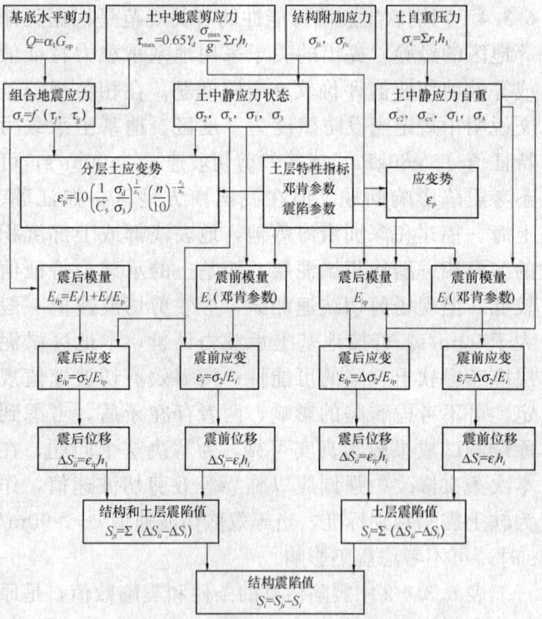

图 2　震陷简化估算流程图

本规程推荐的软土震陷估算，采用简化的分层总和计算法：

1　“震陷系数”分层总和法，是 1989 年郁寿松、石兆吉通过十几年来大量动三轴压缩试验，对《土壤震陷试验研究》的基础上，给出了能反映各类土的震陷特性的经验表达式：$\varepsilon_p = 10\left[\frac{\sigma_d}{\sigma_3} \cdot \frac{1}{C_5}\right]^{\frac{1}{S_5}}\left[\frac{n}{10}\right]^{-\frac{S_1}{S_5}}$，震陷量计算式：$S = \sum_{i=1}^{n} \varepsilon_{pi} \cdot h_i$。

式中：$C_5 = C_6 + S_6(K_0 - 1)$，$S_5 = C_7 + S_7(K_0 - 1)$。

C_5，S_5，C_6，C_7，S_6，S_7 和 S_1 是土壤的震陷参数由试验确定，当无试验资时，可参考表 1 给出的经验参数值。

n 为与设防烈度相应的等价振动次数。K_c 为固结比，σ_3 为固结压力，ε_p 为应变值。

$\sigma_d = 2\tau_d$ 为动应力，等效动剪应力 τ_d 可按 H. B. Seed 提出的简化设计法求得：$\tau_d = 0.65\frac{\alpha_{max}}{g} \cdot \Sigma h_i r_i \cdot r_d$。其中 r_d 为折减系数，$r_d = 1 - 0.0133d_s$，d_s 为土层埋深。

2　“软化模型”的分层总和法，是 1997 年天津市勘察院杨石红等人完成《软弱地基土层震陷简化计算分法研究》的研究成果，该成果表明采用震陷简化计算分析结果与宏观观测结果及有限元法计算的震陷结果基本上是一致的，可作震陷量参考值。这一估算方法提出的软土震陷计算过程中，应力的计算采用土力学静力计算理论，以静力计算代替动力分析的简化计算方法，这一计算方法系基于“软化模型”概念及土力学中的分层总和法。“软化模型”的基本概念是在地震动作用下使土变软，模量降低，因而产生震陷。在用分层总和法进行震陷分析时，用土层震动前的模量 E_i（采用邓肯静割线模量为 $E_i = \kappa_s P_a \left(\frac{\sigma_3}{P_a}\right)^{N_s}\left[1 - R_f\frac{(1-\sin\varphi)(\sigma_1-\sigma_3)}{2C\cos\varphi + 2\sigma_3\sin\varphi}\right]$）和与震动作用相应的拟割线模量 E_p($E_p = \sigma_d/\varepsilon_p$) 求得土软化后的模量 $E_{ip} = 1/(1/E_i + 1/E_p)$ 之后，利用分层总和法对土层进行两次静力变形分析计算，第一次计算用 E_i 求得震前应变。

6.4　地震效应评价

6.4.1　工程抗震设防烈度、设计基本地震加速度值和设计地震分组，可按国家标准《建筑抗震设计规范》GB 50011 的有关规定，并参照《中国地震动峰值加速度区划图》各省市区划一览表和《中国地震动反应谱特征周期区划图》各省市区划一览表。

6.4.2　建筑的设计特征周期，一般工程应根据场地所在地的设计地震分组和场地类别，按国家标准《建筑抗震设计规范》GB 50011 的有关规定取值。

6.4.4　软土地区工程抗震设计选用的频谱特性，对于一般工程主要根据国家标准《建筑抗震设计规范》GB 50011 有关条文的规定，它是我国抗震设计规范中最常用的方法——反应谱法（地震影响系数曲线）。但以设防烈度和抗震规范平均反应谱为基础的传统设计途径，对于特别不规则的建筑，甲类建筑和超限高层建筑的抗震设计尚存在局限性。规范中的设计地震动参数是建立在平均值基础上的，它不可能反应复杂地震环境对设计地震动的影响。为了客观反应特定局部场地环境地震的影响（尤其是软土厚度和埋藏深度对地震动的影响），本章条文规定，当需要考虑土与结构共同作用的时程分析法进行抗震设计补充验算时，应进行专门性分析评价工作，本条推荐采用已获国内外公认的场地土层地震反应分析方法，得出本场地频谱特性，作为设计地震动参数依据。土层地震反应分析计算选用的岩土剪变模量比与剪应变、阻尼比与剪应变关系值，宜由土动力性能测定的资料确定模型参数。当无试验资料时，可参考表1给出的经验关系值。

在土层地震反应分析中，按预期地震震源、震级和震中距，选择相应的地震输入波的控制参数，对同一地质单元的一组钻孔（至少2个钻孔），每个钻孔地层剖面分别输入2条相应的地震波进行计算，其中一条为人工波是规范基岩谱稍为调整后得到目标谱经拟合得到，另一条为天然基岩强震记录。为了与场地基本烈度相适应，将加速度最大值进行调整，以较准确地反映场地地震影响下的地震反应。计算时考虑到地震波在自由边界上振幅增大一倍，作为场地土层基底岩的输入加速度可取 $a(t)/2$。由于场地土层接近水平层状介质，可按一维剪切型波动问题进行分析。通过时程分析，得到一组人工模拟合成的地表加速度时程（即场地地震波）和规准设计加速度谱，为基础设计和上部结构时程分析计算，提供设计地震动参数和输入地震加速度时程曲线。

表1　各类岩土 $G/G_{max}-\gamma$ 和 $\zeta-\gamma$ 关系的典型值

土类	参数	剪应变 $\gamma(10^{-4})$							
		0.05	0.1	0.5	1	5	10	50	100
淤泥	G/G_{max}	0.860	0.790	0.600	0.0470	0.165	0.090	0.015	0.010
	ζ	0.030	0.035	0.055	0.077	0.137	0.165	0.220	0.235
淤泥质黏土	G/G_{max}	0.985	0.970	0.845	0.730	0.032	0.210	0.085	0.058
	ζ	0.012	0.015	0.033	0.055	0.136	0.170	0.200	0.205
黏土	G/G_{max}	0.980	0.960	0.825	0.710	0.300	0.200	0.050	0.025
	ζ	0.012	0.015	0.037	0.056	0.130	0.165	0.235	0.254
粉质黏土	G/G_{max}	0.980	0.970	0.840	0.730	0.400	0.250	0.070	0.030
	ζ	0.012	0.015	0.037	0.056	0.112	0.137	0.170	0.180
粉土（密）	G/G_{max}	0.985	0.975	0.858	0.754	0.417	0.285	0.095	0.035
	ζ	0.005	0.008	0.025	0.040	0.095	0.117	0.148	0.159
粉土（松）	G/G_{max}	0.960	0.930	0.770	0.650	0.300	0.200	0.060	0.035
	ζ	0.012	0.017	0.036	0.050	0.087	0.105	0.148	0.155
密实砂	G/G_{max}	0.980	0.965	0.885	0.805	0.560	0.448	0.220	0.174
	ζ	0.005	0.007	0.020	0.035	0.080	0.100	0.120	0.124
中密砂	G/G_{max}	0.965	0.935	0.775	0.660	0.300	0.250	0.105	0.090
	ζ	0.006	0.010	0.030	0.045	0.088	0.103	0.124	0.130
松砂	G/G_{max}	0.920	0.880	0.700	0.575	0.260	0.178	0.058	0.018
	ζ	0.015	0.022	0.056	0.065	0.104	0.125	0.145	0.150
砂砾石	G/G_{max}	0.990	0.970	0.900	0.850	0.700	0.550	0.320	0.200
	ζ	0.004	0.006	0.019	0.030	0.075	0.090	0.110	0.120
回填土	G/G_{max}	0.960	0.950	0.800	0.700	0.300	0.200	0.150	0.100
	ζ	0.025	0.028	0.030	0.035	0.080	0.100	0.110	0.120
基岩	G/G_{max}	1.000	1.000	1.000	1.000	1.000	1.000	1.000	1.000
	ζ	0.004	0.008	0.010	0.051	0.021	0.030	0.036	0.046

7　天然地基勘察

7.1　一般规定

7.1.1　常规勘探取土室内土工试验方法，不能正确反映软土地区土性的工程特性，比如对于淤泥质土，由于取土扰动会造成其力学性指标明显失真；砂土难以取得原状土；深层黏性土由于应力释放改变土的变形特征等等。因此，强调提高原位测试孔比例。

7.1.2　规定了勘探孔平面布置，其编制依据了软土地区的工程经验，但必须说明：应针对工程特点，布孔的原则应以查明各幢建（构）筑物持力层及其主要压缩层分布规律及其土性的均匀性为主，当不能满足设计要求时，应适当加密布孔间距。

7.1.3　勘探孔分为一般性孔和控制孔两种，一般性孔主要是以控制主要持力层层面并进入其一定深度为原则。控制孔以满足地基变形计算要求为原则，当按本条第2款确定控制孔深度时，也可按黏性土的应力历史确定压缩层计算下限，即（上覆土层的有效自重压力＋附加压力）＜先期固结压力。

7.1.4　对于软土地区，当选用天然地基时，查明浅层不良地质作用关系到工程设计安全问题，据已有工程经验，当建筑物出现严重的不均匀沉降而影响建筑物使用，很多是由于暗浜、暗塘未摸清。因此本条规定小螺纹钻孔或轻便触探法的间距及勘探深度，并特别强调查明暗浜底淤泥厚度、回填土成分及回填时间，它是选用何种地基处理方法的关键依据。

7.1.5　填土的定量评价方法有很多。勘察单位采用勘探取土室内土工试验确定其填土的物理力学性质，由于填土的不均匀性、取土扰动、取样代表性差等特性，所得力学指标往往偏高或失真，可能对工程设计造成不安全或采用不恰当的地基处理方法而造成浪费。因此，本条强调宜选择适当的原位测试手段，查明填土的均匀性以及强度和变形特性。

7.2　地基承载力确定

7.2.1　为提高勘察技术水平，除采用室内土工试验直剪固结快剪强度确定天然地基的地基承载力设计值外，本条强调软土的承载力应结合建筑物等级和场地地层条件以变形控制的原则，提倡采用原位测试成果或根据已有成熟的工程经验采用土性类比法确定地基承载力设计值。当采用不同方法所得结果有较大差异时，应结合地基变形等综合分析加以选定，并说明其适用条件。

7.2.2　静载荷试验是确定地基承载力的基本方法，是验证其他方法正确与否的基本依据，对重要工程应进行一定数量的载荷试验，根据载荷试验的 p-s 曲线特征确定地基承载力。在实际选用时，应充分考虑软土地区地基土多层体系的特点以及静载荷试验边界条件与实际基础条件的区别（尺寸效应），必要时应根据其他原位测试方法（如旁压试验）测定在基础受力层范围内不同土层的承载力，并作适当修正后确定地基承载力特征值。

7.2.3 依据原位测试参数按经验公式确定地基承载力是工程界多年实践经验的总结。因原位测试能真实地反映场地地基土的力学特性，尤其对较难取得原状土的粉土和砂土中具有明显的优点，应积极提倡和鼓励运用到工程设计中去，故本次修订中增加了软土地区的一些经验公式。为能反映基础埋深、宽度等对地基承载力设计值的影响，当基础宽度大于3m或埋置深度大于0.5m或存在软弱下卧层时，可按第7.2.5和7.2.6条进行修正后确定地基土承载力特征值。所提供经验公式具有一定的地区性，虽经部分地区的工程验算，与其他方法确定的承载力基本吻合，但必须说明，使用前应根据地区资料进行验证方可使用。

7.2.4 根据已有工程经验采用土性类比法确定地基承载力特征值时，宜通过建筑物的沉降观测资料进行分析、对比已有工程与拟建工程的地质、荷载、基础以及上部结构等的相似性、差异性，提出地基承载力特征值的建议值以及使用条件。

7.2.5 软土地区持力层下存在软弱下卧层的情况较为普遍，确定地基土承载力应考虑软弱下卧层的地基强度，有利于地基变形的控制，结合上海地区的经验，本规程提出了简化计算方法，考虑到其他软土地区的土层特点，对公式（7.2.5-3）进行修改。

7.3 地基变形验算

7.3.2 软土地区建筑物控制地基变形是一个关键问题，如何正确估算地基变形涉及方方面面。首先对软土来说，取土质量等级应为Ⅰ级，才能得到较为正确的变形计算指标，尤其是软土的应力历史（OCR、C_c、C_s）；第二要合理控制基底有效附加压力，尽可能使基底附加压力小于地基土承载力特征值的75%（即土体处于似弹性阶段），有利于地基沉降稳定；第三要重视类似工程经验的总结；第四要充分考虑可能产生不均匀沉降或增加附加沉降的因素，如地面堆载、荷载偏心、加荷过快、基坑开挖回弹、坑底土扰动、地面降水等。因此，如何正确预估地基沉降、控制地基沉降是软土地区天然地基设计至关重要的工作。

7.3.3 关于考虑土的应力历史方法估算地基固结沉降量，与原规程基本一致，仅增加一项沉降计算经验系数ψ_{s1}、ψ_{s2}、ψ_{s3}、ψ_{s4}，其经验系数原则上应根据类似工程条件下沉降观测资料及经验确定，以提高计算精度。根据上海地区已有工程经验，一般情况下：对正常固结土（$OCR=1.0\sim1.1$），ψ_{s1}可取1.0；对超固结土（$OCR>1.2$），ψ_{s2}、ψ_{s3}可根据OCR的大小取0.5～0.8；对欠固结土（$OCR<1$），ψ_{s4}可取1.2。

7.4 天然地基的评价

7.4.1 根据天然地基特点提出有关岩土工程分析评价主要内容。在分析评价中应结合场地的工程地质、工程性质以及周围环境等条件，做到重点突出、针对性强、评价正确、建议和结论合理，以满足设计和施工要求。

8 地基处理勘察

8.1 一般规定

8.1.1～8.1.4 当天然地基不能满足设计要求，且选用桩基方案不够经济时，可以考虑选择地基处理方法加固地基。因此，首先应符合天然地基或桩基的有关勘察要求。

在进行地基处理时，应初步掌握场地的岩土工程资料、上部结构及基础设计资料等，便于对可能采用的地基处理方法进行方案比选，并应结合当地已有地基处理经验、施工条件以及地基处理后的效果进行综合评估，提出加固处理目的及处理后各项技术与经济控制指标。通过比选确定地基处理方案后，可针对地基处理方法进行有针对性的补充勘察。岩土参数是地基处理设计成功与否的关键，应选用合适的取样方法、试验方法和取值标准。每种地基处理方法都有各自的适用范围、局限性和特点。因此，在选择地基处理方法时都要进行具体分析，从地基条件、处理要求、处理费用和材料、设备来源等综合考虑，进行技术、经济、工期等方面的比较，以选用技术上可靠、经济上合理的地基处理方法。当场地条件复杂，或采用某种地基处理方法缺乏成功经验，或采用新方法、新工艺时，应进行现场试验，以取得可靠的设计参数和施工控制指标；当难以选定地基处理方案时，可进行不同地基处理方法的现场对比试验，通过试验选定可靠的地基处理方法。选用地基处理方法应注意其对环境和附近建筑物的影响。如选用桩土复合地基施工时，应注意振动和噪声对周围环境产生不利影响；选用水泥土搅拌桩时，应避免土体扰动引起地面隆起等。在地基处理施工过程中，岩土工程师应在现场对施工质量和施工对周围环境的影响进行监督和监测，保证施工顺利进行。

8.2 地基处理勘察与评价

8.2.1 换填垫层法适用于处理各类浅层软弱地基。对于建筑范围内局部存在松填土、暗沟、暗塘、古井、古墓或拆除旧基础后的坑穴，均可采用换填法进行地基处理。在这种局部的换填处理中，保持建筑地基整体变形均匀是换填应遵循的最基本的原则。开挖基坑后，利用分层回填夯压，也可处理较深的软弱土层。但换填基坑开挖过深，常因地下水位高，需要采用降水措施；坑壁放坡占地面积大或边坡需要支护，易引起邻近地面、管网、道路与建筑的沉降变形破坏；由于施工土方量大、弃土多等因素，常使处理工程费用增高、工期拖长、对环境的影响增大。因此，换填法的处理深度通常控制在3m以内较为经济合理。换填垫层法常用于处理轻型建筑、地坪、堆料场及道路工程等。对于存在软弱下卧层的垫层，应针对不同施工机械设备的重量、碾压强度、振动力等因素，确定垫层底层的铺填厚度，使之既能满足该层的压密条件，又能防止破坏及扰动下卧软弱土的结构。换填垫层质量检验可利用环刀法、贯入仪、轻型动力触探或标准贯入试验检验。竣工验收宜采用载荷试验检验垫层质量，为保证载荷试验的有效影响深度不小于换填垫层处理的厚度，载荷试验压板的边长或直径不应小于垫层厚度的1/3。本条针对填垫层法地基处理特点，提出了勘察技术要求。

8.2.2 预压法处理地基分为堆载预压和真空预压两类。堆载预压分塑料排水带或砂井地基堆载预压和天然地基堆载预压。通常当软土层厚度小于4.0m时，可采用天然地基堆载预压法处理；当软土层厚度超过4.0m时，为加速预压过程，应采用塑料排水带、砂井等竖井排水预压法处理地基。对真空预压工程，必须在地基内设置排水竖井。针对其加固原理，规定勘察应查明土的成层条件，排水层和夹砂层的埋深和厚度，地下水的补给和排泄条件等，这对预压工程很重要。对真空预压工程，查明处理范围内有无透水层（或透气层）及水源补给情况关系到真空预压的成败和处理费用。对重要工程，应预先选择代表性地段进行预压试验，通过试验区获得的竖向变形与时间关系曲线、孔隙水压力与时间关系曲线等推算土的固结系数。固结系数是预压工程地基固结计算的主要参数，可根据前期荷载所推算的固结系数预计后期荷载下地基不同时间的变形并根据实测值进行修正，这样就可以得到更符合实际的固结系数。此外，由变形与时间曲线可推算出预压荷载下地基的最终变形、预压阶段不同时间的固结度等，为卸载时间的确定、预压效果的评价以及指导全场的设计与施工提供主要依据。

8.2.3 水泥土搅拌法是适用于加固饱和软弱黏性土和粉土等地基的一种方法，它是利用水泥材料作为固化剂通过特制的搅拌机械，就地将软土和固化剂（浆液或粉体）强制搅拌，使软土硬结成具有整体件、水稳性和具有一定强度的水泥加固土，从而提高地基土强度和增大变形模量。根据固化剂掺入状态的不同，可分为浆液搅拌和粉体喷射搅拌两种。水泥土搅拌法加固软土技术具有其独特优点：最大限度地利用了原土，搅拌时无振动、无噪声和无污染，可在密集建筑群中进行施工等。水泥固化剂一般适用于正常固结的淤泥与淤泥质土（避免产生负摩擦力）、黏性土、粉土、素填土（包括冲填土）地基加固。

根据室内试验，一般认为用水泥作加固料，对含有高岭石、多水高岭石、蒙脱石等黏土矿物的软土加固效果较好，而对含有伊利石、氯化物和水铝石英等矿物的黏性土以及有机质含量高，pH值较低的黏性土加固效果较差。

对拟采用水泥土搅拌法的工程，除了常规的工程地质勘察要求外，尚应注意查明：

1 填土层的组成：特别是大块物质（石块和树根等）的尺寸和含量。含大块石对水泥土搅拌法施工速度有很大的影响，所以必须清除大块石等再予施工。

2 土的含水量：当水泥土配比相同时，其强度随土样的天然含水量的降低而增大，试验表明，当土的含水量在50%～85%范围内变化时，含水量每降低10%，水泥土强度可提高30%。

3 有机质含量：有机质含量较高会阻碍水泥水化反应，影响水泥土的强度增长，故对有机质含量较高的明、暗浜填土及吹填土应予慎重考虑，一般采用提高置换率和增加水泥掺入量措施，来保证水泥土达到一定的桩身强度。对生活垃圾的填土不应采用水泥土搅拌法加固。

4 采用本法加固砂土应进行颗粒级配分析。特别注意土的黏粒含量及对加固料有害的土中离子种类及数量，如SO_4^{2-}、Cl^-等。

5 当拟加固的软弱地基为成层土时，应选择最弱的一层土进行室内配比试验。

9 桩基工程勘察

9.1 一 般 规 定

9.1.1 该条主要为原规程JGJ 83－91中第7.0.2条的内容，本次依据国家标准《岩土工程勘察规范》GB 50021中的规定，增加了第5款。另根据不同工程项目及持力层性质，修改了原第3款中“必须查明其抗剪强度和压缩性指标”，主要是对于一般建筑物，荷载较小，通过荷载试验或采用原位测试手段等方法确定了单桩承载力后，已满足桩基设计要求。

第1款 查明软土层的应力历史主要判别是否存在欠固结土层，因其直接影响桩侧摩阻力以及变形的分析评价。

第2款 查明软土中夹砂及可塑至硬塑黏性土层是桩基勘察确定桩基持力层的主要依据。

第3款 桩基勘察中需提供的抗剪强度主要用于估算桩侧极限摩阻力、验算桩基持力层和下卧层的强度。据经验，桩侧极限摩阻力近似等于土的c_u值，日

本的经验是以 $q_u/2$ 值作为桩侧极限摩阻力；桩基持力层和下卧层的强度验算，要求桩基础底部有效附加压力应小于或等于桩端持力层和下卧层顶面的容许有效附加压力，压缩试验的最终压力应大于桩尖下附加压力和自重压力之和，提供沉降计算所需的计算指标。

第 5 款 对于水平场地，从唐山地震在可液化土层中的低承台桩基础震害的情况分析，桩端应进入液化土层以下的稳定土层中一定深度。该深度的大小，应根据持力层性质、设防等级、建筑物重要性等情况综合确定。

第 6 款 桩基施工对周围环境的影响，主要是打入桩的振动和挤土对邻近原有的建筑物、道路和地下管线等设施和附近的生产车间精密仪器设备基础等带来危害以及噪声等公害。危害是指沉桩过程中对邻近房屋等造成不同程度的损害，如房屋粉刷坠落，门窗变形、地坪和墙面开裂、地下管道断裂等。

9.1.2 本条是对桩基勘探点的平面布设作出的规定：

1 勘探点布置主要以控制地层分布，查明岩土的均匀性为目的，根据已有的规范、规程及大量地区经验，按建筑物周边、角点、柱列线布置为共识；

2 建筑物重要性不同，荷载不同，岩土种类多，桩受力性质及各地区的经验，按两大类进行勘探点的布设较合理又经济；

3 对于勘探点的加密原则：现行国家标准《岩土工程勘察规范》GB 50021 规定：以相邻勘探点揭露持力层层面高差控制，对于端承型桩，根据桩型宜控制在 1m～2m。《建筑桩基技术规范》JGJ 94 规定：对于端承型桩，当相邻勘探点所揭露桩端持力层层面坡度超过 10%时，宜加密勘探点。当间距为 12m～24m 时，按 10%控制即为高差 1.2m～2.4m，控制标准是一致的。本次修订对于端承型桩桩端持力层层面按 10%控制；对于摩擦型桩，依据揭露地层变化情况确定。

9.1.3 本条是对桩基勘探孔的深度作出的规定：

1 当作为桩端持力层的地层为可压缩地层，包括硬塑、坚硬状态的黏性土；中密、密实的砂土和碎石土，还包括全风化岩。这些岩土按《建筑桩基技术规范》JGJ 94 的规定，全断面进入持力层的深度，黏性土、粉土不宜小于 $2d$（d 为桩径），砂土 $1.5d$，碎石土 $1d$。当存在软弱下卧层时，桩基以下硬持力层厚度不宜小于 $4d$；当硬持力层较厚且施工条件允许时，桩端全断面进入持力层的深度宜达到桩端阻力的临界深度。临界深度的经验值，砂与碎石土为 $3d$～$10d$，粉土、黏性土为 $2d$～$6d$，愈密实、愈坚硬临界深度愈大，反之愈小。因此，勘探孔进入持力层深度的原则是：应超过预计桩端全断面进入持力层的一定深度，当持力层较厚时，宜达到临界深度。为此，本条规定，控制性勘探孔应深入预计桩端下 5m～10m 或 $6d$～$10d$，《欧洲地基基础规范》（建设部综合勘察研究院印，1988 年 3 月）规定，不小于 10 倍桩身宽度；一般性勘探孔应达到预计桩端下 3m～5m，或 $3d$～$5d$，本次修订作了上述规定。

对需计算沉降的桩基，软土地区一般算至附加压力等于自重压力的 20%处；如该处土质仍属软土时应加深，即算至附加压力等于自重压力的 10%处；无计算资料时，可取桩长以下 1.5～2.0 倍基础宽度。

2 对于以基岩作为桩端持力层的勘探孔深度，一般不需考虑沉降问题，往往是以桩身强度控制单桩承载力，勘探孔的深度与荷载、岩石的岩性、强度有关。《建筑桩基技术规范》JGJ 94 和《岩土工程勘察规范》GB 50021 规定，勘探孔深度应深入预计嵌岩面以下 $3d$～$5d$。为了保证桩底以下不存在软弱夹层、破碎带或溶洞，桩底下支承岩层的厚度不应小于 2m（经验算其冲剪、剪切和弯曲强度足够时，可不受此限），考虑到嵌岩桩入岩的最小深度应满足 0.5m，因此本规程规定一般性孔入基岩持力层 3m～5m，控制性勘探孔入基岩持力层 5m～8m。

9.1.4 本条是对勘探手段的选择提出了要求：

1 软土灵敏性高，受扰动后结构破坏对强度和变形影响大，为保证取土质量，作出该款规定十分重要；

2 在软土地区用静力触探孔取代相当数量的勘探孔，不仅减少钻探取样和土工试验的工作量，缩短勘察周期，而且可以提高勘察工作质量，静力触探是软土地区十分有效的勘探和原位测试方法；可采用静力触探资料估算打入桩的单桩竖向极限承载力；

3 标准贯入试验对软土并不适用，但可用于软土中的砂土、硬黏性土层等，尤其对判别砂性土的密实性及砂土的液化，是必不可少的手段之一；

4 几十年的工程经验证明，用十字板剪切试验测定内摩擦角近似为零的软土强度，实践证明是行之有效的。

9.1.5 本条中的第 1 款、第 3 款是原规程 JGJ 83-91 中第 7.0.5 条中的两款，本次修订依据国家标准《岩土工程勘察规范》GB 50021 规定，增加了第 2 款、第 4 款。由于相关的规范对取岩土数量或测试次数作了明确规定，具体的岩土数量或测试次数应依据相关规范进行。

9.2 承载力与变形

9.2.1 单桩承载力应通过现场静载荷试验确定。在软土地区，当桩身处于饱和软黏土中，成桩到开始试验的间歇时间不得少于 25d，且周边不得一直有振动影响。软土灵敏性高，受扰动后结构破坏，其强度恢复时间长。

采用可靠的原位测试参数进行单桩承载力估算，其估算精度较高，并参照地质条件类似的试桩资料综合确定，能满足一般工程设计需要；在确保桩身不破坏的条件下，试桩加载尽可能至单桩极限承载力状态。

桩基在荷载作用下，由于桩长和进入持力层的深度不同，其桩侧阻力和桩端阻力的发挥程度是不同的，因而桩侧阻力特征值和桩端阻力特征值，无论是从理论上还是从工程实践上，均是以载荷试验的极限承载力为基础，因此，本规程只规定了估算单桩竖向极限承载力的公式，并规定按单桩竖向极限承载力除以安全系数 K 的常规方法来估算单桩竖向承载力特征值（R_a），即式（9.2.1）。按本规程所提出公式估算 R_a 时，其 K 值均可取 2。

采用静力触探方法、标准贯入方法确定单桩竖向极限承载力，被勘察人员和设计人员广泛使用，其估算值与实测值较为接近，本次修订依据《建筑桩基技术规范》JGJ 94 对用静力触探试验成果估算单桩竖向极限承载力作了修改，保留引用原规程 JGJ 83－91 第 7.0.7 条的规定，引用了《高层建筑岩土工程勘察规程》JGJ 72 中的附录 D。

嵌岩桩单桩竖向极限承载力是由桩周土总侧阻、嵌岩段总侧阻和总端阻三部分组成。现行规范《建筑地基基础设计规范》GB 50007 和《建筑桩基技术规范》JGJ 94 中的公式有所不同，另外各个地区的有关资料及地方规范中的公式、取值各不相同。这主要是各地区的岩性、岩石的强度、岩石的完整性不同、所获得资料的数量对三部分分担的比例、取值不同。本次修订未将嵌岩桩单桩竖向极限承载力公式列入其中，推荐按地方规范及地方经验来估算嵌岩桩单桩竖向极限承载力。

9.3 桩基勘察评价

9.3.1 本条款基本内容与原规程 JGJ 83－91 中第 7.0.7 条相同，仅修改了部分提法，增加了“评价地下水对桩基设计及施工的影响”等内容。

软土中桩的选型应综合考虑，对钢筋混凝土预制桩、挤土成孔的灌注桩等的挤土效应，打桩产生的振动，以及泥浆污染，特别是在饱和软黏土中沉入大量、密集的挤土桩时将会产生很高的超孔隙水压力和挤土效应，从而对周围已成的桩和已有建筑物、地下管线等产生危害。

9.3.2 桩端持力层的选择应符合下列规定：

1 近年来在软土中进行了大量的工程建设，建筑物荷载集中且较大。地基基础设计时，多寻求较坚硬、较密实的地层作为桩端持力层，这是多年来软土地区桩基实践的成功经验，也是桩基建筑物沉降小且均匀并能满足承载力要求的最基本条件之一。本次修订在原条文第 7.0.2 条的基础上中，增加了软土下伏砂性土、可塑至硬塑黏性土、碎石土、全风化和强风化岩及基岩作为桩端持力层。

在深厚层软土地区，对一些多层建筑物如按上述一般桩端持力层规定考虑桩基础方案，基础造价将大为提高。近年来，在深厚软土地区已将多层建筑桩基的桩端设置在深层软土层中，按纯摩擦桩考虑（以桩侧摩阻力支承，桩端阻力不考虑），根据所需的单桩承载力设计桩长，或按控制桩基允许沉降量进行布桩，使桩的造价大为减少，经济效果显著。根据已有经验桩应有一定的长度，且桩端应进入压缩性相对较低、具有一定的强度层土中。选择纯摩擦桩时，应根据当地的成功经验选择桩端设置的土层、桩长。上海地区经验，当深层软土比贯入阻力 p_s 大于 800kPa 时，桩端可设置于其上。南京地区在深厚软土层中设计的纯摩擦桩，比贯入阻力 p_s 大于 1100kPa，标准贯入击数大于 7 击。

2 持力层必须有足够厚度，才可能使桩的沉降、承载力满足要求。

9.3.3 成（沉）桩的分析评价内容宜包括：

沉桩挤土对周围环境的影响以及开挖基坑引起桩的侧向变位，是软土地区桩基实践中易于引起工程质量事故或工程纠纷的设计与施工问题。对于后者，无实用的计算方法作出较可靠的预估，目前主要仍依赖于经验，有时还需要借助现场监测来指导施工进程。设计和施工人员应注意这些问题，认真做好施工组织设计及相应的应变措施，以减少工程质量事故。

10 基坑工程勘察

10.1 一 般 规 定

10.1.1 因基坑开挖是属于施工阶段的工作，地基勘察时有些条件不甚清楚，且有些勘察人员对基坑的工程特点不甚了解，一般设计人员提供勘察委托书也可能不涉及这方面的内容，此时，勘察部门应根据本章内容进行勘察，软土地区相对非软土地区，其难度加大，对岩土工程勘察工作要求较高，因此条件复杂情况下必要时应进行专门勘察。

10.1.2 周边环境条件是基坑设计前设计人员必须查明的。

10.1.3 强度低和流变性都是软土的基本特性，基坑设计变形控制是软土地区基坑设计的重点，勘察时要针对软土地区基坑的特点提供相应的参数。

10.2 勘察工作量及参数选用

10.2.1、**10.2.2** 浅部地层情况，特别是填土厚度、性质，是否存在暗浜对基坑支护结构设计和施工方案影响较大，故规定当遇暗浜、暗塘或填土厚度变化很大时，宜加密勘探点。

10.2.3 勘察时对容易被扰动软土取原状土样的要求较高，除应分层采取土试样进行试验外，还应进行相应的原位测试。

10.2.5 抗剪强度是支护设计最重要的参数，但不同的实验方法（有效应力法或总应力法，直剪或三轴、UU或CU）可能得出不同的结果，勘察时应根据不同的地方设计所依据的规范、标准的要求进行试验，提供数据。

10.3 基坑工程评价及地下水控制

10.3.2 软土地区地下水控制是基坑工程的重要内容之一，也是基坑支护工程成败的关键。采用何种地下水控制方法要结合地层条件、周边环境、支护方式等综合考虑。由于国家对地下水资源的保护和软土地区因降水引起周边建筑物的变形破坏，目前采用隔水帷幕的方法越来越引起工程界的高度关注。

10.3.5 软土地区基坑工程变形控制是设计施工的重点，基坑开挖监测十分重要，必须实施信息化施工。

11 勘察成果报告

11.1 一 般 规 定

11.1.1 岩土工程分析评价应在工程地质测绘、勘探、测试和搜集已有资料的基础上，结合工程的特点和要求进行。了解上部结构的类型、刚度、荷载情况和对变形控制等要求，才能有针对性地进行分析评价；软土的成层条件、应力历史、结构性、灵敏性、流变性和排水固结条件等，对场地的稳定性、地基沉降变形等都有较大的影响；另外参考地区性经验，会增加分析评价的准确性。

11.1.2 本规程在第5～10章中针对各个专题问题，提出了详细的岩土工程分析评价要求。分析评价时应结合上部结构的情况、场地土层分布情况及建筑经验按要求进行。在成果报告中，应有针对性地按规定的内容进行分析评价，提供相应的岩土参数以及基础方案的建议和注意事项。

11.1.3 软土层由于大多处于流塑状态，即使采用薄壁取土器也不一定能取得完好的一级土样，况且在土试样的运输、保管和制样过程中，会受到不同程度的扰动，进行土的力学试验时会得出与实际情况相差较大的结果。另外，软土地区往往在软土中夹有薄层粉细砂层，采取原位测试的方法，可更真实地反映软土的实际情况，扰动小。静力触探试验能自上而下连续取得土层的强度指标比贯入阻力或锥尖阻力和侧壁摩阻力，利用地区经验公式可求得地基土承载力和压缩模量或变形模量。在软土区强度参数选择时应以原位测试，特别是静力触探试验为主，室内试验为辅。

11.1.4 本条是对软土地区勘察成果报告的基本要求。

11.2 岩土参数的分析和选定

11.2.1～11.2.4 岩土参数的分析和选定首先应考虑参数的准确性和代表性，不同的取样方法、不同的试验方法，其结果也会有差异。在分析时宜结合上部荷载的大小，加荷方法和速率，有针对性地评价和选取参数。统计方法可按现行《岩土工程勘察规范》GB 50021规定的方法，在离散性评价方法，不同参数有着不同的离散度，如标准贯入试验击数，试验方法本身多种因素产生的离散性就大，再加上土的离散性就更大了，应区别对待。

11.2.5、11.2.6 静力触探试验是软土地区常用的原位测试方法，在软土强度指标的选择时，应优先选用。

11.2.7 工程原型或足尺试验获得量测结果，反求土参数，与工程实际情况更接近，对重点项目、重大岩土工程问题，有条件时可选用。

11.3 成果报告的基本要求

11.3.1～11.3.4 本节对勘察成果报告的要求提出原则性的基本要求，增加了对软土地区场地分析评价的内容和提出加固或处理的措施的建议，特别是对环境保护方面的措施建议。在进行勘察报告的编写、图件的编制时，应结合工程实际和地区性经验，有针对性地编制。

11.3.4 条文中提到的需重点叙述的几个问题，可以根据实际情况有所侧重或补充。对简单场地或丙级建筑场地，勘察报告内容及图件可简化。

对软土地区建设中遇到的下列特殊岩土工程问题，需要进行专门岩土工程勘察或分析研究，并提出专题咨询报告：

1 场地范围内或附近存在性质或规模尚不明的活动断裂及地裂缝、滑坡、高边坡、地下采空区等不良地质作用的工程；

2 水文地质条件复杂或环境特殊，需现场进行专门水文地质试验，以确定水文地质参数的工程；或需进行专门的施工降水、截水设计，并需分析研究降水、截水对建筑本身及邻近建筑和设施影响的工程；

3 对地下水防护有特殊要求，需进行专门的地下水动态分析研究，并需进行地下室抗浮设计的工程；

4 建筑结构特殊或对差异沉降有特殊要求，需进行专门的上部结构、地基与基础共同作用分析计算与评价的工程；

5 根据工程要求，需对地基基础方案进行优化、比选分析论证的工程；

6 抗震设计所需的时程分析评价；

7 有关工程设计重要参数的最终检测、核定等。

11.3.5 减少和预防地基变形的措施需要根据当地实

际经验提出：

1 在软土地基上进行基础施工（沉桩、降水和基坑开挖等）时，应确保主体结构基础的工程质量和邻近建（构）筑物、地下管线、地下公共设施等不受损坏；

2 当设计采用的承载力接近承载力特征值时，宜提出建筑施工的加荷速率和限值；

3 荷重差异较大的建筑物，宜先建重、高部分，后建轻、低部分；

4 宜考虑上部结构、基础和地基的共同作用，采取必要的建筑和结构措施；

5 对暗塘、暗浜、暗沟、坑穴、古河道等的处理，可采用基础加深、基础梁跨越、换土垫层或桩基等方法；

6 基坑（槽）的开挖，应分层分段进行，减少基坑（槽）底土体的扰动；

7 当地下水高于基坑（槽）底面时，应采取排水或降低地下水位的措施；

8 当地面堆载较大时，应采用预压或地基加固处理。

11.3.6 原位测试和室内试验主要图表通常包括下列几类：

1 土工试验及水质分析成果表，需要时应提供压缩曲线、（高压）固结曲线、三轴试验的摩尔圆及强度包线，必要时尚应提供软土的固结蠕变曲线；

2 各种地基土原位测试试验曲线及数据表；

3 岩土层的强度和变形试验曲线。

中华人民共和国行业标准

冷轧带肋钢筋混凝土结构技术规程

Technical specification for concrete structures with cold-rolled ribbed steel wires and bars

JGJ 95—2011

批准部门：中华人民共和国住房和城乡建设部
施行日期：2 0 1 2 年 4 月 1 日

中华人民共和国住房和城乡建设部
公　　告

第 1135 号

关于发布行业标准《冷轧带肋钢筋混凝土结构技术规程》的公告

现批准《冷轧带肋钢筋混凝土结构技术规程》为行业标准，编号为 JGJ 95－2011，自 2012 年 4 月 1 日起实施。其中，第 3.1.2、3.1.3 条为强制性条文，必须严格执行。原行业标准《冷轧带肋钢筋混凝土结构技术规程》JGJ 95－2003 同时废止。

本规程由我部标准定额研究所组织中国建筑工业出版社出版发行。

中华人民共和国住房和城乡建设部

2011 年 8 月 29 日

前　　言

根据住房和城乡建设部《关于印发〈2009 年工程建设标准规范制订、修订计划〉的通知》（建标［2009］88 号）的要求，规程编制组经广泛调查研究，认真总结实践经验，参考有关国际标准和国外先进标准，并在广泛征求意见的基础上，修订本规程。

本规程主要技术内容是：1. 总则；2. 术语和符号；3. 材料；4. 基本设计规定；5. 结构构件设计；6. 构造规定；7. 施工及验收。

本规程修订的主要技术内容是：纳入高延性冷轧带肋钢筋；规范了冷轧带肋钢筋应用范围；修改了冷轧带肋钢筋强度设计值；修改了正常使用极限状态设计的有关规定；调整了钢筋的保护层厚度、钢筋锚固长度和受力钢筋最小配筋率的有关规定；钢筋进场增加了重量偏差检验项目。

本规程中以黑体字标志的条文为强制性条文，必须严格执行。

本规程由住房和城乡建设部负责管理和对强制性条文的解释，由中国建筑科学研究院负责具体技术内容的解释。执行过程中，如有意见或建议请寄送中国建筑科学研究院建筑结构研究所（地址：北京市北三环东路 30 号，邮编：100013）。

本规程主编单位：中国建筑科学研究院
中鑫建设集团有限公司

本规程参编单位：江苏省建筑科学研究院有限公司
郑州大学
同济大学
中国中元国际工程公司
安阳市合力高速冷轧有限公司
天津市建科机械制造有限公司

本规程主要起草人员：王晓锋　顾万黎　王水鑫　王　铁　卢锡鸿　刘立新　周建民　陈远椿　翟　文　张　新

本规程主要审查人员：沙志国　钱稼茹　陶学康　李晓明　张承起　李景芳　朱建国　冯　超　蔡仁祉

目　次

Contents

1 总　则

1.0.1 为了在冷轧带肋钢筋混凝土结构的设计与施工中贯彻执行国家的技术经济政策，做到安全适用、确保质量、技术先进、经济合理，制定本规程。

1.0.2 本规程适用于工业与民用建筑采用冷轧带肋钢筋配筋的钢筋混凝土结构和先张法预应力混凝土中、小型结构构件的设计与施工。

1.0.3 对冷轧带肋钢筋配筋的钢筋混凝土结构和先张法预应力混凝土结构构件的设计与施工，除应符合本规程外，尚应符合国家现行有关标准的规定。

2 术语和符号

2.1 术　语

2.1.1 冷轧带肋钢筋　cold-rolled ribbed steel wires and bars

热轧圆盘条经冷轧后，在其表面带有沿长度方向均匀分布的三面或二面横肋的钢筋。

2.1.2 高延性冷轧带肋钢筋　cold-rolled ribbed steel wires and bars with improved elongation

经回火热处理，具有较高伸长率的冷轧带肋钢筋。

2.1.3 冷轧带肋钢筋混凝土结构　concrete structures reinforced with cold-rolled ribbed steel wires and bars

配置受力冷轧带肋钢筋的混凝土结构。

2.2 符　号

2.2.1 作用和作用效应

M——弯矩设计值；

M_k——按荷载标准组合计算的弯矩值；

M_q——按荷载准永久组合计算的弯矩值；

σ_{con}——预应力冷轧带肋钢筋张拉控制应力；

σ_{ck}——荷载标准组合下抗裂验算边缘的混凝土法向应力；

σ_{p0}——预应力筋合力点处混凝土法向应力等于零时的预应力冷轧带肋钢筋应力；

σ_{pc}——扣除全部预应力损失后在抗裂验算边缘混凝土的预压应力；

σ_{sq}——按荷载准永久组合计算的纵向受拉钢筋应力；

w_{max}——按荷载准永久组合并考虑长期作用影响计算的最大裂缝宽度。

2.2.2 材料性能

δ_5——测量标距为5倍直径时钢筋的伸长率；

δ_{100}——测量标距为100mm时钢筋的伸长率；

CRB550——抗拉强度为550N/mm^{2}的冷轧带肋钢筋；

CRB600H——抗拉强度为600N/mm^{2}的高延性冷轧带肋钢筋；

E_s——钢筋弹性模量；

f_{tk}——混凝土轴心抗拉强度标准值；

f_t——混凝土轴心抗拉强度设计值；

f_{ptk}——钢筋抗拉强度标准值；

f_y——钢筋抗拉强度设计值；

f'_y——钢筋抗压强度设计值；

f_{py}——预应力筋抗拉强度设计值；

f'_{py}——预应力筋抗压强度设计值；

f_{yk}——钢筋的屈服强度标准值；

δ_{gt}——钢筋最大力总伸长率。

2.2.3 几何参数

A——构件截面面积；

A_0——构件换算截面面积；

A_p——受拉区纵向预应力冷轧带肋钢筋的截面面积；

A_s——受拉区纵向非预应力冷轧带肋钢筋的截面面积；

b——矩形截面宽度，T形或I形截面的腹板宽度；

h_0——截面有效高度；

l_0——计算跨度；

l_a——纵向受拉钢筋的锚固长度；

l_{tr}——预应力冷轧带肋钢筋的预应力传递长度；

W_0——构件换算截面受拉边缘的弹性抵抗矩。

2.2.4 计算系数及其他

γ——构件截面抵抗矩塑性影响系数；

ρ_p——单筋受弯构件中预应力冷轧带肋钢筋的配筋率；

γ^0_{cr}——构件的抗裂检验系数实测值；

$[\gamma_{cr}]$——构件的抗裂检验系数允许值。

3 材　料

3.1 钢　筋

3.1.1 冷轧带肋钢筋可用于楼板配筋、墙体分布钢筋、梁柱箍筋及圈梁、构造柱配筋，但不得用于有抗震设防要求的梁、柱纵向受力钢筋及板柱结构配筋。混凝土结构中的冷轧带肋钢筋应按下列规定选用：

1　CRB550、CRB600H钢筋宜用作钢筋混凝土结构中的受力钢筋、钢筋焊接网、箍筋、构造钢筋以及预应力混凝土结构构件中的非预应力筋。CRB550钢筋的技术指标应符合现行国家标准《冷轧带肋钢筋》GB 13788 的规定，CRB600H 钢筋的技术指标应符合本规程附录 A 的规定。

2　CRB650、CRB650H、CRB800、CRB800H 和 CRB970 钢筋宜用作预应力混凝土结构构件中的预应力筋。CRB650、CRB800 和 CRB970 钢筋的技术指标应符合现行国家标准《冷轧带肋钢筋》GB 13788 的规定，CRB650H、CRB800H 钢筋的技术指标应符合本规程附录 A 的规定。

3　直径 4mm 的钢筋不宜用作混凝土构件中的受力钢筋。

3.1.2　冷轧带肋钢筋的强度标准值应具有不小于 95%的保证率。

钢筋混凝土用冷轧带肋钢筋的强度标准值 f_{yk} 应由抗拉屈服强度表示，并应按表 3.1.2-1 采用。预应力混凝土用冷轧带肋钢筋的强度标准值 f_{ptk} 应由抗拉强度表示，并应按表 3.1.2-2 采用。

表 3.1.2-1　钢筋混凝土用冷轧带肋钢筋强度标准值（N/mm²）

牌号	符号	钢筋直径（mm）	f_{yk}
CRB550	ϕ^R	4～12	500
CRB600H	ϕ^{RH}	5～12	520

表 3.1.2-2　预应力混凝土用冷轧带肋钢筋强度标准值（N/mm²）

牌号	符号	钢筋直径（mm）	f_{ptk}
CRB650	ϕ^R	4、5、6	650
CRB650H	ϕ^{RH}	5～6	
CRB800	ϕ^R	5	800
CRB800H	ϕ^{RH}	5～6	
CRB970	ϕ^R	5	970

注：两表中直径 4mm 的冷轧带肋钢筋仅用于混凝土制品。

3.1.3　冷轧带肋钢筋的抗拉强度设计值 f_y 及抗压强度设计值 f'_y 应按表 3.1.3-1、表 3.1.3-2 采用。

表 3.1.3-1　钢筋混凝土用冷轧带肋钢筋强度设计值（N/mm²）

牌号	符号	f_y	f'_y
CRB550	ϕ^R	400	380
CRB600H	ϕ^{RH}	415	380

注：冷轧带肋钢筋用作横向钢筋的强度设计值 f_{yv} 应按表中 f_y 的数值采用；当用作受剪、受扭、受冲切承载力计算时，其数值应取 360N/mm²。

表 3.1.3-2　预应力混凝土用冷轧带肋钢筋强度设计值（N/mm²）

牌号	符号	f_{py}	f'_{py}
CRB650	ϕ^R	430	380
CRB650H	ϕ^{RH}		
CRB800	ϕ^R	530	
CRB800H	ϕ^{RH}		
CRB970	ϕ^R	650	

3.1.4　冷轧带肋钢筋弹性模量 E_s 可取 1.9×10^5N/mm²。

3.1.5　CRB550、CRB600H 钢筋用于需作疲劳性能验算的板类构件，当钢筋的最大应力不超过 300N/mm² 时，钢筋的 200 万次疲劳应力幅限值可取 150N/mm²。

3.2　混　凝　土

3.2.1　钢筋混凝土结构的混凝土强度等级不应低于 C20，预应力混凝土结构构件的混凝土强度等级不应低于 C30。

3.2.2　混凝土的强度标准值、强度设计值及弹性模量等应按现行国家标准《混凝土结构设计规范》GB 50010 的有关规定采用。

4　基本设计规定

4.1　一 般 规 定

4.1.1　冷轧带肋钢筋配筋的混凝土结构的基本设计规定、承载能力极限状态计算、正常使用极限状态验算、构件抗震设计和耐久性设计等，除应符合本规程的要求外，尚应符合现行国家标准《混凝土结构设计规范》GB 50010 及相关标准的有关规定。当用于钢筋焊接网时，尚应符合现行行业标准《钢筋焊接网混凝土结构技术规程》JGJ 114 的有关规定。

4.1.2　冷轧带肋钢筋混凝土连续板的内力计算可考虑塑性内力重分布，其支座弯矩调幅幅度不应大于按弹性体系计算值的 15%。

4.1.3　冷轧带肋钢筋配筋的混凝土板类受弯构件的设计，应根据使用要求选用不同的裂缝控制等级。构件的正截面裂缝控制等级的划分应符合下列规定：

1　一级：严格要求不出现受力裂缝的构件，按荷载标准组合计算时，构件受拉边缘混凝土不应产生拉应力；

2　二级：一般要求不出现受力裂缝的构件，按荷载标准组合计算时，构件受拉边缘混凝土拉应力不应超过混凝土抗拉强度标准值 f_{tk}；

3　三级：允许出现受力裂缝的钢筋混凝土构件，

按荷载准永久组合并考虑长期作用影响计算时，构件的最大裂缝宽度不应超过本规程表4.1.4规定的最大裂缝宽度限值。

4.1.4 冷轧带肋钢筋配筋的混凝土板类受弯构件的裂缝控制等级、荷载组合及受力裂缝宽度限值 w_{lim}，应根据结构类别和所处的环境类别按表4.1.4采用。

表4.1.4 裂缝控制等级、荷载组合及受力裂缝宽度限值

环境类别	钢筋混凝土构件			预应力混凝土构件	
	裂缝控制等级	w_{lim} (mm)	荷载组合	裂缝控制等级	荷载组合
一	三级	0.30	准永久	二级	标准
二	三级	0.20	准永久	一级	标准

注：1 环境类别划分应符合现行国家标准《混凝土结构设计规范》GB 50010的有关规定；

2 预应力混凝土结构的裂缝控制等级仅适用于正截面的验算；

3 表中的受力裂缝宽度限值为用于验算荷载作用引起的最大裂缝宽度。

4.1.5 冷轧带肋钢筋混凝土板类受弯构件的最大挠度应按荷载准永久组合，预应力混凝土板类受弯构件的最大挠度应按荷载标准组合，并均应考虑荷载长期作用的影响进行计算，其计算值不应超过表4.1.5规定的挠度限值。

如果构件制作时预先起拱，且使用上也允许，则在验算挠度时，可将计算所得的挠度值减去起拱值；对预应力混凝土构件，尚可减去预加力所产生的反拱值。

对预应力混凝土构件，当永久荷载较小时宜考虑反拱过大对使用的不利影响，预加力所产生的反拱值不宜超过表4.1.5规定的挠度限值。

表4.1.5 板类受弯构件的挠度限值

构件跨度	挠度限值
当 l_0<7m时	$l_0/200$ ($l_0/250$)
当7m≤l_0≤9m时	$l_0/250$ ($l_0/300$)
当 l_0>9m时	$l_0/300$ ($l_0/400$)

注：1 表中 l_0 为构件的计算跨度；计算悬臂构件的挠度限值时，其计算跨度 l_0 按实际悬臂长度的2倍取用；

2 表中括号内的数值适用于使用上对挠度有较高要求的构件。

4.2 预应力混凝土结构构件

4.2.1 预应力冷轧带肋钢筋的张拉控制应力不宜超过 $0.7f_{ptk}$，且不应低于 $0.4f_{ptk}$。

4.2.2 放松预应力筋时，混凝土立方体抗压强度应符合设计规定。如设计无要求时，不宜低于设计的混凝土强度等级值的75%。

4.2.3 预应力冷轧带肋钢筋中的预应力损失值可按表4.2.3的规定计算，当计算求得的预应力总损失值小于100N/mm² 时，应取100N/mm²。

表4.2.3 预应力损失值（N/mm²）

引起损失的因素		符号	预应力损失值
张拉端锚具变形和钢筋内缩		σ_{l1}	按本规程第4.2.4条规定计算
混凝土加热养护时，受张拉的钢筋与承受拉力的设备之间的温差		σ_{l3}	$2\Delta t$
预应力冷轧带肋钢筋的应力松弛	高延性	σ_{l4}	$0.05\sigma_{con}$
	非高延性		$0.08\sigma_{con}$
混凝土的收缩和徐变		σ_{l5}	按现行国家标准《混凝土结构设计规范》GB 50010的有关规定计算

注：表中 Δt 为混凝土加热养护时，受张拉的冷轧带肋钢筋与承受拉力的设备之间的温差（℃）。

4.2.4 直线预应力冷轧带肋钢筋由于锚具变形和预应力筋内缩引起的预应力损失值 σ_{l1} 可按下式计算：

$$\sigma_{l1}=\frac{a}{l}E_s \tag{4.2.4}$$

式中：l——张拉端至锚固端之间的距离（mm）；

a——张拉端锚具变形和钢筋内缩值（mm），当张拉端用锥塞式锚具时，钢筋在锚具中的滑移取5mm或经试验确定；当张拉端用带螺帽的锚具时，螺帽缝隙取0.5mm。

4.2.5 先张法预应力混凝土构件端部锚固区的正截面和斜截面受弯承载力可不作计算。需计算时，可按本规程附录B的规定执行。

4.2.6 预应力混凝土结构构件应按现行国家标准《混凝土结构工程施工规范》GB 50666和《混凝土结构设计规范》GB 50010的有关规定进行施工阶段验算。

5 结构构件设计

5.1 承载能力极限状态计算

5.1.1 结构构件的正截面承载力计算应符合现行国家标准《混凝土结构设计规范》GB 50010的有关规定。

5.1.2 纵向受拉钢筋屈服与受压区混凝土破坏同时发生时的相对界限受压区高度 ξ_b 应按下列公式计算：

1 钢筋混凝土构件

$$\xi_b=\frac{\beta_1}{1+\frac{0.002}{\varepsilon_{cu}}+\frac{f_y}{E_s\varepsilon_{cu}}} \tag{5.1.2-1}$$

2 预应力混凝土构件

$$\xi_b = \frac{\beta_1}{1 + \frac{0.002}{\varepsilon_{cu}} + \frac{f_{py} - \sigma_{p0}}{E_s \varepsilon_{cu}}} \quad (5.1.2\text{-}2)$$

式中：ξ_b——相对界限受压区高度，取 x_b/h_0；

x_b——界限受压区高度；

h_0——截面有效高度；

f_y——冷轧带肋钢筋抗拉强度设计值，按本规程表 3.1.3-1 采用；

f_{py}——预应力冷轧带肋钢筋抗拉强度设计值，按本规程表 3.1.3-2 采用；

E_s——冷轧带肋钢筋弹性模量，按本规程第 3.1.4 条采用；

σ_{p0}——预应力筋合力点处混凝土法向应力等于零时的预应力筋应力，按现行国家标准《混凝土结构设计规范》GB 50010 的有关规定计算；

ε_{cu}——非均匀受压时的混凝土极限压应变，按现行国家标准《混凝土结构设计规范》GB 50010 的有关规定采用；

β_1——系数，按现行国家标准《混凝土结构设计规范》GB 50010 的有关规定采用。

5.1.3 结构构件的斜截面承载力计算、扭曲截面承载力计算及受冲切承载力计算应符合现行国家标准《混凝土结构设计规范》GB 50010 的有关规定，此时冷轧带肋箍筋的抗拉强度设计值应取 360N/mm^2。

5.2 正常使用极限状态验算

5.2.1 钢筋混凝土和预应力混凝土构件，应根据本规程第 4.1.4 条的规定，按所处环境类别和结构类别确定相应的裂缝控制等级及最大裂缝宽度限值，并按下列规定进行受拉边缘应力或正截面裂缝宽度验算：

1 一级——严格要求不出现裂缝的构件

在荷载标准组合下应符合下式规定：

$$\sigma_{ck} - \sigma_{pc} \leqslant 0 \quad (5.2.1\text{-}1)$$

2 二级——一般要求不出现裂缝的构件

在荷载标准组合下应符合下式规定：

$$\sigma_{ck} - \sigma_{pc} \leqslant f_{tk} \quad (5.2.1\text{-}2)$$

3 三级——允许出现裂缝的构件

按荷载准永久组合并考虑长期作用影响计算的最大裂缝宽度，应符合下式规定：

$$w_{max} \leqslant w_{lim} \quad (5.2.1\text{-}3)$$

式中：σ_{ck}——荷载标准组合下抗裂验算边缘的混凝土法向应力；

σ_{pc}——扣除全部预应力损失后在抗裂验算边缘混凝土的预压应力，按现行国家标准《混凝土结构设计规范》GB 50010 的有关规定计算；

f_{tk}——混凝土轴心抗拉强度标准值；

w_{max}——按荷载准永久组合并考虑长期作用影响计算的最大裂缝宽度，板类受弯构件应按本规程第 5.2.2 条计算，梁式受弯构件应按现行国家标准《混凝土结构设计规范》GB 50010 的有关规定计算；

w_{lim}——最大裂缝宽度限值，按本规程第 4.1.4 条采用。

5.2.2 钢筋混凝土板类受弯构件中，按荷载准永久组合并考虑长期作用影响的最大裂缝宽度 w_{max}（mm），可按下列公式计算：

$$w_{max} = 1.9\psi \frac{\sigma_{sq}}{E_s}\left(1.9c_s + 0.08\frac{d_{eq}}{\rho_{te}}\right) \quad (5.2.2\text{-}1)$$

$$\psi = 1.05 - \frac{0.65 f_{tk}}{\rho_{te}\sigma_{sq}} \quad (5.2.2\text{-}2)$$

$$\sigma_{sq} = \frac{M_q}{0.87 h_0 A_s} \quad (5.2.2\text{-}3)$$

$$d_{eq} = \frac{\sum n_i d_i^2}{\sum n_i \nu_i d_i} \quad (5.2.2\text{-}4)$$

$$\rho_{te} = \frac{A_s}{A_{te}} \quad (5.2.2\text{-}5)$$

式中：ψ——裂缝间纵向受拉钢筋应变不均匀系数：当 $\psi < 0.2$ 时，取 $\psi = 0.2$；当 $\psi > 1$ 时，取 $\psi = 1$；对直接承受重复荷载的构件，取 $\psi = 1$；

σ_{sq}——按荷载准永久组合计算的钢筋混凝土构件纵向受拉钢筋应力；

E_s——冷轧带肋钢筋的弹性模量，按本规程第 3.1.4 条取值；

c_s——最外层纵向受拉钢筋外边缘至受拉区底边的距离（mm）；

ρ_{te}——按有效受拉混凝土截面面积计算的纵向受拉钢筋配筋率，当 $\rho_{te} < 0.01$ 时，取 $\rho_{te} = 0.01$；

A_{te}——有效受拉混凝土截面面积，取 $A_{te} = 0.5bh + (b_f - b)h_f$，此处，$b_f$、$h_f$ 为受拉翼缘的宽度、高度；

A_s——受拉区纵向钢筋截面面积；

M_q——按荷载准永久组合计算的弯矩值；

d_{eq}——受拉区纵向钢筋的等效直径（mm）；

d_i——受拉区第 i 种纵向钢筋的公称直径；

n_i——受拉区第 i 种纵向钢筋的根数；

ν_i——受拉区第 i 种纵向钢筋的相对粘结特性系数，对冷轧带肋钢筋取 1.0。

5.2.3 在荷载标准组合下，受弯构件抗裂验算边缘的混凝土法向应力应按下式计算：

$$\sigma_{ck} = \frac{M_k}{W_0} \quad (5.2.3)$$

式中：M_k——按荷载标准组合计算的弯矩值；

W_0——构件换算截面受拉边缘的弹性抵抗矩。

5.2.4 预应力混凝土受弯构件的斜截面抗裂验算应

符合现行国家标准《混凝土结构设计规范》GB 50010的有关规定。

5.2.5 当需对先张法预应力混凝土构件端部区段进行正截面和斜截面抗裂验算时，应考虑预应力筋在其预应力传递长度 l_{tr} 范围内实际应力值的变化，可按本规程附录B的规定采用。

5.2.6 钢筋混凝土和预应力混凝土受弯构件在正常使用极限状态下的挠度，可根据构件的刚度用结构力学方法计算。挠度计算的荷载组合及限值要求应符合本规程第4.1.5条的规定，刚度及反拱的计算应符合现行国家标准《混凝土结构设计规范》GB 50010的有关规定，其中钢筋混凝土板类受弯构件的裂缝间纵向受拉钢筋应变不均匀系数 ψ 应按本规程式（5.2.2-2）计算。

6 构造规定

6.1 一般规定

6.1.1 构件中冷轧带肋钢筋的保护层厚度应符合下列规定：

1 构件中受力钢筋的保护层厚度不应小于钢筋的公称直径；

2 设计使用年限为50年的混凝土结构，最外层钢筋的保护层厚度应符合表6.1.1的规定；设计使用年限为100年的混凝土结构，最外层钢筋的保护层厚度不应小于表6.1.1数值的1.4倍；

3 钢筋混凝土基础宜设置混凝土垫层，基础中钢筋的混凝土保护层厚度应从垫层顶面算起，且不应小于40mm；

4 对工厂生产的预制构件或表面有可靠防护层的混凝土构件，当有充分依据时可适当减小混凝土保护层厚度；

5 有防火要求的建筑物，其混凝土保护层厚度尚应符合国家现行有关标准的规定。

表6.1.1 混凝土保护层最小厚度（mm）

环境类别	板、墙、壳		梁	
	C20～C25	≥C30	C20～C25	≥C30
一	20	15	25	20
二a	25	20	30	25
二b	30	25	40	35

注：1 表中环境类别的划分应按现行国家标准《混凝土结构设计规范》GB 50010的有关规定确定；

2 用于砌体结构房屋构造柱时，可按表中板、墙、壳的规定取用。

6.1.2 在构件中配置的冷轧带肋钢筋宜采用单根分散配筋的方式，当配筋数量较多且直径不大于8mm时，也可采用两根并筋配筋。当采用并筋的配筋形式时，可按面积相等的原则等效为单根钢筋，并按单根钢筋的等效直径确定钢筋间距、锚固长度、搭接长度、保护层厚度等构造措施。

6.1.3 在钢筋混凝土结构构件中，当计算中充分利用纵向受拉钢筋的强度时，其锚固长度 l_a 不应小于表6.1.3规定的数值，且不应小于200mm。

预应力冷轧带肋钢筋的锚固长度应符合本规程附录B的规定。

表6.1.3 钢筋混凝土构件纵向受拉钢筋最小锚固长度

钢筋级别	混凝土强度等级			
	C20	C25	C30、C35	≥C40
CRB550 CRB600H	$45d$	$40d$	$35d$	$30d$

注：1 表中 d 为冷轧带肋钢筋的公称直径；

2 两根等直径并筋的锚固长度应按表中数值乘以系数1.4后取用。

6.1.4 纵向受拉钢筋绑扎搭接接头的搭接长度，应根据位于同一连接区段内的钢筋搭接接头面积百分率按下列公式计算，且不应小于300mm。

$$l_l = \zeta_l l_a \tag{6.1.4}$$

式中：l_l ——纵向受拉钢筋的搭接长度；

ζ_l ——纵向受拉钢筋搭接长度的修正系数，按表6.1.4-1取用，当纵向搭接接头面积百分率为表中中间值时，修正系数可按内插取值。

表6.1.4-1 纵向受拉钢筋搭接长度修正系数

纵向搭接钢筋接头面积百分率（%）	≤25	50	100
ζ_l	1.2	1.4	1.6

当搭接接头面积百分率不超过25%时，CRB550、CRB600H纵向受拉钢筋搭接接头的搭接长度不应小于表6.1.4-2规定。

表6.1.4-2 纵向受拉钢筋搭接接头的最小搭接长度

混凝土强度等级	C20	C25	C30	C35	≥C40
最小搭接长度	$55d$	$50d$	$45d$	$40d$	$35d$

6.1.5 钢筋混凝土板类受弯构件（悬臂板除外）的纵向受拉钢筋最小配筋百分率应取0.15和 $45f_t/f_y$ 两者中的较大值。钢筋混凝土梁及悬臂板的纵向受拉钢筋最小配筋百分率应符合现行国家标准《混凝土结构设计规范》GB 50010的有关规定。

6.1.6 预应力混凝土单筋受弯构件中纵向受拉预应力筋的配筋率应符合下式要求：

$$\rho_p \geqslant \frac{\alpha_0 f_{tk}}{f_{py} - \beta_0 \sigma_{p0}} \tag{6.1.6-1}$$

换算截面的几何特征系数 α_0、β_0，应分别按下列公式计算：

$$\alpha_0 = \frac{\gamma W_0}{bh_0^2} \quad (6.1.6\text{-}2)$$

$$\beta_0 = \frac{W_0/A_0 + e_{p0}}{h_0} \quad (6.1.6\text{-}3)$$

式中：ρ_p——预应力混凝土单筋受弯构件的纵向受拉预应力筋配筋率，取 $\rho_p = A_p/(bh_0)$；

A_p——受拉区纵向预应力筋截面面积（mm^2）；

b——矩形截面宽度，T形、I形截面的受压翼缘宽度（mm）；

h_0——截面有效高度（mm）；

W_0——构件换算截面受拉边缘的弹性抵抗矩（mm^3）；

A_0——构件换算截面面积（mm^2）；

γ——构件截面抵抗矩塑性影响系数，按现行国家标准《混凝土结构设计规范》GB 50010的有关规定取值；对于预应力混凝土空心板，可取1.35；

e_{p0}——预应力筋合力点至换算截面重心的偏心距（mm）；

f_{py}——预应力冷轧带肋钢筋抗拉强度设计值；

σ_{p0}——预应力筋合力点处混凝土法向应力等于零时的预应力冷轧带肋钢筋应力。

对于受拉区同时配有纵向预应力和非预应力筋的构件，当验算最小配筋率时，可将纵向非预应力筋截面面积折算为预应力筋截面面积，此时，应将式(6.1.6-1)中的 ρ_p 和 $\beta_0\sigma_{p0}$ 项分别改用 ρ_{pe} 和 $\beta_0\chi\sigma_{p0}$ 代入，此处，$\rho_{pe} = \frac{A_{pe}}{bh_0}$，$\chi = \frac{\sigma_{p0}A_p - \sigma_{l5}A_s}{\sigma_{p0}A_{pe}}$，其中 $A_{pe} = A_p + \frac{f_y}{f_{py}}A_s$。

6.1.7 当预应力混凝土受弯构件正截面承载力符合下式条件时则可不遵守本规程式(6.1.6-1)的规定：

$$1.4M \leqslant M_u \quad (6.1.7)$$

式中：M——弯矩设计值；

M_u——构件的实际正截面受弯承载力设计值。

6.1.8 任意截面预应力轴心受拉构件的预应力筋配筋率 ρ_p 应符合下式要求：

$$\rho_p \geqslant \frac{f_{tk}}{f_{py} - \sigma_{p0}} \quad (6.1.8)$$

式中：ρ_p——轴心受拉构件的预应力筋配筋率，$\rho_p = A_p/A$；

A_p——构件截面中全部预应力筋截面面积；

A——构件截面面积。

6.1.9 有抗震设防要求的钢筋混凝土剪力墙，其分布钢筋的抗震锚固长度 l_{aE} 和搭接长度 l_{lE} 应按下列公式计算：

$$l_{aE} = \zeta_{aE} l_a \quad (6.1.9\text{-}1)$$

$$l_{lE} = \zeta_l l_{aE} \quad (6.1.9\text{-}2)$$

式中：ζ_{aE}——剪力墙分布钢筋抗震锚固长度修正系数，对二级抗震等级取1.15，对三级抗震等级取1.05，对四级抗震等级取1.00；

l_a——纵向受拉钢筋的锚固长度，按本规程第6.1.3条确定；

ζ_l——纵向受拉钢筋搭接长度的修正系数，按本规程第6.1.4条确定。

6.2 箍筋及钢筋网片

6.2.1 在抗震设防烈度为7度及以下的地区，CRB600H、CRB550钢筋可用作钢筋混凝土房屋中抗震等级为二、三、四级框架梁、柱的箍筋。箍筋构造措施应符合现行国家标准《混凝土结构设计规范》GB 50010的有关规定。

6.2.2 CRB550和CRB600H钢筋可用作砌体房屋中构造柱、芯柱、圈梁的箍筋，也可用作砌体结构及混凝土结构中砌体填充墙的拉结筋或拉结网片。配筋构造应符合现行国家标准《砌体结构设计规范》GB 50003和《建筑抗震设计规范》GB 50011的有关规定。

6.2.3 冷轧带肋钢筋网片可作为梁、柱、墙中厚度较大的保护层及叠合板后浇叠合层中的钢筋网片，其构造应符合现行国家标准《混凝土结构设计规范》GB 50010等的有关规定。

6.3 板

6.3.1 板中受力钢筋的间距，当板厚不大于150mm时不宜大于200mm；当板厚大于150mm时不宜大于板厚的1.5倍，且不宜大于250mm。

6.3.2 采用分离式配筋的多跨板，板底钢筋宜全部伸入支座；支座负弯矩钢筋向跨内延伸的长度应根据负弯矩图确定，并应满足钢筋锚固的要求。

简支板或连续板下部纵向受力钢筋伸入支座的锚固长度不应小于钢筋直径的10倍，且宜伸至支座中心线。当连续板内温度、收缩应力较大时，伸入支座的长度宜适当增加。

6.3.3 按简支边或非受力边设计的现浇混凝土板，当与混凝土梁、墙整体浇筑或嵌固在砌体墙内时，应设置板面构造钢筋，并应符合下列要求：

1 钢筋直径不宜小于6mm，间距不宜大于200mm，且单位宽度内的配筋面积不宜小于跨中相应方向板底钢筋截面面积的1/3；与混凝土梁、混凝土墙整体浇筑单向板的非受力方向，单位宽度内钢筋截面面积尚不宜小于受力方向跨中板底钢筋截面面积的1/3；

2 钢筋从混凝土梁边、柱边、墙边伸入板内的长度不宜小于 $l_0/4$，砌体墙支座处钢筋伸入板内的长度不宜小于 $l_0/7$，其中计算跨度 l_0 对单向板应按受力方向考虑，对双向板应按短边方向考虑；

3 在楼板角部，宜沿两个方向（斜向、平行）或放射状布置附加钢筋，附加钢筋在两个方向的延伸长度不宜小于 $l_0/4$，其中 l_0 应符合本条第 2 款的规定；

4 钢筋应在梁内、墙内或柱内可靠锚固。

6.3.4 当按单向板设计时，除沿受力方向布置受力钢筋外，尚应在垂直受力方向布置分布钢筋，单位长度上分布钢筋的截面面积不宜小于单位宽度上受力钢筋截面面积的 15%；分布钢筋直径不宜小于 5mm，间距不宜大于 250mm；当集中荷载较大时，分布钢筋的配筋面积尚应增加，且间距不宜大于 200mm。

当有实践经验或可靠措施时，预制单向板的分布钢筋可不受本条的限制。

6.3.5 冷轧带肋钢筋配筋的空心板，每个肋中的纵向受力钢筋不宜少于 1 根。

6.3.6 对预应力混凝土简支板，当板厚大于 120mm 时，宜在构件端部 100mm 范围内设置附加的上部钢筋网片。

6.3.7 配置预应力冷轧带肋钢筋的预制混凝土板在混凝土圈梁上的支承长度不应小于 80mm，在砌体墙上的支承长度不应小于 100mm。当板搭于圈梁上时，板端伸出的钢筋应与圈梁可靠连接，板端间隙应与圈梁同时浇筑；当板支撑于砌体内墙上时，板端钢筋伸出长度不应小于 70mm，并与支座板缝中沿墙纵向配置的钢筋绑扎，用强度等级不低于 C25 的混凝土浇筑成板带；当板支撑于砌体外墙上时，板端钢筋伸出长度不应小于 100mm，并与支座处沿墙纵向配置的钢筋绑扎，用强度等级不低于 C25 的混凝土浇筑成板带。

6.4 墙

6.4.1 在抗震设防烈度为 8 度及以下的地区，CRB600H、CRB550 钢筋可用作钢筋混凝土房屋中抗震等级为二、三、四级的剪力墙底部加强部位以上的墙体分布钢筋。剪力墙底部加强部位的范围应按现行国家标准《混凝土结构设计规范》GB 50010 的规定取用，且地上部分不应少于底部两层。

CRB600H、CRB550 钢筋宜以焊接网形式用作剪力墙底部加强部位以上的墙体分布钢筋。

6.4.2 冷轧带肋钢筋配筋的剪力墙，其分布筋的最小配筋率，轴压比限值、约束边缘构件及构造边缘构件的设置等应符合现行国家标准《混凝土结构设计规范》GB 50010 和《建筑抗震设计规范》GB 50011 的规定。

7 施工及验收

7.1 钢筋进场检验

7.1.1 CRB650、CRB650H、CRB800、CRB800H 和 CRB970 预应力冷轧带肋钢筋应成盘供应，成盘供应的钢筋每盘应由一根组成，且不得有接头。

CRB550、CRB600H 钢筋宜定尺直条成捆供应，也可盘卷供应；成捆供应的钢筋，其长度可根据工程需要确定。

7.1.2 进场（厂）的冷轧带肋钢筋应按钢号、级别、规格分别堆放和使用，并应有明显的标志，且不宜长时间在露天储存。

7.1.3 进场（厂）的冷轧带肋钢筋应按同一厂家、同一牌号、同一直径、同一交货状态的划分原则分检验批进行抽样检验，并检查钢筋出厂质量合格证明书、标牌，标牌应标明钢筋的生产企业、钢筋牌号、钢筋直径等信息。每个检验批的检验项目为外观质量、重量偏差、拉伸试验（量测抗拉强度和伸长率）和弯曲试验或反复弯曲试验。

7.1.4 冷轧带肋钢筋的外观质量应全数目测检查，检验批可按盘或捆确定。钢筋表面不得有裂纹、毛刺及影响性能的锈蚀、机械损伤、外形尺寸偏差。

7.1.5 CRB550、CRB600H 钢筋的重量偏差、拉伸试验和弯曲试验的检验批重量不应超过 10t，每个检验批的检验应符合下列规定：

1 每个检验批由 3 个试样组成。应随机抽取 3 捆（盘），从每捆（盘）抽一根钢筋（钢筋一端），并在任一端截去 500mm 后取一个长度不小于 300mm 的试样。3 个试样均应进行重量偏差检验，再取其中 2 个试样分别进行拉伸试验和弯曲试验。

2 检验重量偏差时，试件切口应平滑且与长度方向垂直，重量和长度的量测精度分别不应低于 0.5g 和 0.5mm。重量偏差（%）按公式 $(W_t - W_0)/W_0 \times 100$ 计算，重量偏差的绝对值不应大于 4%；其中，W_t 为钢筋的实际重量（kg），取 3 个钢筋试样的重量和（kg），W_0 为钢筋理论重量（kg），取理论重量（kg/m）与 3 个钢筋试样调直后长度和（m）的乘积。

3 拉伸试验和弯曲试验的结果应符合现行国家标准《冷轧带肋钢筋》GB 13788 及本规程附录 A 的有关规定确定。

4 当有试验项目不合格时，应在未抽取过试样的捆（盘）中另取双倍数量的试样进行该项目复检，如复检试样全部合格，判定该检验项目复检合格。对于复检不合格的检验批应逐捆（盘）检验不合格项目，合格捆（盘）可用于工程。

7.1.6 CRB650、CRB650H、CRB800、CRB800H 和

CRB970 钢筋的重量偏差、拉伸试验和反复弯曲试验的检验批重量不应超过 5t。当连续 10 批且每批的检验结果均合格时，可改为重量不超过 10t 为一个检验批进行检验。每个检验批的检验应符合下列规定：

1 每个检验批由 3 个试样组成。应随机抽取 3 盘，从每盘任一端截去 500mm 后取一个长度不小于 300mm 的试样。3 个试样均进行重量偏差检验，再取其中 2 个试样分别进行拉伸试验和反复弯曲试验。

2 重量偏差检验应符合本规程第 7.1.5 条第 2 款的规定。

3 拉伸试验和反复弯曲试验的结果应符合现行国家标准《冷轧带肋钢筋》GB 13788 及本规程附录 A 的有关规定确定。

4 当有试验项目不合格时，应在未抽取过试样的盘中另取双倍数量的试样进行该项目复检，如复检试样全部合格，判定该检验项目复检合格。对于复检不合格的检验批应逐盘检验不合格项目，合格盘可用于工程。

7.1.7 冷轧带肋钢筋拉伸试验、弯曲试验、反复弯曲试验应按现行国家标准《金属材料 拉伸试验 第 1 部分：室温试验方法》GB/T 228.1、《金属材料 弯曲试验方法》GB/T 232、《金属材料 线材 反复弯曲试验方法》GB/T 238 的有关规定执行。

7.2 钢筋加工与安装

7.2.1 冷轧带肋钢筋应采用调直机调直。钢筋调直后不应有局部弯曲和表面明显擦伤，直条钢筋每米长度的侧向弯曲不应大于 4mm，总弯曲度不应大于钢筋总长的千分之四。

7.2.2 冷轧带肋钢筋末端可不制作弯钩。当钢筋末端需制作 90°或 135°弯折时，钢筋的弯弧内直径不应小于钢筋直径的 5 倍。当用作箍筋时，钢筋的弯弧内直径尚不应小于纵向受力钢筋的直径，弯折后平直段长度应符合现行国家标准《混凝土结构工程施工规范》GB 50666 的有关规定。

7.2.3 钢筋加工的形状、尺寸应符合设计要求。钢筋加工的允许偏差应符合表 7.2.3 的规定：

表 7.2.3 钢筋加工的允许偏差

项 目	允许偏差（mm）
受力钢筋顺长度方向全长的净尺寸	±10
箍筋尺寸	±5

7.2.4 冷轧带肋钢筋的连接可采用绑扎搭接或专门焊机进行的电阻点焊，不得采用对焊或手工电弧焊。

7.2.5 钢筋的绑扎施工应符合现行国家标准《混凝土结构工程施工规范》GB 50666 的有关规定。绑扎网和绑扎骨架外形尺寸的允许偏差，应符合表 7.2.5 的规定：

表 7.2.5 绑扎网和绑扎骨架的允许偏差

项 目	允许偏差（mm）	项 目		允许偏差（mm）
网的长、宽	±10	箍筋间距		±20
网眼尺寸	±20			
骨架的宽及高	±5	受力钢筋	间距	±10
骨架的长	±10		排距	±5

7.3 预应力筋的张拉工艺

7.3.1 施加预应力用的各种机具设备及仪表应由专人使用，定期维护和校验。

用于长线生产的张拉机，其测力误差不得大于 3%。每隔 3 个月应校验一次，校验设备的精度不得低于 2 级。

用于短线生产的油泵上配套的压力表的精度不得低于 1.5 级。千斤顶和油泵的校验期限不宜超过半年。

7.3.2 长线台座上锚固预应力筋用的夹具应有良好的锚固性能和放松性能，在锚固时钢筋的滑移值不应超过 5mm，当超过此值时应重新张拉。

7.3.3 长线生产所用的预应力筋需要接长时，可采用绑扎接头或其他有效方式连接，预应力筋的接头不应进入混凝土构件内。绑扎宜采用钢筋绑扎器，用 20～22 号钢丝密排绑扎。绑扎长度对 650MPa 级钢筋不应小于 $40d$，对 800MPa 级钢筋不应小于 $50d$，对 970MPa 级钢筋不应小于 $60d$，d 为钢筋直径。钢筋搭接长度应比绑扎长度大 $10d$。

7.3.4 当采用镦头锚定时，钢筋镦头的直径不应小于钢筋直径的 1.5 倍，头部不歪斜，无裂纹，其抗拉强度不得低于钢筋强度标准值的 90%。

7.3.5 冷轧带肋钢筋一般采用一次张拉，张拉值应按设计规定取用。当施工中产生设计未考虑的预应力损失时，施工张拉值可根据具体情况适当提高，但提高数值不宜超过 $0.05\sigma_{con}$。

7.3.6 短线生产成束张拉时，镦头后钢筋的有效长度极差在一个构件中不得大于 2mm。

7.3.7 钢筋的预应力值应按下列规定进行抽检：

1 长线法张拉每一工作班应按构件条数的 10% 抽检，且不得少于一条；短线法张拉每一工作班应按构件数量的 1% 抽检，且不得少于一件；

2 检测应在张拉完毕后一小时进行。

7.3.8 钢筋预应力值检测结果应符合下列规定：

1 在一个构件中全部钢筋的预应力平均值与检测时的规定值的偏差不应超过 $\pm 0.05\sigma_{con}$；

2 检测时的预应力规定值应在设计图纸中注明，当设计无规定时，可按表 7.3.8 取用。

表 7.3.8 钢筋预应力检测时的规定值

张拉方法		检测时的规定值
长线张拉		$0.94\sigma_{con}$
短线张拉	钢筋长度为 6m 时	$0.93\sigma_{con}$
	钢筋长度为 4m 时	$0.91\sigma_{con}$

7.4 结构构件检验

7.4.1 在预应力混凝土构件质量检验评定时，构件的承载力检验、构件的挠度检验应符合现行国家标准《混凝土结构工程施工质量验收规范》GB 50204 的规定。构件的抗裂检验应符合下式要求：

$$\gamma_{cr}^{0} \geqslant [\gamma_{cr}] \qquad (7.4.1)$$

式中：γ_{cr}^{0}——构件的抗裂检验系数实测值，即构件的开裂荷载实测值与荷载标准值（均包括自重）的比值；

$[\gamma_{cr}]$——构件的抗裂检验系数允许值。

7.4.2 预应力混凝土构件的抗裂检验系数的允许值 $[\gamma_{cr}]$ 可按下列两种情况确定：

1 当按本规程的规定进行检验时

$$[\gamma_{cr}] = \frac{\sigma_{pc} + \gamma f_{tk}}{\sigma_{pc} + f_{tk}} \qquad (7.4.2\text{-}1)$$

2 当设计要求按实际的构件抗裂计算值进行检验时

$$[\gamma_{cr}] = 0.95\frac{\sigma_{pc} + \gamma f_{tk}}{\sigma_{ck}} \qquad (7.4.2\text{-}2)$$

当式（7.4.2-2）的计算值小于式（7.4.2-1）的计算值时，应取用式（7.4.2-1）的计算值。

式中：f_{tk}——按设计的混凝土强度等级所对应的抗拉强度标准值；

σ_{pc}——按设计的混凝土强度等级扣除全部预应力损失后在抗裂验算边缘的混凝土计算预压应力值；

γ——构件截面抵抗矩塑性影响系数，按现行国家标准《混凝土结构设计规范》GB 50010 的有关规定取值；对于预应力混凝土空心板，可取 1.35；

σ_{ck}——荷载标准组合下构件抗裂验算边缘的混凝土法向应力。

附录 A 高延性冷轧带肋钢筋的技术指标

A.0.1 高延性二面肋钢筋的尺寸、重量及允许偏差应符合表 A.0.1 的规定。

表 A.0.1 高延性二面肋钢筋的尺寸、重量及允许偏差

公称直径 d（mm）	公称横截面积（mm^2）	重量 理论重量（kg/m）	重量 允许偏差（%）	横肋中点高 h（mm）	横肋中点高 允许偏差（mm）	横肋 1/4 处高 $h_{1/4}$（mm）	横肋顶宽 b（mm）	横肋间距 l（mm）	横肋间距 允许偏差（%）
5	19.6	0.154	±4	0.32	+0.10 −0.05	0.26	≤0.2d	4.0	±15
5.5	23.7	0.186		0.40		0.32		5.0	
6	28.3	0.222		0.40		0.32		5.0	
6.5	33.2	0.261		0.46		0.37		5.0	
7	38.5	0.302		0.46		0.37		5.0	
8	50.3	0.395		0.55		0.44		6.0	
9	63.6	0.499		0.75	±0.10	0.60		7.0	
10	78.5	0.617		0.75		0.60		7.0	
11	95.0	0.746		0.85		0.68		7.4	
12	113.1	0.888		0.95		0.76		8.4	

注：1 横肋 1/4 处高、横肋顶宽供孔型设计用；

2 二面肋钢筋允许有高度不大于 0.5h 的纵肋；

3 只要力学性能符合本规程第 A.0.2 条的要求，可采用无纵肋的钢筋，但应征得用户同意。

A.0.2 高延性二面肋钢筋的力学性能和工艺性能应符合表 A.0.2 的规定。当进行弯曲试验时，钢筋受弯曲部位表面不得产生裂纹。

表 A.0.2 高延性二面肋钢筋的力学性能和工艺性能

牌号	公称直径（mm）	f_{yk}（MPa）	f_{ptk}（MPa）	δ_5（%）	δ_{100}（%）	δ_{gt}（%）	弯曲试验 180°	反复弯曲次数	应力松弛 初始应力相当于公称抗拉强度的 70% 1000h 松弛率（%）
		不小于							不大于
CRB600H	5～12	520	600	14.0	—	5.0	D=3d	—	—
CRB650H	5～6	585	650	—	7.0	4.0	—	4	5
CRB800H	5～6	720	800	—	7.0	4.0	—	4	5

注：1 表中 D 为弯芯直径，d 为钢筋公称直径；反复弯曲试验的弯曲半径为 15mm；

2 表中 δ_5、δ_{100}、δ_{gt} 分别相当于相关冶金产品标准中的 $A_{5.65}$、A_{100}、A_{gt}。

附录 B 预应力混凝土构件端部锚固区计算

B.0.1 当对先张法预应力混凝土构件端部锚固区的正截面和斜截面受弯承载力进行计算时，锚固区内的预应力冷轧带肋钢筋抗拉强度设计值可按下列规定取用：

1 在锚固起点处为 0，在锚固终点处为 f_{py}，在两点之间按直线内插法取用；

2 预应力冷轧带肋钢筋锚固长度 l_a 不应小于表 B.0.1 规定的数值。

表 B.0.1 预应力冷轧带肋钢筋的最小锚固长度（mm）

钢筋级别	混凝土强度等级				
	C30	C35	C40	C45	≥C50
CRB650 CRB650H	37*d*	33*d*	31*d*	29*d*	28*d*
CRB800 CRB800H	45*d*	41*d*	38*d*	36*d*	34*d*
CRB970	55*d*	50*d*	46*d*	44*d*	42*d*

注：1 当采用骤然放松预应力筋的施工工艺时，锚固长度 l_a 的起点应从距构件末端 $0.25l_{tr}$ 处开始计算，预应力筋的传递长度 l_{tr} 应按表 B.0.2 取用；

2 *d* 为钢筋公称直径（mm）。

B.0.2 当冷轧带肋钢筋先张法预应力构件端部区段进行正截面和斜截面抗裂验算时，应考虑预应力筋在其预应力传递长度 l_{tr} 范围内实际应力值的变化。预应力筋的实际预应力值按线性规律增大，在构件端部取 0，在其预应力传递长度的末端取有效预应力值 σ_{pe}（图 B.0.2），预应力筋的预应力传递长度 l_{tr} 可按表 B.0.2 取用。

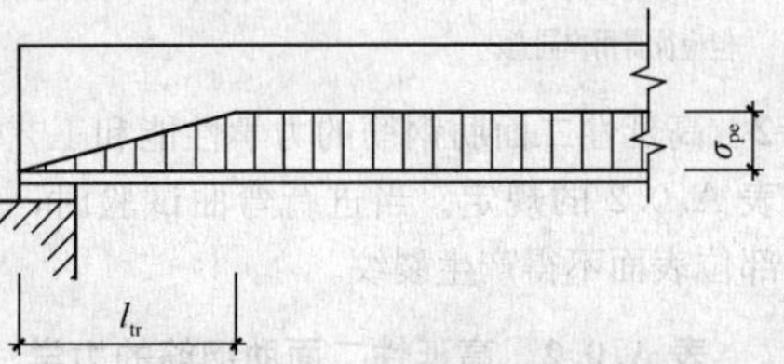

图 B.0.2 预应力冷轧带肋钢筋的预应力传递长度 l_{tr} 范围内有效预应力值变化

表 B.0.2 预应力冷轧带肋钢筋的预应力传递长度 l_{tr}（mm）

钢筋级别	混凝土强度等级					
	C25	C30	C35	C40	C45	≥C50
CRB650 CRB650H	24*d*	22*d*	20*d*	18*d*	17*d*	17*d*
CRB800 CRB800H	32*d*	28*d*	26*d*	24*d*	22*d*	21*d*
CRB970	40*d*	35*d*	32*d*	30*d*	28*d*	27*d*

注：1 确定传递长度 l_{tr} 时，表中混凝土强度等级应取用放松时的混凝土立方体抗压强度；

2 当采用骤然放松预应力筋的施工工艺时，l_{tr} 的起点应从距构件末端 $0.25l_{tr}$ 处开始计算；

3 *d* 为钢筋公称直径（mm）。

本规程用词说明

1 为了便于在执行本规程条文时区别对待，对要求严格程度不同的用词说明如下：

1）表示很严格，非这样做不可的：
正面词采用“必须”，反面词采用“严禁”；

2）表示严格，在正常情况均应这样做的：
正面词采用“应”，反面词采用“不应”或“不得”；

3）表示允许稍有选择，在条件许可时首先应这样做的：
正面词采用“宜”，反面词采用“不宜”；

4）表示有选择，在一定条件下可以这样做的，采用“可”。

2 条文中指明应按其他有关标准、规范执行时，写法为：“应符合……的规定”或“应按……执行”。

引用标准名录

1《砌体结构设计规范》GB 50003

2《混凝土结构设计规范》GB 50010

3《建筑抗震设计规范》GB 50011

4《混凝土结构工程施工质量验收规范》GB 50204

5《混凝土结构工程施工规范》GB 50666

6《金属材料 拉伸试验 第1部分：室温试验方法》GB/T 228.1

7《金属材料 弯曲试验方法》GB/T 232

8《金属材料 线材 反复弯曲试验方法》GB/T 238

9《冷轧带肋钢筋》GB 13788

10《钢筋焊接网混凝土结构技术规程》JGJ 114

中华人民共和国行业标准

冷轧带肋钢筋混凝土结构技术规程

JGJ 95—2011

条 文 说 明

修 订 说 明

《冷轧带肋钢筋混凝土结构技术规程》JGJ 95－2011，经住房和城乡建设部2011年8月29日以第1135号公告批准、发布。

本规程是在《冷轧带肋钢筋混凝土结构技术规程》JGJ 95－2003的基础上修订而成，上一版的主编单位是中国建筑科学研究院，参编单位是江苏省建筑科学研究院、中国建筑东北设计研究院、钢铁研究总院、北京冶金设备研究设计总院、常州华力金属制品有限公司。主要起草人员是顾万黎、卢锡鸿、宋进侪、纪德清、张战波、马国良。

本次修订的主要技术内容是：增加了高延性冷轧带肋钢筋新品种，调整了预应力冷轧带肋钢筋的强度等级范围；明确界定了冷轧带肋钢筋的应用范围，有利于充分发挥冷轧带肋钢筋的优势，并避免不当使用；采用强度标准值除以材料分项系数的方式确定冷轧带肋钢筋强度设计值，调整了冷轧带肋钢筋的材料分项系数，提高了CRB550钢筋的强度设计值；根据国家标准《混凝土结构设计规范》GB 50010－2010的修订情况调整了冷轧带肋钢筋混凝土结构的构造规定；钢筋进场增加了重量偏差检验项目，并调整了进场检验的相关规定。

本规程修订过程中，编制组针对冷轧带肋钢筋的生产与应用进行了大量调查分析工作，进行了多项试验研究工作，借鉴了国外先进技术标准，与国家标准《混凝土结构设计规范》GB 50010及国内相关标准进行了协调，为规程修订提供了重要依据。

为便于广大设计、施工、科研、学校等单位有关人员在使用本规程时能正确理解和执行条文规定，编制组按章、节、条顺序编制了本规程的条文说明，对条文规定的目的、依据以及执行中需注意的有关事项进行了说明，还着重对强制性条文的强制性理由作了解释。但是，本条文说明不具备与标准正文同等的法律效力，仅供使用者作为理解和把握标准规定的参考。

目　次

1 总 则

1.0.1～1.0.3 本规程主要适用于冷轧带肋钢筋用作混凝土结构构件中楼板配筋、墙体分布钢筋、梁柱箍筋及先张法预应力混凝土中小型结构构件预应力筋的设计与施工。冷轧带肋钢筋的直径应用范围为 4mm～12mm，其中直径 4mm 的钢筋仅有 CRB550、CRB650 两个牌号且仅用于混凝土制品中。考虑到实际应用情况，本规程仅对冷轧带肋钢筋在一、二类环境类别中的应用提出了技术要求。

冷轧带肋钢筋自 1968 年在欧洲研制成功至今已有 40 多年历史，应用遍布全世界。我国于 1987 年开始引进冷轧带肋钢筋生产线，已有 20 多年时间。自 1995 年以来，550MPa 级冷轧带肋钢筋代替Ⅰ级（HPB235）钢筋、Ⅱ级（HRB335）钢筋在普通钢筋混凝土楼板、屋面板、地坪等得到广泛的应用。同时作为墙体分布筋及梁、柱箍筋也有一定的应用，且应用范围逐步扩大。应用于钢筋混凝土结构的冷轧带肋钢筋，具有取材和加工方便、便于电阻点焊、强度价格比高等优点，实际应用中具有较好的经济性，可节约钢材消耗，符合推广高强钢筋的国家产业发展政策要求。

本规程采用的冷轧带肋钢筋系指采用普通低碳钢、中碳钢或低合金钢热轧圆盘条为母材，经冷轧减径后在其表面形成具有三面或二面月牙形横肋的钢筋。国内生产的冷轧带肋钢筋大部分为采用被动式三辊轧机轧制的三面月牙形横肋的钢筋。高延性冷轧带肋钢筋是国内近年来开发的新型冷轧带肋钢筋，为本次规程修订首次列入，其生产工艺增加了回火热处理过程，进一步提高了钢筋强度和伸长率指标，部分牌号钢筋屈服点较明显，具有较好的综合性能和性价比指标。现行行业标准《高延性冷轧带肋钢筋》中推荐的钢筋外形为二面或四面横肋，本规程主要适用于二面肋高延性冷轧带肋钢筋，对四面肋高延性冷轧带肋钢筋，如有可靠依据，也可参照本规程的相关规定应用。

在最初的十多年时间里，预应力冷轧带肋钢筋（CRB650、CRB800）用于制作中、小型预应力混凝土构件，主要是预应力空心板。由于冷轧带肋钢筋与混凝土有很好的粘结锚固性能，构件的延性及抗冲击性能较冷拔低碳钢丝配筋也有所增加，使预应力空心板的性能比冷拔低碳钢丝预应力空心板有显著的改善，应用面广、几乎遍布全国，据不完全统计，使用面积达 2 亿多平方米。在正常使用情况下，板的结构性能良好，极少出现工程质量事故，使我国中、小预应力混凝土构件（空心板）的应用提高到一个新水平。同时，由于制作预应力空心板几乎完全利用原有的工艺设备，生产非常方便，具有很好的经济效益和社会效益。预应力空心板在南方地区大多采用先张长线法生产，在北方地区长线法和短线钢模模外张拉工艺兼而有之，本规程预应力部分以先张法工艺为主。

冷轧带肋钢筋除应用于钢筋混凝土结构和预应力混凝土构件外，在水管、电杆等混凝土制品中也得到较多应用。本规程对于应用于混凝土制品的冷轧带肋钢筋仅提出了强度取值的规定，配筋构造等其他技术规定可参考相关的产品标准执行。

冷轧带肋钢筋制成焊接网和焊接骨架在高速铁路预制箱梁顶部的铺装层、双块式轨枕及轨道板底座的配筋中已经得到应用。冷轧带肋钢筋在砌体结构中也有作为拉结筋、拉结网片使用，为满足工程应用需求，本规程增加了部分适用于砌体结构的条文。

本次规程修订与国家标准《混凝土结构设计规范》GB 50010、行业标准《钢筋焊接网混凝土结构技术规程》JGJ 114 等国内相关标准和欧洲、美国、德国、俄罗斯等国家和地区的结构设计类标准进行了协调和借鉴，并根据国内外技术应用及标准规范的发展增加了部分技术内容。

2 术语和符号

2.1 术 语

本节所列的术语是参照冶金及建筑方面的有关标准术语制订的，高延性冷轧带肋钢筋的术语与行业标准《高延性冷轧带肋钢筋》相同。冷轧带肋钢筋可用于钢筋混凝土和预应力混凝土结构，对于用于预应力混凝土结构的冷轧带肋钢筋，本规程简称为预应力冷轧带肋钢筋。

2.2 符 号

本节所列的符号是按照现行国家标准《建筑结构设计术语和符号标准》GB/T 50083 规定的原则制订的。共分为四部分：作用和作用效应；材料性能；几何参数；计算系数及其他。其中大部分符号与现行国家标准《混凝土结构设计规范》GB 50010 所采用的相同。

钢筋的强度等级和伸长率方面的符号，参照了现行国家标准《冷轧带肋钢筋》GB 13788 的有关规定。

3 材 料

3.1 钢 筋

3.1.1 本条规定了冷轧带肋钢筋的应用范围：

1 可用于楼板配筋，但不包括有抗震设防要求板柱结构中的板（温度、收缩钢筋除外）；

2 可用于墙体竖向和横向的分布钢筋，但不包括剪力墙边缘构件中的纵向钢筋（边缘构件箍筋可用），且适用范围应符合本规程第 6.4.1 条的规定；

3 可用于混凝土结构中梁柱箍筋，但其适用范围应符合本规程第 6.2.1 条的规定；

4 可用于砌体结构中圈梁、构造柱的纵向钢筋和箍筋；

5 不得用于有抗震设防要求的梁、柱纵向钢筋；

6 对于无抗震设防要求的梁、柱，如需用到直径不大于 12mm 的冷轧带肋钢筋作为纵向钢筋（如预制过梁、小次梁等），也可选用并执行本规程的有关规定。

本规程中的冷轧带肋钢筋主要有 CRB550、CRB600H、CRB650、CRB650H、CRB800、CRB800H 和 CRB970 等几个牌号，其中牌号带“H”的三种为高延性冷轧带肋钢筋。CRB550、CRB600H 钢筋主要用于钢筋混凝土板、墙中的钢筋，也可用于梁、柱中的箍筋，应用形式主要为绑扎、焊接网或焊接骨架。在预应力混凝土结构中，CRB550 钢筋也可以作为非预应力筋使用。650MPa 级及其以上级别的钢筋主要用于先张法预应力混凝土空心板。

冷轧带肋钢筋的母材可为：CRB550、CRB650 钢筋可选用按现行国家标准《低碳钢热轧圆盘条》GB/T 701 生产的 Q215、Q235 低碳钢热轧圆盘条，也可选用按现行国家标准《钢筋混凝土用钢　第 1 部分：热轧光圆钢筋》GB 1499.1 生产的以盘卷供货的 HPB235、HPB300 热轧光圆钢筋；CRB600H、CRB650H 钢筋可选用 Q235 低碳钢热轧圆盘条或以盘卷供货的 HPB235 热轧光圆钢筋；CRB800、CRB800H 钢筋可选用 20MnSi、24MnTi、45 号钢等低合金钢或中碳钢热轧圆盘条；CRB970 钢筋可选用 41MnSiV、60 号钢等热轧圆盘条，盘条性能应符合《优质碳素钢热轧盘条》GB/T 4354 等现行国家标准的有关规定。

CRB550、CRB650 钢筋中有直径 4mm 的规格，由于直径偏细，从耐久性角度考虑，不推荐作为构件的受力主筋，多根据实际情况应用于混凝土制品中。

3.1.2 本条规定了冷轧带肋钢筋的强度标准值，内容涉及钢筋强度等级划分和结构安全，故列为强制性条文。

本次规程修订将钢筋混凝土用冷轧带肋钢筋的强度标准值确定由屈服强度表示，主要考虑了国家标准《冷轧带肋钢筋》GB 13788－2008已明确给出屈服强度值，且近些年国内多家单位已具备量测钢筋拉力-变形曲线及求出 0.2%残余应变对应的抗拉强度的能力；另一方面也考虑与国际标准接轨，国际上绝大多数国家，钢筋混凝土用冷轧带肋钢筋强度标准值均采用屈服强度。钢筋混凝土用冷轧带肋钢筋主要为 CRB550、CRB600H 两个牌号，除直条供应的 CRB600H 钢筋外，均为无屈服点钢筋，本规程中有屈服点钢筋、无屈服点钢筋的强度标准值统一用符号 f_{yk}表示。CRB550 钢筋强度标准值与国家标准《冷轧带肋钢筋》GB 13788 中规定的屈服强度相一致，CRB600H 钢筋强度标准值按本规程附录 A 中表 A.0.2 的屈服强度取用。

650MPa 及以上级别的预应力混凝土用冷轧带肋钢筋的强度标准值仍同原规程，由抗拉强度表示。

根据本规程第 3.1.1 条的规定，本条表中直径 4mm 的 CRB550、CRB650 钢筋的强度设计值仅用于混凝土制品。根据工程需要和材料实际情况，CRB550、CRB600H、CRB650H、CRB800H 钢筋可采用 0.5mm 进级。

3.1.3 本条规定了冷轧带肋钢筋的强度设计值，内容涉及结构安全，故列为强制性条文。

现行国家标准《混凝土结构设计规范》GB 50010 中热轧钢筋的强度设计值为强度标准值除以钢筋材料分项系数，国外多本相关混凝土设计规范中对热轧带肋钢筋、冷轧带肋钢筋均采用此原则。本次规程修订将钢筋混凝土用冷轧带肋钢筋的强度标准值确定由抗拉屈服强度表示后，强度设计值也按上述原则确定，其中材料分项系数取 1.25 并适当取整，得 CRB550、CRB600H 钢筋的强度设计值分别为 400N/mm^2、415N/mm^2。

表 1 为国外几个发达国家、国际组织标准以及我国标准对冷轧带肋钢筋的强度取值，可见国外冷轧带肋钢筋的材料分项系数为 1.15～1.20，强度设计值一般不低于 415N/mm^2，本规程中材料分项系数取 1.25 仍是偏于安全的。

表 1　冷轧带肋钢筋强度取值

国家及标准编号	欧洲规范 EN 1992-1-1	德国 DIN 1045-1	俄罗斯 СП 52-101	中国 JGJ 95
年号	2004	2001	2003	2010
强度标准值（N/mm^2）	500	500	500	500，520
材料分项系数（γ_s）	1.15	1.15	1.20	1.25
强度设计值（N/mm^2）	435	435	415	400,415

规程修订后 CRB550 钢筋强度设计值较原规程提高 10%多，主要依据为冷轧带肋钢筋的生产条件有所改善。近些年高线盘条可大量供应，生产企业的轧制工艺水平也有所提高。

预应力冷轧带肋钢筋的强度设计值仍按原规程的规定，即以抗拉强度确定的强度标准值除以 1.5 材料分项系数并取整后确定。

钢筋抗压强度设计值（f'_y 或 f'_{py}）的取值原则仍以钢筋压应变 $\varepsilon'_s=0.002$ 作为取值条件，并按 $f'_y=\varepsilon'_s E$ 和 $f'_y=f_y$ 二者的较小值确定。

3.1.4 根据五种强度级别、直径 4mm～12mm，总共 600 多个试件（其中包括高延性冷轧带肋钢筋）的实测结果，冷轧带肋钢筋的弹性模量变化范围为 $(1.83 \sim 2.31) \times 10^5 N/mm^2$ 之间，本规程取弹性模量为 $1.9 \times 10^5 N/mm^2$。

本条规定主要适用于承受疲劳荷载作用的板类构件配筋设计及部分疲劳构件中构造配筋设计。

3.1.5 冷轧带肋钢筋的疲劳性能，国外很早就开始进行试验研究，早在20世纪70年代德国的钢筋产品标准DIN 488中就有规定。近些年，欧洲的研究结果表明，当钢筋的最大应力不超过某值时，钢筋的疲劳次数主要与疲劳应力幅有关。例如，2001年版德国钢筋混凝土结构设计规范（DIN 1045-1）中，对冷轧带肋钢筋，当钢筋的上限应力不超过 $300N/mm^2$，钢筋的200万次疲劳应力幅限值取 $190N/mm^2$；2004年版欧洲混凝土结构设计规范（EN 1992-1-1）中，对A级延性的冷加工钢筋（对应本规程CRB 550钢筋），当钢筋的上限应力不超过 $300N/mm^2$，钢筋的200万次疲劳应力幅限值取 $150N/mm^2$。

国内的试验结果表明，钢筋混凝土用冷轧带肋钢筋具有较好的抗疲劳性能。当考虑一些不利因素后，取95%保证率，满足200万次循环，钢筋的应力幅可达到 $160N/mm^2$。

根据国外的有关标准规定和国内外大量的试验结果，冷轧带肋钢筋可用于疲劳荷载，设计中限制疲劳应力幅值即可。为稳妥起见，本规程规定仅限用于板类构件，且钢筋均为拉应力，在钢筋的最大应力不超过 $300N/mm^2$ 的情况下，冷轧带肋钢筋疲劳应力幅限值定为 $150N/mm^2$ 是安全可靠的。

3.2 混 凝 土

3.2.1 本条规定了配置冷轧带肋钢筋的混凝土及预应力混凝土结构的混凝土强度最低要求，实际工程设计中尚应考虑耐久性设计及其他相关因素后确定混凝土强度等级。

4 基本设计规定

4.1 一 般 规 定

4.1.1 冷轧带肋钢筋配筋的混凝土结构设计时，其基本设计规定、设计方法等，基本上与配置其他钢筋的混凝土结构相同，有关的设计规定除应符合本规程的要求外，尚应符合国家现行相关标准的有关规定。

4.1.2 根据国内几个单位对二跨连续板和二跨连续梁的试验结果，冷轧带肋钢筋混凝土连续板具有较明显的内力重分布现象，但由于冷轧带肋钢筋多是无明显屈服台阶的"硬钢"，故不能达到完全的内力重分布，但可进行有限的线弹性内力重分布。欧洲规范（EN 1992-1-1）对于A级延性的冷加工钢筋，当混凝土的强度等级不超过50MPa，截面的相对受压区高度不大于0.288时，可进行不超过20%的弯矩重分配。德国规范（DIN 1045-1）规定，对于普通延性的冷加工钢筋，当混凝土强度等级不超过50MPa，可进行不超过15%的弯矩重分布。

参照国外的有关标准规定及国内的试验结果，结合控制连续板在正常使用阶段裂缝宽度的限制条件，规定冷轧带肋钢筋混凝土连续板其支座弯矩调幅值不应大于按弹性体系计算值的15%。

4.1.3、4.1.4 两条规定了冷轧带肋钢筋配筋的混凝土板类受弯构件的裂缝控制要求。根据现行国家标准《混凝土结构设计规范》GB 50010在正常使用极限状态设计方面的修订，本规程在原规程的基础上，将钢筋混凝土构件裂缝计算的荷载组合由标准组合改为准永久组合，并取消了二级裂缝控制等级预应力混凝土构件验算荷载准永久组合作用下拉应力的规定。

现行国家标准《混凝土结构设计规范》GB 50010对混凝土结构的环境类别进行了进一步细化，本规程考虑到冷轧带肋钢筋的实际应用情况，仅对一、二类环境类别提出了正常使用极限状态设计要求。

4.1.5 考虑到板类受弯构件的设计方便，本条引用了现行国家标准《混凝土结构设计规范》GB 50010的挠度限值规定。

4.2 预应力混凝土结构构件

4.2.1 在满足抗裂要求的前提下，尽量采用较低的张拉应力值，以改善构件受力性能，张拉控制应力过高将降低构件的延性，并可能因最小配筋率要求而增加配筋。目前，用量最大的预应力空心板的张拉控制应力一般不超过 $0.7f_{ptk}$，可基本满足使用要求。结合国内多年来对预应力空心板的设计、使用经验，给出本条建议的张拉控制应力上、下限值。

4.2.2 混凝土强度偏低，过早的放松预应力筋会造成较大的预应力损失，同时也可能因局部受力过大造成混凝土顺筋裂缝和损伤。工程实践表明，一般情况下，对于混凝土强度等级不低于C30的预应力构件，按75%设计强度放松预应力筋，构件受力状态和粘结锚固性能均满足要求。

4.2.3、4.2.4 预应力冷轧带肋钢筋的应力损失可按本规程表4.2.3的规定计算。但考虑到计算与实际的差异，当预应力构件计算出的预应力总损失值小于 $100N/mm^2$ 时，偏于安全考虑，应按 $100N/mm^2$ 取用。

直线预应力筋由于锚具变形和钢筋内缩引起的预应力损失 σ_{l1} 以及由于混凝土收缩、徐变引起的预应力损失值 σ_{l5} 仍同原规程。当采用非加热的养护方式时，需按实际情况考虑预应力损失值 σ_{l3}。

对直径5mm的CRB650和CRB800级冷轧带肋钢筋（20℃±1℃，1000h）应力松弛损失的测试表明，当钢筋的控制应力为 $0.6f_{ptk} \sim 0.8f_{ptk}$ 时，根据

17 组试验结果，不同时间的应力松弛值与 1000h 松弛值的比值如表 2 所示：

表 2　冷轧带肋钢筋的应力松弛试验值

时间	1h	10h	24h	100h	1000h
与 1000h 松弛值的比值	38%	60%	70%	80%	100%

上述两种钢筋在控制应力 $0.7f_{ptk}$、1000h 的松弛损失不超过 $8\%\sigma_{con}$，本规程对普通延性的冷轧带肋钢筋应力松弛损失值取 $0.08\sigma_{con}$。

对经过回火热处理的 CRB800H 钢筋，在标准温度下，控制应力 $0.7f_{ptk}$，1000h 的松弛损失值为 $3.58\%\sigma_{con}$，规程取 $0.05\sigma_{con}$。当张拉端用带螺帽的锚具时，螺帽缝隙取值是根据预应力混凝土中小构件钢模板的实际情况量测得出的。

4.2.5　预应力冷轧带肋钢筋的直径为 5mm、5.5mm 或 6mm，根据拔出试验得出的锚固长度较短，去掉端部搁置长度后，在支座外的锚固区更短，在一般情况下，端部锚固区的正截面和斜截面受弯承载力可不必计算。如确需进行计算，可按本规程附录 B 的规定执行。

4.2.6　现行国家标准《混凝土结构工程施工规范》GB 50666 和《混凝土结构设计规范》GB 50010 均对预制混凝土构件的施工验算提出了要求，主要为控制截面边缘的混凝土法向拉、压应力符合限值的规定，并规定了脱模吸附系数、动力系数等的取值。

5　结构构件设计

5.1　承载能力极限状态计算

5.1.1　冷轧带肋钢筋混凝土和预应力混凝土受弯构件基本性能试验表明，无论是无明显屈服点或有屈服点冷轧带肋钢筋试件，其正截面的应变分布基本符合平截面假定，试件破坏特征与配置其他钢筋的混凝土构件相近，在进行承载力计算时，可按现行国家标准《混凝土结构设计规范》GB 50010 的有关规定执行。

5.1.2　本条规定的制定原则同原规程。虽然直条供货的 CRB600H 钢筋有明显的屈服点，但考虑到其他高延性冷轧带肋钢筋的屈服点不明显，本条偏安全地统一按无屈服点钢筋提出相对界限受压区高度 ξ_b 的计算公式。

5.1.3　斜截面承载力计算、扭曲截面承载力计算、受冲切承载力计算及局部受压承载力计算和有关配筋构造等按现行国家标准《混凝土结构设计规范》GB 50010 的有关规定执行。根据国内多家单位完成的冷轧带肋钢筋混凝土梁抗剪试验结果，当箍筋的强度设计值不大于 360 N/mm² 时，其斜截面的裂缝宽度能够满足正常使用状态的要求，故本条规定，计算时箍筋的抗拉强度设计值取 360N/mm²。

5.2　正常使用极限状态验算

5.2.1　根据本规程第 4.1.3 条和第 4.1.4 条的规定，给出了钢筋混凝土和预应力混凝土构件裂缝控制的验算条件。

5.2.2　考虑到冷轧带肋钢筋的应用范围，本条明确规定仅针对钢筋混凝土板类受弯构件的裂缝计算。为研究冷轧带肋钢筋混凝土板类受弯构件的裂缝宽度计算，本规程在上次修订和本次修订均组织多家单位进行了 50 个以上的板类受弯构件试验，结果表明冷轧带肋钢筋混凝土板类受弯构件具有很好的正常使用性能，原规范计算公式适用性良好。本规程最大裂缝宽度的基本公式（1）仍同原规程：

$$w_{max} = \alpha_c \tau_s \tau_c \psi \frac{\sigma_{sq}}{E_s} l_{cr} \tag{1}$$

式（1）中反映裂缝间混凝土伸长对裂缝宽度影响的系数 α_c 取 0.85，短期裂缝宽度扩大系数 τ_s 取 1.5，考虑长期作用影响的裂缝宽度扩大系数 τ_c 取 1.5。因此，规程式（5.2.2-1）中构件受力特征系数为 $\alpha_c\tau_s\tau_c = 0.85\times1.5\times1.5 = 1.9$。平均裂缝间距按式（2）计算：

$$l_{cr} = 1.9c_s + 0.08\frac{d_{eq}}{\rho_{te}} \tag{2}$$

裂缝间纵向受拉钢筋应变不均匀系数 ψ 按规程式（5.2.2-2）计算，其中 1.05 的系数是根据已进行试验结果的数据拟合得来。

根据第 4.1.3 条和第 4.1.4 条的规定，公式中钢筋混凝土构件纵向受拉钢筋应力计算的荷载组合由原规程的标准组合改为准永久组合。根据现行国家标准《混凝土结构设计规范》GB 50010 的相关规定，受力钢筋保护层厚度的符号改为 c_s。

梁式受弯构件的裂缝计算参见现行国家标准《混凝土结构设计规范》GB 50010 的有关规定。

5.2.6　配置冷轧带肋钢筋的钢筋混凝土和预应力混凝土受弯构件的长期刚度和短期刚度计算与其他配筋混凝土构件基本相同。仅将冷轧带肋钢筋混凝土板类受弯构件短期刚度计算公式中裂缝间纵向受拉钢筋应变不均匀系数 ψ 作了调整，采用与本规程裂缝宽度计算公式相同的数值。

6　构 造 规 定

6.1　一 般 规 定

6.1.1　主要依据现行国家标准《混凝土结构设计规范》GB 50010的有关规定进行了局部调整，混凝土保护层厚度改为由最外层钢筋的外缘算起，并适当调整了各环境类别下的混凝土保护层厚度数值。对于设计使用年限为 100 年的混凝土结构，其他设计规定应符合现行国家标准《混凝土结构设计规范》GB 50010 的有关规定。

6.1.2 并筋主要用在预应力空心板中，当板底配筋较多、两孔洞间的间距有限时，可采用两根并筋的形式。对于折线张拉的预应力筋，应适当考虑并筋对预应力损失等参数的不利影响。当有需要时，梁、柱的箍筋也可采用并筋。

6.1.3 试验结果表明，二面肋、三面肋冷轧带肋钢筋的锚固性能基本相同，均符合原规程的规定。所有冷轧带肋钢筋的外形系数均可取为 0.12，对 CRB550 钢筋取 $f_y=400\text{N/mm}^2$，对 CRB600H 钢筋取 $f_y=415\text{N/mm}^2$，按公式 $l_a=0.12(f_y/f_t)d$ 计算锚固长度并考虑设计简化要求适当取整，得到表 6.1.3 中数值。

根据试验结果当混凝土强度等级超过 C40 时锚固长度计算公式仍能很好适用，鉴于板类构件混凝土强度等级很少超过 C40，本条规定当混凝土强度等级大于 C40 时，按 C40 取值。

6.1.4 本条根据现行《混凝土结构设计规范》GB 50010 的相关规定提出了冷轧带肋钢筋搭接的有关规定。

6.1.5 本条规定主要参照现行国家标准《混凝土结构设计规范》GB 50010 的有关规定。冷轧带肋钢筋主要应用在各种板类构件中。由于板类受弯构件受到周边约束作用，根据试验研究和以往工程经验，承载力的潜力较大。本条提出的钢筋混凝土板类构件纵向受拉钢筋最小配筋百分率规定较 2003 版规程适当降低，有利于充分发挥冷轧带肋钢筋的高强效率。悬臂板由于板面配筋布置要求较高及受力状况不利等特点，其最小配筋率仍按原规程规定确定。

6.1.6～6.1.8 冷轧带肋钢筋预应力受弯构件纵向受拉钢筋最小配筋率的规定是个较复杂的问题，它与构件截面的几何特征、构件混凝土的抗拉强度、预应力筋的强度设计值以及钢筋的张拉控制应力值等因素有关。

对于无明显屈服点的冷轧带肋钢筋预应力受弯构件，当构件的配筋率过低时，在使用或施工过程中有可能出现构件脆断事故。为了防止出现这种情况，在设计中应考虑构件的最小配筋率问题。最小配筋率的确定原则是：在此配筋率下，预应力混凝土受弯构件的正截面受弯承载力设计值应不低于该构件的正截面开裂弯矩值。根据冷轧带肋钢筋预应力空心板在国内大面积使用经验，当钢筋材性指标、设计及施工工艺符合相关标准要求的情况下，冷轧带肋钢筋预应力空心板一裂即断的情况已经解决，构件裂缝出现荷载与破坏荷载有较长一段距离。特别是由于高线盘条的普遍采用和冷轧工艺的完善，使钢筋的延性有较大的提高，钢筋的最大力总伸长率在 2.5%左右，用作预应力筋的高延性冷轧带肋钢筋可以达到 4%。当采用较高强度的预应力冷轧带肋钢筋以及构件跨度稍大的情况，空心板的最终破坏形态多为裂缝或挠度控制。

本规程根据实际应用情况，适当提高预应力混凝土构件的最小配筋率限值要求，式（6.1.6-1）和式（6.1.8）中不再考虑 f_{py} 的提高作用，其系数由原规程的 1.05 改为 1。

在满足构件抗裂要求的前提下，尽量降低张拉控制应力，有条件时宜优先采用强度级别较高的钢筋，对于提高预应力构件的延性都是有利的。

当构件的承载力安全储备较高时，可不考虑最小配筋率的规定，本规程仍维持原规程的折算承载力系数相当 1.4 的规定，即式（6.1.7）。

6.1.9 处于地震作用下的剪力墙中分布筋，可能处于交替拉、压状态下工作。此时，钢筋与其周围混凝土的粘结锚固性能将比单调受拉时不利，因此，对不同抗震等级给出了增加钢筋受拉锚固长度的规定。

6.2 箍筋及钢筋网片

6.2.1 冷轧带肋钢筋用作梁、柱箍筋，国内一些单位已进行过系统试验研究，结果表明，采用冷轧带肋钢筋作柱的箍筋，改善高强混凝土构件的延性，具有较好的塑性变形能力，提高抗震性能，尤其在高轴压比下更具优点。在反复周期荷载作用下，构件具有较好的滞回特性，当高强混凝土柱截面变形较大时，冷轧带肋箍筋具有较大的变形能力，充分发挥其约束效应。在各种条件相同的情况下冷轧带肋箍筋柱的延性不低于 HPB235 级箍筋柱，且具有较好的节材效果。

冷轧带肋钢筋作箍筋对构件斜裂缝的约束作用明显优于 HPB235 级钢筋，根据梁抗剪试验结果，在承载能力阶段和正常使用阶段箍筋的作用均满足要求。

根据国内冷轧带肋钢筋用作梁、柱箍筋应用的具体情况，规程修订进一步界定了应用范围，并规定配筋构造要求应与现行国家标准《混凝土结构设计规范》GB 50010 的规定相同。

6.2.2 根据墙体材料革新、限制使用黏土砖的要求，近年来在砌体房屋中烧结黏土砖和烧结黏土多孔砖的使用越来越少，而代之以蒸压粉煤灰砖、蒸压灰砂砖、混凝土砌块或混凝土多孔砖等非黏土墙体材料。将原规程 6.2.5 条的冷轧带肋钢筋适用范围扩大到包括黏土和非黏土墙体材料的各类砌体房屋中的箍筋、拉结筋或拉结网片。冷轧带肋钢筋用作砌体结构中的构造钢筋时，配筋构造应根据砌体结构类型、抗震条件等条件执行相关标准规范。

6.2.3 本条规定的冷轧带肋钢筋网片配筋主要用于抗裂等构造要求，属于非受力配筋。

6.3 板

6.3.1 本条取消了受力冷轧带肋钢筋直径的要求，

主要是考虑到根据材料供货条件可能应用到 5.5mm 直径的钢筋作为受力钢筋，部分预制混凝土构件中也会应用到 5mm 直径的钢筋作为受力钢筋。板中钢筋间距的规定与原规程规定相同。

6.3.2 分离式配筋施工方便，已成为我国工程中混凝土板的主要配筋形式。本条规定基本与现行国家标准《混凝土结构设计规范》GB 50010 相同，只是考虑到冷轧带肋钢筋直径偏细，锚固长度增加到 $10d$。

6.3.3、6.3.4 规定了现浇楼板的配筋构造，条文在原规程的基础上参考现行国家标准《混凝土结构设计规范》GB 50010 的规定制订，考虑到冷轧带肋钢筋强度偏高，钢筋直径要求适当减小。

6.3.7 在原规程规定的基础上，考虑汶川地震的震害教训及部分地区"硬架支模"的经验，参照现行国家标准《砌体结构设计规范》GB 50003 的相关规定进行了修改。

6.4 墙

6.4.1、6.4.2 原规程修订组曾专门组织了对冷轧带肋钢筋剪力墙的试验，结果表明，配置冷轧带肋钢筋作为墙体分布钢筋的剪力墙，如合理设置边缘约束构件，且墙体分布钢筋满足规程要求，则墙体的抗剪和抗弯承载力试验结果良好，具有较好的抗震性能。试验结果还表明，在正常轴压比下，墙体的位移延性比、试件破坏时纵向分布筋的最大拉应变均符合相应标准的要求。

近七八年以来，国内应用冷轧带肋钢筋的剪力墙结构又有一些新的发展。京津及河北地区（多为 8 度，$0.20g$ 及 7 度，$0.15g$）约 20 栋 10 层～18 层剪力墙结构房屋采用 CRB550 钢筋或其焊接网片作墙体分布钢筋，一般从底部加强区以上开始应用；另有 10 多栋多层剪力墙结构房屋从±0.000 到顶层均使用冷轧带肋钢筋焊接网片作墙体分布钢筋。珠江三角洲地区（多为 7 度，$0.10g$）约 50 栋 11 层～46 层剪力墙结构房屋采用 CRB550 钢筋焊接网片作墙体分布钢筋，多数为从±0.000 到顶层全部采用。以上工程应用效果良好，受到设计、施工单位的广泛欢迎。基于上述情况，本次规程修订对冷轧带肋钢筋在剪力墙中的应用范围规定为设防烈度不超过 8 度、抗震等级为二、三、四级且在底部加强部位以上的墙体分布钢筋，并建议优先以焊接网的形式应用。规定底部加强部位的层数按现行国家标准《混凝土结构设计规范》GB 50010 取用，并根据冷轧带肋钢筋应用的具体情况规定不少于底部两层。

7 施工及验收

7.1 钢筋进场检验

7.1.1 冷轧带肋钢筋的各项技术要求应符合现行国家标准《冷轧带肋钢筋》GB 13788 和其他有关高延性冷轧带肋钢筋标准的规定。

650MPa 级及其以上级别钢筋一般为成盘供应；CRB550、CRB600H 钢筋一般根据施工图要求定尺直条成捆供应，但有时也可成盘供应，以达到经济合理用材的效果。

7.1.2 本条及第 7.1.3 条规定的进场（厂）包括工地进场，也包括预制构件厂等使用冷轧带肋钢筋单位的进厂。冷轧带肋钢筋应分类堆放，不宜长时间在露天储存，以免过分锈蚀。钢筋表面的轻微浮锈是允许的。

7.1.3 进场（厂）的冷轧带肋钢筋应成批验收。为保证冷轧带肋钢筋的匀质性，验收时应按同一厂家、同一牌号、同一直径、同一交货状态分批。根据冷轧带肋钢筋的使用要求，确定外观质量、重量偏差、拉伸试验（量测抗拉强度和伸长率）和弯曲试验或反复弯曲试验为主要检验项目。其中用于钢筋混凝土的冷轧带肋钢筋应进行弯曲试验，预应力冷轧带肋钢筋则应进行反复弯曲试验。拉伸试验的伸长率以断后伸长率为主，只有需要进行仲裁时才检验最大力总伸长率。

7.1.4 本条规定了冷轧带肋钢筋的表面质量要求。

7.1.5 本条规定了 CRB550、CRB600H 钢筋的重量偏差、拉伸试验和弯曲检验要求。检验批量不超过 10t 的规定同原规程，符合当前的钢筋质量状况及工程应用实际情况。本次规程修订根据建筑钢筋市场的实际情况，增加了重量偏差作为钢筋进场验收的要求。如检验批的捆（盘）少于 3 个，则可在 1 个或 2 个捆（盘）中按本条规定随机抽取 3 个试样。盘卷供货的钢筋，进行重量偏差检验前需采用可靠措施适当调直，以减少量测误差。

7.1.6 本条规定了 CRB650、CRB650H、CRB800、CRB800H 和 CRB970 钢筋的重量偏差、拉伸试验和反复弯曲检验要求。原规程对预应力混凝土用冷轧带肋钢筋规定逐盘检查，本规程考虑到钢筋生产质量状况，对检验批的最大重量提高到 5t，并提出了连续 10 批合格后检验批的最大重量可扩大到 10t。

7.2 钢筋加工与安装

7.2.1 冷轧带肋钢筋多为无屈服点钢筋，不能采用冷拉调直的方法。冷轧带肋钢筋经机械调直后，表面常有轻微伤痕，一般不影响使用。当有明显伤痕时，应对调直机进行检修。弯曲度限值按原规程的规定。

7.2.2、7.2.3 钢筋弯折规定基本同原规程，仅针对箍筋弯折增加了平直段长度的规定，对于非抗震和抗震构件，国家标准《混凝土结构工程施工规范》GB 50666 分别规定不应小于箍筋直径的 5 倍和 10 倍。除本规程的规定外，钢筋加工尚应符合现行国家标准《混凝土结构工程施工规范》GB 50666 的有关规定。

7.2.4 冷轧带肋钢筋作为冷加工钢筋的一种，其生产工艺决定了其无法进行对焊或手工电弧焊，仅能采用电阻点焊。

7.3 预应力筋的张拉工艺

7.3.1～7.3.3 国内预应力混凝土构件生产厂家很多，各厂的张拉机具质量水平不一。本规程根据各生产单位设备的实际情况和技术管理水平，本着既有严格要求，又切实可行，规定了长线法、短线法生产用张拉设备的技术指标要求和校验规定。长线法锚定后钢筋的滑移限值与原规程相同，取 5mm。预应力筋接长的规定可满足工程需要，符合冷轧带肋钢筋配筋中小预应力混凝土构件的实际生产情况。

7.3.4 原规程修订时，修订组进行的直径 5mm 的 650 级和 800 级钢筋镦头试验结果表明，钢筋经冷镦后在镦头附近 3mm～6mm 区域强度略有降低。650 级钢筋镦头强度相当原材强度的 96%，800 级钢筋镦头强度相当原材强度的 98%。上述两种钢筋的镦头强度均远超过 90% 钢筋强度标准值，可见冷轧带肋钢筋镦头的强度满足标准要求，且具有一定裕量。

7.3.5 根据国内多年工程实践表明，冷轧带肋钢筋采用一次张拉，可以满足设计要求。一般情况下不宜采用超张拉。当施工中确实产生设计未考虑的预应力损失时，可根据具体情况适当提高少量张拉值，但提高值不宜超过 $0.05\sigma_{con}$。超张拉值过高将影响预应力构件的延性，不宜提倡。

7.3.6 极差为成束张拉钢筋长度最大值和最小值的差。短线生产时，一个构件中钢筋镦头后有限长度的极差控制在 2mm 比较合适，符合目前大部分构件厂的生产水平。

7.3.7 钢筋预应力值抽检数量，根据冷轧带肋钢筋预应力空心板多年生产经验总结，本条规定比较切实可行，除了规定最低抽检数量外，又根据生产量按一定比例增加抽检数量，对大厂或小厂均具有适当的宽严程度。检测时间明确规定张拉完毕后一小时进行，是考虑预应力筋松弛损失随时间而变化，一小时基本符合现场张拉操作进程，同时给一个统一的检测时间。

7.3.8 本条仍采用原规程的规定值。预应力构件检测时的预应力规定值系按设计的张拉控制应力 σ_{con} 减去锚夹具变形损失和 1h 的钢筋松弛损失后确定的。锚夹具变形损失与钢筋长度有关，松弛损失与检测时间有关，表 7.3.8 主要根据上述两项损失计算结果并考虑适当的裕度而确定的。

高延性冷轧带肋钢筋 1000h 的松弛损失试验值为 $0.05\sigma_{con}$，1h 的松弛损失值与锚夹具变形损失值之和小于表 7.3.8 计算考虑的数值，表中统一取原规程的数值是为了考虑施工操作方便。

7.4 结构构件检验

7.4.1、7.4.2 对冷轧带肋钢筋预应力混凝土构件进行检验评定时，构件的承载力、构件的挠度检验应符合现行国家标准《混凝土结构工程施工质量验收规范》GB 50204 的规定。构件的抗裂检验应按本规程的有关规定进行。主要考虑对某些小跨度构件按国家标准《混凝土结构工程施工质量验收规范》GB 50204－2002 计算的抗裂检验系数允许值过高，实际上它是抗裂检验系数计算值，按这样的抗裂性能，不是构件所必须的。因此，本规程仍采用原规程对抗裂检验系数允许值作了适当修正，即增加了式（7.4.2-1）。

对大量的产品生产性检验，可按式（7.4.2-1）进行检验；当有专门要求时，可按式（7.4.2-2）进行检验。在有些情况下按式（7.4.2-2）计算的 $[\gamma_{cr}]$ 值小于式（7.4.2-1）的计算值时，应取用式（7.4.2-1）的计算值。这样得出的计算结果，符合目前设计及构件检验的实际情况。

附录 A 高延性冷轧带肋钢筋的技术指标

A.0.1～A.0.2 高延性冷轧带肋钢筋的尺寸、重量及允许偏差主要根据现行行业标准《高延性冷轧带肋钢筋》提出。考虑近些年工程应用的实际需要，将 CRB600H 钢筋的直径范围定为 5mm～12mm，CRB650H、CRB800H 定为 5mm～6mm。

用于钢筋混凝土结构配筋的 CRB600H 钢筋，由于轧制时适当加大面缩率并通过回火热处理后，其抗拉强度和屈服强度均可取得较高些，且延性也有较大提高。用于预应力构件配筋的 CRB650H 和 CRB800H 钢筋由于受盘条及钢筋直径的限制，仅将伸长率提高，而强度值未作变化。

本附录仅给出高延性冷轧带肋钢筋的主要技术性能指标。除应符合本附录的规定外，其他方面的技术要求，可参照现行国家标准《冷轧带肋钢筋》GB 13788 的有关规定。

附录 B 预应力混凝土构件端部锚固区计算

B.0.1、B.0.2 当需对冷轧带肋钢筋先张法预应力构件端部锚固区的正截面和斜截面进行受弯承载力计算及抗裂验算时，本附录给出了预应力冷轧带肋钢筋（包括高延性冷轧带肋钢筋）的锚固长度和在锚固区内钢筋抗拉强度设计取值的有关规定以及预应力筋在传递长度范围内有效预应力的变化。

原规程对预应力冷轧带肋钢筋的锚固长度和传递

长度是根据直径 5mm 和 4mm 的 650 级和 800 级（包括三面肋和二面肋）钢筋在 C20～C40 预应力混凝土棱柱体拔出试验和 C20～C30 预应力混凝土传递长度试件的实测结果得出的。本次规程修订又对直径 5.5mm、7.0mm、9.0mm 和 11.0mm 的 CRB550 钢筋（三面肋）以及直径 5.5mm、6.5mm、8.0mm 和 9.5mm 的 CRB600H 钢筋（二面肋）进行了锚固拔出试验。

根据锚固拔出试验结果及对原规程数据核算，预应力冷轧带肋钢筋的外形系数偏于安全的取 $\alpha=0.12$。预应力传递长度可按 $l_{tr}=0.12\sigma_{pe}/f'_{tk}$ 计算。按工程常用张拉控制应力取 $\sigma_{con}=0.7f_{ptk}$，预应力总损失 $\sigma_l=100N/mm^2$、$\sigma_{pe}=\sigma_{con}-100N/mm^2$ 计算出传递长度 l_{tr}。考虑到近年工程应用中混凝土强度等级有所提高，适当扩大了混凝土强度等级范围。

中华人民共和国行业标准

钢框胶合板模板技术规程

Technical specification for plywood form with steel frame

JGJ 96—2011

批准部门：中华人民共和国住房和城乡建设部
施行日期：2 0 1 1 年 1 0 月 1 日

中华人民共和国住房和城乡建设部
公　告

第872号

关于发布行业标准《钢框胶合板模板技术规程》的公告

现批准《钢框胶合板模板技术规程》为行业标准，编号为JGJ 96－2011，自2011年10月1日起实施。其中，第3.3.1、4.1.2、6.4.7条为强制性条文，必须严格执行。原行业标准《钢框胶合板模板技术规程》JGJ 96－95同时废止。

本规程由我部标准定额研究所组织中国建筑工业出版社出版发行。

中华人民共和国住房和城乡建设部

2011年1月7日

前　言

根据住房和城乡建设部《关于印发〈2008年工程建设标准规范制订、修订计划（第一批）〉的通知》（建标［2008］102号）的要求，规程编制组经广泛调查研究，认真总结实践经验，参考有关国际标准和国外先进标准，并在广泛征求意见的基础上，修订本规程。

本规程的主要技术内容是：1. 总则；2. 术语和符号；3. 材料；4. 模板设计；5. 模板制作；6. 模板安装与拆除；7. 运输、维修与保管。

本规程修订的主要技术内容是：1. 增加了术语和符号章节，提出了钢框胶合板模板、早拆模板技术、早拆模板支撑间距、次挠度等术语和符号；2. 钢框材料增加了Q345钢，面板材料增加了竹胶合板；3. 增加了模板荷载平整度计算、早拆模板支撑间距计算、模板抗倾覆计算、模板吊环截面计算，并给出风力与风速换算表等内容；4. 补充了钢框、面板、模板制作允许偏差及检验方法；5. 增加了施工安全的有关规定；6. 附录中增加了对拉螺栓的承载力和变形计算、二跨至五跨连续梁各跨跨中次挠度计算和常用的早拆模龄期的同条件养护混凝土试块立方体抗压强度等内容。

本规程中以黑体字标志的条文为强制性条文，必须严格执行。

本规程由住房和城乡建设部负责管理和对强制性条文的解释，由中国建筑科学研究院负责具体技术内容的解释。执行过程中如有意见或建议，请寄送中国建筑科学研究院（地址：北京北三环东路30号，邮编：100013）。

本规程主编单位：中国建筑科学研究院
温州中城建设集团有限公司

本规程参编单位：中建一局集团建设发展有限公司
北京奥宇模板有限公司
北京市泰利城建筑技术有限公司
北京三联亚建筑模板有限责任公司
中国建筑标准设计研究院
北京城建赫然建筑新技术有限责任公司
北京中建柏利工程技术发展有限公司
北京城建五建设工程有限公司
怀来县建筑工程质量监督站

本规程主要起草人员：吴广彬　施炳华　潘三豹
张良杰　胡　健　高淑娴
成志全　袁锐文　贾树旗
杨晓东　毛　杰　范小青
闫树兵　于修祥　李智斌

本规程主要审查人员：杨嗣信　龚　剑　糜嘉平
艾永祥　李清江　季钊徐
康谷贻　陈家珑　张广智

目次

Contents

1 总　　则

1.0.1 为在钢框胶合板模板的设计、制作和施工应用中，做到安全适用、技术先进、经济合理、确保质量，制定本规程。

1.0.2 本规程适用于现浇混凝土结构和预制构件所采用的钢框胶合板模板的设计、制作和施工应用。

1.0.3 钢框胶合板模板的设计、制作和施工应用，除应符合本规程规定外，尚应符合国家现行有关标准的规定。

2 术语和符号

2.1 术　　语

2.1.1 钢框胶合板模板　plywood form with steel frame

由胶合板或竹胶合板与钢框构成的模板。钢框胶合板模板可分为实腹钢框胶合板模板（图 2.1.1-1）和空腹钢框胶合板模板（图 2.1.1-2）。

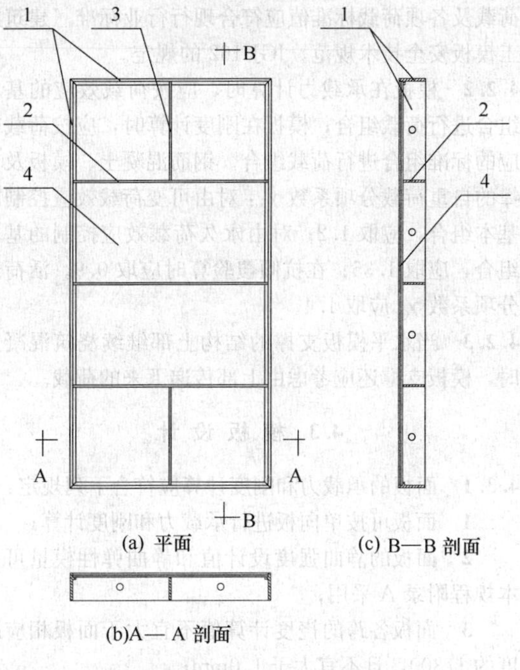

图 2.1.1-1　实腹钢框胶合板模板构造示意图
1—边肋；2—主肋；3—次肋；4—面板

2.1.2 面板　panel

与混凝土面接触的胶合板或竹胶合板。

2.1.3 钢框　steel frame

由边肋、主肋、次肋组成的承托面板用的钢结构骨架。

2.1.4 边肋　boundary rib

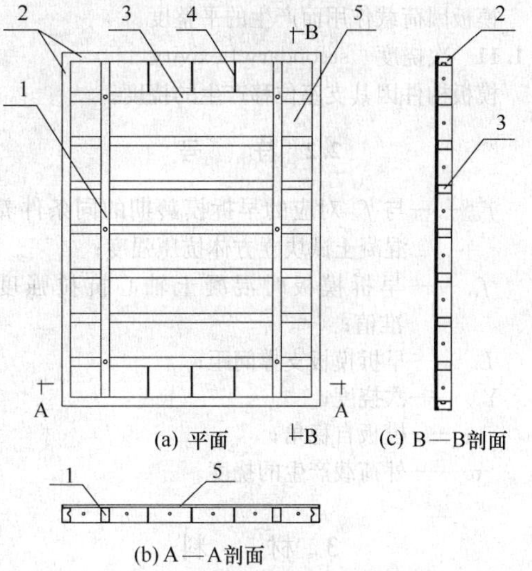

图 2.1.1-2　空腹钢框胶合板模板构造示意图
1—纵向主肋（背楞）；2—边肋；3—横向主肋；4—次肋；5—面板

钢框周边的构件。

2.1.5 主肋　main rib

承受面板传来荷载的构件。

2.1.6 次肋　secondary rib

钢框中按构造要求设置的构件。

2.1.7 背楞　waling

支承主肋并可兼作空腹钢框胶合板模板纵向主肋的承力构件。

2.1.8 早拆模板技术　early striking technology

在楼板混凝土满足抗裂要求条件下，可提早拆除部分楼板模板及支撑的模板技术（图 2.1.8）。

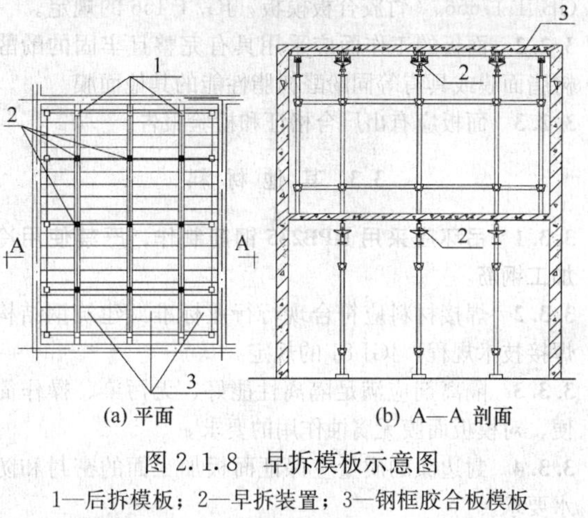

图 2.1.8　早拆模板示意图
1—后拆模板；2—早拆装置；3—钢框胶合板模板

2.1.9 早拆模板支撑间距　support distance for early striking

应用早拆模板技术时，楼板混凝土满足抗裂要求的支撑间距。

2.1.10 模板荷载平整度　load planeness of formwork

模板因荷载作用而产生的平整度。

2.1.11 次挠度 secondary flexivity

模板构件因其支座位移产生的挠度。

2.2 符 号

f'_{cu}——与 f_{et} 对应的早拆模龄期的同条件养护混凝土试块立方体抗压强度；

f_{et}——早拆模板时混凝土轴心抗拉强度标准值；

L_{et}——早拆模板支撑间距；

Y_{xx}——次挠度；

α——模板自稳角；

w——外荷载产生的挠度。

3 材 料

3.1 钢 框

3.1.1 钢框材料宜选用 Q235 钢或 Q345 钢，其材质应分别符合现行国家标准《碳素结构钢》GB/T 700、《低合金高强度结构钢》GB/T 1591 的规定。

3.1.2 钢框型材尺寸偏差应符合现行国家标准《通用冷弯开口型钢尺寸、外形、重量及允许偏差》GB/T 6723、《热轧型钢》GB/T 706 等相关标准和设计的规定。

3.1.3 钢材应有出厂合格证和材质证明。

3.2 面 板

3.2.1 面板宜采用 A 等品或优等品，其技术性能应分别符合国家现行标准《混凝土模板用胶合板》GB/T 17656、《竹胶合板模板》JG/T 156 的规定。

3.2.2 面板的工作面应采用具有完整且牢固的酚醛树脂面膜或具有等同酚醛树脂性能的其他面膜。

3.2.3 面板应有出厂合格证和检验报告。

3.3 其他材料

3.3.1 吊环应采用 HPB235 钢筋制作，严禁使用冷加工钢筋。

3.3.2 焊接材料应符合现行行业标准《建筑钢结构焊接技术规程》JGJ 81 的规定。

3.3.3 隔离剂应满足隔离性能好、无污染、操作简便、对模板面膜无腐蚀作用的要求。

3.3.4 封边漆的质量应保证面板加工面的密封和防水要求。

4 模板设计

4.1 一般规定

4.1.1 模板应根据工程施工图及施工要求进行设计。模板设计应包括配模图、组装图、节点大样图、模板和配件制作图以及设计说明书等，并应存档备查。

4.1.2 模板及支撑应具有足够的承载能力、刚度和稳定性。

4.1.3 模板应满足通用性强、装拆灵活、接缝严密、配件齐全和周转次数多的要求。

4.1.4 应用早拆模板技术时，应进行早拆模板支撑间距计算。

4.1.5 模板立放时应进行抗倾覆验算。大模板吊点的设置应安全可靠、位置合理。

4.1.6 当面板由多块板拼成时，拼接缝应设置在主、次肋上，板边应固定。支承面板的主肋宜与面板的顺纹方向或板长向垂直。主肋宜通长设置，次肋可分段焊接于主肋或边肋上。面板与钢框连接固定点的间距不应大于 300mm。

4.1.7 清水混凝土用模板宜进行模板荷载平整度计算。

4.1.8 钢框胶合板模板不宜用于蒸汽养护的混凝土构件。

4.2 荷 载

4.2.1 模板及支撑在承载力和刚度计算中所考虑的荷载及各项荷载标准值应符合现行行业标准《建筑施工模板安全技术规范》JGJ 162 的规定。

4.2.2 模板在承载力计算时，应按荷载效应的基本组合进行荷载组合；模板在刚度计算时，应按荷载效应的标准组合进行荷载组合。钢筋混凝土、模板及支撑的自重荷载分项系数 γ_G：对由可变荷载效应控制的基本组合，应取 1.2；对由永久荷载效应控制的基本组合，应取 1.35；在抗倾覆验算时应取 0.9。活荷载分项系数 γ_Q 应取 1.4。

4.2.3 当水平模板支撑的结构上部继续浇筑混凝土时，模板支撑还应考虑由上部传递下来的荷载。

4.3 模板设计

4.3.1 面板的承载力和刚度计算应符合下列规定：

1 面板可按单向板进行承载力和刚度计算；

2 面板的静曲强度设计值和静曲弹性模量可按本规程附录 A 采用；

3 面板各跨的挠度计算值不宜大于面板相应跨度的 1/300，且不宜大于 1.0mm；

4 不大于五跨的连续等跨的面板弯矩设计值和挠度可按本规程附录 B 计算，大于五跨时可按五跨计算。

4.3.2 主肋、边肋的承载力和刚度计算应符合下列规定：

1 主肋和边肋可按均布荷载作用下的梁进行承载力和刚度计算，材料强度设计值和弹性模量可按本规程附录 C 采用；

2　主肋的弯矩设计值和挠度可按本规程附录B计算；

3　主肋由荷载产生的挠度计算值不宜大于主肋跨度的1/500，且不宜大于1.5mm。

4.3.3　背楞的承载力和刚度计算应符合下列规定：

1　背楞可按集中荷载作用下的梁进行承载力和刚度计算，材料强度设计值及弹性模量可按本规程附录C采用；

2　背楞的弯矩设计值和挠度可按本规程附录B计算；

3　背楞的挠度计算值不宜大于相应跨度的1/1000，且不宜大于1.0mm。

4.3.4　模板支撑的稳定性可按本规程附录D验算，其承载力和刚度计算应按现行国家标准《钢结构设计规范》GB 50017执行。

4.3.5　对拉螺栓的承载力和变形应按本规程附录E进行计算。

4.3.6　清水混凝土用模板的荷载平整度可按下列规定计算：

1　计算由对拉螺栓的变形引起的背楞次挠度；

2　计算由背楞的挠度与次挠度引起的主肋次挠度；

3　计算由主肋的挠度与次挠度引起的面板次挠度；

4　计算面板跨中及其支座处的总挠度，其值应取面板的挠度与次挠度之和；

5　计算模板的平整度，其值为2m范围内面板跨中及支座处各计算点总挠度差的相对值，不宜大于2mm；

6　不大于五跨且等跨度、等刚度的背楞、主肋及面板的次挠度可按本规程附录B计算；大于五跨或不等跨变刚度的背楞、主肋及面板的次挠度宜用计算机软件进行分析计算。

4.3.7　应用早拆模板技术时，支撑的稳定性应按浇筑混凝土和模板早拆后两种状态分别验算。

4.3.8　应用早拆模板技术时，早拆模板支撑间距应符合下式规定：

$$L_{et} \leqslant 12.9h\sqrt{\frac{f_{et}}{k\zeta_e(\gamma_c h + Q_{ck})}} \qquad (4.3.8)$$

式中：L_{et}——早拆模板支撑间距（m）；

h——楼板厚度（m）；

f_{et}——早拆模板时混凝土轴心抗拉强度标准值（N/mm²），其对应的早拆模龄期的同条件养护混凝土试块立方体抗压强度f'_{cu}可按表4.3.8采用；

k——弯矩系数：对于单向板，两端固定时取1/12；一端固定一端简支时取9/128；对于点支撑双向板取0.196；

ζ_e——施工管理状态的不定性系数，取1.2；

γ_c——混凝土重力密度（kN/m³），取25.0kN/m³；

Q_{ck}——施工活荷载标准值（kN/m²）。

常用的早拆模龄期的同条件养护混凝土试块立方体抗压强度可按本规程附录F采用。

表4.3.8　早拆模板时混凝土轴心抗拉强度与早拆模龄期的同条件养护混凝土试块立方体抗压强度对照表

f'_{cu} (N/mm²)	8	9	10	11	12	13	14	15
f_{et} (N/mm²)	0.74	0.79	0.84	0.88	0.93	0.97	1.01	1.27

注：早拆模龄期的同条件养护混凝土试块立方体抗压强度f'_{cu}不应小于8.0N/mm²。

4.3.9　模板立放时自稳角α应符合下列规定：

$$\alpha \geqslant \arcsin\left[\frac{-g+(g^2+4K^2w_d^2)^{1/2}}{2Kw_d}\right] \qquad (4.3.9\text{-}1)$$

$$w_k = \mu_s\mu_z v_0^2/1600 \qquad (4.3.9\text{-}2)$$

式中：α——模板面板与垂直面之间的夹角(°)；

g——模板单位面积自重设计值(kN/m²)，由模板单位面积自重标准值乘以荷载分项系数0.9计算所得；

K——抗倾覆稳定系数，取1.2；

w_d——风荷载设计值(kN/m²)，由风荷载标准值w_k乘以荷载分项系数1.4计算所得；

w_k——风荷载标准值(kN/m²)；

μ_s——风荷载体型系数，取1.3；

μ_z——风压高度变化系数，地面立放时取1.0；

v_0——风速(m/s)，按表4.3.9取值。

表4.3.9　风力与风速换算

风力(级)	5	6	7	8	9	10	11	12
风速v_0 (m/s)	8.0～10.7	10.8～13.8	13.9～17.1	17.2～20.7	20.8～24.4	24.5～28.4	28.5～32.6	32.7～36.9

当计算结果小于10°时，应取$\alpha \geqslant 10°$；当计算结果大于20°时，应取$\alpha \leqslant 20°$，且应采取辅助安全措施。

4.3.10　模板吊环截面计算应符合下列规定：

1　在模板自重标准值作用下，每个吊环按2个截面计算的吊环应力不应大于50N/mm²，吊环净截面面积应符合下式规定：

$$A_r \geqslant \frac{K_r F_{gk}}{2\times 50} \qquad (4.3.10)$$

式中：A_r——吊环净截面面积（mm²）；

F_{gk}——吊装时每个吊环所承受模板自重标准值（N）；

K_r——工作条件系数，取2.6。

2 当吊环与模板采用螺栓连接时，应验算螺栓强度；当吊环与模板采用焊接时，应验算焊缝强度。

5 模板制作

5.1 钢框制作

5.1.1 钢框制作前应对型材的品种、规格进行质量验收。钢框制作应在专用工装中进行。

5.1.2 钢框焊接时应采取措施，减少焊接变形。焊缝应满足设计要求，焊缝表面应均匀，不得有漏焊、夹渣、咬肉、气孔、裂纹、错位等缺陷。

5.1.3 钢框焊接后应整形，整形时不得损伤模板边肋。

5.1.4 钢框应在平台上进行检验，其允许偏差与检验方法应符合表 5.1.4 的规定。

表 5.1.4 钢框制作允许偏差与检验方法

项次	检验项目	允许偏差(mm)	检验方法
1	长度	0，−1.5	钢尺检查
2	宽度	0，−1.0	钢尺检查
3	厚度	±0.5	游标卡尺检查
4	对角线差	≤1.5	钢尺检查
5	肋间距	±1.0	钢尺检查
6	连接孔中心距	±0.5	游标卡尺检查
7	孔径	±0.25	游标卡尺检查
8	焊缝高度	+1.0	焊缝检测尺
9	焊缝长度	+5.0	焊缝检测尺

5.1.5 检验合格后的钢框应及时进行表面防锈处理。

5.2 面板制作

5.2.1 面板制作前应对面板的品种、规格进行质量验收。面板制作宜在室内进行。

5.2.2 裁板应采用专用机具，保证面板尺寸，且不得损伤面膜。

5.2.3 面板开孔应有可靠的工艺措施，保证孔周边整齐和面膜无裂纹，不得损坏胶合板层间的粘结。

5.2.4 面板的加工面应采用封边漆密封，对拉螺栓孔宜采用孔塞保护。

5.2.5 面板安装前应按下列要求进行检验：

1 面板规格应和钢框成品相对应；

2 面板孔位与钢框上的孔位应一致；

3 采用对拉螺栓时，模板相应孔位、孔径应一致；

4 加工面和孔壁密封应完整可靠。

5.2.6 制作后的非标准尺寸面板，应按设计要求注明编号。

5.2.7 面板制作允许偏差与检验方法应符合表 5.2.7 的规定。

表 5.2.7 面板制作允许偏差与检验方法

项次	检验项目	允许偏差(mm)	检验方法
1	长度	0，−1.0	钢尺检查
2	宽度	0，−1.0	钢尺检查
3	对角线差	≤1.5	钢尺检查

5.3 模板制作

5.3.1 模板应在钢框和面板质量验收合格后制作。

5.3.2 面板安装质量应符合下列规定：

1 螺钉或铆接应牢固可靠；

2 沉头螺钉的平头应与板面平齐；

3 不得损伤面板面膜；

4 面板周边接缝严密不应漏浆。

5.3.3 模板应在平台上进行检验，其允许偏差与检验方法应符合表 5.3.3 的规定。

表 5.3.3 模板制作允许偏差与检验方法

项次	检验项目	允许偏差(mm)	检验方法
1	长度	0，−1.5	钢尺检查
2	宽度	0，−1.0	钢尺检查
3	对角线差	≤2	钢尺检查
4	平整度	≤2	2m 靠尺及塞尺检查
5	边肋平直度	≤2	2m 靠尺及塞尺检查
6	相邻面板拼缝高低差	≤0.8	平尺及塞尺检查
7	相邻面板拼缝间隙	＜0.5	塞尺检查
8	板面与边肋高低差	−1.5，−0.5	游标卡尺检查
9	连接孔中心距	±0.5	游标卡尺检查
10	孔中心与板面间距	±0.5	游标卡尺检查
11	对拉螺栓孔间距	±1.0	钢尺检查

6 模板安装与拆除

6.1 施工准备

6.1.1 模板安装前应编制模板施工方案，并应向操作人员进行技术交底。

6.1.2 对进场模板、支撑及零配件的品种、规格与数量，应按本规程进行质量验收。

6.1.3 当改变施工工艺及安全措施时，应经有关技术部门审核批准。

6.1.4 堆放模板的场地应密实平整，模板支撑下端的基土应坚实，并应有排水措施。

6.1.5 对模板进行预拼装时，应按现行国家标准《混凝土结构工程施工质量验收规范》GB 50204 的有关规定进行组装质量验收。

6.1.6 对于清水混凝土工程，应按设计图纸规定的清水混凝土范围、类型和施工工艺要求编制施工方案。

6.1.7 对于早拆模板应绘制配模图及支撑系统图。应用早拆模板技术时，支模前应在楼地面上标出支撑位置。

6.2 安装与拆除

6.2.1 模板安装与拆除应按施工方案进行，并应保证模板在安装与拆除过程中的稳定和安全。

6.2.2 模板吊装前应进行试吊，确认无疑后方可正式吊装。吊装过程中模板板面不得与坚硬物体摩擦或碰撞。

6.2.3 模板安装前应均匀涂刷隔离剂，校对模板和配件的型号、数量，检查模板内侧附件连接情况，复核模板控制线和标高。

6.2.4 模板应按编号进行安装，模板拼接缝处应有防漏浆措施，对拉螺栓安装应保证位置正确、受力均匀。

6.2.5 模板的连接应可靠。当采用 U 形卡连接时，不宜沿同一方向设置。

6.2.6 当梁板跨度不小于 4m 时，模板应起拱。如设计无要求时，起拱高度宜为跨度的 1/1000 至 3/1000。

6.2.7 模板的支撑及固定措施应便于校正模板的垂直度和标高，应保证其位置准确、牢固。立柱布置应上下对齐、纵横一致，并应设置剪刀撑和水平撑。立柱和斜撑两端的着力点应可靠，并应有足够的受压面。支撑两端不得同时垫楔片。

6.2.8 模板安装后应检查验收，钢筋及混凝土施工时不得损坏面板。

6.2.9 模板拆除时不应撬砸面板。模板安装与拆除过程中应对模板面板和边角进行保护。

6.2.10 采用早拆模板技术时，模板拆除时的混凝土强度及拆模顺序应按施工方案规定执行。未采用早拆模板技术时，模板拆除时的混凝土强度应符合现行国家标准《混凝土结构工程施工质量验收规范》GB 50204 的有关规定。

6.3 质量检查与验收

6.3.1 模板安装过程中除应按现行国家标准《混凝土结构工程施工质量验收规范》GB 50204 的有关规定进行质量检查外，尚应满足模板施工方案要求。

6.3.2 清水混凝土用模板的安装尺寸允许偏差与检验方法应符合现行行业标准《清水混凝土应用技术规程》JGJ 169 的有关规定。

6.3.3 模板工程验收时，应提供下列技术文件：

1 工程施工图；

2 模板施工方案；

3 模板安装质量检查记录。

6.4 施工安全

6.4.1 模板的吊装、安装与拆除应符合安全操作规程和相关安全的管理规定。

6.4.2 模板安装前应进行专项安全技术交底。

6.4.3 模板吊装最大尺寸应由起重机械的起重能力及模板的刚度确定，不得同时起吊两块大型模板。

6.4.4 每次起吊前应逐一检查吊具连接件的可靠性。

6.4.5 零星部件应采用专用吊具运输。

6.4.6 吊运模板的钢丝绳水平夹角不应小于 45°。

6.4.7 在起吊模板前，应拆除模板与混凝土结构之间所有对拉螺栓、连接件。

6.4.8 模板安装和堆放时应采取防倾倒措施，堆放处应设警戒区，模板堆放高度不宜超过 2m，立放时应满足自稳角的要求。

6.4.9 应按模板施工方案的规定控制混凝土浇筑速度，确保混凝土侧压力不超过模板设计值。

6.4.10 模板拆除过程中，拆下的模板不得抛掷。

7 运输、维修与保管

7.1 运 输

7.1.1 同规格模板应成捆包装。平面模板包装时应将两块模板的面板相对，并将边肋牢固连接。

7.1.2 运输过程中应有防水保护措施，必要时可采用集装箱。

7.1.3 非平面模板的包装、运输，应采取防止面板损伤和钢框变形的措施。

7.1.4 装卸模板及零配件时应轻装轻卸，不得抛掷，并应采取措施防止碰撞损坏模板。

7.2 维修与保管

7.2.1 模板使用后应及时清理，不得用坚硬物敲击板面。

7.2.2 当板面有划痕、碰伤时应及时维修。对废弃的预留孔可使用配套的塑料孔塞封堵。

7.2.3 对钢框应适时除锈刷漆保养。

7.2.4 模板应有专用场地存放，存放区应有排水、防水、防潮、防火等措施。

7.2.5 平放时模板应分规格放置在间距适当的通长垫木上；立放时模板应放置在连接成整体的插放架内。

附录A　胶合板和竹胶合板的主要技术性能

A.0.1　胶合板的静曲强度设计值和静曲弹性模量应按表A.0.1采用。

表A.0.1　胶合板静曲强度设计值和静曲弹性模量（N/mm^2）

厚度（mm）	静曲强度设计值		静曲弹性模量	
	顺纹	横纹	顺纹	横纹
12	19	17	4200	3150
15	17	17	4200	3150
18	15	17	3500	2800
21	13	14	3500	2800

A.0.2　竹胶合板的静曲强度设计值和静曲弹性模量应按表A.0.2采用。

表A.0.2　竹胶合板静曲强度设计值和静曲弹性模量（N/mm^2）

厚度（mm）	静曲强度设计值		静曲弹性模量	
	板长向	板宽向	板长向	板宽向
12～21	46	30	6000	4400

附录B　面板、钢框和背楞的弯矩设计值和挠度计算

B.0.1　荷载产生的弯矩设计值和挠度应按表B.0.1计算。

表B.0.1　荷载产生的弯矩设计值和挠度计算公式

跨度	荷载示意图	弯矩	挠度
一跨	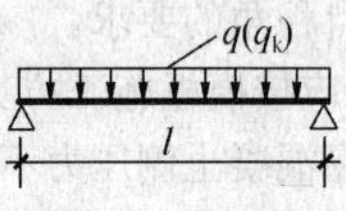	$M_{max}=\frac{ql^2}{8}$	$w_{max}=\frac{5q_kl^4}{384EI}$
	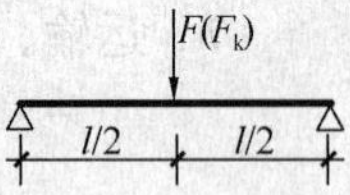	$M_{max}=\frac{FL}{4}$	$w_{max}=\frac{F_kL^3}{48EI}$
	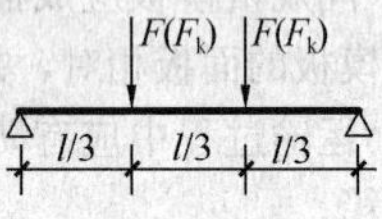	$M_{max}=\frac{FL}{3}$	$w_{max}=\frac{23F_kL^3}{648EI}$
二跨	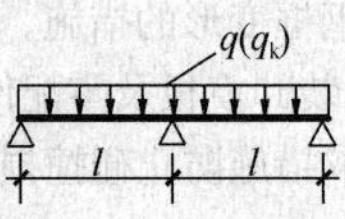	$M_{max}=\frac{ql^2}{8}$	$w_m=\frac{q_kl^4}{192EI}$
	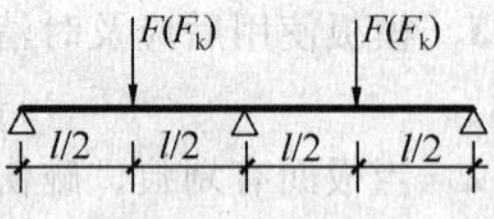	$M_{max}=\frac{3FL}{16}$	$w_m=\frac{7F_kL^3}{768EI}$
	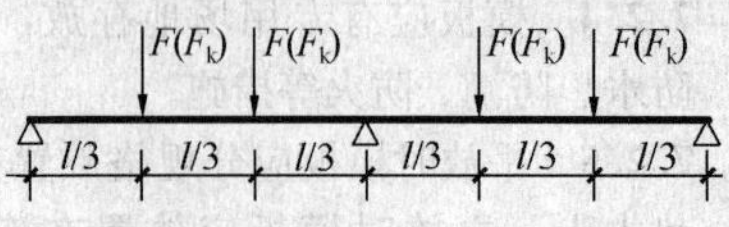	$M_{max}=\frac{FL}{3}$	$w_m=\frac{7F_kL^3}{486EI}$

续表 B.0.1

跨度	荷载示意图	弯　矩	挠　度
三跨	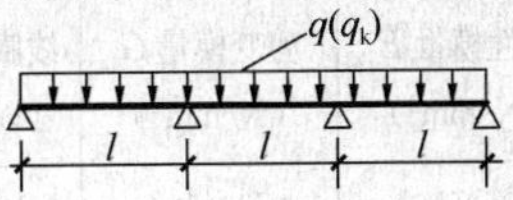	$M_{max}=\frac{ql^2}{10}$	$w_m=\frac{11q_kl^4}{1598EI}$
	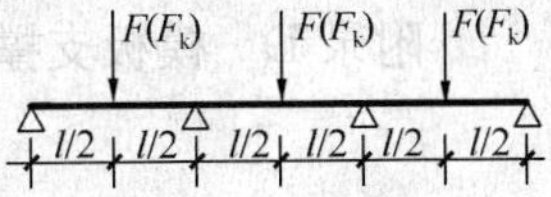	$M_{max}=\frac{3FL}{20}$	$w_m=\frac{11F_kL^3}{960EI}$
	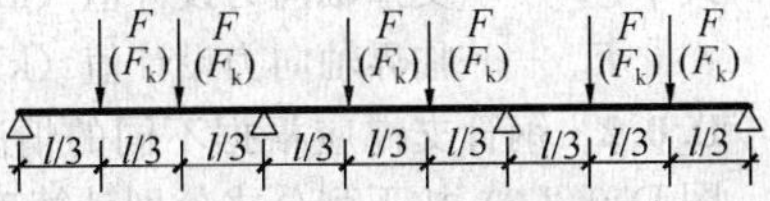	$M_{max}=\frac{4FL}{15}$	$w_m=\frac{61F_kL^3}{3240EI}$
四跨	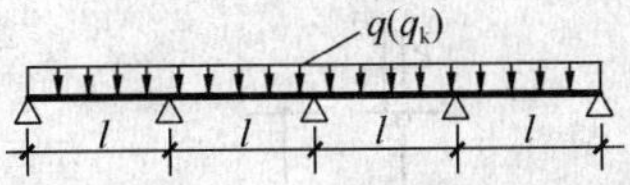	$M_{max}=\frac{3ql^2}{28}$	$w_m=\frac{13q_kl^4}{2057EI}$
	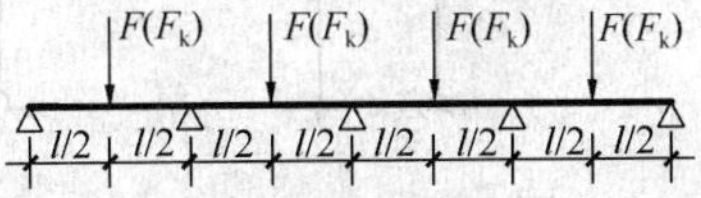	$M_{max}=\frac{13FL}{77}$	$w_m=\frac{13F_kL^3}{1205EI}$
	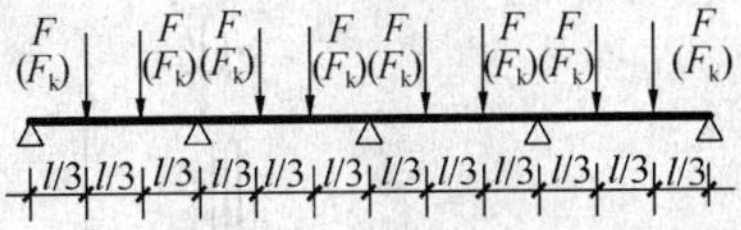	$M_{max}=\frac{2FL}{7}$	$w_m=\frac{57F_kL^3}{3238EI}$
五跨	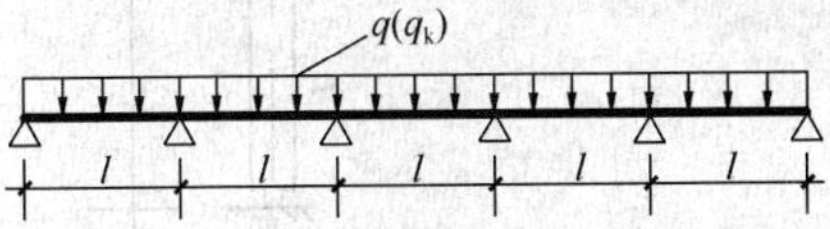	$M_{max}=\frac{21ql^2}{200}$	$w_m=\frac{41q_kl^4}{6365EI}$
	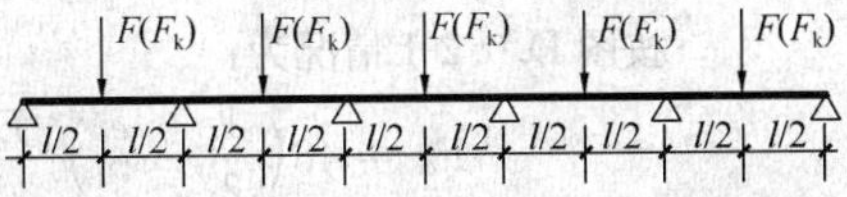	$M_{max}=\frac{11FL}{64}$	$w_m=\frac{4F_kL^3}{356EI}$
	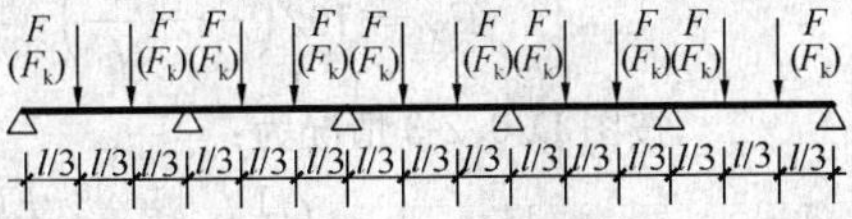	$M_{max}=\frac{59FL}{194}$	$w_m=\frac{62F_kL^3}{3455EI}$

B.0.2 二跨至五跨连续梁（图B.0.2）各跨跨中因其支座位移引起的次挠度应按表B.0.2计算。

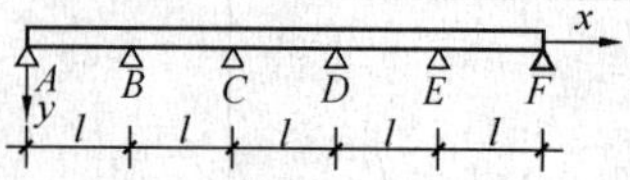

图B.0.2 连续梁示意图

表B.0.2 二跨至五跨连续梁各跨跨中因支座位移引起的次挠度计算公式

跨度	次挠度计算公式
二跨	$Y_{AB}=(13W_A+22W_B-3W_C)\div32$ $Y_{BC}=(-3W_A+22W_B+13W_C)\div32$
三跨	$Y_{AB}=(16W_A+29W_B-6W_C+W_D)\div40$ $Y_{BC}=(-3W_A+23W_B+23W_C-3W_D)\div40$ $Y_{CD}=(W_A-6W_B+29W_C+16W_D)\div40$
四跨	$Y_{AB}=(179W_A+326W_B-72W_C+18W_D-3W_E)\div448$ $Y_{BC}=(-33W_A+254W_B+272W_C-54W_D+9W_E)\div448$ $Y_{CD}=(9W_A-54W_B+272W_C+254W_D-33W_E)\div448$ $Y_{DE}=(-3W_A+18W_B-72W_C+326W_D+179W_E)\div448$
五跨	$Y_{AB}=(668W_A+1217W_B-270W_C+72W_D-18W_E+3W_F)\div1672$ $Y_{BC}=(-123W_A+947W_B+1019W_C-216W_D+54W_E-9W_F)\div1672$ $Y_{CD}=(33W_A-198W_B+1001W_C+1001W_D-198W_E+33W_F)\div1672$ $Y_{DE}=(-9W_A+54W_B-216W_C+1019W_D+947W_E-123W_F)\div1672$ $Y_{EF}=(3W_A-18W_B+72W_C-270W_D+1217W_E+668W_F)\div1672$

注：1 W_A、W_B、W_C、W_D、W_E、W_F 分别为A、B、C、D、E、F支座位移，在计算面板时，是指主肋的次挠度；在计算主肋时，是指背楞的次挠度。

2 Y_{AB}、Y_{BC}、Y_{CD}、Y_{DE}、Y_{EF} 分别为对应跨中次挠度。

附录C 钢框和背楞材料的力学性能

C.0.1 钢框和背楞材料的强度设计值应按表C.0.1采用。

表C.0.1 钢框和背楞材料的强度设计值

钢材		抗拉、抗压和抗弯 f (N/mm²)	抗剪 f_v (N/mm²)	端面承压 f_{ce} (N/mm²)
牌号	厚度或直径 (mm)			
Q235	≤16	215(205)	125(120)	325(310)
	>16～40	205	120	325
	>40～60	200	115	325
	>60～100	190	110	325
Q345	≤16	310(300)	180(175)	400(400)
	>16～35	295	170	400
	>35～50	265	155	400
	>50～100	250	145	400

注：括号中数值为薄壁型钢的强度设计值。

C.0.2 钢框和背楞材料的物理性能指标应按表C.0.2采用。

表C.0.2 钢框和背楞材料的物理性能指标

弹性模量 E (N/mm²)	剪变模量 G (N/mm²)	线膨胀系数 α (以每℃计)	质量密度 ρ (kg/m³)
206×10^3	79×10^3	12×10^{-6}	7850

附录D 模板支撑稳定性验算

D.0.1 各类模板支撑应符合下式规定：

$$F\leqslant F_{cr} \tag{D.0.1}$$

式中：F——支撑轴向力设计值（kN）；

F_{cr}——临界轴向力设计值（kN）。

D.0.2 钢管支撑应根据不同的情况（图D.0.2-1～图D.0.2-3）按下列公式分别计算确定其临界轴向力设计值：

图D.0.2-1 一跨钢管支撑

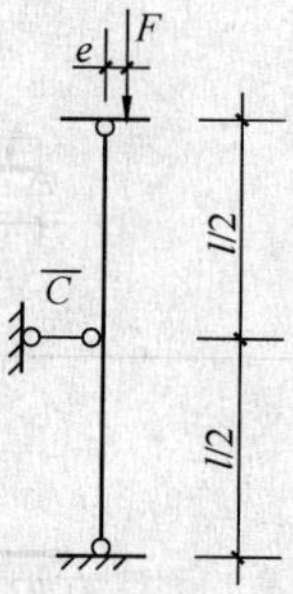

图D.0.2-2 二跨钢管支撑

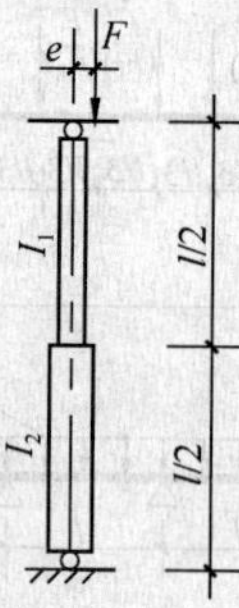

图D.0.2-3 单阶变截面钢管支撑

按图D.0.2-1情况为：

$$F_{cr}=48\left(\frac{1}{2}-\frac{e}{b}\right)^3\frac{EI}{l^2} \tag{D.0.2-1}$$

按图D.0.2-2情况为：

$$F_{cr}=192\left(\frac{1}{2}-\frac{e}{b}\right)^3\frac{EI}{l^2} \tag{D.0.2-2}$$

按图D.0.2-3情况为：

$$F_{cr}=48\left(\frac{1}{2}-\frac{e}{b}\right)^3\frac{EI_1}{(\gamma l)^2} \tag{D.0.2-3}$$

$$\gamma = 0.76 + 0.24\left(\frac{I_2}{I_1}\right)^2 \qquad (D.0.2\text{-}4)$$

式中：e——偏心距(mm)；

b——受力构件截面的短边尺寸(mm)；

E——受力构件的弹性模量(kN/mm^2)；

I——受力构件截面以短边为高度计算的惯性矩(mm^4)；

l——受力构件的计算长度(mm)；

γ——计算长度系数；

$\overline{C}$——水平支撑刚度，且$\overline{C}$应大于$160EI/l^3$。

D.0.3 格构柱支撑应根据不同的情况(图D.0.3-1、图D.0.3-2)按下列公式分别计算确定其临界轴向力设计值：

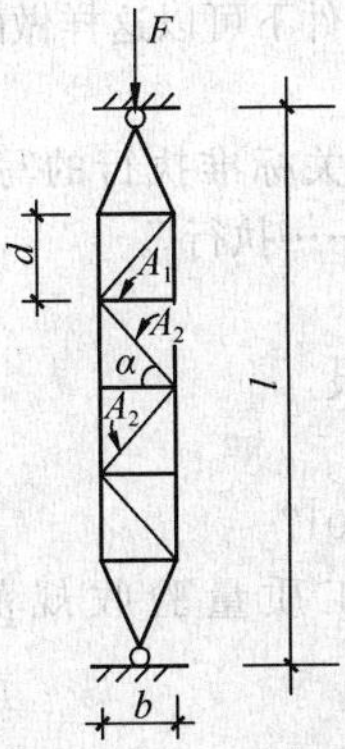

图D.0.3-1 缀条式格构柱

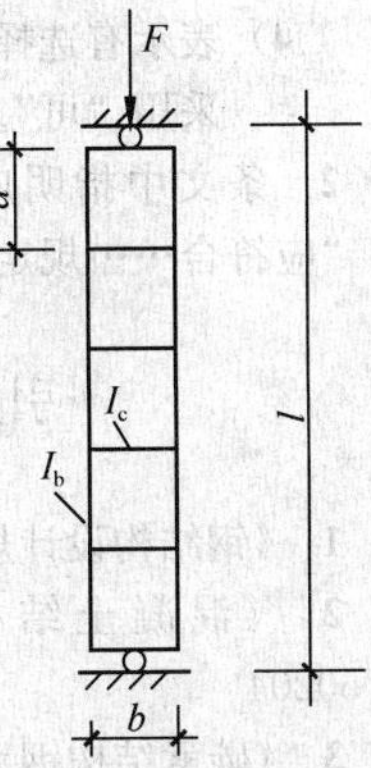

图D.0.3-2 缀板式格构柱

按图D.0.3-1情况为：

$$F_{cr} = \frac{\pi^2 EI}{2l^2} \cdot \frac{1}{1+\dfrac{\pi^2 I}{A_1 l^2}\left(\dfrac{A_1}{A_2 \sin\alpha \cos^2\alpha}+\dfrac{1}{\tan\alpha}\right)} \qquad (D.0.3\text{-}1)$$

按图D.0.3-2情况为：

$$F_{cr} = \frac{\pi^2 EI}{2l^2} \cdot \frac{1}{1+\dfrac{\pi^2 I}{12l^2}\left(\dfrac{db}{I_b}+\dfrac{d^2}{2I_c}\right)} \qquad (D.0.3\text{-}2)$$

式中：E——格构柱弹性模量(N/mm^2)；

I——格构柱惯性矩(mm^4)；

A_1——格构柱水平腹杆截面积(mm^2)；

A_2——格构柱斜腹杆截面积(mm^2)；

I_b——格构柱竖杆惯性矩(mm^4)；

I_c——格构柱水平缀板惯性矩(mm^4)。

附录E 对拉螺栓的承载力和变形计算

E.0.1 根据对拉螺栓在模板上的分布状况和承受最大荷载的工况，以及可能出现的三种破坏状况，应分别进行计算并均应满足承载力的要求。

1 锥形杆开孔处抗拉承载力应符合下列规定：

$$N \leqslant N_t \qquad (E.0.1\text{-}1)$$

$$N_t = f_t A_t \qquad (E.0.1\text{-}2)$$

式中：N_t——锥形杆开孔处抗拉承载力设计值(N)；

f_t——锥形杆抗拉强度设计值(N/mm^2)；

A_t——锥形杆开孔处抗拉净截面面积(mm^2)；

N——对拉螺栓所承受的荷载设计值(N)。

2 楔块抗剪承载力应符合下列规定：

$$N \leqslant N_v \qquad (E.0.1\text{-}3)$$

$$N_v = f_v A_v \qquad (E.0.1\text{-}4)$$

式中：N_v——楔块抗剪承载力设计值(N)；

f_v——楔块抗剪强度设计值(N/mm^2)；

A_v——楔块抗剪截面面积(mm^2)。

3 楔块在锥形杆孔端承压面的承载力应符合下列规定：

$$N \leqslant N_{ce} \qquad (E.0.1\text{-}5)$$

$$N_{ce} = f_{ce} A_{ce} \qquad (E.0.1\text{-}6)$$

式中：N_{ce}——楔块在锥形杆孔端承压面的承载力设计值(N)；

f_{ce}——楔块在锥形杆孔端承压面强度设计值(N/mm^2)；

A_{ce}——楔块在锥形杆孔端承压面积(mm^2)。

E.0.2 计算模板荷载平整度时，对拉螺栓的变形应按下式计算：

$$\Delta = N_k L / EA \qquad (E.0.2)$$

式中：Δ——对拉螺栓的变形(mm)；

N_k——对拉螺栓所承受的荷载标准值(N)；

L——对拉螺栓的长度(mm)；

E——对拉螺栓的弹性模量(N/mm^2)；

A——对拉螺栓的截面积(mm^2)。

附录F 常用的早拆模龄期的同条件养护混凝土试块立方体抗压强度

F.0.1 对点支撑双向板，根据不同的施工活荷载控制条件，可按表F.0.1-1、表F.0.1-2确定早拆模龄期的同条件养护混凝土试块立方体抗压强度f'_{cu}。

表F.0.1-1 施工活荷载标准值Q_{ck}=1.0kN/m² 时，f'_{cu} (N/mm^2)

楼板厚度(m)	支撑间距(m)				
	0.9	1.2	1.35	1.6	1.8
0.10	8	8	11	15	23
0.12	8	8	8	14	21
0.14	8	8	8	10	15
0.16	8	8	8	8	11
0.18	8	8	8	8	9

续表 F. 0. 1-1

楼板厚度（m）	支撑间距（m）				
	0.9	1.2	1.35	1.6	1.8
0.20	8	8	8	8	8
0.22	8	8	8	8	8
0.24	8	8	8	8	8
0.26	8	8	8	8	8
0.28	8	8	8	8	8
0.30	8	8	8	8	8

表 F. 0. 1-2　施工活荷载标准值 $Q_{ck}=1.5kN/m^2$ 时，f'_{cu}（N/mm^2）

楼板厚度（m）	支撑间距（m）				
	0.9	1.2	1.35	1.6	1.8
0.10	8	9	14	18	26
0.12	8	8	9	14	18
0.14	8	8	8	12	15
0.16	8	8	8	9	13
0.18	8	8	8	8	10
0.20	8	8	8	8	8
0.22	8	8	8	8	8
0.24	8	8	8	8	8
0.26	8	8	8	8	8
0.28	8	8	8	8	8
0.30	8	8	8	8	8

本规程用词说明

1　为便于在执行本规程条文时区别对待，对要求严格程度不同的用词说明如下：

1）表示很严格，非这样做不可的：
正面词采用“必须”，反面词采用“严禁”；

2）表示严格，在正常情况均应这样做的：
正面词采用“应”，反面词采用“不应”或“不得”；

3）表示允许稍有选择，在条件许可时首先应这样做的：
正面词采用“宜”，反面词采用“不宜”；

4）表示有选择，在一定条件下可以这样做的，采用“可”。

2　条文中指明应按其他有关标准执行的写法为：“应符合……规定”或“应按……执行”。

引用标准名录

1 《钢结构设计规范》GB 50017

2 《混凝土结构工程施工质量验收规范》GB 50204

3 《碳素结构钢》GB/T 700

4 《热轧型钢》GB/T 706

5 《低合金高强度结构钢》GB/T 1591

6 《通用冷弯开口型钢尺寸、外形、重量及允许偏差》GB/T 6723

7 《混凝土模板用胶合板》GB/T 17656

8 《建筑钢结构焊接技术规程》JGJ 81

9 《建筑施工模板安全技术规范》JGJ 162

10 《清水混凝土应用技术规程》JGJ 169

11 《竹胶合板模板》JG/T 156

中华人民共和国行业标准

钢框胶合板模板技术规程

JGJ 96—2011

条 文 说 明

修 订 说 明

《钢框胶合板模板技术规程》JGJ 96－2011，经住房和城乡建设部2011年1月7日以第872号公告批准、发布。

本规程是在《钢框胶合板模板技术规程》JGJ 96－95的基础上修订而成，上一版的主编单位是中国建筑科学研究院，参编单位是青岛瑞达模板系列公司、上海市第四建筑工程公司、上海市第五建筑工程公司、北京市第六建筑工程公司、中国建筑标准设计研究所，主要起草人员是夏靖华、施炳华、陈莱盛、张其义、刘鸿琪、周伯伦、陈韵兴、张希铭、吴广彬。本次修订的主要技术内容是：1. 增加了术语和符号章节，提出了钢框胶合板模板、早拆模板技术、早拆模板支撑间距、次挠度等术语和符号；2. 钢框材料增加了Q345钢，面板材料增加了竹胶合板；3. 增加了模板荷载平整度计算、早拆模板支撑间距计算、模板抗倾覆计算、模板吊环截面计算，并给出风力与风速换算表等内容；4. 补充了钢框、面板、模板制作允许偏差及检验方法；5. 增加了施工安全的有关规定；6. 附录中增加了对拉螺栓的承载力和变形计算、二跨至五跨连续梁各跨跨中次挠度计算和常用的早拆模龄期的同条件养护混凝土试块立方体抗压强度等内容。

本规程修订过程中，编制组进行了广泛的调查研究，总结了我国模板工程的实践经验，同时参考了国外先进技术法规、技术标准，许多单位和学者进行了卓有成效的研究，为本次修订提供了极有价值的参考资料。

为便于广大设计、施工、科研、学校等单位有关人员在使用本规程时能正确理解和执行条文规定，《钢框胶合板模板技术规程》编制组按章、节、条顺序编制了本规程的条文说明，对条文规定的目的、依据以及执行中需注意的有关事项进行了说明，还着重对强制性条文的强制性理由作了解释。但是，本条文说明不具备与标准正文同等的法律效力，仅供使用者作为理解和把握标准规定的参考。

目　次

意义。

2.1.11 在计算模板荷载平整度时，应考虑面板、主肋、背楞等模板构件因支座位移而产生的挠度。这里支座指的是：面板的支座为主肋，主肋的支座为背楞，背楞的支座为对拉螺栓（对于墙体模板而言）。

2.2 符 号

本节给出了钢框胶合板模板计算中常用的符号。

3 材 料

3.1 钢 框

3.1.1 当前钢框胶合板模板的钢框和各种角模板的钢材材质主要有两种：一种是普通碳素结构钢中的Q235钢，该品种具有价格低廉、加工简单、可焊性好、无需特殊焊条和焊接加工工艺等优点。另一种是低合金高强度结构钢中的Q345钢，该品种优点是强度高、用钢少。根据我国目前钢材生产状况，钢框和钢配件宜采用Q235钢或Q345钢，其材质应符合相应现行国家标准的规定。在条件允许的情况下，宜优先选用轻质高强的Q345钢来制作钢框。

3.1.2 钢框型材尺寸直接关系到模板成品质量，因此应严格控制其尺寸偏差。常用的钢框型材有外卷边槽钢、热轧槽钢、热轧不等边角钢等，其尺寸偏差应分别符合现行国家标准《通用冷弯开口型钢尺寸、外形、重量及允许偏差》GB/T 6723、《热轧型钢》GB/T 706的规定。此外，主肋还有冷弯矩形型钢等，其尺寸偏差应分别符合现行国家标准《结构用冷弯空心型钢尺寸、外形、重量及允许偏差》GB/T 6728等标准的规定。对于钢框的边肋型材尚无现行国家标准，其边肋尺寸偏差应符合模板设计要求。

3.1.3 为确保模板质量并使所用钢材质量具有可追溯性，模板所用钢材应具有出厂合格证和材质证明。

3.2 面 板

3.2.1 钢框胶合板模板的面板可采用胶合板或竹胶合板，这两种面板均有国家现行标准。胶合板按材质缺陷和加工缺陷分成A等品和B等品两个等级，A等品优于B等品；竹胶合板质量分成优等品、一等品和合格品三个等级。为做到优质优用，本规程推荐优先采用A等品或优等品。

3.2.2 本条明确了面板的工作面应具有完整、牢固的树脂面膜。施工实践证明，树脂面膜是否完整和牢固直接关系到模板耐候性、耐水性、周转次数和混凝土表面质量。面膜按工艺成型一般分为覆膜、涂膜两类。国内外涂膜面板产品不多，其周转次数也相对较少，故本规程建议优先采用覆膜工艺的面板。

覆膜的厚度标准以每平方米膜的重量（g）表示。

1 总 则

1.0.1 钢框胶合板模板具有自重轻、周转次数多、浇筑的混凝土质量好等优点，在国内已大量应用。为在混凝土施工中进一步推广，确保其设计、制作及施工质量，更好地取得安全适用、技术先进、经济合理等效果，在总结已有的实践经验基础上，修订了本规程。

1.0.2 本规程适用于混凝土结构中采用的钢框胶合板模板，对其设计、制作和施工应用等方面都作了明确的规定，可供设计、制作与施工单位应用。

1.0.3 应用钢框胶合板模板技术应符合国家现行有关标准的规定。

2 术语和符号

2.1 术 语

2.1.1 钢框胶合板模板的面板有两种，即胶合板和竹胶合板。按边肋截面形式分为实腹和空腹两大类，当边肋采用冷弯薄壁空腹型材时，称为空腹钢框胶合板模板，否则称为实腹钢框胶合板模板。空腹钢框胶合板模板因刚度大，多用作墙、柱等竖向结构模板。实腹钢框胶合板模板多用作梁、板等水平结构模板。在工程实践中，钢框胶合板模板形式多样，本规程仅给出了典型的模板构造示意图。

2.1.2～2.1.7 对钢框胶合板模板的主要组成部件分别给出了定义。

2.1.8 早拆模板技术可大幅度减少模板配置数量、降低模板工程成本，因而在德国、法国、美国等发达国家应用普遍。该技术于20世纪80年代引进到我国，并获得了大量应用，是建设部推广的建筑业十项新技术内容之一。在工程实践中，该技术在取得较好技术经济效益的同时，也存在着早拆控制条件不清、概念模糊、因实施不当造成混凝土裂缝等问题。我国国家现行标准尚无相关内容，而工程实践又急需有关的科学理论指导，另外，应用早拆模板技术时，应对模板及支撑间距等进行专项设计，因此本规程引进了早拆模板技术。

2.1.9 实施早拆模板技术时，为使早拆模时楼板混凝土满足抗裂要求，应对楼板混凝土支撑间距进行计算。因此对早拆模板支撑间距给出了定义。

2.1.10 混凝土表面平整度是由模板平整度（制作时产生的）、安装平整度、荷载作用下引起的平整度（模板相对变形）等产生的。清水混凝土外观质量要求高，往往有荷载作用下引起的平整度计算要求，由此本规程给出模板荷载平整度定义及计算方法。模板荷载平整度对清水混凝土平整度质量控制有着重要芬兰以 120g/m² 为标准产品，按不同耐磨要求还有 200g/m²、400g/m² 的覆膜产品。高耐磨性的面板适用于混凝土的特殊浇筑施工工艺。

3.2.3 为做到面板质量控制的可追溯性，面板应有出厂合格证和检验报告。

3.3 其他材料

3.3.1 对于大模板、筒模、飞模等工具化模板体系，因安装、拆除及移动过程中需频繁吊装，作为模板吊点的吊环十分重要。吊环重复使用次数多且直接关系到施工安全，其材料应选用延性好、表面光滑、便于加工的 HPB235 钢筋。因冷加工钢筋延性差，应杜绝使用。

3.3.2、3.3.3 为确保模板焊接质量和模板与混凝土隔离效果，应对焊接材料和隔离剂作出规定。

3.3.4 我国规定面板出厂时的绝对含水率不得超过 14%，国外规定有 9%、12%、13%不等。含水率增大将导致面板的强度和弹性模量减小、厚度增加、平整度降低，所以面板的侧面、切割面及孔壁应采用封边漆密封。封边漆的质量和密封工艺应达到模板在使用过程中其含水率少增或不增的要求。

4 模板设计

4.1 一般规定

4.1.1 模板设计应根据工程施工图及施工要求（含现场施工条件）进行，设计内容应包括配模图（模板的规格尺寸）、组装图（连接方式）、节点大样图、模板加工图、配件制作图以及设计说明书等。模板设计时所规定的承载能力也应在图纸上注明，防止使用过程中超载，避免发生质量和安全事故。设计说明书中应明确支模、拆模程序和方法等内容。若有清水混凝土和早拆模板技术要求的，还应作清水混凝土模板和早拆模板专项设计。

由于模板需多次周转使用，有关资料应保留，以备其他工程采用时参考。

4.1.2 模板是混凝土浇筑成型的工具。对于梁、板等水平结构构件，模板承受的荷载主要是新浇筑混凝土的重量及施工荷载；对于柱、墙等竖向结构构件，模板承受的荷载主要是新浇筑混凝土的侧压力及施工荷载；模板立放时还要承受风荷载。上述荷载又由模板传递给龙骨、钢支柱、门架、碗扣架、对拉螺栓等支撑系统。这就要求模板及支撑应有足够的承载能力、刚度和稳定性，以避免胀模、跑模和坍塌的情况发生，确保混凝土构件尺寸、平整度等成型质量和施工安全。该规定是对模板及其支撑的基本要求，与现行国家标准《混凝土结构工程施工质量验收规范》GB 50204－2002 第 4.1.1 相协调，是强制性条文。

4.1.3 对于梁、板类构件，一般选用小规格的模板，对于柱、墙类构件，一般选用大规格的模板。不管小规格还是大规格的模板，都需要经常装拆、搬运。近年来的工程实践表明，钢框胶合板模板技术的应用受到了配件、周转次数等因素的制约。因而钢框胶合板模板应满足通用性强、装拆灵活、接缝严密、配件齐全、周转次数多的要求。

4.1.4 在实施早拆模板技术时，为保证部分模板及支撑拆除后楼板混凝土不开裂，应进行混凝土正常使用极限状态抗裂验算，楼板混凝土抗裂性能与混凝土支撑间距有关，因此应进行早拆模板支撑间距计算。

4.1.6 本条是钢框胶合板模板设计应用的实践总结。模板制作时，制作厂有时采用两块、三块胶合板或竹胶合板拼成整块面板，这时应在胶合板或竹胶合板拼缝处设置承托肋并予以固定，否则拼缝处的面板易出现悬臂工作状态，加速模板损坏及局部错位漏浆，影响混凝土的浇筑质量，故规定了面板拼接缝应设置在主、次肋上，板边应固定。使用胶合板时，支承面板的主肋宜与面板的顺纹方向垂直；使用竹胶合板时，支承面板的主肋宜与面板的板长向垂直。

4.1.7 清水混凝土平整度要求高，其值与模板在荷载作用下产生的平整度有关，因此本次修订增加了清水混凝土用模板荷载平整度计算内容和方法，以供设计时应用。

4.1.8 因钢框胶合板模板的面板是用酚醛类胶粘剂热压而成的胶合板或竹胶合板，蒸汽养护对其使用寿命有不利影响，所以在蒸汽养护时不宜使用钢框胶合板模板。

4.2 荷载

4.2.1 荷载大小直接关系到模板的经济性和混凝土工程的质量及安全。目前现行行业标准《建筑施工模板安全技术规范》JGJ 162对模板荷载有明确规定，应予执行。

4.2.2 对模板在承载力和刚度计算时的荷载效应组合及荷载分项系数作了规定。本条与国家现行标准《建筑结构荷载规范》GB 50009 和《建筑施工模板安全技术规范》JGJ 162 的有关规定相协调。

4.3 模板设计

4.3.1 对面板的承载力和刚度计算作了具体规定：

1 面板由肋支承，一般按单向板设置肋的位置，因此规定面板可按单向板计算其承载力和刚度。

2 模板所用胶合板或竹胶合板，其静曲强度设计值和静曲弹性模量可按本规程附录 A 确定。

3 面板各跨的挠度值限值是根据国内外已有实践经验规定的。

4.3.2 对主肋、边肋的承载力和刚度计算作了具体规定：

主肋承受由面板传来的线荷载，其数值等于面板上分布的荷载值乘以主肋间距。

模板是长期反复使用的工具，需要有一定的强度储备，本规程把模板作为结构，故主肋、边肋的材料强度设计值和弹性模量均可按现行国家标准《钢结构设计规范》GB 50017 取用。

4.3.3 对背楞的承载力和刚度计算作了具体规定：

背楞是肋的支承，它承受由肋传来的集中荷载。其材料强度设计值及弹性模量可按现行国家标准《钢结构设计规范》GB 50017 取用。

4.3.5 对拉螺栓是承受模板荷载的结构支承点，应根据对拉螺栓在模板上的分布和受力状况进行承载能力计算。同时，为计算背楞次挠度，应计算对拉螺栓的变形。

4.3.6 对清水混凝土用模板的荷载平整度分析计算作了具体规定，应用本规程附录B的公式有步骤地进行挠度和次挠度计算，最后计算模板的荷载平整度。

计算模板的荷载平整度时，应取 2m 范围内面板跨中及支座处各计算点总挠度差的相对值；对清水混凝土用模板荷载平整度不宜大于 2mm 的规定，是依据现行行业标准《清水混凝土应用技术规程》JGJ 169 的要求而制定的。

模板荷载平整度计算理论和方法可解决混凝土平整度量化控制问题。上述模板变形计算理论的正确性、可靠性经过了试验验证。

4.3.7 模板支撑的稳定性与其承受的荷载有关，而实施早拆模板技术时，浇筑混凝土和早拆后两种状态下支撑所承受的荷载有所不同，因此模板支撑的稳定性应按两种状态分别进行计算。

4.3.8 模板早拆时楼板混凝土应满足抗裂要求。本规程参照现行国家标准《混凝土结构设计规范》GB 50010中二级裂缝控制等级的要求，即在荷载效应的标准组合下混凝土受拉边缘应力不应大于混凝土轴心抗拉强度标准值，并在此前提下推导出早拆模板支撑间距的验算公式（4.3.8），建立了早拆模支撑间距与支承条件、混凝土自重荷载、施工活荷载、早拆模时混凝土轴心抗拉强度等因素的关系。同时为增加早拆模的安全性，另考虑了施工管理状态下的不定性因素，在公式中用系数 ζ_e 表达。

因施工阶段的混凝土抗拉强度检测难度很大，为方便施工应用，本规程给出了早拆模时混凝土轴心抗拉强度标准值与同期的混凝土试块立方体抗压强度的对应关系（表 4.3.8）。该对应关系基于现行国家标准《混凝土结构设计规范》GB 50010 中有关混凝土轴心抗拉强度标准值与立方体抗压强度的关系，即 $f_{tk}=0.88\times0.395f_{cu,k}^{0.55}(1-1.645\delta)^{0.45}\times\alpha_{c2}$，用本规程中的 f_{et}、f'_{cu} 分别置换公式中的 f_{tk}、$f_{cu,k}$。

依据上述式（4.3.8）和混凝土抗拉强度与抗压强度的对应关系，可建立早拆模支撑间距、支承条件、混凝土自重荷载、施工活荷载和早拆模龄期的混凝土立方体抗压强度之间的关系。为方便施工应用，减少计算工作量，本规程在附录F中以表格方式给出了在常用的楼板厚度、不同施工荷载和不同支撑间距条件下，满足混凝土抗裂要求的早拆模龄期的同条件养护混凝土试块立方体抗压强度，供施工时选用。

从安全角度考虑，本规程规定早拆模龄期的同条件养护混凝土试块立方体抗压强度 f'_{cu} 不应小于 $8.0\mathrm{N/mm^2}$。

4.3.9 模板立放时，为防止风荷载作用下模板倾覆，应进行抗倾覆验算。当验算不满足要求时，应采取稳定措施。当模板在高空放置时，还应考虑风压高度变化系数的影响。

4.3.10 模板吊环净截面面积计算是根据现行国家标准《混凝土结构设计规范》GB 50010 的规定，并考虑吊环在实际工作状况中常常有拉力、弯矩或剪力等作用力组合作用，为提高模板吊环使用的安全度，在吊环净截面面积计算公式中增加了工作条件系数 $K_r=2.6$。

5 模板制作

5.1 钢框制作

5.1.1 钢框是由各种不同截面形式的型材组焊而成，是钢框胶合板模板的半成品。钢框制作前，应首先对制作钢框型材的材质、截面尺寸和形状进行检查，合格后方可进行钢框制作。必要时，应对钢框的边肋、主肋、次肋原材料矫直、加工，加工后再二次校正，以保证钢框制作的质量。钢框制作时要求应在专用工装上进行，是确保钢框成型质量的必要措施。

5.1.2 钢框型材有实腹和空腹两种，空腹型材是国内外钢框胶合板模板普遍采用的一种截面形式。空腹型材的截面形式多种多样，由于截面的复杂性，使加工质量很难控制。因此钢框焊接应采取措施（如反变形技术措施等），以减少焊接变形，并应避免漏焊、夹渣、咬肉、气孔、裂纹、错位等缺陷。

5.1.3 为满足质量要求，钢框焊接后应进行整形。整形时不得损伤模板边肋，以免浇筑混凝土时出现漏浆等现象。

5.1.4 对钢框制作允许偏差和检验方法作了规定。

5.1.5 为防止钢框锈蚀、保证钢框的使用寿命，检验合格后应及时进行表面防锈处理。

5.2 面板制作

5.2.1 面板也是钢框胶合板模板制作过程中的半成品，胶合板和竹胶合板的品种很多，选用的面板质量应满足设计图纸要求。

含水率是面板的一项重要技术指标。在面板制作中，任何制作环节都不应增加面板的含水率，本条是对面板制作环境提出的要求。规定面板制作宜在室内进行，目的是防止面板含水率在不良环境中增大现象的发生。含水率增大，将导致面板强度和刚度降低，同时也影响面板的长度和厚度。国外试验数据证明，1525mm×3050mm 的胶合板含水率每增加 5%时长宽尺寸将膨胀 2mm，含水率每增加 1%时厚度增加 0.25%。

5.2.2 专用裁板机裁制的面板，尺寸准确，板面方正，锯口光洁度好。因此，面板下料不得采用常用木工锯。

5.2.3 面板孔主要指对拉螺栓孔。一般情况下，在进行面板钻孔时，进钻面的板面不会有质量缺陷，在出钻面的板面往往会在孔周边出现面板表面劈裂现象，应采取可靠措施予以避免。面板钻孔作业应周边切割整齐，不得损坏面膜和胶合板层间的粘结。可用专用钻具，或在钻孔工序中先钻中心定位小孔，再由两面向板内对钻等工艺。

5.2.4 面板的加工面应采用封边漆密封，防止面板含水率增大。一般情况下，面板的加工部位有锯口、钻孔和螺钉孔等。对所有加工部位都应在加工结束后进行防水处理，防水处理的方法是在面板加工部位涂刷防水涂料和面板镶入钢框后采用密封胶封边。密封工艺应保证良好的密封效果。面板的切割面是由纤维截面组成的疏松面，如涂漆工艺不科学，则封边漆只形成不完整的薄膜而留有若干纤维白碴成为渗水的因素。为预防此类情况的发生，本条强调了密封效果。对拉螺栓穿入拔出易损坏孔边，宜采用孔塞保护。

5.2.6 为避免管理混乱，面板下料后应及时进行编号，以便面板铺装时"对号入座"。一般情况下，容易混乱的是非标准尺寸面板，因此，非标准尺寸面板下料后应及时进行编号。

5.2.7 对面板制作允许偏差和检验方法作了规定。

5.3 模板制作

5.3.1 对上下工序交接时的互检要求，在面板镶入钢框前，对钢框和面板两道工序的加工质量进行复检，以保证模板产品的制作质量。

5.3.2 面板镶入钢框时的铺装质量要求。

5.3.3 对模板制作允许偏差和检验方法作了规定，是多年来工程实践的总结。

6 模板安装与拆除

6.1 施工准备

6.1.1 模板安装前应根据施工要求编制模板施工方案，施工管理人员应向操作人员进行详细的技术交底。通过这些工作，发现一些问题，并预见一些问题，在施工准备阶段一一解决。

6.1.2 为确保模板工程顺利开展，施工前，应认真核对进场的模板、支撑及零配件品种、规格与数量，并应按本规程组织质量验收。

6.1.3 模板工程施工工艺和安全措施一般在施工方案设计时已确定。如确实需要改变，则应将新方案交有关技术主管部门审核批准，然后重新根据新方案进行模板施工前的准备工作。

6.1.5 钢框胶合板模板一般在工厂制作，施工现场拼装。在拼装前，一般已对其品种、规格、数量以及质量进行了验收。为保证模板安装的进度和质量，建议在施工现场进行预拼装，并应按现行国家标准《混凝土结构工程施工质量验收规范》GB 50204 进行组装质量检查和验收，把问题解决在预拼装阶段。

6.1.6 由于清水混凝土在结构施工时，混凝土往往是一次现浇成型，为了确保清水混凝土的饰面效果，更好地体现建筑师的设计理念，应按清水混凝土范围、类型和施工工艺编制施工方案。

6.1.7 应确定早拆支撑和模板位置，使保留的早拆模板支撑间距在设计允许的范围内。应用早拆模板技术时，应确保拆除对象和顺序的正确性，同时保证楼地面上、下支撑位置对准。

6.2 安装与拆除

6.2.1 安装模板应按规定程序进行，以保证模板安装过程中的质量和安全。如果在安装过程中不稳定，则可使用临时支撑保证其稳定安全，待安装可靠后拆除临时支撑。

6.2.2 钢框胶合板模板表面的光洁度是保证混凝土浇筑质量的重要因素。因为面板是木、竹质的，表面又加以防水处理，所以在安装和拆除过程中不得与坚硬物体摩擦或碰撞。

6.2.3～6.2.7 钢框胶合板模板技术工程应用的实践经验总结。

6.2.8 对安装后的钢框胶合板模板应进行质量验收。如在模板附近进行焊接作业等钢筋施工时，应采用石棉布或钢板遮盖板面，防止焊渣灼伤面板。

6.2.9 面板是保证混凝土浇筑质量的重要因素，并且要在工程中反复使用，在安装和拆除时应特别注意对面板进行保护。

6.2.10 一般情况下，模板拆除时间应符合现行国家标准《混凝土结构工程施工质量验收规范》GB 50204 的有关规定。采用早拆模板技术时，模板拆除的时间和程序必须通过模板专项设计确定，并应严格按照模板专项施工方案要求进行。

6.3 质量检查与验收

6.3.1～6.3.3 模板安装完毕后的质量检查与验收，包括模板、模板上的预埋件及支撑系统等。模板工程是影响混凝土表面质量的关键，故浇筑混凝土之前的质量检查与验收无疑是很重要的。钢框胶合板模板适用于浇筑不抹灰的清水混凝土，其模板质量应符合现行行业标准《清水混凝土应用技术规程》JGJ 169 的规定。

6.4 施工安全

6.4.3 考虑到钢框胶合板模板自重轻、面积大的特点，故规定不得同时吊装两块大型模板。

6.4.7 竖向混凝土结构构件施工采用大模板、筒模等工具化模板体系时，要利用塔吊等起重设备吊运模板。在拆除模板时，应将与混凝土结构相连的对拉螺栓、连接件等先拆除，再起吊模板。因对拉螺栓等连接件漏拆而强行起吊模板，会造成起重设备和人员伤亡的重大事故，必须引起高度重视，故本条为强制性条文。

6.4.8 在模板安装和堆放过程中应采取各种防倾倒和安全措施。

7 运输、维修与保管

7.1 运 输

7.1.1 平面钢框胶合板模板在包装、运输和贮存时，为防止面板相互摩擦和遭受碰撞，应采取面板相向组成一对和边肋牢固连接的保护措施。模板面板遭受摩擦或碰撞后都将损坏面膜，降低其防水性能。

7.1.2 胶合板或竹胶合板虽具备防水性能但并非完全不吸潮。试验证明，面膜可以降低面板的吸潮速率，但不能完全阻止吸潮。胶合板或竹胶合板的含水率上升时力学性能下降，所以在包装方式和运输贮存过程中均应采取防水保护措施。

7.1.3 非平面模板包括曲面模板、多棱模板等，不宜成对包装运输，应采取可靠措施防止碰撞。

7.2 维修与保管

7.2.1～7.2.5 损伤的钢框胶合板模板应及时进行维修。面板损伤不经维修而继续使用将加速损坏。对不同损坏程度的模板，应采取不同的维修方法。模板平放时垫木间距应适当，其目的是防止模板变形。

中华人民共和国行业标准

工程抗震术语标准

Standard for terminology in earthquake engineering

JGJ/T 97—2011

批准部门：中华人民共和国住房和城乡建设部
施行日期：2 0 1 1 年 8 月 1 日

中华人民共和国住房和城乡建设部
公　告

第 897 号

关于发布行业标准《工程抗震术语标准》的公告

现批准《工程抗震术语标准》为行业标准，编号为 JGJ/T 97-2011，自 2011 年 8 月 1 日起实施。原行业标准《工程抗震术语标准》JGJ/T 97-95 同时废止。

本标准由我部标准定额研究所组织中国建筑工业出版社出版发行。

中华人民共和国住房和城乡建设部

2011 年 1 月 28 日

前　言

根据住房和城乡建设部《关于印发〈2008 年工程建设标准规范制订、修订计划（第一批）〉的通知》（建标［2008］102 号）的要求，标准编制组经广泛调查研究，认真总结实践经验，参考有关国际标准和国外先进标准，并在广泛征求意见的基础上，修订了本标准。

本标准的主要内容是：1. 总则；2. 综合性术语；3. 强震动观测和工程地震术语；4. 场地和地基抗震术语；5. 工程抗震理论和计算术语；6. 工程抗震设计术语；7. 抗震鉴定和加固术语；8. 工程抗震试验术语；9. 抗震减灾和抗震防灾规划术语。

本次修订中，对《工程抗震术语标准》JGJ/T 97-95（以下简称“原标准”）中以下主要内容进行了修订：1. 原标准第二章一般术语只保留了综合术语，将其中的工程地震术语合并到了第三章中，将其中的结构动力学术语并到了第五章中；2. 将原标准第三章第二节的抗震试验术语单独列一章，为第八章；3. 将原标准第三章改为强震动观测和工程地震术语；4. 增加了第五章抗震理论和计算术语；5. 原标准第五章为现在的第六章；6. 增加了第七章抗震鉴定和加固术语；7. 将原标准第六章地震危害和减灾术语改为抗震减灾和抗震防灾规划术语，为现标准的第九章。

本标准由住房和城乡建设部负责管理，中国建筑科学研究院负责具体内容的解释。执行过程中如有意见或建议，请寄送中国建筑科学研究院《工程抗震术语标准》管理组（地址：北京市北三环东路 30 号，邮编：100013）。

本标准主编单位：中国建筑科学研究院

本标准参编单位：中国地震局工程力学研究所
同济大学
北京交通大学
北京中建华新建筑加固改造工程有限公司
北京市建筑设计研究院

本标准主要起草人员：江静贝　符圣聪
李小军　翁大根　尹保江
倪永军　常兆中　李海涛
盛　平　马　楠

本标准主要审查人员：周锡元　刘志刚　顾宝和
贾　抒　王承春　周炳章
蒋　溥　王元丰　丁彦慧

目 次

Contents

1 总 则

1.0.1 为了统一工程抗震的术语及其含义，制定本标准。

1.0.2 本标准适用于工程抗震和抗震防灾、减灾的科研、设计、教学、施工、勘察及其管理。

1.0.3 工程抗震的术语除应符合本标准外，尚应符合国家现行有关标准的规定。

2 综合性术语

2.0.1 地震 earthquake

由于地球内部运动累积的能量突然释放或地壳中空穴顶板塌陷，使岩体剧烈振动，并以波的形式传播而引起的地面颠簸和摇晃。

1 地震震级 earthquake magnitude

衡量一次地震释放能量大小的尺度。

2 震中 earthquake epicenter

震源断错始发点或震源最大能量释放区在地表的垂直投影点。分为仪器震中和宏观震中。

3 震中距 epicentral distance

某一指定点至震中的距离。

4 震源 earthquake focus

地球内部发生破裂引起震动的部位。

5 震源深度 focal depth

震源到地面的垂直距离。

1）浅源地震 shallow-focus earthquake

震源深度在60km以内的地震。

2）深源地震 deep-focus earthquake

震源深度超过300km的地震。

2.0.2 地震波 seismic wave

地震发生时所产生的地震动的传播形式。典型的地震波包括P波（纵波）、S波（横波）和面波，后者包括乐夫（Love）波、瑞利（Rayleigh）波等。

2.0.3 地震烈度 seismic intensity

地震引起的地面震动及其影响的强弱程度。

2.0.4 工程地震学 engineering seismology

为工程建设服务的地震学。包括强震观测、地震危险性分析、地震区划、地震小区划、工程场地的地震安全性评价等。

2.0.5 工程抗震 earthquake engineering

以减轻地震灾害为目的的工程理论和实践。

2.0.6 抗震设防 seismic precaution

各类工程结构按照规定的可靠性要求，针对可能遭遇的地震危害性所采取的工程和非工程的防御措施。

1 抗震设防要求 seismic precautionary requirement

建设工程抗御地震破坏的准则和在一定风险水准下抗震设计采用的地震烈度或地震动参数。

2 抗震设防烈度 seismic precautionary intensity

按国家规定的权限批准作为一个地区抗震设防依据的地震烈度。一般情况，取50年内超越概率10%的地震烈度。

3 抗震设防标准 seismic precautionary criterion

衡量抗震设防要求高低的尺度，由抗震设防烈度或设计地震动参数及建筑抗震设防类别确定。

4 抗震设防水准 seismic design level

为达到不同抗震设防目标而确定的设计地震动超越概率。

5 超越概率 probability of exceedance

在一定时期内，工程场地可能遭遇大于或等于给定的地震烈度值或地震动参数值的概率。

6 抗震设防区 seismic precautionary zone

可能发生地震灾害，按规定需要采取抗震措施的地区。

7 抗震设防区划 seismic precautionary zoning

根据地震小区划、城市或工矿企业的规模及其相应的重要性所制定的供抗震设防用的地震分区规划图。其内容包括地震烈度或设计地震动、土地利用分区和地震地质灾害分布等。

8 建筑抗震设防分类 seismic precautionary category for building structures

根据建筑遭遇地震破坏后，可能造成人员伤亡、直接和间接经济损失、社会影响的程度及其在抗震救灾中的作用等因素，对各类建筑所作的设防类别划分。

1）特殊设防类 particular precautionary category

使用上有特殊要求的设施，涉及国家公共安全的重大建筑工程和地震时可能发生严重次生灾害等特别重大灾害后果，需要进行特殊设防的建筑。简称甲类。

2）重点设防类 major precautionary category

地震时使用功能不能中断或需尽快恢复的生命线相关建筑，以及地震时可能导致大量人员伤亡等重大灾害后果，需要提高设防标准的建筑。简称乙类。

3）标准设防类 standard precautionary category

除1）、2）、4）项以外的大量按标准要求进行设防的建筑。简称丙类。

4）适度设防类 appropriate precautionary category

使用上人员稀少且震损不致产生次生灾害，允许在一定条件下适度降低设防要求的建筑。简称丁类。

2.0.7 抗震防灾规划 earthquake disaster reduction planning

为减轻地震灾害所制定的规划。

1 城市抗震防灾规划 urban earthquake disaster reduction planning

为提高城市综合抗震能力所制定的抗震防灾规划，根据城市的规模，其内容和深度有所不同。它是城市总体规划的组成部分。

2 厂矿企业抗震防灾规划 earthquake disaster reduction planning for industrial enterprise

针对厂矿企业的具体情况和特点制定的抗震防灾规划。其内容应与本企业的长远发展规划及所在城市的抗震防灾规划相衔接。

2.0.8 地震作用 earthquake action

由地震动引起的结构动态作用，包括水平地震作用和竖向地震作用。

2.0.9 综合抗震能力 compound seismic capability

整个工程结构综合考虑其构造和承载力等因素所具有的抵抗地震作用的能力。

2.0.10 设计地震动 design ground motion

在抗震设计、结构反应分析和结构振动试验中所采用的地震动物理量。

1 多遇地震 frequently occurred earthquake, low-level earthquake

在50年期限内，可能遭遇的超越概率为63%（重现期为50年）的地震作用。

2 设防地震 precautionary earthquake

在50年期限内，可能遭遇的超越概率为10%（重现期为475年）的地震作用。当用地震烈度表示地震作用时，称为基本烈度。

3 罕遇地震 seldomly occurred earthquake, high-level earthquake

在50年期限内，可能遭遇的超越概率为2%～3%（重现期为1641～2475年）的地震作用。

4 运行安全地震动 operational safety ground motion

在设计基准期内年超越概率为2‰的地震动，其峰值加速度不小于0.075g。通常为核电厂能正常运行的地震动，用SL-1表示。

5 极限安全地震动 ultimate safety ground motion

在设计基准期内年超越概率为0.1‰的地震动，其峰值加速度不小于0.15g。通常为核电厂区可能遭遇的最大地震动，用SL-2表示。

2.0.11 设计地震动参数 design parameters of ground motion

抗震设计用的地震加速度（速度、位移）时程曲线、加速度反应谱和峰值加速度。

1 设计基本地震加速度 design basic acceleration of ground motion

50年设计基准期超越概率10%的地震加速度设计取值。

2 地震影响系数曲线 seismic effect coefficient curve

抗震设计用的加速度反应谱，以加速度反应谱和重力加速度的比值表示。

3 设计特征周期 design characteristic period of ground motion

抗震设计用的地震影响系数曲线中，反映地震震级、震中距和场地类别等因素的下降段起始点对应的周期值。

2.0.12 抗震对策 earthquake protective countermeasure

针对某一地震灾害制定的减灾策略或措施。

2.0.13 抗震设计 seismic design

对地震区的工程结构进行的一种专业设计，一般包括建筑抗震概念设计、结构抗震计算和抗震措施等方面。

1 抗震等级 anti-seismic grade

根据结构类型、设防烈度、房屋高度和场地类别将结构划分为不同的等级进行抗震设计，以体现在同样烈度下不同的结构体系、不同高度和不同场地条件有不同的抗震要求。

2 建筑抗震概念设计 seismic concept design of buildings

根据地震灾害和工程经验等所形成的基本设计原则和设计思想，进行建筑和结构总体布置并确定细部构造的过程。

3 抗震措施 seismic measures

除地震作用计算和抗力计算以外的抗震设计内容，包括抗震构造措施。

4 抗震构造措施 details of seismic design

根据抗震概念设计原则，一般不需计算而对结构和非结构各部分必须采取的各种细部要求。

2.0.14 结构抗震性能 earthquake resistant behavior of structure

在地震作用下，结构构件的承载能力、变形能力、耗能能力、刚度及破坏形态的变化和发展。

2.0.15 抗震鉴定 seismic appraisal

通过检查现有建筑的设计、施工质量和现状，按规定的抗震设防要求，对其在地震作用下的安全性进行评估。

2.0.16 抗震加固 seismic retrofit for engineering; seismic strengthening for engineering

使现有建筑达到抗震鉴定的要求所进行的设计和施工。

2.0.17 抗震试验 earthquake resistant test, seismic test

用各种加载设备模拟实际动力作用施加于结构、构件或其模型上，并测定结构抗震能力的试验。

2.0.18 生命线工程 lifeline engineering

维系城市与区域的经济、社会功能的基础性工程设施与系统，主要包括电力、交通、通信、给排水、燃气热力、供油等系统。

2.0.19 环境振动 ambient vibration; microtremor

振幅很小（只有几微米）的环境地面运动。系由天然的或人为的原因所造成，例如风、海浪、交通干扰或机械振动等。常用于确定场地和工程结构动态特性。

1 卓越周期 predominant period

随机振动过程中出现概率最多的周期。常用以描述地震动或场地特性。

3 强震动观测和工程地震术语

3.1 强震动观测术语

3.1.1 强震动观测 strong motion instrumentation

获取强地面运动和工程结构震动记录的地震观测。

3.1.2 强震动观测台站 strong motion observation station

用于开展强震动观测的站点，包括观测室（罩）、仪器墩、强震仪及辅助设备等。

1 固定台站 permanent station

进行长期观测的强震动观测台站。

2 流动台站 mobile station

在短临预报可能发生强震的地区，或强地震发生后，短期内临时布设的强震动观测台站。

3.1.3 观测台阵 observation array

多个台站或测点组成的观测系统。

3.1.4 专用台阵 special array

针对特定研究和应用目的而专门设计布设的观测台阵。包括地震动衰减观测台阵、场地影响观测台阵、结构地震反应观测台阵等。

1 结构地震反应观测台阵 structural response observation array

观测强地震作用下工程结构反应而专门设计布设的强震动观测台阵。

3.1.5 强震动观测台网 strong motion observation network

若干强震动观测台站、台阵和管理中心等组成的强震动观测系统。

3.1.6 地震预警台网 earthquake early warning network

为利用实时强震台网获取的地震动信息，争取破坏性地震波到达前的短暂时间，对预警目标区进行破坏性地震预警而专门设计布设的强震动观测台网。

3.1.7 地震烈度速报台网 seismic intensity rapid reporting network

为对破坏性地震引起的地震动强度（地震烈度）分布的快速评估和速报而专门设计布设的强震动观测台网。

3.1.8 强震动仪 strong motion instrument

记录强震引起的地震动过程的仪器，主要由拾振系统、记录系统、控制系统、触发启动系统、计时系统和电源系统等组成。

1 三分量地震计（仪） three-component seismometer

记录地震动三个正交分量的地震计，通常为两个正交水平分量和一个垂直分量。

2 加速度仪 accelerograph

强震动仪的一种主要类型，记录的物理量是加速度。

3.1.9 触发阈值 triggering threshold value

启动强震动仪开始储存强震动记录（包括触发前一定时段的记录）的设定加速度水平。

3.1.10 加速度仪放大倍数 magnification of accelerograph

加速度仪记录幅值与实际地震动幅值之比。

3.1.11 功能测试 functional test

利用记录器自身的脉冲信号，进行加速度计自振频率和阻尼特性的标定试验。

3.1.12 强震动记录 strong motion record

强震仪记录的地震动时程。

3.1.13 数据处理 data processing

对原始强震动记录进行的必要处理，包括记录时程的基线校正、积分、微分及谱分析等。

1 基线校正 baseline correction

强震动记录的基线（零线）偏移的修正。

3.2 工程地震术语

3.2.1 破坏性地震 destructive earthquake

造成人员伤亡和财产损失的地震。

3.2.2 严重破坏性地震 severely destructive earthquake

造成严重的人员伤亡和财产损失，使灾区丧失或部分丧失自我恢复能力，需国家采取相应行动的地震。

3.2.3 人工诱发地震 artificially induced earthquake

由于人类活动，如工业爆破、核爆破、地下抽液、注液、采矿、水库蓄水等诱发的地震。

1 爆破诱发地震 explosion induced earthquake

由于爆破，如采矿爆破和地下核试验等引起的地震。

2 水库诱发地震 reservoir induced earthquake

由于水库蓄水或大量泄水引起库区及附近发生的地震。

3 矿山陷落地震 mine depression earthquake

矿山采空区由于空穴顶板陷落引起的地震。

3.2.4 古地震 paleo-earthquake

没有文字记载、采用地质学方法确定的地震。

3.2.5 活动断层 active fault

晚第四纪以来有活动的断层。

3.2.6 地表破裂 surface fracture

断裂运动引起地表或接近地表处产生的错动。

3.2.7 能动断层 capable fault

可能引起地表或近地表明显错动的断层。

3.2.8 烈度分布 intensity distribution

一次强地震后，地震烈度在各地区的分布情况。

1 烈度异常 abnormal intensity

某一烈度区内局部出现偏高烈度或偏低烈度的异常现象。

2 烈度异常区 intensity abnormal region

许多烈度异常点密集在一起的地区。高于所在烈度区的称为高烈度异常区；低于所在烈度区的称为低烈度异常区。

3.2.9 等震线 isoseismal；isoseism

同一地震中，地震烈度等值线。

1 等震线图 isoseismal map

同一地震中，不同等震线构成的图形。

2 极震区 meizoseismal area

一次地震破坏或影响最重的区域。

3 有感面积 felt area

多数人能感觉到地震的地域面积。常作为等震线图的最远边界。

3.2.10 （宏观）震中烈度 （macro）epicentral intensity

极震区的地震烈度。

3.2.11 地震烈度表 seismic intensity scale

按照地震时人的感觉、地震所造成的自然环境变化和工程结构的破坏程度进行地震烈度评定的标准。

3.2.12 仪器地震烈度 instrumental seismic intensity

利用仪器观测的地震动记录，计算得到的等效地震烈度。

3.2.13 仪器震中（微观震中）instrumental epicenter（micro-epicenter）

仪器测定的震源断错始发点在地表的垂直投影点。

3.2.14 宏观震中 macro-epicenter

震源最大能量释放区在地表的垂直投影点，一般基于宏观震害调查确定的极震区的几何中心。

3.2.15 震源距 hypocentral distance

某一指定点至震源的距离。

3.2.16 断层距 fault distance

某一指定点至地震断层地表破裂迹线或断层面延伸至地表位置的最短距离。

3.2.17 地震预报 earthquake prediction

根据地震前兆和地震活动规律判断，预测今后可能发生的地震，包括震中位置、时间和震级。分为长期、中期、短期和临震预报四种。

3.2.18 地震危险性 seismic hazard

某一区域或场址可能遭遇的地震作用的潜势。

3.2.19 地震带 seismic belt

地震活动性与地震构造条件密切相关的地带。

3.2.20 地震构造区 seismic tectonic zone

具有同样地质构造和地震活动性的地理区域。

3.2.21 潜在震源 potential seismic source

在未来一定时间内，可能发生影响或危及工程结构安全的震源，分为点源、线源或面源。

1 点源 point source

地震能量从一点集中释放的潜在震源。

2 线源 linear source

地震能量沿着断裂线释放的潜在震源。

3 面源 areal source

地震能量在一定面积内释放的震源。

3.2.22 地震发生概率 earthquake occurrence probability

在一定区域一定时期内不同震级地震发生的可能性。

3.2.23 地震活动性 seismicity

地震活动的时间、空间分布特性。

3.2.24 地震重现期 earthquake recurrence interval

在同一地区内某一震级地震重复发生的时间间隔。

3.2.25 年平均发生率 average annual occurrence rate

某一区域内发生震级大于等于给定下限值地震的总数与统计年数的比值。

3.2.26 地震烈度衰减 seismic intensity attenuation

地震烈度随震源距或震中距增大而衰减的规律。

3.2.27 地震动衰减 ground motion attenuation

地震动强度随震源距或震中距增大而衰减的规律。

3.2.28 强震动 strong motion

地震和爆破等引起的场地或工程结构的强烈震动。

3.2.29 自由场地地震动 free-field ground motion

不受周围环境，包括场地地形、工程结构等因素影响的空旷场地上的地面运动。

3.2.30 地震动参数 ground motion parameter

表征地震引起的地面运动的物理参数，包括地震动峰值、反应谱和持续时间等。

1 地震动强度 ground motion intensity

地震引起地面运动的强烈程度。通常用峰值加速度、峰值速度、峰值位移等物理量表示。

1）峰值加速度 peak ground acceleration

地震动加速度时间过程的绝对最大值。

2）峰值速度 peak ground velocity

地震动速度时间过程的绝对最大值。

3）峰值位移 peak ground displacement

地震动位移时间过程的绝对最大值。

2 反应谱 response spectrum

在同一地震动输入下，具有相同阻尼比的一系列单自由度体系反应（加速度、速度和位移）的绝对最大值与单自由度体系自振周期或频率的关系，以表征地震动的频谱特性。

1）加速度反应谱 acceleration response spectrum

反应谱的幅值为加速度量。

2）速度反应谱 velocity response spectrum

反应谱的幅值为速度量。

3）位移反应谱 displacement response spectrum

反应谱的幅值为位移量。

4）规准加速度反应谱 normalized acceleration response spectrum

以最大加速度归一的加速度反应谱。

3 持续时间 duration

地震动时程中，超过某一幅值（绝对或相对值）的地震动时间段长度。

4 反应谱特征周期 characteristic period of response spectrum

规准化的加速度反应谱曲线开始下降点所对应的周期值。

5 场地相关反应谱 site-specific response spectrum

与特定地震环境和场地条件相关的地震动反应谱。

3.2.31 地震危险性分析 seismic hazard analysis

用确定性方法或概率方法，计算分析确定工程场地或某一区域在未来一定时间内可能遭遇的地震烈度或地震动参数值。

3.2.32 潜在震源区 potential seismic source zone

未来可能发生破坏性地震的震中范围。

3.2.33 空间分布函数 spatial distribution function

表征地震带各震级档的地震发生在每个潜在震源区的可能性大小的函数。

3.2.34 震级上限 upper limit magnitude

在地震带或潜在震源区内可能发生的最大、发生概率趋于0的地震震级。

3.2.35 弥散地震 diffusion earthquake

在地震构造区内，与已确认的发震构造无关的最大潜在地震。

3.2.36 本底地震 background earthquake

一定地区内没有明显构造标志的最大地震。

3.2.37 地震区划 seismic zoning

以地震烈度、地震动参数为指标，将全国或地区范围可能遭受地震影响的危险程度划分成若干区域。

1 中国地震烈度区划图 Chinese seismic intensity zoning map

中国境内以地震烈度为指标的地震区划图。

2 中国地震动参数区划图 Chinese ground motion parameter zoning map

中国境内以地震动参数为指标的地震区划图。

3.2.38 工程场地地震安全性评价 evaluation of seismic safety for engineering sites

对工程场地可能遭受的地震作用及其危害进行评估，给出多种概率水平的场地地震动参数及可能出现的地震地质灾害。

3.2.39 地震小区划 seismic microzoning

对某一特定区域范围内（如城镇、厂矿企业、经济技术开发区等）地震安全环境进行的划分，预测这一范围内可能遭遇到的地震影响的分布，包括地震动小区划和地震地质灾害小区划。

1 地震动小区划 seismic ground motion microzoning

以地震动参数为指标划分小区。

2 地震地质灾害小区划 earthquake induced geological disaster microzoning

以区划范围内可能发生的地震地质灾害类型为指标划分的小区。

3.2.40 场地影响 site effect

局部场地条件对地震动的影响。

3.2.41 地震地质灾害 earthquake induced geological disaster

由地震引起的地质灾害。

4 场地和地基抗震术语

4.0.1 场地条件 site condition

场地区域及附近的地质构造、地形地貌、地下水、岩土特性及其他地质条件。

1 有利地段 favourable area to earthquake resistance

稳定基岩，坚硬土，开阔、平坦、密实、均匀的中硬土等地段。

2 一般地段 general area

不属于有利、不利和危险的地段。

3 不利地段 unfavourable area to earthquake resistance

软弱土、液化土，条状的突出山咀，高耸孤立的山丘，陡坡，陡坎，河岸和边坡的边缘，平面分布上成因、岩性、状态明显不均的土层（如古河道、疏松的断层破碎带、暗埋的塘浜沟谷及半填半挖地基），高含水量的可塑黄土，地表存在结构性裂缝等。

4 危险地段 dangerous area to earthquake resistance

地震时可能发生滑坡、崩塌、地陷、地裂、泥石流等及发震断裂带上可能发生地表位错的部位。

4.0.2 场地类别 site category

根据场地覆盖层厚度和土层等效剪切波速，对建设场地所作的分类。用以反映不同场地条件对基岩地震动的综合放大效应。

4.0.3 基底层 firm ground

上传地震波给覆盖土层的岩层或剪切波速超过规定值的硬土层。

4.0.4 覆盖层厚度 thickness of overburden layer

由地面至基底层顶面的距离。

4.0.5 场地土 site soil

场地范围内的土类。

1 土的类型 classification of soil

为便于确定各类土的剪切波速大小范围所作的土的分类。

4.0.6 等效剪切波速 equivalent shear wave velocity of soil layers

在地面以下 20m 深范围内或小于 20m 的覆盖层土层剪切波的传播速度。

4.0.7 土体抗震稳定性 seismic stability of soil

场地土体抗御地震地质灾害的性能。

1 地裂缝 ground crack

地震时地面出现的裂缝。分为构造性地裂缝和非构造性地裂缝。

1）构造性地裂缝 tectonic ground crack

与发震断裂相关并受其控制的地裂缝。

2）非构造性地裂缝 non-tectonic ground crack

与重力作用以及土体滑塌有关的地裂缝。

2 震陷 subsidence due to earthquake

在强烈地震作用下，由于土层加密、变形、液化和侧向扩张等导致工程结构或地面产生的下沉。

4.0.8 地震地基失效 earthquake induced ground failure

由于地震引起的滑坡、不均匀变形、开裂和砂土、粉土液化等使地基丧失承载能力的破坏现象。

4.0.9 液化 liquefaction

地震时土体由固态变为流态的现象。

1 液化势 liquefaction potential

土体发生液化的潜在可能性。

2 初始液化 initial liquefaction

由于饱和土层受到地震作用所产生的超孔隙水压力接近或等于有效应力瞬间的状态。此时地震引起的土层剪应力等于饱和土液化抗剪强度。

3 超孔隙水压力 excess pore water pressures

地震作用在土体中产生的孔隙水压力的增量。

4 喷水冒砂 sand boil and waterspouts

土液化时，土中水连带砂土颗粒喷出地表的现象。

5 液化初步判别 preliminary discrimination of liquefaction

根据土层地质年代、黏粒含量、地下水位深度、上覆非液化土层厚度及设防烈度等较易获得的资料直接进行的宏观液化评估。

6 非液化土层厚度 thickness of the non-liquefiable overlaying layer

在可能液化土层上所覆盖的不可能液化土层的厚度，但不含淤泥和淤泥质土层。

7 侧向扩张和流动 lateral spread and ground flow

当土层液化时，土层即使在缓坡的情形在侧向也可能出现过大的变形或流动。

8 标准贯入锤击数临界值 critical value of standard penetration resistance

以标准贯入试验来判断地基土液化与否的一项经验指标。

9 标准贯入锤击数基准值 reference value of standard penetration resistance

对于给定地震烈度，地下水位为 2m、土层埋深为 3m 处的液化标准贯入锤击数临界值作为该地震烈度液化判别的基本参考值。

10 液化指数 liquefaction index

衡量地震时土层液化可能引起的场地地面破坏效应的一种指标。

11 液化等级 category of liquefaction

按液化指数等指标对液化影响程度的分级。

12 液化安全系数 liquefaction safety coefficient

土体的液化强度与土体所受的地震剪应力之比。

1）液化强度 liquefaction strength

在循环加荷作用下土体达到初始液化时的动剪应力。

4.0.10 抗液化措施 anti-liquefaction measures

根据工程结构重要性和地基液化等级所采取的消除或减轻液化危害的工程措施，包括对基础、上部结构和对可液化土层进行处理等措施。

4.0.11 地基承载力抗震调整系数 adjusting coefficient for seismic bearing capacity

天然地基抗震验算中，对地基承载力设计值的调整系数。

5 工程抗震理论和计算术语

5.1 结构动力学术语

5.1.1 结构动力特性 dynamic properties of structure

表示结构动力特征的基本物理量，一般指结构的自振周期或自振频率、振型和阻尼。

5.1.2 自由振动 free vibration

在不受外界作用而阻尼又可忽略的情况下结构体系所进行的振动。

5.1.3 自振周期 natural period of vibration

结构按某一振型完成一次自由振动所需的时间。

5.1.4 自振频率 fundamental frequency, natural frequency

自振周期的倒数，又称固有频率。

5.1.5 基本周期 fundamental period

结构按基本振型完成一次自由振动所需的时间。

5.1.6 振型 vibration mode

结构按某一自振周期振动时的变形模式。

1 基本振型 fundamental mode

多自由度体系和连续体自由振动时，最小自振频率所对应的振动变形模式。又称第一振型。

2 高阶振型 high order mode

多自由度体系和连续体自由振动时，对应于二阶频率以上（含二阶）的振动变形模式。

5.1.7 振幅 amplitude of vibration

结构振动时，其位移、速度、加速度、内力、应力、应变等的最大变化幅度，即在振动时程曲线中，从波峰或波谷到时间坐标轴的距离。

5.1.8 共振 resonance

当干扰频率与结构自振频率接近时，振幅急剧增大的现象。

5.1.9 阻尼振动 damped vibration

振动体系由于受到阻力造成能量损失而使振幅逐渐减小的振动。

5.1.10 阻尼 damping

使振幅随时间衰减的各种因素。

5.1.11 临界阻尼 critical damping

对静止弹性体系的某点给以初始位移后，使该点返回并越过原位一次再逐渐回归原位所需要的阻尼。

5.1.12 阻尼比 damping ratio

实际的阻尼与临界阻尼的比值。

5.1.13 黏性阻尼系数 viscous damping coefficient

阻尼力与振动速度的比值。

5.1.14 耗能系数 energy dissipation coefficient

一个振动周期内能量耗散与最大弹性势能的比值。又称能量耗散系数、或能量耗散比。

5.1.15 自由度 degree of freedom

结构计算时，确定物体空间位置所需的最少独立坐标数。

1 单自由度体系 single-degree of freedom(SDOF)system

仅需一个独立坐标就可确定物体空间位置的结构系统。

2 多自由度体系 multi-degree of freedom(MDOF)system

具有两个以上（含两个）独立坐标才能确定物体空间位置的结构系统。

5.1.16 集中质量 lumped mass

为了简化计算，将结构的质量按约定的原则分别集中在结构体系的各个节点上的质量。

5.1.17 地震反应 earthquake response

地震时工程结构出现的各种动态反应。

5.1.18 随机地震反应 random earthquake response

根据地震干扰作用的随机统计特征，分析出结构体系随机反应的统计特征，如平均值、方差、相关函数、谱密度等。

5.1.19 结构-液体耦联振动 structure-liquid coupling vibration

地震时，贮液构筑物的部分液体和结构同步运动形成附加液体动压力，并与结构的弹性变形耦联的现象。

5.1.20 等延性反应谱 constant-ductility seismic resistance spectra

它是对于指定目标位移延性的非线性单自由度体系的强度需求谱，适用于目标位移明确的新结构的抗震设计。

5.1.21 等强度位移比谱 displacement ratio spectra of constant yielding strength

已知强度的现有结构的非弹性最大位移与弹性最大位移的比值。

5.1.22 动力放大系数 dynamic magnification factor

单质点弹性体系在地震作用下质点最大反应加速度与地面运动加速度峰值的比值。

5.1.23 地震系数 seismic coefficient

地面运动加速度峰值与重力加速度 g 的比值。

5.2 工程抗震计算术语

5.2.1 抗震计算方法 seismic analysis, seismic calculation

工程结构抗震设计采用的计算方法，分为静力法、底部剪力法、振型分解法和时程分析法。

5.2.2 静力法 static method

以地震动的最大水平加速度与重力加速度的比值作为地震系数，以工程结构的重力和地震系数的乘积作为水平荷载，求出结构地震内力和变形的方法。

5.2.3 底部剪力法 base shear method

根据地震反应谱理论，按地震引起的工程结构底部总剪力与等效单质点体系的水平地震作用相等以及地震作用沿结构高度分布接近于倒三角形来确定地震作用分布，并求出相应地震内力和变形的方法。

5.2.4 振型分解法 modal analysis method

将系统各阶振型作为广义坐标系，求出对应于各阶振型的系统反应及其它们的组合。

1 振型参与系数 mode-participation coefficient

施加在结构上的地震作用中，反映某一振型影响大小的计算系数。

2 平方和方根（SRSS）法 square root of sum square method

取各振型反应的平方和的方根作为总反应的振型组合方法。又称均方根法。

3 完全二次型方根（CQC）法 complete quadric combination method

取各振型反应的平方与不同振型耦联项的总和的方根作为总反应的振型组合方法。

5.2.5 时程分析法 time history method

由结构基本运动方程输入地面加速度记录进行积分求解，以求得整个时间历程的地震反应的方法。

1 时域分析 time domain analysis

当结构受到以时间为自变量的函数表示的任意振动激励作用时，按时间过程进行的振动分析。将激励时间过程划分为许多小时段，使每个时段的激励相当于一个冲量作用于结构，则可求在每个时段结束时的结构反应。又称步步积分法。

2 频域分析 frequency domain analysis

当结构受到以频率为自变量的函数表示的任意振动激励作用时，按频率进行的振动分析。对于线性结构，将任意激励按频率从零到无穷大展开为各个简谐分量项，求出结构对每个分量的反应并叠加，则可得到结构的总反应。

3 增量动力分析 incremental dynamic analysis (IDA)

对于一条特定地震动输入，通过设定一系列单调递增的地震强度指标，并对每个地震强度指标进行结构弹塑性时程分析，可得到结构在不同地震强度作用下的一系列弹塑性地震响应。

5.2.6 静力弹塑性分析 nonlinear static procedure

在结构上施加某种沿高度分布且逐步单调增加的水平力，求出结构总承载力、弹塑性变形以及各部位进入弹塑性工作状态的顺序等，并利用能力谱和需求谱等评估结构所具有的抗震能力的方法，又称推覆分析法。

1 能力谱 capacity spectrum

能力谱代表了结构在侧向荷载作用下的变形能力。通过非线性静力分析（如 Pushover 法）获得了结构底部剪力与顶点水平侧移的关系曲线（V 剪力-D 位移格式）后，再将该曲线转变为 A-D 格式，即结构的能力谱。

2 需求谱 demand spectrum

代表地震需求的反应谱。

3 位移影响系数法 displacement coefficient method

利用静力推覆分析和修正的等效位移近似法来确定结构的最大位移的方法。FEMA-273 推荐采用位移影响系数法来确定结构顶层的非线性最大期望位移，最大期望位移即定义为目标位移。

4 模态推覆分析法 modal push-over analysis (MPA)met-hod

采用各阶振型的固定水平荷载模式对结构进行推覆分析，最后采用一定法则确定多阶振型影响的结构目标位移的方法。该方法重点考虑了结构的高阶振型影响，使得计算结果与实际情况更为符合。

5.2.7 楼面反应谱 floor response spectrum

对于给定的地震振动，由结构中特定高程的楼面反应过程求得的反应谱。

5.2.8 地震影响系数 seismic influence coefficient

单质点弹性体系在地震作用下的最大加速度反应与重力加速度比值的统计平均值。根据地震烈度、设计地震分组、场地类别和结构自振周期确定。

5.2.9 结构影响系数 influential coefficient of structure

使用该系数对设防烈度下的弹性反应谱进行折减，得出结构的设计地震作用，然后对结构进行弹性分析。该系数反映了实际结构与弹性体系的差异。

5.2.10 位移放大系数 displacement magnification factor

结构的实际最大侧移与设计地震作用下的弹性位移的比值。

5.2.11 位移延性系数 displacement ductility ratio

结构或构件在侧向力作用下规定的极限位移与屈服位移的比值。

5.2.12 内力调整系数 adjustment coefficient of internal force

为了实现强柱弱梁、强剪弱弯、强节点强锚固等延性设计要求，在进行抗震设计时，根据结构抗震计算内力分析的结果，有意识地增大关键部位的设计内力，使竖向构件的屈服迟于水平构件的屈服、剪切破坏迟于弯曲破坏，以提高结构的抗震能力。

5.2.13 地震作用效应 seismic action effect

在地震作用下结构产生的内力（剪力、弯矩、轴向力、扭矩等）或变形（线位移、角位移）等。

1 变形二阶效应 secondary effect of deformation

结构或构件在重力和地震作用下引起的水平位移

使重力对结构或构件产生附加内力，此附加内力又进而影响位移的现象，习称 P-Δ 效应。

2 鞭梢效应 whipping lash effect

在地震作用下，高层建筑或其他建（构）筑物顶部细长突出部分振幅剧烈增大的现象。

5.2.14 土-结构相互作用 soil-structure interaction

结构物与支承它的地基土体之间的相互作用。包括如下三种效应，即基础的柔性效应、地基土对地面运动的滤波效应和振动能量在土体中的辐射与耗散效应。

5.2.15 平动-扭转耦联 lateral displacement-lateral torsion coupling

结构自由振动某一振型同时出现平动与扭转振型。

5.2.16 结构抗震可靠性 reliability of earthquake resistance of structure

在设计基准期内，在设计预期的地震作用下，工程结构实现预定抗震功能的概率。

1 材料抗震强度 earthquake resistant strength of materials

材料抵抗地震破坏的能力，其值为在地震作用下材料所能承受的最大应力。

2 结构抗震承载能力 seismic resistant capacity of structure

结构抵抗地震作用的承载力，其值为在规定的条件下结构所能抵抗的最大地震作用。

3 构件承载力抗震调整系数 modified coefficient of seismic bearing capacity of member

结构构件截面抗震验算中，考虑静力与抗震设计可靠度的区别和不同构件抗震性能的差异，将不同材料结构设计规范规定的截面承载力设计值调整为抗震承载力设计值的系数。

4 结构抗震变形能力 earthquake resistant deformability of structure

在地震作用下，结构所能承受的最大变形。

6 工程抗震设计术语

6.1 工程抗震概念设计术语

6.1.1 二阶段设计 two-stage design

结构在多遇地震作用下进行抗震承载力和变形验算，并在罕遇地震作用下进行弹塑性变形验算的设计。

6.1.2 弹性抗震设计 seismic elasticity design

以结构构件在地震时保持弹性工作状态为衡量指标的设计。

6.1.3 延性抗震设计 seismic ductility design

以结构构件自身在地震时进入非弹性变形状态从而消耗地震能量并以延性为衡量指标的抗震设计。

6.1.4 能力设计 capacity design method

以整个结构所具有的抗震能力为衡量指标的设计。它通过概念设计和构造措施，使结构在大震时产生预期的塑性屈服机制，形成能力保护构件和耗能构件，以提高结构的整体抗震性能。

6.1.5 基于性能的抗震设计 performance-based seismic design

结构的设计准则由一系列可以实现的结构性能目标来表示，保证在地震作用下实现结构预定功能的抗震设计方法。

6.1.6 基于位移的抗震设计 displacement-based seismic design

以结构预期的地震目标位移或目标延性为衡量指标的设计。

6.1.7 基于能量的抗震设计 energy-based seismic design

以结构预期的地震耗能能力为衡量指标的设计。

6.1.8 非结构构件抗震设计 non-structural components seismic design

对主体结构以外的构件及其附属的机电、管道等设备，以及它们与主体结构的连接所进行的专门的抗震设计。

6.1.9 抗震结构体系 seismic structure system

用以承担地震作用的各种结构体系的总称。主要功能为承担侧向地震作用。

6.1.10 抗震构件 seismic member

1 抗震墙 seismic structural wall

主要用以抵抗地震水平作用的墙体。

2 抗震支撑 seismic brace

在工程结构中用以承担水平地震作用并加强结构整体稳定性的支撑系统。分为竖向支撑和水平支撑。

6.1.11 强柱弱梁 strong column and weak beam

使框架结构塑性铰优先出现在梁端而非柱端的设计原则和要求。

6.1.12 强剪弱弯 strong shear capacity and weak bending capacity

使构件中与正截面受弯承载能力对应的剪力低于该构件斜截面受剪承载能力的设计要求。

6.1.13 强节点弱构件 strong joint and weak member

使连接节点的抗弯、抗剪、抗拉等承载力大于构件承载力，保证节点有足够的承载力和刚度，保证结构整体性的设计要求。

6.1.14 多道抗震设防 multi-defence system of seismic structure

结构抗震能力依赖于结构各部分的吸能和耗能作用，抗震结构体系中，吸收和耗散的地震输入能量的各个部分，其中部分结构因出现破坏（形成机构）降低或丧失抗震能力，而其余部分结构（或构件）能继续抵抗地震作用。

6.1.15 抗震结构整体性 integral behavior of seismic structure

通过加强构件间的连接来充分发挥各构件的承载能力和变形能力，以提高结构整体抗震性能的一种抗震概念设计要求。

6.1.16 抗侧力体系 lateral resisting system

抗御水平地震作用及风荷载的结构体系。

6.1.17 塑性变形集中 concentration of plastic deformation

结构在地震作用下，某些部位率先进入屈服，从而这些部位的刚度迅速退化，塑性变形进一步发展，以致严重破坏或引起结构倒塌。这些部位一般称为结构的抗震薄弱部位。

6.1.18 脆性破坏 brittle failure

结构或构件在破坏前无明显变形或其他预兆的破坏类型。

6.1.19 剪切破坏 shear failure

结构构件在剪力作用下出现“X”形裂缝或与轴线呈45°左右的剪切裂缝损坏。

6.1.20 塑性铰 plastic hinge

结构构件中因材料屈服形成既有一定承载能力又能相对转动的截面或区段。计算中可按铰接对待。

6.2 工程抗震构造措施术语

6.2.1 约束砌体 confined masonry

为加强结构整体性和提高变形能力而采用的由圈梁和构造柱分割包围的砌体。

6.2.2 约束混凝土 confined concrete

混凝土构件内通过设置较多箍筋限制横向变形，以提高抗压强度和变形能力。

6.2.3 圈梁 ring beam

为加强结构整体性和提高变形能力在砌体房屋的墙中或基础面上设置的水平约束构件，分为钢筋混凝土圈梁和钢筋砖圈梁。

6.2.4 构造柱 constructional column，tie column

为加强结构整体性和提高变形能力，在房屋中设置的钢筋混凝土竖向约束构件。

6.2.5 芯柱 core column

在空心混凝土砌块墙体中，将砌块的空心部分插入钢筋后，再灌入混凝土，形成钢筋混凝土柱。

6.2.6 防震缝 seismic joint

为减轻不规则体形对抗震性能的不利影响，将建筑物分割为若干规则单元的缝隙。

6.2.7 限位器 displacement restrictor

在地震中，由于相邻结构构件间过大的变位会造成结构破坏，在支座或相邻构件间设置的限位装置。

6.2.8 抗震销棒 seismic pin

桥梁结构中，为了防止结构的错位和偏差而在构造槽中插入的装置。

6.2.9 挡块 block

在桥梁结构中，一般在顶盖梁的边梁外侧设置的块状物，其作用是防止主梁在横桥向发生落梁。

6.3 工程减隔震设计术语

6.3.1 结构振动控制 structural vibration control

通过在结构上施加子系统或耗能隔振装置以抵御外界荷载的作用，从而能动地操纵结构性态的主动积极的结构对策。结构振动控制按是否需要外部能源和激励以及结构反应的信号，可分为被动控制、主动控制、半主动控制和混合控制四类。

1 被动控制 passive control

不需要外部提供能源，仅依靠结构与控制系统内部改变结构动力特性的控制方法。

2 主动控制 active control

通过施加与振动方向相反的控制力来改变结构动力特性的控制方法。

3 半主动控制 semi-active control

利用控制机构来主动调节结构内部参数，使结构参数处于最优状态的控制方法。常见的半主动控制系统有主动调谐参数质量阻尼系统（ATMD）、可变刚度系统（AVS）、可变阻尼系统（AVD）、变刚度变阻尼系统（AVSD）等。

4 混合控制 hybrid control

将主动控制和被动控制或智能控制等两种或两种以上控制方式，同时施加在同一结构上的结构减振控制形式。

5 主动质量阻尼器控制系统 active mass damper（ADM）control system

由传感器（包括数据采集）、控制决策器和AMD装置等三部分组成。AMD系统实施控制时，传感器子系统测量结构的干扰或/和反应，并反馈至控制器；控制器按照某种主动控制算法，实时计算主动控制力，并驱动AMD系统的作动器；然后作动器推动AMD的惯性质量运动，对结构施加控制力。

6.3.2 消能减震 energy dissipation and earthquake response reduction

利用特制减震构件或耗能装置，使之在地震时大量耗散进入结构体系的能量以减轻结构所受的地震作用。

1 黏性体减震支座 viscous-damping bearing

属于黏性阻尼耗能装置，其减震原理是通过黏性体的黏性剪切达到吸收和耗散振动能量的目的。

2 吸振 vibration absorption

通过附加的子结构，使结构的振动发生转移，使原结构的振动能量在原结构和子结构之间重新分配，从而达到减小结构振动的目的。

3 阻尼器 damper

安置在结构系统上，可以提供运动的阻力并耗减运动能量的装置。

1）磁流变阻尼器 magneto-rheological (MR) fluids damper

以智能材料磁流变流体为工作介质，通过外加磁场来改变刚度和阻尼的耗能装置。

2）摩擦耗能阻尼器 dry friction damper

由金属摩擦片在一定的预紧力下组成的、能够产生滑动和摩擦力的耗能装置。

3）金属阻尼器 metal damper

利用金属材料良好的塑性和滞回性能制造的耗能阻尼装置。

4）电流变液体阻尼器 electro-rheological (ER) fluid damper

利用电流变效应，通过改变其两电极上的电压而调节其阻尼大小的耗能装置。

5）黏弹性阻尼器 viscoelastic damper

由钢板和黏弹性材料通过特殊工艺处理，依靠黏弹性材料的滞回特性耗散能量的耗能装置。

6）油阻尼器 oil damper

工程抗震中利用油性介质流动的惯性力（阻抗力）阻抗活塞运动的耗能装置。这种装置一般为筒形，它由油性介质、油缸、活塞杆、活塞所构成，它的阻抗力（阻尼力）与活塞相对运动速度成线性或双线性（配有调压阀或溢流阀）比例关系。

7）黏滞阻尼器 viscous damper

工程抗震中利用黏性介质流动的黏滞力（剪切阻抗力）阻抗活塞运动的耗能装置。这种装置一般为筒形，它由黏性介质、油缸、活塞杆、活塞所构成，它的阻抗力（阻尼力）与活塞相对运动速度一般成非线性比例关系。

8）调谐液体阻尼器 tuned liquid damper (TLD)

一种安装在结构上的充液容器，利用容器内液体的晃动耗能以减小结构动力反应的耗能装置。

9）调谐质量阻尼器 tuned mass damper (TMD)

在结构特定位置安装的与主结构振动频率接近的附加质量系统，在地震时由于与主结构产生共振而耗散输入结构能量的耗能装置。

10）黏滞阻尼墙 viscous damping wall

由充满黏性介质的外部钢板（外形象墙的黏滞介质容器）和插入其中的内部钢板（阻抗板）所构成，利用阻抗板与容器发生的相对运动而产生的黏滞力（剪切阻抗力）与相对位移的滞回特性而耗能的装置。这种装置的阻抗力（阻尼力）与阻抗板相对运动速度一般成非线性比例关系。

11）形状记忆合金阻尼器 shape memory alloy (SMA) damper

由具有形状记忆和大应变超弹性特性的合金材料制造成的耗能装置。

4 防屈曲支撑 buckling-restrained brace (BRB)

由核心单元、屈曲约束单元、无黏结膨胀材料组成的耗能支撑部件。

6.3.3 速度相关性 velocity dependency

耗能部件的阻力与部件传力端的相对运动速度的大小、方向成某种比例关系的特性。

6.3.4 位移相关性 displacement dependence

耗能部件的阻力与部件传力端的相对位移的大小、方向成某种比例关系的特性。

6.3.5 弹塑性滞回 elasto-plastic hysteresis

金属耗能部件的阻力与部件传力端的相对位移成非线性关系而构成的耗能特性。

6.3.6 隔震 seismic isolation

利用隔震体系，设法阻止或减少地震能量进入被隔震体，从而达到降低被隔震体地震反应的强度。

6.3.7 隔震装置 isolation device

对各种安装于建筑中的阻断地震能量向上传播的支座的总称。

1 叠层橡胶支座 laminated rubber bearing

由橡胶和夹层钢板分层叠合经高温硫化粘结而成的圆形块状物。具有较大竖向承载能力和较小的水平刚度，一般用于支撑结构物的重量，连接上、下部结构，起阻断地震水平运动能量向上传播的作用。

1）第一形状系数（S_1） first shape factor

橡胶支座中每层橡胶层的有效承压面积与其自由表面积之比。表征橡胶支座中的钢板对橡胶层变形的约束程度，S_1值越大，橡胶支座的受压承载力越大，竖向刚度也越大。

2）第二形状系数（S_2） second shape factor

橡胶支座有效承压体的直径与橡胶总厚度之比。表征橡胶支座受压体的宽高比，反映橡胶支座受压时的稳定性。S_2值越大，橡胶支座的水平刚度也越大。

2 铅芯橡胶支座 lead rubber bearing

在叠层橡胶支座中压入铅芯而成。

3 高阻尼叠层橡胶支座 high damping laminated rubber bearing

由高阻尼橡胶和夹层钢板分层叠合经高温硫化粘

结而成的圆形块状物。水平变形时它比普通橡胶支座展示出更高的阻尼特性。

4 滑板支座 sliding bearing

由表面粘贴聚四氟乙烯板的圆形叠层橡胶支座与镶贴不锈钢面层薄板的钢平板组合而成的装置，用于支承上部结构的重量，聚四氟乙烯板与不锈钢板表面接触，可相互滑动。

5 摩擦摆支座 friction pendulum bearing

把水平滑动面做成球面形状，以增加支座滑移时的重力（阻尼）效应，减小滑移量的装置。

6 叠层橡胶支座隔震 laminated-rubber-bearing isolator

用若干由刚性材料和橡胶间隔分层叠合组成的橡胶垫支承上部结构，以延长结构的自振周期，达到避震目的的隔震方法。

7 滑动摩擦支座隔震 sliding friction isolation

在基础和上部结构间设置低摩擦系数的水平滑动层，以阻断地震剪切波传播和消耗地震能量的隔震方法。

8 滚球隔震 ball bearing isolation

用若干组滚球支承上部结构以阻断地震剪切波传播，并采取措施使结构震后恢复原位的隔震方法。

9 隔震层 isolation layer

由隔震支座构成的能支承上部结构重量同时又阻断或减轻地震能量向结构上部传播的连接部分。

10 基础隔震 base-isolation

把隔震层设在基础标高处的隔震方法。

11 层间隔震 inter story-isolation

把隔震层设在建筑物地面以上某高度的隔震方法。

7 抗震鉴定和加固术语

7.1 抗震鉴定术语

7.1.1 现有结构 existing structure

现有建筑物中的承重结构及其相关部分的总称。

7.1.2 结构构件现有承载力 available capacity of member

现有结构构件由材料强度标准值、结构构件（包括钢筋）实有的截面面积和对应于重力荷载代表值的轴向力所确定的结构构件承载力，包括现有受弯承载力和现有受剪承载力等。

7.1.3 结构适修性 repair-suitability of structure

残损的或承载力不足的已有结构适于采取修复措施所应具备的技术可行性与经济合理性的总称。

7.1.4 鉴定单元 appraisal system; evaluation system

根据被鉴定建筑物的构造特点和承重体系的种类，将该建筑物划分成一个或若干个可以独立进行鉴定的区段，每一区段为一鉴定单元。

7.1.5 逐级鉴定 seismic evaluation for engineering stepwise; seismic appraisal for engineering stepwise

对老旧建筑的抗震鉴定分为第一级鉴定和第二级鉴定，当不满足第一级鉴定的要求时，需要进行第二级鉴定，根据两级鉴定的结果，综合得出抗震鉴定结论；当满足第一级鉴定的各项要求时，不再进行第二级鉴定，直接判定满足抗震鉴定。

7.1.6 体系影响系数 influence coefficient of structural system

对抗震性能有整体影响的结构构件如果存在缺陷，抗震鉴定时将对整个结构或整个楼层的抗震能力乘以小于1.0的系数以考虑这种影响。

7.1.7 局部影响系数 influence coefficient of partial structure

对抗震性能仅有局部影响的结构构件如果存在缺陷，抗震鉴定时将对与构件关联部分的抗震能力乘以小于1.0的系数以考虑这种影响。

7.1.8 墙体面积率 ratio of wall section area to floor area

墙体在楼层高度1/2处的净截面面积与同一楼层建筑平面面积的比值。

7.1.9 抗震墙基准面积率 characteristic ratio of seismic wall

以墙体面积率进行砌体结构简化的抗震验算时所取用的代表值。

7.1.10 扩展性裂纹 propagating crack

钢结构中长度或深度有可能不断增加的裂纹。

7.1.11 脆断倾向性裂纹 potential brittle crack

有使钢结构可能发生突然脆性断裂的裂纹。

7.1.12 震后应急鉴定 emergency evaluation for engineering after earthquake; emergency evaluation for engineering after earthquake

地震后对遭受地震的工程进行应急评估，将其区分为基本完好、轻微损伤、中等破坏、严重破坏和倒塌等几类，为解决灾区困难和下一步开展灾后重建提供技术支持。

7.2 抗震加固术语

7.2.1 现有结构抗震加固 seismic strengthening of existing structure; seismic retrofit of existing structure

为提高抗震能力，对抗震能力不足或业主要求提高可靠度的承重结构、构件及其相关部分采取增强、局部更换或调整其内力等措施，使其具有现行设计规范及业主所要求的安全性、耐久性和适用性。

7.2.2 结构体系抗震加固 seismic strengthening of structural system; seismic retrofit of structural system

增加新的抗震构件，调整结构沿高度和平面的刚度分布，以加强结构的抗震能力。

7.2.3 构件抗震加固 seismic strengthening of structural member; seismic retrofit of structural member

对既有基础、墙、梁、柱等构件进行加固。

7.2.4 加固设计使用年限 design service life for retrofit of existing structure or its member; design service life for strengthening of existing structure or its member

加固设计规定的结构、构件加固后无需重新进行检测、鉴定即可按其预定目的使用的时间。

7.2.5 抗震加固设计 seismic retrofit design; seismic strengthening design

为提高现有结构或构件的承载力、增大耗能能力等而进行的设计过程。

1 初始荷载 original load

加固前原构件上作用的荷载。

2 一次受力加固设计 retrofit design of once loading; strengthening design of once loading

原构件初始荷载很小，不考虑加固层应变滞后效应的设计方法。

3 二次受力加固设计 retrofit design of secondary loading; strengthening design of secondary loading

考虑原构件初始应力和加固后加载在加固层中产生应变滞后效应的设计方法。

4 抗震加固增强系数 intensification factor of seismic retrofit for engineering; intensification factor of seismic strengthening for engineering

采用某种加固方法对原结构抗震能力的提高系数。

5 新旧构件协同工作系数 cooperative working factor between new member and original member

由于原有构件处于受力状态，新增构件或加固材料与原有构件之间存在着应变滞后效应，引入新旧构件协同工作系数以考虑这种影响。

7.2.6 抗震加固方法 seismic retrofit method; seismic strengthening method

为提高现有结构或构件的承载力、增大耗能能力等采取的设计途径。

1 增大截面加固法 structure member strengthening with reinforced concrete

增大原构件截面面积或增配钢筋，以提高其承载力和刚度，或改变其自振频率的一种直接加固法。

1） 面层加固法 masonry strengthening with mortar splint

在砌体墙侧面增抹一定厚度的无筋、有钢筋网的水泥砂浆，形成组合墙体的加固方法。

2） 板墙加固法 masonry strengthening with reinforced concrete panel

在砌体墙侧面浇筑或喷射一定厚度的钢筋混凝土，形成抗震墙的加固方法。

3） 外加柱加固法 masonry strengthening with tie-columns

在砌体墙交接处等增设钢筋混凝土构造柱，形成约束砌体墙的加固方法。

4） 壁柱加固法 brick column strengthening with concrete columns

在砌体墙垛（柱）侧面增设钢筋混凝土柱，形成组合构件的加固方法。

5） 混凝土套加固法 structure member strengthening with reinforced concrete jacketing strengthening

在原有的钢筋混凝土梁柱或砌体柱外包一定厚度的钢筋混凝土，扩大原构件截面的加固方法。

2 复合截面加固法 structure member strengthening with externally bonded reinforced materials

通过采用结构胶粘剂粘结或高强聚合物砂浆喷抹，将增强材料粘合于原构件的混凝土表面，使之形成具有整体性的复合截面，以提高其承载力和延性的一种直接加固法。根据增强材料的不同，可分为外粘型钢、外粘钢板、外粘纤维增强复合材料和外加钢丝绳网片-聚合物砂浆层等多种加固法。

1） 外粘型钢加固法 structure member strengthening with externally bonded steel frame

对钢筋混凝土梁、柱外包型钢、扁钢焊成构架并灌注结构胶粘剂，以达到整体受力，共同约束原构件的加固方法。

2） 钢构套加固法 structure member strengthening with steel frame cage

在原有的钢筋混凝土梁柱或砌体柱外包角钢、扁钢等制成的构架，约束原有构件的加固方法。

3） 粘钢加固法 structure member strengthening with externally bonded steel plate

对钢筋混凝土梁、板、柱等构件外粘钢板，以提高构件抗拉或抗弯、抗剪能力的加固方法。

4） 外粘纤维加固法 structure member strengthening with fiber

对钢筋混凝土梁、板等构件粘贴纤维等复合材料以提高构件抗拉或抗弯、抗剪能力的加固方法。

5） 钢绞线网-聚合物砂浆面层加固法 structure member strengthening with strand steel wire web-polymer mortar

对钢筋混凝土梁、板等构件布设钢绞线并抹聚合物砂浆以提高构件抗拉或抗弯、抗剪能力的加固方法。

3 外加预应力加固法 structure member strengthening with externally applied prestressing

通过施加体外预应力，使原结构、构件的受力得到改善或调整的一种间接加固法。

4 绕丝加固法 compression member confined by reinforcing wire

通过缠绕退火钢丝使被加固的受压构件混凝土受到约束作用，从而提高其极限承载力和延性的一种直接加固法。

7.2.7 抗震加固材料 seismic strengthening material

为提高现有结构或构件承载力、增大耗能能力等而采用的材料。

1 喷射混凝土 sprayed concrete

采用压缩空气将按一定比例配合的混凝土拌合料，通过管道输送并以高速高压喷射到受喷表面的一种混凝土。

2 植筋 bonded rebars

以专用的结构胶粘剂将带肋钢筋或全螺纹螺杆锚固于基材中。

3 结构胶粘剂 structural adhesives

用于承重结构构件粘结的、能长期承受设计应力和环境作用的胶粘剂，简称结构胶。

1）找平材料 putty fillers

用于对加固构件表面进行找平处理的材料。

2）底层树脂 primer

用于基底处理的树脂。

3）浸渍树脂 saturating resin

用于粘贴并浸透纤维布的树脂。

4）粘结树脂 adhesives

用于粘贴碳纤维板的树脂。

4 结构界面胶粘剂 structural interfacial adhesives

用于涂刷原构件表面，以增强加固层与原构件基材间粘结性能的结构胶粘剂，也称结构界面胶或结构界面剂。

5 纤维复合材 fiber reinforced polymer（FRP）

采用高强度的连续纤维按一定规则排列，经用胶粘剂浸渍、粘结固化后形成的具有纤维增强效应的复合材料，通称纤维复合材。

1）纤维片材 carbon fiber reinforced polymer laminate

纤维布和纤维板的总称。

2）纤维布 carbon fiber sheet

连续纤维单向或多向排列，未经树脂浸渍的布状制品。

3）纤维板 carbon fiber plate

连续纤维单向或多向排列，未经树脂浸渍的板状制品。

6 聚合物砂浆 polymer mortar

掺有改性环氧乳液或其他改性共聚物乳液的高强度水泥砂浆。承重结构用的聚合物砂浆除了应能改善其自身的物理力学性能外，还应能显著提高其锚固钢筋和粘结混凝土的能力。

7 水泥复合砂浆 composite mortar

一种以硅酸盐水泥和高强混凝土用的矿物掺合料为主要成分，同时掺有混凝土外加剂和少量短细纤维，加水和砂拌合而成的具有良好工作性能的砂浆。

8 剪切销钉 shear dowel

后锚固体的一种，以专用的结构胶粘剂将带有直钩或弯钩的带肋短钢筋植入基材中，以增强加固层与原构件之间的抗剪切、抗剥离能力。

9 混凝土销键 concrete dowel

利用钢筋和混凝土在砌体中形成的销键，以提高新老部分的相互结合。

8 工程抗震试验术语

8.1 一般术语

8.1.1 现场试验 in-situ test

在现场对结构或场地土进行的试验。场地土的现场试验一般称为原位试验。

1 天然地震试验 natural earthquake test

在频繁出现地震的地区或短期预报可能出现较大地震的地区，建造一些试验性建筑物，或在已有的建筑物上安装测震仪器，以测量建筑物地震反应的试验。

2 人工地震试验 artificial earthquake test

采用地面或地下爆破法引起地震振动，对地面或地下建筑物进行模拟天然地震的试验。

8.1.2 模拟地震动试验 simulated ground motion test

用大型振动台或计算机和加载器联机模拟地震动过程，对结构或构件进行的动力或拟动力试验。

8.1.3 试体 test sample

抗震试验的对象，是试验构件、结构的原型和模型的总称。

8.1.4 原型结构 prototype structure

按施工图设计建成的直接投入使用的结构。

8.1.5 足尺模型 full scale model

尺寸和材料受力特性与原型结构相同的结构模型。

8.1.6 原型试验 prototype test

以原型结构或按原型结构足尺复制的结构或构件为对象的结构试验。

8.1.7 模型试验 model test

以结构或构件的模型为对象的结构试验。

1 相似模型试验 similar model test

根据满足相似理论的模型试验结果推测原型结构的受力状态的试验。

2 缩尺模型试验 scale model test

采用比原型尺寸小的模型，不要求满足严格的相似条件，以验证设计理论、设计假定和计算方法为主要试验目的的试验，也称小构件试验。

8.1.8 弹性模型 elastic model

为研究在荷载作用下结构的弹性性能，用匀质弹性材料制成与原型相似的结构模型。

8.1.9 弹塑性模型 elastic-plastic model

为研究在荷载作用下结构各阶段工作性能，包括直至破坏的全过程反应，用与实际结构相同的材料制成的与原型相似的结构模型。

8.1.10 反力装置 reacting equipment

为实现对试体施加荷载的承载反力的装置。

8.2 拟静力试验术语

8.2.1 拟静力试验 pseudo-static test

用一定的荷载控制或变形控制对试体进行低周反复加载，使试体从弹性阶段直至破坏的一种试验，也称为伪静力试验或低周反复加载试验。

8.2.2 循环加载试验 cyclic loading test

在一定时间内多次往复的加载试验。

8.2.3 荷载控制 loading control

以荷载值的倍数为级差的加载控制。

8.2.4 变形控制 deformation control

以变形值的倍数为级差的加载控制。

8.2.5 滞回曲线 hysteretic curve

在反复荷载作用下试体的荷载（应力）-变形（应变）曲线。它反映结构、构件或岩土试件在反复受力过程中的变形特征、刚度退化及能量消耗，是确定恢复力模型（或本构模型）和进行非线性地震反应分析的依据，结构上称恢复力曲线（restoring force curve）。

1 骨架曲线 skeleton curve

反复作用下各滞回曲线峰点的连线。又称初始加载曲线。

2 恢复力模型 restoring model

将滞回曲线典型化而得到的反映恢复力-变形关系的数学表达式。

3 本构模型 constitutive model

用于描述试件材料的应力应变关系。

8.3 拟动力试验术语

8.3.1 拟动力试验 pseudo-dynamic test

试体在静力试验台上实时模拟地震动力反应的试验。

8.3.2 子结构拟动力试验 pseudo-dynamic substructure test

对结构中的一部分进行拟动力试验，结构中的其他部分用计算机模拟的结构动力反应试验。

1 试验子结构 physical substructure

从整体结构中取出一部分结构，并考虑其边界条件进行拟动力试验的对象，亦称物理子结构。

2 数值子结构 numerical substructure

子结构拟动力试验方法中由计算机模拟的结构部分，也叫计算子结构。

8.3.3 实时子结构拟动力试验 real-time pseudo-dynamic substructure test

以与实际荷载作用时间相同的速率对试验子结构进行加载而完成的子结构拟动力试验。

8.3.4 远程协同拟动力试验 pseudo-dynamic test through remote collaboration

通过网络化结构试验系统进行的拟动力试验。

8.4 模拟地震振动台试验术语

8.4.1 模拟地震振动台试验 pseudo-earthquake shaking table test

通过振动台台面对试体输入地面运动，模拟地震对试体作用全过程的抗震试验。

8.4.2 模拟地震振动台台阵系统 shaking-table testing array system

由多个模拟地震振动台组成的振动台试验系统。

8.4.3 实时子结构振动台试验 real-time substructure shaking-table test

将试验子结构置于振动台上所进行的实时子结构试验。

8.4.4 试体动力特性测试 dynamic properties testing of test sample

由振动台输入正弦波和白噪声对试体进行激励，以确定试体的动力特性的测试。

1 正弦频率扫描法 scanning method with sinusoidal frequency

采用单向等振幅加速度的变频连续正弦波台面输入对试体进行正弦扫描，以确定试体的动力特性的测试。

2 白噪声激振法 excitation method with white noise

采用单向白噪声对试体激振，以确定试体的动力特性的测试。

8.5 原型结构动力试验术语

8.5.1 结构动力特性测试 dynamic properties measurement of structure

测试并分析结构在自振或共振条件下的反应曲线，以确定结构的自振周期（或自振频率）、阻尼系数和结构振型等动力特性。

8.5.2 自由振动试验 free vibration test

激发结构自由振动以测定其线性动态特性的试验。

1　初位移试验　initial displacement test

强迫结构产生初始变形后突然释放，使结构在一个平面内的静力平衡位置附近作自由振动的试验。

2　初速度试验　initial velocity test

通过重物下落、锤击、爆炸或小型火箭产生的冲击力使结构以初速度作自由振动的试验。

8.5.3　强迫振动试验　forced vibration test

结构在施加动力作用状态下的试验。

1　偏心块起振试验　rotating eccentric mass excitation test

利用两个相反方向转动的偏心块所产生的谐波激振力，对原型结构进行的强迫振动试验。可多台同步并用，以实现平移或扭转激振。

2　液压激振试验　hydraulic excitation test

用电液伺服激振器激发结构作谐波或任意波运动的试验。

3　人激振动试验　man-excitation test

人在建筑物顶部或某楼层往复运动，使人体激振频率与建筑物自振频率同步的激振试验。适用于自振周期较长的柔性结构。

8.5.4　环境振动试验　ambient (environmental) excitation test

利用风、海浪、机械运转、车辆行驶等环境因素引起的地面微振，测定地面振动固有特征和工程结构动力特性的试验。

8.5.5　动力参数识别　dynamic parameter identification

利用动态测量所得的动力作用和反应信号（或仅有反应信号），确定结构系统的质量、刚度和模态特性等动力参数。

8.6　土工动力试验术语

8.6.1　土动力性质测试　dynamic property test for soil

通过动力方法，测定土的动强度、变形特性和阻尼等的试验。

1　共振柱试验　resonant column test

视圆柱形土体试件为弹性杆件，利用共振方法测定其振动频率，以求得土的动弹性模量和阻尼比的试验。

2　动力三轴试验　dynamic triaxial test

在给定的周围压力下，沿圆柱形土试件的轴向施加某种谐波或随机波动作用，测定其应力、变形和孔隙水压力的发展，以确定土的应力应变和强度特性(包括饱和可液化土的液化特性等）的试验。

3　动直剪试验　dynamic simple shear test

对剪力盒中的土试样在水平方向施加某种谐波或随机波动作用，测定其应力、变形和孔隙水压力的发展，以确定土的应力应变和强度特性（包括饱和可液化土的液化特性等）的试验，也称动单剪试验。

8.6.2　剪切波速测试　shear wave velocity measurement

以激振或其他方法，确定横波在土层内传播速度的现场测试。包括单孔法、跨孔法、面波法等。

1　单孔法　single hole method

在钻孔孔口附近地表施加水平冲击力，或在孔内激振，测量孔内不同深度处冲击信号到达拾振器的时间，以确定剪切波在岩土层内传播速度的方法。

2　跨孔法　cross hole method

在两个相邻钻孔中分别激振和接收信号，以确定剪切波在岩土层内传播速度的方法。

3　面波法　surface wave method

采用稳态振动法，测定不同激振频率下瑞利波波速与波长关系曲线，计算一个波长范围内的平均波速，以确定剪切波在土层内传播速度的方法。

8.6.3　土工动力离心模型试验　geotechnical dynamic centrifugal model test

采用土工离心机振动台系统研究地基或土工结构物的地震动力反应的土工试验。

9　抗震减灾和抗震防灾规划术语

9.1　地震危害术语

9.1.1　地震危害　seismic risk

由于发生地震而造成的损失。包括人员伤亡、物资破坏、社会活动中断和环境恶化等。

9.1.2　地震危害分析　seismic risk analysis

对某一地区，在给定时期内，地震造成的损失程度可能性所作的估计。

9.1.3　可接受的地震风险　acceptable seismic hazard

根据工程的使用期限，预期地震发生时可能造成的工程破坏及其后果的严重性，以及为减轻地震灾害的投入等，进行综合评定所提出的工程抗震设防安全准则。

9.1.4　地震灾害　earthquake disaster

由地震造成的人员伤亡、财产和物质损失、环境和社会功能的破坏，简称震灾或震害。一般分为地震原生灾害和地震次生灾害。

1　地震原生灾害　primary earthquake disaster

由地震直接产生的灾害，包括房屋、道路、桥梁等破坏，人畜伤亡等。

2　地震次生灾害　secondary earthquake disaster

地震造成工程结构和自然环境破坏而引发的灾害。如火灾、瘟疫、有毒有害物质污染、水灾、地质灾害、海啸及对人们社会和经济活动产生的负面影响。

3　地震灾害等级　grade of earthquake disaster

对地震造成的灾害程度划分。通常分为一般灾害、较大灾害、重大灾害和特别重大灾害四个等级。

9.1.5 海啸 tsunami

因地震（或海底火山爆发，或海岸附近地壳变动）而形成的海水剧烈波动现象。

9.1.6 震害调查 earthquake damage investigation

地震后对受地震影响地区的工程、环境破坏状态与分布的勘查。可为综合调查或主要针对特定工程类型破坏的专门调查。

1 工程结构地震破坏等级 grade of earthquake damage to engineering structure

对工程结构地震破坏程度的划分。一般分为完好（含基本完好）、轻微破坏、中等破坏、严重破坏和倒塌五个等级。

1）完好 intact

承重构件完好，个别非承重构件轻微损坏，附属构件有不同程度损坏，一般不加修理仍可继续使用。

2）轻微破坏 slight damage

个别承重构件轻微损坏，个别非承重构件明显破坏，附属构件有不同程度破坏，一般稍加修理即可继续使用。

3）中等破坏 moderate damage

承重构件多数轻微损坏，部分明显损坏，个别非承重构件严重破坏，需加一般修理或采取应急措施后方可适当使用。

4）严重破坏 severe damage

承重构件多数严重破坏或部分倒塌，应采取排险措施，需大修或局部拆除。

5）倒塌 collapse

承重构件全部或多数倾倒或塌落，结构需拆除。

2 震害指数 earthquake damage index

评定工程结构震害程度的一种定量指标。震害指数为零表示无破坏，震害指数为1表示倒塌，其他破坏情况取0～1的中间值。

3 结构性破坏 structural damage

损害结构承载能力的破坏。

4 非结构性破坏 nonstructural damage

不损害结构承载能力的破坏。主要指非结构构件的破坏，如非承重隔墙、饰面、女儿墙、檐口等的破坏。

5 撞击损坏 pounding damage

相邻工程结构，地震时因相互碰撞而引起的损坏。

9.1.7 工程震害分析 earthquake damage analysis of engineering

采用震害调查、理论计算、模拟试验等手段，分析工程震害产生的原因和破坏机理。

9.2 抗震减灾术语

9.2.1 抗震救灾 earthquake relief

地震后采取的减少地震损失的措施。

9.2.2 震害预测 earthquake disaster prediction

某一地区，在预期的不同强度的地震作用下，对工程破坏、经济损失和人员伤亡等所作的估计。

1 工程结构易损性 seismic vulnerability of structures

与地震动参数相关的工程结构条件破坏概率。

2 地震累积损坏 earthquake cumulative damage

数次地震作用累积造成的损坏。

3 地震经济损失 earthquake induced economic loss

地震时造成的所有物质损失，如建筑物、生命线和财产损失，以及由于商业中断造成的税收损失。它取决于地震的大小与震中的距离、建筑结构的易损性和经济规模。

1）地震直接经济损失 direct earthquake induced economic loss

地震造成的建筑物、构筑物、基础设施破坏的损失和财产损失，以及因停产造成净产值减少的损失。

2）地震间接经济损失 indirect earthquake induced economic loss

地震后因基础设施破坏、厂矿企业停产减产引起相关企业产值降低的损失，重建费用、保险赔偿费用，以及与救灾有关的各种非生产性消耗。

4 地震社会损失（影响） earthquake induced social effect

由地震造成的人员伤亡、居民无家可归、就业率降低、社会不安定因素增加及生态环境恶化等引起的损失。

5 地震人员伤亡 earthquake casualty

由于地震直接或间接造成的人身伤亡。

9.2.3 地震破坏率 earthquake damage ratio

地震破坏的工程数与原有工程数之比，或地震破坏工程所需的修复费用与原工程造价之比。

1 震害概率分布函数 damage probability distribution function

描述给定结构的震害随地震动强度变化的概率分布。

2 震害概率矩阵 damage probability matrix

描述某一类结构的震害状态随地震动强度变化的一组量，通常随烈度或地震动参数大小变化的一个矩阵，一般可由震害概率分布函数导出。

3 修复费用 rehabilitation cost

工程结构遭受地震破坏（包括结构性和非结构性破坏）后的修补和加固费用。

9.2.4 震后重建 post-earthquake reconstruction

在一次地震灾害恢复期以后的数月至数年内，为重建一个地区所采取的行动。

9.2.5 地震灾害保险 earthquake disaster insurance

以抗震设防区集中起来的保险费作为保险基金，用于补偿因地震造成的经济损失或人员伤亡。它是利用社会力量分担地震风险的一种方式。

9.2.6 震后救援 post-earthquake relief

地震灾害发生期间或其后的援助与干预，旨在抢救、保护幸存者，及时满足其基本生存需求。包括及时营救并提供食品、衣物、栖身场所、医疗和安慰，以减轻痛苦。

9.2.7 震后恢复 post-earthquake rehabilitation

在一次地震灾害后的数周至数月内所采取的行动和措施，旨在恢复灾区基本生活和生产条件。

9.3 抗震防灾规划术语

9.3.1 土地利用规划 land use planning

根据抗震设防区划和地质分布图等资料，规定土地使用等级和范围，以控制发展规模，使人口和城市功能合理分布的规划。它是抗震防灾规划的组成部分。

9.3.2 规划工作区 working district for the planning

进行城市抗震防灾规划时，根据不同区域的重要性和灾害规模效应以及相应评价和规划要求对城市规划区所划分的不同级别的研究区域。

9.3.3 抗震性能评价 earthquake resistant performance assessment or estimation

在给定的地震作用下，对给定区域上的建筑物或工程设施是否符合抗震要求、可能出现的地震灾害程度等方面进行单方面或综合性的估计。

1 群体抗震性能评价 earthquake resistant capacity assessment or estimation for group of structures

根据统计学原理，选择典型剖析、抽样预测等方法对给定区域给定类别的建筑或工程设施群体进行整体抗震性能评价。

2 单体抗震性能评价 earthquake resistant capacity assessment or estimation for individual structures

对给定的单个建筑或工程设施结构进行抗震性能评价。

9.3.4 城市基础设施 urban infrastructures

维持现代城市或区域的生存功能系统、对国计民生和城市抗震防灾有重大影响以及对抗震救灾起重要作用的基础性工程系统，包括供电、供水、燃气热力、交通、指挥、通信、医疗、消防、物资供应及保障等系统的重要建筑物和构筑物。

9.3.5 避震疏散场所 seismic shelter for evacuation

用作地震时受灾人员疏散的场地和建筑。

1 紧急避震疏散场所 emergency seismic shelter for evacuation

供避震疏散人员临时或就近避震疏散的场所，也是避震疏散人员集合并转移到固定避震疏散场所的过渡性场所。通常可选择城市内的小公园、小花园、小广场、专业绿地、高层建筑中的避难层（间）等。

2 固定避震疏散场所 permanent seismic shelter for evacuation

供避震疏散人员较长时间避震和进行集中性救援的场所。通常可选择面积较大、人员容纳较多的公园、广场、体育场地/馆、大型人防工程、停车场、空地、绿化隔离带以及抗震能力强的公共设施、防灾据点等。

3 中心避震疏散场所 central seismic shelter for evacuation

规模较大、功能较全、起避难中心作用的固定避震疏散场所。场所内一般设抢险中心和重伤员转运中心等。

9.3.6 防灾据点 disasters prevention stronghold

采用较高抗震设防要求、有避震功能、可有效保证内部人员抗震安全的建筑。

9.3.7 防灾公园 disasters prevention park

城市中满足避震疏散要求的、可有效保证疏散人员安全的公园。

9.3.8 抗震防灾信息管理系统 information management system for earthquake disaster reduction

在计算机硬件系统（含网络系统）支持下，对抗震防灾相关数据集中管理的应用程序。

附录A 汉语拼音术语索引

汉语拼音术语	术语词目	页次
biaozhun shefang lei	标准设防类	4
bizhen shusan changsuo	避震疏散场所	54
bizhu jiagufa	壁柱加固法	39
buli diduan	不利地段	16
	C	
cailiao kangzhen qiangdu	材料抗震强度	26
cengjian gezhen	层间隔震	35
cexiang kuozhang he liudong	侧向扩张和流动	18
changdi leibie	场地类别	16
changdi tiaojian	场地条件	16
changdi xiangguan fanyingpu	场地相关反应谱	14
changdi yingxiang	场地影响	15
changditu	场地土	17
changkuang qiye kangzhen fangzai guihua	厂矿企业抗震防灾规划	4
chao kongxishui yali	超孔隙水压力	18
chaoyue gailv	超越概率	3
chengshi jichu sheshi	城市基础设施	53
chengshi kangzhen fangzai guihua	城市抗震防灾规划	4
chixu shijian	持续时间	14
chufa yuzhi	触发阈值	9
chushi hezai	初始荷载	38
chushi yehua	初始液化	17
chusudu shiyan	初速度试验	47
chuweiyi shiyan	初位移试验	47
ciliubian zuniqi	磁流变阻尼器	31
cuiduan qingxiangxing liewen	脆断倾向性裂纹	37
cuixing pohuai	脆性破坏	29
	D	
dan ziyoudu tixi	单自由度体系	21
dangkuai	挡块	30
dankongfa	单孔法	48
daota	倒塌	50

汉语拼音术语	术语词目	页次
dengqiangdu weiyi bipu	等强度位移比谱	22
dengxiao jianqie bosu	等效剪切波速	17
dengyanxing fanyingpu	等延性反应谱	22
dengzhenxian	等震线	11
dengzhenxiantu	等震线图	11
dianliu bian yeti zuniqi	电流变液体阻尼器	32
dianyuan	点源	12
dibiao polie	地表破裂	10
dibu jianli fa	底部剪力法	22
diceng shuzhi	底层树脂	41
dieceng xiangjiao zhizuo	叠层橡胶支座	33
dieceng xiangjiao zhizuo gezhen	叠层橡胶支座隔震	34
dier xingzhuang xishu(S_2)	第二形状系数(S_2)	34
diji chengzaili kangzhen tiaozheng xishu	地基承载力抗震调整系数	19
diliefeng	地裂缝	17
diyi xingzhuang xishu(S_1)	第一形状系数(S_1)	33
dizhen	地震	2
dizhen chongxianqi	地震重现期	12
dizhen cisheng zaihai	地震次生灾害	49
dizhen diji shixiao	地震地基失效	17
dizhen dizhi zaihai	地震地质灾害	15
dizhen dizhi zaihai xiaoquhua	地震地质灾害小区划	15
dizhen fasheng gailv	地震发生概率	12
dizhen gouzaoqu	地震构造区	12
dizhen huodongxing	地震活动性	12
dizhen jianjie jingji sunshi	地震间接经济损失	51
dizhen jingji sunshi	地震经济损失	51
dizhen leiji sunhuai	地震累积损坏	51
dizhen liedu	地震烈度	2
dizhen liedu biao	地震烈度表	11
dizhen liedu shuaijian	地震烈度衰减	12
dizhen liedu subao taiwang	地震烈度速报台网	9
dizhen pohuailv	地震破坏率	52

附录B 英文术语索引

英文术语	术语词目	页次
earthquake engineering	工程抗震	3
earthquake epicenter	震中	2
earthquake focus	震源	2
earthquake induce geological disaster microzoning	地震地质灾害小区划	15
earthquake induced economic loss	地震经济损失	51
earthquake induced geological disaster	地震地质灾害	15
earthquake induced ground failure	地震地基失效	17
earthquake induced social effect	地震社会损失(影响)	52
earthquake magnitude	地震震级	2
earthquake occurrence probability	地震发生概率	12
earthquake prediction	地震预报	11
earthquake protective countermeasure	抗震对策	6
earthquake recurrence interval	地震重现期	12
earthquake relief	抗震救灾	51
earthquake resistant behavior of structure	结构抗震性能	6
earthquake resistant deformability of structure	结构抗震变形能力	26
earthquake resistant performance assessment or estimation	抗震性能评价	53
earthquake resistant strength of materials	材料抗震强度	26
earthquake resistant test	抗震试验	7
earthquake response	地震反应	21
elastic model	弹性模型	44
elastic-plastic model	弹塑性模型	44
elasto-plastic hysteresis	弹塑性滞回	33
electro-rheological (ER) fluid damper	电流变液体阻尼器	32
emergency seismic shelter for evacuation	紧急避震疏散场所	54
energy dissipation and earthquake response reduction	消能减震	31
energy dissipation coefficient	耗能系数	21
energy-based seismic design	基于能量的抗震设计	27
engineering seismology	工程地震学	3
epicentral distance	震中距	2
(macro) epicentral intensity	(宏观)震中烈度	11
equivalent shear wave velocity of soil layers	等效剪切波速	17
evaluation of seismic safety for engineering sites	工程场地地震安全性评价	15
evaluation system	鉴定单元	36
excess pore water pressures	超孔隙水压力	18
excitation method with white noise	白噪声激振法	46
existing structure	现有结构	36
explosion induced earthquake	爆破诱发地震	10
externally applied prestressing	外加预应力加固法	40
F		
fault distance	断层距	11
favourable area to earthquake resistance	有利地段	16
felt area	有感面积	11
fiber reinforced polymer(FRP)	纤维复合材	41
firm ground	基底层	16
first shape factor	第一形状系数(S_1)	34
floor response spectrum	楼面反应谱	24
focal depth	震源深度	2
forced vibration test	强迫振动试验	47
free vibration	自由振动	20

英文术语	术语词目	页次
liquefaction	液化	17
liquefaction index	液化指数	18
liquefaction potential	液化势	17
liquefaction safety coefficient	液化安全系数	19
liquefaction strength	液化强度	19
loading control	荷载控制	44
low-level earthquake	多遇地震	5
lumped mass	集中质量	21
M		
macro-epicentre	宏观震中	11
magneto-rheological (MR) fluids damper	磁流变阻尼器	31
magnification of accelerograph	加速度仪放大倍数	9
major precautionary category	重点设防类	4
man-excitation test	人激振动试验	47
masonry strengthening with mortar splint	面层加固法	39
masonry strengthening with reinforced concrete panel	板墙加固法	39
masonry strengthening with tie-columns	外加柱加固法	39
meizoseismal area	极震区	11
metal damper	金属阻尼器	32
microtremor	环境振动	7
mine depression earthquake	矿山陷落地震	10
mobile station	流动台站	8
modal analysis method	振型分解法	23
modal push-over analysis (MPA) method	模态推覆分析法	24
model test	模型试验	43
mode-participation coefficient	振型参与系数	23
moderate damage	中等破坏	50
modified coefficient of seismic bearing capacity of member	构件承载力抗震调整系数	26

英文术语	术语词目	页次
multi-defence system of seismic structure	多道抗震设防	28
multi-degree of freedom (MDOF) system	多自由度体系	21
N		
natural earthquake test	天然地震试验	43
natural period of vibration	自振周期	20
non- tectonic ground crack	非构造性地裂缝	17
nonlinear static procedure	静力弹塑性分析	24
non-structural components seismic design	非结构构件抗震设计	27
nonstructural damage	非结构性破坏	51
normalized acceleration response spectrum	规准加速度反应谱	13
numerical substructure	数值子结构	45
O		
observation array	观测台阵	8
oil damper	油阻尼器	32
operational safety ground motion	运行安全地震动	5
original load	初始荷载	38
P		
paleo-earthquake	古地震	10
particular precautionary category	特殊设防类	4
passive control	被动控制	30
peak ground acceleration	峰值加速度	13
peak ground displacement	峰值位移	13
peak ground velocity	峰值速度	13
performance-based seismic design	基于性能的抗震设计	27
permanent seismic shelter for evacuation	固定避震疏散场所	54
permanent station	固定台站	8
physical substructure	试验子结构	45
planting rebars	植筋	41
plastic hinge	塑性铰	29
point source	点源	12

英文术语	术语词目	页次
polymer mortar	聚合物砂浆	42
post-earthquake reconstruction	震后重建	52
post-earthquake rehabilitation	震后恢复	53
post-earthquake relief	震后救援	52
potential brittle crack	脆断倾向性裂纹	37
potential seismic source zone	潜在震源区	14
potential source	潜在震源	12
pounding damage	撞击损坏	51
precautionary earthquake	设防地震	5
predominant period	卓越周期	7
preliminary discrimination of liquefaction	液化初步判别	18
primary earthquake disaster	地震原生灾害	49
primer	底层树脂	41
probability of exceedance	超越概率	3
propagating crack	扩展性裂纹	37
prototype structure	原型结构	43
prototype test	原型试验	43
pseudo-dynamic substructure test	子结构拟动力试验	45
pseudo-dynamic test	拟动力试验	45
pseudo-dynamic test through remote collaboration	远程协同拟动力试验	45
pseudo-earthquake shaking table test	模拟地震振动台试验	46
pseudo-static test	拟静力试验	44
putty fillers	找平材料	41
R		
random earthquake response	随机地震反应	21
ratio of wall section area to floor area	墙体面积率	37
reacting equipment	反力装置	44

英文术语	术语词目	页次
real-time pseudo-dynamic substructure test	实时子结构拟动力试验	45
real-time substructure shaking-table test	实时子结构振动台试验	46
reference value of standard penetration resistance	标准贯入锤击数基准值	18
rehabilitation cost	修复费用	52
reliability of earthquake resistance of structure	结构抗震可靠性	26
repair-suitability of structure	结构适修性	36
reservoir induced earthquake	水库诱发地震	10
resonance	共振	21
resonant column test	共振柱试验	47
response spectrum	反应谱	13
restoring model	恢复力模型	45
ring beam	圈梁	29
rotating eccentric mass excitation test	偏心块起振试验	47
S		
sandboil and waterspouts	喷水冒砂	18
saturating resin	浸渍树脂	41
scale model test	缩尺模型试验	44
scanning method with sinusoidal frequency	正弦频率扫描法	46
second shape factor	第二形状系数(S_2)	34
secondary earthquake disaster	地震次生灾害	49
secondary effect of deformation	变形二阶效应	25
seismic action effect	地震作用效应	25
seismic analysis	抗震计算方法	22
seismic appraisal for engineering	抗震鉴定	7
seismic resistant capacity of structure	结构抗震承载能力	26

英文术语	术语词目	页次
seismic belt	地震带	12
seismic brace	抗震支撑	28
seismic coefficient	地震系数	22
seismic conceptual design of buildings	建筑抗震概念设计	6
seismic calculation	抗震计算方法	22
seismic design	抗震设计	6
seismic design level	抗震设防水准	3
seismic ductility design	延性抗震设计	27
seismic effect coefficient curve	地震影响系数曲线	6
seismic elasticity design	弹性抗震设计	27
seismic evaluation for engineering	抗震鉴定	7
seismic grade	抗震等级	6
seismic ground motion microzoning	地震动小区划	15
seismic hazard	地震危险性	12
seismic hazard analysis	地震危险性分析	14
seismic influence coefficient	地震影响系数	24
seismic intensity	地震烈度	2
seismic intensity attenuation	地震烈度衰减	12
seismic intensity rapid reporting network	地震烈度速报台网	9
seismic intensity scale	地震烈度表	11
seismic isolation	隔震	33
seismic joint	防震缝	29
seismic member	抗震构件	28
seismic microzoning	地震小区划	15
seismic pin	抗震销棒	30
seismic precaution	抗震设防	3
seismic precautionary category for building structures	建筑抗震设防分类	3
seismic precautionary criterion	抗震设防标准	3
seismic precautionary intensity	抗震设防烈度	3
seismic measures	抗震措施	6

英文术语	术语词目	页次
seismic precautionary requirement	抗震设防要求	3
seismic precautionary zone	抗震设防区	3
seismic precautionary zoning	抗震设防区划	3
seismic retrofit design	抗震加固设计	38
seismic retrofit for engineering	抗震加固	7
seismic retrofit method	抗震加固方法	39
seismic retrofit of existing structure	现有结构抗震加固	37
seismic retrofit of structural member	构件抗震加固	38
seismic retrofit of structural system	结构体系抗震加固	37
seismic risk	地震危害	49
seismic risk analysis	地震危害分析	49
seismic shelter for evacuation	避震疏散场所	54
seismic stability of soil	土体抗震稳定性	17
seismic strengthening design	抗震加固设计	38
seismic strengthening for engineering	抗震加固	5
seismic strengthening material	抗震加固材料	41
seismic strengthening method	抗震加固方法	39
seismic strengthening of existing structure	现有结构抗震加固	37
seismic strengthening of structural member	构件抗震加固	38
seismic strengthening of structural system	结构体系抗震加固	37
seismic structure system	抗震结构体系	28
seismic tectonic zone	地震构造区	12
seismic test	抗震试验	7
seismic vulnerability of structures	工程结构易损性	51

英文术语	术语词目	页次
structure member strengthening with fiber	外粘纤维加固法	40
structure member strengthening with reinforced concrete jacketing strengthening	混凝土套加固法	39
structure member strengthening with reinforced concrete	增大截面加固法	39
structure member strengthening with steel frame cage	钢构套加固法	40
structure member strengthening with strand steel wire web-polymer mortar	钢绞线网-聚合物砂浆面层加固法	40
structure-liquid coupling vibration	结构-液体耦联振动	22
subsidence due to earthquake	震陷	17
surface fracture	地表破裂	10
surface wave method	面波法	48
T		
tectonic ground crack	构造性地裂缝	17
test sample	试体	43
thickness of overburden layer	覆盖层厚度	16
thickness of the non-liquefiable overlaying layer	非液化土层厚度	18
three-component seismometer	三分量地震计(仪)	9
tie column	构造柱	29
time domain analysis	时域分析	23
time history method	时程分析法	23
triggering threshold value	触发阈值	9
tsunami	海啸	50
tuned liquid damper(TLD)	调谐液体阻尼器	32
tuned mass damper(TMD)	调谐质量阻尼器	32
two-stage design	二阶段设计	27
U		
ultimate safety ground motion	极限安全地震动	5
unfavourable area to earthquake resistance	不利地段	16
upper limit magnitude	震级上限	14
urban earthquake disaster reduction planning	城市抗震防灾规划	4
urban infrastructures	城市基础设施	53
V		
velocity dependency	速度相关性	33
velocity response spectrum	速度反应谱	13
vibration absorption	吸振	31
vibration mode	振型	20
viscoelastic damper	黏弹性阻尼器	32
viscous damper	黏滞阻尼器	32
viscous damping coefficient	黏性阻尼系数	21
viscous damping wall	黏滞阻尼墙	32
viscous—damping bearing	黏性体减震支座	31
W		
whipping lash effect	鞭梢效应	25
working district for the planning	规划工作区	53

本标准用词说明

1 为便于在执行本标准条文时区别对待，对要求严格程度不同的用词说明如下：

1）表示很严格，非这样做不可的：
正面词采用“必须”，反面词采用“严禁”；

2）表示严格，在正常情况下均应这样做的：
正面词采用“应”，反面词采用“不应”或“不得”；

3）表示允许稍有选择，在条件许可时首先应这样做的：
正面词采用“宜”，反面词采用“不宜”；

4）表示有选择，在一定条件下可以这样做的，采用“可”。

2 条文中指明应按其他有关标准执行的写法为：“应符合……的规定”或“应按……执行”。

中华人民共和国行业标准

工程抗震术语标准

JGJ/T 97—2011

条 文 说 明

修 订 说 明

《工程抗震术语标准》JGJ/T 97－2011，经住房和城乡建设部2011年1月28日以第897号公告批准、发布。

由于工程抗震涉及的学科、涵盖的内容比较广泛，因此本标准修订过程中，修订组进行了全面、详细的调查研究，总结了我国工程抗震术语的实践经验，吸收了近年来国内外抗震规范、期刊和会议论文中有关工程抗震的词汇。

为便于广大科研、设计、教学、施工、勘察及抗震管理等单位有关人员在使用本标准时能正确理解和执行条文规定，编制了本标准的条文说明，对条文规定的目的、依据以及执行中需注意的有关事项进行了说明。但是，本条文说明不具备与标准正文同等的法律效力，仅供使用者作为理解和把握标准规定的参考。

目　次

1 总　　则

工程抗震包括地震、抗震和减灾等方面的内容，它是涉及地震学、工程学和社会学等学科的一门边缘科学。自海城地震和唐山地震以来，工程抗震研究和实践在我国得到迅猛发展。该标准自 1996 年 9 月 1 日施行，至今已有十余年的历史。在此期间，国内外在工程抗震领域取得了相当多的重要成果，出现了大量新的名词和术语，需要进一步统一规范。在这一背景下，我们对《工程抗震术语标准》JGJ/T 97－95（以下简称"原标准"）进行了修订，以利于本学科的发展和学术交流。

本标准中的术语及其涵义来源于以下几个方面：1. 与工程抗震设计、抗震鉴定、抗震加固、抗震防灾规划、地震安全性评价等有关的标准、规范规程和技术条例；2. 有关工程抗震和抗震减灾的行政法规；3. 地震工程、工程抗震和地震对策方面的论文和专著；4. 有关词典、百科全书、外文资料等。

有关工程抗震的术语除应符合本标准外，还应符合国家现行有关规范、标准的规定，涉及工程抗震术语的主要有以下现行标准：

1 《建筑抗震设计规范》GB 50011

2 《建筑抗震鉴定标准》GB 50023

3 《建筑工程抗震设防分类标准》GB 50223

4 《民用建筑可靠性鉴定标准》GB 50292

5 《混凝土结构加固设计规范》GB 50367

6 《城市抗震防灾规划标准》GB 50413

7 《工程场地地震安全性评价》GB 17741

8 《中国地震动参数区划图》GB 18306

9 《地震灾害预测及其信息管理系统技术规范》GB/T 19428

10 《建筑抗震试验方法规程》JGJ 101

11 《建筑抗震加固技术规程》JGJ 116

12 《中国数字强地震动台网技术规程》JSGC－3

2 综合性术语

本章较原标准作了较大的修改，只保留了第一节的主要内容，将第二节的工程地震术语合并到第三章中，将第三节结构动力学术语合并到第五章中。

本章给出的综合性术语为 3～9 章的主要术语，以及 3～9 章未涉及的与工程抗震有关的其他方面的术语，这些术语涉及抗震管理、抗震设防、环境振动、结构抗震性能等方面。

本章与原标准相比，删除了以下词条：多遇地震烈度、基本烈度、罕遇地震烈度、人工地震震动、结构延性等。增加了以下词条：抗震设防要求、抗震设防水准、超越概率、建筑抗震设防分类、特殊设防类、重点设防类、标准设防类、适度设防类、综合抗震能力、多遇地震、设防地震、罕遇地震、设计地震动参数、设计基本地震加速度、地震影响系数曲线、设计特征周期、地震作用、建筑抗震概念设计、抗震构造措施等。从原标准其他章节移过来以下词条：地震震级、震中距、震源、震源深度、浅源地震、深源地震、地震烈度、工程地震学、抗震试验等。

这里要说明的是，因为《建筑抗震设计规范》GB 50011 将地震影响用多遇地震、设防地震和罕遇地震代替了多遇地震烈度、基本烈度和罕遇地震烈度，因此本标准也用前者替代了后者，当读者用到后者的词条时可参考本标准相关的词条。

3 强震动观测和工程地震术语

3.1 强震动观测术语

强震动观测是利用仪器来测量和记录地震现象和效应，即地球地表和近地表处的地震运动以及工程结构的地震运动，以借助于观测记录资料研究地震动的特征及其影响规律，并进一步研究地震作用下工程结构的运动和变形过程，研究工程结构的反应和破损特点与规律，为工程抗震设防及防震减灾提供依据。

强震动观测是工程抗震研究的基础，其观测资料直接和间接地应用于工程抗震，为此，本节列出了强震动观测涉及工程抗震的基本术语。考虑到目前强震动观测台网已基本实现了数字化，模拟式强震动观测方式被逐渐淘汰，同时，观测由一般性的场地和结构观测扩展到了为特殊目的观测、由固定观测扩展到了固定观测与流动观测相结合。因此，本章只列出了数字强震动观测的相关术语，并增加了专用台阵、流动台站、地震预警台网及烈度速报台网等术语。

3.2 工程地震术语

工程地震是在地震学研究的基础上发展起来的一个研究分支，主要研究地震引起的地球地表和近地表的地震动和地面变形的特征和规律，为工程抗震设防提供基础。本节列出了工程地震中涉及地震定义、地震震源、地震波传播和影响作用等方面的基本术语。重点编入了工程场地地震安全性评价技术和方法涉及的相关术语。

4 场地和地基抗震术语

众所周知，地震灾害与场地关系密切。究其原因，一方面可能由于不同类别场地的地震动幅值和频谱特性有明显差别，使上部结构的动力反应不同；另一方面也可能是由于地基土破坏效应的不同导致震害的差异。所以，工程抗震设计及城市建设规划对建设场地的地震安全性评价应给予特别的关注。本节所收集的词汇包括了与这两方面相关的词汇。

例如与场地地震动有关的词汇包括：场地类别、场地土、等效剪切波速、基底层、覆盖层厚度等。

又例如与场地地震破坏效应有关的词汇有：地裂缝、震陷、地震地质灾害及对抗震有利、不利和危险地段等。

地震时出现广泛的砂类土液化及由此引发的地震灾害屡见不鲜，为地震工程界广泛注意。液化的物理意义、初始液化、液化势、土的液化强度、反映液化轻重程度的液化指数、液化标准贯入锤击数临界值、液化标准贯入锤击数基准值、抗液化措施及由于液化引发的土体的侧向扩张和流动等术语，都是地基抗震工程中经常涉及的，本节尽量列入。地震时地基承载力的失效及地基承载力计算所涉及的术语也在本节中列出。

5 工程抗震理论和计算术语

5.1 结构动力学术语

工程结构在地震作用下所产生的动态反应，实际上也属于结构动力学范畴。结构地震反应的强烈程度，除取决于地震作用大小外，还与结构本身的动态特性（周期、振型、阻尼等）密切相关。当结构自振周期与地震振动卓越周期相近时，将出现共振效应而加重结构的破坏程度；反之，则会减轻工程震害。所以，当涉及工程抗震这一领域时，就离不开结构动力学的内容。

5.2 工程抗震计算术语

5.2.5 时程分析法：

第3款，增量动力分析。增量动力分析是将单一的时程分析扩展为增量时程分析，因此也被称为“动力推覆分析”。其基本做法是对结构施加一个（或多个）地震动记录，将每一地震动记录都按一定的比例系数调整为多重强度水平并在每一强度水平下分别进行时程分析；选择地震动强度指标和工程需求参数，后处理动力分析结果，得到一条（或多条）工程需求参数与地震动强度指标的关系曲线，即IDA曲线或（IDA曲线族）；综合多条记录增量动力分析结果，确定反映统计特性、以分位数表示的IDA曲线；结合地震危险性分析结果，研究结构在地震作用下的整个损伤、破坏的全过程。这种方法不但可应用于单自由度体系，还可以应用于多自由度体系。

5.2.6 静力弹塑性分析。静力弹塑性设计方法是指在一组能够近似反映结构动力特性、单调递增的侧向荷载的作用下，对结构逐步实施弹塑性静力分析，以了解和评估结构在地震作用下内力和变形特征、塑性铰出现的顺序位置、薄弱层和薄弱构件以及结构在罕遇地震下可能的破坏和损伤机制，整个分析过程明晰地刻画了结构的线弹性状态、逐步屈服状态和变形极限状态等结构在强震作用下可能会出现的一系列关键事件。静力弹塑性分析方法既考虑了计算的简便性，又考虑结构在地震作用下的非线性响应特性。静力塑性分析方法分为两步：其一是对结构进行推覆分析，其二是根据结构推覆分析的结果评估结构的抗震性能。通常实施的方法被称做“pushover分析”。目前被广泛接受和应用的静力弹塑性设计方法主要有能力谱方法、位移影响系数法等。

第1款，能力谱。能力谱实际上是通过地震反应谱曲线获取结构各个弹塑性阶段所需要的反应值，然后将结构推覆分析得到的结构能力谱和由反应谱得到的需求谱相叠加，如果两谱线相交，其交点被定义为结构抗震性能点，根据该点来评估结构的抗震性能，并且根据该点反演对应的结构基底剪力、顶点位移和层间位移等。如果不相交，则认为该结构不能承受相应的地震作用。

第3款，位移影响系数法。利用静力推覆分析和修正的等效位移近似法来确定结构的最大位移的方法。FEMA-273推荐采用位移影响系数法来确定结构顶层的非线性最大期望位移，最大期望位移即定义为目标位移。

6 工程抗震设计术语

6.1 工程抗震概念设计术语

6.1.3 延性抗震设计。延性抗震设计通过结构选定部位的塑性变形（形成塑性铰）来抵抗地震作用。利用选定部位的塑性变形，不仅能消耗地震能量，还能延长结构周期，从而减小地震反应。

6.1.5 基于性能的抗震设计。基于性能的抗震设计（PBSD）理论是20世纪90年代由美国科学家和工程师首先提出的，其基本思想是使被设计的建筑物在使用期间满足各种预定功能或性能目标要求。

对基于性能地震工程的发展有较大影响的几个标志性成果有：美国加州工程师协会（SEAOC）提出的Vision2000、联邦紧急事务管理局（FEMA）提出的FEMA273/274及随后以此为基础并作为ASCE标准出版的FEMA356和应用技术理事会（ATC）提出的ATC-40。

基于性能的抗震设计的主导思想是采用合理的抗震性能目标和合适的结构抗震措施进行设计，使结构在各种水准地震作用下的破坏损失，能为业主选择和承受，通过对工程项目进行生命周期的费用-效益分析后达到一种安全可靠和经济合理的优化平衡。我国现行规范的“小震不坏、中震可修、大震不倒”，从一定意义上讲也是一种性能目标，只是这种目标笼统，没有针对工程类别和工程重要性进行分类。

6.1.6 基于位移的抗震设计。基于位移的抗震设计是一种在设计步骤中以位移为前提的抗震设计方法。基于位移的设计是把非线性结构等效化为具有黏滞阻尼的线性结构，选择合适的设计位移反应谱来确定所需的结构自振周期（或刚度）。在此设计方法中，强度和刚度是设计的最终结果而不是初始的设计目标。多自由度结构基于位移的设计方法可简单地归纳如下：1）根据目前的设计基本原理、极限状态（使用极限状态或最终极限状态）及可接受的破坏水平，给出结构的初始目标位移；2）考虑结构延性对阻尼的影响及滞回耗能，给出合适的阻尼表示式；3）选择合适的设计位移反应谱；4）根据目标位移及阻尼水平确定等效单自由度结构的位移和阻尼；5）由位移反应谱确定等效单自由度结构的等效刚度和力；6）考虑结构的非线性响应，进行结构分析，得出满足容许位移值的结构位移；7）对设计的截面及配筋情况进行检验，通过迭代选择合理的截面及配筋率。

6.1.7 基于能量的抗震设计。基于能量的设计思想是 Housner 在 1956 年提出的，该方法认为应该以力与位移的乘积，或地震力所做的功，或地震力传入结构的能量作为设计依据，经过抗震设计的结构应该能够抵御从地面吸收的能量而不破坏。地面运动输入结构的能量一部分通过结构-土相互作用耗散，另一部分能量由结构自身耗散。地震中的能量耗散不但与结构的自身特性有关（如结构材料，结构类型，结构平面、竖向布置形式等），还与地震作用的强度、频谱特征和地震持时等地震作用机理有关。

基于能量的设计从提出就有多种途径，需要集中解决的问题是如何表征地震的能量输入，如何评价结构和构件的耗能能力并将二者结合起来。Housner 给出了能量谱概念以及多种表征能量输入的方法，但多是以等效单自由度体系为基础的，如何应用于多质点体系，虽提出过一些方法，但均有待深入。

6.1.14 多道抗震设防。结构抗震能力依赖于结构各部分的吸能和耗能作用，抗震结构体系中，吸收和耗散地震输入能量的各个部分，其中部分结构因出现破坏（形成机构）而降低或丧失抗震能力，而其余部分结构（或构件）能继续抵抗地震作用。

6.3 工程减隔震设计术语

6.3.1 结构振动控制。结构控制的概念是美国学者 J. T. P. Yao 教授在 1972 年首先提出的。之后，结构振动控制在全世界范围内引起了广泛的关注，国内外学者们对这一新兴领域倾注了极大的热情。结构控制问题是把结构控制概念从传统的利用结构本身来抵御外界荷载的、只强调满足强度和刚度等约束条件的被动消极的结构对策，提升到通过在结构上施加子系统或耗能隔振装置以抵御外界荷载的作用，从而能动地操纵结构性态的主动积极的结构对策。结构振动控制理论将结构的弹塑性分析与抗震相结合，抗震与消震相结合，能动控制与设计相结合，通过对建筑结构的控制设计，在结构的特定位置出现一定数量的人工塑性铰，使其发生期望的破坏机构形式，实现强震下最佳的耗能机构；对结构中梁、柱等构件进行延性设计，提高其延性和耗能能力。

结构控制是研究控制结构反应（位移、速度或加速度）的设计理论和应用技术，按是否需要外部能源和激励以及结构反应的信号大体上可分为被动控制、主动控制、半主动控制和混合控制四类。

被动控制也称无源控制，它不需要外部输入能量，仅通过控制系统改变结构系统的动力特性达到减轻动力响应的目的。而主动控制的过程则依赖于外界激励和结构响应信息，并需要外部输入能量，提供“控制力”。半主动控制也利用结构响应或外界激励信息，但仅需要输入少量能量以改变控制系统形态，达到改变结构动力特性从而减轻响应的目的。混合控制指的是上述三类控制的混合应用，在结构上同时施加主动和被动控制，整体分析其响应，既克服纯被动控制的应用局限，也减小控制力，进而减小外部控制设备的功率、体积、能源和维护费用，增加系统的可靠性。

第 1 款，被动控制。结构被动控制是一种无源控制方法，包括隔震、吸振和耗能三大控制形式，采用直接减少、隔离、转移、消耗能量的方法达到减小结构振动的目的。在我国，20 世纪 50 年代就提出基础隔震思想，80 年代末结构控制方面的研究正式起步。由于被动控制易于工程实现，设计简单且效果不错，受到工程界普遍重视。目前其理论研究和工程实践经验都趋于成熟，隔震和消能减震已被列入抗震规范。

第 2 款，主动控制。主动控制需要外界提供能量，对结构施加额外的作用力减小结构的动力反应，为振动控制的现代方法。主动控制主要有主动调谐质量阻尼系统（AMD）和主动锚索控制（ATS）。主动调谐质量阻尼系统是利用传感器时刻监测结构反应（位移、速度或加速度），并根据闭环控制理论，计算机接受传感器信息并瞬时改变状态矢量和反馈矢量得出控制力，接着电液伺服装置将最优控制力施加于结构，以控制其运动和变形。

主动锚索控制是利用传感器把结构的反应传给计算机，计算机进行优化分析计算出所需要的控制力，驱动液压伺服系统，该系统通过锚索对结构施加控制力，从而有效地减小结构反应。该装置已被应用到实际结构中，用于控制风振反应。

第 3 款，半主动控制。半主动控制是利用控制机构来调节结构内部的参数，使结构参数为最优状态。半主动控制在实际工程中的应用包括空气动力挡风控制系统，该系统通过调节建筑物顶部的挡风板，利用迎风面积的变化控制结构振动反应。还有就是可变结构系统，该系统以分别在小震时具有较强的侧移刚度、强震时降低结构的刚度，以避开场地土的卓越周期来满足抗震设防三水准要求。半主动控制的优点是能耗小，却又可收到与主动控制相近的效果。

第4款，混合控制。混合控制是主动控制与被动控制的结合。混合控制利用了两种控制方法各自的优点，拓宽了控制系统的应用范围。实际上，混合控制只需提供较小的控制力就可有效地控制结构，特别是在强烈地震作用下，混合控制更显示出其优越性。

第5款，主动质量阻尼器控制系统。首次使用在1991年日本建造的一栋7层建筑上，实验及多年风振表明控制效果良好。计算结果表明，橡胶垫隔振与主动质量阻尼系统构成的主动混合控制系统、橡胶垫隔振与被动质量阻尼系统构成的被动混合控制系统等，均能有效地减小结构的地震反应。

6.3.2 消能减震技术是将结构的某些部件设计成消能构件或安装一些消能器、减震器、吸震器来消耗结构在地震作用下的惯性振动能量的技术。消能器包括利用各种阻尼部件、吸能部件或摩擦支撑产生的阻尼力、塑性变形或摩擦力来衰减结构在外界干扰（如风荷载和地震作用等）下的振动响应，具有耗能能力强、低周疲劳性能好的特点。

目前广泛应用的消能器主要有两类，一类是与速度相关的黏弹型（黏滞）阻尼器；另一类是与位移相关的金属屈服以及摩擦有关的滞变型阻尼器等，通常用于被动控制系统。磁流变（MR）阻尼器则通常用于半主动控制系统。

TMD、TLD则可归类于吸振阻尼器。吸振技术是在主结构上附加一个子系统，地震（风荷载）作用下，子系统与主结构共同振动吸收部分地震（风振）能量，保护主体结构。这种装置常见的有调谐质量阻尼器（TMD），它是在主结构上附加的一个由质量、弹簧、阻尼组成的子振动系统——吸振器。通过对参数优化设计，在地震（风荷载）作用下，吸振器运动吸收较多的地震（风作用）能量，大大减弱了主结构的振动效应。目前已有的工程实践TMD、TLD通常主要用于抗风。

6.3.6 隔震。隔震技术是在上部结构与基础之间设置一个隔震层，阻断（过滤减轻）地震水平运动剪切波向上部结构传递。隔震层通常由隔震支座、阻尼器、限位器等组成。隔震支座一般具有较大竖向承载力和刚度，而水平刚度较低，这样使得隔震层以上结构水平振动周期变长、阻尼增大，从而可以大幅度降低上部结构的水平地震反应，当然也带来隔震层的较大位移。当隔震层设在房屋高度的中间某层时，也叫层间隔震。目前隔震层用得最多的是铅芯叠层橡胶支座，也有滑板支座、摩擦摆支座、滚球支座、组合支座等。

7 抗震鉴定和加固术语

7.1 抗震鉴定术语

抗震鉴定包括震前鉴定和震后鉴定。震前鉴定是根据当地预期可能遭遇的地震危险性，按照抗震鉴定标准，对现有工程的抗震能力进行评定，估计可能遭受的震害，提出是否需要采取加固措施的意见。震后鉴定是对已遭受震害的工程进行鉴定，包括结构震前状况、破坏部位和破坏程度，以确定该结构是否有修复加固价值。

7.2 抗震加固术语

加固措施的制定以抗震鉴定结果为依据，并考虑工程现状、场地条件、施工和经济等因素，着重改善结构的整体抗震能力，要注意工程的使用功能与环境的协调。分为结构体系加固和构件加固。

7.2.4 加固设计使用年限。加固设计规定的结构、构件加固后无需重新进行检测、鉴定即可按其预定目的使用的时间。抗震鉴定及加固时，可考虑后续设计使用年限的不同，建立相应的“鉴定、改造用地震动参数”。即新建工程按50年设计基准期内超越概率10％确定其设计所用的抗震设防烈度；对于已经使用了$T1$年的现有建筑，可按（50－$T1$）年内超越概率10％确定其鉴定及加固时所用的抗震设防烈度，再确定对应的设计参数。借助于地震危险性分析，在潜在震源、地震活动性、衰减规律的基础上，可得到某个地区以年超越概率$p(I>i)$表示的地震危险性，再根据给定期限T内发生大于某一烈度的超越概率$P(I>i\mid T)$与年超越概率的关系：

$$P(I>i\mid T)=1-[1-p(I>i)]^{T}$$

就可得到不同期限内在给定超越概率下的地震烈度。

采用合理折减的地震影响系数最大值和相应的抗震措施，使用功能改造后的结构，今后在原结构的设计使用期内继续使用，其抗震设防安全的可靠性仍可达到设计规范规定的概率水准，而改造部分的投资可以相对比较经济。

7.2.6 抗震加固方法的选择：

1 抗震横墙间距符合要求而承载力不足时，采用钢筋网面层加固可提高承载力并改善结构延性，而且施工比较方便；当原墙体抗震承载力与设防要求相差太大时，可采用钢筋混凝土板墙加固。

2 抗震横墙间距超过限值，或房屋横向抗震承载力不足，应优先增设抗震墙加固，因为这种加固方法的效果最好。一般情况，增设的抗震墙可采用砖墙；当楼盖整体性较好且横向抗震承载力与设防要求相差较大时，也可增设钢筋混凝土抗震墙加固。

3 钢筋混凝土柱配筋不满足要求时，可增设钢构套架、现浇钢筋混凝土套等方法加固柱的抗弯、抗剪和抗压能力，也可采用粘贴纤维布、钢绞线网-聚合物砂浆面层等方法提高柱的抗剪能力；也可增设抗震墙减少柱承担的地震作用。

4 横向抗震验算时，承载力不足的外纵墙可用钢筋混凝土壁柱加固。壁柱可设在纵墙的内侧或外侧，也可内外侧同时增设；仅增设外壁柱时，要采取措施加强壁柱与楼盖梁的连接。也可增设抗震墙减少砖柱（墙垛）承担的地震作用。

5 当底层框架砖房的框架柱轴压比不满足要求时，可增设钢筋混凝土套加固或按现行国家标准《建筑抗震设计规范》GB 50011的相关规定增设约束箍筋提高体积配箍率。

8 工程抗震试验术语

8.1 一 般 术 语

试体指抗震试验的对象，按照试验对象的尺寸可以将试验分为原型试验和模型试验。原型试验除了以原型结构为试验对象外，还包括试验对象是足尺结构或构件的试验。由于原型结构试验的试验规模大，受设备能力和经济条件的限制，实验室条件下的结构试验大多为结构的部分或部件的试验，而且较多采用的还是缩小比例的模型试验。根据不同的试验目的，模型试验可以分为相似模型试验和缩尺模型试验，相似模型试验按照相似理论的基本原则制作结构模型，模型具有原型结构的全部或部分特征，在模型上施加相似力系使模型重现结构的实际工作状态，由模型试验结果推断原型结构的性能。缩尺模型试验也称为小构件试验，试验不要求满足严格的相似条件，目的是为了验证设计理论和计算方法的正确性。

8.3 拟动力试验术语

拟动力试验方法吸收了拟静力试验和模拟地震振动台试验方法的优点，通过计算来考虑惯性力和阻尼力的影响，将动力试验转化为慢速加载试验，使得大比例尺甚至足尺结构试验成为可能。拟动力试验方法近年来在概念、方法、技术和设备等方面取得了很大进展，应用范围从最初的研究结构本身拓展到研究多点多维地震输入、土-结构相互作用、土层地震反应分析等领域。子结构法已成功地应用于大型结构的静力和动力分析中，基于同样的道理，提出了子结构拟动力试验法，该试验方法将结构分为数值子结构和试验子结构（物理子结构），试验子结构代表结构中用来进行试验的部分，其他部分则用计算机进行模拟，解决了大型结构拟动力试验规模大、费用高的缺点。拟动力试验的缺点是不能反映速度相关型材料的性能，如黏滞阻尼器、黏弹性阻尼器等，为了解决这一困难，1992 年 Nakashima 等人提出了实时子结构拟动力试验方法，实时子结构拟动力试验方法要求物理子结构的加载实时进行，其加载速度比拟动力试验快很多。随着互联网技术、远程通信技术和远程控制技术的发展，可以将多个试验室的设备进行整合和协同，将试验结构分为若干子结构，不同子结构在不同的实验室进行试验，整个试验通过网络进行数据交换和远程控制，形成网络化的协同拟动力试验。

8.4 模拟地震振动台试验术语

模拟地震振动台试验可以很好地再现地震过程和进行大量人工地震波的试验，用以研究结构的动力特性、检验结构的抗震措施、研究结构地震反应和破坏机理等，是目前应用最为广泛的一种结构抗震试验方法。由于设备能力的局限性，振动台无法进行大的结构或构件足尺或大比例尺的试验，同时振动台也无法考虑地面不均匀运动对大跨度结构的影响，因此，可以将多个中小振动台组成振动台阵，当组成振动台阵的各振动台同步振动时，台阵相当于一个大型的振动台，可以进行大型结构或构件的试验，当各振动台异步振动时，台阵能考虑地面运动的不均匀性，可进行大跨度结构的不均匀地震动输入试验。振动台实时子结构试验是将试验子结构置于振动台上，以计算子结构算得的结构反应作为振动台的输入所进行的振动台试验。

8.5 原型结构动力试验术语

在研究工程结构的抗震、抗风或抵抗其他动荷载的性能和能力时，都有必要进行结构的动力特性试验，工程结构的动力特性反映结构本身所固有的动力性能，包括结构的自振频率、阻尼和振型等。结构的动力特性试验主要研究结构自振特性，可以在现场对原型结构进行测试，也可以通过试验室内的模型试验来测量。结构动力特性试验方法可以分为自由振动法、强迫振动法和环境振动法。

8.6 土工动力试验术语

本节的土工动力试验术语包括土体动力性质测试、场地剪切波速测试和土工动力离心模型试验。普通振动台模型试验难以模拟岩土材料的重力作用，因此岩土工程的抗震问题，通常采用数值计算的手段进行研究，数值计算结果受计算参数选取和计算模型假定的影响很大，而采用土工离心机振动台系统可以使模型土体产生与原型相同的自重应力，加以在模型底部输入地震波，可以获得土体在地震作用下的动力反应，土工动力离心模型试验已成为研究岩土工程抗震问题最为有效的试验手段之一。

9 抗震减灾和抗震防灾规划术语

9.1 地震危害术语

地震灾害可分为原生灾害和次生灾害。原生灾害由地震直接造成，如工程和设备破坏及由此引起的人畜伤亡等。地震次生灾害系由地震原生灾害引发的，例如地震时先造成工程、设施或设备破坏或处于非正常工作状态，并由此引发出火灾、水灾、爆炸、溢毒等，使灾害进一步扩大，造成更多的工程破坏和人畜伤亡。

地震灾害难以人工再现，对地震灾害进行现场调查，通过分析评估，总结经验教训，并提出抗震措施，这是抗震救灾工作的重要组成部分。

本标准根据住房和城乡建设部（原建设部）的有关文件，将工程结构按其地震破坏的轻重程度划分为基本完好、轻微破坏、中等破坏、严重破坏和倒塌五个等级，并给出划分等级的标准。也有人将倒塌再分为局部倒塌和倒塌两级，即工程破坏等级总共划分为六级。

工程破坏等级划分，不仅可作为判别工程破坏程度、评估地震经济损失的依据，也可为工程抢修排险和恢复重建提供技术和经济依据。

9.2 抗震减灾术语

地震造成的损失，有的国家单纯用经济表示，我国学术界将地震损失划分为经济损失、人员伤亡和社会影响三部分。实际上，人员伤亡也属于地震社会影响范畴，因为人的生命最为宝贵，难以用金钱表示；但是，由于人员伤亡数字在地震之后最令社会关注，不同于一般地震社会影响，因而也可单独列为地震损失的一种。本标准采用了我国学术界常用的将地震损失划分为三部分的方法。

地震经济损失的大小与下列因素有关：地震震动强度及其形成的震灾规模，社会生产发展程度，社会对震灾的预防水平和应急反应能力等。

地震经济损失的统计工作十分复杂，可划分为直接经济损失和间接经济损失两类。一般把由地震引起的建（构）筑物及生命线工程破坏的损失、财产损失，以及因停产、减产造成的净产值减少的损失称为直接经济损失；而把地震经济总损失中各种非直接损失的部分称为地震间接损失，例如因地震受灾企业（如供水、供电、交通、通信等生命线工程）停产减产引起相关企业连锁反应造成的损失及抗震救灾投入的资金等都属地震间接损失。

地震间接经济损失统计更为复杂，有人建议按投入产出进行统计。由于这种计算模型未涉及救灾等有关费用，而且灾后非常时期的投入产出状态不同于灾前，用正常状态下的投入产出关系进行统计，可能会产生较大出入，因而不是一个理想的方法。

9.3 抗震防灾规划术语

制定和实施抗震防灾规划是提高城镇和工矿企业综合抗震能力的根本措施。本节给出了有关抗震防灾规划的若干术语。

抗震防灾规划在总体上应包括：1）总体布局中的减灾策略和对策；2）抗震设防标准和防御目标；3）抗震设施建设、基础设施配套等抗震防灾规划要求与技术指标，同时还应包括用地抗震适宜性划分，规划建设用地选择，重要建筑、超限建筑，新建工程建设，基础设施规划布局、建设与改造，高易损性城区改造，火灾、爆炸等次生灾害源，避震疏散场所及疏散通道的建设与改造等抗震防灾要求和措施，以及规划的实施和保障。

按《城市抗震防灾规划标准》GB 50413 的规定，抗震防灾规划应按照城市规模、重要性、要求差别，分为甲、乙、丙三种编制模式。对应不同的模式，抗震防灾规划的工作深度是不同的，由此导出了对基础设施、建筑的抗震性能评估的深度要求差别。对建筑群体、单体抗震性能评估的方法很多，有确定性、概率统计、模糊判别等方法。对于建筑群体的抗震性能评估的精度取决于对群体建筑结构信息、用途信息和建筑物所在场地地质情况等信息掌握的详细程度。由于建筑物在地震作用下的受力是以结构单体为承载单元的，基础设施（如地下管线）的网络特性，以及我国城市建设的日新月异等，故技术手段较新颖的办法就是建立建筑物和基础设施的数据库，利用地理信息系统管理这些信息，把城市的日常管理与城市防灾规划紧密结合起来。这是震前提高建筑群体抗震性能评估精度，震后快速评估震害与损失，为防灾救灾决策提供信息平台的有效手段。这种规划就是所谓的动态抗震防灾规划。

中华人民共和国行业标准

建筑工程冬期施工规程

Specification for winter construction of building engineering

JGJ/T 104—2011

批准部门：中华人民共和国住房和城乡建设部
施行日期：2 0 1 1 年 1 2 月 1 日

中华人民共和国住房和城乡建设部
公　　告

第989号

关于发布行业标准《建筑工程冬期施工规程》的公告

现批准《建筑工程冬期施工规程》为行业标准，编号为JGJ/T 104-2011，自2011年12月1日起实施。原行业标准《建筑工程冬期施工规程》JGJ/T 104-97同时废止。

本规程由我部标准定额研究所组织中国建筑工业出版社出版发行。

中华人民共和国住房和城乡建设部

2011年4月22日

前　　言

根据住房和城乡建设部《关于印发〈2008年工程建设标准规范制订、修订计划〉（第一批）的通知》（建标［2008］102号）的要求，规程编制组经广泛调查研究，认真总结实践经验，参考有关国际标准和国外先进标准，并在广泛征求意见的基础上，修订本规程。

本规程的主要技术内容是：1. 总则；2. 术语；3. 建筑地基基础工程；4. 砌体工程；5. 钢筋工程；6. 混凝土工程；7. 保温及屋面防水工程；8. 建筑装饰装修工程；9. 钢结构工程；10. 混凝土构件安装工程；11. 越冬工程维护。

本规程修订的主要技术内容是：

1. 将“土方工程”与“地基与基础工程”两章合并，改名为“建筑地基基础工程”；

2. 增加基坑支护的冬期施工技术内容；

3. “砌筑工程”一章改名为“砌体工程”；

4. 取消原“砌筑工程”中的冻结法施工；

5. 取消钢筋的负温冷拉，增加钢筋电渣压力焊冬期施工规定；

6. 修订混凝土负温受冻临界强度的规定；

7. 取消混凝土综合蓄热法养护判别式；

8. “屋面保温及防水工程”一章改名为“保温及屋面防水工程”，增加外墙外保温工程冬期施工的内容；

9. “装饰工程”改名为“建筑装饰装修工程”，并取消饰面工程的冬期施工内容；

10. 修订原附录A“土壤保温防冻计算”；

11. 修订原附录B“混凝土的热工计算”公式；

12. 取消原附录C“掺防冻剂混凝土在负温下各龄期混凝土强度增长规律”；

13. 修订原附录D“用成熟度法计算混凝土早期强度”。

本规程由住房和城乡建设部负责管理，由黑龙江省寒地建筑科学研究院负责具体技术内容的解释。执行过程中如有意见或建议，请寄送黑龙江省寒地建筑科学研究院（地址：黑龙江省哈尔滨市南岗区清滨路60号，邮政编码：150080）。

本规程主编单位：黑龙江省寒地建筑科学研究院
天元建设集团有限公司

本规程参编单位：中国建筑科学研究院
山西建筑工程（集团）总公司
北京建工集团有限责任公司
清华大学
齐翔建工集团有限责任公司
新疆建筑科学研究院
黑龙江省住房和城乡建设厅
辽宁省建设科学研究院
唐山北极熊建材有限公司
北京双圆工程咨询监理有限公司
山西省第二建筑工程公司

哈尔滨工业大学
沈阳建筑大学
鞍钢建设集团有限公司
中南林业科技大学
上海曹杨建筑粘合剂厂
黑龙江省桩基础工程公司

本规程主要起草人员：朱卫中　朱广祥　张桂玉
孙无二　王利华　赵秋晨
王元清　郝玉柱　黄　宇
陈建军　陈智丰　刘宏伟
李家和　谢　婧　邢根保
张巨松　耿国生　赵霄龙
李东文　王　力　王春波
尹长生　杨顺河　李华勇
邓寿昌　程　峰　吕　岩
马新伟　伊永成　杨宇峰
魏成明　赵彩明　尹冬梅

本规程主要审查人员：项玉璞　钮长仁　薛　刚
王玉瑛　王国君　李东彬
何忠茂　王海云　丁延生
周云麟　宋国刚

目　次

Contents

1 总 则

1.0.1 为了在建筑工程冬期施工中贯彻执行国家的技术经济政策，做到技术先进、安全适用、经济合理、确保质量、节能环保，制定本规程。

1.0.2 本规程适用于工业与民用房屋和一般构筑物的冬期施工。

1.0.3 本规程冬期施工期限划分原则是：根据当地多年气象资料统计，当室外日平均气温连续5d稳定低于5℃即进入冬期施工，当室外日平均气温连续5d高于5℃即解除冬期施工。

1.0.4 凡进行冬期施工的工程项目，应编制冬期施工专项方案；对有不能适应冬期施工要求的问题应及时与设计单位研究解决。

1.0.5 建筑工程冬期施工除应符合本规程外，尚应符合国家现行有关标准的规定。

2 术 语

2.0.1 负温焊接 welding at subzero temperature

在室外或工棚内的负温下进行钢筋的焊接连接。

2.0.2 受冻临界强度 critical strength in frost resistance

冬期浇筑的混凝土在受冻以前必须达到的最低强度。

2.0.3 蓄热法 thermos method

混凝土浇筑后，利用原材料加热以及水泥水化放热，并采取适当保温措施延缓混凝土冷却，在混凝土温度降到0℃以前达到受冻临界强度的施工方法。

2.0.4 综合蓄热法 comprehensive thermos method

掺早强剂或早强型复合外加剂的混凝土浇筑后，利用原材料加热以及水泥水化放热，并采取适当保温措施延缓混凝土冷却，在混凝土温度降到0℃以前达到受冻临界强度的施工方法。

2.0.5 电加热法 electric heat method

冬期浇筑的混凝土利用电能进行加热养护的施工方法。

2.0.6 电极加热法 electrode heating method

用钢筋作电极，利用电流通过混凝土所产生的热量对混凝土进行养护的施工方法。

2.0.7 电热毯法 electric heat blanket method

混凝土浇筑后，在混凝土表面或模板外覆盖柔性电热毯，通电加热养护混凝土的施工方法。

2.0.8 工频涡流法 eddy current method

利用安装在钢模板外侧的钢管，内穿导线，通以交流电后产生涡流电，加热钢模板对混凝土进行加热养护的施工方法。

2.0.9 线圈感应加热法 induction coil heating method

利用缠绕在构件钢模板外侧的绝缘导线线圈，通以交流电后在钢模板和混凝土内的钢筋中产生电磁感应发热，对混凝土进行加热养护的施工方法。

2.0.10 暖棚法 tent heating method

将混凝土构件或结构置于搭设的棚中，内部设置散热器、排管、电热器或火炉等加热棚内空气，使混凝土处于正温环境下养护的施工方法。

2.0.11 负温养护法 curing method at subzero temperature

在混凝土中掺入防冻剂，使其在负温条件下能够不断硬化，在混凝土温度降到防冻剂规定温度前达到受冻临界强度的施工方法。

2.0.12 硫铝酸盐水泥混凝土负温施工法 sulphoaluminate cement concrete

冬期条件下，采用快硬硫铝酸盐水泥且掺入亚硝酸钠等外加剂配制混凝土，并采取适当保温措施的负温施工法。

2.0.13 起始养护温度 original curing temperature

混凝土浇筑结束，表面覆盖保温材料完成后的起始温度。

2.0.14 热熔法 hot melt method

防水层施工时，采用火焰加热器加热熔化热熔型防水卷材底层的热熔胶进行粘贴的施工方法。

2.0.15 冷粘法 cold application method

采用胶粘剂将卷材与基层、卷材与卷材进行粘结，而不需加热的施工方法。

2.0.16 涂膜屋面防水 surface-coating method for waterproofing

以沥青基防水涂料、高聚物改性沥青防水涂料或合成高分子防水涂料等材料，均匀涂刷一道或多道在基层表面上，经固化后形成整体防水涂膜层。

2.0.17 成熟度 maturity

混凝土在养护期间养护温度和养护时间的乘积。

2.0.18 等效龄期 equivalent age

混凝土在养护期间温度不断变化，在这一段时间内，其养护的效果与在标准条件下养护达到的效果相同时所需的时间。

3 建筑地基基础工程

3.1 一 般 规 定

3.1.1 冬期施工的地基基础工程，除应有建筑场地的工程地质勘察资料外，尚应根据需要提出地基土的主要冻土性能指标。

3.1.2 建筑场地宜在冻结前清除地上和地下障碍物、地表积水，并应平整场地与道路。冬期应及时清除积雪，春融期应作好排水。

3.1.3 对建筑物、构筑物的施工控制坐标点、水准点及轴线定位点的埋设，应采取防止土壤冻胀、融沉变位和施工振动影响的措施，并应定期复测校正。

3.1.4 在冻土上进行桩基础和强夯施工时所产生的振动，对周围建筑物及各种设施有影响时，应采取隔振措施。

3.1.5 靠近建筑物、构筑物基础的地下基坑施工时，应采取防止相邻地基土遭冻的措施。

3.1.6 同一建筑物基槽（坑）开挖时应同时进行，基底不得留冻土层。基础施工中，应防止地基土被融化的雪水或冰水浸泡。

3.2 土 方 工 程

3.2.1 冻土挖掘应根据冻土层的厚度和施工条件，采用机械、人工或爆破等方法进行，并应符合下列规定：

1 人工挖掘冻土可采用锤击铁楔子劈冻土的方法分层进行；铁楔子长度应根据冻土层厚度确定，且宜在 300mm～600mm 之间取值；

2 机械挖掘冻土可根据冻土层厚度按表 3.2.1 选用设备；

表 3.2.1 机械挖掘冻土设备选择表

冻土厚度（mm）	挖掘设备
＜500	铲运机、挖掘机
500～1000	松土机、挖掘机
1000～1500	重锤或重球

3 爆破法挖掘冻土应选择具有专业爆破资质的队伍，爆破施工应按国家有关规定进行。

3.2.2 在挖方上边弃置冻土时，其弃土堆坡脚至挖方边缘的距离应为常温下规定的距离加上弃土堆的高度。

3.2.3 挖掘完毕的基槽（坑）应采取防止基底部受冻的措施，因故未能及时进行下道工序施工时，应在基槽（坑）底标高以上预留土层，并应覆盖保温材料。

3.2.4 土方回填时，每层铺土厚度应比常温施工时减少 20%～25%，预留沉陷量应比常温施工时增加。

对于大面积回填土和有路面的路基及其人行道范围内的平整场地填方，可采用含有冻土块的土回填，但冻土块的粒径不得大于 150mm，其含量不得超过 30%。铺填时冻土块应分散开，并应逐层夯实。

3.2.5 冬期施工应在填方前清除基底上的冰雪和保温材料，填方上层部位应采用未冻的或透水性好的土方回填，其厚度应符合设计要求。填方边坡的表层 1m 以内，不得采用含有冻土块的土填筑。

3.2.6 室外的基槽（坑）或管沟可采用含有冻土块的土回填，冻土块粒径不得大于 150mm，含量不得超过 15%，且应均匀分布。管沟底以上 500mm 范围内不得用含有冻土块的土回填。

3.2.7 室内的基槽（坑）或管沟不得采用含有冻土块的土回填，施工应连续进行并应夯实。当采用人工夯实时，每层铺土厚度不得超过 200mm，夯实厚度宜为 100mm～150mm。

3.2.8 冻结期间暂不使用的管道及其场地回填时，冻土块的含量和粒径可不受限制，但融化后应作适当处理。

3.2.9 室内地面垫层下回填的土方，填料中不得含有冻土块，并应及时夯实。填方完成后至地面施工前，应采取防冻措施。

3.2.10 永久性的挖、填方和排水沟的边坡加固修整，宜在解冻后进行。

3.3 地 基 处 理

3.3.1 强夯施工技术参数应根据加固要求与地质条件在场地内经试夯确定，试夯应按现行行业标准《建筑地基处理技术规范》JGJ 79 的规定进行。

3.3.2 强夯施工时，不应将冻结基土或回填的冻土块夯入地基的持力层，回填土的质量应符合本规程第 3.2 节的有关规定。

3.3.3 黏性土或粉土地基的强夯，宜在被夯土层表面铺设粗颗粒材料，并应及时清除粘结于锤底的土料。

3.3.4 强夯加固后的地基越冬维护，应按本规程第 11 章的有关规定进行。

3.4 桩 基 础

3.4.1 冻土地基可采用干作业钻孔桩、挖孔灌注桩等或沉管灌注桩、预制桩等施工。

3.4.2 桩基施工时，当冻土层厚度超过 500mm，冻土层宜采用钻孔机引孔，引孔直径不宜大于桩径 20mm。

3.4.3 钻孔机的钻头宜选用锥形钻头并镶焊合金刀片。钻进冻土时应加大钻杆对土层的压力，并应防止摆动和偏位。钻成的桩孔应及时覆盖保护。

3.4.4 振动沉管成孔时，应制定保证相邻桩身混凝土质量的施工顺序。拔管时，应及时清除管壁上的水泥浆和泥土。当成孔施工有间歇时，宜将桩管埋入桩孔中进行保温。

3.4.5 灌注桩的混凝土施工应符合下列规定：

1 混凝土材料的加热、搅拌、运输、浇筑应按本规程第 6 章的有关规定进行；混凝土浇筑温度应根据热工计算确定，且不得低于 5℃；

2 地基土冻深范围内的和露出地面的桩身混凝土养护，应按本规程第 6 章有关规定进行；

3 在冻胀性地基土上施工时，应采取防止或减小桩身与冻土之间产生切向冻胀力的防护措施。

3.4.6 预制桩施工应符合下列规定：

1 施工前，桩表面应保持干燥与清洁；

2 起吊前，钢丝绳索与桩机的夹具应采取防滑措施；

3 沉桩施工应连续进行，施工完成后应采用保温材料覆盖于桩头上进行保温；

4 接桩可采用焊接或机械连接，焊接和防腐要求应符合本规程第 9 章的有关规定；

5 起吊、运输与堆放应符合本规程第 10 章的有关规定。

3.4.7 桩基静荷载试验前，应将试桩周围的冻土融化或挖除。试验期间，应对试桩周围地表土和锚桩横梁支座进行保温。

3.5 基坑支护

3.5.1 基坑支护冬期施工宜选用排桩和土钉墙的方法。

3.5.2 采用液压高频锤法施工的型钢或钢管排桩基坑支护工程，除应考虑对周边建筑物、构筑物和地下管道的振动影响外，尚应符合下列规定：

1 当在冻土上施工时，应采用钻机在冻土层内引孔，引孔的直径应大于型钢或钢管的最大边缘尺寸；

2 型钢或钢管的焊接应按本规程第 9 章的有关规定进行。

3.5.3 钢筋混凝土灌注桩的排桩施工应符合本规程第 3.4.2 条和第 3.4.5 条的规定，并应符合下列规定：

1 基坑土方开挖应待桩身混凝土达到设计强度时方可进行；

2 基坑土方开挖时，排桩上部自由端外侧的基土应进行保温；

3 排桩上部的冠梁钢筋混凝土施工应按本规程第 6 章的有关规定进行；

4 桩身混凝土施工可选用掺防冻剂混凝土进行。

3.5.4 锚杆施工应符合下列规定：

1 锚杆注浆的水泥浆配制宜掺入适量的防冻剂；

2 锚杆体钢筋端头与锚板的焊接应符合本规程第 9 章的相关规定；

3 预应力锚杆张拉应待锚杆水泥浆体达到设计强度后方可进行。

3.5.5 土钉施工应符合本规程第 3.5.4 条的规定。严寒地区土钉墙混凝土面板施工应符合下列规定：

1 面板下宜铺设 60mm～100mm 厚聚苯乙烯泡沫板；

2 浇筑后的混凝土应按本规程第 6 章的相关规定立即进行保温养护。

4 砌体工程

4.1 一般规定

4.1.1 冬期施工所用材料应符合下列规定：

1 砖、砌块在砌筑前，应清除表面污物、冰雪等，不得使用遭水浸和受冻后表面结冰、污染的砖或砌块；

2 砌筑砂浆宜采用普通硅酸盐水泥配制，不得使用无水泥拌制的砂浆；

3 现场拌制砂浆所用砂中不得含有直径大于 10mm 的冻结块或冰块；

4 石灰膏、电石渣膏等材料应有保温措施，遭冻结时应经融化后方可使用；

5 砂浆拌合水温不宜超过 80℃，砂加热温度不宜超过 40℃，且水泥不得与 80℃以上热水直接接触；砂浆稠度宜较常温适当增大，且不得二次加水调整砂浆和易性。

4.1.2 砌筑间歇期间，宜及时在砌体表面进行保护性覆盖，砌体面层不得留有砂浆。继续砌筑前，应将砌体表面清理干净。

4.1.3 砌体工程宜选用外加剂法进行施工，对绝缘、装饰等有特殊要求的工程，应采用其他方法。

4.1.4 施工日记中应记录大气温度、暖棚内温度、砌筑时砂浆温度、外加剂掺量等有关资料。

4.1.5 砂浆试块的留置，除应按常温规定要求外，尚应增设一组与砌体同条件养护的试块，用于检验转入常温 28d 的强度。如有特殊需要，可另外增加相应龄期的同条件试块。

4.2 外加剂法

4.2.1 采用外加剂法配制砂浆时，可采用氯盐或亚硝酸盐等外加剂。氯盐应以氯化钠为主，当气温低于 −15℃时，可与氯化钙复合使用。氯盐掺量可按表 4.2.1 选用。

表 4.2.1 氯盐外加剂掺量

氯盐及砌体材料种类			日最低气温(℃)			
			≥−10	−11～−15	−16～−20	−21～−25
单掺氯化钠(%)		砖、砌块	3	5	7	—
		石材	4	7	10	—
复掺(%)	氯化钠	砖、砌块	—	—	5	7
	氯化钙		—	—	2	3

注：氯盐以无水盐计，掺量为占拌合水质量百分比。

4.2.2 砌筑施工时，砂浆温度不应低于 5℃。

4.2.3 当设计无要求，且最低气温等于或低于 −15℃时，砌体砂浆强度等级应较常温施工提高一级。

4.2.4 氯盐砂浆中复掺引气型外加剂时，应在氯盐砂浆搅拌的后期掺入。

4.2.5 采用氯盐砂浆时，应对砌体中配置的钢筋及钢预埋件进行防腐处理。

4.2.6 砌体采用氯盐砂浆施工，每日砌筑高度不宜超过1.2m，墙体留置的洞口，距交接墙处不应小于500mm。

4.2.7 下列情况不得采用掺氯盐的砂浆砌筑砌体：

1 对装饰工程有特殊要求的建筑物；

2 使用环境湿度大于80%的建筑物；

3 配筋、钢埋件无可靠防腐处理措施的砌体；

4 接近高压电线的建筑物（如变电所、发电站等）；

5 经常处于地下水位变化范围内，以及在地下未设防水层的结构。

4.3 暖 棚 法

4.3.1 暖棚法适用于地下工程、基础工程以及工期紧迫的砌体结构。

4.3.2 暖棚法施工时，暖棚内的最低温度不应低于5℃。

4.3.3 砌体在暖棚内的养护时间应根据暖棚内的温度确定，并应符合表4.3.3的规定。

表4.3.3 暖棚法施工时的砌体养护时间

暖棚内温度（℃）	5	10	15	20
养护时间（d）	≥6	≥5	≥4	≥3

5 钢 筋 工 程

5.1 一 般 规 定

5.1.1 钢筋调直冷拉温度不宜低于－20℃。预应力钢筋张拉温度不宜低于－15℃。

5.1.2 钢筋负温焊接，可采用闪光对焊、电弧焊、电渣压力焊等方法。当采用细晶粒热轧钢筋时，其焊接工艺应经试验确定。当环境温度低于－20℃时，不宜进行施焊。

5.1.3 负温条件下使用的钢筋，施工过程中应加强管理和检验，钢筋在运输和加工过程中应防止撞击和刻痕。

5.1.4 钢筋张拉与冷拉设备、仪表和液压工作系统油液应根据环境温度选用，并应在使用温度条件下进行配套校验。

5.1.5 当环境温度低于－20℃时，不得对HRB335、HRB400钢筋进行冷弯加工。

5.2 钢筋负温焊接

5.2.1 雪天或施焊现场风速超过三级风焊接时，应采取遮蔽措施，焊接后未冷却的接头应避免碰到冰雪。

5.2.2 热轧钢筋负温闪光对焊，宜采用预热——闪光焊或闪光——预热——闪光焊工艺。钢筋端面比较平整时，宜采用预热——闪光焊；端面不平整时，宜采用闪光——预热——闪光焊。

5.2.3 钢筋负温闪光对焊工艺应控制热影响区长度。焊接参数应根据当地气温按常温参数调整。

采用较低变压器级数，宜增加调整长度、预热留量、预热次数、预热间歇时间和预热接触压力，并宜减慢烧化过程的中期速度。

5.2.4 钢筋负温电弧焊宜采取分层控温施焊。热轧钢筋焊接的层间温度宜控制在150℃～350℃之间。

5.2.5 钢筋负温电弧焊可根据钢筋牌号、直径、接头形式和焊接位置选择焊条和焊接电流。焊接时应采取防止产生过热、烧伤、咬肉和裂缝等措施。

5.2.6 钢筋负温帮条焊或搭接焊的焊接工艺应符合下列规定：

1 帮条与主筋之间应采用四点定位焊固定，搭接焊时应采用两点固定；定位焊缝与帮条或搭接端部的距离不应小于20mm；

2 帮条焊的引弧应在帮条钢筋的一端开始，收弧应在帮条钢筋端头上，弧坑应填满；

3 焊接时，第一层焊缝应具有足够的熔深，主焊缝或定位焊缝应熔合良好；平焊时，第一层焊缝应先从中间引弧，再向两端运弧；立焊时，应先从中间向上方运弧，再从下端向中间运弧；在以后各层焊缝焊接时，应采用分层控温施焊；

4 帮条接头或搭接接头的焊缝厚度不应小于钢筋直径的30%，焊缝宽度不应小于钢筋直径的70%。

5.2.7 钢筋负温坡口焊的工艺应符合下列规定：

1 焊缝根部、坡口端面以及钢筋与钢垫板之间均应熔合，焊接过程中应经常除渣；

2 焊接时，宜采用几个接头轮流施焊；

3 加强焊缝的宽度应超出V形坡口边缘3mm，高度应超出V形坡口上下边缘3mm，并应平缓过渡至钢筋表面；

4 加强焊缝的焊接，应分两层控温施焊。

5.2.8 HRB335和HRB400钢筋多层施焊时，焊后可采用回火焊道施焊，其回火焊道的长度应比前一层焊道的两端缩短4mm～6mm。

5.2.9 钢筋负温电渣压力焊应符合下列规定：

1 电渣压力焊宜用于HRB335、HRB400热轧带肋钢筋；

2 电渣压力焊机容量应根据所焊钢筋直径选定；

3 焊剂应存放于干燥库房内，在使用前经250℃～300℃烘焙2h以上；

4 焊接前，应进行现场负温条件下的焊接工艺试验，经检验满足要求后方可正式作业；

5 电渣压力焊焊接参数可按表5.2.9进行选用；

表 5.2.9 钢筋负温电渣压力焊焊接参数

钢筋直径（mm）	焊接温度（℃）	焊接电流（A）	焊接电压(V)		焊接通电时间(s)	
			电弧过程	电渣过程	电弧过程	电渣过程
14～18	−10	300～350	35～45	18～22	20～25	6～8
	−20	350～400				
20	−10	350～400			25～30	8～10
	−20	400～450				
22	−10	400～450				
	−20	500～550				
25	−10	450～500				
	−20	550～600				

注：本表系采用常用 HJ431 焊剂和半自动焊机参数。

6 焊接完毕，应停歇 20s 以上方可卸下夹具回收焊剂，回收的焊剂内不得混入冰雪，接头渣壳应待冷却后清理。

6 混凝土工程

6.1 一 般 规 定

6.1.1 冬期浇筑的混凝土，其受冻临界强度应符合下列规定：

1 采用蓄热法、暖棚法、加热法等施工的普通混凝土，采用硅酸盐水泥、普通硅酸盐水泥配制时，其受冻临界强度不应小于设计混凝土强度等级值的30%；采用矿渣硅酸盐水泥、粉煤灰硅酸盐水泥、火山灰质硅酸盐水泥、复合硅酸盐水泥时，不应小于设计混凝土强度等级值的 40%；

2 当室外最低气温不低于－15℃时，采用综合蓄热法、负温养护法施工的混凝土受冻临界强度不应小于 4.0MPa；当室外最低气温不低于－30℃时，采用负温养护法施工的混凝土受冻临界强度不应小于 5.0MPa；

3 对强度等级等于或高于 C50 的混凝土，不宜小于设计混凝土强度等级值的 30%；

4 对有抗渗要求的混凝土，不宜小于设计混凝土强度等级值的 50%；

5 对有抗冻耐久性要求的混凝土，不宜小于设计混凝土强度等级值的 70%；

6 当采用暖棚法施工的混凝土中掺入早强剂时，可按综合蓄热法受冻临界强度取值；

7 当施工需要提高混凝土强度等级时，应按提高后的强度等级确定受冻临界强度。

6.1.2 混凝土工程冬期施工应按本规程附录 A 进行混凝土热工计算。

6.1.3 混凝土的配制宜选用硅酸盐水泥或普通硅酸盐水泥，并应符合下列规定：

1 当采用蒸汽养护时，宜选用矿渣硅酸盐水泥；

2 混凝土最小水泥用量不宜低于 280kg/m³，水胶比不应大于 0.55；

3 大体积混凝土的最小水泥用量，可根据实际情况决定；

4 强度等级不大于 C15 的混凝土，其水胶比和最小水泥用量可不受以上限制。

6.1.4 拌制混凝土所用骨料应清洁，不得含有冰、雪、冻块及其他易冻裂物质。掺加含有钾、钠离子的防冻剂混凝土，不得采用活性骨料或在骨料中混有此类物质的材料。

6.1.5 冬期施工混凝土选用外加剂应符合现行国家标准《混凝土外加剂应用技术规范》GB 50119 的相关规定。非加热养护法混凝土施工，所选用的外加剂应含有引气组分或掺入引气剂，含气量宜控制在 3.0%～5.0%。

6.1.6 钢筋混凝土掺用氯盐类防冻剂时，氯盐掺量不得大于水泥质量的 1.0%。掺用氯盐的混凝土应振捣密实，且不宜采用蒸汽养护。

6.1.7 在下列情况下，不得在钢筋混凝土结构中掺用氯盐：

1 排出大量蒸汽的车间、浴池、游泳馆、洗衣房和经常处于空气相对湿度大于 80% 的房间以及有顶盖的钢筋混凝土蓄水池等在高湿度空气环境中使用的结构；

2 处于水位升降部位的结构；

3 露天结构或经常受雨、水淋的结构；

4 有镀锌钢材或铝铁相接触部位的结构，和有外露钢筋、预埋件而无防护措施的结构；

5 与含有酸、碱或硫酸盐等侵蚀介质相接触的结构；

6 使用过程中经常处于环境温度为 60℃ 以上的结构；

7 使用冷拉钢筋或冷拔低碳钢丝的结构；

8 薄壁结构，中级和重级工作制吊车梁、屋架、落锤或锻锤基础结构；

9 电解车间和直接靠近直流电源的结构；

10 直接靠近高压电源（发电站、变电所）的结构；

11 预应力混凝土结构。

6.1.8 模板外和混凝土表面覆盖的保温层，不应采用潮湿状态的材料，也不应将保温材料直接铺盖在潮湿的混凝土表面，新浇混凝土表面应铺一层塑料薄膜。

6.1.9 采用加热养护的整体结构，浇筑程序和施工缝位置的设置，应采取能防止产生较大温度应力的措施。当加热温度超过 45℃ 时，应进行温度应力核算。

6.1.10 型钢混凝土组合结构，浇筑混凝土前应对型钢进行预热，预热温度宜大于混凝土入模温度，预热方法可按本规程第 6.5 节相关规定进行。

6.2 混凝土原材料加热、搅拌、运输和浇筑

6.2.1 混凝土原材料加热宜采用加热水的方法。当加热水仍不能满足要求时，可对骨料进行加热。水、骨料加热的最高温度应符合表 6.2.1 的规定。

当水和骨料的温度仍不能满足热工计算要求时，可提高水温到 100℃，但水泥不得与 80℃以上的水直接接触。

表 6.2.1 拌合水及骨料加热最高温度

水泥强度等级	拌合水（℃）	骨料（℃）
小于 42.5	80	60
42.5、42.5R 及以上	60	40

6.2.2 水加热宜采用蒸汽加热、电加热、汽水热交换罐或其他加热方法。水箱或水池容积及水温应能满足连续施工的要求。

6.2.3 砂加热应在开盘前进行，加热应均匀。当采用保温加热料斗时，宜配备两个，交替加热使用。每个料斗容积可根据机械可装高度和侧壁厚度等要求进行设计，每一个斗的容量不宜小于 3.5m³。

预拌混凝土用砂，应提前备足料，运至有加热设施的保温封闭储料棚（室）或仓内备用。

6.2.4 水泥不得直接加热，袋装水泥使用前宜运入暖棚内存放。

6.2.5 混凝土搅拌的最短时间应符合表 6.2.5 的规定。

表 6.2.5 混凝土搅拌的最短时间

混凝土坍落度（mm）	搅拌机容积（L）	混凝土搅拌最短时间（s）
≤80	<250	90
	250～500	135
	>500	180
>80	<250	90
	250～500	90
	>500	135

注：采用自落式搅拌机时，应较上表搅拌时间延长 30s～60s；采用预拌混凝土时，应较常温下预拌混凝土搅拌时间延长 15s～30s。

6.2.6 混凝土在运输、浇筑过程中的温度和覆盖的保温材料，应按本规程附录 A 进行热工计算后确定，且入模温度不应低于 5℃。当不符合要求时，应采取措施进行调整。

6.2.7 混凝土运输与输送机具应进行保温或具有加热装置。泵送混凝土在浇筑前应对泵管进行保温，并应采用与施工混凝土同配比砂浆进行预热。

6.2.8 混凝土浇筑前，应清除模板和钢筋上的冰雪和污垢。

6.2.9 冬期不得在强冻胀性地基土上浇筑混凝土；在弱冻胀性地基土上浇筑混凝土时，基土不得受冻。在非冻胀性地基土上浇筑混凝土时，混凝土受冻临界强度应符合本规程第 6.1.1 条规定。

6.2.10 大体积混凝土分层浇筑时，已浇筑层的混凝土在未被上一层混凝土覆盖前，温度不应低于 2℃。采用加热法养护混凝土时，养护前的混凝土温度也不得低于 2℃。

6.3 混凝土蓄热法和综合蓄热法养护

6.3.1 当室外最低温度不低于－15℃时，地面以下的工程，或表面系数不大于 $5m^{-1}$ 的结构，宜采用蓄热法养护。对结构易受冻的部位，应加强保温措施。

6.3.2 当室外最低气温不低于－15℃时，对于表面系数为 $5m^{-1}$～$15m^{-1}$ 的结构，宜采用综合蓄热法养护，围护层散热系数宜控制在 $50kJ/(m^3 \cdot h \cdot K)$～$200kJ/(m^3 \cdot h \cdot K)$ 之间。

6.3.3 综合蓄热法施工的混凝土中应掺入早强剂或早强型复合外加剂，并应具有减水、引气作用。

6.3.4 混凝土浇筑后应采用塑料布等防水材料对裸露表面覆盖并保温。对边、棱角部位的保温层厚度应增大到面部位的 2 倍～3 倍。混凝土在养护期间应防风、防失水。

6.4 混凝土蒸汽养护法

6.4.1 混凝土蒸汽养护法可采用棚罩法、蒸汽套法、热模法、内部通汽法等方式进行，其适用范围应符合下列规定：

1 棚罩法适用于预制梁、板、地下基础、沟道等；

2 蒸汽套法适用于现浇梁、板、框架结构，墙、柱等；

3 热模法适用于墙、柱及框架架构；

4 内部通汽法适用于预制梁、柱、桁架，现浇梁、柱、框架单梁。

6.4.2 蒸汽养护法应采用低压饱和蒸汽，当工地有高压蒸汽时，应通过减压阀或过水装置后方可使用。

6.4.3 蒸汽养护的混凝土，采用普通硅酸盐水泥时最高养护温度不得超过 80℃，采用矿渣硅酸盐水泥时可提高到 85℃。但采用内部通汽法时，最高加热温度不应超过 60℃。

6.4.4 整体浇筑的结构，采用蒸汽加热养护时，升温和降温速度不得超过表 6.4.4 规定。

表 6.4.4 蒸汽加热养护混凝土升温和降温速度

结构表面系数（m^{-1}）	升温速度（℃/h）	降温速度（℃/h）
≥6	15	10
＜6	10	5

6.4.5 蒸汽养护应包括升温——恒温——降温三个阶段，各阶段加热延续时间可根据养护结束时要求的强度确定。

6.4.6 采用蒸汽养护的混凝土，可掺入早强剂或非引气型减水剂。

6.4.7 蒸汽加热养护混凝土时，应排除冷凝水，并应防止渗入地基土中。当有蒸汽喷出口时，喷嘴与混凝土外露面的距离不得小于 300mm。

6.5 电加热法养护混凝土

6.5.1 电加热法养护混凝土的温度应符合表 6.5.1 的规定。

表 6.5.1 电加热法养护混凝土的温度（℃）

水泥强度等级	结构表面系数（m^{-1}）		
	＜10	10～15	＞15
32.5	70	50	45
42.5	40	40	35

注：采用红外线辐射加热时，其辐射表面温度可采用 70℃～90℃。

6.5.2 电极加热法养护混凝土的适用范围宜符合表 6.5.2 的规定。

表 6.5.2 电极加热法养护混凝土的适用范围

分类		常用电极规格	设置方法	适用范围
内部电极	棒形电极	φ6～φ12 的钢筋短棒	混凝土浇筑后，将电极穿过模板或在混凝土表面插入混凝土体内	梁、柱、厚度大于 150mm 的板、墙及设备基础
内部电极	弦形电极	φ6～φ12 的钢筋，长为 2.0m～2.5m	在浇筑混凝土前将电极装入，与结构纵向平行。电极两端弯成直角，由模板孔引出	含筋较少的墙、柱、梁、大型柱基础以及厚度大于 200mm 单侧配筋的板
表面电极		φ6 钢筋或厚 1mm～2mm、宽 30mm～60mm 的扁钢	电极固定在模板内侧，或装在混凝土的外表面	条形基础、墙及保护层大于 50mm 的大体积结构和地面等

6.5.3 混凝土采用电极加热法养护应符合下列规定：

1 电路接好应经检查合格后方可合闸送电。当结构工程量较大，需边浇筑边通电时，应将钢筋接地线。电加热现场应设安全围栏。

2 棒形和弦形电极应固定牢固，并不得与钢筋直接接触。电极与钢筋之间的距离应符合表 6.5.3 的规定；当因钢筋密度大而不能保证钢筋与电极之间的距离满足表 6.5.3 的规定时，应采取绝缘措施。

表 6.5.3 电极与钢筋之间的距离

工作电压（V）	最小距离（mm）
65.0	50～70
87.0	80～100
106.0	120～150

3 电极加热法应采用交流电。电极的形式、尺寸、数量及配置应能保证混凝土各部位加热均匀，且应加热到设计的混凝土强度标准值的 50%。在电极附近的辐射半径方向每隔 10mm 距离的温度差不得超过 1℃。

4 电极加热应在混凝土浇筑后立即送电，送电前混凝土表面应保温覆盖。混凝土在加热养护过程中，洒水应在断电后进行。

6.5.4 混凝土采用电热毯法养护应符合下列规定：

1 电热毯宜由四层玻璃纤维布中间夹以电阻丝制成。其几何尺寸应根据混凝土表面或模板外侧与龙骨组成的区格大小确定。电热毯的电压宜为 60V～80V，功率宜为 75W～100W。

2 布置电热毯时，在模板周边的各区格应连续布毯，中间区格可间隔布毯，并应与对面模板错开。电热毯外侧应设置岩棉板等性质的耐热保温材料。

3 电热毯养护的通电持续时间应根据气温及养护温度确定，可采取分段、间断或连续通电养护工序。

6.5.5 混凝土采用工频涡流法养护应符合下列规定：

1 工频涡流法养护的涡流管应采用钢管，其直径宜为 12.5mm，壁厚宜为 3mm。钢管内穿铝芯绝缘导线，其截面宜为 $25mm^2$～$35mm^2$，技术参数宜符合表 6.5.5 的规定。

表 6.5.5 工频涡流管技术参数

项　目	取　值
饱和电压降值（V/m）	1.05
饱和电流值（A）	200
钢管极限功率（W/m）	195
涡流管间距（mm）	150～250

2 各种构件涡流模板的配置应通过热工计算确定，也可按下列规定配置：

1）柱：四面配置；

2）梁：当高宽比大于 2.5 时，侧模宜采用涡流模板，底模宜采用普通模板；当高宽比小于等于 2.5 时，侧模和底模皆宜采用涡流模板；

3）墙板：距墙板底部600mm范围内，应在两侧对称拼装涡流板；600mm以上部位，应在两侧采用涡流和普通钢模交错拼装，并应使涡流模板对应面为普通模板；

4）梁、柱节点：可将涡流钢管插入节点内，钢管总长度应根据混凝土量按6.0kW/m^3功率计算；节点外围应保温养护。

3 当采用工频涡流法养护时，各阶段送电功率应使预养与恒温阶段功率相同，升温阶段功率应大于预养阶段功率的2.2倍。预养、恒温阶段的变压器一次接线为Y形，升温阶段接线应为△形。

6.5.6 线圈感应加热法养护宜用于梁、柱结构，以及各种装配式钢筋混凝土结构的接头混凝土的加热养护；亦可用于型钢混凝土组合结构的钢体、密筋结构的钢筋和模板预热，以及受冻混凝土结构构件的解冻。

6.5.7 混凝土采用线圈感应加热养护应符合下列规定：

1 变压器宜选择50kVA或100kVA低压加热变压器，电压宜在36V～110V间调整。当混凝土量较少时，也可采用交流电焊机。变压器的容量宜比计算结果增加20%～30%。

2 感应线圈宜选用截面面积为35mm²铝质或铜质电缆，加热主电缆的截面面积宜为150mm²。电流不宜超过400A。

3 当缠绕感应线圈时，宜靠近钢模板。构件两端线圈导线的间距应比中间加密一倍，加密范围宜由端部开始向内至一个线圈直径的长度为止。端头应密缠5圈。

4 最高电压值宜为80V，新电缆电压值可采用100V，但应确保接头绝缘。养护期间电流不得中断，并应防止混凝土受冻。

5 通电后应采用钳形电流表和万能表随时检查测定电流，并应根据具体情况随时调整参数。

6.5.8 采用电热红外线加热器对混凝土进行辐射加热养护，宜用于薄壁钢筋混凝土结构和装配式钢筋混凝土结构接头处混凝土加热，加热温度应符合本规程第6.5.1条的规定。

6.6 暖棚法施工

6.6.1 暖棚法施工适用于地下结构工程和混凝土构件比较集中的工程。

6.6.2 暖棚法施工应符合下列规定：

1 应设专人监测混凝土及暖棚内温度，暖棚内各测点温度不得低于5℃。测温点应选择具有代表性位置进行布置，在离地面500mm高度处应设点，每昼夜测温不应少于4次。

2 养护期间应监测暖棚内的相对湿度，混凝土不得有失水现象，否则应及时采取增湿措施或在混凝土表面洒水养护。

3 暖棚的出入口应设专人管理，并应采取防止棚内温度下降或引起风口处混凝土受冻的措施。

4 在混凝土养护期间应将烟或燃烧气体排至棚外，并应采取防止烟气中毒和防火的措施。

6.7 负温养护法

6.7.1 混凝土负温养护法适用于不易加热保温，且对强度增长要求不高的一般混凝土结构工程。

6.7.2 负温养护法施工的混凝土，应以浇筑后5d内的预计日最低气温来选用防冻剂，起始养护温度不应低于5℃。

6.7.3 混凝土浇筑后，裸露表面应采取保湿措施；同时，应根据需要采取必要的保温覆盖措施。

6.7.4 负温养护法施工应按本规程第6.9.3条规定加强测温；混凝土内部温度降到防冻剂规定温度之前，混凝土的抗压强度应符合本规程第6.1.1条的规定。

6.8 硫铝酸盐水泥混凝土负温施工

6.8.1 硫铝酸盐水泥混凝土可在不低于－25℃环境下施工，适用于下列工程：

1 工业与民用建筑工程的钢筋混凝土梁、柱、板、墙的现浇结构；

2 多层装配式结构的接头以及小截面和薄壁结构混凝土工程；

3 抢修、抢建工程及有硫酸盐腐蚀环境的混凝土工程。

6.8.2 使用条件经常处于温度高于80℃的结构部位或有耐火要求的结构工程，不宜采用硫铝酸盐水泥混凝土施工。

6.8.3 硫铝酸盐水泥混凝土冬期施工可选用$NaNO_2$防冻剂或$NaNO_2$与Li_2CO_3复合防冻剂，其掺量可按表6.8.3选用。

表6.8.3 硫铝酸盐水泥用防冻剂掺量表

环境最低气温(℃)		≥－5	－5～－15	－15～－25
单掺$NaNO_2$(%)		0.50～1.00	1.00～3.00	3.00～4.00
复掺$NaNO_2$与Li_2CO_3(%)	$NaNO_2$	0.00～1.00	1.00～2.00	2.00～4.00
	Li_2CO_3	0.00～0.02	0.02～0.05	0.05～0.10

注：防冻剂掺量按水泥质量百分比计。

6.8.4 拼装接头或小截面构件、薄壁结构施工时，应适当提高拌合物温度，并应加强保温措施。

6.8.5 硫铝酸盐水泥可与硅酸盐类水泥混合使用，硅酸盐类水泥的掺用比例应小于10%。

6.8.6 硫铝酸盐水泥混凝土可采用热水拌合，水温不宜超过50℃，拌合物温度宜为5℃～15℃，坍落度应比普通混凝土增加10mm～20mm。水泥不得直接加热或直接与30℃以上热水接触。

6.8.7 采用机械搅拌和运输车运输，卸料时应将搅拌筒及运输车内混凝土排空，并应根据混凝土凝结时间情况，及时清洗搅拌机和运输车。

6.8.8 混凝土应随拌随用，并应在拌制结束30min内浇筑完毕，不得二次加水拌合使用。混凝土入模温度不得低于2℃。

6.8.9 混凝土浇筑后，应立即在混凝土表面覆盖一层塑料薄膜防止失水，并应根据气温情况及时覆盖保温材料。

6.8.10 混凝土养护不宜采用电热法或蒸汽法。当混凝土结构体积较小时，可采用暖棚法养护，但养护温度不宜高于30℃；当混凝土结构体积较大时，可采用蓄热法养护。

6.8.11 模板和保温层的拆除应符合本规程第6.9.6条规定。

6.9 混凝土质量控制及检查

6.9.1 混凝土冬期施工质量检查除应符合现行国家标准《混凝土结构工程施工质量验收规范》GB 50204以及国家现行有关标准规定外，尚应符合下列规定：

1 应检查外加剂质量及掺量；外加剂进入施工现场后应进行抽样检验，合格后方准使用；

2 应根据施工方案确定的参数检查水、骨料、外加剂溶液和混凝土出机、浇筑、起始养护时的温度；

3 应检查混凝土从入模到拆除保温层或保温模板期间的温度；

4 采用预拌混凝土时，原材料、搅拌、运输过程中的温度检查及混凝土质量检查应由预拌混凝土生产企业进行，并应将记录资料提供给施工单位。

6.9.2 施工期间的测温项目与频次应符合表6.9.2规定。

表6.9.2 施工期间的测温项目与频次

测温项目	频次
室外气温	测量最高、最低气温
环境温度	每昼夜不少于4次
搅拌机棚温度	每一工作班不少于4次
水、水泥、矿物掺合料、砂、石及外加剂溶液温度	每一工作班不少于4次
混凝土出机、浇筑、入模温度	每一工作班不少于4次

6.9.3 混凝土养护期间的温度测量应符合下列规定：

1 采用蓄热法或综合蓄热法时，在达到受冻临界强度之前应每隔4h～6h测量一次；

2 采用负温养护法时，在达到受冻临界强度之前应每隔2h测量一次；

3 采用加热法时，升温和降温阶段应每隔1h测量一次，恒温阶段每隔2h测量一次；

4 混凝土在达到受冻临界强度后，可停止测温；

5 大体积混凝土养护期间的温度测量尚应符合现行国家标准《大体积混凝土施工规范》GB 50496的相关规定。

6.9.4 养护温度的测量方法应符合下列规定：

1 测温孔应编号，并应绘制测温孔布置图，现场应设置明显标识；

2 测温时，测温元件应采取措施与外界气温隔离；测温元件测量位置应处于结构表面下20mm处，留置在测温孔内的时间不应少于3min；

3 采用非加热法养护时，测温孔应设置在易于散热的部位；采用加热法养护时，应分别设置在离热源不同的位置。

6.9.5 混凝土质量检查应符合下列规定：

1 应检查混凝土表面是否受冻、粘连、收缩裂缝，边角是否脱落，施工缝处有无受冻痕迹；

2 应检查同条件养护试块的养护条件是否与结构实体相一致；

3 按本规程附录B成熟度法推定混凝土强度时，应检查测温记录与计算公式要求是否相符；

4 采用电加热养护时，应检查供电变压器二次电压和二次电流强度，每一工作班不应少于两次。

6.9.6 模板和保温层在混凝土达到要求强度并冷却到5℃后方可拆除。拆模时混凝土表面与环境温差大于20℃时，混凝土表面应及时覆盖，缓慢冷却。

6.9.7 混凝土抗压强度试件的留置除应按现行国家标准《混凝土结构工程施工质量验收规范》GB 50204规定进行外，尚应增设不少于2组同条件养护试件。

7 保温及屋面防水工程

7.1 一般规定

7.1.1 保温工程、屋面防水工程冬期施工应选择晴朗天气进行，不得在雨、雪天和五级风及其以上或基层潮湿、结冰、霜冻条件下进行。

7.1.2 保温及屋面工程应依据材料性能确定施工气温界限，最低施工环境气温宜符合表7.1.2的规定。

表7.1.2 保温及屋面工程施工环境气温要求

防水与保温材料	施工环境气温
粘结保温板	有机胶粘剂不低于－10℃； 无机胶粘剂不低于5℃
现喷硬泡聚氨酯	15℃～30℃
高聚物改性沥青防水卷材	热熔法不低于－10℃
合成高分子防水卷材	冷粘法不低于5℃； 焊接法不低于－10℃

续表 7.1.2

防水与保温材料	施工环境气温
高聚物改性沥青防水涂料	溶剂型不低于5℃； 热熔型不低于－10℃
合成高分子防水涂料	溶剂型不低于－5℃
防水混凝土、防水砂浆	符合本规程混凝土、 砂浆相关规定
改性石油沥青密封材料	不低于0℃
合成高分子密封材料	溶剂型不低于0℃

7.1.3 保温与防水材料进场后，应存放于通风、干燥的暖棚内，并严禁接近火源和热源。棚内温度不宜低于0℃，且不得低于本规程表7.1.2规定的温度。

7.1.4 屋面防水施工时，应先做好排水比较集中的部位，凡节点部位均应加铺一层附加层。

7.1.5 施工时，应合理安排隔气层、保温层、找平层、防水层的各项工序，连续操作，已完成部位应及时覆盖，防止受潮与受冻。穿过屋面防水层的管道、设备或预埋件，应在防水施工前安装完毕并做好防水处理。

7.2 外墙外保温工程施工

7.2.1 外墙外保温工程冬期施工宜采用EPS板薄抹灰外墙外保温系统、EPS板现浇混凝土外墙外保温系统或EPS钢丝网架板现浇混凝土外墙外保温系统。

7.2.2 建筑外墙外保温工程冬期施工最低温度不应低于－5℃。

7.2.3 外墙外保温工程施工期间以及完工后24h内，基层及环境空气温度不应低于5℃。

7.2.4 进场的EPS板胶粘剂、聚合物抹面胶浆应存放于暖棚内。液态材料不得受冻，粉状材料不得受潮，其他材料应符合本章有关规定。

7.2.5 EPS板薄抹灰外墙外保温系统应符合下列规定：

1 应采用低温型EPS板胶粘剂和低温型聚合物抹面胶浆，并应按产品说明书要求进行使用；

2 低温型EPS板胶粘剂和低温型EPS板聚合物抹面胶浆的性能应符合表7.2.5-1和表7.2.5-2的规定；

表7.2.5-1 低温型EPS板胶粘剂技术指标

试验项目		性能指标
拉伸粘结强度(MPa) (与水泥砂浆)	原强度	≥0.60
	耐 水	≥0.40
拉伸粘结强度(MPa) (与EPS板)	原强度	≥0.10，破坏界面在EPS板上
	耐 水	≥0.10，破坏界面在EPS板上

表7.2.5-2 低温型EPS板聚合物抹面胶浆技术指标

试验项目		性能指标
拉伸粘结强度(MPa) (与EPS板)	原强度	≥0.10，破坏界面在EPS板上
	耐 水	≥0.10，破坏界面在EPS板上
	耐冻融	≥0.10，破坏界面在EPS板上
柔韧性	抗压强度/抗折强度	≤3.00

注：低温型胶粘剂与聚合物抹面胶浆检验方法与常温一致，试件养护温度取施工环境温度。

3 胶粘剂和聚合物抹面胶浆拌合温度皆应高于5℃，聚合物抹面胶浆拌合水温度不宜大于80℃，且不宜低于40℃；

4 拌合完毕的EPS板胶粘剂和聚合物抹面胶浆每隔15min搅拌一次，1h内使用完毕；

5 施工前应按常温规定检查基层施工质量，并确保干燥、无结冰、霜冻；

6 EPS板粘贴应保证有效粘贴面积大于50%；

7 EPS板粘贴完毕后，应养护至表7.2.5-1、表7.2.5-2规定强度后方可进行面层薄抹灰施工。

7.2.6 EPS板现浇混凝土外墙外保温系统和EPS钢丝网架板现浇混凝土外墙外保温系统冬期施工应符合下列规定：

1 施工前应经过试验确定负温混凝土配合比，选择合适的混凝土防冻剂；

2 EPS板内外表面应预先在暖棚内喷刷界面砂浆；

3 EPS板现浇混凝土外墙外保温系统和EPS钢丝网架板现浇混凝土外墙外保温系统的外抹面层施工应符合本规程第8章的有关规定，抹面抗裂砂浆中可掺入非氯盐类砂浆防冻剂；

4 抹面层厚度应均匀，钢丝网应完全包覆于抹面层中；分层抹灰时，底层灰不得受冻，抹灰砂浆在硬化初期应采取保温措施。

7.2.7 其他施工技术要求应符合现行行业标准《外墙外保温工程技术规程》JGJ 144的相关规定。

7.3 屋面保温工程施工

7.3.1 屋面保温材料应符合设计要求，且不得含有冰雪、冻块和杂质。

7.3.2 干铺的保温层可在负温下施工；采用沥青胶结的保温层应在气温不低于－10℃时施工；采用水泥、石灰或其他胶结料胶结的保温层应在气温不低于5℃时施工。当气温低于上述要求时，应采取保温、防冻措施。

7.3.3 采用水泥砂浆粘贴板状保温材料以及处理板间缝隙，可采用掺有防冻剂的保温砂浆。防冻剂掺量应通过试验确定。

7.3.4 干铺的板状保温材料在负温施工时，板材应在基层表面铺平垫稳，分层铺设。板块上下层缝应相互错开，缝间隙应采用同类材料的碎屑填嵌密实。

7.3.5 倒置式屋面所选用材料应符合设计及本规程相关规定，施工前应检查防水层平整度及有无结冰、霜冻或积水现象，满足要求后方可施工。

7.4 屋面防水工程施工

7.4.1 屋面找平层施工应符合下列规定：

1 找平层应牢固坚实、表面无凹凸、起砂、起鼓现象。如有积雪、残留冰霜、杂物等应清扫干净，并应保持干燥。

2 找平层与女儿墙、立墙、天窗壁、变形缝、烟囱等突出屋面结构的连接处，以及找平层的转角处、水落口、檐口、天沟、檐沟、屋脊等均应做成圆弧。采用沥青防水卷材的圆弧，半径宜为 100mm～150mm；采用高聚物改性沥青防水卷材，圆弧半径宜为 50mm；采用合成高分子防水卷材，圆弧半径宜为 20mm。

7.4.2 采用水泥砂浆或细石混凝土找平层时，应符合下列规定：

1 应依据气温和养护温度要求掺入防冻剂，且掺量应通过试验确定。

2 采用氯化钠作为防冻剂时，宜选用普通硅酸盐水泥或矿渣硅酸盐水泥，不得使用高铝水泥。施工温度不应低于－7℃。氯化钠掺量可按表 7.4.2 采用。

表 7.4.2 氯化钠掺量

施工时室外气温（℃）		0～－2	－3～－5	－6～－7
氯化钠掺量（占水泥质量百分比，%）	用于平面部位	2	4	6
	用于檐口、天沟等部位	3	5	7

7.4.3 找平层宜留设分格缝，缝宽宜为 20mm，并应填充密封材料。当分格缝兼作排汽屋面的排汽道时，可适当加宽，并应与保温层连通。找平层表面宜平整，平整度不应超过 5mm，且不得有酥松、起砂、起皮现象。

7.4.4 高聚物改性沥青防水卷材、合成高分子防水卷材、高聚物改性沥青防水涂料、合成高分子防水涂料等防水材料的物理性能应符合现行国家标准《屋面工程质量验收规范》GB 50207 的相关规定。

7.4.5 热熔法施工宜使用高聚物改性沥青防水卷材，并应符合下列规定：

1 基层处理剂宜使用挥发快的溶剂，涂刷后应干燥 10h 以上，并应及时铺贴。

2 水落口、管根、烟囱等容易发生渗漏部位的周围 200mm 范围内，应涂刷一遍聚氨酯等溶剂型涂料。

3 热熔铺贴防水层应采用满粘法。当坡度小于 3%时，卷材与屋脊应平行铺贴；坡度大于 15%时卷材与屋脊应垂直铺贴；坡度为 3%～15%时，可平行或垂直屋脊铺贴。铺贴时应采用喷灯或热喷枪均匀加热基层和卷材，喷灯或热喷枪距卷材的距离宜为 0.5m，不得过热或烧穿，应待卷材表面熔化后，缓缓地滚铺铺贴。

4 卷材搭接应符合设计规定。当设计无规定时，横向搭接宽度宜为 120mm，纵向搭接宽度宜为 100mm。搭接时应采用喷灯或热喷枪加热搭接部位，趁卷材熔化尚未冷却时，用铁抹子把接缝边抹好，再用喷灯或热喷枪均匀细致地密封。平面与立面相连接的卷材，应由上向下压缝铺贴，并应使卷材紧贴阴角，不得有空鼓现象。

5 卷材搭接缝的边缘以及末端收头部位应以密封材料嵌缝处理，必要时也可在经过密封处理的末端接头处再用掺防冻剂的水泥砂浆压缝处理。

7.4.6 热熔法铺贴卷材施工安全应符合下列规定：

1 易燃性材料及辅助材料库和现场严禁烟火，并应配备适当灭火器材；

2 溶剂型基层处理剂未充分挥发前不得使用喷灯或热喷枪操作；操作时应保持火焰与卷材的喷距，严防火灾发生；

3 在大坡度屋面或挑檐等危险部位施工时，施工人员应系好安全带，四周应设防护措施。

7.4.7 冷粘法施工宜采用合成高分子防水卷材。胶粘剂应采用密封桶包装，储存在通风良好的室内，不得接近火源和热源。

7.4.8 冷粘法施工应符合下列规定：

1 基层处理时应将聚氨酯涂膜防水材料的甲料：乙料：二甲苯按 1：1.5：3 的比例配合，搅拌均匀，然后均匀涂布在基层表面上，干燥时间不应少于 10h。

2 采用聚氨酯涂料做附加层处理时，应将聚氨酯甲料和乙料按 1：1.5 的比例配合搅拌均匀，再均匀涂刷在阴角、水落口和通气口根部的周围，涂刷边缘与中心的距离不应小于 200mm，厚度不应小于 1.5mm，并应在固化 36h 以后，方能进行下一工序施工。

3 铺贴立面或大坡面合成高分子防水卷材宜用满粘法。胶粘剂应均匀涂刷在基层或卷材底面，并应根据其性能，控制涂刷与卷材铺贴的间隔时间。

4 铺贴的卷材应平整顺直粘结牢固，不得有皱折。搭接尺寸应准确，并应辊压排除卷材下面的空气。

5 卷材铺好压粘后，应及时处理搭接部位。并应采用与卷材配套的接缝专用胶粘剂，在搭接缝粘合面上涂刷均匀。根据专用胶粘剂的性能，应控制涂刷与粘合间隔时间，排除空气、辊压粘结牢固。

6 接缝口应采用密封材料封严，其宽度不应小于 10mm。

7.4.9 涂膜屋面防水施工应选用溶剂型合成高分子

防水涂料。涂料进场后，应储存于干燥、通风的室内，环境温度不宜低于0℃，并应远离火源。

7.4.10 涂膜屋面防水施工应符合下列规定：

1 基层处理剂可选用有机溶剂稀释而成。使用时应充分搅拌，涂刷均匀，覆盖完全，干燥后方可进行涂膜施工。

2 涂膜防水应由两层以上涂层组成，总厚度应达到设计要求，其成膜厚度不应小于2mm。

3 可采用涂刮或喷涂施工。当采用涂刮施工时，每遍涂刮的推进方向宜与前一遍互相垂直，并应在前一遍涂料干燥后，方可进行后一遍涂料的施工。

4 使用双组分涂料时应按配合比正确计量，搅拌均匀，已配成的涂料及时使用。配料时可加入适量的稀释剂，但不得混入固化涂料。

5 在涂层中夹铺胎体增强材料时，位于胎体下面的涂层厚度不应小于1mm，最上层的涂料层不应少于两遍。胎体长边搭接宽度不得小于50mm，短边搭接宽度不得小于70mm。采用双层胎体增强材料时，上下层不得互相垂直铺设，搭接缝应错开，间距不应小于一个幅面宽度的1/3。

6 天沟、檐沟、檐口、泛水等部位，均应加铺有胎体增强材料的附加层。水落口周围与屋面交接处，应作密封处理，并应加铺两层有胎体增强材料的附加层，涂膜伸入水落口的深度不得小于50mm，涂膜防水层的收头应用密封材料封严。

7 涂膜屋面防水工程在涂膜层固化后应做保护层。保护层可采用分格水泥砂浆或细石混凝土或块材等。

7.4.11 隔气层可采用气密性好的单层卷材或防水涂料。冬期施工采用卷材时，可采用花铺法施工，卷材搭接宽度不应小于80mm；采用防水涂料时，宜选用溶剂型涂料。隔气层施工的温度不应低于－5℃。

8 建筑装饰装修工程

8.1 一般规定

8.1.1 室外建筑装饰装修工程施工不得在五级及以上大风或雨、雪天气下进行。施工前，应采取挡风措施。

8.1.2 外墙饰面板、饰面砖以及马赛克饰面工程采用湿贴法作业时，不宜进行冬期施工。

8.1.3 外墙抹灰后需进行涂料施工时，抹灰砂浆内所掺的防冻剂品种应与所选用的涂料材质相匹配，具有良好的相溶性，防冻剂掺量和使用效果应通过试验确定。

8.1.4 装饰装修施工前，应将墙体基层表面的冰、雪、霜等清理干净。

8.1.5 室内抹灰前，应提前做好屋面防水层、保温层及室内封闭保温层。

8.1.6 室内装饰施工可采用建筑物正式热源、临时性管道或火炉、电气取暖。若采用火炉取暖时，应采取预防煤气中毒的措施。

8.1.7 室内抹灰、块料装饰工程施工与养护期间的温度不应低于5℃。

8.1.8 冬期抹灰及粘贴面砖所用砂浆应采取保温、防冻措施。室外用砂浆内可掺入防冻剂，其掺量应根据施工及养护期间环境温度经试验确定。

8.1.9 室内粘贴壁纸时，其环境温度不宜低于5℃。

8.2 抹灰工程

8.2.1 室内抹灰的环境温度不应低于5℃。抹灰前，应将门口和窗口、外墙脚手眼或孔洞等封堵好，施工洞口、运料口及楼梯间等处应封闭保温。

8.2.2 砂浆应在搅拌棚内集中搅拌，并应随用随拌，运输过程中应进行保温。

8.2.3 室内抹灰工程结束后，在7d以内应保持室内温度不低于5℃。当采用热空气加温时，应注意通风，排除湿气。当抹灰砂浆中掺入防冻剂时，温度可相应降低。

8.2.4 室外抹灰采用冷作法施工时，可使用掺防冻剂水泥砂浆或水泥混合砂浆。

8.2.5 含氯盐的防冻剂不宜用于有高压电源部位和有油漆墙面的水泥砂浆基层内。

8.2.6 砂浆防冻剂的掺量应按使用温度与产品说明书的规定经试验确定。当采用氯化钠作为砂浆防冻剂时，其掺量可按表8.2.6-1选用。当采用亚硝酸钠作为砂浆防冻剂时，其掺量可按表8.2.6-2选用。

表8.2.6-1 砂浆内氯化钠掺量

室外气温(℃)		0～－5	－5～－10
氯化钠掺量(占拌合水质量百分比，%)	挑檐、阳台、雨罩、墙面等抹水泥砂浆	4	4～8
	墙面为水刷石、干粘石水泥砂浆	5	5～10

表8.2.6-2 砂浆内亚硝酸钠掺量

室外温度(℃)	0～－3	－4～－9	－10～－15	－16～－20
亚硝酸钠掺量(占水泥质量百分比，%)	1	3	5	8

8.2.7 当抹灰基层表面有冰、霜、雪时，可采用与抹灰砂浆同浓度的防冻剂溶液冲刷，并应清除表面的尘土。

8.2.8 当施工要求分层抹灰时，底层灰不得受冻。抹灰砂浆在硬化初期应采取防止受冻的保温措施。

8.3 油漆、刷浆、裱糊、玻璃工程

8.3.1 油漆、刷浆、裱糊、玻璃工程应在采暖条件

下进行施工。当需要在室外施工时，其最低环境温度不应低于5℃。

8.3.2 刷调合漆时，应在其内加入调合漆质量2.5%的催干剂和5.0%的松香水，施工时应排除烟气和潮气，防止失光和发黏不干。

8.3.3 室外喷、涂、刷油漆、高级涂料时应保持施工均衡。粉浆类料浆宜采用热水配制，随用随配并应将料浆保温，料浆使用温度宜保持15℃左右。

8.3.4 裱糊工程施工时，混凝土或抹灰基层含水率不应大于8%。施工中当室内温度高于20℃，且相对湿度大于80%时，应开窗换气，防止壁纸皱折起泡。

8.3.5 玻璃工程施工时，应将玻璃、镶嵌用合成橡胶等材料运到有采暖设备的室内，施工环境温度不宜低于5℃。

8.3.6 外墙铝合金、塑料框、大扇玻璃不宜在冬期安装。

9 钢结构工程

9.1 一般规定

9.1.1 在负温下进行钢结构的制作和安装时，应按照负温施工的要求，编制钢结构制作工艺规程和安装施工组织设计文件。

9.1.2 钢结构制作和安装采用的钢尺和量具，应和土建单位使用的钢尺和量具相同，并应采用同一精度级别进行鉴定。土建结构和钢结构应采取不同的温度膨胀系数差值调整措施。

9.1.3 钢构件在正温下制作，负温下安装时，施工中应采取相应调整偏差的技术措施。

9.1.4 参加负温钢结构施工的电焊工应经过负温焊接工艺培训，并应取得合格证，方能参加钢结构的负温焊接工作。定位点焊工作应由取得定位点焊合格证的电焊工来担任。

9.2 材料

9.2.1 冬期施工宜采用Q345钢、Q390钢、Q420钢，其质量应分别符合国家现行标准的规定。

9.2.2 负温下施工用钢材，应进行负温冲击韧性试验，合格后方可使用。

9.2.3 负温下钢结构的焊接梁、柱接头板厚大于40mm，且在板厚方向承受拉力作用时，钢材板厚方向的伸长率应符合现行国家标准《厚度方向性能钢板》GB/T 5313的规定。

9.2.4 负温下施工的钢铸件应按现行国家标准《一般工程用铸造碳钢件》GB/T 11352中规定的ZG200-400、ZG230-450、ZG270-500、ZG310-570号选用。

9.2.5 钢材及有关连接材料应附有质量证明书，性能应符合设计和产品标准的要求。根据负温下结构的重要性、荷载特征和连接方法，应按国家标准的规定进行复验。

9.2.6 负温下钢结构焊接用的焊条、焊丝应在满足设计强度要求的前提下，选择屈服强度较低、冲击韧性较好的低氢型焊条，重要结构可采用高韧性超低氢型焊条。

9.2.7 负温下钢结构用低氢型焊条烘焙温度宜为350℃～380℃，保温时间宜为1.5h～2h，烘焙后应缓冷存放在110℃～120℃烘箱内，使用时应取出放在保温筒内，随用随取。当负温下使用的焊条外露超过4h时，应重新烘焙。焊条的烘焙次数不宜超过2次，受潮的焊条不应使用。

9.2.8 焊剂在使用前应按照质量证明书的规定进行烘焙，其含水量不得大于0.1%。在负温下露天进行焊接工作时，焊剂重复使用的时间间隔不得超过2h，当超过时应重新进行烘焙。

9.2.9 气体保护焊采用的二氧化碳，气体纯度按体积比计不宜低于99.5%，含水量按质量比计不得超过0.005%。

使用瓶装气体时，瓶内气体压力低于1MPa时应停止使用。在负温下使用时，要检查瓶嘴有无冰冻堵塞现象。

9.2.10 在负温下钢结构使用的高强螺栓、普通螺栓应有产品合格证，高强螺栓应在负温下进行扭矩系数、轴力的复验工作，符合要求后方能使用。

9.2.11 钢结构使用的涂料应符合负温下涂刷的性能要求，不得使用水基涂料。

9.2.12 负温下钢结构基础锚栓施工时，应保护好锚栓螺纹端，不宜进行现场对焊。

9.3 钢结构制作

9.3.1 钢结构在负温下放样时，切割、铣刨的尺寸，应考虑负温对钢材收缩的影响。

9.3.2 端头为焊接接头的构件下料时，应根据工艺要求预留焊缝收缩量，多层框架和高层钢结构的多节柱应预留荷载使柱子产生的压缩变形量。焊接收缩量和压缩变形量应与钢材在负温下产生的收缩变形量相协调。

9.3.3 形状复杂和要求在负温下弯曲加工的构件，应按制作工艺规定的方向取料。弯曲构件的外侧不应有大于1mm的缺口和伤痕。

9.3.4 普通碳素结构钢工作地点温度低于－20℃、低合金钢工作地点温度低于－15℃时不得剪切、冲孔，普通碳素结构钢工作地点温度低于－16℃、低合金结构钢工作地点温度低于－12℃时不得进行冷矫正和冷弯曲。当工作地点温度低于－30℃时，不宜进行现场火焰切割作业。

9.3.5 负温下对边缘加工的零件应采用精密切割机加工，焊缝坡口宜采用自动切割。采用坡口机、刨条机进行坡口加工时，不得出现鳞状表面。重要结构的焊缝坡口，应采用机械加工或自动切割加工，不宜采用手工气焊切割加工。

9.3.6 构件的组装应按工艺规定的顺序进行，由里往外扩展组拼。在负温下组装焊接结构时，预留焊缝收缩值宜由试验确定，点焊缝的数量和长度应经计算确定。

9.3.7 零件组装应把接缝两侧各 50mm 内铁锈、毛刺、泥土、油污、冰雪等清理干净，并应保持接缝干燥，不得残留水分。

9.3.8 焊接预热温度应符合下列规定：

1 焊接作业区环境温度低于 0℃时，应将构件焊接区各方向大于或等于 2 倍钢板厚度且不小于 100mm 范围内的母材，加热到 20℃以上时方可施焊，且在焊接过程中均不得低于 20℃；

2 负温下焊接中厚钢板、厚钢板、厚钢管的预热温度可由试验确定，当无试验资料时可按表 9.3.8 选用。

表 9.3.8 负温下焊接中厚钢板、厚钢板、厚钢管的预热温度

钢材种类	钢材厚度（mm）	工作地点温度（℃）	预热温度（℃）
普通碳素钢构件	<30	<−30	36
	30~50	−30~−10	36
	50~70	−10~0	36
	>70	<0	100
普通碳素钢管构件	<16	<−30	36
	16~30	−30~−20	36
	30~40	−20~−10	36
	40~50	−10~0	36
	>50	<0	100
低合金钢构件	<10	<−26	36
	10~16	−26~−10	36
	16~24	−10~−5	36
	24~40	−5~0	36
	>40	<0	100~150

9.3.9 在负温下构件组装定型后进行焊接应符合焊接工艺规定。单条焊缝的两端应设置引弧板和熄弧板，引弧板和熄弧板的材料应和母材相一致。严禁在焊接的母材上引弧。

9.3.10 负温下厚度大于 9mm 的钢板应分多层焊接，焊缝应由下往上逐层堆焊。每条焊缝应一次焊完，不得中断。当发生焊接中断，在再次施焊时，应先清除焊接缺陷，合格后方可按焊接工艺规定再继续施焊，且再次预热温度应高于初期预热温度。

9.3.11 在负温下露天焊接钢结构时，应考虑雨、雪和风的影响。当焊接场地环境温度低于−10℃时，应在焊接区域采取相应保温措施；当焊接场地环境温度低于−30℃时，宜搭设临时防护棚。严禁雨水、雪花飘落在尚未冷却的焊缝上。

9.3.12 当焊接场地环境温度低于−15℃时，应适当提高焊机的电流强度，每降低 3℃，焊接电流应提高 2%。

9.3.13 采用低氢型焊条进行焊接时，焊接后焊缝宜进行焊后消氢处理，消氢处理的加热温度应为 200℃~250℃，保温时间应根据工件的板厚确定，且每 25mm 板厚不小于 0.5h，总保温时间不得小于 1h，达到保温时间后应缓慢冷却至常温。

9.3.14 在负温下厚钢板焊接完成后，在焊缝两侧板厚的 2 倍~3 倍范围内，应立即进行焊后热处理，加热温度宜为 150℃~300℃，并宜保持 1h~2h。焊缝焊完或焊后热处理完毕后，应采取保温措施，使焊缝缓慢冷却，冷却速度不应大于 10℃/min。

9.3.15 当构件在负温下进行热矫正时，钢材加热矫正温度应控制在 750℃~900℃之间，加热矫正后应保温覆盖使其缓慢冷却。

9.3.16 负温下钢构件需成孔时，成孔工艺应选用钻成孔或先冲后扩钻孔。

9.3.17 在负温下制作的钢构件在进行外形尺寸检查验收时，应考虑检查当时的温度影响。焊缝外观检查应全部合格，等强接头和要求焊透的焊缝应 100%超声波检查，其余焊缝可按 30%~50%超声波抽样检查。如设计有要求时，应按设计要求的数量进行检查。负温下超声波探伤仪用的探头与钢材接触面间应采用不冻结的油基耦合剂。

9.3.18 不合格的焊缝应铲除重焊，并仍应按在负温下钢结构焊接工艺的规定进行施焊，焊后应采用同样的检验标准进行检验。

9.3.19 低于 0℃的钢构件上涂刷防腐或防火涂层前，应进行涂刷工艺试验。涂刷时应将构件表面的铁锈、油污、边沿孔洞的飞边毛刺等清除干净，并应保持构件表面干燥。可用热风或红外线照射干燥，干燥温度和时间应由试验确定。雨雪天气或构件上有薄冰时不得进行涂刷工作。

9.3.20 钢结构焊接加固时，应由对应类别合格的焊工施焊；施焊镇静钢板的厚度不大于 30mm 时，环境空气温度不应低于−15℃，当厚度超过 30mm 时，温度不应低于 0℃；当施焊沸腾钢板时，环境空气温度应高于 5℃。

9.3.21 栓钉施焊环境温度低于 0℃时，打弯试验的数量应增加 1%；当栓钉采用手工电弧焊或其他保护性电弧焊焊接时，其预热温度应符合相应工艺的要求。

9.4 钢结构安装

9.4.1 冬期运输、堆存钢结构时，应采取防滑措施。

构件堆放场地应平整坚实并无水坑，地面无结冰。同一型号构件叠放时，构件应保持水平，垫块应在同一垂直线上，并应防止构件溜滑。

9.4.2 钢结构安装前除应按常温规定要求内容进行检查外，尚应根据负温条件下的要求对构件质量进行详细复验。凡是在制作中漏检和运输、堆放中造成的构件变形等，偏差大于规定影响安装质量时，应在地面进行修理、矫正，符合设计和规范要求后方能起吊安装。

9.4.3 在负温下绑扎、起吊钢构件用的钢索与构件直接接触时，应加防滑隔垫。凡是与构件同时起吊的节点板、安装人员用的挂梯、校正用的卡具，应采用绳索绑扎牢固。直接使用吊环、吊耳起吊构件时应检查吊环、吊耳连接焊缝有无损伤。

9.4.4 在负温下安装构件时，应根据气温条件编制钢构件安装顺序图表，施工中应按照规定的顺序进行安装。平面上应从建筑物的中心逐步向四周扩展安装，立面上宜从下部逐件往上安装。

9.4.5 钢结构安装的焊接工作应编制焊接工艺。在各节柱的一层构件安装、校正、栓接并预留焊缝收缩量后，平面上应从结构中心开始向四周对称扩展焊接，不得从结构外圈向中心焊接，一个构件的两端不得同时进行焊接。

9.4.6 构件上有积雪、结冰、结露时，安装前应清除干净，但不得损伤涂层。

9.4.7 在负温下安装钢结构用的专用机具应按负温要求进行检验。

9.4.8 在负温下安装柱子、主梁、支撑等大构件时应立即进行校正，位置校正正确后应立即进行永久固定。当天安装的构件，应形成空间稳定体系。

9.4.9 高强螺栓接头安装时，构件的摩擦面应干净，不得有积雪、结冰，且不得雨淋、接触泥土、油污等脏物。

9.4.10 多层钢结构安装时，应限制楼面上堆放的荷载。施工活荷载、积雪、结冰的质量不得超过钢梁和楼板（压型钢板）的承载能力。

9.4.11 栓钉焊接前，应根据负温值的大小，对焊接电流、焊接时间等参数进行测定。

9.4.12 在负温下钢结构安装的质量除应符合现行国家标准《钢结构工程施工质量验收规范》GB 50205规定外，尚应按设计的要求进行检查验收。

9.4.13 钢结构在低温安装过程中，需要进行临时固定或连接时，宜采用螺栓连接形式；当需要现场临时焊接时，应在安装完毕后及时清理临时焊缝。

10 混凝土构件安装工程

10.1 构件的堆放及运输

10.1.1 混凝土构件运输及堆放前，应将车辆、构件、垫木及堆放场地的积雪、结冰清除干净，场地应平整、坚实。

10.1.2 混凝土构件在冻胀性土壤的自然地面上或冻结前回填土地面上堆放时，应符合下列规定：

1 每个构件在满足刚度、承载力条件下，应尽量减少支承点数量；

2 对于大型板、槽板及空心板等板类构件，两端的支点应选用长度大于板宽的垫木；

3 构件堆放时，如支点为两个及以上时，应采取可靠措施防止土壤的冻胀和融化下沉；

4 构件用垫木垫起时，地面与构件之间的间隙应大于150mm。

10.1.3 在回填冻土并经一般压实的场地上堆放构件时，当构件重叠堆放时间长，应根据构件质量，尽量减少重叠层数，底层构件支垫与地面接触面积应适当加大。在冻土融化之前，应采取防止因冻土融化下沉造成构件变形和破坏的措施。

10.1.4 构件运输时，混凝土强度不得小于设计混凝土强度等级值75%。在运输车上的支点设置应按设计要求确定。对于重叠运输的构件，应与运输车固定并防止滑移。

10.2 构件的吊装

10.2.1 吊车行走的场地应平整，并应采取防滑措施。起吊的支撑点地基应坚实。

10.2.2 地锚应具有稳定性，回填冻土的质量应符合设计要求。活动地锚应设防滑措施。

10.2.3 构件在正式起吊前，应先松动、后起吊。

10.2.4 凡使用滑行法起吊的构件，应采取控制定向滑行，防止偏离滑行方向的措施。

10.2.5 多层框架结构的吊装，接头混凝土强度未达到设计要求前，应加设缆风绳等防止整体倾斜的措施。

10.3 构件的连接与校正

10.3.1 装配整浇式构件接头的冬期施工应根据混凝土体积小、表面系数大、配筋密等特点，采取相应的保证质量措施。

10.3.2 构件接头采用现浇混凝土连接时，应符合下列规定：

1 接头部位的积雪、冰霜等应清除干净；

2 承受内力接头的混凝土，当设计无要求时，其受冻临界强度不应低于设计强度等级值的70%；

3 接头处混凝土的养护应符合本规程第6章有关规定；

4 接头处钢筋的焊接应符合本规程第5章有关规定。

10.3.3 混凝土构件预埋连接板的焊接除应符合本规程第9章相关规定外，尚应分段连接，并应防止累积变形过大影响安装质量。

10.3.4 混凝土柱、屋架及框架冬期安装，在阳光照射下校正时，应计入温差的影响。各固定支撑校正后，应立即固定。

11 越冬工程维护

11.1 一般规定

11.1.1 对于有采暖要求，但却不能保证正常采暖的新建工程、跨年施工的在建工程以及停建、缓建工程等，在入冬前均应编制越冬维护方案。

11.1.2 越冬工程保温维护，应就地取材，保温层的厚度应由热工计算确定。

11.1.3 在制定越冬维护措施之前，应认真检查核对有关工程地质、水文、当地气温以及地基土的冻胀特征和最大冻结深度等资料。

11.1.4 施工场地和建筑物周围应做好排水，地基和基础不得被水浸泡。

11.1.5 在山区坡地建造的工程，入冬前应根据地表水流动的方向设置截水沟、泄水沟，但不得在建筑物底部设暗沟和盲沟疏水。

11.1.6 凡按采暖要求设计的房屋竣工后，应及时采暖，室内温度不得低于5℃。当不能满足上述要求时，应采取越冬防护措施。

11.2 在建工程

11.2.1 在冻胀土地区建造房屋基础时，应按设计要求做防冻害处理。当设计无要求时，应按下列规定进行：

1 当采用独立式基础或桩基时，基础梁下部应进行掏空处理。强冻胀性土可预留200mm，弱冻胀性土可预留100mm～150mm，空隙两侧应用立砖挡土回填。

2 当采用条形基础时，可在基础侧壁回填厚度为150mm～200mm的混砂、炉渣或贴一层油纸，其深度宜为800mm～1200mm。

11.2.2 设备基础、构架基础、支墩、地下沟道以及地墙等越冬工程，均不得在已冻结的土层上施工，且应进行维护。

11.2.3 支撑在基土上的雨篷、阳台等悬臂构件的临时支柱，入冬后当不能拆除时，其支点应采取保温防冻胀措施。

11.2.4 水塔、烟囱、烟道等构筑物基础在入冬前应回填至设计标高。

11.2.5 室外地沟、阀门井、检查井等除应回填至设计标高外，尚应覆盖盖板进行越冬维护。

11.2.6 供水、供热系统试水、试压后，不能立即投入使用时，在入冬前应将系统内的存、积水排净。

11.2.7 地下室、地下水池在入冬前应按设计要求进行越冬维护。当设计无要求时，应采取下列措施：

1 基础及外壁侧面回填土应填至设计标高，当不具备回填条件时，应填充松土或炉渣进行保温；

2 内部的存积水应排净；底板应采用保温材料覆盖，覆盖厚度应由热工计算确定。

11.3 停、缓建工程

11.3.1 冬期停、缓建工程越冬停工时的停留位置应符合下列规定：

1 混合结构可停留在基础上部地梁位置，楼层间的圈梁或楼板上皮标高位置；

2 现浇混凝土框架应停留在施工缝位置；

3 烟囱、冷却塔或筒仓宜停留在基础上皮标高或筒身任何水平位置；

4 混凝土水池底部应按施工缝要求确定，并应设有止水设施。

11.3.2 已开挖的基坑或基槽不宜挖至设计标高，应预留200mm～300mm土层；越冬时，应对基坑或基槽保温维护，保温层厚度可按本规程附录C计算确定。

11.3.3 混凝土结构工程停、缓建时，入冬前混凝土的强度应符合下列规定：

1 越冬期间不承受外力的结构构件，除应符合设计要求外，尚应符合本规程第6.1.1条规定；

2 装配式结构构件的整浇接头，不得低于设计强度等级值的70%；

3 预应力混凝土结构不应低于混凝土设计强度等级值的75%；

4 升板结构应将柱帽浇筑完毕，混凝土应达到设计要求的强度等级。

11.3.4 对于各类停、缓建的基础工程，顶面均应弹出轴线，标注标高后，用炉渣或松土回填保护。

11.3.5 装配式厂房柱子吊装就位后，应按设计要求嵌固好；已安装就位的屋架或屋面梁，应安装上支撑系统，并应按设计要求固定。

11.3.6 不能起吊的预制构件，除应符合本规程第10.1.2条规定外，尚应弹上轴线，作记录。外露铁件应涂刷防锈油漆，螺栓应涂刷防腐油进行保护。

11.3.7 对于有沉降观测要求的建（构）筑物，应会同有关部门作沉降观测记录。

11.3.8 现浇混凝土框架越冬，当裸露时间较长时，除应按设计要求留设伸缩缝外，尚应根据建筑物长度和温差留设后浇缝。后浇缝的位置，应与设计单位研究确定。后浇缝伸出的钢筋应进行保护，待复工后应经检查合格方可浇筑混凝土。

11.3.9 屋面工程越冬可采取下列简易维护措施：

1 在已完成的基层上，做一层卷材防水，待气温转暖复工时，经检查认定该层卷材没有起泡、破裂、皱折等质量缺陷时，方可在其上继续铺贴上层卷材；

2 在已完成的基层上，当基层为水泥砂浆无法做卷材防水时，可在其上刷一层冷底子油，涂一层热沥青玛𤧛脂做临时防水，但雪后应及时清除积雪。当气温转暖后，经检查确定该层玛𤧛脂没有起层、空鼓、龟裂等质量缺陷时，可在其上涂刷热沥青玛𤧛脂铺贴卷材防水层。

11.3.10 所有停、缓建工程均应由施工单位、建设单位和工程监理部门，对已完工程在入冬前进行检查和评定，并应作记录，存入工程档案。

11.3.11 停、缓建工程复工时，应先按图纸对标高、轴线进行复测，并应与原始记录对应检查，当偏差超出允许限值时，应分析原因，提出处理方案，经与设计、建设、监理等单位商定后，方可复工。

附录A 混凝土的热工计算

A.1 混凝土搅拌、运输、浇筑温度计算

A.1.1 混凝土拌合物温度可按下式计算：

$$T_0 = [0.92(m_{ce}T_{ce} + m_sT_s + m_{sa}T_{sa} + m_gT_g) + 4.2T_w(m_w - w_{sa}m_{sa} - w_gm_g) + c_w(w_{sa}m_{sa}T_{sa} + w_gm_gT_g) - c_i(w_{sa}m_{sa} + w_gm_g)] / [4.2m_w + 0.92(m_{ce} + m_s + m_{sa} + m_g)] \quad (A.1.1)$$

式中：T_0——混凝土拌合物温度（℃）；

T_s——掺合料的温度（℃）；

T_{ce}——水泥的温度（℃）；

T_{sa}——砂子的温度（℃）；

T_g——石子的温度（℃）；

T_w——水的温度（℃）；

m_w——拌合水用量（kg）；

m_{ce}——水泥用量（kg）；

m_s——掺合料用量（kg）；

m_{sa}——砂子用量（kg）；

m_g——石子用量（kg）；

w_{sa}——砂子的含水率（%）；

w_g——石子的含水率（%）；

c_w——水的比热容[kJ/(kg·K)]；

c_i——冰的溶解热（kJ/kg）；当骨料温度大于0℃时：$c_w=4.2$，$c_i=0$；当骨料温度小于或等于0℃时：$c_w=2.1$，$c_i=335$。

A.1.2 混凝土拌合物出机温度可按下式计算：

$$T_1 = T_0 - 0.16(T_0 - T_p) \quad (A.1.2)$$

式中：T_1——混凝土拌合物出机温度（℃）；

T_p——搅拌机棚内温度（℃）。

A.1.3 混凝土拌合物运输与输送至浇筑地点时的温度可按下列公式计算：

1 现场拌制混凝土采用装卸式运输工具时：

$$T_2 = T_1 - \Delta T_y \quad (A.1.3\text{-}1)$$

2 现场拌制混凝土采用泵送施工时：

$$T_2 = T_1 - \Delta T_b \quad (A.1.3\text{-}2)$$

3 采用商品混凝土泵送施工时：

$$T_2 = T_1 - \Delta T_y - \Delta T_b \quad (A.1.3\text{-}3)$$

其中，ΔT_y、ΔT_b分别为采用装卸式运输工具运输混凝土时的温度降低和采用泵管输送混凝土时的温度降低，可按下列公式计算：

$$\Delta T_y = (\alpha t_1 + 0.032n) \times (T_1 - T_a) \quad (A.1.3\text{-}4)$$

$$\Delta T_b = 4\omega \times \frac{3.6}{0.04 + \frac{d_b}{\lambda_b}} \times \Delta T_1 \times t_2 \times \frac{D_w}{c_c \cdot \rho_c \cdot D_l^2} \quad (A.1.3\text{-}5)$$

式中：T_2——混凝土拌合物运输与输送到浇筑地点时温度（℃）；

ΔT_y——采用装卸式运输工具运输混凝土时的温度降低（℃）；

ΔT_b——采用泵管输送混凝土时的温度降低（℃）；

ΔT_1——泵管内混凝土的温度与环境气温差（℃），当现场拌制混凝土采用泵送工艺输送时：$\Delta T_1 = T_1 - T_a$；当商品混凝土采用泵送工艺输送时：$\Delta T_1 = T_1 - T_y - T_a$；

T_a——室外环境气温（℃）；

t_1——混凝土拌合物运输的时间（h）；

t_2——混凝土在泵管内输送时间（h）；

n——混凝土拌合物运转次数；

c_c——混凝土的比热容[kJ/(kg·K)]；

ρ_c——混凝土的质量密度（kg/m³）；

λ_b——泵管外保温材料导热系数[W/(m·K)]；

d_b——泵管外保温层厚度（m）；

D_l——混凝土泵管内径（m）；

D_w——混凝土泵管外围直径（包括外围保温材料）（m）；

ω——透风系数，可按本规程表A.2.2-2取值；

α——温度损失系数（h^{-1}）；采用混凝土搅拌车时：$\alpha=0.25$；采用开敞式大型自卸汽车时：$\alpha=0.20$；采用开敞式小型自卸汽车时：$\alpha=0.30$；采用封闭式自卸汽车时：$\alpha=0.1$；采用手推车或吊斗时：$\alpha=0.50$。

A.1.4 考虑模板和钢筋的吸热影响，混凝土浇筑完成时的温度可按下式计算：

$$T_3 = \frac{c_c m_c T_2 + c_f m_f T_f + c_s m_s T_s}{c_c m_c + c_f m_f + c_s m_s} \quad (A.1.4)$$

式中：T_3——混凝土浇筑完成时的温度（℃）；

c_f——模板的比热容［kJ/（kg·K）］；

c_s——钢筋的比热容［kJ/（kg·K）］；

m_c——每立方米混凝土的重量（kg）；

m_f——每立方米混凝土相接触的模板重量（kg）；

m_s——每立方米混凝土相接触的钢筋重量（kg）；

T_f——模板的温度（℃），未预热时可采用当时的环境温度；

T_s——钢筋的温度（℃），未预热时可采用当时的环境温度。

A.2 混凝土蓄热养护过程中的温度计算

A.2.1 混凝土蓄热养护开始到某一时刻的温度、平均温度可按下列公式计算：

$$T_4 = \eta e^{-\theta V_{ce} \cdot t_3} - \varphi e^{V_{ce} \cdot t_3} + T_{m,a} \quad (A.2.1\text{-}1)$$

$$T_m = \frac{1}{V_{ce} t_3}\left(\varphi e^{-V_{ce} \cdot t_3} - \frac{\eta}{\theta} e^{-\theta . V_{ce} \cdot t_3} + \frac{\eta}{\theta} - \varphi\right) + T_{m,a} \quad (A.2.1\text{-}2)$$

其中θ、φ、η为综合参数，可按下列公式计算：

$$\theta = \frac{\omega \cdot K \cdot M_s}{V_{ce} \cdot c_c \cdot \rho_c} \quad (A.2.1\text{-}3)$$

$$\varphi = \frac{V_{ce} \cdot Q_{ce} \cdot m_{ce,1}}{V_{ce} \cdot c_c \cdot \rho_c - \omega \cdot K \cdot M_s} \quad (A.2.1\text{-}4)$$

$$\eta = T_3 - T_{m,a} + \varphi \quad (A.2.1\text{-}5)$$

$$K = \frac{3.6}{0.04 + \sum_{i=1}^{n} \frac{d_i}{\lambda_i}} \quad (A.2.1\text{-}6)$$

式中：T_4——混凝土蓄热养护开始到某一时刻的温度（℃）；

T_m——混凝土蓄热养护开始到某一时刻的平均温度（℃）；

t_3——混凝土蓄热养护开始到某一时刻的时间（h）；

$T_{m,a}$——混凝土蓄热养护开始到某一时刻的平均气温（℃），可采用蓄热养护开始至t_3时气象预报的平均气温，亦可按每时或每日平均气温计算；

M_s——结构表面系数（m^{-1}）；

K——结构围护层的总传热系数［kJ/（m^2·h·K）］；

Q_{ce}——水泥水化累积最终放热量（kJ/kg）；

V_{ce}——水泥水化速度系数（h^{-1}）；

$m_{ce,1}$——每立方米混凝土水泥用量（kg/m^3）；

d_i——第i层围护层厚度（m）；

λ_i——第i层围护层的导热系数［W/（m·K）］。

A.2.2 水泥水化累积最终放热量Q_{ce}、水泥水化速度系数V_{ce}及透风系数ω取值可按表A.2.2-1、表A.2.2-2选用。

表 A.2.2-1 水泥水化累积最终放热量Q_{ce}和水泥水化速度系数V_{ce}

水泥品种及强度等级	Q_{ce}（kJ/kg）	V_{ce}（h^{-1}）
硅酸盐、普通硅酸盐水泥52.5	400	0.018
硅酸盐、普通硅酸盐水泥42.5	350	0.015
矿渣、火山灰质、粉煤灰、复合硅酸盐水泥42.5	310	0.013
矿渣、火山灰质、粉煤灰、复合硅酸盐水泥32.5	260	0.011

表 A.2.2-2 透风系数ω

围护层种类	透风系数ω		
	V_w<3m/s	3m/s≤V_w≤5m/s	V_w>5m/s
围护层有易透风材料组成	2.0	2.5	3.0
易透风保温材料外包不易透风材料	1.5	1.8	2.0
围护层由不易透风材料组成	1.3	1.45	1.6

注：V_w——风速。

A.2.3 当需要计算混凝土蓄热冷却至0℃的时间时，可根据本规程公式（A.2.1-1）采用逐次逼近的方法进行计算。当蓄热养护条件满足$\frac{\varphi}{T_{m,a}} \geqslant 1.5$，且$KM_s \geqslant 50$时，也可按下式直接计算：

$$t_0 = \frac{1}{V_{ce}} \ln \frac{\varphi}{T_{m,a}} \quad (A.2.3)$$

式中：t_0——混凝土蓄热养护冷却至0℃的时间（h）。

混凝土冷却至0℃的时间内，其平均温度可根据本规程公式（A.2.1-2）取$t_3 = t_0$进行计算。

附录B 用成熟度法计算混凝土早期强度

B.0.1 成熟度法的适用范围及条件应符合下列规定：

1 本法适用于不掺外加剂在50℃以下正温养护和掺外加剂在30℃以下养护的混凝土，也可用于掺防冻剂负温养护法施工的混凝土；

2 本法适用于预估混凝土强度标准值60%以内的强度值；

3 应采用工程实际使用的混凝土原材料和配合比，制作不少于5组混凝土立方体标准试件在标准条件下养护，测试1d、2d、3d、7d、28d的强度值；

4 采用本法应取得现场养护混凝土的连续温度实测资料。

B.0.2 用计算法确定混凝土强度应按下列步骤进行：

1 用标准养护试件的各龄期强度数据，应经回归分析拟合成下式曲线方程：

$$f = ae^{-\frac{b}{D}} \quad \text{(B. 0. 2-1)}$$

式中：f——混凝土立方体抗压强度（MPa）；

D——混凝土养护龄期（d）；

a、b——参数。

2 应根据现场的实测混凝土养护温度资料，按下式计算混凝土已达到的等效龄期：

$$D_e = \sum(\alpha_T \times \Delta t) \quad \text{(B. 0. 2-2)}$$

式中：D_e——等效龄期（h）；

α_T——等效系数，按表 B. 0. 2 采用；

Δt——某温度下的持续时间（h）。

3 以等效龄期 D_e 作为 D 代入公式（B. 0. 2-1），计算混凝土强度。

表 B. 0. 2 等效系数 α_T

温度（℃）	等效系数 α_T	温度（℃）	等效系数 α_T	温度（℃）	等效系数 α_T
50	2.95	28	1.41	6	0.45
49	2.87	27	1.36	5	0.42
48	2.78	26	1.30	4	0.39
47	2.71	25	1.25	3	0.35
46	2.63	24	1.20	2	0.33
45	2.55	23	1.15	1	0.31
44	2.48	22	1.10	0	0.28
43	2.40	21	1.05	−1	0.26
42	2.32	20	1.00	−2	0.24
41	2.25	19	0.95	−3	0.22
40	2.19	18	0.90	−4	0.20
39	2.12	17	0.86	−5	0.18
38	2.04	16	0.81	−6	0.17
37	1.98	15	0.77	−7	0.15
36	1.92	14	0.74	−8	0.13
35	1.84	13	0.70	−9	0.12
34	1.77	12	0.66	−10	0.11
33	1.72	11	0.62	−11	0.10
32	1.66	10	0.58	−12	0.08
31	1.59	9	0.55	−13	0.08
30	1.53	8	0.51	−14	0.07
29	1.47	7	0.48	−15	0.06

B. 0. 3 用图解法确定混凝土强度宜按下列步骤进行：

1 根据标准养护试件各龄期强度数据，在坐标纸上画出龄期-强度曲线；

2 根据现场实测的混凝土养护温度资料，计算混凝土达到的等效龄期；

3 根据等效龄期数值，在龄期-强度曲线上查出相应强度值，即为所求值。

B. 0. 4 当采用蓄热法或综合蓄热法养护时，也可按如下步骤确定混凝土强度：

1 用标准养护试件各龄期的成熟度与强度数据，经回归分析拟合成下式的成熟度-强度曲线方程：

$$f = a \times e^{-\frac{b}{M}} \quad \text{(B. 0. 4-1)}$$

式中：M——混凝土养护的成熟度（℃·h）。

2 根据现场混凝土测温结果，按下式计算混凝土成熟度：

$$M = \sum(T + 15) \times \Delta t \quad \text{(B. 0. 4-2)}$$

式中：T——在时间段 Δt 内混凝土平均温度（℃）。

3 将成熟度 M 代入式（B. 0. 4-1），可计算出现场混凝土强度 f。

4 将混凝土强度 f 乘以综合蓄热法调整系数 0.8，即为混凝土实际强度。

附录 C 土壤保温防冻计算

C. 0. 1 采用保温材料覆盖土壤保温防冻时，所需的保温层厚度可按下式进行计算：

$$h = \frac{H}{\beta} \quad \text{(C. 0. 1)}$$

式中：h——土壤的保温防冻所需的保温层厚度（mm）；

H——不保温时的土壤冻结深度（mm）；

β——各种材料对土壤冻结影响系数，可按表 C. 0. 1 取用。

表 C. 0. 1 各种材料对土壤冻结影响系数 β

土壤种类 \ 保温材料	树叶	刨花	锯末	干炉渣	茅草	膨胀珍珠岩	炉渣	芦苇	草帘	泥炭土	松散土	密实土
砂土	3.3	3.2	2.8	2.0	2.5	3.8	1.6	2.1	2.5	2.8	1.4	1.12
粉土	3.1	3.1	2.7	1.9	2.4	3.6	1.6	2.04	2.4	2.9	1.3	1.08
粉质黏土	2.7	2.6	2.3	1.6	2.0	3.5	1.3	1.7	2.0	2.31	1.2	1.06
黏土	2.1	2.1	1.9	1.3	1.6	3.5	1.1	1.4	1.6	1.9	1.2	1.00

注：1 表中数值适用于地下水位低于 1m 以下；

2 当为地下水位较高的饱和土时，其值可取 1。

本规程用词说明

1 为便于在执行本规程条文时区别对待，对于要求严格程度不同的用词说明如下：

1）表示很严格，非这样做不可的：

正面词采用“必须”；反面词采用“严禁”；

2）表示严格，在正常情况下均应这样做的：

正面词采用“应”；反面词采用“不应”或“不得”；

3）表示允许稍有选择，在条件许可时，首先应这样做的：

正面词采用“宜”；反面词采用“不宜”；

4）表示有选择，在一定条件下可以这样做的，采用“可”。

2 条文中指明应按其他有关标准执行的写法为：“应符合……的规定”或“应按……执行”。

引用标准名录

1 《混凝土外加剂应用技术规范》GB 50119

2 《混凝土结构工程施工质量验收规范》GB 50204

3 《钢结构工程施工质量验收规范》GB 50205

4 《屋面工程质量验收规范》GB 50207

5 《大体积混凝土施工规程》GB 50496

6 《厚度方向性能钢板》GB/T 5313

7 《一般工程用铸造碳钢件》GB/T 11352

8 《建筑地基处理技术规范》JGJ 79

9 《外墙外保温工程技术规程》JGJ 144

中华人民共和国行业标准

建筑工程冬期施工规程

JGJ/T 104—2011

条 文 说 明

修 订 说 明

《建筑工程冬期施工规程》JGJ/T 104－2011，经住房和城乡建设部2011年4月22日以第989号公告批准、发布。

本规程是在《建筑工程冬期施工规程》JGJ 104－97的基础上修订而成，上一版的主编单位是黑龙江省寒地建筑科学研究院，参编单位是北京市建工集团总公司、中国建筑科学研究院、冶金部冶金建筑研究总院、铁道部科学研究院、新疆建筑科学研究院、中国建筑一局科学研究所、辽宁省建设科学研究院、哈尔滨市建筑工程研究设计院、黑龙江省建设委员会、哈尔滨市建筑工程管理局、黑龙江省机械化施工公司、大庆市第一建筑工程公司，主要起草人员是项玉璞、李承孝、赵柏台、韩华光、袁景玉、董天淳、李平壤、孙无二、项翥行、李启隶、邵德生、颉朝华、钱家琦、王康强、张丽华、张连升、周有遗、陈嫣兮、顾德珍、苏晶。本次修订的主要技术内容是：取消了钢筋负温冷拉的内容，增加了钢筋电渣压力焊冬期施工规定；修订了混凝土负温受冻临界强度的规定；取消混凝土综合蓄热法养护判别式；增加了外墙外保温工程冬期施工的内容；取消了饰面工程的冬期施工内容。

本规程修订过程中，编制组进行了建筑工程冬期施工技术现状与发展、工程应用实例的调查研究，总结了我国工程建设冬期施工领域的实践经验，同时参考了美国混凝土学会《Cold Weather Concreting》［ACI306R-88 (Reapproved 2002)］和 RILEM《冬期施工国际建议》，通过部分验证试验取得了重要技术参数。

为便于广大设计、施工、科研、学校等单位有关人员在使用本规程时能正确理解和执行条文规定，《建筑工程冬期施工规程》编制组按章、节、条顺序编制了本规程条文说明，对条文规定的目的、依据以及执行中需注意的有关事项进行了说明。但是，本条文说明不具备与规程正文同等的法律效力，仅供使用者作为理解和把握规程规定的参考。

目　次

1 总　　则

1.0.1 保留原条文1.0.1，仅作适当文字修改。

我国“三北”（东北、西北、华北）地区，冬期施工期一般3个月～6个月，工程所占比重最高者可达30%。在工业及民用建筑工程建设项目中，要求加快建设速度，使工程早日投入使用，充分发挥其经济效益和社会效益的项目不断增多。如果在长达近半年的冬期中，停止或放弃工程建设，将会严重制约项目建设速度和资金、设备等的周转效率，因此，研究与发展、推广应用建筑工程冬期施工技术势在必行。由于冬期施工有其特殊性及复杂性，加之我国建筑施工队伍技术水平高低不一，据多年经验，在这个季节进行施工，也是工程质量问题出现的多发季节。所以，选好施工方法，制定较佳的质量保证措施，是确保工程质量，加快工程建设进度，并减少能耗及材料消耗的关键。

为保证冬期施工顺利进行，在总结我国以往经验的基础上，在国家有关技术、经济政策的指导下，制定出相应的规定以利指导施工，是非常必要的。

另外，考虑到当前国家对节能环保等在法规、政策上的诸多规定，在本次规程修订中，对原规程中耗能较大的施工工艺进行了适当删减，并在总则中予以明确。

1.0.2 保留原条文1.0.2。

本规程属于专业性施工规程，其适用范围仅限于工业及民用房屋和一般构筑物的冬期施工。对于一些有特殊要求的建（构）筑物结构，如耐酸、耐腐蚀、防放射性、耐高温等特殊要求的工程，由于这方面的冬期施工实践较少，经验尚不成熟，所以本规程不包括此方面的内容。

1.0.3 保留原条文1.0.3。

经十多年冬期施工实践活动表明，原规程对冬期施工期限界定的划分适用于我国建筑工程冬期施工气温条件的特点，工程建设、监理、施工单位和学术团体也大多认同此划分原则；同时，经对国内外相关标准的对比，也基本保持一致。因此，新规程仍保留原规程的冬施起始界定期限划分规定。

但是，当未进入冬期施工期前，突遇寒流侵袭气温骤降至0℃以下时，为防止负温产生受冻，亦应按冬期施工的相关要求对工程采取应急防护措施。

1.0.4 保留原条文1.0.4，增加了编制冬期施工专项施工方案的规定。

凡进行冬期施工的工程项目，应编制冬期施工专项方案，用于指导冬期工程项目的建设，保证工程质量。

1.0.5 保留原条文1.0.5。

本规程属于专业性的行业标准，它和国家现行的有关标准具有一定的联系和交叉。因现行国家标准作为通用标准，有关冬期施工内容不能写得太多、过细，本规程补充了国家标准的不足，但有关常温的施工规定、质量验收标准仍应遵守国家现行标准、规范的规定。

2 术　　语

鉴于条文中取消了浅埋基础、冻结法冬期施工、钢筋负温冷拉的相关内容，故在本章中取消“浅埋基础”、“冻结法”和“负温冷拉”术语。增加混凝土“初始养护温度”术语。

2.0.4 明确综合蓄热法养护的混凝土中掺加的外加剂为早强剂或早强型复合外加剂，以区别于负温养护法（防冻剂法）。

2.0.11 负温养护法的混凝土中需掺加防冻剂，原则上可不作蓄热保温养护。但由于负温养护法的混凝土强度增长较慢，工程建设进度不易得到保证；同时，浇筑后的混凝土在未达到受冻临界强度之前，若受寒流侵袭，会因防冻剂掺量不足而造成受冻，因此，本次在负温养护法的术语解释中，取消“浇筑后混凝土不加热也不作蓄热保温养护”的规定，而将“当混凝土温度降到防冻剂规定温度前达到受冻临界强度”作为负温养护法的基本条件，在此基础上，可根据工程实际情况，而决定是否进行适当的蓄热保温养护。

3 建筑地基基础工程

根据现行国家标准《建筑地基基础工程施工质量验收规范》GB 50202的规定，将原规程中的“土方工程”与“地基与基础工程”合并为一章，与国家标准相统一。

浅埋基础是根据现行国家标准《建筑地基基础设计规范》GB 50007的内容所定，目前国内已基本不用，故新规程中予以取消。

3.1 一 般 规 定

3.1.1 保留原条文4.1.1，仅作部分文字修改。

一般勘察资料中不给出标准冻深和定性的划分地基土的冻胀类别。本条特规定应根据工程需要，经勘察提出地基土的主要冻土指标，如冻土层实际厚度与分布、各层冻土的含水量、冻胀性或融沉系数等，便于基础设计与冬期施工。

3.1.2、**3.1.3** 保留原条文4.1.2～4.1.3。规定了冬期施工前的准备与水准点、坐标点的设置及保护工作。

3.1.4 保留原条文4.1.4，仅作部分文字修改。

经大量工程实践和典型测试，在冻土地基上打桩、强夯所产生的振动，远大于相同条件下常温暖土地基的振动影响范围和振动力，但影响因素较多，很难对其影响范围给出定量规定。本条强调应采取相应隔振措施。

3.1.5 地下基坑冬期开挖后，易造成相邻建（构）筑物地基土遭冻，导致冻胀，故应采取相应保温隔热措施进行保护。

3.1.6 同一建筑物的基础同时开挖，是为了防止造成先期完成的基底土二次遭受冻结。

3.2 土方工程

冬期大面积土壤保温工程较为少见，常用采取的松土耙平法和雪覆盖保温等方法浪费人工、能源和材料，现阶段基本上不采用了；小面积的土壤保温可采用保温材料覆盖法，通常的保温材料，如炉渣、稻草、膨胀珍珠岩等均可，方法简单易行，无需在规程中单列条文进行规定，故取消“3.2 土壤的防冻与保温”一节相关内容。

采用蒸汽法、电热法等进行冻土的融化，耗费大量的能源和资源，与当前国家有关节能政策不相符，而且在工程实践中也基本不采用，对工程实践的指导意义不大，故取消“3.3 冻土的融化”一节相关内容。

3.2.1 保留原条文 3.4.1 部分内容，取消了机械和爆破法挖掘冻土的具体施工方法，由施工单位或专业资质的爆破单位根据现场实际情况确定施工工艺和施工方案。

3.2.2 保留原条文 3.4.3。提高弃土堆坡脚至挖方边缘的距离是确保施工安全。

3.2.3 保留原条文 3.4.4，仅作文字修改。

3.2.4 保留原条文 3.5.1，仅作文字修改。

本条规定了土方回填时的铺填厚度与预留沉陷量与常温时的差别，是为了提高冬期回填土密实度。而对于大面积回填土和有路面的路基及其人行道范围内的平整场地填方，可以采用部分冻土回填，但限制其尺寸和含量，以保证冻土融化后均匀融沉。

3.2.5 保留原条文 3.5.2 部分内容，取消表 3.5.2。冬期填方的高度可与设计单位联系，经计算确认高度。

3.2.6～3.2.8 保留原条文 3.5.3，仅作计量单位修改。

3.2.9 保留原条文 3.5.4。

3.2.10 保留原条文 3.5.5。

3.3 地基处理

本节中取消了重锤夯实地基的处理规定。现行行业标准《建筑地基处理技术规范》JGJ 79－2002 中无重锤夯实地基的地基处理方式，且重锤夯实地基冬期施工应是在地基土处于非冻结状态下进行，实践中很少采用，故取消原规程 4.2.1 条文的重锤夯实地基内容。

3.3.1 保留原条文 4.2.2 第 1 款，仅作文字修改。《地基与基础施工及验收规范》GBJ 202－83 已废止，本条文不再引用。

3.3.2 保留原条文 4.2.2 第 2 款，仅作文字修改。

冬期施工中，冻结土块，尤其温度越低的冻土，可夯实性很差，夯击后可能呈多孔堆积状态；其次，冻胀性土料进入持力层待融化后，会造成不均匀融沉变形，影响加固地基质量。因此，本条规定不允许将冻土夯入持力层。

3.3.3 保留原条文 4.2.2 第 3 款，仅作文字修改。本条规定是保证锤底干净平整。

3.3.4 保留原条文 4.2.2 第 5 款，仅作文字修改。

3.4 桩基础

3.4.1 本条是按照现行行业标准《建筑桩基技术规范》JGJ 94－2008 中成桩方法分类划分的。湿作业法冬期施工中，泥浆易受冻，工艺操作麻烦，故冬期施工宜采用干作业法成孔。

3.4.2 保留原条文 4.4.1 部分内容。

考虑到在冻土层上采用钻孔机引孔，引孔直径小于桩径 50mm 时，对于灌注桩沉管施工或预制桩打入时产生困难；根据俄罗斯冻土地区桩基础施工多年实践经验，一般引孔直径为 20mm 左右，故本规程将钻孔机引孔直径修订为“不宜大于桩径 20mm”。

3.4.3 保留原条文 4.4.3 第 1 款，仅作文字修改。

3.4.4 保留原条文 4.4.3 第 4 款，仅作文字修改。振动沉管灌注桩冬期施工，因桩成孔时的冻土传递振动力较大，易造成相邻桩产生缩径或断桩等质量故事，故应制定合理的桩施工次序和防护措施。

3.4.5 保留原条文 4.4.4，仅作文字修改。

本条规定了灌注桩混凝土的冬期施工原材料的加热、搅拌、运输、浇筑及养护的相关技术要求。

冻土地基若属冻胀和强冻胀类土，在冻结过程中由于冻胀作用对埋置冻土中的结构产生冻拔力，故规定冬季在这类地基上施工灌注桩后，应及时采取防护措施，防止冻切力把桩身拔断。

3.4.6 保留原条文 4.4.2 内容。并增加了预制桩施工时应连续进行，并在施工完成后及时对桩孔进行保温覆盖的要求，防止桩孔进入冷空气，导致地基土冻胀。

3.4.7 保留原条文 4.4.5，仅作文字修改。

3.5 基坑支护

随着高层建筑的发展，地下工程项目越来越多，故增加本节基坑支护冬期施工内容。

3.5.1 目前，我国冬期基坑支护采用的主要方法为排桩和土钉墙，较有成效，并积累了一定的经验，故推荐采用以上两种方法。

3.5.2 当在冻土地基上采用液压高频锤法施工型钢或钢管排桩时，考虑到在冻土层上施工存在困难，故应采用钻孔机在冻土层上引孔，确保型钢或钢管能顺利打入，并避免对相邻建（构）筑物产生影响。

3.5.3 选用钢筋混凝土灌注桩作为排桩时，在排桩的后侧有冻胀和强冻胀性土时，要做好保温防护，以确保桩不受冻胀力的影响，必要时排桩外侧用袋装保温材料立起一道保温墙用脚手架作支护架。

桩身混凝土可掺入防冻剂，采用负温养护法进行施工。考虑到排桩为临时性支护结构，防冻剂可选用包含氯盐防冻剂在内的任何防冻剂。

3.5.5 冬期施工土钉墙混凝土面板时，为了防止地基土表面受冻，故铺设聚苯板进行保温，防止冻胀。

4 砌体工程

冻结法施工不易保证工程质量，施工工艺麻烦，国内已多年不用，故予以取消。

4.1 一般规定

4.1.1 保留原条文5.1.1，仅作文字修改。并增加规定，在冬期施工中，砂浆稠度宜较常温条件下适当增大，但不允许在运输、砌筑过程中二次加水来调整砂浆的和易性，防止强度降低。

在砌体工程施工中，为了保证砌体材料和砂浆的粘结强度，通常可以对砌体材料浇水湿润。但在冬期条件下，不得浇水湿润，否则水在材料表面有可能立即结成冰薄膜，反而会降低和砂浆的粘结力。本规程提出增大砂浆稠度的办法来解决粘结强度问题，数值多少，因各地情况不一，不作统一规定。

为了保证砂浆能在负温度下持续硬化，发展强度，特规定不得采用无水泥配制的砂浆。

4.1.2 保留原条文5.1.3，仅作文字修改。

4.1.3 保留原条文5.1.4，仅作文字修改。并强调对于绝缘、装饰等有特殊要求的工程，应采用除外加剂法之外的方法进行施工，防止砌体产生导电或出现盐析等现象，影响结构使用功能。

4.1.4 保留原条文5.1.6，仅作文字修改。

4.1.5 本条规定留置同条件养护砂浆试件一组，主要是为施工单位控制冬期砌筑的砌体质量之用，检查强度增长情况，作为施工过程中质量监控的一种手段，不作为验评条件。原规程中提出留置不少于两组试件，用于检查砌筑砂浆过程中各龄期的强度，施工单位经常反映，同条件养护试件留置数量过多，增加了管理和操作的难度，故在本次修订中，将同条件过程控制试件留置数量改为一组，而当有特殊要求时，可根据需要再增加适当组数的同条件养护试件。

4.2 外加剂法

4.2.1 保留原条文5.2.1，仅作文字修改。氯盐砂浆冬期施工较为常用，仍沿用原规程规定掺量进行。

4.2.2、4.2.3 保留原条文5.2.2。将“砌筑承重砌体砂浆强度等级应按常温施工提高一级”修改为“砌体砂浆强度等级应较常温施工提高一级”。

根据研究表明，当气温低于－15℃时，砂浆受冻后强度损失约为10%～30%，为保证工程质量，特规定不论是承重砌体结构还是非承重砌体结构，当采用外加剂法在低于－15℃时施工时，砌体砂浆强度应提高一级，提高砌筑砂浆设计强度保证率。

4.2.4 氯盐与引气剂同时掺入砂浆中，会严重影响引气剂的引气效果，故特作此规定。

4.2.5 保留原条文5.2.5，仅作文字修改。

水泥砂浆在硬化过程中，由于水化反应的不断进行，生成$Ca(OH)_2$而呈碱性，pH＝12.5～14。埋在呈高碱性的砂浆中钢筋表面能形成薄而稳定的钝化膜Fe_2O_3，从而防止腐蚀。采用氯盐砂浆后，氯离子将破坏钢筋表面钝化膜，形成不均匀的表面和介质环境，因此不同区域就有不同的电位，从而易产生电化学锈蚀过程。为了阻止砌体中的钢筋和铁件的锈蚀，提出了应采用防腐剂措施处理。

4.2.6 保留原条文5.2.6，仅作文字修改。

4.2.7 保留原条文5.2.7，仅作文字修改。

提出氯盐使用的限制条件是为了预防盐析、导电、钢筋腐蚀等。

4.3 暖棚法

4.3.1 保留原条文5.4.1，仅作文字修改。

20世纪砌体工程冬期施工中，外加剂法和冻结法在我国使用较多，也积累了丰富经验。但这两种方法也有其局限性，如外加剂法若使用不当，会产生盐析现象，影响装饰效果，对钢筋及预埋件有锈蚀作用等；冻结法施工，砌体强度增长缓慢，且质量不易保证，当前已较少使用，本次修订中已予以取消。而暖棚法施工可以为砌体结构营造一个正温环境，对砌体砂浆的强度增长及砌体工程质量均大有提高，但鉴于暖棚法成本较高，以及其搭设条件的限制，故其适用于“地下工程、基础工程以及工期紧迫的砌体结构”。

4.3.2 暖棚法施工时，棚内温度处于大于或等于5℃的正温条件下，砌体材料和砌筑砂浆的温度也处于正温，不会产生受冻，故取消原规程5.4.2条文中关于对砖石和砌筑时砂浆的温度规定。

4.3.3 保留原条文5.4.3，仅作文字修改。

砌体的暖棚法施工，相当于常温下施工与养护。表4.3.3给出的养护时间是砂浆达到设计强度等级值30%时的时间，此时砂浆强度可以达到受冻临界强度。之后再拆除暖棚或停止加热时，砂浆也不会产生冻结损伤。

5 钢 筋 工 程

在一般规定中，取消了原规程中 6.1.1、6.1.2 条关于冬期施工中钢筋的选用规定，此内容属设计规定，不属于施工规定。

钢筋的冷拉在过去作为节约钢材、提高钢筋强度的一种手段，现已不再使用，故取消钢筋负温冷拉一节。钢筋的冷拉仅作为钢筋调直用。

5.1 一 般 规 定

5.1.1 保留原条文 6.2.1。并明确钢筋冷拉仅作为调直使用。

5.1.2 保留原条文 6.3.1，并增加电渣压力焊施工方法。由于条文中没有气压焊的相关规定，故取消气压焊方法。新钢筋标准中增加了细晶粒热轧钢筋，细晶粒热轧带肋钢筋与普通热轧带肋钢筋，其化学成分、力学性能、工艺性能相同，但轧制工艺不同，鉴于目前缺乏此方面的研究数据，故其负温焊接工艺应经试验确定。

根据我国近十几年来对钢筋负温焊接的研究成果和工程实践经验，只要选择合理的焊接方法和工艺参数，钢筋在一定负温条件下也是可焊的。闪光对焊在−30℃、电弧焊在−40℃ 进行焊接也能获得满意的效果，但考虑到温度太低焊工操作不便，易影响质量，为确保钢筋负温焊接质量，因而将焊接温度限定在−20℃。

5.1.3 保留原条文 6.1.4。试验研究表明，钢筋在低温条件下对缺陷敏感，易发生脆断，故在运输与加工过程中应注意不要任意扔摔。

5.1.4 保留原条文 6.2.6，并增加钢筋张拉设备、仪表和液压工作系统的规定。

5.1.5 保留原条文 6.2.7，并按新标准对钢筋级别进行替换。

当环境温度低于−20℃ 时，对 HRB335、HRB400 钢筋进行冷弯加工易产生裂纹。

5.2 钢筋负温焊接

钢筋焊接在近几年的发展过程中，电渣压力焊作为一种新工艺，也在寒冷地区逐渐被推广使用。为保证钢筋冬期施工中的焊接质量，本次规程修订中，进行了工程调研和验证试验，并在此基础上，形成电焊压力焊的原则性规定，供施工单位遵循使用。

5.2.1 保留原条文 6.3.2，仅作文字修改。

5.2.2 保留原条文 6.3.4。

5.2.3 保留原条文 6.3.5。

闪光对焊焊接参数热影响长度可反映冷却速度，热影响区长度越长，冷却速度越慢。实测结果表明，热影响区长度与钢筋直径、化学成分及焊接工艺参数有关。负温焊接要通过对焊接工艺参数调整来控制热影响区长度，适当降低冷却速度，防止热影响区产生淬硬组织和接头产生冷裂纹。

5.2.4 保留原条文 6.3.6。

负温电弧焊采取分层控温施焊，目的在于降低冷却速度，层间温度过低或过高都影响接头的性能，经试验研究确定采用 150℃～350℃较为适宜。

现行国家钢筋标准 GB 1499.2－2007 中无余热处理钢筋，故取消相应要求。

5.2.5 保留原条文 6.3.7。取消“在构造上应防止在接头处产生偏心受力状态”，与常温要求相同。

5.2.6 保留原条文 6.3.8，仅作文字修改。

负温帮条焊与搭接焊，在平焊或立焊时，规定从中间向端部运弧，主要是为了使接头端部的钢筋达到一定的预热效果。

5.2.7 保留原条文 6.3.9，仅作文字修改。

5.2.8 保留原条文 6.3.10，按新标准替换钢筋级别。图 6.3.10 与条文文字表述意义一致，取消。

为了消除或减少前层焊道及邻近区域的淬硬组织，改善接头性能，所以规定 HRB335 和 HRB400 钢筋电弧焊接头进行多层施焊时采用“回火焊道施焊法”。

5.2.9 本条增加了电渣压力焊冬期施工的相关规定。鉴于电渣压力焊在寒冷地区冬期施工中经常使用，故编制组在修订过程中进行了调研，并采用半自动焊机和工程中常用的 HJ431 焊剂，通过不同负温条件、不同工艺参数的验证试验，经整理大量试验数据，提出了钢筋负温电渣压力焊焊接参数，同时对负温焊接工艺也提出了相关规定。

1 钢筋直径不同，对焊接电流有相应要求，可参考表 5.2.9 进行。

2 焊剂不烘干使用，会产生气泡、夹渣等质量缺陷。

3 负温下焊接与常温焊接时的参数不同，故要求必须进行负温下焊接工艺试验。

4 验证试验表明，夹具盒拆包时间早于 20s，会使溶化的焊剂流淌，接头急速冷却，影响焊接质量。

6 混凝土工程

6.1 一 般 规 定

6.1.1 混凝土受冻临界强度为负温混凝土冬期施工的重要质量控制指标之一。本次修订中对混凝土受冻临界强度按养护方法、混凝土性质的不同重新进行了分类规定。

1 采用蓄热法、暖棚法、加热法等方法施工的混凝土，一般不掺入早强剂或防冻剂，即所谓的普通混凝土，其受冻临界强度按原规程中规定的30%采用，经多年实践证明，是安全可靠的。暖棚法、加热法养护的混凝土也存在受冻临界强度，当其没有达到受冻临界强度之前，保温层或暖棚的拆除，电热或蒸汽的停止加热，都有可能造成混凝土受冻。因此，此次将采用这三种方法施工的混凝土归为一类进行受冻临界强度的规定，是考虑到混凝土性质类似，混凝土在达到受冻临界强度后方可拆除保温层，或拆除暖棚，或停止通蒸汽加热，或停止通电加热。

本次明确将蓄热法、暖棚法、加热法等方法施工的混凝土受冻临界强度规定为设计混凝土强度等级值的30%和40%，也是本着节能、节材的宗旨，即采用蓄热法、暖棚法、加热法养护的混凝土，在达到受冻临界强度后即可停止保温，或停止加热，从而降低工程造价，减少不必要的能源浪费。

2 采用综合蓄热法、负温养护法施工的混凝土，在混凝土配制中掺入了早强剂或防冻剂，混凝土液相拌合水结冰时的冰晶形态皆发生畸变，对混凝土产生的冻胀破坏力减弱。根据20世纪80年代北京建工总局的研究以及多年的工程实践结果表明，采用综合蓄热法和负温养护法（防冻剂法）施工的混凝土，其受冻临界强度值定为4.0MPa、5.0MPa是安全合理的。因此，本次修订中仍采用原规程数值。

3 原规程中所规定的受冻临界强度数值多来源于原400号及以下混凝土的研究。根据黑龙江省寒地建筑科学研究院的研究以及国内一些大专院校的研究表明，高强混凝土的受冻临界强度一般在混凝土设计强度等级值的21%～34%之间，鉴于负温高强混凝土的研究数据还不充分，因此，在本次规程修订中，根据现有的研究结果，将C50及C50级以上的高强混凝土受冻临界强度最低值确定为30%，施工单位也可根据工程实际情况，经试验确定。

4 负温混凝土可以通过增加水泥用量，降低用水量，掺加外加剂等措施来提高强度，虽然受冻后可保证强度达到设计要求，但由于其内部因冻结会产生大量缺陷，如微裂缝、孔隙等，造成混凝土抗渗性能大幅降低。原黑龙江省低温建筑科学研究所科研数据表明，掺早强型防冻剂C20、C30混凝土分别达到10MPa、15MPa后受冻，其抗渗等级可达到P6；掺防冻型防冻剂时，抗渗等级可达到P8。经折算，混凝土受冻前的抗压强度达到设计强度等级值的50%。一般工业与民用建筑的设计抗渗等级多为P6～P8，因此，规定有抗渗要求的混凝土受冻临界强度不宜小于设计混凝土强度等级值的50%，是保证有抗渗要求混凝土工程冬期施工质量和结构耐久性的重要技术要求。

5 对于有抗冻融要求的混凝土结构，例如建筑中的水池、水塔等，在使用中将与水直接接触，混凝土中的含水率很易达到饱和临界值，受冻环境较严峻，很容易破坏，在设计中提出的抗冻指标，施工过程中应予以保证。目前国内设计中有抗冻融耐久性要求的负温混凝土冬期施工研究试验资料很少，参考国外规范的规定，如国际RILEM（39-BH）委员会在《混凝土冬季施工国际建议》中规定："对于有抗冻要求的混凝土，考虑耐久性时不得小于设计强度的30%～50%"；美国混凝土学会306委员会（ACI 306）在《混凝土冬季施工建议》中规定："对有抗冻要求的掺引气剂混凝土为设计强度的60%～80%"；俄罗斯国家建筑标准与规范（СНиП3.03.01-87）规定："在使用期间遭受冻融的构件，不小于设计强度的70%；预应力混凝土不小于设计强度的80%"；我国《水工建筑抗冰冻设计规范》DL/T 5082—1998规定："在受冻期间可能有外来水分时，大体积混凝土和钢筋混凝土均不应低于设计强度等级的85%"。综合分析这类结构的工作条件和特点，参考国内外规范，在本次修订中增加了有抗冻要求的混凝土，其受冻临界强度值应大于或等于设计强度的70%，以指导此类工程的冬期施工。

6.1.2 保留原条文7.1.2，仅作文字修改。

热工计算是确保混凝土工程冬期施工质量的重要手段之一，在冬期施工中至关重要，本条特此规定。

6.1.3 现行国家标准《通用硅酸盐水泥》GB 175-2007中将普通硅酸盐水泥和硅酸盐水泥最低强度等级确定为42.5，取消普通硅酸盐水泥32.5等级，故本次修订中，参考现行国家标准《通用硅酸盐水泥》GB 175的修订情况和现行行业标准《普通混凝土配合比设计规程》JGJ 55中的有关最小水泥用量的规定，将冬期施工混凝土最小水泥用量在JGJ 55的基础上增加20kg/m^3，主要是考虑在低温或负温条件下保证早期强度增长率。

同时，考虑现代混凝土配制和生产技术的发展，在有能力确保混凝土早期强度增长速率不下降，混凝土能尽快达到受冻临界强度的条件下，混凝土最小水泥用量也可小于280kg/m^3，体现节能、节材的绿色施工宗旨，故本条最小水泥用量由"应"改为"宜"。

6.1.4 保留原条文7.1.4，仅作文字修改。

混凝土的碱-骨料反应问题，近些年已引起国内外的极大关注。我国目前生产的水泥碱含量较高，加之冬期施工防冻剂中都是高掺盐量，因而更易发生碱-骨料反应。为保证建筑物的耐久性，因而增加对碱骨料的限制。

6.1.5 保留原条文7.1.5，并参考现行行业标准《普通混凝土配合比设计规程》JGJ 55及相关标准，将混凝土的含气量由2%～4%提高到3%～5%。

6.1.6、6.1.7 保留原条文7.1.6～7.1.7，仅作文字修改。

控制氯盐的使用条件是为了防止氯离子对钢筋产生锈蚀。

6.1.8 保留原条文 7.1.8。

保温材料受潮后，其导热系数显著增大，其原因是由于孔隙中有了水分后，附加了水蒸气的扩散热量和毛细孔中液态水所传导的热量。在一般情况下，水的导热系数是 0.58W/（m·K），冰的导热系数是 2.33W/(m·K)，都远大于空气的导热系数 0.29W/(m·K)。因此，保温材料不应采用潮湿状态的材料。

6.1.9 保留原条文 7.1.9，仅作文字修改。

在冬期负温条件下，现浇结构加热养护温度超过 40℃时，在升温阶段产生一定的温度应力，因此在浇筑混凝土和留设施工缝时，应与设计单位商定。

6.1.10 由于型钢混凝土组合结构中型钢质量占的比重较大，为保证其与混凝土有可靠的粘结性，故规定浇筑混凝土前应对型钢进行预热，预热温度宜大于混凝土入模温度，预热方法可按 6.5 节相关规定进行。一般采用线圈感应加热养护法比较方便、适宜。

6.2 混凝土原材料加热、搅拌、运输和浇筑

防冻剂应用技术经过二十余年的发展，现已基本成熟，施工单位也基本可以正确使用，故在本节中取消了 7.2.4 条、7.2.5 条关于防冻剂配制和使用的具体规定。

6.2.1 保留原条文 7.2.1，将水泥标号按强度等级进行替换。

6.2.2～6.2.4 保留原条文 7.2.2、7.2.3、7.2.6，仅作文字修改，增加了对预拌混凝土用砂的加热与保温的规定。规定了水、砂的加热方法与水泥的储存要求。

6.2.5 保留原条文 7.2.7，增加了预拌混凝土冬期施工搅拌时间的规定。

6.2.6 保留原条文 7.2.9，增加混凝土入模温度的规定。入模温度是冬期浇筑混凝土时的重要技术参数，通过控制混凝土的入模温度，可控制混凝土养护阶段初期的蓄热量，防止受冻。混凝土入模温度可通过热工计算确定，其最小值不得低于 5℃。

6.2.7 规定了运输与输送中的保温要求。

6.2.8 保留原条文 7.2.8 部分内容。运输与浇筑过程中的保温要求在 6.2.7 中已作规定。

6.2.9 保留原条文 7.2.10，仅作文字修改。考虑在强冻胀性和弱冻胀性地基土上浇筑混凝土，地基土融化会产生下沉，故规定不得在强冻胀性地基土上浇筑混凝土，在弱冻胀性地基土上浇筑混凝土时，基土不得受冻。

6.2 10 保留原条文 7.2.11 部分内容，仅作文字修改。大体积混凝土很少采用加热法养护，故取消采用加热法养护时的温度规定。

6.3 混凝土蓄热法和综合蓄热法养护

6.3.1 保留原条文 7.3.1。

6.3.2 原规程中的判别式主要是反映采用综合蓄热法养护混凝土的几项主要关键技术：

1 气温条件；

2 结构体型条件；

3 保温条件。

但原规程式（7.3.1）$T_m > \frac{1}{b}\ln\left(\frac{KM_s}{a}\right)$ 中仅体现了水泥品种、用量以及结构围护层的散热系数，没有反映出外加剂对混凝土蓄热冷却的影响，特别是早强剂对混凝土早期水化速率和水化放热量的影响，无法真正体现出综合蓄热法的特点，以及综合蓄热法与蓄热法、防冻剂法（负温养护法）的差别；另外，a、b 系数是反映水泥用量与品种的参数，而配合比设计中此两个参数根据混凝土设计要求、强度等级等已基本确定，不能作为判别式中的可调整参数，判别式中的结构表面系数 M_s 也依结构体型特征而为确定值，唯一可调整参数仅为围护层总传热系数，即采用综合蓄热法是否可行的条件取决于 K 值的选择。综合考虑经济与技术条件，以及多年的工程实践经验，$K \cdot M_s$ 值（散热系数）宜在 50kJ/(m³·h·K)～200 kJ/(m³·h·K)之间进行选择，可满足要求。K 值可通过本规程附录 A 进行计算。

为提高规程的可操作性，便于施工单位对规程的执行，特根据以上三个条件，将综合蓄热法的适用条件进行简化：

1 气温条件：将原规程公式中的“冷却期间平均气温 −12℃”修订为“最低气温 −15℃”，作为控制条件；

2 结构体型条件：保持原规程对体型条件的规定，表面系数为 $5m^{-1}$～$15m^{-1}$；

3 保温条件：保持原规程的散热系数规定，即围护层的总传热系数与结构表面系数的乘积（散热系数 L）为 50kJ/(m³·h·K)～200 kJ/(m³·h·K)。

其中散热系数（L）计算方法如下式：

$$L = K \cdot M_S$$

式中：L——散热系数 [kJ/(m³·h·K)]。

6.3.3 保留原条文 7.3.3 条主要内容，并明确采用综合蓄热法施工的混凝土中掺入的为早强剂或早强型复合外加剂。而掺入减水剂，是为了降低水灰比，减少可冻水量，提高早期和后期强度；掺入引气剂，是为了改善混凝土孔隙结构，缓冲冰胀压力，提高抗冻性能。

6.3.4 保留原条文 7.3.4，仅作文字修改。

大量工程实践表明，北方冬季气候干燥，混凝土极易失水，影响强度，因此混凝土成型后应立即对裸露部位采用塑料布进行防风保水，同时进行保温。而对边、棱角部位，由于表面系数较大，散热较快，极易受冻，故应加强保温措施。

6.4 混凝土蒸汽养护法

保留原规程7.4节主要内容。将原规程表7.4.1中的混凝土蒸汽养护法的简述和特点放入本条文说明中。

取消原条文7.4.6，该条中水泥用量、水灰比及坍落度要求已不适用当前混凝土施工工艺的要求。

6.4.1 由于蒸汽养护法设备复杂笨重，排除冷凝水困难又费工，技术控制也费事，对混凝土的某些性能又可能带来不利影响，因此推荐了几种简单易行方法，并对不同方法的适用范围作出规定。

混凝土蒸汽养护法的简述和特点见表1。

表1 混凝土蒸汽养护法的简述和特点

分类	简述	特点
棚罩法	用帆布或其他罩子扣罩，内部通蒸汽养护混凝土	设施灵活，施工简便，费用较小，但耗汽量大，温度不宜均匀
蒸汽套法	制作密封保温外套，分段送汽养护混凝土	温度能适当控制，加热效果取决于保温构造，设施复杂
热模法	模板外侧配置蒸汽管，加热模板养护	加热均匀、温度易控制，养护时间短，设备费用大
内部通汽法	结构内部留孔道，通蒸汽加热养护	节省蒸汽，费用较低，入汽端易过热，需处理冷凝水

6.4.2 保留原条文7.4.2。

6.4.3 保留原条文7.4.3。

6.4.4 保留原条文7.4.4。

6.4.5 保留原条文7.4.5。

为了保证采用蒸汽加热法的混凝土质量，根据本规程第6.4.2、6.4.3条规定要求，对三个阶段的加热时间，应通过加热延续时间内所达到的混凝土强度进行确定。

6.4.6 保留原条文7.4.6部分内容。

通过试验研究表明，在20℃～80℃之间，湿空气体积膨胀系数(1/℃)为(3700～9000)×10^{-6}，水为(255～744)×10^{-6}，水泥石为(40～60)×10^{-6}，集料为(30～40)×10^{-6}，气相的膨胀作用大于固体物料100倍。由此可见，采用蒸汽养护时，应尽量减少混凝土的引气量，不得掺入引气剂或引气型减水剂。

6.4.7 保留原条文7.4.8。

6.5 电加热法养护混凝土

保留原规程7.5节内容，仅作局部文字修改。

6.5.1 保留原条文7.5.1。

6.5.2 保留原条文7.5.2。说明电极加热特点、分类和适用范围。

6.5.3 保留原条文7.5.3。说明由电极法施工的主要措施。

电极法不允许使用直流电，因直流电会引起电解、锈蚀及电极表面放出气体而造成屏蔽。

6.5.4 保留原条文7.5.4。

电热毯养护工艺是将民用电热毯原理移植于混凝土冬期施工的一种加热养护工艺。在北京等地已应用多年，对于表面系数较大，气温较低，工艺周期要求较短的工程，具有使用价值。采用电热毯养护工艺，由于电热毯功率低，温度分布均匀，故其养护温度（指混凝土温度）接近于常温，因此与高温电热法相比，具有控制技术简单，安全和耗能低的特点。

本条强调了两点：1）要按构件尺寸做好保温以便提高保温效果和节能，遇停电时可利用蓄热养护，以免混凝土冻坏；2）保温材料要具备耐热性，由于有时电热毯接线可能出现短路，局部过热，用易燃材料将会引起火灾。

由于模板边部（即上下左右）被吸收的热量散热较多，因此在北京、天津、太原、兰州、石家庄等轻寒地区可按本条布毯。若在沈阳、西宁、银川等小寒地区采用电热毯施工墙板，亦可按上述原则布毯，只是对通电和间断时间稍作调整即可，对大寒和严寒地区应提高布毯密度或通过试验增加电热毯功率解决。

6.5.5 保留原条文7.5.5。

所谓工频涡流电指50Hz交流电作用下产生的涡电流。

根据电磁感应原理，交变电流在单根导体中流动时，以导线为圆心产生交变磁场的圆柱体，若此导线外面套有铁管，则交变磁场将大部分集中在铁管壁内，由于铁管有一定厚度，就产生感应电动势和电流，这种在管壁中无规则流动的电流称为涡电流。又由于铁管存在电阻，涡电流则在管壁内产生热量，这就实现了电能向热能的转换，可用这种热量来加热混凝土。

6.5.6、6.5.7 保留原条文7.5.6、7.5.7。

线圈感应加热法或者简称感应加热，用于混凝土冬期施工，在原苏联20世纪60～70年代开始应用。

众所周知，线圈内通入交变电流，则线圈周围会产生交变磁场，如果线圈内放入铁芯，铁芯内的磁感应强度大十几倍乃至几百倍。如此强的交变电磁场，会在铁芯中产生电流，涡电流的能量会变为热量。运用这个原理，可以用来加热内有钢筋、外有钢模板的混凝土结构。如果在柱、梁的模板外表面绕上感应线圈，线圈内通入交流电则在钢模板和钢筋内就会产生交变磁场，产生涡电流，因而产生热量，这些热量传给混凝土，就可使混凝土得到加热。

混凝土感应加热的主要优点是：

1）由于与加热构件不直接接触，操作安全；

2）加热条件与混凝土的电物理性能及其在加热期间的变化无关；

3）操作和维护简单；

4）能够预热钢筋、金属模板和被浇筑空间；

5）使用一般金属模板，不需改装；

6）不需金属的附加消耗，感应电线可重复使用。

由于以上特点，感应加热可应用于条形结构和在横截面和长度方向上配筋均匀的混凝土构件的施工，如柱、梁、檩条、接点、框架结构的构件、管及类似构件等，还可以应用于预制构件接头浇筑。

感应加热也可以用于非金属模板的构件施工，只是升温速度应更严格地进行控制，见表2。

表2 感应加热混凝土的最大容许升温速度

升温速度（℃/h）＼构件表面系数（m^{-1}）＼配筋类型	5～6	7～9	10～11
钢筋	3/5	5/8	8/10
劲性框架	5/8	8/10	10/15
钢筋与劲性框架复合	8/8	10/10	15/15

注：分子值用于非金属模板施工。

6.5.8 保留原条文7.5.8。

红外线也是一种电磁波，具有辐射、定向、穿透、吸收和反射等基本功能。其波长称作近红外线，4μm以上的波长较长被称为远红外线。红外线射到物体表面时，一部分在物体表面被反射，其余部分射入物体内部，后者中又有一部分透过物体，另一部分被物体吸收，使混凝土不断获得热量。

6.6 暖棚法施工

保留7.6节内容，仅作文字修改。

6.6.1 暖棚法指混凝土在暖棚内施工和养护的方法。暖棚可以是小而可移动的，在同一时间只加热几个构件；也可以很大，足以覆盖整个工程或者大部分。暖棚由于造价高，消耗材料多，因此应尽量利用在施结构。采取塑料薄膜搭暖棚，材料和用工均较低，且有利于工作场所的日采光和利用太阳能取暖。

6.6.2 当采用燃料加热器（油、煤等炉子）且置于暖棚内时，将产生较多的CO_2，新浇的混凝土吸收CO_2后极易与水泥中的Ca（OH）$_2$反应，在混凝土表面形成碳化表面，不管如何刷洗无法清除，只有用砂轮才能彻底清除这一层。因此暖棚内应采取防止碳化的措施，如炉子的烟气应排至棚外，适当排气以控制含量；向棚内补充新鲜空气以供炉子助燃，特别是在养护的第一天内应尽可能地降低CO_2浓度。

6.7 负温养护法

6.7.1 混凝土负温养护法在负温条件下需保持液相存在，液相中防冻剂浓度较高，即防冻剂掺量较高，对其结构耐久性产生负面影响，对耐久性要求较高的重要结构应慎用负温养护法，因此修改适用条件为“一般混凝土结构工程”。

当气温较低，且结构表面系数较大，在冬施中结构不易保温蓄热。如果结构对强度增长无特殊要求时，可以采用负温混凝土法施工。负温混凝土法特点是：对砂、石、水加热仍按常规进行，但混凝土浇筑后可不进行保温蓄热，只进行简单维护即可。其主要作用是，由于混凝土中掺入了一定量的防冻剂，可以使混凝土中一直保持有液相存在，水泥在负温下能不断进行水化反应增长强度。我国不少科研部门的试验表明，按设计要求掺入一定量的防冻剂，在规定温度下养护，其28d强度可增长到设计强度的40%～60%，可以满足一般施工要求。

6.7.2 保留原条文7.7.2部分内容。水泥的选用已在一般规定中进行了说明，故在本条中删除对水泥选用的规定。

6.7.3 对负温养护法施工的混凝土是有阶段温度要求的，例如：“混凝土浇筑后的起始养护温度不应低于5℃”、“当混凝土内部温度降到防冻外加剂规定温度之前，混凝土的抗压强度应符合本规程第6.1.1的规定”，为满足以上要求，当仅采取“塑料薄膜覆盖保护”达不到要求时，也应适当保温，故增加“并根据需要采取相应的保温覆盖措施”的规定。

6.7.4 本条明确规定采用负温养护法施工的混凝土应加强测温，主要是用以监测混凝土内部温度变化情况和计算混凝土成熟度，从而为施工单位控制混凝土质量提供依据。

6.8 硫铝酸盐水泥混凝土负温施工

6.8.1、6.8.2 保留原条文7.8.1、7.8.2部分条款。

采用硫铝酸盐水泥进行混凝土冬期施工是一种简单而可行的办法，在国内外都已有成功的应用经验。硫铝酸盐水泥具有快硬早强的特点，掺加适量$NaNO_2$作为防冻早强剂，可进一步改善早期抗冻性能，提高负温强度增长率，特别适用于混凝土的负温快速施工。自1976年以来，铁道部科学研究院、北京、河北、新疆、辽宁、黑龙江等地得到推广应用。

掺有防冻早强剂的硫铝酸盐水泥混凝土，在负温下强度仍能较快增长，但随温度下降，强度增长速度也减慢。根据铁道部科学研究院的试验资料和实际工程应用结果，可以在最低气温为－25℃的负温环境下施工。

硫铝酸盐水泥混凝土在80℃以上时，由于水化产物钙矾石脱水，对强度将产生不利影响，所以，如冶金厂房等高温作业的建筑物或有耐火要求的结构，不能采用硫铝酸盐水泥混凝土。

根据中国建筑材料科学研究院的研究，硫铝酸盐水泥具有快硬、早强的特性，硫铝酸盐水泥混凝土的抗硫酸盐腐蚀性能优于高抗硫硅酸盐水泥，故在本条中增加了硫铝酸盐水泥适用于“抢修、抢建工程及有硫酸盐腐蚀环境的混凝土工程”。

6.8.3 保留原条文 7.8.4，并增加 $NaNO_2$ 与 Li_2CO_3 复合作为防冻剂。

根据中国建筑材料科学研究院及唐山北极熊建材有限公司近十几年的研究和工程实践，$NaNO_2$ 与 Li_2CO_3 复合使用效果更佳。硫铝酸盐水泥混凝土在复合防冻剂、缓凝减水剂的作用下，既可以保证有充分的运输、输送、浇筑等时间，又可以在凝结后迅速硬化。特制的抢修混凝土在 5℃～－5℃下，既可以有不小于 40min 的可工作时间，又可以在 4h 达到 20MPa 以上的强度。

此外，掺复合防冻剂的硫铝酸盐水泥混凝土还具有一个重要特点，即混凝土受冻可以不受临界温度值限制，当混凝土成型后立即受冻，对后期强度没有不利影响。

6.8.4 保留原条文 7.8.5，仅作文字修改。

硫铝酸钠盐水泥混凝土凝结较快，坍落度损失较大。根据经验，在配合比设计时要适当增加坍落度值。用热水拌合时，可先将热水与砂石混合搅拌，然后投入水泥。

用于拼装接头或小截面构件、薄壁结构的硫铝酸盐水泥混凝土施工时，要适当提高拌合物温度，并应保温。

6.8.5 根据唐山北极熊建材有限公司对硫铝酸盐和硅酸盐水泥复合体系的系统研究，当硅酸盐水泥在硫铝酸盐水泥中的掺入比例不超过 1/9 时，水泥的凝结时间缩短 50％，3h 强度提高 100％以上，而后期强度没有显著变化。几年来唐山北极熊建材有限公司将此技术用于低温下的机场和道路的抢修抢建工程，都取得了很好的效果。故将原条文 7.8.6 中硫铝酸盐水泥不得与硅酸盐类水泥混合使用的规定修改为硫铝酸盐水泥可与硅酸盐类水泥混合使用，但掺用比例应小于 10％。

6.8.6 保留原条文 7.8.7。硫铝酸盐水泥混凝土施工的拌合物，可采用热水拌合，水的温度不宜超过 50℃，混凝土拌合物温度宜为 5℃～15℃。水泥不得直接加热或直接与 30℃以上的热水接触。拌合物的坍落度应比普通混凝土坍落度增加 10mm～20mm。

6.8.7 保留原条文 7.8.8。硫铝酸盐水泥的细度较高、黏性好，机械搅拌时极易粘罐，且不易倒尽，所以，搅拌时司机要经常刷罐铲除粘结料，否则，这些粘结料迅速硬结后清理极困难。

6.8.8 保留原条文 7.8.9。拌制好的混凝土，应在 30min 内浇筑完毕。混凝土入模温度不得低于 2℃。当混凝土流动性降低后，不得二次加水拌合使用，防止混凝土因用水量增加而造成强度下降。

6.8.9 保留原条文 7.8.10。硫铝酸盐水泥混凝土浇筑后，外露面如不认真处理，极易造成失水粉化起砂或出现细裂缝等缺陷。

6.8.10 保留原条文 7.8.11 部分内容。硫铝酸盐水泥混凝土不适宜高温养护，否则会产生强度损失。将采用硫铝酸盐水泥混凝土按体积大小的不同划分不同的养护方法：混凝土结构体积较大时，可采用蓄热法养护；对于体积较小的结构，不得采用电热法或蒸汽法养护，可采用暖棚法养护。暖棚法冬期养护混凝土，暖棚内的温度通常为 0℃～10℃，原条文中规定的养护温度不得大于 30℃无实际意义，故予以取消。

6.8.11 保留原条文 7.8.12 部分内容。拆模前应注意混凝土的温度，避免拆模时间不当而产生温度裂缝。模板和保温层的拆除应符合本规程第 6.9.6 条规定。

6.9 混凝土质量控制及检查

6.9.1 保留原条文 7.9.1。规定了混凝土冬期施工质量控制的关键项目。除了国家有关标准规定的常规项目外，强调了外加剂的质量及掺量、温度，这两项内容是冬施的成败关键，所以本条把检查项目内容提了出来。同时，增加了采用预拌混凝土时的质量检查要求，以及混凝土起始养护时的温度检查，有利于提高混凝土质量的控制。

6.9.2 保留原条文 7.9.2，并增加矿物掺合料的温度检查。

6.9.3、6.9.4 保留原条文 7.9.3 内容。并对混凝土的测温停止时间进行了规定，即当混凝土在达到受冻临界强度后，方可停止测温。

6.9.5 保留原条文 7.9.4，仅作文字修改。混凝土质量检查除了按国家现行标准进行外，尚须对外观、测温记录，以及各种施工工艺参数等进行检查，这些规定都是为保证工程质量所必须的。

6.9.6 保留原条文 7.9.5，仅作文字修改。

拆除模板和保温层后，混凝土立即暴露在大气环境中，降温速率过快或者与环境温差较大，会使混凝土产生温度裂缝。本条采用了双控措施：一是混凝土温度降低到 5℃以后，二是控制混凝土温度与外界温度差不能大于 20℃。对于达到拆模强度而未达到受冻临界强度的混凝土结构，应采取保温材料继续进行养护。

6.9.7 冬期施工中，为了施工单位更加有效地控制负温混凝土质量，特提出在现行国家标准《混凝土结构工程施工质量验收规范》GB 50204－2002 规定的同条件养护试件数量基础上，增设不少于两组同条件养护试件，一组用于检查混凝土受冻临界强度，而另外一组或一组以上试件用于检查混凝土拆模强度或拆除支撑强度或负温转常温后强度检查等。

7 保温及屋面防水工程

外墙外保温体系作为节能建筑的重要体系之一，

越来越多地应用到北方地区的建筑节能体系中。2003年以来，国家相继制定了《膨胀聚苯板薄抹灰外墙外保温系统》JG 149、《外墙外保温工程技术规程》JGJ 144等相关标准规范，为了更好地在我国寒冷地区冬期施工中推广应用外墙外保温体系，方便建设单位有效地控制外墙外保温工程的施工质量，在本次规程修订中，特增加此部分内容，将原规程第八章“屋面保温及防水工程”修改为“保温及屋面防水工程”，其中保温工程分为两部分，即屋面保温工程与外墙外保温工程。

7.1 一般规定

7.1.1、7.1.2 屋面防水工程一般安排在常温期间完成施工。为了适应我国寒冷地区屋面防水工程建设的特殊需要，使新建、改建的屋面防水工程能尽快正常使用，必要时可以进行冬期施工，但需要具备以下条件：

1 建筑屋面防水施工时的环境温度（即施工气温）至少能保证使用材料的可操作性。对选用不同防水材料应分别控制不同施工气温来安排施工。

2 在屋面上施工，应具备操作人员能适应的环境温度。要利用日照充分、无风、并设置挡风围护等条件以保证人员发挥良好的操作技能和完好的工程质量。因此，作出相应规定极为必要。

目前国内新型防水材料品种很多，从20世纪80年代以来的应用情况表明，合成高分子防水卷材以冷粘法施工，不宜低于5℃，焊接法施工不宜低于-10℃；高聚物改性沥青防水卷材以热熔法施工更为简便，不宜低于-10℃；冬期一般不宜用涂料作防水层，溶剂型涂料在负温下虽不会冻结，但黏度增大会增加施工操作难度，因此，溶剂型涂料的施工环境气温不宜低于-5℃；施工时气温低于0℃，密封材料变稠，工人难以施工，同时大大减弱了密封材料与基层的粘结力，影响防水工程质量，因此，密封材料的施工环境气温不宜低于0℃。

7.1.3 规定了保温与防水材料进场和储存的要求。

7.1.4 保留原条文8.1.3。

水落口、檐沟、天沟等部位是排出屋面雨水必经之路，方向变化，流水集中，易于积水，施工必须谨慎，这些部位增铺附加层可以提高防水抗渗功能，从操作工序上的合理性以及创造精心施工先决条件考虑，必须先将水落口、檐沟、天沟等部位的附加层卷材铺贴完毕，然后再铺贴整体防水层。

7.1.5 保留原条文8.1.4，仅作文字修改。

一般屋面渗漏的部位多出现在屋面穿孔管道周围、设备或预埋件连接处、屋面突出部位等节点。杜绝以上部位的渗漏所采取的积极措施是合理安排施工工序，包括穿孔、凿眼、底座连接等应予提前施工，并合理安排做好隔气层、保温层、找平层，然后再进行防水层施工。一旦完成防水作业经验收后，必须加强成品保护，不允许在防水层上打眼、凿洞等破坏防水层的逆作业发生。

7.2 外墙外保温工程施工

7.2.1 现行行业标准《外墙外保温工程技术规程》JGJ 144-2004中规定：外墙外保温工程主要包括EPS板薄抹灰外墙外保温系统、胶粉EPS颗粒保温浆料外墙外保温系统、EPS板现浇混凝土外墙外保温系统、EPS钢丝网架板现浇混凝土外墙外保温系统、机械固定EPS钢丝网架板外墙外保温系统。

鉴于胶粉EPS颗粒保温浆料外墙外保温系统冬期施工时，胶粉浆料的吸水性高，两道抹灰施工中间要等水分排干，施工工期长，冬期施工极易受冻，故不适宜进行冬期施工。

7.2.2 根据国内部分单位的研究表明，有些EPS板胶粘剂和聚合物抹面胶浆在-10℃～-15℃条件下可以进行硬化，并在预定时间内达到规定强度，因此可以在-10℃以下气温中进行冬期施工。但考虑安全起见，以及抹面砂浆在-10℃以下气温中强度发展缓慢，易受冻，粘结强度下降的原因，故将外墙外保温工程冬期施工最低温度规定为-5℃。

7.2.3 在负温条件下，EPS板胶粘层和抹面层的硬化和干燥过程较长，不利于控制施工质量。为加速硬化和干燥速率，增强与基层的粘结效果，防止后期发生开裂、脱落现象，故规定施工期间及完工后24h内，基层及环境空气温度不应低于5℃。

7.2.5 EPS板常温下有效粘贴面积为大于40%，为保证冬期施工的安全可靠，在此基础上提高至50%，黑龙江省地方建筑节能标准目前也是按照50%进行控制。

7.2.6 EPS板现浇混凝土外墙外保温系统和EPS钢丝网架板现浇混凝土外墙外保温系统冬期施工，混凝土和抹面砂浆中均可掺入防冻剂，但对于EPS钢丝网架板现浇混凝土外墙外保温系统，抹面砂浆中不得掺入含氯盐的防冻剂，防止钢丝网架产生锈蚀。

7.3 屋面保温工程施工

7.3.1 保留原条文8.2.1。

为防止保温材料受潮、受冻，冬期施工前可将材料提前入场或组织库存、覆盖等保管措施，不允许保温材料混入杂质、冰雪、冰块等，以确保材料质量和保温效果。

7.3.2 保留原条文8.2.2。

一般不应超出以上气温界线的规定，否则难以保证质量。

7.3.3 保留原条文8.2.3。

砂浆中掺入防冻剂是为了提高抗冻能力，适应冬期施工。目前建筑市场上防冻剂品种较多，为防止假冒伪劣产品，冬期施工防水工程使用的防冻剂进入现场必须复试，由试验确定掺量。

7.3.4 保留原条文8.2.4。与常温规定相同。

7.3.5 保留原条文8.2.6部分内容，文字作相应修改。倒置式屋面现阶段应用较少，具体采用材料和施工方法应按设计要求进行，取消原条文中的部分细节规定。

7.4 屋面防水工程施工

本节将原规程中的8.3节“找平层施工”和8.4节“防水层、隔气层施工”进行合并，作为屋面防水工程施工的主要内容，取消部分与常温施工规定相同的内容。

水泥砂浆预制板和沥青砂浆找平层很少使用，予以取消。

7.4.1 保留原规程条文8.1.2第1、3款。

找平层的质量直接影响防水层的铺设和防水效果。

1 对找平层规定了应压实平整的质量要求。找平层表面若凹凸不平、起鼓、松动、坡度不准、积水严重会导致防水层产生渗漏。为此，在冬期施工的找平层必须保证压实平整。此外，更不允许有积雪、冰霜、冰块存在，表面有灰砂、杂物应该清理干净之后再铺设防水层，奠定牢靠的基层。在使用水泥砂浆找平层时可采取收水后二次压光，水泥凝固后及时喷涂养护剂覆盖养护，防止起砂、酥松现象发生。

2 基层必须干净、干燥。由于我国地域广阔，气候差异大，对基层含水率不可能规定统一的数据。但从冬期施工质量角度出发，其基层含水率应取较低值，以达到干燥为宜，这是多年施工与应用新型防水材料经验的总结。如使用合成高分子防水卷材在过于潮湿基层上粘贴，往往发生起鼓，粘贴不牢等现象。

找平层干燥程度的简易检测方法：将$1m^2$卷材平铺在找平层上，静置3h～4h后掀开检查，找平层覆盖部位与卷材上未见水印即可铺设隔气层或防水层。

3 冬期施工选用高聚物改性沥青防水卷材或合成高分子防水卷材作防水层施工较为方便。采用不同防水卷材铺贴时，遇到突出屋面结构的连接处和基层转角处均应抹成光滑的圆弧形，圆弧半径根据材料柔性和厚度不同而不同，具体可按本条规定进行。

7.4.2 保留原条文8.3.1，增加细石混凝土找平层。

由于冬期施工气温的变化，使用水泥砂浆或细石混凝土作找平层时必须掺用防冻剂防止受冻，保证砂浆正常现场操作。鉴于各地区气温不同，防冻剂不同，其掺量也不尽相同，应以当地情况和具体条件由试验确定，不作统一规定。当采用氯化钠作为防冻剂时，可按表7.4.2推荐掺量使用。

7.4.3 保留原条文8.3.4部分内容。

水泥砂浆或细石混凝土找平层应设置分格缝，以减少砂浆或混凝土找平层产生裂缝，避免拉裂防水层。

7.4.4 规定防水材料的主要物理性能应符合现行国家标准《屋面工程质量验收规范》GB 50207的要求。原规程表8.4.2内容与常温一致，予以取消。

7.4.5 保留原条文8.4.3，仅作文字修改。

热熔法防水卷材冬期施工与常温施工不同之处主要有以下几点：

1 基层处理剂要挥发完全、充分。冬期施工常用溶剂型处理剂，一是免遭受冻，二是易于操作。冬季气温低，溶剂挥发缓慢，因此应严格控制溶剂干燥时间，冬期在10h以上基本挥发充分、完毕，然后安排热熔卷材工序，以防止火灾。

2 掌握住热熔铺贴要点，热熔卷材施工时要求加热宽度应均匀一致，加热喷嘴距卷材面要适当，0.5m左右。冬期施工气温低，熔化不易，若超出光亮程度过热熔化时，高聚物改性沥青易老化变焦，不利粘结，更不能熔透烧穿，把握住热熔火候才能粘结牢固。铺贴卷材辊压时缝边必须溢出胶粘剂以验证粘贴是否严密，溢出的胶粘剂随之刮封接口，也是加强接缝牢固的必要措施。卷材大面热熔铺贴同样要注意将卷材内的空气排出。

3 做好接缝口及末端收头处理。为提高冬期施工的可靠性，防止防水层热熔铺贴后有缝口翘边开缝的可能，要求接缝口及收口末端都用密封材料封口，提高防水抗渗能力。

7.4.6 保留原条文8.4.4，仅作文字修改。

7.4.7 保留原条文8.4.5。

冷粘贴施工法在我国已逐渐推广使用，材料多数使用合成高分子防水卷材，这种卷材国内现已具备一定规模的生产能力，其技术性能在拉伸强度、伸长率、低温柔性以及不透水性、热老化性能等均较为优异。原规程表8.4.5-1、表8.4.5-2内容与常温一致，予以取消。

7.4.8 保留原条文8.4.6部分内容。

1 涂布基层处理剂：可使用稀释聚氨酯涂料进行涂刷。由于冬期施工气温低，涂料中的溶剂挥发过慢，因此需要间隔一定的时间，至少在10h以上，使基层处理剂挥发充分，待完全干燥之后进行卷材铺贴。

2 复杂部位应作防水增强处理，处理方法有两种：一种是采用合成高分子涂料（聚氨酯涂料）均布涂刷，但必须控制厚度在1.5mm以上，而且待涂料达到固化程度，即延迟36h以上方可进行下一工序施工，以便保证防水工程质量。另一种是采用自流化丁基橡胶胶粘带在复杂部位粘贴，按照水落口、阴阳角、管根部位等各异形尺寸裁剪自粘粘贴，操作简便，适应性强，防水增强效果好。

3 涂刷胶粘剂和铺贴卷材：当冷粘法施工使用

合成高分子防水卷材（三元乙丙橡胶卷材、橡塑共混卷材等）时，需要在基层上和卷材底面同时涂刷胶粘剂，并且晾干 20min 以上才能粘贴牢固。要求一定的间隔时间是为了保证粘结力和获得粘结的可靠性。冷粘贴合成高分子防水卷材时要展平并与基层粘贴，不可用力拉伸来展平卷材，避免卷材承受较大的拉应力。边铺贴卷材边排除卷材下面的空气，辊压粘贴牢固。

4 接缝口及卷材末端收头处理：高分子防水卷材铺贴后，由于施工因素、胶粘剂质量等原因，缝口、末端卷材有翘边的可能，所以接缝口和卷材末端都必须用宽 10mm 的密封材料封口，以提高整体防水效果。

采用常温自硫化丁基橡胶带做附加层处理时的技术规定与常温要求一致，故予以取消此内容和原规程图 8.4.6。

7.4.9 保留原条文 8.4.7。

冬期施工采用质量较好且稳定的合成高分子防水涂料为宜，如溶剂型聚氨酯防水涂料等。冬期应储存在室内 0℃以上的环境中，远离火源，避免溶剂着火而发生火灾事故。

表 8.4.7-1、表 8.4.7-2 内容与常温一致，予以取消。

7.4.10 保留原条文 8.4.8，仅作文字修改。

1 严格控制涂料的涂刷厚度。涂膜防水屋面是靠涂刷后的防水涂料形成一定厚度的涂膜来起到防水作用，厚度不够将直接影响耐用年限和防水功能，为此，规定了最小成膜厚度不低于 2mm。

厚的防水涂料不得一次涂成，因一次涂膜太厚，易开裂，而且难以一次就达到均匀厚度，故规定涂层应为两层以上。在分遍涂刷时，应待先刷的涂层干燥成膜后方可涂后一遍涂料，直至达到所要求的涂膜厚度。

2 对铺胎体的要求。做涂膜防水需铺胎体材料时，一般是与屋脊平行铺设，铺贴时必须由最低标高处向上操作，使胎体材料的搭接顺着流水方向，避免呛水。为了保证有足够防水功能，规定了胎体下面的涂层厚度不得少于 1mm，最上层的涂层不得少于两遍。

7.4.11 保留原条文 8.4.9，仅作文字修改。

隔气层的设置和施工宜选用与屋面防水层同类材料，便于统一掌握施工。冬期施工的隔气层使用卷材宜采用花铺法施工，以适应基层变形，不致拉裂防水层，但搭接必须粘牢，不能开裂，宽度可在 80mm 以上。

8 建筑装饰装修工程

依据现行国家标准《建筑装饰装修工程质量验收规范》GB 50210，将原规程第 9 章“装饰工程”改为“建筑装饰装修工程”，保持与国家标准相一致。

在我国北方地区，常有冬期室外粘贴面砖、石材等，转常温后因粘结性能不良而造成伤人事故发生。目前，国内室外饰面工程冬季也很少进行，而且也不易保证质量，因此，室外饰面工程不适合进行冬期施工，费时费力，浪费能源，质量不可靠；而室内饰面工程在保持 5℃以上的气温环境时，与常温施工技术要求相一致，故取消“饰面工程”一节内容。

8.1 一 般 规 定

8.1.1 本条的规定为确保施工的安全和质量。

8.1.2 经过上海、北京、哈尔滨等多个城市调研，外墙采用粘结法施工饰面砖、饰面板及马赛克，在一年以后发生脱落的质量问题十分普遍，事故率占受调查建筑项目的 50%，冬期施工采取措施不当是造成面砖脱落的重要原因之一。因此，从质量和安全角度考虑，规定外墙饰面砖、饰面板及马赛克类等以粘结方式固定的装饰块材不宜进行冬期施工。

8.1.3 保留原条文 9.1.6。

多年的实践经验表明，冬期施工外墙面采用冷作法进行抹灰并采用涂料做为饰面层涂刷时，应注意抹灰所使用的防冻剂材质与涂料材质相匹配，否则易发生反碱、起皮、变色等质量通病。防冻剂的掺量应由试验确定。

8.1.4 墙体基层表面如有冰、雪、霜等，会在基层和粘结砂浆层之间形成隔离层，影响粘结效果。

8.1.5 保留原条文 9.1.2，仅作文字修改。安排室内抹灰工程应遵循的原则。

8.1.6 保留原条文 9.1.3，仅作文字修改。冬期室内装饰为保证环境温度的具体作法及要求。

8.1.7 保留原条文 9.1.4，并增加块料装饰的施工与养护温度要求。水泥砂浆的养护与常温要求相一致，故取消潮湿养护和通风换气的规定。

8.1.8 保留原条文 9.1.5，并增加了粘贴面砖用砂浆的技术规定。

冬期抹灰及粘贴面砖时除应对砂浆进行保温外，室外操作尚应在砂浆中掺入防冻剂，但由于各地气温不同，使用防冻剂品种也不一样，故规定防冻剂掺量应由试验确定。

8.1.9 保留原条文 9.1.9，将“应”改为“宜”，建议冬期室内粘贴壁纸时的环境温度不宜低于 5℃。

冬期壁纸施工温度一般应在+5℃以上，以保证胶粘剂的固化及粘结质量。低于此温度，常用胶粘剂很难保证粘结质量。鉴于当前某些胶粘剂新产品可以在 5℃以下温度中使用，为发展新技术，应用新产品，也可按胶粘剂产品规定温度进行施工。

8.2 抹 灰 工 程

8.2.1 保留原条文 9.2.1，仅作文字修改。

冬期室内抹灰前应对门窗、阳台、楼梯口、进料口等处进行封闭保温，以控制室内温度达＋5℃以上，保证适当的硬化速度和工期要求。

8.2.2 保留原条文 9.2.2，仅作文字修改。

为合理利用热源，降低煤炭消耗，砂浆应采取集中搅拌的办法，并注意运输时的保温，提高砂浆抹灰时温度。

8.2.3 保留原条文 9.2.3，仅作文字修改。

本条规定抹灰后应在前 7d 内进行正温养护，以保证砂浆强度的增长，防止灰层受冻而影响粘结质量及灰层强度。

8.2.4 保留原条文 9.2.4，仅作文字修改。

采用冷作法进行外墙抹灰时，可采用水泥砂浆或水泥混合砂浆。同时应根据施工条件不同，合理地选择防冻剂。

8.2.5 保留原条文 9.2.5。

含氯盐防冻剂配制的砂浆不可用于高压电源部位，以防止氯离子导电而导致安全事故；也不得用于油漆墙面的抹灰层，因油漆涂刷在掺氯盐的墙面上会产生变色。

8.2.6 保留原条文 9.2.6。经多年实践表明，不管是氯盐防冻剂还是亚硝酸盐防冻剂，都可以在硅酸盐水泥、普通硅酸盐水泥、矿渣硅酸盐水泥中进行使用，故取消氯盐防冻剂在水泥中的使用规定。提出防冻剂在砂浆中使用时，应根据气温情况与防冻剂产品技术规定，经试验确定防冻剂掺量。

8.2.7 保留原条文 9.2.7。

冬期抹灰前，应对基层表面的尘土进行清扫，并可用与抹灰砂浆使用的相同浓度的防冻剂刷洗表面的冰霜，然后再施抹，可保证抹灰与基层的粘结质量。

8.2.8 保留原条文 9.2.8。

8.3 油漆、刷浆、裱糊、玻璃工程

保留原规程 9.4 节内容，仅作文字修改。

9 钢结构工程

9.1 一般规定

9.1.1 保留原条文 10.1.1，仅作文字修改。

编制钢结构冬期施工制作工艺和安装施工组织设计，是组织钢结构施工的重要工作，可根据工程量大小、技术复杂程度、现场施工条件等具体情况进行编制，施工中应认真贯彻执行。

9.1.2 保留原条文 10.1.2。

钢结构工程和土建工程的质量标准是不同的，因此，钢结构制作、安装用的钢尺、量具应和土建单位使用的钢尺、量具用同一标准进行鉴定。并注意钢结构和土建结构不同的温度膨胀系数，对两种不同膨胀系数形成的差值应有调整措施，才能保证钢结构的安装质量。一般应由土建的总包单位提供同一标准的钢尺。

9.1.3 保留原条文 10.1.3，仅作文字修改。

钢结构制作时的温度和钢结构安装时的温度不同时，如钢构件在夏季、工厂内制作，在冬季、露天安装时，钢构件的尺寸会有较大的变化，施工中应制定调整这种变化的措施。

9.1.4 保留原条文 10.1.4，仅作文字修改。

参加负温下钢结构焊接工作的电焊工，必须先取得常温焊接资格，再参加负温焊接工艺的培训。平、立、横、仰焊各项应逐项培训合格后，方能参加相应项目的焊接工作。

钢结构拼装时的定位点焊工作，往往得不到重视，拼装工用普通焊条任意点焊，造成焊缝质量的隐患，在一般钢结构工程中也是不允许的，重要钢结构工程更不允许。因此，定位点焊的焊工也要经培训合格。

9.2 材料

9.2.1 在负温下施工用的钢件，按照现行国家标准《钢结构设计规范》GB 50017 规定使用的钢种，即 Q235、Q345、Q390、Q420 钢。采用其他钢种和钢号时，要有可靠的试验数据。

9.2.2 在负温下施工时，钢材的各项性能指标以及化学元素碳、磷、硫的含量均应符合规范规定的标准，除应有常温冲击韧性合格的保证外，还应具有冲击韧性的保证，Q235 钢 Q345 钢试验温度应为 0℃和 －20℃，Q390 钢和 Q420 钢试验温度应为 －20℃和 －40℃，达不到标准时不得使用。

9.2.3 保留原条文 10.2.3，并明确钢材板厚方向的伸长率应符合现行国家标准《厚度方向性能钢板》GB/T 5313 的规定。

9.2.4 保留原条文 10.2.4，仅作文字修改。

9.2.5 保留原条文 10.2.5，仅作文字修改。

负温下采用的钢材应有钢厂提供的材质证明书。重要结构的钢材除有材质证明书外还必须按照国家技术标准规定的方法进行抽验，抽验的数量应符合设计要求或与质量检验部门协议商定。

9.2.6 保留原条文 10.2.6，仅作文字修改。

负温下焊接用的焊条，首先应满足设计强度的要求，尽可能选用屈服强度较低、冲击韧性好的低氢型焊条，重要结构可采用超低氢型焊条，这样可以保证焊缝不产生冷脆。

9.2.7 负温下大量使用低氢型焊条，为保证焊接质量，低氢型焊条烘焙温度为 350℃～380℃，保温时间为 1.5h～2h，烘焙后应缓冷存放在 110℃～120℃烘箱内，使用时应取出放在保温筒内，随用随取。当负温度下使用的焊条外露超过 4h 时，应重新烘焙。

焊条的烘焙次数不宜超过2次，受潮的焊条不应使用。

9.2.8 保留原条文10.2.8，仅作文字修改。

焊剂在使用前也应按照质量证明书的规定进行烘焙，如果焊剂湿度过大会影响焊缝质量，负温地区空气中的水气很易被焊剂吸收，因此，外露时间不宜过久，若时间间隔超过2h，应重新进行烘焙。

9.2.9 保留原条文10.2.9，仅作文字修改。

气体保护焊用的CO_2纯度应予以保证。若气体纯度达不到99.5%，含水量又大于0.005%，将不能保证焊缝质量。当在负温下使用瓶装气体时，瓶嘴在水汽作用下容易冻结堵塞，工作中应及时进行检查。瓶装气体压力低于1MPa，保护作用降低，应停止使用。

9.2.10 保留原条文10.2.10，仅作文字修改。

高强螺栓在负温度下使用时，其扭矩系数会产生变化，因此，在使用前要进行负温下性能试验，根据试验结果，制定施工工艺。

9.2.11 保留原条文10.2.11，仅作文字修改。

在温度低于0℃时，涂料的附着力、干燥时间、涂层强度、冲击强度都会受到影响，因此，涂刷前应进行工艺试验，各项指标符合正温下施工的质量标准才能进行施工。

负温下，水基涂料易冻结，禁止使用。

9.2.12 负温下钢结构基础锚栓焊接容易引起脆断，所以要求施工中应保护好螺纹端，不宜进行现场对焊。

9.3 钢结构制作

9.3.1 保留原条文10.3.1，仅作文字修改。

负温下，钢材长度尺寸比常温时有较大的收缩，可用计算也可用试验的方法取得尺寸变化值，放样时应考虑这种收缩对结构尺寸的影响。

9.3.2 保留原条文10.3.2，仅作文字修改。

构件端头用焊接连接时，焊接过程中要产生收缩变形，钢板越厚，收缩变形越大。多层框架和高层钢结构的多节柱还会产生压缩变形，这两个变形量严重影响钢结构的外形尺寸及安装质量。因此，在构件制作长度尺寸中应增加这个数值，当环境为负温时，应使构件的制作长度和收缩变形量相协调。

9.3.3 保留原条文10.3.3，仅作文字修改。

形状复杂的或在负温下弯曲加工的构件，制作工艺中要规定取料方向，也就是钢材轧制的长度方向和宽度方向，能使弯曲加工时取得较好的质量效果。规定弯曲加工构件的外侧不应有大于1mm的缺口和伤痕，以防止产生集中应力。

9.3.4 保留原条文10.3.4。

普通碳素结构钢工作地点温度低于－20℃、低合金钢工作地点温度低于－15℃时脆性加大，剪切、冲孔、冷矫正和冷弯曲加工时会损伤母材，应该禁止。在－30℃以下温度时不宜进行火焰切割作业，以保证构件切割边的质量。

9.3.5 保留原条文10.3.5，仅作文字修改。

负温下要求用精密切割代替机加工，并尽可能用自动切割，是为了防止在刨削加工时产生细小微裂纹，严重影响焊接质量。重要结构焊缝坡口加工时，不宜用手工切割，是为了保证焊缝坡口加工面的质量。

9.3.6 保留原条文10.3.6，仅作文字修改。

构件由零件组拼成整体时，应编制组拼工艺，焊接接头的构件组拼时，应按负温的要求预留焊缝收缩值。点焊缝的数量和长度应根据板材厚度及焊接应力等因素进行计算，确保点焊不影响正式焊缝质量。

9.3.7 保留原条文10.3.7。

构件组装前，应先将接缝两侧清理干净，在负温下应采用烤枪或红外线将表面冰雪、水汽干燥处理。

9.3.8 焊接作业区环境温度低于0℃时，应将构件焊接区进行加热，实际加热范围和温度应根据构件构造特点、钢材类别及质量等级和焊接性、焊接材料熔敷金属扩散氢含量、焊接方法和焊接热输入等因素确定，其加热温度应高于常温下的焊接预热温度。当无试验资料时，也可按表9.3.8的规定温度进行预热处理。

9.3.9 保留原条文10.3.9，仅作文字修改。

负温下构件组装后进行正式焊接工作时，应从构件中心开始向四周扩展焊接。要先焊收缩量大的焊缝，再焊收缩量小的焊缝，并对称施焊，这样可以减少焊接应力，使产生的焊接变形最小，达到优良的焊接质量和优良的构件外形尺寸。焊缝两端的起始点和收尾点易产生未焊透和积累各种缺陷，因此，应在焊缝的两端设置引弧板和熄弧板，引弧板和熄弧板的材料和尺寸应和母材相匹配。禁止直接在母材上打火引弧，以免损伤母材。

9.3.10 保留原条文10.3.10。

停焊后再次施焊前，应按规定再次进行预热，且要求再次预热温度应高于初期预热温度。负温下厚钢板多层焊接应按焊接工艺规定进行施焊。保持在预热温度以上连续施焊，不得任意中断。如因意外因素中断焊接时（如遇停电、下雨等人力不可抗拒的中断），停焊后应再次进行预热后，方可继续施焊。

9.3.11 露天焊接钢结构的大型接头时，应进行防护措施，必要时应当搭设临时防护棚，不使雨水、雪花直接飘落在炽热的焊缝上，保证焊缝焊接过程中的质量。当焊接场地环境温度低于－10℃时，应考虑焊接区域的保温措施，当焊接场地环境温度低于－30℃时，宜搭设临时防护棚。

9.3.12 当环境温度比较低时，焊接电流的大小直接影响接头质量，应考虑适当增大焊接电流。

9.3.13 采用低氢型焊条进行焊接时，焊接后焊缝中含有大量氢，将影响焊缝的韧性，宜进行焊后消氢处理。

9.3.14 保留原条文 10.3.12，仅作文字修改。

厚钢板焊接完后立即进行焊后热处理是一项很重要的工作，焊后热处理可逸出焊缝组织中的氢、细化晶粒，消除焊接应力。一般在板厚的 2～3 倍范围内，保持在 150℃～300℃温度并持续 1h～2h。焊后热处理结束，要根据环境温度、现场条件进行保温，降温速度不大于 10℃/min。

9.3.15 保留原条文 10.3.13，仅作文字修改。

钢构件可以在负温下采用热矫正，但加热的温度应严格控制不得超过 900℃。一般在 750℃～900℃时加热矫正效果最佳，加热矫正后，为防止降温过快，应采取保温措施使其缓慢冷却。

9.3.16 负温环境下，冲孔会造成钢材孔壁出现冷硬层，因此，需采用钻头扩孔，消除冷硬层。

9.3.17 保留原条文 10.3.14，仅作文字修改。

负温下检查钢构件的外形尺寸时，应检查当时的环境温度对构件的影响，特别是钢结构和钢筋混凝土基础及其他非钢结构建筑连接尺寸的关系，如发现不一致时要采取调整措施。

9.3.18 保留原条文 10.3.15，仅作文字修改。

在处理不合格的焊缝时，应按负温下钢结构的焊接工艺认真处理。特别是厚钢板接头，应严格控制母材的预热温度、焊接时的层间温度、焊后的后热与保温、焊缝质量检验等，保证重新焊接的质量。

9.3.19 保留原条文 10.3.16。

冬期环境下，应采用负温下使用的涂料，并先进行涂刷工艺试验，编制涂刷工艺方案。涂刷前构件表面应保持干净、干燥。鉴于负温下涂料干燥、固结速度较慢，可采用热风、红外线等加热，但应防止加热时间过长或加热温度过高损伤涂层。同时，应防止钢构件表面与脏物接触。

9.3.20 考虑到钢结构焊接加固的特殊性和重要性，必须对低温下施焊焊工及施焊温度进行严格要求，并应由对应类别合格的焊工进行施焊。

9.3.21 低温对栓钉的质量有较大影响，所以栓钉施焊环境温度低于 0℃时，打弯试验的数量应增加 1%，以提高安全性。

9.4 钢结构安装

9.4.1 保留原条文 10.4.1。

本条规定了钢构件冬期运输与堆放的要求。

9.4.2 保留原条文 10.4.2，仅作文字修改。

钢构件在安装前的质量检查非常重要，但往往被忽视，经常发生把构件吊到高空安装位置才发现问题，再吊到地面进行修理。所以，安装前的构件质量检查应高度重视，凡是制作、运输、装卸、堆放过程中产生构件缺陷、变形、损伤，应在地面进行修理、矫正，符合设计和规范规定后方可起吊安装。

9.4.3 保留原条文 10.4.3，仅作文字修改。

在负温下用捆绑法起吊钢附件时，应采用防滑隔垫，防止吊索打滑。和构件共同起吊的附件，如节点板、安装人员用挂梯、校正用的卡具、绳索等应绑扎牢固，防止松动掉落发生事故。安装用的吊环应采用韧性好的钢材制作，防止低温脆断。

9.4.4 保留原条文 10.4.4，仅作文字修改。

合理的钢结构安装顺序既能提高安装速度，又能保证安装质量，因此，钢结构安装施工组织设计、安装工艺应对安装顺序作出明确规定，编制构件安装顺序图表，施工中应严格执行。

9.4.5 保留原条文 10.4.5。

钢结构特别是高层钢结构的焊接顺序，平面上要从建筑物中心各构件的焊缝往四周扩展焊接，对于一根梁两端焊缝，要先焊完一端，等焊缝冷却到环境温度后再焊另一端，这样可确保整个建筑物的外形尺寸得到良好的控制。否则将会使结构产生过大的变形和较大的焊接应力，严重时会将焊缝或构件拉裂，造成重大的质量事故。

9.4.6 保留原条文 10.4.6。

负温下构件上有积雪、冰层、结露时，无法进行安装工作，必须进行清理。可以用扫除、抹拭等方法清理，也可用火焰、热风清除积雪冰层，但不得损伤涂层。

9.4.7 保留原条文 10.4.7，仅作文字修改。

负温下安装钢结构用的机具，应在使用前进行调试，定期进行检验、标定，使之在负温度下能正常工作。

9.4.8 保留原条文 10.4.8，仅作文字修改。

在负温下安装钢结构的主要构件时，如柱、主梁、支撑等主要构件应立即进行校正，位置校正正确后应立即进行永久固定。如果在安装钢结构时不同步校正，临时固定后继续安装，后期再组织校正单个构件时，由于构件都连在一起，校正单个构件会很困难，造成精度下降；同时，也不能当天形成稳定的空间体系，影响钢结构的安装质量和施工安全。

9.4.9 保留原条文 10.4.9。本规定是为了确保设计要求的抗滑系数。

9.4.10 保留原条文 10.4.10，仅作文字修改。

本条规定多层钢结构安装时应注意各类荷载不得超限，防止发生安全事故。

9.4.11 保留原条文 10.4.11，仅作文字修改。

栓钉的焊接电流、焊接时间等参数，常温和负温度是不同的。因此，在焊接工作开始前，应进行焊接参数的试验工作，编制负温栓钉焊接工艺。

9.4.12 保留原条文 10.4.12，仅作文字修改。

规定钢结构冬期安装质量检查要求。

9.4.13 本条强调安装时的临时固定和连接措施，推荐采用螺栓连接形式。如需临时焊接时，焊后应当及时清理干净焊缝，防止形成较大应力集中和残余变形。

10 混凝土构件安装工程

本章保留原规程第11章，仅作局部文字修订。

10.1 构件的堆放及运输

10.1.2 由于支点多，产生冻胀及融化下沉的机率就高，所以在构件满足刚度、强度条件下，应尽量减少支点。

对于大型板、槽形板类构件两端要求用通长的垫木，主要是考虑防止支点多，产生不均匀冻胀和融化下沉后，使板产生扭曲变形。

冬期堆放构件要求距地面间隙不少于150mm，主要是防止地面冻胀对构件产生影响。

10.2 构件的吊装

10.2.1 冬期吊装工程要求场地必须平整，因为土壤冻结后坚硬不易清理，当凸凹不平时极易打滑造成安全事故。

10.2.2 规定冬期应防止打滑。

10.2.5 多层框架的吊装通常分段、分层进行。鉴于冬期混凝土强度增长较慢，容易出现质量事故，因此，每层构件吊装完毕后，应待浇筑接头混凝土达到强度要求后方可吊装上一层，否则必须加设缆风绳。

10.3 构件的连接与校正

10.3.2 湿法连接接头混凝土的施工及强度要求应符合本规程第6章的有关规定。

10.3.4 冬期安排混凝土预制构件时，阳面和阴面温差影响较大，所以在施工措施中要考虑阳光照射后温差的影响，以及白天和夜间的温差影响，注意及时调整。

11 越冬工程维护

本章保留原规程第12章，仅作局部文字修订。

在北方地区工程建设中，经常遇到跨年施工的在建工程，以及停、缓建工程存在越冬建设情况。对越冬工程若不进行有效维护，经常会出现由于"温差"作用，以及地基土的"冻胀与融沉"而使建筑物在越冬期间遭到破坏。待次年复工后不得不进行加固或返工重建，不仅造成巨大的经济损失，而且也影响建筑物的使用功能和寿命。因此，本章特对越冬工程的维护进行规定。

11.1 一 般 规 定

11.1.1 规定越冬维护的对象。其中新建工程指土建虽已竣工，但没有采暖，工程尚未达到验收条件；在建工程是指工程规模较大，如高层或大型工业与民用建筑，当年不能竣工需跨年度施工的工程；停、缓建工程是指由于某种原因（如资金、材料、技术等）满足不了连续施工的要求而中途停工，或由于一些特殊原因造成缓建的工程。

11.1.2 通常保温维护以就地取材为主，如炉渣、稻草、锯末屑、草袋、膨胀珍珠岩等，而以膨胀珍珠岩最好，质地轻，保温效果好，且防火。

11.1.3 重点了解当地最低气温和负温延续时间，以及土的冻胀类别，以便有针对性地制定和实施越冬防护措施。

11.1.5 本条规定是为了防止地基土冻胀。土的冻胀性和含水率有关，含水率越大，冻胀性越大，冻害越严重，所以切断水源、泄水、排水工作十分重要。

11.2 在 建 工 程

11.2.1 基础越冬的防冻害十分重要，过去常常认为不重要而被忽视，因此经常发生质量事故。本条给出了各种类型基础，为防止或减少法向、切向冻胀力影响而采用的具体技术措施。这些措施皆已经多年使用，简单且行之有效。

取消浅埋基础的有关规定。

11.2.2 本条规定的几种结构在越冬时应进行维护。否则会因地基土的冻胀与融沉而导致变形或移位，影响工程质量。

11.2.3 悬挑结构构件施工时常设有临时支柱，在入冬时不及时拆除，当地基土冻胀时，将立柱托起，随之将构件顶坏。

11.2.4、11.2.5 防止地基土受冻而使结构产生破坏。

11.2.6 冬季若不取暖，供水、供热系统内存水会将锅炉、管道等冻裂。

11.2.7 防止地基土受冻而使结构产生破坏。

11.3 停、缓建工程

11.3.1 为了减少停、缓建可能给工程带来的危害，消除隐患，增强建筑物的整体性，并给后续施工创造条件，特规定停、缓建工程的停留位置。本条规定的停留位置主要是基于施工处理方便，受剪力相对较小的部位。

11.3.2 基础基槽挖开后，如果当年不能连续施工完毕，为防止基底持力层受冻而破坏原状土，规定应留置一定覆土保护层，并予以保温。

11.3.3 本条规定了停、缓建工程的混凝土强度要求。通常，对越冬工程的混凝土在进入冬期前均应满足本规程第 6 章规定的混凝土受冻前临界强度要求。对于在越冬期间有受力要求的结构构件、装配式构件的整浇接头和预应力混凝土结构，尚应按设计要求和相关标准规定达到所需强度。

11.3.4 防止温差过大，混凝土表面产生裂纹。

11.3.5～11.3.8 主要是考虑工程复工时，复查、核对建筑物的尺寸、位置等，确认无误后，方可允许复工。

11.3.9 本条规定了屋面防水工程越冬的简易维护方法及复工检查时的技术要求。

附录 A 混凝土的热工计算

A.1 混凝土搅拌、运输、浇筑温度计算

A.1.1 拌合物温度计算公式中增加矿物掺合料，适应现代混凝土配制中大部分都采用矿物掺合料的现状。

A.1.3 鉴于当前混凝土工程多采用预拌混凝土进行泵送施工，本次在混凝土热工计算中增加了采用泵送工艺输送混凝土时的热量损失计算公式。并将混凝土运输与输送过程中的热工计算分为三类：

1 现场拌制混凝土，采用装卸式运输工具输送；

2 现场拌制混凝土，采用泵送工艺输送；

3 商品混凝土，采用泵送工艺输送。

施工单位根据现场实际运输与输送情况，选择相应的热工计算公式进行计算。

混凝土在泵管内输送时的温度降低计算公式是基于混凝土在泵管内热量损失与向泵管外热量散失的热平衡原理计算而来。

A.2 混凝土蓄热养护过程中的温度计算

混凝土蓄热养护过程中的温度计算部分修订的内容主要有：

1 水泥水化累积放热量

水泥标准自 1997 年以来已进行了两次修订，水泥的部分性能指标，特别是水泥水化热指标值发生了变化，本次规程修订的验证试验过程中，北京地区的参编单位对部分水泥厂的水泥水化热指标进行了调研，主要有琉璃河水泥厂、北京水泥厂、冀东水泥厂、拉法基水泥厂等，并经整理和归纳后，对原规程表 B.2.3-1 中的水泥水化累积放热量进行了修订。

2 水泥水化速度系数 V_{ce}

水泥水化速度系数 V_{ce} 与水泥类别有关系，不同品种的水泥、不同强度等级的水泥，水泥水化速度系数也不相同。将 V_{ce} 值定为常数，会对热工计算的结果产生一定影响。因此，本次修订中，按水泥品种和强度等级不同进行了相应的修订。

附录 B 用成熟度法计算混凝土早期强度

保留原规程附录 D“用成熟度法计算混凝土早期强度”。原规程中混凝土的等效系数是基于原水泥标准（GB 175－1992）基础上建立起来的，鉴于水泥国家标准由 1997 年以来，修订了两次（GB 175－1999、GB 175－2007），其内容与 92 版标准有一定的变化，经重新试验验证后，修订了混凝土等效系数 α_T。

同时，将原规程中的采用成熟度方法计算混凝土强度的算例放入条文说明中。

【算例 1】 某混凝土经试验，测得 20℃标准养护条件下各龄期强度列于表 3，混凝土浇筑后，初期养护阶段测温记录列于表 4，求混凝土浇筑后 38h 的强度。

表 3 混凝土标准养护条件下各龄期强度

龄期（d）	1	2	3	7
强度（MPa）	4.0	11.0	15.4	21.8

表 4 混凝土浇筑后测温记录及等效龄期计算

1	2	3	4	5	6
从浇筑起算的时间（h）	温度（℃）	持续时间 Δt（h）	平均温度 T（℃）	α_T	$\alpha_T \cdot \Delta t$
0	14	—	—	—	—
2	20	2	17	0.86	1.72
4	26	2	23	1.15	2.30
6	30	2	28	1.41	2.82
8	32	2	31	1.59	3.18
10	36	2	34	1.77	3.54
12	40	2	38	2.04	4.08
38	40	26	40	2.19	56.94
$D_e = \Sigma\alpha_T \cdot \Delta t$					74.58

解：

1） 计算法：

① 根据表 3 数据进行回归分析，求得曲线方程式如下：

$$f = 29.459e^{-\frac{1.989}{D}} \quad (1)$$

② 根据表 4 测温记录，经计算求得等效龄期 D_e ＝74.58h（3.11d）。

③ 取 D_e 作为龄期 D 代入公式（1）中，求得混凝土强度值：

$$f = 15.5\ (\text{MPa})$$

2） 图解法：

① 根据表 3 数据画出强度-龄期曲线如图 1 所示；

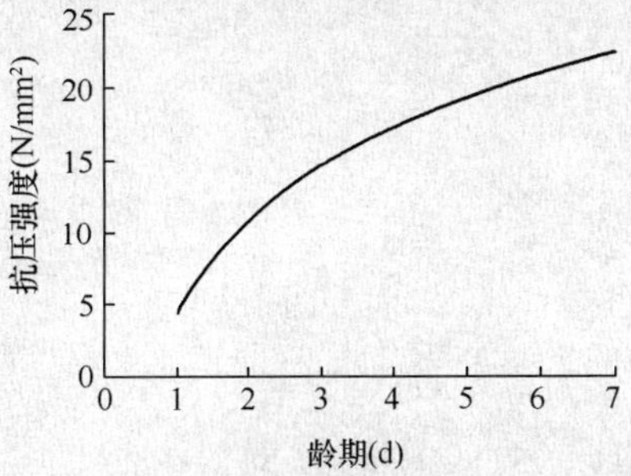

图 1　混凝土强度-龄期曲线

② 根据表 4 数据计算等效龄期 D_e；

③ 以等效龄期 D_e 作为龄期，在龄期-强度曲线上，查得相应强度值为 15.6MPa，即为所求值。

【算例 2】 某混凝土采用综合蓄热法养护，在标准条件下养护各龄期强度见表 3，浇筑后混凝土测温记录如表 4，求混凝土养护到 80h 时的强度。

解：

1） 根据标准养护试件的龄期和强度资料算出成熟度，列于表 5。

2） 用表 5 的成熟度-强度数据，经回归分析拟合成如下曲线方程：

$$f = 20.627e^{-\frac{2310.668}{M}} \quad (2)$$

3） 根据养护测温资料，按公式（B.0.4-2）计算成熟度 M，列于表 6。

4） 取成熟度 M 值代入式（2）即求出 f 值：

$$f = 3.8\text{MPa}$$

5） 将所得的 f 值乘以系数 0.8，即为经 80h 养护混凝土达到的强度：

$$f = 3.8 \times 0.8 = 3.04\text{MPa}。$$

表 5　标准养护各龄期混凝土强度和成熟度

龄　期（d）	1	2	3	7
强　度（MPa）	1.3	5.4	8.2	13.7
成熟度（℃·h）	840	1680	2520	5880

表 6　混凝土浇筑后测温记录及成熟度计算

1	2	3	4	5
从浇筑起算养护时间（h）	实测养护温度（℃）	间隔的时间 Δt（h）	平均温度 T（℃）	$(T+15)\Delta t$
0	15	—	—	—
4	12	4	13.5	114
8	10	4	11.0	104
12	9	4	9.5	98
16	8	4	8.5	94
20	6	4	7.0	88
24	4	4	5.0	80
32	2	8	3.0	144
40	0	8	1.0	128
60	−2	20	−1.0	280
80	−4	20	−3.0	240
$\Sigma(T+15)\Delta t$				1370

附录 C　土壤保温防冻计算

原规程中土壤翻松耙平法已取消，故取消原附录 A.0.1 条的冻结深度估算公式。保留土壤的保温层厚度估算公式。

中华人民共和国行业标准

机械喷涂抹灰施工规程

Specification for construction of plastering
by mortar spraying

JGJ/T 105—2011

批准部门：中华人民共和国住房和城乡建设部
施行日期：2 0 1 2 年 4 月 1 日

中华人民共和国住房和城乡建设部
公　告

第 1132 号

关于发布行业标准《机械喷涂抹灰施工规程》的公告

现批准《机械喷涂抹灰施工规程》为行业标准，编号为 JGJ/T 105－2011，自 2012 年 4 月 1 日起实施。原行业标准《机械喷涂抹灰施工规程》JGJ/T 105－96 同时废止。

本规程由我部标准定额研究所组织中国建筑工业出版社出版发行。

中华人民共和国住房和城乡建设部

2011 年 8 月 29 日

前　言

根据住房和城乡建设部《关于印发"2008 年工程建设标准规范制订、修订计划（第一批）"的通知》（建标［2008］102 号）的要求，编制组经广泛调查研究，认真总结实践经验，参考有关国际标准和国外先进标准，并在广泛征求意见的基础上，修订本规程。

本规程的主要技术内容是：1 总则；2 术语和符号；3 机械设备；4 喷涂施工；5 质量要求与检验；6 冬期施工 ；7 施工安全与环境保护。

本次修订的主要内容是：1 新增术语和符号章节；2 新增喷涂效率和喷涂系统压力计算公式；3 新增环境保护相关条文；4 提出了机喷用砂浆性能指标要求；5 在章节结构上，根据施工流程，将原已完工程与设施的防护、砂浆制备和喷涂工艺三章合并为一章；6 对原机械设备章节进行了全文修改，删去了原 2.3"设备维修与保养"一节，而将其中密切关联的内容融入施工要求中，原 2.4 节"管道"根据内容关联性，分别并入新的"设备选配"和"设备安装"节中；7 调整了喷涂施工技术要求，使之适应当前的喷涂技术和设备；8 取消原"已完工程与设施的防护"章节，将其关键内容并入相关条文；9 删除了原规程中关于灰浆联合机等不必要附录。

本规程由住房和城乡建设部负责管理，由中国建筑科学研究院负责具体技术内容的解释。执行过程中如有意见或建议请寄送中国建筑科学研究院（地址：北京市北三环东路 30 号；邮政编码：100013）。

本规程主编单位：中国建筑科学研究院
华丰建设股份有限公司

本规程参编单位：天津三建建筑工程有限公司
河北建设集团有限公司
中建六局二公司
中国水利水电第九工程局有限公司
武汉理工大学
建研建材有限公司
廊坊凯博建设机械科技有限公司
衡水润丰建筑安装工程有限责任公司

本规程主要起草人员：张声军　张从东　张志新
范良义　贺国利　李定忠
马保国　张秀芳　孟晓东
王　平　常纯纲

本规程主要审查人员：唐明贤　王瑞堂　龚　剑
何　穆　邵凯平　卓　新
李海波　吴月华　王桂玲
陈天民　何云军　秦兆文
胡裕新　王骁敏

目　次

Contents

1 总 则

1.0.1 为规范机械喷涂抹灰的应用，做到技术先进、经济合理、安全适用、质量可靠，制定本规程。

1.0.2 本规程适用于建筑工程墙柱面、顶棚、屋面、楼地面以及一般构筑物表面的机械喷涂抹灰施工。

1.0.3 机械喷涂抹灰施工除应符合本规程外，尚应符合国家现行有关标准的规定。

2 术语和符号

2.1 术 语

2.1.1 机械喷涂抹灰 plastering by mortar spraying

采用泵送方法将砂浆拌合物沿管道输送至喷枪出口端，再利用压缩空气将砂浆喷涂至作业面上的抹灰工艺。

2.1.2 机械喷涂工艺周期 working period of mortar spraying

从原材料投料完毕时起，直到砂浆从喷枪喷射出来为止的时间间隔，一般包括搅拌、运输、过滤、泵送、喷射等环节。

2.1.3 管道组件 hose assembly

由气管、输浆管及相应的管接头构成的组件。

2.1.4 喷射距离 spraying distance

喷嘴出口与作业面之间的距离。

2.1.5 喷射角 spraying angle

喷嘴中心线与作业面之间的夹角。

2.1.6 出机温度 mortar temperature when discharging from mixer

砂浆搅拌完成并从搅拌机中全部卸出时的砂浆拌合物平均温度。

2.1.7 预拌砂浆 ready-mixed mortar

专业生产厂生产的湿拌砂浆或干混砂浆。

2.1.8 湿拌砂浆 wet-mixed mortar

水泥、细骨料、矿物掺合料、外加剂和水以及根据性能确定的其他组分，按一定比例，在搅拌站经计量、拌制后，运至使用地点，并在规定时间内使用完毕的拌合物。

2.1.9 干混砂浆 dry-mixed mortar

水泥、干燥骨料或粉料、添加剂以及根据性能确定的其他组分，按一定比例，在专业生产厂经计量、混合而成的混合物，它需要在使用地点按规定比例加水或配套组分拌合使用。

2.1.10 现场拌制砂浆 mortar mixed at worksite

在施工现场对各种原材料进行配料、计量和搅拌而生产的可直接使用的砂浆拌合物。

2.2 符 号

b——作业面平均喷涂厚度；

h——垂直输送高度；

K_m——压力波动系数；

L——输浆管累计长度；

N_c——管道快速接头套数；

N_e——弯头个数；

P_e——砂浆输送泵的额定工作压力；

Q——喷涂泵理论流量；

S_h——平均喷涂效率；

η_A——材料利用率；

η_V——喷涂泵容积效率；

η_W——作业率平均系数；

ΔP——泵头及喷枪压力损失；

λ——砂浆拌合物重度。

3 机械设备

3.1 设备选配

3.1.1 喷涂设备的选择应根据施工要求确定，其产品质量应符合本规程及国家现行相关产品标准的规定。

3.1.2 喷涂设备构成的系统应具备砂浆过滤、砂浆输送、空气压缩等功能，并应配备适宜的吸浆料斗、管道组件和喷枪；当抹灰材料为干混砂浆或现场拌制砂浆时，喷涂施工设备还应具备砂浆搅拌功能。

3.1.3 现场使用的砂浆搅拌机宜选用强制式砂浆搅拌机，并宜加盖防尘装置，其生产率应满足喷涂量的需求。

3.1.4 砂浆供料系统应设有过滤装置，以对砂浆原材料或砂浆拌合物进行过滤，过滤网筛孔边长不应大于4.75mm，并应有技术措施防止杂物再次混入过滤后的砂浆原材料或拌合物内。

3.1.5 吸浆料斗应具备砂浆搅拌功能。

3.1.6 砂浆输送泵的额定工作压力应满足下式规定：

$$P_e \geqslant K_m(0.015L + \lambda h + 0.1N_c + 0.1N_e + \Delta P) \tag{3.1.6}$$

式中：P_e——砂浆输送泵的额定工作压力（MPa）；

K_m——压力波动系数，活塞式可取1.4，挤压式可取1.2，螺杆式与气动式可取1.0；

L——输浆管累计长度（m）；

λ——砂浆拌合物重度，可取0.02（$\times 10^6 N/m^3$）；

h——垂直输送高度（m）；

N_c——管道快速接头套数，尚未确定详细布置方案时，可按$L/10$圆整估算；

N_e——弯头个数；

ΔP——泵头及喷枪压力损失（MPa），一般活塞式可取 0.6MPa，螺杆式、挤压式及气动式可取 0.5MPa。

3.1.7 砂浆输送泵宜配备手动卸料装置或具备反泵功能，并应具备安全保护功能，在输送系统超压时，设备应能自动卸料减压或自动停机。

3.1.8 空气压缩机的额定排气压力不宜小于 0.7 MPa，其排量不宜小于 300L/min。

3.1.9 管道组件应符合下列规定：

1 气管内径不宜小于 8mm，其额定工作压力与空气压缩机额定排气压力之比值不应小于 2；

2 输浆管应耐压耐磨，其额定工作压力与砂浆输送泵额定工作压力之比值不应小于 2；

3 输浆管内径应根据流量和喷涂材料颗粒最大粒径确定，宜按本规程附录 A 选取；

4 输浆管接头应采用自锁快速接头，快速接头内孔与管道内孔应过渡平滑。

3.1.10 应根据装饰要求、喷涂流量和材料颗粒度选择喷枪及相匹配的喷嘴类型和口径，喷嘴口径宜为 10mm～20mm，喷枪上应设置空气流量调节阀。

3.1.11 远距离输送砂浆或高处喷涂作业时，应配备通信联络设备。

3.1.12 喷涂系统的平均喷涂效率，可根据砂浆输送泵流量、容积效率、作业率及材料利用率等因素按下式估算：

$$S_h = \frac{1000Q\eta_V\eta_W\eta_A}{b} \tag{3.1.12}$$

式中：S_h——平均喷涂效率（m^2/h）；

Q——喷涂泵理论流量，可采用产品的标定流量（m^3/h）；

b——作业面平均喷涂厚度（mm）；

η_V——喷涂泵容积效率，应根据泵结构、泵送压力和材料流动性确定，活塞式结构可取 0.7～0.9，螺杆式及挤压式结构可取 0.6～0.8，气动式结构可取 0.95；

η_W——作业率平均系数，根据泵送过程中的设备准备、清洗、设备移位、故障处理、临时停机等非作业时间的情况确定，可取 0.7～0.8；

η_A——材料利用率，根据泵送喷涂过程中材料落地灰、粘附以及泵、管道中残留砂浆的情况确定，可取 0.90～0.98。

3.2 设备安装

3.2.1 设备的布置应根据施工总平面图确定，应使原材料供应距离和砂浆拌合物输送距离最短，减少设备的移动次数。

3.2.2 安装砂浆搅拌机和输送泵的场地应坚实平整，并宜为水泥地面。泵体应固定牢靠，安放应平稳。

3.2.3 砂浆搅拌机与过滤筛的安装应牢固，进料与出料应通畅；输送泵吸浆料斗安装高度应满足卸料要求。

3.2.4 输浆管布置宜平直，弯道半径不宜小于 0.5m，管路各段内径规格宜相同，布管应减少接头数量，并宜将接头设于操作方便处。

3.2.5 输浆管不得受压，当输浆管穿越交通或运输通道时，上部应设防护支撑。

3.2.6 水平输浆管和垂直输浆管之间的连接弯管夹角不得小于 90°，垂直输浆管必须可靠地固定在主体结构上，不得安装于脚手架上。

3.2.7 垂直输送距离超过 20m 时，输浆管垂直段宜选用钢管。

3.2.8 输浆管接头应密封良好，不得渗漏浆液。

3.2.9 输气管应采用耐压软胶管，气管阀门及各连接处应密封可靠，不得漏气。

4 喷涂施工

4.1 一般规定

4.1.1 应根据施工现场情况和进度要求，科学合理地确定施工程序、编制施工方案，明确分配作业人员的任务。

4.1.2 喷涂设备应由专人操作和管理，机械喷涂抹灰作业人员应接受过岗位技能及安全培训。

4.2 施工准备

4.2.1 应预先按设计要求确定喷涂作业面，并采取措施对已完工程和设施进行防护。

4.2.2 对基层的处理应符合下列规定：

1 基层表面灰尘、污垢、油渍等应清除干净；

2 应做好踢脚板、墙裙、窗台板、柱子和门窗口等部位的水泥砂浆护角线；

3 有分格缝时，应先装好分格条；

4 根据基层材料特性提前进行润湿处理；

5 当抹灰总厚度大于或等于 35mm 时，应采取加强措施。在不同材料基体交接处，应采取防止开裂的加强措施。当采用加强网时，加强网与各基体的搭接宽度不应小于 100mm。

4.2.3 应根据基层平整度及装饰要求确定基准，宜设置标志、标筋，标筋表面应平整，并牢固附着于基层上。

4.3 砂浆制备

4.3.1 机械喷涂抹灰砂浆所用原材料除应符合现行国家标准《预拌砂浆》GB/T 25181 的有关规定外，尚应符合下列规定：

1 宜采用中砂，其最大颗粒公称粒径不宜大于

5mm，其通过 1.18mm 筛孔的颗粒不应少于 60%；

2 胶凝材料与砂的质量比，对预拌砂浆不宜小于 0.20；对现场拌制砂浆，不宜小于 0.25。

4.3.2 砂浆拌合物的性能指标应符合表 4.3.2 的要求。

表 4.3.2 机械喷涂抹灰砂浆技术要求

项目	入泵砂浆稠度（mm）	保水率（%）	凝结时间与机喷工艺周期之比
性能指标	80～120	≥90	≥1.5

4.3.3 机械喷涂抹灰不得采用人工拌制砂浆，宜使用预拌砂浆。预拌砂浆除应符合本规程的要求外，尚应符合现行国家标准《预拌砂浆》GB/T 25181 的有关规定。

4.3.4 应保证砂浆搅拌均匀，搅拌时间应符合下列规定：

1 预拌砂浆搅拌时间应符合现行国家标准《预拌砂浆》GB/T 25181 的要求；

2 现场拌制砂浆的搅拌时间（从投料完毕计起）不应小于 120s，现场使用的搅拌机性能应符合本规程 3.1.3 条的要求。

4.3.5 湿拌砂浆应采用搅拌运输车运送，运输车性能应符合现行行业标准《混凝土搅拌运输车》JG/T 5094 的规定；运输时间应符合合同规定，当合同未作规定时，运输车内砂浆宜在 1.5h 内卸料施工。

4.4 泵　送

4.4.1 输送泵开机前应按产品说明书检查安全装置的可靠性、管道及接头密封性。

4.4.2 作业前应按操作要求对喷涂系统各组成设备进行试运转，连续试运转时间不应少于 2min，如有异常，不得作业。

4.4.3 砂浆泵送前，应先泵送浆液润滑输送泵及输浆管。润滑浆液宜采用体积比为 1∶1 的水泥或石灰膏净浆。

4.4.4 砂浆拌合物应在进入吸浆料斗前进行过滤，过滤装置应符合本规程 3.1.4 条的规定。

4.4.5 砂浆卸入吸浆斗后，宜连续不停地进行搅拌，并应保证斗内砂浆液面高于吸浆口上沿 20mm 以上。

4.4.6 泵送砂浆宜连续进行。如需长时间中断时，应间歇启动泵送设备，使管内砂浆流动，并且其启动间隔时间不宜超过 10min，否则应立即清洗设备和管道。

4.4.7 泵送过程中，当表压急剧升高并超过额定工作压力时，应立即停机卸压。故障排除前，输送泵不得再度启动。

4.5 喷　涂

4.5.1 喷涂顺序和路线宜先远后近、先上后下、先里后外。

4.5.2 当墙体材料不同时，应先喷涂吸水性弱的墙面，后喷涂吸水性强的墙面。

4.5.3 空气压缩机的工作压力宜设定为 0.5MPa～0.7MPa，并应根据砂浆流量、单次喷涂厚度及喷涂效果要求调节气流量，喷嘴部位形成的喷射压力宜为 0.3MPa～0.5MPa。

4.5.4 喷涂时，应稳定保持喷枪与作业面间的距离和夹角，喷射距离和喷射角的大小宜按本规程附录 B 选用。

4.5.5 喷枪移动轨迹应规则有序，不宜交叉重叠。

4.5.6 一次喷涂厚度不宜超过 10mm，表层砂浆宜超过标筋 1mm 左右。

4.5.7 室外墙面的喷涂，应自上而下进行。如无分格条，每片喷涂宽度宜为 1.5m～2.0m，高度宜为 1.2m～1.8m；如设计有分格条，则应根据分格条分块喷涂，每块内的喷涂应一次连续完成。

4.5.8 当喷涂结束或喷涂过程中需要停顿时，应先停泵，后关闭气管。当喷涂作业需要从一个区间向另一个区间转移时，应在关闭气管之后进行。

4.5.9 喷涂过程中应加强对成品的保护，对各部位喷溅粘附的砂浆应及时清除干净。

4.6 喷 后 处 理

4.6.1 砂浆喷涂量不足时，应及时补平。

4.6.2 表层砂浆喷涂结束后，应及时进行面层处理，各工序应密切配合。

4.6.3 喷涂结束后，应及时将输送泵、输浆管和喷枪清洗干净，等候清洗时间不宜超过 1h；并应将作业区被污染部位及时清理干净。

4.6.4 喷涂产生的落地灰应及时清理。

4.6.5 砂浆凝结后应及时保湿养护，养护时间不应少于 7d。

5 质量要求与检验

5.1 质 量 要 求

5.1.1 机械喷涂砂浆性能和质量应符合本规程及现行国家标准《预拌砂浆》GB/T 25181 的有关规定。

5.1.2 喷涂抹灰工程各抹灰层之间及抹灰层与基体之间应粘结牢固，不得有脱层、空鼓、爆灰和裂缝等缺陷。

5.1.3 喷涂抹灰分格条（缝）的宽度和深度应均匀一致，棱角整齐平直；孔洞、槽、盒的位置尺寸应正确，抹灰面边缘整齐；阴阳角方正光滑平顺。

5.1.4 喷涂抹灰面层表面应光滑、洁净，接缝平整，线角顺直清晰，毛面纹路均匀一致。

5.1.5 喷涂抹灰层质量的允许偏差，应符合表

5.1.5 的规定。

表 5.1.5 喷涂抹灰层质量的允许偏差

项次	项目	允许偏差（mm）		检验方法
		普通抹灰	高级抹灰	
1	立面垂直度	±4	±3	用2m垂直检测尺检查
2	表面平整度	±4	±3	用2m靠尺和塞尺检查
3	阴阳角方正	±4	±3	用直角检测尺检查
4	分格条(缝)直线度	±4	±3	拉5m线，不足5m拉通线用钢直尺检查

注：1 普通抹灰，本表第3项阴角方正可不检查；
2 顶棚抹灰，本表第2项表面平整度可不检查，但应平顺。

5.2 检查验收

5.2.1 砂浆拌合物的稠度、凝结时间、保水率等性能指标应按现行行业标准《建筑砂浆基本性能试验方法标准》JGJ/T 70 的方法测定。

5.2.2 喷涂抹灰质量的检查方法，应符合现行国家标准《建筑装饰装修工程质量验收规范》GB 50210 中一般抹灰工程的主控项目、一般项目所规定的检验方法。

5.2.3 喷涂抹灰工程应按现行国家标准《建筑工程施工质量验收统一标准》GB 50300 和《建筑装饰装修工程质量验收规范》GB 50210 的规定进行验收。

6 冬期施工

6.1 一般规定

6.1.1 冬期施工应符合现行行业标准《建筑工程冬期施工规程》JGJ/T 104 的有关规定。

6.1.2 冬期施工时，应对原材料、机械设备和喷涂作业面，采取保温防冻措施。

6.1.3 室外喷涂抹灰，不宜在冬期施工。如必须施工时，应采取保温防冻措施。

6.2 材料

6.2.1 配制砂浆应优先选用硅酸盐水泥和普通硅酸盐水泥。

6.2.2 砂子应提前预热或放置正温环境下备用，不得使用含冰、雪的砂子。

6.2.3 冬期喷涂抹灰用砂浆应采取防冻措施。

6.2.4 砂浆中需加入防冻剂时，其可泵性应由试验确定。

6.3 机械设备

6.3.1 砂浆搅拌机和输送喷涂设备应设置在暖棚内，输浆管道应采取保温措施。

6.3.2 机械润滑用油应采用冬期用油。

6.3.3 工作结束后，料斗、输浆管道和泵体内部的存水应及时清除干净。

6.4 施工

6.4.1 砂浆搅拌时间应比常温条件延长 1min 以上，其出机温度不应低于 10℃，砂浆搅拌与泵送应同步进行，不得积存砂浆。

6.4.2 喷涂前，作业面必须清理干净，不得积存冰、霜、雪等，不得用热水处理作业面或用热水消除作业面上的冰霜。

6.4.3 室内喷涂前，宜先做好门窗口等的封闭保温围护，必要时可采取供热措施。

6.4.4 喷涂砂浆上墙与养护温度不应低于 5℃，养护期不应少于 7d。

6.4.5 在施工过程中，每天应定时测量大气、原材料、出机砂浆、砂浆上墙温度和室温，并作好记录。

7 施工安全与环境保护

7.1 一般规定

7.1.1 高处作业，应符合现行行业标准《建筑施工高处作业安全技术规范》JGJ 80 的有关规定。施工前，应进行安全检查，合格后方可施工。

7.1.2 施工前，应检查垂直输浆管的固定方式是否安全以及是否固定牢靠。

7.1.3 从事高处作业的施工人员，应经过体检，其健康状况应符合高处安全作业的有关要求。

7.1.4 在雷雨、暴风雨、风力大于六级等恶劣天气时，不得进行室外高处作业。

7.1.5 机械设备传动机构外露部分应有安全防护装置。

7.1.6 当采用电气方法在喷涂操作端控制设备启停时，其控制电压应低于 36V，并满足防水要求。

7.1.7 电动机、电气控制箱及电气装置，应符合现行行业标准《施工现场临时用电安全技术规范》JGJ 46 的有关规定。

7.2 喷涂作业

7.2.1 喷涂前作业人员应正确穿戴工作服、防滑鞋、安全帽、安全防护眼具等安全防护用品，高处作业时，必须系好安全带。

7.2.2 喷涂作业前，应试运转喷涂设备，检查喷嘴是否堵塞。检查时，应使枪口朝向空地。

7.2.3 喷涂作业时，严禁将喷枪口对人。当喷枪管道堵塞时，应先停机卸压，避开人群进行拆卸排除，卸压前严禁敲打或晃动管道。

7.2.4 在喷涂过程中，宜设专人协助喷枪手移动管道，并应定时检查输浆管道连接处是否松动。

7.2.5 润滑用浆液与落地灰应及时收集，并宜妥善利用，减少废弃物排放量，但落地灰不得再次用于喷涂抹灰。

7.2.6 清洗输浆管时，应先卸压，后进行清洗。

7.2.7 应设置回收池，对清理后的污物进行沉淀回收，冲洗用水宜循环利用，未经处理的废水不得排放。

7.3 机械操作

7.3.1 喷涂设备和喷枪应按设备说明书要求由专人操作、管理与保养。工作前，应作好安全检查。

7.3.2 喷涂前应检查超载安全装置，喷涂时应监视压力表升降变化，以防止超载危及安全。

7.3.3 非专职检修人员不得拆卸或调整安全装置。

7.3.4 不得在设备使用的同时进行维修；设备出现故障时，不得继续运转。

7.3.5 设备检修清理时，应切断电源，并挂牌示意或设专人看护。

附录A 输浆管内径

A.0.1 机械喷涂抹灰用输浆管内径宜按表A.0.1选取，且当砂浆用砂的细度模数较大或含纤维时，管径宜取较大值。

表A.0.1 输浆管内径选择

喷涂流量（L/min）	输浆管内径（mm）
≤20	32
20～40	32～38
40～60	38～51

附录B 喷射距离和喷射角

B.0.1 喷涂时，喷射距离和喷射角的大小宜按表B.0.1选用。

表B.0.1 喷射距离和喷射角

工程部位	喷射距离(mm)	喷射角
吸水性强的墙面	100～350	85°～90°(喷嘴上仰)
吸水性弱的墙面	150～450	60°～70°(喷嘴上仰)
踢脚板以上较低部位墙面	100～300	60°～70°(喷嘴上仰)
顶棚	150～300	60°～70°
地面	200～300	85°～90°

本规程用词说明

1 为便于在执行本规程条文时区别对待，对要求严格程度不同的用词说明如下：

1）表示很严格，非这样做不可的：
正面词采用“必须”，反面词采用“严禁”；

2）表示严格，在正常情况均应这样做的：
正面词采用“应”，反面词采用“不应”或“不得”；

3）对表示允许稍有选择，在条件许可时首先应这样做的：
正面词采用“宜”，反面词采用“不宜”。

4）表示有选择，在一定条件下可以这样做的，采用“可”。

2 条文中指明应按其他有关标准执行的写法为：“应符合……的规定”或“应按……执行”。

引用标准名录

1 《建筑装饰装修工程质量验收规范》GB 50210
2 《建筑工程施工质量验收统一标准》GB 50300
3 《预拌砂浆》GB/T 25181
4 《施工现场临时用电安全技术规范》JGJ 46
5 《建筑砂浆基本性能试验方法标准》JGJ/T 70
6 《建筑施工高处作业安全技术规范》JGJ 80
7 《建筑工程冬期施工规程》JGJ/T 104
8 《混凝土搅拌运输车》JG/T 5094

中华人民共和国行业标准

机械喷涂抹灰施工规程

JGJ/T 105—2011

条 文 说 明

修 订 说 明

《机械喷涂抹灰施工规程》JGJ/T 105－2011，经住房和城乡建设部2011年08月29日以第1132号公告批准、发布。

本规程是在《机械喷涂抹灰施工规程》JGJ/T 105－96的基础上修订而成，上一版的主编单位是中国建筑科学研究院，参编单位是上海市第八建筑工程公司、唐山建设集团公司、天津市第三建筑工程公司、山东省工程建设监理公司、上海采矿机械厂、济南第四建筑工程公司，主要起草人员是陈传仁、何其富、刘志贵、李文强、王延泉、唐国梁、何同文。

本次修订增加了术语和符号章节，并新增环境保护条文以及喷涂效率和喷涂系统压力计算公式，提出了机喷用砂浆性能指标要求，删除了原规程中关于灰浆联合机等不必要附录。根据施工流程，本次修订将原已完工程与设施的防护、砂浆制备和喷涂工艺三章合并为一章，并对原机械设备章节进行了全文修改，删去了原规程“设备维修与保养”、“管道”、“已完工程与设施的防护”章节，将其关键内容并入相关条文中；调整了喷涂施工技术要求，使之适应当前的喷涂技术和设备。

本规程修订过程中，编制组进行了广泛的调查研究，总结了我国工程建设机械喷涂抹灰施工的实践经验，同时参考了国外先进技术法规、技术标准，通过试验取得了多项重要技术参数。

为便于广大设计、施工、科研、学校等单位的有关人员在使用本规程时能正确理解和执行条文规定，《机械喷涂抹灰施工规程》编制组按章、节、条顺序编制了本规程的条文说明，对条文规定的目的、依据以及执行中需注意的有关事项进行了说明。但是，本条文说明不具备与规程正文同等的法律效力，仅供使用者作为理解和把握规程规定的参考。

目　次

1 总 则

1.0.1 机械喷涂抹灰与传统手工抹灰相比较，具有效率高、与基层粘结力强等显著优点，可缩短工期，减少用工，降低成本，并且在施工质量方面能够有效解决空鼓、开裂与脱皮等问题，所以本工艺日益受到施工单位的重视。1996年，我国首次制定并颁布了《机械喷涂抹灰施工规程》JGJ/T 105-96，该标准为促进我国机械喷涂抹灰施工技术的发展发挥了重要作用。但近年来，随着我国科技与经济的快速发展，建筑装修材料、施工技术及设备技术发生了巨大变化，因而在原规程基础上修订形成了本规程，修订过程中充分考虑了近十几年来机械喷涂抹灰施工领域发展的新材料、新设备和新技术，以保证本规程的适用性。

1.0.2 本条规定的是主要适用范围。对水利、冶金、市政等喷涂抹灰工程，也可参照使用。本规程所述砂浆，涵盖满足可泵性要求的各类抹灰砂浆。目前国内正在使用的或正在推广应用的抹灰材料种类非常多，作为机喷工艺使用的抹灰材料，除要满足施工质量要求外，还应满足可泵性要求，本次修订提出了具体技术指标要求，将大大有利于本技术的推广。

1.0.3 本规程融合了国内外几十年以来机械喷涂抹灰的技术经验，因此对机械喷涂抹灰工程的施工，凡本规程有具体规定的，施工中应按本规程执行；本规程未作规定的，在施工中尚应遵守其他相关标准的有关规定。

2 术语和符号

2.1 术 语

2.1.1 机械喷涂抹灰是一项复杂系统工程，其主要工艺流程如图1所示，采用干混砂浆或现场拌制砂浆时，其过筛工艺也可放在搅拌前进行。

机械喷涂抹灰典型设备组合方案如图2所示，机械喷涂抹灰施工涉及工艺环节多，某个环节的疏漏，尤其是砂浆的质量控制不到位可能导致整个施工无法进行，故其施工组织应严密，作业人员应具备良好专业素质，分工明确，才能顺利实施本工艺。成功经验表明，建立专业化机械喷涂抹灰施工公司将大大有利于推广和应用本技术。

2.1.4、2.1.5 喷射距离及喷射角度如图3所示。

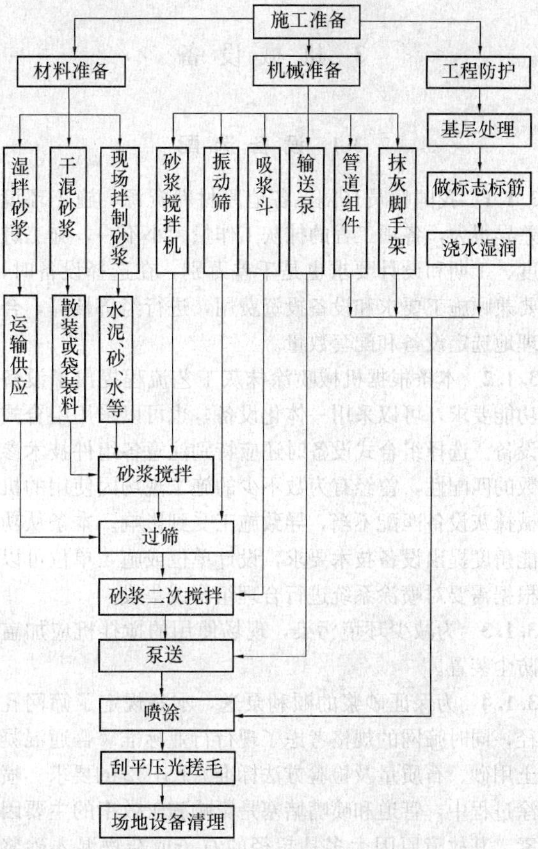

图1 机械喷涂抹灰施工工艺流程

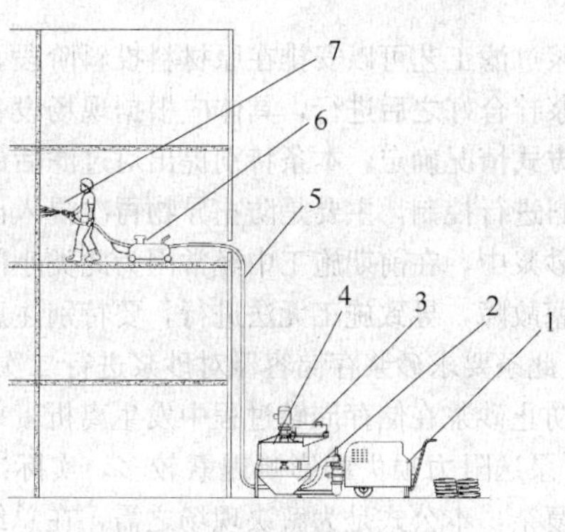

图2 机械喷涂抹灰设备组合方案

1—砂浆输送泵；2—吸浆料斗；3—过滤筛；4—搅拌机；5—输浆管；6—空气压缩机；7—喷枪

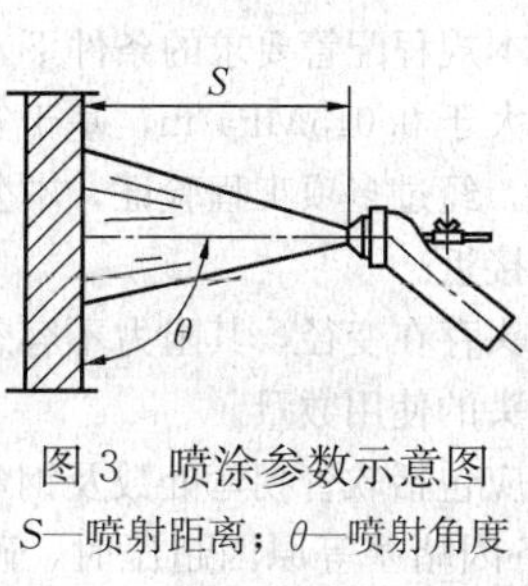

图3 喷涂参数示意图

S—喷射距离；θ—喷射角度

3 机械设备

3.1 设备选配

3.1.1 我国幅员辽阔，各地原材料资源、施工环境差异很大，各项工程的抹灰工作量大小不一，施工进度、工期和设计要求也是千差万别，在选择设备时，要兼顾施工要求和设备投资费用，进行经济核算，合理地选定设备和配套数量。

3.1.2 本条根据机械喷涂抹灰工艺流程提出了设备功能要求，可以采用一体化设备，也可以采用组合式设备。选择组合式设备时还应特别注意各组件技术参数的匹配性，曾经有为数不少的施工现场因使用的机械抹灰设备匹配不当，导致施工受到影响。本条从功能角度提出设备技术要求，设计单位或施工单位可以根据需要对喷涂系统进行合理组合或集成。

3.1.3 为减少环境污染，现场使用的搅拌机应加盖防尘装置。

3.1.4 为保证砂浆的顺利泵送，本条规定了筛网孔径，同时筛网的规格考虑了现行行业标准《普通混凝土用砂、石质量及检验方法标准》JGJ 52的要求。喷涂过程中，管道和喷嘴堵塞是影响施工效率的主要因素，其故障原因大多是超径的石子或杂物混入砂浆中，严重者甚至会损坏喷涂设备，危及操作人员安全。

砂浆过滤工艺可以安排在原材料投料阶段，也可以在砂浆拌合好之后进行，具体应根据现场设备和砂浆供应方式情况确定。本条特别提出对过滤后的砂浆或原材料进行控制，主要是防止异物再次混入已符合要求的砂浆中，在前期施工中经常因为此类小问题而引发堵塞故障，导致施工无法进行，要特别注意。

3.1.5 此条要求砂浆存储容器对砂浆进行二次搅拌，目的是防止砂浆在储存周转过程中发生离析。

3.1.6 泵送阻力损失的影响因素较多，实际准确计算较为复杂，本公式是为解决现场之需，在总结大量实测数据基础上而提出的，其主要近似依据为：各种喷涂工况下，实际泵送砂浆流速较为接近，管径变化也不大，稠度限定在8cm～12cm，所以，泵送阻力的几个主要因素变动范围较小，实际阻力可用统计值来近似。在满足本规程配管要求的条件下，砂浆沿程工作阻力一般不大于0.015MPa/m，基于安全考虑，公式中取上限值。经过多项工程验证，本公式估算结果与实测值较为接近。

因快速接头存在变径，其阻力不容忽视，故宜尽量减少快速接头的使用数量。

弯头个数应包括软管拐弯处数及钢弯头个数。

3.1.7 当设备因堵塞等原因超压时，砂浆输送泵应立即停机或卸荷，以保护人员及设备安全；设备超载时，一般需要先主动卸压，而后才能进行故障处理，故宜具备手动卸压功能或反泵功能。

3.1.8 本条规定了空气压缩机选型的技术要求。当额定气压和气量过小时，无法喷射砂浆，故规定了最低限值；但应注意，对于工作压力和排量满足要求的空压机，施工过程中也还需根据材料特性、砂浆流量等因素调整气压和气量，尤其是气量不宜过大，否则容易产生飞溅。

3.1.9 本条对管道组件提出了技术要求。机械喷涂作业中，输浆管可能承受较高的工作压力，并且砂浆具有一定的腐蚀性和磨蚀性，因此要求输浆管耐压、耐磨、耐腐蚀，并在压力输送过程中不得发生爆裂，保证安全可靠。

由于施工时输送管经常需要拆卸和安装，其接头连接要简单快捷，不受砂浆及污垢的影响，拆卸要方便，而且要具备自锁特点，防止高压时接头崩开引发安全事故。

3.1.10 对不同的喷涂部位，应选择不同长度的喷枪，以方便作业。喷嘴口径过小容易导致堵塞，过大时喷涂效果不能保证，故在总结实践经验的基础上规定了它的范围。一般情况下，当喷涂砂浆颗粒较大时，应选择大口径喷枪，喷涂砂浆颗粒较小时且流量较小时，可选择小口径的喷枪；对于装饰性喷涂，喷枪口径宜为10mm～14mm。

喷涂过程中经常需要调节空气流量，以适应喷涂材料和墙面的变化，故应在喷枪上设置空气流量调节阀。

3.1.11 设备运行过程中，泵机操作位置和终端作业位置之间经常需要联络信息，包括开机、停机、输送状况、异常情况或紧急情况等，为保障安全、方便施工，应配备可靠的通信联络设备。

3.1.12 本条是为估算喷涂作业效率而提出的，以方便制定施工计划、估算工期及作业成本等。每班作业时间较长（超过8小时）时，η_W 可取上限值；管道较长时，η_A 应取小值。

3.2 设备安装

3.2.2 砂浆搅拌机和砂浆输送泵应安装在坚实平整地面，最好是水泥地面上，以保证能够承受设备重量或泵送冲击，并方便清理落地的砂浆或灰浆，保持文明施工。

3.2.3 搅拌机出料口与输送泵吸浆料斗落差不宜过小，否则物料易堵，不便清理。

3.2.4 弯管输送阻力远大于直管道，故布管时应尽量减少弯道。管道弯曲半径过小时，不仅阻力大，而且可能使管道弯曲损坏。无论是胶管还是钢管布置，都应满足弯道半径要求，尤其是水平布置的拐弯胶管，在泵送过程中由于抖动存在逐步缩小弯道半径的趋势，应注意经常检查或适当固定，否则有可能产生扭曲憋死现象。

3.2.5 切忌在输浆胶管上压放物品，防止管道受压变形，增加输浆管道阻力，造成输浆管堵塞；受压过重时，甚至可能导致胶管发生塑性变形或挤裂。当输浆管穿越交通或运输通道时，应在其上设防护支撑，使其免受重物碾压。

3.2.6 水平输浆管和垂直输浆管之间的连接弯管夹角过小时，将大大增加输送阻力。垂直输浆管的支撑在工作中需承受自重及泵送冲击力，故必须安装牢固。禁止将管道安装于脚手架上，否则可能引发安全事故。

3.2.7 输送距离较短时，输浆管宜采用胶管，以使布管灵活，移动方便；但是在远距离垂直输送时，胶管过长则阻力大，并易晃动。使用钢管垂直输送砂浆，不仅布管稳定性好，而且阻力损耗小。

3.2.8 输浆管接头如出现漏浆现象，易导致砂浆离析、泵送困难或堵管，后果严重。

3.2.9 输气管接头漏气，可能导致气量不足，喷涂质量无法保证。

4 喷 涂 施 工

4.1 一 般 规 定

4.1.1 机械喷涂抹灰施工是一项需要连续进行的复杂系统工程，包括原材料供应、搅拌、输送、喷涂及喷后处理等多个环节，各个环节需要有序配合，任何一个环节出现问题，都将导致施工中断。因此，施工前制定明确的方案是极其重要的。

4.1.2 因机械喷涂抹灰施工的工艺非常复杂，需注意和控制的要点很多，非专业化人员往往难以顺利施工，故本规程要求其作业人员接受过专业培训。国内经验也表明，机械喷涂抹灰施工绝大部分的成功案例都是由专业型施工队伍完成的。

4.2 施 工 准 备

4.2.1 为防止喷涂抹灰过程中污染和损坏已完的工程，应采用材料遮挡、包裹，主要注意事项如下：

1 各种门窗及其窗框应防护。

2 对给排水、采暖、煤气等各种管道，应采用适当材料包裹防护；密集的管道宜在喷涂抹灰后安装。

3 暗装的防火箱、电气开关箱、线盒以及就位的设备等应采取遮盖防护，防止粘污砂浆。

4 各种管道、线管应保持通畅，敞口处应临时封闭，防止进入砂浆。

5 已安装的各种扶手栏杆应包裹保护，防止粘污砂浆。

6 在已做好的楼地面、屋面防水层上铺设输浆管时，为防止接头金属件损坏楼、地面面层和防水层，应在接头下铺垫软材料。在顶棚、墙面喷涂前，先做好的楼地面应予遮盖。水泥砂浆楼地面尚未硬化时，不得用砂子遮盖。清除落地灰时，应防止损坏楼地面面层，不得使用金属工具冲撞楼地面。

7 喷涂找平层砂浆时，雨水口处应先做好防护，避免砂浆堵塞雨水管道。

8 地漏及预留孔处应预先封闭，防止进入砂浆，并做出标志。

9 楼地面、墙面、顶棚设有的变形缝应做好挡护，防止砂浆喷入缝内。

4.2.2 决定喷涂抹灰质量的重要因素是基层的处理，为了做好基层处理，本条提出了几条规定。

经调研分析，抹灰层开裂、空鼓和脱落等质量问题产生的原因往往在于基体表面浮尘、疏松物、脱模剂和油渍等影响砂浆粘结的物质未彻底清除干净。

提前润湿时间以 30min～60min 为宜，对吸水性强的基层，润湿提前的时间宜短些，对吸水性弱的基层，润湿提前的时间宜长些。根据情况不同，基层也可能需要多次润湿。

不同材料基体交接处，由于吸水和收缩性不一致，接缝处表面的抹灰层容易开裂，应采取加强措施，以切实保证抹灰工程的质量。抹灰厚度过大时，容易产生起鼓、脱落等质量问题，可以用金属或纤维丝网等进行加强，并应绷紧，固定牢靠，丝网与基体的搭接宽度不宜小于 100mm。

4.2.3 标志、标筋是作业面的抹平基准，总结当前各地施工情况，机械喷涂抹灰的标筋、标志设置方法多样，但在设置标筋标志时宜充分发挥机械喷涂的技术优势，以提高效率，并保证施工质量。标筋可以为竖筋或横筋，标竖筋时，两端竖筋宜设在阴角；标横筋时，下筋宜设在踢脚板上口；也可设快速活动标筋，在喷完找平后撤除基准循环使用，并及时抹平标筋凹口。原规程中关于标筋、标志设置方法局限性太大，故取消其限定。

4.3 砂 浆 制 备

4.3.1 本规程所述机械喷涂抹灰砂浆，兼指预拌砂浆和现场拌制砂浆。在非城区，现场机械拌制砂浆还可能存在，但其性能必须符合本规程要求。本条对砂子提出了基本要求，并对砂子粒径作了具体规定，以满足可泵性要求和抹灰质量要求；当砂子颗粒粒径过大时，容易堵塞喷枪和管道，只有使用中砂才能保证砂浆的可泵性和质量。本条对 1.18mm 筛孔的通过量作了规定，但也不宜使用特细砂。

大量工程经验表明，砂浆中的胶凝材料含量过小时，可泵性得不到保证，堵管故障会频繁发生，无法正常施工。

4.3.2 砂浆稠度是砂浆流动性的主要指标，是保证可泵性和后期施工性的重要因素。喷涂砂浆稠度应略大于手工抹灰砂浆稠度，面层砂浆稠度宜比底层砂浆稠度略大。当用于混凝土和混凝土砌块基层时，砂浆的稠度宜取 90mm～100mm；用于黏土砖墙面时，砂浆的稠度宜取 100mm～110mm；用于粉煤灰砖墙时，砂浆的稠度宜取 110mm～120mm。

砂浆保水率的要求，既是砂浆质量指标，也是喷涂抹灰施工的重要工艺指标。泵送喷涂过程中砂浆受到较大泵压作用，保水率低的砂浆非常容易发生离析，从而导致砂浆流动性降低乃至堵塞管道。

根据工程经验，本条量化规定了砂浆的凝结时间与机喷工艺周期的关系，其考虑的因素主要有：(1) 保证工程质量；(2) 保证砂浆的可泵性，因为初凝的砂浆可泵性极差，甚至无法泵送；(3) 给后续抹平工作留出足够时间，抹平压光工作也应该在砂浆发生凝结之前完成。湿拌砂浆机喷工艺周期还受运输距离和交通状况等因素的影响，施工前应充分考虑。

4.3.3 人工拌制砂浆质量不稳定，不利于泵送，并且环保性差，故被禁止使用。预拌砂浆质量稳定，有利于机械化施工，也有利于环境保护，是我国当前大力推广应用的材料。

4.4 泵 送

4.4.1 安全装置对保护人身及设备安全至关重要，应重视对超载安全装置的检查，保证其可靠工作。当安全装置为卸料阀时，应注意检查阀口是否存有残留物料以及锈蚀情况；当安全装置为电气保护系统时，应重点检查保护元件是否完好。压力表是设备状态指示的关键仪表，必须要能正常工作，并应置于方便观察的位置。

4.4.2 试运转时要注意检查电机旋向，部分输送泵、搅拌机的电机若反向旋转可能无法正常工作，正式工作前，必须确保电动机旋转方向与标志的箭头方向应相符。空运转时，部分设备可能需要加水，应先加水后运转，以免损坏设备。

4.4.3 本条规定了泵送前的预处理工作，这是减少堵塞、顺利泵送的保证。

4.4.4 实际应用中，可在搅拌前对原材料过滤，也可对砂浆拌合物过滤，关键是要在进入吸浆料斗前采取措施防止设备吸入超径骨料或异物，以免造成堵塞。

4.4.5 无论是正常泵送，还是泵送中断过程中，为防止吸料斗中砂浆在储存过程中发生离析，搅拌器应始终保持运行。同时，控制液面高度是为了防止空气进入泵送系统内造成气阻。

4.4.6 砂浆泵送中间停歇时，容易发生堵管现象，故宜连续作业。本条规定了泵送中断时应采取的措施，该措施可以减少堵管的发生几率，但也不能完全避免其发生的可能性，故施工时应尽量减少泵送中断的次数，如频繁中断，应考虑调整施工安排。

4.4.7 输送泵工作过程中，工作压力会随砂浆流动性、输送距离以及管道状况的变化而波动，操作人员应随时注意观察压力表指示的压力变化情况，如果表压骤然升高至超过最大工作压力，安全装置又未动作，表明输送系统和安全装置都出现了故障，此时应立即打开卸载阀卸压，并停机检查安全装置、输送泵和管路。排除故障后，方可再恢复工作，否则易产生安全事故。

4.5 喷 涂

4.5.1 喷涂顺序和路线的确定影响着整个喷涂过程。如其选择合理，不仅操作便利，而且可减少管道的拖移工作量，减少对已完工程的损伤或污染。对室内工程，宜按先顶棚后墙面，先房间后过道、楼梯间的顺序进行喷涂。

4.5.2 不同墙体材料（如混凝土、砌块、空心砖及实心砖等）吸水性能差别很大，当同一个房间内存在多种墙材时，按本条规定施工可以保证各处抹灰层在施工后干湿程度接近，便于后期作业或同时交工。

4.5.3 空气压缩机的工作压力可通过其调整装置设定。一般情况下，喷射效果决定于喷嘴部位形成的喷射压力。当空压机工作压力、砂浆流量、喷枪口径确定时，喷嘴部位形成的喷射压力又决定于空气流量，故可通过空气流量来调节喷射效果。需要注意的是，喷嘴部位形成的喷射压力不等同于空气压缩机的压力表显示气压，还应减去气流阀阻力和气管沿程阻力。

4.5.4 根据各地实践经验，人工持枪喷涂时，喷枪手的持枪姿势以侧身为宜，右手握枪在前，左手握管在后，两腿叉开，以便于左右往复喷浆，并保持喷枪与作业面间的距离和夹角；采用机械辅助装置喷涂时，比较容易保证喷射距离和夹角的稳定性，故其作业效果往往较人工更好。

4.5.5 总结国内外施工经验，采用人工持枪喷涂时，宜采用“S”形喷涂线路（图 4），能够方便人工移动喷枪，保证作业从容不迫、有条不紊；采用机械辅助装置喷涂时，宜采用“几”字形喷涂线路（图 5），有利于机械装置上下升降喷涂作业。

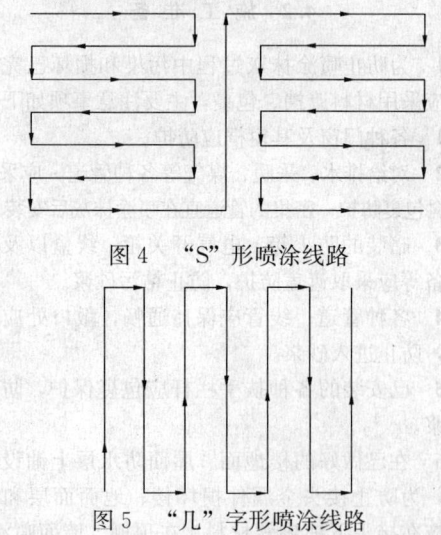

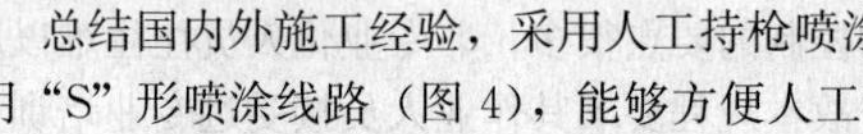

图 4 “S”形喷涂线路

图 5 “几”字形喷涂线路

4.5.6 当抹灰层厚度超过10mm时应分层进行喷涂，第二层喷涂宜在上一层砂浆凝结后进行。如上一层已表干，宜将上一层砂浆湿水，待表面晾干至无明水时再喷涂。

4.5.8 本条提出先停泵后停气的要求，其原因是防止砂浆挤入气体进入的通道，堵塞气管或气道。操作人员经常易犯“先停气后停泵”的错误，需要引起注意。其次，喷涂工作在转移房间时，若不关闭气管，即便停止了泵送，管内砂浆也可能被负压吸出继续喷射，在移动喷枪过程中不仅容易弄脏墙地面，也容易伤人。

4.6 喷后处理

4.6.3 喷涂结束后的清洗工作极其重要，这是保证设备后期能否正常使用的关键，现场经常发生用完不及时清理设备的情况，致使砂浆在设备或管道内凝固，导致后期清理极其困难或设备部件、管道等报废。

输浆管可使用清洗球进行清洗，方法是先将清洗球压入管口，而后泵送清水，直至海绵球从管道泵出。为节约用水，可在泵送一定量清水后，再加入一个清洗球，可以很方便地将输浆管道清洗干净；喷枪清洗时，可用压缩空气及清水混合吹洗枪内残余砂浆。

5 质量要求与检验

5.1 质量要求

5.1.1 我国多年的机喷施工实践表明：机喷工艺能否顺利应用，关键在于对机喷砂浆性能和质量的控制。机喷砂浆的性能和质量不仅要满足普通抹灰砂浆的要求，还要满足可泵性的要求。

绝大部分初期应用机械喷涂抹灰工艺的施工队伍，经常在材料控制方面出现问题（如保水性差、分层离析严重、杂物混入、配比不当、混入过大颗粒砂石等），导致频繁出现堵管、堵泵、堵枪等现象，清理工作量非常繁重，使作业人员对本工艺产生畏惧和反感心理，非常不利于机械喷涂抹灰工艺推广。

实际上，机喷工艺只要控制好砂浆质量和性能，施工将会非常顺利，本工艺所具备的效率高、粘结强度高的技术优势将会充分发挥，必将给使用单位带来可观的综合效益。所以作为必要的过程控制手段，本条规定应对机械喷涂抹灰砂浆质量进行严格控制。

5.1.5 表5.1.5是根据现行国家标准《建筑装饰装修工程质量验收规范》GB 50210的相关要求而提出的。

5.2 检查验收

5.2.3 喷涂抹灰工程的验收，可按国家标准《建筑工程施工质量验收统一标准》GB 50300－2001第5.0.1条、5.0.2条、5.0.3条和《建筑装饰装修工程质量验收规范》GB 50210－2001第4.1节、第4.2节的规定进行。

6 冬期施工

6.1 一般规定

6.1.3 室外喷涂不易保温，而且冬期施工增加施工成本，劳动效率低，工程质量不易保证，故室外喷涂抹灰不宜在冬期施工。

6.2 材料

6.2.4 掺入砂浆防冻剂时，应选择不起泡类型，以免影响抹灰工程质量。

6.3 机械设备

6.3.3 残存的水会在低温时冻结，可能导致设备被冻裂，故必须清除干净。

6.4 施工

6.4.1 积存的砂浆低温时容易发生冻结，影响材料施工性能、工程质量，也有可能损害设备。

6.4.4 本条提出了冬期喷涂砂浆上墙、养护温度以及养护时间的要求，以保证抹灰砂浆层质量。

6.4.5 在施工过程中，为保证抹灰工程质量，应掌握好几个关键过程的温度，因此应重点做好所要求的几个温度的测试和记录。

7 施工安全与环境保护

7.1 一般规定

7.1.2 垂直输浆管应固定在可靠的支撑结构上，不得固定在脚手架等设施上，并且如果垂直输浆管未能牢固地安装，可能导致管卡松动，垂直输送管晃动，进而导致输送管滑脱，造成人身安全事故，故使用前应重点检查垂直输送管道是否固定牢固，如发现问题，应立即采取措施。

7.1.4 本条由原规定“应立即停止室外高处作业”修订为“不得进行室外高处作业”，主要是贯彻“安全生产，预防为主”的方针。

7.1.6 由于砂浆是导电介质，并且喷枪经常可能沾上浆液或水，为保障操作者安全，远程控制电压必须使用36V以下安全电压，控制器还应防水，以防短路。

7.2 喷涂作业

7.2.2、7.2.3 规定枪口朝向，主要是防止高速气流或喷出物喷射伤人，或损坏他物。全国各地早期喷涂作业中都发生过喷枪口对人、排除枪嘴及管道堵塞等伤人事故，为了防止类似事故发生，本规程特别针对喷涂作业前和作业过程中的注意要点作了明确规定。

7.2.4 在喷涂操作时，喷枪、管道及管内砂浆总重较大，喷枪手移位时单人拖动喷涂管道容易发生喷枪失控、砂浆飞射伤人事故，故宜设专人协助；并且在移动管道过程中，管道接头可能被周围物体钩住或挂住而打开，从而脱落，导致高压砂浆崩出伤人，故需定时检查。

7.2.6 输浆管在工作过后，即使输送泵停机，管道仍可能存在内压，未先卸压而清洗时，容易出现管内压力突然爆发而伤人的事故，全国各地也曾多次发生过此类事故。

7.3 机 械 操 作

7.3.1 各地喷涂施工实践表明：只有由专人操作、管理与保养设备，才能保证设备状态良好，保障施工安全。

7.3.3 安全装置的安装和调整较为复杂，对操作者专业素质要求高，其调整往往需使用专用仪器，非专业的拆卸或调整可能导致设备和操作人员的安全性得不到保证。

7.3.4 设备使用过程中出现局部异常时，部分操作人员为省时省力，往往会在设备不停机的情况下对其进行维修，极易引发安全事故，必须严格禁止此类现象。

7.3.5 一般工地用电处较多，切断电源后，如无人看管或无警示，其他用电人员在不知情的情况下有可能去合闸通电，会导致正在检修的人员发生触电事故。

附录 A 输浆管内径

A.0.1 表 A.0.1 根据砂浆喷涂流量提出了推荐管径值，主要是为了控制砂浆在管内的流速。根据流体运动规律，当砂浆流速增大时，阻力也随之急剧增长，故应控制输送管径下限，以使阻力控制在一定范围内。而当砂浆流速过低时，砂浆容易产生沉淀和离析，不利于泵送，故又应控制输送管径上限。本规定对降低堵管几率、减小泵送阻力以及提高机喷工艺的可靠性是很重要的。本表未列示更大排量的砂浆喷涂施工参数，主要是因为喷涂抹灰不宜使用过大的喷射量，否则喷射质量难以保证，并且易造成材料浪费和环境污染。

附录 B 喷射距离和喷射角

B.0.1 表 B.0.1 参数的选取原则是，当喷涂层较薄时，喷涂距离宜选大值，同时气量也宜适当加大；当喷涂层较厚（大于 8mm）时，喷涂距离宜选小值，同时气量也宜适当减小，其具体操作调整应以散射均匀、无明显喷涂落地灰为准则。根据现有技术水平，在垂直墙面上喷涂作业时，如喷溅产生的落地灰质量少于1%喷涂砂浆总量，可视为无明显喷涂落地灰。施工经验表明，喷嘴适当上仰（即喷枪出口向上倾斜）有利于减少落地灰。

中华人民共和国行业标准

冻土地区建筑地基基础设计规范

Code for design of soil and foundation of building in frozen soil region

JGJ 118—2011

批准部门：中华人民共和国住房和城乡建设部
施行日期：2 0 1 2 年 3 月 1 日

中华人民共和国住房和城乡建设部
公　告

第1137号

关于发布行业标准《冻土地区建筑地基基础设计规范》的公告

现批准《冻土地区建筑地基基础设计规范》为行业标准，编号为JGJ 118－2011，自2012年3月1日起实施。其中，第3.2.1、6.1.1、8.1.1条为强制性条文，必须严格执行。原行业标准《冻土地区建筑地基基础设计规范》JGJ 118－98同时废止。

本规范由我部标准定额研究所组织中国建筑工业出版社出版发行。

中华人民共和国住房和城乡建设部

2011年8月29日

前　言

根据住房和城乡建设部《关于印发〈2008年工程建设标准规范制订、修订计划（第一批）〉的通知》（建标［2008］102号）的要求，规范编制组经广泛调查研究，认真总结实践经验，参考有关国内标准和国外先进标准，并在广泛征求意见的基础上，修订本规范。

本规范的主要技术内容是：1总则；2术语和符号；3冻土分类与勘察要求；4多年冻土地基的设计；5基础的埋置深度；6多年冻土地基的计算；7基础；8边坡及挡土墙；9检验与监测；以及相关附录。

本规范修订的主要技术内容是：增加了季节冻土与季节融化层内粗颗粒土在饱和条件下的冻胀性分类；强调了多年冻土的勘察要求；明确了多年冻土地基设计的选址原则；修改了季节冻土的基础埋置深度，修改了多年冻土地基基础的最小埋置深度；细化了热工计算的内容；细化了多年冻土桩基础的混凝土强度等级及入模温度，强调了热棒在建筑地基的应用；增加了冻土边坡的碎石层防护；增加了检验与监测内容。

本规范中以黑体字标志的条文为强制性条文，必须严格执行。

本规范由住房与城乡建设部负责管理和对强制性条文的解释，由黑龙江省寒地建筑科学研究院负责具体技术内容的解释。执行过程中如有意见或建议，请寄送黑龙江省寒地建筑科学研究院（地址：哈尔滨市南岗区清滨路60号，邮政编码：150080）。

本规范主编单位：黑龙江省寒地建筑科学研究院
大连阿尔滨集团有限公司

本规范参编单位：中国科学院寒区旱区环境与工程研究所冻土工程国家重点实验室
哈尔滨工业大学
中铁西北科学研究院有限公司
内蒙古筑业工程勘察设计有限公司
中铁第一勘察设计院集团有限公司
七台河市建设局
青海省建筑建材科学研究院
兰州交通大学

本规范主要起草人员：王吉良　韩华光　马　巍　丁靖康　徐学燕　童长江　盛　煜　邱明国　张洪兴　葛建军　贾彦武　韩龙武　信立晨　朱　磊　张宝才　高永强　赵明阳　刘显全　魏　勇　付景利　王　旭

本规范主要审查人员：钱力航　王公山　欧阳权　徐柏梦　王金国　于胜金　原喜忠　章金钊　王建文　董德胜　饶浩文

目　次

Contents

1 总 则

1.0.1 为了在冻土地区建筑地基基础设计中贯彻执行国家的技术经济政策，做到安全适用、技术先进、经济合理、确保质量、保护环境，制定本规范。

1.0.2 本规范适用于季节冻土和多年冻土地区工业与民用建筑（包括构筑物）地基基础的设计。

1.0.3 在冻土地基上进行建筑地基基础的设计时，除应符合本规范外，尚应符合国家现行有关标准的规定。

2 术语和符号

2.1 术 语

2.1.1 切向冻胀力 tangential frost-heave force

地基土在冻结膨胀时，沿切向作用在基础侧表面的力。

2.1.2 法向冻胀力 normal frost-heave force

地基土在冻结膨胀时，沿法向作用在基础底面的力。

2.1.3 水平冻胀力 horizontal frost-heave force

地基土在冻结膨胀时，沿水平方向作用在结构物或基础表面上的力，包括沿切向和法向的作用。

2.1.4 冻结强度 freezing strength

土与基础侧表面冻结在一起的剪切强度。

2.1.5 冻土抗剪强度 shear strength of frozen soils

冻结土体抵抗剪应力的强度。

2.1.6 冻土 frozen ground（soil，rock）

含有冰的土（岩石）。

2.1.7 多年冻土 perennially frozen ground，permafrost

冻结状态持续二年或二年以上的土（岩石）

2.1.8 季节冻土 seasonally frozen ground

地表层寒季冻结、暖季全部融化的土（岩石）

2.1.9 盐渍化冻土 saline frozen soil

冻土中当易溶盐的含量超过规定的限值时称盐渍化冻土。

2.1.10 冻结泥炭化土 frozen peaty soil

冻土中当土的泥炭化程度超过规定的限值时称冻结泥炭化土。

2.1.11 衔接多年冻土 connected frozen ground

直接位于季节融化层之下的多年冻土。

2.1.12 不衔接多年冻土 detachment of frozen ground

季节冻结层的冻结深度浅于上限的多年冻土。

2.1.13 整体状构造 massive cryostructure

冻土内没有肉眼能看得到的较大冰体的构造。

2.1.14 层状构造 layered cryostructure

冻土内的冰呈层状分布的构造。

2.1.15 网状构造 reticulated cryostructure

冻土内由不同大小、形状和方向的冰体形成大致连续网格的构造。

2.1.16 冰夹层 ice layers

层状和网状构造冻土中的薄冰层。

2.1.17 包裹冰 ice inclusion

除胶结冰外，土中的孔隙冰、冰夹层、冰透镜体等地下冰体的总称。

2.1.18 未冻水含水率 unfrozen-water content

在一定负温条件下，冻土中未冻水的质量与干土质量之比。

2.1.19 起始冻结温度 initial temperature of freezing

土中孔隙水发生冻结的最高温度称为土的冻结温度或起始冻结温度。

2.1.20 冻土地温特征值 characteristic value of ground temperature

冻土年平均地温、地温年变化深度、活动层底面以下的年平均地温、年最高地温和最低地温的总称。

2.1.21 地温年振幅 annual amplitude of temperature in ground

地表或地中某点，一年中地温最高和最低值之差的一半。

2.1.22 年平均地温 mean annual ground temperature

地温年变化深度处的地温。

2.1.23 冻土含水率（冻土总含水率） water content in frozen soil

冻土中所含冰和未冻水的总质量与土骨架质量之比，用百分比表示。

2.1.24 相对含冰率 relative ice content

冻土中冰的质量与全部水质量之比。

2.1.25 冻结界（锋）面 freezing front

正冻地基土中位于冻结前沿起始冻结温度处的平（曲）面。

2.1.26 融土 thawed soil（rock，ground）

冻土自融化开始到已有应力下达至固结稳定为止，这一过渡状态的土体。

2.1.27 季节冻结层 seasonal freezing layer

每年寒季冻结、暖季融化，其年平均地温高于0℃的地表层，其下卧层为非冻结层或不衔接多年冻土层。

2.1.28 季节融化层（季节活动层） seasonally thawed layer

每年寒季冻结、暖季融化，其年平均地温低于0℃的地表层，其下卧层为多年冻土层。

2.1.29 标准冻深 standard freezing depth

非冻胀黏性土，地表平坦、裸露、城市之外的空旷场地中，不少于10年实测最大冻深的平均值。

2.1.30 标准融深 standard thawing depth

衔接多年冻土地区，对非融沉黏性土、地表平坦、裸露的空旷场地中，不少于10年实测最大融深的平均值。

2.1.31 多年冻土天然上限 natural permafrost table

天然条件下，多年冻土层顶板的埋藏深度。

2.1.32 多年冻土人为上限 artificial permafrost table

人为条件影响下，多年冻土层顶板的埋藏深度。

2.1.33 地温年变化深度（年零较差深度） depth of annual zero amplitude of ground temperature

地表以下，地温在一年内相对恒定的深度。

2.1.34 热融滑塌 thaw slumping

分布在自然坡面上的地下冰层，受热融化时，上覆土体沿坡面下滑的现象。

2.1.35 冻结指数 freezing index

一年中低于0℃的气温与其相应持续时间乘积的代数和。

2.1.36 融化指数 thawing index

一年中高于0℃的气温与其相应持续时间乘积的代数和。

2.1.37 开敞系统 open system（freezing）

土在冻结过程中，冻层下部分水分向冻结面不断迁移的系统。

2.1.38 封闭系统 closed system（freezing）

土在冻结过程中，没有外来水分进行补充的系统。

2.1.39 自然通风基础的通风模数 ventilation modulus of natural ventilation foundation

为通风空间中进气孔与排气孔的总面积与建筑物平面外部轮廓所包面积的比值。

2.1.40 热桩（热管桩） thermal pile（pile of heat pipe）

内部采用了液汽两相转换对流热虹吸（重力式低温热管）装置的桩基。

2.1.41 热棒基础 thermal probe foundation

将重力式低温热管插入基础中或放置侧面的基础系统。

2.1.42 融化盘 thaw bulb under heated building

采暖建筑物下，多年冻结地基土的一部分发生融化，融化界面形如盘、盆状，故称融化盘。

2.2 符 号

2.2.1 作用与作用效应

P_e——裸露场地基础的冻胀力；

P_h——采暖建筑基础的冻胀力；

p_0——基础底面的平均附加应力；

p_{cs}——冻融界面上的附加应力；

σ_f——法向冻胀力；

σ_{fh}——冻结界面上的冻胀应力；

σ_{Hk}——水平冻胀力标准值；

τ_{dk}——切向冻胀力标准值。

2.2.2 抗力与物理参数

c_f、c_u——冻土、未冻土的容积热容量；

f_a——冻土地基承载力特征值；

f_{ca}——冻土与基础侧表面的冻结强度特征值；

f_τ——冻土的抗剪强度；

i_c——冻土相对含冰率；

q_{fpa}——桩端冻土端阻力特征值；

R_a——单桩竖向承载力特征值；

R_{ta}——未冻土中的摩阻力、冻土中的冻结力和扩展基础冻拔时上覆土的反力；

R_f、R_u——冻土、未冻土的热阻；

T_{cp}——年平均地温；

T_z——沿桩身不同深度冻土的温度；

α_f、α_u——冻土、未冻土的导温系数；

δ_0——冻土的融化下沉系数；

η——土的冻胀率；

λ_f、λ_u——冻土、未冻土的导热系数（热导率）；

ρ_d——冻土的干密度；

ρ_0——冻土起始融沉干密度；

w——冻土含水率；

w_0——冻土起始融沉含水率；

w_u——冻土的未冻水含水率；

ξ——冻土的泥炭化程度；

ζ——冻土的盐渍度。

2.2.3 几何参数

d_{min}——基础的最小埋置深度；

h——基础底面下的冻土层厚度；

H_{max}——采暖建筑物多年冻土地基的最大融化深度；

z_n、z_a——多年冻土的天然上限和人为上限；

z_0、z_d——土季节冻结深度的标准值和设计值；

z_0^m、z_d^m——土季节融化深度的标准值和设计值；

Δz——地表最大冻胀量；

A_v——架空通风基础通风孔总面积。

2.2.4 计算系数

μ——自然通风基础的通风模数；

α_d——双层地基冻结界面上的应力系数；

η_f——建筑物平面形状系数；

η_n——风速影响系数；

η_w——风速调整系数；

ψ_h——采暖对冻土平面分布的影响系数；

ψ_t——采暖对冻深的影响系数；

ψ_v ——采暖对基底冻层厚度的影响系数；

ψ_z ——冻结深度的影响系数；

ψ_z^m ——融化深度的影响系数。

2.2.5 其他

Q——热量；

ΣT_f、ΣT_m ——冻结指数与融化指数。

3 冻土分类与勘察要求

3.1 冻土名称与分类

3.1.1 作为建筑地基的冻土，根据持续时间可分为季节冻土与多年冻土；根据所含盐类与有机物的不同可分为盐渍化冻土与冻结泥炭化土；根据其变形特性可分为坚硬冻土、塑性冻土与松散冻土；根据冻土的融沉性与土的冻胀性又可分成若干亚类。

3.1.2 盐渍化冻土的盐渍度和强度指标应符合下列规定：

1 盐渍化冻土的盐渍度 ζ 应按下式计算：

$$\zeta=\frac{m_g}{g_d}\times 100(\%) \tag{3.1.2}$$

式中：m_g ——土中含易溶盐的质量（g）；

g_d ——土骨架质量（g）。

2 盐渍化冻土的强度指标应按本规范附录 A 表 A.0.2-2、表 A.0.3-2 的规定取值。

3 盐渍化冻土盐渍度的最小界限值按表 3.1.2 的规定取值。

表 3.1.2 盐渍化冻土盐渍度的最小界限值

土 类	粗粒土	粉土	粉质黏土	黏 土
盐渍度（%）	0.10	0.15	0.20	0.25

3.1.3 冻结泥炭化土的泥炭化程度和强度指标应符合下列规定：

1 冻结泥炭化土的泥炭化程度 ξ 应按下式计算：

$$\xi=\frac{m_p}{g_d}\times 100(\%) \tag{3.1.3}$$

式中：m_p ——土中植物残渣和成泥炭的质量（g）。

2 冻结泥炭化土的强度指标应按本规范附录 A 表 A.0.2-3、表 A.0.3-3 的规定取值。

3 当有机质含量不超过 15%时，冻土的泥炭化程度可用重铬酸钾容量法，当有机质含量超过 15%时可用烧失量法测定。

3.1.4 对于坚硬冻土，其压缩系数 α 不应大于 0.01MPa^{-1}，并可将其近似看成不可压缩土；对于塑性冻土，其压缩系数 α 应大于 0.01MPa^{-1}，在受力计算时应计入压缩变形量。当粗颗粒土的总含水率不大于 3%时，应确定为松散冻土。

3.1.5 季节冻土与多年冻土季节融化层土，根据土平均冻胀率 η 的大小可分为不冻胀土、弱冻胀土、冻胀土、强冻胀土和特强冻胀土五类，分类时尚应符合表 3.1.5 的规定。冻土层的平均冻胀率 η 应按下式计算：

$$\eta=\frac{\Delta z}{h'-\Delta z}\times 100(\%) \tag{3.1.5}$$

式中：Δz ——地表冻胀量（mm）；

h' ——冻层厚度（mm）。

表 3.1.5 季节冻土与季节融化层土的冻胀性分类

土的名称	冻前天然含水率 w(%)	冻前地下水位距设计冻深的最小距离 h_w(m)	平均冻胀率 η (%)	冻胀等级	冻胀类别
碎（卵）石，砾、粗、中砂（粒径小于0.075mm的颗粒含量不大于15%），细砂（粒径小于0.075mm的颗粒含量不大于10%）	不饱和	不考虑	$\eta\leqslant 1$	Ⅰ	不冻胀
	饱和含水	无隔水层	$1<\eta\leqslant 3.5$	Ⅱ	弱冻胀
	饱和含水	有隔水层	$3.5<\eta$	Ⅲ	冻胀
	$w\leqslant 12$	>1.0	$\eta\leqslant 1$	Ⅰ	不冻胀
		$\leqslant 1.0$	$1<\eta\leqslant 3.5$	Ⅱ	弱冻胀
	$12<w\leqslant 18$	>1.0			
		$\leqslant 1.0$	$3.5<\eta\leqslant 6$	Ⅲ	冻胀
	$w>18$	>0.5			
		$\leqslant 0.5$	$6<\eta\leqslant 12$	Ⅳ	强冻胀
粉砂	$w\leqslant 14$	>1.0	$\eta\leqslant 1$	Ⅰ	不冻胀
		$\leqslant 1.0$	$1<\eta\leqslant 3.5$	Ⅱ	弱冻胀
	$14<w\leqslant 19$	>1.0			
		$\leqslant 1.0$	$3.5<\eta\leqslant 6$	Ⅲ	冻胀
	$19<w\leqslant 23$	>1.0			
		$\leqslant 1.0$	$6<\eta\leqslant 12$	Ⅳ	强冻胀
	$w>23$	不考虑	$\eta>12$	Ⅴ	特强冻胀
粉土	$w\leqslant 19$	>1.5	$\eta\leqslant 1$	Ⅰ	不冻胀
		$\leqslant 1.5$	$1<\eta\leqslant 3.5$	Ⅱ	弱冻胀
	$19<w\leqslant 22$	>1.5			
		$\leqslant 1.5$	$3.5<\eta\leqslant 6$	Ⅲ	冻胀
	$22<w\leqslant 26$	>1.5			
		$\leqslant 1.5$	$6<\eta\leqslant 12$	Ⅳ	强冻胀
	$26<w\leqslant 30$	>1.5			
		$\leqslant 1.5$	$\eta>12$	Ⅴ	特强冻胀
	$w>30$	不考虑			

续表 3.1.5

土的名称	冻前天然含水率 w(%)	冻前地下水位距设计冻深的最小距离 h_w (m)	平均冻胀率 η (%)	冻胀等级	冻胀类别
黏性土	$w \leqslant w_p+2$	>2.0	$\eta \leqslant 1$	Ⅰ	不冻胀
		≤2.0	$1<\eta \leqslant 3.5$	Ⅱ	弱冻胀
	$w_p+2<w \leqslant w_p+5$	>2.0			
		≤2.0	$3.5<\eta \leqslant 6$	Ⅲ	冻胀
	$w_p+5<w \leqslant w_p+9$	>2.0			
		≤2.0	$6<\eta \leqslant 12$	Ⅳ	强冻胀
	$w_p+9<w \leqslant w_p+15$	>2.0			
		≤2.0	$\eta>12$	Ⅴ	特强冻胀

注：1 w_p —塑限含水率(%)；w—冻前天然含水率在冻层内的平均值；

2 盐渍化冻土不在表列；

3 塑性指数大于22时，冻胀性降低一级；

4 粒径小于0.005mm的颗粒含量大于60%时为不冻胀土；

5 碎石类土当填充物大于全部质量的40%时，其冻胀性按填充物土的类别判定；

6 隔水层指季节冻结层底部及以上的隔水层。

3.1.6 根据土融化下沉系数 δ_0 的大小，多年冻土可分为不融沉、弱融沉、融沉、强融沉和融陷土五类，分类时尚应符合表 3.1.6 的规定。冻土层的平均融化下沉系数 δ_0 可按下式计算：

$$\delta_0 = \frac{h_1 - h_2}{h_1} = \frac{e_1 - e_2}{1 + e_1} \times 100(\%) \quad (3.1.6)$$

式中：h_1、e_1 ——冻土试样融化前的高度（mm）和孔隙比；

h_2、e_2 ——冻土试样融化后的高度（mm）和孔隙比。

表 3.1.6 多年冻土的融沉性分类

土的名称	总含水率 w(%)	平均融沉系数 δ_0	融沉等级	融沉类别	冻土类型
碎（卵）石，砾、粗、中砂（粒径小于0.075mm的颗粒含量不大于15%）	$w<10$	$\delta_0 \leqslant 1$	Ⅰ	不融沉	少冰冻土
	$w \geqslant 10$	$1<\delta_0 \leqslant 3$	Ⅱ	弱融沉	多冰冻土
	$w<12$	$\delta_0 \leqslant 1$	Ⅰ	不融沉	少冰冻土
	$12 \leqslant w<15$	$1<\delta_0 \leqslant 3$	Ⅱ	弱融沉	多冰冻土
	$15 \leqslant w<25$	$3<\delta_0 \leqslant 10$	Ⅲ	融沉	富冰冻土
	$w \geqslant 25$	$10<\delta_0 \leqslant 25$	Ⅳ	强融沉	饱冰冻土

续表 3.1.6

土的名称	总含水率 w(%)	平均融沉系数 δ_0	融沉等级	融沉类别	冻土类型
粉、细砂	$w<14$	$\delta_0 \leqslant 1$	Ⅰ	不融沉	少冰冻土
	$14 \leqslant w<18$	$1<\delta_0 \leqslant 3$	Ⅱ	弱融沉	多冰冻土
	$18 \leqslant w<28$	$3<\delta_0 \leqslant 10$	Ⅲ	融沉	富冰冻土
	$w \geqslant 28$	$10<\delta_0 \leqslant 25$	Ⅳ	强融沉	饱冰冻土
粉土	$w<17$	$\delta_0 \leqslant 1$	Ⅰ	不融沉	少冰冻土
	$17 \leqslant w<21$	$1<\delta_0 \leqslant 3$	Ⅱ	弱融沉	多冰冻土
	$21 \leqslant w<32$	$3<\delta_0 \leqslant 10$	Ⅲ	融沉	富冰冻土
	$w \geqslant 32$	$10<\delta_0 \leqslant 25$	Ⅳ	强融沉	饱冰冻土
黏性土	$w<w_p$	$\delta_0 \leqslant 1$	Ⅰ	不融沉	少冰冻土
	$w_p \leqslant w<w_p+4$	$1<\delta_0 \leqslant 3$	Ⅱ	弱融沉	多冰冻土
	$w_p+4 \leqslant w<w_p+15$	$3<\delta_0 \leqslant 10$	Ⅲ	融沉	富冰冻土
	$w_p+15 \leqslant w<w_p+35$	$10<\delta_0 \leqslant 25$	Ⅳ	强融沉	饱冰冻土
含土冰层	$w \geqslant w_p+35$	$\delta_0>25$	Ⅴ	融陷	含土冰层

注：1 总含水率 w，包括冰和未冻水；

2 盐渍化冻土、冻结泥炭化土、腐殖土、高塑性黏土不在表列；

3 粗颗粒土用起始融化下沉含水率代替 w_p。

3.2 冻土地基勘察要求

3.2.1 多年冻土地区建筑地基基础设计前应进行冻土工程地质勘察，查清建筑场地的冻土工程地质条件。

3.2.2 在季节冻土层深度与多年冻土季节融化层深度内，应沿其深度方向采取土样，取样数量应根据设计需要确定，且每层不应少于一个试样，取样间距不大于1m。

3.2.3 在对多年冻土钻探、取样、运输、储存及试验等过程中，应采取防止试样融化的措施。

3.2.4 季节冻土地基勘探孔的深度和间距可与非冻土地基的勘察要求相同；多年冻土地基勘察应符合本规范第 4.1.2 条中将多年冻土用作地基的三种状态的设计要求，勘探点间距应符合表 3.2.4-1 的规定；控制性钻孔应占钻孔总数的 1/3～1/2；钻孔的深度应符合表 3.2.4-2 的规定；取样数量应满足设计需要。

表 3.2.4-1 多年冻土地基勘探点间距

冻土分布类型	孔间距（m）
岛状（不连续）多年冻土区	10～15
大片（连续）多年冻土区	15～25

注：为查清多年冻土平面分布界限时可根据情况适当加密勘探点间距。

表 3.2.4-2　多年冻土地基勘探深度

冻土分布类型	钻孔类型	钻孔深度
岛状（不连续）多年冻土区	控制性钻孔	穿透下限进入稳定地层不小于 5m 且孔深不小于 20m，若采用桩基应大于 25m
	一般钻孔	穿透下限且孔深不小于 15m，若采用桩基应大于 20m
大片（连续）多年冻土区	控制性钻孔	一般场地大于 15m；复杂场地或采用桩基大于 25m
	一般钻孔	一般场地大于 10m；复杂场地或采用桩基大于 20m

注：在钻探深度内遇到基岩时可适当减少钻孔深度。

3.2.5　对多年冻土地基，应根据建筑地基基础设计等级、冻土工程地质条件、冻土特征、地温特征、地基采用的设计状态等情况，岩土勘察报告宜提供下列设计所需资料：

1　气象资料：年平均气温、融化指数（冻结指数）、冬季月平均风速、年平均降水量；

2　地温资料：年平均地温、标准融深（标准冻深）、秋末冬初地温沿深度的分布；

3　冻土物理参数：干密度、总含水率、相对含冰率、盐渍度、泥炭化程度、冻土构造、冰夹层厚度；

4　冻土与未冻土的热物理参数：导热系数、导温系数、容积热容量；

5　冻土强度指标：冻结强度、抗剪强度、承载力特征值、体积压缩系数、压缩系数；

6　冻土融化指标：融化下沉系数、融土体积压缩系数、融土承载力特征值；

7　土的冻胀指标：冻胀率、冻切力、水平冻胀力；

8　地下水分布的资料及特征，不良冻土现象的分布及特征。

3.2.6　对地基基础设计等级为甲级或乙级的建筑物，其所在多年冻土场区宜进行地温观测等原位试验。

4　多年冻土地基的设计

4.1　一 般 规 定

4.1.1　在多年冻土地区建筑物选址时，宜选择各种融区、基岩出露地段和粗颗粒土分布地段，在零星岛状多年冻土区，不宜将多年冻土用作地基。

4.1.2　将多年冻土用作建筑地基时，可采用下列三种状态之一进行设计：

1　保持冻结状态：在建筑物施工和使用期间，地基土始终保持冻结状态；

2　逐渐融化状态：在建筑物施工和使用期间，地基土处于逐渐融化状态；

3　预先融化状态：在建筑物施工前，使多年冻土融化至计算深度或全部融化。

4.1.3　对一栋整体建筑物地基应采用同一种设计状态；对同一建筑场地的地基宜采用同一种设计状态。

4.1.4　对建筑场地应设置排水设施，建筑物的散水坡宜做成装配式，对按冻结状态设计的地基，冬季应及时清除积雪；供热与给水管道应采取隔热措施。

4.2　保持冻结状态的设计

4.2.1　保持冻结状态的设计宜用于下列场地或地基：

1　多年冻土的年平均地温低于－1.0℃的场地；

2　持力层范围内的土层处于坚硬冻结状态的地基；

3　地基最大融化深度范围内，存在融沉、强融沉、融陷性土及其夹层的地基；

4　非采暖建筑或采暖温度偏低，占地面积不大的建筑物地基。

4.2.2　当采用保持地基土冻结状态进行的设计，可采取下列基础形式和地基处理措施：

1　架空通风基础；

2　填土通风管基础；

3　用粗颗粒土垫高的地基；

4　桩基础、热桩基础；

5　保温隔热地板；

6　基础底面延伸至计算的最大融化深度之下；

7　采用人工冻结方法降低土温的措施。

4.2.3　保持地基土冻结状态的设计，宜采用桩基础，对现行国家标准《建筑地基基础设计规范》GB 50007 规定的地基基础设计等级为甲级的建筑物可采用热桩基础。

4.2.4　对于采用保持冻结状态设计的建筑物地基，在施工和使用期间，应对周围环境采取防止破坏温度自然平衡状态的措施。

4.3　逐渐融化状态的设计

4.3.1　逐渐融化状态的设计宜用于下列地基：

1　多年冻土的年平均地温为－0.5℃～－1.0℃的地基；

2　持力层范围内的土层处于塑性冻结状态的地基；

3　在最大融化深度范围内为不融沉和弱融沉性土的地基；

4　室温较高、占地面积较大的建筑，或热载体管道及给水排水系统对冻层产生热影响的地基。

4.3.2　采用逐渐融化状态进行设计时，不应人为加大地基土的融化深度，并应采取下列措施减少地基的变形：

1 加大基础埋深，或选择低压缩性土作为持力层；

2 采用保温隔热地板，并架空热管道及给水排水系统；

3 设置地面排水系统；

4 采用架空通风基础；

5 采用桩基础；

6 保护多年冻土环境。

4.3.3 当地基土逐渐融化可能产生不均匀变形时，应对建筑物的结构采取下列措施：

1 应加强结构的整体性与空间刚度；建筑物的平面布置宜简单；可增设沉降缝；沉降缝处应布置双墙；应设置基础梁、钢筋混凝土圈梁；纵横墙交接处应设置构造柱；

2 应采用能适应不均匀沉降的柔性结构。

4.3.4 建筑物下地基土逐渐融化的最大深度，可按本规范附录B的规定计算。

4.4 预先融化状态的设计

4.4.1 预先融化状态的设计宜用于下列场地或地基：

1 多年冻土的年平均地温不低于－0.5℃的场地；

2 持力层范围内土层处于塑性冻结状态的地基；

3 在最大融化深度范围内，存在变形量为不允许的融沉、强融沉和融陷性土及其夹层的地基；

4 室温较高、占地面积不大的建筑物地基。

4.4.2 当采用预先融化状态设计时，预融深度范围内地基的变形量超过建筑物的允许值时，可采取下列措施：

1 用粗颗粒土置换细颗粒土或加固处理地基；

2 基础底面之下多年冻土的人为上限保持相同；

3 加大基础埋深；

4 采取结构措施，适应变形要求。

4.4.3 对于预先融化状态的设计，当冻土层全部融化时，应按季节冻土地基设计。

4.5 含土冰层、盐渍化冻土与冻结泥炭化土地基的设计

4.5.1 含土冰层不应用作天然地基。

4.5.2 对盐渍化冻土地基，当按保持冻结状态设计时，除应符合本规范第4.2节有关规定外，尚应符合下列规定：

1 宜采用桩基础；对钻孔插入桩，回填泥浆与盐渍化冻土界面的冻结强度应进行验算；

2 单桩竖向承载力应按本规范第7.3.5条的规定确定；

3 盐渍化冻土处于塑性冻结状态时，地基的变形计算参数，应按原位静载荷试验确定；

4 当钻孔插入桩采用水泥砂浆回填时，钻孔直径应大于桩径100mm，最大不应超过桩径150mm。

4.5.3 当盐渍化冻土按逐渐融化和预先融化状态设计时，应按本规范第4.3节、第4.4节的有关规定进行，并应符合现行国家标准《建筑地基基础设计规范》GB 50007的有关规定。

4.5.4 当冻结泥炭化土地基按保持冻结状态设计时，除应符合本规范第4.2节的有关规定外，尚应符合下列规定：

1 泥炭化程度不小于25%时，宜采用钻孔打入桩基础或钻孔插入式热桩基础；

2 当钻孔插入桩采用水泥砂浆回填时，钻孔直径应大于桩径100mm，最大不应超过桩径150mm；

3 桩端下砂垫层的铺设厚度不应小于300mm，浅基础底部砂石垫层的铺设厚度应大于基底宽度的1/2，其承载力应按原地基土的种类取值；

4 地基承载力宜按原位静载试验确定；

5 冻结泥炭化土处于塑性冻结状态时，其地基变形计算参数，应按原位静载荷试验确定。

5 基础的埋置深度

5.1 季节冻土地基

5.1.1 对强冻胀性土、特强冻胀性土，基础的埋置深度宜大于设计冻深0.25m。

5.1.2 对不冻胀、弱冻胀和冻胀性地基土，基础埋置深度不宜小于设计冻深，对深季节冻土，基础底面可埋置在设计冻深范围之内，基底允许冻土层最大厚度可按本规范附录C的规定进行冻胀力作用下基础的稳定性验算，并结合当地经验确定。

设计冻深 z_d 可按下式计算：

$$z_d = z_0 \psi_{zs} \psi_{zw} \psi_{zc} \psi_{zt0} \qquad (5.1.2)$$

式中：z_0 ——标准冻深（m）；无当地实测资料，除山区外，应按图5.1.2中国季节冻土标准冻深线图查取；

ψ_{zs} ——土的类别对冻深的影响系数，按表5.1.2-1的规定取值；

ψ_{zw} ——冻胀性对冻深的影响系数，按表5.1.2-2的规定取值；

ψ_{zc} ——周围环境对冻深的影响系数，按表5.1.2-3的规定取值；

ψ_{zt0} ——地形对冻深的影响系数，按表5.1.2-4的规定取值。

表5.1.2-1 土的类别对冻深的影响系数（ψ_{zs}）

土的类别	ψ_{zs}	土的类别	ψ_{zs}
黏性土	1.00	中、粗、砾砂	1.30
细砂、粉砂、粉土	1.20	碎（卵）石土	1.40

表 5.1.2-2 冻胀性对冻深的影响系数（ψ_{zw}）

湿度（冻胀性）	ψ_{zw}	湿度（冻胀性）	ψ_{zw}
不冻胀	1.00	强冻胀	0.85
弱冻胀	0.95	特强冻胀	0.80
冻胀	0.90	—	—

注：土的冻胀性按本规范表 3.1.5 确定。

表 5.1.2-3 周围环境对冻深的影响系数（ψ_{zc}）

周围环境	ψ_{zc}	周围环境	ψ_{zc}
村、镇、旷野	1.00	城市市区	0.90
城市近郊	0.95	—	—

注：周围环境影响一项，应按下述取用：

人口为 20 万～50 万的城市市区，按城市近郊影响取值；

人口大于 50 万且小于或等于 100 万的城市市区，按市区影响取值；

人口为 100 万以上的城市，除计入市区影响外，尚应考虑 5km 的近郊范围。

表 5.1.2-4 地形对冻深的影响系数（ψ_{zt0}）

地　形	ψ_{zt0}	地　形	ψ_{zt0}
平坦	1.00	阴坡	1.10
阳坡	0.90	—	—

5.1.3 基槽开挖完成后底部不宜留有冻土层（包括开槽前已形成的和开槽后新冻结的）；当土质较均匀，且通过计算确认地基土融化、压缩的下沉总值在允许范围之内，或当地有成熟经验时，可在基底下存留一定厚度的冻土层。

5.1.4 基础的稳定性（受冻胀力作用时）应按本规范附录 C 的规定进行验算。对冻胀性地基土，可采取下列减小或消除冻胀力危害的措施：

1 改变地基土冻胀性的措施应符合下列规定：

1） 设置防止施工和使用期间的雨水、地表水、生产废水和生活污水浸入地基的排水设施；在坡地或山区应设置截水沟或在建筑物周边设置暗沟，以排走地表水和潜水流，避免因地基土浸水、含水率增加而造成冻害；

2） 对低洼场地，加强排水并采用非冻胀性土填方，填土高度不应小于 0.5m，其范围不应小于散水坡宽度加 1.5m；

3） 在基础外侧面，可用非冻胀性土层或隔热材料保温，其厚度与宽度宜通过热工计算确定；

4） 可用强夯法消除土的冻胀性；

5） 用非冻胀性土或粗颗粒土建造人工地基，使地基的冻融循环仅发生在人工地基内。

2 采取的结构措施应符合下列规定：

1） 可增加建筑物的整体刚度；设置钢筋混凝土封闭式圈梁和基础梁，并控制建筑物的长高比；

2） 建筑平面宜简单，体形复杂时，宜采用沉降缝隔开；

3） 宜采用独立基础或桩基；

4） 当外墙上内横隔墙间距较大时，宜设置扶壁柱；

5） 可加大上部荷重，或减小基础与冻胀土接触的表面积；

6） 外门斗、室外台阶和散水坡等附属结构应与主体承重结构断开；散水坡分段不宜超过 1.5m，坡度不宜小于 3%，其下宜填筑非冻胀性材料；

7） 按采暖设计的建筑物，当年不能竣工或入冬前不能交付正常使用，应采取相应的越冬措施；对非采暖建筑物的跨年度工程，入冬前基坑必须及时回填，并采取保温措施。

3 减小和消除切向冻胀力的措施应符合下列规定：

1） 基础在地下水位以上时，基础侧表面可回填非冻胀性的中砂和粗砂，其厚度不应小于 200mm；

2） 应对与冻胀性土接触的基础侧表面进行压平、抹光处理；

3） 可采用物理化学方法处理基础侧表面或与基础侧表面接触的土层；

4） 可做成正梯形的斜面基础，在符合现行国家标准《建筑地基基础设计规范》GB 50007关于刚性角规定的条件下，其宽高比不应小于 1∶7（图 5.1.4-1）；

5） 可采用底部带扩大部分的自锚式基础（图 5.1.4-2），其设计计算应符合本规范附录 C 的规定。

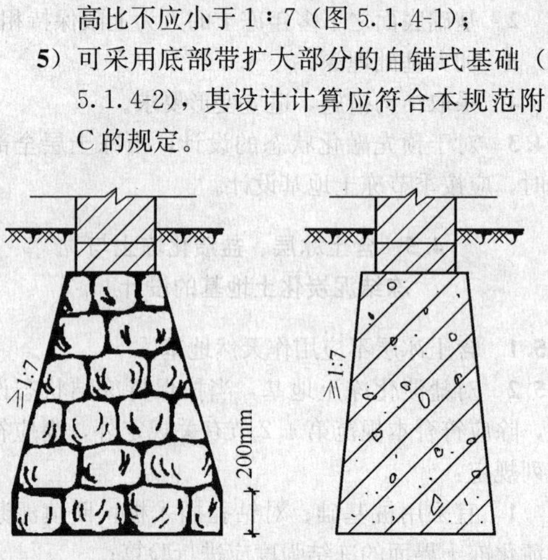

图 5.1.4-1 正梯形斜面基础

4 减小和消除法向冻胀力的措施应符合下列规定：

1） 基础在地下水位以上时，可采用换填法，用非冻胀性的粗颗粒土做垫层，但垫层的

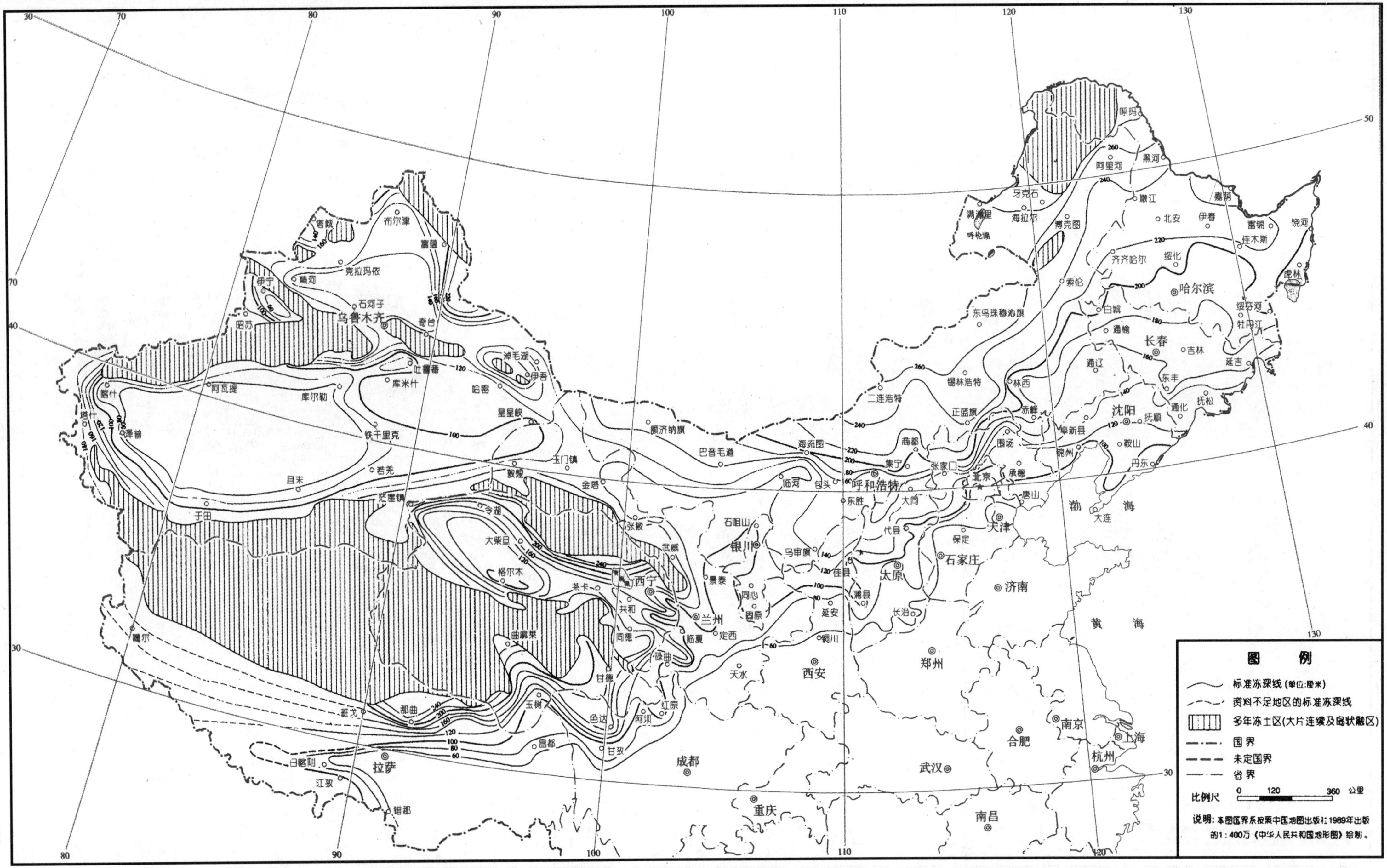

图 5.1.2 中国季节冻土标准冻深线图(cm)

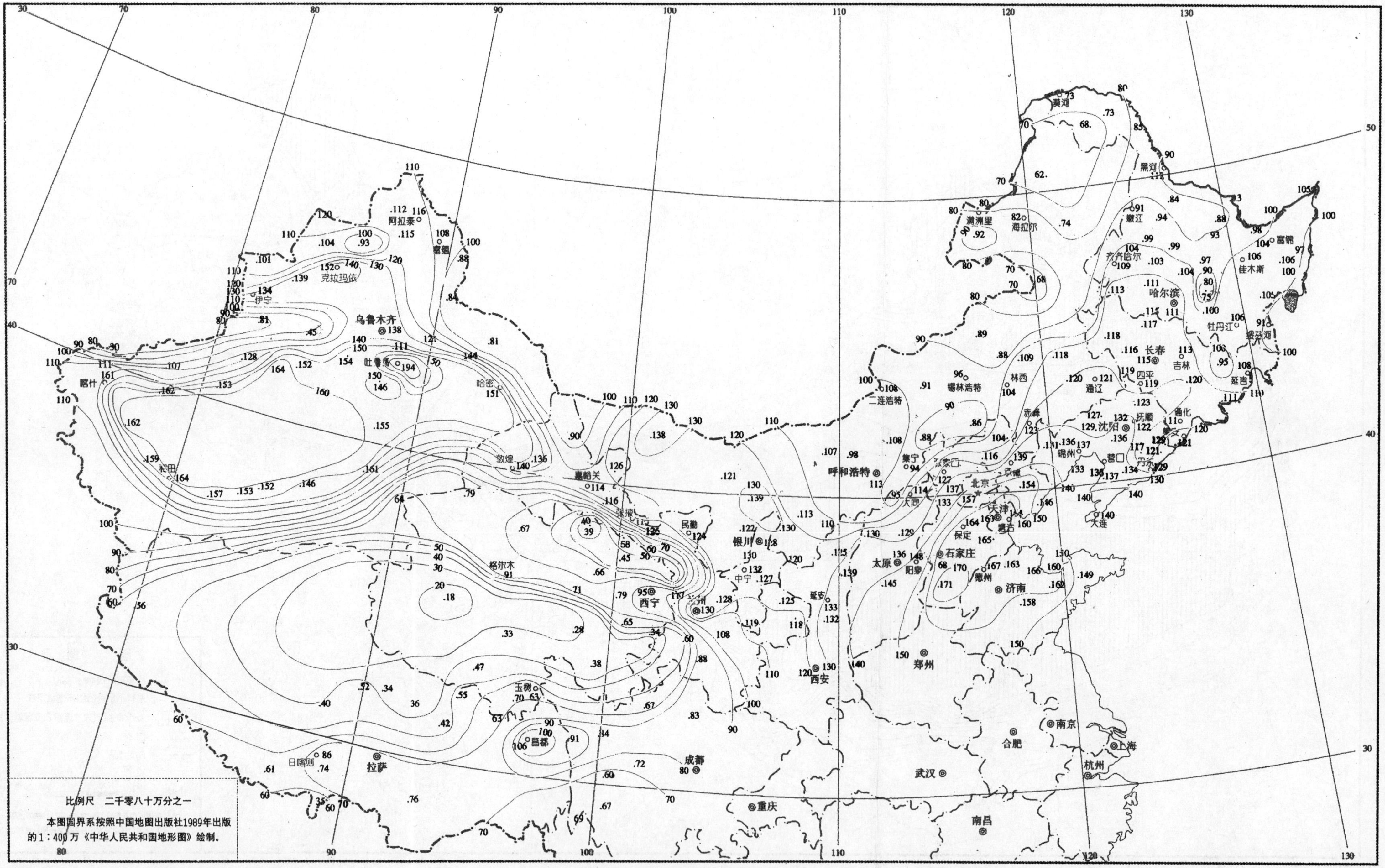

图 5.2.3　中国融化指数标准值等值线图（℃、m）

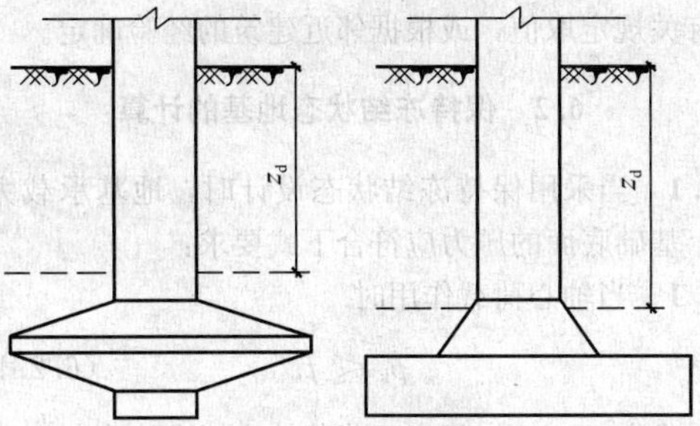

图 5.1.4-2 自锚式基础

底面应在设计冻深线处；

2）在独立基础的基础梁下或桩基础的承台下，除不冻胀类土与弱冻胀类土外，对其他冻胀类别的土层应留有相当于地表冻胀量的空隙，可取 100mm～200mm，空隙中可填充松软的保温材料（图 5.1.4-3）。

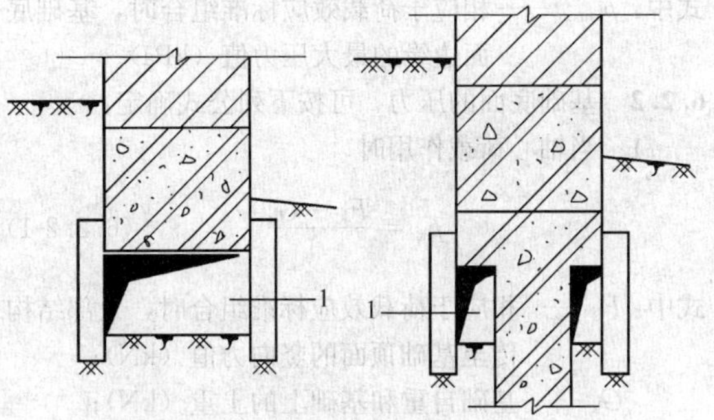

图 5.1.4-3 基础梁和桩基承台构造

1—空隙

5.2 多年冻土地基

5.2.1 对不衔接的多年冻土地基，当建筑物热影响的稳定深度范围内地基土的稳定和变形都能满足要求时，应按季节冻土地基计算基础的埋深。

5.2.2 对衔接的多年冻土，当按保持冻结状态利用多年冻土作地基时，基础埋置深度可通过热工计算确定，但不得小于建筑物地基多年冻土的稳定人为上限埋深以下 0.5m。在无建筑物稳定人为上限资料时，基础的最小埋置深度，对于架空通风基础及冷基础，可根据冻土的设计融深 z_d^m 确定，并应符合表 5.2.2-1 的规定。

表 5.2.2-1 基础最小埋置深度（d_{min}）

地基基础设计等级	建筑物基础类型	基础最小埋深（m）
甲、乙级	浅基础	z_d^m+1
丙级	浅基础	z_d^m

融深设计值应按下式计算，当采用架空通风基础、填土通风管基础、热棒以及其他保持地基冻结状态的方案不经济时，也可将基础延伸到稳定融化盘最大深度以下 1m 处。

$$z_d^m = z_0^m \psi_s^m \psi_w^m \psi_c^m \psi_{t0}^m \qquad (5.2.2)$$

式中：z_0^m ——标准融深（m）；

ψ_s^m ——土的类别对融深的影响系数，按表 5.2.2-2 的规定取值；

ψ_w^m ——融沉性对融深的影响系数，按表 5.2.2-3 的规定取值；

ψ_{t0}^m ——场地地形对融深的影响系数，按表 5.2.2-4 的规定取值；

ψ_c^m ——地表覆盖影响系数，按表 5.2.2-5 的规定取值。

表 5.2.2-2 土的类别对融深的影响系数（ψ_s^m）

土的类别	ψ_s^m	土的类别	ψ_s^m
黏性土	1.00	中、粗、砾砂	1.30
细砂、粉砂、粉土	1.20	碎（卵）石土	1.40

表 5.2.2-3 融沉性对融深的影响系数（ψ_w^m）

湿度（融沉性）	ψ_w^m	湿度（融沉性）	ψ_w^m
不融沉	1.00	强融沉	0.85
弱融沉	0.95	融陷	0.80
融沉	0.90	—	—

表 5.2.2-4 场地地形对融深的影响系数（ψ_{t0}^m）

地　形	ψ_{t0}^m	地　形	ψ_{t0}^m
平坦地面	1.00	阳坡斜坡	1.10
阴坡斜坡	0.90	—	—

表 5.2.2-5 地表覆盖影响系数（ψ_c^m）

覆盖类型	ψ_c^m	覆盖类型	ψ_c^m
地表草炭覆盖	0.70	裸露地表	1.0

5.2.3 当地无气象台站观测资料时，标准融深（m）可按下列公式计算，并应结合当地经验综合确定：

1 对青藏高原多年冻土地区（包括西部高山多年冻土），可按下式计算：

$$z_0^m = 0.195\sqrt{\Sigma T_m} + 0.882 \qquad (5.2.3\text{-}1)$$

2 对东北多年冻土地区（包括东北高山多年冻土），可按下式计算：

$$z_0^m = 0.134\sqrt{\Sigma T_m} + 0.882 \qquad (5.2.3\text{-}2)$$

式中：ΣT_m ——建筑地段气温融化指数的标准值（℃·月），采用当地气象台站 10 年以上观测值的平均值。当无实测资料时，可按图 5.2.3 中国融化指数标准值等值线图取值。

3 对我国高山多年冻土地区，气温融化指数标准值，应按下列公式计算：

1）东北地区

$$\Sigma T_m = (7532.8 - 90.96L - 93.57H)/30 \qquad (5.2.3\text{-}3)$$

2）青海地区

$$\sum T_m = (10722.7 - 141.25L - 114.00H)/30 \quad (5.2.3\text{-}4)$$

3）西藏地区

$$\sum T_m = (9757.7 - 71.81L - 140.48H)/30 \quad (5.2.3\text{-}5)$$

式中：L——建筑地点的纬度（°）；

H——建筑地点的海拔高度（100m）。

5.2.4 多年冻土地基中桩基础的入土深度应根据桩径、桩基承载力、地基多年冻土工程地质条件和桩基抗冻胀稳定要求经计算确定。

6 多年冻土地基的计算

6.1 一般规定

6.1.1 在多年冻土地区建筑物地基设计中，应对地基进行静力计算和热工计算。

1 地基的静力计算应包括承载力计算，变形计算和稳定性验算。确定冻土地基承载力时，应计入地基土的温度影响。

2 地基的热工计算应包括地温特征值计算、地基冻结深度计算、地基融化深度计算等。

6.1.2 多年冻土地基的计算应符合下列规定：

1 保持地基处于冻结状态时，对坚硬冻土应进行承载力计算；对塑性冻土除应进行承载力计算外，尚应进行变形验算；

2 多年冻土以冻结状态用作地基，房屋下有融化盘时，应进行最大融化深度的计算；多年冻土以逐渐融化状态和预先融化状态用作地基时，应符合现行国家标准《建筑地基基础设计规范》GB 50007 的有关规定。建筑物使用期间地基逐渐融化时，尚应按本规范第 6.3.2 条的规定进行融化下沉和压缩沉降量计算；

3 上述任何情况均应进行热工计算，并应按本规范附录 D 的规定对持力层内地温特征值进行计算，当按保持冻结状态设计时，尚应按本规范附录 E 的规定进行架空通风计算；当按逐渐融化状态和预先融化状态设计，尚应根据本规范附录 B 的规定或其他热工计算方法进行建筑物地基土的融化深度计算。

6.1.3 冻土地基的承载力特征值，应结合当地的建筑经验按下列规定确定：

1 对现行国家标准《建筑地基基础设计规范》GB 50007 规定的设计等级为甲级、乙级的建筑物，应按本规范附录 F 的有关规定进行载荷试验或其他原位试验，并应结合冻土的物理力学性质综合确定；

2 对现行国家标准《建筑地基基础设计规范》GB 50007 规定的设计等级为丙级的建筑物，可按土与冻土的物理力学性质和地温状态，按本规范附录 A 的有关规定取值，或根据邻近建筑的经验确定。

6.2 保持冻结状态地基的计算

6.2.1 当采用保持冻结状态设计时，地基承载力计算，基础底面的压力应符合下式要求：

1 当轴心荷载作用时

$$p_k \leqslant f_a \quad (6.2.1\text{-}1)$$

式中：p_k——相应于荷载效应标准组合时，基础底面处的平均压力值（kPa）；

f_a——未经深宽修正的地基承载力特征值（kPa）。

2 当偏心荷载作用时，除应符合公式（6.2.1-1）要求外，尚应符合下式要求：

$$p_{kmax} \leqslant 1.2 f_a \quad (6.2.1\text{-}2)$$

式中：p_{kmax}——相应于荷载效应标准组合时，基础底面边缘的最大压力值（kPa）。

6.2.2 基础底面的压力，可按下列公式确定：

1 当轴心荷载作用时

$$p_k = \frac{F_k + G_k}{A} \quad (6.2.2\text{-}1)$$

式中：F_k——相应于荷载效应标准组合时，上部结构传至基础顶面的竖向力值（kN）；

G_k——基础自重和基础上的土重（kN）；

A——基础底面面积（m^2）。

2 当偏心荷载作用时

$$p_{kmax} = \frac{F_k + G_k}{A} + \frac{M_k - M_e}{W} \quad (6.2.2\text{-}2)$$

$$p_{kmin} = \frac{F_k + G_k}{A} - \frac{M_k - M_e}{W} \quad (6.2.2\text{-}3)$$

式中：p_{kmin}——相应于荷载效应标准组合时，基础底面边缘的最小压力值（kPa）；

M_k——相应于荷载效应标准组合时，作用于基础底面的力矩值（kN·m）；

W——基础底面的抵抗矩（m^3）；

M_e——作用于基础侧表面与多年冻土冻结的切向力所形成的力矩值（kN·m）。

3 切向力所形成的力矩值可按下式确定：

$$M_e = f_{ca} \cdot h_b \cdot L(b + 0.5L) \quad (6.2.2\text{-}4)$$

式中：f_{ca}——多年冻土与基础侧表面间的冻结强度特征值（kPa），应由试验确定，当无试验资料时，可按本规范附录 A 的规定确定；

h_b——基础侧表面与多年冻土冻结的高度（m）；

b——基础底面的宽度（m）；

L——基础底面平行力矩作用方向的边长（m）。

6.2.3 塑性冻土地基的下沉量，可按现行国家标准《建筑地基基础设计规范》GB 50007 的有关规定进行计算。

6.3 逐渐融化状态和预先融化状态地基的计算

6.3.1 当采用逐渐融化状态和预先融化状态进行设计时，地基的计算变形量应符合下式要求：

$$S \leqslant S_y \tag{6.3.1}$$

式中：S——地基的计算变形量（mm）；

S_y——现行国家标准《建筑地基基础设计规范》GB 50007 规定的地基变形允许值。

6.3.2 在建筑物施工及使用过程中逐渐融化的地基土，应按线性变形体计算，其地基变形量应按下式计算：

$$S=\sum_{i=1}^{n}\delta_{0i}(h_i-\Delta_i)+\sum_{i=1}^{n}m_v(h_i-\Delta_i)p_{ri}+\sum_{i=1}^{n}m_v(h_i-\Delta_i)p_{0i}+\sum_{i=1}^{n}\Delta_i \tag{6.3.2}$$

式中：δ_{0i}——无荷载作用时，第 i 层土融化下沉系数，应由试验确定；无试验数据时可按本规范附录 G 的规定取值；

m_v——第 i 层融土的体积压缩系数，应由试验确定；无试验数据时可按本规范附录 G 表 G.0.3 的规定取值；

Δ_i——第 i 层土中冰夹层的平均厚度（mm），当 Δ_i 大于或等于 10mm 时才计取；

p_{ri}——第 i 层中部以上土的自重应力（kPa）；

h_i——第 i 层土的厚度，h_i 小于或等于 $0.4b$，b 为基础的短边长度（mm）；

p_{0i}——基础中心下，地基土冻融界面处第 i 层土的平均附加应力（kPa）；

n——计算深度内土层划分的层数。

6.3.3 基础中心下地基土冻融界面处的平均附加应力 p_{0i} 应按下式计算：

$$p_{0i}=(\alpha_i+\alpha_{i-1})\frac{1}{2}p_0 \tag{6.3.3}$$

式中：α_{i-1}、α_i——基础中心下第 $i-1$ 层、第 i 层融冻界面处土的应力系数，应按表 6.3.3 的规定取值；

p_0——基础底面的附加压力（kPa）。

表 6.3.3 基础下多年冻土融冻界面处土中应力系数 α

$\frac{h}{b_1}\left(\frac{h}{r}\right)$	圆形（半径＝r）	矩形基础底面长宽比 l/b					简 图
		1	2	3	10	条形	
0	1.000	1.000	1.000	1.000	1.000	1.000	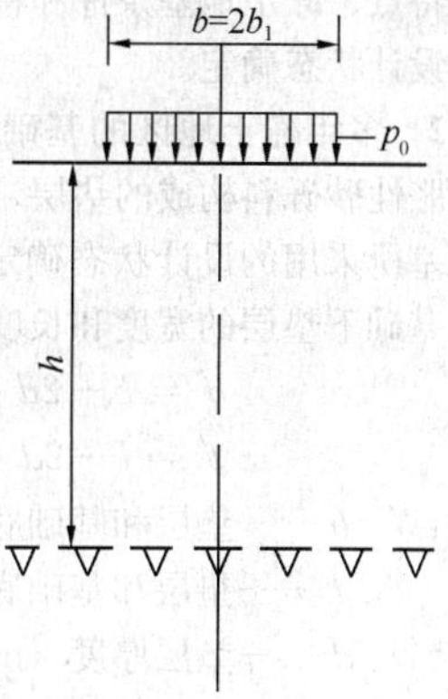
0.25	1.009	1.009	1.009	1.009	1.009	1.009	
0.50	1.064	1.053	1.033	1.033	1.033	1.033	
0.75	1.072	1.082	1.059	1.059	1.059	1.059	
1.00	0.965	1.027	1.039	1.026	1.025	1.025	
1.50	0.684	0.762	0.912	0.911	0.902	0.902	
2.00	0.473	0.541	0.717	0.769	0.761	0.761	
2.50	0.335	0.395	0.593	0.651	0.636	0.636	
3.00	0.249	0.298	0.474	0.549	0.560	0.560	
4.00	0.148	0.186	0.314	0.392	0.439	0.439	
5.00	0.098	0.125	0.222	0.287	0.359	0.359	
7.00	0.051	0.065	0.113	0.170	0.262	0.262	
10.00	0.025	0.032	0.064	0.093	0.181	0.185	
20.00	0.006	0.008	0.016	0.024	0.068	0.086	
50.00	0.001	0.001	0.003	0.005	0.014	0.037	
∞	0.000	0.000	0.000	0.000	0.000	0.000	

注：h—基础底面至融化界面的距离。

6.3.4 地基冻土在最大融深范围内不完全预融时，其下沉量可按下式计算：

$$s = s_m + s_a \tag{6.3.4}$$

式中：s_m——已融土层厚度 h_m 内的下沉量，应按本规范公式（6.3.2）计算，此时 δ_{0i} 为 0，Δ_i 为 0；

s_a——已融土层下的冻土在使用过程中逐渐融化压缩的下沉量，应按本规范公式（6.3.2）计算，此时的计算深度 $h_t = H_u - h_m$；H_u 为地基土的融化总深度，$H_u = H_{max} + 0.2h_m$，其中 H_{max} 为地基冻土的计算最大融深。

6.3.5 由于偏心荷载、冻土融深的不一致或土质不均匀及相邻基础相互影响等而引起的基础倾斜，应按下式计算：

$$i = \frac{s_1 + s_2}{b} \tag{6.3.5}$$

式中：s_1、s_2——基础边缘下沉值（mm），应按本规范公式（6.3.2）计算；

b——基础倾斜边的长度（mm）。

6.3.6 地基承载力计算应符合现行国家标准《建筑地基基础设计规范》GB 50007 的规定，其中地基承载力特征值应采用按实测资料确定的融化土地基承载力特征值；当无实测资料时，可按该规范的相应规定确定。

7 基 础

7.1 一 般 规 定

7.1.1 冻土地区基础类型应根据建筑物类型、上部结构特点、冻土地基条件和将多年冻土用作地基所采用的设计状态确定。

7.1.2 多年冻土地区的基础底面下应设置由粗颗粒非冻胀性砂砾料构成的垫层。垫层厚度应根据多年冻土地基所采用的设计状态确定，且不应小于 300mm。独立基础下垫层的宽度和长度应按下列公式计算：

$$b' = b + 2d \cdot \tan 30° \tag{7.1.2-1}$$

$$l' = l + 2d \cdot \tan 30° \tag{7.1.2-2}$$

式中：b'、b——垫层和基础底面的宽度（m）；

l'、l——垫层和基础底面的长度（m）；

d——垫层厚度（m）。

垫层应分层夯实，并应满足垫层下持力层承载力的要求。

7.2 多年冻土上的通风基础

7.2.1 多年冻土地基宜采用通风基础。通风基础在冬季应以自然通风为主；当自然通风不能满足散热要求时，也可采用强制通风。

7.2.2 大片连续多年冻土地区和存在岛状融区的多年冻土地区宜采用架空通风基础。在岛状多年冻土地区采用架空通风基础时，应通过热工计算。

7.2.3 架空通风基础中桩基础应根据承载能力计算、蠕变下沉计算和抗冻胀稳定计算确定；独立基础的埋置深度，应按本规范第 5 章的有关规定确定。

7.2.4 根据热工计算或当地建筑经验以及积雪条件，可采用在勒脚处设置隐蔽形式通风孔的架空通风基础，或全敞开式通风基础。当采用自然通风时，通风空间顶板底面至设计地面的架空高度不应小于 800mm。当在通风空间内设置管道时，其架空高度应能满足管道安装和检修的各项要求，且不应小于 1.2m。采用架空通风基础时，应采取措施，防止阳光直接照射架空层。

通风空间内的地面应坡向外墙或排水沟，其坡度不应小于 2%，并宜采用隔热材料覆盖。

7.2.5 架空通风基础隐蔽式通风孔的总面积（进气与排气孔的面积之和），可通过热工计算或按本规范附录 E 的规定确定。

7.2.6 填土通风管圈梁基础应符合下列规定：

1 填土通风管圈梁基础宜用于年平均气温低于 −3.5℃且季节融化层为不冻胀或弱冻胀的多年冻土地区；

2 填土通风管圈梁基础，适宜单层、低层建筑采用；

3 通风管宜采用内径为 300mm～500mm、壁厚不小于 50mm 的预制钢筋混凝土管，其长径比不宜大于 40；

4 通风管应相互平行、卧放于填土层中，走向应尽量与当地冬季主导风向平行，通风管节间干砌连接；

5 天然地面至通风管底的距离和室内地面至通风管顶的距离，不宜小于 500mm；

6 通风管数量和填土高度应根据室内采暖温度、地面保温层热阻、年平均气温、风速等参数由热工计算确定；填土厚度应大于设计融深，设计融深按本规范第 5 章的规定确定；

7 外墙外侧的通风管数量不得少于 2 根；

8 填土宽度和长度应比建筑物的宽度和长度大 4m～5m，填料应采用冻胀不敏感的粗颗粒土；粗颗粒土中，细颗粒土（小于 0.075mm 颗粒）的含量，不得大于 15%；填土时，应分层压实；填土层的承载力应满足设计要求。

7.2.7 通风基础均应加强房屋地坪和通风空间地面的隔热防护，隔热层的厚度和设置位置，可经热工计算确定。

7.3 桩 基 础

7.3.1 季节冻土地区的桩基础除应符合国家现行标

准《建筑地基基础设计规范》GB 50007 和《建筑桩基技术规范》JGJ 94 的有关规定外，尚应进行桩基础冻胀稳定性与桩身抗拔承载力验算。

7.3.2 多年冻土地区采用的钻孔打入桩、钻孔插入桩、钻孔灌注桩应分别符合下列规定：

1 钻孔打入桩宜用于不含大块碎石的塑性冻土地区。施工时，成孔直径应比钢筋混凝土预制桩直径或边长小 50mm，钻孔深度应比桩的入土深度大 300mm。

2 钻孔插入桩宜用于桩长范围内平均温度低于−0.5℃的坚硬冻土地区。施工时成孔直径应大于桩径 100mm，最大不宜超过桩径 150mm，将预制桩插入钻孔内后，应以水泥砂浆或其他填料充填。当桩周充填的水泥砂浆全部回冻后，方可施加荷载。

3 钻孔灌注桩用于大片连续多年冻土及岛状融区多年冻土地区时，成孔后应用负温早强混凝土灌注，混凝土灌注温度宜为 5℃～10℃。

7.3.3 在多年冻土地区按地基土保持冻结状态设计的桩基础，应设置架空通风空间及保温地面；在低桩承台及基础梁下，应留有一定高度的空隙或用松软的保温材料填充。

7.3.4 桩基础的构造应符合下列规定：

1 桩基础的混凝土强度等级不应低于 C30；

2 最小桩距宜为 3 倍桩径；插入桩和钻孔打入桩桩端下应设置 300mm 厚的砂层；

3 当钻孔灌注桩桩端持力层含冰率大时，应在冻土与混凝土之间设置厚度为 300mm～500mm 的砂砾石垫层。

7.3.5 单桩的竖向承载力应通过现场静载荷试验确定，在同一条件下的试桩数量不应少于 2 根，对于地基基础设计等级为甲级的建筑物试桩数量不应少于 3 根，在地质条件相同的地区，可根据已有试验资料结合具体情况确定，并应符合下列规定：

1 在初步设计时，单桩的竖向承载力可按下式估算：

$$R_a = q_{fpa} \cdot A_p + U_p \left[\sum_{i=1}^{n} f_{cia} l_i + \sum_{j=1}^{m} q_{sja} l_j \right] \tag{7.3.5}$$

式中：R_a ——单桩竖向承载力特征值（kN）；

q_{fpa} ——桩端多年冻土层的端阻力特征值（kPa），无实测资料时应按本规范附录 A 的规定取值；

f_{cia} ——第 i 层多年冻土桩周冻结强度特征值（kPa），无实测资料时应按本规范附录 A 的规定取值；

q_{sja} ——第 j 层桩周土侧阻力的特征值（kPa），应按现行行业标准《建筑桩基技术规范》JGJ 94 的规定取值；冻结-融化层土为强冻胀或特强冻胀土，在融化时对桩基产生负摩擦力，应按现行行业标准《建筑桩基技术规范》JGJ 94 的规定取值，若不能取值时可取 10kPa，以负值代入；

l_i、l_j ——按土层划分的各段桩长（m）；

A_p ——桩底端横截面面积（m²）；

U_p ——桩身周边长度（m）；

n ——多年冻土层分层数；

m ——融化土层分层数。

2 可采用人工冻结法加速钻孔插入桩泥浆土的回冻；

3 在选用桩周土冻结强度特征值 f_{ca} 及桩端端阻力特征值 q_{fpa} 时，应采用计算温度 T_y，T_y 应按本规范附录 D 公式（D.2.1-1）计算。

7.4 浅 基 础

7.4.1 冻土地区浅基础的设计除应符合现行国家标准《建筑地基基础设计规范》GB 50007 的规定外，尚应按本规范附录 C 的规定进行冻胀力作用下基础的稳定性验算。

7.4.2 多年冻土地基上的扩展基础可用于按保持地基土冻结状态设计的各种地基土；当按逐渐融化状态设计时，地基土应为不融沉或弱融沉土；施工时，应结合环境条件采取必要的措施，使地基土体的状态与所采用的设计状态相适应。

7.4.3 在弱融沉土的地基上采用无筋扩展基础时，宜加强上部承重结构的整体刚度。

7.4.4 无筋扩展基础应采用耐久性好的毛石、毛石混凝土或混凝土等材料，毛石砌体的毛石强度等级不应低于 MU30，水泥砂浆强度等级不应低于 M7.5，混凝土材料的强度等级不应低于 C30，并应符合现行国家标准《混凝土结构设计规范》GB 50010 中关于耐久性的规定。

7.4.5 季节冻结层、季节融化层属于冻胀性土时，基础的设计尚应符合下列要求：

1 季节冻结层、季节融化层上的扩展基础竖向构件，应按本规范第 5.1 节的有关规定采取防切向冻胀力的措施；

2 当使用中有可能承受切向冻胀力作用时，应按本规范第 7.4.6 条第 3 款的规定进行受拉承载力验算；

3 当利用扩展基础底板的锚固作用时，底板上缘应按本规范第 7.4.6 条第 4 款的规定配筋；

4 预制柱穿过季节融化层时，柱与基础的连接应符合抗拔要求；

5 杯形基础的杯壁应按抗拔配置竖向钢筋；

6 预制柱与底座间可用锚固螺栓连接，锚固螺栓的直径、锚固长度及数量等应按抗冻切力计算确定，并不应少于 4ϕ16，连接节点处应作防腐处理。

7.4.6 扩展基础的计算应符合下列规定：

1 基础底面积应按本规范第6章的有关规定确定。

2 基础高度和变阶处的高度，应符合现行国家标准《混凝土结构设计规范》GB 50010的有关规定；混凝土强度等级应符合本规范第7.4.4条的规定。

3 扩展基础的竖向构件除应按本规范附录C进行冻胀力作用下基础的稳定性验算外，尚应按下式进行受拉承载力验算：

$$\sum_{i=1}^{n}\tau_{\mathrm{d}i\mathrm{k}}\cdot U_i\cdot l_i < f_{\mathrm{y}}A_{\mathrm{s}}+0.9(F_{\mathrm{k}}+G'_{\mathrm{k}}) \quad (7.4.6\text{-}1)$$

式中：$\tau_{\mathrm{d}i\mathrm{k}}$——第 i 层季节融化层切向冻胀力标准值（kPa），应按本规范附录C规定取值；

U_i——与冻胀性土相接触的基础竖向构件截面周长（m）；

l_i——按季节融化土层分段的各竖向构件长度（m）；

F_{k}——由上部结构自重产生的作用于基础顶面的竖向力标准值（kN）；

G'_{k}——季节融化层内基础竖向构件自重标准值（kN）；

f_{y}——受拉钢筋强度设计值，应按现行国家标准《混凝土结构设计规范》GB 50010的规定取值；

n——季节融化层分层数；

A_{s}——受拉钢筋截面面积。

4 当利用扩展基础底板的锚固作用来抵抗基础隆胀时，底板上缘应配置受力钢筋，且应符合抗冲切、剪切等要求，底板任意截面的弯矩应按下列公式计算（图7.4.6）：

$$M'_{\mathrm{I}}=\frac{1}{6}a_1^2(2l+a')R_{\mathrm{ta}} \quad (7.4.6\text{-}2)$$

$$M'_{\mathrm{II}}=\frac{1}{24}(l-a')^2(2b+b')R_{\mathrm{ta}} \quad (7.4.6\text{-}3)$$

$$R_{\mathrm{ta}}=\frac{\sum_{i=1}^{n}\tau_{\mathrm{d}i}U_i l_i-0.9(F_{\mathrm{k}}+G_{\mathrm{k}})}{lb-ha} \quad (7.4.6\text{-}4)$$

式中：M'_{I}、M'_{II}——任意截面Ⅰ—Ⅰ、Ⅱ—Ⅱ处的弯矩设计值（kN·m）；

h、a——基础竖向构件截面边长（m），条形基础取单位长度基础计算；

G_{k}——基础自重标准值（不包括基础底板上的土重）（kN）；

a_1——任意截面Ⅰ—Ⅰ至基础边缘的距离（m）；

R_{ta}——当基础上拔时，基础扩大部分顶面覆盖土层产生的单位土反力（kPa）；

a'、b'——基础顶面上覆土层作用的梯形面积（图7.4.6阴影部分）的上底（m）。

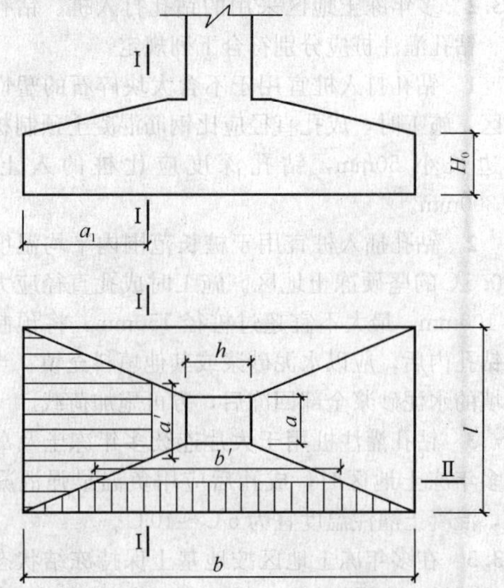

图7.4.6 矩形基础底板上缘配筋计算图

5 底板上缘配筋及构造应按现行国家标准《混凝土结构设计规范》GB 50010的有关规定计算。

7.4.7 柱下条形基础可用于按逐渐融化状态设计的不融沉或弱融沉土地基。

7.4.8 柱下条形基础的设计应符合下列规定：

1 柱下条形基础肋梁箍筋应为封闭式，箍筋直径不宜小于8mm，末端应弯成135°，弯钩端头平直段长度不应小于10倍箍筋直径；当肋梁宽度不大于350mm时，箍筋肢数不应少于2肢；当肋梁宽度大于350mm且小于等于800mm时，不应少于4肢；当肋梁宽度大于800mm时，不应少于6肢。箍筋间距及直径应按计算确定，且箍筋间距不应大于250mm。

2 混凝土强度等级不应低于C30。

3 柱下条形基础的内力计算应符合下列规定：

1）在比较均匀的地基上，上部结构刚度好，荷载分布比较均匀，且条形基础肋梁的高度大于最大柱距的1/6时，地基反力可按直线分布，可采用倒置连续梁法计算条形基础肋梁的内力，此时边跨跨中及第一内支座处的纵向受力钢筋应比计算值增加15%～20%。

2）当不符合第1）项的条件时，宜按弹性地基梁计算内力，地基计算模型可采用文克尔地基模型或有限压缩层地基模型。当采用文克尔地基模型时，两端边跨应增加受力钢筋；当采用有限压缩层地基模型时，压缩层下界可计算至基础底面以下最大融化层界面处。

7.4.9 筏形基础可用于按逐渐融化状态设计的不融

沉土、弱融沉土及融沉土地基；当用于按保持地基土冻结状态设计时应设置冷却通风道及保温地面。

7.4.10 筏形基础的构造应符合下列规定：

1 筏形基础带肋梁时，肋梁宽度应大于或等于墙厚加100mm；肋梁或板内暗梁配筋应符合最小配筋率的要求，上、下各层钢筋不应少于4ϕ12；箍筋直径不宜小于8mm，箍筋间距宜为200mm～300mm；

2 筏板四周悬挑长度不宜大于800mm，并宜利用悬挑使竖向永久荷载重心与筏板形心重合；

3 筏板厚度应符合抗剪切、抗冲切要求，并不应小于400mm；

4 筏形基础的上部结构宜采用横向承重体系，全长贯通的纵墙不应少于2道；

5 筏形基础的构造尚应符合现行国家标准《混凝土结构设计规范》GB 50010及《建筑地基基础设计规范》GB 50007中的有关规定。

7.4.11 筏形基础的计算应符合下列规定：

1 基础底面积应按本规范第6章的有关规定计算。

2 筏形基础的内力可按下列规定计算：

1）当上部结构刚度较好时，筏板基础可不计算整体弯曲；

2）在局部弯曲计算时，基底反力可按线性分布，但在端部（1～2）开间内（包括悬挑部分）基底平均反力应增加10%～20%，并应扣除底板自重；根据支承条件可按双向或单向连续板计算。

7.4.12 当采用预先融化状态设计时，基础的设计与计算应按本规范第7.4.1条、第7.4.5条的规定进行。

7.5 热棒、热桩基础

7.5.1 当采用其他技术不能保证地基、基础的稳定时，可采用热棒、热桩基础。

7.5.2 热棒、热桩基础，适用于各种多年冻土地基。

7.5.3 常用的热桩、热棒基础可分为：1空心桩-热棒架空通风基础；2填土热棒圈梁基础；3钢管热桩架空通风基础。

7.5.4 采用空心桩-热棒架空通风基础时，单根桩基础所需热棒的规格和数量，应根据建筑地段的气温冻结指数、地基多年冻土的热稳定性以及桩基的承载能力，通过热工计算确定。

7.5.5 空心桩可采用钢筋混凝土桩或钢管桩。桩的直径和桩长，应根据荷载以及热棒对地基多年冻土的降温效应，经热工计算和承载力计算确定。

7.5.6 采用钢管热桩架空通风基础时，钢管热桩的直径和蒸发段埋深，应根据荷载以及热桩对地基多年冻土的降温效应，经热工计算和承载力计算确定。

7.5.7 空心桩-热棒基础和钢管热桩基础的架空高度，应符合本规范第7.2节的有关规定。

7.5.8 采用填土热棒圈梁基础时，应根据房屋平面尺寸、室内平均温度、地坪热阻和地基允许流入热量选择热棒的直径和长度，设计热棒的形状，并按本规范附录J的规定，确定热棒的合理间距。

7.5.9 填土热棒圈梁基础的填土厚度，应根据地坪渗热量、热棒输冷能力、多年冻土地基允许流入热量和地基活动层热阻，通过热工计算确定，热工计算宜采用实测的热物理参数，无实测资料可按本规范附录K的规定取值。

7.5.10 热桩、热棒的产冷量与建筑地点的气温冻结指数，热桩、热棒直径，热桩、热棒埋深和间距等有关，可根据本规范附录J的规定，通过热工计算确定。

7.5.11 热桩、热棒基础应与地坪隔热层配合使用。隔热层的厚度和设置位置应按结构要求，通过热工计算确定。

7.5.12 热桩、热棒基础可不进行抗冻胀稳定验算，但应进行在切向冻胀力作用下桩身的受拉承载力验算。

7.5.13 热桩、热棒地基基础系统的效率折减系数为0.65。

8 边坡及挡土墙

8.1 边 坡

8.1.1 多年冻土地区及季节冻土地区的边坡应采取可靠措施防止融化期的失稳。

8.1.2 防止边坡失稳的措施，应根据冻土含水率、冻土上限变化情况、年平均地温、地层岩性、水文地质及施工影响等因素，从热学稳定和力学稳定两方面分析确定。具体措施应符合下列规定：

1 土质边坡坡率允许值，应根据当地经验确定，且不宜陡于1∶1.75；

2 设置边坡保温层，其厚度应根据材料的热工性能进行热工计算并宜采用1.2倍的安全系数；

3 保温层材料可采用黏性土草皮、粒径5cm～8cm的碎石等；

4 设置坡顶挡水埝及坡脚排水沟，加强坡脚支护；

5 滑塌范围及滑体应依据冻土含水率、上限位置、稳定坡角确定，并按本规范第8.2节的相关规定进行支挡结构设计和施工。

8.1.3 滑塌体的滑动推力值计算应符合现行国家标准《建筑地基基础设计规范》GB 50007的规定。冻融过渡带处滑动面（带）土的黏聚力c和内摩擦角φ值应按本规范第8.2.10条的规定确定。

8.1.4 季节性冻土地区边坡的稳定性评价及滑塌的

防治应符合现行国家标准《建筑边坡工程技术规范》GB 50330 的规定。

8.1.5 位于稳定边坡坡顶的建筑物，其基础底面外边缘线至坡顶的水平距离 a 应根据边坡稳定性验算确定（图 8.1.5），并大于 1.5 倍的冻土天然上限值，且不得小于 2.5m。

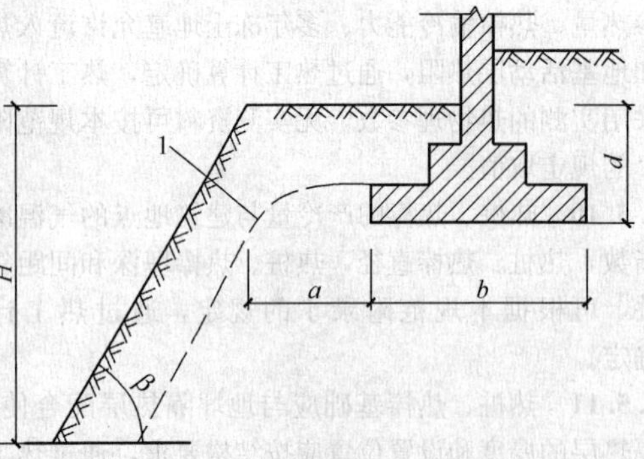

图 8.1.5 边坡上的基础

1—多年冻土人为上限（β 为稳定坡脚）

8.2 挡 土 墙

8.2.1 多年冻土地区的挡土墙宜采用工厂化、拼装化的轻型柔性结构，不宜采用重力式挡土墙。

8.2.2 挡土墙的两端部应作坡面防护或嵌入原状土地层。其嵌入深度，对土质边坡，不应小于 1.5m；对强风化的岩石边坡，不应小于 1m；对微风化的岩石边坡，不应小于 0.5m。

8.2.3 当墙后边坡中含土冰层累计厚度大于 200mm 时，应用粗颗粒土换填。水平方向的换填厚度应根据热工计算确定，但从墙面起算的厚度，不得小于建墙地点多年冻土上限埋深的 1.5 倍，换填时应分层夯实。

8.2.4 沿墙高和墙长应设置泄水孔，并按上、下，左、右每隔 2m～3m 交错布置。泄水孔的进水侧应设置反滤层，其厚度不应小于 300mm，在最低泄水孔的下部，应设置隔水层，防止活动层的水渗入基底。

8.2.5 挡土墙墙背和墙顶地面应设置隔热层，采用不冻胀的粗颗粒土换填墙背边坡冻胀性土等，隔热层厚度和换填厚度可通过热工计算确定。

8.2.6 沿墙长每 15m 应设伸缩沉降缝，缝内采用渣油麻筋沿墙的内、外、顶三边填塞，塞入深度不应小于 200mm。

8.2.7 多年冻土挡土墙的施工宜在冬季进行。在高含冰率多年冻土地段暖季施工时，应预先编制施工组织设计，作好施工准备。基坑开挖后，应采用“快速施工、连续作业”方法，缩短基坑暴露时间。应加强暴露多年冻土的临时隔热防护，不得将高含冰率多年冻土和地下冰直接暴露在太阳光下。施工时，基坑不得积水。基础完成后，应立即回填基坑。

8.2.8 冻土地区挡土墙的设计荷载效应组合应符合现行国家标准《建筑地基基础设计规范》GB 50007 的有关规定，但应考虑作用于基础的冻结力和墙背的水平冻胀力。荷载效应组合时水平冻胀力和土压力不应同时组合。

8.2.9 作用于墙背主动土压力的计算，应根据挡土墙背多年冻土人为上限的位置来确定。当上限较平缓，滑裂面可在墙背融土层中形成时，可按库仑理论或朗肯理论计算；当上限较陡，墙背融土层厚度较小，滑裂面不能在融土中形成时，应按有限范围填土计算土压力。这时，应取多年冻土上限面为滑面，并取冻融过渡带土的内摩擦角和黏聚力计算主动土压力。

8.2.10 冻融过渡带土的内摩擦角和黏聚力应由试验确定。当不能进行试验时，可按下表的规定取值。

表 8.2.10 冻融过渡带土的 c、φ 标准值

土的类型	内摩擦角 φ	黏聚力 c（kPa）
细颗粒土	20°～25°	10～15
砂类土	25°	—
碎、砾石土	30°	—

8.2.11 作用于墙背的水平冻胀应力的大小和分布，应由现场试验确定。在不能进行试验时，其分布图式可按图 8.2.11 选定，图中最大水平冻胀应力值应按表 8.2.11 的规定取值，并应符合下列规定：

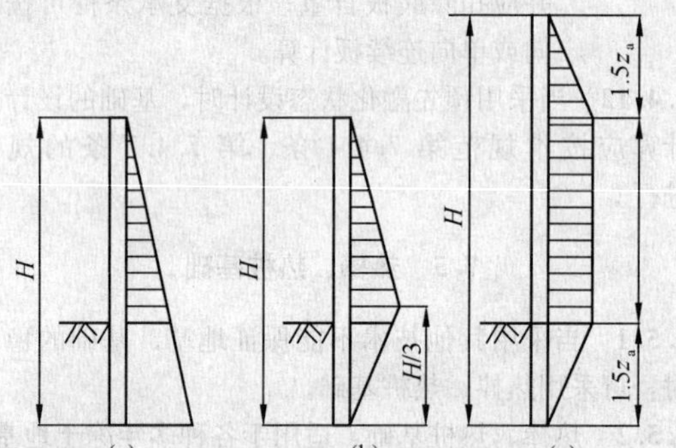

图 8.2.11 水平冻胀应力沿墙背的分布图式

z_a—墙背中部多年冻土上限深度；H—挡土墙高度

1 对于粗颗粒填土，均可假定水平冻胀应力为直角三角形分布（图 8.2.11a）；

2 对于黏性土、粉土，当墙高小于或等于 3 倍多年冻土上限埋深 z_a 时，宜采用图 8.2.11b 的分布图式；当墙高大于 3 倍上限埋深 z_a 时，可采用图 8.2.11c 的分布图式；

3 对于各种分布图式，在计算中均可不考虑基础埋深部分的水平冻胀力；

4 当通过计算所得挡土墙断面过大时，应根据本规范第 8.2.5 条的规定，采取减小水平冻胀力的措施。

表 8.2.11 水平冻胀力标准值 σ_{Hk}（kPa）

冻胀等级	不冻胀	弱冻胀	冻 胀	强冻胀	特强冻胀
冻胀率 η（%）	$\eta \leqslant 1$	$1 < \eta \leqslant 3.5$	$3.5 < \eta \leqslant 6$	$6 < \eta \leqslant 12$	$\eta > 12$
水平冻胀力	$\sigma_{Hk} < 15$	$15 \leqslant \sigma_{Hk} < 70$	$70 \leqslant \sigma_{Hk} < 120$	$120 \leqslant \sigma_{Hk} < 200$	$\sigma_{Hk} \geqslant 200$

8.2.12 挡土墙基础与冻土间的冻结强度特征值，应由现场试验确定。在不能进行试验时，可按本规范附录 A 表 A.0.3-1 的规定取值。

8.2.13 在季节冻土区和多年冻土区中的融区，挡土墙基础底面低于最大冻深线的深度可视建筑物的重要性和工程地质条件通过计算确定，且不应小于 0.25m。需将基础埋在季节冻深线以上时，基础的埋置深度可根据本规范附录 C 的规定经计算确定。

8.2.14 在多年冻土区，挡土墙基础底面应埋入多年冻土人为上限以下至少 0.5m。无挡土墙人为上限资料时，基础埋深应不小于建筑地点多年冻土天然上限的 1.3 倍。

8.2.15 多年冻土区的挡土墙基础，宜采用预制混凝土拼装基础。在冻土条件复杂，明挖施工有困难的地段，也可采用桩基础。不宜采用现浇混凝土基础。

8.2.16 基础埋设于富冰和饱冰冻土上时，基础底面下应敷设厚度不小于 300mm 的砂垫层。当遇含土冰层时应采用粗颗粒土进行换填，其换填厚度不应小于基础宽度的 1/4，且不应小于 300mm。

8.2.17 在多年冻土地区施工时，应减少基坑暴露时间。当挡墙长度较大时，应采用分段施工。基础砌筑完成后，应立即回填。回填前，基坑中积水应予排干，用细颗粒土回填并分层夯实。不得用冻土块回填基坑，基坑顶面应做成不小于 4% 的排水坡。

8.2.18 冻土地区的挡土墙，除应进行抗滑和抗倾覆稳定验算外，尚应进行挡墙各截面的强度验算。抗滑和抗倾覆稳定验算应计入土压力和冻胀力的作用，并应按暖季和寒季分别进行验算。

8.2.19 沿基底的滑动稳定系数 K_g 应按下式计算：

$$K_g = \frac{\Sigma R_i}{\Sigma H_i} \qquad (8.2.19)$$

式中：K_g ——基底滑动稳定系数，其值应根据工程重要性确定，且不应小于 1.3；

ΣR_i ——阻止挡土墙滑动的力（kN），在暖季为基底摩阻力（或以冻结强度计算的总力）与墙前被动土压力的水平分力之和，在寒季为基底冻结总力与墙前冻土的抗压承载力之和；

ΣH_i ——作用于挡土墙上的推力（kN），在暖季为墙后主动土压力的水平分力，在寒季为水平冻胀力。

8.2.20 基底的抗倾覆稳定系数 K_0 应按下式计算，且不得小于 1.6：

$$K_0 = \frac{\Sigma M_y}{\Sigma M_0} \qquad (8.2.20)$$

式中：K_0 ——基底的抗倾覆稳定系数，其值应根据工程重要性确定，且不应小于 1.6；

ΣM_y ——稳定力系对墙趾的总力矩（kN·m）；在寒季应包括基侧与土的冻结力产生的稳定力矩；

ΣM_0 ——倾覆力系对墙趾的总力矩（kN·m）；在寒季应包括作用在挡土墙上的切向冻胀力、法向冻胀力与水平冻胀力所产生的力矩。

8.2.21 在冻胀力作用下，挡土墙各截面的强度验算应按现行国家标准《混凝土结构设计规范》GB 50010 和《砌体结构设计规范》GB 50003 的有关规定进行。

8.2.22 冻土中的锚杆和锚定板均应进行承载力计算，作用于锚杆和锚定板上的荷载应符合下式规定：

$$N \leqslant R_{ta} \qquad (8.2.22)$$

式中：N ——作用于锚杆和锚定板上荷载设计值的最不利组合，应按本规范第 8.2.8 条的规定确定（kN）；

R_{ta} ——锚杆和锚定板的承载力特征值，应按本规范第 8.2.23 和第 8.2.27 条的规定确定（kN）。

8.2.23 冻土中，锚杆承载力特征值 R_{ta}，应按下式计算：

$$R_{ta} = \psi_{LD} f_{ca} A \qquad (8.2.23)$$

式中：ψ_{LD} ——锚杆冻结强度修正系数，应按本规范第 8.2.24 条的规定确定；

f_{ca} ——锚杆与周围冻土间的冻结强度特征值（kPa），由现场抗拔试验确定，在无条件试验时，可按表 8.2.23 选用；

A ——锚杆的冻结面积（m^2）。

表 8.2.23 钢筋混凝土锚杆与填料间的冻结强度特征值 f_{ca}（kPa）

温度（℃） 填料名称	−0.5	−1.0	−1.5	−2.0	−2.5	−3.0	−3.5	−4.0
水中沉砂（粗、细砂）	40	60	90	120	150	180	200	230
黏土砂浆，含水率 8%～11% 黏土：砂=1：7.8	20	70	120	170	210	260	310	350
泥 浆	30	50	60	70	90	100	120	130

8.2.24 钢筋混凝土锚杆的冻结强度修正系数，可按表 8.2.24 选用；锚杆与周围冻土间的长期冻结强度，应为表中数值乘以 0.7 的系数。

表 8.2.24 锚杆冻结强度修正系数ψ_{LD}

锚杆长度（mm） \ 锚杆直径（mm）	50	80	100	120	140	160	180	200
1000	1.41	1.09	0.98	0.90	0.84	0.80	0.78	0.76
1500	1.35	1.04	0.94	0.86	0.80	0.77	0.75	0.73
2000	1.28	0.99	0.89	0.82	0.77	0.73	0.71	0.69
2500	1.22	0.94	0.85	0.78	0.73	0.69	0.68	0.66
3000	1.15	0.89	0.80	0.74	0.69	0.66	0.64	0.62

8.2.25 冻土中锚杆的锚固长度应由承载力计算确定，并不宜大于 3m，当锚固长度不够时，可加大锚杆直径。

8.2.26 冻土锚杆周围填料厚度不宜小于 50mm。

8.2.27 锚定板承载力的特征值 R_{ta}，可按下式计算：

$$R_{ta} = f_a A \tag{8.2.27}$$

式中：f_a——锚定板前方冻土抗压强度的特征值（kPa），应由锚定板现场抗拔试验确定；当无条件试验时，可按本规范附录 A 表 A.0.1 的规定取值；

A——锚定板的面积（m^2）。

8.2.28 在季节冻土地基中，锚杆和锚定板承载力的计算，在寒季挡土墙上的作用力应按本规范第 8.2.8 条的规定确定。

8.2.29 冻土中锚定板的最小埋深不得小于 1.0m，也不得小于板长边尺寸的 2 倍。

9 检验与监测

9.1 检 验

9.1.1 基槽（坑）开挖后，应进行基槽检验，当天然地基设计基底下留有冻土层时，应检验残留冻土层是否满足设计要求。

9.1.2 多年冻土地区的基础下设置由粗颗粒非冻胀性砂砾料构成的垫层时，在压实填土过程中，应分层取样检验土的干密度和含水率，每 $50m^2$～$100m^2$ 面积内应有一个检验点，其压实系数应大于或等于 0.96，对碎石、卵石土干密度不应低于 $2.0g/cm^3$，粒径小于 0.075mm 颗粒含量不大于 15%。

9.1.3 施工完成后的工程桩应进行桩身质量检验。对多年冻土地区施工的灌注桩，基桩完整性检测的数量不应小于总桩数的 30%，钻孔取芯检测数宜为总桩数的 1%。

9.1.4 施工完成后的工程桩应进行单桩竖向承载力检验，并应符合下列规定：

1 季节性冻土地区进行单桩竖向承载力检验时，如桩周存在冻土，应采取措施消除冻结力对承载力的影响。

2 多年冻土地区单桩竖向承载力检验，如按地基土保持冻结状态设计时，应在桩周土体回冻后进行检测，并应按照本规范附录 H 进行检验。多年冻土地区单桩竖向承载力检验，如按地基土逐渐融化状态或预先融化状态设计时，应在地基土处于融化状态时进行检验，检验方法应符合现行行业标准《建筑基桩检测技术规范》JGJ 106 的规定。

9.2 监 测

9.2.1 冻土地区建筑地基基础的监测应符合现行国家标准《建筑地基基础设计规范》GB 50007 关于监测的规定。

9.2.2 多年冻土区建筑物地基基础设计等级为甲、乙级时，应进行监测。当地基基础设计等级为丙级时，且有下列情况时应进行监测：

1 地基为高含冰率冻土或存在厚层地下冰分布的建筑物；

2 按保持冻结状态地基设计的非桩基础采暖建筑物；

3 按逐渐融化状态地基设计的建筑物。

9.2.3 边坡坡率陡于 1∶1.75 或边坡高度大于 4m 时，应设置长期稳定性监测系统，监测内容及要求除应符合现行国家标准《建筑边坡工程技术规范》GB 50330 的规定外，尚应包括地温及冻土上限的变化。

9.2.4 冻土地基主要监测项目和要求应符合下列规定：

1 地温场监测：包括年平均地温及持力层范围内的地温变化状态，年平均地温观测孔应布设在建筑物的中心部位，深度应大于 15m，其余温度场监测孔宜按东西和南北向断面布置，每个断面不宜少于 2 个，当建筑物长度或宽度大于 20m 时，每 20m 应布设一个测点，深度应大于预计最大融化深度 2m～3m，或不小于 2 倍的上限深度，并不小于 8m；地温监测点沿深度布设时，从地面起算，在 10m 范围内，应按 0.5m 间隔布设，10m 以下应按 1.0m 间隔布设，地温监测精度应为 0.1℃；

2 变形监测：基础的冻胀与融沉变形，包括施工和使用期间冻土地基基础的变形监测、基坑变形监测，监测点应设置在外墙上，并应在建筑物 20m 外空旷场地设置基准点；四个墙角（和曲面）各设一个监测点，其余每间隔 20m（或间墙）布设一个监测点。

9.2.5 监测应按照下列原则进行：

1 多年冻土以冻结状态用作地基时，在建筑物使用期间全程监测；

2 多年冻土以逐渐融化状态用作地基时，监测（5～10）年；

3 多年冻土以预先融化状态用作地基时，监测（3～5）年；

4 监测应与工程施工同时开始，每月应监测三次；建筑物竣工后，在使用期间应延续进行监测，每月一次，直至变形稳定为止。

附录A 冻土强度指标的特征值

A.0.1 冻土地基承载力特征值，当不进行原位试验确定时，可根据冻结地基土的名称、土的温度按表A.0.1的规定取值。

表A.0.1 冻土承载力特征值 f_a

土的名称	不同土温(℃)时的承载力特征值(kPa)					
	−0.5	−1.0	−1.5	−2.0	−2.5	−3.0
碎砾石类土	800	1000	1200	1400	1600	1800
砾砂、粗砂	650	800	950	1100	1250	1400
中砂、细砂、粉砂	500	650	800	950	1100	1250
黏土、粉质黏土、粉土	400	500	600	700	800	900

注：1 冻土“极限承载力”按表中数值乘以2取值；
2 表中数值适用于本规范表3.1.6中Ⅰ、Ⅱ、Ⅲ类的冻土类型；
3 冻土含水率属于本规范表3.1.6中Ⅳ类冻土类型时，黏性冻土承载力取值应乘以0.8～0.6(含水率接近Ⅲ类时取0.8，接近Ⅴ类时取0.6，中间取中值)；碎石冻土和砂冻土承载力取值应乘以0.6～0.4(含水率接近Ⅲ类时取0.6，接近Ⅴ类时取0.4，中间取中值)；
4 当含水率小于或等于未冻水含水率时，应按不冻土取值；
5 表中温度是使用期间基础底面下的最高地温，应按本规范附录D的规定确定；
6 本表不适用于盐渍化冻土及冻结泥炭化土。

A.0.2 在无试验资料的情况下，桩端冻土承载力的特征值可按表A.0.2-1的规定确定，对于盐渍化冻土可按表A.0.2-2的规定确定，对于冻结泥炭化土可按表A.0.2-3的规定确定。

表A.0.2-1 桩端冻土端阻力特征值

土含冰率	土的名称	桩沉入深度(m)	不同土温(℃)时的承载力特征值(kPa)							
			−0.3	−0.5	−1.0	−1.5	−2.0	−2.5	−3.0	−3.5
<0.2	碎石土	任意	2500	3000	3500	4000	4300	4500	4800	5300
	粗砂和中砂	任意	1500	1800	2100	2400	2500	2700	2800	3100
	细砂和粉砂	3～5	850	1300	1400	1500	1700	1900	1900	2000
		10	1000	1550	1650	1750	2000	2100	2200	2300
		≥15	1100	1700	1800	1900	2200	2300	2400	2500
	粉土	3～5	750	850	1100	1200	1300	1400	1500	1700
		10	850	950	1250	1350	1450	1600	1700	1900
		≥15	950	1050	1400	1500	1600	1800	1900	2100
	粉质黏土及黏土	3～5	650	750	850	950	1100	1200	1300	1400
		10	800	850	950	1100	1250	1350	1450	1600
		≥15	900	950	1100	1250	1400	1500	1600	1800
0.2～0.4	上述各类土	3～5	400	500	600	750	850	950	1000	1100
		10	450	550	700	800	900	1000	1050	1150
		≥15	550	600	750	850	950	1050	1100	1300

表A.0.2-2 桩端盐渍化冻土端阻力特征值（kPa）

土的盐渍度(%)	温度(℃)											
	−1			−2			−3			−4		
	桩沉入深度(m)											
	3～5	10	≥15	3～5	10	≥15	3～5	10	≥15	3～5	10	≥15
细砂和中砂												
0.10	500	600	850	650	850	950	800	950	1050	900	1150	1250
0.20	150	250	350	250	350	450	350	450	600	500	600	750
0.30	—	—	—	150	200	300	250	350	450	350	450	550
0.50	—	—	—	—	—	—	150	200	300	250	300	400
粉土												
0.15	550	650	750	800	950	1050	1050	1200	1350	1350	1550	1700
0.30	300	350	450	550	650	800	750	900	1050	1000	1150	1300
0.50	—	—	—	300	350	450	550	550	650	650	750	900
1.00	—	—	—	—	—	—	200	250	350	350	450	550
粉质黏土												
0.20	450	500	650	700	800	950	950	1050	1200	1150	1300	1400
0.50	150	250	450	350	450	550	550	650	750	750	850	1000
0.75	—	—	—	200	250	350	350	450	550	500	600	750
1.00	—	—	—	150	200	300	300	350	450	400	500	650

注：1 表列数值是按包裹冰计算的含冰率小于0.2盐渍化冻土规定的；
2 墩式基础底面的盐渍化冻土承载力特征值可以按本表桩沉入深度3m～5m之值采用。

表A.0.2-3 桩端冻结泥炭化土端阻力特征值（kPa）

土的泥炭化程度 ξ	温度(℃)					
	−1	−2	−3	−4	−6	−8
砂土						
$3\%<\xi\leqslant10\%$	250	550	900	1200	1500	1700
$10\%<\xi\leqslant25\%$	190	430	600	860	1000	1150
$25\%<\xi\leqslant60\%$	130	310	460	650	750	850
粉土、黏性土						
$5\%<\xi\leqslant10\%$	200	480	700	1000	1100	1300
$10\%<\xi\leqslant25\%$	150	350	540	700	820	940
$25\%<\xi\leqslant60\%$	100	280	430	570	670	760
$\xi>60\%$	60	200	320	450	520	590

A.0.3 冻土和基础间的冻结强度特征值应在现场进行原位测定，或在专门试验设备条件下进行试验测定。若无试验资料时，可依据冻结地基土的土质、物理力学指标按表A.0.3-1的规定确定。对于盐渍化冻土与基础表面间的冻结强度可按表A.0.3-2的规定确定，对于冻结泥炭化土可按表A.0.3-3的规定确定。

表A.0.3-1～表A.0.3-3可用于混凝土或钢筋混凝土基础。其他材质的基础与冻土间的冻结强度，应按表值进行修正，其修正系数应符合表A.0.3-4的规定。

表 A.0.3-1　冻土与基础间的冻结强度特征值（kPa）

融沉等级	温度(℃)						
	−0.2	−0.5	−1.0	−1.5	−2.0	−2.5	−3.0
	粉土、黏性土						
Ⅲ	35	50	85	115	145	170	200
Ⅱ	30	40	60	80	100	120	140
Ⅰ、Ⅳ	20	30	40	60	70	85	100
Ⅴ	15	20	30	40	50	55	65
	砂　土						
Ⅲ	40	60	100	130	165	200	230
Ⅱ	30	50	80	100	130	155	180
Ⅰ、Ⅳ	25	35	50	70	85	100	115
Ⅴ	10	20	30	35	40	50	60
	砾石土(粒径小于 0.075mm 的颗粒含量小于或等于 10%)						
Ⅲ	40	55	80	100	130	155	180
Ⅱ	30	40	60	80	100	120	135
Ⅰ、Ⅳ	25	35	50	60	70	85	95
Ⅴ	15	20	30	40	45	55	65
	砾石土(粒径小于 0.075mm 的颗粒含量大于 10%)						
Ⅲ	35	55	85	115	150	170	200
Ⅱ	30	40	70	90	115	140	160
Ⅰ、Ⅳ	25	35	50	70	85	95	115
Ⅴ	15	20	30	35	45	55	60

注：1　Ⅰ、Ⅱ、Ⅲ、Ⅳ、Ⅴ类融沉等级可按表 3.1.6 的规定确定；

　　2　插入桩侧面冻结强度按Ⅳ类土取值。

表 A.0.3-2　盐渍化冻土与基础间的冻结强度特征值（kPa）

土的盐渍度(%)	温度(℃)			
	−1	−2	−3	−4
	细砂和中砂			
0.10	70	110	150	190
0.20	50	80	110	140
0.30	40	70	90	120
0.50	—	50	80	100
	粉　土			
0.15	80	120	160	210
0.30	60	90	130	170
0.50	30	60	100	130
1.00	—	—	50	80
	粉质黏土			
0.20	60	100	130	180
0.50	30	50	90	120
0.75	25	45	80	110
1.00	—	—	70	100

表 A.0.3-3　冻结泥炭化土与基础间的冻结强度特征值（kPa）

土的泥炭化程度 ξ	温度(℃)					
	−1	−2	−3	−4	−6	−8
	砂　土					
$3\%<\xi\leqslant10\%$	90	130	160	210	250	280
$10\%<\xi\leqslant25\%$	50	90	120	160	190	220
$25\%<\xi\leqslant60\%$	40	70	90	130	150	170
	粉土、黏性土					
$5\%<\xi\leqslant10\%$	60	100	130	180	200	230
$10\%<\xi\leqslant25\%$	30	60	90	120	140	160
$25\%<\xi\leqslant60\%$	20	50	80	100	120	140
$\xi>60\%$	8	40	70	90	110	120

表 A.0.3-4　不同材质基础表面状态修正系数

基础材质及表面状况	木质	金属(表面未处理)	金属或混凝土表面涂工业凡士林或渣油	金属或混凝土增大表面粗糙度	预制混凝土
修正系数	0.90	0.66	0.40	1.20	1.00

附录 B　多年冻土中建筑物地基的融化深度

B.0.1　采暖建筑物地基土最大融深应按下式确定：

$$H_{\max}=\psi_J\frac{\lambda_u T_B}{\lambda_u T_B-\lambda_f T_{cp}}B+\psi_c h_c-\psi_\Delta \Delta h \tag{B.0.1}$$

式中：ψ_J——综合影响系数，按图 B.0.1-1 取值；

λ_u——地基土(包括室内外高差部分构造材料)融化状态的加权平均导热系数[W/(m·℃)]；

λ_f——地基土冻结状态的加权平均导热系数[W/(m·℃)]；

T_B——室内地面平均温度(℃)，以当地同类房屋实测值为宜；若地面设有足够的保温层时，可取室温减 2.5℃～3.5℃；

T_{cp}——年平均地温(℃)；

B——房屋宽度(m)；

ψ_c——粗颗粒土土质系数，按图 B.0.1-2 取值；

h_c——粗颗粒土在计算融深内的厚度(m)；

ψ_Δ——室内外高差影响系数，按图 B.0.1-3 取值；

Δh——室内外高差(m)。

一般在地基土融沉压密后，室内外高差不应小于 0.45m。

多年冻土地区的房屋，应设置足够的地面保温层，同时还应设置厚勒脚。

B.0.2 采暖建筑物地基土达最大融深时，建筑物横断面地基土各点的融深按下式计算（图 B.0.2）：

$$y = H_{\max} - a(x-b)^2 \qquad (B.0.2)$$

式中：$H_{\max}$——建筑物地基土最大融深（m）；

a——融化盘形状系数（1/m）；

b——最大融深偏离建筑物中心的距离（m）；

x——所求融深点距坐标原点的距离（m）；

a、b 统称形状系数，按表 B.0.2 的规定确定。

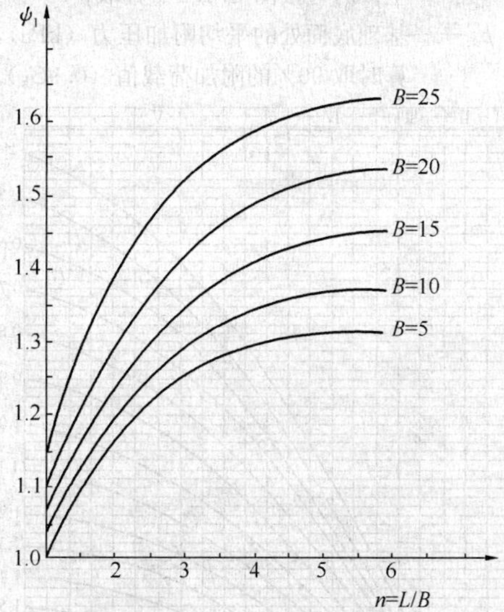

图 B.0.1-1 综合影响系数 ψ_1

B—房屋宽度（m）；L—房屋长度（m）

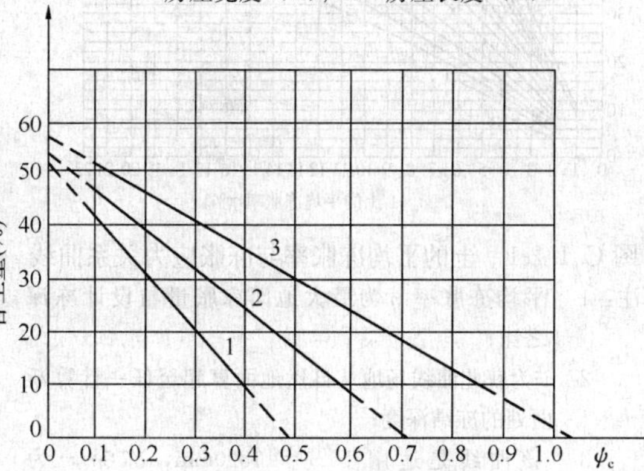

图 B.0.1-2 土质系数 ψ_c

1—砂砾；2—碎石；3—卵石

表 B.0.2 融化盘横断面形状系数 a、b 值

房屋类别		宿舍住宅	公寓旅店	小医院电话所	各类商店	办公室	站房或类似房屋
a（1/m）		0.06～0.16	0.04～0.10	0.05～0.11	0.05～0.14	0.05～0.12	0.04～0.09
b（m）	南北向（偏东）	0.10～1.00	0.30～1.20	0.50～1.40	0.30～1.00	0.30～1.20	0.30～1.60
	东西向（偏南）	0.00～0.30	0.00～0.60	0.00～0.40	0.00～0.40	0.00～0.50	0.00～0.70

注：房屋宽度 B(图 B.0.1-1)大的“b”用大值，“a”用小值。

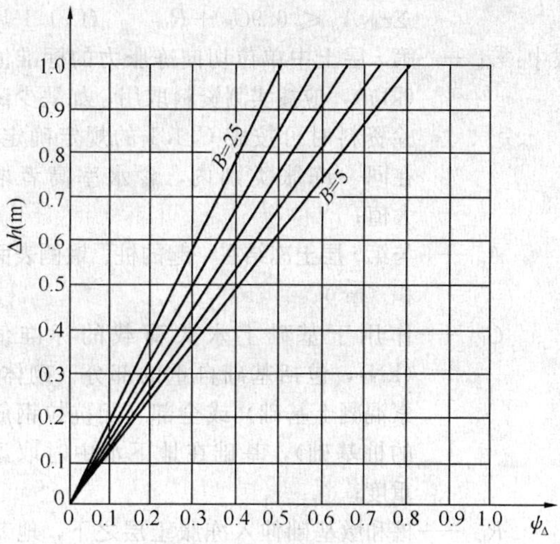

图 B.0.1-3 室内外高差影响系数 ψ_Δ

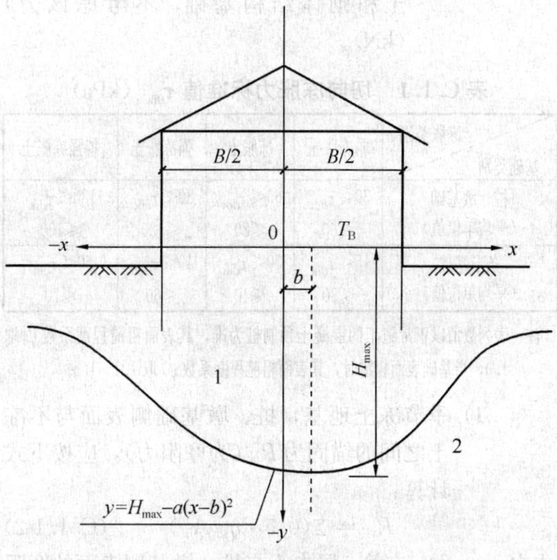

图 B.0.2 融化盘横断面形状曲线

1—融区；2—冻区

B.0.3 外墙下最大融深，按本规范公式（B.0.2）计算，此时，所求融深点距坐标原点的距离 x 应按下列规定取值：

1 南面或东面外墙下：$x = \dfrac{B}{2}$

2 北面或西面外墙下：$x = -\dfrac{B}{2}$

附录 C 冻胀性土地基上基础的稳定性验算

C.1 裸露的建筑物基础

C.1.1 切向冻胀力作用下，基础稳定性验算应符合下列规定：

1 桩、墩基础应按下式计算：

$$\Sigma\tau_{dik}A_{\tau i}\leqslant 0.9G_K+R_{ta} \quad (C.1.1\text{-}1)$$

式中：τ_{dik}——第 i 层土中单位切向冻胀力的标准值（kPa），应按实测资料取用，如缺少试验资料时可按表 C.1.1 的规定确定，在同一冻胀类别内，含水率高者取大值；

$A_{\tau i}$——与第 i 层土冻结在一起的桩、墩侧表面积（m^2）；

G_K——作用于基础上永久荷载的标准值（kN），包括基础自重的部分（砌体、素混凝土基础）或全部（配抗拉钢筋的桩基础），基础在地下水中时取浮重度；

R_{ta}——桩和墩基础伸入冻胀土层之下，地基土所产生锚固力的特征值（对素混凝土和砌体结构基础，不考虑该力）（kN）。

表 C.1.1　切向冻胀力标准值 τ_{dik}（kPa）

基础类别 \ 冻胀类别	弱冻胀土	冻胀土	强冻胀土	特强冻胀土
桩、墩基础（平均单位值）	$30<\tau_{dik}\leqslant 60$	$60<\tau_{dik}\leqslant 80$	$80<\tau_{dik}\leqslant 120$	$120<\tau_{dik}\leqslant 150$
条形基础（平均单位值）	$15<\tau_{dik}\leqslant 30$	$30<\tau_{dik}\leqslant 40$	$40<\tau_{dik}\leqslant 60$	$60<\tau_{dik}\leqslant 70$

注：表列数值以正常施工的混凝土预制桩为准，其表面粗糙程度系数 ψ_r 取 1.0，当基础表面粗糙时，其表面粗糙程度系数 ψ_r 取 1.1～1.3。

1） 季节冻土地基，桩、墩基础侧表面与不冻土之间的锚固力 R_{ta}（为摩阻力），应按下式计算：

$$R_{ta}=\Sigma(0.5\cdot q_{sia}A_{qi}) \quad (C.1.1\text{-}2)$$

式中：q_{sia}——在第 i 层内土与桩、墩基侧表面的摩阻力特征值（kPa），按桩基受压状态的情况取值，在缺少试验资料时可按现行行业标准《建筑桩基技术规范》JGJ 94 的规定确定；

A_{qi}——第 i 层土内桩、墩基础的侧表面积（m^2）。

2） 多年冻土地基按保持冻结状态利用地基土时，基侧表面与冻土之间的锚固力 R_{ta}（为冻结力）可按下式计算：

$$R_{ta}=\Sigma(f_{cia}\cdot A_{fi}) \quad (C.1.1\text{-}3)$$

式中：f_{cia}——第 i 层内冻土与基础表面之间冻结强度的特征值（kPa），在缺少试验资料时，可按本规范附录 A 表 A.0.3-1、表 A.0.3-2 和表 A.0.3-3 的规定确定；

A_{fi}——第 i 层冻土内基侧的表面积（m^2）。

2　在计算条形基础切向冻胀力时，不计入条形基础的实际埋深。应按设计冻深计算。

C.1.2　法向冻胀力作用下基础最小埋深 d_{min} 的计算应符合下列规定：

1　应力系数 α_d 应按下式计算：

$$\alpha_d=\frac{\sigma_{fh}}{p_0} \quad (C.1.2\text{-}1)$$

式中：α_d——在冻结界与基础中心线交点处双层地基的应力系数；

σ_{fh}——土的冻胀应力（kPa），即在冻结界面处单位面积上产生的向上冻胀力，应以实测数据为准；当缺少试验资料（黏性土）时可按图 C.1.2-1 查取；

p_0——基础底面处的平均附加压力（kPa），计算时取 90%的附加荷载值（$0.9G_k$）。

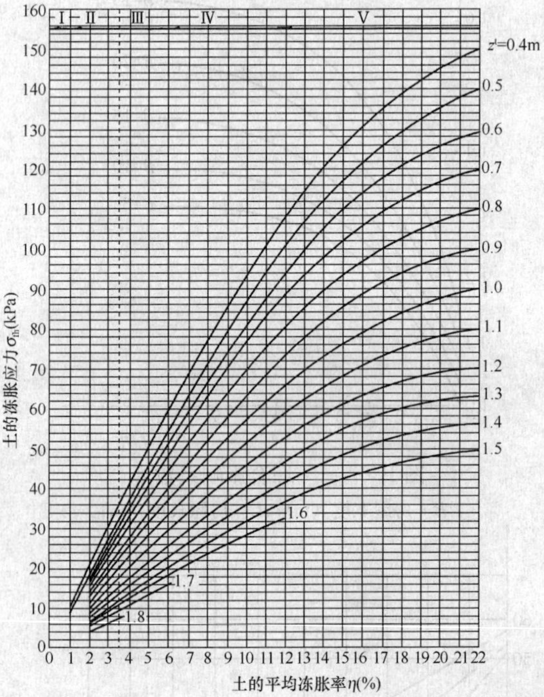

图 C.1.2-1　土的平均冻胀率与冻胀应力关系曲线

注：1　平均冻胀率 η 为最大地面冻胀量与设计冻深之比；

2　z^t为获此曲线场地从自然地面算起至任一计算断面处的冻结深度；

3　该曲线是适用于 z_0 = 1890mm，冻深 z^t 为 1800mm 的弱冻胀土，冻深 z^t 为 1700mm 的冻胀土，冻深 z^t 为 1600mm 的强冻胀土，冻深 z^t 为 1500mm 的特强冻胀土，在用到其他冻深的地方应将所要计算某断面的深度 z_c 乘以 $\frac{z^t}{z_d}$，找出对应的相似位置，然后按图查取。

2　根据应力系数 α_d 与基础尺寸 b、a 或 d（b 为条形基的宽度、a 为方形基础的边长，d 为圆形基础的直径），在图 C.1.2-2、图 C.1.2-3 或图 C.1.2-4 中找出相应两坐标交点所对应的 h 值（h 为基础底面之下冻土层的厚度），此 h 值就是基础底面之下允许的冻土层厚度（m）。

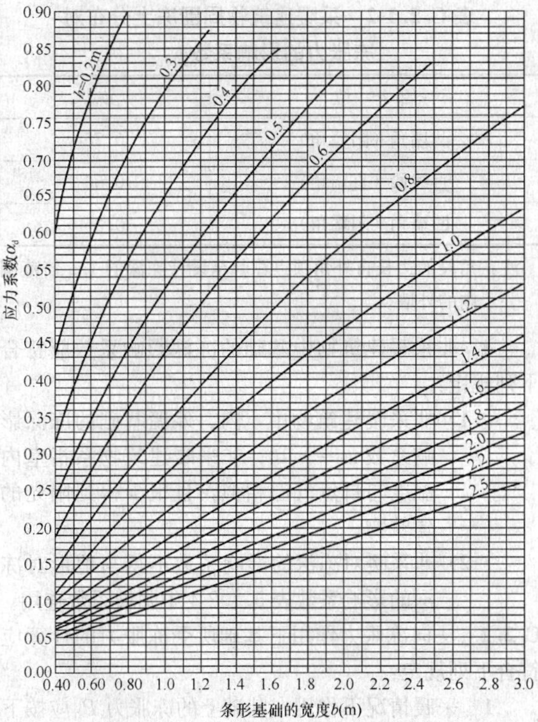

图 C.1.2-2　条形基础双层地基应力系数曲线

注：h—自基础底面到冻结界面的冻层厚度（m）

3　基础的最小埋深（d_{min}）应按下式计算

$$d_{min} = z_d - h \quad \text{(C.1.2-2)}$$

式中：z_d——设计冻深（m），应按本规范公式（5.1.2）计算。

C.1.3　切向冻胀力、法向冻胀力同时作用下的基础，应符合下列规定：

1　产生切向冻胀力部分的冻胀应力应按下列公式计算：

1）计算平衡切向冻胀力部分的附加荷载 F_τ

$$F_\tau = \Sigma\tau_{dia}A_{\tau i} \quad \text{(C.1.3-1)}$$

2）求出由作用力 F_τ 引起在所作用断面 A_σ 上的平均附加压力 $p_{0\tau}$：

$$p_{0\tau} = \frac{F_\tau}{A_\sigma} \quad \text{(C.1.3-2)}$$

式中：A_σ——切向冻胀力沿埋深合力作用点同一高度基础上的截面积（m^2）。

3）用自该断面 A_σ 到冻结界面的距离 h_τ，查相应基础类型的应力系数曲线，基础尺寸与 h（h_τ 为 h）交点所对应的 α_d，即为所求的应力系数。产生切向冻胀力部分的冻胀应力 σ^τ_{fh} 为：

$$\sigma^\tau_{fh} = \alpha_d p_{0\tau} \quad \text{(C.1.3-3)}$$

2　冻结界面上的冻胀应力 σ_{fh} 应根据土的平均冻胀率 η 和要求计算截面的深度 Z_c，按本规范图 C.1.2-1 取值。

3　产生法向冻胀力的剩余冻胀应力 σ^σ_{fh} 应按下式

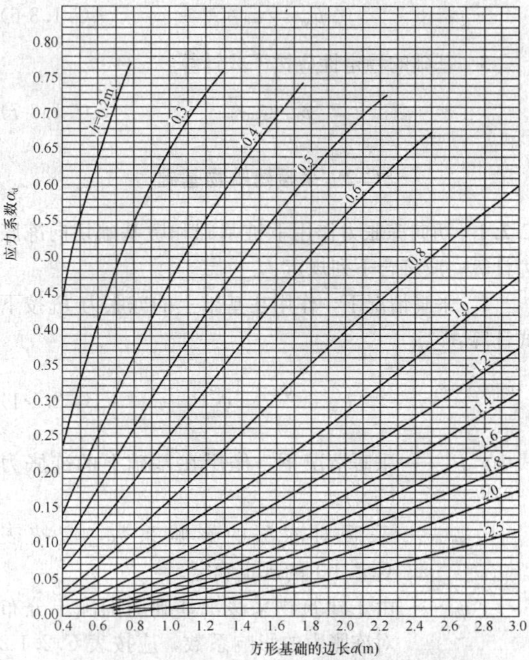

图 C.1.2-3　方形基础双层地基应力系数曲线

注：h—自基础底面到冻结界面的冻层厚度（m）

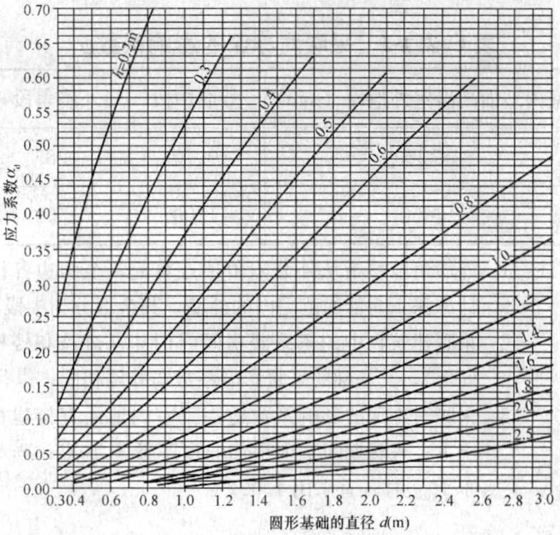

图 C.1.2-4　圆形基础双层地基应力系数曲线

注：h—自基础底面到冻结界面的冻层厚度（m）

计算：

$$\sigma^\sigma_{fh} = \sigma_{fh} - \sigma^\tau_{fh} \quad \text{(C.1.3-4)}$$

4　冻结界面上的剩余附加应力应按下列公式计算：

1）剩余附加压力 $p_{0\sigma}$ 为：

$$p_{0\sigma} = p_0 - p_{0\tau}\frac{A_\sigma}{A} \quad \text{(C.1.3-5)}$$

式中：A——基础底面积（m^2）。

2）剩余附加应力 $p_{h\sigma}$

根据基础尺寸和基础底面之下的冻层厚度，查出相应的应力系数 α_d。冻结界面上的剩余附加应力 $p_{h\sigma}$ 为：

$$p_{h\sigma} = a_d p_{0\sigma} \qquad (C.1.3\text{-}6)$$

5 基础的稳定性应按下式计算：

$$p_{h\sigma} \leqslant \sigma_{fh}^{a} \qquad (C.1.3\text{-}7)$$

C.2 采暖建筑物基础

C.2.1 切向冻胀力作用下桩基础和墩基础切向冻胀力计算，应符合下列规定：

1 采暖情况下，作用在基础上的冻胀力 P_h 按下式计算：

$$P_h = \frac{\psi_t + 1}{2}\psi_h P_e \qquad (C.2.1\text{-}1)$$

式中：P_h——采暖情况下，作用在基础上的冻胀力（kN）；

ψ_t——采暖对冻深的影响系数，应按表 C.2.1-1 的规定确定；

ψ_h——由于建筑物采暖，基础周围冻土分布对冻胀力的影响系数，应按表 C.2.1-2 的规定确定，其适用部位见图 C.2.1；

P_e——裸露的建筑物中作用在基础上的冻胀力（kN）。

表 C.2.1-1 采暖对冻深的影响系数 ψ_t

室内地面高出室外地面（mm）	外墙中段	外墙角段
≤300	0.70	0.85
≥50	1.00	1.00

注：1 外墙角段系指从外墙阳角顶点算起，至两边各设计冻深 1.5 倍的范围内的外墙，其余部分为中段；

2 采暖建筑物中的不采暖房间（门斗、过道和楼梯间等），其基础的采暖影响系数与外墙相同；

3 采暖对冻深的影响系数适用于室内地面直接建在土上；采暖期间室内平均温度不低于 10℃；当小于 10℃时 ψ_t 宜采用 1.00。

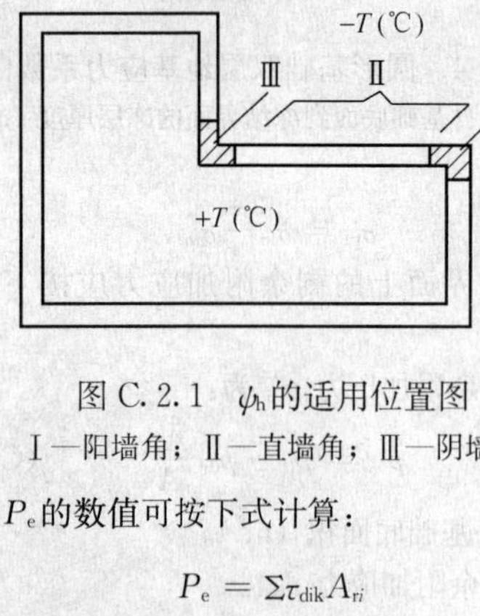

图 C.2.1 ψ_h 的适用位置图

Ⅰ—阳墙角；Ⅱ—直墙角；Ⅲ—阴墙角

2 P_e 的数值可按下式计算：

$$P_e = \Sigma \tau_{dik} A_{ri} \qquad (C.2.1\text{-}2)$$

3 基础的稳定性应按下式计算：

$$0.9 G_K + R_{ta} \geqslant P_h \qquad (C.2.1\text{-}3)$$

表 C.2.1-2 采暖建筑物周围冻土分布对冻胀力的影响系数 ψ_h

部　　位	ψ_h
凸墙角（阳墙角）	0.75
直线段（直墙角）	0.50
凹墙角（阴墙角）	0.25

注：角段的边长自外角顶点算起至设计冻深的 1.5 倍范围内的外墙。

4 非采暖建筑物中基础的冻深影响系数应符合下列规定：

1）非采暖建筑物中，内、外墙基础的冻深影响系数 $\psi_t = 1.10$；非采暖建筑物系指室内温度与自然气温相似，且很少得到阳光的建筑物；

2）非采暖对冻深的影响系数不得与地形对冻深的影响系数表 5.1.2-4 中阴坡系数连用。

C.2.2 法向冻胀力作用下基础所受冻胀力的计算应符合下列规定：

1 采暖情况下作用在基础上的冻胀力 P_h 应按下式计算：

$$P_h = \psi_v \psi_h P_e \qquad (C.2.2\text{-}1)$$

式中：ψ_v——由于建筑物采暖，基础底面下冻层厚度减少对冻胀力的影响系数。

2 ψ_v 应按下式计算（图 C.2.2）：

$$\psi_v = \frac{\frac{\psi_t + 1}{2} z_d - d_{min}}{z_d - d_{min}} \qquad (C.2.2\text{-}2)$$

式中：z_d——设计冻深（m）；

d_{min}——基础最小埋置深度（m），自室外自然地面算起；

ψ_t——采暖对冻深的影响系数。

3 P_e 的数值应按下式计算：

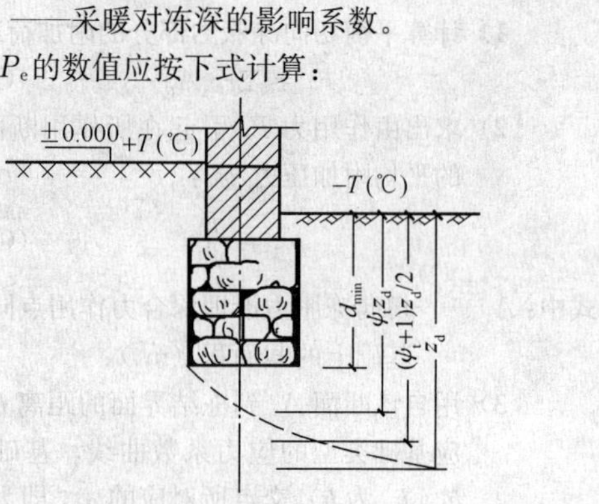

图 C.2.2 基础埋深图

$$P_e = \frac{\sigma_{fh}}{\alpha_d} \qquad (C.2.2\text{-}3)$$

式中：σ_{fh}——计算深度处土的冻胀应力（kPa），按图 C.1.2-1 取值；

α_d——在基础底面之下，要求某一冻层厚度时的应力系数，查相应的应力系数图。

4 基础的稳定性应按下式计算：

$$p_0 \geqslant p_h \quad (C.2.2\text{-}4)$$

式中：p_0——基础底面处的附加压力（kPa）。

C.2.3 切向冻胀力与法向冻胀力同时作用时基础所受冻胀力的计算应符合下列规定：

1 采暖情况下作用在基础上的冻胀力 P_h 应按下式计算：

$$P_h = \frac{\psi_t + 1}{2}\psi_h p_{e\tau} + \psi_v \psi_h p_{e\sigma} \quad (C.2.3\text{-}1)$$

式中：$p_{e\tau}$——在 P_e 中由切向冻胀力所占的部分（kPa）；

$p_{e\sigma}$——在 P_e 中由法向冻胀力所占的部分（kPa）。

2 $p_{e\tau}$ 值应按下式计算：

$$p_{e\tau} = \frac{\Sigma\tau_{dia}A_{\tau i}}{A} \quad (C.2.3\text{-}2)$$

式中：A——基础底面积（m^2）。

3 $p_{e\sigma}$ 值应按下式计算：

$$p_{e\sigma} = \frac{\sigma_{fh}^{g}}{\alpha_d} \quad (C.2.3\text{-}3)$$

式中：σ_{fh}^{g}——按公式（C.1.3-4）计算得到的剩余冻胀应力。

4 基础的稳定性应按下式计算：

$$p_0 \geqslant p_h \quad (C.2.3\text{-}4)$$

式中：p_0——基础底面处的附加压力（kPa）。

C.3 自锚式基础

C.3.1 扩底桩及扩展基础等自锚式基础抗切向冻胀力的稳定性验算应符合下式要求：

$$0.9G_K + A_i R_{ta} \geqslant \Sigma\tau_{dia}A_{\tau i} \quad (C.3.1)$$

式中：R_{ta}——当基础受切向冻胀力作用而上移时，基础扩大部分顶面覆盖土层产生的反力（kPa），该反力按地基受压状态承载力的计算值取用；当基础上覆土层为非原状时，该反力根据实际回填质量尚应乘以0.6～0.8的折减系数；

A_i——基础扩大部分顶面的面积（m^2）。

附录D 冻土地温特征值及融化盘下最高土温的计算

D.1 冻土地温特征值的计算

D.1.1 根据现场钻孔一次测温资料计算活动层下不同深度处的年平均地温、年最高地温和年最低地温时，一般根据15m和20m深度的实测地温构建直线代表各个深度的年平均地温，然后根据土层中的热传递规律结合活动层底面的特殊性计算各个深度的年最高地温和年最低地温，其计算方法如下：

1 年平均地温 T_z 应按下式计算：

$$T_z = T_{20} - \Delta T_z \quad (D.1.1\text{-}1)$$

$$\Delta T_z = (T_{20} - T_{15}) \times (a - H_1)/b \quad (D.1.1\text{-}2)$$

式中：ΔT_z——考虑地热梯度的地温修正值（℃）；

T_{15}、T_{20}——分别为15m和20m处的实测地温（℃）；

H_1——从地表算起的实测深度（m）；

a——20（m）；

b——5（m）。

公式（D.1.1-2）中需用地温年变化深度以下任意两点的测温资料进行计算，初算时采用15m和20m两点的地温进行计算，若以后求得的地温年变化深度大于15m，则需重新复算。

2 年最高地温（T_{zmax}）和年最低地温（T_{zmin}）应按下列公式计算：

$$T_{zmax} = T_z + A_z \quad (D.1.1\text{-}3)$$

$$A_z = A_u(f) \times \exp(-H \times \sqrt{\pi/\alpha t}) \quad (D.1.1\text{-}4)$$

$$H = H_1 - h_u(f) \quad (D.1.1\text{-}5)$$

$$T_{zmin} = T_z - A_z \quad (D.1.1\text{-}6)$$

式中：A_z——季节活动层以下某深度处的地温年振幅（℃）；

$A_u(f)$——活动层底面的地温年振幅（℃），数值上等于该处年平均地温绝对值；

H——从季节活动层底面算起的深度（m）；

α——土层的平均导温系数（m^2/h）；

t——年周期，8760h；

$h_u(f)$——最大季节融化（冻结）深度，根据实际勘探资料确定。为保证计算精度，现场钻孔测温间距在5m深度内为0.5m，5m深度以下为1m。

3 从季节活动层底面算起的地温年变化深度（H_2）应按下式计算：

$$H_2 = \sqrt{\alpha t/\pi}\ln[A_u(f)/C] \quad (D.1.1\text{-}7)$$

式中：C——0.1℃。

α 值应根据勘探时所得的土层定名、含水率和干密度等资料，查附录K并进行加权平均求得。

4 当测温资料不足20m时，可以考虑采用10m和15m深度的实测地温作为计算的依据，计算公式中的参数也相应修改。

D.2 采暖建筑物稳定融化盘下冻土最高温度

D.2.1 融化盘下冻土最高温度可按下式计算：

$$T_y = T_{cp}(1 - e^{-\sqrt{\frac{\pi}{t\alpha}}\xi y}) \quad (D.2.1\text{-}1)$$

式中：T_{cp}——多年冻土年平均地温（℃），由实测确定；

t——气温变化周期（h）；

α——冻土的平均导温系数（m^2/h）；

y——所求温度点距融化盘的深度（m）；

ξ——人为热源影响系数，按下式计算：

$$\xi = 1 - 0.4464\frac{h}{H} \quad \text{(D. 2. 1-2)}$$

式中：h——融化盘距室内地面的距离（m）；

H——多年冻土地温年变化深度（m）。

附录E 架空通风基础通风孔面积的确定

E. 0. 1 多年冻土地基上，自然通风基础的隐蔽通风孔面积，应符合下列规定：

$$A_v \geqslant A\mu \quad \text{(E. 0. 1)}$$

式中：A_v——通风空间进气孔和排气孔的总面积（m^2）；

A——房屋通风基础的外部轮廓面积（m^2）；

μ——自然通风架空基础通风模数。

E. 0. 2 自然通风架空基础通风模数 μ 的计算应符合下列规定：

1 通风模数 μ 应按下式计算：

$$\mu = \eta_f \eta_n \mu_1 2\sqrt{1+\eta}/(v\eta_w) \quad \text{(E. 0. 2-1)}$$

式中：μ_1——房屋采暖通风模数，按表 E. 0. 2-1 取值；

η_f——建筑物平面形状系数，按表 E. 0. 2-2 取值；

η_n——风速影响系数，按表 E. 0. 2-3 取值；

η——通风孔阻流系数，通风孔设置百叶窗时 η 为 2.0，通风孔设置钢丝网时 η 为 0；

v——风速（m/s）；

η_w——风速调整系数。

2 风速调整系数应按下式计算：

$$\eta_w = 1 - \frac{t_\alpha}{\sqrt{n}}\delta \quad \text{(E. 0. 2-2)}$$

式中：t_α——学生氏函数的临界值，按表 E. 0. 2-4 取值；

n——12 月份月平均风速观测年数；

δ——n 年中 12 月份月平均风速的变异系数。

3 n 年中 12 月份月平均风速的变异系数 δ 应按下式计算：

$$\delta = \frac{\sigma_v}{v} \quad \text{(E. 0. 2-3)}$$

式中：v——n 年中 12 月份风速平均值（m/s）；

σ_v——标准差。

表 E. 0. 2-1 房屋采暖通风模数 μ_1

地区	年平均气温（℃）	室内温度(℃) 16			20		
		通风基础上部楼板热阻(m^2·℃/W)					
		0.86	1.72	2.58	0.86	1.72	2.58
东北大小兴安岭	≤−4.5	0.005	0.004	0.003	0.006	0.004	0.003
	−4.4～−2.5	0.006～0.011	0.006	0.005	0.007～0.014	0.007	0.005
	−2.4～−1.5	0.013～0.025	0.007～0.011	0.005～0.008	敞开	0.008～0.014	0.006～0.010
	−1.4～−0.5	敞开	0.009～0.017	0.008～0.012	—	0.014～0.023	0.010～0.014
天山	≤−3.0	0.008～0.017	0.006	0.005	0.012～0.029	0.008	0.005
祁连山	≤−2.0	0.012～0.022	0.009	0.007	0.018～0.046	0.006～0.012	0.008
青藏高原	≤−4.0	0.012～0.022	0.006～0.013	0.005～0.010	0.019～0.027	0.008～0.015	0.006～0.010
	−3.9～−2.0	0.022～0.032	0.013	0.010	敞开	0.016	0.010
	−1.9～−1.0	—	0.016～0.032	0.012	—	敞开	0.013～0.020

注：1 年平均温度低时取低值，高时取高值；

2 基础上部楼板热阻 R 由构成楼板的面层、结构层及保温层的热阻组成。

表 E. 0. 2-2 平面形状系数 η_f

平面形状	系数 η_f	平面形状	系数 η_f
矩形	1.00	T形	1.12
Ⅱ形	1.23	L形	1.28

表 E. 0. 2-3 风速影响系数 η_n

建筑物之间距离 L，建筑物高度 h	系数 η_n
$L \geqslant 5h$	1.0
$L = 4h$	1.2
$L \leqslant 3h$	1.5

注：中间值时可内插。

表 E.0.2-4 信度 $\alpha=0.05$ 时 t_α 值

$n-1$	t_α	$n-1$	t_α
1	12.706	16	2.120
2	4.303	17	2.110
3	3.182	18	2.101
4	2.776	19	2.093
5	2.571	20	2.086
6	2.447	21	2.080
7	2.365	22	2.074
8	2.306	23	2.069
9	2.262	24	2.064
10	2.228	25	2.060
11	2.201	30	2.042
12	2.179	40	2.021
13	2.160	60	2.000
14	2.145	120	1.980
15	2.131	∞	1.960

4 标准差 σ_v 应按下式计算：

$$\sigma_v=\sqrt{\frac{\sum_{i=1}^{n}v_i^2-nv^2}{n-1}} \quad (E.0.2\text{-}4)$$

附录 F 多年冻土地基静载荷试验要点

F.0.1 多年冻土地基静载荷试验应选择在冻土层（持力层）温度最高的月份进行，当在地温非最高月份进行试验时，对试验结果应进行温度修正。

F.0.2 试验土层应保持原状结构和天然温度。承压板底部应铺中、粗砂找平层（厚度为 20mm），在整个试验期间应保持其冻土层温度场的稳定。

F.0.3 承压板面积不应小于 $0.25m^2$，试坑宽度不应小于承压板宽度或直径的 3 倍。

F.0.4 加荷级数不应小于 8 级；第一级宜为预估极限荷载的 15%～30%，以后每级宜为预估极限荷载的 10%～15%。

F.0.5 每级加荷后均应测读 1 次承压板沉降，以后应每隔 1h 测读 1 次；当累计 24h 的沉降量：砂土不大于 0.5mm 或黏性土不大于 1.0mm 时，可认为地基土处于第一蠕变阶段（蠕变速率减少阶段），即下沉稳定，可加下一级荷载。

F.0.6 对承压板下深度为 1.5 倍承压板宽度或直径范围的冻土温度，应每 24h 测读一次。

F.0.7 当某级荷载施加之后连续 10d 达不到稳定标准，或总沉降量 S 大于 $0.06b$ 时，应终止试验，其对应的前一级荷载即为极限荷载。

F.0.8 冻土地基承载力的特征值应按下列规定确定：

1 当 p-s 曲线上有比例界限时，取该比例界限所对应的荷载值；

2 当极限荷载小于对应比例界限荷载值的 2 倍时，取极限荷载值的一半；

3 当以上两个基本值可同时取得时应取低值。

F.0.9 同一土层参加统计的试验点不应少于 3 点，当试验实测值的极差不超过其平均值的 30% 时，取此平均值作为该土层冻土地基承载力的特征值。

附录 G 冻土融化下沉系数和压缩系数指标

G.0.1 冻土地基融化时沉降计算中的冻土融化下沉系数和压缩系数，应以试验方法确定。对于均质的冻结细粒土可以在试验室条件下用专门的试验装置确定。

G.0.2 冻土融化下沉系数 δ_0，当没有试验资料时，可依据冻结地基土的土质及物理力学性质，按下列公式计算：

1 当按含水率 w 确定时：

1) 对于本规范表 3.1.6 规定的Ⅰ、Ⅱ、Ⅲ、Ⅳ类土，其融化下沉系数 δ_0 可按下式计算：

$$\delta_0=\alpha_1(w-w_0)(\%) \quad (G.0.2\text{-}1)$$

式中：α_1 ——系数，按表 G.0.2-1 的规定取值；

w_0 ——起始融沉含水率，按表 G.0.2-1 的规定取值。

2) 对于黏性土，其起始融沉含水率 w_0 应按下式计算：

$$w_0=5+0.8w_p \quad (G.0.2\text{-}2)$$

式中：w_p ——塑限含水率。

表 G.0.2-1 α_1、w_0 值

土 质	砾石、碎石土	砂类土	粉土、粉质黏土	黏 土
α_1	0.5	0.6	0.7	0.6
w_0(%)	11.0	14.0	18.0	23.0

注：1 对于砾石、碎石土粉黏粒(粒径小于 0.075mm)含量小于 15%者，α_1 取 0.4；

2 黏性土的 w_0 按式(G.0.2-2)计算的值与表 G.0.2-1 所列数值不同时取小值。

3) 对于本规范表 3.1.6 规定的Ⅴ类土，其融化下沉系数 δ_0 可按下式计算：

$$\delta_0 = 3\sqrt{w-w_c}+\delta'_0 \quad (G.0.2\text{-}3)$$

式中：$w_c = w_p + 35$，对于粗颗粒土可用 w_0 代替 w_p。无试验资料时 w_c 可按表 G.0.2-2 取值。

δ'_0——对应于 $w = w_c$ 时的 δ_0 值，可按公式（G.0.2-1）计算，当无试验资料时，可按表 G.0.2-2 的规定取值。

表 G.0.2-2　w_c、δ'_0值

土　质	砾石、碎石土	砂类土	粉土、粉质黏土	黏　土
w_c (%)	46	49	52	58
δ'_0 (%)	18	20	25	20

注：对于砾石、碎石土粉黏粒（粒径小于 0.075mm）含量小于 15%者，w_c取 44%，δ'_0取 14%。

2　当按干密度 ρ_d 确定时：

1）对于本规范表 3.1.6 规定的Ⅰ、Ⅱ、Ⅲ、Ⅳ类土，其融化下沉系数 δ_0 可按下式计算：

$$\delta_0 = \alpha_2 \frac{\rho_{d0}-\rho_d}{\rho_d} \quad (G.0.2\text{-}4)$$

式中：α_2——系数，宜按表 G.0.2-3 的规定取值；

ρ_{d0}——起始融沉干密度，大致相当于或略大于最佳干密度；无试验资料时可按表 G.0.2-3 的规定取值。

表 G.0.2-3　α_2、ρ_{d0}值

土　质	砾石、碎石土	砂类土	粉土、粉质黏土	黏　土
α_2	25	30	40	50
ρ_{d0} (g/cm³)	1.95	1.80	1.70	1.65

注：对于砾石、碎石土粉黏粒（粒径小于 0.075mm）含量小于 15%者，α_2取 20，ρ_{d0}取 2.0（g/cm³）。

2）对于本规范表 3.1.6 规定的Ⅴ类土，其融化下沉系数 δ_0 可按下式计算：

$$\delta_0 = 60(\rho_{dc}-\rho_d)+\delta'_0 \quad (G.0.2\text{-}5)$$

式中：ρ_{dc}——对应于 w 为 w_c 的冻土干密度；无试验资料时按表 G.0.2-4 的规定取值；

δ'_0——同公式（G.0.2-3）。

表 G.0.2-4　ρ_{dc}值

土　质	砾石、碎石土	砂类土	粉土、粉质黏土	黏　土
ρ_{dc} (g/cm³)	1.16	1.10	1.05	1.00

注：对于砾石、碎石土粉黏粒（粒径小于 0.075mm）含量小于 15%者，ρ_{dc}取 1.2g/cm³。

3　应现场测定冻土的含水率 w 及干密度 ρ_d，并分别计算融化下沉系数 δ_0 值，取大值作为设计值。

G.0.3　冻土融化后的体积压缩系数 m_v，可按表 G.0.3 的规定取值。

表 G.0.3　各类冻土融化后体积压缩系数 m_v 的值

冻土 ρ_d (g/cm³)	土质及压力（kPa）			
	砾石、碎石土 p_0=10～210	砂类土 p_0=10～210	黏性土 p_0=10～210	草皮 p_0=10～210
2.10	0.00	—	—	—
2.00	0.10	—	—	—
1.90	0.20	0.00	0.00	—
1.80	0.30	0.12	0.15	—
1.70	0.30	0.24	0.30	—
1.60	0.40	0.36	0.45	—
1.50	0.40	0.48	0.60	—
1.40	0.40	0.48	0.75	—
1.30	—	0.48	0.75	0.40
1.20	—	0.48	0.75	0.45
1.10	—	—	0.75	0.60
1.00	—	—	—	0.75
0.90	—	—	—	0.90
0.80	—	—	—	1.05
0.70	—	—	—	1.20
0.60	—	—	—	1.30
0.50	—	—	—	1.50
0.40	—	—	—	1.65

附录 H　多年冻土地基单桩竖向静载荷试验要点

H.0.1　多年冻土中试验桩施工后，应待冻土地温恢复后方可进行载荷试验。试验桩宜经过一个冬期后再进行试验。

H.0.2　试桩时间宜选在夏季末冬季初多年冻土地温出现最高值的一段时间内进行。

H.0.3　单桩静载荷试验可根据试验条件和试验要求，选用慢速维持荷载法或快速维持荷载法进行试验。

H.0.4　采用慢速维持荷载法时，应符合下列要求：

1　加载级数不应少于 6 级，第一级荷载应为预估极限荷载的 25%，以后各级荷载可为极限荷载的 15%，累计试验荷载不得小于设计荷载的 2 倍；

2　在某级荷载作用下，当桩在最后 24h 内的下沉量不大于 0.5mm 时，应视为下沉已稳定，方可施加下一级荷载；

3　在某级荷载作用下，连续 10 昼夜达不到稳定，应视为桩-地基系统已破坏，可终止加载；

4 测读时间应符合下列规定：

1）沉降：加载前读一次，加载后读一次，此后每2h读一次，在高载下，当桩下沉快速时观测次数应增加，缩短间隔时间。

2）地温：每24h观测一次。

H.0.5 采用快速维持荷载法时，应符合下列要求：

1 快速加载时，每级荷载的间隔时间应视桩周冻土类型和冻土条件确定，一般不得小于24h，且每级荷载的间隔时间应相等；

2 加载的次数不得少于6级，荷载级差可选择预估极限荷载的15%；当桩在某级荷载作用下产生迅速下沉时，或桩头总下沉量超过40mm时，即可终止试验；

3 快速加载时，沉降观测和地温观测的应与慢速加载时相同。

H.0.6 单桩竖向极限承载力的确定应符合下列规定：

1 慢速加载时，破坏荷载的前一级荷载即为桩的极限承载力；

2 快速加载时，找出每级荷载下桩的稳定下沉速度（即稳定蠕变速率），并绘制桩的流变曲线图（图H.0.6），曲线延长线与横坐标的交点应作为桩的极限承载力；

3 参加统计的试桩，当满足其极差不超过平均值的30%时，可取其平均值为单桩竖向极限承载力。当极差超过平均值的30%时，宜增加试桩数量并分析极差过大的原因，结合工程具体情况确定极限承载力，对桩数为3根及3根以下的柱下承台，应取低值。

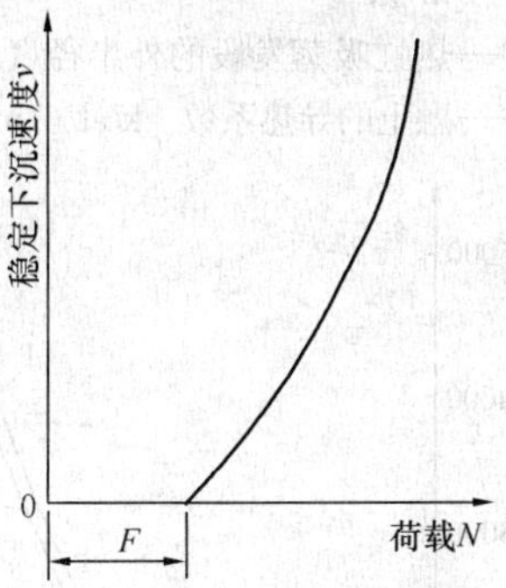

图H.0.6 桩的流变曲线图

H.0.7 单桩竖向承载力特征值R_a应按单桩竖向极限承载力的一半取值。

附录J 热桩、热棒基础计算

J.0.1 液、汽两相对流循环热桩、热棒，在寒季可将地基中的热量吸出，故又称为热虹吸。热虹吸在单位时间内的传热量，应根据热虹吸-地基系统的热状态分析所得热流程图计算确定。对于垂直埋于天然地基中热虹吸的热流程，应符合图J.0.1的规定。

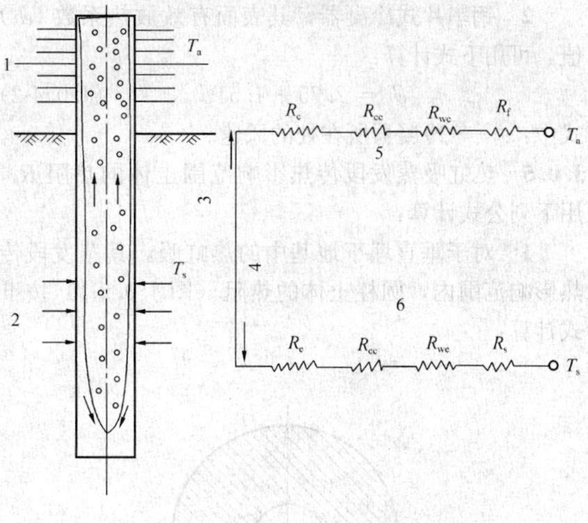

图J.0.1 热虹吸-地基系统热流程图

1—热流流出；2—热流流入；3—绝热蒸汽流；4—绝热冷凝液体流；5—冷凝器热阻；6—蒸发器热阻

J.0.2 热虹吸-地基系统的热通量，按下面公式计算：

$$q=\frac{T_s-T_a}{R_f+R_{wc}+R_{cc}+R_c+R_e+R_{ce}+R_{we}+R_s} \tag{J.0.2}$$

式中：R_f——冷凝器表面的放热热阻；

R_{wc}——冷凝器壁的热阻；

R_{cc}——冷凝器中冷凝液体膜的热阻；

R_c——工质蒸汽冷凝热阻；

R_e——液态工质蒸发热阻；

R_{ce}——蒸发器中液体膜的热阻；

R_{we}——蒸发器壁的热阻；

R_s——热虹吸蒸发段传热影响范围圆柱土体的热阻；

T_a——计算期空气的平均温度；

T_s——传热影响范围圆柱土体的平均温度。

J.0.3 一般情况下，计算热虹吸单位时间内的传热量时，本规范公式（J.0.2）中的热阻，只计入冷凝器热阻和土体热阻，可简化为下式计算：

$$q=\frac{T_s-T_a}{R_f+R_s} \tag{J.0.3}$$

J.0.4 冷凝器表面的放热热阻R_f，可通过低温风洞试验测定。当无条件试验时，冷凝器表面的放热热阻，可按下式计算：

$$R_f=\frac{1}{Aeh} \tag{J.0.4-1}$$

式中：A——冷凝器表面的散热面积；

h——冷凝器表面的放热系数；

e——冷凝器叶片的有效率。

1 对于指定类型的冷凝器，可通过低温风洞试验，测定其表面有效放热系数（eh）与风速 v 的关系，得出 eh-v 关系曲线和计算公式；

2 钢串片式冷凝器，其表面有效放热系数（eh）值，可用下式计算：

$$eh = 2.75 + 1.51v^{0.2} \qquad (J.0.4\text{-}2)$$

式中：v——冷凝器所在处的风速。

J.0.5 热虹吸蒸发段传热影响范围土体的热阻 R_s，用下列公式计算：

1 对于垂直埋于地基中的热虹吸，其蒸发段传热影响范围内，圆柱土体的热阻（图 J.0.5-1）按下式计算：

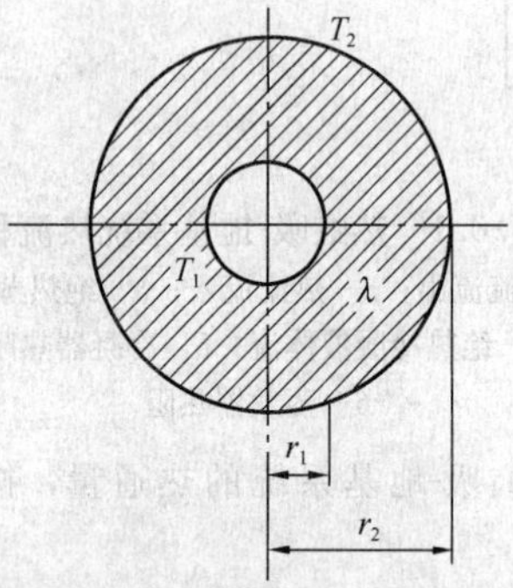

图 J.0.5-1 正环形圆柱土体热阻计算图式

$$R_s = \frac{\ln(r_2/r_1)}{2\pi\lambda z} \qquad (J.0.5\text{-}1)$$

式中：r_2——冻结期热虹吸蒸发段传热影响范围的平均半径，应通过现场试验确定。在无条件试验时，对于我国多年冻土地区，其传热有效影响半径，可采用 1.2m～1.5m。视热虹吸使用地点冻结期长短和热虹吸蒸发段外半径大小而定。冻结期长、蒸发段外半径大，选用大值。

r_1——热虹吸蒸发段的外半径。

λ——蒸发段周围土体（冻土或融土）的导热系数。

z——热虹吸蒸发段的长度。

2 倾斜成组埋于地基中的热虹吸，任一热虹吸周围土体的热阻（图 J.0.5-2），应按下式计算：

$$R_u = \frac{\ln\left[\frac{2L}{\pi D}\sinh\left(\frac{\beta_u \pi z_u}{L}\right)\right]}{\beta_u \pi \lambda_u z} \qquad (J.0.5\text{-}2)$$

$$R_d = \frac{\ln\left[\frac{2L}{\pi D}\sinh\left(\frac{\beta_d \pi z_d}{L}\right)\right]}{\beta_d \pi \lambda_d z} \qquad (J.0.5\text{-}3)$$

式中：L——热虹吸的中心间距；

D——热虹吸蒸发段的外直径；

z_u——热虹吸蒸发段的平均埋深；

λ_u——热虹吸蒸发段平均埋深 z_u 范围内，土体的导热系数；

z_d——热虹吸蒸发段平均埋深线至多年冻土年变化带深度线的距离；

λ_d——z_d 范围内，土体的导热系数；

z——热虹吸蒸发段的长度；

β_u、β_d——比例系数。

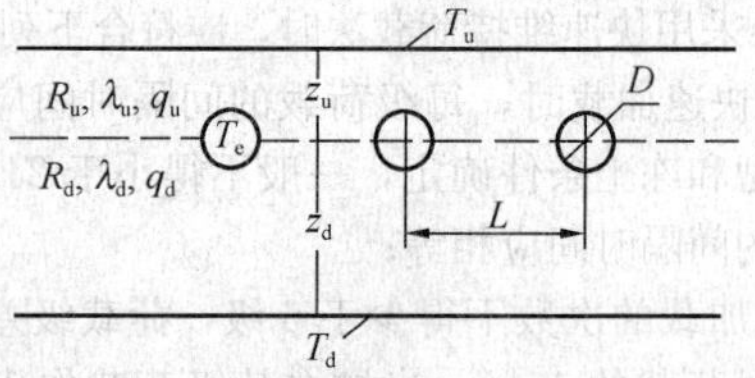

图 J.0.5-2 排式埋藏式圆柱热阻计算图式

T_u—房屋地坪的计算平均温度；

T_d—地基多年冻土的年平均地温

3 比例系数 β_u、β_d，按下式计算：

$$\beta_u = \frac{2q_u}{q_u + q_d} \qquad (J.0.5\text{-}4)$$

$$\beta_d = \frac{2q_d}{q_u + q_d} \qquad (J.0.5\text{-}5)$$

式中：q_u——来自热虹吸上部的热流；

q_d——来自热虹吸下部的热流。

J.0.6 采用热虹吸冻结地基融土时，热虹吸的冻结半径 r，是气温冻结指数的函数（图 J.0.6），可按下式求解：

$$\Sigma T_f = \frac{S}{24}\left[\pi z R_f (r^2 - r_0^2) + \frac{r^2}{4\lambda_s}\left(\ln\frac{r^2}{r_0^2} - 1\right) + \frac{r_0^2}{4\lambda_s}\right] \qquad (J.0.6)$$

式中：ΣT_f——计算地点的气温冻结指数（℃·d）；

S——热虹吸周围融土的体积潜热（kcal/m³）；

r_0——热虹吸蒸发段的外半径（m）；

λ_s——融土的导热系数［kcal/（m·h·℃）］。

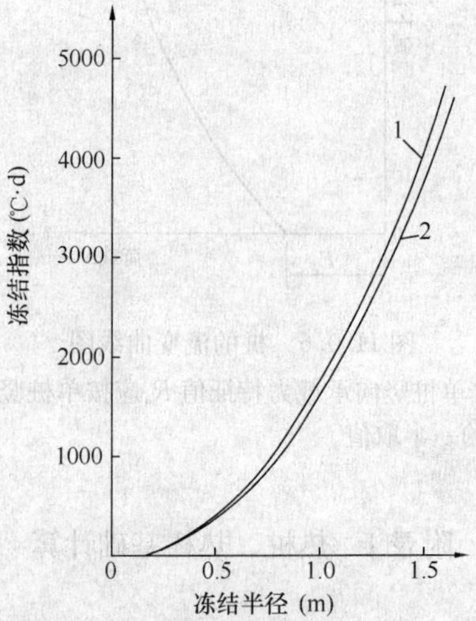

图 J.0.6 热虹吸冻结半径与冻结指数的关系

土质：粉土，ρ_d＝1600kg/cm³；w＝10%。

1—风速 v＝0.9m/s；2—风速 v＝4.5m/s；埋深 z＝6.1m

J.0.7 热棒在寒季的产冷量和降温效果，与热棒蒸发段外直径和长度等有关，其热工计算性能应由试验确定，如没有试验资料，按表 J.0.7 取值。

表 J.0.7 热棒产品性能

标准外管直径(mm)	51	60	76	83	89	108
冷凝段长度(m)	2.50	2.50	2.50	2.50	2.50	2.50
冷凝(散热)面积(m^2)	2.07	2.43	3.08	3.36	3.61	4.38
蒸发段长度(m)	6.0	6.0	6.0	6.0	6.0	6.0
热流量(W)	54.3	62.2	72.7	77.0	80.5	90.9
寒季产冷量(MJ)	986.1	1128.5	1318.8	1397.5	1461.2	1648.6
最大平均降温(℃)	5.5	6.3	7.4	7.8	8.2	9.2
融土冻结半径(m)	0.89	0.95	1.02	1.05	1.08	1.12

注：1 平均风速 4.5m/s，热传送半径 2.0m；

2 冻土导热系数 1.67W/(m·℃)，融土导热系数 0.79W/(m·℃)，融土体积潜热 56.27MJ/m^3；

3 热棒热流量为冷凝段与蒸发段之间温差为 10℃之值；

4 寒季产冷量为寒季长 210d，温差 10℃时之值；

5 根据需要，可制作各种形状、管径、长度的热棒产品。

附录 K 冻土、未冻土热物理指标的计算值

K.0.1 根据土的类别、天然含水率及干密度测定数值，冻土和未冻土的容积热容量、导热系数和导温系数可分别按表K.0.1-1～表 K.0.1-4 取值。大含水（冰）率土的导热系数在无实测资料时可按表 K.0.1-5 取值。

表 K.0.1-1 草炭粉质黏土计算热参数值

ρ_d (kg/m^3)	w(%)	[kJ/(m^3·℃)]		[W/(m·℃)]		(m^2/h)	
		C_u	C_f	λ_u	λ_f	$\alpha_u\cdot10^3$	$\alpha_f\cdot10^3$
400	30	903.3	710.9	0.13	0.13	0.50	0.62
	50	1237.9	878.2	0.19	0.22	0.52	0.92
	70	1572.4	1045.5	0.23	0.37	0.54	1.26
	90	1907.0	1212.8	0.29	0.53	0.56	1.59
	110	2241.6	1380.1	0.35	0.72	0.57	1.87
	130	2576.1	1547.3	0.41	0.88	0.57	2.06
500	30	1129.1	890.8	0.17	0.17	0.54	0.69
	50	1547.3	1099.9	0.24	0.31	0.46	1.30
	70	1965.5	1309.0	0.32	0.51	0.59	1.40
	90	2383.7	1518.1	0.41	0.74	0.61	1.76
	110	2801.9	1727.2	0.49	1.00	0.62	2.08
	130	3220.1	1936.3	0.56	1.24	0.63	2.31
600	30	1355.0	1066.4	0.22	0.22	0.57	0.76
	50	1856.8	1317.3	0.31	0.42	0.61	1.15
	70	2358.6	1568.3	0.42	0.68	0.64	1.56
	90	2860.5	1819.2	0.53	0.99	0.67	1.95
	110	3362.3	2070.1	0.63	1.32	0.68	2.29
	130	3864.2	2321.0	0.75	1.61	0.68	2.51

续表 K.0.1-1

ρ_d (kg/m^3)	w(%)	[kJ/(m^3·℃)]		[W/(m·℃)]		(m^2/h)	
		C_u	C_f	λ_u	λ_f	$\alpha_u\cdot10^3$	$\alpha_f\cdot10^3$
700	30	1580.8	1246.2	0.27	0.30	0.61	0.87
	50	2166.3	1539.0	0.39	0.56	0.66	1.30
	70	2375.4	1831.7	0.53	0.88	0.70	1.74
	90	3337.2	2124.5	0.66	1.26	0.71	2.14
800	30	1806.6	1421.9	0.32	0.37	0.65	0.94
	50	2475.7	1856.4	0.48	0.68	0.70	1.41
	70	3144.9	2091.0	0.64	1.09	0.73	1.67
	90	3814.0	2425.6	0.80	1.55	0.76	2.32
900	30	1171.0	1342.4	0.38	0.40	0.68	1.03
	50	2785.2	1978.1	0.57	0.73	0.73	1.53
	70	3538.0	2354.5	0.75	1.14	0.77	2.03

注：1 表中符号：ρ_d —干密度；w —含水率；λ —导热系数；C —容积热容量；α —导温系数；脚标：u—未冻土，f—已冻土。下同。

2 表列数值可直线内插。

表 K.0.1-2 粉土、粉质黏土计算热参数值

ρ_d (kg/m^3)	w(%)	[kJ/(m^3·℃)]		[W/(m·℃)]		(m^2/h)	
		C_u	C_f	λ_u	λ_f	$\alpha_u\cdot10^3$	$\alpha_f\cdot10^3$
1200	5	1254.6	1179.3	0.26	0.26	0.73	0.76
	10	1505.5	1405.2	0.43	0.41	1.02	1.04
	15	1756.4	1530.6	0.58	0.58	1.19	1.37
	20	2007.4	1656.1	0.67	0.79	1.21	1.71
	25	2258.3	1781.5	0.72	1.04	1.14	2.10
	30	2509.2	1907.0	0.79	1.28	1.13	2.40
	35	2760.1	2032.5	0.86	1.45	1.12	2.57
1300	5	1359.2	1279.7	0.30	0.29	0.80	0.80
	10	1631.0	1522.2	0.50	0.48	1.11	1.12
	15	1902.8	1660.3	0.71	0.71	1.33	1.47
	20	2174.6	1794.1	0.79	0.92	1.31	1.85
	25	2446.5	1932.1	0.84	1.21	1.23	2.25
	30	2718.3	2065.9	0.90	1.46	1.19	2.55
	35	2990.1	2203.9	0.97	1.67	1.18	2.74
1400	5	1463.7	1375.9	0.36	0.35	0.87	0.90
	10	1756.4	1639.3	0.59	0.57	1.22	1.22
	15	2049.2	1785.7	0.84	0.79	1.46	1.58
	20	2341.9	1932.1	0.94	1.06	1.44	1.96
	25	2634.7	2496.7	0.97	1.39	1.33	2.41
	30	2927.4	2224.8	1.06	1.68	1.32	2.73

续表 K.0.1-2

ρ_d (kg/m³)	w(%)	[kJ/(m³·℃)]		[W/(m·℃)]		(m²/h)	
		C_u	C_f	λ_u	λ_f	$\alpha_u \cdot 10^3$	$\alpha_f \cdot 10^3$
1500	5	1568.3	1476.2	0.41	0.41	0.93	0.98
	10	1881.9	1756.4	0.67	0.65	1.28	1.32
	15	2191.4	1907.0	0.96	0.91	1.58	1.71
	20	2509.2	2070.1	1.09	1.22	1.57	2.12
	25	2822.9	2229.0	1.13	1.58	1.44	2.55
	30	3136.5	2383.7	1.24	1.89	1.43	2.85
1600	5	1672.8	1572.4	0.46	0.46	1.01	1.05
	10	2425.6	1873.5	0.78	0.74	1.40	1.42
	15	2541.7	2040.8	1.11	1.02	1.72	1.81
	20	2676.5	2208.1	1.24	1.38	1.67	2.25
	25	3011.0	2375.4	1.28	1.80	1.52	2.73

表 K.0.1-3 碎石粉质黏土计算热参数值

ρ_d (kg/m³)	w(%)	[kJ/(m³·℃)]		[W/(m·℃)]		(m²/h)	
		C_u	C_f	λ_u	λ_f	$\alpha_u \cdot 10^3$	$\alpha_f \cdot 10^3$
1200	3	1154.2	1053.9	0.23	0.22	0.72	0.77
	7	1355.0	1154.2	0.34	0.37	0.91	1.15
	10	1505.5	1229.5	0.43	0.52	1.03	1.52
	13	1656.1	1304.8	0.53	0.71	1.16	1.96
	15	1756.4	1355.0	0.59	0.85	1.21	2.26
	17	1856.8	1405.2	0.60	0.94	1.26	2.42
1400	3	1346.6	1229.5	0.34	0.32	0.89	0.97
	7	1568.3	1346.6	0.50	0.53	1.15	1.44
	10	1756.4	1434.4	0.65	0.74	1.33	1.86
	13	1932.1	1522.2	0.79	0.97	1.48	2.30
	15	2049.2	1580.8	0.88	1.14	1.55	2.59
	17	2166.3	1639.3	0.92	1.24	1.53	2.73
1600	3	1539.0	1405.2	0.46	0.45	1.07	1.17
	7	1806.6	1539.0	0.68	0.74	1.38	1.73
	10	2007.4	1639.3	0.89	1.00	1.61	2.20
	13	2208.1	1739.7	1.10	1.29	1.80	2.66
	15	2341.9	1806.6	1.28	1.45	1.87	2.90
	17	2475.7	1873.5	1.42	1.57	1.96	3.02
1800	3	1731.3	1580.8	0.60	0.60	1.25	2.38
	7	2032.5	1731.3	0.92	0.97	1.62	2.43
	10	2258.3	1844.3	1.17	1.31	1.87	2.56
	13	2295.9	1957.2	1.45	1.65	2.10	3.03
	15	2634.7	2032.5	1.60	1.82	2.19	3.23
	17	2785.2	2107.7	1.71	1.93	2.21	3.28

表 K.0.1-4 砾砂计算热参数值

ρ_d (kg/m³)	w(%)	[kJ/(m³·℃)]		[W/(m·℃)]		(m²/h)	
		C_u	C_f	λ_u	λ_f	$\alpha_u \cdot 10^3$	$\alpha_f \cdot 10^3$
1400	2	1229.5	1083.1	0.42	0.49	1.23	1.62
	6	1463.7	1200.2	0.96	1.14	2.36	3.42
	10	1697.9	1317.3	1.17	1.43	2.40	3.91
	14	1932.1	1434.4	1.29	1.67	2.40	4.20
	18	2166.3	1551.5	1.39	1.86	2.27	4.31
1500	2	1317.3	1162.6	0.50	0.59	1.36	1.84
	6	1568.3	1288.1	1.09	1.32	2.51	3.70
	10	1819.2	1413.5	1.30	1.60	2.58	4.08
	14	2070.1	1539.0	1.44	1.87	2.51	4.38
	18	2321.0	1664.4	1.52	2.08	2.37	4.50
1600	2	1405.2	1237.9	0.61	0.73	1.56	2.13
	6	1672.8	1371.7	1.28	1.60	1.74	4.21
	10	1940.4	1505.5	1.48	1.86	2.75	4.44
	14	2208.1	1639.3	1.64	2.15	2.67	4.72
	18	4173.6	1773.2	1.69	2.35	2.47	4.79
1700	2	1493.0	1317.3	0.77	0.94	1.85	2.52
	6	1777.4	1459.5	1.47	1.91	2.99	4.73
	10	2061.7	1601.7	1.68	2.20	2.94	4.96
	14	2346.1	1743.9	1.84	2.48	2.84	5.13
	18	2630.5	1886.1	1.95	2.69	2.66	5.14
1800	2	1580.8	1392.6	0.95	1.19	2.17	3.09
	6	1881.9	1543.2	1.71	2.27	3.27	5.31
	10	2183.0	1693.7	1.91	2.61	3.17	5.56
	14	2484.1	1844.3	2.09	2.85	3.02	5.58
	18	2785.2	1994.8	2.18	3.08	2.82	5.51

表 K.0.1-5 大含水（冰）率土的导热系数

红色粉质黏土				黄色粉土			
青海风火山				兰州			
ρ_d (kg/m³)	w(%)	[W/(m·℃)]		ρ_d (kg/m³)	w(%)	[W/(m·℃)]	
		λ_u	λ_f			λ_u	λ_f
380	202.4	0.73	2.15	400	200.0	—	2.13
680	109.2	0.94	2.06	700	100.0	—	2.08
900	78.2	1.03	1.97	1000	55.8	—	2.05
1000	60.0	1.08	1.95	1200	40.0	1.94	2.02
1100	50.0	1.08	1.95	1400	35.0	1.86	1.91
1200	44.9	1.09	1.88	1400	30.0	1.72	1.81
1200	34.3	1.09	1.67	—	—	—	—

续表 K.0.1-5

草炭粉土				草根(皮)			
西藏两道河				西藏两道河			
ρ_d (kg/m³)	w(%)	[W/(m·℃)]		ρ_d (kg/m³)	w(%)	[W/(m·℃)]	
		λ_u	λ_f			λ_u	λ_f
100	960.0	—	1.86	100	840	—	1.62
200	428.8	—	2.16	200	400	0.68	1.86
300	300.0	—	2.25	200	300	0.57	1.32
300	284.4	—	1.98	200	250	0.46	0.86
400	180.8	—	2.03	200	200	0.39	0.65
500	143.3	—	2.06	200	150	0.27	0.46
—	—	—	—	200	100	0.23	0.26
—	—	—	—	300	250	0.65	1.65
—	—	—	—	300	180	0.45	1.07
—	—	—	—	300	150	0.41	0.93
—	—	—	—	300	130	0.36	0.68
—	—	—	—	300	110	0.36	0.57

草炭粉质黏土			
东北满归			
ρ_d (kg/m³)	w(%)	[W/(m·℃)]	
		λ_u	λ_f
100	884.0	—	1.68
200	423.2	—	1.91
300	260.3	0.51	1.90
350	213.5	0.45	1.46
350	200.0	0.43	1.30
350	119.3	0.31	0.57
400	175.2	0.55	1.58
400	100.0	0.36	0.80

K.0.2 单位土体相变热和未冻水含水率的确定应符合下列规定：

1 单位土体的相变热（单位体积土中由水分的相态改变所放出和吸收的热量）可按下式计算：

$$Q = L\rho_d(w - w_u) \quad (K.0.2\text{-}1)$$

式中：Q——相变热；

L——水的结晶或冰的融化潜热，一般工程热工计算中取 334.56（kJ/kg）；

ρ_d——土的干密度（kg/m³）；

w——土的天然含水率（总含水率），以小数计（取小数点后两位）；

w_u——冻土中的未冻水含水率。

2 冻土中的未冻水含水率应通过试验确定，当无试验条件时，对于黏性土，按公式（K.0.2-2）计算；对于砂土，按公式（K.0.2-3）计算：

$$w_u = K(T)w_P \quad (K.0.2\text{-}2)$$

$$w_u = w[1 - i_c(T)] \quad (K.0.2\text{-}3)$$

式中：w_P——塑限含水率，以小数计（取小数点后两位）；

K——温度修正系数，以小数计（取小数点后两位），按表 K.0.2 取值；

i_c——相对含冰率，以小数计（取小数点后两位），按表 K.0.2 取值；

T——冻土温度。

表 K.0.2 不同温度下的温度修正系数和相对含冰率数值

土 名	塑性指数		温 度(℃)						
			−0.2	−0.5	−1.0	−2.0	−3.0	−5.0	−10
砂土	—	i_c	0.65	0.78	0.85	0.92	0.93	0.95	0.98
粉土	$I_P \leqslant 10$	K	0.70	0.50	0.30	0.20	0.15	0.15	0.10
粉质黏土	$10 < I_P \leqslant 13$	K	0.90	0.65	0.50	0.40	0.35	0.30	0.25
	$13 < I_P \leqslant 17$	K	1.00	0.80	0.70	0.60	0.50	0.45	0.40
黏土	$17 < I_P$	K	1.10	0.90	0.80	0.70	0.60	0.55	0.50
草炭粉质黏土	$15 \leqslant I_P \leqslant 17$	K	0.50	0.40	0.35	0.30	0.25	0.25	0.20

注：表中粉质黏土 I_P 大于 13 及黏土 I_P 大于 17 两档数据仅作参考。

K.0.3 根据土的物理指标选取计算热参数时应符合下列要求：

1 在计算天然冻结或融化深度和地基温度场时，应计入总含水率的瞬时测定值与平均值的离散关系。计算相变热时所用的总含水率指标，应按春融前的测定值确定。未冻水含水率应按冻结期土体达到的最低温度确定。

2 在确定衔接多年冻土区采暖建筑的基础埋置深度时，应计入土体融化后结构破坏的影响。

3 在确定保温层厚度时，应计入所选用保温材料（如干草炭砌块或炉渣等）长期使用后受潮的影响，同时尚应计入所选用大孔隙保温材料由于对流和辐射热交换对热参数的影响。

本规范用词说明

1 为便于在执行本规范条文时区别对待，对要求严格程度不同的用词说明如下：

1） 表示很严格，非这样做不可的：

正面词采用“必须”，反面词采用“严禁”；

2）表示严格，在正常情况下均应这样做的：

正面词采用“应”，反面词采用“不应”或“不得”；

3）表示允许稍有选择，在条件许可时首先应这样做的：

正面词采用“宜”，反面词采用“不宜”；

4）表示有选择，在一定条件下可以这样做的，采用“可”。

2 条文中指明应按其他有关标准执行的写法为：“应符合……的规定”或“应按……执行”。

引用标准名录

1 《砌体结构设计规范》GB 50003

2 《建筑地基基础设计规范》GB 50007

3 《混凝土结构设计规范》GB 50010

4 《建筑边坡工程技术规范》GB 50330

5 《建筑桩基技术规范》JGJ 94

6 《建筑基桩检测技术规范》JGJ 106

中华人民共和国行业标准

冻土地区建筑地基基础设计规范

JGJ 118—2011

条 文 说 明

修 订 说 明

《冻土地区建筑地基基础设计规范》JGJ 118－2011，经住房和城乡建设部2011年8月29日以第1137号公告批准、发布。

本规范是在《冻土地区建筑地基基础设计规范》JGJ 118－98的基础上修订而成的，上一版的主编单位是黑龙江省寒地建筑科学研究院，参编单位是中国科学院兰州冰川冻土研究所、哈尔滨建筑大学、铁道部科学研究院西北分院、内蒙古大兴安岭林业设计院、铁道部第一勘测设计院、铁道部第三勘测设计院，主要起草人员是刘鸿绪、童长江、徐学祖、王正秋、丁靖康、鲁国威、贺长庚、徐学燕、贾建华、周有才。本次修订的主要技术内容是：1 对季节冻土与季节融化层土的冻胀性分类表进行了修订，增加了粗颗粒土在饱和含水条件下的冻胀性分类；2 对多年冻土的勘察部分进行了修订，对勘探孔深度与间距提出新的要求；3 对多年冻土地基设计明确了选址原则；4 对季节冻土的基础埋置深度、多年冻土地基基础的最小埋置深度分别作了修订；5 对热工计算的内容进行了细化，明确了计算内容；6 对多年冻土地区桩基础的混凝土强度等级及入模温度进行了修订，强调了热棒在建筑地基的应用；7 对冻土边坡防止失稳的措施，增加了碎石层防护的内容；8 对冻土地区单桩承载力检测提出了新的要求，增加了检验与监测内容。

本规范修订过程中，编制组进行了冻土地区建筑地基基础设计现状与发展、工程应用实例的调查研究，总结了我国工程建设冻土地区建筑地基基础设计领域的实践经验，同时参考了俄罗斯国家标准《多年冻土上的地基和基础》СНиП2·02·04－88和《冻土地基基础技术规范》ТСН50－305－2004（赤塔州），通过试验取得了重要技术参数。

为便于广大设计、施工、科研、学校等单位有关人员在使用本规范时能正确理解和执行条文规定，《冻土地区建筑地基基础设计规范》编制组按章、节、条顺序编制了本规范的条文说明，对条文规定的目的、依据以及执行中需注意的有关事项进行了说明，还着重对强制性条文的强制性理由作了解释。但是，本条文说明不具备与规范正文同等的法律效力，仅供使用者作为理解和应用把握规范规定的参考。

目　次

1 总 则

1.0.1 制定本规范的目的是在季节冻土与多年冻土地区进行建筑地基基础的设计与施工时，首先保证建筑物的安全和正常使用，然后要求做到技术先进、经济合理、保护环境。

1.0.2 本规范的适用范围为冻土地区中工业与民用建筑（包括构筑物）地基基础的设计，冻土地区中的地基包括标准冻深大于500mm季节冻土地基和多年冻土地基两大类。

我国多年冻土面积为$215.0\times10^4km^2$，占全国面积的22.3%，季节冻土面积为$514.00\times10^4km^2$，占全国面积的54%，多年冻土与季节冻土合计面积为$729.00\times10^4km^2$，占全国总面积的76.3%，大约有2/3国土面积的地基基础设计需要执行本规范。

3 冻土分类与勘察要求

3.1 冻土名称与分类

3.1.1 冻土的定义中强调不但处于负温或零温，而且其中含有冰的才为冻土。如土中含水率很少或矿化度很高或为重盐渍土，虽然负温很低，但也不含冰，其物理力学特性与未冻土相近，称为寒土而不是冻土，只有其中含有冰其力学特性才发生突变，这才称为冻土。

根据冰川所徐学祖同志的文章我国的冻土可分为三大类：多年冻土、季节冻土和瞬时冻土。由于瞬时冻土存在时间很短、冻深很浅，对建筑基础工程的影响很小，此处不加讨论，本规范只讨论多年冻土与标准冻深大于0.5m的季节冻土地区的地基。

3.1.2、3.1.3 根据冻土强度指标的显著差异，将多年冻土又分出盐渍化冻土与冻结泥炭化土。由于地下水和土中的水即使含有很少量的易溶盐类（尤其是氯盐类），也会大大地改变一般冻土的力学性质，并随着含量的增加而强度急剧降低，这对基础工程是至关重要的。对未冻地基土来说，当易溶盐的含量不超过0.5%时土的物理力学性质仍决定于土本身的颗粒组成等，即所含盐分并不影响土的性质。当土中含盐量大于0.5%时土的物理力学性质才受盐分的影响而改变。在冻土地区却不然，由于地基中的盐类被水分所溶解变成不同浓度的溶液，降低了土的起始冻结温度，在同一负温条件下与一般冻土比较，未冻水含量大很多；孔隙水溶液浓度越大未冻水含量越多，未冻水含量越多，在其他条件相同时，其强度越小。因此，冻土划分盐渍度的指标界限应与未冻土有所区别，盐渍化冻土强度降低的对比见表1。

由表1可知，当盐渍度为0.5%时，单独基础承载力与桩端阻力降低到1/5～1/3，基础侧表面的冻结强度降低到1/4～1/3，这样大的强度变化在工程设计时是绝对不可忽视的。因此，盐渍化冻土的界限定为0.1%～0.25%。如多年冻土以融化状态用作地基，则按未冻土的规定执行（0.5%）。

冻结泥炭化土的泥炭化程度同样剧烈地影响着冻土的工程性质，见表2，设计时要充分考虑、慎重对待。

表1 不同盐渍度冻土强度指标的降低

强度类别		基侧土冻结强度(kPa)												桩端阻力①(kPa)											
盐渍度ζ(%)		0.2				0.5				1.0				0.2				0.5				1.0			
土温(℃)		−1		−2		−1		−2		−1		−2		−1		−2		−1		−2		−1		−2	
土类	砂类土	50	—	80	—	—	—	50	—	—	—	—	—	150	—	250	—	—	—	—	—	—	—	—	—
	粉质黏土	—	60	—	100	—	30	—	50	—	20	—	40	—	450	—	700	—	150	—	350	—	—	—	150
盐渍化冻土/一般冻土		0.38	0.60	0.40	0.67	—	0.30	0.25	0.33	—	0.20	—	0.27	0.11	0.53	0.15	0.64	—	0.18	—	0.32	—	—	—	0.14
一般冻土	土温	−1						−2						−1						−2					
	砂类土	130						200						1400						1700					
	粉质黏土	100						150						850						1100					

注：①3m～5m深处桩端。

表2 不同泥炭化程度冻土强度指标的降低

强度类别		基侧土冻结强度(kPa)												桩端阻力①(kPa)											
泥炭化程度ξ		0.03<ξ≤0.10				0.10<ξ≤0.25				0.25<ξ≤0.60				0.03<ξ≤0.10				0.10<ξ≤0.25				0.25<ξ≤0.60			
土温(℃)		−1		−2		−1		−2		−1		−2		−1		−2		−1		−2		−1		−2	
土类	砂类土	90	—	130	—	50	—	90	—	35	—	70	—	250	—	550	—	190	—	430	—	130	—	310	—
	粉质黏土	—	60	—	100	—	35	—	60	—	25	—	50	—	200	—	480	—	150	—	350	—	100	—	280
冻结泥炭化土/一般冻土		0.69	0.60	0.65	0.67	0.38	0.35	0.45	0.40	0.27	0.25	0.18	0.33	0.18	0.24	0.32	0.44	0.14	0.18	0.25	0.32	0.09	0.12	0.18	0.25
一般冻土	土温	−1						−2						−1						−2					
	砂类土	130						200						1400						1700					
	粉质黏土	100						150						850						1100					

注：①3m～5m深处桩端。

3.1.4 一般人都有这样一个看法，认为冻土地基的工程性质很好，各种强度很高，其变形很小，甚至可看成是不可压缩的。但是这种看法只有对低温冻土才符合，而对高温冻土(此处所说的高温系指土温接近零度或土中的水分绝大部分尚未相变的温度)却不然，高温冻土在外荷载作用下具有相当高的压缩性(与低温冻土比较)，也就是表现出明显的塑性，又称塑性冻土，在设计时，不但要进行强度计算，还必须考虑按变形进行验算。塑性冻土的压密作用是一种非常复杂的物理力学过程，这种过程受其所有成分——气体、液体(未冻水)、黏塑性体(冰)及固体(矿物颗粒)的变形及未冻水的迁移作用所控制。低温冻土由于其中的含水率大部分成冰，矿物颗粒牢固地被冰所胶结，所以比较坚硬，又称坚硬冻土。不同种类的冻土划分坚硬的、塑性的温度界限也各不相同。粗颗粒土的比表面积小，重力水占绝大部分，它在零度附近基本相变成冰。细颗粒土则相反，颗粒越细，其界限温度越低。盐渍化冻土中的水分已成不同浓度的溶液，其界限温度不但与浓度有关，还与易溶盐的种类有关系。这一温度指标很难提出，因此，将划分的界限直接采用表征变形特性的压缩系数来区分。

粗颗粒土由于持水性差，含水率都比较低，当含水率低到一定程度，其所含之冰不足以胶结矿物颗粒时将成松散状态，为松散冻土；松散冻土的各种物理、力学性质仍与未冻土相同。

3.1.5 土的冻胀性分类的说明：

1 关于特强冻胀土一档，因原分类表中当冻胀率 η 大于 6%时为强冻胀。在实际的冻胀性地基土中 η 不小于 20%的并不少见，由不冻胀到强冻胀划分得很细，而强冻胀之后再不细分，则显得太粗，有些在冻胀过程中出现的力学指标如土的冻胀应力、切向冻胀力等，变化范围太大。因此，国内不少单位、规范都已增加了特强冻胀土 η 大于 12%一档，本规范也有相应改动。

2 关于细砂的冻胀性原来规定：粒径大于 0.075mm 的颗粒超过全部质量的 85%为细砂。小于 0.075mm 的粒径小于 10%时为不冻胀土，就是说细砂如有冻胀性，其细粒径土的含量仅在全部质量 10%～15%的范围内。

根据兰州冰川冻土研究所室内试验资料，粗颗粒土(除细砂之外)的粉黏粒(小于 0.05mm 的粒径)含量大于 12%时产生冻胀，如果将 0.05mm 用 0.075mm 代替其含量，大约在 15%时会发生冻胀。

在粗颗粒土中细粒土含量(填充土)超过某一数值时(如 40%)，其冻胀性可按所填充物的冻胀性考虑。

当高塑性黏土如塑性指数 I_p 不小于 22 时，土的渗透性下降，影响其冻胀性的大小，所以考虑冻胀性下降一级。当土层中的黏粒(粒径小于 0.005mm)含量大于 60%，可看成为不透水的土，此时的地基土为不冻胀土。

3 近十几年内各单位对季节冻土层地下水补给高度的研究做了很多工作，见表 3、表 4、表 5、表 6。

表 3 土中毛细管水上升高度与冻深、冻胀的比较

土壤类别 \ 项目	毛细管水上升高度(mm)	冻深速率变化点距地下水位的高度(mm)	明显冻胀层距地下水位的高度(mm)
重壤土	1500～2000	1300	1200
轻壤土	1000～1500	1000	1000
细砂	<500	—	400

注：王希尧．不同地下水埋深和不同土壤条件下冻结和冻胀试验研究．北京．《冰川冻土》．1980.3.

表 4 无冻胀层距离潜水位的高度

土壤类别	重壤	轻壤	细砂	粗砂
无冻胀层距离潜水位的高度(mm)	1600	1200	600	400

注：王希尧．浅潜水对冻胀及其层次分布的影响．北京．《冰川冻土》．1982.2.

表 5 地下水位对冻胀影响程度

土类	地下水距冻结线的距离 z(m)				
亚黏土	$z>2.5$	$2.0<z\leqslant2.5$	$1.5<z\leqslant2.0$	$1.2<z\leqslant1.5$	$z\leqslant1.2$
亚砂土	$z>2.0$	$1.5<z\leqslant2.0$	$1.0<z\leqslant1.5$	$0.5<z\leqslant1.0$	$z\leqslant0.5$
砂性土	$z>1.0$	$0.7<z\leqslant1.0$	$0.5<z\leqslant0.7$	$z\leqslant0.5$	—
粗砂	$z>1.0$	$0.5<z\leqslant1.0$	$z\leqslant0.5$	—	—
冻胀类别	不冻胀	弱冻胀	冻胀	强冻胀	特强冻胀

注：童长江．切向冻胀力的设计．中国科学研究院冰川冻土研究所．大庆油田设计院．1986.7.

表 6 冻胀分类地下水界线值

土名	地下水位(m) \ 冻胀分类	不冻胀	弱冻胀	冻胀	强冻胀	特强冻胀
黏性土	计算值	1.87	1.21	0.93	0.45	<0.45
	推荐值	>2.0	>1.5	>1.0	>0.5	≤0.5
细砂	计算值	0.87	0.54	0.33	0.06	<0.06
	推荐值	>1.0	>0.6	>0.4	>0.1	≤0.1

注：戴惠民，王兴隆．季冻区公路桥涵地基土冻胀与基础埋深的研究．哈尔滨，黑龙江省交通科学研究所．1989.5.

根据上述研究成果，以及专题研究"黏性土地基冻胀性判别的可靠性"，将季节冻土的冻胀性分类表中冻结期间地下水位距冻结面的最小距离 h_w 作了部分调整，其中粉砂列由 1.5m 改为 1.0m；粉土列由 2.0m 改为 1.5m；黏性土列中当 w 大于 w_p+9 后，而改成大于 w_p+15 为特强冻胀土。

4 本次修订对表 3.1.5 作了适当修改。

1) 将"冻结期间地下水位距冻结面的最小距离"一栏修改为"冻前地下水位距设计冻

深的最小距离”。

“冻结期间地下水位距冻结面的最小距离”的要求给实际勘察带来很大困难，一方面，什么时期地下水位距离冻结面最近难以预测，另一方面，该指标的勘察确定与冻前含水率的勘察也必然存在季节上的不一致，造成勘察困难。因此，建议将该指标修改为“冻前地下水位距设计冻深的最小距离”，表中对应的取值保持不变。设计冻深应该视为冻结期间的最大冻深，如果冻前地下水位距离设计冻深的距离大于表中取值且在冻结期间地下水位不上升，则满足修订后的“冻前地下水位距设计冻深的最小距离”就一定满足修订前的“冻结期间地下水位距冻结面的最小距离”。

2）对于表中第一种土类“碎（卵）石，砾、粗、中砂（粒径小于0.075mm的颗粒含量不大于15%），细砂（粒径小于0.075mm的颗粒含量不大于10%）”，原规范中对地下水位不作考虑。本次修订讨论中，设计单位提出：当此类土下部存在隔水层，且地下水位很高使得该土层呈饱和含水状态时，会出现较强的冻胀。中科院寒旱所的一些路基填土（碎石土、卵石土）在饱和含水条件下的封闭冻胀实验也出现过一定程度冻胀的现象。此种冻胀主要源于水相变为冰的体积膨胀。因此，在该类土中，又针对含水状况、隔水层等划分为两种情况处理。

5 冻结深度与冻层厚度两个概念容易混淆，对不冻胀土二者相同，但对冻胀土，尤其强冻胀以上的土，二者相差颇大。冻层厚度的自然地面是随冻胀量的加大而逐渐上抬的，设计基础埋深时所需的冻深值是自冻前原自然地面算起的；它等于冻层厚度减去冻胀量，特此强调提出，引起注意。

6 土的含水率与冻胀率之间的关系可按下式计算：

$$\eta=\frac{1.09\rho_d}{2\rho_w}(w-w_p)\approx 0.8(w-w_p) \qquad (1)$$

在有地下水补给时，冻胀性提高一级。如果地下水离冻结锋面较近，处在毛细水强烈补给范围之内时，冻胀性提高两级。公式（1）是按黏性土在没有地下水补给（封闭系统）的条件下，理论上简化计算最大可能产生的平均冻胀率，其中 ρ_d 为土的干密度，取 $1.5g/cm^3$，ρ_w 为水的密度，取 $1.0g/cm^3$。

3.1.6 多年冻土地基的工程分类主要以融沉为指标，并在一定程度上反映了冻土的构造和力学特性。本规范所用工程冻土的融沉性分类是用中国科学院冰川冻土研究所吴紫汪同志的分类，仅在弱融沉档次上将原先的融沉系数1%～5%改为1%～3%而成。当采暖建筑或有热源的工业构筑物的跨度较大时，其建筑地基融化盘的深度将超过3m多，如按5%的弱融沉计算，沉降量将达到200mm或更大，这对在地基变形不均匀能引起承重结构附加应力的部位是危险的，因规定按逐渐融化状态Ⅱ利用多年冻土作地基，在弱融沉性土上是允许的，所以为安全原因将5%改为3%，见表7。实际上按建筑地基的变形要求来说，最佳地基的土类就是不融沉和弱融沉土，别的类别在逐渐融化时的变形远远超过建筑结构的允许值，不应用作地基。如按保持冻结状态或预先融化状态，并在预融之后加以处理仍是可以用作地基的。

表7 冻土的融沉性与冻土强度及构造的对应关系

分类等级		Ⅰ	Ⅱ	Ⅲ	Ⅳ	Ⅴ
融沉分类	名称	不融沉	弱融沉	融沉	强融沉	融陷
	融沉系数 δ_0	<1	$1\leqslant\delta_0<3$	$3\leqslant\delta_0<10$	$10\leqslant\delta_0<25$	≥25
强度分类	名称	少冰冻土	多一富冰冻土		饱冰冻土	含土冰层
	相对强度值	<1.0	1.0		0.8～0.4	<0.1
冷生构造		整体构造	微层微网状构造	层状构造	斑状构造	基底状构造
界限含水率（黏性土）w(%)		$w<w_p$	$w_p\leqslant w<w_p+4$	$w_p+4\leqslant w<w_p+15$	$w_p+15\leqslant w<w_p+35$	$\geqslant w_p+35$

融沉系数 δ_0 与塑限含水率（细粒土）w_p 或起始融沉含水率（粗粒土）w_0 以及超越 w_p 或 w_0 之绝对含水率，其式为 $\delta_0=\beta(w-w_p)$，$\beta(w-w_0)$，$(w-w_p)$ 或 $(w-w_0)$ 称为有效融化下沉含水率，β 称为融化下沉常数，融化下沉常数见表8。

表8 融化下沉常数 β

土类别	黏性土	粗粒土	细粉砂
β	0.72	0.65① 0.60②	0.71

注：①粒径小于0.075mm的含量超过10%，$w_0\approx10\%$；
②粒径小于0.075mm的含量不超过10%，$w_0\approx8\%$。

冻土强度指标或冻土承载力与含水率有密切关系，Ⅰ类不融沉土由于其中的含水率较少，不足以胶结全部矿物颗粒为一坚硬整体，所以基本接近不冻土的性质，但强度仍大于相应不冻土；Ⅱ～Ⅲ类土是典型冻土，其强度最大；Ⅳ类土含有大量冰包裹体，长期强度明显减少；Ⅴ类土与冰的性质相似。如表7所列，当Ⅱ类土强度为1.0时，Ⅲ类土为1.0～0.8，Ⅳ类土为0.8～0.4，Ⅴ类土小于0.4，而Ⅰ类土亦小于1.0。

3.2 冻土地基勘察要求

3.2.1 多年冻土地基具有以下特点：地基工作过程受地基冻融循环作用影响，地基土的强度和稳定性受地温控制，地表水、地下水的热侵蚀对地基的稳定有重要影响。因此，多年冻土地基设计前应进行冻土地基勘察，重点查清场地的以下工程地质条件，提供有关资料。

(1) 场地内多年冻土的基本特征：冻土埋深与分布，年平均地温与分布，厚度与分布，冻土工程类型与分布；(2) 场地的多年冻土环境特征：植被、水屏障的类型与分布，多年冻土环境的热稳定性，环境保护要求；(3) 不良冻土现象的类型及对工程的影响；(4) 场地的水文地质条件特征：地下水类型，含水层的岩性成分、厚度与分布特点，地下水的补给、径流与排泄条件；(5) 地基土的基本力学参数：融化下沉系数与融化压缩系数，活动层土的冻胀性等。

3.2.3 钻取冻结土试样要特别小心，有时还必须采取特殊的措施，一方面保证取岩芯时不致融化；另一方面在土样正式试验之前的存储与运输环节中不致失态，仍需采取必要的措施，尤其在夏季的高温季节，一旦融化，试样即报废。在确认含水率没损失，结构没破坏，水分没重新分布的条件下，可重新冻结后试验。

由于冻土强度指标和变形特征与土温有密切关系，土温又与季节有关，理想的勘察与原位测试的时间是秋末（9、10月份），但这往往是行不通的。因为，一方面受任务下达和计划安排时间的制约，另一方面还受勘察部门是否忙闲的影响，任何时间都有可能。因此，原位观测与试验结果要经过温度修正后方可使用，否则不够安全。

严格地说，即使对秋末冬初地温最高时进行测试的结果，也要进行温度修正。因为：(1) 当试验不在本年最高地温月时的修正乃是当年的月际修正，即将不是最高地温月份地温修正到相当最高地温月份的地温；(2) 另一个修正是年际修正，因做试验年份的气候不见得是最不利的，也有可能是气温偏低的年，应该用多年观测中偏高年份的地温来修正，这样才有足够的安全性，但一般不进行年际修正。

3.2.4 对勘探点间距根据多年冻土分布情况分别提出要求是合理的，岛状分布区应密一些，孔间距小一些，目的是查清冻土空间分布情况。岛状多年冻土区应注意层间融区，有层间水分布的地方一般有层间融区，不要误认为已过多年冻土下限，勘察深度要求穿过下限，进入稳定地层不小于5m，目的是为设计方案提供可靠依据。冻土地区建筑场地的复杂程度分类应按现行国家标准《冻土工程地质勘察规范》GB 50324执行。

3.2.5 根据工程需要提供相应的气象、物理、力学等指标，不是每项工程都提供1～8项的所有指标，要求有针对性地提供，应能满足设计要求，但其中地温、总含水率、相对含冰率、冻结状态承载力特征值必须提供。

3.2.6 在工程地质、水文地质的不良地段，对重要工程应进行系统的地温观测，在我国多年冻土地基的经验不太丰富的今天是很有必要的，俄罗斯至今仍很重视地基的测温工作。这主要是对工程负责，同时也为积累资料。为了保证测温工作的顺利进行，应在设计文件中提出明确的要求。

4 多年冻土地基的设计

4.1 一般规定

4.1.1 在我国多年冻土地区，多年冻土的连续性（冻土面积与总面积之比）不是太高（表9）。因此，建筑物的平面布置具有一定的灵活性，这种选址工作在我国已经有几十年的历史了。所以，尽量选择各种融区、基岩出露或埋藏较浅地段以及粗颗粒土作地基。

零星岛状多年冻土，主要存在于多年冻土南界边缘地带。其特点是：多年冻土年平均地温一般高于－0.5℃；冻土层厚薄不均。这类高温极不稳定、含冰率高的多年冻土，不宜用作地基。

表9 季节冻土在多年冻土区所占比例的分布

冻土地区	冻土类型	季节冻土所占面积（%）	季节冻土分布的基本特征
东北高纬度多年冻土区	大片多年冻土区	25～35	大河漫滩阶地、基岩裸露的阳坡
	岛状融区	40～50	大、中河流的漫滩阶地、基岩裸露的阳坡
	岛状冻土区	70～95	除河谷的塔头沼泽以外的任何地带
青藏高海拔多年冻土区	大片多年冻土区	20～30	大河贯穿融区、构造地热融区等
	岛状多年冻土区	40～60	除河谷的塔头沼泽以外的任何地带

4.1.2 利用多年冻土作地基时，由于土在冻结与融化两种不同状态下，其力学性质、强度指标、变形特点与构造的热稳定性等相差悬殊，即从一种状态过渡到另一种状态时，在一般情况下将发生强度由大到小，变形则由小到大的巨大突变。因此，根据冻土的冻结与融化状态，确定多年冻土地基的设计状态是极为必要的。

多年冻土地基设计状态的采用，应根据建筑物的结构和技术特性；工程地质条件和地基土性质的变化等因素予以考虑。一般来说，在坚硬冻土地基和高震级地区，采用保持冻结状态设计是经济合理的。如果地基土在融化时，其变形不超过建筑物的允许值，且保持冻结状态又不经济时，应采用逐渐融化状态进行设计。但是，当地基土年平均地温较高（不低于－0.5℃），处于塑性冻结状态时，采用保持冻结状态和逐渐融化状态皆不经济时，应考虑按预先融化状态进行设计。无论采用何种状态，都必须通过技术经济比较后确定。

4.1.3 融沉土及强融沉土等在从冻结到融化状态下的变形问题是多年冻土地区建筑地基基础设计的中心问题，在一栋建筑物中其建筑面积是很小的，基础相连或很近，在很近的距离之内无法将地基土截然分成冻结与不冻的两个稳定部分。即便是能做到，经济上也不许可，实际上也没有必要。因此，规定在一栋整体建筑物中应采用一种状态，一个建筑场地同样也宜是一个状态。与原有建筑物很近的拟建建筑物也不得采用不同的状态设计。

4.1.4 无论采用何种多年冻土地基的设计状态，都要注意周围场地及附属设施的有机配合，保护冻土生态环境，特别是做好施工和使用期间地表排水设施，避免地表水渗入而造成基础冻胀或沉陷。坡地应设置疏导雨水、地下水的截水沟和暗沟；对于低洼场地，宜在建筑四周向外1倍～1.5倍冻深范围内，使室外地坪至少高出自然地面500mm～800mm，并做好柔性散水坡，及时排出雨水。并对供热管道和给水排水系统尽量架空，或者采取有效的保温隔热措施使之穿越地基并定期检查，以防止向地基传热，从而引起基础沉陷。

4.2 保持冻结状态的设计

4.2.1 在多年冻土地区，进行建筑物设计时，是否采用保持冻结状态，关键取决于建筑场地范围内冻土稳定性的条件。

东北高纬度多年冻土区大片多年冻土中的年平均地温为－1.0℃～－2.0℃，高原大片多年冻土中的年平均地温为－1.0℃～－3.5℃。一般说来大片多年冻土区中的冻土层，在没有特殊情况发生时是稳定的。因此，将年平均地温小于－1.0℃作为选择保持冻结状态的一个条件是恰当的。

在建筑场地范围内，如地面自然条件遭到一定程度的破坏，将直接加大地基土的融化深度，迫使多年冻土上限下降。因此，在地基土最大融化深度内如夹有厚地下冰层（厚度大于200mm），或者有弱融沉以上的融沉性土层存在时，只有采用保持冻结状态进行设计，才能保证建筑物的稳定性。

试验结果证明：非采暖建筑或采暖温度偏低，宽度不大的轻型建筑物，对地基土的热稳定性影响较小，采用保持冻结状态设计非采暖库房，输油管设施以及对位移较敏感的建筑物是适宜的。

4.2.2 保持地基土处于冻结状态的设计措施可归纳为四个方面：

1 通风冷却地基土。架空通风基础和填土通风管道基础属此种，应尽量利用自然通风，若满足不了要求，还可以借助通风机强制通风。待日平均气温低于地表土温时就可以通风，地基得到冷却，翌年气温回升到日平均气温高出地表土温时，通风失去作用甚至起副作用时可以关闭通风口。

2 隔热保温。使用热绝缘地板，高填土地基等属此类。保温地板一方面保护室内热量不外散，使用感觉到舒适，节省能源，另一方面也保护地基的冻结层，不使过多的热量破坏地基稳定冻结状态，上限不下移。

如当地产有粗颗粒土时，比较经济和简便的方法是在有效范围内设置粗颗粒土保温垫层，其厚度应以保持冻土上限稳定，或下降所引起的变形很少为原则。这是在美国、加拿大等国家的多年冻土地区建筑轻型房屋时普遍采用的一种方法。

但是这种高填土地基成功与否，关键的一环是施工质量，若监督不严，措施不当，所填之土达不到要求的密实程度，房屋就会因垫层压缩而导致开裂，这是有过教训的。

3 加大基础埋深。采用桩基础或独立基础底面延伸到融化盘最大计算深度之下的冻土层中。

4 热桩、热棒基础。用热桩热棒基础内部的热虹吸将地基土中的热量传至上部散入大气中，冷却地基的效果很好，是一种很有前途的方法。

推广热桩、热棒基础，是不需耗能的冷却技术，符合国家技术经济政策。

4.2.3 利用冻结状态的多年冻土作地基时，基础的主要类型是桩基础，因它向下传力可以不受深度影响，施工方便，实现架空通风构造上也不太繁杂，采用高桩承台即可完成。架空通风（尤其是自然通风）是保持地基土处于冻结状态的基本措施，应得到广泛应用。只要保证足够的通风面积畅通无阻，地基土即可得到冷却。架空通风措施安全可靠，构造简单，使用方便，经济合理。如对重要建筑物感到土温较高无把握，还可采用热桩。

由于冻融交替频繁，干湿变化较大，考虑桩基的耐久性，应对冻融活动层处增加防锈（钢管桩、钢板桩）、防冻融（钢筋混凝土桩）和防腐（木桩）的措施，否则，若干年后会损失严重。

4.2.4 保持地基土冻结状态对正常使用中的要求为：在暖季排除建筑物周围的地表积水，保护覆盖植被，寒季及时清除周围的积雪；对施工的要求为：在施工过程中对施工季节与地温的控制指标等向施工单位提出要求，防止地温场遭受在短期内难以恢复的破坏。

过去我们对环境保护很不重视，新建建筑物不大，但污染环境一片。在多年冻土地区环境的生态平衡非常重要，必须加以保护，否则我们的多年冻土区将会迅速的缩减，一旦退化再恢复是不可能的，为了今天，更为了明天，我们要重视起环境保护，要把它写入勘察设计文件中去。设计文件不但要规定施工过程应注意的事项，在正常使用期间仍要遵守保护环境的各项规定。

4.3 逐渐融化状态的设计

4.3.1 在我国多年冻土地区，岛状多年冻土具有厚度较薄、年平均地温较高、处于不稳定冻结状态等特点，当年平均地温为−0.5℃～−1.0℃时，在自然条件和人为因素的影响下，将会引起退化；如果采用保持冻结状态进行设计不经济时，则采用容许逐渐融化状态的设计是适宜的。

当持力层范围内的地基土处于塑性冻结状态，或室温较高、宽度较大的建筑物以及供热管道及给水排水系统穿过地基时，由于难以保持土的稳定冻结状态，宜采用容许逐渐融化状态进行设计。

4.3.2、4.3.3 多年冻土以逐渐融化状态用作地基时，其主要问题是变形，解决地基变形为建筑结构所允许的途径有以下两个方面：

1 从地基上采取措施（减小变形量）：

1）当选择低压缩性土为持力层的地基有困难时，可采用加大基础埋深，并使基底之下的融化土层变薄，以控制地基土逐渐融化后，其下沉量不超过允许变形值；

2）设置地面排水系统，有效地减少地面集水，以及采用热绝缘地板或其他保温措施，防止室温、热管道及给水排水系统向地基传热，人为控制地基土的融化深度。

2 从结构上采取措施：

1）加强结构的整体性与空间刚度，抵御一部分不均匀变形，防止结构裂缝；

2）增加结构的柔性，适应地基土逐渐融化后的不均匀变形。

4.4 预先融化状态的设计

4.4.1 在多年冻土地区进行建筑设计，如建筑场地内有零星岛状多年冻土分布，并且建筑物平面全部或部分布置在岛状多年冻土范围之内，采用保持冻结状态或逐渐融化状态均不经济时宜采用预先融化状态进行地基设计。

当年平均地温不低于−0.5℃时，多年冻土在水平方向上呈逐渐消失状况，一旦外界条件改变，多年冻土的热平衡状态就会遭到破坏。根据这一特征，使地基土预先融化至计算深度或全部融化，是现实的和必要的，这一建筑经验在国内外已有几十年的历史。

预先融化状态，利用多年冻土作地基在碎石土、砂土中比较适宜；对于黏性土只有当它与透水的土层互层才适宜。因为融化后土中孔隙水能及时排出；预融场地的平面，超出拟建建筑物外轮廓线以外范围应满足设计要求，预融的地基属人工地基，应进行施工勘察或现场检测，确定设计需要的物理力学特性指标。

4.4.2 预先使地基土（冻土层）融化至计算深度，如其变形量超过建筑结构允许值时，即可根据多年冻土的融沉性质和冻结状态，采用粗颗粒土置换细颗粒土；对压缩性较大的地基进行预压加密；加大基础埋深和采取必要的结构措施，如增强建筑物的整体刚度或增大其柔性等的有效措施。

但要注意的是，当地基土融化至计算深度，基础施工时应注意保持多年冻土人为上限的一致，以避免地基土不均匀变形而影响建筑物的稳定性。

4.4.3 按预先融化状态利用多年冻土地基，应符合本规范第4.4.1条的规定，并经过经济比较，在技术条件容许的情况下，预先将冻土层全部融化掉时应按现行国家标准《建筑地基基础设计规范》GB 50007的有关规定，进行地基基础设计。

4.5 含土冰层、盐渍化冻土与冻结泥炭化土地基的设计

4.5.1 含土冰层的总含水率为 w 大于 w_p+35，水的体积大于土的体积，融化后呈现融陷现象，任何一种承重结构都适应不了这种巨大变形。因此，应避开含土冰层作为天然地基，必须采用时应慎重对待，进行特殊处理。

4.5.2 由于冻土中易溶盐的类型不同（氯盐、硫酸盐和碳酸盐类），对土起始冻结温度的影响、对建筑材料的腐蚀都有不同。氯盐对冰点的降低显著，Na_2CO_3 和 $NaHCO_3$ 能使土的亲水性增加，并使土与沥青相互作用形成水溶盐，造成沥青材料乳化。硫酸盐的含量超过1%，氯盐的含量超过4%，对水泥产生有害的腐蚀作用。硫酸盐结晶水化物可造成水泥砂浆、混凝土等材料的疏松、剥落、掉皮和其他侵蚀性作用。

盐渍化冻土的特点是起始冻结温度随着盐渍度的加大，孔隙溶液的变浓而降低，含冰率相对减少。在同样土温条件下，盐渍化冻土的强度指标要小得多，同时还具有腐蚀性。因此，设计时要考虑下述几点：

1 在初步设计预估承载力时，除计算桩与泥浆的承载力之外，还应验算钻孔插入桩周围泥浆与盐渍化冻土界面上冻土的抗剪强度所形成的承载力，并以小者为准。

2 为了提高钻孔插入桩的承载力，可加大钻孔直径，使其比桩大100mm，用石灰砂浆回填，一方面使桩侧的冻结强度提高（与泥浆的比较），另一方面也（由于石灰泵浆与盐渍化冻土交界面上强度的提高和面积的加大）使桩周围泥浆的薄弱环节得到加强，这就提高了总承载力。

3 单桩竖向承载力与塑性冻土地基中桩的变形情况，应通过单桩载荷试验确定。

4.5.3 盐渍化冻土若按逐渐融化和预先融化状态进行设计时，除应符合本规范第4.3节、第4.4节各条

的规定外，还应符合现行国家标准《建筑地基基础设计规范》GB 50007与其他有关现行规范的规定。

4.5.4 冻结泥炭化土地基的设计与盐渍化冻土的差别不大，其特点与设计时注意事项都基本相同，不再详述。

5 基础的埋置深度

5.1 季节冻土地基

5.1.1、5.1.2 季节冻土地区确定基础合理埋置深度并实现基础浅埋，20世纪70年代冻土界作了大量的研究和工程实践，并纳入当时的规范，规定对弱冻胀、冻胀性土地基的基础埋置深度，可以小于设计深度。基础浅埋对当时低层建筑降低基础工程费用，取得了一定的成效。本规范原版本规定浅埋基础适用于各类冻胀性土地基，本次修订保留了原规范基础浅埋的方法，但缩小了应用范围，规定基础埋置深度小于设计冻深的应用范围控制在深季节冻土地区的不冻胀、弱冻胀和冻胀土地基。修订的主要依据如下：

1 经调查了解，规范执行以来，在我国浅季节冻土地区（冻深小于1.0m），除农村外基本没有实施基础浅埋；中深季节冻土地区（冻深1.0m～2.0m之间）多层建筑和冻胀性较强的地基也很少有浅埋基础，基础的埋深多数控制在设计冻深以下；在深季节冻土地区（冻深大于2.0m），冻胀性不强的地基土上浅埋基础较多，如漠河（融区季节冻土）、大兴安岭、满洲里、牙克石等多年冻土南界以北的深季节冻土地区。实际应用中基础实施浅埋的工程比例不大。

当前城镇建设中，多层建筑增多，基础埋置深度浅，承载力偏低，尤其冻胀性土层多数情况是不适宜的持力层。

因此，中深季节冻土地区，基础埋置深度采用不小于设计冻深，并根据地基土冻胀性适当采取减小基侧切向冻胀力危害措施，在工程设计实践中较普遍。

2 20世纪六七十年代，民用建筑中平房、低层建筑较多，冻土地区基础工程占总工程费用比例较大，实施浅埋基础符合当时的实际情况。随着国民经济的发展，建筑工程质量标准的提高，人们对基础浅埋带来的经济效益与房屋建筑的安全性、耐久性之间，更加重视安全性、耐久性。

3 本次修订基础埋置深度时，力求减小基底法向冻胀力对结构的危害。根据有关单位研究，在季节冻土区，冻结深度在年际间受气温波动差异很大，多年最大冻深平均值与极值（最大值）差值可达15%～20%。这样在极端低温的寒季年度，实际冻深增大（标准冻深统计取值为各年度最大冻深平均值）可能对冻胀性地基上的基础产生不利影响。当基础底面出现冻层，对冻胀性小的地基产生冻胀或冻胀力较小；当地基土层强冻胀、特强冻胀，其基底的冻胀变形或法向冻胀力可能危及结构安全，因此，这类冻胀土地基上基础埋深应该有更可靠的安全度。

鉴于上述情况，本次修订对强冻胀性、特强冻胀性地基土，基础的埋置深度宜大于设计冻深0.25m；对浅季节冻土和中深季节冻土地区的不冻胀、弱冻胀、冻胀性地基土，基础的埋置深度不宜小于设计冻深；对深季节冻土地区，基础底面可埋置在设计冻深范围之内，基础可适当浅埋，宜依据当地工程经验结合本规范附录C的规定计算确定基础的埋置深度。

中国季节冻土标准冻深线图是20世纪70年代初编制的，当时以我国季节冻土区552个主要气象台（站）1961～1970年近10年的实测最大冻深资料为依据，同时参考了有关勘察设计部门掌握的实测冻深资料和前十年（1951～1960年）的最大冻深值加以修正，制成的第一幅“中国季节冻土标准冻深线图”。随着我国气象事业的发展，不仅原有各台（站）的观测年份延长了10年，而且又有不少新台（站）相继建立，20世纪80年代末，共收集资料的气象台（站）数为857个。由于部分站的观测资料不全或建站时间短。因此，将不足10年的站剔出，实际编图依据的站数为729个，从时间上分其中只有10年记录的312个，编图采用10年到20年的观测资料，补充完善，制成第二版《中国季节冻土标准冻深线图》，为本规范采用，即本规范图5.1.2（中国季节冻土标准冻深线图）。

本次修订，保留原图，未作修改。

影响冻深的因素很多，最主要的是气温，除此之外尚有季节冻结层附近的地质（岩性）条件，水分状况以及地貌特征等，在上述诸因素中，除山区之外，只有气温属地理性指标，其他一些因素，在平面分布上都是彼此独立的，带有随机性，各自的变化无规律和系统，有些地方的变化还是相当大的，它们属局部性指标，局部性指标用小比例尺的全国分布图来表示，不合适。例如，哈尔滨郊区有一个高陡坡，水平距离不过十余米，坡上土的含水率最小，地下水位低，冻深约1.9m，而坡下水位高，土的含水率大，属特强冻胀土，历年冻深不超过1.5m。这种情况在冻深图中是无法表示清楚的，也不可能表示清楚。

标准冻深，应该理解为在标准条件下取得的，该标准条件，即为标准冻深的定义：地下水位与冻结锋面之间的距离大于2m，非冻胀黏性土，地表平坦、裸露，在城市之外的空旷场地中多年实测（不少于10年）最大冻深的平均值。由于建设场地不具备上述标准条件，所以标准冻深一般不直接用于设计中，而要考虑场地实际条件将标准冻深乘以修正系数。冻深的修正系数有土质系数、温度系数、环境系数和地形系数等。

表 10　水分对冻深的影响系数（含水率、地下水位）

资料出处	不冻胀	弱冻胀	冻胀	强冻胀	特强冻胀
黑龙江省低温建研所（闫家岗站）	1.00	1.00	0.90	0.85	0.80
黑龙江省低温建研所（龙凤站）	1.00	0.90	0.80	0.80	0.77
大庆油田设计院（让胡路站）	1.00	0.95	0.90	0.85	0.75
黑龙江省交通科学研究所（庆安站）	1.00	0.95	0.90	0.85	0.75
推荐值	1.00	0.95	0.90	0.85	0.80

注：土的含水率与地下水位深度都含在土的冻胀性中，参见土的冻胀性分类表3.1.5。

土质对冻深的影响是众所周知的，因岩性不同其物理参数也不同，粗颗粒土比细颗粒土的冻深大，砂类土的冻深比黏性土的大。我国对这方面的实测数据不多，不系统，前苏联1974年和1983年《房屋建筑物地基》设计规范中即有明确规定，本规范采纳了他们的数据。

土的含水率和地下水位对冻深也有明显的影响，我国东北地区做了不少工作，这里将土中水分与地下水位都用土的冻胀性表示（见本规范土的冻胀性分类表3.1.5），水分（湿度）对冻深的影响系数见表10。因土中水在相变时的水量越多，放出的潜热也就越多，由于冻胀土冻结的过程也是放热的过程，放热在某种程度上减缓了冻深的发展速度，因此冻深相对变浅。

坡度和坡向对冻深也有一定的影响，因坡向不同，接收日照的时间有长有短，得到的辐射热有多有少，阳坡的冻深最浅，阴坡的冻深最大。坡度的大小也有很大关系，同是向阳坡，坡度大者阳光光线的入射角相对较小，单位面积上的光照强度较大，接受的辐射热量就多，但是有关这方面的定量实测资料很少，现仅参照前苏联《普通冻土学》中坡向对融化深度的影响系数给出。

城市的气温高于郊外，这种现象在气象学中称为城市的“热岛效应”。城市里的辐射受热状况改变了（深色的沥青屋顶及路面吸收大量阳光），高耸的建筑物吸收更多的阳光，各种建筑材料的热容量和传热量大于松土。据计算，城市接受的太阳辐射量比郊外高出10%～30%，城市建筑物和路面传送热量的速度比郊外湿润的砂质土快3倍。工业设施排烟、放气、交通车辆排放尾气、人为活动等都放出很多热量，加之建筑群集中、风小、对流差等，也使周围气温升高。

目前无论国际还是国内对城市气候的研究越来越重视，该项研究已列入国家基金资助课题，对北京、上海、沈阳等十个城市进行了重点研究，已取得一批阶段成果。根据国家气象局科学研究气候所、中国科学院和原国家计委北京地理研究所气候室的专家提供的数据，给出了环境对冻深影响系数，经过整理列于表11中。但使用时应注意，此处所说的城市（市区）是指市民居住集中的市区，不包括郊区和市属县、镇。

表 11　“热岛效应”对冻深的影响

城市	北京	兰州	沈阳	乌鲁木齐
市区冻深 远郊冻深	52%	80%	85%	93%
规范推荐值	市区－0.90	近郊－0.95	村镇－1.00	

上述各项系数，在多年使用中未发现问题，本次修订仍保留，不作修改。

关于冻深的取值，尽量应用当地的实测资料；要注意个别年份挖探一个、两个的数据不能算实测数据，而是多年实测资料（不少于10年）的平均值为实测数据（个体不能代表均值）。

5.1.3　过去的地基基础设计规范、地基基础施工验收规范都明文规定在砌筑基础时，基槽中基础底面以下不准留有冻土层，以防冻土融化时基础不均匀下沉。20世纪80年代初首先在大庆地区突破了这一禁令，在春融期地基尚未融透，利用有效冻胀区的概念，成功地留有一定厚度的冻土层，为国家节约大量的基础工程资金，当时受到石油部的奖励。据调查，大庆地区已不采用了，但在内蒙古和大兴安岭地区，由于季节冻结深度大，每年六月、七月不能全部融化，在天然场地的浅基础设计施工中，采用了基槽中保留部分冻土层，在冻土地基上施工基础，因此，保留了本条。并补充下列要求：

1　基底面下的冻土层土质和厚度应均匀，并属不融沉类土，或属弱融沉类土，应按本规范6章规定计算融沉压缩变形，确定冻层厚度，总的下沉量应在设计允许范围内。

2　应进行施工勘察和监测。

3　应采用多年冻土保持冻结状态设计的有关施工措施和要求。

5.1.4　在防冻害措施中最好是选择冻胀性小的场地作地基，或对现有地基采取降低冻胀性的某些措施。例如排水：即疏导地表水，降低地下水或提高地面等；压密：即用强夯法将冻层之内地基土的干密度压实到大于或等于1.7g/cm³；保温：如苯板可减小冻深和改变水分迁移方向。

由于砖砌体在地下都不勾缝，毛石不规则，其表面凸凹不平明显，切向冻胀力的数值特别大，如用水泥砂浆抹面压光，将较大改善受力状态，或用物理化学方法处理基侧表面或与其侧表面接触的土层；如在表面涂以渣油层用表面活性剂配制的增水土隔离，用添加剂使土颗粒凝聚或分散的土隔离等。

人工盐渍化的方法可降低土的起始冻结温度，也能起到一定的作用，但一般不用，因该方法不耐久，随着时间的延长，地下水会把盐溶液的浓度冲淡而失效，同时将地基土盐渍化，变得具有腐蚀性，危害各种地下设施。因此本规范未推荐此措施。

加大上部荷载可在一定程度上有效地平衡一部分冻胀力，因此，凡是处在强冻胀和特强冻胀土的地基上，尽量避免设计低层（尤其单层）建筑。

在冻胀性较强的地方，当外墙较长、较高时，为抵御由外侧冻胀力偏大而引起的偏心或弯矩，宜适当增加内横隔墙或扶壁柱的数量。

砂垫层可防法向冻胀力，但一定要把砂垫层的底面放置在设计冻深的底线上，即砂垫层的下部不得有冻胀性土存在，因砂垫层底面的附加应力要小得多，它平衡不了多少冻胀应力。

大量试验证明，梯形斜面基础是防切向冻胀力的有效措施之一，但施工稍复杂。

自锚式扩展基础也是防切向冻胀力的有效措施之一，但要注意回填土部分的施工质量，否则，将产生过大的压缩变形。

跨年度越冬情况很复杂，因此取消了有关计算说明。

5.2 多年冻土地基

5.2.1 在不衔接多年冻土地区，当多年冻土上限埋深在建筑物的热影响深度（相当稳定融化盘）以下时，下卧多年冻土的热状态不受建筑物的热影响，基础埋深可按季节冻土地区的有关规定进行设计。若多年冻土上限处在最大热影响深度（稳定融化盘）之内时，如果融化多年冻土的变形（融化下沉和压密下沉）与融土地基的压密变形之和不超过承重结构的允许值时，仍可按季节冻土地基的方法考虑基础的埋深。

5.2.2、5.2.3 多年冻土是一种含冰的“岩石”，在负温状态下，具有固体岩石的工程性能，是建筑的良好地基。在衔接多年冻土地区，按保持冻结状态利用地基多年冻土时，应采取有效措施，保持地基多年冻土的设计温度状态，并且，确保建筑物基础底面在多年冻土中，其埋置深度应通过热工计算确定。对于浅基础，其基础底面埋深，应不小于该建筑物地基多年冻土稳定人为上限加 0.5m。理由如下：地基活动层的冻融循环是多年冻土地区建筑物破坏的主要原因。对于永久性建筑物，基础底面是不允许出现法向冻胀力的。即浅基础底面以下的地基，在一般情况下，是不允许有冻融循环的。因此，浅基础底面必须保证置于多年冻土中；其次，建筑物的稳定人为上限是随气温波动而波动的。年平均气温每波动 1℃，稳定人为上限埋深约变化 15%～20%。

建筑物的稳定人为上限埋深，取决于建筑物的热工特性和地基多年冻土工程地质条件，受多种因素影响和控制，一般难以获得。因此，在这里推荐采用建筑场地的设计融深来确定浅基础的埋置深度。浅基础最小埋深的规定，一方面考虑多年冻土上限位置的地温较高，变形较大，强度较低；另一方面考虑年际气温变化引起上限波动对基础稳定性的影响。所以，要求浅基础底面必须埋入多年冻土中一定深度：采用架空通风基础时和无热源影响地基土上基础（冷基础）时对于永久性建筑物，基础要求埋入多年冻土中的深度，不小于 1m（即 ＋1m）；但对临时性的或次要的附属建筑物，只要不小于设计天然上限埋深即可。

允许地基多年冻土逐渐融化或预先融化时，基础的埋深按季节冻土地基考虑，即考虑地基土的设计冻深、地基土的冻胀特性等，来确定基础的埋深。

无论采用何种设计原则（保持冻结状态、逐渐融化和预先融化），建筑物基础都应按本规范附录 C 的规定，进行切向冻胀力作用下基础抗冻胀稳定和强度的验算。

对基础底面埋置在季节融化层内的临时性或次要附属建筑物基础，应考虑法向冻胀力，采用本规范附录 C 的方法，验算施工越冬阶段和正常使用阶段建筑物的稳定性。

地基土的标准融化深度，是指建筑地区土质为非冻胀性黏性土，地表平坦、裸露的空旷场地，多年（不小于 10 年）实测融化深度的平均值。

在没有实测资料时，标准融深按本规范确定。标准融化指数等值线图由黑龙江省农业气象试验站绘制。

影响融化深度的因素较多，除气温之外，尚有土质类别（岩性）、含水率、植被覆盖、地面坡度、朝向等。土质类别（岩性）、含水率、植被覆盖、地面坡度、朝向与融化深度的关系是：粗颗粒土的融化深度比细颗粒土大；含水率大的土体融化深度小；植被覆盖地面的融化深度较裸露地面小；向阳坡融化深度大于阴坡；地面坡度大，融化深度深，坡向对融深的影响系数见表 12。

表 12 坡向对融深的影响系数 ψ^{m}_{10}

数据来源	坡向	融深（m）	ψ^{m}_{10}
前苏联教科书《普通冻土学》中有关“伊尔库特—贝加尔地区”的资料	北坡	0.68	0.88
	—	0.78	1.00
	南坡	0.87	1.12
《公路工程地质》一书中杨润田、林凤桐有关大兴安岭地区资料	阴坡	1.00	0.80
	—	1.25	1.00
	阳坡	1.50	1.20
规范推荐值	阴坡	—	0.90
	阳坡	—	1.10

土质类别、地形、地貌对融深影响的资料，引自铁道部科学研究院西北分院、铁道部第一勘测设计

院、中国科学院冰川冻土研究所等单位编写的《青藏高原多年冻土地区铁路勘测设计细则》和铁道部第三勘测设计院编写的《东北多年冻土地区铁路勘测设计细则》。融化深度与含水率的关系，引自冻结过程资料，土的类别对融深的影响系数见表13。

表13　土的类别对融深的影响系数ψ_s^m

青藏高原多年冻土地区铁路勘测设计细则	黏性土	粉土、粉、细砂	中、粗、砾砂	大块碎石
ψ_s^m	1.00	1.12	1.20	1.45
东北多年冻土地区铁路勘测设计细则	粉土	砂砾	卵石	碎石
ψ_s^m	1.00	1.00	2.03	1.44
本规范推荐值	黏性土	粉土、粉、细砂	中、粗、砾砂	大块碎石类
ψ_s^m	1.00	1.20	1.30	1.40

5.2.4　多年冻土中桩基的承载能力，来源于桩侧表面的冻结力和桩底多年冻土的抗力。活动层中桩的摩擦阻力和冻结力，在承载力计算中，是不能考虑的。因为，冻土桩基的稳定性，除桩的下沉稳定外，还有桩的抗冻胀稳定。为满足桩的抗冻胀稳定要求，活动层部分的桩体，在一般情况下，均需要作防冻胀处理，即要求消除或减小桩表面与活动层土体之间的粘结力，以满足桩基抗冻胀稳定的要求。因此，冻土桩基的最小埋置深度，应通过冻土桩基热工计算、承载力计算和抗冻胀稳定计算确定。

6　多年冻土地基的计算

6.1　一般规定

6.1.1　多年冻土地区在我国分布较广，在这些地区建造房屋，进行地基与基础计算，必须考虑建筑物与地基土之间热交换引起的地基承载力、变形的变化对静力计算的影响。由于没有考虑冻土这一特点而引起地基沉陷、墙体开裂、房屋不能使用的事故屡见不鲜，同时由于没有掌握计算要点盲目埋深，造成的经济损失也十分可观，因而在冻土地区应通过对地基静力、热工、稳定三方面的计算，达到安全、经济的目的。

在多年冻土地区进行工程建设时，和非冻土地区一样，需要进行地基承载力、变形及稳定性计算。但是，作为地基土的冻土其强度、承载力等数值，除了与地基土的物质成分、孔隙比等因素有关外，还与冻土中冰的含量有很大关系。冻土中未冻水量的变化直接影响着冻土中的含水（冰）量及冰-土的胶结强度，地温升高，冻土中的未冻水量增大，强度降低，地温降低，未冻水量减少，强度增大。因此，在确定冻土地基承载力时，必须预测建筑物基础下地基土的强度状态，用建筑物使用期间最不利的地温状态来确定冻土地基承载力才是最安全的。反之，仅按非冻土区状态来确定地基承载力，就不能充分利用冻土地基的高强度特性，造成很大的浪费。若仅按勘察期间天然地温状态确定的冻土地基承载力亦是不安全的。因而，基础设计时，按预测建筑物使用期间可能出现的最不利的地温状态来进行承载力计算。

6.1.2　保持地基土处于冻结状态利用多年冻土时，由于坚硬冻土的土温较低，土中已有含冰率足以将土的矿物颗粒牢固地胶结在一起，使其各项力学指标增强许多，而其中的压缩模量大幅度提高。对一般建筑物基础荷载的作用，在地基土承载力范围之内，满足变形要求，所以对坚硬冻土只需计算承载力就可以了。对塑性冻土，由于其压缩模量比坚硬冻土小得多，在基础荷载作用下，处于承载力范围之内的压缩、沉降变形却不可忽视。因此，还需对变形加以考虑。

如果建筑物下有融化盘，还必须进行最大融化深度的计算，一定要保证基础底面及其持力层在人为上限之下的规定深度，处于稳定冻结状态的土层内。

容许多年冻土以融化状态用作地基时，应按现行国家标准《建筑地基基础设计规范》GB 50007的有关规定进行，就是既要按承载力计算，也要按变形来进行验算。既考虑预融后或部分预融后的情况，也要考虑在使用过程中逐渐融化变形的状态。

6.1.3　我国冻土研究历史虽已六十多年，但对全国各个地区的工程地质及水文地质条件，以及各种冻结状态下的地基承载力的原位测试等工作做得仍不充分。特别是冻结状态大块碎石土的工作更是有限。同时，冻土的另一大特点，即含有不同程度的地下冰，冻土中的含水分布异常不均匀。因此，在选用本规范的地基承载力值时，就受到很大的限制。所以对设计等级为甲级、乙级的建筑物，应要求进行原位测试，对设计等级丙级的建筑物，或工程地质、水文地质及冻土条件较为均匀时，可以要求放宽，通过建筑地段的冻土工程地质勘探所取得的地基土的物理力学性质来确定，但严禁不进行工程地质勘察的做法。

6.2　保持冻结状态地基的计算

6.2.1　多年冻土地区建筑物基础设计时，对基础底面压力的确定及对偏心荷载作用的基础底面压力的确定，仍需符合非冻土区的计算方法。

6.2.2　在偏心荷载作用下基础底面压力的确定，在多年冻土区中采用保持地基土处于冻结状态设计时，除了按非冻土区的计算方法外，尚应考虑作用于基础下裙边侧表面与多年冻土冻结的切向力。因为冻土与基础间的冻结强度，是随着地基土温度降低而增大的，它比未冻土与基础间的摩阻力要大得多，其作用方向和偏心力矩的方向相反。所以，对偏心荷载作用下基础底面反力值的计算，应该考虑裙边的冻结强度。

6.3 逐渐融化状态和预先融化状态地基的计算

6.3.1 地基变形的允许值，主要是由上部承重结构的强度所决定，在不少建筑物使用条件对沉降差和绝对沉降量也有一定要求，个别还有外观上的限制。所以，建筑物的最终变形量，都需符合这一规定。

6.3.2 本规范公式（6.3.2）是计算地基下沉量比较精确的计算式，要求在地质勘探时由试验按土层分别确定融沉系数 δ_0 和体积压缩系数 m_v，并要求较准确地观察冻土层中包裹冰的平均厚度 Δ_i。若冻土中未见包裹冰，即 $\Delta_i=0$，公式（6.3.2）仍然适用。

公式（6.3.2）中第一项为融化下沉量。第二项为在地基土自重压力下的压缩沉降量。第三项为附加压力作用下压缩沉降量；地基土中的附加应力是按非均质地基中具有刚性下卧层，上软下硬双层体系地基考虑的；冻土层与融化层比较，可近似地认为是不可压缩的土层，用冻融界面（冻融界面是逐渐下移的）上的附加应力来计算压缩变形量。第四项为包裹冰（冰透镜体和冰夹层）融化时的下沉量，但并不是所有包裹冰融化后的下沉量刚好与包裹冰自身厚度相同，而存在一个大孔隙不完全堵塞的系数，此处不予考虑，只作为一个安全因素储备起来。式中规定了 Δ_i（冰夹层）仅取厚度大于或等于 10mm 者，小于 10mm 的纳入 δ_0 系数中。

6.3.3 在基础荷载作用下，地基正融土中的附加应力系数体系与普通土中基础之下地基土中有不可压缩的下卧层体系相似，由于冻土的压缩模量比融土的大几倍甚至几十倍，所以冻土类似不可压缩体，融冻界面就是不可压缩层的表面，又因地基冻土受热是逐渐融化的，融冻界面是逐渐扩展的，可以认为不可压缩层是从基础底面逐渐下移的，冻土融一层就被压一层，故融冻界面处土中应力系数采用了一般土力学与地基基础书中计算不可压缩层交界处土中的应力系数表（见本规范表 6.3.3）。

公式（6.3.3）中 α_{i-1}、α_i 系数，就是第 i 层土顶面和底面处的应力系数 α，因为第 i 层土是从 h_{i-1} 层底面开始融化直到 h_i 层底面的，即融冻界面是从 h_{i-1} 层底面逐渐下移至 h_i 底面，故第 i 层土中部平均应力系数为 $(\alpha_{i-1}+\alpha_i)/2$。这与地基基础设计规范中所说的平均附加应力系数不是一个概念，不可混淆。

6.3.4 当地基冻土融化、压缩下沉量大于允许值时，采取预融一部分地基土来减少建筑物基础的下沉量是合适的，也是较经济的（与其他措施相比）。

预融土在建筑物施工前，土的融化下沉已经完成，土的自重压密也完成了一部分，计算预融深度 h_m 时，可只按融沉量计算。在计算融化总深度 H_u 时应考虑为计算最大融深 H_{max} 与融土的蓄热影响（$0.2h_m$）两部分之和。

6.3.5 基础倾斜，是基础边缘地基土不同下沉的结果，s_1、s_2 就是一个基础两边缘（或一段的两端）的不同下沉值，其压缩应力系数应采用边缘或角点的应力系数；它小于中心应力系数，但在非均质地基中这种试验工作尚未进行，计算图表无处可查，故采用中心点的应力系数计算，其所得结果是偏大的。但我们求的是倾斜值，s_1、s_2 同时偏大，其最终结果与小附加应力计算结果是接近的。又因计算沉降量与地基的实际沉降值往往是有差距的，因此，在没有资料时采用中心应力计算还是可行的。前苏联 СНиП Ⅱ-Б.6-66 地基基础设计标准，也是采用中心应力计算的。

7 基 础

7.1 一 般 规 定

7.1.1 冻土地区可采用的基础类型有：刚性无筋扩展基础、柱下独立钢筋混凝土基础、墙下钢筋混凝土条形基础、柱下条基、筏形基础、桩基础、热桩、热棒基础及架空通风基础等。选择基础类型应考虑建筑物的安全等级、类型、冻土地基的热稳定性及所采用的设计状态。如墙下条形基础、筏形基础由于其向冻土地基传递的热量较多以及不能充分利用冻土地基的承载力等原因，不宜用于按保持地基冻结状态设计的多年冻土地基。各类基础具体适用条件见本章各节。

7.1.2 多年冻土地区基础下设置一定厚度对冻结不敏感的砂卵石垫层，可以起到以下作用：

1 减少季节冻结融化层对地基土的影响，提供稳定的基础支承；

2 提供较好的施工作业工作面，不管在什么季节条件下，可使施工机械、人员在地基上面工作的困难减少；

3 减少季节冻结融化层的冻胀和融沉；

4 调节地基因季节影响引起的热状况的波动；

5 避免现浇钢筋混凝土直接影响多年冻土温度状况，对按保持地基冻结状态设计有利。

垫层的粒料由透水性良好和洁净砾料组成。根据室内外试验结果，当粉黏粒（小于 0.075mm 颗粒）含量小于或等于 10%时，对冻胀是不敏感的（不产生冻胀或融沉），所以要求粒料中粉黏粒含量不超过 10%。粒料的最大尺寸不超过 50mm～70mm，级配良好。垫层应保证有一定密实度，并符合现行国家标准《建筑地基基础设计规范》GB 50007 中填土地基的质量要求。如果在细粒土地基上铺设较粗大的砾卵石材料作垫层时，则应先在地基上铺设 150mm 左右厚度的纯净中粗砂，使其起到反滤层作用，以减少地基土融化时细颗粒土向上渗入垫层中。中粗砂有一定持水能力，使体积融化潜热提高，也有助于减少地基的冻结和融化深度。

多年冻土地区按容许地基土融化原则设计时，砂卵石垫层厚度应满足下卧细粒土融化时的强度要求。粒料垫层承载力设计值根据非冻结土按现行国家标准《建筑地基基础设计规范》GB 50007 有关规定取值。

7.2 多年冻土上的通风基础

7.2.1 多年冻土地区，房屋地基基础工程中，需要解决的复杂难题，是基础与地基多年冻土之间的热传输问题。由于地坪和基础的渗热，常使地基多年冻土出现衰退和融化，引起房屋的变形和破坏。通风散热基础能将地坪渗、漏热量和基础导入的热量拦截，释放于大气中，确保地基多年冻土的热稳定，达到防止建筑物变形、损坏的目的。因此，通风散热基础，是多年冻土地基上最为合理的基础形式。

图 1 青藏铁路上的架空通风基础房屋（不冻泉车站）

所谓架空通风基础，是指地基地表与建筑物一层地板底面间，留有一定高度通风空间的基础（图 1）。基础中的通风空间，可设在地下或半地下，但一般都设在地上。

填土通风管基础，是指在天然地面上，用非冻胀性粗颗粒土填筑一定厚度的人工地基，并在其中埋设通风管的一种地基基础结构形式（图 2）。

图 2 青藏铁路上的填土通风管圈梁基础房屋（通天河养路工区）

填土通风管基础是地基基础的复合体，它既不是基础，也不是地基。这可从通风管的受力状态看出：一方面，通风管承担着上部建筑荷载，它应是基础的组成部分；另一方面，通风管上的荷载应力，又是通风管上填土传来的，通风管又应是地基的组成部分。这种填土通风管地基基础结构，确实很难将地基和基础明确区分开来，为方便起见，仍称其为基础。

无论何种形式的地基基础散热结构，其共同特点是地基基础中都留有一定通道，供空气流通之用，故可统称为通风基础。

通风基础是保持地基多年冻土冻结状态的合理基础形式。其中，桩基架空通风基础，是多年冻土地区普遍采用的。

架空通风基础可以利用冬季的自然通风，达到保持地基多年冻土冻结状态的目的，特别是对热源较大的房屋，如锅炉房、浴室等。

架空通风基础下，地基温度场变化情况如图 3 所示，与天然地面地温曲线（图 4）相比。桩基架空通风基础下，地基表面的温度，无论是暖季，还是寒季，都比天然地面要低；地基多年冻土的上限埋深，较之天然地面要浅约 1m。这就说明，架空通风基础可有效拦截地坪渗、漏热量，消除房屋采暖对地基多年冻土的热影响。

通风基础，适用于各种地形、地貌、冻土工程地质条件的多年冻土地基。在我国青藏高原多年冻土地区和东北大兴安岭多年冻土地区的阿木尔、满归等地，均采用过这种基础（表 14），使用效果良好。

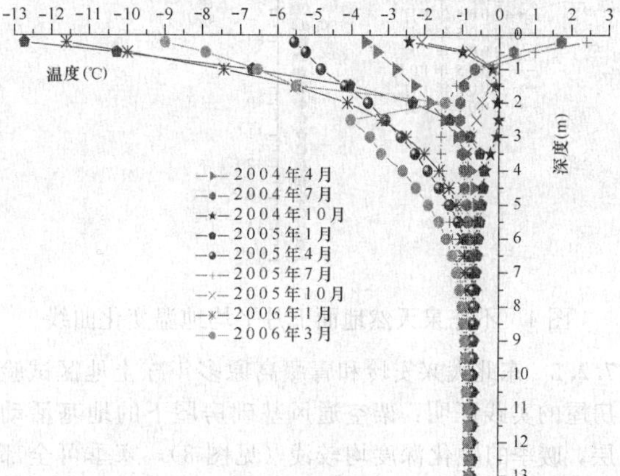

图 3 架空通风基础下地基月平均地温变化曲线（不冻泉车站，桩基，架空高度 40cm）

表 14 架空通风基础使用情况

地区	地点	多年冻土分布特征	年平均气温（℃）	建筑物下夏季最大融深（m）	全部回冻月份	基础类型	房屋类型	架空高度、通风管内径（mm）	地基条件、建筑年限
东北多年冻土地区	阿木尔、劲涛	大片连续	−5～−6	2.1	1	桩基架空通风基础	住宅	—	
	朝晖站	同上	−5	2.9	1	桩基架空通风基础	住宅	—	—
	满归	同上	−4.5	2.74	1	填土通风管条形基础	住宅	540	多冰冻土

续表 14

地区	地点	多年冻土分布特征	年平均气温（℃）	建筑物下夏季最大融深（m）	全部回冻月份	基础类型	房屋类型	架空高度、通风管内径（mm）	地基条件、建筑年限
青藏高原多年冻土地区	风火山	同上	−6.6	0.9	10	桩基架空通风基础	锅炉房	800	富冰冻土，天然上限1.7m。1976 年
	风火山	同上	−6.6	1.7	11	填土通风管圈梁基础	住宅	330	富冰冻土，天然上限1.7m，平均填土高度 0.8m。1976 年

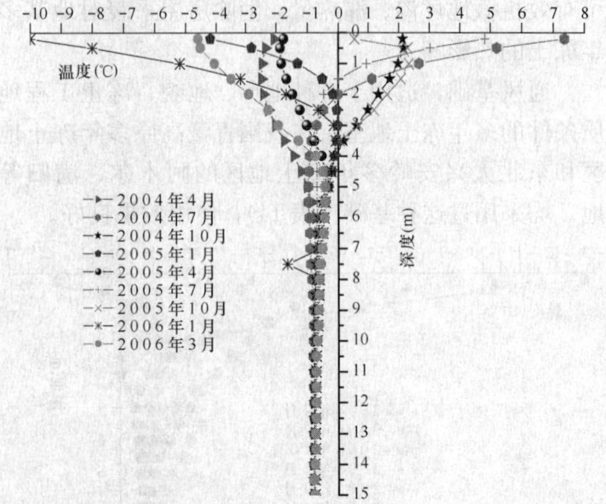

图 4　不冻泉天然地面下月平均地温变化曲线

7.2.2　东北大兴安岭和青藏高原多年冻土地区试验房屋的实践证明：架空通风基础房屋下的地基活动层，暖季的融化深度均较浅（见图 3），寒季可全部回冻。在大兴安岭中部、北部的多年冻土地区，其年平均气温均低于−2.5℃。寒季气温冻结指数 I_f 与地基活动层回冻所需冻结指数 I_m 之比，均在 2.16 以上。说明这些地区寒季都有足够冷量使地基融化土体回冻。但对于大兴安岭南部的岛状多年冻土地区，架空通风基础能否采用，应进行热工计算和技术经济比较后确定。一般情况下，$I_f/I_m \geqslant 1.45$，采用架空通风基础的房屋，地基活动层回冻是没有什么问题的，但必须设置更多通风孔或做成敞开式。

7.2.3～7.2.5　桩基、柱下独立基础、架空通风基础，主要由桩、柱或墩与上部结构梁、板组成；填土通风管圈梁基础，主要由圈梁和圈梁下通风管组成。

桩基、柱基、墩基架空通风基础通风空间的形式有以下两种：1）勒脚处带通风孔的隐蔽形式；2）梁下全通风的敞开形式。采用何种形式通风，可根据热工计算及当地积雪条件确定。

为使基础自然通风良好，通风空间高度 h 与建筑物宽度 b 之间应满足一定比例关系，据计算和经验，其比值应不小于 0.02。不满足时，应采用强制性通风。根据隐蔽式通风空间通风孔构造要求，其通风空间高度 h 按下式计算：$h=a+h_1+c$，其中：a 为通风孔底至室外散水坡表面最小高度，由积雪条件决定（防止积雪堵塞通风空间），一般为 0.30m～0.35m；h_1 为通风孔高度，一般为 0.25m～0.35m；c 为通风孔上部到通风空间顶棚的距离，取 0.25m～0.30m。

从上面计算可知，隐蔽式通风空间的高度 h，一般为 0.8m～1.0m。

另据中科院冰川冻土研究所 1987 年对前苏联西伯利亚地区考察报告资料，该地区多年冻土上架空通风基础通风空间高出地面高度在 1.0m～1.5m。从我国实际工程使用情况（表 14）及技术经济条件出发，规定架空通风空间高度不小于 0.8m 是合理的。

7.2.6　采用填土通风管基础，保持地基多年冻土的冻结状态，在青藏铁路沿线多年冻土地区和大兴安岭多年冻土地区已使用多年，效果良好。

1　采用填土通风管基础，保持地基多年冻土冻结状态时，所需通风管数量，是按一维稳定导热，假定建筑物的附加热量（地坪传入热量）全部由通风管通风带走的条件下确定的。具体计算方法如下：

将矩形填土垫层区域变换成同心半圆（图 5），使半圆外弧长度等于填土层外轮廓总长，半圆内半径 r 待求。

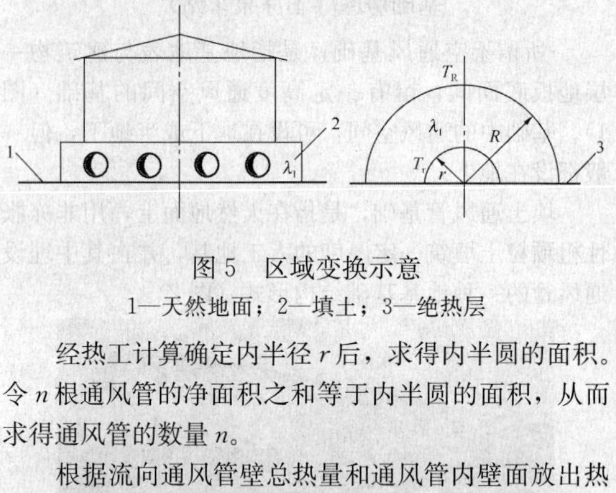

图 5　区域变换示意

1—天然地面；2—填土；3—绝热层

经热工计算确定内半径 r 后，求得内半圆的面积。令 n 根通风管的净面积之和等于内半圆的面积，从而求得通风管的数量 n。

根据流向通风管壁总热量和通风管内壁面放出热量平衡的假设，对东北多年冻土地区及青藏高原多年冻土地区的填土通风管数 n 进行计算，其计算结果见表 15 及表 16，通风管内半径 $r_0=0.125$m。

表 15　东北多年冻土地区填土通风管数量 n 计算

室内温度(℃)			16						20					
B(m)			6			10			6			10		
L(m)	v_1	T_1 \ R_1	0.86	1.72	2.58	0.86	1.72	2.58	0.86	1.72	2.58	0.86	1.72	2.58
20	2.0	−4.5	10.1	5.7	3.8	19.0	12.3	8.9	—	—	9.5	—	—	—
		−5.5	4.0	2.5	1.8	7.1	5.1	3.9	—	6.5	4.3	—	14.2	10.2

续表 15

室内温度(℃)			16						20					
L (m)	v_1	T_1 \ B(m)	6			10			6			10		
		R_1	0.86	1.72	2.58	0.86	1.72	2.58	0.86	1.72	2.58	0.86	1.72	2.58
20	3.0	−3.5	8.9	5.1	3.4	16.4	10.8	7.9	—	—	8.5	—	—	—
		−4.5	2.5	1.6	1.2	4.3	3.2	2.5	7.0	4.1	2.8	12.8	8.7	6.4
		−5.5	1.1	0.8	0.6	1.8	1.4	1.2	2.9	1.8	1.3	5.0	3.7	2.9
40	2.0	−4.5	—	—	9.5	—	—	—	—	—	—	—	—	—
		−5.5	—	6.5	4.3	—	14.3	10.2	—	—	10.8	—	—	—
	3.0	−3.5	—	—	8.7	—	—	—	—	—	—	—	—	—
		−4.5	7.2	4.2	2.9	13.1	8.9	6.6	—	—	7.1	—	—	17.9
		−5.5	2.9	1.9	1.4	5.1	3.8	2.9	8.4	4.8	3.2	15.4	10.2	7.5

表 16　青藏高原多年冻土地区填土通风管数 *n* 计算

室内温度(℃)			16						20					
L (m)	v_1	T_1 \ B(m)	6			10			6			10		
		R_1	0.86	1.72	2.58	0.86	1.72	2.58	0.86	1.72	2.58	0.86	1.72	2.58
20	2.5	−3.5	—	12.3	7.6	—	—	19.3	—	—	—	—	—	—
		−4.5	6.2	3.7	2.6	11.2	7.7	5.8	—	9.8	6.2	—	—	15.5
		−5.5	2.5	1.7	1.2	4.4	3.3	2.6	7.2	4.2	2.9	13.1	8.9	6.6
	3.5	−3.5	12.0	6.5	4.3	—	14.3	10.2	—	—	10.8	—	—	—
		−4.5	3.2	2.1	1.5	5.7	4.2	3.2	9.4	5.3	3.5	17.5	11.4	8.3
		−5.5	1.4	1.0	0.7	2.4	1.8	1.5	3.7	2.3	1.7	6.6	4.8	3.7
40	2.5	−4.5	—	—	10.1	—	—	—	—	—	—	—	—	—
		−5.5	—	6.8	4.5	—	15.1	10.8	—	—	11.4	—	—	—
	3.5	−4.5	10.5	5.8	3.9	19.8	12.7	9.2	—	—	9.8	—	—	—
		−5.5	4.1	2.6	1.8	7.3	5.2	4.0	12.3	6.7	4.4	—	14.7	10.5

注：v_1—年平均风速（m/s）；B—建筑物宽度（m）；T_1—年平均气温（℃）；L—建筑物长度（m）；R_1—地面保温层热阻（$m^2 \cdot ℃/W$）。

从表 15、表 16 可以看出：在年平均气温高于−3.5℃时，填土通风管基础不宜采用；在年平均气温低于−3.5℃地区，填土通风管基础的采用，也应按具体条件，经热工计算确定。

2　为使通风管自然通风良好，通风管的长度 L 与管径 D 之间，应满足一定的比例关系。据青藏铁路试验，通风管的长、径比不大于 40 时，填土通风管基础能发挥良好的作用。

3　填土厚度应经热工计算确定。计算时，应考虑下列因素：

1) 室内地面荷载扩散到原地面软弱土层时，应按软弱土层允许承载力，计算确定填土层厚度；

2) 填土层下原活动层的压密下沉引起的通风管变形，应不影响通风管的正常使用，采用预留沉降高度解决，预留高度一般取 0.15m；

3) 为便于设置圈梁、条形基础和地坪保温层，并使上部结构荷载在填土层中分布均匀，室内地坪不应直接与通风管接触；

4) 填土层应有足够的热阻，以保证地基多年冻土原天然上限不下降。据青藏铁路通风管路基试验资料，由于通风管中无太阳直接辐射，在暖季，通风管中空气的温度较管外气温低；在寒季，通风管中空气的温度较管外气温高。据有关观测资料：暖季，通风管内壁的 n_t 系数约为 0.6 左右；寒季，通风管内壁的 n_f 系数约为 0.5 左右。这就是说，在暖季，通风管下的地基仍有一定融化深度。因此，填土层需有一定厚度，才能保证地基多年冻土天然上限不下降。据青藏铁路实践经验，在一般情况下，填土厚度可采用 1.0m～1.5m。

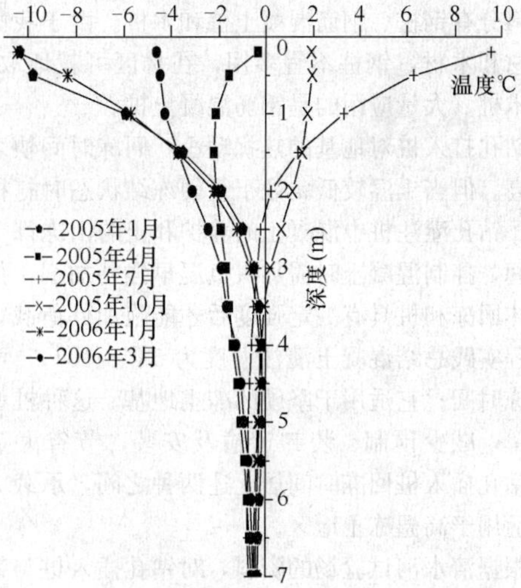

图 6　填土通风管基础房屋地基月平均地温变化曲线（青藏铁路不冻泉车站车库）

某填土通风管基础房屋地基温度场变化曲线见图 6。

该房屋的填土平均高度为 1.2m。通风管内径 0.24m，外径 0.35m，中心间距 0.82m，管顶埋深约 0.4m，长径比为 43。该处多年冻土天然上限埋深 3.9m。从图 6 可以看出，该房屋地基的最大融化深度（从室内地坪起算）约为 3.7m。即填土通风管圈梁基础房屋下，地基多年冻土天然上限的抬升高度约与填土厚度相当。

4　通风管底面离天然地面的高度和圈梁底面离通风管顶的距离不宜小于 500mm 的规定是基于以下考虑：

1）据青藏铁路试验：紧贴地面的通风管，处于坡角静风区，自然通风难以实现。通风管自然通风效果随离天然地面高度的增加而提高。故要求填土通风管圈梁基础中的通风管底离天然地面的高度不小于500mm。

2）据青藏铁路试验资料，地表温度日变化的影响深度约0.5m～0.7m。通风管顶埋深500mm，基本处于日变化影响深度以下，可有效改善填土通风管基础的热工特性。另外，圈梁、条形基础下500mm的土层，可使上部荷载在通风管顶面的分布较均匀，应力减小约一半（按30°角扩散）。

7.3 桩 基 础

7.3.2 根据我国青藏高原多年冻土地区的清水河、五道梁和风火山三个试验场区的桩基础试验资料，大兴安岭地区劲涛冻土试验站桩基础试验资料，证明桩基是多年冻土地区房屋建筑基础的主要形式。按施工工艺有钻孔灌注桩、钻孔打入桩、钻孔插入桩三种。按材料分有钢桩、钢筋混凝土桩和木桩。由于我国缺乏钢材和木材，钢桩不宜多用，在林区可就地取材，选用木桩。大量应用的是钢筋混凝土桩。

钻孔打入桩对地基的热扰动小，回冻时间快，承载力高。但当土温较低、处于坚硬冻结状态时打桩有困难。钻孔灌注桩中混凝土的养护和土的回冻都需较长时间，拌制混凝土时需加入负温早强外加剂，待周围土体回冻和桩具有一定强度后才能施加外荷载，根据工程实践总结混凝土灌注温度为5℃～10℃，可缩短回冻时间；它适用于坚硬的冻土地基。这种桩型施工简单，减少预制、装卸运输及安装，节省大量钢材。钻孔插入桩回冻时间居上述两种之间，承载力不低，适用于高温冻土地区。

根据清水河试验场的资料，对钻孔插入桩与钻孔打入桩的对比如表17所示。从表中可看出，打入桩的承载力较高，其原因是打入桩的桩侧冻结强度高于插入桩。

7.3.3 根据目前国内外工程实例，桩基础适用于各种地质条件下的冻土地基。当上部结构荷载大，对沉降变形量或相邻基础沉降差要求比较严格时，往往利用桩基础嵌入融化盘以下多年冻土层，得到较高的承载力和较小的地温场变化，因而一般多采用保持多年冻土冻结状态设计。

如果在逐渐融化或已融化状态的地基土中设计桩基础，则需使基础的沉降变形值控制在现行国家标准《建筑地基基础设计规范》GB 50007的允许变形范围内；如计算不满足，需对土层预融压密。

低桩承台下留出一定的空隙，或在空隙内充填松软材料，用以预防在冻胀、强冻胀和特强冻胀土中产生的法向冻胀力将桩基承台和基础梁拱坏。

7.3.4 构造要求的作用有以下几点：

1 桩基在施工过程中将对地温场产生扰动，如果桩距过小则使这种扰动的幅值叠加，使得桩间土的温度升高，从而推延了回冻时间，又由于桩受力后通过扩散角向地基土传递荷载，过小的桩距使扩散角范围内的地基土中附加应力叠加，增大桩基的沉降变形值。根据三个实验场的实验工程与青藏铁路等经验，一般桩距不应小于$3d$～$4d$（d为桩基直径），又不得小于2m。

表17 单桩垂直静载试验结果

桩 号	桩长（m）	桩径（mm）	极限荷载（kN）	冻结强度（kN/m^2）
插1	8.65	550	600	41
插2	8.65	550	600	34
插3	8.65	550	1000	65
打1	8.00	550	1100	83
打2	8.00	550	1400	90
打3	8.00	550	900	86

2 桩基的桩端必须插入融化盘下部稳定冻土层中，满归林业局1972年用钻孔插入桩基础，桩长4.5m，因没有插入融化盘下部稳定冻土层内，从而使两栋房屋全部破坏，不能使用；后在同一场区，采用桩长7m另行修建，至今使用良好。

3 钻孔插入桩在钻孔完毕后孔底留有虚土，或孔底呈钟形，所以钻孔深度长于桩的实际长度，回填一定厚度的砂或砾石砂浆，但桩端应落入回填段一定深度，从而压实回填料。

7.4 浅 基 础

7.4.1 本规范是针对寒冷地区土体特有的工程特性、寒冷地区土体与基础间特有的相互作用效应而制定，是对现行国家标准《建筑地基基础设计规范》GB 50007的补充；应用时，除满足本规范的具体要求外，尚应符合现行国家标准《建筑地基基础设计规范》GB 50007中有关章节的规定。

7.4.2 扩展基础由于自身刚度的原因对建筑物不均匀变形的调整能力相对较差，按逐渐融化状态设计时，地基土的融沉变形过大，很难满足设计上对变形的要求。冻土地基的温度效应影响远大于融土，施工过程中，必须保持设计者的初始意愿能够切实地体现在工程的具体操作上，故设计上应要求施工者应结合环境条件采取相应的措施，保证地基土体的实际状态与所采用的设计状态相一致；如采用按保持地基土冻结状态设计时，施工者应选取秋末、冬初的季节、采用快速施工并适当遮挡的办法进行施工，尽量减少基槽暴露的时间；如按融化状态设计时，施工者应选择在温度较高的季节或采取必要的预融措施，使地基土彻底融化并沉实。

7.4.3 无筋扩展基础习惯上称其为刚性基础，由于构件中不配受拉钢筋，故其抗拉性能极差，多用于含冰率低的不融沉或弱融沉土地基，应用时，墩式独立基础适应变形的能力要好于条形基础，冻胀不均匀导致的破坏几率要小于条形基础。这类基础以多层民用建筑应用居多，建筑物的长高比一般均较大，刚度相对较差，应用时应适当注意上部结构的长高比过大、刚度不足导致的结构适应变形能力较差的问题。

7.4.4 鉴于现行国家标准《建筑结构可靠度设计统一标准》GB 50068中设计基准期为50年的规定，按照现行国家标准《混凝土结构设计规范》GB 50010关于耐久性规定，对设计使用年限为50年的结构构件，二类b环境中的最低混凝土强度等级为C30；因此本条亦规定混凝土材料的强度等级不应低于C30，并应符合该规范的规定。

7.4.5 位于季节冻结、融化层的扩展基础竖向构件虽然按第5.1节的有关规定采取了防切向冻胀力的措施；但在设计的使用期内，随环境条件的改变，有可能出现防切向冻胀力措施的减弱、甚至失效等问题，尤其是基础底板与柱连接处，是抗拔的薄弱环节，工程应用中柱或墩被拔断的事故已有十数起，特别是一些设计上不采暖、上部结构自重又较轻的结构物，更易发生类似的破坏，故此处明确要求，当使用中有可能承受切向冻胀力作用时应按第7.4.6条第3款的规定进行抗拉强度验算，满足抗拔要求，当利用扩展基础的底板锚固作用时，底板上缘应有足够的抗拉强度，底板上缘必须按第7.4.6条第4款的规定配置受拉钢筋。

7.4.6 冻土地基上扩展基础的设计与融土的区别主要在于冻土地基上的基础不但要承受向下的上部荷载，而且还要承受由于冻融、冻胀等作用产生的向上的竖向力，因此，产生冲切、剪切及弯曲作用的不仅仅是基底净反力，冻胀作用也要产生该效应，且该效应与荷载效应方向相反；设计时，必须考虑正、反两个方向的受力及配筋。

7.4.7、7.4.8 柱下条形基础施工时开挖面积较大，常规构造做法时在使用阶段向地基传递的热量较多，因此建议用于按允许地基土逐渐融化状态设计的不融沉或弱融沉土；但如果有可靠措施（如基底下设置隔热层或加高基础并在加高部分上井洞散热、遮挡等措施时）能够有效地减少使用阶段向冻土地基传热，且在施工过程中能够采取适宜的措施，保证地基土不融化时仍可用于按保持地基土冻结状态设计的各种地基土。采用倒置连续梁法、按直线分布的基底反力计算条形基础肋梁的内力时，由于基础的“架桥作用”，端部附近由于刚度的原因其实际内力一般会比计算值偏大，故要求此时边跨跨中及第一内支座处的纵向受力钢筋应比计算值适当增加。柱下条形基础由于地基土冻胀变形的不均匀，基础肋梁有可能受扭，故要求箍筋必须为封闭式，构造上满足受扭要求，直径不宜小于8mm，以提高其受扭抗力；同时箍筋肢距亦不应过大。

7.4.9、7.4.10 筏形基础可以做成平板式、暗梁式或肋梁式，既可以用于墙下，也可用于柱下；可用于按允许地基土逐渐融化状态设计的各类结构物基础；地基土在冻融循环的反复作用下，冻融区域、冻融深度等均不一致，基底下零应力区及内力重分布（内力增加或减少）的区域、基底下反力分布的数值等均会随时间而变化，各时段范围内基础均会承受拉、压、弯、剪、扭的组合作用，受力极为复杂，因此要求基础自身要有较大的刚度，要有较强的同时承受拉、压、弯、剪、扭各种组合作用的抗力，要有很好地适应及有效地调整结构物不均匀冻胀及融沉变形的能力。前苏联在远东多年冻土地区修建的20m高的砖水塔采用了8m×8m×0.75m筏板基础，承受了很大的不均匀融化下沉后仍可使用。美国的阿拉斯加费尔斑克斯地区的某汽车库（图7）、格陵兰图勒地区的某仓库（图8）均是在天然多年冻土地面以上换填或填筑0.76m～1.83m的砾砂垫层后按保持地基土冻结状态设计成功的例子。

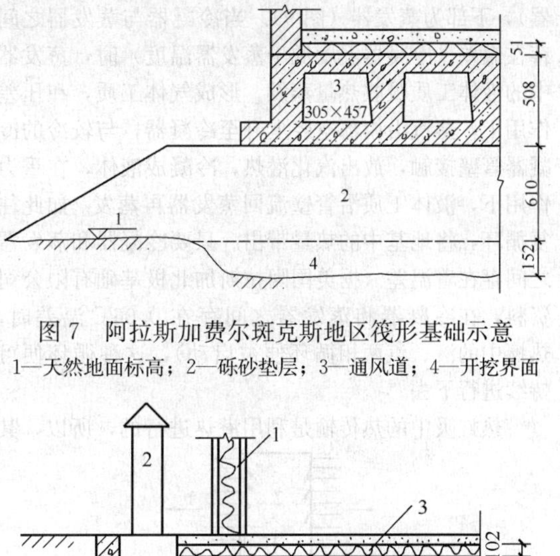

图7 阿拉斯加费尔斑克斯地区筏形基础示意

1—天然地面标高；2—砾砂垫层；3—通风道；4—开挖界面

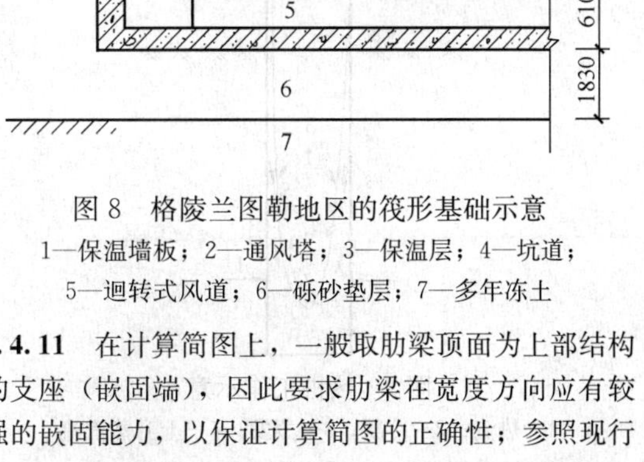

图8 格陵兰图勒地区的筏形基础示意

1—保温墙板；2—通风塔；3—保温层；4—坑道；5—迴转式风道；6—砾砂垫层；7—多年冻土

7.4.11 在计算简图上，一般取肋梁顶面为上部结构的支座（嵌固端），因此要求肋梁在宽度方向应有较强的嵌固能力，以保证计算简图的正确性；参照现行行业标准《高层建筑箱形与筏形基础技术规范》JGJ 6及现行国家标准《建筑地基基础设计规范》GB 50007的规定，用于墙下时，肋梁宽度的最小值取等于墙厚加100mm；当用于柱下时，应满足现行行业标准《高层建筑箱形与筏形基础技术规范》JGJ 6及现行国家标准《建筑地基基础设计规范》GB 50007中相关的要求。筏形基础的内力可仅考虑局部弯曲，底板按线性分布的基底净反力计算；底板的受力犹如一倒置的楼盖，一般均设计成双向肋梁板或双向平板，根据板边界实际支撑条件按双向板计算。考虑到基础"架桥作用"及整体弯曲的影响，端部附近纵向受力钢筋应比计算值适当增加。配置钢筋时除符合计算要求外，纵、横向支座至少应分别有0.15%和0.10%的钢筋连通配置，跨中钢筋全部连通。

7.5 热棒、热桩基础

7.5.1、7.5.2 热棒、热桩是一种无芯重力式热管。热桩、热棒，在寒季，能将地基中的热量吸出，释放于大气中，故热桩、热棒又称热虹吸。能承受上部荷载的热虹吸，称为热桩；不能承受上部荷载的热虹吸，称为热棒。热虹吸是一种无需外加动力的液汽两相对流循环热传输装置。它由一根密封的主管和冷凝器组成，里面充以工质，管的上部为冷凝器（散热器），下部为蒸发器（图9）。当冷凝器与蒸发器之间存在温差（冷凝器温度低于蒸发器温度）时，蒸发器中的液体工质吸收热量蒸发，形成气体工质，在压差作用下，蒸汽沿内部空腔上升至冷凝器，与较冷的冷凝器管壁接触，放出汽化潜热，冷凝成液体，在重力作用下，液体工质沿管壁流回蒸发器再蒸发。如此往复循环，将地基中的热量带出。只要冷凝器和蒸发器之间存在着温差（据美国阿拉斯加北极基础有限公司资料，在冷凝器和蒸发器之间存在0.06℃温差时，热棒中的液、汽两相循环便被启动），这种循环便可持续进行下去。

热虹吸中的热传输是利用潜热进行的，所以，其

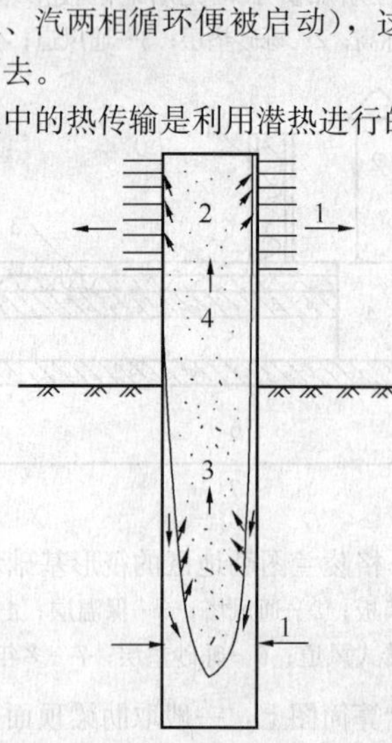

图9 热桩工作示意

1—热流；2—冷凝；3—蒸发；4—上升蒸汽流

传热效率很高。据美国麦克唐纳道格拉斯宇航公司的资料：如果设计得当，热棒的传热效率可以达到150000kcal/(m·h·℃)以上。这一传热效率较之用导热和惯用的液体对流传热所能得到的效率要高得多。热虹吸视导热系数与其他传热物体导热系数的比较见表18。

表18 热虹吸有效导热系数与其他传热物体导热系数的比较

有效导热系数	热虹吸	液体对流	铜	钢	冻土	融土
kcal/(m·h·℃)	208040	3566	327	37	1.9	1.2

由于热虹吸中没有毛细管芯，管中液体工质不能上升至冷凝段。埋于多年冻土中的热虹吸，在寒季，气温低于地温时，热虹吸启动工作，将地中热量送入大气中；在暖季，气温高于地温时，热虹吸停止工作。从而，热虹吸在暖季不会将热量传入多年冻土地基中。

热虹吸的冷冻作用，可有效防止地基多年冻土的衰退和融化，降低地基多年冻土的温度，提高多年冻土地基的稳定性。据铁道部科学研究院西北分院在青藏铁路多年冻土区的试验：采用热虹吸的多年冻土地基，暖季地基多年冻土的最高地温，较之非热虹吸地基要低0.4℃～0.8℃。这种降温效应，可使地基多年冻土的承载力大为提高，并可长期保证建筑物地基运营中的设计温度状态。因此，在热虹吸地基的热工计算中，应计入热虹吸的降温效应。

7.5.3～7.5.9 用于土木工程的热虹吸制冷技术，是20世纪60年代发明的。热虹吸在寒区地基、基础工程中的应用，解决了地基多年冻土衰退、融化和基础冻胀、融沉等热力过程中的许多工程问题，保障了多年冻土地基的稳定。在管线工程、桥涵、道路路基、机场跑道、通信输电线塔以及港口工程中，热虹吸都被用来冷却地基，防止地基多年冻土上限下降和活动层土的冻胀和融沉，提高冻土地基的承载力，保证多年冻土地基的稳定。热虹吸技术在世界多年冻土国家中，得到了广泛的应用。

在下列情况下，采用热虹吸制冷技术，通常可使寒区地基、基础工程中遇到的热工问题得到圆满解决：

1) 由于热干扰，采用习惯方法不能防止地基多年冻土衰退时；

2) 需降低地基多年冻土温度，防止多年冻土退化，提高地基多年冻土的允许承载力时；

3) 用隔热层来减小融化深度，无法实现和有不利影响时；

4) 需重新冻结已融化的地基多年冻土，或需在地基中形成新的多年冻土时；

5) 需防止浅基础冻胀时。

多年冻土地区建筑地基、基础工程中，常用的热虹吸基础有：

1 空心桩-热棒架空通风基础；2 填土热棒圈梁基础；3 钢管热桩架空通风基础。

空心桩-热棒架空通风基础，是在基础空心桩中插入热棒，通过热棒制冷，降低桩周多年冻土的温度，提高多年冻土地基稳定性和桩基承载能力的一种基础形式。热棒安装好后，空心桩可用湿砂回填，也可不回填。

基础空心桩可采用钢筋混凝土桩或钢管桩。桩的大小和埋深以及单桩所需热棒的数量，应通过热工计算和承载力计算确定。

填土热棒圈梁基础，是将热棒埋置于填土层中，用以拦截房屋地坪的渗、漏热，防止地基多年冻土融化的一种基础形式。它由圈梁、热棒和填土组成。暖季，用地坪和填土层的热阻，来保证地基的融化深度维持在设计深度（填土层中或原活动层中）；寒季，热棒将地坪渗热和地基中的热量带出，使融化的填土和地基土冻结，并使地基中多年冻土得到冷却，从而保持多年冻土地基的稳定。

钢管热桩架空通风基础，是将基础钢管桩加工成热桩，通过热桩的制冷，降低桩周多年冻土温度，提高多年冻土地基稳定性的一种基础形式。钢管热桩的直径和埋深，应通过热工计算和承载力计算确定。多年冻土中的桩-地基系统是一个热力学系统，系统的稳定取决于地基多年冻土的热学稳定。热桩具有制冷与承载两重特性。制冷可使地基多年冻土降温，提高桩-土间的冻结强度，提高地基多年冻土的稳定性；寒季热桩的冷冻作用，可使暖季桩周冻土的最高温度降低。因此，热桩具有较高的承载能力和力学稳定性。不论从热学，还是从力学角度看，热桩架空通风基础（钢管热桩架空通风基础和空心桩-热棒架空通风基础），都是多年冻土中最合理的基础形式。

热桩架空通风基础（钢管热桩架空通风基础和空心桩-热棒架空通风基础），适应各种类型多年冻土地基，特别是高温多年冻土地基。热桩架空通风基础是多年冻土区最有发展前途的基础形式。

7.5.10 热虹吸的产冷量，随气温冻结指数、热虹吸直径、热虹吸蒸化段长度的增加而增大；随热虹吸间距的减小而减少。间距对热虹吸产冷量的影响如图10所示。

从图10可以看出，热虹吸的传热量随间距的减小而减小。间距从1m增加到5m时，热虹吸传热量迅速增加。而后，间距再增加，其传热量变化甚微。故间距大于5m时，间距对热虹吸传热量的影响可以忽略。设计时，应根据热工计算确定热虹吸的合理间距。

7.5.11 热虹吸基础应与地坪隔热层配合使用的要求，是基于技术上和使用上的以下要求：

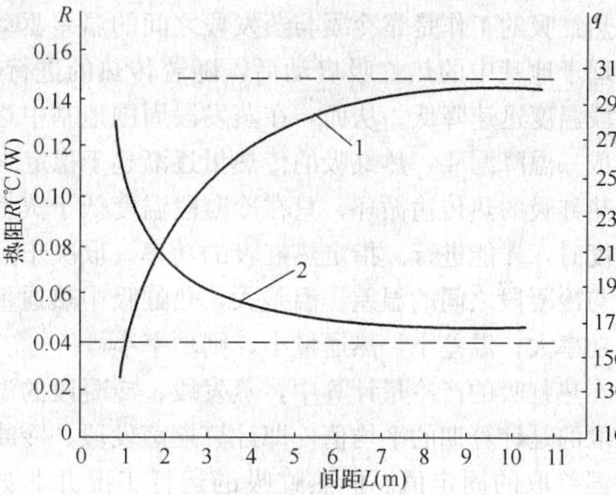

图10 热阻、传热量与间距的关系

1—传热量；2—热阻

1 热虹吸在暖季不能工作，热虹吸地基的控制融化深度，主要靠地基活动层热阻来保证。因此，应加强地坪隔热，增加活动层热阻，确保地基融化深度在设计值；

2 地坪隔热可减少房屋热损失，是节约能源政策的要求；

3 贯彻"以人为本"，提高房屋居住的舒适度。

7.5.12 热桩和热棒-空心桩运行时，使桩的埋入段（蒸发段）在纵向形成一个均匀的温度场，桩周土体产生径向冻结。活动层土体，在径向和轴向冻结同时作用下，在桩周逐渐形成一个锚固大头，如图11所示。这一锚固大头大大提高了桩的锚固力。另一方面，活动层的双向冻结，使作用于桩的切向冻胀力减小。两者的共同作用，使热桩可有效抵抗活动层冻结过程的冻拔。

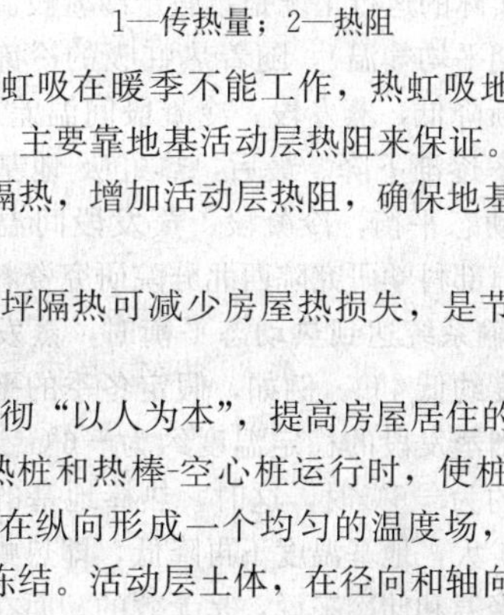

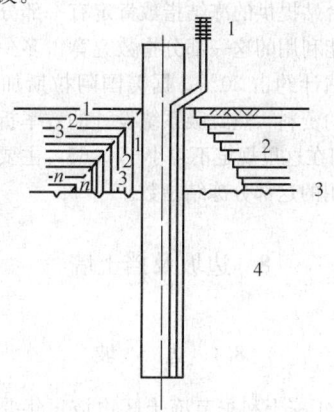

图11 热虹吸桩基础抗冻拔机理示意

1—热虹吸；2—活动层；3—上限；4—多年冻土

热桩抗冻胀稳定性高的另一原因是：当地基活动层开始冻结时，桩周多年冻土温度亦开始降低，这种温度的降低可使桩的冻结强度大大增加，从而有效地增加了热桩的抗拔力。因此，在条文中规定，采用了热虹吸的桩基础可不进行抗冻胀稳定验算。

7.5.13 热虹吸地基-基础系统效率折减系数的规定，是基于以下理由：

热虹吸的工作是靠冷凝与蒸发段之间的温差驱动的。埋于地基中的热虹吸启动后，随着传热的进行，蒸发段温度迅速降低。从而，在蒸发段周围地基中逐渐形成一温降漏斗，热虹吸的传热量逐渐趋于稳定。

热虹吸的热传输循环，只在冷凝段温度低于蒸发段温度时，才能进行。指定热虹吸的功率，取决于蒸发段与冷凝段之间的温差。温差大，热虹吸中热通量大，功率大；温差小，热通量小，则功率小。

在热虹吸的产冷量计算中，蒸发段、冷凝段的温度，取的是计算期的平均值。即计算期蒸发段、冷凝段间温差取的固定值。但热虹吸的运行工况并非如此，在热虹吸运行过程中，蒸发段、冷凝段间温差是变化的。实际的运行工况是：假定冷凝段温度取固定值（计算期平均气温），随着热虹吸的冷冻，蒸发段的温度逐渐降低，蒸发段、冷凝段间温差逐渐减小，热虹吸功率逐渐下降。最后，热虹吸-地基热传输系统达到热动态平衡，冷凝段、蒸发段间温差达稳定值。据铁道部科学研究院西北分院研究资料，热虹吸-地基热传输系统达到热动态平衡时，蒸发段温度较冷凝段温度约低4℃。例如，假定冬季的平均气温为－10℃，则蒸发段的稳定温度约为－6℃。蒸发段的稳定温度约为－6℃时，这时，热棒地基的传热影响范围不再扩大，地基温度不再降低，即热虹吸的工作对于地基降温和储冷来说，是无效的。而在计算热虹吸传热冷却地基时，是按整个冻结期热虹吸的工作都是有效的。因此，热虹吸的实际传热量要比计算值要小。在热虹吸的实际运行中，冷凝段与蒸发段的温度都将随气温的变化而变化，在计算冻结半径和传热量时，气象台站提供的冻结指数肯定有一部分是不能利用的。不能利用的这一部分指数究竟占多少目前还无法肯定，估计约占30%。据美国阿拉斯加北极基础有限公司的资料，热虹吸系统设计的效率折减系数采用2，我们在这里规定不得小于0.65，主要考虑的就是不能利用的这部分冻结指数。

8 边坡及挡土墙

8.1 边　　坡

8.1.1 多年冻土和季节冻土区边坡每年要经受一次冻融循环，在此过程中，边坡土的物理力学性能发生显著变化，冻结过程中，边坡土的强度增加，稳定性增大；融化过程中，由于冻土层的隔水作用，在融土与冻土间尚存在一富水的冻融过渡带，过渡带土层由于含水率高，c、φ值较小，是边坡中的危险滑动面，当边坡的活动层较大时，往往会出现沿冻融过渡带下滑的边坡失稳，从而影响建筑物的稳定和安全，形成严重的地质灾害。因此，多年冻土和季节冻土地区的边坡，应采取有效的措施，减小边坡活动层厚度，防止边坡灾害的发生。

8.1.2 防止滑塌措施的选择应该从热防护和力学稳定性两方面进行考虑。为避免多年冻土区天然上限下移，防止滑塌，需设置边坡保温覆盖层。

边坡坡率的规定引用了青藏铁路冻土区有关路堑边坡坡率的内容。

保温覆盖层厚度应通过材料的热物理性能进行热工计算确定，并考虑一定的安全系数。通过对青藏铁路格尔木至拉萨段试验工程的地温数据分析表明，坡面采用碎石层进行覆盖具有较好的保护多年冻土地基的作用，本条引用了其研究成果。

边坡碎石覆盖层具有良好的隔热导冷作用，在暖季，能有效减少热量传入边坡，在寒季，能有效增加边坡吸收的冷量。即碎石层具有良好的“热开关”效应，从而用碎石层覆盖边坡，可明显减小边坡的融化深度。

中铁西北科学研究院资料：碎石层表面的温度低于细粒土的表面温度，碎石层在暖季的导热系数很小，约为0.9kcal/(m·h·℃)，而碎石层在寒季的导热系数却很大，约为11kcal/(m·h·℃)。碎石层的这种热物理特性，可从碎石层中系数的变化看出（表19）。

表19　碎石层中不同深度处的η系数

深度（m）	0.0	0.25	0.50	0.75	1.0	1.3
η_t	1.65	0.99	0.54	0.45	0.17	0.07
η_f	1.04	1.07	1.10	1.03	0.97	0.94

表中数据表明，无论暖季还是寒季，碎石层表面的温度都是低于一般土表面的温度（碎石层表面的η_t＝1.65，细粒土表面η_t＝2.5，粗粒土表面η_t＝3.5；碎石层表面的η_f＝1.04，细粒土表面η_f平均在0.8左右）。在暖季，碎石层中η_t系数随深度的增加而迅速减小，至1.30m深时，几乎减小至0，在寒季，碎石层中系数几乎保持不变，这说明，暖季碎石层的热阻很大，寒季碎石层的热阻很小。

边坡覆盖碎石层的厚度，可根据热防护要求，参考表提供的η_t系数，经热工计算确定。

例：边坡为细粒土时，η_t＝2.5。覆盖50cm碎石层后，则碎石层底的η_t＝0.54，碎石层边坡的融化深度为原来融化深度的$\sqrt{0.54/2.5}=0.46$倍，即边坡融化深度减小约一半。

η系数是表面温度的一种表示方法，在暖季，η系数越大，温度越高，在寒季，η系数越大，温度越低。η系数的定义为：

$$\eta_t=\frac{\text{表面融化指数}}{\text{气温融化指数}}$$

$$\eta_f=\frac{\text{表面冻结指数}}{\text{气温冻结指数}}$$

当保温层材料采用黏性土草皮时，其厚度为人为上限值的1.2倍。人为上限值可根据青藏高原风火山北麓多年冻土区实测天然上限及人为上限资料为依据而得到的统计公式（2）计算。统计公式计算值与实测值的对比见表20。

表20 上限的计算值与实测值比较表

保温材料类型	天然土		黏性土草皮	
年份	计算值	实测值	计算值	实测值
1966	1.41	1.49	0.94	1.00
1967	1.38	1.38	0.91	0.90
1969	1.33	1.30	0.86	0.84
1974	1.40	1.00	0.93	1.00
1975	1.46	1.41	0.99	0.96
1976	1.21	1.30	1.00	1.00
1977	1.31	1.33	1.00	1.00
1978	1.34	1.32	1.00	1.00
1979	1.37	1.32	1.00	1.00

从表20可看出，此统计公式的保证率较好。

当年平均气温为−4℃～−6.3℃时，采用黏性土草皮保温层后，人为上限计算值可按公式（2）计算。

$$z_a = \alpha_1 T_8 + \alpha_2 \quad (2)$$

式中 z_a ——多年冻土覆盖黏性土草皮保温层后，人为上限计算值（m）；

T_8 ——不少于10年8月份的平均气温（℃）；

α_1 ——系数，对天然土及边坡上铺设黏性土草皮保温层时，其取值为0.1（m/℃）；

α_2 ——系数，对天然土，其取值为0.85m；对边坡上铺设黏性土草皮保温层时，其取值为0.38m。

为避免地表水渗入，加大边坡滑塌的可能性，需要设置坡顶、坡脚排水系统。有条件时可同时采取坡面防渗措施。

由于坡脚易于产生软化现象，造成边坡失稳，因此应加强坡脚的支护。

由于融化期的冻融过渡带是随着时间的推移而逐渐加深的，因此在确定滑动面时应进行融化期的全过程分析。

8.1.3 滑塌体的滑动推力值计算沿用了滑坡工程防治的不平衡推力传递法，应符合《建筑地基基础设计规范》GB 50007及《建筑边坡工程技术规范》GB 50330的相关规定一致。采用该方法时，关键是确定滑动面（带）的抗剪强度指标，建议通过现场试验取得。表21揭示了不同滑动面的c、φ值差异（中铁西北科学研究院，前身为铁道部科研院西北分院）。

表21 冻融过渡带与融土内现场大型直剪试验

组别	试验外部条件	剪前含水率	剪前孔隙比	不同垂直压力下的抗剪强度				φ	c (kPa)
				50kPa	100kPa	125kPa	150kPa		
Ⅰ-1	冻融过渡带	21.3	—	30.1	47.3	—	69.8	20°48′	11.0
Ⅰ-2	融土内	20.9	0.74	20.6	33.2	—	45.8	14°08′	8.0
Ⅱ-1	冻融过渡带	27.5	—	23.8	42.5	49.8	—	16°45′	14.0
Ⅱ-2	融土内	27.3	0.80	24.4	36.2	43.2	47.4	12°50′	13.5
Ⅲ-1	冻融过渡带	31.1	—	27.7	38.3	—	—	14°55′	13.5
Ⅲ-2	融土内	30.0	0.82	22.6	32.1	36.2	53.7	10°33′	13.0

由表21可知，冻融过渡带的抗剪强度大于融土的抗剪强度。

8.1.4 季节性冻土区边坡的稳定性评价及滑坡的防治在《建筑边坡工程技术规范》GB 50330中作了相应的规定，应遵照其条款执行。

8.1.5 本条结合了《建筑地基基础设计规范》GB 50007的规定，基础应置于滑动面以外。

8.2 挡 土 墙

8.2.1 多年冻土区挡土建筑物的工作特性：

多年冻土区挡土建筑物的修建，改变了原地表层的热平衡条件，在墙背形成新的多年冻土上限（图12）。每年暖季墙背冻土融化，形成季节融化层，这种融化土层对墙体将作用土压力；在寒季，季节融化层冻结，在冻结过程中，由于土中水分结冰膨胀，冻结土体对挡土墙将作用冻胀力。图13是铁道部科学研究院西北分院，在青藏高原多年冻土地区，对挡土墙变形的观测结果。

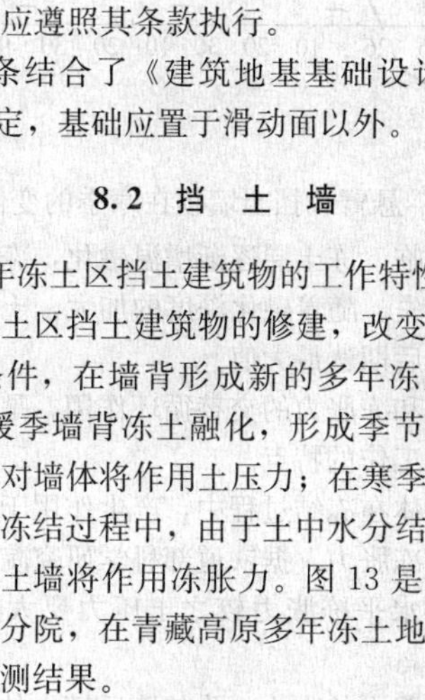

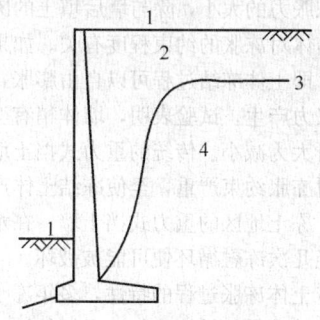

图12 挡土墙修建后形成新的多年冻土上限

1—地面；2—季节融化层；3—上限；4—多年冻土

由图13曲线可以看出，在寒季初，随着气温的降低，墙背土体温度下降，土体产生收缩，土压力减小，墙体产生向后的变形（位移为负值）。在土压力减小到最小值，而冻胀力未出现之前，墙体向后位移达最大值，曲线达a点。在这段时间里，地面由冻融交替过渡到稳定冻结。在稳定冻结出现后，冻胀力产生，并且随冻深增加，冻胀力增大。墙体在冻胀力作用下，产生向前变位（位移为正值）。冻深达季节融化层厚度时，曲线达 b 点。在这段时间里，冻胀力随冻深增加而稳步增长。从 b 点至 c 点，曲线斜率增大。说明随着冻层温度降低，未冻水大量转变成冰，冻土体积进一步膨胀，冻胀力迅速增大。c 点到 d 点，曲线变平缓，说明冻胀力的增长与松弛基本处于平衡，冻胀力达到最大值。

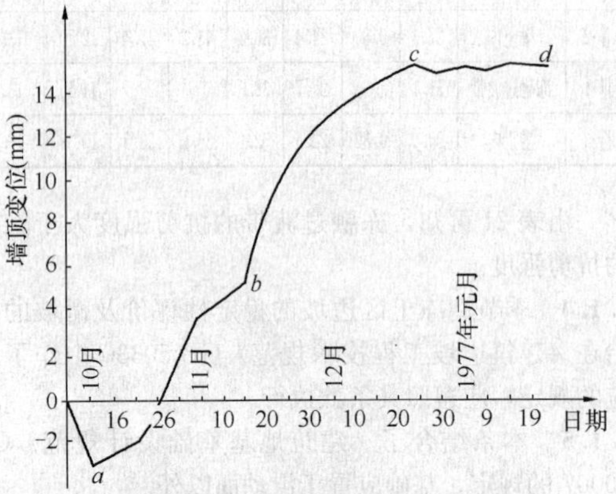

图 13 悬臂式挡土墙顶在寒季的变位曲线

暖季来临，冻土层逐渐增温融化，冻胀力逐渐减小，直至消失。随着融化深度的加大，土压力逐渐增长，至暖季后期达最大值。

土压力和冻胀力的交替循环作用，是多年冻土区挡土建筑物工作的特点。

墙后土体在冻结过程中，产生作用于墙体的冻胀力称为水平冻胀力。据铁道部科学研究院西北研究所试验测定，水平冻胀力较之土压力要大几倍甚至十几倍。

水平冻胀力的大小，除与墙后填土的冻胀性有关外，还与墙体对冻胀的约束程度有关。如果墙体可以自由变形，即土体冻结过程可以自由膨胀，自然不会有水平冻胀力产生。试验表明，墙体稍有变形，水平冻胀力便可大为减小。传统的重力式挡土墙，变形能力最差，对冻胀约束严重，至使冻结土体产生较大水平冻胀力。冻土地区的重力式挡土墙，在水平冻胀力作用下，经几次冻融循环便可能被破坏。

为适应土体冻胀过程的特性，多年冻土区的挡土建筑物，应采用柔性结构，如：锚杆挡墙、锚定板挡墙、加筋土挡墙以及钢筋混凝土悬臂式挡墙等。柔性结构变形性大，可有效减少水平冻胀力，并可较好保持墙体的完整性。因此，规定多年冻土区挡土墙，应优先考虑工厂化、拼装化的轻型柔性挡土结构，尽量避免使用重力式挡土墙，以加快施工进度，减少基坑暴露时间，提高挡土建筑物的稳定性。

8.2.2 挡土墙端部处理的目的，是防止端部处山坡失稳下滑，使高含冰率冻土暴露，引起热融滑塌病害。尤其在厚层地下冰分布地段，端部若处理不当，山坡热融滑塌是必然的。因此，要求对挡土墙端部进行严格处理，使山坡在修建挡土墙后仍能保持热稳定；挡土墙嵌入原地层的规定与一般地区相同。

8.2.3 修建挡土墙后，墙背多年冻土将融化而形成新的多年冻土上限。为防止墙背地面塌陷，保持墙后山坡的热稳定，对边坡中的含土冰层应进行换填。含土冰层累计厚度大于 200mm 需进行换填的规定，是考虑墙后季节融化层范围内土体产生 200mm 沉陷时，山坡不致失去热稳定而规定的。据野外勘察经验，在青藏铁路沿线厚层地下冰分布地段，山坡局部铲除 200mm 草皮与土层后，山坡仍能保持热稳定。若挖较大较深试坑，山坡将产生明显的地面热融沉陷，形成积水洼地。换填厚度不得小于当地天然上限埋深 1.5 倍的规定，是考虑墙体和换填粗颗粒土导热系数较大，为保证墙后边坡冻融循环只发生在换填土体中而提出的。

8.2.4 水平冻胀力的大小，与墙后土体的含水率有着密切关系，它随含水率的增大而增大。因此，疏干墙背土体，对保证挡土建筑物的稳定有重要意义。挡土墙修建后，山坡活动层中冻结层上水向墙后聚集，如不能及时排除，对墙体稳定性的危害是极大的，故要求设置泄水孔，泄水孔的布置与做法与一般地区相同。

8.2.5 减小水平冻胀力的常用方法如下：

1 结构措施。采用柔性结构挡土墙，增大挡土墙的变形能力，以减小对墙后土体冻胀的约束，从而减小水平冻胀力。

2 换填措施。用粗颗粒不冻胀土换填墙背活动层冻胀性土，消除或减小水平冻胀力。

3 隔热措施。在墙背和墙顶地面设置隔热层，减小墙背季节融化层的厚度，从而减小水平冻胀力。

8.2.6 多年冻土地基土体的不均匀性，较一般非多年冻土地基土体更甚。在挡土墙修建后，由于气候变化和各种外来干扰的影响，地基多年冻土的不均匀蠕变下沉是可能出现的。因此，在挡土墙长度较大时，要求设沉降缝。为防止雨水和地表水沿沉降缝渗入地基，影响地基多年冻土的稳定，要求沉降缝用渣油麻筋填塞。使用渣油的目的是因渣油凝固点较低，在寒冷气候条件下有较好的韧性。沉降缝的做法与一般地区相同。

8.2.7 多年冻土区挡土墙的施工，将给多年冻土地基带来热干扰，使地基和墙背多年冻土融化。在厚层地下冰分布地段施工时，如果处理不当，地下冰的融化往往带来严重灾害，使施工无法进行。这在青藏铁路多年冻土地区的科研工程施工中，有过多次的教训。例如：1960 年，铁道部高原研究所，决定在高原多年冻土地区的风火山，修筑试验路基工程 100m。由于缺少多年冻土工程施工经验，采用一般地区施工方法，至使厚层地下冰暴露融化，形成一个泥水大坑，人员、机具无法进入，使施工无法进行而废弃。这段废弃工程，使山坡失去热稳定，形成大规模热融滑塌。经 15 年后，山坡才形成新的热平衡剖面，恢复稳定。经验表明：暖季施工时，为使施工顺利进行，使挡土建筑物和斜坡具有满意的稳定性，认真编制施工组织设计，充分做好施工准备，加强基坑暴露多年冻土的临时隔热防护，采用“快速施工、连续作业”的施工方法，是多年冻土区挡土建筑物施工所必须遵守的原则。

寒季施工多年冻土地区的挡土建筑物，具有工期不受限制，暴露多年冻土和地下冰无需临时隔热防护，人员、机具、工序可自由安排等优点。因此，在可能条件下，多年冻土地区的挡土建筑物，宜选择在寒季施工。

季节冻土区冻土建筑物的施工不受上述限制。

8.2.8 在多年冻土地区和季节冻土地区，作用于挡土建筑物上的力系，在寒季和暖季是不同的。在寒季，挡土墙地基、墙背活动层冻结过程中，作用于挡土建筑物的主要力系是冻结力和冻胀力。主动土压力、摩擦力、静水压力和浮力等，可能部分消失或全部消失。在暖季，冻结力和冻胀力可能部分消失或全部消失。在确定设计荷载时，应根据挡土墙基础埋深、冻土工程地质条件和水文地质条件等，综合考虑确定作用力系。例如，在多年冻土区，寒季作用于挡土墙的主要力应为墙身重力及位于挡土墙顶面的恒载、冻结力、水平冻胀力、切向冻胀力和基底反力等。在暖季，应为墙身重力及位于挡土墙顶面以上的恒载、主动土压力、冻结力和基底反力等。土压力和水平冻胀力不同时考虑，是因为土压力在暖季作用，这时，水平冻胀力已消失。在寒季，随着墙背土体冻结，活动层失去散粒体特性，变成“含冰岩体”（冻土相当于次坚硬岩石），土压力消失，水平冻胀力作用。

8.2.9 在多年冻土区，挡土墙修筑后，在墙背将形成新的多年冻土上限，如图 12 所示。当墙高较低时，墙背多年冻土上限面与垂直面的夹角较大。当墙体增高时，这个夹角减小；当墙体足够高时，夹角减小至零。

暖季，挡土墙背土压力的计算，可根据上述夹角的大小来确定。当夹角大于（$45°-\varphi/2$）时，内破裂面可能在融土中形成，可通过试算确定；如小于（$45°-\varphi/2$）时，则不可能在融土中形成内破裂面，可按有限范围填土计算作用于挡土墙的主动土压力。

8.2.10 土冻融过渡带的抗剪强度指标，是根据铁道部科学研究院西北分院的研究资料给出的。1978 年，该院在铁道部风火山多年冻土站，进行了现场冻融过渡带大型剪切试验，和室内冻融过渡带小型剪切试验。现场细颗粒土试验结果见表 22，室内小型剪切试验结果见表 23。

综合现场试验和室内试验，考虑墙后细颗粒回填土的含水率多在最佳含水率附近，即 20%左右，从而给出本规范第 8 章表 8.2.10 中所列细颗粒填土冻融过渡带的抗剪强度值。从表可以看出，它较之一般非冻土区给出的内摩擦角约小 10°。表 8.2.10 中砂类土和碎、砾石土冻融过渡带抗剪强度无试验资料，表中的值是对照细颗粒土，按小 10°给出的。

表 22 冻融过渡带土的抗剪强度（指标）现场试验结果

土 名	含水率（%）	内摩擦角 φ	黏聚力 c（kPa）	备 注
砂黏土	21.3	20°48′	11.0	原状土大剪试验
砂黏土	27.5	16°45′	14.0	原状土大剪试验
砂黏土	31.1	14°55′	13.5	原状土大剪试验

表 23 冻融过渡带土的抗剪强度（指标）室内试验结果

土 名	含水率(%)	内摩擦角 φ	黏聚力 c(kPa)	备 注
砂黏土	17.14	32°20′	21.0	扰动土小剪试验
砂黏土	20.74	28°22′	11.0	扰动土小剪试验
砂黏土	22.50	25°10′	5.0	扰动土小剪试验

8.2.11 水平冻胀力的分布图式和最大水平冻胀力值，是根据青藏高原多年冻土区和东北季节冻土区现场实体挡土墙和模型挡土墙试验资料给出的。

1979～1981 年，黑龙江省水利勘测设计院和黑龙江省寒地建筑科学研究院，在黑龙江省巴彦县东风水库场地，对挡土墙水平冻胀力进行了测定。水平冻胀力沿墙背的分布见图 14。

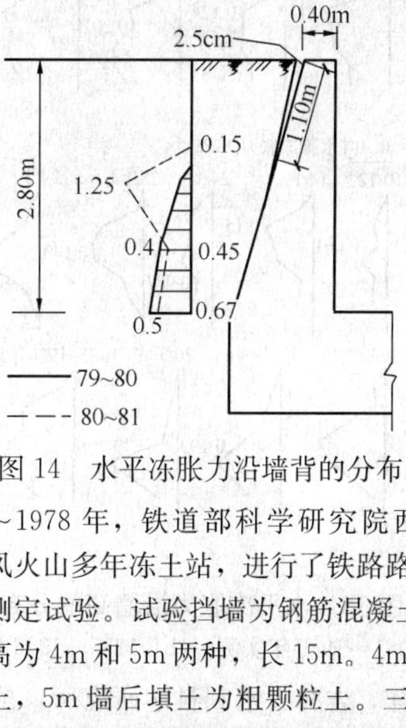

图 14 水平冻胀力沿墙背的分布

1976～1978 年，铁道部科学研究院西北分院，在铁道部风火山多年冻土站，进行了铁路路堑挡墙水平冻胀力测定试验。试验挡墙为钢筋混凝土“L”形挡墙，墙高为 4m 和 5m 两种，长 15m。4m 墙后填土为细颗粒土，5m 墙后填土为粗颗粒土。三年测得的墙背最大水平冻胀力分布曲线如图 15 所示。图中，墙前地面以下墙背的应力值，为活动层内水平冻胀内力与挡墙转动时下部的水平反力之和，与挡墙计算关系不大。

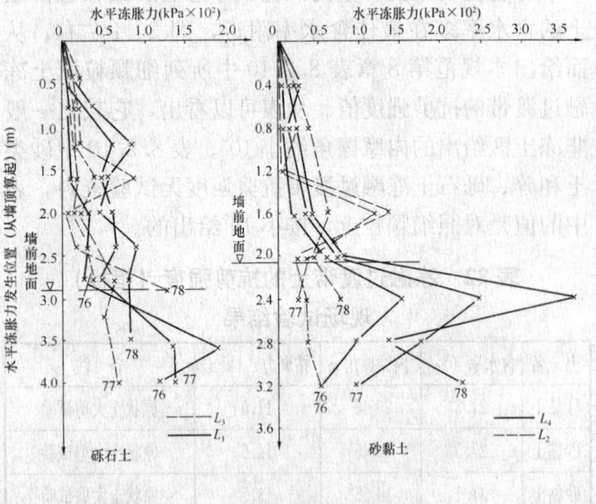

图 15 "L"挡墙背水平冻胀力分布图（相对值）

1—墙前地面

1983～1986 年，黑龙江省水利科学研究所，在哈尔滨万家冻土试验场，进行了专门测定水平冻胀力的挡土墙模型试验。测得的水平冻胀力分布图式如图 16 所示。

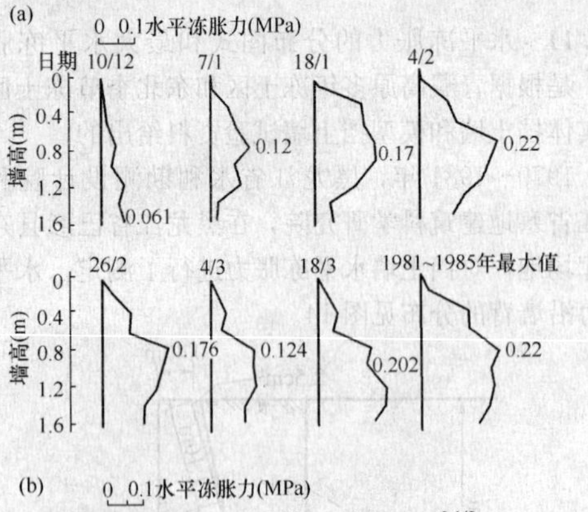

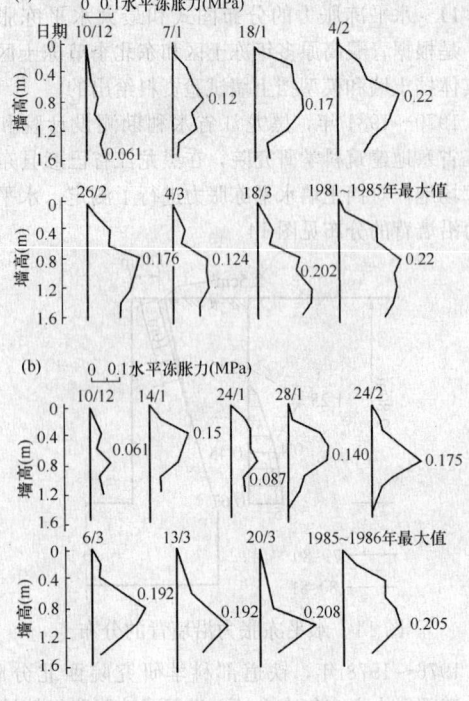

图 16 水平冻胀力沿墙高的分布

（a）1981～1985 年实测；（b）1985～1986 年实测

1983 年，吉林省水利科学研究所，在东阿现场锚定板挡土墙试验中，对墙背水平冻胀力进行了测定。其分布图式如图 17 所示。

从各试验资料可以看出：水平冻胀力沿墙背的分布，基本呈三角形。这种分布规律与挡墙的冻结条件

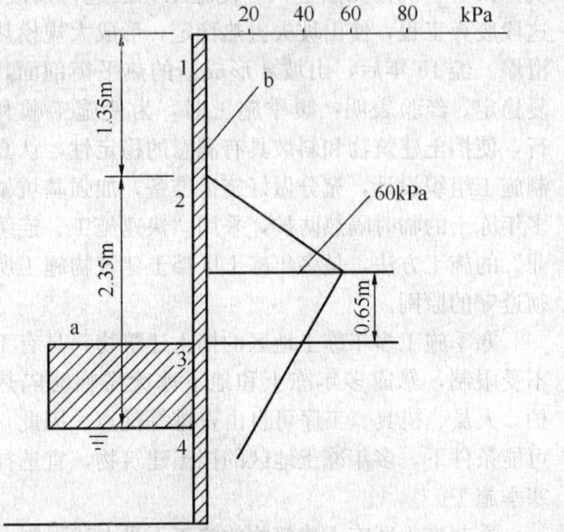

图 17 东阿锚定板挡土墙实测水平冻胀力分布图

a—冰面；b—墙体

和墙后填土中水分分布规律有关。在一般情况下，墙背填土中的含水率上部小，中下部大；在二维冻结条件下，墙背上部土体冻结快，冻胀较小；中、下部土体冻结慢，冻胀较大。所以，水平冻胀力在墙背一般呈三角形分布。据此，提出了墙背水平冻胀力分布的三角形计算图式。

水平冻胀力计算图式中，最大水平冻胀力的作用位置，是综合上面各实测资料给出的。梯形分布图式中，1.5 倍上限埋深，是考虑消除来自地面的冷能量对挡墙中部墙背土体冻结的影响而提出的。据风火山观测资料，如果从地面出现稳定冻结算起，负气温对 1.5 倍上限深度地温的影响将在两个月以后，而墙背活动层的冻结只需（1～1.5）月，故认为在 1.5 倍上限深度以下，挡土墙背土体的冻结是一维的。

本规范第 8 章表 8.2.11 中给出的最大水平冻胀力值，是根据上述各试验地点实测值，综合分析提出的。这些实测值见表 24。

表 24 实测最大水平冻胀力

墙背细颗粒填土冻胀率（%）	最大水平冻胀力（kPa）	备 注
4.3	90	铁道部科学研究院西北分院青藏高原资料
10.5	220	黑龙江省水利科学研究所资料
21.3	208	黑龙江省水利科学研究所资料
强冻胀土	196～245	吉林省水利科学研究所资料

上面的现场实测资料，都是在墙高较小（小于5m）的情况下测得的。若墙高较大，挡墙中部的冻结条件可以看作是一维的，其水平冻胀力应大体相等。故在计算图式中，给出了高墙时的梯形分布图式。

对青藏高原实体挡土墙和模型挡土墙测得的水平冻胀力，按本规范第8章图8.2.11的分布图式，换算得出如下一组最大水平冻胀力值（kPa）：

57，90，80，90，98，81，94

将上面样本进行数学期望与方差运算得：

算术平均值 $\overline{X}=84$；标准差 $S=13.7$。

总体平均值落在111.4kPa和56.6kPa之间的概率为95.4%。风火山试验挡土墙土体的平均冻胀率为4.3%，所以，对于冻胀土（η 大于3.5，小于或等于6.0），给出水平冻胀力值为70kPa～120kPa。

同样，对风火山实体挡土墙墙背粗颗粒填土（η 等于2.1%）的观测值，经换算后进行统计得：均值 $\overline{X}=49$；标准差 $S=16$。

总体平均值落在81kPa和17kPa之间的概率为95.4%。

所以，对于弱冻胀土（η 大于1，小于或等于3.5），给出水平冻胀力值为15kPa～70kPa。

将东北季节冻土区挡墙水平冻胀力的观测值进行换算，得：

1984～1985年，冻胀率 $\eta=10.5$ 时，最大水平冻胀力为160kPa；

1985～1986年，冻胀率 $\eta=21.3$ 时，最大水平冻胀力为230kPa。

综合上面统计计算资料，给出了本规范第8章表8.2.11中的水平冻胀力标准值。

8.2.13 在多年冻土中融区和季节冻土区，季节冻结层按冻胀量沿深度的分布，一般可划分出“主冻胀带”和“弱冻胀带”。据野外观测，“主冻胀带”分布在季节冻结层的上部约1/2～2/3的部分，80%以上的冻胀量在这个带出现。在“主冻胀带”以下，土层冻结所产生的冻胀量就较小了。在设计融区和季节冻土区支挡建筑物时，基础埋深，可考虑冻胀量沿深度的分布特点，视建筑物的重要性和工程地质条件，经计算确定。

8.2.14 在多年冻土区，由于多年冻土的隔水和冷冻作用，冻结活动层中的水分多呈“K”形分布。即活动层上部和下部土体的含水率均较大。在设计挡墙基础埋深时，如果把基础置于多年冻土上限附近活动层，在冻结过程中，自下而上的冻结，将对挡墙基础作用巨大的法向冻胀力。据铁道部科学研究院西北分院风火山多年冻土站试验资料，埋深上限附近的基础（埋深1.2m，上限1.4m），作用于基础的法向冻胀力达1100kPa，即每平方米达1100kN。这样巨大的冻胀力，是无法用建筑物的荷重来平衡的。为保证支挡建筑物的抗冻胀稳定，要求多年冻土地区的挡墙基础，必须埋在稳定人为上限以下，以消除法向冻胀力的作用。

据铁道部科学研究院西北分院在青藏高原多年冻土地区的试验，带八字墙的涵洞，地基多年冻土的人为上限，约为设涵地点多年冻土天然上限的1.25倍。所以，在这里规定，多年冻土地区挡土墙基础的埋深不得小于建筑地点天然上限的1.3倍。

8.2.15 实践表明：多年冻土工程的成败，在于地基基础设计的合理性与否，支挡建筑物也不例外。采用合理的基础形式，选择适当的施工季节和施工方法，是成功修建多年冻土区支挡建筑物的关键。尽量减少施工对地基多年冻土的热干扰，是多年冻土区基础施工所必须遵循的原则。预制混凝土拼装基础，是多年冻土工程较理想的基础形式。预制混凝土拼装基础，可以减轻劳动强度，加快施工进度，减少基坑暴露时间，从而有效减少对地基多年冻土的热干扰。现浇混凝土基础，由于带进地基中的水化热较多，对地基多年冻土的热干扰大，于基础、地基的稳定是极不利的。因此，多年冻土地基上的基础，尤其是高含冰率多年冻土地基上的基础，是不宜采用现浇混凝土基础的。故本节提出避免采用现浇混凝土基础。

8.2.16 富冰和饱冰冻土地基上作300mm砂垫层的目的，是使地基土受力均匀，防止局部应力集中，造成冻土中冰的融化，使多年冻土地基失去稳定。

含土冰层不适合直接用作建筑物地基，是因为含土冰层长期强度甚小，在外荷作用下，可能产生非衰减蠕变而使建筑物产生大量下沉而破坏。因此，需对基础下含土冰层进行换填，以使基础作用于含土冰层上的附加应力减小。换填深度应根据作用于基础的恒载、地基的允许变形和含土冰层的蠕变特性，通过计算确定。一般不宜小于基础宽度1/4。

8.2.18 冻土地区的挡土墙，在墙背土体的冻融循环过程中，反复承受土压力和水平冻胀力的交替作用。在一般情况下，水平冻胀力较之土压力要大得多。在水平冻胀力作用下，挡土墙抗滑和抗倾覆稳定能满足要求时，土压力作用下的稳定是没有问题的。但是，在采取某些减小水平冻胀力的措施后，有可能使水平冻胀力小于土压力。另一方面，在寒季和暖季，阻止墙体滑动的力和作用于墙上的推力是不同的。在寒季能满足稳定要求，在暖季则不一定。因此，要求在寒季和暖季分别对挡土墙进行抗滑和抗倾覆稳定检算。

8.2.19、8.2.20 抗滑稳定系数 K_s 不小于1.3，抗倾覆稳定系数 K_0 不小于1.6，是根据现行国家标准《建筑地基基础设计规范》GB 50007提出的。

8.2.22 冻土区的支挡结构物，承受着远比库仑土压力大的水平冻胀力作用。若采用一般重力式挡墙，往往由于截面过大而欠经济合理，同时也难以保持支挡建筑物本身的稳定。在冻土区，若采用柔性结构挡土墙，例如，锚杆和锚定板式挡土墙，既能有效地减小水平冻胀力的作用，又可充分利用冻土高强度特性，是冻土区较为理想的支挡结构形式。

季节冻土区，锚杆和锚定板的计算，可按一般地区锚杆和锚定板的计算方法进行。多年冻土区，锚杆和锚定板的计算按本节规定进行。

冻土是一种具有明显流变特性的多相岩体。当作用于冻土的应力小于冻土长期强度时，冻土的蠕变变形是衰减的。在锚杆和锚定板的计算中，要求作用于锚杆和锚定板受力面上的应力，应小于冻土的长期强度。这样，在荷载作用下，锚杆和锚定板的变形是很小的，甚至是可以忽略的。

8.2.23、8.2.24 冻土中锚杆的承载力，是由锚杆与冻土间界面的抗剪冻结强度提供的。1979～1980年，铁道部科学研究院西北分院，在青藏铁路沿线多年冻土地区的风火山，进行了垂直插入式钢筋混凝土锚杆的抗拔试验。试验表明：在锚杆—冻土界面上，剪应力的分布是不均匀的。上部应力大，下部应力小。且随深度增加，应力迅速减小，呈指数规律衰减。应力的传播深度，随荷载的增加而增大。这种分布规律，决定着锚杆体系的破坏特性。在荷载作用下，锚杆上部剪应力增大，随着荷载的增加，锚杆上部界面达到冻结强度极限，冻结强度破坏。在这一部分冻结强度破坏后，最大剪应力向下传播（图18），下一部分锚杆进入极限状态。如此渐进破坏，直至锚杆承受极限荷载。

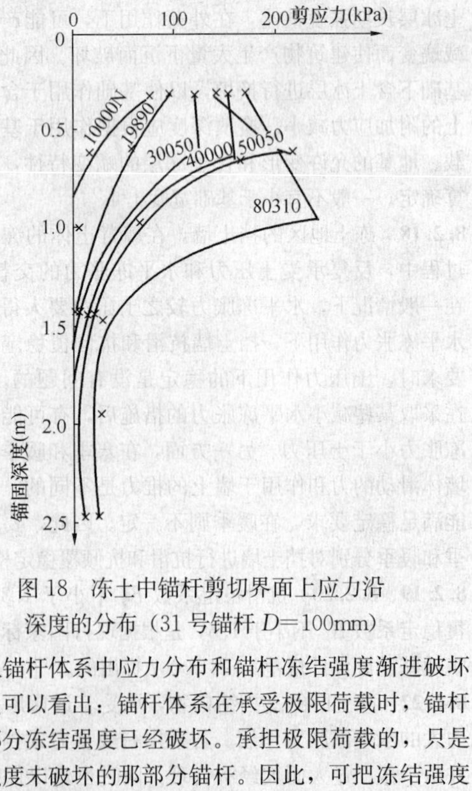

图18　冻土中锚杆剪切界面上应力沿深度的分布（31号锚杆 D=100mm）

从锚杆体系中应力分布和锚杆冻结强度渐进破坏的特点可以看出：锚杆体系在承受极限荷载时，锚杆上部部分冻结强度已经破坏。承担极限荷载的，只是冻结强度未破坏的那部分锚杆。因此，可把冻结强度未破坏的那部分锚杆的长度称为“有效长度”。

试验还表明，在冻结强度破坏后，在锚杆～冻土界面上还存在残余冻结强度。据冰川冻土研究所试验，残余冻结强度，约为长期冻结强度的80%。

因此，现场试验中得出的长期极限抗拔力，是由长期残余冻结强度和长期冻结强度组成的。由长期极限抗拔力算出的锚杆平均冻结强度，是长期冻结强度和长期残余冻结强度的综合值。

钢筋混凝土锚杆的冻结强度修正系数，与锚杆锚固段的长度和直径有关。即锚杆的长度和直径，影响锚杆的平均冻结强度。

锚杆的极限荷载除以锚杆的冻结面积所得的平均冻结强度，称为锚杆的换算冻结强度。锚杆的换算冻结强度随锚固长度增加而减小。这种影响可用长度影响系数来表示：

$$\phi_L = \frac{f_{cL}}{f_{c1000}} \tag{3}$$

式中：ϕ_L——长度影响系数；

f_{cL}——锚杆长度为 L 时的锚杆换算冻结强度（kPa）；

f_{c1000}——锚杆长度为1000mm时的锚杆换算冻结强度（kPa）。

锚杆换算冻结强度还与锚杆直径有关，可用直径影响系数来表示：

$$\phi_D = \frac{f_{cD}}{f_{c100}} \tag{4}$$

式中：ϕ_D——直径影响系数；

f_{cD}——直径为 D 时的锚杆换算冻结强度（kPa）；

f_{c100}——直径为100mm时的锚杆换算冻结强度（kPa）。

试验得出的长度影响系数 ϕ_L 见表25，直径影响系数 ϕ_D 见表26。

表25　长度影响系数

锚固段长度（mm）	1000	1500	2000	2500	3000
长度影响系数 ϕ_L	0.98	0.94	0.89	0.85	0.80

表26　直径影响系数

锚杆直径（mm）	50	80	100	120	140	160	180	200
直径影响系数 ϕ_D	1.44	1.11	1.00	0.92	0.86	0.82	0.80	0.78

本规范表8.2.24中给出的锚杆冻结强度修正系数，是长度影响系数与直径影响系数的乘积。

本规范表8.2.23中给出的冻结强度值，是在锚杆直径为100mm，锚固段长度为1000mm时，现场试验得出的。

8.2.25 冻土的强度，具有明显的峰值，即极限破坏强度。峰值强度出现后，冻土破坏，发生破坏位移，最后达稳定位移时的强度，称为残余强度。冻结强度亦存在峰值冻结强度和残余冻结强度。残余冻结强度值是较大的，一般可达长期冻结强度的80%。为提高锚杆的承载能力，可利用锚杆的残余冻结强度。其方法是加长锚杆锚固段的长度。也就是说，可以利用残余冻结强度来满足锚杆承载力的要求。从理论上讲，锚固段可以任意加长，只要锚杆的材料强度能满足要求就行。

然而，冻土中锚杆要达到极限承载力，锚杆必须有足够的拉伸变形。即锚杆必须达到一定的临界蠕变位移。图 19 是铁道部科学研究院西北分院在锚杆现场试验中，得出的锚杆临界蠕变位移与锚固段长度的关系曲线。由图可以看出，锚杆临界蠕变位移，随锚固段长度增加迅速增大。因此，靠增加锚固长度来满足承载力的要求，在很多场合是行不通的。据现场使用经验和理论计算，在一般情况下，冻土中锚杆以粗、短为宜。因为加大锚杆直径，可使冻结面积迅速增大，从而可大大增加锚杆的承载能力；采用较短锚杆，可使锚杆的临界蠕变位移减小，从而减小支挡建筑物的变形。

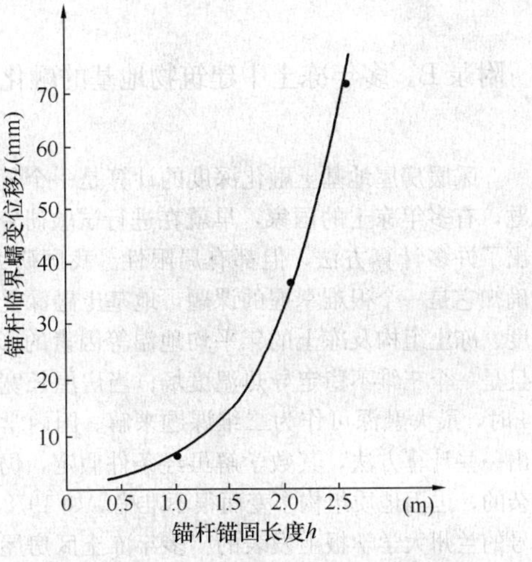

图 19　锚杆体系临界蠕变位移与锚固长度关系

本节的锚杆计算，是按第一极限状态法进行的。即锚杆在荷载作用下，剪切界面上的应力小于极限长期强度。在这种情况下，锚固段过长是无意义的。因为根据现场锚杆抗拔试验，在一般情况下，界面上应力的传播深度约为 2.0m～2.5m。超过这一长度的锚固部分是不参加工作的。所以，我们规定冻土中锚杆锚固长度一般不宜超过 3m。

8.2.26　锚杆周围填料厚度不小于 50mm 的规定，是为了保证锚杆体系的剪切界面在锚杆与填料之间。厚度太小，则剪切界面可能出现在填料与冻土之间，这与所有的计算是不符的。根据铁道部科学研究院西北分院试验资料，在遵守填料厚度不小于 50mm 的条件下，锚杆直径的增加不改变剪切界面的位置，即剪切界面永远为锚杆与填料间界面。

8.2.29　锚定板的埋深是由设计荷载和锚定板前方冻土的阻力（抗剪强度）决定的。冻土阻力是随锚定板埋深而变化的。当锚定板面积一定时，可以改变锚定板的埋深，来满足设计荷载的要求。在锚定板埋深不变时，为满足设计荷载要求，只有改变锚定板面积。不论何种情况，考虑锚定板的整体稳定，其埋深都不应小于某一极限值——锚定板的最小埋置深度。

假定锚定板整体稳定破坏时，锚定板前方的冻土和融土沿图 20 中所示的锥面发生剪切，这时，外荷载应与破坏面上的剪力相平衡，即：

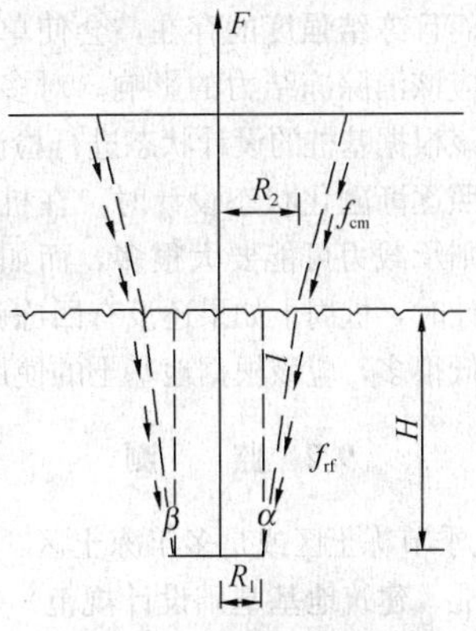

图 20　锚定板最小埋深计算图

$$A_m f_{cm} + A_f f_{rf} - F = 0 \tag{5}$$

式中：A_m——融土破裂面的面积（m²）；

f_{cm}——融土的黏聚力（kPa）；

A_f——冻土破裂面的面积（m²）；

f_{rf}——冻土抗剪强度（kPa）；

F——外荷载（kN）。

如果忽略融土的阻力，对于圆形锚定板，可以得出如下计算冻土中锚定板最小埋深的公式：

$$H^2 \tan\alpha + 2r_1 H - \frac{F}{\pi f_{rf}} = 0 \quad (当\ l \approx H) \tag{6}$$

式中：H——锚定板最小埋深（m）；

α——冻土中应力扩散角（°）；

r_1——锚定板半径（m）；

其余符号意义同前。

根据实验，α 角一般在 25°～30°，若取 $\alpha=30°$，设计荷载为 60kN，锚定板直径为 300mm，锚定板前方为冻结砂黏土，土温为－15℃，则长期黏聚力为 $c=108$kPa。将上述数据代入公式（6），解得 $H=351.6$mm。

锚定板在冻土中的最小埋深，应通过计算，并考虑到可能遇到的不利情况（例如冻土温度的变化等）来确定。

9　检验与监测

9.1　检　　验

9.1.1　本条主要适用于以天然土层为地基持力层的浅基础，主要是检验所留冻土层厚度是否满足设计要求，是否有厚度超过设计尺寸的现象。

9.1.3　多年冻土地区因地温较低，混凝土质量容易出问题，所以对基桩的检测数量要求高一点，完整性检测数为30%，为了检验混凝土强度是否满足设计要求，应对混凝土采用取芯检测，数量宜为1%。

9.1.4 对于季节性冻土地区基桩承载力的检测，当桩周存在冻土时，因冻结强度主要与冻土温度、冻土融沉等级及冻土类别有关，与暖土状态下桩的侧阻力有很大不同，而且冻结强度的存在，会使单桩承载力值偏高，所以应该消除冻结力的影响。对多年冻土地区而言，则应该根据基桩的设计状态进行检测方案选择，如果桩基按照逐渐融化状态设计时，在桩周有冻土时进行试验，则承载力可能要大很多，而如果桩基按照冻结状态设计时，桩周土如果还没有回冻就进行检测，则其值可能低很多，应该根据地基土的使用状态而定。

9.2 监　测

9.2.1 不论季节冻土区或是多年冻土区，都可能存在现行国家标准《建筑地基基础设计规范》GB 50007所列的情况，其监测要求应满足其要求。

9.2.2 建筑物地基设计等级为甲、乙级时，均应按现行国家标准《建筑地基基础设计规范》GB 50007要求进行监测。在多年冻土区往往因冻土地基中含有分布不均的高含冰率冻土或厚层地下冰，使得冻土工程地质条件复杂化。在热扰动下冻土地基出现融化而导致建筑物产生不均匀沉降。虽然按保持冻结状态地基设计原则进行基础设计，特别是非桩基基础条件下，环境和建筑物热状态的变化会影响冻土地基热状态的变化，引起地基沉降变形（融化沉降和高温冻土蠕变沉降）。

9.2.4 冻土地基受热扰动最为敏感。标志多年冻土热稳定性的基本指标是多年冻土的年平均地温，通常可以采用15m深处的冻土地温作代表。当属于高温冻土时，在环境和建筑物热扰动下，极易使冻土地温升高或出现融化。大量的室内外试验数据表明，当冻土温度高于−1.0℃以上时，在外荷载作用下会出生较大的压缩性。因此，温度场监测就成为多年冻土区监测的重要项目，监测冻土地基的温度场的形成及其变化，随之可能引起基础的变形。

通常情况下，建筑物中心部位和热源点对冻土地基热状态的影响最大，建筑物的平面尺寸越大，对冻土地基热状态的影响就越大。因此，温度场监测点应按东西和南北断面布设，除中心布设一个深孔（大于15m）外，均按20m间隔布设监测孔，孔深应达持力层。监测点垂直深度布设，10m内按0.5m间距布设测点，10m以下可按1.0m间距布设。当建筑物下冻土地基的地温升高就意味着冻土地基的热稳定性逐渐丧失，就可能影响建筑物的整体稳定性而出现不均匀变形。

基坑开挖时，基坑壁的冻土热状态可能受干扰而出现变形、坍塌，应对基坑壁和支护进行监测。使用期间建筑物的冻胀和融沉变形常出现在墙角和门窗。冻胀变形多在墙角，融沉变形多在外墙的中部和门窗。因此，变形监测点应布置在墙角和曲面部位的基础梁上，沿外墙基础梁间隔20m（或间墙）布设监测点。同时，在建筑物20m外的空旷场地设置永久性基准点。一般情况下，冻土地区的建筑物变形都可从冻土地基温度场的变化及冻土特征方面找出原因。

9.2.5 冻土地基地温变化直接受气候、环境及建筑物的热状态的影响。一般情况下，竣工后三年间冻土热状态受扰动最为剧烈。为此，冻土地区的温度场观测应从施工开始，每旬观测一次，并在使用期间延续进行，每月观测一次。随着全球气候变暖的影响，冻土地基的热稳定性亦随之变化，对地基设计为甲、乙级的建筑物监测时间就可能更长，直至变形达到稳定为止。当冻土地基热状态和变形逐渐出现不能稳定的趋势时，就应及时采取措施，如热棒等主动降温的措施，以保持冻土地基的热稳定性。

附录B　多年冻土中建筑物地基的融化深度

采暖房屋地基土融化深度的计算是一个复杂的课题，有多年冻土的国家，早就在进行试验研究，并提出了许多计算方法，但都有局限性。我国研究较晚，确知它是一个很难掌握的课题，地基土融深受采暖温度、冻土组构及冻土的年平均地温等因素的影响，而且是一个三维不稳定导热温度场；当房屋长宽比大于4时，最大融深可作为二维课题来解。国内学者也提出一些计算方法，其数学解虽经条件假定，仍是很复杂的，也因地质组构多变而很不准确。如1978年6月号的兰州大学学报上发表的“多年冻土区房屋地基融化计算探讨”一文中提出房屋地基最大融深计算式：

$$h_{\mathrm{m}}=\frac{nh_0}{\sqrt{1+n^2}}\left\{1+\frac{\pi}{2}\frac{a}{h_{\mathrm{c}}}\left[1+\left(\frac{h_0}{a}\right)^2\right]\left[\frac{\frac{\lambda^-}{\lambda^+}(j^--j_{\mathrm{c}})}{f^+-\frac{\lambda^-}{\lambda^+}f^-}+\frac{\pi}{6}\frac{a}{h_{\mathrm{c}}}\right]\right\}\tag{7}$$

式中符号意义见原文。

以此式计算我们钻探观测取得的最大融深为5.0m的满归站24号住宅，其计算结果与实际融深相差太大，不便应用。

一、最大融深的计算

为了推导出一个简便的计算式，假定冻土地基为空间半无限的，房屋已使用了几年或几十年，地基融深已达最大值，融化盘相对稳定。此时，以一维传热原理来探求房屋地基的最大融深计算式；这时房屋取暖传入地基中的热量，由于地基土的热阻有限，并趋近一个常量 Q_1，即通过室内地面传到融冻界面的热量；从融冻界面传入到地基冻土中的热量，只能提高冻土的温度，使冻土蓄热而不能使冻土融化的热量为

Q_2，它也是有限的。这是因为地基土在气温影响范围内的土温随气温变化而波动，夏季升温，冬季降温，储蓄在冻土中的热量 Q_2，在降温时为低温冻土所吸收，即散热，在气温影响范围内的地基土温普遍降低，降温是不均匀的，融化盘周围降温大，盘中降温小，反之亦然，每年升、降循环一次，使蓄热，散热相对平衡，或谓之为地中热流所平衡，所以融深稳定在最大值，故融化盘基本无变化而相对稳定，称为稳定融化盘。

根据上面的分析，当房屋地基土融深已达最大值时，按一维传热原理考虑，假定地基土为均质土体，室内地面温度不变，室内地面到融冻界面的距离均相等为 H_{max}，同时从室内地面至冻土内热影响范围面的距离均相等为 h，在单位时间内的传热量是：

1 通过室内地面传至融冻界面的热量（Q_1）：

$$Q_1=\frac{\lambda_u}{H_{max}}A(T_B-0) \tag{8}$$

2 由融冻界面传至冻土中的热量（Q_2）：

$$Q_2=\frac{\lambda_f}{h-H_{max}}A'(0-T'_{cp}) \tag{9}$$

从室内地面传到融冻界面的热量与从融冻界面传到冻土中的热量应相等，即

$$Q_1=Q_2$$

则：$$\frac{\lambda_u}{H_{max}}A(T_B-0)=\frac{\lambda_f}{h-H_{max}}A'(0-T'_{cp}) \tag{10}$$

整理后：

$$H_{max}=\frac{\lambda_u T_B Ah}{\lambda_u T_B A-\lambda_f T'_{cp}A'} \tag{11}$$

进一步整理，并引入房屋长宽比 $L/B=n$

则：

$$H_{max}=\frac{\lambda_u T_B A}{\left(\lambda_u T_B-\lambda_f T'_{cp}\dfrac{A'}{A}\right)A}$$

$$=\frac{\lambda_u T_B}{\lambda_u T_B-\lambda_f T'_{cp}\dfrac{A'}{A}}\cdot\frac{BLh}{BL}$$

$$=\frac{\lambda_u T_B}{\lambda_u T_B-\lambda_f T'_{cp}\dfrac{A'}{A}}\cdot B\cdot\frac{nh}{L} \tag{12}$$

式(12)中，分母 $\lambda_f T'_{cp}$ 的系数 $\dfrac{A'}{A}$ 值是一个大于1的值，即 T'_{cp} 愈低，H_{max} 就愈小，这与实际情况相符；A 为已知，A' 随 A 和 H_{max} 而变化，因此是难于求解的。为了便于公式的应用，硬性地把 $\dfrac{A'}{A}$ 提出来与 nh/L 放在一起，和融化盘实际为二、三维不稳定传热温度场与假定为一维传热温度场是有差距的，且融化盘和热影响范围均不是同心圆，故室内地面至融化盘和至热影响范围各点的距离，并不都等于 H_{max}，h；λ_f 值从公式推导讲应是稳定融化盘下热影响范围内冻土的导热系数，但在稳定融化盘形成过程中，融冻界面是由室外地面逐渐下移的，即地面下的冻土是逐渐融化为融土的，融深的大小与室内热源传入地基土的热量成正比，而与冻土融化(包括相变热)消耗的热量成反比。因此，在融化盘下冻土无 λ_f 资料时可采用室外地面下地基土冻结时的导热系数，因而也存在差异；冻土地基的组构在一幢房屋下是不均匀的等因素，均归纳为综合影响系数 ψ_J，并以房屋长宽比"n"为代表表示。同时取 $T_{cp}=T'_{cp}$，实际上最大融深下多年冻土的年平均地温 T'_{cp} 与 T_{cp}，是基本相同的。则式(12)可改写为：

$$H_{max}=\psi_J\frac{\lambda_u T_B}{\lambda_u T_B-\lambda_f T_{cp}}B \tag{13}$$

式（8）～式（12）中：

λ_u——融化土(包括地板及保温层)的导热系数[W/(m·℃)]；

λ_f——冻土的导热系数[W/(m·℃)]；

T_B——室内地面温度(℃)；

T'_{cp}——冻土年平均温度(℃)；

T_{cp}——多年冻土的年平均地温(地温变化趋近于零深度处的地温)(℃)；

H_{max}——最大融深(m)；

h——室温对地基土温的影响深度(m)；

A——房屋外墙结构中心包络地面面积(m^2)，$A=LB$；

B——房屋宽度，前后外墙结构中心距离(m)；

A'——融化盘(融冻界面)面积(m^2)；

L——房屋长度(m)，两外山墙中心距离；

n——房屋长宽比，$n=L/B$；

ψ_J——综合影响系数。

3 综合影响系数 ψ_J 值

式（13）只显示了形成融深的几个主要数据，未显示的数据都归纳以系数 ψ_J 表示，所以 ψ_J 是一个很复杂的数据，只好对既有房屋的钻探、观测的融深资料（东北和西北的）和试验房屋融深观测资料中取得的最大融深进行分析综合后，反求 ψ_J 值。同时考虑了使用年限的因素，即使用年限短的房屋尚未达最大融深，详见本规范附录B图B.0.1-1；其中15m～25m宽的房屋，ψ_J 值均系参考前苏联"CHuⅡ—18—76"规范与我们的经验综合编制的。

式中 T_B 国外均采用室温，而我们却采用室内地面温度，这是因为我国尚无室温与地面温差之规定，卫生条件要求地面温度与室温之差以2.5℃为宜；但我们对既有房屋和试验房屋的地面进行了测定，在最热的7、8月中室温为21℃～27℃时，地面温度为18℃～23℃，基本上满足温差要求，但在最冷的1月份，室温15℃，而地面温度仅有6℃～8℃，且外墙附近的地面温度仍在0℃左右，此时地面平均温度只有3℃～6℃。风火山试验宿舍设有沥青珍珠岩保温层，年平均室温为16℃，而年平均地面温度也只有11.5℃。室温与地面温度相差如此之大，系房屋围护

结构保温质量不足，尤其是靠外墙的地面保温质量不足所致。所以我们采用地面温度来计算融深是较为合理的。我们根据现有房屋地面温度观测资料编制了室内地面年平均温度表，如表 27 所示，供使用者参考。

表 27　各类房屋室内地面年平均温度（T_B）值

房屋类别	住宅	宿舍	乘务员公寓	小医院电话所	各类工区	办公室	站房	
							办公室	候车室
地面温度（℃）	6～12	7～14	9～15	10～18	8～14	8～14	8～15	4～10

如设计时房屋围护结构（四周、屋顶及地面）经过热工计算，则其温度可按计算温度采用。

表 27 资料来源不够充分，有待于研究改进，因此未列入规范中。当增加了足够的地面保温层，或当（我国）制定了室温与地面温差的规定时，即可用室温减规定温差来计算最大融深。

4　地基土质系数

当地基为粗颗粒土时，地基融深增大很多，粗粒土与细粒土的导热系数虽不同，但还不能完全反映其导热强度，故需增加一土质系数 ψ_c。根据多年冻土地区多年的勘探资料，对天然上限深浅的分析，并参考了《青藏铁路勘测设计细则》中的最大融深表 5-6-1，综合确定粗粒土与细粒土融深的关系比，定出土质系数 ψ_c，按图 B. 0. 1-2 取值。若将比值列入房屋地基土融深计算公式中则式（13）可写成：

$$H_{max}=\psi_J\frac{\lambda_u T_B}{\lambda_u T_B-\lambda_f T_{cp}}B+\psi_c h \quad (14)$$

式中：h——计算融深内粗粒土层厚度（m）。

5　室内外高差（地板及保温层）影响系数

多年冻土地区一般都较潮湿，房屋室内外应有较大的高差，以使室内地面较为干燥，除生产房屋根据需要设置外，一般不应低于 0. 45m；0. 45m 是指地基融沉压密稳定后的高差。

经试验观测，冬期室内地面温度，由于地基土回冻，使靠外墙 1. 0m 左右的地面处于零度以下，小跨度的房屋中心地面温度也降至 3℃～8℃；这样低的地面温度是不宜居住的，故必须设置地面保温层，以降低地面的热损失，提高地面温度。

室内外高差部分，包括地板及保温层，其构造不论是什么材料，均全按保温层计算，并将高差部分材料与地基土一同计算融化状态的导热系数 λ_u 值，λ_f 值则不包括室内外高差部分。

室内外有高差 Δh，由室内地面传入冻土地基的热量，经保温层时一部分热量将由高出室外地面的墙脚散发于室外大气中，因此融深要减少一些，其减少量以高差影响系数 ψ_Δ 表示。

ψ_Δ 值是根据试验观测资料并考虑采暖对冻深的影响系数、房屋的宽度综合分析确定的，见本规范附录 B 图 B. 0. 1-3，故融深计算式中也应列入此值。这样，采暖房屋地基土最大融深的最终计算式为：

$$H_{max}=\psi_J\frac{\lambda_u T_B}{\lambda_u T_B-\lambda_f T_{cp}}B+\psi_c h_c-\psi_\Delta\Delta h \quad (15)$$

本公式属于半理论半经验公式，但以经验为主求得。

【例 1】　求得尔布尔养路工区融化盘最大融深，房屋坐东朝西，房宽 $B=5.7$m，房长 $L=18.1$m，$T_B=12$℃，$T_{cp}=-1.2$℃，室内外高差 $\Delta h=0.3$m。

地质资料及其导热系数：

1　地面铺砖厚 0. 06m，$\lambda_u=0.814$；

2　填筑土（室内外高差部分）厚 0. 24m，$\lambda_u=1.303$；

3　填筑土厚 0. 6m，$\lambda_u=1.303$，$\lambda_f=1.489$；

4　泥炭土厚 0. 4m，$\lambda_u=0.43$，$\lambda_f=1.303$；

5　砂黏土夹碎石 20%，厚 1. 2m，$\lambda_u=1.547$，$\lambda_f=2.407$；

6　碎石土含土 42%，厚＞4. 5m，$\lambda_u=1.710$，$\lambda_f=1.931$。

加权平均导热系数：

$$\lambda_u=\frac{0.06\times0.814+0.84\times1.303+0.4\times0.43+1.2\times1.547+4.5\times1.71}{0.06+0.84+0.4+1.2+4.5}$$
$$=1.552$$

$$\lambda_f=\frac{0.6\times1.489+0.4\times1.303+1.2\times2.407+4.5\times1.931}{6.7}$$
$$=1.939$$

当 $n=18.1/5.7=3.2$，查规范附录 B 图 B. 0. 1-1、B. 0. 1-2、B. 0. 1-3 得：$\psi_J=1.27$、$\psi_c=0.16$、$\psi_\Delta=0.24$，

将以上各值代入公式（15）：

$$H_{max}=1.27\times\frac{1.552\times12}{1.552\times12+1.939\times1.2}\times5.7+0.16\times h_c-0.24\times0.3$$
$$=6.44+(6.44-2.5)\times0.16-0.07=6.99\text{m}$$

钻探融深为 6. 4m，因钻探时尚未完全稳定。

【例 2】　求滔滔河兵站融化盘最大融深。

该房屋坐北朝南，房宽 $B=6.0$m，房长 $L=28.8$m，$T_B=13$℃，$T_{cp}=-3.6$℃，室内外高差 $\Delta h=0.15$m，

地质资料及其导热系数：

1　水泥砂浆及填土厚 0. 15m，$\lambda_u=1.08$；

2　砂黏土厚 0. 6m，$\lambda_u=0.98$，$\lambda_f=0.92$；

3　圆砾土厚 1. 8m，$\lambda_u=2.14$，$\lambda_f=2.88$；

4　砂黏土厚＞4m，$\lambda_u=1.28$，$\lambda_f=1.50$。

加权平均导热系数：

$$\lambda_u=\frac{0.15\times1.08+0.6\times0.98+18\times2.141.547+4.0\times1.28}{0.15+0.6+1.8+4.0}$$
$$=1.48$$

$$\lambda_f=\frac{0.6\times0.92+1.8\times2.88+4\times1.5}{0.6+1.8+4.0}$$
$$=1.83$$

当 $n = 28.8/6 = 4.8$，查规范附录B图B.0.1-1、B.0.1-2、B.0.1-3得：$\psi_J = 1.35$、$\psi_c = 0.26$、$\psi_\Delta = 0.12$，

将以上各值代入公式（15）：

$$H_{max} = 1.35 \times \frac{1.48 \times 13}{1.48 \times 13 + 1.83 \times 3.6} \times 6 + 0.26h_c - 0.12 \times 0.15$$

$$= 6.03 + (6.03 - 4.24) \times 0.26 - 0.02 = 6.48m$$

钻探融深为6.04m。

二、融化盘的形状

根据我们钻探实测资料和青藏高原的钻探资料绘制的图形，进行研究分析，融化盘横断面的形状以房屋横剖面中心线为坐标 y 轴的抛物线方程 $y = ax^2$ 表示较符合实际情况。由于室温高低和房屋宽度不同，抛物线的焦点位置亦不同，即形状系数 a 不同；又因房屋朝向不同，其四周地面吸收太阳热能也不同，加之室内热源（火墙、火炉、火炕等）位置各异，最大融深偏向热源，使抛物线的顶点位置偏离房屋中心 y 轴一个距离 b，也称 b 为形状系数。有了形状方程，还是不便计算融深，故将坐标轴的原点移至室内地面上，以地面为 x 轴，即上移 H_{max}，按本规范附录B图B.0.2，则方程 $y = ax^2$ 变为：

$$-y + H_{max} = a(x-b)^2$$

或
$$y = H_{max} - a(x-b)^2 \quad (16)$$

式中系数 a（m^{-1}）、b（m）值，也是根据钻探资料分析归纳确定的，见规范附录B表B.0.2；但 a、b 值尚须继续试验研究，使其更接近实际。

有了公式（16），就可以计算房屋中心横剖面地面上任何一点 N 的融深。

【例3】 求得尔布尔养路工区两外墙下的融深，各项条件见例1，从例1知 $H_{max} = 6.99m$，此时，$x = \frac{B}{2} = \frac{5.7}{2} = 2.85m$（东外墙中心）

$x = -\frac{B}{2} = -\frac{5.7}{2} = -2.85m$（西外墙中心）

由规范附录B表B.0.2查得，$a = 0.14$，$b = 0.1$，代入公式（16）得：

$$y_E = H_{max} - a(x-b)^2 = 6.99 - 0.14 \times (2.87 - 0.1)^2 = 5.93m\text{（实测融深为5.3m）}$$

$$y_W = H_{max} - a(x-b)^2 = 6.99 - 0.14(-2.87 - 0.1)^2 = 5.77m\text{（实测融深为5.1m）}$$

附录C 冻胀性土地基上基础的稳定性验算

一、计算的理论基础及依据

残留冻土层的确定只是根据自然场地的冻胀变形规律，没有考虑基础荷重的作用与土中应力对冻胀的影响，或者说地基土的冻胀变形与其上有无建筑物无关，与其上的荷载大小无关。例如，单层的平房与十几层高的住宅楼在按残留冻土层进行基础埋深的设计时，将得出相同的残留冻土层厚度，具有同一埋深，这显然是不够合理的。

附录C所采用的方法是以弹性层状空间半无限体力学的理论为基础的，在一般情况下（均匀的非冻结季节）地基土是单层的均质介质，而在季节冻土冻结过程中则变成了含有冻土和未冻土两层变形模量差异甚大的非均质介质，即双层地基，在融化过程中又变成了融土—冻土—未冻土的三层地基。

均质地基土上的基础在冻结之前由外荷(附加荷载)引起的土中附加应力的分布是属于均质(单层)的，当冻深发展到浅基础底面以下，由于已冻土的力学特征参数与未冻土的差别较大而变成了两层。当基础底面下土冻结到一定厚度（冻层厚度与基础宽度之比），由于冻土的变形模量大于冻结界面下暖土的变形模量几倍甚至十多倍，冻土层产生附加应力的扩散作用与重分配。冻土地区地表土层寒季年复一年的冻结，形成了“后生”季节双层地基。

建（构）筑物其基础底面压力都小于地基承载力设计值，一般都应用均质直线变形体的弹性理论计算土中应力，土冻结之后的力学指标大大提高了，形成双层地基，因此可采用双层空间半无限直线变形体理论来分析地基中的应力及其分布。

季节冻结层在冬季土的负温度沿深度的分布，当冻层厚度不超过最大冻深的3/4时，即负气温在翌年入春回升之前可看成直线关系，根据黑龙江省寒地建筑科学研究院在哈尔滨和大庆两地冻土站(冻深在2m左右地区)实测的竖向平均温度梯度，可近似地用10℃/m表示，地下各点负温度(℃)的绝对值可用下式计算：

$$T = 10(h - z) \quad (17)$$

式中：h——自基础底面算起至冻结界面的冻层厚度（m）；

z——自基础底面算起冻土层中某点的竖向距离（m）。

冻土的变形模量（或近似称弹性模量）与土的种类、含水程度、荷载大小、加载速率以及土的负温度等都有密切关系。此处由于是讨论冻胀性土的冻胀力问题，因此，土质和含水率选择了冻胀性的黏性土，其变形模量与土温的关系委托中国科学院兰州冰川冻土研究所做的试验，经过整理简化后其结果为：

$$E = E_0 + kT^\alpha = [10 + 44T^{0.733}] \times 10^3 \quad (18)$$

式（17）代入，得：

$$E = [10 + 238(h - z)^{0.733}] \times 10^3 \quad (19)$$

式中：E_0——冻土在0℃时的变形模量（kPa）。

双层地基的计算简图如图21所示，编制有限元

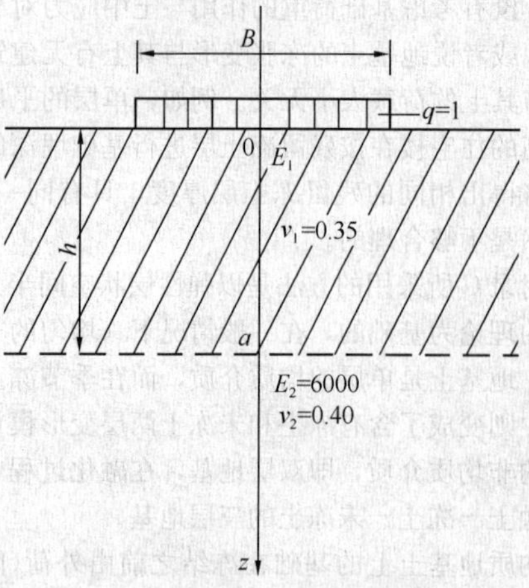

图 21　双层地基计算简图

的计算程序，用数值计算来近似解出双层地基交接面（冻结界面）上基础中心轴下垂直应力系数。层状地基的计算程序，在 1979 年曾请湖南省计算技术研究所编了一套，包括圆形、条形和矩形的，后来对计算结果进行分析，认为不理想，于 1988 年又请中国科学院哈尔滨工程力学研究所重新编了一套，包括圆形、条形以及空间课题中的矩形程序，对其计算结果经整理和分析仍不够满意；最后参考上述两次的计算及教科书中双层地基的解析计算结果，根据实际地基两层的刚度比，基础的面积、形状、上层高度等参数，经过内插、外推求出了条形、方形和圆形图表的结果。

根据一定的基础形式（条形、圆形或矩形）、一定的基础尺寸（基础宽度、直径或边长的数值）和一定的基底之下的冻层厚度，即可查出冻结界面上基础中心点下的应力系数值。

土的冻胀应力是这样得到的，如图 22 所示，图 22a 为一基础放置在冻土层内，设计冻深为 H，基础埋深为 h，冻土层的变形模量、泊松比分别为 E_1、υ_1，下卧不冻土层的变形模量 E_2 及泊松比 υ_2 均为已知，当基底附加压力为 F 时，引起地基冻结界面上 a 点的附加应力为 f_0，其附加应力的大小与其分布完全可以用双层地基的计算求得。图 22b 所示的地基与基础，其所有情况与图 22a 完全相同，二者所不同之处

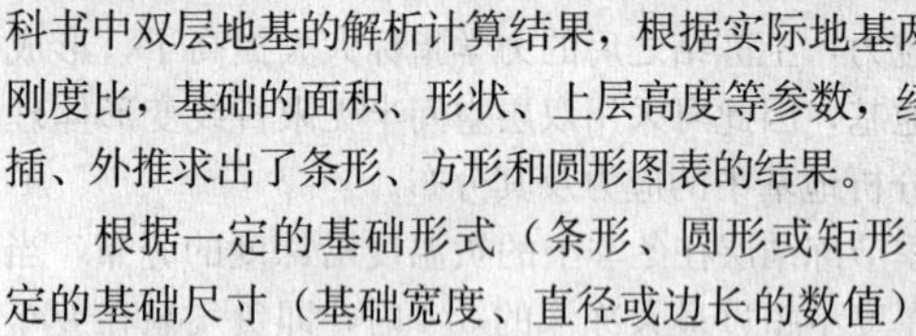

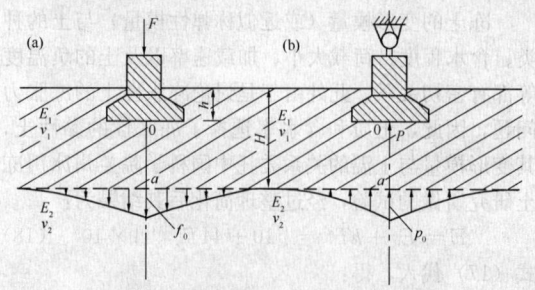

图 22　地基土的冻胀应力示意

(a) 由附加荷载作用在冻土地基上；(b) 由冻胀应力作用在基础上

在于图 22a 为作用力 F 施加在基础上，地基内 a 点产生应力 f_0，图 22b 为基础固定不动，由于冻土层膨胀对基础产生一 P 力，引起地基内 a 点的应力为 p_0，在界面上的冻胀应力按约束程度的不同有一定的分布规律。如果 $P=F$ 时，则 $p_0=f_0$，由于地基基础所组成的受力系统与大小完全相同，则地基和基础的应力状态也完全一致。换句话说，由 F 引起的在冻结界面上附加应力的大小和分布与产生冻胀力 $P(=F)$ 的在冻结界面上冻胀应力的分布和大小完全相同；所以求冻胀应力的过程与求附加应力的过程是相同的，也可将附加应力看成冻胀应力的反作用力。

黑龙江省寒地建筑科学研究院于哈尔滨市郊的阎家岗冻土站中，在四个不同冻胀性的场地上进行了法向冻胀力的观测，正方形基础尺寸 $A=0.7\text{m}\times0.7\text{m}$ ≌0.5 m^2，冻层厚度为 1.5m～1.8m，基础埋深为零。四个场地的冻胀率 η 分别为 $\eta_1=23.5\%$、$\eta_2=16.4\%$、$\eta_3=8.3\%$、$\eta_4=2.5\%$。其冻胀力、冻结深度与时间的关系见图 23、图 24、图 25 和图 26。

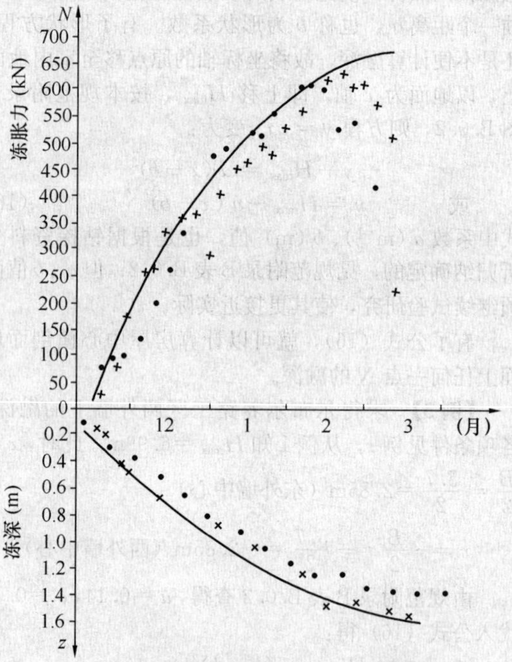

图 23　法向冻胀力原位试验（一）

基础 03 号；基础面积 $A=0.5\text{m}^2$；×为 1987～1988 年；· 为 1988～1989 年基础位移量：18mm，21mm；地面冻胀量：227mm

根据基础底面之下冻层厚度 h 与基础尺寸，查双层地基的应力系数图表，就可容易地求出在该时刻冻胀应力 σ_{fh} 的大小。将不同冻胀率条件下和不同深度处得出的冻胀应力画在一张图上便获得土的冻胀应力曲线。

由于在试验冻胀力的过程中基础有 20mm～30mm 的上抬量，法向冻胀力有一定的松弛，因此，在测得力的基础上再增加 50%的力值。形成“土的

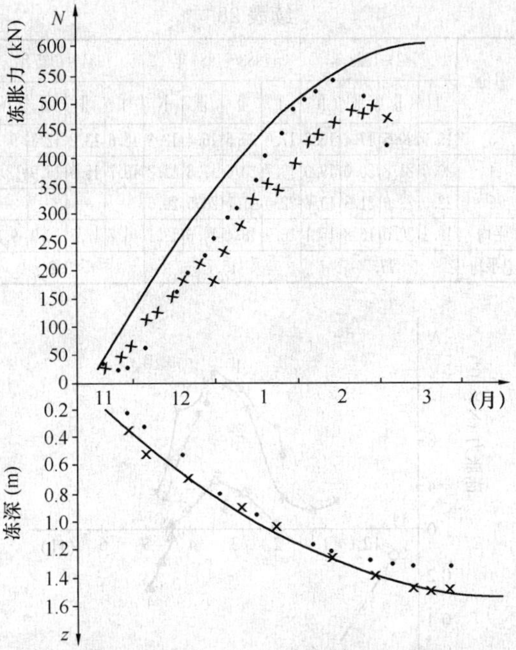

图 24　法向冻胀力原位试验（二）

基础位移量：13 号＝25mm，14 号＝25mm，地面冻胀量：14 号＝194mm，13 号＝186mm；$A=0.5\text{m}^2$；·为 1988～1989 年；×为 1987～1988 年

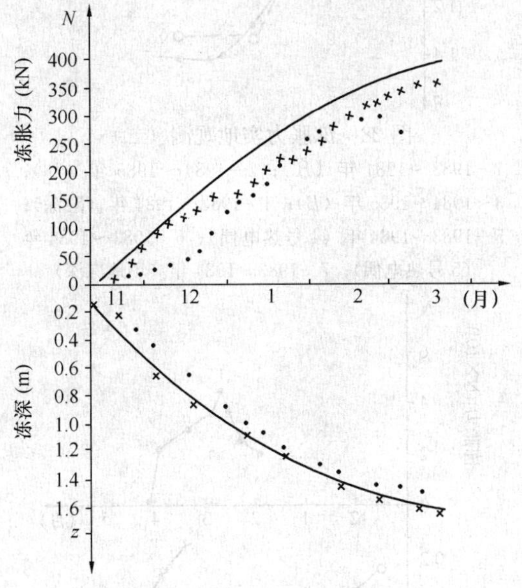

图 25　法向冻胀力原位试验（三）

$A=0.5\text{m}^2$；基础位移量：17 号＝22mm，15 号＝21mm；地面冻胀量：15 号＝96mm，17 号＝48mm；×为 1987～1988 年；·为 1988～1989 年

冻胀应力曲线”素材的情况是：冻胀率 $\eta=20\%$，最大冻深 $H=1.5\text{m}$，基础面积 $A=0.5\text{m}^2$，则冻胀力达到 1000kN，相当于 2000kN/m^2，这样大的冻胀力用在工程上有一定的可靠性。

在求基础埋深的过程中，对传到基础上的荷载只计算上部结构的自重，临时性的活荷载不能计入，如

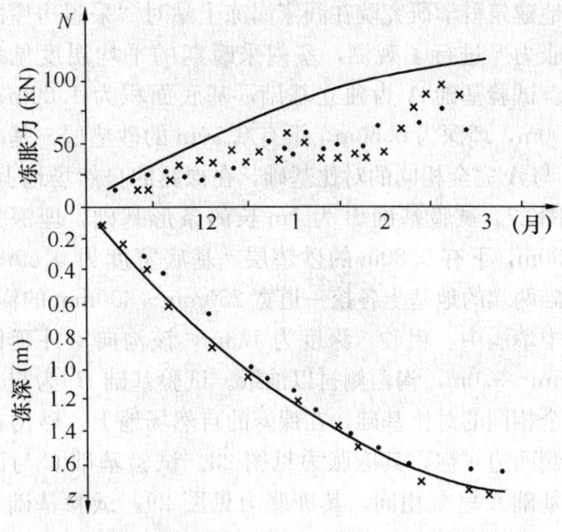

图 26　法向冻胀力原位试验（四）

$A=0.5\text{m}^2$；20 号基础地面冻胀量：87～88＝42mm，88～89＝58mm；×为 1987～1988 年；·为 1988～1989 年基础位移量

剧院、电影院的观众厅，在有节目演出时座无虚席，但散场以后空无一人，当夜间基土冻胀时荷载根本就不存在；又如学校的教室，在严冬放寒假，正值冻胀严重的时期，学生都回家去，教室是空的等。因此，在计算平衡冻胀力的附加荷载时，只计算实际存在的（墙体扣除门窗洞）结构自重，并应乘以一个小于 1 的荷载系数（如 0.9），以考虑偶然最不利的情况。

基础底面处的接触附加压力可以算出，冻层厚度发展到任一深度处的应力系数可以查到，附加压力乘以应力系数即为该截面上的附加应力。然后寻求小于或等于附加应力的冻胀应力，这种截面所在的深度减去应力系数所对应的冻层厚度即为所求的基础的最小埋深，在这一深度上由于向下的附加应力已经把向上的冻胀应力给平衡了，即压住了，肯定不会出现冻胀变形，所以是绝对安全的。

二、采暖对冻胀力的影响

现行地基基础设计规范中对于有热源房屋（采暖房屋），考虑供热对冻深的影响问题，取中段与角段（端）两个不同值是合理正确的。但对角段的范围应该修改一下，该规范规定自外墙角顶点至两边各延长 4m 的范围内皆为角段，这种用绝对数值来表现冻深的影响不够合适，实际上这种影响是冻深的函数。例如：在冻深仅有 400mm 的地区，角段范围为冻深的 10 倍，而在冻深 4.0m 的严寒地区，则角段只有 1 倍的冻深。本规范采用角段的范围为 1.5 倍的设计冻深，1.5 倍冻深之外的影响微弱，可忽略不计。

采暖（或有热源）建筑物对基础的影响要比一个采暖影响系数复杂得多，在基础埋深不小于冻深时，采暖影响系数还有直接使用价值，但对“浅基础”（基底埋在冻层之内）就无法单独使用了。黑龙江省

寒地建筑科学研究院在阎家岗冻土站对“采暖房屋的冻胀力”进行了观测，室内采暖期的平均温度见表28。试验基础 A 为独立基础，基底面积为 1.00m×1.00m，埋深为 0.50m，下有 0.50m 的砂垫层，基础 A' 与 A 完全相同的对比基础，在裸露的自然场地上，见图 27。试验基础 B 为 1m 长的条形基础，埋深为 0.50m，下有 0.50m 的砂垫层，基底宽度为 0.60m，基础两端的地基土各挖一道宽 250mm～300mm 的沟，其中填满中、粗砂，深度为 1.3m，该沟向室外延伸 2.5m～3.0m，沟两侧衬以油纸。试验基础 B' 为与 B 完全相同的对比基础，在裸露的自然场地上，砂沟在基侧两边对称，其冻胀力见图 28。试验基础 C 与试验基础 A 完全相同，其冻胀力见图 29。试验基础 C 为一直径 400mm、长 1.55m 的灌注桩。基础 C' 为对比基础，见图 30。从图中可见，采暖房屋下面的基础所受的冻胀力远较裸露场地的为小，绝不仅是一个采暖影响系数的问题。

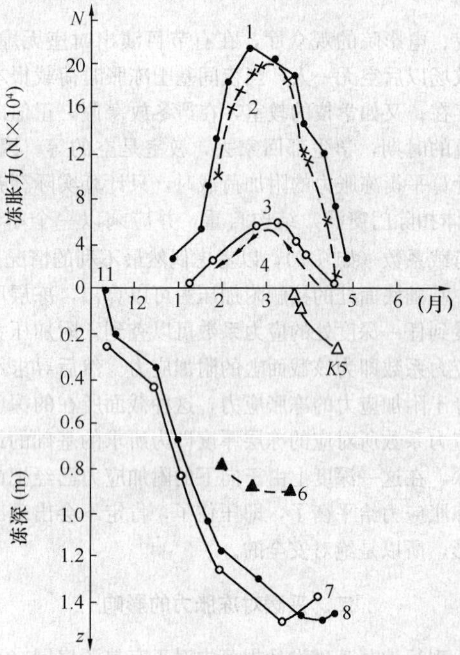

图 27　冻胀力实地观测（一）

1—1983～1984 年（基础 A'）；2—1984～1985 年（A'）；3—1983～1984 年（A）；4—1984～1985 年（A）；5—1984～1985 年（融深）；6—1984～1985 年（27 号热电偶）；7—1984～1985 年（26 号热电偶）；8—1984～1985 年（场地冻深）

表 28　采暖房屋的室内气温（℃）

月份	1982～1983 年				1983～1984 年				1984～1985 年			
	Ⅰ	Ⅱ	Ⅲ	Ⅳ	Ⅰ	Ⅱ	Ⅲ	Ⅳ	Ⅰ	Ⅱ	Ⅲ	Ⅳ
11	20.5	18.7	15.8	14.3	17.7	16.8	13.2	10.5	14.1	14.8	13.7	11.2
12	17.8	17.7	13.5	11.4	13.0	15.5	11.4	9.1	16.8	13.2	12.6	9.7
1	16.6	18.4	14.1	12.2	12.9	14.2	8.5	9.3	18.3	11.8	11.4	7.1
2	17.9	19.0	15.1	12.4	15.7	19.7	14.2	11.5	18.4	12.4	11.3	8.3

续表 28

月份	1982～1983 年				1983～1984 年				1984～1985 年			
	Ⅰ	Ⅱ	Ⅲ	Ⅳ	Ⅰ	Ⅱ	Ⅲ	Ⅳ	Ⅰ	Ⅱ	Ⅲ	Ⅳ
3	19.0	20.5	17.4	16.8	17.0	20.6	16.4	13.3	16.6	13.2	12.3	9.3
4	20.0	21.8	20.0	19.0	19.7	20.6	17.8	17.2	15.7	15.9	15.9	12.9
5	22.0	23.6	21.5	19.6	22.0	21.7	20.5	20.5	—	—	—	—
平均	19.2	20.0	16.8	15.1	16.9	18.4	14.6	13.1	16.7	13.5	12.9	9.8
总平均	17.7				15.7				13.2			

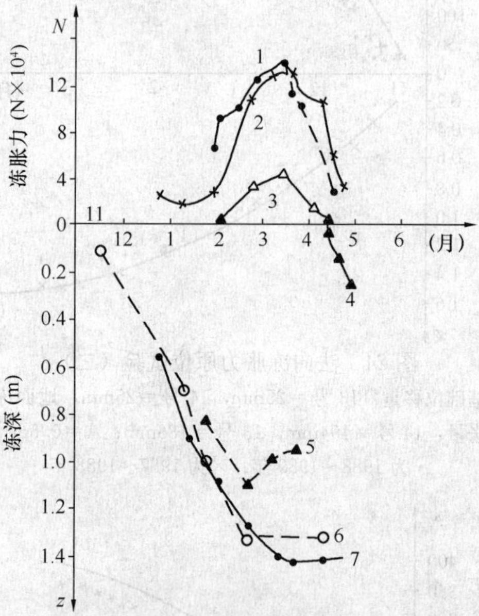

图 28　冻胀力实地观测（二）

1—1983～1984 年（B'）；2—1984～1985 年（B'）；3—1984～1985 年（B）；4—1983～1984 年（融深）；5—1983～1984 年（4 号热电偶）；6—1983～1984 年（5 号热电偶）；7—1983～1984 年（场地冻深）

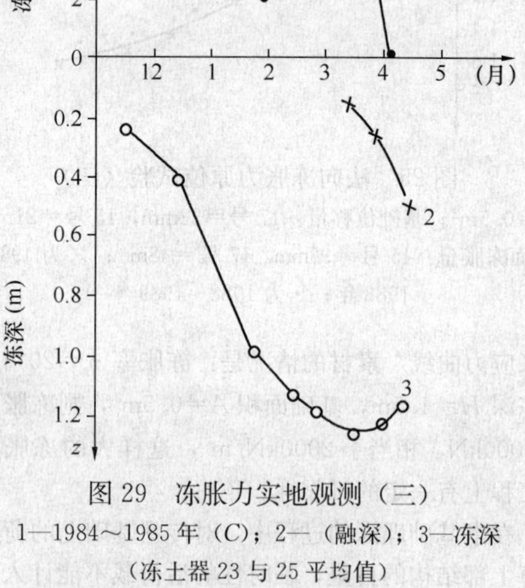

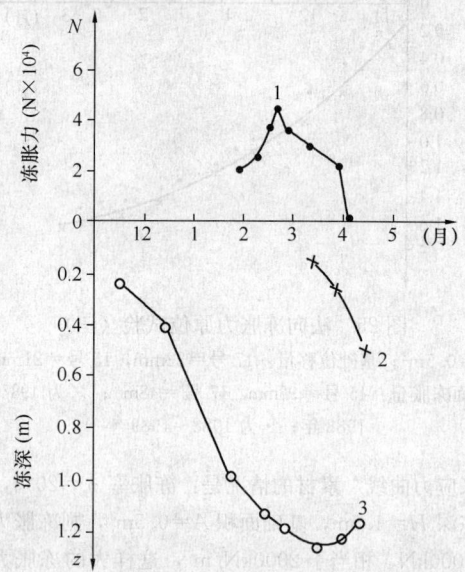

图 29　冻胀力实地观测（三）

1—1984～1985 年（C）；2—（融深）；3—冻深（冻土器 23 与 25 平均值）

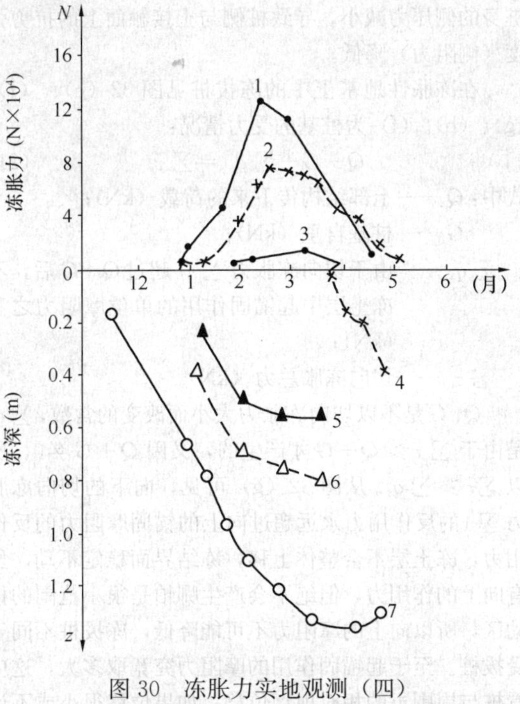

图 30　冻胀力实地观测（四）

1—1982～1983 年（C'）；2—1983～1984 年（C'）；3—1984～1985 年（C）；4—1982～1983 年（融深）；5—1984～1985 年（17 号热电偶）；6—1984～1985 年（18 号热电偶）；7—1982～1983 年（场地冻深）

原国家标准《建筑地基基础设计规范》GBJ 7 中采暖对冻深的影响系数 ψ_t，是为了考虑基础的最小埋深不小于室内采暖时基础附近的冻深而出现的，只能用在这种情况下。而在讨论季节冻土地基中冻胀力对采暖建筑物浅基础的作用时，仍采用这样一个影响系数，就显得很不够用了。例如桩基础，其上所受到的切向冻胀力不单要计算在垂直方向上沿桩身冻层厚度的减少，还要考虑在水平方向上室内一侧非冻土不产生冻胀力的因素。又如浅基础，其底面所受到的法向冻胀力，在计算垂直方向的冻胀力时，有两个边界条件是已知的。一是当采暖影响系数 $\psi_t=1.0$ 时，基底所受的法向冻胀力与裸露场地的情况相等，即采暖的影响可忽略不计；二是当基础附近的冻结深度与基础埋深相等时，即 $\psi_t z_d=d_{min}$，则基底所受到的法向冻胀力为零，法向冻胀力不出现。

此处假定从裸露场地的冻深到采暖后冻深等于基础埋深深度的范围内，法向冻胀力近似按直线分布，即中间任何深度处可内插求得。因此，除采暖对冻深的影响系数 ψ_t 外，另外引出两个影响系数，即：由于建筑物采暖其基础周围冻土分布对冻胀力的影响系数 ψ_h，由于建筑物采暖基底之下冻层厚度改变对冻胀力的影响系数 ψ_v。ψ_h 的取值为：1）在房屋的凸角处为 0.75；2）在直墙段为 0.50；3）在房屋凹角处为 0.25。而 ψ_v 以按下式计算：

$$\psi_v=\frac{\frac{\psi_t+1}{2}z_d-d_{min}}{z_d-d_{min}} \tag{20}$$

式中：ψ_t ——采暖对冻深的影响系数；

z_d ——设计冻深（m）；

d_{min} ——基础的最小埋深（m）。

三、切向冻胀力

影响切向冻胀力的因素除水分、土质与负温三大要素外，还有基础侧表面的粗糙度等。大家都知道，基侧表面的粗糙度不同，对切向冻胀力影响极大，但对此定量的研究不多。应该注意，表面状态改变切向冻胀力与土的冻胀性改变切向冻胀力二者有本质的区别。基侧表面粗糙，仅能改善基础与冻土接触面上的受力情况，提高抗剪强度，即冻结抗剪强度增大，但如果土本身的冻胀性很弱，冻结强度再大也无法体现；反过来，接触面上的冻结强度较低，土的冻胀性再大也施加不到基础上多少，只能增大剪切位移。因此，在减少或消除切向冻胀力的措施中，增加基础侧表面的光滑度和降低基础侧表面与冻土之间的冻结抗剪强度能起到很好的作用，效果是显著的。

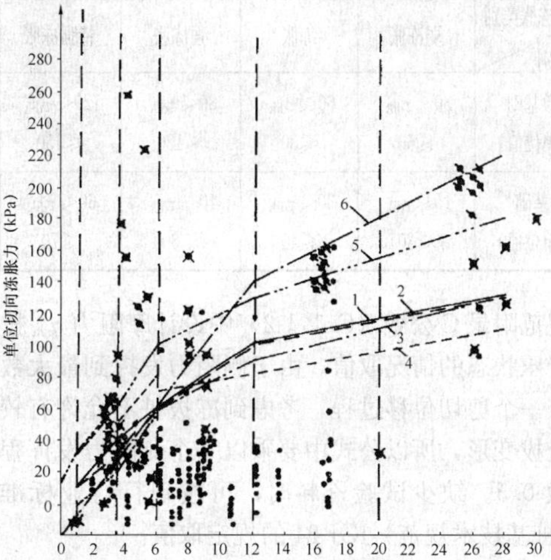

图 31　桩基础切向冻胀力取值对比图

1—本规范设计取值；2—建筑桩基技术规范；3—水工建筑物抗冰冻设计规范；4—前苏联多年冻土上的地基与基础规范；5—渠系工程抗冻胀设计规范；6—公路桥涵地基与基础设计规范；·—建筑桩基；◆—桥涵桩基；✖—多年冻土区桩基

关于切向冻胀力的取值：

1　查阅了国内和国外一些资料，凡是土的平均冻胀率、桩的平均单位切向冻胀力等数据同时具备的，才收录在内。

所获数据合计 232 个，其中弱冻胀土 28 个，冻胀土 32 个，强冻胀土 113 个和特强冻胀土 59 个，见图 31。从散点图上看，数据比较分散，用曲线相关分析结果也很差。

取值问题只可用作图法求解。

2 由于桩基础与条形基础的受力情况差别较大，在列表时将条基单独分出，见表29，减半取用。条形基础的切向冻胀力比桩基础小的原因在几点说明中已有详述；同时条形基础很少受切向冻胀力作用而导致破坏的讨论，几点说明中也有，此处不再赘述。

3 条形基础，尤其毛石条形基础在季节冻土地区的少层、多层建筑中应用广泛，但切向冻胀力的试验很少人做。自1990年开始黑龙江省寒地建筑科学研究院在阎家岗冻土站一直进行观测。

从试验得出的数据看，切向冻胀力确实不小，如果检算现有房屋，有相当一部分早应破坏，确有大多数至今完好无损。为建筑物使用安全，在基础浅埋设计中采取防切向冻胀力措施先把切向冻胀力消除掉。避免浅基础遭受切向冻胀力与法向冻胀力共同作用，所以在规范例题中一般不是采取在基侧回填不小于100mm砂层就是将基础侧面砌成不小于9°（β角）的斜面来消除切向冻胀力的。这样可使基础受力清楚，计算准确，安全可靠。

表29 切向冻胀力特征值 τ_{dik}（kPa）

冻胀类别 / 基础类别	弱冻胀	冻胀	强冻胀	特强冻胀
桩、墩基础（平均单位值）	$30\leqslant\tau_{dik}\leqslant60$	$60<\tau_{dik}\leqslant80$	$80<\tau_{dik}\leqslant120$	$120<\tau_{dik}\leqslant150$
条形基础（平均单位值）	$15\leqslant\tau_{dik}\leqslant30$	$30<\tau_{dik}\leqslant40$	$40<\tau_{dik}\leqslant60$	$60<\tau_{dik}\leqslant70$

规范附录C公式（C.1.1-2）中设计摩阻力 q_{sia} 按桩基受压状态的情况取值。由于侧阻力发挥到最大数值需有一个剪切位移过程，考虑到冻拔桩不允许有较大的上拔变形，所以公式中要乘以一个侧阻力发挥程度系数0.5。缺少试验资料时，可按现行行业标准《建筑桩基技术规范》JGJ 94的规定取值。

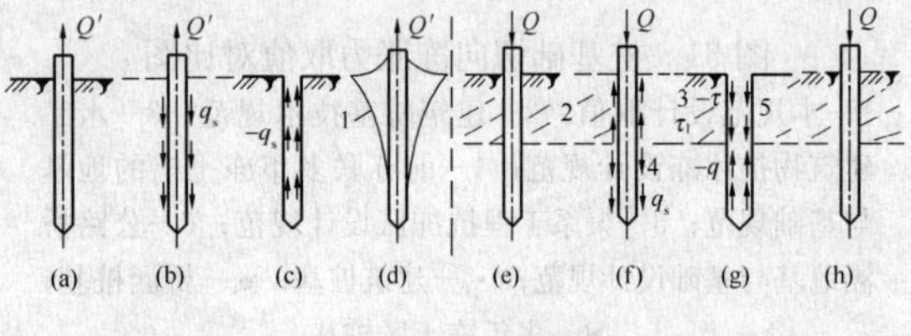

图32 受拔、冻拔桩的受力情况

（a）、（b）、（c）、（d）—受拔桩；

（e）、（f）、（g）、（h）—冻拔桩；

1—土松动区；2—冻土层；3—切向冻胀力；

4—摩阻力；5—冻胀反力

桩基受拔时的受力情况见附图32（a）、（b）、（c）、（d）。（b）为桩身受力，（c）为地基土的受力，由图可见桩对地基土施以向上的作用力 $\sum q_s$，使地基土在一定范围内形成松动区，其质量密度下降，土对桩身的侧压力减小，导致桩侧与土接触面上的抗剪强度（侧阻力）降低。

在冻胀性地基土中的冻拔桩见图32（e）、（f）、（g）、（h）。（f）为桩基的受力情况：

$$Q+G+\sum q_s=\sum \tau_i \tag{21}$$

式中：Q——上部结构传下来的荷载（kN）；

G——桩基自重（kN）；

$\sum q_s$——由于切向冻胀力 $\sum \tau_i$ 超过 $Q+G$ 后，不冻土层中起锚固作用的单位摩阻力之和（kN）；

$\sum \tau_i$——切向冻胀总力（kN）。

Q、G 是不以切向冻胀力大小而改变的常数，$\sum q_s$ 是由于 $\sum \tau > Q+G$ 才产生的，又因 $Q+G\neq0$，所以 $\sum\tau>\sum q_s$。从图32（g）可见，向下的切向冻胀力 $\sum\tau$ 的反作用力永远超过向上的锚固摩阻力的反作用力，冻土层不会整体上移，冻结界面稳定不动，虽有向上的作用力，但绝不会产生哪怕是很小范围的松动区，所以向上的摩阻力不可能降低，冻拔桩不同于受拔桩。至于起锚固作用的摩阻力究竟取多大，这应看桩与周围土的相对剪切位移，如果位移很小或不许有明显的上拔，就不能取极限摩阻力，而要适当降低摩阻力的取值。

在本规范第5.1.4条第3款切向冻胀力防治措施中，提出将基侧表面作成斜面，其 $\tan\beta$ 大于等于0.15的效果很好。黑龙江省寒地建筑科学研究院在特强冻胀土中做了不同角度的一批试验桩，经过1985～1989年的观测，其结果绘在图33中。从图中可见，对于混凝土预制桩，当 β 不小于9°或 $\tan\beta$ 不小于0.15时，将不会冻拔上抬。这是防冻切措施中比较可靠、比较经济、比较方便的措施之一。

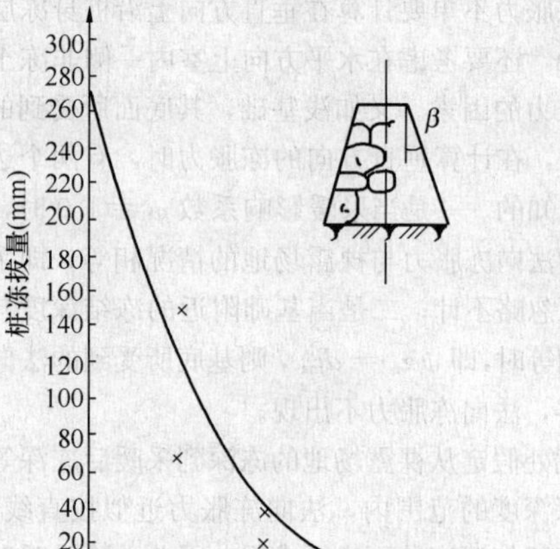

图33 斜面基础的抗冻拔试验

在防切向冻胀力的措施中，采用水泥砂浆抹面以改善毛石基础侧表面的粗糙程度，因很大的切向冻胀力每年要作用一次，若施工质量不好，容易脱皮，因此，必须保证质量。采用物理化学法处理基侧表面或基侧表面土层，一则成本较高，再则有的不耐久，随时间的延长效果逐渐衰退。

用盐渍化法改善土的冻胀性，同样存在耐久性问题，土中水的运动会慢慢淡化其浓度，使逐渐失效，其副作用是使纯净土盐渍化，有腐蚀作用。在多年冻土地区为避免形成盐渍冻土，在非必要情况下，尽量不用盐渍化法；因在相同负温下，尤其温度较高时，会使土的力学强度指标降低很多。

有一些建筑物基础，尤其是条形基础中部的直线段，按切向冻胀力的计算结果，已经超出安全稳定的警戒线许多，但仍完好无损，这是可能的，但不能由此得出建筑物基础中的切向冻胀力不存在、不考虑或不计算等不正确的结论。前面已说过，土的冻胀力产生于下部冻结界面，切向冻胀力则表现在上部基侧与土冻结在一起的接触面处。冻结界面随时间向下推移，其基础侧表面却原地不动，上部冻胀性土体在冻结过程中先是冻结膨胀，膨胀的结果出现水平冻胀内力，即压应力，随着气温的继续降低，土温低于剧烈相变区之后，膨胀逐渐减弱至零，水平胀力达到最大。此时基侧表面的冻结抗剪强度由于有最大水平法向冻胀压力的存在，冻结强度则达到很高的数值，它能承受并传递很大的切向冻胀力。在此时若气温继续降低，上部土温相应下降，土体开始收缩，水平压应力逐渐减小，土温降到一定程度，水平冻胀内力消失。进入严冬时地表土体出现收缩并产生拉应力（张力），土中张力的存在将明显削弱基侧表面的冻结抗剪强度。当张力足够大，其拉伸变形超过极限值之后，就出现地裂缝，微裂缝一旦出现，由于应力集中的作用，将沿长度及深度方向很快发展延伸，形成较大的裂缝，即常说的"寒冻裂缝"。

在寒冷地区的冬季常可看到基侧散水根部的裂缝，这种裂缝的存在，在裂缝范围内的切向冻胀力肯定不会有多少，甚至全无。如果在上部土层尚未出现裂缝之前，其切向冻胀力就已经超过传给基础的上部荷载时，就要出问题。这种情况必须按切向冻胀力计算。如果地基土是各向同性的理想均质介质（土质、湿度场及温度场），可以根据冻土的长期拉伸极限变形以及其线膨胀系数算出裂缝多边形的尺寸。但由于实际中上部土层的土质很复杂，土中湿度相差很大，各处的土温也不一致，所以地裂缝出现的时间、地点和形状各不相同，带有很大的随机性，难以用计算求得。如果在基础侧面不远处有抗拉的薄弱部位，就会在该处首先出现裂缝。一旦出现裂缝，附近土中张力即被松弛，基侧就不再开裂了。处在这种情况下的基础，其切向冻胀力就符合计算结果，一定要认真考虑。如果在施工时有意识地使基侧冻土形成抗拉的薄弱截面（即采取防冻切措施），诱导该处首开裂缝，将会收到显著效果。总之，如果在设计时没有把握使冻胀性土在基侧形成裂缝，就必须计算切向冻胀力的作用；绝不可对建筑物的稳定性存在侥幸的心理，因此切向冻胀力的计算不可忽略。事实上，确实存在有不少建筑物由于切向冻胀力的作用导致破坏的，这已是众所周知的了。

四、计算例题

如果基础是毛石条形基础，按从试验得出的切向冻胀力的设计值进行计算，一般的建筑结构自重是平衡不了的，尤其在冻胀性较强的地基土中将使建筑物被冻胀抬起。

我国建筑地基基础设计规范对防切向冻胀力的措施有明文规定，因此，我们要求在进行基础浅埋的设计中，首先应采取防切向冻胀力的措施（如基侧回填大于或等于 100mm 的砂层或将基侧砌成大于或等于 9°的斜面）将其消除后，再按法向冻胀力计算。

【例 1】 哈尔滨市远郊，标准冻深 $z_0=1.90\text{m}$，地基土为粉质黏土，含水率大，地下水位高。根据多年实测，冻胀率 $\eta=20\%$，属特强冻胀土。室内外高差 300mm，结构自重的标准值 $G_k=62\text{kPa}$，毛石条形基础的宽度 $b=0.50\text{m}$，普通水泥地面。

计算：房屋地基的设计冻深 z_d

$$z_d=z_0\psi_{zs}\psi_{zw}\psi_{zc}\psi_{zl0}\psi_t$$
$$=1.90\text{m}\times1.00\times0.80\times1.00\times1.1$$
$$=1.67\text{m}$$

（冻深影响系数查本规范第 5.1.2 条）

基础底面的附加压力 p_0

$$p_0=G_k\times0.90=55.8\approx55\text{kPa}$$

最大冻深处的冻胀应力 σ_{fh}，由 η 查本规范图 C.1.2-1 取值得 $\sigma_{fh}=49\text{kPa}$。

1 非采暖建筑

1） 切向冻胀力已由基侧回填 100mm 厚的中、粗砂层，给予消除。

2） 在法向冻胀力作用下

应力系数 $\alpha_d=\dfrac{\sigma_{fh}}{p_0}=\dfrac{49}{55}=0.89$，按图 C.1.2-2 近似取值 $h=120\text{mm}$，则最小埋深 $d_{min}=z_d-h=1.67\text{m}-0.12\text{m}=1.55\text{m}$。

标准冻深 1.90m 的地基，最小埋深为 1.55m，而实际基础底面之下仅允许有 0.12m 的冻土层厚度。

2 采暖建筑

1） 切向冻胀力已由基础外侧回填 100mm 厚的中、粗砂层给予消除。

2） 法向冻胀力作用下（计算阳墙角处）

初选 d_{min}。$\alpha_d=\dfrac{\psi_t+1}{2}\psi_h\dfrac{\sigma_{fh}}{p_0}=0.925\times0.75\times\dfrac{49}{55}=0.618$，由 α_d、b 按图 C.1.2-2 取值，$h=0.245\text{m}$，$d_{min}=z_d-h=1.67-0.245=1.425$。

设 $d_{min}=1.35\text{m}$，$h=1.67-1.35=0.32\text{m}$ 据 b、h 按图 C.1.2-2 取值，$\alpha_d=0.555$，非采暖建筑基础的冻胀

力 $P_e=\frac{49}{0.555}=88.3\text{kPa}$，$\psi_v=\frac{\frac{\psi_t+1}{2}\times1.67-1.35}{1.67-1.35}=0.61$　$\psi_h=0.75$，则采暖条件下基础的冻胀力为 P_h。

$$P_h=\psi_v\psi_h P_e=0.61\times0.75\times88.3\text{kPa}$$
$$=40.3\text{kPa}<55\text{kPa}\quad 安全。$$

【例 2】 哈尔滨市内，七层住宅楼，计算承自重外墙的基础。根据多年观测，地基土属强冻胀性，$\eta=12\%$。毛石条形基础，底面宽度 $b=1.20\text{m}$，基底附加压力 $G_k=112\text{kPa}$，基础做成斜面用以消除切向冻胀力。标准冻深 $z_d=1.90\text{m}$，地基土为粉质黏土。

计算：设计冻深 $z_d=1.90\times0.85\times0.90\times1.10=1.60\text{m}$

最大冻深处的冻胀应力 $\sigma_{fh}=32\text{kPa}$

基底附加压力 $p_0=G_k\times0.9=112\times0.9=101\text{kPa}$

由于切向冻胀力已消除，此处只计算法向冻胀力。

非采暖时

应力系数 $\alpha_d=\frac{\sigma_{fh}}{p_0}=\frac{32}{101}\times0.317$，由 b、α_d，按图 C.1.2-2 取值，基底下的冻层厚度 $h=0.98\text{m}$，则最小埋深

$$d_{min}=z_d-h=1.60-0.98=0.62\approx0.65\text{m}$$

【例 3】 切向冻胀力、法向冻胀力同时作用。

沈阳市近郊，粉质黏土，冻前天然含水率 $w=24$，塑限含水率 $w_p=18$，地下水位距冻结界面大于 2m，属冻胀土，取 $\eta=6\%$，查本规范图 5.1.2“全国季节冻土标准冻深线图”得 $z_0=1.20\text{m}$。传至基础顶部的结构自重 $G_k=165\text{kPa}$。非采暖建筑，柱墩式基础，直径 $d=1.00\text{m}$，埋入地基中的深度 $H=0.50\text{m}$。

计算：$z_d=z_0\psi_{zw}\psi_{ze}\psi_{zc}\psi_t=1.20\text{m}\times0.90\times0.95\times1.00\times1.1=1.13\text{m}$。

$$p_0=G_k\times0.9=165\text{kPa}\times0.9=148.5\text{kPa}$$

1） 产生切向冻胀力部分的冻胀应力

基础埋深范围内的切向冻胀力 $\tau_{dk}\cdot A_\tau$（式中 τ_{dk} 为切向冻胀力的特征值，按本规范表 C.1.1 取值 $\tau_d=65\text{kPa}$，$\psi_t=1.00$，A_τ 为埋深范围内基侧表面积 πdH）

$$\tau_d\cdot A_\tau=65\times1.00\times3.14\times1.00\times0.5\text{kN}=102\text{kN}$$

将平衡切向冻胀力部分的附加荷载看成是作用在基础上的外荷载 F_τ，F_τ 作用在切向冻胀力沿埋深合力作用位置的同一高度上（即 $H/2$），该断面与冻结界面的距离为 $h=z_d-\frac{H}{2}=1.13-0.25=0.88\text{m}$。基础的横截面积 $A_d=\frac{\pi d^2}{4}=0.785\text{m}^2$。

由 F_τ 引起在所作用断面的平均附加压力 $p_{0\tau}=\frac{\tau_d\times A_\tau}{A_d}=\frac{102}{0.785}=129.9\text{kPa}\approx130\text{kPa}$，根据 h 和 d 按图 C.1.2-4 取值，应力系数 $\alpha_d=0.10$。冻结界面上的附加应力 $p_{0\tau}\alpha_d=13\text{kPa}$。该附加应力即为产生切向冻胀力部分的冻胀应力 σ_{fh}^{τ}。

2） 冻结界面上的冻胀应力

根据 η 查规范图 C.1.2－1 中 z^t 最大值所对应的冻胀应力，$\sigma_{fh}=16\text{kPa}$。

3） 产生法向冻胀力的剩余冻胀应力 σ_{fh}^{σ}，$\sigma_{fh}^{\sigma}=\sigma_{fh}-\sigma_{fh}^{\tau}=16.0-13.0=3.0\text{kPa}$。

4） 冻结界面上的剩余附加应力

基础底面的剩余附加压力 $p_{0\sigma}=p_0-p_{0\tau}=148.5-130=18.5\text{kPa}$。根据基础底面下的冻层厚度 $h=1.13-0.50=0.63\text{m}$，和基础直径 d 按图 C.1.2-4 取值，应力系数 $\alpha_d=0.17$；

剩余附加应力 $p_{h\sigma}=\alpha_d p_{0\sigma}=0.17\times18.5=3.15\text{kPa}$。

5） 满足户 $p_{h\sigma}$ 大于 σ_{fh}^{σ} 即是稳定的，3.15kPa 大于 3.0kPa，稳定。

五、几 点 说 明

1 在规范附录 C 中按平均冻胀率 η 求冻胀应力 σ_{fh} 的图 C.1.2-1，是在标准冻深 $z_0=1.90\text{m}$ 的哈尔滨地区得到的，但它可应用到任何冻深的其他地区，只要冻胀率 η 沿冻深 z 的分布规律相似即可，就是将图中的冻深放大或缩小与拟计算地点的深度相同，然后对应着相似点查图。基础底面受到冻胀力的大小，应根据基础的形状和尺寸、冻层厚度等参数按双层地基的计算求得。

在建筑物基础下的地基土，已处于外荷作用下的固结稳定状态，在冻胀应力不超过外荷时不会引起新的变形增量，一旦超过外荷时建筑物就要被冻胀抬起，造成冻害事故，这应尽量避免，在正常情况下一般不允许出现。因此，下卧不冻土的压缩性对土的冻胀性影响不大。

2 对切向冻胀力的计算有两条途径，一是查规范附录 C 表 C.1.1，这一方法非常简单方便，但有一定的近似性；二是按层状地基的方法计算，较为繁杂，但比较合理且精度较高。

表 C.1.1 切向冻胀力设计值 τ_d 是将桩基础与条形基础分开列出的，条形基础上的切向冻胀力是桩基础上的一半。

例如从条形基础取出 $D/2$ 段的长度，它与冻土接触的侧表面长度为 D，另一桩基础其直径为 d，设 $d=D/\pi$，桩的周长等于条基两面的长度。该地的设计冻深为 h，近似假设条基和桩基中基础对冻土的约束范围相等并等于 L，则在设计冻深之内参与冻胀的冻土体积（图 34）：

条基　$$V_1=hLD \tag{22}$$

桩基　$$V_2=\frac{\pi h}{4}(2L+d)^2-\frac{\pi h}{4}d^2$$

$$= hLD + \pi hL^2$$
$$= hL(D + \pi L)$$
$$= \pi hL(d + L) \quad (23)$$

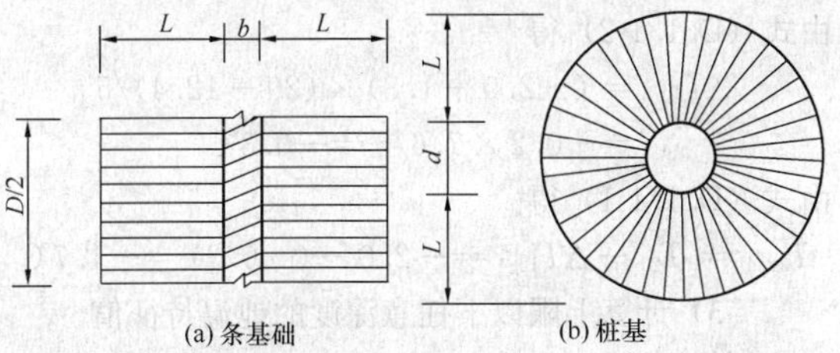

图 34　桩基与条基切向冻胀力对比图

比较两式得知，在参与的土体积中，桩基的多出一项 πhL^2。一般来说，建筑地基基础中所使用的桩（与验算冻胀力有关的中、小型建筑物），其直径都在600mm以下，而其影响范围 L，最少也小不过设计冻深，也就是说 d 小于 L，条基所受的切向冻胀力还不到桩基的一半。

条形基础的受力状态属平面问题，桩基础的受力则属空间问题，二者有很大区别。

3　规范附录C图C.1.2-1的曲线是偏于安全的。因形成该曲线的试验基础的装置是用的锚固系统；即在地基土冻结膨胀之前，附加载荷为零，试验过程中对地基施加的外力是冻胀力的反作用力。未冻土地基是在结构自重的作用下达到固结稳定，基础下面土的物理力学性质发生变化，如孔隙比降低、含水率减少等，改变后土质的冻胀性在一定程度上有所削弱。我们计算时仍用改变以前的，所以是比较安全的。

4　附录C图C.1.2-2、图C.1.2-3和图C.1.2-4中的应力系数曲线，是在层状空间半无限直线变形体体系中得出的，对裸露场地和非采暖建筑物中的基础，计算冻胀力有较好的适用性，精度较高。采暖建筑物基础下的冻土处在冻土与非冻土的边缘，条件有所改变，按严格计算有一定的近似性，但总的来说向安全的方面偏移。

5　在过去采取防冻害措施时，最常用的就是砂垫层法，砂垫层本身不冻胀，这与基础一样，但把它当作基础的一部分就不合适了。因砂垫层在传递应力时有扩散作用，附加压力传到垫层底部变小很多，这与同深度的基底附加压力差别很大，砂垫层的底部若不落到设计冻深的底面，仍起不到防冻害的作用。

6　无论切向冻胀力还是法向冻胀力都出自冻结界面处的冻胀应力，它是地基土的冻胀力之源。只要基侧表面与冻土之间的冻结强度足以把所产生的切向冻胀力传递给基础，也就是说切向冻胀力全部消耗了土的冻胀应力，则基础底部的法向冻胀力就不复存在了，基底之下也就不必采取其他措施了。所以过去那种将对基础单独做切向冻胀力与单独做法向冻胀力试验之值叠加的计算是不正确的。

7　消除切向冻胀力的措施之一是在基侧回填中粗砂，其厚度不应太小，下限不宜小于100mm。如果保证不了一定的厚度和毛石基础特别不平整，当地基土冻胀上移时，处于地下水位之上的这种松散冻土，也会因摩阻力对基础施以向上的作用力，该力将减少基底的附加压力，对平衡法向冻胀力很不利。因此，设计与施工时基础侧壁都应保证要求的质量，只有这样，不考虑切向冻胀力和砂土的摩阻力才符合实际情况。

8　在基础工程的施工过程中，关键的工序之一就是开挖较深的基槽，尤其在雨期施工，水位之下挖土方以及冬季刨冻土等。如果消除切向冻胀力后，全部附加压力能够压住法向冻胀力时，可以免除基底之下作砂垫层了。如果在基础底面之上采取防冻切措施能代替在基底之下采用砂垫层的方案是最理想的，因少挖很多土方，而合理、方便与经济。

9　中国季节冻土标准冻深线图中所标示的冻结深度，实质上是冻层厚度，不冻胀土的冻层厚度就是它自身的冻结深度，但对冻胀性土，冻层厚度减去冻胀量才为冻结深度。如哈尔滨地区的标准冻深为1.90m，而哈尔滨市郊阎家岗冻土站中的特强冻胀土（$\eta=23\%$），其冻层厚度仅有1.50m，其中冻胀量占280mm，实际冻结深度仅有1.22m。这在求基础最小埋深时都没计算，将它作为一个安全因素储备着。

由于基础材料的导热系数不同，有不少基础之下的冻层厚度加大，因为这一加深的范围很小，所增加冻胀力的数量不大，实用上可忽略不计。

10　规范附录C中采暖对冻深的影响系数表C.2.1-1不适用于衔接多年冻土的季节融化层，由于冬季的冻结指数远大于夏季的融化指数，冬季融化层全部冻透之后，负温能量尚未耗尽并继续施加作用。

规范附录C中采暖对冻土分布的影响系数表C.2.1-2是针对季节冻土地基的，因外墙内侧一般没有冻土，即便有也是很窄、很薄的，这种很小的局部所形成的冻胀合力与半无限体的地基相比，可忽略不计。但对严寒地区则不然，由于气温低而时间长，室内虽采暖，外墙内侧地面之下的土仍会冻结，而且达到不可忽视的一定空间尺寸。如冻进外墙内侧1m宽以上，在这种情况下，对阳墙角来说，基础周围冻土的分布，就与裸露场地基础的条件相差无几了，平面分布的影响系数可认为等于1.0，若中间值时可内插求取 ψ_h。

11　附录C自锚式基础的公式（C.3.1）中，R_{ta} 为当基础受切向冻胀力作用而上移时，基础扩大部分顶面覆盖土层产生的反力；近似看作均匀分布，该反力按地基受压状态承载力的计算值取用，当基础上覆土层为非原状时，除要对基坑回填施工的质量提出严格要求外，根据实际回填质量尚应乘以折减系数0.6～0.8。

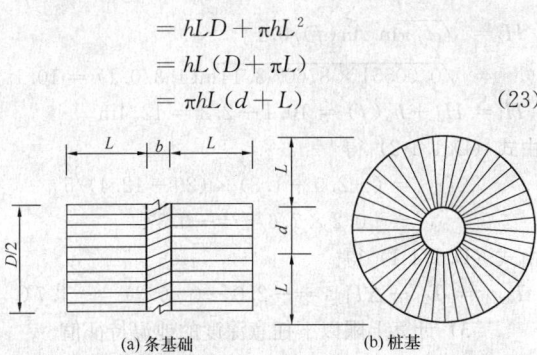

附录 D　冻土地温特征值及融化盘下最高土温的计算

D.1　冻土地温特征值的计算

1　根据傅立叶第一定律，在无内热源的均匀介质中，温度波的振幅随深度按指数规律衰减，并可按下式计算：

$$A_z = A_0 e^{-y\sqrt{\frac{\pi}{t\alpha}}} \qquad (24)$$

式中：A_z——z 深度处的温度波振幅（℃）；

A_0——介质表面的温度振幅（℃）；

α——介质的导温系数（m^2/h）；

t——温度波动周期（h）。

将上式用于冻土地温特征值的计算基于以下假设：

1）土中水无相变，即不考虑土冻结融化引起的地温变化；

2）土质均匀，不同深度的年平均地温随深度按线性变化，地温年振幅按指数规律衰减；

3）活动层底面的年平均地温绝对值等于该深度处的地温年振幅。

2　算例：

已知：东北满归 CK3 测温孔处多年冻土上限深度为 2.3m；根据地质资料查规范附录 K 求得冻土加权平均导温系数为 $0.00551m^2/h$；1973 年 10 月实测地温数据如下：

深度为 m：2.3，4.0，5.0，6.0，7.0，8.0，9.0，10.0，11.0，12.0，13.0，15.0，20.0

地温为℃：0.0，−0.7，−0.9，−1.1，−1.3，−1.4，−1.5，−1.6，−1.6，−1.7，−1.8，−1.8，−2.0

计算步骤［下面所用公式（D.1.1-1）～公式（D.1.1-7），见本规范附录 D］：

1）计算上限处的地温特征值

由式（D.1.1-2）得

$$\Delta T_{2.3} = (T_{20} - T_{15}) \times (20 - 2.3)/5 = (-2.0 + 1.8) \times 17.7/5 = -0.7$$

由式（D.1.1-1）得

$$T_{2.3} = T_{20} - \Delta T_{2.3} = -2.0 - (-0.7) = -1.3℃$$

根据假设 3）得

$$A_{2.3} = |T_{2.3}| = 1.3℃$$

由式（D.1.1-3）得

$$T_{2.3\max} = T_{2.3} + A_{2.3} = -1.3 + 1.3 = 0℃$$

由式（D.1.1-6）得

$$T_{2.3\min} = T_{2.3} - A_{2.3} = -1.3 - 1.3 = -2.6℃$$

2）计算地温年变化深度和年平均地温

由式（D.1.1-7）得

$$H_2 = \sqrt{\alpha t/\pi}\ln[Au(f)/0.1] = \sqrt{0.00551 \times 8760/3.14}\ln(1.3/0.1) = 10.1$$

$$H_1 = H_2 + h_u(f) = 10.1 + 2.3 = 12.4m$$

由式（D.1.1-2）得

$$\Delta T_{12.4} = (-2.0 + 1.8) \times (20 - 12.4)/5 = -0.2 \times 7.6/5 = -0.3℃$$

由式（D.1.1-1）得

$$T_{12.4} = T_{20} - \Delta T_{12.4} = -2.0 - (-0.3) = -1.7℃$$

3）计算上限以下任意深度的地温特征值

例如：计算 $H_1 = 5m$ 处的地温特征值：

由式（D.1.1-5）得

$$H = H_1 - h_u(f) = 5 - 2.3 = 2.7m$$

由式（D.1.1-2）得

$$\Delta T_5 = (T_{20} - T_{15}) \times (20 - 5)/5 = (-2.0 + 1.8) \times 15/5 = -0.6℃$$

由式（D.1.1-4）得

$$A_5 = 1.3e^{-2.7\sqrt{3.14/0.00551/8760}} = 0.7$$

由式（D.1.1-3）得

$$A_{5\max} = T_5 + A_5 = -1.4 + 0.7 = -0.7$$

由式（D.1.1-3）得

$$A_{5\min} = T_5 - A_5 = -1.4 - 0.7 = -2.1$$

D.2　采暖建筑物稳定融化盘下冻土最高温度

气温热量由天然地面向下传递，若地面下的土体为各向同性的均质介质，其温度波是成指数型衰减曲线变化的，如图 35，则影响范围内地面下 y 深处的温度波幅是：

$$h_y = h_0 e^{-y\sqrt{\frac{\pi}{t\alpha}}} \qquad (25)$$

式中：h_0——地面温度波幅（℃）；

t——气温变化周期（h）；

α——土的导温系数（m^2/h）；

y——距地面的深度（m）。

采暖房屋是在天然地面的一点上增加了一个小小的人为热源，必然对此点地温有一定的影响，所以形

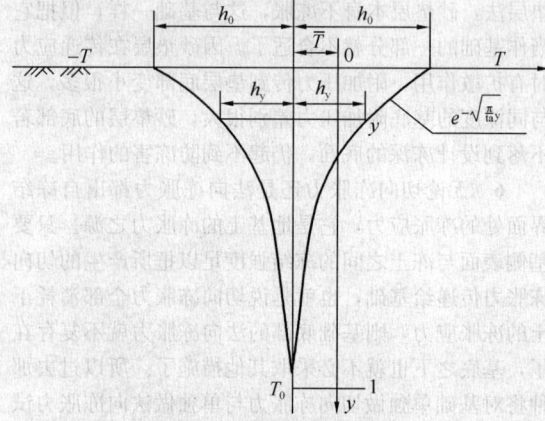

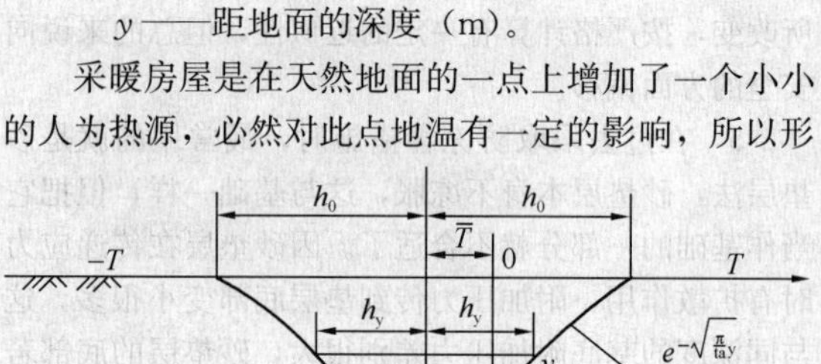

图 35　地面温度影响图

1—$y = l$ 地温年变化深度

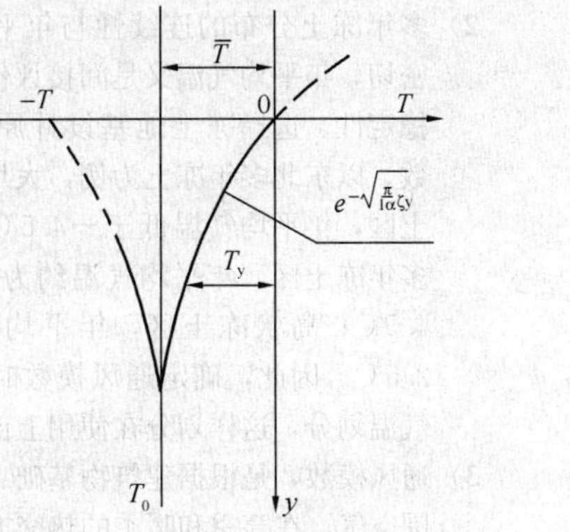

图 36 稳定融化盘下温度波向下传播图

成采暖房屋融化盘，或称人为上限，地温曲线也随之变化，但因人为热源热量很小，对温度只起干扰作用，而不改变其形态，即增加了一个人为热源影响系数 ξ，使温度波幅有所增大。我们要求的是融化盘下冻土的最高月平均温度，为了计算方便，只取融化盘下的部分，见图 36。其融冻界面的温度波幅为 T，图 36 的曲线即温度波幅衰减曲线，其包络部分为冻土温度升高值，稳定融化盘下冻土的年平均温度 $\overline{T}$，也就是融冻界面的温度波幅。它与年平均地温基本相等，故 $T=\overline{T}=T_{cp}$，则稳定融化盘下任一深度 y 处冻土的最高月平均温度：

$$T_y = T_{cp}(1-e^{-\xi y\sqrt{\frac{\pi}{t\alpha}}}) \tag{26}$$

式中：T_{cp}——多年冻土的年平均地温（℃）；

t——气温变化周期（h）；

ξ——人为热源影响系数。

人为热源影响系数 ε，是根据我们钻探与试验观测资料分析归纳取定的。在多年的观测资料整理时，即发现融化盘下最高月平均地温在同条件下融深越大，其地温就越高，并和融深 h 与多年冻土地温年变化深度 H 之比值有关。其比值越大，地温越高，因此以此比值来表示 ξ 值，一般 h 偏低值即计算温度稍高于实测值，其原因是我们的试验房屋观测时间尚不够长，融化盘下冻土在长期的热影响下，冻土温度还有微小的升高后才趋于稳定，所以例题中计算温度大都略高于实测值；同时因冻土结构的差异，一幢房屋融化盘断面下的冻土温度也有所不同。如朝晖试验房 8 号住宅融化盘下的最高月平均温度见表 30，是有差别的，计算温度稍高，是房屋使用期的安全储备。

表 30　朝晖 8 号住宅测温断面融化盘下冻土温度（℃）

深度(m) 孔号	0.50	1.00	1.50	2.00	2.50	3.00	3.50	4.00	4.50	5.00	附注
2	−0.25	−0.40	−0.50	−0.50	−0.53	−0.60	−0.60	−0.60	−0.60	—	房屋中心南
3	−0.20	−0.30	−0.50	−0.60	−0.50	−0.50	−0.50	−0.60	−0.60	−0.60	房屋中心

续表 30

深度(m) 孔号	0.50	1.00	1.50	2.00	2.50	3.00	3.50	4.00	4.50	5.00	附注
4	−0.15	−0.35	−0.70	−0.70	−0.70	−0.60	−0.60	0.700	—	—	房屋中心北

注：观测日期为 1976 年 11 月。

一般多年冻土地温年变化深度均在地面 10m 深以下。若融化盘的深度 $h>H$，利用融化盘下冻土作为地基是非常不经济的，并无实际意义。

【例 1】 试求朝晖 10 号住宅 3 号孔融化盘下冻土的最高温度。

资料：$h=7.5\text{m}$，$H=13\text{m}$，$T_{cp}=-1.1℃$，$t=8760\text{h}$，$\alpha=5.33\times10^{-3}$（中粗砂）m^2/h。

当 $h/H=7.5/13=0.577$ 时，$\xi=0.73$。

将以上数值代入公式（26）：

$$T_y = T_{cp}(1-e^{-\xi y\sqrt{\frac{\pi}{t\alpha}}}) = -1.1(1-e^{-0.73y\sqrt{\frac{3.14\times1000}{8760\times5.33}}})$$

$$=-1.1(1-e^{-0.189y})$$

当　$y=0.5\text{m}$，$T_{0.5}=-0.10℃$，实测值（−0.10℃）；

$y=1.0\text{m}$，$T_{1.0}=-0.19℃$，实测值（−0.25℃）；

$y=1.5\text{m}$，$T_{1.5}=-0.27℃$，实测值（−0.40℃）；

$y=2.0\text{m}$，$T_{2.0}=-0.35℃$，实测值（−0.45℃）；

$y=3.0\text{m}$，$T_{3.0}=-0.48℃$，实测值（−0.50℃）。

【例 2】 求得尔布尔 32 号住宅 2 号孔融化盘下冻土最高温度。

资料：$h=6.0\text{m}$，$H=14\text{m}$，$T_{cp}=-1.2℃$，$t=8760\text{h}$，$\alpha=3.2\times10^{-3}\ \text{m}^2/\text{h}$。

当 $h/H=6.0/14=0.43$，$\varepsilon=0.79$，将以上数值代入公式（26）：

$$T_y = T_{cp}(1-e^{-\xi y\sqrt{\frac{\pi}{t\alpha}}}) = -1.2(1-e^{-0.79y\sqrt{\frac{3.14\times1000}{8760\times3.2}}})$$

$$=-1.2(1-e^{-0.264y})$$

当　$y=0.5\text{m}$，$T_{0.5}=-1.20(1-e^{-0.264\times0.5})=-0.5℃$ 实测值（−0.20℃）；

$y=1.0\text{m}$，$T_{1.0}=-0.28℃$，实测值（−0.45℃）；

$y=2.0\text{m}$，$T_{2.0}=-0.49℃$，实测值（−0.55℃）；

$y=3.0\text{m}$，$T_{3.0}=-0.66℃$，实测值（−0.70℃）。

附录 E　架空通风基础通风孔面积的确定

1　通风基础通风模数 μ_1（本规范附录 E 表

E. 0. 2-1）的确定：

1）我国多年冻土主要分布在东北大小兴安岭地区和青藏高原及祁连山、天山地区。其共同特点是：年平均气温低，冻结期长，降水集中在暖季，年蒸发量很大。但是，东北高纬度区，与西部高山高原区的气候也有很大差异，如东北大小兴安岭多年冻土地区的气温年较差较大（70℃～80℃），日照时数较小（2500h/年～2600h/年）；西部高原高山多年冻土地区的气温年较差较小（仅 50℃～60℃），日照时数较大（2600h/年～3000h/年）。因此，在相同年平均气温条件下，不同地区的冻结和融化特征有很大差异。所以在表 31 中分别按地区列出通风模数。

2）多年冻土分布的连续性与年平均气温关系密切，年平均气温又是间接评价多年冻土热稳定性、选择冻土地基设计原则的重要参数。以东北多年冻土为例，大片连续多年冻土区，年平均气温低于－4.5℃；岛状融区多年冻土区，年平均气温约为－2.5℃～－4.5℃；岛状冻土区，年平均气温高于－2.5℃。因此，确定通风模数时，以年平均气温划分，这样划分在使用上比较方便。

3）通风模数，是根据建筑物基础、地基土和周围空气，在寒季和暖季的热交换情况来确定的。通风基础的通风模数计算方法，见前哈尔滨建筑工程学院研究资料"多年冻土地区架空通风基础的热工计算"。对东北及西部部分多年冻土地区计算结果列于表 31。

表 31　中国东北及西部地区架空通风基础通风模数 μ_1 计算结果

地区	地点	年平均气温（℃）	冬季月平均气温总和 ΣT_f（℃）	室内温度 16℃								
				房屋地板热阻 R=0.86			R=1.72			R=2.58		
				融化深度（m）	$\Sigma T_f/\Sigma T_m$	μ_1/月	融化深度（m）	$\Sigma T_f/\Sigma T_m$	μ_1/月	融化深度（m）	$\Sigma T_f/\Sigma T_m$	μ_1/月
东北大兴安岭	根河	－5.5	－124.9	1.58	3.34	0.0049/12	1.50	4.00	0.0031/12	1.46	4.23	0.0025/12
	漠河	－4.9	－125.2	1.67	3.32	0.0051/12	1.59	3.64	0.0033/12	1.54	3.83	0.0026/12
	呼中	－4.6	－117.8	1.59	3.42	0.0050/12	1.51	3.76	0.0032/12	1.46	3.97	0.0025/12
	满归	－4.6	－121.0	1.66	3.20	0.0054/1	1.58	3.50	0.0033/12	1.50	3.80	0.0025/12
	塔河	－2.8	－101.1	1.76	2.44	0.0087/12	1.64	2.77	0.0053/12	1.57	2.98	0.0041/12
	新林	－3.6	－106.7	1.60	3.05	0.0061/12	1.52	3.34	0.0037/12	1.48	3.53	0.0037/12
	三河	－3.1	－105.6	1.74	2.59	0.0113/12	1.62	2.95	0.0061/1	1.56	3.14	0.0046/1
	阿尔山	－3.3	－99.4	1.60	2.82	0.0093/12	1.52	3.09	0.0059/12	1.48	3.26	0.0047/12
	海拉尔	－2.2	－100.6	1.96	1.98	0.0151/12	1.80	2.31	0.0080/12	1.72	2.52	0.0060/12
	呼玛	－2.1	－102.8	2.04	1.89	0.0144/2	1.88	2.17	0.0072/12	1.80	2.37	0.0054/12
	鄂伦春旗	－2.1	－93.8	1.82	2.11	0.0128/1	1.71	2.38	0.0066/1	1.66	2.50	0.0051/12
	孙吴	－1.6	－94.2	2.07	1.66	0.0250/2	1.92	1.91	0.0109/12	1.86	2.03	0.0083/12
	满洲里	－1.4	－90.7	1.92	1.84	0.0197/12	1.78	2.11	0.0103/12	1.70	2.31	0.0075/12
	博克图	－1.0	－80.7	1.98	1.54	0.0452/2	1.83	1.79	0.0168/12	1.75	1.95	0.0114/12
	小二沟	－0.9	－88.1	1.91	1.81	0.0194/12	1.79	2.03	0.0106/12	1.73	2.16	0.0081/12
	嘉荫	－1.2	－100.8	2.13	1.69	0.0188/2	1.98	1.93	0.0090/12	1.92	2.04	0.0070/12
	逊克	－0.6	－94.6	2.09	1.64	0.0238/2	1.94	1.87	0.0099/12	1.86	2.02	0.0074/12
	嫩江	－0.6	－91.2	2.11	1.56	0.0334/2	1.98	1.75	0.0136/12	1.91	1.87	0.0101/12
	黑河	－0.4	－88.0	2.10	1.51	0.0642/2	1.98	1.69	0.0138/2	1.92	1.78	0.0097/12

续表 31

地区	地点	室内温度 20℃								
		房屋地板热阻 $R=0.86$			$R=1.72$			$R=2.58$		
		融化深度（m）	$\Sigma T_f/\Sigma T_m$	μ_1/月	融化深度（m）	$\Sigma T_f/\Sigma T_m$	μ_1/月	融化深度（m）	$\Sigma T_f/\Sigma T_m$	μ_1/月
东北大兴安岭	根河	1.66	3.30	0.0059/12	1.54	3.83	0.0035/12	1.49	4.08	0.0027/12
	漠河	1.71	3.17	0.0059/12	1.62	3.58	0.0036/12	1.57	3.70	0.0029/12
	呼中	1.63	3.29	0.0057/12	1.55	3.59	0.0035/12	1.49	3.82	0.0028/12
	满归	1.68	3.14	0.0061/1	1.62	3.36	0.0036/12	1.57	3.56	0.0029/12
	塔河	1.79	2.36	0.0099/12	1.69	2.61	0.0060/12	1.62	2.84	0.0046/12
	新林	1.63	2.96	0.0069/12	1.56	3.20	0.0044/12	1.51	3.41	0.0035/12
	三河	1.80	2.43	0.0139/1	1.68	2.77	0.0072/1	1.60	3.03	0.0051/1
	阿尔山	1.65	2.69	0.0108/12	1.56	2.96	0.0066/12	1.51	3.15	0.0052/12
	海拉尔	2.02	1.87	0.0190/12	1.88	2.13	0.0100/12	1.78	2.36	0.0070/12
	呼玛	2.14	1.72	0.0239/2	1.96	2.02	0.0089/12	1.86	2.23	0.0063/12
	鄂伦春旗	1.89	1.97	0.0167/2	1.76	2.24	0.0079/1	1.68	2.44	0.0056/12
	孙吴	2.17	1.52	0.0532/2	2.00	1.77	0.0139/12	1.90	1.95	0.0095/12
	满洲里	2.02	1.68	0.0285/12	1.86	1.95	0.0133/12	1.76	2.16	0.0090/12
	博克图	2.10	1.39	0.0432/2	1.91	1.65	0.0226/12	1.81	1.83	0.0144/12
	小二沟	1.98	1.70	0.0272/2	1.84	1.95	0.0127/12	1.77	2.07	0.0094/12
	嘉荫	2.22	1.56	0.0356/2	2.06	1.80	0.0110/12	1.96	1.96	0.0079/12
	逊克	2.17	1.52	0.0463/2	2.02	1.74	0.0126/12	1.92	1.91	0.0087/12
	嫩江	2.22	1.41	0.1288/12	2.05	1.64	0.0178/12	1.94	1.81	0.0114/12
	黑河	2.20	1.38	—	2.03	1.61	0.0212/2	1.96	1.72	0.0111/12

地区	地点	年平均气温（℃）	冬季月平均气温总和 ΣT_f（℃）	室内温度 16℃								
				房屋地板热阻 $R=0.86$			$R=1.72$			$R=2.58$		
				融化深度（m）	$\Sigma T_f/\Sigma T_m$	μ_1/月	融化深度（m）	$\Sigma T_f/\Sigma T_m$	μ_1/月	融化深度（m）	$\Sigma T_f/\Sigma T_m$	μ_1/月
祁连山	天峻	−2.0	−61.6	1.40	2.22	0.0214/12	1.10	3.37	0.0086/11	0.95	4.34	0.0071/11
	野牛沟	−3.5	−74.8	1.32	3.07	0.0121/2	0.98	5.05	0.0055/11	0.87	6.18	0.0045/11
	托勒	−3.2	−73.4	1.32	3.01	0.0116/12	0.98	4.96	0.0043/12	0.78	7.13	0.0031/11
天山	乌恰	−3.8	−68.0	1.27	3.03	0.0165/12	0.91	5.31	0.0055/12	0.70	8.10	0.0047/11
	巴布布鲁克	−4.5	−91.6	1.27	4.10	0.0077/12	0.91	7.24	0.0043/11	0.79	9.01	0.0036/11
青藏高原	五道梁	−5.9	−83.7	1.05	5.40	0.0224/10	0.70	10.33	0.0132/11	0.48	17.4	0.0100/10
	沱沱河	−4.0	−74.4	1.23	3.53	0.0122/12	0.86	6.41	0.0062/11	0.66	9.79	0.0051/11
	玛多	−4.0	−72.1	1.32	2.95	0.0146/12	0.98	4.87	0.0055/12	0.82	6.61	0.0049/11
	清水河	−4.9	−77.8	1.36	2.99	0.0155/12	1.04	4.72	0.0063/12	0.86	6.48	0.0053/11
	曲麻莱	−2.6	−60.0	1.40	2.16	0.0275/12	1.10	3.28	0.0097/12	0.93	4.38	0.0071/11
	那曲	−2.1	−57.4	1.45	1.94	0.0321/12	1.16	2.86	0.0110/12	1.01	3.59	0.0069/12
	班戈湖	−2.1	−62.5	1.45	2.11	0.0222/12	1.16	3.11	0.0086/12	1.01	3.91	0.0058/11
	吉迈	−1.4	−49.7	1.58	1.44	0.1498/2	1.26	2.15	0.0161/12	1.12	2.64	0.0085/12
	玛沁	−1.0	−48.9	1.77	1.15	0.2170/12	1.42	1.70	0.0321/2	1.27	2.06	0.0118/12
	申扎	−0.3	−41.5	1.65	1.10	—	1.36	1.56	—	1.21	1.89	0.0376/1

续表 31

地区	地点	室内温度 20℃								
		房屋地板热阻 R=0.86			R=1.72			R=2.58		
		融化深度（m）	$\sum T_f/\sum T_m$	μ_1/月	融化深度（m）	$\sum T_f/\sum T_m$	μ_1/月	融化深度（m）	$\sum T_f/\sum T_m$	μ_1/月
祁连山	天峻	1.58	1.79	0.0461/2	1.25	2.73	0.0116/11	1.05	3.67	0.0071/11
	野牛沟	1.50	2.44	0.0220/2	1.14	3.98	0.0061/11	0.93	5.54	0.0050/12
	托勒	1.50	2.39	0.0181/12	1.14	3.90	0.0063/12	0.92	5.56	0.0035/12
天山	乌恰	1.45	2.38	0.0288/12	1.07	4.07	0.0083/12	0.84	6.13	0.0050/12
	巴布布鲁克	1.45	3.21	0.0114/12	1.00	6.17	0.0048/11	0.87	7.79	0.0038/11
青藏高原	五道梁	1.22	4.12	0.0267/10	0.85	7.68	0.0153/11	0.62	12.49	0.0114/10
	沱沱河	1.42	2.74	0.0193/12	1.03	4.83	0.0071/11	0.78	7.59	0.0057/11
	玛多	1.50	2.35	0.0233/12	1.14	3.84	0.0078/12	0.92	5.46	0.0049/11
	清水河	1.54	2.39	0.0248/12	1.19	3.76	0.0086/12	0.98	5.22	0.0057/11
	曲麻莱	1.58	1.74	0.0673/2	1.25	2.65	0.0145/12	1.05	3.57	0.0078/12
	那曲	1.62	1.58	0.0348/2	1.30	2.34	0.0168/12	1.11	3.05	0.0091/12
	班戈湖	1.62	1.72	0.0648/12	1.30	2.55	0.0125/12	1.11	3.32	0.0070/12
	吉迈	1.77	1.17	—	1.41	1.76	0.0275/12	1.22	2.27	0.0134/12
	玛沁	1.79	0.93	—	1.60	1.38	—	1.37	1.82	0.0199/2
	申扎	1.86	0.89	—	1.50	1.31	—	1.32	1.63	0.0390/1

注：1 热阻 R（m^2·℃/W）；
2 μ_1—通风模数，$\mu_1=A_v/A$，A_v—通风孔总面积，A—建筑物平面外轮廓面积；
3 0.0049/12 为 μ_1/月份；
4 风速 v=2m/s；
5 $\sum T_f$——冬季月平均气温总和；
6 $\sum T_m$——冻结夏季融化层所需的负温度总值。

由表 31 显然可见：当 $\sum T_f/\sum T_m$ 小于 1 时，是不宜采用保持地基土冻结状态原则设计的。表 31 中，月平均负温度总和为多年平均值的总和。考虑到每年月平均温度的离散情况，采用保证率 95%时，$\sum T_f/\sum T_m$ 的计算结果见表 32。

由表 32 可见，$\sum T_f'/\sum T_m'$ 小于或等于 1.3 时，不宜采用保持冻结状态原则设计；$\sum T_f'/\sum T_m'$ 为 1.3～1.45 时，通风孔面积已接近敞开情况。这种条件对应于表 31 情况，为 $\sum T_f/\sum T_m$ 小于或等于 1.45 和 $\sum T_f/\sum T_m$ 为 1.45～1.66。

4) 通风模数 μ_1 是根据寒季各月(一般为 11 月至翌年 2 月)气温，逐月计算，并取其大值而得的。计算时，月平均风速均折算为2m/s。因此在确定当地通风模数时，应乘以 $2/v$。其中，v 为 12 月份多年平均风速。

2 风速调整系数 η_w

从各地区通风模数计算结果可以看出：大多数地区的最大通风模数值，出现在 12 月份（表 31）。根据寒季各月月平均风速统计分析，每年 12 月的风速变异系数，比年平均风速的变异系数大。按 $\eta_w=1-\frac{t_\alpha}{\sqrt{n}}\delta$ 计算的风速调整系数则较小（表 33）。所以，在通风模数计算中，采用 12 月的风速调整系数，其信度 $\alpha=0.05$，这样计算偏于安全。

3 建筑物平面形状系数 η_f，是考虑综合动力系数 K_α（计算风压和流体阻力）的影响而得出的。房屋平面为矩形时，$K_\alpha=0.37$；为 π 形时，$K_\alpha=0.30$；为 T 形时，$K_\alpha=0.33$；为 L 形时，$K_\alpha=0.29$。

设：矩形建筑物的平面形状系数 $\eta_t=1$，

则：π 形建筑物，$\eta_t=0.37/0.30=1.23$；

T 形建筑物，$\eta_t=0.37/0.33=1.12$；

L 形建筑物，$\eta_t=0.37/0.29=1.28$。

表 32 保证率为 95%时，各地的通风模数 μ_1 计算结果

地点	保证率为 95%时，冬季月平均负气温总和 $\sum T_f'$（℃）	室内温度 16℃						室内温度 20℃					
		R=0.86		R=1.72		R=2.58		R=0.86		R=1.72		R=2.58	
		$\sum T_f'/\sum T_m'$	μ_1	$\sum T_f'/\sum T_m'$	μ_1	$\sum T_f'/\sum T_m'$	μ_1	$\sum T_f'/\sum T_m'$	μ_1	$\sum T_f'/\sum T_m'$	μ_1	$\sum T_f'/\sum T_m'$	μ_1
博克图	−72.2	1.31	0.3121	1.50	0.0342	1.63	0.0198	1.20	—	1.40	0.1224	1.54	0.0265
黑河	−79.5	1.32	0.0628	1.50	0.0399	1.58	0.0210	1.21	—	1.40	0.5796	1.54	0.0219
孙吴	−84.9	1.44	0.0781	1.65	0.0184	1.74	0.0133	1.33	0.1147	1.54	0.0259	1.70	0.0150
嫩江	−83.7	1.39	0.1153	1.59	0.0191	1.70	0.0134	1.28	—	1.48	0.0320	1.62	0.0163

续表 32

地点	保证率为95%时，冬季月平均负气温总和$\sum T_f'$（℃）	室内温度16℃						室内温度20℃					
		$R=0.86$		$R=1.72$		$R=2.58$		$R=0.86$		$R=1.72$		$R=2.58$	
		$\sum T_f'/\sum T_m'$	μ_1	$\sum T_f'/\sum T_m'$	μ_1	$\sum T_f'/\sum T_m'$	μ_1	$\sum T_f'/\sum T_m'$	μ_1	$\sum T_f'/\sum T_m'$	μ_1	$\sum T_f'/\sum T_m'$	μ_1
吉迈	−44.2	1.03	—	1.51	0.0432	1.82	0.0207	0.84	—	1.23	—	1.60	0.0317
那曲	−48.4	1.61	0.0721	2.34	0.0181	2.88	0.0106	1.31	0.6696	1.94	0.0298	2.51	0.0146
玛沁	−40.8	0.90	—	1.29	—	1.55	0.0280	0.74	—	1.07	—	1.38	敞开
申扎	−33.4	0.83	—	1.14	—	1.36	敞开	0.68	—	0.97	—	1.18	—

注：$\sum T_m'$—保证率为95%时冻结夏季融化深度所需的负温度总值。

表 33 风速调整系数 η_w

年月 / $\eta_{w/n}$ / 地点	全年	11月	12月	1月	2月	10月
漠河	0.97/21	—	0.85/23	—	—	—
塔河	0.95/9	—	0.89/9	—	—	—
呼中	0.95/6	—	0.64/6	—	—	—
呼玛	0.97/27	—	0.86/27	—	0.89/26	—
新林	0.95/9	—	0.83/9	—	—	—
鄂伦春旗	0.98/10	—	0.91/10	0.92/10	0.93/10	—
三河	0.91/8	—	0.66/10	0.76/9	—	—
爱辉	0.96/22	—	0.92/22	—	0.95/22	—
逊克	0.94/21	—	0.87/22	—	—	—
孙吴	0.95/25	—	0.90/27	—	0.92/26	—
嫩江	0.91/28	—	0.87/30	—	0.82/10	—
嘉荫	0.96/21	—	0.88/21	—	0.91/20	—
满洲里	0.96/8	—	0.90/9	0.90/10	0.95/10	—
海拉尔	0.97/10	—	0.84/10	0.84/10	0.85/10	—
阿尔山	0.94/10	—	0.97/10	—	—	—
博克图	0.94/10	—	0.92/10	—	0.91/10	—
乌恰	0.94/10	0.88/10	0.85/10	—	—	—
五道梁	0.89/10	—	0.82/10	—	—	0.88/10
玛多	0.88/10	0.81/10	0.73/10	—	—	—
吉迈	0.85/10	—	0.78/10	—	0.84/10	—
那曲	0.91/10	—	0.70/10	—	0.89/10	—
班戈湖	0.86/4	0.44/4	0.15/4	—	0.74/5	—

注：n为统计年数。

4 相邻建筑物距离影响系数 η_n，是考虑相邻建筑物的阻挡作用，对风速的影响，使通风基础寒季回冻作用减弱而提出的。据有关文献资料：当建筑物之间的距离 L，大于或等于 $5h$(h—建筑物自地面算起的高度)时，对横竖已无影响。因此，当 $L\geqslant 5h$ 时，$\eta_n=1.0$；$L=4h$ 时，$\eta_n=1.2$；$L\leqslant 3h$ 时，$\eta_n=1.5$。

5 计算参数

在确定通风模数 μ_1 时，所用计算参数如下：

1）建筑物平面为矩形，长度 $L=40$m，宽度 $b=10$m；

2）通风基础围护结构厚度为 0.62m，高度为 1m，热阻 $R_2=0.86\text{m}^2\cdot℃/\text{W}$；

3）活动层按富冰冻土计，水含量 $w=370\text{kg/m}^3$；

4）土的导热系数且 $\lambda_u=1.36\text{W/(m}\cdot℃)$；冻土导热系数 $\lambda_f=2.04\text{W/(m}\cdot℃)$；冻土导温系数 $\alpha=0.004\text{m}^2/\text{h}$；

5）地基融化时，土表面放热系数及通风空间楼板放热系数 $\alpha_u=11.36\text{W/(m}^2\cdot℃)$；地基冻结时，土表面放热系数 $\alpha_f=17.04\text{W/(m}^2\cdot℃)$；土的起始冻结温度 $T_b=-0.5℃$。

6 不同计算参数对通风模数的影响：

东北塔河地区不同参数计算结果列于表 34。

表 34　塔河地区不同参数通风模数 μ_1

房间温度	地板热阻 R	W (kg/m³)	建筑物平面尺寸 $l \times b$ (m²)	λ_u [W/(m·℃)]	λ_f [W/(m·℃)]	放热系数 α_u [W/(m²·℃)]	最大融化深度 (m)	冻结融化层所需负温度总和 $\sum T_m$ (℃)	通风模数 μ_1/月
20	0.86	370	40×10	1.36	2.04	11.36	1.79	−42.8	0.0099/12
		200	40×10	1.36	2.04	11.36	2.54	−45.1	0.0094/12
		370	20×6	1.36	2.04	11.36	1.79	−43.1	0.0083/12
		370	40×10	1.70	2.50	11.36	1.90	−40.5	0.0095/12
		370	40×10	1.36	2.04	6.82	1.71	−39.5	0.0087/12

由表 34 可见，在同一地区，不同参数对通风模数的影响甚小。

7　满归架空基础试验房屋实例

1974 年，齐铁科研所等单位，在满归修建了一栋架空通风基础试验房屋。房屋为矩形平面，长（L）为 19.09m；宽（b）为 6.11m；面积 116.64m²。基础为毛石条形基础，其上设高 0.4m，宽 0.6m 的钢筋混凝土圈梁。基础下地基换填砂砾石 0.9m（见图 37a）。通风孔由钢筋混凝土槽形板构成（见图 37b），通风孔总面积 $A_v = 0.31 \times 0.14 \times 2 \times 33 = 2.86\text{m}^2$，通风模数为 $\mu_1 = A_v/(Lb) = 2.86/19.09 \times 6.11 = 0.0245$。通风基础高度为 0.54m，有效高度 $h = 0.14$m（因有 0.4m 高的地梁），通风高度与房屋宽度之比，$h/b = 0.14/6.11 = 0.023$，满足大于 0.02 的要求。

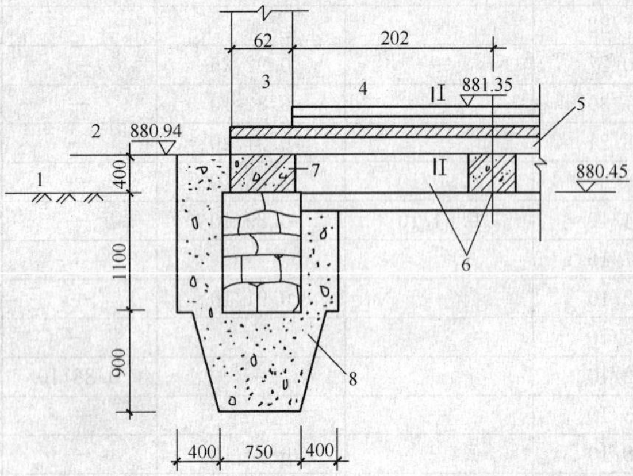

(a) 架空通风基础

1—原地面；2—室外地面；3—外墙；4—室内地面；5—通风孔；6—地基梁；7—钢筋混凝土圈梁；8—砂砾石垫层

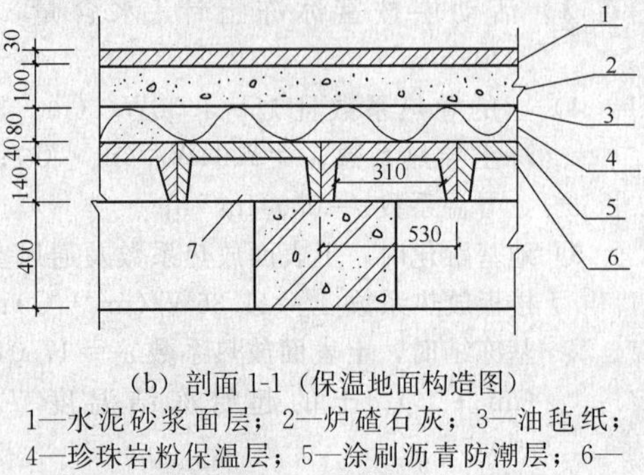

(b) 剖面 1-1（保温地面构造图）

1—水泥砂浆面层；2—炉碴石灰；3—油毡纸；4—珍珠岩粉保温层；5—涂刷沥青防潮层；6—钢筋混凝土槽形板；7—通风孔

图 37　架空通风基础

满归地区多年冻土厚度大于 20m，多年冻土上限埋深 2.30m～3.80m，多年冻土年平均地温（14m～18m 地温）为 −1.1℃～−1.7℃。地表下 3.2m 范围内，地基土的含水率 $w = 270\text{kg/m}^3$；地基土融化时，导热系数 $\lambda_u = 1.73\text{W/(m·℃)}$；冻结时，导热系数 $\lambda_f = 2.39\text{W/(m·℃)}$；导温系数 $\alpha = 0.0047\text{m}^2/\text{h}$。地基土的起始冻结温度 $T_b = -0.1$℃。室内空气温度为 19.8℃；计算地板热阻 $R = 1.55\text{m}^2·℃/\text{W}$。

地基土于 1975 年 4 月开始融化，至 9 月达最大深度；11 月开始回冻，至翌年 1 月底，地基融土全部冻结。各月末融化深度和冻结深度的平均值（自通风空间地面算起）见表 35。

表 35　满归架空基础试验房屋实测与计算比较

项目 ＼ 月末 ＼ 冻融	融化深度 (m)							回冻深度 (m)			通风模数
	4	5	6	7	8	9	10	11	12	1	
实测值	0.60	0.91	1.65	2.19	2.52	2.74	2.74	1.61	2.27	2.74	0.0245
计算值	0.37	0.83	1.42	1.88	2.20	2.35	2.35	0.35	1.60	2.35	0.0214

由表 35 可见：试验房屋的通风模数与计算值很相近。融化深度计算值与实测值比较，相差 14.2%。

附录 F　多年冻土地基静载荷试验要点

1　冻土变形特性

冻土是由固相（矿物颗粒、冰）、液相（未冻水）、气相（水气、空气）等介质所组成的多相体系。矿物颗粒间通过冰胶结在一起，从而产生较大的强度。由于冰和未冻水的存在，它在受荷下的变形具有强烈的流变特性。图 38a 为单轴应力状态和恒温条件下冻土典型蠕变曲线，图 38b 表示相应的蠕变速率对时间的关系。图中 0A 是瞬间应变，以后可以看到三个时间阶段。第Ⅰ阶段 AB 为不稳定的蠕变阶段，应变速率是逐渐减小的；第Ⅱ阶段 BC 为应变速率不变的稳定蠕变流，BC 段持续时间的长短，与应力大小有关；第Ⅲ阶段为应变速率增加的渐进流，最后地基丧失稳定性，因此可以认为C点的出现是地基进入极限应力状态。这样，不同的荷载延续时间，对应于不同的抗剪强度。相应于冻土稳定流为无限长延续的长期强度，认为是土的标准强度，因为在稳定蠕变阶段中，冻土是处于没有破坏而连续性的黏塑流动之中，只要转变到渐进流的时间超过建筑物的设计寿命以及总沉降量不超过建筑物地基容许值，则所确定地基强度限度是可以接受的。

2 冻土抗剪强度不仅取决于影响未冻土抗剪强度的有关因素（如土的组成、含水率、结构等），还与冻土温度及外荷作用时间有关，其中负温度的影响是十分显著的。根据青藏风火山地区资料，在其他条件相同的情况下，冻土温度－1.5℃时的长期黏聚力 c_l＝82kPa，而－2.3℃时 c_l＝134kPa，相应的冻土极限荷载为420kPa和690kPa。可见，在整个试验期间，保持冻土地基天然状态温度的重要性，并应在量测沉降量的同时，测读冻土地基深度在1倍～1.5倍基础宽度范围内的温度。

3 根据软土地区荷载试验资料，承压板宽度从500mm变化到3000mm，所得到的比例极限相同，$P_{0.02}$变化范围在100kPa～140kPa，说明土内摩擦角较小时，承压板面积对地基承载力影响不大。冻土与软土一样，一般内摩擦角较小或接近零度，因而实际上也可忽略承压板面积大小对承载力的影响，另外冻土地基强度较高，增加承压板面积，使试验工作量增加。因此，附录F中规定一般承压板面积为0.25m²。

4 冻土地基荷载下稳定条件是根据地基每昼夜累计变形值：

1） 中国科学院兰州冰川冻土研究所吴紫汪等的研究认为，单轴应力下冻土应力-应变方程可写成

应变 $$\varepsilon=\delta\,|T|^{-\gamma}t^{\beta}\sigma^{\alpha} \qquad (27)$$

式中：δ——土质及荷载条件系数，砂土 $\delta=10^{-3}$，黏性土 $\delta=(1.8\sim2.5)\times10^{-3}$；

T——冻土温度（℃）；

γ——试验系数，$\gamma\approx2$；

t——荷载作用时间（min）；

β——试验常数，β为0.3；

σ——应力（kPa）；

α——非线性系数，一般 α 为1.5。

半无限体三向应力作用时地基的应变 ε' 按弹性理论有：

$$\varepsilon'=\varepsilon\left(1-\frac{2\nu^2}{1-\nu}\right)\omega \qquad (28)$$

式中：ν——冻土泊松比，取 $\nu=0.25$；

ω——刚性承压板沉降系数，方形时 ω 为 $\frac{\sqrt{\pi}}{2}$，圆形时 ω 为 $\frac{\pi}{4}$。

近似的取1.5倍承压板宽度 b 作为载荷试验影响深度 h，则承压板沉降值 s 为：

$$s=0.8982\varepsilon' h \qquad (29)$$

式中0.8982为考虑半无限体应力扩散后1.5 b 范围内的平均应力系数，应力 σ 取预估极限荷载 P_u 的1/8。

按式（27）～式（29）计算加载24h后的沉降值见表36。

表36　荷载试验加载24h沉降值 s

土类 \ s(mm) \ 温度(℃)	−0.5	−1.0	−2.5	−4.0	注
粗砂	27.7	10.3	3.1	1.6	按式（27）～（29）
细砂	12.9	5.0	1.8	0.9	按式（27）～（29）
粗砂（渥太华）	0.9	0.8	0.6	0.5	按式（29）～（30）
细砂（曼彻斯特）	0.6	0.5	0.4	0.3	按式（29）～（30）
黏土	23.2	8.1	2.6	1.9	按式（27）～（29）
含有机质黏土	15.0	5.8	2.1	1.4	按式（27）～（29）
黏土（苏菲尔德）	5.2	4.6	3.3	1.8	按式（29）～（30）
黏土（巴特拜奥斯）	2.5	1.9	1.7	1.0	按式（29）～（30）

2） 美国陆军部冷区研究与工程实验室提供的计算第Ⅰ蠕变阶段冻土地基蠕变变形经验公式为：

$$\varepsilon=\left[\frac{\sigma t^{\lambda}}{\omega\,(T-1)^{\beta}}\right]^{\frac{1}{\alpha}}+\varepsilon_0 \qquad (30)$$

式中：ε——应变；

ε_0——瞬时应变，预估时可不计；

T——温度低于水的冰点的度数（℃）；

σ——土体应力，取预估极限荷载 P_u 的 $\frac{1}{8}$，(kPa)；

λ、α、β、ω——取决于土性质的常数，对表37中几种土给出 λ、α、β 和 ω 的典型值；

t——时间（h）。

求得应变 ε 值后，仍用式（29）计算加载24h后冻土地基沉降 s 值，计算结果见表36。

分析上述两种预估冻土地基加载24h后的沉降值，对砂土取0.5mm，对黏性土取1.0mm是能保证地基处于第Ⅰ蠕变阶段工作的。

表37　公式（30）中土性质常数典型值

土类	λ	α	β	ω	注
粗砂（渥太华）	0.35	0.78	0.97	5500	—
细砂（曼彻斯特）	0.24	0.38	0.97	285	—
黏土（苏菲尔德）	0.14	0.42	1.00	93	—
黏土（巴特拜奥斯）	0.18	0.40	0.97	130	维亚洛夫（1962年资料）

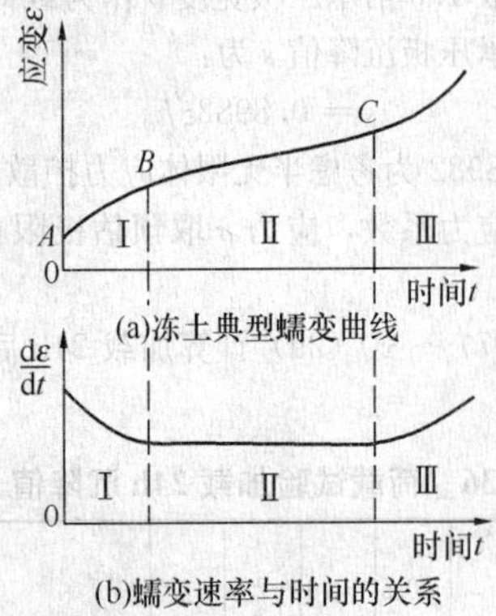

图 38　冻土蠕变曲线示意

附录 H　多年冻土地基单桩竖向静载荷试验要点

1　多年冻土地基中桩的承载能力由桩侧冻结力和桩端承载力两部分构成。在桩施工过程中，多年冻土的热状况受到干扰，桩周多年冻土温度上升，甚至使多年冻土融化。钻孔插入桩和钻孔灌注桩，由于回填料和混凝土带入大量热量以及混凝土的水化热，对多年冻土的热状态干扰更大。在施工结束时，桩与地基土并未冻结在一起，也就是说，桩侧冻结力还没有形成。所以桩不具备承载能力。只有在桩周土体回冻，多年冻土温度恢复正常后，桩才能承载。因此，在多年冻土中试桩时，施工后，需有一段时间让地基回冻。这段时间的长短与桩的种类和冻土条件有关。一般来讲，钻孔打入桩时间较短，钻孔插入桩次之，钻孔灌注桩时间最长。多年冻土温度低时，回冻时间短，反之，则回冻时间长。据铁道部科学研究院西北分院在青藏高原多年冻土的试验，钻孔打入桩需 5d～11d 基本可以回冻，钻孔插入桩则要6d～15d，而钻孔灌注桩需 30d～60d。因此，在多年冻土地区试桩时，应充分考虑桩的回冻时间。据前苏联资料，桩经过一个冬天后，可以得到稳定的承载力。

2　冻土的抗压强度和冻结强度都是温度的函数，它们随温度的升高而减小，随温度的降低而增大，特别在冻土温度较高的情况下，变化尤为明显。地基中多年冻土的温度在一年中是随气温的变化而周期性变化的。在夏季末冬季初，多年冻土温度达到最高值，冻土抗压强度和冻结强度达到最小值，这是桩工作最不利的时间，试桩应选在这个时候。如果试桩较多，施工又能保证桩周条件基本一致时，也可在其他时间试桩，这时可找出桩的承载力与冻土温度的关系，从而找出桩的最小承载力。

3　单桩试验方法很多，最常用的有蠕变试验法、慢速维持荷载法和快速维持荷载法。蠕变试验法由于用桩多、时间长，试验期间冻土条件变化过大，所以较少采用。慢速维持荷载法和快速维持荷载法可以克服蠕变试验法的某些缺点，因此，是多年冻土地基单桩荷载试验经常采用的方法。近年来，为了尽量缩短试验时间，在美国和俄罗斯多采用快速维持荷载法。

据美国陆军工程兵寒区研究与工程实验室资料，试桩时，每 24h 加一级荷载，每级 100kN，直到破坏。破坏标准取桩头总下沉超过 1.5in（38.1mm）为准。在俄罗斯，等速加载法按如下标准进行：1）荷载：第一级为计算承载力的一半，以后各级均为计算承载力的 20％，级数不少于 6～7 级；砂类土每 24h 加一级，黏土类土每 48h（或 72h）加一级；2）破坏标准：桩产生迅速流动。据铁道部科学研究院西北分院试验，当加荷速度大于 2.4h/kN 后，冻结强度随加荷速度的变化就小了，见图 39。

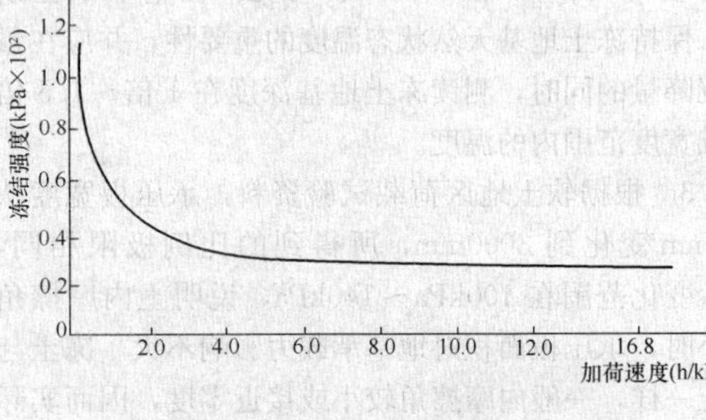

图 39　冻结强度与加荷速度的关系

综合上述资料，附录 H 中规定快速维持荷载时，加载速度不得小于 24h 加一级。

采用快速维持荷载法确定承载力时，假定等速流动速度等于零时的荷载为基本承载力。也就是说，在该荷载作用下，桩-地基系统只产生衰减蠕变。

慢速维持荷载法的稳定标准是根据前苏联 1962 年《多年冻土桩基设计和修建细则》中提出的标准确定的，铁道部科学研究院西北分院在多年冻土区桩基试验中，亦采用了这一标准，即 0.5mm/d。该细则的编制者认为 0.5mm/d 这个值是稳定蠕变与前进流动的界限。也就是说，当桩在荷载作用下，其蠕变下沉速度超过 0.5mm/d 时，桩将进入前进流动而破坏。

附录 J　热桩、热棒基础计算

1　热虹吸-地基系统工作时，其热量的传递过程十分复杂。它包括热量传递的三种基本形式，即包括传导、对流和辐射。在蒸发段，土体和器壁中为传导传热；在器壁与液体工质间为对流换热；在蒸汽与液体工质间为沸腾传热。在冷凝段，气体工质与冷凝液膜之间为冷凝传热；冷凝液膜与器壁之间为对流换热；在冷凝器壁中为传导传热；冷凝器与大气之间为对流换热和辐射传热。热虹吸的传热量取决于总的传热系数。也就是说，取决于上述各部分的热阻和温差。土体热阻与器壁热阻相比，土体热阻要大得多。

以外径 0.4m、壁厚 0.01m 的钢管热桩为例，若蒸发段埋入多年冻土中 7m，在传热影响半径为 1.5m 时，土体的热阻为 0.0231h·℃/W，而管壁的热阻仅为 0.0000257h·℃/W。即管壁的热阻仅为土体热阻的 1/800。在各接触面的对流换热热阻中，以冷凝器与大气接触面的热阻最大，据计算，该热阻约为液体工质与管壁接触面热阻的 20 倍。而蒸发与冷凝热阻则更小，约为冷凝器与大气接触面热阻的 1/400～1/1000。所以，在实际计算中，忽略其他热阻，仅采用土体热阻和冷凝器的放热热阻进行计算，对于工程应用来讲，是完全可以满足要求的。

2 冷凝器放热系数，是冷凝器的总放热系数，它包括对流放热系数和辐射放热系数。放热系数也叫换热系数或受热系数。它的值不仅与接触面材料的性质有关，而且与接触面的形状、尺寸以及液体和气体流动的条件等有关，特别与液体或气体流动的速度有着密切关系。流体的状态参数（如温度、密度）和流体的物性（如黏滞性、热传导性等），都对放热系数有很大影响。因此，对于不同类型的冷凝器和不同的表面处理方法，都应进行试验，以确定相应的放热系数。

有效率 e 是指冷凝器的实际传热量与全部叶片都处于基本温度时可传递热量之比。无叶片的钢管冷凝器，其有效率 $e=1$。在冷凝器风洞试验中，我们确定的是 eh 与风速 v 的关系。

3 土体热阻计算公式，摘自美国土木工程协会出版的《冻土工程中的热工设计问题》一书。

热虹吸的冻结半径，除决定于热虹吸本身的传热特性外，还与土体的含水率、密度以及空气的冻结指数有着密切关系。可按本规范附录 J 中的公式 (J.0.6) 求解。在东北大、小兴安岭和青藏高原高寒地区，其冻结半径一般在 1m 左右。热虹吸在多年冻土中使用时，其有效传热半径约 1.5m 左右。本规范附录 J 图 J.0.6 中，冻结指数与冻结半径的关系，是用铁道部科学研究院西北分院生产的热虹吸，根据低温风洞试验资料，计算得出的。

4 使用热虹吸的桩基础，在寒季可使桩周和桩底的多年冻土温度大幅度降低。但暖季来临，桩周冻土温度将迅速升高。至暖季末，桩周多年冻土的温度较之一般地基多年冻土温度，仍将低 0.8℃左右。热虹吸地基多年冻土地温的这种降低，可使桩的承载能力有明显增加，并可有效地防止地基多年冻土的衰退。

5 钢管桩的放热系数未进行过试验。在计算中，假定与已试验过的冷凝器相同。这种假定是偏于安全的。据美国阿拉斯加北极基础有限公司资料，无叶片的钢管冷凝器，其放热系数约为叶片式冷凝器放热系数的 2 倍。

6 热桩、热棒基础计算算例

1）一钢管热桩的计算

设有一直径 0.40m 的钢管热桩，埋于多年冻土中，用来承担上部结构荷载和稳定地基中的多年冻土（图 40），求该热桩的年近似传热量和桩周冻土地基的温度降低值，冻结期为 240d，冻结期平均气温为 -10.5℃，平均风速为 5.0m/s，蒸发段平均地温 -3.0℃，冻土导热系数 $\lambda=1.997$W/(m²·℃)，多年冻土上限埋深 1.0m。

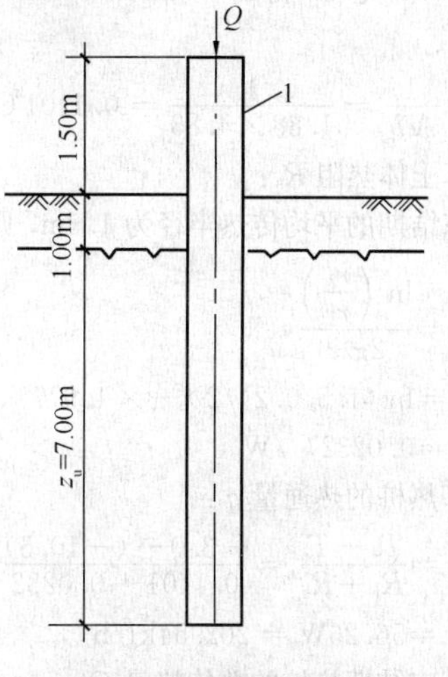

图 40　钢管热桩计算示意

1—冷凝面积 1.88m²

题解：

①绘制热流程图：

由于活动层厚度较薄，冻结活动层的冷量主要来自大气层。故在计算中，将活动层中热桩看作绝热段。这样，在热桩-地基系统中，多年冻土是唯一的热源，钢管冷凝段是唯一的热汇。多年冻土中的热量传至热桩蒸发段，使液体工质蒸发成气体；气体工质在压差作用下，携带热量上升至冷凝段，将热量传递给钢管（冷凝器），散发至大气中，气体工质冷凝成液体。据此，可以绘出热流程图，见图 41。

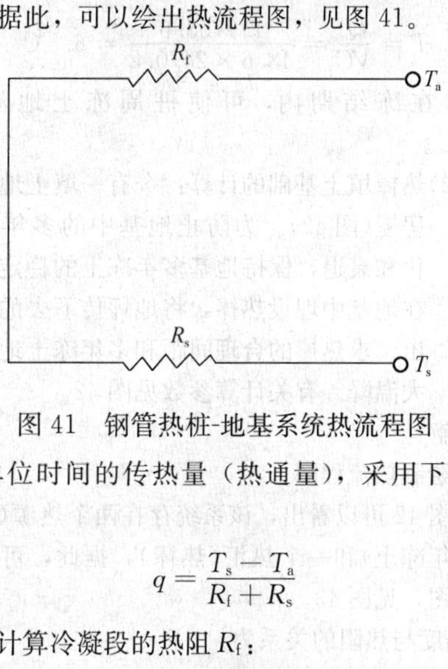

图 41　钢管热桩-地基系统热流程图

单位时间的传热量（热通量），采用下面公式计算：

$$q=\frac{T_s-T_a}{R_f+R_s} \tag{31}$$

②计算冷凝段的热阻 R_f：

在该算例中，冷凝器为无散热翅片的裸露钢管。据有关资料，裸露钢管的放热系数，较叶片式散热器的大。由于裸露钢管的放热系数无计算公式，这里采用铁道部科学研究院西北分院提出的叶片式散热器放热系数计算公式，即本规范附录J中公式（J.0.4-2）进行计算，即：

$$eh = 2.75 + 1.51v^{0.2} \quad (32)$$

将 $v=5.0$ 代入，得 $eh=4.83\text{W}/(\text{m}^2\cdot℃)$。

所以

$$R_f = \frac{1}{Aeh} = \frac{1}{1.88\times4.83} = 0.1101℃/\text{W} \quad (33)$$

③计算土体热阻 R_s：

假定冻结期的平均传热半径为1.5m，则

$$R_s = \frac{\ln\left(\frac{r_2}{r_1}\right)}{2\pi\lambda z}$$

$$=\ln(1.5/0.2)/2\times\pi\times1.977\times7$$

$$=0.0232℃/\text{W} \quad (34)$$

④计算热桩的热通量 q：

$$q = \frac{T_s - T_a}{R_f + R_s} = \frac{-3.0-(-10.5)}{0.1101+0.0232}$$

$$=56.26\text{W} = 202.54\text{kJ/h}$$

⑤计算冻结期热桩的总传热量 Q：

$$Q = qt = 202.54\times24\times240 = 1166630.4\text{kJ}$$

热桩的年近似传热量 $Q_a = \frac{Q}{\psi_Q} = \frac{1166630.4}{1.5} = 777753.6\text{kJ}$

式中：ψ_Q——传热折减系数。

⑥计算冻结期桩周冻土地基的最大温度降低值 T：

设冻土的体积热容量 $C=2470.2\text{kJ}/(\text{m}^3\cdot℃)$，传热影响范围内的冻土体积为：

$$V = \pi(r_2^2 - r_1^2)z_u \quad (35)$$

$$=3.1415\times(1.5^2-0.2^2)\times7 = 48.6\text{m}^3$$

$$T = \frac{Q_a}{VC} = \frac{777753.6}{48.6\times2470.2} = 6.5℃$$

即在冻结期内，可使桩周冻土地温降低约6.5℃。

2) 热棒填土基础的计算：今有一填土地基采暖房屋(图42)。为防止地基中的多年冻土融化和衰退，保持地基多年冻土的稳定，采用在地基中埋设热棒，将地坪传下去的热量带出。求热棒的合理间距和多年冻土地基的最大温降。有关计算参数见图42。

题解：

①绘制热流程图

从图42可以看出，该系统存在两个热源(室内采暖和多年冻土)和一个热汇(热棒)，据此，可以绘出热流程图，见图43。

温度与热阻的关系为：

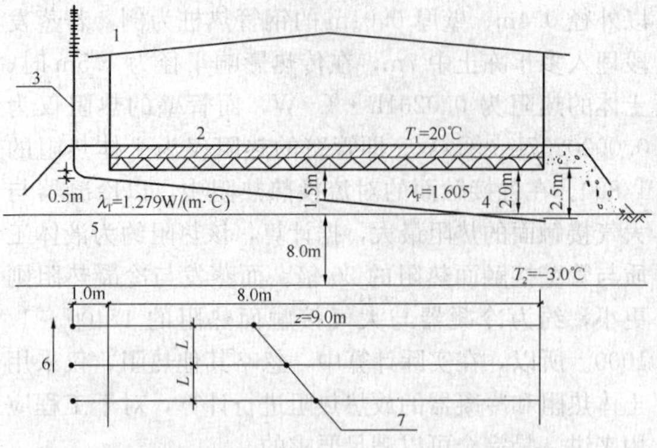

图42 热棒填土地基计算示意

1—$T_a=-10.5℃$，冻结期265d；2—地坪150mm混凝土，$\lambda_c=1.279\text{W}/(\text{m}\cdot℃)$；200mm聚乙烯泡沫塑料，$\lambda_p=0.041\text{W}/(\text{m}\cdot℃)$；3—热棒；冷凝器面积 $A=6.24\text{m}^2$；4—砾石垫层；5—粉质黏土 $\lambda_{fp}=1.977\text{W}/(\text{m}\cdot℃)$；6—风速 $v=5.0\text{m/s}$；7—蒸发器 $\phi=60\text{mm}$

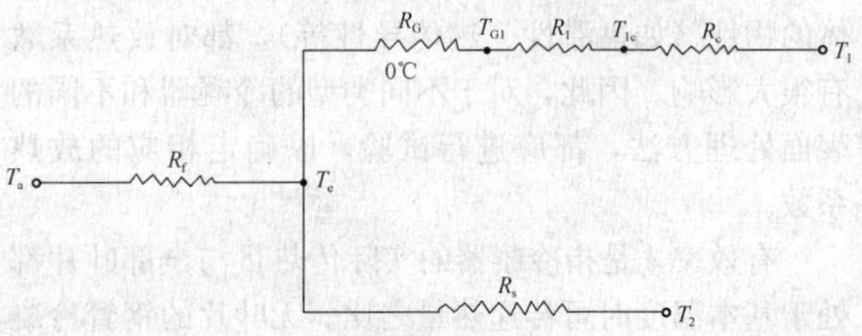

图43 热棒填土地基系统热流程图

R_c—混凝土层热阻；R_1—隔热层热阻；R_G—砾石垫层热阻；R_s—冻结亚黏土层热阻；T_{1c}—混凝土层底面温度；T_{G1}—隔热层底面温度

$$\frac{T_e - T_a}{R_f} = \frac{T_1 - T_e}{R_c + R_1 + R_G} + \frac{T_2 - T_1}{R_s} \quad (36)$$

②计算砾石垫层暖季的融化深度：

计算土体融化深度有许多方法，这里采用多层介质修正的斯蒂芬方程，来求解碎石填土层的融化深度。

$$\sum T_m = \frac{L_n d_n}{24\times3.6}\left(\sum R_{n-1} + \frac{R_n}{2}\right) \quad (37)$$

式中：$\sum T_m$——融化指数(℃·d)；

L_n——第 n 层的体积潜热；

d_n——第 n 层的融化厚度；

R_n——第 n 层的热阻。

设：融化期为100d，则地坪表面的融化指数为：

$$\sum T_m = (20-0)\times100 = 2000℃\cdot\text{d}$$

$$L_n = 32154.6\text{kJ/m}^3$$

$$\sum R_{n-1} = \frac{0.15}{1.279} + \frac{0.2}{0.041} = 4.9953℃\cdot\text{m}^2/\text{W}$$

$$R_n = \frac{d_n}{\lambda_n} = \frac{d_n}{1.605}℃\cdot\text{m}^2/\text{W}$$

将上面各值代入式(37)，得出一个 d_n 的二次方程：

$$115.9d_n^2 + 1859d_n - 2000 = 0$$

解上面方程得：

$$d_n = 1.00\text{m}$$

③计算砾石层的回冻：

在计算砾石层的回冻时，假定来自多年冻土层的热流是微不足道的，故仅考虑热流程图的上半部。

现取1/2融深处截面进行计算，即在回冻过程中，假定1/2融深处的温度为0℃。

这样，从1/2融深面到热棒蒸发器中截面的平均距离(S)为：

$$S = 1.50 - 0.48 = 1.02\text{m}$$

因 $q_d = 0$

所以 $\beta_u = 2\left(\frac{q_u}{q_u + q_d}\right) = 2$

设：热棒间距为 $L = 3.0$m

令 $D = 0.06$；$\lambda_u = 1.605$W/(m·℃)，$z = 9.0$m

$$\text{则} \quad R_u = \frac{\ln\left[\frac{2L}{\pi D}\sinh\left(\frac{\beta_u \pi z_u}{L}\right)\right]}{\beta_u \pi \lambda_u z} = 0.0539℃/\text{W} \tag{38}$$

热棒散热器的热阻 R_f，采用规范附录J中公式(J.0.4-2)计算，得：

$$eh = 4.83\text{W}/(\text{m}^2 \cdot ℃)$$

$$R_f = \frac{1}{Aeh} = \frac{1}{30.14} = 0.0332℃/\text{W}$$

单位时间内从热棒传走的热量 q 为：

$$q = \frac{T_s - T_a}{R_u + R_f} = \frac{0-(-10.5)}{0.0539+0.0332} \times 3.6$$
$$= 434.00\text{kJ/h}$$

通过单位面积地坪和已融砾石层上部在单位时间内传入的热量 q_1 为：

$$q_1 = \frac{(T_a - T_s)}{R_C + R_1 + R_G} \tag{39}$$
$$= \frac{3.6 \times (20-0)}{\left(\frac{0.15}{1.279} + \frac{0.2}{0.041} + \frac{0.48}{1.279}\right)}$$
$$= 13.41\text{kJ}/(\text{h} \cdot \text{m}^2)$$

在每根热棒范围内通过地坪传入的热量 Q 为：

$$Q = 13.41 \times 3 \times 8 = 321.84\text{kJ/h}$$

砾石层的净冷却率为：

$$q_2 = q - Q = 434.00 - 321.84 = 112.16\text{kJ/h}$$

每根热棒范围内融化砾石层的冻结潜热 Q_1 为：

$$Q_1 = 3 \times 8 \times 0.96 \times 32154.6 = 740841.98\text{kJ}$$

则砾石层的冻结时间 t 为：

$$t = 740841.98/112.16 \times 24 = 275\text{d}$$

这与假定的冻结期265d基本相等。

若采用安全系数为1.5，则热棒间距为：

$$L = 3/1.5 = 2\text{m}$$

按新间距进行计算，得：

$$R_u = 0.0613℃/\text{W}$$

$$q = 400.00\text{kJ/h}$$

$$Q = 13.41 \times 2 \times 8 = 214.56\text{kJ/h}$$

$$q_2 = q - Q = 185.44\text{kJ/h}$$

$$Q_1 = 2 \times 8 \times 0.96 \times 32154.6 = 493894.66\text{kJ}$$

$$t = 493894.66/185.44 \times 24 = 111\text{d}$$

即采用间距 $L = 2$m 时，砾石层的回冻时间为111d。

④砾石层回冻后的传热

计算各层的热阻：

设：$\beta_u = 1.60$，$\beta_d = 0.40$

$$\text{则：} R_u = \frac{\ln\left[\frac{2L}{\pi D}\sinh\left(\frac{\beta_u \pi S}{L}\right)\right]}{\beta_u \pi \lambda_u z}$$
$$= \frac{\ln\left[\frac{2\times 2}{\pi \times 0.06}\sinh\left(\frac{1.6\times\pi\times 1.5}{2}\right)\right]}{1.6\times\pi\times 1.605\times 9}$$
$$= 0.0843℃/\text{W}$$

$$R_d = \frac{\ln\left[\frac{2L}{\pi D}\sinh\left(\frac{\beta_u \pi d}{L}\right)\right]}{\beta_d \cdot \pi \cdot \lambda_d \cdot z}$$
$$= \frac{L_n\left[\frac{2\times 2}{\pi \times 0.06}\sinh\left(\frac{0.4\times\pi\times 8.5}{2}\right)\right]}{0.4\times\pi\times 1.977\times 9}$$
$$= 0.344℃/\text{W}$$

$$R_c = \frac{0.15}{1.279 \times 16} = 0.0073℃/\text{W}$$

$$R_1 = \frac{0.2}{0.041 \times 16} = 0.3049℃/\text{W}$$

$$R_f = 0.0332℃/\text{W}$$

计算蒸发温度 T_e：

$$T_e = \frac{\frac{T_a}{T_f} + \frac{T_1}{R_c + R_1 + R_u} + \frac{T_2}{R_d}}{\frac{1}{R_f} + \frac{1}{R_c + R_1 + R_u} + \frac{1}{R_d}}$$
$$= \frac{\frac{-10.5}{0.0332} + \frac{20}{0.0073+0.3049+0.0843} + \frac{-3.0}{0.344}}{\frac{1}{0.0332} + \frac{1}{0.0073+0.3049+0.0843} + \frac{1}{0.344}}$$
$$= -7.71℃ \tag{40}$$

计算从上下界面流入热棒的热量 q_u 和 q_d：

$$q_u = \frac{T_1 - T_e}{R_c + R_1 + R_u} = \frac{27.71}{0.3965} \times 3.6 = 251.6\text{kJ/h}$$

$$q_d = \frac{T_2 - T_c}{R_d} = \frac{4.71}{0.3440} \times 3.6 = 49.29\text{kJ/h}$$

重新计算 β_u 和 β_d

$$\beta_u = \frac{2q_u}{q_u + q_d} = 1.67$$

$$\beta_d = \frac{2q_d}{q_u + q_d} = 0.33$$

与假定的 $\beta_u = 1.60$ 和 $\beta_d = 0.40$ 基本相符，即砾石层回冻后，每根热棒每小时可以从地基中带出300.89kJ的热量，其中42.29kJ是用于地基的过冷却的。

⑤计算地基的过冷却：

热棒在冻结期可提供地基的过冷却冷量为：

$Q_0 = 42.29 \times 24 \times (265 - 111) = 156303.8\text{kJ}$

若这些冷量用于冷却热棒下 8m 以内的地基，则可使地基土温度降低值为：

设：冻结亚黏土的热容量为 2386kJ/(m³·℃)

则：

$\Delta t = 156303.8/(8\times2\times8\times2386) = 0.51℃$

即除使砾石层回冻外，还可使地基温度降低 0.51℃。

3）热棒-钢筋混凝土桩的计算：

设有一钢筋混凝土桩，内径 200mm，外径 400mm，埋深 8m，在桩中插入热棒一根（图 44），热棒外径 60mm，桩内长度 8m，散热器面积 6.14m²。求热棒的年近似传热量和桩周冻土的最大温度降低值。该处冻结期平均气温－10.5℃，平均地温为－3.0℃。平均风速为 5.0m/s，冻结期 240d。

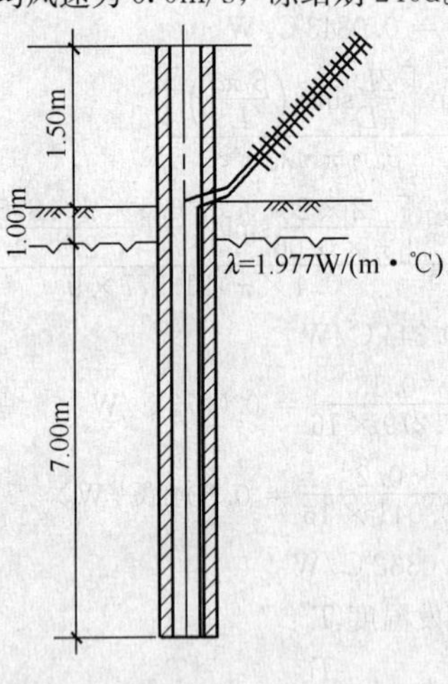

图 44　钢筋混凝土热桩计算示意

题解：设钢筋混凝土导热系数 $\lambda = 1.547$W/(m·℃)，冻土导热系数 $\lambda = 1.977$W/(m·℃)。

①绘热流程图：

由于活动层较薄，且它的冻结主要由于来自大气层的冷量，故在计算中予以忽略。

热流程图如图 45 所示。

单位时间热棒的热流量，用下面公式计算：

$$q = \frac{T_s - T_a}{R_f + R_e + R_{c1} + R_{c2} + R_s} \tag{41}$$

②计算各热阻值：

散热器的放热热阻 R_f：采用本规范附录 J 中公式（J.0.4-1）计算，即：

$v = 5.0$m/s 时

则 $eh = 4.83$W/(m²·℃)

所以　$R_f = \dfrac{1}{Aeh} = 0.0337℃/\text{W}$

蒸发器的放热热阻 R_e：仍采用上面公式计算，但 $v=0$，则 $eh = 2.75$W/(m²·℃)

故 $R_e = \dfrac{1}{Aeh} = 1/\pi\times0.06\times7\times2.75 = 0.2756℃/\text{W}$

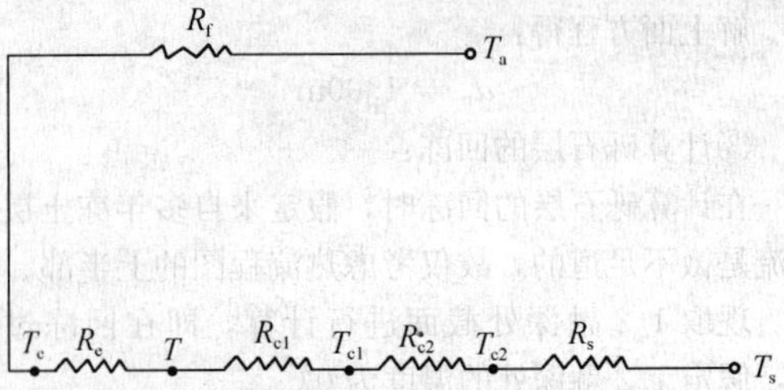

图 45　钢筋混凝土桩-土系统热流程图

R_f—散热器的放热热阻；R_e—蒸发器的放热热阻；R_{c1}—钢筋混凝土桩内表面的放热热阻；R_{c2}—钢筋混凝土管壁的热阻；R_s—土体热阻；T_a—气温；T_s—冻结期多年冻土平均温度；T_e—蒸发器表面温度；T—钢筋混凝土桩中空气温度；T_{c1}—钢筋混凝土桩内表面温度；T_{c2}—钢筋混凝土桩外表面温度

钢筋混凝土桩内表面的放热系数 R_{c1}：设钢筋混凝土桩内表面的放热系数与热棒蒸化段钢管相同，即

$$eh = 2.75\text{W}/(\text{m}^2\cdot℃)$$

则

$$R_{c1} = \frac{1}{Aeh} = 1/\pi\times0.20\times7\times2.75 = 0.0827℃/\text{W}$$

钢筋混凝土桩管壁的热阻 $R_{c2} = \dfrac{\ln(d_2/d_1)}{2\pi\lambda L} = \dfrac{\ln(0.4/0.2)}{2\times\pi\times1.547\times7} = 0.0102℃/\text{W}$

桩周土体热阻 R_s：设传热影响范围为 1.5m

$$\text{则}\quad R_s = \frac{\ln(d_2/d_1)}{2\pi\lambda L} = \frac{\ln(1.5/0.4)}{2\times\pi\times1.977\times7} = 0.0152\ ℃/\text{W}$$

③计算热棒单位时间的传热量 q：

$$q = \frac{T_s - T_a}{R_f + R_e + R_{c1} + R_{c2} + R_s}$$

$$= \frac{-3-(-10.5)}{0.0337+0.2756+0.0827+0.0102+0.0152}\times3.6$$

$$= \frac{7.5}{0.4174}\times3.6 = 64.69\text{kJ/h}$$

④计算冻结期的总传热量：

$$Q = 64.69\times24\times240 = 372614.4\ \text{kJ}$$

热棒的年近似传热量 Q_a 为：

$$Q_a = \frac{Q}{\phi_a} = 372614.4/1.5 = 248409.6\ \text{kJ}$$

⑤计算冻结期桩周冻土温度降低值 T：

设冻土的体积热容量 $C = 2470$kJ/(m³·℃)

传热影响范围内冻土体积 V 为：

$$V = \pi(r_2^2 - r_1^2)L = 3.1415\times(1.5^2 - 0.2^2)\times7 = 48.6\text{m}^3$$

所以　$T = Q_a/VC = 248409.6/48.6\times2470 = 2.07℃$

即在冻结期内可使桩周冻土温度降低 2.07℃。

中华人民共和国行业标准

建筑施工扣件式钢管脚手架安全技术规范

Technical code for safety of steel tubular scaffold with couplers in construction

JGJ 130—2011

批准部门：中华人民共和国住房和城乡建设部

施行日期：2 0 1 1 年 1 2 月 1 日

中华人民共和国住房和城乡建设部
公　　告

第 902 号

关于发布行业标准《建筑施工扣件式钢管脚手架安全技术规范》的公告

现批准《建筑施工扣件式钢管脚手架安全技术规范》为行业标准，编号为 JGJ 130－2011，自 2011 年 12 月 1 日起实施。其中，第 3.4.3、6.2.3、6.3.3、6.3.5、6.4.4、6.6.3、6.6.5、7.4.2、7.4.5、8.1.4、9.0.1、9.0.4、9.0.5、9.0.7、9.0.13、9.0.14 条为强制性条文，必须严格执行。原行业标准《建筑施工扣件式钢管脚手架安全技术规范》JGJ 130－2001 同时废止。

本规范由我部标准定额研究所组织中国建筑工业出版社出版发行。

中华人民共和国住房和城乡建设部

2011 年 1 月 28 日

前　　言

根据原建设部《关于印发〈二〇〇四年度工程建设城建、建工行业标准制订、修订计划〉的通知》（建标［2004］66 号）的要求，规范编制组经广泛调查研究，认真总结了我国扣件式钢管脚手架应用的经验，参考有关国际标准和国外先进标准，并在广泛征求意见的基础上，修订了本规范。

本规范的主要技术内容是：1. 总则；2. 术语和符号；3. 构配件；4. 荷载；5. 设计计算；6. 构造要求；7. 施工；8. 检查与验收；9. 安全管理。

本规范修订的主要技术内容是：荷载分类及计算；满堂脚手架、满堂支撑架、型钢悬挑脚手架、地基承载力的设计；构造要求；施工；检查与验收；安全管理。

本规范中以黑体字标志的条文为强制性条文，必须严格执行。

本规范由住房和城乡建设部负责管理和对强制性条文的解释，由中国建筑科学研究院负责具体技术内容的解释，在执行过程中如有意见或建议，请寄送中国建筑科学研究院（地址：北京市北三环东路 30 号；邮政编码：100013）。

本规范主编单位：中国建筑科学研究院
江苏南通二建集团有限公司

本规范参编单位：天津大学
哈尔滨工业大学
浙江省建工集团有限责任公司
九江信华建设集团有限公司
中国建筑一局（集团）有限公司
山西六建集团有限公司
浙江大学
杭州二建建设有限公司
中太建设集团股份有限公司
河北省建筑科学研究院
河北建工集团有限责任公司
河北省第四建筑工程公司
北京城建五建设工程有限公司
北京建科研软件技术有限公司

本规范主要起草人员：刘　群　杨晓东　徐崇宝
陈志华　陈建国　张有闻
刘　杰　孙仲均　刘子金
金　睿　程　坚　陈　红
梁福中　罗尧治　张国庆
谢良波　张振拴　安占法
线登洲　毛　杰　沈　兵
石永周　马锦泰　薛　刚

张心忠　高任清　张明礼
李云霄　陈增顺　燕振义
王玉恒

本规范主要审查人员：郭正兴　秦春芳　应惠清
阎　琪　赵玉章　葛兴杰
孙宗辅　耿洁明　房　标
刘新玉　胡　军　陶为农

目　次

Contents

1 总 则

1.0.1 为在扣件式钢管脚手架设计与施工中贯彻执行国家安全生产的方针政策，确保施工人员安全，做到技术先进、经济合理、安全适用，制定本规范。

1.0.2 本规范适用于房屋建筑工程和市政工程等施工用落地式单、双排扣件式钢管脚手架、满堂扣件式钢管脚手架、型钢悬挑扣件式钢管脚手架、满堂扣件式钢管支撑架的设计、施工及验收。

1.0.3 扣件式钢管脚手架施工前，应按本规范的规定对其结构构件与立杆地基承载力进行设计计算，并应编制专项施工方案。

1.0.4 扣件式钢管脚手架的设计、施工及验收，除应符合本规范的规定外，尚应符合国家现行有关标准的规定。

2 术语和符号

2.1 术 语

2.1.1 扣件式钢管脚手架 steel tubular scaffold with couplers

为建筑施工而搭设的、承受荷载的由扣件和钢管等构成的脚手架与支撑架，包含本规范各类脚手架与支撑架，统称脚手架。

2.1.2 支撑架 formwork support

为钢结构安装或浇筑混凝土构件等搭设的承力支架。

2.1.3 单排扣件式钢管脚手架 single pole steel tubular scaffold with couplers

只有一排立杆，横向水平杆的一端搁置固定在墙体上的脚手架，简称单排架。

2.1.4 双排扣件式钢管脚手架 double pole steel tubular scaffold with couplers

由内外两排立杆和水平杆等构成的脚手架，简称双排架。

2.1.5 满堂扣件式钢管脚手架 fastener steel tube full hall scaffold

在纵、横方向，由不少于三排立杆并与水平杆、水平剪刀撑、竖向剪刀撑、扣件等构成的脚手架。该架体顶部作业层施工荷载通过水平杆传递给立杆，顶部立杆呈偏心受压状态，简称满堂脚手架。

2.1.6 满堂扣件式钢管支撑架 fastener steel tube full hall formwork support

在纵、横方向，由不少于三排立杆并与水平杆、水平剪刀撑、竖向剪刀撑、扣件等构成的承力支架。该架体顶部的钢结构安装等（同类工程）施工荷载通过可调托撑轴心传力给立杆，顶部立杆呈轴心受压状态，简称满堂支撑架。

2.1.7 开口型脚手架 open scaffold

沿建筑周边非交圈设置的脚手架为开口型脚手架；其中呈直线型的脚手架为一字形脚手架。

2.1.8 封圈型脚手架 loop scaffold

沿建筑周边交圈设置的脚手架。

2.1.9 扣件 coupler

采用螺栓紧固的扣接连接件为扣件；包括直角扣件、旋转扣件、对接扣件。

2.1.10 防滑扣件 skid resistant coupler

根据抗滑要求增设的非连接用途扣件。

2.1.11 底座 base plate

设于立杆底部的垫座；包括固定底座、可调底座。

2.1.12 可调托撑 adjustable forkhead

插入立杆钢管顶部，可调节高度的顶撑。

2.1.13 水平杆 horizontal tube

脚手架中的水平杆件。沿脚手架纵向设置的水平杆为纵向水平杆；沿脚手架横向设置的水平杆为横向水平杆。

2.1.14 扫地杆 bottom reinforcing tube

贴近楼（地）面设置，连接立杆根部的纵、横向水平杆件；包括纵向扫地杆、横向扫地杆。

2.1.15 连墙件 tie member

将脚手架架体与建筑主体结构连接，能够传递拉力和压力的构件。

2.1.16 连墙件间距 spacing of tie member

脚手架相邻连墙件之间的距离，包括连墙件竖距、连墙件横距。

2.1.17 横向斜撑 diagonal brace

与双排脚手架内、外立杆或水平杆斜交呈之字形的斜杆。

2.1.18 剪刀撑 diagonal bracing

在脚手架竖向或水平向成对设置的交叉斜杆。

2.1.19 抛撑 cross bracing

用于脚手架侧面支撑，与脚手架外侧面斜交的杆件。

2.1.20 脚手架高度 scaffold height

自立杆底座下皮至架顶栏杆上皮之间的垂直距离。

2.1.21 脚手架长度 scaffold length

脚手架纵向两端立杆外皮间的水平距离。

2.1.22 脚手架宽度 scaffold width

脚手架横向两端立杆外皮之间的水平距离，单排脚手架为外立杆外皮至墙面的距离。

2.1.23 步距 lift height

上下水平杆轴线间的距离。

2.1.24 立杆纵（跨）距 longitudinal spacing of upright tube

脚手架纵向相邻立杆之间的轴线距离。

2.1.25 立杆横距 transverse spacing of upright tube

脚手架横向相邻立杆之间的轴线距离，单排脚手架为外立杆轴线至墙面的距离。

2.1.26 主节点 main node

立杆、纵向水平杆、横向水平杆三杆紧靠的扣接点。

2.2 符 号

2.2.1 荷载和荷载效应

g_k——立杆承受的每米结构自重标准值；

M_{Gk}——脚手板自重产生的弯矩标准值；

M_{Qk}——施工荷载产生的弯矩标准值；

M_{wk}——风荷载产生的弯矩标准值；

N_{G1k}——脚手架立杆承受的结构自重产生的轴向力标准值；

N_{G2k}——脚手架构配件自重产生的轴向力标准值；

ΣN_{Gk}——永久荷载对立杆产生的轴向力标准值总和；

ΣN_{Qk}——可变荷载对立杆产生的轴向力标准值总和；

N_k——上部结构传至基础顶面的立杆轴向力标准值；

P_k——立杆基础底面处的平均压力标准值；

w_k——风荷载标准值；

w_0——基本风压值；

M——弯矩设计值；

M_w——风荷载产生的弯矩设计值；

N——轴向力设计值；

N_l——连墙件轴向力设计值；

N_{lw}——风荷载产生的连墙件轴向力设计值；

R——纵向或横向水平杆传给立杆的竖向作用力设计值；

v——挠度；

σ——弯曲正应力。

2.2.2 材料性能和抗力

E——钢材的弹性模量；

f——钢材的抗拉、抗压、抗弯强度设计值；

f_g——地基承载力特征值；

R_c——扣件抗滑承载力设计值；

$[v]$——容许挠度；

$[\lambda]$——容许长细比。

2.2.3 几何参数

A——钢管或构件的截面面积，基础底面面积；

A_n——挡风面积；

A_w——迎风面积；

$[H]$——脚手架允许搭设高度；

h——步距；

i——截面回转半径；

l——长度，跨度，搭接长度；

l_a——立杆纵距；

l_b——立杆横距；

l_0——立杆计算长度，纵、横向水平杆计算跨度；

s——杆件间距；

t——杆件壁厚；

W——截面模量；

λ——长细比；

ϕ——杆件直径。

2.2.4 计算系数

k——立杆计算长度附加系数；

μ——考虑脚手架整体稳定因素的单杆计算长度系数；

μ_s——脚手架风荷载体型系数；

μ_{stw}——按桁架确定的脚手架结构的风荷载体型系数；

μ_z——风压高度变化系数；

φ——轴心受压构件的稳定系数；挡风系数。

3 构 配 件

3.1 钢 管

3.1.1 脚手架钢管应采用现行国家标准《直缝电焊钢管》GB/T 13793或《低压流体输送用焊接钢管》GB/T 3091 中规定的Q235普通钢管，钢管的钢材质量应符合现行国家标准《碳素结构钢》GB/T 700 中Q235级钢的规定。

3.1.2 脚手架钢管宜采用 ϕ48.3×3.6 钢管。每根钢管的最大质量不应大于25.8kg。

3.2 扣 件

3.2.1 扣件应采用可锻铸铁或铸钢制作，其质量和性能应符合现行国家标准《钢管脚手架扣件》GB 15831的规定，采用其他材料制作的扣件，应经试验证明其质量符合该标准的规定后方可使用。

3.2.2 扣件在螺栓拧紧扭力矩达到65N·m时，不得发生破坏。

3.3 脚 手 板

3.3.1 脚手板可采用钢、木、竹材料制作，单块脚手板的质量不宜大于30kg。

3.3.2 冲压钢脚手板的材质应符合现行国家标准《碳素结构钢》GB/T 700 中Q235级钢的规定。

3.3.3 木脚手板材质应符合现行国家标准《木结构设计规范》GB 50005 中Ⅱ$_a$级材质的规定。脚手板厚度不应小于50mm，两端宜各设置直径不小于4mm

的镀锌钢丝箍两道。

3.3.4 竹脚手板宜采用由毛竹或楠竹制作的竹串片板、竹笆板；竹串片脚手板应符合现行行业标准《建筑施工木脚手架安全技术规范》JGJ 164 的相关规定。

3.4 可调托撑

3.4.1 可调托撑螺杆外径不得小于 36mm，直径与螺距应符合现行国家标准《梯形螺纹 第 2 部分：直径与螺距系列》GB/T 5796.2 和《梯形螺纹 第 3 部分：基本尺寸》GB/T 5796.3 的规定。

3.4.2 可调托撑的螺杆与支托板焊接应牢固，焊缝高度不得小于 6mm；可调托撑螺杆与螺母旋合长度不得少于 5 扣，螺母厚度不得小于 30mm。

3.4.3 可调托撑受压承载力设计值不应小于 40kN，支托板厚不应小于 5mm。

3.5 悬挑脚手架用型钢

3.5.1 悬挑脚手架用型钢的材质应符合现行国家标准《碳素结构钢》GB/T 700 或《低合金高强度结构钢》GB/T 1591 的规定。

3.5.2 用于固定型钢悬挑梁的 U 形钢筋拉环或锚固螺栓材质应符合现行国家标准《钢筋混凝土用钢 第 1 部分：热轧光圆钢筋》GB 1499.1 中 HPB235 级钢筋的规定。

4 荷载

4.1 荷载分类

4.1.1 作用于脚手架的荷载可分为永久荷载（恒荷载）与可变荷载（活荷载）。

4.1.2 脚手架永久荷载应包含下列内容：

1 单排架、双排架与满堂脚手架：

1）架体结构自重：包括立杆、纵向水平杆、横向水平杆、剪刀撑、扣件等的自重；

2）构、配件自重：包括脚手板、栏杆、挡脚板、安全网等防护设施的自重。

2 满堂支撑架：

1）架体结构自重：包括立杆、纵向水平杆、横向水平杆、剪刀撑、可调托撑、扣件等的自重；

2）构、配件及可调托撑上主梁、次梁、支撑板等的自重。

4.1.3 脚手架可变荷载应包含下列内容：

1 单排架、双排架与满堂脚手架：

1）施工荷载：包括作业层上的人员、器具和材料等的自重；

2）风荷载。

2 满堂支撑架：

1）作业层上的人员、设备等的自重；

2）结构构件、施工材料等的自重；

3）风荷载。

4.1.4 用于混凝土结构施工的支撑架上的永久荷载与可变荷载，应符合现行行业标准《建筑施工模板安全技术规范》JGJ 162 的规定。

4.2 荷载标准值

4.2.1 永久荷载标准值的取值应符合下列规定：

1 单、双排脚手架立杆承受的每米结构自重标准值，可按本规范附录 A 表 A.0.1 采用；满堂脚手架立杆承受的每米结构自重标准值，宜按本规范附录 A 表 A.0.2 采用；满堂支撑架立杆承受的每米结构自重标准值，宜按本规范附录 A 表 A.0.3 采用。

2 冲压钢脚手板、木脚手板、竹串片脚手板与竹笆脚手板自重标准值，宜按表 4.2.1-1 取用。

表 4.2.1-1 脚手板自重标准值

类　别	标准值（kN/m^2）
冲压钢脚手板	0.30
竹串片脚手板	0.35
木脚手板	0.35
竹笆脚手板	0.10

3 栏杆与挡脚板自重标准值，宜按表 4.2.1-2 采用。

表 4.2.1-2 栏杆、挡脚板自重标准值

类　别	标准值（kN/m）
栏杆、冲压钢脚手板挡板	0.16
栏杆、竹串片脚手板挡板	0.17
栏杆、木脚手板挡板	0.17

4 脚手架上吊挂的安全设施（安全网）的自重标准值应按实际情况采用，密目式安全立网自重标准值不应低于 $0.01kN/m^2$。

5 支撑架上可调托撑上主梁、次梁、支撑板等自重应按实际计算。对于下列情况可按表 4.2.1-3 采用：

1）普通木质主梁（含 $\phi 48.3\times3.6$ 双钢管）、次梁，木支撑板；

2）型钢次梁自重不超过 10 号工字钢自重，型钢主梁自重不超过 H100mm×100mm×6mm×8mm 型钢自重，支撑板自重不超过木脚手板自重。

表 4.2.1-3 主梁、次梁及支撑板自重标准值（kN/m²）

类别	立杆间距（m）	
	>0.75×0.75	≤0.75×0.75
木质主梁（含 ϕ48.3×3.6 双钢管）、次梁，木支撑板	0.6	0.85
型钢主梁、次梁，木支撑板	1.0	1.2

4.2.2 单、双排与满堂脚手架作业层上的施工荷载标准值应根据实际情况确定，且不应低于表 4.2.2 的规定。

表 4.2.2 施工均布荷载标准值

类别	标准值（kN/m²）
装修脚手架	2.0
混凝土、砌筑结构脚手架	3.0
轻型钢结构及空间网格结构脚手架	2.0
普通钢结构脚手架	3.0

注：斜道上的施工均布荷载标准值不应低于 2.0kN/m²。

4.2.3 当在双排脚手架上同时有 2 个及以上操作层作业时，在同一个跨距内各操作层的施工均布荷载标准值总和不得超过 5.0kN/m²。

4.2.4 满堂支撑架上荷载标准值取值应符合下列规定：

1 永久荷载与可变荷载（不含风荷载）标准值总和不大于 4.2kN/m² 时，施工均布荷载标准值应按本规范表 4.2.2 采用；

2 永久荷载与可变荷载（不含风荷载）标准值总和大于 4.2kN/m² 时，应符合下列要求：

1）作业层上的人员及设备荷载标准值取 1.0kN/m²；大型设备、结构构件等可变荷载按实际计算；

2）用于混凝土结构施工时，作业层上荷载标准值的取值应符合现行行业标准《建筑施工模板安全技术规范》JGJ 162 的规定。

4.2.5 作用于脚手架上的水平风荷载标准值，应按下式计算：

$$w_k = \mu_z \cdot \mu_s \cdot w_0 \tag{4.2.5}$$

式中：w_k——风荷载标准值（kN/m²）；

μ_z——风压高度变化系数，应按现行国家标准《建筑结构荷载规范》GB 50009 规定采用；

μ_s——脚手架风荷载体型系数，应按本规范表 4.2.6 的规定采用；

w_0——基本风压值（kN/m²），应按现行国家标准《建筑结构荷载规范》GB 50009 的规定采用，取重现期 n=10 对应的风压值。

4.2.6 脚手架的风荷载体型系数，应按表 4.2.6 的规定采用。

表 4.2.6 脚手架的风荷载体型系数 μ_s

背靠建筑物的状况		全封闭墙	敞开、框架和开洞墙
脚手架状况	全封闭、半封闭	1.0φ	1.3φ
	敞开	μ_{stw}	

注：1 μ_{stw} 值可将脚手架视为桁架，按国家标准《建筑结构荷载规范》GB 50009-2001 表 7.3.1 第 32 项和第 36 项的规定计算；

2 φ 为挡风系数，$\varphi=1.2A_n/A_w$，其中：A_n 为挡风面积；A_w 为迎风面积。敞开式脚手架的 φ 值可按本规范附录 A 表 A.0.5 采用。

4.2.7 密目式安全立网全封闭脚手架挡风系数 φ 不宜小于 0.8。

4.3 荷载效应组合

4.3.1 设计脚手架的承重构件时，应根据使用过程中可能出现的荷载取其最不利组合进行计算，荷载效应组合宜按表 4.3.1 采用。

表 4.3.1 荷载效应组合

计算项目	荷载效应组合
纵向、横向水平杆承载力与变形	永久荷载+施工荷载
脚手架立杆地基承载力 型钢悬挑梁的承载力、稳定与变形	①永久荷载+施工荷载
	②永久荷载+0.9(施工荷载+风荷载)
立杆稳定	①永久荷载+可变荷载(不含风荷载)
	②永久荷载+0.9(可变荷载+风荷载)
连墙件承载力与稳定	单排架，风荷载+2.0kN 双排架，风荷载+3.0kN

4.3.2 满堂支撑架用于混凝土结构施工时，荷载组合与荷载设计值应符合现行行业标准《建筑施工模板安全技术规范》JGJ 162的规定。

5 设计计算

5.1 基本设计规定

5.1.1 脚手架的承载能力应按概率极限状态设计法的要求，采用分项系数设计表达式进行设计。可只进行下列设计计算：

1 纵向、横向水平杆等受弯构件的强度和连接扣件的抗滑承载力计算；

2 立杆的稳定性计算；

3 连墙件的强度、稳定性和连接强度的计算；

4 立杆地基承载力计算。

5.1.2 计算构件的强度、稳定性与连接强度时，应采用荷载效应基本组合的设计值。永久荷载分项系数应取 1.2，可变荷载分项系数应取 1.4。

5.1.3 脚手架中的受弯构件，尚应根据正常使用极限状态的要求验算变形。验算构件变形时，应采用荷载效应的标准组合的设计值，各类荷载分项系数均应取 1.0。

5.1.4 当纵向或横向水平杆的轴线对立杆轴线的偏心距不大于 55mm 时，立杆稳定性计算中可不考虑此偏心距的影响。

5.1.5 当采用本规范第 6.1.1 条规定的构造尺寸，其相应杆件可不再进行设计计算。但连墙件、立杆地基承载力等仍应根据实际荷载进行设计计算。

5.1.6 钢材的强度设计值与弹性模量应按表 5.1.6 采用。

表 5.1.6 钢材的强度设计值与弹性模量（N/mm^2）

Q235 钢抗拉、抗压和抗弯强度设计值 f	205
弹性模量 E	2.06×10^5

5.1.7 扣件、底座、可调托撑的承载力设计值应按表 5.1.7 采用。

表 5.1.7 扣件、底座、可调托撑的承载力设计值（kN）

项　目	承载力设计值
对接扣件（抗滑）	3.20
直角扣件、旋转扣件（抗滑）	8.00
底座（受压）、可调托撑（受压）	40.00

5.1.8 受弯构件的挠度不应超过表 5.1.8 中规定的容许值。

表 5.1.8 受弯构件的容许挠度

构件类别	容许挠度[v]
脚手板，脚手架纵向、横向水平杆	$l/150$ 与 10mm
脚手架悬挑受弯杆件	$l/400$
型钢悬挑脚手架悬挑钢梁	$l/250$

注：l 为受弯构件的跨度，对悬挑杆件为其悬伸长度的 2 倍。

5.1.9 受压、受拉构件的长细比不应超过表 5.1.9 中规定的容许值。

表 5.1.9 受压、受拉构件的容许长细比

构件类别		容许长细比[λ]
立杆	双排架 满堂支撑架	210
	单排架	230
	满堂脚手架	250
横向斜撑、剪刀撑中的压杆		250
拉杆		350

5.2 单、双排脚手架计算

5.2.1 纵向、横向水平杆的抗弯强度应按下式计算：

$$\sigma = \frac{M}{W} \leqslant f \tag{5.2.1}$$

式中：σ——弯曲正应力；

M——弯矩设计值（N·mm），应按本规范第 5.2.2 条的规定计算；

W——截面模量（mm^3），应按本规范附录 B 表 B.0.1 采用；

f——钢材的抗弯强度设计值（N/mm^2），应按本规范表 5.1.6 采用。

5.2.2 纵向、横向水平杆弯矩设计值，应按下式计算：

$$M = 1.2M_{Gk} + 1.4\Sigma M_{Qk} \tag{5.2.2}$$

式中：M_{Gk}——脚手板自重产生的弯矩标准值（kN·m）；

M_{Qk}——施工荷载产生的弯矩标准值（kN·m）。

5.2.3 纵向、横向水平杆的挠度应符合下式规定：

$$v \leqslant [v] \tag{5.2.3}$$

式中：v——挠度（mm）；

$[v]$——容许挠度，应按本规范表 5.1.8 采用。

5.2.4 计算纵向、横向水平杆的内力与挠度时，纵向水平杆宜按三跨连续梁计算，计算跨度取立杆纵距 l_a；横向水平杆宜按简支梁计算，计算跨度 l_0 可按图 5.2.4 采用。

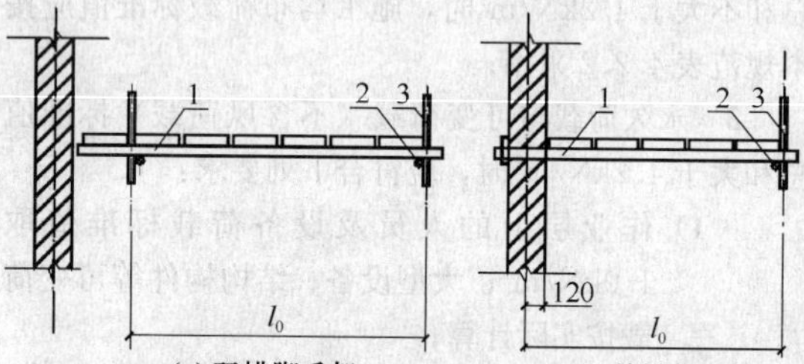

(a) 双排脚手架　　(b) 单排脚手架

图 5.2.4 横向水平杆计算跨度

1—横向水平杆；2—纵向水平杆；3—立杆

5.2.5 纵向或横向水平杆与立杆连接时，其扣件的抗滑承载力应符合下式规定：

$$R \leqslant R_c \tag{5.2.5}$$

式中：R——纵向或横向水平杆传给立杆的竖向作用力设计值；

R_c——扣件抗滑承载力设计值，应按本规范表 5.1.7 采用。

5.2.6 立杆的稳定性应符合下列公式要求：

不组合风荷载时：$$\frac{N}{\varphi A} \leqslant f \tag{5.2.6-1}$$

组合风荷载时：$$\frac{N}{\varphi A} + \frac{M_w}{W} \leqslant f \tag{5.2.6-2}$$

式中：N——计算立杆段的轴向力设计值（N），应按本规范式（5.2.7-1）、式（5.2.7-2）计算；

φ——轴心受压构件的稳定系数，应根据长细比 λ 由本规范附录 A 表 A.0.6 取值；

λ——长细比，$\lambda = \frac{l_0}{i}$；

l_0——计算长度（mm），应按本规范第 5.2.8 条的规定计算；

i——截面回转半径（mm），可按本规范附录 B 表 B.0.1 采用；

A——立杆的截面面积（mm^2），可按本规范附录 B 表 B.0.1 采用；

M_w——计算立杆段由风荷载设计值产生的弯矩（N·mm），可按本规范式（5.2.9）计算；

f——钢材的抗压强度设计值（N/mm^2），应按本规范表 5.1.6 采用。

5.2.7 计算立杆段的轴向力设计值 N，应按下列公式计算：

不组合风荷载时：

$$N = 1.2(N_{G1k} + N_{G2k}) + 1.4\Sigma N_{Qk} \tag{5.2.7-1}$$

组合风荷载时：

$$N = 1.2(N_{G1k} + N_{G2k}) + 0.9 \times 1.4\Sigma N_{Qk} \tag{5.2.7-2}$$

式中：N_{G1k}——脚手架结构自重产生的轴向力标准值；

N_{G2k}——构配件自重产生的轴向力标准值；

ΣN_{Qk}——施工荷载产生的轴向力标准值总和，内、外立杆各按一纵距内施工荷载总和的 1/2 取值。

5.2.8 立杆计算长度 l_0 应按下式计算：

$$l_0 = k\mu h \tag{5.2.8}$$

式中：k——立杆计算长度附加系数，其值取 1.155，当验算立杆允许长细比时，取 $k=1$；

μ——考虑单、双排脚手架整体稳定因素的单杆计算长度系数，应按表 5.2.8 采用；

h——步距。

表 5.2.8 单、双排脚手架立杆的计算长度系数 μ

类 别	立杆横距（m）	连墙件布置	
		二步三跨	三步三跨
双排架	1.05	1.50	1.70
	1.30	1.55	1.75
	1.55	1.60	1.80
单排架	≤1.50	1.80	2.00

5.2.9 由风荷载产生的立杆段弯矩设计值 M_w，可按下式计算：

$$M_w = 0.9 \times 1.4 M_{wk} = \frac{0.9 \times 1.4 w_k l_a h^2}{10} \tag{5.2.9}$$

式中：M_{wk}——风荷载产生的弯矩标准值（kN·m）；

w_k——风荷载标准值（kN/m^2），应按本规范式（4.2.5）计算；

l_a——立杆纵距（m）。

5.2.10 单、双排脚手架立杆稳定性计算部位的确定应符合下列规定：

1 当脚手架采用相同的步距、立杆纵距、立杆横距和连墙件间距时，应计算底层立杆段；

2 当脚手架的步距、立杆纵距、立杆横距和连墙件间距有变化时，除计算底层立杆段外，还必须对出现最大步距或最大立杆纵距、立杆横距、连墙件间距等部位的立杆段进行验算。

5.2.11 单、双排脚手架允许搭设高度［H］应按下列公式计算，并应取较小值：

1 不组合风荷载时：

$$[H] = \frac{\varphi A f - (1.2N_{G2k} + 1.4\Sigma N_{Qk})}{1.2 g_k} \tag{5.2.11-1}$$

2 组合风荷载时：

$$[H] = \frac{\varphi A f - \left[1.2N_{G2k} + 0.9 \times 1.4\left(\Sigma N_{Qk} + \frac{M_{wk}}{W}\varphi A\right)\right]}{1.2 g_k} \tag{5.2.11-2}$$

式中：［H］——脚手架允许搭设高度（m）；

g_k——立杆承受的每米结构自重标准值（kN/m），可按本规范附录 A 表 A.0.1 采用。

5.2.12 连墙件杆件的强度及稳定应满足下列公式的要求：

强度：

$$\sigma = \frac{N_l}{A_c} \leqslant 0.85f \tag{5.2.12-1}$$

稳定：

$$\frac{N_l}{\varphi A} \leqslant 0.85f \tag{5.2.12-2}$$

$$N_l = N_{lw} + N_0 \tag{5.2.12-3}$$

式中：σ——连墙件应力值（N/mm^2）；

A_c——连墙件的净截面面积（mm^2）；

A——连墙件的毛截面面积（mm^2）；

N_l——连墙件轴向力设计值（N）；

N_{lw}——风荷载产生的连墙件轴向力设计值，应按本规范第 5.2.13 条的规定计算；

N_0——连墙件约束脚手架平面外变形所产生的轴向力。单排架取 2kN，双排架取 3kN；

φ——连墙件的稳定系数，应根据连墙件长细比按本规范附录 A 表 A.0.6 取值；

f——连墙件钢材的强度设计值（N/mm^2），应按本规范表 5.1.6 采用。

5.2.13 由风荷载产生的连墙件的轴向力设计值，应按下式计算：

$$N_{lw} = 1.4 \cdot w_k \cdot A_w \quad (5.2.13)$$

式中：A_w——单个连墙件所覆盖的脚手架外侧面的迎风面积。

5.2.14 连墙件与脚手架、连墙件与建筑结构连接的承载力应按下式计算：

$$N_l \leqslant N_V \quad (5.2.14)$$

式中：N_V——连墙件与脚手架、连墙件与建筑结构连接的受拉（压）承载力设计值，应根据相应规范规定计算。

5.2.15 当采用钢管扣件做连墙件时，扣件抗滑承载力的验算，应满足下式要求：

$$N_l \leqslant R_c \quad (5.2.15)$$

式中：R_c——扣件抗滑承载力设计值，一个直角扣件应取 8.0kN。

5.3 满堂脚手架计算

5.3.1 立杆的稳定性应按本规范式（5.2.6-1）、式（5.2.6-2）计算。由风荷载产生的立杆段弯矩设计值 M_w，可按本规范式（5.2.9）计算。

5.3.2 计算立杆段的轴向力设计值 N，应按本规范式（5.2.7-1）、式（5.2.7-2）计算。施工荷载产生的轴向力标准值总和 ΣN_{Qk}，可按所选取计算部位立杆负荷面积计算。

5.3.3 立杆稳定性计算部位的确定应符合下列规定：

1 当满堂脚手架采用相同的步距、立杆纵距、立杆横距时，应计算底层立杆段；

2 当架体的步距、立杆纵距、立杆横距有变化时，除计算底层立杆段外，还必须对出现最大步距、最大立杆纵距、立杆横距等部位的立杆段进行验算；

3 当架体上有集中荷载作用时，尚应计算集中荷载作用范围内受力最大的立杆段。

5.3.4 满堂脚手架立杆的计算长度应按下式计算：

$$l_0 = k\mu h \quad (5.3.4)$$

式中：k——满堂脚手架立杆计算长度附加系数，应按表 5.3.4 采用；

h——步距；

μ——考虑满堂脚手整体稳定因素的单杆计算长度系数，应按本规范附录 C 表 C-1 采用。

表 5.3.4 满堂脚手架立杆计算长度附加系数

高度 H(m)	$H \leqslant 20$	$20 < H \leqslant 30$	$30 < H \leqslant 36$
k	1.155	1.191	1.204

注：当验算立杆允许长细比时，取 $k=1$。

5.3.5 满堂脚手架纵、横水平杆计算应符合本规范第 5.2.1 条～第 5.2.5 条的规定。

5.3.6 当满堂脚手架立杆间距不大于 1.5m×1.5m，架体四周及中间与建筑物结构进行刚性连接，并且刚性连接点的水平间距不大于 4.5m，竖向间距不大于 3.6m 时，可按本规范第 5.2.6 条～第 5.2.10 条双排脚手架的规定进行计算。

5.4 满堂支撑架计算

5.4.1 满堂支撑架顶部施工层荷载应通过可调托撑传递给立杆。

5.4.2 满堂支撑架根据剪刀撑的设置不同分为普通型构造与加强型构造，其构造设置应符合本规范第 6.9.3 条的规定，两种类型满堂支撑架立杆的计算长度应符合本规范第 5.4.6 条的规定。

5.4.3 立杆的稳定性应按本规范式（5.2.6-1）、式（5.2.6-2）计算。由风荷载设计值产生的立杆段弯矩 M_w，可按本规范式（5.2.9）计算。

5.4.4 计算立杆段的轴向力设计值 N，应按下列公式计算：

不组合风荷载时：

$$N = 1.2\Sigma N_{Gk} + 1.4\Sigma N_{Qk} \quad (5.4.4\text{-}1)$$

组合风荷载时：

$$N = 1.2\Sigma N_{Gk} + 0.9 \times 1.4\Sigma N_{Qk} \quad (5.4.4\text{-}2)$$

式中：ΣN_{Gk}——永久荷载对立杆产生的轴向力标准值总和（kN）；

ΣN_{Qk}——可变荷载对立杆产生的轴向力标准值总和（kN）。

5.4.5 立杆稳定性计算部位的确定应符合下列规定：

1 当满堂支撑架采用相同的步距、立杆纵距、立杆横距时，应计算底层与顶层立杆段；

2 应符合本规范第 5.3.3 条第 2 款、第 3 款的规定。

5.4.6 满堂支撑架立杆的计算长度应按下式计算，取整体稳定计算结果最不利值：

顶部立杆段：$l_0 = k\mu_1(h + 2a)$ (5.4.6-1)

非顶部立杆段：$l_0 = k\mu_2 h$ (5.4.6-2)

式中：k——满堂支撑架立杆计算长度附加系数，应按表 5.4.6 采用；

h——步距；

a——立杆伸出顶层水平杆中心线至支撑点的长度；应不大于 0.5m，当 0.2m＜a＜0.5m 时，承载力可按线性插入值；

μ_1、μ_2——考虑满堂支撑架整体稳定因素的单杆计算长度系数，普通型构造应按本规范附录 C 表 C-2、表 C-4 采用；加强型构造应按本规范附录 C 表 C-3、表 C-5 采用。

表 5.4.6 满堂支撑架立杆计算长度附加系数

高度 H(m)	$H\leqslant 8$	$8<H\leqslant 10$	$10<H\leqslant 20$	$20<H\leqslant 30$
k	1.155	1.185	1.217	1.291

注：当验算立杆允许长细比时，取 $k=1$。

5.4.7 当满堂支撑架小于4跨时，宜设置连墙件将架体与建筑结构刚性连接。当架体未设置连墙件与建筑结构刚性连接，立杆计算长度系数 μ 按本规范附录C表C-2～表C-5采用时，应符合下列规定：

1 支撑架高度不应超过一个建筑楼层高度，且不应超过5.2m；

2 架体上永久荷载与可变荷载（不含风荷载）总和标准值不应大于7.5kN/m²；

3 架体上永久荷载与可变荷载（不含风荷载）总和的均布线荷载标准值不应大于7kN/m。

5.5 脚手架地基承载力计算

5.5.1 立杆基础底面的平均压力应满足下式的要求：

$$p_k = \frac{N_k}{A} \leqslant f_g \qquad (5.5.1)$$

式中：p_k——立杆基础底面处的平均压力标准值(kPa)；

N_k——上部结构传至立杆基础顶面的轴向力标准值（kN）；

A——基础底面面积（m²）；

f_g——地基承载力特征值（kPa），应按本规范第5.5.2条的规定采用。

5.5.2 地基承载力特征值的取值应符合下列规定：

1 当为天然地基时，应按地质勘察报告选用；当为回填土地基时，应对地质勘察报告提供的回填土地基承载力特征值乘以折减系数0.4；

2 由载荷试验或工程经验确定。

5.5.3 对搭设在楼面等建筑结构上的脚手架，应对支撑架体的建筑结构进行承载力验算，当不能满足承载力要求时应采取可靠的加固措施。

5.6 型钢悬挑脚手架计算

5.6.1 当采用型钢悬挑梁作为脚手架的支承结构时，应进行下列设计计算：

1 型钢悬挑梁的抗弯强度、整体稳定性和挠度；

2 型钢悬挑梁锚固件及其锚固连接的强度；

3 型钢悬挑梁下建筑结构的承载能力验算。

5.6.2 悬挑脚手架作用于型钢悬挑梁上立杆的轴向力设计值，应根据悬挑脚手架分段搭设高度按本规范式(5.2.7-1)、式（5.2.7-2）分别计算，并应取其较大者。

5.6.3 型钢悬挑梁的抗弯强度应按下式计算：

$$\sigma = \frac{M_{max}}{W_n} \leqslant f \qquad (5.6.3)$$

式中：σ——型钢悬挑梁应力值；

M_{max}——型钢悬挑梁计算截面最大弯矩设计值；

W_n——型钢悬挑梁净截面模量；

f——钢材的抗弯强度设计值。

5.6.4 型钢悬挑梁的整体稳定性应按下式验算：

$$\frac{M_{max}}{\varphi_b W} \leqslant f \qquad (5.6.4)$$

式中：φ_b——型钢悬挑梁的整体稳定性系数，应按现行国家标准《钢结构设计规范》GB 50017的规定采用；

W——型钢悬挑梁毛截面模量。

5.6.5 型钢悬挑梁的挠度（图5.6.5）应符合下式规定：

$$v \leqslant [v] \qquad (5.6.5)$$

式中：$[v]$——型钢悬挑梁挠度允许值，应按本规范表5.1.8取值；

v——型钢悬挑梁最大挠度。

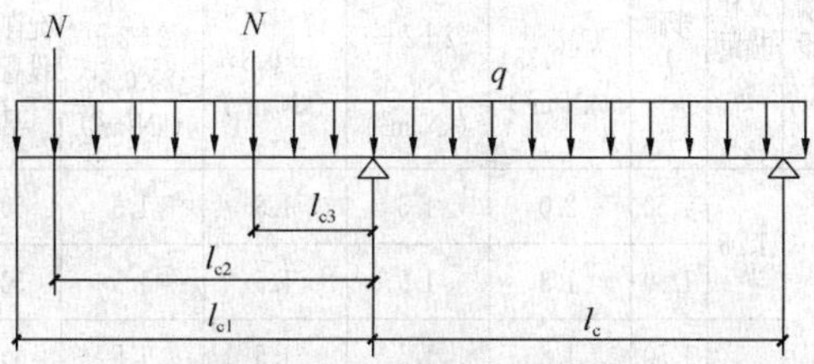

图5.6.5 悬挑脚手架型钢悬挑梁计算示意图

N—悬挑脚手架立杆的轴向力设计值；l_c—型钢悬挑梁锚固点中心至建筑楼层板边支承点的距离；l_{c1}—型钢悬挑梁悬挑端面至建筑结构楼层板边支承点的距离；l_{c2}—脚手架外立杆至建筑结构楼层板边支承点的距离；l_{c3}—脚手架内杆至建筑结构楼层板边支承点的距离；q—型钢梁自重线荷载标准值

5.6.6 将型钢悬挑梁锚固在主体结构上的U形钢筋拉环或螺栓的强度应按下式计算：

$$\sigma = \frac{N_m}{A_l} \leqslant f_l \qquad (5.6.6)$$

式中：σ——U形钢筋拉环或螺栓应力值；

N_m——型钢悬挑梁锚固段压点U形钢筋拉环或螺栓拉力设计值（N）；

A_l——U形钢筋拉环净截面面积或螺栓的有效截面面积（mm²），一个钢筋拉环或一对螺栓按两个截面计算；

f_l——U形钢筋拉环或螺栓抗拉强度设计值，应按现行国家标准《混凝土结构设计规范》GB 50010的规定取 f_l =50N/mm²。

5.6.7 当型钢悬挑梁锚固段压点处采用2个（对）及以上U形钢筋拉环或螺栓锚固连接时，其钢筋拉环或螺栓的承载能力应乘以0.85的折减系数。

5.6.8 当型钢悬挑梁与建筑结构锚固的压点处楼板未设置上层受力钢筋时，应经计算在楼板内配置用于承受型钢梁锚固作用引起负弯矩的受力钢筋。

5.6.9 对型钢悬挑梁下建筑结构的混凝土梁（板）

应按现行国家标准《混凝土结构设计规范》GB 50010的规定进行混凝土局部受压承载力、结构承载力验算，当不满足要求时，应采取可靠的加固措施。

5.6.10 悬挑脚手架的纵向水平杆、横向水平杆、立杆、连墙件计算应符合本规范第5.2节的规定。

6 构 造 要 求

6.1 常用单、双排脚手架设计尺寸

6.1.1 常用密目式安全立网全封闭单、双排脚手架结构的设计尺寸，可按表6.1.1-1、表6.1.1-2采用。

表6.1.1-1 常用密目式安全立网全封闭式双排脚手架的设计尺寸（m）

连墙件设置	立杆横距 l_b	步距 h	下列荷载时的立杆纵距 l_a：2+0.35（kN/m²）	2+2+2×0.35（kN/m²）	3+0.35（kN/m²）	3+2+2×0.35（kN/m²）	脚手架允许搭设高度[H]
二步三跨	1.05	1.50	2.0	1.5	1.5	1.5	50
		1.80	1.8	1.5	1.5	1.5	32
	1.30	1.50	1.8	1.5	1.5	1.5	50
		1.80	1.8	1.2	1.5	1.2	30
	1.55	1.50	1.8	1.5	1.5	1.5	38
		1.80	1.8	1.2	1.5	1.2	22
三步三跨	1.05	1.50	2.0	1.5	1.5	1.5	43
		1.80	1.8	1.2	1.5	1.2	24
	1.30	1.50	1.8	1.5	1.5	1.2	30
		1.80	1.8	1.2	1.2	1.2	17

注：1 表中所示2+2+2×0.35(kN/m²)，包括下列荷载：2+2(kN/m²)为二层装修作业层施工荷载标准值；2×0.35(kN/m²)为二层作业层脚手板自重荷载标准值。

2 作业层横向水平杆间距，应按不大于 $l_a/2$ 设置。

3 地面粗糙度为B类，基本风压 w_0=0.4kN/m²。

表6.1.1-2 常用密目式安全立网全封闭式单排脚手架的设计尺寸（m）

连墙件设置	立杆横距 l_b	步距 h	下列荷载时的立杆纵距 l_a：2+0.35（kN/m²）	3+0.35（kN/m²）	脚手架允许搭设高度[H]
二步三跨	1.20	1.50	2.0	1.8	24
		1.80	1.5	1.2	24
	1.40	1.50	1.8	1.5	24
		1.80	1.5	1.2	24
三步三跨	1.20	1.50	2.0	1.8	24
		1.80	1.2	1.2	24
	1.40	1.50	1.8	1.5	24
		1.80	1.2	1.2	24

注：同表6.1.1-1。

6.1.2 单排脚手架搭设高度不应超过24m；双排脚手架搭设高度不宜超过50m，高度超过50m的双排脚手架，应采用分段搭设等措施。

6.2 纵向水平杆、横向水平杆、脚手板

6.2.1 纵向水平杆的构造应符合下列规定：

1 纵向水平杆应设置在立杆内侧，单根杆长度不应小于3跨；

2 纵向水平杆接长应采用对接扣件连接或搭接，并应符合下列规定：

1）两根相邻纵向水平杆的接头不应设置在同步或同跨内；不同步或不同跨两个相邻接头在水平方向错开的距离不应小于500mm；各接头中心至最近主节点的距离不应大于纵距的1/3（图6.2.1-1）。

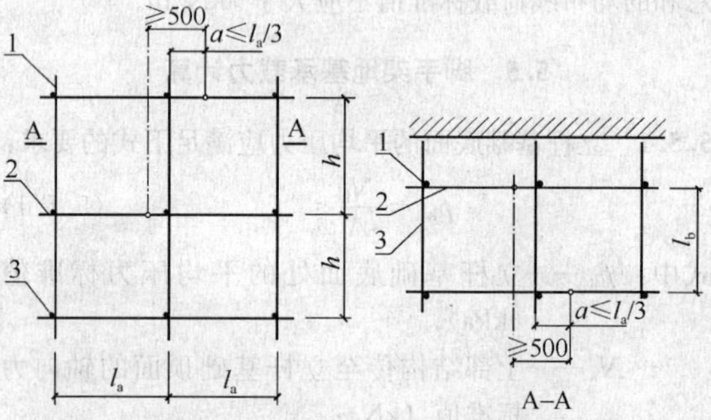

(a) 接头不在同步内（立面） (b) 接头不在同跨内（平面）

图6.2.1-1 纵向水平杆对接接头布置

1—立杆；2—纵向水平杆；3—横向水平杆

2）搭接长度不应小于1m，应等间距设置3个旋转扣件固定；端部扣件盖板边缘至搭接纵向水平杆杆端的距离不应小于100mm。

3 当使用冲压钢脚手板、木脚手板、竹串片脚手板时，纵向水平杆应作为横向水平杆的支座，用直角扣件固定在立杆上；当使用竹笆脚手板时，纵向水平杆应采用直角扣件固定在横向水平杆上，并应等间距设置，间距不应大于400mm（图6.2.1-2）。

6.2.2 横向水平杆的构造应符合下列规定：

1 作业层上非主节点处的横向水平杆，宜根据支承脚手板的需要等间距设置，最大间距不应大于纵距的1/2；

2 当使用冲压钢脚手板、木脚手板、竹串片脚手板时，双排脚手架的横向水平杆两端均应采用直角扣件固定在纵向水平杆上；单排脚手架的横向水平杆的一端应用直角扣件固定在纵向水平杆上，另一端应插入墙内，插入长度不应小于180mm；

3 当使用竹笆脚手板时，双排脚手架的横向水平杆的两端，应用直角扣件固定在立杆上；单排脚手架的横向水平杆的一端，应用直角扣件固定在立杆上，另一端插入墙内，插入长度不应小于180mm。

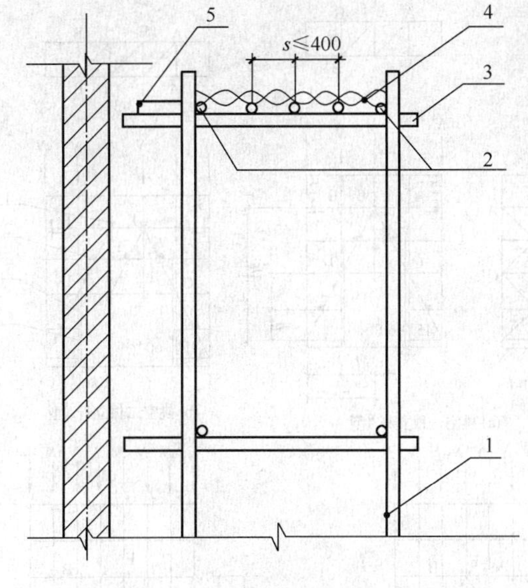

图 6.2.1-2 铺竹笆脚手板时
纵向水平杆的构造

1—立杆；2—纵向水平杆；3—横向水平杆；
4—竹笆脚手板；5—其他脚手板

6.2.3 主节点处必须设置一根横向水平杆，用直角扣件扣接且严禁拆除。

6.2.4 脚手板的设置应符合下列规定：

1 作业层脚手板应铺满、铺稳、铺实。

2 冲压钢脚手板、木脚手板、竹串片脚手板等，应设置在三根横向水平杆上。当脚手板长度小于 2m 时，可采用两根横向水平杆支承，但应将脚手板两端与横向水平杆可靠固定，严防倾翻。脚手板的铺设应采用对接平铺或搭接铺设。脚手板对接平铺时，接头处应设两根横向水平杆，脚手板外伸长度应取 130mm～150mm，两块脚手板外伸长度的和不应大于 300mm[图 6.2.4(a)]；脚手板搭接铺设时，接头应支在横向水平杆上，搭接长度不应小于 200mm，其伸出横向水平杆的长度不应小于 100mm[图 6.2.4(b)]。

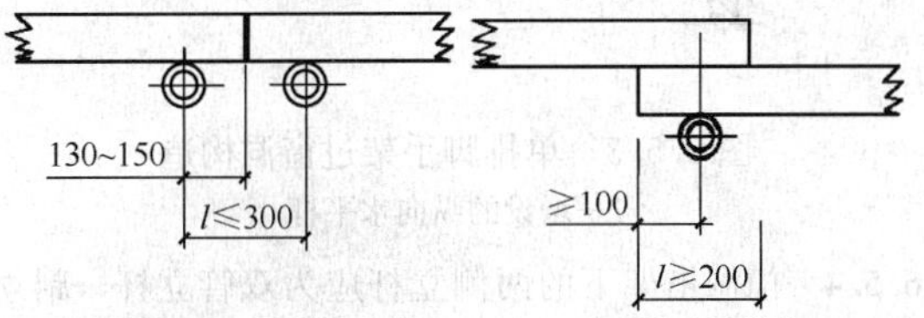

(a) 脚手板对接　　(b) 脚手板搭接

图 6.2.4 脚手板对接、搭接构造

3 竹笆脚手板应按其主竹筋垂直于纵向水平杆方向铺设，且应对接平铺，四个角应用直径不小于 1.2mm 的镀锌钢丝固定在纵向水平杆上。

4 作业层端部脚手板探头长度应取 150mm，其板的两端均应固定于支承杆件上。

6.3 立 杆

6.3.1 每根立杆底部宜设置底座或垫板。

6.3.2 脚手架必须设置纵、横向扫地杆。纵向扫地杆应采用直角扣件固定在距钢管底端不大于 200mm 处的立杆上。横向扫地杆应采用直角扣件固定在紧靠纵向扫地杆下方的立杆上。

6.3.3 脚手架立杆基础不在同一高度上时，必须将高处的纵向扫地杆向低处延长两跨与立杆固定，高低差不应大于 1m。靠边坡上方的立杆轴线到边坡的距离不应小于 500mm（图 6.3.3）。

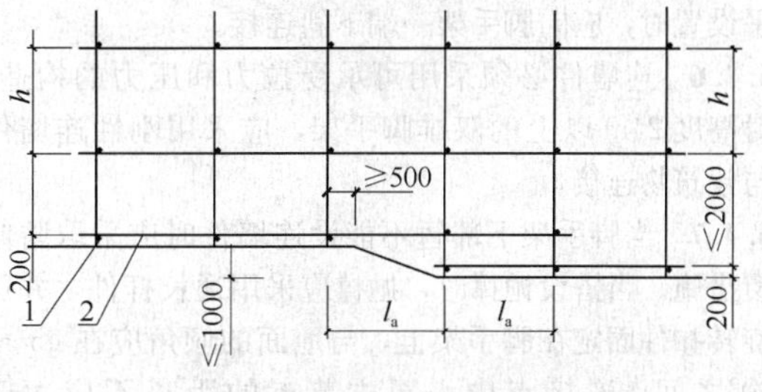

图 6.3.3 纵、横向扫地杆构造

1—横向扫地杆；2—纵向扫地杆

6.3.4 单、双排脚手架底层步距均不应大于 2m。

6.3.5 单排、双排与满堂脚手架立杆接长除顶层顶步外，其余各层各步接头必须采用对接扣件连接。

6.3.6 脚手架立杆的对接、搭接应符合下列规定：

1 当立杆采用对接接长时，立杆的对接扣件应交错布置，两根相邻立杆的接头不应设置在同步内，同步内隔一根立杆的两个相隔接头在高度方向错开的距离不宜小于 500mm；各接头中心至主节点的距离不宜大于步距的 1/3；

2 当立杆采用搭接接长时，搭接长度不应小于 1m，并应采用不少于 2 个旋转扣件固定。端部扣件盖板的边缘至杆端距离不应小于 100mm。

6.3.7 脚手架立杆顶端栏杆宜高出女儿墙上端 1m，宜高出檐口上端 1.5m。

6.4 连 墙 件

6.4.1 脚手架连墙件设置的位置、数量应按专项施工方案确定。

6.4.2 脚手架连墙件数量的设置除应满足本规范的计算要求外，还应符合表 6.4.2 的规定。

表 6.4.2 连墙件布置最大间距

搭设方法	高 度	竖向间距 (h)	水平间距 (l_a)	每根连墙件覆盖面积 (m^2)
双排落地	≤50m	$3h$	$3l_a$	≤40
双排悬挑	>50m	$2h$	$3l_a$	≤27
单排	≤24m	$3h$	$3l_a$	≤40

注：h—步距；l_a—纵距。

6.4.3 连墙件的布置应符合下列规定：

1 应靠近主节点设置，偏离主节点的距离不应大于 300mm；

2 应从底层第一步纵向水平杆处开始设置，当该处设置有困难时，应采用其他可靠措施固定；

3 应优先采用菱形布置，或采用方形、矩形布置。

6.4.4 开口型脚手架的两端必须设置连墙件，连墙件的垂直间距不应大于建筑物的层高，并且不应大于 4m。

6.4.5 连墙件中的连墙杆应呈水平设置，当不能水平设置时，应向脚手架一端下斜连接。

6.4.6 连墙件必须采用可承受拉力和压力的构造。对高度 24m 以上的双排脚手架，应采用刚性连墙件与建筑物连接。

6.4.7 当脚手架下部暂不能设连墙件时应采取防倾覆措施。当搭设抛撑时，抛撑应采用通长杆件，并用旋转扣件固定在脚手架上，与地面的倾角应在 45°～60°之间；连接点中心至主节点的距离不应大于 300mm。抛撑应在连墙件搭设后方可拆除。

6.4.8 架高超过 40m 且有风涡流作用时，应采取抗上升翻流作用的连墙措施。

6.5 门 洞

6.5.1 单、双排脚手架门洞宜采用上升斜杆、平行弦杆桁架结构形式（图 6.5.1），斜杆与地面的倾角 a 应在 45°～60°之间。门洞桁架的形式宜按下列要求确定：

1 当步距（h）小于纵距（l_a）时，应采用 A 型；

2 当步距（h）大于纵距（l_a）时，应采用 B 型，并应符合下列规定：

1）h=1.8m 时，纵距不应大于 1.5m；

2）h=2.0m 时，纵距不应大于 1.2m。

6.5.2 单、双排脚手架门洞桁架的构造应符合下列规定：

1 单排脚手架门洞处，应在平面桁架（图 6.5.1 中 ABCD）的每一节间设置一根斜腹杆；双排脚手架门洞处的空间桁架，除下弦平面外，应在其余 5 个平面内的图示节间设置一根斜腹杆（图 6.5.1 中 1-1、2-2、3-3 剖面）。

2 斜腹杆宜采用旋转扣件固定在与之相交的横向水平杆的伸出端上，旋转扣件中心线至主节点的距离不宜大于 150mm。当斜腹杆在 1 跨内跨越 2 个步距（图 6.5.1A 型）时，宜在相交的纵向水平杆处，增设一根横向水平杆，将斜腹杆固定在其伸出端上。

3 斜腹杆宜采用通长杆件，当必须接长使用时，宜采用对接扣件连接，也可采用搭接，搭接构造应符合本规范第 6.3.6 条第 2 款的规定。

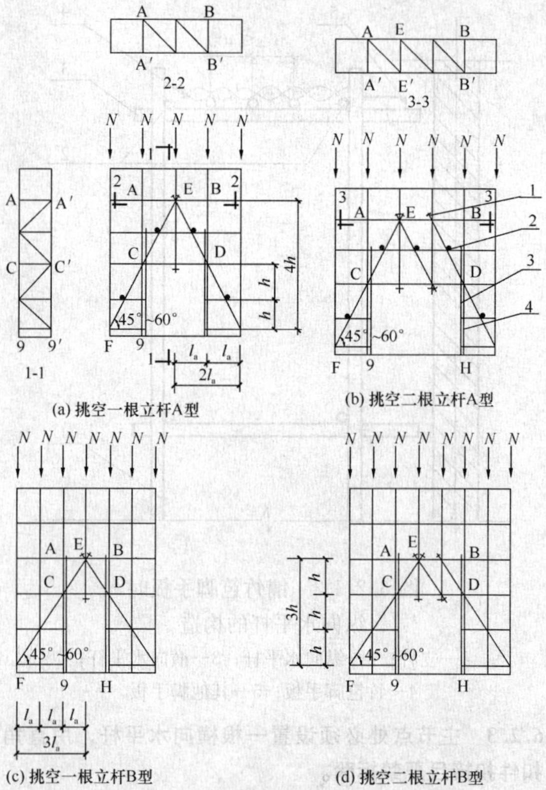

图 6.5.1 门洞处上升斜杆、平行弦杆桁架

1—防滑扣件；2—增设的横向水平杆；3—副立杆；4—主立杆

6.5.3 单排脚手架过窗洞时应增设立杆或增设一根纵向水平杆（图 6.5.3）。

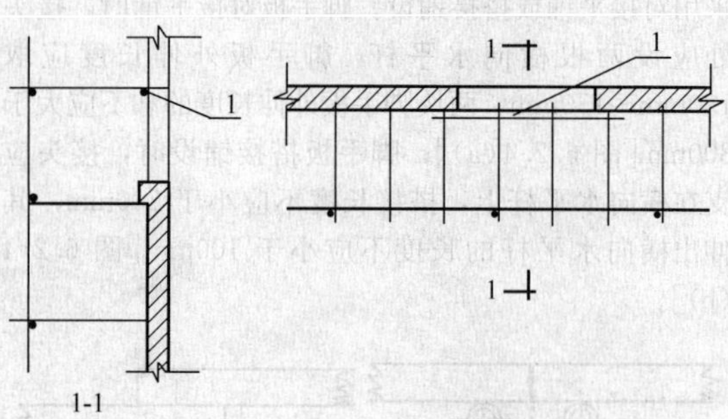

图 6.5.3 单排脚手架过窗洞构造

1—增设的纵向水平杆

6.5.4 门洞桁架下的两侧立杆应为双管立杆，副立杆高度应高于门洞口 1～2 步。

6.5.5 门洞桁架中伸出上下弦杆的杆件端头，均应增设一个防滑扣件（图 6.5.1），该扣件宜紧靠主节点处的扣件。

6.6 剪刀撑与横向斜撑

6.6.1 双排脚手架应设置剪刀撑与横向斜撑，单排脚手架应设置剪刀撑。

6.6.2 单、双排脚手架剪刀撑的设置应符合下列规定：

1 每道剪刀撑跨越立杆的根数应按表6.6.2的规定确定。每道剪刀撑宽度不应小于4跨，且不应小于6m，斜杆与地面的倾角应在45°～60°之间；

表6.6.2 剪刀撑跨越立杆的最多根数

剪刀撑斜杆与地面的倾角 α	45°	50°	60°
剪刀撑跨越立杆的最多根数 n	7	6	5

2 剪刀撑斜杆的接长应采用搭接或对接，搭接应符合本规范第6.3.6条第2款的规定；

3 剪刀撑斜杆应用旋转扣件固定在与之相交的横向水平杆的伸出端或立杆上，旋转扣件中心线至主节点的距离不应大于150mm。

6.6.3 高度在24m及以上的双排脚手架应在外侧全立面连续设置剪刀撑；高度在24m以下的单、双排脚手架，均必须在外侧两端、转角及中间间隔不超过15m的立面上，各设置一道剪刀撑，并应由底至顶连续设置（图6.6.3）。

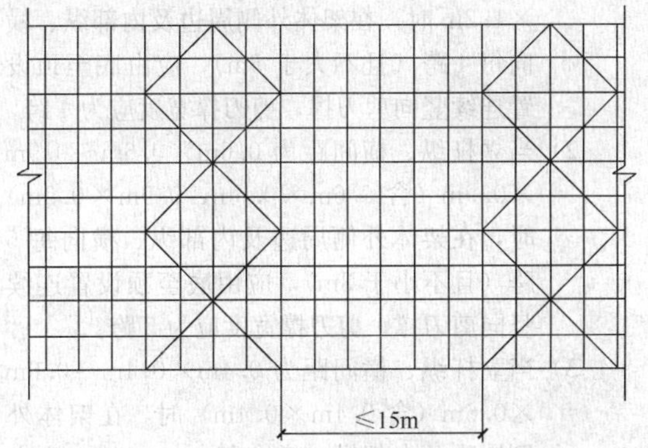

图6.6.3 高度24m以下剪刀撑布置

6.6.4 双排脚手架横向斜撑的设置应符合下列规定：

1 横向斜撑应在同一节间，由底至顶层呈之字形连续布置，斜撑的固定应符合本规范第6.5.2条第2款的规定；

2 高度在24m以下的封闭型双排脚手架可不设横向斜撑，高度在24m以上的封闭型脚手架，除拐角应设置横向斜撑外，中间应每隔6跨距设置一道。

6.6.5 开口型双排脚手架的两端均必须设置横向斜撑。

6.7 斜 道

6.7.1 人行并兼作材料运输的斜道的形式宜按下列要求确定：

1 高度不大于6m的脚手架，宜采用一字形斜道；

2 高度大于6m的脚手架，宜采用之字形斜道。

6.7.2 斜道的构造应符合下列规定：

1 斜道应附着外脚手架或建筑物设置；

2 运料斜道宽度不应小于1.5m，坡度不应大于1：6；人行斜道宽度不应小于1m，坡度不应大于1：3；

3 拐弯处应设置平台，其宽度不应小于斜道宽度；

4 斜道两侧及平台外围均应设置栏杆及挡脚板；栏杆高度应为1.2m，挡脚板高度不应小于180mm；

5 运料斜道两端、平台外围和端部均应按本规范第6.4.1条～第6.4.6条的规定设置连墙件；每两步应加设水平斜杆；应按本规范第6.6.2条～第6.6.5条的规定设置剪刀撑和横向斜撑。

6.7.3 斜道脚手板构造应符合下列规定：

1 脚手板横铺时，应在横向水平杆下增设纵向支托杆，纵向支托杆间距不应大于500mm；

2 脚手板顺铺时，接头应采用搭接，下面的板头应压住上面的板头，板头的凸棱处应采用三角木填顺；

3 人行斜道和运料斜道的脚手板上应每隔250mm～300mm设置一根防滑木条，木条厚度应为20mm～30mm。

6.8 满堂脚手架

6.8.1 常用敞开式满堂脚手架结构的设计尺寸，可按表6.8.1采用。

表6.8.1 常用敞开式满堂脚手架结构的设计尺寸

序号	步距（m）	立杆间距（m）	支架高宽比不大于	下列施工荷载时最大允许高度（m）	
				2(kN/m²)	3(kN/m²)
1	1.7～1.8	1.2×1.2	2	17	9
2		1.0×1.0	2	30	24
3		0.9×0.9	2	36	36
4	1.5	1.3×1.3	2	18	9
5		1.2×1.2	2	23	16
6		1.0×1.0	2	36	31
7		0.9×0.9	2	36	36
8	1.2	1.3×1.3	2	20	13
9		1.2×1.2	2	24	19
10		1.0×1.0	2	36	32
11		0.9×0.9	2	36	36
12	0.9	1.0×1.0	2	36	33
13		0.9×0.9	2	36	36

注：1 最少跨数应符合本规范附录C表C-1的规定；
2 脚手板自重标准值取0.35kN/m²；
3 地面粗糙度为B类，基本风压 w_0=0.35kN/m²；
4 立杆间距不小于1.2m×1.2m，施工荷载标准值不小于3kN/m²时，立杆上应增设防滑扣件，防滑扣件应安装牢固，且顶紧立杆与水平杆连接的扣件。

6.8.2 满堂脚手架搭设高度不宜超过36m；满堂脚

手架施工层不得超过1层。

6.8.3 满堂脚手架立杆的构造应符合本规范第6.3.1条~第6.3.3条的规定；立杆接长接头必须采用对接扣件连接。立杆对接扣件布置应符合本规范第6.3.6条第1款的规定。水平杆的连接应符合本规范第6.2.1条第2款的有关规定，水平杆长度不宜小于3跨。

6.8.4 满堂脚手架应在架体外侧四周及内部纵、横向每6m至8m由底至顶设置连续竖向剪刀撑。当架体搭设高度在8m以下时，应在架顶部设置连续水平剪刀撑；当架体搭设高度在8m及以上时，应在架体底部、顶部及竖向间隔不超过8m分别设置连续水平剪刀撑。水平剪刀撑宜在竖向剪刀撑斜杆相交平面设置。剪刀撑宽度应为6m~8m。

6.8.5 剪刀撑应用旋转扣件固定在与之相交的水平杆或立杆上，旋转扣件中心线至主节点的距离不宜大于150mm。

6.8.6 满堂脚手架的高宽比不宜大于3，当高宽比大于2时，应在架体的外侧四周和内部水平间隔6m~9m、竖向间隔4m~6m设置连墙件与建筑结构拉结，当无法设置连墙件时，应采取设置钢丝绳张拉固定等措施。

6.8.7 最少跨数为2、3跨的满堂脚手架，宜按本规范第6.4节的规定设置连墙件。

6.8.8 当满堂脚手架局部承受集中荷载时，应按实际荷载计算并应局部加固。

6.8.9 满堂脚手架应设爬梯，爬梯踏步间距不得大于300mm。

6.8.10 满堂脚手架操作层支撑脚手板的水平杆间距不应大于1/2跨距；脚手板的铺设应符合本规范第6.2.4条的规定。

6.9 满堂支撑架

6.9.1 满堂支撑架步距与立杆间距不宜超过本规范附录C表C-2~表C-5规定的上限值，立杆伸出顶层水平杆中心线至支撑点的长度 a 不应超过0.5m。满堂支撑架搭设高度不宜超过30m。

6.9.2 满堂支撑架立杆、水平杆的构造要求应符合本规范第6.8.3条的规定。

6.9.3 满堂支撑架应根据架体的类型设置剪刀撑，并应符合下列规定：

1 普通型：

1）在架体外侧周边及内部纵、横向每5m~8m，应由底至顶设置连续竖向剪刀撑，剪刀撑宽度应为5m~8m（图6.9.3-1）。

2）在竖向剪刀撑顶部交点平面应设置连续水平剪刀撑。当支撑高度超过8m，或施工总荷载大于15kN/m²，或集中线荷载大于20kN/m的支撑架，扫地杆的设置层应设置水平剪刀撑。水平剪刀撑至架体底平面距离与水平剪刀撑间距不宜超过8m（图6.9.3-1）。

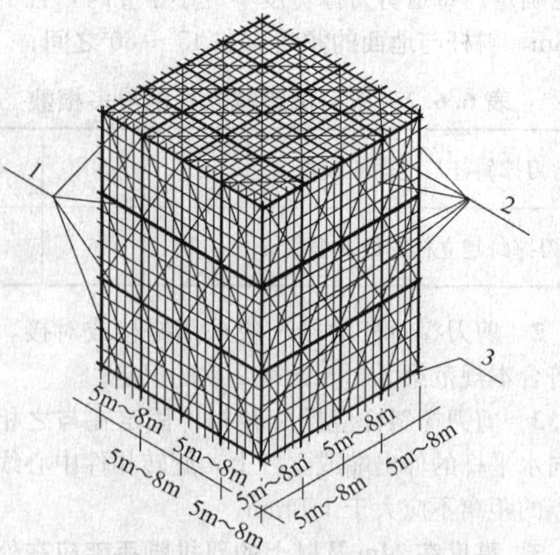

图6.9.3-1 普通型水平、竖向剪刀撑布置图
1—水平剪刀撑；2—竖向剪刀撑；
3—扫地杆设置层

2 加强型：

1）当立杆纵、横间距为0.9m×0.9m~1.2m×1.2m时，在架体外侧周边及内部纵、横向每4跨（且不大于5m），应由底至顶设置连续竖向剪刀撑，剪刀撑宽度应为4跨。

2）当立杆纵、横间距为0.6m×0.6m~0.9m×0.9m（含0.6m×0.6m，0.9m×0.9m）时，在架体外侧周边及内部纵、横向每5跨（且不小于3m），应由底至顶设置连续竖向剪刀撑，剪刀撑宽度应为5跨。

3）当立杆纵、横间距为0.4m×0.4m~0.6m×0.6m（含0.4m×0.4m）时，在架体外侧周边及内部纵、横向每3m~3.2m应由底至顶设置连续竖向剪刀撑，剪刀撑宽度应为3m~3.2m 。

4）在竖向剪刀撑顶部交点平面应设置水平剪刀撑，扫地杆的设置层水平剪刀撑的设置应符合6.9.3条第1款第2项的规定，水平剪刀撑至架体底平面距离与水平剪刀撑间距不宜超过6m，剪刀撑宽度应为3m~5m（图6.9.3-2）。

6.9.4 竖向剪刀撑斜杆与地面的倾角应为45°~60°，水平剪刀撑与支架纵（或横）向夹角应为45°~60°，剪刀撑斜杆的接长应符合本规范第6.3.6条的规定。

6.9.5 剪刀撑的固定应符合本规范第6.8.5条的规定。

6.9.6 满堂支撑架的可调底座、可调托撑螺杆伸出长度不宜超过300mm，插入立杆内的长度不得小于150mm。

6.9.7 当满堂支撑架高宽比不满足本规范附录C表

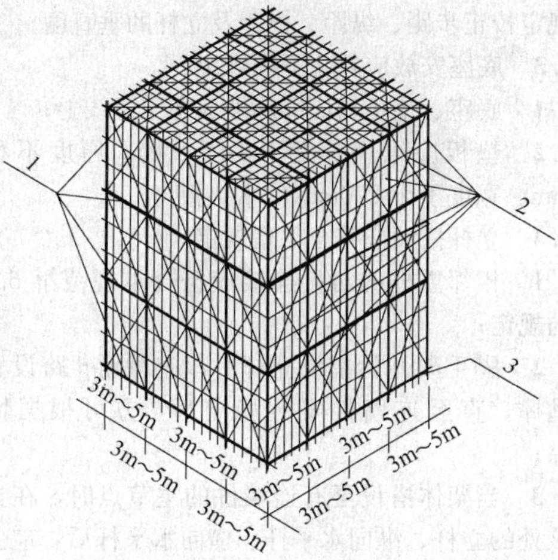

图 6.9.3-2　加强型水平、竖向剪刀撑构造布置图

1—水平剪刀撑；2—竖向剪刀撑；3—扫地杆设置层

C-2～表 C-5 的规定（高宽比大于 2 或 2.5）时，满堂支撑架应在支架的四周和中部与结构柱进行刚性连接，连墙件水平间距应为 6m～9m，竖向间距应为 2m～3m。在无结构柱部位应采取预埋钢管等措施与建筑结构进行刚性连接，在有空间部位，满堂支撑架宜超出顶部加载区投影范围向外延伸布置（2～3）跨。支撑架高宽比不应大于 3。

6.10　型钢悬挑脚手架

6.10.1　一次悬挑脚手架高度不宜超过 20m。

6.10.2　型钢悬挑梁宜采用双轴对称截面的型钢。悬挑钢梁型号及锚固件应按设计确定，钢梁截面高度不应小于 160mm。悬挑梁尾端应在两处及以上固定于钢筋混凝土梁板结构上。锚固型钢悬挑梁的 U 形钢筋拉环或锚固螺栓直径不宜小于 16mm（图 6.10.2）。

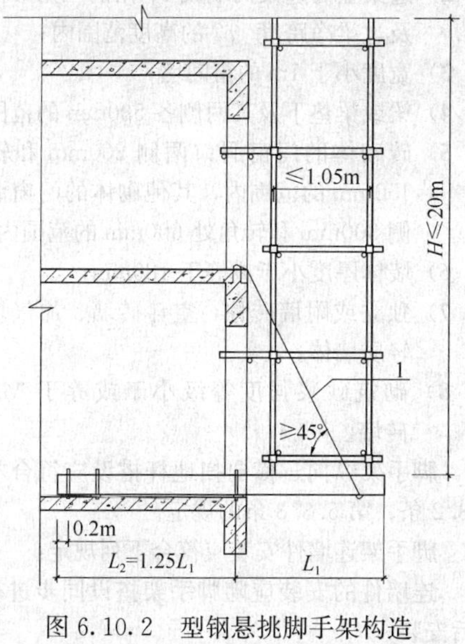

图 6.10.2　型钢悬挑脚手架构造

1—钢丝绳或钢拉杆

6.10.3　用于锚固的 U 形钢筋拉环或螺栓应采用冷弯成型。U 形钢筋拉环、锚固螺栓与型钢间隙应用钢楔或硬木楔楔紧。

6.10.4　每个型钢悬挑梁外端宜设置钢丝绳或钢拉杆与上一层建筑结构斜拉结。钢丝绳、钢拉杆不参与悬挑钢梁受力计算；钢丝绳与建筑结构拉结的吊环应使用 HPB235 级钢筋，其直径不宜小于 20mm，吊环预埋锚固长度应符合现行国家标准《混凝土结构设计规范》GB 50010 中钢筋锚固的规定（图 6.10.2）。

6.10.5　悬挑钢梁悬挑长度应按设计确定，固定段长度不应小于悬挑段长度的 1.25 倍。型钢悬挑梁固定端应采用 2 个（对）及以上 U 形钢筋拉环或锚固螺栓与建筑结构梁板固定，U 形钢筋拉环或锚固螺栓应预埋至混凝土梁、板底层钢筋位置，并应与混凝土梁、板底层钢筋焊接或绑扎牢固，其锚固长度应符合现行国家标准《混凝土结构设计规范》GB 50010 中钢筋锚固的规定（图 6.10.5-1、图 6.10.5-2、图 6.10.5-3）。

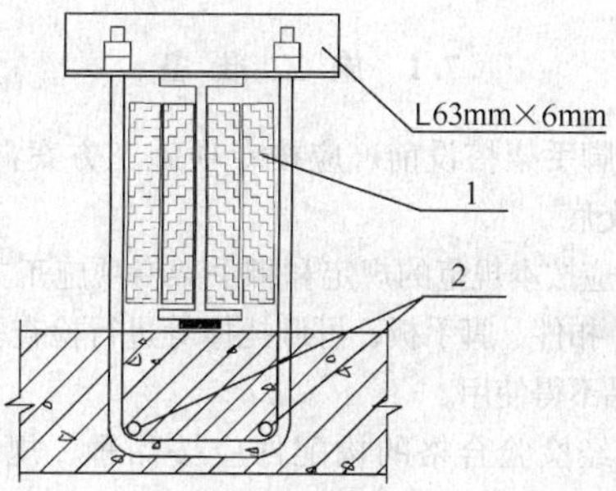

图 6.10.5-1　悬挑钢梁 U 形螺栓固定构造

1—木楔侧向楔紧；2—两根 1.5m 长直径 18mm 的 HRB335 钢筋

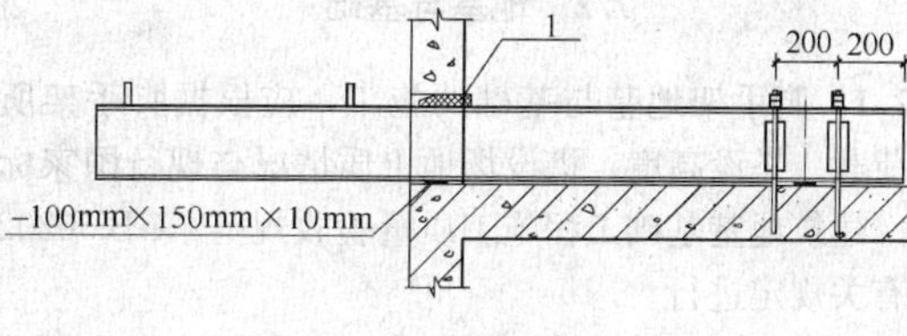

图 6.10.5-2　悬挑钢梁穿墙构造

1—木楔楔紧

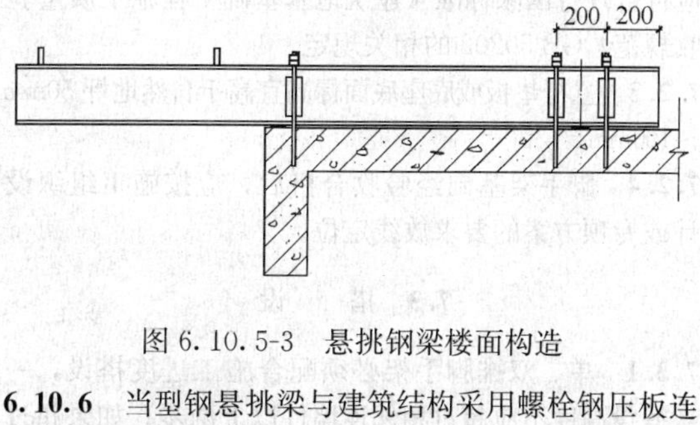

图 6.10.5-3　悬挑钢梁楼面构造

6.10.6　当型钢悬挑梁与建筑结构采用螺栓钢压板连接固定时，钢压板尺寸不应小于 100mm×10mm（宽×厚）；当采用螺栓角钢压板连接时，角钢的规格不应小于 63mm×63mm×6mm。

6.10.7 型钢悬挑梁悬挑端应设置能使脚手架立杆与钢梁可靠固定的定位点，定位点离悬挑梁端部不应小于100mm。

6.10.8 锚固位置设置在楼板上时，楼板的厚度不宜小于120mm。如果楼板的厚度小于120mm应采取加固措施。

6.10.9 悬挑梁间距应按悬挑架架体立杆纵距设置，每一纵距设置一根。

6.10.10 悬挑架的外立面剪刀撑应自下而上连续设置。剪刀撑设置应符合本规范第6.6.2条的规定，横向斜撑设置应符合规范第6.6.5条的规定。

6.10.11 连墙件设置应符合本规范第6.4节的规定。

6.10.12 锚固型钢的主体结构混凝土强度等级不得低于C20。

7 施 工

7.1 施工准备

7.1.1 脚手架搭设前，应按专项施工方案向施工人员进行交底。

7.1.2 应按本规范的规定和脚手架专项施工方案要求对钢管、扣件、脚手板、可调托撑等进行检查验收，不合格产品不得使用。

7.1.3 经检验合格的构配件应按品种、规格分类，堆放整齐、平稳，堆放场地不得有积水。

7.1.4 应清除搭设场地杂物，平整搭设场地，并应使排水畅通。

7.2 地基与基础

7.2.1 脚手架地基与基础的施工，应根据脚手架所受荷载、搭设高度、搭设场地土质情况与现行国家标准《建筑地基基础工程施工质量验收规范》GB 50202的有关规定进行。

7.2.2 压实填土地基应符合现行国家标准《建筑地基基础设计规范》GB 50007的相关规定；灰土地基应符合现行国家标准《建筑地基基础工程施工质量验收规范》GB 50202的相关规定。

7.2.3 立杆垫板或底座底面标高宜高于自然地坪50mm～100mm。

7.2.4 脚手架基础经验收合格后，应按施工组织设计或专项方案的要求放线定位。

7.3 搭 设

7.3.1 单、双排脚手架必须配合施工进度搭设，一次搭设高度不应超过相邻连墙件以上两步；如果超过相邻连墙件以上两步，无法设置连墙件时，应采取撑拉固定等措施与建筑结构拉结。

7.3.2 每搭完一步脚手架后，应按本规范表8.2.4的规定校正步距、纵距、横距及立杆的垂直度。

7.3.3 底座安放应符合下列规定：

1 底座、垫板均应准确地放在定位线上；

2 垫板应采用长度不少于2跨、厚度不小于50mm、宽度不小200mm的木垫板。

7.3.4 立杆搭设应符合下列规定：

1 相邻立杆的对接连接应符合本规范第6.3.6条的规定；

2 脚手架开始搭设立杆时，应每隔6跨设置一根抛撑，直至连墙件安装稳定后，方可根据情况拆除；

3 当架体搭设至有连墙件的主节点时，在搭设完该处的立杆、纵向水平杆、横向水平杆后，应立即设置连墙件。

7.3.5 脚手架纵向水平杆的搭设应符合下列规定：

1 脚手架纵向水平杆应随立杆按步搭设，并应采用直角扣件与立杆固定；

2 纵向水平杆的搭设应符合本规范第6.2.1条的规定；

3 在封闭型脚手架的同一步中，纵向水平杆应四周交圈设置，并应用直角扣件与内外角部立杆固定。

7.3.6 脚手架横向水平杆搭设应符合下列规定：

1 搭设横向水平杆应符合本规范第6.2.2条的规定；

2 双排脚手架横向水平杆的靠墙一端至墙装饰面的距离不应大于100mm；

3 单排脚手架的横向水平杆不应设置在下列部位：

1）设计上不允许留脚手眼的部位；

2）过梁上与过梁两端成60°角的三角形范围内及过梁净跨度1/2的高度范围内；

3）宽度小于1m的窗间墙；

4）梁或梁垫下及其两侧各500mm的范围内；

5）砖砌体的门窗洞口两侧200mm和转角处450mm的范围内，其他砌体的门窗洞口两侧300mm和转角处600mm的范围内；

6）墙体厚度小于或等于180mm；

7）独立或附墙砖柱，空斗砖墙、加气块墙等轻质墙体；

8）砌筑砂浆强度等级小于或等于M2.5的砖墙。

7.3.7 脚手架纵向、横向扫地杆搭设应符合本规范第6.3.2条、第6.3.3条的规定。

7.3.8 脚手架连墙件安装应符合下列规定：

1 连墙件的安装应随脚手架搭设同步进行，不得滞后安装；

2 当单、双排脚手架施工操作层高出相邻连墙件以上两步时，应采取确保脚手架稳定的临时拉结措施，直到上一层连墙件安装完毕后再根据情况拆除。

7.3.9 脚手架剪刀撑与双排脚手架横向斜撑应随立杆、纵向和横向水平杆等同步搭设，不得滞后安装。

7.3.10 脚手架门洞搭设应符合本规范第6.5节的规定。

7.3.11 扣件安装应符合下列规定：

1 扣件规格应与钢管外径相同；

2 螺栓拧紧扭力矩不应小于40N·m，且不应大于65N·m；

3 在主节点处固定横向水平杆、纵向水平杆、剪刀撑、横向斜撑等用的直角扣件、旋转扣件的中心点的相互距离不应大于150mm；

4 对接扣件开口应朝上或朝内；

5 各杆件端头伸出扣件盖板边缘的长度不应小于100mm。

7.3.12 作业层、斜道的栏杆和挡脚板的搭设应符合下列规定（图7.3.12）：

1 栏杆和挡脚板均应搭设在外立杆的内侧；

2 上栏杆上皮高度应为1.2m；

3 挡脚板高度不应小于180mm；

4 中栏杆应居中设置。

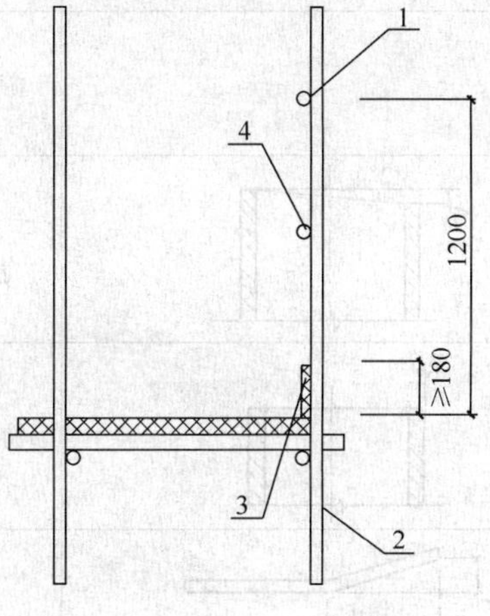

图7.3.12 栏杆与挡脚板构造

1—上栏杆；2—外立杆；3—挡脚板；4—中栏杆

7.3.13 脚手板的铺设应符合下列规定：

1 脚手板应铺满、铺稳，离墙面的距离不应大于150mm；

2 采用对接或搭接时均应符合本规范第6.2.4条的规定；脚手板探头应用直径3.2mm的镀锌钢丝固定在支承杆件上；

3 在拐角、斜道平台口处的脚手板，应用镀锌钢丝固定在横向水平杆上，防止滑动。

7.4 拆 除

7.4.1 脚手架拆除应按专项方案施工，拆除前应做好下列准备工作：

1 应全面检查脚手架的扣件连接、连墙件、支撑体系等是否符合构造要求；

2 应根据检查结果补充完善脚手架专项方案中的拆除顺序和措施，经审批后方可实施；

3 拆除前应对施工人员进行交底；

4 应清除脚手架上杂物及地面障碍物。

7.4.2 单、双排脚手架拆除作业必须由上而下逐层进行，严禁上下同时作业；连墙件必须随脚手架逐层拆除，严禁先将连墙件整层或数层拆除后再拆脚手架；分段拆除高差大于两步时，应增设连墙件加固。

7.4.3 当脚手架拆至下部最后一根长立杆的高度（约6.5m）时，应先在适当位置搭设临时抛撑加固后，再拆除连墙件。当单、双排脚手架采取分段、分立面拆除时，对不拆除的脚手架两端，应先按本规范第6.4.4条、第6.6.4条、第6.6.5条的有关规定设置连墙件和横向斜撑加固。

7.4.4 架体拆除作业应设专人指挥，当有多人同时操作时，应明确分工、统一行动，且应具有足够的操作面。

7.4.5 卸料时各构配件严禁抛掷至地面。

7.4.6 运至地面的构配件应按本规范的规定及时检查、整修与保养，并应按品种、规格分别存放。

8 检查与验收

8.1 构配件检查与验收

8.1.1 新钢管的检查应符合下列规定：

1 应有产品质量合格证；

2 应有质量检验报告，钢管材质检验方法应符合现行国家标准《金属材料 室温拉伸试验方法》GB/T 228的有关规定，其质量应符合本规范第3.1.1条的规定；

3 钢管表面应平直光滑，不应有裂缝、结疤、分层、错位、硬弯、毛刺、压痕和深的划道；

4 钢管外径、壁厚、端面等的偏差，应分别符合本规范表8.1.8的规定；

5 钢管应涂有防锈漆。

8.1.2 旧钢管的检查应符合下列规定：

1 表面锈蚀深度应符合本规范表8.1.8序号3的规定。锈蚀检查应每年一次。检查时，应在锈蚀严重的钢管中抽取三根，在每根锈蚀严重的部位横向截断取样检查，当锈蚀深度超过规定值时不得使用。

2 钢管弯曲变形应符合本规范表8.1.8序号4的规定。

8.1.3 扣件验收应符合下列规定：

1 扣件应有生产许可证、法定检测单位的测试报告和产品质量合格证。当对扣件质量有怀疑时，应按现行国家标准《钢管脚手架扣件》GB 15831的规定抽样检测。

2　新、旧扣件均应进行防锈处理。

3　扣件的技术要求应符合现行国家标准《钢管脚手架扣件》GB 15831 的相关规定。

8.1.4　扣件进入施工现场应检查产品合格证，并应进行抽样复试，技术性能应符合现行国家标准《钢管脚手架扣件》GB 15831的规定。扣件在使用前应逐个挑选，有裂缝、变形、螺栓出现滑丝的严禁使用。

8.1.5　脚手板的检查应符合下列规定：

1　冲压钢脚手板的检查应符合下列规定：

1）新脚手板应有产品质量合格证；

2）尺寸偏差应符合本规范表 8.1.8 序号 5 的规定，且不得有裂纹、开焊与硬弯；

3）新、旧脚手板均应涂防锈漆；

4）应有防滑措施。

2　木脚手板、竹脚手板的检查应符合下列规定：

1）木脚手板质量应符合本规范第 3.3.3 条的规定，宽度、厚度允许偏差应符合现行国家标准《木结构工程施工质量验收规范》GB 50206 的规定；不得使用扭曲变形、劈裂、腐朽的脚手板；

2）竹笆脚手板、竹串片脚手板的材料应符合本规范第 3.3.4 条的规定。

8.1.6　悬挑脚手架用型钢的质量应符合本规范第 3.5.1 条的规定，并应符合现行国家标准《钢结构工程施工质量验收规范》GB 50205 的有关规定。

8.1.7　可调托撑的检查应符合下列规定：

1　应有产品质量合格证，其质量应符合本规范第 3.4 节的规定；

2　应有质量检验报告，可调托撑抗压承载力应符合本规范第 5.1.7 条的规定；

3　可调托撑支托板厚不应小于 5mm，变形不应大于 1mm；

4　严禁使用有裂缝的支托板、螺母。

8.1.8　构配件允许偏差应符合表 8.1.8 的规定。

表 8.1.8　构配件允许偏差

序号	项目	允许偏差 Δ (mm)	示意图	检查工具
1	焊接钢管尺寸（mm） 外径 48.3 壁厚 3.6	 ±0.5 ±0.36		游标卡尺
2	钢管两端面切斜偏差	1.70	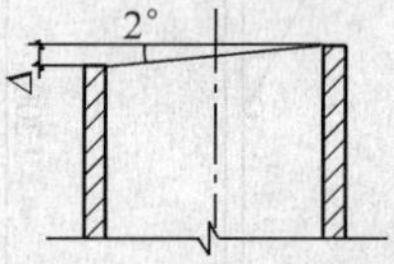	塞尺、 拐角尺
3	钢管外表面锈蚀深度	≤0.18	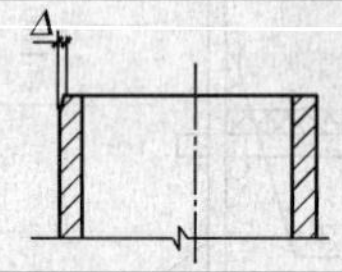	游标卡尺
4	钢管弯曲 ①各种杆件钢管的端部弯曲 $l \leqslant 1.5$m	≤5	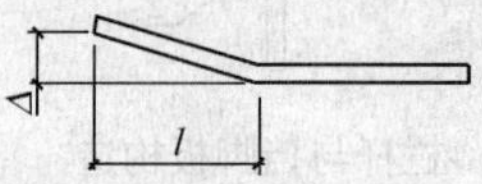	钢板尺
	②立杆钢管弯曲 3m＜$l \leqslant$4m 4m＜$l \leqslant$6.5m	 ≤12 ≤20	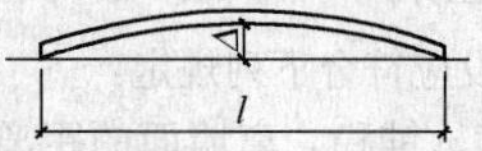	
	③水平杆、斜杆的钢管弯曲 $l \leqslant 6.5$m	≤30		
5	冲压钢脚手板 ①板面挠曲 $l \leqslant$4m l＞4m	 ≤12 ≤16		钢板尺
	②板面扭曲 （任一角翘起）	≤5		
6	可调托撑支托板变形	1.0	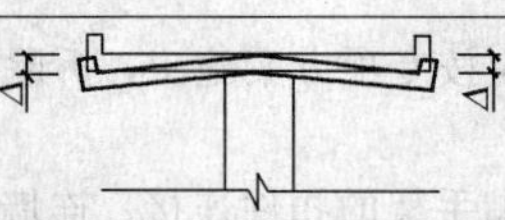	钢板尺、 塞尺

8.2 脚手架检查与验收

8.2.1 脚手架及其地基基础应在下列阶段进行检查与验收：

1 基础完工后及脚手架搭设前；

2 作业层上施加荷载前；

3 每搭设完 6m～8m 高度后；

4 达到设计高度后；

5 遇有六级强风及以上风或大雨后，冻结地区解冻后；

6 停用超过一个月。

8.2.2 应根据下列技术文件进行脚手架检查、验收：

1 本规范第 8.2.3 条～第 8.2.5 条的规定；

2 专项施工方案及变更文件；

3 技术交底文件；

4 构配件质量检查表（本规范附录 D 表 D）。

8.2.3 脚手架使用中，应定期检查下列要求内容：

1 杆件的设置和连接，连墙件、支撑、门洞桁架等的构造应符合本规范和专项施工方案的要求；

2 地基应无积水，底座应无松动，立杆应无悬空；

3 扣件螺栓应无松动；

4 高度在 24m 以上的双排、满堂脚手架，其立杆的沉降与垂直度的偏差应符合本规范表 8.2.4 项次 1、2 的规定；高度在 20m 以上的满堂支撑架，其立杆的沉降与垂直度的偏差应符合本规范表 8.2.4 项次 1、3 的规定；

5 安全防护措施应符合本规范要求；

6 应无超载使用。

8.2.4 脚手架搭设的技术要求、允许偏差与检验方法，应符合表 8.2.4 的规定。

表 8.2.4 脚手架搭设的技术要求、允许偏差与检验方法

<table>
<tr><th>项次</th><th colspan="2">项　目</th><th>技术要求</th><th>允许偏差
Δ
（mm）</th><th>示意图</th><th>检查方法
与工具</th></tr>
<tr><td rowspan="5">1</td><td rowspan="5">地基
基础</td><td>表面</td><td>坚实平整</td><td rowspan="4">—</td><td rowspan="5">—</td><td rowspan="5">观察</td></tr>
<tr><td>排水</td><td>不积水</td></tr>
<tr><td>垫板</td><td>不晃动</td></tr>
<tr><td rowspan="2">底座</td><td>不滑动</td></tr>
<tr><td>不沉降</td><td>−10</td></tr>
<tr><td rowspan="12">2</td><td rowspan="12">单、双排与满堂脚手架立杆垂直度</td><td>最后验收立杆垂直度（20～50）m</td><td>—</td><td>±100</td><td>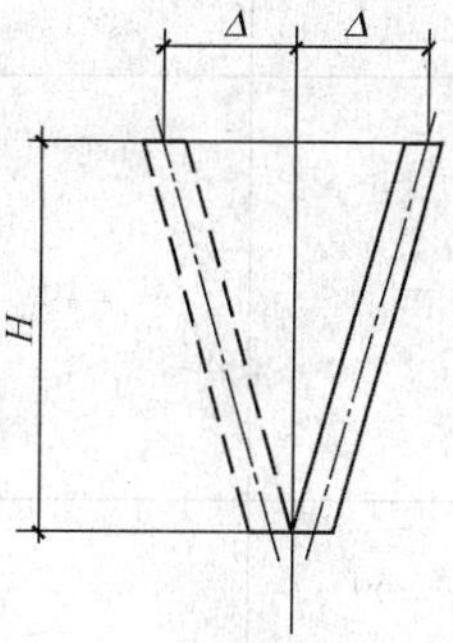</td><td rowspan="12">用经纬仪
或吊线
和卷尺</td></tr>
<tr><td colspan="4">下列脚手架允许水平偏差（mm）</td></tr>
<tr><td rowspan="2">搭设中检查偏差的高度（m）</td><td colspan="3">总高度</td></tr>
<tr><td>50m</td><td>40m</td><td>20m</td></tr>
<tr><td>H=2</td><td>±7</td><td>±7</td><td>±7</td></tr>
<tr><td>H=10</td><td>±20</td><td>±25</td><td>±50</td></tr>
<tr><td>H=20</td><td>±40</td><td>±50</td><td>±100</td></tr>
<tr><td>H=30</td><td>±60</td><td>±75</td><td></td></tr>
<tr><td>H=40</td><td>±80</td><td>±100</td><td></td></tr>
<tr><td>H=50</td><td>±100</td><td></td><td></td></tr>
<tr><td colspan="4">中间档次用插入法</td></tr>
</table>

续表 8.2.4

项次	项目		技术要求	允许偏差 Δ (mm)	示意图	检查方法与工具
3	满堂支撑架立杆垂直度	最后验收垂直度 30m	—	±90		用经纬仪或吊线和卷尺
		下列满堂支撑架允许水平偏差（mm）				
		搭设中检查偏差的高度（m）	总高度 30m			
		$H=2$ $H=10$ $H=20$ $H=30$	±7 ±30 ±60 ±90			
		中间档次用插入法				
4	单双排、满堂脚手架间距	步距 纵距 横距	— — —	±20 ±50 ±20	—	钢板尺
5	满堂支撑架间距	步距 立杆间距	— —	±20 ±30	—	钢板尺
6	纵向水平杆高差	一根杆的两端	—	±20	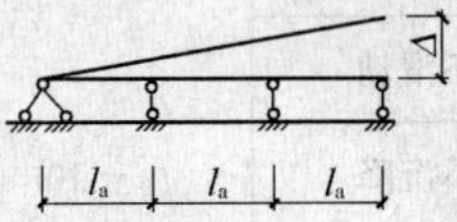	水平仪或水平尺
		同跨内两根纵向水平杆高差	—	±10	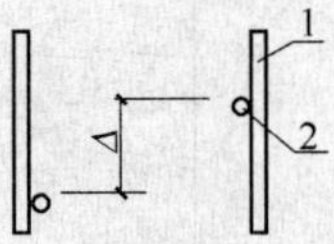	
7	剪刀撑斜杆与地面的倾角		45°～60°	—		角尺
8	脚手板外伸长度	对接	$a=$ (130～150)mm $l\leqslant300$mm	—	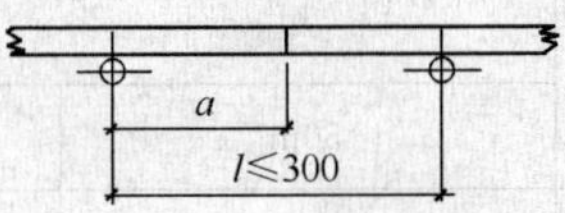	卷尺
		搭接	$a\geqslant100$mm $l\geqslant200$mm	—	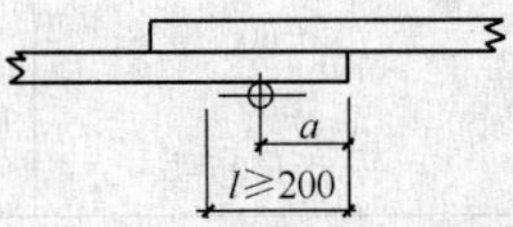	卷尺

续表 8.2.4

项次	项目		技术要求	允许偏差 Δ (mm)	示意图	检查方法与工具
9	扣件安装	主节点处各扣件中心点相互距离	$a \leqslant 150$mm	—	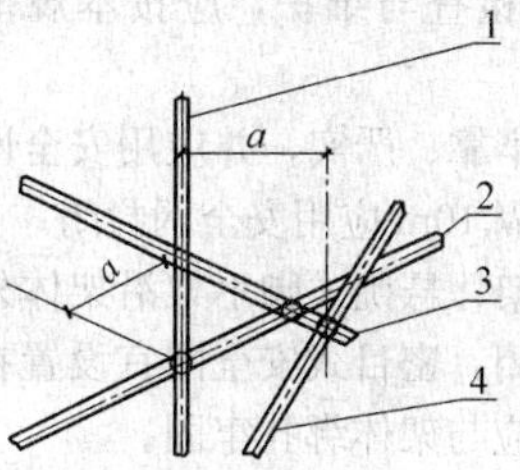	钢板尺
		同步立杆上两个相隔对接扣件的高差	$a \geqslant 500$mm	—	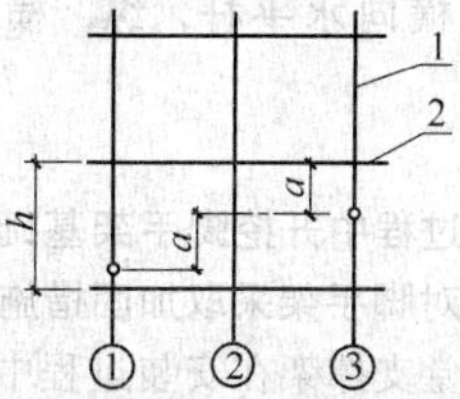	钢卷尺
		立杆上的对接扣件至主节点的距离	$a \leqslant h/3$			
		纵向水平杆上的对接扣件至主节点的距离	$a \leqslant l_a/3$	—	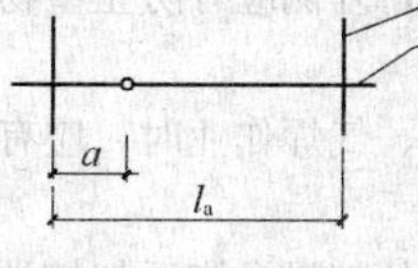	钢卷尺
		扣件螺栓拧紧扭力矩	(40～65) N·m	—	—	扭力扳手

注：图中1—立杆；2—纵向水平杆；3—横向水平杆；4—剪刀撑。

8.2.5 安装后的扣件螺栓拧紧扭力矩应采用扭力扳手检查，抽样方法应按随机分布原则进行。抽样检查数目与质量判定标准，应按表 8.2.5 的规定确定。不合格的应重新拧紧至合格。

表 8.2.5 扣件拧紧抽样检查数目及质量判定标准

项次	检查项目	安装扣件数量（个）	抽检数量（个）	允许的不合格数量（个）
1	连接立杆与纵（横）向水平杆或剪刀撑的扣件；接长立杆、纵向水平杆或剪刀撑的扣件	51～90	5	0
		91～150	8	1
		151～280	13	1
		281～500	20	2
		501～1200	32	3
		1201～3200	50	5
2	连接横向水平杆与纵向水平杆的扣件（非主节点处）	51～90	5	1
		91～150	8	2
		151～280	13	3
		281～500	20	5
		501～1200	32	7
		1201～3200	50	10

9 安全管理

9.0.1 扣件式钢管脚手架安装与拆除人员必须是经考核合格的专业架子工。架子工应持证上岗。

9.0.2 搭拆脚手架人员必须戴安全帽、系安全带、穿防滑鞋。

9.0.3 脚手架的构配件质量与搭设质量，应按本规范第 8 章的规定进行检查验收，并应确认合格后使用。

9.0.4 钢管上严禁打孔。

9.0.5 作业层上的施工荷载应符合设计要求，不得超载。不得将模板支架、缆风绳、泵送混凝土和砂浆的输送管等固定在架体上；严禁悬挂起重设备，严禁拆除或移动架体上安全防护设施。

9.0.6 满堂支撑架在使用过程中，应设有专人监护施工，当出现异常情况时，应立即停止施工，并应迅速撤离作业面上人员。应在采取确保安全的措施后，查明原因、做出判断和处理。

9.0.7 满堂支撑架顶部的实际荷载不得超过设计规定。

9.0.8 当有六级强风及以上风、浓雾、雨或雪天气时应停止脚手架搭设与拆除作业。雨、雪后上架作业应有防滑措施，并应扫除积雪。

9.0.9 夜间不宜进行脚手架搭设与拆除作业。

9.0.10 脚手架的安全检查与维护，应按本规范第8.2节的规定进行。

9.0.11 脚手板应铺设牢靠、严实，并应用安全网双层兜底。施工层以下每隔10m应用安全网封闭。

9.0.12 单、双排脚手架、悬挑式脚手架沿架体外围应用密目式安全网全封闭，密目式安全网宜设置在脚手架外立杆的内侧，并应与架体绑扎牢固。

9.0.13 在脚手架使用期间，严禁拆除下列杆件：

1 主节点处的纵、横向水平杆，纵、横向扫地杆；

2 连墙件。

9.0.14 当在脚手架使用过程中开挖脚手架基础下的设备基础或管沟时，必须对脚手架采取加固措施。

9.0.15 满堂脚手架与满堂支撑架在安装过程中，应采取防倾覆的临时固定措施。

9.0.16 临街搭设脚手架时，外侧应有防止坠物伤人的防护措施。

9.0.17 在脚手架上进行电、气焊作业时，应有防火措施和专人看守。

9.0.18 工地临时用电线路的架设及脚手架接地、避雷措施等，应按现行行业标准《施工现场临时用电安全技术规范》JGJ 46的有关规定执行。

9.0.19 搭拆脚手架时，地面应设围栏和警戒标志，并应派专人看守，严禁非操作人员入内。

附录A 计 算 用 表

A.0.1 单、双排脚手架立杆承受的每米结构自重标准值，可按表A.0.1的规定取用。

表A.0.1 单、双排脚手架立杆承受的每米结构自重标准值 g_k（kN/m）

步距 (m)	脚手架类型	纵距 (m) 1.2	1.5	1.8	2.0	2.1
1.20	单排	0.1642	0.1793	0.1945	0.2046	0.2097
	双排	0.1538	0.1667	0.1796	0.1882	0.1925
1.35	单排	0.1530	0.1670	0.1809	0.1903	0.1949
	双排	0.1426	0.1543	0.1660	0.1739	0.1778
1.50	单排	0.1440	0.1570	0.1701	0.1788	0.1831
	双排	0.1336	0.1444	0.1552	0.1624	0.1660
1.80	单排	0.1305	0.1422	0.1538	0.1615	0.1654
	双排	0.1202	0.1295	0.1389	0.1451	0.1482
2.00	单排	0.1238	0.1347	0.1456	0.1529	0.1565
	双排	0.1134	0.1221	0.1307	0.1365	0.1394

注：ϕ48.3×3.6钢管，扣件自重按本规范附录A表A.0.4采用。表内中间值可按线性插入计算。

A.0.2 满堂脚手架立杆承受的每米结构自重标准值，宜按表A.0.2取用。

表A.0.2 满堂脚手架立杆承受的每米结构自重标准值 g_k（kN/m）

步距 h (m)	横距 l_b (m)	纵距 l_a (m) 0.60	0.9	1.0	1.2	1.3	1.35	1.5
0.60	0.4	0.1820	0.2086	0.2176	0.2353	0.2443	0.2487	0.2620
	0.6	0.2002	0.2273	0.2362	0.2543	0.2633	0.2678	0.2813
0.90	0.6	0.1563	0.1759	0.1825	0.1955	0.2020	0.2053	0.2151
	0.9	0.1762	0.1961	0.2027	0.2160	0.2226	0.2260	0.2359
	1.0	0.1828	0.2028	0.2095	0.2226	0.2295	0.2328	0.2429
	1.2	0.1960	0.2162	0.2230	0.2365	0.2432	0.2466	0.2567
1.05	0.9	0.1615	0.1792	0.1851	0.1970	0.2029	0.2059	0.2148
1.20	0.6	0.1344	0.1503	0.1556	0.1662	0.1715	0.1742	0.1821
	0.9	0.1505	0.1666	0.1719	0.1827	0.1882	0.1908	0.1988
	1.0	0.1558	0.1720	0.1775	0.1883	0.1937	0.1964	0.2045
	1.2	0.1665	0.1829	0.1883	0.1993	0.2048	0.2075	0.2156
	1.3	0.1719	0.1883	0.1939	0.2049	0.2103	0.2130	0.2213
1.35	0.9	0.1419	0.1568	0.1617	0.1717	0.1766	0.1791	0.1865
1.50	0.9	0.1350	0.1489	0.1535	0.1628	0.1674	0.1697	0.1766
	1.0	0.1396	0.1536	0.1583	0.1675	0.1721	0.1745	0.1815
	1.2	0.1488	0.1629	0.1676	0.1770	0.1817	0.1840	0.1911
	1.3	0.1535	0.1676	0.1723	0.1817	0.1864	0.1887	0.1958
1.60	0.9	0.1312	0.1445	0.1489	0.1578	0.1622	0.1645	0.1711
	1.0	0.1356	0.1489	0.1534	0.1623	0.1668	0.1690	0.1757
	1.2	0.1445	0.1580	0.1624	0.1714	0.1759	0.1782	0.1849
1.80	0.9	0.1248	0.1371	0.1413	0.1495	0.1536	0.1556	0.1618
	1.0	0.1288	0.1413	0.1454	0.1537	0.1579	0.1599	0.1661
	1.2	0.1371	0.1496	0.1538	0.1621	0.1663	0.1683	0.1747

注：同表A.0.1注。

A.0.3 满堂支撑架立杆承受的每米结构自重标准值，宜按表A.0.3取用。

表A.0.3 满堂支撑架立杆承受的每米结构自重标准值 g_k（kN/m）

步距 h (m)	横距 l_b (m)	纵距 l_a (m) 0.4	0.6	0.75	0.9	1.0	1.2	1.35	1.5
0.60	0.4	0.1691	0.1875	0.2012	0.2149	0.2241	0.2424	0.2562	0.2699
	0.6	0.1877	0.2062	0.2201	0.2341	0.2433	0.2619	0.2758	0.2897
	0.75	0.2016	0.2203	0.2344	0.2484	0.2577	0.2765	0.2905	0.3045
	0.9	0.2155	0.2344	0.2486	0.2627	0.2722	0.2910	0.3052	0.3194
	1.0	0.2248	0.2438	0.2580	0.2723	0.2818	0.3008	0.3150	0.3292
	1.2	0.2434	0.2626	0.2770	0.2914	0.3010	0.3202	0.3346	0.3490

续表 A.0.3

步距h (m)	横距l_b (m)	纵距l_a (m) 0.4	0.6	0.75	0.9	1.0	1.2	1.35	1.5
0.75	0.6	0.1636	0.1791	0.1907	0.2024	0.2101	0.2256	0.2372	0.2488
0.90	0.4	0.1341	0.1474	0.1574	0.1674	0.1740	0.1874	0.1973	0.2073
	0.6	0.1476	0.1610	0.1711	0.1812	0.1880	0.2014	0.2115	0.2216
	0.75	0.1577	0.1712	0.1814	0.1916	0.1984	0.2120	0.2221	0.2323
	0.9	0.1678	0.1815	0.1917	0.2020	0.2088	0.2225	0.2328	0.2430
	1.0	0.1745	0.1883	0.1986	0.2089	0.2158	0.2295	0.2398	0.2502
	1.2	0.1880	0.2019	0.2123	0.2227	0.2297	0.2436	0.2540	0.2644
1.05	0.9	0.1541	0.1663	0.1755	0.1846	0.1907	0.2029	0.2121	0.2212
1.20	0.4	0.1166	0.1274	0.1355	0.1436	0.1490	0.1598	0.1679	0.1760
	0.6	0.1275	0.1384	0.1466	0.1548	0.1603	0.1712	0.1794	0.1876
	0.75	0.1357	0.1467	0.1550	0.1632	0.1687	0.1797	0.1880	0.1962
	0.9	0.1439	0.1550	0.1633	0.1716	0.1771	0.1882	0.1965	0.2048
	1.0	0.1494	0.1605	0.1689	0.1772	0.1828	0.1939	0.2023	0.2106
	1.2	0.1603	0.1715	0.1800	0.1884	0.1940	0.2053	0.2137	0.2221
1.35	0.9	0.1359	0.1462	0.1538	0.1615	0.1666	0.1768	0.1845	0.1921
1.50	0.4	0.1061	0.1154	0.1224	0.1293	0.1340	0.1433	0.1503	0.1572
	0.6	0.1155	0.1249	0.1319	0.1390	0.1436	0.1530	0.1601	0.1671
	0.75	0.1225	0.1320	0.1391	0.1462	0.1509	0.1604	0.1674	0.1745
	0.9	0.1296	0.1391	0.1462	0.1534	0.1581	0.1677	0.1748	0.1819
	1.0	0.1343	0.1438	0.1510	0.1582	0.1630	0.1725	0.1797	0.1869
	1.2	0.1437	0.1533	0.1606	0.1678	0.1726	0.1823	0.1895	0.1968
	1.35	0.1507	0.1604	0.1677	0.1750	0.1799	0.1896	0.1969	0.2042
1.80	0.4	0.0991	0.1074	0.1136	0.1198	0.1240	0.1323	0.1385	0.1447
	0.6	0.1075	0.1158	0.1221	0.1284	0.1326	0.1409	0.1472	0.1535
	0.75	0.1137	0.1222	0.1285	0.1348	0.1390	0.1475	0.1538	0.1601
	0.9	0.1200	0.1285	0.1349	0.1412	0.1455	0.1540	0.1603	0.1667
	1.0	0.1242	0.1327	0.1391	0.1455	0.1498	0.1583	0.1647	0.1711
	1.2	0.1326	0.1412	0.1476	0.1541	0.1584	0.1670	0.1734	0.1799
	1.35	0.1389	0.1475	0.1540	0.1605	0.1648	0.1735	0.1800	0.1864
	1.5	0.1452	0.1539	0.1604	0.1669	0.1713	0.1800	0.1865	0.1930

注：同表A.0.1注。

A.0.4 常用构配件与材料、人员的自重，可按表A.0.4取用。

表 A.0.4 常用构配件与材料、人员的自重

名　称	单位	自重	备注
扣件：直角扣件	N/个	13.2	—
旋转扣件		14.6	
对接扣件		18.4	
人	N	800～850	—
灰浆车、砖车	kN/辆	2.04～2.50	—

续 A.0.4

名　称	单位	自重	备注
普通砖 240mm×115mm×53mm	kN/m³	18～19	684块/m³，湿
灰砂砖	kN/m³	18	砂：石灰=92：8
瓷面砖 150mm×150mm×8mm	kN/m³	17.8	5556块/m³
陶瓷马赛克 δ=5mm	kN/m³	0.12	—
石灰砂浆、混合砂浆	kN/m³	17	—
水泥砂浆	kN/m³	20	—
素混凝土	kN/m³	22～24	—
加气混凝土	kN/块	5.5～7.5	—
泡沫混凝土	kN/m³	4～6	—

A.0.5 敞开式单排、双排、满堂脚手架与满堂支撑架的挡风系数 φ 值，可按表A.0.5取用。

表 A.0.5 敞开式单排、双排、满堂脚手架与满堂支撑架的挡风系数 φ 值

步距 (m)	纵距 (m) 0.4	0.6	0.75	0.9	1.0	1.2	1.3	1.35	1.5	1.8	2.0
0.60	0.260	0.212	0.193	0.180	0.173	0.164	0.160	0.158	0.154	0.148	0.144
0.75	0.241	0.192	0.173	0.161	0.154	0.144	0.141	0.139	0.135	0.128	0.125
0.90	0.228	0.180	0.161	0.148	0.141	0.132	0.128	0.126	0.122	0.115	0.112
1.05	0.219	0.171	0.151	0.138	0.132	0.122	0.119	0.117	0.113	0.106	0.103
1.20	0.212	0.164	0.144	0.132	0.125	0.115	0.112	0.110	0.106	0.099	0.096
1.35	0.207	0.158	0.139	0.126	0.120	0.110	0.106	0.105	0.100	0.094	0.091
1.50	0.202	0.154	0.135	0.122	0.115	0.106	0.102	0.100	0.096	0.090	0.086
1.60	0.200	0.152	0.132	0.119	0.113	0.103	0.100	0.098	0.094	0.087	0.084
1.80	0.1959	0.148	0.128	0.115	0.109	0.099	0.096	0.094	0.090	0.083	0.080
2.00	0.1927	0.144	0.125	0.112	0.106	0.096	0.092	0.091	0.086	0.080	0.077

注：ϕ48.3×3.6钢管。

A.0.6 轴心受压构件的稳定系数 φ（Q235钢）应符合表A.0.6的规定。

表 A.0.6 轴心受压构件的稳定系数 φ（Q235钢）

λ	0	1	2	3	4	5	6	7	8	9
0	1.000	0.997	0.995	0.992	0.989	0.987	0.984	0.981	0.979	0.976
10	0.974	0.971	0.968	0.966	0.963	0.960	0.958	0.955	0.952	0.949
20	0.947	0.944	0.941	0.938	0.936	0.933	0.930	0.927	0.924	0.921
30	0.918	0.915	0.912	0.909	0.906	0.903	0.899	0.896	0.893	0.889
40	0.886	0.882	0.879	0.875	0.872	0.868	0.864	0.861	0.858	0.855
50	0.852	0.849	0.846	0.843	0.839	0.836	0.832	0.829	0.825	0.822
60	0.818	0.814	0.810	0.806	0.802	0.797	0.793	0.789	0.784	0.779
70	0.775	0.770	0.765	0.760	0.755	0.750	0.744	0.739	0.733	0.728

续表 A.0.6

λ	0	1	2	3	4	5	6	7	8	9
80	0.722	0.716	0.710	0.704	0.698	0.692	0.686	0.680	0.673	0.667
90	0.661	0.654	0.648	0.641	0.634	0.626	0.618	0.611	0.603	0.595
100	0.588	0.580	0.573	0.566	0.558	0.551	0.544	0.537	0.530	0.523
110	0.516	0.509	0.502	0.496	0.489	0.483	0.476	0.470	0.464	0.458
120	0.452	0.446	0.440	0.434	0.428	0.423	0.417	0.412	0.406	0.401
130	0.396	0.391	0.386	0.381	0.376	0.371	0.367	0.362	0.357	0.353
140	0.349	0.344	0.340	0.336	0.332	0.328	0.324	0.320	0.316	0.312
150	0.308	0.305	0.301	0.298	0.294	0.291	0.287	0.284	0.281	0.277
160	0.274	0.271	0.268	0.265	0.262	0.259	0.256	0.253	0.251	0.248
170	0.245	0.243	0.240	0.237	0.235	0.232	0.230	0.227	0.225	0.223
180	0.220	0.218	0.216	0.214	0.211	0.209	0.207	0.205	0.203	0.201
190	0.199	0.197	0.195	0.193	0.191	0.189	0.188	0.186	0.184	0.182
200	0.180	0.179	0.177	0.175	0.174	0.172	0.171	0.169	0.167	0.166
210	0.164	0.163	0.161	0.160	0.159	0.157	0.156	0.154	0.153	0.152
220	0.150	0.149	0.148	0.146	0.145	0.144	0.143	0.141	0.140	0.139
230	0.138	0.137	0.136	0.135	0.133	0.132	0.131	0.130	0.129	0.128
240	0.127	0.126	0.125	0.124	0.123	0.122	0.121	0.120	0.119	0.118
250	0.117	—	—	—	—	—	—	—	—	—

注：当$\lambda>250$时，$\varphi=\frac{7320}{\lambda^2}$。

附录B 钢管截面几何特性

B.0.1 脚手架钢管截面几何特性应符合表B.0.1的规定。

表B.0.1 钢管截面几何特性

外径 ϕ，d	壁厚 t	截面积 A	惯性矩 I	截面模量 W	回转半径 i	每米长质量 (kg/m)
(mm)		(cm^2)	(cm^4)	(cm^3)	(cm)	
48.3	3.6	5.06	12.71	5.26	1.59	3.97

附录C 满堂脚手架与满堂支撑架立杆计算长度系数μ

表C-1 满堂脚手架立杆计算长度系数

步距 (m)	立杆间距 (m)			
	1.3×1.3	1.2×1.2	1.0×1.0	0.9×0.9
	高宽比不大于2	高宽比不大于2	高宽比不大于2	高宽比不大于2
	最少跨数4	最少跨数4	最少跨数4	最少跨数5
1.8	—	2.176	2.079	2.017
1.5	2.569	2.505	2.377	2.335
1.2	3.011	2.971	2.825	2.758
0.9	—	—	3.571	3.482

注：1 步距两级之间计算长度系数按线性插入值。

2 立杆间距两级之间，纵向间距与横向间距不同时，计算长度系数按较大间距对应的计算长度系数取值。立杆间距两级之间值，计算长度系数取两级对应的较大的μ值。要求高宽比相同。

3 高宽比超过表中规定时，应按本规范6.8.6条执行。

表C-2 满堂支撑架（剪刀撑设置普通型）立杆计算长度系数μ_1

步距 (m)	立杆间距 (m)											
	1.2×1.2		1.0×1.0		0.9×0.9		0.75×0.75		0.6×0.6		0.4×0.4	
	高宽比不大于2		高宽比不大于2		高宽比不大于2		高宽比不大于2		高宽比不大于2.5		高宽比不大于2.5	
	最少跨数4		最少跨数4		最少跨数5		最少跨数5		最少跨数5		最少跨数8	
	a=0.5 (m)	a=0.2 (m)	a=0.5 (m)	a=0.2 (m)	a=0.5 (m)	a=0.2 (m)	a=0.5 (m)	a=0.2 (m)	a=0.5 (m)	a=0.2 (m)	a=0.5 (m)	a=0.2 (m)
1.8	—	—	1.165	1.432	1.131	1.388	—	—	—	—	—	—
1.5	1.298	1.649	1.241	1.574	1.215	1.540	—	—	—	—	—	—
1.2	1.403	1.869	1.352	1.799	1.301	1.719	1.257	1.669	—	—	—	—
0.9	—	—	1.532	2.153	1.473	2.066	1.422	2.005	1.599	2.251	—	—
0.6	—	—	—	—	1.699	2.622	1.629	2.526	1.839	2.846	1.839	2.846

注：1 同表C-1注1、注2。

2 立杆间距0.9m×0.6m计算长度系数，同立杆间距0.75m×0.75m计算长度系数，高宽比不变，最小宽度4.2m。

3 高宽比超过表中规定时，应按本规范6.9.7条执行。

表 C-3　满堂支撑架（剪刀撑设置加强型）立杆计算长度系数 μ_1

步距（m）	立杆间距（m）											
	1.2×1.2		1.0×1.0		0.9×0.9		0.75×0.75		0.6×0.6		0.4×0.4	
	高宽比不大于 2		高宽比不大于 2		高宽比不大于 2		高宽比不大于 2		高宽比不大于 2.5		高宽比不大于 2.5	
	最少跨数 4		最少跨数 4		最少跨数 5		最少跨数 5		最少跨数 5		最少跨数 8	
	a=0.5（m）	a=0.2（m）	a=0.5（m）	a=0.2（m）	a=0.5（m）	a=0.2（m）	a=0.5（m）	a=0.2（m）	a=0.5（m）	a=0.2（m）	a=0.5（m）	a=0.2（m）
1.8	1.099	1.355	1.059	1.305	1.031	1.269	—	—	—	—	—	—
1.5	1.174	1.494	1.123	1.427	1.091	1.386	—	—	—	—	—	—
1.2	1.269	1.685	1.233	1.636	1.204	1.596	1.168	1.546	—	—	—	—
0.9	—	—	1.377	1.940	1.352	1.903	1.285	1.806	1.294	1.818	—	—
0.6	—	—	—	—	1.556	2.395	1.477	2.284	1.497	2.300	1.497	2.300

注：同表 C-2 注。

表 C-4　满堂支撑架（剪刀撑设置普通型）立杆计算长度系数 μ_2

步距（m）	立杆间距（m）					
	1.2×1.2	1.0×1.0	0.9×0.9	0.75×0.75	0.6×0.6	0.4×0.4
	高宽比不大于 2	高宽比不大于 2	高宽比不大于 2	高宽比不大于 2	高宽比不大于 2.5	高宽比不大于 2.5
	最少跨数 4	最少跨数 4	最少跨数 5	最少跨数 5	最少跨数 5	最少跨数 8
1.8	—	1.750	1.697	—	—	—
1.5	2.089	1.993	1.951	—	—	—
1.2	2.492	2.399	2.292	2.225	—	—
0.9	—	3.109	2.985	2.896	3.251	—
0.6	—	—	4.371	4.211	4.744	4.744

注：同表 C-2 注。

表 C-5　满堂支撑架（剪刀撑设置加强型）立杆计算长度系数 μ_2

步距（m）	立杆间距（m）					
	1.2×1.2	1.0×1.0	0.9×0.9	0.75×0.75	0.6×0.6	0.4×0.4
	高宽比不大于 2	高宽比不大于 2	高宽比不大于 2	高宽比不大于 2	高宽比不大于 2.5	高宽比不大于 2.5
	最少跨数 4	最少跨数 4	最少跨数 5	最少跨数 5	最少跨数 5	最少跨数 8
1.8	1.656	1.595	1.551	—	—	—
1.5	1.893	1.808	1.755	—	—	—
1.2	2.247	2.181	2.128	2.062	—	—
0.9	—	2.802	2.749	2.608	2.626	—
0.6	—	—	3.991	3.806	3.833	3.833

注：同表 C-2 注。

附录D 构配件质量检查表

表D 构配件质量检查表

项 目	要 求	抽检数量	检查方法
钢管	应有产品质量合格证、质量检验报告	750根为一批，每批抽取1根	检查资料
	钢管表面应平直光滑，不应有裂缝、结疤、分层、错位、硬弯、毛刺、压痕、深的划道及严重锈蚀等缺陷，严禁打孔；钢管使用前必须涂刷防锈漆	全数	目测
钢管外径及壁厚	外径48.3mm，允许偏差±0.5mm；壁厚3.6mm，允许偏差±0.36，最小壁厚3.24mm	3%	游标卡尺测量
扣件	应有生产许可证、质量检测报告、产品质量合格证、复试报告	《钢管脚手架扣件》GB 15831的规定	检查资料
	不允许有裂缝、变形、螺栓滑丝；扣件与钢管接触部位不应有氧化皮；活动部位应能灵活转动，旋转扣件两旋转面间隙应小于1mm；扣件表面应进行防锈处理	全数	目测
扣件螺栓拧紧扭力矩	扣件螺栓拧紧扭力矩值不应小于40N·m，且不应大于65N·m	按8.2.5条	扭力扳手
可调托撑	可调托撑受压承载力设计值不应小于40kN。应有产品质量合格证、质量检验报告	3‰	检查资料
	可调托撑螺杆外径不得小于36mm，可调托撑螺杆与螺母旋合长度不得少于5扣，螺母厚度不小于30mm。插入立杆内的长度不得小于150mm。支托板厚不小于5mm，变形不大于1mm。螺杆与支托板焊接要牢固，焊缝高度不小于6mm	3%	游标卡尺、钢板尺测量
	支托板、螺母有裂缝的严禁使用	全数	目测
脚手板	新冲压钢脚手板应有产品质量合格证	—	检查资料
	冲压钢脚手板板面挠曲≤12mm（l≤4m）或≤16mm（l>4m）；板面扭曲≤5mm（任一角翘起）	3%	钢板尺
	不得有裂纹、开焊与硬弯；新、旧脚手板均应涂防锈漆	全数	目测
	木脚手板材质应符合现行国家标准《木结构设计规范》GB 50005中II_a级材质的规定。扭曲变形、劈裂、腐朽的脚手板不得使用	全数	目测
	木脚手板的宽度不宜小于200mm，厚度不应小于50mm；板厚允许偏差−2mm	3%	钢板尺
	竹脚手板宜采用由毛竹或楠竹制作的竹串片板、竹笆板	全数	目测
	竹串片脚手板宜采用螺栓将并列的竹片串连而成。螺栓直径宜为3mm～10mm，螺栓间距宜为500mm～600mm，螺栓离板端宜为200mm～250mm，板宽250mm，板长2000mm、2500mm、3000mm	3%	钢板尺

本规范用词说明

1 为了便于在执行本规范条文时区别对待，对要求严格程度不同的用词说明如下：

1）表示很严格，非这样做不可的：
正面词采用“必须”，反面词采用“严禁”；

2）表示严格，在正常情况下均应这样做的：
正面词采用“应”，反面词采用“不应”或“不得”；

3）表示允许稍有选择，在条件许可时首先应这样做的：
正面词采用“宜”，反面词采用“不宜”；

4）表示有选择，在一定条件下可以这样做的，采用“可”。

2 条文中指明应按其他有关标准执行的写法为：“应符合……的规定”或“应按……执行”。

引用标准名录

1《木结构设计规范》GB 50005

2《建筑地基基础设计规范》GB 50007

3《建筑结构荷载规范》GB 50009

4《混凝土结构设计规范》GB 50010

5《钢结构设计规范》GB 50017

6《建筑地基基础工程施工质量验收规范》GB 50202

7《钢结构工程施工质量验收规范》GB 50205

8《木结构工程施工质量验收规范》GB 50206

9《金属材料　室温拉伸试验方法》GB/T 228

10《碳素结构钢》GB/T 700

11《钢筋混凝土用钢　第1部分：热轧光圆钢筋》GB 1499.1

12《低合金高强度结构钢》GB/T 1591

13《低压流体输送用焊接钢管》GB/T 3091

14《梯形螺纹　第2部分：直径与螺距系列》GB/T 5796.2

15《梯形螺纹　第3部分：基本尺寸》GB/T 5796.3

16《直缝电焊钢管》GB/T 13793

17《钢管脚手架扣件》GB 15831

18《施工现场临时用电安全技术规范》JGJ 46

19《建筑施工模板安全技术规范》JGJ 162

20《建筑施工木脚手架安全技术规范》JGJ 164

中华人民共和国行业标准

建筑施工扣件式钢管脚手架安全技术规范

JGJ 130—2011

条 文 说 明

修 订 说 明

《建筑施工扣件式钢管脚手架安全技术规范》JGJ 130-2011，经住房和城乡建设部2011年1月28日第902号公告批准、发布。

本规范是在《建筑施工扣件式钢管脚手架安全技术规范》JGJ 130-2001的基础上修订而成，上一版的主编单位是中国建筑科学研究院、哈尔滨工业大学，参编单位是北京市建筑工程总公司第一建筑工程公司、天津大学、河北省建筑科学研究院、青岛建筑工程学院、黑龙江省第一建筑工程公司，主要起草人员是袁必勤、徐崇宝等。本次修订的主要技术内容是：1. 总则；2. 术语和符号；3. 构配件；4. 荷载；5. 设计计算；6. 构造要求；7. 施工；8. 检查与验收；9. 安全管理。

本规范修订过程中，编制组进行了广泛的调查研究，总结了我国扣件式钢管脚手架设计和施工实践经验，同时参考了英国等经济发达国家的同类标准，通过多项真型满堂脚手架与满堂支撑架整体稳定试验与支撑架主要传力构件的破坏试验，多组扣件节点半刚性试验，取得了满堂脚手架及满堂支撑架在不同工况下的临界荷载等技术参数。

为便于广大设计、施工、科研、学校等单位有关人员在使用本规范时能够正确理解和执行条文规定，《建筑施工扣件式钢管脚手架安全技术规范》编制组按章、节、条顺序编制了本规范的条文说明，对条文规定的目的、依据以及执行中需注意的有关事项进行了说明，还着重对强制性条文的强制理由作了解释。但是，本条文说明不具备与标准正文同等的法律效力，仅供使用者作为理解和把握标准规定的参考。

目　次

1 总 则

1.0.1 本条是扣件式钢管脚手架设计、施工时必须遵循的原则。

1.0.2 本条明确指出本规范适用范围，与原规范相比，增加了满堂脚手架与满堂支撑架、型钢悬挑脚手架等内容。通过大量真型满堂脚手架与满堂支撑架支架整体稳定试验，对满堂脚手架与满堂支撑架部分增加较多内容。

1.0.3 这是针对目前施工现场脚手架设计与施工中存在的问题而作的规定，旨在确保脚手架工程做到经济合理、安全可靠，最大限度地防止伤亡事故的发生。应当注意，施工、监理审核方案时，对专项方案的设计计算内容必须认真审核。设计计算条件与脚手架实际工况条件应相符。

1.0.4 关于引用标准的说明：

我国扣件式钢管脚手架使用的钢管绝大部分是焊接钢管，属冷弯薄壁型钢材，其材料设计强度 f 值与轴心受压构件的稳定系数 φ 值，应引用现行国家标准《冷弯薄壁型钢结构技术规范》GB 50018；在其他情况采用热轧无缝钢管时，则应引用现行国家标准《钢结构设计规范》GB 50017。

2 术语和符号

2.1 术 语

本节术语所述脚手架各杆件的位置，示于图 1。

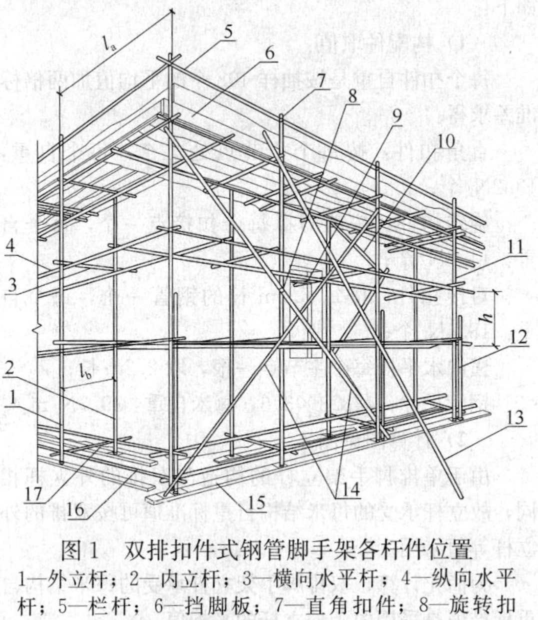

图 1 双排扣件式钢管脚手架各杆件位置

1—外立杆；2—内立杆；3—横向水平杆；4—纵向水平杆；5—栏杆；6—挡脚板；7—直角扣件；8—旋转扣件；9—连墙杆；10—横向斜撑；11—主立杆；12—副立杆；13—抛撑；14—剪刀撑；15—垫板；16—纵向扫地杆；17—横向扫地杆

2.2 符 号

本规范的符号采用现行国家标准《工程结构设计基本术语和通用符号》GBJ 132 的规定。

3 构 配 件

3.1 钢 管

3.1.1 本条规定的说明：

1 试验表明，脚手架的承载能力由稳定条件件控制，失稳时的临界应力一般低于 100N/mm²，采用高强度钢材不能充分发挥其强度，采用现行国家标准《碳素结构钢》GB/T 700 中 Q235A 级钢比较经济合理；

2 经几十年工程实践证明，采用电焊钢管能满足使用要求，成本比无缝钢管低。为此，在德国、英国的同类标准中也均采用。

3.1.2 本条规定的说明：

1 根据现行国家标准《低压流体输送用焊接钢管》GB/T 3091－2008 第 4.1.1 条、第 4.1.2 条，《直缝电焊钢管》GB/T 13793－2008 第 5.1.1 条、第 5.1.2 条和《焊接钢管尺寸及单位长度重量》GB/T 21835－2008 第 4 节的规定，钢管宜采用 $\phi48.3\times3.6$ 的规格。欧洲标准 EN 12811－1：2003 也规定，脚手架用管，公称外径为 48.3mm。

2 限制钢管的长度与重量是为确保施工安全，运输方便，一般情况下，单、双排脚手架横向水平杆最大长度不超过 2.2m，其他杆最大长度不超过 6.5m。

3.2 扣 件

3.2.1 根据现行国家标准《钢管脚手架扣件》GB 15831的规定，扣件铸件的材料采用可锻铸铁或铸钢。扣件按结构形式分直角扣件、旋转扣件、对接扣件，直角扣件是用于垂直交叉杆件间连接的扣件；旋转扣件是用于平行或斜交杆件间连接的扣件；对接扣件是用于杆件对接连接的扣件。

根据现行国家标准《钢管脚手架扣件》GB 15831 的规定，该标准适用于建筑工程中钢管公称外径为 48.3mm 的脚手架、井架、模板支撑等使用的由可锻铸铁或铸钢制造的扣件，也适用于市政、水利、化工、冶金、煤炭和船舶等工程使用的扣件。

3.2.2 本条的规定旨在确保质量，因为我国目前各生产厂的扣件螺栓所采用的材质差异较大。检查表明，当螺栓扭力矩达 70 N·m时，大部分螺栓已滑丝不能使用。螺栓、垫圈为扣件的紧固件，在螺栓拧紧扭力矩达 65N·m 时，扣件本体、螺栓、垫圈均不得发生破坏。

3.3 脚 手 板

3.3.1 本条规定旨在便于现场搬运和使用安全。

3.4 可 调 托 撑

3.4.1、3.4.2 对可调托撑的规定是由可调托撑破坏试验确定的。

可调托撑是满堂支撑架直接传递荷载的主要构件，大量可调托撑试验证明：可调托撑支托板截面尺寸、支托板弯曲变形程度、螺杆与支托板焊接质量、螺杆外径等影响可调托撑的临界荷载，最终影响满堂支撑架临界荷载。

可调托撑抗压性能试验（图 2）：以匀速加荷，当 F 为 50kN 时，可调托撑不得破坏。可调托撑构造图见图 3。

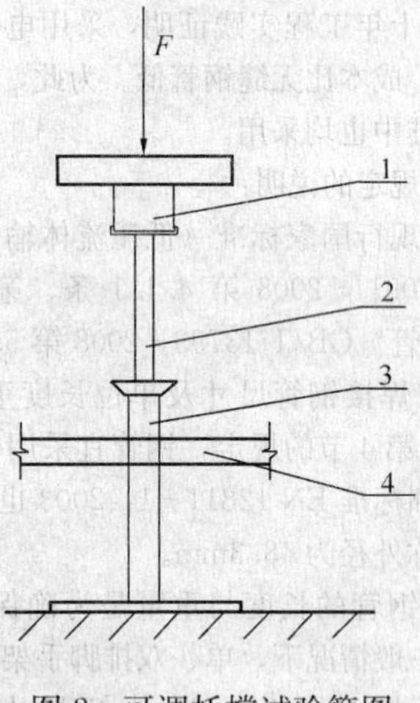

图 2 可调托撑试验简图

1—主梁；2—可调托撑；3—钢管制底座；4—钢管

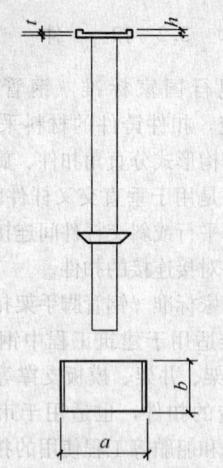

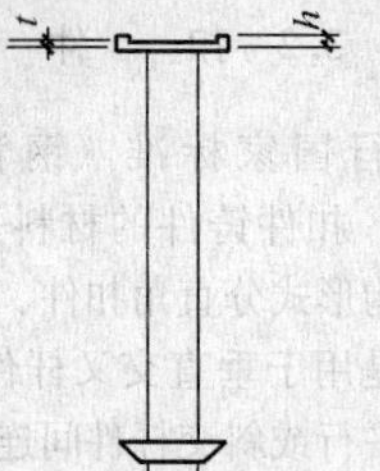

图 3 可调托撑构造图

t—支托板厚度；h—支托板侧翼高；

a—支托板侧翼外皮距离；b—支托板长

3.4.3 可调托撑抗压性能试验结论，支托板厚度 t 为 5.0mm，破坏荷载不小于 50kN，50kN 除以系数 1.25 为 40kN。定为可调托撑受压承载力设计值，保证可调托撑不发生破坏。

4 荷 载

4.1 荷 载 分 类

4.1.1 本条采用的永久荷载（恒荷载）和可变荷载（活荷载）分类是根据现行国家标准《建筑结构荷载规范》GB 50009 确定的。

在进行脚手架设计时，应根据施工要求，在脚手架专项方案中明确规定构配件的设置数量，且在施工过程中不能随意增加。脚手板粘积的建筑砂浆等引起的增重是不利于安全的因素，已在脚手架的设计安全度中统一考虑。

4.1.2 满堂支撑架可调托撑上主梁、次梁有木质的，也有型钢的，支撑板有木质的或钢材的。在钢结构安装过程中，如果存在大型钢构件，就要通过承载力较大的分配梁将荷载传递到满堂支撑架上，所以这类构、配件自重应按实际计算。

4.1.3 用于钢结构安装的满堂支撑架顶部施工层可能有大型钢构件，产生的施工荷载较大，应根据实际情况确定；在施工中，由于施工行为产生的偶然增大的荷载效应，也应根据实际情况考虑确定。

4.2 荷载标准值

4.2.1 对脚手架恒荷载的取值，说明如下：

1 对本规范附录 A 表 A.0.1 的说明：

立杆承受的每米结构自重标准值的计算条件如下：

1）构配件取值：

每个扣件自重是按抽样 408 个的平均值加两倍标准差求得：

直角扣件：按每个主节点处二个，每个自重：13.2N/个；

旋转扣件：按剪刀撑每个扣接点一个，每个自重：14.6N/个；

对接扣件：按每 6.5m 长的钢管一个，每个自重：18.4N/个；

横向水平杆每个主节点一根，取 2.2m 长；

钢管尺寸：ϕ48.3×3.6，每米自重：39.7N/m。

2）计算图见图 4。

由于单排脚手架立杆的构造与双排的外立杆相同，故立杆承受的每米结构自重标准值可按双排的外立杆等值采用。

为简化计算，双排脚手架立杆承受的每米结构自重标准值是采用内、外立杆的平均值。

由钢管外径或壁厚偏差引起钢管截面尺寸小于 ϕ48.3×3.6，脚手架立杆承受的每米结构自重标准

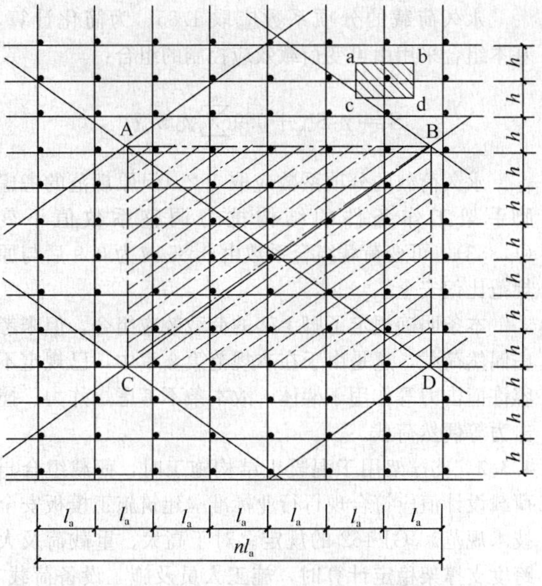

图4　立杆承受的每米结构自重标准值计算图

值，也可按本规范附录 A 表 A.0.1 取值计算，计算结果偏安全，步距、纵距中间值可按线性插入计算。

2　对本规范附录 A 表 A.0.2、表 A.0.3 的说明（计算图见图 5）：

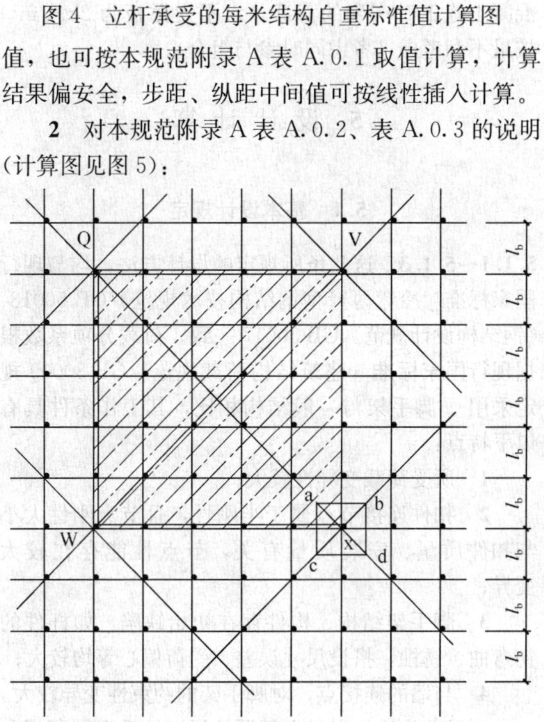

图5　立杆承受的每米结构自重标准值计算图（平面图）

按本规范第六章满堂脚手架与满堂支撑架纵向剪刀撑、水平剪刀撑设置要求计算，一个计算单元（一个纵距、一个横距）计入纵向剪刀撑、水平剪刀撑。

由钢管外径或壁厚偏差引起钢管截面尺寸小于 $\phi48.3\times3.6$，脚手架立杆承受的每米结构自重标准值，也可按本规范附录 A 表 A.0.2、表 A.0.3 取值计算，计算结果偏安全，步距、纵距、横距中间值可按线性插入计算。

3　对表 4.2.1-1 的说明：

脚手板的自重，按分别抽样 12～50 块的平均值加两倍标准差求得。增加竹笆脚手板自重标准值。

对表 4.2.1-2 的说明：

根据本规范 7.3.12 条栏杆与挡脚板构造图，每米栏杆含两根短管，直角扣件按 2 个计，挡脚板挡板高按 0.18m 计。

栏杆、挡脚板自重标准值：

栏杆、冲压钢脚手板挡板　$0.3\times0.18+0.0397\times1\times2+0.0132\times2=0.1598\text{kN/m}=0.16\text{kN/m}$

栏杆、竹串片脚手板挡板　$0.35\times0.18+0.0397\times1\times2+0.0132\times2=0.1688\text{kN/m}=0.17\text{kN/m}$

栏杆、木脚手板挡板　$0.35\times0.18+0.0397\times1\times2+0.0132\times2=0.1688\text{kN/m}=0.17\text{kN/m}$

如果每米栏杆与挡脚板与以上计算条件不同，按实际计算。

对表 4.2.1-3 的说明：

根据工程实际，考虑最不利荷载情况下的主梁、次梁及支撑板的实际布置进行计算；木质主梁根据立杆间距不同按截面 100mm×100mm～160mm×160mm 考虑，木质次梁按截面 50mm×100mm～100mm×100mm 考虑，间距按 200mm 计。支撑板按木脚手板荷载计。分别按不同立杆间距计算取较大值。型钢主梁按 H100mm×100mm×6mm×8mm 考虑、型钢次梁按 10 号工字钢考虑。木脚手板自重标准值取 0.35kN/m^2。型钢主梁、次梁及支撑板自重，超过以上值时，按实际计算。如大型钢构件的分配梁。

4.2.2　本条规定的施工均布活荷载标准值，符合我国长期使用的实际情况，也与国外同类标准吻合。如欧洲标准 EN 12811 -1：2003 规定的荷载系列为 0.75、1.5、2.0、3.0kN/m^2。增加轻型钢结构及空间网格结构脚手架、普通钢结构脚手架施工均布活荷载标准值。

4.2.3　当有多层交叉作业时，同一跨距内各操作层施工均布荷载标准值总和不得超过 5.0kN/m^2，与国外同类标准相当。

4.2.4　永久荷载与不含风荷载的可变荷载标准值总和 4.2kN/m^2，为本规范表 4.2.1-3 中（主梁、次梁及支撑板自重标准值）最大值 1.2kN/m^2 与表 4.2.2 中（施工均布活荷载标准值）最大值 3 kN/m^2 之和。

钢结构施工一般情况下，施工均布活荷载标准值不超过 3kN/m^2，支撑架上施工层恒载与施工活荷载标准值之和不大于 4.2kN/m^2。对于有大型钢构件（或大型混凝土构件）、大型设备的荷载，或产生较大集中荷载的情况，施工均布活荷载标准值超过 3kN/m^2，支撑架上施工层恒载与施工活荷载标准值之和大于 4.2kN/m^2 的情况，满堂支撑架上荷载必须按实际计算。本条是对满堂支撑架给出的荷载，即：活荷载＝作业层上的人员及设备荷载＋结构构件（含大型钢构件、混凝土构件等）、大型设备的荷载及施工材料自重。

4.2.5 对风荷载的规定说明如下：

1 现行国家标准《建筑结构荷载规范》GB 50009规定的风荷载标准值中，还应乘以风振系数 β_z，以考虑风压脉动对高层结构的影响。考虑到脚手架附着在主体结构上，故取 $\beta_z=1.0$。

2 脚手架使用期较短，一般为（2～5）年，遇到强劲风的概率相对要小得多；所以基本风压 w_0 值，按《建筑结构荷载规范》GB 50009 的规定采用，取重现期 $n=10$ 年对应的风压值。取消基本风压 w_0 值乘以 0.7 修正系数。

4.2.6 脚手架的风荷载体型系数 μ_s 主要按照现行国家标准《建筑结构荷载规范》GB 50009 的规定。

对本规范附录 A 表 A.0.5 的说明：

敞开式单排、双排、满堂扣件式钢管脚手架与支撑架的挡风系数是由下式计算确定：

$$\varphi=\frac{1.2A_n}{l_a\cdot h}$$

式中：1.2——节点面积增大系数；

A_n——一步一纵距（跨）内钢管的总挡风面积 $A_n=(l_a+h+0.325l_ah)d$；

l_a——立杆纵距（m）；

h——步距（m）；

0.325——脚手架立面每平方米内剪刀撑的平均长度；

d——钢管外径（m）。

4.2.7 密目式安全立网全封闭脚手架挡风系数 φ 可取不小于 0.8，是根据密目式安全立网网目密度不小于 2000 目/100cm² 计算而得。现行行业标准《建筑施工碗扣式钢管脚手架安全技术规范》JGJ 166-2008 第 4.3.2 条第 1 款规定，密目式安全立网挡风系数可取 0.8。

4.3 荷载效应组合

4.3.1 表 4.3.1 中可变荷载组合系数原规范为 0.85，现根据《建筑结构荷载规范》GB 50009-2001（2006 年版）第 3.2.4 条第 1 款的规定改为 0.9。主要原因如下：

脚手架立杆稳定性计算部位一般取底层，立杆自重产生的轴压应力虽脚手架增高而增大，较高的单、双脚手架立杆的稳定性由永久荷载（主要是脚手架自重）效应控制，根据《建筑结构荷载规范》GB 50009-2001（2006 年版）第 3.2.4 条第 2 款的规定，由永久荷载效应控制的组合：

$$S=\gamma_G S_{Gk}+\sum_{i=1}^{n}\gamma_{Q_i}\psi_{ci}S_{Q_ik}$$

永久荷载的分项系数应取 1.35。为简化计算，基本组合采用由可变荷载效应控制的组合：

$$S=\gamma_G S_{Gk}+0.9\sum_{i=1}^{n}\gamma_{Q_i}S_{Q_ik}$$

永久荷载的分项系数应取 1.2，但原规范的考虑脚手架工作条件的结构抗力调整系数值不变（1.333），可变荷载组合系数由 0.85 改为 0.9 后与原规范比偏安全。

本条明确规定了脚手架的荷载效应组合，但未考虑偶然荷载，这是由于在本规范第 9 章中，已规定不容许撞击力等作用于架体，故本条不考虑爆炸力、撞击力等偶然荷载。

4.3.2 支撑架用于混凝土结构施工时，荷载组合与荷载设计值应符合现行行业标准《建筑施工模板安全技术规范》JGJ 162 的规定。对于高大、重载荷及大跨度支撑架稳定计算时，施工人员及施工设备荷载、混凝土施工时产生的荷载（水平支撑板为 2kN/m²）按最不利考虑（考虑同时参与组合）。

5 设计计算

5.1 基本设计规定

5.1.1～5.1.3 这几条所规定的设计方法，均与现行国家标准《冷弯薄壁型钢结构技术规范》GB 50018、《钢结构设计规范》GB 50017 一致。荷载分项系数根据现行国家标准《建筑结构荷载规范》GB 50009 规定采用 。脚手架与一般结构相比，其工作条件具有以下特点：

1 所受荷载变异性较大；

2 扣件连接节点属于半刚性，且节点刚性大小与扣件质量、安装质量有关，节点性能存在较大变异；

3 脚手架结构、构件存在初始缺陷，如杆件的初弯曲、锈蚀，搭设尺寸误差、受荷偏心等均较大；

4 与墙的连接点，对脚手架的约束性变异较大。

到目前为止，对以上问题的研究缺乏系统积累和统计资料，不具备独立进行概率分析的条件，故对结构抗力乘以小于 1 的调整系数 $\frac{1}{r_R}$，其值系通过与以往采用的安全系数进行校准确定。因此，本规范采用的设计方法在实质上是属于半概率、半经验的。

脚手架满足本规范规定的构造要求是设计计算的基本条件。

5.1.4 用扣件连接的钢管脚手架，其纵向或横向水平杆的轴线与立杆轴线在主节点上并不汇交在一点。当纵向或横向水平杆传荷载至立杆时，存在偏心距 53mm（图 6）。在一般情况下，此偏心产生的附加弯曲应力不大，为了简化计算，予以忽略。国外同类标准（如英、日、法等国）对此项偏心的影响也作了相同处理。由于忽略偏心而带来的不安全因素，本规范已在有关的调整系数中加以考虑（见第 5.2.6 条至第 5.2.9 条的条文说明）。

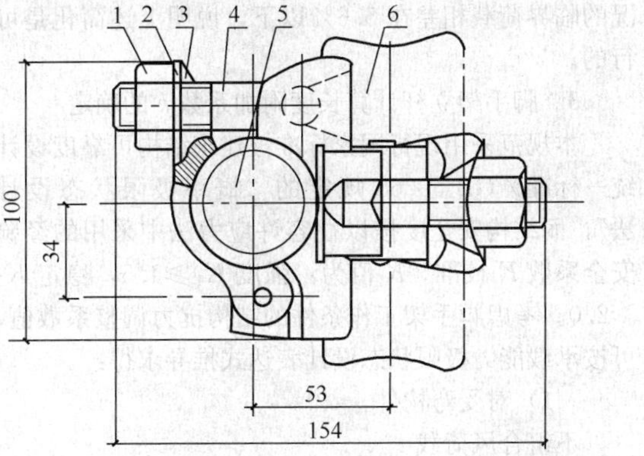

(单位：mm)

图 6　直角扣件

1—螺母；2—垫圈；3—盖板；4—螺栓；5—纵向水平杆；6—立杆

5.1.6　关于钢材设计强度取值的说明

本规范根据现行国家标准《冷弯薄壁型钢结构技术规范》GB 50018 的规定，对 Q235A 级钢的抗拉、抗压、抗弯强度设计值 f 值确定为：205N/mm^2。这是对一般结构进行可靠分析确定的。

5.1.7　表 5.1.7 给出的扣件抗滑承载力设计值，是根据现行国家标准《钢管脚手架扣件》GB 15831 规定的标准值除以抗力分项系数 1.25 得到的。

5.1.8　表 5.1.8 的容许挠度是根据现行国家标准《冷弯薄壁型钢结构技术规范》GB 50018 及《钢结构设计规范》GB 50017 的规定确定的。

5.1.9　立杆长细比参考国外标准，根据国内长期脚手架搭设经验与脚手架试验确定。

根据国内工程实践经验与满堂脚手架整体稳定试验结果，满堂脚手架压杆容许长细比 $[\lambda]=250$。满堂支撑架压杆容许长细比，按脚手架双排受压杆容许长细比取值（210），这也符合整体稳定试验结果。

5.2　单、双排脚手架计算

5.2.1～5.2.4　对受弯构件计算规定的说明：

1　关于计算跨度取值，纵向水平杆取立杆纵距，横向水平杆取立杆横距，便于计算也偏于安全；

2　内力计算不考虑扣件的弹性嵌固作用，将扣件在节点处抗转动约束的有利作用作为安全储备。这是因为，影响扣件抗转动约束的因素比较复杂，如扣件螺栓拧紧扭力矩大小、杆件的线刚度等。根据目前所做的一些实验结果，提出作为计算定量的数据尚有困难；

3　纵向、横向水平杆自重与脚手板自重相比甚小，可忽略不计；

4　为保证安全可靠，纵、横向水平杆的内力（弯矩、支座反力）应按不利荷载组合计算；

5　一般情况下，横向水平杆外伸长度不超过 300mm，符合我国施工工地的实际情况；一些工程要求外伸长度延长，需另进行设计计算，并应采取加固措施后使用；在脚手架专项方案中也应考虑此内容。

图 5.2.4 的横向水平杆计算跨度，适用于施工荷载由纵向水平杆传至立杆的情况，当施工荷载由横向水平杆传至立杆时，作用在横向水平杆上的是纵向水平杆传下的集中荷载，应注意按实际情况计算。此图只说明横向水平杆计算跨度的确定方法。

在本规范第 5.2.1 条中未列抗剪强度计算，是因为钢管抗剪强度不起控制作用。如 $\phi48.3\times3.6$ 的 Q235A 级钢管，其受剪承载力为：

$$[V]=\frac{Af_v}{K_1}=\frac{506\text{mm}^2\times120\text{N/mm}^2}{2.0}=30.36\text{kN}$$

上式中 K_1 为截面形状系数。一般横向、纵向水平杆上的荷载由一只扣件传递，一只扣件的抗滑承载力设计值只有 8.0kN，远小于 $[V]$，故只要满足扣件的抗滑力计算条件，杆件抗剪力也肯定满足。

5.2.5　脚手板荷载和施工荷载是由横向水平杆（南方作法）或纵向水平杆（北方作法）通过扣件传给立杆。当所传递的荷载超过扣件的抗滑承载能力时，扣件将沿立杆下滑，为此必须计算扣件的抗滑承载力。立杆扣件所承受的最大荷载，应按其荷载传递方式经计算确定。

5.2.6～5.2.9　考虑到扣件式钢管脚手架是受人为操作因素影响很大的一种临时结构，设计计算一般由施工现场工程技术人员进行，故所给脚手架整体稳定性的计算方法力求简单、正确、可靠。应该指出，第 5.2.6 条规定的立杆稳定性计算公式，虽然在表达形式上是对单根立杆的稳定计算，但实质上是对脚手架结构的整体稳定计算。因为式（5.2.8）中的 μ 值是根据脚手架的整体稳定试验结果确定的。

现就有关问题说明如下：

1　脚手架的整体稳定

脚手架有两种可能的失稳形式：整体失稳和局部失稳。

整体失稳破坏时，脚手架呈现出内、外立杆与横向水平杆组成的横向框架，沿垂直主体结构方向大波鼓曲现象，波长均大于步距，并与连墙件的竖向间距有关。整体失稳破坏始于无连墙件的、横向刚度较差或初弯曲较大的横向框架（图 7）。一般情况下，整体失稳是脚手架的主要破坏形式。

局部失稳破坏时，立杆在步距之间发生小波鼓曲，波长与步距相近，内、外立杆变形方向可能一致，也可能不一致。

当脚手架以相等步距、纵距搭设，连墙件设置均匀时，在均布施工荷载作用下，立杆局部稳定的临界

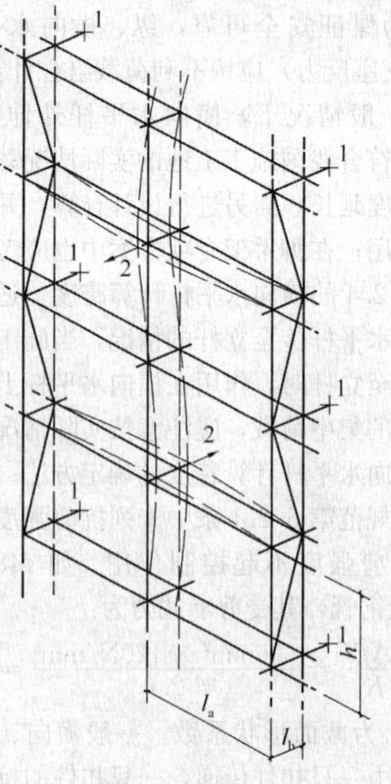

图 7 双排脚手架的整体失稳

1—连墙件；2—失稳方向

荷载高于整体稳定的临界荷载，脚手架破坏形式为整体失稳。当脚手架以不等步距、纵距搭设，或连墙件设置不均匀，或立杆负荷不均匀时，两种形式的失稳破坏均有可能。

由于整体失稳是脚手架的主要破坏形式，故本条只规定了对整体稳定按式（5.2.6-1）、式（5.2.6-2）计算。为了防止局部立杆段失稳，本规范除在第6.3.4条中将底层步距限制在2m以内外，尚在本规范第5.2.10条中规定对可能出现的薄弱的立杆段进行稳定性计算。

2 关于脚手架立杆稳定性按轴心受压计算［式（5.2.6-1）、式（5.2.6-2）］的说明

1）稳定性计算公式中的计算长度系数 μ 值，是反映脚手架各杆件对立杆的约束作用。本规范规定的 μ 值，采用了中国建筑科学研究院建筑机械化研究分院1964～1965年和1986～1988年、哈尔滨工业大学土木工程学院于1988～1989年分别进行的原型脚手架整体稳定性试验所取得的科研成果，其 μ 值在1.5～2.0之间。它综合了影响脚手架整体失稳的各种因素，当然也包含了立杆偏心受荷（初偏心 $e=53\text{mm}$，图6）的实际工况。这表明按轴心受压计算是可靠的、简便的。

2）关于施工荷载的偏心作用。施工荷载一般是偏心地作用于脚手架上，作业层下面邻近的内、外排立杆所分担的施工荷载并不相同，而远离作业层的内、外排立杆则因连墙件的支撑作用，使分担的施工荷载趋于均匀。由于在一般情况下，脚手架结构自重产生的最大轴向力与由不均匀分配施工荷载产生的最大轴向力不会同时相遇，因此式（5.2.6-1）、式（5.2.6-2）的轴向力 N 值计算可以忽略施工荷载的偏心作用，内、外立杆可按施工荷载平均分配计算。

试验与理论计算表明，将 3.0kN/m^2 的施工荷载分别按偏心与不偏心布置在脚手架上，得到的两种情况的临界荷载相差在5.6%以下，说明上述简化是可行的。

3 脚手架立杆计算长度附加系数 k 的确定

本规范采用现行国家标准《建筑结构可靠度设计统一标准》GB 50068规定的“概率极限状态设计法”，而结构安全度按以往容许应力法中采用的经验安全系数 K 校准。K 值为：强度 $K_1 \geqslant 1.5$，稳定 $K_2 \geqslant 2.0$。考虑脚手架工作条件的结构抗力调整系数值，可按承载能力极限状态设计表达式推导求得：

1）对受弯构件

不组合风荷载

$$1.2S_{Gk}+1.4S_{Qk}\leqslant\frac{f_kW}{0.9\gamma_m\gamma'_R}=\frac{fW}{0.9\gamma'_R}$$

组合风荷载

$$1.2S_{Gk}+1.4\times0.9(S_{Qk}+S_{wk})\leqslant\frac{f_kW}{0.9\gamma_m\gamma'_{Rw}}=\frac{fW}{0.9\gamma'_{Rw}}$$

2）对轴心受压构件

不组合风荷载

$$1.2S_{Gk}+1.4S_{Qk}\leqslant\frac{\varphi f_kA}{0.9\gamma_m\gamma'_R}=\frac{\varphi fA}{0.9\gamma'_R}$$

组合风荷载

$$1.2S_{Gk}+1.4\times0.9(S_{Qk}+S_{wk})\leqslant\frac{\varphi f_kA}{0.9\gamma_m\gamma'_{Rw}}=\frac{\varphi fA}{0.9\gamma'_{Rw}}$$

式中：S_{Gk}、S_{Qk}——永久荷载与可变荷载的标准值分别产生的内力和；对受弯构件内力为弯矩、剪力，对轴心受压构件为轴力；

S_{wk}——风荷载标准值产生的内力；

f——钢材强度设计值；

f_k——钢材强度标准值；

W——杆件的截面模量；

φ——轴心受压杆的稳定系数；

A——杆件的截面面积；

0.9、1.2、1.4、0.9——分别为结构重要性系数、恒荷载分项系数、活荷载分项系数、荷载效应组合系数；

γ_m——材料强度分项系数，钢材为1.165；

γ'_R、γ'_{Rw}——分别为不组合和组合风荷载时的结构抗力调整系数。

根据使新老规范安全度水平相同的原则，并假设新老规范（按单一安全系数法计算安全度进行校核的）采用的荷载和材料强度标准值相同，结构抗力调整系数可按下列公式计算：

1）对受弯构件

不组合风荷载

$$\gamma'_{R}=\frac{1.5}{0.9\times1.2\times1.165}\times\frac{S_{Gk}+S_{Qk}}{S_{Gk}+\frac{1.4}{1.2}S_{Qk}}$$

$$=1.19\frac{1+\eta}{1+1.17\eta}$$

组合风荷载

$$\gamma'_{Rw}=\frac{1.5}{0.9\times1.2\times1.165}\times\frac{S_{Gk}+0.9(S_{Qk}+S_{wk})}{S_{Gk}+(S_{Qk}+S_{wk})\frac{0.9\times1.4}{1.2}}$$

$$=1.19\frac{1+0.9(\eta+\xi)}{1+1.05(\eta+\xi)}$$

2）对轴心受压杆件

不组合风荷载

$$\gamma'_{R}=\frac{2.0}{0.9\times1.2\times1.165}\times\frac{S_{Gk}+S_{Qk}}{S_{Gk}+\frac{1.4}{1.2}S_{Qk}}$$

$$=1.59\frac{1+\eta}{1+1.17\eta}$$

组合风荷载

$$\gamma'_{Rw}=\frac{2.0}{0.9\times1.2\times1.165}\times\frac{S_{Gk}+0.9(S_{Qk}+S_{wk})}{S_{Gk}+(S_{Qk}+S_{wk})\frac{0.9\times1.4}{1.2}}$$

$$=1.59\frac{1+0.9(\eta+\xi)}{1+1.05(\eta+\xi)}$$

上列式中：

$$\eta=\frac{S_{Qk}}{S_{Gk}}$$

$$\xi=\frac{S_{wk}}{S_{Gk}}$$

对于受弯构件，$0.9\gamma'_{R}$ 及 $0.9\gamma'_{Rw}$ 可近似取 1.00；对受压杆件，$0.9\gamma'_{R}$ 及 $0.9\gamma'_{Rw}$ 可近似取 1.333，然后将此系数的作用转化为立杆计算长度附加系数 $k=1.155$ 予以考虑。

长细比计算时 k 取 1.0，k 是提高脚手架安全度的一个换算系数，与长细比验算无关。本规范式（5.2.8）、式（5.3.4）、式（5.4.6-1）、式（5.4.6-2）中的 k 都是如此。

应当注意，使用式（5.2.6-1）、式（5.2.6-2）时，钢管外径、壁厚变化时，钢管截面特性有关数据按实际调整。

施工现场出现 2 步 2 跨连墙布置，计算长度系数 μ 可参考 2 步 3 跨取值，计算结果偏安全。

5.2.11 对本条规定说明如下：

式（5.2.11-1）、式（5.2.11-2）是根据式（5.2.6-1）、式（5.2.6-2）推导求得。

5.2.12～5.2.15 国内外发生的单、双排脚手架倒塌事故，几乎都是由于连墙件设置不足或连墙件被拆掉而未及时补救引起的。为此，本规范把连墙件计算作为脚手架计算的重要部分。

式（5.2.12-1）、式（5.2.12-2）是将连墙件简化为轴心受力构件进行计算的表达式，由于实际上连墙件可能偏心受力，故在公式右端对强度设计值乘以 0.85 的折减系数，以考虑这一不利因素。

关于式（5.2.12-3）中 N_0 的取值，说明如下：

为起到对脚手架发生横向整体失稳的约束作用，连墙件应能承受脚手架平面外变形所产生的连墙件轴向力。此外，连墙件还要承受施工荷载偏心作用产生的水平力。

根据现行国家标准《钢结构设计规范》GB 50017－2003 第 5.1.7 条，考虑我国长期工程上使用经验，连墙件约束脚手架平面外变形所产生的轴向力 N_0（kN），由原规范规定的单排架 3kN 改为 2kN，双排架取 5kN 改为 3kN。

采用扣件连接时，一个直角扣件连接承载力计算不满足要求，可采用双扣件连接的连墙件。当采用焊接或螺栓连接的连墙件时，应按现行国家标准《冷弯薄壁型钢结构技术规范》GB 50018 规定计算；还应注意，连墙件与混凝土中的预埋件连接时，预埋件尚应按现行国家标准《混凝土结构设计规范》GB 50010 的规定计算。

每个连墙件的覆盖面积内脚手架外侧面的迎风面积（A_w）为连墙件水平间距×连墙件竖向间距。

5.3 满堂脚手架计算

5.3.1～5.3.4 考虑工地现场实际工况条件，规范所给满堂脚手架整体稳定性的计算方法力求简单、正确、可靠。同单、双排脚手架立杆稳定计算一样，满堂脚手架的立杆稳定性计算公式，虽然在表达形式上是对单根立杆的稳定计算，但实质上是对脚手架结构的整体稳定计算。因为式（5.3.4）中的 μ 值（附录 C 表 C-1）是根据满堂脚手架的整体稳定试验结果确定的。脚手架有单排、双排、满堂脚手架（3 排以上），按立杆偏心受力与轴心受力划分为，满堂脚手架与满堂支撑架。本节所提的满堂脚手架是指荷载通过水平杆传入立杆，立杆偏心受力情况。满堂支撑架是指顶部荷载是通过轴心传力构件（可调托撑）传递给立杆的，立杆轴心受力情况。

现就有关问题说明如下：

1 满堂脚手架的整体稳定

满堂脚手架有两种可能的失稳形式：整体失稳和局部失稳。

整体失稳破坏时，满堂脚手架呈现出纵横立杆与纵横水平杆组成的空间框架，沿刚度较弱方向大波鼓曲现象。

一般情况下，整体失稳是满堂脚手架的主要破坏形式。

由于整体失稳是满堂脚手架主要破坏形式，故本条规定了对整体稳定按式（5.2.6-1）、式（5.2.6-2）计算。为了防止局部立杆段失稳，本规范除对步距限制外，尚在本规范第5.3.3条中规定对可能出现的薄弱的立杆段进行稳定性计算。

2 关于满堂脚手架整体稳定性计算公式中的计算长度系数μ的说明

影响满堂脚手架整体稳定因素主要有竖向剪刀撑、水平剪刀撑、水平约束（连墙件）、支架高度、高宽比、立杆间距、步距、扣件紧固扭矩等。

满堂脚手架整体稳定试验结论，以上各因素对临界荷载的影响都不同，所以，必须给出不同工况条件下的满堂脚手架临界荷载（或不同工况条件下的计算长度系数μ值），才能保证施工现场安全搭设满堂脚手架，才能满足施工现场的需要。

通过对满堂脚手架整体稳定实验与理论分析，同时与满堂支撑架整体稳定实验对比分析，采用实验确定的节点刚性（半刚性），建立了满堂脚手架及满堂支撑架有限元计算模型；进行大量有限元分析计算，找出了满堂脚手架与满堂支撑架的临界荷载差异，得出满堂脚手架各类不同工况情况下临界荷载，结合工程实际，给出工程常用搭设满堂脚手架结构的临界荷载，进而根据临界荷载确定：考虑满堂脚手架整体稳定因素的单杆计算长度系数μ（附录C）。试验支架搭设是按施工现场条件搭设，并考虑可能出现的最不利情况，规范给出的μ值，能综合反应了影响满堂脚手架整体失稳的各种因素。

3 满堂脚手架立杆计算长度附加系数k的确定

见条文说明第5.2.6条～第5.2.9条第3款关于“脚手架立杆计算长度附加系数k的确定”的解释。

根据满堂脚手架与满堂支撑架整体稳定试验分析，随着满堂脚手架与满堂支撑架高度增加，支架临界荷载下降。

满堂脚手架高度大于20m时，考虑高度影响满堂脚手架，给出立杆计算长度附加系数见表5.3.4。可保证安全系数不小于2.0。

4 满堂脚手架扣件节点半刚性论证见本规范条文说明第5.4节。

5 满堂脚手架高宽比＝计算架高÷计算架宽，计算架高：立杆垫板下皮至顶部脚手板下水平杆上皮垂直距离。计算架宽：脚手架横向两侧立杆轴线水平距离。

5.3.5 满堂脚手架纵、横水平杆与双排脚手架纵向水平杆受力基本相同。

5.3.6 满堂脚手架连墙件布置能基本满足双排脚手架连墙件的布置要求，可按双排脚手架要求设计计算。建筑物形状为“凹”形，在“凹”形内搭设外墙施工脚手架会出现2跨或3跨的满堂脚手架。这类脚手架可以按双排架布置连墙件。

5.4 满堂支撑架计算

5.4.1～5.4.6 考虑工地现场实际工况条件，规范所给满堂支撑架整体稳定性的计算方法力求简单、正确、可靠。同单、双排脚手架立杆稳定计算一样，满堂支撑架的立杆稳定性计算公式，虽然在表达形式上是对单根立杆的稳定计算，但实质上是对满堂支撑架结构的整体稳定计算。因为式（5.4.6-1）、式（5.4.6-2）中的μ_1、μ_2值（附录C表C-2～表C-5）是根据脚手架的整体稳定试验结果确定的。本节所提满堂支撑架是指顶部荷载是通过轴心传力构件（可调托撑）传递给立杆的，立杆轴心受力情况；可用于钢结构工程施工安装、混凝土结构施工及其他同类工程施工的承重支架。

现就有关问题说明如下：

1 满堂支撑架的整体稳定

满堂支撑架有两种可能的失稳形式：整体失稳和局部失稳。

整体失稳破坏时，满堂支撑架呈现出纵横立杆与纵横水平杆组成的空间框架，沿刚度较弱方向大波鼓曲现象，无剪刀撑的支架，支架达到临界荷载时，整架大波鼓曲。有剪刀撑的支架，支架达到临界荷载时，以上下竖向剪刀撑交点（或剪刀撑与水平杆有较多交点）水平面为分界面，上部大波鼓曲（图8），下部变形小于上部变形。所以波长均与剪刀撑设置、水平约束间距有关。

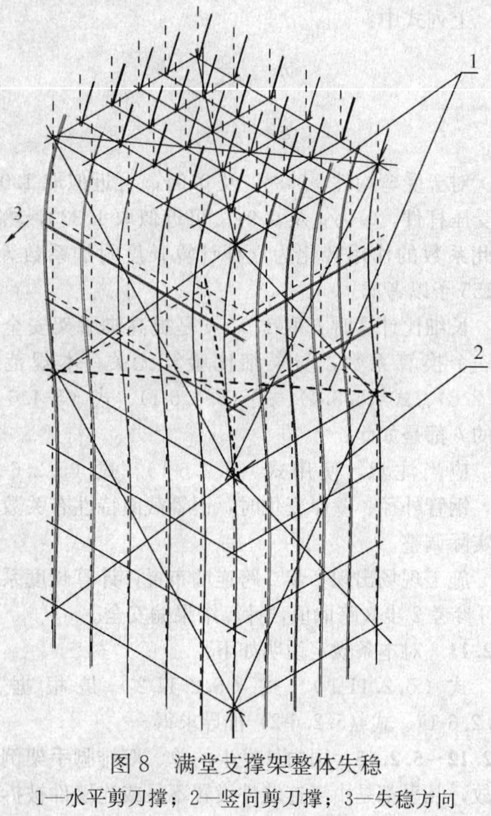

图8 满堂支撑架整体失稳

1—水平剪刀撑；2—竖向剪刀撑；3—失稳方向

一般情况下，整体失稳是满堂支撑架的主要破坏形式。

局部失稳破坏时，立杆在步距之间发生小波鼓曲，波长与步距相近，变形方向与支架整体变形可能一致，也可能不一致。

当满堂支撑架以相等步距、立杆间距搭设，在均布荷载作用下，立杆局部稳定的临界荷载高于整体稳定的临界荷载，满堂支撑架破坏形式为整体失稳。当满堂支撑架以不等步距、立杆横距搭设，或立杆负荷不均匀时，两种形式的失稳破坏均有可能。

由于整体失稳是满堂支撑架的主要破坏形式，故本条规定了对整体稳定按式（5.2.6-1）、式（5.2.6-2）计算。为了防止局部立杆段失稳，本规范除对步距限制外，尚在本规范第5.4.5条中规定对可能出现的薄弱的立杆段进行稳定性计算。

2 关于满堂支撑架整体稳定性计算公式中的计算长度系数μ的说明

影响满堂支撑架整体稳定因素主要有竖向剪刀撑、水平剪刀撑、水平约束（连墙件）、支架高度、高宽比、立杆间距、步距、扣件紧固扭矩、立杆上传力构件、立杆伸出顶层水平杆中心线长度（a）等。

满堂支撑架整体稳定试验结论，以上各因素对临界荷载的影响都不同，所以，必须给出不同工况条件下的支架临界荷载（或不同工况条件下的计算长度系数μ值），才能保证施工现场安全搭设满堂支撑架。才能满足施工现场的需要。

2008年由中国建筑科学研究院主持负责，江苏南通二建集团有限公司参加及大力支援，天津大学参加，并在天津大学土木工程检测中心完成了15项真型满堂扣件式钢管脚手架与满堂支撑架（高支撑）试验。13项满堂支撑架主要传力构件"可调托撑"破坏试验，多组扣件节点半刚性试验，得出了满堂支撑架在不同工况下的临界荷载。

通过对满堂支撑架整体稳定实验与理论分析，采用实验确定的节点刚性（半刚性），建立了满堂扣件式钢管支撑架的有限元计算模型；进行大量有限元分析计算，得出各类不同工况情况下临界荷载，结合工程实际，给出工程常用搭设满堂支撑架结构的临界荷载，进而根据临界荷载确定：考虑满堂支撑架整体稳定因素的单杆计算长度系数μ_1、μ_2。试验支架搭设是按施工现场条件搭设，并考虑可能出现的最不利情况，规范给出的μ_1、μ_2值，能综合反应了影响满堂支撑架整体失稳的各种因素。

实验证明剪刀撑设置不同，临界荷载不同，所以给出普通型与加强型构造的满堂支撑架。

3 满堂支撑架立杆计算长度附加系数k的确定

见条文说明第5.2.6条～第5.2.9条第3款关于"脚手架立杆计算长度附加系数k的确定"的解释。

根据满堂支撑架整体稳定试验分析，随着满堂支撑架高度增加，支撑体系临界荷载下降，参考国内外同类标准，引入高度调整系数调降强度设计值，给出满堂支撑架立杆计算长度附系数见表5.4.6。可保证安全系数不小于2.0。

4 满堂脚手架与满堂支撑架扣件节点半刚性论证

扣件节点属半刚性，但半刚性到什么程度，半刚性节点满堂脚手架和满堂支撑架承载力与纯刚性满堂脚手架和满堂支撑架承载力差多少？要准确回答这个问题，必须通过真型满堂脚手架与满堂支撑架实验与理论分析。

直角扣件转动刚度试验与有限元分析，得出如下结论：

1）通过无量纲化后的$M^*-\theta^*$关系曲线分区判断梁柱连接节点刚度性质的方法。试验中得到的直角扣件的弯矩-转角曲线，处于半刚性节点的区域之中，说明直角扣件属于半刚性连接。

2）扣件的拧紧程度对扣件转动刚度有很大影响。拧紧程度高，承载能力加强，而且在相同力矩作用下，转角位移相对较小，即刚性越大。

3）扣件的拧紧力矩为40N·m、50N·m时，直角扣件节点与刚性节点刚度比值为21.86%、33.21%。

真型试验中直角扣件刚度试验：

在7组整体满堂脚手架与满堂支撑架的真型试验中，对直角扣件的半刚性进行了测量，取多次测量结果的平均值，得到直角扣件的刚度为刚性节点刚度的20.43%。

半刚性节点整体模型与刚性节点整体模型的比较分析：

按照所作的15个真形试验的搭设参数，在有限元软件中，分别建立了半刚性节点整体模型及刚性节点整体模型，得出两种模型的承载力。由于直角扣件的半刚性，其承载能力比刚性节点的整体模型承载力降低很多，在不同工况条件下，满堂脚手架与满堂支撑架刚性节点整体模型的承载力为相应半刚性节点整体模型承载力的1.35倍以上。15个整架实验方案的理论计算结果与实验值相比最大误差为8.05%。

所以，扣件式满堂脚手架与满堂支撑架不能盲目使用刚性节点整体模型（刚性节点支架）临界荷载推论所得参数。

5 满堂支撑架高宽比＝计算架高÷计算架宽，计算架高：立杆垫板下皮至顶部可调托撑支托板下皮垂直距离。计算架宽：满堂支撑架横向两侧立杆轴线水平距离。

6 式（5.4.4-1）、式（5.4.4-2）ΣN_{Gk}包括满堂支撑架结构自重、构配件及可调托撑上主梁、次梁、支撑板自重等；ΣN_{Qk}包括作业层上的人员及设备荷载、结构构件、施工材料自重等。可按每一个纵距、横距为计算单元。

7 式（5.4.6-1）用于顶部、支撑架自重较小时的计算，整体稳定计算结果可能最不利；式（5.4.6-2）用于底部或最大步距部位的计算，支撑架自重荷载较大时，计算结果可能最不利。

5.4.7 满堂支撑架整体稳定试验证明，在一定条件下，宽度方向跨数减小，影响支架临界荷载。所以要求对于小于4跨的满堂支撑架要求设置了连墙件（设置连墙件可提高承载力），如果不设置连墙件就应该对支撑架进行荷载、高度限制，保证支撑架整体稳定。

施工现场，少于4跨的支撑架多用于受荷较小部位。高度控制可有效减小支架高宽比，荷载限制可保证支架稳定。

永久荷载与可变荷载（不含风荷载）总和标准值7.5kN/m²，相当于150mm厚的混凝土楼板。计算如下：

楼板模板自重标准值为0.3kN/m²；钢筋自重标准值，每立方混凝土1.1kN；混凝土自重标准值24kN/m³；施工人员及施工设备荷载标准值为1.5kN/m²。振捣混凝土时产生的荷载标准值2.0 kN/m²，忽略支架自重。

永久荷载与可变荷载（不含风荷载）总和标准值：0.3＋1.5＋2＋25.1×0.15＝7.6 kN/m²

均布线荷载大于7kN/m相当于400mm×500mm（高）的混凝土梁。计算如下：

钢筋自重标准值，每立方混凝土1.5kN，混凝土自重标准值24kN/m³。

均布线荷载标准值为：0.3(2×0.5＋0.4)＋0.4(2＋1.5)＋25.5×0.4×0.5＝6.92kN/m

5.5 脚手架地基承载力计算

5.5.1 式（5.5.1）是根据现行国家标准《建筑地基基础设计规范》GB 50007给出的。计算p_k、N_k时使用荷载标准值。

脚手架系临时结构，故本条只规定对立杆进行地基承载力计算，不必进行地基变形验算。考虑到地基不均匀沉降将危及脚手架安全，因此，在本规范第8.2.3条中规定了对脚手架沉降进行经常检测。

5.5.2 由于立杆基础（底座、垫板）通常置于地表面，地基承载力容易受外界因素的影响而下降，故立杆的地基计算应与永久建筑的地基计算有所不同。为此，对立杆地基计算作了一些特殊的规定，即采用调整系数对地基承载力予以折减，以保证脚手架安全。

有条件可由载荷试验确定地基承载力，也可根据勘察报告及工程实践经验确定。

5.6 型钢悬挑脚手架计算

5.6.1 悬挑脚手架的悬挑支撑结构有多种形式，本规范只规定了施工现场常用的以型钢梁作为悬挑支撑结构的型钢悬挑梁及其锚固的设计计算。

5.6.2 型钢悬挑梁上脚手架轴向力设计值计算方法与一般落地式脚手架计算方法相同。

5.6.3～5.6.5 考虑到型钢悬挑梁在楼层边梁（板）上搁置的实际情况，根据工程实践经验总结，本规范确定出悬挑钢梁的计算方法。

说明：悬挑钢梁挠度允许值可按2 l/250确定，l为悬挑长度。是根据现行国家标准《钢结构设计规范》GB 50017－2003第3.5.1条及附录A结构变形规定，考虑以下条件确定的。

1 型钢悬挑架为临时结构；

2 每纵距悬挑梁前端采用钢丝绳吊拉卸荷；钢丝绳不参与计算；

3 受弯构件的跨度对悬臂梁为悬伸长度的两倍；

4 经过大量计算，计算结果符合实际。

5.6.6、5.6.7 型钢悬挑梁固定段与楼板连接的压点处是指对楼板产生上拔力的锚固点处。采用U形钢筋拉环或螺栓连接固定时，考虑到多个钢筋拉环（或多对螺栓）受力不均的影响，对其承载力乘以0.85的系数进行折减。

5.6.8 用于型钢悬挑梁锚固的U形钢筋或螺栓，对建筑结构混凝土楼板有一个上拔力，在上拔力作用下，楼板产生负弯矩，此负弯矩可能会使未配置负弯矩筋的楼板上部开裂。因此，本规范提出经计算并在楼板上表面配置受力钢筋。

5.6.9 在施工时，应按现行国家标准《混凝土结构设计规范》GB 50010的规定对型钢梁下混凝土结构进行局部受压承载力、受弯承载力验算。由于混凝土养护龄期不足等原因，在计算时，要注意取结构混凝土的实际强度值进行验算。

6 构 造 要 求

6.1 常用单、双排脚手架设计尺寸

6.1.1 对表6.1.1-1、表6.1.1-2的说明：

1 横距、步距是参考我国长期使用的经验值；

2 横距（横向水平杆跨度）、纵距（纵向水平杆跨度）是根据一层作业层上的施工荷载按本规范第5.2.1条～第5.2.5条的公式计算，取计算结果中能满足强度、挠度、抗滑三项要求的最小跨度值，偏于安全；

3 脚手架设计高度是根据式（5.2.11-2）计算，密目式安全立网全封闭式双排脚手架挡风系数取φ＝0.8～0.9，采用计算结果中的最小高度值，偏于安全。

4 地面粗糙度为B类，指田野、乡村、丛林、丘陵以及房屋比较稀疏的乡镇和城市郊区；地面粗糙

度C类（指有密集建筑群的城市市区），D类（指有密集建筑群且房屋较高的城市市区）地区，可参考B类地区的计算值使用。取重现期为10年（$n=10$）对应的风压 $w_0=0.4\text{kN/m}^2$。全国大部分城市已包括。地面粗糙度为A类，基本风压大于 0.4kN/m^2 的地区，脚手架允许搭设高度必须另计算。

6.1.2 规定脚手架高度不宜超过50m的依据：

1 根据国内几十年的实践经验及对国内脚手架的调查，立杆采用单管的落地脚手架一般在50m以下。当需要的搭设高度大于50m时，一般都比较慎重地采用了加强措施，如采用双管立杆、分段卸荷、分段搭设等方法。国内在脚手架的分段搭设、分段卸荷方面已经积累了许多可靠、行之有效的方法和经验。

2 从经济方面考虑。搭设高度超过50m时，钢管、扣件的周转使用率降低，脚手架的地基基础处理费用也会增加。

3 参考国外的经验。美国、德国、日本等也限制落地脚手架的搭设高度：如美国为50m，德国为60m，日本为45m等。

高度超过50m的脚手架，采用双管立杆（或双管高取架高的2/3）搭设或分段卸荷等有效措施，应根据现场实际工况条件，进行专门设计及论证。

双管立杆变截面处主立杆上部单根立杆的稳定性，可按本规范式（5.2.6-1）或式（5.2.6-2）进行计算。双管底部也应进行稳定性计算。

6.2 纵向水平杆、横向水平杆、脚手板

6.2.1 对搭接长度的规定与立杆相同，但中间比立杆多一个旋转扣件，以防止上面搭接杆在竖向荷载作用下产生过大的变形；对于铺设竹笆脚手板的纵向水平杆设置规定，是根据现场使用情况提出的。

纵向水平杆设在立杆内侧，可以减小横向水平杆跨度，接长立杆和安装剪刀撑时比较方便，对高处作业更为安全。

6.2.3 本条规定在主节点处严禁拆除横向水平杆，这是因为，它是构成脚手架空间框架必不可少的杆件。现场调查表明，该杆挪动他用的现象十分普遍，致使立杆的计算长度成倍增大，承载能力下降。这正是造成脚手架安全事故的重要原因之一。

6.2.4 本条规定脚手板的对接和搭接尺寸，旨在限制探头板长度，以防脚手板倾翻或滑脱。

6.3 立 杆

6.3.1 当脚手架搭设在永久性建筑结构混凝土基面时，立杆下底座或垫板可根据情况不设置。

6.3.2 本条规定设置扫地杆，是吸收了我国和英、日、德等国的经验。

6.3.3 脚手架地基存在高差时，纵向扫地杆、立杆应按要求搭设，保证脚手架基础稳固。

6.3.5 单排、双排与满堂脚手架立杆采用对接接长，传力明确，没有偏心，可提高承载能力。试验表明：一个对接扣件的承载能力比搭接的承载能力大2.14倍顶层顶步立杆指顶层栏杆立杆。

6.4 连 墙 件

6.4.1 设置连墙件，不仅是为防止脚手架在风荷和其他水平力作用下产生倾覆，更重要的是它对立杆起中间支座的作用。试验证明：增大其竖向间距（或跨度）使立杆的承载能力大幅度下降。这表明连墙件的设置对保证脚手架的稳定性至关重要。为此，在英、日、德等国的同类标准中也有严格的规定。

6.4.2 对表6.4.2的说明：

表中规定的尺寸与连墙件按2步3跨、3步3跨设置，均是适应于本规范表5.2.8立杆计算长度系数的应用条件，可在计算立杆稳定性时取用。

6.4.3 对连墙件设置位置规定的说明：

1 限制连墙件偏离主节点的最大距离300mm，是参考英国标准的规定。只有连墙件在主节点附近方能有效地阻止脚手架发生横向弯曲失稳或倾覆，若远离主节点设置连墙件，因立杆的抗弯刚度较差，将会由于立杆产生局部弯曲，减弱甚至起不到约束脚手架横向变形的作用。调研中发现，许多连墙件设置在立杆步距的1/2附近，这对脚手架稳定是极为不利的。必须予以纠正。

2 由于第一步立柱所承受的轴向力最大，是保证脚手架稳定性的控制杆件。在该处设连墙件，也就是增设了一个支座，这是从构造上保证脚手架立杆局部稳定性的重要措施之一。

6.4.4 若开口型脚手架两端不与主体结构相连，就相当于自由边界已成为薄弱环节。将其两端与主体结构加强连接，再加上横向斜撑的作用，可对这类脚手架提供较强的整体刚度。

6.4.5～6.4.8 这几条规定是总结了国内一些成熟的经验，并吸收了国外标准中的规定。连墙件在使用过程中，既受拉力也受压力，所以，必须采用可承受拉力和压力的构造。并要求连墙杆节点之间距离不能任意长，容许长细比按150控制。

6.5 门 洞

6.5.1 对门洞形式与选形条件的说明：

我国脚手架过门洞处的结构形式，以采用落地式斜杆支撑（1～2）根架空立杆为主，英、法等国则用门式桥架（图9）。

考虑到我国搭设门洞的习惯，并能增大门洞空间的使用面积和有一个较为简便、统一的验算方法，特列出图6.5.1以供选择。门洞采用图6.5.1所示落地式支撑，能减少两侧边立杆的荷载，并可将图中的

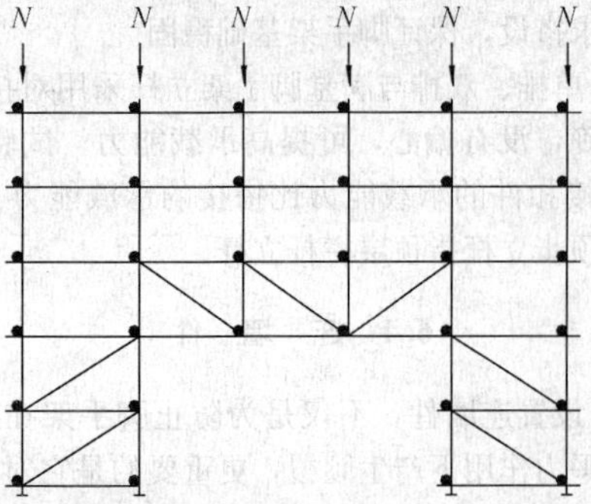

图 9　英、法等国过门洞的结构形式

矩形平面 ABCD 作为上升式斜杆的平行弦杆桁架计算。

6.5.5　本条规定是为防止杆件从扣件中滑脱，以保证门洞桁架安全可靠。

6.6　剪刀撑与横向斜撑

6.6.1、6.6.2　这两条规定是在总结我国经验的基础上，参考了英、美、德等国脚手架标准的规定提出的。这些规定，对提高我国现有扣件式钢管脚手架支撑体系的构造标准，对加强脚手架整体稳定、防止安全事故的发生将起重要的作用。具体说明如下：

对纵向剪刀撑作用大小的分析表明：若连接立杆太少，则纵向支撑刚度较差，故对剪刀撑跨越立杆的根数作了规定。

由于纵向剪刀撑斜杆较长，如不固定在与之相交的立杆或横向水平杆伸出端上，将会由于刚度不足先失去稳定。为此在设计时，应注意计算纵向剪刀撑斜杆的长细比，使其不超过本规范表 5.1.9 的规定。

6.6.3　根据实验和理论分析，脚手架的纵向刚度远比横向刚度强得多，一般不会发生纵向整体失稳破坏。设置了纵向剪刀撑后，可以加强脚手架结构整体刚度和空间工作，以保证脚手架的稳定。这也是国内工程实践经验的总结。

6.6.4　设置横向斜撑可以提高脚手架的横向刚度，并能显著提高脚手架的稳定承载力。

6.6.5　开口型脚手架两端是薄弱环节。将其两端设置横向斜撑，并与主体结构加强连接，可对这类脚手架提供较强的整体刚度。静力模拟试验表明：对于一字形脚手架，两端有横向斜撑（之字形），外侧有剪刀撑时，脚手架的承载能力可比不设的提高约 20%。

6.7　斜　道

6.7.1～6.7.3　这三条对斜道构造的规定，主要是总结国内工程的实践经验制定的。注意人行斜道严禁搭设在临近高压线一侧。

6.8　满堂脚手架

6.8.1　本条所提的满堂脚手架是指荷载通过水平杆传入立杆，立杆偏心受力情况。

对表 6.8.1 的说明：

1　横距、步距是参考我国长期使用的经验值。

2　横距（横向水平杆跨度）、纵距（纵向水平杆跨度）是根据一层作业层上的施工荷载按本规范第 5.2.1 条～第 5.2.5 条的公式计算，取计算结果中能满足强度、挠度、抗滑三项要求的最小跨度值，偏于安全；立杆间距 1.2m×1.2m～1.3m×1.3m，施工荷载标准值不小于 3kN/m^2 时，水平杆通过扣件传至立杆的竖向力为 8 kN～11 kN 之间，所以立杆上应增设防滑扣件。

3　满堂脚手架设计高度是根据本规范 5.3 节计算得出的，并根据工程实际适当调整，脚手架地基承载力另行计算。

4　计算条件不同另行计算。

5　满堂脚手架结构的设计尺寸按设计计算，但不应超过表 6.8.1 中的规定值。

6.8.2　根据我国工程使用经验及支架整体稳定试验确定。

6.8.4　根据脚手架试验，增加竖向、水平剪刀撑，可增加架体刚度，提高脚手架承载力。在竖向剪刀撑顶部交点平面设置一道水平连续剪刀撑，可使架体结构稳固。

当剪刀撑连续布置时，剪刀撑宽度，为剪刀撑相邻斜杆的水平距离。

6.8.6　试验证明，满堂脚手架增加连墙件可提高承载力，所以在有条件与结构连接时，应使脚手架与建筑结构进行刚性连接。本规范附录 C 表 C-1 的高宽比是试验所得高宽比，也是计算长度系数使用条件，不满足本规范附录 C 表 C-1 规定的高宽比时，应设置连墙件。在无结构柱部位采取预埋钢管等措施与建筑结构进行刚性连接；在有空间部位，也可超出顶部加载区投影范围向外延伸布置（2～3）跨。采取以上措施后，高宽比提高，但高宽比不宜大于 3。

6.8.8　局部承受集中荷载，根据实际荷载可按本规范附录 C 表 C-1 计算，局部调整满堂脚手架构造尺寸，进行局部加固。

6.8.9、6.8.10　根据我国工程使用经验确定。

6.9　满堂支撑架

6.9.1　本条规定明确满堂支撑架步距不宜超过 1.8m，立杆间距不宜超过 1.2m×1.2m。

6.9.3～6.9.5　满堂支撑架整体稳定试验证明，增加竖向、水平剪刀撑，可增加架体刚度，提高脚手架承载力。在竖向剪刀撑顶部交点平面设置一道水平连续剪刀撑，可使架体结构稳固。设置剪刀撑比不设置临界荷载提高 26%～64%（不同工况），剪刀撑不同设置，临界荷载发生变化，所以根据剪刀撑的不同设置给出不同的承载力，给出满堂支撑架不同的立杆计算长度系数（附录C）。

施工现场满堂支撑架，经常不设剪刀撑或只是支架外围设置竖向剪刀撑，这种结构不合理，所以要求满堂支撑架在纵、横向间隔一定距离设置竖向剪刀撑，在竖向剪刀撑顶部交点平面、扫地杆的设置层设置水平剪刀撑，保证支架结构稳定。

普通型剪刀撑设置，剪刀撑的纵、横向间距较大，施工搭设相对简单，剪刀撑主要为支架的构造保证措施。

加强型剪刀撑设置，与满堂支撑架整体稳定试验剪刀撑设置设置基本相同，按本规范附录C表C-3、表C-5计算支架稳定。竖向剪刀撑间距(4～5)跨，为(3～5)m，立杆间距在0.4m×0.4m～0.6m×0.6m之间(含0.4m×0.4m)，竖向剪刀撑间(3～3.2)m，0.4×8跨=3.2m，0.5×6跨=3m，均满足要求。

6.9.7 满堂支撑架，可用于大型场馆屋顶有集中荷载的钢结构安装支撑体系与其他同类工程支撑体系，大型场馆中部无法设置连墙件，为保证支架稳定或边部支架稳定，要求边部支架设置连墙件，在有空间部位，满堂支撑架宜超出顶部加载区投影范围向外延伸布置（2～3）跨。

试验表明，在支架5跨×5跨内，设置两处水平约束，支架临界荷载提高10%以上 。所以，有条件设置连墙件时，一定要设置连墙件。在支架受力较大的情况下更要设置连墙件。

大梁高度超过1.2m（或相同荷载）或混凝土板厚度超过0.5m（或相同荷载）或满堂支撑架横向高宽比不符合本规范附录C表C-2～表C-5的规定，连墙件设置要严格控制。这样可提高支撑架承载力，保证支撑架稳定。如果无现成结构柱，设置连墙件，可采取预埋钢管等措施。

本规范附录C的高宽比是试验所得高宽比，也是计算长度系数使用条件，不满要求应设置连墙件。采取连墙等措施后，高宽比可适当增大，但高宽比不宜大于3。

现行行业标准《建筑施工模板安全技术规范》JGJ 162－2008第6.2.4条第6款规定的内容为，当支架立柱高度超过5m时，应在立柱周围外侧和中间有结构柱的部位，按水平间距(6～9)m、竖向间距(2～3)m与建筑结构设置一个固结点。

6.10 型钢悬挑脚手架

6.10.2～6.10.5 双轴对称截面型钢宜使用工字钢，工字钢结构性能可靠，双轴对称截面，受力稳定性好，较其他型钢选购、设计、施工方便。

悬挑钢梁前端应采用吊拉卸荷，吊拉卸荷的吊拉构件有刚性的，也有柔性的，如果使用钢丝绳，其直径不应小于14mm，使用预埋吊环其直径不宜小于20mm（或计算确定），预埋吊环应使用HPB235级钢筋制作。钢丝绳卡不得少于3个。

悬挑钢梁悬挑长度一般情况下不超过2m能满足施工需要，但在工程结构局部有可能满足不了使用要求，局部悬挑长度不宜超过3m。大悬挑另行专门设计及论证。

在建筑结构角部，钢梁宜扇形布置；如果结构角部钢筋较多不能留洞，可采用设置预埋件焊接型钢三脚架等措施。

悬挑钢梁支承点应设置在结构梁上，不得设置在外伸阳台上或悬挑板上，否则应采取加固措施。

6.10.7 定位点可采用竖直焊接长0.2m、直径25mm～30mm的钢筋或短管等方式。

6.10.10、**6.10.11** 悬挑架设置连墙件与外立面设置剪刀撑，是保证悬挑架整体稳定的条件。

7 施　工

7.1 施 工 准 备

7.1.1 本条规定是为了明确岗位责任制，促进脚手架的设计及其专项方案在具体施工实施过程中得到认真严肃的贯彻。单位工程负责人交底时，应注意方案中设计计算使用条件与工程实际工况条件是否相符的问题。监理工程师检查交底记录时，对以上问题应作重点检查。

7.1.2 本条规定是为了加强现场管理，杜绝不合格产品进入现场，否则在脚手架工程中会造成隐患和事故。对钢管、扣件、可调托撑可通过检测手段来保证产品合格，即：在进入施工现场后第一次使用前，由施工总承包单位负责，对钢管、扣件、可调托撑进行复试。

7.2 地基与基础

7.2.1～7.2.4 本节明确规定了脚手架地基标高及其基础施工的依据和标准，是保证脚手架工程质量的重要环节。

压实填土地基、灰土地基是脚手架常用的地基，应按《建筑地基基础工程施工质量验收规范》GB 50202的要求施工，应符合工程的地质勘察报告中要求。

7.3 搭　设

7.3.1 为保证脚手架搭设中的稳定性，本条规定了一次搭设高度的限值。

7.3.2 本条规定明确脚手架搭设中允许偏差检查的时间，有利于防止累计误差超过允许偏差而导致难以纠正。

7.3.3 本条规定的技术要求有利于脚手架立杆受力和沉降均匀。对于其他材料用于脚手架基础，应是不低于木垫板承载力，不低于木垫板长度、宽度。

7.3.4～7.3.11 这8条规定是根据本规范第6章有关构造要求提出的具体操作规定，说明如下：

1 在第7.3.6条3款中规定搭设单排脚手架横向水平杆的位置，是根据现行国家标准《砌体工程施工质量验收规范》GB 50203的规定确定的。

根据现行行业标准《砌筑砂浆配合比设计规程》JGJ 98的规定，砌筑砂浆的最低强度等级为M2.5。

2 在7.3.11条2款中规定扣件螺栓的拧紧扭力矩采用（40～65）N·m，是根据现行国家标准《钢管脚手架扣件》GB 15831的规定确定的。

7.3.13 原规范7.3.12条规定，脚手板的铺设自顶层作业层的脚手板往下计，宜每隔12m满铺一层脚手板。考虑到原规定既增加防护设施投入，又增加脚手架荷载。故此次修订将此条取消，并在本规范第9.0.11条中规定，脚手板下应用安全网双层兜底。施工层以下每隔10m应用安全网封闭。

7.4 拆 除

7.4.1 本条规定了拆除脚手架前必须完成的准备工作和具备的技术文件。

7.4.2 本条明确规定了脚手架的拆除顺序及其技术要求，有利于拆除中保证脚手架的整体稳定性。

7.4.5 本条规定的目的是为了防止伤人，避免发生安全事故，同时还可以增加构配件使用寿命。

8 检查与验收

8.1 构配件检查与验收

8.1.1 对新钢管允许偏差值的说明：

对本规范表8.1.8序号1说明，现行国家标准《低压流体输送用焊接钢管》GB/T 3091、《直缝电焊钢管》GB/T 13793规定：ϕ48.3×3.6的钢管，管体外径允许偏差±0.5mm，壁厚允许偏差±10%（壁厚），即：±3.6×10%=±0.36mm；所以，外径允许范围为（47.8～48.8）mm；壁厚允许范围为（3.24～3.96）mm；目前市场上ϕ48×3.5（或3.24～3.5）在允许偏差范围内。

8.1.2 对旧钢管的检查项目与允许偏差值的说明：

1 使用旧钢管（已使用过的或长期放置已锈蚀的钢管）时主要应检查有无严重鳞皮锈。检查锈蚀深度时，应先除去锈皮再量深度。

2 本规范表8.1.8中序号3的规定，锈蚀深度不得大于壁厚负偏差的一半。

现行国家标准《钢结构工程施工质量验收规范》GB 50205-2001第4.2.5条第1款规定："当钢材的表面有锈蚀、麻点或划痕等缺陷时，其深度不得大于该钢材厚度负允许偏差值的1/2"。

3 本规范表8.1.8序号4中规定的根据：

1）各种钢管的端部弯曲在1.5m长范围内限制允许偏差Δ≤5mm，以限制初始弯曲对立杆受力影响及纵向水平杆的水平程度；

2）立杆钢管弯曲（初始弯曲）的允许偏差值Δ是考虑我国建筑施工企业施工现场的管理水平，按3/1000确定的，以限制初始弯曲过大，影响立杆承载能力；

3）水平杆、斜杆为非受压杆件，故放宽允许偏差值Δ，按4.5/1000考虑，以6.5m计，Δ≤30mm。

8.1.4 由于目前建筑市场扣件合格率较低，要求每个工程在使用扣件前，进行复试，以保证使用合格产品。扣件有裂缝、变形的，螺栓滑丝的严重影响扣件承载力，最终导致影响脚手架的整体稳定。

8.1.7 可调托撑的规定是根据我国长期使用经验，满堂支撑架整体稳定试验、可调托撑破坏试验确定的。试验表明：支托板、螺母有裂缝临界荷载下降，支托板厚如果小于5mm，可调托撑承载力不满足要求。

钢管采用ϕ48.3×3.6，壁厚3.6mm，允许偏差±0.36，最小壁厚3.24mm。钢管内径48.3－2×3.24=41.82mm，可调托撑螺杆外径与立杆钢管内壁之间的间隙（平均值）为（41.82－36）÷2=2.91mm，满足要求。

目前，在施工现场，存在着支托板变形较大仍然使用的现象，造成主梁向支托板传力不均匀，影响可调托撑承载力。

8.2 脚手架检查与验收

8.2.1 本条明确脚手架与满堂支撑架及其地基基础应进行检查与验收的阶段。

8.2.2 为提高施工企业管理水平，防患于未然，明确责任，提出了脚手架工程检查验收时应具备的文件。

8.2.3 本条明确脚手架使用中应定期检查的项目；也可随时抽查其规定项目。

8.2.4 对表8.2.4的说明：

1 关于立杆垂直度的允许偏差

立杆安装垂直度允许偏差值的规定，关系到脚手架的安全与承载能力的发挥。从国内实测数据分析可知，所规定的允许偏差值是代表国内大多城市中许多建筑企业搭设质量的平均先进水平的。满堂支撑架立杆垂直度的允许偏差为立杆高度的千分之三。

2 关于间距的允许偏差

根据现场实测调查，一般均可做到。

3 关于纵向水平杆高差的允许偏差

纵向水平杆水平度的允许偏差值关系到结构的承载力（立杆的计算长度）、施工安全等。

8.2.5 本条明确地规定了扣件螺栓扭力矩抽样检查数目与质量判定标准，有利于保证脚手架安全。

9 安全管理

9.0.1 本条的规定旨在保证专业架子工搭设脚手架，是避免脚手架安全事故发生的措施之一。

9.0.4 本条的规定旨在保证钢管截面不被削弱。

9.0.5 本条的规定旨在防止脚手架因超载而影响安全施工。条文中规定的内容是通过调研，对工地实际存在的问题提出的。

9.0.6 本条规范是保证施工安全的重要措施。

9.0.7 支撑架实际荷载超过设计规定，就存在安全隐患，甚至导致安全事故发生。

9.0.8 大于六级风停止高处作业的规定是按照现行行业标准《建筑施工高处作业安全技术规范》JGJ 80的规定确定的。

9.0.12 扣件式钢管脚手架应使用阻燃的密目式安全网，避免在脚手架上电焊施工引起火灾。

9.0.13 施工期间，拆除脚手架主节点处的纵向水平杆、横向水平杆、纵向扫地杆、横向扫地杆中任何一根杆件，都会造成脚手架承载力下降。严重时会导致事故。拆除连墙件也是如此。

9.0.14 如果在脚手架基础下开挖管沟，会影响脚手架整体稳定。室外管沟过脚手架基础必须在脚手架专项方案体现，必须有安全措施。

9.0.15 满堂脚手架与满堂支撑架在安装过程中，必须设置防倾覆的临时固定设施，如斜撑、揽风绳、连墙件等。抗倾覆稳定计算应保证，支架抗倾覆力矩≥支架倾覆力矩。

中华人民共和国行业标准

建筑工程可持续性评价标准

Standard for sustainability assessment of building project

JGJ/T 222—2011

批准部门：中华人民共和国住房和城乡建设部
施行日期：2 0 1 2 年 5 月 1 日

中华人民共和国住房和城乡建设部
公　　告

第 1052 号

关于发布行业标准《建筑工程可持续性评价标准》的公告

现批准《建筑工程可持续性评价标准》为行业标准，编号为 JGJ/T 222－2011，自 2012 年 5 月 1 日起实施。

本标准由我部标准定额研究所组织中国建筑工业出版社出版发行。

中华人民共和国住房和城乡建设部

2011 年 7 月 4 日

前　　言

根据原建设部《关于印发〈2005 年工程建设标准规范制订、修订计划（第一批）〉的通知》（建标函[2005] 84 号）的要求，标准编制组经广泛调查研究，认真总结实践经验，参考有关国际标准和国外先进标准，并在广泛征求意见的基础上，编制本标准。

本标准的主要技术内容是：1. 总则；2. 术语和符号；3. 评价的对象、内容和评价步骤；4. 系统边界和评价范围；5. 数据采集与处理；6. 可持续性评价；7. 评价报告。

本标准由住房和城乡建设部负责管理，由清华大学负责具体技术内容的解释。执行过程中如有意见或建议，请寄送清华大学建设管理系（地址：北京市海淀区清华大学建设管理系，邮编：100084）。

本标准主编单位：清华大学
河南红旗渠建设集团有限公司

本标准参编单位：中国民族建筑研究会
中国建筑材料科学研究总院
中国城市规划设计研究院
北京交通大学
北京中景恒基建筑装饰工程有限公司

本标准主要起草人员：张智慧　于法典　李小冬　肖厚忠　王元丰　郝卫增　张　播　王　静　桓朝晖　尹亭力　欧阳辰秉　吴星　尚春静　钱　坤　孔祥勤　王　帅　吴　凡　沈永明　常培顺　段志华　韩　阳

本标准主要审查人员：刘长滨　方天培　秦光里　顾　均　郝晓地　崔惠钦　曾赛星　赵虎奎　李忠富　武俊喜

目　次

Contents

1 总　则

1.0.1 为贯彻落实国家节能减排和环境保护政策，优化建筑工程的规划、设计与施工，促进节约利用土地、能源、水和原材料，减少污染物排放，推进建筑业可持续发展，制定本标准。

1.0.2 本标准适用于建筑工程的可持续性评价，包括对建筑工程物化阶段、运行维护阶段、拆除处置阶段的环境影响进行定量测算和评价。

1.0.3 建筑工程可持续性评价，除应符合本标准外，尚应符合国家现行有关标准的规定。

2 术语和符号

2.1 术　语

2.1.1 建筑工程可持续性评价　sustainability assessment of building project

基于建筑工程生命周期清单分析，分析建筑工程在其生命周期内对生态环境潜在的影响，并描述或说明其影响程度。

2.1.2 建筑工程生命周期　building life cycle

建筑工程从建造至拆除所持续的年限，包括原材料获取，建筑材料生产与建筑构配件加工制造，现场施工安装，建筑物运行维护以及建筑物拆除处置等过程。

2.1.3 清单数据　inventory data

单元过程实现一个功能单位的功能所需输入与所产生输出的量化描述。

2.1.4 生命周期清单分析　life cycle inventory analysis

对建筑工程生命周期内各类资源、能源消耗以及污染物排放进行统计分析和归纳整理。

2.1.5 过程　process

一系列将输入转化为输出的相互关联或相互作用的活动。

2.1.6 单元过程　unit process

进行生命周期清单分析时，为统计输入和输出数据，对评价对象进行划分并确定的基本过程。

2.1.7 系统边界　system boundary

建筑工程系统与其环境的界限。

2.1.8 基本流　elementary flow

来源于环境，进入建筑工程系统之前没有经过人为转化的物质或能量，或是离开建筑工程系统进入环境之后不再进行人为转化的物质或能量。

2.1.9 输入　input

进入一个单元过程的产品、物质或能量流。

2.1.10 输出　output

离开一个单元过程的产品、物质或能量流。

2.1.11 原材料　raw material

用于生产建筑材料和加工构配件的基础材料。

2.1.12 周转材料　circulation material

建筑工程施工安装过程中，能多次使用并基本保持其原来的实物形态，但不构成工程实体的消耗性材料。

2.1.13 建筑构配件　building component

以套、件等为单位计量，构成建筑物的基本部件以及辅助的施工安装部件。

2.1.14 建筑设备　building equipment

维持、维护建筑正常使用所需要的各种设备或系统。

2.1.15 建筑工程物化阶段　embodied stage of building project

建筑工程在投入使用之前，形成工程实体所需的建筑材料生产、构配件加工制造以及现场施工安装过程。

2.1.16 建筑物拆除　building demolition

对终止使用的建筑物进行报废、拆卸和处置的过程。

2.1.17 排放物　emission

排放到大气、水体和土壤中的物质。

2.1.18 固体废弃物　solid waste

建筑工程物化阶段和运行阶段产生的固态、半固态废弃物质。

2.1.19 功能单位　functional unit

用于衡量产品系统性能的基准单位。

2.1.20 影响类型　impact category

所涉及的环境问题的分类及其定义。

2.1.21 环境影响机制　environmental mechanism

特定影响类型的物理、化学或生物作用过程，用于反映资源消耗和污染物排放导致的环境影响类型及其影响潜力。

2.1.22 特征化　characterization

将建筑工程生命周期内排放的各种污染物质，按环境影响机制和相应影响潜值分配并折算为各种污染类型的基准当量值。

2.1.23 影响潜值　impact potential

将输入或输出物质转化为某类环境影响当量物质的折算因子。

2.1.24 影响类型的权重因子　impact category weight factor

衡量各环境影响类型之间相对重要性的数值因子。

2.1.25 影响类型的货币化权重　impact category monetary weight

用货币单位表示的各环境影响类型的权重。

2.2 符　号

2.2.1 时间

l——建筑工程的生命周期；

T_{ci}——第 i 种施工机械或设备的工作台时；

T_i——第 i 种建筑设备的年均运行时间。

2.2.2 几何特征

S——总建筑面积；

S_G——建筑场地的绿化面积。

2.2.3 特征化指标

I_A——环境酸化的特征化值；

I_E——水体富营养化的特征化值；

I_G——全球气候变暖的特征化值；

I_i——第 i 种环境影响类型的特征化值；

I_L——光化学污染的特征化值；

I_O——臭氧层消耗的特征化值；

I_V——水资源消耗的特征化值；

I_W——水体毒性的特征化值。

2.2.4 影响潜值

f_j——第 j 种污染物质的环境影响潜值；

P_{Ai}——第 i 种污染物质的环境酸化影响潜值；

P_{Ei}——第 i 种污染物质的水体富营养化影响潜值；

P_{Gi}——第 i 种污染物质的全球气候变暖影响潜值；

P_{Li}——第 i 种污染物质的光化学污染影响潜值；

P_{Oi}——第 i 种污染物质的臭氧层消耗影响潜值；

P_{Wi}——第 i 种污染物质的水体毒性影响潜值。

2.2.5 资源、能源消耗及污染物排放指标

a_j——第 j 种污染物质的区域年排放总量；

a_G——温室气体的年排放量；

a_g——地下水的年消耗量；

a_s——地表水的年消耗量；

C_c——单位建筑面积供暖设备的日均耗煤量；

C_e——单位建筑面积供暖设备的日均耗电量；

C_w——单位建筑面积供暖设备的日均耗水量；

F_e——建筑工程生命周期内设备运行的耗电量；

F_e^c——施工安装机械、设备的耗电量；

F'_e——利用太阳能发电产生的电能；

F_f——建筑工程生命周期内能源消耗所折合的化石燃料消耗量；

F_i——第 i 种化石燃料的消耗量；

F_o——施工机械的耗油量；

H_c——供暖设备的耗煤量；

H_e——供暖设备的耗电量；

H_w——供暖设备的耗水量；

K_i——第 i 种施工机械单位工作量的耗油量；

M_i——建筑工程生命周期内产生的第 i 种污染物质的总质量；

P_{ci}——第 i 种施工机械、设备的功率；

P_i——第 i 种设备的功率；

Q_{Di}——第 i 种周转材料的总需求量；

Q_{Ui}——第 i 种周转材料的消耗量；

V_r——建筑工程生命周期内水处理设备产生的中水总量；

V_{r0}——中水处理设备每年的中水产量；

V_W^o——非供暖用水设备的耗水量；

V_{Wi}^o——第 i 种设备的日均耗水量；

V_{Wi}——第 i 个单元过程的耗水量。

2.2.6 货币指标

B——建筑工程可持续性评价指标；

D_O——国家进行削减臭氧层消耗物质项目的总投入；

E——环境影响值；

e_{ij}——第 i 种环境影响类型中第 j 种污染物质的影响潜力系数；

L_G——估算的由于气候变暖造成的GDP损失；

p_{ij}——第 i 种环境影响类型中第 j 种污染物质的货币因子；

p_g——地下水的水资源费；

p_s——地表水的水资源费；

r_E——建筑工程环境外部性比率；

ω_i——第 i 种环境影响类型的货币化权重。

2.2.7 其他

A_C——绿化植被吸收二氧化碳的质量；

A_S——绿化植被吸收二氧化硫的质量；

S_G——建筑场地的绿化面积（hm^2）；

D_i——第 i 种施工机械的工作量；

k_C——有效光合作用时，绿化植被日吸收二氧化碳的平均能力；

k_S——绿化植被年吸收二氧化硫的平均能力；

n——周转材料的周转次数；

R_O——共计削减（包括计划削减）臭氧层消耗物质的当量；

λ_i——第 i 种化石燃料折算标准煤的系数。

3 评价的对象、内容和评价步骤

3.0.1 建筑工程可持续性评价的对象应为建筑工程系统边界内按一定准则确定的所有单元过程，包括建筑物的建造、使用和维护、拆除处置活动以及用于建造建筑物的建筑材料和构配件。

3.0.2 建筑工程可持续性评价的内容为建筑工程系统的输入和输出及其导致的直接环境影响以及潜在的环境影响。

3.0.3 建筑工程可持续性评价应遵循下列步骤：

1 系统边界和评价范围确定；

2 数据采集与处理；

3 分类、特征化、加权评估；

4 评价报告编制。

3.0.4 建筑工程可持续性评价系统边界和范围确定、数据采集与处理、可持续性评价及评价报告编制应符合本标准第4章至第7章的规定。

4 系统边界和评价范围

4.1 建筑工程系统和系统边界

4.1.1 建筑工程系统应包含形成建筑物及其附属设施实体和功能的一系列中间产品和单元过程组成的集合，包括建筑材料生产、构配件加工制造、运输、施工与安装、使用期建筑物运行与维护、循环利用、拆除与处置。

4.1.2 建筑工程可持续性评价中应明确系统边界和基本流。

4.1.3 建筑工程可持续性评价中评价对象的使用年限应按建筑工程设计文件中规定的建筑设计使用年限确定。

4.2 评 价 范 围

4.2.1 当建筑材料、建筑构配件、周转材料、建筑设备或单元过程满足下列准则之一时，应纳入建筑工程可持续性评价范围：

1 质量准则：将建筑工程各阶段消耗的所有建筑材料、建筑构配件以及周转材料按质量大小排序，累计质量占总体材料质量80%以上的建筑材料、建筑构配件以及周转材料应纳入评价范围。

2 造价准则：将建筑工程各阶段消耗的所有建筑材料、建筑构配件以及周转材料按造价高低排序，累计造价占总体材料造价80%以上的建筑材料、建筑构配件以及周转材料应纳入评价范围。

3 能耗准则：将建筑工程各阶段所有机械、设备或单元过程按能源消耗多少排序，累计能耗达到整体能源消耗80%以上的机械、设备或单元过程应纳入评价范围。

4 水耗准则：将建筑工程各阶段所有机械、设备或单元过程按水资源消耗大小排序，累计消耗达到水资源整体消耗80%以上的机械、设备或单元过程应纳入评价范围。

4.2.2 工程量清单中的建筑材料、建筑构配件和机械设备应按本标准第4.2.1条中的质量准则、造价准则及能耗准则的规定纳入评价范围。

4.2.3 施工和安装过程的评价对象应包括按本标准第4.2.1条中的质量准则确定的周转材料以及能耗准则确定的机械设备。工程量清单中所列建筑材料在施工阶段不再重复计算。

4.2.4 运行维护阶段的评价对象应按本标准第4.2.1条中的能耗准则和水耗准则确定。

4.3 单 元 过 程

4.3.1 建筑工程可持续性评价单元过程的确定应符合现行国家标准《环境管理 生命周期评价 原则与框架》GB/T 24040的规定。

4.3.2 建筑材料生产和建筑构配件加工制造宜按其种类划分单元过程。

4.3.3 施工安装阶段可整体作为一个单元过程；对于有详细施工方案的建筑工程可按施工周转材料种类、施工机械设备类型划分单元过程。

4.3.4 运行维护阶段可整体作为一个单元过程；对于具有明确建筑设计说明的建筑工程可按建筑设备或系统的类型划分单元过程。

4.3.5 建筑物拆除可整体作为一个单元过程。

4.4 输入与输出

4.4.1 各单元过程的清单流应分为输入流和输出流，输入流应为资源和能源的消耗，输出流应为污染物的排放。

4.4.2 环境影响清单数据中的输入流与输出流的评价内容应按本标准附录A确定。

4.5 功 能 单 位

4.5.1 建筑工程可持续性评价功能单位的确定应符合现行国家标准《环境管理 生命周期评价 原则与框架》GB/T 24040的规定。

4.5.2 建筑材料、建筑构配件、周转材料的功能单位宜采用单位质量、体积或尺寸；建筑所用能源的功能单位宜采用单位能量；对于建筑单体的功能单位宜采用单位面积。常用单元过程的功能单位应符合表4.5.2的规定。

表4.5.2 常用单元过程的功能单位

类　型	功 能 单 位
原材料	千克（kg）
建筑材料	千克（kg）
建筑构配件	件
水	立方米（m^3）
电	千瓦时（kWh）
汽油	升（L）
柴油	升（L）
原煤	吨（t）
建筑产品	建筑面积（m^2）

5 数据采集与处理

5.1 一 般 规 定

5.1.1 建筑工程生命周期内可持续性评价所需数据应包括基础数据、清单数据、评价数据等。

5.1.2 数据采集时应注明数据属性。数据属性应包括下列内容：

1 时间跨度：数据的年份以及所收集数据的时间跨度；

2 地域范围：实施或完成单元过程所处的地域；

3 技术特征：具体的技术或工艺流程特征的描述；

4 代表性：数据集合反映实际情况和行业覆盖面的定性描述；

5 完整性：测量或测算的流所占的比例；

6 数据来源：测算或提供数据的机构；

7 数据精度：数据来源、模型和假设的局限性。

5.2 基础数据

5.2.1 基础数据应包括下列内容：

1 建筑材料的使用量；

2 建筑构配件的使用量；

3 施工安装过程周转材料的消耗量；

4 施工安装机械的耗能量；

5 施工安装过程的耗水量；

6 运行维护阶段建筑设备的耗能量；

7 运行维护阶段建筑设备的耗水量；

8 运行维护阶段的中水利用量；

9 运行维护阶段的绿化面积；

10 运行维护和拆除处置阶段产生的固体废弃物量。

5.2.2 建筑材料和建筑构配件的使用量应根据工程量清单统计确定。

5.2.3 施工安装过程周转材料消耗量宜按下式计算：

$$Q_{Ui} = \frac{Q_{Di}}{n} \qquad (5.2.3)$$

式中：Q_{Ui}——第 i 类周转材料的消耗量；

Q_{Di}——第 i 类周转材料的总需求量；

n——周转材料的额定周转次数。

5.2.4 施工安装机械、设备的耗电量宜按下式计算：

$$F_e^c = \sum_i P_{ci} \times T_{ci} \qquad (5.2.4)$$

式中：F_e^c——施工安装机械、设备的耗电量（kWh）；

P_{ci}——第 i 种施工机械、设备的功率（kW）；

T_{ci}——第 i 种施工机械、设备的工作台时（h）。

5.2.5 施工运输机械耗油量宜按下式计算：

$$F_o = \sum_i K_i \times D_i \qquad (5.2.5)$$

式中：F_o——施工运输机械的耗油量（L）；

K_i——第 i 种施工运输机械的吨公里耗油量［L/(t·km)］；

D_i——第 i 种施工运输机械的工作量（t·km）。

5.2.6 施工安装机械耗油量宜按下式计算：

$$F_o = \sum_i K_i \times D_i \qquad (5.2.6)$$

式中：F_o——施工安装机械的耗油量（L）；

K_i——第 i 种施工安装机械单位工作量的耗油量；

D_i——第 i 种施工安装机械的工作量。

5.2.7 施工安装过程中周转材料总用量、主要施工安装设备功率、主要施工机械单位工作量的耗油量以及施工过程的耗水量应根据施工方案，施工预算确定。

5.2.8 施工安装过程中各单元过程的输入和输出应按施工全过程汇总，并应记入整个施工过程的基本流。

5.2.9 运行与维护阶段建筑设备的能耗量及耗水量应根据建筑设备规格参数计算确定。

5.2.10 供暖系统的标准煤消耗量宜按下式计算：

$$H_c = C_c \times S \times T \times l \qquad (5.2.10)$$

式中：H_c——供暖设备的耗煤量（t）；

C_c——单位建筑面积供暖设备的日均耗煤量［t/（d·m^2）］；

S——总建筑面积（m^2）；

T——供暖设备的年均运行时间（d/a）；

l——建筑工程生命周期（a）。

5.2.11 供暖系统的耗水量宜按下式计算：

$$H_w = C_w \times S \times T \times l \qquad (5.2.11)$$

式中：H_w——供暖设备的耗水量（m^3）；

C_w——单位建筑面积供暖设备的日均耗水量［m^3/（d·m^2）］；

S——总建筑面积（m^2）；

T——供暖设备的年均运行时间（d/a）；

l——建筑工程生命周期（a）。

5.2.12 供暖系统的耗电量宜按下式计算：

$$H_e = C_e \times S \times T \times l \qquad (5.2.12)$$

式中：H_e——供暖设备的耗电量（kWh）；

C_e——单位建筑面积供暖设备的日均耗电量［kWh/（d·m^2）］；

S——总建筑面积（m^2）；

T——供暖设备的年均运行时间（d/a）；

l——建筑工程生命周期（a）。

5.2.13 建筑工程非供暖用水设备生命周期内的耗水量宜按下式计算：

$$V_W^o = l \times \sum_i V_{Wi}^o \times T_i \qquad (5.2.13)$$

式中：V_W^o——非供暖用水设备的耗水量（m^3）；

V_{Wi}^o——第 i 种设备的日均耗水量（m^3/d）；

T_i——第 i 种设备的年均运行时间（d/a）；

l——建筑工程生命周期（a）。

5.2.14 非供暖设备的耗电量宜按下式计算：

$$F_e = l \times \sum_i P_i \times T_i \qquad (5.2.14)$$

式中：F_e——非供暖设备的耗电量（kWh）；

P_i——第 i 种设备的功率（kW）；

T_i——第 i 种设备的年均运行时间（h/a）；

l——建筑工程生命周期（a）。

5.2.15 运行维护阶段建筑设备的功率、日能耗量、日耗水量应根据建筑图的设计参数及拟选用设备的技术参数确定；建筑设备的年均运行时间可根据建筑工程的实际情况确定。

5.2.16 运行维护阶段各单元过程的输入和输出应按整个运行维护阶段汇总，并记入整个运行维护阶段的基本流。

5.2.17 拆除阶段固体废弃物的数量应根据结构形式和设计文件估算，可回收材料的数量应从建筑物拆除所排放的固体废弃物总量中折减。

5.3 清单数据

5.3.1 建筑工程可持续性评价所要求的清单数据应包括各类建筑材料及建筑构配件加工制造的清单数据、施工过程的清单数据、运行与维护阶段的清单数据以及建筑物拆除的清单数据。

5.3.2 清单数据应涵盖实现一个功能单位的功能所需的原材料、能源的输入量以及向空气、水体和土壤中污染物的排放量。

5.3.3 清单数据可通过下列方法获取：

1 根据所评价建筑工程特有的单元过程的投入和排放进行收集；

2 根据不同区域同一单元过程的投入排放数据综合确定；

3 根据工艺流程理论推导能够代表一般技术水平下的行业平均值。

5.3.4 收集的环境影响清单数据结果应按本标准附录A的格式进行整理。

5.3.5 常见单元过程的清单排放数据宜按本标准附录B确定。

5.4 评价数据

5.4.1 评价数据应包括下列内容：

1 各环境影响类型的污染排放物换算为该类型代表当量物质的潜值；

2 各种环境影响类型的货币化权重。

5.4.2 污染物换算为环境影响类型代表当量物质的潜值应按本标准附录A表A.0.2确定。

5.4.3 各种环境影响类型的货币化权重应按本标准第6.3.1条至第6.3.16条规定的方法确定。

5.5 其他数据

5.5.1 运行维护阶段清单数据的输出应折减绿化吸收二氧化碳和二氧化硫的质量；对于建筑场地原来是绿化场地的，在清单数据的输出中应增加原有绿化植被所能吸收二氧化碳和二氧化硫的质量。

5.5.2 绿化植被吸收二氧化碳的质量宜按下式计算：

$$A_C = l \times S_G \times k_C \times T \tag{5.5.2}$$

式中：A_C——绿化植被吸收二氧化碳的质量（kg）；

S_G——建筑场地的绿化面积（hm^2）；

k_C——有效光合作用时，绿化植被日吸收二氧化碳的平均能力［$kg/(hm^2 \cdot a)$］；

T——植物全年有效光合作用的日数（d/a）；

l——建筑工程生命周期（a）。

5.5.3 绿化植被吸收二氧化硫的质量宜按下式计算：

$$A_S = l \times S_G \times k_S \tag{5.5.3}$$

式中：A_S——绿化植被吸收二氧化硫的质量（kg）；

S_G——建筑场地的绿化面积（hm^2）；

k_S——绿化植被年吸收二氧化硫的平均能力［$kg/(hm^2 \cdot a)$］；

l——建筑工程生命周期（a）。

5.5.4 对于有中水处理系统的建筑工程，运行维护阶段清单数据的输入流应折减中水系统产生的中水量。中水处理设施产生的中水量宜按下式计算：

$$V_r = l \times V_{r0} \tag{5.5.4}$$

式中：V_r——中水处理设施产生的中水量（m^3）；

V_{r0}——中水处理设施每年的中水产量（m^3/a）；

l——建筑工程生命周期（a）。

5.5.5 对于利用太阳能进行发电的建筑，运行维护阶段清单数据的输入流应折减由太阳能发电产生的电能。利用太阳能发电产生的电能应按下式计算：

$$F'_e = l \times P_s \times t_1 \times t_2 \tag{5.5.5}$$

式中：F'_e——利用太阳能发电产生的电能（kWh）；

P_s——太阳能发电的额定输出功率（kW）；

l——建筑工程生命周期（a）；

t_1——太阳能发电日均工作时间（h/d）；

t_2——太阳能发电年均工作日数（d/a）。

5.5.6 对于利用其他形式的可再生能源的建筑，运行维护阶段清单数据的输入流应相应折减产生的可再生能源的数量。

5.6 数据汇总

5.6.1 建筑材料生产和建筑构配件加工制造、施工安装阶段、运行维护阶段和建筑物拆除的输入和输出应汇总为建筑工程生命周期的输入和输出，并应作为建筑工程可持续性评价的基本流，汇总数据应按本标准附录A表A.0.1和表A.0.2的格式进行整理。

5.6.2 各类数据间的计算及转化关系应符合下列流程：

1 搜集和整理基础数据；

2 根据基础数据和清单数据计算相应单元过程的资源消耗及环境排放，并将其汇总为建筑工程生命周期内的资源消耗及环境排放；

3 将资源消耗及环境排放数据按环境影响潜值转化为各环境影响类型的特征化值；

4 根据各环境影响类型特征化值和相应的权重

计算得出最终的环境影响值。

6 可持续性评价

6.1 分 类

6.1.1 建筑工程可持续性评价的影响类型应分为环境负面影响、资源和能源消耗两大类：

1 环境负面影响包括全球气候变暖、臭氧层消耗、环境酸化、水体富营养化、大气悬浮颗粒物、固体废弃物、光化学污染、水体毒性、水体悬浮物等指标。

2 资源和能源消耗包括：水资源消耗、化石能源消耗、其他矿物资源消耗等指标。

6.1.2 代表各种环境影响类型的当量污染物质应符合表6.1.2的规定。

表 6.1.2 各种环境影响类型当量污染物质

影响类型	当量污染物质
全球气候变暖	二氧化碳（CO_2）
臭氧层消耗	氟利昂（CFC-11）
环境酸化	二氧化硫（SO_2）
水体富营养化	氮氧化物（NO_x）
大气悬浮颗粒物	大气悬浮颗粒物
固体废弃物	固体废弃物
光化学污染	乙烯（C_2H_4）
水体毒性	铅（Pb）
水体悬浮物	水体悬浮物（SS）
水资源消耗	水
化石能源消耗	标准煤

6.2 特 征 化

6.2.1 全球气候变暖的特征化值应按下式计算：

$$I_G = \sum_i M_i \times P_{Gi} \tag{6.2.1}$$

式中：I_G——全球气候变暖的特征化值（$kgCO_2$-eq）；

M_i——建筑工程生命周期内产生的第 i 种污染物质的质量（kg）；

P_{Gi}——第 i 种污染物质的气候变暖影响潜值（$kgCO_2$-eq/kg 污染物质）。

6.2.2 臭氧层消耗的特征化值应按下式计算：

$$I_O = \sum_i M_i \times P_{Oi} \tag{6.2.2}$$

式中：I_O——臭氧层消耗的特征化值（kgCFC11-eq）；

M_i——建筑工程生命周期内产生的第 i 种污染物质的质量（kg）；

P_{Oi}——第 i 种污染物质的臭氧层消耗影响潜值（kgCFC11-eq/kg 污染物质）。

6.2.3 环境酸化的特征化值应按下式计算：

$$I_A = \sum_i M_i \times P_{Ai} \tag{6.2.3}$$

式中：I_A——环境酸化的特征化值（$kgSO_2$-eq）；

M_i——建筑工程生命周期内产生的第 i 种污染物质的质量（kg）；

P_{Ai}——第 i 种污染物质的环境酸化影响潜值（$kgSO_2$-eq/kg 污染物质）。

6.2.4 水体富营养化的特征化值应按下式计算：

$$I_E = \sum_i M_i \times P_{Ei} \tag{6.2.4}$$

式中：I_E——水体富营养化的特征化值（$kgNO_x$-eq）；

M_i——建筑工程生命周期内产生的第 i 种污染物质的质量（kg）；

P_{Ei}——第 i 种污染物质的水体富营养化影响潜值（$kgNO_x$-eq/kg 污染物质）。

6.2.5 光化学污染的特征化值应按下式计算：

$$I_L = \sum_i M_i \times P_{Li} \tag{6.2.5}$$

式中：I_L——光化学污染的特征化值（kgC_2H_4-eq）；

M_i——建筑工程生命周期内产生的第 i 种污染物质的质量（kg）；

P_{Li}——第 i 种污染物质的光化学污染影响潜值（kgC_2H_4-eq/kg 污染物质）。

6.2.6 各种大气悬浮颗粒物可不作当量化处理，环境影响潜值应均为1。

6.2.7 固体废弃物可不进行细分和当量化处理，环境影响潜值应均为1。

6.2.8 水体毒性的特征化值应按下式计算：

$$I_W = \sum_i M_i \times P_{Wi} \tag{6.2.8}$$

式中：I_W——水体毒性的特征化值（kgPb-eq）；

M_i——建筑工程生命周期内产生的第 i 种污染物质的质量（kg）；

P_{Wi}——第 i 种污染物质的水体毒性影响潜值（kgPb-eq/kg 污染物质）。

6.2.9 水体悬浮物可不作当量化处理，环境影响潜值均应为1。

6.2.10 水资源消耗的特征化值应按下式计算：

$$I_V = \sum_i V_{Wi} - V_r \tag{6.2.10}$$

式中：I_V——水资源消耗的特征化值（m^3）；

V_{Wi}——第 i 个单元过程的耗水量（m^3）；

V_r——中水处理设备产生的中水量（m^3）。

6.2.11 化石燃料消耗的特征化值应按下式计算：

$$F_f = \sum_i F_i \times \lambda_i \tag{6.2.11}$$

式中：F_f——建筑工程生命周期内能源消耗所折合的化石燃料消耗量（t标准煤-eq）；

F_i——第 i 种化石燃料的消耗量；

λ_i——第 i 种化石燃料的折标准煤系数。

6.2.12 特征化数据应根据本标准附录C的规定进行汇总。

6.3 加权评估

Ⅰ 权重因子的确定

6.3.1 各环境影响类型的权重应采用货币化权重因子，货币化权重因子应根据修正的环境税、排污费率及矿产资源税确定。

6.3.2 环境影响类型的货币化权重应按下式计算：

$$\omega_i = \sum_j e_{ij} \times p_{ij} \tag{6.3.2}$$

式中：ω_i——第 i 种环境影响类型的货币化权重；

p_{ij}——第 i 种环境影响类型中第 j 种污染物质的货币因子；

e_{ij}——第 i 种环境影响类型中第 j 种污染物质的影响潜力系数。

6.3.3 污染物质的影响潜力系数 e_{ij} 应按下式计算：

$$e_{ij} = \frac{f_j \times a_j}{\sum_j f_j \times a_j} \tag{6.3.3}$$

式中：f_j——第 j 种污染物质的环境影响潜力系数；

a_j——第 j 种污染物质的年排放量。

6.3.4 全球气候变暖的货币化权重宜根据国家因全球气候变暖造成的经济损失确定，应按下式计算：

$$\omega_G = \frac{L_G}{a_G} \tag{6.3.4}$$

式中：ω_G——全球气候变暖的货币化权重；

L_G——估算的由于气候变暖造成的GDP损失；

a_G——温室气体的排放量。

6.3.5 臭氧层消耗的货币化权重宜根据国家为削减臭氧层消耗物质排放的资金投入确定，应按下式计算：

$$\omega_O = \frac{D_O}{R_O} \tag{6.3.5}$$

式中：ω_O——臭氧层消耗的货币化权重；

D_O——国家进行削减臭氧层消耗物质项目的总投入（元）；

R_O——共计削减（包括计划削减）臭氧层消耗物质的当量（kgOPD）。

6.3.6 环境酸化的货币化权重应按下式计算：

$$\omega_A = \sum_j \left[\frac{P_{Aj} \times a_j}{\sum_j P_{Aj} \times a_j} \times p_{Aj} \right] \tag{6.3.6}$$

式中：ω_A——环境酸化的货币化权重；

P_{Aj}——第 j 种污染物质的环境酸化影响潜值；

a_j——第 j 种污染物质的区域年排放总量；

p_{Aj}——第 j 种污染物质的排污费。

6.3.7 水体富营养化的货币化权重应根据下式计算：

$$\omega_E = \sum_j \left[\frac{P_{Ej} \times a_j}{\sum_j P_{Ej} \times a_j} \times p_{Ej} \right] \tag{6.3.7}$$

式中：ω_E——水体富营养化的货币化权重；

P_{Ej}——第 j 种污染物质的富营养化影响潜值；

a_j——第 j 种污染物质的区域年排放总量；

p_{Ej}——第 j 种污染物质的排污费。

6.3.8 大气悬浮颗粒物的货币化权重应按下式计算：

$$\omega_S = \sum_j \left[\frac{P_{Sj} \times a_j}{\sum_j P_{Sj} \times a_j} \times p_{Sj} \right] \tag{6.3.8}$$

式中：ω_S——大气悬浮颗粒物的货币化权重；

P_{Sj}——第 j 种污染物质的大气悬浮颗粒物质的影响潜值；

a_j——第 j 种污染物质的区域年排放总量；

p_{Sj}——第 j 种悬浮颗粒物质的排污费。

6.3.9 固体废弃物的货币化权重应根据不同地区建筑垃圾处理费确定。

6.3.10 光化学污染的货币化权重应按下式计算：

$$\omega_L = \sum_j \left[\frac{P_{Lj} \times a_j}{\sum_j P_{Lj} \times a_j} \times p_{Lj} \right] \tag{6.3.10}$$

式中：ω_L——光化学污染的货币化权重；

P_{Lj}——第 j 种污染物质的光化学污染影响潜值；

a_j——第 j 种污染物质的区域年排放总量；

p_{Lj}——第 j 种污染物质的排污费。

6.3.11 水体悬浮颗粒物的货币化权重应根据国家规定的排污费率确定。

6.3.12 水体毒性的货币化权重应按下式计算：

$$\omega_W = \sum_j \left(\frac{P_{Wj} \times a_j}{\sum_j P_{Wj} \times a_j} \times p_{Wj} \right) \tag{6.3.12}$$

式中：ω_W——水体毒性的货币化权重；

P_{Wj}——第 j 种污染物质的水体毒性影响潜值；

a_j——第 j 种污染物质的区域年排放总量；

p_{Wj}——第 j 种污染物质的排污费。

6.3.13 水资源消耗的货币化权重应以水资源费为基础按下式计算：

$$\omega_V = \frac{a_s}{a_s + a_g} \times p_s + \frac{a_g}{a_s + a_g} \times p_g \tag{6.3.13}$$

式中：ω_V——水资源消耗的货币化权重；

a_s——地表水的年消耗量（m^3）；

a_g——地下水的年消耗量（m^3）；

p_s——地表水的水资源费（元/t）；

p_g——地下水的水资源费（元/t）。

6.3.14 化石能源消耗的货币化权重应按本标准公式（6.3.2）计算。

6.3.15 其他矿物资源消耗的货币化权重应根据其资源税确定，宜包括铁矿石、锰矿石、铝土矿、石灰石、玻璃硅质原料等与建筑工程联系紧密的资源。

Ⅱ 建筑工程可持续性指标

6.3.16 环境影响值是各种环境影响类型的当量值进

行加权汇总的结果，建筑工程生命周期内的环境影响值应按下式计算：

$$E=\sum_i I_i\times\omega_i \quad (6.3.16)$$

式中：E——环境影响值；

I_i——第 i 个环境影响类型的特征化值；

ω_i——第 i 个环境影响类型的权重。

6.3.17 建筑工程可持续性指标应包括每功能单位物化阶段的环境影响值（B_E）、每功能单位运行维护阶段每年的环境影响值（B_O）以及每功能单位生命周期内每年的环境影响值（B_{LC}）。

1 每功能单位物化阶段的环境影响值，应按下式计算：

$$B_E=\frac{E_E}{S} \quad (6.3.17\text{-}1)$$

式中：B_E——每功能单位物化阶段的环境影响值（元/m^2）；

E_E——建筑工程物化阶段环境影响值（元）；

S——总建筑面积（m^2）。

2 每功能单位运行维护阶段每年的环境影响值，应按下式计算：

$$B_O=\frac{E_O}{S\times l} \quad (6.3.17\text{-}2)$$

式中：B_O——每功能单位运行维护阶段每年的环境影响值[元/（a·m^2）]；

E_O——运行维护阶段环境影响值（元）；

l——建筑工程生命周期（a）；

S——总建筑面积（m^2）。

3 每功能单位生命周期内每年的环境影响值，应按下式计算：

$$B_{LC}=\frac{E_{LC}}{S\times l} \quad (6.3.17\text{-}3)$$

式中：B_{LC}——每功能单位生命周期内每年的环境影响值[元/（a·m^2）]；

E_{LC}——环境影响值（元）；

l——建筑工程的生命周期（a）；

S——总建筑面积（m^2）。

6.3.18 建筑工程物化阶段可持续性指标可用环境外部性比率（r_E）表征，即物化阶段环境影响值与工程造价的比率，应按下式计算：

$$r_E=\frac{E_E}{C} \quad (6.3.18)$$

式中：r_E——建筑工程环境外部性比率；

E_E——物化阶段环境影响值（元）；

C——建筑总造价（元）。

7 评 价 报 告

7.0.1 评价报告应包括清单数据汇总表、特征化数据汇总表、环境影响值以及建筑工程可持续性指标等。

7.0.2 清单数据汇总表应符合本标准附录 A 表 A.0.1 和表 A.0.2 的规定，并应先将建筑材料与配件加工制造、施工阶段、运行维护阶段以及拆除处置阶段的资源消耗和环境排放数据分阶段汇总，再将各阶段的清单数据汇总为建筑工程生命周期的清单数据。

7.0.3 特征化数据汇总表应符合本标准附录 C 的格式规定，并应先将材料生产与建筑构配件加工制造、施工阶段、运行维护阶段、拆除处置阶段的特征化数据分阶段汇总，再将各阶段的特征化数据汇总为建筑工程生命周期的特征化数据。

7.0.4 评价报告中应给出材料生产与建筑构配件加工制造、施工阶段、运行维护阶段、拆除处置阶段的环境影响值，并应将其汇总为建筑工程生命周期的环境影响值。

7.0.5 评价报告应按本标准第 6.3.17 条和第 6.3.18 条的计算结果给出建筑工程可持续性指标。

附录 A 环境影响清单数据表

A.0.1 建筑工程清单输入数据应按表 A.0.1 的格式进行整理。

表 A.0.1 建筑工程清单输入数据标准表

材 料 输 入					
原材料投入：					
矿石＃1		投入量：			kg
矿石＃2		投入量：			kg
矿石＃3		投入量：			kg
净水使用					
自来水投入		m³	最初水源*		
中水投入		m³	最终水源*		
*请填写河流、湖泊、水库或地下水					

续表 A.0.1

能源输入					
电能					
电能		kWh			
化石燃料					
天然气		m^3	焦炉煤气		m^3
汽油		L	柴油		L
燃料油		L	石油		L
原煤		t	精洗煤		t
中洗煤		t	—		—

A.0.2 建筑工程单元过程环境排放清单数据应按表 A.0.2 的格式进行整理。

A.0.2 建筑工程单元过程环境排放清单数据收集标准表

污染物质	排放量（kg）	影响潜值								排入介质		
		气候变暖（CO_2-eq）	臭氧层消耗（CFC11-eq）	环境酸化（SO_2-eq）	光化学污染（C_2H_4-eq）	水体富营养化（NO_x-eq）	水体毒性（Pb-eq）	悬浮颗粒物	固体废弃物	水体	大气	土壤
碳氧化物												
CO_2		1	—	—	—	—	—	—	—			
CO		—	—	—	0.03	—	—	—	—			
氮氧化物												
NO_x		—	—	0.70	—	1	—	—	—			
$NO_2^{(-)}$		—	—	0.70	—	1	—	—	—			
NO		—	—	1.07	—	1.53	—	—	—			
NO_3^-		—	—	—	—	1.35	—	—	—			
N_2O		296	—	—	—	2.09	—	—	—			
NH_3		—	—	1.88	—	2.70	—	—	—			
HNO_3		—	—	0.51	—	—	—	—	—			
硫氧化物												
SO_2		—	—	1	—	—	—	—	—			
SO_3		—	—	0.80	—	—	—	—	—			
H_2SO_4		—	—	0.65	—	—	—	—	—			
磷氧化物												
PO_4^{3-}		—	—	—	—	7.75	—	—	—			
$P_2O_7^{4-}$		—	—	—	—	8.46	—	—	—			
H_3PO_4		—	—	0.98	—	—	—	—	—			
烃类												
CH_4		23	—	—	—	—	—	—	—			
C_2H_4		—	—	—	1	—	—	—	—			
CF_4		5700	—	—	—	—	—	—	—			
CH_3Br		5	0.37	—	—	—	—	—	—			
CCl_4		—	1.2	—	—	—	—	—	—			
$CHCl_3$		30	—	—	—	—	—	—	—			
CH_2Cl_2		10	—	—	—	—	—	—	—			

续表 A.0.2

污染物质	排放量(kg)	影响潜值								排入介质		
		气候变暖 (CO_2-eq)	臭氧层消耗 (CFC11-eq)	环境酸化 (SO_2-eq)	光化学污染 (C_2H_4-eq)	水体富营养化 (NO_x-eq)	水体毒性 (Pb-eq)	悬浮颗粒物	固体废弃物	水体	大气	土壤
CH_3Cl		16	—	—	—	—	—	—	—			
CF_3Br		6900	—	—	—	—	—	—	—			
$CFCl_3$(CFC-11)		—	1	—	—	—	—	—	—			
$CF_2ClCFCl_2$		—	0.9	—	—	—	—	—	—			
CF_2ClCF_2Cl		—	0.85	—	—	—	—	—	—			
CF_3CF_2Cl		—	0.4	—	—	—	—	—	—			
CF_2Cl_2		—	0.82	—	—	—	—	—	—			
CHF_2Br		—	1.4	—	—	—	—	—	—			
CF_2Br_2		—	1.25	—	—	—	—	—	—			
CF_2ClBr		—	5.1	—	—	—	—	—	—			
CF_3Br		—	12	—	—	—	—	—	—			
CF_3CHBrC		—	0.14	—	—	—	—	—	—			
CHF_2CF_2Br		—	0.25	—	—	—	—	—	—			
CF_2BrCF_2Br		—	7	—	—	—	—	—	—			
$CHCl_2CF_3$		—	0.012	—	—	—	—	—	—			
$CHClFCF_3$		—	0.026	—	—	—	—	—	—			
$CFCl_2CH_3$		—	0.086	—	—	—	—	—	—			
CF_2ClCH_3		—	0.043	—	—	—	—	—	—			
CHF_2Cl		—	0.034	—	—	—	—	—	—			
$CF_3CF_2CHCl_2$		—	0.017	—	—	—	—	—	—			
$CClF_2CF_2CHClF$		—	0.017	—	—	—	—	—	—			
CH_3CCl_3		140	0.11	—	—	—	—	—	—			
悬浮颗粒物												
烟尘		—	—	—	—	—	—	1	—			
粉尘		—	—	—	—	—	—	1	—			
SS		—	—	—	—	—	—	1	—			
重金属(离子)												
Pb		—	—	—	—	—	1	—	—			
Cd^{6+}		—	—	—	—	—	1	—	—			
Cd		—	—	—	—	—	10	—	—			
Hg		—	—	—	—	—	500	—	—			
As		—	—	—	—	—	1	—	—			
其他金属#1		—	—	—	—	—	—	—	—			
其他金属#2		—	—	—	—	—	—	—	—			
其他金属#3		—	—	—	—	—	—	—	—			
其他污染物质												
HF		—	—	1.60	—	—	—	—	—			
H_2S		—	—	1.88	—	—	—	—	—			
HCl		—	—	0.88	—	—	—	—	—			
CN^-		—	—	—	—	1.77	10	—	—			
VOC		—	—	—	0.6	—	—	—	—			
石油类		—	—	—	—	—	1	—	—			
挥发酚		—	—	—	—	—	10	—	—			
固体废弃物		—	—	—	—	—	—	—	1			

注：— ——表示无此类影响。

附录B　常见的单元过程清单排放数据

表 B.0.1　生产 $1m^3$ 自来水的环境排放清单数据

污染物质	排放量（kg）	污染类型								排入介质		
		气候变暖	臭氧层消耗	环境酸化	光化学污染	富营养化	水体毒性	悬浮颗粒物	固体废弃物	水体	大气	土壤
碳氧化物												
CO_2	0.213	○										
氮氧化物												
NO_x	0.001			○	○	○						
硫氧化物												
SO_2	0.002			○								
其他污染物质												
固体废弃物	0.004								○			

注：○——表示该物质有此类影响。

表 B.0.2　生产 1kWh 电的环境排放清单数据

污染物质	排放量（kg）	污染类型								排入介质		
		气候变暖	臭氧层消耗	环境酸化	光化学污染	富营养化	水体毒性	悬浮颗粒物	固体废弃物	水体	大气	土壤
碳氧化物												
CO_2	1.063	○										
氮氧化物												
NO_x	0.005			○	○	○						
硫氧化物												
SO_2	0.010			○								
其他污染物质												
固体废弃物	0.020								○			

注：○——表示该物质有此类影响。

表 B.0.3　生产 1L 汽油的环境排放清单数据

污染物质	排放量（kg）	污染类型								排入介质		
		气候变暖	臭氧层消耗	环境酸化	光化学污染	富营养化	水体毒性	悬浮颗粒物	固体废弃物	水体	大气	土壤
碳氧化物												
CO_2	2.658	○										
氮氧化物												
NO_x	0.002			○	○	○						
N_2O	8.4×10^{-6}	○				○						
硫氧化物												
SO_2	0.005			○								
烃类												
CH_4	9.2×10^{-5}	○										

注：○——表示该物质有此类影响。

表 B.0.4 消耗 1L 汽油的环境排放清单数据

污染物质	排放量（kg）	污染类型								排入介质		
		气候变暖	臭氧层消耗	环境酸化	光化学污染	富营养化	水体毒性	悬浮颗粒物	固体废弃物	水体	大气	土壤
碳氧化物												
CO_2	2.658	○										
CO	0.033				○							
氮氧化物												
NO_x	0.006			○	○	○						
N_2O	0.001	○				○						
硫氧化物												
SO_2	0.001			○								
烃类												
CH_4	0.001	○										
其他污染物质												
VOC	0.007				○							

注：○——表示该物质有此类影响。

表 B.0.5 生产 1L 柴油的环境排放清单数据

污染物质	排放量（kg）	污染类型								排入介质		
		气候变暖	臭氧层消耗	环境酸化	光化学污染	富营养化	水体毒性	悬浮颗粒物	固体废弃物	水体	大气	土壤
碳氧化物												
CO_2	0.052	○										
CO	0.001				○							
氮氧化物												
NO_x	2.408			○	○	○						
硫氧化物												
SO_2	0.002			○								

注：○——表示该物质有此类影响。

表 B.0.6 消耗 1L 柴油的环境排放清单数据

污染物质	排放量（kg）	污染类型								排入介质		
		气候变暖	臭氧层消耗	环境酸化	光化学污染	富营养化	水体毒性	悬浮颗粒物	固体废弃物	水体	大气	土壤
碳氧化物												
CO_2	2.694	○										
CO	0.023				○							
氮氧化物												
NO_x	0.032			○	○	○						
N_2O	6.8×10^{-5}	○				○						
烃类												
CH_4	1.9×10^{-4}	○										
其他污染物质												
VOC	0.004				○							

注：○——表示该物质有此类影响。

表 B.0.7　生产 1kg 煤的环境排放清单数据

污染物质	排放量（kg）	污染类型								排入介质		
		气候变暖	臭氧层消耗	环境酸化	光化学污染	富营养化	水体毒性	悬浮颗粒物	固体废弃物	水体	大气	土壤
碳氧化物												
CO_2	0.019	○										
CO	2.4×10^{-6}				○							
氮氧化物												
NO_x	4.5×10^{-5}			○	○	○						
硫氧化物												
SO_2	1.7×10^{-4}			○								
烃类												
CH_4	0.010	○										
悬浮颗粒物												
粉尘	7.4×10^{-5}							○				
SS	1.6×10^{-6}							○				

注：○——表示该物质有此类影响。

表 B.0.8　消耗 1kg 煤的环境排放清单数据

污染物质	排放量（kg）	污染类型								排入介质		
		气候变暖	臭氧层消耗	环境酸化	光化学污染	富营养化	水体毒性	悬浮颗粒物	固体废弃物	水体	大气	土壤
碳氧化物												
CO_2	2.130	○										
CO	0.003				○							
氮氧化物												
NO_x	0.005			○	○	○						
$NO_2^{(-)}$	1.67×10^{-4}			○	○	○						
硫氧化物												
SO_2	0.013			○								
烃类												
CH_4	4.4×10^{-4}	○										
悬浮颗粒物												
烟尘	0.010							○				

注：○——表示该物质有此类影响。

附录C　环境影响特征化数据清单

表C　环境影响特征化数据清单

建筑工程生命周期可持续性评价标准						
环境影响特征化数据表						
特征化数据	评价项目					
影响类型	单位	特征化数量				
		建材生产、建筑构配件加工制造	施工阶段	运行维护阶段	建筑物拆除	生命周期
全球气候变暖	$kgCO_2$-eq					
臭氧层消耗	kgCFC11-eq					
环境酸化	$kgSO_2$-eq					
水体富营养化	$kgNO_x$-eq					
光化学烟雾	kgC_2H_4-eq					
大气悬浮物	kg					
固体废弃物	kg					
水体悬浮物	kg					
水体毒性	kgPb-eq					
水资源耗竭	m^3					
化石燃料耗竭	t标准煤-eq					
矿物资源消耗	t					

本标准用词说明

1　为便于在执行本标准条文时区别对待，对要求严格程度不同的用词说明如下：

1)表示很严格，非这样做不可的：
正面词采用“必须”，反面词采用“严禁”；

2)表示严格，在正常情况下均应这样做的：
正面词采用“应”，反面词采用“不应”或“不得”；

3)表示允许稍有选择，在条件许可时首先应这样做的：
正面词采用“宜”，反面词采用“不宜”；

4)表示有选择，在一定条件下可以这样做的，采用“可”。

2　条文中指明应按其他有关标准执行的写法为：“应符合……的规定”或“应按……执行”。

引用标准名录

《环境管理　生命周期评价　原则与框架》GB/T 24040

中华人民共和国行业标准

建筑工程可持续性评价标准

JGJ/T 222—2011

条 文 说 明

制 定 说 明

《建筑工程可持续性评价标准》JGJ/T 222 - 2011经住房和城乡建设部2011年7月4日以第1052号公告批准、发布。

本标准制定过程中，编制组总结了我国工程建设生命周期可持续性评价领域的实践经验，同时参考国外先进技术标准，确定评价的关键技术参数。

为便于广大设计、施工、科研、学校等单位有关人员在使用本标准时能正确理解和执行条文规定，《建筑工程可持续性评价标准》编制组按章、节、条顺序编制了本标准的条文说明，对条文规定的目的、依据以及执行中需注意的有关事项进行了说明。但是，本条文说明不具备与标准正文同等的法律效力，仅供使用者作为理解和把握标准规定的参考。

目　次

1 总　　则

1.0.1、1.0.2 建筑业作为国民经济的支柱产业，对经济、社会和环境的可持续发展具有深远的影响。建筑业活动消耗大量的资源、能源，同时也向环境输出大量的污染物质，对环境产生着巨大的影响。然而直到目前，国家还没有一部针对建筑工程生命周期可持续性进行定量评价的标准。编制本标准的目的是为系统识别建筑活动的环境影响因素，对建筑工程生命周期的环境影响进行定量评价，为项目决策提供参考，改善建筑工程的环境表现，促进建筑业的可持续发展。

根据国家环境影响评价制度，对于工业建筑工业设备和工艺流程的环境影响是依照《中华人民共和国环境影响评价法》和所颁布的《环境影响评价技术导则》进行评价的，不属于本标准评价的范畴。本标准是建筑工程生命周期的可持续性评价标准，评价的对象是建筑工程本体，也是《环境影响评价技术导则》未涵盖的部分。

1.0.3 工程建设和运行维护须按照国家现行的标准、规范的规定执行，在按本标准进行建筑工程生命周期可持续性评价时，不得违反现行其他相关标准的规定。不得以牺牲工程的质量、安全性、耐久性等为代价换取较低的环境影响结果。

2 术语和符号

2.1 术　　语

2.1.1 本标准中建筑工程指民用建筑工程和工业建筑工程本体部分，即只是维持建筑功能的部分，不包括民用建筑的家具和家用电器，也不包括工业建筑生产所用的工业设备。

2.1.14 主要包括建筑给水排水系统、采暖通风系统、空调系统、照明系统、电气及动力系统、电梯系统等。

2.1.15 建筑工程物化包括原材料的获取、运输、加工、制作以及现场施工安装直至形成建筑工程实体。

3 评价的对象、内容和评价步骤

3.0.3 按照生命周期评价原理，一般产品的生命周期评价包括目标范围确定、清单分析、影响评价以及解释四个阶段。本标准根据上述原理，并根据建筑工程的特点，按照确定系统边界和评价范围、采集和处理数据、可持续性评价和编制评价报告四个步骤对建筑工程生命周期的可持续性进行评价，最终给出建筑工程单位建筑面积的环境影响值等指标，如图1所示：

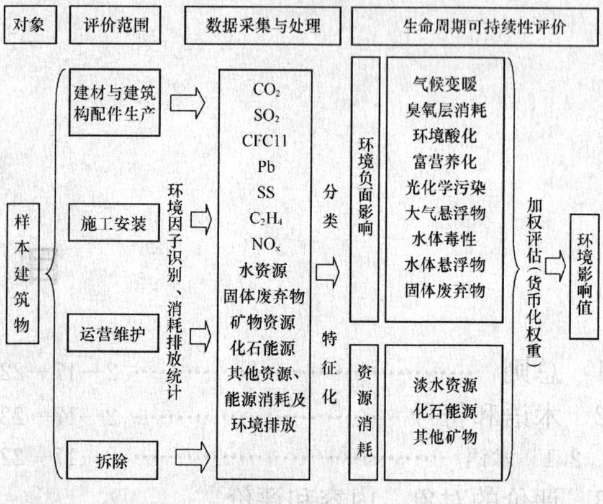

图1　建筑工程生命周期可持续性评价步骤

清单分析对建筑整个生命周期内的资源消耗和环境排放进行统计和清查。清单分析所得的环境交换数据有些影响可能十分严重，有些影响较小。为了将生命周期评价应用于各种决策过程，就必须对这种环境交换的潜在影响进行评估，说明各种交换的相对重要性以及每个生产阶段或产品组成部分的环境影响大小。

本标准采用国际环境毒理学会和化学学会（SETAC）和ISO 14042标准的方法，将生命周期影响评价划分为分类（Classification）、特征化（Characterization）和加权评估（Valuation）三个步骤。

4 系统边界和评价范围

4.1 建筑工程系统和系统边界

4.1.1 本条文根据《环境管理　生命周期评价　原则与框架》GB/T 24040中产品系统的总体概念来定义建筑工程系统。

一个产品系统的基本性质取决于它的功能，而不能仅从最终产品的角度来表述。产品系统再分为一组单元过程，单元过程之间通过中间产品流和待处理的废物质流联系，与其他产品系统之间通过产品流联系，与环境之间通过基本流相联系。单元过程边界的确定取决于满足评价目的而建立的模型的详略程度。

4.1.2 制定本条的目的是确定建筑工程系统边界，本标准在项目前期规划设计阶段对产生实质环境影响的建筑物化、运行维护和拆除处置阶段进行评价。项目施工前的规划、设计、研究和分析等工作属于业务工作，对环境不产生实质性影响，因此不在系统边界之内。图2根据美国国家标准技术研究院（NIST）BEES4.0中的图2.6改进得到。

4.1.3 各类建筑工程用地的土地出让年限不同，直接影响到建筑工程的设计使用年限，而设计使用年限直接影响到运营维护阶段的耗能量和耗水量，为了使

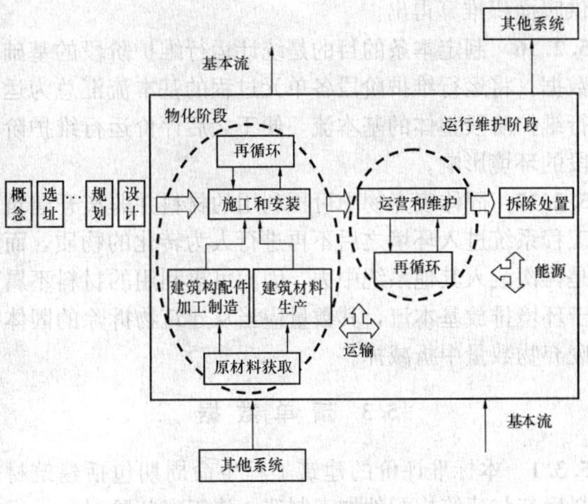

图 2　建筑工程可持续性评价系统边界

评价结果客观、合理，应当根据建筑工程设计的使用年限确定可持续评价考虑的使用年限。

民用建筑合理使用年限主要指建筑主体结构的设计使用年限，根据《建筑结构可靠度设计统一标准》GB 50068－2001 中将设计使用年限分为四类，具体的设计使用年限应根据工程项目的建筑等级、重要性来确定，参见表 1。

表 1　民用建筑设计使用年限分类

类别	设计使用年限（年）	示　例
1	5	临时性建筑
2	25	易于替换结构构件的建筑
3	50	普通建筑和构筑物
4	100	纪念性建筑和特别重要的建筑

4.2　评 价 范 围

4.2.1　制定本条的目的是确定评价范围。由于构成建筑工程的材料和配件、物化及使用阶段所用的建筑设备繁多，不可能也没必要对材料、建筑构配件及设备一一评价，因此需要确定一个原则将对环境影响贡献大的材料、建筑构配件和设备纳入评价范围，本标准根据帕累托法则（80/20 法则）确定该原则。

4.2.2　建筑材料、建筑构配件在使用过程中无需耗能耗水，因此根据质量准则和造价准则即可确定评价对象。

4.2.3　施工周转材料仅涉及消耗量，因此根据质量准则确定即可；施工安装机械在使用过程中消耗能源，如汽油、柴油、电等，因此根据能耗准则确定即可。由于建筑材料和建筑构配件在施工安装阶段不涉及化学变化，并且在建材生产与建筑构配件加工制造阶段已计算其环境影响，因此施工过程中不再重复计算。

4.2.4　运行维护阶段建筑设备的环境影响主要由耗能、耗水引起，因此采用能耗准则和水耗准则。

4.3　单 元 过 程

4.3.1　本标准是生命周期评价方法在建筑工程可持续性评价中的应用，因此本标准的规定应与现行生命周期评价的国家标准相一致。

4.3.2　按照建筑材料和建筑构配件的种类划分单元过程基于两点考虑：第一，可以根据本标准第 4.2.2 条确定的所需评价的建筑材料和建筑构配件直接确定单元过程；第二，建筑材料和建筑构配件是按照种类进行生产、加工和制造的，按照种类确定单元过程有利于清单数据的统计工作。

4.3.3　对于没有详细施工方案的建筑工程，可根据经验，将建筑施工过程作为一个整体的单元过程，估算施工安装阶段的耗能量和耗水量；对于有详细施工方案的建筑工程，可以按照周转材料、施工机械设备等的种类划分单元过程，分别确定各个单元过程的输入、输出清单，再进行累加得出施工安装阶段的输入、输出清单。

4.3.4　运行维护阶段可以按建筑设备的类型划分单元过程，其中包括：给水排水系统、电梯系统、照明系统、空调系统、采暖通风系统、中水处理系统、弱电系统等。

4.4　输入与输出

4.4.1　各单元过程均涉及多种输入和输出物质，在评价中需要确定纳入评价模型的输入物质和输出物质的种类，并且需要统一的统计格式，以保证评价的相对公平性。本标准附录 A 表 A.0.2 所规定统计的排放物质均为现阶段环境影响机制明确的物质，环境影响机制不明确或目前理论研究尚未涉及的物质未列在评价内容中。

4.5　功 能 单 位

4.5.2　制定本条的原则是确保对不同系统进行生命周期评价（LCA）时，其结果之间的比较建立在一个共同的基础上。

5　数据采集与处理

5.1　一 般 规 定

5.1.2　为保证数据质量，确保评价的客观性和合理性，规定采集数据过程中应当注明的数据属性。本标准参考了英国建筑研究院（BRE）清单数据表中对数据质量的要求，以及我国《环境管理　生命周期评价　要求与指南》GB/T 24044－2008 中第 4.2.3.6 项对数据质量的要求，规定了根据本标准进行评价时应注明的数据属性。

5.2 基础数据

5.2.1 基础数据是指根据建筑工程设计文件、工程量清单、施工组织方案以及各类设备的性能参数核定的建筑材料、建筑构配件的消耗量，施工安装过程能源、水资源的消耗量，运营维护阶段能源、水资源的消耗及循环利用数量，以及按照相关定额核定的建筑工程拆除所产生的固体废弃物。

本标准根据材料生产与建筑构配件加工制造、建筑施工安装、建筑物运营维护和建筑物拆除四个阶段收集建筑工程生命周期内涉及的基础数据。需要注意的是，运营维护阶段的建筑设备仅指维持、维护建筑正常使用运行所需要的设备，生产、生活电器设备不包含在其中。同样的，运营维护和拆除阶段产生的固体垃圾也仅指由建筑本身产生的固体废弃物，而不包含日常的生产、生活垃圾。

5.2.2 建筑材料（包括装饰材料）和建筑构配件的用量在工程量清单中均已有统计，无需单独计算，直接根据工程量清单数量确定即可。

5.2.3 某些施工周转材料，如脚手架、模板等，并非在一个工程中就消耗完，本标准用周转材料的折旧作为周转材料的消耗量。周转材料的消耗量为周转材料使用量平摊到每次周转的用量×在本工程的周转次数，即周转材料总需求量÷周转材料额定周转次数。例如，工程中需要使用 $1000m^2$ 模板，实际使用 $500m^2$ 模板周转 2 次，模板的额定周转次数为 5 次，那么本工程实际消耗的模板消耗量为 $(500\div5)\times2=1000\div5=200m^2$。

5.2.4 式中 P_{ci} 根据选用设备的性能参数确定，T_{ci} 根据施工方案中对机械台时的计算确定。

5.2.5 施工运输机械耗油量与机械的载质量和运输距离均相关，机械的吨公里油耗由选用机械的性能参数确定，运输距离根据施工方案和施工条件确定。

5.2.6 施工安装机械和设备的能耗量、工作量和运行时间均相关，评价中根据设备的实际情况和相应的性能参数确定。

5.2.7 施工安装过程的周转材料用量、水资源用量可从施工方案中直接获取，施工安装机械、设备的功率和油耗根据施工方案中所选用的机械设备的性能参数得到。

5.2.8 制定本条的目的是统计施工安装阶段的基础数据。将施工安装阶段各单元过程的基本流汇总为施工安装阶段整体的基本流，便于之后评价施工安装阶段的环境影响。

5.2.10～5.2.12 本部分规定是针对市政集中供暖的计算方法。对于小区供暖或独立供暖的建筑，可采用与其他建筑设备相同的计算方式得到供暖设备的能耗和耗水量。

C_c 可以根据供暖站年耗煤量、年供暖时间以及供暖面积推算得出。

5.2.16 制定本条的目的是统计运行维护阶段的基础数据。将运行维护阶段各单元过程的基本流汇总为运行维护阶段整体的基本流，便于之后评价运行维护阶段的环境影响。

5.2.17 固体废弃物中可再利用的材料并非离开建筑工程系统进入环境之后不再进行人为转化的物质，而是再次流入其他系统中去，因而可再利用的材料不属于环境排放基本流，其数量应当从建筑物拆除的固体废弃物数量中折减掉。

5.3 清单数据

5.3.1 本标准评价的建筑工程生命周期包括建筑材料生产与建筑构配件加工制造、施工安装阶段、运行维护阶段和建筑物拆除，前文所述的基础数据也是根据这四个阶段进行收集的；根据本标准第 2.1.3 条对清单数据的定义，清单数据的作用相当于单元过程的环境影响定额，只有收集了这四个阶段的清单数据，才能计算得出建筑工程生命周期的资源、能源消耗量与污染物的排放量。

清单数据是指单元过程实现一个功能单位的功能所需的原材料、能量的输入量以及向空气、水体和土壤中污染物的排放量。

5.3.2 本条文参考 BEES4.0 中的清单数据类型制定。BEES4.0 对清单数据类型的规定包括原材料、能源、水资源的输入，以及对大气、水体、土壤的污染物排放。详见美国国家标准技术研究院（NIST）BEES4.0 第 2.1.2 条清单分析中的图 2.2—BEES 清单数据类型。

5.3.3 本条文参考 BEES4.0 及《环境管理　生命周期评价　要求与指南》GB/T 24044 制定。

对于一般产品的清单数据通常采用行业平均值或区域平均值的方法确定；而对于特定制造商的产品清单数据，则需要单独进行收集已获得特定单元过程的资源消耗和污染物排放数据。

目前国家尚未建立生命周期评价的环境影响清单数据库，该数据库的建立需要一个积累的过程，本标准在执行过程中应积累基本的清单数据，未来可直接引用该数据库中的数据进行影响评价。

环境分析数据库建立前，若无法或不易采用本标准第 5.3.3 条的方法采集清单数据时，可以从下列数据源获取数据：

1 正式出版的文献或有关论文；

2 经认证的学术机构的研究报告；

3 各类统计年鉴和报表；

4 有关环境数据手册；

5 工厂内部的工艺信息。

5.4 评价数据

5.4.1～5.4.3 评价数据是指将清单数据汇总成最终

环境影响值的折算系数。包括污染排放物换算成各环境影响类型代表当量物质的潜值以及各环境影响类型的权重。

目前生命周期评价的国际趋势是对清单分析结果的阐释与说明，本部分说明了评价数据包括的类型，其中影响潜值各国研究机构给出的数据差别不大。本标准主要采用政府间气候变化专门委员会（IPCC）和美国环保局（EPA）公布的潜值数据。权重的确定在本标准第 6.4 节给出了详细的计算方法。

5.5 其他数据

5.5.1～5.5.3 其他数据包括绿化对污染气体的吸收作用以及中水循环利用等带来的环境效应，在本标准的评价过程中会折减这部分环境影响。

绿化对环境有正效益，因而应当在环境排放中减去绿化对污染物质的吸收量。而对于原有建筑场地是绿化场地的，原本可以吸收污染气体，而改变为建筑场地时将失去这一功能，因此应当将这部分丧失的环境正效益记入建筑工程的环境负面影响中。

本标准评价绿色植物对二氧化碳和二氧化硫的吸收量基于两点考虑：第一，绿色植物对这两种物质吸收的相关研究比较成熟；第二，生命周期评价的实例证明这两种物质排放的环境影响值占总环境影响值的比重很大。

5.5.4 中水利用可减少对水资源的消耗量，对环境产生正影响，因此在评价中应当在水资源消耗中减去中水的利用量。

5.5.5 利用太阳能这一可再生资源进行发电，可以减少对电能的消耗量，对环境产生正影响，因此评价中应当在电能消耗中减去利用太阳能发电产生的电能量。

太阳能交流发电系统是由太阳电池板、充电控制器、逆变器和蓄电池共同组成；太阳能直流发电系统则不包括逆变器。需要注意的是，计算中应当区分太阳能电池板的输出功率和实际使用功率。其中：

实际使用功率＝输出功率÷逆变器转换效率×日使用时间÷日充电时间÷（1－充电损耗率）

从上式中可以看出，实际使用功率的各种损耗并非建筑工程本体使用，而建筑工程所利用的仅包括输出功率部分，因此在清单数据中减去的部分应采用输出功率作为计算的依据。

5.6 数据汇总

5.6.1 将各阶段输入和输出分阶段汇总，并汇总为建筑生命周期的输入和输出，作为建筑生命周期的基本流。

5.6.2 本条说明各类数据之间的转化关系，揭示总体评价步骤及逻辑关系，计算的流程如图 3 所示：

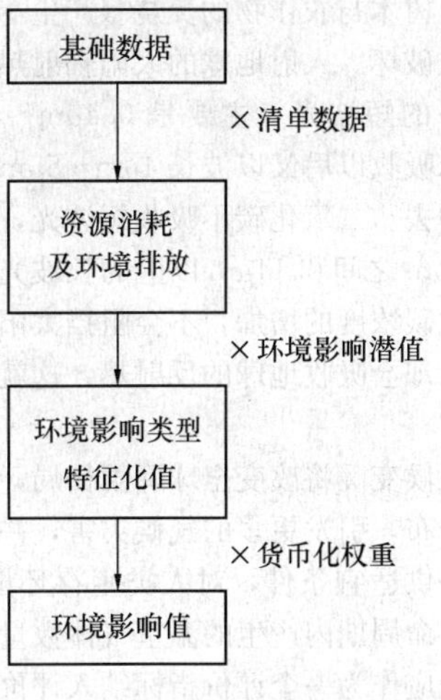

图 3　数据转化及计算流程

6 可持续性评价

6.1 分　类

6.1.1 生命周期评价的主要任务是解释清单分析的结果对 LCA 中“保护领域”的潜在影响。所保护的领域就成为划分影响类型的基本依据。目前广泛接受的生命周期评价保护领域是：人类健康，生态系统保护以及资源状况。但是也有学者认为可将人类健康和生态系统保护统一起来，这样所保护的领域只分为环境和资源两大类。本标准采用后一种分类方式。

对于环境影响类型的划分，目前国际上尚未达成一致，不同研究机构按照资深研究领域和特点制订了不同的环境影响类型分类方案。比较有影响的是国际环境毒理学会和化学学会（SETAC）提出的分类方案和丹麦工业产品环境设计方法（EDIP）提出的分类方案。本标准主要参考这两种分类方案，综合考虑目前国内的研究成果及数据的可获取性，提出环境影响类型的分类方法。

6.1.2 政府间气候变化专门委员会（IPCC）达成共识的代表当量物质。

6.2 特 征 化

6.2.1 通常多种污染物质都能引起同一类环境影响，对同一种环境影响类型，可以将各种物质的影响汇总。特征化就是对影响类型建立模型以便于将同属一类的清单结果进行汇总的过程。特征化的结果表明了环境排放或资源消耗的状况。

全球气候变暖是“温室效应”所产生的结果。“温室效应”是由大气中二氧化碳及其他温室气体浓度的增加引起的，目前最主要的温室气体是二氧化碳。温室气体主要来源于化石燃料的燃烧，泥塘、沼泽、稻田、畜牧场有机物的发酵（主要产生甲烷），含氮肥料、树木与农作物的焚烧（产生 N_2O）以及大面积的植被破坏。入射地球的太阳辐射热大都是波长 1.5μm 以下的短波光（主要是 0.4μm～0.7μm 的可见光）地球吸收以后又以波长 4μm～5μm 的长波光反射到大气中去。二氧化碳不吸收短波光，易吸收波长为 4μm～5μm 之间和 14μm 以上的长波光。因此大气中的二氧化碳浓度的增加，不会阻挡太阳辐射热到达地球表面，却会吸收地球的反射热，这就会导致地球的增温。

全球气候变暖将改变全球降雨格局，影响动植物的生存和分布，引发更多的气候灾害，并为疾病的繁殖、传播提供适宜条件，对人类生存环境影响严重。建筑工程生命周期内产生的温室气体数量巨大，故全球气候变暖应作为一个评价指标纳入评价模型。

6.2.2 臭氧层在大气中是很薄的一层，存在于大气平流层中，它能够阻挡波长小于 0.32μm 对生物有害的紫外线到达地面，起着保护屏障作用，使人类和地球上的各种生命能够持续存在、繁衍和发展。臭氧层的破坏，会导致更多的紫外线 B 段短波到达地球表面，抑制植物生长，杀死浮游生物，破坏人体免疫系统，加剧城市光化学烟雾污染，对动植物和人类的生存带来严重危害。因此臭氧层消耗应作为一个评价指标纳入评价模型。

各物质对臭氧层的消耗程度各不相同，评价中以氟利昂（CFC11）为基准当量，以世界气象组织（WMO）公布的消耗臭氧潜值表为基础，计算建筑工程的臭氧层消耗影响。

6.2.3 环境酸化是指酸性物质进入环境，使自然环境系统的酸度升高（即 pH 值降低）或碱度降低（亦即是对酸性缓冲能力的减弱）的作用或过程。环境酸化由酸雨和直接排入水体的酸性污染物造成，其中酸雨是环境酸化的重要来源，二氧化硫（SO_2）和氮氧化物（NO_x）是引起环境酸化的主要酸性物质。酸雨的形成是污染物质进入大气后，经过物理作用和化学作用，发生输送、转化和沉降等复杂过程，通过雨水或者湿沉降的方式进入生物圈。它可降低土壤肥力，侵蚀石刻雕像、大理石建筑、金属屋顶、桥梁、铁路，造成环境质量下降，影响植物及鱼类的生长繁殖。酸雨腐蚀性强，对土壤、水体危害严重，并将引发人体的多项疾病。建筑材料在生产过程中产生大量的酸性气体，可能直接引起酸雨。因此环境酸化应作为一个评价指标纳入评价模型。

各物质对环境酸化的影响潜值各不相同，评价中以二氧化硫为基准当量，以荷兰莱顿大学环境技术中心（CML）研究机构的酸化潜力研究成果为基础，计算建筑工程的环境酸化影响。

6.2.4 水体富营养化是指在人类活动的影响下，生物所需的氮、磷等营养物质大量进入湖泊、河口、海湾等缓流水体，引起藻类及其他浮游生物迅速繁殖，水体溶解氧量下降，水质恶化，鱼类及其他生物大量死亡的现象。天然水体中所含的氮、磷等营养元素，是水中生物生长所必需的。由于生活污水，工业废水和农田肥水的大量排入使天然水体中营养物质过多，导致藻类和其他浮游生物迅速繁殖。它们死后被需氧微生物分解，使水体溶解氧量下降；或者被厌氧微生物分解，产生硫化氢、甲烷、氨等气体，使水质腐臭变质，造成鱼类及其他水生生物大量死亡。此外富营养化水体中的有机氮在水中微生物的作用下可以硝化分解成硝酸盐，再还原成亚硝酸盐，饮用这种水后，在人体中生成亚硝胺，是致癌物质，严重威胁人类健康。我国水体富营养化状况令人担忧，七大水系、大中型湖泊及近海岸海域亟待控制。因此水体富营养化应作为一个评价指标纳入评价模型。

各物质对水体富营养化的影响潜值各不相同，评价中以 NO_x 为基准当量，以荷兰莱顿大学环境技术中心（CML）研究机构的富营养化影响潜值表为基础，计算建筑工程的水体富营养化影响。

6.2.5 汽车、工厂等污染源排入大气的碳氢化合物（CH）和氮氧化物（NO_x）等一次污染物，在阳光的作用下发生化学反应，生成臭氧、醛、酮、酸、过氧乙酰硝酸酯（PAN）等二次污染物，参与光化学反应过程的一次污染物和二次污染物的混合物所形成的烟雾污染现象叫做光化学烟雾。光化学烟雾损害人和动物的健康，影响植物生长，影响材料质量，并且会促进酸雨形成，对人类、生态影响很大。因此光化学烟雾应作为一个评价指标纳入评价模型。

各物质对光化学烟雾的影响潜值各不相同，评价中以 C_2H_4 为基准当量，计算建筑工程的光化学烟雾环境影响。

6.2.6 悬浮在大气中不易沉降的所有的颗粒物，包括各种固体微粒、凝胶状微粒等，直径通常在 0.1μm～100μm 之间。它主要来源于燃料燃烧时产生的烟尘、生产加工过程中产生的粉尘、建筑和交通扬尘及气态污染物经过复杂物理化学反应在空气中生成的固体凝胶状颗粒。由于混合颗粒成分复杂，形状、密度、粒径的大小、物理性质及化学组成有很大差异，且各类物质比例不一，不便细分分类，评价中不考虑当量，将大气悬浮颗粒物均视为同一类物质，影响潜值均为 1。

6.2.9 水体悬浮物是不溶于水，并悬浮于水中的有机和无机固体污染物，包括氯化镁，钠、铁、铝或硅的氧化物，钙盐，木质素，微生物的残骸等，成分复杂，不便分开考虑，评价中不考虑当量，影响潜值均为 1。

6.2.10 水资源是生产和生活必不可少的物质，我国水资源人均占有量很低，仅为世界人均的四分之一，是世界 13 个贫水国家之一。而工业与民用建筑对水资源的消耗量很大，随着建筑业的快速发展，建筑业将消耗更多的水资源。故应将水资源作为一个评价指标纳入评价模型。

水资源的消耗量即为各单元过程耗水量的总和。

6.2.11 化石能源是不可再生资源，建筑工程在生命周期内直接或间接消耗大量的化石能源，因此应当作为一个评价指标纳入评价模型。

6.3 加权评估

6.3.1 加权评估是使用基于价值选择所得到的权重因子对不同影响类型的数值结果进行转化和合并的过程。目前常用的加权评估方法有目标距离法和货币化法，本标准采用货币化方法确定权重系统。

福利经济学认为，污染物质的排放将导致经济外部性，所有社会成员拥有环境的所有权。污染者向环境排放污染物质，或者开采资源应向环境的所有人支付补偿金，这种补偿就是所谓的环境税。环境税一方面对污染排放者进行惩罚，促使其在生产和消费中减少对环境的损害；另一方面，环境税可用于治理环境，一定程度上弥补外部性带来的损失。

本标准所采用的货币化权重系统认为：污染者必须向社会支付可接受的补偿，这一补偿应当体现整个社会为去除环境污染所愿意付出的代价，这种代价体现在环境税上。本标准的权重体系反映了中国当前社会经济条件下，公众对环境损害的忍受程度。体系中设定的权重，并非针对具体污染物，而是各类环境影响类别的权重，即一个环境影响类别的权重是该环境影响类别所有污染物质环境税税率的加权平均值。

6.3.2、6.3.3 本标准使用的是不同环境影响类型的权重，而不是具体污染物的权重。因此，一个环境影响类型的权重是指该类型中所有污染物质的环境税税率的加权平均值。

6.3.4 作为发展中国家，中国没有开征碳排放税，此时的支付意愿体现在由于全球气候变暖造成的经济损失上，即表明社会接受温室效应带来的经济损失，以作为对保持经济发展的一种妥协。未来中国如果开始征收碳排放税，则碳排放税即为社会支付意愿，可直接作为全球气候变暖影响类型的权重因子。

全球气候变暖对中国造成了多大的经济损失，目前争议较大。例如，根据 Fankhauser 的研究，并假定全球气候变暖对中国造成损失在 GDP 中所占比例不变，以 2000 年为基年，按不变价格计算，得到每千克当量的二氧化碳损失为 0.06 元。

6.3.5 根据蒙特利尔议定书，对主要的臭氧层消耗物质(Ozone Depletion Substance，即 ODS) 的削减制定了时间表，并且创立了多边基金（Multilateral Fund)，以资助发展中国家削减 ODS。国家发布了《中国逐步削减臭氧层消耗物质国家方案》(以下简称方案)，对削减 ODS 作出了承诺，制定了详细的时间表。政府对削减消耗臭氧物质排放项目的投入可当作中国对臭氧层消耗的支付意愿，即愿意支付金钱以避免臭氧层消耗的发生。

中国目前尚未实行氟氯烃税，但可以根据政府对削减臭氧层消耗物质项目的投入确定 ODS 支付意愿。根据《方案》和世界银行的统计数据，针对每千克的 ODS，中国投入了 15.92 元，此即为臭氧损耗影响类型的权重因子。

6.3.6 p_{Aj}的取值参照国务院令字第 369 号制定的、由四部委联合发布的 31 号令《排污费征收标准管理办法》，选取环境酸化污染当量最大的三种物质确定环境酸化权重。《排污费征收标准管理办法》规定，对每一排放口征收废气排污费的污染物种类数，以污染当量数从多到少的顺序，最多不超过 3 项。以北京地区数据为例，可选取 SO_2、NO_x、NH_3 确定环境酸化的权重因子。

6.3.7 p_{Ej}的取值参照《排污费征收标准管理办法》，选取水体富营养化污染当量最大的三种物质确定水体富营养化权重。《排污费征收标准管理办法》规定，对每一排放口征收废气排污费的污染物种类数，以污染当量数从多到少的顺序，最多不超过 3 项。以中国环境公报显示的数据为例，可选取 COD、总磷及氨氮确定富营养化的权重因子。

6.3.8 p_{Sj}的取值参照《排污费征收标准管理办法》，宜选取烟尘和工业粉尘两种最主要的大气悬浮颗粒物确定该类污染的权重。大气悬浮颗粒物主要是烟尘和粉尘，影响潜值均为 1。货币因子根据《排污费征收标准管理办法》确定。

6.3.9 全国不同地区、不同城市的建筑垃圾处理费征收标准并不统一，不同地区的建筑工程根据当地情况计算固体废弃物的权重因子。无具体规定的应按照《排污费征收标准管理办法》确定固体废弃物的权重因子。

6.3.10 p_{Lj}的取值参照《排污费征收标准管理办法》，宜选取 CO、VOC 以及 NO_x 确定光化学污染的权重。造成光化学烟雾的主要物质是挥发性有机物(VOC)，CO 以及 NO_x，VOC 和 CO 的主要来源是工业燃油锅炉和机动车。目前国家尚未对机动车污染征收排污费，但可根据对机动车尾气排放三相催化转换器的投入来计算机动车排放 VOC 和 CO 的支付意愿。研究表明，强制车主配置三相催化转换器的效果等于对机动车主征收一定的排污费。NO_x、工业排放 CO 的排污费可由《排污费征收标准管理办法》确定，工业排放 VOC 的排污费率由《排污费征收标准管理办法》中列举的几项挥发性有机物综合确定。

6.3.11 水体悬浮颗粒物 (SS) 主要由不溶于水，并悬浮于水中的有机和无机固体污染物组成，《排污费征收标准管理办法》规定其排污费费率为 0.175 元/kg。

6.3.12 p_{Wj}的取值参照《排污费征收标准管理办

法》，宜选取水体毒性当量最大的三种物质确定水体毒性权重。《排污费征收标准管理办法》规定，对每一排放口征收废气排污费的污染物种类数，以污染当量数从多到少的顺序，最多不超过3项。以北京市数据为例，可选取氰化物、石油类以及挥发酚确定水体毒性的权重因子。

6.3.13 城市居民支付的自来水费包含三部分：自来水生产成本、污水处理费及水资源费；农村居民使用井水同样需要交纳水资源费。显然，只有水资源费真正反映了社会对水资源消耗的支付意愿。水资源由地表水和地下水构成，根据《中国水资源年鉴》，可以查到各地水资源费的数据，并以此为依据确定水资源消耗的货币化权重。

6.3.14 化石能源包括煤、石油、天然气。化石能源主要考察其能量值，本标准以标准煤计算。国家对矿物资源征收资源税，但对同一种矿物，矿物的不同品相资源税税率也不同。为简化计算，本标准根据《中华人民共和国资源税暂行条例实施细则》，取平均值计算。

6.3.15 本标准的货币化权重基于修正的环境税、排污费及资源税，其他矿物资源可直接根据财法［1993］43号《中华人民共和国资源税暂行条例实施细则》确定。

6.3.16 最终环境影响值是各种类型的环境影响值的总和，每种类型的环境影响值根据该影响类型的特征化值和货币化权重确定。

6.3.17 由于建筑工程体量、规模、使用年限的不同，仅给出建筑工程总的环境影响值缺乏可比性，因此需要建立一个横向可比较的评价指标。

建筑工程物化阶段持续的时间与建筑工程生命周期相比相对较小，可视为一个时点，因此可取物化阶段建筑工程每平方米建筑面积的环境影响值作为物化阶段的可持续性评价指标。

建筑工程运行维护阶段持续时间几乎占了建筑工程生命周期的全部，因此不同的评价年限对评价结果的影响很大，为了对不同评价年限建筑的环境影响做出合理的比较，本标准取建筑工程每平方米建筑面积的年均环境影响值作为可持续性评价的指标。

同样的，可持续性评价指标也考虑不同评价年限带来的影响。

6.3.18 物化阶段可以用单位造价的环境影响值，即单位投资额对环境造成的影响来表征建筑的可持续性。

中华人民共和国行业标准

低张拉控制应力拉索技术规程

Technical specification for tension cable of low control stress for tensioning

JGJ/T 226—2011

批准部门：中华人民共和国住房和城乡建设部
施行日期：2 0 1 2 年 3 月 1 日

中华人民共和国住房和城乡建设部
公　告

第1013号

关于发布行业标准《低张拉控制应力拉索技术规程》的公告

现批准《低张拉控制应力拉索技术规程》为行业标准，编号为JGJ/T 226-2011，自2012年3月1日起实施。

本规程由我部标准定额研究所组织中国建筑工业出版社出版发行。

中华人民共和国住房和城乡建设部
2011年5月10日

前　言

根据住房和城乡建设部《关于印发〈2008年工程建设标准规范制订、修订计划（第一批）〉的通知》（建标［2008］102号）的要求，规程编制组经广泛调查研究，认真总结实践经验，参考有关国际标准和国外先进标准，并在广泛征求意见的基础上，编制本规程。

本规程的主要技术内容是：1 总则；2 术语和符号；3 拉索材料与锚固体系；4 设计基本规定；5 结构构件设计；6 施工及验收。

本规程由住房和城乡建设部负责管理，由浙江省二建建设集团有限公司负责具体技术内容的解释。执行过程中如有意见或建议，请寄送浙江省二建建设集团有限公司（地址：浙江省宁波市海曙区东渡路55号华联写字楼18楼，邮编：315000）。

本规程主编单位：浙江省二建建设集团有限公司
浙江省一建建设集团有限公司

本规程参编单位：浙江大学宁波理工学院
同济大学
中国建筑科学研究院上海分院
浙江省交通工程集团有限公司
杭州萧宏建设集团有限公司
广东坚朗五金制品有限公司
浙江展诚建设集团公司
宁波市建筑工程安全质量监督总站

本规程主要起草人员：张幸祥　邵凯平　陈春雷　叶家丽　吴佳雄　王银辉　王达磊　南建林　范厚彬　章铭荣　厉　敏　吴建挺　郑建华　吴利民

本规程主要审查人员：叶可明　金伟良　陈天民　裘　涛　陶学康　钱基宏　张承起　李海波　姚光恒　周志祥　郝玉柱　赵灿晖

目　次

Contents

1 总　　则

1.0.1 为了在低张拉控制应力拉索的设计与施工中做到技术先进、安全适用、确保质量、经济合理，制定本规程。

1.0.2 本规程适用于风障拉索、楼梯（护栏）扶索、公路缆索护栏以及其他非承重的低张拉控制应力拉索体系的设计、施工及验收。

1.0.3 低张拉控制应力拉索体系的设计、施工及验收，除应符合本规程外，尚应符合国家现行有关标准的规定。

2 术语和符号

2.1 术　　语

2.1.1 拉索体系　tension cable system

由拉索、锚具（连接器）以及其他辅件组成的柔性体。

2.1.2 低张拉控制应力拉索　tension cable of low control stress for tensioning

张拉控制应力不超过其索材料抗拉强度标准值的40%的非承重拉索，简称拉索。

2.1.3 防松装置　locking device for tension cable

防止低张拉控制应力拉索锚固系统松动的装置。

2.1.4 锚具支承承力装置　supporting device for anchorage

支承和传递拉索拉力至锚具的装置。

2.1.5 整束多点锚固　full-bundle with multi-joint anchor for tension cable

拉索在张拉单元内为连续束，除两端锚固于结构外，中间尚有多处锚固节点的连接形式。

2.1.6 分束连接锚固　splitting-bundle with connecting anchor for tension cable

拉索在张拉单元内为非连续的多段束，除两端锚固于结构外，每段束之间以连接器连接并锚固于锚固节点的连接形式。

2.1.7 整束两端锚固　full-bundle with two-ends anchor for tension cable

拉索在张拉单元内为连续束，仅两端锚固于结构外，中间尚有多处非锚固节点的连接形式。

2.1.8 锚固节点　anchor joint

拉索锚固于结构上的固定点。

2.1.9 拉索材料强度折减系数　strength reduction factor of tension cable material

拉索产品标准提供的最小破断拉力和全部金属公称截面面积与对应材料抗拉强度标准值的乘积之比。

2.2 符　　号

2.2.1 材料物理力学性能

E——钢材的弹性模量；

f——钢材的抗拉、抗压和抗弯强度设计值；

f_{ptk}——拉索材料的抗拉强度标准值；

α——材料的线膨胀系数；

σ_b——钢材的公称抗拉强度。

2.2.2 作用和作用效应

a——锚具和辅件变形量；

N_a——拉索拉力设计值；

M_x、M_y——分别绕截面主轴 x、y 的弯矩设计值；

q_{ih}——水平作用荷载标准值；

σ_{con}——拉索张拉控制应力；

τ——梁计算截面的剪应力；

Δ——拉索锚固节点结构位移量；

ΔT——环境温度差值。

2.2.3 几何参数

l——拉索张拉单元长度；

l_1——拉索锚固节点间距离；

I——毛截面的惯性矩；

S——毛截面的面积矩；

W_x、W_y——分别为按梁截面受压纤维确定的对 x 和 y 轴的毛截面模量；

W_{nx}、W_{ny}——分别为截面对其 x 和 y 轴的净截面模量。

2.2.4 系数

η_a——拉索-锚具组装件效率系数；

η_p——拉索材料效率系数；

φ_b——钢结构梁按绕截面强轴弯曲所确定的整体稳定系数。

3 拉索材料与锚固体系

3.1 拉 索 材 料

3.1.1 低张拉控制应力拉索可采用不锈钢单丝或钢丝束索体、钢丝绳索体、钢绞线索体或钢拉杆索体。

3.1.2 不锈钢单丝或钢丝束索体所用不锈钢丝的质量应符合现行国家标准《不锈钢丝》GB/T 4240的有关规定。

3.1.3 钢丝绳索体所用钢丝绳的质量应符合现行国家标准《重要用途钢丝绳》GB/T 8918、《不锈钢丝绳》GB/T 9944 和《一般用途钢丝绳》GB/T 20118的有关规定。

3.1.4 镀锌钢绞线和不锈钢绞线索体用钢绞线的质量应符合现行行业标准《镀锌钢绞线》YB/T 5004、《建筑用不锈钢绞线》JG/T 200 的有关规定。

3.1.5 钢拉杆索体用钢拉杆的质量应符合现行国家

标准《钢拉杆》GB/T 20934 的有关规定。

3.1.6 采用其他材料的拉索索体材料时，其质量、性能应符合现行国家标准《结构加固修复用碳纤维片材》GB/T 21490 等相关标准的规定。

3.1.7 拉索材料物理力学性能应满足下列规定：

1 拉索材料抗拉强度标准值应按本规程第 3.1.2～3.1.5 条标准规定取用。

2 拉索材料的弹性模量宜由试验确定。当无试验数据时，可按表 3.1.7-1 取用。

3 拉索材料的线膨胀系数宜由试验确定。当无试验数据时，可按表 3.1.7-2 取用。

表 3.1.7-1 拉索材料弹性模量

拉索材料种类		弹性模量（$\times10^5$MPa）
不锈钢丝		2.06
钢丝绳		0.80～1.40
钢绞线	镀锌	1.95
	不锈钢	1.20～1.50
钢拉杆	钢	2.06
	不锈钢	2.06

表 3.1.7-2 拉索材料的线膨胀系数 α

拉索材料种类		线膨胀系数（$\times10^{-5}$/℃）
不锈钢丝	不锈钢丝	1.75
	平行不锈钢丝索	1.84
钢丝绳		1.59
钢绞线		1.32
钢拉杆	钢	1.20
	不锈钢	1.75

3.2 锚具、连接器及辅件

3.2.1 拉索锚具可分为镦头锚具、螺母锚具、压接（挤压）锚具和冷铸或热铸锚具等。锚具应根据拉索品种、锚固和张拉工艺等要求合理选用。

3.2.2 拉索用锚具、连接器的质量应符合现行国家标准《预应力筋用锚具、夹具和连接器》GB/T 14370 的有关规定。

3.2.3 拉索用锚具（连接器）的静载锚固性能，应由拉索-锚具（连接器）组装件静载试验测定的锚具效率系数（η_a）和达到实测极限拉力时组装件中拉索的总应变（ε_{apu}）确定，并应符合下列规定：

1 当拉索采用压接（挤压）式锚具时，锚具效率系数 η_a 不应小于 0.90；当拉索采用镦头式锚具时，锚具效率系数 η_a 不应小于 0.92；当拉索采用其他锚具时，锚具效率系数 η_a 不应小于 0.95；

2 拉索总应变 ε_{apu} 不应小于 2.0%；

3 拉索-锚具（连接器）组装件的破坏形式应是拉索的破断，锚具（连接器）不应破损。

拉索-锚具（连接器）效率系数应根据试验结果并按下式计算确定：

$$\eta_a=\frac{F_{apu}}{\eta_p F_{pm}} \tag{3.2.3}$$

式中：η_a ——为拉索-锚具（连接器）组装件静载锚固性能效率系数；

F_{apu} ——拉索-锚具（连接器）的实测极限拉力（kN）；

F_{pm} ——由拉索试样实测破断荷载计算得到的平均极限抗拉力（kN）；

η_p ——拉索效率系数，取 $\eta_p=1.0$。

3.2.4 低张拉控制应力拉索的螺母锚具宜配置相应的防松装置；对有整体调束要求的拉索或兼作为施加预应力用的锚固体系还宜设置相应的支承承力装置，并应符合本规程附录图 A.0.1-1、图 A.0.1-2 的规定。

3.2.5 辅件材料宜采用和拉索体系相同品种的材料，当采用与拉索不同种类材料时，除应符合强度和刚度要求外，尚应满足与拉索体系相一致的耐久性要求。

4 设计基本规定

4.1 一 般 规 定

4.1.1 低张拉控制应力拉索、锚固体系以及辅件应根据使用环境、性能匹配、强度协调和施工操作等要求合理设计与选用。

4.1.2 低张拉控制应力拉索和锚固体系以及辅件应具备符合其功能要求的承载能力和刚度。

4.1.3 低张拉控制应力拉索体系的拉索和锚固点（立柱）应根据其适用范围，分别按风障拉索、楼梯（护栏）扶索和公路缆索护栏设计。

4.1.4 低张拉控制应力拉索，除应保证索材在弹性状态下工作外，尚应在各种工况下使索力大于零。

4.1.5 低张拉控制应力拉索、锚固体系和辅件的设计应考虑水平作用荷载、风荷载、裹冰荷载、预张拉力、温度变化和支承结构变形等作用及组合。其荷载的标准值应按国家现行标准《建筑结构荷载规范》GB 50009 和《公路桥梁抗风设计规范》JTG/T D60-01 的规定选用。

4.1.6 拉索水平作用荷载标准值可按表 4.1.6 值选用。

表 4.1.6 拉索水平作用荷载标准值

拉索类别		水平作用荷载
风障拉索		按《公路桥梁抗风设计规范》JTG/T D60-01-2004 中第 4.2.1 条和第 4.3.1 条的规定取用
楼梯（护栏）扶索	住宅	0.5kN/m
	公共建筑	1.0kN/m
公路缆索护栏		53kN/m

注：水平作用荷载垂直于拉索轴线方向作用。

4.1.7 拉索允许最大动态变形量不应超过表 4.1.7 的规定。

表 4.1.7 拉索允许最大动态变形量（mm）

拉索类别	最大动态变形量
风障拉索	10
楼梯（护栏）扶索	$h/100$
公路缆索护栏	1100

注：1 拉索允许最大动态变形系指垂直于拉索轴方向变形矢量值。

2 表中 h 为楼梯立柱高度，单位为“mm”。

4.1.8 低张拉控制应力拉索的张拉控制应力 σ_{con} 不应大于 $0.40f_{ptk}$，不宜小于 $0.15f_{ptk}$。

4.1.9 低张拉控制应力拉索体系应按设计要求对钢立柱和其他钢部件按钢结构防腐要求进行维护和保养。对拉索、锚具和辅件定期检查其磨损、腐蚀情况，对损坏严重的应及时更换。

4.2 预应力损失值计算

4.2.1 低张拉控制应力拉索预应力损失值应包括拉索锚具及辅件变形引起预加应力的损失、锚固节点结构构件位移引起预加应力值的损失和拉索工作状态环境温度变化引起预加应力值的损失等。

4.2.2 拉索因锚具和辅件变形引起预加应力的损失值可按下式计算：

$$\sigma_{l1}=\frac{a}{10^3\times l}E_s \tag{4.2.2}$$

式中：σ_{l1} ——锚具和辅件变形引起预加应力的损失值（N/mm^2）；

a——拉索张拉端锚具和辅件变形值（mm），可按表 4.2.2 选用；

l——拉索张拉单元长度（m）；

E_s——拉索材料弹性模量（N/mm^2），可按本规程表 3.1.7-1 选用。

表 4.2.2 锚具和辅件变形值 *a*（mm）

锚具种类	a
镦头、螺母	1
热铸、冷铸	5
压接（挤压）	1

注：a 值也可根据实测数据确定。

4.2.3 锚固节点结构构件沿拉索轴向位移引起的预加应力损失值，可按下式计算：

$$\sigma_{l2}=\frac{\Delta S}{10^3\times l_1}E_s \tag{4.2.3}$$

式中：σ_{l2} ——锚固节点结构沿索轴向位移引起预加应力损失值（N/mm^2）；

l_1——拉索张拉单元内两相邻锚固节点距离（m）；

ΔS——拉索相邻锚固节点结构最大位移量（mm），按表 4.2.3 选用。

表 4.2.3 锚固节点结构最大位移量（mm）

锚固节点位置	位移量 ΔS
端部锚固节点	6
中间锚固节点	4

注：该最大位移是指锚固节点结构最上排拉索处沿轴向变位。

4.2.4 拉索因环境温度变化引起的预加应力损失值，可按下式计算：

$$\sigma_{l3}=\alpha\Delta TE_s \tag{4.2.4}$$

式中：σ_{l3} ——环境温度变化引起的预加应力损失值（N/mm^2）；

α——拉索材料线膨胀系数（$10^{-5}/℃$），宜由试验确定，当无试验数据时，可按本规程表 3.1.7-2 值取用；

ΔT——环境温度差值（℃），宜按当地气象资料根据拉索设计使用年限期的最大温差取用。

4.2.5 当拉索采用分批张拉时，应考虑后张拉索对先张拉索的轴向弹性变形影响。

5 结构构件设计

5.1 立　柱

5.1.1 风障拉索和楼梯（护栏）扶索的立柱可按悬臂受弯构件设计。

5.1.2 立柱和支座连接的承载能力极限状态设计时，应考虑荷载效应的基本组合；正常使用极限状态设计时，应考虑荷载效应的标准组合。

5.1.3 立柱宜根据拉索体系的功能要求、所承受荷载大小和工作环境等条件，选用钢结构或其他结构材料，其质量和性能应符合现行国家标准《钢结构设计规范》GB 50017 或其他结构材料标准的规定。

5.1.4 承受双向弯曲作用的钢结构立柱在主平面内受弯的抗弯强度应符合下式的要求：

$$\frac{10^6\times M_x}{W_{nx}}+\frac{10^6\times M_y}{W_{ny}}\leqslant f \tag{5.1.4}$$

式中：M_x、M_y ——分别为立柱绕其截面主轴 x 和 y 轴的弯矩设计值（kN·m）；

W_{nx}、W_{ny} ——分别为立柱截面对其主轴 x 和 y 轴的净截面模量（mm^3）；

f——立柱钢材料抗弯强度设计值（N/mm^2），可按现行国家标准《钢结构设计规范》GB 50017 规定值取用。

5.1.5 承受双向弯矩作用的钢结构立柱，其整体稳定应符合下式的要求：

$$\frac{10^6 \times M_x}{\varphi_b W_x} + \frac{10^6 \times M_y}{W_y} \leqslant f \quad (5.1.5)$$

式中：W_x、W_y——分别为截面按受压纤维确定的对其主轴 x、y 的毛截面模量（mm^3）；

φ_b——按绕截面强轴弯曲所确定的梁整体稳定系数，可按现行国家标准《钢结构设计规范》GB 50017 的规定取用。

5.1.6 在主平面内受弯的钢结构立柱，其截面抗剪强度应符合下式的要求：

$$\frac{10^3 \times V \cdot S}{I \cdot t_w} \leqslant f_v \quad (5.1.6)$$

式中：V——计算截面沿腹板平面作用的剪力（kN）；

S——计算剪力处以上毛截面对其中和轴的面积矩（mm^3）；

I——毛截面惯性矩（mm^4）；

t_w——计算剪应力截面腹板厚度（mm）；

f_v——立柱钢材的抗剪强度设计值（N/mm^2），可按现行国家标准《钢结构设计规范》GB 50017 规定取用。

5.1.7 钢结构立柱与支座连接设计应符合现行国家标准《钢结构设计规范》GB 50017 有关钢结构连接和构造规定。

5.1.8 当立柱采用混凝土结构材料时，其设计应符合现行国家标准《混凝土结构设计规范》GB 50010 的规定。

5.1.9 公路缆索护栏立柱设计和构造要求应按现行行业标准《公路交通安全设施设计规范》JTG D81 和《公路交通安全设施设计细则》JTG/T D81 的有关规定执行。

5.2 拉　索

5.2.1 拉索材料应根据索的功能要求确定。

5.2.2 拉索拉力最大值应满足下式要求：

$$N_a \leqslant N_t \quad (5.2.2)$$

式中：N_a——计算索拉力最大值（kN）；其值按本规程 5.2.3 计算；

N_t——索材料拉力设计值（kN），按本规程附录 B 所选用索材最小整索破断拉力值除以材料分项系数 1.8 取用。

5.2.3 风障拉索和楼梯（护栏）扶索的索张力（拉力）值 N_a 应按下式计算：

$$N_a = \frac{10^6 \times q \cdot l_1^2}{8\Delta S} \quad (5.2.3)$$

式中：N_a——计算索最大张（拉）力值（kN）；

q——作用在拉索上的水平作用荷载设计值（kN/m），对风障拉索按本规程 5.2.4 条计算，楼梯（护栏）扶索按本规程表 4.1.6 取值；

l_1——拉索两相邻锚固节点间距离（m）；

ΔS——拉索最大允许动变形量（mm），按本规程表 4.1.7 值取用。

5.2.4 风障拉索水平作用荷载设计值应按下式计算：

$$q = 4.9 \times 10^{-3} \rho V_g^2 C_d D \quad (5.2.4\text{-}1)$$

$$V_g = C_v V_z \quad (5.2.4\text{-}2)$$

式中：q——作用在拉索单位长度上的静阵风荷载（kN/m）；

ρ——空气密度（kg/m^3），一般取 1.25；

C_d——拉索截面迎风阻力系数，可按行业标准《公路桥梁抗风设计规范》JTG/T D60-01-2004 表 4.3.4-1 值取用；

D——拉索直径（mm）；

V_g——静阵风风速（m/s）；

C_v——静阵风系数，可按行业标准《公路桥梁抗风设计规范》JTG /T D60-01-2004 表 4.2.1 的规定值取用；

V_z——基准高度处的风速（m/s），可按行业标准《公路桥梁抗风设计规范》JTG/T D60-01-2004 附表 A 取用。

5.2.5 公路缆索护栏拉索设计和构造要求应按现行行业标准《公路交通安全设施设计规范》JTG D81 和《公路交通安全设施设计细则》JTG/T D81 的有关规定执行。

5.3 辅　件

5.3.1 拉索体系所采用的防松装置、支承承力装置以及其他紧固辅件的设计除应符合拉索各种工况下的强度、硬度和刚度要求外，尚应做到构造简单、安装方便并与拉索体系协调。

5.3.2 辅件制作及性能应符合现行国家标准《普通螺纹基本尺寸》GB 196、《普通螺纹公差与配合》GB 197、《紧固件机械性能　螺栓、螺钉和螺柱》GB/T 3098.1、《紧固件机械性能　螺母　粗牙螺纹》GB/T 3098.2 和《紧固件机械性能　螺母　细牙螺纹》GB/T 3098.4 等有关规定。

6 施工及验收

6.1 一 般 规 定

6.1.1 低张拉控制应力拉索施工应编制施工方案，并应符合有关结构工程施工质量验收规范和施工图设计文件的要求。

6.1.2 张拉用机具设备和仪器应计量标定、校准合格后方可使用。施加索力应采用专用设备，其施力值宜在设备负荷标定值的25%～80%之间。

6.1.3 拉索的张拉应在立柱安装并验收合格后方可进行。

6.2 立柱制作安装

6.2.1 立柱拉索孔位应按设计要求加工，尺寸允许偏差为±2mm。

6.2.2 立柱与基础连接采用预埋件时，应在基础施工时按设计要求埋设，预埋件应牢固，位置准确，其偏差应符合设计规定。

6.2.3 风障拉索和楼梯（护栏）扶索立柱的安装应符合设计规定，其标高允许偏差为±10mm，且相邻两柱的标高允许偏差为±5mm；水平位置沿拉索轴向柱距安装允许偏差为±10mm；垂直于轴向水平位置安装允许偏差为±5mm。

6.2.4 公路缆索护栏立柱安装应符合设计规定和现行行业标准《公路交通安全设施施工技术规范》JTG F71的有关规定。

6.3 拉索制备

6.3.1 拉索调直张拉应符合下列规定：

1 制索前钢丝绳应进行调直张拉。调直张拉应力宜采用拉索材料抗拉强度标准值的40%～55%。初张拉不应少于2次，每次持荷时间不应小于50min。

2 单丝不锈钢丝调直张拉应力宜采用其抗拉强度标准值的30%，张拉调直不应少于2次。

3 钢绞线拉索调直张拉应力宜采用钢绞线材料抗拉强度标准值的20%。

6.3.2 采用钢丝镦头锚具时，应先作钢丝可镦性试验，并应符合规定要求后方可进行镦头。钢丝镦头的头型直径应为1.4～1.5倍钢丝直径，高度应为0.95～1.05倍钢丝直径。钢丝束两端均采用镦头锚具时，钢丝束应等长下料。

6.3.3 当拉索采用压接（挤压）锚具时，其规格尺寸应符合现行行业标准《建筑幕墙用钢索压管接头》JG/T 201的有关要求。

6.3.4 钢绞线挤压锚具挤压时，在挤压模内腔或挤压套外表面应涂润滑油等润滑剂，压力表读数应符合操作说明书的规定。

6.3.5 压接（挤压）锚具的压制应符合下列规定：

1 压制前设计确定压接接头尺寸并选用相应压制模量；

2 压制前应清洁模具的模膛并检查模具安装是否平齐；

3 压接接头应在压力机上缓慢压制成型；

4 压接后（锚具）表面应光滑、无毛刺，不应有裂纹。

6.3.6 采用成品拉索时，应符合现行国家标准《钢丝绳吊索——插编索扣》GB/T 16271等相关标准的规定。

6.4 拉索、锚具及辅件安装

6.4.1 拉索、锚具及辅件的安装可分为整束多点锚固、整束两端锚固和分束连接锚固三种形式。

6.4.2 采用整束多点锚固时，拉索、锚具和辅件的安装应符合下列规定：

1 整束应根据设计的锚固节点位置、构造规定，分别按顺序安装需要穿越立柱孔洞的锚具和辅件并形成拉索基本组装件，并应符合本规程附录A.0.1、A.0.2的规定；

2 拉索基本组装件应从张拉单元端部锚固节点按顺序穿越各立柱至另一端锚固节点；

3 穿越张拉单元后拉索基本组装件两端应安装锚具或支承承力结构等辅件并应作临时拉紧固定；

4 在有需要的锚固节点安装其他开口形式的锚具或辅件。

6.4.3 采用整束两端锚固时，拉索、锚具和辅件的安装应满足下列要求：

1 整束应从一张拉端立柱按顺序穿越中间立柱孔洞至另一张拉端立柱，并应分别安装两张拉端的锚具和辅件并形成拉索基本组装件，并应符合本规程附录A.0.1、A.0.2、A.0.3的构造规定；

2 应对拉索基本组装件两端作临时拉紧。

6.4.4 采用分束连接锚固时，拉索、锚具、连接器和辅件安装应符合下列规定：

1 各分束应按设计的锚固节点位置、构造规定，按顺序安装需要穿越立柱孔洞的锚具或辅件并形成分束基本组装件；

2 各分束基本组装件应安装在设计规定位置，并应通过连接器临时连接形成张拉单元内整束。

6.4.5 拉索应从上向下按顺序进行安装。

6.5 张拉与锚固

6.5.1 拉索张拉控制应力应根据拉索张拉单元长度、锚固体系、张拉工艺等由设计计算确定。

6.5.2 低张拉控制应力拉索用张拉机具，应根据张拉力大小、锚固体系、拉索张拉单元长度等条件，匹配选择液压千斤顶、机械张力器、扭力扳手等张拉机具。各种张拉机具均应在规定的有效标定期内使用。

6.5.3 采用整束多点锚固时，宜采用两端同时张拉；当支承结构变形满足规定要求且锚固体系有效时，也可采用单端张拉。张拉顺序可从一端向另一端（图6.5.3a），也可从中间向两端进行（图6.5.3b），其中间节点的构造应符合本规程附录A.0.4的规定，同时逐一对各节点进行张拉锚固。

6.5.4 采用整束两端锚固时，应两端同时张拉至设计规定的控制应力并锚固（图6.5.4）。

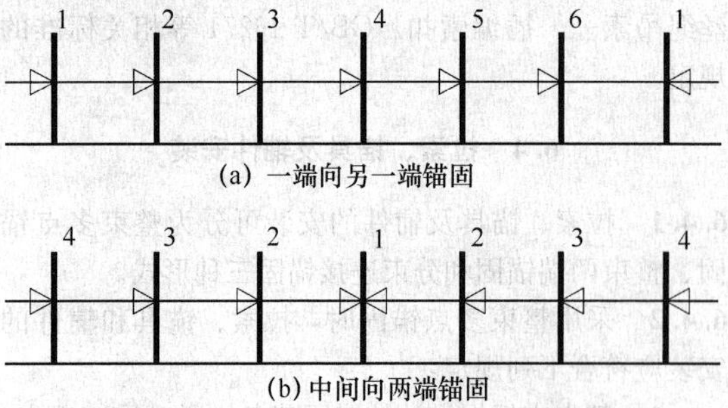

(a) 一端向另一端锚固

(b) 中间向两端锚固

图 6.5.3　整束多点锚固顺序

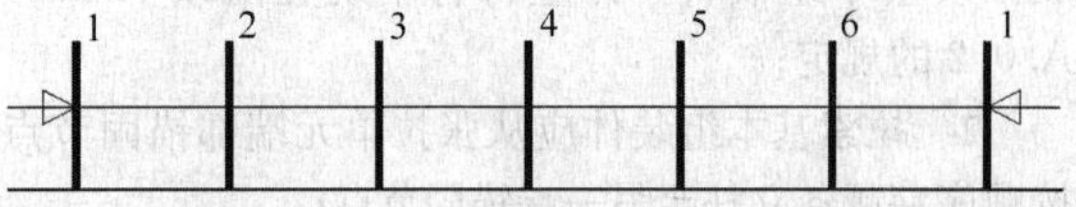

图 6.5.4　整束两端锚固

6.5.5　采用分束连接锚固时，一般可采用单端张拉。其锚固形式可分为：

1　连接器锚固时，张拉前一拉索时应卸除与连接器连接的后一束拉索，待张拉至规定控制应力并锚固后方可进行后一束拉索的张拉和锚固（图 6.5.5a）；

2　错位独立锚固时，其张拉和锚固应按本规程第 6.5.4 条执行（图 6.5.5b）。

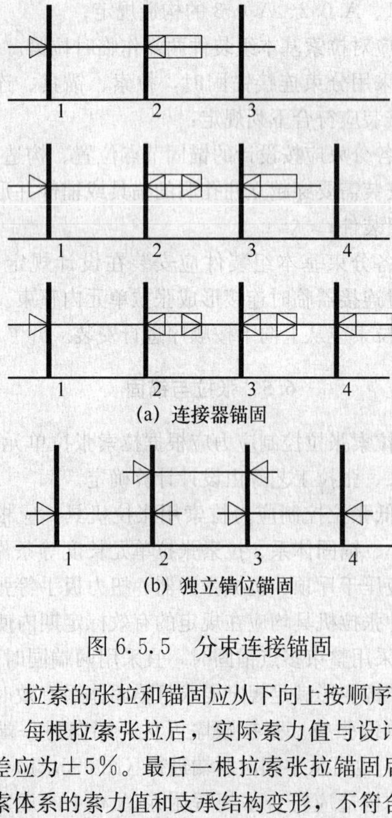

(a) 连接器锚固

(b) 独立错位锚固

图 6.5.5　分束连接锚固

6.5.6　拉索的张拉和锚固应从下向上按顺序进行。

6.5.7　每根拉索张拉后，实际索力值与设计规定值的偏差应为±5%。最后一根拉索张拉锚固后，应检查拉索体系的索力值和支承结构变形，不符合要求时应进行调束补张拉。

6.5.8　张拉锚固后拉索应顺直、表面光洁无锈蚀、无刻痕；锚具及辅件应位置准确，结合紧密。

6.6　验　　收

6.6.1　低张拉控制应力拉索体系分项工程验收应包括下列内容：

1　设计文件、图纸会审记录和设计变更文件；

2　制作和张拉专项施工方案、技术交底记录；

3　材料质量证明文件和进场检验报告；

4　施工过程记录；

5　施工质量验收记录。

6.6.2　检验批、低张拉控制应力拉索体系分项工程的质量验收可按本规程附录 C.0.1 记录；各检验批质量验收可按本规程附录 C.0.2～C.0.4 记录；质量验收程序和组织应符合现行国家标准《建筑工程施工质量验收统一标准》GB 50300 的规定。

附录 A　典型锚固节点构造示意图

A.0.1　镦头锚节点根据锚固节点功能和构造要求不同可分为带防松装置的螺母锚具节点、带支承装置节点、一般节点以及可调节节点等。

1　螺母锚具防松装置由带固定孔的垫圈、锚固螺母、带螺纹压接管、拉索、沉头螺钉和锚固节点结构等组成（图 A.0.1-1）。

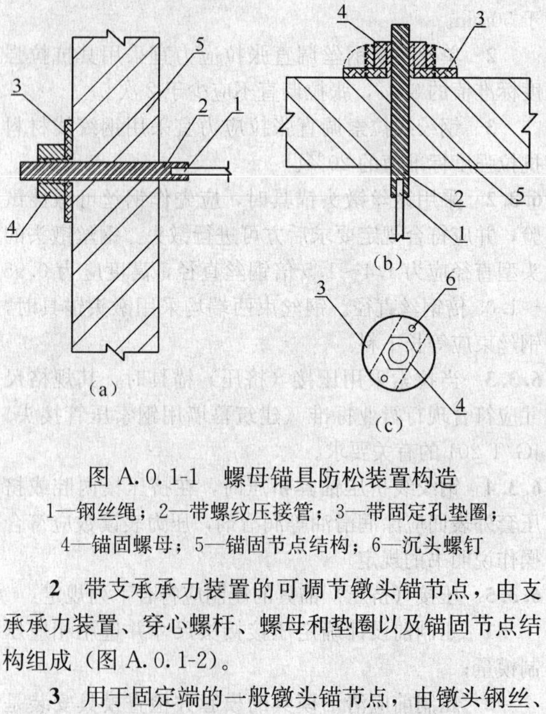

图 A.0.1-1　螺母锚具防松装置构造

1—钢丝绳；2—带螺纹压接管；3—带固定孔垫圈；4—锚固螺母；5—锚固节点结构；6—沉头螺钉

2　带支承承力装置的可调节镦头锚节点，由支承承力装置、穿心螺杆、螺母和垫圈以及锚固节点结构组成（图 A.0.1-2）。

3　用于固定端的一般镦头锚节点，由镦头钢丝、支承承力垫板以及锚固节点结构组成（图 A.0.1-3）。

4　用于张拉端的可调节镦头锚节点，由穿心螺杆、螺母和垫圈以及锚固节点结构组成（图 A.0.1-4）。

A.0.2　钢丝绳或钢绞线压接（挤压）锚节点按节

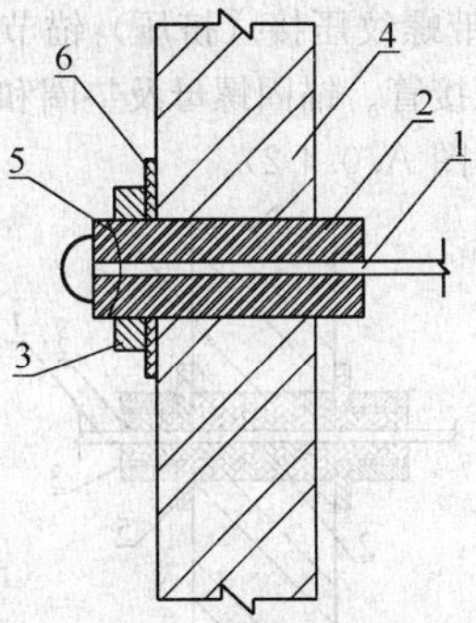

图 A.0.1-2 带支承承力装置可调镦头锚节点构造

1—镦头后单丝；2—穿心螺杆；3—施力和锚固螺母；4—锚固节点结构；5—支承承力装置；6—垫圈

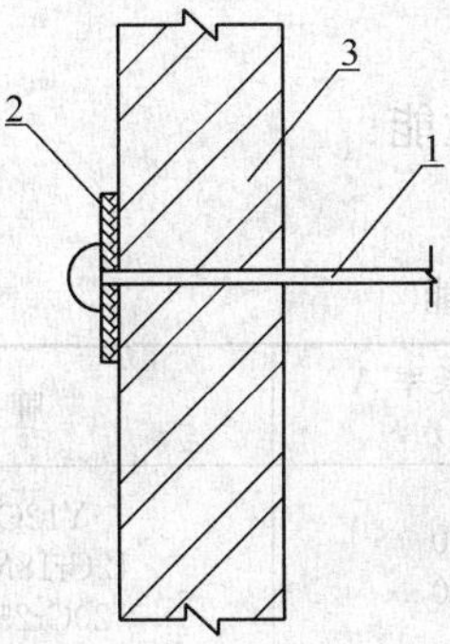

图 A.0.1-3 一般镦头锚节点构造

1—镦头后单丝；2—支承承力垫板；3—锚固节点结构

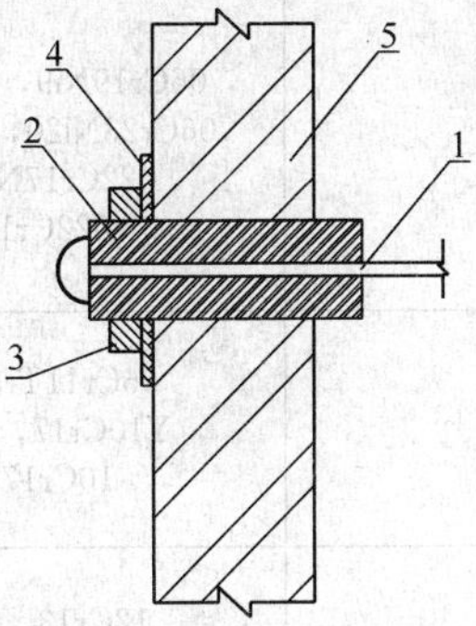

图 A.0.1-4 可调节镦头锚节点构造

1—镦头后单丝；2—穿心螺杆；3—施力和锚固螺母；4—垫圈；5—锚固节点结构

点功能不同可分为不可调和可调压接（挤压）锚节点。

1 用于固定端不可调压接（挤压）锚节点，由被压接的钢丝绳或钢绞线拉索、带承压头的压接管、承压垫板和锚固节点结构等组成（图 A.0.2-1）。

2 用于张拉端可调压接（挤压）锚节点，由被压接的钢丝绳或钢绞线拉索、带螺纹的压接管、承压垫圈、锚固螺母和锚固节点结构等组成（图 A.0.2-2）。

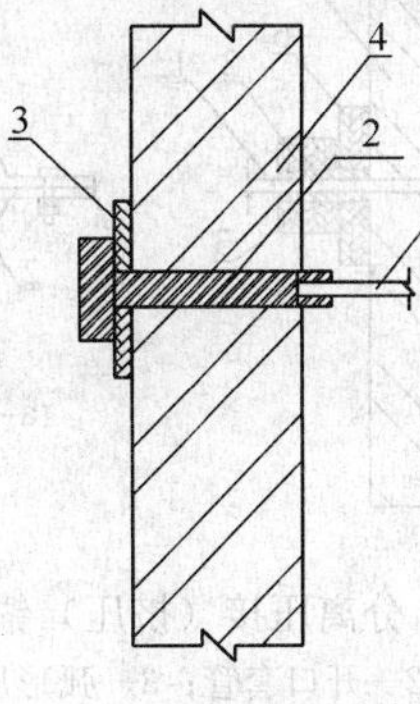

图 A.0.2-1 不可调压接（挤压）锚节点构造

1—钢丝绳（钢绞线）；2—带承压头压接管；3—承压垫板；4—锚固节点结构

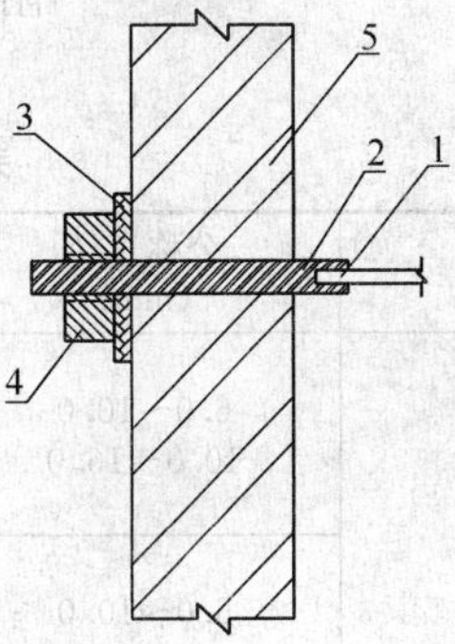

图 A.0.2-2 可调节压接（挤压）锚节点构造

1—钢丝绳（钢绞线）；2—带螺纹压接管；3—承压垫圈；4—锚固螺母；5—锚固节点结构

A.0.3 冷（热）铸锚节点由钢丝绳或钢绞线、带螺纹铸锚、锚固螺母、锚固节点结构以及冷（热）铸材料等组成（图 A.0.3）。

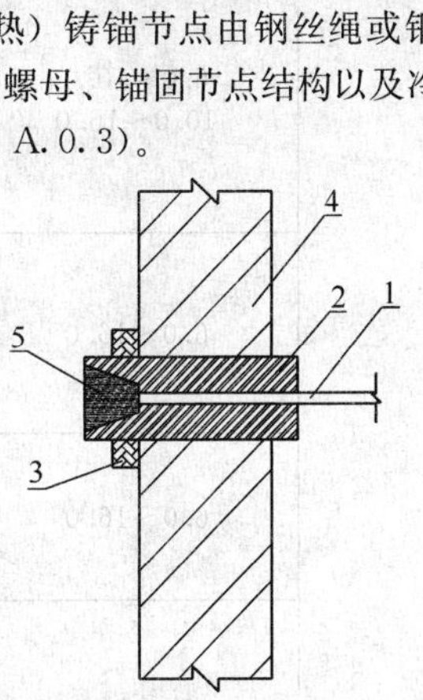

图 A.0.3 冷（热）铸锚节点构造

1—钢丝绳（钢绞线）；2—带螺纹铸锚；3—螺母；4—锚固节点结构；5—冷（热）铸材料

A.0.4 中间锚固节点根据锚固形式不同可分为分离压接（挤压）锚节点和两端带螺纹的压接（挤压）锚节点。

1 分离压接（挤压）锚节点是由拉索、开口套管、弧形压接板、紧固螺栓、垫圈和中间锚固节点结构等组成（图 A. 0. 4-1）。

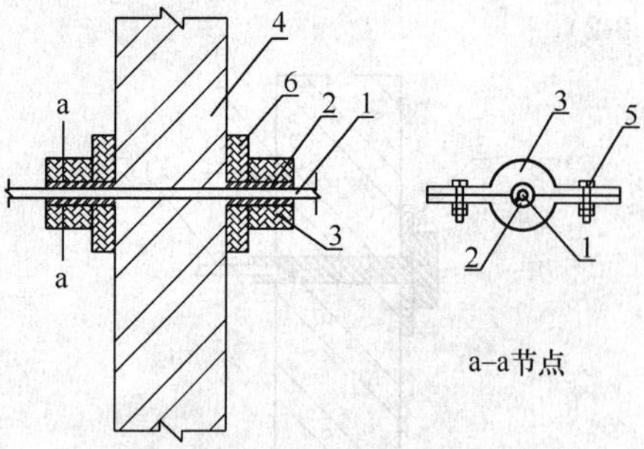

图 A. 0. 4-1 分离压接（挤压）锚节点构造

1—拉索；2—开口套管；3—弧形压接板；4—中间锚固节点结构；5—紧固螺栓；6—垫圈

2 两端带螺纹压接（挤压）锚节点由拉索、两端带螺纹的压接管、锚固螺母及垫圈和中间锚固节点结构等组成（图 A. 0. 4-2）。

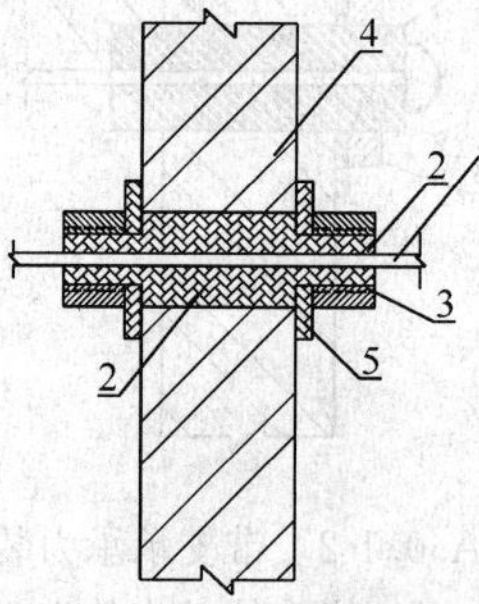

图 A. 0. 4-2 中间节点压管式锚节点构造

1—两端拉索；2—带螺纹压接管；3—锚固螺母；4—中间锚固节点结构；5—垫圈

附录 B 拉索材料规格和力学性能

表 B. 0. 1 不锈钢丝规格和力学性能

交货状态	公称直径（mm）	抗拉强度 R_m（MPa）	断后伸长率 A（%）	牌 号
软态	6.0～10.0 10.0～16.0	580～830 550～800	≥30 ≥30	Y12Cr18Ni9 12Cr18MN9Ni5N 20Cr25Ni20Si2
	6.0～10.0 10.0～16.0	520～770 500～750	≥30 ≥30	06Cr25Ni20，06Cr23Ni13 022Cr17Ni4M02 06Cr17Ni12M02 Y12Cr18Ni9cu3
	6.0～16.0	600～850	≥15	30Cr13，y30Cr13 12Cr12Ni2，20Cr17Ni2
轻拉	6.0～10.0 10.0～16.0	770～1050 750～1030	—	06Cr19Ni9，06Cr23Ni13 06Cr23Ni20，y12Cr18Ni9 022Cr17Ni14M02， 022Cr19Ni10
	6.0～16.0	480～730	—	06Cr11Ti，10Cr17 Y10Cr17，06Cr11Ti 10Cr17M0N6
	6.0～16.0	550～800	—	12Cr13，y12Cr13 20Cr13
	6.0～16.0	600～850	—	30Cr13，32Cr13M0 Y30Cr13，y16Cr17Ni2M0
冷拉	6.0～12.0	950～1250	—	12Cr17Mn6Ni5N 12Cr18Ni9，06Cr19Ni9 06Cr17Ni12M02

注：表中值摘自国家标准《不锈钢丝》GB/T 4240－2009。

表 B.0.2 重要用途钢丝绳规格和力学性能

钢丝绳结构	钢丝绳公称直径 D (mm)	钢丝绳公称直径 允许偏差	参考重量 (kg/100m)	钢丝绳公称抗拉强度(MPa) 1570	1670	1770	1870	1960
				钢丝绳最小破断拉力(kN)				
6×7+IWS 6×9W+IWR	8.0	+5 0	24.8	36.1	38.4	40.7	43.0	45.0
	9.0		31.3	45.7	48.6	51.5	54.4	57.0
	10.0		38.7	56.4	60.0	63.5	67.1	70.4
	11.0		46.8	68.2	72.5	76.9	81.2	85.1
	12.0		55.7	81.2	86.3	91.5	96.7	101.0
	13.0		65.4	95.3	101.0	107.0	113.0	119.0
	14.0		75.9	110.0	118.0	125.0	132.0	138.0
	16.0		99.1	144.0	153.0	163.0	172.0	180.0
	18.0		125.0	183.0	194.0	206.0	218.0	228.0
6×19S+IWR 6×19W+IWR	12.0	+5 0	58.4	80.5	85.6	90.7	95.9	100.0
	13.0		68.5	94.5	100.0	106.0	113.0	118.0
	14.0		79.5	110.0	117.0	124.0	130.0	137.0
	16.0		104.0	143.0	152.0	161.0	170.0	179.0
	18.0		131.0	181.0	193.0	204.0	216.0	226.0
6×25Fi+IWR 6×26WS+IWR 6×29Fi+IWR 6×31WS+IWR 6×36WS+IWR 6×37S+IWR 6×41WS+IWR 6×49SWS+IWR 6×55SWS+IWR	12.0	+5 0	60.2	80.5	85.6	90.7	95.9	100.0
	13.0		70.6	94.5	100.0	106.0	113.0	118.0
	14.0		81.9	110.0	117.0	124.0	130.0	137.0
	16.0		107.0	143.0	152.0	161.0	170.0	179.0
	18.0		135.0	181.0	193.0	204.0	216.0	226.0

注：表中值摘自国家标准《重要用途钢丝绳》GB/T 8918-2006。

表 B.0.3 不锈钢丝绳规格和力学性能

结构	公称直径 (mm)	允许偏差 (mm)	最小破断拉力 (kN)	参考重量 (kg/100m)
6×7+IWS	6.0 8.0	+0.60 0	18.6 40.6	15.1 26.6
6×19+IWS	6.0 6.4	+0.40 0	23.5 28.5	14.9 16.4
	7.2	+0.50 0	34.7	20.8
	8.0	0.56 0	40.1	25.8
	9.5	+0.66 0	53.4	36.2
6×19+IWR	11.0	+0.76 0	72.5	53.0
	12.7	+0.84 0	101.0	68.2
	14.3	+0.91 0	127.0	87.8
	16.0	0.99 0	156.0	106.0
	19.0	+1.14 0	221.0	157.0

续表 B.0.3

结构	公称直径(mm)	允许偏差(mm)	最小破断拉力(kN)	参考重量(kg/100m)
6×19S 6×19W 6×25Fi 6×26WS 6×31WS	6.0 7.0	+0.42 0	23.9 32.6	15.4 20.7
	8.0 9.0 10.0	+0.56 0	42.6 54.0 63.0	27.0 34.2 42.2
	11.0 12.0	+0.66 0	76.2 85.6	53.1 60.8
	13.0 14.0 16.0	+0.82 0	106.0 123.0 161.0	71.4 82.8 108.0
	18.0	+1.10 0	192.0	137.0
8×19S 8×19W 8×25Fi 8×26WS 8×31WS	8.0 9.0 10.0	+0.56 0	42.6 54.0 61.2	28.3 35.8 44.2
	11.0 12.0	+0.66 0	74.0 83.3	53.5 63.7
	13.0 14.0 16.0	+0.82 0	103.0 120.0 156.0	74.8 86.7 113.0
	18.0	+1.10 0	187.0	143.0

注：表中值摘自国家标准《不锈钢丝绳》GB/T 9944－2002。

表 B.0.4 一般用途钢丝绳规格和力学性能

钢丝绳结构	钢丝绳公称直径(mm)	参考重量(kg/100m)	钢丝绳公称抗拉强度(MPa)					
			1570	1670	1770	1870	1960	2160
			钢丝绳最小破断拉力(kN)					
1×7	6.0	18.8	30.5	32.5	34.4	36.4	—	—
	6.6	22.7	36.9	39.3	41.6	44.0	—	—
	7.2	27.1	43.9	46.7	49.5	52.3	—	—
	7.8	31.8	51.6	54.9	58.2	61.4	—	—
	8.4	36.8	59.8	63.6	67.4	71.3	—	—
	9.0	42.3	68.7	73.0	77.4	81.8	—	—
	9.6	48.1	78.1	83.1	88.1	93.1	—	—
	10.5	57.6	93.5	99.4	105.0	111.0	—	—
	11.5	69.0	112.0	119.0	126.0	134.0	—	—
	12.0	75.2	122.0	130.0	138.0	145.0	—	—

续表 B.0.4

钢丝绳结构	钢丝绳公称直径(mm)	参考重量(kg/100m)	钢丝绳公称抗拉强度(MPa)					
			1570	1670	1770	1870	1960	2160
			钢丝绳最小破断拉力(kN)					
1×19	6.0	18.3	30.0	31.9	33.8	35.7	—	—
	6.5	21.4	35.2	37.4	39.6	41.9	—	—
	7.0	24.8	40.8	43.4	46.0	48.6	—	—
	7.5	28.5	46.8	49.8	52.8	55.7	—	—
	8.0	32.4	56.6	56.6	60.0	63.4	—	—
	8.5	36.6	60.1	63.9	67.8	71.6	—	—
	9.0	41.1	67.4	71.7	76.0	80.3	—	—
	10.0	50.7	83.2	88.6	93.8	99.1	—	—
	11.0	61.3	101.0	107.0	114.0	120.0	—	—
	12.0	73.0	120.0	127.0	135.0	143.0	—	—
	13.0	85.7	141.0	150.0	159.0	167.0	—	—
	14.0	99.4	163.0	173.0	184.0	194.0	—	—
	15.0	114.0	187.0	199.0	211.0	223.0	—	—
	16.0	130.0	213.0	227.0	240.0	254.0	—	—
1×37	5.6	15.7	24.1	25.7	27.2	28.7	—	—
	6.3	19.9	30.5	32.5	34.4	36.4	—	—
	7.0	24.5	37.7	40.1	42.5	44.9	—	—
	7.7	29.7	45.6	48.5	51.4	54.3	—	—
	8.4	35.4	54.3	57.7	61.2	64.7	—	—
	9.1	41.5	63.7	67.8	71.8	75.9	—	—
	9.8	48.1	73.9	78.6	83.3	88.0	—	—
	10.5	55.2	84.8	90.2	95.6	101.0	—	—
	11.0	60.6	93.1	99.0	105.0	111.0	—	—
	12.0	72.1	111.0	118.0	125.0	132.0	—	—
	12.5	78.3	120.0	128.0	136.0	143.0	—	—
	14.0	98.2	151.0	160.0	170.0	180.0	—	—
	15.5	120.0	185.0	197.0	208.0	220.0	—	—
	17.0	145.0	222.0	236.0	251.0	265.0	—	—
	18.0	162.0	249.0	265.0	281.0	297.0	—	—
6×7类 6×7+IWS 6×9W+IWR	6.0	13.9	20.3	21.6	22.9	24.2	—	—
	7.0	19.0	27.6	29.4	31.1	32.9	—	—
	8.0	24.8	36.1	38.4	40.7	43.0	—	—
	9.0	31.3	45.7	48.6	51.5	54.4	—	—
	10.0	38.7	56.4	60.0	63.5	67.1	—	—
	11.0	46.8	68.2	72.5	76.9	81.2	—	—
	12.0	55.7	81.2	86.3	91.5	96.7	—	—
	13.0	65.4	95.3	101.0	107.0	113.0	—	—
	14.0	75.9	110.0	118.0	125.0	132.0	—	—
	16.0	99.1	144.0	153.0	163.0	172.0	—	—
	18.0	125.0	183.0	194.0	206.0	218.0	—	—

续表 B.0.4

钢丝绳结构	钢丝绳公称直径(mm)	参考重量(kg/100m)	钢丝绳公称抗拉强度(MPa)					
			1570	1670	1770	1870	1960	2160
			钢丝绳最小破断拉力(kN)					
6×19(a)类 6×19S+IWR 6×19W+IWR	6.0	14.6	20.1	21.4	22.7	24.0	25.1	27.7
	7.0	19.9	27.4	29.1	30.9	32.6	34.2	37.7
	8.0	25.9	35.8	38.0	40.3	42.6	44.6	49.2
	9.0	32.8	45.3	48.2	51.0	53.9	56.5	62.3
	10.0	40.6	55.9	59.5	63.0	66.6	69.8	76.9
	11.0	49.1	67.6	71.9	76.2	80.6	84.4	93.0
	12.0	58.4	80.5	85.6	90.7	95.9	100.0	111.0
	13.0	68.5	94.5	100.0	106.0	113.0	118.0	130.0
	14.0	79.5	110.0	117.0	124.0	130.0	137.0	151.0
	16.0	104.0	143.0	152.0	161.0	170.0	179.0	197.0
	18.0	131.0	181.0	193.0	204.0	216.0	226.0	249.0
6×19(b)类 6×19+IWR 6×19+IWR	6.0	14.4	18.8	20.0	21.2	22.4	—	—
	7.0	19.6	25.5	27.2	28.8	30.4	—	—
	8.0	25.6	33.4	35.5	37.6	39.7	—	—
	9.0	32.4	42.2	44.9	47.6	50.3	—	—
	10.0	40.0	52.1	55.4	58.8	62.1	—	—
	11.0	48.4	63.1	67.1	71.1	75.1	—	—
	12.0	57.6	75.1	79.8	84.6	89.4	—	—
	13.0	67.6	88.1	93.7	99.3	105.0	—	—
	14.0	78.4	102.0	109.0	115.0	122.0	—	—
	16.0	102.0	133.0	142.0	150.0	159.0	—	—
	18.0	130.0	169.0	180.0	190.0	201.0	—	—
6×37(a)类 6×25Fi+IWR 6×26WS+IWR 6×29Fi+IWR 6×31WS+IWR 6×36WS+IWR 6×37S+IWR 6×41WS+IWR 6×49SWS+IWR 6×55SWS+IWR	8.0	26.8	35.8	38.0	40.3	42.6	44.7	49.2
	10.0	41.8	55.9	59.5	63.0	66.6	69.8	76.9
	12.0	60.2	80.5	85.6	90.7	95.9	100.0	111.0
	13.0	70.6	94.5	100.0	106.0	113.0	118.0	130.0
	14.0	81.9	110.0	117.0	124.0	130.0	137.0	151.0
	16.0	107.0	143.0	152.0	161.0	170.0	179.0	197.0
	18.0	135.0	181.0	193.0	204.0	216.0	226.0	249.0

续表 B.0.4

钢丝绳结构	钢丝绳公称直径(mm)	参考重量(kg/100m)	钢丝绳公称抗拉强度(MPa)					
			1570	1670	1770	1870	1960	2160
			钢丝绳最小破断拉力(kN)					
6×37(b)类 6×37+IWR	6.0	14.4	18.0	19.2	20.3	21.5	—	—
	7.0	19.6	24.5	26.1	27.7	29.2	—	—
	8.0	25.6	32.1	34.1	36.1	38.2	—	—
	9.0	32.4	40.6	43.2	45.7	48.3	—	—
	10.0	40.0	50.1	53.3	56.5	59.7	—	—
	11.0	48.4	60.6	64.5	68.3	72.2	—	—
	12.0	57.6	72.1	76.7	81.3	85.9	—	—
	13.0	67.6	84.6	90.0	95.4	101.0	—	—
	14.0	78.4	98.2	104.0	111.0	117.0	—	—
	16.0	102.0	128.0	136.0	145.0	153.0	—	—
	18.0	130.0	162.0	173.0	183.0	193.0	—	—
8×19类 8×19S+IWR 8×19W+IWR	10.0	42.2	54.3	57.8	61.2	64.7	67.8	74.7
	11.0	51.1	65.7	69.9	74.1	78.3	82.1	90.4
	12.0	60.8	78.2	83.2	88.2	93.2	97.7	108.0
	13.0	71.3	91.8	97.7	103.0	109.0	115.0	126.0
	14.0	82.7	106.0	113.0	120.0	127.0	133.0	146.0
	16.0	108.0	139.0	148.0	157.0	166.0	174.0	191.0
	18.0	137.0	176.0	187.0	198.0	210.0	220.0	242.0

注：1 钢丝绳结构为1×7、1×19的最小钢丝破断拉力总和＝钢丝绳最小破断拉力×1.111；
2 钢丝绳结构为1×37的最小钢丝破断拉力总和＝钢丝绳最小破断拉力×1.176；
3 钢丝绳结构为6×7类(6×7+IWS、6×9W+IWR)和6×37(b)类(6×37+IWR)最小钢丝破断拉力总和＝钢丝绳最小破断拉力×1.214；
4 钢丝绳结构为6×19(a)类(6×19S+IWR、6×19W+IWR)最小钢丝破断拉力总和＝钢丝绳最小破断拉力×1.308；
5 钢丝绳结构为6×19(b)类(6×19+IWR、6×19+IWR)和6×37(a)类(6×25Fi+IWR、6×26WS+IWR、6×29Fi+IWR、6×31WS+IWR、6×36WS+IWR、6×37S+IWR、6×41WS+IWR、6×49SWS+IWR、6×55SWS+IWR)最小钢丝破断拉力总和＝钢丝绳最小破断拉力×1.321；
6 钢丝绳结构为8×19类(8×19S+IWR、8×19W+IWR)最小钢丝破断拉力总和＝钢丝绳最小破断拉力×1.360；
7 表中值均摘自国家标准《一般用途钢丝绳》GB/T 20118-2006钢芯钢丝绳。

表 B.0.5 镀锌钢绞线规格和力学性能

钢丝绳结构	公称直径(mm)		全部钢丝断面面积(mm²)	参考重量(kg/100m)	钢丝绳公称抗拉强度(MPa)			
					1270	1370	1470	1570
	钢绞线	钢丝			钢丝绳最小破断拉力(kN)			
1×3	6.2	2.9	19.82	16.49	23.10	24.90	26.80	28.60
	6.4	3.2	24.13	20.09	28.10	30.40	32.60	34.80
	7.5	3.5	28.86	24.03	33.70	36.30	39.00	41.60
	8.6	4.0	37.70	31.38	44.00	47.50	50.90	54.40
1×7	6.0	2.0	21.99	18.31	25.60	27.70	29.70	31.70
	6.6	2.2	26.61	22.15	31.00	33.50	35.90	38.40
	7.2	2.4	31.67	26.36	37.00	39.90	42.80	45.70
	7.8	2.6	37.16	30.93	43.40	46.80	50.20	53.60
	8.4	2.8	43.10	35.88	50.30	54.30	58.20	62.20
	9.0	3.0	49.48	41.19	57.80	62.30	66.90	71.40
	9.6	3.2	56.30	46.87	65.70	70.90	76.10	81.30
	10.5	3.5	67.35	56.07	78.60	84.80	91.00	97.20
	11.4	3.8	79.39	66.09	92.70	100.00	107.00	114.00
	12.0	4.0	87.96	73.22	102.00	110.00	118.00	127.00

续表 B.0.5

钢丝绳结构	公称直径(mm)		全部钢丝断面面积(mm²)	参考重量(kg/100m)	钢丝绳公称抗拉强度(MPa)			
					1270	1370	1470	1570
	钢绞线	钢丝			钢丝绳最小破断拉力(kN)			
1×19	6.0	1.2	21.49	17.89	24.50	26.50	28.40	30.30
	6.5	1.3	25.22	20.99	28.80	31.00	33.30	35.60
	7.0	1.4	29.25	24.35	33.40	36.00	38.60	41.30
	8.0	1.6	38.20	31.80	43.60	47.10	50.50	53.90
	9.0	1.8	48.35	40.25	55.20	59.60	63.90	68.30
	10.0	2.0	59.69	49.69	68.20	73.60	78.90	84.30
	11.0	2.2	72.22	60.12	82.50	89.00	95.50	102.00
	12.0	2.4	85.95	71.55	98.20	105.00	113.00	121.00
	12.5	2.5	93.27	77.64	106.00	114.00	123.00	131.00
	13.0	2.6	100.88	83.98	115.00	124.00	133.00	142.00
	14.0	2.8	116.99	97.39	133.00	144.00	154.00	165.00
	15.0	3.0	134.30	118.80	153.00	165.00	177.00	189.00
	16.0	3.2	152.81	127.21	174.00	188.00	202.00	215.00
	17.5	3.5	182.80	152.17	208.00	225.00	241.00	258.00
	20.0	4.0	238.76	198.76	272.00	294.00	315.00	337.00
1×37	7.0	1.0	29.06	24.19	31.30	33.80	36.30	38.70
	7.7	1.1	35.16	29.27	37.90	40.90	43.90	46.70
	9.1	1.3	49.11	40.88	53.00	57.10	61.30	65.50
	9.8	1.4	56.96	47.42	61.40	66.30	71.10	76.00
	11.2	1.6	74.39	61.92	80.30	86.60	92.90	99.20
	12.6	1.8	94.15	78.38	101.00	109.00	117.00	125.00
	14.0	2.0	116.24	96.76	125.00	135.00	145.00	155.00
	15.5	2.2	140.65	117.08	151.00	163.00	175.00	187.00
	16.8	2.4	167.38	139.34	180.00	194.00	209.00	223.00
	17.5	2.5	181.62	151.19	196.00	211.00	226.00	242.00
	18.2	2.6	196.44	163.53	212.00	228.00	245.00	262.00

注：表中值摘自行业标准《镀锌钢绞线》YB/T 5004－2001。

表 B.0.6　建筑用不锈钢绞线规格和力学性能

绞线公称直径(mm)	结构	公称金属截面积(mm²)	钢丝公称直径(mm)	绞线计算最小破断拉力		每米理论质量(g/m)	交货长度(m)
				高强度级(kN)	中强度级(kN)		
6.0	1×7	22.0	2.00	28.6	22.0	173	≥600
7.0		30.4	2.35	39.5	30.4	239	
8.0		38.6	2.65	50.2	38.6	304	
10.0		61.7	3.35	80.2	61.7	486	
6.0	1×19	21.5	1.20	28.0	21.5	170	≥500
8.0		38.2	1.60	49.7	38.2	302	
10.0		59.7	2.00	77.6	59.7	472	
12.0		86.0	2.40	112.0	86.0	680	
14.0		117.0	2.80	152.0	117.0	925	
16.0		153.0	3.20	199.0	153.0	1209	

续表 B.0.6

绞线公称直径（mm）	结构	公称金属截面积（mm^2）	钢丝公称直径（mm）	绞线计算最小破断拉力		每米理论质量（g/m）	交货长度（m）
				高强度级（kN）	中强度级（kN）		
16.0	1×37	154.0	2.30	200.0	154.0	1223	≥400
18.0		196.0	2.60	255.0	196.0	1563	
20.0		236.0	2.85	307.0	236.0	1878	

注：表中值摘自行业标准《建筑用不锈钢绞线》JG/T 200－2007。

附录C　质量验收记录

C.0.1　低张拉控制应力拉索体系分项工程质量验收可按表 C.0.1 记录。

表 C.0.1　拉索体系分项工程质量验收记录

工程名称		结构类型		层数	
施工单位		项目技术负责人		质量员	
分包单位		分包项目负责人		分包质量员	

序号	检验批名称	检验批数	施工单位检查评定	监理（建设）单位验收意见
1				
2				
3				
4				
5				
6				
质量控制资料				
安全和功能检验（检测）报告				
观感质量验收				
验收结论（由监理或建设单位填写）	施工单位：　　年　月　日			
	分包单位：　　年　月　日			
	设计单位：　　年　月　日			
	监理单位：（建设单位项目专业负责人）　　年　月　日			

注：对于公路缆索护栏工程可按照本质量验收记录使用。

C.0.2 拉索原材料检验批质量验收可按表 C.0.2 记录。

表 C.0.2 拉索原材料检验批质量验收记录

<table>
<tr><td colspan="3">工程名称</td><td></td><td>分项工程名称</td><td></td><td>项目经理</td><td></td></tr>
<tr><td colspan="3">施工单位</td><td></td><td>验收部位</td><td></td><td></td><td></td></tr>
<tr><td colspan="3">施工执行标准
名称及编号</td><td colspan="3"></td><td>专业工长
（施工员）</td><td></td></tr>
<tr><td colspan="3">分包单位</td><td></td><td>分包项目经理</td><td></td><td>施工班组长</td><td></td></tr>
<tr><td colspan="4">质量验收规范的规定</td><td colspan="2">施工单位自检记录</td><td colspan="2">监理（建设）
单位验收记录</td></tr>
<tr><td rowspan="5">主控项目</td><td>1</td><td colspan="2">不锈钢单丝的质量符合有关规定（3.1.2 条）</td><td colspan="2"></td><td colspan="2"></td></tr>
<tr><td>2</td><td colspan="2">钢丝绳质量符合有关规定（3.1.3 条）</td><td colspan="2"></td><td colspan="2"></td></tr>
<tr><td>3</td><td colspan="2">钢绞线质量符合有关规定（3.1.4 条）</td><td colspan="2"></td><td colspan="2"></td></tr>
<tr><td>4</td><td colspan="2">钢拉杆质量符合有关规定（3.1.5 条）</td><td colspan="2"></td><td colspan="2"></td></tr>
<tr><td>5</td><td colspan="2">锚具、夹具和连接器的性能符合有关规定（3.2.3 条）</td><td colspan="2"></td><td colspan="2"></td></tr>
<tr><td rowspan="4">一般项目</td><td>1</td><td colspan="2">拉索材料外观质量符合要求（3.1.2～3.1.5 条）</td><td colspan="2"></td><td colspan="2"></td></tr>
<tr><td>2</td><td colspan="2">锚具、夹具和连接器的外观应符合要求（3.2.2 条）</td><td colspan="2"></td><td colspan="2"></td></tr>
<tr><td>3</td><td colspan="2">拉索材料物理性能应符合规定（3.1.7 条）</td><td colspan="2"></td><td colspan="2"></td></tr>
<tr><td>4</td><td colspan="2"></td><td colspan="2"></td><td colspan="2"></td></tr>
<tr><td colspan="4">施工操作依据</td><td colspan="2"></td><td colspan="2"></td></tr>
<tr><td colspan="4">质量检查记录</td><td colspan="2"></td><td colspan="2"></td></tr>
<tr><td colspan="3">施工单位检查
结果评定</td><td colspan="5">项目专业
质量检查员：　　　　项目专业
技术负责人：
年　月　日</td></tr>
<tr><td colspan="3">监理（建设）
单位验收结论</td><td colspan="5">专业监理工程师：
（建设单位项目专业技术负责人）
年　月　日</td></tr>
</table>

C.0.3 立柱安装检验批质量验收可按表 C.0.3 记录。

表 C.0.3 立柱安装检验批质量验收记录

<table>
<tr><td colspan="2">工程名称</td><td colspan="3"></td><td>分项工程名称</td><td></td><td>验收部位</td><td></td></tr>
<tr><td colspan="2">施工单位</td><td colspan="3"></td><td>专业工长（施工员）</td><td></td><td>项目经理</td><td></td></tr>
<tr><td colspan="2">分包单位</td><td colspan="3"></td><td>分包项目经理</td><td></td><td>施工班组长</td><td></td></tr>
<tr><td colspan="2">施工执行标准名称及编号</td><td colspan="7"></td></tr>
<tr><td colspan="5">质量验收规范的规定</td><td colspan="2">施工单位自检记录</td><td colspan="2">监理（建设）单位验收记录</td></tr>
<tr><td rowspan="4">主控项目</td><td>1</td><td colspan="2">立柱拉索孔位</td><td>≤2mm</td><td colspan="2"></td><td colspan="2"></td></tr>
<tr><td>2</td><td colspan="2">立柱与基础连接</td><td>6.2.2 条</td><td colspan="2"></td><td colspan="2"></td></tr>
<tr><td>3</td><td colspan="2"></td><td></td><td colspan="2"></td><td colspan="2"></td></tr>
<tr><td></td><td colspan="2"></td><td></td><td colspan="2"></td><td colspan="2"></td></tr>
<tr><td rowspan="5">一般项目</td><td>1</td><td rowspan="2">立柱标高</td><td>矢量位移</td><td>±10mm</td><td colspan="2"></td><td colspan="2"></td></tr>
<tr><td>2</td><td>相邻</td><td>±5mm</td><td colspan="2"></td><td colspan="2"></td></tr>
<tr><td>3</td><td rowspan="2">立柱位置</td><td>纵向</td><td>±10mm</td><td colspan="2"></td><td colspan="2"></td></tr>
<tr><td>4</td><td>横向</td><td>±5mm</td><td colspan="2"></td><td colspan="2"></td></tr>
<tr><td></td><td colspan="2"></td><td></td><td colspan="2"></td><td colspan="2"></td></tr>
<tr><td colspan="5">施工操作依据</td><td colspan="2"></td><td colspan="2"></td></tr>
<tr><td colspan="5">质量检查记录（质量证明文件）</td><td colspan="2"></td><td colspan="2"></td></tr>
<tr><td colspan="2">施工单位检查结果评定</td><td colspan="7">项目专业质量检查员：　　　　项目专业技术负责人：
年　月　日</td></tr>
<tr><td colspan="2">监理（建设）单位验收结论</td><td colspan="7">专业监理工程师：
（建设单位项目专业技术负责人）
年　月　日</td></tr>
</table>

注：本表由施工项目专业质量检查员填写，专业监理工程师（建设单位项目技术负责人）确认签字。

C.0.4 拉索制备、安装、张拉及锚固检验批质量验收可按表 C.0.4 记录。

表 C.0.4 拉索制备、安装、张拉及锚固检验批质量验收记录

工程名称		分项工程名称		项目经理	
施工单位		验收部位			
施工执行标准名称及编号				专业工长（施工员）	
分包单位		分包项目经理		施工班组长	
质量验收规范的规定		施工单位自检记录		监理（建设）单位验收记录	
1	拉索制备符合有关规定（6.3.1～6.3.6 条）				
2	拉索安装符合有关规定（6.4.1～6.4.5 条）				
3	张拉、锚固符合有关规定（6.5.1～6.5.8 条）				
施工操作依据					
质量检查记录					
施工单位检查结果评定	项目质量检查员：		项目专业技术负责人：		年 月 日
监理（建设）单位验收结论	监理工程师：（建设单位项目技术负责人）				年 月 日

本规程用词说明

1 为便于在执行本规程条文时区别对待，对要求严格程度不同的用词说明如下：

1）表示很严格、非这样做不可的：
正面词采用“必须”，反面词采用“严禁”；

2）表示严格，在正常情况下均应这样做的：
正面词采用“应”，反面词采用“不应”或“不得”；

3）表示允许稍有选择，在条件许可时首先应这样做的：
正面词采用“宜”；反面词采用“不宜”；

4）表示有选择，在一定条件下可以这样做的，采用“可”。

2 条文中指明应按其他有关标准执行的写法为：“应符合……或规定”或“应按……执行”。

引用标准名录

1 《建筑结构荷载规范》GB 50009

2 《混凝土结构设计规范》GB 50010

3 《钢结构设计规范》GB 50017

4 《建筑工程施工质量验收统一标准》GB 50300

5 《普通螺纹基本尺寸》GB 196

6 《普通螺纹公差与配合》GB 197

7 《紧固件机械性能 螺栓、螺钉和螺柱》GB/T 3098.1

8 《紧固件机械性能 螺母 粗牙螺纹》GB/T 3098.2

9 《紧固件机械性能 螺母 细牙螺纹》GB/T 3098.4

10 《不锈钢丝》GB/T 4240

11 《重要用途钢丝绳》GB/T 8918

12 《不锈钢丝绳》GB/T 9944

13 《预应力筋用锚具、夹具和连接器》GB/T 14370

14 《钢丝绳吊索——插编索扣》GB/T 16271

15 《一般用途钢丝绳》GB/T 20118

16 《钢拉杆》GB/T 20934

17 《结构加固修复用碳纤维片材》GB/T 21490

18 《公路桥梁抗风设计规范》JTG/T D60-01

19 《公路交通安全设施施工技术规范》JTG F71

20 《公路交通安全设施设计规范》JTG D81

21 《公路交通安全设施设计细则》JTG/T D81

22 《建筑用不锈钢绞线》JG/T 200

23 《建筑幕墙用钢索压管接头》JG/T 201

24 《镀锌钢绞线》YB/T 5004

中华人民共和国行业标准

低张拉控制应力拉索技术规程

JGJ/T 226—2011

条 文 说 明

制 定 说 明

《低张拉控制应力拉索技术规程》JGJ/T 226－2011，经住房和城乡建设部2011年5月10日以第1013号公告批准、发布。

本规程制定过程中，编制组进行了大量的调查研究和验证试验，总结了我国低张拉控制应力拉索的设计和施工的实践经验，同时参考了国外先进技术法规、技术标准，通过试验［拉索—锚具（连接器）组装件静载锚固性能试验］取得了锚固性能效率系数等重要技术参数。

为便于广大设计、施工、科研、学校等单位有关人员在使用本规程时能正确理解和执行条文规定，《低张拉控制应力拉索技术规程》编制组按章、节、条顺序编制了本规程的条文说明，对条文规定的目的、依据以及执行中需注意的有关事项进行了说明。但是，本条文说明不具备与规程正文同等的法律效力，仅供使用者作为理解和把握规程规定的参考。

目　次

1 总 则

1.0.2 根据低张拉控制应力拉索的定义，明确了其适用范围，即风障拉索、楼梯（护栏）扶索和公路缆索护栏。风障拉索是公路和桥梁风障系统的组成部分，所谓风障系统由立柱、PVC风障条和拉索组成，主要用于减弱和改变风速风向，以避免由于横风造成交通事故。风障拉索主要是使风障系统各立柱间通过拉索锚固而形成整体，同时还可在交通事故发生后对人身和物品起到一定的保护作用。楼梯（护栏）扶索通常指室内外楼梯或景观护栏的拉索，具有安全围护的功能。公路缆索护栏拉索是公路安全设施中一种柔性护栏，由钢管立柱和两端锚固在端立柱的拉索组成，能较好地吸收碰撞能量。除此之外，某些景观设计需要的拉索或吊索也属于低张拉控制应力范畴。

2 术语和符号

2.1 术 语

2.1.2 低张拉控制应力拉索除其张拉控制应力较低外，一般处于裸露环境下工作，在正常使用工作状态时，拉索不作为承重体系组成部分，但在偶然荷载作用时体系仍应具备相应的承载能力。同时，为了区分预应力筋，将低张拉控制应力的上限定为国家标准《混凝土结构设计规范》GB 50010－2002 第6.1.3条规定的预应力筋张拉控制应力下限，即 $0.40f_{ptk}$，其下限根据工程实践不宜小于 $0.15f_{ptk}$。

3 拉索材料与锚固体系

3.1 拉 索 材 料

3.1.1～3.1.7 低张拉控制应力拉索一般在自然裸露状态下使用，对材料的防腐性能要求较高，应采用防腐性能较高或本身具有防腐性能的不锈钢材料，所涉材料质量、性能要求均以现行国家或行业标准为依据，主要涉及的国家现行标准有《重要用途钢丝绳》GB/T 8918、《不锈钢丝绳》GB/T 9944、《一般用途钢丝绳》GB/T 20118 和《镀锌钢绞线》YB/T 5004、《建筑用不锈钢绞线》JG/T 200 和《不锈钢丝》GB/T 4240 等。本规程从上述标准中选择适用于低张拉控制应力拉索使用的规格形成附录 B.0.1～B.0.6，供使用时选择。

鉴于拉索产品标准是以最小破断拉力值作为其特征值，即为其标准值，是由拉索金属材料截面面积和金属材料抗拉强度标准值乘积并考虑加工工艺强度降低影响而得到。但在工程应用设计中应取用其设计值，该值是由标准值除以材料分项系数得到。根据标准化协会标准《预应力钢结构技术规程》CECS 212：2006 第4.4.1条和《膜结构技术规程》CECS 158：2004 第4.2.3条，分项系数取为1.8。

拉索的物理性能是指弹性模量和线膨胀系数，分别取自标准化协会标准《预应力钢结构技术规程》CECS 212：2006 的表4.4.2、表4.4.3和《点支式玻璃幕墙工程技术规程》CECS 127：2001 的表5.4.4、表5.4.5。

3.2 锚具、连接器及辅件

3.2.3 明确了低张拉控制应力拉索用的锚具、连接器的基本性能要求，需满足国家标准《预应力筋用锚具、夹具和连接器》GB/T 14370－2007 中第5.5.1条和第5.7节关于锚具连接器组装件的静载锚固性能的要求，其试验也按现行国家标准《预应力筋用锚具、夹具和连接器》GB/T 14370 执行。

由于拉索均以单索为张拉单元，计算拉索-锚具（连接器）的锚固性能效率系数时预应力筋效率系数 η_p 均取1.0。故拉索组装件锚固性能效率系数为 $\eta_a = F_{apu}/F_{pm}$，式中 F_{apu} 为拉索-锚具（连接器）组装件的实测极限拉力，F_{pm} 为同批拉索试样实测破断拉力的平均值。η_a 值根据拉索品种、材料及锚具形式确定：

1）压接（挤压）式锚具，根据行业标准《建筑幕墙用钢索压管接头》JG/T 201－2007 中5.2.1.1款“接头最小破断拉力应大于钢索最小破断拉力的90%”确定为 $\eta_a \geqslant 0.90$。

2）镦头锚具相当于夹具，根据国家标准《预应力筋用锚具、夹具和连接器》GB/T 14370－2007 中第5.6.1条的规定确定为 $\eta_a \geqslant 0.92$。

3）除上述两类锚具外的其他锚具形式，包括连接器均按国家标准《预应力筋用锚具、夹具和连接器》GB/T 14370－2007 的规定确定为 $\eta_a \geqslant 0.95$。

4）破断时总应变也按国家标准《预应力筋用锚具、夹具和连接器》GB/T 14370－2007 的规定确定为 $\varepsilon_{apu} \geqslant 2.0\%$。

鉴于低张拉控制应力拉索的工作状态均以单根拉索为基准，所以在作组装件静载锚固性能试验时，拉索有效长度可按现行国家标准《预应力筋用锚具、夹具和连接器》GB/T 14370 的规定取0.8m。

3.2.4 低张拉控制应力拉索一个主要特点是控制应力低，在（0.15～0.4）σ_{con} 间，其锚固体系和张拉工艺有别于常规张拉工艺和锚固体系。由于拉索直径通常较小，张拉控制拉力较低或者定期需要调整张拉力，不能采用常规的施加预应力机具，往往采用锚具和加力器合一的螺母锚具形式。为了保证螺母旋转施力时不会产生拉索松动或扭转，需设置防松装置。

4 设计基本规定

4.1 一般规定

4.1.3 由于风障拉索、楼梯（护栏）扶索和公路缆索护栏在荷载大小、允许最大动态变形等方面要求差别颇大，且设计的基本方法上也不尽相同，因此按风障拉索、楼梯（护栏）扶索和公路缆索护栏分别设计。鉴于公路缆索护栏设计在现行行业标准《公路交通安全设施设计规范》JTG D81 和《公路交通安全设施设计细则》JTG/T D81 中已有详细规定，本规程不再重复。

4.1.4 虽然低张拉控制应力拉索在正常使用条件下并非承重结构构件，但是仍有连接和形成整体锚固，并在偶然荷载作用时具有一定承载能力的要求，拉索必须在任何工况下都处于受拉状态。

4.1.6 低张拉控制应力拉索体系设计时的荷载，主要是水平作用荷载。风障拉索的水平作用荷载以横阵风荷载为主，根据现行行业标准《公路桥梁抗风设计规范》JTG/T D60 有关规定计算。楼梯（护栏）扶索的水平作用荷载根据国家标准《建筑结构荷载规范》GB 50009－2001，按住宅和公共建筑分别取 0.5kN/m 和 1.0kN/m。公路缆索护栏拉索的水平作用荷载根据现行行业标准《公路交通安全设施设计规范》JTG D81 按柔性护栏条件确定。

4.1.7 拉索允许最大动态变形量的确定，风障拉索是根据拉索体系相关部位（如立柱）等允许变形和工程实践而定；楼梯（护栏）扶索则是根据行业标准《住宅楼梯 栏杆、扶手》JG 3002.3－92 规定；而公路缆索护栏的最大动态变形量是根据行业标准《公路交通安全设施设计细则》JTG/T D81-2006 第 4.4.1 条的条文说明“缆索最大位移应满足规定值(110cm)”的要求确定。

4.1.8 拉索一般是全裸露环境下工作，温差对索力的影响较大。资料表明，当昼夜最大温度差 35℃时，温度应力损失达 12%以上，所以确定张拉控制应力下限不宜小于 $0.15\sigma_{con}$。

5 结构构件设计

5.1 立 柱

5.1.5～5.1.7 工程应用大多采用钢结构立柱，立柱按钢结构设计，应满足抗弯强度、抗剪强度和整体稳定性要求，其具体设计计算按现行国家标准《钢结构设计规范》GB 50017 受弯构件相关内容执行。若立柱采用混凝土结构材料时，就按现行国家标准《混凝土结构设计规范》GB 50010 进行设计计算。

5.2 拉 索

5.2.3 风障拉索和楼梯（护栏）扶索按两点支承的抛物线形简支拉索结构计算，作用荷载为均布荷载 q，抛物线矢高为 ΔS，拉索跨径为 l_1，由拉索结构计算可得到拉索索力水平分力为 $H=\frac{ql_1^2}{8\Delta S}$，因矢高 ΔS 与跨径 l_1 之比小于 0.1，故简化为拉索索力 $N_a\approx H=\frac{ql_1^2}{8\Delta S}$。

5.2.4 风障拉索的主要荷载是静阵风荷载，因拉索为圆截面，其迎风面的投影高度即为其直径，所以根据行业标准《公路桥梁抗风设计规范》JTG/T D60-01-2004 中公式（4.3.1），作用在拉索单位长度上的静阵风荷载为 $q=\frac{1}{2}\rho V_g^2 C_d D$。式中 V_g 为拉索所在高度处静阵风风速（m/s），其值 $V_g=C_v V_z$，其中阵风系数 C_V 按该行业标准中表 4.2.1 取值，而基准高度 Z 处的静阵风风速 V_z（m/s）则可根据风障拉索设计使用年限按 10 年、50 年和 100 年重现期下基本风速值选用。

6 施工及验收

6.1 一般规定

6.1.3 强调了拉索张拉和锚固前应对前一道工序，即立柱安装进行验收。

6.3 拉索制备

6.3.1 拉索多以卷盘形式供货，制索时需进行调直或初张拉。对钢丝绳类拉索为了消除制绳时弹性变形其初张拉应力取（0.40～0.55）σ_{con}，该数据来源于标准化协会标准《预应力钢结构技术规程》CECS 212：2006 第 4.5.1 条，对单丝或束采用镦头锚具时盘卷钢丝也有调直要求。

6.3.2 采用钢丝镦头锚具时，钢丝可镦性试验的控制指标即本规程第 3.2.3 条规定的镦头锚具一钢丝组装件静载锚固性能满足 $\eta_a\geqslant 0.92$ 和 $\varepsilon_{apu}\geqslant 2.0\%$ 的要求。

6.4 拉索、锚具及辅件安装

6.4.1～6.4.4 拉索、锚具及辅件的安装时，除用于张拉和锚固的端柱外，拉索还需穿越中间立柱上的预留孔洞，并在部分中间立柱上锚固。拉索从一端立柱向另一端立柱安装时，由于闭合式锚具或辅件是无法穿越立柱孔洞，所以对应的锚具和辅件均需按一定的顺序随拉索穿越安装就位，形成拉索基本组件（见图 1）。

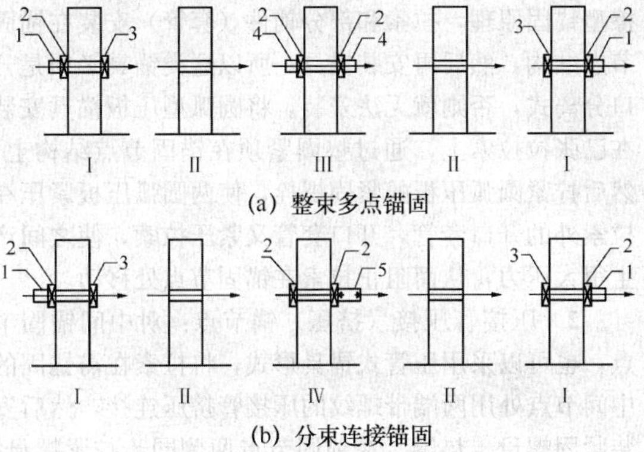

(a) 整束多点锚固

(b) 分束连接锚固

图1 拉索、锚具及辅件安装顺序

Ⅰ—张拉端立柱；Ⅱ—中间非锚固立柱；Ⅲ—中间锚固立柱；Ⅳ—中间连接器锚固立柱；1—张拉端锚具；2—张拉端辅件；3—张拉端锚固立柱侧辅件；4—中间锚固节点锚具；5—连接器兼锚具

示意图步骤说明：

立柱Ⅰ是张拉端，整束多点锚固时，拉索、锚具及辅件安装顺序如图1（a）所示。拉索从其左侧穿越顺序是，锚具1→辅件2（包括防松装置等）→张拉端立柱Ⅰ孔洞→辅件3→非锚固立柱Ⅱ（可以是若干个）→锚具4→辅件2→中间锚固立柱Ⅲ→……

分束连接锚固时，拉索、锚具及辅件安装顺序如图1（b）所示。与整束多点锚固不同之处在于立柱Ⅳ既是锚固节点，又是分索的连接节点，因此该连接器要起到锚具连接两分束双重作用。风障拉索在设计单元内通常有多根拉索通过连接器连接并张拉成整体。

整束两端锚固相对简单，不存在中间锚固节点。楼梯（护栏）扶索以及公路缆索护栏常采用此类形式。

6.5 张拉与锚固

6.5.3～6.5.5 介绍了整束多点锚固、整束两端锚固和分束连接锚固三种锚固形式的张拉和锚固要求。

整束两端锚固的张拉和锚固与常见的预应力筋施工方法完全一致。整束多点锚固则在两端锚固的基础上，再对中间其他节点进行锚固。

分束连接锚固又可进一步分为连接器锚固和错位独立锚固两种方式。连接器锚固时，拉索需先与连接器连接形成拉索基本组装件，而张拉时又要分束张拉，故张拉前一束拉索时应卸除与连接器连接的后一束拉索。后一束张拉时应尽可能避免对前一束张拉力的影响，应采取措施防止连接器在后一束张拉时产生转动。错位独立锚固的张拉和锚固与整束两端锚固相同。

6.6 验　　收

6.6.1～6.6.2 拉索体系验收属于分项工程验收。验收依据除了现行国家标准《建筑工程施工质量验收统一标准》GB 50300和本规程规定外，公路缆索护栏验收还应符合现行行业标准《公路交通安全设施施工技术规范》JTG F71的要求。

附录A　典型锚固节点构造示意图

A.0.1 镦头锚节点根据功能要求不同，其构造可分为带防松装置的螺母锚具节点、带支承承力装置节点、一般节点以及可调节节点。

1 锚具（螺母式）在低张拉控制应力下防松是必须的，一种最简单的防松装置，由防松垫圈，固定垫圈用沉头螺钉等组成。工艺和原理是：拉索安装张拉锚固前先将带螺孔的防松垫圈安装在锚固节点结构上（由两个固定螺钉将其定位并固定在锚固节点结构上），然后张拉并锚固（采用螺母式锚具），再将防松垫圈一边或两边沿六角螺母六角边的任意边翻转90°，使其紧压在螺母的六角边中某一边。所以当螺母要松动（转动）时，受到垫圈垂直压紧边的约束不能转动，而垫圈又由两螺钉固定在锚固节点结构上不能转动。最终螺母就不能转动，达到防松效果。

2 带支承承力装置的锚固节点：为了减少拉索张紧过程的各种阻力，在穿心螺杆与镦头接触面增加一个尺寸与穿心螺杆完全相同的短杆，其一面与镦头平压接，另一面加工成弧状与穿心螺杆接触面以弧面状配合。所以当螺母拧紧过程就可避免或减少由于穿心螺杆转动而带动拉索转动所造成的阻力和拉索扭转变形。

3 一般镦头锚节点：一般用于固定端，镦头锚固在墩头垫板。该垫板孔径略大于单丝直径，所以单丝的镦头扩大部位就支承在垫板上，垫板直接承压在锚固节点结构，因此镦头垫板实质上就是支承承力装置。

4 可调节镦头锚节点：可调节单丝镦头锚固节点是用于张拉端，镦头垫板改为穿心螺杆，单丝穿于中空螺杆作为镦头的支承承力装置，该螺杆通过其外螺纹与匹配的螺母以螺纹连接，螺母直接承压在锚固节点结构上。螺母和穿心螺杆组成了支承承力装置，而螺母通过扭紧过程，使单丝拉索张紧，所以螺母与穿心螺杆也是张拉装置。

A.0.2 压接（挤压）锚节点根据功能要求不同分为不可调节和可调节压接（挤压）锚节点。

1 不可调节压接（挤压）锚节点：这是一种压接（挤压）锚具锚固节点形式，拉索通过带承压头的压接管，将拉索挤压连接于管中（有一定压接长度），带承压头的压接管，通过承压垫圈压紧在锚固节点结构上，带承压头的压接管和承压垫圈组成了支承承力装置。一般用于拉索固定端。

2 可调节压接（挤压）锚节点：与图 A.0.2-1 不同的是压接管是一端带螺纹，另一端压接拉索，支承承力装置由带螺纹压接管和紧固螺母组成，当螺母拧紧时，拉索就张紧，通过压接管和螺母压紧在锚固节点的结构上。

A.0.3 这是一种铸锚形式，拉索通过铸锚锥体将拉索在锥体部位分叉，然后用冷或热铸合金，将其浇铸在锚具锥体内，形成锥塞式锚具，而且该锚具的外周带螺纹，与其匹配的专用螺母将其紧固在锚固节点结构上。

A.0.4 中间锚固节点根据拉索和锚具形式不同锚固节点构造不同。

1 分离压接（挤压）锚节点：这是一种通长拉索在中间锚固节点的锚固连接形式，锚具是分离式摩擦型锚固原理，拉索和部分辅件（套管）安装在锚固节点结构，然后再安装锚具，所以这类锚具必须是开口分离式，否则就无法安装。将圆弧型压板锚具安装在已张拉拉索上，通过垫圈紧顶在锚固节点结构上，然后拧紧圆弧压板的紧固螺栓，使两圆弧压板紧压在拉索外的开口套管，开口套管又紧压拉索，使之间产生很大压力，从而阻止拉索在锚固节点处移动。

2 压接管压接（挤压）锚节点：对中间锚固节点，也可以采用压管式锚具形式，将拉索在需锚固的中间节点处用两端带螺纹的压接管挤压连接，然后安装紧固螺母、垫圈。在锚固节点两侧同步拧紧螺母，该节点即可形式锚固节点。由于锚固节点结构两侧螺母紧固的限制，拉索不能左右移动。

中华人民共和国行业标准

低层冷弯薄壁型钢房屋建筑技术规程

Technical specification for low-rise cold-formed thin-walled steel buildings

JGJ 227—2011

批准部门：中华人民共和国住房和城乡建设部

施行日期：2 0 1 1 年 1 2 月 1 日

中华人民共和国住房和城乡建设部
公　告

第903号

关于发布行业标准《低层冷弯薄壁型钢房屋建筑技术规程》的公告

现批准《低层冷弯薄壁型钢房屋建筑技术规程》为行业标准，编号为JGJ 227-2011，自2011年12月1日起实施。其中，第3.2.1、4.5.3、12.0.2条为强制性条文，必须严格执行。

本规程由我部标准定额研究所组织中国建筑工业出版社出版发行。

中华人民共和国住房和城乡建设部

2011年1月28日

前　言

根据原建设部《关于印发〈2007年工程建设标准规范制订、修订计划（第一批）〉的通知》（建标[2007] 125号）的要求，规程编制组经广泛调查研究，认真总结实践经验，参考有关国际标准和国外先进标准，并在广泛征求意见的基础上，编制本规程。

本规程中以黑体字标志的条文为强制性条文，必须严格执行。

本规程由住房和城乡建设部负责管理和对强制性条文的解释，由中国建筑标准设计研究院负责具体技术内容的解释。执行过程中如有意见或建议，请寄送至中国建筑标准设计研究院（北京市海淀区首体南路9号主语国际2号楼，邮编：100048）。

本规程主编单位：中国建筑标准设计研究院

本规程参编单位：西安建筑科技大学
同济大学
长安大学
清华大学
公安部天津消防研究所
博思格钢铁（中国）
上海美建钢结构有限公司
北新房屋有限公司
上海绿筑住宅系统科技有限公司
欧文斯科宁（中国）投资有限公司
北京豪斯泰克钢结构有限公司
中国建筑金属结构协会建筑钢结构委员会
浙江杭萧钢构股份有限公司
上海钢之杰钢结构建筑有限公司

本规程主要起草人员：沈祖炎　何保康　郁银泉
周天华　申　林　李元齐
郭彦林　王彦敏　刘承宗
苏明周　秦雅菲　王宗存
张跃峰　张中权　姜　涛
杨朋飞　杨家骥　杜兆宇
李正春　杨强跃　吴曙崇

本规程主要审查人员：张耀春　周绪红　陈雪庭
徐厚军　姜学诗　郭耀杰
顾　强　李志明　郭　兵

目 次

Contents

1 总 则

1.0.1 为规范低层冷弯薄壁型钢房屋建筑的设计、制作、安装及验收，做到技术先进、经济合理、安全适用、确保质量，制定本规程。

1.0.2 本规程适用于以冷弯薄壁型钢为主要承重构件，层数不大于 3 层，檐口高度不大于 12m 的低层房屋建筑的设计、施工及验收。

1.0.3 本规程根据现行国家标准《建筑结构可靠度设计统一标准》GB 50068、《建筑结构荷载规范》GB 50009、《建筑抗震设计规范》GB 50011、《钢结构设计规范》GB 50017、《冷弯薄壁型钢结构技术规范》GB 50018 和《钢结构工程施工质量验收规范》GB 50205 等规定的原则，结合低层冷弯薄壁型钢房屋的特点制定。

1.0.4 设计低层冷弯薄壁型钢房屋建筑时，应合理选用材料、结构方案和构造措施，应保证结构满足强度、稳定性和刚度要求，并符合防火、防腐要求。

1.0.5 低层冷弯薄壁型钢房屋建筑的设计、施工及验收，除应符合本规程外，尚应符合国家现行有关标准的规定。

2 术语和符号

2.1 术 语

2.1.1 腹板加劲件 web stiffener
与腹板连接防止腹板屈曲的部件。

2.1.2 刚性撑杆 blocking
与结构构件相连，传递结构构件平面外侧向力，为被支承构件提供侧向支点的构件。

2.1.3 拼合构件 built-up member
由槽形或卷边槽形构件等通过连接组成的工字形或箱形构件。

2.1.4 连接角钢 clip angle
用于构件之间连接，通常弯成 90°的构件。

2.1.5 屋檐悬挑 eave overhang
从外墙的结构外皮到屋顶结构外皮之间的水平距离。

2.1.6 钢带 flat strap
由钢板切割成一定宽度的板带，可用于支撑中的拉条或传递拉力的构件。

2.1.7 楼面梁 floor joist
支承楼面荷载的水平构件。

2.1.8 过梁 header
墙或屋面开口处主要将竖向荷载传递到相邻的竖向受力构件的水平构件。

2.1.9 立柱 wall stud
组成墙体单元的竖向受力构件。

2.1.10 斜梁 rafter
按屋面坡度倾斜布置的支承屋面荷载的屋面构件。

2.1.11 山墙悬挑 gable overhang
从山墙的结构外皮到屋顶结构外皮之间的水平距离。

2.1.12 受力蒙皮作用 stressed skin action
与支承构件可靠连接的结构面板体系所具有的抵抗自身平面内剪切变形的能力。

2.1.13 结构面板 structural sheathing
直接安装在立柱或梁上的面板，用以传递荷载和支承墙（梁）。

2.1.14 顶导梁、底导梁或边梁 track
布置在墙的顶部或底部以及楼层系统周边的槽形构件。

2.1.15 墙体结构 wall framing
由立柱、顶导梁、底导梁、面板、支撑、拉条或撑杆等部件通过连接件形成的组合构件，用于承受竖向荷载或水平荷载。

2.1.16 承重墙 bearing wall
承受竖向外荷载的墙体。

2.1.17 抗剪墙 shear wall
承受面内水平荷载的墙体。

2.1.18 非承重墙 non-bearing wall
不承受竖向外荷载的墙体。

2.1.19 钢板厚度 thickness of steel plate
钢基板厚度和镀层厚度之和。

2.2 符 号

2.2.1 作用和作用效应

M——弯矩；

N——轴力；

N_v^f——一个螺钉的抗剪承载力设计值；

P_s——一对抗拔连接件之间墙体段承受的水平剪力；

S_w——考虑风荷载效应组合下抗剪墙单位计算长度的剪力；

S_E——考虑地震作用效应组合下抗剪墙单位计算长度的剪力；

S_j——作用在第 j 面抗剪墙体单位长度上的水平剪力；

R_t——目标试验荷载；

R_{min}——试验荷载结果的最小值；

V——剪力；

σ_{cd}——轴压时的畸变屈曲应力；

σ_{md}——受弯时的畸变屈曲应力。

2.2.2 计算指标

E——钢材的弹性模量；

f——钢材抗拉、抗压、抗弯强度设计值；

f_y——钢材屈服强度；

f_v——钢材抗剪强度设计值；

f_v^s——螺钉材料抗剪强度设计值；

f_e——钢材端面承压强度设计值；

K——抗剪刚度；

M_d——畸变屈曲受弯承载力设计值；

M_C——考虑轴力影响的整体失稳受弯承载力设计值；

M_A——考虑轴力影响的畸变屈曲受弯承载力设计值；

N_u——稳定承载力设计值；

N_C——整体失稳时轴压承载力设计值；

N_A——畸变屈曲时轴压承载力设计值；

P_{nom}——名义抗剪强度；

V_j——第 j 面抗剪墙体承担的水平剪力设计值；

S_h——抗剪墙单位计算长度的受剪承载力设计值；

S^*——荷载效应设计值；

R_d——承载力设计值；

Δ——风荷载标准值或多遇地震作用标准值产生的楼层内最大的弹性层间位移；垂直度；剪切变形。

2.2.3 几何参数

A——毛截面面积；

A_0——洞口总面积；

A_e——有效截面面积；

A_{en}——有效净截面面积；

A_{cd}——畸变屈曲时有效截面面积；

a——卷边高度；

b——截面或板件的宽度；

f——侧向弯曲矢高；

H——基础顶面到建筑物最高点的高度；房屋楼层高度；抗剪墙高度；

h——截面或板件的高度；

H_0——腹板的计算高度；

I——毛截面惯性矩；

I_{sf}——加劲板件对中轴线的惯性矩；

L——长度或跨度；

l——长度或跨度；侧向支承点间的距离；

t——厚度；

t_s——等效板件厚度；

W——截面模量；

W_e——有效截面模量；

λ——长细比；构件畸变屈曲半波长；

λ_{cd}——确定 A_{cd} 用的无量纲长细比；

λ_{md}——确定 M_d 用的无量纲长细比。

2.2.4 计算系数及其他

k_ϕ——计算受弯构件的承载力和稳定性时的系数；

k_t——考虑结构试件变异性的因子；

k_{sc}——结构特性变异系数；

k_f——几何尺寸不定性变异系数；

k_m——材料强度不定性变异系数；

N'_E——计算压弯构件的承载力和稳定性时的系数；

n——螺钉个数；抗剪墙数；

T——结构基本自振周期；

α——屋面坡度；折减系数；

β_m——等效弯矩系数；

γ_R——抗力分项系数；

γ_{RE}——承载力抗震调整系数；

μ_x、μ_y、μ_w——计算长度系数；

μ_r——屋面积雪分布系数；

φ——轴心受压构件的整体稳定系数；

η——计算受弯构件整体稳定系数时采用的系数；轴力修正系数；

ξ——多个螺钉连接的承载力折减系数。

3 材料与设计指标

3.1 材料选用

3.1.1 钢材选用应符合下列规定：

1 用于低层冷弯薄壁型钢房屋承重结构的钢材，应采用符合现行国家标准《碳素结构钢》GB/T 700、《低合金高强度结构钢》GB/T 1591 规定的 Q235 级、Q345 级钢材，或符合现行国家标准《连续热镀锌钢板及钢带》GB/T 2518 和《连续热镀铝锌合金镀层钢板及钢带》GB/T 14978 规定的 550 级钢材。当有可靠依据时，可采用其他牌号的钢材，但应符合相应有关国家标准的规定。

注：本规程将 550 级钢材定名为 LQ550。

2 用于承重结构的冷弯薄壁型钢的钢材，应具有抗拉强度、伸长率、屈服强度、冷弯试验和硫、磷含量的合格保证；对焊接结构，尚应具有碳含量的合格保证。

3 在技术经济合理的情况下，可在同一结构中采用不同牌号的钢材。

4 用于承重结构的冷弯薄壁型钢的钢带或钢板的镀层标准应符合现行国家标准《连续热镀锌钢板及钢带》GB/T 2518 和《连续热镀铝锌合金镀层钢板及钢带》GB/T 14978 的规定。

3.1.2 连接件（连接材料）应符合下列规定：

1 普通螺栓应符合现行国家标准《六角头螺栓 C级》GB/T 5780 的规定，其机械性能应符合现行国家标准《紧固件机械性能 螺栓、螺钉和螺柱》GB/T 3098.1 的规定。

2　高强度螺栓应符合现行国家标准《钢结构用高强度大六角头螺栓、大六角螺母、垫圈与技术条件》GB/T 1228～GB/T 1231或《钢结构用扭剪型高强度螺栓连接副》GB/T 3632的规定。

3　连接薄钢板、其他金属板或其他板材采用的自攻、自钻螺钉应符合现行国家标准《自钻自攻螺钉》GB/T 15856.1～GB/T 15856.5或《自攻螺钉》GB/T 5282～GB/T 5285的规定。

4　抽芯铆钉应采用现行国家标准《标准件用碳素钢热轧圆钢》GB/T 715中规定的BL2或BL3号钢制成，同时符合现行国家标准《抽芯铆钉》GB/T 12615～12618的规定。

5　射钉应符合现行国家标准《射钉》GB/T 18981的规定。

3.1.3　锚栓可采用符合现行国家标准《碳素结构钢》GB/T 700规定的Q235级钢或符合现行国家标准《低合金高强度结构钢》GB/T 1591规定的Q345级钢制成。

3.1.4　在低层冷弯薄壁型钢房屋的结构设计图纸和材料订货文件中，应注明所采用的钢材的牌号、质量等级、供货条件等以及连接材料的型号（或钢材的牌号）。必要时尚应注明对钢材所要求的机械性能和化学成分的附加保证项目。钢板厚度不得出现负公差。

3.1.5　结构板材可采用结构用定向刨花板、石膏板、结构用胶合板、水泥纤维板和钢板等材料。当有可靠依据时，也可采用其他材料。

3.1.6　围护材料宜采用节能环保的轻质材料，并应满足国家现行有关标准对耐久性、适用性、防火性、气密性、水密性、隔声和隔热等性能的要求。

3.2　设计指标

3.2.1　冷弯薄壁型钢钢材强度设计值应按表3.2.1的规定采用。

表3.2.1　冷弯薄壁型钢钢材的强度设计值（N/mm²）

钢材牌号	钢材厚度 t(mm)	屈服强度 f_y	抗拉、抗压和抗弯 f	抗剪 f_v	端面承压（磨平顶紧）f_e
Q235	$t \leqslant 2$	235	205	120	310
Q345	$t \leqslant 2$	345	300	175	400
LQ550	$t < 0.6$	530	455	260	—
	$0.6 \leqslant t \leqslant 0.9$	500	430	250	
	$0.9 < t \leqslant 1.2$	465	400	230	
	$1.2 < t \leqslant 1.5$	420	360	210	

3.2.2　自钻螺钉、螺钉、拉铆钉和射钉的承载力设计值应按照现行国家标准《冷弯薄壁型钢结构技术规范》GB 50018的规定执行。对于与LQ550级钢板相连的自钻螺钉、螺钉、拉铆钉和射钉，其抗剪强度应按照本规程附录A进行试验确定。

3.2.3　计算下列情况的结构构件和连接时，本规程第3.2.1条和第3.2.2条规定的强度设计值，应乘以下列相应的折减系数：

1　平面格构式檩条的端部主要受压腹杆：0.85。

2　单面连接的单角钢杆件：

1）按轴心受力计算构件承载力和连接：0.85；

2）按轴心受压计算构件稳定性：$0.6 + 0.0014\lambda$。

注：对中间无联系的单角钢压杆，λ为按最小回转半径计算的杆件长细比。

3　两构件的连接采用搭接或其间填有垫板的连接以及单盖板的不对称连接：0.90。

上述几种情况同时存在时，其折减系数应连乘。

4　基本设计规定

4.1　设计原则

4.1.1　本规程结构设计采用以概率理论为基础的极限状态设计法，以分项系数设计表达式进行计算。

4.1.2　本规程中的承重结构，应按承载能力极限状态和正常使用极限状态进行设计。

4.1.3　当结构构件和连接按不考虑地震作用的承载能力极限状态设计时，应根据现行国家标准《建筑结构荷载规范》GB 50009的规定采用荷载效应的基本组合进行计算。当结构构件和连接按考虑地震作用的承载能力极限状态设计时，应根据现行国家标准《建筑抗震设计规范》GB 50011规定的荷载效应组合进行计算，其中承载力抗震调整系数γ_{RE}取0.9。

4.1.4　当结构构件按正常使用极限状态设计时，应根据现行国家标准《建筑结构荷载规范》GB 50009规定的荷载效应的标准组合和现行国家标准《建筑抗震设计规范》GB 50011规定的荷载效应组合进行计算。

4.1.5　结构构件的受拉强度应按净截面计算；受压强度应按有效净截面计算；稳定性应按有效截面计算；变形和各种稳定系数均可按毛截面计算。

4.1.6　构件中受压板件有效宽度的计算应按现行国家标准《冷弯薄壁型钢结构技术规范》GB 50018计算；当板厚小于2mm时，应考虑相邻板件的约束作用。

4.2　荷载与作用

4.2.1　屋面雪荷载、风荷载，除本规程另有规定外，应按现行国家标准《建筑结构荷载规范》GB 50009的规定采用。

4.2.2　屋面竖向均布活荷载的标准值（按水平投影

面积计算）应取 $0.5kN/m^2$。

4.2.3 地震作用应按现行国家标准《建筑抗震设计规范》GB 50011的规定计算。

4.2.4 施工集中荷载宜取 1.0kN，并应在最不利位置处验算。

4.2.5 复杂体型房屋屋面的风载体型系数可按房屋屋面和墙面分区确定（图 4.2.5），纵风向时屋顶（R）部分的风载体型系数应取－0.8，其余部分的风载体型系数应按现行国家标准《建筑结构荷载规范》GB 50009 采用。

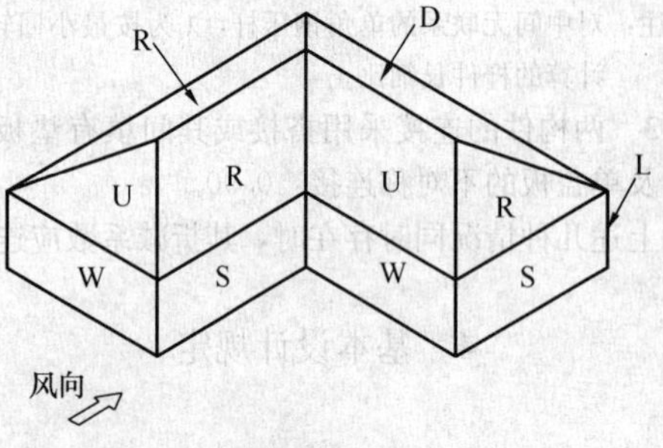

图 4.2.5　房屋屋面和墙面分区

W—迎风墙；U—迎风坡屋顶；S—边墙；R—纵风向坡屋顶；L—背风墙；D—背风坡屋顶

4.2.6 复杂屋面的屋面积雪分布系数的确定应符合下列规定：

1 当屋面坡度（α）小于或等于 25°时，屋面积雪分布系数 μ_r 为 1.0；当屋面坡度（α）大于或等于 50°时，μ_r 为 0；当屋面坡度（α）大于 25°且小于 50°时，μ_r 按线性插值取用。

2 设计屋面承重构件时，应考虑雪荷载不均匀分布的荷载情况。各屋面的雪荷载分布系数应按下列规定进行调整（图 4.2.6）：

1）对迎风面屋面积雪分布系数，取 $0.75\mu_r$；

2）对背风面屋面积雪分布系数，取 $1.25\mu_r$；

3）对侧风面屋面：在屋面无遮挡情况时，侧风面屋面积雪分布系数取 $0.5\mu_r$；在屋面有遮挡情况时，遮挡前侧风面屋面积雪分布系数取 $0.75\mu_r$，遮挡后侧风面屋面积雪分布系数取 $1.25\mu_r$。

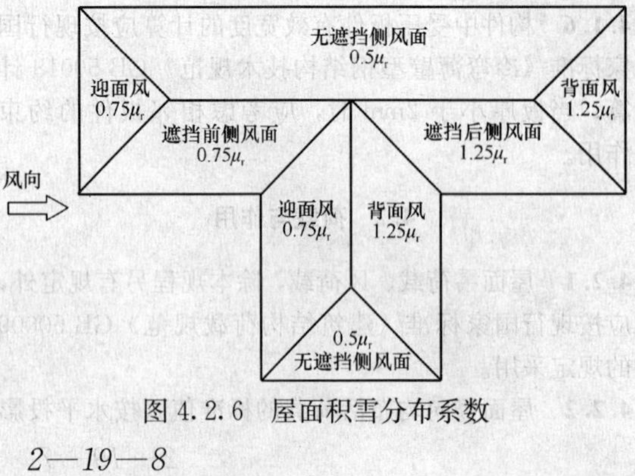

图 4.2.6　屋面积雪分布系数

4.3　建筑设计及结构布置

4.3.1 低层冷弯薄壁型钢房屋建筑设计宜避免偏心过大或在角部开设洞口（图 4.3.1）。当偏心较大时，应计算由偏心而导致的扭转对结构的影响。

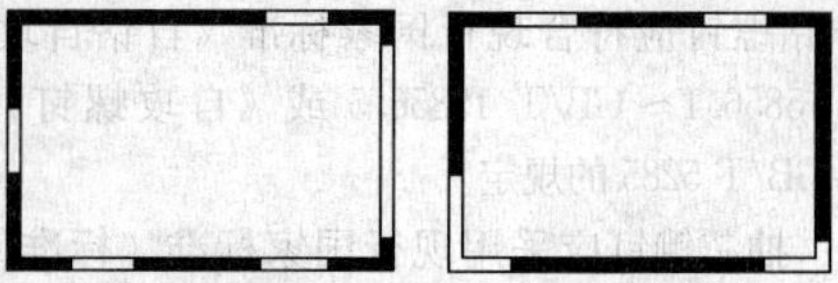

(a) 偏心较大　　(b) 角部开洞

图 4.3.1　不宜采用的建筑平面示意

4.3.2 抗剪墙体在建筑平面和竖向宜均衡布置，在墙体转角两侧 900mm 范围内不宜开洞口；上、下层抗剪墙体宜在同一竖向平面内；当抗剪内墙上下错位时，错位间距不宜大于 2.0m。

4.3.3 在设计基本地震加速度为 0.3g 及以上或基本风压为 $0.70kN/m^2$ 及以上的地区，低层冷弯薄壁型钢房屋建筑和结构布置应符合下列规定：

1 与主体建筑相连的毗屋应设置抗剪墙，如图 4.3.3-1（a）所示。

2 不宜设置如图 4.3.3-1（b）所示的退台。

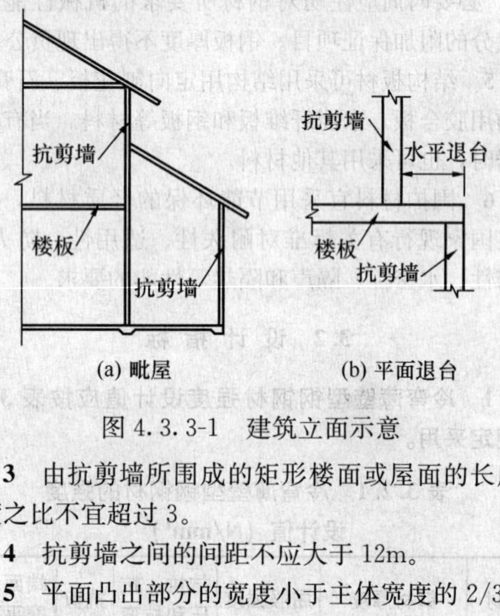

(a) 毗屋　　(b) 平面退台

图 4.3.3-1　建筑立面示意

3 由抗剪墙所围成的矩形楼面或屋面的长度与宽度之比不宜超过 3。

4 抗剪墙之间的间距不应大于 12m。

5 平面凸出部分的宽度小于主体宽度的 2/3 时，凸出长度 L 不宜超过 1200mm（图 4.3.3-2），超过时，凸出部分与主体部分应各自满足本规程第 8 章关于抗剪墙体长度的要求。

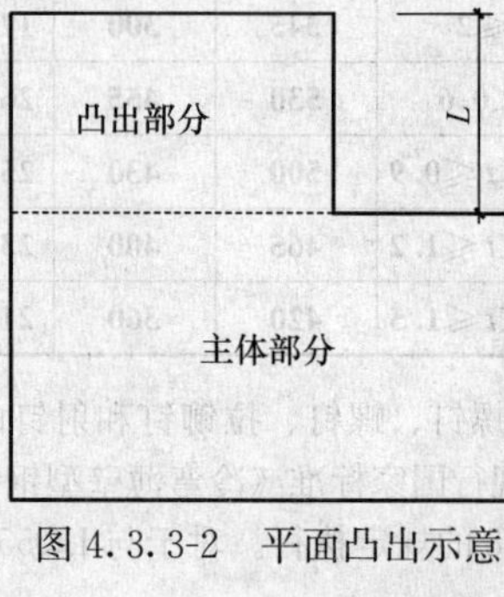

图 4.3.3-2　平面凸出示意

4.3.4 外围护墙设计应符合下列规定：

1 应满足国家现行有关标准对节能的要求。

2 与主体钢结构应有可靠的连接。

3 应满足防水、防火、防腐要求。

4 节点构造和板缝设计，应满足保温、隔热、隔声、防渗要求，且坚固耐久。

4.3.5 隔墙设计应符合下列规定：

1 应有良好的隔声、防火性能和足够的承载力。

2 应便于埋设各种管线。

3 门框、窗框与墙体连接应可靠，安装应方便。

4 分室墙宜采用轻质墙板或冷弯薄壁型钢石膏板墙，也可采用易拆型隔墙板。

4.3.6 吊顶应根据工程的隔声、隔振和防火性能等要求进行设计。

4.3.7 抗剪墙体应布置在建筑结构的两个主轴方向，并应形成抗风和抗震体系。

4.4 变 形 限 值

4.4.1 计算结构和构件的变形时，可不考虑螺栓或螺钉孔引起的构件截面削弱的影响。

4.4.2 受弯构件的挠度不宜大于表 4.4.2 规定的限值。

表 4.4.2 受弯构件的挠度限值

构件类别	构件挠度限值
楼层梁：	
全部荷载	$L/250$
活荷载	$L/500$
门、窗过梁	$L/350$
屋架	$L/250$
结构板	$L/200$

注：1 表中 L 为构件跨度；

2 对悬臂梁，按悬伸长度的 2 倍计算受弯构件的跨度。

4.4.3 水平风荷载作用下，墙体立柱垂直于墙面的横向弯曲变形与立柱长度之比不得大于 1/250。

4.4.4 由水平风荷载标准值或多遇地震作用标准值产生的层间位移与层高之比不应大于 1/300。

4.5 构造的一般规定

4.5.1 构件受压板件的宽厚比不应大于表 4.5.1 规定的限值。

表 4.5.1 受压板件的宽厚比限值

板件类别	宽厚比限值
非加劲板件	45
部分加劲板件	60
加劲板件	250

4.5.2 受压构件的长细比，不宜大于表 4.5.2 规定的限值。受拉构件的长细比，不宜大于 350，但张紧拉条的长细比可不受此限制。当受拉构件在永久荷载和风荷载或多遇地震组合作用下受压时，长细比不宜大于 250。

表 4.5.2 受压构件的长细比限值

构件类别	长细比限值
主要承重构件（梁、立柱、屋架等）	150
其他构件及支撑	200

4.5.3 冷弯薄壁型钢结构承重构件的壁厚不应小于 0.6mm，主要承重构件的壁厚不应小于 0.75mm。

4.5.4 低层冷弯薄壁型钢房屋同一榀构架的立柱、楼板梁、屋架宜在同一平面内，构件形心之间的偏心不宜超过 20mm。

4.5.5 冷弯薄壁型钢构件的腹板开孔时（图 4.5.5）应满足下列要求：

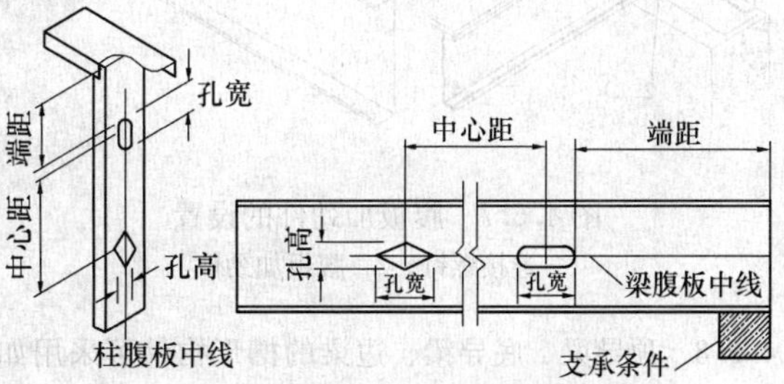

图 4.5.5 构件开孔示意

1 孔口的中心距不应小于 600mm。

2 水平构件的孔高不应大于腹板高度的 1/2 和 65mm 的较小值。

3 竖向构件的孔高不应大于腹板高度的 1/2 和 40mm 的较小值。

4 孔宽不宜大于 110mm。

5 孔口边至最近端部边缘的距离不得小于 250mm。

当不满足时，应根据本规程第 4.5.6 条的要求对孔口加强。

4.5.6 当腹板开孔不满足本规程第 4.5.5 条的要求时，应对孔口进行加强，见图 4.5.6。孔口加强件可

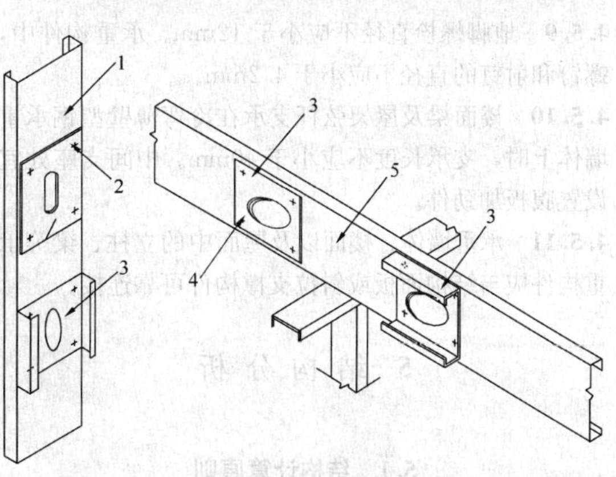

图 4.5.6 孔口加强示意

1—立柱；2—螺钉；3—洞口加强件；4—自攻螺钉；5—梁

采用平板、槽形构件或卷边槽形构件。孔口加强件的厚度不应小于所要加强腹板的厚度，且伸出孔口四周不应小于25mm。加强件与腹板应采用螺钉连接，螺钉最大中心间距应为25mm，最小边距应为12mm。

4.5.7 在构件支座和集中荷载作用处，应设置腹板加劲件。加劲件可采用厚度不小于1.0mm的槽形构件和卷边槽形构件，且其高度宜为被加劲构件腹板高度减去10mm。加劲件与构件腹板之间应采用螺钉连接（图4.5.7）。螺钉应布置均匀。

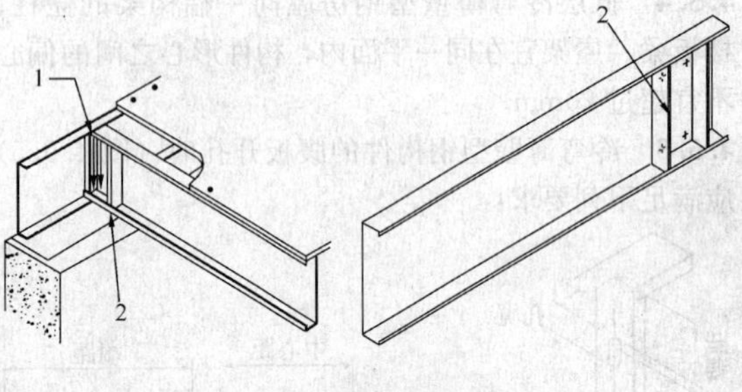

图4.5.7 腹板加劲件的设置

1—连接螺钉；2—腹板加劲件

4.5.8 顶导梁、底导梁、边梁的槽形构件可采用如图4.5.8所示的拼接形式，每侧连接腹板的螺钉不应少于4个，连接翼缘的螺钉不应少于2个。卷边槽形构件的拼接件厚度不应小于所连接的构件厚度。

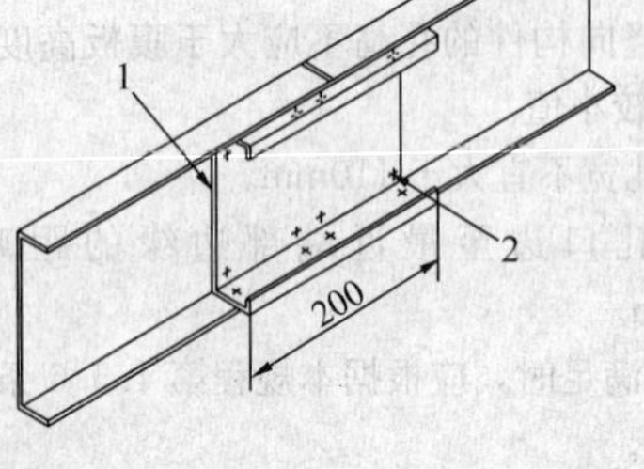

图4.5.8 槽形构件拼接示意

1—卷边槽形构件；2—螺钉

4.5.9 地脚螺栓直径不应小于12mm。承重构件中，螺钉和射钉的直径不应小于4.2mm。

4.5.10 楼面梁及屋架弦杆支承在冷弯薄壁型钢承重墙体上时，支承长度不应小于40mm。中间支座处宜设置腹板加劲件。

4.5.11 承重墙体、楼面以及屋面中的立柱、梁等承重构件应与结构面板或斜拉支撑构件可靠连接。

5 结构分析

5.1 结构计算原则

5.1.1 低层冷弯薄壁型钢房屋建筑竖向荷载应由承重墙体的立柱独立承担；水平风荷载或水平地震作用应由抗剪墙体承担。

5.1.2 低层冷弯薄壁型钢房屋建筑结构设计可在建筑结构的两个主轴方向分别计算水平荷载的作用。每个主轴方向的水平荷载应由该方向抗剪墙体承担，可根据其抗剪刚度大小按比例分配，并应考虑门窗洞口对墙体抗剪刚度的削弱作用。

各墙体承担的水平剪力可按下式计算：

$$V_j = \frac{\alpha_j K_j L_j}{\sum_{i=1}^{n} \alpha_i K_i L_i} V \tag{5.1.2}$$

式中：V_j ——第j面抗剪墙体承担的水平剪力；

V ——由水平风荷载或多遇地震作用产生的X方向或Y方向总水平剪力；

K_j ——第j面抗剪墙体单位长度的抗剪刚度，按表5.2.4采用；

α_j ——第j面抗剪墙体门窗洞口刚度折减系数，按本规程第8.2.4条规定的折减系数采用；

L_j ——第j面抗剪墙体的长度；

n ——X方向或Y方向抗剪墙数。

5.1.3 构件应按下列规定进行验算：

1 墙体立柱应按压弯构件验算其强度、稳定性及刚度；

2 屋架构件应按屋面荷载的效应，验算其强度、稳定性及刚度；

3 楼面梁应按承受楼面竖向荷载的受弯构件验算其强度和刚度。

5.2 水平荷载效应分析

5.2.1 在计算水平地震作用时，阻尼比可取0.03，结构基本自振周期可按下式计算：

$$T = 0.02H \sim 0.03H \tag{5.2.1}$$

式中：T——结构基本自振周期（s）；

H——基础顶面到建筑物最高点的高度（m）。

5.2.2 水平地震作用效应的计算可采用底部剪力法。

5.2.3 作用在抗剪墙体单位长度上的水平剪力可按下式计算：

$$S_j = \frac{V_j}{L_j} \tag{5.2.3}$$

式中：S_j ——作用在第j面抗剪墙体单位长度上的水平剪力；

5.2.4 在水平荷载作用下抗剪墙体的层间位移与层高之比可按下式计算：

$$\frac{\Delta}{H} = \frac{V_k}{\sum_{j=1}^{n} \alpha_j K_j L_j} \tag{5.2.4}$$

式中：Δ——风荷载标准值或多遇地震作用标准值产

生的楼层内最大的弹性层间位移；

H——房屋楼层高度；

V_k——风荷载标准值或多遇地震标准值作用下楼层的总剪力；

n——平行于风荷载或多遇地震作用方向的抗剪墙数。

表 5.2.4　抗剪墙体的抗剪刚度 K[kN/(m·rad)]

立柱材料	面板材料(厚度)	K
Q235 和 Q345	定向刨花板(9.0mm)	2000
	纸面石膏板(12.0mm)	800
LQ550	纸面石膏板(12.0mm)	800
	LQ550 波纹钢板(0.42mm)	2000
	定向刨花板(9.0mm)	1450
	水泥纤维板(8.0mm)	1100

注：1　墙体立柱卷边槽形截面高度对 Q235 级和 Q345 级钢应不小于 89mm，对 LQ550 级钢立柱截面高度不应小于 75mm，间距应不大于 600mm；墙体面板的钉距在周边不应大于 150mm，内部应不大于 300mm；

2　表中所列数值均为单面板组合墙体的抗剪刚度值，两面设置面板时取相应两值之和；

3　中密度板组合墙体可按定向刨花板组合墙体取值；

4　当采用其他面板时，抗剪刚度应由附录 B 规定的试验确定。

6　构件和连接计算

6.1　构 件 计 算

6.1.1　冷弯薄壁型钢构件常用的截面类型可采用图 6.1.1-1、6.1.1-2 所示截面。

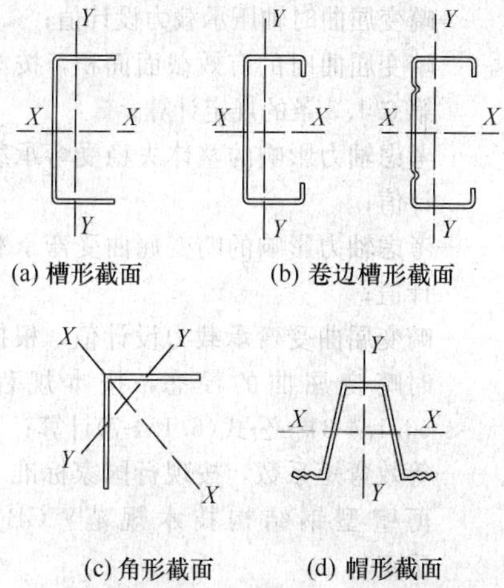

图 6.1.1-1　冷弯薄壁型钢构件常用的单一截面类型

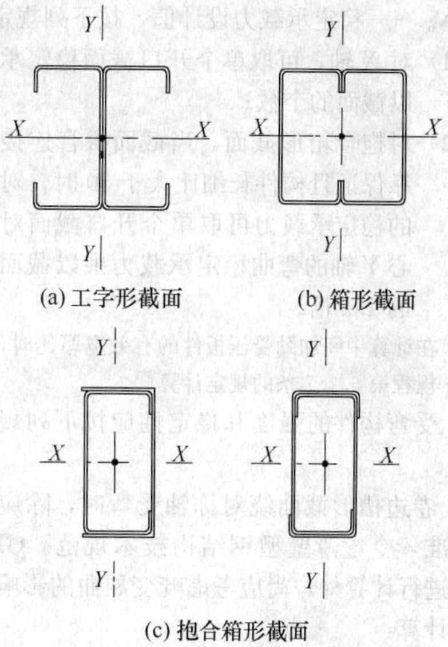

图 6.1.1-2　冷弯薄壁型钢构件常用的拼合截面类型

6.1.2　轴心受拉构件的强度应按现行国家标准《冷弯薄壁型钢结构技术规范》GB 50018 的规定进行计算。

6.1.3　轴心受压构件的强度和稳定性应按下列规定进行计算：

1　开口截面除应按现行国家标准《冷弯薄壁型钢结构技术规范》GB 50018 的规定进行计算外，对于不符合本规程第 6.1.6 条规定的，还应考虑畸变屈曲的影响，可按下列规定进行计算：

$$N \leqslant A_{cd} f \qquad (6.1.3\text{-}1)$$

$$\lambda_{cd} = \sqrt{\frac{f_y}{\sigma_{cd}}} \qquad (6.1.3\text{-}2)$$

当 $\lambda_{cd} < 1.414$ 时：

$$A_{cd} = A(1 - \lambda_{cd}^2/4) \qquad (6.1.3\text{-}3)$$

当 $1.414 \leqslant \lambda_{cd} \leqslant 3.6$ 时：

$$A_{cd} = A[0.055(\lambda_{cd} - 3.6)^2 + 0.237] \qquad (6.1.3\text{-}4)$$

式中：N——轴压力；

A——毛截面面积；

A_{cd}——畸变屈曲时有效截面面积；

f——钢材抗压强度设计值；

λ_{cd}——确定 A_{cd} 用的无量纲长细比；

f_y——钢材屈服强度；

σ_{cd}——轴压畸变屈曲应力，应按本规程附录 C 中第 C.0.1 条的规定计算。

2　拼合截面（图 6.1.1-2）的强度应按公式（6.1.3-5）计算，稳定性应按公式（6.1.3-6）计算：

$$N \leqslant A_{en} f \qquad (6.1.3\text{-}5)$$

$$N \leqslant N_u \qquad (6.1.3\text{-}6)$$

式中：A_{en}——有效净截面面积；

N_u ——稳定承载力设计值，按下列规定计算：

1）对 X 轴，可取单个开口截面稳定承载力乘以截面的个数；

2）对抱合箱形截面，当截面拼合连接处有可靠保证且构件长细比大于 50 时，对绕 Y 轴的稳定承载力可取单个开口截面对自身形心 Y 轴的弯曲稳定承载力乘以截面个数后的 1.2 倍。

注：在计算中间加劲受压板件的有效宽厚比时，应按本规程第 6.1.7 条的规定计算。

6.1.4 受弯构件的强度和稳定性应按下列规定进行计算：

1 卷边槽形截面绕对称轴受弯时，除应按现行国家标准《冷弯薄壁型钢结构技术规范》GB 50018 的规定进行计算外，尚应考虑畸变屈曲的影响，按下列公式计算：

当 $k_\phi \geqslant 0$ 时： $M \leqslant M_d$ (6.1.4-1)

当 $k_\phi < 0$ 时： $M \leqslant \frac{W_e}{W} M_d$ (6.1.4-2)

式中：M ——弯矩；

k_ϕ ——系数，应按本规程附录 C 中第 C.0.2 条的规定计算；

W ——截面模量；

W_e ——有效截面模量，截面中受压板件的有效宽度按现行国家标准《冷弯薄壁型钢结构技术规范》GB 50018 的规定进行计算，在计算中间加劲受压板件的有效宽厚比时，应按本规程第 6.1.7 条的规定计算；计算有效宽厚比时，截面的应力分布按全截面受 $1.165M_d$ 弯矩值计算；

M_d ——畸变屈曲受弯承载力设计值，按下列规定计算：

1）当畸变屈曲的模态为卷边槽形和 Z 形截面的翼缘绕翼缘与腹板的交线转动时，畸变屈曲受弯承载力设计值应按下列公式计算：

$$\lambda_{md} = \sqrt{\frac{f_y}{\sigma_{md}}} \quad (6.1.4\text{-}3)$$

当 $\lambda_{md} \leqslant 0.673$ 时：$M_d = Wf$ (6.1.4-4)

当 $\lambda_{md} > 0.673$ 时：$M_d = \frac{Wf}{\lambda_{md}}\left(1 - \frac{0.22}{\lambda_{md}}\right)$ (6.1.4-5)

2）当畸变屈曲的模态为竖直腹板横向弯曲且受压翼缘发生横向位移时，畸变屈曲受弯承载力设计值应按下列公式进行计算：

当 $\lambda_{md} < 1.414$ 时： $M_d = Wf\left(1 - \frac{\lambda_{md}^2}{4}\right)$ (6.1.4-6)

当 $\lambda_{md} \geqslant 1.414$ 时： $M_d = Wf\frac{1}{\lambda_{md}^2}$ (6.1.4-7)

式中：λ_{md} ——确定 M_d 用的无量纲长细比；

σ_{md} ——受弯时的畸变屈曲应力，应按本规程附录 C 中第 C.0.2 条的规定计算。

2 拼合截面（图 6.1.1-2）绕 X 轴的强度和稳定性应按现行国家标准《冷弯薄壁型钢结构技术规范》GB 50018 的规定计算。拼合截面的几何特性可取各单个开口截面绕本身形心主轴几何特性之和。对抱合箱形截面，当截面拼合连接处有可靠保证时，可将构件翼缘部分作为部分加劲板件按照叠加后的厚度来考虑组合后截面的有效宽厚比。

6.1.5 压（拉）弯构件的强度和稳定性应按现行国家标准《冷弯薄壁型钢结构技术规范》GB 50018 的规定进行计算。需考虑畸变屈曲的影响时，可按下列公式计算：

$$\frac{N}{N_j} + \frac{\beta_m M}{M_j} \leqslant 1.0 \quad (6.1.5\text{-}1)$$

$$N_j = \min(N_C, N_A) \quad (6.1.5\text{-}2)$$

$$M_j = \min(M_C, M_A) \quad (6.1.5\text{-}3)$$

$$N_C = \varphi A_e f \quad (6.1.5\text{-}4)$$

$$M_C = \left(1 - \frac{N}{N'_E}\varphi\right) W_e f \quad (6.1.5\text{-}5)$$

$$N_A = A_{cd} f \quad (6.1.5\text{-}6)$$

$$M_A = \left(1 - \frac{N}{N'_E}\varphi\right) M_d \quad (6.1.5\text{-}7)$$

$$N'_E = \frac{\pi^2 EA}{1.165\lambda^2} \quad (6.1.5\text{-}8)$$

$$b_{es} = b_e - 0.1t(b/t - 60) \quad (6.1.5\text{-}9)$$

式中：φ ——轴心受压构件的稳定系数，按现行国家标准《冷弯薄壁型钢结构技术规范》GB 50018 的规定采用；

A_e ——有效截面面积，对于受压板件宽厚比大于 60 的板件，应采用公式（6.1.5-9）对板件有效宽度进行折减；

b_{es} ——折减后的板件有效宽度；

N_C ——整体失稳时轴压承载力设计值；

N_A ——畸变屈曲时轴压承载力设计值；

A_{cd} ——畸变屈曲时的有效截面面积，按本规程第 6.1.3 条的规定计算；

M_C ——考虑轴力影响的整体失稳受弯承载力设计值；

M_A ——考虑轴力影响的畸变屈曲受弯承载力设计值；

M_d ——畸变屈曲受弯承载力设计值，根据弯曲时畸变屈曲的模态，按本规程公式（6.1.4-3）～公式（6.1.4-7）计算；

β_m ——等效弯矩系数，按现行国家标准《冷弯薄壁型钢结构技术规范》GB 50018 确定。

对拼合截面计算轴压承载力设计值 N_j、受弯承载力设计值 M_j 时，应分别按本规程第 6.1.3 条第 2 款和第6.1.4条第2款的规定进行。

6.1.6 冷弯薄壁型钢结构开口截面构件符合下列情况之一时，可不考虑畸变屈曲对构件承载力的影响：

1 构件受压翼缘有可靠的限制畸变屈曲变形的约束。

2 构件长度小于构件畸变屈曲半波长（λ）；畸变屈曲半波长可按下列公式计算：

对轴压卷边槽形截面，$\lambda = 4.8\left(\dfrac{I_x hb^2}{t^3}\right)^{0.25}$ (6.1.6-1)

对受弯卷边槽形和Z形截面，$\lambda = 4.8\left(\dfrac{I_x hb^2}{2t^3}\right)^{0.25}$ (6.1.6-2)

$$I_x = a^3 t(1+4b/a)/[12(1+b/a)] \quad (6.1.6\text{-}3)$$

式中：h——腹板高度；

b——翼缘宽度；

a——卷边高度；

t——壁厚；

I_x——绕X轴毛截面惯性矩。

3 构件截面采取了其他有效抑制畸变屈曲发生的措施。

6.1.7 中间加劲板件宽度可按等效板件的有效宽度采用（图6.1.7a）。等效板件厚度（图6.1.7b）可按下式计算：

$$t_s = \sqrt[3]{12I_{sf}/b} \quad (6.1.7)$$

式中：t_s——等效板件厚度；

I_{sf}——中间加劲板件对中轴线的惯性矩；

b——中间加劲板件的宽度。

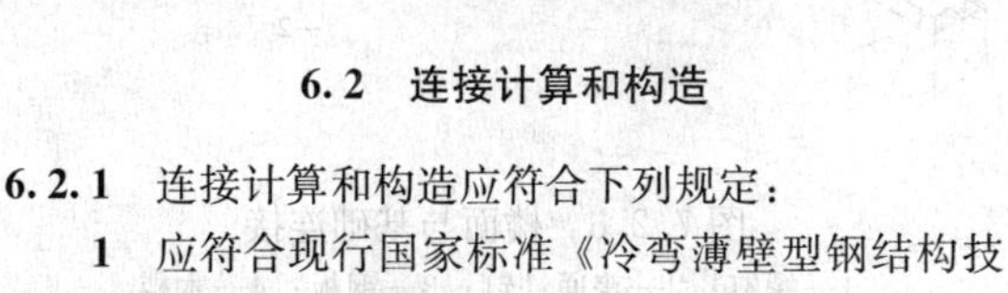

(a) 中间加劲板件有效宽度

(b) 加劲板件有效厚度

图6.1.7 中间加劲板件有效宽度和厚度

6.2 连接计算和构造

6.2.1 连接计算和构造应符合下列规定：

1 应符合现行国家标准《冷弯薄壁型钢结构技术规范》GB 50018有关螺钉连接计算的规定。

2 连接LQ550级板材且螺钉连接受剪时，尚应按下式对螺钉单剪抗剪承载力进行验算：

$$N_v^f \leqslant 0.8 A_e f_v^s \quad (6.2.1\text{-}1)$$

式中：N_v^f——一个螺钉的抗剪承载力设计值；

A_e——螺钉螺纹处有效截面面积；

f_v^s——螺钉材料抗剪强度设计值，可由本规程附录A规定的标准试验确定。

3 多个螺钉连接的承载力应在按本条第1、2款得到的承载力的基础上乘以折减系数，折减系数应按下式计算：

$$\xi = \left(0.535 + \frac{0.465}{\sqrt{n}}\right) \leqslant 1.0 \quad (6.2.1\text{-}2)$$

式中：n——螺钉个数。

6.2.2 采用螺钉连接时，螺钉至少应有3圈螺纹穿过连接构件。螺钉的中心距和端距不得小于螺钉直径的3倍，边距不得小于螺钉直径的2倍。受力连接中的螺钉连接数量不得少于2个。用于钢板之间连接时，钉头应靠近较薄的构件一侧（图6.2.2）。

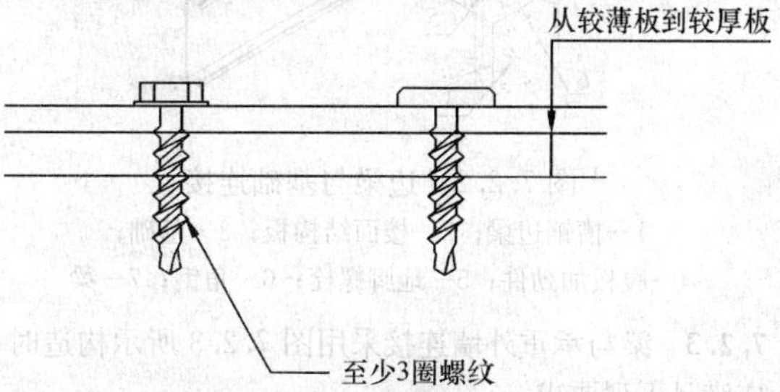

图6.2.2 螺钉连接示意

7 楼盖系统

7.1 一般规定

7.1.1 楼面构件宜采用冷弯薄壁槽形、卷边槽形型钢。楼面梁宜采用冷弯薄壁卷边槽形型钢，跨度较大时也可采用冷弯薄壁型钢桁架。楼盖构件之间宜用螺钉可靠连接。

7.1.2 楼面梁应按受弯构件验算其强度、整体稳定性以及支座处腹板的局部稳定性。当楼面梁的上翼缘与结构面板通过螺钉可靠连接、且楼面梁间的刚性撑杆和钢带支撑的布置符合本规程7.2节的规定时，梁的整体稳定可不验算。当楼面梁支承处布置腹板承压加劲件时，楼面梁腹板的局部稳定性可不验算。

7.1.3 验算楼面梁的强度和刚度时，可不考虑楼面面板的组合作用。

7.1.4 受力螺钉连接节点以及地脚螺栓节点的设计应符合本规程和有关的现行国家标准的规定。

7.2 楼盖构造

7.2.1 槽钢边梁、腹板加劲件和刚性撑杆的厚度不应小于与之连接的梁的厚度。槽钢边梁与相连梁的每一翼缘应至少用1个螺钉可靠连接；腹板加劲件与梁腹板应至少用4个螺钉可靠连接，与槽钢边梁应至少用2个螺钉可靠连接。承压加劲件截面形式宜与对应墙体立柱相同，最小长度应为对应楼面梁截面高度减去10mm。

7.2.2 边梁与基础连接采用图7.2.2所示构造时，连接角钢的规格宜采用150mm×150mm，厚度应不小于1.0mm，角钢与边梁应至少采用4个螺钉可靠

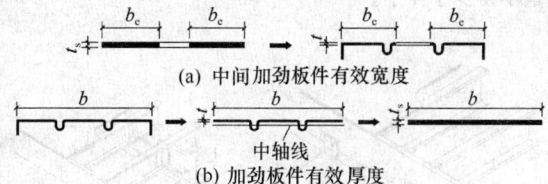

连接，与基础应采用地脚螺栓连接。地脚螺栓宜均匀布置，距离墙端部或墙角应不大于 300mm，直径应不小于 12mm，间距应不大于 1200mm，埋入基础深度应不小于其直径的 25 倍。

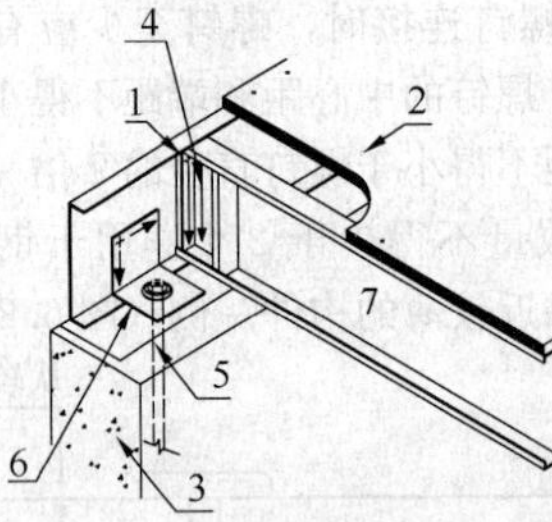

图 7.2.2　边梁与基础连接

1—槽钢边梁；2—楼面结构板；3—基础；4—腹板加劲件；5—地脚螺栓；6—角钢；7—梁

7.2.3　梁与承重外墙连接采用图 7.2.3 所示构造时，应满足下列要求：

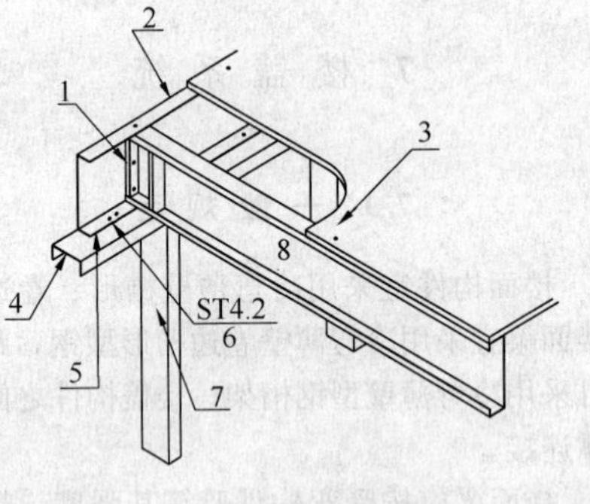

图 7.2.3　梁与承重外墙连接

1—腹板加劲件；2—槽钢边梁；3—楼面结构板；4—顶导梁；5—槽钢边梁与顶导梁连接；6—螺钉；7—立柱；8—梁

1　顶导梁与立柱应至少用 2 个螺钉可靠连接；

2　顶导梁与梁应至少用 2 个螺钉可靠连接；

3　顶导梁与槽钢边梁应采用螺钉可靠连接，间距应不大于对应墙体立柱间距。

7.2.4　悬臂梁与基础连接采用图 7.2.4 所示的构造时，地脚螺栓规格和布置形式与本规程第 7.2.2 条规定相同。在悬臂梁间每隔一个间距应设置刚性撑杆，其中部用连接角钢与基础连接，角钢应至少用 4 个螺钉与撑杆连接，端部与梁应至少用 2 个螺钉连接。刚性撑杆截面形式应与梁相同，厚度不应小于 1.0mm。

7.2.5　悬臂梁与承重外墙连接采用图 7.2.5 所示的构造时，应符合本规程第 7.2.3 条第 1、2 款的要求以及第 7.2.4 条中有关刚性撑杆设置的要求。

7.2.6　楼面与基础间连接采用图 7.2.6 所示设置木槛的构造时，木槛与基础应采用地脚螺栓连接，楼面边梁和木槛应采用钢板、普通铁钉或螺钉连接。地脚

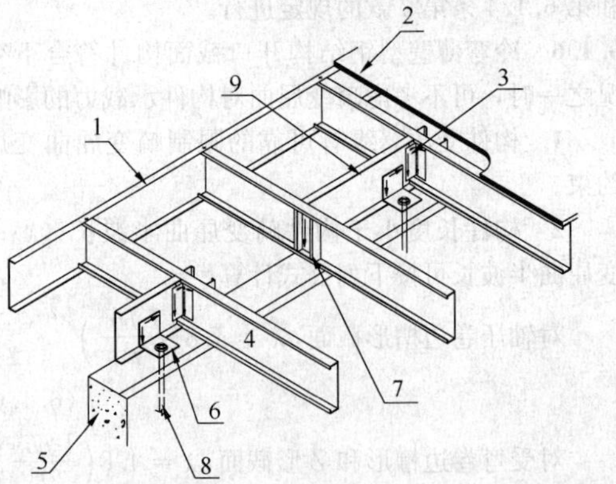

图 7.2.4　悬臂梁与基础连接

1—槽钢边梁；2—楼面结构板；3—刚性撑杆与梁连接；4—梁；5—基础；6—角钢；7—腹板加劲件；8—地脚螺栓；9—刚性撑杆

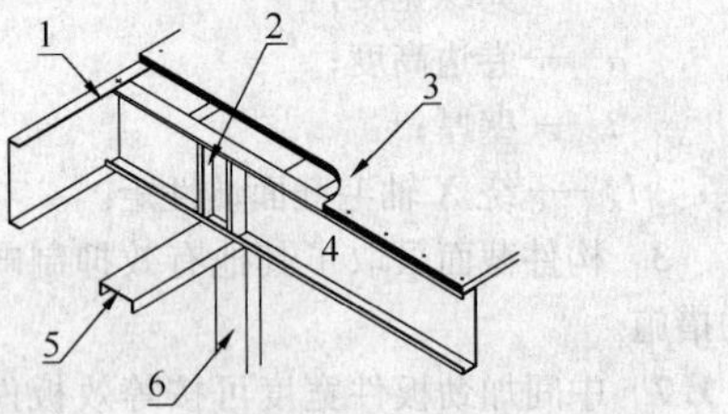

图 7.2.5　悬臂梁与承重外墙连接

1—槽钢边梁；2—腹板加劲件；3—楼面结构板；4—梁；5—顶导梁；6—立柱

螺栓规格和布置形式应符合本规程第 7.2.2 条的规定，连接钢板的厚度不得小于 1mm，连接螺钉的数量不得少于 4 个。

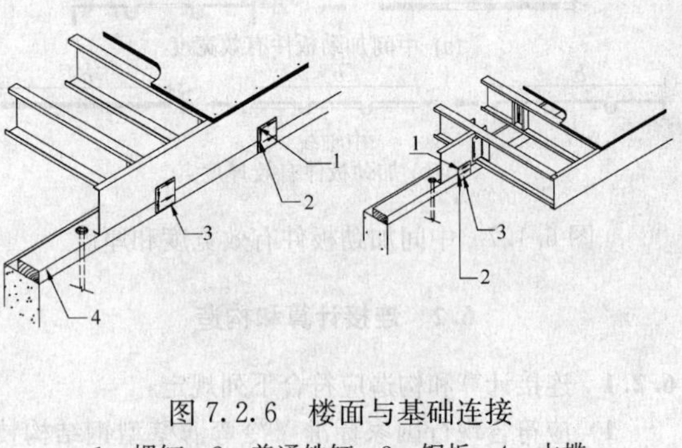

图 7.2.6　楼面与基础连接

1—螺钉；2—普通铁钉；3—钢板；4—木槛

7.2.7　当悬挑楼盖末端支承上部承重墙体时（图 7.2.7），楼面梁悬挑长度不宜超过跨度的 1/3。悬挑部分宜采用拼合Ⅰ字形截面构件，其纵向连接间距不得大于 600mm，每处上下各应至少用 2 个螺钉连接，且拼合构件向内延伸不应小于悬挑长度的 2 倍。

7.2.8　简支梁在内承重墙顶部采用图 7.2.8 所示的搭接时，搭接长度不应小于 150mm，每根梁应至少用 2 个螺钉与顶导梁连接。梁与梁之间应至少用 4 个

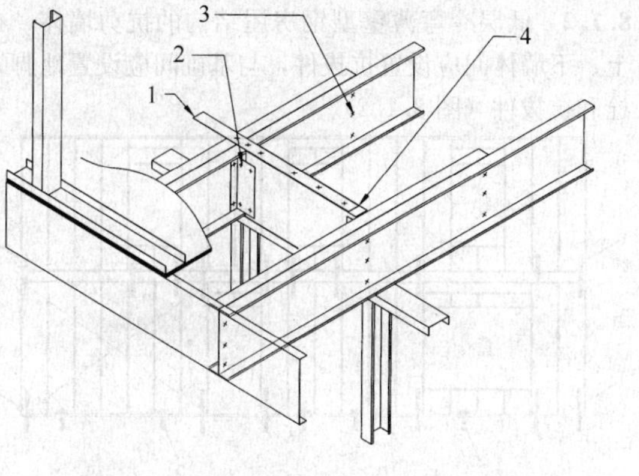

图 7.2.7　悬臂拼合梁与承重外墙连接

1—钢带支撑；2—连接角钢；3—梁-梁连接螺钉；
4—刚性撑杆与梁连接

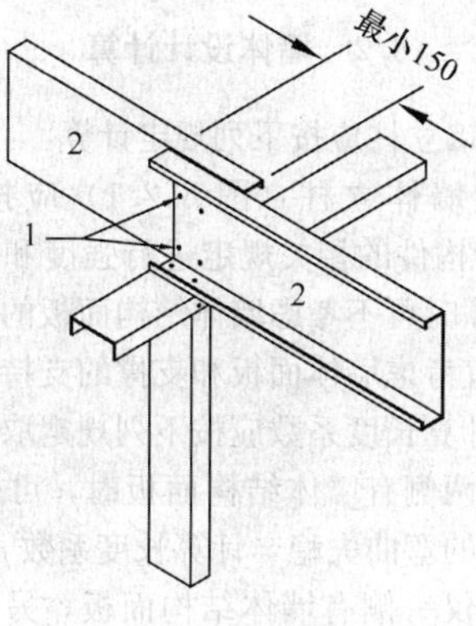

图 7.2.8　梁搭接

1—连接螺钉；2—梁

螺钉连接。

7.2.9　连续梁中间支座处应沿支座长度方向设置刚性撑杆，间距不宜大于 3.0m，其规格和连接应符合本规程第 7.2.4 条的规定。当楼面梁在中间支座处背靠背搭接时（图 7.2.8），可不布置刚性撑杆。

7.2.10　当楼面梁的跨度超过 3.6m 时，梁跨中在下翼缘应设置通长钢带支撑和刚性撑杆（图 7.2.10-1）。刚性撑杆沿钢带方向宜均匀布置，间距不宜大于 3.0m，且应在钢带两端设置。刚性撑杆的规格和构造应符合本规程第 7.2.4 条的规定。钢带的宽度不应小于 40mm，厚度不应小于 1.0mm。钢带两端应至少各用 2 个螺钉与刚性撑杆相连，并应与楼面梁至少通过 1 个螺钉连接。刚性撑杆可以采用交叉钢带支撑代替（图 7.2.10-2），钢带厚度不应小于 1.0mm。

7.2.11　楼板开洞最大宽度不宜超过 2.4m，洞口周边宜设置拼合箱形截面梁（图 7.2.11-1），拼合构件上下翼缘应采用螺钉连接，间距不应大于 600mm。梁之间宜采用角钢连接片连接（图 7.2.11-2），角钢每肢的螺钉不应少于 2 个。

7.2.12　结构面板宜采用结构用定向刨花板，厚度不应小于 15mm。结构面板与梁应采用螺钉连接，板边

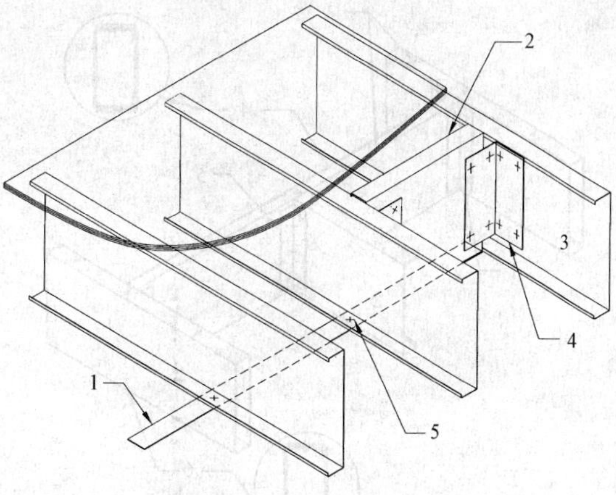

图 7.2.10-1　梁下翼缘钢带支撑

1—下翼缘钢带支撑；2—刚性撑杆；3—梁；
4—连接角钢；5—连接螺钉

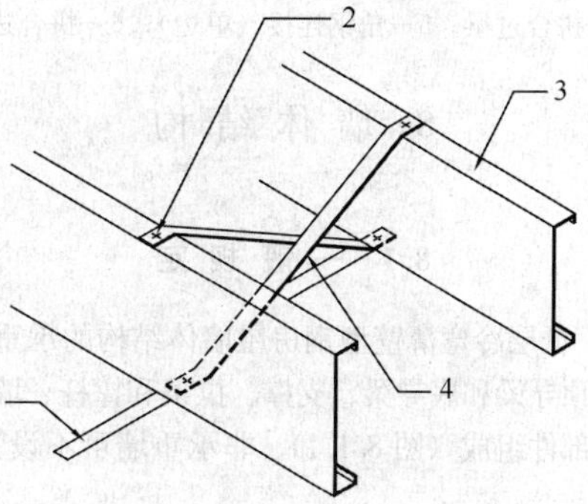

图 7.2.10-2　交叉钢带支撑

1—下翼缘钢带支撑；2—螺钉；3—梁；4—交叉钢带支撑

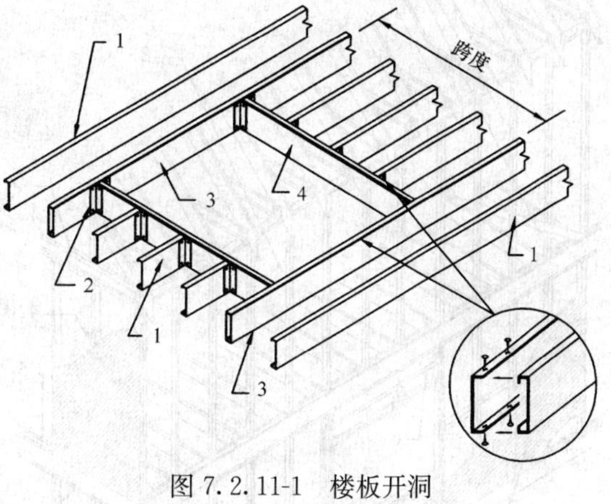

图 7.2.11-1　楼板开洞

1—梁；2—角钢；3—边梁；4—过梁

缘处螺钉的间距不应大于 150mm，板中间区螺钉的间距不应大于 300mm，螺钉孔边距不应小于 12mm。

7.2.13　在基本风压不小于 0.7kN/m² 或地震基本加速度为 0.3*g* 及以上的区域，楼面结构面板的厚度不应小于 18mm，且结构面板与梁连接的螺钉间距不应大于 150mm。

7.2.14　当有可靠依据时，楼面构造可采用其他构造方式。

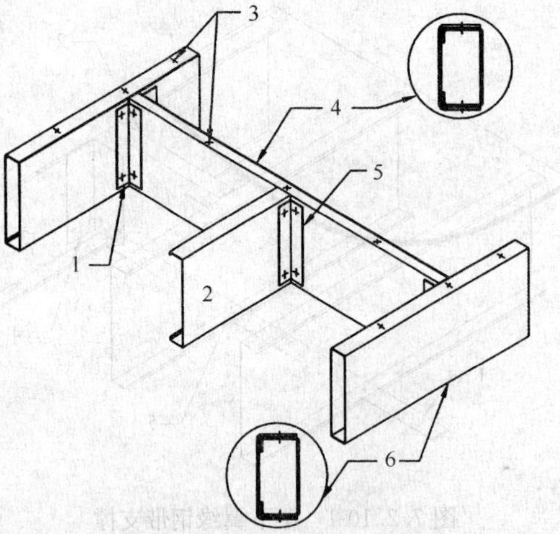

图 7.2.11-2　楼板洞口连接

1—角钢连接（双边）；2—梁；3—梁上下翼缘连接螺钉；4—拼合过梁；5—角钢连接（单边）；6—拼合边梁

8　墙 体 结 构

8.1　一 般 规 定

8.1.1　低层冷弯薄壁型钢房屋墙体结构的承重墙应由立柱、顶导梁和底导梁、支撑、拉条和撑杆、墙体结构面板等部件组成（图 8.1.1）。非承重墙可不设置支撑、拉条和撑杆。墙体立柱的间距宜为 400mm～600mm。

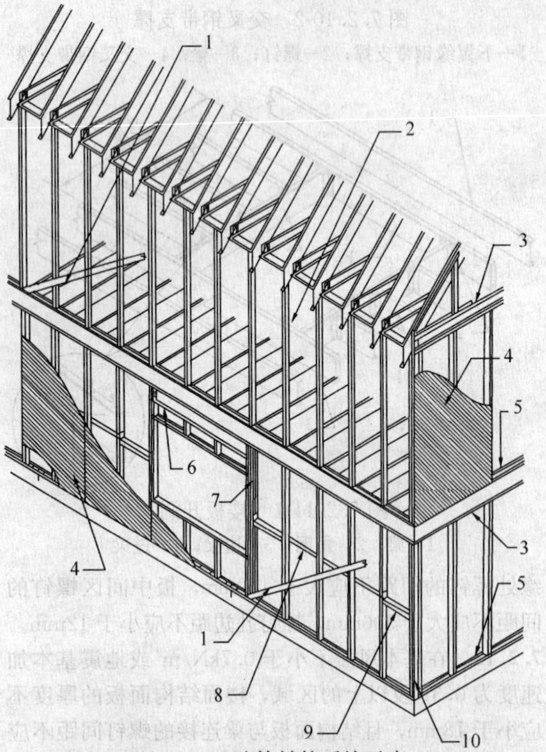

图 8.1.1　墙体结构系统示意

1—钢带斜拉条；2—二层墙体立柱；3—顶导梁；4—墙结构面板；5—底导梁；6—过梁；7—洞口柱；8—钢带水平拉条；9—刚性撑杆；10—角柱

8.1.2　低层冷弯薄壁型钢房屋结构的抗剪墙体，在上、下墙体间应设置抗拔件，与基础间应设置地脚螺栓和抗拔件（图 8.1.2）。

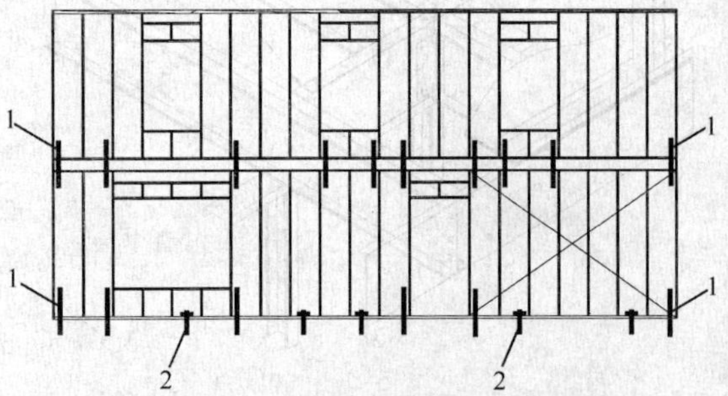

图 8.1.2　抗剪墙连接件布置

1—抗拔件；2—地脚螺栓

8.2　墙体设计计算

8.2.1　承重墙立柱应按下列规定计算：

1　承重墙体立柱（图 8.2.1）应按本规程第 6.1.5 条压弯构件的相关规定进行强度和整体稳定计算，强度计算时可不考虑墙体结构面板的作用。整体稳定计算时宜考虑墙体面板和支撑的支持作用。承重墙体立柱的计算长度系数应按下列规定取用：

1）当两侧有墙体结构面板时，可仅计算绕 X 轴的弯曲失稳，计算长度系数 μ_x 可取 0.4；

2）当仅一侧有墙体结构面板，另一侧至少有一道刚性撑杆或钢带拉条时，需分别计算绕 X 轴、Y 轴的弯曲失稳和弯扭失稳，计算长度系数可取 $\mu_x=\mu_y=\mu_w=0.65$；

3）当两侧无墙体结构面板，应分别计算绕 X 轴、Y 轴的弯曲失稳和弯扭失稳，计算长度系数：对无支撑时可取 $\mu_x=\mu_y=\mu_w=0.8$，中间有一道支撑（刚性撑杆、双侧钢带拉条）可取 $\mu_x=\mu_w=0.8$，$\mu_y=0.5$。

计算承重内墙立柱时，宜考虑室内房间气压差对垂直于墙面的作用，室内房间气压差可取 0.2kN/m^2。

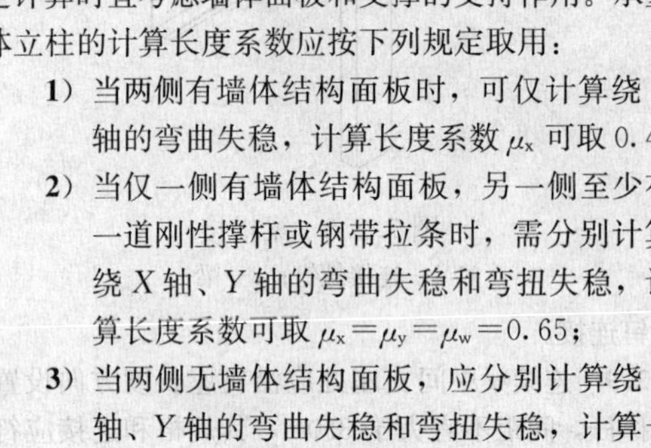

图 8.2.1　带墙体面板的立柱示意

1—自攻螺钉；2—墙体立柱；3—墙体结构面板

2 承重墙体立柱还应对螺钉之间的立柱段，按轴心受压杆进行绕截面弱轴的稳定性验算。当墙体两侧有结构面板时，立柱段的计算长度 l_{0y} 应取 $2s$，s 为连接螺钉的间距。

8.2.2 非承重墙体的立柱承受垂直墙面的横向风荷载时，应按本规程第 6.1.4 条受弯构件的相关规定进行强度和变形验算，计算时可不考虑墙体面板的影响。

8.2.3 墙体端部、门窗洞口边等位置与抗拔锚栓连接的拼合立柱应按本规程第 6.1.2 条和第 6.1.3 条规定的轴心受力杆件计算，轴心力为倾覆力矩产生的轴向力 N 与原有轴力的叠加。其中各层由倾覆力矩产生的轴向力 N 可按式（8.2.3）和图 8.2.3 计算。验算受压稳定时，拼合主柱的计算长度系数应按本规程第 8.2.1 条的规定取用。

$$N = \eta P_s h/b \tag{8.2.3}$$

式中：N——由倾覆力矩引起的向上拉拔力和向下压力；

η——轴力修正系数：当为拉力时，$\eta=1.25$；当为压力时，$\eta=1$；

P_s——为一对抗拔连接件之间墙体段承受的水平剪力；

h——墙体高度；

b——抗剪墙体单元宽度，即一对抗拔连接件之间墙体宽度。

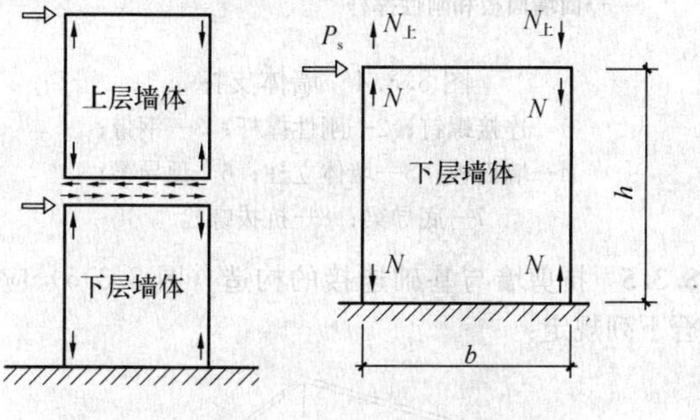

图 8.2.3 上、下层间由倾覆力矩引起的向上拉拔力和向下压力

8.2.4 抗剪墙的受剪承载力应按下列规定验算：

1 在风荷载作用下，抗剪墙单位计算长度上的剪力 S_w（kN/m）应符合下式的要求：

$$S_w \leqslant S_h \tag{8.2.4-1}$$

2 在抗震设防区，多遇地震作用下抗剪墙单位计算长度上的剪力 S_E（kN/m）应符合下式的要求：

$$S_E \leqslant S_h/\gamma_{RE} \tag{8.2.4-2}$$

式中：S_w——考虑风荷载效应组合下抗剪墙单位计算长度的剪力，应按本规程公式（5.2.3）计算；

S_E——考虑地震作用效应组合下抗剪墙单位计算长度的剪力，应按本规程公式（5.2.3）计算；对于规则结构，外墙应乘以放大系数 1.15，对于不规则结构，外墙应乘以放大系数 1.3；

γ_{RE}——承载力抗震调整系数，取 $\gamma_{RE}=0.9$；

S_h——抗剪墙单位计算长度的受剪承载力设计值，按表 8.2.4 取值。

3 计算抗剪墙单位计算长度的受剪承载力设计值 S_h，当开有洞口时，应乘以折减系数 α，折减系数 α 按下列规定确定：

1）当洞口尺寸在 300mm 以下时，$\alpha=1.0$。

2）当洞口宽度 300mm$\leqslant b \leqslant$400mm，洞口高度 300mm$\leqslant h \leqslant$600mm 时，α 宜由试验确定；当无试验依据时，可按下式确定：

$$\alpha = \frac{\gamma}{3-2\gamma} \tag{8.2.4-3}$$

$$\gamma = \frac{1}{1+\dfrac{A_0}{H\sum L_i}} \tag{8.2.4-4}$$

式中：A_0——洞口总面积；

H——抗剪墙高度；

$\sum L_i$——无洞口墙长度总和。

3）当洞口尺寸超过上述规定时，$\alpha=0$。

表 8.2.4 抗剪墙单位长度的受剪承载力设计值 S_h（kN/m）

立柱材料	面板材料（厚度）	S_h
Q235 和 Q345	定向刨花板（9.0mm）	7.20
	纸面石膏板（12.0mm）	2.50
LQ550	纸面石膏板（12.0mm）	2.90
	LQ550 波纹钢板（0.42mm）	8.00
	定向刨花板（9.0mm）	6.40
	水泥纤维板（8.0mm）	3.70

注：1 墙体立柱卷边槽形截面高度，对 Q235 级和 Q345 级钢不应小于 89mm，对 LQ550 级不应小于 75mm，立柱间距不应大于 600mm；

2 表中所列值均为单面板组合墙体的受剪承载力设计值；两面设置面板时，受剪承载力设计值为相应面板材料的两值之和，但对 LQ550 波纹钢板单面板组合墙体的值应乘以 0.8 后再相加；

3 组合墙体的宽度小于 450mm 时，可忽略其受剪承载力；大于 450mm 而小于 900mm 时，表中受剪承载力设计值乘以 0.5；

4 中密度板组合墙体可按定向刨花板取用受剪承载力设计值；

5 单片抗剪墙体的最大计算长度不宜超过 6m；

6 墙体面板的钉距在周边不应大于 150mm，在内部不应大于 300mm。

8.2.5 低层冷弯薄壁型钢建筑的墙体，应进行施工过程验算。

8.3 构造要求

8.3.1 墙体立柱和墙体面板的构造应符合下列规定

(图 8.3.1)：

1 墙体立柱宜按照模数上下对应设置。

2 墙体立柱可采用卷边冷弯槽钢构件或由卷边冷弯槽钢构件、冷弯槽钢构件组成的拼合构件；立柱与顶、底导梁应采用螺钉连接。

3 承重墙体的端边、门窗洞口的边部应采用拼合立柱，拼合立柱间采用双排螺钉固定，螺钉间距不应大于 300mm。

4 在墙体的连接处，立柱布置应满足钉板要求。

5 墙体面板应与墙体立柱采用螺钉连接，墙体面板的边部和接缝处螺钉的间距不宜大于 150mm，墙体面板内部的螺钉间距不宜大于 300mm。

6 墙体面板进行上下拼接时宜错缝拼接，在拼接缝处应设置厚度不小于 0.8mm 且宽度不小于 50mm 的连接钢带进行连接。

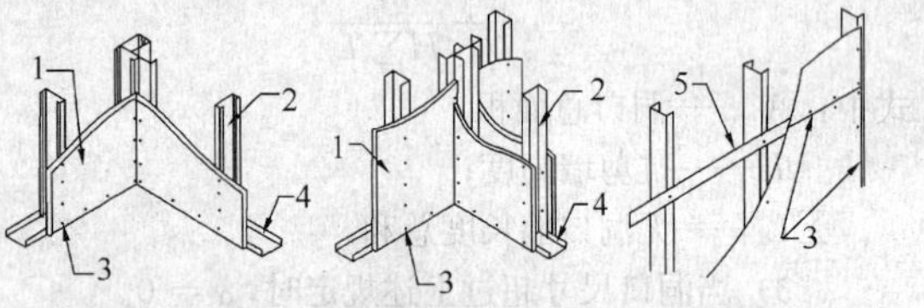

(a) 墙体L形连接　(b) 墙体T形连接　(c) 墙体面板水平接缝

图 8.3.1　墙体与墙体的连接

1—墙面板；2—墙体立柱；3—螺钉；

4—底导梁；5—钢带拉条

8.3.2 墙体顶、底导梁的构造应符合下列规定：

1 墙体顶、底导梁宜采用冷弯槽钢构件，顶、底导梁壁厚不宜小于所连接墙体立柱的壁厚。

2 承重墙体的顶导梁可按支承在墙体两立柱之间的简支梁计算，并应根据由楼面梁或屋架传下的跨间集中反力与考虑施工时的 1.0kN 集中施工荷载产生的较大弯矩设计值，按本规程第 6.1.4 条的规定验算其强度和稳定性。

8.3.3 墙体开洞的构造应符合下列规定：

1 在承重墙体的门、窗洞口上方和两侧应分别设置过梁和洞口边立柱，洞口边立柱宜从墙体底部直通至墙体顶部或过梁下部，并与墙体底导梁和顶导梁相连接。

2 洞口过梁的形式可选用实腹式或桁架式。

3 当采用桁架式过梁，上部集中荷载宜作用在桁架的节点上。

4 门、窗洞口边立柱应由两根或两根以上的卷边冷弯槽钢拼合而成。

8.3.4 墙体支撑的设置和构造应符合下列规定：

1 对两侧面无墙体面板与立柱相连的抗剪墙，应设置交叉支撑和水平支撑。交叉支撑可采用钢带拉条，钢带拉条宽度不宜小于 40mm，厚度不宜小于 0.8mm，宜在墙体两侧设置；水平支撑可采用钢带拉条和刚性撑杆，对层高小于 2.7m 的抗剪墙，宜在立柱 1/2 高度处设置，对层高大于或等于 2.7m 的抗剪墙，宜在立柱三分点高度处设置。水平刚性撑杆应在墙体的两端设置，且水平间距不宜大于 3.5m。刚性撑杆采用和立柱同宽的槽形截面，其翼缘用螺钉和钢带拉条相连接，端部弯起和立柱相连接（图 8.3.4a、c）。

2 对一侧无墙面板的抗剪墙，应在该侧按本条第 1 款的要求设置水平支撑（图 8.3.4b）。

3 在地震基本加速度为 0.30g 及以上或基本风压为 0.70kN/m^2 及以上的地区，抗剪墙应设置交叉支撑和水平支撑，支撑截面应通过计算确定。

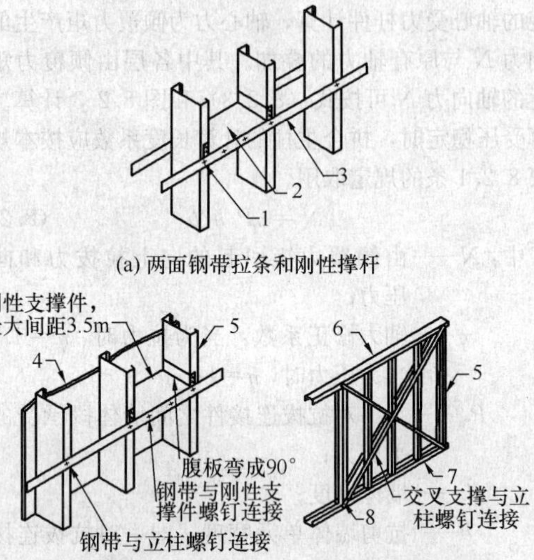

(b) 一面钢带拉条、一面墙面板和刚性撑杆　(c) 两面交叉支撑

图 8.3.4　墙体支撑

1—连接螺钉；2—刚性撑杆；3—钢带；

4—墙面板；5—墙体立柱；6—顶导梁；

7—底导梁；8—抗拔螺栓

8.3.5 抗剪墙与基础连接的构造（图 8.3.5）应符合下列规定：

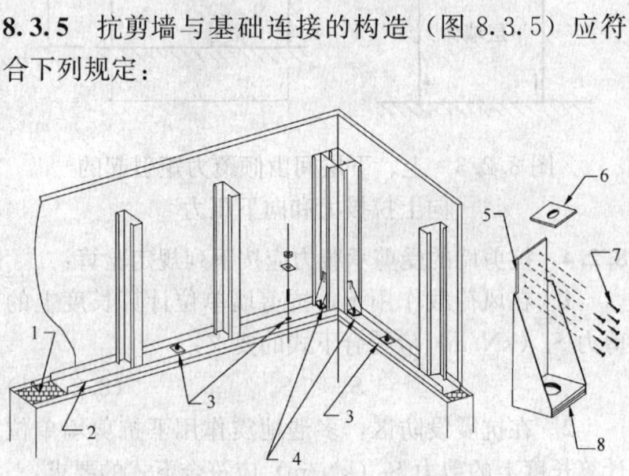

图 8.3.5　墙体与基础的连接

1—防腐防潮垫层；2—底导梁；3—地脚螺栓；

4—抗拔螺栓及抗拔连接件；5—立板；6—垫片；7—螺钉；8—底板

1 墙体底导梁与基础连接的地脚螺栓设置应按计算确定，其直径不应小于 12mm，间距不应大于 1200mm，地脚螺栓距墙角或墙端部的最大距离不应大于 300mm。

2 墙体底导梁和基础之间宜通长设置厚度不应小于 1mm 的防腐防潮垫，其宽度不应小于底导梁的宽度。

3 抗剪墙应在下列位置设置抗拔锚栓和抗拔连接件，其间距不宜大于 6m：

1）在抗剪墙的端部和角部；

2）落地洞口部位的两侧；

3）对非落地洞口，当洞口下部墙体的高度小于 900mm 时，在洞口部位的两侧。

4 抗拔连接件的立板钢板厚度不宜小于 3mm，底板钢板、垫片厚度不宜小于 6mm，与立柱连接的螺钉应计算确定，且不宜少于 6 个。

5 抗拔锚栓、抗拔连接件大小及所用螺钉的数量应由计算确定，抗拔锚栓的规格不宜小于 M16。

8.3.6 抗剪墙与楼盖和下层抗剪墙的连接（图 8.3.6-1、图 8.3.6-2）应符合下列规定：

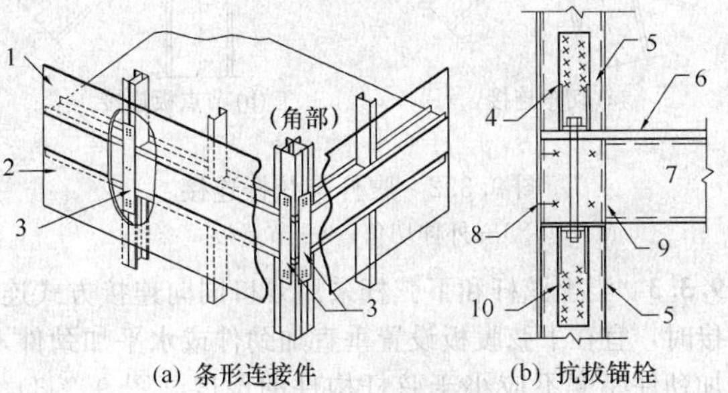

图 8.3.6-1 上、下层外部抗剪墙连接

1—上层墙面板；2—下层墙面板；3—条形连接件；4—抗拔连接件；5—墙体立柱；6—楼面结构板；7—楼盖梁；8—槽钢端梁；9—腹板加劲件；10—抗拔连接件

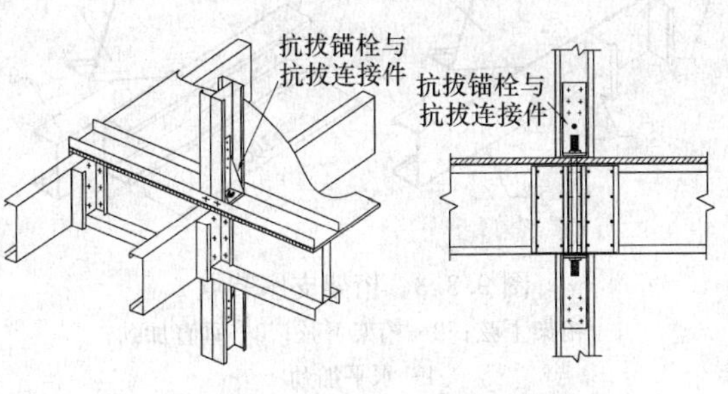

图 8.3.6-2 上、下层内部抗剪墙连接

1 抗剪墙与上部楼盖、墙体的连接形式可采用条形连接件或抗拔锚栓；条形连接件或抗拔锚栓应在下列部位设置：

1）抗剪墙的端部、墙体拼接处；

2）沿外部抗剪墙，其间距不应大于 2m；

3）上层抗剪墙落地洞口部位的两侧；

4）在上层抗剪墙非落地洞口部位，当洞口下部墙体的高度小于 900mm 时，在洞口部位的两侧。

2 条形连接件的截面及所用螺钉的数量应由计算确定，其厚度不应小于 1.2mm，宽度不应小于 80mm。

3 条形连接件与下部墙体、楼盖或上部墙体采用螺钉连接时，螺钉数量不应少于 6 个。

4 抗剪墙的顶导梁与上部采用螺钉连接时，每根楼面梁不宜少于 2 个，槽钢边梁 1m 范围内不宜少于 8 个。

8.3.7 当有可靠根据时，墙体构造可采用其他构造方式。

9 屋盖系统

9.1 一般规定

9.1.1 屋面承重结构可采用桁架或斜梁，斜梁上端支承于抱合截面的屋脊梁。

9.1.2 在屋架上弦应铺设结构板或设置屋面钢带拉条支撑。当屋架采用钢带拉条支撑时，支撑与所有屋架的交点处应用螺钉连接。交叉钢带拉条的厚度不应小于 0.8mm。屋架下弦宜铺设结构板或设置纵向支撑杆件。

9.1.3 在屋架腹杆处宜设置纵向侧向支撑和交叉支撑（图 9.1.3）。

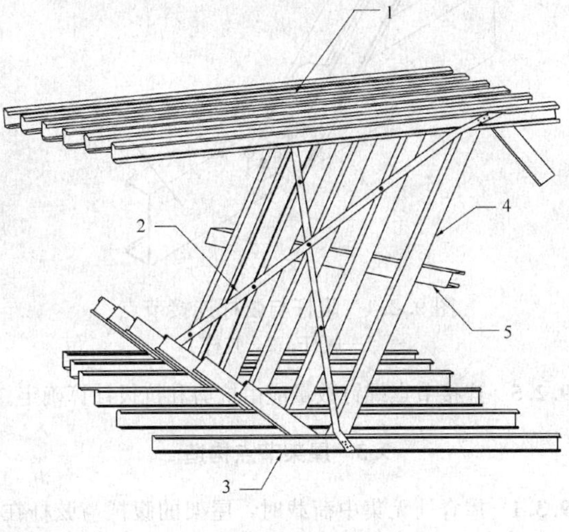

图 9.1.3 腹杆刚性支撑

1—桁架上弦；2—交叉钢带支撑；3—桁架下弦；4—桁架腹杆；5—腹杆侧向支撑

9.2 设计规定

9.2.1 设计屋架时，应考虑由于风吸力作用引起构件内力变化的不利影响，此时永久荷载的荷载分项系数应取 1.0。

9.2.2 计算屋架各杆件内力时，可假定屋架弦杆为连续杆，腹杆与弦杆的连接点为铰接。

9.2.3 屋架杆件的计算长度可按下列规定采用：

1 在屋架平面内，各杆件的计算长度可取杆件节点间的距离。

2 在屋架平面外，各杆件的计算长度可按下列规定采用：

1）当屋架上弦铺设结构面板时，上弦杆计算长度可取弦杆螺钉连接间距的2倍；当采用檩条约束时，上弦杆计算长度可取檩条间的距离；

2）当屋架腹杆无侧向支撑时，计算长度可取节点间距离；当设有侧向支撑时，计算长度可取节点与屋架腹杆侧向支撑点间的距离；

3）当屋架下弦铺设结构面板时，下弦杆计算长度可取弦杆螺钉连接间距的2倍；当采用纵向支撑杆件时，下弦杆计算长度可取侧向不动点间的距离。

9.2.4 当屋架腹杆采用与弦杆背靠背连接时（图9.2.4），设计腹杆时应考虑面外偏心距的影响，按绕弱轴弯曲的压弯构件计算，偏心距应取腹杆截面腹板外表面到形心的距离。

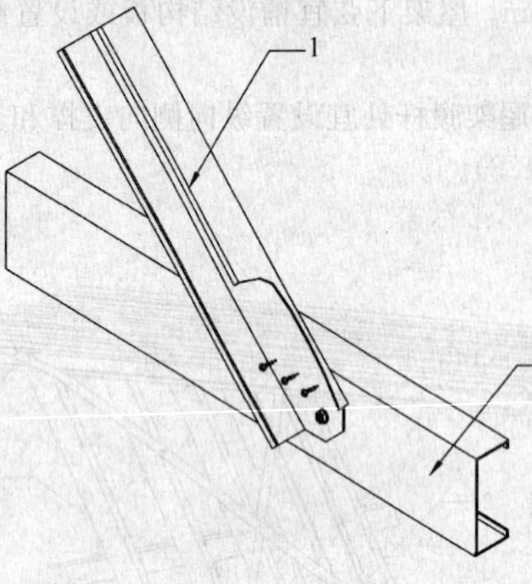

图 9.2.4 腹杆与弦杆连接节点

1—腹杆；2—弦杆

9.2.5 连接节点螺钉数量应由抗剪和抗拔计算确定。

9.3 屋架节点构造

9.3.1 屋脊处无集中荷载时，屋架的腹杆与弦杆在屋脊处可直接连接（图9.3.1a）；屋脊处有集中荷载时应通过连接板连接（图9.3.1b、c）。当采用连接板连接时，连接板宜卷边加强（图9.3.1b）或设置加强件（图9.3.1c）。弦杆与腹杆或与节点板之间连接螺钉数量不宜少于4个。采用直接连接时，屋脊处必须设置纵向刚性支撑。

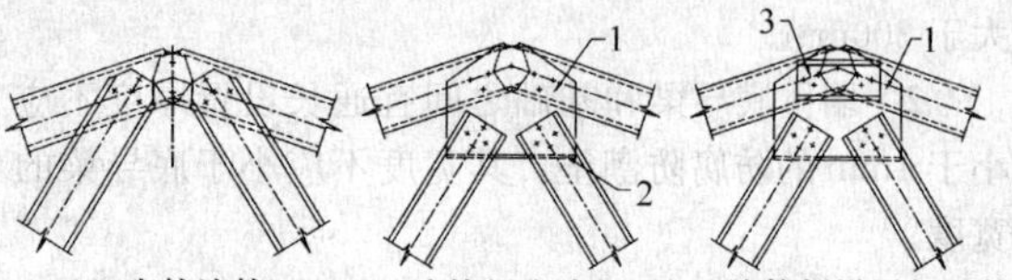

图 9.3.1 屋架屋脊节点

1—连接板；2—卷边加强；3—加强件

9.3.2 屋架的腹杆与弦杆在弦杆中部连接时，可直接连接或通过连接板连接。当屋架腹杆与弦杆直接连接时，腹杆端头可切角，切角外伸长度不宜大于30mm，腹杆端部卷边连线以内应设置不少于2个螺钉（图9.3.2a）；当屋架与弦杆间采用连接板连接时，应至少有一根腹杆与弦杆直接连接（图9.3.2b）。必要时，弦杆连接节点处可采用拼合闭口截面进行加强，加劲件的长度不应小于200mm。

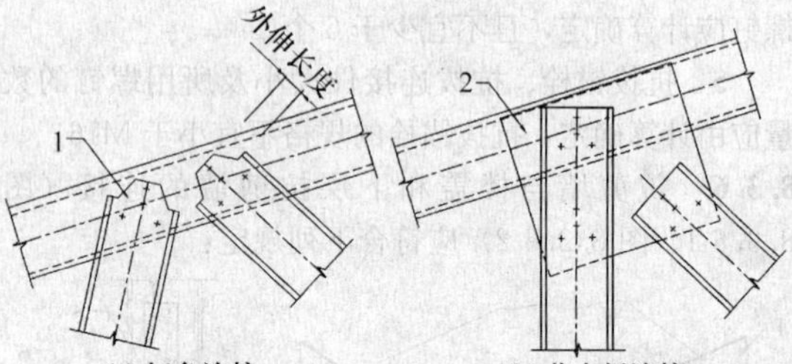

图 9.3.2 腹杆与弦杆连接

1—外伸切角；2—节点板

9.3.3 当上弦杆和下弦杆采用开口同向连接方式连接时，宜在下弦腹板设置垂直加劲件或水平加劲件，加劲件厚度不应小于弦杆构件的厚度（图9.3.3），桁架下弦在支座节点处端部下翼缘应延伸与上弦杆下翼缘相交。当采用水平加劲件时，水平加劲件的长度不应小于200mm。梁式结构中，斜梁应通过连接件与屋脊梁相连。

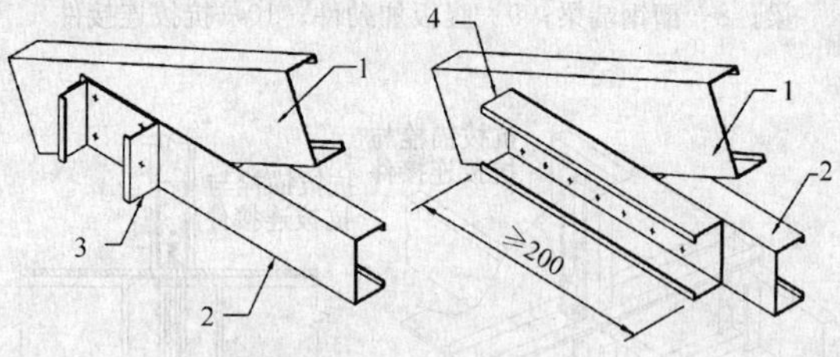

图 9.3.3 桁架支座节点

1—桁架上弦；2—桁架下弦；3—垂直加劲；4—水平加劲

9.3.4 当屋架与外墙顶导梁连接时，应采用三向连接件或其他类型抗拉连接件，以保证可靠传递屋架与墙体之间的竖向力和水平力。连接螺钉数量不宜少于3个。

9.3.5 山墙屋架的腹杆与山墙立柱宜上下对应，并应沿外侧设置间距不大于2m的条形连接件（图9.3.5）。

9.3.6 当有可靠根据时，屋架构造可采用其他构造方式。

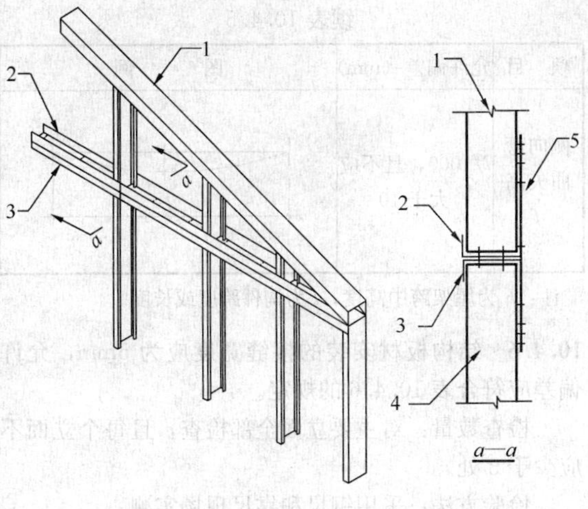

图 9.3.5　桁架与山墙连接

1—山墙屋架；2—底层梁；3—顶导梁；4—山墙；5—条形连接件

10　制作、防腐、安装及验收

10.1　制　　作

10.1.1　冷弯薄壁型钢构件应根据设计文件进行构件详图、清单、制作工艺的编制。

10.1.2　原材料的品种、规格和性能应符合现行国家相关产品标准和设计的要求。

10.1.3　冷弯薄壁型钢的冷弯和矫正加工环境温度不得低于−10℃。

10.1.4　钢构件应进行标识，标识应清晰、明显、不易涂改。

10.1.5　构件拼装宜在专用的平台上进行，在拼装前应对平台的平整度、角度、垂直度进行检测，合格后方可进行；拼装完成的单元应保证整体平整度、垂直度在允许偏差范围以内。

10.2　防　　腐

10.2.1　对于一般腐蚀性地区，结构用冷弯薄壁型钢构件镀层的镀锌量不应低于 180g/m^2（双面）或镀铝锌量不应低于 100g/m^2（双面）；对于高腐蚀性地区或特殊建筑物，镀锌量不应低于 275g/m^2（双面）或镀铝锌量不应低于 100g/m^2（双面），并应满足现行国家或行业标准的规定。

10.2.2　冷弯薄壁型钢结构的连接件应根据不同腐蚀性地区，采用镀锌或镀铝锌材料。

10.2.3　冷弯薄壁型钢结构构件严禁进行热切割。

10.2.4　在冷弯薄壁型钢和其他材料之间应使用下列有效的隔离措施进行防护，防止两种材料相互腐蚀：

1　金属管线与钢构件之间应放置橡胶垫圈，避免两者直接接触。

2　墙体与混凝土基础之间应放置防腐防潮垫。

10.2.5　冷弯薄壁型钢构件在露天环境中放置时，应避免由于雨雪、暴晒、冰雹等气候环境对构件及其表面镀层造成腐蚀。

10.2.6　当构件表面镀层出现局部破坏时，应进行防腐处理。

10.3　安　　装

10.3.1　冷弯薄壁型钢构件的安装应严格按照设计图纸进行。

10.3.2　在进行整体组装时，应符合下列要求：

1　墙体结构要增设临时支撑、十字交叉支撑。

2　楼面梁应增设梁间支撑。

3　桁架单元之间应增设水平和垂直支撑。

4　应采取有效措施将施工荷载分布至较大面积。

10.3.3　冷弯薄壁型钢结构安装过程中应采取措施避免撞击。受撞击变形的杆件应校正到位。

10.3.4　用于石膏板、结构用定向刨花板与钢板连接的螺钉，其头部应沉入石膏板、结构用定向刨花板（0～1）mm，螺钉周边板材应无破损。

10.4　验　　收

10.4.1　冷弯薄壁型钢构件的加工应按设计要求控制尺寸，其允许偏差应符合表 10.4.1 的规定。

检查数量：按钢构件数抽查 10%，且不应少于 3 件。

检验方法：游标卡尺、钢尺和角尺、半圆塞规检查。

表 10.4.1　冷弯薄壁型钢构件加工允许偏差

检查项目		允许偏差（mm）
构件长度		−3～0
截面尺寸	腹板高度	±1
	翼缘宽度	±1
	卷边高度	±1.5
翼缘与腹板和卷边之间的夹角		±1°

10.4.2　冷弯薄壁型钢墙体外形尺寸、立柱间距、门窗洞口位置及其他构件位置应符合设计要求，其允许偏差应符合表 10.4.2 的规定。

检查数量：按同类构件数抽查 10%，且不应少于 3 件。

检验方法：钢尺和靠尺检查。

表 10.4.2　冷弯薄壁型钢墙体组装允许偏差

检查项目	允许偏差(mm)	检查项目	允许偏差(mm)
长度	−5～0	墙体立柱间距	±3
高度	±2	洞口位置	±2
对角线	±3	其他构件位置	±3
平整度	h/1000(h 为墙高)		

10.4.3 冷弯薄壁型钢屋架外形尺寸的允许偏差应符合表 10.4.3 的规定。

检查数量：按同类构件数抽查 10%，且不应少于 3 件。

检验方法：钢尺和角尺检查。

表 10.4.3 冷弯薄壁型钢屋架组装允许偏差

检查项目	允许偏差（mm）	检查项目	允许偏差（mm）
屋架长度	−5～0	跨中拱度	0～+6
支撑点距离	±3	相邻节间距离	±3
跨中高度	±6	弦杆间的夹角	±2°
端部高度	±3		

10.4.4 冷弯薄壁型钢结构主体结构的整体垂直度和整体平面弯曲的允许偏差应符合表 10.4.4 的规定。

检查数量：对主要立面全部检查。对每个所检查的立面，除两端外，尚应选取中间部位进行检查。

检验方法：采用吊线、经纬仪等测量。

表 10.4.4 冷弯薄壁型钢结构主体结构整体垂直度和整体平面弯曲允许偏差

项　目	允许偏差（mm）	图　例
主体结构的整体垂直度 Δ	H/1000，且不应大于 10	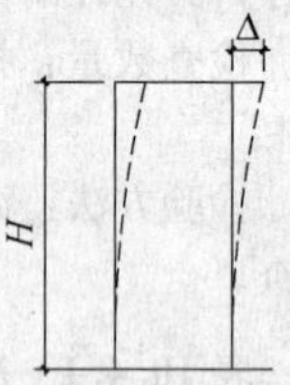
主体结构的整体平面弯曲 Δ	L/1500，且不应大于 10	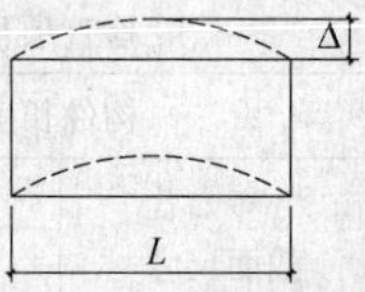

注：H 为冷弯薄壁型钢结构檐口高度，L 为冷弯薄壁型钢结构平面长度或宽度。

10.4.5 屋架、梁的垂直度和侧向弯曲矢高的允许偏差应符合表 10.4.5 的规定。

检查数量：按同类构件数抽查 10%，且不应少于 3 个。

检验方法：用吊线、经纬仪和钢尺现场实测。

表 10.4.5 屋架、梁的垂直度和侧向弯曲矢高允许偏差

项　目	允许偏差（mm）	图　例
垂直度 Δ	h/250，且不应大于 15	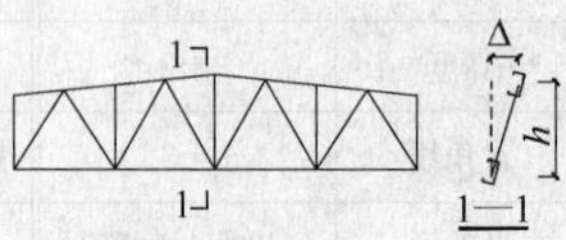

续表 10.4.5

项　目	允许偏差（mm）	图　例
侧向弯曲矢高 f	l/1000，且不应大于 10	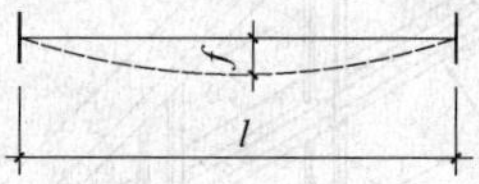

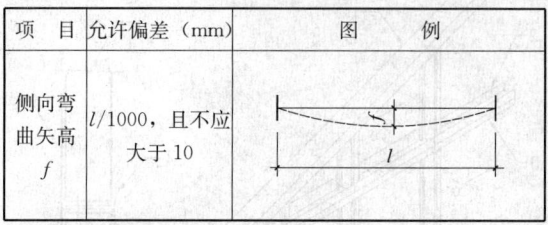

注：h 为屋架跨中高度，l 为构件跨度或长度。

10.4.6 结构板材安装的接缝宽度应为 5mm，允许偏差应符合表 10.4.6 的规定。

检查数量：对主要立面全部检查，且每个立面不应少于 3 处。

检验方法：采用钢尺和靠尺现场实测。

表 10.4.6 结构板材安装允许偏差

项　目	允许偏差（mm）
结构板材之间接缝宽度	±2
相邻结构板材之间的高差	±3
结构板材平整度	±8

11 保温、隔热与防潮

11.1 一 般 规 定

11.1.1 低层冷弯薄壁型钢房屋的保温、隔热与防潮应满足相关国家现行标准的规定。

11.1.2 低层冷弯薄壁型钢房屋工程中采用的技术文件、承包合同文件对节能工程质量的要求和节能工程施工质量验收应符合现行国家标准《建筑节能工程施工质量验收规范》GB 50411 的规定。

11.1.3 低层冷弯薄壁型钢房屋工程使用的保温材料和节能设备等，必须符合设计要求及国家现行有关标准的规定，保温隔热材料应具有良好的长期使用热阻保持性。在保温产品标签中应具体确定材料的导热系数（或热阻值），或在施工现场提供保温材料导热系数（或热阻值）的书面证明材料，并应符合设计要求。

11.2 保温隔热构造

11.2.1 外墙保温隔热可在墙体空腔中填充纤维类保温材料和（或）在墙体外铺设硬质板状保温材料。采用墙体空腔中填充纤维类保温材料时，热阻计算应考虑立柱等热桥构件的影响，保温材料宽度应等于或略大于立柱间距，厚度不宜小于立柱截面高度。

11.2.2 屋面保温隔热可采用保温材料沿坡屋面斜铺或在顶层吊顶上方平铺的方法。采用保温材料在顶层吊顶上方平铺的方式时，在顶层墙体顶端和墙体与屋盖系统连接处，应确保保温材料、隔汽层和防潮层的连续性和密闭性。

11.3 防潮构造

11.3.1 外墙及屋顶的外覆材料应符合现行国家或行业标准规定的耐久性、适用性以及防火性能的要求。在外覆材料内侧，结构覆面板材外侧，应设置防潮层，其物理性能、防水性能和水蒸气渗透性能应符合设计要求。

11.3.2 门窗洞口周边、穿出墙或屋面的构件周边应以专用泛水材料密封处理，泛水材料可采用自粘性防水卷材或金属板材等。

11.3.3 建筑围护结构设计应防止不良水汽凝结的发生。严寒和寒冷地区建筑的外墙、外挑楼板及屋顶如果不采取通风措施，宜在保温材料（冬季）温度较高一侧设置一层隔汽层。

11.3.4 施工时应确保保温材料、防潮层和隔汽层的连续性、密闭性、整体性。

11.3.5 屋顶保温材料与屋面结构板材间的屋顶空气间层宜采用通风设计，并应确保屋顶空气间层中空气流动通道的通畅。在屋顶通风口处应设置防止白蚁等有害昆虫进入屋顶通风间层的保护网。室内的排气管道宜通至室外，不宜将室内气体排入屋顶通风间层内。

12 防火

12.0.1 低层冷弯薄壁型钢房屋建筑的防火设计除应符合本规程的规定外，尚应符合现行国家标准《建筑设计防火规范》GB 50016 的有关规定。

12.0.2 建筑中的下列部位应采用耐火极限不低于 1.00h 的不燃烧体墙和楼板与其他部位分隔：

1 配电室、锅炉房、机动车库。

2 资料库（室）、档案库（室）、仓储室。

3 公共厨房。

12.0.3 附建于冷弯薄壁型钢住宅建筑并仅供该住宅使用的机动车库，与居住部分相连通的门应采用乙级防火门，且车库隔墙距地面 100mm 范围内不应开设任何洞口。

12.0.4 位于住宅单元之间的墙两侧的门窗洞口，其最近边缘之间的水平间距不应小于 1.0m。

12.0.5 由不同高度组成的一座冷弯薄壁型钢建筑，较低部分屋面上开设的天窗与相接的较高部分外墙上的门窗洞口之间的最小距离不应小于 4.0m。当符合下列情况之一时，该距离可不受限制：

1 较低部分安装了自动喷水灭火系统或天窗为固定式乙级防火窗。

2 较高部分外墙面上的门为火灾时能够自动关闭的乙级防火门，窗口、洞口设有固定式乙级防火窗。

12.0.6 浴室、卫生间和厨房的垂直排风管，应采取防回流措施或在支管上设置防火阀。厨房的排油烟管道与垂直排风管连接的支管处应设置动作温度为 150℃的防火阀。

12.0.7 建筑内管道穿过楼板、住宅建筑单元之间的墙和分户墙时，应采用防火封堵材料将空隙紧密填实；当管道为难燃或可燃材质时，应在贯穿部位两侧采取阻火措施。

12.0.8 低层冷弯薄壁型钢住宅建筑内可设置火灾报警装置。

13 试验

13.1 一般规定

13.1.1 对低层冷弯薄壁型钢房屋建筑，构件材料的性能及连接件、单根构件、结构局部、整体结构等的承载力及使用性能设计指标，可经过合理、有效的试验确定。

13.1.2 当使用的材料在现行规范规定以外，或组件的组成和构造无法按现行国家和行业标准计算抗力或刚度时，结构性能可根据试验方法确定。

13.1.3 试验应由有资质的第三方检测机构进行。

13.1.4 试验应出具正式的试验报告，除了试验结果外，对每个试验还应清楚表述试验条件，包括加载和测量变形的方法以及其他相关数据。报告还应包括试验试件是否满足接受准则。

13.2 性能试验

13.2.1 本节的试验适用于整体结构、结构局部、单根构件或连接件等原型试件，可对设计进行验证以作为计算的一种替代；本节的试验不适用于结构模型试验，也不适用于总体设计准则的确立。

13.2.2 试件应与结构验证需要的试件类别和名义尺寸相同。试件的材料与制作应遵守相关标准的规定及设计提出的要求。组装方法应与实际产品相同。

13.2.3 墙体的抗剪试验尚应符合本规程附录 B 的规定。

13.2.4 试验的目标试验荷载 R_t 应由下式确定：

$$R_t = k_t S^* \tag{13.2.4}$$

式中：S^* ——荷载效应设计值；应符合现行国家标准《建筑结构荷载规范》GB 50009 和《建筑抗震设计规范》GB 50011 的规定；

k_t ——考虑结构试件变异性的因子，可根据本规程第 13.2.5 条确定的结构特性变异系数 k_{sc} 按表 13.2.4 插值采用。

表 13.2.4 考虑结构试件变异性的因子 k_t

试件数量	结构特性变异系数 k_{sc}					
	5%	10%	15%	20%	25%	30%
1	1.18	1.39	1.63	1.92	2.25	2.63
2	1.13	1.27	1.42	1.60	1.79	2.01
3	1.10	1.22	1.34	1.48	1.63	1.79
4	1.09	1.19	1.29	1.40	1.52	1.65
5	1.08	1.16	1.25	1.35	1.45	1.56
10	1.05	1.10	1.16	1.22	1.28	1.34
100	1.00	1.00	1.00	1.00	1.00	1.00

13.2.5 结构特性变异系数 k_{sc} 可由下式计算：

$$k_{sc}=\sqrt{k_f^2+k_m^2} \tag{13.2.5}$$

式中：k_f ——几何尺寸不定性变异系数，对于构件可取 0.05；对于连接可取 0.10；

k_m ——材料强度不定性变异系数，对于 Q235 级钢和 Q345 级钢可取 0.10；对于 LQ550 级钢可取 0.05；对于连接可取 0.10；对于未列入本规程的钢材，其值应由使用材料的统计分析确定。

13.2.6 试验应符合下列规定：

1 加载设备应校准，并注意确保荷载系统对试件无附加约束，施加的力的分布和持续时间应能代表结构设计所承受的荷载。对短期静力荷载，试验荷载应以均匀速率加载，持续试验时间不应少于 5min。

2 应至少在下列时刻记录变形：

1）加载前；

2）加载后；

3）卸载后。

13.2.7 具体产品和组件的承载力设计值可通过原型试验确定，所有试件必须在目标试验荷载下符合各种设计要求，承载力设计值应由下式确定：

$$R_d=\frac{R_{min}}{1.1k_t} \tag{13.2.7}$$

式中：R_d ——承载力设计值；

R_{min} ——试验结果的最小值；

k_t ——考虑结构试件变异性的因子，根据结构特性变异系数 k_{sc} 按本规程表 13.2.4 取用。

附录 A 确定螺钉材料抗剪强度设计值的标准试验

A.0.1 螺钉材料抗剪强度设计值的确定可采用图 A.0.1 所示试验方法，并应符合下列相关规定：

1 应在试验装置夹头处设置垫块，从而确保试验装置施加的荷载通过搭接节点中心。

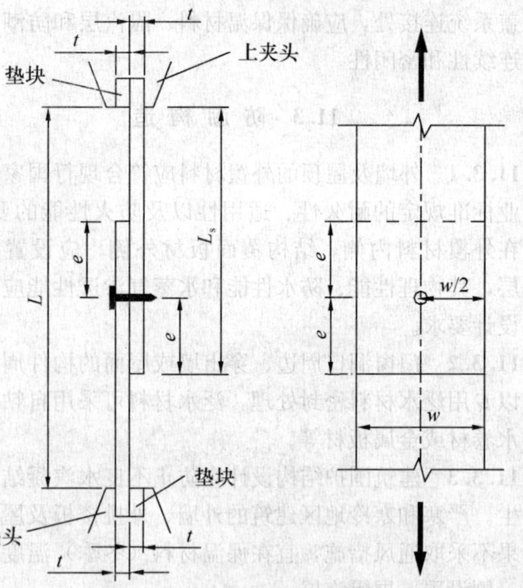

图 A.0.1 试验装置示意

L—连接板搭接后总长度（不包括夹头夹住部分）；L_s—单块连接板长度（不包括夹头夹住部分）；w—连接板宽度；e—端距；t—连接板厚度

2 连接板应采用钢板，其厚度不得小于螺钉直径，以保证螺栓被剪断；螺钉至少应有 3 圈螺纹穿过钢板。

3 螺钉的端距和边距均不得小于其直径的 3 倍，且不宜小于 20mm；连接板宽度不得小于螺钉直径的 6 倍，且不宜小于 40mm。

4 单块连接板长度 L_s（不包括夹头夹住部分）不宜小于 100mm，连接板搭接后总长度 L（不包括夹头夹住部分）不宜小于 160mm。

A.0.2 当螺钉不能钻穿钢板时，应在钢板上预开孔，预开孔径 d_0 应不小于 $0.9d$（d 为螺钉公称直径）。

A.0.3 试验中，加载速率的控制应符合现行国家标准《金属材料 室温拉伸试验方法》GB/T 228 的规定。

A.0.4 螺钉剪断承载力设计值应由下式确定：

$$N_{vt}^s=\frac{R_{min}}{1.1k_t} \tag{A.0.4}$$

式中：N_{vt}^s ——螺钉剪断承载力设计值；

R_{min} ——螺钉剪断试验结果的最小值；

k_t ——考虑结构试件变异性的因子，根据结构特性变异系数 k_{sc} 按本规程 13.2.4 条的表 13.2.4 取用。

A.0.5 螺钉材料抗剪强度设计值应按下列公式确定：

$$f_v^s=\frac{N_{vt}^s}{A_e} \tag{A.0.5-1}$$

$$A_e=\frac{\pi d_e^2}{4} \tag{A.0.5-2}$$

式中：d_e——螺钉有效直径；

A_e——螺钉螺纹处有效面积；

N_{vt}^{s}——试验得到的一个螺钉剪断承载力设计值；

f_v^s——螺钉抗剪强度设计值。

附录B 墙体抗剪试验方法

B.0.1 冷弯薄壁型钢组合墙体的抗剪试验试件的制作应采用与实际工程材料、连接方式一致的1：1比例的足尺尺寸。测试组合墙体在水平风荷载作用下的抗剪性能时，可采用单调水平加载；测试组合墙体在水平地震作用下的抗剪性能时，应采用低周反复水平加载。

B.0.2 试验装置与试验加载设备应满足试体的设计受力条件和支承方式的要求，试验台在其可能提供反力部位的刚度，不应小于试体刚度的10倍。

B.0.3 墙体通过加载器施加竖向荷载时，应在门架与加载器之间设置滚动导轨（图B.0.3），其摩擦系数不应大于0.01。

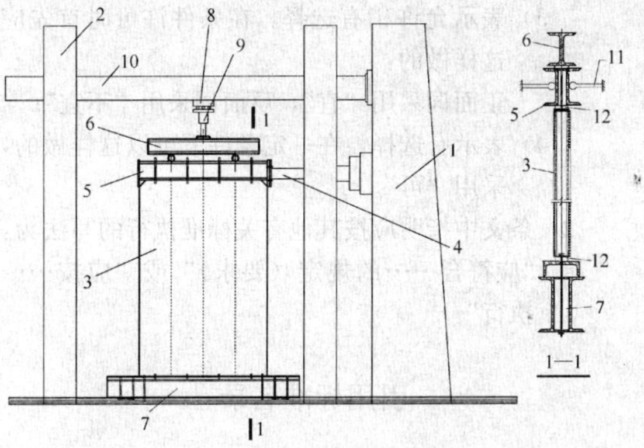

图B.0.3 墙片试验装置示意

1—反力墙；2—门架；3—试体；4—往复作动器；5—加载顶梁；6—分配梁；7—试验台座；8—滚动导轨；9—千斤顶；10—反力梁；11—侧向滚动支撑；12—16mm厚垫板

B.0.4 量测仪表的选择，应满足试体极限破坏的最大量程，其分辨率应满足最小荷载作用下的分辨能力。位移计量的仪表最小分度值不宜大于所测总位移的0.5%，示值允许误差不大于仪表满量程的±1.0%。各种记录仪的精度不得低于仪表满量程的±0.5%。

B.0.5 冷弯薄壁型钢组合墙体抗剪试验的加载方法，根据试验的目的可按下列要求进行：

1 竖向荷载的大小应为试体的目标试验荷载，在施加水平荷载前按照静力加载要求一次加到位，并保持恒定不变。

2 单调水平加载时，在试体屈服前应采用荷载控制并分级加载，接近屈服荷载前宜减小荷载级差加载；试体屈服后应采用变形控制分级加载。每级荷载应保持2min～3min后方可采集和记录各测点的数据，直至破坏。

3 低周反复水平加载时，在正式试验前应先进行预加反复荷载试验2次，预加载值不宜超过试体屈服荷载的30%。正式试验时，试体屈服前应采用荷载控制并分级加载，接近屈服荷载前宜减小荷载级差加载；试体屈服后应采用变形控制，变形值应取屈服时试体的最大位移，并以该位移值的倍数为级差进行加载控制。屈服前每级荷载可反复一次，屈服以后宜反复三次。试验过程中，应保持反复加载的连续性和均匀性，加载或卸载的速度宜一致。

B.0.6 冷弯薄壁型钢组合墙体抗剪试验的数据处理，可按下列原则进行：

1 水平荷载作用下试体的剪切变形，应扣除试体的水平滑移和转动。

2 试体的屈服荷载和屈服位移，可根据单调水平加载的荷载-位移曲线或低周反复水平加载的骨架曲线，采用能量等值法或作图法确定。

3 试体的最大荷载和变形，应取试体承受荷载最大时相应的荷载和相应变形。

4 试体的破坏荷载和变形，应取试体在最大荷载出现之后，随变形增加而荷载下降至最大荷载的85%时的相应荷载和相应变形。

5 试体的刚度、延性系数、承载能力降低性能和能量耗散能力等指标，可参照现行行业标准《建筑抗震试验方法规程》JGJ 101对混凝土试体拟静力试验规定的方法确定。

附录C 构件畸变屈曲应力计算

C.0.1 卷边槽形截面构件（图C.0.1）的轴压畸变屈曲应力 σ_{cd} 可按下列公式计算：

$$\sigma_{cd}=\frac{E}{2A}\left[(\alpha_1+\alpha_2)-\sqrt{(\alpha_1+\alpha_2)^2-4\alpha_3}\right] \tag{C.0.1-1}$$

$$\alpha_1=\frac{\eta}{\beta_1}(I_x b^2+0.039J\lambda^2)+\frac{k_\phi}{\beta_1\eta E} \tag{C.0.1-2}$$

$$\alpha_2=\eta\left(I_y+\frac{2}{\beta_1}\bar{y}bI_{xy}\right) \tag{C.0.1-3}$$

$$\alpha_3=\eta\left(\alpha_1 I_y-\frac{\eta}{\beta_1}I_{xy}^2 b^2\right) \tag{C.0.1-4}$$

$$\beta_1=\bar{x}^2+\frac{(I_x+I_y)}{A} \tag{C.0.1-5}$$

$$\lambda=4.80\left(\frac{I_x b^2 h}{t^3}\right)^{0.25} \tag{C.0.1-6}$$

$$\eta=\left(\frac{\pi}{\lambda}\right)^2 \quad (C.0.1\text{-}7)$$

$$k_{\phi}=\frac{Et^3}{5.46(h+0.06\lambda)}\left[1-\frac{1.11\sigma'_{cd}}{Et^2}\left(\frac{h^2\lambda}{h^2+\lambda^2}\right)^2\right] \quad (C.0.1\text{-}8)$$

σ'_{cd} 由公式（C.0.1-1）计算，其中 α_1 应改用公式（C.0.1-9）计算：

$$\alpha_1=\frac{\eta}{\beta_1}(I_x b^2+0.039J\lambda^2) \quad (C.0.1\text{-}9)$$

卷边受压翼缘的 A、$\bar{x}$、$\bar{y}$、J、I_x、I_y、I_{xy} 通过下列公式确定：

$$A=(b+a)t \quad (C.0.1\text{-}10)$$

$$\bar{x}=\frac{(b^2+2ba)}{2(b+a)} \quad (C.0.1\text{-}11)$$

$$\bar{y}=\frac{a^2}{2(b+a)} \quad (C.0.1\text{-}12)$$

$$J=\frac{t^3(b+a)}{3} \quad (C.0.1\text{-}13)$$

$$I_x=\frac{bt^3}{12}+\frac{ta^3}{12}+bt\bar{y}^2+at\left(\frac{a}{2}-\bar{y}\right)^2 \quad (C.0.1\text{-}14)$$

$$I_y=\frac{tb^3}{12}+\frac{at^3}{12}+at(b-\bar{x})^2+bt\left(\bar{x}-\frac{b}{2}\right)^2 \quad (C.0.1\text{-}15)$$

$$I_{xy}=bt\left(\frac{b}{2}-\bar{x}\right)(-\bar{y})+at\left(\frac{a}{2}-\bar{y}\right)(b-\bar{x}) \quad (C.0.1\text{-}16)$$

式中：h——腹板高度；

b——翼缘宽度；

a——卷边高度；

t——壁厚。

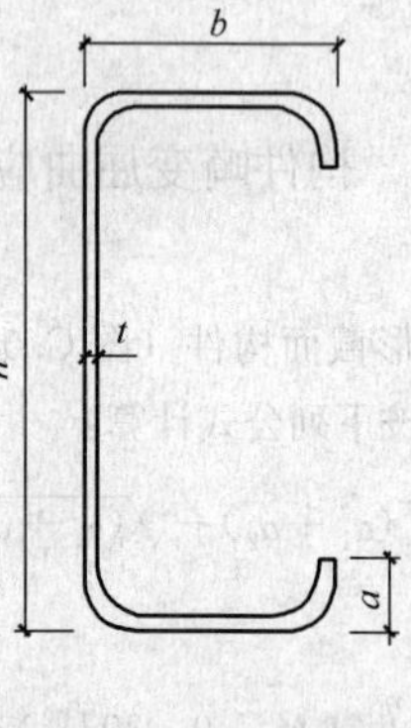

图 C.0.1　槽形截面示意

a—翼缘卷边的高度；b—翼缘的宽度；

h—构件的高度；t—板件的厚度

C.0.2　卷边槽形和 Z 形截面构件绕对称轴弯曲时，畸变屈曲应力 σ_{md} 可按公式（C.0.1-1）计算，但系数 λ 和 k_{ϕ} 应按下列公式计算：

$$\lambda=4.80\left(\frac{I_x b^2 h}{2t^3}\right)^{0.25} \quad (C.0.2\text{-}1)$$

$$k_{\phi}=\frac{2Et^3}{5.46(h+0.06\lambda)}\left[1-\frac{1.11\sigma'_{md}}{Et^2}\left(\frac{h^4\lambda^2}{12.56\lambda^4+2.192h^2+13.39\lambda^2h^2}\right)\right] \quad (C.0.2\text{-}2)$$

如 k_{ϕ} 为负值，k_{ϕ} 按公式（C.0.2-2）计算时，应取 $\sigma'_{md}=0$。

如完全约束带卷边翼缘在畸变屈曲时的转动的支撑间距小于由公式（C.0.2-1）计算得到的 λ 时，λ 应取支撑间距。

σ'_{md} 可由公式（C.0.1-1）、（C.0.1-9）、（C.0.1-3）、（C.0.1-4）、（C.0.1-5）、（C.0.2-1）、（C.0.1-7）和（C.0.2-2）计算。

本规程用词说明

1　为便于在执行本规程条文时区别对待，对要求严格程度不同的用词说明如下：

1）表示很严格，非这样做不可的：
正面词采用"必须"，反面词采用"严禁"；

2）表示严格，在正常情况下均应这样做的：
正面词采用"应"，反面词采用"不应"或"不得"；

3）表示允许稍有选择，在条件许可时首先应这样做的：
正面词采用"宜"，反面词采用"不宜"；

4）表示有选择，在一定条件下可以这样做的，采用"可"。

2　条文中指明应按其他有关标准执行的写法为："应符合……的规定（要求）"或"应按……执行"。

引用标准名录

1《建筑结构荷载规范》GB 50009

2《建筑抗震设计规范》GB 50011

3《建筑设计防火规范》GB 50016

4《钢结构设计规范》GB 50017

5《冷弯薄壁型钢结构技术规范》GB 50018

6《建筑结构可靠度设计统一标准》GB 50068

7《钢结构工程施工质量验收规范》GB 50205

8《建筑节能工程施工质量验收规范》GB 50411

9《金属材料　室温拉伸试验方法》GB/T 228

10《碳素结构钢》GB/T 700

11《标准件用碳素钢热轧圆钢》GB/T 715

12《钢结构用高强度大六角头螺栓、大六角螺母、垫圈与技术条件》GB/T 1228～GB/T 1231

13《低合金高强度结构钢》GB/T 1591

14《连续热镀锌钢板及钢带》GB/T 2518

15《紧固件机械性能　螺栓、螺钉和螺柱》GB/T 3098.1

16 《钢结构用扭剪型高强度螺栓连接副》GB/T 3632

17 《自攻螺钉》GB/T 5282～GB/T 5285

18 《六角头螺栓　C级》GB/T 5780

19 《抽芯铆钉》GB/T 12615～12618

20 《连续热镀铝锌合金镀层钢板及钢带》GB/T 14978

21 《自钻自攻螺钉》GB/T 15856.1～GB/T 15856.5

22 《射钉》GB/T 18981

23 《建筑抗震试验方法规程》JGJ 101

中华人民共和国行业标准

低层冷弯薄壁型钢房屋建筑技术规程

JGJ 227—2011

条 文 说 明

制 定 说 明

《低层冷弯薄壁型钢房屋建筑技术规程》JGJ 227－2011，经住房和城乡建设部2011年1月28日以第903号公告批准、发布。

本规程制定过程中，编制组进行了广泛的调查研究，总结了近几年我国低层冷弯薄壁型钢房屋建筑技术的实践经验，同时参考了国外先进技术法规、技术标准，并做了大量的材料性能试验、构件试验、防火试验、足尺振动台试验和可靠度分析等研究。

为便于广大设计、施工、科研、学校等单位有关人员在使用本规程时能正确理解和执行条文规定，《低层冷弯薄壁型钢房屋建筑技术规程》编制组按章、节、条顺序编制了本规程的条文说明，对条文规定的目的、依据以及执行中需注意的有关事项进行了说明，还着重对强制性条文的强制性理由做了解释。但是，本条文说明不具备与规程正文同等的法律效力，仅供使用者作为理解和把握规程规定的参考。

目　次

1 总 则

1.0.2 本条明确本规程仅适用于经冷弯（或冷压）成型的冷弯薄壁型钢结构房屋的设计与施工，且承重构件的壁厚可不大于2mm。对热轧型钢的钢结构设计或房屋中部分使用到的热轧型钢构件的设计，应符合现行国家标准《钢结构设计规范》GB 50017的规定。

根据现行国家标准《建筑设计防火规范》GB 50016的规定，三级耐火等级建筑的最多允许层数为5层，四级耐火等级建筑的最多允许层数为2层。按照冷弯薄壁型钢房屋建筑的建筑构件燃烧性能和耐火极限，将其层数限制在3层及3层以下，同时考虑到该类建筑的层高，对建筑高度也作了相应的限制。

根据编制组所完成的三个足尺振动台试验（一个2层、两个3层），此类房屋层间抗剪与抗拔连接是保证结构抗震整体稳定性的关键。根据试验现象，此类房屋地震烈度9度时可满足不倒塌的要求。

本条所称的房屋为居住类建筑。

该体系主要承重构件的设计使用年限为50年。

3 材料与设计指标

3.1 材 料 选 用

3.1.1 编制组在制定本规程时曾参考《冷弯薄壁型钢结构技术规范》GB 50018，并对现行国家标准《连续热镀铝锌合金镀层钢板及钢带》GB/T 14978中的550级钢材S550的力学性能进行过系统的分析，得出了550级钢材可以用于冷弯薄壁型钢房屋结构的结果，并得到了不同厚度时的屈服强度和强度设计值作为设计依据。因此，本规程将550级钢材作为可以选用的钢材之一。对于现行国家标准《连续热镀锌钢板及钢带》GB/T 2518和《连续热镀铝锌合金镀层钢板及钢带》GB/T 14978中其他级别的钢材，由于未进行过系统的分析，在使用时可按屈服强度的大小偏安全地归入Q345级或Q235级使用。本规程中将550级钢材定名为LQ550，材性参考澳大利亚标准《AS/NZS 4600：2005》中G450（厚度$t \geqslant 1.5$mm）、G500（1.5mm$>t>$1.0mm）和G550（$t \leqslant 1.0$mm）三种钢材。目前，这类550级钢材国内已有生产，并广泛用于2mm以下冷弯薄壁型钢构件，其屈服强度在550MPa左右，但随厚度变化很大，其材料性能要求见现行国家标准《连续热镀锌钢板及钢带》GB/T 2518及《连续热镀铝锌合金镀层钢板及钢带》GB/T 14978中的550级钢材，其断后延伸率未规定。

当采用国外钢材时，该钢材必须符合我国现行有关标准的规定。

3.1.4 本条提出在设计和材料订货中应具体考虑的一些注意事项。考虑到本规程受力构件所用的钢板厚度在2mm以下，为保证结构的安全，规定钢板厚度不得出现负公差。

3.1.5 结构用定向刨花板的规格和性能应符合国家现行标准《定向刨花板》LY/T 1580、《室内装饰装修材料人造板及其制品中甲醛释放限量》GB 18580的规定和设计要求。当用于墙体时，宜采用二级以上的板材，用于楼面时宜采用三级以上的板材；结构胶合板的性能应符合现行国家标准《胶合板、普通胶合板通用技术条件》GB/T 9846的规定；普通纸面石膏板的规格和性能应符合现行国家标准《纸面石膏板》GB/T 9775的规定。

3.1.6 （1）保温隔热材料可采用玻璃棉等轻质纤维状保温材料或挤塑聚苯板等硬质板状保温材料。（2）防水材料可采用防水卷材（改性沥青或PVC材料）或复合板等材料。（3）屋面材料可采用沥青瓦、金属瓦等轻质材料。（4）内墙覆面材料可采用纸面石膏板或钢丝网水泥砂浆粉刷涂料等材料。（5）外墙饰面材料可采用PVC、金属或木质挂板等材料。（6）楼板可采用木楼板，也可采用钢与混凝土组合楼板。（7）门窗可采用各种轻质材料门窗。（8）屋面采光瓦可采用各种适宜的采光窗或采光瓦。

3.2 设 计 指 标

3.2.1 同济大学在广泛收集国内生产的LQ550级薄板材料性能数据的基础上，提出按照表中的厚度范围将LQ550级钢材划分为四类。同时基于同济大学、西安建筑科技大学及国外同类材料相关基本构件（轴压、偏压、受弯）试验的承载力试验数值，主要继承国内冷弯薄壁型钢结构基本构件承载力计算方法，进行了系统的构件设计可靠度分析。在此基础上，建议按照目前钢结构设计规范的传统，采用与现行国家标准《冷弯薄壁型钢结构技术规范》GB 50018相同的抗力分项系数，即$\gamma_R = 1.165$，按照国家标准《建筑结构可靠度设计统一标准》GB 50068的要求，得到表中不同厚度的屈服强度及设计强度建议值[沈祖炎，李元齐，王磊，王彦敏，徐宏伟，屈服强度550MPa高强钢材冷弯薄壁型钢结构可靠度分析，建筑结构学报，2006，27（3）：26-33，41]。目前，国内仅少数企业能生产LQ550级薄板材，其材料性能与国外同类板材差别较大。表3.2.1是根据目前国产板材的可靠度分析结果给出的。另外，同济大学、西安建筑科技大学、中国建筑标准设计研究院及相关企业针对2mm以下Q235级和Q345级钢材的基本构件承载力试验研究和设计可靠度分析表明，采用表中的设计强度建议值，在本规程给出的计算方法内，也能够满足国家标准《建筑结构可靠度设计统一标准》GB 50068对这类材料的基本构件设计可靠度的要求。表中各材料的相应抗剪设计强度直接取设计强度的$\sqrt{3}/3$。对LQ550级钢材，由于厚度较薄，不会采用端面承压的构造，因此不再给出端面承压的强度设计值。

3.2.3 本条主要参照国家标准《冷弯薄壁型钢结构技术规范》GB 50018-2002制定。

4 基本设计规定

4.1 设计原则

4.1.3 承载力抗震调整系数γ_{RE}取0.9是鉴于此类构件的延性较差，塑性发展有限。同时，随着地震烈度的增大，应注重抗震构造措施的加强，如边缘部位螺钉间距加密，抗剪墙与基础之间、上下抗剪墙之间以及抗剪墙与屋面之间的连接加强。

4.2 荷载与作用

4.2.5 本条参照现行国家标准《建筑结构荷载规范》GB 50009并综合欧洲荷载规范、澳大利亚荷载规范，给出了纵风向坡屋顶的体型系数。

4.2.6 μ_r首先要考虑屋面坡度的影响。当坡度$\alpha \leqslant 25°$时，不考虑积雪滑落的因素而取为μ_r为1.0；当$\alpha \geqslant 50°$时，认为屋面不能存雪而取μ_r为0；之间按线性插值。

现行国家标准《建筑结构荷载规范》GB 50009已经规定了简单屋面的积雪分布系数，但并无复杂屋面的积雪分布系数说明。参照澳大利亚荷载规范、欧洲荷载规范，将中国荷载规范在复杂屋面上的应用作进一步明确和解释。即将复杂住宅屋面区分为迎风面、背风面、无遮挡侧风面、遮挡前侧风面和遮挡后侧风面五种情况。

4.3 建筑设计及结构布置

4.3.3 建筑结构系统宜规则布置。当建筑物出现以下情况之一时，应被认为是不规则的：

1 结构外墙从基础到最顶层不在同一个垂直平面内。

2 楼板或屋面某一部分的边沿没有抗剪墙体提供支承。

3 部分楼面或者屋面，从结构墙体向外悬挑长度大于1.2m。

4 楼面或屋面的开洞宽度超出了3.6m，或者洞口较大尺寸超出楼面或屋面最小尺寸的50%。

5 楼面局部出现垂直错位，且没有被结构墙体支承。

6 结构墙体没有在两个正交方向同时布置。

7 结构单元的长宽比大于3。超过时应考虑楼板平面内变形对整体结构的影响。

当结构布置不规则时，可以布置适宜的型钢、桁架构件或其他构件，以形成水平和垂直抗侧力系统。

4.3.4～4.3.6 条文从原则上提出墙体及吊顶的设计要求。因不同制造企业的工艺技术不尽相同，细部构造会有所不同，本规程从应用的角度不作具体规定，能满足现行标准的有关规定并保证安全即可。

4.4 变形限值

4.4.3 本条所指的横向变形系指立柱跨中位置承受水平风荷载作用下的挠度，其限值1/250是参照美国、澳大利亚相关规程规定并略作调整后确定。

4.5 构造的一般规定

4.5.1 本条中受压板件的宽厚比限值是为了限制板件的变形，并保证截面承载力计算基本符合本规程给出的计算模式，因此与钢材材料的强度无关。

4.5.3 进行可靠度分析时，壁厚太薄的试件，材料强度、试验结果离散性过大，所以规定了最小壁厚的要求。

4.5.4 构件形心之间的偏心超过20mm后，应考虑附加偏心距对构件的影响(图1)。楼面梁支承在承重墙体上，当楼面梁与墙体柱中心线偏差较小时，楼面梁承担的荷载可直接传递到墙体立柱，在楼盖边梁和支承墙体顶导梁中引起的附加弯矩可以忽略，不必验算边梁和顶导梁的承载力，否则要单独计算，计算方法同墙体过梁。

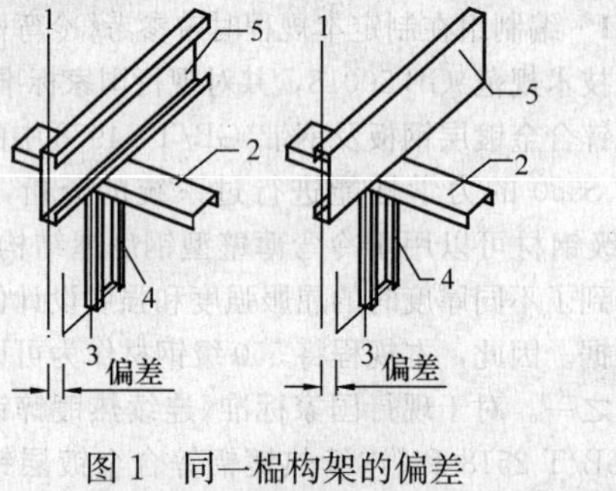

图1 同一榀构架的偏差

1—水平构件的形心线；2—顶导梁；
3—立柱的形心线；4—立柱；5—水平构件

4.5.6 本条提到的螺钉包括自钻螺钉和螺钉。以后有关条款中提到螺钉时也是如此。

4.5.9 本条是对直径的最低要求。

4.5.10 本条规定是要保证梁及屋架在支承处的局部稳定。楼面梁及屋架弦杆支承长度的规定是参照美国规范取值，主要是从构造确保楼面梁及屋架弦杆在支座处具备一定支承面积，同时加强了楼面、屋面和墙体结构连接的整体性。

4.5.11 低层冷弯薄壁型钢结构属于受力蒙皮结构，结构面板既是重要的抗侧力构件(抗剪墙体)的组成部分，同时也为所连接构件提供可靠的稳定性保障，因此必须可靠连接。

5 结构分析

5.1 结构计算原则

5.1.1 低层冷弯薄壁型钢房屋是由复合墙板组成的"盒子"式结构，上下层之间的立柱和楼(屋)面之间的型钢构件直接相连，双面所覆板材一般沿建筑物竖向是不连续的。因此，楼(屋)面竖向荷载及结构自重都假定仅由承重墙体的立柱独立承担，但双面所覆板材对立柱构件失稳的约束将在立柱的计算长度中考虑。另外，结构的水平荷载(风或地震作用)仅由具备抗剪能力的承重墙(抗剪墙体)承担。

5.1.2 参考"盒子"式结构的分析，每个主轴方向的水平荷载可根据对应方向上各有效抗剪墙的抗剪刚度大小按比例分配，并考虑门窗洞口对墙体抗剪刚度的削弱作用。由于在低层冷弯薄壁型钢房屋中每片抗剪墙一般宽度有限，其刚度假定与墙体宽度成正比。楼面和屋面在自身平面内应具有足够刚度的要求，将由本规程有关章节的构造规定保证。

5.1.3 楼面梁一般采用帽形或槽形(卷边)构件，在受压翼缘与楼面板采用规定间距的螺钉相连，对面外整体失稳及畸变屈曲的约束有保障，只需要按承受楼面竖向荷载的受弯构件验算其承载力和刚度。在相关构造不能肯定对面外整体失稳及畸变屈曲提供有效约束时，也可以按照本规程第 6.1.4 条的规定，进行稳定验算。

5.2 水平荷载效应分析

5.2.1 在计算水平地震作用时，阻尼比参考一般钢结构建筑取 0.03，结构基本自振周期的近似估计参考现行国家标准《建筑抗震设计规范》GB 50011 给出。从同济大学、中国建筑标准设计研究院、西安建筑科技大学、博思格钢铁（中国）、北京豪斯泰克钢结构有限公司、上海钢之杰钢结构建筑有限公司等完成的 3 栋足尺振动台模型试验中得到的基本自振周期也符合公式（5.2.1）。

5.2.2 根据同济大学、中国建筑标准设计研究院、西安建筑科技大学、博思格钢铁（中国）、北京豪斯泰克钢结构有限公司、上海钢之杰钢结构建筑有限公司等完成的 3 栋足尺振动台模型试验研究分析表明，对低层冷弯薄壁型钢房屋采用底部剪力法进行地震力计算，并按各主轴方向上各有效抗剪墙的抗剪刚度大小按比例分配该层的地震力，估计得到的模型抗震能力基本符合振动台试验的实际情况，表明采用底部剪力法进行水平地震力计算是合适的。

5.2.4 表 5.2.4 中的抗剪刚度值，可分别由 1∶1 组合墙体模型试验的单调加载荷载-转角（V-γ）曲线和滞回加载时荷载-转角（V-γ）滞回曲线的骨架曲线确定（图 2）。

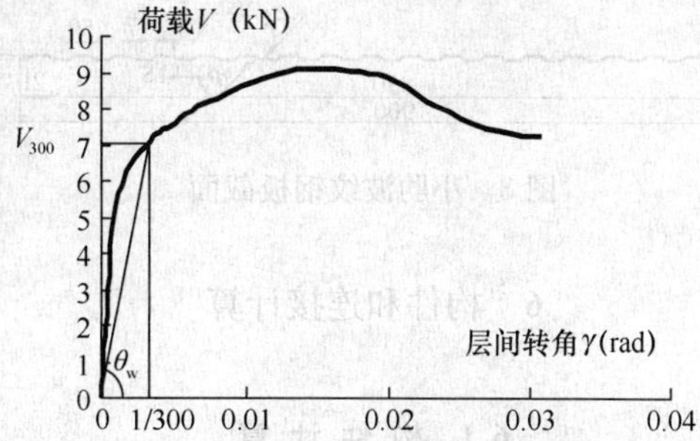

（a）单调加载荷载－转角（V－γ）曲线

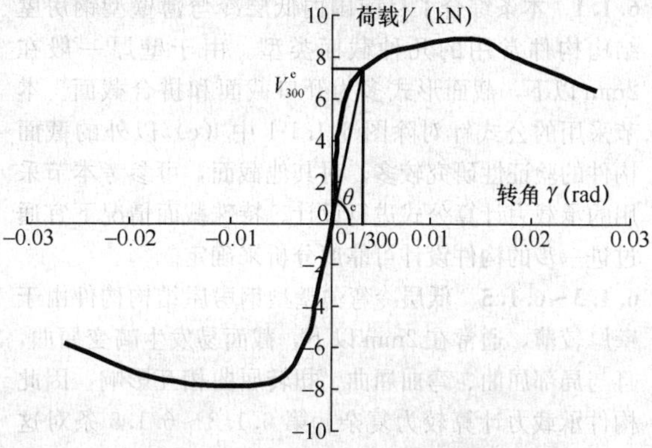

（b）荷载－转角（V－γ）滞回曲线的骨架曲线

图 2 组合墙体变形限值及抗剪刚度

对风荷载，由图 2（a）可得墙体侧移 1/300rad 时的刚度为：

$$K_{w0}=\tan\theta_w=\frac{V_{300}}{1/300} \tag{1}$$

每米宽墙体的刚度为：$K_w=\frac{K_{w0}}{l_w}$，则有：

$$K_w=\frac{V_{300}}{(1/300)l_w}\quad \text{kN/(m·rad)} \tag{2}$$

同理，地震作用下抗剪组合墙体的水平侧向刚度也可由图 2（b）荷载-转角（V-γ）滞回曲线的骨架曲线确定如下：

多遇地震作用下抗剪组合墙体的水平侧向弹性变形限值取为 1/300 层高，每米宽墙体的刚度为：

$$K_e=\frac{V^e_{300}}{(1/300)l_w}\quad \text{kN/(m·rad)} \tag{3}$$

表 5.2.4 中抗剪刚度值，即为按上述式（2）和式（3）根据相关试验结果确定并作调整而得。

风荷载和多遇地震作用下结构处于弹性阶段，试验结果表明 1/300 层高变形时组合墙体的抗风刚度 K_w 和抗震刚度 K_e 很接近，故在表 5.2.4 中将二者的抗侧移刚度值取为一致。由于低层冷弯薄壁型钢房屋建筑的自重很轻，地震作用对其影响不明显，故本规程未考虑罕遇地震作用下的结构计算。

表 5.2.4 中试验用小肋波纹钢板基材厚度 0.42mm，波高 4mm，波宽 18mm，宽厚比约 43，高厚比约 10，截面尺寸见图 3。建议取用表中值时，波纹钢板的宽厚比不大于 43，高厚比不大于 10。

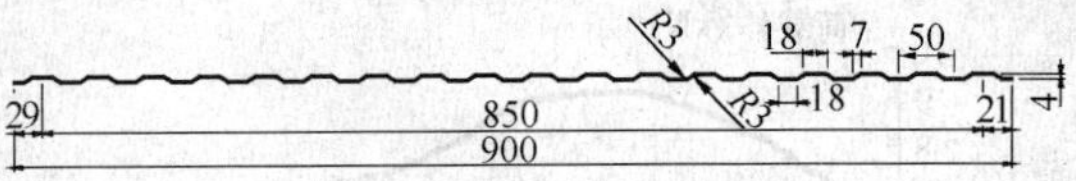

图 3　小肋波纹钢板截面

6　构件和连接计算

6.1　构 件 计 算

6.1.1　本条综合了目前国内低层冷弯薄壁型钢房屋结构构件常用的几种截面类型。由于壁厚一般在2mm以下，截面形式多为开口截面和拼合截面。本节采用的公式针对除图 6.1.1-1 中（c）以外的截面构件的验证性研究较多。对其他截面，可参考本节采用的承载力计算公式进行设计。特殊截面情况下宜通过进一步的构件设计可靠度分析来确定。

6.1.3～6.1.5　低层冷弯薄壁型钢房屋结构构件由于壁厚较薄，通常在 2mm 以下，截面易发生畸变屈曲，且与局部屈曲、弯曲屈曲、扭转屈曲相互影响，因此构件承载力计算较为复杂。第 6.1.3～6.1.5 条对这类低层冷弯薄壁型钢开口截面轴压和受弯构件的承载力计算及畸变屈曲以外的稳定性计算，仍按现行国家标准《冷弯薄壁型钢结构技术规范》GB 50018 各类构件的相应规定进行，但因为板件很薄，有效宽厚比计算中必须考虑板组稳定影响；对畸变失稳对应的承载力，直接参考澳大利亚标准（AS/NZS 4600：2005）的公式给出。对压弯构件，本规程建议采用一个简单的相关公式来考虑。对由典型开口截面拼合而成的截面的轴压构件，原则上可由两个单个开口截面轴压构件的承载力简单叠加，但考虑到组合后的截面部分板件重合，且之间有按构造要求布置的螺钉（间距不小于 600mm）相连，对相互之间的板件稳定有明显影响，且一般由于内外覆板的约束而只存在墙体面外弯曲的可能，根据相关试验研究结果可以考虑这部分的增强。同济大学、西安建筑科技大学、中国建筑标准设计研究院、博思格钢铁（中国）、上海绿筑住宅系统科技有限公司、上海钢之杰钢结构建筑有限公司等开展合作研究，对 LQ550 级、Q235 级、Q345 级钢材开口及拼合截面的轴压构件、偏压构件、受弯构件承载力及破坏模式进行了系统的试验研究。同济大学采用本规程提出的公式进行承载力估计，对各类构件进行了详细的设计可靠度分析，结果表明该方法是合理可行的，能够满足相关设计可靠度的要求。对压（拉）弯构件，式（6.1.5-1）～式（6.1.5-7）仅考虑卷边槽形截面绕对称轴弯曲的情况，这也是卷边槽形截面实际工程应用中的主要情形。

6.1.6　由于冷弯薄壁型钢构件截面畸变屈曲行为复杂且破坏具有脆性，结构构造设计中应尽量避免出现，这样可在提高构件承载力的同时，避免了复杂的计算。目前有一定研究基础的构造设计措施包括：1）构件受压翼缘有可靠的限制畸变屈曲变形的约束，如构件受压翼缘的外侧平面覆有有效板材及螺钉连接间距加密一倍；2）构件长度小于构件畸变屈曲半波长 λ，从而抑制截面畸变屈曲的形成；3）构件截面采取如设置间距小于构件畸变屈曲的半波长 λ 的拉条或隔板等有效抑制畸变屈曲发生的措施。

6.1.7　在现行国家标准《冷弯薄壁型钢结构技术规范》GB 50018中没有对中间加劲板件给出有效宽度的计算方法。本条参考澳大利亚标准（AS/NZS 4600：2005），按“等效板件”的概念给出这类板件的有效宽度计算公式。同济大学对 LQ550 级钢材含中间加劲板件截面的轴压构件承载力进行了试验研究及计算分析，表明该方法的合理性，并容易与现有规范的计算方法相衔接。在中间加劲板件有效宽度实际计算中，主要是先根据图 6.1.7（a）中左图得到失效宽度，再根据右图考虑原始截面失效的面积或面积矩。

6.2　连接计算和构造

6.2.1　螺钉的抗剪连接破坏主要表现为被连接板件的撕裂和连接件的倾斜拔脱，这两种破坏模式下的承载力可采用《冷弯薄壁型钢结构技术规范》GB 50018中推荐的公式进行计算。采用 2mm 以下薄板或高强度薄板时，试验中还发现有明显的螺钉剪断现象，存在一定的“刀口”效应，其承载力也明显低于上述两种破坏模式。澳大利亚标准（AS/NZS 4600：2005）要求该承载力由试验确定，且不能小于 1.25 倍规范公式承载力（即被连接板件的撕裂和连接件的倾斜拔脱对应的承载力）。另外，同济大学进行的一系列单剪试验研究表明，当一个螺钉的抗剪承载力不低于按螺钉螺纹处有效截面面积和材料抗剪强度计算得到的剪断承载力的 80%时，螺钉有可能发生剪断破坏，因此建议按式（6.2.1）验算，使螺钉连接受剪时不会发生剪断破坏，仍可按规范公式进行计算。目前，由于对不同厂家生产的螺钉材料的抗剪承载力缺乏标准，且“刀口”效应难以定量化，所以本条第 2 款规定单剪剪断承载力应考虑相连的板件厚度及连接顺序，由标准试验确定。同时，采用多个螺钉连接时，螺钉群存在明显的剪切滞后效应。同济大学在试验研究的基础上，建议参考文献 La Boube RA，Sokol MA. Behavior of screw connections in residential construction. Journal of Structural Engineering，2002，128（1）：115-118 的公式。由于原公式在 $n=1$ 时不等于 1，故将其中一个系数 0.467 改为 0.465。

7　楼 盖 系 统

7.1　一 般 规 定

7.1.1　本节关于楼盖的构造主要参考美国钢铁协会

(AISI) 低层住宅描述性设计中冷弯型钢骨架标准的有关规定制定。图4为示意图，具体设计时，在安全可靠的前提下，可以采用其他的连接节点形式。

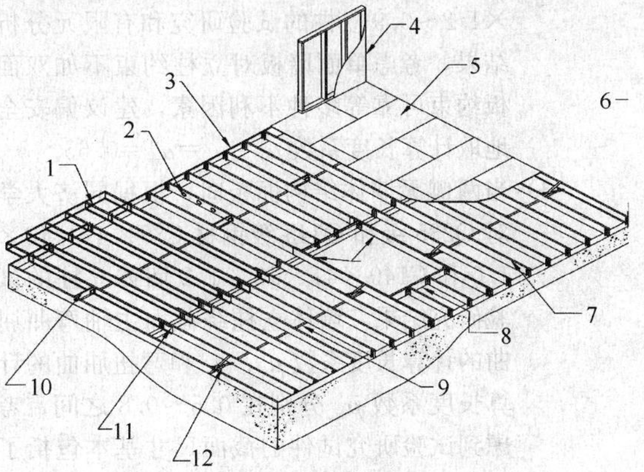

图4　楼盖系统

1—悬臂梁；2—腹板开洞加劲；3—槽钢边梁；4—墙架；5—楼面结构板；6—梁支座加劲件；7—连续梁；8—洞口过梁；9—下翼缘连续带支撑；10—刚性支撑；11—梁搭接；12—交叉支撑

当房屋设计有地下室或半地下室，或者底层架空设置时，相应的一层地面承力系统也称为楼盖系统，图4描述的是支承在混凝土基础/墙体上的钢楼盖的构件组成。根据设计，楼盖有多种支承形式，但楼盖的构造形式基本相同。

楼盖系统由冷弯薄壁槽形构件、卷边槽形构件、楼面结构板和支撑、拉条、加劲件所组成，构件与构件之间宜用螺钉可靠连接。考虑到实际的需要，楼面梁也可采用冷弯薄壁矩形钢管、桁架或其他型钢构件，以及其他连接形式，并按有关的现行国家标准设计。

7.1.2　结构面板或顶棚面板与楼面梁通过螺钉按构造要求连接时，可为梁提供可靠的侧向支撑。在正常使用条件下，梁不会产生平面外失稳现象，因此不需验算梁的整体稳定性。这是本规程推荐使用的基本构造方式。

对于多跨梁，在中间支承处，由于存在较大的负弯矩和剪力作用，应按弯剪组合作用验算相应截面。

在构造上，对于楼面梁腹板开孔有限制。开孔离开支承点一定距离，开孔对应的剪力相对较小，当楼面梁跨度较大时，需要验算相应截面受剪承载力。

7.1.3　楼面结构面板，包括吊顶板，对减小楼面梁的挠度有正面作用。考虑到结构面板为多块拼接，连接方式为小直径螺钉，且板之间有间隙，一般无法准确地定量确定组合作用的大小。因此计算挠度时，不考虑组合作用。

7.2　楼盖构造

7.2.1　边梁对结构面板边缘起加强作用，同时是连接楼面梁与墙体的过渡构件。梁在支承点处宜布置腹板承压加劲件，避免复杂的腹板局部稳定性验算。当厚度大于1.1mm时，可采用相应的无卷边槽钢作为承压加劲件。安装时承压加劲件应与楼面梁腹板支座区中心对齐，宜设置在楼面梁的开口一侧，且应尽量与下翼缘顶紧。

7.2.2　地脚螺栓采用Q235B材料。本条提及的地脚螺栓是一种构造措施，主要作用是将房屋和基础紧密连成一体，抵抗水平荷载的作用。该地脚螺栓不应视为抵抗房屋倾覆的抗拔构件，房屋抗拔构件在墙体系统设计中另行设计和布置。

7.2.4、7.2.5　悬挑梁在支承处布置刚性撑杆，刚性撑杆与结构面板连接，确保悬挑楼盖部分的水平作用（剪力）可以方便地传递到楼盖其他部分，进而传递到下层墙体，同时限制了悬挑梁在支座处的转动，增强了楼面梁的整体稳定性和楼面系统的整体性。刚性撑杆可以折弯端部腹板直接与梁用螺钉连接，也可以通过角钢连接片与梁连接，角钢连接片规格宜为50mm×50mm，厚度应不小于梁的厚度。

7.2.6　本构造方式有利于调平基础，并减弱基础-墙体间冷桥作用。

7.2.7　楼盖悬挑长度不宜过大，主要是考虑到悬挑楼盖支承承重墙体时，房屋体系受力条件和传力路径复杂，简化计算时可能不安全。悬挑梁应基于计算确定，采用拼合双构件的目的主要是基于减少构件规格的考虑。

7.2.8　搭接为铰接，由于有2层腹板，通常不必设置加劲件。如果设计为连续搭接构件，支承点每侧的搭接长度应不小于相应跨度的1/10，且通过螺钉可靠连接。

7.2.9　本条规定是为防止楼面梁整体或局部倾覆。

7.2.10　结构面板传递到楼面梁的垂直荷载并不是作用在梁截面的弯心处，梁受弯扭作用。当梁跨度较大时，布置跨中刚性撑杆和下翼缘钢带，可以阻止梁整体扭转失稳。

7.2.12、7.2.13　楼盖系统是水平传力路径的主要构件，结构面板只有具备一定的厚度并与楼面梁可靠连接，楼盖系统才能简化为平面内刚性的隔板，可靠地传递水平荷载。当水平作用较大时，适当增加结构面板的厚度和螺钉连接密度可增大楼面平面内刚度，确保房屋安全。

楼面结构板有多种形式，可以是结构用定向刨花板，也可以铺设密肋压型钢板，上浇薄层混凝土；也可在楼面梁顶加设对角拉条，且拉条与每根梁顶面都有螺钉连接固定，再铺设非结构面板。在构造上必须保证整个楼盖系统具有足够的平面内刚度，以便安全可靠地传递水平荷载作用。

7.2.14　本规程鼓励采用新的材料和新的构造做法。

8 墙体结构

8.1 一般规定

8.1.1 低层冷弯薄壁型钢房屋建筑的墙体，是由冷弯薄壁型钢骨架、墙体结构面板、填充保温材料等通过螺钉连接组合而成的复合体，为方便设计计算，根据墙体在建筑中所处位置、受力状态划分为外墙、内墙、承重墙、抗剪墙和非承重墙等几类。

8.1.2 抗拔连接件（抗拔锚栓、抗拔钢带等）是连接抗剪墙体与基础以及上下抗剪墙体并传递水平荷载的重要部件，因此，抗剪墙体的抗拔连接件设置必须要保证房屋结构整体传递水平荷载的可靠性。对仅承受竖向荷载的承重墙单元，一般可不设抗拔件。足尺墙体试验和振动台试验表明，抗拔连接件对保证结构整体抗倾覆能力具有重要作用，设计及安装必须对此予以充分重视。

8.2 墙体设计计算

8.2.1 对本条说明如下：

1 承重墙体的墙体面板、支撑和墙体立柱通过螺钉连接形成共同受力的组合体，墙体立柱不仅承受由屋盖桁架和楼面梁等传来的竖向荷载 N，同时还承受垂直于墙面传来的风荷载引起的弯矩 M_x，其受力形式为压弯构件。

1）当两侧有墙体结构面板时，由于墙面板对立柱的约束作用较强，根据国内多家单位的试验研究结果，立柱一般不会发生整体扭转失稳和畸变屈曲。根据西安建筑科技大学、长安大学、北新房屋有限公司、博思格钢铁（中国）等单位对 Q235 级和 Q345 级钢材 C89×44.5×12×1.2～0.9、C140×44.5×12×1.2～0.9、C140×41×14×1.6 和 LQ550 级高强度钢材的 C75×40×8×0.75、C102×51×12×1.0 墙体立柱的试验和有限元研究结果，μ_y 均很小，并考虑到试验研究试件的截面尺寸基本包括了常用规格，故本条建议可不计算绕 Y 轴的弯曲失稳。

绕 X 轴（墙面外）的弯曲失稳，在所有试验中均未发生此种破坏，故由于缺乏试验和理论研究资料，确定 μ_x 时无直接依据。根据无墙板但中间有一道支撑（刚性撑杆、双侧拉条）时 $\mu_x=0.65\sim0.8$，本条凭经验建议取：$\mu_x=0.4$。

2）当仅有一侧墙体结构面板时，单侧墙体面板和另一侧拉条或支撑对立柱的约束相对较弱，故本条建议对墙体立柱除承载力计算外，还应进行整体稳定性计算。综合西安建筑科技大学、长安大学等单位对 C89×44.5×12×1.2～0.9 和 C140×44.5×12×1.2～0.9 立柱的试验研究和有限元分析结果，考虑单面墙板对立柱约束不如双面板约束可靠等多种不利因素，建议偏安全地取计算长度系数 $\mu_x=\mu_y=\mu_w=0.65$。

3）当两侧无墙体结构面板时，根据同济大学对 Q235 级和 Q345 级钢材 C89×41×13×1.0 和 C140×41×13×1.2 墙体立柱的试验研究结果，墙体立柱绕截面主轴弯曲屈曲的计算长度系数 μ_x、μ_y 和弯扭屈曲的计算长度系数 μ_w 分别在 0.5～0.8 之间，考虑到试验研究试件的截面尺寸基本包括了常用规格，并参照国外相关研究，故本条建议统一取 $\mu_x=\mu_y=\mu_w=0.8$。

当两侧无墙面板但中间至少有一道支撑（刚性撑杆、双侧拉条）时，参照同济大学、西安建筑科技大学和长安大学等单位的试验研究，建议取 $\mu_x=\mu_w=0.8$，$\mu_y=0.5$。

计算承重内墙立柱时，宜考虑室内房间气压差对垂直于墙面的作用，室内房间气压差参照澳大利亚规范可取 0.2kN/m²。

2 对墙体面板连接螺钉之间的立柱段，当轴力较大时可能发生绕截面弱轴的失稳，需按轴心受压杆验算其稳定性，同时考虑到可能发生因施工等原因导致某一螺钉连接失效，计算时立柱的计算长度取 $l_{0y}=2s$，即 2 倍的连接螺钉间距。

8.2.2 对非承重外墙体，横向风荷载可按现行国家标准《建筑结构荷载规范》GB 50009 规定的风荷载取用；对非承重内墙体，横向风荷载可取室内房间气压差，室内房间气压差参照澳大利亚规范可取 0.2kN/m²。

8.2.3 抗剪墙体单元为一对抗拔连接件之间的墙体段，在水平荷载作用下抗拔连接件处将产生由倾覆力矩引起的向上拉拔力和向下的压力，并在相同位置拼合立柱（设置抗拔件的立柱应为 2 个或 2 个以上单根立柱的拼合柱）上、下层间传递，故计算与抗拔连接件相连接的拼合立柱时应考虑由倾覆力矩引起的向上拉拔力和向下压力 N 的影响。

8.2.4 抗剪墙体的受剪承载力通常由 1∶1 的墙体模型试验确定。一般情况下，水平荷载作用时的受剪承载力可由单调水平加载试验结果确定。由单调加载试验的荷载-位移（P-Δ）曲线的屈服点确定其屈服承载力 P_y 作为标准值，并考虑相应的抗力分项系数即可得到相应的承载力设计值。由于抗剪墙体的多样性和试验数据的有限性，目前无法采用统计和回归方法得到抗力分项系数。有鉴于此，本条依据西安建筑科技大学、长安大学、北新房屋有限公司、博思格钢铁（中国）等单位的试验研究结果，参考美国和日本规范容许应力法的安全系数，采用“等安全系数”原理，反算出按我国概率极限状态设计法“等效抗力分项系数 γ'_R”（水平风荷载为 $\gamma'_R=1.25$）。以美国规范为例，容许应力法（ASD）的设计表达式有：

$$S \leqslant R/k = [R];[R] = P_{nom}/k \quad (5)$$

式中：k——安全系数，风荷载时 $k=2.0$；

P_{nom}——墙体的“名义抗剪强度”，抗风时按静载试验结果取值，美国规范的“名义抗剪强度”或标准强度相当于试验中试件的最大荷载值 P_{max}。若以单调水平加载试验的屈服承载力 P_y 作为抗力标准值 R_k，最大荷载值 P_{max} 代替美国规范的“名义抗剪强度” P_{nom}，则等效我国规范抗力分项系数 γ'_R 为：

$$\frac{R_k}{\gamma_s \cdot \gamma'_R} = [R] = P_{max}/k;\gamma'_R = \frac{P_y k}{\gamma_s P_{max}}; \quad (6)$$

$$抗风:\gamma'_R = \frac{2P_y}{1.35P_{max}} \quad (7)$$

式中：γ_s——按我国规范取荷载平均分项系数，考虑轻钢住宅活荷载比重大，抗风时近似取 1.35。

表 8.2.4 中的数据就是按上述原则，根据相关试验数据经过处理而来。

表 8.2.4 注 3 中“当组合墙体的宽度大于 450mm 而小于 900mm 时，表中受剪承载力设计值乘以 0.5”借鉴了日本的相关技术资料。

表 8.2.4 注 5 中“单片抗剪墙体的最大计算长度不宜超过 6m”是根据墙体构造第 8.3.5 条第 3 款中“抗拔锚栓的间距不宜大于 6m”的规定确定。

对开有洞口的抗剪墙体，洞口对组合墙体受剪承载力的影响目前国内的研究不足，本条借鉴美、日等国的相关技术资料给出。

波纹钢板的构造要求见第 5.2.4 条条文说明。

8.3 构 造 要 求

8.3.1 墙体连接处立柱布置，满足钉板要求。

8.3.2 墙体顶导梁进行受力分析计算时，除了考虑施工活荷载外，若墙体骨架的立柱、楼面梁、屋架间距相同且其竖向轴线在同一平面（或轴线偏心不大于 20mm）时，则可认为顶导梁不承受屋架或楼面梁传来的荷载，否则需按上部屋架、椽子或楼面梁传来的荷载对顶导梁进行相应的承载力和刚度验算。

底导梁可不计算屋面、楼面和墙面等传来的荷载，但应具有足够的承载力和刚度，以保证墙体与基础或下部结构连接的可靠性。

8.3.3 承重墙体门、窗洞口上方设置过梁主要是为了承受洞口上方屋架或楼面梁传来的荷载。

实腹式过梁常用箱形、工字形和 L 形等截面形式：箱形过梁可由两根冷弯卷边槽钢面对面拼合而成，工字形过梁可由两根冷弯卷边槽钢背靠背拼合而成，L 形截面过梁由冷弯 L 型钢组成，可以单根，也可以两根拼合；当过梁下部设置短立柱时，短立柱可采用冷弯卷边槽钢，和门、窗框用自钻螺钉连接。

箱形截面、工字形截面过梁与顶导梁采用螺钉连接，双排布置，纵向间距不应大于 300mm。过梁型钢的壁厚不宜小于柱的壁厚，过梁端部与洞口边立柱采用螺钉进行连接，过梁端部的支承长度不宜小于 40mm。L 形截面过梁的角钢短肢和顶导梁可采用间距不大于 300mm 的螺钉连接，长肢与主柱和短立柱应采用螺钉连接。

当过梁的跨度、上部荷载较大时可采用冷弯型钢桁架式过梁。

8.3.4 当选用结构面板蒙皮支撑时，结构面板与立柱通过螺钉连成整体；在施工阶段，当未安装结构面板时，宜对墙体骨架设置临时附加支撑。

当选用钢带拉条设置柔性交叉支撑时，两个交叉钢带拉条可布置在墙体立柱的同一侧，也可分别布置在墙体立柱的两侧。

8.3.5 地脚螺栓宜布置在底导梁截面中线上。抗拔锚栓通常应与抗拔连接件组合使用。抗剪墙与抗拔锚栓组合使用时，为了充分发挥抗剪墙的抗剪效应，抗拔锚栓的间距不宜大于 6m，且抗拔锚栓距墙角或墙端部的最大距离不宜大于 300mm。

8.3.6 抗剪墙与上部楼盖、墙体的连接采用条形连接件或抗拔螺栓是为了能够保证可靠地承受和传递水平剪力及抗拔力。

抗剪墙的顶导梁与上部楼盖应可靠连接，以确保传递上部结构传下来的水平力。

8.3.7 低层冷弯薄壁型钢房屋的墙体系由多种材料、多种构件拼装而成，其细部构造形式各国也有差异，且随时间的推移不断出现新的材料和构造做法，考虑到我国应用该种体系时间不长，本节给出的墙体构造与连接规定，在构造合理、传力明确，安全可靠地承受和传递荷载，并满足相应计算要求的基础上，主要借鉴和参考美国、日本等国家的相关规范和技术资料制定了各条规定。

9 屋 盖 系 统

9.1 一 般 规 定

9.1.1 目前用于冷弯薄壁型钢结构体系的屋面承重结构主要分为桁架和斜梁两种形式。桁架体系以承受轴力为主，斜梁以承受弯矩为主。

9.1.3 当腹杆较长时，侧向支撑可以有效减少腹杆在桁架平面外的计算长度。交叉支撑能够保证腹杆体系的整体性，有利于保持屋架的整体稳定。

9.2 设计规定

9.2.2 本条中力学简化模型与实际屋架的构造完全相符。实际工程中弦杆为一根连续的构件，而腹杆则通过螺钉与弦杆相连。弦杆按本规程第6.1.5条压弯构件的相关规定进行承载力和整体稳定计算，腹杆按本规程第6.1.2条和6.1.3条轴心受力构件的相关规定进行计算。

9.2.3 冷弯薄壁型钢结构屋面与其他类型屋面不同之处在于上弦杆会铺设结构用定向刨花板（OSB）等结构面板，它对上弦杆件上翼缘受压失稳时有较强的约束作用。计算长度取螺钉间距的2倍是考虑到在打螺钉过程中，有可能出现单个螺钉失效的情况，为了保证弦杆稳定计算的可靠度，取2倍螺钉间距。

9.2.4 腹杆通常都按轴压或轴拉构件计算，不考虑偏心距的影响。对于薄壁构件存在整体稳定和局部稳定相关性的问题，计算和试验表明，当腹杆与弦杆背靠背连接时，面外偏心距的存在会降低腹杆承载力10%～15%左右，因此该偏心距应该在计算中考虑。

9.3 屋架节点构造

9.3.1 试验表明，当屋脊附近作用有集中荷载时，如果屋脊节点刚度较弱，节点的破坏会先于构件的失稳破坏。因此要根据荷载的情况，来选择相应的屋脊节点形式。图9.3.1中，(a) 适用于屋脊处无集中荷载的情况，(c) 适用于屋脊处有集中荷载的情况，(b) 节点刚度介于两者之间。

9.3.2 水平加劲的存在能够增加下弦杆的抗扭刚度，防止腹杆传给弦杆的荷载较大时导致弦杆在连接部位的扭转屈曲破坏。考虑到仅在外伸切角范围内设置螺钉时，外伸板件存在失稳的可能，因此规定腹杆端部卷边连线以内应设置不少于2个螺钉。

9.3.5 条形连接件可以抵抗向上的风吸力和地震作用产生的上拔力，以增强墙体和屋面体系的整体性，防止在飓风和强震作用下，屋面与墙体相分离。

10 制作、防腐、安装及验收

10.1 制　　作

10.1.1 冷弯薄壁型钢结构设计是以结构工程师为主导，详图设计人员配合，并考虑到工厂设备的实际生产能力而进行的一体化过程。目前不同厂家都有自己独立的设计软件、节点图集和加工设备，本条从宏观流程上对设计生产过程进行了规定，使国内冷弯薄壁型钢结构的设计和生产能够标准化、系统化。

10.1.3 对冷矫正和冷弯曲的最低环境温度进行限制，是为了保证钢材在低温情况下受到外力时不致产生冷脆断裂。在低温下钢材受到外力脆断要比冲孔和剪切加工时更敏感，故环境温度应作严格限制。冷弯薄壁型钢的冷弯和矫正加工环境温度不得低于－10℃。

10.1.4 低层冷弯薄壁型钢房屋实质上是一种工业化生产的装配式结构体系。为了区分各种构件，必须对构件进行明确标识并和装配图纸对应起来，以提高后期的拼装效率和准确性。本条即是为了实现这一目的而编制的。

10.2 防　　腐

10.2.1 本条参考美国和澳大利亚规范关于腐蚀性地区的划分综合确定。一般腐蚀性地区是指城市及其近郊的非工业区，高腐蚀性地区是指工业区或近海地区。

10.2.4 对本条各款说明如下：

1 当金属管线与钢构件之间接触时会发生电化学腐蚀，因此有必要在两者之间增加橡胶垫圈，阻断电化学腐蚀的通道。

2 防潮垫一方面是为了防止基础中的湿气腐蚀钢构件，另一方面是避免钢构件与基础材料相接触导致化学物质对钢材的腐蚀。

10.3 安　　装

10.3.3 冷弯薄壁型钢构件壁厚较薄，在冲击外力作用下容易产生局部变形或整体弯曲，导致构件存在缺陷部位。在构件正式安装前，要对这些部位进行校正或补强，以免影响结构的受力性能。

10.3.4 本条主要保证结构板材和钢板的连接质量，螺钉头如果沉入板材中的尺寸超过1mm，则可能对板材局部造成损坏，外表上看螺钉依然和板材连接，实际上和螺钉接触的板材可能已经被局部压坏或破裂，螺钉和板材处于“分离”状态。

10.4 验　　收

10.4.1 规定冷弯成型构件的允许偏差是为了保证构件的加工精度，同时便于现场的拼装。规定构件长度的允许偏差为负值，其目的是为了保证构件的连接质量同时减少工作量。如果构件过长就必须在现场进行切割，既无法保证切割接头的质量又增大了工作量，如果构件稍短一些的话，可以通过适当调整构件的位置使拼装顺利完成。

10.4.2、10.4.3 冷弯薄壁型钢结构实际上是一种预制装配系统，因此其装配质量的好坏主要在于控制结构构件的外形尺寸以及装配完成后的墙体或屋架定位尺寸的偏差，本条对此进行了详细的规定。

10.4.4 限定主体结构的整体垂直度可以防止在轴向荷载作用下二阶效应的产生，保证结构的安全。整体平面弯曲的规定保证了墙体的平整度，为板材的安装提供了平整的基层骨架。

10.4.6 接缝宽度的规定是为了使板材在热胀冷缩时留出足够的空间，以免相互挤压使表面隆起。板材的高差和平整度的限定是为了保证墙面在进行外部装修时能够提供平整的基层，以保证装修质量。

11 保温、隔热与防潮

11.1 一般规定

11.1.1 本节的编写目的，在于改善冷弯薄壁型钢建筑的热环境，提高暖通空调系统的能源利用效率，提高建筑热舒适性，满足防潮防冷凝要求，以满足国家相关节能标准和法规的要求。

各类建筑的节能设计，必须根据当地具体的气候条件，并考虑到不同地区的气候、经济、技术和建筑结构与构造的实际情况。

低层冷弯薄壁型钢房屋的防潮设计，主要是为了防止由于空气渗透、雨水渗透、水蒸气渗透及不良冷凝结露等所造成的建筑物内部的不良水汽积累，以确保建筑物达到预期的耐久年限，并提高建筑物内部的空气质量。

11.1.3 本条主要是保证保温材料的安装质量及其保温性能的可审查性。在国内，部分保温材料生产厂商对产品的正规标识不够重视，一旦安装完成，通过局部的简单检查尚无法确认保温效果。尤其是现场发泡与制作产品，其材质与密度在现场制作后更加难以确定。考虑到低层冷弯薄壁型钢房屋项目规模较小，为尽量避免每个单体项目的现场节能检测，确保保温材料热工性能达到设计要求，本条文对保温材料的热阻标示、可审查性提出了要求。

11.2 保温隔热构造

11.2.1 为确保墙体空腔中填充的保温材料不会塌陷，保温材料应轻质且回弹性能好，厚度与轻钢立柱厚度等厚或略厚，通常采用玻璃棉毡等轻质纤维状保温产品。

在墙体外铺设的硬质板状保温材料，主要目的是减少钢立柱热桥的影响，以防止建筑墙体内表面或内部的冷凝和结露。由于冷弯薄壁型钢立柱的传热能力比立柱间空腔保温材料的传热能力大许多，其热桥效应对建筑围护传热会产生很大的影响，计算外墙热阻时应考虑保温材料的性能折减，参考美国 ASHRAE 90.1-2001 标准，表1为常见空腔保温材料热阻值的修正系数。

表1 外墙空腔保温材料热阻值修正系数表

轻钢立柱尺寸(mm)	轻钢立柱间距(mm)	空腔保温材料热阻值($m^2 \cdot K/W$)	修正系数
50×100	400	1.90	0.50
		2.30	0.46
		2.60	0.43
50×100	600	1.90	0.60
		2.30	0.55
		2.60	0.52
50×150	400	3.35	0.37
		3.70	0.35
50×150	600	3.35	0.45
		3.70	0.43
50×200	400	4.40	0.31
50×200	600	4.40	0.38

注：1 空腔保温材料热阻值乘以修正系数即为空腔保温材料实际热阻值；
2 本表适用的外墙轻钢立柱钢板厚度不大于1.6mm；
3 当采用与表1不同的保温材料热阻值时，可进行插值计算。

为减少轻钢立柱的热桥效应，防止墙体内部冷凝和墙面出现立柱黑影，宜在外墙的轻钢立柱外侧连续铺设硬质板状保温材料，常见的如挤塑聚苯乙烯泡沫板等。严寒地区的居住建筑，宜在外墙的轻钢立柱外侧连续铺设热阻值不小于 $1.40m^2 \cdot K/W$ 的硬质板状保温材料；寒冷地区的居住建筑，宜在外墙的轻钢立柱外侧连续铺设热阻值不小于 $0.60m^2 \cdot K/W$ 的硬质板状保温材料；严寒与寒冷地区的公共建筑，宜在外墙的轻钢立柱外侧连续铺设热阻值不小于 $0.50m^2 \cdot K/W$ 的硬质板状保温材料。

11.2.2 冷弯薄壁型钢建筑屋顶保温材料一般有在吊顶上平铺和随坡屋面斜铺的两种方式。保温材料（一般为玻璃棉等纤维类保温材料）在吊顶上平铺，节省保温材料，且其上有通风隔热空间，可以提高屋顶的保温隔热性能。考虑到冷弯薄壁型钢屋顶蓄热性能低，在采用保温材料随屋面斜铺的方式时，应将保温材料热阻按标准要求予以提高以满足国家热工标准中屋顶隔热性能的要求。在构造设计时，应确保屋顶保温材料与墙体保温材料的连续性，以防止由于保温材料不连续而造成的传热损失和冷凝。

为减少屋顶钢构件的热桥效应，防止屋顶内部冷凝和屋顶室内侧出现立柱黑影，在顶层吊顶上方平铺的纤维类屋顶保温材料，厚度不宜小于屋顶钢构件截面高度并不宜小于 200mm；沿坡屋面斜铺的保温材料，在寒冷地区和严寒地区，宜增加铺设连续的硬质板状保温材料，以防止屋顶面冷凝和室内侧出现黑影。

11.3 防潮构造

11.3.1 外覆层是指屋面瓦片、外墙面材或外墙挂板等建筑最外侧保护层，目的是遮挡外界风雨侵袭以保护内部构造，可遮挡掉绝大部分的外部雨水。其耐久年限应在综合考虑初次投资与后期维护（拆换清洗等）的基础上确定，并满足相关国家或行业标准的规定。

由于外覆层的本身材料属性、材料老化和施工及维护缺陷等原因，外覆层本身可能做不到万无一失的防水，而需要结合防潮层来遮挡掉偶然进入到外覆层内部的水分。防潮层材料的选择取决于外覆层材料的防护性能和可靠性，常见的防潮层材料，有沥青防潮纸毡、防潮透气膜等。其物理性能、防水性能和水蒸气渗透性取决于具体的墙体设计。

11.3.3 不良水汽凝结，如不适当的冷凝和结露，易降低房屋构件的耐久性，降低保温材料的保温性能，破坏室内装修，并滋生霉菌，降低室内的空气品质。

在围护构造中设置隔汽层，可减少冬季室内相对湿度较高一侧的水蒸气透过覆面材料向围护体系内部的渗透，减少了在围护体系中产生冷凝的可能。常见的隔汽材料，有牛皮纸贴面、铝箔贴面和聚丙烯贴面等，隔汽层材料的渗透系数不应大于 5.7×10^{-11} kg/(Pa·s·m^2)。由于各地区气候环境与生活方式的差异性很大，目前对隔汽层的设置方法尚无确定的通用方法。例如严寒和寒冷地区，隔汽层应在冬季的暖侧设置。而在我国的南方湿热地区，由于存在室外空气湿度和温度大大高于室内的情况（例如夏季使用室内空调的情况下），加之不同项目室内采用空调、除湿、换气的情况差异很大，宜根据具体情况，在温湿度计算分析的基础上确定隔汽层的设置方法。

11.3.4 为减少热桥影响，防止局部结露，保温材料、防潮层和隔汽层应连续铺设，不留缝隙孔洞。防潮层和隔汽层应按设计要求合理搭接，并及时修补破损之处等易造成潮湿问题的薄弱部位。

11.3.5 冷弯薄壁型钢建筑的屋顶保温材料主要为在吊顶板上或在屋面结构板下方空腔内设置的玻璃棉等纤维类保温材料，屋顶空气间层内部容易潮湿，加之室内水蒸气逸入屋顶空气间层内部引起的较高湿度，如无通风措施，易集聚在屋顶间层内部，降低保温材料的保温性能，产生冷凝结露等现象，并降低屋面结构板等木基结构板的寿命。

屋面通风的方式主要有屋面通风口、通风机械或成品通风屋檐与通风屋脊等，宜尽量利用热空气上升的原理，室外空气从屋顶底部进入，从屋顶顶部排出，通风间层高度不宜小于 50mm。

在湿热地区，部分屋顶采用隔汽层设于屋面上侧（或利用防水层），屋顶对内开放，对外封闭的做法，以防止室外潮湿空气进入屋顶空气间层。在这种情况下，一般屋顶间层不采取对外通风措施，但在设计上应确保吊顶材料的透气性以保证屋顶空气间层内部的干燥。

12 防 火

12.0.1 本条规定了本规程防火设计的适用范围，明确了与现行国家标准《建筑设计防火规范》GB 50016之间的关系。冷弯薄壁型钢建筑有其自身的结构特点，在建筑防火设计中应执行本章的规定。对于本章没有规定的，如建筑的耐火等级、防火间距、安全疏散、消防设施等，应按现行国家标准《建筑设计防火规范》GB 50016 的有关规定设计。

12.0.2、12.0.3 本条规定了附设于冷弯薄壁型钢住宅建筑内的危险性较大场所与建筑其他部分的防火分隔要求。对因使用需要等开设的门窗洞口，应考虑采取相应的防火保护措施。

为了防止机动车库泄漏的燃油蒸气进入住宅部分，要求距车库地面 100mm 范围内的隔墙上不应开设任何洞口。在车辆较多的情况下，或者不是仅供该住宅使用的车库的防火设计应按《汽车库、修车库、停车场设计防火规范》GB 50067 的规定执行。

12.0.4 为了防止住宅发生火灾时，相邻单元受火灾烟气的影响，本条对单元之间的墙两侧窗口最近边缘之间的水平距离做了规定。此外，单元之间的墙应砌至屋面板底部，这样才能使该隔墙真正起到防火隔断作用，从而把火灾限制在一个单元之内，防止蔓延，减少损失。在单元式住宅中，单元之间的墙应无门窗洞口，以达到防火分隔的目的。如果屋面板的耐火极限不能达到相应的要求，需要考虑通过采取隔墙出屋面等措施，来防止火灾在单元之间的蔓延。

12.0.5 本条主要是为了防止火灾时火焰不至于迅速烧穿天窗而蔓延到建筑较高部分的墙面上。设置自动喷水灭火系统或固定式防火窗等可以有效地防止火灾的蔓延。

12.0.6 为防止火灾通过建筑内的浴室、卫生间和厨房的垂直排风管道（自然排风或机械排风）蔓延，要求这些部位的垂直排风管采取防回流措施或在其支管上设置防火阀。由于厨房中平时操作排出的废气温度较高，若在垂直排风管上设置 70℃时动作的防火阀将会影响平时厨房操作中的排风。根据厨房操作需要和厨房常见火灾发生时的温度，本条规定住宅厨房的排油烟管道的支管与垂直排风管连接处应设 150℃时动作的防火阀。

12.0.7 住宅建筑内的管道如水管等，因受条件限制必须穿过单元之间的墙和分户墙时，应用水泥砂浆等不燃材料或防火材料将管道周围的缝隙紧密填塞。对于采用塑料等遇高温或火焰易收缩变形或烧蚀的材质的管道，为减少火灾和烟气穿过防火分隔体，应采取措施使该类管道在受火后能被封闭，如设置热膨胀型阻火圈等。

12.0.8 考虑到住宅内的使用人员有可能处于睡眠状态，设置火灾报警装置，可以在发生火灾时及时报警，为人员的安全逃生提供有利条件。

13 试 验

13.1 一 般 规 定

13.1.1、13.1.2 考虑到目前国内外低层冷弯薄壁型钢房屋体系构造形式多样，在发达国家已形成类似产品化的工艺和设计，且不断创新，本规程对其他可能出现的构件截面、连接构造等不可能全部包括，同时参考国外相关标准，从鼓励创新的角度，提出了本章的相关规定。从结构设计安全角度出发，本章的规定仅针对本规程涉及的低层冷弯薄壁型钢住宅体系的节点、连接、紧固件、新截面形式及新构件（包括抗剪墙体）组合形式的承载能力进行试验；不适用于材料本身，也不得将试验结果推广到整个行业。需要进行承载能力试验的可能情形主要包括：1）当使用的材料在现行规范规定以外时；2）组件的组成和构造无法按现行规范计算抗力或刚度时。

13.1.4 本条的规定主要是为保障完成的试验必须具有可重复性及试验结果存档的规范性。

13.2 性 能 试 验

13.2.1、13.2.2 低层冷弯薄壁型钢房屋结构构件本身壁厚非常薄，厚度方向的尺寸效应及施工工艺的影响非常明显，缩尺的模型试验很难反映真实性能，因此，本节的方法不适用于结构模型试验。试件名义上应与结构验证需要的试件类别和尺寸相同，且试件的材料与制作应遵守相关标准的规定及设计提出的要求，组装方法应与实际产品相同。另外，从目前我国的结构设计制度现状和规范体系要求出发，本节中的试验方法只能适用于采用整体结构、结构局部、单根构件或连接件等原型试件进行试验，对设计进行验证以作为计算的一种替代，不能用于总体设计准则的确立。

13.2.3 目前，我国的相关规范体系中对各类试验方法的规定还不完善。本规程结合规程编制组中西安建筑科技大学开展的相关试验研究工作及经验，对低层冷弯薄壁型钢房屋墙体的抗剪试验给出了参考。

13.2.4、13.2.5 作为承载能力的验证试验，本条参考澳大利亚规范（AS/NZS 4600：2005）。同济大学基于概率分析，给出了对试验的目标试验荷载 R_t 的取值规定。其中结构试件变异性的因子 k_t 参考试件结构特性变异系数 k_{sc} 及试件的数量给出，对应保证率为95%。在结构特性变异系数 k_{sc} 的计算中，由于目前低层冷弯薄壁型钢房屋结构的研究仅主要针对构件和连接，材料包括 Q235 级、Q345 级和 LQ550 级钢，因此，本条参考澳大利亚规范（AS/NZS 4600：2005）的取值规定及同济大学已完成的相关试验的统计，对几何尺寸不定性变异系数 k_f 及材料强度不定性变异系数 k_m 给出了相应的明确规定。对于未列入规范中的钢材，其值应由使用材料的统计分析确定。

13.2.6 本条给出了试验中加载及数据采集应符合的一些基本要求，主要参考澳大利亚规范（AS/NZS 4600：2005）。

13.2.7 作为针对给定目标试验荷载下的承载力设计值验证试验，考虑到目前国内的试验认证资质及体系的现状，本条提出了较严格的要求，即按照一组试验（一般最少 3 个）中的最小值来确定承载力设计值。如果在试验中能够确认某个试件的试验存在明显的错误而导致其承载力严重低估，可以按要求重新进行新的一组试验。另外，系数 1.1 是基于目标可靠度指标 β 在 3.2 到 3.5 之间对应的抗力分项系数。对应于其他目标可靠度指标水平，可按 $1.0+0.15(\beta-2.7)$ 确定。

附录 A 确定螺钉材料抗剪强度设计值的标准试验

A.0.1 对本条说明如下：

1 为确保试验装置施加的荷载通过搭接节点中心，保证螺钉受到纯剪切作用，应在试验装置夹头处设置垫块。

2 为保证螺钉被剪断，连接板应采用钢板，其厚度不得小于螺钉直径；螺钉至少应有 3 圈螺纹穿过钢板。

A.0.2 本条参考现行国家标准《冷弯薄壁型钢结构技术规范》GB 50018 的有关规定给出。

A.0.3 本条参考现行国家标准《金属材料 室温拉伸试验方法》GB/T 228 给出，即在弹性范围内，试验机夹头的分离速率应尽可能保持恒定，应力速率应控制在 $(6\sim60)\,N/mm^2\cdot s^{-1}$ 的范围内。在塑性范围内应变速率不应超过 0.0025/s。

附录 B 墙体抗剪试验方法

B.0.1 冷弯薄壁型钢组合墙体，是由冷弯薄壁型钢骨架和墙体面板组成的蒙皮抗侧力体系，其受剪承载力取决于组合墙体的组成、墙体材料和连接螺钉间距等多种因素，应由1∶1的墙体模型抗剪试验确定其抗剪性能。在水平风荷载作用下，按静力作用考虑墙体的抗剪性能；在水平地震作用下，则按拟静力方法测试墙体的抗剪性能和抗震指标。

B.0.2～B.0.4 本条规定了试验装置的设计和配备、量测仪表的选择。具体规定可参照现行行业标准《建筑抗震试验方法规程》JGJ 101拟静力试验规定的内容确定。

B.0.5 根据本规程第B.0.1条，不同试验目的选择不同试验加载方法。试验中试体施加的竖向荷载是模拟试体在真实结构中所受竖向荷载的作用，抗风时按试体在整体结构中可能承受最大荷载的标准值取用，抗震时按代表值取用。试验时可按静力均匀施加于试体上，试验过程中应保证施加的竖向荷载恒定不变。

正式做试验前，为了消除试体内部组织的不均匀性和检查试验装置及测量仪表的反应是否正常，宜先进行预加反复荷载试验2次，预加荷载值宜为试体屈服荷载的30%。对单调水平加载试验，可根据已有试验结果或经验预估屈服荷载，在试验结束后根据水平剪力-位移曲线确定试体的实际屈服点；对反复水平加载试验，可根据单调水平加载试验结果或经验预估屈服荷载，在试验结束后根据骨架曲线确定试体的实际屈服点。由于冷弯薄壁型钢组合墙体是由多种材料组成的复合体，一般其荷载-位移曲线无明显转折点，目前对这类试体的屈服点确定尚无统一规定方法，有鉴于此，建议采用目前应用较为广泛的“能量等值法”或“作图法”确定屈服点。

B.0.6 试验过程中，水平荷载作用下试体在发生剪切变形的同时可能产生一定的水平滑移和转动，数据处理时，试体的实际剪切变形应扣除水平滑移和转动。

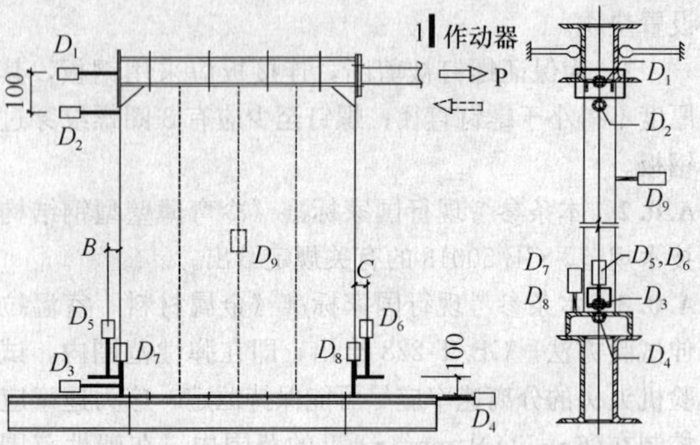

图5 墙片试体位移计布置示意

如图5所示各位移计的布置，试验过程中墙体顶部实测得的侧移δ_0（D_2的读数考虑高度折减后的数值），是由墙体转动时的顶部侧移δ_ϕ、墙体与台座相对滑动位移δ_l以及墙体的实际剪切变形δ三部分组成。墙体的实际剪切变形δ包括面板的剪切变形和螺钉连接处的累积变形，故墙体的实际剪切变形为：

$$\Delta=\delta=\delta_0-\delta_l-\delta_\phi \tag{8}$$

$$\delta_0=\frac{1}{2}\left(\frac{HD_2}{H-100}+D_1\right) \tag{9}$$

$$\delta_\phi=\frac{H}{L+B+C}\cdot\delta_\alpha \tag{10}$$

$$\delta_\alpha=(D_6-D_8)-(D_5-D_7) \tag{11}$$

$$\delta_l=D_3-D_4 \tag{12}$$

式中：δ_0——试验中位移计D_2的实测数据考虑高度折减后的数值；

δ_l——为试件的水平滑移，即位移计D_3和D_4的差值（m）；

δ_ϕ——为墙体转动引起的顶部侧移（m），按图7所示计算；

B、C——见图5；

L、H——见图6。

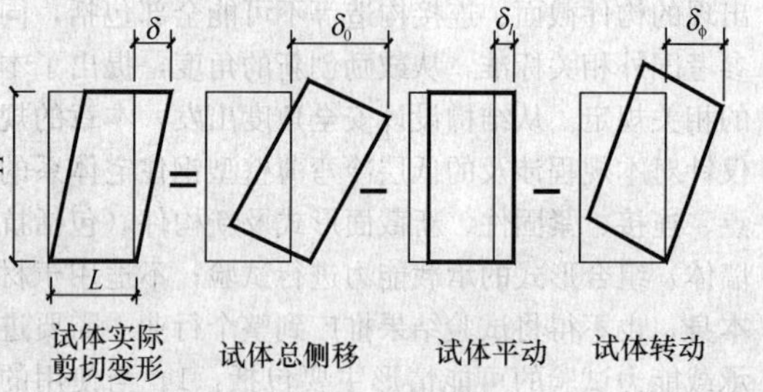

图6 墙片试体的实际剪切变形

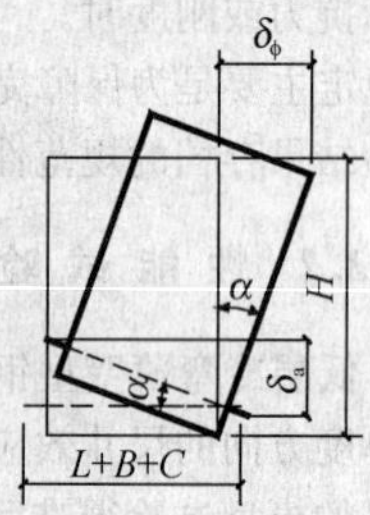

图7 试体转动侧移

本条主要借鉴了现行行业标准《建筑抗震试验方法规程》JGJ 101对混凝土试体拟静力试验规定的方法确定。

根据本条处理所得试验数据，按本规程第5.2.4条条文说明的方法可得到抗剪墙体的抗剪刚度设计值，按本规程第8.2.4条条文说明的方法可得到抗剪墙体的受剪承载力设计值。

附录C 构件畸变屈曲应力计算

C.0.1、C.0.2 本附录关于畸变屈曲应力的计算方法主要参考了澳大利亚冷弯型钢结构规范（AS/NZS 4600：2005）。

中华人民共和国行业标准

矿物绝缘电缆敷设技术规程

Technical specification for mineral insulated cable laying

JGJ 232—2011

批准部门：中华人民共和国住房和城乡建设部
施行日期：2 0 1 1 年 1 0 月 1 日

中华人民共和国住房和城乡建设部
公　　告

第 870 号

关于发布行业标准《矿物绝缘电缆敷设技术规程》的公告

现批准《矿物绝缘电缆敷设技术规程》为行业标准，编号为 JGJ 232－2011，自 2011 年 10 月 1 日起实施。其中，第 3.1.7、4.1.7、4.1.9、4.1.10、4.10.1 条为强制性条文，必须严格执行。

本规程由我部标准定额研究所组织中国建筑工业出版社出版发行。

中华人民共和国住房和城乡建设部

2011 年 1 月 7 日

前　　言

根据住房和城乡建设部《关于印发〈2008 年工程建设标准规范制订、修订计划（第一批）〉的通知》（建标［2008］102 号）的要求，规程编制组经广泛调查研究，认真总结实践经验，参考有关国际标准和国外先进标准，并在广泛征求意见的基础上，制定了本规程。

本规程的主要技术内容是：1. 总则；2. 术语；3. 设计；4. 施工；5. 验收。

本规程由住房和城乡建设部负责管理和对强制性条文的解释，由中国新兴建设开发总公司负责具体技术内容的解释。执行过程中如有意见或建议，请寄送中国新兴建设开发总公司（地址：北京市海淀区太平路 44 号，邮编：100039）。

本规程主编单位：中国新兴建设开发总公司

本规程参编单位：中国人民解放军总后勤部建筑设计研究院
中天建设集团有限公司
湖州久盛电气有限公司

本规程主要起草人员：吴长印　邴树奎　潘春呈
申景阳　刘　寅　赵　刚
刘　伟　叶劲松　王建明
张明伟

本规程主要审查人员：陈　昆　王振生　陈　茂
钱观荣　吴恩远　吴月华
刘文山　周文辉　韩梦云

目　次

Contents

1 总 则

1.0.1 为适应工程建设需要，使矿物绝缘电缆敷设的设计、施工做到安全可靠、技术先进、经济适用，便于矿物绝缘电缆的检修维护，制定本规程。

1.0.2 本规程适用于额定电压为750V及以下工业与民用建筑中矿物绝缘电力电缆、矿物绝缘控制电缆敷设的设计、施工及验收。

1.0.3 矿物绝缘电缆敷设的设计、施工及验收，除应符合本规程外，尚应符合国家现行有关标准的规定。

2 术 语

2.0.1 矿物绝缘电缆 mineral insulated cable

用普通退火铜作为导体，氧化镁作为绝缘材料，普通退火铜或铜合金材料作为护套的电缆。

2.0.2 终端附件 terminal

安装在矿物绝缘电缆端部，采取封端做防潮处理并将电缆芯线与电器端子及电缆铜护套与接地端子连接的装置。

2.0.3 中间连接附件 joint

将两根同型号、同规格的电缆连接成为一根电缆的装置。

2.0.4 封端 seal

保证导体之间及导体和铜护套之间的绝缘，防止潮气进入的密封装置。

2.0.5 辅助等电位联结 supplementary equipotential bonding (SEB)

在伸臂范围内的电缆铜护套与其他可导电部分之间，用导线直接连通，使其电位相等或接近。

3 设 计

3.1 型号规格选择

3.1.1 矿物绝缘电缆的选用应根据敷设环境确定电缆工作温度，按照现行国家标准《建筑物电气装置 第5部分：电气设备的选择和安装 第523节：布线系统载流量》GB/T 16895.15选择载流量，确定电缆型号、规格。

3.1.2 当符合下列条件之一时，电缆载流量应按工作温度为70℃选择：

1 沿墙、支架、顶板等明敷；

2 与其他种类电缆共同敷设在同一桥架、竖井、电缆沟、电缆隧道内；

3 敷设在其他由于电缆护套温度过高易引起人员伤害或设备损坏的场所。

3.1.3 单独敷设于桥架、电缆沟、穿管等无人触及的场所，电缆载流量宜按工作温度105℃选择。

3.1.4 矿物绝缘电缆的规格应根据线路的实际长度及各种规格电缆的最大生产长度进行选择，宜将中间接头减至最少。

3.1.5 当室外直埋、穿混凝土管或石棉混凝土管及敷设环境对电缆铜护套有腐蚀作用时，电缆应选用有挤塑外护层的电缆。

3.1.6 在有爆炸或火灾等危险环境下敷设矿物绝缘电缆选用的材料及附件应符合现行国家标准《爆炸和火灾危险环境电力装置设计规范》GB 50058的有关规定。

3.1.7 有耐火要求的线路，矿物绝缘电缆中间连接附件的耐火等级不应低于电缆本体的耐火等级。

3.2 电缆敷设

3.2.1 在矿物绝缘电缆线路敷设设计时，电缆的敷设应避开可能受到机械外力损伤、振动、腐蚀及人员易触及的场所；当不能避开时，应采取保护措施。

3.2.2 当火灾自动报警系统采用矿物绝缘电缆时，电缆的敷设应采用明敷设或在吊顶内敷设。

3.3 接 地

3.3.1 电缆铜护套、敷设电缆的支（吊）架、金属桥架及金属保护管应可靠接地。

3.3.2 当采用无挤塑外护层电缆敷设于人体易触及的部位时，电缆与伸臂范围内的金属物体应做辅助等电位联结。

4 施 工

4.1 一般规定

4.1.1 电缆敷设前应按下列规定进行检查：

1 电缆型号、规格、耐压等级应符合设计要求；

2 电缆外观应无损伤；

3 电缆绝缘电阻值不应小于100MΩ。

4.1.2 在电缆敷设时，电缆端部应及时做好防潮处理，并应做好标识。

4.1.3 电缆弯曲后表面应光滑、平整，没有明显皱褶。电缆内侧最小弯曲半径应符合表4.1.3的规定。

表4.1.3 电缆内侧最小弯曲半径

电缆外径 D (mm)	$D<7$	$7\leqslant D<12$	$12\leqslant D<15$	$D\geqslant15$
电缆内侧最小弯曲半径 R (mm)	$2D$	$3D$	$4D$	$6D$

4.1.4 当穿越建筑物变形缝、温度变化较大场所或

作为有振动源的设备布线时，电缆应采取补偿措施。

4.1.5 敷设在有周期性振动场所的电缆应采取补偿措施，在支撑电缆部位应设置由橡胶等弹性材料制成的衬垫。

4.1.6 单芯电缆的敷设应按表4.1.6所列的电缆相序排列方法进行，且每个回路电缆间距不应小于电缆外径的2倍。电缆敷设应分回路绑扎成束，绑扎间距不得大于2m。

表4.1.6 单芯电缆敷设相序排列方式

敷设形式	三相三线	三相四线
单路电缆	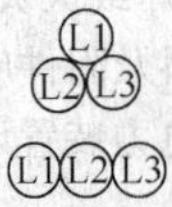L1 L2 L3 L1 L2 L3	L1 N L2 L3 L1 L2 L3 N
两路平行电缆	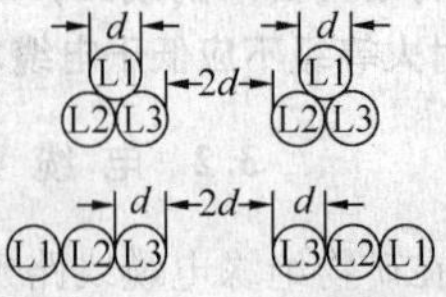d d 2d L1 L1 L2 L3 L2 L3 d 2d d L1 L2 L3 L3 L2 L1	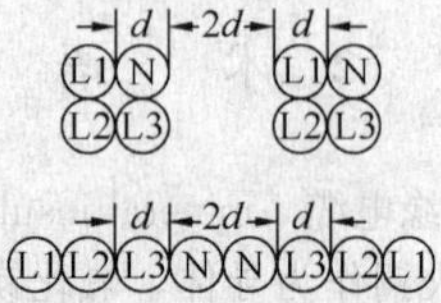d 2d d L1 N L1 N L2 L3 L2 L3 d 2d d L1 L2 L3 N N L3 L2 L1
两路以上平行电缆	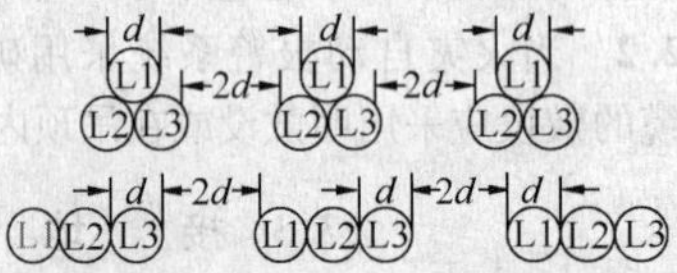d d d 2d 2d L1 L1 L1 L2 L3 L2 L3 L2 L3 d 2d d 2d d L1 L2 L3 L1 L2 L3 L1 L2 L3	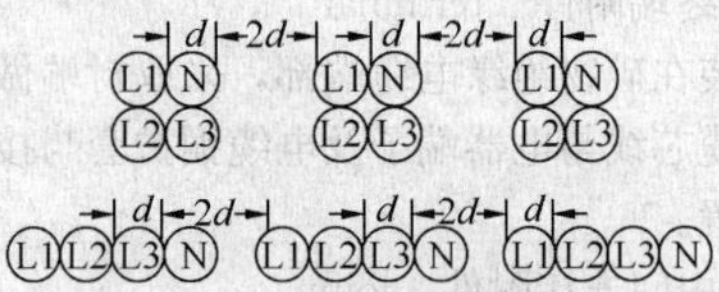

4.1.7 交流系统单芯电缆敷设应采取下列防涡流措施：

1 电缆应分回路进出钢制配电箱（柜）、桥架；

2 电缆应采用金属件固定或金属线绑扎，且不得形成闭合铁磁回路；

3 当电缆穿过钢管（钢套管）或钢筋混凝土楼板、墙体的预留洞时，电缆应分回路敷设。

4.1.8 电缆敷设完毕后应对绝缘电阻进行测试，其绝缘电阻值不应小于20MΩ。

4.1.9 电缆首末端、分支处及中间接头处应设标志牌。

4.1.10 当电缆穿越不同防火区时，其洞口应采用不燃材料进行封堵。

4.1.11 电缆应顺直、排列整齐，并应减少交叉，固定点间最大间距应符合表4.1.11的规定。

表4.1.11 电缆固定点间最大间距

电缆外径 D (mm)		$D<9$	$9 \leqslant D<15$	$15 \leqslant D<20$	$D \geqslant 20$
固定点间最大间距 (mm)	水平	600	900	1500	2000
	垂直	800	1200	2000	2500

4.1.12 电缆在接续端子前应可靠固定，电气元器件或设备端子不得承受电缆荷载。

4.1.13 当采用无挤塑外护层电缆敷设在潮湿环境时，支（吊）架与电缆铜护套直接接触的部位应采取防电化腐蚀措施；在人能同时接触到的外露可导电部分和装置外可导电部分之间应做辅助等电位联结。

4.2 材料及附件

4.2.1 所选用的电缆及附件应有合格证、质量证明文件及产品标识。

4.2.2 电缆及附件应表面光滑，并应无锈蚀、无裂纹、无变形、无凹凸等明显缺陷。

4.2.3 引出电缆终端的导体所使用的绝缘材料的工作温度不应低于线路工作温度。

4.2.4 电缆应进行进场检验，电缆的护套厚度、护套尺寸、绝缘厚度应符合本规程附录A中的相应规定；导体电阻及护套电阻的校正值应按式（4.2.4）计算，其校正值应符合本规程附录A中的相应规定。

$$R_{20}=R_{\mathrm{t}} \cdot K_{\mathrm{t}} \cdot \frac{1000}{L} \quad (4.2.4)$$

式中 R_{20}——20℃时电阻（Ω/km）；

R_{t}——温度为t时L长电缆的实测电阻（Ω）；

K_{t}——温度为t时的电阻温度校正系数，并应按本规程附录B采用；

L——电缆的长度（m）；

t——测量时的导体温度（℃）；

4.3 隧道或电缆沟内敷设

4.3.1 当隧道或电缆沟内有多种电缆敷设时，矿物绝缘电缆宜敷设于其他电缆上方。

4.3.2 隧道或电缆沟内支（吊）架设置及排列间距应符合现行国家标准《电气装置安装工程电缆线路施工及验收规范》GB 50168的规定及设计要求。

4.3.3 沿隧道或电缆沟敷设无挤塑外护层电缆时，电缆铜护套与其直接接触的金属物体间应采取防电化腐蚀措施。

4.3.4 当无挤塑外护套电缆沿支架敷设时，电缆与支架应做辅助等电位联结，其间距不应大于25m。

4.4 沿桥架敷设

4.4.1 当电缆沿桥架敷设时，电缆在桥架横断面的填充率应符合下列规定：

1 电力电缆不应大于40%；

2 控制电缆不应大于50%。

4.4.2 当电缆沿桥架敷设时，分支处应单独设置分支箱且安装位置应便于检修。

4.5 穿管及地面下直埋敷设

4.5.1 电缆穿管敷设宜穿直通管，长度超过30m的直通管应增设检修井或接线箱。

4.5.2 电缆穿管敷设应有防铜护套损伤的措施，管内径应大于电缆外径（包括单芯成束的每路电缆外径之和）的1.5倍，单芯电缆成束后应按回路穿管敷设。

4.5.3 当电缆保护管为混凝土管或石棉混凝土管时，其敷设地基应坚实、平整，不应有沉陷；当电缆保护管为低碱玻璃钢管等脆性材料时，应在其下部添加混凝土垫层后敷设。

4.5.4 电缆保护管直埋敷设应符合下列规定：

1 电缆保护管的埋设深度应符合设计要求；当设计无要求时，埋设深度不应小于0.7m；

2 电缆保护管应有不小于0.1%的排水坡度。

4.5.5 当电缆穿管敷设需接头时，接头部位应设置检修井或接线箱。

4.5.6 电缆直埋敷设应符合下列规定：

1 电缆应敷设于壕沟内，埋设深度应符合设计要求；当设计无要求时，埋设深度不应小于0.7m，并应沿电缆全长的上、下紧邻侧铺以厚度不小于100mm的软土或砂层；

2 沿电缆全长应覆盖宽度不小于电缆两侧各50mm的保护板，保护板宜采用混凝土板；

3 室外直埋电缆的接头部位应设置检修井。

4.5.7 直埋及室外穿管敷设的电缆在拐弯、接头、终端和进出建筑物等部位，应设置明显的方位标志。直线段上应每25m设置标桩，标桩露出地面宜为150mm。

4.6 沿钢索架空敷设

4.6.1 钢索架空敷设电缆的钢索及其配件均应采取热镀锌处理。电缆沿钢索架空敷设固定间距不得大于1m，在遇转弯时，除弯曲半径应符合本规程表4.1.3的规定外，在其弯曲部位两侧的100mm内尚应做可靠固定。

4.6.2 当沿钢索架空敷设的电缆需穿墙时，在穿墙处应预埋直径大于电缆外径1.5倍的穿墙套管，并应做好管口封堵。

4.6.3 当电缆沿钢索架空敷设时，电缆在钢索的两端固定处应做减振膨胀环。

4.6.4 电缆沿钢索架空敷设应按回路敷设，并应采用金属电缆挂钩固定。

4.6.5 沿钢索架空敷设的电缆铜护套及钢索两端应可靠接地。

4.7 沿墙或顶板敷设

4.7.1 当电缆沿墙或顶板明敷设时，并排敷设的电缆应排列整齐、间距一致。

4.7.2 沿墙或顶板敷设的单芯电缆宜分回路固定，排列方式应符合本规程表4.1.6的规定。

4.7.3 当单芯电缆沿墙采用挂钩敷设时，挂钩可使用金属制品，其上开口应大于电缆外径。

4.8 沿支（吊）架敷设

4.8.1 沿支（吊）架敷设的电缆应可靠固定。

4.8.2 电缆支（吊）架应符合下列规定：

1 电缆支（吊）架表面应光滑无毛刺；

2 电缆支（吊）架的固定应稳固、耐久；

3 电缆支（吊）架应具有所需的承载能力；

4 电缆支（吊）架应符合设计的防火要求。

4.8.3 电缆支（吊）架最大间距应符合表4.8.3的规定。

表4.8.3 电缆支（吊）架最大间距

电缆外径 D (mm)		$D<9$	$9\leqslant D<15$	$15\leqslant D<20$	$D\geqslant 20$
电缆支（吊）架最大间距（mm）	水平	600	900	1500	2000
	垂直	800	1200	2000	2500

4.8.4 电缆支（吊）架的安装位置应预留电缆敷设、固定、安置接头及检修的空间。

4.9 附 件 安 装

4.9.1 电缆终端与中间接头的安装应由培训合格的人员进行操作。

4.9.2 电缆中间连接应采用压装型、压接型、螺丝连接型中间连接端子连接；截面35mm²以上电缆终端必须采用压装型终端接线端子。

4.9.3 中间连接端子应与电缆连接牢固可靠，在全负荷运行时，接头部位的外护套温度不应高于电缆本体温度。

4.9.4 电缆的中间连接附件安装位置应便于检修，并排敷设电缆的中间接头位置应相互错开且不得被其他物体遮盖。

4.9.5 除在水平桥架内敷设外，电缆中间连接附件及其两侧 300mm 内的电缆均应进行可靠固定，并应做好色标。水平敷设在桥架内的电缆应顺直，中间连接附件不得承受外力。

4.9.6 中间连接附件安装完毕后应设置明显的连接附件位置标识，并应在竣工图中标明具体位置。

4.9.7 进出分支箱、盒的电缆铜护套均应可靠连接。

4.9.8 电缆封端应随电缆敷设及时安装。安装封端前应对电缆进行绝缘电阻测试，其绝缘电阻值不应小于 100MΩ。

4.9.9 电缆终端接线端子应采用专用配件，并应与电缆芯线可靠连接。

4.9.10 电缆封端宜采用专用附件，当采用热缩管作为封端时应添加专用密封胶。

4.10 接 地

4.10.1 当电缆铜护套作为保护导体使用时，终端接地铜片的最小截面积不应小于电缆铜护套截面积，电缆接地连接线允许最小截面积应符合表 4.10.1 的规定。

表 4.10.1 接地连接线允许最小截面积

电缆芯线截面积 S (mm^2)	接地连接线允许最小截面积 (mm^2)
$S \leqslant 16$	S
$16 < S \leqslant 35$	16
$35 < S \leqslant 400$	$S/2$

4.10.2 当电缆铜护套不作为保护导体使用时，铜护套应可靠接地。接地连接线应采用铜绞线或镀锡铜编织线，其截面积不应小于表 4.10.2 的规定。

表 4.10.2 接地连接线截面积

电缆芯线截面积 S (mm^2)	接地连接线允许最小截面积 (mm^2)
$S \leqslant 16$	S
$16 < S \leqslant 120$	16
$S \geqslant 150$	25

4.10.3 电缆支（吊）架及电缆桥架应可靠接地。

5 验 收

5.1 一 般 规 定

5.1.1 隐蔽工程应在施工过程中进行验收，并做好记录。

5.1.2 在验收时，施工单位应提交下列资料和技术文件：

1 设计变更的证明文件和竣工图；

2 合格证、质量证明文件、产品标识等技术文件；

3 隐蔽工程验收记录；

4 分项工程质量验收记录；

5 电缆绝缘电阻测试记录；

6 全负荷试验中间接头测温记录。

5.2 质 量 验 收

5.2.1 矿物绝缘电缆及附件的型号、规格应符合设计要求，进场检验应符合本规程第 4.2.4 条的规定。

检查数量：全数检查。

检查方法：查阅性能检测报告和物资进场检验记录等质量证明文件。

5.2.2 电缆排列整齐，无机械损伤，固定可靠；标志牌应装设齐全、正确、清晰。

检查数量：全数检查。

检查方法：查阅施工记录，观察检查。

5.2.3 电缆的弯曲半径、回路敷设间距和单芯电缆的相序排列方式应符合本规程的规定。

检查数量：全数检查。

检查方法：查阅施工记录，观察检查。

5.2.4 电缆终端附件及中间连接附件应安装牢固，电缆铜护套应接地可靠。

检查数量：全数检查。

检查方法：查阅全负荷试验中间接头测温记录，观察检查。

5.2.5 电缆支（吊）架、电缆桥架等的金属部件防腐层应完好，接地应可靠。

检查数量：全数检查。

检查方法：观察检查。

5.2.6 防火措施应符合设计文件要求，且施工质量应合格。

检查数量：全数检查。

检查方法：查阅施工记录，观察检查。

5.2.7 单芯电缆敷设应符合本规程第 4.1.7 条的规定。

检查数量：全数检查。

检查方法：查阅施工记录，观察检查。

5.2.8 潮湿场所电缆敷设应符合本规程第 4.1.13 条及第 4.3.3 条的规定。

检查数量：全数检查。

检查方法：观察检查。

5.2.9 电缆辅助等电位联结应符合本规程第 3.3.2 条、第 4.1.13 条及第 4.3.4 条的规定。

检查数量：全数检查。

检查方法：观察检查。

5.2.10 电缆绝缘电阻值应符合本规程第4.1.8条的规定。

检查数量：全数检查。

检查方法：查阅电缆绝缘电阻测试记录。

附录A 电缆各项参数

A.0.1 500V电缆铜护套厚度应符合表A.0.1的规定。

表A.0.1 500V电缆铜护套厚度

导体标称截面（mm^2）	铜护套平均厚度（mm）				
	1芯	2芯	3芯	4芯	7芯
1	0.31	0.41	0.45	0.48	0.52
1.5	0.32	0.43	0.48	0.50	0.54
2.5	0.34	0.49	0.50	0.54	0.61
4	0.38	0.54	—	—	—

注：护套上最薄点的厚度不应小于标称值的90%。

A.0.2 750V电缆铜护套厚度应符合表A.0.2的规定。

表A.0.2 750V电缆铜护套厚度

导体标称截面（mm^2）	铜护套平均厚度（mm）						
	1芯	2芯	3芯	4芯	7芯	12芯	19芯
1	0.39	0.51	0.53	0.56	0.62	0.73	0.79
1.5	0.41	0.54	0.56	0.59	0.65	0.76	0.84
2.5	0.42	0.57	0.59	0.62	0.69	0.81	—
4	0.45	0.61	0.63	0.68	0.75	—	—
6	0.48	0.65	0.68	0.71	—	—	—
10	0.50	0.71	0.75	0.78	—	—	—
16	0.54	0.78	0.82	0.86	—	—	—
25	0.60	0.85	0.87	0.93	—	—	—
35	0.64	—	—	—	—	—	—
50	0.69	—	—	—	—	—	—
70	0.76	—	—	—	—	—	—
95	0.80	—	—	—	—	—	—
120	0.85	—	—	—	—	—	—
150	0.90	—	—	—	—	—	—
185	0.94	—	—	—	—	—	—
240	0.99	—	—	—	—	—	—
300	1.08	—	—	—	—	—	—
400	1.17	—	—	—	—	—	—

注：护套上最薄点的厚度不应小于标称值的90%。

A.0.3 500V电缆铜护套尺寸应符合表A.0.3的规定。

表A.0.3 500V电缆铜护套尺寸

导体标称截面（mm^2）	绝缘标称厚度(mm)		铜护套外径(mm)				
	1,2芯	3,4,7芯	1芯	2芯	3芯	4芯	7芯
1	0.65	0.75	3.1	5.1	5.8	6.3	7.6
1.5	0.65	0.75	3.4	5.7	6.4	7.0	8.4
2.5	0.65	0.75	3.8	6.6	7.3	8.1	9.7
4	0.65	—	4.4	7.7	—	—	—

注：电缆绝缘最小厚度不应小于（规定标称值的80%－0.1）mm。

A.0.4 750V电缆铜护套尺寸应符合表A.0.4的规定。

表A.0.4 750V电缆铜护套尺寸

导体标称截面（mm^2）	绝缘标称厚度（mm）	铜护套外径（mm）						
		1芯	2芯	3芯	4芯	7芯	12芯	19芯
1	1.30	4.6	7.3	7.7	8.4	9.9	13.0	15.2
1.5	1.30	4.9	7.9	8.3	9.1	10.8	14.1	16.6
2.5	1.30	5.3	8.7	9.3	10.1	12.1	15.6	—
4	1.30	5.9	9.8	10.4	11.4	13.6	—	—
6	1.30	6.4	10.9	11.5	12.7	—	—	—
10	1.30	7.3	12.7	13.6	14.8	—	—	—
16	1.30	8.3	14.7	15.6	17.3	—	—	—
25	1.30	9.6	17.1	18.2	20.1	—	—	—
35	1.30	10.7	—	—	—	—	—	—
50	1.30	12.1	—	—	—	—	—	—
70	1.30	13.7	—	—	—	—	—	—
95	1.30	15.4	—	—	—	—	—	—
120	1.30	16.8	—	—	—	—	—	—
150	1.30	18.4	—	—	—	—	—	—
185	1.40	20.4	—	—	—	—	—	—
240	1.60	23.3	—	—	—	—	—	—
300	1.80	26.0	—	—	—	—	—	—
400	2.10	30.0	—	—	—	—	—	—

注：电缆绝缘最小厚度不应小于（规定标称值的80%－0.1）mm。

A. 0. 5 500V 电缆铜护套电阻校正值应符合表 A. 0. 5 的规定。

表 A. 0. 5 500V 电缆铜护套电阻校正值

导体标称截面（mm^2）	20℃时导体最大电阻(Ω/km)				
	1 芯	2 芯	3 芯	4 芯	7 芯
1	8. 85	3. 95	3. 15	2. 71	2. 06
1. 5	7. 75	3. 35	2. 67	2. 33	1. 78
2. 5	6. 48	2. 53	2. 23	1. 85	1. 36
4	4. 98	1. 96	—	—	—

A. 0. 6 750V 电缆铜护套电阻校正值应符合表 A. 0. 6 的规定。

表 A. 0. 6 750V 电缆铜护套电阻校正值

导体标称截面（mm^2）	20℃时铜护套最大电阻(Ω/km)						
	1 芯	2 芯	3 芯	4 芯	7 芯	12 芯	19 芯
1	4. 63	2. 19	1. 99	1. 72	1. 31	0. 843	0. 663
1. 5	4. 13	1. 90	1. 75	1. 51	1. 15	0. 744	0. 570
2. 5	3. 71	1. 63	1. 47	1. 29	0. 959	0. 630	—
4	3. 09	1. 35	1. 23	1. 04	0. 783	—	—
6	2. 67	1. 13	1. 03	0. 887	—	—	—
10	2. 23	0. 887	0. 783	0. 690	—	—	—
16	1. 81	0. 695	0. 622	0. 533	—	—	—
25	1. 40	0. 546	0. 500	0. 423	—	—	—
35	1. 17	—	—	—	—	—	—
50	0. 959	—	—	—	—	—	—
70	0. 767	—	—	—	—	—	—
95	0. 646	—	—	—	—	—	—
120	0. 556	—	—	—	—	—	—
150	0. 479	—	—	—	—	—	—
185	0. 412	—	—	—	—	—	—
240	0. 341	—	—	—	—	—	—
300	0. 280	—	—	—	—	—	—
400	0. 223	—	—	—	—	—	—

A. 0. 7 500V 电缆导体电阻校正值应符合表 A. 0. 7 的规定。

表 A. 0. 7 500V 电缆导体电阻校正值

导体标称直径(mm)	20℃时导体最大电阻(Ω/km)
1	18. 1
1. 5	12. 1
2. 5	7. 41
4	4. 61

A. 0. 8 750V 电缆导体电阻校正值应符合表 A. 0. 8 的规定。

表 A. 0. 8 750V 电缆导体电阻校正值

导体标称直径(mm)	20℃时导体最大电阻(Ω/km)
1	18. 1
1. 5	12. 1
2. 5	7. 41
4	4. 61
6	3. 08
10	1. 83
16	1. 15
25	0. 727
35	0. 524
50	0. 387
70	0. 263
95	0. 193
120	0. 153
150	0. 124
185	0. 0991
240	0. 0754
300	0. 0601
400	0. 0470

附录 B 校正系数 K_t

表 B 在 t℃时测量电缆导体电阻、电缆铜护套电阻校正到 20℃时的温度校正系数 K_t

测量时电缆导体温度 t（℃）	校正系数 K_t	测量时电缆导体温度 t（℃）	校正系数 K_t	测量时电缆导体温度 t（℃）	校正系数 K_t
5	1. 064	16	1. 016	27	0. 973
6	1. 059	17	1. 012	28	0. 969
7	1. 055	18	1. 008	29	0. 965
8	0. 050	19	1. 004	30	0. 962
9	1. 046	20	1. 000	31	0. 958
10	1. 042	21	0. 996	32	0. 954
11	1. 037	22	0. 992	33	0. 951
12	1. 033	23	0. 988	34	0. 947
13	1. 029	24	0. 984	35	0. 943
14	1. 025	25	0. 980		
15	1. 020	26	0. 977		

本规程用词说明

1 为便于在执行本规程条文时区别对待，对要求严格程度不同的用词说明如下：

1）表示很严格，非这样做不可的：

正面词采用“必须”，反面词采用“严禁”；

2）表示严格，在正常情况下均应这样做的：

正面词采用“应”，反面词采用“不应”或“不得”；

3）表示允许稍有选择，在条件许可时首先应这样做的：

正面词采用“宜”，反面词采用“不宜”；

4）表示有选择，在一定条件下可以这样做的，采用“可”。

2 条文中指明应按其他有关标准执行的写法为：“应符合……的规定”或“应按……执行”。

引用标准名录

1 《爆炸和火灾危险环境电力装置设计规范》GB 50058

2 《电气装置安装工程电缆线路施工及验收规范》GB 50168

3 《建筑物电气装置 第5部分：电气设备的选择和安装 第523节：布线系统载流量》GB/T 16895.15

中华人民共和国行业标准

矿物绝缘电缆敷设技术规程

JGJ 232—2011

条 文 说 明

制 定 说 明

《矿物绝缘电缆敷设技术规程》JGJ 232－2011，经住房和城乡建设部2011年1月7日以第870号公告批准、发布。

本规程编制过程中，编制组进行了广泛的调查研究，总结了近几年我国矿物绝缘电缆敷设技术的实践经验，同时参考了国外先进技术法规、技术标准，并做了大量的有关材料性能试验。

为便于广大设计、施工、科研、学校等单位有关人员在使用本规程时能正确理解和执行条文规定，《矿物绝缘电缆敷设技术规程》编制组按章、节、条顺序编制了本规程的条文说明，对条文规定的目的、依据以及执行中需注意的有关事项进行了说明，还着重对强制性条文的强制性理由作了解释。但是，本条文说明不具备与规程正文同等的法律效力，仅供使用者作为理解和把握规程规定的参考。

目　次

1 总 则

1.0.1 本条明确了制定本规程的目的。矿物绝缘电缆作为最安全的耐火电缆，在工业和民用建筑中得到了广泛的应用。现行的《额定电压750V及以下矿物绝缘电缆及终端》GB/T 13033－2007为产品标准，《电气装置安装工程电缆线路施工及验收规范》GB 50168－2006也未涉及矿物绝缘电缆的敷设安装。与传统电缆相比，矿物绝缘电缆的敷设具有较大的特殊性，目前工程安装质量参差不齐，迫切需要相应的技术规程加以规范。

2 术 语

2.0.2 终端附件包括：1个终端封套、1片接地铜片、1个终端封端和1个接线端子。小截面矿物绝缘电缆终端附件可以不带接线端子。

2.0.3 中间连接附件包括：1套中间连接附件、2套终端密封罐、对应电缆芯数的中间连接端子。

2.0.4 封端：由封套螺母、压缩环、封套本体和束紧螺母四部分构成。

3 设 计

3.1 型号规格选择

3.1.1 矿物绝缘电缆的选择与普通电缆有一定区别，根据矿物绝缘电缆可在高温下正常运行的特点，在保证人员及周围环境安全的前提下可选用较高工作温度，确定相应载流量，因此规定应先根据敷设环境确定电缆工作温度，再合理选用相应载流量确定电缆型号、规格。

3.1.2 在本条所述的敷设环境下，电缆易被人员或其他物品接触，如工作温度过高易造成损害。

3.1.4 由于矿物绝缘电缆生产工艺及生产原材料受限，生产长度往往满足不了工程需要，所以设计应根据厂家生产长度及线路实际情况合理选择电缆规格，可选用2根相等长度、相等截面电缆代替大截面电缆，以避免或减少中间接头。

3.1.5 矿物绝缘电缆的挤塑外护层主要起到保护铜护套作用，如：在混凝土管、石棉混凝土管敷设时，由于拖拽电缆可能对铜护套造成损伤；室外直埋可能由于大地泄漏电流对铜护套造成损伤，所以要求在上述环境下使用有挤塑外护层的矿物绝缘电缆。

3.1.7 为避免因火灾造成中间连接附件的损毁，导致线路停电，特此对中间连接附件的耐火等级做出要求。

3.2 电 缆 敷 设

3.2.1 矿物绝缘电缆外护套为铜材质，但因其绝缘材料氧化镁极易吸潮的特性，铜护套一旦被破坏将造成氧化镁吸潮，使整根电缆绝缘下降直至不能正常使用，为保证线路安全，所以规定电缆线路敷设时宜避开上述场所。

3.2.2 火灾自动报警系统敷设矿物绝缘电缆应符合《民用建筑电气设计规范》JGJ 16的要求。

4 施 工

4.1 一 般 规 定

4.1.2 由于电缆铜护套上无任何标识，电缆敷设完毕后应及时做好回路标识，单芯电缆还应在首、末端做好相位标识。绝缘填充材料氧化镁具有极易吸潮的特性，电缆切断后要及时封堵防潮以防绝缘电阻值下降。

4.1.4 由于环境条件使电缆振动或伸缩时，为避免电缆承受因其带来的外力而造成的物理损伤，可将电缆敷设成“S”或“Ω”形弯。

4.1.6、4.1.7 大截面矿物绝缘电缆多为单芯电缆，在敷设时应有科学的排布方式以减少因涡流造成的能量损失。所以规定电缆进出钢制配电箱（柜）、桥架等开孔及穿金属管道应避免产生涡流。

电缆明敷直接固定在混凝土墙体（顶板）上，由于金属胀栓接触墙（顶板）内钢筋会形成闭合磁路。

混凝土楼板或墙体内有密布钢筋可形成闭合磁路，所以电缆穿越混凝土楼板或墙体的预留洞可能产生涡流造成电能损耗。

4.1.8 单芯电缆应测试芯线与护套间绝缘电阻，多芯电缆还应测试各相间、相线对中性线、相线对地线及中性线对地线绝缘电阻。

4.1.9 由于通常情况下并行敷设的电缆数量较多，为便于区分及检修方便，需加设标志牌。

4.1.10 为防止在火灾情况下火源穿越不同防火分区，矿物绝缘电缆穿越的洞口应采用耐火级别最高等级的材料进行严密封堵。

4.1.12 本条主要规定电缆在与设备或电气元器件连接时应可靠固定，保证电气元器件或设备端子不受电缆外力影响，考虑电缆弯曲敷设后本身带有一定的应力及电缆重量，与电气元器件或设备连接后，会因电缆应力释放等原因对开关或设备造成损伤，所以规定电缆在接续端子前必须可靠固定。

4.1.13 相对湿度长期在75%以上定义为潮湿环境。因潮湿环境下易产生原电池效应，造成铜或金属支架腐蚀，所以规定潮湿环境下与铜护套直接接触的金属支架之间必须做防电化腐蚀措施。铜护套与支架做绝缘处理后考虑人身安全，要求做辅助等电位联结。

4.2 材料及附件

4.2.1 选用的矿物绝缘电缆应符合现行国家标准

《额定电压750V及以下矿物绝缘电缆及终端 第1部分：电缆》GB/T 13033.1的规定；终端应符合现行国家标准《额定电压750V及以下矿物绝缘电缆及终端 第2部分：终端》GB/T 13033.2的规定。进场检验时应参照以上标准相关内容进行检查。

4.2.2 电缆到达施工现场时应对电缆型号规格及外观进行初步检查，以保证工程质量。

4.2.3 引出终端后，矿物绝缘电缆外护套及氧化镁绝缘层均已剥离，导体处于裸露状态，考虑线路安全，绝缘材料耐温不应低于线路工作温度，不因电缆温度升高而影响其绝缘性能。

4.3 隧道或电缆沟内敷设

4.3.4 无挤塑外护套电缆即为铜护套矿物绝缘电缆，电缆外皮是导体，支架也是导体。为使电缆和支架间的电位相等或更接近，在伸臂范围内用导线附加连接。

4.5 穿管及地面下直埋敷设

4.5.5 电缆如有接头则接头部位成为整个线路质量控制的重点，所以穿管或直埋敷设的电缆如设接头，则必须设置检修井（接线箱）以便于接头质量验证及维修。

4.6 沿钢索架空敷设

4.6.3 矿物绝缘电缆本身有一定的机械强度，采取本条做法可减少环境对电缆质量的影响。

4.6.4 沿钢索敷设单芯电缆必须按回路敷设，不得单根悬挂一根钢索。单芯电缆按回路敷设使用同一金属挂钩可有效减少电能损耗。

4.7 沿墙或顶板敷设

4.7.3 电缆沿墙敷设时可使用任意材质足够强度挂钩，但使用金属材质特别是导磁金属材质挂钩应特别注意防止涡流产生。

4.9 附件安装

4.9.3 中间接头为整根线路的质量控制重点，当中间接头连接质量不好，线路全负荷运行时中间接头会发热，测量中间接头温度能及时发现中间接头是否连接可靠，对整根线路质量起到预控的作用。

4.9.4 当电缆设置中间接头后，整根线路的质量主要取决于中间接头的质量。所以中间接头设置的位置要便于检修不得覆盖。

4.9.5 电缆中间连接附件有一定自重，由于环境因素造成电缆晃动（振动）对接头质量产生影响，所以要求电缆中间连接附件及两端电缆都要可靠固定。

4.9.6 中间接头为整根线路的质量控制重点，当线路正常运行后中间接头仍最可能出现问题，所以线路敷设完毕后应做明显标记便于以后检修。

4.9.7 为了保证电缆铜护套的电气连续性，所以要求所有进出分支箱、盒的电缆铜护套应可靠连接。

4.9.8 中间接头安装前，为检测氧化镁材料在施工过程中是否受潮而影响到电缆绝缘电阻以及对接头封端质量的检验，需进行绝缘电阻测试。

4.9.10 采用的密封材料除电气性能应符合要求外，尚应与电缆本体具有相容性。两种材料的硬度、膨胀系数、抗张强度和断裂伸长率等物理性能指标应接近，保证密封可靠。

矿物绝缘电缆本身由不燃材料制成，受环境影响热缩管性能将发生变化，造成电缆吸潮，导致绝缘电阻下降，影响线路使用寿命，所以要求热缩管保护前对电缆的绝缘层使用专用密封胶密封严密。

4.10 接　地

4.10.1 电缆铜护套作为接地线，通过电缆终端接头铜片及接地连接线与设备或配电设施的保护导体排相连接，形成一根整体的保护导体，所以要求接地铜片不小于电缆护套截面积；同一回路电缆接地连接线可以共用，每根电缆也可单独敷设一根相同材质相同截面的接地连接线，要求接地连接线应符合表4.10.1的要求，以保证整条线路保护导体截面积不降低。

5 验　收

5.2 质量验收

5.2.1～5.2.10 为保证人身及财产安全，验收时应提交的试验记录为全数检查记录。

中华人民共和国行业标准

水泥土配合比设计规程

Specification for mix proportion design of cement soil

JGJ/T 233—2011

批准部门：中华人民共和国住房和城乡建设部
施行日期：2 0 1 1 年 1 0 月 1 日

中华人民共和国住房和城乡建设部
公　　告

第 873 号

关于发布行业标准《水泥土配合比设计规程》的公告

现批准《水泥土配合比设计规程》为行业标准，编号为 JGJ/T 233－2011，自 2011 年 10 月 1 日起实施。

本规程由我部标准定额研究所组织中国建筑工业出版社出版发行。

中华人民共和国住房和城乡建设部

2011 年 1 月 7 日

前　　言

根据住房和城乡建设部《关于印发〈2008 年工程建设标准规范制订、修订计划（第一批）〉的通知》（建标［2008］102 号文）的要求，标准编制组经广泛调查研究，认真总结实践经验，参考有关国际标准和国外先进标准，并在广泛征求意见的基础上，制定本规程。

本规程的主要技术内容是：1 总则；2 术语和符号；3 基本规定；4 原材料；5 配合比设计。

本规程由住房和城乡建设部负责管理，由福建省建筑科学研究院负责具体技术内容的解释。执行过程中如有意见或建议，请寄送福建省建筑科学研究院（地址：福州市杨桥中路 162 号，邮编：350025）。

本 规 程 主 编 单 位：福建省建筑科学研究院
福建建工集团总公司

本 规 程 参 编 单 位：同济大学
天津市建筑科学研究院
陕西省建筑科学研究院
浙江省建筑科学设计研究院有限公司
吉林省建筑科学研究设计院

本规程主要起草人员：张　蔚　戴益华　叶观宝
张展弢　林云腾　唐　蕾
徐　燕　孙长吉　张耀年
林生凤　黄　芳

本规程主要审查人员：黄　新　徐　超　张季超
赵维炳　杨志银　马建林
俞建霖　梅益生　赖树钦
戴一鸣　黄集生

目　次

Contents

1 总 则

1.0.1 为统一水泥土配合比设计及其性能试验方法，确保质量，制定本规程。

1.0.2 本规程适用于采用水泥作为固化剂加固土体的水泥土配合比设计及其性能试验。

1.0.3 水泥土配合比设计及其性能试验方法，除应符合本规程外，尚应符合国家现行有关标准的规定。

2 术语和符号

2.1 术 语

2.1.1 水泥土 cement soil

水泥和土以及其他组分按适当比例混合、拌制并经硬化而成的材料。

2.1.2 水泥掺入比 cement mixing ratio

掺入的水泥质量与被加固土的湿质量之比，以百分数表示。

2.1.3 水泥浆水灰比 ratio of water to cement

用于加固土体的水泥浆中，水与水泥的质量比。

2.1.4 无侧限抗压强度 unconfined compressive strength

水泥土立方体试件在无侧限压力的条件下，抵抗轴向应力的最大值。

2.1.5 水泥土配合比设计 mix proportion design of cement soil

根据原材料性能及确定的水泥掺入比计算各材料用量，并经试验室内试配、调整，确定水泥土各材料质量比的过程。

2.1.6 压缩模量 compression modulus

水泥土在侧限条件下受压时，竖向有效应力与竖向应变的比值。

2.2 符 号

A——试件横截面积；

A_0——试件的初始断面积；

A_a——试件剪切时的校正面积；

a_w——水泥掺入比；

c——水泥土黏聚力；

E_s——水泥土压缩模量；

f_{cu}——水泥土试件的无侧限抗压强度；

G_s——水泥土相对密度；

k_T——水温 T℃时水泥土的渗透系数；

k_{20}——标准温度时水泥土的渗透系数；

m_a——外加剂的质量；

m_c——水泥的质量；

m_w——加水量；

w——土的天然含水率；

τ——剪应力；

μ——水泥浆水灰比；

ρ_0——水泥土密度；

φ——水泥土内摩擦角。

3 基本规定

3.0.1 在进行水泥土配合比设计前，应完成下列工作：

1 收集详细的岩土工程勘察资料；

2 根据工程设计的要求，确定配合比试验所需的各种材料并检验其性能指标；

3 结合工程情况，了解当地相关经验、配合比试验资料和影响水泥土强度的因素，对于有特殊要求的工程，尚应了解其他地区相似场地上同类项目经验和使用情况等。

3.0.2 水泥土配合比设计应确定下列内容：

1 用水泥加固土体的可行性；

2 加固土体合适的水泥品种和强度等级；

3 水泥土的水泥掺入比、水泥浆水灰比和外加剂品种及掺量。

3.0.3 水泥土的每种配合比宜进行 7d、28d 和 90d 三种龄期的试验。

3.0.4 无特殊要求的工程，水泥土的性能指标宜以 90d 龄期的试验结果为准；有特殊要求的工程，水泥土的性能指标可按设计要求执行。

4 原 材 料

4.0.1 水泥土配合比试验用土应符合下列规定：

1 试验用土应为工程拟加固土；

2 试验用土应经风干、碾碎，并应通过 5mm 筛。

4.0.2 水泥土配合比试验用水泥应符合下列规定：

1 试验用水泥应与工程现场使用的水泥一致；

2 试验用水泥应符合现行国家标准《通用硅酸盐水泥》GB 175 的规定。

4.0.3 水泥土配合比试验用水应与工程现场用水一致。

4.0.4 水泥土配合比试验用外加剂应符合下列规定：

1 可根据工程需要和土质条件选用不同类型的外加剂，其品种和掺量应通过试验或工程经验确定；

2 外加剂性能应符合现行国家标准《混凝土外加剂》GB 8076 的规定。

5 配合比设计

5.0.1 水泥土配合比的设计应按下列步骤进行：

1 测定土样天然含水率和密度，当有特殊要求时，可增加土样其他相关性能的试验；

2 测定风干土含水率；

3 确定水泥掺入比基准值；

4 选取水泥浆水灰比；

5 计算各材料用量比例；

6 进行水泥土试配；

7 调整和确定水泥土配合比。

5.0.2 水泥掺入比基准值可根据使用目的及当地经验，按工程要求的水泥土性能指标确定，并宜取3%～25%，也可按工程要求的水泥掺入比确定。

5.0.3 水泥浆的水灰比可根据施工方法和处理目的，按设计要求或当地经验确定，也可取0.45～2.0。

5.0.4 水泥土的材料用量应按下列步骤确定：

1 根据试验方案，确定试验所需湿土的质量，并应按下式计算：

$$m_s = 1000\rho_s V_s \qquad (5.0.4\text{-}1)$$

式中：m_s ——湿土的质量（kg）；

ρ_s ——土的天然密度（g/cm³）；

V_s ——土的体积（m³）。

2 根据试验方案，确定试验所需风干土的质量，并应按下式计算：

$$m_0 = \frac{1+0.01w_0}{1+0.01w}m_s \qquad (5.0.4\text{-}2)$$

式中：m_0 ——风干土的质量（kg）；

w ——土的天然含水率（%）；

w_0 ——风干土的含水率（%）。

3 根据选定的水泥掺入比基准值，确定掺入的水泥质量，并应按下式计算：

$$m_c = \frac{1+0.01w}{1+0.01w_0}0.01a_w m_0 \qquad (5.0.4\text{-}3)$$

式中：m_c ——水泥的质量（kg）；

a_w ——水泥掺入比（%）。

4 根据选定的水泥浆水灰比，确定加水量，并应按下式计算：

$$m_w = \left(\frac{0.01w-0.01w_0}{1+0.01w}+0.01\mu a_w\right)\frac{1+0.01w}{1+0.01w_0}m_0 \qquad (5.0.4\text{-}4)$$

式中：m_w ——加水量（kg）；

μ ——水泥浆水灰比。

5 确定外加剂用量，并应按下式计算：

$$m_a = 0.01\alpha_a m_c \qquad (5.0.4\text{-}5)$$

式中：m_a ——外加剂的质量（kg）；

α_a ——外加剂的掺量（%），可根据外加剂性能按经验取值。

5.0.5 水泥土试配时，宜采用三个配合比，其中一个配合比的水泥掺入比应为基准值，另外两个配合比的水泥掺入比，宜比基准值分别增加和减少3%。

5.0.6 水泥土试配时，试件制备应符合本规程附录A的规定，水泥土的性能试验应按本规程附录B执行。

5.0.7 根据试配结果，宜选定符合设计性能要求、较小水泥掺入比所对应的配合比。当试配结果不满足设计要求时，应调整配合比并重新进行试验。

附录A 试件制备

A.1 仪器设备

A.1.1 试验用试模应符合下列规定：

1 试模应具有足够刚度、稳固可靠，内表面应光滑、防渗；

2 当采用立方体试模时，其尺寸应为70.7mm×70.7mm×70.7mm，且试模内表面不平整度应为每70.7mm不超过0.1mm，各相邻面的垂直度允许偏差应为±0.5°；

3 当采用圆柱体试模时，其尺寸应为下列三种尺寸之一：

1）内径39.1mm，高度80mm；

2）内径61.8mm，高度100mm；

3）内径101mm，高度150mm。

4 当采用截头圆锥形试模时，其上口内径应为70mm，下口内径应为80mm，高度应为30mm，材质应为不锈钢；

5 试验用试模类型应符合表A.1.1的规定。

表A.1.1 试验用试模类型

试验内容	无侧限抗压强度试验	压缩试验	剪切试验		渗透试验
			直剪试验	不固结不排水三轴压缩（UU）试验	
试模类型	立方体试模	立方体试模	立方体试模	圆柱体试模	截头圆锥形试模

A.1.2 除试模外，水泥土配合比试验采用的其他仪器设备应符合下列规定：

1 环刀应采用不锈钢材料制成，内径应为61.8mm、高度应为20mm或40mm；

2 称量土料、水泥和水用天平的量程宜为30kg、分度值应为5g，称量外加剂用天平的量程宜为500g、分度值应为0.01g；

3 捣棒宜采用直径为10mm且端部磨圆的光滑钢棒；

4 搅拌机宜采用转速可调、可封闭搅拌的行星式搅拌机，转速宜为（100～400）r/min；

5 振动台应符合现行行业标准《混凝土试验用振动台》JG/T 3020的规定。

A.2 试件的搅拌、成型与养护

A.2.1 试件原材料应符合本规程第4章的规定，配合比应符合本规程第5章的规定。

A.2.2 每批试件宜一次搅拌成型，搅拌方式应采用机械搅拌，并应符合下列规定：

1 风干土和水泥应先均匀混合，再洒水搅拌直至均匀。

2 拌合水可一次加入，也可逐次加入。当采用逐次加入时，应逐次拌合1min。从加水起至搅拌均匀，搅拌时间不应少于10min，并不应超过20min。

A.2.3 试件的成型应符合下列规定：

1 成型试验室的环境温度应为（20±5）℃，相对湿度不应低于50%；

2 在试件成型前，试模内表面应涂一薄层矿物油或其他不与水泥土发生反应的脱模剂；

3 水泥土搅拌后应尽快成型，成型时间不应超过25min；

4 试件成型步骤应符合下列规定：

1）拌合物宜分两层插捣，每层装料高度宜相等；

2）每层应按螺旋方向从边缘向中心均匀插捣15次，在插捣底层拌合物时，捣棒应达到试模底部，插捣上层时，捣棒应贯穿该层后插入下一层5mm～15mm，插捣时捣棒应保持竖直，插捣后应用油灰刀或刮刀沿试模内壁插拔数次；

3）试模应附着或固定在振动台上振实，振实时间不应少于2min，振实后拌合物应高出试模上沿口；

4）直剪试验和压缩试验的试件，应在振实后的立方体试件中徐徐压入环刀，环刀顶沿应低于试模上沿口5mm以上；

5）试模顶部多余的水泥土应刮除，抹平后应盖上塑料薄膜。

A.2.4 试件拆模与养护应符合下列规定：

1 带环刀试件可在24h后拆模，拆模后应将环刀外侧及两端的水泥土削去，并应将试件从环刀内取出，试件不应受损、变形。渗透试验的试件应带试模养护，其余试件应在（20±5）℃的环境条件下静置48h后拆模。

2 拆模后应检查试件外观，不得有肉眼可见的裂纹、缺棱掉角、倾斜及变形。

3 应称取试件养护前的质量（m_1），精确至1g，并应根据试件的公称尺寸计算拆模后水泥土的重度。当同组试件重度的最大值或最小值与平均值之差超过3%时，或当该组试件重度平均值小于天然土重度时，该组试件应作废，并应重新制备。

4 称量后的试件应放入（20±1）℃水中养护，试件间的间隔不应小于10mm，水面高出试件表面不应小于20mm。

附录B 试验方法

B.1 一般规定

B.1.1 试件从养护室取出后应立即进行试验。

B.1.2 试验前应用拧干的湿布擦干试件表面，称取试件质量（m_2），精确至1g，养护后与养护前的试件缺损质量不应超过试件养护前的质量（m_1）的1%。

B.1.3 应测量试件尺寸，并精确至1mm。试件的不平度应为每70.7mm不超过0.1mm，垂直度允许偏差应为±0.5°。

B.1.4 试验前，应根据试件的质量和尺寸计算水泥土试件的重度。

B.2 无侧限抗压强度试验

B.2.1 本试验适用于测定水泥土立方体试件的无侧限抗压强度。

B.2.2 压力试验机应符合下列规定：

1 应符合现行国家标准《液压式压力试验机》GB/T 3722和《试验机通用技术规程》GB/T 2611的规定；

2 测量精度应为±1%；

3 应具有加荷速率控制装置，并应能均匀、连续加荷；

4 试件破坏荷载应在压力试验机全量程的20%～80%之间。

B.2.3 无侧限抗压强度试验的试件应为6个，且试件制备应符合本规程附录A的规定。

B.2.4 无侧限抗压强度试验应按下列步骤进行：

1 将试件安放在试验机下垫板中心，试件的承压面应与成型面垂直。启动试验机后，上压板与试件接近时，应调整球座，使接触面均衡受压。

2 以（0.03～0.15）kN/s的速率连续均匀地对试件加荷，直至试件破坏后记录破坏荷载，并精确至0.01kN。

B.2.5 试验结果计算及确定应符合下列规定：

1 试件的无侧限抗压强度应按下式计算：

$$f_{cu}=\frac{P}{A} \quad \text{(B.2.5)}$$

式中：f_{cu}——水泥土试件的无侧限抗压强度（MPa），精确至0.01MPa；

P——破坏荷载（N）；

A——试件的横截面积（mm^2）。

2 试验结果的确定应符合下列规定：

1）应计算6个试件的无侧限抗压强度的平均

值，精确至0.01MPa；

2）当6个试件无侧限抗压强度的最大值或最小值与平均值之差不超过平均值的20%时，应以6个试件的平均值作为该组试件的无侧限抗压强度结果；

3）当6个试件的最大值或最小值与平均值之差超过平均值的20%时，应以中间4个试件的平均值作为该组试件的无侧限抗压强度结果；

4）当中间4个试件中最大值或最小值与平均值之差超过平均值的20%时，该组试件的试验结果应作废，并应重新制作试件。

B.3 压缩试验

B.3.1 本试验适用于测定水泥土的压缩模量。

B.3.2 水泥土压缩试验的仪器设备应符合国家标准《土工试验方法标准》GB/T 50123－1999第14.1.2条的规定，且环刀内径应为61.8mm，高度应为20mm。

B.3.3 水泥土压缩试验应制备3个环刀试件，且试件制备应符合本规程附录A的规定。

B.3.4 水泥土压缩试验应按下列步骤进行：

1 试验前测定水泥土密度（ρ_0），测定方法应符合国家标准《土工试验方法标准》GB/T 50123－1999第5.1节的规定。

2 应按国家标准《土工试验方法标准》GB/T 50123－1999第14.1.5条第1、2、3款的规定对试件施加压力并测定某级压力下试件的变形量。施加的第一级压力宜为50kPa，加压等级宜为50kPa、100kPa、200kPa、400kPa，最后一级压力应大于水泥土上覆土层自重压力与附加压力之和。

3 从破坏的试件内部取代表性样品测定水泥土含水率（w_1），测定方法应符合国家标准《土工试验方法标准》GB/T 50123－1999第4章的规定。

4 从破坏试件中取代表性样品捣碎、烘干、通过5mm筛，并应按国家标准《土工试验方法标准》GB/T 50123－1999第6.2节的规定测定水泥土相对密度（G_s）。

B.3.5 试验结果的确定应符合下列规定：

1 试件的初始孔隙比应按下式计算：

$$e_0=\frac{(1+0.01w_1)G_s\rho_w}{\rho_0}-1 \quad (B.3.5\text{-}1)$$

式中：e_0——试验前水泥土试件的孔隙比，精确至0.01；

G_s——水泥土相对密度；

ρ_w——水的密度（g/cm³），取1.0g/cm³；

ρ_0——水泥土的密度（g/cm³）；

w_1——试验前水泥土的初始含水率（%）。

2 各级压力下试件压缩稳定后的孔隙比应按下式计算：

$$e_i=e_0-\frac{1+e_0}{h_0}\Delta h_i \quad (B.3.5\text{-}2)$$

式中：e_i——各级压力下试件压缩稳定后的孔隙比，精确至0.01；

Δh_i——某级压力下试件高度变化（mm）；

h_0——试件初始高度（mm）。

3 某一压力范围内的压缩系数应按下式计算：

$$a_v=\frac{e_i-e_{i+1}}{p_{i+1}-p_i} \quad (B.3.5\text{-}3)$$

式中：a_v——压缩系数（MPa^{-1}）；

p_i——某级压力值（MPa）。

4 某一压力范围内的压缩模量应按下式计算：

$$E_s=\frac{1+e_0}{a_v} \quad (B.3.5\text{-}4)$$

式中：E_s——某压力范围内的压缩模量（MPa），精确至0.1MPa。

5 应以3个试件测值的算术平均值作为压缩试验的结果。

B.4 剪切试验

B.4.1 本试验适用于测定水泥土抗剪强度参数（c和φ）。试验方法可采用直接剪切试验和三轴压缩试验。直接剪切试验宜采用快剪试验，三轴压缩试验宜采用不固结不排水压缩（UU）试验的方法。

B.4.2 水泥土剪切试验的仪器设备应符合国家标准《土工试验方法标准》GB/T 50123－1999第18.1.2条或第16.2节的规定。

B.4.3 水泥土剪切试验的试件制备应符合本规程附录A的规定。

B.4.4 快剪试验应符合下列规定：

1 快剪试验应制备3组共12个试件。试件直径应为61.8mm，试件高度可根据试验仪器规格选取20mm或40mm。

2 快剪试验步骤应按国家标准《土工试验方法标准》GB/T 50123－1999第18.3节进行。施加于试件的垂直压力宜分为4级，每级应分别为100kPa、200kPa、300kPa、400kPa。

3 试验结果计算及确定应符合下列规定：

1）剪应力应按下式计算：

$$\tau=\frac{C_t\cdot R}{A}\times 10 \quad (B.4.4)$$

式中：τ——剪应力（kPa）；

C_t——测力计校正系数（N/0.01mm）；

R——测力计量表读数（0.01mm）；

A——试件横截面积（cm²）。

2）应将每个试件的最大剪应力点绘在坐标纸上，将其线性回归成一条直线，且应以垂直压力（p）为横坐标、抗剪强度（s）为纵坐标。此直线的倾角应为摩擦角（φ），纵坐标上的截距应为黏聚力（c）（如图B.4.4所示）。

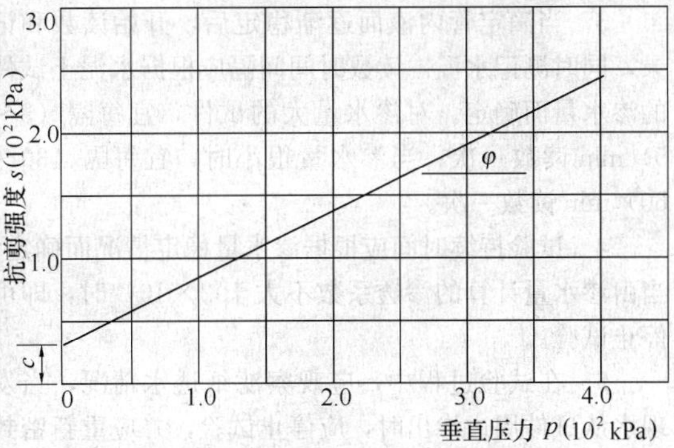

图 B.4.4　抗剪强度与垂直压力关系曲线

3）应以3组试件平均值作为试件的抗剪强度参数。

B.4.5　不固结不排水三轴压缩试验应符合下列规定：

1　应制作3组共12个试件，且试件规格应为下列三种尺寸之一：

1）直径39.1mm，高度80mm；

2）直径61.8mm，高度100mm；

3）直径101mm，高度150mm。

2　试件从养护地点取出后，应立即测量其直径和高度，精确至0.1mm：

1）试件的平均直径应按下式计算：

$$D_0=\frac{D_1+2D_2+D_3}{4} \tag{B.4.5-1}$$

式中：D_0——试件的平均直径（mm），精确至0.1mm；

D_1——试件上部位的直径（mm）；

D_2——试件中部位的直径（mm）；

D_3——试件下部位的直径（mm）。

2）应用卡尺沿圆周对称的十字方向量取4个高度，并取其平均值作为该试件的平均高度，精确至0.1mm。

3　不固结不排水三轴压缩试验步骤应按国家标准《土工试验方法标准》GB/T 50123－1999第16.4节进行。

4　试验结果计算及确定应符合下列规定：

1）试件的校正面积应按下式计算：

$$A_a=\frac{A_0}{1-\varepsilon_1} \tag{B.4.5-2}$$

式中：A_0——试件的初始断面积（cm^2）；

A_a——试件剪切时的校正面积（cm^2，由试验前量测的试件尺寸计算的试件平均断面面积；

ε_1——轴向应变（%）。

2）主应力差（$\sigma_1-\sigma_3$）应按下式计算：

$$\sigma_1-\sigma_3=\frac{C\cdot R}{A_a}\times 10 \tag{B.4.5-3}$$

式中：σ_1——大主应力（kPa）；

σ_3——小主应力（kPa）；

C——测力计率定系数（N/0.01mm或N/mV）；

R——百分表读数（0.01mm或mV）。

3）应绘制应力圆及强度包线。应以法向应力σ为横坐标、剪应力τ为纵坐标，在横坐标上以$\frac{\sigma_{1f}+\sigma_{3f}}{2}$为圆心，$\frac{\sigma_{1f}-\sigma_{3f}}{2}$为半径，在$\tau-\sigma$应力平面图上绘制破损应力圆，作应力圆包线，该包线的倾角应为内摩擦角φ，包线上纵轴上的截距应为黏聚力c（图B.4.5）。

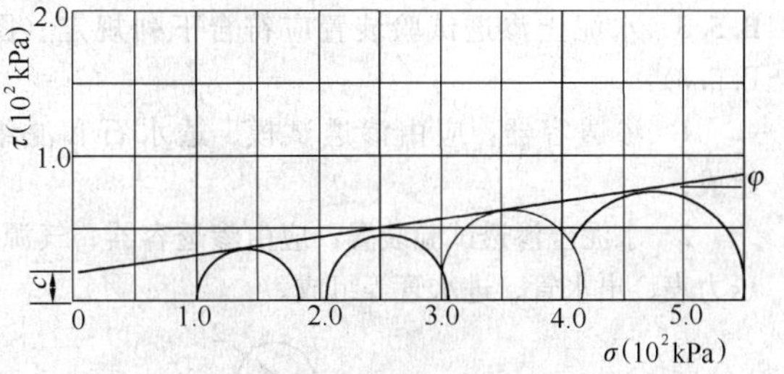

图 B.4.5　不固结不排水剪切强度包线

4）应以3组试件平均值作为试验结果。

B.5　渗透试验

B.5.1　本试验适用于测定水泥土的渗透系数。

B.5.2　水泥土渗透试验应采用下列仪器设备和材料：

1　气源：应能使水压按规定要求稳定地作用在试件上；

2　渗透试模：应采用金属试模，上口内径应为70mm，下口内径应为80mm，高度应为40mm，试模上部侧面应带有出水孔（图B.5.2-1、图B.5.2-2）；

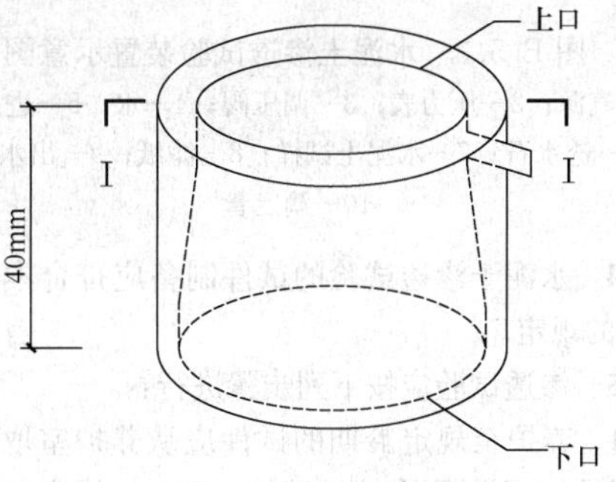

图 B.5.2-1　渗透试模示意图

3　压力表：量程应为（0～2.5）MPa，精确度应不低于0.4级；

4　密封材料：可采用水泥加黄油密封材料；

5　透水石：直径宜为80mm，厚度宜为4mm，且渗透系数应大于10^{-3}cm/s；

6　滴定管：分度值应不大于0.1mL；

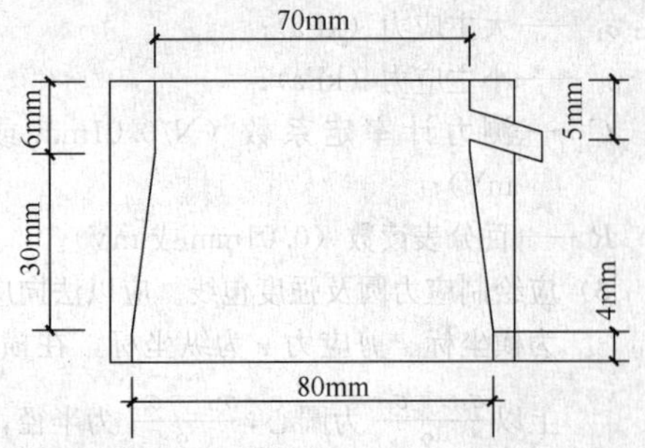

图 B. 5. 2-2 渗透试模Ⅰ-Ⅰ剖面示意图

7 滤纸：直径宜为 70mm；

8 秒表：分度值应不大于 1s；

9 试验用水：应采用纯水。

B. 5. 3 水泥土渗透试验装置应符合下列规定（图 B. 5. 3）：

1 渗透容器：应由渗透试模、透水石和滤纸组成；

2 水泥土渗透试验装置：应由渗透容器、气源、压力表、出水管、进水管等组成。

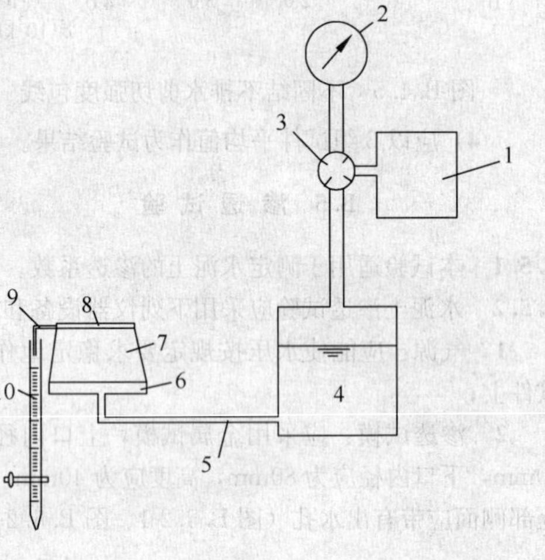

图 B. 5. 3 水泥土渗透试验装置示意图

1—气源；2—压力表；3—调压阀；4—水；5—进水管；6—透水石；7—水泥土试样；8—滤纸；9—出水管；10—滴定管

B. 5. 4 水泥土渗透试验的试件制备应符合本规程附录 A 的规定。

B. 5. 5 渗透试验应按下列步骤进行：

1 养护至规定龄期的试件应从养护室取出、脱模，并用拧干的湿布擦拭试件表面；采用密封材料密封装入渗透试模，下口放置透水石，装入渗透仪，并在试件上端面放置滤纸。

2 调节压力表，逐级施加压力。第一级压力宜为 0. 02MPa，加压等级宜为 0. 02MPa、0. 04MPa、0. 06MPa、0. 08MPa、0. 1MPa，以后应以 0. 1MPa 的加压幅度递增，每级渗透压力的恒压时间应为 1h，最后一级压力应加至水泥土试件表面有水渗出为止，应记录此时的渗透压力（p），并应在恒定的压力（p）下测定水泥土试件渗出的水量。

3 当滴定管内液面逐渐稳定后，开始读数和记录，同时测记水温。读数时间间隔应根据水泥土试件的渗水量而确定。对渗水量大的试件，宜每隔（3～5）min 读数一次；当渗水量很小时，宜每隔（30～60）min 读数一次。

4 试验持续时间应根据渗水量稳定情况而确定。当由渗水量计算的渗透系数不大于 2×10^{-n} 时，即可停止试验。

5 在试验过程中，应观察滤纸透水情况，当发现水从试件周边渗出时，应停止试验，并应重新密封试件后再继续试验。

B. 5. 6 试验结果计算及确定应符合下列规定：

1 水温 T℃时水泥土渗透系数 k_T 应按下式计算：

$$k_T = \frac{V}{iAt} \tag{B. 5. 6-1}$$

$$i = \frac{p}{100\gamma_w h} \tag{B. 5. 6-2}$$

式中：k_T ——水温 T℃时水泥土渗透系数（cm/s），精确至 0.01×10^{-n}cm/s；

t——时间间隔（s），精确至 1s；

A——试件中部横截面积（cm^2），精确至 0. 1cm^2；

h——渗径，即试件高度（cm），精确至 0. 1cm；

V——经时间间隔 t 渗出的水量（mL），精确至 0. 1mL；

i——水力梯度，精确至 0. 01；

p——施加的渗透压力（MPa），精确至 0. 02MPa；

γ_w ——水的重度（N/cm^3），取 0. 0098N/cm^3。

2 每个试件应至少测定 6 次，并应取 3～4 个在允许差值范围内的相近值的平均值，作为该水泥土试件在某一龄期下的渗透系数，允许差值不应大于 2×10^{-n}。

3 渗透试验应以水温 20℃为标准温度，标准温度下的渗透系数应按式（B. 5. 6-3）计算，且黏滞系数比 $\left(\frac{\eta_T}{\eta_{20}}\right)$ 的确定应符合国家标准《土工试验方法标准》GB/T 50123－1999 第 13. 1 节表 13. 1. 3 的规定：

$$k_{20} = k_T \times \frac{\eta_T}{\eta_{20}} \tag{B. 5. 6-3}$$

式中：k_{20} ——水温为标准温度时试件的渗透系数（cm/s），精确至 0.01×10^{-n}cm/s，其中 n 为数量级；

η_T ——水温 T℃时水的动力黏滞系数（kPa·s）；

η_{20} ——水温 20℃时水的动力黏滞系数（kPa·s）。

4 试验结果的确定应符合下列规定：

1）每组应制作3个试件，分别测定渗透压力 p；

2）当3个试件在相同的渗透压力 p 下渗水时，应计算3个试件的渗透系数平均值作为该组试件的渗透系数，结果精确至 0.01×10^{-n}cm/s；

3）当3个试件中有2个试件在相同的渗透压力 p 下渗水时，应以这2个试件渗透系数平均值作为该组试件的渗透系数，结果精确至 0.01×10^{-n}cm/s；

4）当3个试件在不同的渗透压力 p 下渗水时，该组试件的试验结果应作废，并应重新制作试件。

本规程用词说明

1 为便于在执行本规程条文时区别对待，对要求严格程度不同的用词说明如下：

1）表示很严格，非这样做不可的：
正面词采用"必须"，反面词采用"严禁"；

2）表示严格，在正常情况下均应这样做的：
正面词采用"应"，反面词采用"不应"或"不得"；

3）表示允许稍有选择，在条件许可时首先应这样做的：
正面词采用"宜"，反面词采用"不宜"；

4）表示有选择，在一定条件下可以这样做的，采用"可"。

2 条文中指明应按其他有关标准执行的写法为："应符合……的规定"或"应按……执行"。

引用标准名录

1《土工试验方法标准》GB/T 50123

2《通用硅酸盐水泥》GB 175

3《试验机通用技术规程》GB/T 2611

4《液压式压力试验机》GB/T 3722

5《混凝土外加剂》GB 8076

6《混凝土试验用振动台》JG/T 3020

中华人民共和国行业标准

水泥土配合比设计规程

JGJ/T 233—2011

条 文 说 明

制 定 说 明

《水泥土配合比设计规程》JGJ/T 233－2011，经住房和城乡建设部 2011 年 1 月 7 日以第 873 公告批准、发布。

本规程制定过程中，编制组对全国主要软土分布地区的土样进行了较广泛、较深入的调查研究，总结了我国工程建设中采用水泥作为固化剂加固土体的实践经验，同时参考了《土工试验方法标准》GB/T 50123－1999 等先进技术法规、技术标准，通过无侧限抗压强度试验、压缩试验、剪切试验和渗透试验分别取得了无侧限抗压强度、压缩模量、抗剪强度参数和渗透系数等重要技术参数。

为便于广大设计、施工、科研、学校等单位有关人员在使用本规程时能正确理解和执行条文规定，《水泥土配合比设计规程》编制组按章、节、条顺序编制了本规程的条文说明，对条文规定的目的、依据以及执行中需注意的有关事项进行了说明。但是，本条文说明不具备与规程正文同等的法律效力，仅供使用者作为理解和把握规程规定的参考。

目　次

1 总 则

1.0.1 水泥土作为道路路面基层、护坡修筑、衬砌注灌、地基加固、基础夯土和铺垫等工程的常见材料，具有经济耐久、就地取材、施工简便等优点，并以其施工期短、可加固深度大、处理效果好等特点广泛应用在软弱地基加固处理工程中。随着水泥土的发展，水泥土的室内试验也越来越受到重视，室内试验在工程设计中起着很关键的作用，在一定程度上决定了处理方案的经济性、合理性以及工程的成败。因此《建筑地基处理技术规范》JGJ 79－2002中第11.1.5条明确规定设计前应进行拟处理土的室内配比试验，为设计提供依据。

对于水泥土的室内配合比试验，国内目前尚无同类标准。各单位的试验方法存在着很大的差异，如试验用的土样，有原状土、风干土、烘干土等；试件搅拌方法有人工搅拌和机械搅拌等；试件尺寸有70.7mm×70.7mm×70.7mm或50mm×50mm×50mm的立方体和不同尺寸的圆柱体等；养护条件有自然养护、标准养护、土中养护和标准水中养护等；试验设备也存在着较大的差别，从而导致试验数据离散性大，不便于统计分析和广泛交流。因此有必要对水泥土室内试验统一化和标准化，制定出试验操作规程。本规程编制组充分考虑了近年来全国有代表性土质地区水泥土施工技术及工艺的变化，针对近年来水泥土在生产和施工中出现的新问题，广泛收集资料，开展调查研究，在试验研究的基础上，参考了诸多相关的技术资料和标准规范，统一了水泥土配合比及设计中常用的水泥土相关参数的试验方法。

1.0.2 水泥土配合比设计主要是通过工程设计单位提供的强度、水泥掺入比、水灰比等参数来制备水泥土试件，进行物理力学性能试验，研究水泥加固土的效果以及影响水泥土工程性质的因素。

室内试验条件与施工现场条件存在较大的区别，但既然是室内试验，应认为就是离散小的数值，即应认为水泥土是搅拌充分且均匀的，而不需完全与现场水泥土条件相同。进行室内试验主要是为了验证设计的合理性，同时也可为工程上寻求更加经济、合理的配方和合理的施工参数提供理论上的依据。

1.0.3 本条指出了在进行水泥土配合比设计时，还应执行现行的《土工试验方法标准》GB/T 50123－1999、《建筑地基处理技术规范》JGJ 79、《软土地基深层搅拌加固法技术规程》YBJ 225、《水下深层水泥搅拌桩加固软土地基技术规程》JTJ/T 259、《粉体喷搅法加固软弱土层技术规范》TB 10113等标准规定。

3 基本规定

3.0.1 本条规定在进行水泥土配合比设计前应完成的工作，其中强调结合工程情况，了解当地相关经验、水泥土配合比试验资料和影响水泥土强度的因素，对于有特殊要求的工程，尚应了解其他地区相似场地上同类项目经验和使用情况等。

对拟采用水泥加固软弱土的工程，除了常规的工程地质勘察要求外，尚应注意查明：

1 填土层的组成：特别是大块物质（石块和树根等）的尺寸和含量。含大块石对采用水泥土搅拌法的施工有很大的影响，所以必须清除大块石等再予施工。

2 土的含水率：当水泥土配方相同时，其强度随土样的天然含水率的降低而增大。试验表明，当土的含水率在50%～85%范围内变化时，含水率每降低10%，水泥土强度可提高30%。

3 有机质含量：有机质含量较高会阻碍水泥水化反应，影响水泥土强度的增长。故对有机质含量较高的明、暗浜填土及吹填土应予慎重考虑。对生活垃圾的填土不应采用水泥土方法进行加固。

4 水质分析：对地下水的酸碱度（pH值）以及硫酸盐含量等进行分析，以判断对水泥侵蚀性的影响。

5 塑性指数：当土的塑性指数大于25时，水泥和土不易搅拌均匀。

采用水泥加固砂性土应进行颗粒级配分析。特别注意土的黏粒含量及对水泥有害的土中离子种类及数量，如SO_4^{2-}、Cl^-等。

影响水泥土物理力学特性的因素有：水泥掺入比、水泥强度等级、龄期、含水率、有机质含量、外加剂、养护条件及土性等。

3.0.2 根据室内试验，一般认为用水泥作加固料，对含有高岭石、多水高岭石、蒙脱石等黏土矿物的软土加固效果较好；而对含有伊利石、氯化物和水铝英石等矿物的黏性土以及有机质含量高、pH值较低的黏性土加固效果较差。当对含有机质或含盐量较高的土进行加固时，需进行试验确定选用水泥作为加固材料的可行性。同时通过试验选择合适的水泥类型及掺量，以减少水泥土强度的损失。

不同的外加剂对水泥土强度有着不同的影响。如木质素磺酸钙对水泥土强度的增长影响不大，主要起减水作用。石膏、三乙醇胺对水泥土强度有增强作用，而其增强效果对不同土样和不同水泥掺入比又有所不同，所以选择合适的外加剂可提高水泥土强度和节约水泥用量。一般早强剂可选用三乙醇胺、氯化钙、碳酸钠或水玻璃等材料；减水剂可选用木质素磺酸钙；石膏兼有缓凝和早强的双重作用。

3.0.3 《建筑地基处理技术规范》JGJ 79－2002第11.1.5条的条文说明指出：水泥土的强度随着龄期的增长而提高，一般在龄期超过28d后仍有明显增长，为了降低造价，对竖向承载的水泥土强度取90d

龄期试件的立方体无侧限抗压强度平均值。从无侧限抗压强度试验得知，在其他条件相同时，不同龄期的水泥土无侧限抗压强度间大致呈线性关系，其经验关系式如下：

$$f_{cu7}=(0.47\sim0.63)f_{cu28}$$

$$f_{cu14}=(0.62\sim0.80)f_{cu28}$$

$$f_{cu60}=(1.15\sim1.46)f_{cu28}$$

$$f_{cu90}=(1.43\sim1.80)f_{cu28}$$

$$f_{cu90}=(2.37\sim3.73)f_{cu7}$$

$$f_{cu90}=(1.73\sim2.82)f_{cu14}$$

上式中 f_{cu7}、f_{cu14}、f_{cu28}、f_{cu60}、f_{cu90} 分别为 7d、14d、28d、60d 和 90d 龄期的水泥土无侧限抗压强度。

当龄期超过 3 个月后，水泥土的强度增长逐渐减缓。同样，据电子显微镜观察，水泥和土的硬凝反应约需 3 个月才能充分完成。因此选用 90d 龄期强度作为水泥土的标准强度较为适宜。一般情况下，龄期少于 3d 的水泥土强度与标准强度间关系其线性较差，离散性较大。

实际工程中，大多数对工期有严格要求，建议配合比龄期至少应进行 7d、28d、90d 三种龄期的试验，可用 7d 或 28d 龄期的试验结果推算标准龄期 90d 的参数。由于龄期越短，试验结果离散性越大，与标准龄期指标间关系的线性较差，因此，一般情况下可进行 7d、14d、28d、60d、90d 等龄期的试验，在工期允许的情况下，尽可能采用较长龄期（14d、28d）的试验结果进行推算。

3.0.4 《建筑地基处理技术规范》JGJ 79－2002 第 11.1.5 条规定：对竖向承载的水泥土强度宜取 90d 龄期试块的立方体抗压强度平均值；对承受水平荷载的水泥土强度宜取 28d 龄期试块的立方体抗压强度平均值。

从工程实际出发，对承受水平荷载和高压喷射注浆的水泥土强度取 28d 龄期试件的立方体无侧限抗压强度平均值。

为便于积累地区经验，室内试验应进行 90d 标准龄期的试验，尽管试验时间较长，但对积累经验、建立不同龄期与标准龄期之间的相关关系、提高推算精度非常有意义。

4 原 材 料

4.0.1 试验用土一般为淤泥、淤泥质土、黏性土、饱和黄土、粉土、素填土以及无流动地下水的饱和松散砂土等高压缩性土，均应从工程场区内拟加固的有代表性的土层中挖掘或钻取，并搜集拟加固区域内详尽的岩土工程资料，尤其是土层的组成、厚度，加固土层的分布范围、分层情况，地下水位及 pH 值，了解典型土层的物理力学性能指标，主要包括土的含水率、塑性指数、土颗粒级配和有机质含量，以及地下水的埋藏条件、渗透性和水质成分等。但对硬黏土和含有较多大粒径块石或有大量植物根茎的土将会影响处理效果。对于含有过多有机质的土层，其处理效果取决于固结体的化学稳定性。对于湿陷性黄土地基，因当前试验资料和施工实例较少，应预先进行现场可行性试验。

目前，试验用的土样有原状土、风干土和烘干土三种类型，其试验结果存在着较大的差异。原状土是指土样从现场钻孔或挖掘采取后，立即用厚聚氯乙烯塑料袋封装，4h 之内即开始配制试件。从表面上看，利用原状土做室内试验，似乎与实际情况较吻合，但存在着一些问题：①原状土在取样过程中有应力释放和人为扰动的影响，特别是灵敏度大的土，土体结构易破坏，与真正的原状土相比会有较大差异；②现场采取的原状土若为淤泥质黏土，其黏性很大，在土中掺入水泥浆后不易搅拌均匀，试验结果离散性较大，在工程运用中失去其代表性；③在水泥土搅拌法的设计公式中，f_{cu} 是与桩身水泥土配方相同的室内水泥土试块在标准养护条件下 90d 龄期的抗压强度。既然是室内试验，应认为就是离散性小的数值，即应认为水泥土是搅拌充分且均匀的，而不需完全与现场水泥土条件相同。风干土是指土样从现场采取后，运回试验室进行风干、碾碎和通过 5mm 筛子的粉状土料；烘干土是指土样运回试验室进行烘干、碾碎和过筛的粉状土料。这两种土由于是加工成粉末状的，它可以先和干水泥粉充分混合，然后加入所需的水，能够保证搅拌均匀，提供的设计参数相对可靠、合理。不过，土样经烘干后，土中所含的有机质成分和黏土矿物成分会遭到破坏，从而改变了土的内力结构和土的性质，其试验结果不能代表实际情况，提供的设计参数将不可靠。因此，应取风干土，并碾碎和通过 5mm 筛子制成粉末状。

4.0.2 水泥固化剂一般适用于正常固结的淤泥与淤泥质黏土、黏性土、粉土、素填土（包括冲填土）、饱和黄土、粉砂以及中粗砂、砂砾（粗粒土中无明显的流动地下水）等地基加固。一般情况下，所用水泥的品种宜根据设计要求并结合当地工程经验和土质条件确定，其最佳掺量应通过试验结果最终确定，水泥强度等级的评定方法应按照国家相关技术规范执行。目前，多采用普通硅酸盐水泥和矿渣硅酸盐水泥，复合硅酸盐水泥和粉煤灰硅酸盐水泥也有少量使用，若采用火山灰质硅酸盐水泥则需首先确定其适用性。

当地下水中含有大量硫酸盐（海水渗入地区），因硫酸盐与水泥发生反应时对水泥土具有结晶性侵蚀，会出现开裂、崩解而丧失强度。为此应适当添加防腐剂或选用抗硫酸盐水泥，使水泥土中产生的结晶膨胀物质控制在一定数量范围内，以提高水泥土的抗侵蚀性能，其可行性需经试验确定。

4.0.3 试验室采用施工现场用水，而施工现场受水源条件的影响，有可能就地取材，使用地下水、沟渠水、中水、污水、海水等，不一定符合《混凝土用水标准》JGJ 63 的规定，其水质会对水泥土固结产生不利影响，应对其进行必要的水质分析，并根据水质分析报告，采用添加外加剂等方法予以相应处理，并通过试验确定可行性。由于水是影响水泥硬化、水泥土固结的重要因素之一，为确保水泥土拌合的真实可行，为设计提供可靠依据，应尽量采用施工现场用水。若工程现场用水符合《混凝土用水标准》JGJ 63 的规定，试验室内搅拌用水采用工程现场用水、自来水均可。

4.0.4 外加剂具有改善水泥土加固体性能的作用，是提高水泥土强度的有效措施之一。可根据工程需要和土质条件选用不同类型的外加剂（见表1）和掺合料，其掺入比应根据配比试验确定。在有经验的地区使用普通硅酸盐水泥作为固化剂时可以适当添加粉煤灰。粉煤灰是具有较高活性和较明显水硬性的工业废料，可作为水泥搅拌桩的掺合料，对于不同土质，不同掺量对水泥土强度提高量不同，其掺量应通过试验确定。冬期施工时，应注意负温对处理效果的影响。在我国北纬 40°以南的冬季负温条件下，冰冻对水泥土的结构损害甚微，由于水泥与黏土矿物的各种反应减弱，水泥土的强度增长缓慢（甚至停止），但正温后随着水泥水化等反应的继续深入，水泥土的强度可接近标准强度。

表1 水泥土外加剂种类及掺量汇总表

名称	试剂	掺量占水泥重（%）	说明
速凝剂	氯化钙	1～2	加速凝结和硬化
	硅酸钠	0.5～3	加速凝结
	铝酸钠		
缓凝剂	木质磺酸钙	0.2～0.5	亦增加流动性
	酒石酸	0.1～0.5	
	糖	0.1～0.5	
流动剂	木质磺酸钙	0.2～0.3	—
	去垢剂	0.05	产生空气
引气剂	松香树脂	0.1～0.2	产生约10%的空气
膨胀剂	铝粉	0.005～0.02	约膨胀15%
	饱和盐水	30～60	约膨胀1%
防析水剂	纤维素	0.2～0.3	—
	硫酸铝	约20	产生空气

注：由于各地土质条件不同，以上外加剂掺量仅供参考，应以试验结果为准。

5 配合比设计

5.0.2 根据工程实践，大部分工程的设计人员在进行水泥土加固设计时，均提出了水泥掺入比（或水泥用量）的具体要求，同时也提出了水泥土强度的设计要求，因此在进行水泥土配合比试验时，可以选取设计要求的水泥掺入量作为水泥掺入比基准值。若设计只提供水泥土强度要求，则可按照当地经验确定水泥掺入比基准值。

根据现行行业标准《建筑地基处理技术规范》JGJ 79 的有关规定，采用水泥作为固化剂材料，当其他条件相同时，在同一土层中水泥掺入比不同时，水泥土强度将不同。水泥土的抗压强度随其相应的水泥掺入比的增大而增大，但因场地土质与施工条件的差异，掺入比的提高与水泥土强度增加的百分比是不完全相同的。基于以上分析，本条给出了在水泥土配合比设计时，一般情况下的水泥掺入比的范围。

由于块状加固属于大体积处理，对于水泥土的无侧限强度要求不高，因此为了节约水泥，降低成本，可选用 7%～12%的水泥掺入比。水泥掺入比大于10%时，水泥土强度可达（0.3～2）MPa 以上。一般水泥掺入比可采用 12%～20%。高压喷射注浆法加固土体时，一般设计水泥用量比水泥土搅拌法要大得多，但实际施工时，高压喷射注浆法的冒浆量非常大，冒浆率一般均达 40%以上，因此，室内试验时必须考虑冒浆因素。故水泥掺入比可适当提高，一般情况可达 25%。

对道路上采用水泥与土混合形成的水泥稳定中粒土和粗粒土，一般其水泥掺量可选用不小于 3%；对水泥稳定细粒土，水泥掺量可选用不小于 4%。

5.0.3 本条指出了水泥浆水灰比的要求，主要基于三点考虑：一是水泥浆水灰比较低时，水泥浆较稠，在现场施工时不利于水泥浆的泵送；二是水泥浆中所带入的水量对水泥土最终的强度影响不大；三是综合考虑我国相关规范规定的水泥浆水灰比取值范围。《建筑地基处理技术规范》JGJ 79－2002 给出水泥土搅拌法的水泥浆水灰比范围为 0.45～0.55，高压喷射注浆法的水泥浆水灰比范围为 0.8～1.5；《水下深层水泥搅拌桩加固软土地基技术规程》JTJ/T 259－2004 给出水泥土搅拌法的水泥浆水灰比范围为 0.7～1.3。三轴搅拌桩的水灰比一般为 1.5～2.0。因此，综合考虑各种水泥土加固的实际情况，提出水泥浆的水灰比宜取 0.45～2.0，应根据施工方法的不同合理选取。室内试验时应充分收集当地施工经验，合理选择水泥浆水灰比。水泥浆水灰比也可以通过试拌，观察水泥土拌合物塑性情况确定。可在水泥用量不变的情况下适当调整水泥浆水灰比，直到水泥土拌合物塑性满足试件成型要求为止。

5.0.4 为便于技术人员掌握水泥土室内试验各材料用量的计算步骤，现举例如下：

某工程，采用水泥土搅拌法加固，设计水泥掺入比为15%，被加固土体的天然含水率为50%，湿法施工，根据当地经验，水泥浆水灰比选取0.5。采用70.7mm×70.7mm×70.7mm立方体试块；水泥掺入比分别为12%、15%、18%三种；分别进行7d、28d、90d三个龄期的无侧限抗压强度试验。每种配合比每个龄期为一组试验，每组试验6个试件。

因此，共需制作54个试件，每种水泥掺入比制作18个试件。现以15%水泥掺入比为例：

1 假设土的天然密度为1.85g/cm³，则18个试件所需土的质量约为（此计算为确定现场取土量提供依据，考虑风干过程的损失，取富余系数为1.3）：

$$m_s = 1.3m_s' = 1.3\times18\times7.07\times7.07\times7.07\times1.85 = 1.3\times11768\text{g}\approx15.3\text{kg}$$

2 假设风干土的含水率为10%，则试验所需风干土的质量约为：

$$m_0 = \frac{1+0.01w_0}{1+0.01w}\times m_s' = \frac{1+0.01\times10}{1+0.01\times50}\times11768 = 8630\text{g}\approx9\text{kg}$$

3 试验所需的水泥质量则为：

$$m_c = \frac{1+0.01w}{1+0.01w_0}0.01a_w m_0 = \frac{1+0.01\times50}{1+0.01\times10}\times0.01\times15\times9 = 1.84\text{kg}$$

4 加水量则为：

$$m_w = \left(\frac{0.01w-0.01w_0}{1+0.01w}+0.01\mu a_w\right)\frac{1+0.01w}{1+0.01w_0}m_0 = \left(\frac{0.01\times50-0.01\times10}{1+0.01\times50}+0.01\times0.5\times15\right)\times\frac{1+0.01\times50}{1+0.01\times10}\times9 = 4.19\text{kg}$$

5.0.7 当试配过程中塑性不满足要求时，则水泥土掺入比不变，调整水泥浆水灰比；当试配结果中强度等参数不满足设计要求时，则调整水泥掺入比基准值，重新进行试验。

附录A 试件制备

A.1 仪器设备

A.1.1 试模分为立方体、圆柱体和截头圆锥形三种：立方体试模用于无侧限抗压强度试验、压缩试验和直剪试验；圆柱体试模用于不固结不排水三轴压缩（UU）试验；截头圆锥形试模尺寸规格参照砂浆渗透试验用试模，但因试件需带模在水中养护至规定龄期，故要求采用不锈钢材质。推荐的三种规格的圆柱体试模为常规土工三轴压缩试验中试件常用的尺寸规格，各根据所采用的三轴仪的允许试件规格取较大值。也有单位在制作水泥土三轴压缩试件时不用圆柱体试模，而是将具有一定强度的立方体试件进行切削打磨。考虑到不同操作人员的操作习惯与精度差异较大，为统一标准，保证试验精度，便于对比，本规程要求全部采用圆柱体试模制作不固结不排水三轴压缩试验用试件。

A.1.2 本条文规定了环刀的尺寸，不同试验选用的环刀不同，在具体试验方法中作出了规定。环刀试件的制作目的是满足水泥土直剪试验和压缩试验对试件规格的要求。捣棒长度可根据试模尺寸选择，以方便插捣为宜，可选用350mm长度，宜采用直径为10mm且端部磨圆的光滑钢棒。

采用砂浆搅拌机和混凝土搅拌机等设备对水泥土进行搅拌时，水泥土在搅拌初期包裹在搅拌叶片上，无法将其搅拌均匀，故考虑用低速搅拌和高速搅拌相结合的搅拌方式。经试验证明，选用转速为（100～400）r/min且转速可调的搅拌机，采用高低速交替搅拌的方式，可达到搅拌均匀的效果。当低速搅拌时水泥土包裹在叶片上，高速搅拌时包裹在叶片上的水泥土被甩在搅拌锅壁上，通过不断的高低速重复搅拌，使水泥土达到均匀的效果。但因高速搅拌时，如采用不封闭的搅拌锅，水泥土会溅出，因此采用可封闭的搅拌锅。

A.2 试件的搅拌、成型与养护

A.2.2 建议搅拌时采用先低速搅拌1min，再高速搅拌30s，停止搅拌并在30s内将包裹在搅拌机叶片和锅壁上的水泥土用油灰刀刮去，如此循环反复，直至搅拌均匀。

A.2.3 综合使用插捣和振动两种方法是因为考虑到不同地区土质差异较大，对水泥土拌合物成型有不利影响，为减小试验误差，统一成型方法。可根据水泥土状态选择压入环刀的时间。

A.2.4 水泥土的重度可由公式 $\gamma=\frac{m\cdot g}{V}$ 计算得到。本规程规定两次测定试件重度，分别在拆模后养护前和养护后试验前。拆模后养护前测定试件重度并计算同组试件重度的最大值或最小值与平均值的偏差，判定该组试件搅拌、成型过程的均匀性，以减少试验数据的离散性。养护后试验前测定重度主要是供工程中使用。养护条件对水泥土强度影响很大，通常采用标准养护（将试件放入塑料袋中密封20℃±2℃养护）、标准水中养护（将试件浸入20℃±1℃的水中养护）、软土养护（将试件包裹在20℃±2℃土样中养护）三种方式，通过对淤泥进行无侧限抗压强度试验表明：

标准水中养护或软土养护试件强度离散性较小，且强度明显高于标准养护试件；标准水中养护与软土养护试件的强度无明显差别。为便于操作，本规程提出采用标准水中养护。

附录B 试验方法

B.1 一般规定

B.1.3 当试件尺寸不符合要求时，应重新制样。

B.2 无侧限抗压强度试验

B.2.2 压力试验机不符合现行国家标准《液压式压力试验机》GB/T 3722 和《试验机通用技术规程》GB/T 2611 的规定时，不得使用。

B.2.4 为了避免试件的温度和湿度发生变化，影响试验结果，试件从养护地点取出后应尽快进行试验。考虑到不同水泥掺入比、不同龄期的水泥土强度差异较大，因此建议水泥土预估强度小于 1MPa 时，加荷速率取（0.03～0.08）kN/s；水泥土强度大于等于 1MPa 时，加荷速率取（0.08～0.15）kN/s。另外，从水泥土的应力应变关系可知，除了水泥掺入比较低、龄期较短的情况下水泥土呈塑性破坏外，一般都表现出脆性破坏的特点。通过试验表明：水泥土试件在脆性破坏时，压缩变形在 1%～10%之间，因此塑性破坏试件可用压缩变形为 10%时的荷载作为破坏荷载。

B.3 压缩试验

B.3.2 本规程多处引用《土工试验方法标准》GB/T 50123－1999 具体条款内容，为了便于参阅，特将其条款内容详细列出。

仪器设备主要参考《土工试验方法标准》GB/T 50123－1999 第 14.1.2 条的规定执行，具体的规定如下：

1 压缩仪器：由环刀、护环、透水板、水槽、加压上盖组成，如图 1 所示。

1）环刀：内径 61.8mm 和 79.8mm，高度为 20mm。环刀应具有一定的刚度，内壁应保持较高的光洁度，宜涂一薄层硅脂或聚四氟乙烯。

2）透水板：氧化铝或不受腐蚀的金属材料制成，其渗透系数应大于试件的渗透系数。用固定式容器时，顶部透水板直径应小于环刀内径 0.2mm～0.5mm；用浮环式容器时上下端透水板直径相等，均应小于环刀内径。

2 加压设备：应能垂直地在瞬间施加各级规定

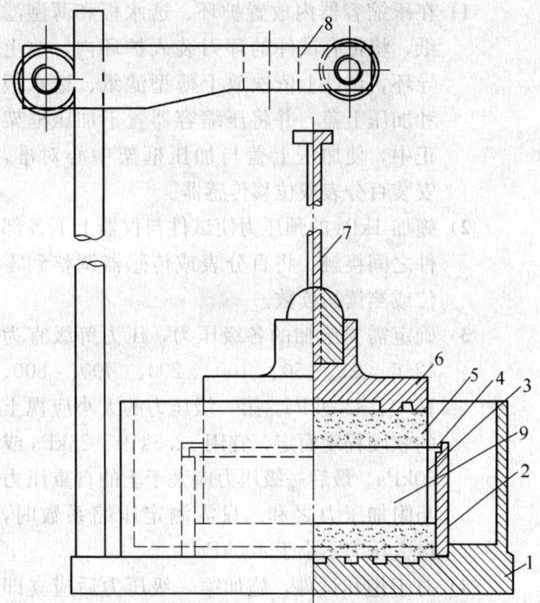

图 1 压缩仪示意图

1—水槽；2—护环；3—环刀；4—导环；5—透水板；6—加压上盖；7—位移计导杆；8—位移计架；9—试件

的压力，且没有冲击力，压力准确度应符合现行国家标准《土工仪器的基本参数及通用技术条件》GB/T 15406 的规定。

3 变形量测设备：量程 10mm，最小分度值为 0.01mm 的百分表或准确度为全量程 0.2%的位移传感器。

B.3.4 试验步骤主要参考《土工试验方法标准》GB/T 50123－1999 的相关规定执行。

1 《土工试验方法标准》GB/T 50123－1999 第 5.1 节的具体规定如下：

1）主要仪器设备：
环刀：内径 61.8mm 和 79.8mm，高度 20mm；
天平：称量 500g，最小分度值 0.1g；称量 200g，最小分度值 0.01g。

2）环刀法测定密度的具体步骤为：根据试验要求用环刀切取试件时，应在环刀内壁涂一薄层凡士林，刃口向下放在土样上，将环刀垂直下压，并用切土刀沿环刀外侧切削土样，边压边削至土样高出环刀，根据试件的软硬采用钢丝锯或切土刀整平环刀两端土样，擦净环刀外壁，称环刀和土的总质量。

3）试件的湿密度按 $\rho_0=\dfrac{m_0}{V}$ 计算，其中 m_0 为试件湿土质量，V 为环刀体积。

2 《土工试验方法标准》GB/T 50123－1999 第 14.1.5 节的具体规定如下：

1）在压缩容器内放置护环、透水板和薄型滤纸，将带有试件的环刀装入护环内，放上导环，试件上依次放上薄型滤纸、透水板和加压上盖，并将压缩容器置于加压框架正中，使加压上盖与加压框架中心对准，安装百分表或位移传感器。

2）施加1kPa的预压力使试件与仪器上下各部件之间接触，将百分表或传感器调整到零位或测读初读数。

3）确定需要施加的各级压力，压力等级宜为12.5、25、50、100、200、400、800、1600、3200kPa。第一级压力的大小应视土的软硬程度而定，宜用12.5kPa、25kPa或50kPa。最后一级压力应大于土的自重压力与附加压力之和。只需测定压缩系数时，最大压力不小于400kPa。

4）对于饱和试件，施加第一级压力后应立即向水槽中注水浸没试件。非饱和试件进行压缩试验时，须用湿棉纱围住加压板周围。

5）试验结束后吸去容器中的水，迅速拆除仪器各部件，取出整块试件，测定含水率。

3 含水率试验应按下列步骤进行：

1）取环刀中试样15g～30g放入称量盒内，盖上盒盖，称盒加湿土质量，准确至0.01g。

2）打开盒盖，将盒置于105℃～110℃的恒温烘箱内烘至恒重，烘干时间不得少于8h。

3）将称量盒从烘箱中取出，盖上盒盖，放入干燥容器内冷却至室温，称盒加干土质量，准确至0.01g。

4）试样的含水率应按式 $W_1=\left(\frac{m_0}{m_d}-1\right)\times 100$ 计算，准确至0.1%，其中 m 为湿土质量，m_d 为干土质量。

4 《土工试验方法标准》GB/T 50123－1999第6.2节的具体规定如下：

1）主要仪器设备：

比重瓶：容积100mL或50mL，分长颈和短颈两种；恒温水槽：准确度应为±1℃；砂浴：应能调节温度；天平：称量200g，最小分度值0.001g；温度计：刻度为0～50℃，最小分度值为0.5℃。

2）比重瓶的校核，应按下列步骤进行：

将比重瓶洗净、烘干，置于干燥器内，冷却后称量，准确至0.001g。

将煮沸经冷却的纯水注入比重瓶，对长颈比重瓶注水至刻度处，对短颈比重瓶应注满纯水。塞紧瓶塞，多余水自瓶塞毛细管中溢出。将比重瓶放入恒温水槽直至瓶内水温稳定。取出比重瓶，擦干外壁，称瓶、水总质量，准确至0.001g。测定恒温水槽内水温，准确至0.5℃。

调节数个恒温水槽内的温度，温度差宜为5℃，测定不同温度下的瓶、水总质量。每个温度时均应进行两次平行测定，两次测定的差值不得大于0.002g，取两次测值的平均值。绘制温度与瓶、水总质量的关系曲线，如图2所示。

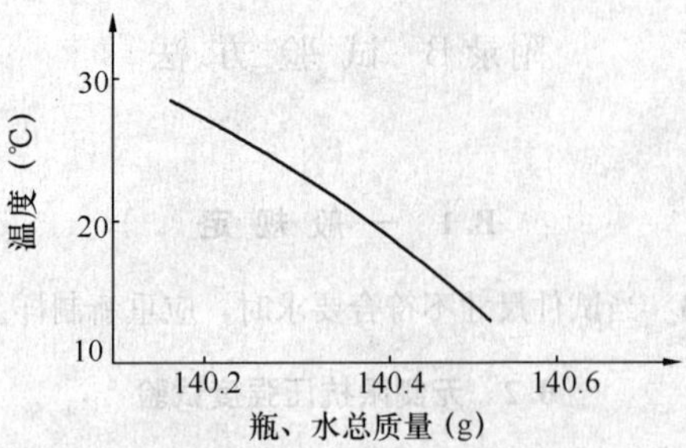

图2 温度与瓶、水总质量关系曲线

3）比重瓶法试验，应按下列步骤进行：

将比重瓶烘干。称烘干试件15g（当用50mL的比重瓶时，称烘干试件10g）装入比重瓶，称试件和瓶的总质量，准确至0.001g。

向比重瓶内注入半瓶纯水，摇动比重瓶，并在砂浴上煮沸，煮沸时间自悬液沸腾起砂土不应少于30min，黏土、粉土不得少于1h。沸腾后应调节砂浴温度，比重瓶内悬液不得溢出。对砂土宜用真空抽气法；对含有可溶盐、有机质和亲水性胶体的土必须用中性液体（煤油）代替纯水，采用真空抽气法排气，真空表读数宜接近当地一个大气负压值，抽气时间不得少于1h。

将煮沸经冷却的纯水（或抽气后的中性液体）注入装有试件悬液的比重瓶，当用长颈比重瓶时注纯水至刻度处，当用短颈比重瓶时应将纯水注满。塞紧瓶塞，多余的水分自瓶塞毛细管中溢出。将比重瓶置于恒温水槽内至温度稳定，且瓶内上部悬液澄清。取出比重瓶，擦干瓶外壁，称比重瓶、水、试件总质量，准确至0.001g；并应测定瓶内的水温，准确至0.5℃。

从温度与瓶、水总质量的关系曲线中查得各试验温度下的瓶、水总质量。

4）土粒的相对密度按 $G_s=\frac{m_d}{m_{bw}+m_d-m_{bws}}\cdot G_{iT}$ 计算，其中 m_d 为试样烘干质量，m_{bw} 为比重瓶、水总质量，m_{bws} 为比重瓶、水、试样总质量，G_{iT} 为 T℃时纯水或中性液体的相对密度（可查物理手册）。

水泥土压缩过程中，每次加荷都要经过一定的时间，水泥土压缩才能稳定。一般情况下，加压24h后，可达到稳定。

B.4 剪切试验

B.4.1 室内试验测定抗剪强度的方法一般有直接剪切试验、无侧限抗压强度试验和三轴压缩试验。无侧限抗压试验是三轴压缩试验中 $\sigma_3 = 0$ 的一种特殊情况。三轴压缩试验与直接剪切试验相比具有能够控制试件排水条件、受力状态明确、可以控制大小主应力、剪切面不固定等优点。直接剪切试验的特点是简单快捷，容易操作，其试验方法有快剪、固结快剪和慢剪三种试验方法。三轴压缩试验根据排水条件不同可分为不固结不排水试验（UU）、固结不排水试验（CU）和固结排水试验（CD）三种，以适用不同工程条件而进行强度制表的测定。水泥土试件与常规的土样不同，经过水泥与土拌合、振实、养护一定龄期后，水泥颗粒表面的矿物很快与软土中的水分发生水解和水化反应，生成氢氧化钙、含水硅酸钙、含水铝酸钙和含水铁酸钙等化合物。这些新生成的化合物在水中和空气中逐渐硬化，增大了水泥土的强度，而且由于其结构比较致密，水分不容易侵入，从而使水泥土具有足够的水稳定性。试验发现，经过一定的养护龄期后的水泥土，其应力应变关系曲线与软土已经有了显著区别，随着水泥掺入比的逐渐增大（从 5%～25%），龄期的增长，水泥土中的水化和固化反应逐渐充分，强度逐渐增大，水泥土的初始模量也越来越大，应力应变曲线的下降段也愈加短而陡，呈比较显著的脆性破坏。因此，除了有特殊的研究目的外，在一般工程实际中，不需考虑水泥土的固结与排水问题，或者说在破坏时来不及排水，故在本规程中对水泥土的抗剪强度参数试验中采用快剪试验（Q）和不固结不排水三轴压缩试验（UU）。

快剪试验（Q）和不固结不排水三轴压缩试验（UU）得到的试验结果为水泥土总应力条件下的抗剪强度参数 c 和 φ。其中，快剪试验适用于测定水泥土简单应力条件下的 c 和 φ，不固结不排水三轴压缩试验（UU）适用于测定水泥土复杂的三向应力条件下的 c 和 φ。

B.4.2 试验仪器设备主要参考《土工试验方法标准》GB/T 50123 - 1999 第 18.1.2 条或第 16.2 条的规定执行。

1 《土工试验方法标准》GB/T 50123—1999 第 18.1.2 条具体的规定如下：

1）应变控制式直剪仪：由剪切盒、垂直加荷设备、剪切传动装置、测力计和位移量测系统组成。

2）环刀：内径 61.8mm，高 20mm。

3）位移量测设备：百分表或传感器，百分表量程为 10mm，分度值为 0.01mm，传感器的精度应为零级。

2 《土工试验方法标准》GB/T 50123—1999 第 16.2 条具体的规定如下：

1）应变控制式三轴压缩仪：由围压系统、反压系统、孔隙水压力量测系统和主机构成。

2）附属设备：击实器、饱和器、切土盘、切土器、成膜筒及对开圆模。

3）百分表：量程 3cm 或 1cm。

4）天平：称量 200g，感量 0.01g；称量 1000g，感量0.1g。

5）橡皮膜：应具有弹性，厚度应小于橡皮膜直径的1/100，且不得有漏气。

B.4.4 快剪试验的试验步骤主要参考《土工试验方法标准》GB/T 50123 - 1999 第 18.3 节的规定执行，其具体的规定如下：

1 对准剪切容器上下盒，插入固定销，在下盒内放置透水石和滤纸，将带有试件的环刀刃向上，对准剪盒口，在试件上放置滤纸和透水石，将试件小心地推入剪切盒内。

2 移动传动装置，使上盒前端钢珠刚好与测力计接触，依次加上传压板、加压框架，安装垂直位移量测装置，测记初始读数。

3 根据工程实际情况和土的软硬程度施加各级垂直压力。施加于试件的垂直压力宜分为 4 级，每级荷载分别为 100kPa、200kPa、300kPa、400kPa，在各级垂直压力下测定其剪损时的读数。

4 按照固结快剪的标准，剪切速度按照 0.8mm/min 控制。当测力计百分表读数不变或者后退时，继续剪切至剪切位移为 4mm 时停止，记下破坏值。当剪切过程中无峰值时，剪切至剪切位移达 6mm 时停止。

5 剪切结束，退去剪切力和垂直压力，移动压力框架，取出试件。

B.4.5 不固结不排水压缩（UU）试验的试验步骤主要参考《土工试验方法标准》GB/T 50123 - 1999 第 16.4 节的规定执行，其具体的规定如下：

1 试件的安装，应按下列步骤进行：

1）在压力室底座上依次放上不透水板、试件及试件帽，将橡皮膜套在试件外，并将橡皮膜两端与底座试件帽分别扎紧。

2）将压力室罩顶部活塞提高，放下压力室罩，将活塞对准试件中心，并均匀地拧紧底座连接螺母。向压力室内注满纯水，待压力室顶部排气孔有水溢出时，拧紧排气孔，并将活塞对准测力计和试件顶部。

3）将离合器调至粗位，转动粗调手轮，当试件帽与活塞及测力计接近时，将离合器调至细位，改用细调手轮，使试件帽与活塞及测力计接触，装上变形指示计，将测力计和变形指示计调至零位。

2 剪切试件应按下列步骤进行：

1）剪切应变速率宜为每分钟应变 0.5%～1.0%。

2）启动电动机，合上离合器，开始剪切。试件每分钟产生 0.3%～0.4%的轴向应变

（或 0.2mm 变形量），测记一次测力计和轴向变形值。当轴向应变大于 3%时，试件每产生 0.7%～0.8%的轴向应变（或 0.5mm 变形值）测记一次。

3）当测力计读数出现峰值时，剪切应继续进行到轴向应变为 15%～20%。

4）试验结束，关电动机。关周围压力阀，脱开离合器，将离合器调至粗位，转动粗调手轮，将压力室降下，打开排气孔，排除压力室内的水，拆卸压力室罩，拆除试件，描述试件破坏形状，称试件质量，并测定含水率。

绘制应力圆时，需要根据破坏标准选取代表试件破坏时的应力。一般情况下以主应力差的峰值作为破坏值。如果主应力差无峰值，采用应变为 15%时的主应力差作为破坏值。

B.5 渗透试验

B.5.1 特殊工程可增加其他渗透试验方法。对有防渗要求的工程，也可参照《建筑砂浆基本性能试验方法标准》JGJ/T 70 中抗渗性能试验方法的规定执行。

B.5.2 本条第 1 款规定渗透仪需提供一定的渗透压力，且提供的水压应能按规定的要求稳定地作用在试件上，主要因为水泥土的渗透系数非常小，参照《土工试验方法标准》GB/T 50123－1999 中的变水头渗透装置，存在某些水泥土试件基本不能渗水，试验时间周期长且测定的数据不够准确，所以规定水泥土渗透仪应能够提供稳定的渗水压力，这样不仅更具有可操作性，而且更符合实际工程使用情况。

本条第 2 款规定渗透试模应采用高度为 40mm，且试模上部侧面应带有出水孔的金属试模，主要是考虑到由于水泥土渗透试件的高度为 30mm，为了便于测定其渗出的水量，防止侧溢而作此规定的。

B.5.5 本条第 1 款按下列方法进行试件的密封：用水泥加黄油密封时，其质量比宜为（2.5～3）：1。应采用三角刀将密封材料均匀地刮涂在试件侧面上，厚度应能保证试件与试模密封。应套上试模并将试件压入，在试摸下口装入透水石，使透水石与试模底齐平。另外，试件上端面放置滤纸，是便于观察试件周围是否渗水，以判定试件是否密封完好。

本条第 2 款规定刚开始试验时加压幅度比较小，主要是考虑到低掺量的水泥土试件强度较低，较小幅度的加压可防止试件破损。

本条第 3 款中滴定管液面逐渐稳定是指在相同的时间间隔内，当滴定管内液面的变化量基本相同时，可以认为液面达到稳定，可继续进行试验。另外，本条文只规定了渗水量大和渗水量特别小两种情况下测定试件渗透水量的间隔时间，因此，一般情况下，试验人员可以根据试件实际情况，选择合适的时间间隔测定其渗水量。

B.5.6 试验采用的纯水应符合《土工试验方法标准》GB/T 50123－1999 第 13.1.2 条的规定。为便于查阅，将 GB/T 50123－1999 第 13.1 节表 13.1.3 列出，如表 2 所示。

表 2 水的动力黏滞系数、黏滞系数比、温度校正值

温度（℃）	动力黏滞系数 η [kPa·s(10^{-6})]	η_T/η_{20}	温度校正值 T_p	温度（℃）	动力黏滞系数 η [kPa·s(10^{-6})]	η_T/η_{20}	温度校正值 T_p
5.0	1.516	1.501	1.17	17.5	1.074	1.066	1.66
5.5	1.498	1.478	1.19	18.0	1.061	1.050	1.68
6.0	1.470	1.455	1.21	18.5	1.048	1.038	1.70
6.5	1.449	1.435	1.23	19.0	1.035	1.025	1.72
7.0	1.428	1.414	1.25	19.5	1.022	1.012	1.74
7.5	1.407	1.393	1.27	20.0	1.010	1.000	1.76
8.0	1.387	1.373	1.28	20.5	0.998	0.988	1.78
8.5	1.367	1.353	1.30	21.0	0.986	0.976	1.80
9.0	1.347	1.334	1.32	21.5	0.974	0.964	1.83
9.5	1.328	1.315	1.34	22.0	0.968	0.958	1.85
10.0	1.310	1.297	1.36	22.5	0.952	0.943	1.87
10.5	1.292	1.279	1.38	23.0	0.941	0.932	1.89
11.0	1.274	1.261	1.40	24.0	0.919	0.910	1.94
11.5	1.256	1.243	1.42	25.0	0.899	0.890	1.98
12.0	1.239	1.227	1.44	26.0	0.879	0.870	2.03
12.5	1.223	1.211	1.46	27.0	0.859	0.850	2.07
13.0	1.206	1.194	1.48	28.0	0.841	0.833	2.12
13.5	1.188	1.176	1.50	29.0	0.823	0.815	2.16
14.0	1.175	1.168	1.52	30.0	0.806	0.798	2.21
14.5	1.160	1.148	1.54	31.0	0.789	0.781	2.25
15.0	1.144	1.133	1.56	32.0	0.773	0.765	2.30
15.5	1.130	1.119	1.58	33.0	0.757	0.750	2.34
16.0	1.115	1.104	1.60	34.0	0.742	0.735	2.39
16.5	1.101	1.090	1.62	35.0	0.727	0.720	2.43
17.0	1.088	1.077	1.64	—	—	—	—

为便于技术人员掌握如何确定渗透系数，现举例如下：

某技术人员测得水泥土试件的渗透系数见表 3。根据本规程 B. 5. 6 条第 4 款的规定，由于序号(1)～序号(4)的渗透系数与序号(5)～序号(8)的渗透系数差值大于 2×10^{-7}，故该水泥土试件的平均渗透系数应取最后四次渗透系数的平均值。

表 3　水泥土试件的渗透系数

次数序号 / 渗透系数	1	2	3	4	5	6	7	8
水温 20℃时渗透系数 k_{20} (cm/s)	5.16×10^{-7}	5.16×10^{-7}	4.56×10^{-7}	4.56×10^{-7}	2.07×10^{-7}	2.07×10^{-7}	2.01×10^{-7}	2.01×10^{-7}
平均渗透系数 k_{20} (cm/s)	2.04×10^{-7}							

中华人民共和国行业标准

择压法检测砌筑砂浆抗压强度技术规程

Technical specification for compressive strength of masonry mortar bed testing by selective pressing method

JGJ/T 234—2011

批准部门：中华人民共和国住房和城乡建设部

施行日期：2 0 1 1 年 1 2 月 1 日

中华人民共和国住房和城乡建设部
公　　告

第900号

关于发布行业标准《择压法检测砌筑砂浆抗压强度技术规程》的公告

现批准《择压法检测砌筑砂浆抗压强度技术规程》为行业标准，编号为JGJ/T 234－2011，自2011年12月1日起实施。

本规程由我部标准定额研究所组织中国建筑工业出版社出版发行。

中华人民共和国住房和城乡建设部

2011年1月28日

前　　言

根据住房和城乡建设部《关于印发〈2009年工程建设标准规范制订、修订计划〉的通知》（建标［2009］88号）的要求，规程编制组经广泛调查研究，认真总结实践经验，参考有关国际和国内先进标准，并在广泛征求意见的基础上，制定了本规程。

本规程的主要技术内容是：1总则；2术语和符号；3择压仪；4抽样与检测；5强度计算与推定；6检测报告。

本规程由住房和城乡建设部负责管理，由江苏省金陵建工集团有限公司负责具体技术内容的解释。执行过程中如有意见和建议，请寄送江苏省金陵建工集团有限公司（地址：南京市建邺区楠溪江东街68号旭建大厦2层，邮政编码：210019）。

本规程主编单位：江苏省金陵建工集团有限公司
江苏南通三建集团有限公司

本规程参编单位：江苏省建筑科学研究院有限公司
江苏科永和工程建设质量检测鉴定中心有限公司
国家建筑工程质量监督检验中心
四川省建筑科学研究院
山东省建筑科学研究院
陕西省建筑科学研究院
重庆市建筑科学研究院
南京工程学院
江苏三泰建设工程有限公司
扬州开发区建设局
江苏双龙集团有限公司
扬州大学

本规程主要起草人员：顾瑞南　韩　放　钱艺柏
盛胜刚　邸小坛　侯汝欣
崔士起　文恒武　林文修
徐　骋　宗　兰　陈树芝
李文龙　杨苏杭　张　伟
韩文星　王　枫　李正美
曹光中　杜　勇　钱承刚
郑　林　王金山　潘振华
叶鸿林　朱春银　杨鼎宜

本规程主要审查人员：高小旺　王永维　张书禹
叶　健　晏大玮　方　平
曹双寅　李延和　张赤宇

目　次

Contents

1 总　则

1.0.1　为规范择压法检测砌体结构砌筑砂浆抗压强度的技术方法，保证检测精度，制定本规程。

1.0.2　本规程适用于烧结普通砖、烧结多孔砖、烧结空心砖砌体结构中水泥砂浆、混合砂浆抗压强度的现场检测和推定。

1.0.3　从事择压法检测砌筑砂浆抗压强度的人员，应通过专门的技术培训。现场开展检测工作时，应遵守国家有关安全、劳动保护和环境保护的规定。

1.0.4　择压法检测砌筑砂浆抗压强度，除应符合本规程外，尚应符合国家现行有关标准的规定。

2　术语和符号

2.1　术　　语

2.1.1　择压法　selective pressing method

选择砌体结构中有代表性的水平灰缝，取出砂浆片试样制作成试件，使用择压仪对其进行抗压试验，测得择压荷载值继而推定砌筑砂浆抗压强度的检测方法。

2.1.2　择压荷载值　load value for selective pressing

择压法检测砌筑砂浆抗压强度过程中，当试件破坏时，择压仪显示的读数值。

2.1.3　择压强度　strength of selective pressing

试件厚度换算后，受压面上单位面积的择压荷载值。

2.1.4　砌筑砂浆抗压强度推定值　estimation value of compressive strength for masonry mortar bed

砌体结构水平灰缝内的砌筑砂浆（水泥砂浆或混合砂浆）抗压强度推定值，为检测龄期的砌筑砂浆抗压强度。

2.2　符　　号

A——试件受压面积，取 78.54mm²。

f_2——砌筑砂浆推定强度等级所对应的立方体试块抗压强度平均值。

$f_{2,i,j}$——i 测区第 j 个砂浆试件的择压强度。

$f_{2,i}$——i 测区砂浆试件择压强度平均值。

$f_{2,i,\mathrm{cu}}$——i 测区砂浆抗压强度换算值。

$f_{2,\mathrm{m}}$——同一检测单元或单片墙内各测区砌筑砂浆抗压强度平均值。

$f_{2,\min}$——同一检测单元中，测区砌筑砂浆抗压强度的最小值。

$N_{i,j}$——i 测区第 j 个砂浆试件的择压荷载值。

s——同一检测单元的强度标准差。

δ——同一检测单元的强度变异系数。

$\xi_{i,j}$——i 测区第 j 个砂浆试件厚度换算系数。

3　择 压 仪

3.1　技 术 要 求

3.1.1　择压仪应包括反力架、测力系统、圆平压头、对中自调平系统、数显测读系统、加载手柄和积灰盖等部分（图 3.1.1）。

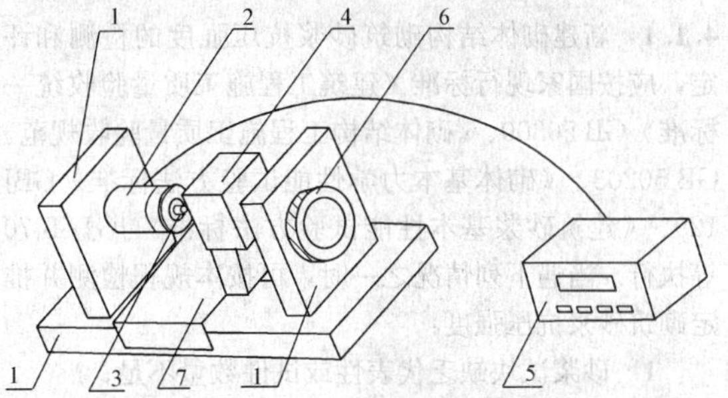

图 3.1.1　择压仪示意图

1—反力架；2—测力系统；3—圆平压头；4—对中自调平系统；5—数显测读系统；6—加载手柄；7—积灰盖

3.1.2　择压仪应具有产品出厂合格证，并应通过计量校准。

3.1.3　择压仪应满足下列技术要求：

1　整体结构应有足够强度和刚度；

2　择压仪用圆平压头的直径应为（10±0.05）mm，额定行程不应小于18mm；

3　择压仪应设有对中自调平系统；

4　择压仪的极限压力应为5000N；

5　数显测读系统示值的最小分度值不应大于1N，且数显测读系统应具有峰值保持功能、断电保持功能和数据存储功能；

6　测力系统的力值误差不应大于1N。

3.1.4　择压仪的使用环境温度宜为5℃～35℃。数显测读系统应在室内自然环境下使用和放置，严禁与水接触。

3.2　校准与保养

3.2.1　择压仪的计量校准有效期应为1年，计量校准的结果应符合本规程第 3.1.3 条的规定。

3.2.2　当具有下列情况之一时，择压仪应进行校准：

1　新择压仪启用前；

2　超过校准有效期；

3　遭受严重撞击、跌落、振动等损伤；

4　维修后；

5　对检测结果有怀疑或争议时。

3.2.3　择压仪应定期保养，并应符合下列规定：

1　使用过程中，宜避免灰尘沾污仪器，若沾污灰尘应予清除；

2 机械转动摩擦部位应保持润滑；

3 使用后应清理干净；

4 不用时应予遮盖防护，并应使圆平压头处于不受荷载状态。

4 抽样与检测

4.1 一般规定

4.1.1 新建砌体结构砌筑砂浆抗压强度的检测和评定，应按国家现行标准《建筑工程施工质量验收统一标准》GB 50300、《砌体工程施工质量验收规范》GB 50203、《砌体基本力学性能试验方法标准》GBJ 129、《建筑砂浆基本性能试验方法标准》JGJ/T 70等执行。当遇下列情况之一时，可按本规程检测并推定砌筑砂浆抗压强度：

1 砂浆试块缺乏代表性或试件数量不足；

2 对砂浆试块的检测结果有怀疑或争议，需要确定砌筑砂浆抗压强度。

4.1.2 既有建筑的砌体结构进行下列鉴定时，可按本规程检测并推定砌筑砂浆抗压强度：

1 砌体结构安全鉴定；

2 砌体结构抗震鉴定；

3 砌体结构改变用途、改建、加层、扩建或大修前的专门鉴定。

4.2 抽样与试件制作

4.2.1 抽样方法应符合下列规定：

1 当检测对象为整栋建筑物或建筑物的一部分时，可将其划分为一个或若干个独立的检测单元。对连续墙体划分检测单元时，每片墙的高度不宜大于3.5m，水平长度不宜大于6.0m。

2 当一个检测单元内的墙体多于6片时，随机抽样的墙片数量不应少于6片；当一个检测单元内不多于6片时，每片墙均应检测。每片墙内至少应布置1个测区，当每片墙布置2个或2个以上测区时，宜沿墙高均匀分布。当检测单元仅为单片墙时，测区不应少于2个。

3 每个测区的面积宜为0.5m×0.5m。

4 应随机在每个测区的水平灰缝内取出6个面积不小于30mm×30mm、厚度为8mm～16mm的砂浆片试样，其中1个应为备份试样，其余5个应为试验试样。试样的两面应相对平行。取得的试样应使用同一容器收置并编号入册。

4.2.2 砂浆试样应在深入墙体表面20mm以内抽取，不应在独立砖柱或长度小于1m的墙体上抽取，也不应在承重梁正下方的墙体上抽取。

4.2.3 试件制作应符合下列规定：

1 制作的试件最小中心线性长度不应小于30mm；

2 试件受压面应平整和无缺陷，对于不平整的受压面，可用砂纸打磨；

3 试件表面的砂粒和浮尘应清除。

4.3 检 测

4.3.1 砂浆试样应在自然干燥的状态下进行检测；当砂浆试样处于潮湿状态时，应自然晾干或烘干。

4.3.2 砂浆试件的厚度应使用游标卡尺进行量测，测厚点应在择压作用面内，读数应精确至0.1mm，并应取3个不同部位厚度的平均值作为试件厚度。

4.3.3 在择压仪的两个圆平压头表面，应各贴一片厚度小于1mm、面积略大于圆平压头的薄橡胶垫。启动择压仪，应设置数显测读系统为峰值保持状态，并应确认计量单位为牛顿（N）。

4.3.4 砂浆试件应垂直对中放置在择压仪的两个压头之间，压头作用面边缘至砂浆试件边缘的距离不宜小于10mm。

4.3.5 对砂浆试件进行加荷试验时，加荷速率宜控制在每秒为预估破坏荷载的1/15～1/10，并应持续至试件破坏为止。择压荷载值应为砂浆试件破坏时择压仪数显测读系统显示的峰值，并应精确至1N。检测记录宜按本规程附录A的格式填写。

5 强度计算与推定

5.1 强 度 计 算

5.1.1 单个砂浆试件的择压强度应按下式计算：

$$f_{2,i,j}=\xi_{i,j}\cdot\frac{N_{i,j}}{A} \tag{5.1.1}$$

式中：$N_{i,j}$——第i测区第j个砂浆试件破坏时试件择压荷载值，精确至1N；

A——试件受压面积，取78.54mm²；

$\xi_{i,j}$——第i测区第j个砂浆试件厚度换算系数，按表5.1.1取值；

$f_{2,i,j}$——第i测区第j个砂浆试件的择压强度，精确至0.1MPa。

表5.1.1 砂浆试件厚度换算系数

试件厚度（mm）	8	9	10	11	12	13	14	15	16
厚度换算系数 $\xi_{i,j}$	1.25	1.11	1.00	0.91	0.83	0.77	0.71	0.67	0.62

注：表中未列出的值，可用内插法求得。

5.1.2 每个测区的择压强度平均值应按下式计算：

$$f_{2,i}=\frac{\sum_{j=1}^{5}f_{2,i,j}}{5} \tag{5.1.2}$$

式中：$f_{2,i}$——第i测区砂浆试件择压强度平均值，精确至0.1MPa。

5.1.3 每个测区的砂浆抗压强度换算值应通过测强曲线换算取得，并应优先采用专用测强曲线。当无专用测强曲线时，可采用地区测强曲线。当无地区测强曲线或专用测强曲线时，可按下列公式计算：

1 水泥砂浆，可按下式计算：

$$f_{2,i,\mathrm{cu}} = 0.635 f_{2,i}^{1.112} \qquad (5.1.3\text{-}1)$$

2 混合砂浆，可按下式计算：

$$f_{2,i,\mathrm{cu}} = 0.511 f_{2,i}^{1.267} \qquad (5.1.3\text{-}2)$$

式中：$f_{2,i,\mathrm{cu}}$ ——第 i 测区砂浆抗压强度换算值，精确至0.1MPa。

5.1.4 有条件的单位或地区，可制定专用测强曲线或地区测强曲线。专用测强曲线或地区测强曲线的制定应符合本规程附录B的规定。

5.2 强度推定

5.2.1 每一检测单元的砌筑砂浆抗压强度平均值、标准差和变异系数，应分别按下列公式计算：

$$f_{2,\mathrm{m}} = \frac{1}{n_2}\sum_{i=1}^{n_2} f_{2,i,\mathrm{cu}} \qquad (5.2.1\text{-}1)$$

$$s = \sqrt{\frac{\sum_{i=1}^{n_2}(f_{2,\mathrm{m}} - f_{2,i,\mathrm{cu}})^2}{n_2 - 1}} \qquad (5.2.1\text{-}2)$$

$$\delta = \frac{s}{f_{2,\mathrm{m}}} \qquad (5.2.1\text{-}3)$$

式中：$f_{2,\mathrm{m}}$ ——同一检测单元内各测区砌筑砂浆抗压强度平均值（MPa）；

n_2 ——同一检测单元的测区数；

s ——同一检测单元的强度标准差，精确至0.01MPa；

δ ——同一检测单元的强度变异系数，精确至0.01。

5.2.2 每一检测单元的砌筑砂浆抗压强度，应按下列规定进行推定：

1 当墙片数大于或等于6片时，砌筑砂浆抗压强度推定值应符合下列公式的规定：

$$f_2 \leqslant f_{2,\mathrm{m}} \qquad (5.2.2\text{-}1)$$

$$f_2 \leqslant \frac{4}{3} f_{2,\min} \qquad (5.2.2\text{-}2)$$

2 当墙片数小于6片时，砌筑砂浆抗压强度推定值应符合下式的规定：

$$f_2 \leqslant f_{2,\min} \qquad (5.2.2\text{-}3)$$

式中：f_2 ——砌筑砂浆抗压强度推定值（MPa），精确至0.1MPa；

$f_{2,\min}$ ——同一检测单元中，测区砌筑砂浆抗压强度的最小值（MPa）。

3 当检测结果的变异系数（δ）大于0.35时，应检查产生离散性的原因，且当离散性是因检测单元划分不当造成时，应重新划分检测单元进行检测，并可增加测区数进行补测，然后重新推定；当离散性是因其他原因造成时，可根据实际情况采取相应措施。

6 检测报告

6.0.1 检测报告应结论准确、用词规范、文字简练，并可按本规程附录C的格式填写。对于容易混淆的术语和概念，宜给出书面解释，也可附图说明。

6.0.2 检测报告应包括下列内容：

1 委托单位名称；

2 建筑工程概况，包括工程名称、结构类型、规模、施工日期、现状及结构平面图等；

3 施工单位名称；

4 检测原因；

5 检测项目、检测方法及依据的标准；

6 抽样方案及数量；

7 检测日期、报告完成日期；

8 检测数据和汇总结果、检测结论；

9 检测、审核和批准人员的签名。

附录A 择压法检测砌筑砂浆抗压强度试验记录表

表A 择压法检测砌筑砂浆抗压强度记录表

工程名称：＿＿＿＿ 择压仪编号：＿＿＿＿

施工单位：＿＿＿＿ 择压仪检验证号：＿＿＿＿

施工日期：＿＿＿＿ 单元编号：＿＿＿＿

委托单位：＿＿＿＿ 砂浆类别：＿＿＿＿

检测原因：＿＿＿＿ 检测日期：＿＿＿＿

测区	试件编号	厚度（mm）				厚度换算系数（内插法）	择压值（N）	试件择压强度（MPa）	测区择压强度（MPa）	抗压强度换算值（MPa）	备注
		1	2	3	均值						

检测：＿＿＿＿ 记录：＿＿＿＿

校对：＿＿＿＿ 审核：＿＿＿＿

第 页 共 页

附录B 地区测强曲线和专用测强曲线的制定方法

B.0.1 制定地区测强曲线的试件（砂浆试块和试验用墙体）应与本地区常测结构或构件在原材料、砌筑工艺与养护方法等方面条件相同。制定专用测强曲线的试件应与拟检测结构或构件在原材料、砌筑工艺和养护方法等方面条件相同。采用的择压仪应符合本规程第3章的规定。

B.0.2 试件的制作和养护应符合下列规定：

1 制定地区测强曲线时，应按地区常用配合比设计5个砂浆强度等级，并按砖底模、钢底模分别为每一强度等级、每一龄期、每一有代表性的区域制作不少于6组砂浆试块，且每组均应为3个70.7mm×70.7mm×70.7mm的立方体试块。每一强度等级对应砌筑的试验墙片，规格不应小于1.5m×1.5m，数量不应少于2片。

2 制定专用测强曲线时，应与拟检测砌体结构要求的相同材料和配合比选用5个砂浆强度等级。试件数量应与地区测强曲线的要求一致。

3 砂浆试块和墙体试件应同条件养护。

B.0.3 试验应符合下列规定：

1 同强度、同龄期的砂浆试块试验和择压法试验应同时进行；

2 砂浆试块的试验应按现行行业标准《建筑砂浆基本性能试验方法标准》JGJ/T 70执行；

3 择压法试件应在相应试验墙体中分区域抽取，且有效试件数量不应少于25个，择压法试验应符合本规程第4章的规定。

B.0.4 地区测强曲线和专用测强曲线的计算均应符合下列规定：

1 地区测强曲线和专用测强曲线的回归方程式，应按每一砂浆试件求得的 $f_{2,i}$ 和 $f_{2,\mathrm{cu}}$ 数据，采用最小二乘法原理计算；

2 回归方程宜符合下式规定：

$$f_{2,\mathrm{cu}} = A f_{2,i}^{B} \quad \text{(B.0.4-1)}$$

3 回归方程式的强度平均相对误差（δ）和强度相对标准差（e_r）应用下列公式计算：

$$\delta = \pm \frac{1}{n} \sum_{i=1}^{n} \left| \frac{f_{2,i}}{f_{2,\mathrm{cu}}} - 1 \right| \times 100 \quad \text{(B.0.4-2)}$$

$$e_r = \sqrt{\frac{1}{n-1} \sum_{i=1}^{n} \left(\frac{f_{2,i}}{f_{2,\mathrm{cu}}} - 1 \right)^2} \times 100 \quad \text{(B.0.4-3)}$$

式中：δ——回归方程式的强度平均相对误差（%），精确至0.1；

e_r——回归方程式的强度相对标准差（%），精确至0.1；

$f_{2,i}$——i 测区砂浆试件抗压强度平均值（MPa），精确至0.01MPa；

$f_{2,\mathrm{cu}}$——由同一试件的平均择压值 $f_{2,i}$ 按回归方程式算出的砂浆立方体抗压强度换算值（MPa），精确至0.1MPa；

n——制定回归方程式的试件数。

B.0.5 地区测强曲线和专用测强曲线应符合下列规定：

1 对于地区测强曲线，平均相对误差不应大于15.0%，相对标准差不应大于20.0%；

2 对于专用测强曲线，平均相对误差不应大于13.0%，相对标准差不应大于18.0%。

B.0.6 当 δ 和 e_r 符合本规程第B.0.5条的规定后，应将测强曲线报请上级主管部门审批。

附录C 择压法检测砌筑砂浆抗压强度报告

表C 择压法检测砌筑砂浆抗压强度报告

编号（规考）第____号　　第____页共____页

施工单位：________　　委托单位：________

工程名称：________　　结构或构件名称：________

施工日期：________　　检测原因：________

检测环境：________　　检测依据：________

择压仪厂：________　　择压仪编号：________

检测日期：________　　择压仪检验证号：________

检 测 结 果

构件		砌筑砂浆抗压强度换算值（MPa）			现龄期砌筑砂浆强度推定值（MPa）	备 注
名称	编号	平均值	标准差	最小值		

批准：________　　审核：________

主检：________　　上岗证号：________

主检：________　　上岗证号：________

出具报告日期：____年____月____日　单位盖章：________

本规程用词说明

1 为了便于在执行本规程条文时区别对待，对要求严格程度不同的用词说明如下：

1） 表示很严格，非这样做不可的：

正面词采用“必须”；反面词采用“严禁”。

2） 表示严格，在正常情况下均应这样做的：

正面词采用“应”；反面词采用“不应”或“不得”。

3）表示允许稍有选择，在条件许可时首先这样做的：
正面词采用“宜”；反面词采用“不宜”。

4）表示有选择，在一定条件下可以这样做的，采用“可”。

2 条文中指明应按其他有关标准执行的写法为：“应符合……的规定”或“应按……执行”。

引用标准名录

1 《砌体基本力学性能试验方法标准》GBJ 129
2 《砌体结构工程施工质量验收规范》GB 50203
3 《建筑工程施工质量验收统一标准》GB 50300
4 《建筑砂浆基本性能试验方法标准》JGJ/T 70

中华人民共和国行业标准

择压法检测砌筑砂浆抗压强度技术规程

JGJ/T 234—2011

条 文 说 明

制 定 说 明

《择压法检测砌筑砂浆抗压强度技术规程》JGJ/T 234-2011，经住房和城乡建设部2011年1月28日以第900号公告批准、发布。

本规程制定过程中，编制组进行了全国范围内的相关工程情况和国内外科技查新等的调查研究，总结了我国近10年的砌体结构砌筑砂浆抗压强度检测鉴定的实践经验，同时参考了国外先进技术法规、技术标准，通过试验取得了择压法一些相关的重要技术参数。

为便于广大设计、施工、科研、学校等单位有关人员在使用本规程时能正确理解和执行条文规定，《择压法检测砌筑砂浆抗压强度技术规程》编制组按章、节、条顺序编制了本规程的条文说明，对条文规定的目的、依据以及执行中需注意的有关事项进行了说明。但是，本条文说明不具备与规程正文同等的法律效力，仅供使用者作为理解和把握规程的参考。

目　次

1 总 则

1.0.1 建筑结构工程中，砌体结构面广量大，而砌体结构砌筑砂浆抗压强度是砌体结构质量和安全的重要性能指标之一，其现场检测评定的方法和技术有多种。择压法检测砌筑砂浆抗压强度方法和技术是由江苏省建筑科学研究院在1996～1998年负责完成的一项新的科研成果——“砌体结构砌筑砂浆抗压强度直接检测鉴定技术的研究”，并于1999～2001年完成了江苏省地方标准的编制任务。“择压法”——择为选择，压为局部直接抗压，即选择局部直接抗压的方法。现编制的《择压法检测砌筑砂浆抗压强度技术规程》，系实现对砌体结构水平灰缝中取出的砂浆片通过直径为10mm圆平压头进行实质近似于直径为10mm、高度为灰缝厚度的正圆柱体形砂浆进行局部直接抗压试验，测得其择压荷载值。由预先通过对比试验所建立的砂浆片试样抗压强度与同条件养护的砂浆试块立方体抗压强度的关系，推定砌体结构砌筑砂浆抗压强度。所测结果更直接、更准确、更合理、更科学。为此编制规程，以利推广应用。

1.0.2 本条规定了使用本规程检测及推定砌筑砂浆抗压强度的适用范围。

1.0.3 为了更好地推广择压法检测砌筑砂浆抗压强度技术，保证检测质量，要求使用本规程进行工程检测和结果分析的人员均应通过专门的技术培训。

3 择 压 仪

3.1 技 术 要 求

3.1.1～3.1.4 规定了择压仪的仪器构成、技术要求和使用环境。由于择压仪是计量仪器，因此要在择压仪的明显位置上标明名称、型号、制造厂商、生产编号及生产日期。

3.2 校准与保养

3.2.1、3.2.2 规定了择压仪需要校准的情况。

3.2.3 本条规定了择压仪常规的保养要求及方法。

4 抽样与检测

4.1 一 般 规 定

4.1.1、4.1.2 规定了择压法检测砌筑砂浆抗压强度实际工程应用范围。

4.2 抽样与试件制作

4.2.1 本条规定了择压法检测砌筑砂浆抗压强度的砂浆试件抽样方法。试件抽样遵守“随机”的原则，并宜由建设单位、监理单位、施工单位会同检测单位共同商定抽样的范围、数量和方法。对有争议的墙体或推定强度明显偏低的墙体，采取细分检测单元或增加单元测区数量等措施。

4.2.2 本条规定了试样抽取的位置，主要考虑：1）内外砂浆性状不一致；2）抽取试样时砌体结构自身的安全性。

4.2.3 本条规定了试件制作的相关规定，试件边缘不要求非常规则。从水平灰缝中取出的原状砂浆片称作试样，试样经选择加工处理后用于择压试验的砂浆片称为试件。

4.3 检 测

4.3.3 在圆平压头表面各垫上一片薄橡胶垫，既可确保加载均匀，有缓冲作用，又避免圆平压头磨损。

4.3.5 圆平压头加荷速率大小对试件极限破坏荷载有影响，所以规定了加荷时的速率范围。

5 强度计算与推定

5.1 强 度 计 算

5.1.1 本条规定了单个砂浆试件的择压强度计算过程。由于现场检测条件的限制，砂浆试件有时不能符合10mm的厚度要求，故本条规定可按表5.1.1厚度换算系数进行换算。

5.1.3 本条规定了测区对应砂浆立方体试件的抗压强度换算值的计算方法，可用下列测强曲线计算：

1 统一测强曲线：由全国有代表性的材料、成型工艺所砌筑和成型的砌体和砂浆试件，通过试验所建立的测强曲线；

2 地区测强曲线：由该地区常用的材料、成型工艺所砌筑和成型的砌体和砂浆试件，通过试验所建立的测强曲线；

3 专用测量曲线：由与拟检测结构或构件采用相同的材料、成型、砌筑、养护工艺而制成的试件和墙体，通过试验所建立的测强曲线。

规程编制组在江苏、陕西、青海、黑龙江、山东、四川、广东、内蒙古、北京、上海等地区大量试验和验证数据的基础上，经数据处理得出《择压法检测砌筑砂浆抗压强度技术规程》统一测强曲线。

统一测强曲线：

水泥砂浆

$$f_{2,i,\mathrm{cu}} = 0.635 f_{2,i}^{1.112}$$

混合砂浆

$$f_{2,i,\mathrm{cu}} = 0.511 f_{2,i}^{1.267}$$

相关系数 $r=0.84$，平均相对误差 $\delta=17\%$，相对标准差 $e_r=20\%$。

5.1.4 建立地区和专用测强曲线可以提高该地区的检测精度。地区和专用测强曲线须经地方建设行政主管部门组织的审查和批准，方能实施。各地可以根据专用测强曲线、地区测强曲线、统一测强曲线的次序选用。

5.2 强 度 推 定

5.2.1 规定了判定每一检测单元择压法检测砌筑砂浆抗压强度检测结果的离散性计算方法。

5.2.2 本条规定了检测单元的砌筑砂浆的抗压强度推定方法和离散性较大时的处理办法。

6 检 测 报 告

6.0.1 检测报告是工程测试的最后结果，是掌握和控制砌体结构中砌筑砂浆抗压强度的依据，为避免检测报告格式混乱，因此提出检测报告的具体内容要求。

中华人民共和国行业标准

建筑外墙防水工程技术规程

Technical specification for waterproofing of exterior wall of building

JGJ/T 235—2011

批准部门：中华人民共和国住房和城乡建设部

施行日期：2 0 1 1 年 1 2 月 1 日

中华人民共和国住房和城乡建设部
公　　告

第 898 号

关于发布行业标准《建筑外墙防水工程技术规程》的公告

现批准《建筑外墙防水工程技术规程》为行业标准，编号为 JGJ/T 235－2011，自 2011 年 12 月 1 日起实施。

本规程由我部标准定额研究所组织中国建筑工业出版社出版发行。

中华人民共和国住房和城乡建设部

2011 年 1 月 28 日

前　　言

根据住房和城乡建设部《关于印发〈2008 年工程建设标准规范制订修订计划（第一批）〉的通知》（建标［2008］102 号）的要求，规程编制组经广泛调查研究，认真总结实践经验，参考有关国际标准和国外先进标准，并在广泛征求意见的基础上，编制本规程。

本规程的主要技术内容是：1 总则；2 术语；3 基本规定；4 材料；5 设计；6 施工；7 质量检查与验收。

本规程由住房和城乡建设部负责管理，由中国建筑科学研究院负责具体技术内容的解释。执行过程中如有意见或建议，请寄送中国建筑科学研究院（地址：北京市北三环东路 30 号，邮编：100013）。

本规程主编单位：中国建筑科学研究院
方远建设集团股份有限公司

本规程参编单位：浙江工业大学
中国建筑学会防水专业委员会
中国建筑材料检验认证中心
北京市建筑材料质量监督检验站
山西建筑工程（集团）总公司
广东省建筑设计研究院
辽宁省建设科学研究院
哈尔滨工业大学
中国中轻国际工程有限公司
杭州金汤建筑防水有限公司
苏州市新型建筑防水工程有限责任公司
深圳市建筑科学研究院
杜邦中国集团有限公司
达福喜建材贸易（上海）有限公司
北京龙阳伟业科技股份有限公司
大连细扬防水工程集团有限公司
浙江金华市欣生沸石开发有限公司
福建沙县华鸿化工有限公司
宁波山泉建材有限公司
湖南省白银新材料有限公司
北京百耐尔防水材料有限公司

本规程主要起草人员：高延继　应群勇　杨　杨
张文华　曹征富　胡　骏
许四法　霍瑞琴　张　勇
檀春丽　程　功　寇九贵
郭奕辉　吴丽华　王志民
乔亚玲　王　莹　姜静波
邵高峰　米　然　王　伟
肖岛中　樊细杨　陈土兴
陈虬生　叶泉友　王凝瑞
王成明

本规程主要审查人员：叶林标　王　甦　杨西伟
杨嗣信　张道真　杨永起
王　天　郭　景　王国复

目　次

Contents

1 总 则

1.0.1 为保证建筑外墙防水的工程质量，做到安全适用、技术先进、经济合理，制定本规程。

1.0.2 本规程适用于新建、改建和扩建的以砌体或混凝土作为围护结构的建筑外墙防水工程的设计、施工及验收。

1.0.3 建筑外墙防水工程的设计、施工及验收，除应符合本规程外，尚应符合国家现行有关标准的规定。

2 术 语

2.0.1 建筑外墙防水 waterproof and protection of exterior wall of building

阻止水渗入建筑外墙，满足墙体使用功能的构造及措施。

2.0.2 防水透气膜 weather barrier

具有防水和透气功能的合成高分子膜状材料。

2.0.3 滴水线 drip water line

在凸出或凹进外墙面的部位外沿，设置的阻止水由水平方向内渗的构造。

3 基本规定

3.0.1 建筑外墙防水应具有阻止雨水、雪水侵入墙体的基本功能，并应具有抗冻融、耐高低温、承受风荷载等性能。

3.0.2 在正常使用和合理维护的条件下，有下列情况之一的建筑外墙，宜进行墙面整体防水：

1 年降水量大于等于 800mm 地区的高层建筑外墙；

2 年降水量大于等于 600mm 且基本风压大于等于 0.50kN/m² 地区的外墙；

3 年降水量大于等于 400mm 且基本风压大于等于 0.40kN/m² 地区有外保温的外墙；

4 年降水量大于等于 500mm 且基本风压大于等于 0.35kN/m² 地区有外保温的外墙；

5 年降水量大于等于 600mm 且基本风压大于等于 0.30kN/m² 地区有外保温的外墙。

3.0.3 除本规程第 3.0.2 条规定的建筑外，年降水量大于等于 400mm 地区的其他建筑外墙应采用节点构造防水措施。

3.0.4 全国主要城镇基本风压和年降水量表可按本规程附录 A 采用。

3.0.5 居住建筑外墙外保温系统的防水性能应符合现行行业标准《外墙外保温工程技术规程》JGJ 144 的规定。

3.0.6 建筑外墙防水采用的防水材料及配套材料除应符合外墙各构造层的要求外，尚应满足安全及环保的要求。

4 材 料

4.1 一 般 规 定

4.1.1 建筑外墙防水工程所用材料应与外墙相关构造层材料相容。

4.1.2 防水材料的性能指标应符合国家现行有关材料标准的规定。

4.2 防 水 材 料

4.2.1 普通防水砂浆主要性能应符合表 4.2.1 的规定，检验方法应按现行国家标准《预拌砂浆》GB/T 25181 的有关规定执行。

表 4.2.1 普通防水砂浆主要性能

项目		指标
稠度（mm）		50，70，90
终凝时间（h）		≥8，≥12，≥24
抗渗压力（MPa）	28d	≥0.6
拉伸粘结强度（MPa）	14d	≥0.20
收缩率（%）	28d	≤0.15

4.2.2 聚合物水泥防水砂浆主要性能应符合表 4.2.2 的规定，检验方法应按现行行业标准《聚合物水泥防水砂浆》JC/T 984 执行。

表 4.2.2 聚合物水泥防水砂浆主要性能

项目		指标	
		干粉类	乳液类
凝结时间	初凝（min）	≥45	≥45
	终凝（h）	≤12	≤24
抗渗压力（MPa）	7d	≥1.0	
粘结强度（MPa）	7d	≥1.0	
抗压强度（MPa）	28d	≥24.0	
抗折强度（MPa）	28d	≥8.0	
收缩率（%）	28d	≤0.15	
压折比		≤3	

4.2.3 聚合物水泥防水涂料主要性能应符合表 4.2.3 的规定，检验方法应按现行国家标准《聚合物水泥防水涂料》GB/T 23445 的有关规定执行。

表 4.2.3 聚合物水泥防水涂料主要性能

项 目	指 标
固体含量（%）	≥70
拉伸强度（无处理）（MPa）	≥1.2
断裂伸长率（无处理）（%）	≥200
低温柔性（ϕ10mm 棒）	−10℃，无裂纹
粘结强度（无处理）（MPa）	≥0.5
不透水性（0.3MPa，30min）	不透水

4.2.4 聚合物乳液防水涂料主要性能应符合表 4.2.4 的规定，检验方法应按现行行业标准《聚合物乳液建筑防水涂料》JC/T 864 的有关规定执行。

表 4.2.4 聚合物乳液防水涂料主要性能

试验项目		指标	
		Ⅰ类	Ⅱ类
拉伸强度（MPa）		≥1.0	≥1.5
断裂延伸率（%）		≥300	
低温柔性（绕 ϕ10mm 棒，棒弯 180°）		−10℃，无裂纹	−20℃，无裂纹
不透水性（0.3MPa，30min）		不透水	
固体含量（%）		≥65	
干燥时间（h）	表干时间	≤4	
	实干时间	≤8	

4.2.5 聚氨酯防水涂料主要性能应符合表 4.2.5 的规定，检验方法应按现行国家标准《聚氨酯防水涂料》GB/T 19250 的有关规定执行。

表 4.2.5 聚氨酯防水涂料主要性能

项 目	指标			
	单组分		多组分	
	Ⅰ类	Ⅱ类	Ⅰ类	Ⅱ类
拉伸强度（MPa）	≥1.90	≥2.45	≥1.90	≥2.45
断裂延伸率（%）	≥550	≥450	≥450	≥450
低温弯折性（℃）	≤−40		≤−35	
不透水性（0.3MPa，30min）	不透水		不透水	
固体含量（%）	≥80		≥92	
表干时间（h）	≤12		≤8	
实干时间（h）	≤24		≤24	

4.2.6 防水透气膜主要性能应符合表 4.2.6 的规定，检验方法应按现行国家标准《建筑防水卷材试验方法》GB/T 328 和《塑料薄膜和片材透水蒸气性试验方法 杯式法》GB/T 1037 的有关规定执行。

表 4.2.6 防水透气膜主要性能

项 目		指标		检验方法
		Ⅰ类	Ⅱ类	
水蒸气透过量[g/(m²·24h),23℃]		≥1000		应按现行国家标准《塑料薄膜和片材透水蒸气性试验方法 杯式法》GB/T 1037 中 B 法的规定执行
不透水性（mm，2h）		≥1000		应按《建筑防水卷材试验方法》GB/T 328.10 中 A 法的规定执行
最大拉力（N/50mm）		≥100	≥250	应按《建筑防水卷材试验方法》GB/T 328.9 中 A 法的规定执行
断裂伸长率（%）		≥35	≥10	应按《建筑防水卷材试验方法》GB/T 328.9 中 A 法的规定执行
撕裂性能（N，钉杆法）		≥40		应按《建筑防水卷材试验方法》GB/T 328.18 的规定执行
热老化（80℃，168h）	拉力保持率（%）	≥80		应按《建筑防水卷材试验方法》GB/T 328.9 中 A 法的规定执行
	断裂伸长率保持率（%）			
	水蒸气透过量保持率（%）			应按现行国家标准《塑料薄膜和片材透水蒸气性试验方法 杯式法》GB/T 1037 中 B 法的规定执行

4.3 密封材料

4.3.1 硅酮建筑密封胶主要性能应符合表 4.3.1 的规定，检验方法应按现行国家标准《硅酮建筑密封胶》GB/T 14683 的相关规定执行。

表 4.3.1 硅酮建筑密封胶主要性能

项 目		指标			
		25HM	20HM	25LM	20LM
下垂度（mm）	垂直	≤3			
	水平	无变形			
表干时间（h）		≤3			
挤出性（mL/min）		≥80			
弹性恢复率（%）		≥80			
拉伸模量（MPa）		>0.4(23℃时)或>0.6(−20℃时)		≤0.4(23℃时)且≤0.6(−20℃时)	
定伸粘结性		无破坏			

4.3.2 聚氨酯建筑密封胶主要性能应符合表 4.3.2 的规定，检验方法应按现行行业标准《聚氨酯建筑密封胶》JC/T 482 的相关规定执行。

表 4.3.2 聚氨酯建筑密封胶主要性能

项目		指标		
		20HM	25LM	20LM
流动性	下垂度（N型）(mm)	≤3		
	流平性（L型）	光滑平整		
表干时间（h）		≤24		
挤出性（mL/min）		≥80		
适用期（h）		≥1		
弹性恢复率（%）		≥70		
拉伸模量（MPa）		>0.4(23℃时) 或>0.6(−20℃时)	≤0.4(23℃时) 且≤0.6(−20℃时)	
定伸粘结性		无破坏		

注：1 挤出性仅适用于单组分产品。
2 适用期仅适用于多组分产品。

4.3.3 聚硫建筑密封胶主要性能应符合表 4.3.3 的规定，检验方法应按现行行业标准《聚硫建筑密封胶》JC/T 483 的有关规定执行。

表 4.3.3 聚硫建筑密封胶主要性能

项目		指标		
		20HM	25LM	20LM
流动性	下垂度（N型）(mm)	≤3		
	流平性（L型）	光滑平整		
表干时间（h）		≤24		
拉伸模量（MPa）		>0.4(23℃时) 或>0.6(−20℃时)	≤0.4(23℃时) 且≤0.6(−20℃时)	
适用期（h）		≥2		
弹性恢复率（%）		≥70		
定伸粘结性		无破坏		

4.3.4 丙烯酸酯建筑密封胶主要性能应符合表 4.3.4 的规定，检验方法应按现行行业标准《丙烯酸酯建筑密封胶》JC/T 484 的有关规定执行。

表 4.3.4 丙烯酸酯建筑密封胶主要性能

项目	指标		
	12.5E	12.5P	7.5P
下垂度（mm）	≤3		
表干时间（h）	≤1		
挤出性（mL/min）	≥100		
弹性恢复率（%）	≥40	报告实测值	
定伸粘结性	无破坏	—	
低温柔性（℃）	−20	−5	

4.4 配套材料

4.4.1 耐碱玻璃纤维网布主要性能应符合表 4.4.1 的规定，检验方法应按现行行业标准《耐碱玻璃纤维网布》JC/T 841 的相关规定执行。

表 4.4.1 耐碱玻璃纤维网布主要性能

项目	指标
单位面积质量（g/m²）	≥130
耐碱断裂强力（经、纬向）(N/50mm)	≥900
耐碱断裂强力保留率（经、纬向）(%)	≥75
断裂伸长率（经、纬向）(%)	≤4.0

4.4.2 界面处理剂主要性能应符合表 4.4.2 的规定，检验方法应按现行行业标准《混凝土界面处理剂》JC/T 907 的有关规定执行。

表 4.4.2 界面处理剂主要性能

项目			指标	
			Ⅰ型	Ⅱ型
剪切粘结强度（MPa）	7d		≥1.0	≥0.7
	14d		≥1.5	≥1.0
拉伸粘结强度（MPa）	未处理	7d	≥0.4	≥0.3
		14d	≥0.6	≥0.5
	浸水处理		≥0.5	≥0.3
	热处理			
	冻融循环处理			
	碱处理			

4.4.3 热镀锌电焊网主要性能应符合表 4.4.3 的要求，检验方法应按现行行业标准《镀锌电焊网》QB/T 3897 的有关规定执行。

表 4.4.3 热镀锌电焊网主要性能

项目	指标
工艺	热镀锌电焊网
丝径（mm）	0.90±0.04
网孔大小（mm）	12.7×12.7
焊点抗拉力（N）	>65
镀锌层质量（g/m²）	≥122

4.4.4 密封胶粘带主要性能应符合表 4.4.4 的要求，检验方法应按现行行业标准《丁基橡胶防水密封胶粘带》JC/T 942 的有关规定执行。

表 4.4.4 密封胶粘带主要性能

试验项目		指标
持粘性(min)		≥20
耐热性(80℃，2h)		无流淌、龟裂、变形
低温柔性(−40℃)		无裂纹
剪切状态下的粘合性(N/mm)		≥2.0
剥离强度(N/mm)		≥0.4
剥离强度保持率(%)	热处理(80℃，168h)	≥80
	碱处理(饱和氢氧化钙溶液，168h)	
	浸水处理(168h)	

注：剪切状态下的粘合性仅针对双面胶粘带。

5 设计

5.1 一般规定

5.1.1 建筑外墙整体防水设计应包括下列内容：

1 外墙防水工程的构造；

2 防水层材料的选择；

3 节点的密封防水构造。

5.1.2 建筑外墙节点构造防水设计应包括门窗洞口、雨篷、阳台、变形缝、伸出外墙管道、女儿墙压顶、外墙预埋件、预制构件等交接部位的防水设防。

5.1.3 建筑外墙的防水层应设置在迎水面。

5.1.4 不同结构材料的交接处应采用每边不少于150mm的耐碱玻璃纤维网布或热镀锌电焊网作抗裂增强处理。

5.1.5 外墙相关构造层之间应粘结牢固，并宜进行界面处理。界面处理材料的种类和做法应根据构造层材料确定。

5.1.6 建筑外墙防水材料应根据工程所在地区的气候环境特点选用。

5.2 整体防水层设计

5.2.1 无外保温外墙的整体防水层设计应符合下列规定：

1 采用涂料饰面时，防水层应设在找平层和涂料饰面层之间（图5.2.1-1），防水层宜采用聚合物水泥防水砂浆或普通防水砂浆；

2 采用块材饰面时，防水层应设在找平层和块材粘结层之间（图5.2.1-2），防水层宜采用聚合物水泥防水砂浆或普通防水砂浆；

3 采用幕墙饰面时，防水层应设在找平层和幕墙饰面之间（图5.2.1-3），防水层宜采用聚合物水泥防水砂浆、普通防水砂浆、聚合物水泥防水涂料、聚合物乳液防水涂料或聚氨酯防水涂料。

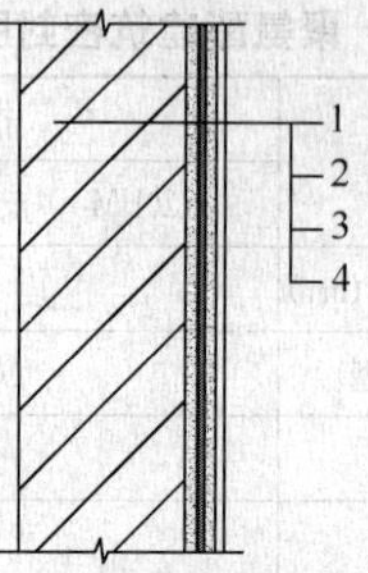

图 5.2.1-1 涂料饰面外墙整体防水构造

1—结构墙体；2—找平层；3—防水层；4—涂料面层

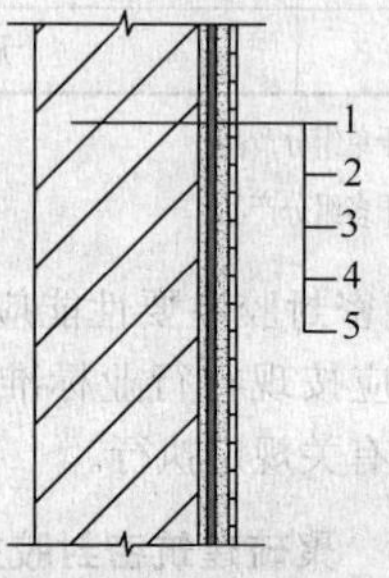

图 5.2.1-2 块材饰面外墙整体防水构造

1—结构墙体；2—找平层；3—防水层；4—粘结层；5—块材饰面层

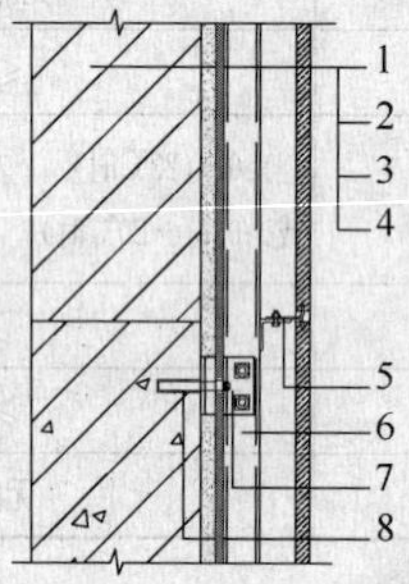

图 5.2.1-3 幕墙饰面外墙整体防水构造

1—结构墙体；2—找平层；3—防水层；4—面板；5—挂件；6—竖向龙骨；7—连接件；8—锚栓

5.2.2 外保温外墙的整体防水层设计应符合下列规定：

1 采用涂料或块材饰面时，防水层宜设在保温层和墙体基层之间，防水层可采用聚合物水泥防水砂浆或普通防水砂浆（图5.2.2-1）；

2 采用幕墙饰面时，设在找平层上的防水层宜采用聚合物水泥防水砂浆、普通防水砂浆、聚合物水泥防水涂料、聚合物乳液防水涂料或聚氨酯防水涂料；当外墙保温层选用矿物棉保温材料时，防水层宜采用防水透气膜（图5.2.2-2）。

5.2.3 砂浆防水层中可增设耐碱玻璃纤维网布或热镀锌电焊网增强，并宜用锚栓固定于结构墙体中。

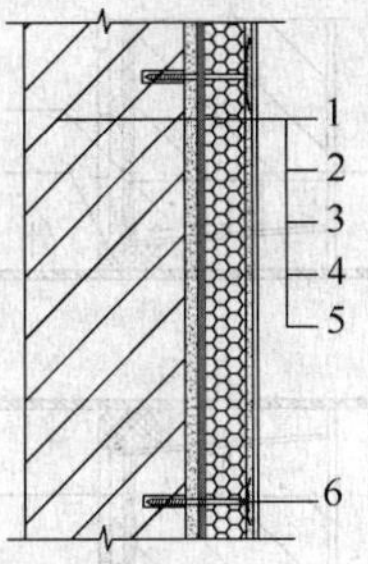

图 5.2.2-1　涂料或块材饰面外保温外墙整体防水构造

1—结构墙体；2—找平层；3—防水层；4—保温层；5—饰面层；6—锚栓

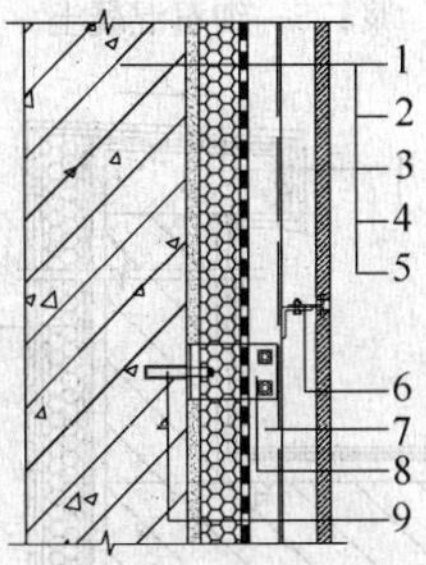

图 5.2.2-2　幕墙饰面外保温外墙整体防水构造

1—结构墙体；2—找平层；3—保温层；4—防水透气膜；5—面板；6—挂件；7—竖向龙骨；8—连接件；9—锚栓

5.2.4　防水层最小厚度应符合表 5.2.4 的规定。

表 5.2.4　防水层最小厚度（mm）

墙体基层种类	饰面层种类	聚合物水泥防水砂浆		普通防水砂浆	防水涂料
		干粉类	乳液类		
现浇混凝土	涂料	3	5	8	1.0
	面砖				—
	幕墙				1.0
砌体	涂料	5	8	10	1.2
	面砖				—
	干挂幕墙				1.2

5.2.5　砂浆防水层宜留分格缝，分格缝宜设置在墙体结构不同材料交接处。水平分格缝宜与窗口上沿或下沿平齐；垂直分格缝间距不宜大于 6m，且宜与门、窗框两边线对齐。分格缝宽宜为 8mm～10mm，缝内应采用密封材料作密封处理。

5.2.6　外墙防水层应与地下墙体防水层搭接。

5.3　节点构造防水设计

5.3.1　门窗框与墙体间的缝隙宜采用聚合物水泥防水砂浆或发泡聚氨酯填充；外墙防水层应延伸至门窗框，防水层与门窗框间应预留凹槽，并应嵌填密封材料；门窗上楣的外口应做滴水线；外窗台应设置不小于 5%的外排水坡度（图 5.3.1-1、图 5.3.1-2）。

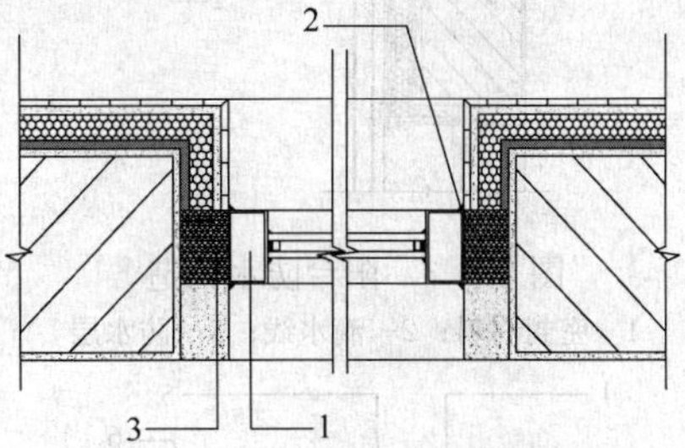

图 5.3.1-1　门窗框防水平剖面构造

1—窗框；2—密封材料；3—聚合物水泥防水砂浆或发泡聚氨酯

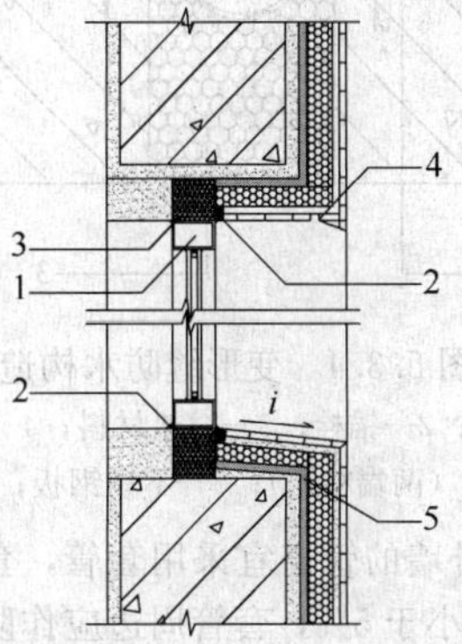

图 5.3.1-2　门窗框防水立剖面构造

1—窗框；2—密封材料；3—聚合物水泥防水砂浆或发泡聚氨酯；4—滴水线；5—外墙防水层

5.3.2　雨篷应设置不应小于 1%的外排水坡度，外口下沿应做滴水线；雨篷与外墙交接处的防水层应连续；雨篷防水层应沿外口下翻至滴水线（图 5.3.2）。

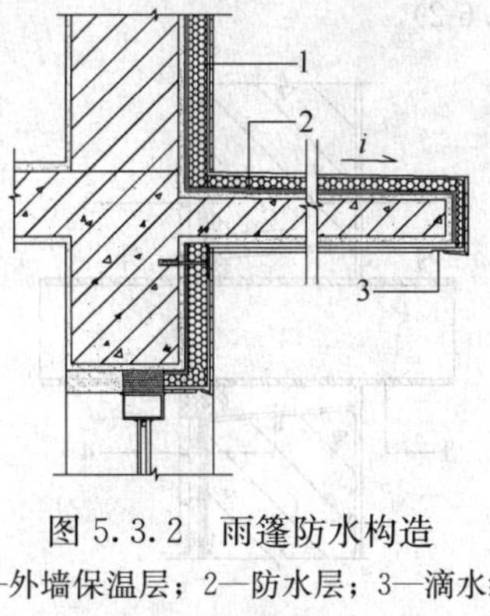

图 5.3.2　雨篷防水构造

1—外墙保温层；2—防水层；3—滴水线

5.3.3　阳台应向水落口设置不小于 1%的排水坡度，水落口周边应留槽嵌填密封材料。阳台外口下沿应做滴水线（图 5.3.3）。

5.3.4　变形缝部位应增设合成高分子防水卷材附加层，卷材两端应满粘于墙体，满粘的宽度不应小于 150mm，并应钉压固定；卷材收头应用密封材料密封（图 5.3.4）。

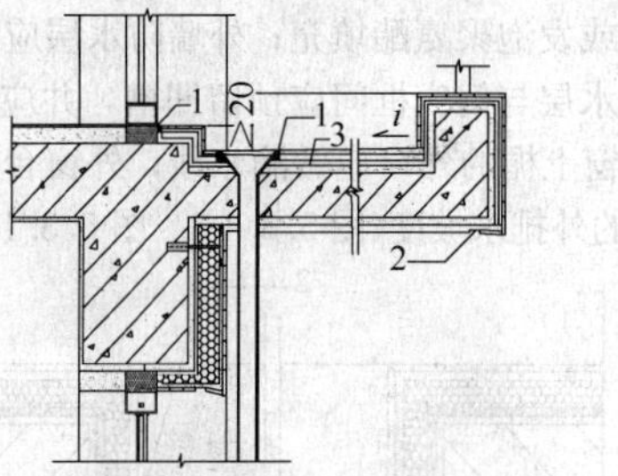

图 5.3.3　阳台防水构造

1—密封材料；2—滴水线；3—防水层

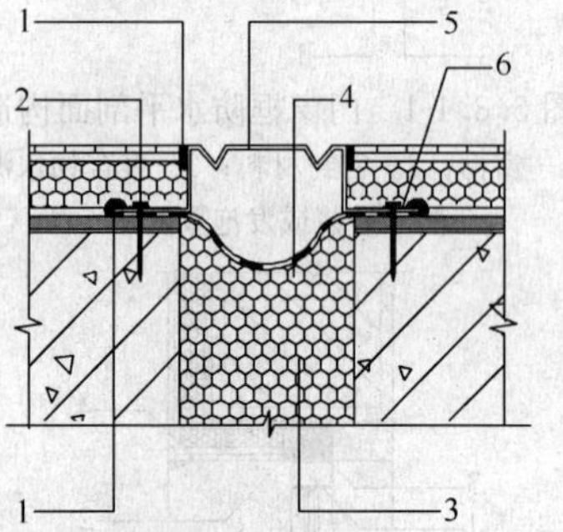

图 5.3.4　变形缝防水构造

1—密封材料；2—锚栓；3—衬垫材料；4—合成高分子防水卷材（两端粘结）；5—不锈钢板；6—压条

5.3.5　穿过外墙的管道宜采用套管，套管应内高外低，坡度不应小于5%，套管周边应作防水密封处理（图 5.3.5-1、图 5.3.5-2）。

5.3.6　女儿墙压顶宜采用现浇钢筋混凝土或金属压顶，压顶应向内找坡，坡度不应小于2%。当采用混凝土压顶时，外墙防水层应延伸至压顶内侧的滴水线部位（图 5.3.6-1）；当采用金属压顶时，外墙防水层应做到压顶的顶部，金属压顶应采用专用金属配件固定（图 5.3.6-2）。

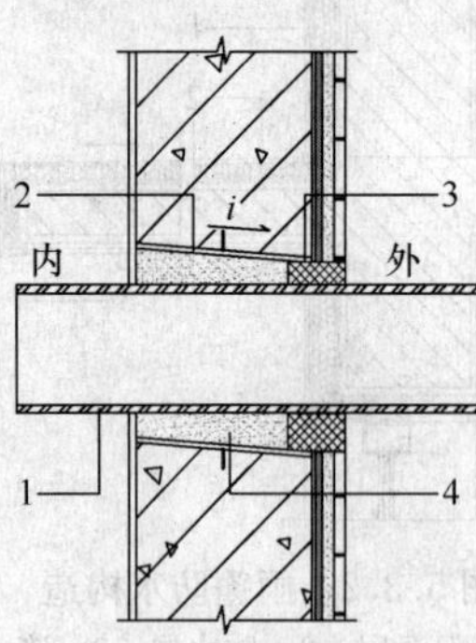

图 5.3.5-1　伸出外墙管道防水构造（一）

1—伸出外墙管道；2—套管；3—密封材料；4—聚合物水泥防水砂浆

5.3.7　外墙预埋件四周应用密封材料封闭严密，密封材料与防水层应连续。

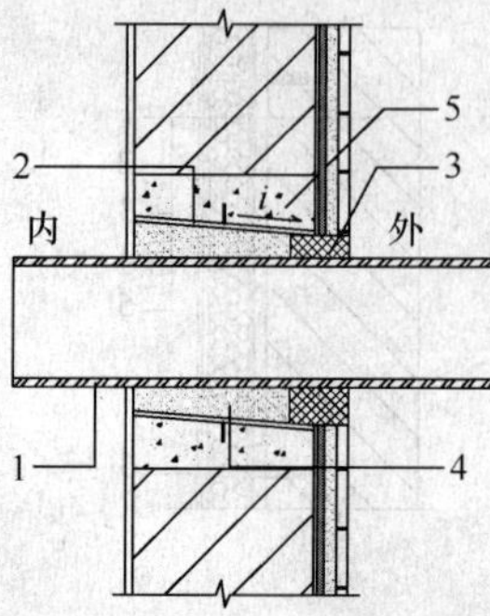

图 5.3.5-2　伸出外墙管道防水构造（二）

1—伸出外墙管道；2—套管；3—密封材料；4—聚合物水泥防水砂浆；5—细石混凝土

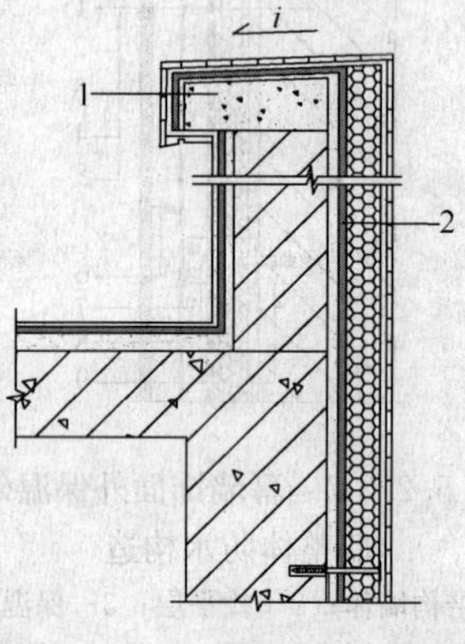

图 5.3.6-1　混凝土压顶女儿墙防水构造

1—混凝土压顶；2—防水层

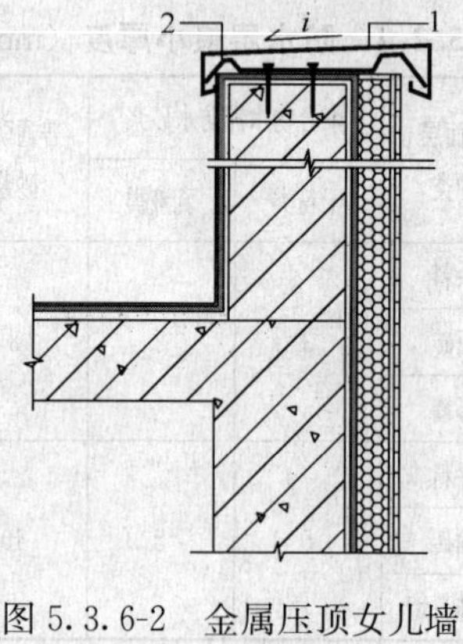

图 5.3.6-2　金属压顶女儿墙防水构造

1—金属压顶；2—金属配件

6　施　工

6.1　一 般 规 定

6.1.1　外墙防水工程应按设计要求施工，施工前应编制专项施工方案并进行技术交底。

6.1.2 外墙防水应由有相应资质的专业队伍进行施工；作业人员应持证上岗。

6.1.3 防水材料进场时应抽样复验。

6.1.4 每道工序完成后，应经检查合格后再进行下道工序的施工。

6.1.5 外墙门框、窗框、伸出外墙管道、设备或预埋件等应在建筑外墙防水施工前安装完毕。

6.1.6 外墙防水层的基层找平层应平整、坚实、牢固、干净，不得酥松、起砂、起皮。

6.1.7 块材的勾缝应连续、平直、密实，无裂缝、空鼓。

6.1.8 外墙防水工程完工后，应采取保护措施，不得损坏防水层。

6.1.9 外墙防水工程严禁在雨天、雪天和五级风及其以上时施工；施工的环境气温宜为5℃～35℃。施工时应采取安全防护措施。

6.2 无外保温外墙防水工程施工

6.2.1 外墙结构表面的油污、浮浆应清除，孔洞、缝隙应堵塞抹平；不同结构材料交接处的增强处理材料应固定牢固。

6.2.2 外墙结构表面宜进行找平处理，找平层施工应符合下列规定：

1 外墙基层表面应清理干净后再进行界面处理；

2 界面处理材料的品种和配比应符合设计要求，拌合应均匀一致，无粉团、沉淀等缺陷，涂层应均匀、不露底，并应待表面收水后再进行找平层施工；

3 找平层砂浆的厚度超过10mm时，应分层压实、抹平。

6.2.3 外墙防水层施工前，宜先做好节点处理，再进行大面积施工。

6.2.4 砂浆防水层施工应符合下列规定：

1 基层表面应为平整的毛面，光滑表面应进行界面处理，并应按要求湿润。

2 防水砂浆的配制应满足下列要求：

1）配合比应按照设计要求，通过试验确定；

2）配制乳液类聚合物水泥防水砂浆前，乳液应先搅拌均匀，再按规定比例加入拌合料中搅拌均匀；

3）干粉类聚合物水泥防水砂浆应按规定比例加水搅拌均匀；

4）粉状防水剂配制普通防水砂浆时，应先将规定比例的水泥、砂和粉状防水剂干拌均匀，再加水搅拌均匀；

5）液态防水剂配制普通防水砂浆时，应先将规定比例的水泥和砂干拌均匀，再加入用水稀释的液态防水剂搅拌均匀。

3 配制好的防水砂浆宜在1h内用完；施工中不得加水。

4 界面处理材料涂刷厚度应均匀、覆盖完全，收水后应及时进行砂浆防水层施工。

5 防水砂浆铺抹施工应符合下列规定：

1）厚度大于10mm时，应分层施工，第二层应待前一层指触不粘时进行，各层应粘结牢固；

2）每层宜连续施工，留茬时，应采用阶梯坡形茬，接茬部位离阴阳角不得小于200mm；上下层接茬应错开300mm以上，接茬应依层次顺序操作、层层搭接紧密；

3）喷涂施工时，喷枪的喷嘴应垂直于基面，合理调整压力、喷嘴与基面距离；

4）涂抹时应压实、抹平；遇气泡时应挑破，保证铺抹密实；

5）抹平、压实应在初凝前完成。

6 窗台、窗楣和凸出墙面的腰线等部位上表面的排水坡度应准确，外口下沿的滴水线应连续、顺直。

7 砂浆防水层分格缝的留设位置和尺寸应符合设计要求，嵌填密封材料前，应将分格缝清理干净，密封材料应嵌填密实。

8 砂浆防水层转角宜抹成圆弧形，圆弧半径不应小于5mm，转角抹压应顺直。

9 门框、窗框、伸出外墙管道、预埋件等与防水层交接处应留8mm～10mm宽的凹槽，并应按本条第7款的规定进行密封处理。

10 砂浆防水层未达到硬化状态时，不得浇水养护或直接受雨水冲刷，聚合物水泥防水砂浆硬化后应采用干湿交替的养护方法；普通防水砂浆防水层应在终凝后进行保湿养护。养护期间不得受冻。

6.2.5 涂膜防水层施工应符合下列规定：

1 施工前应对节点部位进行密封或增强处理。

2 涂料的配制和搅拌应满足下列要求：

1）双组分涂料配制前，应将液体组分搅拌均匀，配料应按照规定要求进行，不得任意改变配合比；

2）应采用机械搅拌，配制好的涂料应色泽均匀，无粉团、沉淀。

3 基层的干燥程度应根据涂料的品种和性能确定；防水涂料涂布前，宜涂刷基层处理剂。

4 涂膜宜多遍完成，后遍涂布应在前遍涂层干燥成膜后进行。挥发性涂料的每遍用量每平方米不宜大于0.6kg。

5 每遍涂布应交替改变涂层的涂布方向，同一涂层涂布时，先后接茬宽度宜为30mm～50mm。

6 涂膜防水层的甩茬部位不得污损，接茬宽度不应小于100mm。

7 胎体增强材料应铺贴平整，不得有褶皱和胎体外露，胎体层充分浸透防水涂料；胎体的搭接宽度不应小于50mm。胎体的底层和面层涂膜厚度均不应小于0.5mm。

8 涂膜防水层完工并经检验合格后，应及时做好饰面层。

6.2.6 防水层中设置的耐碱玻璃纤维网布或热镀锌电焊网片不得外露。热镀锌电焊网片应与基层墙体固定牢固；耐碱玻璃纤维网布应铺贴平整、无皱褶，两幅间的搭接宽度不应小于50mm。

6.3 外保温外墙防水工程施工

6.3.1 防水层的基层表面应平整、干净；防水层与保温层应相容。

6.3.2 防水层施工应符合本规程第6.2.4条、第6.2.5条和第6.2.6条的规定。

6.3.3 防水透气膜施工应符合下列规定：

1 基层表面应干净、牢固，不得有尖锐凸起物；

2 铺设宜从外墙底部一侧开始，沿建筑立面自下而上横向铺设，并应顺流水方向搭接；

3 防水透气膜横向搭接宽度不得小于100mm，纵向搭接宽度不得小于150mm，相邻两幅膜的纵向搭接缝应相互错开，间距不应小于500mm，搭接缝应采用密封胶粘带覆盖密封；

4 防水透气膜应随铺随固定，固定部位应预先粘贴小块密封胶粘带，用带塑料垫片的塑料锚栓将防水透气膜固定在基层上，固定点每平方米不得少于3处；

5 铺设在窗洞或其他洞口处的防水透气膜，应以“I”字形裁开，并应用密封胶粘带固定在洞口内侧；与门、窗框连接处应使用配套密封胶粘带满粘密封，四角用密封材料封严；

6 穿透防水透气膜的连接件周围应用密封胶粘带封严。

7 质量检查与验收

7.1 一 般 规 定

7.1.1 建筑外墙防水工程的质量应符合下列规定：

1 防水层不得有渗漏现象；

2 采用的材料应符合设计要求；

3 找平层应平整、坚固，不得有空鼓、酥松、起砂、起皮现象；

4 门窗洞口、伸出外墙管道、预埋件及收头等部位的防水构造，应符合设计要求；

5 砂浆防水层应坚固、平整，不得有空鼓、开裂、酥松、起砂、起皮现象；

6 涂膜防水层厚度应符合设计要求，无裂纹、皱褶、流淌、鼓泡和露胎体现象；

7 防水透气膜应铺设平整、固定牢固，不得有皱褶、翘边等现象；搭接宽度应符合要求，搭接缝和节点部位应密封严密。

7.1.2 外墙防水材料应有产品合格证和出厂检验报告，材料的品种、规格、性能等应符合国家现行有关标准和设计要求；进场的防水材料应抽样复验；不合格的材料不得在工程中使用。

7.1.3 外墙防水层完工后应进行检验验收。防水层渗漏检查应在雨后或持续淋水30min后进行。

7.1.4 外墙防水应按照外墙面面积$500m^2$～$1000m^2$为一个检验批，不足$500m^2$时也应划分为一个检验批；每个检验批每$100m^2$应至少抽查一处，每处不得小于$10m^2$，且不得少于3处；节点构造应全部进行检查。

7.1.5 外墙防水材料现场抽样数量和复验项目应按表7.1.5的要求执行。

表7.1.5 防水材料现场抽样数量和复验项目

序号	材料名称	现场抽样数量	复验项目	
			外观质量	主要性能
1	普通防水砂浆	每$10m^3$为一批，不足$10m^3$按一批抽样	均匀，无凝结团状	应满足本规程表4.2.1的要求
2	聚合物水泥防水砂浆	每10t为一批，不足10t按一批抽样	包装完好无损，标明产品名称、规格、生产日期、生产厂家、产品有效期	应满足本规程表4.2.2的要求
3	防水涂料	每5t为一批，不足5t按一批抽样	包装完好无损，标明产品名称、规格、生产日期、生产厂家、产品有效期	应满足本规程表4.2.3、表4.2.4和表4.2.5的要求
4	防水透气膜	每$3000m^2$为一批，不足$3000m^2$按一批抽样	包装完好无损，标明产品名称、规格、生产日期、生产厂家、产品有效期	应满足本规程表4.2.6的要求
5	密封材料	每1t为一批，不足1t按一批抽样	均匀膏状物，无结皮、凝胶或不易分散的固体团状	应满足本规程表4.3.1、表4.3.2、表4.3.3和表4.3.4的要求
6	耐碱玻璃纤维网布	每$3000m^2$为一批，不足$3000m^2$按一批抽样	均匀，无团状，平整，无褶皱	应满足本规程表4.4.1的要求
7	热镀锌电焊网	每$3000m^2$为一批，不足$3000m^2$按一批抽样	网面平整，网孔均匀，色泽基本均匀	应满足本规程表4.4.3的要求

7.2 砂浆防水层

主 控 项 目

7.2.1 砂浆防水层的原材料、配合比及性能指标，应符合设计要求。

检验方法：检查出厂合格证、质量检验报告、配合比试验报告和抽样复验报告。

7.2.2 砂浆防水层不得有渗漏现象。

检验方法：雨后或持续淋水30min后观察检查。

7.2.3 砂浆防水层与基层之间及防水层各层之间应结合牢固，不得有空鼓。

检验方法：观察和用小锤轻击检查。

7.2.4 砂浆防水层在门窗洞口、伸出外墙管道、预埋件、分格缝及收头等部位的节点做法，应符合设计要求。

检验方法：观察检查和检查隐蔽工程验收记录。

一 般 项 目

7.2.5 砂浆防水层表面应密实、平整，不得有裂纹、起砂、麻面等缺陷。

检验方法：观察检查。

7.2.6 砂浆防水层留茬位置应正确，接茬应按层次顺序操作，应做到层层搭接紧密。

检验方法：观察检查。

7.2.7 砂浆防水层的平均厚度应符合设计要求，最小厚度不得小于设计值的80%。

检验方法：观察和尺量检查。

7.3 涂膜防水层

主 控 项 目

7.3.1 防水层所用防水涂料及配套材料应符合设计要求。

检验方法：检查出厂合格证、质量检验报告和抽样复验报告。

7.3.2 涂膜防水层不得有渗漏现象。

检验方法：雨后或持续淋水30min后观察检查。

7.3.3 涂膜防水层在门窗洞口、伸出外墙管道、预埋件及收头等部位的节点做法，应符合设计要求。

检验方法：观察检查和检查隐蔽工程验收记录。

一 般 项 目

7.3.4 涂膜防水层的平均厚度应符合设计要求，最小厚度不应小于设计值的80%。

检验方法：针测法或割取20mm×20mm实样用卡尺测量。

7.3.5 涂膜防水层应与基层粘结牢固，表面平整，涂刷均匀，不得有流淌、皱褶、鼓泡、露胎体和翘边等缺陷。

检验方法：观察检查。

7.4 防水透气膜防水层

主 控 项 目

7.4.1 防水透气膜及其配套材料应符合设计要求。

检验方法：检查出厂合格证、质量检验报告和抽样复验报告。

7.4.2 防水透气膜防水层不得有渗漏现象。

检验方法：雨后或持续淋水30min后观察检查。

7.4.3 防水透气膜在门窗洞口、伸出外墙管道、预埋件及收头等部位的节点做法，应符合设计要求。

检验方法：观察检查和检查隐蔽工程验收记录。

一 般 项 目

7.4.4 防水透气膜的铺贴应顺直，与基层应固定牢固，膜表面不得有皱褶、伤痕、破裂等缺陷。

检验方法：观察检查。

7.4.5 防水透气膜的铺贴方向应正确，纵向搭接缝应错开，搭接宽度的负偏差不应大于10mm。

检验方法：观察和尺量检查。

7.4.6 防水透气膜的搭接缝应粘结牢固，密封严密；收头应与基层粘结并固定牢固，缝口应封严，不得有翘边现象。

检验方法：观察检查。

7.5 工 程 验 收

7.5.1 外墙防水质量验收的程序和组织，应符合现行国家标准《建筑工程施工质量验收统一标准》GB 50300的规定。

7.5.2 外墙防水工程验收时，应提交下列技术资料并归档：

1 外墙防水工程的设计文件，图纸会审、设计变更、洽商记录单；

2 主要材料的产品合格证、质量检验报告、进场抽检复验报告、现场施工质量检测报告；

3 施工方案及安全技术措施文件；

4 隐蔽工程验收记录；

5 雨后或淋水检验记录；

6 施工记录和施工质量检验记录；

7 施工单位的资质证书及操作人员的上岗证书。

附录A 全国主要城镇基本风压及年降水量表

表A 全国主要城镇基本风压及年降水量

省市名	城市名	基本风压（kN/m^2）	年降水量（mm）
北京	北京市	0.45	571.90
天津	天津市	0.50	544.30
上海	上海市	0.55	1184.40
重庆	重庆市	0.40	1118.50

续表 A

省市名	城市名	基本风压（kN/m^2）	年降水量（mm）
河北	石家庄市	0.35	517.0
	蔚县	0.30	407.10
	邢台市	0.30	493.40
	张家口市	0.55	403.60
	怀来	0.35	372.30
	承德市	0.40	512.0
	秦皇岛市	0.45	634.30
	唐山市	0.40	610.30
	乐亭	0.40	609.90
	保定市	0.40	512.50
	沧州市	0.40	604.90
	南宫市	0.35	477.30
山西	太原市	0.40	431.20
	大同市	0.55	371.40
	原平市	0.50	417.10
	离石	0.45	461.50
	阳泉市	0.40	515.80
	介休市	0.40	454.90
	临汾市	0.40	468.50
	长治市	0.50	534.00
	运城市	0.40	529.60
内蒙古	呼和浩特市	0.55	397.90
	牙克石市图里河	0.40	463.90
	满洲里市	0.65	303.20
	海拉尔市	0.65	367.20
	新巴尔虎左旗阿木古朗	0.55	287.40
	牙克石市博克图	0.55	442.60
	乌兰浩特市	0.55	442.60
	东乌珠穆沁旗	0.55	258.70
	额济纳旗	0.60	35.20
	额济纳旗拐子湖	0.55	35.50
	二连浩特市	0.65	142.30
	杭锦后旗陕坝	0.45	128.90
	包头市	0.55	297.60
	集宁市	0.60	363.80
	鄂托克旗	0.55	264.70
	东胜市	0.50	381.10
	锡林浩特市	0.55	286.60

续表 A

省市名	城市名	基本风压（kN/m^2）	年降水量（mm）
内蒙古	林西	0.60	385.00
	通辽市	0.55	373.60
	多伦	0.55	386.40
	赤峰市	0.55	371.00
辽宁	沈阳市	0.55	690.30
	彰武	0.45	509.00
	阜新市	0.60	502.70
	朝阳市	0.55	480.70
	锦州市	0.60	567.70
	鞍山市	0.50	710.20
	本溪市	0.45	776.00
	营口市	0.60	643.30
	丹东市	0.55	925.60
	大连市	0.65	601.90
吉林	长春市	0.65	570.40
	白城市	0.65	398.50
	前郭尔罗斯	0.45	422.30
	四平市	0.55	632.70
	吉林市	0.50	648.80
	桦甸	0.40	748.10
	延吉市	0.50	528.20
	通化市	0.50	871.70
	浑江市	0.30	791.70
黑龙江	哈尔滨市	0.55	524.30
	漠河	0.35	432.70
	加格达奇	0.35	481.90
	黑河市	0.50	521.80
	嫩江	0.55	491.90
	孙吴	0.60	537.80
	克山	0.45	509.80
	齐齐哈尔市	0.45	415.30
	海伦市	0.55	544.60
	伊春市	0.35	627.00
	鹤岗市	0.40	612.50
	大庆市	0.55	428.00

续表 A

省市名	城市名	基本风压 (kN/m^2)	年降水量 (mm)
黑龙江	铁力市	0.35	613.60
	佳木斯市	0.65	516.30
	通河	0.50	603.10
	尚志市	0.55	660.50
	鸡西市	0.55	541.80
	虎林市	0.45	565.70
	牡丹江市	0.50	537.00
	绥芬河市	0.60	553.90
山东	济南市	0.45	672.70
	德州市	0.45	565.50
	惠民	0.50	568.50
	烟台市	0.55	672.40
	威海市	0.65	776.90
	荣成市	0.70	664.40
	淄博市	0.40	615.00
	沂源	0.35	668.30
	潍坊市	0.40	588.30
	青岛市	0.60	662.10
	菏泽市	0.40	624.70
	兖州市	0.40	660.10
	日照市	0.40	784.50
江苏	南京市	0.40	1062.40
	徐州市	0.35	831.70
	赣榆	0.45	905.90
	淮阴市	0.40	912.90
	无锡市	0.24	1095.10
	泰州市	0.40	1053.10
	连云港市	0.77	883.60
	盐城市	0.45	1005.90
	东台市	0.40	1051.10
	南通市	0.45	1064.80
	常州市	0.40	1091.60
	苏州市	0.45	1162.10
浙江	杭州市	0.45	1454.60
	舟山市	0.85	1320.60
	金华市	0.35	1351.50
	宁波市	0.50	1442.80
	衢州市	0.35	1705.00
	丽水市	0.30	1391.80
	温州市	0.60	1742.40

续表 A

省市名	城市名	基本风压 (kN/m^2)	年降水量 (mm)
安徽	合肥市	0.35	995.30
	亳州市	0.45	790.10
	蚌埠市	0.35	919.70
	六安市	0.35	1107.70
	巢县	0.35	1098.80
	安庆市	0.40	1474.90
	黄山市	0.35	2403.00
	阜阳市	0.40	910.00
江西	南昌市	0.45	1624.20
	修水	0.30	1613.80
	吉安市	0.30	1518.80
	宁冈	0.30	1580.90
	赣州市	0.30	1461.20
	九江市	0.35	1444.10
	景德镇市	0.35	1826.60
	南城	0.30	1704.70
	广昌	0.30	1727.10
福建	福州市	0.70	1339.60
	邵武市	0.30	1832.40
	建阳	0.35	1631.10
	南平市	0.35	1652.40
	长汀	0.35	1742.80
	永安市	0.40	1563.80
	龙岩市	0.35	1718.30
	厦门市	0.80	1349.00
陕西	西安市	0.35	553.30
	榆林市	0.40	365.60
	延安市	0.35	510.70
	铜川市	0.35	686.70
	宝鸡市	0.35	656.30
	略阳	0.35	791.90
	汉中市	0.30	852.60
	安康市	0.45	814.20
甘肃	兰州市	0.30	311.70
	安西	0.55	53.60
	酒泉市	0.55	87.70
	张掖市	0.50	130.40
	武威市	0.55	165.90
	民勤	0.50	113.00
	乌鞘岭	0.40	404.60
	靖远	0.30	235.50

续表 A

省市名	城市名	基本风压（kN/m²）	年降水量（mm）
甘肃	平凉市	0.30	482.10
	夏河县合作	0.30	531.60
	武都	0.35	471.90
	天水市	0.35	491.60
宁夏	银川市	0.65	186.30
	中宁	0.35	202.10
	盐池	0.40	273.50
	固原市	0.35	435.20
青海	西宁市	0.35	373.60
	茫崖	0.40	55.50
	冷湖	0.55	16.00
	德令哈市	0.35	177.40
	刚察	0.35	379.40
	格尔木市	0.40	42.10
	都兰	0.45	193.90
	同德	0.30	431.30
	格尔木市托托河	0.50	275.50
	杂多	0.35	538.70
	曲麻莱	0.35	406.30
	玉树	0.30	485.90
	玛多	0.40	321.60
	达日县吉迈	0.35	544.60
	班玛	0.30	671.90
新疆	乌鲁木齐市	0.60	286.30
	阿勒泰市	0.70	191.30
	克拉玛依市	0.90	105.70
	伊宁市	0.60	268.90
	乌鲁木齐县达坂城	0.80	275.60
	吐鲁番市	0.85	15.60
	阿克苏市	0.45	74.50
	库车	0.50	74.50
	库尔勒市	0.45	51.30
	喀什市	0.55	64.00
	和田市	0.40	36.40
	哈密市	0.60	39.10

续表 A

省市名	城市名	基本风压（kN/m²）	年降水量（mm）
河南	郑州市	0.45	632.40
	安阳市	0.45	556.80
	新乡市	0.40	558.80
	三门峡市	0.40	559.30
	卢氏	0.30	622.30
	洛阳市	0.40	599.60
	开封市	0.45	637.10
	南阳市	0.35	777.90
	驻马店市	0.40	979.20
	信阳市	0.35	1105.70
	商丘市	0.35	681.10
	固始	0.35	1064.70
湖北	武汉市	0.35	1269.00
	老河口市	0.30	834.70
	恩施市	0.30	1470.20
	宜昌市	0.30	1138.00
	荆州市	0.30	1084.00
	黄石市	0.35	1467.50
湖南	长沙市	0.35	1331.30
	岳阳市	0.40	1331.60
	常德市	0.40	1323.30
	芷江	0.30	1230.10
	邵阳市	0.30	1344.50
	零陵	0.40	1425.70
	衡阳市	0.40	1351.50
	郴州市	0.30	1493.80
广东	广州市	0.50	1736.10
	韶关市	0.35	1583.50
	珠海市	0.20	2087.90
	河源	0.30	2006.00
	汕头市	0.80	1631.10
	深圳市	0.75	1966.10
	汕尾市	0.85	1947.40
	湛江市	0.80	1735.70
	阳江市	0.70	2442.70

续表 A

省市名	城市名	基本风压（kN/m^2）	年降水量（mm）
广西	南宁市	0.35	1309.70
	桂林市	0.30	1921.20
	柳州市	0.30	1415.20
	百色市	0.45	1070.50
	桂平市	0.30	1682.50
	梧州市	0.30	1450.90
	龙州	0.30	1304.00
	东兴	0.75	2784.70
	北海市	0.75	1677.20
海南	海口市	0.75	1651.90
	东方市	0.85	961.20
	儋县	0.70	1849.10
	琼中	0.45	2439.20
	琼海市	0.85	2059.90
	三亚市	0.85	1239.10
四川	成都市	0.30	870.10
	若尔盖	0.30	663.60
	甘孜	0.45	659.70
	绵阳市	0.30	865.60
	康定	0.35	832.00
	九龙	0.30	902.60
	宜宾市	0.30	1063.10
	西昌市	0.30	1013.50
	会理	0.30	1147.80
	达县市	0.35	1207.40
	南充市	0.30	987.20
	内江市	0.40	1015.60
	涪陵市	0.30	1071.80
	泸州市	0.30	1093.60
贵州	贵阳市	0.30	1117.70
	盘县	0.35	1400.00
	毕节市	0.30	899.40
	遵义市	0.30	1074.20
	凯里市	0.30	1245.90
	兴仁	0.30	1342.00

续表 A

省市名	城市名	基本风压（kN/m^2）	年降水量（mm）
云南	昆明市	0.30	1011.30
	德钦	0.35	621.50
	昭通市	0.35	704.90
	丽江市	0.30	968.00
	腾冲	0.30	1527.10
	大理市	0.65	1051.10
	楚雄市	0.35	862.70
	临沧市	0.30	1163.00
	澜沧	0.30	1576.80
	景洪市	0.40	1113.70
	思茅市	0.45	1497.10
	元江	0.30	796.40
	蒙自	0.30	858.90
西藏	拉萨市	0.30	426.40
	那曲	0.45	430.10
	日喀则市	0.30	430.50
	昌都	0.35	474.60
	林芝	0.40	654.10
台湾	台北	0.70	2363.70
	台南	0.85	1546.40
香港	香港	0.90	2224.70
澳门	澳门	0.85	1998.70

注：基本风压（kN/m^2）按 50 年计算；表中未列入的城镇基本风压及年降水量按相关标准或根据当地气象资料确定。

本规程用词说明

1 为便于在执行本规程条文时区别对待，对要求严格程度不同的用词说明如下：

1）表示很严格，非这样做不可的：
正面词采用“必须”，反面词采用“严禁”；

2）表示严格，在正常情况下均应这样做的：
正面词采用“应”，反面词采用“不应”或“不得”；

3）表示允许稍有选择，在条件许可时首先应这样做的：
正面词采用“宜”，反面词采用“不宜”；

4）表示有选择，在一定条件下可以这样做的，采用“可”。

2 条文中指明应按其他有关标准执行的写法为：“应符合……的规定”或“应按……执行”。

引用标准名录

1 《建筑工程施工质量验收统一标准》GB 50300

2 《建筑防水卷材试验方法 第9部分：高分子防水卷材拉伸性能》GB/T 328.9

3 《建筑防水卷材试验方法 第10部分：沥青和高分子防水卷材不透水性》GB/T 328.10

4 《建筑防水卷材试验方法 第18部分：改性沥青防水卷材撕裂性能 钉杆法》GB/T 328.18

5 《塑料薄膜和片材透水蒸气性试验方法 杯式法》GB/T 1037

6 《硅酮建筑密封胶》GB/T 14683

7 《聚氨酯防水涂料》GB/T 19250

8 《聚合物水泥防水涂料》GB/T 23445

9 《外墙外保温工程技术规程》JGJ 144

10 《聚氨酯建筑密封胶》JC/T 482

11 《聚硫建筑密封胶》JC/T 483

12 《丙烯酸酯建筑密封胶》JC/T 484

13 《耐碱玻璃纤维网布》JC/T 841

14 《聚合物乳液建筑防水涂料》JC/T 864

15 《混凝土界面处理剂》JC/T 907

16 《丁基橡胶防水密封胶粘带》JC/T 942

17 《聚合物水泥防水砂浆》JC/T 984

18 《预拌砂浆》GB/T 25181

19 《镀锌电焊网》QB/T 3897

中华人民共和国行业标准

建筑外墙防水工程技术规程

JGJ/T 235—2011

条 文 说 明

制 定 说 明

《建筑外墙防水工程技术规程》JGJ/T 235－2011，经住房和城乡建设部2011年1月28日第898号公告批准、发布。

本规程制定过程中，编制组调研了国内外建筑外墙防水的情况，归纳总结了国内建筑外墙防水工程设计、施工等方面的实践经验，同时，参考了国内外的有关技术标准，制定了本规程。

为便于设计、施工、科研、教学等单位有关人员在使用规程时能够正确理解和执行条文的规定，《建筑外墙防水技术规程》编制组按章、节、条的顺序编制了规程的条文说明，对条文规定的目的、依据以及执行中需注意的有关事项进行了说明。但是，本条文说明不具备与规程正文同等的法律效力，仅供使用者作为理解和把握规程规定的参考。

目　次

1 总 则

1.0.1 建筑外墙的防水对建筑的使用功能有非常重要的作用，尤其是在建筑节能的要求下，防水的作用越来越重要。由于建筑（外墙）多样性的发展，以及建筑高度的增加、风压加大，致使外墙渗漏率加大，降低了外墙作为围护结构的使用功能和保温隔热性能，也会导致外墙使用寿命的缩短。在工程实践中由于缺乏外墙防水的统一做法，缺乏指导工程实践的标准规范，致使外墙渗漏时有发生，墙体的耐久性及使用功能得不到保证，影响了人民群众的生产和生活。因此编制《建筑外墙防水工程技术规程》（以下简称规程）是完全必要的。同时，为了与已有的建筑屋面、地下、室内防水工程标准配套，以完善建筑物整体防水的工程标准，也有必要编制建筑外墙防水技术标准。本规程的制定，将对提高建筑物的使用功能、保证建筑物的耐久性、节约能源起到指导和规范的作用。

1.0.2 规定了本规程的应用范围。砌体围护结构是指采用多孔砖、空心砌块、加气混凝土砌块等作为围护结构材料的墙体；混凝土围护结构是指采用现浇混凝土和预制混凝土作为围护结构材料的墙体。

本规程尚不包括其他材料构成的建筑外墙，例如：玻璃、木材、塑料、金属材料等构成的外墙；此相关内容有待今后进一步补充完善。

1.0.3 明确本规程与国家现行有关标准的关系。

2 术 语

2.0.1 建筑外墙防水构造与措施不但能使建筑外墙具有防水功能，而且还具有在使用过程中对墙体结构的耐久性、保温层的长期热工性能等外墙的原设计功能及其完整性的防护作用。

2.0.2 防水透气膜具有防水透气功能，起到对保温层及墙体结构的保护作用，在达到外墙防水功能的同时，使保温层在长期使用过程中仍能达到设计规定的保温热工性能。

2.0.3 滴水线具有阻止水流向外墙面的功能。在凸出外墙的窗台、窗楣、雨篷、阳台、女儿墙压顶和突出外墙的腰线等部位均要做滴水线，滴水线的形式有滴水槽和鹰嘴两种，通常采用水泥砂浆制作，也可采用金属（不锈钢、铝合金）预制件。

3 基本规定

3.0.1 对建筑外墙防水提出的基本功能要求，主要有以下三个方面因素：

1 雨雪水侵入墙体，会对墙体产生侵蚀作用，进入室内，将会影响使用；当有保温层时，还会降低热工性能，达不到原设计保温隔热的节能指标，由此产生的损害应引起高度的认识和重视。防止雨水雪水侵入墙体是外墙防水的最重要功能。

2 建筑外墙的防水层自身及其与基层的结合应能抵抗风荷载的破坏作用。

3 冻融和夏季高温将影响建筑外墙防水的使用寿命，降低使用功能。

3.0.2 针对国内建筑外墙的渗漏情况，本规程编制组进行了多次的各地调研和全国范围的问卷调查，主要内容有年降雨量与基本风压情况，建筑外墙的渗漏情况，建筑外墙的形式、构造与材料，是否采取防水措施、使用何种材料，是否采用外墙外保温，采用外保温时保温层的材料以及其外部保护采用何种材料，外墙防水设防对工程造价的影响等方面。调研结果的综合分析表明：

建筑外墙渗漏状况：在全国范围内比较多见，尤其南方地区的华南、江南，北方地区的东北、华北等地。例如，江南某住宅小区，入住 700 户，发生墙体渗漏的有 160 多户，约占 23%，导致了业主与开发商较大的纠纷。南方地区的华南、江南，由于降雨量大，尤其沿海地区风力大，加之建筑形式的多样化致使墙体渗漏的情况加剧。北方地区由于采用外墙外保温时采取的防水措施不充分产生的问题也较多。

各地采取的建筑外墙防水措施：目前外墙防水工程实践中主要采用两类方式进行设防，一类是墙面整体防水，主要应用于南方地区、沿海地区以及降雨量大、风压强的地区；另一类是对节点构造部位采取防水措施，主要应用于降雨量较小、风压较弱的地区和多层建筑以及未采用外保温墙体的建筑。各地采用外墙外保温的建筑均采取了墙面整体防水设防。

墙面整体防水包括所有外墙面的防水和节点构造部位的防水。节点构造的防水指门窗洞口、雨篷、阳台、变形缝、伸出外墙管道、女儿墙压顶、外墙预埋件、预制构件等交接部位的防水。

根据国内建筑外墙防水的现状和实际做法，以及现代建筑对建筑外墙的要求，本规程将建筑外墙防水分为墙面整体防水和节点构造防水两种类别。

墙面整体防水分为两类：

一类是指降水量大、风压强的无外保温外墙，包含“年降水量大于等于 800mm 地区的高层建筑外墙”和“年降水量大于等于 600mm、基本风压大于等于 0.5kN/m^2 地区的外墙”两种情形。

二类是指降水量较大、风压较强的有外保温外墙，包含“年降水量大于等于 400mm 且基本风压大于等于 0.4kN/m^2 地区有外保温的外墙”、“年降水量大于等于 500mm 且基本风压大于等于 0.35kN/m^2 地区有外保温的外墙”和“年降水量大于等于 600mm 且基本风压大于等于 0.3kN/m^2 地区有外保温的外墙”三种情形。调查和问卷反馈的情况显示，由于外墙外保温的广泛实施，以及目前常用的保温材料和外保温构造做法，使外墙更易发生渗漏。并且即使水分不进入外墙本体和室内，只要进入保温层，就会严重降低保温效果和保温层的耐久性。据研究，保温层的导热系数会随着含水率的增加呈线性增大。所以本规程规定上述情形下的外墙需要采取墙面整体防水，以加强保温功能的实现。

外墙防水类别划分的主要考虑因素为：

1 年降水量、基本风压等气候参数与外墙渗漏的高度关联性

外墙渗漏究其根本原因是有水的来源，主要是降雨，雨水可以沿着墙体的裂缝、薄弱的节点缝隙进入墙体内部甚至室内，或是通过墙体非密实的孔隙渗人墙体内部；同时，水的冻融也对墙体产生破坏作用，因此降水量的大小必然是防水的主要依据。风压的增加会增大与墙体接触的雨水量和雨水对墙体的渗透压力，也会加大墙面雨水的爬升高度，致使外墙的渗漏水率增加，加剧渗漏水程度。

2 本规程防水设计规定与实际防水工程的对应性

调研资料和问卷调查的结果显示，广西、广东、福建、云南、贵州、江西（部分）、湖南、湖北（部分）等地区的建筑主要采用无保温或者自保温的外墙，主要采用防水砂浆进行墙面整体设防，饰面层主要采用面砖和涂料；上海、江苏、浙江、安徽、江西（部分）、湖北（部分）等地区的建筑主要采用外保温或内保温的外墙，也采用墙面整体设防；北方城市（淮河、秦岭以南地区）的建筑主要采用外保温的外墙，也采用墙面整体设防，饰面层采用饰面涂料为主。因此本规程对外墙的墙面整体防水要求作出了合理和切实可行的规定。

3.0.3 根据调研的情况，本规程第3.0.2条规定之外的地区，年降水量大于等于400mm地区的建筑外墙渗漏主要发生在门窗洞口、雨篷、阳台、变形缝、伸出外墙管道等节点部位，因此应采用节点构造防水措施。

根据调研资料，降水量小于200mm的干旱区、降水量在400mm以下的地区主要在甘肃、青海、宁夏、内蒙古和新疆大部，外墙渗漏的情况比较少见，本规程未对其防水作出规定，必要时可根据实际情况对节点部位进行防水密封处理。

3.0.4 参照国家标准《建筑气候区划标准》GB 50178、《建筑结构荷载规范》GB 50009，参考《中华人民共和国气候图集》（气象出版社2002年7月出版）以及国家气象信息中心提供的资料；并结合工程实际和外墙对墙面防水设防的要求，本规程设定的墙面整体防水所对应的主要气候地区如下：

1 年降水量大于等于800mm的地区（湿润区），主要为沿淮河—秦岭（陕西的汉中市、安康市，河南的驻马店市、信阳市）—青藏高原东南边缘线以南的地区（此为我国800mm等降水量线，包括成都市）以及江南地区；其他北方地区的城市主要有辽宁的丹东市，吉林的通化市。

2 年降水量大于等于600mm、基本风压大于等于$0.5kN/m^2$的地区，主要为沿海地区。例如：

广东：汕头、汕尾、阳江、深圳；

海南：海口、三亚、琼海等大部分地区；

广西：北海、钦州、东兴；

浙江：温州、舟山；

福建：福州、厦门；

山东：青岛、潍坊、荣成；

辽宁：大连、营口。

3 年降水量大于等于400mm且基本风压大于等于$0.4kN/m^2$地区、年降水量大于等于500mm且基本风压大于等于$0.35kN/m^2$地区、年降水量大于等于600mm且基本风压大于等于$0.3kN/m^2$地区以及年降水量大于等于400mm且基本风压小于$0.4kN/m^2$地区，参见附录A。

3.0.5 为使标准之间的协调，居住建筑外墙外保温的防水应符合行业标准《外墙外保温工程技术规程》JGJ 144的规定。《外墙外保温工程技术规程》JGJ 144对相关外墙外保温与防水的内容提出了相应的技术要求，对其适用范围内的居住建筑外墙外保温的防水做法应按其规定执行。

3.0.6 防水材料及其配套材料均应满足相应的技术指标要求；同时，应满足环境保护及安全要求，例如，不得产生有害物质，不得污染环境，不得采用易燃材料。建筑防水涂料应符合《建筑防水涂料中有害物质限量》JC 1066的要求。

4 材 料

4.1 一般规定

4.1.1 相容性是指不同材料间不产生破坏作用或降低性能的物理化学反应的性质。通常讲，就是材料与材料之间（比如防水材料与界面材料、防水材料与饰面材料以及不同防水材料之间）不会产生起泡、鼓泡、粘结失效（或强度等性能下降）等现象。在建筑外墙防水工程中，选择材料时一定要考虑材料之间的相容性，否则会引起防水作用减小或失效。

4.1.2 墙体的构造不同、外保温的做法不同，所使用的防水材料不同，对防水材料的性能要求也不同；防水材料性能应满足设计要求，同时应符合相应材料标准规定的指标要求。

4.2 防水材料

4.2.1 防水砂浆分为聚合物水泥防水砂浆和普通防

水砂浆。普通防水砂浆分为湿拌防水砂浆和干混防水砂浆两种。湿拌防水砂浆是用水泥、细骨料、水以及根据防水性能确定的各种外加剂，按一定比例，在搅拌站经计量、拌制后，采用搅拌运输车运至使用地点，放入专用容器储存，并在规定时间内使用完毕的湿拌拌合物。干混防水砂浆也叫干拌防水砂浆，是经干燥筛分处理的骨料与水泥以及根据防水性能确定的各种组分，按一定比例在专业生产厂混合而成，在使用地点按规定比例加水或配套液体拌合使用的干混拌合物。各项性能指标的试验检测按照《预拌砂浆》GB/T 25181 的相关规定执行。

4.2.2 聚合物水泥防水砂浆是以水泥、细骨料为主要原材料，以聚合物和添加剂等为改性材料并以适当配比混合而成的防水材料；具有一定的柔韧性、抗裂性和防水性，与各种基层墙体有很好的粘结力，可在潮湿基面施工。在施工现场，只需加水搅拌即可施工，操作简单，使用方便。各项性能按照《聚合物水泥防水砂浆》JC/T 984 的相关规定执行。本规程规定其压折比小于等于 3，收缩率小于等于 0.15%，以保证有较好的柔韧性和抗裂性能。

4.2.3 聚合物水泥防水涂料，又称 JS 防水涂料，是以丙烯酸酯、乙烯酯等聚合物乳液和水泥为主要原料，掺加各种添加剂组成的双组分防水涂料。各项性能指标的试验检测按照《聚合物水泥防水涂料》GB/T 23445 的相关规定执行。聚合物水泥防水涂料按物理力学性能分为Ⅰ型、Ⅱ型和Ⅲ型，Ⅰ型适用于变形较大的基层，Ⅱ型和Ⅲ型适用于变形较小的基层；建筑外墙受温度的影响，墙体基层产生的变形较大，因此，本规程选择Ⅰ型产品的性能指标。产品中有害物质限量应符合《建筑防水涂料中有害物质限量》JC 1066 的要求。

4.2.4 聚合物乳液防水涂料是以各类聚合物乳液为主要原料，加入其他添加剂而制得的单组分水乳型防水涂料。各项性能指标的试验检测按照《聚合物乳液建筑防水涂料》JC/T 864 的相关规定执行，产品中有害物质限量应符合《建筑防水涂料中有害物质限量》JC 1066 的要求。

4.2.5 聚氨酯防水涂料分双组分、单组分两种；双组分聚氨酯防水涂料中的甲组分是以聚醚树脂和二异氰酸酯等原料，经过聚合反应制成的含有二异氰酸酯基（-NOC）的巨氨基甲酸酯预聚物，乙组分是由交联剂、促进剂、增韧剂、增黏剂、防霉剂、填充剂和稀释剂等混合加工而成。单组分聚氨酯防水涂料是利用混合聚醚进行脱水，加入二异氰酸酯与各种助剂进行环氧改性制成。各项性能指标的试验检测按照《聚氨酯防水涂料》GB/T 19250 的相关规定执行，产品中有害物质限量应符合《建筑防水涂料中有害物质限量》JC 1066 的要求。

4.2.6 防水透气膜是具有防水透气功能的膜状材料，其主要性能指标是在对国内外有代表性的防水透气膜产品进行试验验证的基础上参考欧盟标准确定。水蒸气透过量按《塑料薄膜和片材透水蒸气性试验方法 杯式法》GB/T 1037 中 B 法；不透水性按《建筑防水卷材试验方法第 10 部分 沥青和高分子防水卷材不透水性》GB/T 328 A 法；最大拉力、断裂延伸率按《建筑防水卷材试验方法 第 9 部分 高分子防水卷材拉伸性能》GB/T 328；撕裂性能按《建筑防水卷材试验方法第 18 部分 改性沥青防水卷材撕裂性能钉杆法》GB/T 328 进行检测。

4.3 密 封 材 料

4.3.1 硅酮建筑密封胶是以聚硅氧烷为主要成分、室温固化的单组分密封胶。按拉伸模量分为高模量（HM）和低模量（LM）两种。硅酮建筑密封胶的各项性能指标的试验检测按照《硅酮建筑密封胶》GB/T 14683 的相关规定执行。

4.3.2 聚氨酯建筑密封胶是以氨基甲酸酯聚合物为主要成分的单组分和多组分建筑密封胶。产品按流动性分为非下垂型（N）和自流平型（L）两个类型；按位移能力分为 25、20 两个级别；按拉伸模量分为高模量（HM）和低模量（LM）两个次级别。聚氨酯建筑密封胶各项性能指标的试验检测按照《聚氨酯建筑密封胶》JC/T 482 的相关规定执行。

4.3.3 聚硫建筑密封胶是以液态聚硫橡胶为基料的室温硫化双组分建筑密封胶。产品按流动性分为非下垂型(N)和自流平型(L)两个类型；按位移能力分为 25、20 两个级别；按拉伸模量分为高模量(HM)和低模量(LM)两个次级别。聚硫建筑密封胶各项性能指标的试验检测按照《聚硫建筑密封胶》JC/T 483 的相关规定执行。

4.3.4 丙烯酸酯建筑密封胶是以丙烯酸乳液为基料的单组分水乳型建筑密封胶。产品按位移能力分为 12.5 和 7.5 两个级别（12.5 级为位移能力 12.5%，其试验拉伸压缩幅度为±12.5%；7.5 级为位移能力 7.5%，其试验拉伸压缩幅度为±7.5%）。密封胶按其弹性恢复率又分为两个级别：弹性体（记号 12.5E），弹性恢复率等于或大于 40%；塑性体（记号 12.5P 和 7.5P），弹性恢复率小于 40%。丙烯酸酯建筑密封胶各项性能指标的试验检测按照《丙烯酸酯建筑密封胶》JC/T 484 的相关规定执行。

4.4 配 套 材 料

4.4.1 耐碱玻璃纤维网布各项性能指标的试验检测按照《耐碱玻璃纤维网布》JC/T 841 的相关规定执行。

4.4.2 界面处理剂各项性能指标的试验检测按照《混凝土界面处理剂》JC/T 907 的相关规定执行，其他界面材料参照执行。

4.4.3 热镀锌电焊网各项性能指标的试验检测按照《镀锌电焊网》QB/T 3897 的相关规定执行。

4.4.4 密封胶粘带作为防水透气膜密封的主要配套材料，各项性能指标的试验检测按照《丁基橡胶防水密封胶粘带》JC/T 942 的相关规定执行。

5 设 计

5.1 一 般 规 定

5.1.1 根据建筑外墙防水设计的规定，结合外墙工程的实际要求，确定合理的墙体构造、节点形式，选择合适的、满足功能要求的防水材料。

5.1.2 节点是外墙的易渗漏部位，应采取综合措施加强节点的防水设计。

5.1.3 与背水面防水相比，迎水面防水对建筑外墙围护结构及保温层的防护更为有利，所起的作用也更为可靠。

5.1.4 不同结构材料的交接处易产生变形裂缝，在找平层施工前应采用耐碱玻璃纤维网布或热镀锌电焊网作抗裂增强处理；热镀锌电焊网宜用于可能产生较大变形差异的交接部位。不同结构材料包括混凝土、砌块等。

5.1.5 界面处理的目的是为了增强构造层次之间的粘结强度。界面处理材料包括界面砂浆、界面处理剂，应根据不同的构造层材料选择相应的界面砂浆、界面处理剂以及施工工艺。施工工艺有喷涂、刮涂、滚涂、刷涂等方法，通常界面砂浆采用刮涂、喷涂的方法，界面处理剂采用滚涂、刷涂、喷涂的方法。

5.1.6 不同防水材料的性能特点各不相同，对气候环境的适应性也各不相同，设计时应根据当地的气候条件选择适宜的防水材料。

5.2 整体防水层设计

5.2.1 无外保温外墙防水做法包括外墙无保温、外墙自保温和外墙内保温三种构造做法。整体防水层设计指的是外墙体防水层的设计。

采用涂料或块材饰面时，由于构造层次间粘结强度和材料相容性的要求，防水层材料宜采用聚合物水泥防水砂浆或普通防水砂浆。

采用幕墙饰面时，幕墙直接固定在结构层上，防水层与幕墙饰面层无粘结要求，防水层宜采用防水砂浆、聚合物水泥防水涂料、丙烯酸防水涂料或聚氨酯防水涂料。

5.2.2 由于《外墙外保温工程技术规程》JGJ 144 规定的外墙外保温为独立的整体保温系统，因此防水层设置在找平层与保温系统之间，为保证采用涂料或块材饰面的保温系统与基层的粘结性能，防水层材料宜选用聚合物水泥防水砂浆或普通防水砂浆。

采用幕墙饰面时，保温层可固定在幕墙的水平龙骨之间，因此设置在保温层与找平层之间的防水层可采用聚合物水泥防水砂浆、普通防水砂浆、聚合物水泥防水涂料、聚合物乳液防水涂料或聚氨酯防水涂料等防水材料。当保温层选用矿物棉保温材料时，宜在保温层与幕墙面板间采用防水透气膜。

5.2.3 采用耐碱玻璃纤维网布和热镀锌电焊网，是为了防止砂浆防水层产生裂缝；当基层平整度不好时，砂浆防水层较厚时，宜采用热镀锌电焊网；砂浆防水层较薄时宜采用耐碱玻璃纤维网布。

5.2.4 防水层必要的厚度是防水功能和耐久性的保证。现浇混凝土墙体比砌体墙体的致密性及刚度更好，因此基层为现浇混凝土墙体时，防水层可以稍薄，而基层为砌体墙体时，防水层宜稍厚。

聚合物水泥防水砂浆的抗渗压力、粘结强度、压折比等性能均比普通水泥砂浆更好，也更有韧性，因此聚合物水泥砂浆防水层设置可以比普通水泥砂浆稍薄仍能达到一样的防水效果。

干粉类聚合物水泥防水砂浆为工厂化生产的材料，在产品质量上更易得到保证，同时对骨料的粒径也可以更好地控制，干粉类的砂浆防水层可以比乳液类砂浆防水层更薄一些。

5.2.5 对砂浆防水层作出了留设分格缝的规定要求；由于砂浆防水层收缩和温差的影响，砂浆防水层应留设分格缝，使裂缝集中于分格缝中，避免裂缝的产生。分格缝内采用柔性密封材料进行密封，以柔适变，达到防水目的。

5.2.6 强调了应做好建筑外墙地面与地下交接的防水处理，使外墙防水层与地下防水层形成整体设防。

5.3 节点构造防水设计

5.3.1 节点部位是外墙渗漏水的重点部位，大量的外墙渗漏主要出现在节点部位，其中门窗框周边是最易出现渗漏的部位，应着重进行设防。门窗框间嵌填的密封处理应与外墙防水层连续，才能阻止雨水从门窗框四周流向室内。门窗上楣的外口的滴水处理可以阻止顺墙下流的雨水爬入门窗上口。窗台必要的外排水坡度利于防水。

5.3.2 雨篷恰当的外排水坡度，可以使篷顶的雨水向外迅速排走，在做好雨篷与外墙交界的阴角部位防水的前提下，可以较好地保证雨篷与外墙交界部位的防水。雨篷排水方式包括有组织排水和无组织排水，有组织排水时，排水应坡向水落口，无组织排水时，排水坡向雨篷外檐。空调板防水、凸窗顶板和外飘窗的防水可参照雨篷处理。

5.3.3 本条规定了阳台坡向水落口的排水坡度要求，可防止阳台的积水，利于防水。水落口周边嵌填密封材料、阳台外口下沿设置滴水线是防水的基本要求。当阳台下沿采用水泥砂浆时，滴水线可作成滴水槽或者鹰嘴；当阳台下沿采用石（块）材面砖饰面时，可在阳台下檐底边铺贴出滴水线。也可采用铝合金、不锈钢板做滴水线；图5.3.3为水泥砂浆滴水线。

5.3.4 本条规定了变形缝的做法。合成高分子防水卷材的柔性及延伸性可以与基层很好地贴合，两端采用满粘法固定，并辅之以金属压条和锚栓，同时应做好卷材的收头密封，使外墙变形缝部位完全封闭，达到可靠的防水要求。变形缝可采用不锈钢板进行封盖，也可采用铝合金板、镀锌薄钢板等具有防腐蚀的金属板封盖，既有防护功能，同时具有装饰作用。

5.3.5 伸出外墙管道指空调管道、热水器管道、排油烟管道等，由于安装的需要，管道和管道孔壁间会有一定的空隙，雨水在风压作用下会飘入到空隙中，另外孔道上部顺墙流下的雨水也会爬入空隙中，进而渗入墙体中或室内。因此伸出外墙管道宜采用套管的形式，套管周边做好密封处理，并形成内高外低的坡度，使雨水能向外排出。如管道安装完成后固定不动的，可将管道和套管间的空隙用防水砂浆封堵。伸出外墙管道防水构造的图5.3.5-1为混凝土墙体，图5.3.5-2为砌筑墙体。

5.3.6 压顶是屋面和外墙的交界部位，是防水设计中容易疏忽的部位，由于压顶未做防水设计或者设计不合理出现的压顶渗水现象很多。压顶主要有金属制品压顶或钢筋混凝土压顶，无论采用哪种压顶形式，均应做好压顶的防水处理，并与屋面防水做好衔接。

5.3.7 强调了外墙预埋件密封要求。外墙落水管和外挂锚固件的防水可参照预埋件处理。由于预埋件大都具有承载作用，易产生变动，因此，后置埋件和预埋件均需作密封增强处理以保证防水的整体性。

6 施　工

6.1 一 般 规 定

6.1.1 根据设计要求，找出需要解决的技术难点，制定施工方案。外墙防水工程施工方案的内容包括：技术措施（其中须包括施工程序、施工条件和成品保护的内容）、工程概况、质量工作目标、施工组织与管理、防水材料及其使用、施工操作技术、质量保证措施、安全注意事项等。

6.1.2 外墙防水应由专业队伍进行施工，是保证工程质量的基本条件要求。本条文所指的防水专业队伍，是由当地建设行政主管部门对防水施工企业的规模、技术水平、业绩等综合考核后颁发资质证书的专业队伍。作业人员应经过专业培训，达到符合要求的操作技术水平，由有关相关的主管部门发给上岗证。

6.1.3 防水材料产品进入施工现场，应经复验合格后方可使用，是为了确认进场所用材料的质量，应根据不同的防水材料进行相应的技术指标检验，提供产品的试验检测报告。

6.1.4 外墙由多个构造层次组成，上道工序会被下道工序所覆盖，任何一个层次出现质量隐患，都会影响外墙的保温和防水工程质量。因此，强调按工序、层次进行过程的质量控制和检查验收，即每个层次施工都应有质量控制的措施，每道工序完成后操作人员应进行自检，合格后进行工序间的交接检验和专职质量人员的检查，检查结果应有完整的记录，然后经监理单位（或建设单位）进行检查验收后，方可进行下一工序的施工，以达到消除质量隐患的目的。

6.1.5 本条文强调，应将外墙门、窗框、伸出外墙管道、设备或预埋件等部件安装完毕，再进行防水施工；如先进行防水施工，后再安装门、窗框、伸出外墙管道、设备或预埋件等部件，其部件周边极易造成渗漏水现象。

6.1.6 找平层质量是保证防水层质量的基本要素，如找平层表面有酥松、起砂、起皮和裂缝等现象，将直接影响防水层和基层的粘结质量，导致空鼓甚至出现脱落，找平层裂缝会导致防水层开裂。因此找平层施工时，应在收水后及时进行二次压光，使表面坚固密实、平整；水泥砂浆终凝后，应浇水充分养护，保证砂浆中的水泥充分水化，以确保找平层质量。

找平层基面的含水率应根据防水材料品种确定，采用水泥基类防水材料时，为保证水泥的充分水化以增强防水层的强度和密实度，基面应充分湿润。而柔性防水材料往往要求基层干燥以保证防水层与基层面的粘结能力。

6.1.7 勾缝密封，可以起到局部加强，使之具有一定的整体防水功能。

6.1.8 本条规定是对施工期间外墙防水成品保护的要求；外墙防水完工后应采取有效的保护措施，防止外墙防水层的损坏。其中包括已完成的外墙防水层上不得剔凿打洞；有机涂料防水层和防水透气膜防水层上不得进行电气焊等高温作业；其他工序交叉作业时不得损害外墙防水层。

6.1.9 外墙防水层是室外施工，气候条件对其影响很大。雨雪天施工会使防水层难以成型，并使保温层、找平层中的含水率增大，导致柔性胶结防水材料与基面的粘结能力降低或防水层起鼓破坏；气温过低时水泥基类防水材料中的水泥水化速度明显降低，影响防水层成型，如受冻则会产生强度降低、酥松、开裂等缺陷，而防水涂料在低温或负温时不易成膜。雨雪、五级风以上进行外墙防水层施工，也难以确保人身安全；因此外墙防水施工应有适宜的施工环境气候条件。

除了施工现场常见的触电、机具伤害、坠物伤人、洞口坠落等事故外，外墙防水施工属于高空作业，易发生高空坠落事故；因此，外墙防水施工应严格执行国家有关安全生产法律、法规和现场安全施工要求。

6.2 无外保温外墙防水工程施工

6.2.1 外墙结构表面的油污、浮浆会影响找平层的粘结性能及造成空鼓；外脚手架的连墙件拆除后留下的孔洞、砌筑砂浆不饱满形成的缝隙等，如不填塞抹平，会造成找平层空鼓、开裂。

不同结构材料的线膨胀系数不同，温度的变化造成的热胀冷缩不同，使相关层次在交接处容易产生规则性裂缝。因此在交接处铺设增强处理材料来限制拉伸应力，约束裂缝的产生。增强处理材料主要包括玻璃纤维网布以及金属网等材料。

6.2.2 无论是混凝土还是砌体结构墙体，当表面平整度无法达到保温层或防水层施工要求时，应进行找平处理。为使找平层粘结牢固，找平层施工前应进行界面处理。为保证找平层的密实度、平整度和不易产生裂缝，每遍抹灰的厚度不宜大于10mm。为保证找平层与后道工序的构造层次粘结牢固，找平层表面应用木抹子搓成毛面。

6.2.3 节点部位是防水设计的重点部位，也是渗漏的多发区，如门窗洞口周边、伸出外墙管道、设备安装的预埋件、墙体分格缝等；大面防水层施工前，应先对这些节点部位根据做法要求进行密封处理。

6.2.4 防水砂浆是外墙防水的主要材料，应用还处于发展阶段，许多工程技术人员对防水砂浆的材料要求、施工技术和施工要点尚不熟悉，对此应给予足够的重视。

防水砂浆要有坚固的基层方可充分发挥作用，为保证与基层的粘结能力，基层表面应为干净的毛面，抹压防水砂浆前基层应充分湿润，以保证防水砂浆中有足够的水分使水泥产生水化反应。

一般防水砂浆在施工现场搅拌，配比的准确性、拌合器具、搅拌机具、投料顺序、搅拌时间等对防水砂浆的性能有较大的影响，施工时应严格控制。拌制好的砂浆应及时用完，宜随拌随用，以免拌制好的砂浆放置时间过长，造成初凝结块现象；已产生结块现象的材料不得用于工程。

为保证防水砂浆与基层的粘结能力，抹压防水砂浆前应进行界面处理。

厚度是保证防水砂浆抗渗能力的重要因素，砂浆一次涂抹厚度越大，厚薄不均匀的现象越严重。为保证防水砂浆厚薄的均匀性，厚度大于10mm时应分层施工。分层施工应注意层间的粘结，不得出现空鼓现象。一个分格区域内每层宜连续施工，以保证防水砂浆的连续性。如面积过大不能连续施工时，应留设阶梯坡形茬，以保证接茬部位的水密性，接茬部位和施工做法应符合相关要求。涂抹施工有抹压和喷涂两种。无论采用哪种方法，防水砂浆层应压实、抹平，以保证砂浆防水层的密实性。普通防水砂浆每层的施工厚度宜为5mm～10mm，聚合物防水砂浆每层的施工厚度宜为1mm～3mm，防水层的厚度应根据材料特性确定。

窗台、窗楣和凸出墙面的腰线等，为使水及时排走，其上表应做成向外的流水坡，下端设鹰嘴或滴水线（槽）使水不会流到根部。

防水砂浆是刚性材料，抗裂性能较差，而建筑外墙在结构材料、构造发生变化的部位容易产生变形裂缝，所以在这些部位宜设置分格缝，嵌填密封材料，以柔性材料来适应基层的变形。由于材料的线膨胀系数不同，门框、窗框、管道、预埋件等与防水砂浆的交接处，易产生温差裂缝而成为渗水通道，因此对这些部位均应留设凹槽用密封胶嵌填。

为防止应力集中出现裂缝，砂浆防水层的转角部位应用专用抹灰工具抹成弧形。

聚合物防水砂浆在硬化过程中，既有水泥的水化反应，又有聚合物乳液的脱水固化过程，因此，在聚合物防水砂浆完工后初期，采用不洒水的自然养护，时间根据聚合物乳液的掺量、环境湿度确定，一般在48h左右，硬化后再采用干湿交替养护的方法；其他的防水砂浆在终凝后采用洒水保湿养护。

6.2.5 节点部位是防水设计的重点部位，也是渗漏的多发区，在施工准备阶段应认真按设计要求进行密封处理或增强处理。

双组分或多组分涂料，各组分的计量不准或搅拌不均匀会影响涂膜性能，故应按照产品说明书的要求配制。单组分材料在储存、运输过程中可能会出现分层、沉淀等现象，重新搅拌均匀后一般不影响材料的性能。采用机械搅拌配料比手工搅拌效率高，料浆均匀，但应注意搅拌时间不宜过长，搅拌约5min即可，否则也会影响涂料质量。

为提高涂膜与基层的粘结强度，涂布前应先涂基层处理剂，基层处理剂可以按生产厂的配方，在现场用防水涂料加水稀释配制，也可采用厂方提供的专用基层处理剂。

外墙防水涂料一般采用与水泥砂浆基层具有很好相容性的防水涂料，如聚合物水泥防水涂料等。这类涂料一般为水分蒸发成膜的材料，如涂层太厚，表面成膜后会阻止膜层中水分的蒸发，影响成膜质量，故通过用量来控制单遍涂布的厚度。并要掌握好涂刷各层之间的时间间隔，通常以前一遍涂层干燥不粘手为准，一般约需2h～6h；若现场气温低、湿度大，通风不畅，则干燥时间会长些。每层涂布按规定的用量取料，涂布时应均匀，上下层之间不留气泡。在使用中涂料如有沉淀应注意随时搅拌均匀。

交替改变涂层的涂布方向，可以使涂膜的纵横向物理力学性能比较一致，同时可更好地消除前遍涂层的毛细孔道，防止漏涂。

甩茬是指同一遍涂层分两次施工时，先后施工涂层的交接处。为保证该部位涂层的连续性和整体性，甩茬部位应清理干净，并有足够的接茬宽度。接茬是指每遍涂刷时的交接处，为避免交接处漏涂，涂布时应有一定的接茬宽度。

采用加铺增强层做法时，除应注意本条规定的技术措施外，还要注意增强层与上涂层应连续施工，一次成活。增强层应铺贴平整，密实，不空鼓。胎体间应有一定的搭接宽度，以保证胎体的连续性。采用二层胎体时，为减少胎体接缝的交叉重叠，上下层胎体不得垂直铺设，其搭接缝应错开。胎体在涂层中主要起增加抗拉强度和抗裂作用，因此施工时应控制胎体在涂层中的位置，使胎体充分发挥作用。

6.2.6 规定了在防水层中设置的耐碱玻璃纤维网布或热镀锌电焊网片不得外露、热镀锌电焊网片应与墙体结构固定牢固、耐碱玻璃纤维网布应铺贴平整无皱褶，同时，保证一定的搭接宽度，为的是保证防水层的抗裂效果及质量。

6.3 外保温外墙防水工程施工

6.3.1 本条文要求保温层表面平整，干净，主要是为了利于后道工序的施工，保证质量。提出相容的规定，是避免不相容相互产生物理化学反应，致使造成损坏。

6.3.2 外保温外墙防水层施工，除应符合本规程第6.2.4、6.2.5、6.2.6条的规定外，还应注意：防水基层应通过验收，面层应干净。

6.3.3 防水透气膜一般从外墙底部开始铺设，长边沿水平方向自下而上横向铺设，第二幅透气膜搭接压盖第一幅膜，保证搭接缝为顺水方向，每幅透气膜的纵、横向搭接缝均应有足够的搭接宽度，并采用配套胶带覆盖密封，以保证水不会从搭接缝中渗入。

防水透气膜采用带塑料垫片的塑料锚栓固定在基层上，固定锚栓的数量应符合设计要求，固定部位采用丁基胶带密封，以保证固定部位的密封性能。

门洞、窗洞等洞口处的防水透气膜应根据门、窗框与外墙面的距离裁剪，“I”形实为两个对接的“Y”字形。使透气膜能压入门、窗框与墙体之间的空隙，再用专用配套密封胶带满粘密封。

防水透气膜一般应用于干挂幕墙及墙体小龙骨构造体系的外墙工程，对于穿过透气膜的连接件四周应采用密封胶粘带封严。

7 质量检查与验收

7.1 一般规定

7.1.1 本条规定了找平层、防水层等施工质量的基本要求，主要用于分项工程验收时进行的观感质量验收。工程观感质量由验收人员通过现场检查，并应共同确认。

7.1.2 防水材料除有产品合格证和性能检测报告等出厂质量证明文件外，还应有经建设行政主管部门认定，拥有相应资质的检测单位对该产品抽样检测认证的试验报告，其质量应符合国家产品标准和设计要求。为了控制防水材料的质量，对进入现场的材料应按本规程的规定进行抽样复验，以保证实际进入现场的防水材料质量。

7.1.3 对外墙完成的砂浆防水层、涂膜防水层、防水透气膜等防水层均应进行检验验收。外墙防水层的质量对整个外墙防水至关重要，防水层施工完毕后要进行渗漏检查。检查应在雨后或持续淋水30min后进行（在墙体外墙的上部设置淋水的排管进行淋水试验；排管的长度、管孔的数量、孔径的大小，达到墙面连续满流为准），并作记录。如有渗漏，应对渗漏原因进行分析，按照编制的专项修改方案，在监理人员监督下进行修改，修改后重新进行渗漏检查，无渗漏后方可进行下道工序。

7.1.4 外墙防水层工程施工质量的检测数量应按抽查面积与防水层总面积的1/10考虑，这一比例要求对检验防水层质量具有一定代表性，实践也证明是可行的；节点部位为重点，应全部检查。

7.1.5 规定了防水材料及主要相关材料现场抽样数量和复验项目的内容要求。

7.2 砂浆防水层

7.2.1 设计所采用材料的主要性能指标应符合本规程第4.2.1、4.2.2条的要求。

7.2.2 防水层是外墙防水的主要构造，若出现渗漏，则功能无法实现。渗漏检查可在防水层完工后雨后或持续淋水30min后观察。如出现渗漏，应查找原因及部位并修整，确保验收无渗漏现象。

7.2.3 砂浆防水层属刚性防水，适应变形能力较差，应与相关各层粘结牢固并连成一体，方能起到外墙防水作用。故规定砂浆防水层与基层之间及各防水层之间应结合牢固，无空鼓现象。

7.2.4 门窗口、伸出外墙管道、预埋件及收头部位是最容易发生渗漏的部位，其防水构造处理应按照本规程节点设计的要求进行。设计无规定时，应采用柔性密封，防排结合，材料防水和结构做法相结合，采用多道设防等加强措施。

7.2.5 砂浆防水层表面应坚固、密实、平整，防止防水层的表面产生裂缝、起砂、麻面等缺陷，也是确保防水层质量的必要条件，应进行控制。

7.2.6 施工缝是砂浆防水层的薄弱环节，由于施工缝接茬不严或位置留设不当等原因，导致防水层渗漏；因此要做好砂浆防水层的留茬及接茬。

7.2.7 砂浆防水层的厚度测量，应在砂浆终凝前用钢针插入进行尺量检查；平均厚度应符合设计要求，最小厚度不得小于设计值的80%。

7.3 涂膜防水层

7.3.1 设计所采用材料的主要性能指标应符合本规程第4.2.3、4.2.4、4.2.5条的要求。

7.3.4 涂膜防水层的合理使用年限，很大程度是由涂膜厚度决定的。本条文规定平均厚度应符合设计要求，最小厚度不应小于设计厚度的80%，涂膜防水层厚度应包括胎体的厚度。除了最终的测量之外，施工过程中应做好厚度的控制工作，按照防水涂料固体含量和相对密度推算出规定厚度的单方用量，施工过程中加以控制，保证涂膜厚度。

7.3.5 涂膜防水层应表面平整，涂刷均匀，成膜后如出现流淌、鼓泡、露胎体和翘边等缺陷，会降低防水工程质量而影响使用寿命。

7.4 防水透气膜防水层

7.4.1 防水透气膜是经热复合或闪蒸法，以及采取相关工艺制成的合成高分子塑料薄膜。通常铺设在建筑围护结构保温层之外，起到防水、透气、防风等的作用。其性能指标应符合本规程第4.2.6条的规定。配套材料包括柔性密封胶粘带、龙骨（木龙骨、金属龙骨）、固定用的自攻螺钉、水泥钉等，应根据不同的工程要求进行选择。进场的防水透气膜应有质量检验报告和出厂合格证，并按照本标准的有关规定进行抽样复验，检测合格后方可用于外墙防水工程。

7.4.3 勒脚、阴阳角、洞口、女儿墙、变形缝等节点部位是防水透气膜设防和施工的薄弱部位，其构造做法应符合设计要求；节点部位为质量检查的重点，并根据检查情况及时填写隐蔽工程验收记录。

7.4.4 防水透气膜是空铺于保温层外表面，用带塑料垫片的塑料锚栓固定在基层墙体上。如铺贴不顺直，表面出现皱褶、伤痕、破裂等缺陷，将会影响其使用功能和耐久性。防水透气膜铺贴完成后应进行外观的观察检查，以保证铺贴质量。

7.4.5 防水透气膜的铺贴方向正确是保证顺水搭接的关键，施工过程中应加强检查监督。纵向搭接缝是短边搭接缝，为避免搭接缝过于集中，上下两幅的纵向搭接缝应相互错开，其间距不得小于500mm。必要的搭接宽度是保证搭接缝防水可靠性的关键，因此对搭接宽度负偏差应进行控制。

7.4.6 防水透气膜的搭接缝是采用配套的丁基双面胶粘带进行粘结的，如接缝粘结不可靠、密封不严，会造成接缝的渗漏；收头部位也是防水密封的重点。因此，防水透气膜的验收应对搭接缝和收头部位给予重视。

7.5 工 程 验 收

7.5.1 《建筑工程施工质量验收统一标准》GB 50300规定分项工程可由若干检验批组成，本条文规定了外墙防水工程，应符合分项工程各检验批相应的质量标准要求。

7.5.2 本条规定了外墙防水工程验收文件和记录的内容，以与《建筑工程施工质量验收统一标准》GB 50300相关内容协调。

需要强调隐蔽工程部位的检验，隐蔽工程为后续的工序或分项过程覆盖、包裹、遮挡的前一分项工程，例如防水层的基层、密封防水处理部位、门窗洞口、伸出外墙管道、预埋件及收头等节点做法，应经过检查符合质量要求后方可进行隐蔽，避免因质量问题造成渗漏或不易修复而直接影响防水效果。

外墙防水工程完成后，应会同各有关方验收，进行记录归档，以便查验。

中华人民共和国行业标准

建筑产品信息系统基础数据规范

Code for basic data of construction products information system

JGJ/T 236—2011

批准部门：中华人民共和国住房和城乡建设部

施行日期：2 0 1 1 年 8 月 1 日

中华人民共和国住房和城乡建设部
公　　告

第892号

关于发布行业标准《建筑产品信息系统基础数据规范》的公告

现批准《建筑产品信息系统基础数据规范》为行业标准，编号为JGJ/T 236-2011，自2011年8月1日起实施。

本规范由我部标准定额研究所组织中国建筑工业出版社出版发行。

中华人民共和国住房和城乡建设部

2011年1月11日

前　言

根据住房和城乡建设部《关于印发〈2009年工程建设标准规范制订、修订计划〉的通知》（建标[2009] 88号）的要求，规范编制组经广泛调查研究，认真总结实践经验，参考有关国际标准和国外先进标准，并在广泛征求意见的基础上，制订了本规范。

本规范的主要技术内容是：1. 总则；2. 术语和符号；3. 基本规定；4. 结构专业建筑产品专用基础数据；5. 建筑专业建筑产品专用基础数据；6. 设备专业建筑产品专用基础数据。

本规范由住房和城乡建设部负责管理，由中国建筑标准设计研究院负责具体技术内容的解释。执行过程中如有意见和建议，请寄送中国建筑标准设计研究院（地址：北京市海淀区首体南路9号主语国际2号楼，邮编：100048）。

本规范主编单位：中国建筑标准设计研究院

华升建设集团有限公司

本规范参编单位：中国标准化研究院

中国电子工程设计院

北京金土木软件技术有限公司

北京华思维泰克科技有限公司

本规范主要起草人员：曹　彬　罗文斌　王玉辉　谢　卫　孙广芝　李楚舒　董　胤　张　萍　魏素巍　吕静刚

本规范主要审查人员：王　丹　马智亮　倪江波　谢东晓　张增寿　水浩然　高　萍　秦如玉　罗　英　张晓利

目 次

Contents

1 总 则

1.0.1 为实现建筑产品信息交换、共享，促进建筑产品信息化，制定本规范。

1.0.2 本规范适用于建筑产品信息系统的数据库建设。

1.0.3 建筑产品信息系统数据库建设，除应符合本规范外，尚应符合国家现行有关标准的规定。

2 术语和符号

2.1 术 语

2.1.1 建筑产品 construction product

指建筑工程建设和使用过程中所涉及的建筑材料、构配件及设备。

2.1.2 基础数据 basic data

描述建筑产品的基本参数、物理性能、功能以及基本特性的数据。

2.1.3 通用基础数据 general basic data

建筑产品共有的基础数据。

2.1.4 专用基础数据 special basic data

建筑产品个性化的基础数据。

2.1.5 属性 attribute

描述建筑产品的一种特性。

2.1.6 值域 value domain

允许值的集合。

2.1.7 属性值 attribute value

某一属性的具体取值。

2.2 符 号

2.2.1 数据类型

BIN——二进制，无法用以下数据类型表示的其他数据类型，比如图像、音频等；

B——布尔型，两个且只有两个表明条件的值，如 On/Off、True/False；

C——字符型，默认为国家标准《信息交换用汉字编码字符集 基本集》GB 2312 规定内容；

D——日期型，采用国家标准《数据元和交换格式 信息交换 日期和时间表示法》GB/T 7408 中规定的 YYYYMMDD 格式；

DT——时间日期型，采用国家标准《数据元和交换格式 信息交换 日期和时间表示法》GB/T 7408 中规定的 YYYYMMDDThhmmss 格式；

ENUM——枚举型，通过预定义列出所有值的标识符来定义一个有序集合，如性别：男、女；

N——数值型，用“0”到“9”数字形式表示的数值。

2.2.2 约束条件

C——数据内容在符合代码括弧内注明条件时应选择；

M——数据内容为必选项；

O——数据内容为可选项。

2.2.3 缩略语

ICS——International classification for standards，国际标准分类法；

UDC——Universal decimal classification，国际十进位分类法；

XML——Extensible markup language，可扩展标记语言，是一种数据存储语言。

3 基 本 规 定

3.1 基础数据分类

3.1.1 建筑产品基础数据宜分为通用基础数据和专用基础数据。

3.1.2 通用基础数据应包括建筑产品生产厂家信息、建筑产品执行标准信息和建筑产品性能通用信息。

3.1.3 专用基础数据应包括建筑产品性能专用信息。

3.2 基础数据技术要求

3.2.1 建筑产品基础数据的属性应包括中文字段名称、数据类型、数据格式，宜包括计量单位、值域、约束条件。

3.2.2 基础数据质量应符合下列要求：

1 准确性原则：数据应根据建筑产品相关标准的规定确定；当无相关规定时，可按实际需要确定统一数据采集规则。

2 完整性原则：对一个建筑产品的各类数据，在数据采集时应一次性完成。

3 一致性原则：基础数据应满足属性一致、格式一致、精度一致。

3.2.3 基础数据交换格式宜采用 XML 格式，数据交换规则及定义应符合现行国家标准《电子政务数据元 第 1 部分：设计和管理规范》GB/T 19488.1 的规定。

3.2.4 基础数据应使用属性和属性值表示。

3.2.5 当规范规定不能满足实际使用需求时，基础数据扩展规则应符合下列要求：

1 建筑产品基础数据属性的扩展应满足现行国家标准《电子政务数据元 第 1 部分：设计和管理规范》GB/T 19488.1 的规定。

2 基础数据属性值内容的扩展应符合下列要求：

1）唯一性原则：在某一个建筑产品的基础数据范围内，属性值应唯一。

2）对象明确原则：在数据录入的过程中，录入数据应与属性值一一对应。

3.3 通用基础数据

3.3.1 建筑产品生产厂家信息应符合表3.3.1的规定。

表3.3.1 建筑产品生产厂家信息

中文字段名称	数据类型	数据格式	计量单位	值 域	约束条件
厂家中文名称	字符型	C..40	—	—	M
厂家英文名称	字符型	C..40	—	—	O
组织机构代码	字符型	C..20	—	—	M
注册资本	数值型	N..12	元(人民币)	—	M
法定代表人姓名	字符型	C..20	—	—	M
厂家类型	枚举型	C..20	—	按本规范表A-1厂家类型表	M
地址	字符型	C..60	—	—	M
电话	字符型	C..14	—	—	M
传真	字符型	C..14	—	—	O
获得体系认证	枚举型	C..40	—	按本规范表A-2体系认证种类表	O

3.3.2 建筑产品执行标准信息应符合表3.3.2的规定。

表3.3.2 建筑产品执行标准信息

中文字段名称	数据类型	数据格式	计量单位	值 域	约束条件
标准类别	枚举型	C..8	—	按本规范表A-3标准类别表	M
分类符号	字符型	C..15	—	按UDC、ICS以及中国标准文献分类号执行	O
标准名称	字符型	C..60	—	—	M
英文译名	字符型	C..80	—	—	O
标准编号	字符型	C..20	—	—	M
发布日期	日期型	D8	—	—	O
实施日期	日期型	D8	—	—	M
发布机构	字符型	C..80	—	—	M
标准备案号	字符型	C..10	—	—	C(除国家标准外，均应包含备案号)
替代标准号	字符型	C..20	—	—	O

3.3.3 建筑产品性能通用信息应符合表3.3.3的规定。

表3.3.3 建筑产品性能通用信息

中文字段名称	数据类型	数据格式	计量单位	值 域	约束条件
类目名称	字符型	C..40	—	按现行行业标准《建筑产品分类与编码》JG/T 151规定的小类执行	M
类目英文名称	字符型	C..50	—	按现行行业标准《建筑产品分类与编码》JG/T 151规定执行	M
类目代码	字符型	C..12	—	按现行行业标准《建筑产品分类与编码》JG/T 151规定执行	M
产品中文名称	字符型	C..30	—	—	M
产品英文名称	字符型	C..40	—	—	M
产品条形码	字符型	C..40	—	—	M
适用范围	字符型	C..300	—	—	O
产品图片	二进制	JPEG、GIF	kB	—	O
产品简介	字符型	C..300	—	—	O
型号	字符型	C..40	—	—	O
规格尺寸	字符型	C..16	按现行国家标准《国际贸易计量单位代码》GB/T 17295规定	—	O
出厂日期	日期型	D8	—	—	M
价格	数字型	N..20	宜采用国际通行的结算货币	—	M
数据来源	字符型	C..100	—	—	M

4 结构专业建筑产品专用基础数据

4.1 混 凝 土

4.1.1 混凝土产品基本材料和应用产品应包括水泥、集料、外加剂、掺合料、养护材料、预拌混凝土产品，产品基础数据应符合表4.1.1-1～表4.1.1-6的规定。

表 4.1.1-1 水泥基础数据

中文字段名称	数据类型	数据格式	计量单位	值 域	约束条件
种类	字符型	C..24	—	符合现行国家标准《通用硅酸盐水泥》GB 175 和《铝酸盐水泥》GB 201 要求	M
混合材料品种	字符型	C..16	—	—	M
混合材料掺量	数值型	N..6	%	—	M
石膏品种	字符型	C..16	—	—	M
石膏掺量	数值型	N..6	%	—	M
助磨剂品种	字符型	C..16	—	—	M
助磨剂掺量	数值型	N..6	%	—	M
比表面积	数值型	N..6	m^2/kg	—	O
细度	数值型	N..6	%	—	O
压蒸安定性	字符型	C..6	—	—	M
氧化镁	数值型	N..6	%	—	M
氯离子	数值型	N..6	%	—	M
强度等级	数值型	N..8	—	符合现行国家标准《通用硅酸盐水泥》GB 175 和《铝酸盐水泥》GB 201 要求	M

表 4.1.1-2 集料基础数据

中文字段名称	数据类型	数据格式	计量单位	值 域	约束条件
种类	字符型	C..18	—	—	M
细度模数	数值型	N..8	—	—	M
粒径	数值型	N..8	mm	—	M
堆积密度	数值型	N..8	kg/m^3	—	O
空隙率	数值型	N..4	%	—	O
压碎值	数值型	N..8	—	—	O
含泥量	数值型	N..8	%	—	M

表 4.1.1-3 外加剂基础数据

中文字段名称	数据类型	数据格式	计量单位	值 域	约束条件
种类	字符型	C..18	—	—	M
掺量	数值型	N..6	%	—	M
适用范围	字符型	C..60	—	—	M
减水率	数值型	N..4	%	≥5	O
泌水率比	数值型	N..4	%	≤100	O
含气量	数值型	N..4	%	≤3.0	O
抗压强度比	数值型	N..4	%	≥100	O
收缩率比	数值型	N..4	%	≤120	O

表 4.1.1-4 掺合料基础数据

中文字段名称	数据类型	数据格式	计量单位	值 域	约束条件
种类	字符型	C..18	—	—	M
细度(80μ方孔筛筛余)	数值型	N..4	%	—	M
活性指数	数值型	N..4	—	—	M
烧失量	数值型	N..4	%	—	O
三氧化硫	数值型	N..4	%	—	M
游离氧化钙	数值型	N..4	%	—	M
放射性	字符型	C..30	—	—	O

表 4.1.1-5 养护材料基础数据

中文字段名称	数据类型	数据格式	计量单位	值 域	约束条件
种类	字符型	C..18	—	符合现行行业标准《水泥混凝土养护剂》JC 901 要求	M
有效保水率	数值型	N..4	%	≥75	C(表面成膜型)
抗压强度比	数值型	N..4	%	≥90	C(表面成膜型)
磨耗量	数值型	N..4	kg/m^2	≤3.0	C(表面成膜型)
固含量	数值型	N..4	%	≥20	C(表面成膜型)
成膜后浸水溶解性	枚举型	C..4	—	按本规范表 A-4 成膜后浸水溶解性表	C(表面成膜型)
成膜耐热性	字符型	C..20	—	—	C(表面成膜型)

表 4.1.1-6 预拌混凝土基础数据

中文字段名称	数据类型	数据格式	计量单位	值 域	约束条件
分类	枚举型	C..18	—	按本规范表 A-5 预拌混凝土分类表	M
强度等级	字符型	C..4	—	—	M
坍落度	数值型	N..4	mm	—	M
含气量	数值型	N..4	%	—	M
氯离子含量	数值型	N..4	%	—	M
放射性核素放射性比活度	字符型	C..30	—	—	O

4.1.2 混凝土配筋和配件产品应包括钢筋、焊接钢筋网、钢纤维、预应力配筋和混凝土结构配件，产品基础数据应符合表 4.1.2-1～表 4.1.2-5 的规定。

表 4.1.2-1 钢筋基础数据

中文字段名称	数据类型	数据格式	计量单位	值 域	约束条件
种类	枚举型	C..16	—	符合现行国家标准《钢筋混凝土用钢》GB 1499 要求	M
公称直径	数值型	N..4	mm	$6\leqslant d\leqslant 50$	M
截面面积	数值型	N..6	mm^2	—	O
理论重量	数值型	N..6	kg/m	—	O
屈服强度	数值型	N..6	MPa	≥335	O
抗拉强度	数值型	N..6	MPa	≥455	O
断后伸长率	数值型	N..6	%	≥13	O
最大力总伸长率	数值型	N..6	%	≥7.5	O

表 4.1.2-2 焊接钢筋网基础数据

中文字段名称	数据类型	数据格式	计量单位	值 域	约束条件
分类	枚举型	C..14	—	按本规范表 A-6 焊接钢筋网分类表	M
公称直径	数值型	N..4	mm	5～16	M
纵向钢筋间距	数值型	N..4	mm	≥100(50 的整数倍)	O
横向钢筋间距	数值型	N..4	mm	≥100(25 的整数倍)	O
焊点抗剪力	数值型	N..4	—	不小于受拉钢筋屈服值的 0.3 倍	O

表 4.1.2-3 钢纤维基础数据

中文字段名称	数据类型	数据格式	计量单位	值 域	约束条件
材质	字符型	C..12	—	符合现行行业标准《混凝土用钢纤维》YB/T 151 要求	M
纤维直径	数值型	N..10	mm	—	M
纤维长度	数值型	N..10	mm	—	M
表面处理	字符型	C..20	—	—	O
弹性模量	数值型	N..6	MPa	—	O
掺量	数值型	N..6	kg/m^3	—	M
抗拉强度	数值型	N..15	MPa	≥380	O

表 4.1.2-4 预应力配筋基础数据

中文字段名称	数据类型	数据格式	计量单位	值 域	约束条件
预应力筋种类	字符型	C..20	—	符合现行国家标准《预应力混凝土用钢丝》GB/T 5223 要求	M
公称直径	数值型	N..6	mm	—	M
抗拉强度	数值型	N..6	MPa	—	M
最大力总伸长率	数值型	N..6	%	—	O

表 4.1.2-5 混凝土结构配件基础数据

中文字段名称	数据类型	数据格式	计量单位	值 域	约束条件
种类	字符型	C..20	—	—	M
材质	字符型	C..20	—	—	M
用途	字符型	C..20	—	—	M
抗拉强度	数值型	N..6	MPa	—	O
抗剪强度	数值型	N..6	MPa	—	O
弯曲强度	数值型	N..6	MPa	—	O

4.1.3 现浇混凝土产品应包括轻质混凝土和预应力混凝土，产品基础数据应符合表 4.1.3-1、表 4.1.3-2 的规定。

表 4.1.3-1 轻质混凝土基础数据

中文字段名称	数据类型	数据格式	计量单位	值 域	约束条件
种类	字符型	C..20	—	符合现行行业标准《轻骨料混凝土技术规程》JGJ 51 要求	M
强度等级	枚举型	C..5	—	按本规范表 A-7 轻质混凝土强度等级表	M
密度等级	枚举型	C..4	—	按本规范表 A-8 轻质混凝土密度等级表	O
抗冻标号	字符型	C..6	—	—	O

表 4.1.3-2 预应力混凝土基础数据

中文字段名称	数据类型	数据格式	计量单位	值 域	约束条件
强度等级	字符型	C..5	—	—	M
坍落度	数值型	N..4	mm	—	O
含气量	数值型	N..4	%	—	O
氯离子含量	数值型	N..4	%	—	O
弹性模量	枚举型	N..4	N/mm^2	按本规范表 A-10 预应力混凝土弹性模量表	O

4.1.4 预制混凝土制品基础数据应符合表 4.1.4 的规定。

表 4.1.4 预制混凝土制品基础数据

中文字段名称	数据类型	数据格式	计量单位	值 域	约束条件
预应力筋种类	字符型	C..20	—	—	M
构件规格	字符型	C..20	mm	—	M
用途	字符型	C..100	—	—	M

4.1.5 灌注浆产品应包括水泥基灌注浆和高分子材料灌注浆，产品基础数据应符合表 4.1.5-1、表 4.1.5-2 的规定。

表 4.1.5-1 水泥基灌注浆基础数据

中文字段名称	数据类型	数据格式	计量单位	值 域	约束条件
粒径	数值型	N..4	mm	≤2.0	O
凝结时间(初凝)	数值型	N..6	min	≥120	M
30min 流动度保留值	数值型	N..6	mm	≥230	M
抗压强度	数值型	N..10	MPa	≥22	O
竖向膨胀率	数值型	N..6	%	≥0.020	O
钢筋握裹强度(圆钢)	数值型	N..6	MPa	≥0.4	M

表 4.1.5-2 高分子材料灌注浆基础数据

中文字段名称	数据类型	数据格式	计量单位	值 域	约束条件
材质	字符型	C..20	—	—	M
可操作时间	数值型	N..6	min	>30	M
初始流动度	数值型	N..6	mm	—	M
抗压强度	数值型	N..6	MPa	—	O
粘接强度	数值型	N..6	MPa	—	O

4.2 砌 体

4.2.1 砌体基本材料和应用应包括砌筑砂浆、砌体用灌芯混凝土和砌体锚固件，产品基础数据应符合表 4.2.1-1～表 4.2.1-3 的规定。

表 4.2.1-1 砌筑砂浆基础数据

中文字段名称	数据类型	数据格式	计量单位	值 域	约束条件
干密度	数值型	N..8	kg/m³	—	M
分层度	数值型	N..4	mm	—	O
强度等级	枚举型	C..4	—	按本规范表 A-11 砌筑砂浆强度等级表	M
抗冻性	字符型	C..40	—	—	O
导热系数	数值型	N..6	W/(m·K)	—	O
粘结强度	数值型	N..6	MPa	—	M
收缩值	数值型	N..4	mm/m	—	M

表 4.2.1-2 砌体用灌芯混凝土基础数据

中文字段名称	数据类型	数据格式	计量单位	值 域	约束条件
种类	枚举型	C..20	—	—	M
密度	数值型	N..6	kg/m³	—	O
集料最大粒径	数值型	N..4	mm	—	O
坍落度	数值型	N..10	mm	—	M
抗压强度	数值型	N..20	MPa	—	M

表 4.2.1-3 砌体锚固件基础数据

中文字段名称	数据类型	数据格式	计量单位	值 域	约束条件
材质	字符型	C..20	—	—	M
用途	字符型	C..20	—	—	M
拉拔力	数值型	N..10	kN	—	O

4.2.2 砌筑块材产品应包括免烧砖、烧结砖、蒸压砖、混凝土砌块、硅酸盐砌块、玻璃砌块和石膏砌块，产品基础数据应符合表 4.2.2-1～表 4.2.2-7 的规定。

表 4.2.2-1 免烧砖基础数据

中文字段名称	数据类型	数据格式	计量单位	值 域	约束条件
种类	枚举型	C..20	—	符合现行行业标准《粉煤灰砖》JC 239 要求	M
规格	字符型	C..20	mm	—	M
强度等级	字符型	C..4	—	—	M
抗冻性	字符型	C..40	—	—	O
干燥收缩	数值型	N..4	mm/m	≤0.75	M

表 4.2.2-2 烧结砖基础数据

中文字段名称	数据类型	数据格式	计量单位	值 域	约束条件
种类	枚举型	C..12	—	符合现行国家标准《烧结普通砖》GB 5101 要求	M
强度等级	字符型	C..4	—	—	M
抗冻性	字符型	C..40	—	—	O
孔洞率	数值型	N..4	%	—	C(烧结多孔砖)
导热系数	数值型	N..8	W/(m·K)	—	O
泛霜等级	枚举型	C..6	—	按本规范表 A-12 烧结砖泛霜等级表	O

表 4.2.2-3 蒸压砖基础数据

中文字段名称	数据类型	数据格式	计量单位	值 域	约束条件
种类	枚举型	C..12	—	符合现行国家标准《蒸压灰砂砖》GB 11945 和行业标准《蒸压灰砂空心砖》JC/T 637 要求	M
强度等级	字符型	C..4	—	—	M
抗冻性	字符型	C..40	—	—	O
孔洞率	数值型	N..4	%	≥25	C(蒸压灰砂空心砖)
导热系数	数值型	N..8	W/(m·K)	—	O

表 4.2.2-4 混凝土砌块基础数据

中文字段名称	数据类型	数据格式	计量单位	值 域	约束条件
种类	字符型	C..12	—	—	M
强度等级	字符型	C..4	—	—	M
密度	数值型	N..6	kg/m³	≤850	O
空心率	数值型	N..4	%	≥25	O
吸水率	数值型	N..4	%	≤20	O
抗冻性	字符型	C..40	—	—	O
抗渗性	字符型	C..26	—	—	O
干燥收缩	数值型	N..4	mm/m	≤0.80	C（蒸压加气混凝土砌块）
导热系数	数值型	N..4	W/(m·K)	≤0.16	O
碳化系数	数值型	N..6	—	≥0.8	C（加入粉煤灰等火山灰质掺合料）
软化系数	数值型	N..6	—	≥0.75	C（加入粉煤灰等火山灰质掺合料）
放射性	字符型	C..60	—	—	C（轻集料混凝土小型空心砌块）

表 4.2.2-5 硅酸盐砌块基础数据

中文字段名称	数据类型	数据格式	计量单位	值 域	约束条件
类别	字符型	C..12	—	—	M
规格	字符型	C..20	mm	—	M
强度等级	字符型	C..4	—	—	M
密度	数值型	N..6	kg/m³	≤850	O
抗冻性	字符型	C..40	—	—	O
干燥收缩	数值型	N..4	mm/m	≤0.80	O
导热系数	数值型	N..8	W/(m·K)	—	O
放射性	字符型	C..60	—	—	O

表 4.2.2-6 玻璃砌块基础数据

中文字段名称	数据类型	数据格式	计量单位	值 域	约束条件
类别	枚举型	C..12	—	符合现行行业标准《空心玻璃砖》JC/T 1007 要求	M
规格	字符型	C..20	mm	—	M
抗压强度	数值型	N..30	MPa	≥6.0	M
抗冲击性	字符型	C..30	—	—	O
抗热震性	字符型	C..40	—	—	O

表 4.2.2-7 石膏砌块基础数据

中文字段名称	数据类型	数据格式	计量单位	值 域	约束条件
分类	字符型	C..20	—	符合现行行业标准《石膏砌块》JC/T 698 要求	M
表观密度	数值型	N..6	kg/m³	≤1000	O
平整度	数值型	N..4	mm	≤1.0	O
断裂荷载	数值型	N..6	kN	≥1.5	O
软化系数	数值型	N..6	—	≥0.6	O
抗压强度	数值型	N..6	MPa	≥3.5	M
隔声量	数值型	N..6	dB	35～45	O
耐火极限	数值型	N..4	h	1.5～3	O
放射性	字符型	C..60	—	—	O

4.2.3 石材基础数据应符合表 4.2.3 的规定。

表 4.2.3 石材基础数据

中文字段名称	数据类型	数据格式	计量单位	值 域	约束条件
用途	字符型	C..30	—	—	M
种类	字符型	C..30	—	—	O
材质	字符型	C..40	—	—	M
物理性能	字符型	C..50	—	—	O
力学性能	字符型	C..50	—	—	O
化学性质	字符型	C..50	—	—	O

4.2.4 耐火砌体产品应包括耐火砖，产品基础数据应符合表 4.2.4 的规定。

表 4.2.4 耐火砖基础数据

中文字段名称	数据类型	数据格式	计量单位	值 域	约束条件
种类	枚举型	C..20	—	符合现行国家标准《高铝质隔热耐火砖》GB/T 3995 和行业标准《黏土质耐火砖》YB/T 5106 要求	M
化学组成	字符型	C..20	—	—	M
体积密度	数值型	N..6	g/cm³	—	O
常温耐压强度	数值型	N..4	MPa	—	O
荷重软化温度	数值型	N..6	℃	—	O

4.2.5 耐腐蚀砌体产品应包括耐化学腐蚀砖，产品基础数据应符合表 4.2.5 的规定。

表 4.2.5 耐化学腐蚀砖基础数据

中文字段名称	数据类型	数据格式	计量单位	值 域	约束条件
种类	字符型	C..20	—	—	M
强度等级	字符型	C..4	—	—	M
抗冻性	字符型	C..40	—	—	O
耐酸	字符型	C..40	—	—	O
耐碱	字符型	C..40	—	—	O
耐盐	字符型	C..40	—	—	O
耐化学药品	字符型	C..40	—	—	O

4.3 金　属

4.3.1 金属制品应包括金属楼梯和爬梯、金属栏杆和扶手及金属格栅，产品基础数据应符合表 4.3.1-1～表 4.3.1-3 的规定。

表 4.3.1-1　金属楼梯和爬梯基础数据

中文字段名称	数据类型	数据格式	计量单位	值　域	约束条件
材质	字符型	C..20	—	—	M
宽度	数值型	N..6	mm	—	M
坡度	数值型	N..6	mm	—	M
耐腐蚀性	字符型	C..60	—	—	O

表 4.3.1-2　金属栏杆和扶手基础数据

中文字段名称	数据类型	数据格式	计量单位	值　域	约束条件
扶手高度	数值型	N..20	mm	—	M
材质	字符型	C..20	—	—	M
耐腐蚀性	字符型	C..60	—	—	O

表 4.3.1-3　金属格栅基础数据

中文字段名称	数据类型	数据格式	计量单位	值　域	约束条件
材质	字符型	C..20	—	—	M
表面处理	字符型	C..20	—	—	O

4.3.2 伸缩缝制品基础数据应符合表 4.3.2 的规定。

表 4.3.2　伸缩缝制品基础数据

中文字段名称	数据类型	数据格式	计量单位	值　域	约束条件
适用部位	字符型	C..40	—	—	M
适用缝宽	数值型	N..20	mm	—	M
装置类型	字符型	C..20	—	—	O

4.4 木和塑料

4.4.1 木和塑料基本材料和应用应包括纤维板和胶合板产品，产品基础数据应符合表 4.4.1-1、表 4.4.1-2 的规定。

表 4.4.1-1　纤维板基础数据

中文字段名称	数据类型	数据格式	计量单位	值　域	约束条件
种类	字符型	C..20	—	—	M
密度	数值型	N..6	g/cm^3	—	O
静曲强度	数值型	N..6	MPa	—	O
内结合强度	数值型	N..6	MPa	—	O
表面结合强度	数值型	N..6	MPa	—	C（家具型）
甲醛释放量	数值型	N..10	mg/L	—	C（室内型）

表 4.4.1-2　胶合板基础数据

中文字段名称	数据类型	数据格式	计量单位	值　域	约束条件
种类	字符型	C..20	—	符合现行国家标准《胶合板　第1部分：分类》GB/T 9846.1要求	M
适用环境	字符型	C..20	—	—	O
含水率	数值型	N..6	%	—	O
胶合强度	数值型	N..6	MPa	—	O
甲醛释放量	数值型	N..10	mg/L	—	C（室内用时）

4.4.2 粗木工产品应包括预制木构件，产品基础数据应符合表 4.4.2 的规定。

表 4.4.2　预制木构件基础数据

中文字段名称	数据类型	数据格式	计量单位	值　域	约束条件
名称	字符型	C..20	—	—	M
用途	字符型	C..20	—	—	M
规格	字符型	C..20	mm	—	M

4.4.3 建筑木制品应包括木楼梯和扶手、木制建筑装饰制品、木制格栅、遮阳板、百叶窗，产品基础数据应符合表 4.4.3-1～表 4.4.3-3 的规定。

表 4.4.3-1　木楼梯和扶手基础数据

中文字段名称	数据类型	数据格式	计量单位	值　域	约束条件
种类	字符型	C..50	—	—	M
楼梯宽度	数值型	N..10	mm	—	M
扶手高度	数值型	N..20	mm	—	M
踏步宽度	数值型	N..10	mm	—	O
踏步高度	数值型	N..10	mm	—	O
表面处理	字符型	C..20	—	—	O

表 4.4.3-2　木制建筑装饰制品基础数据

中文字段名称	数据类型	数据格式	计量单位	值　域	约束条件
用途	字符型	C..100	—	—	M
尺寸	字符型	C..20	mm	—	M
表面处理	字符型	C..20	—	—	O

表 4.4.3-3　木制格栅、遮阳板、百叶窗基础数据

中文字段名称	数据类型	数据格式	计量单位	值　域	约束条件
用途	字符型	C..100	—	—	M
尺寸	字符型	C..20	mm	—	M
防火等级	字符型	C..4	—	—	O
表面处理	字符型	C..20	—	—	O

4.4.4 塑料制品应包括人造大理石和玻璃钢制品，产品基础数据应符合表 4.4.4-1、表 4.4.4-2 的规定。

表 4.4.4-1 人造大理石基础数据

中文字段名称	数据类型	数据格式	计量单位	值 域	约束条件
材料组成	字符型	C..60	—	—	M
颜色	字符型	C..10	—	—	O
光泽度	数值型	N..10	—	≥80	O
巴氏硬度	数值型	N..10	—	≥40	M
耐冲击性	数值型	N..20	—	—	O
吸水率	字符型	C..20	%	—	O

表 4.4.4-2 玻璃钢制品基础数据

中文字段名称	数据类型	数据格式	计量单位	值 域	约束条件
种类	枚举型	C..20	—	—	M
弯曲强度	数值型	N..5	MPa	—	O
用途	字符型	C..20	—	—	M

4.4.5 建筑竹制品应包括竹制建筑板材和装饰品，产品基础数据应符合表 4.4.5 的规定。

表 4.4.5 竹制建筑板材和装饰品基础数据

中文字段名称	数据类型	数据格式	计量单位	值 域	约束条件
用途	字符型	C..20	—	—	M
含水率	数值型	C..20	%	—	M
静曲强度	数值型	N..20	MPa	—	O
弹性模量	数值型	C..20	MPa	—	O

5 建筑专业建筑产品专用基础数据

5.1 围护结构和防护材料

5.1.1 防水和防潮产品应包括防潮材料、防水卷材、防水涂料、改性水泥基防水材料和憎水剂，产品基础数据应符合表 5.1.1-1～表 5.1.1-5 的规定。

表 5.1.1-1 防潮材料基础数据

中文字段名称	数据类型	数据格式	计量单位	值 域	约束条件
材质	字符型	C..12	—	—	M
性状	字符型	C..8	—	—	M
用途	字符型	C..30	—	—	M

表 5.1.1-2 防水卷材基础数据

中文字段名称	数据类型	数据格式	计量单位	值 域	约束条件
卷材种类	字符型	C..12	—	—	M
适用部位	字符型	C..30	—	—	M

续表 5.1.1-2

中文字段名称	数据类型	数据格式	计量单位	值 域	约束条件
胎体	字符型	C..12	—	—	C（除无胎自粘卷材外）
幅宽	数值型	N..10	mm	—	M
不透水性	字符型	C..20	—	—	M
耐热度	字符型	C..20	—	—	O
低温柔度	数值型	N..8	—	—	M
横向拉力	数值型	N..8	N/50mm	—	M
纵向拉力	数值型	N..8	N/50mm	—	M
横向最大拉力时延伸率	数值型	N..8	%	—	M
纵向最大拉力时延伸率	数值型	N..8	%	—	M

表 5.1.1-3 防水涂料基础数据

中文字段名称	数据类型	数据格式	计量单位	值 域	约束条件
种类	字符型	C..12	—	—	M
主要成分	字符型	C..12	—	—	M
适用部位	字符型	C..12	—	—	M
抗拉强度	数值型	N..20	MPa	—	O
断裂伸长率	数值型	N..20	%	—	O
低温弯折性	数值型	N..10	℃	—	O
固体含量	数值型	N..10	%	—	O
加热伸缩率	数值型	N..10	%	—	O
潮湿基面粘结强度	数值型	N..10	MPa	—	O

表 5.1.1-4 改性水泥基防水材料基础数据

中文字段名称	数据类型	数据格式	计量单位	值 域	约束条件
改性剂材质	字符型	C..12	—	—	O
适用部位	字符型	C..30	—	—	M
粘结强度	数值型	N..6	MPa	—	O
吸水率	数值型	N..6	%	—	O
抗压强度	数值型	N..6	MPa	—	O
抗折强度	数值型	N..6	MPa	—	O
抗渗性	数值型	N..6	MPa	—	O
干缩率	数值型	N..6	%	—	O

表 5.1.1-5 憎水剂基础数据

中文字段名称	数据类型	数据格式	计量单位	值 域	约束条件
主要成分	字符型	C..12	—	—	M
用途	字符型	C..30	—	—	M

5.1.2 保温隔热产品应包括屋面和楼面保温、房屋外保温系统、蒸汽隔层和防空气渗透层，产品基础数据应符合表 5.1.2-1～表 5.1.2-4 的规定。

表 5.1.2-1　屋面和楼面保温基础数据

中文字段名称	数据类型	数据格式	计量单位	值　域	约束条件
材质	字符型	C..12	—	—	M
导热系数	数值型	N..30	W/(m·K)	—	M
表观密度	数值型	N..30	kg/m³	—	O
压缩强度	数值型	N..30	kPa	—	O
抗压强度	数值型	N..30	MPa	—	O
吸水率	数值型	N..20	V/V,%	—	O

表 5.1.2-2　房屋外保温系统基础数据

中文字段名称	数据类型	数据格式	计量单位	值　域	约束条件
种类	字符型	C..30	—	—	M
系统组成	字符型	C..100	—	—	M
适用地区	字符型	C..30	—	—	O
耐候性	字符型	C..20	—	—	M
抗风压性能	数值型	N..20	kPa	—	O
抗冲击性	字符型	C..20	—	—	O
水蒸气渗透系数	数值型	N..20	ng/(Pa·m·s)	—	O
传热系数	数值型	N..8	W/(m²·K)	—	O

表 5.1.2-3　蒸汽隔层基础数据

中文字段名称	数据类型	数据格式	计量单位	值　域	约束条件
材质	字符型	C..12	—	—	M
厚度	数值型	N..16	mm	—	M
应用部位	字符型	C..30	—	—	M
水蒸气渗透阻	数值型	N..6	—	—	O

表 5.1.2-4　防空气渗透层基础数据

中文字段名称	数据类型	数据格式	计量单位	值　域	约束条件
材质	字符型	C..12	—	—	M
厚度	数值型	N..16	mm	—	M
设置位置	字符型	C..30	—	—	M

5.1.3 瓦屋面产品应包括烧结瓦和混凝土瓦，产品基础数据应符合表 5.1.3-1、表 5.1.3-2 的规定。

表 5.1.3-1　烧结瓦基础数据

中文字段名称	数据类型	数据格式	计量单位	值　域	约束条件
表面状态	字符型	C..10	—	—	M
弯曲破坏荷重	数值型	N..10	N	—	M
吸水率	数值型	N..10	%	—	M

表 5.1.3-2　混凝土瓦基础数据

中文字段名称	数据类型	数据格式	计量单位	值　域	约束条件
颜色	字符型	C..10	—	—	M
断面形状	字符型	C..20	—	—	O
承载力	数值型	N..10	N	—	M
吸水率	数值型	N..10	%	—	M

5.1.4 屋面板和墙板产品应包括金属屋面板和墙板、复合屋面板和墙板以及木屋面板和墙板，产品基础数据应符合表 5.1.4-1～表 5.1.4-3 的规定。

表 5.1.4-1　金属屋面板和墙板基础数据

中文字段名称	数据类型	数据格式	计量单位	值　域	约束条件
材质	字符型	C..10	—	—	M
断面形状	字符型	C..30	—	—	M
密度	数值型	N..20	kg/m³	—	O

表 5.1.4-2　复合屋面板和墙板基础数据

中文字段名称	数据类型	数据格式	计量单位	值　域	约束条件
面板材质	字符型	C..10	—	—	M
系统组成	字符型	C..60	—	—	M
密度	数值型	N..20	kg/m³	—	O

表 5.1.4-3　木屋面板和墙板基础数据

中文字段名称	数据类型	数据格式	计量单位	值　域	约束条件
厚度	数值型	N..10	mm	—	O
密度	数值型	N..20	kg/m³	—	O

5.1.5 金属屋面和泛水应包括金属屋面、金属泛水和盖缝条及柔性泛水，产品基础数据应符合表 5.1.5-1～表 5.1.5-3 的规定。

表 5.1.5-1　金属屋面基础数据

中文字段名称	数据类型	数据格式	计量单位	值　域	约束条件
系统组成	字符型	C..60	—	—	M
构造类型	字符型	C..60	—	—	M

表 5.1.5-2　金属泛水和盖缝条基础数据

中文字段名称	数据类型	数据格式	计量单位	值　域	约束条件
材质	字符型	C..10	—	—	M
用途	字符型	C..60	—	—	M
截面形式	字符型	C..30	—	—	O

表 5.1.5-3　柔性泛水基础数据

中文字段名称	数据类型	数据格式	计量单位	值　域	约束条件
材质	字符型	C..10	—	—	M
用途	字符型	C..60	—	—	M

5.1.6 屋顶专用制品和附件基础数据应符合表5.1.6的规定。

表5.1.6 屋顶专用制品和附件基础数据

中文字段名称	数据类型	数据格式	计量单位	值 域	约束条件
材质	字符型	C..10	—	—	M
用途	字符型	C..60	—	—	M

5.1.7 防火和防烟产品应包括防火阻燃材料、防火板、防火、防烟密封材料和防烟屏障，产品基础数据应符合表5.1.7-1～表5.1.7-4的规定。

表5.1.7-1 防火阻燃材料基础数据

中文字段名称	数据类型	数据格式	计量单位	值 域	约束条件
材质	字符型	C..10	—	—	M
用途	字符型	C..60	—	—	M
原理	字符型	C..60	—	—	O
耐火极限	数值型	N..10	h	—	O

表5.1.7-2 防火板基础数据

中文字段名称	数据类型	数据格式	计量单位	值 域	约束条件
材质	字符型	C..10	—	—	M
适用部位	字符型	C..60	—	—	M
密度	数值型	N..20	kg/m^3	—	M
耐火极限	数值型	N..10	h	—	O

表5.1.7-3 防火、防烟密封材料基础数据

中文字段名称	数据类型	数据格式	计量单位	值 域	约束条件
种类	字符型	C..10	—	—	M
原理	字符型	C..60	—	—	O
用途	字符型	C..60	—	—	M
耐火极限	数值型	N..10	h	—	O

表5.1.7-4 防烟屏障基础数据

中文字段名称	数据类型	数据格式	计量单位	值 域	约束条件
材质	字符型	C..10	—	—	M
形状	字符型	C..20	—	—	O

5.1.8 接缝、密封和堵漏材料应包括接缝密封材料、密封膏和堵漏材料，产品基础数据应符合表5.1.8-1～表5.1.8-3的规定。

表5.1.8-1 接缝密封材料基础数据

中文字段名称	数据类型	数据格式	计量单位	值 域	约束条件
种类	字符型	C..10	—	—	M
材质	字符型	C..10	—	—	M
用途	字符型	C..100	—	—	M
适用材质	字符型	C..50	—	—	M

表5.1.8-2 密封膏基础数据

中文字段名称	数据类型	数据格式	计量单位	值 域	约束条件
材质	字符型	C..10	—	—	M
用途	字符型	C..60	—	—	M
表干时间	数值型	N..20	h	—	O
流动性	数值型	N..10	mm	—	O
低温柔性	数值型	N..20	℃	—	O

表5.1.8-3 堵漏材料基础数据

中文字段名称	数据类型	数据格式	计量单位	值 域	约束条件
种类	枚举型	C..10	—	按本规范表A-13堵漏材料种类表	M
主要成分	字符型	C..10	—	—	O
用途	字符型	C..60	—	—	M
初凝时间	数值型	N..20	min	—	O
终凝时间	数值型	N..20	min	—	O
抗压强度	数值型	N..20	MPa	—	O
抗折强度	数值型	N..20	MPa	—	O
粘结强度	数值型	N..20	MPa	—	O
耐热性	字符型	C..30	—	—	O

5.2 门窗和幕墙

5.2.1 门窗和幕墙基本材料和应用应包括钢门窗型材、铝门窗型材及塑料和塑料复合门窗型材，产品基础数据应符合表5.2.1-1～表5.2.1-3的规定。

表5.2.1-1 钢门窗型材基础数据

中文字段名称	数据类型	数据格式	计量单位	值 域	约束条件
钢材种类	字符型	C..20	—	—	M
型材壁厚	数值型	N..10	mm	—	M
表面处理	字符型	C..20	—	—	M

表5.2.1-2 铝门窗型材基础数据

中文字段名称	数据类型	数据格式	计量单位	值 域	约束条件
型材壁厚	数值型	N..10	mm	—	M
表面处理方式	枚举型	C..10	—	按本规范表A-14铝门窗型材表面处理方式表	M
精度等级	枚举型	C..10	—	按本规范表A-15铝门窗型材精度等级表	M
材质	字符型	C..20	—	—	M

表 5.2.1-3　塑料和塑料复合门窗型材基础数据

中文字段名称	数据类型	数据格式	计量单位	值　域	约束条件
型材材质	字符型	C..40	—	—	M
型材腔体数量	数值型	N..5	个	—	M
表面处理	字符型	C..50	—	—	M

5.2.2　金属门和门框基础数据应符合表 5.2.2 的规定。

表 5.2.2　金属门和门框基础数据

中文字段名称	数据类型	数据格式	计量单位	值　域	约束条件
型材材质	字符型	C..20	—	—	M
表面处理	字符型	C..20	—	—	M
抗风压性能等级	枚举型	N..2	—	按本规范表 A-16 抗风压性能等级表	O
水密性能等级	枚举型	N..2	—	按本规范表 A-17 水密性能等级表	O
气密性能等级	枚举型	N..2	—	按本规范表 A-18 气密性能等级表	O
保温性能等级	枚举型	N..2	—	按本规范表 A-19 保温性能等级表	O
空气隔声性能等级	枚举型	N..2	—	按本规范表 A-20 空气隔声性能等级表	O
撞击性能	字符型	C..40	—	—	O
启闭力	数值型	N..10	N	—	O
反复启闭性能	数值型	N..4	万次	—	O

5.2.3　木和塑料门及门框基础数据应符合表 5.2.3 的规定。

表 5.2.3　木和塑料门及门框基础数据

中文字段名称	数据类型	数据格式	计量单位	值　域	约束条件
材质	字符型	C..12	—	—	M
老化时间	数值型	N..5	h	—	C（塑料门）
抗风压性能等级	枚举型	N..2	—	按本规范表 A-16 抗风压性能等级表	O
气密性能等级	枚举型	N..2	—	按本规范表 A-18 气密性能等级表	O
保温性能等级	枚举型	N..2	—	按本规范表 A-19 保温性能等级表	O
空气隔声性能等级	枚举型	N..2	—	按本规范表 A-20 空气隔声性能表	O

5.2.4　特殊门基础数据应符合表 5.2.4 的规定。

表 5.2.4　特殊门基础数据

中文字段名称	数据类型	数据格式	计量单位	值　域	约束条件
材质	字符型	C..12	—	—	M
启闭方式	字符型	C..20	—	—	M
用途	字符型	C..40	—	—	M

5.2.5　入口和商店铺面产品应包括自动入口大门和旋转入口大门，产品基础数据应符合表 5.2.5-1、表 5.2.5-2 的规定。

表 5.2.5-1　自动入口大门基础数据

中文字段名称	数据类型	数据格式	计量单位	值　域	约束条件
门体尺寸	字符型	C..20	—	—	M
门体开启方式	字符型	C..40	—	—	M
门体材料	字符型	C..20	—	—	M
电机功率	数值型	N..8	kW	—	O
电源	枚举型	C..16	—	按本规范表 A-68 电源种类表	O

表 5.2.5-2　旋转入口大门基础数据

中文字段名称	数据类型	数据格式	计量单位	值　域	约束条件
门体尺寸	字符型	C..20	—	—	M
种类	字符型	C..40	—	—	M
门体材料	枚举型	C..20	—	按本规范表 A-21 旋转入口门门体材料表	M
电机功率	数值型	N..8	kW	—	O
电源	枚举型	C..16	—	按本规范表 A-68 电源种类表	O

5.2.6　窗应包括钢窗、铝窗、木窗、塑料窗、复合窗和特殊功能窗，产品基础数据应符合表 5.2.6-1～表 5.2.6-6 的规定。

表 5.2.6-1　钢窗基础数据

中文字段名称	数据类型	数据格式	计量单位	值　域	约束条件
表面处理	字符型	C..50	—	—	M
玻璃种类	字符型	C..20	—	—	M
五金件	字符型	C..50	—	—	M
密封胶条	字符型	C..30	—	—	M
开启方式	字符型	C..20	—	—	M
抗风压性能等级	枚举型	N..2	—	按本规范表 A-16 抗风压性能等级表	O

续表 5.2.6-1

中文字段名称	数据类型	数据格式	计量单位	值域	约束条件
水密性能等级	枚举型	N..2	—	按本规范表 A-17 水密性能等级表	O
气密性能等级	枚举型	N..2	—	按本规范表 A-18 气密性能等级表	O
保温性能等级	枚举型	N..2	—	按本规范表 A-19 保温性能等级表（5级～10级）	O
空气隔声性能等级	枚举型	N..2	—	按本规范表 A-22 窗空气隔声性能分级表	O
采光性能等级	枚举型	N..2	—	按本规范表 A-23 窗采光性能分级表	O

表 5.2.6-2　铝窗基础数据

中文字段名称	数据类型	数据格式	计量单位	值域	约束条件
表面处理	字符型	C..50	—	—	M
玻璃种类	字符型	C..20	—	—	M
五金件	字符型	C..50	—	—	M
密封胶条	字符型	C..30	—	—	M
开启方式	字符型	C..20	—	—	M
抗风压性能等级	枚举型	N..2	—	按本规范表 A-16 抗风压性能等级表	O
水密性能等级	枚举型	N..2	—	按本规范表 A-17 水密性能等级表	O
气密性能等级	枚举型	N..2	—	按本规范表 A-18 气密性能等级表	O
保温性能等级	枚举型	N..2	—	按本规范表 A-19 保温性能等级表	O
空气隔声性能等级	枚举型	N..2	—	按本规范表 A-20 空气隔声性能表	O
遮阳性能等级	枚举型	N..2	—	按本规范表 A-24 窗遮阳性能分级表	O
采光性能等级	枚举型	N..2	—	按本规范表 A-23 窗采光性能分级表	O

表 5.2.6-3　木窗基础数据

中文字段名称	数据类型	数据格式	计量单位	值域	约束条件
型材材质	字符型	C..20	—	—	M
表面处理	字符型	C..50	—	—	M
玻璃种类	字符型	C..20	—	—	M

续表 5.2.6-3

中文字段名称	数据类型	数据格式	计量单位	值域	约束条件
五金件	字符型	C..50	—	—	M
密封胶条	字符型	C..30	—	—	M
开启方式	字符型	C..20	—	—	M
抗风压性能等级	枚举型	N..2	—	按本规范表 A-16 抗风压性能等级表	O
水密性能等级	枚举型	N..2	—	按本规范表 A-17 水密性能等级表	O
气密性能等级	枚举型	N..2	—	按本规范表 A-18 气密性能等级表	O
保温性能等级	枚举型	N..2	—	按本规范表 A-19 保温性能等级表	O
空气隔声性能等级	枚举型	N..2	—	按本规范表 A-20 空气隔声性能表	O

表 5.2.6-4　塑料窗基础数据

中文字段名称	数据类型	数据格式	计量单位	值域	约束条件
玻璃种类	字符型	C..20	—	—	M
五金件	字符型	C..50	—	—	M
密封胶条	字符型	C..30	—	—	M
开启方式	字符型	C..20	—	—	M
分类	字符型	C..30	—	—	M
型材老化时间	数值型	N..5	h	—	M
抗风压性能等级	枚举型	N..2	—	按本规范表 A-16 抗风压性能等级表	O
水密性能等级	枚举型	N..2	—	按本规范表 A-17 水密性能等级表	O
气密性能等级	枚举型	N..2	—	按本规范表 A-18 气密性能等级表（3级～5级）	O
保温性能等级	枚举型	N..2	—	按本规范表 A-25 塑料窗保温性能等级表	O
空气隔声性能等级	枚举型	N..2	—	按本规范表 A-22 窗空气隔声性能分级表（2级～6级）	O
采光性能等级	枚举型	N..2	—	按本规范表 A-23 窗采光性能分级表	O

表 5.2.6-5　复合窗基础数据

中文字段名称	数据类型	数据格式	计量单位	值域	约束条件
型材材质	字符型	C..20	—	—	M
表面处理	字符型	C..50	—	—	M

续表 5.2.6-5

中文字段名称	数据类型	数据格式	计量单位	值 域	约束条件
玻璃种类	字符型	C..20	—	—	M
五金件	字符型	C..50	—	—	M
密封胶条	字符型	C..30	—	—	M
开启方式	字符型	C..20	—	—	M
抗风压性能等级	枚举型	N..2	—	按本规范表 A-16 抗风压性能等级表	O
水密性能等级	枚举型	N..2	—	按本规范表 A-17 水密性能等级表	O
气密性能等级	枚举型	N..2	—	按本规范表 A-18 气密性能等级表	O
保温性能等级	枚举型	N..2	—	按本规范表 A-19 保温性能等级表	O
空气隔声性能等级	枚举型	N..2	—	按本规范表 A-20 空气隔声性能表	O
采光性能等级	枚举型	N..2	—	按本规范表 A-23 窗采光性能分级表	O

表 5.2.6-6 特殊功能窗基础数据

中文字段名称	数据类型	数据格式	计量单位	值 域	约束条件
型材材质	字符型	C..20	—	—	M
用途	字符型	C..12	—	—	M
开启方式	字符型	C..20	—	—	M
玻璃种类	字符型	C..20	—	—	O
五金件	字符型	C..50	—	—	M
密封胶条	字符型	C..30	—	—	M

5.2.7 天窗和采光屋顶产品应包括屋顶窗、采光屋顶和金属框采光屋顶，产品基础数据应符合表 5.2.7-1～表 5.2.7-3 的规定。

表 5.2.7-1 屋顶窗产品基础数据

中文字段名称	数据类型	数据格式	计量单位	值 域	约束条件
型材材质	字符型	C..20	—	—	M
玻璃种类	字符型	C..20	—	—	O
五金件	字符型	C..50	—	—	O
密封胶条	字符型	C..30	—	—	O
开启方式	字符型	C..20	—	—	M
水密性能等级	枚举型	N..2	—	按本规范表 A-17 水密性能等级表	O
气密性能等级	枚举型	N..2	—	按本规范表 A-18 气密性能等级表	O
抗风压性能	数值型	N..4	kPa	≥1.0	O

续表 5.2.7-1

中文字段名称	数据类型	数据格式	计量单位	值 域	约束条件
采光性能等级	枚举型	N..2	—	按本规范表 A-26 屋顶窗采光性能分级表	O
保温性能等级	枚举型	N..2	—	按本规范表 A-27 屋顶窗保温性能等级表	O

表 5.2.7-2 采光屋顶产品基础数据

中文字段名称	数据类型	数据格式	计量单位	值 域	约束条件
型材材质	字符型	C..20	—	—	M
五金件	字符型	C..50	—	—	O
密封胶条	字符型	C..30	—	—	O
开启方式	字符型	C..20	—	—	M
采光材料	字符型	C..20	—	—	M
气密性能等级	枚举型	N..2	—	按本规范表 A-28 采光屋顶气密性能等级表	O
水密性能等级	枚举型	N..2	—	按本规范表 A-17 水密性能等级表	O
抗风压性能	数值型	N..4	kPa	≥1.0	O
采光性能等级	枚举型	N..2	—	按本规范表 A-26 屋顶窗采光性能分级表	O
保温性能等级	枚举型	N..2	—	按本规范表 A-27 屋顶窗保温性能等级表	O

表 5.2.7-3 金属框采光屋顶产品基础数据

中文字段名称	数据类型	数据格式	计量单位	值 域	约束条件
型材材质	字符型	C..20	—	—	M
五金件	字符型	C..50	—	—	O
密封胶条	字符型	C..30	—	—	O
开启方式	字符型	C..20	—	—	M
采光材料	字符型	C..20	—	—	M
气密性能等级	枚举型	N..2	—	按本规范表 A-28 采光屋顶气密性能等级表	O
水密性能等级	枚举型	N..2	—	按本规范表 A-17 水密性能等级表	O
抗风压性能	数值型	N..4	kPa	≥1.0	O
采光性能等级	枚举型	N..2	—	按本规范表 A-26 屋顶窗采光性能分级表	O
保温性能等级	枚举型	N..2	—	按本规范表 A-27 屋顶窗保温性能等级表	O
金属框架	字符型	C..20	—	—	M

5.2.8 门窗五金配件应包括门五金配件、门窗密封件、电动门五金、窗五金和特殊功能五金，产品基础数据应符合表5.2.8-1～表5.2.8-5的规定。

表 5.2.8-1 门五金配件产品基础数据

中文字段名称	数据类型	数据格式	计量单位	值 域	约束条件
种类	字符型	C..40	—	—	M
功能	字符型	C..50	—	—	M
静态荷载	数值型	N..6	N	2400～11450	O
启闭力	数值型	N..2	N	≤50	O
反复启闭性能	数值型	N..6	次	—	O
冲击性能	数值型	N..2	N	≤120	O

表 5.2.8-2 门窗密封件产品基础数据

中文字段名称	数据类型	数据格式	计量单位	值 域	约束条件
材料	字符型	C..40	—	—	M
硬度（邵氏A）	字符型	C..4	—	—	O
拉伸强度	数值型	N..4	MPa	≥5	O
热空气老化性能	字符型	C..100	—	—	O
回弹恢复等级	枚举型	N..2	—	按本规范表A-29回弹恢复等级表	O
加热收缩率	数值型	N..4	%	<2	O
老化性能	字符型	C..100	—	—	O

表 5.2.8-3 电动门五金产品基础数据

中文字段名称	数据类型	数据格式	计量单位	值 域	约束条件
种类	字符型	C..40	—	—	M
材质	字符型	C..20	—	—	M
功能	字符型	C..40	—	—	M
反复启闭性能	数值型	N..6	次	—	O
承载质量	数值型	N..4	kg	—	C（铰链）
转动力	数值型	N..4	N	—	C（铰链）
启闭力	数值型	N..4	N	—	O
操作力	数值型	N..4	N·m	—	O
强度	数值型	N..6	N	—	C（插销）
自定位力	数值型	N..4	N	—	C（滑撑）
悬端吊重	数值型	N..6	N	—	C（滑撑）
刚性	数值型	N..6	N	—	C（滑撑）
电机功率	数值型	N..8	kW	—	O
电源	枚举型	C..16	—	按本规范表A-68电源种类表	O

表 5.2.8-4 窗五金产品基础数据

中文字段名称	数据类型	数据格式	计量单位	值 域	约束条件
种类	字符型	C..40	—	—	M
材质	字符型	C..20	—	—	M
功能	字符型	C..40	—	—	M
反复启闭性能	数值型	N..6	次	—	O
承载质量	数值型	N..4	kg	—	C（铰链）
转动力	数值型	N..4	N	—	C（铰链）
启闭力	数值型	N..4	N	—	O
操作力	数值型	N..4	N·m	—	O
强度	数值型	N..6	N	—	C（插销）
自定位力	数值型	N..4	N	—	C（滑撑）
悬端吊重	数值型	N..6	N	—	C（滑撑）
刚性	数值型	N..6	N	—	C（滑撑）

表 5.2.8-5 特殊功能五金产品基础数据

中文字段名称	数据类型	数据格式	计量单位	值 域	约束条件
种类	字符型	C..40	—	—	M
材质	字符型	C..20	—	—	M
功能	字符型	C..60	—	—	M

5.2.9 玻璃和配件应包括玻璃产品，产品基础数据应符合表5.2.9的规定。

表 5.2.9 玻璃产品基础数据

中文字段名称	数据类型	数据格式	计量单位	值 域	约束条件
用途	字符型	C..50	—	—	M
种类	字符型	C..30	—	—	M
可见光透射比	数值型	N..10	%	—	O
可见光反射比	数值型	N..10	%	—	O
太阳光直接透射比	数值型	N..10	%	—	O
太阳能总透射比	数值型	N..10	%	—	O
传热系数	数值型	N..8	$W/(m^2·K)$	—	O
遮阳系数	数值型	N..6	—	—	O
隔声性能	数值型	N..6	dB	—	O
抗风压性能	数值型	N..3	kPa	—	O

5.2.10 幕墙应包括金属幕墙和玻璃幕墙，产品基础数据应符合表5.2.10-1、表5.2.10-2的规定。

表 5.2.10-1 金属幕墙基础数据

中文字段名称	数据类型	数据格式	计量单位	值 域	约束条件
面板材质	字符型	C..20	—	—	M
表面处理	字符型	C..50	—	—	M
构造	字符型	C..30	—	—	M

续表 5.2.10-1

中文字段名称	数据类型	数据格式	计量单位	值域	约束条件
抗风压性能	数值型	N..3	kPa	≥1.0	O
气密性能	数值型	N..4	$m^3/(m\cdot h)$	≤2.5	C(开启部分)
气密性能	数值型	N..4	$m^3/(m^2\cdot h)$	≤2.0	C(幕墙整体)
水密性能	数值型	N..6	Pa	≥250	C(可开启部分)
水密性能	数值型	N..6	Pa	≥500	C(固定部分)
热工性能	数值型	N..6	$W/(m^2\cdot K)$	—	O
空气声隔声性能	数值型	N..6	dB	≥25	O
密封胶	字符型	C..30	—	—	O
耐撞击性能	字符型	C..50	—	—	O

表 5.2.10-2 玻璃幕墙基础数据

中文字段名称	数据类型	数据格式	计量单位	值域	约束条件
构造	字符型	C..30	—	—	M
玻璃种类	字符型	C..40	—	—	M
抗风压性能	数值型	N..3	kPa	≥1.0	O
气密性能	数值型	N..4	$m^3/(m\cdot h)$	≤2.5	C(开启部分)
气密性能	数值型	N..4	$m^3/(m^2\cdot h)$	≤2.0	C(幕墙整体)
水密性能	数值型	N..6	Pa	≥250	C(可开启部分)
水密性能	数值型	N..6	Pa	≥500	C(固定部分)
热工性能	数值型	N..6	$W/(m^2\cdot K)$	—	O
空气声隔声性能	数值型	N..6	dB	≥25	O
耐撞击性能	字符型	C..50	—	—	O
密封胶	字符型	C..30	—	—	O
五金件	字符型	C..30	—	—	O

5.3 室内外装饰

5.3.1 金属龙骨系统基础数据应符合表 5.3.1 的规定。

表 5.3.1 金属龙骨系统基础数据

中文字段名称	数据类型	数据格式	计量单位	值域	约束条件
材质	字符型	C..20	—	—	M
用途	字符型	C..20	—	—	M
截面形状	字符型	C..20	—	—	O
平直度	数值型	N..6	mm/1000mm	—	O
抗冲击性试验	字符型	C..20	—	—	C(非承重墙龙骨系统)
静载试验	字符型	C..20	—	—	C(非承重墙龙骨系统)
双面镀锌量	数值型	N..10	g/m^2	—	O
耐火性	字符型	C..40	—	—	O

5.3.2 抹面灰浆和非承重隔墙产品应包括石膏基抹面灰浆、水泥基抹面灰浆、石膏板、薄板龙骨隔墙和轻质条板隔墙，产品基础数据应符合表 5.3.2-1～表 5.3.2-5 的规定。

表 5.3.2-1 石膏基抹面灰浆产品基础数据

中文字段名称	数据类型	数据格式	计量单位	值域	约束条件
种类	枚举型	C..16	—	按本规范表 A-30 石膏基抹面灰浆产品分类表	M
抗折强度	数值型	N..6	MPa	≥2	C(面层粉刷石膏，底层粉刷石膏)
保水率	数值型	N..6	%	—	O
剪切粘结强度	数值型	N..6	MPa	≥0.3	C(面层粉刷石膏，底层粉刷石膏)
凝结时间	数值型	N..6	min	≥60，≤480	O

表 5.3.2-2 水泥基抹面灰浆产品基础数据

中文字段名称	数据类型	数据格式	计量单位	值域	约束条件
种类	枚举型	C..6	—	按本规范表 A-31 水泥基抹面灰浆产品分类表	M
标号	字符型	C..20	—	—	M
收缩率	数值型	N..6	%	≤0.15	O
保水率	数值型	N..6	%	—	O
粘结强度	数值型	N..6	MPa	≥1.0	O

表 5.3.2-3 石膏板产品基础数据

中文字段名称	数据类型	数据格式	计量单位	值域	约束条件
种类	枚举型	C..20	—	按本规范表 A-32 石膏板产品分类表	M
规格	字符型	C..20	mm	—	M
面密度	数值型	N..6	kg/m^2	≤25	M
断裂荷载	数值型	N..6	N	≥1400	O
硬度	数值型	N..4	N	≥70	O
抗冲击性	字符型	C..20	—	—	O
吸水率	数值型	N..4	%	≤10	C(耐水纸面石膏板、耐水耐火纸面石膏板)
表面吸水量	数值型	N..4	g/m^2	≤160	C(耐水纸面石膏板、耐水耐火纸面石膏板)

表 5.3.2-4 薄板龙骨隔墙产品基础数据

中文字段名称	数据类型	数据格式	计量单位	值 域	约束条件
面板材质	字符型	C..20	—	—	M
面板规格	字符型	C..20	mm	—	M
面板密度	数值型	N..6	g/cm^3	—	M
面板抗折强度	数值型	N..4	MPa	—	M
龙骨材质	字符型	C..20	—	—	M
龙骨规格	字符型	C..20	mm	—	M
构造	字符型	C..100	—	—	O
隔声量	数值型	N..4	dB	≥35	O
耐火极限	数值型	N..20	h	—	O

表 5.3.2-5 轻质条板隔墙产品基础数据

中文字段名称	数据类型	数据格式	计量单位	值 域	约束条件
材质	字符型	C..20	—	—	M
抗弯破坏荷载	数值型	N..10	kN	—	O
隔声量	数值型	N..4	dB	≥35	O
防火性能	字符型	C..8	—	—	O
放射性核素限量	字符型	C..40	—	—	O

5.3.3 面砖应包括陶瓷面砖和玻璃马赛克，产品基础数据应符合表 5.3.3-1、表 5.3.3-2 的规定。

表 5.3.3-1 陶瓷面砖产品基础数据

中文字段名称	数据类型	数据格式	计量单位	值 域	约束条件
成型方法	字符型	C..16	—	—	M
材质	字符型	C..6	—	—	M
用途	字符型	C..40	—	—	M
规格	字符型	C..40	mm	—	O
吸水率	数值型	N..2	%	—	M
破坏强度	数值型	N..6	N	≥600	O
断裂模数	数值型	N..4	N	≥7	C
耐磨性	字符型	C..40	—	—	O(地砖)
摩擦系数	字符型	C..40	—	—	O(地砖)
抗冻性	字符型	C..40	—	—	O(室外)
耐污性	字符型	C..40	—	—	O
放射性核素限量	字符型	C..40	—	—	O

表 5.3.3-2 玻璃马赛克产品基础数据

中文字段名称	数据类型	数据格式	计量单位	值 域	约束条件
材质	字符型	C..16	—	—	M
热稳定性	字符型	C..40	—	—	O
化学稳定性	字符型	C..40	—	—	O
抗冻性	字符型	C..40	—	—	O

5.3.4 水磨石产品应包括预制水磨石，产品基础数据应符合表 5.3.4 的规定。

表 5.3.4 预制水磨石产品基础数据

中文字段名称	数据类型	数据格式	计量单位	值 域	约束条件
种类	字符型	C..20	—	—	M
树脂种类	字符型	C..30	—	—	C(树脂型水磨石)
光泽度	字符型	C..20	—	—	O
表面吸水值	数值型	N..4	g/cm^2	<0.4	O
总吸水率	数值型	N..4	%	<8	O
抗折强度	数值型	N..6	MPa	≥3.92	O

5.3.5 吊顶应包括吸声吊顶、装饰吊顶、木吊顶和装饰格栅吊顶，产品基础数据应符合表 5.3.5-1～表 5.3.5-4 的规定。

表 5.3.5-1 吸声吊顶基础数据

中文字段名称	数据类型	数据格式	计量单位	值 域	约束条件
种类	字符型	C..40	—	—	M
材质	字符型	C..20	—	—	M
涂层性能	字符型	C..40	—	—	O
降噪系数	数值型	N..6	—	—	M
耐污染性能	字符型	C..30	—	—	O
甲醛释放量	数值型	N..10	—	—	O
可燃物含量	数值型	N..10	—	—	O
耐光色牢度	字符型	C..20	—	—	O
静曲强度	数值型	N..10	—	—	O
燃烧性能	字符型	C..10	—	—	O

表 5.3.5-2 装饰吊顶产品基础数据

中文字段名称	数据类型	数据格式	计量单位	值 域	约束条件
种类	字符型	C..40	—	—	M
材质	字符型	C..20	—	—	M
耐污染性能	字符型	C..30	—	—	O
抗拉强度	数值型	N..10	—	—	O
甲醛释放量	数值型	N..10	—	—	O
可燃物含量	数值型	N..10	—	—	O
耐光色牢度	字符型	C..20	—	—	O
静曲强度	数值型	N..10	MPa	—	O
燃烧性能	字符型	C..10	—	—	O

表 5.3.5-3 木吊顶产品基础数据

中文字段名称	数据类型	数据格式	计量单位	值 域	约束条件
种类	字符型	C..40	—	—	M
材质	字符型	C..20	—	—	M
耐污染性能	字符型	C..30	—	—	O
抗拉强度	数值型	N..10	—	—	O
甲醛释放量	数值型	N..10	—	—	O
可燃物含量	数值型	N..10	—	—	O
耐光色牢度	字符型	C..20	—	—	O
静曲强度	数值型	N..10	MPa	—	O
燃烧性能	字符型	C..10	—	—	O

表 5.3.5-4 装饰格栅吊顶产品基础数据

中文字段名称	数据类型	数据格式	计量单位	值 域	约束条件
种类	字符型	C..40	—	—	M
材质	字符型	C..20	—	—	M
涂层性能	字符型	C..40	—	—	O
耐污染性能	字符型	C..30	—	—	O
抗拉强度	数值型	N..10	—	—	O
甲醛释放量	数值型	N..10	—	—	O
可燃物含量	数值型	N..10	—	—	O
耐光色牢度	字符型	C..20	—	—	O
静曲强度	数值型	N..10	MPa	—	O
燃烧性能	字符型	C..10	—	—	O

5.3.6 地面装饰材料包括砖石地面、竹地面、木地面、弹性地面、抗静电地面和地毯，产品基础数据应符合表 5.3.6-1～表 5.3.6-6 的规定。

表 5.3.6-1 砖石地面产品基础数据

中文字段名称	数据类型	数据格式	计量单位	值 域	约束条件
材质	字符型	C..20	—	—	M
用途	字符型	C..60	—	—	M
加工处理方式	字符型	C..40	—	—	O
铺设方式	字符型	C..80	—	—	O

表 5.3.6-2 竹地面产品基础数据

中文字段名称	数据类型	数据格式	计量单位	值 域	约束条件
种类	字符型	C..50	—	—	M
含水率	数值型	N..4	%	6～15	O
静曲强度	数值型	N..4	MPa	≥75	O
磨耗值	数值型	N..4	g/100r	≤0.15	O
表面漆膜附着力	字符型	C..10	—	—	O
甲醛释放量	数值型	N..4	mg/L	≤1.5	O
表面抗冲击性能	字符型	C..20	—	—	O

续表 5.3.6-2

表 5.3.6-3 木地面产品基础数据

中文字段名称	数据类型	数据格式	计量单位	值 域	约束条件
种类	字符型	C..20	—	符合现行国家标准《实木地板技术要求》GB/T 15036.1 要求	M
木材种类	字符型	C..50	—	—	M
含水率	数值型	N..4	%	—	O
漆板表面耐磨	数值型	N..4	g/100r	≤0.15	O
漆膜附着力	数值型	N..2	—	—	O

表 5.3.6-4 弹性地面产品基础数据

中文字段名称	数据类型	数据格式	计量单位	值 域	约束条件
种类	字符型	C..20	—	—	M
成分	字符型	C..10	—	—	M
耐磨级别	字符型	C..10	—	—	O
防滑性能	字符型	C..10	—	—	O
抗污性能指数	数值型	N..2	—	—	O

表 5.3.6-5 抗静电地面产品基础数据

中文字段名称	数据类型	数据格式	计量单位	值 域	约束条件
种类	字符型	C..10	—	符合现行行业标准《防静电活动地板通用规范》SJ/T 10796 要求	M
基材	字符型	C..30	—	—	M
承载类型	字符型	C..10	—	—	O
电阻值	字符型	C..10	Ω	—	M

表 5.3.6-6 地毯产品基础数据

中文字段名称	数据类型	数据格式	计量单位	值 域	约束条件
种类	字符型	C..20	—	符合现行行业标准《地毯分类命名》QB/T 2213 要求	M
用途	字符型	C..60	—	—	M
纤维种类	字符型	C..40	—	—	M
织造方式	字符型	C..20	—	—	M
色牢度	字符型	C..20	—	—	O

5.3.7 墙面装饰材料基础数据应符合表 5.3.7 的规定。

表 5.3.7 墙面装饰材料基础数据

中文字段名称	数据类型	数据格式	计量单位	值 域	约束条件
材料	字符型	C..20	—	—	M
功能	字符型	C..80	—	—	M
做法	字符型	C..100	—	—	M

5.3.8 音响处理产品应包括吸声体及吸声材料和密封膏，产品基础数据应符合表 5.3.8-1、表 5.3.8-2 的规定。

表 5.3.8-1 吸声体产品基础数据

中文字段名称	数据类型	数据格式	计量单位	值 域	约束条件
材质	字符型	C..20	—	—	M
做法	字符型	C..60	—	—	O
面密度	数值型	N..20	kg/m²	—	O
降噪系数	数值型	N..6	—	—	M

表 5.3.8-2 吸声材料和密封膏产品基础数据

中文字段名称	数据类型	数据格式	计量单位	值 域	约束条件
材质	字符型	C..20	—	—	M
种类	字符型	C..20	—	—	O
降噪系数	数值型	N..6	—	—	M
体积密度	数值型	N..6	kg/m³	≤500	O
含水率	数值型	N..20	%	≤3.0	O
受潮挠度	数值型	N..6	mm	≤1.0	O

5.3.9 油漆和涂料产品应包括油漆、着色和透明涂层、装饰涂层、高性能涂料、钢结构涂料及混凝土和砌体涂料，产品基础数据应符合表 5.3.9-1～表 5.3.9-6 的规定。

表 5.3.9-1 油漆基础数据

中文字段名称	数据类型	数据格式	计量单位	值 域	约束条件
基料种类	字符型	C..20	—	符合现行行业标准《溶剂型聚氨酯涂料（双组分）》HG/T 2454 要求	M
用途	字符型	C..20	—	—	M
分散剂	字符型	C..8	—	—	M
光泽	数值型	N..6	—	—	O
硬度	字符型	C..2	—	—	O
耐水性	字符型	C..20	—	—	O
耐磨性	字符型	C..20	—	—	O
干燥时间(表干)	数值型	N..4	h	—	O
TVOC 含量	数值型	N..6	mg/kg	—	O

表 5.3.9-2 着色和透明涂层产品基础数据

中文字段名称	数据类型	数据格式	计量单位	值 域	约束条件
基料种类	字符型	C..20	—	符合现行行业标准《硝基清漆》HG/T 2592 要求	M
用途	字符型	C..20	—	—	M
光泽	数值型	N..6	—	—	O
硬度	字符型	C..2	—	—	O
耐水性	字符型	C..20	—	—	O
耐磨性	字符型	C..20	—	—	O
干燥时间(表干)	数值型	N..4	h	—	O
TVOC 含量	数值型	N..6	mg/kg	—	O

表 5.3.9-3 装饰涂层产品基础数据

中文字段名称	数据类型	数据格式	计量单位	值 域	约束条件
基料种类	字符型	C..60	—	—	M
用途	字符型	C..20	—	—	M
对比率	数值型	N..4	—	—	O
干燥时间(表干)	数值型	N..4	h	—	O
耐碱性	字符型	C..20	—	—	O
耐水性	字符型	C..20	—	—	O
耐洗刷性	数值型	N..4	次	—	O
耐人工气候老化性	字符型	C..20	—	—	O
TVOC 含量	数值型	N..6	mg/kg	—	O

表 5.3.9-4 高性能涂料产品基础数据

中文字段名称	数据类型	数据格式	计量单位	值 域	约束条件
基料种类	字符型	C..60	—	—	M
用途	字符型	C..20	—	—	M
对比率	数值型	N..4	—	—	O
干燥时间(表干)	数值型	N..4	h	—	O
耐碱性	字符型	C..20	—	—	O
耐水性	字符型	C..20	—	—	O
耐洗刷性	数值型	N..4	次	—	O
耐人工气候老化性	字符型	C..20	—	—	O
TVOC 含量	数值型	N..6	mg/kg	—	O

表 5.3.9-5 钢结构涂料产品基础数据

中文字段名称	数据类型	数据格式	计量单位	值 域	约束条件
基料种类	字符型	C..60	—	—	M
种类	字符型	C..60	—	—	M
耐火极限	字符型	C..60	h	—	O
干燥时间	数值型	N..4	h	—	O
粘结强度	数值型	N..8	MPa	—	O
耐碱性	字符型	C..20	—	—	O
耐水性	字符型	C..20	—	—	O

表 5.3.9-6 混凝土和砌体涂料产品基础数据

中文字段名称	数据类型	数据格式	计量单位	值 域	约束条件
基料种类	字符型	C..60	—	—	M
用途	字符型	C..20	—	—	M
干燥时间	数值型	N..4	h	—	O
粘结强度	数值型	N..4	MPa	—	O
耐碱性	字符型	C..20	—	—	O
耐水性	字符型	C..20	—	—	O
耐火极限	字符型	C..60	—	—	O

5.4 专用建筑制品

5.4.1 旗杆产品基础数据应符合表 5.4.1 的规定。

表 5.4.1 旗杆产品基础数据

中文字段名称	数据类型	数据格式	计量单位	值 域	约束条件
材质	字符型	C..10	—	—	M
升旗方式	字符型	C..20	—	—	O
高度	数值型	N..10	mm	—	M

5.4.2 隔断应包括折叠门、可拆卸隔断、活动隔断、屏网和隔板，产品基础数据应符合表 5.4.2-1～表 5.4.2-3 的规定。

表 5.4.2-1 折叠门产品基础数据

中文字段名称	数据类型	数据格式	计量单位	值 域	约束条件
材质	字符型	C..20	—	—	M
自动启闭力	数值型	N..4	N	≤180	O
手动开启力	数值型	N..4	N	≤100	O
启闭速度	数值型	N..4	mm/s	≤350	O
反复启闭次数	数值型	N..8	次	—	O
水密性	数值型	N..4	Pa	≥100	O
气密性能等级	枚举型	N..2	—	按本规范表 A-18 气密性能等级表	O

表 5.4.2-2 可拆卸隔断产品基础数据

中文字段名称	数据类型	数据格式	计量单位	值 域	约束条件
材质	字符型	C..20	—	—	M
规格	字符型	C..20	—	—	O
耐腐蚀性	字符型	C..20	—	—	O
安全稳定性	字符型	C..20	—	—	O
抗侧撞性	数值型	N..4	N	—	O
变形极限	字符型	C..20	—	—	O
耐久性	字符型	C..20	—	—	O
耐火性	字符型	C..20	—	—	O
耐撞击性	字符型	C..20	—	—	O
隔声性能	数值型	N..4	dB	—	O

表 5.4.2-3 活动隔断、屏网和隔板产品基础数据

中文字段名称	数据类型	数据格式	计量单位	值 域	约束条件
材质	字符型	C..20	—	—	M
耐腐蚀性	字符型	C..20	—	—	O
安全稳定性	字符型	C..20	—	—	O
抗侧撞性	数值型	N..4	N	—	O
变形极限	字符型	C..20	—	—	O
耐久性	字符型	C..20	—	—	O
耐火性	字符型	C..20	—	—	O
耐撞击性	字符型	C..20	—	—	O
隔声性能	数值型	N..4	dB	—	O

5.4.3 门窗外部遮挡装置包括外部遮挡装置和外部百叶窗，产品基础数据应符合表 5.4.3-1、表 5.4.3-2 的规定。

表 5.4.3-1 外部遮挡装置产品基础数据

中文字段名称	数据类型	数据格式	计量单位	值 域	约束条件
材质	字符型	C..20	—	符合现行行业标准《建筑用遮阳天篷帘》JG/T 252 要求	M
耐候性	字符型	C..20	—	—	O
遮阳系数	字符型	C..20	—	—	O
耐腐蚀性	字符型	C..20	—	—	O
耐火性	字符型	C..20	—	—	O
强度	字符型	C..20	—	—	O
抗风性能	数值型	N..20	N/m^2	—	O
机械耐久性	数值型	N..6	次	—	O

表 5.4.3-2 外部百叶窗产品基础数据

中文字段名称	数据类型	数据格式	计量单位	值 域	约束条件
材质	字符型	C..20	—	符合现行行业标准《建筑用遮阳天篷帘》JG/T 252 要求	M
耐候性	字符型	C..20	—	—	O
耐腐蚀性	字符型	C..20	—	—	O
耐火性	字符型	C..20	—	—	O
强度	字符型	C..20	—	—	O
抗风性能	数值型	N..20	N/m^2	—	O
机械耐久性	数值型	N..6	次	—	O

5.5 家具和装饰品

5.5.1 家具产品基础数据应符合表 5.5.1 的规定。

表 5.5.1　家具产品基础数据

中文字段名称	数据类型	数据格式	计量单位	值　域	约束条件
材质	字符型	C..20	—	—	M
力学性能	字符型	C..60	—	—	O
有害物质限量	字符型	C..60	—	—	O

5.5.2　并联座椅产品基础数据应符合表 5.5.2 的规定。

表 5.5.2　并联座椅产品基础数据

中文字段名称	数据类型	数据格式	计量单位	值　域	约束条件
材质	字符型	C..20	—	—	M
力学性能	字符型	C..60	—	—	O
耐老化性能	字符型	C..80	—	—	O
功能	字符型	C..80	—	—	O

5.5.3　组合家具产品基础数据应符合表 5.5.3 的规定。

表 5.5.3　组合家具产品基础数据

中文字段名称	数据类型	数据格式	计量单位	值　域	约束条件
材质	字符型	C..20	—	—	M
力学性能	字符型	C..60	—	—	O
有害物质限量	字符型	C..50	—	—	O

5.6　特殊建筑和系统

5.6.1　太阳能热水器产品应包括全玻璃真空太阳集热管和平板型太阳能集热器，产品基础数据应符合表 5.6.1-1、表 5.6.1-2 的规定。

表 5.6.1-1　全玻璃真空太阳集热管基础数据

中文字段名称	数据类型	数据格式	计量单位	值　域	约束条件
产品标记	字符型	C..30	—	—	M
内玻璃管外径	数值型	N..5	mm	—	M
罩玻璃管外径	数值型	N..5	mm	—	M
全玻璃真空太阳集热管长度	数值型	N..6	mm	—	M
玻璃管材料	字符型	C..5	—	—	M
玻璃管太阳透射比 τ	数值型	N..5	—	≥0.89	M
太阳选择性吸收涂层的太阳吸收比 α	数值型	N..5	—	≥0.86	M
太阳选择性吸收涂层的半球发射比 ε_n	数值型	N..5	—	≤0.080 (80℃±5℃)	O
空晒性能参数	数值型	N..5	$m^2 \cdot ℃/kW$	$Y \geqslant 190$	O
平均热损系数	数值型	N..5	$W/(m^2 \cdot ℃)$	$U_{LT} \leqslant 0.85$	M

表 5.6.1-2　平板型太阳能集热器基础数据

中文字段名称	数据类型	数据格式	计量单位	值　域	约束条件
产品标记	字符型	C..30	—	—	M
吸热体材料	字符型	C..10	—	—	M
涂层种类	字符型	C..20	—	—	M
吸热体结构型式	字符型	C..10	—	—	M
外形平面尺寸	字符型	C..10	—	—	M
进出口管径	数值型	N..5	mm	—	O

5.6.2　灭火系统应包括自动喷水灭火系统、水幕灭火系统、泡沫灭火系统和气体灭火系统，产品基础数据应符合表 5.6.2-1～表 5.6.2-4 的规定。

表 5.6.2-1　自动喷水灭火系统基础数据

中文字段名称	数据类型	数据格式	计量单位	值　域	约束条件
系统名称	枚举型	C..30	—	按本规范表 A-33 自动喷水灭火系统名称表	M
系统类型	枚举型	C..30	—	按本规范表 A-34 自动喷水灭火系统类型表	M
报警阀类型	字符型	C..10	—	—	M
喷头类型	字符型	C..20	—	—	M
系统工作压力	数值型	N..6	MPa	—	M
系统配水管道充水时间	数值型	N..5	—	$t \leqslant 60s$（干式系统）；$t \leqslant 120s$（预作用系统）	C

表 5.6.2-2　水幕灭火系统基础数据

中文字段名称	数据类型	数据格式	计量单位	值　域	约束条件
系统名称	字符型	C..20	—	—	M
系统类型	枚举型	C..20	—	按本规范表 A-35 水幕灭火系统类型表	M
水幕尺寸	字符型	C..20	—	—	M
雨淋阀类型	字符型	C..20	—	—	M
喷头类型	枚举型	C..20	—	按本规范表 A-36 水幕灭火系统喷头类型表	M
系统工作压力	数值型	N..6	MPa	—	M

表 5.6.2-3　泡沫灭火系统基础数据

中文字段名称	数据类型	数据格式	计量单位	值　域	约束条件
系统名称	字符型	C..20	—	按本规范表 A-37 泡沫灭火系统名称表	M
系统类型	字符型	C..20	—	按本规范表 A-38 泡沫灭火系统类型表	M
泡沫液类型	字符型	C..20	—	—	M
淹没体积	数值型	N..10	m^3	—	M
泡沫发生器型号	字符型	C..20	—	—	M
比例混合器型号	字符型	C..20	—	—	M
泡沫液贮灌	字符型	C..20	—	—	M
泡沫液泵	字符型	C..20	—	—	M

表 5.6.2-4　气体灭火系统基础数据

中文字段名称	数据类型	数据格式	计量单位	值　域	约束条件
系统名称	字符型	C..20	—	按本规范表 A-39 气体灭火系统名称表	M
系统类型	字符型	C..20	—	按本规范表 A-40 气体灭火系统类型表	M
灭火剂组分	字符型	C..20	—	—	M
灭火剂用量	数值型	N..10	kg	—	M
灭火浓度	数值型	N..10	—	—	O
最小设计浓度	数值型	N..10	—	—	O
存贮状态	字符型	C..10	—	—	M
喷头类型	枚举型	C..20	—	—	M
灭火剂贮瓶	字符型	C..20	—	—	O
驱动瓶组	字符型	C..20	—	—	O

6　设备专业建筑产品专用基础数据

6.1　专 用 设 备

6.1.1　建筑物维护设备应包括擦窗系统，产品基础数据应符合表 6.1.1 的规定。

表 6.1.1　擦窗系统产品基础数据

中文字段名称	数据类型	数据格式	计量单位	值　域	约束条件
型式	字符型	C..15	—	—	M
应用场合	字符型	C..100	—	—	M
材质	字符型	C..10	—	—	O
额定载重量	数值型	N..10	kg	—	O
电机功率	数值型	N..8	kW	—	O
电源	枚举型	C..16	—	按本规范表 A-68 电源种类表	O

6.1.2　给水和水处理设备应包括给水加压设备、给水和水处理泵、水净化设备、药品添加设备以及水软化设备，产品基础数据应符合表 6.1.2-1～表 6.1.2-5 的规定。

表 6.1.2-1　给水加压设备基础数据

中文字段名称	数据类型	数据格式	计量单位	值　域	约束条件
设备名称	字符型	C..20	—	—	M
型号	字符型	C..20	—	—	M
型式	字符型	C..20	—	—	M
流量 Q	数值型	N..10	m^3/h	—	M
扬程 H	数值型	N..10	m	—	M
介质温度	数值型	N..6	℃	≥0	M
工作压力	数值型	N..10	MPa	≥0	M
水泵台数	数值型	N..6	—	2≤水泵数量≤6	O
额定电压	数值型	N..10	V	—	M
额定电流	数值型	N..10	A	—	O
额定功率	数值型	N..10	kW	—	O
外观尺寸	字符型	C..20	—	—	O
重量	数值型	N..10	kg	—	O

表 6.1.2-2　给水和水处理泵基础数据

中文字段名称	数据类型	数据格式	计量单位	值　域	约束条件
设备名称	字符型	C..20	—	—	M
型号	字符型	C..20	—	—	M
型式	字符型	C..20	—	—	M
驱动装置	字符型	C..20	—	—	M
流量 Q	数值型	N..10	m^3/h	—	M
扬程 H	数值型	N..10	m	—	M
效率 η	数值型	N..10	—	$0<\eta<1$	O
额定电压	数值型	N..10	V	—	M
额定电流	数值型	N..10	A	—	O
额定功率	数值型	N..10	kW	—	C(电动水泵)
转速 n	数值型	N..10	r/min	—	M
必需气蚀余量（NPSH）	数值型	N..3	—	—	O
额定工作温度	数值型	N..20	℃	—	O
泵壳额定压力	数值型	N..10	MPa	—	O
外观尺寸	字符型	C..20	mm	—	O
重量	数值型	N..10	kg	—	O

表 6.1.2-3　水净化设备基础数据

中文字段名称	数据类型	数据格式	计量单位	值　域	约束条件
设备名称	枚举型	C..20	—	按本规范表 A-41 水净化设备名称表	M
型号	字符型	C..20	—	—	M
设备类型	字符型	C..20	—	—	M
水处理量	数值型	N..20	m^3/h	—	M
额定电压	数值型	N..10	V	—	M
额定电流	数值型	N..10	A	—	O
额定功率	数值型	N..10	kW	—	C(电气化设备)
外形尺寸	数值型	N..20	mm	—	O
重量	数值型	N..10	kg	—	O

表 6.1.2-4　药品添加设备基础数据

中文字段名称	数据类型	数据格式	计量单位	值　域	约束条件
设备名称	字符型	C..20	—	—	M
型号	字符型	C..20	—	—	M
设备类型	字符型	C..20	—	—	M
额定电压	数值型	N..10	V	—	M
额定电流	数值型	N..10	A	—	O
额定功率	数值型	N..10	kW	—	O
外形尺寸	数值型	N..20	mm	—	O
重量	数值型	N..10	kg	—	O

表 6.1.2-5　水软化设备基础数据

中文字段名称	数据类型	数据格式	计量单位	值　域	约束条件
设备名称	枚举型	C..20	—	按本规范表 A-42 水软化设备名称表	M
型号	字符型	C..20	—	—	M
设备类型	字符型	C..20	—	—	M
水处理量	数值型	N..20	m^3/h	—	M
出水残余硬度	数值型	N..10	mmol/L	<0.03	M
运行流速	数值型	N..10	m/h	—	O
再生流速	数值型	N..10	m/h	—	O
盐耗	数值型	N..10	g/mol	<100	O
树脂年耗损率	数值型	N..10	%	—	O
额定电压	数值型	N..10	V	—	M
额定电流	数值型	N..10	A	—	O
额定功率	数值型	N..10	kW	—	O
外形尺寸	数值型	N..20	mm	—	O
重量	数值型	N..10	kg	—	O

6.1.3　废(污)水处理设备应包括污水和污泥泵、筛分研磨设备、沉淀池设备、浮渣清理设备、化学和生化处理设备、污泥处理设备、除油设备、污泥过滤脱水设备、充氧设备、污泥消化设备及成套污水处理设备，产品基础数据应符合表 6.1.3-1～表 6.1.3-11 的规定。

表 6.1.3-1　污水和污泥泵基础数据

中文字段名称	数据类型	数据格式	计量单位	值　域	约束条件
设备名称	枚举型	C..20	—	按本规范表 A-43 污水和污泥泵名称表	M
型号	字符型	C..20	—	—	M
流量 Q	数值型	N..10	m^3/h	—	M
扬程 H	数值型	N..10	m	—	M
转速 n	数值型	N..10	r/min	—	M
额定电压	数值型	N..10	V	—	M
额定电流	数值型	N..10	A	—	O
轴功率	数值型	N..10	kW	—	O
额定功率	数值型	N..10	kW	—	O
效率 η	数值型	N..10	—	$0<\eta<1$	O
允许吸上真空高度 H_S	数值型	N..10	mm	—	O
噪声	数值型	N..10	dB(A)	—	M
外形尺寸	数值型	N..20	mm	—	O
重量	数值型	N..10	kg	—	O

表 6.1.3-2　筛分研磨设备基础数据

中文字段名称	数据类型	数据格式	计量单位	值　域	约束条件
设备名称	字符型	C..20	—	—	M
型号	字符型	C..20	—	—	M
材质	字符型	C..20	—	—	M
额定电压	数值型	N..10	V	—	M
额定电流	数值型	N..10	A	—	O
轴功率	数值型	N..10	kW	—	O
额定功率	数值型	N..10	kW	—	O
噪声	数值型	N..10	dB(A)	—	M
外形尺寸	数值型	N..20	mm	—	O
重量	数值型	N..10	kg	—	O

表 6.1.3-3　沉淀池设备基础数据

中文字段名称	数据类型	数据格式	计量单位	值　域	约束条件
设备名称	枚举型	C..20	—	按本规范表 A-44 沉淀池设备名称表	M
型号	字符型	C..20	—	—	M
材质	字符型	C..20	—	—	M
池子直径	数值型	N..10	m	—	M
周边池深	数值型	N..10	m	—	M
运行速度	数值型	N..10	m/s	—	C(刮泥机)
额定电压	数值型	N..10	V	—	M
额定电流	数值型	N..10	A	—	O
额定功率	数值型	N..10	kW	—	O
噪声	数值型	N..10	dB(A)	—	M
外形尺寸	数值型	N..20	mm	—	O
重量	数值型	N..10	kg	—	O

表 6.1.3-4　浮渣清理设备基础数据

中文字段名称	数据类型	数据格式	计量单位	值　域	约束条件
型号	字符型	C..20	—	—	M
材质	字符型	C..20	—	—	O
池子直径	数值型	N..10	m	—	M
运行速度	数值型	N..10	m/s	—	O
额定电压	数值型	N..10	V	—	M
额定电流	数值型	N..10	A	—	O
额定功率	数值型	N..10	kW	—	O
噪声	数值型	N..10	dB(A)	—	M
外形尺寸	数值型	N..20	mm	—	O
重量	数值型	N..10	kg	—	O

表 6.1.3-5　化学和生化处理设备基础数据

中文字段名称	数据类型	数据格式	计量单位	值　域	约束条件
设备名称	枚举型	C..20	—	按本规范表 A-45 化学和生化处理设备名称表	M
种类	字符型	C..20	—	—	M
型号	字符型	C..20	—	—	M
设计处理量	数值型	N..10	m^3/d	—	M
额定电压	数值型	N..10	V	—	M
额定电流	数值型	N..10	A	—	O
额定功率	数值型	N..10	kW	—	O
噪声	数值型	N..10	dB(A)	—	M
外形尺寸	数值型	N..20	mm	—	O
重量	数值型	N..10	kg	—	O

表 6.1.3-6　污泥处理设备基础数据

中文字段名称	数据类型	数据格式	计量单位	值　域	约束条件
设备名称	枚举型	C..20	—	按本规范表 A-46 污泥处理设备名称表	M
种类	字符型	C..20	—	—	M
型号	字符型	C..20	—	—	M
运行速度	数值型	N..10	m/s	—	O
额定电压	数值型	N..10	V	—	M
额定电流	数值型	N..10	A	—	O
额定功率	数值型	N..10	kW	—	O
噪声	数值型	N..10	dB(A)	—	M
外形尺寸	数值型	N..20	mm	—	O
重量	数值型	N..10	kg	—	O

表 6.1.3-7　除油设备基础数据

中文字段名称	数据类型	数据格式	计量单位	值　域	约束条件
设备名称	枚举型	C..20	—	按本规范表 A-47 除油设备名称表	M
种类	字符型	C..20	—	—	M
型号	字符型	C..20	—	—	M
材质	字符型	C..20	—	—	M
处理能力	数值型	N..10	m^3/d	—	M
额定电压	数值型	N..10	V	—	M
额定电流	数值型	N..10	A	—	O
额定功率	数值型	N..10	kW	—	O
噪声	数值型	N..10	dB(A)	—	M
外形尺寸	数值型	N..20	mm	—	O
重量	数值型	N..10	kg	—	O

表 6.1.3-8　污泥过滤脱水设备基础数据

中文字段名称	数据类型	数据格式	计量单位	值　域	约束条件
设备名称	枚举型	C..20	—	按本规范表 A-48 污泥过滤脱水设备名称表	M
种类	字符型	C..20	—	—	M
型号	字符型	C..20	—	—	M
材质	字符型	C..20	—	—	M
处理能力	数值型	N..10	m^3/d	—	M
额定电压	数值型	N..10	V	—	M
额定电流	数值型	N..10	A	—	O
额定功率	数值型	N..10	kW	—	O
噪声	数值型	N..10	dB(A)	—	M
外形尺寸	数值型	N..20	mm	—	O
重量	数值型	N..10	kg	—	O

表 6.1.3-9 充氧设备基础数据

中文字段名称	数据类型	数据格式	计量单位	值 域	约束条件
设备名称	枚举型	C..20	—	按本规范表 A-49 充氧设备名称表	M
种类	字符型	C..20	—	—	M
型号	字符型	C..20	—	—	M
充氧能力 q_c	数值型	N..10	kg/h	—	M
额定电压	数值型	N..10	V	—	M
额定电流	数值型	N..10	A	—	O
额定功率	数值型	N..10	kW	—	O
噪声	数值型	N..10	dB(A)	—	O
外形尺寸	数值型	N..20	mm	—	O
重量	数值型	N..10	kg	—	O

表 6.1.3-10 污泥消化设备基础数据

中文字段名称	数据类型	数据格式	计量单位	值 域	约束条件
种类	字符型	C..20	—	—	M
型号	字符型	C..20	—	—	M
处理能力	数值型	N..10	m^3/d	—	M
额定电压	数值型	N..10	V	—	M
额定电流	数值型	N..10	A	—	O
额定功率	数值型	N..10	kW	—	O
外形尺寸	数值型	N..20	mm	—	O
重量	数值型	N..10	kg	—	O

表 6.1.3-11 成套污水处理设备基础数据

中文字段名称	数据类型	数据格式	计量单位	值 域	约束条件
种类	字符型	C..20	—	—	M
型号	字符型	C..20	—	—	M
处理能力	数值型	N..10	m^3/d	—	M
额定电压	数值型	N..10	V	—	M
额定电流	数值型	N..10	A	—	O
额定功率	数值型	N..10	kW	—	O
噪声	数值型	N..10	dB(A)	—	O
外形尺寸	数值型	N..20	mm	—	O
重量	数值型	N..10	kg	—	O

6.2 传 输 系 统

6.2.1 电梯产品应包括电梯和液压电梯，产品基础数据应符合表 6.2.1-1、表 6.2.1-2 的规定。

表 6.2.1-1 电梯产品基础数据

中文字段名称	数据类型	数据格式	计量单位	值 域	约束条件
种类	字符型	C..20	—	—	M
速度	数值型	N..4	m/s	—	O
额定载重量	数值型	N..10	kg	—	O
噪声	数值型	N..4	dB(A)	—	O
启动加速度和制动减速度	数值型	N..4	m/s	—	O
平均无故障工作次数	数值型	N..6	次	—	O
功能	字符型	C..30	—	—	O
最大提升高度	数值型	N..10	m	—	O
最大停站数	数值型	N..4	—	—	O
额定功率	数值型	N..8	kW	—	O
电源	枚举型	C..16	—	按本规范表 A-68 电源种类表	O

表 6.2.1-2 液压电梯产品基础数据

中文字段名称	数据类型	数据格式	计量单位	值 域	约束条件
种类	字符型	C..20	—	—	M
速度	数值型	N..4	m/s	—	O
额定载重量	数值型	N..10	kg	—	M
噪声	数值型	N..4	dB(A)	—	O
启动加速度和制动减速度	数值型	N..4	m/s	—	O
平均无故障工作次数	数值型	N..6	次	—	O
功能	字符型	C..30	—	—	O
最大提升高度	数值型	N..10	m	—	O
最大停站数	数值型	N..4	—	—	O

6.2.2 自动扶梯和移动走道产品基础数据应符合表 6.2.2 的规定。

表 6.2.2 自动扶梯和移动走道产品基础数据

中文字段名称	数据类型	数据格式	计量单位	值 域	约束条件
种类	字符型	C..28	—	—	M
提升高度	数值型	N..4	m	—	O
输送长度	数值型	N..4	m	—	O
倾斜角度	数值型	N..4	°	—	O
额定速度	数值型	N..4	m/s	—	O
名义宽度	数值型	N..10	mm	—	O
额定功率	数值型	N..8	kW	—	O
电源	枚举型	C..16	—	按本规范表 A-68 电源种类表	O

6.3 水暖、通风和空调

6.3.1 生活管道系统应包括管材、阀门、管件、泵和消防管道系统，产品基础数据应符合表6.3.1-1～表6.3.1-5的规定。

表 6.3.1-1 管材基础数据

中文字段名称	数据类型	数据格式	计量单位	值 域	约束条件
名称	枚举型	C..20	—	按本规范表A-50管材名称表	M
连接方式	字符型	C..20	—	—	M
制造工艺	字符型	C..20	—	—	M
颜色	字符型	C..10	—	—	C(塑料管材)
适用介质种类	字符型	C..20	—	—	M
适用温度	数值型	N..5	℃	—	M
不圆度	数值型	N..10	—	—	C(塑料管材)
弯曲度	数值型	N..10	—	—	C(塑料管材)
适用压力	数值型	N..10	MPa	—	C(塑料管材)
壁厚	数值型	N..5	mm	—	C(塑料管材)

表 6.3.1-2 阀门基础数据

中文字段名称	数据类型	数据格式	计量单位	值 域	约束条件
种类	枚举型	C..20	—	按本规范表A-51阀门分类表	M
驱动方式	枚举型	C..20	—	按本规范表A-52阀门驱动方式表	M
额定电压	数值型	N..10	V	—	C(电动阀门)
额定电流	数值型	N..10	A	—	C(电动阀门)
功率	数值型	N..10	W	—	C(电动阀门)
阀体材质	字符型	C..20	—	—	M
阀杆材质	字符型	C..10	—	—	O
阀板材质	字符型	C..10	—	—	C(带阀板的阀门)
密封材料	字符型	C..10	—	—	M
连接方式	字符型	C..20	—	—	M
外形尺寸	数值型	N..20	mm	—	M
适用介质种类	字符型	C..20	—	—	M
适用温度	数值型	N..5	℃	—	M
工作压力	数值型	N..10	MPa	—	O

表 6.3.1-3 管件基础数据

中文字段名称	数据类型	数据格式	计量单位	值 域	约束条件
产品分类	字符型	C..20	—	—	M
材质	字符型	C..20	—	—	M
连接方式	字符型	C..20	—	—	M
制造工艺	字符型	C..100	—	—	M
颜色	字符型	C..10	—	—	C(塑料管材)
适用介质种类	字符型	C..20	—	—	M
适用温度	数值型	N..5	℃	—	M
工作压力	数值型	N..10	MPa	—	O

表 6.3.1-4 泵基础数据

中文字段名称	数据类型	数据格式	计量单位	值 域	约束条件
型号	字符型	C..20	—	—	M
型式	字符型	C..20	—	—	M
驱动装置	枚举型	C..20	—	按本规范表A-53泵驱动装置表	M
流量Q	数值型	N..10	m^3/h	—	M
扬程H	数值型	N..10	m	—	M
效率η	数值型	N..10	—	$0<\eta<1$	O
额定电压	数值型	N..10	V	—	M
额定电流	数值型	N..10	A	—	O
额定功率	数值型	N..10	kW	—	C(电动水泵)
转速n	数值型	N..10	r/min	—	M
必需气蚀余量(NPSH)	数值型	N..3	—	—	O
额定工作温度	数值型	N..20	℃	—	O
泵壳额定压力	数值型	N..10	MPa	—	O
外形尺寸	数值型	N..20	mm	—	O
重量	数值型	N..10	kg	—	O

表 6.3.1-5 消防管道系统基础数据

中文字段名称	数据类型	数据格式	计量单位	值域	约束条件
系统名称	字符型	C..20	—	—	M
系统类型	字符型	C..20	—	—	M
建筑类型	字符型	C..20	—	—	M
管道材质	字符型	C..20	—	—	M
连接方式	字符型	C..20	—	—	M
系统压力	数值型	N..10	MPa	>0	M
消防用水量	数值型	N..10	L/s	—	M

6.3.2 给水设备、设施和洁具应包括管道泵、装配式水箱、家用水处理设备、家用水过滤装置和家用热水器，产品基础数据应符合表6.3.2-1～表6.3.2-5的规定。

表 6.3.2-1 管道泵基础数据

中文字段名称	数据类型	数据格式	计量单位	值域	约束条件
型号	字符型	C..20	—	—	M
型式	字符型	C..20	—	—	M
驱动装置	枚举型	C..20	—	按本规范表A-53泵驱动装置表	M
流量 Q	数值型	N..10	m^3/h	—	M
扬程 H	数值型	N..10	m	—	M
效率 η	数值型	N..10	—	$0<\eta<1$	O
额定电压	数值型	N..10	V	—	M
额定电流	数值型	N..10	A	—	O
额定功率	数值型	N..10	kW	—	C(电动水泵)
转速 n	数值型	N..10	r/min	—	M
必需气蚀余量(NPSH)	数值型	N..3	—	—	O
额定工作温度	数值型	N..20	℃	—	O
泵壳额定压力	数值型	N..10	MPa	—	O
外形尺寸	数值型	N..20	mm	—	O
重量	数值型	N..10	kg	—	O

表 6.3.2-2 装配式水箱基础数据

中文字段名称	数据类型	数据格式	计量单位	值域	约束条件
水箱箱体板材材质	枚举型	C..20	—	按本规范表A-54水箱箱体板材材质表	M
组装方式	枚举型	C..20	—	按本规范表A-55水箱组装方式表	M
公称容积	数值型	N..10	m^3	—	O
有效容积	数值型	N..10	m^3	—	M
外形尺寸	数值型	N..20	mm	—	M
防腐蚀处理要求	字符型	C..30	—	—	M
卫生要求	字符型	C..30	—	—	M

表 6.3.2-3 家用水处理设备基础数据

中文字段名称	数据类型	数据格式	计量单位	值域	约束条件
型号	字符型	C..20	—	—	M
设备类型	字符型	C..20	—	—	M
水处理量	数值型	N..20	m^3/h	—	M
额定电压	数值型	N..10	V	—	M
额定电流	数值型	N..10	A	—	O
额定功率	数值型	N..10	kW	—	C(电气化设备)
外形尺寸	数值型	N..20	mm	—	O
重量	数值型	N..10	kg	—	O

表 6.3.2-4 家用水过滤装置基础数据

中文字段名称	数据类型	数据格式	计量单位	值域	约束条件
设备名称	字符型	C..20	—	—	M
型号	字符型	C..20	—	—	M
设备类型	字符型	C..20	—	—	M
滤速	数值型	N..20	m/s	—	O
额定电压	数值型	N..10	V	—	M
额定电流	数值型	N..10	A	—	O
额定功率	数值型	N..10	kW	—	C(电气化设备)
外形尺寸	数值型	N..20	mm	—	O
重量	数值型	N..10	kg	—	O

表 6.3.2-5 家用热水器基础数据

中文字段名称	数据类型	数据格式	计量单位	值域	约束条件
设备名称	枚举型	C..20	—	按本规范表A-56家用热水器名称表	M
型号	字符型	C..20	—	—	M
热源类型	字符型	C..20	—	—	M
控制方式	字符型	C..20	—	—	M
额定热负荷	数值型	N..20	kW	—	M
额定产水能力	数值型	N..20	L/min	—	M
额定电压	数值型	N..10	V	—	M
额定电流	数值型	N..10	A	—	O
额定功率	数值型	N..10	kW	—	C(电气化设备)
适用水压	数值型	N..10	kPa	—	M
最低动作水压	数值型	N..10	kPa	—	C(气源型产品)
热效率	数值型	N..10	—	>80%	M
噪声	数值型	N..10	dB(A)	—	M
水箱容积	数值型	N..10	L	—	C(带水箱容积型产品)
外观尺寸	数值型	N..20	mm	—	O
重量	数值型	N..10	kg	—	O

6.3.3 供热设备应包括供热锅炉、烟道、烟囱，产品基础数据应符合表 6.3.3-1、表 6.3.3-2 的规定。

表 6.3.3-1 供热锅炉基础数据

中文字段名称	数据类型	数据格式	计量单位	值域	约束条件
种类	枚举型	C..18	—	符合现行行业标准《工业锅炉 通用技术条件》JB/T 10094要求	M
燃料品种	枚举型	C..10	—	符合现行行业标准《工业锅炉 通用技术条件》JB/T 10094要求	M
热媒种类	枚举型	C..14	—	按本规范表A-57热媒种类表	M

续表 6.3.3-1

中文字段名称	数据类型	数据格式	计量单位	值 域	约束条件
材质	字符型	C..10	—	—	O
重量	数值型	N..10	kg	—	O
额定热功率	数值型	N..6	MW	—	M
锅炉设计热效率	数值型	N..6	%	符合现行行业标准《工业锅炉 通用技术条件》JB/T 10094要求	M
供水温度	数值型	N..4	℃	—	C(热媒为热水时)
回水温度	数值型	N..4	℃	—	C(热媒为热水时)
额定蒸汽压力	数值型	N..8	MPa	—	C(热媒为蒸汽时)

表 6.3.3-2 烟道、烟囱基础数据

中文字段名称	数据类型	数据格式	计量单位	值 域	约束条件
种类	枚举型	C..18	—	按本规范表A-58烟道种类表	M
材料	枚举型	N..6	—	符合现行国家标准《烟囱设计规范》GB 50051要求	M
口径	数值型	N..14	mm	—	M
高度	数值型	N..6	m	—	M

6.3.4 制冷设备应包括制冷压缩机、蒸发器、冷凝器、冷水机组、冷却塔，产品基础数据应符合表6.3.4-1～表6.3.4-4的规定。

表 6.3.4-1 制冷压缩机基础数据

中文字段名称	数据类型	数据格式	计量单位	值 域	约束条件
压缩机类型	枚举型	C..20	—	按本规范表A-59制冷压缩机类型表	M
制冷剂种类	枚举型	C..16	—	符合现行国家标准《制冷剂编号方法和安全分类》GB/T 7778要求	M
额定制冷量	数值型	N..16	kW	—	M
容积效率	数值型	N..16	—	—	M
额定功率	数值型	N..8	kW	—	M
性能系数	数值型	N..16	—	—	M
外形尺寸	数值型	N..20	mm	—	O
重量	数值型	N..18	kg	—	O
电源	枚举型	C..16	—	按本规范表A-68电源种类表	M

表 6.3.4-2 蒸发器、冷凝器基础数据

中文字段名称	数据类型	数据格式	计量单位	值 域	约束条件
种类	字符型	C..18	—	—	M
冷却方式	枚举型	C..10	—	按本规范表A-63蒸发器、冷凝器冷却方式表	M
冷凝温度	数值型	N..6	℃	—	O
蒸发温度	数值型	N..6	℃	—	O
进水温度	数值型	N..6	℃	—	O
出水温度	数值型	N..6	℃	—	O
压力损失	数值型	N..6	MPa	—	O
换热面积	数值型	N..6	m^2	—	O
重量	数值型	N..14	t	—	O
外形尺寸	数值型	N..20	mm	—	O

表 6.3.4-3 冷水机组基础数据

中文字段名称	数据类型	数据格式	计量单位	值 域	约束条件
机组种类	枚举型	C..10	—	按本规范表A-60冷水机组种类表	M
制冷剂种类	字符型	C..14	—	—	M
性能系数	数值型	N..4	—	—	M
额定制冷量	数值型	N..14	kW	—	M
冷却方式	枚举型	C..10	—	按本规范表A-61冷水机组冷却方式表	M
蒸发器工作压力	数值型	N..5	MPa	—	O
冷凝器工作压力	数值型	N..5	MPa	—	O
水阻	数值型	N..6	MPa	—	O
噪声	数值型	N..4	dB(A)	—	O
冷冻水进水温度	数值型	N..4	℃	—	O
冷冻水出水温度	数值型	N..4	℃	—	O
额定功率	数值型	N..10	kW	—	O
电源	枚举型	C..16	—	按本规范表A-68电源种类表	M
外形尺寸	数值型	N..20	mm	—	O
重量	数值型	N..14	t	—	O

表 6.3.4-4 冷却塔基础数据

中文字段名称	数据类型	数据格式	计量单位	值 域	约束条件
种类	枚举型	C..18	—	按本规范表A-62冷却塔种类表	M
直径	数值型	N..6	m	—	O
冷却水量	数值型	N..6	m^3/h	—	M
风量	数值型	N..6	m^3/h	—	O

续表 6.3.4-4

中文字段名称	数据类型	数据格式	计量单位	值　域	约束条件
进水温度	数值型	N..6	℃	—	O
出水温度	数值型	N..6	℃	—	O
淋水密度	数值型	N..10	m^3/(m^3·h)	—	O
噪声	数值型	N..4	dB(A)	—	O
额定功率	数值型	N..6	kW	—	M
外形尺寸	数值型	N..20	mm	—	O
重量	数值型	N..14	kg	—	O
电源	枚举型	C..16	—	按本规范表 A-68 电源种类表	M

6.3.5 采暖、通风和空调产品应包括热交换器、空气处理机、户式集中空调机组、热泵、湿度控制设备、散热器、地板采暖和化雪设备及能源回收设备(空气热回收设备)，产品基础数据应符合表 6.3.5.1～表 6.3.5-8 的规定。

表 6.3.5-1　热交换器基础数据

中文字段名称	数据类型	数据格式	计量单位	值　域	约束条件
种类	枚举型	C..18	—	按本规范表 A-64 热交换器种类表	M
一次侧热媒	字符型	C..8	—	—	M
二次侧热媒	字符型	C..8	—	—	M
一次侧阻力	数值型	N..10	kPa	—	O
二次侧阻力	数值型	N..10	kPa	—	O
一次侧进水温度	数值型	N..6	℃	—	O
一次侧出水温度	数值型	N..6	℃	—	O
二次侧进水温度	数值型	N..6	℃	—	O
二次侧出水温度	数值型	N..6	℃	—	O
工作压力	数值型	N..6	MPa	—	M
材质	字符型	C..20	—	—	O
换热面积	数值型	N..16	m^2	—	M
换热量	数值型	N..16	kW	—	M
传热系数	数值型	N..16	W/(m^2·K)	—	O
外形尺寸	数值型	N..20	mm	—	O
重量	数值型	N..14	kg	—	O

表 6.3.5-2　空气处理机基础数据

中文字段名称	数据类型	数据格式	计量单位	值　域	约束条件
种类	枚举型	C..18	—	按本规范表 A-65 空气处理机种类表	M
材质	字符型	C..14	—	—	M
额定风量	数值型	N..16	m^3/h	—	M
噪声	数值型	N..6	dB(A)	—	M
制冷量	数值型	N..14	kW	—	O
制热量	数值型	N..14	kW	—	O
额定功率	数值型	N..14	kW	—	M
风机全压	数值型	N..14	Pa	—	O
机外余压	数值型	N..14	Pa	—	O
盘管水阻	数值型	N..10	kPa	—	O
外形尺寸	数值型	N..20	mm	—	O
电源	枚举型	C..16	—	按本规范表 A-68 电源种类表	M
重量	数值型	N..14	t	—	O

表 6.3.5-3　户式集中空调机组基础数据

中文字段名称	数据类型	数据格式	计量单位	值　域	约束条件
种类	枚举型	C..18	—	按本规范表 A-66 户式集中空调机组种类表	M
制冷剂种类	枚举型	C..10	—	符合现行国家标准《制冷剂编号方法和安全分类》GB/T 7778 要求	M
机组型式	枚举型	C..16	—	按本规范表 A-67 机组型式表	M
制冷能效比	数值型	N..4	—	—	M
制热性能系数	数值型	N..4	—	—	M
额定制冷量	数值型	N..4	kW	—	M
制冷功率	数值型	N..4	kW	—	M
额定制热量	数值型	N..4	kW	—	M
制热功率	数值型	N..4	kW	—	M
室外机噪声	数值型	N..6	dB(A)	—	O
室内机噪声	数值型	N..6	dB(A)	—	O
室外机重量	数值型	N..14	kg	—	O
室内机重量	数值型	N..14	kg	—	O
室外机外形尺寸	数值型	N..20	mm	—	O
室内机外形尺寸	数值型	N..20	mm	—	O
电源	枚举型	C..16	—	按本规范表 A-68 电源种类表	M

表 6.3.5-4 热泵基础数据

中文字段名称	数据类型	数据格式	计量单位	值 域	约束条件
热泵种类	枚举型	C..16	—	按本规范表 A-69 热泵种类表	M
制冷剂种类	枚举型	C..10	—	符合现行国家标准《制冷剂编号方法和安全分类》GB/T 7778 要求	M
制冷能效比	数值型	N..4	—	—	M
制热性能系数	数值型	N..4	—	—	M
额定制冷量	数值型	N..14	kW	—	M
制冷功率	数值型	N..14	kW	—	O
额定制热量	数值型	N..14	kW	—	M
制热功率	数值型	N..14	kW	—	O
冷却方式	枚举型	C..10	—	按本规范表 A-61 冷水机组冷却方式表	M
噪声	数值型	N..6	dB(A)	—	O
蒸发器工作压力	数值型	N..5	MPa	—	O
冷凝器工作压力	数值型	N..5	MPa	—	O
水阻	数值型	N..6	MPa	—	O
冷冻水进水温度	数值型	N..4	℃	—	O
冷冻水出水温度	数值型	N..4	℃	—	O
外形尺寸	数值型	N..20	mm	—	O
重量	数值型	N..14	kg	—	O
电源	枚举型	C..16	—	按本规范表 A-68 电源种类表	M

表 6.3.5-5 湿度控制设备基础数据

中文字段名称	数据类型	数据格式	计量单位	值 域	约束条件
种类	枚举型	C..10	—	按本规范表 A-70 湿度控制设备种类表	M
额定除湿量	数值型	N..14	kg/h	—	C(设备为除湿机时)
额定加湿量	数值型	N..14	kg/h	—	C(设备为加湿器时)
额定风量	数值型	N..16	m^3/h	—	O
额定功率	数值型	N..14	kW	—	M
噪声	数值型	N..6	dB(A)	—	O
电源	枚举型	C..16	—	按本规范表 A-68 电源种类表	O
外形尺寸	数值型	N..20	mm	—	O
重量	数值型	N..14	kg	—	O

表 6.3.5-6 散热器基础数据

中文字段名称	数据类型	数据格式	计量单位	值 域	约束条件
种类	枚举型	C..30	—	按本规范表 A-71 散热器种类表	M
散热量	数值型	N..10	W	—	M
适用介质	字符型	C..10	—	—	O
金属热强度	数值型	N..6	W/(kg·℃)	—	O
工作压力	数值型	N..6	MPa	—	M
介质温度	数值型	N..4	℃	—	O
材质	字符型	C..16	—	—	O
散热面积	数值型	N..10	m^2	—	O
电源	枚举型	C..14	—	按本规范表 A-68 电源种类表	C(电采暖散热器)
外形尺寸	数值型	N..20	mm	—	O
重量	数值型	N..14	kg	—	O

表 6.3.5-7 地板采暖和化雪设备基础数据

中文字段名称	数据类型	数据格式	计量单位	值 域	约束条件
种类	字符型	C..30	—	—	M
额定线功率	数值型	N..10	W/m	—	C(发热电缆时)
加热管管径	枚举型	C..5	—	按本规范表 A-72 加热管管径表	C(热水地板采暖时)
电源	枚举型	C..14	—	按本规范表 A-68 电源种类表	C(电加热设备时)
外形尺寸	数值型	N..20	mm	—	O

表 6.3.5-8 能源回收设备(空气热回收设备)基础数据

中文字段名称	数据类型	数据格式	计量单位	值 域	约束条件
种类	枚举型	C..30	—	按本规范表 A-73 空气热回收装置种类表	M
换热芯体材质	字符型	C..20	—	—	O
效率种类	枚举型	C..6	—	按本规范表 A-74 空气热回收装置效率种类表	M
热交换效率	数值型	N..4	%	—	M
额定风量	数值型	N..10	m^3/h	—	O
静压损失	数值型	N..10	Pa	—	O
出口全压	数值型	N..10	Pa	—	O
额定功率	数值型	N..10	W	—	O
噪声	数值型	N..10	dB(A)	—	O
电源	枚举型	C..14	—	按本规范表 A-68 电源种类表	O
外形尺寸	数值型	N..20	mm	—	O
重量	数值型	N..14	kg	—	O

6.3.6 空气分配产品应包括通风管道、风管配件、风机、风机盘管机组、风口和空气净化设备，产品基础数据应符合表 6.3.6.1～表 6.3.6-6 的规定。

表 6.3.6-1 通风管道基础数据

中文字段名称	数据类型	数据格式	计量单位	值域	约束条件
种类	枚举型	C..20	—	按本规范表 A-75 通风管道种类表	M
板材燃烧性能	枚举型	C..3	—	符合现行国家标准《建筑材料及制品燃烧性能等级》GB 8624 要求	M
导热系数	数值型	N..6	W/(m·K)	—	O
板材厚度	数值型	N..4	mm	—	M
风管阻力系数	数值型	N..6	—	—	O
工作压力	数值型	N..6	Pa	—	O
重量	数值型	N..14	kg/m²	—	O

表 6.3.6-2 风管配件基础数据

中文字段名称	数据类型	数据格式	计量单位	值域	约束条件
种类	字符型	C..20	—	—	M
材质	字符型	C..10	—	—	M
应用场合	字符型	C..100	—	—	M
控制方式	枚举型	C..20	—	按本规范表 A-76 风管配件控制方式表	C(风阀)

表 6.3.6-3 风机基础数据

中文字段名称	数据类型	数据格式	计量单位	值域	约束条件
种类	枚举型	C..20	—	符合现行行业标准《工业通风机、透平鼓风机和压缩机名词术语》JB/T 2977 要求	M
风量	数值型	N..10	m³/h	—	M
全压	数值型	N..8	Pa	—	M
转速	数值型	N..8	r/min	—	O
额定功率	数值型	N..5	kW	—	O
轴功率	数值型	N..5	kW	—	O
噪声	数值型	N..3	dB(A)	—	M
适用温度	数值型	N..5	℃	—	O
电源	枚举型	C..14	—	按本规范表 A-68 电源种类表	O
外形尺寸	数值型	N..20	mm	—	O
重量	数值型	N..14	kg	—	O

表 6.3.6-4 风机盘管机组基础数据

中文字段名称	数据类型	数据格式	计量单位	值域	约束条件
种类	枚举型	C..10	—	按本规范表 A-77 风机盘管种类表	M
安装形式	枚举型	C..4	—	按本规范表 A-78 风机盘管安装形式表	M
出口静压	枚举型	C..14	—	按本规范表 A-79 风机盘管出口静压表	M
制冷量	数值型	N..10	W	—	M
制热量	数值型	N..10	W	—	M
风量	数值型	N..10	m³/h	—	M
额定功率	数值型	N..8	W	—	O
噪声	数值型	N..3	dB(A)	—	M
水阻	数值型	N..3	kPa	—	O
电源	枚举型	C..14	—	按本规范表 A-68 电源种类表	O
外形尺寸	数值型	N..20	mm	—	O
重量	数值型	N..14	kg	—	O

表 6.3.6-5 风口基础数据

中文字段名称	数据类型	数据格式	计量单位	值域	约束条件
种类	枚举型	C..14	—	符合现行行业标准《通风空调风口》JG/T 14 要求	M
风量	数值型	N..10	m³/s	—	M
用途	字符型	C..60	—	—	O
风口风速	数值型	N..3	m/s	—	O
压力损失	数值型	N..3	Pa	—	O
噪声	数值型	N..3	dB(A)	—	O

表 6.3.6-6 空气净化设备基础数据

中文字段名称	数据类型	数据格式	计量单位	值域	约束条件
类别	字符型	C..20	—	—	M
过滤效率	数值型	N..12	—	—	M
滤料更换方式	字符型	C..20	—	—	O
滤料种类	字符型	C..20	—	—	O
额定风量	字符型	C..20	m³/h	—	M
容尘量	数值型	N..20	g	—	O
初阻力	数值型	N..6	Pa	—	M
迎面风速	数值型	N..5	m/s	—	O
外形尺寸	数值型	N..20	mm	—	O

6.3.7 采暖、通风、空调控制装置应包括热量计量仪表和阀门控制装置，产品基础数据应符合表 6.3.7-1、表 6.3.7-2 的规定。

表 6.3.7-1　热量计量仪表基础数据

中文字段名称	数据类型	数据格式	计量单位	值　域	约束条件
种类	枚举型	C..20	—	按本规范表 A-80 热量计量仪表种类表	M
公称直径	字符型	C..6	—	—	C(热量表时)
温度传感器种类	字符型	C..10	—	—	C(热量表时)
常用流量	数值型	N..10	m^3/h	—	C(热量表时)
最大流量	数值型	N..10	m^3/h	—	C(热量表时)
最小流量	数值型	N..10	m^3/h	—	C(热量表时)
额定工作压力	数值型	N..10	MPa	—	C(热量表时)
最大压力损失	数值型	N..10	MPa	—	C(热量表时)
温度范围	数值型	N..10	℃	—	O
温差范围	数值型	N..10	℃	—	C(热量表时)
测量管尺寸	字符型	C..30	mm	—	C(热分配表时)
精度	字符型	C..8	—	—	M
防护等级	枚举型	C..6	—	符合现行国家标准《低压电器外壳防护等级》GB/T 4942.2 要求	C(热分配表时)
电源	枚举型	C..14	—	按本规范表 A-68 电源种类表	O

表 6.3.7-2　阀门控制装置基础数据

中文字段名称	数据类型	数据格式	计量单位	值　域	约束条件
种类	枚举型	C..12	—	按本规范表 A-81 阀门控制装置种类表	M
驱动力	数值型	N..5	N	—	M
最大行程	数值型	N..4	mm	—	M
电源	枚举型	C..14	—	按本规范表 A-68 电源种类表	C(电动驱动器时)
防护等级	枚举型	C..6	—	符合现行国家标准《低压电器外壳防护等级》GB/T 4942.2 要求	C(电动驱动器时)
气源压力	数值型	N..5	MPa	—	C(气动驱动器时)

6.4　电气和电子

6.4.1 线路工程应包括电线和电缆、布线管道，产品基础数据应符合表 6.4.1-1、表 6.4.1-2 的规定。

表 6.4.1-1　电线和电缆基础数据

中文字段名称	数据类型	数据格式	计量单位	值　域	约束条件
种类	枚举型	C..16	—	按本规范表 A-82 电线和电缆种类表	M
芯材材质	枚举型	C..8	—	按本规范表 A-83 电线和电缆芯材材质表	M
应用对象	字符型	C..20	—	—	M
功能	字符型	C..100	—	—	M
标称截面	数值型	N..10	mm^2	—	M
额定电压	数值型	N..10	V	—	M
芯数	数值型	N..4	—	—	M
绝缘材料	字符型	C..30	—	—	O

表 6.4.1-2　布线管道基础数据

中文字段名称	数据类型	数据格式	计量单位	值　域	约束条件
管材种类	枚举型	C..16	—	按本规范表 A-84 布线管道管材种类表	M
管径	字符型	C..6	—	—	M
管壁厚度	数值型	N..4	mm	—	O

6.4.2 发电设备应包括电压表、电流表、电能表、电动机、发电机和蓄电池设备，产品基础数据应符合表 6.4.2-1～表6.4.2-5的规定。

表 6.4.2-1　电压表、电流表基础数据

中文字段名称	数据类型	数据格式	计量单位	值　域	约束条件
种类	字符型	C..20	—	—	M
电压	数值型	N..4	V	—	M
电流	数值型	N..6	A	—	M
测量精度	字符型	C..6	—	—	O
频率	数值型	N..3	Hz	—	O
量程	字符型	C..30	—	—	O

表 6.4.2-2 电能表基础数据

中文字段名称	数据类型	数据格式	计量单位	值 域	约束条件
种类	字符型	C..20	—	—	M
电压	数值型	N..4	V	—	M
电流	数值型	N..6	A	—	M
测量精度	字符型	C..6	—	—	O
额定功率	数值型	N..3	kW	—	O
频率	数值型	N..3	Hz	—	O

表 6.4.2-3 电动机基础数据

中文字段名称	数据类型	数据格式	计量单位	值 域	约束条件
种类	字符型	C..20	—	—	M
工作制式	字符型	C..30	—	—	M
额定功率	数值型	N..10	kW	—	M
额定电流	数值型	N..6	A	—	M
启动电流	数值型	N..5	A	—	O
噪声	数值型	N..5	dB(A)	—	O

表 6.4.2-4 发电机基础数据

中文字段名称	数据类型	数据格式	计量单位	值 域	约束条件
种类	字符型	C..20	—	—	M
额定功率	数值型	N..10	kW	—	M
额定电流	数值型	N..6	A	—	M
蓄电池容量	数值型	N..5	A·h	—	O
进排风面积	数值型	N..5	m^2	—	O

表 6.4.2-5 蓄电池设备基础数据

中文字段名称	数据类型	数据格式	计量单位	值 域	约束条件
种类	字符型	C..20	—	—	M
额定电压	数值型	N..4	V	—	M
额定输出功率	数值型	N..8	W	—	M
电池容量	数值型	N..5	A·h	—	M
备用时间	数值型	N..5	h	—	O
功能	字符型	C..100	—	—	O

6.4.3 输配电产品应包括高压开关设备和保护装置、变压器、整体式变电站，产品基础数据应符合表 6.4.3-1～表 6.4.3-3 的规定。

表 6.4.3-1 高压开关设备和保护装置基础数据

中文字段名称	数据类型	数据格式	计量单位	值 域	约束条件
种类	字符型	C..28	—	—	M
额定电压	数值型	N..6	kV	—	M
额定电流	数值型	N..6	A	—	M
额定短路分断电流	数值型	N..6	kA	—	M
额定短路关合电流	数值型	N..6	kA	—	M
额定热稳定电流	数值型	N..6	kA	—	O
额定热稳定电流	数值型	N..6	kA	—	O
母线系统	字符型	C..20	—	—	O
外壳防护等级	字符型	C..6	—	—	M
间隔板防护等级	字符型	C..6	—	—	O

表 6.4.3-2 变压器基础数据

中文字段名称	数据类型	数据格式	计量单位	值 域	约束条件
种类	枚举型	C..20		按本规范表 A-85 变压器种类表	M
额定容量	数值型	N..10	kVA	—	M
额定电压	数值型	N..6	V	—	M
连接组标号	字符型	C..10	—	—	O
短路阻抗	数值型	N..5	%	—	O
空载损耗	数值型	N..10	kW	—	O
负载损耗	数值型	N..10	kW	—	O
空载电流	数值型	N..10	A	—	O
阻抗电压	数值型	N..6	%	—	O

表 6.4.3-3 整体式变电站基础数据

中文字段名称	数据类型	数据格式	计量单位	值 域	约束条件
种类	枚举型	C..28	—	按本规范表 A-86 整体式变电站种类表	M
电压等级	枚举型	C..100	—	按本规范表 A-87 整体式变电站电压等级表	M
高压侧额定电压	数值型	N..6	kV	—	M
低压侧额定电压	数值型	N..6	kV	—	M
变压器额定容量	数值型	N..10	kVA	—	M
外壳防护等级	字符型	C..6	—	—	M
重量	数值型	N..6	t	—	O

6.4.4 低压供配电产品应包括低压开关和低压变压器，产品基础数据应符合表 6.4.4-1、表 6.4.4-2 的规定。

表 6.4.4-1 低压开关产品基础数据

中文字段名称	数据类型	数据格式	计量单位	值 域	约束条件
种类	字符型	C..28	—	—	M
额定电压	数值型	N..6	kV	—	M
额定电流	数值型	N..6	A	—	M
额定频率	数值型	N..3	Hz	—	M
柜体外壳防护等级	字符型	C..6	—	—	M
额定短时耐受电流	数值型	N..6	kA	—	O

表 6.4.4-2 低压变压器产品基础数据

中文字段名称	数据类型	数据格式	计量单位	值 域	约束条件
种类	枚举型	C..20		按本规范表 A-85 变压器种类表	M
额定容量	数值型	N..10	kVA	—	M
额定电压	数值型	N..6	V	—	M
连接组标号	字符型	C..10	—	—	O
短路阻抗	数值型	N..5	%	—	O
空载损耗	数值型	N..10	kW	—	O
负载损耗	数值型	N..10	kW	—	O
空载电流	数值型	N..10	A	—	O
阻抗电压	数值型	N..6	%	—	O

6.4.5 照明产品应包括室内照明、室外照明和应急照明，产品基础数据应符合表 6.4.5-1、表 6.4.5-2 的规定。

表 6.4.5-1 室内照明、室外照明产品基础数据

中文字段名称	数据类型	数据格式	计量单位	值 域	约束条件
光源种类	字符型	C..20	—	—	M
灯具类型	字符型	C..20	—	—	M
额定功率	数值型	N..6	W	—	M
额定工作电压	数值型	N..5	V	—	M
色温	数值型	N..5	K	—	O
光通量	数值型	N..5	lm	—	O
显色指数	数值型	N..3	R_a	—	O
光强分布	二进制	JPEG、GIF	KB	—	O

表 6.4.5-2 应急照明产品基础数据

中文字段名称	数据类型	数据格式	计量单位	值 域	约束条件
供电型式	字符型	C..20	—	—	M
光源种类	字符型	C..20	—	—	M
用途	字符型	C..50	—	—	M
额定功率	数值型	N..6	W	—	M
额定工作电压	数值型	N..5	V	—	M
应急转换时间	数值型	N..2	s	—	M
供电时间	数值型	N..5	min	—	M

6.4.6 特殊系统包括不间断电源、电磁屏蔽及阴极保护，产品基础数据应符合表 6.4.6-1、表 6.4.6-2 的规定。

表 6.4.6-1 不间断电源基础数据

中文字段名称	数据类型	数据格式	计量单位	值 域	约束条件
种类	枚举型	C..18	—	按本规范表 A-88 不间断电源种类表	M
额定电压范围	字符型	C..20	V	—	M
额定容量	数值型	N..6	kVA	—	M
输出电压	字符型	C..10	V	—	M
转换时间	数值型	N..6	ms	—	M

表 6.4.6-2 电磁屏蔽及阴极保护基础数据

中文字段名称	数据类型	数据格式	计量单位	值 域	约束条件
种类	字符型	C..20	—	—	M
适用场合	字符型	C..60	—	—	M
使用方法	字符型	C..200	—	—	O
导电效应	数值型	N..6	Ω/cm^2	—	O
屏蔽效能	数值型	N..4	dB	—	O
保护电位	数值型	N..10	mV	≥-950	O
阴极极化值	数值型	N..4	mV	≥100	O

6.4.7 通信产品应包括通信线路和设施、电话和内部通信设备、通信和数据处理设备、有线传输和接收设备、广播传输和接收设备及微波传输和接收设备，产品基础数据应符合表 6.4.7-1～表 6.4.7-6 的规定。

表 6.4.7-1 通信线路和设施基础数据

中文字段名称	数据类型	数据格式	计量单位	值 域	约束条件
种类	字符型	C..30	—	—	M
功能	字符型	C..20	—	—	M
色散	字符型	C..60	—	—	C(光纤)
衰减系数	数值型	N..100	—	—	O
直径	数值型	N..6	μm	—	O

表 6.4.7-2 电话和内部通信设备基础数据

中文字段名称	数据类型	数据格式	计量单位	值 域	约束条件
种类	字符型	C..30	—	—	M
用途	字符型	C..30	—	—	M
频率范围	数值型	N..10	MHz	—	O
网络接口	字符型	C..10	—	—	O
供电方式	字符型	C..30	—	—	O

表 6.4.7-3 通信和数据处理设备基础数据

中文字段名称	数据类型	数据格式	计量单位	值 域	约束条件
种类	字符型	C..30	—	—	M
功能	字符型	C..20	—	—	M
容量	字符型	C..20	—	—	M
速率	数值型	N..8	kbps	—	O

表 6.4.7-4 有线传输和接收设备基础数据

中文字段名称	数据类型	数据格式	计量单位	值 域	约束条件
种类	字符型	C..30	—	—	M
功能	字符型	C..60	—	—	M
速率	数值型	N..8	kbps	—	O
连接电缆类型	字符型	C..30	—	—	O

表 6.4.7-5 广播传输和接收设备基础数据

中文字段名称	数据类型	数据格式	计量单位	值 域	约束条件
种类	字符型	C..30	—	—	M
功能	字符型	C..60	—	—	M
工作电压	数值型	N..5	V	—	O
传输频率	数值型	N..8	Hz	—	O

表 6.4.7-6 微波传输和接收设备基础数据

中文字段名称	数据类型	数据格式	计量单位	值 域	约束条件
种类	字符型	C..30	—	—	M
功能	字符型	C..60	—	—	M
工作电压	数值型	N..5	V	—	O
接口	字符型	C..30	—	—	O
频段	字符型	C..30	GHz	—	O
速率	数值型	N..8	kbps	—	O

6.4.8 视听设备应包括视听线路与设备、扩音设备和电视设备，产品基础数据应符合表 6.4.8-1～表 6.4.8-3 的规定。

表 6.4.8-1 视听线路与设备基础数据

中文字段名称	数据类型	数据格式	计量单位	值 域	约束条件
种类	字符型	C..30	—	—	M
功能	字符型	C..60	—	—	M
电源电压	字符型	C..12	—	—	O
接口	字符型	C..30	—	—	O
频段	字符型	C..30	GHz	—	O
速率	数值型	N..8	kbps	—	O

表 6.4.8-2 扩音设备基础数据

中文字段名称	数据类型	数据格式	计量单位	值 域	约束条件
种类	字符型	C..30	—	—	M
功能	字符型	C..60	—	—	M
功率	数值型	N..6	W	—	M
重量	数值型	N..4	kg	—	O
灵敏度	数值型	N..10	dB	—	O
输出阻抗	数值型	N..10	Ω	—	O
频率	数值型	N..10	kHz	—	O
电源电压	字符型	C..12	—	—	O
动态范围	数值型	N..4	%	—	O

表 6.4.8-3 电视设备基础数据

中文字段名称	数据类型	数据格式	计量单位	值 域	约束条件
种类	字符型	C..30	—	—	M
功能	字符型	C..60	—	—	M
用途	字符型	C..100	—	—	M
功率	数值型	N..6	W	—	M
屏幕尺寸	数值型	N..4	inch	—	M
分辨率	字符型	C..14	—	—	M
像素	数值型	N..10	—	—	O

附录 A 值域取值表

表 A-1 厂家类型表

代码	公 司 类 型	代码	公 司 类 型
01	有限责任公司	99	其他
02	股份有限公司		

表 A-2 体系认证种类表

代 码	认 证 名 称
01	ISO9001 质量管理体系认证
02	ISO14001 环境管理体系认证
03	OHSAS18000 职业健康安全管理体系认证
04	ISO27000 信息安全管理体系认证
99	其他体系认证

表 A-3 标准类别表

代 码	标准类别	代 码	标准类别
01	国家标准	05	协会标准
02	行业标准	06	国际标准
03	地方标准	99	其他
04	企业标准		

表 A-4 成膜后浸水溶解性表

代码	成膜后浸水溶解性	代码	成膜后浸水溶解性
01	溶	02	不溶

表 A-5 预拌混凝土分类表

代码	预拌混凝土分类	代码	预拌混凝土分类
01	通用品	02	特制品

表 A-6 焊接钢筋网分类表

代码	焊接钢筋网分类	代码	焊接钢筋网分类
01	定型钢筋焊接网	02	定制钢筋焊接网

表 A-7 轻质混凝土强度等级表

代码	轻质混凝土强度等级	代码	轻质混凝土强度等级
01	LC5.0	08	LC35
02	LC7.5	09	LC40
03	LC10	10	LC45
04	LC15	11	LC50
05	LC20	12	LC55
06	LC25	13	LC60
07	LC30	99	其他

表 A-8 轻质混凝土密度等级表

代 码	轻质混凝土密度等级	干表观密度的变化范围（kg/m^3）
01	600	560～650
02	700	660～750
03	800	760～850
04	900	860～950
05	1000	960～1050
06	1100	1060～1150
07	1200	1160～1250
08	1300	1260～1350
09	1400	1360～1450
10	1500	1460～1550
11	1600	1560～1650
12	1700	1660～1750
13	1800	1760～1850
14	1900	1860～1950
99	其他	其他

表 A-9 预应力混凝土强度等级表

代码	预应力混凝土强度等级	代码	预应力混凝土强度等级
01	C30	07	C60
02	C35	08	C65
03	C40	09	C70
04	C45	10	C75
05	C50	11	C80
06	C55	99	其他

表 A-10 预应力混凝土弹性模量表

代码	预应力混凝土弹性模量（$\times10^4N/mm^2$）	代码	预应力混凝土弹性模量（$\times10^4N/mm^2$）
01	3.00	07	3.60
02	3.15	08	3.65
03	3.25	09	3.70
04	3.35	10	3.75
05	3.45	11	3.80
06	3.55	99	其他

表 A-11 砌筑砂浆强度等级表

代码	砌筑砂浆强度等级	代码	砌筑砂浆强度等级
01	M5	05	M20
02	M7.5	06	M25
03	M10	07	M30
04	M15	99	其他

表 A-12 烧结砖泛霜等级表

代 码	烧结砖泛霜等级	泛霜要求
01	优等品	无泛霜
02	一等品	不允许出现中等泛霜
03	合格品	不允许出现严重泛霜

表 A-13 堵漏材料种类表

代 码	堵漏材料种类	代码	堵漏材料种类
01	缓凝型	99	其他
02	速凝型		

表 A-14 铝门窗型材表面处理方式表

代 码	表面处理方式	代 码	表面处理方式
01	氟碳喷涂	04	氧化
02	粉末喷涂	99	其他
03	电泳		

表 A-15 铝门窗型材精度等级表

代 码	精度等级	代 码	精度等级
01	超高精级	03	普精级
02	高精级		

表 A-16 抗风压性能等级表

代　码	抗风压分级	分级指标值 P_3
01	1	$1.0 \leqslant P_3 < 1.5$
02	2	$1.5 \leqslant P_3 < 2.0$
03	3	$2.0 \leqslant P_3 < 2.5$
04	4	$2.5 \leqslant P_3 < 3.0$
05	5	$3.0 \leqslant P_3 < 3.5$
06	6	$3.5 \leqslant P_3 < 4.0$
07	7	$4.0 \leqslant P_3 < 4.5$
08	8	$4.5 \leqslant P_3 < 5.0$
09	9	$P_3 \geqslant 5.0$

表 A-17 水密性能等级表

代　码	水密性能分级	分级指标 ΔP
01	1	$100 \leqslant \Delta P < 150$
02	2	$150 \leqslant \Delta P < 250$
03	3	$250 \leqslant \Delta P < 350$
04	4	$350 \leqslant \Delta P < 500$
05	5	$500 \leqslant \Delta P < 700$
06	6	$\Delta P \geqslant 700$

表 A-18 气密性能等级表

代码	气密性能分级	单位缝长分级指标值 q_1	单位面积分级指标值 q_2
01	1	$4.0 \geqslant q_1 > 3.5$	$12 \geqslant q_2 > 10.5$
02	2	$3.5 \geqslant q_1 > 3.0$	$10.5 \geqslant q_2 > 9.0$
03	3	$3.0 \geqslant q_1 > 2.5$	$9.0 \geqslant q_2 > 7.5$
04	4	$2.5 \geqslant q_1 > 2.0$	$7.5 \geqslant q_2 > 6.0$
05	5	$2.0 \geqslant q_1 > 1.5$	$6.0 \geqslant q_2 > 4.5$
06	6	$1.5 \geqslant q_1 > 1.0$	$4.5 \geqslant q_2 > 3.0$
07	7	$1.0 \geqslant q_1 > 0.5$	$3.0 \geqslant q_2 > 1.5$
08	8	$q_1 \leqslant 0.5$	$q_2 \leqslant 1.5$

表 A-19 保温性能等级表

代　码	保温性能分级	分级指标值 K
01	1	$K \geqslant 5.0$
02	2	$5.0 > K \geqslant 4.0$
03	3	$4.0 > K \geqslant 3.5$
04	4	$3.5 > K \geqslant 3.0$
05	5	$3.0 > K \geqslant 2.5$
06	6	$2.5 > K \geqslant 2.0$
07	7	$2.0 > K \geqslant 1.6$
08	8	$1.6 > K \geqslant 1.3$
09	9	$1.3 > K \geqslant 1.1$
10	10	$K < 1.1$

表 A-20 空气隔声性能等级表

代码	空气隔声性能分级	外门、外窗的分级指标值	内门、内窗的分级指标值
01	1	$20 \leqslant R_W + C_{tr} < 25$	$20 \leqslant R_W + C < 25$
02	2	$25 \leqslant R_W + C_{tr} < 30$	$25 \leqslant R_W + C < 30$
03	3	$30 \leqslant R_W + C_{tr} < 35$	$30 \leqslant R_W + C < 35$
04	4	$35 \leqslant R_W + C_{tr} < 40$	$35 \leqslant R_W + C < 40$
05	5	$40 \leqslant R_W + C_{tr} < 45$	$40 \leqslant R_W + C < 45$
06	6	$R_W + C_{tr} \geqslant 45$	$R_W + C \geqslant 45$

表 A-21 旋转入口门门体材料表

代　码	门体材料	代　码	门体材料
01	铝合金型材	04	木材
02	不锈钢	99	其他
03	彩色涂层钢板		

表 A-22 窗空气隔声性能分级表

代　码	空气隔声性能分级	分级指标值 R_W
01	1	$20 \leqslant R_W < 25$
02	2	$25 \leqslant R_W < 30$
03	3	$30 \leqslant R_W < 35$
04	4	$35 \leqslant R_W < 40$
05	5	$40 \leqslant R_W < 45$
06	6	$R_W \geqslant 45$

表 A-23 窗采光性能分级表

代　码	采光性能分级	分级指标值 T_r
01	1	$0.20 \leqslant T_r < 0.30$
02	2	$0.30 \leqslant T_r < 0.40$
03	3	$0.40 \leqslant T_r < 0.50$
04	4	$0.50 \leqslant T_r < 0.60$
05	5	$T_r \geqslant 0.60$

表 A-24 窗遮阳性能分级表

代　码	遮阳性能分级	分级指标值 SC
01	1	$0.8 \geqslant SC > 0.7$
02	2	$0.7 \geqslant SC > 0.6$
03	3	$0.6 \geqslant SC > 0.5$
04	4	$0.5 \geqslant SC > 0.4$
05	5	$0.4 \geqslant SC > 0.3$
06	6	$0.3 \geqslant SC > 0.2$
07	7	$SC \leqslant 0.2$

表 A-25　塑料窗保温性能等级表

代　码	保温性能分级	分级指标值
01	7	$3.0>K\geqslant2.5$
02	8	$2.5>K\geqslant2.0$
03	9	$2.0>K\geqslant1.5$
04	10	$K<1.5$

表 A-26　屋顶窗采光性能分级表

代　码	采光性能分级	分级指标值 T_r
01	Ⅰ	$T_r\geqslant0.70$
02	Ⅱ	$0.60\leqslant T_r<0.70$
03	Ⅲ	$0.50\leqslant T_r<0.60$
04	Ⅳ	$0.40\leqslant T_r<0.50$
05	Ⅴ	$0.30\leqslant T_r<0.40$
06	Ⅵ	$0.20\leqslant T_r<0.30$

表 A-27　屋顶窗保温性能等级表

代　码	保温性能分级	分级指标值
01	1	$K\geqslant5.5$
02	2	$5.5>K\geqslant5.0$
03	3	$5.0>K\geqslant4.5$
04	4	$4.5>K\geqslant4.0$
05	5	$4.0>K\geqslant3.5$
06	6	$3.5>K\geqslant3.0$
07	7	$3.0>K\geqslant2.5$
08	8	$2.5>K\geqslant2.0$
09	9	$2.0>K\geqslant1.5$
10	10	$K<1.5$

表 A-28　采光屋顶气密性能等级表

代码	气密性能分级	单位缝长分级指标值 q_1	单位面积分级指标值 q_2
01	1	$6.0\geqslant q_1>4.0$	$18.0\geqslant q_2>12.0$
02	2	$4.0\geqslant q_1>2.5$	$12.0\geqslant q_2>7.5$
03	3	$2.5\geqslant q_1>1.5$	$7.5\geqslant q_2>4.5$
04	4	$1.5\geqslant q_1>0.5$	$4.5\geqslant q_2>1.5$
05	5	$q_1\leqslant0.5$	$q_2\leqslant1.5$

表 A-29　回弹恢复等级表

代码	回弹恢复分级	回弹恢复分级指标值（D_r）
01	1	$30\%<D_r\leqslant40\%$
02	2	$40\%<D_r\leqslant50\%$
03	3	$50\%<D_r\leqslant60\%$
04	4	$60\%<D_r\leqslant70\%$
05	5	$70\%<D_r\leqslant80\%$
06	6	$80\%<D_r\leqslant90\%$
07	7	$90\%<D_r$

表 A-30　石膏基抹面灰浆产品分类表

代　码	代　号	石膏基抹面灰浆产品类别
01	F	面层粉刷石膏
02	B	底层粉刷石膏
03	T	保温层粉刷石膏
99	其他	其他

表 A-31　水泥基抹面灰浆产品分类表

代　码	代　号	水泥基抹面灰浆产品类别
01	Ⅰ	干粉类
02	Ⅱ	乳液类
99	其他	其他

表 A-32　石膏板产品分类表

代　码	代　号	石膏板产品类别
01	P	普通纸面石膏板
02	S	耐水纸面石膏板
03	H	耐火纸面石膏板
04	SH	耐水耐火纸面石膏板
99	其他	其他

表 A-33　自动喷水灭火系统名称表

代码	名　称	代码	名　称
01	湿式自动喷水灭火系统	04	重复启闭预作用灭火系统
02	干式自动喷水灭火系统	05	雨淋系统
03	预作用灭火系统	99	其他

表 A-34　自动喷水灭火系统类型表

代码	自动喷水灭火系统类型	代码	自动喷水灭火系统类型
01	闭式自动喷水灭火系统	99	其他
02	开式自动喷水灭火系统		

表 A-35　水幕灭火系统类型表

代码	类　型	代码	类　型
01	防火分隔水幕	99	其他
02	防护冷却水幕		

表 A-36　水幕灭火系统喷头类型表

代码	喷头类型	代码	喷头类型
01	缝隙式水幕喷头	99	其他
02	冲击式水幕喷头		

表 A-37　泡沫灭火系统名称表

代码	名　称	代码	名　称
01	低倍数泡沫灭火系统	03	高倍数泡沫灭火系统
02	中倍数泡沫灭火系统	99	其他

表 A-38　泡沫灭火系统类型表

代码	类型	代码	类型
01	固定式	04	泡沫喷淋
02	半固定式	99	其他
03	移动式		

表 A-39　气体灭火系统名称表

代码	名称	代码	名称
01	贮压式七氟丙烷灭火系统	06	高压二氧化碳灭火系统
02	备压式七氟丙烷灭火系统	07	低压二氧化碳灭火系统
03	三氟甲烷灭火系统	08	气溶胶灭火系统
04	混合气体灭火系统	99	其他
05	氮气灭火系统（IG-100）		

表 A-40　气体灭火系统类型表

代码	类型	代码	类型
01	半固定式（预制灭火系统）	05	全淹没灭火系统
02	固定式气体灭火系统（管网灭火系统）	06	局部应用灭火系统
03	单元独立灭火系统	99	其他
04	组合分配灭火系统		

表 A-41　水净化设备名称表

代码	水净化设备名称	代码	水净化设备名称
01	氯消毒器	06	膜处理设备
02	紫外线消毒器	07	砂滤罐
03	二氧化氯发生器	08	活性炭过滤罐
04	次氯酸钠消毒器	99	其他
05	臭氧发生器		

表 A-42　水软化设备名称表

代码	水软化设备名称	代码	水软化设备名称
01	全自动软水器	05	移动床软水器
02	顺流再生固定床软水器	06	流动床软水器
03	逆流再生固定床软水器	99	其他
04	浮动床软水器		

表 A-43　污水和污泥泵名称表

代码	污水和污泥泵名称	代码	污水和污泥泵名称
01	潜水排污泵	05	卧式双吸离心式污水泵
02	立式长轴液下式污水泵	06	卧式单吸离心式污水泵
03	立式双吸离心式污水泵	07	污泥泵
04	立式单吸离心式污水泵	99	其他

表 A-44　沉淀池设备名称表

代码	沉淀池设备名称	代码	沉淀池设备名称
01	污水处理用辐流沉淀池周边传动刮泥机	04	沉淀池机械搅拌机
02	辐流式二次沉淀池吸泥机	99	其他
03	沉淀池虹吸排泥机		

表 A-45　化学和生化处理设备名称表

代码	化学和生化处理设备名称	代码	化学和生化处理设备名称
01	一体式膜生物反应器	06	曝气生物滤池
02	膜生物反应器	07	氧化沟
03	活性污泥法处理设备	08	生物处理一体机
04	生物转盘法处理设备	99	其他
05	接触氧化法处理设备		

表 A-46　污泥处理设备名称表

代码	污泥处理设备	代码	污泥处理设备
01	重力式污泥浓缩池悬挂式中心传动刮泥机	03	污泥浓缩带式脱水一体机
02	污泥脱水用带式压滤机	99	其他

表 A-47　除油设备名称表

代码	除油设备名称	代码	除油设备名称
01	隔油器	03	气体分离罐
02	油脂分离器	99	其他

表 A-48　污泥过滤脱水设备名称表

代码	污泥过滤脱水设备	代码	污泥过滤脱水设备
01	重力式污泥浓缩池悬挂式中心传动刮泥机	03	污泥浓缩带式脱水一体机
02	污泥脱水用带式压滤机	99	其他

表 A-49　充氧设备名称表

代码	充氧设备	代码	充氧设备
01	罗茨鼓风机	06	转碟曝气机
02	回转式鼓风机	07	倒伞型表面曝气机
03	水下射流曝气机	08	氧化沟水平轴转刷曝气机
04	自吸式曝气机	99	其他
05	转刷曝气机		

表 A-50　管材名称表

代码	管材名称
01	球墨铸铁管
02	焊接钢管
03	螺旋缝埋弧焊钢管

续表 A-50

代码	管材名称
04	薄壁不锈钢管
05	建筑铜水管
06	热镀锌钢管
07	建筑排水柔性接口铸铁管
08	涂塑复合钢管
09	衬塑复合钢管
10	钢塑复合压力管
11	内衬不锈钢复合钢管
12	混凝土排水管
13	钢筋混凝土排水管
14	预应力钢筋混凝土管
15	自应力钢筋混凝土管
16	预应力钢筒混凝土管
17	硬聚氯乙烯管
18	氯化聚氯乙烯管
19	聚乙烯管
20	聚丙烯管
21	丙烯腈-丁二烯-苯乙烯（ABS）管
22	聚丁烯管
23	交联聚乙烯管
24	耐热聚乙烯管
25	铝塑复合压力管
26	玻璃纤维增强塑料夹砂管
27	建筑排水中空壁消声硬聚氯乙烯（PVC-U）管
28	建筑排水硬聚氯乙烯内螺旋管
29	排水用芯层发泡聚氯乙烯管
30	排水用聚氯乙烯玻璃微珠复合管
31	无压埋地排污、排水硬聚氯乙烯管
32	聚乙烯双壁波纹管
33	聚乙烯缠绕结构壁管
34	建筑排水用高密度聚乙烯（HDPE）管
35	聚丙烯静音排水管
99	其他

表 A-51　阀门分类表

代码	阀门分类	代码	阀门分类
01	闸阀	07	旋塞阀
02	截止阀	08	止回阀和底阀
03	节流阀	09	安全阀
04	蝶阀	10	减压阀
05	球阀	11	疏水阀
06	隔膜阀	99	其他

表 A-52　阀门驱动方式表

代码	阀门驱动方式	代码	阀门驱动方式
01	电磁驱动	07	伞齿轮
02	液动	08	气动
03	涡轮驱动	09	气-液动
04	电磁-液动	10	电动
05	电-液动	99	其他
06	正齿轮		

表 A-53　泵驱动装置表

代码	泵驱动装置	代码	泵驱动装置
01	电动机	99	其他
02	柴油机水泵驱动装置		

表 A-54　水箱箱体板材材质表

代码	水箱箱体板材材质	代码	水箱箱体板材材质
01	普通钢板	05	热浸镀锌钢板
02	不锈钢板	06	钢筋混凝土
03	搪瓷钢板	99	其他
04	玻璃钢		

表 A-55　水箱组装方式表

代码	组装方式	代码	组装方式
01	拼装焊接	99	其他
02	拼装螺栓密封成型		

表 A-56　家用热水器名称表

代码	家用热水器名称	代码	家用热水器名称
01	贮水式电热水器	04	燃气容积式热水器
02	即热式电热水器	05	太阳能热水器
03	燃气快速式热水器	99	其他

表 A-57　热媒种类表

代码	热媒种类	代码	热媒种类
01	热水	99	其他
02	蒸汽		

表 A-58　烟道种类表

代码	烟道种类	代码	烟道种类
01	砖烟囱	04	套筒式烟囱
02	钢筋混凝土烟囱	05	多管式烟囱
03	钢烟囱	99	其他

表 A-59 制冷压缩机类型表

代码	制冷压缩机类型	代码	制冷压缩机类型
01	活塞式	04	离心式
02	涡旋式	99	其他
03	螺杆式		

表 A-60 冷水机组种类表

代码	冷水机组种类	代码	冷水机组种类
01	活塞式电动压缩冷水机组	05	溴化锂吸收式冷水机组
02	涡旋式电动压缩冷水机组	06	直燃式溴化锂吸收式冷水机组
03	螺杆式电动压缩冷水机组	99	其他
04	离心式电动压缩冷水机组		

表 A-61 冷水机组冷却方式表

代码	冷却方式	代码	冷却方式
01	水冷	99	其他
02	风冷或蒸发冷却		

表 A-62 冷却塔种类表

代码	冷却塔种类	代码	冷却塔种类
01	逆流式冷却塔	04	喷射式冷却塔
02	横流式冷却塔	99	其他
03	封闭式冷却塔		

表 A-63 蒸发器、冷凝器冷却方式表

代码	冷却方式	代码	冷却方式
01	水冷	99	其他
02	风冷		

表 A-64 热交换器种类表

代码	热交换器种类	代码	热交换器种类
01	管壳式	04	半即热式
02	套管式	05	容积式
03	板式	99	其他

表 A-65 空气处理机种类表

代码	空气处理机种类	代码	空气处理机种类
01	空调机组	04	净化机组
02	新风机组	05	溶液调湿型空气处理机组
03	变风量机组	99	其他

表 A-66 户式集中空调机组种类表

代码	户式集中空调机组种类	代码	户式集中空调机组种类
01	风管式空气源热泵机组	06	户式直燃型溴化锂冷热水机组
02	风管式水源热泵机组	07	变频（变转速）控制空气源热泵机组
03	空气源热泵冷热水机组		
04	水源热泵冷热水机组	08	数码脉冲控制空气源热泵机组
05	空气源冷水机组	99	其他

表 A-67 机组型式表

代码	机组型式	代码	机组型式
01	单冷型	03	电热型
02	热泵型	99	其他

表 A-68 电源种类表

代码	电源种类	代码	电源种类
01	AC220V/50Hz	04	AC6kV/50Hz/3N
02	AC380V/50Hz/3N	05	AC10kV/50Hz/3N
03	DC24V/50Hz	99	其他

表 A-69 热泵类别表

代码	热泵类别	代码	热泵类别
01	空气源热泵	03	水环式热泵
02	地源热泵	99	其他

表 A-70 湿度控制设备种类表

代码	湿度控制设备种类	代码	湿度控制设备种类
01	机械制冷式除湿机	06	电极加湿器
02	转轮式除湿机	07	超声波加湿器
03	溶液除湿机	08	湿膜加湿器
04	蒸汽加湿器	99	其他
05	电热加湿器		

表 A-71 散热器种类表

代码	散热器种类	代码	散热器种类
01	铸铁散热器	04	金属复合型散热器
02	钢制散热器	99	其他
03	铝制散热器		

表 A-72 加热管管径表

代码	加热管管径	代码	加热管管径
01	$dn20$	03	$dn32$
02	$dn25$	99	其他

表 A-73 空气热回收装置种类表

代 码	空气热回收装置种类	代 码	空气热回收装置种类
01	板式	05	液体循环式
02	板翅式	06	溶液吸收式
03	热管式	99	其他
04	转轮式		

表 A-74 空气热回收装置效率种类表

代 码	效率种类	代 码	效率种类
01	温度效率	99	其他
02	焓效率		

表 A-75 通风管道种类表

代 码	通风管道种类	代 码	通风管道种类
01	镀锌钢板风管	08	防火板风管
02	无机玻璃钢风管	09	玻镁复合风管
03	硬聚氯乙烯风管	10	氯氧镁水泥复合风管
04	玻纤铝箔复合风管	11	挤塑复合风管
05	酚醛铝箔复合风管	12	铝箔与阻燃布软管
06	聚氨酯铝箔复合风管	99	其他
07	彩钢板保温复合风管		

表 A-76 风管配件控制方式表

代 码	控制方式	代 码	控制方式
01	手动	03	电动
02	气动	99	其他

表 A-77 风机盘管种类表

代 码	风机盘管种类	代 码	风机盘管种类
01	卧式	04	卡式
02	立式（含低矮式）	05	壁挂式
03	柱式	99	其他

表 A-78 风机盘管安装形式表

代 码	风机盘管安装形式	代 码	风机盘管安装形式
01	明装	99	其他
02	暗装		

表 A-79 风机盘管出口静压表

代 码	风机盘管出口静压	代 码	风机盘管出口静压
01	<30Pa（低静压型）	02	≥30Pa（高静压型）

表 A-80 热量计量仪表种类表

代 码	热量计量仪表种类	代 码	热量计量仪表种类
01	机械式热量表	04	蒸发式热分配表
02	超声波式热量表	05	电子式热分配表
03	温度法热量分配表	99	其他

表 A-81 阀门控制装置种类表

代 码	阀门控制装置种类	代 码	阀门控制装置种类
01	气动	03	手动
02	电动	99	其他

表 A-82 电线和电缆种类表

代 码	电线和电缆种类	代 码	电线和电缆种类
01	BVV	05	YJV
02	BV	06	YJV_{22}
03	VV	07	JHS
04	VV_{22}	99	其他

表 A-83 电线和电缆芯材材质表

代 码	芯材材质	代 码	芯材材质
01	铜	99	其他
02	铝		

表 A-84 布线管道管材种类表

代 码	布线管道管材种类	代 码	布线管道管材种类
01	焊接钢管	04	电线管
02	扣压式金属管	05	硬质塑料管
03	紧定式金属管	99	其他

表 A-85 变压器种类表

代 码	变压器种类	代 码	变压器种类
01	干式	99	其他
02	油浸式		

表 A-86 整体式变电站种类表

代 码	整体式变电站种类	代 码	整体式变电站种类
01	户内式	99	其他
02	户外式		

表 A-87 整体式变电站电压等级表

代 码	整体式变电站电压等级	代 码	整体式变电站电压等级
01	高压（6kV～35kV）	99	其他
02	低压（220V/380V）		

表 A-88 不间断电源种类表

代 码	不间断电源种类	代 码	不间断电源种类
01	后备式	03	在线互动式
02	在线式	99	其他

本规范用词说明

1 为便于在执行本规范条文时区别对待，对要求严格程度不同的用词说明如下：

1）表示很严格，非这样做不可的用词：
正面词采用“必须”，反面词采用“严禁”；

2）表示严格，在正常情况均应这样做的用词：
正面词采用“应”，反面词采用“不应”或“不得”；

3）表示允许稍有选择，在条件许可时首先应这样做的用词：
正面词采用“宜”，反面词采用“不宜”；

4）表示有选择，在一定条件下可以这样做的用词，采用“可”。

2 条文中指明应按其他有关标准执行的写法为“应符合……的规定”或“应按……执行”。

引用标准名录

1 《烟囱设计规范》GB 50051
2 《通用硅酸盐水泥》GB 175
3 《铝酸盐水泥》GB 201
4 《钢筋混凝土用钢》GB 1499
5 《信息交换用汉字编码字符集 基本集》GB 2312
6 《高铝质隔热耐火砖》GB/T 3995
7 《低压电器外壳防护等级》GB/T 4942.2
8 《烧结普通砖》GB 5101
9 《预应力混凝土用钢丝》GB/T 5223
10 《数据元和交换格式 信息交换 日期和时间表示法》GB/T 7408
11 《制冷剂编号方法和安全分类》GB/T 7778
12 《建筑材料及制品燃烧性能等级》GB 8624
13 《胶合板 第1部分：分类》GB/T 9846.1
14 《蒸压灰砂砖》GB 11945
15 《实木地板技术要求》GB/T 15036.1
16 《国际贸易计量单位代码》GB/T 17295
17 《电子政务数据元 第1部分:设计和管理规范》GB/T 19488.1
18 《轻骨料混凝土技术规程》JGJ 51
19 《溶剂型聚氨酯涂料（双组分)》HG/T 2454
20 《硝基清漆》HG/T 2592
21 《工业通风机、透平鼓风机和压缩机名词术语》JB/T 2977
22 《工业锅炉 通用技术条件》JB/T 10094
23 《粉煤灰砖》JC 239
24 《水泥混凝土养护剂》JC 901
25 《蒸压灰砂空心砖》JC/T 637
26 《石膏砌块》JC/T 698
27 《空心玻璃砖》JC/T 1007
28 《通风空调风口》JG/T 14
29 《建筑产品分类与编码》JG/T 151
30 《建筑用遮阳天篷帘》JG/T 252
31 《地毯分类命名》QB/T 2213
32 《防静电活动地板通用规范》SJ/T 10796
33 《混凝土用钢纤维》YB/T 151
34 《黏土质耐火砖》YB/T 5106

中华人民共和国行业标准

建筑产品信息系统基础数据规范

JGJ/T 236—2011

条　文　说　明

制 定 说 明

《建筑产品信息系统基础数据规范》JGJ/T 236－2011，经住房和城乡建设部 2011 年 1 月 11 日以第 892 号公告批准、发布。

本规范制订过程中，编制组进行了广泛的调查研究，总结了我国工程建设中建筑产品信息系统应用的实践经验，同时参考了国外先进技术法规、技术标准。

为便于广大施工、科研、学校等单位有关人员在使用本规范时能正确理解和执行条文规定，《建筑产品信息系统基础数据规范》编制组按章、节、条顺序编制了本规范的条文说明、对条文规定的目的、依据以及执行中需注意的有关事项进行了说明。但是，本条文说明不具备与标准正文同等的法律效力，仅供使用者作为理解和把握标准规定的参考。

目　　次

1 总　　则

1.0.1 由于信息化时代的到来，在工程建设和商务交流中，建筑产品的信息化交互需求日益增强。当前国内相关部门和单位在实际工作当中，为了满足建筑产品信息的交换、共享，适应行业发展，都投入了大量人力、财力建设建筑产品数据库。而不同部门和单位所建立的数据格式与数据库类型没有统一标准，各系统之间不能直接进行数据共享，这样就在数据交换过程中产生大量的重复投入和数据转换工作，严重降低了工作效率。为了减少信息交换过程中的转换问题，降低数据交换成本，避免重复投入、建设，制定本规范。

1.0.2 本规范适用于建筑及相关领域的建筑产品数据库的建设。本规范涉及的建筑产品涵盖了现在工程建设中常用的建筑材料、部品和设备，但不包括软件、服务、图纸、维修、施工机具等内容。本规范中涉及编入的建筑产品，是根据《建筑产品分类与编码》JG/T 151－2003 所列出的建筑产品为基础的，选择了常用的建筑材料和部品、设备。《建筑产品分类与编码》JG/T 151－2003 中涉及的内容非常广泛，产品涉及面非常广，本规范选择了常用的、主要的一部分建筑产品给出了相关的基础数据要求。对于其他建筑产品基础数据，本规范给出了编写的方法和依据，可根据这些方法和依据扩充相关内容。

1.0.3 建筑产品基础数据，基础数据内容的采集应从其他相关标准规范中规定的内容中取得，例如产品名称、类型等。同时建筑产品的通用数据列出了一些建筑产品相关的数据，这些数据应符合其他相关标准的规定。例如：企业信息部分，应符合企业信息化标准的规定。这些标准是本规范数据采集的依据，因此，其他现行国家有关标准、规范我们在数据建设过程中也应该严格执行。

2 术语和符号

2.1 术　　语

本章给出的 7 个术语，是在本规范的章节中所引用的。本规范的术语是从本规范的角度赋予其相应的涵义，但涵义不一定是术语的定义。同时，对中文术语还给出了相应的推荐性英文术语，供参考。

2.1.1 建筑产品所指设备不包括施工机械。

2.1.2 基础数据是描述某个对象属性特征的内容。为了描述的方便，本规范将建筑产品的部分共有属性提取出来作为基本属性内容。针对不同领域的应用，需求可能会有所增加，本规范同时给出了相应的属性扩展规定。

2.1.3 建筑产品共有的数据，例如生产企业信息。

2.1.4 建筑产品个性化的数据，例如水泥的强度等级与制冷机组的制冷量。

2.1.5 根据《信息技术　数据元的规范与标准化　第 1 部分：数据元的规范与标准化框架》GB/T 18391.1－2009 定义 3.1.1 确定。

2.1.6 根据《信息技术　数据元的规范与标准化　第 1 部分：数据元的规范与标准化框架》GB/T 18391.1－2009 定义 3.3.38 确定。

2.1.7 是描述属性的具体数据信息。

3 基 本 规 定

3.1 基础数据分类

3.1.1 建筑产品种类繁多，为了描述的方便，根据实际工作的需要，按照数据内容的不同类型，将基础数据划分为几个常用的大类：建筑产品生产厂家，建筑产品性能信息，建筑产品执行标准信息。基础数据结构见图 1。

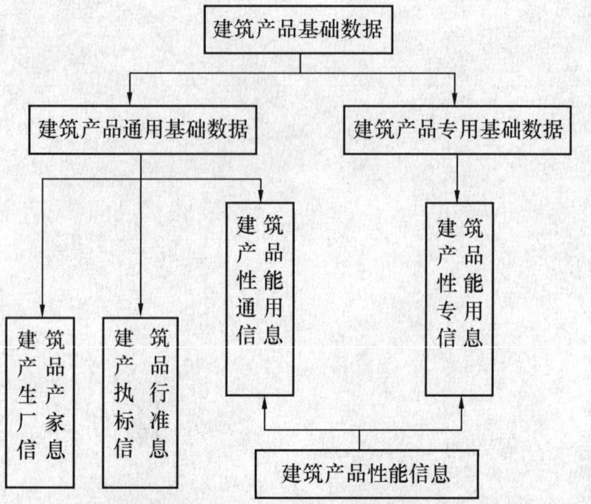

图 1　数据结构图

3.1.2 建筑产品基础数据对于每个不同的产品来说可能都是不尽相同的，但是有一部分的数据内容是一致的，例如：企业的相关信息，建筑产品的名称，执行标准等信息，其描述的格式与内容是相同的。为了能够更加简单、清晰的表示，把建筑产品共有的基础数据提取出来做统一说明，称为通用基础数据。通用基础数据应包括建筑产品生产厂家信息，建筑产品执行标准信息和建筑产品性能通用信息。

3.1.3 除通用基础数据外的数据应列为专用基础数据。这里所指的通用基础数据外的数据是指本规范所列出的数据。

3.2 基础数据技术要求

3.2.1 给出了用于描述基础数据的主要属性，属性的选取依据国家标准《电子政务数据元　第 1 部分：设计和管理规范》GB/T 19488.1－2004 以及建筑产品的特性。

3.2.2　基础数据质量应按照规定的三个原则执行，在实际操作当中做好对应的规定和操作流程。避免由于人为因素导致数据误差等问题。

3.2.3　XML 格式便于数据的储存与交流，是现在数据交换的公共语言。数据交换规则及定义按照《电子政务数据元　第 1 部分：设计和管理规范》GB/T 19488.1－2004 的相关规定执行。对于 XML 的表示方法以本规范表 3.3.1 为例说明。

表 3.3.1　建筑产品生产厂家信息

属性

中文字段名称	数据类型	数据格式	计量单位	值　域	约束条件
厂家中文名称	字符型	C..40	—	—	M
厂家英文名称	字符型	C..40	—	—	O
组织机构代码	字符型	C..20	—	—	M
注册资本	数值型	N..12	元(人民币)	—	M
法定代表人姓名	字符型	C..20	—	—	M
厂家类型	枚举型	C..20	—	按本规范表 A-1 厂家类型表	M
地址	字符型	C..60	—	—	M
电话	字符型	C..14	—	—	M
传真	字符型	C..14	—	—	O
获得体系认证	枚举型	C..40	—	按本规范表 A-2 体系认证种类表	O

属性值

XML 格式说明

```
< xsd: schema xmlns: xsd = "http://www.w3.org/2001/XMLSchema">
  <xsd: element name="DataElements">
   <xsd: complexType >
   <xsd: sequence>
     <xsd: element name = "DataElement" type = "cde: DataElementStructure" />
     </xsd: sequence>
   </xsd: complexType>
  </xsd: element>
   <xsd: complexType name="DataElementStructure">
    <xsd: sequence>
     <xsd: element name="公司中文字段名称" use="required">
      <xsd: simpleType>
      <xsd: restriction base="xsd: string" >
       <xsd: minLength value="2"/>
       <xsd: maxLength value="40"/>
      </xsd: restriction>
      </xsd: simpleType>
     </xsd: element>
     <xsd: element name="公司英文名称" >
      <xsd: simpleType>
      <xsd: restriction base="xsd: string" >
       <xsd: minLength value="2"/>
       <xsd: maxLength value="40"/>
      </xsd: restriction>
      </xsd: simpleType>
     </xsd: element>
    <xsd: element name="注册资本" use="required" >
     <xsd: simpleType>
     <xsd: restriction base="xsd: integer" >
              <xsd: length value="12"/>
      </xsd: restriction>
     </xsd: simpleType>
     <xsd: attribute name = "计量单位" type = "xsd: string" default="元(人民币)"/>
    </xsd: element>
    <xsd: element name="法定代表人姓名" use="required">
     <xsd: simpleType>
      <xsd: restriction base="xsd: string">
      <xsd: minLength value="2"/>
       <xsd: maxLength value="20"/>
      </xsd: restriction>
     </xsd: simpleType>
    </xsd: element>

    <xsd: element name="公司类型" type="表 A-1 公司类型表" use="required">
    </xsd: element>
    <xsd: element name="地址" use="required" >
     <xsd: simpleType>
     <xsd: restriction base="xsd: string">
      <xsd: minLength value="2"/>
       <xsd: maxLength value="60"/>
      </xsd: restriction>
     </xsd: simpleType>
    </xsd: element>
    <xsd: element name="电话" use="required">
     <xsd: simpleType>
      <xsd: restriction base="xsd: string" >
       <xsd: minLength value="2"/>
       <xsd: maxLength value="14"/>
      </xsd: restriction>
     </xsd: simpleType>
    </xsd: element>
    <xsd: element name="传真">
     <xsd: simpleType>
      <xsd: restriction base="xsd: string" >
       <xsd: minLength value="2"/>
       <xsd: maxLength value="14"/>
      </xsd: restriction>
     </xsd: simpleType>
    </xsd: element>
    <xsd: element name="获得体系认证" type="表 A-2 体系认证种类表">
    </xsd: element>

   </xsd: sequence>
    <xsd: attribute name = "uid" type = "xsd: integer" use = "required"/>
   </xsd: complexType>
  <xsd: simpleType name="表 A-1 公司类型表">
   <xsd: restriction base="xsd: string">
     <xsd: enumeration value="有限责任公司"/> <xsd: enu-
```

```
meration value="股份有限公司"/>
    </xsd: restriction>
  </xsd: simpleType>
  <xsd: simpleType name="表 A-2 体系认证种类表">
    <xsd: restriction base="xsd: string">
      <xsd: enumeration value="ISO9001 质量管理体系认证"/>
<xsd: enumeration value="ISO14001 环境管理体系认证"/><
xsd: enumeration value="OHSAS18000 职业健康安全管理体系认
证"/><xsd: enumeration value="ISO27000 信息安全管理体系认
证"/><xsd: enumeration value="其他体系认证"/>
    </xsd: restriction>
  </xsd: simpleType>
</xsd: schema>
```

3.2.4 基础数据的表示采用属性和属性值表示，以本规范表 3.3.1为例。属性是描述建筑产品的一种特性，属性值是这种特性的具体描述。

基础数据描述格式的表示方法，包括数据类型表示方法和字符长度表示方法。具体应用示例如下：

应用示例

C 字符型（包括各种字符：字母、数字字符和汉字等）

C12 固定长度为 12 个字符（相当于 6 个汉字）长度的字符

C..12 可变长度，最大为 12 个字符长度的字符

C4..12 可变长度，最小为 4 个字符，最大为 12 个字符长度的字符

C..40X3 3 行最大长度为 40 个字符长度的字符

N 数值型

N3 固定长度为 3 位数字

N..3 最大长度为 3 位数字

N9，2 最大长度为 9 位的十进制小数格式（包括小数点），小数点后保留 2 位数字

D 日期型

D8 采用 YYYYMMDD 格式（8 位定长）表示年月日。

如 1998 年 1 月 8 日，应表示为 19980108

D15 采用 YYYYMMDDThhmmss 格式（15 位定长）表示年月日时分秒

在日和时之间加大写字母“T”

如 2004 年 3 月 25 日 9 时 8 分 5 秒为 20040325T090805。

对于枚举型数据类型在进行描述时，应根据填入的数据类型按以上方法进行。如本规范表 3.3.2 中，标准类别为枚举型数据类型，标准类别有表 A-3 所列的国家标准、行业标准、地方标准、企业标准、协会标准、国际标准。填入的内容为字符型数据类型，最大长度 8 个字符，因此数据格式应表示为 C..8。

约束条件为三种类型，必选（M）、可选（O）、条件可选（C）。当数据字段为条件可选时，约束条件为 C，并注明选用的条件。例如：

表 3.3.2 建筑产品执行标准信息

中文字段名称	数据类型	数据格式	计量单位	值域	约束条件
标准类别	枚举型	C..8	—	按本规范表 A-3 标准类别表	M
分类符号	字符型	C..15	—	按 UDC、ICS 以及中国标准文献分类号执行	O
标准名称	字符型	C..60	—	—	M
英文译名	字符型	C..80	—	—	O
标准编号	字符型	C..20	—	—	M
发布日期	日期型	D8	—	—	O
实施日期	日期型	D8	—	—	M
发布机构	字符型	C..80	—	—	M
标准备案号	字符型	C..10	—	—	C(除国家标准外，均应包含备案号)
替代标准号	字符型	C..20	—	—	O

上表中的标准备案号，应按照条件“除国家标准外，均应包含备案号”进行选择填写，即行业标准、地方标准、企业标准均应填写备案号。

3.2.5 随着建筑行业的发展，技术的进步，对于数据的要求也是在不断的进步，为了尽可能地满足实际需求，给出了数据扩展的基本要求和规则。本规范从属性和属性值两方面给出了扩展规则。

1 属性扩展的依据标准。《电子政务数据元 第 1 部分：设计和管理规范》GB/T 19488.1－2004 给出了各种属性的定义、表示方法以及描述方法。

2 对于属性值，扩展应遵循的原则。对于标识类属性(中文字段名称)，其作用在于明确标识出所描述的对象，因此唯一性原则、对象明确原则是必须遵守的。否则在数据建设的过程中，容易出现混乱，最终导致系统建设的失败。

3.3 通用基础数据

3.3.1 厂家注册资本根据《中华人民共和国公司登记管理条例》第三章第十三条规定，“公司的注册资本和实收资本应当以人民币表示，法律、行政法规另有规定的除外。”采用人民币“元”为计量单位。

3.3.2 为了满足对外交流的需求，本规范将 UDC、ICS 分类信息、标准英文译名纳入到属性值当中。

3.3.3 属性表中类目名称、类目英文名称、类目代码应严格按照《建筑产品分类与编码》JG/T 151 最新版本中的相关规定执行。价格宜采用 FOB 价格。

4 结构专业建筑产品专用基础数据

本章对结构专业建筑产品进行了详细规定，详细规定的建筑产品类别与《建筑产品分类与编码》JG/T 151-2003 中规定的建筑产品分类对应关系见表 1。

表 1 结构专业建筑产品对应关系

章节号	章节名称	分类号	分类名称
4.1	混凝土	G2	混凝土
4.1.1	基本材料和应用	G2050	基本材料和应用
4.1.2	混凝土配筋和配件	G2200	混凝土配筋和配件
4.1.3	现浇混凝土	G2300	现浇混凝土
4.1.4	预制混凝土制品	G2400	预制混凝土制品
4.1.5	灌注浆	G2600	灌注浆
4.2	砌体	G3	砌体
4.2.1	基本材料和应用	G3050	基本材料和应用
4.2.2	砌筑块材	G3200	砌筑块材
4.2.3	石料	G3400	石料
4.2.4	耐火砌体	G3500	耐火砌体
4.2.5	耐腐蚀砌体	G3600	耐腐蚀砌体
4.3	金属	G4	金属
4.3.1	金属制品	G4500	金属制品
4.3.2	伸缩缝制品	G4800	伸缩缝制品
4.4	木和塑料	G5	木和塑料
4.4.1	基本材料和应用	G5050	基本材料和应用
4.4.2	粗木工	G5100	粗木工
4.4.3	建筑木制品	G5400	建筑木制品
4.4.4	塑料制品	G5600	塑料制品
4.4.5	建筑竹制品	G5700	建筑竹制品

5 建筑专业建筑产品专用基础数据

本章对建筑专业建筑产品进行了详细规定，详细规定的建筑产品类别与《建筑产品分类与编码》JG/T 151-2003 中规定的建筑产品分类对应关系见表 2。

表 2 建筑专业建筑产品对应关系

章节号	章节名称	分类号	分类名称
5.1	围护结构和防护材料	J1	围护结构和防护材料
5.1.1	防水和防潮	J1100	防水和防潮
5.1.2	保温隔热	J1200	保温隔热
5.1.3	瓦屋面	J1300	瓦屋面
5.1.4	屋面板和墙面板	J1400	屋面板和墙面板
5.1.5	金属屋面和泛水	J1600	金属屋面和泛水
5.1.6	屋顶专用制品和附件	J1700	屋顶专用制品和附件
5.1.7	防火和防烟	J1800	防火和防烟
5.1.8	接缝、密封和堵漏材料	J1900	接缝、密封和堵漏材料
5.2	门窗和幕墙	J2	门窗和幕墙
5.2.1	基本材料和应用	J2050	基本材料和应用
5.2.2	金属门和门框	J2100	金属门和门框
5.2.3	木和塑料门及门框	J2200	木和塑料门及门框
5.2.4	特殊门	J2300	特殊门
5.2.5	入口和商店铺面	J2400	入口和商店铺面
5.2.6	窗	J2500	窗
5.2.7	天窗和采光屋顶	J2600	天窗和采光屋顶
5.2.8	门窗五金配件	J2700	门窗五金配件
5.2.9	玻璃和配件	J2800	玻璃和配件
5.2.10	幕墙	J2900	幕墙
5.3	室内外装饰	J3	室内外装饰
5.3.1	金属龙骨系统	J3100	金属龙骨系统
5.3.2	抹面灰浆和非承重隔墙	J3200	抹面灰浆和非承重隔墙
5.3.3	面砖	J3300	面砖
5.3.4	水磨石	J3400	水磨石
5.3.5	吊顶	J3500	吊顶
5.3.6	地面装饰材料	J3600	地面装饰材料
5.3.7	墙面装饰材料	J3700	墙面装饰材料
5.3.8	音响处理	J3800	音响处理
5.3.9	油漆和涂料	J3900	油漆和涂料
5.4	专用建筑制品	J4	专用建筑制品
5.4.1	旗杆	J4350	旗杆
5.4.2	隔断	J4600	隔断
5.4.3	门窗外部遮挡装置	J4700	门窗外部遮挡装置
5.5	家具和装饰品	J5	家具和装饰品
5.5.1	家具	J5500	家具
5.5.2	并联座椅	J5600	并联座椅
5.5.3	组合家具	J5700	组合家具
5.6	特殊建筑和系统	J6	特殊建筑和系统
5.6.1	太阳能热水器	J6640	太阳能热水器
5.6.2	灭火系统	J6900	灭火系统

6 设备专业建筑产品专用基础数据

本章对设备专业建筑产品进行了详细规定，详细规定的建筑产品类别与《建筑产品分类与编码》JG/T 151-2003中规定的建筑产品分类对应关系见表3。

表3 设备专业建筑产品对应关系

章节号	章节名称	分类号	分类名称
6.1	专用设备	S1	专用设备
6.1.1	建筑物维护设备	S1010	建筑物维护设备
6.1.2	给水和水处理设备	S1200	给水和水处理设备
6.1.3	废(污)水处理设备	S1300	废(污)水处理设备
6.2	传输系统	S2	传输系统
6.2.1	电梯	S2200	电梯
6.2.2	自动扶梯和移动走道	S2300	自动扶梯和移动走道
6.3	水暖、通风和空调	S3	水暖、通风和空调
6.3.1	生活管道系统	S3100	生活管道系统
6.3.2	给水设备、设施和洁具	S3400	给水设备、设施和洁具
6.3.3	供热设备	S3500	供热设备
6.3.4	制冷设备	S3600	制冷设备

续表3

章节号	章节名称	分类号	分类名称
6.3.5	采暖、通风和空调	S3700	采暖、通风和空调
6.3.6	空气分配	S3800	空气分配
6.3.7	采暖、通风、空调控制装置	S3900	采暖、通风、空调控制装置
6.4	电气和电子	S4	电气和电子
6.4.1	线路工程	S4100	线路工程
6.4.2	发电设备	S4200	发电设备
6.4.3	输配电	S4300	输配电
6.4.4	低压供配电	S4400	低压供配电
6.4.5	照明	S4500	照明
6.4.6	特殊系统	S4600	特殊系统
6.4.7	通信	S4700	通讯
6.4.8	视听设备	S4800	视听设备

中华人民共和国行业标准

建筑遮阳工程技术规范

Technical code for solar shading engineering of buildings

JGJ 237—2011

批准部门：中华人民共和国住房和城乡建设部

施行日期：2 0 1 1 年 1 2 月 1 日

中华人民共和国住房和城乡建设部
公　告

第912号

关于发布行业标准《建筑遮阳工程技术规范》的公告

现批准《建筑遮阳工程技术规范》为行业标准，编号为JGJ 237-2011，自2011年12月1日起实施。其中，第3.0.7、7.3.4、8.2.4、8.2.5条为强制性条文，必须严格执行。

本规范由我部标准定额研究所组织中国建筑工业出版社出版发行。

中华人民共和国住房和城乡建设部

2011年2月11日

前　言

根据原建设部《关于印发〈2007年工程建设标准规范制订、修订计划（第一批）〉的通知》（建标［2007］125号）的要求，标准编制组经广泛调查研究，认真总结实践经验，参考有关国际标准和国外先进标准，并在广泛征求意见的基础上，制订本规范。

本规范的主要技术内容是：1　总则；2　术语；3　基本规定；4　建筑遮阳设计；5　结构设计；6　机械与电气设计；7　施工安装；8　工程验收；9　保养和维护。

本规范中以黑体字标志的条文为强制性条文，必须严格执行。

本规范由住房和城乡建设部负责管理和对强制性条文的解释，由北京中建建筑科学研究院有限公司负责具体技术内容的解释。执行过程中如有意见或建议，请寄送北京中建建筑科学研究院有限公司（地址：北京市南苑新华路一号，邮编：100076）。

本规范主编单位：北京中建建筑科学研究院有限公司
中国建筑业协会建筑节能分会

本规范参编单位：中国建筑标准设计研究院
福建省建筑科学研究院
广东省建筑科学研究院
中国建筑西南设计研究院
江苏省建筑科学研究院有限公司
广西建筑科学研究设计院
中国建筑科学研究院
上海市建筑科学研究院（集团）有限公司
广州市建筑科学研究院
北京五合国际建筑设计咨询有限公司
华南理工大学
中国建筑材料检验认证中心有限公司
上海青鹰实业股份有限公司
尚飞帘闸门窗设备（上海）有限公司
上海名成智能遮阳技术有限公司
宁波万汇休闲用品有限公司
缔纷特诺发（上海）遮阳制品有限公司
南京金星宇节能技术有限公司
广州创明窗饰有限公司
江阴岳亚窗饰有限公司
宁波先锋新材料股份有限公司
大盛节能卷帘窗建材（上海）有限公司

本规范主要起草人员：涂逢祥　白胜芳　杨仕超　冯　雅　许锦峰　刘　强

段　恺　张树君　崔旭明
赵士怀　朱惠英　刘月莉
陆津龙　卢　求　刘　翼
任　俊　孟庆林　张震善
王　涛　蔡家定　邱文芳
程立宁　梁世格　胡白平
许增建　王述裕　陈威颖

本规范主要审查人员：吴德绳　金鸿祥　陶驷骥
杨善勤　王庆生　刘加平
钱选青　王立雄　刘俊跃
王新春

目　次

Contents

1 总 则

1.0.1 为规范建筑遮阳工程的设计、施工及验收，做到技术先进、安全适用、经济合理、确保质量，制定本规范。

1.0.2 本规范适用于新建、扩建和改建的民用建筑遮阳工程的设计、施工安装、验收与维护。

1.0.3 建筑遮阳工程的设计、施工安装、验收与维护，除应符合本规范的规定外，尚应符合国家现行有关标准的规定。

2 术 语

2.0.1 建筑遮阳 solar shading of buildings

采用建筑构件或安置设施以遮挡或调节进入室内的太阳辐射的措施。

2.0.2 固定遮阳装置 fixed solar shading device

固定在建筑物上，不能调节尺寸、形状或遮光状态的遮阳装置。

2.0.3 活动遮阳装置 active solar shading device

固定在建筑物上，能够调节尺寸、形状或遮光状态的遮阳装置。

2.0.4 外遮阳装置 external solar shading device

安设在建筑物室外侧的遮阳装置。

2.0.5 内遮阳装置 internal solar shading device

安设在建筑物室内侧的遮阳装置。

2.0.6 中间遮阳装置 middle solar shading device

位于两层透明围护结构之间的遮阳装置。

2.0.7 太阳能总透射比 total solar energy transmittance

通过窗户传入室内的太阳辐射与入射太阳辐射的比值。

2.0.8 遮阳系数 shading coefficient (*SC*)

在给定条件下，玻璃、外窗或玻璃幕墙的太阳能总透射比，与相同条件下相同面积的标准玻璃（3mm厚透明玻璃）的太阳能总透射比的比值。

2.0.9 外遮阳系数 outside solar shading coefficient of window (*SD*)

建筑物透明外围护结构相同，有外遮阳时进入室内的太阳辐射热量与无外遮阳时进入室内太阳辐射热量的比值。

2.0.10 外窗综合遮阳系数 overall shading coefficient of window (SC_W)

考虑窗本身和窗口的建筑外遮阳装置综合遮阳效果的一个系数，其值为窗本身的遮阳系数（ *SC* ）与窗口的建筑外遮阳系数（ *SD* ）的乘积。

3 基 本 规 定

3.0.1 建筑物的东向、西向和南向外窗或透明幕墙、屋顶天窗或采光顶，应采取遮阳措施。

3.0.2 新建建筑应做到遮阳装置与建筑同步设计、同步施工，与建筑物同步验收。

3.0.3 应根据地区气候特征、经济技术条件、房间使用功能等因素确定建筑遮阳的形式和措施，并应满足建筑夏季遮阳、冬季阳光入射、冬季夜间保温以及自然通风、采光、视野等要求。

3.0.4 外窗综合遮阳系数应符合下列规定：

1 对于夏热冬暖地区、夏热冬冷地区和寒冷地区的居住建筑，外窗综合遮阳系数应分别符合现行行业标准《夏热冬暖地区居住建筑节能设计标准》JGJ 75、《夏热冬冷地区居住建筑节能设计标准》JGJ 134和《严寒和寒冷地区居住建筑节能设计标准》JGJ 26的相关规定；

2 对于公共建筑，外窗综合遮阳系数应符合现行国家标准《公共建筑节能设计标准》GB 50189 的相关规定。

3.0.5 遮阳装置的类型、尺寸、调节范围、调节角度、太阳辐射反射比、透射比等材料光学性能要求应通过建筑设计和节能计算确定。

3.0.6 遮阳产品的性能指标应符合设计要求，并应符合国家现行相关标准的规定。

3.0.7 遮阳装置及其与主体建筑结构的连接应进行结构设计。

3.0.8 遮阳装置应具有防火性能。当发生紧急事态时，遮阳装置不应影响人员从建筑中安全撤离。

3.0.9 活动遮阳装置应做到控制灵活，操作方便，便于维护。

3.0.10 建筑遮阳工程的施工应编制专项施工方案，并应由专业人员进行安装。

4 建筑遮阳设计

4.1 遮 阳 设 计

4.1.1 建筑遮阳设计，应根据当地的地理位置、气候特征、建筑类型、建筑功能、建筑造型、透明围护结构朝向等因素，选择适宜的遮阳形式，并宜选择外遮阳。

4.1.2 遮阳设计应兼顾采光、视野、通风、隔热和散热功能，严寒、寒冷地区应不影响建筑冬季的阳光入射。

4.1.3 建筑不同部位、不同朝向遮阳设计的优先次序可根据其所受太阳辐射照度，依次选择屋顶水平天窗（采光顶），西向、东向、南向窗；北回归线以南地区必要时还宜对北向窗进行遮阳。

4.1.4 遮阳设计应进行夏季和冬季的阳光阴影分析，以确定遮阳装置的类型。建筑外遮阳的类型可按下列原则选用：

1　南向、北向宜采用水平式遮阳或综合式遮阳；

2　东西向宜采用垂直或挡板式遮阳；

3　东南向、西南向宜采用综合式遮阳。

4.1.5　采用内遮阳和中间遮阳时，遮阳装置面向室外侧宜采用能反射太阳辐射的材料，并可根据太阳辐射情况调节其角度和位置。

4.1.6　外遮阳设计应与建筑立面设计相结合，进行一体化设计。遮阳装置应构造简洁、经济实用、耐久美观，便于维修和清洁，并应与建筑物整体及周围环境相协调。

4.1.7　遮阳设计宜与太阳能热水系统和太阳能光伏系统结合，进行太阳能利用与建筑一体化设计。

4.1.8　建筑遮阳构件宜呈百叶或网格状。实体遮阳构件宜与建筑窗口、墙面和屋面之间留有间隙。

4.2　遮阳系数计算

4.2.1　整窗和玻璃幕墙自身的遮阳系数、可见光透射比应按现行行业标准《建筑门窗玻璃幕墙热工计算规程》JGJ/T 151 的有关规定进行计算。

4.2.2　不同气候区民用建筑的外遮阳系数应按国家现行标准《公共建筑节能设计标准》GB 50189、《严寒和寒冷地区居住建筑节能设计标准》JGJ 26、《夏热冬暖地区居住建筑节能设计标准》JGJ 75 和《夏热冬冷地区居住建筑节能设计标准》JGJ 134 的有关规定进行计算，中间遮阳装置的遮阳系数可根据现行行业标准《建筑门窗玻璃幕墙热工计算规程》JGJ/T 151 的有关规定进行计算。

温和地区外遮阳系数宜按下列公式计算：

$$SD = ax^2 + bx + 1 \quad (4.2.2\text{-}1)$$

$$x = \frac{A}{B} \quad (4.2.2\text{-}2)$$

式中：SD——外遮阳系数；

x——外遮阳特征值；$x > 1$ 时，取 $x = 1$；

A、B——外遮阳的构造定性尺寸，按表 4.2.2-1 确定；

a、b——拟合系数，按表 4.2.2-2 选取。

表 4.2.2-1　外遮阳的构造定性尺寸 A、B

外遮阳基本类型	剖面图	示意图
水平式	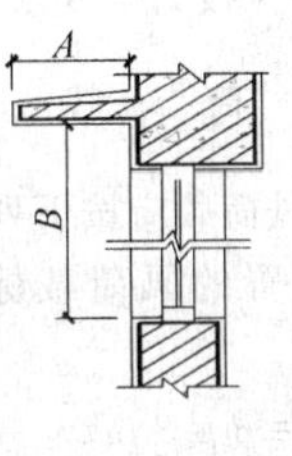	
垂直式	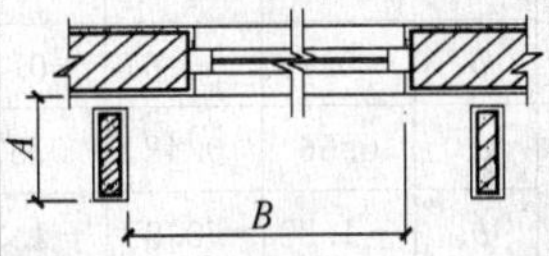	
挡板式	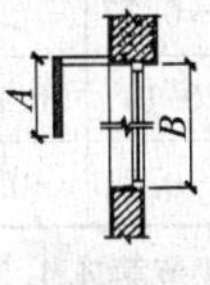	
横百叶挡板式	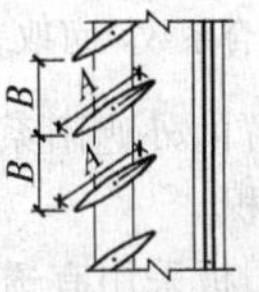	
竖百叶挡板式	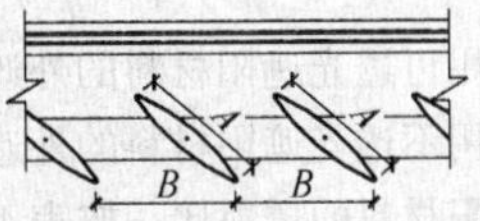	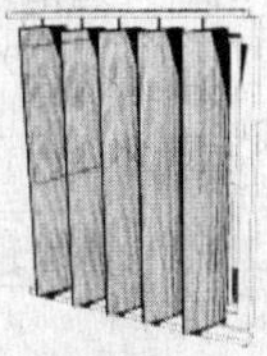

表 4.2.2-2　温和地区外遮阳系数计算用的拟合系数 a、b

气候区	外遮阳基本类型		拟合系数	东	南	西	北
温和地区	水平式	冬	a	0.30	0.10	0.20	0.00
			b	−0.75	−0.45	−0.45	0.00
		夏	a	0.35	0.35	0.20	0.20
			b	−0.65	−0.65	−0.40	−0.40
	垂直式	冬	a	0.30	0.25	0.25	0.05
			b	−0.75	−0.60	−0.60	−0.15
		夏	a	0.25	0.40	0.30	0.30
			b	−0.60	−0.75	−0.60	−0.60
	挡板式		a	0.00	0.35	0.00	0.13
			b	−0.96	−1.00	−0.96	−0.93
	固定横百叶挡板式		a	0.53	0.44	0.54	0.40
			b	−1.30	−1.10	−1.30	−0.93
	固定竖百叶挡板式		a	0.02	0.10	0.17	0.54
			b	−0.70	−0.82	−0.70	−1.15

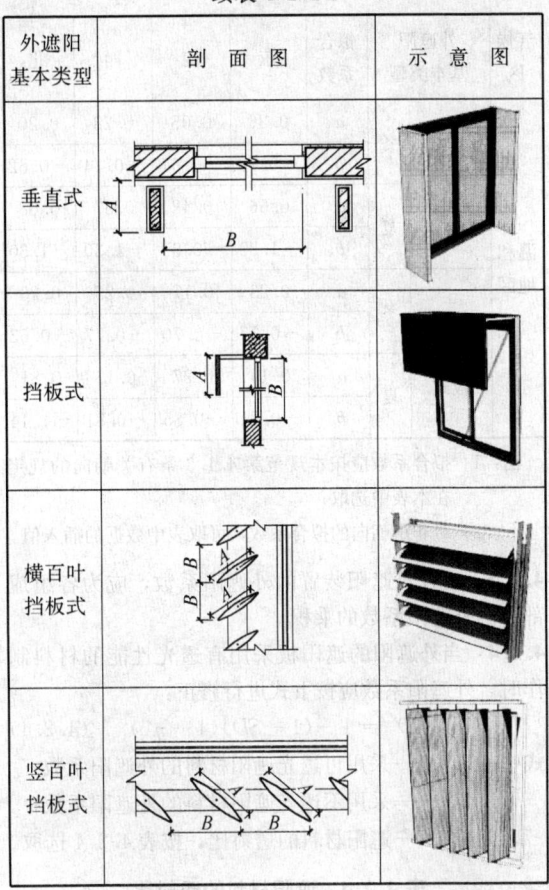

续表 4.2.2-2

气候区	外遮阳基本类型		拟合系数	东	南	西	北
温和地区	活动横百叶挡板式	冬	a	0.26	0.05	0.28	0.20
			b	−0.73	−0.61	−0.74	−0.62
		夏	a	0.56	0.42	0.57	0.68
			b	−1.30	−0.99	−1.30	−1.30
	活动竖百叶挡板式	冬	a	0.23	0.17	0.25	0.20
			b	−0.77	−0.70	−0.77	−0.62
		夏	a	0.14	0.27	0.15	0.81
			b	−0.81	−0.85	−0.81	−1.44

注：1 拟合系数应按本规范第 4.1.3 条有关朝向的规定在本表中选取；

2 对非正朝向的拟合系数，可取表中数据的插入值。

4.2.3 组合式遮阳装置的外遮阳系数，应为各组成部分的外遮阳系数的乘积。

4.2.4 当外遮阳的遮阳板采用有透光性能的材料制作时，外遮阳系数应按下式进行修正：

$$SD' = 1-(1-SD)(1-\eta^{*}) \quad (4.2.4)$$

式中：SD'——采用可透光遮阳材料的外遮阳系数；

SD——采用不透光遮阳材料的外遮阳系数；

η^{*}——遮阳材料的透射比，按表 4.2.4 选取。

表 4.2.4 遮阳材料的透射比

遮阳用材料	规格	η^{*}
织物面料	浅色	0.4
玻璃钢类板	浅色	0.43
玻璃、有机玻璃类板	深色：$0<S_e\leqslant0.6$	0.6
	浅色：$0.6<S_e\leqslant0.8$	0.8
金属穿孔板	开孔率：$0<\varphi\leqslant0.2$	0.1
	开孔率：$0.2<\varphi\leqslant0.4$	0.3
	开孔率：$0.4<\varphi\leqslant0.6$	0.5
	开孔率：$0.6<\varphi\leqslant0.8$	0.7
铝合金百叶板		0.2
木质百叶板		0.25
混凝土花格		0.5
木质花格		0.45

注：S_e 是透过玻璃窗的太阳光透射比，与 3mm 平板玻璃的太阳透射比的比值。

4.2.5 外窗综合遮阳系数可按下列公式计算：

1 无外遮阳时：

$$SC_W = SC \quad (4.2.5\text{-}1)$$

2 有外遮阳时：

$$SC_W = SC \times SD \quad (4.2.5\text{-}2)$$

式中：SC_W——外窗综合遮阳系数；

SC——遮阳系数；

SD——外遮阳系数。

4.2.6 与外窗（玻璃幕墙）面平行，且与外窗（玻璃幕墙）面紧贴的帘式外遮阳、中间遮阳装置，其与外窗（玻璃幕墙）组合后的综合遮阳系数、传热系数应按现行行业标准《建筑门窗玻璃幕墙热工计算规程》JGJ/T 151 的有关规定计算。

5 结构设计

5.1 一般规定

5.1.1 建筑遮阳工程应根据遮阳装置的形式、所在地域气候条件、建筑部件等具体情况进行结构设计，并应符合现行国家标准《建筑抗震设计规范》GB 50011 的相关规定。

5.1.2 活动外遮阳装置及后置式固定外遮阳装置应分别按系统自重、风荷载、正常使用荷载、施工阶段及检修中的荷载等验算其静态承载能力。同时应在结构主体计算时考虑遮阳装置对主体结构的作用。当采用长度尺寸在 3m 及以上或系统自重大于 100kg 及以上大型外遮阳装置时，应做抗风振、抗地震承载力验算，并应考虑以上荷载的组合效应。

5.1.3 对于长度尺寸在 4m 以上的特大型外遮阳装置，且系统复杂难以通过计算判断其安全性能时，应通过风压试验或结构试验，用实体试验检验其系统安全性能。遮阳装置的风压试验、结构试验的实体试验应按本规范附录 A 的规定进行。

5.1.4 活动外遮阳装置及后置式固定外遮阳装置应有详细的构件、组装和与主体结构连接的构造设计，并应符合下列规定：

1 长度尺寸不大于 3m 的外遮阳装置的结构构造可直接在建筑施工图中表达；

2 3m 以上大型外遮阳装置应编制专门的遮阳结构施工图；

3 节点、细部构造应明确与主体结构构件的连接方式、锚固件种类与个数；

4 外遮阳装置连接节点与保温、防水等相关建筑构造的关系；

5 遮阳装置安装施工说明应明确主要安装材料的材质、防腐、锚固件拉拔力等要求。

5.2 荷载

5.2.1 外遮阳装置的风荷载应按下列规定计算：

1 垂直于遮阳装置的风荷载标准值应按下式计算：

$$w_{ks} = \beta_1\beta_2\beta_3\beta_4 w_k \quad (5.2.1)$$

式中：w_{ks}——风荷载标准值（kN/m^2）；

w_k——遮阳装置安装部位的建筑主体围护结构风荷载标准值（kN/m²），应按现行国家标准《建筑结构荷载规范》GB 50009 取值；有风感应的遮阳装置，可根据感应控制范围，确定风荷载；

β_1——重现期修正系数，可取 0.7；当遮阳装置设计寿命与主体围护结构一致时，可取 1.0；

β_2——偶遇及重要性修正系数，可取 0.8；当遮阳装置凸出于主体建筑时，可取 1.0；

β_3——遮阳装置兜风系数：柔软织物类可取 1.4，卷帘类可取 1.0，百叶类可取 0.4，单根构件可取 0.8；

β_4——遮阳装置行为失误概率修正系数：固定外遮阳可取 1.0，活动外遮阳可取 0.6；

2 建筑遮阳装置风荷载修正系数应按表 5.2.1 取值：

表 5.2.1 遮阳装置风荷载修正系数

种类		β_1	β_2	β_3	β_4
外遮阳百叶帘		0.7	0.8	0.4	0.6
遮阳硬卷帘		0.7	0.8	1.0	0.6
外遮阳软卷帘		0.7	0.8	1.4	0.6
曲臂遮阳篷		0.7	1.0	1.4	0.6
后置式遮阳板（翼）	设计寿命 15 年	0.7	1.0	1.0	0.8
	与建筑主体同寿命	1.0	1.0	1.0	1.0

3 单项验算遮阳装置的抗风性能时，风荷载的荷载分项系数可取 1.2～1.4；当与其他荷载组合验算时，荷载分项系数可取 1.0～1.2；

4 当需要验算风振效应时，风振系数可按结构设计规范取值。

5.2.2 遮阳装置的自重荷载应按下列规定计算：

1 遮阳装置的自重荷载标准值应按系统实际情况计算；

2 遮阳装置的自重荷载分项系数可取 1.2。

5.2.3 积雪荷载应按下列规定计算：

1 遮阳装置的积雪荷载标准值应按现行国家标准《建筑结构荷载规范》GB 50009 取值与重现期修正系数 β_1 的乘积计算；

2 遮阳装置的积雪荷载分项系数可取 1.0，当与其他荷载组合验算时可取 0.7。

5.2.4 遮阳装置的积水荷载标准值应按实际蓄水情况确定，积水荷载分项系数可取 1.0，当与其他荷载组合验算时可取 0.7。

5.2.5 检修荷载应按下列规定计算：

1 荷载标准值应按实际情况计算；

2 检修荷载分项系数应按 1.4 取值，并应与积雪荷载组合验算。

5.2.6 各类遮阳装置荷载组合的取值应符合表 5.2.6 的规定。

表 5.2.6 各类遮阳装置荷载组合的取值规定

种类		荷载组合与荷载分项系数
外遮阳百叶帘		风荷载，1.2
遮阳硬卷帘		风荷载，1.2
外遮阳软卷帘		风荷载，1.2
曲臂遮阳篷		风荷载，1.2； 积雪（或积水）荷载，1.0； 自重，1.2＋风荷载，1.0＋积雪（或积水）荷载，0.7； 自重，1.2＋检修荷载，1.4＋积雪（或积水）荷载，0.7
后置式遮阳板（翼）	设计寿命 15 年	风荷载，1.2； 自重，1.2＋风荷载，1.0； 自重，1.2＋积雪荷载，1.0； 自重，1.2＋风荷载，1.0＋积雪荷载，0.7； 自重，1.2＋检修荷载，1.4＋积雪荷载，0.7
	与建筑主体同寿命	风荷载，1.4； 自重，1.2＋风荷载，1.2； 自重，1.2＋积雪荷载，1.4； 自重，1.2＋风荷载，1.0＋积雪荷载，1.0； 自重，1.2＋检修荷载，1.4＋积雪荷载，1.0

5.3 遮阳装置

5.3.1 产品类遮阳装置的抗风等结构性能应符合具体建筑的设计要求。

5.3.2 组装类遮阳装置的设计要求应符合表 5.3.2 的规定。

表 5.3.2 组装类遮阳装置的设计要求

种类		正常使用极限		极限状态	
		变形	功能	最大变形	强度
外遮阳百叶帘		—	正常	≤1/25，可恢复	≥荷载效应
遮阳硬卷帘		—	正常	≤1/50	
外遮阳软卷帘		—	正常	≤1/10（织物，相对于骨架），可恢复	
曲臂遮阳篷		—	正常	≤1/50（曲臂机构） ≤1/10（织物，相对于骨架），可恢复	
后置式遮阳板（翼）	设计寿命 15 年	≤1/100	正常	≤1/50	
	与建筑主体同寿命	≤1/200	正常	≤1/50	

5.3.3 当采用风压试验或风荷载实体试验方法判断安全性时，遮阳系统在试验过程中不得出现断裂、脱落等破坏现象；试验完成后，有恢复要求的遮阳装置（指外遮阳百叶帘、篷织物面料）残余变形不应大于1/200。

5.3.4 遮阳装置的抗震计算与构造应符合下列规定：

1 对长度尺寸超过3m的大型外遮阳装置，设计寿命与主体结构一致或接近时，应进行抗震计算。抗震构造应符合现行国家标准《建筑抗震设计规范》GB 50011的规定。

2 当遮阳装置设计寿命不大于主体结构设计寿命的50%时，无论尺寸长度如何，可不进行抗震计算，但应有防止发生地震次生灾害的构造设防措施。

5.4 遮阳装置与主体结构的连接

5.4.1 遮阳装置与主体结构的各个连接节点的锚固力设计取值不应小于按不利荷载组合计算得到的锚固力值的2倍，且不应小于30kN。

5.4.2 遮阳装置应采用锚固件直接锚固在主体结构上，不得锚固在保温层上。

5.4.3 遮阳装置与主体结构的连接方式应按锚固力设计取值和实际情况确定，并应符合表5.4.3的要求。当遮阳装置长度尺寸大于或等于3m时，所有锚固件均应采用预埋方式。

表5.4.3 各类遮阳装置与主体结构连接的锚固要求

种类		锚固件			
		锚固件个数	锚固位置	锚固方式	锚固件材质
外遮阳百叶帘		通过计算确定，且每边不少于3个	基层墙体	预埋或后置	膨胀螺栓或钢筋，防腐处理
遮阳硬卷帘					
外遮阳软卷帘		通过计算确定，且每边不少于2个	基层墙体	预埋或后置	膨胀螺栓或钢筋，防腐处理
曲臂遮阳篷					
后置式遮阳板（翼）	设计寿命15年	通过计算确定，且每边不少于2个	基层墙体	预埋或后置	膨胀螺栓或钢筋，防腐处理
	与建筑主体同寿命	通过计算确定，且每边不少于4个	基层混凝土（钢）结构	预埋（焊接、螺栓接）	钢筋，防腐处理；不锈钢

5.4.4 锚固件不得直接设置在加气混凝土、混凝土空心砌块等墙体材料的基层墙体上。当基层墙体为该类不宜锚固件的墙体材料时，应在需要设置锚固件的位置预埋混凝土实心砌块。

5.4.5 预埋或后置锚固件及其安装应按照现行行业标准《玻璃幕墙工程技术规范》JGJ 102和《混凝土结构后锚固技术规程》JGJ 145的规定执行，并应按照一定比例抽样进行拉拔试验。

6 机械与电气设计

6.1 驱动系统

6.1.1 遮阳装置所用电机的尺寸、扭矩、转速、最大有效圈数或最大行程，以及正常工作时功率、电流、电压应与所驱动的遮阳装置完全匹配。

6.1.2 遮阳装置用电机内部应有过热保护装置。

6.1.3 电机的防水、防尘等级应符合现行国家标准《外壳防护等级（IP代码）》GB 4208中IP44等级的规定。

6.1.4 外遮阳装置使用的驱动装置的防护等级和技术要求应符合现行行业标准《建筑遮阳产品电力驱动装置技术要求》JG/T 276和《建筑遮阳产品用电机》JG/T 278的规定。

6.2 控制系统

6.2.1 大于3m的大型外遮阳装置应采用电机驱动。建筑遮阳装置的控制系统，应根据使用要求或建筑环境的要求选择。对于集中控制的遮阳系统，系统应可显示遮阳装置的状态。

6.2.2 遮阳装置使用的驱动装置，应设有限位装置且可在任意位置停止。

6.2.3 机械驱动装置的操作系统及电机驱动装置的控制开关应标识清楚，明确操作方位。

6.2.4 电机驱动外遮阳装置，在加装风速和雨水的传感器时，传感器应置于被控制区域的凸出且无遮蔽处，传感器所处位置应能充分反映该区域内遮阳产品所处的有关气象情况，必要时也可增加阳光自动控制功能。

6.2.5 建筑遮阳控制系统应与消防控制系统联动。

6.3 机械系统

6.3.1 立面安装的垂直运行的遮阳帘体的底杆应平直，并应有保持自垂所需的足够的重量。

6.3.2 导向系统应保证遮阳装置在预定的运行范围内平顺运行。

6.3.3 机械系统应采取相应的润滑措施，并应在系统使用寿命内，具体规定保养周期。

6.4 安全措施

6.4.1 遮阳的防雷设计应符合国家现行标准《建筑防雷设计规范》GB 50057和《民用建筑电气设计规范》JGJ 16的有关规定。遮阳装置的金属构架应与主体结构的防雷体系可靠连接，连接部位应清除非导电保护层。

6.4.2 电机驱动遮阳装置应采取防漏电措施，并应确保电机的接地线与建筑供电系统的接地可靠连接。

6.4.3 线路接头的绝缘保护应符合现行行业标准《民用建筑电气设计规范》JGJ 16 的规定。

6.4.4 所有可操控构件的电力驱动装置均应设置过载保护装置。

6.4.5 机械驱动装置应有阻止误操作造成操作人员伤害及产品损坏的防护设施。

7 施 工 安 装

7.1 一 般 规 定

7.1.1 建筑遮阳装置的安装应在其前道工序施工结束并达到质量要求时方可进行。

7.1.2 建筑遮阳工程专项施工方案应与主体工程施工组织设计相配合，并应包括下列内容：

1 工程进度计划；

2 进场材料和产品的复验；

3 与主体结构施工、设备安装、装饰装修的协调配合方案；

4 进场材料和产品的堆放与保护；

5 建筑遮阳产品及其附件的搬运、吊装方案；

6 遮阳设施的安装和组装步骤及要求；

7 遮阳装置安装后的调试方案；

8 施工安装过程的安全措施；

9 遮阳产品及其附件的现场保护方法；

10 检查验收。

7.1.3 建筑遮阳工程施工不得降低建筑保温效能。

7.2 遮阳工程施工准备

7.2.1 遮阳工程施工前，施工单位应会同土建施工单位检查现场条件、施工临时电源、脚手架、通道栏杆、安全网和起重运输设备情况，测量定位，确认是否具备遮阳工程施工条件。

7.2.2 建筑遮阳产品及其附件的品种、规格、性能和色泽应符合设计规定。

7.2.3 堆放场地应防雨、防火，地面坚实并保持干燥。存储架应有足够的承载能力和防雷措施。储存遮阳产品宜按安装顺序排列，并应有必要的防护措施。

7.2.4 应按照设计方案和设计图纸，检查预埋件、预留孔洞与管线等是否符合要求。如预埋件位置偏差过大或未设预埋件时，应制订补救措施与可靠的连接方案。

7.2.5 预埋件、安装座等隐蔽工程完成并验收合格后方可进行后续工序的施工。

7.2.6 大型遮阳板构件安装前应对产品的外观质量进行检查。

7.3 遮阳组件安装

7.3.1 遮阳组件的吊装机具应符合下列要求：

1 应根据遮阳组件选择吊装机具；

2 吊装机具使用前，应进行全面质量、安全检验；

3 吊具运行速度应可控制，并应有安全保护措施；

4 吊装机具应采取防止遮阳件摆动的措施。

7.3.2 遮阳组件运输应符合下列要求：

1 运输前遮阳组件应按吊装顺序编号，并应做好成品保护。

2 装卸和运输过程中，应保证遮阳组件相互隔开并相对固定，不得相互挤压和串动。

3 遮阳组件应按编号顺序摆放妥当，不应造成遮阳组件变形。

7.3.3 起吊和就位应符合下列要求：

1 吊点和挂点应符合设计要求，起吊过程应保持遮阳组件平稳，不撞击其他物体；

2 吊装过程中应采取保证装饰面不受磨损和挤压的措施；

3 遮阳组件就位未固定前，吊具不得拆除。

7.3.4 在遮阳装置安装前，后置锚固件应在同条件的主体结构上进行现场见证拉拔试验，并应符合设计要求。

7.3.5 现场组装的遮阳装置应按照产品的组装、安装工艺流程进行组装。

7.3.6 遮阳组件安装就位后应及时校正；校正后应及时与连接部位固定。

7.3.7 遮阳组件安装的允许偏差应符合表 7.3.7 的要求。

表 7.3.7 遮阳组件安装允许偏差

项 目	与设计位置偏离	遮阳组件实际间隔相对误差距离
允许偏差（mm）	5	5

7.3.8 电气安装应按设计进行，并应检查线路连接以及传感器位置是否正确。所采用的电机以及遮阳金属组件应有接地保护，线路接头应有绝缘保护。

7.3.9 遮阳装置各项安装工作完成后，均应分别单独调试，再进行整体运行调试和试运转。调试应达到遮阳产品伸展收回顺畅，开启关闭到位，限位准确，系统无异响，整体运作协调，达到安装要求，并应记录调试结果。

7.3.10 遮阳安装施工安全应符合现行行业标准《建筑施工高处作业安全技术规范》JGJ 80、《建筑机械使用安全技术规程》JGJ 33 和《施工现场临时用电安全技术规范》JGJ 46 的有关规定。

8 工程验收

8.1 一般规定

8.1.1 与建筑结构同时施工的遮阳建筑构件应与结构工程同时验收。

8.1.2 建筑遮阳工程的质量验收应检查下列文件和记录：

1 建筑遮阳工程设计图纸和变更文件；

2 原材料出厂检验报告和质量证明文件、材料构件设备进场检验报告和验收文件；

3 现场隐蔽工程检查记录及其他有关验收文件；

4 施工现场安装记录；

5 遮阳装置调试和试运行记录；

6 现场试验和检验报告；

7 其他必要的资料。

8.1.3 建筑遮阳工程应对下列隐蔽项目进行验收：

1 预埋件或后置锚固件；

2 埋件与主体结构的连接节点。

8.1.4 检验批应按下列规定划分：

1 每个单位工程，同一品种、同一厂家、类型和规格的遮阳装置每500副应划分为一个检验批，不足500副也应划分为一个检验批；

2 异型或有特殊要求的外遮阳装置，应根据其特点和数量，由监理（建设）单位和施工单位协商确定。

8.1.5 建筑外遮阳工程采用的材料、构件等应符合设计要求，主要材料、部品进入施工现场时，应具有中文标识的出厂质量合格证、产品出厂检验报告、有效期内的型式检验报告等质量证明文件；进场时应做检查验收，并应经监理工程师核查确认。

8.2 主控项目

8.2.1 进场安装的建筑遮阳产品及其附件的材料、品种、规格和性能应符合设计要求和相关标准规定。

检验数量：每个检验批抽查不应少于10%。

检验方法：观察、尺量检查；检查产品合格证书、性能检测报告、材料进场验收记录和复检报告。

8.2.2 遮阳装置的遮阳系数、抗风安全荷载、耐积雪安全荷载、耐积水荷载、机械耐久性应符合相关标准的规定和设计要求。

检验数量：全数检查。

检验方法：检查质量证明文件和复验报告。

1 遮阳装置遮阳系数应按现行行业标准《建筑遮阳热舒适、视觉舒适性能与分级》JG/T 277进行检测。

2 遮阳装置抗风安全荷载应按现行行业标准《建筑外遮阳产品抗风性能试验方法》JG/T 239进行检测。

3 遮阳装置耐积雪安全荷载应按现行行业标准《建筑遮阳通用要求》JG/T 274－2010附录B进行检测。

4 遮阳装置（篷）耐积水荷载应按现行行业标准《建筑遮阳篷耐积水荷载试验方法》JG/T 240进行检测，荷载等级应根据设计确定。

5 遮阳装置的机械耐久性应按现行行业标准《建筑遮阳产品机械耐久性能试验方法》JG/T 241进行检测，性能等级应根据设计确定。

8.2.3 外遮阳装置使用的遮阳产品等进入施工现场时，应对遮阳系数、抗风荷载进行检验。

检验数量：同一生产厂家的同种类产品抽查不应少于一副。

检验方法：见证取样送检，检查复验报告。

8.2.4 遮阳装置与主体结构的锚固连接应符合设计要求。

检验数量：全数检查验收记录。

检验方法：检查预埋件或后置锚固件与主体结构的连接等隐蔽工程施工验收记录和试验报告。

8.2.5 电力驱动装置应有接地措施。

检验数量：全数检查。

检验方法：观察检查电力驱动装置的接地措施，进行接地电阻测试。

8.2.6 遮阳装置的启闭、调节等功能应符合相应产品要求。

检验数量：每个检验批抽查5%，并不应少于10副。

检验方法：按产品说明书做启闭调节试验，并应记录结果。

8.2.7 设置风感应控制系统的遮阳装置，风感应控制系统的品种、规格应符合设计要求和相关标准规定；风速测量的精度应符合设计要求，在危险风速下遮阳装置应能按设计要求收回。

检验数量：全数检查风感应系统。

检验方法：观察检查；核查质量证明文件和检验报告；现场应按本规范附录B进行风感试验。

8.3 一般项目

8.3.1 遮阳装置的外观质量应洁净、平整，无大面积划痕、碰伤等外观缺陷；织物应无褪色、污渍、撕裂；型材应无焊缝缺陷，表面涂层应无脱落。

检验数量：全数检查。

检验方法：观察检查。

8.3.2 遮阳装置的调节应灵活，能调节到位。

检验数量：每个检验批应抽查5%，并不应少于10副。

检验方法：施工现场应按说明书做调节试验，并应记录试验结果。

9 保养和维护

9.0.1 遮阳工程竣工验收时，遮阳产品供应商应向业主提供《遮阳产品使用维护说明书》，且《遮阳产品使用维护说明书》应包括下列内容：

1 遮阳装置的主要性能参数以及保用年限；

2 遮阳装置使用方法及注意事项；

3 日常与定期的维护、保养要求；

4 遮阳装置易损零部件的更换方法；

5 供应商的保修责任。

9.0.2 必要时，供应商在遮阳装置交付使用前可为业主培训遮阳装置维护、保养人员。

9.0.3 遮阳装置交付使用后，业主应根据《遮阳产品使用维护说明书》的相关要求及时制定遮阳装置的维护计划，并应定期进行保养维护。

9.0.4 遮阳装置的定期检查、清洗、保养、润滑与维修作业，宜按照供应商提供的使用维护说明书执行。

9.0.5 灾害天气前应对遮阳装置进行防护，灾害天气前后应对遮阳装置进行检查。

9.0.6 遮阳装置的使用维护人员应定期检查遮阳装置的机械性能和遮阳装置连接部位的腐蚀情况，发现问题应及时维修、保养。

9.0.7 大风天气、阴天、夜晚应收起外伸的活动外遮阳装置。

附录A 遮阳装置的风荷载实体试验

A.0.1 当遮阳装置进行风压、实体模型试验时，其试验荷载 f_s 应按下式计算：

$$f_s = \lambda \times f \qquad (A.0.1)$$

式中：f——本规范第5.2节中规定的荷载设计值(kN)；

λ——荷载检验系数，可取1.10，当遮阳装置设计寿命与主体建筑一致时可取1.55。

A.0.2 试件应选取所设计工程中荷载相同的较大典型构件单元，试验的试件应包含与主体结构的连接部分。

A.0.3 风荷载实体试验可采用结构静力试验的方法进行，也可采用风压试验的方法进行。

A.0.4 结构静力试验应按下列步骤进行：

1 应按照工程设计的连接方式在试验台上固定构件；

2 应按照风荷载的分布，采用静力加载的方法施加风荷载，先按照风荷载设计值的75%进行分级加载，然后按照试验荷载进行加载；

3 加载前应先测量构件的原始挠度和连接部位的初始位置，每级加载时均需测量构件的挠度和连接部位的位置；试验荷载较大而可能发生试件损坏或损坏测量仪器时可不测量试验荷载加载时的挠度和构件位置；

4 试验荷载加载、卸载后应观察试件的损坏情况，卸载后测试试件的残余挠度和残余变形，并记录。

A.0.5 当采用风压试验进行荷载试验时，试验风压 P_S 应按下式计算：

$$P_S = \frac{f_S}{A} \qquad (A.0.5)$$

式中：f_S——风荷载试验值(kN)；

A——遮阳构件在荷载方向的投影面积(m)。

A.0.6 风压试验应按下列步骤进行：

1 应按照工程设计的连接方式在风压试验箱体上固定构件；

2 应将遮阳构件周边与静压箱体进行柔性密封，柔性密封不能阻碍遮阳构件的移动和对变形产生影响；

3 应采用分段加压的方法施加风荷载，先按照风荷载设计值的75%进行分级加载，然后按照试验荷载进行加载。

风荷载设计值至少分5级加载至75%风荷载设计值，每级至少维持10s，试验荷载加载应从卸载状态一次升至目标值并重复3次；

4 加载前应先测量构件的原始挠度和连接部位的初始位置，每级加载时均需测量构件的挠度和连接部位的位置；试验荷载较大而可能发生试件损坏或损坏测量仪器时可不测量试验荷载加载时的挠度和构件位置；

5 试验荷载加载、卸载后应观察试件的损坏情况，卸载后测试试件的残余挠度和连接部位的残余变形，并记录。

A.0.7 结构静力试验或风压试验中，试验荷载下的遮阳构件的相对挠度不应超过1/100和设计挠度值，试验后遮阳构件及连接件均不应损坏。

附录B 遮阳装置的风感系统现场试验方法

B.0.1 当遮阳工程采用带有风速感应系统的遮阳装置时，工程验收时应对风速感应系统进行现场试验。

B.0.2 试验设备应符合下列规定：

1 轴流风机应在1m的距离产生平稳的风速能通过变频或无级调速的方式，在1m的距离产生遮阳装置风速感应系统的设计风速，风速应平稳；

2 全方位风速传感器的精度不应小于5%。

B.0.3 遮阳装置的风感系统现场试验应按下列规定

进行：

1 试验时室外风速应小于1.5m/s，否则应采取相应的遮蔽措施；

2 应将风速传感器固定在风速感应系统附近，距离不得超过10cm；

3 应将轴流风机正对风速感应系统，距离应为1m±0.5m；

4 应将遮阳装置完全伸展或闭合；

5 开启轴流风机，应按1m/s为一个台阶进行阶梯状加载，每次增加风速后应在此风速下平稳运行3min～5min，记录遮阳装置收回或开启时的风速。

B.0.4 遮阳装置的风感系统现场应按下列要求进行判定：

1 同一遮阳装置应进行三次试验，以三次试验中遮阳装置收回或开启时的最大风速作为试验结果；

2 将试验结果换算成蒲福风力，该风力不应大于遮阳装置技术资料中所规定的收回或开启的感应风力。

本规范用词说明

1 为便于在执行本规范条文时区别对待，对要求严格程度不同的用词说明如下：

1）表示很严格，非这样做不可的用词：

正面词采用“必须”，反面词采用“严禁”；

2）表示严格，在正常情况下均应这样做的用词：

正面词采用“应”，反面词采用“不应”或“不得”；

3）表示允许稍有选择，在条件许可时首先应这样做的用词：

正面词采用“宜”，反面词采用“不宜”；

4）表示有选择，在一定条件下可以这样做的用词，采用“可”。

2 条文中指明应按其他有关标准执行的写法为：“应符合……的规定”或“应按……执行”。

引用标准名录

1 《建筑结构荷载规范》GB 50009

2 《建筑抗震设计规范》GB 50011

3 《建筑防雷设计规范》GB 50057

4 《公共建筑节能设计标准》GB 50189

5 《外壳防护等级（IP代码）》GB 4208

6 《民用建筑电气设计规范》JGJ 16

7 《严寒和寒冷地区居住建筑节能设计标准》JGJ 26

8 《建筑机械使用安全技术规程》JGJ 33

9 《施工现场临时用电安全技术规范》JGJ 46

10 《夏热冬暖地区居住建筑节能设计标准》JGJ 75

11 《建筑施工高处作业安全技术规范》JGJ 80

12 《玻璃幕墙工程技术规范》JGJ 102

13 《夏热冬冷地区居住建筑节能设计标准》JGJ 134

14 《混凝土结构后锚固技术规程》JGJ 145

15 《建筑门窗玻璃幕墙热工计算规程》JGJ/T 151

16 《建筑外遮阳产品抗风性能试验方法》JG/T 239

17 《建筑遮阳篷耐积水荷载试验方法》JG/T 240

18 《建筑遮阳产品机械耐久性能试验方法》JG/T 241

19 《建筑遮阳通用要求》JG/T 274－2010

20 《建筑遮阳产品电力驱动装置技术要求》JG/T 276

21 《建筑遮阳热舒适、视觉舒适性能与分级》JG/T 277

22 《建筑遮阳产品用电机》JG/T 278

中华人民共和国行业标准

建筑遮阳工程技术规范

JGJ 237—2011

条 文 说 明

制 定 说 明

《建筑遮阳工程技术规范》JGJ 237－2011，经住房和城乡建设部2011年2月11日以第912号公告批准、发布。

本规范制订过程中，编制组进行了广泛的调查研究，总结了我国建筑遮阳工程建设的实践经验，同时参考了国外先进技术法规、技术标准，通过科学研究取得了有关重要技术参数。

为便于广大设计、施工、科研、学校等单位有关人员在使用本规范时能正确理解和执行条文规定，《建筑遮阳工程技术规范》编制组按章、节、条顺序编制了本规范的条文说明，对条文规定的目的、依据以及执行中需注意的有关事项进行了说明，还着重对强制性条文的强制性理由作了解释。但是，本条文说明不具备与规范正文同等的法律效力，仅供使用者作为理解和把握规范规定的参考。

目　次

1 总　　则

1.0.1 本条明确了制定规范的目的。目前我国的建筑物窗户越开越大、玻璃幕墙建筑越来越多，致使室内温度夏季过高、冬季过低，极大地增加了夏季空调的供冷量和冬季采暖的供热量。采用大面积透明玻璃的建筑与全球节能减排、控制窗墙面积比的要求背道而驰。夏季，大量太阳辐射热从玻璃窗进入室内，使室温增高，不得不加大空调功率；冬季，室内大量热量从保温较差的玻璃窗户逸出，使室温下降，又不得不增加采暖供热量。因此，大面积的玻璃窗和玻璃幕墙已成为建筑物能源消耗的主要部位，更加突出说明建筑遮阳的必要性。

本规范所指的建筑遮阳包括设置在建筑物不同部位的活动遮阳和固定遮阳。

设置良好遮阳的建筑，可大大改善窗户隔热性能，节约建筑制冷用能25%以上；并使窗户保温性能提高约一倍，节约建筑采暖用能10%以上。在欧美发达国家，建筑遮阳已经成为节能与热舒适的一项基本需要。不少欧洲国家，不仅公共建筑普遍配备有遮阳装置，一般住宅也几乎家家安装窗外遮阳。“欧洲遮阳组织”在2005年12月发表的研究报告《欧盟25国遮阳装置节能及二氧化碳减排》介绍：欧盟25国4.53亿人口，住房面积242.6亿m^2，其中平均有一半采用遮阳，因此每年减少制冷能耗3100万t油当量，CO_2减排8000万t；每年还减少采暖能耗1200万t油当量，CO_2减排3100万t。如果经过努力，到2020年我国能发展到也有一半左右建筑采用遮阳，每年可因此减少采暖与空调能耗当超过1亿t标准煤，减排CO_2当超过3亿t。由此可见，推广建筑遮阳，对于节能减排、提高建筑舒适性的作用十分巨大。

建筑遮阳正在我国大范围推广应用，为了使遮阳工程的设计、施工、验收与维护，做到安全适用、经济合理、确保质量，必须有标准可依，而过去的建筑工程技术标准中，缺乏这方面的内容，因此编制本规范，是一项重要而紧迫的任务。

2 术　　语

2.0.1 建筑遮阳是为防止阳光过分照射入建筑物内，达到降低室内温度和空调能耗、营造室内舒适的热环境和光环境的目的，所采取的遮蔽措施。

3 基 本 规 定

3.0.1 夏热冬暖地区、夏热冬冷地区和寒冷地区建筑的东向、西向和南向外窗（包括透明幕墙）、屋顶天窗（包括采光顶），在夏季受到强烈的日照时，大量太阳辐射热进入室内，造成建筑物内过热和能耗增加，降低室内舒适度。采用有效的建筑遮阳措施，将会降低建筑物运行能耗，并减少太阳辐射对室内热舒适度和视觉舒适度的不利影响。

有效的遮阳措施可概括为：绿化遮阳、结合建筑构件的遮阳和专门设置的遮阳。建筑的绿化遮阳不属于建筑工程技术范围，本规范不予涉及。结合建筑构件的遮阳手法，常见的有：加宽挑檐、外廊、凹廊、阳台、旋窗等。专门设置的遮阳包括水平遮阳、垂直遮阳、综合遮阳、挡板遮阳、百叶内遮阳、活动百叶外遮阳等，可根据不同气候和地域特点，采取适宜的遮阳措施。

3.0.2 建筑遮阳装置与新建建筑要做到“三同”，即同步设计、同步施工、同步验收，这样做有利于保证遮阳装置与建筑较好的结合，保证工程质量，并在新建建筑投入使用时即可发挥作用。

3.0.3 本条文提出建筑遮阳设计时应合理选择遮阳形式和技术措施，是由于我国地域辽阔，建筑物所在地区气候特征各有不同，建筑物的使用性质不同，适宜的遮阳形式也不尽相同。门窗（透明玻璃幕墙）本身的遮阳设计比较简单，其重点在于选取可见光透射比高、遮阳系数低的玻璃产品。建筑外、内遮阳设计相对比较复杂，可做成固定的遮阳装置（设置各种形式的遮阳板），也可做成活动的遮阳装置（布帘、各种金属或塑料百叶等）。活动式的遮阳可视季节的变化、时间的变化和天气阴晴的变化，任意调节遮阳装置的遮蔽状态；在寒冷季节，可避免遮挡阳光，争取日照；这种遮阳装置灵活性大，还可以更换和拆除。夏热冬暖地区的建筑，尤其是南区的建筑，在“必须充分满足夏季防热要求，可不考虑冬季保温”的条件下，优先采用固定式遮阳装置，其他地区在充分考虑夏季遮阳、冬季阳光入射、自然通风、采光、视野等因素后，采用固定式或活动式遮阳装置。当遮阳装置闭合时，窗与遮阳装置之间的空气层会起到保温作用，因而遮阳装置有冬季夜间保温的功能。

3.0.4 综合遮阳系数是建筑节能设计中需要控制的一个重要指标，在进行建筑遮阳设计时，应严格按照建筑节能标准的要求，不能突破各地区建筑节能设计标准中规定的限值，以确保建筑节能目标的实现。

3.0.5 遮阳装置的类型、尺寸、调节范围、调节角度，以及遮阳材料光学性能（太阳辐射反射比、透射比等）的选择十分重要，选出适用的遮阳装置将增加遮阳的效果，改善建筑外观，降低造价；遮阳装置的选择确定是比较复杂的过程，应进行周密的设计和节能计算。

3.0.6 本条文强调了遮阳产品的性能除符合设计要求外，还应符合现行行业标准《建筑遮阳通用要求》JG/T 274以及相应产品和试验方法标准的规定，确保遮阳装置使用性能满足要求、安全可靠。

3.0.7 遮阳装置除了保证遮阳效果和外观效果外，其关键是必须满足在使用过程中的安全性能，应综合考虑装置承受的各种荷载、与结构连接的整体牢固性、耐久安全性等，并进行结构设计。

3.0.8 本条文提出了遮阳装置火灾安全方面的基本规定，体现了"安全第一"、建设和谐社会的要求。

3.0.9 为使活动遮阳装置满足不同使用者的要求，其应控制灵活，操作方便，误操作时不会对人员、遮阳装置和建筑环境等造成损害。

3.0.10 为了保证遮阳装置施工质量，施工前要编制施工方案，并应由经过培训的专业人员进行安装和安全检查。具体施工安装要求见本规范第7章有关条文。

4 建筑遮阳设计

4.1 遮阳设计

4.1.1 建筑遮阳的目的在于防止直射阳光透过玻璃进入室内，减少阳光过分照射加热建筑围护结构，减少直射阳光造成的眩光。根据建筑遮阳装置与建筑外窗的位置关系，建筑遮阳分为外遮阳、内遮阳和中间遮阳三种形式。外遮阳是将遮阳装置布置在室外，挡住太阳辐射。内遮阳是将遮阳装置布置在室内，将入射室内的直射光分散为漫反射，以改善室内热环境和避免眩光。中间遮阳是将遮阳装置设于玻璃内部、两层玻璃窗或幕墙之间，此种遮阳易于调节，不易被污染，但造价高，维护成本也较高。

采用外遮阳时，可将60%～80%的太阳辐射直接反射出去或吸收，使辐射热散发到室外，减少了室内的太阳得热，节能效果较好。而采用内遮阳时，遮阳装置反射部分阳光，吸收部分阳光，透过部分阳光，由于所吸收的太阳能仍留在室内，虽可以改善热环境，但节能效果却不理想。为此，应优先选择外遮阳。

遮阳措施能阻断直射阳光透过玻璃进入室内，为室内营造舒适的热环境，降低室温和空调能耗。我国地域辽阔，建筑物所在地气候特征各不相同，同时由于建筑物的使用性质不同，建筑类型、建筑功能、建筑朝向、建筑造型不同，适宜的遮阳形式也不尽相同。因此，本条文提出了建筑遮阳设计时应合理选择遮阳形式的要求。

4.1.2 遮阳装置的设计固然要达到遮挡太阳辐射热的目的，但多数遮阳装置是与窗设置在一起，因此，窗原来的采光和通风功能仍然需要得到满足。

遮阳板在遮阳的同时也会影响窗子原有的自然采光和通风。遮阳板不仅遮挡了阳光，也会使建筑周围的局部风压发生变化。在许多情况下，设计不当的实体遮阳板会显著降低建筑表面的空气流速，影响建筑内部自然通风效果。另一方面，根据当地夏季主导风向，可以利用遮阳板进行引风，增加建筑进风口的风压，对通风量进行调节，以达到自然通风散热的目的。但是寒冷地区冬季对建筑吸收太阳热量要求较高，选择的建筑遮阳形式必须能保证阳光入射。

4.1.3 由于太阳的高度角和方位角不同，投射到建筑物水平面、西向、东向、南向和北向立面的太阳辐射强度各不相同。夏季，太阳辐射强度随朝向不同有较大差别，一般以水平面最高，东、西向次之，南向较低，北向最低。为此，建筑遮阳设计的优先顺序应根据投射到的太阳辐射强度确定。

4.1.4 由于太阳高度角和方位角在一年四季循环往复变化，遮阳装置产生的阴影区也随之变化。可按以下原则确定建筑外遮阳的形式：

1 水平式遮阳：在太阳高度角较大时，能有效遮挡从窗口上前方投射下来的直射阳光，北回归线以北地区一般布置在南向及接近南向的窗口，北回归线以南地区一般布置在南向及北向窗口。

2 垂直式遮阳：在太阳高度角较小时，能有效遮挡从窗侧面斜射入的直射阳光，一般布置在北向、东北向、西北向的窗口；北回归线以北地区一般布置在南向及接近南向的窗口。

3 综合式遮阳：为有效遮挡从窗前侧向斜射下来的直射阳光，一般布置在从东南向、南向到西南向范围内的窗口，北回归线以南地区一般布置在北向窗口。综合式遮阳兼有水平遮阳和垂直遮阳的优点，对于遮挡各种朝向和高度角低的太阳光都比较有效。

4 挡板式遮阳：为有效遮挡从窗口正前方投射下来的直射阳光，一般布置在东向、西向及其附近方向的窗口。

4.1.5 内遮阳为在窗的内侧安装百叶、帘布或卷帘，或在采光顶下部采用帘布或折叠挡板等措施。由于太阳辐射已进入室内，内遮阳没有外遮阳节能效果好。但内遮阳装置便于安装、操作、清洁、维修，如果帘片采用与镀铝薄膜复合技术，或采用在织物上直接镀铝技术，可反射太阳辐射。采用中间遮阳或天窗（采光顶）采用内遮阳时，为了取得更好的遮阳效果，将遮阳装置的可调性增强，可根据气候或天气情况调节遮阳角度，自动开启和关闭，以控制室内光线和热环境。

4.1.6 建筑遮阳丰富了建筑造型，创造了不同的视觉形象，精心设计的遮阳装置可创造舒适的室内光环境。建筑师应与建筑设计同时进行遮阳设计，也可直接选用遮阳产品，或与生产商合作设计特制的遮阳产品，实现遮阳设计的最优化。

由于建筑遮阳装置有着非常直接的视觉效果，直接影响或改变着建筑的外观，因此遮阳装置的设计和选择应与建筑的整体设计相配合，应使建筑遮阳装置成为建筑功能与建筑艺术和技术的结合体，成为现代技术和精致美学的完美体现。良好的建筑遮阳设计不仅有助于建筑节能，而且遮阳装置也成为影响建筑形体和美感的重要元素，特别是遮阳装置和其构造方式往往成为凸显建筑技术和现代美感的重要组成部分。况且，其结构的整体性与构造的便易性也会影响成本。为此，遮阳装置宜构造简单、经济实用、耐久美观，并宜与建筑物整体及周围环境相协调。

遮阳装置的造价随其产品的材料类型、性能差异和功能组合而有差别。产品的功能越多，一般造价也会越高。遮阳装置主要功能是遮阳，固定遮阳装置如能满足要求可以优先采用。活动遮阳装置则比较灵活，虽然造价稍高，但因能随需要而调节，应该是很好的选择。

4.1.7 以新技术为手段的遮阳方式不断得到发展，充分利用新技术、新材料、充分体现多功能的建筑遮阳装置是未来发展的趋势。太阳能集热板和太阳能电池板除能进行光热和光伏转换外，还能遮挡阳光，起到遮阳隔热的作用，但应该做到一体化设计，并应符合国家现行标准《民用建筑太阳能热水系统应用技术规范》GB 50364 和《民用建筑太阳能光伏系统应用技术规范》JGJ 203 的规定。

4.1.8 若将遮阳板设计呈百叶或网状，或在遮阳板和墙面之间留有空隙，可避免遮阳装置对自然通风造成阻碍。百叶状遮阳板可以在遮阳的同时，不妨碍通风，其热工性能可优于实体遮阳板。

4.2 遮阳系数计算

4.2.1 外窗和透明幕墙的遮阳系数、可见光透射比是建筑节能设计工作中重要的热工指标。在进行建筑遮阳系数、可见光透射比计算时，应严格按照现行行业标准《建筑门窗玻璃幕墙热工计算规程》JGJ/T 151 的规定进行计算。

4.2.2 本条款与现行国家标准《公共建筑节能设计标准》GB 50189、行业标准《严寒和寒冷地区居住建筑节能设计标准》JGJ 26、《夏热冬暖地区居住建筑节能设计标准》JGJ 75、《夏热冬冷地区居住建筑节能设计标准》JGJ 134、《建筑门窗玻璃幕墙热工计算规程》JGJ/T 151 的遮阳系数计算方法协调一致。只对温和地区的遮阳系数计算方法作出规定。

用于建筑的外遮阳有四种基本类型，即水平式、垂直式、综合式（水平和垂直的组合）和挡板式，而用在基本遮阳类型上的板，除了用金属或非金属材料做成以外，还有用百叶片、穿孔板、花格板、半透明或吸热的玻璃板或纤维织物制成。

4.2.3 建筑遮阳中，最基本方式有窗口的水平遮阳板、垂直遮阳板、挡板遮阳三种遮阳方式，其他任何复杂的组合的外遮阳方式都可以通过这三种方式的组合构成。因此，它的建筑外遮阳系数为两者的综合效果，一般是与水平遮阳板或与垂直遮阳板或与综合遮阳板的组合形成挡板遮阳构造，组合后的建筑外遮阳系数也是相应的建筑外遮阳系数的乘积。

因此，现行国家标准《公共建筑节能设计标准》GB 50189 中只给定了水平遮阳和垂直遮阳两种基本方式的 SC 与遮阳构造特征系数 PF 之间的关系，通过最基本的建筑外遮阳形式计算组合形式的遮阳系数。

幕墙有多层横向平行遮阳板或多层竖向平行遮阳板时，可将多层横向平行遮阳板转换成多层水平遮阳板加挡板遮阳，将多层竖向平行遮阳板转换成多层垂直遮阳板加挡板遮阳，并采用转换后的两种遮阳板的遮阳系数的乘积为其遮阳系数。

4.2.4 当窗口前方设置有与窗面平行的挡板（包括花格、漏花、百叶或具有透光材料等）遮阳时，遮阳板要透过一定的光线，挡板的材料和构造形式对外遮阳系数有影响，其外遮阳系数应按本规范第 4.2.4 条中的公式进行计算。

由于建筑材料类型和遮阳构造措施多种多样，如果建筑设计时均要求按太阳位置角度逐时计算透过挡板的能量比例，显然是不现实的。但作为挡板构造形式的建筑花格、漏花、百叶或具有透光材料等形成的遮阳构件，挡板的轮廓形状和与窗面的相对位置，以及挡板本身构造的透过太阳能的特性对外窗的遮阳影响是较大的。因此，应按照不同的遮阳措施修正计算结果。

4.2.5 本条款与现行行业标准《建筑门窗玻璃幕墙热工计算规程》JGJ/T 151 协调一致。外窗综合遮阳系数（SC_W）考虑到窗本身（玻璃和窗框）的遮阳以及窗口建筑外遮阳措施对外窗的综合影响。

由于外窗综合遮阳系数 SC_W 是标准中一个强制性控制指标，并且是计算能耗过程中必须使用的重要参数，故确定各种建筑遮阳构造形式的 SC_W 是一件相当重要的工作。

4.2.6 本条款与现行行业标准《建筑门窗玻璃幕墙热工计算规程》JGJ/T 151 协调一致。

5 结构设计

5.1 一般规定

5.1.1 遮阳装置尤其是大型遮阳系统的使用，通常涉及的自身结构安全问题，应通过专项结构设计、构造措施予以保障。即使小型遮阳系统也应有相应的基本节点构造要求，以保证安全使用。与主体结构一体的固定式外遮阳构件（如混凝土挑板等）应与主体结构一并设计。后装固定式或活动式外遮阳装置应验算自身的结构性能并符合具体的安装构造要求。大型内遮阳装置宜根据情况考虑结构性能验算项目，并应有具体的安装构造要求。遮阳装置的使用对主体结构产生的影响，应通过荷载的方式反映到主体结构设计中，由主体结构设计考虑。

5.1.2 一般建筑常用外遮阳装置尺寸在 3m×3m 范围内，受到的荷载主要为风荷载，应作抗风验算；成品系统的自重荷载通常应由产品自身性能来保证而无需验算，但采用非成品系统时则需进行验算；当遮阳装置可能存在积雪、积灰或需要承受安装、检修荷载时（如遮阳装置处于水平或倾斜位置时），则应对积雪、积灰或施工荷载效应进行验算。由于以上荷载在正常使用条件下同时出现的概率很低，故一般情况下不必考虑组合效应；但对大型遮阳装置（尺寸范围超出 3m×3m 时），遮阳构件的结构安全要求凸显，应进行有关静态、动态验算及组合效应验算。如果遮阳装置设计寿命与主体结构一致或接近且单副质量在 100kg 以上，应做抗地震承载力验算。除验算其强度外尚应进行变形验算。

5.1.3 对于大型体育馆、空港航站楼等采用的外置大型遮阳工程，如果遮阳装置的构件断面复杂，系统变化大，不易通过计算确定其安全性能时，可以通过试验，在证明系统安全后进行相关设计。

5.1.4 本条款规定了外遮阳设计的施工图设计要求和深度要求。

5.2 荷 载

5.2.1 风荷载是常用外遮阳装置最常见的荷载形式，也是工程界最为关心的问题。现行国家标准《建筑结构荷载规范》GB 50009 计算风压理论成熟，因而使用方便。装有风感应的遮阳装置，根据感应控制范围，如控制 6 级风时遮阳装置收起，风荷载标准值即可按 6 级风时的风压取用。

修正系数 β_1 是考虑遮阳系数的设计寿命与主体结构不一致而对荷载进行的折减。与主体结构不同的是，遮阳装置通常只有当主体建筑遮风效果偶然缺失（如居住建筑外窗未关又正好出现大风）时才出现风压，故受风概率降低，且受风破坏后果的严重程度较主体结果要低得多，故以 β_2 修正。兜风系数 β_3 考虑遮阳装置在风中的形态引起风压的变化。主体建筑遮风效果偶然缺失的失误概率由修正系数 β_4 表达。

外遮阳装置应通过构造设计（如构件的最小尺寸、大型遮阳装置设置阻尼器等），避免风振效应的产生。当风振效应难以避免时，应考虑风振效应对风荷载的放大作用。

5.2.2 遮阳装置的自重荷载与主体结构计算方法一致。

5.2.3 遮阳装置的积雪荷载计算原理同第 5.2.1 条，偏于安全考虑。

5.2.5 对于小型遮阳装置，检修时通常不承担额外荷载。对于大型遮阳装置，检修荷载根据实际情况，考虑检修时可能的设备、人员的重力荷载，同时应考虑最不利的荷载位置，如大跨度遮阳构件的跨中位置、悬挑式构件的悬挑顶点等。

5.3 遮 阳 装 置

5.3.2 构件变形指遮阳装置在荷载作用下，遮阳装置中变形最大的构件所产生的相对变形。通常百叶式、卷闸式遮阳装置的遮阳叶片为变形最大的构件，而篷式遮阳装置则指除布篷以外的变形最大的构件。

组装类遮阳装置正常使用极限状态的要求通常情况下可以通过构造措施如金属类构件的高跨比、膜结构控制张拉应力等保证，一般情况下不必验算。但当采用大跨度薄壁类金属构件、低弹性模量材料（塑料、橡胶等）时应予验算。验算时仅考虑遮阳装置的自重荷载，变形小于或等于 1/200 是外形感官要求。

组装类遮阳装置应按承载能力极限状态（最不利荷载组合下）设计，遮阳装置的强度和变形应保证自身安全，并不致产生次生灾害。

5.3.3 遮阳系统的安全性包括两个方面：系统自身的安全及连接安全。安全性判断由计算分析或试验确定均可。

5.3.4 通常遮阳装置的设计寿命大概在 15 年左右，遇震概率下降很多，只要不致出现严重次生灾害性破坏即可。但当遮阳装置设计寿命与主体结构一致或接近时，地震风险与主体结构接近，虽然由地震所产生的灾难性后果相对主体结构为低，但仍然要予以防范，因而要进行抗震计算。

5.4 遮阳装置与主体结构的连接

5.4.2 遮阳装置与主体结构的连接，应能保证遮阳装置荷载的正常传递和结构的耐久性，并不影响建筑的其他功能，如保温、防水和美观。

6 机械与电气设计

6.1 驱 动 系 统

6.1.2 在电机正常转矩范围内，如果卷帘操作动作过频会引起电机过热——电机温度达到 150℃时，热保护装置应自动关闭内部控制线路，避免发生电机烧毁等严重后果；待电机冷却后内部线路能自动复位，可以继续运转。

6.1.3 “IP44”代码中第一位数字 4 表示防止大于或等于 1.0mm 的异物进入；第二位数字 4 表示防止溅水造成有害影响。

6.3 机 械 系 统

6.3.1 遮阳帘体的底杆要确保帘体平直和更换方便。

6.3.3 遮阳装置机械系统应按供货方提供的《遮阳产品使用维护说明书》定期进行润滑保养，并做好保养记录。遮阳装置的润滑保养是其保持正常使用与做好维护工作的重要环节。正确、合理的润滑保养能减少零部件的摩擦和磨损，延长零部件的使用寿命。润滑保养应在设备停机断电期间实施，并定期进行。保养时宜先清除旧的油脂，然后补充相同型号的新鲜油脂，油脂不得随便代用。所使用润滑油脂应符合相关标准的要求。

6.4 安全措施

6.4.1 金属遮阳构件或遮阳装置必须保证防雷安全，遮阳装置的金属构架应与主体结构的防雷体系可靠连接，连接部位应清除非导电保护层，并且防雷设计应符合相关标准的要求。

6.4.5 遮阳驱动系统应具有防止误操作产生伤害的功能，是为了预防对遮阳装置本身或操作人员可能造成的伤害。

7 施工安装

7.1 一般规定

7.1.1 为了保证遮阳装置的安装质量，要求主体结构应满足遮阳安装的基本条件，特别是结构尺寸的允许偏差与外表面平整度。

7.1.2 遮阳安装施工往往要与其他工序交叉作业，编制遮阳工程施工组织设计有利于整个工程的联系配合。

7.2 遮阳工程施工准备

7.2.3 遮阳产品在储存过程中，应特别注意防止碰撞、污染、潮湿等；在室外储存时更要采取有效的保护措施。

7.2.4 为了保证遮阳装置与主体结构连接的可靠性，预埋件应在主体结构施工时按设计要求的位置与方法埋设；如预埋件位置偏差过大或未设预埋件时，应协商解决，并有有关人员签字的书面记录。

7.2.6 因为大型遮阳板构件在运输、堆放、吊装过程中有可能产生变形或损坏，不合格的大型遮阳板构件应予更换，不得安装使用。

7.3 遮阳组件安装

7.3.1 选择适当的吊装机具将遮阳组件可靠地安放到主体结构上，是保证顺利吊装的前提条件。尽管在施工准备中已经过安全检查，但每次安装前还应再次认真检查。

7.3.2 不规范的运输会造成遮阳组件变形损坏，因此在运输过程中，应采取必要的保护措施。

7.3.4 后置锚固件的安全可靠是保证遮阳装置安全使用的关键。为避免破坏主体结构，拉拔试验应在同条件的主体结构上进行，并必须见证，且符合设计要求。

7.3.7 与设计位置偏离：是指安装后的遮阳产品位置与设计图纸规定的位置偏离。通常画线安装，误差控制在1mm～3mm；当误差大于5mm以上时，业内人员观感明显。若帘布与窗玻璃等宽，当帘布向左偏10mm，则右边会留出10mm亮光，客户通常都能察觉。遮阳组件实际间隔相关误差距离，是指遮阳组件的间隔与设计时的间隔之间的误差。设计间隔一般都设计成等距离安装遮阳组件，如安装时与设计位置偏离5mm，虽然符合要求了，但如果左一幅往左偏，右一幅往右偏，中间的实际间隔就会有10mm，观感明显。为此规定为实际间隔与设计间隔的偏差为5mm。

7.3.9 调试和试运转是安装工作最后的重要环节。要经过反复试运行，并排除各种故障，做到顺利灵活操作。但由于建筑遮阳用电机是不定时工作制，有的伸展一次就处于热保护状态，无法立刻进行收回调试，在夏天可能需要半小时以后才能恢复，但调试必须至少一个循环，必要时需要做3个循环。

8 工程验收

8.1 一般规定

8.1.2 设计图纸和变更文件、出厂检验报告和质量证明文件、材料构件设备进场检验报告和验收文件等都是保证遮阳工程质量和遮阳效果的重要基础，验收时必须具备。

8.1.3 预埋件或后置锚固件是影响遮阳装置安装质量和后期寿命的重要安全因素，必须进行验收。

8.1.4 检验批的划分是根据工程的实际特点，一般20000m²以内的工程，遮阳装置的数量为500副以内，因此以500副为一个检验批；异型或有特殊要求的外遮阳工程，由监理（建设）单位和施工单位根据需要协商确定。

8.1.5 目前市场上有些遮阳产品或部件是进口产品，应具有中文标识的质量证明文件和标识等，检验报告应由具有计量认证和相应资质的单位提供才属有效。

8.2 主控项目

8.2.2 本条规定的检测项目是影响遮阳工程质量安全的重点，因此特别强调应符合设计和相关标准的规定。因此遮阳成品进场后应全数核查质量证明文件。质量证明文件所涉及的检测项目和相关标准见表1。

8.2.4 遮阳装置与主体部位的锚固连接是影响工程安全的关键所在，因此应重点检查。

8.2.5 电力驱动装置是影响工程安全的重要内容和关键所在，因此应重点检查。

8.2.7 风感应系统若失效，遮阳装置在额定风荷载或超过额定风荷载不能自动收回，极易发生安全事故，因此风感应系统的灵敏度应作为主控项目重点检查。

表1　建筑遮阳材料和产品复检性能

检测项目	产品标准	检验依据
抗风性能	《建筑用遮阳金属百叶帘》JG/T 251 《建筑用遮阳天篷帘》JG/T 252 《建筑用曲臂遮阳篷》JG/T 253 《建筑用遮阳软卷帘》JG/T 254 《内置遮阳中空玻璃制品》JG/T 255	《建筑遮阳通用要求》JG/T 274 《建筑外遮阳产品抗风性能试验方法》JG/T 239
耐积雪		
耐积水（有要求时）		《建筑遮阳篷耐积水荷载试验方法》JG/T 240
热舒适与视觉舒适性（有要求时）		《建筑遮阳热舒适、视觉舒适性能与分级》JG/T 277
操作力和误操作（有要求时）		《建筑遮阳产品电力驱动装置技术要求》JG/T 276
驱动装置的安全性（有要求时）		《建筑遮阳产品机械耐久性能试验方法》JG/T 241
机械耐久性（有要求时）		《建筑遮阳产品操作力试验方法》JG/T 242、《建筑遮阳产品误操作试验法》JG/T 275
遮阳系数	—	《建筑遮阳热舒适、视觉舒适性能与分级》JG/T 277

注：上述性能指标在有关标准中仅为等级划分时，需通过检测判定其性能等级是否符合设计要求或合同约定。

9　保养和维护

9.0.1　为了使遮阳装置在使用过程中达到和保持设计要求的预定功能，确保不发生安全事故，规定供应商应提供给业主《遮阳产品使用维护说明书》，以指导遮阳装置的使用和维护。

9.0.2　我国遮阳技术有了很大发展，遮阳产品越来越多，遮阳构造形式也越来越复杂，对维护保养人员的要求也越来越高，需要进行认真培训。

9.0.3　在遮阳装置投入使用后，其材料、设备、构造及施工上的一些问题可能会逐渐暴露出来，因此，日常和定期保养和维护不可缺少。

附录A　遮阳装置的风荷载实体试验

A.0.7　风荷载试验对遮阳构件的安全性评价，之前的其他标准没有规定。玻璃幕墙规范规定杆件的相对挠度不超过1/180，门窗的要求则比较低。遮阳装置的构件一般只保证自身安全即可，不考虑对其他性能的影响。所以，遮阳装置的挠度应该可以放宽，只要保证结构安全即可，这里提出1/100的相对挠度是合适的。

中华人民共和国行业标准

混凝土基层喷浆处理技术规程

Technical specification for interface guniting on concrete base

JGJ/T 238—2011

批准部门：中华人民共和国住房和城乡建设部

施行日期：2 0 1 1 年 1 2 月 1 日

中华人民共和国住房和城乡建设部
公　　告

第 899 号

关于发布行业标准《混凝土基层喷浆处理技术规程》的公告

现批准《混凝土基层喷浆处理技术规程》为行业标准，编号为 JGJ/T 238－2011，自 2011 年 12 月 1 日起实施。

本规程由我部标准定额研究所组织中国建筑工业出版社出版发行。

中华人民共和国住房和城乡建设部

2011 年 1 月 28 日

前　　言

根据住房和城乡建设部《关于印发〈2009 年工程建设标准规范制订、修订计划〉的通知》（建标[2009] 88 号）的要求，规程编制组经广泛调查研究，认真总结实践经验，参考有关国际标准和国外先进标准，并在广泛征求意见的基础上，编制本规程。

本规程的主要技术内容：1. 总则；2. 术语；3. 材料技术要求；4. 施工；5. 验收。

本规程由住房和城乡建设部负责管理，由云南工程建设总承包公司负责具体技术内容的解释。执行过程中如有意见或建议，请寄送云南工程建设总承包公司（地址：昆明市环南新村 27 号，邮政编码：650011）。

本规程主编单位：云南工程建设总承包公司
云南建工集团有限公司

本规程参编单位：云南省建筑科学研究院
云南省建筑工程设计院
北京建工集团有限责任公司
中建一局集团第三建筑有限公司
甘肃省建设投资（控股）集团总公司
昆明理工大学
云南大学

本规程主要起草人员：纳　杰　陈文山　谢其华
甘永辉　陈宇彤　孟　红
刘国强　杨　杰　熊　英
邓丽萍　宁宏翔　欧阳文璟
杨习涛　孙　群　彭　彪
杜庆檐　张　辉　钟　阳
汪亚冬　王　伟　刘　源
徐　清　吕　龙

本规程主要审查人员：宋中南　木　铭　姚利君
庄发玉　李向阳　周绍波
江　嵩　杜　杰　乔亚玲
张秀芳　李　荣

目　次

Contents

1 总 则

1.0.1 为使混凝土基层喷浆处理做到技术先进、经济合理、安全适用、保证工程质量，制定本规程。

1.0.2 本规程适用于新建、扩建和改建的建筑工程的混凝土基层喷浆处理施工与质量验收。

1.0.3 混凝土基层喷浆施工与质量验收除应符合本规程的规定外，尚应符合国家现行有关标准的规定。

2 术 语

2.0.1 喷浆 guniting

采用专业设备将浆料直接喷射到作业面上的施工工艺。

2.0.2 胶料 glue liquor

由有机材料和增稠类外加剂等，按一定的比例混合而成的材料。

2.0.3 喷浆浆料 gunite sizing

由混凝土界面砂浆和水配制而成，或由胶料、水泥、细骨料和水配制而成，用于混凝土基层喷浆处理的材料。

3 材料技术要求

3.1 原 材 料

3.1.1 配制喷浆浆料用胶料应符合现行行业标准《混凝土界面处理剂》JC/T 907 的规定。

3.1.2 配制喷浆浆料用水泥应符合下列规定：

1 宜选用普通归酸盐水泥，并应符合现行国家标准《通用硅酸盐水泥》GB 175 的规定；使用其他品种水泥时应经试验试配确定。

2 使用中对水泥质量有怀疑或水泥出厂超过三个月应进行复验，并应按复验结果使用。

3.1.3 喷浆浆料所用细骨料应符合现行行业标准《普通混凝土用砂、石质量及检验方法标准》JGJ 52 的有关规定，宜选用中粗砂，并应符合下列规定：

1 细骨料最大粒径不得大于 2.5mm。

2 选用天然砂时，泥块含量不得大于 1.5%，含泥量不得大于 5%。

3 选用人工砂时，石粉含量及含泥量均不得大于 5%。

3.1.4 喷浆浆料所用拌合用水应符合现行行业标准《混凝土用水标准》JGJ 63 的规定。

3.1.5 原材料进场时，供方应按规定批次向需方提供质量证明文件，质量证明文件应包括性能检验报告或合格证等，胶料还应提供使用说明书。

3.1.6 原材料进场时，应对材料外观、规格、等级、生产日期等进行检查，并应对其主要技术指标按进场批次进行复验，并应符合下列规定：

1 应按现行国家标准《水泥胶砂强度检验方法(ISO 法)》GB/T 17671 和《水泥标准稠度用水量、凝结时间、安定性检验方法》GB/T 1346 等的有关规定对水泥的强度、安定性、凝结时间及其他必要指标进行检验。同一生产厂家、同一品种、同一等级且连续进场的水泥，袋装不超过 200t 为一检验批，散装不超过 500t 为一检验批。

2 应按现行国家标准《建筑用砂》GB/T 14684 的有关规定对细骨料颗粒级配、含泥量、泥块含量指标进行检验。细骨料不超过 400m^3 或 600t 为一检验批。

3 应按现行行业标准《混凝土界面处理剂》JC/T 907 的有关规定对混凝土界面砂浆或胶料的剪切粘结强度、拉伸粘结强度进行检验。混凝土界面砂浆或胶料不超过 50t 为一检验批。

3.1.7 原材料进场后，应按种类、批次分开贮存与堆放，标识明晰，并应符合下列规定：

1 袋装水泥应按品种、批次分开堆放，并应做好防雨、防潮措施，高温季节应有防晒措施。散装水泥宜采用散装罐贮存。

2 细骨料应按品种、规格分别堆放，不得混入杂物，并应保持洁净与颗粒级配均匀。骨料堆放场地的地面宜做硬化处理，并应设必要的排水措施。

3 胶料应放置在阴凉干燥处，防止日晒、受冻、污染、进水或蒸发。如有沉淀现象，应再经性能检验合格后方可使用。

3.2 浆 料

3.2.1 喷浆浆料应符合现行行业标准《混凝土界面处理剂》JC/T 907的有关规定。

3.2.2 喷浆浆料应符合下列规定：

1 喷浆浆料的稠度宜为 80mm～100mm。

2 喷浆浆料的分层度不宜大于 10mm。

3 喷浆浆料和基层的粘结力不应小于 0.4MPa。

3.2.3 喷浆浆料应按现行行业标准《建筑砂浆基本性能试验方法标准》JGJ/T 70 的相关规定进行稠度、分层度检查，应按现行行业标准《建筑工程饰面砖粘结强度检验标准》JGJ 110 的相关规定进行喷浆浆料与基层粘结力检查。

4 施 工

4.1 施工设备机具

4.1.1 混凝土基层喷浆施工设备应选用强制式砂浆搅拌机、砂浆自动或半自动喷浆机。

4.1.2 混凝土基层喷浆施工用计量设备应符合下列

要求：

1　台秤、喷浆机空气压缩机压力表应按国家有关规定进行校验合格，并处于有效期内。

2　台秤称量范围应为1kg～100kg，称量精度应为50g。

3　压力表应与喷浆设备相匹配。

4.2　喷浆浆料制备

4.2.1　喷浆浆料配合比应考虑原材料性能、稠度和粘结力的要求以及施工技术水平、施工条件等因素，经试配后确定。

4.2.2　喷浆浆料拌制应对原材料采用质量法进行计量，且允许偏差应满足表4.2.2的规定。

表4.2.2　原材料每盘称量的允许误差

材料名称	允许偏差
混凝土界面砂浆	±3%
胶　料	±2%
水　泥	±3%
细骨料	±3%
拌合水	±3%

4.2.3　浆料应采用强制性搅拌机进行搅拌，并应搅拌均匀。搅拌时间宜为150s～180s。

4.3　喷 浆 施 工

4.3.1　混凝土基层喷浆施工时，最低环境温度不应低于5℃。雨天不宜进行室外喷浆施工。

4.3.2　混凝土基层应清洁，无油污、隔离剂等，混凝土基层应清理，缺陷应修补。

4.3.3　喷浆施工前混凝土基层应保持湿润。

4.3.4　正式喷浆前，应进行现场墙面试喷。试喷面积不应小于$10m^2$，且应以圆点、网状形式均匀覆盖基层，其喷浆点厚度宜为1mm～3mm，圆点底部直径宜为2mm～5mm，经外观质量检查达到要求后方可实施正式喷浆施工。

4.3.5　喷浆施工时，浆料稠度应满足本规程第3.2.2条的要求。

4.3.6　喷浆施工时，喷枪宜与作业面垂直，且喷射压力宜为0.4MPa～1.0MPa；喷枪枪头与结构面的距离宜为0.6m～1.5m。

4.3.7　喷浆应均匀，对喷射不均匀的部位应进行补喷。

4.4　养　护

4.4.1　喷浆完毕12h后应采用喷雾养护，喷雾程度应保持墙面完全湿润，每天2～3次，喷雾养护不应少于3d。

5　验　收

5.1　一 般 规 定

5.1.1　混凝土基层喷浆施工应按照下列规定划分检验批：

1　室外喷浆施工每一栋楼每$3000m^2$～$5000m^2$应划分为一个检验批，不足$3000m^2$也应划分为一个检验批。

2　室内喷浆施工每50个自然间（大面积房间、走廊按喷浆面积$30m^2$为一间）应划分为一个检验批，且面积不应大于$1000m^2$，不足50间也应划分为一个检验批。

5.1.2　混凝土基层抹灰喷涂施工检查数量应符合下列规定：

1　室外喷浆施工每$100m^2$应至少检查一处，每处不得小于$10m^2$。

2　室内喷浆施工每个检验批应至少抽查10%，并不得少于3间，不足3间时应全数检查。

5.1.3　混凝土基层喷浆施工质量验收时应提交下列技术资料并归档：

1　混凝土基层抹灰界面喷浆施工所用原材料的产品合格证书、性能检测报告和进场抽检复检记录。

2　试喷记录及试喷检测报告。

3　施工工艺记录和施工质量检验记录。

5.2　主 控 项 目

5.2.1　喷浆浆料应均匀覆盖基层。

检验方法：随机抽取5个测点，用刀片垂直于基层割取20mm×20mm涂层试样。将试样表面处理干净，用卡尺测量涂层厚度，最大厚度差不应大于2mm。

5.2.2　喷浆浆料平均覆盖率不得小于65%，单点覆盖率不得小于55%。

检验方法：按本规程附录A执行。

5.2.3　喷浆浆料与混凝土基层应粘结牢固，粘结力不应小于0.4MPa。

检验方法：按现行行业标准《建筑工程饰面砖粘结强度检验标准》JGJ 110的相关规定执行。

5.3　一 般 项 目

5.3.1　混凝土基层喷浆施工所用原材料的品种、型号和性能应符合设计要求。

检验方法：检查产品合格证书、性能检测报告和进场验收记录。

5.3.2　混凝土基层喷浆浆料界面应均匀、平整。

检验方法：观察检查。

附录 A 喷浆覆盖率检验方法

A.0.1 喷浆覆盖率可采用专用百格网按下列步骤进行检验：

1 应在检验批中随机抽取 5 个测区，每个测区面积宜为 $1m^2$ 左右，应在测区范围内随机抽取 3 个测点。

2 应将百格网置于测点工作面上，统计网格内浆料占据的格数，该格数与百格网总格数之比，为该测点的单点覆盖率。

3 测区平均覆盖率为该测区 3 个测点单点覆盖率的算术平均值。

4 检验批的覆盖率为该检验批中 5 个测区平均覆盖率的算术平均值。

A.0.2 专用百格网外形尺寸应为 200mm×200mm，并应纵横均分 10 格。

本规程用词说明

1 为便于在执行本规程条文时区别对待，对要求严格程度不同的用词说明如下：

1） 表示很严格，非这样做不可的：
正面词采用“必须”，反面词采用“严禁”；

2） 表示严格，在正常情况下均应这样做的：
正面词采用“应”，反面词采用“不应”或“不得”；

3） 表示允许稍有选择，在条件许可时首先应这样做的：
正面词采用“宜”，反面词采用“不宜”；

4） 表示有选择，在一定条件下可以这样做的，采用“可”。

2 条文中指明应按其他有关标准执行的写法为：“应符合……的规定”或“应按……执行”。

引用标准名录

1 《通用硅酸盐水泥》GB 175

2 《水泥标准稠度用水量、凝结时间、安定性检验方法》GB/T 1346

3 《建筑用砂》GB/T 14684

4 《水泥胶砂强度检验方法（ISO 法）》GB/T 17671

5 《普通混凝土用砂、石质量及检验方法标准》JGJ 52

6 《混凝土用水标准》JGJ 63

7 《建筑砂浆基本性能试验方法标准》JGJ/T 70

8 《建筑工程饰面砖粘结强度检验标准》JGJ 110

9 《混凝土界面处理剂》JC/T 907

中华人民共和国行业标准

混凝土基层喷浆处理技术规程

JGJ/T 238—2011

条 文 说 明

制 定 说 明

《混凝土基层喷浆处理技术规程》JGJ/T 238-2011，经住房和城乡建设部2011年1月28日以第899号公告批准、发布。

本规程制订过程中，编制组进行了广泛的调查研究，总结了我国工程建设中混凝土基层喷浆处理的实践经验，同时参考了国外先进技术法规、技术标准，通过浆料稠度、分层度及粘结力试验取得了本规程的重要技术参数。

为便于广大设计、施工、科研、学校等单位有关人员在使用本规程时能正确理解和执行条文规定，《混凝土基层喷浆处理技术规程》编制组按章、节、条顺序编制了本规程的条文说明，对条文规定的目的、依据以及执行中需注意的有关事项进行了说明。但是，本条文说明不具备与规程正文同等的法律效力，仅供使用者作为理解和把握规程规定的参考。

目　次

1 总　　则

1.0.1 制订本规程的目的是为了规范混凝土基层喷浆处理施工与质量验收，增强混凝土基层与外装饰层之间的粘结性能，做到技术先进、经济合理、可靠适用、保证质量。

1.0.2 本规程的适用范围是：新建、扩建和改建的建筑工程的混凝土基层喷浆处理。混凝土基层包括了现场浇筑混凝土墙面、混凝土砌块类墙面、混凝土构件面、混凝土预制构件面。

3 材料技术要求

3.1 原　材　料

3.1.1 优先选用混凝土界面砂浆，各项性能应满足《混凝土界面处理剂》JC/T 907 的要求。也可选用胶料在现场加入细骨料、水泥及拌合用水后使用。但胶料的物理力学性能应符合《混凝土界面处理剂》JC/T 907－2002 表 1 的规定。并对水泥及细骨料的使用作了相应的规定。

3.1.2、3.1.3 材料质量是保证喷浆工程质量的基础，因此，喷浆工程所用材料如水泥、水、砂、胶料等基本材料应符合设计要求及国家现行有关产品的规定，并应有出厂合格证；材料进场时应进行现场验收，不合格的材料不得用在喷浆工程上。

3.1.4 本条对喷浆浆料拌合用水作了规定。

3.1.5～3.1.7 对进入现场的原材料的检验项目、检验批及检验指标作出了具体的规定，检验不合格的原材料不得用于喷浆施工中。并对材料的贮存和堆放进行了规定：

水泥强度按《水泥胶砂强度检验方法（ISO 法）》GB/T 17671 规定进行；安定性、凝结时间按《水泥标准稠度用水量、凝结时间、安定性检验方法》GB/T 1346 规定进行。细骨料细度模数、粒径、泥块含量、含泥量、石粉含量按《建筑用砂》GB/T 14684 规定进行。胶料性能检测按《混凝土界面处理剂》JC/T 907 的规定进行。

3.2 浆　　料

浆料技术要求及检测方法：

1 喷浆浆料的立方体抗压强度当设计不作规定时，其强度宜不低于抹灰砂浆的立方体抗压强度；

2 通过多例工程的实际应用，喷浆浆料的稠度按 80mm～100mm，分层度不宜大于 10mm，强度等级采用 M7.5、M10，其喷浆施工操作及施工质量能得到较好控制；

3 本节还规定了浆料性能的试验方法。

4 施　　工

4.2 喷浆浆料制备

浆料配制是喷浆工程质量控制的关键，应优先采用工厂生产的混凝土界面砂浆；在条件不具备的情况下，也可使用符合标准要求的胶料在施工现场加入水泥、细骨料及水按一定的比例拌合而成。喷浆浆料试配时应着重控制稠度、分层度、粘结力指标。配合比通过试配确定，各组成材料严格计量。经试验搅拌时间为 150s～180s 时，其搅拌的均匀和稠度能满足要求。

4.3 喷 浆 施 工

4.3.1 混凝土基层界面喷浆施工的环境温度过低会对其凝结时间和固化有影响，本条对施工作业时的最低环境温度作了规定，不得低于 5℃。外墙面喷浆施工时若遇风速过大或下雨天时，喷浆的施工操作和施工质量难以控制，且施工安全难以保证，故当遇风速过大或下雨天时对于外墙面的喷浆应停止施工。

4.3.2、4.3.3 规定了喷浆施工前应清理混凝土基层面，因油污及隔离剂附着在混凝土基层会使喷浆层不能有效牢固附着于混凝土基层面。为保证水泥胶砂与混凝土基层面有效牢固附着，还应对基层面的小孔洞用与所喷浆料相同的配合比浆料修补，并将混凝土基层面喷水充分润湿。

4.3.4 为保证混凝土基层喷浆的质量，并考虑到作业面施工完成后进行检测的难度及滞后性，在本条中规定在正式施工前必须进行试喷，且经监理验收合格后方可实施正式喷浆。

4.3.6 喷射压力过大会造成施工过程的不安全，并且喷射的均匀程度难以控制，喷枪与作业面的距离及角度也是保证喷浆的均匀性的关键，故本条对其喷射压力、喷枪与作业面的距离及其角度作出了具体的规定，应按本规程严格执行。

4.3.7 对喷射不均匀的部位可进行补喷，补喷时应严格控制其均匀度及界面的凹凸均匀性，确保补喷成功。

4.4 养　　护

4.4.1 喷浆完成后 12h 起应喷雾养护，对于干燥高温及风大季节每天还应增加喷雾次数以保证喷浆面充分润湿，经养护达到要求强度。

5 验　　收

5.1 一 般 规 定

5.1.1、5.1.2 检验批的划分、检查数量的确定是在充分考虑抽样频率具有代表性、典型性以及可操作性的前提下，根据实际施工检查验收工作经验总结得出。

5.1.3 本条对质量验收时须提交的资料进行了规定。

5.2 主 控 项 目

本节检查质量的确定、要求及检测方法是根据实际施工检查验收工作经验总结得出的。

检查粘结力的要求是根据设计一般要求及实际检查验收工作经验总结得出。对粘结力抽检部位（试喷），进行全覆盖（100%覆盖率）喷浆处理，以便于粘结力检测时标准块的粘结。考虑全覆盖与65%覆盖率的差异，经试验确定，全覆盖检测时，粘结力大于0.6MPa，方能满足65%覆盖率时，粘结力大于0.4MPa的要求。

中华人民共和国行业标准

建(构)筑物移位工程技术规程

Technical specification for moving engineering of buildings

JGJ/T 239—2011

批准部门：中华人民共和国住房和城乡建设部
施行日期：2 0 1 1 年 1 2 月 1 日

中华人民共和国住房和城乡建设部
公　　告

第990号

关于发布行业标准《建(构)筑物移位工程技术规程》的公告

现批准《建（构）筑物移位工程技术规程》为行业标准，编号为JGJ/T 239－2011，自2011年12月1日起实施。

本规程由我部标准定额研究所组织中国建筑工业出版社出版发行。

中华人民共和国住房和城乡建设部

2011年4月22日

前　　言

根据住房和城乡建设部《关于印发〈2009年工程建设标准规范制订、修订计划〉的通知》（建标[2009] 88号）的要求，规程编制组经广泛调查研究，认真总结实践经验，参考有关国际标准和国外先进标准，并在广泛征求意见的基础上，编制了本规程。

本规程共7章，主要技术内容有：1. 总则；2. 术语和符号；3. 基本规定；4. 检测与鉴定；5. 设计；6. 施工；7. 验收。

本规程由住房和城乡建设部负责管理，由山东建筑大学负责具体技术内容的解释。执行过程中如有意见或建议，请寄送山东建筑大学土木工程学院（地址：济南市临港开发区凤鸣路，邮编:250101)。

本规程主编单位：山东建筑大学
烟建集团有限公司

本规程参编单位：同济大学
山东省建筑设计研究院
山东省建设建工（集团）有限责任公司
中国建筑第六工程局有限公司
广州市鲁班建筑防水补强有限公司
烟台市建筑设计研究股份有限公司
山东建固特种专业工程有限公司
烟建集团特种工程有限公司

本规程主要起草人员：张　鑫　唐　波　吕西林　贾留东　夏风敏　孙国春　卢文胜　文爱武　汪俊波　张维汇　黄启政　王存贵　李国雄　于明武　孙立举　于文波　徐　岩　邢智军

本规程主要审查人员：叶列平　韩继云　董毓利　惠云玲　王有志　张　爽　崔士起　胡海涛　秦家顺　蒋世林　曹怀武

目　次

Contents

1 总 则

1.0.1 为在建（构）筑物的移位工程设计与施工中，贯彻执行国家技术经济政策，做到安全可靠、技术先进、确保质量、经济合理、保护环境，制定本规程。

1.0.2 本规程适用于建（构）筑物移位工程的设计、施工及验收。

1.0.3 建（构）筑物移位工程应因地制宜、就地取材、节约资源、精心设计、精心施工。

1.0.4 建（构）筑物移位工程的设计、施工及验收，除应执行本规程外，尚应符合国家现行有关标准的规定。

2 术语和符号

2.1 术 语

2.1.1 移位工程 moving engineering

将建（构）筑物从某个位置移动到新位置的工程。

2.1.2 水平移位 horizontal moving

将建（构）筑物沿水平方向直线、曲线或旋转的移位。

2.1.3 竖向移位 vertical moving

将建（构）筑物沿竖直方向同步抬升或降低的移位。

2.1.4 托换结构体系 underpinning structural system

移位工程中，在建（构）筑物底部水平截断面上部由托换梁与支撑等组成的承担上部荷载，并在移位过程中可靠传递移位动力的结构体系。

2.1.5 下轨道结构体系 lower-track structural system

移位工程中，在建（构）筑物底部水平截断面下部由梁与基础等组成，承担托换结构传递的荷载，满足移位与地基承载力要求的结构体系。

2.1.6 沉降控制 settlement control

为防止移位建（构）筑物的过量沉降而采取的控制措施。

2.1.7 移位动力 moving power

为改变建（构）筑物水平或竖向位置所施加的动力。

2.1.8 移位控制系统 moving control system

在建（构）筑物移位过程中，用于监测、调整移位动力、位移及速度的监控系统。

2.1.9 移动装置 moving device

建（构）筑物水平移位所用的滚动或滑动装置。

2.1.10 升降设备 jacking and descending facilities

建（构）筑物升降移位时所用的动力设备，一般为螺旋千斤顶或带有自锁装置的液压千斤顶。

2.1.11 水平截断面 horizontal cut interface

在托换结构与下轨道之间，沿一水平切面将上部结构与原基础截断。

2.2 符 号

2.2.1 几何参数

A——构件截面面积；

A_s——钢筋截面面积；

A_h——滑块受压面积；

b——托换梁截面宽度；

C——构件截面周长；

d——钢筋或滚轴的直径；

h——托换梁截面高度；

h_0——托换梁截面有效高度；

l——滚轴长度；

s——箍筋间距。

2.2.2 作用和抗力

F——移位阻力；

N——轴向压力设计值；

N_k——轴向压力标准值；

P——施力设备实际总动力；

P_g——每根实心钢滚轴的承压力设计值；

P_h——滑块承受的竖向作用力设计值；

V——剪力设计值。

2.2.3 材料性能

f_c——混凝土轴心抗压强度设计值；

f_g——滚轴抗压强度设计值；

f_h——滑块抗压强度设计值；

f_t——混凝土轴心抗拉强度设计值；

f_y——钢筋抗拉强度设计值。

2.2.4 计算参数及其他

ρ——纵向受力钢筋配筋率；

μ——建（构）筑物移位的摩阻系数。

3 基 本 规 定

3.0.1 确定移位工程设计和施工方案前，应收集相关资料，进行现场调查。

3.0.2 移位工程设计与施工前，应根据现行国家标准《民用建筑可靠性鉴定标准》GB 50292、《工业建筑可靠性鉴定标准》GB 50144、《建筑抗震鉴定标准》GB 50023，对拟移位工程进行结构检测和可靠性鉴定，必要时应进行地质补充勘察。

3.0.3 移位工程设计和施工方案应进行充分论证，确保安全可靠。

3.0.4 移位工程在满足建（构）筑物使用要求的条件下，应综合考虑日照、消防、环保、抗震及对周围地上、地下环境的影响。

3.0.5 应根据具体情况对移位工程施工全过程及周围建（构）筑物进行监测。竣工后应进行沉降等监测，监测至沉降稳定。

3.0.6 承担移位工程的单位，应具有相应资质。

3.0.7 移位工程施工过程中及完工后，应按本规程和现行国家标准《建筑工程施工质量验收统一标准》GB 50300、《建筑地基基础工程施工质量验收规范》GB 50202、《混凝土结构工程施工质量验收规范》GB 50204、《建筑结构加固工程施工质量验收规范》GB 50550 的规定进行验收。

4 检测与鉴定

4.1 一 般 规 定

4.1.1 检测、鉴定前应先对现场进行调查，收集地质勘察资料、设计图、竣工图、使用情况与环境条件等相关资料。

4.1.2 根据建（构）筑物移位要求制定检测与鉴定方案。

4.2 检测与鉴定

4.2.1 应对结构构件按材料强度、构造与连接、变形和裂缝等方面进行调查和检测。

4.2.2 根据检测结果，应按现行国家标准《民用建筑可靠性鉴定标准》GB 50292、《工业建筑可靠性鉴定标准》GB 50144、《建筑抗震鉴定标准》GB 50023 评定结构的可靠性。

4.2.3 结构承载力验算应符合下列规定：

1 计算模型应符合结构受力与构造实际情况；

2 结构上的荷载应调查核实，相应的荷载效应组合与分项系数应符合现行国家标准《建筑结构荷载规范》GB 50009 的规定；

3 结构或构件的材料强度、几何参数应按实际检测结果取值。

4.2.4 根据原地质勘察资料，并结合工程现状和实测资料确定当前的地基承载力。对建（构）筑物移位轨道及新址处，应做补充地质勘察。

5 设 计

5.1 一 般 规 定

5.1.1 移位后建（构）筑物的使用年限，由业主和设计单位共同协商确定，不宜低于原建（构）筑物的剩余设计使用年限。

5.1.2 建（构）筑物移位前应采取必要的临时或永久加固措施，保证移位过程中结构安全可靠。

5.1.3 移位后结构可靠性应符合现行国家标准《民用建筑可靠性鉴定标准》GB 50292、《工业建筑可靠性鉴定标准》GB 50144、《建筑抗震鉴定标准》GB 50023 的规定。保护性建筑应符合当地有关部门的规定。

5.1.4 移位工程设计应包括下轨道及基础设计、托换结构设计、移位动力及控制系统设计、连接设计以及必要的临时或永久加固设计等。

5.1.5 移位工程设计时应考虑移位过程中的不均匀沉降、新旧基础的差异沉降以及新址地基的沉降或差异沉降的影响。

5.1.6 移位工程设计时应进行建（构）筑物的倾覆验算。

5.2 荷 载 计 算

5.2.1 建（构）筑物移位的设计荷载应包括永久荷载、可变荷载、地震作用及建（构）筑物移位过程中的荷载。

5.2.2 移位过程中，永久荷载、可变荷载取值应按现行国家标准《建筑结构荷载规范》GB 50009 采用或按实际荷载取值；风荷载可按 10 年一遇取值；可不考虑地震作用；牵引力按本规程第 5.5.2 条确定。

5.2.3 就位后，荷载应按现行国家标准《建筑结构荷载规范》GB 50009 采用。

5.2.4 移位过程中的临时构件设计可按实际荷载取值。

5.3 下轨道及基础设计

5.3.1 下轨道结构的受力分析应根据建（构）筑物移位时荷载的最不利组合进行。下轨道结构应进行承载力、刚度和沉降计算。

5.3.2 设计时应考虑地基不均匀沉降对上部结构的影响。

5.3.3 新旧基础连接应保证基础的整体性，严格控制新旧基础间的沉降差。

5.3.4 下轨道梁宽宜大于托换梁宽，顶面应铺设强度不低于下轨道梁混凝土强度等级的细石混凝土找平层，厚度宜为 30mm～50mm，找平层内宜铺设钢筋网。

5.4 托换结构设计

5.4.1 应根据检测确定的实际构造和尺寸进行结构设计。

5.4.2 托换结构体系应满足上部结构移位时水平或竖向荷载的分布和传递，应进行承载力、刚度和稳定性的综合设计，应考虑移位的特殊构造要求。

5.4.3 承重柱的托换设计应符合下列要求：

1 柱宜采用四面包裹式托换方式（图 5.4.3(a)）；

2 柱表面应凿毛，并用插筋连接托换梁与柱；

3 当采用单梁托换时，梁宽宜大于柱宽，梁内纵筋不应截断（图 5.4.3（b））；

4 四面包裹式托换，托换梁与柱结合面的高度 h_j可按式（5.4.3-1）确定，且不应小于柱内纵向钢筋的锚固长度和柱短边尺寸；

$$h_j = \frac{N}{0.6 f_t C_j} \quad (5.4.3\text{-}1)$$

式中：C_j——托换柱截面的周长，mm；

f_t——混凝土轴心抗拉强度设计值，取结合面处新旧混凝土轴心抗拉强度设计值的较小值，N/mm²；

h_j——托换梁与柱结合面的高度，mm；

N——托换柱的轴力设计值，N。

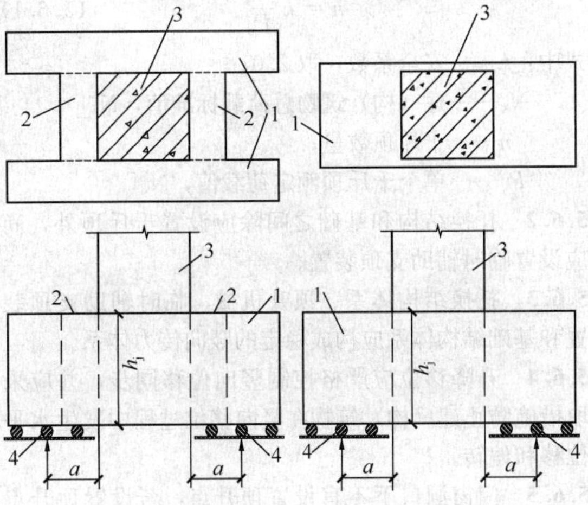

(a)四面包裹式托换　(b)单梁式托换

图 5.4.3　柱托换节点示意

1—托换梁；2—托换连梁；3—被托换柱；4—移动装置

5 四面包裹式柱托换节点，其承载力应满足下式规定：

$$kN \leqslant \sum_{i=1}^{n} V_{ui} \quad (5.4.3\text{-}2)$$

式中：k——系数，取 1.5～2.0；

N——托换柱的轴力设计值，N；

n——托换柱周围托换梁受力截面的数量；

V_{ui}——第 i 个托换梁的受剪承载力，N。

6 托换梁的受剪承载力，当 a/h_0在 0.5～1.0 范围内可采用下式计算：

$$V_{ui} = 0.42 f_t b h_0 + \beta_s \rho f_{yv} \frac{A_{sv}}{s} h_0 \quad (5.4.3\text{-}3)$$

式中：β_s——系数，纵筋采用 HRB335、HRB400 时，取 66；

ρ——托换梁纵向受拉钢筋配筋率，大于 1.5%时，取 1.5%；

A_{sv}——配置在同一截面内箍筋各肢的全部截面面积，mm²；

a——支撑反力合力作用点至柱边的距离，mm，图 5.4.3；

b——托换梁截面宽度，mm；

f_t——混凝土轴心抗拉强度设计值，N/mm²；

f_{yv}——箍筋抗拉强度设计值，N/mm²；

h_0——托换梁截面的有效高度，mm；

s——沿构件长度方向箍筋间距，mm。

7 根据现行国家标准《混凝土结构设计规范》GB 50010，托换梁受剪截面应符合下列规定：

当 $h/b \leqslant 4$ 时

$$V_{ui} \leqslant 0.25 \beta_c f_c b h_0 \quad (5.4.3\text{-}4)$$

当 $h/b \geqslant 6$ 时

$$V_{ui} \leqslant 0.2 \beta_c f_c b h_0 \quad (5.4.3\text{-}5)$$

当 $4 < h/b < 6$ 时，按线性内插法确定。

式中：β_c——混凝土强度影响系数：当混凝土强度等级不超过 C50 时，取 $\beta_c = 1.0$；当混凝土强度等级为 C80 时，取 $\beta_c = 0.8$；其间按线性内插法确定；

f_c——混凝土轴心抗压强度设计值，N/mm²；

h——托换梁截面高度，mm。

5.4.4 承重墙的托换设计应符合下列要求：

1 承重墙可采用沿托换梁下均匀布置支点和局部布置支点两种方式（图 5.4.4），宜优先采用局部布置支点的方式；

2 托换梁下局部布置支点时，局部布置长度不宜小于 0.5m，间隔净距不宜大于 1.5m，应避开门、窗、洞口和承重构件的薄弱位置。

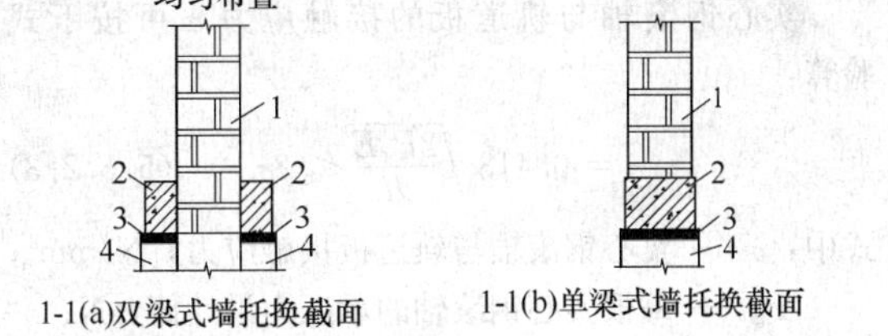

均匀布置　局部布置

1-1(a)双梁式墙托换截面　1-1(b)单梁式墙托换截面

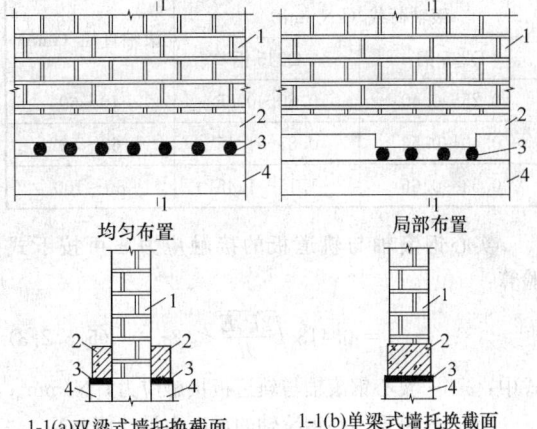

图 5.4.4　墙体托换反力点布置示意

1—墙体；2—托换梁；3—移动装置；4—下轨道梁

5.4.5 托换结构应形成稳定的水平平面桁架体系。

5.4.6 支点部位托换梁的局部抗压应按现行国家标准《混凝土结构设计规范》GB 50010 进行计算。

5.5　水平移位设计

5.5.1 水平移位时，托换结构体系除应考虑上部结构荷载外，还应考虑水平移动动力和阻力的影响；转动时，托换结构体系应考虑转动扭矩的影响。

5.5.2 施力系统的设计应符合下列要求：

1 移位可采用牵引、顶推和牵引顶推组合等三种施力方式；

2 施力设备实际总动力 P 应大于每道托换梁的水平移位阻力 F_i 之和：

$$P \geqslant \sum_{i=1}^{n} F_i \qquad (5.5.2\text{-}1)$$

式中：F_i——作用于第 i 道托换梁的水平移位阻力，N；

n——托换梁数量；

P——施力设备实际总动力，N。

3 设计时，应按式（5.5.2-2）计算移位阻力：

$$F_i = k\mu G_i \qquad (5.5.2\text{-}2)$$

式中：μ——摩阻系数，钢材滚动阻力系数取 0.05～0.1，聚四氟乙烯与不锈钢板的滑动阻力系数取 0.1；

G_i——作用于第 i 道托换梁的竖向作用力标准值，N；

k——经验系数，取值 1.5～2.0。

4 施力点在托换结构平面内宜均匀布置，宜靠近托换梁底部，并应根据受力状态由计算确定施力点处配筋，并应满足局部受压要求；

5 采用滚轴实施水平移位时，滚轴宜采用实心钢滚轴，滚轴直径宜按表 5.5.2 取用。

表 5.5.2 钢滚轴直径表

滚轴荷载（kN/mm）		滚轴直径（mm）
Q235 钢	Q345 钢	
0.25～0.40	0.60～0.85	40～60
0.40～0.53	0.85～1.15	60～80
0.53～0.66	1.15～1.45	80～100

实心钢滚轴与轨道板的接触应力 σ 可按下式验算：

$$\sigma = 0.418\sqrt{\frac{2P_g E}{dl}} \leqslant 3\sigma_s \qquad (5.5.2\text{-}3)$$

式中：σ——实心钢滚轴与轨道板接触应力，N/mm²；

P_g——每根实心钢滚轴的承压力设计值，N；

E——材料的弹性模量，若两种弹性模量不同的材料接触时应采用合成弹性模量 $E' = \frac{2E_1E_2}{E_1+E_2}$，N/mm²；

d——滚轴直径，mm；

l——滚轴长度，mm；

σ_s——两种接触材料中较小的屈服强度，N/mm²。

6 采用滑块实施水平移位时，滑块的受压面积 A_h 应根据滑块采用的低摩阻材料的抗压性能计算：

$$A_h = \frac{P_h}{f_h} \qquad (5.5.2\text{-}4)$$

式中：A_h——滑块受压面积，mm²；

f_h——滑块材料抗压强度设计值，N/mm²；

P_h——滑块承受的竖向作用力设计值，N。

5.5.3 建（构）筑物就位后的轴线水平位置偏差不应大于 40mm；标高偏差不应超过相邻轴线距离的 2/1000，且不应大于 30mm。

5.6 竖向移位设计

5.6.1 竖向移位动力设计时，应合理布置施力点，动力合力与建筑物重心应重合，施力点的数量应根据下式计算：

$$n = k\frac{N_k}{P_a} \qquad (5.6.1)$$

式中：k——安全系数，取 2.0；

N_k——建（构）筑物总荷载标准值，N；

n——千斤顶数量；

P_a——单个千斤顶额定荷载值，N。

5.6.2 托换结构和基础之间除应设置千斤顶外，尚应设置临时辅助支顶装置。

5.6.3 托换结构体系、顶升机械、临时辅助支顶装置和基础结构体系应构成稳定的竖向传力体系。

5.6.4 升降移位应严格控制竖向位移同步，并应采取措施防止建（构）筑物在竖向移位过程中发生水平位移和偏转。

5.6.5 门窗洞口下不宜设置顶升点，若设置顶升点应进行加固处理。

5.6.6 顶升点处托换结构的局部抗压应按现行国家标准《混凝土结构设计规范》GB 50010 进行计算。

5.7 拖车移位设计

5.7.1 运输设备应具有自行式液压升降平台，确保建（构）筑物在运输过程中各支点不发生不均匀沉降。

5.7.2 应采取措施使建（构）筑物各支点的压力和反力保持平衡，保证建（构）筑物受力均匀。

5.7.3 托换结构必须具有足够的刚度，具有一定的调整不均匀沉降和不平衡反力的能力。

5.7.4 托换结构应按顶升和运输两种工况进行设计。

5.8 就位连接设计

5.8.1 移位建（构）筑物就位后，连接应满足承载力、稳定性和抗震的要求。

5.8.2 框架结构、层数超过 6 层或高宽比大于 2 的砌体结构，连接形式和构造应经计算确定。高宽比不大于 2，层数不大于 6 层的砌体结构，墙下托换梁和基础间的缝隙，应采用不低于 C20 细石混凝土或水泥基灌浆料充填密实。

5.8.3 移位工程就位后，当托换结构体系需拆除时，砌体结构构造柱和框架柱中的纵向钢筋应与基础或下轨道结构体系中的预设锚固筋可靠连接。

5.8.4 抗震设防地区，宜在托换结构体系和新址基础之间采取隔震措施，隔震设计应满足现行国家标准《建筑抗震设计规范》GB 50011 的要求。

6 施 工

6.1 一般规定

6.1.1 移位工程施工前，应进行下列准备工作：

1 应结合检测鉴定报告和设计方案现场查勘移位工程的现状，并进行记录；

2 应结合设计方案、现场检测鉴定和查勘结果，编制施工组织设计或施工技术方案；

3 应根据移位工程的具体情况确定相应的安全措施和应急预案。

6.1.2 移位工程所用的建筑材料，经试验合格后方可使用。

6.1.3 水平移位工程中，滚动装置的滚轴直径和滑动装置的滑块高度应现场检查，滚轴直径或滑块高度与设计要求相差不应超过 0.5mm。

6.1.4 托换结构及下轨道结构施工时，应采取可靠措施保证新旧结构连接的施工质量。

6.1.5 施工过程中，遇到与设计不符等异常问题时，应及时与设计人员协商，并在提出可靠处理方案后方可继续施工。

6.1.6 移位工程所使用的动力设备，应安全可靠，并应有动力监控装置。

6.1.7 应有可靠的位移监控措施和控制装置。

6.1.8 应对上部结构的裂缝、倾斜、振动及建筑物的沉降进行监测。

6.1.9 移位前应建立完善的现场指挥控制系统，明确人员岗位，确保分工明确、指挥畅通。

6.2 下轨道及基础施工

6.2.1 下轨道结构体系施工应包括建（构）筑物原址、移动路线和新址三部分。

6.2.2 下轨道结构体系施工时，应保证下轨道顶面的平整度，用 2m 直尺检查时的允许偏差不宜超过 2.0mm，且整体高差不宜超过 5.0mm。

6.2.3 建（构）筑物原址内下轨道结构的施工，应符合下列要求：

1 施工前应在建（构）筑物墙、柱的一定高度处设置等高标志线；

2 开挖地基与施工下轨道基础时，应考虑开挖、托换等对移位工程原地基基础及上部结构的影响；

3 下轨道及基础分段施工时，应按施工方案的要求分段、分批施工，结合面应按施工缝处理，且施工缝应避开剪力、弯矩较大处；

4 下轨道结构内的纵向钢筋宜贯通，确有困难不能贯通时，应采用机械连接或焊接，并应满足现行国家标准《混凝土结构工程施工质量验收规范》GB 50204 要求。

6.2.4 建(构)筑物新址处下轨道结构的施工，应符合下列要求：

1 应满足现行国家标准《混凝土结构工程施工质量验收规范》GB 50204 和《建筑地基基础设计规范》GB 50007 的要求；

2 按设计要求设置的预埋连接锚筋或连接预埋件，应定位准确、固定牢固。

6.3 托换结构施工

6.3.1 下轨道施工完成后，应先放置移动装置，再进行托换结构施工。

6.3.2 托换结构施工时，下轨道找平层材料的强度必须满足承载力要求。

6.3.3 混凝土托换结构应采用早强性能好的混凝土，必要时应添加适量膨胀剂。

6.3.4 托换结构施工过程中，应保持托换结构下部移动装置的正确位置和方向，并采取临时固定措施。

6.3.5 托换结构施工宜对称进行。

6.3.6 托换结构底部水平移位支点行走面应与下轨道顶面平行。

6.3.7 柱下托换结构应一次施工完成；承重墙下托换梁宜分段施工，分段长度应根据墙体的整体质量、地基基础承载力、基础整体刚度和上部结构的荷载大小综合确定，分段接茬处应按施工缝处理。

6.3.8 托换结构内纵筋应优先采用机械连接或焊接，并满足现行国家标准《混凝土结构工程施工质量验收规范》GB 50204 要求。

6.3.9 施工混凝土托换结构时，应将原柱、墙面表面凿毛，清理干净并用水充分湿润，涂刷界面处理剂。当设计有连接插筋时，应保证插筋与原结构连接牢固，并应在柱、墙表面凿毛后施工插筋。

6.3.10 混凝土托换结构内的钢筋不应在水平移位支点或顶升点处断开。

6.3.11 当设有卸荷支撑时，卸荷支撑应安全可靠并宜设置测力装置。

6.3.12 当施工托换结构需对墙体开洞时，不应对墙体产生过大的振动或扰动，墙体开洞后，应尽快完成托换结构施工。

6.4 截断施工

6.4.1 截断施工应在下轨道结构体系、托换结构体系的材料强度达到设计要求后进行。

6.4.2 截断施工前，应确认移动装置或升降设备的位置和方向正确无误，截断施工过程中不能改变移动装置的位置和方向。

6.4.3 截断施工应严格按施工方案确定的顺序对称进行。

6.4.4 截断施工时，应监测墙、柱及托换结构体系的状态变化，包括墙、柱竖向变形、托换结构的异常变形或开裂等，受力较大的关键部位应进行应力监测。

6.4.5 墙、柱截断时不应产生过大的振动或扰动，并宜保证截断面平整，应避免截断面二次剔凿。

6.4.6 若截断施工过程中需用冷却水，应设置排水或废水收集装置，不应将废水直接排至基础周围的地基土。

6.5 水平移位施工

6.5.1 下轨道结构体系、托换结构体系及反力装置应经验收且达到设计要求后，方可进行移位施工。

6.5.2 水平移位时动力及控制系统应能保证移位同步精度，所用的测力装置及位移监控装置应准确可靠。

6.5.3 应认真检查移动装置、动力系统、监控系统、应急措施等，确认位置正确、状态完好、措施全面。

6.5.4 正式移位前宜进行试平移，检测移动装置、动力系统、监控系统、指挥系统的工作状态和可靠性，并测定移动动力、移动速度等相关参数。

6.5.5 正式移位时，应按照试平移确定的相关参数，均匀、平稳施加动力，保持动力与位移的同步，采用千斤顶作为移动动力时，移动速度不宜大于 60mm/min。移位过程中应采用以位移控制为主、位移与动力同时控制的控制方案。

6.5.6 应采取可靠措施及时纠正移动中产生的偏斜。

6.5.7 应及时清理移动轨道面上的杂物，确保移动面平整、光洁。

6.5.8 移动轨道面或移动装置宜涂抹适当的润滑剂。

6.5.9 建(构)筑物移位接近指定位置时，宜适当减慢移动速度，以控制到位精度。

6.5.10 移位到指定位置后，委托方应及时组织有关部门实施建(构)筑物的到位验收。

6.6 竖向移位施工

6.6.1 竖向移位所用的升降设备应安全可靠，并有足够的安全储备；升降设备应能安全升降，且应有自锁装置，并设置可靠的辅助支顶装置。

6.6.2 竖向移位设备应保证升降的同步精度，升降移位应采用以位移为主、位移与升降力同时控制的升降控制方案。升降点应设置位移监控设备，并将位移监控结果及时反馈。

6.6.3 竖向移位设备应安装稳固，并保证其垂直度。竖向移位设备与升降支点的接触面应受力均匀，在升降设备出现偏斜的情况下应停止施工。

6.6.4 竖向移位过程中，应根据建(构)筑物的结构形式、整体刚度及高宽比严格控制各升降点之间的升降差。相邻升降点之间的升降差不应大于升降点间距的 2/1000，总体升降差不应大于建(构)筑物该方向宽度的 2/1000 且不应大于 20mm。

6.7 拖车移位施工

6.7.1 拖车应有自升降功能，托盘的平整度、水平度宜有自动调整和保持功能，宜采用具有液压自动升降、多模块组合功能的拖车。拖车应有较好的低速性能，且启动、刹车应缓慢、平稳。

6.7.2 应根据移位建(构)筑物的重量对移位路线进行压实或硬化。当需进入城市道路或公路时，应取得当地交通等主管部门的同意与配合。并应综合勘查道路、桥梁的通行能力及地面、空中障碍。当移位建(构)筑物重量较大时，应调阅道路、桥梁的设计文件并确保安全方可通行。

6.7.3 托换结构在拖车上的支点应按设计要求布置，且支点与拖车托盘之间应加设橡胶垫。

6.7.4 拖车托起建(构)筑物时，应先进行称重，并确定建(构)筑物的重心，托起过程应缓慢、平稳、建(构)筑物受力均匀、托盘处于水平状态。

6.7.5 在建(构)筑物托起或移位的过程中，应进行纵、横两个方向倾斜或水平监测，重要构件或部位应进行变形监测或内力监测。

6.7.6 移位过程中应根据拖车的调整能力确定拖车移位时的最大爬升坡度，不应在托盘倾斜的情况下爬坡。

6.7.7 建(构)筑物移位至指定位置后，将建(构)筑物安放至新基础的过程中应缓慢、平稳，建(构)筑物受力均匀，托盘处于水平状态。

6.8 就位连接与恢复施工

6.8.1 建(构)筑物移位至指定位置，验收合格后应尽快实施就位连接。

6.8.2 连接应按设计要求施工，应检查预设连接锚筋、连接预埋件的位置，避免错漏。焊接连接时应交叉施焊并宜采取降温措施。焊接质量应满足现行国家标准《混凝土结构工程施工质量验收规范》GB 50204 的规定。

6.8.3 空隙的填充应密实，宜采用微膨胀混凝土、砂浆或无收缩灌浆料。

6.8.4 应根据水、电、暖等设备管线的设置，预留安装孔洞。

6.8.5 当采用隔震连接时，应按照隔震连接设计施工，应保证托换结构以上的荷载全部通过隔震支座传至基础，应采取可靠的施工措施保证隔震支座受力均匀。隔震支座安装后的水平度、位置应满足以下要求：

1 隔震支座安装后，隔震支座顶面的水平度误差不宜大于0.8%；

2 隔震支座中心的平面位置与设计位置的偏差不应大于5.0mm；

3 隔震支座中心的标高与设计标高的偏差不应大于5.0mm；

4 同一轨道上多个隔震支座之间的顶面高差不宜大于5.0mm。

上部结构、隔震层部件与周围固定物的水平间隙不应小于设计规定。托换结构与基础等之间预留的空隙若需填充时，应尽量减小填充材料对上部结构的水平约束，不应采用刚性材料填塞。

6.8.6 因恢复需要切除托换结构构件时，应在连接施工完成且达到承载力要求后进行。切除宜采用机械切割，避免产生过大的振动。切割面应采取防护措施，以防止切割面钢筋锈蚀。

6.8.7 因移位产生影响主体结构使用的裂缝，应进行加固或修复。

6.9 施工监测

6.9.1 对于一般建(构)筑物，施工中应对其沉降、整体倾斜及裂缝进行监测，监测记录表格宜符合本规程附录A的规定；对于特别重要的建(构)筑物，宜增加结构的振动和构件内力监测。应对周围受影响的建(构)筑物进行监测。

6.9.2 测点应布置在对移位变化较为敏感或结构薄弱的部位，监测点的数量及监测频率应根据需要确定。

6.9.3 应监测建(构)筑物各轴移动的均匀性、方向性，并应及时调整。

6.9.4 应监测托换结构及下轨道结构体系和建(构)筑物的变形、裂缝及不均匀沉降，并应及时处理。

6.9.5 监测数据应根据具体情况确定报警值，并将监测结果及时反馈。

7 验 收

7.1 一般规定

7.1.1 建(构)筑物移位工程竣工验收程序和组织应符合下列规定：

1 分项工程应由监理工程师组织施工单位专业技术负责人及专业质量负责人进行验收；

2 子分部工程应由总监理工程师组织施工单位项目负责人和技术、安全、质量负责人及设计单位工程项目负责人进行验收；

3 各子分部工程竣工验收完成后，施工单位应向建设单位提交分部工程验收报告，建设单位移位工程负责人应组织监理、施工、设计等单位负责人进行分部工程竣工验收；

4 分部工程竣工验收合格后，建设单位应负责办理有关建档和备案等事宜；

5 若参加竣工验收各方对移位工程质量验收意见不一致时，应请当地工程质量监督机构协调处理。

7.1.2 建(构)筑物移位工程质量验收分部、分项工程的划分应符合本规程附录B的规定。

7.1.3 分部、分项工程验收应提交下列资料：

1 原材料、构配件的出厂质量合格证书、检测报告、进场复验报告；

2 砂浆、混凝土等试块的强度检测报告，钢筋、型钢、钢管连接接头的观感检查记录和试验报告；

3 分部工程观感验收记录；

4 分部工程实体检验记录；

5 隐蔽工程的施工记录和验收记录；

6 施工阶段性监测报告；

7 工程重大问题处理记录。

7.1.4 工程竣工验收，除应提交本规程第7.1.3条规定的文件外，尚应提交下列文件：

1 工程竣工图、会审记录和设计变更文件；

2 工程施工组织设计或施工方案；

3 工程监测报告；

4 竣工验收报告；

5 执行国家或地方工程建设有关标准、规定的情况报告。

7.2 质量控制

各分部、分项工程和检验批检测的主控项目，均应符合现行国家标准《建筑地基基础工程施工质量验收规范》GB 50202、《混凝土结构工程施工质量验收规范》GB 50204、《建筑结构加固工程施工质量验收规范》GB 50550的规定和本规程的要求，并应增加下列质量检测主控项目：

1 移位工程的托换梁底面平整度；

2 移位工程的下轨道平整度；

3 建（构）筑物就位偏差。

7.3 质量验收

7.3.1 检验批质量合格应符合下列条件：

1 主控项目应合格；

2 一般项目抽样检验应全部符合要求；

3 应有完整的操作依据和质量检验记录。

7.3.2 分项工程质量合格应符合下列条件：

1 分项工程所含检验批质量检测均合格；

2 分项工程所含检验批质量检测记录均完整。

7.3.3 分部工程质量合格应符合下列条件：

1 分部工程所含分项工程质量检测均合格；

2 实体抽样检验合格；

3 应有完整的质量控制资料；

4 观感质量验收应符合要求。

7.3.4 质量不合格时，应按下列情况分别处理：

1 主控项目不满足要求时，必须逐项处理直至满足要求；

2 一般项目不满足要求时，应进行处理，并重新检验；

3 经处理仍不满足要求时，不能验收。

7.3.5 建(构)筑物移位工程竣工验收记录表格宜符合本规程附录C的规定。

附录A 建(构)筑物移位工程施工监测记录

表A.1 沉降监测记录 第 页 共 页

工程名称：______ 建设单位：______ 施工单位：______ 测量单位：______

结构形式： 建筑层数： 仪器型号： 起算点号： 起算高程：

观测日期	初次	第 次			第 次				第 次				第 次				第 次			
	年 月 日	年 月 日			年 月 日				年 月 日				年 月 日				年 月 日			
测点编号	高程(m)	本次高程(m)	本次下沉量(mm)	下沉速度(mm/d)	本次高程(m)	本次下沉量(mm)	累计下沉量(mm)	下沉速度(mm/d)	本次高程(m)	本次下沉量(mm)	累计下沉量(mm)	下沉速度(mm/d)	本次高程(m)	本次下沉量(mm)	累计下沉量(mm)	下沉速度(mm/d)	本次高程(m)	本次下沉量(mm)	累计下沉量(mm)	下沉速度(mm/d)
平均值																				
观测间隔时间																				
观测人																				
记录人																				
备注	侧点平面示意图																			

表A.2 倾斜监测记录 第 页 共 页

工程名称：______ 建设单位：______ 施工单位：______ 测量单位：______

结构形式： 建筑层数： 建筑高度： 起算点号： 仪器型号：

观测日期	初 次		第 次		第 次		第 次		第 次
	年 月 日		年 月 日		年 月 日		年 月 日		年 月 日
测点编号	顶点倾斜值(mm)	倾斜率	顶点倾斜值(mm)	倾斜率	顶点倾斜值(mm)	倾斜率	顶点倾斜值(mm)	倾斜率	顶点倾斜值(mm)
平均值									
观测间隔时间									
监测人									
记录人									
备注	侧点平面示意图								

附录B 建(构)筑物移位工程分部工程、分项工程划分

表B 建(构)筑物移位工程分部工程、分项工程划分表

序号	分部工程	子分部工程	分项工程
1	下轨道及基础	无支护土方	土方开挖、土方回填
		有支护土方	排桩、降水、排水、地下连续墙、锚杆、土钉墙、水泥土桩、沉井与沉箱，钢及混凝土支撑
		地基处理	灰土地基、碎砖三合土地基，土工合成材料地基，粉煤灰地基，重锤夯实地基，强夯地基，振冲地基，砂桩地基，预压地基，高压喷射注浆地基，土和灰土挤密桩地基，注浆地基，水泥粉煤灰碎石桩地基，夯实水泥土桩地基
		桩基	锚杆静压桩及静力压桩，预应力离心管桩，钢筋混凝土预制桩，钢桩，混凝土灌注桩(成孔、钢筋笼、清孔、水下混凝土灌注)
		地下防水	防水混凝土，水泥砂浆防水层，卷材防水层，涂料防水层，金属板防水层，塑料板防水层，细部构造，喷锚支护，复合式衬砌，地下连续墙，盾构法隧道；渗排水、盲沟排水，隧道、坑道排水；预注浆、后注浆，衬砌裂缝注浆
		混凝土基础	模板、钢筋、混凝土，后浇带混凝土，混凝土结构缝处理
		砌体基础	砖砌体，配筋砌体，石砌体
		下轨道	模板、钢筋、混凝土、水泥基灌浆料，找平层，新旧结构结合面处理
2	托换结构体系	墙托换结构	原墙体剔除，模板、钢筋、混凝土、水泥基灌浆料，上轨道梁，上托梁，斜撑，移动装置布置，墙体切割
		柱托换结构	新旧混凝土结合面凿毛，植筋，模板、钢筋、混凝土、水泥基灌浆料，行走梁，连梁，斜撑，移动装置布置，柱切割
3	就位与连接	就位	轴线位置，标高
		连接	混凝土、水泥基灌浆料，结合面处理，植筋，钢筋连接，其他连接方式

附录C 建(构)筑物移位工程竣工验收记录

表C 移位工程竣工验收记录

<table>
<tr><td>工程名称</td><td colspan="2"></td><td>结构类型</td><td colspan="2"></td><td>层数/建筑面积</td><td></td></tr>
<tr><td>施工单位</td><td colspan="2"></td><td>技术负责人</td><td colspan="2"></td><td>开工日期</td><td></td></tr>
<tr><td>项目经理</td><td colspan="2"></td><td>项目技术负责人</td><td colspan="2"></td><td>竣工日期</td><td></td></tr>
<tr><td>序号</td><td colspan="2">项 目</td><td colspan="3">验收记录</td><td colspan="2">验收结论</td></tr>
<tr><td>1</td><td colspan="2">就位位置偏差</td><td colspan="3">纵向：
横向：</td><td colspan="2"></td></tr>
<tr><td>2</td><td colspan="2">标高偏差</td><td colspan="3"></td><td colspan="2"></td></tr>
<tr><td>3</td><td colspan="2">安全和主要使用功能核查及抽查结果</td><td colspan="3">共核查 项，符合要求 项，
共抽查 项，符合要求 项</td><td colspan="2"></td></tr>
<tr><td>4</td><td colspan="2">工程资料核查</td><td colspan="3">共 项，经审查符合要求项，经核定符合规范要求 项</td><td colspan="2"></td></tr>
<tr><td>5</td><td colspan="2">综合验收结论</td><td colspan="5"></td></tr>
<tr><td>参加验收单位</td><td colspan="2">建设单位
(公章)
负责人
年 月 日</td><td colspan="2">监理单位
(公章)
总监理工程师
年 月 日</td><td colspan="2">设计单位
(公章)
负责人
年 月 日</td><td>施工单位
(公章)
负责人
年 月 日</td></tr>
</table>

本规程用词说明

1 为便于在执行本规程条文时区别对待，对要求严格程度不同的用词说明如下：

1）表示很严格，非这样做不可的用词：

正面词采用“必须”，反面词采用“严禁”；

2）表示严格，在正常情况下均应这样做的用词：

正面词采用“应”，反面词采用“不应”或“不得”；

3）表示允许稍有选择，在条件许可时首先应这样做的用词：

正面词采用“宜”，反面词采用“不宜”；

4）表示有选择，在一定条件下可以这样做的，采用“可”。

2 条文中指明应按其他有关标准执行的写法为：“应符合……的规定”或“应按……执行”。

引用标准名录

1 《建筑地基基础设计规范》GB 50007

2 《建筑结构荷载规范》GB 50009

3 《混凝土结构设计规范》GB 50010

4 《建筑抗震设计规范》GB 50011

5 《建筑抗震鉴定标准》GB 50023

6 《工业建筑可靠性鉴定标准》GB 50144

7 《建筑地基基础工程施工质量验收规范》GB 50202

8 《混凝土结构工程施工质量验收规范》GB 50204

9 《民用建筑可靠性鉴定标准》GB 50292

10 《建筑工程施工质量验收统一标准》GB 50300

11 《建筑结构加固工程施工质量验收规范》GB 50550

中华人民共和国行业标准

建(构)筑物移位工程技术规程

JGJ/T 239—2011

条 文 说 明

制 定 说 明

《建(构)筑物移位工程技术规程》JGJ/T 239-2011经住房和城乡建设部2011年4月22日以第990号公告批准、发布。

本规程制订过程中，编制组进行了大量的调查研究，总结了我国建(构)筑物移位工程领域的实践经验，同时参考了国外先进技术标准，通过试验，取得了建(构)筑物移位工程设计、施工、验收的重要技术参数。

为便于广大设计、施工、科研、学校等单位有关人员在使用本规程时能正确理解和执行条文规定，《建(构)筑物移位工程技术规程》编制组按章、节、条顺序编制了本规程的条文说明，对条文规定的目的、依据以及执行中需要注意的有关事项进行了说明。但是，本条文说明不具备与规程正文同等的法律效力，仅供使用者作为理解和把握规程规定的参考。

目　次

1 总 则

1.0.1 建（构）筑物移位技术的广泛应用，既节约资源、减少投资、降低能源消耗又能保护环境，是城市规划的调整中值得推广的一种新技术。随着城市规划改造和对既有建（构）筑物保护需要的增长，建（构）筑物移位工程日渐增多。编制本规程可以促进我国移位工程技术健康有序的发展与应用。

1.0.2 本条规定了本规程的适用范围。包括移位建（构）筑物的检测鉴定，水平移位、升降移位、拖车移位等移位工程的设计、施工、验收等。

1.0.3 本条规定了建(构)筑物实施移位时应遵循的原则。

1.0.4 本条规定了建(构)筑物的移位工程，除执行本规程外，还应遵循国家现行有关标准的规定。如《建筑地基基础设计规范》GB 50007、《建筑结构荷载规范》GB 50009、《混凝土结构设计规范》GB 50010、《建筑抗震设计规范》GB 50011、《岩土工程勘察规范》GB 50021、《建筑抗震鉴定标准》GB 50023、《工业建筑可靠性鉴定标准》GB 50144、《建筑地基基础工程施工质量验收规范》GB 50202、《混凝土结构工程施工质量验收规范》GB 50204、《民用建筑可靠性鉴定标准》GB 50292、《建筑工程施工质量验收统一标准》GB 50300、《混凝土结构加固设计规范》GB 50367、《建筑结构加固工程施工质量验收规范》GB 50550 等。

2 术语和符号

2.1.1～2.1.3 建(构)筑物移位是指通过一定的工程技术手段，在保持建(构)筑物整体性的条件下，改变建(构)筑物的空间位置，包括平移、旋转、抬升、降低等单项移位或组合移位。

目前水平移位主要采用三种方式：

1 滚动式：适用于一般建(构)筑物的移位；

2 滑动式：适用于重量不太大的建(构)筑物；

3 轮动式：适用于长距离、重量较小的建(构)筑物。

水平移位的施力方法主要有牵引式、顶推式、牵引和顶推组合式三种。

3 基 本 规 定

3.0.1 收集相关资料是指收集建(构)筑物的原设计施工图(包括设计变更)、地质勘察报告、施工验收资料、维修改造资料等。现场调查主要是宏观了解建(构)筑物现状，是确定设计施工方案的重要前提。

3.0.2 通过检测鉴定可以了解结构材料的现状[包括材料强度、缺陷、混凝土碳化、钢材(筋)锈蚀]，可以验证施工与设计的符合程度，可以取得裂缝、不均匀沉降、整体倾斜等具体数据，是确定设计方案的主要依据。

3.0.3 移位工程的特殊性决定了其设计、施工不同于一般新建工程，任何不当的设计、施工问题都有可能导致严重后果，因此应由有经验的专家进行充分论证与评审。

3.0.5 当建(构)筑物的移位路线或新址距周围建(构)筑物较近时，移位工程施工过程中应监测周围建(构)筑物的不均匀沉降和整体倾斜，若周围建(构)筑物的墙、柱等主要构件存在裂缝，尚应监测已有裂缝的发展。竣工后的沉降等监测时间应根据地基土的类别、基础的形式、移位建(构)筑物的结构形式等综合考虑，监测时间不宜小于 60d。

3.0.6 移位工程不同于一般新建工程或已有工程的维修改造，有其特殊的要求和设计施工方法，因此要求承担移位工程的单位应具有相应资质。

4 检测与鉴定

4.1 一 般 规 定

4.1.1、4.1.2 移位建(构)筑物一般已使用一定年限甚至已经超过设计使用年限，往往存在材料老化、钢筋锈蚀、构件开裂、基础不均匀沉降等问题。因此，移位工程实施前原则上都应该对移位建(构)筑物的主体结构进行可靠性检测和鉴定，检测鉴定结果应作为评定是否能够移位和进行移位设计的参考依据。经鉴定安全性不满足国家现行有关标准要求，但加固后其安全性能够满足要求的，应先加固后移位。

检测鉴定前应根据现场调查结果、移位建(构)筑物的现有资料及移位要求（移位距离、平移或转动、抬升或降低）制定有针对性的检测鉴定方案、检测项目和检测内容。

4.2 检测与鉴定

4.2.1 检测应根据检测方案确定的检测项目和检测内容，按照现行国家标准《砌体工程现场检测技术标准》GB/T 50315、《回弹法检测混凝土抗压强度技术规程》JGJ/T 23、《混凝土中钢筋检测技术规程》JGJ/T 152 等实施，检测结果应具有代表性，能够真实反映移位建(构)筑物的现状。

4.2.2～4.2.4 应依据国家现行检测鉴定标准，根据实际检测结果、使用状况及计算分析，对移位建(构)筑物作出评价，并针对整体结构及不同项目提出鉴定结论，结论应提出是否需要补强加固的建议，作为移位工程方案论证及设计的依据。结构的可靠性鉴定应根据现行国家标准《民用建筑可靠性鉴定标准》GB 50292、《工业建筑可靠性鉴定标准》GB 50144、《建筑抗震鉴定标准》GB 50023 进行。如无建(构)筑物原址处地质勘察资料，应做补充勘察。

5 设 计

5.1 一 般 规 定

5.1.2 本条中的加固措施主要是指被托换构件的加固。移位后需作为结构的一部分保留的，应按永久性构件处理；移位后要拆除的，可按施工中的临时构件处理。

5.1.3 移位后结构的可靠性鉴定应根据现行国家标准《民用建筑可靠性鉴定标准》GB 50292、《工业建筑可靠性鉴定标准》GB 50144、《建筑抗震鉴定标准》GB 50023 进行。

5.1.5 移位工程设计时，应充分考虑基础的不均匀沉降，如新址基础与原基础之间的不均匀沉降；移位过程中基础的不均匀沉降；新建建(构)筑物逐渐加载与移位过程中的短时加载之间的差异沉降。

5.2 荷 载 计 算

5.2.1 建(构)筑物移位过程中的荷载等效为静力荷载计算。

5.2.2 在建(构)筑物移位过程中，对于风荷载，考虑《建筑结构荷载规范》GB 50009 给出的最小重现期为 10 年，所以本规程也按 10 年一遇取值。在有当地实测资料的情况下，可适当降低。对于高度不超过 21m 的砌体结构、混凝土结构可不考虑风荷载。若移位过程中出现超过 10 年一遇的风荷载，应暂停施工，并对上部结构采取临时固定措施。在建(构)筑物移位过程中，楼面(屋面)活荷载的取值，可根据施工过程中的实际情况适当降低。在建(构)筑物移位过程中，一般不考虑地震作用。

5.2.4 移位过程中的临时构件是指移位过程中设置的起支撑、固定作用但移位至新址后需拆除的构件。

5.3 下轨道及基础设计

5.3.2、5.3.3 若建(构)筑物到达新址后，部分结构仍落在原基础上，应充分估计可能出现的地基不均匀沉降。设计时应严格控制和调整地基不均匀沉降，原地基与桩基的承载力宜乘以 1.2～1.4 的提高系数。应采取基于沉降变形控制的基础设计方法，沉降差可按 1/1000 取值，采取防沉桩等措施减小新旧基础间的沉降差。

5.3.4 铺设找平层的主要目的是保证轨道的平整度，找平层还直接承受移动装置的压力，应确保其局部受压承载力。找平层内铺设钢筋网的钢筋直径不应小于 4mm，间距不应大于 100mm。

5.4 托换结构设计

5.4.2 托换结构体系除满足原上部结构的墙、柱荷载通过移动装置传给下轨道及基础结构体系外，还应考虑移位过程中不均匀受力产生附加应力的影响。移位结构的特殊构造要求主要是施力点、锚固点的构造等。

5.4.3 原混凝土构件新旧混凝土结合面的凿毛程度，应满足叠合构件的要求。

托换梁与柱结合面的高度 h_j 的计算公式，是根据 30 余个柱托换节点结合面的试验结果得出的，试验中原混凝土构件新旧混凝土结合部分凿毛，假设柱的全部轴力由所有结合面均匀承担。根据试验结果的回归公式为：

$$h_j = \frac{N}{0.7 f_t C_j} \tag{1}$$

试验值与回归公式计算值之比为：0.89～1.58。

经过十余栋移位建（构）筑物的检验，考虑施工现场条件与试验室条件的差异，新旧混凝土结合面的凿毛程度，构件受力的均匀性等，将（1）式调整为公式（5.4.3-1）。

为确保柱内钢筋的锚固还规定了 h_j 不宜小于柱内纵向钢筋的锚固长度和柱短边尺寸。

本条中公式（5.4.3-2）的系数 k 的取值主要考虑施工过程中，各施力点受力的不均匀性。当地基土压缩变形较小、轨道平整度控制较好时，k 值可取 1.5，否则应取较大值。

柱四面包裹式托换节点（图 1）的受剪承载力公式是根据大量柱托换节点的试验结果并结合十余栋建筑平移的现场实测数据确定的。

试验结果表明：

（1）托换节点中，在配筋相同的情况下，托换梁

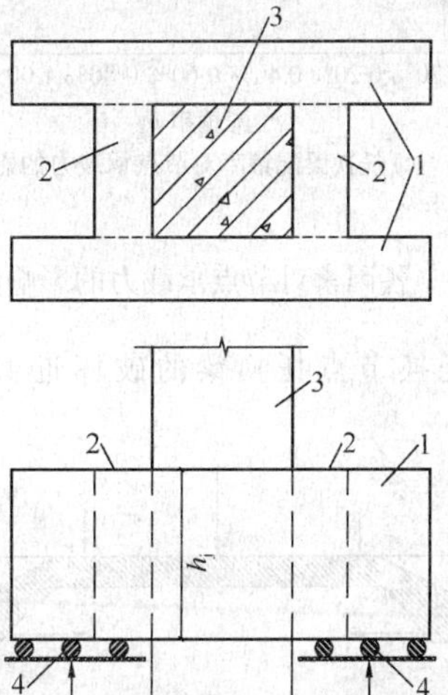

图 1 柱托换节点示意

1—托换梁；2—托换连梁；
3—被托换柱；4—移动装置

先于托换连梁破坏；且托换梁的 a/h_0 越大，托换梁相对于托换连梁的破坏越提前。

（2）在托换梁的 a/h_0 不超过 1.2 时，托换节点的破坏主要是托换梁的弯剪破坏。随着 a/h_0 的增加，托换节点的破坏逐渐变为托换梁的受弯破坏。

（3）托换节点的受剪承载力主要受混凝土强度、托换梁 a/h_0、纵筋强度和配筋率及箍筋强度与配箍率的影响，其中托换节点的抗剪承载力受托换梁 a/h_0 和纵筋配筋率影响较为明显。托换节点的承载力与托换梁 a/h_0、纵筋配筋率和箍筋配箍率近似满足线性关系（图 2）。

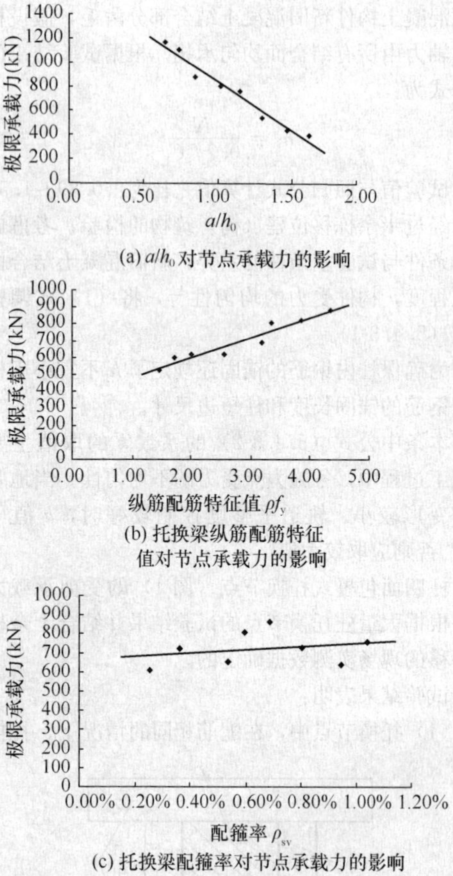

(a) a/h_0 对节点承载力的影响

(b) 托换梁纵筋配筋特征值对节点承载力的影响

(c) 托换梁配箍率对节点承载力的影响

图 2　各因素对节点承载力的影响曲线

（4）托换节点托换梁的破坏近似于拉杆拱（图 3）。

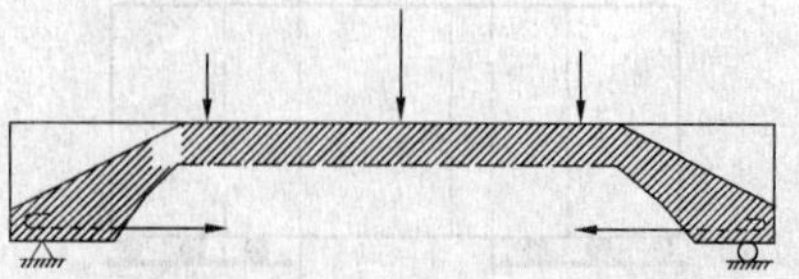

图 3　托换梁破坏示意

公式（5.4.3-3）是参考 $a/h_0 < 1.5$ 情况下普通混凝土梁的受剪承载力计算公式：

$$V_u = 0.7 f_t b h_0 + f_{yv} \rho_{sv} h_0 b \qquad (2)$$

考虑到柱与托换梁的结合面处混凝土的抗拉强度偏低，而试验中大多数构件的破坏均起源于结合面的开裂，根据结合面的试验数据，结合面处混凝土的抗拉强度约为较低构件混凝土抗拉强度的 0.7 倍左右，保守的将公式中前一项的系数调为 0.42；由于纵筋对托换梁斜截面承载力的影响较大，公式在第二项中考虑了纵筋的影响，其系数根据试验结果采用待定系数法确定。

根据试验回归分析，托换梁的受剪承载力计算公式为：

$$V_{ui} = 0.42 f_t b h_0 + \beta_s \rho f_{yv} \frac{A_{sv}}{s} h_0$$

纵筋配筋可参考倒置牛腿或悬臂梁的计算结果。

试验值与回归公式计算值之比为：1.32～2.24。计算结果与试验结果的对比（图 4）。

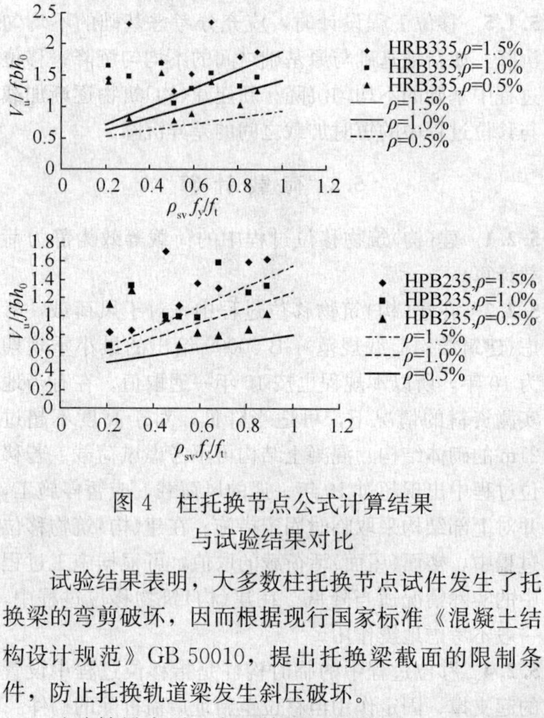

图 4　柱托换节点公式计算结果与试验结果对比

试验结果表明，大多数柱托换节点试件发生了托换梁的弯剪破坏，因而根据现行国家标准《混凝土结构设计规范》GB 50010，提出托换梁截面的限制条件，防止托换轨道梁发生斜压破坏。

试验结果表明，在配筋相同的情况下，托换梁先于托换连梁破坏，因而在设计托换连梁时，建议托换连梁的配筋不小于托换梁。

5.4.4　承重墙托换梁的设计可参照普通连续梁的设计方法。

5.5　水平移位设计

5.5.2　建筑物的水平移位方式分牵引式和顶推式。牵引式适用于荷载较小建(构)筑物的水平移位，顶推式广泛用于各种建(构)筑物的水平移位，必要时两者并用。为减少摩阻，托换结构与下轨道间一般为钢板与钢滚轴、钢轨与钢滚轴、聚四氟乙烯等高分子材料与不锈钢板或钢板与钢板等。

钢材滚动平移、聚四氟乙烯与不锈钢板的滑动平移的摩阻系数是依据模型试验结果及对二十余栋建筑平移的现场实测数据确定的。试验得出钢材滚动平移建(构)筑物的平移阻力与建(构)筑物重量及滚轴直径有关，建(构)筑物重量越大，滚轴直径越小，建(构)筑物平移的阻力就越大。试验得出建(构)筑物钢材滚动平移的摩阻系数为 0.029～0.016，聚四氟乙烯与不锈钢板的滑动平移的摩阻系数为 0.030～0.027。现场监测二十余项平移工程，各典型工程的启动牵引力与摩阻系数见表 1，得出建(构)筑物平移的滚动摩阻系数为 0.071～0.04。聚四氟乙烯滑块的滑动摩阻系数约为 0.1。

表 1　实际工程的启动牵引力与摩阻系数

工程名称 / 参数	临沂国家安全局办公楼(八层框架)	沾化农发行住宅楼(四层砖混)	济南种子公司办公楼(四层砖混)	济南王舍人供电所(三层砖混)	莒南岭泉信用社(三层砖混)	东营桩西采油厂礼堂(单层排架)	莱芜高新区管委会办公楼(十六层框剪)	济南宏济堂西号(二层砖木，滑动)(南楼；北楼)
建筑物重量(kN)	59600	33800	28300	19300	17400	11600	349900	11350；8250
单个滚轴的平均受力(kN)	170.3	82.8	79.2	67.5	64.3	49.2	218.3	218；229
启动牵引力(kN)	4227	1830	1459	923	811	452	12400	1405；740
启动摩阻系数	1/14.1	1/18.46	1/19.1	1/20.9	1/21.4	1/24.7	1/28.2	1/8；1/11.1

注：上表滚动式移位工程中，莱芜高新区管委会办公楼采用直径 100mm 实心钢滚轴，其他工程均采用直径 60mm 实心钢滚轴。

实际工程中测出的摩阻系数偏大，主要是因为实际的建（构）筑物重量比实验室模型大得多，使移动装置压力较大，致使移动装置及与移动装置相接触的轨道变形较大；轨道平整度与移动装置受力的均匀性比试验环境要差。

式 (5.5.2-2) 中的 k 值与施工中对移动装置的制作与维护程度有关，当缺少施工经验时宜取较大值。通过现场实测，涂抹润滑油时，该系数可降低 25%。

5.5.3　建(构)筑物就位后的轴线偏差过大，将导致上部结构相对于基础的偏心过大，基础和上部结构的受力改变，造成其安全性不足。对于本规程规定的就位允许偏差，应采取增加截面等措施进行修复。

5.6　竖向移位设计

5.6.1　本条中安全系数 k 的取值主要考虑施工过程中，各施力点受力的不均匀性。

5.6.2　升降移位时，建(构)筑物的重量全部由升降设备承担，升降设备若不能保持荷载或突然卸载，会导致托换结构受力严重不均甚至破坏，进而危及建(构)筑物的安全，因此要求必须设置临时辅助支顶装置。

5.6.3　本条规定了升降移位设计应包括的内容，升降移位的托换体系在平面上应连续闭合，且上下组成一组受力结构体系（图 5)。

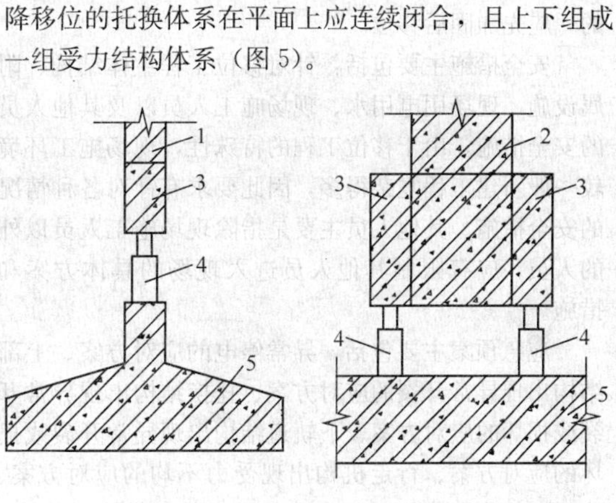

(a) 砌体结构　　(b) 框架结构

图 5　顶升示意

1—墙体；2—框架柱；3—托换梁；4—千斤顶；5—基础

5.7　拖车移位设计

5.7.1～5.7.3　拖车移位一般应用于建(构)筑物较大距离的移位工程，其移动路线一般是压实或普通硬化路面，必然存在局部不平整或坡道，为保证移位过程中建(构)筑物托换结构受力均衡与稳定，要求拖车应具有自升降和自我调平功能，以及托换结构具有足够的刚度。

5.7.4 由于拖车移位顶升和运输时的支点位置不同，托换结构应满足两种工况的受力要求。

5.8 就位连接设计

5.8.1 建(构)筑物就位后的连接是移位工程的一个重要环节，应引起重视。

5.8.2、5.8.3 对于框架结构及层数超过6层或高宽比大于2的砌体结构，应进行水平力计算。除用混凝土填实缝隙外，尚应按计算配置连接钢筋。

5.8.4 当移位建筑原抗震设防低于现行国家标准《建筑抗震鉴定标准》GB 50023的要求时，移位后可以在托换结构体系与新基础之间结合滚轴或滑块加设橡胶滑块或橡胶隔震垫等隔震装置，以减小输入上部结构的地震能量，使上部结构在不加固或少加固的情况下能够满足现行国家标准《建筑抗震鉴定标准》GB 50023的抗震设防要求。这种连接方式尤其适合于需保持建筑外貌的保护性建筑。

6 施 工

6.1 一 般 规 定

6.1.1 本条的目的是确定是否存在影响施工的安全隐患，若存在安全隐患，需先排除隐患；需要加固的，应先加固后移位。

安全措施主要包括：针对移位工程主体结构、附属设施、现场用电用水、现场施工人员以及其他人员的安全措施。由于移位工程的特殊性，现场施工环境较一般新建工程复杂得多，因此要求有针对各种情况的安全措施。其他人员主要是指除现场施工人员以外的人员，应有限制其他人员进入现场的具体方案和措施。

应急预案主要包括：异常停电的应对方案、上部结构出现异常开裂的应对方案、托换结构出现异常开裂或损坏的应对方案、下轨道结构出现异常开裂或损坏的应对方案、行走机构出现受力不均的应对方案、建(构)筑物在移位过程中出现异常偏斜的应对方案、移位动力设备出现异常故障的应对方案、人员意外受伤的应对方案等。避免因问题不能及时解决而影响移位的正常实施，甚至更严重的后果。

6.1.3 限制滚轴直径或滑块高度偏差，主要是保证滚轴、滑块和托换结构均匀受力。

6.1.4 新旧结合面是连接的薄弱环节，也是较难处理的部位，处理不好会直接影响移位工程的安全。新旧连接不应低于现行国家标准《建筑结构加固工程施工质量验收规范》GB 50550的要求，否则应采取可靠的附加措施，以保证新旧连接安全可靠。附加措施一般指连接销键、插筋等增强措施。

6.1.5 移位工程的隐蔽部位有可能存在与设计不符的问题或缺陷，因此，要求现场施工人员必须能与设计人员及时沟通，不能在设计人员不知情的情况下随意变更施工或存留安全隐患。

6.1.6 动力设备及动力监控装置使用前应进行自检，确保示值准确、运行可靠。如动力示值不准，可能影响移位过程中的同步调整，甚至判断指挥错误。

6.1.7 位移监控是保证移位同步的主要手段，监控包括移位方向的位移和垂直于移位方向的侧向偏移。

6.1.8 通过裂缝、倾斜、振动及建筑物沉降的监控，可以及时了解移位工程结构构件的工作状态，如出现异常情况，及时采取应对措施，避免影响移位工程的安全。

6.1.9 移位工程中，完善、通畅的现场指挥控制系统是保证移位工程安全、顺利进行的必要保证措施。

6.2 下轨道及基础施工

6.2.1 当建(构)筑物移动距离小于建(构)筑物移动方向的长度(或宽度)时，下轨道结构体系则仅有建(构)筑物原址和新址两部分。

6.2.2 下轨道结构施工完成后，应仔细检查下轨道顶面的平整度，不满足要求时，应打磨或修补至规定的平整度。严禁在轨道平整度不满足要求或下轨道材料强度不满足后续施工要求的情况下安设移动装置。

6.2.3 建(构)筑物原址内下轨道结构的施工受原有构件及施工空间的影响，应特别注意施工缝、钢筋连接及下轨道顶平整度的控制。

6.3 托换结构施工

6.3.1 国内移位工程施工顺序一般为：下轨道及基础施工→放置垫板及滚轴或滑块→托换结构施工→移动。

6.3.2 托换结构体系施工时，下轨道找平层材料的强度须满足承担托换结构自重及施工荷载的要求。

6.3.3 移位工程工期一般较短，往往要求混凝土托换结构应尽快达到设计强度，因此宜采用早强混凝土；采用微膨胀混凝土可以减小新浇筑混凝土的收缩，更好地保证新旧混凝土结合的质量。

6.3.4 移动装置的位置直接关系到托换结构的受力；滚动装置如摆放不正，会导致移位时出现偏斜，并会在托换结构中产生侧向附加内力。

6.3.5 托换结构施工特别是施工砖混结构的托换结构时，会造成底层墙体和基础竖向受力的局部变化，非对称的施工顺序可能导致上部结构产生附加内力并可能导致基础出现不均匀沉降。因此托换结构施工宜对称进行。

6.3.6 托换结构底部平移支点行走面的水平度不仅关系到移动装置（特别是滚动装置）的受力是否均

匀，还直接影响托换结构的受力。因此，应严格控制，每个支点行走面与下轨道顶面之间的距离差不宜大于1mm。

6.3.7 柱下托换结构一次施工完成，可以有效保证柱下托换结构的整体性及托换的可靠性，故应避免施工缝；对于承重墙下托换梁，由于施工时需将墙体分批、分段掏空，因此，托换梁也需分批、分段施工，分段接茬处的混凝土施工缝及纵筋的连接应确保质量。控制分段长度主要考虑分段长度过大可能导致托换结构施工时墙体及墙下基础受力过度不均；分段长度过小则会因托换结构施工缝过多而增加施工难度和施工缝处理的工作量。在墙体和基础承载力允许的情况下宜适当减少分批次数，但分批数不应少于三批，掏空段长度不应大于1.2m，且两个掏空段之间的间隔应不小于2.0m。

6.3.9 托换结构与原柱、墙的结合面的牢固结合是保证托换安全可靠的重要措施，增加原柱、墙与托换结构结合面的粗糙度可以增加结合面的机械咬合作用，涂刷混凝土界面处理剂可以增加混凝土托换结构与原柱、墙的有效粘结。连接插筋宜在柱、墙表面凿毛后施工，主要是防止凿毛时可能对插筋造成的冲击或扰动。

6.3.10 混凝土托换结构在平移支点或顶升点处均是受力集中部位，该部位一般剪力和弯矩均较大，因此纵向钢筋一般不应在支点处断开。当现场因施工条件所限不能贯通时，为保证钢筋的连接质量应采用焊接连接。

6.3.12 对墙体开洞应采用振动小的静力切割方式。

6.4 截断施工

6.4.1 墙、柱截断后，上部荷载将通过托换结构体系、移动装置传至下轨道结构体系及基础，故墙、柱截断时，下轨道结构体系、托换结构体系的材料强度需达到设计要求。

6.4.2 移动装置位置特别是滚动装置位置的改变，会导致托换结构体系受力的改变，而其方向的改变则会导致移位过程中侧向偏斜。墙、柱截断前，移动装置尚未承担上部结构的荷载，其位置和方向调整非常容易；墙、柱截断后，移动装置则要承担上部结构的全部荷载，其位置和方向的调整必须借助于千斤顶等支顶装置，实施难度较大。

6.4.3 墙、柱截断宜对称进行，尽可能减小截断对上部结构和基础的不利影响。

6.4.4 墙、柱截断时，墙、柱及与其连接的基础等构件的内力会发生一定的变化，因此，截断施工时，应监测墙、柱、托换结构体系及基础的状态变化，包括墙、柱竖向变形、托换结构的异常变形或开裂、基础的不均匀沉降等。

6.4.5 截断面的二次剔凿受空间限制，难以保证截断面平整，因此应尽量避免。

6.4.6 截断施工中可能会产生较多的冷却水，冷却水渗入地基土，会导致地基土承载力降低、沉降变形加大。因此截断施工时要避免将冷却水直接排放至基础周围。

6.5 水平移位施工

6.5.1 严禁在下轨道结构体系、托换结构体系及反力装置未经验收或未达到设计要求的情况下实施移位。

6.5.2 动力系统优先采用基于PLC（Programmable Logic Controller可编程逻辑控制器）控制的同步液压控制系统；测力装置应校准，确保测试精度；位移监控装置应灵敏准确且应有一定的量程，避免移位过程中因频繁移动影响位移监测的准确度。

6.5.3 移位前应确保移动装置受力均匀、方向正确；动力系统应安装稳固、调控灵活有效；监控系统应反应灵敏、准确无误；应急措施应全面细致、切实可行。

6.5.4 通过试平移，一方面可以检验移动装置、动力系统、监控系统状态是否完好，工作是否正常；另一方面可以测定启动动力和正常移动时的动力，同时确定以正常速度移动时的动力。

6.5.5～6.5.7 正式平移时，一般情况下不要改变试平移所确定的动力参数；移动过程中若出现位移不同步的现象，说明不同轴线上的移动阻力出现了相对变化，此时应首先检查轨道面是否有杂物、轨道板是否有翘曲、托换结构与下轨道或基础是否有刮擦、滚轴是否有挤碰或偏斜、滑动装置是否有损坏等；排除上述可能增加移动阻力的因素后，若位移仍然不同步，可以小幅调整平移动力参数，直至各轴线位移同步为止。

若移动过程中出现垂直于移动方向的偏斜，可通过设置侧向支顶或约束装置加以纠正或限制，尽量避免通过调整移动动力进行调整。

6.5.8 移动轨道面或移动装置涂抹适当的润滑剂，如润滑油、硅脂、石墨、石蜡等，可以减小移动阻力，增加移动的平稳性，但应防止润滑剂粘附颗粒等杂物。

6.6 竖向移位施工

6.6.1 竖向移位时，建(构)筑物的重量全部由升降设备承担，竖向移位设备若不能保持荷载或突然卸载，将会导致托换结构受力严重不均甚至破坏进而危及建(构)筑物的安全，因此，要求升降设备必须安全可靠，并应有足够的安全储备，同时要求应有自锁装置，且必须设置可靠的辅助支顶装置。

6.6.2 建(构)筑物竖向移位时必须保证各升降点位移的精确同步，否则不仅会造成升降点的升降设备受力不均还会导致上部结构和基础受力不均，因此，要求所有升降点必须设置位移监控设备，并采用以位移控制为主、位移与升降力同时控制的升降控制方案。

6.6.3 竖向移位设备在使用过程中若出现偏斜、受力不均，其后果一是升降设备极易损坏，二是升降点容易出现局压破坏，三是会在托换结构中产生附加内力，都会危及移位建(构)筑物的安全。因此，要求升降设备必须安装稳固，并保证其垂直度，升降设备与升降支点的接触面须受力均匀。

6.6.4 建(构)筑物竖向移位过程中的升降差对上部结构的影响，相当于地基不均匀沉降对上部结构的影响，升降差过大必然会导致托换结构和上部结构出现过大的附加内力甚至开裂，因此应严加控制。升降差限值参考《建筑地基基础设计规范》GB 50007 和《民用建筑可靠性鉴定标准》GB 50292 地基基础 B_u 级的评定标准确定，但总体升降差要严于《建筑地基基础设计规范》GB 50007 有关建筑整体倾斜的限值。

6.7 拖车移位施工

6.7.1 拖车移位一般应用于建(构)筑物较大距离的移位工程，其移动路线一般是压实或普通硬化路面，必然存在局部不平整或坡道，为控制移位过程中建(构)筑物的局部倾斜和整体倾斜，必须要求拖车具有自升降和自我调平功能，以保证托盘的平整度、水平度在建(构)筑物允许的范围内。途经城市道路或公路时可能要经常停车和启动，为避免停车、启动时产生过大的加速度，要求应低速行进且启动、刹车应缓慢、平稳。

6.7.2 城市道路或公路特别是桥梁有其相应的设计负荷，而一般移位建(构)筑物的重量较普通车辆的高度、宽度、重量都要大很多，因此，必须考虑道路、桥梁的通行能力及地面、空中障碍；另外移位时一般占用路面较宽、行走速度较慢，必然会影响其他车辆的通行，故应经交通等主管部门同意并确保道路、桥梁等其他设施安全时方可通行。

6.7.3、6.7.4 顶升施工应按照竖向移位的施工要求进行，拖车抬升将移位建(构)筑物托起时，应缓慢、平稳，顶升装置卸荷过程中应仔细检查拖车受力是否均衡，托盘是否水平。如拖车受力不均衡，应通过增加配重或改变拖车升降油缸供油压力进行调整，不应在拖车受力不均衡或托盘不平的状态下将移位建(构)筑物托起或移位。

6.7.5、6.7.6 设置倾斜或水平监测装置，可以在建(构)筑物托起或移位过程中即时监测移位建(构)筑物水平状态。途经坡道时应特别注意，对于超过拖车调平能力的坡道应根据移位建(构)筑物的最大允许倾斜值和移位建(构)筑物与拖车的连接措施综合确定，严禁在托盘倾斜的情况下强行爬坡。

6.8 就位连接与恢复施工

6.8.2 预留有连接钢筋或预埋件时，连接前应仔细检查核对连接件的位置，不得错漏。由于连接部位较为集中，因此，焊接连接时要特别注意连接部位的降温处理和焊接质量，当钢筋的焊接接头不能错开时应加大焊接长度，焊接长度增加50%。

6.8.3 托换结构与新基础之间的空隙最好采用微膨胀混凝土、砂浆或无收缩灌浆料浇灌填充，以确保填充密实。

6.8.5 移位后建(构)筑物与基础的隔震连接不同于新建建(构)筑物的隔震连接，新建时是在基础上安装好隔震支座后再施工隔震层以上的部分，因此作用于隔震支座的荷载是逐步施加的。移位建(构)筑物隔震支座的安装是在隔震层上下的结构均已完成的情况下进行的，因此应特别注意隔震支座安装的水平度和受力的均匀性。

上部结构、隔震层部件与周围固定物的竖向隔离缝（防震缝）及托换结构与基础之间预留的水平隔离缝，是允许隔震层在罕遇地震下发生大变形的重要措施，必须严格按设计施工，施工过程中使用的临时支承、材料必须清理干净。

6.8.6 托换结构切除时不得伤及结构的保留部分，切割面的防护应考虑所处的环境条件。

6.8.7 移位建(构)筑物的墙体或其他主体结构出现裂缝，应综合分析墙体或主体结构裂缝产生的原因和危害，在保证不低于移位前安全性的前提下，有针对性地采取加固补强或修复措施。

6.9 施工监测

6.9.1～6.9.5 建(构)筑物移位过程中通过监测移位的同步性、基础的沉降、建(构)筑物的整体倾斜及振动、重要构件的内力，可以及时了解移位建(构)筑物的状态变化，是保证移位工程安全、顺利实施的重要手段。要求监测点应具有代表性，检测仪器应灵敏，监测数据应准确可靠，数据反馈应全面及时，监测数据异常时应及时报警，对异常现象的处理应及时有效。

7 验收

7.1 一般规定

7.1.1～7.1.4 建(构)筑物移位工程是特种工程，也是比较复杂的工程，其验收有其特殊性。本节强调除满足本规程各章的要求外，尚应满足现行国家标准《建筑工程施工质量验收统一标准》GB 50300、《建筑地基基础工程施工质量验收规范》GB 50202、《混凝土结构工程施工质量验收规范》GB 50204、

《建筑结构加固工程施工质量验收规范》GB 50550 等的规定。

7.2 质 量 控 制

本节根据移位工程的具体情况，列出了移位工程的主控项目。

7.3 质 量 验 收

本节根据移位工程的具体情况，提出了检验批、分项、分部工程的验收要求。

中华人民共和国行业标准

再生骨料应用技术规程

Technical specification for application
of recycled aggregate

JGJ/T 240—2011

批准部门：中华人民共和国住房和城乡建设部
施行日期：2 0 1 1 年 1 2 月 1 日

中华人民共和国住房和城乡建设部
公　　告

第 994 号

关于发布行业标准《再生骨料应用技术规程》的公告

现批准《再生骨料应用技术规程》为行业标准，编号为 JGJ/T 240－2011，自 2011 年 12 月 1 日起实施。

本规程由我部标准定额研究所组织中国建筑工业出版社出版发行。

中华人民共和国住房和城乡建设部

2011 年 4 月 22 日

前　　言

根据原建设部《关于印发〈2007 年工程建设标准规范制订、修订计划（第一批）〉的通知》（建标［2007］125 号）的要求，规程编制组经广泛调查研究，认真总结实践经验，参考有关国际标准和国外先进标准，并在广泛征求意见的基础上，编制本规程。

本规程的主要技术内容是：1. 总则；2. 术语和符号；3. 基本规定；4. 再生骨料的技术要求、进场检验、运输和储存；5. 再生骨料混凝土；6. 再生骨料砂浆；7. 再生骨料砌块；8. 再生骨料砖。

本规程由住房和城乡建设部负责管理，由中国建筑科学研究院负责具体技术内容的解释。执行过程中如有意见或建议，请寄送中国建筑科学研究院（地址：北京市北三环东路 30 号，邮编：100013）。

本规程主编单位：中国建筑科学研究院
青建集团股份公司

本规程参编单位：同济大学
青岛理工大学
北京建筑工程学院
中国建筑材料科学研究总院
广州市建筑科学研究院
邯郸市建筑科学研究所
北京城建建材工业有限公司
邯郸全有生态建材有限公司
西麦斯（青岛）有限公司
中建商品混凝土有限公司
青岛农业大学
青岛信达荣昌基础建设工程有限公司
辽宁省建设科学研究院
天津市水利科学研究院
北京元泰达环保建材科技有限责任公司
甘肃土木工程科学研究院
哈尔滨工业大学
青岛绿帆再生建材有限公司
贵州成智重工科技有限公司
许昌金科建筑清运有限公司
建研建材有限公司

本规程主要起草人员：赵霄龙　张同波　肖建庄　李秋义　陈家珑　王武祥　张秀芳　何更新　任　俊　冷发光　蔡亚宁　梅爱华　张文彬　张胜彦　寇全有　邹超英　全洪珠　王　军　曹　剑　李　红　王　岩　王春波　孙永军　杨　慧　吴建民　陈　勇　朱东敏　李建明

本规程主要审查人员：王　甦　阎培渝　陶驷骥　曹万林　关淑君　赵文海　路来军　杨思忠　兰明章　檀春丽

目　次

Contents

1 总 则

1.0.1 为贯彻执行国家有关节约资源、保护环境的技术经济政策，保证再生骨料在建筑工程中的合理应用，做到安全适用、技术先进、经济合理、确保质量，制定本规程。

1.0.2 本规程适用于再生骨料在建筑工程中的应用。

1.0.3 再生骨料在建筑工程中的应用，除应符合本规程外，尚应符合国家现行有关标准的规定。

2 术语和符号

2.1 术 语

2.1.1 再生粗骨料 recycled coarse aggregate

由建筑垃圾中的混凝土、砂浆、石或砖瓦等加工而成，粒径大于4.75mm的颗粒。

2.1.2 再生细骨料 recycled fine aggregate

由建筑垃圾中的混凝土、砂浆、石或砖瓦等加工而成，粒径不大于4.75mm的颗粒。

2.1.3 再生骨料混凝土 recycled aggregate concrete

掺用再生骨料配制而成的混凝土。

2.1.4 再生骨料砂浆 recycled aggregate mortar

掺用再生细骨料配制而成的砂浆。

2.1.5 再生粗骨料取代率 replacement ratio of recycled coarse aggregate

再生骨料混凝土中再生粗骨料用量占粗骨料总用量的质量百分比。

2.1.6 再生细骨料取代率 replacement ratio of recycled fine aggregate

再生骨料混凝土或再生骨料砂浆中再生细骨料用量占细骨料总用量的质量百分比。

2.1.7 再生骨料砌块 recycled aggregate block

掺用再生骨料，经搅拌、成型、养护等工艺过程制成的砌块。

2.1.8 相对含水率 relative water percentage

含水率与吸水率之比。

2.1.9 再生骨料砖 recycled aggregate brick

掺用再生骨料，经搅拌、成型、养护等工艺过程制成的砖。

2.2 符 号

c——再生骨料混凝土比热容；

E_c——再生骨料混凝土弹性模量；

f_c、f_{ck}——再生骨料混凝土轴心抗压强度设计值、标准值；

f_c^f——再生骨料混凝土轴心抗压疲劳强度设计值；

f_t、f_{tk}——再生骨料混凝土轴心抗拉强度设计值、标准值；

f_t^f——再生骨料混凝土轴心抗拉疲劳强度设计值；

G_c——再生骨料混凝土剪切变形模量；

K_c——再生骨料砌块或再生骨料砖的碳化系数；

K_f——再生骨料砌块或再生骨料砖的软化系数；

W——砌块或砖的相对含水率；

a_c——再生骨料混凝土温度线膨胀系数；

δ_g——再生粗骨料取代率；

δ_s——再生细骨料取代率；

λ——再生骨料混凝土导热系数；

ν_c——再生骨料混凝土泊松比；

σ——再生骨料混凝土抗压强度标准差；

ω_1——砌块或砖的含水率；

ω_2——砌块或砖的吸水率。

3 基 本 规 定

3.0.1 被污染或腐蚀的建筑垃圾不得用于制备再生骨料。再生骨料及其制品的放射性应符合现行国家标准《建筑材料放射性核素限量》GB 6566的规定。

3.0.2 再生骨料的选择应满足所制备的混凝土、砂浆、砌块或砖的性能要求。

3.0.3 再生骨料的应用应符合国家有关安全和环保的规定。

4 再生骨料的技术要求、进场检验、运输和储存

4.1 技 术 要 求

4.1.1 制备混凝土用的再生粗骨料应符合现行国家标准《混凝土用再生粗骨料》GB/T 25177的规定。

4.1.2 制备混凝土和砂浆用的再生细骨料应符合现行国家标准《混凝土和砂浆用再生细骨料》GB/T 25176的规定。

4.1.3 制备砌块和砖的再生骨料应符合下列规定：

1 再生粗骨料的性能指标应满足表4.1.3-1的要求，再生细骨料的性能 指标应满足表4.1.3-2的要求；

2 再生粗骨料性能试验方法按现行国家标准《混凝土用再生粗骨料》GB/T 25177相关规定执行，再生细骨料性能试验方法按现行国家标准《混凝土和砂浆用再生细骨料》GB/T 25176相关规定执行；

3 再生粗骨料和再生细骨料应进行型式检验，并应分别包括表4.1.3-1和表4.1.3-2的全部项目；

4 再生粗骨料的出厂检验应包括表4.1.3-1中的微粉含量、泥块含量和吸水率，再生细骨料的出厂检验应包括表4.1.3-2中的微粉含量和泥块含量；

5 再生粗骨料和再生细骨料的型式检验及出厂

检验的组批规则、试样数量和判定规则应分别按现行国家标准《混凝土用再生粗骨料》GB/T 25177 和《混凝土和砂浆用再生细骨料》GB/T 25176 的规定执行。

表 4.1.3-1 制备砌块和砖的再生粗骨料性能指标

项 目	指标要求
微粉含量（按质量计，%）	<5.0
吸水率（按质量计，%）	<10.0
杂物（按质量计，%）	<2.0
泥块含量、有害物质含量、坚固性、压碎指标、碱集料反应性能	应符合现行国家标准《混凝土用再生粗骨料》GB/T 25177 的规定

表 4.1.3-2 制备砌块和砖的再生细骨料性能指标

项 目		指标要求
微粉含量（按质量计，%）	*MB* 值<1.40 或合格	<12.0
	MB 值≥1.40 或不合格	<6.0
泥块含量、有害物质含量、坚固性、单级最大压碎指标、碱集料反应性能		应符合现行国家标准《混凝土和砂浆用再生细骨料》GB/T 25176 的规定

4.2 进场检验

4.2.1 再生骨料进场时，应按规定批次检查型式检验报告、出厂检验报告及合格证等质量证明文件。

4.2.2 再生骨料进场检验应符合下列规定：

1 制备混凝土的再生粗骨料，应对其泥块含量、吸水率、压碎指标和表观密度进行检验；

2 制备混凝土和砂浆的再生细骨料，应对其泥块含量、再生胶砂需水量比和表观密度进行检验；

3 制备砌块和砖的再生粗骨料，应对其泥块含量和吸水率进行检验；制备砌块和砖的再生细骨料，应对其泥块含量进行检验；

4 同一厂家、同一类别、同一规格、同一批次的再生骨料，每 400m^3 或 600t 应作为一个检验批，不足 400m^3 或 600t 的应按一批计；

5 再生骨料进场检验结果应符合本规程第 4.1 节的规定。当有一项指标达不到要求时，可从同一批产品中加倍取样，对不符合要求的项目进行复检。复检结果合格的，可判定该批产品为合格产品；复检结果不合格的，应判定该批产品为不合格产品。

4.3 运输和储存

4.3.1 再生骨料运输时，应采取防止混入杂物和粉尘飞扬的措施。

4.3.2 再生骨料应按类别、规格分开堆放储存，且应采取防止混入杂物、人为碾压和污染的措施。

5 再生骨料混凝土

5.1 一 般 规 定

5.1.1 再生骨料混凝土用原材料应符合下列规定：

1 天然粗骨料和天然细骨料应符合现行行业标准《普通混凝土用砂、石质量及检验方法标准》JGJ 52 的规定。

2 水泥宜采用通用硅酸盐水泥，并应符合现行国家标准《通用硅酸盐水泥》GB 175 的规定；当采用其他品种水泥时，其性能应符合国家现行有关标准的规定；不同水泥不得混合使用。

3 拌合用水和养护用水应符合现行行业标准《混凝土用水标准》JGJ 63 的规定。

4 矿物掺合料应分别符合国家现行标准《用于水泥和混凝土中的粉煤灰》GB/T 1596、《用于水泥和混凝土中的粒化高炉矿渣粉》GB/T 18046、《高强高性能混凝土用矿物外加剂》GB/T 18736 和《混凝土和砂浆用天然沸石粉》JG/T 3048 的规定。

5 外加剂应符合现行国家标准《混凝土外加剂》GB 8076 和《混凝土外加剂应用技术规范》GB 50119 的规定。

5.1.2 Ⅰ类再生粗骨料可用于配制各种强度等级的混凝土；Ⅱ类再生粗骨料宜用于配制 C40 及以下强度等级的混凝土；Ⅲ类再生粗骨料可用于配制 C25 及以下强度等级的混凝土，不宜用于配制有抗冻性要求的混凝土。

5.1.3 Ⅰ类再生细骨料可用于配制 C40 及以下强度等级的混凝土；Ⅱ类再生细骨料宜用于配制 C25 及以下强度等级的混凝土；Ⅲ类再生细骨料不宜用于配制结构混凝土。

5.1.4 再生骨料不得用于配制预应力混凝土。

5.1.5 再生骨料混凝土的耐久性设计应符合现行国家标准《混凝土结构设计规范》GB 50010 和《混凝土结构耐久性设计规范》GB/T 50476 的相关规定。当再生骨料混凝土用于设计使用年限为 50 年的混凝土结构时，其耐久性宜符合表 5.1.5 的规定。

表 5.1.5 再生骨料混凝土耐久性基本要求

环境类别	最大水胶比	最低强度等级	最大氯离子含量（%）	最大碱含量（kg/m^3）
一	0.55	C25	0.20	3.0
二 a	0.50(0.55)	C30(C25)	0.15	3.0
二 b	0.45(0.50)	C35(C30)	0.15	3.0

续表 5.1.5

环境类别	最大水胶比	最低强度等级	最大氯离子含量(%)	最大碱含量(kg/m³)
三 a	0.40	C40	0.10	3.0

注：1 氯离子含量是指氯离子占胶凝材料总量的百分比；
2 素混凝土构件的水胶比及最低强度等级可不受限制；
3 有可靠工程经验时，二类环境中的最低混凝土强度等级可降低一个等级；
4 处于严寒和寒冷地区二 b、三 a 类环境中的混凝土应使用引气剂或引气型外加剂，并可采用括号中的有关参数；
5 当使用非碱活性骨料时，对混凝土中的碱含量可不作限制。

5.1.6 再生骨料混凝土中三氧化硫的允许含量应符合现行国家标准《混凝土结构耐久性设计规范》GB/T 50476 的规定。

5.1.7 当再生粗骨料或再生细骨料不符合现行国家标准《混凝土用再生粗骨料》GB/T 25177 或《混凝土和砂浆用再生细骨料》GB/T 25176 的规定，但经过试验试配验证能满足相关使用要求时，可用于非结构混凝土。

5.2 技术要求和设计取值

5.2.1 再生骨料混凝土的拌合物性能、力学性能、长期性能和耐久性能、强度检验评定及耐久性检验评定等，应符合现行国家标准《混凝土质量控制标准》GB 50164 的规定。

5.2.2 再生骨料混凝土的轴心抗压强度标准值（f_{ck}）、轴心抗压强度设计值（f_c）、轴心抗拉强度标准值（f_{tk}）、轴心抗拉强度设计值（f_t）、轴心抗压疲劳强度设计值（f_c^f）、轴心抗拉疲劳强度设计值（f_t^f）、剪切变形模量（G_c）和泊松比（ν_c）均可按现行国家标准《混凝土结构设计规范》GB 50010 的相关规定取值。

5.2.3 仅掺用Ⅰ类再生粗骨料配制的混凝土，其受压和受拉弹性模量（E_c）可按现行国家标准《混凝土结构设计规范》GB 50010的规定取值。其他情况下配制的再生骨料混凝土，其弹性模量宜通过试验确定；在缺乏试验条件或技术资料时，可按表 5.2.3 的规定取值。

表 5.2.3 再生骨料混凝土弹性模量

强度等级	C15	C20	C25	C30	C35	C40
弹性模量（$\times10^4$N/mm²）	1.83	2.08	2.27	2.42	2.53	2.63

5.2.4 再生骨料混凝土的温度线膨胀系数（a_c）、比热容（c）和导热系数（λ）宜通过试验确定。当缺乏试验条件或技术资料时，可按现行国家标准《混凝土结构设计规范》GB 50010 和《民用建筑热工设计规范》GB 50176 的规定取值。

5.3 配合比设计

5.3.1 再生骨料混凝土配合比设计应满足混凝土和易性、强度和耐久性的要求。

5.3.2 再生骨料混凝土配合比设计可按下列步骤进行：

1 根据已有技术资料和混凝土性能要求，确定再生粗骨料取代率（δ_g）和再生细骨料取代率（δ_s）；当缺乏技术资料时，δ_g 和 δ_s 不宜大于 50%，Ⅰ类再生粗骨料取代率（δ_g）可不受限制；当混凝土中已掺用Ⅲ类再生粗骨料时，不宜再掺入再生细骨料。

2 确定混凝土强度标准差（σ），并可按下列规定进行：

1）对于不掺用再生细骨料的混凝土，当仅掺Ⅰ类再生粗骨料或Ⅱ类、Ⅲ类再生粗骨料取代率（δ_g）小于 30%时，σ 可按现行行业标准《普通混凝土配合比设计规程》JGJ 55 的规定取值。

2）对于不掺用再生细骨料的混凝土，当Ⅱ类、Ⅲ类再生粗骨料取代率（δ_g）不小于 30%时，σ 值应根据相同再生粗骨料掺量和同强度等级的同品种再生骨料混凝土统计资料计算确定。计算时，强度试件组数不应小于 30 组。对于强度等级不大于 C20 的混凝土，当 σ 计算值不小于 3.0MPa 时，应按计算结果取值；当 σ 计算值小于 3.0MPa 时，σ 应取 3.0MPa；对于强度等级大于 C20 且不大于 C40 的混凝土，当 σ 计算值不小于 4.0MPa 时，应按计算结果取值，当 σ 计算值小于 4.0MPa 时，σ 应取 4.0MPa。

当无统计资料时，对于仅掺再生粗骨料的混凝土，其 σ 值可按表 5.3.2 的规定确定。

表 5.3.2 再生骨料混凝土抗压强度标准差推荐值

强度等级	≤C20	C25、C30	C35、C40
σ（MPa）	4.0	5.0	6.0

3）掺用再生细骨料的混凝土，也应根据相同再生骨料掺量和同强度等级的同品种再生骨料混凝土统计资料计算确定 σ 值。计算时，强度试件组数不应小于 30 组。对于各强度等级的混凝土，当 σ 计算值小于表 5.3.2 中对应值时，应取表 5.3.2 中对应值。当无统计资料时，σ 值也可按表 5.3.2 选取。

3 计算基准混凝土配合比，应按现行行业标准《普通混凝土配合比设计规程》JGJ 55 的方法进行。外加剂和掺合料的品种和掺量应通过试验确定；在满足和易性要求前提下，再生骨料混凝土宜采用较低的砂率。

4 以基准混凝土配合比中的粗、细骨料用量为基础，并根据已确定的再生粗骨料取代率（δ_g）和再生细骨料取代率（δ_s），计算再生骨料用量。

5 通过试配及调整，确定再生骨料混凝土最终配合比，配制时，应根据工程具体要求采取控制拌合物坍落度损失的相应措施。

5.4 制备和运输

5.4.1 再生骨料混凝土原材料的储存和计量应符合现行国家标准《混凝土质量控制标准》GB 50164、《混凝土结构工程施工规范》GB 50666 和《预拌混凝土》GB/T 14902 的相关规定。

5.4.2 再生骨料混凝土的搅拌和运输应符合现行国家标准《混凝土质量控制标准》GB 50164、《混凝土结构工程施工规范》GB 50666 和《预拌混凝土》GB/T 14902 的相关规定。

5.5 浇筑和养护

5.5.1 再生骨料混凝土的浇筑和养护应符合现行国家标准《混凝土质量控制标准》GB 50164 和《混凝土结构工程施工规范》GB 50666 的相关规定。

5.6 施工质量验收

5.6.1 再生骨料混凝土的施工质量验收应符合现行国家标准《混凝土结构工程施工质量验收规范》GB 50204 的相关规定。

6 再生骨料砂浆

6.1 一 般 规 定

6.1.1 再生细骨料可用于配制砌筑砂浆、抹灰砂浆和地面砂浆。再生骨料地面砂浆不宜用于地面面层。

6.1.2 再生骨料砌筑砂浆和再生骨料抹灰砂浆宜采用通用硅酸盐水泥或砌筑水泥；再生骨料地面砂浆应采用通用硅酸盐水泥，且宜采用硅酸盐水泥或普通硅酸盐水泥。除水泥和再生细骨料外，再生骨料砂浆的其他原材料应符合国家现行标准《预拌砂浆》GB/T 25181 和《抹灰砂浆技术规程》JGJ/T 220 的规定。

6.1.3 Ⅰ类再生细骨料可用于配制各种强度等级的砂浆，Ⅱ类再生细骨料可用于配制强度等级不高于 M15 的砂浆，Ⅲ类再生细骨料宜用于配制强度等级不高于 M10 的砂浆。

6.1.4 再生骨料抹灰砂浆应符合现行行业标准《抹灰砂浆技术规程》JGJ/T 220 的规定；当采用机械喷涂抹灰施工时，再生骨料抹灰砂浆还应符合现行行业标准《机械喷涂抹灰施工规程》JGJ/T 105 的规定。

6.1.5 再生骨料砂浆用于建筑砌体结构时，尚应符合现行国家标准《砌体结构设计规范》GB 50003 的相关规定。

6.2 技 术 要 求

6.2.1 采用再生骨料的预拌砂浆性能应符合现行国家标准《预拌砂浆》GB/T 25181 的规定。

6.2.2 现场配制的再生骨料砂浆的性能应符合表 6.2.2 的规定。

表 6.2.2 现场配制的再生骨料砂浆性能指标要求

砂浆品种	强度等级	稠度（mm）	保水率（%）	14d 拉伸粘结强度（MPa）	抗冻性	
					强度损失率（%）	质量损失率（%）
再生骨料砌筑砂浆	M2.5、M5、M7.5、M10、M15	50～90	≥82	—	≤25	≤5
再生骨料抹灰砂浆	M5、M10、M15	70～100	≥82	≥0.15	≤25	≤5
再生骨料地面砂浆	M15	30～50	≥82	—	≤25	≤5

注：有抗冻性要求时，应进行抗冻性试验。冻融循环次数按夏热冬暖地区 15 次、夏热冬冷地区 25 次、寒冷地区 35 次、严寒地区 50 次确定。

6.2.3 再生骨料砂浆性能试验方法应按现行行业标准《建筑砂浆基本性能试验方法标准》JGJ/T 70 的规定执行。

6.3 配合比设计

6.3.1 再生骨料砂浆配合比设计应满足砂浆和易性、强度和耐久性的要求。

6.3.2 再生骨料砂浆配合比设计可按下列步骤进行：

1 按现行行业标准《砌筑砂浆配合比设计规程》JGJ/T 98 的规定计算基准砂浆配合比；

2 根据已有技术资料和砂浆性能要求确定再生细骨料取代率（δ_s），当无技术资料作为依据时，再生细骨料取代率（δ_s）不宜大于 50%；

3 以再生细骨料取代率（δ_s）和基准砂浆配合比中的砂用量，计算再生细骨料用量；

4 通过试验确定外加剂、添加剂和掺合料等的品种和掺量；

5 通过试配和调整，确定符合性能要求且经济性好的配合比作为最终配合比。

6.3.3 配制同一品种、同一强度等级再生骨料砂浆时，宜采用同一水泥厂生产的同一品种、同一强度等级水泥。

6.4 制备和施工

6.4.1 在专业生产厂以预拌方式生产的再生骨料砂浆，其制备应符合现行国家标准《预拌砂浆》GB/T 25181 的相关规定，其施工应符合现行行业标准《预拌砂浆应用技术规程》JGJ/T 223 的相关规定。

6.4.2 现场配制的再生骨料砂浆，其原材料储存和计量应符合现行国家标准《预拌砂浆》GB/T 25181 中有关湿拌砂浆的规定。

6.4.3 现场配制再生骨料砂浆时，宜采用强制式搅拌机搅拌，并应拌合均匀。搅拌时间应符合下列规定：

1 仅由水泥、细骨料和水配制的砂浆，从全部材料投料完毕开始计算，搅拌时间不宜少于 120s；

2 掺有矿物掺合料、添加剂或外加剂的砂浆，从全部材料投料完毕开始计算，搅拌时间不宜少于 180s；

3 具体搅拌时间可根据搅拌机的技术参数经试验确定。

6.4.4 现场配制的再生骨料砂浆的使用应符合下列规定：

1 以通用硅酸盐水泥为胶凝材料，现场配制的水泥砂浆宜在拌制后的 2.5h 内用完；当施工环境最高气温超过 30℃时，宜在拌制后的 1.5h 内用完。

2 以通用硅酸盐水泥为胶凝材料，现场配制的水泥混合砂浆宜在拌制后的 3.5h 内用完；当施工环境最高气温超过 30℃时，宜在拌制后的 2.5h 内用完。

3 砌筑水泥砂浆和掺用缓凝成分的砂浆，其使用时间可根据具体情况适当延长。

4 现场拌制好的砂浆应采取防止水分蒸发的措施；夏季应采取遮阳措施，冬季应采取保温措施；砂浆堆放地点的气温宜为 5℃～35℃。

5 当砂浆拌合物出现少量泌水现象，使用前应再拌合均匀。

6 现场配制的再生骨料砂浆施工应符合现行行业标准《预拌砂浆应用技术规程》JGJ/T 223 的相关规定。

6.5 施工质量验收

6.5.1 现场配制的再生骨料抹灰砂浆的施工质量验收应按现行行业标准《抹灰砂浆技术规程》JGJ/T 220 的规定执行；再生骨料砌筑砂浆、再生骨料地面砂浆和预拌再生骨料抹灰砂浆的施工质量验收应按现行行业标准《预拌砂浆应用技术规程》JGJ/T 223 的规定执行。

7 再生骨料砌块

7.1 一般规定

7.1.1 再生骨料砌块按抗压强度可分为 MU3.5、MU5、MU7.5、MU10、MU15 和 MU20 六个等级。

7.1.2 再生骨料砌块所用原材料应符合下列规定：

1 骨料的最大公称粒径不宜大于 10mm；

2 再生骨料应符合本规程第 4.1.3 条的规定；

3 当采用石屑作为骨料时，石屑中小于 0.15mm 的颗粒含量不应大于 20%；

4 其他原材料应符合本规程第 5.1.1 条和国家现行有关标准的规定。

7.2 技术要求

7.2.1 再生骨料砌块尺寸允许偏差和外观质量应符合表 7.2.1 的规定。

表 7.2.1 再生骨料砌块尺寸允许偏差和外观质量

项目		指标
尺寸允许偏差（mm）	长度	±2
	宽度	±2
	高度	±2
最小外壁厚（mm）	用于承重墙体	≥30
	用于非承重墙体	≥16
肋厚（mm）	用于承重墙体	≥25
	用于非承重墙体	≥15
缺棱掉角	个数（个）	≤2
	三个方向投影的最小值（mm）	≤20
裂缝延伸投影的累计尺寸（mm）		≤20
弯曲（mm）		≤2

7.2.2 再生骨料砌块的抗压强度应符合表 7.2.2 的规定。

表 7.2.2 再生骨料砌块抗压强度

强度等级	抗压强度（MPa）	
	平均值	单块最小值
MU3.5	≥3.5	≥2.8
MU5	≥5.0	≥4.0
MU7.5	≥7.5	≥6.0
MU10	≥10.0	≥8.0
MU15	≥15.0	≥12.0
MU20	≥20.0	≥16.0

7.2.3 再生骨料砌块干燥收缩率不应大于 0.060%；相对含水率应符合表 7.2.3-1 的规定；抗冻性应符合表 7.2.3-2 的规定；碳化系数（K_c）和软化系数（K_f）均不应小于 0.80。

相对含水率可按下式计算：

$$W = 100 \times \frac{\omega_1}{\omega_2} \tag{7.2.3}$$

式中：W ——砌块的相对含水率（%）；

ω_1 ——砌块的含水率（%）；

ω_2 ——砌块的吸水率（%）。

表 7.2.3-1 再生骨料砌块相对含水率

使用地区的湿度条件	潮湿	中等	干燥
相对含水率（%）	≤40	≤35	≤30

注：潮湿是指年平均相对湿度大于75%的地区；中等是指年平均相对湿度为50%～75%的地区；干燥是指年平均相对湿度小于50%的地区。

表 7.2.3-2 再生骨料砌块抗冻性

使用条件	抗冻指标	质量损失率（%）	强度损失率（%）
夏热冬暖地区	D15	≤5	≤25
夏热冬冷地区	D25		
寒冷地区	D35		
严寒地区	D50		

7.2.4 再生骨料砌块各项性能的试验方法应按现行国家标准《混凝土小型空心砌块试验方法》GB/T 4111 的规定执行。

7.2.5 再生骨料砌块型式检验应包括放射性及本规程第 7.2.1 条、第 7.2.2 条和第 7.2.3 条规定的所有项目，出厂检验应包括尺寸允许偏差、外观质量和抗压强度。

7.2.6 同一配合比、同一工艺制作的同一强度等级的再生骨料砌块，每 10000 块应作为一个检验批，不足 10000 块的应按一批计。

7.2.7 型式检验时，每批应随机抽取 64 块再生骨料砌块。受检的 64 块砌块中，尺寸允许偏差和外观质量的不合格数不超过 8 块时，可判定该批砌块尺寸允许偏差和外观质量合格，否则，应判定该批砌块尺寸允许偏差和外观质量为不合格。从尺寸允许偏差和外观质量合格的样品中应随机抽取再生骨料砌块，进行下列检验：

1 抽取 5 块进行抗压强度检验；

2 抽取 3 块进行干燥收缩率检验；

3 抽取 3 块进行相对含水率检验；

4 抽取 10 块进行抗冻性检验；

5 抽取 12 块进行碳化系数检验；

6 抽取 10 块进行软化系数检验；

7 抽取 5 块进行放射性检验。

当所有检验项目的检验结果均符合本规程第 7.2.1 条、第 7.2.2 条和第 7.2.3 条以及现行国家标准《建筑材料放射性核素限量》GB 6566 的规定时，应判定该批产品合格，否则，应判定该批产品不合格。

7.2.8 出厂检验时，每批应随机抽取 32 块再生骨料砌块。受检的 32 块砌块中，尺寸允许偏差和外观质量的不合格数不超过 4 块时，应判定该批砌块尺寸允许偏差和外观质量合格，否则，应判定该批砌块尺寸允许偏差和外观质量为不合格。从尺寸允许偏差和外观质量合格的样品中随机抽取 5 块进行抗压强度检验，当抗压强度符合本规程第 7.2.2 条的规定时，应判定该批产品合格，否则，应判定该批产品不合格。

7.3 进 场 检 验

7.3.1 再生骨料砌块进场时，应按规定批次检查型式检验报告、出厂检验报告及合格证等质量证明文件。

7.3.2 再生骨料砌块进场时，应对尺寸允许偏差、外观质量和抗压强度进行检验。

7.3.3 再生骨料砌块进场检验批的划分应按本规程第 7.2.6 条执行；检验抽样规则和判定规则应按本规程第 7.2.8 条执行。

7.4 施工质量验收

7.4.1 再生骨料砌块砌体工程施工可按现行行业标准《混凝土小型空心砌块建筑技术规程》JGJ/T 14 的有关规定执行。

7.4.2 再生骨料砌块砌体工程质量验收应按现行国家标准《砌体结构工程施工质量验收规范》GB 50203 的有关规定执行。

8 再生骨料砖

8.1 一 般 规 定

8.1.1 再生骨料可用于制备多孔砖和实心砖，且再生骨料砖按抗压强度可分为 MU7.5、MU10、MU15 和 MU20 四个等级。

8.1.2 再生骨料实心砖主规格尺寸宜为 240mm×115mm×53mm，再生骨料多孔砖主规格尺寸宜为 240mm×115mm×90mm；再生骨料砖其他规格可由供需双方协商确定。

8.1.3 再生骨料砖所用原材料应符合下列规定：

1 骨料的最大公称粒径不应大于 8mm；

2 再生骨料应符合本规程第 4.1.3 条的规定；

3 其他原材料应符合本规程第 5.1.1 条和国家现行有关标准的规定。

8.2 技术要求

8.2.1 再生骨料砖的尺寸允许偏差和外观质量应符合表8.2.1的规定。

表8.2.1 再生骨料砖尺寸允许偏差和外观质量

项目		指标
尺寸允许偏差（mm）	长度	±2.0
	宽度	±2.0
	高度	±2.0
缺棱掉角	个数（个）	≤1
	三个方向投影的最小值（mm）	≤10
裂缝长度	大面上宽度方向及其延伸到条面的长度（mm）	≤30
	大面上长度方向及其延伸到顶面的长度或条、顶面水平裂纹的长度（mm）	≤50
弯曲（mm）		≤2.0
完整面		不少于一条面和一顶面
层裂		不允许
颜色		基本一致

8.2.2 再生骨料砖的抗压强度应符合表8.2.2的规定。

表8.2.2 再生骨料砖抗压强度

强度等级	抗压强度（MPa）	
	平均值	单块最小值
MU7.5	≥7.5	≥6.0
MU10	≥10.0	≥8.0
MU15	≥15.0	≥12.0
MU20	≥20.0	≥16.0

8.2.3 每块再生骨料砖的吸水率不应大于18%；干燥收缩率和相对含水率应符合表8.2.3-1的规定；抗冻性应符合表8.2.3-2的规定；碳化系数（K_c）和软化系数（K_f）均不应小于0.80。

相对含水率可按下式计算：

$$W = 100 \times \frac{\omega_1}{\omega_2} \qquad (8.2.3)$$

式中：W——砖的相对含水率（%）；

ω_1——砖的含水率（%）；

ω_2——砖的吸水率（%）。

表8.2.3-1 再生骨料砖干燥收缩率和相对含水率

干燥收缩率（%）	相对含水率平均值（%）		
	潮湿环境	中等环境	干燥环境
≤0.060	≤40	≤35	≤30

注：潮湿是指年平均相对湿度大于75%的地区；中等是指年平均相对湿度为50%～75%的地区；干燥是指年平均相对湿度小于50%的地区。

表8.2.3-2 再生骨料砖抗冻性

强度等级	冻后抗压强度平均值（MPa）	冻后质量损失率平均值（%）
MU20	≥16.0	≤2.0
MU15	≥12.0	≤2.0
MU10	≥8.0	≤2.0
MU7.5	≥6.0	≤2.0

注：冻融循环次数按照使用地区确定：夏热冬暖地区15次，夏热冬冷地区25次，寒冷地区35次，严寒地区50次。

8.2.4 再生骨料砖的尺寸允许偏差、外观质量和抗压强度的试验方法应按现行国家标准《砌墙砖试验方法》GB/T 2542的规定执行；吸水率、干燥收缩率、相对含水率、抗冻性、碳化系数和软化系数的试验方法应按现行国家标准《混凝土小型空心砌块试验方法》GB/T 4111的规定执行，测定干燥收缩率的初始标距应设为200mm。

8.2.5 再生骨料砖型式检验应包括放射性及本规程第8.2.1条、第8.2.2条和第8.2.3条规定的所有项目，出厂检验应包括尺寸允许偏差、外观质量和抗压强度。

8.2.6 同一配合比、同一工艺制作的同一品种、同一强度等级的再生骨料砖，每100000块应作为一个检验批，不足100000块的应按一批计。

8.2.7 再生骨料砖检验的抽样及判定规则应按现行行业标准《非烧结垃圾尾矿砖》JC/T 422中的相关规定执行。

8.3 进场检验

8.3.1 再生骨料砖进场时，应按规定批次检查型式检验报告、出厂检验报告及合格证等质量证明文件。

8.3.2 再生骨料砖进场时，应对尺寸允许偏差、外观质量和抗压强度进行检验。

8.3.3 再生骨料砖进场检验批的划分应按本规程第8.2.6条执行。每批应随机抽取50块进行检验。受检的50块再生骨料砖中，尺寸允许偏差和外观质量的不合格数不超过7块时，应判定该批砖尺寸允许偏差和外观质量合格，否则，应判定该批砖尺寸允许偏差和外观质量为不合格。从尺寸允许偏差和外观质量合格的样品中随机抽取10块进行抗压强度检验，当抗压强度符合本规程第8.2.2条的规定时，应判定该批产品合格，否则，应判定该批产品不合格。

8.4 施工质量验收

8.4.1 再生骨料砖砌体工程施工可按现行行业标准《多孔砖砌体结构技术规范》JGJ 137的有关规定执行。

8.4.2 再生骨料砖砌体工程质量验收应按现行国家标准《砌体结构工程施工质量验收规范》GB 50203的有关规定执行。

本规程用词说明

1 为便于在执行本规程条文时区别对待，对要求严格程度不同的用词说明如下：

1）表示很严格，非这样做不可的：
正面词采用"必须"，反面词采用"严禁"；

2）表示严格，在正常情况下均应这样做的：
正面词采用"应"，反面词采用"不应"或"不得"；

3）表示允许稍有选择，在条件许可时首先应这样做的：
正面词采用"宜"，反面词采用"不宜"；

4）表示有选择，在一定条件下可以这样做的，采用"可"。

2 条文中指明应按其他有关标准执行的写法为："应符合……的规定（或要求）"或"应按……执行"。

引用标准名录

1 《砌体结构设计规范》GB 50003
2 《混凝土结构设计规范》GB 50010
3 《混凝土外加剂应用技术规范》GB 50119
4 《混凝土质量控制标准》GB 50164
5 《民用建筑热工设计规范》GB 50176
6 《砌体结构工程施工质量验收规范》GB 50203
7 《混凝土结构工程施工质量验收规范》GB 50204
8 《混凝土结构耐久性设计规范》GB/T 50476
9 《混凝土结构工程施工规范》GB 50666
10 《通用硅酸盐水泥》GB 175
11 《用于水泥和混凝土中的粉煤灰》GB/T 1596
12 《砌墙砖试验方法》GB/T 2542
13 《混凝土小型空心砌块试验方法》GB/T 4111
14 《建筑材料放射性核素限量》GB 6566
15 《混凝土外加剂》GB 8076
16 《预拌混凝土》GB/T 14902
17 《用于水泥和混凝土中的粒化高炉矿渣粉》GB/T 18046
18 《高强高性能混凝土用矿物外加剂》GB/T 18736
19 《混凝土和砂浆用再生细骨料》GB/T 25176
20 《混凝土用再生粗骨料》GB/T 25177
21 《预拌砂浆》GB/T 25181
22 《混凝土小型空心砌块建筑技术规程》JGJ/T 14
23 《普通混凝土用砂、石质量及检验方法标准》JGJ 52
24 《普通混凝土配合比设计规程》JGJ 55
25 《混凝土用水标准》JGJ 63
26 《建筑砂浆基本性能试验方法标准》JGJ/T 70
27 《砌筑砂浆配合比设计规程》JGJ/T 98
28 《机械喷涂抹灰施工规程》JGJ/T 105
29 《多孔砖砌体结构技术规范》JGJ 137
30 《抹灰砂浆技术规程》JGJ/T 220
31 《预拌砂浆应用技术规程》JGJ/T 223
32 《混凝土和砂浆用天然沸石粉》JG/T 3048
33 《非烧结垃圾尾矿砖》JC/T 422

中华人民共和国行业标准

再生骨料应用技术规程

JGJ/T 240—2011

条 文 说 明

制 定 说 明

《再生骨料应用技术规程》(JGJ/T 240 - 2011)，经住房和城乡建设部2011年4月22日以第994号公告批准、发布。

本标准制定过程中，编制组进行了广泛而深入的调查研究，总结了我国工程建设中再生骨料应用的实践经验，同时参考了国外先进技术法规、技术标准，通过实验室和工程现场试验取得了再生骨料应用的重要技术参数。

为便于广大设计、施工、科研、学校等单位有关人员在使用本规程时能正确理解和执行条文规定，《再生骨料应用技术规程》编制组按章、节、条顺序编制了本规程的条文说明，对条文规定的目的、依据以及执行中需注意的有关事项进行了说明。但是，本条文说明不具备与规程正文同等的法律效力，仅供使用者作为理解和把握规程规定的参考。

目　次

1 总 则

1.0.1 推广使用再生骨料可减轻建筑垃圾对环境的不良影响，实现建筑垃圾的资源化利用，节约天然资源，促进建筑业的节能减排和可持续发展，符合国家节约资源、保护环境的大政策。但是，由于再生骨料的性能有别于天然骨料，其应用也有一定的特殊性，所以，为了保证再生骨料应用的效果和质量，推动再生骨料在建筑工程中的应用技术进步，需要制定专门的规程。

1.0.2 在我国，再生骨料主要用于取代天然骨料来配制普通混凝土或普通砂浆，或者作为原材料用于生产非烧结砌块或非烧结砖。例如，采用再生粗骨料部分取代或全部取代天然粗骨料配制混凝土，已经在很多工程中得以成功应用，有些商品混凝土搅拌站已经专设储存库将再生骨料作为固定原材料；采用再生细骨料部分取代天然砂来配制建筑砂浆也已经有不少工程实例；利用再生骨料生产非烧结砌块和非烧结砖能够消纳更多的建筑垃圾，是我国目前建筑垃圾资源化利用的主力军，全国已经拥有数十条生产线，相关产品已经广泛用于各类建筑工程。

本规程不仅对混凝土、砂浆、砌块和砖的生产过程中使用再生骨料作出了技术规定，而且对再生骨料混凝土、再生骨料砂浆、再生骨料砌块和再生骨料砖在建筑工程中的应用也作出了技术规定。

2 术语和符号

2.1 术 语

2.1.1～2.1.2 现行国家标准《混凝土用再生粗骨料》GB/T 25177 中对"混凝土用再生粗骨料"定义为：由建(构)筑废物中的混凝土、砂浆、石、砖瓦等加工而成，用于配制混凝土的、粒径大于 4.75mm 的颗粒；现行国家标准《混凝土和砂浆用再生细骨料》GB/T 25176 中对"混凝土和砂浆用再生细骨料"定义为：由建(构)筑废物中的混凝土、砂浆、石、砖瓦等加工而成，用于配制混凝土和砂浆的粒径不大于 4.75mm 的颗粒。本规程的再生粗骨料、再生细骨料不仅用于配制混凝土和砂浆，还可用于再生骨料砖、再生骨料砌块等，所以，此处再生粗骨料、再生细骨料定义只规定来源和粒径。事实上，再生粗骨料、再生细骨料的来源也不仅局限于定义中列出的几种建筑垃圾，还可能来源于废弃墙板、废弃砌块等，有些建筑垃圾生产的再生骨料可能不适于配制混凝土或砂浆，但是可以用来生产再生骨料砖、再生骨料砌块等，这样就可以大大提高建筑垃圾的再生利用率，有利于节能减排。

本规程没有另行给出"再生骨料"的术语和定义，因为行业标准《建筑材料术语标准》JGJ/T 191 中已经有了"再生骨料"术语和定义。

2.1.3 混凝土在配制过程中掺用再生骨料，较常见的是再生粗骨料部分取代或全部取代天然粗骨料，而细骨料采用天然砂；也有某些工程应用实例是再生粗骨料、再生细骨料分别部分取代天然粗骨料和天然砂。根据工程需要和再生骨料性能品质不同，再生骨料取代天然骨料的比例范围很宽泛。一般情况下，再生骨料取代天然骨料的质量百分比不低于 30%，甚至可以达到 100%，目前国内的技术水平已经完全可以达到这样的能力。所以，鼓励行业内充分利用现有技术提高再生骨料的取代比例，将有利于促进再生产品技术进步，可以逐步提高建筑垃圾的再生利用率，有利于节能减排。另一方面，如果再生骨料掺量过低，配制技术实际上就与普通混凝土无区别，不能体现再生骨料混凝土的技术内涵。

2.1.4 砂浆在配制过程中掺用再生细骨料，目前较为可靠的做法是再生细骨料部分取代天然砂。根据工程需要和再生细骨料性能品质不同，再生细骨料取代天然砂的比例范围也可以很宽泛。一般情况下，建议再生细骨料取代率不低于 30%。一方面是因为目前国内的技术水平已经完全可以达到这样的能力，另一方面，努力提高再生细骨料的取代比例，将有利于促进再生产品技术进步，可以逐步提高建筑垃圾的再生利用率，有利于节能减排。

2.1.7、2.1.9 本规程所说的"再生骨料砌块"、"再生骨料砖"，都是指采用养护方式而非烧结的方式制成。利用再生骨料生产非烧结砌块和非烧结砖能够消纳更多的建筑垃圾，目前国内的技术已经可以实现完全以再生骨料甚至建筑垃圾混合破碎物辅之以胶凝材料来生产再生骨料砌块和再生骨料砖，大大促进了建筑垃圾的再生利用。针对目前我国的主流技术现状，本规程所说的再生骨料砌块和再生骨料砖是采用水泥或水泥加矿物掺合料等水硬性胶凝材料作为胶结料；为了符合节能减排的要求，这类再生骨料砌块和再生骨料砖宜采用自然养护或蒸汽养护，不宜采用蒸压养护，不适合采用烧结工艺。所以，本规程所指再生骨料砌块和再生骨料砖均是指非烧结类型的砌块和砖。

再生骨料砌块或再生骨料砖如果采用蒸汽养护，则有利于提高早期强度，提高生产效率，且蒸汽养护可以利用工业余热，以实现能源高效利用。蒸压养护工艺尽管也可以用于再生骨料砌块和再生骨料砖，但是设备要求较复杂，能耗也比蒸汽养护高，所以不提倡采用蒸压养护。自然养护能耗小，但是养护时间相对较长，适合于生产场地宽敞的企业。

3 基 本 规 定

3.0.1 原则上，有害杂质含量不足以影响再生骨料混凝土、再生骨料砂浆、再生骨料砌块或再生骨料砖使用性能的建筑垃圾均能用来生产再生骨料，但下列情况下的建筑垃圾不宜用于生产再生骨料：

1 建筑垃圾来自于有特殊使用场合的混凝土（如核电站、医院放射室等）；

2 建筑垃圾中硫化物含量高于600mg/L；

3 建筑垃圾已受重金属或有机物污染；

4 建筑垃圾已受硫酸盐或氯盐等腐蚀介质严重侵蚀；

5 原混凝土已发生严重的碱集料反应。

现行行业标准《建筑垃圾处理技术规范》CJJ1 34－2010中对“建筑垃圾”定义为：建筑垃圾指人们在从事建设、拆迁、装修、修缮等建筑业的生产活动中产生的渣土、砖石、泥浆及其他废弃物的统称。按产生源分类，建筑垃圾可分为工程渣土、装修垃圾、拆迁垃圾、工程泥浆等；按组成成分分类，建筑垃圾中主要包括渣土、泥浆、碎石块、废砂浆、砖瓦碎块、混凝土块、沥青块、废塑料、废金属、废竹木等。

本规程所说的建筑垃圾是指建筑物或构筑物拆除过程中产生的建筑垃圾，以及预拌混凝土或混凝土预制构件等生产企业在生产过程中产生的、混凝土现场浇筑施工过程产生的废弃硬化混凝土等，不包含对废弃的、尚处于拌合物状态的混凝土进行回收利用，因为这种情况的回收利用一般只是对拌合物进行冲洗等工序，分离出清洗干净的骨料进行重新利用，这与本规程所说的再生骨料不是一个概念。

4 再生骨料的技术要求、进场检验、运输和储存

4.1 技术要求

4.1.3 表4.1.3-1和表4.1.3-2中微粉含量、吸水率等指标名称的含义与现行国家标准《混凝土用再生粗骨料》GB/T 25177和《混凝土和砂浆用再生细骨料》GB/T 25176中的相关指标名称含义相同。

符合现行国家标准《混凝土用再生粗骨料》GB/T 25177和《混凝土和砂浆用再生细骨料》GB/T 25176规定的再生骨料可用于制备再生骨料砌块和再生骨料砖。但实际生产经验和应用案例证明，用于制备砌块和砖的再生骨料，其某些性能指标完全可以放宽，所以本规程作出了第4.1.3条的规定。

再生粗骨料颗粒级配、表观密度、针片状颗粒含量、空隙率等性能指标对再生骨料砌块或砖性能影响不大，故不作要求。再生粗骨料泥块含量、压碎指标、有机物、硫化物及硫酸盐、氯化物、坚固性、碱集料反应性能等指标关系到砌块或砖的强度和耐久性等关键性能，所以，这些指标应严格，需要满足现行国家标准《混凝土用再生粗骨料》GB/T 25177的相关要求，而且经过调研和验证试验，上述这些指标都可以较容易达到GB/T 25177的Ⅲ类再生粗骨料相关要求。

再生粗骨料微粉含量、吸水率或杂物含量过高，会对砌块或砖的干燥收缩、强度、耐久性等性能带来不利影响，所以应对这些指标有所限制。但是，如果这些指标按照GB/T 25177的要求来限制又过于苛刻，对生产砌块或砖没有必要，反而不利于推动建筑垃圾资源化利用。调研和试验验证数据证明，这些指标比GB/T 25177的要求稍大一点并不会对砌块或砖性能带来明显影响，且指标适当放宽有利于再生骨料的推广。所以，相对于GB/T 25177的要求，本规程此处适当放宽了微粉含量、吸水率和杂物含量等指标的限值，规定再生粗骨料微粉含量＜5.0％，吸水率＜10.0％，杂物含量＜2.0％。

再生细骨料颗粒级配、再生胶砂需水量比、再生胶砂强度比、表观密度、堆积密度、空隙率等性能指标对再生骨料砌块或砖性能影响不大，故不作要求。再生细骨料泥块含量、坚固性、单级最大压碎指标、有害物质含量、碱集料反应性能等指标关系到砌块或砖的强度和耐久性等关键性能，所以，这些指标应较为严格，需要满足现行国家标准《混凝土和砂浆用再生细骨料》GB/T 25176的相关要求，而且经过调研和试验验证，这些指标都可以较容易达到GB/T 25176的Ⅲ类再生细骨料相关要求。

再生细骨料微粉含量过高，会对砌块或砖的干燥收缩带来不利影响，所以应对该指标有所限制。但是同样道理，如果该指标按照GB/T 25176的要求来限制又过于苛刻，对生产砌块或砖没有必要，反而不利于推动建筑垃圾资源化利用。调研和试验验证数据证明，该指标比GB/T 25176的要求稍大一点并不会对砌块或砖性能带来明显影响，且指标适当放宽有利于再生骨料的推广。所以，相对于GB/T 25176的要求，此处适当放宽指标限值，根据MB值不同规定再生细骨料微粉含量＜12.0％或＜6.0％。

在再生骨料砌块或再生骨料砖实际生产过程中，所采用的再生骨料往往是粗骨料和细骨料混合在一起。此种情况下，在对再生骨料进行检验时，可以先采用4.75mm的筛将混合再生骨料进行筛分，之后分别按照表4.1.3-1和表4.1.3-2进行检测评价。

由于目前尚无用于砌块或砖的再生骨料产品标准，也就没有相应的型式检验和出厂检验项目要求、组批规则等依据，而本规程对再生骨料的进场检验又要求供货方提供型式检验报告和出厂检验报告，所以本规程在此处给出了用于砌块或砖的再生骨料型式检验和出厂检验的相关规定，相关企业可以照此执行。

总的来说，砌块或砖对再生骨料的性能要求较低，本规程重点在于控制砌块或砖的产品质量，这体现于本规程第7章和第8章的相关规定。

4.2 进场检验

4.2.1 由于再生骨料的来源较复杂，为了保证来货的性能质量和进行质量追溯，再生骨料进场手续检验应更加严格，应验收质量证明文件，包括型式检验报告、出厂检验报告及合格证等；质量证明文件中还要体现生产厂信息、合格证编号、再生骨料类别、批号及出厂日期、再生骨料数量等内容。

用于混凝土或砂浆的再生骨料型式检验、出厂检验按照现行国家标准《混凝土用再生粗骨料》GB/T 25177和《混凝土和砂浆用再生细骨料》GB/T 25176来执行。

4.2.2 再生骨料的进场检验是按照用户最关心且便于检验指标的原则来确定所选项目的。

4.3 运输和储存

4.3.2 为了避免使用时出现误用等差错，用户在储存原材料时，应在堆场或料库等储存地点设置明显的标志或专门标识，例如"混凝土用再生粗骨料"、"砂浆用再生细骨料"等。

5 再生骨料混凝土

5.1 一般规定

5.1.2 由于Ⅰ类再生粗骨料品质已经基本达到常用天然粗骨料的品质，所以其应用不受强度等级限制。为充分保证结构安全，达到Ⅱ类产品指标要求的再生粗骨料限制可以用于配制不高于C40的再生骨料混凝土，目前我国国内如北京、青岛等地再生骨料混凝土在实际工程中应用已经达到了C40；Ⅲ类再生粗骨料由于品质相对较差，可能对结构混凝土或较高强度再生骨料混凝土性能带来不利影响，所以限制其仅可用于C25以下的再生骨料混凝土，且由于吸水率等指标相对较高，所以Ⅲ类再生粗骨料不宜用于有抗冻要求的混凝土。本规程所说混凝土均指符合现行国家标准《混凝土结构设计规范》GB 50010规定的混凝土。

国外相关标准对再生骨料混凝土强度应用范围也有类似限定，例如对于近似于我国Ⅱ类再生粗骨料配制的混凝土，比利时限定为不超过C30，丹麦限定为不超过40MPa，荷兰限定为不超过C50（荷兰国家标准规定再生骨料取代天然骨料的质量比不能超过20%）。

5.1.3 尽管Ⅰ类再生细骨料主要技术性能已经基本达到常用天然砂的品质，但是由于再生细骨料中往往含有水泥石颗粒或粉末，而且目前采用再生细骨料配制混凝土的应用实践相对较少，所以对再生细骨料在混凝土中的应用比再生粗骨料限制严格一些。Ⅲ类再生细骨料由于品质较差，不宜用于混凝土。

5.1.4 再生骨料往往会增大混凝土的收缩，由此可能增大预应力损失，所以本规程从严规定不得用于预应力混凝土。

5.1.5、5.1.6 现行国家标准《混凝土结构设计规范》GB 50010中对设计使用寿命为50年的结构用混凝土耐久性进行了相关规定。由于来源的客观原因，再生骨料吸水率、有害物质含量等指标状况往往比天然骨料差一些，这些指标可能影响混凝土耐久性或长期性能，所以，为了确保安全，本规程对最大水胶比、最低强度等级、最大氯离子含量等的要求相对于GB 50010中的相关规定均相应提高了一级要求。

本规程目前仅就再生骨料混凝土用于设计使用年限为50年及以内的工程作出规定，对用于更长设计使用年限的情况，为慎重稳妥起见，还需要继续积累研究与工程应用数据及经验。

由于来源的复杂性，再生骨料中氯离子含量、三氧化硫含量可能高于天然骨料。由于氯离子含量等对混凝土尤其是钢筋混凝土和预应力混凝土的耐久性影响较大，所以，本规程并没有将掺用了再生骨料的混凝土中氯离子含量、三氧化硫含量要求有所降低，而是严格执行现行国家标准《混凝土结构设计规范》GB 50010和《混凝土结构耐久性设计规范》GB/T 50476的规定。

5.1.7 近年来，随着城市化进程的加快，我国很多地区排放了大量的建筑垃圾，亟待消纳处理。但是由于建筑垃圾来源的复杂性、各地技术及产业发达程度差异和加工处理的客观条件限制，生产出来的大量再生骨料往往有一些指标不能满足现行国家标准《混凝土用再生粗骨料》GB/T 25177或《混凝土和砂浆用再生细骨料》GB/T 25176的要求，例如微粉含量、骨料级配等等，这些再生骨料尽管不宜用来配制结构混凝土，但是完全可以配制垫层等非结构混凝土。所以，为了扩大建筑垃圾的消纳利用范围，提高利用率，此处作出了较为宽松的补充规定。

5.2 技术要求和设计取值

5.2.1 再生骨料混凝土的拌合物性能试验方法按现行国家标准《普通混凝土拌合物性能试验方法标准》GB 50080执行；力学性能试验方法及试件尺寸换算系数按现行国家标准《普通混凝土力学性能试验方法标准》GB 50081执行；耐久性能和长期性能试验方法按现行国家标准《普通混凝土长期性能和耐久性能试验方法标准》GB 50082执行；质量控制应符合现行国家标准《混凝土质量控制标准》GB 50164的规定；强度检验评定应符合现行国家标准《混凝土强度检验评定标准》GB/T 50107的规定；耐久性的检验评定应符合现行行业标准《混凝土耐久性检验评定标准》JGJ/T 193的规定。

5.2.2 由于本规程对用于混凝土的再生骨料性能指

标要求与天然骨料产品标准要求总体一致，有区别的项目也或者是偏于严格(例如针片状含量)，或者是对混凝土力学性能影响不大(指标宽松于天然骨料的项目主要是吸水率、有害物质含量等，这些指标影响的是混凝土耐久性或长期性能，这已在耐久性要求方面加以约束)，再生混凝土其力学性能与常规混凝土要求应该一致，所以本规程对再生骨料混凝土的轴心抗压强度标准值、轴心抗压强度设计值、轴心抗拉强度标准值、轴心抗拉强度设计值、轴心抗压疲劳强度设计值、轴心抗拉疲劳强度设计值、剪切变形模量和泊松比的相关规定与 GB 50010 一致。

5.2.3 表 5.2.3 参考了上海市地方标准《再生混凝土应用技术规程》DG/TJ08-2018－2007 中的数据，该数据是上海地标编制组基于国内外 528 组代表性实验数据统计出来的。表 5.2.3 的取值相比于现行国家标准《混凝土结构设计规范》GB 50010 都相应有所折减，这是考虑到再生骨料对混凝土力学性能的影响，基于试验验证而给出的数据。

5.2.4 国内外研究表明，再生骨料混凝土其热工性能与普通混凝土没有明显区别，所以本规程规定，如果没有试验条件，则再生骨料混凝土热工性能取值可与现行国家标准《混凝土结构设计规范》GB 50010 或《民用建筑热工设计规范》GB 50176 中的取值一致。GB 50010 规定混凝土线膨胀系数 α_c 为 1×10^{-5}/℃，比热容 c 为 0.96kJ/(kg·K)；GB 50176 规定钢筋混凝土导热系数 λ 为 1.74W/(m·K)，碎石或卵石混凝土导热系数 λ 为 1.51W/(m·K)。

5.3 配合比设计

5.3.2 Ⅰ类再生粗骨料品质较好，可以按照常用天然粗骨料来使用，所以其取代率可不受限制。

近年来各相关企业积累的实践经验表明，对于 C30、C40 混凝土，再生粗骨料掺量一般为 50%以内为宜，这样较容易控制和易性及保证强度。所以，在缺乏实践经验情况下来计算配合比参数，Ⅱ类、Ⅲ类再生粗骨料的取代率一般不宜大于 50%。

混凝土中掺用再生细骨料的试验研究和工程应用实践较少，所以宜通过充分的验证试验来确定其可行性，且由于再生细骨料中容易引入较多的微粉，可能对混凝土性能尤其是耐久性造成影响，所以再生细骨料取代率也不宜大于 50%。

一般不宜同时掺用再生粗骨料和再生细骨料，因为这样操作的交互影响因素过多，对配制技术要求较高，且再生细骨料易导致混凝土坍落度损失加快。所以为保险起见，在目前实践经验较少、没有经过试验验证的情况下，暂不提倡同时掺用再生粗、细骨料，尤其是如果已经掺用了Ⅲ类再生粗骨料时，则不宜再掺入再生细骨料；如果同时掺用，必须进行充分的试验验证。

由于Ⅰ类再生粗骨料品质已经相当于天然骨料，所以对于仅掺Ⅰ类再生粗骨料的混凝土可以视其为常规混凝土。如果掺用Ⅱ类、Ⅲ类再生粗骨料，但是取代率小于 30%，由于再生骨料掺量较小，对混凝土性能影响很有限，此时也可以视为常规混凝土。所以对于不掺用再生细骨料的混凝土，如果仅掺Ⅰ类再生粗骨料或Ⅱ类、Ⅲ类再生粗骨料取代率小于 30%时，抗压强度标准差 σ 可按现行行业标准《普通混凝土配合比设计规程》JGJ 55 的规定执行。当再生骨料掺量较大，例如当Ⅱ类、Ⅲ类再生粗骨料取代率大于 30%时，由于建筑垃圾来源的复杂性、再生骨料品质的离散性导致其对混凝土性能的影响相应增大，这种情况下，根据统计资料计算时，为了更好的保证统计数据的代表性，本规程规定强度试件组数提高到不小于 30 组（《普通混凝土配合比设计规程》JGJ 55－2000 要求是不小于 25 组），且为了保证再生骨料混凝土配制强度具有较好的富余度，进一步降低再生骨料离散性带来的影响，本规程对 σ 计算值的最低限值作出了相应的下限要求。

当无统计资料时，对于仅掺再生粗骨料的混凝土，其 σ 值可按表 5.3.2 确定。表 5.3.2 取值比上述计算值最低限值相应增大，目的是保证无统计资料时的配制强度富余度足够。

掺用再生细骨料或同时掺用再生粗骨料和再生细骨料的混凝土，混凝土强度的影响因素往往更为复杂，此时，也应根据统计资料计算确定 σ 值。计算时，强度试件组数同样提高到不小于 30 组，σ 要取计算值和表 5.3.2 中对应值中的大者，取值要求更高；当无统计资料时，抗压强度标准差 σ 也按表 5.3.2 取值。此处规定偏严格的目的就是为了充分保证再生细骨料复杂影响情况下的配制强度。

配制再生骨料混凝土离不开外加剂，尤其建议选择使用氨基磺酸盐、聚羧酸盐等减水率较高的高效减水剂，这对于保证再生骨料混凝土性能具有较明显优势。

由于再生骨料的微粉含量等往往高于天然骨料，有可能影响混凝土强度和耐久性；砂率较高也会影响混凝土强度和耐久性，所以适当降低砂率可以在一定程度上弥补再生骨料带来的不利影响。因此，在设计基准混凝土配合比时，宜采用较低的砂率。

基于目前我国再生骨料的生产水平，再生骨料的吸水率往往高于天然骨料，在相同用水量情况下，再生骨料混凝土拌合物工作性往往比基准混凝土差，所以，在设计水灰比基础上，一般需要通过掺入减水剂或增加减水剂掺量等方式来保证工作性；配制时也可以适当增加用水量以满足再生骨料的吸水率需要，此时增加的用水量被再生骨料吸附而不是用于水泥水化，所以一般不会影响混凝土的性能，但用水增加量一般不宜超过 5%。此外，由于再生骨料的吸水率往往高于天然骨料，再生骨料混凝土的坍落度损失也往往会偏快，所以需要采取比普通混凝土更有效的措施加以控制，例如增加缓凝剂或坍落度抑制剂的掺量，减水剂延时掺加，再生骨料预湿处理等。

5.4 制备和运输

5.4.1、5.4.2 再生骨料混凝土原材料的储存和计量，再生骨料混凝土搅拌、运输等，总体上和普通混凝土的要求一样。由于再生骨料混凝土制备对综合技术要求较高，应鼓励采用预拌方式生产，且目前我国的再生骨料混凝土基本都是在生产条件较好的大中城市加以发展，所以，对再生骨料混凝土的制备和运输要求基本上采纳了现行国家标准《预拌混凝土》GB/T 14902的规定。

5.5 浇筑和养护

5.5.1 由于再生骨料混凝土对干燥收缩更为敏感，预防混凝土早期收缩开裂尤为重要，所以对于再生骨料混凝土应特别加强早期养护。

6 再生骨料砂浆

6.1 一 般 规 定

6.1.1 再生骨料砂浆用于地面砂浆时，宜用于找平层而不宜用于面层，因为面层对耐磨性要求较高，再生骨料砂浆往往难以达到。

6.1.2 现行国家标准《预拌砂浆》GB/T 25181对砂浆所用水泥、细骨料、掺合料、外加剂、拌合水以及添加剂（例如保水增稠材料、可再分散胶粉、颜料、纤维等）和填料（例如重质碳酸钙、轻质碳酸钙、石英粉、滑石粉等）作出了规定；现行行业标准《抹灰砂浆技术规程》JGJ/T 220对砂浆用石灰膏、磨细生石灰粉、建筑石膏等作出了规定。尽管已经有行业标准《预拌砂浆》JG/T 230-2007，但是目前已经颁布了国标《预拌砂浆》GB/T 25181-2010，所以本规程引用最新的国标《预拌砂浆》GB/T 25181。

6.1.3 现行国家标准《混凝土和砂浆用再生细骨料》GB/T 25176中规定的Ⅰ类再生细骨料技术性能指标已经类似于天然砂，所以其在砂浆中的强度等级应用范围不受限制。而Ⅱ类再生细骨料、Ⅲ类再生细骨料由于综合品质逊色于天然骨料，尽管实际验证试验中也配制出了M20等较高强度等级的砂浆，但是为可靠起见，规定Ⅱ类再生细骨料一般只适用于配制M15及以下的砂浆，Ⅲ类再生细骨料一般只适用于配制M10及以下的砂浆。

6.3 配合比设计

6.3.2 本规程提出的再生骨料砂浆配合比设计方法适用于现场配制的砂浆和预拌砂浆中的湿拌砂浆。由于生产方式的特殊性，干混砂浆配合比设计一般由生产厂根据工艺特点采用专门的技术路线，本规程不作规定。

由于再生细骨料的吸水率往往较天然砂大一些，配制的砂浆抗裂性能相对较差，所以对于抗裂性能要求较高的抹灰砂浆或地面砂浆，再生细骨料取代率不宜过大，一般限制在50%以下为宜；对于砌筑砂浆，由于需要充分保证砌体强度，所以在没有技术资料可以借鉴的情况下，再生细骨料取代率一般也要限制在50%以下较为稳妥。

再生骨料砂浆配制过程中一般应掺入外加剂、添加剂和掺合料，并需要试验调整外加剂、添加剂、掺合料掺量，以此来满足工作性要求。在设计用水量基础上，也可根据再生细骨料类别和取代率适当增加单位体积用水量，但增加量一般不宜超过5%。

6.4 制备和施工

6.4.1 该条规定的是再生骨料预拌砂浆的制备和施工。制备包括原料储存、计量、搅拌生产等环节，按照国家标准《预拌砂浆》GB/T 25181相关规定执行；进厂检验、砂浆储存、拌合、基层要求、施工操作等环节，按照《预拌砂浆应用技术规程》JGJ/T 223的相关规定执行。

6.4.2～6.4.4 这几条规定的是现场配制的再生骨料砂浆的制备、生产和施工。现场拌制的砂浆在很多技术环节上与湿拌砂浆类似。

不论是预拌砂浆还是现场拌制的砂浆，其施工要求都是一样的，所以现场配制的再生骨料砂浆施工也按照《预拌砂浆应用技术规程》JGJ/T 223的相关规定执行。

6.5 施工质量验收

6.5.1 《抹灰砂浆技术规程》JGJ/T 220规定：抹灰砂浆的施工质量验收包括砂浆试块抗压强度验收和实体拉伸粘结强度检验两个指标，这说明，不论是预拌的还是现场配制的抹灰砂浆，都需要检验这两个指标。

《预拌砂浆应用技术规程》JGJ/T 223相关条文显示出，预拌抹灰砂浆在进场时已对抗压强度进行进场检验，为避免重复繁冗的检验，施工验收时就不用再进行抗压强度检验，验收时只需检验实体拉伸粘结强度即可。所以，预拌再生骨料抹灰砂浆施工质量验收遵循《预拌砂浆应用技术规程》JGJ/T 223即可。

而现场配制的抹灰砂浆的施工质量验收则需要检验砂浆试块抗压强度和拉伸粘结强度实体检测值，就不能直接执行《预拌砂浆应用技术规程》JGJ/T 223关于验收的相关规定，否则就会缺少砂浆试块抗压强度检验过程。所以，此处对现场配制的再生骨料抹灰砂浆的施工质量验收单独作出了规定，即按照《抹灰砂浆技术规程》JGJ/T 220 规定执行。

7 再生骨料砌块

7.1 一般规定

7.1.2 砌块生产中往往掺用石屑等破碎石材作为部分骨料，此处对小于 0.15mm 的细石粉颗粒的限制参考了现行国家标准《普通混凝土小型空心砌块》GB 8239 的相关规定。

其他相关标准例如，如果砌块中使用轻集料，则应符合现行国家标准《轻集料及其试验方法　第 1 部分：轻集料》GB/T 17431.1 的规定，如果砌块中使用重矿渣骨料，则应符合现行行业标准《混凝土用高炉重矿渣碎石技术条件》YBJ 20584 的规定。

7.2 技术要求

7.2.1 尺寸允许偏差和外观质量指标要求参考了现行行业标准《粉煤灰混凝土小型空心砌块》JC/T 862 的规定。

7.2.2 强度等级规定也参考了现行行业标准《粉煤灰混凝土小型空心砌块》JC/T 862 的规定。

7.2.5 由于目前尚无专门的再生骨料砌块产品国家标准或行业标准，根据产品具体情况，再生骨料砌块的型式检验和出厂检验一般是依据企业标准或参考现行相关行业标准或国家标准执行。所以，再生骨料砌块型式检验和出厂检验项目可以根据企业所依据标准情况而定，但是型式检验应包含有放射性及本规程第 7.2 节所列所有项目，出厂检验应包含有本规程第 7.2 节所列的尺寸允许偏差、外观质量和抗压强度等项目。放射性按照现行国家标准《建筑材料放射性核素限量》GB 6566 规定执行。

7.3 进场检验

7.3.1 再生骨料砌块各项性能指标达到要求方能出厂。产品出厂时，应提供产品质量合格证，合格证一般应标明生产厂信息、产品名称、批量及编号、产品实测技术性能和生产日期等。

为了保证再生骨料砌块的生产质量，生产厂需要重视养护和运输储存等环节。在正常生产工艺条件下，再生骨料砌块收缩值最终可达 0.60mm/m，经 28d 养护后收缩值可完成 60%。因此，延长养护时间，能保证砌体强度并减少因砌块收缩过多而引起的墙体裂缝。一般地，养护时间不少于 28d；当采用人工自然养护时，在养护的前 7d 应适量喷水养护，人工自然养护总时间不少于 28d。

再生骨料砌块在堆放、储存和运输时，应采取防雨措施。再生骨料砌块应按规格和强度等级分批堆放，不应混杂。堆放、储存时保持通风流畅，底部宜用木制托盘或塑料托盘支垫，不宜直接贴地堆放。堆放场地必须平整，堆放高度一般不宜超过 1.6m。

7.3.2 再生骨料砌块的进场检验项目一般应包括尺寸允许偏差、外观质量和抗压强度；如果用户方根据工程需要提出更多进场检验项目要求，则供需双方可以协商附加选择本规程第 7.2 节中的其他检验项目。

8 再生骨料砖

8.1 一般规定

8.1.1 尽管现行国家标准《砌体结构设计规范》GB 50003、现行行业标准《多孔砖砌体结构技术规范》JGJ 137 中对砖的强度等级最低规定为 MU10，现行国家标准《混凝土实心砖》GB/T 21144 和现行行业标准《非烧结垃圾尾矿砖》JC/T 422 中最低抗压强度为 MU15，但是为了拓宽再生骨料的推广应用，本规程将再生骨料多孔砖和再生骨料实心砖的最低强度拓宽为 MU7.5。

8.2 技术要求

8.2.1 本规程基本上采纳了现行行业标准《非烧结垃圾尾矿砖》JC/T 422 中关于尺寸允许偏差和外观质量的规定。

8.2.2 再生骨料砖抗压强度主要是参考了现行行业标准《非烧结垃圾尾矿砖》JC/T 422 和《混凝土多孔砖》JC 943 等标准中的规定，MU7.5 的强度规定是按照线性外推计算得到的。

8.2.3 在验证试验数据基础上，再生骨料砖吸水率单块值、干燥收缩率、碳化系数和软化系数指标参考现行行业标准《非烧结垃圾尾矿砖》JC/T 422 的规定，相对含水率指标参考现行国家标准《混凝土实心砖》GB/T 21144 的规定。再生骨料砖的抗冻指标要求也参考了现行行业标准《非烧结垃圾尾矿砖》JC/T 422 的规定，并采用线性外推方法补充了 MU7.5 和 MU10 的抗冻指标要求。

8.2.5 由于目前尚无专门的再生骨料砖产品国家标准或行业标准，根据产品具体情况，再生骨料砖的型式检验和出厂检验一般是依据企业标准或参考现行相关行业标准或国家标准。所以，再生骨料砖型式检验和出厂检验项目可以根据企业所依据标准情况而定，但是型式检验应包含有放射性及本规程第 8.2 节所列所有项目，出厂检验应包含有本规程第 8.2 节所列的尺寸允许偏差、外观质量和抗压强度等项目。放射性按照现行国家标准《建筑材料放射性核素限量》GB 6566 规定执行。

8.3 进场检验

8.3.1 再生骨料砖各项性能指标达到要求方能出厂。

产品出厂时，应提供产品质量合格证，合格证一般应标明生产厂信息、产品名称、批量及编号、产品实测技术性能和生产日期等。

为了保证再生骨料砖的生产质量，需要重视养护和运输储存等环节。在正常生产工艺条件下，再生骨料砖收缩值最终可达 0.60mm/m，经 28d 养护后收缩值可完成 60%。因此，延长养护时间，能保证砌体强度并减少因砖收缩过多而引起的墙体裂缝。一般地，养护时间不少于 28d；当采用人工自然养护时，在养护的前 7d 应适量喷水养护，人工自然养护总时间不少于 28d。

再生骨料砖在堆放、储存和运输时，应采取防雨措施。再生骨料砖应按规格和强度等级分批堆放，不应混杂。堆放、储存时保持通风流畅，底部宜用木制托盘或塑料托盘支垫，不宜直接贴地堆放。堆放场地必须平整，堆放高度一般不宜超过 1.6m。

8.3.2 再生骨料砖的进场检验项目一般应包括尺寸允许偏差、外观质量和抗压强度；如果用户方根据工程需要提出更多进场检验项目要求，则供需双方可以协商附加选择本规程第 8.2 节中的其他检验项目。

中华人民共和国行业标准

人工砂混凝土应用技术规程

Technical specification for application of manufactured sand concrete

JGJ/T 241—2011

批准部门：中华人民共和国住房和城乡建设部

施行日期：2 0 1 1 年 1 2 月 1 日

中华人民共和国住房和城乡建设部
公　　告

第 995 号

关于发布行业标准《人工砂混凝土应用技术规程》的公告

现批准《人工砂混凝土应用技术规程》为行业标准，编号为 JGJ/T 241－2011，自 2011 年 12 月 1 日起实施。

本规程由我部标准定额研究所组织中国建筑工业出版社出版发行。

中华人民共和国住房和城乡建设部

2011 年 4 月 22 日

前　　言

根据住房和城乡建设部《关于印发〈2009 年工程建设标准规范制订、修订计划（第一批）〉的通知》（建标［2009］88 号）的要求，规程编制组经广泛调查研究，认真总结实践经验，参考有关国际标准和国外先进标准，并在广泛征求意见的基础上，制定本规程。

本规程的主要技术内容是：1. 总则；2. 术语；3. 基本规定；4. 原材料；5. 人工砂混凝土性能；6. 配合比设计；7. 施工；8. 质量检验及验收。

本规程由住房和城乡建设部负责管理，由重庆大学负责具体技术内容的解释。本规程执行过程中如有意见或建议，请寄送至重庆大学材料科学与工程学院（地址：重庆市沙坪坝区沙北街 83 号，邮编：400045）。

本规程主编单位：重庆大学
中建五局第三建设有限公司

本规程参编单位：中冶建工集团有限公司
重庆市正源水务工程质量检测技术有限公司
厦门市建筑科学研究院集团股份有限公司
重庆市公路工程质量检测中心
重庆市建筑科学研究院
四川建筑职业技术学院
招商局重庆交通科研设计院有限公司
江苏博特新材料有限公司
江苏铸本混凝土工程有限公司
上海嘉华混凝土有限公司
重庆建工住宅建设有限公司
重庆凯威混凝土有限公司
上海金路创展工程机械有限公司
张家界鼎立建材有限公司

本规程主要起草人员：杨长辉　粟元甲　张智强　何昌杰　叶建雄　王　冲　王于益　杨琼辉　陈　越　刘加平　张东长　彭军芝　黄洪胜　李江华　龙　宇　霍　涛　王进勇　刘建忠　张　意　桂苗苗　张学智　张顺华　陈希才　高　彬　陈　科　王有负　丁祖仁

本规程主要审查人员：丁　威　郝挺宇　王自强　陈友治　秦鸿根　陈火炎　陈普法　胡红梅　陈昌礼

目次

Contents

1 总 则

1.0.1 为规范人工砂混凝土的工程应用，做到技术先进、经济合理、安全适用，保证工程质量，制定本规程。

1.0.2 本规程适用于人工砂混凝土的原材料质量控制、配合比设计、施工、质量检验与验收。

1.0.3 人工砂混凝土的应用除应符合本规程外，尚应符合国家现行有关标准的规定。

2 术 语

2.0.1 人工砂 artificial sand

岩石或卵石经除土开采、机械破碎、筛分而成的，公称粒径小于5mm的岩石或卵石（不包括软质岩和风化岩）颗粒。

2.0.2 石粉含量 crushed dust content

人工砂中公称粒径小于80 μm，且其矿物组成和化学成分与被加工母岩相同的颗粒含量。

2.0.3 亚甲蓝（*MB*）值 methylene blue value

用于判定人工砂石粉中泥土含量的指标。

2.0.4 吸水率 water absorption

骨料表面干燥而内部孔隙含水达到饱和时的含水率。

2.0.5 压碎值指标 crushing value index

人工砂抵抗压碎的能力。

2.0.6 人工砂混凝土 manufactured sand concrete

以人工砂为主要细骨料配制而成的水泥混凝土。

3 基本规定

3.0.1 人工砂混凝土应采用强制式搅拌机搅拌。

3.0.2 人工砂混凝土的力学性能和耐久性能应符合现行国家标准《混凝土结构设计规范》GB 50010和《混凝土结构耐久性设计规范》GB/T 50476的规定。

3.0.3 用于建筑工程的人工砂混凝土放射性应符合现行国家标准《建筑材料放射性核素限量》GB 6566的规定。

3.0.4 石灰岩质人工砂混凝土用于低温硫酸盐侵蚀环境时，混凝土应进行耐久性试验论证，并应满足设计要求。

4 原 材 料

4.1 细 骨 料

4.1.1 人工砂应符合下列规定：

1 人工砂的粗细程度可按其细度模数（μ_f）分为粗、中、细三级，并应符合下列规定：

粗砂的μ_f应为3.7～3.1；

中砂的μ_f应为3.0～2.3；

细砂的μ_f应为2.2～1.6。

2 人工砂的颗粒级配宜符合表4.1.1-1的规定。

表4.1.1-1 人工砂的颗粒级配

筛孔尺寸		4.75 mm	2.36 mm	1.18 mm	600 μm	300 μm	150 μm
累计筛余（%）	Ⅰ区	10～0	35～5	65～35	85～71	95～80	100～90
	Ⅱ区	10～0	25～0	50～10	70～41	92～70	100～90
	Ⅲ区	10～0	15～0	25～0	40～16	85～55	100～90

人工砂的实际颗粒级配与表4.1.1-1中累计筛余相比，除筛孔为4.75mm和600 μm的累计筛余外，其余筛孔的累计筛余可超出表中限定范围，但超出量不应大于5%。

当人工砂的实际颗粒级配不符合表4.1.1-1的规定时，宜采取相应的技术措施，并应经试验证明能确保混凝土质量后再使用。

3 人工砂中的石粉含量应符合表4.1.1-2的规定。

表4.1.1-2 人工砂的石粉含量

项 目		指标 ≥C60	指标 C55～C30	指标 ≤C25
石粉含量（%）	*MB*<1.4（合格）	≤5.0	≤7.0	≤10.0
	MB≥1.4（不合格）	≤2.0	≤3.0	≤5.0

4 用于生产人工砂母岩的强度应符合表4.1.1-3的规定。

表4.1.1-3 人工砂母岩的强度

项 目	指标 火成岩	指标 变质岩	指标 沉积岩
母岩强度（MPa）	≥100	≥80	≥60

5 人工砂的吸水率不宜大于3%。

6 人工砂的总压碎值指标应小于30%。

7 人工砂的氯离子含量、碱活性、坚固性、泥块含量和有害物质含量应符合现行行业标准《普通混凝土用砂、石质量及检验方法标准》JGJ 52的规定。

4.1.2 人工砂性能的试验方法应按现行行业标准《普通混凝土用砂、石质量及检验方法标准》JGJ 52

的规定执行。

4.1.3 人工砂堆放应搭建雨篷、硬化场地、采取排水措施、符合环保要求，并应防止颗粒离析、混入杂质。

4.1.4 当人工砂与天然砂混合使用时，天然砂的品质应符合现行行业标准《普通混凝土用砂、石质量及检验方法标准》JGJ 52 的规定。

4.2 水 泥

4.2.1 人工砂混凝土宜选用通用硅酸盐水泥，且其性能应符合现行国家标准《通用硅酸盐水泥》GB 175 的规定；当采用其他品种水泥时，其性能应符合国家现行有关标准的规定。

4.2.2 水泥的入机温度不宜超过 60℃。

4.2.3 水泥性能的试验方法应符合国家现行有关标准的规定。

4.3 粗 骨 料

4.3.1 粗骨料应符合现行行业标准《普通混凝土用砂、石质量及检验方法标准》JGJ 52 的规定。

4.3.2 粗骨料宜采用连续级配的碎石或卵石。当颗粒级配不符合要求时，可采取多级配组合的方式进行调整。

4.3.3 粗骨料最大粒径应符合现行国家标准《混凝土结构工程施工质量验收规范》GB 50204 和《混凝土质量控制标准》GB 50164 的规定。

4.3.4 粗骨料性能的试验方法应符合现行行业标准《普通混凝土用砂、石质量及检验方法标准》JGJ 52 的规定。

4.4 矿物掺合料

4.4.1 矿物掺合料宜采用粉煤灰、粒化高炉矿渣粉、钢渣粉、硅灰和磷渣粉等，其性能应分别符合国家现行标准《用于水泥和混凝土中的粉煤灰》GB/T 1596、《用于水泥和混凝土中的粒化高炉矿渣粉》GB/T 18046、《高强高性能混凝土用矿物外加剂》GB/T 18736、《用于水泥和混凝土中的钢渣粉》GB/T 20491 和《水工混凝土掺用磷渣粉技术规范》DL/T 5387 的规定。

4.4.2 矿物掺合料可单独使用，亦可混合使用，并应符合国家现行有关标准的规定。

4.4.3 矿物掺合料的试验方法应符合国家现行标准《用于水泥和混凝土中的粉煤灰》GB/T 1596、《用于水泥和混凝土中的粒化高炉矿渣粉》GB/T 18046、《高强高性能混凝土用矿物外加剂》GB/T 18736、《用于水泥和混凝土中的钢渣粉》GB/T 20491 和《水工混凝土掺用磷渣粉技术规范》DL/T 5387 的规定。

4.4.4 矿物掺合料储存时，不得与其他材料混杂，且应防止受潮。

4.5 外 加 剂

4.5.1 人工砂混凝土用外加剂应符合国家现行标准《混凝土外加剂应用技术规范》GB 50119、《混凝土外加剂》GB 8076、《混凝土膨胀剂》GB 23439 和《混凝土防冻剂》JC 475 等的规定。

4.5.2 外加剂性能的试验方法应符合国家现行有关标准的规定。

4.6 拌 合 用 水

4.6.1 人工砂混凝土拌合用水应符合现行行业标准《混凝土用水标准》JGJ 63 的规定。

4.6.2 人工砂混凝土拌合用水性能的试验方法应符合现行行业标准《混凝土用水标准》JGJ 63 的规定。

5 人工砂混凝土性能

5.1 拌合物技术要求

5.1.1 人工砂混凝土拌合物应具有良好的黏聚性、保水性和流动性，不得离析或泌水。

5.1.2 人工砂混凝土坍落度应满足工程设计和施工要求；用于泵送的人工砂混凝土坍落度经时损失不宜大于 30mm/h。人工砂混凝土坍落度的试验方法应符合现行国家标准《普通混凝土拌合物性能试验方法标准》GB/T 50080 的规定。

5.1.3 人工砂混凝土拌合物的凝结时间应满足施工要求和混凝土性能要求。

5.1.4 人工砂混凝土拌合物宜具备良好的早期抗裂性能。人工砂混凝土抗裂性能的试验方法应符合现行国家标准《普通混凝土长期性能和耐久性能试验方法标准》GB/T 50082 的规定。

5.1.5 人工砂混凝土拌合物的水溶性氯离子最大含量应符合表 5.1.5 的规定。人工砂混凝土拌合物的水溶性氯离子含量宜按现行行业标准《水运工程混凝土试验规程》JTJ 270 中的快速测定方法进行测定。

表 5.1.5 人工砂混凝土拌合物水溶性氯离子最大含量

环境条件	水溶性氯离子最大含量（胶凝材料用量的质量百分比，%）		
	钢筋混凝土	预应力混凝土	素混凝土
干燥环境	0.30	0.06	1.00
潮湿但不含氯离子的环境	0.20		
潮湿且含有氯离子的环境	0.10		
腐蚀环境	0.06		

5.1.6 人工砂混凝土拌合物的总碱含量应符合现行国家标准《混凝土结构设计规范》GB 50010的规定。碱含量宜按现行行业标准《普通混凝土配合比设计规程》JGJ 55的规定进行测定和计算。

5.2 力学性能

5.2.1 人工砂混凝土强度等级应按立方体抗压强度标准值确定，并应按现行国家标准《混凝土强度检验评定标准》GB/T 50107进行评定。

5.2.2 人工砂混凝土的强度标准值、强度设计值、弹性模量、轴心抗压强度与轴心抗拉疲劳强度设计值、疲劳变形模量等应符合现行国家标准《混凝土结构设计规范》GB 50010的规定。人工砂混凝土力学性能应按照现行国家标准《普通混凝土力学性能试验方法标准》GB/T 50081的规定进行试验测定，并应满足设计要求。

5.3 长期性能和耐久性能

5.3.1 人工砂混凝土的收缩和徐变性能应符合设计要求。人工砂混凝土的收缩和徐变性能试验方法应符合现行国家标准《普通混凝土长期性能和耐久性能试验方法标准》GB/T 50082的规定。

5.3.2 人工砂混凝土的抗冻、抗渗、抗氯离子渗透、抗碳化和抗硫酸盐侵蚀等耐久性能应符合设计要求；当设计无要求时，人工砂混凝土耐久性应符合现行国家标准《混凝土质量控制标准》GB 50164的规定。人工砂混凝土耐久性能试验方法应符合现行国家标准《普通混凝土长期性能和耐久性能试验方法标准》GB/T 50082的规定。

6 配合比设计

6.1 一般规定

6.1.1 人工砂混凝土配合比设计应根据混凝土强度等级、施工性能、长期性能和耐久性能等要求，在满足工程设计和施工要求的条件下，遵循低水泥用量、低用水量和低收缩性能的原则，按现行行业标准《普通混凝土配合比设计规程》JGJ 55的规定进行。

6.1.2 对有抗裂性能要求的人工砂混凝土，应通过混凝土早期抗裂试验和收缩试验确定配合比。

6.1.3 配制混凝土时，宜采用细度模数为2.3～3.2的人工砂。

6.1.4 对于有抗冻、抗渗、抗碳化、抗氯离子侵蚀和抗化学腐蚀等耐久性要求的人工砂混凝土，应符合现行国家标准《混凝土结构耐久性设计规范》GB/T 50476和《混凝土结构设计规范》GB 50010的规定。

6.1.5 采用外加剂配制人工砂混凝土，除应进行拌合物坍落度和凝结时间试验外，还应进行坍落度经时损失试验，并应确认满足施工要求后才可使用。

6.1.6 用于泵送施工的人工砂混凝土的配合比设计，应根据混凝土原材料、混凝土运输距离、混凝土泵与混凝土输送管径、泵送距离、环境气温等具体施工条件进行试配，并应符合国家现行标准《混凝土质量控制标准》GB 50164、《混凝土泵送施工技术规程》JGJ/T 10的规定。

6.1.7 当人工砂混凝土的原材料品种或质量有显著变化，或对混凝土性能指标有特殊要求，或混凝土生产间断半年以上时，应重新进行混凝土配合比设计。

6.2 配合比计算与确定

6.2.1 人工砂混凝土配合比计算、试配、调整与确定应按现行行业标准《普通混凝土配合比设计规程》JGJ 55的有关规定进行。

6.2.2 在配制相同强度等级的混凝土时，人工砂混凝土的胶凝材料总量宜在天然砂混凝土胶凝材料总量的基础上适当提高；对于配制高强度人工砂混凝土，水泥和胶凝材料用量分别不宜大于500kg/m^{3}和600kg/m^3。

6.2.3 当采用相同细度模数的砂配制混凝土时，人工砂混凝土的砂率宜在天然砂混凝土砂率的基础上适当提高。

6.2.4 当对混凝土耐久性有设计要求时，应采用MB值小于1.4的人工砂，且应进行相关耐久性试验验证。

6.2.5 当采用人工砂与天然砂混合配制混凝土时，人工砂与天然砂的质量比应根据其颗粒级配进行合理调整。

6.2.6 对于掺加矿物掺合料的人工砂混凝土，掺合料的品种和用量应通过试验确定。

6.2.7 掺加外加剂的人工砂混凝土，外加剂的品种与掺量应根据人工砂混凝土的强度等级、施工要求、运输距离、混凝土所处环境条件等因素经试验后确定，并应符合现行国家标准《混凝土外加剂应用技术规范》GB 50119的规定。

6.2.8 人工砂混凝土的氯离子含量和总碱量应分别符合本规程第5.1.5条和第5.1.6条的规定。

7 施　　工

7.1 一般规定

7.1.1 施工前，施工单位应根据设计要求、工程性质、结构特点和环境条件等，制定人工砂混凝土施工技术方案。

7.1.2 施工过程中，应对混凝土原材料计量、混凝土搅拌、拌合物运输、混凝土浇筑、拆模及养护进行全过程控制。

7.1.3 人工砂、粗骨料含水率的检验每工作班不应少于1次；当雨雪天气等外界影响导致混凝土骨料含水率变化时，应及时检验，并应根据检验结果及时调整施工配合比。

7.1.4 人工砂混凝土运输、输送、浇筑过程中严禁加水。

7.2 原材料计量

7.2.1 原材料计量应符合现行国家标准《混凝土质量控制标准》GB 50164 和《混凝土结构工程施工规范》GB 50666 的规定。

7.2.2 原材料称量宜采用自动计量，并应严格按照施工配合比进行计量。每盘原材料计量的允许偏差应符合表7.2.2的规定。

表7.2.2 每盘原材料计量的允许偏差

原材料种类	允许偏差（按质量计）
胶凝材料	±2%
外加剂	±1%
粗、细骨料	±3%
拌合用水	±1%

7.3 混凝土搅拌

7.3.1 人工砂混凝土的搅拌应符合现行国家标准《混凝土质量控制标准》GB 50164 和《混凝土结构工程施工规范》GB 50666 的有关规定。

7.3.2 混凝土搅拌机应符合现行国家标准《混凝土搅拌机》GB/T 9142 的有关规定。

7.3.3 人工砂混凝土的搅拌时间应在天然砂混凝土搅拌时间的基础上适当延长，且应每班检查2次。

7.3.4 人工砂混凝土的坍落度允许偏差应符合表7.3.4的规定。

表7.3.4 坍落度允许偏差

坍落度（mm）	允许偏差（mm）
≤40	±10
50～90	±20
≥100	±30

7.4 拌合物运输

7.4.1 人工砂混凝土的运输应符合现行国家标准《混凝土质量控制标准》GB 50164、《混凝土结构工程施工规范》GB 50666 和《预拌混凝土》GB/T 14902 的相关规定。

7.4.2 采用泵送施工的人工砂混凝土，其运输应能保证混凝土的连续泵送，并应符合现行行业标准《混凝土泵送施工技术规程》JGJ/T 10 的有关规定。

7.4.3 混凝土运输至浇筑现场时，不得出现离析或分层现象。

7.4.4 对于采用搅拌运输车运输的混凝土，当坍落度损失较大不能满足施工要求时，可在运输车罐内加入适量的与原配合比相同成分的减水剂，并快速旋转搅拌均匀，并应在达到要求的工作性能后再泵送或浇筑。减水剂加入量应事先由试验确定，并应进行记录。

7.5 混凝土浇筑

7.5.1 人工砂混凝土的浇筑应符合现行国家标准《混凝土质量控制标准》GB 50164 和《混凝土结构工程施工规范》GB 50666 的有关规定。

7.5.2 混凝土浇筑时的自由倾落高度不宜大于3m，当大于3m时，应采用滑槽、漏斗、串筒等器具辅助输送混凝土。

7.5.3 振捣应保证混凝土密实、均匀，并应避免欠振、过振和漏振。

7.5.4 夏期施工时，混凝土拌合物入模温度不应超过35℃，并宜选择夜间浇筑混凝土。当现场温度高于35℃时，宜对金属模板进行浇水降温，并不得留有积水，并可采取遮挡措施避免阳光照射金属模板。

7.5.5 冬期施工时，混凝土拌合物入模温度不应低于5℃，并应采取相应保温措施。

7.5.6 当风速大于5m/s时，人工砂混凝土浇筑宜采取挡风措施。

7.5.7 浇筑大体积混凝土时，应采取必要的温控措施，保证混凝土温差控制在设计要求的范围以内。当混凝土温差设计无要求时，应符合现行国家标准《大体积混凝土施工规范》GB 50496 的规定。

7.5.8 浇筑竖向尺寸较大的结构物时，应分层浇筑，每层浇筑厚度宜控制在300mm～350mm。

7.5.9 混凝土浇筑时，应在平面内均匀布料，不得用振捣棒赶料。

7.5.10 人工砂混凝土振捣时，应避免碰撞模板、钢筋及预埋件。

7.5.11 人工砂混凝土在浇筑过程中，应观察模板支撑的稳定性和接缝的密合状态，不得出现漏浆现象。

7.5.12 人工砂混凝土振捣密实后，在终凝以前应采用抹面机械或人工多次抹压，并应在抹压后进行保湿养护。保湿养护可采用洒水、覆盖、喷涂养护剂等方式。

7.5.13 人工砂混凝土构件成型后，在抗压强度达到1.2MPa以前，不得在混凝土上面踩踏行走。

7.6 拆　　模

7.6.1 人工砂混凝土侧模拆除时，其强度应能保证结构表面、棱角以及内部不受损伤。

7.6.2 人工砂混凝土底模拆除时，其强度应符合设计要求；当设计无要求时，强度应符合表 7.6.2 的规定。

表 7.6.2 底模拆除时混凝土强度

结构类型	结构尺度（m）	达到混凝土设计强度的百分比（%）
板	≤2	≥50
	>2，≤8	≥75
	>8	≥100
梁、拱、壳	≤8	≥75
	>8	≥100
悬臂构件	—	≥100

7.6.3 人工砂混凝土拆模后，其强度未达到设计强度的 75%时，应避免与流动水接触。

7.6.4 当遇大风或气温急剧变化时，不宜拆模。

7.7 混凝土养护

7.7.1 人工砂混凝土的养护应按现行国家标准《混凝土质量控制标准》GB 50164 和《混凝土结构工程施工规范》GB 50666 的相关规定执行。

7.7.2 人工砂混凝土养护时间应符合下列规定：

1 对于采用硅酸盐水泥、普通硅酸盐水泥或矿渣硅酸盐水泥配制的混凝土，采取洒水和潮湿覆盖的养护时间不得少于 7d；

2 对于采用粉煤灰硅酸盐水泥、火山灰质硅酸盐水泥和复合硅酸盐水泥配制的混凝土，或掺加缓凝剂的混凝土，以及大掺量矿物掺合料混凝土，采取浇水和潮湿覆盖的养护时间不得少于 14d；

3 对于竖向混凝土结构，养护时间宜适当延长。

7.7.3 人工砂混凝土构件或制品养护应符合下列规定：

1 采用蒸汽养护或湿热养护时，养护时间和养护制度应满足混凝土及其制品性能的要求。

2 采用蒸汽养护时，应分为静停、升温、恒温和降温四个阶段。混凝土成型后的静停时间不宜少于 2h，升温速度不宜超过 25℃/h，降温速度不宜超过 20℃/h，最高温度和恒温温度均不宜超过 65℃；混凝土构件或制品在出池或撤除养护措施前，应进行温度测量，且构件出池或撤除养护措施时，表面与外界温差不得大于 20℃。

3 采用潮湿自然养护时，应符合本规程第 7.7.2 条的规定。

7.7.4 大体积混凝土养护过程中应进行温度控制，混凝土内部和表面的温差不宜超过 25℃，表面与外界温差不宜大于 20℃；保温层拆除时，混凝土表面与环境最大温差不宜大于 20℃。

7.7.5 冬期施工的人工砂混凝土，日均气温低于 5℃时，不得采取浇水自然养护方法。撤除养护措施时，混凝土强度应至少达到设计强度等级的 50%。

7.7.6 掺用膨胀剂的人工砂混凝土，应采取保湿养护，养护龄期不应小于 14d。冬期施工时，对于墙体，带模养护不应小于 7d。

7.7.7 人工砂混凝土养护用水应符合现行行业标准《混凝土用水标准》JGJ 63 的规定。

8 质量检验及验收

8.1 原材料质量检验

8.1.1 人工砂混凝土原材料进场时，应按规定批次验收型式检验报告、出厂检验报告或合格证等质量证明文件，外加剂产品还应具有使用说明书。

8.1.2 原材料进场后，应进行进场检验，且在混凝土生产过程中，宜对混凝土原材料进行随机抽检。

8.1.3 原材料进场检验和生产中抽检的项目应符合下列规定：

1 人工砂应对颗粒级配、细度模数、压碎指标、泥块含量、石粉含量、亚甲蓝试验和吸水率进行检验；对于有抗渗、抗冻要求的混凝土，还应检验其坚固性；对于有预防混凝土碱骨料反应要求的混凝土，还应进行碱活性试验。

2 水泥应对胶砂强度、凝结时间、安定性、氧化镁、氯离子含量和烧失量进行检验；对于有预防混凝土碱骨料反应要求的混凝土，还应检验其碱含量；当用于大体积混凝土时，还应检验其水化热。

3 粗骨料应对颗粒级配、含泥量、泥块含量、针片状颗粒含量、压碎值指标和坚固性进行检验；当用于高强度混凝土，还应检验其母岩抗压强度；对于有预防混凝土碱骨料反应要求的混凝土，还应进行碱活性试验。

4 矿物掺合料应检验下列项目：

1）粉煤灰应检验细度、需水量比、烧失量和三氧化硫含量，C 类粉煤灰还应包括游离氧化钙含量和安定性；

2）粒化高炉矿渣粉应检验比表面积、三氧化硫含量、活性指数和流动度比；

3）钢渣粉应检验比表面积、活性指数、流动度比、游离氧化钙含量、三氧化硫含量、氧化镁含量和安定性；

4）磷渣粉应检验比表面积、活性指数、流动度比、三氧化硫含量、五氧化二磷含量和安定性；

5）硅灰应检验比表面积、二氧化硅含量和活性指数；

6）矿物掺合料均应进行放射性检验。

5 外加剂应对 pH、氯离子含量、碱含量、减水率、凝结时间差和抗压强度比进行检验；引气剂和引气减水剂还应检验其含气量；防冻剂还应检验其含气量和50次冻融强度损失率比；膨胀剂还应检验其凝结时间、限制膨胀率和抗压强度。

6 拌合用水应对pH、不溶物含量、可溶物含量、硫酸根离子含量、氯离子含量、凝结时间差和抗压强度比进行检验；对于有预防混凝土碱骨料反应要求的混凝土，还应检验其碱含量。

7 当工程设计有其他要求时，原材料还应增加相应检验项目。

8.1.4 原材料的检验规则应符合下列规定：

1 人工砂应以400m^3或600t为一个检验批；不足一个检验批时，应按一检验批计；

2 对于同一生产厂家、同一强度等级、同一品种、同一批号且连续进场的水泥，袋装水泥应以200t为一个检验批，散装水泥应以500t为一检验批；不足一个检验批时，也应按一检验批计；

3 粗骨料应以400m^3或600t为一个检验批；不足一个检验批时，也应按一检验批计；

4 粉煤灰、粒化高炉矿渣粉、钢渣粉和磷渣粉等矿物掺合料应按200t为一个检验批，硅灰应按每30t为一检验批；不足一个检验批时，也应按一检验批计；

5 外加剂应按每50t为一检验批；不足一个检验批时，也应按一检验批计；

6 拌合用水应按同一水源不少于一个检验批；

7 当原材料来源稳定且连续三次检验合格时，可将检验批量扩大一倍。

8.1.5 原材料的取样应符合下列规定：

1 人工砂的取样应按现行行业标准《普通混凝土用砂、石质量及检验方法标准》JGJ 52的规定执行；

2 其他原材料的取样应按国家现行有关标准执行。

8.1.6 人工砂及其他原材料的质量应符合本规程第4章的规定。

8.2 混凝土拌合物性能检验

8.2.1 人工砂混凝土原材料计量系统应经检定合格后才可使用，且混凝土生产单位每月应自检一次。原材料计量偏差应每班检查1次，原材料计量偏差应符合本规程第7.2.2条的规定。

8.2.2 在生产和施工过程中，应对人工砂混凝土拌合物进行抽样检验，流动性、黏聚性和保水性应在搅拌地点和浇筑地点分别取样检验。

8.2.3 对于人工砂混凝土拌合物的流动性、黏聚性和保水性项目，每工作班应至少检验2次。

8.2.4 人工砂混凝土拌合物性能应符合本规程第5.1节的规定。

8.3 硬化混凝土性能检验

8.3.1 人工砂混凝土强度的检验评定应符合现行国家标准《混凝土强度检验评定标准》GB/T 50107的规定。

8.3.2 人工砂混凝土长期性能和耐久性能的检验评定应符合现行行业标准《混凝土耐久性检验评定标准》JGJ/T 193的规定。

8.3.3 人工砂混凝土的力学性能、长期性能和耐久性能应分别符合本规程第5.2节和第5.3节的规定。

8.4 混凝土工程验收

8.4.1 人工砂混凝土工程施工质量验收应符合现行国家标准《混凝土结构工程施工质量验收规范》GB 50204的规定。

8.4.2 人工砂混凝土工程验收时，应符合本规程对混凝土长期性能和耐久性能的规定。

本规程用词说明

1 为便于在执行本规程条文时区别对待，对要求严格程度不同的用词说明如下：

1）表示很严格，非这样做不可的：
正面词采用“必须”，反面词采用“严禁”；

2）表示严格，在正常情况下均应这样做的：
正面词采用“应”，反面词采用“不应”或“不得”；

3）表示允许稍有选择，在条件许可时首先应这样做的：
正面词采用“宜”，反面词采用“不宜”；

4）表示有选择，在一定条件下可以这样做的，采用“可”。

2 条文中指明应按其他有关标准执行的写法为：“应符合……的规定”或“应按……执行”。

引用标准名录

1 《混凝土结构设计规范》GB 50010

2 《普通混凝土拌合物性能试验方法标准》GB/T 50080

3 《普通混凝土力学性能试验方法标准》GB/T 50081

4 《普通混凝土长期性能和耐久性能试验方法标准》GB/T 50082

5 《混凝土强度检验评定标准》GB/T 50107

6 《混凝土外加剂应用技术规范》GB 50119

7 《混凝土质量控制标准》GB 50164

8 《混凝土结构工程施工质量验收规范》GB 50204

9 《混凝土结构耐久性设计规范》GB/T 50476

10 《大体积混凝土施工规范》GB 50496

11 《混凝土结构工程施工规范》GB 50666

12 《通用硅酸盐水泥》GB 175

13 《用于水泥和混凝土中的粉煤灰》GB/T 1596

14 《建筑材料放射性核素限量》GB 6566

15 《混凝土外加剂》GB 8076

16 《混凝土搅拌机》GB/T 9142

17 《预拌混凝土》GB/T 14902

18 《用于水泥和混凝土中的粒化高炉矿渣粉》GB/T 18046

19 《高强高性能混凝土用矿物外加剂》GB/T 18736

20 《用于水泥和混凝土中的钢渣粉》GB/T 20491

21 《混凝土膨胀剂》GB 23439

22 《混凝土泵送施工技术规程》JGJ/T 10

23 《普通混凝土用砂、石质量及检验方法标准》JGJ 52

24 《普通混凝土配合比设计规程》JGJ 55

25 《混凝土用水标准》JGJ 63

26 《混凝土耐久性检验评定标准》JGJ/T 193

27 《水运工程混凝土试验规程》JTJ 270

28 《水工混凝土掺用磷渣粉技术规范》DL/T 5387

29 《混凝土防冻剂》JC 475

中华人民共和国行业标准

人工砂混凝土应用技术规程

JGJ/T 241—2011

条 文 说 明

制 定 说 明

《人工砂混凝土应用技术规程》JGJ/T 241－2011，经住房和城乡建设部2011年4月22日以第995号公告批准、发布。

本规程制定过程中，编制组进行了人工砂混凝土应用情况的调查研究，总结了人工砂生产和应用经验，同时参考了国内外技术法规、技术标准，并经过试验研究，取得了制定本规程所必要的重要技术参数。

为便于广大设计、施工、科研、学校等单位有关人员在使用本规程时能正确理解和执行条文规定，《人工砂混凝土应用技术规程》编制组按章、节、条顺序编制了本规程的条文说明，对条文规定的目的、依据以及执行中需注意的有关事项进行了说明。但是，本条文说明不具备与规程正文同等的法律效力，仅供使用者作为理解和把握规程规定的参考。

目　次

1 总　则

1.0.1 近年来人工砂在混凝土工程中的应用越来越普遍，但尚无专门的人工砂混凝土应用技术的国家或行业标准，鉴于人工砂的技术性能与天然砂有较大差异，若沿用现有的相关技术标准来指导人工砂混凝土应用则欠准确。制定本规程的目的是规范人工砂混凝土在建设工程中的应用，保证工程质量。

1.0.2 本条主要是明确人工砂混凝土应用中进行质量控制的主要环节。

1.0.3 本条规定了本规程与其他标准、规范的关系。本规程难以对所有人工砂混凝土的应用情况作出规定，在实际应用中，本规程作出规定的，按本规程执行，未作出规定的，按现行相关标准执行。

2 术　语

2.0.1～2.0.3 本条列出的术语与国家现行标准《建筑用砂》GB/T 14684 和《普通混凝土用砂、石质量及检验方法标准》JGJ 52 一致。

2.0.4 本条主要参考美国材料与试验协会标准《细骨料的密度、表观密度和吸水率标准试验方法》ASTM C128-01 中对吸水率的定义，即指以烘干质量为基准的饱和面干吸水率。该参数可用于人工砂的配合比计算。

2.0.5 本条列出的术语与现行行业标准《普通混凝土用砂、石质量及检验方法标准》JGJ 52-2006 一致。

2.0.6 编制组根据对重庆、四川、贵州、云南、江苏、北京、湖南和福建等省市人工砂级配的调查统计，满足《普通混凝土用砂、石质量及检验方法标准》JGJ 52-2006 中Ⅰ区级配要求的占样本的 13.9%，满足Ⅱ区级配要求的仅占 1.5%，其中，公称粒径 2.5mm 的累计筛余基本上不符合现行行业标准规定的级配要求。因此，可掺用部分天然砂进行调配，以保证人工砂混凝土质量；无论天然砂掺加比例多少，都视为人工砂混凝土。

3 基本规定

3.0.1 为提高人工砂混凝土拌合物的匀质性，保证混凝土质量，生产人工砂混凝土时应采用机械式强制搅拌措施。

3.0.2 本条规定了人工砂混凝土的力学性能和耐久性能的设计依据。

3.0.3 人体放射医学研究表明，人体遭受过量辐射会损伤人的身体健康，导致癌症。为保障建筑环境辐射安全，应对用于建筑工程的人工砂混凝土放射性作出规定，并按现行国家标准《建筑材料放射性核素限量》GB 6566 的规定严格控制。

3.0.4 碳硫硅钙石型硫酸盐腐蚀（TSA）是一种危害极大的新型硫酸盐腐蚀类型。国内外研究成果表明，石灰岩质人工砂混凝土在 15℃以下的低温硫酸盐侵蚀环境中，会发生碳硫硅钙石型硫酸盐腐蚀。本条参考英国混凝土标准《第 1 部分：混凝土分类指南》、《第 2 部分：混凝土拌合料的方法》、《第 3 部分：混凝土生产和运输中所用方法标准》、《第 4 部分：混凝土取样、试验和合格评定所用方法规范》BS5328：Concrete 和英国标准《混凝土（规范、性能、产生及符合性）》BSEN206-1 Concrete 的相关技术要求，规定了石灰岩质人工砂混凝土用于可能发生 TSA 环境时，应进行专项试验论证，并采取必要的技术措施，以保证混凝土工程的耐久性。

4 原材料

4.1 细骨料

4.1.1 人工砂技术要求如下：

1 人工砂细度模数 μ_f 分级与现行行业标准《普通混凝土用砂、石质量及检验方法标准》JGJ 52 基本一致；考虑生产效率和生产能耗，人工砂不宜包括特细砂。

2、3 人工砂颗粒级配和石粉含量的技术要求与现行行业标准《普通混凝土用砂、石质量及检验方法标准》JGJ 52 一致。本条的筛孔尺寸即是方孔筛筛孔边长尺寸。

4 鉴于母岩的强度和质量直接影响骨料的性能，进而影响混凝土的物理力学性能、长期性能和耐久性能，本规程规定了生产人工砂的母岩种类和强度，技术要求主要参考了现行行业标准《普通混凝土用砂、石质量及检验方法标准》JGJ 52 和武汉理工大学编写的《机制砂在混凝土中应用技术指南》的规定和分类。

5 控制人工砂吸水率，是控制混凝土水胶比和拌合物工作性能的主要措施之一，同时也是拌合预冷混凝土时确定加冰量的要求。其指标是根据《水工混凝土施工规范》DL/T 5144 中的相关规定和编制组验证试验结果确定，部分验证试验结果见表 1。

表 1　试模法人工砂吸水率试验结果

机制砂石粉含量（%）		3	7	15	20
饱和面干吸水率（%）	石灰石质	1.60	1.58	2.06	2.16
	卵石质	1.54	1.55	1.87	2.01

6、7 人工砂的其他性能要求与现行行业标准

《普通混凝土用砂、石质量及检验方法标准》JGJ 52 一致。

4.1.3 为保证人工砂的质量稳定和保护环境，应采取相应措施，避免人工砂吸入大量水分、混入杂物、产生扬尘。

4.1.4 本条规定了当人工砂与天然砂混合使用时，天然砂质量的控制标准。

4.2 水泥

4.2.2 水泥的使用温度直接影响混凝土拌合物的温度，并影响混凝土的工作性能和体积稳定性。《水工混凝土施工规范》DL/T 5144中规定，散装水泥入罐温度限定为不宜高于60℃。当工程进度需要而水泥供不应求时，水泥的入罐温度允许放宽到70℃。

4.3 粗骨料

4.3.2 由于直接破碎的碎石和卵石一般均不能完全满足连续级配的要求，为保证粗骨料为连续级配，应采用两级配或多级配组合的方式进行调整。

4.3.3 本条按《混凝土结构工程施工质量验收规范》GB 50204、《混凝土质量控制标准》GB 50164 和《混凝土泵送施工技术规程》JGJ/T 10 的规定执行。

4.4 矿物掺合料

4.4.1～4.4.3 各种矿物掺合料的特性和在混凝土中的功效不同，其控制指标在已有国家现行标准中的相关规定不统一，因此，在使用矿物掺合料时，必须按照国家现行标准的规定和设计要求并经检验合格后方可使用。目前，《矿物掺合料应用技术规范》正在编制，当该规范正式发布实施后，矿物掺合料的使用可以按照该规范执行。

4.4.4 各种矿物掺合料的特性和在混凝土中的功效不同，使之在混凝土中的掺用方法和掺量不同，因此不允许混杂储存。

4.5 外加剂

4.5.1、4.5.2 混凝土外加剂包括减水剂、膨胀剂、防冻剂、速凝剂和防水剂等，其品质除应符合《混凝土外加剂》GB 8076、《混凝土膨胀剂》GB 23439、《混凝土防冻剂》JC 475 外，还需满足《混凝土外加剂应用技术规范》GB 50119 的规定，并应按相应标准检验合格后方可使用。

4.6 拌合用水

4.6.1、4.6.2 人工砂混凝土拌合用水的技术要求和试验方法应符合现行行业标准《混凝土用水标准》JGJ 63 的规定。当工程设计有其他要求时，应按国家现行相关标准执行。

5 人工砂混凝土性能

5.1 拌合物技术要求

5.1.1 人工砂混凝土拌合物工作性能的好坏是决定混凝土质量的重要因素之一，因此，在配制人工砂混凝土时应主要调整拌合物的黏聚性、保水性和流动性，使之不离析、不泌水。

5.1.2 当采用人工砂配制泵送混凝土时，人工砂中泥粉含量的多少对混凝土的坍落度损失有较大影响，此外，用于制备人工砂的母岩种类也对混凝土流动性能的变化影响较大，因此，加强对混凝土坍落度经时损失的控制十分重要。实践表明，一般情况下应将坍落度经时损失控制在 30mm/h 内。

5.1.4 由于人工砂混凝土早期失水速率较快、收缩变形大而易产生微裂缝，因此，为保证人工砂混凝土的质量，提高混凝土耐久性，控制人工砂混凝土拌合物早期抗裂性能是较为重要的。

5.1.5 本条主要按照现行国家标准《混凝土结构设计规范》GB 50010、《预拌混凝土》GB/T 14902 和《混凝土结构耐久性设计规范》GB/T 50476 对不同环境下混凝土中氯离子最大含量作出相关规定；同时，也明确了人工砂混凝土中水溶性氯离子最大含量的测定方法可按《水运工程混凝土试验规程》JTJ 270 的规定进行，也可以根据试验条件采取化学滴定法测试以及其他精度更高的快速测定方法。我国台湾地区的标准《新拌混凝土中水溶性氯离子含量试验法》CNS 13465 可以作为参考，但应将其测定结果（kg/m^3）换算为胶凝材料的质量百分比。

5.2 力学性能

5.2.1 近年来，随着混凝土结构工程特点的变化，工程中使用的混凝土强度等级不断提高，且使用量逐年增加，因此，参考了《混凝土质量控制标准》GB 50164 的规定，人工砂混凝土强度等级的可划分为 C10～C100，并应按现行国家标准《混凝土强度检验评定标准》GB/T 50107 进行评定。

5.2.2 明确了现行国家标准《混凝土结构设计规范》GB 50010、《混凝土强度检验评定标准》GB/T 50107 和《普通混凝土力学性能试验方法标准》GB/T 50081 等规范有关混凝土力学性能的规定同样适用于人工砂混凝土。

5.3 长期性能和耐久性能

5.3.1 本条明确了人工砂混凝土长期性能的参数，同时也强调现行国家标准《普通混凝土长期性能和耐久性能试验方法标准》GB/T 50082 等规范同样适用于人工砂混凝土。

5.3.2 本条明确了人工砂混凝土耐久性能的参数，同时也强调现行国家标准《混凝土质量控制标准》GB 50164、《普通混凝土长期性能和耐久性能试验方法标准》GB/T 50082 等规范有关混凝土耐久性能的规定同样适用于人工砂混凝土。

6 配合比设计

6.1 一般规定

6.1.1、6.1.2 遵循低水泥用量、低用水量的混凝土配合比设计原则，是保证混凝土质量和经济适用的重要技术措施，这也是现行国家标准《混凝土结构耐久性设计规范》GB/T 50476 中对混凝土的要求。编制组对人工砂混凝土早期抗裂和收缩性能的试验证明，人工砂混凝土早期失水速率较快、收缩变形大而易产生微裂缝，因此，其配合比设计应优选早期抗裂性能好且收缩小的人工砂混凝土配合比。

6.1.3 配制人工砂混凝土时宜优先选用颗粒级配在Ⅱ区范围的人工砂，以便在保证人工砂混凝土质量的前提下，尽可能减少人工砂的生产能耗。

6.1.5 通常，外加剂与水泥混凝土体系存在适应性问题，其中外加剂与胶凝材料、人工砂中石粉和粉泥含量的适应性问题最为突出，因此，在配制掺外加剂的人工砂混凝土时，应进行混凝土拌合物坍落度经时损失试验，确认满足施工要求后方可使用。

6.1.6 用于泵送施工的混凝土配合比设计，在《普通混凝土配合比设计规程》JGJ 55 和《混凝土泵送施工技术规程》JGJ/T 10 中均作了相应规定，鉴于人工砂具有表面粗糙、棱角多、石粉含量大等技术特点，因此，用于泵送施工的人工砂混凝土配合比确定，应根据混凝土原材料、混凝土运输距离、混凝土泵与输送管径、泵送距离、环境气温、混凝土浇筑部位结构特点等具体施工条件进行设计和试配，必要时，应通过试泵确定配合比。

6.2 配合比计算与确定

6.2.2 在配制相同强度等级的人工砂混凝土时，胶凝材料的最大用量限值与现行行业标准《普通混凝土配合比设计规程》JGJ 55 的规定一致；但与天然砂相比，人工砂比表面积较大，在混凝土达到相同工作性能时，人工砂混凝土的胶凝材料用量应较多，因此，建议人工砂混凝土的胶凝材料最低用量比《普通混凝土配合比设计规程》JGJ 55 中规定的胶凝材料最低限量提高 20kg/m^{3}左右。

6.2.3 与天然砂相比，人工砂的表面粗糙、比表面积大，在砂率和其他条件相同的情况下，人工砂混凝土的流动性较小。因此，为保证人工砂混凝土的工作性，应适当提高其砂率，并经试验后确定配合比。

6.2.4 已有研究结果及编制组的试验结果均表明当 *MB* 值在 1.4 以上（不合格）时，泥在石粉中的比例约在 30%以上，由于混凝土中泥含量的大小是影响混凝土性能尤其是混凝土耐久性的重要因素之一，因此，为了保证人工砂混凝土的耐久性，延长人工砂混凝土工程的寿命，应控制人工砂中泥的含量。

6.2.5 编制组根据对重庆、四川、贵州、云南、江苏、北京、湖南和福建等省市人工砂级配的调研表明，目前国内的人工砂颗粒级配较差，因此，为保证人工砂混凝土质量，可采用天然砂与人工砂混合使用，其质量比例应根据砂颗粒级配的要求合理调整。实践表明：当天然砂为特细砂和细砂时，人工砂与天然砂的质量比宜在 1∶1～4∶1 之间。

6.2.6 掺加粉煤灰的人工砂混凝土配合比设计，应按照《普通混凝土配合比设计规程》JGJ 55 和《粉煤灰在混凝土和砂浆中应用技术规程》JGJ 28 的规定执行，掺加其他矿物掺合料的人工砂混凝土配合比设计，可按照《普通混凝土配合比设计规程》JGJ 55 的规定执行。

目前我国使用的矿物掺合料种类较多，但对其掺用限量均无明确的标准规定，鉴于掺合料在人工砂混凝土中的应用已较为普遍，且实践证明，使用矿物掺合料可提高混凝土的综合技术经济性能。为促进掺合料在人工砂混凝土中的应用，保证人工砂混凝土的质量，在参考有关技术标准、国内外文献报道和试验研究的基础上，将几种常用矿物掺合料在人工砂混凝土中掺量限值列入表 2 中，供使用者参考。

表 2 矿物掺合料的设计参数

矿物掺合料种类	水胶比或强度等级	取代水泥率（%）	超量系数	占胶凝材料的百分率（%）
粉煤灰	≤0.40	≤20	1.0～2.0	≤50
	>0.40			≤30
粒化高炉矿渣粉	≤0.40	≤50	1.0～1.5	≤60
	>0.40			≤55
钢渣粉	≤0.40	≤20	1.0～2.0	≤50
	>0.40			≤30
硅灰	C50 以上	≤10	1.0	≤10
磷渣粉	≤0.40	≤20	1.0～2.0	≤30
	>0.40			

注：表中水泥指普通硅酸盐水泥；当采用P·Ⅰ和P·Ⅱ硅酸盐水泥配制人工砂混凝土时，掺合料的掺量和限量可适当增加，并经试验确定。

6.2.7 在确认外加剂与人工砂混凝土体系适应性良好的基础上，外加剂的品种和掺量应根据工程设计和施工要求，按《混凝土外加剂应用技术规范》GB 50119 的规定，经试验及技术经济比较后确定。

7 施 工

7.1 一般规定

7.1.1 本条强调了人工砂混凝土施工前应制定详细、周密的施工技术方案，以保证混凝土施工质量。

7.2 原材料计量

7.2.1 本条规定了人工砂混凝土原材料计量的质量控制依据。

7.2.2 电子计量系统能更精确称量原材料，是控制混凝土质量的基本前提。每盘原材料计量的允许偏差依据《混凝土质量控制标准》GB 50164 的相关规定。

7.3 混凝土搅拌

7.3.1 本条规定了人工砂混凝土拌合物搅拌质量的控制依据。

7.3.2 本规程规定了人工砂混凝土应采用强制式搅拌机生产，所以搅拌机应符合相关国家现行标准的规定。

7.3.3 鉴于人工砂颗粒表面粗糙、多棱角，颗粒级配波动较大，其混凝土的黏稠度较大，在天然砂混凝土搅拌时间基础上适当延长搅拌时间可以提高人工砂混凝土拌合物的均匀性。

7.4 拌合物运输

7.4.1 本条规定了人工砂混凝土拌合物运输过程中的质量控制依据。

7.4.2 本条规定了人工砂混凝土泵送施工过程质量控制依据。

7.4.3 人工砂的颗粒级配波动较大，运输过程中的颠簸等容易加剧人工砂混凝土拌合物的离析与分层，所以本条规定应采取措施，确保混凝土运输至浇筑现场时不得出现离析或分层现象。

7.4.4 本规定与现行国家标准《混凝土结构工程施工规范》GB 50666 一致，强调坍落度损失过大时的正确处理方法。

7.5 混凝土浇筑

7.5.1 本条规定了人工砂混凝土施工过程中，拌合物浇筑成型过程应遵循的技术依据。

7.5.3 机械振捣更容易使混凝土密实，从而保证混凝土硬化后质量。应根据混凝土拌合物性能、浇筑高度、钢筋密度等确定适宜的振捣时间。振捣时间不足混凝土难以充分密实，过振容易导致混凝土分层离析。

7.5.4、7.5.5 本条依据《混凝土质量控制标准》GB 50164 的相关规定。

7.5.6 试验证明，人工砂混凝土拌合物的水分蒸发速率比天然砂的大，人工砂混凝土拌合物在大风环境下的水分蒸发更快，不利于水泥水化和强度发展，同时可能导致混凝土干缩大，引起混凝土开裂。故人工砂混凝土拌合物在大风条件下浇筑时，宜采取适当挡风措施。本条对风速的限定主要参考《普通混凝土长期性能和耐久性能试验方法标准》GB/T 50082 中早期抗裂试验的要求。

7.5.12 鉴于人工砂混凝土的早期塑性收缩较大，在终凝以前采用抹面机械或人工多次抹压可保证混凝土质量。抹压后应及时采取保湿措施，避免出现早期干缩裂缝。

7.6 拆 模

7.6.1 侧模拆除时，混凝土结构表面、棱角以及内部结构应不被损伤。

7.6.2 本条按《混凝土结构工程施工质量验收规范》GB 50204 的相关规定执行。底模拆除时的混凝土强度应参照同条件养护试件的强度。

7.6.4 本条规定主要是为避免因风速和温度变化较大造成的混凝土温度应力过大而危害混凝土结构。

7.7 混凝土养护

7.7.1 本条规定了人工砂混凝土养护过程中的质量控制依据。

8 质量检验及验收

8.1 原材料质量检验

8.1.2 本条规定了人工砂混凝土原材料的进场要求。

8.1.3 本条规定了人工砂混凝土原材料的检验项目。

8.1.4 本条规定了人工砂混凝土原材料的检验规则。

8.1.5 本条规定了人工砂混凝土原材料的取样方法。

8.1.6 本条规定了人工砂及其他原材料应符合的质量要求。

8.2 混凝土拌合物性能检验

8.2.1 本条规定了人工砂混凝土原材料的计量仪器的检查频次和计量偏差，以确保计量的精准性。

8.2.2 本条规定了人工砂混凝土拌合物的检验项目及其检验地点。

8.2.3 本条规定了人工砂混凝土拌合物的检验频次。

8.2.4 本条规定了人工砂混凝土拌合物性能应符合的质量要求。

8.3 硬化混凝土性能检验

8.3.1 本条规定了人工砂混凝土强度检验评定依据。

8.3.2 本条规定了人工砂混凝土长期性能和耐久性能的检验评定依据。

8.3.3 本条规定了人工砂混凝土的力学性能、长期性能和耐久性能应符合的质量要求。

8.4 混凝土工程验收

8.4.1、**8.4.2** 本条规定了人工砂混凝土的工程质量验收依据。

中华人民共和国行业标准

住宅建筑电气设计规范

Code for electrical design of residential buildings

JGJ 242—2011

批准部门：中华人民共和国住房和城乡建设部

施行日期：2 0 1 2 年 4 月 1 日

中华人民共和国住房和城乡建设部
公　告

第 1001 号

关于发布行业标准《住宅建筑电气设计规范》的公告

现批准《住宅建筑电气设计规范》为行业标准，编号为 JGJ 242-2011，自 2012 年 4 月 1 日起实施。其中，第 4.3.2、8.4.3、10.1.1、10.1.2 条为强制性条文，必须严格执行。

本规范由我部标准定额研究所组织中国建筑工业出版社出版发行。

中华人民共和国住房和城乡建设部

2011 年 5 月 3 日

前　言

根据原建设部《关于印发〈2007 年工程建设标准规范制订、修订计划（第一批）〉的通知》（建标[2007] 125 号）的要求，规范编制组经广泛调查研究，认真总结实践经验，参考有关国内外标准，并在广泛征求意见的基础上，编制本规范。

本规范的主要技术内容是：1. 总则；2. 术语；3. 供配电系统；4. 配变电所；5. 自备电源；6. 低压配电；7. 配电线路布线系统；8. 常用设备电气装置；9. 电气照明；10. 防雷与接地；11. 信息设施系统；12. 信息化应用系统；13. 建筑设备管理系统；14. 公共安全系统；15. 机房工程。

本规范中以黑体字标志的条文为强制性条文，必须严格执行。

本规范由住房和城乡建设部负责管理和对强制性条文的解释，由中国建筑标准设计研究院负责具体技术内容的解释。执行过程中如有意见或建议，请寄送中国建筑标准设计研究院（地址：北京市海淀区首体南路 9 号主语国际 2 号楼，邮编：100048）。

本规范主编单位：中国建筑标准设计研究院

本规范参编单位：中国建筑设计研究院
北京市建筑设计研究院
上海现代设计集团华东建筑设计研究院有限公司
上海现代设计集团上海建筑设计研究院有限公司
中国建筑东北设计研究院有限公司
中国建筑西北设计研究院有限公司
中国建筑西南设计研究院有限公司
中南建筑设计院股份有限公司
新疆建筑设计研究院
广东省建筑设计研究院
广西华蓝设计（集团）有限公司
合肥工业大学建筑设计研究院
施耐德（中国）有限公司

本规范主要起草人员：孙　兰　李雪佩　李立晓
黄祖凯　张文才　李逢元
王金元　杨德才　杜毅威
邵民杰　陈众励　熊　江
丁新亚　林洪思　粟卫权
万　力

本规范主要审查人员：孙成群　丁　杰　张　宜
陈汉民　李长海　王东林
汪　军　周名嘉　冯志文
徐　华　李炳华　钟景华

目次

Contents

1 总　则

1.0.1 为统一住宅建筑电气设计，全面贯彻执行国家的节能环保政策，做到安全可靠、经济合理、技术先进、整体美观、维护管理方便，制定本规范。

1.0.2 本规范适用于城镇新建、改建和扩建的住宅建筑的电气设计，不适用于住宅建筑附设的防空地下室工程的电气设计。

1.0.3 住宅建筑电气设计应与工程特点、规模和发展规划相适应，并应采用经实践证明行之有效的新技术、新设备、新材料。

1.0.4 住宅建筑电气设备应采用符合国家现行有关标准的高效节能、环保、安全、性能先进的电气产品，严禁使用已被国家淘汰的产品。

1.0.5 住宅建筑电气设计除应符合本规范外，尚应符合国家现行有关标准的规定。

2 术　语

2.0.1 住宅单元　residential building unit

由多套住宅组成的建筑部分，该部分内的住户可通过共用楼梯和安全出口进行疏散。

2.0.2 套（户）型　dwelling unit

按不同使用面积、居住空间和厨卫组成的成套住宅单位。

2.0.3 家居配电箱　house electrical distributor

住宅套（户）内供电电源进线及终端配电的设备箱。

2.0.4 家居配线箱　(HD) house tele-distributor

住宅套（户）内数据、语音、图像等信息传输线缆的接入及匹配的设备箱。

2.0.5 家居控制器　(HC) house controller

住宅套（户）内各种数据采集、控制、管理及通信的控制器。

2.0.6 家居管理系统　(HMS) house management system

将住宅建筑（小区）各个智能化子系统的信息集成在一个网络与软件平台上进行统一的分析和处理，并保存于住宅建筑（小区）管理中心数据库，实现信息资源共享的综合系统。

3 供配电系统

3.1 一般规定

3.1.1 供配电系统应按住宅建筑的负荷性质、用电容量、发展规划以及当地供电条件合理设计。

3.1.2 应急电源与正常电源之间必须采取防止并列运行的措施。

3.1.3 住宅建筑的高压供电系统宜采用环网方式，并应满足当地供电部门的规定。

3.1.4 供配电系统设计应符合国家现行标准《供配电系统设计规范》GB 50052 和《民用建筑电气设计规范》JGJ 16 的有关规定。

3.2 负荷分级

3.2.1 住宅建筑中主要用电负荷的分级应符合表3.2.1的规定，其他未列入表3.2.1中的住宅建筑用电负荷的等级宜为三级。

表 3.2.1　住宅建筑主要用电负荷的分级

建筑规模	主要用电负荷名称	负荷等级
建筑高度为100m或35层及以上的住宅建筑	消防用电负荷、应急照明、航空障碍照明、走道照明、值班照明、安防系统、电子信息设备机房、客梯、排污泵、生活水泵	一级
建筑高度为50m～100m且19层～34层的一类高层住宅建筑	消防用电负荷、应急照明、航空障碍照明、走道照明、值班照明、安防系统、客梯、排污泵、生活水泵	
10层～18层的二类高层住宅建筑	消防用电负荷、应急照明、走道照明、值班照明、安防系统、客梯、排污泵、生活水泵	二级

3.2.2 严寒和寒冷地区住宅建筑采用集中供暖系统时，热交换系统的用电负荷等级不宜低于二级。

3.2.3 建筑高度为100m或35层及以上住宅建筑的消防用电负荷、应急照明、航空障碍照明、生活水泵宜设自备电源供电。

3.3 电能计量

3.3.1 每套住宅的用电负荷和电能表的选择不宜低于表3.3.1的规定：

表 3.3.1　每套住宅用电负荷和电能表的选择

套型	建筑面积 S (m^2)	用电负荷 (kW)	电能表（单相）(A)
A	$S \leqslant 60$	3	5（20）
B	$60 < S \leqslant 90$	4	10（40）
C	$90 < S \leqslant 150$	6	10（40）

3.3.2 当每套住宅建筑面积大于150m^2时，超出的建筑面积可按40W/m^2～50W/m^2计算用电负荷。

3.3.3 每套住宅用电负荷不超过12kW时，应采用单相电源进户，每套住宅应至少配置一块单相电能表。

3.3.4 每套住宅用电负荷超过12kW时，宜采用三相电源进户，电能表应能按相序计量。

3.3.5 当住宅套内有三相用电设备时，三相用电设备应配置三相电能表计量；套内单相用电设备应按本规范第3.3.3条和第3.3.4条的规定进行电能计量。

3.3.6 电能表的安装位置除应符合下列规定外，还应符合当地供电部门的规定：

1 电能表宜安装在住宅套外；

2 对于低层住宅和多层住宅，电能表宜按住宅单元集中安装；

3 对于中高层住宅和高层住宅，电能表宜按楼层集中安装；

4 电能表箱安装在公共场所时，暗装箱底距地宜为1.5m，明装箱底距地宜为1.8m；安装在电气竖井内的电能表箱宜明装，箱的上沿距地不宜高于2.0m。

3.4 负荷计算

3.4.1 对于住宅建筑的负荷计算，方案设计阶段可采用单位指标法和单位面积负荷密度法；初步设计及施工图设计阶段，宜采用单位指标法与需要系数法相结合的算法。

3.4.2 当单相负荷的总计算容量小于计算范围内三相对称负荷总计算容量的15%时，应全部按三相对称负荷计算；当大于等于15%时，应将单相负荷换算为等效三相负荷，再与三相负荷相加。

3.4.3 住宅建筑用电负荷采用需要系数法计算时，需要系数应根据当地气候条件、采暖方式、电炊具使用等因素进行确定。

4 配变电所

4.1 一般规定

4.1.1 住宅建筑配变电所应根据其特点、用电容量、所址环境、供电条件和节约电能等因素合理确定设计方案，并应考虑发展的可能性。

4.1.2 住宅建筑配变电所设计应符合国家现行标准《10kV及以下变电所设计规范》GB 50053、《民用建筑电气设计规范》JGJ 16和当地供电部门的有关规定。

4.2 所址选择

4.2.1 单栋住宅建筑用电设备总容量为250kW以下时，宜多栋住宅建筑集中设置配变电所；单栋住宅建筑用电设备总容量在250kW及以上时，宜每栋住宅建筑设置配变电所。

4.2.2 当配变电所设在住宅建筑内时，配变电所不应设在住户的正上方、正下方、贴邻和住宅建筑疏散出口的两侧，不宜设在住宅建筑地下的最底层。

4.2.3 当配变电所设在住宅建筑外时，配变电所的外侧与住宅建筑的外墙间距，应满足防火、防噪声、防电磁辐射的要求，配变电所宜避开住户主要窗户的水平视线。

4.3 变压器选择

4.3.1 住宅建筑应选用节能型变压器。变压器的结线宜采用D，yn11，变压器的负载率不宜大于85%。

4.3.2 设置在住宅建筑内的变压器，应选择干式、气体绝缘或非可燃性液体绝缘的变压器。

4.3.3 当变压器低压侧电压为0.4kV时，配变电所中单台变压器容量不宜大于1600kVA，预装式变电站中单台变压器容量不宜大于800kVA。

5 自备电源

5.0.1 建筑高度为100m或35层及以上的住宅建筑宜设柴油发电机组。

5.0.2 设置柴油发电机组时，应满足噪声、排放标准等环保要求。

5.0.3 应急电源装置（EPS）可作为住宅建筑应急照明系统的备用电源，应急照明连续供电时间应满足国家现行有关防火标准的要求。

6 低压配电

6.1 一般规定

6.1.1 住宅建筑低压配电系统的设计应根据住宅建筑的类别、规模、供电负荷等级、电价计量分类、物业管理及可发展性等因素综合确定。

6.1.2 住宅建筑低压配电设计应符合国家现行标准《低压配电设计规范》GB 50054、《民用建筑电气设计规范》JGJ 16的有关规定。

6.2 低压配电系统

6.2.1 住宅建筑单相用电设备由三相电源供配电时，应考虑三相负荷平衡。

6.2.2 住宅建筑每个单元或楼层宜设一个带隔离功能的开关电器，且该开关电器可独立设置，也可设置在电能表箱里。

6.2.3 采用三相电源供电的住宅，套内每层或每间房的单相用电设备、电源插座宜采用同相电源供电。

6.2.4 每栋住宅建筑的照明、电力、消防及其他防灾用电负荷，应分别配电。

6.2.5 住宅建筑电源进线电缆宜地下敷设，进线处应设置电源进线箱，箱内应设置总保护开关电器。电源进线箱宜设在室内，当电源进线箱设在室外时，箱体防护等级不宜低于IP54。

6.2.6 6层及以下的住宅单元宜采用三相电源供配电，当住宅单元数为3及3的整数倍时，住宅单元可采用单相电源供配电。

6.2.7 7层及以上的住宅单元应采用三相电源供配电，当同层住户数小于9时，同层住户可采用单相电源供配电。

6.3 低压配电线路的保护

6.3.1 当住宅建筑设有防电气火灾剩余电流动作报警装置时，报警声光信号除应在配电柜上设置外，还宜将报警声光信号送至有人值守的值班室。

6.3.2 每套住宅应设置自恢复式过、欠电压保护电器。

6.4 导体及线缆选择

6.4.1 住宅建筑套内的电源线应选用铜材质导体。

6.4.2 敷设在电气竖井内的封闭母线、预制分支电缆、电缆及电源线等供电干线，可选用铜、铝或合金材质的导体。

6.4.3 高层住宅建筑中明敷的线缆应选用低烟、低毒的阻燃类线缆。

6.4.4 建筑高度为100m或35层及以上的住宅建筑，用于消防设施的供电干线应采用矿物绝缘电缆；建筑高度为50m～100m且19层～34层的一类高层住宅建筑，用于消防设施的供电干线应采用阻燃耐火线缆，宜采用矿物绝缘电缆；10层～18层的二类高层住宅建筑，用于消防设施的供电干线应采用阻燃耐火类线缆。

6.4.5 19层及以上的一类高层住宅建筑，公共疏散通道的应急照明应采用低烟无卤阻燃的线缆。10层～18层的二类高层住宅建筑，公共疏散通道的应急照明宜采用低烟无卤阻燃的线缆。

6.4.6 建筑面积小于或等于$60m^2$且为一居室的住户，进户线不应小于$6mm^2$，照明回路支线不应小于$1.5mm^2$，插座回路支线不应小于$2.5mm^2$。建筑面积大于$60m^2$的住户，进户线不应小于$10mm^2$，照明和插座回路支线不应小于$2.5mm^2$。

6.4.7 中性导体和保护导体截面的选择应符合表6.4.7的规定。

表6.4.7 中性导体和保护导体截面的选择(mm^2)

相导体的截面S	相应中性导体的截面S_N (N)	相应保护导体的最小截面S_{PE} (PE)
$S \leq 16$	$S_N = S$	$S_{PE} = S$
$16 < S \leq 35$	$S_N = S$	$S_{PE} = 16$
$S > 35$	$S_N = S$	$S_{PE} = S/2$

7 配电线路布线系统

7.1 一般规定

7.1.1 电源布线系统宜考虑电磁兼容性和对其他弱电系统的影响。

7.1.2 住宅建筑电源布线系统的设计应符合国家现行有关标准的规定。住宅建筑配电线路的直敷布线、金属线槽布线、矿物绝缘电缆布线、电缆桥架布线、封闭式母线布线的设计应符合现行行业标准《民用建筑电气设计规范》JGJ 16的规定。

7.2 导管布线

7.2.1 住宅建筑套内配电线路布线可采用金属导管或塑料导管。暗敷的金属导管管壁厚度不应小于1.5mm，暗敷的塑料导管管壁厚度不应小于2.0mm。

7.2.2 潮湿地区的住宅建筑及住宅建筑内的潮湿场所，配电线路布线宜采用管壁厚度不小于2.0mm的塑料导管或金属导管。明敷的金属导管应做防腐、防潮处理。

7.2.3 敷设在钢筋混凝土现浇楼板内的线缆保护导管最大外径不应大于楼板厚度的1/3，敷设在垫层的线缆保护导管最大外径不应大于垫层厚度的1/2。线缆保护导管暗敷时，外护层厚度不应小于15mm；消防设备线缆保护导管暗敷时，外护层厚度不应小于30mm。

7.2.4 当电源线缆导管与采暖热水管同层敷设时，电源线缆导管宜敷设在采暖热水管的下面，并不应与采暖热水管平行敷设。电源线缆与采暖热水管相交处不应有接头。

7.2.5 与卫生间无关的线缆导管不得进入和穿过卫生间。卫生间的线缆导管不应敷设在0、1区内，并不宜敷设在2区内。

7.2.6 净高小于2.5m且经常有人停留的地下室，应采用导管或线槽布线。

7.3 电缆布线

7.3.1 无铠装的电缆在住宅建筑内明敷时，水平敷设至地面的距离不宜小于2.5m；垂直敷设至地面的距离不宜小于1.8m。除明敷在电气专用房间外，当不能满足要求时，应采取防止机械损伤的措施。

7.3.2 220/380V电力电缆及控制电缆与1kV以上的电力电缆在住宅建筑内平行明敷设时，其净距不应小于150mm。

7.4 电气竖井布线

7.4.1 电气竖井宜用于住宅建筑供电电源垂直干线等的敷设，并可采取电缆直敷、导管、线槽、电缆桥架及封闭式母线等明敷设布线方式。当穿管管径不大于电气竖井壁厚的1/3时，线缆可穿导管暗敷设于电气竖井壁内。

7.4.2 当电能表箱设于电气竖井内时，电气竖井内电源线缆宜采用导管、金属线槽等封闭式布线方式。

7.4.3 电气竖井的井壁应为耐火极限不低于1h的不燃烧体。电气竖井应在每层设维护检修门，并宜加门锁或门控装置。维护检修门的耐火等级不应低于丙级，并应向公共通道开启。

7.4.4 电气竖井的面积应根据设备的数量、进出线的数量、设备安装、检修等因素确定。高层住宅建筑利用通道作为检修面积时，电气竖井的净宽度不宜小于0.8m。

7.4.5 电气竖井内竖向穿越楼板和水平穿过井壁的洞口应根据主干线缆所需的最大路由进行预留。楼板处的洞口应采用不低于楼板耐火极限的不燃烧体或防火材料作封堵，井壁的洞口应采用防火材料封堵。

7.4.6 电气竖井内应急电源和非应急电源的电气线路之间应保持不小于0.3m的距离或采取隔离措施。

7.4.7 强电和弱电线缆宜分别设置竖井。当受条件限制需合用时，强电和弱电线缆应分别布置在竖井两侧或采取隔离措施。

7.4.8 电气竖井内应设电气照明及至少一个单相三孔电源插座，电源插座距地宜为0.5m～1.0m。

7.4.9 电气竖井内应敷设接地干线和接地端子。

7.5 室外布线

7.5.1 当沿同一路径敷设的室外电缆小于或等于6根时，宜采用铠装电缆直接埋地敷设。在寒冷地区，电缆宜埋设于冻土层以下。

7.5.2 当沿同一路径敷设的室外电缆为7根～12根时，宜采用电缆排管敷设方式。

7.5.3 当沿同一路径敷设的室外电缆数量为13根～18根时，宜采用电缆沟敷设方式。

7.5.4 电缆与住宅建筑平行敷设时，电缆应埋设在住宅建筑的散水坡外。电缆进出住宅建筑时，应避开人行出入口处，所穿保护管应在住宅建筑散水坡外，且距离不应小于200mm，管口应实施阻水堵塞，并宜在距住宅建筑外墙3m～5m处设电缆井。

7.5.5 各类地下管线之间的最小水平和交叉净距，应分别符合表7.5.5-1和表7.5.5-2的规定。

表7.5.5-1 各类地下管线之间最小水平净距（m）

管线名称	给水管			排水管	燃气管		热力管	电力电缆	弱电管道
	D_1	D_2	D_3		P_1	P_2			
电力电缆	0.5			0.5	1.0	1.5	2.0	0.25	0.5
弱电管道	0.5	1.0	1.5	1.0	1.0	2.0	1.0	0.5	0.5

注：1 D 为给水管直径，$D_1 \leqslant 300$mm，300mm$<D_2 \leqslant$ 500mm，$D_3>500$mm。

2 P 为燃气压力，$P_1 \leqslant 300$kPa，300kPa $< P_2 \leqslant$800kPa。

表7.5.5-2 各类地下管线之间最小交叉净距（m）

管线名称	给水管	排水管	燃气管	热力管	电力电缆	弱电管道
电力电缆	0.50	0.50	0.50	0.50	0.50	0.50
弱电管道	0.15	0.15	0.30	0.25	0.50	0.25

8 常用设备电气装置

8.1 一般规定

8.1.1 住宅建筑应采用高效率、低能耗、性能先进、耐用可靠的电气装置，并应优先选择采用绿色环保材料制造的电气装置。

8.1.2 每套住宅内同一面墙上的暗装电源插座和各类信息插座宜统一安装高度。

8.1.3 住宅建筑常用设备电气装置的设计应符合现行行业标准《民用建筑电气设计规范》JGJ 16的有关规定。

8.2 电梯

8.2.1 住宅建筑电梯的负荷分级应符合本规范第3.2节的规定。

8.2.2 高层住宅建筑的消防电梯应由专用回路供电，高层住宅建筑的客梯宜由专用回路供电。

8.2.3 电梯机房内应至少设置一组单相两孔、三孔电源插座，并宜设置检修电源。

8.2.4 当电梯机房的自然通风不能满足电梯正常工作时，应采取机械通风或空调的方式。

8.2.5 电梯井道照明宜由电梯机房照明配电箱供电。

8.2.6 电梯井道照明供电电压宜为36V。当采用AC 220V时，应装设剩余电流动作保护器，光源应加防护罩。

8.2.7 电梯底坑应设置一个防护等级不低于IP54的单相三孔电源插座，电源插座的电源可就近引接，电源插座的底边距底坑宜为1.5m。

8.3 电 动 门

8.3.1 电动门应由就近配电箱（柜）引专用回路供电，供电回路应装设短路、过负荷和剩余电流动作保护器，并应在电动门就地装设隔离电器和手动控制开关或按钮。

8.3.2 电动门的所有金属构件及附属电气设备的外露可导电部分，均应可靠接地。

8.3.3 对于设有火灾自动报警系统的住宅建筑，疏散通道上安装的电动门，应能在发生火灾时自动开启。

8.4 家居配电箱

8.4.1 每套住宅应设置不少于一个家居配电箱，家居配电箱宜暗装在套内走廊、门厅或起居室等便于维修维护处，箱底距地高度不应低于 1.6m。

8.4.2 家居配电箱的供电回路应按下列规定配置：

1 每套住宅应设置不少于一个照明回路；

2 装有空调的住宅应设置不少于一个空调插座回路；

3 厨房应设置不少于一个电源插座回路；

4 装有电热水器等设备的卫生间，应设置不少于一个电源插座回路；

5 除厨房、卫生间外，其他功能房应设置至少一个电源插座回路，每一回路插座数量不宜超过 10 个（组）。

8.4.3 家居配电箱应装设同时断开相线和中性线的电源进线开关电器，供电回路应装设短路和过负荷保护电器，连接手持式及移动式家用电器的电源插座回路应装设剩余电流动作保护器。

8.4.4 柜式空调的电源插座回路应装设剩余电流动作保护器，分体式空调的电源插座回路宜装设剩余电流动作保护器。

8.5 其 他

8.5.1 每套住宅电源插座的数量应根据套内面积和家用电器设置，且应符合表 8.5.1 的规定：

表 8.5.1 电源插座的设置要求及数量

序号	名 称	设置要求	数量
1	起居室（厅）、兼起居的卧室	单相两孔、三孔电源插座	≥3
2	卧室、书房	单相两孔、三孔电源插座	≥2
3	厨房	IP54 型单相两孔、三孔电源插座	≥2
4	卫生间	IP54 型单相两孔、三孔电源插座	≥1
5	洗衣机、冰箱、排油烟机、排风机、空调器、电热水器	单相三孔电源插座	≥1

注：表中序号 1～4 设置的电源插座数量不包括序号 5 专用设备所需设置的电源插座数量。

8.5.2 起居室（厅）、兼起居的卧室、卧室、书房、厨房和卫生间的单相两孔、三孔电源插座宜选用 10A 的电源插座。对于洗衣机、冰箱、排油烟机、排风机、空调器、电热水器等单台单相家用电器，应根据其额定功率选用单相三孔 10A 或 16A 的电源插座。

8.5.3 洗衣机、分体式空调、电热水器及厨房的电源插座宜选用带开关控制的电源插座，未封闭阳台及洗衣机应选用防护等级为 IP54 型电源插座。

8.5.4 新建住宅建筑的套内电源插座应暗装，起居室（厅）、卧室、书房的电源插座宜分别设置在不同的墙面上。分体式空调、排油烟机、排风机、电热水器电源插座底边距地不宜低于 1.8m；厨房电炊具、洗衣机电源插座底边距地宜为 1.0m～1.3m；柜式空调、冰箱及一般电源插座底边距地宜为 0.3m～0.5m。

8.5.5 住宅建筑所有电源插座底边距地 1.8m 及以下时，应选用带安全门的产品。

8.5.6 对于装有淋浴或浴盆的卫生间，电热水器电源插座底边距地不宜低于 2.3m，排风机及其他电源插座宜安装在 3 区。

9 电 气 照 明

9.1 一 般 规 定

9.1.1 住宅建筑的照明应选用节能光源、节能附件，灯具应选用绿色环保材料。

9.1.2 住宅建筑电气照明的设计应符合国家现行标准《建筑照明设计标准》GB 50034、《民用建筑电气设计规范》JGJ 16 的有关规定。

9.2 公 共 照 明

9.2.1 当住宅建筑设置航空障碍标志灯时，其电源应按该住宅建筑中最高负荷等级要求供电。

9.2.2 应急照明的回路上不应设置电源插座。

9.2.3 住宅建筑的门厅、前室、公共走道、楼梯间等应设人工照明及节能控制。当应急照明采用节能自熄开关控制时，在应急情况下，设有火灾自动报警系统的应急照明应自动点亮；无火灾自动报警系统的应急照明可集中点亮。

9.2.4 住宅建筑的门厅应设置便于残疾人使用的照

明开关，开关处宜有标识。

9.3 应急照明

9.3.1 高层住宅建筑的楼梯间、电梯间及其前室和长度超过20m的内走道，应设置应急照明；中高层住宅建筑的楼梯间、电梯间及其前室和长度超过20m的内走道，宜设置应急照明。应急照明应由消防专用回路供电。

9.3.2 19层及以上的住宅建筑，应沿疏散走道设置灯光疏散指示标志，并应在安全出口和疏散门的正上方设置灯光“安全出口”标志；10层～18层的二类高层住宅建筑，宜沿疏散走道设置灯光疏散指示标志，并宜在安全出口和疏散门的正上方设置灯光“安全出口”标志。建筑高度为100m或35层及以上住宅建筑的疏散标志灯应由蓄电池组作为备用电源；建筑高度50m～100m且19层～34层的一类高层住宅建筑的疏散标志灯宜由蓄电池组作为备用电源。

9.3.3 高层住宅建筑楼梯间应急照明可采用不同回路跨楼层竖向供电，每个回路的光源数不宜超过20个。

9.4 套内照明

9.4.1 灯具的选择应根据具体房间的功能而定，并宜采用直接照明和开启式灯具。

9.4.2 起居室（厅）、餐厅等公共活动场所的照明应在屋顶至少预留一个电源出线口。

9.4.3 卧室、书房、卫生间、厨房的照明宜在屋顶预留一个电源出线口，灯位宜居中。

9.4.4 卫生间等潮湿场所，宜采用防潮易清洁的灯具；卫生间的灯具位置不应安装在0、1区内及上方。装有淋浴或浴盆卫生间的照明回路，宜装设剩余电流动作保护器，灯具、浴霸开关宜设于卫生间门外。

9.4.5 起居室、通道和卫生间照明开关，宜选用夜间有光显示的面板。

9.5 照明节能

9.5.1 直管形荧光灯应采用节能型镇流器，当使用电感式镇流器时，其能耗应符合现行国家标准《管形荧光灯镇流器能效限定值及节能评价值》GB 17896的规定。

9.5.2 有自然光的门厅、公共走道、楼梯间等的照明，宜采用光控开关。

9.5.3 住宅建筑公共照明宜采用定时开关、声光控制等节电开关和照明智能控制系统。

10 防雷与接地

10.1 防 雷

10.1.1 建筑高度为100m或35层及以上的住宅建筑和年预计雷击次数大于0.25的住宅建筑，应按第二类防雷建筑物采取相应的防雷措施。

10.1.2 建筑高度为50m～100m或19层～34层的住宅建筑和年预计雷击次数大于或等于0.05且小于或等于0.25的住宅建筑，应按不低于第三类防雷建筑物采取相应的防雷措施。

10.1.3 固定在第二、三类防雷住宅建筑上的节日彩灯、航空障碍标志灯及其他用电设备，应安装在接闪器的保护范围内，且外露金属导体应与防雷接地装置连成电气通路。

10.1.4 住宅建筑屋顶设置的室外照明及用电设备的配电箱，宜安装在室内。

10.2 等电位联结

10.2.1 住宅建筑应做总等电位联结，装有淋浴或浴盆的卫生间应做局部等电位联结。

10.2.2 局部等电位联结应包括卫生间内金属给水排水管、金属浴盆、金属洗脸盆、金属采暖管、金属散热器、卫生间电源插座的PE线以及建筑物钢筋网。

10.2.3 等电位联结线的截面应符合表10.2.3的规定。

表10.2.3 等电位联结线截面要求

	总等电位联结线截面	局部等电位联结线截面	
最小值	$6mm^2$①	有机械保护时	$2.5mm^2$①
		无机械保护时	$4mm^2$①
	$50mm^2$③	$16mm^2$③	
一般值	不小于最大PE线截面的1/2		
最大值	$25mm^2$②		
	$100mm^2$③		

注：①为铜材质，可选用裸铜线、绝缘铜芯线。
②为铜材质，可选用铜导体、裸铜线、绝缘铜芯线。
③为钢材质，可选用热镀锌扁钢或热镀锌圆钢。

10.3 接 地

10.3.1 住宅建筑各电气系统的接地宜采用共用接地网。接地网的接地电阻值应满足其中电气系统最小值的要求。

10.3.2 住宅建筑套内下列电气装置的外露可导电部分均应可靠接地：

1 固定家用电器、手持式及移动式家用电器的金属外壳；

2 家居配电箱、家居配线箱、家居控制器的金属外壳；

3 线缆的金属保护导管、接线盒及终端盒；

4 Ⅰ类照明灯具的金属外壳。

10.3.3 接地干线可选用镀锌扁钢或铜导体，接地干线可兼作等电位联结干线。

10.3.4 高层建筑电气竖井内的接地干线，每隔3层应与相近楼板钢筋做等电位联结。

11 信息设施系统

11.1 一般规定

11.1.1 住宅建筑应根据入住用户通信、信息业务的整体规划、需求及当地资源，设置公用通信网、因特网或自用通信网、局域网。

11.1.2 住宅建筑应根据管理模式，至少预留两个通信、信息网络业务经营商通信、网络设施所需的安装空间。

11.1.3 住宅建筑的电视插座、电话插座、信息插座的设置数量除应符合本规范外，尚应满足当地主管部门的规定。

11.1.4 住宅建筑信息设施系统设计应符合国家现行标准《智能建筑设计标准》GB/T 50314、《民用建筑电气设计规范》JGJ 16的规定。

11.2 有线电视系统

11.2.1 住宅建筑应设置有线电视系统，且有线电视系统宜采用当地有线电视业务经营商提供的运营方式。

11.2.2 每套住宅的有线电视系统进户线不应少于1根，进户线宜在家居配线箱内做分配交接。

11.2.3 住宅套内宜采用双向传输的电视插座。电视插座应暗装，且电视插座底边距地高度宜为0.3m～1.0m。

11.2.4 每套住宅的电视插座装设数量不应少于1个。起居室、主卧室应装设电视插座，次卧室宜装设电视插座。

11.2.5 住宅建筑有线电视系统的同轴电缆宜穿金属导管敷设。

11.3 电话系统

11.3.1 住宅建筑应设置电话系统，电话系统宜采用当地通信业务经营商提供的运营方式。

11.3.2 住宅建筑的电话系统宜使用综合布线系统，每套住宅的电话系统进户线不应少于1根，进户线宜在家居配线箱内做交接。

11.3.3 住宅套内宜采用RJ45电话插座。电话插座应暗装，且电话插座底边距地高度宜为0.3m～0.5m，卫生间的电话插座底边距地高度宜为1.0m～1.3m。

11.3.4 电话插座缆线宜采用由家居配线箱放射方式敷设。

11.3.5 每套住宅的电话插座装设数量不应少于2个。起居室、主卧室、书房应装设电话插座，次卧室、卫生间宜装设电话插座。

11.4 信息网络系统

11.4.1 住宅建筑应设置信息网络系统，信息网络系统宜采用当地信息网络业务经营商提供的运营方式。

11.4.2 住宅建筑的信息网络系统应使用综合布线系统，每套住宅的信息网络进户线不应少于1根，进户线宜在家居配线箱内做交接。

11.4.3 每套住宅内应采用RJ45信息插座或光纤信息插座。信息插座应暗装，信息插座底边距地高度宜为0.3m～0.5m。

11.4.4 每套住宅的信息插座装设数量不应少于1个。书房、起居室、主卧室均可装设信息插座。

11.4.5 住宅建筑综合布线系统的设备间、电信间可合用，也可分别设置。

11.5 公共广播系统

11.5.1 住宅建筑的公共广播系统可根据使用要求，分为背景音乐广播系统和火灾应急广播系统。

11.5.2 背景音乐广播系统的分路，应根据住宅建筑类别、播音控制、广播线路路由等因素确定。

11.5.3 当背景音乐广播系统和火灾应急广播系统合并为一套系统时，广播系统分路宜按建筑防火分区设置，且当火灾发生时，应强制投入火灾应急广播。

11.5.4 室外背景音乐广播线路的敷设可采用铠装电缆直接埋地、地下排管等敷设方式。

11.6 信息导引及发布系统

11.6.1 智能化的住宅建筑宜设置信息导引及发布系统。

11.6.2 信息导引及发布系统应能对住宅建筑内的居民或来访者提供告知、信息发布及查询等功能。

11.6.3 信息显示屏可根据观看的范围、安装的空间位置及安装方式等条件，合理选定显示屏的类型及尺寸。各类显示屏应具有多种输入接口方式。信息显示屏宜采用单向传输方式。

11.6.4 供查询用的信息导引及发布系统显示屏，应采用双向传输方式。

11.7 家居配线箱

11.7.1 每套住宅应设置家居配线箱。

11.7.2 家居配线箱宜暗装在套内走廊、门厅或起居室等的便于维修维护处，箱底距地高度宜为0.5m。

11.7.3 距家居配线箱水平0.15m～0.20m处应预留AC220V电源接线盒，接线盒面板底边宜与家居配线箱面板底边平行，接线盒与家居配线箱之间应预埋金属导管。

11.8 家居控制器

11.8.1 智能化的住宅建筑可选配家居控制器。

11.8.2 家居控制器宜将家居报警、家用电器监控、能耗计量、访客对讲等集中管理。

11.8.3 家居控制器的使用功能宜根据居民需求、投资、管理等因素确定。

11.8.4 固定式家居控制器宜暗装在起居室便于维修维护处，箱底距地高度宜为1.3m～1.5m。

11.8.5 家居报警宜包括火灾自动报警和入侵报警，设计要求可按本规范第14.2、14.3节的有关规定执行。

11.8.6 当采用家居控制器对家用电器进行监控时，两者之间的通信协议应兼容。

11.8.7 访客对讲的设计要求可按本规范第14.3节的有关规定执行。

12 信息化应用系统

12.1 物业运营管理系统

12.1.1 智能化的住宅建筑应设置物业运营管理系统。

12.1.2 物业运营管理系统宜具有对住宅建筑内入住人员管理、住户房产维修管理、住户各项费用的查询及收取、住宅建筑公共设施管理、住宅建筑工程图纸管理等功能。

12.2 信息服务系统

12.2.1 智能化的住宅建筑宜设置信息服务系统。

12.2.2 信息服务系统宜包括紧急求助、家政服务、电子商务、远程教育、远程医疗、保健、娱乐等，并应建立数据资源库，向住宅建筑内居民提供信息检索、查询、发布和导引等服务。

12.3 智能卡应用系统

12.3.1 智能化的住宅建筑宜设置智能卡应用系统。

12.3.2 智能卡应用系统宜具有出入口控制、停车场管理、电梯控制、消费管理等功能，并宜增加与银行信用卡融合的功能。对于住宅建筑管理人员，宜增加电子巡查、考勤管理等功能。

12.3.3 智能卡应用系统应配置与使用功能相匹配的系列软件。

12.4 信息网络安全管理系统

12.4.1 智能化的住宅建筑宜设置信息网络安全管理系统。

12.4.2 信息网络安全管理系统应能保障信息网络正常运行和信息安全。

12.5 家居管理系统

12.5.1 智能化的住宅建筑宜设置家居管理系统。

12.5.2 家居管理系统应根据实际投资状况、管理需求和住宅建筑的规模，对智能化系统进行不同程度的集成和管理。

12.5.3 家居管理系统宜综合火灾自动报警、安全技术防范、家庭信息管理、能耗计量及数据远传、物业收费、停车场管理、公共设施管理、信息发布等系统。

12.5.4 家居管理系统应能接收公安部门、消防部门、社区发布的社会公共信息，并应能向公安、消防等主管部门传送报警信息。

13 建筑设备管理系统

13.1 一般规定

13.1.1 智能化的住宅建筑宜设置建筑设备管理系统。住宅建筑建筑设备管理系统宜包括建筑设备监控系统、能耗计量及数据远传系统、物业运营管理系统等。

13.1.2 住宅建筑建筑设备管理系统的设计应符合现行行业标准《民用建筑电气设计规范》JGJ 16的有关规定。

13.2 建筑设备监控系统

13.2.1 智能化住宅建筑的建筑设备监控系统宜具备下列功能：

1 监测与控制住宅小区给水与排水系统；

2 监测与控制住宅小区公共照明系统；

3 监测各住宅建筑内电梯系统；

4 监测与控制住宅建筑内设有集中式采暖通风及空气调节系统；

5 监测住宅小区供配电系统。

13.2.2 建筑设备监控系统应对智能化住宅建筑中的蓄水池（含消防蓄水池）、污水池水位进行检测和报警。

13.2.3 建筑设备监控系统宜对智能化住宅建筑中的饮用水蓄水池过滤设备、消毒设备的故障进行报警。

13.2.4 直接数字控制器（DDC）的电源宜由住宅建筑设备监控中心集中供电。

13.2.5 住宅小区建筑设备监控系统的设计，应根据小区的规模及功能需求合理设置监控点。

13.3 能耗计量及数据远传系统

13.3.1 能耗计量及数据远传系统可采用有线网络或无线网络传输。

13.3.2 有线网络进户线可在家居配线箱内做交接。

13.3.3 距能耗计量表具0.3m～0.5m处，应预留接线盒，且接线盒正面不应有遮挡物。

13.3.4 能耗计量及数据远传系统有源设备的电源宜就近引接。

14 公共安全系统

14.1 一般规定

14.1.1 公共安全系统宜包括住宅建筑的火灾自动报警系统、安全技术防范系统和应急联动系统。

14.1.2 住宅建筑公共安全系统的设计应符合国家现行标准《智能建筑设计标准》GB/T 50314、《民用建筑电气设计规范》JGJ 16等的有关规定。

14.2 火灾自动报警系统

14.2.1 住宅建筑火灾自动报警系统的设计、保护对象的分级及火灾探测器设置部位等，应符合现行国家标准《火灾自动报警系统设计规范》GB 50116的规定。

14.2.2 当10层～18层住宅建筑的消防电梯兼作客梯且两类电梯共用前室时，可由一组消防双电源供电。末端双电源自动切换配电箱应设置在消防电梯机房内，由双电源自动切换配电箱至相应设备时，应采用放射式供电，火灾时应切断客梯电源。

14.2.3 建筑高度为100m或35层及以上的住宅建筑，应设消防控制室、应急广播系统及声光警报装置。其他需设火灾自动报警系统的住宅建筑设置应急广播困难时，应在每层消防电梯的前室、疏散通道设置声光警报装置。

14.3 安全技术防范系统

14.3.1 住宅建筑的安全技术防范系统宜包括周界安全防范系统、公共区域安全防范系统、家庭安全防范系统及监控中心。

14.3.2 住宅建筑安全技术防范系统的配置标准应符合表14.3.2的规定。

表14.3.2 住宅建筑安全技术防范系统配置标准

序号	系统名称	安防设施	配置标准
1	周界安全防范系统	电子周界防护系统	宜设置
2	公共区域安全防范系统	电子巡查系统	应设置
		视频安防监控系统	可选项
		停车库（场）管理系统	
3	家庭安全防范系统	访客对讲系统	应设置
		紧急求助报警装置	
		入侵报警系统	可选项

续表14.3.2

序号	系统名称	安防设施	配置标准
4	监控中心	安全管理系统	各子系统宜联动设置
		可靠通信工具	应设置

14.3.3 周界安全防范系统的设计应符合下列规定：

1 电子周界防护系统应与周界的形状和出入口设置相协调，不应留盲区；

2 电子周界防护系统应预留与住宅建筑安全管理系统的联网接口。

14.3.4 公共区域安全防范系统的设计应符合下列规定：

1 电子巡查系统应符合下列规定：

1）离线式电子巡查系统的信息识读器底边距地宜为1.3m～1.5m，安装方式应具备防破坏措施，或选用防破坏型产品；

2）在线式电子巡查系统的管线宜采用暗敷。

2 视频安防监控系统应符合下列规定：

1）住宅建筑的主要出入口、主要通道、电梯轿厢、地下停车库、周界及重要部位宜安装摄像机；

2）室外摄像机的选型及安装应采取防水、防晒、防雷等措施；

3）应预留与住宅建筑安全管理系统的联网接口。

3 停车库（场）管理系统应符合下列规定：

1）应重点对住宅建筑出入口、停车库（场）出入口及其车辆通行车道实施控制、监视、停车管理及车辆防盗等综合管理；

2）住宅建筑出入口、停车库（场）出入口控制系统宜与电子周界防护系统、视频安防监控系统联网。

14.3.5 家庭安全防范系统的设计应符合下列规定：

1 访客对讲系统应符合下列规定：

1）主机宜安装在单元入口处防护门上或墙体内，室内分机宜安装在起居室（厅）内，主机和室内分机底边距地宜为1.3m～1.5m；

2）访客对讲系统应与监控中心主机联网。

2 紧急求助报警装置应符合下列规定：

1）每户应至少安装一处紧急求助报警装置；

2）紧急求助信号应能报至监控中心；

3）紧急求助信号的响应时间应满足国家现行有关标准的要求。

3 入侵报警系统应符合下列规定：

1）可在住户套内、户门、阳台及外窗等处，选择性地安装入侵报警探测装置；

2）入侵报警系统应预留与小区安全管理系统

的联网接口。

14.3.6 监控中心的设计应符合下列规定：

1 监控中心应具有自身的安全防范设施；

2 周界安全防范系统、公共区域安全防范系统、家庭安全防范系统等主机宜安装在监控中心；

3 监控中心应配置可靠的有线或无线通信工具，并应留有与接警中心联网的接口；

4 监控中心可与住宅建筑管理中心合用，使用面积应根据系统的规模由工程设计人员确定，并不应小于 $20m^2$。

14.4 应急联动系统

14.4.1 建筑高度为 100m 或 35 层及以上的住宅建筑、居住人口超过 5000 人的住宅建筑宜设应急联动系统。应急联动系统宜以火灾自动报警系统、安全技术防范系统为基础。

14.4.2 住宅建筑应急联动系统宜满足现行国家标准《智能建筑设计标准》GB/T 50314 的相关规定。

15 机 房 工 程

15.1 一 般 规 定

15.1.1 住宅建筑的机房工程宜包括控制室、弱电间、电信间等，并宜按现行国家标准《电子信息系统机房设计规范》GB 50174 中的 C 级进行设计。

15.1.2 住宅建筑电子信息系统机房的设计应符合国家现行标准《电子信息系统机房设计规范》GB 50174、《民用建筑电气设计规范》JGJ 16 的有关规定。

15.2 控 制 室

15.2.1 控制室应包括住宅建筑内的消防控制室、安全防范监控中心、建筑设备管理控制室等。

15.2.2 住宅建筑的控制室宜采用合建方式。

15.2.3 控制室的供电应满足各系统正常运行最高负荷等级的需求。

15.3 弱电间及弱电竖井

15.3.1 弱电间应根据弱电设备的数量、系统出线的数量、设备安装与维修等因素，确定其所需的使用面积。

15.3.2 多层住宅建筑弱电系统设备宜集中设置在一层或地下一层弱电间（电信间）内，弱电竖井在利用通道作为检修面积时，弱电竖井的净宽度不宜小于 0.35m。

15.3.3 7 层及以上的住宅建筑弱电系统设备的安装位置应由设计人员确定。弱电竖井在利用通道作为检修面积时，弱电竖井的净宽度不宜小于 0.6m。

15.3.4 弱电间及弱电竖井应根据弱电系统进出缆线所需的最大通道，预留竖向穿越楼板、水平穿过墙壁的洞口。

15.4 电 信 间

15.4.1 住宅建筑电信间的使用面积不宜小于 $5m^2$。

15.4.2 住宅建筑的弱电间、电信间宜合用，使用面积不应小于电信间的面积要求。

本规范用词说明

1 为便于在执行本规范条文时区别对待，对要求严格程度不同的用词说明如下：

1）表示很严格，非这样做不可的：
正面词采用“必须”，反面词采用“严禁”；

2）表示严格，在正常情况下均应这样做的：
正面词采用“应”，反面词采用“不应”或“不得”；

3）表示允许稍有选择，在条件许可时首先应这样做的：
正面词采用“宜”，反面词采用“不宜”；

4）表示有选择，在一定条件下可以这样做的，采用“可”。

2 条文中指明应按其他有关标准执行的写法为“应符合……的规定”或“应按……执行”。

引用标准名录

1 《建筑照明设计标准》GB 50034

2 《供配电系统设计规范》GB 50052

3 《10kV 及以下变电所设计规范》GB 50053

4 《低压配电设计规范》GB 50054

5 《火灾自动报警系统设计规范》GB 50116

6 《电子信息系统机房设计规范》GB 50174

7 《智能建筑设计标准》GB/T 50314

8 《管形荧光灯镇流器能效限定值及节能评价值》GB 17896

9 《民用建筑电气设计规范》JGJ 16

中华人民共和国行业标准

住宅建筑电气设计规范

JGJ 242—2011

条 文 说 明

制 定 说 明

《住宅建筑电气设计规范》JGJ 242－2011，经住房和城乡建设部2011年5月3日以第1001号公告批准、发布。

本规范制订过程中，编制组进行了住宅建筑电气设计的调查研究，总结了住宅建筑电气的应用经验，同时参考了国内外技术法规、技术标准，取得了制订本规范所必要的重要技术参数。

为便于广大设计、施工、科研、学校等单位有关人员在使用本规范时能正确理解和执行条文规定，《住宅建筑电气设计规范》编制组按章、节、条顺序编制了本规程的条文说明，对条文规定的目的、依据以及执行中需注意的有关事项进行了说明。但是，本条文说明不具备与标准正文同等的法律效力，仅供使用者作为理解和把握规范规定的参考。

目　次

1 总 则

1.0.1 住宅建筑电气设计分为强电、弱电（智能化）两部分。强电设计包括：住宅建筑的供配电系统、配变电所、自备电源、低压配电、配电线路布线系统、常用设备电气装置、电气照明、防雷与接地；弱电（智能化）设计包括：住宅建筑的信息设施系统、信息化应用系统、建筑设备管理系统、公共安全系统、机房工程。

1.0.2 本条规定了本规范的适用范围。住宅建筑电气设计包括单体住宅建筑和住宅小区的电气设计。

住宅建筑电气设计的深度应符合中华人民共和国住房和城乡建设部现行《建筑工程设计文件编制深度规定》的要求。

2 术 语

与住宅建筑相关的专用术语可参见《民用建筑设计术语标准》GB/T 50504－2009，本规范正文里不再引用。住宅建筑常用的术语有：住宅、酒店式公寓、别墅、老年人住宅、商住楼、低层住宅、多层住宅、中高层住宅、高层住宅、单元式住宅、塔式住宅、通廊式住宅、联排式住宅、跃层式住宅等。为方便电气专业人员查阅，将本规范条文里引用到的及部分常用的住宅建筑术语列入条文说明里。

住宅：供家庭居住使用的建筑。

酒店式公寓：提供酒店式管理服务的住宅。

商住楼：下部商业用房与上部住宅组成的建筑。

别墅：一般指带有私家花园的低层独立式住宅。

低层住宅：一至三层的住宅。

多层住宅：四至六层的住宅。

中高层住宅：七至九层的住宅。

高层住宅：十层及以上的住宅。

2.0.1 本术语摘自《住宅建筑规范》GB 50368－2005第2.0.3条。

2.0.2 本术语摘自《民用建筑设计术语标准》GB/T 50504－2009第3.1.6条，《住宅建筑规范》GB 50368－2005第2.0.3条“套”的定义为：由使用面积、居住空间组成的基本住宅单位。

2.0.3 家居配电箱内应设置电源接入总开关电器和终端配电断路器。目前住宅户内的供电电源为AC 220/380V，将来直流家用电器普及后，直流电源也可能成为住宅的供电电源。所以家居配电箱的定义适用于现在的交流电源也适用于将来的直流电源。

2.0.5 家居控制器一般具有家庭安全防范、家庭消防、家用电器监控及信息服务等功能。有线传输的家居控制器一般为固定式安装，无线传输的家居控制器为移动式放置。

3 供配电系统

3.1 一 般 规 定

3.1.3 住宅建筑的高压供电系统为目前常见的10kV和部分地区采用的20kV或35kV的供电系统。住宅建筑采用6kV供电系统已经不多见。

3.2 负 荷 分 级

3.2.1 **1** 表3.2.1里消防用电负荷为消防控制室、火灾自动报警及联动控制装置、火灾应急照明及疏散指示标志、防烟及排烟设施、自动灭火系统、消防水泵、消防电梯及其排水泵、电动的防火卷帘以及阀门等的消防用电。

2 表3.2.1中及全文中“建筑高度为100m或35层及以上的住宅建筑”意为100m及100m以上的住宅建筑或35层及35层以上的住宅建筑。

3 表3.2.1中及全文中“建筑高度为50m～100m且19层～34层的一类高层住宅建筑”意为19层～34层同时满足建筑高度为50m～100m的住宅建筑，如果19层～34层同时建筑高度为100m及100m以上的住宅建筑，应按2执行；如果建筑高度为50m及以上且层数为18及以下或层数为19建筑高度低于50m的住宅建筑，均应按本款执行。

4 住宅小区里的消防系统、安防系统、值班照明等用电设备应按小区里负荷等级高的要求供电。如一个住宅小区里同时有一类和二类高层住宅建筑，住宅小区里上述的用电设备应按一级负荷供电。

3.2.2 低层和多层住宅建筑一般用电负荷为三级，严寒和寒冷地区为保障集中供暖系统运行正常，对其系统的供电提出了要求。

3.3 电 能 计 量

3.3.1 **1** 中华人民共和国住房和城乡建设部2010年04月27日发布建保［2010］59号《关于加强经济适用住房管理有关问题的通知》，通知中要求经济适用住房单套建筑面积标准严格执行控制在60m^{2}左右。《北京市“十一五”保障性住房及“两限”商品住房用地布局规划》中明确面积标准：廉租房一居室40m^2，两居室60m^2。平均套型标准为50m^2。经济适用住房要严格控制在中小套型，中套住房面积控制在80m^{2}左右，小套住房面积控制在60m^{2}左右。两限房套型建筑面积90%控制在90m^{2}以下。平均套型标准为80m^2。表3.3.1中A套型数据适用于60m^{2}左右一居室；B套型建筑面积按两限房套型建筑面积数值设定。

2 表3.3.1中用电负荷量及相对应的电能表规格是为每套住宅规定的最小值，如某些地区或住宅需求大功率家用电器，如大功率电热水器、电炊具、带烘干的洗衣机、空调等，应考虑实际家用电器的使用负荷容量。空调的用电量不仅与面积、套型的间数有关，也与住宅所处地区的地理环境、发达程度、住户的经济水平有关。每套住宅的用电负荷量，全国各地供电部门的规定不同，各省市的地方住宅规范亦有较大的不同。设计人员在确定每套住宅用电负荷量时还应考虑当地的实际情况。

3.3.3 本条款及本规范条文里出现的单相电源为AC220V电源。大多数情况下一套住宅配置一块单相电能表，但下列情况每套住宅配置一块电能表可能满足不了使用要求：

1 当住宅户内有三相用电设备（如集中空调机等）时，三相用电设备可另加一块三相电能表；

2 当采用电采暖等另行收费的地区，电采暖等用电设备可另加一块电能表；

3 别墅、跃层式住宅根据工程状况可按楼层配置电能表。

3.3.4 本条款及本规范条文里出现的三相电源为AC380V电源。对用电量超过12kW且没有三相用电设备的住户，规范建议采用三相电源供电，对电能表的选用只做出了按相计量的规定，设计人员根据当地实际情况可选用一块按相序计量的三相电能表，也可选用三块单相电能表。

3.3.5 当住户有三相用电设备和单相用电设备时，设计人员根据当地实际情况可选用一块按相序计量的三相电能表，也可选用一块三相电能表和一块单相电能表。

3.3.6 第1款　电能表安装在住宅套外便于查表及维护。

第2、3款　电能表集中安装便于查表及维护。6层及以下的住宅建筑，电能表宜集中安装在单元首层或地下一层；7层及以上的住宅建筑，电能表宜集中安装在每层电气竖井内；每层少于4户的住宅建筑，电能表可2层～4层集中安装。

如果采用预付费磁卡表，居民不宜进入电气竖井内，电能表可就近安装在住宅套外。采用数据自动远传的电能表，安装位置应便于管理与维护。

第4款　电能表箱安装在人行通道等公共场所时，暗装距地1.5m是为了避免儿童触摸，明装箱距地1.8m是为了减少行人磕碰。电气竖井内明装箱上沿距地2.0m是为了管理维修方便。从上述可以看出，电能表箱安装在不同的位置有不同的要求，各有利弊，但安装在电气竖井内或电能表间里，除占用一定的面积外，对于人身安全和维修管理是有利的。

3.4 负荷计算

3.4.1 住宅建筑采用本规范表3.3.1中的用电负荷量进行单位指标法计算时，还应结合实际工程情况乘以需要系数。住宅建筑用电负荷需要系数的取值可参见表1。

表1中的需要系数值给出一个范围，供设计人员参考使用。住宅建筑因受地理环境、居住人群、生活习惯、入住率等因素影响，需要系数很难是一个固定值，设计人员取值时应考虑当地实际工程状况。

表1　住宅建筑用电负荷需要系数

按单相配电计算时所连接的基本户数	按三相配电计算时所连接的基本户数	需要系数
1～3	3～9	0.90～1
4～8	12～24	0.65～0.90
9～12	27～36	0.50～0.65
13～24	39～72	0.45～0.50
25～124	75～300	0.40～0.45
125～259	375～600	0.30～0.40
260～300	780～900	0.26～0.30

本规范第4.3.3条规定：当变压器低压侧电压为0.4kV时，配变电所中单台变压器容量不宜大于1600kVA。下面举例一台1600kVA变压器能带多少户住宅？计算结果仅供参考：

1 单相配电300（三相配电900）基本户数及以上时，每户的计算负荷为：

$$P_{js1} = P_e \cdot K_x = 3 \times 0.3 = 0.9(\text{kW})$$

$$P_{js2} = P_e \cdot K_x = 4 \times 0.26 = 1.04(\text{kW})$$

$$P_{js3} = P_e \cdot K_x = 6 \times 0.26 = 1.56(\text{kW})$$

式中：P_{js}——每户的计算负荷（kW）；

P_e——每户的用电负荷量（kW）；

K_x——表1中住宅建筑用电负荷需要系数。

2 1600kVA变压器用于居民用电量的计算负荷为：

$$P_{js4} = S_e \cdot K_1 \cdot K_2 \cdot \cos\phi = 1600 \times 0.85 \times 0.7 \times 0.9 = 856.8(\text{kW})$$

式中：P_{js4}——单台变压器用于居民用电量的计算负荷（kW）；

S_e——变压器容量1600（kVA）；

K_1——变压器负荷率85%；

K_2——居民用电量比例（扣除公共设施、公共照明、非居民用电量如地下设备层、小商店等）70%；

$\cos\phi$——低压侧补偿后的功率因数值，取0.9。

3 一台1600kVA变压器可带住宅的户数：

$$A_1 = P_{js4}/P_{js1} = 856.8/0.9 = 952 \times 3 = 2856(\text{户})$$

$A_2 = P_{js4}/P_{js2} = 856.8/1.04 = 823 \times 3$
$= 2469$(户)

$A_3 = P_{js4}/P_{js3} = 856.8/1.56 = 549 \times 3$
$= 1647$(户)

以上数据是按900户及以上的住宅建筑，每户用电量为3kW时，需要系数取0.3；每户用电量为4kW和6kW时，需要系数取0.26，且考虑三相负荷为平衡时进行计算的。实际工程中三相负荷不可能完全平衡，住宅户型不可能是一种，K_2 系数根据不同的住宅建筑性质取值也有所不同，设计人员应根据实际情况进行计算。

户型用电量大，表1中的需要系数宜取下限值，户型用电量小，表1中的需要系数宜取上限值。如设计的住宅均为A套型或A套型占60%以上时，900户及以上的住宅建筑需要系数可取表1中上限数值0.3进行计算。

住宅建筑方案设计阶段采用15 W/m^2～50W/m^2 单位面积负荷密度法进行计算时，设计人员根据实际工程情况取其中合适的值，不用再乘以表1中的需要系数值。

4 配变电所

4.2 所址选择

4.2.1 住宅小区里的低层住宅、多层住宅、中高层住宅、别墅等单栋住宅建筑用电设备总容量在250kW以下时，集中设置配变电所经济合理。用电设备总容量在250kW及以上的单栋住宅建筑，配变电所可设在住宅建筑的附属群楼里，如果住宅建筑内配变电所位置难确定，可设置成室外配变电所。室外配变电所包括独立式配变电所和预装式变电站。

4.2.2 配变电所不宜设在住宅建筑地下的“最底层”主要是防水防潮，特别是多雨、低洼地区防止水流倒灌。当只有地下一层时，应抬高配变电所地面标高。

4.2.3 室外配变电所的外侧指独立式配变电所的外墙或预装式变电站的外壳。配变电所离住户太近会影响居民安全及居住环境。防火间距国家现行的消防规范已有明确的规定，国家标准《环境电磁波卫生标准》GB 9175仍在修订中，目前没有明确的技术参数。离噪声源、电磁辐射源越远越有利于人身安全，但实施起来有一定的难度。考虑到住宅建筑的特殊性，建议室外变电站的外侧与住宅建筑外墙的间距不宜小于20m，因为10/0.4kV变压器外侧（水平方向）20m处的电磁场强度（0.1MHz～30MHz频谱范围内）一般小于10V/m，处于安全范围内。当然，由于不同区域的现场电磁场强度大小不同，故任一地点放置变压器以后的实际电磁场强度需现场测试确定。

4.3 变压器选择

4.3.2 根据《民用建筑电气设计规范》JGJ 16－2008第4.3.5条强制性条文：“设置在民用建筑中的变压器，应选择干式、气体绝缘或非可燃性液体绝缘的变压器。当单台变压器油量为100kg及以上时，应设置单独的变压器室。”从安全性考虑规定本条款为强制性条款。

4.3.3 预装式变电站最大容量的选择，各地供电局没有统一的规定，《10kV及以下变电所设计规范》GB 50053修订稿中规定配变电所中单台变压器容量不宜大于1600kVA，预装式变电站中单台变压器容量不宜大于800kVA。供电半径一般为200m～250m。

住宅建筑的变压器考虑其供电可靠、季节性负荷率变化大、维修方便等因素，宜推荐采用两台变压器同时工作的方案。比如一个别墅区，如果计算出需要选用一台1250 kVA的变压器，可改成选用两台630kVA的变压器。

5 自备电源

5.0.1 因建筑高度为100m或35层及以上的住宅建筑，火灾时定义为特级保护对象。要保障居民安全疏散，必须有可靠的供电电源和供配电系统等。当市电由于自然灾害等不可抗拒的原因不能供电时，如果没有自备电源，火灾时会发生危险，平时会给居民带来极大的不便。考虑到种种综合因素，本规范作出了宜设置柴油发电机组的规定。

选用柴油发电机组还有一好处是战时可作为市电的备用电源。

5.0.3 应急电源装置（EPS）不宜作为消防水泵、消防电梯、消防风机等电动机类负载的应急电源。

6 低压配电

6.1 一般规定

6.1.1 住宅建筑低压配电系统的设计应考虑住宅建筑居民用电、公共设施用电、小商店用电等电价不同的特点，在满足供电等级、电力部门计量要求的前提下，还要考虑便于物业管理。

6.2 低压配电系统

6.2.1 三相负荷平衡是为了降低三相低压配电系统的不对称度。

6.2.2 设带隔离功能的开关电器是为了保障检修人员的安全，缩小电气系统故障时的检修范围。带隔离功能的开关电器可以选用隔离开关也可以选用带隔离功能的断路器。

6.2.3 本规范第 3.3.4 条和第 3.3.5 条规定了三相电源进户的条件，采用三相电源供电的住户一般建筑面积比较大，可能占有二、三层空间。为保障用电安全，在居民可同时触摸到的用电设备范围内应采用同相电源供电。每层采用同相供电容易理解也好操作，但三相电源供电的住宅不一定是占有二、三层空间，也可能只有一层空间。在不能分层供电的情况下就要考虑分房间供电，每间房单相用电设备、电源插座宜采用同相电源供电意为一个房间内 2.4m 及以上的照明电源不受相序限制，但一个房间内的电源插座不允许出现两个相序。

6.2.5 室外型箱体的确定应符合当地的地理环境，包括防潮、防雨、防腐、防冻、防晒、防雷击等。

6.2.6、**6.2.7** 住宅单元、楼层的住户采用单相电源供电的前提是住户应满足本规范第 3.3.3 条的条件。单相电源供电的好处是每个住宅单元、楼层的供电电压为 AC220V。

第 6.2.7 条里同层户数不宜包括 9。同层为 8 户和 9 户的计算电流见下列计算：

1）同层为 8 户和 9 户的单相电流计算：

$$I_{js}=P_e\cdot N\cdot K_x/U_e\cdot\cos\phi$$
$$=6\times8\times0.65/(0.22\times0.8)$$
$$=177.27(A)$$
$$I_{js}=P_e\cdot N\cdot K_x/U_e\cdot\cos\phi$$
$$=6\times9\times0.65/(0.22\times0.8)$$
$$=199.43(A)$$

式中：I_{js}——每层住宅用电量的计算电流（A）；

P_e——每户的用电负荷量（kW）；

N——每层住宅户数；

K_x——表 1 中住宅建筑用电负荷需要系数；

U_e——供电电压（V）；

$\cos\phi$——功率因数。

2）同层为 9 户的三相电流计算：

$$I_{js}=P_e\cdot N\cdot K_x/\sqrt{3}U_e\cdot\cos\phi$$
$$=6\times9\times0.9/1.732\times0.38\times0.8$$
$$=92.78(A)$$

从上述计算可以看出，同层 9 户采用三相供电更合理。

6.3 低压配电线路的保护

6.3.1 国家标准《建筑物电气装置　第 4-42 部分：安全防护　热效应保护》GB 16895.2－2005/IEC 60364－4－42：2001 第 422.3.10 条规定在 BE2 火灾危险条件下，在必须限制布线系统中故障电流引起火灾发生的地方，应采用剩余电流动作保护器保护，保护器的额定剩余电流动作值不超过 0.5A。IEC 60364-4-42：2010 版中将 0.5A 改为 0.3A，目前国内相应等同规范还没有出版。

一个住宅单元或一栋住宅建筑，家用电器的正常泄漏电流是个动态值，设计人员很难计算，按面积估算相对比较容易。下面列出面积估算值和常用电器正常泄漏电流参考值，供设计人员参考使用。

1 当住宅部分建筑面积小于 1500m² （单相配电）或 4500m² （三相配电）时，防止电气火灾的剩余电流动作保护器的额定值为 300mA。

2 当住宅部分建筑面积在 1500m²～2000m² （单相配电）或 4500m²～6000m² （三相配电）时，防止电气火灾的剩余电流动作保护器的额定值为 500mA。

3 常用电器正常泄漏电流参考值见表 2：

表 2　常用电器正常泄漏电流参考值

序号	电器名称	泄漏电流（mA）	序号	电器名称	泄漏电流（mA）
1	空调器	0.8	8	排油烟机	0.22
2	电热水器	0.42	9	白炽灯	0.03
3	洗衣机	0.32	10	荧光灯	0.11
4	电冰箱	0.19	11	电视机	0.31
5	计算机	1.5	12	电熨斗	0.25
6	饮水机	0.21	13	排风机	0.06
7	微波炉	0.46	14	电饭煲	0.31

剩余电流动作保护器产品标准规定：不动作泄漏电流值为 1/2 额定值。一个额定值为 30mA 的剩余电流动作保护器，当正常泄漏电流值为 15mA 时保护器是不会动作的，超过 15mA 保护器动作是产品标准允许的。表 2 中数据可视为一户住宅常用电器正常泄漏电流值，约为 5mA。一个额定值同样是 300mA 的剩余电流动作保护器，如果动作电流值为 180mA，可以带 30 多户，如果动作电流值为 230 mA，可以多带 10 户。此例仅为说明剩余电流动作保护器选择时应注意其动作电流的值，供设计人员参考。每户常用电器正常泄漏电流不是一个固定值，其他非住户用电负荷如公共照明等的正常泄漏电流也没有计算在内。

剩余电流保护断路器的额定电流值各生产厂家是一样的，但动作电流值各生产厂家不一样，设计人员在设计选型时应注意查询。

住宅建筑防电气火灾剩余电流动作报警装置的设置与接地型式有关，本规范只规定了报警声光信号的设置位置。

6.3.2 低压配电系统 TN-C-S、TN-S 和 TT 接地型式，由于中性线发生故障导致低压配电系统电位偏移，电位偏移过大，不仅会烧毁单相用电设备引起火灾，甚至会危及人身安全。过、欠电压的发生是不可预知的，如果采用手动复位，对于户内无人或有老幼病残的住户既不方便也不安全，所以本规范规定了每套住宅应设置自恢复式过、欠电压保护电器。

6.4 导体及线缆选择

6.4.1 住宅建筑套内电源布线选用铜芯导体除考虑其机械强度、使用寿命等因素外，还考虑到导体的载流量与直径，铝质导体的载流量低于铜质导体。目前住宅建筑套内86系列的电源插座面板的占多数，一般16A的电源插座回路选用2.5mm^{2}的铜质导体电线，如果改用铝质导体，要选用4mm^{2}的电线。三根4mm^{2}电线在75系列接线盒内接电源插座面板，施工起来比较困难。

6.4.2 供电干线不包括消防用电设备的电源线缆。

6.4.3 明敷线缆包括电缆明敷、电缆敷设在电缆梯架里和电线穿保护导管明敷。阻燃类型应根据敷设场所的具体条件选择。

6.4.6 按照本规范表3.3.1建筑面积小于等于60m^{2}且为一居室的住户（A套型），用电指标为3kW，电能表规格为5（20）A。铜质导体（BV）6mm^{2}进户线根据GB/T 16895.15第523节布线系统载流量计算出，环境温度为25℃、30℃、35℃和40℃时，2根负荷导体的持续载流量分别为36A、34A、31A和29A，完全能满足该套型的用电要求；住宅建筑照明功率密度目标值为6W/m^2～7W/m^2，按10W/m^{2}计算，A套型的照明用电量为600W，照明回路支线采用铜质导体（BV）1.5mm^{2}完全能满足要求。

保障性住宅还会继续建设，在不降低用电量又执行国家“四节”方针的原则下，本规范规定了建筑面积小于等于60m^{2}且为一居室的套型，进户线不应小于6mm^2，照明回路支线不应小于1.5mm^2。

7 配电线路布线系统

7.2 导管布线

7.2.1 条文里规定塑料导管管壁厚度不应小于2.0mm是因为聚氯乙烯硬质电线管PC20及以上的管材壁厚大于或等于2.1mm，聚氯乙烯半硬质电线管FPC壁厚均大于或等于2.0mm。

7.2.3 外护层厚度为线缆保护导管外侧与建筑物、构筑物表面的距离。

7.2.4 当采暖系统是地面辐射供暖或低温热水地板辐射供暖时，考虑其散热效果及对电源线的影响，电源线导管最好敷设于采暖水管层下混凝土现浇板内。

7.2.5 装有浴盆或淋浴的卫生间，按离水源从近到远的距离分为0、1、2、3四个区，四个区的具体划分参见国家标准《建筑物电气装置　第7部分：特殊装置或场所的要求　第701节：装有浴盆或淋浴的场所》GB 16895.13－2002 IEC60364－7－701：1984。

条文中的线缆导管包括电源线缆的暗敷和明敷方式。

7.2.6 净高小于2.5m且经常有人停留的地下室，电源线缆采用导管或线槽封闭式布线方式是为了保障人身安全。

7.3 电缆布线

7.3.2 条文中净距不应小于150mm取值于《民用建筑电气设计规范》JGJ 16－2008第8.7.5条第3款；平行明敷设包括水平和垂直平行明敷设。

7.4 电气竖井布线

7.4.1 明敷设包括电缆直接明敷、穿管明敷、桥架敷设等。

7.4.2 电能表箱如果安装在电气竖井内，非电气专业人员有可能打开竖井查看电能表，为保障人身安全，竖井内AC50V以上的电源线缆宜采用保护槽管封闭式布线。

7.4.3 电气竖井加门锁或门控装置是为了保证住宅建筑的用电安全及电气设备的维护，防窃电和防非电气专业人员进入。门控装置包括门磁、电力锁等出入口控制系统。

住宅建筑电气竖井检修门除应满足竖井内设备检修要求外，检修门的高×宽尺寸不宜小于1.8m×0.6m。

7.4.4 电气竖井净宽度不宜小于0.8m的示意图可参见本规范条文说明里的图4。

7.4.6 条文中间距不应小于300mm取值于《民用建筑电气设计规范》JGJ 16－2008第8.12.7条；隔离措施可采用电缆穿导管或电缆敷设在封闭式桥架里，采取隔离措施后间距不应小于150 mm。

7.4.7 强电与弱电的隔离措施可以用金属隔板分开或采用两者线缆均穿金属管、金属线槽。采取隔离措施后，根据《综合布线系统工程设计规范》GB 50311－2007表7.0.1-1，最小间距可为10 mm～300mm。

7.4.8 电气竖井内的电源插座宜采用独立回路供电，电气竖井内照明宜采用应急照明。电气竖井内的照明开关宜设在电气竖井外，设在电气竖井内时照明开关面板宜带光显示。

7.4.9 接地干线宜由变电所PE母线引来，接地端子应与接地干线连接，并做等电位联结。

7.5 室外布线

7.5.1 电缆直埋的电缆数量，《电力工程电缆设计规范》GB 50217－2007第5.2.2条规定35kV及以下的电力电缆少于6根，《民用建筑电气设计规范》JGJ 16－2008第8.7.2条规定为小于或等于8根。本规范根据住宅建筑的特性及上述条款规定为小于或等于6根。

7.5.4 距住宅建筑外墙3m～5m处设电缆井是为了解决室内外高差，有时3m～5m让不开住宅建筑的散水和设备管线，电缆井的位置可根据实际情况进行调整。

7.5.5 为便于设计人员设计住宅小区室外管线路由，将《电力工程电缆设计规范》GB 50217－2007第5.3.5条强制性条文的内容和《通信管道与通道工程设计规范》GB 50373－2006第3.0.3条强制性条文的内容精简，融合成本规范的表7.5.5-1和表7.5.5-2，供设计人员使用。

如果受地理条件限制，表中有些净距在采取措施后，可减小。具体做法和净距值可参见上述两本国家现行规范。

8 常用设备电气装置

8.1 一般规定

8.1.2 本规范根据住宅建筑的特性，对各类插座的安装高度作了不同的规定。为了美观和使用方便，住宅套内同一面墙上安装的各类插座宜统一高度。

8.2 电梯

此节电梯包括住宅建筑的消防电梯和客梯。

8.2.2 住宅建筑的消防电梯由专用回路供电，住宅建筑的客梯如果受条件限制，可与其他动力共用电源。

8.2.3 消防电梯和客梯机房可合用检修电源，检修电源至少预留一个三相保护开关电器。

8.2.5 客梯机房照明配电箱宜由客梯机房配电箱供电，如果客梯机房没有专用照明配电箱，电梯井道照明宜由客梯机房配电箱供电。

8.2.7 就近引接的电源回路应装设剩余电流动作保护器。

8.3 电动门

8.3.1 装设不大于30mA动作的剩余电流动作保护器，用于漏电时的人身保护。

8.3.3 疏散通道上的电动门包括住宅建筑的出入口处、住宅小区的出入口处等。

8.4 家居配电箱

8.4.1 家居配电箱底距地不低于1.6m是为了检修、维护方便。家居配电箱因为出线回路多又增加了自恢复式过、欠电压保护电器，单排箱体可能满足不了使用要求。如果改成双排，家居配电箱底距地1.8m，位置偏高不好操作。建议单排家居配电箱暗装时箱底距地宜为1.8m，双排家居配电箱暗装时箱底距地宜为1.6m；家居配电箱明装时箱底距地应为1.8m。

8.4.2 家居配电箱按照实际应用规定了最基本的配置，家居配电箱的设计与选型不应低于此配置。空调插座的设置应按工程需求预留；如果住宅建筑采用集中空调系统，空调的插座回路应改为风机盘管的回路。家居配电箱具体供电回路数量可参照下列要求设计：

1 三居室及以下的住宅宜设置一个照明回路，三居室以上的住宅且光源安装容量超过2kW时，宜设置两个照明回路。

2 起居室等房间，使用面积等于大于30m²时，宜预留柜式空调插座回路。

3 起居室、卧室、书房且使用面积小于30m²时宜预留分体空调插座。使用面积小于20m²时每一回路分体空调插座数量不宜超过2个；使用面积大于20m²时每一回路分体空调插座数量不宜超过1个。

4 如双卫生间均装设热水器等大功率用电设备，每个卫生间应设置不少于一个电源插座回路，卫生间的照明宜与卫生间的电源插座同回路。

如果住宅套内厨房、卫生间均无大功率用电设备，厨房和卫生间的电源插座及卫生间的照明可采用一个带剩余电流动作保护器的电源回路供电。

8.4.3 根据《住宅建筑规范》GB 50368－2005第8.5.4条强制性条文："每套住宅应设置电源总断路器，总断路器应采用可同时断开相线和中性线的开关电器。"为保障居民和维修维护人员人身安全和便于管理，制定本强制性条款。

家居配电箱内应配置有过流、过载保护的照明供电回路、电源插座回路、空调插座回路、电炊具及电热水器等专用电源插座回路。除壁挂分体式空调器的电源插座回路外，其他电源插座回路均应设置剩余电流动作保护器，剩余动作电流不应大于30mA。

每套住宅可在电能表箱或家居配电箱处设电源进线短路和过负荷保护，一般情况下一处设过流、过载保护，一处设隔离器，但家居配电箱里的电源进线开关电器必须能同时断开相线和中性线，单相电源进户时应选用双极开关电器，三相电源进户时应选用四极开关电器。

8.5 其他

8.5.1 除有要求外，起居室空调器电源插座只预留一种方式；厨房插座的预留量不包括电炊具的使用，即家居做饭采用电能源。

8.5.2 单台单相家用电器额定功率为2kW～3kW时，电源插座宜选用单相三孔16A电源插座；单台单相家用电器额定功率小于2kW时，电源插座宜选用单相三孔10A电源插座。家用电器因其负载性质不同、功率因数不同，所以计算电流也不同，同样是2kW，电热水器的计算电流约为9A，空调器的计算电流约为11A。设计人员设计时应根据家用电器的额定功率和特性选择10A、16A或其他规格的电源插座。

本规范表 8.5.1 序号 5 中单台单相家用电器的电源插座用途单一，这些家用电器不是用电量较大，就是电源插座安装位置在 1.8m 及以上，不适合与其他家用电器合用一个面板，所以插座面板只留三孔。

8.5.4 考虑到厨房吊柜及操作柜的安装，厨房的电炊插座安装在 1.1m 左右比较方便，考虑到厨房、卫生间瓷砖、腰线等安装高度，将厨房电炊插座、洗衣机插座、剃须插座底边距地定为 1.0m～1.3m。

8.5.6 卫生间的区域划分说明见本规范第 7.2.5 条的条文说明。

9 电气照明

9.2 公共照明

9.2.2 供应急灯的电源插座除外。

9.2.3 人工照明的节能控制包括声、光控制、智能控制等，但住宅首层电梯间应留值班照明。住宅建筑公共照明采用节能自熄开关控制时，光源可选用白炽灯。因为关灯频繁的场所选用紧凑型荧光灯，会影响其寿命并增加物业管理费用。应急状态下，无火灾自动报警系统的应急照明集中点亮可采用手动控制，控制装置宜安装在有人值班室里。

9.2.4 住宅建筑的门厅或首层电梯间的照明控制方式，要考虑残疾人操作方便。至少有一处照明灯残疾人可控制或常亮。

9.3 应急照明

9.3.1 住宅建筑一般按楼层划分防火分区，扣除居住面积，住宅建筑每层公共交通面积不是很大，如果按每层每个防火分区来设置应急照明配电箱，显然不是很合理。考虑到住宅建筑的特殊性及火灾应急时疏散的重要性，建议住宅建筑每 4 层～6 层设置一个应急照明配电箱，每层或每个防火分区的应急照明应采用一个从应急照明配电箱引来的专用回路供电，应急照明配电箱应由消防专用回路供电。

9.3.2 本条款根据国家标准《高层民用建筑设计防火规范》GB 50045－95（2005 版）第 9.2.3 条和《建筑设计防火规范》2010 年征求意见稿第 12.3.4 条编写。

9.3.3 高层住宅建筑的楼梯间均设防火门，楼梯间是一个相对独立的区域，楼梯间采用不同回路供电是确保火灾时居民安全疏散。如果每层楼梯间只有一个应急照明灯，宜 1、3、5…层一个回路，2、4、6…层一个回路；如果每层楼梯间有两个应急照明灯，应有两个回路供电。

9.4 套内照明

9.4.2 起居室、餐厅等公共活动场所，当使用面积小于 $20m^2$ 时，屋顶应预留一个照明电源出线口，灯位宜居中。当使用面积大于 $20m^2$ 时，根据公共活动场所的布局，屋顶应预留一个以上的照明电源出线口。

9.4.4 装有淋浴或浴盆卫生间的照明回路装设剩余电流动作保护器是为了保障人身安全。为卫生间照明回路单独装设剩余电流动作保护器安全可靠，但不够经济合理。卫生间的照明可与卫生间的电源插座同回路，这样设计既安全又经济，缺点是发生故障时，照明没电，给居民行动带来不便。

装有淋浴或浴盆卫生间的浴霸可与卫生间的照明同回路，宜装设剩余电流动作保护器。

10 防雷与接地

10.1 防 雷

10.1.1 住宅建筑的防雷分类见表 3。

表 3 住宅建筑的防雷分类

住 宅 建 筑	防雷分类
建筑高度为 100m 或 35 层及以上的住宅建筑	第二类防雷建筑物
年预计雷击次数大于 0.25 的住宅建筑	
建筑高度为 50m～100m 且 19 层～34 层的住宅建筑	第三类防雷建筑物
年预计雷击次数大于或等于 0.05 且小于或等于 0.25 的住宅建筑	

根据《建筑物防雷设计规范》GB 50057－2010 第 3.0.3 条强制性条文制定本强制性条款。《建筑物防雷设计规范》GB 50057－2010第 3.0.3 条第 10 款只对年预计雷击次数大于 0.25 的住宅建筑作出了规定，本规范在此基础上，根据住宅建筑的特性对住宅建筑的高度及层数也作出了规定，目的是为了保障居民的人身安全。

10.1.2 根据《建筑物防雷设计规范》GB 50057－2010 第 3.0.4 条强制性条文制定本强制性条款。《建筑物防雷设计规范》GB 50057－2010第 3.0.4 条第 3 款只对年预计雷击次数大于或等于 0.05 且小于或等于 0.25 的住宅建筑作出了规定，本规范在此基础上，根据住宅建筑的特性对住宅建筑的高度及层数也作出了规定，目的是为了保障居民的人身安全。

10.1.4 安装在室内的配电箱为室外照明及用电设备供电时，宜在电源出线开关与外露可导电部分之间装设浪涌保护器并可靠接地。

10.2 等电位联结

10.2.2 金属浴盆、洗脸盆包括金属搪瓷材料；建筑物钢筋网包括卫生间地面及墙内钢筋网。装有淋浴或浴盆卫生间里的设施不需要进行等电位联结的有下列几种情况：

1 非金属物，如非金属浴盆、塑料管道等。

2 孤立金属物，如金属地漏、扶手、浴巾架、肥皂盒等。

3 非金属物与金属物，如固定管道为非金属管道（不包括铝塑管），与此管道连接的金属软管、金属存水弯等。

10.3 接 地

10.3.2 家用电器外露可导电部分均应可靠接地是为了保障人身安全。目前家用电器如空调器、冰箱、洗衣机、微波炉等，产品的电源插头均带保护极，将带保护极的电源插头插入带保护极的电源插座里，家用电器外露可导电部分视为可靠接地。

采用安全电源供电的家用电器其外露可导电部分可不接地。如笔记本电脑、电动剃须刀等，因产品自带变压器将电压已经转换成了安全电压，对人身不会造成伤害。

11 信息设施系统

11.1 一 般 规 定

住宅建筑目前安装的电话插座、电视插座、信息插座（电脑插座），功能相对来说比较单一，随着物联网的发展、三网融合的实现，住宅建筑里电视、电话、信息插座的功能也会多样化，信息插座不仅仅是提供电脑上网的服务，还能提供家用电器远程监控等服务。各运营商也会给居民提供更多更好的信息资源服务。

三网融合后住宅套内的电话插座、电视插座、信息插座功能合一，设置数量也会合一。例如本规范根据目前三个网络的存在，起居室可能要同时安装电视、电话、信息三个插座，三网融合后，起居室安装一个信息插座就能满足使用要求。所以，设计人员在设计三网进户时，一定要与当地三网融合的建设相适应。

11.1.1 公用通信网、因特网由通信、信息网络业务经营商经营管理，自用通信网、局域网由住宅建筑（小区）物业部门管理。

11.1.2 目前除有线电视系统由各地主管部门统一管理外，通信、信息网络业务均有多家经营商经营管理。居民有权选择通信、信息网络业务经营商，所以本规范规定了住宅建筑要预留两个以上通信业务经营商和两个以上信息网络业务经营商所需设施的安装空间。

11.2 有线电视系统

11.2.2 进户线的设置与当地有线电视网的系统设置和收费管理有关。设计方案应以当地管理部门审批为准。

有线电视系统的信号传输线缆，目前采用光缆到小区或到住宅楼，随着三网融合的推进，很快会实现光缆到户。有线电视系统的进户线不应少于1根是针对采用特性阻抗为75Ω的同轴电缆而言，如果采用光缆进户，有一根多芯光缆即可。75-5同轴电缆传输距离一般为300m，超过300m宜采用光缆传输。

有线电视系统三网融合后，光缆进户需进行光电转换，电缆调制解调器（CM）和机顶盒（STB）功能可合一，设备可单独设置也可设置在家居配线箱里。

11.2.3 电视插座面板由于三网融合的推进可能会发生变化，本规范里的电视插座还是按86系列面板预留接线盒。起居室里的电视多半与起居室里的家具组合摆放，电视插座距地0.3m由于电视机的插头长度大于踢脚线的厚度，影响家具的摆放，使用不方便，所以本规范根据实际应用情况将电视插座的安装高度调整为0.3m～1.0m，为电视机配套的电源插座宜与电视插座安装高度一致。

11.2.4 电视插座不应少于1个是规范规定安装的数量，安装位置由建设方和设计人员根据规范确定。起居兼主卧室户型可装1个电视插座，起居室与主卧室分开的住户应安装两个电视插座。

11.2.5 同轴电缆穿金属导管是为了提高屏蔽效果，保证电视信号不受干扰。

11.3 电 话 系 统

11.3.1 用户电话交换机（PABX）可分为普通用户电话交换机（PBX）、综合业务数字用户电话交换机（ISPBX）、IP用户电话交换机（IP PBX）、软交换用户电话交换机等。住宅建筑电话系统至少满足普通用户电话交换机（PBX）的功能，其他功能由当地通信运营商和建设方确定。

11.3.2 住宅建筑的电话系统采用综合布线系统，以适应信息网络系统的发展要求，满足三网融合的要求。电话系统进户线不应少于1根是针对电话电缆或5e及以上等级的4对对绞电缆而言，如果采用光缆进户，有一根多芯光缆即可。

通信系统三网融合后，光缆可进户也可到桌面，为维护方便，进户线宜在家居配线箱内做交接。

11.3.5 电话插座不应少于2个是规范规定安装的数量，安装位置由建设方和设计人员根据规范确定。如果是起居兼主卧室且没有书房的一室户型，电话插座可安装1个。

11.4 信息网络系统

11.4.2 信息网络系统进户线应选用5e类及以上等

级的4对对绞电缆或光缆。

11.4.3 为了适应宽带通信业务的接入，实现三网融合，应考虑采用光缆入户到桌面。

11.4.4 信息插座不应少于1个是规范规定安装的数量，安装位置由建设方和设计人员根据规范确定。设置2个及以上信息插座的住宅，宜配置计算机交换机/集线器（SW/HUB）。如果起居兼主卧室且没有书房的一室户型，信息插座可安装1个。

11.4.5 设备间、电信间宜设在一层或地下一层。综合布线系统水平缆线不应超过90m，25层以上的住宅建筑宜在一层或地下一层设置一间设备间，在顶层或中间层再设置一间电信间。

11.7 家居配线箱

三网融合在现阶段并不意味着电信网、信息（计算机）网和有线电视网三大网络的物理合一，三网融合主要是指高层业务应用的融合。三大网络通过技术改造，能够提供包括语音、数据、图像等综合多媒体的通信业务。换句话说住户不管选用三个网的哪家运营商，都可以通过这一家运营商实现户内看电视、上网和打电话（不包括移动电话，下同）。

目前FHC有线电视网是通过机顶盒和电缆调制解调器实现数字电视的转播和连接因特网，电信网是通过ISDN等连接因特网，只有信息（计算机）网是通过综合布线系统直接连接因特网。居民在家一般要通过两个或三个网络来实现看电视、上网和打电话。三网融合后，居民可以选择一家运营商实现户内看电视、上网和打电话，也可以和现在一样选择两家或三家运营商实现户内看电视、上网和打电话。

对于设计人员来说，新建的住宅建筑一定要和建设方沟通，要与当地的实际情况及发展前景相结合，能做到三大网络物理网络合一是最理想的状态，三网融合后，住宅建筑的布线及插座配置也应有所变化。目前三网融合正在规划实施中，各地区发展速度不一致，本规范还不能对三网融合后的布线及配置作出规定，但要求每套住宅应设置家居配线箱，家居配线箱的设置对今后三网融合和光缆进户将会起到很重要的作用。

11.7.1 家居配线箱三网融合前的接线示意图见图1。

图1只画出了家居配线箱最基本的配置接线，未画出与能耗计量及数据远传系统的连接。

11.7.2 家居配线箱不宜与家居配电箱上下垂直安装在一个墙面上，避免竖向强、弱电管线多、集中、交叉。家居配线箱可与家居控制器上下垂直安装在一个墙面上。

11.7.3 预留AC220V电源接线盒，是为了给家居配线箱里的有源设备供电，家居配线箱里的有源设备一般要求50V以下的电源供电，电源变压器可安装在

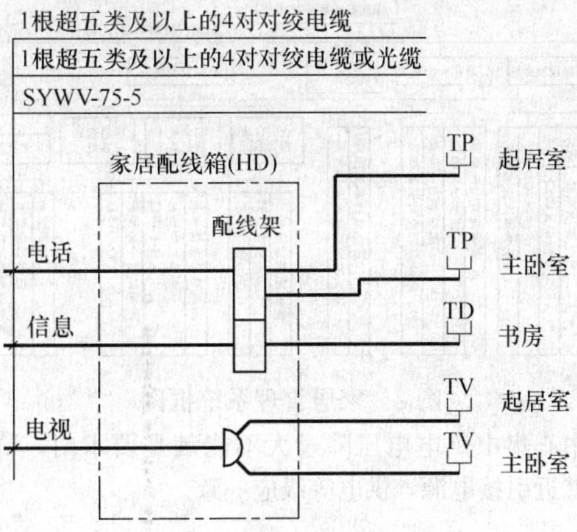

图1 家居配线箱基本配置图

电源接线盒内。接线盒内的电源宜就近取自照明回路。

11.8 家居控制器

11.8.2 家用电器的监控包括：照明灯、窗帘、遮阳装置、空调、热水器、微波炉等的监视和控制。

12 信息化应用系统

12.1 物业运营管理系统

12.1.1 非智能化的住宅建筑，具备条件时，也应设置物业运营管理系统。

12.3 智能卡应用系统

12.3.2 与银行信用卡等融合的智能卡应用系统，卡片宜选用双面卡，正面为感应式，背面为接触式。

12.5 家居管理系统

12.5.1 住宅建筑家居管理系统（HMS）是通过家居控制器、家居布线、住宅建筑布线及各子系统，对各类信息进行汇总、处理，并保存于住宅建筑管理中心数据库，实现信息共享，为居民提供安全、舒适、高效、环保的生活环境。住宅建筑家居管理系统（HMS）框图见图2。

13 建筑设备管理系统

13.2 建筑设备监控系统

13.2.1 本条款只提出了智能化住宅建筑设置建筑设备监控系统应具备的最低功能要求，有条件的开发商可根据需求监测与控制更多的系统和设备。

13.2.4 当住宅小区面积较大，DDC由建筑设备监

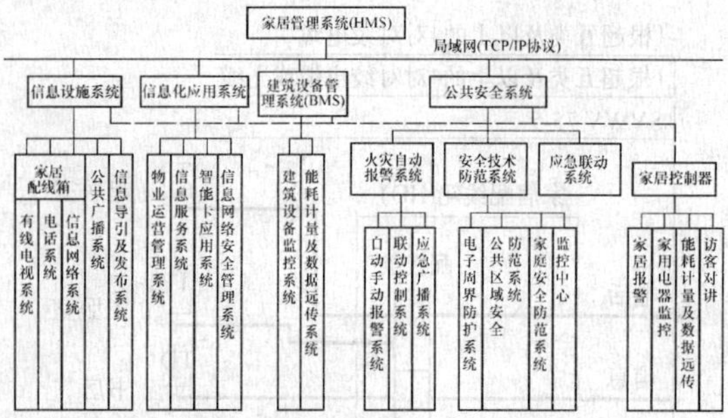

图 2　家居管理系统框图

控中心集中供电电压降过大不能满足要求时，DDC可就近引接电源，供电等级应一致。

13.3　能耗计量及数据远传系统

13.3.1　能耗计量及数据远传系统宜由能耗计量表具、采集模块/采集终端、传输设备、集中器、管理终端、供电电源组成。有线网络包括：RS485总线、局域网、低压电力线载波等。

14　公共安全系统

14.2　火灾自动报警系统

14.2.3　建筑高度为100m或35层及以上的住宅建筑要求每栋楼都要设消防控制室，其他住宅建筑及住宅建筑群应按规范要求设消防控制室。住宅小区宜集中设置消防控制室，消防控制室要求24小时专业人员值班，设置多个消防控制室，需增加专业人员值班，增加系统维修维护量，增加运营成本。

14.3　安全技术防范系统

14.3.2　考虑到全国各地住宅建筑建设投资不一致，表14.3.2只规定了住宅建筑安全技术系统最基本的配置。目前全国很多地区的住宅建筑安全技术防范系统的建设已经超过了本规范规定的标准配置。建议有条件的地区或投资商，在建设或改建住宅小区时，宜在住宅小区公共区域设置视频安防监控系统。

14.3.4

1　电子巡查系统包括离线式和在线式。

3　住宅建筑停车库（场）管理系统宜对长期住户车辆和临时访客车辆有不同的管理模式，保障住宅建筑高峰期进出口处车辆不堵塞。

14.3.5

1　室内分机有多种类型，最基本的是双向对讲、开门锁，目前新建住宅建筑很多已经安装了彩色可视对讲分机，也有的已经安装了家庭控制器。建议投资商根据居民需求及技术发展，合理选择室内分机类型。

2　紧急求助报警装置宜安装在起居室（厅）、主卧室或书房。

14.3.6　住宅建筑安防监控中心自身的安防设施是指对监控中心的物防、技防，还应确保人防。

15　机 房 工 程

15.1　一 般 规 定

15.1.1　机房是指住宅建筑内为各弱电系统主机设备、计算机、通信设备、控制设备、综合布线系统设备及其相关的配套设施提供安装设备、系统正常运行的建筑空间。根据机房所处行业/领域的重要性、经济性等，《电子信息系统机房工程设计规范》GB 50174－2008将机房从高到低划分为A、B、C三级。

15.2　控　制　室

15.2.1　住宅建筑的控制室不包括行业专用的电话站、广播站和计算机站。

15.2.2　住宅建筑的控制室采用合建方式是为了便于管理和减少运营费用。

15.3　弱电间及弱电竖井

15.3.1　弱电间是指敷设安装楼层弱电系统管线（槽）、接地线、设备等占用的建筑空间。弱电间/弱电竖井检修门的尺寸参见本规范第7.4.3条的条文说明。

15.3.2、15.3.3　弱电竖井的长度L由设计人员根据弱电设备及管线（槽）尺寸确定，多层住宅建筑弱电竖井示意图见图3；7层及以上住宅建筑弱电竖井示意图见图4。

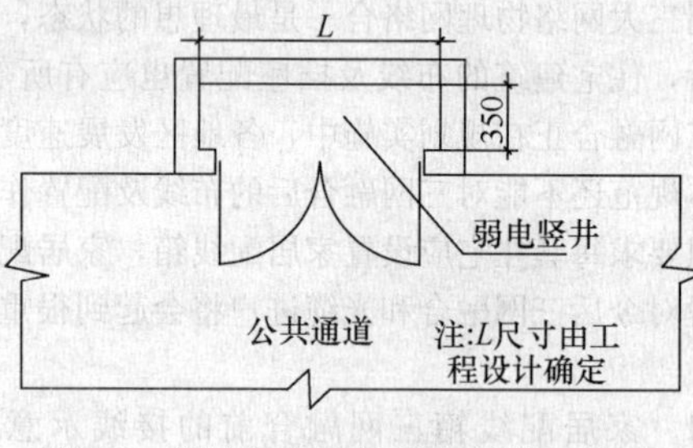

图 3　多层住宅建筑弱电竖井示意图

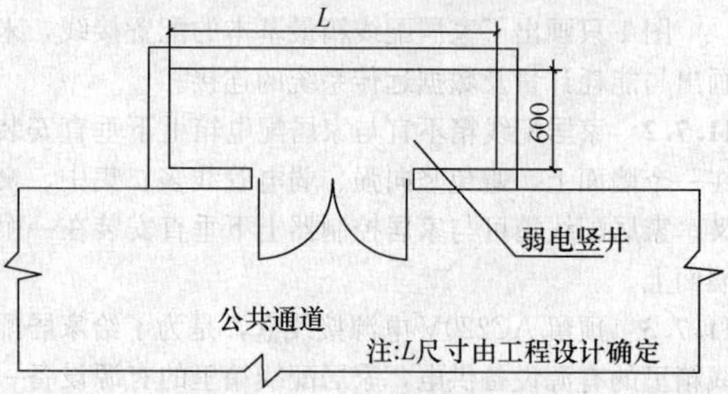

图 4　7层及以上住宅建筑弱电竖井示意图

25层以上的住宅建筑如果弱电间与电信间合用，弱电设备安装位置可参见本规范第11.4.5条的条文说明。

15.3.4 弱电间及弱电竖井墙壁耐火极限及预留洞口封堵等要求可参见本规范第7.4节里的相关条款及条文说明。

15.4 电 信 间

15.4.1 电信间是指安装电信设备、电缆和光缆终端配线设备并进行缆线交接等占用的建筑空间。

中华人民共和国行业标准

交通建筑电气设计规范

Code for electrical design of transportation buildings

JGJ 243—2011

批准部门：中华人民共和国住房和城乡建设部

施行日期：2 0 1 2 年 6 月 1 日

中华人民共和国住房和城乡建设部
公　　告

第 1115 号

关于发布行业标准《交通建筑电气设计规范》的公告

现批准《交通建筑电气设计规范》为行业标准，编号为 JGJ 243－2011，自 2012 年 6 月 1 日起实施。其中，第 6.4.7、8.4.2 条为强制性条文，必须严格执行。

本规范由我部标准定额研究所组织中国建筑工业出版社出版发行。

中华人民共和国住房和城乡建设部

2011 年 8 月 4 日

前　　言

根据原建设部《关于印发〈2007 年工程建设标准规范制订、修订计划（第一批）〉的通知》（建标［2007］125 号）文件的要求，规范编制组经广泛调查研究，认真总结实践经验，参考有关国内外标准，并在广泛征求意见的基础上，编制本规范。

本规范主要技术内容是：1. 总则；2. 术语和代号；3. 供配电系统；4. 配变电所、配变电装置及电能管理；5. 应急电源设备；6. 低压配电及线路布线；7. 常用设备电气装置；8. 电气照明；9. 建筑防雷与接地；10. 智能化集成系统；11. 信息设施系统；12. 信息化应用系统；13. 建筑设备监控系统；14. 公共安全系统；15. 机房工程；16. 电磁兼容；17. 电气节能。

本规范中以黑体字标志的条文为强制性条文，必须严格执行。

本规范由住房和城乡建设部负责管理和对强制性条文的解释，由现代设计集团华东建筑设计研究院有限公司负责具体技术内容的解释。执行过程中如有意见或建议，请寄送现代设计集团华东建筑设计研究院有限公司（地址：上海市汉口路 151 号，邮政编码：200002），以供修订时参考。

本规范主编单位：现代设计集团华东建筑设计研究院有限公司

本规范参编单位：中国建筑西北设计研究院有限公司
中国建筑东北设计研究院有限公司
北京市建筑设计研究院
铁道第三勘察设计研究院集团有限公司
广东省建筑设计研究院
上海市城市建设设计研究院
中国民航总局第二研究所民航机场（成都）电子工程设计所
同济大学
上海铁路城市轨道交通设计研究院
施耐德电气（中国）投资有限公司
宝胜科技创新股份有限公司
飞利浦（中国）投资有限公司
烟台持久钟表集团有限公司
北京挪拉斯坦特芬通信设备有限公司

本规范主要起草人员：邵民杰　吴文芳（以下按姓氏笔画排序）
于云臣　王　晔　王小安
王明春　石萍萍　庄孙毅
刘　璠　李国宾　杨立新
杨海龙　杨德才　闵　加

张　磊　陈　洪　林海雄
姚梦明　涂　强　袁圣勇
钱观荣　郭晓岩　崔学林
曹承属　温伯银　韩春梅
缪　兴　蔡增谊

本规范主要审查人员：王金元　张文才　孙　兰
陈众励　杜毅威　白英彩
赵济安　高小平　金　辉
王元恺

目　次

Contents

1 总 则

1.0.1 为统一交通建筑电气设计标准，全面贯彻执行国家的技术经济政策，做到安全可靠、经济合理、技术先进、节约能源、维护管理方便，制定本规范。

1.0.2 本规范适用于新建、扩建、改建的以客运为主的民用机场航站楼、交通枢纽站、铁路旅客车站、城市轨道交通站、磁浮列车站、港口客运站、汽车客运站等交通建筑电气设计，不适用于飞机库、油库、机车站、行业专用货运站、汽车加油站等的电气设计。

1.0.3 交通建筑电气设计应体现以人为本，对声污染、光污染、电磁污染采取综合治理，并应满足国家有关环境保护的要求。

1.0.4 交通建筑电气设计应采用安全、可靠、节能、适用的技术和产品，严禁使用已被国家淘汰的技术和产品。

1.0.5 交通建筑电气设计除应符合本规范外，尚应符合国家现行有关标准的规定。

2 术语和代号

2.1 术 语

2.1.1 照明管理系统 lighting management system

应用分布式控制系统，对建筑物内部及外部环境照明进行自动或现场手动等方式的监测、控制，以实现集中管理、节能运行、优化照明环境的系统。

2.1.2 电能管理系统 electric management system

以智能继电保护装置、智能电力仪表、其他智能电力监控装置、计算机及通信网络、监控系统软件为基础，提供供配电系统详尽的数据采集、运行监视、事故预警、事故记录和分析、电能质量监视和控制、自动控制、负荷管理等功能，实现对整个建筑物进行安全供电、能耗、运行等综合管理的一种智能化、网络化、单元化、组态化的系统。

2.1.3 电气火灾监控系统 alarm and control system for electric fire prevention

由电气火灾监控设备、电气火灾监控探测器及相关线路等组成，当被保护线路中的被探测参数超过报警设定值时，能发出报警信号并能指示报警部位的系统。

2.1.4 能耗监测管理 energy consumption monitor management

通过对大型公共建筑安装分类和分项能耗计量装置，采用远程传输等手段及时采集能耗数据，实现对建筑能耗在线监测和动态分析管理。

2.1.5 电磁环境 electromagnetic environment

存在于给定场所的所有电磁现象的总和。

2.1.6 电子信息系统 electronic information system

由计算机、有/无线通信设备、处理设备、控制设备及其相关的配套设备、设施（含网络）等电子设备构成的，按照一定应用目的和规则对信息进行采集、加工、存储、传输、检索等处理的人机系统。

2.1.7 场地设施 infrastructure

电子信息系统机房内，为电子信息系统提供运行保障的基础设施。

2.1.8 自动售检票设备 automatic fare collection

无售、检票人员而由乘客自助购买硬币式、磁卡或非接触式IC卡等单程或充值车票，并用其通过检票机进出轨道交通车站的设备。

2.1.9 自动人行道 moving pavement

倾斜角在0°～12°之间，能够连续运送乘客的设备，又称自动步道。

2.2 代 号

ACTS——先进通信技术卫星 advanced communication technology satellite

ATR——自动读码站 automatic reading frame station

BAS——建筑设备监控系统 building automation system

BHS——行李处理系统 baggage handling system

BECS——行李设备控制系统 baggage equipment control system

BMS——建筑设备管理系统 building management system

DCLS——直接通信链接系统 direct communication link system

EMS——电能管理系统 electric management system

FAS——火灾自动报警系统 fire alarm system

GPS——全球卫星定位系统 global positioning system

IRIG-B——靶场仪器组B型格式 inter-range instrumentation group-b

NTP——网络时钟协议 network time protocol

ODBC——开放式数据库互接 open datebase connectivity

PRC——伪距校正 pseudo range correction

SAS——安全防范系统 security automation system

SIC——安全检查系统 security inspection system

TTS——文本转换语音技术 text to speech

1PPS——每秒1个脉冲 1 pulse per second

3 供配电系统

3.1 一般规定

3.1.1 本章适用于交通建筑中35kV及以下供配电系统的设计。

3.1.2 交通建筑供配电系统设计应按其负荷性质、用电容量、工艺流程特点以及当地供电条件，合理确定设计方案。

3.1.3 交通建筑的供配电系统设计应根据所处工程的特点、系统规模和发展规划，适当考虑远期发展。

3.1.4 交通建筑的供配电系统设计应符合国家现行标准《供配电系统设计规范》GB 50052及《民用建筑电气设计规范》JGJ 16的有关规定。

3.2 负荷分级及供电要求

3.2.1 交通建筑中用电负荷等级应根据供电可靠性及中断供电所造成的损失或影响程度，分为一级负荷、二级负荷及三级负荷，且各级负荷应符合表3.2.1的规定。不同类型交通建筑的规模划分应按本规范附录A执行。

3.2.2 交通建筑中消防用电的负荷等级应符合下列规定：

1 Ⅲ类及以上民用机场航站楼、特大型和大型铁路旅客车站、集民用机场航站楼或铁路及城市轨道交通车站等为一体的大型综合交通枢纽站、城市轨道交通地下站以及具有一级耐火等级的交通建筑中消防用电，应为一级负荷；

2 其他机场航站楼、铁路客运站、城市轨道交通地面站、地上站、港口客运站、汽车客运站及其他交通建筑等的消防负荷不应低于二级负荷。

表3.2.1 交通建筑中用电负荷等级

负荷等级 / 适用场所 / 建筑类别	一级负荷中特别重要负荷	一级负荷	二级负荷	三级负荷
民用机场	民用机场内的航空管制、导航、通信、气象、助航灯光系统设施和台站用电；边防、海关的安全检查设备；航班信息、显示及时钟系统； 航站楼、外航驻机场办事处中不允许中断供电的重要场所用电负荷	Ⅲ类及以上民用机场航站楼中的公共区域照明、电梯、送排风系统设备、排污泵、生活水泵、行李处理系统（BHS）； 航站楼、外航驻机场航站楼办事处、机场宾馆内与机场航班信息相关的系统、综合监控系统及其他信息系统； 站坪照明、站坪机务；飞行区内雨水泵站等用电	航站楼内除一级负荷以外的其他主要用电负荷，包括公共场所空调系统设备、自动扶梯、自动人行道； Ⅳ类及以下民用机场航站楼的公共区域照明、电梯、送排风系统设备、排污水设备、生活水泵用电	
铁路旅客车站综合交通枢纽站	特大型铁路旅客车站、集大型铁路旅客车站及其他车站等为一体的大型综合交通枢纽站中不允许中断供电的重要场所用电负荷	特大型铁路旅客车站、国境站和集大型铁路旅客车站及其他车站等为一体的综合交通枢纽站的旅客站房、站台、天桥、地道用电、防灾报警设备；特大型铁路旅客车站、国境站的公共区域照明； 售票系统设备、安防及安全检查设备、通信系统	大、中型铁路旅客车站、集中型铁路旅客车站及其他车站等为一体的综合交通枢纽站的旅客站房、站台、天桥、地道用电、防灾报警设备； 特大和大型铁路旅客车站、国境站的列车到发预告显示系统、旅客用电梯、自动扶梯、国际换装设备、行包用电梯、皮带输送机、送排风机、排污水设备； 特大型铁路旅客车站的冷热源设备； 大中型铁路旅客车站的公共区域照明、管理用房照明及设备； 铁路旅客车站的驻站警务室	不属于一级和二级的用电负荷

续表 3.2.1

负荷等级 适用场所 建筑类别	一级负荷中特别重要负荷	一级负荷	二级负荷	三级负荷
城市轨道交通车站、磁浮列车站	通信及信号系统及车站内不允许中断供电的重要场所用电负荷	综合监控系统、屏蔽门（安全门）、防护门、防淹门及地铁车站中的排水泵用电、信息设备管理用房照明、公共区域照明、自动售票系统设备	非消防用电梯及自动扶梯、地上站厅站台照明、送排风机、排污水设备	不属于一级和二级的用电负荷
港口客运站	—	一级港口客运站的通信、监控系统设备、导航设施用电	港口重要作业区、一、二级港口客运站主要用电负荷，包括公共区域照明、管理用房照明及设备、电梯、送排风系统设备、排污水设备、生活水泵	
汽车客运站	—	—	一、二级汽车客运站主要用电负荷；包括公共区域照明、管理用房照明及设备、电梯、送排风系统设备、排污水设备、生活水泵	

3.2.3 当交通建筑机房及重要场所中有一级负荷中特别重要负荷的设备时，直接为其运行服务的空调用电不应低于一级负荷；有大量一级负荷设备时，直接为其运行服务的空调用电不应低于二级负荷。

3.2.4 交通建筑中的重要电子信息机房和防灾中心、集中监控管理中心、应急指挥中心的交流电源及其系统设备电源，其负荷级别不应低于该建筑中最高等级的用电负荷。

3.2.5 交通建筑群区的场内雨水泵站、供水站、采暖锅炉房、换热站、能源中心、通信（信息）楼等的用电负荷，应根据工程规模、重要性等因素合理确定负荷等级，且不应低于二级。

3.2.6 有特殊要求的用电负荷，应根据实际情况及工艺要求确定。

3.2.7 应急电源应满足重要用电设备对电源切换时间的要求，并应根据负荷要求按其不同的电源切换时间进行分级。应急电源的分级及切换时间的要求应符合表 3.2.7 的规定。

表 3.2.7 应急电源的分级及切换时间的要求

应急电源级别	应急电源对电源切换时间的要求	适用场合
0 级（不间断）	不间断自动连续供电	信息技术设备，重要监控系统设备、机场安检设备、UPS 电源所供设备

续表 3.2.7

应急电源级别	应急电源对电源切换时间的要求	适用场合
0.15 级（极短时间隔）	0.15s 之内自动恢复有效供电	EPS 电源设备，人员密集场所、容易引起人员恐慌场所的应急照明类设施
0.5 级（短时间隔）	0.5s 之内自动恢复有效供电	一般场所的应急照明类设施、客运航班显示屏、除机场以外的安检设备
15 级（中等间隔）	15s 之内自动恢复有效供电	一般消防类设施（不包括火灾应急照明）、电梯

3.3 供配电系统及电能质量

3.3.1 交通建筑中具有一级负荷的供配电系统应由不少于两个电源供电，主供电源的电压等级宜同级。每个进线电源的容量应满足供配电系统全部一、二级负荷供电的要求。

3.3.2 交通建筑中具有一级负荷中特别重要的负荷应采用应急电源设备为应急电源供电。

3.3.3 交通建筑中具有二级负荷且不高于二级负荷的供配电系统宜由两回线路电源供电，电源的电压等级可不同级，每个进线电源的容量应满足供配电系统全部二级负荷供电的要求；在地区供电条件困难时，二级负荷可由一回 6kV 及以上专用线路供电。

3.3.4 交通建筑应根据空调用冷水机组的容量以及地区供电条件，合理确定机组的额定电压和用电单位的供电电压，并应考虑大容量电动机启动时对电源母线压降的影响。由低压电源供电的单台电制冷冷水机组的电功率不宜超过 550kW。

3.3.5 应合理选择变压器容量、线缆及敷设方式，减少线路感抗，提高用户的自然功率因数；当采用提高自然功率因数措施后仍达不到要求时，应进行无功补偿。

3.3.6 10(6)kV 及以下无功补偿宜在配电变压器低压侧集中补偿，且补偿后功率因数不应低于 0.9，容量较大且经常使用的用电设备的无功补偿宜单独就地补偿。

3.3.7 10(6)kV 侧设有电动机负载时，应在 10(6)kV 侧设电容器补偿。

3.3.8 对民用机场航站楼、集民用机场航站楼或铁路与城市轨道交通车站等为一体的大型综合交通枢纽站、特级铁路旅客站、多线换乘的城市轨道交通车站，应采取措施将供配电系统的谐波限制在规定范围内，并应符合本规范第 16 章的规定。

3.4 负 荷 计 算

3.4.1 电气负荷计算方式在方案阶段可采用单位负荷密度法，在初步设计和施工图阶段宜采用需要系数法。

3.4.2 对于大型、重要的交通建筑，变压器的长期工作负荷率宜为 60%～75%；对于互为备用的两台变压器，当一台因故障退出运行时，另一台应能承担全部一、二级负荷。

3.4.3 交通建筑中设置为其提供配套服务的商业用房时，应预留后期招商租户用电。

3.4.4 当采用需要系数法进行负荷计算时，由机场航站楼供电的飞机机舱专用空调用电及机用 400Hz 电源系统的需要系数（K_x）可按表 3.4.4 选取：

表 3.4.4 飞机机舱专用空调用电及机用 400Hz 电源系统的需要系数

设备名称	每组台数	需要系数（K_x）
飞机机舱专用空调用电	5 台及以下	0.25～0.35
	(6～10) 台	0.15～0.25
	10 台以上	0.10～0.15
机用 400Hz 电源系统	5 台及以下	0.40～0.50
	(6～10) 台	0.30～0.40
	10 台以上	0.20～0.30

4 配变电所、配变电装置及电能管理

4.1 一 般 规 定

4.1.1 本章适用于交通建筑中交流电压为 35kV 及以下的配变电所、配变电装置及电能管理设计。

4.1.2 配变电所设计采用的设备和材料应符合国家现行有关标准的规定，并应注重绿色节能环保、材料的可再生利用及噪声、电磁波等污染的防治。

4.1.3 配变电所、配变电装置及电能管理设计应符合国家现行标准《35～110kV 变电所设计规范》GB 50059、《10kV 及以下变电所设计规范》GB 50053、《民用建筑电气设计规范》JGJ 16 的有关规定。

4.2 配 变 电 所

4.2.1 配变电所位置选择应符合现行行业标准《民用建筑电气设计规范》JGJ 16 的规定。

4.2.2 独立设置的配变电所宜靠近供电负荷较大的建筑物。

4.2.3 配变电所可设置在建筑物的地下层，但不宜设置在地下最低层。配变电所设置在建筑物地下层时，应根据环境要求加设机械通风、去湿设备或空气调节设备。当地下只有一层时，尚应采取预防洪水、消防水或积水从其他渠道淹渍配变电所的措施。

4.2.4 交通建筑单体建筑面积较大、供电半径较长时，宜在建筑物内分散设置配变电所。

4.3 配变电装置及主结线

4.3.1 设置在交通建筑物内的变压器，应选择低损耗、低噪声的干式或气体绝缘的变压器。

4.3.2 变压器低压侧电压为 0.4kV 时，单台变压器容量不宜大于 2000kVA；当用电设备容量较大、负荷集中且运行合理时，可选用容量为 2500kVA 的变压器。

4.3.3 交通建筑的配变电所一次结线应做到安全、可靠、简单、便于操作。

4.3.4 配变电所电压为 35kV 及以下的母线段，宜采用单母线或单母线分段结线形式。

4.3.5 大型、重要交通建筑的配变电所一次侧母线宜采用单母线分段两路电源互为备用，并宜采取手动或自动的切换方式。

4.3.6 当配变电所内有 35kV 断路器以及 20、10(6)kV 断路器数量为 4 台及以上时，操作及继电保护电源宜采用带免维护蓄电池的直流电源装置。

4.3.7 直流电源装置的输入电源，宜接自配变电所两段低压母线，且在电源正常运行时，蓄电池应处于浮充电状态。

4.4 电 能 管 理

4.4.1 Ⅲ类及以上民用机场航站楼、特大型和大型铁路旅客车站、集民用机场航站楼或铁路及城市轨道交通车站等为一体的大型综合交通枢纽站、城市轨道交通地铁车站、磁浮列车站等建筑的配变电所，应设置电能管理系统（EMS），其他中型以上交通建筑物配变电所中宜设置电能管理系统。

4.4.2 交通建筑电能管理的系统构成、设备选型、系统容量和功能配置等，应根据其供电系统的特点、运营、管理要求、通信系统的通道条件确定，并应考虑发展的需要。

4.4.3 电能管理系统宜根据交通建筑内配变电所的分布设置主站、分站。主站应设置在建筑物主配变电监控室内。

4.4.4 电能管理系统宜采用分层、分布式系统结构，且各层监控设备应满足相应功能要求。

4.4.5 现场监控仪表或其他智能设备的通信接口宜采用 Profibus 等现场总线，Modbus、TCP/IP 或其他开放性通信协议，并应保证能实时上传采集到的各种电气参数。

4.4.6 交通建筑中所采用的电能管理系统应满足系统的各项基本功能要求。

4.4.7 现场智能电力监控装置应具有良好的抗电磁干扰能力，并应符合现行国家标准《电磁兼容 试验和测量技术》GB/T 17626 有关电磁兼容（EMC）测试和测量技术的规定。

4.4.8 配电系统主进线回路的现场智能电力监控装置应满足下列功能要求：

1 全面测量回路电气参数，并记录最大/最小值；

2 遥信断路器分合、故障状态，并在有需求时遥控分合断路器；

3 对谐波、电压波动和闪变、电压偏差、电压不平衡、频率偏差等进行电能质量监测；

4 故障波形捕捉；

5 对故障类型、故障发生时间等故障事件进行记录。

4.4.9 低压系统中的一级、二级负荷回路宜进行智能化监控。

4.4.10 一级负荷回路的现场智能电力监控装置应满足下列功能要求：

1 全面测量回路电气参数，并记录最大/最小值；

2 遥信断路器分合、故障状态，并在有需求时遥控分合断路器；

3 谐波、电压偏差等电能质量监测及记录；

4 对故障类型、故障发生时间等故障事件进行记录。

4.4.11 二级负荷回路的现场智能电力监控装置宜满足下列功能要求：

1 测量回路主要电气参数，并记录最大/最小值；

2 遥信断路器分合、故障状态。

4.4.12 仅用于消防设施一级负荷回路的现场智能电力监控装置应具备遥信断路器分合、故障状态，并在有需求时遥控分合断路器的功能；仅用于消防设施二级负荷回路的现场智能电力监控装置宜具备遥信断路器分合、故障状态的功能。

4.4.13 干式变压器温控装置、直流电源装置、模拟屏、柴油发电机控制装置、集中设置的大容量 UPS、EPS 装置等各自的监测信息应通过标准接点/接口接入电能管理系统。

5 应急电源设备

5.1 一 般 规 定

5.1.1 交通建筑的应急电源设备宜采用应急柴油发电机组、应急电源装置（EPS）、不间断电源装置（UPS）等。

5.1.2 应急电源设备的设置应根据用电设备负荷等级及地区电网的供电可靠性综合确定。

5.1.3 应急电源设备的设计应采用安全可靠、节能高效、性能先进的产品。

5.1.4 交通建筑应急电源设备的设计应符合现行行业标准《民用建筑电气设计规范》JGJ 16 的规定。

5.2 应急柴油发电机组

5.2.1 下列交通建筑应设应急柴油发电机组：

1 民用机场内的航空管制楼；

2 Ⅲ类及以上民用机场航站楼、特大型铁路旅客车站；

3 有较多一级负荷中特别重要的负荷且容量较大的其他交通建筑。

5.2.2 当多路正常供电电源中有一路中断供电时，发电机组应能自动启动，并应能根据需要投入运行。

5.2.3 当发电机组同时担负市电中断和火灾条件下的应急供电时，应配备火灾时自动切换和切除该发电机组所带的非消防设备（特殊设备除外）供电的装置。

5.3 应急电源装置（EPS）

5.3.1 应急电源装置（EPS）可作为交通建筑应急照明系统的备用电源，且 EPS 的连续供电时间应满足国家现行有关防火标准的要求。

5.3.2 EPS 装置的选择应符合下列规定：

1 当负荷过载为额定负荷的 120%时，EPS 装置应能长期工作，当负荷过载为额定负荷的150%时，EPS装置应能至少工作30s；

2 EPS装置的逆变工作效率应大于90%；

3 用于应急照明的EPS蓄电池初装容量应保证备用时间不小于90min；

4 当要满足金属卤化物灯或HID气体放电灯的电源切换要求时，EPS装置的切换时间不应大于3ms。

5.3.3 交通建筑中的EPS 装置宜分区域相对集中设置。

5.4 不间断电源装置（UPS）

5.4.1 交通建筑中用电负荷不允许中断供电的设施以及允许中断供电时间为毫秒级的重要场所的非照明用应急备用电源，应设置UPS装置。

5.4.2 UPS装置的交流输入端宜配置输入滤波器，并应符合下列规定：

1 满载负荷时，输入电流畸变率（THD_i）宜小于5%，输入功率因数应大于0.93；

2 半载负荷时，输入电流畸变率（THD_i）宜小于7%，输入功率因数应大于0.90。

5.4.3 UPS装置的输出电压波形应为连续的正弦波，并应符合下列规定：

1 满载线性负载时，电压畸变率（THD_u）应小于或等于2%；

2 满载非线性负载时，电压畸变率（THD_u）应小于或等于4%。

5.4.4 大容量UPS装置应具有标准通信接口，并可对第三方软件开放。

5.4.5 大容量UPS装置本身宜具有对每节蓄电池监测的功能，并宜能实时显示在监控屏幕上。

5.4.6 交通建筑中的UPS装置宜分区域相对集中设置。

5.4.7 当UPS装置的输入电源为直接由柴油发电机提供时，其与柴油发电机容量的配比不宜小于1∶1.2。

6 低压配电及线路布线

6.1 一 般 规 定

6.1.1 交通建筑低压配电系统的设计应根据交通建筑的不同功能、类别、负荷性质、容量及可能发展等因素综合确定。

6.1.2 低压电器的额定电压、频率应与所在回路的标称值一致。

6.1.3 交通建筑中的低压配电及配电线路布线应符合国家现行标准《低压配电设计规范》GB 50054和《民用建筑电气设计规范》JGJ 16的规定。

6.2 低压配电系统

6.2.1 交通建筑中的工艺设备、专用设备、消防及其他防灾用电负荷，应分别自成配电系统或回路。

6.2.2 由配变电所至各层、各区域配电箱，可采用树干式或混合式配电方式，也可根据防火分区等采用分区竖向配电方式。

6.2.3 重要负荷或大容量负荷应从配变电所直接采用放射式配电。

6.2.4 中小容量负荷可采用树干式配电方式，并宜采用母线槽、电缆T接端子方式或预制分支电缆引至各层（区域）配电箱。

6.2.5 大空间单层或多层交通建筑可采用水平树干式配电方式。

6.2.6 交通建筑中设置的电炉、电热、分散式空调的电源，宜由单独回路供电。

6.2.7 设有能耗管理系统的交通建筑，低压配电系统中相关回路或各楼层各区域配电箱的配置，应满足分区分类电能计量和监测的需要。

6.3 低压电器的选择

6.3.1 低压电器的规格、性能应与相应设备相匹配。

6.3.2 低压断路器的脱扣器、脱扣线圈应内置于断路器本体中，并应符合现行国家标准《低压开关和控制设备 第2部分：断路器》GB 14048.2的规定。

6.3.3 主进线低压断路器的长延时保护宜采用长延时斜率可调的反时限脱扣曲线。

6.3.4 各级配电箱主开关采用断路器时，宜使用具有隔离功能的断路器。

6.3.5 多个低压断路器同时装入防护等级IP44及以上的密闭柜体或箱体内时，应根据环境温度、散热条件及断路器的数量、特性等因素考虑降容系数。

6.3.6 机场建筑400Hz电源系统等特殊场合使用的低压断路器，应选用能满足400Hz电网中使用的断路器和剩余电流保护装置。

6.3.7 对于供电连续性要求较高的重要回路，低压断路器宜选择能在接通负荷的情况下在线整定保护参数的断路器。

6.3.8 处在盐雾、干冷、湿热、高海拔等特定环境中的交通建筑，其低压电器应能满足现行国家标准《电工电子产品环境试验》GB/T 2423有关环境适应性的要求。

6.3.9 对于用于一、二级负荷的保护电器，其过流保护宜实现完全选择性保护。

6.3.10 直流操作电源和其他直流系统中用作保护的断路器应选用直流系统专用断路器。

6.3.11 在交通建筑物室外安装的开关插座应具有IP44及以上的防护等级，其中海运港口客运站室外开关插座应有IP66及以上防护等级或安装于具有相应防护等级的配电箱中。

6.4 配电线路选择及布线

6.4.1 配电线路的敷设应考虑安装和维护简便。

6.4.2 配电线路不应造成下列有害影响：

1 火焰蔓延对建筑物和消防系统的影响；

2 燃烧产生含卤烟雾对人身的伤害；

3 产生过强的电磁辐射对弱电系统的影响。

6.4.3 交通建筑中除直埋敷设的电缆和穿管暗敷的电线电缆外，其他成束敷设的电线电缆应采用阻燃电线电缆；用于消防负荷的应采用阻燃耐火电线电缆或矿物绝缘（MI）电缆。

6.4.4 不同场所电缆的阻燃级别选择不宜低于表6.4.4的规定：

表 6.4.4 不同场所电缆的阻燃级别

阻燃级别	适 用 场 所
A级	Ⅱ类及以上民用机场航站楼、特大型铁路旅客车站、集民用机场航站楼或铁路与城市轨道交通车站等为一体的大型综合交通枢纽站及单栋建筑面积超过 $100000m^2$ 的具有一级耐火等级的交通建筑
B级	Ⅲ类以下民用机场航站楼、大中型铁路旅客车站、地铁车站、磁浮列车站、一级港口客运站、一级汽车客运站及单栋建筑面积超过 $20000m^2$ 的具有二级耐火等级的交通建筑
C级	不属于以上所列的其他交通建筑

6.4.5 不同场所电线的阻燃级别选择不宜低于表6.4.5的规定：

表 6.4.5 不同场所电线的阻燃级别

阻燃级别	适用场所	电线截面
B级	Ⅱ类及以上民用机场航站楼、特大型铁路旅客车站、集民用机场航站楼或铁路与城市轨道交通车站等为一体的大型综合交通枢纽站及单栋建筑面积超过 $100000m^2$ 的具有一级耐火等级的交通建筑	$50mm^2$ 及以上
C级		$35mm^2$ 及以下
C级	Ⅲ类及以下民用机场航站楼、大中型铁路旅客车站、地铁车站、磁浮列车站、一级港口客运站、一级汽车客运站及单栋建筑面积超过 $20000m^2$ 的具有二级耐火等级的交通建筑	$50mm^2$ 及以上
D级		$35mm^2$ 及以下
D级	不属于以上所列的其他交通建筑	所有截面

6.4.6 阻燃电缆的敷设通道在穿越防火分区时，应进行防火封堵。

6.4.7 Ⅱ类及以上民用机场航站楼、特大型和大型铁路旅客车站、集民用机场航站楼或铁路及城市轨道交通车站等为一体的大型综合交通枢纽站、地铁车站、磁浮列车站及具有一级耐火等级的交通建筑内，成束敷设的电线电缆应采用绝缘及护套为低烟无卤阻燃的电线电缆。

6.4.8 具有二级耐火等级的交通建筑内成束敷设的电线电缆，宜采用绝缘及护套为低烟无卤阻燃的电线电缆，但在人员密集场所明敷的电线电缆应采用绝缘及护套为低烟无卤阻燃的电线电缆。

6.4.9 低烟无卤阻燃电线电缆宜采用辐照交联型。

6.4.10 与建筑内应急发电机组或EPS装置连接、用于消防设施的配电线路，应采用阻燃耐火电线电缆或封闭母线，其火灾条件下通电时间应满足相应的消防供电时间要求；由EPS装置配出的线路，其在火灾条件下的连续工作时间应满足EPS持续工作时间要求。

6.4.11 消防设施用电线电缆与非消防设施用电线电缆宜分开敷设，当需在同一电缆桥架内敷设时，应采取防火分隔措施。

6.4.12 电线电缆在吊顶或架空地板内敷设时，宜采用金属管、可挠金属电线导管、金属线槽敷设。

6.4.13 封闭母线可应用于交通建筑中负载较大或者扩展性要求高的场合，其防护等级应与相邻的电气设施敷设环境相适应。当敷设于潮湿或腐蚀性环境中时，应采取必要的防水、防腐措施。

6.4.14 封闭式母线的线路走向，应考虑其他管路设备的位置关系，当与水管交错或相邻时，母线宜在管道的上方或同一水平高度敷设，否则应提高其防护等级。

6.4.15 与安检、传送等设施无关的配电线路不应穿过安检、传送等设施的基础；配电干线不应在安检设施的上方穿越。

6.4.16 与轨道交通运行无关的电气线路不宜穿越轨道。

6.4.17 大型交通建筑的配电和弱电线路，应分别设置配电间、弱电间或竖井。中小型交通建筑的配电和弱电线路，宜分别设置配电间、弱电间或竖井，当受条件限制需合并设置时，配电与弱电线路应分别布置在竖井两侧或采取隔离措施。

7 常用设备电气装置

7.1 一 般 规 定

7.1.1 交通建筑中常用设备电气装置应采用效率高、能耗低、性能指标符合国家现行有关标准的电气产品。

7.1.2 交通建筑电气装置的设计应符合现行行业标准《民用建筑电气设计规范》JGJ 16 的有关规定。

7.2 机场用 400Hz 电源系统

7.2.1 400Hz 电源系统应具有下列功能：

1 应能在额定工况下 24h 连续工作；

2 应能自动消除由于输入电压引起的过压、欠压和过流，能保护因输出端负载的接入或配电系统中断路器动作等引起的过载和电流冲击；

3 应能防止 50Hz 输入电源的缺相，对负载突变和短路以及对 400Hz 电源本身和相连的负载可预测的永久性破坏有自保护能力；

4 内部故障或内部温度过高时，应能先发出报警信号，并应能自动脱离系统；

5 应具有输出短路保护功能；

6 应具有开机后自动循环检测功能，应能以文字方式直接输出或以编码形式显示明确的故障信息，包括故障时间、故障类型、故障原因以及排除故障的方法，并应具有指示灯检测功能；

7 应带有标准的通信接口，可将记录内容传入登机桥监控系统；

8 应能显示下列内容，且应能传输至登机桥监控系统：

1）输入电压；

2）输出电压、电流、频率、有功功率；

3）启动/停止时间；

4）累计运行时间；

5）模块温度；

9 应具有下列控制与设定功能：

1）"启动"按钮；

2）"停止"按钮；

3）输出电压设定；

4）极限电流保护设定；

5）电缆压降补偿设定。

7.2.2 400Hz 电源系统设计应符合下列规定：

1 供给 400Hz 电源的输入电压偏差不应超过±7%，频率偏差不应超过±1%；

2 400Hz 电源的输出电压偏差不应超过±2%，频率偏差不应超过±0.1%；

3 400Hz 电源工作在额定功率下，功率因数不应低于 0.8；

4 400Hz 电源的总谐波含量不应超过 3%，单次谐波含量不应超过 2%；

5 供给 400Hz 电源的负荷等级不应低于二级，并应由专用回路的电源供电；

6 400Hz 电源的主电源开关和导线或电缆选择应符合下列规定：

1）每台 400Hz 电源应装设单独的保护电器；

2）主电源开关应具有短路保护和过负荷保护，且宜采用低压断路器；

3）主回路电线或电缆的载流量不应小于 400Hz 电源的额定工作电流，并应对线缆的电压损失和机械强度进行校验；

4）保护电器宜降容使用，降容系数宜根据保护电器的额定电流值确定，250A 以下可为 0.9，400A 及以上可为 0.8。

7.3 行李处理系统

7.3.1 行李处理系统（BHS）宜包含始发行李处理系统、到达行李处理系统、中转行李处理系统、早到行李储存系统、大件行李系统、特殊行李处理系统、团体行李处理系统等。

7.3.2 民用机场航站楼内设置的 BHS 设备的运行不应干扰机场内的通信。

7.3.3 BHS 的电气、电子设备及所连接的电线、电缆不应受机场内其他设备产生的电磁波干扰。

7.3.4 对于需要使用射频进行通信或信息传递的 BHS 系统，当使用频率在无线电频率管制范围内的，应向机场及当地相关主管部门申请无线电频道。

7.3.5 BHS 的供电应符合下列规定：

1 系统的负荷等级应按工艺要求和相应的建筑物供电负荷等级确定，且不应低于二级；

2 同一传输系统的电气设备，宜由同一电源供电；当传输系统距离较长时，可按工艺分成多段，并宜由同一电源的多个回路供电；

3 当系统主回路和控制回路由不同线路或不同电源供电时，应设有连锁装置。

7.3.6 BHS 设备的配电和控制装置应设过电压和欠压保护装置，并应具有过载时能及时发出警报信号和自动停止运行的功能。

7.3.7 BHS 应设置中央控制室，并应按下列规定确定控制室的位置：

1 宜便于观察、操作和调度；

2 应能使电气、控制线路缩短、进出线方便；

3 其上方及贴邻不应有厕所、浴室等潮湿场所；

4 应便于设备运输、安装；

5 控制室的接地应符合本规范第 9、16 章的有关规定。

7.3.8 中央控制室供电电源应符合下列规定：

1 采用两个独立回路的电源供电，其中一路电源应为应急电源，且应在中央控制室内能自动转换；

2 额定电压为 220/380V 时，电压波动率不应超过±7%；

3 额定频率为 50Hz 时，频率波动率不应超过±1%。

7.3.9 BHS 的控制管理应符合下列规定：

1 在人员可能接触 BHS 区域的适当位置应设置

紧急停止按钮；

2 在收集输送机，涉及安检、自动读码站（ATR）等处应采取有效的行李探测和跟踪手段；

3 对火灾自动报警系统（FAS）发出的火灾信号，行李设备控制系统（BECS）应具有优先响应及消防联动功能；

4 应能与安全检查系统（SIC）系统联动，并应具有对SIC检查出的可疑行李进行处理的功能；

5 处在公共区域的行李设备启动前，应具备声光报警提醒功能。

7.4 电梯、自动扶梯和自动人行道

7.4.1 电梯、自动扶梯和自动人行道的负荷分级，应符合本规范第3.2节及现行国家标准《供配电系统设计规范》GB 50052、《低压配电设计规范》GB 50054的规定。消防电梯及消防用自动扶梯的供电要求应符合国家现行有关防火标准的规定。

7.4.2 一级负荷的客梯，应由引自两路电源的专用回路供电，且应在末端切换；二级负荷的客梯，宜由两回路供电，其中一回路应为专用回路；三级负荷的客梯，宜由建筑物低压配电柜以一路专用回路供电。

7.4.3 除城市轨道交通车站中用于消防疏散的自动扶梯外，人员较密集的通道及场所的自动扶梯和自动人行道的负荷等级宜为二级负荷。

7.4.4 自动扶梯和自动人行道的电源宜由专用回路供电；用于消防疏散的自动扶梯电源应由符合消防要求的专用回路供电。

7.4.5 电梯、自动扶梯和自动人行道的供电容量，应按其全部用电负荷确定，向多台电梯供电时，应计入同时系数。

7.4.6 每台电梯、自动扶梯和自动人行道应装设单独的隔离电器和保护电器；主电源开关宜采用低压断路器。

7.4.7 对有机房的电梯，其电源主开关应能从机房入口处方便接近；对无机房的电梯，其主电源开关应设置在井道外工作人员方便接近的地方，并应具有必要的安全防护措施。

7.4.8 电梯、自动扶梯和自动人行道的节能要求应符合本规范第17.4节的规定。

7.5 自动门 屏蔽门（安全门）

7.5.1 交通建筑中出入人流较多、探测对象为运动体的场所，其自动门的传感器宜采用微波传感器。对于出入人流较少，探测对象为静止或运动体的场所，其自动门的传感器宜采用红外传感器或超声波传感器。

7.5.2 自动门应由就近配电箱引单独回路供电，供电回路应装有过电流及短路保护。

7.5.3 火灾发生时，相关疏散区域的自动门应能强制打开，并应锁定在开启状态。

7.5.4 在自动门的就地，应对其电源供电回路装设隔离电器和手动控制开关或按钮，其位置应选在操作和维护方便且不碍观瞻的地方。

7.5.5 城市轨道交通车站中屏蔽门（安全门）的电源应配置正常、备用两种电源，且两种电源宜在车站设备室进行自动切换。

7.5.6 正常工作模式时，屏蔽门（安全门）系统应由列车信号系统进行监控；当信号系统与屏蔽门（安全门）系统通信中断或屏蔽门（安全门）控制系统故障等时，司机或站台工作人员应能通过站台端头控制盒（PSL）对屏蔽门（安全门）进行开门、关门控制。

7.5.7 屏蔽门（安全门）的金属框体应可靠接地。

8 电气照明

8.1 一般规定

8.1.1 交通建筑照明设计应根据建筑物的使用情况和环境条件，使工作区域或公共空间获得良好的视觉功效、合理的照度和显色性，提供舒适的视觉环境。

8.1.2 交通建筑应根据其规模大小、使用性质，分级选择合理的照度、照明设备及控制方式。

8.1.3 交通建筑应有效利用自然光，并应处理好人工照明与自然光的关系。

8.1.4 交通建筑应合理选择照明设备，并应采用正确的安装方式。

8.1.5 交通建筑电气照明设计应符合国家现行标准《建筑照明设计标准》GB 50034和《民用建筑电气设计规范》JGJ 16的规定。

8.2 照明质量及标准值

8.2.1 交通建筑应根据使用要求，选择各场所合适的照度标准值。各场所的照度标准值，可根据建筑规模、使用性质、功能需要等提高或降低一级选定。

8.2.2 交通建筑内有作业要求的作业面上一般照明照度均匀度不应小于0.7，非作业区域、通道等的照明照度均匀度不宜小于0.5。

8.2.3 交通建筑中的高大空间公共场所，当利用灯光作为辅助引导旅客客流时，其场所内非作业区域照明的照度均匀度可适度减小，但不应小于0.4，且不应影响旅客的视觉环境。

8.2.4 房间或场所内的通道和其他非作业区域一般照明的照度值不宜低于作业区域一般照明照度值的1/3。

8.2.5 高大空间的公共场所，垂直照度（E_v）与水平照度（E_h）之比不宜小于0.25。

8.2.6 照明光源的色表分组及其适用场所可按表8.2.6执行。

表 8.2.6 照明光源的色表分组及其适用场所

色表分组	色表特征	相关色温（K）	适用场所
Ⅰ	暖	<3300	餐厅、多功能厅、专卖店、咖啡厅、客房、VIP 休息
Ⅱ	中间	3300～5300	办公室、会议室、售票厅、候机（车）厅、一般休息厅、快餐厅、出发厅、集散厅、站厅、安检处、检票处、通道
Ⅲ	冷	>5300	有特殊要求的高亮度场所

8.2.7 有人长期工作或停留的房间或场所，照明光源的显色指数（R_a）不宜小于 80。常用房间或场所的显色指数（R_a）最小允许值应符合本规范表 8.2.9 的规定。

8.2.8 不舒适眩光应采用统一眩光值（*UGR*）评价，其最大允许值应符合表 8.2.9 规定。

8.2.9 交通建筑常用房间或场所的照度标准值应符合表 8.2.9 的规定。

表 8.2.9 交通建筑常用房间或场所的照度标准值、*UGR* 和 R_a

房间或场所		参考平面及其高度	照度标准值（lx）	*UGR*	R_a
售票台		台面	500	≤19	≥80
问讯处		0.75m 水平面	200	≤22	≥80
候车（机、船）室	普通	地面	150	≤22	≥80
	高档	地面	200	≤22	≥80
中央大厅		地面	200	≤22	≥80
海关、护照检查		工作面	500	≤22	≥80
安全检查		地面	300	≤22	≥80
换票、行李托运		0.75m 水平面	300	≤19	≥80
行李认领、到达大厅、出发大厅、售票大厅		地面	200	≤22	≥80
通道、连接区、换乘厅、进出站地道		地面	150	—	≥80
行包存放库房、小件寄存		地面	100	≤25	≥80
自动售票机/自动检票口		0.75m 水平面	300	≤19	≥80
VIP 休息		0.75m 水平面	300	≤22	≥80
有棚站台		地面	75	≤28	≥60
特大型铁路旅客车站中的有棚站台		地面	100	≤28	≥60
无棚站台		地面	50	—	≥20
走廊、流动区域	普通	地面	75	—	≥60
	高档	地面	150	—	≥80
楼梯、平台	普通	地面	50	—	≥60
	高档	地面	100	—	≥80
地铁站厅	普通	地面	100	≤25	≥80
	高档	地面	200	≤22	≥80
进出站门厅	普通	地面	150	≤25	≥80
	高档	地面	200	≤22	≥80
配变电站	配电间	0.75m 水平面	200	—	≥60
	变压器室	0.75m 水平面	100	—	≥20
控制室	一般控制室	0.75m 水平面	300	≤22	≥80
	主控制室	0.75m 水平面	500	≤19	≥80
发电机房		地面	200	≤25	≥60
计算机房、网络站		0.75m 水平面	500	≤19	≥80

8.2.10 计算机房、售票大厅、出发到达大厅、站厅等场所的灯光设置应防止或减少在该场所的各类显示屏上产生的光幕反射和反射眩光。

8.3 大空间、公共场所照明及标识、引导照明

8.3.1 大空间及公共场所的照明方式应按下列规定确定：

1 应设置一般照明，当不同区域有不同照度要求时，应采用分区设置一般照明；

2 对部分作业面照度要求较高，仅采用一般照明不合理的场所，宜增加局部照明；

3 在一个工作场所内不应仅采用局部照明；

4 候机（车）厅、出发厅、站厅等场所，当照明区域内空间及高度较大，且有装饰效果要求采用以非直接的照明方式为主时，在满足基本照明功能要求

的基础上，该区域内的照度标准值可降低一级；

5 设置在地下的车站出入口应设置过渡照明；白天车站出入口内外亮度变化，宜按 1∶10 到 1∶15 取值，夜间出入口内外亮度变化，宜按 2∶1 到 4∶1 取值；

6 交通建筑中的标识、引导指示，应根据其种类、形式、表面材质、色彩、安装位置以及周边环境特点选择相应的照明方式；

7 当标识采用外投光照明时，应控制其投射范围，散射到标识外的溢散光不应超过外投光的 20%。

8.3.2 大空间及公共场所的照明种类应按下列规定确定：

1 各场所均应设置正常照明；

2 各场所下列情况应设置应急照明：

1）正常照明因故障熄灭后，需确保正常工作或活动继续进行的场所，应设置备用照明；

2）正常照明因故障熄灭后，需确保各类人员安全疏散的出口和通道，应设置疏散照明；

3）应急照明设置部位可按表 8.3.2 选择。

表 8.3.2 应急照明的设置部位

应急照明种类	设置部位
备用照明	消防控制室、自备电源室、变配电室、消防水泵房、防烟及排烟机房、电话总机房、电子信息机房、建筑设备监控系统控制室、安全防范控制中心、监控机房、机场塔台、售（办）票厅、候机（车）厅、出发到达大厅、站厅、安检、检票、行李托运、行李认领处以及在火灾、事故时仍需要坚持工作的其他场所，指挥中心、急救中心等
疏散照明	疏散楼梯间、防烟楼梯间前室、疏散通道、消防电梯间及其前室、合用前室、售（办）票厅、候机（车）厅、出发到达大厅、站厅、安检、行李托运、行李认领、长度超过 20m 的内走道、安全出口等

3 危及航行安全的建筑物、构筑物应根据航行要求设置障碍照明；

4 旅客公共场所应设置合理的引导标识照明；

5 在不影响交通安全的前提下，宜设置建筑泛光照明。

8.3.3 大空间及公共场所的照明光源应按下列规定选择：

1 选用的照明光源应符合国家现行相关标准的规定；

2 选择照明光源时，应在满足显色性、色温、启动时间等要求的条件下，根据光源、灯具及镇流器效率、寿命和价格等在进行综合技术经济分析比较后确定；

3 照明设计时，应按下列条件选择光源：

1）高度较高的场所，宜按使用要求采用金属卤化物灯或大功率细管径荧光灯、电子感应（无极）灯等；

2）办公室、休息室等高度较低的场所，宜采用细管径直管型荧光灯或紧凑型荧光灯等；

3）商店、营业厅等场所宜选用细管径直管型荧光灯、紧凑型荧光灯或小功率陶瓷金属卤化物灯、LED 灯。

4 应急照明应选用紧凑型荧光灯、荧光灯、LED 灯等能快速点燃的光源，疏散指示标志照明宜选用 LED 疏散指示灯；

5 办票处、候机（车）处、海关、安检、行李托运、行李认领等场所应根据识别颜色要求和场所特点，选用高显色指数的光源；

6 公共场所内标识、引导照明所采用的光源显色指数不应小于 80；

7 铁路旅客车站所采用的光源不应与站内的黄色信号灯颜色相混；

8 交通建筑宜充分利用自然光：

1）人工照明的照度宜随室外自然光的变化自动调节；

2）宜利用各种导光或反光装置将自然光引入室内进行照明。

8.3.4 大空间及公共场所的照明灯具及其附属装置应按下列方法选择：

1 照明灯具应符合国家现行有关标准的规定；

2 在满足眩光限制和配光要求的条件下，应选用效率高的灯具；

3 灯具宜根据照明场所及环境条件，按下列规定选择：

1）较高大的场所宜选用深罩型灯具；

2）较低的场所宜选用直管型荧光灯灯具或紧凑型节能灯具；

3）机场、车站前广场、站台、天桥、道路转盘或停车场等其他室外场所宜采用高强气体放电灯光源的灯具或高杆照明灯具；高杆照明宜采用非对称配光灯具，灯具配光最大光强角度宜在 45°以上。

8.3.5 高大空间上部安装灯具时，应考虑灯具本体的安全性及必要的维修措施，灯具宜集中、分组布置在有条件设置维修马道的位置。

8.4 照明配电及控制

8.4.1 照明配电应符合下列规定：

1 主要供给气体放电灯的三相配电线路，其中性线截面应满足不平衡电流及谐波电流的要求，且不应小于相线截面；

2 引导标识照明的配电可按相应建筑的高级别

负荷电源供给；

3 交通建筑中人员较密集的主要场所或重要场所的照明负荷，宜采用两个不同照明供电电源回路各带50%正常照明灯的供电方式。

8.4.2 应急照明的配电应按相应建筑的最高级别负荷电源供给，且应能自动投入。

8.4.3 照明控制应符合下列规定：

1 照明控制方式应根据使用条件及功能要求决定，一般场所宜采用就地分散控制；公共场所的照明及广告、标识照明宜采用分区域集中控制；

2 有条件的场所应采用下列控制方式：

1）天然采光良好的场所，宜按该场所的照度来自动开关人工照明或调节照明照度；

2）门厅、候车（机）厅、走廊、车库等公共场所宜采用夜间自动降低照度的装置；门厅、候车（机）厅等公共场所运营期间可根据客运情况控制照明照度，低峰时间可降低照度，但不得低于标准值的1/2；非运营时间可只保留火灾应急照明及值班照明；

3）按具体条件采用集中或集散的多功能照明控制系统，宜结合车船、航班时间进行智能照明控制；

4）设有火灾自动报警系统及消防控制室的交通建筑内，当正常照明电源出现故障时，消防控制中心应能集中强行开启相应场所的火灾应急照明；

5）Ⅲ类及以上民用机场航站楼、特大型和大型铁路旅客车站、集民用机场航站楼或铁路与城市轨道交通车站等为一体的大型综合交通枢纽站、城市轨道交通地铁车站、磁浮车站等建筑，宜采用照明管理系统对公共照明系统进行自动监控和节能管理。

8.4.4 设有照明管理系统的场所，系统的设计应符合下列规定：

1 宜采用分布式照明控制系统、模块化结构、分散式布置；

2 每个控制器宜带有CPU，系统出现故障时，可独立地完成各种控制功能；

3 系统应具有事故断电自锁功能；

4 现场控制器宜具备实时负载反馈功能，监控工作站宜能读取每个回路或每个模块的实时电流值；

5 火灾时，消防控制室应能联动强制开启相关区域的火灾应急照明，并应符合国家现行有关防火标准的规定；

6 现场控制器应能对每个照明回路的开启时间和次数进行计时或计次；

7 安装在现场的智能面板应具有防误操作功能。

8.5 火灾应急照明

8.5.1 火灾应急照明应包括备用照明、疏散照明，其设置应符合现行行业标准《民用建筑电气设计规范》JGJ 16的有关规定。

8.5.2 火灾应急照明的照度标准应符合下列规定：

1 备用照明的照度值不应低于该场所一般照明正常照度值的20%；

2 疏散通道的疏散照明地面最低照度值不应低于2lx，且主要出入口、楼梯间及人员密集场所内的疏散照明地面最低照度值不应低于5lx；

3 消防控制室、消防水泵房、消防电梯机房、防烟排烟设施机房、自备发电机房、配电室以及发生火灾时仍需正常工作的其他房间的消防应急照明，应能保证正常照明时的照度值。

8.5.3 疏散走道的疏散指示标志灯具，宜设置在走道及转角处离地面1.0m以下墙面上、柱上或地面上；设置在墙面上、柱上的疏散指示标志灯间距直行走道不应大于20m、袋行走道不应大于10m；设置在地面上的疏散指示标志灯间距不宜大于5m。

8.5.4 设置消防安全疏散指示时，应采用消防应急标志灯或消防应急照明标志灯；非灯具类疏散指示标志可作为辅助标志。

8.5.5 交通建筑中人员密集的大空间场所，宜在其疏散走道和主要疏散路线的地面上或靠近地面的墙上设置能保持视觉连续的导向光流型消防应急标志灯。

8.5.6 在疏散走道或主要疏散路线的墙面或地面上设置的导向光流型消防应急标志灯，宜符合下列规定：

1 设置在地面上时，宜沿疏散走道或主要疏散路线的中心线布置；

2 设置在墙面上时，其底边距地面高度不宜大于300mm；

3 导向光流型消防应急标志灯宜连续布置，间距可为1.5m～2.5m。

8.5.7 装设在地面上的疏散标志灯，应防止被重物或受外力损坏；防尘、防水性能应符合防护等级IP65的规定；标志灯表面应与地面平行，高出地面不宜大于1mm。

8.5.8 疏散指示标志照明平时宜处于点亮状态。

8.5.9 Ⅲ类及以上民用机场航站楼、特大型和大型铁路旅客车站、大型综合交通枢纽站、城市轨道交通地铁车站、磁浮列车站等需要疏散指示标志的交通建筑场所，宜选择集中控制型消防应急灯系统。

8.5.10 为满足无障碍设计要求所设置的疏散指示标志灯宜同时具有声响预警功能。

8.5.11 应急照明、疏散指示灯具与供电线路之间的连接不得使用插头连接，应在预埋盒或接线盒内连接。

8.5.12 用于应急照明的灯具应选用能快速点亮的光源并采取措施使光源不熄灭。

8.5.13 交通建筑内设置的消防疏散指示标志和消防应急照明灯具应符合现行国家标准《消防安全标志》GB 13495 和《消防应急照明和疏散指示系统》GB 17945 的有关规定。

9 建筑防雷与接地

9.1 一 般 规 定

9.1.1 交通建筑防雷系统设计应结合当地环境、气象、地质等条件和雷电活动规律以及被保护建筑物的特点，综合考虑外部防雷和内部防雷措施，并应做到安全可靠、技术先进、经济合理。

9.1.2 建筑物年预计雷击次数的计算、接地装置工频接地电阻的计算及其冲击接地电阻与工频接地电阻的换算、接闪器保护范围的滚球计算法、分流系数的确定、雷电流参数的确定、环路中感应电压、电流和能量的计算、建筑物易受雷击部位的确定，应按现行国家标准《建筑物防雷设计规范》GB 50057 的有关规定执行。

9.1.3 用于建筑物电子信息系统的雷击风险评估计算方法应按现行国家标准《建筑物电子信息系统防雷技术规范》GB 50343 的有关规定确定。

9.1.4 交通建筑内用电设备的保护性接地和功能性接地要求应符合现行行业标准《民用建筑电气设计规范》JGJ 16 的有关规定。

9.1.5 交通建筑物防雷设计应符合国家现行标准《建筑物防雷设计规范》GB 50057、《建筑物电子信息系统防雷技术规范》GB 50343 和《民用建筑电气设计规范》JGJ 16 的规定。

9.2 防雷与接地

9.2.1 交通建筑外部防雷设计，应根据其使用性质和重要性、发生雷电事故的可能性及造成后果的严重性，分别按第二类防雷建筑和第三类防雷建筑进行设计，并应符合下列规定：

1 符合下列情况之一的建筑物，应按第二类防雷建筑进行设计：

1）特大型、大型铁路旅客车站、国境站；Ⅲ类及以上民用机场航站楼；国际性港口客运站；

2）年预计雷击次数大于 0.05 的国家、省、直辖市级交通建筑及其他重要或人员密集的公共交通建筑。

2 年预计雷击次数大于或等于 0.01 且小于或等于 0.05 的交通建筑物，应按不低于第三类防雷建筑进行设计；

3 历史上雷害事故严重的地区或通过调查确认雷电活动频繁的地区，国家、省、直辖市级较重要的交通建筑物，设计时可适当提高其防雷保护类别。

9.2.2 交通建筑的外部防雷应采取防直击雷、防侧击雷、防雷电波侵入、防雷电电流反击等措施。

9.2.3 对于具有永久性金属屋面的交通建筑，当金属屋面板符合防雷相关要求时，应利用其屋面作为接闪器。

9.2.4 为减少雷击电磁脉冲的干扰，在交通建筑和被保护房间的外部宜采取机房屏蔽、线路屏蔽及合理选择敷设线路路径和接地等措施，并应符合国家现行有关标准的规定。

9.2.5 交通建筑内部电子信息系统的雷电防护等级，应根据建筑物内设置的防雷装置对雷电电磁脉冲的拦截效率，依次划分为 A、B、C、D 四个等级，并应符合现行国家标准《建筑物电子信息系统防雷技术规范》GB 50343 的有关规定。

9.2.6 交通建筑应根据自身特点设置相应的等电位联结措施，并应符合国家现行有关标准的规定。

10 智能化集成系统

10.1 一 般 规 定

10.1.1 Ⅱ类及以上民用机场航站楼、特大型铁路旅客车站、集民用机场航站楼或铁路旅客车站、城市轨道交通站等为一体的大型综合交通枢纽站，应设置智能化集成系统；Ⅲ类民用机场航站楼、大型铁路旅客车站、城市轨道交通站宜设置智能化集成系统，且系统应基于先进成熟的信息、控制技术以及管理、决策手段，为整个智能化系统构建统一的信息平台，实现智能化各子系统统一的监控和管理。

10.1.2 大中型交通建筑内智能化集成系统的通用设计应符合本规范的规定，系统的深化设计尚应依据不同交通建筑的建设规模、业务性质、需求和物业管理模式等进行。

10.1.3 智能化集成系统应把建筑内的智能化各子系统，由各自独立分离的设备、功能和信息，集成为一个相互关联、完整和协调的综合系统，使智能化系统的信息高度共享和资源合理分配，实现智能化各子系统间的互操作与联动控制。

10.1.4 智能化集成系统应设置在民用机场航站楼、铁路旅客车站的控制中心，城市轨道交通线的运营控制中心（OCC）内。

10.1.5 交通建筑设置的智能化集成系统，宜对下列智能化子系统进行系统集成：

1 建筑设备监控系统；

2 安全技术防范系统；

3 火灾自动报警系统；

4 电气火灾监控系统；

5 广播系统；

6 时钟系统；

7 照明管理系统；

8 电能管理系统；

9 能耗监测管理系统；

10 各类交通建筑根据各自特点设置的其他专用智能化子系统。

10.1.6 智能化集成系统应符合现行国家标准《智能建筑设计标准》GB/T 50314 的规定。

10.2 系统设计

10.2.1 智能化集成系统宜采用“浏览器-服务器模式”的系统架构，系统使用浏览器可浏览、检索有关信息（包含实时信息）、操作有关功能。

10.2.2 智能化集成系统的接口应具有兼容性，对于各种标准接口及协议公开的非标准接口应能实现各子系统信息（运行数据和命令）协议的转换和实时传送。

10.2.3 智能化集成系统应支持 TCP/IP 通信协议，并应能够在同一网络上通过特定的协议转换机制与各类通用、标准的通信协议通信，可读取各种符合开放式数据库互接（ODBC）标准的开放式数据库。

10.2.4 智能化集成系统应支持多用户操作管理界面，并应允许建筑内存在多个用户操作同一管理界面，或根据管理需要提供不同的管理界面。

10.2.5 智能化集成系统应对系统用户分级管理，可对不同用户授予不同的操作权限。

10.2.6 智能化集成系统软件应采用面向用户的，具有标准化、模块化的结构，系统软件应便于系统功能的扩展和更新。

10.2.7 智能化集成系统软件不应受集成监控点数的限制，系统扩容时，无需重新购置应用软件。

10.2.8 智能化集成系统应配置中央数据库系统，存放实时数据和历史数据。数据库系统宜采用双机热备或容错系统，以提高集成系统存储数据的可靠性、安全性和数据访问的高效性。

10.3 系统功能要求

10.3.1 智能化集成系统可通过各种接口连接智能化各子系统，并与各子系统之间交换实时数据。

10.3.2 智能化集成系统应对分散、独立的智能化子系统采用相同系统环境、相同软件界面进行集中监视和统一的管理。

10.3.3 智能化集成系统应与独立设置的智能化子系统间进行相关监测、控制信息的传递及联动控制。

10.3.4 智能化集成系统应具备对全局事件进行综合处理的能力，实现智能化各子系统之间的跨系统联动，并应具备对突发事件的响应能力，进行全局联动管理。

10.3.5 智能化集成系统和智能化各子系统之间的互联应具有登录控制和操作身份认证等安全措施。系统应具有日志的功能。

10.3.6 智能化集成系统应具备容错性，当发生故障时，系统应能够不间断正常运行和有足够的延时来处理系统故障。

11 信息设施系统

11.1 一般规定

11.1.1 交通建筑中的信息设施系统应包括通信网络系统、信息网络系统、综合布线系统、广播系统，并宜包括时钟系统、有线及卫星电视系统等其他相关的信息设施系统。

11.1.2 信息设施系统的设计应根据各类交通建筑的规模和功能需求等实际情况，选择配置相关的系统。

11.1.3 信息设施系统应符合国家现行标准《智能建筑设计标准》GB/T 50314 和《民用建筑电气设计规范》JGJ 16 的规定。

11.2 通信网络系统

11.2.1 通信网络系统宜包括电话交换系统、卫星通信系统、无线通信系统、有线调度对讲系统等通信网络系统及通信配线与管道。

11.2.2 有线或无线接入网系统的设计，应符合现行行业标准《3.5GHz 固定无线接入工程设计规范》YD/T 5097 的有关规定。

11.2.3 电话交换系统宜根据组网要求选择下列不同接入方式：

1 通信运营商；

2 铁路专用通信网；

3 城市轨道交通专用通信网；

4 其他港航单位交换机；

5 无线集群调度系统

6 本港调度电话总机；

7 本港用于生产调度、公安消防等的移动通信站；

8 海岸电台；

9 卫星端站；

10 海事卫星岸站。

11.2.4 无线通信系统的设计应满足下列规定：

1 无线通信系统应包括移动通信覆盖系统、无线集群通信系统和手持无线对讲通信系统；

2 交通建筑中应设置移动通信覆盖系统；

3 移动通信覆盖系统所采用的专用频段，应符合国家有关主管部门的规定；

4 系统信号源的引入方式宜采用基站直接耦合

信号方式或采用空间无线耦合信号方式；

5 移动通信覆盖系统应满足室内移动通信用户利用蜂窝室内分布系统，实现语音及数据通信的业务；

6 系统宜采用合路的方式，将多家移动通信业务运营商的频段信号纳入一套系统中；

7 机场航站楼、轨道交通车站中应设置无线集群通信系统；

8 无线集群通信系统可根据业务需求，采用专用频道方式，通过发射天线进行空间传播或经泄漏电缆辐射覆盖整个区域，且系统应具有选呼、组呼、全呼、紧急呼叫、呼叫优先级权限等调度通信功能，并应具有存储和监测等功能；

9 民用机场航站楼中应在海关、边防、公安、安全和行李处理等场所设置无线集群通信系统；

10 城市轨道交通车站中应在站厅层、站台层、出入口走廊和其他办公场所设置无线集群通信系统；

11 铁路旅客车站、港口客运站中应设置手持无线对讲通信系统；

12 汽车客运站中应建立短信平台，能提供客运服务短信业务，并应具有双向收发、管理及其他扩展的功能；服务内容宜包括旅客检票上车短信通知、司机调度短信通知、员工调度短信通知等。

11.2.5 交通建筑的有线调度对讲系统宜单独组网，有线调度对讲系统应覆盖交通建筑内的各调度中心，并应作为各中心之间的协同指挥使用，实现交通建筑内快速、综合调度管理。

11.2.6 卫星通信系统地面端站和地面主站的设置，应符合现行行业标准《国内卫星通信小型地球站（VSAT）通信系统工程设计规范》YD/T 5028 的有关规定。

11.2.7 交通建筑内应在旅客涉足的区域安装公用电话、无障碍公用电话，并应在无障碍通道处设置无障碍公用电话、语音求助终端。无障碍公用电话的安装高度应为 0.8m。在公用电话、无障碍公用电话、语音求助终端处应预留综合布线信息点。

11.2.8 交通建筑旅客求助终端的设置及功能应符合下列规定：

1 交通建筑内有大量旅客聚集场所应设置语音求助终端；

2 语音求助终端应与本地的视频监控进行联动；

3 对交通建筑内的求助终端，应进行综合管理，且系统应具有求助点定位功能，并应与消防值班、医疗、服务等部门进行综合管理。

11.2.9 民用机场航站楼中通信网络系统设置应符合下列规定：

1 有线调度对讲系统应满足海关、边防、检验检疫、候机楼管理、物业管理、公安、安全和航空公司等驻场单位的语音、数据通信需求；

2 民用机场航站楼应建立相对独立的有线调度对讲系统，满足机场航站楼运行岗位、现场值班室和调度岗位等有线调度对讲的需要，并应支持机场安保调度通信需求和候机楼设备维护管理使用的需求；

3 有线调度对讲系统的主机和终端应支持 ITU-TG.722 标准要求；终端音频（包括终端语音和中继语音）应满足宽带语音要求，音频带宽应达到 300Hz～10kHz；有线调度对讲系统应支持与广播系统的互联，实现本地的广播功能；应与视频监控系统、出入口控制系统、建筑设备监控系统、消防报警系统联动；应具有与无线对讲等设备的接口，实现有线设备与无线设备的互联；

4 有线调度对讲系统终端应设置在机场指挥中心（包括多个调度席位）、监控及安防控制中心、各个工作岗位值班室、物业管理值班室、设备维护值班室、柜台、旅客求助点等场所；

5 有线调度对讲系统终端宜设置在泊位引导操作位、登机桥操作位以及行李分拣转盘等场所；

6 有线调度对讲系统宜为专用调度通信交换机，接通速度宜小于 100ms，并应支持一触即通、免提扬声对讲、免操作应答等简单快速的应用方式；

7 有线调度对讲系统应支持双绞线和 IP 网络组网方式，并应根据现场情况选择接入方式；

8 民用机场航站楼应在办票大厅、候机大厅、行李提取大厅、到达接客大厅等处设置公用电话。

11.2.10 铁路旅客车站中通信网络系统设置应符合下列规定：

1 通信网接入宜采用铁路专用通信网和当地的公共通信网络；

2 客运总值班室、信息控制中心、广播室、列检值班室、行车室、客运值班员室、售票室、值班站长室、客运计划室、行包房、上水工休息室、客车整备所、机务运转值班室、环境卫生值班室等处，应设置电话终端；

3 应能将独立的有线调度对讲分系统，接入到有线调度对讲系统中，实现车站内人员调度和工作协调；客运总值班室、信息控制中心、行车室等处，应设置具有调度功能的对讲终端；站长室、广播室、列检值班室等处，应配置室内办公型终端；其他工作岗位应根据岗位环境不同配置不同类型终端；车站调度岗位应与各个调度中心直通，进行工作协调；

4 检票口应设置对讲终端，对讲终端应具有人工选区的广播功能；

5 进站厅、候车室、出站口、售票厅等处，应设置公用电话。

11.2.11 轨道交通车站中通信网络系统设置应符合下列规定：

1 应设置专用和民用通信机房，且通信机房内应设有通信传输设备、有线无线电话交换设备；

2　应设置独立或与地铁专用公务电话系统合设的专用调度电话系统；行车调度电话分机、防灾中心与设备监控系统调度电话分机，应设置在车站车控室；电力调度电话分机应设置在各变电所的主控制室和低压配电室及其他有特殊需要的场所；公安调度分机应设置在警务室；

3　宜配置有线调度对讲分系统，各车控室、旅客服务中心、值班员室、半自动售票机室、站长室、票据室、环控室、电控室及警务室等处，宜设调度对讲终端，并应在自动售票机旁设置旅客求助终端；

4　应在站厅层设置公用电话；宜在站厅层设置紧急电话。

11.2.12　港口客运站中通信网络系统设置应符合下列规定：

1　应设置专用和民用通信机房，且通信机房内应设有通信传输设备、有线无线电话交换设备；

2　应设置本港调度电话系统；

3　宜设置海岸电台和海事卫星通信；

4　应在旅客候船厅设置公用电话。

11.2.13　汽车客运站中通信网络系统设置应符合下列规定：

1　应单独设置有线调度对讲系统，并应能够接入到有线调度对讲系统中，实现与其他调度中心进行综合协调管理；调度中心、监控中心、现场安检、检票柜台等处，应设置调度对讲终端；

2　有线调度对讲终端除了满足工作人员间的调度通信外，还应具有对本区域进行人工广播的功能；

3　候车厅、售票厅等处应设置公用电话。

11.3　信息网络系统

11.3.1　信息网络宜采用星型、总线、环网结构，并应符合下列规定：

1　大中型交通建筑宜采用三层网络结构；

2　小型交通建筑宜采用两层网络结构。

11.3.2　下列场所宜设置无线局域网：

1　用户经常移动的区域或流动用户多的公共区域；

2　建筑布局中不确定或可能经常变化的场所；

3　被障碍物隔离的区域或建筑物；

4　布线困难的场所。

11.3.3　机场航站楼中信息网络系统设置应符合下列规定：

1　离港系统、安检系统、行李处理系统以及公安、海关、边防的网络系统，应采用专用网络系统；

2　规模较大的视频安防监控系统宜采用专用网络系统；

3　办票大厅、候机区、登机口、行李分拣厅、近机位、贵宾室、餐饮、商业区等场所应设置无线局域网。

11.3.4　铁路旅客车站中信息网络系统设置应符合下列规定：

1　应设置车站运营管理信息系统，且系统宜包括列车到发通告系统、售票及检票系统、旅客行包管理系统、车站应用服务系统等；

2　候车厅、软席候车室和贵宾候车室等应设置无线局域网；

3　列车到发通告系统应具有一发多收、联网运行的功能。

11.3.5　轨道交通车站中信息网络系统设置应符合下列规定：

1　应设售票及检票系统；

2　轨道交通车站应设置与整个网络及本条线路联网运行的，由局域网客户机/服务器结构等组成的信息网络；

3　设置在车控室、站长室或票据室的终端应有访问、修改服务器的功能（权限），其他终端或工作站应只能接收信息；

4　站厅层应预留无线局域网。

11.3.6　港口客运站中信息网络系统设置宜符合下列规定：

1　宜设售票及检票系统；

2　旅客候船厅宜设置无线局域网。

11.3.7　汽车客运站中信息网络系统设置应符合下列规定：

1　宜设售票及检票系统；

2　候车厅和贵宾厅宜设置无线局域网。

11.4　综合布线系统

11.4.1　综合布线系统应支持通信网络系统、信息网络系统、公共信息查询系统、公共信息显示系统、交通信息引导系统、离港系统、售检票系统、泊位引导系统、物业营运管理系统等应用系统。

11.4.2　综合布线系统宜支持时钟、数字视频安防监控、出入口控制、电梯监测、建筑设备管理等应用系统的信息传输。

11.4.3　综合布线系统选用的缆线宜采用低烟无卤阻燃环保型产品，电子信息核心机房应采用阻燃级（CMP）电缆或增强型阻燃级（OFNP 或 OFCP）光缆。

11.4.4　综合布线系统设计应符合现行国家标准《综合布线系统工程设计规范》GB 50311 的规定。

11.4.5　商业、功能用房等大空间区域内，应预留二次布线的 CP 箱。

11.4.6　机场航站楼中综合布线系统设置应符合下列规定：

1　海关、边防、公安、安全和行李分拣等部门，宜相对独立配置综合布线系统；

2　安检机房应与 X 光机信息点相对应的区域配

线机柜建立直接的光缆连接；

3 机场航站楼应在值机柜台、海关柜台、边防柜台、安检柜台、离港柜台、检验检疫柜台等处设置信息端口；

4 机场航站楼应在自助值机、航显屏、X光机、行李转盘等处设置信息端口；

5 候机厅、贵宾候机厅应设置信息端口。

11.4.7 铁路旅客车站中综合布线系统设置应符合下列规定：

1 车站技术用房、管理用房、车站各作业点、检票口、售票窗口、自动售票机等处应设置信息端口；

2 海关柜台、边防柜台、安检柜台、检验检疫柜台等处应设置信息端口；

3 中转、行包房应设置信息端口；

4 在候车厅、软席候车室和贵宾候车室应设置信息端口。

11.4.8 轨道交通车站中综合布线系统设置应符合下列规定：

1 通信传输设备、有线无线电话交换设备、广播和旅客导乘设备、视频安防监控设备、信号设备、综合监控设备、自动售检票设备和时钟设备均应单独布线；

2 检票闸机处、半自动售票机室、票据室和旅客服务中心等处应设置信息端口。

11.4.9 港口客运站中综合布线系统设置应符合下列规定：

1 检票口、售票厅、售票窗口、行包、站务用房等处应设置信息端口；

2 海关柜台、边防柜台、安检柜台、检验检疫柜台等处应设置信息端口；

3 旅客候船室和贵宾候船室应设置信息端口。

11.4.10 汽车客运站中综合布线系统设置应符合下列规定：

1 车站技术用房、检票口、售票窗口等处应设置信息端口；

2 旅客候车室和贵宾候车室应设置信息端口。

11.5 广 播 系 统

11.5.1 交通建筑中广播系统应具有旅客服务广播和应急广播的功能，并应设置独立的消防广播控制台，广播输出回路的划分应满足防火分区划分的要求，并应符合现行国家标准《火灾自动报警系统设计规范》GB 50116的有关规定。

11.5.2 广播系统宜采用人工、半自动、自动播音方式，且自动播音应采用语音合成的方式。

11.5.3 Ⅲ类及以上民用机场航站楼、特大型和大型铁路旅客车站、集民用机场航站楼或铁路、城市轨道交通车站等为一体的大型综合枢纽站的广播系统，应能多信源、多通道、多广播区同时广播，且同时广播的通道数应依据广播负荷区域划分的数量及功能而定；功放设备总容量应按照所有广播负荷区域额定功率总和及线路的衰耗确定。

11.5.4 广播系统的功率放大器应按 $N+1$ 的方式进行热备用，且系统应具有功放自动检测倒换功能。

11.5.5 现场扬声设备的选型应满足建筑格局、装修条件及声场分布的要求。

11.5.6 广播系统应在易产生噪声的场所设置背景噪声监测系统，并应提高语音播放的清晰度。

11.5.7 广播系统区域宜按最小本地广播区域划分。

11.5.8 广播的优先级应以火灾应急广播为最高优先级，其次应依次为应急指挥中心广播、自动多分区广播、本地广播、背景音乐。

11.5.9 机场航站楼中广播系统设置应符合下列规定：

1 Ⅲ类及以上民用机场航站楼宜采用自动广播为主、本地广播为辅的设置原则，本地广播优先级应高于自动广播，且广播系统宜具备自由文本转换语音（TTS）功能及存储转发功能；

2 国内航班应采用两种及以上语言播放信息，广播语言应为中文和英语；

3 国际航班宜采用三种及以上语言播放信息，广播语言宜为中文、英语和目的地国的语种；

4 机场航站楼的播音区域应覆盖值机厅、候机厅、贵宾厅、公务机厅、行李提取厅、接客厅、餐饮区、商业区、卫生间、吸烟室等公共场所。

11.5.10 铁路旅客车站中广播系统设置应符合下列规定：

1 客运广播控制台应设在铁路旅客车站信息控制中心的联合控制台上；

2 客运广播负荷区应覆盖进站大厅、出入口处、候车室、软席候车室、贵宾候车室、站台、检票口、出站通道、站前广场、行包房、售票厅以及客运值班室等场所；

3 广播系统信源应采用计算机语音合成设备，广播语言应为中文和英语；

4 国际列车候车室宜采用三种及以上语言播放信息，广播语言宜为中文、英语和目的地国的语种。

11.5.11 城市轨道交通车站中广播系统设置应符合下列规定：

1 城市轨道交通广播系统应保证控制中心调度员和车站值班员向乘客通告列车运行以及安全向导等服务信息，并应能向工作人员发布作业命令和通知；

2 车站广播控制台应对本站管区内进行选路广播，负荷区宜按站台层、站厅层、出入口和与行车直接有关的办公区域等进行划分，广播语言宜为中文和英语。

11.5.12 港口客运站中广播系统设置应符合下列

规定：

1 系统的语音合成设备应完成候船、售票、行包、站务用房和上下船廊道的全部客运广播；

2 广播系统信源宜设有计算机语音合成设备，广播语言宜为中文和英语。

11.5.13 汽车客运站中广播系统设置应符合下列规定：

1 系统的语音合成设备应完成接发车、乘运及候车的全部客运广播；

2 广播系统信源宜设有计算机语音合成设备，广播语言宜为中文和英语。

11.6 时钟系统

11.6.1 时钟系统应具备时间输入、时间显示、时间输出、时间调控、设备校时和监控管理的功能，并宜根据不同场所要求，采取二级或者三级的不同组网方式。

11.6.2 时钟系统可通过网络时钟协议（NTP）、靶场仪器组B型格式（IRIG-B）、直接通信链接系统（DCLS）、每秒1脉冲（1PPS）等方式从上级时间同步设备获取时间，也可直接从频率同步网伪距校正（PRC）设备获取时间。

11.6.3 时钟系统中心母钟一级时间同步设备应接收不小于2个外部标准时间信号源；中心母钟主机应采用一主一备的热备份方式。

11.6.4 时钟系统应能通过人工或自动方式对输入多时间源进行处理、自动正确判断和选择可用时间源，并应能进行时延补偿。对于NTP输入接口，应采用NTP协议；对于1PPS输入接口，应具有时间和闰秒等处理功能。

11.6.5 时钟系统二级母钟二级时间同步设备的时间输入可直接来自中心母钟一级时间同步设备，或频率同步网PRC设备；二级母钟主机宜采用一主一备的热备份方式。

11.6.6 时钟系统中的二级母钟失去上级时钟源时，二级时间同步设备应具有长期独立工作能力，当全球卫星定位系统（GPS）、PRC、中心母钟一级时间同步设备或传输通道同时出现故障时，二级时间同步设备应能通过内置高稳恒温晶振钟继续提供精确的时间信号输出，驱动时间显示设备正常工作。

11.6.7 时钟系统时间显示设备应能接收母钟发出的时间驱动信号，进行时间信息显示，且时间显示设备脱离母钟后，应能保持一定时间精度的独立运行。

11.6.8 时钟系统时间显示设备可采用指针和数字显示方式。

11.6.9 时钟系统时间信号传送方式应采用主从树状结构，将时间基准信号从中心母钟一级时间同步设备传送到二级母钟二级时间同步设备，再从二级母钟二级时间同步设备传送到三级子钟三级时间同步设备。

11.6.10 其他各系统的时间服务单元应能通过各种时间接口从一级或二级母钟时间同步设备获取时间信号。

11.6.11 其他各系统的时间接引设备支持时间接口，应具备时间服务器功能。对于支持NTP功能的设备，软件设置上应给设备配置时间服务器的IP地址、同步时间等各种选项参数。

11.6.12 其他各系统应能通过NTP、IRIG-B、DCLS、1PPS（串行口ASCII字符串、先进通信技术卫星（ACTS）等其他接口可选）等接口从时间同步设备获得时间信号。

11.6.13 时钟系统的监控系统应具有下列基本功能：

1 数据采集处理功能，应包括：数据采集、数据处理、异常处理；

2 故障管理功能；

3 性能管理功能；

4 配置管理功能；

5 数据统计分析功能；

6 安全管理功能。

11.6.14 民用机场航站楼中时钟系统设置应符合下列规定：

1 值机大厅、候机大厅、到达大厅、到达行李提取大厅应设置同步校时的子钟；

2 机场航站楼内贵宾休息室、商场、餐厅和娱乐等处宜设置同步校时的子钟。

11.6.15 铁路旅客车站中宜在中心调度室、车站综合控制室、值班室、候车室、软席候车室、贵宾候车室、站厅、站台等处设置子钟。

11.6.16 轨道交通车站中时钟系统设置应符合下列规定：

1 站厅层、站台层、车控室、环控室、电控室、站长室、警务室及其他与行车直接有关的办公室等处所应设置子钟；

2 当站厅层、站台层等处设有乘客信息系统（PIS）系统显示终端时，子钟宜与PIS系统显示终端合并设置。

11.6.17 港口客运站中宜在候船大厅、售票厅、行包、站务用房和上下船廊道等处设置系统子钟。

11.6.18 汽车客运站中宜在调度室、车站控制室、值班室、候车室、站厅等处设置系统子钟。

11.7 有线及卫星电视接收系统

11.7.1 有线及卫星电视接收系统节目源应考虑接入当地有线电视网、卫星节目和自办节目。

11.7.2 机场航站楼中有线及卫星电视接收系统设置应符合下列规定：

1 前端节目源应包括航班动态显示节目；

2 有线电视终端宜设置在候机厅、贵宾厅、公务机厅、办公室、值班室。

11.7.3 铁路旅客车站中有线及卫星电视接收系统设置宜符合下列规定：

1 系统宜接收列车发送/到达动态信息，并宜在旅客候车室的电视上显示将要发送的车次信息、在到达大厅出口处的信息显示屏上显示将要到达的车次信息；

2 有线电视终端宜设置在候车厅、软席候车室、贵宾候车室、值班室。

11.7.4 轨道交通车站中有线及卫星电视接收系统设置应符合下列规定：

1 前端节目源应包括地铁到达时间和公告等动态显示；

2 有线电视终端宜设置在站台层和站厅层。

11.7.5 港口客运站中有线及卫星电视接收系统设置应符合下列规定：

1 前端节目源应包括开船时间和公告等动态显示；

2 有线电视终端宜设置在候船大厅等处。

11.7.6 汽车客运站中有线及卫星电视接收系统设置宜符合下列规定：

1 系统宜接收客车发送动态信息，并宜在旅客候车室的电视上显示将要发送的车次信息；

2 有线电视终端宜设置在候车厅、贵宾厅、办公室、值班室。

12 信息化应用系统

12.1 一 般 规 定

12.1.1 信息化应用系统应提供快捷、有效的业务信息运行能力，并应具有完善的业务支持辅助功能。

12.1.2 信息化应用系统宜包括公共信息查询系统、公共信息显示系统、离港系统、售检票系统、泊位引导系统、物业营运管理系统和其他功能所需要的应用系统。

12.1.3 信息化应用系统应符合国家现行标准《智能建筑设计标准》GB/T 50314 和《民用建筑电气设计规范》JGJ 16 的规定。

12.2 公共信息查询系统

12.2.1 公共信息查询系统宜包括多媒体查询、电话问询和 Web 网站查询等。

12.2.2 电话问询系统宜与交通建筑的客户服务系统以统一的号码接入，建成统一的系统，并应符合下列规定：

1 系统应实现互动式语音（IVR）功能，满足查询、咨询等基本要求；

2 系统宜提供生成自动应答流程的图形化生成器，使用户能根据自己的需求，录制提示语音和应答内容；

3 系统应实现自动话务分配（ACD）功能，合理地安排话务员资源，自动将问询任务分配给最合适的话务员进行处理；

4 系统出入中继线、坐席数量，应满足交通建筑的信息服务水平要求。

12.2.3 旅客公共场所宜设置多媒体自助查询系统，问询亭侧宜采用触摸屏式旅客自助查询机，且多媒体自助查询系统应接入公共信息查询网络。

12.2.4 民用机场航站楼应提供航班计划动态信息、机场服务设施信息、旅客行李信息等内容的查询。

12.2.5 铁路旅客车站应提供列车到发信息、服务设施信息等内容的查询，并宜提供旅客行包信息等内容的查询。

12.2.6 公共信息查询系统设施的设置应满足无障碍要求。

12.3 公共信息显示系统

12.3.1 公共信息显示系统宜采用集中控制方式，由控制室统一采编、存储、控制播发，对任一显示屏完成电源开关和复位操作。

12.3.2 同一公共信息显示系统应能接入并控制不同类型的显示屏，可实现多屏组网联控，并宜实现两套及以上节目的分控播出。

12.3.3 公共信息显示系统应具有按预排程序自动控制显示、传输校验纠错、人工修改程序、临时变更、查询等功能。

12.3.4 公共信息显示系统应具备接入城市公共交通信息系统、交通建筑驻场（站）交通信息系统（平台）及其他信息网络的接口条件。

12.3.5 公共信息显示系统与城市公共交通信息系统在已实现信息互联共享的基础上，宜按旅客出站流线及换乘需求，在沿途分叉处、转向处、公共交通站点等处设置交通信息显示屏，应能根据设置地点的不同，灵活显示交通建筑周边各类公共交通信息，并应符合下列规定：

1 交通信息显示屏应专用，并应以文字或图形方式显示交通建筑周边公共交通的发车间隔、发车时刻等实时运行信息或周边路网实时交通状况、交通事件信息，不宜显示与旅客出行交通信息无关的内容；

2 公共交通运行变更信息、道路交通事件信息等宜用不同颜色的字体及底色表示。

12.3.6 公共信息显示系统应具有在发生火灾等紧急情况下人工或自动触发预编程的紧急疏散信息显示的功能。各类显示屏宜具有在异常情况下强切显示旅客疏散指示信息、灾害信息的功能。

12.3.7 公共信息显示屏宜采用 LED 条屏、LCD 屏等，显示屏尺寸、显示方式、外形色调及安装布局等应结合建筑总体规划、业务需要、使用环境及建筑格局、固定标识等进行统筹考虑。

12.3.8 机场航站楼中公共信息显示系统设置应符合下列规定：

1 值机大厅应设置能提供引导旅客值机的航班动态信息显示屏；

2 值机柜台上方应设置能提供值机航班信息的显示屏；

3 中转柜台应设置能提供中转航班动态信息的显示屏；

4 登机口柜台上方应设置能提供登机航班信息的显示屏；

5 候机大厅应设置能提供出发候机航班动态信息的显示屏；

6 餐饮、商业区宜设置能提供进出港航班动态信息的显示屏；

7 到达行李提取厅应设置能提供引导行李转盘航班动态信息的显示屏；

8 行李转盘应设置能提供本转盘到达行李的航班信息显示屏；

9 行李分拣大厅每条出发行李转盘上应设置能提供在本转盘出发的行李航班信息的显示屏；

10 行李分拣大厅每条到达行李转盘上应设置能提供在本转盘到达的行李航班信息显示屏；

11 到达接客大厅应设置能提供到达航班动态信息的显示屏；

12 联检区域应设置信息公告显示屏。

12.3.9 铁路旅客车站中公共信息显示系统设置应符合下列规定：

1 系统应分别显示列车进站、出站、票务及其他多媒体等信息；

2 公共信息显示屏应设置在进站大厅、主廊道、各候车室、站台、出站通道、出站大厅、售票大厅等旅客集中活动场所。

12.3.10 轨道交通车站中公共信息显示屏应安装在站台层、站厅层和通道处，且显示屏应根据所在位置和功能发布具体的信息。

12.3.11 港口客运站中公共信息显示屏应设置在候船、售票、行包、站务用房和上下船廊道等旅客集中的活动场所。

12.3.12 汽车客运站中公共信息显示屏应设置在候车厅、检票口、售票处，以及对旅客进行引导的出入口和通道等处。

12.4 离港系统

12.4.1 在值机大厅应能通过离港终端或自助值机终端完成旅客的办票、行李交运和登机工作。

12.4.2 旅客的值机信息应传送至安检信息系统。

12.4.3 旅客的交运行李信息应传送至行李控制系统。

12.4.4 在候机大厅应能通过离港闸口登机牌阅读机对旅客登机牌进行登机确认；宜采取离港工作站调用安检信息系统的方式，在安检验证柜台对采集的旅客肖像信息进行旅客身份确认。

12.4.5 在值机柜台离港终端和登机口柜台应能触发航班信息显示和广播。

12.4.6 国内离港系统应具有本地备份离港信息的功能。

12.4.7 Ⅱ类及以上民用机场航站楼宜配置自助值机终端。

12.4.8 离港系统宜支持网上值机和手机值机等新兴值机模式，并应支持二维条码的使用。

12.5 售检票系统

12.5.1 民用机场航站楼、中型及以上铁路客运站、港口客运站、汽车客运站等应设售检票系统；小型客运站宜设售检票系统。

12.5.2 城市轨道交通车站应设自动售检票（AFC）系统。

12.5.3 售票系统总体结构宜采用集中与分布式相结合的数据库及中央、地区和车站三级售票业务管理模式。

12.5.4 售检票系统应具备用户权限管理功能，并应防止非法操作。

12.5.5 铁路及轨道交通售检票中央计算机系统宜通过专用通信传输通道进行数据通信，并应具有与相关系统的接口。

12.5.6 售检票系统应选用操作方便、快速的设备，并应有清晰的信息提示。

12.5.7 中央计算机系统发生故障或传输网络中断时，车站计算机系统和车站自动售检票系统设备应能维持一定时间的独立运行。

12.5.8 自动售检票终端应有脱网独立工作的功能。

12.5.9 售检票系统应具有与旅客通告系统、综合信息管理系统、检票系统等联网的功能。

12.5.10 设有计算机售票系统的车站，应设自动识别检票系统，并应能对车票的相关信息进行查询。

12.5.11 城市轨道交通车站自动售检票系统的设计能力应能满足车站超高峰客流量的需要。

12.5.12 售票窗口宜设对讲设备及票额动态显示设备。

12.5.13 自动检票机应能接受车站计算机系统的数据和控制指令，并应能向车站计算机系统发送设备状况和业务数据。

12.5.14 售检票系统应设置与消防系统、防灾告警系统联动的紧急模式；当车站处于灾害紧急状态和失电状态时，自动检票机应能自动或手动控制，使其处于开放状态。

12.6 泊位引导系统

12.6.1 机场航站楼的每一个固定登机桥宜安装泊位引导设备，设备的安装高度应在距机坪地面 4.5m～8.0m 之间。

12.6.2 泊位引导设备应能自动引导飞机停靠在正确停机位置，并应具有监控和记录的功能。

12.6.3 紧急情况下，泊位引导系统应能通过手动按钮提示紧急停机信息，手动按钮宜安装在能目视到泊位引导器和飞机滑行路由的位置。

12.6.4 泊位引导终端设备宜与登机桥活动端建立工作互锁关系。

12.7 物业运营管理系统

12.7.1 物业运营管理系统应能对交通建筑内各类设施的资料、数据及运行维护进行管理。

12.8 信息网络安全管理系统

12.8.1 信息网络安全管理系统应能确保信息网络的运行保障和信息安全。

12.8.2 信息网络系统应建立网络管理系统。

12.8.3 信息网络系统应安装防火墙。

13 建筑设备监控系统

13.1 一 般 规 定

13.1.1 建筑设备监控系统（BAS）应在满足设备或工艺控制要求的前提下，以节能和方便运行管理为目标，实现最大限度的节能和优化控制。

13.1.2 Ⅳ类以上民用机场航站楼、特大型、大型铁路旅客车站、集民用机场航站楼或铁路与城市轨道交通车站等为一体的大型综合交通枢纽站、城市轨道交通地铁车站、磁浮列车站、一级港口客运站等建筑物中应设置建筑设备监控系统，中型交通建筑中宜设置建筑设备监控系统。

13.1.3 交通建筑的建筑设备监控系统设计应符合国家现行标准《智能建筑设计标准》GB/T 50314 和《民用建筑电气设计规范》JGJ 16 的规定。

13.2 系 统 设 计

13.2.1 建筑设备监控系统宜对下列系统的设备及环境质量进行自动监测、控制和集中管理：

1 冷冻水及冷却水系统；

2 热源及热交换系统；

3 采暖通风及空气调节系统；

4 给水及排水系统；

5 供配电系统；

6 公共照明系统；

7 电梯、自动扶梯和自动人行道系统；

8 电动百页、电动排风窗；

9 环境质量参数。

13.2.2 当供配电系统，公共照明系统，冷/热源系统，给水及排水系统，电梯、自动扶梯和自动人行道系统，电动百页、电动排风窗等采用自成体系的专业监控系统时，应通过标准通信接口纳入建筑设备监控系统或建筑设备管理系统（BMS）。

13.2.3 建筑设备监控系统应采用分布式或集散式控制系统，由管理层、控制层及现场层组成。管理层网络宜选用 TCP/IP 协议，控制层网络宜选用标准、开放的现场总线。

13.2.4 建筑设备监控系统在完成各类设备自动监控的同时，还应能满足机电设备本身所固有的控制工艺要求，并应实现最优及节能控制。

13.2.5 建筑设备监控系统应具有标准、开放的通信接口和协议，实现智能仪表、设备和系统的数据交换，并应能向智能化集成系统提供接口。

13.2.6 自成系统的配变电所电能管理系统应符合本规范第 4.4 节的规定。

13.2.7 自成系统的照明控制系统应符合本规范第 8.4 节的规定。

13.3 系统功能要求

13.3.1 建筑设备监控系统的监控中心应能对交通建筑内的机电设备和系统进行集中监视、远程操作和管理，应能提供机电设备和系统运行状况的有关数据、资料、报表，并应具有不同应用场合下节能控制的运行方案，为日常运营和管理服务。

13.3.2 建筑设备监控系统应结合不同区域的空间及空调特点，选择合适的控制技术。

13.3.3 空调控制系统应根据不同区域空调的送风形式及风量调节方式进行送风控制，并应针对交通建筑公共区域客流量变化大的特点，根据空气质量进行新回风比例控制。

13.3.4 在人员密度相对较大且变化较大的区域，宜采取新风需求控制措施，并宜根据室内 CO_2 浓度检测值来增加或减少新风量，使 CO_2 浓度符合国家现行有关卫生标准的规定。

13.3.5 地下停车库的通排风系统，宜根据使用情况对通排风机进行定时启停台数控制或根据车库内的一氧化碳浓度进行自动运行控制。

13.3.6 民用机场航站楼、铁路旅客车站、城市轨道交通地铁车站中的空调、照明系统宜根据航班、车次的运行时间进行联动控制。

13.3.7 建筑设备监控系统与火灾自动报警系统（FAS）分别设置时，相互间应设置通信接口互联，防排烟系统与正常送排风系统合用的设备平时宜由 BAS 监控，火灾时应由 FAS 强制执行相应的火灾控制程序。

13.3.8 建筑设备监控系统设计时应与各设备控制间有统一的设计标准，并应协调好各系统间的接口关系。

13.3.9 民用机场航站楼的建筑设备监控系统应符合下列规定：

1 对航班显示、时钟系统电源、安全检查系统电源、400Hz 机用电源、机用空调机电源、飞机引导系统电源状态等，应进行监测；

2 对停机坪高杆照明灯应进行监控；当设有单独机坪照明灯监控系统时，所有系统的监控信息应实时传入建筑设备监控系统；

3 宜将楼内各租用单元的电能计量纳入 BAS；

4 照明控制应根据建筑及相应公共服务区域的采光特点、室内外照度及航班运行时间进行监控；应对室内标识、广告照明进行监控；当设有单独照明管理系统时，可由照明管理系统实施；

5 建筑设备监控系统的时钟应与楼内时钟系统同步。

13.3.10 铁路旅客车站、港口客运站、汽车客运站的建筑设备监控系统应符合下列规定：

1 照明控制应根据建筑及相应公共服务区域的采光特点、室内外照度及车辆运行时间段进行监控，并应对室内标识、广告照明进行监控；

2 宜将楼内各租用单元的电能计量纳入 BAS。

13.3.11 城市轨道交通地铁车站的建筑设备监控系统应符合下列规定：

1 中央级监控系统应通过通信传输网与车站级监控系统相连，并应采用开放的标准通信协议，保证数据传输的实时可靠；

2 应根据站内的空气质量对通风和空调进行控制，当空气质量持续恶化时，系统应发出报警信号，提醒采取控制人流措施；

3 照明控制应根据列车的运行时间、室内照度等进行监控，并应对室内标识、广告照明进行监控；

4 应能接收火灾自动报警系统的火灾信息，执行车站防烟、排烟模式控制；

5 应能接收列车区间停车位置信号，并应根据列车火灾部位信息，执行隧道防排烟模式控制；

6 应能接收列车区间阻隔信息，执行阻塞通风模式；

7 应能监测或接收火灾自动报警系统的火灾指令；

8 应能监视各排水泵房及集水井的警戒水位，并发出报警信号；

9 应配备车控室紧急控制盘（ISP 盘），作为火灾工况自动控制的后备措施，其操作权限应高于车站和中央工作站；

10 建筑设备监控系统的时钟应与楼内时钟系统同步；

11 应符合现行国家标准《地铁设计规范》GB 50157 的有关规定。

13.3.12 BAS 监控功能应满足各自运营管理的需求。

14 公共安全系统

14.1 一 般 规 定

14.1.1 交通建筑中的火灾自动报警系统及安全技术防范系统设计应根据各类交通建筑的使用功能、规模、性质、火灾保护对象的特点、安防管理要求及建设标准，构成安全可靠、技术先进、经济适用、灵活有效的公共安全体系。

14.1.2 安全技术防范系统宜由安全管理系统和若干个相关子系统组成。相关子系统宜包括入侵报警系统、视频安防监控系统、出入口控制系统、安全检查系统等。

14.1.3 安全技术防范系统的设计应符合国家现行标准《安全防范工程技术规范》GB 50348、《入侵报警系统工程设计规范》GB 50394、《视频安防监控系统工程设计规范》GB 50395、《出入口控制系统工程设计规范》GB 50396 和《民用建筑电气设计规范》JGJ 16 的规定。

14.1.4 火灾自动报警系统的设计应符合国家现行标准《火灾自动报警系统设计规范》GB 50116、《高层民用建筑设计防火规范》GB 50045、《建筑设计防火规范》GB 50016 和《民用建筑电气设计规范》JGJ 16 的规定。

14.2 火灾自动报警系统

14.2.1 交通建筑火灾自动报警系统的设计，应结合不同保护对象的特点及相关的智能化系统配置，做到安全适用、技术先进、经济合理、管理维护方便。

14.2.2 交通建筑火灾自动报警系统保护对象分级及报警、探测区域的划分，应符合现行国家标准《火灾自动报警系统设计规范》GB 50116 的规定，并应符合下列规定：

1 下列交通建筑火灾自动报警系统的保护对象应定为一级：

1）Ⅴ类及以上民用机场航站楼；

2）集民用机场航站楼或铁路、城市轨道交通车站等为一体的大型综合交通枢纽；

3）特大型、大型铁路旅客车站；

4）城市轨道交通地下车站、磁浮列车站；

5）一级港口客运站及汽车客运站。

2 下列交通建筑火灾自动报警系统的保护对象不应低于二级：

1）中小型铁路旅客车站；

2）城市轨道交通地面和地上高架车站；

3）二级和三级汽车客运站及港口客运站。

14.2.3 交通建筑火灾自动报警系统宜由火灾探测报警系统、消防联动控制系统、可燃气体报警系统及电气火灾监控系统的部分或全部组成。

14.2.4 交通建筑火灾自动报警系统的各类系统之间的系统兼容性应符合国家现行有关标准的规定。

14.2.5 交通建筑中的高大空间，应划分为独立的火灾探测区域。

14.2.6 交通建筑内的主要场所宜选择智能型火灾探测器，并应符合下列规定：

1 民用机场航站楼、铁路旅客车站、城市轨道交通车站、磁浮列车站、港口客运站及汽车客运站的大厅、室内广场等无遮挡或不具备分隔条件的高大空间或有特殊要求的场所，宜选用红外光束感烟探测器或图像型火灾探测器、吸气式感烟探测器等；

2 电缆隧道、电缆竖井、电缆夹层等场所，宜选择有预警功能的线型光纤感温火灾探测器；

3 需要监测环境温度的电缆隧道、地下空间等场所，宜设置具有实时温度监测功能的线型光纤感温火灾探测器；

4 单一型火灾探测器不能有效探测火灾的场所，可选用复合型火灾探测器或红外光束感烟探测器、线型光纤感温探测器、火焰探测器、图像型火灾探测器、吸气式感烟探测器等各类单一型火灾探测器的组合。

14.2.7 消火栓灭火系统、自动喷水灭火系统、气体（泡沫）灭火系统、防烟排烟系统、电梯、防火门及防火卷帘系统、火灾警报器和应急广播系统、消防应急照明和疏散指示标志系统的联动控制设计，应符合现行国家标准《火灾自动报警系统设计规范》GB 50116 的规定，并应符合下列规定：

1 各受控设备接口的特性参数应与消防联动控制器发出的联动控制信号的特性参数相匹配；

2 消防控制室应能显示消防应急照明系统的正常电源工作状态，并应分别手动或自动控制消防应急照明系统从正常电源工作状态转入应急工作状态；

3 火灾报警确认后，应自动打开与疏散有关的自动门、屏蔽门（安全门）、自动检票闸门及电动栅杆，并宜联动相关层安全技术防范系统的摄像机监视火灾现场；

4 火灾报警确认后，应自动打开疏散通道上由出入口控制系统控制的门，自动开启疏散通道上的自动门；

5 火灾报警确认后，应在消防控制室自动或手动切除相关区域的非消防电源；

6 消防专用电话网络应为独立的消防通信系统；对于一级保护对象宜设置火灾报警录音受警电话。

14.2.8 应急广播系统的扬声器宜采用与公共广播系统的扬声器兼用的方式，当需播放应急广播时，消防联动控制信号应能强制性自动切除规定区域内的一般广播信号，并强制启动应急广播信号播放，作局部区域或全区域应急疏散广播使用。

14.2.9 交通建筑内设置有自动消防炮灭火系统时，应符合现行国家标准《固定消防炮灭火系统设计规范》GB 50338 的有关规定。

14.2.10 民用机场航站楼、特大型铁路旅客车站等区域内建立应急联动指挥中心时，应将火灾自动报警系统纳入应急联动指挥中心。

14.2.11 城市公共轨道交通建筑的火灾自动报警系统应设中央级和车站级二级监控方式，对城市公共轨道交通全线进行火灾探测报警与消防联动控制。其信息传输网络宜利用公共通信网络，但现场级网络应独立配置，并应符合国家现行有关标准的规定。

14.2.12 交通建筑内设有智能化集成系统时，火灾自动报警系统宜纳入智能化集成系统。

14.2.13 设有建筑设备管理系统时，火灾自动报警系统应预留数据通信接口以实现与其相关的联动控制，接口界面的各项技术指标应符合国家现行有关标准的规定。

14.2.14 设有视频安防监控系统时，火灾自动报警系统宜通过数据通信与视频安防监控系统实现互联，在火灾情况下视频安防监控系统可自动将显示内容切换成火警现场图像，供控制室确认并记录。

14.2.15 对于Ⅰ类民用机场航站楼、特大型铁路旅客车站、集机场航站楼或铁路及城市轨道交通车站等为一体的大型综合交通枢纽站等重要交通建筑，火灾自动报警系统的主机宜设有热备份，当系统的主用主机出现故障时，备份主机应能及时投入运行。

14.2.16 当交通建筑形态复杂，国家现行有关标准无法涵盖时，火灾自动报警系统的设计可经过火灾自动报警系统的性能化设计分析来确定，并应经当地消防主管部门批准。

14.2.17 当火灾自动报警系统设置需进行性能化设计时，设计前应对保护对象的建筑特性、使用性质和发生火灾的可能性进行分析，设计后应进行评估和/或试验验证。

14.2.18 经火灾自动报警系统性能化设计及当地消防主管部门批准，一些特殊部位可不设置火灾探测器时，宜加强该部位视频监控系统的设置，并宜与火灾自动报警系统联动。

14.3 电气火灾监控系统

14.3.1 交通建筑的电气火灾监控系统应根据建筑的性质、发生电气火灾危险性、保护对象等级等进行设置。

14.3.2 剩余电流式电气火灾监控探测器的设置应符合下列规定：

1 火灾自动报警系统保护对象分级为一级的交通建筑配电线路，应设置电气火灾监控系统；除消防动力配电回路外，其他电力、照明区域或楼层配电箱电源进线处应设置防电气火灾的剩余电流动作报警器；

2 火灾自动报警系统保护对象分级为二级的交通建筑，其主配电室低压出线或配电干线分支处，宜设置防电气火灾剩余电流动作报警器；

3 当采用剩余电流互感器型探测器或总线型剩余电流动作报警器组成较大系统时，应采用总线式报警系统；

4 防电气火灾剩余电流动作报警值的设定应符合国家现行有关标准的规定；

5 剩余电流式电气火灾监控探测器宜作用于报警，不宜自动切断被保护对象的供电电源。

14.3.3 电气火灾监控系统的设置不应影响供电系统的正常工作。

14.4 入侵报警系统

14.4.1 入侵报警系统的设置，应符合下列规定：

1 周界宜设置入侵报警探测装置，形成的警戒线应连续无间断；一层宜设置入侵报警探测装置；

2 重要通道及主要出入口应设置入侵报警探测装置；

3 重要部位宜设置入侵报警探测装置；集中收款处、财务出纳室、重要物品库房应设置入侵报警探测装置；财务出纳室应设置紧急报警装置。

14.4.2 入侵报警系统设计应符合下列规定：

1 应根据总体纵深防护和局部纵深防护的原则，分别或综合设置周界防护、区域防护、空间防护、重点实物目标防护系统；

2 系统应自成网络独立运行，宜与视频安防监控系统、出入口控制系统等进行联动，宜具有网络接口、扩展接口；

3 系统除应具有本地报警功能外，还宜具有异地报警的相应接口。

14.4.3 无线报警系统应符合下列规定：

1 安全技术防范系统工程中，当不宜采用有线传输方式或需要以多种手段进行报警时，可采用无线传输方式；

2 无线报警的发射装置，应具有防拆报警功能和防止人为破坏的实体保护壳体；

3 以无线报警组网方式为主的安防系统，应具有自检和对使用信道监视及报警的功能。

14.4.4 民用机场航站楼、铁路旅客车站、城市轨道交通车站、港口客运站、汽车客运站中的票务柜台及售票窗口，应设置紧急报警按钮。

14.4.5 铁路旅客车站、港口客运站、汽车客运站的售票室、总账室、票据库、财务室、行包房、通信机房及特殊场所，应设置入侵报警探测器。

14.4.6 轨道交通车站中入侵报警系统设置应符合下列规定：

1 在轨道交通正线、车场及运营控制中心（OCC）等重要场所设置入侵报警系统时，系统的各类设备应具有与视频监视系统实现联动的功能；

2 车控室和警务室应安装显示和记录设备；旅客服务中心应安装紧急报警装置；票据室应安装被动红外探测装置；

3 各车站控制室应将入侵报警信号送往本线运营控制中心（OCC）进行集中监控。

14.5 视频安防监控系统

14.5.1 大型视频安防监控系统宜采用数字化技术。

14.5.2 民用机场航站楼、铁路旅客车站等高风险场所，重点监视点前端摄像机宜采用高清设备。

14.5.3 视频安防监控系统宜与火灾自动报警系统、出入口控制系统、入侵报警系统建立联动。

14.5.4 视频安防监控系统应有控制优先级分级、定时扫描、循环显示、分区监视、任意定格与锁闭、巡检报警、随时录像等功能。

14.5.5 视频图像记录宜选用数字存储设备，单路监视图像的最低水平分辨率不应低于400线，存储应采用D1（704像素×576像素）及以上格式，存储记录时间不应小于15d。

14.5.6 民用机场航站楼中视频安防监控系统设置应符合下列规定：

1 应满足海关、边防、检疫、公安、安全等驻场单位的管理需求；

2 应满足安全监控和设备监控的需要；

3 各场所摄像机的安装应符合下列规定：

1）进出门厅应双向安装摄像机；

2）安检通道应双向安装摄像机；

3）海关、边检、检疫通道应双向安装摄像机；

4）办票柜台应安装摄像机；

5）固定桥位应安装云台变焦型摄像机；

6）固定桥下道路宜安装云台变焦型摄像机；

7）在空侧所有安装出入口控制的通道宜安装摄像机；

8）行李提取转盘区域应安装摄像机；

9）行李分拣输送带区域应根据工艺需求安装摄像机；

10）办票厅、候机厅、迎客厅等处宜安装云台变焦型摄像机；

11）商业POS机点位应安装摄像机；

12）自助值机柜台宜安装摄像机；

13）行李开包间应安装摄像机；

14）办公通道路口宜安装摄像机。

14.5.7 铁路旅客车站中视频安防监控系统设置应符

合下列规定：

1 铁路旅客车站应独立设置安防监控中心；售票楼、行包房可根据规模、功能和管理要求设置安防控制室；

2 安防监控中心应将视频监控信号送至铁路客运站信息控制中心和当地公安部门；

3 站长室、客运值班室、行包值班室、车站值班室、公安值班室等场所，应设置控制、监视设备；

4 下列场所应安装摄像机：

1）旅客进站口、出站口、进站通道、出站通道、候车室、站台；

2）售票厅、行包房、行包托运厅、行包提取厅、行包地道、列车进出站咽喉区。

14.5.8 城市轨道交通车站中视频安防监控系统设置应符合下列规定：

1 系统应由中心控制设备、车站控制设备、图像摄取、图像显示、录制及视频信号传输等部分组成；

2 运营控制中心（OCC）、车站控制室、安防控制室或警务室等场所，应设置控制、监视设备；上下行站台列车停车位置，应设置监视设备；

3 下列场所应安装摄像机：

1）车站与外界相通的出入口及其通道；

2）连通站厅层、站台层的人行通道（含楼梯、自动扶梯）；

3）检票入口、检票出口；

4）售票亭、自动售票机、自助票款充值设备上方；

5）旅客服务中心；

6）上行站台、下行站台；

7）车站控制室出入口、各类设备机房出入口；

8）编码（收款）室出入口、编码室内现金存放处；

9）站厅层及其楼梯间区域安装云台变焦型摄像机。

4 各车站控制室应将视频监控系统视频信号送往本线运营控制中心（OCC）进行集中监控；

5 车站视频监控系统视频信号的远距离传输，可采用模拟或数字传输方式；本地视频信号传输宜采用视频同轴电缆传输。

14.5.9 港口客运站中视频安防监控系统设置应符合下列规定：

1 安防控制室、调度室、警务室等应设置控制、监视设备；

2 下列场所应安装摄像机：

1）旅客进站口、出站口、通道、候船室；

2）售票窗口、检票口、行包、站务用房和上下船廊道。

14.5.10 汽车客运站中视频安防监控系统设置应符合下列规定：

1 监控室、站长室、客运值班员室、车站值班员室、广播室、公安值班员室等场所，应设置控制、监视设备；

2 系统应有控制优先级分级、定时扫描、循环显示、分区监视、任意定格与锁闭、巡检报警、随时录像等功能；

3 控制优先级宜按客运值班员室、公安值班员室、广播室、监控室、站长室等的顺序分级；

4 下列场所应安装摄像机：

1）旅客进站口、出站口、通道、候车室；

2）售票窗口、检票口。

14.6 出入口控制系统

14.6.1 出入口控制系统应根据安全技术防范管理的需要，在建筑物、建筑群出入口、通道门、重要房间门等处设置，并应符合下列规定：

1 主要出入口宜设置出入口控制设备，出入口控制系统中宜有非法进入报警设备；

2 重要通道宜设置出入口控制设备，系统应具有非法进入报警功能；

3 设置在安全疏散口的出入口控制设备，应与火灾自动报警系统联动；在紧急情况下应自动释放出入口控制系统，安全疏散门在出入口控制系统释放后应能随时开启；

4 重要工作室应设置出入口控制设备；集中收款处、重要物品库房、配电间、弱电间宜设置出入口控制设备。

14.6.2 出入口控制系统的受控方式、识别技术及设备，应根据实际控制需要、管理方式及投资等情况综合确定。

14.6.3 不同的出入口，应设定不同的出入权限。出入口控制系统应对设防区域的位置、通行对象及通行时间等进行实时控制和多级程序控制。

14.6.4 出入口控制系统宜独立组网运行，并宜具有与入侵报警系统、火灾自动报警系统、视频安防监控系统、电子巡查系统等集成或联动的功能。

14.6.5 机场航站楼中出入口控制系统设置应符合下列规定：

1 机场航站楼应按隔离区、非隔离区等划分安全等级；

2 下列场所应设置出入口控制设备：

1）所有陆侧与空侧之间的通道门；

2）陆侧候机厅与登机桥之间的通道门；

3）空侧所有消防楼梯通道门；

4）公共区域与工作区域的出入口；

5）旅客到达与出发区域的连接通道；

6）远机位候机厅与飞机区之间的通道门；

7）空侧垂直穿越不同区域的电梯口。

3 下列场所宜设置出入口控制设备：

1）各弱电机房和弱电间；

2）贵宾室、CIP/VIP室、公务机厅。

14.6.6 铁路旅客车站中的下列场所应设置出入口控制设备：

1 信息控制中心、广播室、通信机房、安防监控中心；

2 售票场所（含机房、票据库、解款室）、行包库及特殊需要的重要通道出入口。

14.6.7 城市轨道交通车站中出入口控制系统设置应符合下列规定：

1 各车站出入口控制系统分控设备的控制信息应上传至系统的主控机，主控机在本站实现系统的集成和联动控制；

2 各主控机应将出入口控制系统的控制信息送往本线运营控制中心（OCC）进行集中控制；

3 车控室、环控室、设备机房、票据室、警务室及OCC等场所，应设置出入口控制设备。

14.6.8 港口客运站、汽车客运站中的下列场所应设置出入口控制设备：

1 信息控制中心、广播室、通信机房、安防控制室；

2 票务室及特殊需要的重要通道出入口。

14.7 安全检查系统

14.7.1 旅客携带物品及行包托运安全检查设施应由探测器、控制报警等部分构成。

14.7.2 探测器部分宜采用通道式、多能量、X射线扫描的方式，并宜设置金属探测器、爆炸物检测仪、防爆设备及附属设备。

14.7.3 民用机场航站楼应在安检通道、陆侧与空侧间的工作人员通道等处设置防爆设备探测器。

14.7.4 铁路旅客车站、港口客运站、汽车客运站的旅客主要进站口、行包托运厅，应设置探测设备，控制报警设备应设在探测设备附近的机房内。

14.7.5 城市轨道交通车站进站入口、检票口处及港口客运站候船入口或检票口，宜安装防爆设备探测器。

15 机 房 工 程

15.1 一 般 规 定

15.1.1 本章适用于交通建筑工程中弱电机房工程的设计。

15.1.2 机房工程设计应确保通信和信息等弱电系统运行的稳定可靠，并应为工作人员提供良好的工作环境。

15.1.3 交通建筑中的弱电机房及其配套应符合国家现行标准《电子信息系统机房设计规范》GB 50174和《民用建筑电气设计规范》JGJ 16的规定。

15.2 机 房 设 计

15.2.1 交通建筑应根据工程实际和管理需求，合理设置弱电系统，并应根据需要独立或分类合并设置弱电机房和弱电间，实施对车次、航班信息、售票系统、广播、消防、建筑设备管理、安全技术防范及相关工艺信息等系统的管理。

15.2.2 各系统机房性能要求、系统设备配置及机房站址、弱电间位置的选择、设备布置等，应符合国家现行标准《电子信息系统机房设计规范》GB 50174和《民用建筑电气设计规范》JGJ 16的规定。

15.2.3 机房的位置应方便供电电缆、通信缆线、冷媒管等各种管线的敷设，管线敷设线路应尽量短，方便进出，靠近弱电间和空调室外机。

15.2.4 根据建筑面积、系统出线的数量、路径等因素，交通建筑每层可设置1个或多个弱电间。当弱电间兼作综合布线系统楼层电信间时，弱电间距最远信息点的距离应满足水平电缆长度不超过90m的要求。

15.3 管 线 敷 设

15.3.1 由户外引入的供电与通信、弱电线路，应分开敷设，且不应采用架空方式引入。

15.3.2 机房内的低压配电与通信、弱电线路应采用阻燃类电缆分开敷设。

15.3.3 机房内机柜通信线缆可采用上进线上出线方式敷设，机柜电源线缆宜采用下进线方式敷设。

15.3.4 敷设在防静电活动地板下及吊顶内的线缆，应沿线槽、桥架或穿管敷设；配电电缆线路与通信电缆线路并列或交叉敷设时，地板下敷设的配电电缆线路应敷设在通信电缆线路的下方，吊顶内敷设的配电电缆线路宜敷设在通信电缆线路的上方。

15.3.5 弱电间内的低压配电、通信线路应分开敷设，并可采用线槽、桥架或穿管敷设的方式。

15.4 环 境 要 求

15.4.1 机房对土建、电气、空调、给排水专业及对消防、安防的要求除应符合《电子信息系统机房设计规范》GB 50174的规定外，尚应符合下列规定：

1 机房内采用防静电活动地板下的空间作为空调静压箱时，地面应按空调专业要求做保温处理；

2 交通建筑中的弱电机房供电电源应按相应建筑内的最高级供电负荷供电，且不应低于二级；

3 Ⅲ类及以上民用机场航站楼中主要机房输入电源的电压总谐波畸变率不应大于3%；

4 机房内的照明灯具布置应防止在显示屏上出现反射眩光；

5 机房内安装有自动喷雾灭火系统、空调机和加湿器的房间时，地面应设置挡水和排水设施；宜设漏水检测报警装置，并应在管道入口处装设切断阀，漏水时自动切断给水。

15.4.2 弱电间的环境要求应符合下列规定：

1 弱电间的使用面积不宜小于 6m²；

2 弱电间地坪宜高出本层地坪 200mm 或设大于 200mm 的门坎；

3 弱电间的墙壁应为耐火极限不低于 1.00h 的不燃烧体，检修门应采用不低于丙级的防火门；检修门应往外开，门的高度宜与同层其他房间门的高度一致，但不宜低于 2.0m，宽度不宜小于 0.9m；

4 弱电间楼板荷载可按 5.0kN/m² 设计；

5 与弱电间无关的水暖管、通风管等，不得进入弱电间；

6 弱电间的照度应符合国家现行有关标准的规定；

7 弱电间内应提供信息系统设备工作电源；应预留交流 220V、10A 单相三孔维修电源插座，并应由专用回路供给；

8 弱电间应敷设截面不小于 25mm² 的铜质接地干线，并应在接地干线上预留接地端子；

9 弱电间应设置自身的安全防护装置；

10 弱电间宜采用防静电地坪漆对地面进行处理；

11 弱电间内的管道井完工后应做防火封堵；

12 弱电间内的墙壁、吊顶应作防尘处理。

16 电 磁 兼 容

16.1 一 般 规 定

16.1.1 交通建筑电气设计，应考虑建筑所处环境的电磁骚扰及电磁环境卫生。

16.1.2 交通建筑谐波防治，应采取综合治理措施，并应在建筑投入运行后，随谐波源的变化不断改善谐波综合治理措施，维护供配电系统的安全运行。

16.1.3 交通建筑内所使用的电气电子设备应满足国家电磁兼容性认证的要求。

16.1.4 交通建筑内采取提高电磁兼容水平的措施时，应综合考虑工程的重要性和经济性。

16.1.5 交通建筑的电磁兼容设计应符合现行行业标准《民用建筑电气设计规范》JGJ 16 的规定。

16.2 电源干扰及谐波防治

16.2.1 交通建筑用户注入电网的传导骚扰应符合国家现行有关标准及当地电力公司的相关规定。

16.2.2 易受电磁干扰的电子设备不应布置在潜在电磁骚扰源所在楼层的正上方、正下方及贴邻房间。

16.2.3 对于Ⅲ类以上民用机场航站楼、特大型铁路旅客车站、集民用机场航站楼或铁路、城市轨道交通车站等为一体的大型综合枢纽站等重要交通建筑，其电压总谐波畸变率不宜大于 3%，其他大中型交通建筑的电压总谐波畸变率不应大于 5%。

16.2.4 Ⅲ类以上民用机场航站楼、特大型铁路旅客车站、集民用机场航站楼或铁路、城市轨道交通车站等为一体的大型综合枢纽站等交通建筑中重点谐波监控治理单位，宜在供配电系统中设计在线式电能管理系统。

16.2.5 大型、重要交通建筑中有较多对谐波敏感的重要设备机房及主要电子信息系统，其配电系统主干线的谐波骚扰强度宜达到一级标准，当不符合要求时，应设滤波装置。

16.2.6 交通建筑中对于谐波电流较大的非线性负载，当谐波源的谐波频谱较宽，谐波源的相移功率因数较高时，宜采用有源滤波器，并宜按下列原则设置：

1 设备的非线性负载容量占配电变压器容量比例较大且相移功率因数较高时，宜在变压器低压配电母线侧集中装设有源滤波器；

2 一个区域内有较分散且容量较小的非线性负载时，宜在分配电箱母线上装设有源滤波器；

3 配电变压器供电对象仅有少量非线性重要设备时，宜在每台谐波源处就地装设有源滤波器。

16.2.7 交通建筑中有容量较大、较稳定运行的非线性电气设备，频谱特征明显，相移功率因数又较低的单相非线性负载以及谐波源所产生的谐波较集中于连续三种或以下的谐波治理时，宜采用并联无源滤波器，并宜在谐波源处就地设置。

16.2.8 当交通建筑中存在容量较大，3、5、7 次谐波含量高，频谱特征复杂，相移功率因数又较低的谐波源时，宜采用有源、无源滤波器混合装设的方式，无源滤波器应滤除谐波中主要的谐波电流，有源滤波器提高总体滤波效果。

16.2.9 设计过程中对建筑物的谐波状况难以预计时，宜预留必要的滤波设备空间。

16.3 电子信息系统的电磁兼容设计及等电位联结

16.3.1 交通建筑物中的电子信息系统的电磁兼容设计，应使其设备系统能在所处的电磁环境中正常工作且不对周边环境或其他系统构成大的电磁骚扰，并应满足电磁兼容性要求。

16.3.2 对供给电子信息系统的电源谐波骚扰的防护，应符合本规范第 16.2 节的规定。

16.3.3 电子信息系统的线缆应根据线缆敷设所处的电磁环境、性质及重要程度，分别采取有效的防护或屏蔽隔离措施。

16.3.4 对交通建筑物中设置的可靠性、安全性和保密性要求较高的信息网络系统布线，宜采用光缆或屏蔽线缆。

16.3.5 交通建筑中应采取下列措施，降低电磁干扰，保证供配电系统和用电设备的正常运行：

1 对电磁干扰敏感的电气设备，宜选用电涌保护器（SPD）或滤波器以提高电磁兼容性；

2 电缆的金属护套应与共用等电位联结系统连接；

3 应使等电位联结导体尽量短，阻抗应尽可能小，或可采用感应电抗和阻抗较低的导线。

16.3.6 在电源切换过程中，宜采用能同时投切相线和中性线的转换开关。

16.3.7 对于设有大量重要电子信息系统设备的交通建筑物，宜采用公共网状等电位联结的星形网格，星形网格的尺寸应与被保护装置的尺寸相协调。

16.3.8 电子信息系统设备较为分散时，宜采用环形等电位联结网格，环形等电位联结网格应采用铜导体，并应敷设在配线槽或导管上易于维护的地方。所有保护、功能接地应与环形等电位联结网格连接。

16.3.9 环形等电位联结网格导体的最小截面不应小于 $25mm^2$。

17 电气节能

17.1 供配电系统的节能

17.1.1 供配电系统设计应采取合理的节能措施，有效实现电气节能。

17.1.2 交通建筑电气设计应提高供配电系统的功率因数，预防和治理谐波，提高供电质量。

17.1.3 供配电系统应选择节能型设备，并应正确选定装机容量，减少设备本身的能源消耗，提高系统的整体节能效果。

17.1.4 交通建筑电气设计应合理确定供配电系统的电压等级，用户用电负荷容量超过 250kW 时，宜采用中压供电。

17.1.5 交通建筑电气设计应合理选择配变电所位置，并应将其设置在靠近负荷中心，缩短配电线路长度；应正确选择导线截面、线路的敷设方式，降低配电线路的损耗。

17.1.6 长期运行的供配电线路干线与分干线在满足电压损失和短路热稳定的前提下，其线缆的截面宜按经济电流密度选择。

17.1.7 交通建筑应选用符合国家变压器能效标准的高效低耗变压器，新设置的变压器自身功耗不应低于国家 10 系列（型）变压器的能效标准。

17.1.8 两路进线的供电系统，宜采用两路电源同时运行的方式，并应减少正常运行时设备、线路的损耗。

17.2 电气照明的节能

17.2.1 照明节能设计应在满足照明质量的前提下，最大限度地利用自然光，减少照明系统中的光能损失并充分利用好电能。

17.2.2 照明节能设计应符合国家现行标准中有关照度标准的规定，并应选用节能光源及高效灯具。

17.2.3 交通建筑应结合建筑条件，采用有效的照明控制方式来实现照明节能，且在满足眩光限制的条件下，宜选用开启式直接照明灯具。

17.2.4 照明设计应满足现行国家标准《建筑照明设计标准》GB 50034 的规定，可根据照明不同的档次要求，选择相应的照度标准值和相应的照明方式。

17.2.5 照明系统宜采用各种类型的节电和管理措施；功能复杂、照明环境要求较高的大型交通建筑，宜采用照明管理系统。

17.2.6 交通建筑照明功率密度值不应大于表 17.2.6 的规定。当房间或场所的照度值高于或低于表 17.2.6 规定的对应照度值时，其照明功率密度值应按比例提高或折减。

表 17.2.6 交通建筑照明功率密度值

房间或场所		照度功率密度（W/m^2）		对应照度值（lx）	备注
		现行值	目标值		
售票台		18	15	500	—
候车（机、船）室	普通	8	7	150	净空高度≤12m
	高档	11	9	200	净空高度≤12m
中央大厅		12	10	200	净空高度≤12m
海关、护照检查		18	15	500	—
安全检查		13	11	300	—
换票、行李托运		13	11	300	净空高度≤12m
行李认领、到达大厅、出发大厅、售票大厅		10	8	200	净空高度≤12m
通道、连接区、换乘厅、地道		8	7	150	—
自动售票机/自动检票口		13	11	300	—
有棚站台		7	6	75	净空高度≤12m

续表 17.2.6

房间或场所		照度功率密度（W/m^2）		对应照度值（lx）	备注
		现行值	目标值		
无棚站台		6	5	50	—
走廊、流动区域	普通	5	4	75	—
	高档	9	7	150	—
地铁站厅	普通	7	6	100	—
	高档	11	9	200	—
进出站门厅	普通	8	7	150	—
	高档	11	9	200	净空高度≤12m

17.3 建筑设备的电气节能

17.3.1 交通建筑的空调系统、给排水系统以及电梯、自动扶梯、自动人行道等的节能设计，应满足本规范13.3节关于节能控制的规定以及现行国家标准《智能建筑设计标准》GB/T 50314、《公共建筑节能设计标准》GB 50189的有关规定。

17.3.2 交通建筑应合理选择电动机的功率及电压等级，提高电动机的功率因数，并采用高效节能的电动机以及合理的电动机启动调速技术。

17.3.3 多台电梯集中设置时，应具有规定程序集中调度和控制的群控功能，3台及以上集中设置的电梯宜选择群控方式。

17.3.4 自动扶梯、自动人行道在全线各段均空载时，应能处在暂停或低速运行状态。

17.3.5 交通建筑宜对建筑物窗、门的开闭实施自动控制及管理。

17.4 能耗计量与监测管理

17.4.1 交通建筑除应在供用电设施责任分界点的用户侧装设规定的电能计量装置外，还应根据实际需要进行分项、分区域（层）、分回路或分户计量。

17.4.2 交通建筑中各租户用房应分别进行电能计量。

17.4.3 以电力为主要能源的冷冻机组、锅炉等大负荷设备，应设专用电能计量装置。

17.4.4 大型、重要交通建筑宜通过电能管理系统对主要照明、空调、电力回路进行电能计量和管理。

17.4.5 中央空调系统可根据工程实际需要进行分区域（层）、分用户或分室的计量。

17.4.6 单体建筑面积20000m^2及以上的交通建筑应采用能耗监测管理系统，实现分项能耗数据的实时采集、计量、准确传输、科学处理及有效存储。

17.4.7 能耗监测管理系统中的能耗计量装置、数据采集器和各级数据中心之间数据传输系统的网络结构、系统设备功能以及数据传输过程和数据格式，应符合国家现行有关标准的规定。

17.4.8 能耗监测管理系统应采用先进、成熟、可靠的技术与设备。现场能耗数据采集宜充分利用建筑设备监控系统、电能管理系统既有的功能，实现数据传输与共享。

17.4.9 能耗监测管理系统的建立，不应影响各用能系统的既有功能，不应降低系统的技术指标。

附录A 交通建筑规模的划分

A.0.1 民用机场航站楼建筑等级的分类应符合表A.0.1的规定。

表A.0.1 民用机场航站楼建筑等级的分类

等级分类	年旅客吞吐量
Ⅰ类	1000万人次及以上
Ⅱ类	500万人次～1000万人次
Ⅲ类	100万人次～500万人次
Ⅳ类	50万人次～100万人次
Ⅴ类	10万人次～50万人次
Ⅵ类	10万人次以下

A.0.2 铁路旅客车站的建筑规模的划分，应符合表A.0.2的规定。

表A.0.2 铁路旅客车站建筑规模的划分

铁路旅客车站建筑规模	最高聚集人数 H（人）
特大型	$H \geqslant 10000$
大型	$2000 \leqslant H < 10000$
中型	$400 < H < 2000$
小型	$50 \leqslant H \leqslant 400$

A.0.3 港口客运站的站级分级应符合表A.0.3的规定。

表A.0.3 港口客运站站级分级

分 级	年平均日旅客发送量（人/d）
一级	≥3000
二级	2000～2999
三级	1000～1999
四级	≤999

注：1 重要的港口客运站的站级分级，可按实际需要确定，并报主管部门批准；
2 国际航线港口客运站的站级分级，可按实际需要确定，并报主管部门批准。

A.0.4 汽车客运站的站级分级应符合表 A.0.4 的规定。

表 A.0.4 汽车客运站站级分级

分 级	发车位（个）	年平均日旅客发送量（人/d）
一级	≥20	≥10000
二级	13～19	5000～9999
三级	7～12	2000～4999
四级	≤6	300～1999
五级	—	≤299

注：1 重要的汽车客运站，其站级分级可按实际需要确定，报主管部门批准；

2 当年平均日旅客发送量超过 25000 人次时，宜另建汽车客运站分站。

本规范用词说明

1 为便于在执行本规范条文时区别对待，对要求严格程度不同的用词说明如下：

1） 表示很严格，非这样做不可的：
正面词采用“必须”；反面词采用“严禁”。

2） 表示严格，在正常情况下均应这样做的：
正面词采用“应”；反面词采用“不应”或“不得”。

3） 表示允许稍有选择，在条件许可时首先应这样做的：
正面词采用“宜”；反面词采用“不宜”。

4） 表示有选择，在一定条件下可以这样做的，采用“可”。

2 条文中指明应按其他有关标准执行的写法为：“应符合……规定”或“应按……执行”。

引用标准名录

1 《建筑设计防火规范》GB 50016

2 《建筑照明设计标准》GB 50034

3 《高层民用建筑设计防火规范》GB 50045

4 《供配电系统设计规范》GB 50052

5 《10kV 及以下变电所设计规范》GB 50053

6 《低压配电设计规范》GB 50054

7 《建筑物防雷设计规范》GB 50057

8 《35～110kV 变电所设计规范》GB 50059

9 《火灾自动报警系统设计规范》GB 50116

10 《地铁设计规范》GB 50157

11 《电子信息系统机房设计规范》GB 50174

12 《公共建筑节能设计标准》GB 50189

13 《综合布线系统工程设计规范》GB 50311

14 《智能建筑设计标准》GB/T 50314

15 《固定消防炮灭火系统设计规范》GB 50338

16 《建筑物电子信息系统防雷技术规范》GB 50343

17 《安全防范工程技术规范》GB 50348

18 《入侵报警系统工程设计规范》GB 50394

19 《视频安防监控系统工程设计规范》GB 50395

20 《出入口控制系统工程设计规范》GB 50396

21 《电工电子产品环境试验》GB/T 2423

22 《消防安全标志》GB 13495

23 《低压开关和控制设备 第 2 部分：断路器》GB 14048.2

24 《电磁兼容 试验和测量技术》GB/T 17626

25 《消防应急照明和疏散指示系统》GB 17945

26 《民用建筑电气设计规范》JGJ 16

27 《国内卫星通信小型地球站（VSAT）通信系统工程设计规范》YD/T 5028

28 《3.5GHz 固定无线接入工程设计规范》YD/T 5097

中华人民共和国行业标准

交通建筑电气设计规范

JGJ 243—2011

条 文 说 明

制 定 说 明

《交通建筑电气设计规范》JGJ 243－2011，经住房和城乡建设部2011年8月4日以第1115号公告批准、发布。

本规范制订过程中，编制组进行了交通建筑电气设计的调查研究，总结了交通建筑电气的应用经验，同时参考了国内外技术法规、技术标准，取得了制订本规范所必要的重要技术参数。

为便于广大设计、施工、科研、学校等单位有关人员在使用本规范时能正确理解和执行条文规定，《交通建筑电气设计规范》编制组按章、节、条顺序编制了本规程的条文说明，对条文规定的目的、依据以及执行中需注意的有关事项进行了说明。但是，本条文说明不具备与规范正文同等的法律效力，仅供使用者作为理解和把握规范规定的参考。

目　次

1 总 则

1.0.1 本条阐述了编制本规范的目的，规定了交通建筑电气设计必须遵循的基本原则和应达到的基本要求。近年来，交通建筑业发展较快，交通建筑中的电气设计，由于其专业性较强，又有很强的政策性，因此，在设计中必须认真贯彻、执行国家的相关方针、政策。

1.0.2 本规范仅适用于以客运为主的交通建筑（为公众提供一种或几种交通客运形式的建筑的总称），而不包括交通行业中非建筑内的工艺性电气设计以及飞机库、油库、机车站、行业专用货运站、汽车加油站等的电气设计。由于这些工程项目具有特殊性，涉及的行业专业技术内容并非交通建筑电气设计所能界定的，故不列入本规范适用范围，另外本规范亦不包括城市公共交通汽车站。

以客运为主的交通建筑主要有以下几种：

1 民用机场航站楼 civil airport station

安全、迅速、有秩序地组织旅客登机、离港，便利旅客办理相关旅行手续，为旅客提供安全舒适的候机条件，并可集客运、商业、旅业、饮食业、办公等多种功能为一体的现代化综合性的民航服务场所。

2 交通枢纽站 transportation junction station

集一种或几种交通形式于一体、为共同办理旅客与货物中转、发送、到达而兴建的多种运输设施的公共交通综合体场所。由同种运输方式两条以上干线组成的枢纽为单一枢纽，如铁路枢纽、公路枢纽等；由两种以上运输方式干线组成的枢纽为综合交通枢纽。

3 铁路旅客车站 railroad passenger station

为旅客办理客运业务，设有旅客候车和安全乘降设施，并由站前广场、站房、站场客运建筑三者组成整体的车站。

4 港口客运站 harbor passenger depot

以水运客运为主、兼顾货运，并由站前广场、站房、客运码头及其他附属设施组成整体的客运站。

5 汽车客运站 automobile passenger depot

为乘客办理汽车客运业务，设有乘客候车和安全乘降设施，并由站前广场、站房、站场客运建筑三者组成整体的汽车站。

6 地铁 metro 或 underground railway 或 subway

在城市中修建的快速、大运量以电能为动力的轨道交通工具之一。线路通常设在地下隧道内，也有的在城市中心以外地区从地下转到地面或高架桥上。

7 城市轨道交通 urban mass transit

以电能为动力，在不同形式轨道上运行的大、中运量城市公共交通工具，是当代城市中地铁、轻轨、单轨、自动导向、磁浮等轨道交通的总称。

1.0.3 由于交通建筑内设施的特殊性，会比一般民用建筑产生更多的电磁污染，而其对电气设施运行的危害性也强于一般民用建筑，因此应重视电磁污染的危害，并对其采取综合治理措施，以限制电磁污染对电气设施的危害。

1.0.4 鉴于目前建筑电气产品市场的状况，强调此条，是确保设计工程质量的有效措施。

1.0.5 由于交通建筑电气设计有不少方面与国家和行业标准交叉，或对专业性较强的内容未在此（规范）表达，为避免执行中可能出现的矛盾或误解，故作此规定。

另外本规范是作为《民用建筑电气设计规范》JGJ 16 的子规范，也是《民用建筑电气设计规范》JGJ 16 在交通建筑中的一个专项补充，为避免重复，凡在《民用建筑电气设计规范》JGJ 16 中已涉及或提出的条款内容本规范不再重复列出，但在具体设计中应认真贯彻执行。引用文件中凡是不注日期的，其最新版本适用于本规范。

2 术语和代号

2.1 术 语

2.1.6 电子信息系统，IEC 标准现又称电子系统 electronic system

IEC 标准以前称信息系统，现改为“建筑物内系统”，包括两个系统：电气系统（即低压配电系统）和电子系统（见 IEC62305-1：2006 标准第 3.27、3.28、3.29 条），电子系统定义为：由敏感电子组合部件（例如：通信设备、计算机、控制和仪表系统、无线电系统、电力电子装置）构成的系统。

3 供配电系统

3.1 一 般 规 定

3.1.3 由于交通建筑的规模往往会不断发展、扩大，因此供配电系统的设计要适当考虑 5 年以上的发展需求。

3.2 负荷分级及供电要求

3.2.1 本条所指的一、二、三级负荷的供电电源符合下列要求：

1 一级负荷应由两个电源供电，当一个电源发生故障时，另一个电源不应同时受到损坏；

2 对于一级负荷中的特别重要负荷，应增设应急电源，并严禁将其他负荷接入应急供电系统；

3 二级负荷的供电系统，宜由两回线路供电；

在负荷较小或地区供电条件困难时，二级负荷可由一回路10(6)kV及以上专用的架空线路或电缆供电。当采用电缆线路时，应采用两根电缆组成的线路供电，其每根电缆应能承受100%的二级负荷；

4　三级负荷可为单电源单回线路供电，电源故障时允许自动切除该类负荷。

当交通建筑为高层建筑时，其用电负荷等级除符合表3.2.1规定外，尚应符合高层建筑用电负荷等级的规定。

另外，本条中引用的附录A中关于各类型交通建筑规模的划分是分别引自国家现行有关标准。

3.2.2　交通建筑中的消防用电负荷主要有：消防控制室、火灾自动报警及联动控制装置、火灾应急照明及疏散指示标志、防烟及排烟设施、自动灭火系统、消防水泵、消防电梯、消防排水泵、电动防火卷帘、电动排烟门窗、城市轨道交通车站中兼做消防疏散用的自动扶梯等。

3.2.3　这里指的大量一级负荷的设备，通常指用电负荷中有超过60%的用电负荷为一级负荷。

3.2.5　交通类建筑的场地面积一般都比较大，雨水泵站对其场地排水具有重要作用，雨水泵站的供电一般按照防灾要求设计。当邻近雨水泵站的建筑内设有应急柴油发电机时，雨水泵站除提供市电电源外，还应引入发电机电源。

3.2.7　交通建筑中重要用电负荷除满足其所具有的负荷等级要求外，还应满足重要用电负荷对电源切换时间的要求。这里参照了IEC相关标准进行编入，是对现行行业标准《民用建筑电气设计规范》JGJ 16-2008按负荷性质分级的重要补充，提供量化指标，可操作性更强。

3.3　供配电系统及电能质量

3.3.3　由于交通建筑的特殊性，对于建筑中具有不高于二级负荷的供配电系统建议由两个电源供电，电源的电压等级可不同级。当难以满足要求时，也可考虑采用自备电源。

3.3.4　建议低压供电时单台冷水机组电功率不超过550kW主要是考虑到节能的需要，电功率超过550kW的冷水机组采用低压供电时，变压器的容量和电缆线径的选择没有采用中压供电的方案经济合理，另外也考虑到大功率设备启动时对电源压降的影响。

3.3.5　进行无功补偿时，应注意采取措施防止谐波电流对电容器造成的串并联谐振损害。

3.3.6　一般规定用电单位功率因数不应低于0.9。但有些地区高压侧的功率因数补偿指标已要求不低于0.95，因此功率因数补偿指标尚应符合当地供电部门的规定。

3.3.8　此类公共交通建筑中往往有大量电子设备的使用，使系统中存在大量谐波，不仅损耗加大而且会破坏电源质量，对设备造成危害，因此需采取措施对谐波进行抑制。

3.4　负荷计算

3.4.1　根据对我国设计单位长期应用情况的调查，初步设计和施工图阶段交通建筑电气设计中负荷计算多采用需要系数法，且能够满足需要。

3.4.2　大型、重要的交通建筑一般指Ⅲ类及以上民用机场航站楼、特大型和大型铁路旅客车站、20000m^{2}及以上的综合交通枢纽站、城市轨道交通地铁车站、磁浮车站等交通建筑，规定60%～75%之间的负载率主要是考虑到大型、重要的公共交通建筑内有大量的一、二级负荷以及可能会受较多谐波的影响，另外根据近年来此类建筑的设计经验，此类建筑在建设初期很多商业性设施往往不能确定，存在增加负荷需求的可能。此条可与本规范第3.4.3条结合使用。

3.4.4　飞机机舱专用空调及机用400Hz电源系统属于特殊用电设备，本条提供的需要系数主要基于调研过的多个有代表性机场的设计条件，并在实际应用中证明可行的，并且给出一定的范围以供设计时根据情况灵活选用。

4　配变电所、配变电装置及电能管理

4.1　一般规定

4.1.2　节能环保是我国的基本国策，也是我们设计中设备选型时需要着重考虑的因素，本条作了强调。

4.2　配变电所

4.2.4　大型交通建筑往往单体建筑面积大、负荷分布广，当配变电所的供电半径较长时，建议设置分配变电所。配变电所的供电半径一般不宜超过250m。

4.3　配变电装置及主结线

4.3.2　大型交通建筑中往往会有集中的设备机房，用电量很大，所以这时将变压器单台容量相对放大，对变压器的利用率、经济性、合理性反而有利，故作此规定。

4.3.5　交通建筑的变电所配电系统相对电力和工业项目来说还是比较简单的，所以建议用单母线或单母线分段的接线方式，同样也可满足系统安全、可靠、简单的原则。

4.3.6　配变电所内20、10(6)kV断路器数量较多时，往往项目用电容量较大、负荷等级较高，这时建议采用直流操作系统，有利于增加系统的可靠性。

4.3.7　直流电源装置的输入电源接自配变电所两段

低压母线，可保证直流操作电源装置输入电源的可靠性。

4.4 电能管理

4.4.1 交通建筑的人流变化大，变电所用电负荷变化也大，从节约电能，高效管理的角度出发，要求大、中型及以上的交通建筑配变电所设计采用电能管理系统。

另外对于大中型交通建筑，其变配电系统的可靠性要求非常高，因此，宜通过专业的管理系统对建筑物中的电力系统运行状态进行集中监测、预警、故障分析、统计输出与自动控制，实现电力系统的自动化管理，提高供配电系统运行的可靠性，同时还可为建筑设备管理系统（BMS）提供大楼能源消耗的准确依据，使物业管理科学化。

4.4.4 电能管理系统应是一套完整的智能化监控系统，能完成对变配电系统内配电回路和重要设备的电气参数、开关量状态等信息进行监测、记录、分析、控制以及与上级系统通信等综合性的自动化功能。

电能管理系统一般采用分层、分布式系统结构，自下而上可分三层：现场层、网络层和管理层。

1 现场层监控设备通常具有以下功能：

1）可独立完成测量、监控、报警、通信等功能；

2）一个设备出现问题时，不会影响其他设备的正常运行；

3）所有监控设备具有 RS485/232 或以太网通信接口，可以通过 RS485/232 通信线或以太网连接到网络层。

2 网络层设备通常具有以下功能：

1）能完成现场监控层和系统管理层之间的网络连接、转换和数据、命令的交换；

2）能通过以太网实现系统与建筑设备监控系统（BAS）和火灾报警系统（FAS）等自动化系统的网络通信，达到信息资源共享。

3 管理层设备通常具有以下功能：

1）能接收现场监控层上传的数据；

2）能对接收的数据进行分析、转换、存储，并以图形、数字、曲线、报表等形式进行显示和打印；

3）当有故障时，能及时发出声光报警信号。

4.4.5 Profibus 是一种国际化、开放式、不依赖于设备生产商的现场总线标准，广泛适用于制造业自动化、流程工业自动化和楼宇、交通电力等其他领域自动化；Modbus、TCP/IP 是目前最常用的通信接口协议，这里建议设计选用通用、开放的通信协议。

4.4.6 电能管理系统的基本功能包括下列内容：

1 能全面掌握变配电系统用电状况，监控主机应能实时显示系统的主接线图和电气设备的运行状态以及设备的各种电气参数（V、I、P、F、PF、W、THD 等）；

2 数据能按画面刷新时间自动更新，故障时能发出报警信号；

3 当有需求时，可通过监控主机对受控对象进行分、合闸操作和操作记录；

4 系统具有严格的密码保护系统，控制操作具有操作权限等级管理功能，对于每次遥控操作，都有操作者信息和操作时间的记录；

5 能对电能消耗进行统计记录；

6 能通过对系统数据的分析和进行成本核算得到电能消耗模式和判别主要的耗电回路；

7 电能质量监视能实时监视系统谐波含量，电压闪变、扰动，频率偏差，不平衡度，功率因数等电能质量参数；

8 能通过手动或自动触发波形捕捉，记录瞬时的电能质量偏差，根据波形记录进行电能质量分析和故障分析；

9 开关事故变位、遥测越限、保护动作和其他故障信号报警时，系统能发出音响提示，并在屏幕报警框内显示报警内容；

10 报警事件经确认后能手动复位，所有报警事件应能打印记录和写盘保存，提供有关的报警原因、时间和电气参数值等信息；

11 系统能对模拟量、开关量进行实时和定时数据采集，所有的电气参数均采用交流采样，并保证高精度和高速度，对重要历史数据进行处理并存入数据库；

12 系统能生成各种运行统计报表和图形，显示、打印历史数据、各种运行统计报表；

13 系统具有良好的开放性，现场智能设备一般带有通信接口实现与监控主机的通信；

14 系统能与火灾自动报警系统、建筑设备监控系统、智能化集成系统等实现信息共享；

15 系统具有良好的自检/恢复功能；

16 能在线检测系统所有软件和硬件的运行状态，当发现异常及故障时能及时根据故障性质自动判别是否需要闭锁有关功能或设备，并记录和显示报警信息；

17 系统网络具有可扩展功能，便于将来进行系统扩展；系统的功能可根据工程实际情况酌情增减，合理选择；

18 一般电能管理系统的主要技术指标包括下列内容：

1）遥控命令传送时间：不大于 3s；

2）遥信变位传送时间：不大于 3s；

3）遥信分辨率：不大于 10ms；

4）遥测综合误差：不大于 1.5%；

5）画面调用响应时间：不大于3s；

6）站内事件分辨率：不大于10ms；

7）站间事件分辨率：不大于20ms；

8）平均无故障工作时间（MTBF）：不低于17000h；

9）事件分辨率：不大于10m。

4.4.7 本条对现场智能电力监控装置提出了应具有的抗电磁干扰能力，现场智能电力监控装置的抗电磁干扰能力通常应符合国家标准《电磁兼容 试验和测量技术》GB/T 17626中有关电磁兼容（EMC）测试和测量技术第2、3、4、5、6、8部分（GB/T 17626.2、GB/T 17626.3、GB/T 17626.4、GB/T 17626.5、GB/T 17626.6、GB/T 17626.8）所规定的要求。

GB/T 17626.2中规定了静电放电抗扰度试验标准要求，GB/T 17626.3中规定了射频电磁场辐射抗扰度试验标准要求，GB/T 17626.4中规定了电快速瞬变脉冲群抗扰度试验标准要求，GB/T 17626.5中规定了浪涌（冲击）抗扰度试验标准要求，GB/T 17626.6中规定了射频场感应的传导骚扰抗扰度试验标准要求，GB/T 17626.8中规定了工频磁场抗扰度试验标准要求。

4.4.8 本条对配电系统主进线回路的现场智能电力监控装置提出了要求。

第2款 一般情况下电能管理系统不进行远程合分断路器控制，但应能够具有远程合分断路器的功能，当工程需要时，系统应能够实现远程合分断路器，以满足特殊需要。

第5款 对主进线故障时要及时并尽可能详细的分辨出故障的原因、何时发生以及通过故障电流判断对系统和保护装置的影响。具体需记录的数量可修订，一般大于1小于10即可。

4.4.12 对于仅是消防负荷的回路，全面测量回路的电气参数、记录最大/最小值没有太大意义，故作此规定。

4.4.13 一般干式变压器温控装置、直流屏、模拟屏、柴油发电机控制装置、集中设置的大容量UPS/EPS装置等均带有各自的监控装置，其各自的信息（如干式变压器温控装置中的变压器温度监测及超温报警信号；直流屏中的交流电源、直流合闸电源、直流控制电源的电压及电流；柴油发电机控制装置中的充电机运行状态及故障报警信号、应急系统的进线、馈出回路中三相电压、三相电流、有功功率、无功功率、功率因数、频率、有功电度、无功电度的监测；集中设置的大容量UPS/EPS装置的进线、馈出回路中三相电压、三相电流、功率因数、频率、谐波、蓄电池工作状态、各种故障状态监测等）应通过标准接点/接口接入电能管理系统，以方便统一管理。

5 应急电源设备

5.1 一般规定

5.1.2 通常应急电源设备的设置可考虑为：当用户设备的用电负荷等级要求不是太高且当地电网的供电可靠性较高时，可减少应急电源设备的设置；反之则应增加设置应急电源设备，以保证供电可靠性。

5.2 应急柴油发电机组

5.2.2 当多路正常供电电源中有一路中断供电时，发电机组应自动启动，并处于热备份状态，一旦其他供电电源再因故障中断供电时，发电机组应立即投入运行；或当其他供电电源无法保证所有一、二级负荷用电要求时也要投入运行。

5.2.3 火灾条件下的消防设备（包括消防水泵，通风排烟装置，消防电梯，应急照明等）要求及时启动；火灾时要求自动切除发电机组所带的非消防设备（特殊设备除外）的供电，是为了保证对消防设备的可靠供电；另外在高温条件下配电线路和设备的负荷能力均会大大降低，因此也不宜满载工作。

5.3 应急电源装置（EPS）

5.3.1 EPS装置通常属消防类设备，适用于感性负载（如气体放电灯、荧光灯）和阻性负载（如白炽灯）。EPS装置在电路中作为一路电源，在无市电时提供应急输出。

5.3.2 本条规定了EPS装置的选择要求。

第1款 EPS输出电压是稳定的。在0～120%额定功率范围内，无论所带负载有何变化，输出电压应始终不变；当超过120%额定功率，EPS会略有降低，直至保护为止，但当负荷过载为额定负荷的150%时要能工作不小于30s。

第2款 应急电池逆变输出时，效率高可提高电池的使用效果。

第3款 电池组的标准配置是按国家相关标准规定，EPS电池组的标准配置应急时间不小于90分钟。

第4款 因交通建筑有相当多的大空间场合，会广泛采用金属卤化物灯或HID气体放电灯，而此类灯具停电时，有一个再点亮的时间过程，所以如需要其在故障断电时仍要维持照明，切换速度要快，避免出现黑暗过程。

5.3.3 规定本条主要是为了能方便对EPS装置的管理。

5.4 不间断电源装置（UPS）

5.4.4 本条所指的大容量UPS装置一般是指单台容量不小于100kVA的UPS装置。要求提供RS232/

485 等标准接口，提供国际通用的标准协议，可以方便地与上位监控系统进行通信，监控系统可对 UPS 的运行状态、故障状态等进行自动监测。监测内容通常包括：电源运行状况（输入电压、输出电压、输入电流、输出电流、输出功率、逆变电压、分路状态、单节电池电压、电池组电压、机内温度）、电池工作状态、UPS/旁路供电、各种故障状态（输入电源故障、逆变器故障、整流器故障、电池故障、输出开路、输出短路、控制器故障、旁路故障等）、历史记录等。

5.4.5 UPS 装置本身具有对每节蓄电池监测的功能，可及时发现处于长期备用状态下的蓄电池出现的各种异常并报警，以增加装置的可靠性。

5.4.6 规定本条主要是为了能方便对 UPS 装置的管理。

5.4.7 UPS 装置与柴油发电机的容量应有一个匹配问题，其原因是：对柴油发电机而言 UPS 输入线路并不是一个纯线性负载，因此有不同程度的高次谐波（即电流总谐波分量），反馈给前级源（$THD_i \neq 0$）；而前级源（柴油发电机或前级变压器）因为后级源的高次谐波反馈，造成前级源的高频短路，使输出电源质量即电压总谐波分量下降（$THD_u \neq 0$）。因此，柴油发电机与 UPS 装置的配比其实质是：柴油发电机功率与 UPS 装置的功率在一定的配比下，使柴油发电机的输出电源的质量（THD_u）能满足 UPS 装置的输入电源的谐波要求。

前级源（柴油发电机）的输出电压总谐波分量计算公式如下：

$$THD_u = \frac{S_{ups}}{S} \times K \times X''_d (\text{或} U_{ss}) \quad (1)$$

$$K = \sqrt{\sum_{z}^{n} \left(\frac{I_{nn}}{I_1} \times H_n \right)^2} \quad (2)$$

式中：THD_u——柴油发电机的输出（UPS 的输入）电压失真率；

S_{ups}——UPS 功率（kVA）；

S——柴油机（或变压器）功率（kVA）；

X''_d——柴油发电机组，发电机输出径向绕组阻抗（由柴油发电机厂提供）；

U_{ss}——变压器输出阻抗（可从变压器的销售手册中查询）；

z——3，5，7…n−2；

I_{nn}——n 次谐波电流值（A）；

H_n——谐波次数（3，5，7…n）。

6 低压配电及线路布线

6.2 低压配电系统

6.2.1 有些交通建筑中，有比较特殊的工艺要求和特殊的专用设备，如机场登机桥的 400Hz 电源系统，机场行李的处理系统等，为了保障这些设备电源供应的可靠和不受干扰，需要有独立的系统或回路。电力、照明、消防和其他防灾用电负荷，参照《民用建筑电气设计规范》JGJ 16 的要求执行。

6.2.5 由于许多交通建筑总高度不高、层数不多，但是单层面积很大，这种情况可利用配电干线进行水平配电。

6.3 低压电器的选择

6.3.2 有些不规范的用法，即用户采用外置保护继电器，互感器＋负荷开关来实现过流保护。这种应用方式事实上目前没有规范来约束，对于低压电器，应满足国家 CCC 强制认证，但现有的外置低压保护控制器没有 CCC 认证，与过流保护相关联的最重要的基本保护特性（如：过载，短路，分断能力等）也没有 CCC 试验报告。这种用法的电器其分断能力、保护动作特性、选择性、电磁兼容、环境试验、可靠性等与常规断路器相比相差甚远。

6.3.3 本条主要考虑能保证进线断路器和中压保护装置的选择性配合。对于此种主进线长延时保护，若斜率一定，考虑到上级中压熔断器的保护，可能会和长延时保护曲线相重合，从而导致重合段没有了选择性。

6.3.4 此条文的要求是考虑到在断路器检修时要有一个明显的开断点。只有当电器能够通过《低压开关设备和控制设备　第 3 部分：开关、隔离器、隔离开关以及熔断器组合电器》GB 14048.3 中第 8.3 条关于隔离器的型式试验，该电器才可作为隔离电器使用。

6.3.6 由于频率的不同，原本在 50Hz 电网使用的断路器磁脱扣值和剩余电流保护装置的剩余动作电流值都可能发生变化，故 400Hz 电源系统中，宜选用能满足 400Hz 电网中使用的断路器和剩余电流保护装置。

6.3.7 若负荷发生了变化，在线整定可以在不断电的情况下调整保护参数，利于使用维护，并保证重要负荷的供电连续性，这对大型机场、火车站及地铁、磁浮车站等交通建筑供电连续性要求高的交通建筑尤为重要。

6.3.8 港口等场所由于靠近海边需考虑盐雾，北方需考虑干冷，南方会有湿热以及在高海拔环境中，这些都会影响断路器的长期正常运行，故对极限使用环境提出要求有利于供电可靠性。

6.3.9 一、二级负荷一般都是较重要的负荷，要求完全选择性是为了避免发生故障时由于保护电器的无选择性导致停电范围扩大。

6.3.10 由于直流电弧不易熄灭，为确保重要的交通类建筑和负载的安全，直流操作电源和其他直流系统中应选用直流专用断路器，不宜用交流断路器代替直流断路器。

6.3.11 IP44 表示设备能够防止大于 1.0mm 的固体物进入且任何方向向设备外壳溅水不会造成有害影响；IP66 表示设备具有密封防尘功能且猛烈海浪或强烈喷水时进入设备外壳的水量不会达到有害程度。本条规定海运港口室外安装的开关插座具有 IP66 及以上的防护等级，主要是为防海浪冲击，而且通常开关旋钮要比正常开关要大，方便在戴手套的情况下操作。

6.4 配电线路选择及布线

6.4.1 由于现代交通建筑的配电系统日趋庞大和复杂，与其他子系统在安装位置上经常出现冲突，在不影响建筑功能需求的情况下，要考虑安装和维护的简便性，以节约安装维护费用，提高系统使用寿命和可靠性。

6.4.2 以往关注点只集中在外界对线路的影响，没有考虑线路本身对外界的有害影响，特别是线路本身如果选择不当，可能成为火焰蔓延的通道甚至火源，一般交通建筑都是人员密集的场所，而一旦发生火灾，电线电缆护套和绝缘层如果含有卤素，散发的毒性很容易致人死亡，造成巨大的灾难，同时，线路的电磁辐射释放以及其回收过程可能产生的影响，都应该在设计考虑范围之内。

6.4.3 本条所指的穿管暗敷是指电线电缆穿金属保护管敷设于不燃烧体结构内。成束敷设的电线电缆应采用阻燃电线电缆，这是因为多根电线电缆成束敷设在同一通道内时，当电线电缆引燃后，放热量大增，但向空间的释放热量不同步递增，此时如放热等于吸热（包含散热），则维持燃烧，当放热大于吸热（包含散热），则燃烧趋旺。

6.4.4 电缆的阻燃级别通常根据同一电缆通道内电缆的非金属含量来确定，阻燃级别可按表1选择：

表1 电缆阻燃级别的选择

电缆的成束量	成束电缆中所有非金属物的含量	电缆的阻燃级别
大	7L/m～14L/m 以上	A 级
较大	3.5L/m～7L/m（含 7L/m）	B 级
较小	1.5L/m～3.5L/m（含 3.5L/m）	C 级

成束电缆的非金属物含量精确计算应按照《电缆和光缆在火焰条件下的燃烧试验》GB/T 18380－2008 中的有关规定执行，确定同一环境中敷设的每米成束电缆所含非金属材料的总体积，以求得阻燃级别。一般在工程设计中，采用近似方法也可满足要求。

近似计算方法如下：

1 列出成束敷设的所有电缆的型号规格；

2 计算每一型号规格电缆的非金属物含量：

$$V=(S-S_{金})/1000 \quad (3)$$

$$S=\pi D^2/4 \quad (4)$$

式中：V——每根电缆每米非金属物含量，单位升（L）；

$S_{金}$——每根电缆金属层横截面积之和，单位平方毫米（mm^2）；

S——每根电缆的横截面积，单位平方毫米（mm^2）；

D——每根电缆的外径，单位毫米（mm）；

3 计算所有成束电缆每米的非金属物含量：

$$V_{总}=V_1+V_2+V_3+\cdots+V_n \quad (5)$$

式中：n——成束电缆的根数。

6.4.5 阻燃电线的阻燃等级选择与阻燃电缆的阻燃等级选择是有区别的。电线大多数是绝缘层与护套层的合一，与电缆相比，线径相对小，非金属材料的表面积大，要通过较高阻燃级别实验标准难度较大，尤其是小截面电线更为不易。在实际工程中一般电线成束量不大，尤其是小截面电线需要高阻燃级别敷设的情况一般很少。

以 $35mm^2$ 作为电线的一个分界，是因为阻燃试验标准考虑到小线径的特点。一般 D 级阻燃等级是适用于线径小于等于 12mm 以下的电线电缆，从多数电线生产企业提供的产品来看，$35mm^2$ 的线径一般在 12mm 以下。

特殊情况下，电线成束敷设的根数很多，计算每米可燃物达到 1.5L 及以上时，应按电缆计算可燃物含量的方法选择电线的阻燃级别。

6.4.7 本条主要是从人员密集的交通建筑发生火灾时，为提高人员的安全率、存活率而作出的强制性规定。

火灾事故中，直接火烧造成人员死亡的比例很低，近 80% 是由于烟雾和毒气窒息而造成人员死亡；或者由于火灾产生的烟雾阻碍人员视线，使受灾人员不能顺利找到疏散路线，引起恐慌造成人员踩踏，不知所措，又使人难以呼吸而直接致命。一般由 PVC 燃烧后产生的烟雾，其毒性指数高达 15.01，人在此浓烟中只能存活（2～3）min。

浓烟的另一个特征是随热气流升腾奔突且无孔不入，其移动速度比火焰传播快得多（可达 20m/min 以上）。因此在电气火灾中，烟密度的大小是火场逃离人员生命存活的函数。烟是燃质在燃烧过程中产生的不透明颗粒在空气中的漂浮物。它既决定于材质燃烧时的充分性，又与燃烧物被烧蚀的量有关。燃烧越容易越充分就越少有烟。

由于 PVC 材质的高发烟率和较高的毒性指数，因此欧美从 20 世纪 90 年代起就已开始减少或禁止 VV、ZRVV 之类的高卤型电缆在室内的使用，以低烟无卤的电线电缆替代。

从对人身安全负责的角度出发，对于在交通建筑中人流密集的场所和人流难以疏散的地方（如：Ⅱ类及以上民用机场航站楼、特大型和大型铁路旅客车站、集机场航站楼或铁路与城市轨道交通车站等为一体的大型综合交通枢纽站、地铁车站、磁浮列车站及具有一级耐火等级的交通建筑），成束敷设的电线电缆规定采用绝缘及护套为低烟无卤阻燃的电线电缆（即绝缘材料不含卤素，燃烧时产生的烟尘较少并且具有阻止或延缓火焰蔓延的电线电缆），以此可大大减少火灾事故中线缆燃烧后产生的烟雾和毒气，为火灾发生时人员争取到更多宝贵的逃生时间。

另外用于消防负荷成束敷设的电线电缆除了应采用绝缘及护套为低烟无卤阻燃的电线电缆外还要具有耐火功能，可采用低烟无卤阻燃耐火电线电缆（即材料不含卤素，燃烧时产生的烟尘较少并且具有阻止或延缓火焰蔓延、在火焰燃烧的规定时间内可保持线路完整性的电线电缆）或矿物绝缘（MI）电缆。

6.4.9 目前低压低烟无卤阻燃电线电缆中，普遍采用温水交联或辐照交联两种工艺实现绝缘层的交联，辐照交联工艺可以改善阻燃交联绝缘层因为吸湿而导致绝缘电阻降低的状况，国内曾经发生过因为选择了温水交联的无卤电线在安装后绝缘电阻降低，不能通过验收的先例。

采用辐照交联工艺生产的电线电缆，绝缘层分子结构在高能电子束轰击下打开直接交联，不含有残留化合物，且绝缘层交联质量均匀，可以获得更稳定长久的使用寿命。因为可以直接采用阻燃交联绝缘层，可以使电线电缆获得更高的阻燃性能。

当有特殊需要时，辐照交联型的电线电缆，亦可以得到更高的耐温等级。

6.4.10 与自备发电机组、EPS装置连接的用于消防设施配电外接线路一旦火灾时中断，将无法发挥相应的作用，因此作此规定。耐火的电线电缆或封闭母线包括耐火化合物绝缘的铜芯线缆、矿物绝缘铜芯电缆以及耐火化合物绝缘的封闭母线。

6.4.13 封闭母线其主要特点是载流能力强，引出分支方便，可靠性较高。近年来封闭母线在适应严酷环境和客户需求方面，发展了很多先进技术，可以应用在户外环境或潮湿，腐蚀性环境，但应考虑其防护等级的匹配。采用封闭母线出现问题的，一个重要原因在于选择的技术指标与现实环境所需要的指标不相符合，因此在防护等级上，应针对具体物理环境确定，对于户外敷设的母线，必须严格达到足够的防水防尘能力。

6.4.14 由于水管存在滴水或喷水的危险性，所以在其周边安装的母线要考虑这个风险，宜提高自身防护等级，一般可选用IP54及以上产品。

6.4.15 规定本条主要是为防止配电线路对安检、传送等设施的干扰。

6.4.16 轨道交通车站的电气线缆较多，真正与轨道交通运行有关的电气线缆并不多，但有时极个别与轨道交通运行无关的电气线缆需要穿越轨道，设计中在轨道施工时预埋管，供其穿越，但一般情况下宜尽可能避免。

7 常用设备电气装置

7.2 机场用400Hz电源系统

本节中所涉及的400Hz电源系统主要应用于机场建筑中，是机场建筑中特有的。

7.2.1 本条规定了用于机场项目中的400Hz电源系统应具有的功能。

第7款 标准通信接口可为RS232/485、RJ45等通信接口。

7.2.2 本条规定了400Hz电源系统设计的要求。

第4款 应用于400Hz电源系统的负荷，较容易产生高次谐波电流，因此应当对谐波含量进行限制。

第6款 频率对断路器会产生影响，400Hz运行下的断路器比50Hz标称值下发热量更大，并可能超过产品标准的要求，母排的载流也会因频率的升高而降低；高频时断路器的分断能力也会降低，因为断路器在短路电流过零点时利用灭弧手段分断电弧，频率高时，过零点比50Hz快，但半个周波的电弧周期也短了，短路电流会马上从零点恢复到峰值（相对50Hz），这些会影响断路器的分断能力。对于热磁脱扣器由于额定电流的降低，对热保护需要考虑降容；同时热脱扣用的双金属片元件也会受到频率影响，频率越高，脱扣时间越短。磁脱扣50Hz时在半个周波峰值时产生的吸合力就可以使衔铁动作；而在400Hz时，半波变短，衔铁必须达到更大的电流值才能动作，所以相对50Hz，400Hz的磁动作电流会相应变大。但系数过大会使磁保护动作电流大，而使短路保护电流范围过窄。因此，400Hz下通过的额定电流需要考虑降容。

另外由于导体具有集肤效应，导体的交流电阻会随着频率的升高而线性增高；高频还会使导体相邻的铁磁材料产生磁感应，引起磁滞损耗，磁滞损耗会随频率的升高而增大，运行电流越大，这种效应越强。

7.3 行李处理系统

7.3.2 本条中不应干扰机场内通信还包括机场、飞行器、地面车辆之间的通信。

7.3.3 BHS系统的电气、电子设备、包括所连接的电线、电缆应不受机场内其他设备产生的电磁波干扰。无法避免时可配置隔离变压器和采取线路屏蔽接地措施。

7.3.5 本条规定了BHS的供电要求。

第1款 行李处理系统一般用于机场建筑内，其供电电源应保证足够的可靠性，因而本条款规定其负荷等级不应低于二级。若所属建筑物具备一级供电条件，则该系统应以一级负荷供电。

第2款 大型和超大型机场建筑的行李传输系统的传输距离可达数百米，工艺上一般会分成若干段，所以其配电也依据工艺分段进行，以便于工艺运行维护，减少各段之间的相互影响。但同一传输系统的电气设备，宜由同一电源供电，可采用同一电源的多个配电回路供电。

7.3.9 第3款 行李设备控制系统（BECS）应具有火警时闭锁控制功能，以应对可能突发的火灾事故，及时进行消防联动。

7.4 电梯、自动扶梯和自动人行道

7.4.2 对于不同负荷等级的客梯供电是有不同要求的，本条对此作了规定。

7.4.5 两台及以上电梯的供电容量，计算时应计入同时系数，同时系数可按表2考虑：

表2 两台及以上电梯的同时系数

电梯数量（台）	2	3	4	5	6	7	8	9
使用程度频繁	0.91	0.85	0.80	0.76	0.72	0.69	0.67	0.64
使用程度一般	0.85	0.78	0.72	0.67	0.63	0.59	0.56	0.54

7.4.7 无机房电梯电源主开关的设置部位往往是设计人员比较难处理的问题，尤其对于大空间的交通建筑内设置的全玻璃无机房电梯，其主电源开关及插座、照明开关的设置部位则需要建筑师统一规划，要做到既满足本规范的基本原则又不影响建筑美观。

7.5 自动门 屏蔽门（安全门）

7.5.1 一般微波传感器只能对运动体产生反应，但其探测范围较大，因而在交通建筑中对于出入人流较多、探测对象为运动体的场所，宜采用微波传感器。而红外传感器或超声波传感器对静止及运动体均能产生反应，但探测范围不大，因而对于出入人流较少，探测对象为静止或运动体的场所，传感器宜采用红外传感器或超声波传感器。

7.5.3 规定本条是为了在火灾发生时，能确保人们安全、顺利地疏散，不因门的关闭而影响人员的疏散。

7.5.5 屏蔽门（安全门）一般设置在地铁、轻轨等城市轨道交通车站站台边缘，将站台区域与隧道轨行区隔离，设有与列车门相对应，可多级控制开启、关闭滑动门的连续屏障（隔断）。其能防止人员或物体落入轨道产生意外事故，并防止未经许可的人进入隧道，从而提高了乘客候车的安全性。

7.5.6 城市轨道交通车辆的信号系统一般是由行车指挥和列车运行控制系统组成的。

8 电 气 照 明

8.1. 一 般 规 定

8.1.1 本条为交通建筑照明设计的基本原则。

8.1.4 合理选择照明设备，并采用正确的安装方式，可以获得较佳的照度和亮度，同时可避免不舒适的眩光。

8.2 照明质量及标准值

8.2.2 本条规定参照了CIE标准《室内工作场所照明》S008/E-2001及国家标准《建筑照明设计标准》GB 50034-2004的规定。

8.2.3 对交通建筑内非作业区引导灯光的均匀度要求可适当降低，也没有必要要求做得太均匀，但原则是不应影响旅客的视觉环境。

8.2.4 本条根据国家标准《建筑照明设计标准》GB 50034-2004的规定而定。

8.2.5 高大空间的公共场所当一般照度不高时，对垂直照度的规定就显得重要，即 E_v/E_h（垂直照度与水平照度之比）不小于0.25，当需获得较满意效果时则可适当增大。

8.2.9 本条参照了CIE标准《室内工作场所照明》S008/E-2001及国家标准《建筑照明设计标准》GB 50034-2004的规定，同时综合了交通建筑的具体要求作了补充规定。

8.3 大空间、公共场所照明及标识、引导照明

8.3.1 本条规定了照明方式的确定原则。

第1款 大空间及公共场所均应设一般照明，对不同区域有不同照度要求时，为了节约能源，又达到照度该高则高和该低则低的标准要求，可采用分区一般照明。

第2款 对于作业面照度要求高，作业面密度又不大的场所，可采用增加局部照明来提高作业面照度，以节约能源。

第3款 在一个场所内，如果只设局部照明会造成亮度分布不均匀而影响视觉作业，故交通建筑中不应只设局部照明。

第4款 交通建筑中的高大空间常会采用以非直接照明为主的照明方式，当采用此照明方式时，整个空间亮度大为增加，视觉舒适度也得以提高，在满足

照明使用功能的前提下，允许该区域内的照度可降低一级。

第5款 对于设置在地下的车站（如地铁车站等）出入口，为使乘客眼球对明暗环境的适应性，不产生盲区，应考虑过渡照明。

第6款 交通建筑中的标识、引导指示，是满足旅客以最快速度寻找到所需之目标，应采用相应的灯光色彩及显目的安装位置，便于旅客一目了然。

第7款 标识采用外投光时必须控制溢散光，保证标识的有效性，防止眩光或光污染。

8.3.2 本条规定了确定照明种类的原则。

第1款 本款规定了所有场所均应设置在正常情况下使用的室内外照明。

第2款 本款规定了应急照明的种类和设计要求。

1）备用照明是为正常照明因故障熄灭后可能会造成人身伤亡及重大经济损失等严重事故场所而设置的继续工作用的照明，或在火灾时为了保证消防能正常进行而设置的照明；

2）疏散照明是在正常照明因故障熄灭后，为了避免发生意外事故，而需要对人员进行安全疏散时，在出口和通道设置的指示出口位置及方向的疏散标志灯和照亮疏散通道而设置的照明。

第3款 在飞机场周围建设的高楼、烟囱、水塔等，对飞机的安全起降可能构成威胁，按民航部门规定，应装设障碍标志灯。为了减少夜间标志灯对居民的干扰，低于45m的建筑物和其他建筑物低于45m的部分只能使用低光强（小于32.5cd）的障碍标志灯。

第4款 设置引导标识照明主要是为了方便引导旅客到所需要去的地方。

第5款 设置建筑泛光照明，应符合城市夜景照明设计标准，泛光照明要体现时代特征、建筑个性、节能等原则。

8.3.3 本条规定了确定照明光源的选择原则。

第1款 在选择光源时应合理地选择光电参数，根据使用对象选择合适的光源。

第2款 在满足照明技术指标的条件下，合理选择性价比优的产品，达到技术上、经济上的合理性。

第3款 本款规定了选择光源的一般原则。

1）高度≥6m的场所，宜选择金属卤化物灯或大功率细管径荧光灯，该类光源具有光效高、寿命长、显色性好等优点；

2）细管径（≤26mm）直管荧光灯或紧凑型荧光灯光效高、寿命长、显色性好，适用于较低的场所；

3）商店营业厅宜用细管径（≤26mm）直管荧光灯代替较粗管径荧光灯，紧凑型荧光灯代替白炽灯，可节约能源；小功率金属卤化物灯因其光效高、寿命长、显色性好，常用于商店照明。

第4款 紧凑型荧光灯、荧光灯、LED灯均能快速点亮，能保证应急照明的需要。

第5款 通常在需要识别颜色的场所，照明光源的显色指数 R_a 应不小于80，以满足识别颜色的需要。

第6款 标识、引导照明由于对显色性有较高要求，故采用的光源显色指数 R_a 不应小于80。

第7款 铁路站内黄色信号灯代表交通信号，站内采用的照明光源点亮后，不应呈黄色或与之相近的颜色，以免与信号灯混淆，影响列车运行的安全。

第8款 本款规定了利用自然光的一般原则。

1）可采用智能照明控制系统，随自然光的变化而自动调节人工照明；

2）采用导光、反光系统能将自然光有效的引入室内，减少人工照明的使用，达到节约能源的目的。

8.3.4 本条规定了灯具及其附属装置的确定原则。

第2款 在选择照明灯具时，应选用高效、耐用、性能指标优良的灯具。

第3款 本款是灯具选择的一般条件。

1）较高大场所（通常是指高度≥6m的场所）常采用深罩型灯具；

2）较低场所（通常是指高度＜4.5m的场所）常采用荧光灯具或节能灯具，如办公、商场、通道等；

3）室外场所宜采用高强气体放电灯光源的灯具及高杆灯形式，以保证场所照度的均匀度。

8.3.5 高大空间上部安装灯具时应考虑如防止灯具玻璃罩破碎脱落等措施以及必要的维修措施，如设置马道或升降式灯具，以方便日后维修、更换。

8.4 照明配电及控制

8.4.1 本条规定了照明配电的一般原则。

第1款 主要考虑照明负荷使用的不平衡性以及气体放电灯线路的非线性所产生的高次谐波，使三相平衡中性导体中也会流过三的奇次倍谐波电流，有可能达到相电流的数值，故而作此规定，保证安全性。

第2款 标识照明在交通建筑中特别是人流较大的场所作用非常大，在紧急情况时亦可起到辅助引导的作用，因此有条件时可采用应急电源供电。

第3款 执行本款可使得一旦该场所有一路电源故障，另一路至少能保证该场所内50%的照明不会受影响，以此减少故障影响的范围。

8.4.2 交通建筑的公共场所内往往会有大量的旅客

和其他人员通行，有时也会非常集中，而且旅客对建筑内的环境并不熟悉，一旦建筑内供电系统出现故障（特别是在夜晚），势必会影响到整个建筑的正常照明，导致照明灯的熄灭，由于突发的黑暗会造成建筑内的旅客或其他人员出现恐慌，程序混乱，严重时可出现人员拥挤、踩踏等恶性事故发生，造成人员的伤亡。为避免此类情况发生，规定了在交通建筑的公共场所内应设置应急照明。同时为确保在供电系统出现故障时，应急照明的有效性，本条规定并强调了对于应急照明的配电应按其所在建筑的最高级别负荷电源供给且能自动投入，使应急照明的供电做到安全、可靠、有效。

8.4.4 照明管理系统是随着建筑智能化技术的发展，在建筑物中日益普及应用的一种智能化系统，其功能主要是针对建筑物照明的节能和管理。大型交通建筑的照明控制复杂多变，且随着旅客人流及航班的变化而变化，仅靠人工难以达到很好的控制效果。因此，宜采用智能照明控制系统对照明系统进行有效的监控，起到节能、高效管理、提升建筑档次的功效，而且随着照明控制技术的发展，产品性价比也在不断提高，且技术成熟可靠，具有较高的投资回报率。

第2款 每个带有CPU的控制器具有了智能化功能，不会因总系统故障而波及引起系统全部瘫痪。

第3款 照明系统在故障断电时，系统能进行自锁，可使系统在电源恢复后，能立即进入原正常工作状态。

第4款 要求控制器具有对负载的反馈功能，可确定回路的真实运行状态，确保每个灯具装置的安全运行。

第5款 照明管理系统与火灾控制系统要有联动，且火灾时火灾控制系统应处于优先级。

第6款 现场控制器通过对每个照明回路开启的时间和次数进行计时/计次，可使系统进行记录和显示，并可提前提示光源是否已到使用寿命，便于光源的维护。

第7款 要求安装在现场的智能面板具有防误操作功能，可提高照明控制的安全性。

8.5 火灾应急照明

8.5.2 本条规定了应急照明的照度标准。

第2款 本条规定了火灾情况下疏散照明地面照度值的最小规定，规定中考虑到了交通建筑人流较大的特点。

第3款 火灾时各消防系统应能坚持正常工作，这些相关场所的应急照明应保持正常照明照度值，以不影响消防系统的正常工作。

8.5.4 因为蓄光型等非灯具类疏散指示标志的亮度无法达到疏散指示标志规定的亮度在15cd/m^{2}以上，在黑暗环境下无法进行正常疏散诱导，故一般只能作为疏散的辅助标志。

8.5.5 这是对在疏散走道或主要疏散路线的墙面或地面上设置导向光流型消防应急标志灯的具体要求。在主干道设置地面或低位墙面的导向光流，紧急疏散中形成一条稳定向前滚动的光带，使各安全出口自然形成人员逃生的汇聚点。本条中保持视觉连续是指在视线可见的范围内应可看到两个及以上的灯光疏散指示标志。

8.5.6 本条规定了在疏散走道或主要疏散路线的墙面或地面上设置的导向光流型消防应急标志灯，宜符合的要求。

第1款 沿中心线布置的原则能更有利于通道中的人员看到导向光流。在狭长通道内，也可设置在靠墙10cm以内，以避免影响装修效果。

第2款 墙面疏散标志灯设置在1m以下，而导向光流的设置应避免和墙面疏散标志灯在同一高度上、且宜低于墙面疏散标志灯，导向光流的效果越贴近地面，对人员逃生越有利。

第3款 设置导向光流的目的是保持视觉连续，间距1.5～2.5m，可确保人员能看到一条连续的导向光流标志。

8.5.7 地面灯具的承压应达到场所使用要求，地面灯具宜使用金属材质，不宜使用玻璃材质；另外考虑清扫地面等问题，地面灯具的防护等级也应达到IP65（IP65表示设备具有密封防尘功能且用喷嘴以任何方向向设备外壳喷水不会造成有害影响）；为避免设置在地面的疏散标志灯妨碍人员通行，故规定设置在地面灯具边缘高出地面不宜大于1mm。

8.5.9 本条文参照了国家标准《消防应急照明和疏散指示系统》GB 17945的相关要求。

集中控制型消防应急灯具系统具有故障巡检、应急频闪、改变方向、导向光流等功能，能和FAS系统联动，调整疏散路径。在大型交通建筑场所，由于人员密集、流动量大，故宜选择集中控制型消防应急灯系统，而普通疏散指示标志较难做到在该类建筑中对人员的有效疏散和引导。

8.5.10 本条主要考虑对残障（特别是眼障）人群进行听觉上的引导；另外语音对烟雾的穿透力较强，也易于引导。

8.5.11 本条主要为防止应急照明、疏散指示灯被人为移动、插拔电源插头，故规定灯具与供电线路之间的连接应在预埋盒或接线盒内进行。

9 建筑防雷与接地

9.1 一般规定

9.1.1 我国地域广阔，交通建筑会建造在不同的地区，地理条件与气候情况不同，会引起雷电活动规律的差别很大。因此在设计过程中，应因地制宜搜集当地的雷电活动资料，作为设计的依据。

9.1.4、9.1.5 本章节中涉及的各种防雷计算方法、接地电阻的计算方法、各类计算参数的确定以及防雷、接地方式均应根据《建筑物防雷设计规范》GB 50057、《建筑物电子信息系统防雷技术规范》GB 50343及《民用建筑电气设计规范》JGJ 16－2008第11、12章有关规定执行。

9.2 防雷与接地

9.2.1 交通建筑物防雷分类，参照民用建筑物进行防雷分类，按照国家标准规定，民用建筑物的防雷应划分为第二类或第三类防雷，交通建筑物也划分为第二类或第三类防雷。

9.2.2 采用的防雷措施应按照《民用建筑电气设计规范》JGJ 16－2008第11章和《建筑物防雷设计规范》GB 50057的有关规定执行。

9.2.3 交通建筑往往体量很大，且大型屋面通常选用金属屋面，因此常会碰到如何选用金属屋面进行防雷的问题。通常具有永久性金属屋面的交通建筑物符合下列要求时，应利用其屋面作为接闪器：

1 屋面金属板之间应具有永久的贯通连接；

2 当屋面金属板需要防雷击穿孔时，钢板厚度不应小于4mm，铜板厚度不应小于5mm，铝板厚度不应小于7mm；

3 当屋面金属板不需要防雷击穿孔而且金属板下面无易燃物品时，钢板厚度不应小于0.5mm，铜板厚度不应小于0.5mm，铝板厚度不应小于0.65mm；

4 金属板应无绝缘被覆层。

9.2.4 建筑物及结构的自然屏蔽、机房屏蔽、线路屏蔽、线路路径的合理选择及敷设都是电子信息系统防雷击电磁脉冲的最有效的措施。

为了改善电子信息系统的电磁环境，减少间接雷击及建筑物本身遭受的直接雷击造成的电磁感应侵害，电子信息系统的设备主机房应避免设在建筑物的高层，并应尽量远离建筑物外墙结构柱，因为建筑物易受雷击的部位主要是屋角，而且建筑外墙结构柱内的主钢筋多会被利用作为防雷引下线；根据电子信息设备的重要程度，电子信息系统设备机房宜设置在LPZ2和LPZ3区域。

另外屏蔽是减少电磁干扰的基本措施，合理的屏蔽和布线路径能使线路中预期的最大感应电压和能量的计算结果趋于零，达到较好的防雷击电磁脉冲的效果。

为了降低线路受到的感应过电压和电磁干扰的影响，应注意采取合理的布线和接地措施。电子信息系统线缆与电力系统线缆及电气设备间，应避免过近或采取适当隔离（保持间距或采取屏蔽措施），应避免电子信息系统的电源线和信号线受电力系统设备电源线的工频电流或谐波电流电磁辐射的干扰，并在交叉点采取直角交叉跨越。电子信息系统线缆与其他系统管线以及电气设备之间的最小净距参见《建筑物电子信息系统防雷技术规范》GB 50343的有关规定，当不能满足相应规定的要求时，电信线路应穿金属管屏蔽；对于扰敏感的电信线路应尽量靠近地面敷设。

9.2.5 确定雷电防护等级是电子信息系统防雷击电磁脉冲工程设计的重要依据，雷电防护等级是依据对工程所处地区的雷电环境进行风险评估或按信息系统的重要性和使用性质确定的。为了使电子信息系统的雷击电磁脉冲防护做到安全、经济和适用，确定电子信息系统的雷电防护等级非常重要，雷电防护等级的确定方法及A、B、C、D四个等级的划分应根据《建筑物电子信息系统防雷技术规范》GB 50343相关内容确定。

9.2.6 等电位联结是保护操作及维修人员人身安全的重要措施之一，也是减少设备与设备间、不同系统间危险电位差的重要措施。等电位联结措施应按《民用建筑电气设计规范》JGJ 16－2008第12章的有关规定执行。

10 智能化集成系统

10.1 一般规定

10.1.5 民用机场航站楼、铁路旅客车站、城市轨道交通站等交通建筑，需要根据各自特点，将其他专用智能化子系统纳入各自的智能化集成系统。这些子系统，对民用机场航站楼可包括：航班信息集成、航班信息动态显示、有线调度对讲、登机桥监控、离港、安检信息、泊位引导等系统；对铁路旅客车站可包括：铁路旅客查询、旅客引导显示、列车到发通告、自动售检票、旅客行包管理等系统；对城市轨道交通站可包括：变电所综合自动化、自动售检票、车辆在线安全检测、调度电话、通信集中告警、公共信息发布等系统。

第2款 安全技术防范系统中包括：入侵报警系统、视频安防监控系统、出入口控制系统、安全检查系统等。

10.2 系统设计

10.2.1 通常智能化集成系统采用三层架构："浏览器"＋"服务器"＋"网络"的系统结构。系统从软件功能上划分为四层：

第一层：人机接口层，用于各级操作员对系统的监视和操作，包括一般用户和管理员用户，有线与无线（包括PDA、手机、POS）界面，集成的用户界面层采用标准的浏览器，支持个性化的用户界面，并包括一系列通用组件如用户权限、内容管理、通用查询、报表等。

第二层：业务逻辑层，提供第一层的用户界面所需的经逻辑处理后的所有数据，实现业务功能。业务逻辑层将被封装成各类业务组件。业务逻辑层主要采用接口隔离的设计方法，保证组件的内部修改不影响应用系统的其他层次。同时，业务组件还可以 Web Services 的方式横向为第三方系统提供服务，以利于与第三方软件的集成。

第三层：数据管理层，提供系统运行所需数据的存储管理、备份、迁移等支持。它包括数据库和文件系统，数据库主要存储业务数据，文件系统主要存储系统配置数据。

第四层：数据接口层，专用于数据采集和与外部系统或设备的数据交换，执行必要的协议转换。

10.2.8 智能化系统集成应配置用于集成的中央数据库系统，通过不同的网关接口，将各子系统进行集成，简化数据交换的流程，实现信息共享，进而自动完成数据采集、存储、分析工作，并在此基础上，提供完善的管理功能。

10.3 系统功能要求

10.3.4 对智能化各子系统之间发生的跨机干结点联动（如发生火灾报警时相应楼层紧急广播等），智能化集成系统应能确认联动是否已实际发生。

10.3.5 通常智能化集成系统应设定操作人员的姓名、级别和口令以防止非授权人员非法侵入。系统通过权限级别识别可以控制各类操作人员的操作权限和区域。

10.3.6 当发生故障时，系统能够不间断正常运行和有足够的延时来处理系统故障，可以确保在发生意外故障和突发事件时，系统能保持基本的正常运行。

11 信息设施系统

11.2 通信网络系统

11.2.1 本条中卫星通信系统的卫星通信网包括 FDMA TDMA（频分多址、时分多址）卫星通信网（简称 TDMA 卫星通信网）、TDM/MMAVSA7、数据通信网和海事卫星应急便携地球站。

11.2.8 在交通建筑中，包括机场航站楼、铁路旅客车站、城市轨道交通车站、磁浮列车站、港口客运站、汽车客运站中应设置旅客求助系统。求助系统具有接通速度快、提供高保真语音通信、多种求助点接入方式等功能；接通速度可小于 100ms，系统语音带宽优于 50Hz～18kHz，满足 ITU-TG.722 标准；求助系统应能支持 IP 求助终端和常规求助终端接入，同时应具有内置的 SIP 服务器，在不增加任何硬件设备情况下支持第三方 SIP 电话接入。

第 1 款 交通建筑内有大量旅客聚集场所一般如：进站口、售票大厅、候车大厅、旅客到达大厅、站台等场所。

11.2.9 本条为机场航站楼中通信网络设置应满足的要求。

第 3 款 本款中 ITU-TG.722 为国际电信联盟远程通信标准中的宽带音频编码协议［Telecommunication Standardization Sector of ITU（International Telecommunications Union）G.722］。

第 6 款 通常有线调度对讲系统还具有组呼/群呼、优先权呼叫、呼叫队列等调度功能；具有半双工和双工通信方式，并能适合于各种作业环境（室内/室外、桌面/壁挂、嵌入式、抗噪、大功率扬声、防水防尘等）的对讲终端。

第 7 款 有线调度对讲系统通常还应支持通过 IP 网络进行的系统管理；支持常规的模拟终端、数字终端和 IP 终端；系统能提供专用的 IP 终端，支持接入第三方的 SIP 话机。

11.2.10～11.2.13 有线调度对讲系统也具有本规范第 11.2.9 中第 3、6 款的功能。

11.3 信息网络系统

11.3.1 三层网络结构包括核心层、汇聚层、接入层方式；两层网络结构包括核心层、接入层方式。

11.3.3 第 2 款 通常视频安防监控系统的摄像机数量大于 100 个时，宜采用专用网络系统。

11.4 综合布线系统

11.4.2 时钟、数字视频安防监控、出入口控制、电梯监测、建筑设备管理等应用系统的信息传输可使用综合布线的主干光缆和信息点。

11.4.3 综合布线系统一般根据机房规模、机柜数量来选择适宜的缆线类型。CMP 电缆、OFNP 或 OFCP 光缆为北美通信缆线分级中高级别的电缆、光缆。

11.4.5 本条中的功能用房指银行、商务中心、VIP 休息室、CIP 休息室以及大型办公室等用房区域。CP 箱为楼层配线设备和信息插座间的一个集合箱。

11.5 广播系统

11.5.4 广播系统的功放与负荷之间通过切换控制柜连接，负荷与功放不固定接续，根据实际工程情况，可按照每 N 台功放设置 1 台备用机（$N<4$）的自动切换方式设计。功放 N 备 1 是指在一台标准 19 英寸机架上，设置 N 台主用功放、一台备用功放及自动检测倒换装置。自动检测倒换装置实时监测机架上功放设备的工作状态，发现故障自动倒换主、备功放。

11.6 时钟系统

本节所涉及的时钟系统通常具有以下功能：

1 具有网络集中监控管理功能，通过标准接口或网络与母钟相连，能采集监测标准时间信号接收单元、各级母钟和子钟的工作运行状态信息数据，能显示处于故障状态下标准时间信号接收单元、各级母钟和时间显示设备的位置及故障内容，具有集中维护功能和自诊断功能，并自动发出声光报警。

2 当时钟系统的时间同步网系统出现故障时，监控系统监控终端能发出声音报警，并可在监控系统监控终端主界面上采用实时图形/列表显示故障告警信息，显示故障内容及设备位置、紧急告警、非紧急告警的状态，指导维护人员及时处理故障。

3 性能管理功能包括：监测时钟系统时间同步设备的性能参数，并能显示母钟的运行状态；主、备钟运行信息及标准时间信号接收单元的运行状态；循环检测下级母钟运行状态以及本级母钟所控显示设备的运行状态。

4 配置管理能提供系统和设备各种运行参数的配置和修改功能。可对时钟系统的时间同步网系统增加/删除网元设备、修改网元的属性配置数据、设置输入信号的各种门限、定时查看通信链路状况、时延补偿参数和设备校时参数、系统的时间同步管理等。

5 监控系统监测管理终端能够实时检测本级母钟、外部标准时间信号接收装置、时间显示设备的运行数据、工作状态，并能进行相应的显示。

6 安全管理功能包括：用户权限、用户日志。进入网管系统应使用登录口令登录；对时间监控管理终端的用户授权、用户操作鉴权。用户安全管理能至少区分三级口令，应能执行相应口令级别内允许的功能，高级口令具有低级口令的全部功能。

11.6.1 通常Ⅲ类及以上民用机场航站楼机场、特大型、大型铁路旅客车站、城市轨道交通、地铁站宜采用三级组网方式，其他中小型机场、车站宜采用二级组网方式。三级组网方式包括中心母钟（一级母钟）、二级母钟、时间显示单元；二级组网方式包括中心母钟（一级母钟）和时间显示单元。

12 信息化应用系统

12.2 公共信息查询系统

12.2.2 第4款 系统中继线数量的配置，应根据其出入话务量和用户交换机实际容量等因素确定，中继线数量可参照坐席数量的1.1倍进行配置。

12.3 公共信息显示系统

12.3.4 当系统具备了接入城市公共交通信息系统、交通建筑驻场（站）交通信息系统（平台）及其他信息网络的接口条件后，能方便完成联网运行或信息共享交换。

12.3.7 通常机场航站楼的出发办票大厅和到达接客大厅宜安装LCD条屏。条屏滚动一次要能显示3小时航班的容量。行李分拣厅宜采用LED航班显示屏，宜显示4到6个航班容量。其余位置的航班显示屏宜采用LCD屏。

12.3.10 轨道交通车站中系统设置的要求一般如下：

1 车站系统的主要构成为：车站级编播中心（大型交汇站点选配）、车站数据/播出服务器（车站操作员工作站）、多媒体显示控制器、网络系统和集成化软件系统、站内布线系统和车站现场显示部分等；

2 车站系统能通过传输通道转播来自控制中心的实时信息，并在其基础上叠加本站的信息，如列车运行信息和各类个性化信息等；

3 车站级编播中心的配置与控制中心乘客信息系统（PIS）中心相同，但设备配置宜简单。

12.5 售检票系统

12.5.7 当中央计算机系统发生故障或传输网络中断时，车站计算机系统和车站自动检票系统应能独立运行并能存贮24h的运行数据，在中央计算机系统修复或传输网络恢复时能自动上传数据到中央计算机系统。

12.6 泊位引导系统

本节所涉及的泊位引导系统可参见《民用航空运输机场安全保卫设施》MH/T 7003和国际民用航空组织（ICAO）理事会《国际标准和建议措施》（附件14——机场）中的有关规定。泊位引导系统主要用于机场内引导飞机正确停靠在规定的停机位置，是机场建筑中特有的系统。

13 建筑设备监控系统

13.2 系统设计

本节主要是对建筑设备监控系统（BAS）设计的基本要求。BAS的设计要针对建筑物的特点，满足机电设备本身的工艺控制要求，实现优化控制及节能控制，方便设备维护和管理。设计中要充分考虑系统的开放性及可靠性，使用的便利性，并具备一定的升级及扩展能力。

13.2.1 本条规定了建筑设备监控系统的监控和管理要求。

第9款 环境质量参数能用来评定环境质量的优劣程度。环境质量参数很多，通常建筑物内的环境质量参数主要有：空气质量（包括：一氧化碳、二氧化碳含量、温度、湿度、风速）、环境噪声、电磁环境、光环境等。

13.3 系统功能要求

本节主要是对交通建筑中建筑设备监控系统监控功能特殊要求，设计中还应结合建筑物的特点，以节能和方便管理为目标，对建筑物的各种机电设备进行合理的监控和管理。

13.3.11 本条提出了城市轨道交通地铁车站的建筑设备监控系统还应符合的规定。

第1款 为保证数据传输的实时性，中央级监控系统与车站级监控系统的数据传输速率不宜低于2Mbps。

14 公共安全系统

14.2 火灾自动报警系统

14.2.1 近年来国内各地兴建的交通建筑较多，其中不少建筑规模较大、结构形式复杂且设有高大空间，同时对安全性的要求不断提高，因此，火灾自动报警系统的设计应结合保护对象的特点，做到安全适用、技术先进、经济合理、管理维护方便。

14.2.2 本条对不同类型和级别的民用机场航站楼、铁路旅客车站、大型城市交通枢纽、城市轨道交通车站、磁浮列车站、港口客运站及汽车客运站等的火灾自动报警系统保护对象进行了分级。

14.2.5 本条结合目前新建的很多交通建筑内部设有高大空间的实际情况，对高大空间火灾探测区域的划分作出了具体规定。

14.2.6 由于交通建筑的特点和使用功能要求，其内部的一些部位和场所仅用常规的感烟探测器已经难以满足保护要求，故本条对各类交通建筑相关部位和场所的探测器类型的选择做了规定。

14.2.12 设有智能化集成系统的交通建筑通常规模较大、对安全性要求较高，将火灾自动报警系统纳入智能化集成系统可在发生火灾时迅速做出判断、联动相关的系统和设备，并能有效提高救灾及综合管理水平。

14.2.14 火灾自动报警系统与视频安防监控系统通过数据通信实现互联后，在火灾情况下视频监控系统可在控制室自动将显示内容切换成火警现场图像，这样可大大方便控制室人员快速确认火灾的发生，以及方便指挥灭火。

14.2.15 火灾自动报警系统的主机设有热备份时，系统的可靠性将会大大增强。

14.2.16 火灾自动报警系统进行性能化设计的目的主要是保护生命和财产安全。在进行性能化设计前，应收集各方面资料设定火灾场景，掌握火灾自动报警系统及系统内各设备的基本性能数据，并确定该系统要达到的目标，通过性能化设计模拟评估软件，对保护对象的建筑特性、使用性质及发生火灾的可能性进行分析，并报当地消防主管部门审批。

14.2.17 对火灾自动报警系统进行性能化设计后的评估应至少包括：系统构成的科学性、合理性、可实现性和经济性；所选设备的正确性；设置探测部位的合理性；联动逻辑和延时设置的正确性；火灾声光警报及应急广播的有效性等。在难以对设计方案有效性作出评估时，应针对具体问题进行试验验证。

14.2.18 本条的规定是为了能采用其他有效的火灾探测辅助手段来弥补一些特殊部位无法设置火灾探测器带来的缺陷，以保证对火灾的有效监测。而采用视频监控可较直观的起到对火灾的辅助探测作用。

14.3 电气火灾监控系统

14.3.1 随着人均用电量的不断增加，电气火灾也随之剧增，对建筑物和人民生命财产造成巨大损失，近15年来电气火灾在国内所有火灾起因中居首位，特别在重、特大火灾中，电气火灾所占比例更大。电气火灾较多原因是由电气线路直接或间接引起的，设置电气火灾监控系统能有效监控电气线路的故障和异常状态，发现电气火灾隐患，及时报警提醒人员消除隐患、排除故障。结合近年来国内各地兴建的交通建筑较多、规模也较大、一些大型交通建筑人员密集、对安全性要求不断提高的实际情况，参照国际和国内的相关标准，增加了交通建筑电气火灾监控系统的设置要求。电气火灾监控系统应采用国家消防电子产品质量监督检验中心检测合格的产品，以确保质量与安全。

14.3.2 本条提出了剩余电流式电气火灾监控探测器设置应符合的规定。

第3款 在大中型系统设计中推广使用总线制技术，可简化设计，减少设计难度，避免采用技术落后且布线复杂的多线制系统。

第4款 防电气火灾剩余电流动作报警值的设定应按国家规范《火灾自动报警系统设计规范》GB 50116及《民用建筑电气设计规范》JGJ 16的有关要求执行。

第5款 本条主要是考虑到由于自然漏流及其波动引起的探测器动作、允许范围内的自然漏流及其波动引起的探测器误动作以及探测器本身误报等原因，在尚未发生实际危害或危害比断电更小的情况下直接切断供电电源，反而影响了供电可靠性，因此规定不宜自动切断被保护对象的供电电源，宜用于报警，报告专业人员排除故障或事故隐患。

14.4 入侵报警系统

14.4.2 第1款 本款中纵深防护体系是指设有监视区、防护区和禁区的防护体系。所谓总体纵深防护就是层层设防，包括周界、监视区、防护区和禁区四种不同性质的防区；对由于外界环境条件和资金限制不能采用纵深防护措施时，一般采用局部纵深防护体系；局部纵深防护是对防区的某个局部区域，按照纵深防护的设计思想进行分层次防护。

监视区是指室外周界报警或周界栅栏所组成的警戒线与防护区边界之间所覆盖的区域；防护区是指允许公众出入的防护目标所在地域；禁区是指不允许公众出入的区域。

14.5 视频安防监控系统

14.5.1 大型视频安防监控系统一般系统规模较大，通常设有安防监控中心和安防控制室，且系统传输是基于数字与网络技术。条文中的数字化技术是指将数字信号通过网络进行传输以及数字视频存储。前端可以是数字摄像机，也可以是模拟摄像机和编码器组成。

14.5.5 单路监视图像的分辨率要求较高，最低水平分辨率不低于400线，而单路回放图像的最低水平分辨率要大于或等于300线（不小于25桢/秒），信噪比要大于或等于35分贝。

14.5.6 本条规定了机场航站楼中系统设置应满足的要求。

第1款 根据海关、边防、检疫、公安、安全等驻场单位的管理需求，可以设置独立的视频安防监控系统。

第3款 航站楼前端摄像机的选型还需结合功能要求，现场安装环境等情况进行选择。

14.5.7 第1款 安防监控中心是指能接收一个或多个安防控制室的报警信息、状态信息并处理警情的处所，通常其面积不小于20m^2；安防控制室是指能接收处理各子系统发来的报警信息、状态信息等，并将处理后的报警信息、监控指令分别发往安防监控中心和相关子系统。

若功能和管理需要，也可以在车站设车站和公安两个监控中心。前端摄像机可以共用，并根据管理要求设置优先级。

14.5.8 本条规定了城市轨道交通车站中系统设置应满足的要求。城市轨道交通区域应当规划、设计和建设安全技术防范系统。新建线路安全技术防范系统的建设应纳入城市轨道交通工程总体规划，与轨道交通土建以及强、弱电系统的设计统一规划、综合设计，独立验收；有条件的应当与轨道交通主体工程同步施工，同时交付使用。

第3款 在上下行站台列车停车位置设置监视装置提供相关站台的视频图像信号可供司机察看用。

14.6 出入口控制系统

14.6.7 第3款 票据室的出入口控制系统应向视频监控系统提供该场所出入口的状态（正常或是报警）以便实现与视频监控系统的相关联动报警和图像切换的功能。

15 机房工程

15.1 一般规定

15.1.1 本章适用于交通建筑所设各类弱电机房及弱电间，主机房建筑面积大于或等于140m^{2}的计算机房与电话交换机房的设计尚应符合国家有关标准的规定。

15.2 机房设计

15.2.1 各类合并设置的机房应根据实际情况确定并要考虑近期和远期发展的合理性。合并设置的机房可节约机房面积，减少值班人员，方便管理，有利于系统集成。

15.3 管线敷设

15.3.1 供电与通信、弱电线路分开敷设，可减少电源对弱电系统的干扰。采用架空方式引入时容易造成雷击线路时的高电位侵入，损坏设备。

15.3.2、15.3.5 由于通信、信号线等与配电线路的电源线间存在互感磁场，或由于信号线与电源线之间一些电容耦合骚扰影响，信号线与电源线应采取隔离、屏蔽等措施。如果不同类型的电缆布线没有采取分隔措施，电磁耦合会很大，增加了电子设备受电磁骚扰的危害程度。因此将不同电压等级、不同信号类型的传输线缆采取分隔措施，就非常有必要了。

15.4 环境要求

15.4.1 机房对土建、电气、空调、给排水专业及对消防、安防的要求除应按《电子信息系统机房设计规范》GB 50174的相关规定执行外，尚应符合交通建筑中的一些特别要求。

第2款 大型交通建筑工程的弱电机房的供电电源应按一级负荷中特别重要的负荷供电，除应由两个电源供电（满足一级负荷供电条件）外，还应配置柴油发电机、UPS装置作为应急电源。中小型交通建筑工程的弱电机房的供电电源应按相应建筑内的最高级供电负荷供电并配置UPS装置。

第4款 本条文参照执行了CIE标准《室内工作场所照明》S008/E-2001中有关限制视觉显示终端眩光的规定。

第5款 挡水和排水设施主要用于自动喷雾灭火系统动作后的挡水、排水，空调冷凝水及加湿器的挡水、排水，防止机房积水。

15.4.2 本条规定了通常情况下弱电间的一般环境要求，但当有特殊要求时可根据特殊环境要求决定。

第1款　本款规定了一般情况下弱电间的最小使用面积。通常弱电间的面积要满足各系统的布线，设备机柜等的安装及维护管理的需要。一个弱电间要安装综合布线、网络设备和其他各弱电系统的设备，国家标准《智能建筑设计标准》GB/T 50314 规定弱电间面积定为楼层面积的0.5%～1%，具体面积还要以实际需要为准。

第3款　弱电间的防火设计应符合《建筑设计防火规范》GB 50016、《高层民用建筑设计防火规范》GB 50045 的有关规定。

第4、5、6、7款　弱电间对土建、电气、暖通等专业的要求应参照《民用建筑电气设计规范》JGJ 16－2008 第23.3.2条、第23.3.3条的规定执行。

第9款　弱电间是相对较重要的场所，通常要具有自身的防盗、防破坏等的安全措施。

16　电磁兼容

16.1　一般规定

16.1.1　交通建筑往往会对其所处环境的电磁骚扰及电磁环境有一定的要求，有条件时宜对供配电系统影响较大的谐波源谐波发射量进行测试评估，分析其对公共电网电能质量的影响程度。

16.1.4　采取提高电磁兼容水平的措施，需要一定的经费投入，因此实施时应对工程的重要性和经济性进行统筹考虑。

16.2　电源干扰及谐波防治

交通建筑中存在大量的信息技术设备和电力电子设备，这些设备产生的谐波给公用电网和自身用电带来了严重的危害。由于这些非线性负荷的种类、数量和比重在工程中存在差异，所以在进行谐波抑制设计和制定谐波治理措施时，研究分析谐波的影响和各类设备承受谐波的能力是非常重要的。交通建筑中谐波的治理应当是持续的、发展的过程，随着谐波源的变化，以及新技术、新成果的应用，应不断改进完善谐波综合治理措施，维持供配电系统的安全运行。

16.2.1　公共电网的电能质量应符合《电能质量　供电电压偏差》GB/T 12325、《电能质量　电压波动和闪变》GB/T 12326、《电能质量　三相电压不平衡》GB/T 15543、《电能质量　公用电网谐波》GB/T 14549、《电能质量　电力系统频率偏差》GB/T 15945 等有关规定。

公共电网公共连接点的谐波电压（相电压）限值应符合表3的规定。

电力系统公共连接点的全部用户向该点注入的谐波电流分量（方均根值）不应超过表4规定的允许值。

表3　谐波电压（相电压）限值

电网标称电压（kV）	电压总谐波畸变率（%）	各次谐波电压含有率（%）	
		奇　次	偶　次
0.38	5.0	4.0	2.0
6	4.0	3.2	1.6
10			
35	3.0	2.4	1.2

表4　谐波电流分量限值

标准电压（kV）	基准短路容量（MVA）	谐波次数及谐波电流允许值（A）							
		2	3	4	5	6	7	8	9
0.38	10	78	62	39	62	26	44	19	21
6	100	43	34	21	34	14	24	11	11
10	100	26	20	13	20	8.5	15	6.4	6.8
35	250	15	12	7.7	12	5.1	8.8	3.8	4.1

标准电压（kV）	基准短路容量（MVA）	谐波次数及谐波电流允许值（A）							
		10	11	12	13	14	15	16	17
0.38	10	16	28	13	24	11	12	9.7	18
6	100	8.5	16	7.1	13	6.1	6.8	5.3	10
10	100	5.1	9.3	4.3	7.9	3.7	4.1	3.2	6.0
35	250	3.1	5.6	2.6	4.7	2.2	2.5	1.9	3.6

标准电压（kV）	基准短路容量（MVA）	谐波次数及谐波电流允许值（A）							
		18	19	20	21	22	23	24	25
0.38	10	8.6	16	7.8	8.9	7.1	14	6.5	12
6	100	4.7	9	4.3	4.9	3.9	7.4	3.6	6.8
10	100	2.8	5.4	2.6	2.9	2.3	4.5	2.1	4.1
35	250	1.7	3.2	1.5	1.8	1.4	2.7	1.3	2.5

16.2.2　易受电磁干扰的设备，应远离电磁骚扰源，不能靠得太近，以保证系统正常工作。

16.2.3　重要交通建筑对供电可靠性的要求较一般交通建筑为高，所以对可能造成供电系统障碍的谐波电压应该有较严格的标准加以限制。本条以量化的形式提出谐波治理的要求，既有利于目标管理也提高了可操作性。

16.2.4　对于重点谐波监控单位，在建筑电气设计阶段难以取得工程实际谐波含量的数据，为在工程建成运行后实时监测谐波含量及畸变率是否符合要求，及时决策是否采取治理措施，有必要对供配电系统进行实时监测。

16.2.5 由于大型、重要交通建筑中有较多对谐波敏感的重要电子信息设备，而这些电子信息设备的正常运行对维护大型交通建筑的安全与经营秩序，保护旅客的合法权益具有举足轻重的作用。为避免谐波干扰引发重要电子信息设备故障从而造成秩序混乱，本条规定对谐波敏感的重要设备机房及主要电子信息系统的有关配电系统主干线的谐波骚扰强度宜达到一级标准，当不符合要求时应设滤波装置。谐波骚扰的强度分级见表5。

表5 低压电源系统中谐波骚扰强度分级

（以基波电压的百分比表示）

骚扰强度	谐波次数 / 谐波含量 THD_u	非3次整数倍奇次谐波分量								3次整数倍奇次谐波分量					偶次谐波分量			
		5	7	11	13	17	19	23～25	＞25	3	9	15	21	＞21	2	4	6～10	＞10
一级	5	3	3	3	3	5	1.5	1.5	*	3	1.5	0.3	0.2	10	2	1	0.5	0.2
二级	8	6	5	3.5	3	5	1.5	1.5	*	5	1.5	0.3	0.2	2	1	0.5	0.2	
三级	10	8	7	5	4.5	5	4	3.5	**	6	2.5	2	1.7	1	3	1.5	1	1
四级	大于三级，具体视环境情况而定																	

*＝0.2＋12.5/n（n 为谐波次数）

**＝3.5至10（随频率升高而降低）

注：上述数值代表的骚扰水平是：在95%的统计时间内，电网中最严重点的谐波干扰水平不会高于表列值。

16.2.6 选用有源滤波器，应根据非线性负荷所占比例大小、负荷重要性以及投资情况等因数综合考虑。有源滤波器一般有三种治理方式：1）保护变压器的所有设备（集中治理）；2）保护某一区域内所有设备（局部治理）；3）保护某几台重要设备（分散治理）。

16.2.7 本条中谐波源所产生的谐波较集中于连续三种或以下的谐波，可以是3、5、7次或7、9次等。无源滤波器用在谐波电流和无功负荷比较稳定的系统中是较为合适的。

16.2.8 由于有源滤波器与无源滤波器的价格相差较大，采用有源、无源滤波器混合装设的方式，在满足基本滤除谐波电流的情况下，能降低有源滤波器使用容量，有效控制谐波治理成本。

16.2.9 有时设计过程中对建筑物的谐波状况难以预计，这时宜考虑预留必要的滤波设备空间，以便在工程投入运行后可对配电系统进行实测和谐波治理。

16.3 电子信息系统的电磁兼容设计及等电位联结

16.3.3、16.3.4 电力线路中的谐波，会通过电容耦合、电磁感应和传导干扰三条途径对通信线路产生干扰，而采用屏蔽电缆，可消除电容耦合的干扰。信息设施系统采用光缆，不仅可免除谐波对传输线路的干扰，还不受电力线路对它的干扰。

16.3.5 通常降低电磁干扰的具体措施主要有：

1 防止电源和雷电流冲击措施；

2 等电位联结措施；

3 限制故障电流由电力系统流向信号线缆造成对信息系统的干扰；

4 尽可能缩短联结线的长度。

16.3.6 电源切换过程中，采用能同时投切相线和中性线的转换开关，有利于消除电源切换时杂散电流产生的电磁干扰。

17 电 气 节 能

17.1 供配电系统的节能

17.1.2 电力系统中的无功功率主要是由相位角和高次谐波造成的。提高功率因数、预防和治理谐波，可以降低电力系统的无功损耗，提高供电质量。

17.1.6 本条的制定参考国际电工委员会（IEC）制定的《电力电缆的线芯截面最佳化》IEC 287-3-2/1995。如果全面推行按经济电流密度选择导线截面的方法，平均可减少35%～42%的线路损耗，经济意义十分重大。

长期运行的供配电线路一般指年最大负荷运行时间大于4000h。当年最大负荷运行时间大于4000h但小于7000h，宜按经济电流密度选择导线截面；年最大负荷运行时间大于7000h，应按经济电流密度选择导线截面。

17.1.7 节能变压器是空载、负载损耗相对较小的变压器，根据行业标准，新型号变压器的自身功耗应比前一型号降低10%，如S10型比S9型损耗降低10%。因此10型及以上的变压器在目前来说，还是相对节能的。

17.2 电气照明的节能

17.2.3 本条要求应根据环境条件，选择合理的照明控制方式，如充分利用自然光，采用分区控制、集中控制或自动光控等措施。尽可能采用直接型开启式或带隔栅的灯具，可大大提高灯具的利用效率，直接型开启式灯具效率不应低于75%。

17.2.5 照明系统的节电和管理措施主要有：定时开关、调光开关、光电自动控制器以及照明管理系统等。这些节电措施，可根据分区情况，采用群控或单控方式，起到节能管理的目的。对于大面积照明，采用群控方式，可节约成本；对于特定场合，采用单独控制，可降低实现的难度。

照明管理系统通常是全数字、模块化、分布式总线型控制系统，各功能模块有分散的监视控制功能，中央处理器、模块之间通过网络总线直接通信，照明管理系统可以容易地集成到BA系统，作为BA系统的一个子系统。

17.2.6 本条从照明节能的角度出发，规定了交通建筑照明功率密度值，当符合本规范第8.2.9条的规定，照度值高于或低于本表规定的对应照度值时，其照明功率密度值应按比例提高或折减。本表的制定参照了《建筑照明设计标准》GB 50034以及现有交通建筑用房所对应的相关标准要求，并通过对近期已建的多个交通建筑的调研而确定，同时也考虑了合理使用不同光源、灯具及场所高度、防护要求、维护系数等情况，留有了适当的余地。

17.3 建筑设备的电气节能

17.3.2 高效节能电动机宜符合现行国家标准《中小型三相异步电动机能效限定值及节能评价值》GB 18613节能评定值的规定。

17.3.4 自动扶梯、自动人行道在全线各段空载时，应能通过感应器等使设备处于暂停或低速运行状态，达到节能的目的。

17.3.5 一般宜根据工程项目的实际情况，在条件许可时通过对建筑物窗、门的开闭实施自动控制及管理，可以降低能耗。建筑物直接对外的门、窗是建筑物热交换、热传导最敏感的区域，它对空调能耗的影响很大，门、窗的节能控制是节能降耗的重要措施之一。

节能电动窗的监控一般包括：

1 根据日光对建筑的照射强度，控制遮阳百叶帘或遮阳板与太阳照射方位角及高度角同步到相应角度，有效遮挡由于太阳直射对室内产生的大部分辐射热；

2 在室内还需要供冷的过渡季节里，对建筑的电动通风窗、外推窗、内倒窗进行开启控制；

3 通过对节能电动窗的调节及与其相关的空调、灯光照明等设备的综合控制，实现节能综合控制功能。

节能电动门的监控一般包括：

1 对建筑区域中有节能要求的通道门或房间门，实施人员出入管理及门的开启控制；

2 对室内冷、热能、照明等设备系统进行联动控制，避免室内无人或门开启状态时能源的损失现象。

17.4 能耗计量与监测管理

17.4.1 采用电能计量装置时，其准确度等级一般可按下列要求选择：

1 有功电度表的准确度等级要求：

月平均用电量为1×10^6kWh及以上的电力用户电能计量点，采用0.5级的有功电度表；

月平均用电量小于1×10^6kWh的315kVA及以上的变压器，高压侧计费的电力用户电能计量点及需考核有功电量平衡的供配电线路，采用不低于1.0级的有功电度表；

仅作为单位内部技术经济考核而不计费的线路和电力装置回路，采用不低于2.0级的有功电度表。

2 无功电度表的准确度等级要求：

315kVA及以上的变压器高压侧计费的电力用户电能计量点，采用不低于2.0级的无功电度表；

仅作为单位内部技术经济考核而不计费的线路和电力装置回路，采用不低于3.0级的无功电度表。

3 电能计量用互感器准确度等级要求：

0.5级的有功电度表和0.5级的专用电能计量仪表，配用0.2级的互感器；

1.0级的有功电度表、1.0级的专用电能计量仪表、2.0级计费用的有功电度表及2.0级的无功电度表，配用不低于0.5级的互感器；

仅作为单位内部技术考核而不计费的2.0级有功电度表及3.0级的无功电度表，配用不低于1.0级的互感器。

4 电量变送器宜配用准确度不低于0.5级的电流互感器。

17.4.2 对交通建筑中各租户用房进行单独电能计量是能量结算和管理的需要。通过对租户用房进行单独电能计量往往会较好的起到提高租户自觉节能的行为意识。

17.4.3 以电力为主要能源的冷冻机组、锅炉等大负荷设备，设专用电能计量装置是便于业主进行能量结算和管理的需要。

17.4.6 本条内容根据住房和城乡建设部2008年6月编制的《国家机关办公建筑和大型公共建筑能耗监测系统 分项能耗数据采集技术导则》的有关要求制定。大型交通建筑是指建筑面积大于20000m²的交通建筑。

能耗监测管理系统的设计应符合国家建设部建科［2008］114号关于《国家机关办公建筑和大型公共建筑能耗监测系统 分项能耗数据采集技术导则》、《国家机关办公建筑和大型公共建筑能耗监测系统 分项能耗数据传输技术导则》、《国家机关办公建筑和大型公共建筑能耗监测系统 楼宇分项计量设计安装技术导则》的有关规定。

17.4.8 目前用于公共建筑的能耗监测管理系统一般具有以下功能：

1 软件可以对被监测的数据进行采集、处理、存储、显示、打印、发布、上传等，可对整个系统进行集中管理；

2 可进行能量消耗统计和分析，包括：

1）统计能源消耗的分配情况，通过饼图，柱状图等方式呈现；

2）能设置与电力公司相匹配的账单结构；

3）能统计水，气，热等其他能源数据，并设置相应费率，计算账单；

4）建立能源考核指标：在对数据进行分析的基础上，建立能源考核指标（即KPI）。

3 电压、电流、功率因数、需量、谐波、温度等所有测量参数能以历史曲线的形式显示出来；

4 系统可完成历史数据管理，所有实时采样数据、顺序事件记录等均可保存到历史数据库；数据可自动或手动备份；

5 可查看任何时候，任何位置的信息；可自动生成日报、周报、月报、季报、年报等。

中华人民共和国行业标准

房屋建筑室内装饰装修制图标准

Drawing standard for interior decoration
and renovation of building

JGJ/T 244—2011

批准部门：中华人民共和国住房和城乡建设部
施行日期：2 0 1 2 年 3 月 1 日

中华人民共和国住房和城乡建设部
公　　告

第 1053 号

关于发布行业标准《房屋建筑室内装饰装修制图标准》的公告

现批准《房屋建筑室内装饰装修制图标准》为行业标准，编号为 JGJ/T 244-2011，自 2012 年 3 月 1 日起实施。

本标准由我部标准定额研究所组织中国建筑工业出版社出版发行。

中华人民共和国住房和城乡建设部

2011 年 7 月 4 日

前　　言

根据住房和城乡建设部《关于印发〈2009 年工程建设标准规范制订、修订计划〉的通知》（建标[2009] 88 号）的要求，标准编制组经广泛调查研究，认真总结实践经验，参考有关国际标准和国外先进标准，并在广泛征求意见的基础上，制定本标准。

本标准的主要技术内容是：1. 总则；2. 术语；3. 基本规定；4. 常用房屋建筑室内装饰装修材料和设备图例；5. 图样画法。

本标准由住房和城乡建设部负责管理，由东南大学建筑学院负责具体技术内容的解释。执行过程中如有意见或建议，请寄送东南大学建筑学院（地址：江苏省南京市四牌楼 2 号中大院，邮编：210096）。

本标准主编单位：东南大学建筑学院
江苏广宇建设集团有限公司

本标准参编单位：江苏省华夏天成建设股份有限公司
南京装饰工程有限公司
南京盛旺装饰设计研究所
南京林业大学艺术学院
江苏省装饰装修发展中心
东南大学成贤学院
南京航空航天大学机电学院
金陵科技学院建筑工程学院

本标准参加单位：浙江亚厦装饰股份有限公司

本标准主要起草人员：高祥生　刘荣君　夏　进　马晓波　潘　瑜　安婳娟　黄维彦　安　宁　郁建忠　徐　敏　高　枫　朱红明　曹　莹　朱杰栋　刘　洪　韩　颖　方　斌

本标准主要审查人员：王炜民　张青萍　沈俊强　王宏伟　何静姿　万成兴　宗　辉　朱　飞　吴祖林　李　晶　吴　雁　王　剑　孟　霞

目　次

Contents

1 总 则

1.0.1 为统一房屋建筑室内装饰装修制图规则，保证制图质量，提高制图效率，做到图面清晰、简明，图示准确，符合设计、施工、审查、存档的要求，适应工程建设需要，制定本标准。

1.0.2 本标准适用于下列房屋建筑室内装饰装修工程制图：

1 新建、改建、扩建的房屋建筑室内装饰装修各阶段的设计图、竣工图；

2 原有工程的室内实测图；

3 房屋建筑室内装饰装修的通用设计图、标准设计图；

4 房屋建筑室内装饰装修的配套工程图。

1.0.3 本标准适用于下列制图方式绘制的图样：

1 计算机制图；

2 手工制图。

1.0.4 房屋建筑室内装饰装修的图纸深度应按本标准附录A执行。

1.0.5 房屋建筑室内装饰装修制图，除应符合本标准外，尚应符合国家现行有关标准的规定。

2 术 语

2.0.1 房屋建筑室内装饰 interior decoration of building

在房屋建筑室内空间中运用装饰材料、家具、陈设等物件对室内环境进行美化处理的工作。

2.0.2 房屋建筑室内装修 interior renovation of building

对房屋建筑室内空间中的界面和固定设施的维护、修饰及美化。

2.0.3 索引符号 index symbol

图样中用于引出需要清楚绘制细部图形的符号，以方便绘图及图纸查找。

2.0.4 图号 numbering

表示本图样或被索引引出图样的标题编号。

2.0.5 剖视图 section

在房屋建筑室内装饰装修设计中表达物体内部形态的图样。它是假想用一剖切面（平面或曲面）剖开物体，将处在观察者和剖切面之间的部分移去后，剩余部分向投影面上投射得到的正投影图。

2.0.6 断面图 profile

假想用剖切面剖开物体后，仅画出物体与该剖切面接触部分的正投影而得到的图形。

2.0.7 详图 detail drawing

在工程制图中对物体的细部或构件、配件用较大的比例将其形状、大小、材料和做法详细表示出来的图样，在房屋建筑室内装饰装修设计中指表现细部形态的图样。又称“大样图”。

2.0.8 节点 joint detail

在房屋建筑室内装饰装修设计中表示物体重点部位构造做法的图样。

2.0.9 引出线 leader line

在房屋建筑室内装饰装修设计中为表示引出详图或文字说明位置而画出的细实线。

2.0.10 标高 elevation

在房屋建筑室内装饰装修设计中以本层室内地坪装饰装修完成面为基准点±0.000，至该空间各装饰装修完成面之间的垂直高度。

2.0.11 图例 legend

为表示材料、灯具、设备设施等品种和构造而设定的标准图样。

2.0.12 剖切符号 cutting symbol

用于表示剖视面和断面图所在位置的符号。

2.0.13 总平面图 interior site plan

在房屋建筑室内装饰装修中，表示需要设计的平面与所在楼层平面或环境的总体关系的图样。

2.0.14 综合布点图 comprehensive ceiling drawing

在房屋建筑室内装饰装修中，为协调顶棚装饰装修造型与设备设施的位置关系，而将顶棚中所有明装和暗藏设备设施的位置、尺寸与顶棚造型的位置、尺寸综合表示在一起的图样。

2.0.15 展开图 unfolded drawing

在房屋建筑室内装饰装修设计中，对于正投影难以表明准确尺寸的呈弧形或异形的平面图形，将其平面展开为直线平面后绘制的图样。

2.0.16 镜像投影 reflective projection

设想与顶界面相对的底界面为整片的镜面，该镜面作为投影面，顶界面的所有物象都映射在镜面上而呈现出顶界面的正投影图的一种方法。用镜像投影的方法可以表示顶棚平面图。

3 基本规定

3.1 图纸幅面规格与图纸编排顺序

3.1.1 房屋建筑室内装饰装修的图纸幅面规格应符合现行国家标准《房屋建筑制图统一标准》GB/T 50001的规定。

3.1.2 房屋建筑室内装饰装修图纸应按专业顺序编排，并应依次为图纸目录、房屋建筑室内装饰装修图、给水排水图、暖通空调图、电气图等。

3.1.3 各专业的图纸应按图纸内容的主次关系、逻辑关系进行分类排序。

3.1.4 房屋建筑室内装饰装修图纸编排宜按设计（施工）说明、总平面图、顶棚总平面图、顶棚装饰灯具布置图、设备设施布置图、顶棚综合布点图、墙体定位图、地面铺装图、陈设、家具平面布置图、部品部件平面布置图、各空间平面布置图、各空间顶棚平面图、立面图、部品部件立面图、剖面图、详图、节点图、装饰装修材料表、配套标准图的顺序排列。

3.1.5 各楼层的室内装饰装修图纸应按自下而上的顺序排列，同楼层各段（区）的室内装饰装修图纸应按主次区域和内容的逻辑关系排列。

3.2 图 线

3.2.1 房屋建筑室内装饰装修图纸中图线的绘制方法及图线宽度应符合现行国家标准《房屋建筑制图统一标准》GB/T 50001 的规定。

3.2.2 房屋建筑室内装饰装修制图应采用实线、虚线、单点长画线、折断线、波浪线、点线、样条曲线、云线等线型，并应选用表 3.2.2 所示的常用线型。

表 3.2.2 房屋建筑室内装饰装修制图常用线型

名称		线型	线宽	一般用途
实线	粗		b	1 平、剖面图中被剖切的房屋建筑和装饰装修构造的主要轮廓线 2 房屋建筑室内装饰装修立面图的外轮廓线 3 房屋建筑室内装饰装修构造详图、节点图中被剖切部分的主要轮廓线 4 平、立、剖面图的剖切符号
	中粗		$0.7b$	1 平、剖面图中被剖切的房屋建筑和装饰装修构造的次要轮廓线 2 房屋建筑室内装饰装修详图中的外轮廓线
	中		$0.5b$	1 房屋建筑室内装饰装修构造详图中的一般轮廓线 2 小于 $0.7b$ 的图形线、家具线、尺寸线、尺寸界线、索引符号、标高符号、引出线、地面、墙面的高差分界线等
	细		$0.25b$	图形和图例的填充线

续表 3.2.2

名称		线型	线宽	一般用途
虚线	中粗		$0.7b$	1 表示被遮挡部分的轮廓线 2 表示被索引图样的范围 3 拟建、扩建房屋建筑室内装饰装修部分轮廓线
	中		$0.5b$	1 表示平面中上部的投影轮廓线 2 预想放置的房屋建筑或构件
	细		$0.25b$	表示内容与中虚线相同，适合小于 $0.5b$ 的不可见轮廓线
单点长画线	中粗		$0.7b$	运动轨迹线
	细		$0.25b$	中心线、对称线、定位轴线
折断线	细		$0.25b$	不需要画全的断开界线
波浪线	细		$0.25b$	1 不需要画全的断开界线 2 构造层次的断开界线 3 曲线形构件断开界限
点线	细		$0.25b$	制图需要的辅助线
样条曲线	细		$0.25b$	1 不需要画全的断开界线 2 制图需要的引出线
云线	中		$0.5b$	1 圈出被索引的图样范围 2 标注材料的范围 3 标注需要强调、变更或改动的区域

3.2.3 房屋建筑室内装饰装修的图线线宽宜符合现行国家标准《房屋建筑制图统一标准》GB/T 50001 的规定。

3.3 字 体

3.3.1 房屋建筑室内装饰装修制图中手工制图字体的选择、字高及书写规则应符合现行国家标准《房屋建筑制图统一标准》GB/T 50001 的规定。

3.4 比　　例

3.4.1 图样的比例表示及要求应符合现行国家标准《房屋建筑制图统一标准》GB/T 50001 的规定。

3.4.2 图样的比例应根据图样用途与被绘对象的复杂程度选取。常用比例宜为 1∶1、1∶2、1∶5、1∶10、1∶15、1∶20、1∶25、1∶30、1∶40、1∶50、1∶75、1∶100、1∶150、1∶200。

3.4.3 绘图所用的比例，应根据房屋建筑室内装饰装修设计的不同部位、不同阶段的图纸内容和要求确定，并应符合表 3.4.3 的规定。对于其他特殊情况，可自定比例。

表 3.4.3　绘图所用的比例

比　例	部　位	图纸内容
1∶200～1∶100	总平面、总顶面	总平面布置图、总顶棚平面布置图
1∶100～1∶50	局部平面、局部顶棚平面	局部平面布置图、局部顶棚平面布置图
1∶100～1∶50	不复杂的立面	立面图、剖面图
1∶50～1∶30	较复杂的立面	立面图、剖面图
1∶30～1∶10	复杂的立面	立面放大图、剖面图
1∶10～1∶1	平面及立面中需要详细表示的部位	详图
1∶10～1∶1	重点部位的构造	节点图

3.4.4 同一图纸中的图样可选用不同比例。

3.5 剖 切 符 号

3.5.1 剖视的剖切符号应符合现行国家标准《房屋建筑制图统一标准》GB/T 50001 的规定。

3.5.2 断面的剖切符号应符合现行国家标准《房屋建筑制图统一标准》GB/T 50001 的规定。

3.5.3 剖切符号应标注在需要表示装饰装修剖面内容的位置上。

3.6 索 引 符 号

3.6.1 索引符号根据用途的不同，可分为立面索引符号、剖切索引符号、详图索引符号、设备索引符号、部品部件索引符号。

3.6.2 表示室内立面在平面上的位置及立面图所在图纸编号，应在平面图上使用立面索引符号（图 3.6.2）。

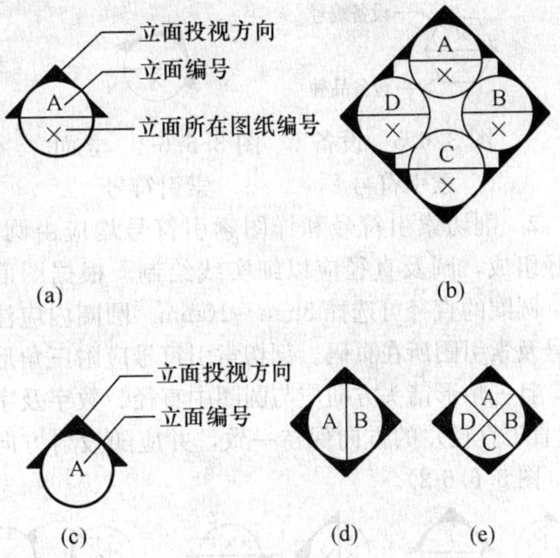

图 3.6.2　立面索引符号

3.6.3 表示剖切面在界面上的位置或图样所在图纸编号，应在被索引的界面或图样上使用剖切索引符号（图 3.6.3）。

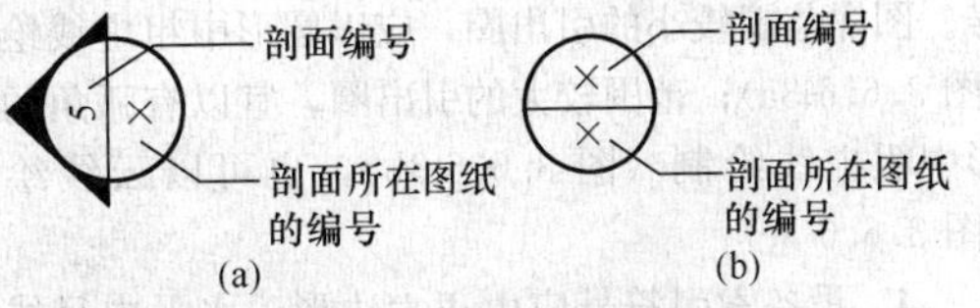

图 3.6.3　剖切索引符号

3.6.4 表示局部放大图样在原图上的位置及本图样所在页码，应在被索引图样上使用详图索引符号（图 3.6.4）。

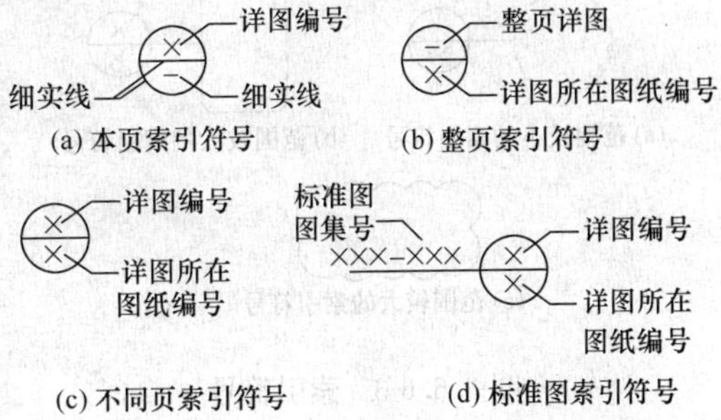

图 3.6.4　详图索引符号

3.6.5 表示各类设备（含设备、设施、家具、灯具等）的品种及对应的编号，应在图样上使用设备索引符号（图 3.6.5）。

3.6.6 索引符号的绘制应符合下列规定：

1 立面索引符号应由圆圈、水平直径组成，且圆圈及水平直径应以细实线绘制。根据图面比例，圆圈直径可选择 8mm～10mm。圆圈内应注明编号及索引图所在页码。立面索引符号应附以三角形箭头，且三角形箭头方向应与投射方向一致，圆圈中水平直径、数字及字母（垂直）的方向应保持不变（图

3.6.6-1)。

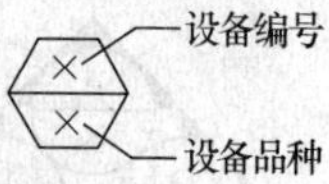

图 3.6.5 设备索引符号

图 3.6.6-1 立面索引符号

2 剖切索引符号和详图索引符号均应由圆圈、直径组成，圆及直径应以细实线绘制。根据图面比例，圆圈的直径可选择 8mm～10mm。圆圈内应注明编号及索引图所在页码。剖切索引符号应附三角形箭头，且三角形箭头方向应与圆圈中直径、数字及字母（垂直于直径）的方向保持一致，并应随投射方向而变（图 3.6.6-2）。

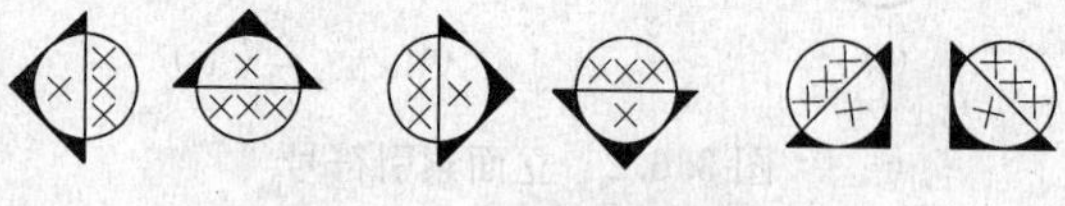

图 3.6.6-2 剖切索引符号

3 索引图样时，应以引出圈将被放大的图样范围完整圈出，并应由引出线连接引出圈和详图索引符号。图样范围较小的引出圈，应以圆形中粗虚线绘制（图 3.6.6-3a）；范围较大的引出圈，宜以有弧角的矩形中粗虚线绘制（图 3.6.6-3b），也可以云线绘制（图 3.6.6-3c）。

4 设备索引符号应由正六边形、水平内径线组成，正六边形、水平内径线应以细实线绘制。根据图面比例，正六边形长轴可选择 8mm～12mm。正六边形内应注明设备编号及设备品种代号（图 3.6.5）。

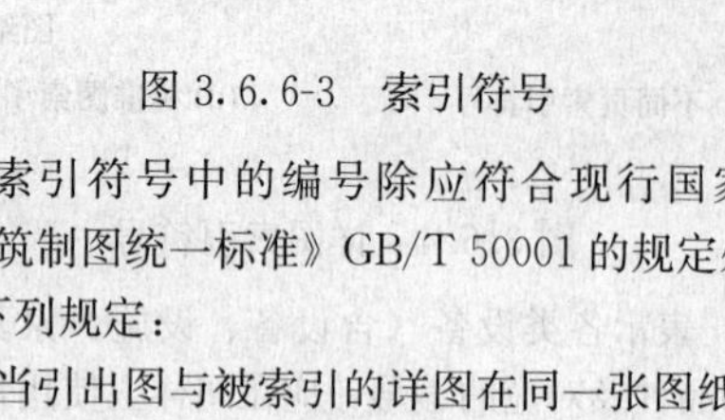

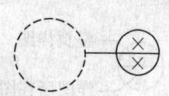

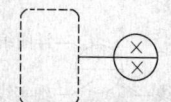

(a) 范围较小的索引符号 (b) 范围较大的索引符号

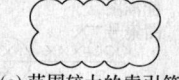

(c) 范围较大的索引符号

图 3.6.6-3 索引符号

3.6.7 索引符号中的编号除应符合现行国家标准《房屋建筑制图统一标准》GB/T 50001 的规定外，尚应符合下列规定：

1 当引出图与被索引的详图在同一张图纸内时，应在索引符号的上半圆中用阿拉伯数字或字母注明该索引图的编号，在下半圆中间画一段水平细实线（图 3.6.4a）。

2 当引出图与被索引的详图不在同一张图纸内时，应在索引符号的上半圆中用阿拉伯数字或字母注明该详图的编号，在索引符号的下半圆中用阿拉伯数字或字母注明该详图所在图纸的编号。数字较多时，可加文字标注（图 3.6.4c、图 3.6.4d）。

3 在平面图中采用立面索引符号时，应采用阿拉伯数字或字母为立面编号代表各投视方向，并应以顺时针方向排序（图 3.6.7）。

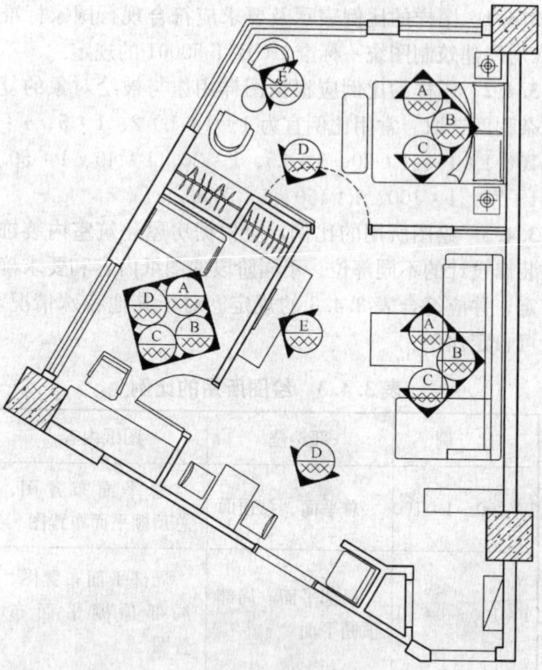

图 3.6.7 立面索引符号的编号

3.7 图名编号

3.7.1 房屋建筑室内装饰装修的图纸宜包括平面图、索引图、顶棚平面图、立面图、剖面图、详图等。

3.7.2 图名编号应由圆、水平直径、图名和比例组成。圆及水平直径均应由细实线绘制，圆直径根据图面比例，可选择 8mm～12mm（图 3.7.3）。

3.7.3 图名编号的绘制应符合下列规定：

1 用来表示被索引出的图样时，应在图号圆圈内画一水平直径，上半圆中应用阿拉伯数字或字母注明该图样编号，下半圆中应用阿拉伯数字或字母注明该图索引符号所在图纸编号（图 3.7.3-1）；

2 当索引出的详图图样与索引图同在一张图纸内时，圆内可用阿拉伯数字或字母注明详图编号，也可在圆圈内划一水平直径，且上半圆中应用阿拉伯数字或字母注明编号，下半圆中间应画一段水平细实线（图 3.7.3-2）。

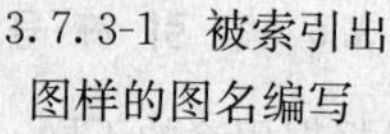

图 3.7.3-1 被索引出的图样的图名编写

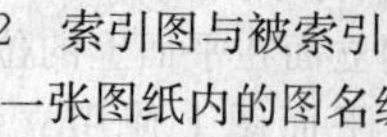

图 3.7.3-2 索引图与被索引出的图样同在一张图纸内的图名编写

3.7.4 图名编号引出的水平直线上方宜用中文注明该图的图名，其文字宜与水平直线前端对齐或居中。比例的注写应符合本标准第 3.4.2 条的规定。

3.8 引 出 线

3.8.1 引出线的绘制应符合现行国家标准《房屋建筑制图统一标准》GB/T 50001 的规定。

3.8.2 引出线起止符号可采用圆点绘制（图 3.8.2a)，也可采用箭头绘制（图 3.8.2b)。起止符号的大小应与本图样尺寸的比例相协调。

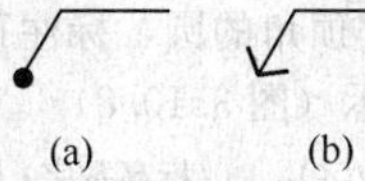

图 3.8.2 引出线起止符号

3.8.3 多层构造或多个部位共用引出线，应通过被引出的各层或各部分，并应以引出线起止符号指出相应位置。引出线和文字说明的表示应符合现行国家标准《房屋建筑制图统一标准》GB/T 50001 的规定（图 3.8.3）。

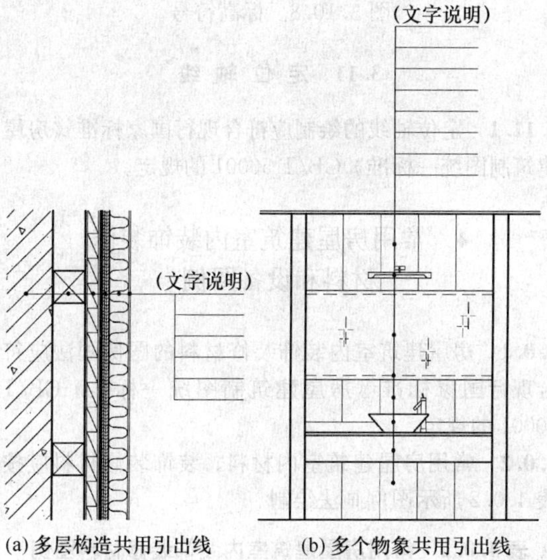

(a) 多层构造共用引出线　(b) 多个物象共用引出线

图 3.8.3 共用引出线示意

3.9 其 他 符 号

3.9.1 对称符号应由对称线和分中符号组成。对称线应用细单点长画线绘制，分中符号应用细实线绘制。分中符号可采用两对平行线或英文缩写。采用平行线作为分中符号时（图 3.9.1a），应符合现行国家标准《房屋建筑制图统一标准》GB/T 50001 的规定；采用英文缩写作为分中符号时，大写英文 CL 应置于对称线一端（图 3.9.1b）。

3.9.2 连接符号应以折断线或波浪线表示需连接的部位。两部位相距过远时，折断线或波浪线两端靠图样一侧应标注大写拉丁字母表示连接编号。两个被连接的图样应用相同的字母编号（图 3.9.2）。

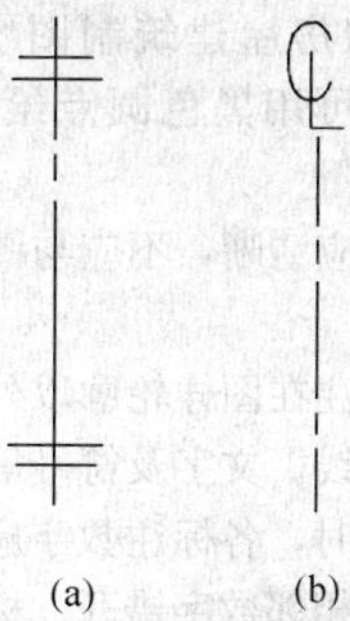

图 3.9.1 对称符号

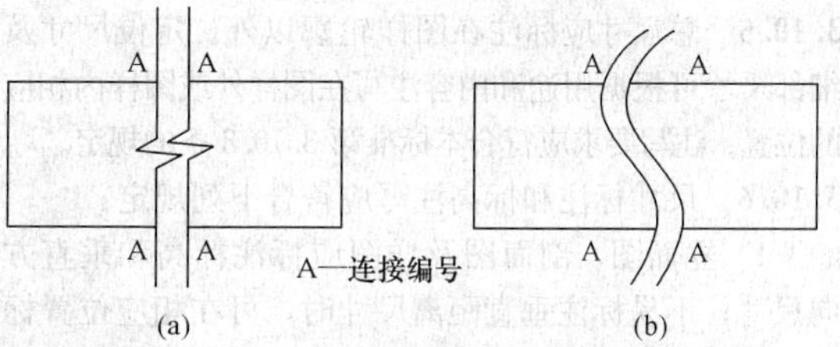

图 3.9.2 连接符号

3.9.3 立面的转折应用转角符号表示，且转角符号应以垂直线连接两端交叉线并加注角度符号表示（图 3.9.3）。

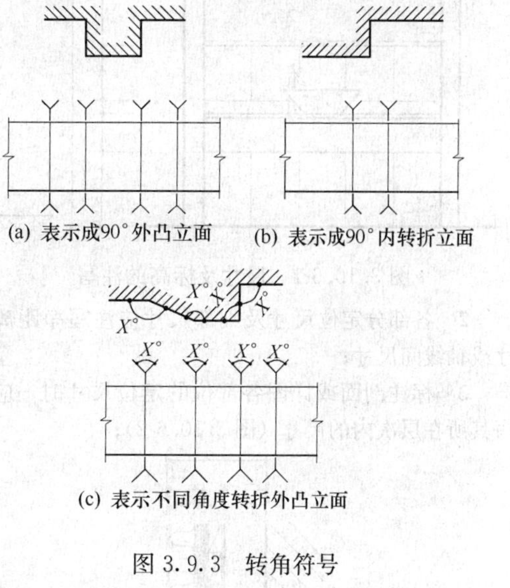

图 3.9.3 转角符号

3.9.4 指北针的绘制应符合现行国家标准《房屋建筑制图统一标准》GB/T 50001 的规定。指北针应绘制在房屋建筑室内装饰装修整套图纸的第一张平面图上，并应位于明显位置。

3.10 尺 寸 标 注

3.10.1 图样尺寸标注的一般标注方法应符合现行国家标准《房屋建筑制图统一标准》GB/T 50001 的规定。

3.10.2 尺寸起止符号可用中粗斜短线绘制，并应符合现行国家标准《房屋建筑制图统一标准》GB/T 50001的规定；也可用黑色圆点绘制，其直径宜为1mm。

3.10.3 尺寸标注应清晰，不应与图线、文字及符号等相交或重叠。

3.10.4 尺寸宜标注在图样轮廓以外，当需要注在图样内时，不应与图线、文字及符号等相交或重叠。当标注位置相对密集时，各标注数字应在离该尺寸线较近处注写，并应与相邻数字错开。标注方法应符合现行国家标准《房屋建筑制图统一标准》GB/T 50001的规定。

3.10.5 总尺寸应标注在图样轮廓以外。定位尺寸及细部尺寸可根据用途和内容注写在图样外或图样内相应的位置。注写要求应符合本标准第3.10.3条的规定。

3.10.6 尺寸标注和标高注写应符合下列规定：

1 立面图、剖面图及详图应标注标高和垂直方向尺寸；不易标注垂直距离尺寸时，可在相应位置标注标高（图3.10.6-1）；

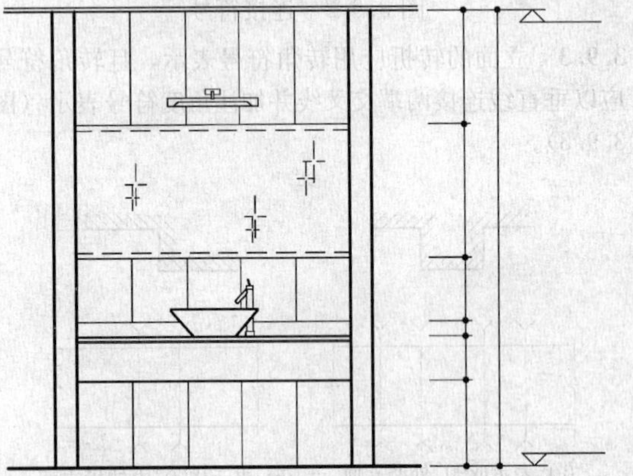

图3.10.6-1 尺寸及标高的注写

2 各部分定位尺寸及细部尺寸应注写净距离尺寸或轴线间尺寸；

3 标注剖面或详图各部位的定位尺寸时，应注写其所在层次内的尺寸（图3.10.6-2）；

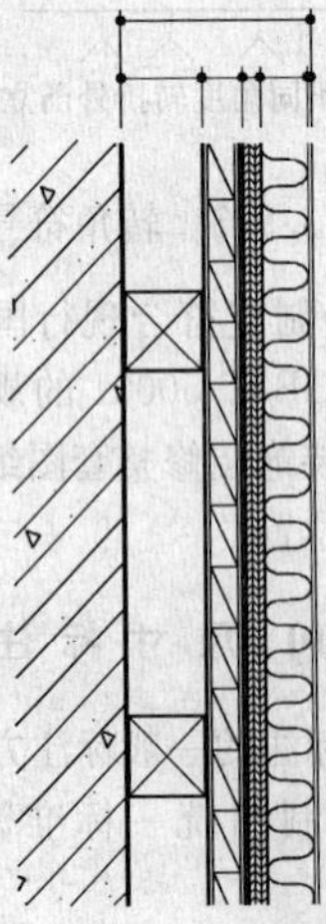

图3.10.6-2 尺寸的注写

4 图中连续等距重复的图样，当不易标明具体尺寸时，可按现行国家标准《建筑制图标准》GB/T 50104的规定表示；

5 对于不规则图样，可用网格形式标注尺寸，标注方法应符合现行国家标准《房屋建筑制图统一标准》GB/T 50001的规定。

3.10.7 标高符号和标注方法应符合现行国家标准《房屋建筑制图统一标准》GB/T 50001的规定。

3.10.8 房屋建筑室内装饰装修中，设计空间应标注标高，标高符号可采用直角等腰三角形，也可采用涂黑的三角形或90°对顶角的圆，标注顶棚标高时，也可采用CH符号表示（图3.10.8）。

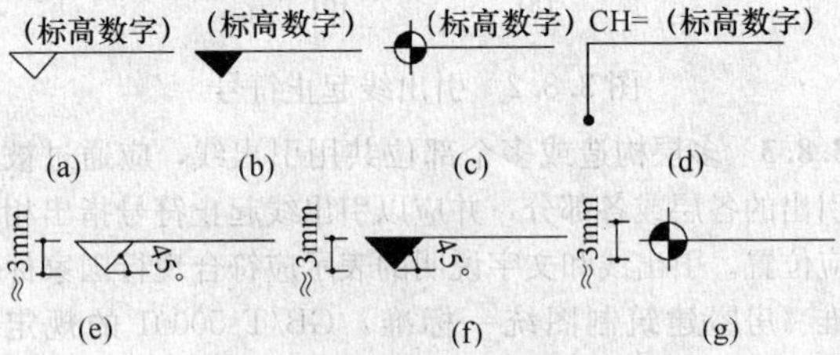

图3.10.8 标高符号

3.11 定位轴线

3.11.1 定位轴线的绘制应符合现行国家标准《房屋建筑制图统一标准》GB/T 50001的规定。

4 常用房屋建筑室内装饰装修材料和设备图例

4.0.1 房屋建筑室内装饰装修材料的图例画法应符合现行国家标准《房屋建筑制图统一标准》GB/T 50001的规定。

4.0.2 常用房屋建筑室内材料、装饰装修材料应按表4.0.2所示图例画法绘制。

表4.0.2 常用房屋建筑室内装饰装修材料图例

序号	名 称	图 例	备 注
1	夯实土壤	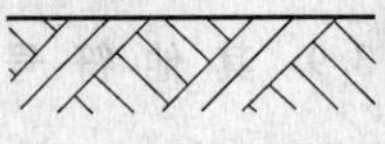	—
2	砂砾石、碎砖三合土	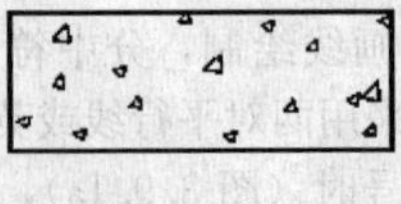	—
3	石 材	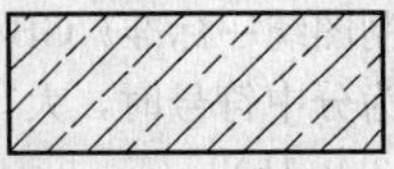	注明厚度
4	毛 石	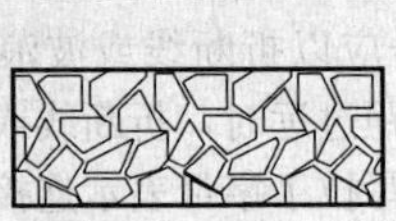	必要时注明石料块面大小及品种

续表 4.0.2

序号	名 称	图 例	备 注
5	普通砖	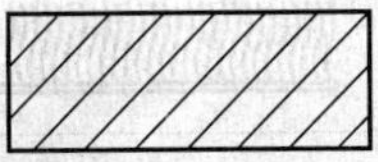	包括实心砖、多孔砖、砌块等。断面较窄不易绘出图例线时，可涂黑，并在备注中加注说明，画出该材料图例
6	轻质砌块砖	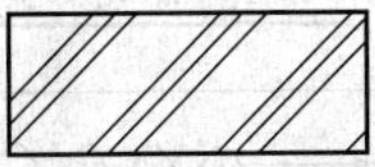	指非承重砖砌体
7	轻钢龙骨板材隔墙	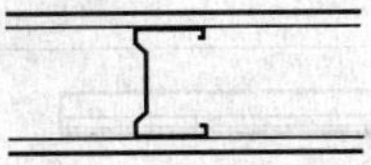	注明材料品种
8	饰面砖	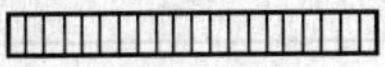	包括铺地砖、墙面砖、陶瓷锦砖等
9	混凝土	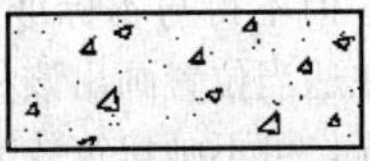	1 指能承重的混凝土及钢筋混凝土 2 各种强度等级、骨料、添加剂的混凝土 3 在剖面图上画出钢筋时，不画图例线 4 断面图形小，不易画出图例线时，可涂黑
10	钢筋混凝土		
11	多孔材料	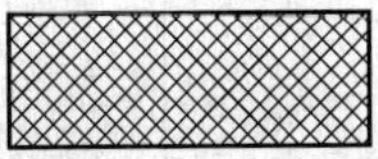	包括水泥珍珠岩、沥青珍珠岩、泡沫混凝土、非承重加气混凝土、软木、蛭石制品等

续表 4.0.2

序号	名 称	图 例	备 注
12	纤维材料	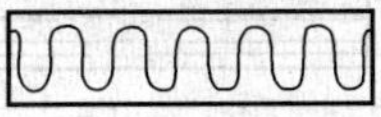	包括矿棉、岩棉、玻璃棉、麻丝、木丝板、纤维板等
13	泡沫塑料材料	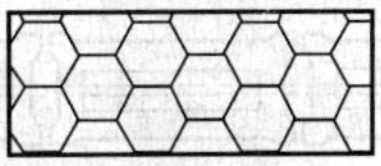	包括聚苯乙烯、聚乙烯、聚氨酯等多孔聚合物类材料
14	密度板	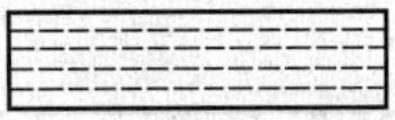	注明厚度
15	实木		表示垫木、木砖或木龙骨
			表示木材横断面
		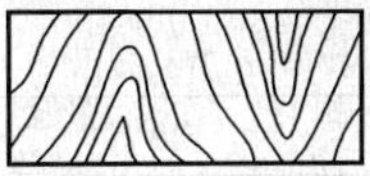	表示木材纵断面
16	胶合板	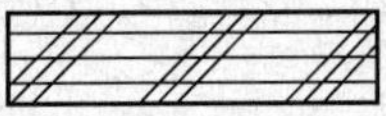	注明厚度或层数
17	多层板	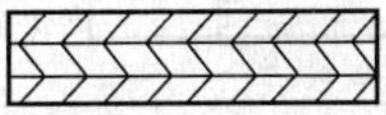	注明厚度或层数
18	木工板	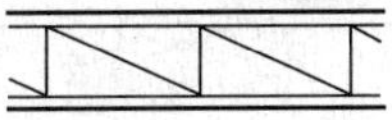	注明厚度
19	石膏板	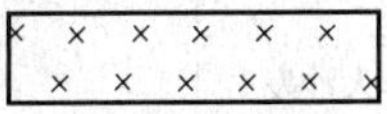	1 注明厚度 2 注明石膏板品种名称
20	金属	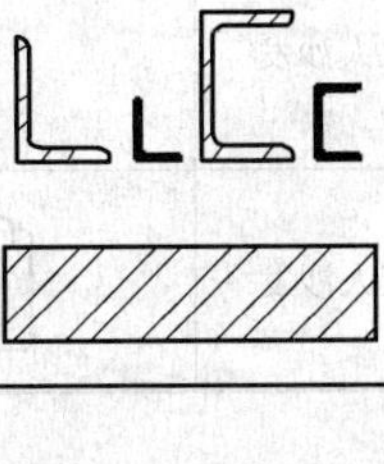	1 包括各种金属，注明材料名称 2 图形小时，可涂黑

续表 4.0.2

序号	名 称	图 例	备 注
21	液体	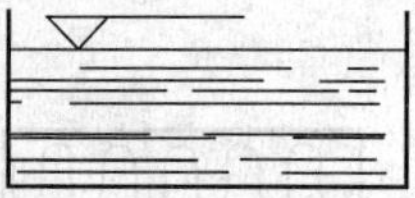 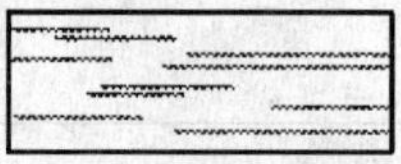 (平面)	注明具体液体名称
22	玻璃砖		注明厚度
23	普通玻璃	   (立面)	注明材质、厚度
24	磨砂玻璃	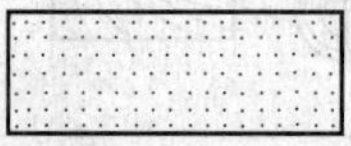 (立面)	1 注明材质、厚度 2 本图例采用较均匀的点
25	夹层（夹绢、夹纸）玻璃	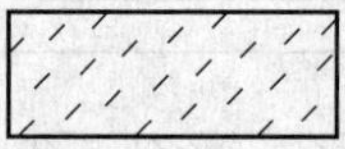 (立面)	注明材质、厚度
26	镜面	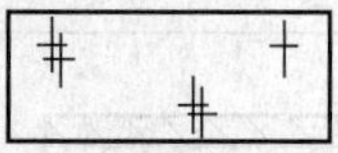 (立面)	注明材质、厚度
27	橡胶		—

续表 4.0.2

序号	名 称	图 例	备 注
28	塑料		包括各种软、硬塑料及有机玻璃等
29	地毯	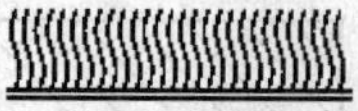	注明种类
30	防水材料	(小尺度比例) (大尺度比例)	注明材质、厚度
31	粉刷	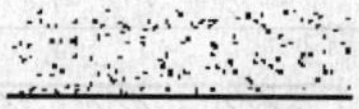	本图例采用较稀的点
32	窗帘	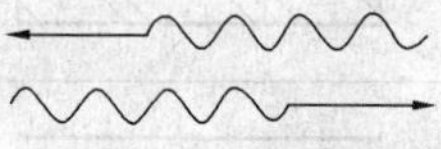 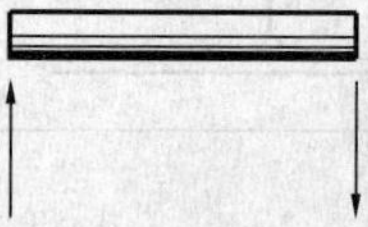 (立面)	箭头所示为开启方向

注：序号 1、3、5、6、10、11、16、17、20、23、25、27、28 图例中的斜线、短斜线、交叉斜线等均为 45°。

4.0.3 当采用本标准图例中未包括的建筑装饰材料时，可自编图例，但不得与本标准所列的图例重复，且在绘制时，应在适当位置画出该材料图例，并应加以说明。下列情况，可不画建筑装饰材料图例，但应加文字说明：

1 图纸内的图样只用一种图例时；

2 图形较小无法画出建筑装饰材料图例时；

3 图形较复杂，画出建筑装饰材料图例影响图纸理解时。

4.0.4 常用家具图例应按表 4.0.4 所示图例画法绘制。

表 4.0.4 常用家具图例

序号	名 称		图 例	备 注
1	沙发	单人沙发	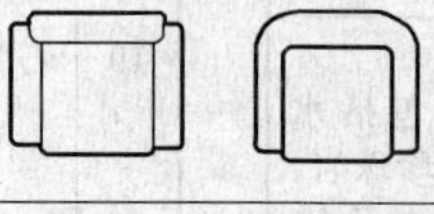	
		双人沙发	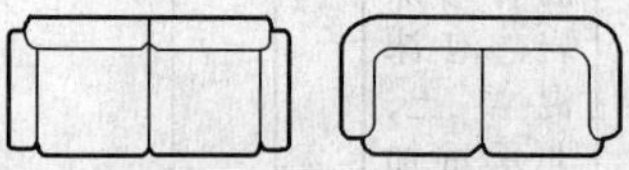	
		三人沙发	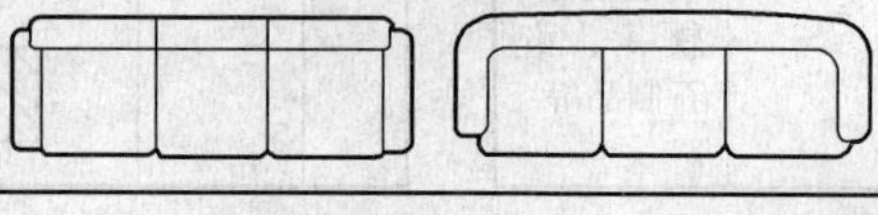	

续表 4.0.4

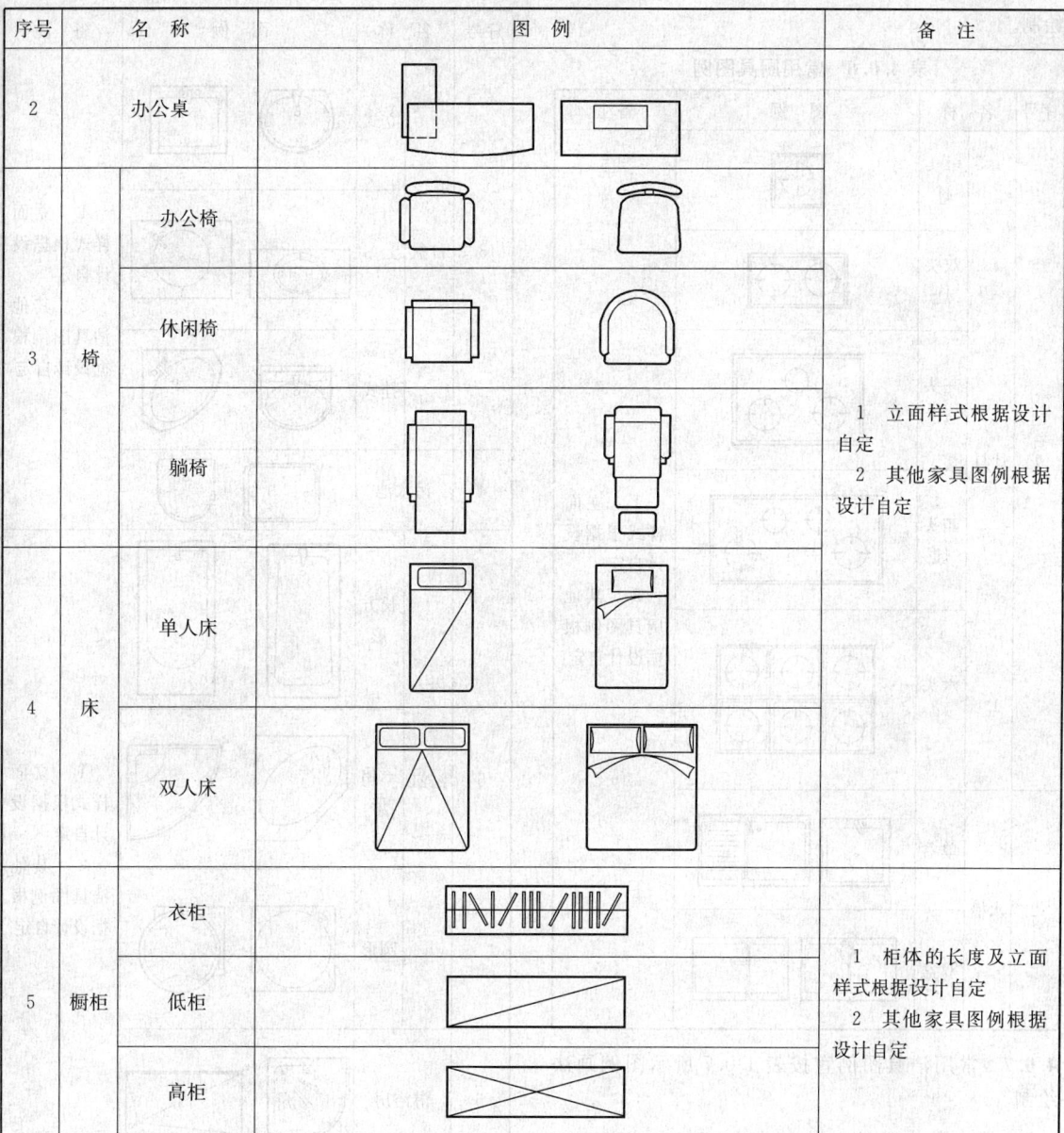

序号	名称		图例	备注
2	办公桌		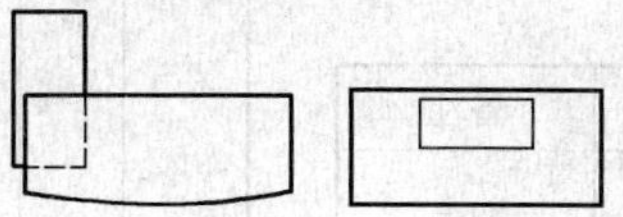	
3	椅	办公椅		1　立面样式根据设计自定 2　其他家具图例根据设计自定
		休闲椅		
		躺椅	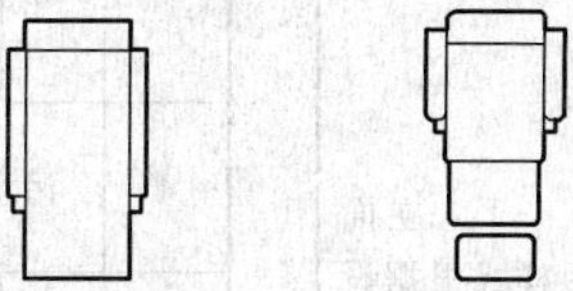	
4	床	单人床	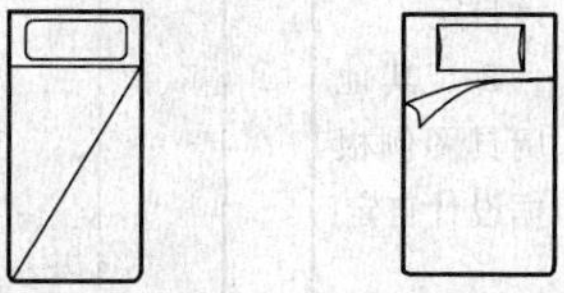	
		双人床		
5	橱柜	衣柜		1　柜体的长度及立面样式根据设计自定 2　其他家具图例根据设计自定
		低柜	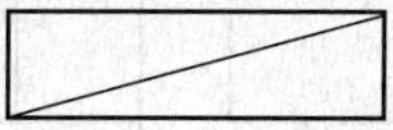	
		高柜	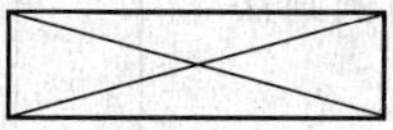	

4.0.5　常用电器图例应按表 4.0.5 所示图例画法绘制。

表 4.0.5　常用电器图例

序号	名称	图例	备注
1	电视	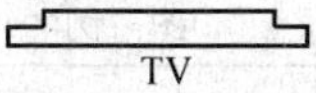	1　立面样式根据设计自定 2　其他电器图例根据设计自定
2	冰箱		
3	空调	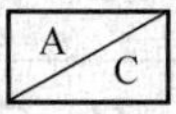	

续表 4.0.5

序号	名称	图例	备注
4	洗衣机		1　立面样式根据设计自定 2　其他电器图例根据设计自定
5	饮水机		
6	电脑	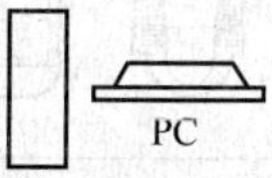	
7	电话		

4.0.6 常用厨具图例应按表 4.0.6 所示图例画法绘制。

表 4.0.6 常用厨具图例

序号	名称		图例	备注
1	灶具	单头灶		1 立面样式根据设计自定 2 其他厨具图例根据设计自定
		双头灶	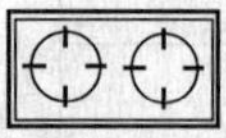	
		三头灶	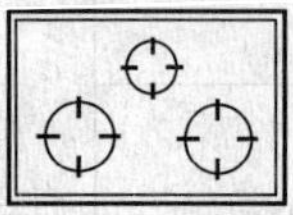	
		四头灶	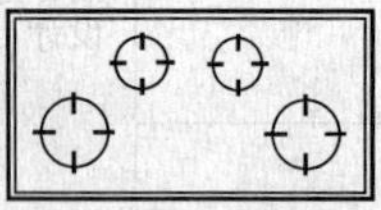	
		六头灶	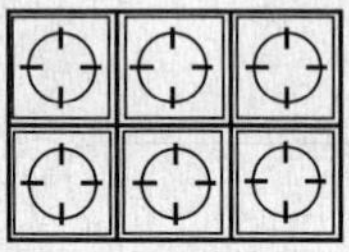	
2	水槽	单盆	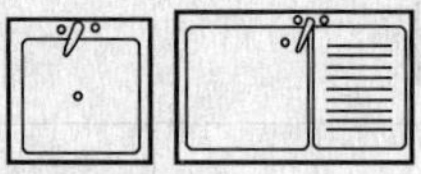	
		双盆	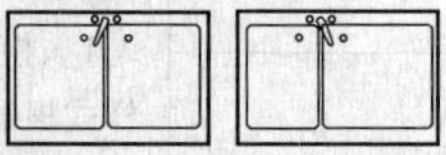	

4.0.7 常用洁具图例宜按表 4.0.7 所示图例画法绘制。

表 4.0.7 常用洁具图例

序号	名称		图例	备注
1	大便器	坐式	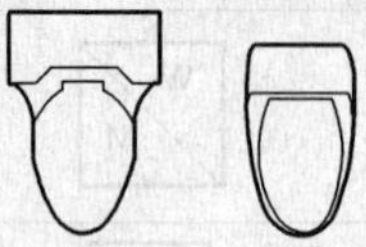	
		蹲式	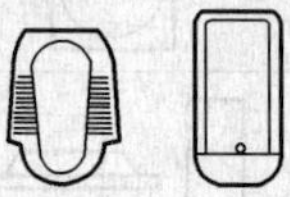	
2	小便器		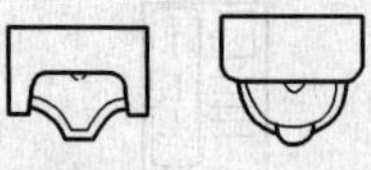	

续表 4.0.7

序号	名称		图例	备注
3	台盆	立式	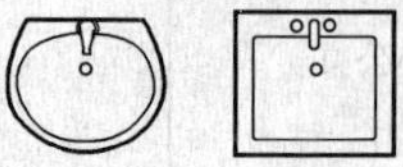	1 立面样式根据设计自定 2 其他洁具图例根据设计自定
		台式	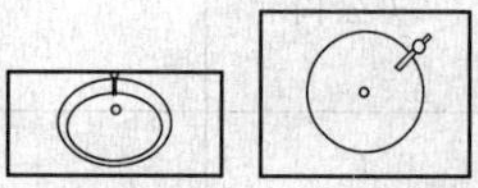	
		挂式	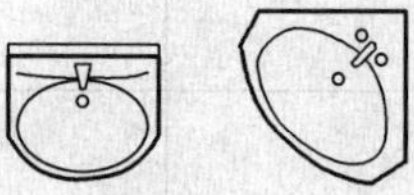	
4	污水池			
5	浴缸	长方形	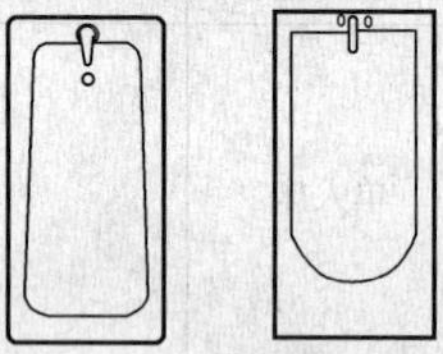	1 立面样式根据设计自定 2 其他洁具图例根据设计自定
		三角形	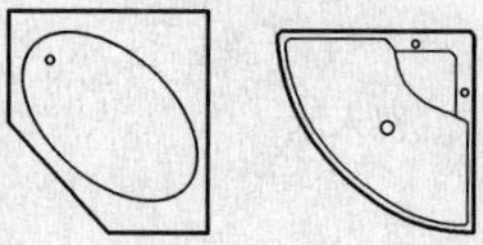	
		圆形	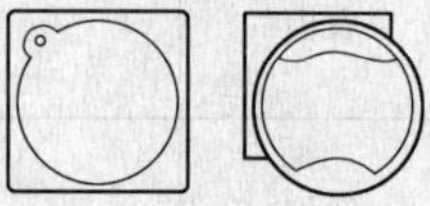	
6	淋浴房		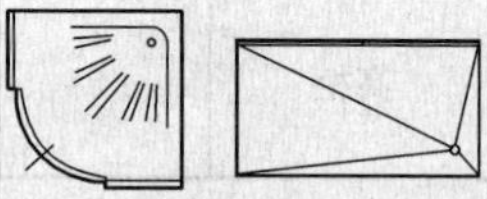	

4.0.8 室内常用景观配饰图例宜按表 4.0.8 所示图例画法绘制。

表 4.0.8 室内常用景观配饰图例

序号	名称	图例	备注
1	阔叶植物	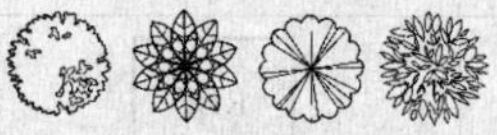	1 立面样式根据设计自定 2 其他景观配饰图例根据设计自定
2	针叶植物	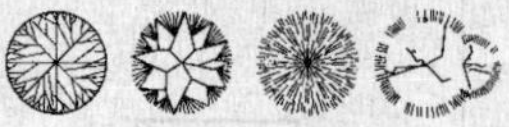	
3	落叶植物	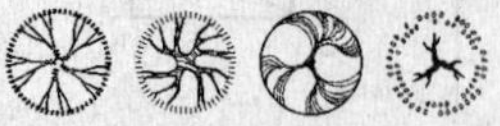	

续表 4.0.8

序号	名称		图例	备注
4	盆景类	树桩类		1 立面样式根据设计自定 2 其他景观配饰图例根据设计自定
		观花类		
		观叶类		
		山水类		
5	插花类			
6	吊挂类			
7	棕榈植物			
8	水生植物			
9	假山石		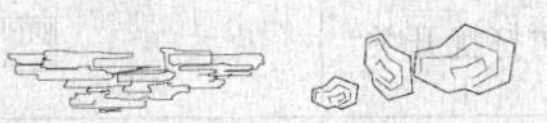	
10	草坪		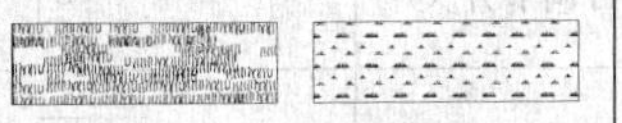	
11	铺地	卵石类	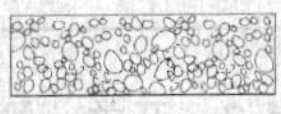	
		条石类	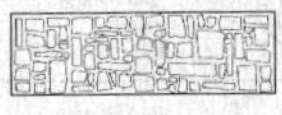	
		碎石类		

4.0.9 常用灯光照明图例应按表 4.0.9 所示图例画法绘制。

表 4.0.9 常用灯光照明图例

序号	名称	图例
1	艺术吊灯	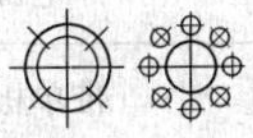
2	吸顶灯	
3	筒灯	

续表 4.0.9

序号	名称	图例
4	射灯	
5	轨道射灯	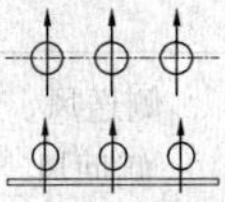
6	格栅射灯	（单头）
		（双头）
		（三头）
7	格栅荧光灯	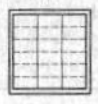（正方形）
		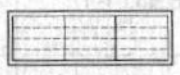（长方形）
8	暗藏灯带	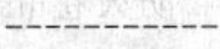
9	壁灯	
10	台灯	
11	落地灯	
12	水下灯	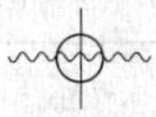
13	踏步灯	
14	荧光灯	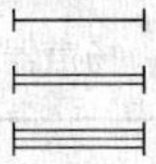
15	投光灯	
16	泛光灯	
17	聚光灯	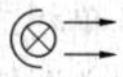

4.0.10 常用设备图例应按表 4.0.10 所示图例画法绘制。

表 4.0.10 常用设备图例

序号	名称	图例
1	送风口	（条形）
		（方形）

续表 4.0.10

序号	名　称	图　　例
2	回风口	（条形）
		（方形）
3	侧送风、侧回风	
4	排气扇	
5	风机盘管	（立式明装）
		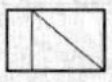（卧式明装）
6	安全出口	EXIT
7	防火卷帘	
8	消防自动喷淋头	
9	感温探测器	
10	感烟探测器	S
11	室内消火栓	（单口）
		（双口）
12	扬声器	

4.0.11 常用开关、插座图例应按表 4.0.11-1、表 4.0.11-2 所示图例画法绘制。

表 4.0.11-1　开关、插座立面图例

序号	名　称	图　　例
1	单相二极电源插座	
2	单相三极电源插座	
3	单相二、三极电源插座	
4	电话、信息插座	（单孔）
		（双孔）

续表 4.0.11-1

序号	名　称	图　　例
5	电视插座	（单孔）
		（双孔）
6	地插座	
7	连接盒、接线盒	
8	音响出线盒	
9	单联开关	
10	双联开关	
11	三联开关	
12	四联开关	
13	锁匙开关	
14	请勿打扰开关	
15	可调节开关	
16	紧急呼叫按钮	

表 4.0.11-2　开关、插座平面图例

序号	名　　称	图　　例
1	（电源）插座	
2	三个插座	
3	带保护极的（电源）插座	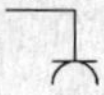
4	单相二、三极电源插座	
5	带单极开关的（电源）插座	
6	带保护极的单极开关的（电源）插座	
7	信息插座	

续表 4.0.11-2

序号	名　称	图　例
8	电接线箱	
9	公用电话插座	
10	直线电话插座	
11	传真机插座	
12	网络插座	
13	有线电视插座	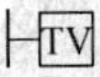
14	单联单控开关	
15	双联单控开关	
16	三联单控开关	
17	单极限时开关	
18	双极开关	
19	多位单极开关	
20	双控单极开关	
21	按　钮	
22	配电箱	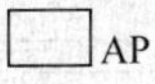

5　图样画法

5.1　投影法

5.1.1　房屋建筑室内装饰装修的视图，应采用位于建筑内部的视点按正投影法并用第一角画法绘制，且自A的投影镜像图应为顶棚平面图，自B的投影应为平面图，自C、D、E、F的投影应为立面图（图5.1.1）。

5.1.2　顶棚平面图应采用镜像投影法绘制，其图像中纵横轴线排列应与平面图完全一致（图5.1.2）。

5.1.3　装饰装修界面与投影面不平行时，可用展开

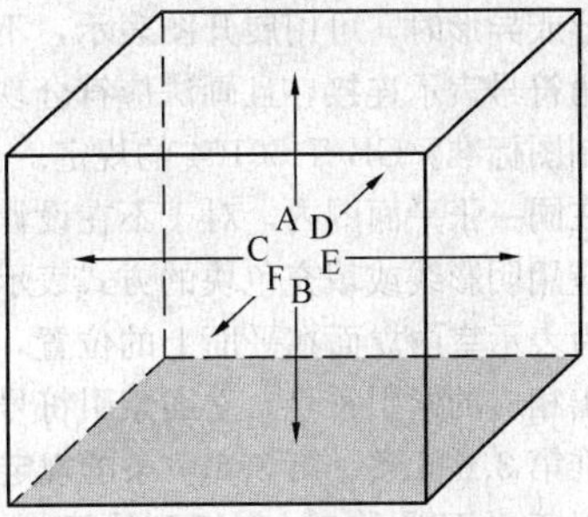

图 5.1.1　第一角画法

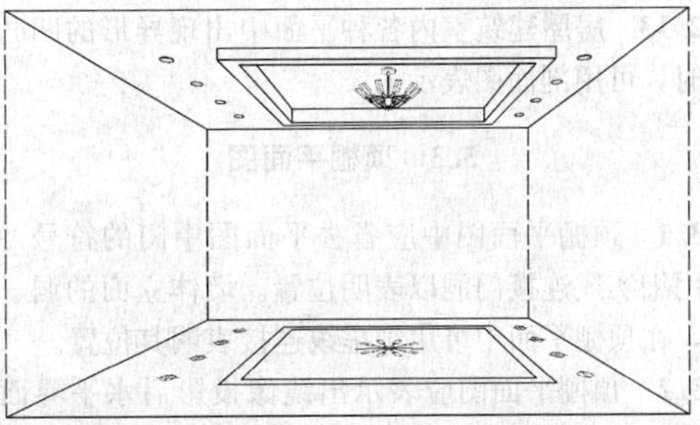
图 5.1.2　镜像投影法

图表示。

5.2　平　面　图

5.2.1　除顶棚平面图外，各种平面图应按正投影法绘制。

5.2.2　平面图宜取视平线以下适宜高度水平剖切俯视所得，并根据表现内容的需要，可增加剖视高度和剖切平面。

5.2.3　平面图应表达室内水平界面中正投影方向的物象，且需要时，还应表示剖切位置中正投影方向墙体的可视物象。

5.2.4　局部平面放大图的方向宜与楼层平面图的方向一致。

5.2.5　平面图中应注写房间的名称或编号，编号应注写在直径为6mm细实线绘制的圆圈内，其字体大小应大于图中索引用文字标注，并应在同张图纸上列出房间名称表。

5.2.6　对于平面图中的装饰装修物件，可注写名称或用相应的图例符号表示。

5.2.7　在同一张图纸上绘制多于一层的平面图时，应按现行国家标准《建筑制图标准》GB/T 50104的规定执行。

5.2.8　对于较大的房屋建筑室内装饰装修平面，可分区绘制平面图，且每张分区平面图均应以组合示意图表示所在位置。对于在组合示意图中要表示的分区，可采用阴影线或填充色块表示。各分区应分别用大写拉丁字母或功能区名称表示。各分区视图的分区部位及编号应一致，并应与组合示意图对应。

5.2.9　房屋建筑室内装饰装修平面起伏较大的呈弧

形、曲折形或异形时，可用展开图表示，不同的转角面应用转角符号表示连接，且画法应符合现行国家标准《建筑制图标准》GB/T 50104 的规定。

5.2.10 在同一张平面图内，对于不在设计范围内的局部区域应用阴影线或填充色块的方式表示。

5.2.11 为表示室内立面在平面上的位置，应在平面图上表示出相应的索引符号。立面索引符号的绘制应符合本标准第 3.6.6 条、第 3.6.7 条的规定。

5.2.12 对于平面图上未被剖切到的墙体立面的洞、龛等，在平面图中可用细虚线连接表明其位置。

5.2.13 房屋建筑室内各种平面中出现异形的凹凸形状时，可用剖面图表示。

5.3 顶棚平面图

5.3.1 顶棚平面图中应省去平面图中门的符号，并应用细实线连接门洞以表明位置。墙体立面的洞、龛等，在顶棚平面中可用细虚线连接表明其位置。

5.3.2 顶棚平面图应表示出镜像投影后水平界面上的物象，且需要时，还应表示剖切位置中投影方向的墙体的可视内容。

5.3.3 平面为圆形、弧形、曲折形、异形的顶棚平面，可用展开图表示，不同的转角面应用转角符号表示连接，画法应符合现行国家标准《建筑制图标准》GB/T 50104 的规定。

5.3.4 房屋建筑室内顶棚上出现异形的凹凸形状时，可用剖面图表示。

5.4 立 面 图

5.4.1 房屋建筑室内装饰装修立面图应按正投影法绘制。

5.4.2 立面图应表达室内垂直界面中投影方向的物体，需要时，还应表示剖切位置中投影方向的墙体、顶棚、地面的可视内容。

5.4.3 立面图的两端宜标注房屋建筑平面定位轴线编号。

5.4.4 平面为圆形、弧形、曲折形、异形的室内立面，可用展开图表示，不同的转角面应用转角符号表示连接，画法应符合现行国家标准《建筑制图标准》GB/T 50104 的规定。

5.4.5 对称式装饰装修面或物体等，在不影响物象表现的情况下，立面图可绘制一半，并应在对称轴线处画对称符号。

5.4.6 在房屋建筑室内装饰装修立面图上，相同的装饰装修构造样式可选择一个样式绘出完整图样，其余部分可只画图样轮廓线。

5.4.7 在房屋建筑室内装饰装修立面图上，表面分隔线应表示清楚，并应用文字说明各部位所用材料及色彩等。

5.4.8 圆形或弧线形的立面图应以细实线表示出该立面的弧度感（图 5.4.8）。

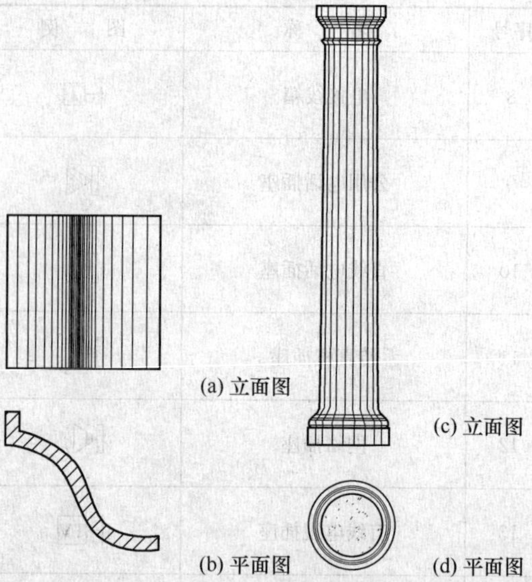

图 5.4.8 圆形或弧线形图样立面

5.4.9 立面图宜根据平面图中立面索引编号标注图名。有定位轴线的立面，也可根据两端定位轴线号编注立面图名称。

5.5 剖面图和断面图

5.5.1 房屋建筑室内装饰装修剖面图和断面图的绘制，应符合现行国家标准《房屋建筑制图统一标准》GB/T 50001 以及《建筑制图标准》GB/T 50104 的规定。

5.6 视 图 布 置

5.6.1 同一张图纸上绘制若干个视图时，各视图的位置应根据视图的逻辑关系和版面的美观决定（图 5.6.1）。

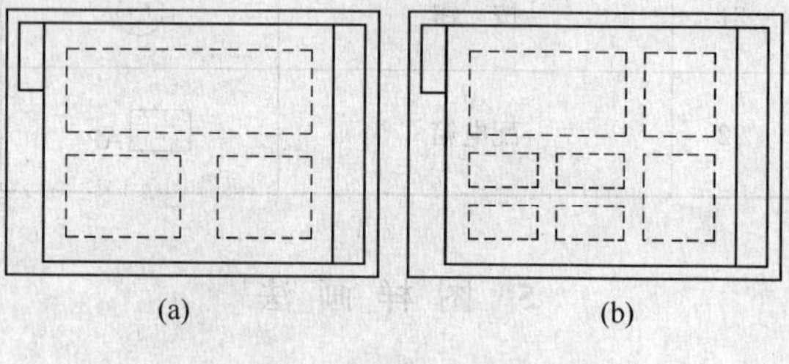

图 5.6.1 常规的布图方法

5.6.2 每个视图均应在视图下方、一侧或相近位置标注图名，标注方法应符合本标准第 3.7.2 条～第 3.7.4 条的规定。

5.7 其 他 规 定

5.7.1 房屋建筑室内装饰装修构造详图、节点图，应按正投影法绘制。

5.7.2 表示局部构造或装饰装修的透视图或轴测图，可按现行国家标准《房屋建筑制图统一标准》GB/T

50001 的规定绘制。

5.7.3 房屋建筑室内装饰装修制图中的简化画法，应符合现行国家标准《房屋建筑制图统一标准》GB/T 50001 的规定。

附录A 图纸深度

A.1 一般规定

A.1.1 房屋建筑室内装饰装修的制图深度应根据房屋建筑室内装饰装修设计的阶段性要求确定。

A.1.2 房屋建筑室内装饰装修中图纸的阶段性文件应包括方案设计图、扩初设计图、施工设计图、变更设计图、竣工图。

A.1.3 房屋建筑室内装饰装修图纸的绘制应符合本标准第1章～第4章的规定，图纸深度应满足各阶段的深度要求。

A.2 方案设计图

A.2.1 方案设计应包括设计说明、平面图、顶棚平面图、主要立面图、必要的分析图、效果图等。

A.2.2 方案设计的平面图绘制除应符合本标准第5.2节的规定外，尚应符合下列规定：

1 宜标明房屋建筑室内装饰装修设计的区域位置及范围；

2 宜标明房屋建筑室内装饰装修设计中对原房屋建筑改造的内容；

3 宜标注轴线编号，并应使轴线编号与原房屋建筑图相符；

4 宜标注总尺寸及主要空间的定位尺寸；

5 宜标明房屋建筑室内装饰装修设计后的所有室内外墙体、门窗、管道井、电梯和自动扶梯、楼梯、平台和阳台等位置；

6 宜标明主要使用房间的名称和主要部位的尺寸，并应标明楼梯的上下方向；

7 宜标明主要部位固定和可移动的装饰造型、隔断、构件、家具、陈设、厨卫设施、灯具以及其他配置、配饰的名称和位置；

8 宜标明主要装饰装修材料和部品部件的名称；

9 宜标注房屋建筑室内地面的装饰装修设计标高；

10 宜标注指北针、图纸名称、制图比例以及必要的索引符号、编号；

11 根据需要，宜绘制主要房间的放大平面图；

12 根据需要，宜绘制反映方案特性的分析图，并宜包括：功能分区、空间组合、交通分析、消防分析、分期建设等图示。

A.2.3 顶棚平面图的绘制除应符合本标准第5.3节的规定外，尚应符合下列规定：

1 应标注轴线编号，并应使轴线编号与原房屋建筑图相符；

2 应标注总尺寸及主要空间的定位尺寸；

3 应标明房屋建筑室内装饰装修设计调整过后的所有室内外墙体、管道井、天窗等的位置；

4 应标明装饰造型、灯具、防火卷帘以及主要设施、设备、主要饰品的位置；

5 应标明顶棚的主要装饰装修材料及饰品的名称；

6 应标注顶棚主要装饰装修造型位置的设计标高；

7 应标注图纸名称、制图比例以及必要的索引符号、编号。

A.2.4 方案设计的立面图绘制除应符合本标准第5.4节的规定外，尚应符合下列规定：

1 应标注立面范围内的轴线和轴线编号，以及立面两端轴线之间的尺寸；

2 应绘制有代表性的立面、标明房屋建筑室内装饰装修完成面的底界面线和装饰装修完成面的顶界面线、标注房屋建筑室内主要部位装饰装修完成面的净高，并应根据需要标注楼层的层高；

3 应绘制墙面和柱面的装饰装修造型、固定隔断、固定家具、门窗、栏杆、台阶等立面形状和位置，并应标注主要部位的定位尺寸；

4 应标注主要装饰装修材料和部品部件的名称；

5 标注图纸名称、制图比例以及必要的索引符号、编号。

A.2.5 方案设计的剖面图绘制除应符合本标准第5.5节的规定外，尚应符合下列规定：

1 方案设计可不绘制剖面图，对于在空间关系比较复杂、高度和层数不同的部位，应绘制剖面；

2 应标明房屋建筑室内空间中高度方向的尺寸和主要部位的设计标高及总高度；

3 当遇有高度控制时，尚应标明最高点的标高；

4 标注图纸名称、制图比例以及必要的索引符号、编号。

A.2.6 方案设计的效果图应反映方案设计的房屋建筑室内主要空间的装饰装修形态，并应符合下列规定：

1 应做到材料、色彩、质地真实，尺寸、比例准确；

2 应体现设计的意图及风格特征；

3 图面应美观，并应具有艺术性。

A.3 扩初设计图

A.3.1 规模较大的房屋建筑室内装饰装修工程，根据需要，可绘制扩大初步设计图。

A.3.2 扩大初步设计图的深度应符合下列规定：

1 应对设计方案进一步深化；

2　应能作为深化施工图的依据；

3　应能作为工程概算的依据；

4　应能作为主要材料和设备的订货依据。

A.3.3　扩大初步设计应包括设计说明、平面图、顶棚平面图、主要立面图、主要剖面图等。

A.3.4　平面图绘制除应符合本标准第5.2节的规定外，尚应标明或标注下列内容：

1　房屋建筑室内装饰装修设计的区域位置及范围；

2　房屋建筑室内装饰装修中对原房屋建筑改造的内容及定位尺寸；

3　房屋建筑图中柱网、承重墙以及需要装饰装修设计的非承重墙、房屋建筑设施、设备的位置和尺寸；

4　轴线编号，并应使轴线编号与原房屋建筑图相符；

5　轴线间尺寸及总尺寸；

6　房屋建筑室内装饰装修设计后的所有室内外墙体、门窗、管道井、电梯和自动扶梯、楼梯、平台、阳台、台阶、坡道等位置和使用的主要材料；

7　房间的名称和主要部位的尺寸，楼梯的上下方向；

8　固定的和可移动的装饰装修造型、隔断、构件、家具、陈设、厨卫设施、灯具以及其他配置、配饰的名称和位置；

9　定制部品部件的内容及所在位置；

10　门窗、橱柜或其他构件的开启方向和方式；

11　主要装饰装修材料和部品部件的名称；

12　房屋建筑平面或空间的防火分区和防火分区分隔位置，及安全出口位置示意，并应单独成图，当只有一个防火分区，可不注防火分区面积；

13　房屋建筑室内地面设计标高；

14　索引符号、编号、指北针、图纸名称和制图比例。

A.3.5　顶棚平面图的绘制除应符合本标准第5.3节的规定外，尚应标明或标注下列内容：

1　房屋建筑图中柱网、承重墙以及房屋建筑室内装饰装修设计需要的非承重墙；

2　轴线编号，并使轴线编号与原房屋建筑图相符；

3　轴线间尺寸及总尺寸；

4　房屋建筑室内装饰装修设计调整过后的所有室内外墙体、管井、天窗等的位置，必要部位的名称和主要尺寸；

5　装饰造型、灯具、防火卷帘以及主要设施、设备、主要饰品的位置；

6　顶棚的主要饰品的名称；

7　顶棚主要部位的设计标高；

8　索引符号、编号、指北针、图纸名称和制图比例。

A.3.6　立面图绘制除应符合本标准第5.4节的规定外，尚应绘制、标注或标明符合下列内容：

1　绘制需要设计的主要立面；

2　标注立面两端的轴线、轴线编号和尺寸；

3　标注房屋建筑室内装饰装修完成面的地面至顶棚的净高；

4　绘制房屋建筑室内墙面和柱面的装饰装修造型、固定隔断、固定家具、门窗、栏杆、台阶、坡道等立面形状和位置，标注主要部位的定位尺寸；

5　标明立面主要装饰装修材料和部品部件的名称；

6　标注索引符号、编号、图纸名称和制图比例。

A.3.7　剖面应剖在空间关系复杂、高度和层数不同的部位和重点设计的部位。剖面图应准确、清晰表示出剖到或看到的各相关部位内容，其绘制除应符合本标准第5.5节的规定外，尚应标明或标注下列内容：

1　标明剖面所在的位置；

2　标注设计部位结构、构造的主要尺寸、标高、用材、做法；

3　标注索引符号、编号、图纸名称和制图比例。

A.4　施工设计图

A.4.1　施工设计图纸应包括平面图、顶棚平面图、立面图、剖面图、详图和节点图。

A.4.2　施工图的平面图应包括设计楼层的总平面图、房屋建筑现状平面图、各空间平面布置图、平面定位图、地面铺装图、索引图等。

A.4.3　施工图中的总平面图除了应符合本标准第A.3.4条的规定外，尚应符合下列规定：

1　应全面反映房屋建筑室内装饰装修设计部位平面与毗邻环境的关系，包括交通流线、功能布局等；

2　应详细注明设计后对房屋建筑的改造内容；

3　应标明需做特殊要求的部位；

4　在图纸空间允许的情况下，可在平面图旁绘制需要注释的大样图。

A.4.4　施工图中的平面布置图可分为陈设、家具平面布置图、部品部件平面布置图、设备设施布置图、绿化布置图、局部放大平面布置图等。平面布置图除应符合本标准第A.3.4条的规定外，尚应符合下列规定：

1　陈设、家具平面布置图应标注陈设品的名称、位置、大小、必要的尺寸以及布置中需要说明的问题；应标注固定家具和可移动家具及隔断的位置、布置方向，以及柜门或橱门开启方向，并应标注家具的定位尺寸和其他必要的尺寸。必要时，还应确定家具上电器摆放的位置。

2　部品部件平面布置图应标注部品部件的名称、

位置、尺寸、安装方法和需要说明的问题。

3 设备设施布置图应标明设备设施的位置、名称和需要说明的问题。

4 规模较小的房屋建筑室内装饰装修中陈设、家具平面布置图、设备设施布置图以及绿化布置图，可合并。

5 规模较大的房屋建筑室内装饰装修中应有绿化布置图，应标注绿化品种、定位尺寸和其他必要尺寸。

6 房屋建筑单层面积较大时，可根据需要绘制局部放大平面布置图，但应在各分区平面布置图适当位置上绘出分区组合示意图，并应明显表示本分区部位编号。

7 应标注所需的构造节点详图的索引号。

8 当照明、绿化、陈设、家具、部品部件或设备设施另行委托设计时，可根据需要绘制照明、绿化、陈设、家具、部品部件及设备设施的示意性和控制性布置图。

9 对于对称平面，对称部分的内部尺寸可省略，对称轴部位应用对称符号表示，轴线号不得省略；楼层标准层可共用同一平面，但应注明层次范围及各层的标高。

A.4.5 施工图中的平面定位图应表达与原房屋建筑图的关系，并应体现平面图的定位尺寸。平面定位图除应符合本标准第 A.3.4 条的规定外，尚应标注下列内容：

1 房屋建筑室内装饰装修设计对原房屋建筑或原房屋建筑室内装饰装修的改造状况；

2 房屋建筑室内装饰装修设计中新设计的墙体和管井等的定位尺寸、墙体厚度与材料种类，并注明做法；

3 房屋建筑室内装饰装修设计中新设计的门窗洞定位尺寸、洞口宽度与高度尺寸、材料种类、门窗编号等；

4 房屋建筑室内装饰装修设计中新设计的楼梯、自动扶梯、平台、台阶、坡道等的定位尺寸、设计标高及其他必要尺寸，并注明材料及其做法；

5 固定隔断、固定家具、装饰造型、台面、栏杆等的定位尺寸和其他必要尺寸，并注明材料及其做法。

A.4.6 施工图中的地面铺装图除应符合本标准第 A.3.4、A.4.4 条的规定外，尚应标注下列内容：

1 地面装饰材料的种类、拼接图案、不同材料的分界线；

2 地面装饰的定位尺寸、规格和异形材料的尺寸、施工做法；

3 地面装饰嵌条、台阶和梯段防滑条的定位尺寸、材料种类及做法。

A.4.7 房屋建筑室内装饰装修设计应绘制索引图。索引图应注明立面、剖面、详图和节点图的索引符号及编号，并可增加文字说明帮助索引。在图面比较拥挤的情况下，可适当缩小图面比例。

A.4.8 施工图中的顶棚平面图应包括装饰装修楼层的顶棚总平面图、顶棚装饰灯具布置图、顶棚综合布点图、各空间顶棚平面图等。

A.4.9 施工图中顶棚总平面图的绘制除应符合本标准第 A.3.5 条的规定外，尚应符合下列规定：

1 应全面反映顶棚平面的总体情况，包括顶棚造型、顶棚装饰、灯具布置、消防设施及其他设备布置等内容；

2 应标明需做特殊工艺或造型的部位；

3 应标注顶棚装饰材料的种类、拼接图案、不同材料的分界线；

4 在图纸空间允许的情况下，可在平面图旁边绘制需要注释的大样图。

A.4.10 施工图中顶棚平面图的绘制除应符合本标准第 A.3.5 条的规定外，尚应符合下列规定：

1 应标明顶棚造型、天窗、构件、装饰垂挂物及其他装饰配置和饰品的位置，注明定位尺寸、标高或高度、材料名称和做法；

2 房屋建筑单层面积较大时，可根据需要单独绘制局部的放大顶棚图，但应在各放大顶棚图的适当位置上绘出分区组合示意图，并应明显地表示本分区部位编号；

3 应标注所需的构造节点详图的索引号；

4 表述内容单一的顶棚平面，可缩小比例绘制；

5 对于对称平面，对称部分的内部尺寸可省略，对称轴部位应用对称符号表示，但轴线号不得省略；楼层标准层可共用同一顶棚平面，但应注明层次范围及各层的标高。

A.4.11 施工图中的顶棚综合布点图除应符合本标准第 A.3.5 条的规定外，还应标明顶棚装饰装修造型与设备设施的位置、尺寸关系。

A.4.12 施工图中顶棚装饰灯具布置图的绘制除应符合本标准第 A.3.5 条的规定外，还应标注所有明装和暗藏的灯具（包括火灾和事故照明灯具）、发光顶棚、空调风口、喷头、探测器、扬声器、挡烟垂壁、防火卷帘、防火挑檐、疏散和指示标志牌等的位置，标明定位尺寸、材料名称、编号及做法；

A.4.13 施工图中立面图的绘制除应符合本标准第 A.3.6 条的规定外，尚应符合下列规定：

1 应绘制立面左右两端的墙体构造或界面轮廓线、原楼地面至装修楼地面的构造层、顶棚面层、装饰装修的构造层；

2 应标注设计范围内立面造型的定位尺寸及细部尺寸；

3 应标注立面投视方向上装饰物的形状、尺寸及关键控制标高；

4 应标明立面上装饰装修材料的种类、名称、施工工艺、拼接图案、不同材料的分界线；

5 应标注所需的构造节点详图的索引号；

6 对需要特殊和详细表达的部位，可单独绘制其局部放大立面图，并应标明其索引位置；

7 无特殊装饰装修要求的立面，可不画立面图，但应在施工说明中或相邻立面的图纸上予以说明；

8 各个方向的立面应绘齐全，对于差异小、左右对称的立面可简略，但应在与其对称的立面的图纸上予以说明；中庭或看不到的局部立面，可在相关剖面图上表示，当剖面图未能表示完全时，应单独绘制；

9 对于影响房屋建筑室内装饰装修效果的装饰物、家具、陈设品、灯具、电源插座、通信和电视信号插孔、空调控制器、开关、按钮、消火栓等物体，宜在立面图中绘制出其位置。

A.4.14 施工图中的剖面图应标明平面图、顶棚平面图和立面图中需要清楚表达的部位。剖面图除应符合本标准第 A.3.7 条的规定外，尚应符合下列规定：

1 应标注平面图、顶棚平面图和立面图中需要清楚表达部分的详细尺寸、标高、材料名称、连接方式和做法；

2 剖切的部位应根据表达的需要确定；

3 应标注所需的构造节点详图的索引号。

A.4.15 施工图应将平面图、顶棚平面图、立面图和剖面图中需要更清晰表达的部位索引出来，并应绘制详图或节点图。

A.4.16 施工图中的详图的绘制应符合下列规定：

1 应标明物体的细部、构件或配件的形状、大小、材料名称及具体技术要求，注明尺寸和做法；

2 对于在平、立、剖面图或文字说明中对物体的细部形态无法交代或交代不清的，可绘制详图；

3 应标注详图名称和制图比例。

A.4.17 施工图中节点图的绘制应符合下列规定：

1 应标明节点处构造层材料的支撑、连接的关系，标注材料的名称及技术要求，注明尺寸和构造做法；

2 对于在平、立、剖面图或文字说明中对物体的构造做法无法交代或交代不清的，可绘制节点图；

3 应标注节点图名称和制图比例。

A.5 变更设计图

A.5.1 变更设计应包括变更原因、变更位置、变更内容等。变更设计可采取图纸的形式，也可采取文字说明的形式。

A.6 竣 工 图

A.6.1 竣工图的制图深度应与施工图的制度深度一致，其内容应能完整记录施工情况，并应满足工程决算、工程维护以及存档的要求。

本标准用词说明

1 为便于执行本标准条文时区别对待，对要求严格程度不同的用词说明如下：

1）表示很严格，非这样做不可的：

正面词采用“必须”，反面词采用“严禁”；

2）表示严格，在正常情况下均应这样做的：

正面词采用“应”，反面词采用“不应”或“不得”；

3）表示允许稍有选择，在条件许可时首先应这样做的：

正面词采用“宜”，反面词采用“不宜”；

4）表示有选择，在一定条件下可以这样做的用词，采用“可”。

2 条文中指明按其他有关标准执行的写法为：“应符合……的规定”或“应按……执行”。

引用标准名录

1 《房屋建筑制图统一标准》GB/T 50001

2 《建筑制图标准》GB/T 50104

中华人民共和国行业标准

房屋建筑室内装饰装修制图标准

JGJ/T 244—2011

条 文 说 明

制 定 说 明

《房屋建筑室内装饰装修制图标准》JGJ/T 244-2011，经住房和城乡建设部2011年7月4日以第1053号公告批准、发布。

本标准制定过程中，编制组进行了广泛的调查研究，总结了我国工程建设的实践经验，同时参考了国外先进技术法规、技术标准。

为便于广大设计、施工、科研、学校等单位有关人员在使用本标准时能正确理解和执行条文规定，《房屋建筑室内装修制图标准》编制组按章、节、条顺序编制了本标准的条文说明，对条文规定的目的、依据以及执行中需注意的有关事项进行了说明。但是，本条文说明不具备与标准正文同等的法律效力，仅供使用者作为理解和把握标准规定的参考。

目　次

1 总 则

1.0.1 明确了本标准的制定目的。

1.0.2 规定了本标准适用房屋建筑室内装饰装修工程中的三大类工程制图，即：①设计图、竣工图；②实测图；③通用设计图、标准设计图。

本标准与现行国家标准《房屋建筑制图统一标准》GB/T 50001 同属一个体系，《房屋建筑制图统一标准》GB/T 50001 规定的内容原则上本标准不再重复。

1.0.3 明确了适用于计算机制图与手工制图两种方式。

2 术 语

2.0.13 术语“总平面图”是根据房屋建筑室内装饰装修的特点解释。

3 基本规定

3.1 图纸幅面规格与图纸编排顺序

3.1.1 本条对图纸幅面作出规定：

1 虽然许多房屋建筑室内装饰装修设计单位在图纸幅面形式上各有特点，但《房屋建筑制图统一标准》GB/T 50001 中对图纸幅面的规定都能适合房屋建筑室内装饰装修图纸图幅的规格，因此本条对房屋建筑室内装饰装修图纸幅面规格不另作规定；

2 由于有些房屋建筑室内装饰装修图纸需要在图框中设会签栏，有些不需要设会签栏，所以本条对会签栏的设置不作明确规定；

3 由于有的设计单位采用图框线，有的不采用图框线，且有无图框线不影响读图，故本条对图框线不作规定。

3.1.2 房屋建筑室内装饰装修通常需要给水排水、暖通空调、电气、消防等专业配合。

3.1.4 本条对房屋建筑室内装饰装修的图纸内容和编排顺序作出规定：

1 规模较大的房屋建筑室内装饰装修图纸内容不应少于本标准 3.1.4 条列出的项目，而规模较小的房屋建筑室内装饰装修如住房室内装饰装修通常无需绘制完整的配套图纸。

2 墙体定位图应反映设计部分的原始墙体与改造后的墙体关系，包括对现场的测绘和测绘后对原房屋建筑图墙体尺寸的修正。

3.2 图 线

3.2.2 根据房屋建筑室内装饰装修制图的特点，在《房屋建筑制图统一标准》GB/T 50001 基础上增加了点线、样条曲线和云线三种线型。

3.3 字 体

3.3.1 说明如下：

1 对于手工制图的图纸，字体的选择及注写方法应符合现行国家标准《房屋建筑制图统一标准》GB/T 50001 中字体的规定。

2 计算机绘图中可采用自行确定的常用字体，本标准对字体的选择不作强制性规定。

3.4 比 例

3.4.3 由于房屋建筑室内装饰装修设计中的细部内容多，故常使用较大的比例。但在较大规模的房屋建筑室内装饰装修设计中，根据需要应采用较小的比例。

3.5 剖切符号

3.5.1 剖视的剖切符号应符合下列规定：

1 剖视的剖切符号应由剖切位置线、投射方向线和索引符号组成。剖切位置线位于图样被剖切的部位，以粗实线绘制，长度宜为 8mm～10mm；投射方向线平行于剖切位置线，由细实线绘制，一段应与索引符号相连，另一段长度与剖切位置线平行且长度相等。绘制时，剖视剖切符号不应与其他图线相接触（图 1）。也可采用国际统一和常用的剖视方法，如图 2。

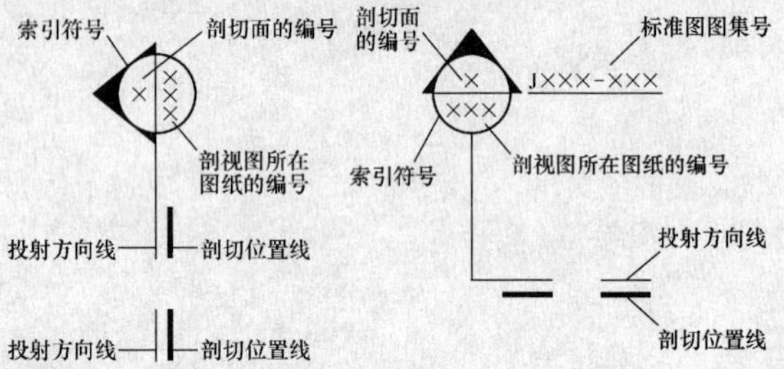

图 1 剖视的剖切符号(一)

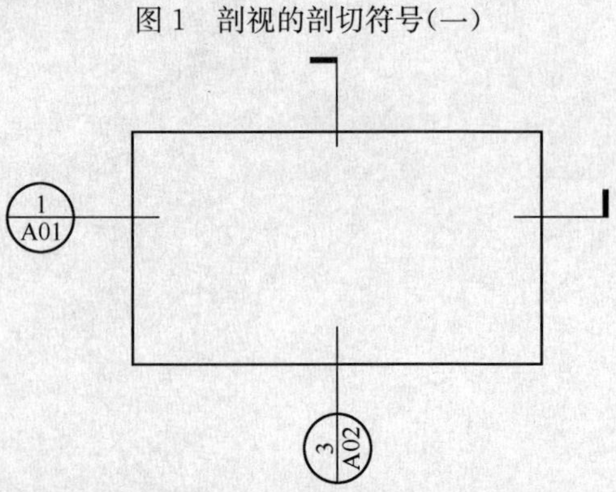

图 2 剖视的剖切符号(二)

2 剖视的剖切符号的编号宜采用阿拉伯数字或字母，编写顺序按剖切部位在图样中的位置由左至右、由下至上编排，并注写在索引符号内。

3 索引符号内编号的表示方法应符合本标准第

3.6.7条的规定。

3.5.2 采用由剖切位置线、引出线及索引符号组成的断面的剖切符号(图3)应符合下列规定：

1 断面的剖切符号应由剖切位置线、引出线及索引符号组成。剖切位置线应以粗实线绘制，长度宜为8mm～10mm。引出线由细实线绘制，连接索引符号和剖切位置线。

2 断面的剖切符号的编号宜采用阿拉伯数字或字母，编写顺序按剖切部位在图样中的位置由左至右、由下至上编排，并应注写在索引符号内。

3 索引符号内编号的表示方法应符合本标准第3.6.7条的规定。

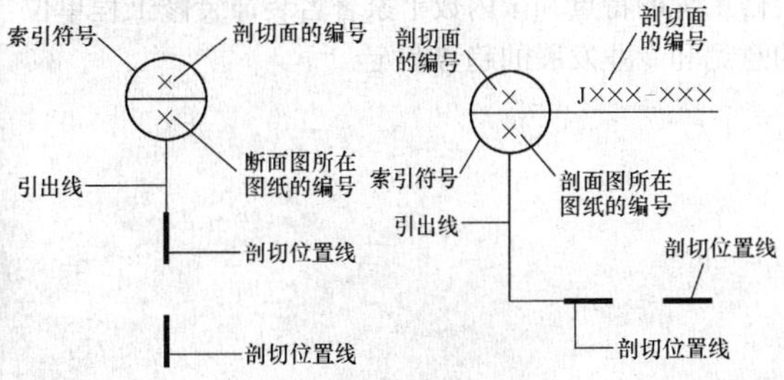

图3 断面的剖切符号

本标准中的剖切符号沿用了现行国家标准《房屋建筑制图统一标准》GB/T 50001的剖切符号，并根据目前国内各设计单位通常采用的形式进行梳理、制定。

根据房屋建筑室内装饰装修图纸大小差异较大的情况，本标准中的剖切符号的剖切位置线的长度规定为8mm～10mm，制图时可酌情选择。

3.6 索 引 符 号

3.6.5 由于目前各设计单位内部通用的设备索引符号中设备品种的代号不一，故本标准未对此进行详细规定。

3.6.6 在使用索引符号时，有的圆内注字较多，故本条规定索引符号中圆的直径为8mm～10mm；由于在立面索引符号中需表示出具体的方向，故索引符号需附有三角形箭头表示；当立面、剖面图的图纸量较少时，对应的索引符号可仅注图样编号，不注索引图所在页次；立面索引符号采用三角形箭头转动，数字、字母保持垂直方向不变的形式，是遵循了《建筑制图标准》GB/T 50104中内视索引符号的规定；剖切索引符号采用三角形箭头与数字、字母同方向转动的形式，是遵循了《房屋建筑制图统一标准》GB/T 50001中剖视的剖切符号规定。

3.6.7 房屋建筑室内装饰装修制图中，图样编号较复杂，允许出现数字和字母组合在一起编写的形式。

3.7 图 名 编 号

由于房屋建筑室内装饰装修图纸内容多且复杂，图号的规范编写有利于图纸的绘制、查阅和管理，故编制本节内容。

3.8 引 出 线

3.8.1 引出线的绘制及文字注写的要求应符合现行国家标准《房屋建筑制图统一标准》GB/T 50001关于引出线的规定。

3.8.2 根据应用情况，引出线的起止符号可采用圆点或箭头的任意一种。

3.9 其 他 符 号

3.9.1 本条中规定的两种对称符号是在广泛调查国内房屋建筑室内装饰装修制图情况的基础上汇总提炼而成的，符号的样式具有普遍性，尺寸的确定以制图中最佳的图面效果为依据。

3.10 尺 寸 标 注

3.10.1 尺寸的基本标注方法应符合现行国家标准《房屋建筑制图统一标准》GB/T 50001关于尺寸标注的规定。

3.10.7 由于目前的房屋建筑室内装饰装修制图对一般空间所采用的标高符号多为本标准中的四种，且对应用部位不加区分，故本条对这四种符号的使用亦不作规定。但同一套图纸中应采用同一种符号；对于±0.000标高的设定，由于房屋建筑室内装饰装修设计涉及的空间类型复杂，故本条对±0.000的设定位置为各空间本层室内地坪装饰装修完成面。特殊空间应在相关的设计文件中说明本设计中±0.000的设定位置。

4 常用房屋建筑室内装饰装修材料和设备图例

4.0.1 房屋建筑室内装饰装修材料和设备的图例画法应符合现行国家标准《房屋建筑制图统一标准》GB/T 50001关于图例的规定。

4.0.2～4.0.11 如在本标准收录的常用装饰装修材料、家具、电器、厨具、洁具、景观配饰、灯具、设备及电气图例中找不到房屋建筑室内装饰装修制图中需要的图例，可在相关专业的制图标准中选用合适的图例，或自行编制、补充图例。

5 图 样 画 法

5.1 投 影 法

5.1.1 因房屋建筑室内装饰装修制图表现建筑内部空间界面的装饰装修内容，故所采用的视点位于建筑内部。

5.4 立 面 图

5.4.2 本条文中所说的“需要时”是特指施工图阶段

的立面图绘制。

5.4.3 立面图上标注房屋建筑平面中的轴线编号是便于对照平面内容，但较小区域或平面转折较多的立面不宜采用此方法。

附录A 图纸深度

根据房屋建筑室内装饰装修在不同的设计阶段，对制图深度的要求不同，本章对每个阶段制图的要求作进一步规定。

A.1 一般规定

房屋建筑室内装饰装修的图纸深度与设计文件深度有所区别，不包括对设计说明、施工说明和材料样品表示内容的规定。

A.2 方案设计图

A.2.1 本条规定了在方案设计中应有设计说明的内容，但对设计说明的具体内容不作规定。

A.2.6 方案设计效果图的表现部位应根据业主委托和设计要求确定。

A.3 扩初设计图

A.3.3 本条规定了在扩初设计中应有设计说明的内容，但对设计说明的具体内容不作规定。

A.3.4～A.3.7 本部分内容根据房屋建筑室内装饰装修工程的特点和国内数十家著名装饰装修工程单位的意见和专业发展的趋势制定。

中华人民共和国行业标准

房屋白蚁预防技术规程

Technical specification for termite prevention in buildings

JGJ/T 245—2011

批准部门：中华人民共和国住房和城乡建设部

施行日期：2 0 1 2 年 6 月 1 日

中华人民共和国住房和城乡建设部
公　告

第 1116 号

关于发布行业标准《房屋白蚁预防技术规程》的公告

现批准《房屋白蚁预防技术规程》为行业标准，编号为 JGJ/T 245－2011，自 2012 年 6 月 1 日起实施。

本规程由我部标准定额研究所组织中国建筑工业出版社出版发行。

中华人民共和国住房和城乡建设部

2011 年 8 月 4 日

前　言

根据住房和城乡建设部《关于印发〈2009 年工程建设标准规范制订、修订计划〉的通知》（建标［2009］88 号）的要求，规程编制组经广泛调查研究，认真总结实践经验，参考有关国际标准和国外先进标准，并在广泛征求意见的基础上，制定本规程。

本规程的主要技术内容是：1. 总则；2. 术语；3. 基本规定；4. 监测-控制；5. 药物屏障；6. 砂粒屏障；7. 复查。

本规程由住房和城乡建设部负责管理，由全国白蚁防治中心负责具体技术内容的解释。执行过程中如有意见和建议，请寄送全国白蚁防治中心（地址：浙江省杭州市莫干山路 695 号，邮编：310011）。

本规程主编单位：全国白蚁防治中心

本规程参编单位：北京故宫博物院
环境保护部环境保护对外合作中心
上海市房地产科学研究院
上海市物业管理事务中心
上海万宁有害生物控制技术有限公司
重庆华运虫害防制技术研究所有限责任公司
青岛市白蚁防治研究所
安徽省白蚁防治协会
浙江省白蚁防治协会
浙江大学城市昆虫学研究中心
杭州市白蚁防治研究所
南昌市白蚁防治研究所
武汉市白蚁防治研究所
长沙市白蚁防治站
湘潭市白蚁防治所
广东省昆虫研究所
广州市白蚁防治所
广东科建白蚁虫害防制有限公司
南宁市房产管理局白蚁防治所
广西桂林市白蚁防治所
成都市白蚁防治研究所

本规程主要起草人员：石　勇　刘文军　阮冠华　宋晓钢　姚力群　刘自力
（以下按姓氏笔画排列）
丁　琼　王许生　王秀娟　王金前　韦　戈　朱琴芬　刘恩迪　许如银　李　岩　李万红　李小荣　杨　帆　肖维良　吴旭荣　谷　岸　张　冰　张忠泉　张锡良　陈丹琦　林文凯　冼明斌　赵京阳　莫建初　倪　斌　高晋蜀　郭建强　黄静玲　谭速进

本规程主要审查人员：雷朝亮　付　军　朱国念　钟俊鸿　徐志宏　赵宇宏　尹　红　程冬保　毛伟光　王艾青

目　次

Contents

1 总 则

1.0.1 为加强房屋白蚁预防工程的技术管理，保证房屋白蚁预防工程的质量，制定本规程。

1.0.2 本规程适用于我国土木两栖性和土栖性白蚁危害地区新建、扩建、改建房屋及其附属设施的白蚁预防工程的设计与施工。

1.0.3 在进行房屋白蚁预防过程中，应运用综合治理的理念，并应采用环保型白蚁防治技术，减少化学药物使用。

1.0.4 房屋白蚁预防工程范围，应以当地规划部门批准的《建设工程报建审核书》所限定的建设项目及核准的图纸资料为依据。

1.0.5 房屋及其附属设施的白蚁预防，除应符合本规程外，尚应符合国家现行有关标准的规定。

2 术 语

2.0.1 白蚁综合治理 integrated termite management

在白蚁防治工作中，根据白蚁的生物生态学特性，充分发挥自然因素的控制作用，因地制宜地协调应用多种措施，最大限度地减少化学药物的使用，有效控制白蚁危害，以获得最佳经济、社会、生态效益。

2.0.2 房屋白蚁预防 termite prevention of buildings

对新建、扩建、改建房屋采取监测-控制、药物屏障、砂粒屏障等技术措施，防止白蚁对房屋造成危害的行为。

2.0.3 监测系统 monitor system

设置在房屋及周边环境中，对白蚁的活动进行监测的一套系统，主要包括监测装置、检测装置等组件。

2.0.4 监测装置 monitor device

装有饵料，用于监测白蚁活动的装置。

2.0.5 饵料 lignocellulose material

安装在监测装置中，供白蚁取食、不含白蚁防治药物的材料。也称作饵木、饵片、饵基等。

2.0.6 饵剂 bait

在饵料中添加了杀白蚁药物，对白蚁具有“引诱—喂食—杀灭”三位一体效果的一类白蚁防治药剂。

2.0.7 检测装置 detector

在电子监测系统中，用于检测监测装置中是否有白蚁活动的特定仪器，主要包括检测器、电脑处理系统、连接线等组件。

2.0.8 药物处理 chemical treatment

通过对保护对象使用白蚁防治药物进行处理，从而有效地阻止（毒杀或驱避）白蚁危害的一种预防技术。

2.0.9 药物屏障 chemical barrier

通过对保护对象使用白蚁防治药物进行处理，从而在保护区域内形成的防止白蚁侵入的屏障。

2.0.10 药物土壤屏障 chemical soil barrier

通过药物处理房屋基础土壤后，在房屋基础地面下及周边形成含有白蚁防治药物的毒土屏障，防止白蚁侵入房屋，主要包括水平屏障和垂直屏障。

2.0.11 水平屏障 horizontal barrier

为防止白蚁从垂直方向侵入房屋，通过使用白蚁防治药物处理房屋地面下和周边水平方向的土壤而形成的药物土壤屏障。

2.0.12 垂直屏障 vertical barrier

为防止白蚁从水平方向侵入房屋，通过使用白蚁防治药物处理房屋基础两侧和房屋周边垂直方向的土壤而形成的药物土壤屏障。

2.0.13 砂粒屏障 graded stone barrier

在房屋基础底板下、周边或者特定部位使用一定规格的砂粒，按规定办法设置成阻止白蚁侵入房屋的屏障。

2.0.14 白蚁防护条 termite shield

在设置砂粒屏障时，专门用于防止白蚁从砂粒屏障与覆盖物之间的间隙通过的一种条状防护物。

2.0.15 喷粉法 dusting method

使用专用器具将杀白蚁粉剂喷撒在靶标物上，从而达到杀灭白蚁巢群效果的一种白蚁灭治技术。

2.0.16 喷洒法 spraying method

将白蚁防治药物喷洒在相关部位达到防治白蚁效果的一种药物处理方法。

2.0.17 杆状注射法 injection method with hollow pole

使用前端及周边有开孔的杆状注射器，通过加压方法将白蚁防治药物注入一定深度的土壤中，从而达到设置药物土壤屏障目的的一种处理方法。

2.0.18 涂刷法 painting method

将白蚁防治药物直接涂刷于木构件或其他需处理的物体表面的一种白蚁防治药物处理方法。

2.0.19 浸渍法 dipping method

将木构件或其他需处理物件放入白蚁防治药液中浸泡，使其吸附药物达到防治白蚁效果的一种药物处理方法。

3 基 本 规 定

3.1 房屋防蚁设计

3.1.1 房屋应做好通风、透光、防潮、排水设施，且连接房屋外墙的路面和其他地表面应有散水坡。

3.1.2 房屋的屋面应做好防水。屋面蓄水或绿化时，应防止积水下浸。屋顶沉降缝的遮掩面，应设计成两边侧向拱起的倾斜坡度。

3.1.3 无地下室的房屋底层使用的木质材料不得直接接触土壤。与土壤接触或在白蚁防护屏障下部的建筑材料，应具有抗白蚁性能。

3.1.4 卫生间、厨房和其他有上下水管的部位，不宜采用空心砖墙结构和木质材料。

3.1.5 底层楼梯间不宜封闭，通风不良处不宜作为贮藏室。

3.1.6 穿越混凝土底板的管道，应安装管道防蚁圈（图3.1.6），并应符合下列规定：

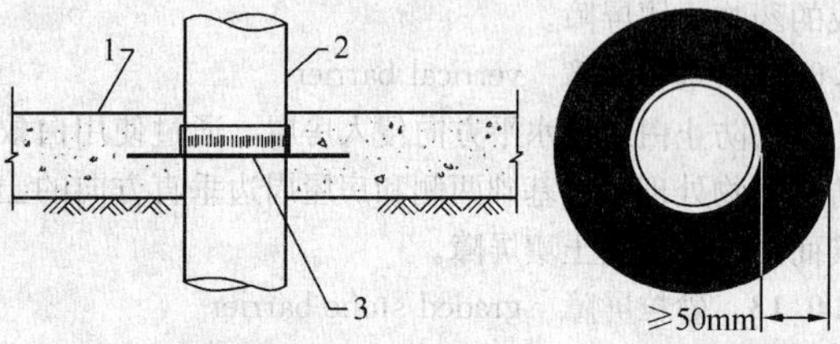

(a) 侧视图　　(b) 俯视图

图 3.1.6 管道防蚁圈的安装

1—混凝土板；2—管道；3—管道防蚁圈

1 管道防蚁圈应紧密固定在管道上；

2 安装有管道防蚁圈的部位应全部浇铸在混凝土中；

3 管道防蚁圈边距应大于等于50mm。

3.2 施工准备

3.2.1 房屋建设施工前，应对施工现场情况和白蚁危害情况进行调查，并应按本规程附录A填写房屋白蚁预防工程项目信息表。

3.2.2 房屋建设施工现场情况的调查应包括下列内容：

1 施工现场的地址和名称；

2 房屋的幢数、面积、结构、层数；

3 房屋四周的土质、绿化、道路情况；

4 房屋四周各种地下管线铺设情况和穿透房屋的部位；

5 施工现场的地下水源、地下水位等情况；

6 房屋的开工日期、施工进度等有关建设情况。

3.2.3 白蚁危害情况的调查应包括下列内容：

1 房屋或者房屋建设场地白蚁危害的种类；

2 白蚁的危害部位和程度；

3 白蚁的群体和分布。

3.2.4 对调查中发现的白蚁危害，白蚁防治单位应采取措施进行灭治，灭治方法可按本规程附录B执行。

3.2.5 房屋建设施工前，白蚁防治单位应根据施工现场调查情况，确定适宜的白蚁预防技术。

3.2.6 白蚁预防工程施工前，应根据白蚁预防技术要求，结合现场实际情况，编制施工方案，并应符合本规程附录C的规定。

3.3 施工管理

3.3.1 白蚁防治单位应将制定的施工方案报送建设单位。建设单位应委派专人联系，并应协调白蚁防治单位和建筑施工单位的施工安排。

3.3.2 在房屋建设施工过程中，建筑施工单位应及时清除建筑场地遗留的废旧木质材料和其他含有纤维素的废弃物。对于难以拆除的基础木模板和木板等，应在填埋前告知白蚁防治单位进行药物处理。

3.3.3 白蚁防治单位应在每次施工完毕后，按本规程附录D、附录E、附录F的规定填写白蚁预防工程施工记录。

3.3.4 白蚁防治单位应及时整理施工过程中的资料并存档。

3.4 施工安全

3.4.1 白蚁防治单位应向建筑施工单位介绍安全事项。

3.4.2 白蚁防治施工人员应持证上岗，穿戴必要的安全防护用品，施工现场和操作期间严禁吸烟与进食。

3.4.3 室内进行药物低压喷洒时，应保持室内的通风良好。施药人员每次连续作业时间不得超过2.0h，每天接触药物时间累计不得超过5.0h。在密闭空间或较为封闭的空间内进行低压喷洒时，施药人员每次连续作业时间不得超过0.5h。室外人员应定时与施药人员保持联系。

3.4.4 眼睛或者皮肤上沾染药物，应及时清洗。衣物被药物污染后，应立即更换。施工完毕后应及时清洗工具和双手、头脸等外露部位。

3.4.5 施药时，不得向周边环境随意喷药。

3.4.6 皮肤病患者、有药物禁忌症或过敏史的人员以及经期、孕期、哺乳期妇女，不得进行药物处理施工。

3.4.7 发生药物中毒时，可按本规程附录G进行现场急救，并应立即送医院诊治。

3.5 药物和器械管理

3.5.1 白蚁预防使用的药物应符合《中华人民共和国农药管理条例》和国家现行有关产品标准的规定，并应具有农药登记证、农药生产许可证或农药生产批准文件。

3.5.2 药物混配应符合国家有关规定，不得擅自混配。

3.5.3 药物应按产品标签所标示的浓度、剂量、范围和方法进行使用。

3.5.4 药物的管理应符合《化学危险品安全管理条例》的规定，药物的使用应符合《农药安全使用规定》的规定。药物应设专人管理，并应建立健全的管理制度和应急处理预案。

3.5.5 监测系统在运输与贮存过程中，应采取防止污染的措施。

3.5.6 施药器械应定期检测，不得挪作他用。

3.5.7 施药结束后，应及时清洗器械，清洗后的污水严禁随意倾倒。剩余药物应及时运回仓库妥善保管。

4 监测-控制

4.1 一般规定

4.1.1 本章适用于地下型白蚁监测系统的安装、检查与维护。地上型白蚁监测系统的使用应符合本规程附录H的规定。

4.1.2 白蚁监测系统宜在房屋建成或室外绿化完工后安装，且监测系统的安装数量和安装位置应根据房屋结构、区域内的绿地面积、白蚁种类确定。

4.1.3 白蚁监测系统应具有注册商标、说明书、合格证，电子监测系统尚应符合国家现行有关电子产品标准的规定。

4.2 安 装

4.2.1 白蚁监测系统的安装应具备下列条件：

1 房屋四周有绿化带或裸露土层；

2 土层厚度达到安装要求；

3 不易因人为原因对监测系统造成损坏。

4.2.2 白蚁监测装置安装位置选择应符合下列规定：

1 安装前，应详细勘查安装区域内地下管线分布情况，安装位置应避开地下管线。

2 监测装置宜安装在距离房屋外墙500mm～1000mm的土壤中，有散水坡的，宜安装在距离散水坡100mm～500mm内，监测装置与房屋外墙之间宜保持同一安装距离。监测装置的安装间距宜为3000mm～5000mm（图4.2.2）。

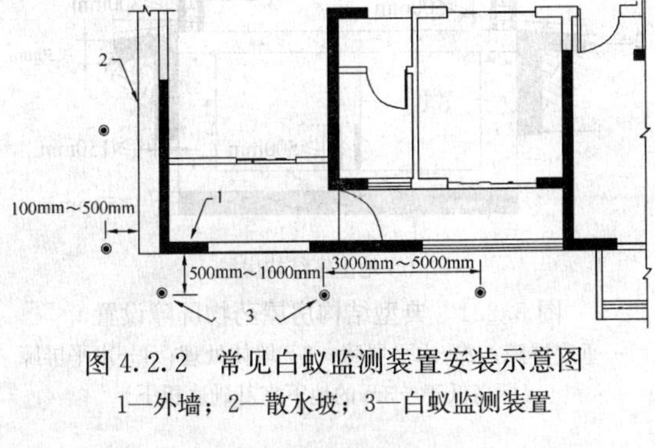

图4.2.2 常见白蚁监测装置安装示意图

1—外墙；2—散水坡；3—白蚁监测装置

3 对混凝土、沥青等硬化地面，当长度小于5000mm时，可在其边缘安装监测装置；长度大于或等于5000mm，且厚度不大于100mm时，可在其上打孔，孔深应穿透硬化层；当厚度大于100mm，可不安装监测装置。

4 已经药物处理或被化学物质污染的土壤中，不得安装监测装置。

4.2.3 白蚁监测系统的安装应符合产品说明书的规定。

4.2.4 对人员活动较为频繁、管理条件较差的安装环境，可将白蚁监测装置安装在地表以下，并应覆盖20mm～50mm厚的土壤或草皮等。

4.2.5 白蚁监测装置应统一编号，做好现场标识，并应在安装位置标示图中记录相关信息。

4.3 施工质量验收

4.3.1 白蚁防治单位应在白蚁监测系统施工质量自检合格后，会同建设单位（或监理单位）或质量监督机构按本规程附录J的规定进行施工质量验收。

4.3.2 白蚁监测系统施工质量验收应包括下列内容：

1 建筑场所蚁患的检查与处理；

2 施工方案；

3 监测系统的安装。

4.3.3 白蚁监测系统施工质量验收资料应完整，并应符合表4.3.3的规定。

表4.3.3 白蚁监测系统施工质量验收资料

序号	资料项目	资料内容
1	工程合同	工程合同、附件
2	白蚁防治施工单位有关证件	单位证件的复印件
3	房屋白蚁预防工程项目信息表	内容应符合本规程第3.2节、附录A的规定
4	房屋白蚁预防工程项目施工方案	施工方案、设计图、目录摘要、变更联系单
5	监测装置、饵料质量证明文件	出厂合格证、抽样检测报告等
6	安装记录表和安装标示图	监测装置安装的详细记录、标示图和施工汇总表
7	工程质量事故记录	有关工程质量事故的记录
8	竣工验收证明	《白蚁预防工程竣工验收证明书》

4.3.4 白蚁监测系统施工质量验收合格后，应将验收资料存档。

4.4 检查与维护

4.4.1 白蚁监测系统应定期进行检查和维护，且检查次数和时间应根据预防区域内白蚁种类、白蚁种群数量及活动情况、小区环境、季节特点、饵料和饵料消耗等情况确定，并应符合下列规定：

1 未发现白蚁的，检查次数应符合下列规定：

1）对于乳白蚁主要危害区，应全年检查，且一年检查次数不应少于4次；

2）对于散白蚁主要危害区，一年检查次数不应少于2次，且检查时间应在3月～11月期间。

2 发现白蚁的，检查次数应符合下列规定：

1）对于乳白蚁危害的，应每1周～2周检查1次，喷粉法处理或者投放饵剂后，应每2周检查1次，直至白蚁群体被消灭；

2）对于散白蚁危害的，应每2周～4周检查1次，喷粉法处理或者投放饵剂后，应每2周检查1次，直至白蚁群体被消灭；

3）白蚁群体被消灭后，可按本条第1款的规定进行检查。

4.4.2 白蚁监测系统的检查与维护应包括下列内容：

1 检查是否有白蚁聚集、聚集的白蚁种类和聚集数量；

2 更换损坏的监测装置，补充丢失的监测装置；

3 更换监测装置内发霉、腐烂的饵料；

4 调整松动、积水和遭破坏的监测装置的安装位置，重新安装；

5 清除监测装置四周的灌木、杂草，清除监测装置内的泥土、树根、草根等；

6 驱赶进入监测装置内的其他昆虫和小动物；

7 根据房屋四周的土壤、绿化等环境发生的变化，调整监测装置的安装位置或增减监测装置的数量。

4.5 监测结果处理

4.5.1 白蚁监测装置监测到白蚁后，可在监测装置内采取喷粉法处理或者直接投放饵剂灭杀白蚁，并应符合下列规定：

1 当监测装置内白蚁较活跃、数量较多时，可喷洒粉剂或投放饵剂。

2 当监测装置内的白蚁数量较少时，若监测诱集材料被取食不多，且为新鲜痕迹，可喷洒粉剂或投放饵剂；若监测诱集材料所剩不多，应重新添加监测诱集材料，并作为下次检查的重点，待诱集到较多的白蚁后再喷洒粉剂或投放饵剂；在不适宜于白蚁活动的季节，不应喷洒粉剂或投放饵剂。

3 应缩短监测装置中白蚁的暴露时间和减轻对监测装置中白蚁活动的干扰。

4.5.2 投放饵剂的监测装置应及时添加饵剂，当投放的饵剂在2周内消耗完时，宜在其四周50cm半径范围内增设监测装置。对乳白蚁危害的，宜增设3个～4个；对散白蚁危害的，宜增设1个～3个。增设的监测装置内可直接放置饵剂，也可先放饵料，聚集到白蚁后再换成饵剂或者采取喷粉法处理。

4.5.3 对监测到的白蚁群体，宜进行区分，并应分别记录。当一个白蚁群体被消灭后，应对相关监测装置进行清理，并重新放入饵料或安装新的监测装置。

4.5.4 每个监测装置的检查与维护、白蚁检查杀灭处理等情况，均应按本规程附录K的规定进行详细记录。

5 药物屏障

5.1 一般规定

5.1.1 对于采取药物屏障措施的，在包治年限内，可根据药物持效期和现场情况采取二次或多次施药措施。

5.1.2 对于药物屏障的药物应依据周围环境和土壤性质进行选择。

5.2 设置范围

5.2.1 药物土壤屏障应连续设置，设置范围应符合下列规定（图5.2.1）：

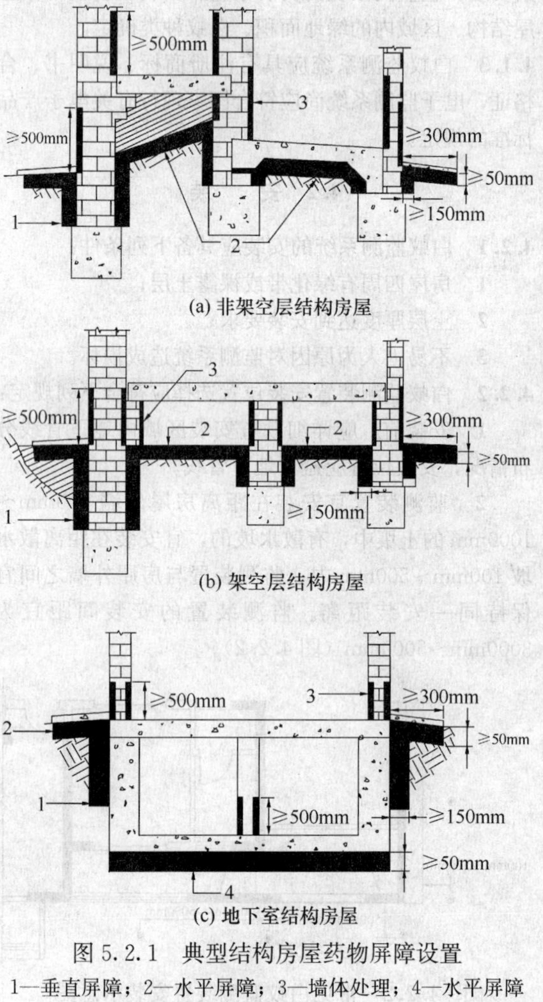

图5.2.1 典型结构房屋药物屏障设置

1—垂直屏障；2—水平屏障；3—墙体处理；4—水平屏障（标高低于－3m的地下室基础底板下）

1　无地下室的室内地坪或标高低于－3m的地下室基础底板，下面应全部设置水平屏障；

2　基础墙两侧应设置垂直屏障；

3　房屋四周（散水坡）下面应设置水平屏障，外墙外侧应沿墙设置垂直屏障；

4　柱基、桩基沿柱、桩四周应设置垂直屏障；

5　变形缝、收缩缝等结构缝下面应设置水平屏障；

6　地下电缆沟两侧应设置垂直屏障，下部应设置水平屏障。

5.2.2　垂直屏障土壤中的药液使用剂量应为 $25L/m^3$～$30L/m^3$，且设置范围应符合下列规定：

1　宽度不应小于150mm，深度应延伸至基础梁以下不少于100mm；

2　应紧贴基础或底层墙体；

3　房屋建筑与土壤之间的所有连接部位均应设置；

4　应与水平屏障连接。

5.2.3　水平屏障土壤中的药液使用剂量应为 $3L/m^2$～$5L/m^2$，且设置范围应符合下列规定：

1　深度不应小于50mm；

2　外墙外侧地坪（散水坡）下宽度不应小于300mm；

3　应紧贴基础墙的两侧面；

4　应覆盖房屋与土壤的所有连接部位；

5　在底板下面和四周应保持连续。

5.2.4　入户管道入口处的混凝土下应设置水平屏障，并应沿管道设置距混凝土板不少于300mm深度、150mm半径宽度的垂直屏障（图5.2.4）。

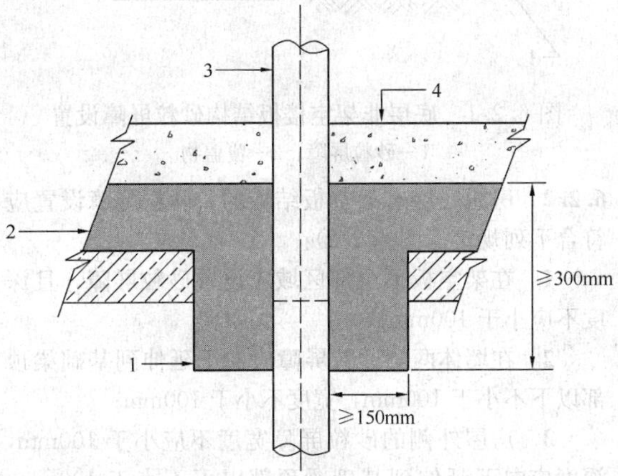

图5.2.4　入户管道入口处药物土壤屏障设置

1—垂直屏障；2—水平屏障；3—入户管道；4—混凝土板

5.2.5　常见木质材料药物处理范围应符合表5.2.5的规定。

表5.2.5　常见木质材料药物处理范围

木质材料名称	药物处理范围
门框、窗框	贴墙周边和贴地端
木砖	整体
木屋架	上、下弦两端各1000mm长度
木过梁	整体
木搁栅（楼幅）	入墙端及外露部位500mm长度
檩、椽、檐	整体
楼板	贴墙500mm长度
木柱脚	贴地端1000mm长度

5.2.6　砌体墙药物屏障设置的楼层数可根据白蚁危害种类和危害程度确定。

5.2.7　室内管道竖井、电梯井、管沟等内壁应设置药物屏障，且设置楼层数可根据白蚁危害种类和危害程度确定。

5.2.8　门洞、窗洞、墙体预留的电源插座和配电箱等处，应设置药物屏障，且设置楼层数可根据白蚁危害种类和危害程度确定。

5.2.9　改建、扩建、翻建、维修房屋，应沿基础墙体两侧设置药物土壤屏障，水平屏障设置深度不应小于50mm，宽度不应小于300mm，垂直屏障应按本规程第5.2.2条的有关规定设置。

5.2.10　在下列情况下，不应设置药物土壤屏障：

1　有排水沟的地方；

2　石材或混凝土等不透水的表面。

5.2.11　水源保护范围内设置药物土壤屏障应符合国家有关规定。

5.3　设　　置

5.3.1　药物屏障设置宜一次完成，对不能一次完成的，应分次设置，上下次施药处理应做好衔接，并应在施工平面图上标明每次施药的范围、浓度、时间等。

5.3.2　现浇混凝土结构房屋室内药物土壤屏障设置，应在铺设防潮材料或浇筑混凝土地坪前进行；有架空层的房屋室内药物土壤屏障设置，应在安放架空板前进行，且施工完成后应立即安装架空板。

5.3.3　房屋周围或散水坡药物土壤屏障设置，应在墙体外围清理完成、入户管道安装完毕、回填土到位后进行。药物土壤屏障设置完成后，应立即进行室外地坪的施工。

5.3.4　水平屏障设置可采用低压喷洒法，垂直屏障设置可采用分层低压喷洒或杆状注射法。

5.3.5　房屋伸缩缝、沉降缝、抗震缝等处，应在密封前完成药物土壤屏障的设置，且药物土壤屏障设置应采用由上而下沿缝灌注药液的方法。

5.3.6 电梯井、管缆井等处药物屏障设置，可采用低压喷洒法。

5.3.7 埋地管线周围土壤或管道地沟，药物屏障设置可采用低压喷洒法。

5.3.8 木质材料应在加工成型后、涂刷防腐剂或涂料前，采用涂刷法、喷洒法或浸泡法进行药物处理。当经过药物处理后的木构件在安装施工中被裁切或刨削时，应对切面重新进行药物处理。

对于房屋建设施工过程中难以拆除的基础木模板和木板等木质材料，可采用涂刷法或喷洒法进行药物处理。

5.3.9 经药物处理的区域，应有防止雨水和其他用水冲刷和浸泡的措施，且不得在中、大雨前 24h 内施工。

5.4 施工质量验收

5.4.1 药物屏障施工质量验收应分为中间验收和竣工验收两部分。

5.4.2 药物屏障施工质量中间验收应包括下列内容：

1 建筑场所蚁患的检查与处理；

2 药物土壤屏障设置；

3 砌体墙、电梯井、管缆井等处药物屏障设置；

4 木质材料药物处理；

5 施工方案要求的其他项目。

5.4.3 对药物屏障宜进行抽样检测，检测报告可作为隐蔽工程验收资料。

5.4.4 白蚁防治单位应在药物屏障施工质量自检合格后，会同建设单位（或监理单位）或质量监督机构按本规程附录 J 的规定进行施工质量竣工验收。

5.4.5 药物屏障施工质量竣工验收资料应完整，并应符合表 5.4.5 的规定。

表 5.4.5 药物屏障施工质量竣工验收资料

序号	资料项目	资料内容
1	工程合同	工程合同、附件
2	施工单位有关证件	单位证件的复印件
3	房屋白蚁预防工程项目信息表	工程概况、现场调查情况等的记录
4	房屋白蚁预防工程项目施工方案	施工方案、设计图、目录摘要、变更联系单
5	药物质量证明文件	出厂合格证、抽样检测报告
6	房屋白蚁预防工程药物屏障施工记录表	每次施工的详细记录、施工汇总表
7	中间验收记录	中间验收结果记录，药物屏障检测结果
8	工程质量事故记录	有关工程质量事故的记录

5.4.6 白蚁预防工程的药物屏障施工质量验收合格后，应将验收资料存档。

6 砂 粒 屏 障

6.1 材 料

6.1.1 采用砂粒屏障作为白蚁预防措施时，砂粒应符合下列规定：

1 应由花岗岩、石英岩等坚硬石材破碎而成；

2 砂粒直径应为 1.7mm～2.4mm；

3 砂粒相对密度不应小于 2.60。

6.1.2 砂粒在贮藏和运输过程中，应有防止污染措施。

6.1.3 白蚁防护条可选用 S30400 牌号不锈钢板（0Cr18Ni9），且厚度不应小于 0.4mm。

6.1.4 混凝土板垂直表面的凹槽和裂缝应用水泥砂浆进行填充。

6.2 设 置

6.2.1 对于房屋底层非架空板结构的，在底层混凝土板下，应全部设置砂粒屏障，设置时应压紧，且砂粒厚度不应小于 100mm，砂粒屏障向外延伸到房屋周围不应少于 100mm（图 6.2.1）。

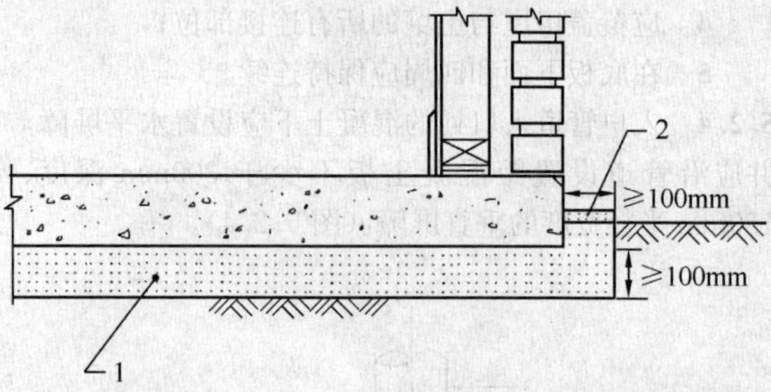

图 6.2.1 底层非架空楼板结构砂粒屏障设置

1—砂粒屏障；2—覆盖物

6.2.2 房屋底层有架空板结构的，砂粒屏障设置应符合下列规定（图 6.2.2）：

1 在架空板下全部区域应设置砂粒屏障，且深度不应小于 100mm；

2 在墙体两侧砂粒屏障应向下延伸到基础梁顶部以下不小于 100mm，宽度不小于 100mm；

3 房屋外侧的砂粒屏障宽度不应小于 100mm，深度应向下延伸到基础梁顶部以下不小于 100mm，且应使用覆盖物进行封闭。

6.2.3 房屋周围砂粒屏障应沿外墙外侧进行设置，宽度不应小于 100mm，且应向下延伸到基础梁顶部以下不小于 100mm。砂粒屏障上面应使用覆盖物进行封闭（图 6.2.3）。

6.2.4 砂粒屏障应使用电动盘形振荡器或手动捣棒

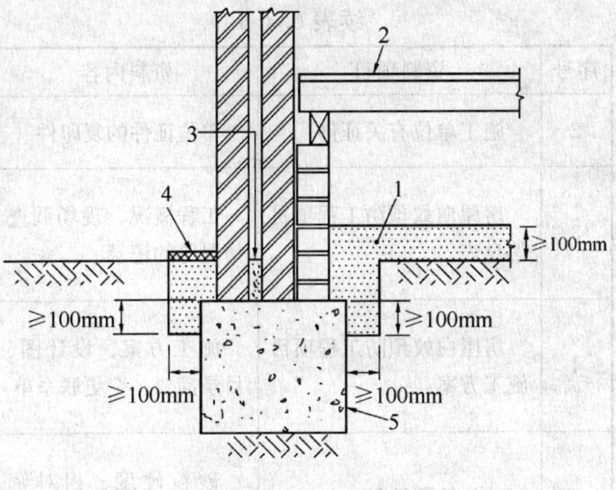

图 6.2.2　底层架空楼板结构砂粒屏障设置

1—砂粒屏障；2—架空板；3—混凝土堵塞；
4—覆盖物；5—条形基础

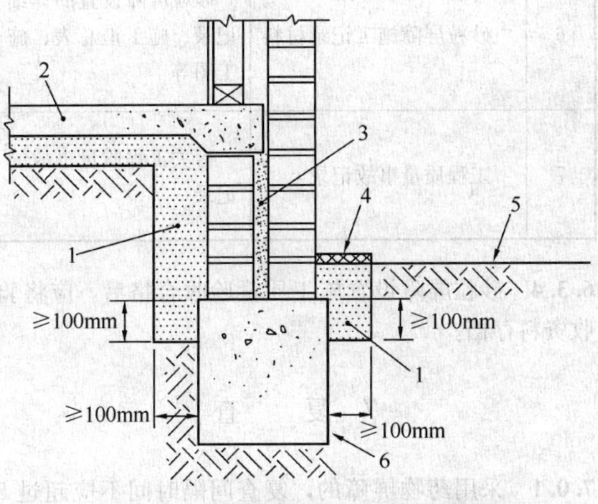

图 6.2.3　房屋周围砂粒屏障设置

1—砂粒屏障；2—混凝土板；3—混凝土堵塞；4—覆盖物；
5—地面或路面；6—基梁

压实。砂粒屏障深度大于 150mm 的区域应分层设置，每层压实后的深度不应大于 100mm。

6.2.5　覆盖物及白蚁防护条设置应符合下列规定（图 6.2.5）：

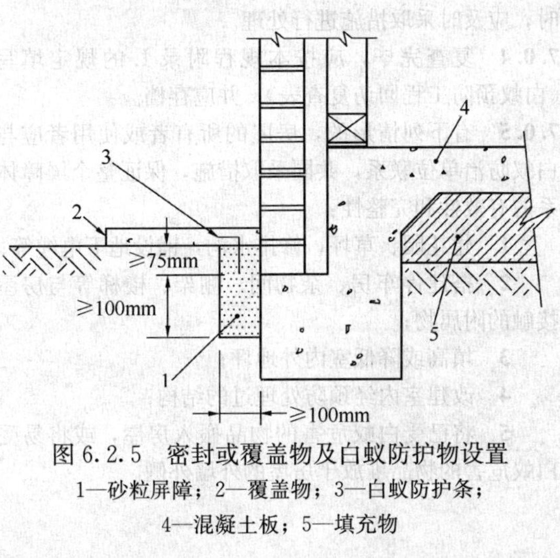

图 6.2.5　密封或覆盖物及白蚁防护物设置

1—砂粒屏障；2—覆盖物；3—白蚁防护条；
4—混凝土板；5—填充物

1　覆盖物应均匀，与砂粒屏障应紧密接触，且应有足够的持久性；

2　覆盖物宽度应大于砂粒屏障宽度；

3　白蚁防护条两侧应分别埋入砂粒屏障与覆盖物，且埋入砂粒屏障的深度不应小于 75mm，白蚁防护条下端砂粒屏障深度不应小于 100mm。

6.2.6　管道贯穿混凝土板部位的砂粒屏障设置应符合下列规定（图 6.2.6）：

1　砂粒屏障应充满管道与混凝土板之间的间隙；

2　砂粒屏障的底部应使用不锈钢或 PVC 密封圈，上部应使用覆盖物进行封闭；

3　砂粒屏障的深度不应少于 75mm。

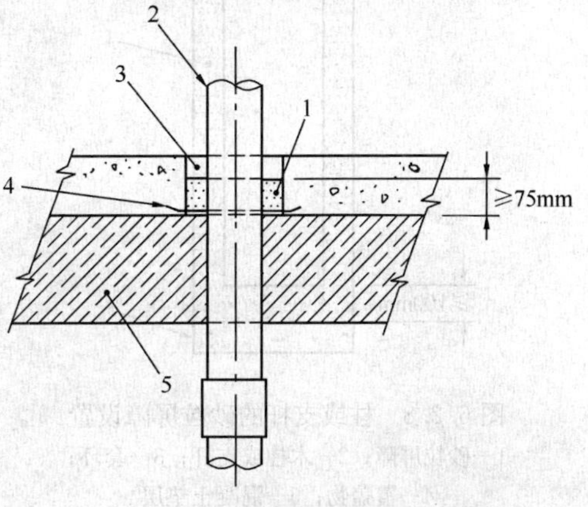

图 6.2.6　管道贯穿处砂粒屏障设置

1—砂粒屏障；2—管道；3—覆盖物；4—不锈钢或 PVC
材料密封圈；5—填充物

6.2.7　伸缩缝或沉降缝的砂粒屏障设置应符合下列规定(图 6.2.7)：

1　伸缩缝或沉降缝底部应用连接材料进行密封，连接材料与伸缩缝或沉降缝应紧密结合；

2　伸缩缝或沉降缝的连接材料上部，应加工一个槽用于设置砂粒屏障，且槽的宽度不应小于 50mm，深度不应小于 75mm；

3　在槽内设置砂粒屏障，深度不应小于 75mm，在其上部应用覆盖物和连接材料进行封闭。

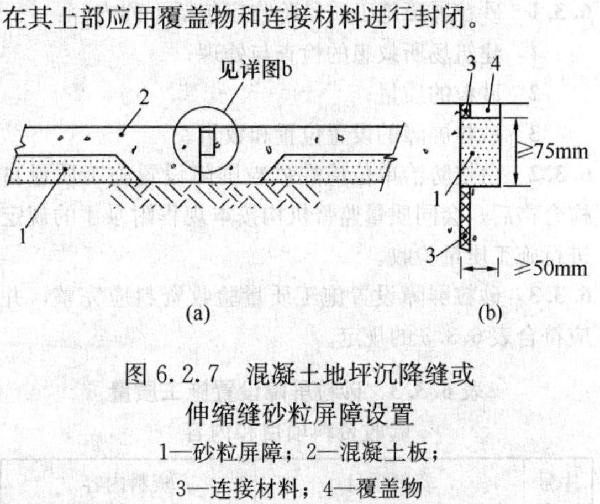

图 6.2.7　混凝土地坪沉降缝或
伸缩缝砂粒屏障设置

1—砂粒屏障；2—混凝土板；
3—连接材料；4—覆盖物

6.2.8　木质材料的砂粒屏障设置应符合下列规定

(图 6.2.8)：

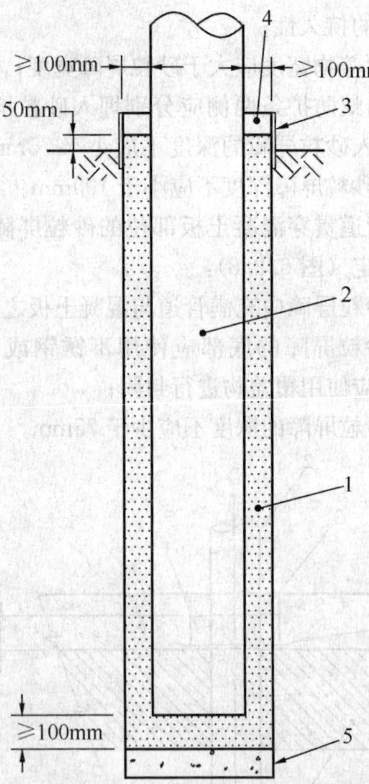

图 6.2.8　柱或支杆的砂粒屏障设置
1—砂粒屏障；2—木柱或支杆；3—套环；
4—覆盖物；5—混凝土垫层

1　木质材料入地部分应全部包围在砂粒屏障之中；

2　木质材料底部设置砂粒屏障的深度不应小于100mm；

3　木质材料四周砂粒屏障的宽度不应小于100mm；

4　砂粒屏障应设置到地表以上至少 50mm，且在地表以上的砂粒屏障应用套环和覆盖物进行封闭。

6.3　施工质量验收

6.3.1　砂粒屏障施工质量验收应包括下列内容：

1　建筑场所蚁患的检查与处理；

2　砂粒的质量；

3　砂粒屏障的设置位置和数量。

6.3.2　白蚁防治单位应在砂粒屏障设置施工质量自检合格后，会同质量监督机构按本规程附录 J 的规定进行施工质量验收。

6.3.3　砂粒屏障设置施工质量验收资料应完整，并应符合表 6.3.3 的规定。

表 6.3.3　砂粒屏障设置施工质量验收资料项目和内容

序号	资料项目	资料内容
1	工程合同	工程合同、附件
2	施工单位有关证件	单位证件的复印件
3	房屋白蚁预防工程项目信息表	工程概况、现场调查情况等的记录
4	房屋白蚁预防工程项目施工方案	施工方案、设计图、目录摘要、变更联系单
5	砂粒检测结果	砂粒硬度、相对密度、尺寸等检测结果
6	砂粒屏障施工记录材料	砂粒屏障设置的详细记录、施工汇总表、施工图等
7	工程质量事故记录	有关工程质量事故的记录

6.3.4　砂粒屏障设置施工质量验收合格后，应将验收资料存档。

7　复　查

7.0.1　采用药物屏障的，复查间隔时间不应超过 5 年。在白蚁危害严重的地区或者易受白蚁危害的房屋，检查间隔时间宜为1 年～3 年。采用砂粒屏障的，每年应复查 1 次～2 次。采用监测系统的，复查应按本规程第 4.3 节的规定执行。

7.0.2　在复查中发现白蚁危害时，应及时采取措施进行灭治。

7.0.3　在复查时发现白蚁防护屏障的预防效果降低时，应及时采取措施进行处理。

7.0.4　复查完毕，应按本规程附录 L 的规定填写《白蚁预防工程回访复查表》，并应存档。

7.0.5　有下列情形的，房屋的所有者或使用者应与白蚁防治单位联系，共同采取措施，保证整个屏障体系的有效性和完整性：

1　建花园、草坪，修排水沟，铺设地下电缆等；

2　搭建停车房、杂物间、棚架、楼梯等与房屋接触的附属物；

3　填高或降低室内外地坪；

4　改建室内经预防处理过的结构；

5　将已受白蚁危害的物品搬入房屋，或将易受白蚁危害的物品堆放于房屋的外墙外侧。

附录A 房屋白蚁预防工程项目信息表

表A 房屋白蚁预防工程项目信息表

合编号：

<table>
<tr><td>项目名称</td><td></td><td>项目地址</td><td colspan="3"></td></tr>
<tr><td>建设单位</td><td></td><td>联系人</td><td></td><td>联系电话</td><td></td></tr>
<tr><td>监理单位</td><td></td><td>承建单位</td><td colspan="3"></td></tr>
<tr><td>房屋用途</td><td></td><td>房屋结构</td><td colspan="3"></td></tr>
<tr><td>工地联系人</td><td></td><td>联系电话</td><td colspan="3"></td></tr>
<tr><td>工程幢数</td><td></td><td>层　数</td><td colspan="3"></td></tr>
<tr><td>建筑面积</td><td></td><td>底层面积</td><td colspan="3"></td></tr>
<tr><td>建筑场地和周围环境蚁害及处理情况</td><td colspan="5">调查人：
日期：　年　月　日</td></tr>
<tr><td>建筑场地清理情况</td><td colspan="5">处理人：
日期：　年　月　日</td></tr>
<tr><td>备注</td><td colspan="5"></td></tr>
</table>

附录B 常见蚁患治理

B.1 乳白蚁的灭治

B.1.1 对于乳白蚁，可采取喷粉法、诱杀法或挖巢法等灭治方法，并应符合下列规定：

1 喷粉法：药粉应喷到白蚁身上或喷在主巢、副巢、诱集箱、分飞孔、蚁路、被害物上等。应多点施药，并应保持预防对象的原貌、蚁路畅通、施药环境干燥。

2 诱杀法：当在蚁路去向不清楚，不易找到蚁巢、白蚁活体时，宜采用诱杀法杀灭白蚁，并可采用下列方式：

1）诱杀箱：多用于室内，可用规格为40cm×30cm×30cm的松木箱或纸箱，箱内应竖向放置饵料，箱面应进行覆盖。诱杀箱应置于发现蚁患的地方，待白蚁诱集较多时，将箱内饵料掀起，采用喷粉法进行杀灭。

2）诱杀坑：多用于野外土壤中，可先挖出规格为50cm×40cm×30cm的坑，再在坑内放置饵料，并用防水材料覆盖，然后覆盖一定的土壤，待诱集到白蚁时，采用喷粉法等手段进行杀灭。

3）同步诱杀法：应将灭蚁药物和有较强引诱作用的饵料等制成饵剂，然后埋放在白蚁活动的地方，任其自行取食。

4）监测控制装置灭杀法：应将监测控制装置（地上型或者地下型）安装在发现蚁患的地方，当发现有白蚁入侵数量较多时，可采用喷粉法或者投放饵剂的方法杀灭白蚁。

3 挖巢法：应根据乳白蚁蚁巢外露迹象，准确判断出巢位，掌握开挖季节，彻底清除主、副巢。

B.2 散白蚁的灭治

B.2.1 对于散白蚁，可采取液剂药杀法、喷粉法或诱杀法等灭治方法，并应符合下列规定：

1 液剂药杀法：在发现散白蚁危害的区域应全面喷洒药液，并应使散白蚁活动地区的环境（木材、土壤等）都含有防蚁药物。

2 喷粉法：应按本规程附录B第B.1.1条第1款的有关规定执行。

3 诱杀法：应按本规程附录B第B.1.1条第2款的有关规定执行。

B.3 土栖白蚁的灭治

B.3.1 对于土栖白蚁，可采取诱杀法、灌药液法或挖巢法等灭治方法，并应符合下列规定：

1 诱杀法：应按本规程附录B第B.1.1条第2款的有关规定执行。

2 灌药液法：应根据分飞孔和蚁路，追挖出白蚁通巢主道，并用机械将药液灌入主巢。

3 挖巢法：应根据土栖白蚁分飞孔等指示物，找到蚁巢所在位置，将巢体挖出，消灭蚁群。

附录C　房屋白蚁预防工程项目施工方案

表C　房屋白蚁预防工程项目施工方案

合同编号：

工程名称		工程地址			
建设单位		工地负责人			
联系电话		幢　号			
房屋层数		建筑面积	m^2		
底层面积	m^2	周边长度	m		
房屋结构					
防治技术					
药物名称		监测控制装置名称		砂粒屏障	
土壤处理用药量	kg	类型（地上/地下）		砂粒用量	kg
木质材料用药量	kg	数　量	个		
施工方案制定人：　　审核人： 日期：　年　月　日					

附录D　房屋白蚁预防工程监测装置安装记录表

表D　房屋白蚁预防工程监测装置安装记录表

合同编号：

工程情况	项目名称		项目地址	
	施工联系人		联系电话	
	建筑面积(m^2)		占地面积(m^2)	
施工记录	幢　号			
	房屋长度(m)		房屋宽度(m)	
	房屋周长(m)		层　次	
	监控系统名称		安装数量(个)	
	安装工时（人/天）			
安装情况说明				
建设单位（或物业企业）证明	签章			
施工人员		项目负责人		

附：白蚁监测装置安装位置标示图

附录E　房屋白蚁预防工程药物屏障施工记录表

表E　房屋白蚁预防工程药物屏障施工记录表

合同编号：

工程名称		工程地址			
建设单位		联系电话			
监理单位		承建单位			
工地联系人		联系电话			
工程幢号		建筑面积			
底层面积		层　　数			
施工日期	施工内容	施工范围	药物使用情况	施工人员	建设单位代表
项目负责人					

附：药物土壤屏障施工标示图

附录F　房屋白蚁预防工程砂粒屏障施工记录表

表F　房屋白蚁预防工程砂粒屏障施工记录表

合同编号：

工程名称		工程地址			
建设单位		地　　址			
监理单位		承建单位			
工地联系人		联系电话			
工程幢号		建筑面积			
底层面积		层　　数			
施工日期	施工内容	施工范围	材料使用情况	施工人员	建设单位代表
项目负责人					

附：砂粒屏障施工标示图

附录G 药物中毒的急救

G.0.1 发生有机磷类药物中毒时的急救应符合下列规定：

1 应立即将中毒者带到阴凉通风处，脱去污染衣服，并应及时用肥皂水或清水清洗全身或接触药剂部位；

2 轻度中毒者，应及时服用阿托品 2 片～3 片；

3 严重中毒者，应同时服用阿托品与解磷定；

4 中毒者严禁用热水擦洗，美曲膦酯（敌百虫）中毒者严禁用碱水或肥皂水擦身和洗手；

5 应立即送往医院进行抢救治疗。

G.0.2 发生氨基甲酸酯类药物中毒时的急救应符合下列规定：

1 应立即将中毒者运离用药现场，脱去污染衣服，并应及时用清水冲洗全身或接触药剂的部位；

2 误食引起的中毒，应立即催吐、洗胃，洗胃液可选用清水或4%碳酸氢钠溶液；

3 宜肌肉或静脉注射 0.3mg～1.0mg 硫酸阿托品一次；

4 应立即送医院进行抢救治疗。

G.0.3 发生拟除虫菊酯类药物中毒时的急救应符合下列规定：

1 皮肤接触处应用肥皂水彻底清洗，眼睛接触处应用大量清水冲洗；

2 误食中毒应进行催吐，并应立即送医院进行抢救。

附录H 地上型白蚁监测系统使用说明

H.0.1 地上型白蚁监测系统的安装位置应选择在有白蚁活动迹象或有白蚁活动的部位，并应优先选择下列部位：

1 白蚁的取食点；

2 地面、墙面有白蚁爬出的裂缝处；

3 有白蚁活动的蚁路上或蚁路开始的地方；

4 内部仍有白蚁活动的分飞孔；

5 白蚁主副巢附近等。

H.0.2 地上型白蚁监测系统的安装应符合下列规定：

1 应将监测装置轻轻覆盖在安装部位并进行固定。若安装部位不平，可在该部位垫皱纹纸或纸型饵剂。

2 在有白蚁活动处安装好监测装置后，可挑破活动处表面。

3 在监测装置底部与安装表面之间留有缝隙时，应用胶带、密封胶进行密封。

4 监测装置可并排安装或叠加安装。

H.0.3 安装好监测装置后，应投放饵剂，并应符合下列规定：

1 对纸卷状、颗粒状的饵剂，可直接安放在监测装置内；对浓缩饵剂，应先按要求用水混合调制后再安放在监测装置内。

2 饵剂投放后，应使用纯净水进行湿润。

3 在安装监测装置和投放饵剂过程中，应尽量缩短操作时间。

H.0.4 安装好地上型白蚁监测装置后，应定期对监测装置进行检查。检查内容应包括监测装置内是否有白蚁活动、白蚁数量及活跃程度，饵剂的取食量和剩余量等。

H.0.5 监测装置的检查时间和频率应根据地上型监测系统产品说明、白蚁危害种类等情况进行确定。

H.0.6 对监测装置的处理应符合下列规定：

1 若监测装置内没有白蚁，饵剂没有被取食或取食较少，应调整安装位置；

2 若饵剂太干，应添加水分并重新进行密封；

3 若饵剂被取食率接近 50%以上且估计不能支持到下一次检查，应添加饵剂；

4 若饵剂被取食率达到 80%以上，且监测装置内白蚁仍很活跃，应增加饵剂；

5 若饵剂被取食完且所有监测装置内白蚁活动都停止，可不需再添加饵剂；若其他相邻监测装置内还有白蚁活动，应添加饵剂；

6 可在监测装置内直接添加饵剂，也可在已有白蚁的监测装置边再安装一个监测装置。直接在原监测装置内添加饵剂的，应先准备好饵剂，打开监测装置的盖子后迅速将药饵塞入，并立刻盖好盖子并密封。添加饵剂时，应加入适量的水分。

H.0.7 地上型监测装置的信息记录应符合下列规定：

1 地上型监测装置安装后，应对监测装置进行编号，并应通过示意图或记录表将相关信息记录下来；

2 在监测装置安装示意图上，应画出建筑的平面图和各个监测装置的安装位置，并应将监测装置编号、安装时间、间距以及安装现场的简单描述标注于图上；

3 监测装置安装记录表可以幢或间为单位编制。

附录 J　房屋白蚁预防工程施工质量验收表

表 J　房屋白蚁预防工程施工质量验收表

合同编号：

工程名称			工程地址	
建设单位			联系人	
承建单位			建筑面积	
开工日期			竣工日期	
预防方法			施工面积	
施工基本情况	监测系统	名称及型号		
		数量		
	药物处理	药物名称		
		浓度及用量		
	砂粒屏障	砂粒型号		
		用量		
单位自检情况	质检员：　　白蚁防治单位：(公章) 年　月　日			
建设或监理单位意见	单位：(公章) 年　月　日			
质监单位意见	单位：(公章) 年　月　日			
备注				

附录 K　房屋白蚁预防工程监测装置检查与维护记录表

表 K　房屋白蚁预防工程监测装置检查与维护记录表

合同编号：

工程名称			工程地址		
工地联系人			联系电话		
工程幢号			层　数		
安装时间			安装数量		
监测装置编　号	检查日期				
	年　月　日	年　月　日	年　月　日	年　月　日	年　月　日
检查人员					
审核人员					
备　注	表格记录方式： 1. 有白蚁标记＋，无白蚁标记－； 2. 乳白蚁种群标记 C，散白蚁种群标记 R，土白蚁种群标记 O，大白蚁种群标记 M； 3. 重新更换饵料标记☆； 4. 投入饵剂标记△。				

附：监测装置位置图

附录L 房屋白蚁预防工程回访复查表

表L 房屋白蚁预防工程回访复查表

（药物屏障、砂粒屏障使用）

合同编号：

建设单位		单位地址	
工程名称		工程地址	
联系电话		竣工日期	
建筑面积		房屋幢数	
复查情况			
单位变更		地址变更	
蚁害情况： 检查人：　检查日期：　年　月　日			
处理情况： 处理人：　处理日期：　年　月　日			
建设单位或业主代表意见： （签章） 年　月　日		复查单位： （公章） 年　月　日	
备注	本次回访复查系该工程项目竣工后第______年第______次复查。		

本规程用词说明

1 为便于在执行本规程条文时区别对待，对要求严格程度不同的用词说明如下：

1）表示很严格，非这样做不可的：

正面词采用“必须”；反面词采用“严禁”；

2）表示严格，在正常情况下均应这样做的：

正面词采用“应”；反面词采用“不应”或“不得”；

3）表示允许稍有选择，在条件许可时首先应这样做的：

正面词采用“宜”；反面词采用“不宜”；

4）表示有选择，在一定条件下可以这样做的，采用“可”。

2 条文中指明应按其他有关标准执行的写法为：“应按……执行”或“应符合……的规定”。

中华人民共和国行业标准

房屋白蚁预防技术规程

JGJ/T 245—2011

条 文 说 明

制 定 说 明

《房屋白蚁预防技术规程》JGJ/T 245－2011，经住房和城乡建设部2011年8月4日以第1116号公告批准、发布。

本规程制订过程中，编制组进行了广泛深入的调查研究，总结了我国房屋白蚁预防工程的实践经验，同时参考了国外先进技术标准，通过试验取得了白蚁预防工程重要技术参数。

为便于广大设计、施工、科研、学校等单位有关人员在使用本规程时能正确理解和执行条文规定，《房屋白蚁预防技术规程》编制组按章、节、条顺序编制了本规程的条文说明，对条文规定的目的、依据以及执行中需注意的有关事项进行了说明。但是，本条文说明不具备与规程正文同等的法律效力，仅供使用者作为理解和把握规程规定的参考。

目　次

1 总　　则

1.0.2 我国地域广阔，各省、市、自治区白蚁危害情况差异明显，各省、市、自治区应根据本地白蚁危害实际情况，对蚁害地区进行科学界定。

1.0.3 由于气候的变化、现代物流业快速发展，白蚁危害的范围逐渐扩大且日趋严重；房屋结构和装饰装修的多样化，白蚁防治的难度不断加大；人们环保意识、维权意识日益增强，对白蚁防治工作的要求也越来越高。单一依靠化学品进行白蚁预防，难以满足经济社会发展的需求。必须坚持贯彻“预防为主、防治结合、综合治理”的方针，运用现代白蚁综合治理的理念，加快以环保型白蚁防治技术为核心，尽可能协调地运用适当的技术和方法，最大限度减少化学品的使用，实现白蚁防治与生态环境和谐相处，与社会经济协调发展。

2 术　　语

2.0.1 白蚁综合治理的基本策略是利用自然或人工生态系统中各种制约因素，控制白蚁造成危害，在防治技术上强调依赖于自然因素或自然因素的产物来进行治理，以达到最佳的社会、经济和环境效益。

目前我国房屋建筑白蚁综合治理的主要技术措施有：房屋防蚁设计、房屋施工场地的清理、周边环境防蚁规划、白蚁危害调查与预测、生物防治、物理防治、化学防治、监测-控制等。白蚁综合治理不是所有防治技术的综合，而是综合考虑各种因素以后，因地制宜地选择其中一种或几种防治技术来控制白蚁危害。

2.0.3 目前可以采用的监测系统的种类较多，按安装部位和使用性质不同分为地上型监测系统和地下型监测系统。其中，地上型监测系统安装在房屋地上部位，主要在房屋白蚁灭治中使用；地下型监测系统安装在房屋地下部位，主要在房屋白蚁预防中使用，它既可以用于白蚁监测，又可以用于发现白蚁后的灭治；在白蚁灭治中应用，有时可以单独使用，有时需要与地上型配合使用。按使用方式可以分为普通型监测系统、电子型监测系统。其中，普通型监测系统仅由监测装置组成；电子型监测系统可以分为有线型电子监测系统和无线型电子监测系统。有线型电子监测系统的信号传输通过信号线来完成；无线型电子监测系统的信号传输通过无线方式来完成。

3 基 本 规 定

3.1 房屋防蚁设计

3.1.1～3.1.5 白蚁是一类以木质纤维素物质为食料，又喜温暖潮湿环境的社会性昆虫，食物与水分是它的基本生存条件中的两个必要条件。木料是白蚁主要食物来源，同时白蚁也可取食化纤、塑料、橡胶等含有纤维素的物质；我国的房屋主要白蚁危害种类（除干木白蚁外）在其生命活动过程中，正常木材的含水量不足以满足其生命活动的需求，需要从周边环境获取水分。为此，房屋防蚁设计的主要目的是通过各种手段，在房屋建筑中创造不利于白蚁生存的环境，即减少食物来源与保持通风干燥，从而达到防蚁的效果。

3.1.6 管道防蚁圈作为安装在管道与混凝土连接部位的一个防蚁装置，可以有效防止白蚁从管道与混凝土之间的空隙进入房屋危害。管道防蚁圈可用S30400牌号不锈钢（对应GB为0Cr18Ni9）、PVC或其他不容易损坏的材料制作。安装方法见各类产品标示。

3.2 施 工 准 备

3.2.4 对建房场所在施工前进行白蚁的检查与灭治，可以消除房屋基础可能存在的蚁患，保证房屋白蚁预防效果。

3.2.5 目前，房屋白蚁预防技术已趋于多样化，主要有监测-控制技术、药物屏障技术和砂粒屏障技术等，建设单位和白蚁防治单位可根据实际情况选择其中一种或者几种处理技术。

3.2.6 施工方案的内容主要包括工段划分、施工程序、技术措施、安全和质量管理措施等。

3.3 施 工 管 理

3.3.1 建设单位提供必要的配合主要包括三个方面的内容：一是为白蚁防治单位提供房屋白蚁预防施工过程中的用水、用电及安全的配合；二是由于房屋白蚁预防工程是一项隐蔽性工程，必须结合房屋建筑的施工过程及时进行预防处理，才能确保白蚁预防工程质量，因此建设单位应及时向白蚁防治单位通告建筑施工进度，以便白蚁防治单位及时进行白蚁预防处理，从而避免因施工过程中的不衔接而影响白蚁预防工程质量；三是对房屋白蚁预防工程施工进行必要的监督。

3.3.2 对建筑场所的木质杂物、建筑残片和其他含纤维素废弃物的清理，可以减少白蚁的孳生风险。

3.4 施 工 安 全

3.4.3 密闭空间或较为封闭的空间内施工人员与室外人员联系的间隔时间为5min。

3.5 药物和器械管理

3.5.2 不同药物混合使用会使药物的毒理毒性发生质的变化，因此不同药物混配使用应按照有关规定。

3.5.3 药物使用剂量是指药物按标示浓度稀释后施用到被处理靶标物（土壤、木构件等）上的剂量。

4 监测-控制

4.1 一般规定

4.1.1 房屋白蚁预防工程中使用地下型监测系统，因此本章只对地下型监测系统的使用技术进行规定。

4.2 安装

4.2.2 在房屋白蚁预防中使用监测装置，由于很难非常准确地确定地下白蚁的位置、活动的方向和范围，因此沿房屋四周设置监测装置，常常是最为经济和有效的。

一般而言，开始时安装间距可稍大些，发现白蚁后，在发现白蚁的监测装置或其他需要的位置增加监测装置，缩小安装距离；白蚁活动迹象多的地方安装间距可适当缩小，安装受到限制（如混凝土地坪）的地方或存在白蚁风险小的地方安装间距可适当增加。

尽可能将监测装置安装在有白蚁活动迹象或利于白蚁生存活动的地方，这些地方主要包括：有白蚁取食点的地方，木桩、树桩、树根边，落水管下端的四周，排水管的四周，空调设备出水口边，浴室厨房对应的室外部位，管线进入室内部位的边缘。对于长期积水或干燥的地方、人为活动频繁的地方、易受到外界干扰的地方少安装或不安装。

4.2.5 监测装置一般编号原则为：综合房屋的长度、宽度，现场勘查的实际情况，以房屋东南方45°角监测装置为1号，按顺时针方向续编，依次递增。

4.3 施工质量验收

4.3.1 白蚁防治单位在监测装置安装完成后，应填写《白蚁预防工程施工质量验收表》，验收单位据此对安装工程进行验收，并送建设单位或建设方委托的监理单位签字认证，作为验收资料。

4.3.2 验收时，宜采用白蚁防治单位、建设单位或监理单位代表共同在施工现场的方式进行。

4.4 检查与维护

4.4.1 决定地下型监测系统的检查次数和时间的因素有很多，如监测装置的大小、饵料材料与饵料的多少、白蚁的种类、季节、监测装置的使用环境、检查消耗的人力物力等等。应用监测控制系统的方案设计人员和操作人员，要对各种因素进行综合分析和判断，以安排每次检查的时间间隔。

4.4.2 对监测装置能造成干扰的生物主要是一些在土壤中或地面生活的小动物、植物的根系以及霉变等。监测装置安装不正确，会导致入侵者进入监测装置。例如，上盖没有盖紧而留有空隙，常常使小动物进入监测装置。因此，当发现监测装置内有小动物时，首先要踏实监测装置边的土壤，使监测装置壁和土壤紧密结合，同时采取适当措施排除生物干扰。

1 蚂蚁、蜈蚣。

蚂蚁、蜈蚣对地下型监测装置的影响最大。由于蚂蚁和蜈蚣是白蚁的捕食天敌，一旦有蚂蚁和蜈蚣进入监测装置中，则该监测装置就不能诱集到白蚁。消除蚂蚁和蜈蚣的影响有几种方式：最有效的是直接将监测装置取出，重新安装在新的位置，新的安装点应离开原安装点至少5cm以上；取出监测装置内监测诱集材料后反复灌水，驱赶蚂蚁和蜈蚣；打开监测装置盖，取出饵料置于站边，使其暴露1周以上再重新放回监测装置。

2 蚯蚓、马陆、鼠妇、蛞蝓等。

这些虽然不是白蚁的天敌，但当它们在地下型监测装置内大量集聚后，也会影响监测装置诱集白蚁的功能，需作清除或更换饵料等。在监测装置内发现蚯蚓，首先要考虑监测装置四周的土壤是否太潮湿，潮湿情况无法改善，则要调整监测装置的位置。

3 植物根系。

当监测装置安装时间较长时，植物根系有可能进入监测装置，堵塞白蚁进入监测装置的通道和影响监测装置内的饵料，也必须进行清理。如果根系较少，可借助其他工具如刀片等进行切除；如果根系较多，则要调整监测装置的位置。

4 霉变。

饵料和饵剂发霉是在应用监测控制系统时常见的现象。监测装置安装位置的湿度过大是发霉的重要原因。一般情况下，饵料、饵剂略有发霉，仍可诱集白蚁；但如果发霉严重，必须及时更换。饵剂如果添加糖水，在投放后白蚁没有立即取食，则也可能发霉，需及时更换饵剂。

非生物因素的干扰主要包括积水、振动、太阳直射、高温等。对于积水，如果是短期的，如暴雨后，可将饵料、饵剂取出后晒干，待积水消除后重新放回监测装置；如果积水时间较长，可将监测装置取出，将安装孔钻深一些后安装，或者重新安装在其他部位。对于振动，监测装置不要安装在车辆频繁通过的道路边，或离空调室外设备等振动源太近的位置。在夏季，对太阳直射的监测装置，要进行适当的覆盖。监测装置如安装在有热源的位置，要调整监测装置的位置。

4.5 监测结果处理

4.5.1 常见的饵剂投放方式有以下三种：

①饵料取出后用饵剂替换：饵剂被定量地放置在饵剂管中，使用时用水将饵剂湿润，并将饵料中的白蚁尽量全部转移到饵剂管中，然后将饵剂管插入到监测装置中。

②取出部分饵料形成空间，再添加饵剂。

③饵料不取出，直接在监测装置的空余部位添加饵剂。

5 药物屏障

5.1 一般规定

5.1.2 不同的土壤条件下应选用不同的药物，才能最大限度地发挥药物的作用，否则会使药物失去效用。

1 根据土壤酸碱度选择药物。酸性土壤应选择在酸性环境中稳定、自身为酸性或中性的药物进行处理，当土壤的pH值小于4时，可不进行白蚁预防处理或只对重点部位进行；碱性土壤应选择在碱性环境中稳定、自身为碱性或中性的药物进行处理，当土壤的pH值大于10时，可不进行白蚁预防处理或只对重点部位进行处理。

2 对于低洼地区，不宜采用易溶于水的药物，应选用不溶于水的固状药物进行处理，或采用其他的防蚁措施。

5.2 设置范围

5.2.1 在地表−3m以下的部位，白蚁不容易生存，不需要进行药物处理。

5.2.2 垂直屏障的深度根据房屋基础梁的深度决定，要求垂直屏障设置到基础梁的顶端。

5.2.6～5.2.8 由于我国南北方白蚁种类及危害情况差异较大，各地对房屋的砌体墙、室内管道竖井、电梯井、管沟等的管井内壁、门洞、窗洞、墙体预留的电源插座和配电箱等部位进行药物处理时可根据实际情况确定处理层数。

5.2.10 在有排水沟的地方或距离水源过近的地方设置药物土壤屏障，会使水源受到药物污染。

岩石或者混凝土表面不能渗透药物，在其上喷洒会造成药物流失。宜对这些表面的裂缝、破痕、连接处或与之相连的周边土壤进行处理。

5.3 设置

5.3.8 常用木构件药物处理方法有涂刷法、喷雾法、浸渍法等。根据不同的木构件和施工条件，可以选用不同的处理方法。当选用涂刷法和喷雾法时，为保证有足够的药物吸收量，应进行两次或两次以上重复处理。采用浸渍法时，应根据木构件的密度和变形系数、药物的浓度和渗透性以及温度等因素来确定浸渍时间，保证达到设计要求的吸收量。

5.4 施工质量验收

5.4.1 由于药物屏障的施工与房屋建筑施工同步进行，且药物已渗透到房屋结构中的，当建筑工程竣工时，所有经过药物处理的部位均不得裸露，所以应在施工过程进行中间验收。

5.4.2 白蚁防治单位在每次施工完成后，应严格按照本规程要求填写施工记录表，并送建设单位或建设方委托的监理单位签字认证，作为中间验收资料。

5.4.3 按照施工技术方案的要求检查处理范围，并根据需要对施药部位进行抽样送检，检测结果作为中间验收资料。

5.4.4 验收时，宜采用白蚁防治单位、建设单位或监理单位代表在施工现场的方式进行。

6 砂粒屏障

6.1 材料

6.1.1 只有大小适宜的砂粒才能阻止白蚁的入侵，因此必须严格控制砂粒尺寸以确保砂粒屏障的性能。

6.1.3 防护物材料在完成的地表水平面75mm以内使用时，暴露在水蒸气中的可能性将会比放置在建筑物高处的防护物高得多，会大大增强其被腐蚀的危险，因此防护物的抗腐蚀能力十分重要。

6.2 设置

6.2.1 条件允许的情况下应使用电动盘形振荡器进行压实，无法使用机械时，可以使用手动捣棒。

6.2.4 砂粒有6%～8%的湿度可以达到最合适的紧密度。

6.2.5 砂粒应密封或覆盖以防止被移动或污染。密封或覆盖物可以由混凝土、含沥青的材料、丙烯酸树脂或其他塑料组成。

6.2.6 在入户管道等穿透物四周使用砂粒的地方，圆孔部位的碎石或垃圾应清理干净，并使砂粒与这个圆孔的底部和侧面紧密地接触。

7 复查

7.0.1 按照本规程要求进行白蚁预防处理所建立的药物屏障或者砂粒屏障体系，能最大限度地阻止白蚁的入侵。但是，由于白蚁会突破屏障及在屏障上构筑蚁路，房屋在使用过程中可能会对药物屏障或者砂粒屏障造成破坏，以及白蚁预防药物的持效性等原因，只通过一次性药物处理或者设置砂粒屏障彻底地保护房屋不受白蚁侵害是困难的，定期进行复查是非常必要的。

附录B 常见蚁患治理

B.1 乳白蚁的灭治

B.1.1 乳白蚁属土木两栖性白蚁，筑大型蚁巢。乳白蚁的巢是由土质、木质纤维、白蚁粪便和分泌的唾液粘合成的蜂窝状或片状结构，一般都筑在接近水源、食料丰富、聚热、避风的地方或房屋周围树木基部、根蔸下、坟墓中，可从其排泄物、分飞孔、通气孔、蚁路、汲水线等外露特征判断附近的蚁巢位置。

B.2 散白蚁的灭治

B.2.1 由于散白蚁群体多而分散，在使用粉剂药杀法时，要做到深、匀、散，施药点要多、面要广，施药后一个月左右进行药效检查。在药效检查后再配合液剂药杀法，可收到更佳效果。

附录G 药物中毒的急救

G.0.1 白蚁防治药物，如使用不慎，会通过皮肤、呼吸道、消化道三种途径进入体内，引起人、畜中毒；如误食，还可能导致死亡。

中华人民共和国行业标准

冰雪景观建筑技术规程

Technical specification for ice and snow landscape building

JGJ 247—2011

批准部门：中华人民共和国住房和城乡建设部
执行日期：2 0 1 2 年 4 月 1 日

中华人民共和国住房和城乡建设部
公　　告

第1133号

关于发布行业标准《冰雪景观建筑技术规程》的公告

现批准《冰雪景观建筑技术规程》为行业标准，编号为JGJ 247－2011，自2012年4月1日起实施。其中，第4.3.3、4.3.6、4.3.9、4.4.4、5.1.3、5.4.3、5.5.5、5.5.7、5.6.4条为强制性条文，必须严格执行。

本规程由我部标准定额研究所组织中国建筑工业出版社出版发行。

中华人民共和国住房和城乡建设部

2011年8月29日

前　　言

根据住房和城乡建设部《关于印发〈2008年工程建设标准规范制订、修订计划（第一批）〉的通知》（建标［2008］102号文）的要求，规程编制组经广泛调查研究，认真总结实践经验，参考有关国际标准和国外先进标准，并在广泛征求意见的基础上，制定本规程。

本规程的主要技术内容是：1 总则；2 术语和符号；3 冰、雪材料的计算指标；4 冰雪景观建筑设计；5 冰雪景观建筑施工；6 配电、照明施工；7 工程质量验收；8 维护管理；相关附录。

本规程中以黑体字标志的条文为强制性条文，必须严格执行。

本规程由住房和城乡建设部负责管理和对强制性条文的解释，由哈尔滨市勘察设计协会负责具体技术内容的解释。执行过程中如有意见或建议，请寄送哈尔滨市勘察设计协会（地址：哈尔滨市松北区世纪大道1号东配楼631室，邮政编码：150028）

本规程主编单位：哈尔滨市勘察设计协会

本规程参编单位：哈尔滨市土木建筑学会
哈尔滨市城乡建设委员会
哈尔滨市建筑设计院
黑龙江省冰雪建筑艺术专家委员会
哈尔滨工业大学
哈尔滨马迭尔集团有限公司
哈尔滨市方舟城市规划设计有限公司

本规程主要起草人员：郝　刚　王丽生　王东涛　申宝印　曹升铉　陈记良　彭俊清　马新伟　李景诗　陶春晖　朱秀芳　毛成玖　姜洪涛　刘瑞强　刘柏哲　曹　蕾　孙　颖　王同军　武　钢　郝　佳　吕延琳　赵义武　高广安　马红蕾　韩兆祥　孙桂敏　李　馥　王雨雷　郭翔宇　曲怀宁　吴方晓　董　君　申　凯

本规程主要审查人员：王公山　何振东　杨世昌　于胜金　王金元　王树波　马　燕　朱卫中　陈永江　张冠芳　郑文忠　胡青原　施家相

目　次

Contents

1 总　　则

1.0.1 为使冰雪景观建筑设计、施工、验收和维护管理做到技术先进、经济合理、安全适用，确保工程质量，制定本规程。

1.0.2 本规程适用于以冰、雪为主要材料的冰雪景观建筑的设计、施工、验收和维护管理。

1.0.3 冰雪景观建筑设计、施工、验收和维护管理除应符合本规程外，尚应符合国家现行有关标准的规定。

2 术语和符号

2.1 术　　语

2.1.1 冰雪景观建筑　ice and snow landscape building

以冰、雪为材料建造的具有冰雪艺术特色，供人观赏或活动的冰雪建筑、冰雕、雪雕、冰灯等冰雪艺术景观及冰雪游乐活动设施。

2.1.2 天然冰　natural ice

自然界中的江水、河水、湖水等水体在自然环境下冻结成的冰体。

2.1.3 人造冰　man-made ice

在人工制冷条件下冻结成的冰体。

2.1.4 毛冰　rough ice

未经加工成使用规格前的冰块。

2.1.5 采冰　ice exploiting

采用机具，将天然冰按照一定规格分割并取得毛冰的过程。

2.1.6 水浇冰景　watering icescape

采用机械或人工方式将水喷洒在树枝或其他材料扎制成的一定形状的骨架上，冻结成的冰景。

2.1.7 冰花　ice flower

在装满清水的模具内按照设计要求放置植物、花果、鱼虫、艺术品等景物，冻结成的实体透明冰景。

2.1.8 冰雕　ice sculpture

以冰为材料雕塑成的作品。

2.1.9 冰灯　ice lanterns

在人工制冷条件下，向模具或容器内注水，冻结成的中空冰体，经过雕琢，置入灯光形成的具有艺术效果的冰景。

2.1.10 天然雪　natural snow

天然降雪或自然界常年积雪。

2.1.11 人造雪　man-made snow

在低温条件下，采用专用设备用水制成的细小冰晶体，或者采用专业设备将冰粉碎为细小冰颗粒。

2.1.12 雪雕　snow sculpture

以雪为材料雕塑成的作品。

2.1.13 雪坯　rough snow body

具有一定规格和强度的以雪为材料的几何体。

2.1.14 冰雪景观建筑高度　height of the ice or snow building

室外地面到冰雪景观建筑中冰砌体或雪体顶部的高度。

2.2 符　　号

2.2.1 材料性能

f——冰砌体或雪体抗压强度设计值；

f_t——冰砌体或雪体轴心抗拉强度设计值；

f_{tm}——冰砌体弯曲抗拉强度设计值；

f_v——冰砌体或雪体抗剪强度设计值；

f_w——雪体弯曲抗拉强度设计值。

2.2.2 作用和作用效应

M——截面弯矩设计值；

N——轴心压力设计值；

N_L——局部受压面积上的轴向力设计值；

N_t——轴心拉力设计值；

V——截面剪力设计值。

2.2.3 几何参数

A——构件截面面积；

A_L——局部受压面积；

H——构件高度；

H_0——墙、柱的计算高度；

h——墙厚或矩形柱的短边边长；

S——横墙间距；

W——构件截面抵抗矩。

2.2.4 计算系数

φ——承载力影响系数；

β——墙、柱高厚比；

$[\beta]$——墙、柱允许高厚比。

3 冰、雪材料的计算指标

3.1 冰材料计算指标

3.1.1 冰的抗压、抗拉和抗剪强度极限值应按表3.1.1的规定取值。

表 3.1.1 冰的抗压、抗拉和抗剪强度极限值（MPa）

强度类型	冰块温度分级（℃）					
	−5	−10	−15	−20	−25	−30
抗压强度	2.790	3.090	3.510	4.050	4.710	5.490
抗拉强度	0.108	0.109	0.111	0.114	0.119	0.125
抗剪强度	0.360	0.450	0.550	0.640	0.740	0.830

3.1.2 冰砌体的抗压、抗拉和抗剪强度标准值应按表 3.1.2 的规定取值。

表 3.1.2 冰砌体的抗压、抗拉和抗剪强度标准值（MPa）

强度类型	冰砌体温度分级（℃）					
	−5	−10	−15	−20	−25	−30
抗压强度	0.854	0.946	1.075	1.240	1.442	1.681
抗拉强度	0.047	0.047	0.047	0.048	0.049	0.050
抗剪强度	0.078	0.088	0.097	0.105	0.112	0.119

3.1.3 冰砌体的抗压、轴心抗拉和抗剪强度设计值应按表 3.1.3 的规定取值。

表 3.1.3 冰砌体的抗压、轴心抗拉和抗剪强度设计值（MPa）

强度类型	破坏特征	冰砌体温度分级（℃）					
		−5	−10	−15	−20	−25	−30
抗压强度	整齐状砌体截面	0.475	0.526	0.597	0.689	0.801	0.934
轴心抗拉强度	沿冰体及沿齿缝截面	0.026	0.026	0.026	0.027	0.027	0.028
抗剪强度	沿通缝及沿齿缝截面	0.043	0.049	0.054	0.058	0.062	0.066

注：1 表中整齐状砌体，指冰块经过加工后，用水冻结成的冰砌体；
2 冰块间水的冻结强度，取同温度冰砌体的强度设计值；
3 双肢空心冰墙的墙肢砌体的强度设计值，应按表 3.1.3 中数值的 90% 取值；
4 施工质量控制等级为 C 级。

3.1.4 冰摩擦系数、线膨胀系数、平均密度和导热系数应符合下列规定：

1 冰摩擦系数(μ)应取 0.1；

2 冰线膨胀系数(α)应取 52.7×10^{-6}/K；

3 冰平均密度(ρ)应取 920kg/m³；

4 冰导热系数(λ)应取 2.30W/(m·K)。

3.2 雪材料计算指标

3.2.1 雪体的密度值应按表 3.2.1 的规定取值。

表 3.2.1 雪体密度值（kg/m³）

雪 型	松散状态	成型压力（MPa）		
		0.05	0.10	0.15
人造雪	455	510	530	550
天然雪	190	350	390	410

注：在其他压力下成型的雪体的密度值可依据表中数值采用内插法求得。

3.2.2 雪体抗压强度极限值、抗压强度标准值和抗压强度设计值应按表 3.2.2 的规定取值。

表 3.2.2 雪体抗压强度极限值、抗压强度标准值和抗压强度设计值（MPa）

雪型	密度（kg/m³）	抗压强度取值类别	温度分级（℃）				
			−10	−15	−20	−25	−30
人造雪	510	极限值	0.369	0.405	0.441	0.487	0.534
		标准值	0.199	0.218	0.238	0.263	0.288
		设计值	0.105	0.115	0.125	0.138	0.151
	530	极限值	0.535	0.578	0.621	0.729	0.838
		标准值	0.289	0.312	0.335	0.393	0.452
		设计值	0.152	0.164	0.176	0.207	0.238
	550	极限值	0.701	0.751	0.801	0.971	1.142
		标准值	0.378	0.405	0.432	0.524	0.616
		设计值	0.199	0.213	0.227	0.276	0.324
天然雪	350	极限值	0.189	0.236	0.284	0.304	0.324
		标准值	0.102	0.128	0.153	0.164	0.175
		设计值	0.054	0.067	0.081	0.086	0.092
	390	极限值	0.349	0.402	0.456	0.548	0.640
		标准值	0.188	0.217	0.246	0.295	0.345
		设计值	0.099	0.114	0.129	0.156	0.182
	410	极限值	0.429	0.485	0.542	0.670	0.798
		标准值	0.231	0.262	0.292	0.361	0.430
		设计值	0.122	0.138	0.154	0.190	0.226

注：施工质量控制等级为 C 级。

3.2.3 雪体抗折强度极限值、抗折强度标准值和抗折强度设计值应按表 3.2.3 的规定取值。

表 3.2.3　雪体抗折强度极限值、抗折强度标准值和抗折强度设计值（MPa）

雪型	密度 (kg/m³)	抗折强度取值类别	温度分级（℃）				
			−10	−15	−20	−25	−30
人造雪	510	极限值	0.150	0.248	0.346	0.386	0.426
		标准值	0.076	0.125	0.175	0.196	0.216
		设计值	0.040	0.066	0.092	0.103	0.114
	530	极限值	0.288	0.436	0.584	0.632	0.680
		标准值	0.146	0.221	0.296	0.320	0.345
		设计值	0.077	0.116	0.156	0.169	0.181
	550	极限值	0.426	0.624	0.822	0.878	0.934
		标准值	0.216	0.316	0.416	0.445	0.473
		设计值	0.113	0.166	0.219	0.234	0.249
天然雪	350	极限值	0.147	0.152	0.157	0.160	0.162
		标准值	0.074	0.077	0.080	0.081	0.082
		设计值	0.039	0.041	0.042	0.043	0.043
	390	极限值	0.223	0.235	0.246	0.255	0.263
		标准值	0.113	0.119	0.125	0.129	0.133
		设计值	0.059	0.063	0.066	0.068	0.070
	410	极限值	0.389	0.404	0.418	0.422	0.425
		标准值	0.197	0.204	0.212	0.213	0.215
		设计值	0.104	0.108	0.111	0.112	0.113

注：施工质量控制等级为C级。

3.2.4　雪体抗劈拉强度极限值、抗劈拉强度标准值和抗劈拉强度设计值应按表 3.2.4 的规定取值。

表 3.2.4　雪体抗劈拉强度极限值、抗劈拉强度标准值和抗劈拉强度设计值（MPa）

雪型	密度 (kg/m³)	抗劈拉强度取值类别	温度分级（℃）				
			−10	−15	−20	−25	−30
人造雪	510	极限值	0.093	0.106	0.113	0.120	0.121
		标准值	0.047	0.054	0.057	0.061	0.061
		设计值	0.025	0.028	0.030	0.032	0.032
	530	极限值	0.146	0.160	0.170	0.182	0.185
		标准值	0.074	0.081	0.086	0.092	0.094
		设计值	0.039	0.043	0.045	0.049	0.049
	550	极限值	0.194	0.205	0.216	0.228	0.231
		标准值	0.098	0.104	0.109	0.115	0.117
		设计值	0.052	0.055	0.058	0.061	0.062

续表 3.2.4

雪型	密度 (kg/m³)	抗劈拉强度取值类别	温度分级（℃）				
			−10	−15	−20	−25	−30
天然雪	350	极限值	0.066	0.071	0.076	0.079	0.081
		标准值	0.033	0.036	0.038	0.040	0.041
		设计值	0.017	0.019	0.020	0.021	0.022
	390	极限值	0.102	0.108	0.111	0.115	0.118
		标准值	0.052	0.054	0.056	0.058	0.060
		设计值	0.027	0.029	0.030	0.031	0.031
	410	极限值	0.149	0.162	0.170	0.177	0.183
		标准值	0.075	0.082	0.086	0.090	0.093
		设计值	0.040	0.043	0.045	0.047	0.049

注：施工质量控制等级为C级。

3.2.5　雪体抗剪强度极限值、抗剪强度标准值和抗剪强度设计值应按表 3.2.5 的规定取值。

表 3.2.5　雪体抗剪强度极限值、抗剪强度标准值和抗剪强度设计值（MPa）

雪型	密度 (kg/m³)	抗剪强度取值类别	温度分级（℃）				
			−10	−15	−20	−25	−30
人造雪	510	极限值	0.268	0.336	0.404	0.472	0.540
		标准值	0.131	0.165	0.198	0.231	0.265
		设计值	0.066	0.083	0.099	0.116	0.133
	530	极限值	0.362	0.439	0.515	0.587	0.659
		标准值	0.177	0.215	0.525	0.288	0.323
		设计值	0.089	0.108	0.126	0.144	0.162
	550	极限值	0.515	0.573	0.630	0.688	0.745
		标准值	0.252	0.281	0.309	0.337	0.365
		设计值	0.162	0.141	0.155	0.169	0.183
天然雪	350	极限值	0.068	0.070	0.072	0.081	0.089
		标准值	0.033	0.034	0.035	0.040	0.045
		设计值	0.017	0.017	0.018	0.020	0.023
	390	极限值	0.145	0.164	0.183	0.190	0.196
		标准值	0.073	0.082	0.090	0.093	0.096
		设计值	0.037	0.041	0.045	0.047	0.048
	410	极限值	0.179	0.190	0.200	0.211	0.221
		标准值	0.088	0.093	0.098	0.103	0.108
		设计值	0.044	0.047	0.049	0.052	0.054

注：施工质量控制等级为C级。

4 冰雪景观建筑设计

4.1 一 般 规 定

4.1.1 冰雪景观建筑设计应遵循安全、美观、经济、时效的原则。

4.1.2 冰雪景观建筑设计应包括下列内容：

1 总体设计以及电力、道路、给水、排水、通信等配套设施专项设计；

2 建筑类冰雪景观设计、艺术类冰雪景观设计；

3 冰砌体结构、构件设计，雪体结构、构件设计；

4 冰雪景观照明设计；

5 冰雪活动类项目设计；

6 服务设施设计。

4.1.3 冰雪景观建筑设计应满足寒冷条件下材料采用、设备维护、施工作业和游人活动的要求。

4.1.4 给水应满足制冰、制雪、施工、生活、消防等用水量的要求。

4.2 冰雪景区总体设计

4.2.1 冰雪景观建筑景区选址应符合下列规定：

1 景区应合理规划，科学选址，并应综合考虑气候、地质、地貌、电力、通信、交通、冰源、制雪、水源等因素，宜选择在空气清新，无风沙烟尘污染，交通便利的地区，且应避开居住区；

2 应满足展示功能要求，并应具备设置大型停车场地，保证人流集中、疏散安全的条件；

3 应便于冬期施工，并应符合安全施工要求。

4.2.2 冰雪景区总体规划应确定功能分区、交通体系、游览路线、配套工程和各种标识。景区占地规模可按游人高峰期平均每人不小于10m²确定占地面积，并应进行用冰量、用雪量、用电量、投资估算。景区总体设计成果应包括景区位置图、现状图、总体规划图、总体效果图、功能分区示意图、对外交通组织规划图、采冰场位置及运输路线，制冰、雪用水源位置，总体灯光照明、灯光色彩分析图和技术经济指标。

4.2.3 冰雪景区建设详细规划应按照总体规划的要求，确定各功能景区的主题、内容；并应提出单项冰、雪景观的创意、位置、体量、功能、技术设计要求。详细规划设计成果应包括分区规划图、景区修建性详细规划图、分区效果图、竖向设计图、景区视觉分析图、景区游览路线图、景区活动项目示意图、景区服务设施和标识示意图、景区照明分布图、背景音乐分布图、电力分配图和规划说明书。

4.2.4 交通规划应根据游览高峰期人流、车流，综合考虑动、静态交通组织，提出引导人流走向、疏解方案，车辆分类停放、交通组织渠化方案和突发事件人车疏散应急预案，并应确定道路宽度、停车场面积和交通指示标志。

4.3 冰雪景观建筑设计

4.3.1 冰雪景观建筑设计应包括下列内容：

1 建筑类冰雪景观设计；

2 艺术类冰雪景观设计；

3 为景区服务的管理、商业、环卫、标识等配套设施设计以及冰雪活动类项目设计；

4 单项景观照明、配电、音响设计。

4.3.2 建筑类冰雪景观设计应符合下列规定：

1 应满足结构安全和功能的要求；

2 方案设计应包括平面图、立面图、剖面图、效果图、冰雪毛坯砌筑图，照明效果以及各项经济技术指标；重要景观建筑可根据需要制作模型；

3 施工图设计应包括平面位置图、建筑施工图、结构施工图、照明配电施工图以及其他专项设计和设计说明、各专业设计说明，材料、设备统计表和相关的安全技术措施；

4 冰雪景观建筑设计受力方式应以抗压为主，减少受拉、受剪受力方式；

5 大体积冰景观建筑砌体内部可设计为空心，也可采用毛冰、碎冰填充，分层浇水冻结的方式制作；外侧冰墙冰砌块组砌厚度应根据计算确定，并应在施工图中注明。

4.3.3 建筑高度大于10m的冰景观建筑和允许游人进入内部或上部观赏的冰雪景观建筑物、构筑物等应进行结构设计。

4.3.4 冰楼梯应作防滑处理，踏步宽度不应小于350mm，且高度不应大于150mm；踏步台阶应外高里低且相对高差不应超过10mm，踏步和平台冰砌围栏高度不应小于1100mm、厚度不宜小于250mm。

4.3.5 冰砌体建筑高度不宜超过30m。长度超过30m的冰砌体建筑应设宽度不小于20mm伸缩缝。

4.3.6 冰雪景观建筑中，可与游人直接接触的砌体结构垂直高度大于5m时，应作收分或阶梯式处理，且其上部最高处的砌体部分或悬挑部分的垂直投影与冰雪景观建筑基底外边缘的缩回距离不应小于500mm，并应符合下列规定：

1 应有抗倾覆和抗滑移措施；

2 冰砌体厚度不得小于700mm，并分层砌筑，缝隙粘结率不得低于80%；

3 雪体厚度不得小于900mm，并应按设计密度值要求分层夯实。

4.3.7 艺术类冰雪景观设计应符合下列规定：

1 应主题鲜明，轮廓清晰；

2 表现手法宜夸张而强烈，整体形象突出，体面关系以及肌理处理明晰；

3 应体量适当，艺术效果突出，在不同光照条件下具有良好观赏效果，并应便于雕琢。

4.3.8 雪雕、冰雕、彩色冰屏等景观主雕刻面宜选择背光、侧光方位，应避免正对迎风面。雪景观建筑高度超过15m时，正对阳光的正立面或背立面应避免直接照射，无法避免时宜采取遮挡措施；大型雪建筑，在迎光面可喷洒胶质防晒液。

4.3.9 冰、雪活动项目类设计应符合下列规定：

1 冰、雪攀爬活动项目高度超过5m时，应采取安全攀登防护措施，并应提供或安装经安全测试合格的攀登辅助工具，顶部应设安全维护设施、疏散平台和通道。

2 冰、雪滑梯的滑道应平坦、流畅，并应符合下列规定：

1）直线滑道宽度不应小于500mm，曲线滑道宽度不应小于600mm；滑道护栏高度不应低于500mm，厚度不应小于250mm；

2）转弯处滑道应进行加高加固处理，曲线部分护栏高度不应小于700mm，并应在转弯坡度变化区域，设警示标志，在坡道终端应设缓冲道，缓冲道长度应通过计算或现场试验确定，终点处应设防护设施；

3）滑道长度超过30m的滑梯类活动，应采用下滑工具；采用下滑工具的滑道平均坡度不应大于10°，不采用下滑工具的滑道平均坡度不应大于25°；

4）下滑工具应形体圆滑，选用摩擦系数小、坚固、耐用、轻质材料制作，并应经安全测试合格方可使用。

3 溜冰、滑雪等项目设计应符合滑冰场、滑雪场的相关规定。

4 利用冰、雪自行车，雪地摩托车，冰、雪碰碰车等进行特殊游乐活动的工具应采用安全合格产品；场地应符合设计要求，且应设计安全防护设施。

4.3.10 景区服务配套设施设计应符合下列规定：

1 冰雪景观建筑景区出入口、主要道路和服务设施应有无障碍设施；交通流量大，易出现人员拥挤、滑倒情况的平台、道路、台阶坡道应设置地毯、栏杆、扶手等防滑和安全防护设施；

2 商业、餐饮、厕所、休息、活动等服务性用房，配电室、雪机房等设备用房，客服中心、售票、管理中心等管理用房应根据功能、景观等要求合理布局；房屋设施应具有保温功能，且造型和材质应与周围环境相协调；

3 商业用房服务半径可取100m～150m，公厕服务半径可取50m～100m。

4.4 冰砌体结构构件设计

4.4.1 冰砌体结构构件应按承载能力极限状态设计，并应满足正常使用状态的要求。

4.4.2 结构构件承载能力极限状态，应按荷载效应的基本组合进行计算，并应符合下列规定：

1 结构重要性系数应为1.0；

2 永久荷载分项系数：

1）对由永久荷载效应控制的组合，应取1.35；

2）对由可变荷载效应控制的组合，应取1.20。

3 可变荷载分项系数应取1.4，其组合值系数应取0.7；

4 冰砌体自重应取9.2kN/m³；

5 非冰结构构件自重及作用荷载应按现行国家标准《建筑结构荷载规范》GB 50009的有关规定取值。

4.4.3 冰砌体结构构件承载力应按温度分级为－5℃冰砌体强度设计值计算。

4.4.4 冰景观建筑基础设计应符合下列规定：

1 高度大于10m，落地短边长度大于6m的冰建筑应进行基础设计，地基承载力应按非冻土强度计算，且应考虑冰建筑周边土的冻胀因素。

2 软土或回填土地基不能满足设计要求时，应采取减小基底压力、提高冰砌体整体刚度和承载力的措施。

3 对于高度大于10m的冰建筑基础，不能满足天然地基设计条件时，应采用水浇冻土地基等加固措施进行地基处理。处理后的地基承载力应达到设计要求。

4.4.5 建筑高度小于10m且落地短边长度小于6m的冰景观建筑和建筑高度小于3m且落地短边长度大于6m的实体冰景观建筑可采用自然地面用水浇透冻实的冻土地基；冻土厚度大于400mm时，厚度应按400mm取值，小于400mm时按实际冻土厚度取值。冻土地基承载力值应通过原位测试确定。

4.4.6 冰砌体应按现行国家标准《砌体结构设计规范》GB 50003确定静力计算方案进行静力计算，且可按刚性方案设计。

4.4.7 当冰砌体结构作为一个刚体，需验算整体稳定（抗倾覆、抗滑移等）时，应符合下式规定：

$$1.2S_{G2k}+1.4S_{Q1k}+\sum_{i=2}^{n}S_{Qik}\leqslant 0.8S_{G1k} \tag{4.4.7}$$

式中：S_{G1k}——起有利作用的永久荷载标准值的效应；

S_{G2k}——起不利作用的永久荷载标准值的效应；

S_{Q1k}——起控制作用的一个可变荷载标准值的效应；

S_{Qik}——第 i 个可变荷载标准值的效应。

4.4.8 受压构件的承载力应符合下式规定：

$$N \leqslant \varphi f A \tag{4.4.8}$$

式中：N——轴心压力设计值；

φ——高厚比 β 和轴向力的偏心距 e 对受压构件承载力的影响系数，应按本规程附录A的规定采用，其中（β）的取值应按本规程第4.4.13条第1、2款计算；（e）按内力设计值计算时，不应超过截面重心到轴向力所在偏心方向截面边缘距离的60%；

f——冰砌体抗压强度设计值，应按本规程表3.1.3的规定取值；

A——截面面积，冰砌体应按毛截面计算；带壁柱墙、带冰构造柱的墙截面的翼缘宽度，应分别按本规程第4.4.13条第2款第1、2项采用，壁柱间墙、冰构造柱间墙取截面净长度。

4.4.9 局部受压的承载力应符合下式规定：

$$N_{\mathrm{L}} \leqslant 1.2 f A_{\mathrm{L}} \tag{4.4.9}$$

式中：N_{L}——局部受压面积上的轴向力设计值；

f——冰砌体的抗压强度设计值，按本规程表3.1.3的规定取值；

A_{L}——局部受压面积。

4.4.10 轴心受拉构件的承载力应符合下式规定：

$$N_{\mathrm{t}} \leqslant f_{\mathrm{t}} A \tag{4.4.10}$$

式中：N_{t}——轴心拉力设计值；

f_{t}——冰砌体的轴心抗拉强度设计值，按本规程表3.1.3的规定取值；

A——截面面积，冰砌体应按毛截面计算。

4.4.11 受剪构件的承载力应符合下式规定：

$$V \leqslant f_{\mathrm{v}} A \tag{4.4.11}$$

式中：V——截面剪力设计值；

f_{v}——冰砌体抗剪强度设计值，按本规程表3.1.3的规定取值；

A——截面面积，冰砌体应按毛截面计算。

4.4.12 受弯构件的承载力应符合下式规定：

$$M \leqslant 0.8 f_{\mathrm{tm}} W \tag{4.4.12}$$

式中：M——截面弯矩设计值；

f_{tm}——冰砌体弯曲抗拉强度设计值，可取抗剪强度设计值，按本规程表3.1.3的规定取值；

W——冰砌体截面抵抗矩。

4.4.13 墙、柱高厚比设计应符合下列规定：

1 冰墙、柱的高厚比验算应符合下式规定：

$$\beta = \frac{H_0}{h} \leqslant [\beta] \tag{4.4.13-1}$$

式中：H_0——墙、柱的计算高度，应按表4.4.13-1采用；

h——墙厚或矩形柱的短边边长；

$[\beta]$——墙、柱的允许高厚比，应按表4.4.13-2采用。

表 4.4.13-1 墙、柱的计算高度 H_0

<table>
<tr><td rowspan="2">冰建筑构件类别</td><td rowspan="2">楼盖或屋盖类别</td><td rowspan="2">横墙间距 S(m)</td><td colspan="3">带壁柱墙、带冰构造柱墙或周边拉结的墙</td></tr>
<tr><td>$S>2H$</td><td>$2H\geqslant S>H$</td><td>$S\leqslant H$</td></tr>
<tr><td rowspan="2">冰建筑为刚性方案</td><td>装配式有檩体系轻型楼、屋盖</td><td>$S<20$</td><td rowspan="2">$1.0H$</td><td rowspan="2">$0.4S+0.2H$</td><td rowspan="2">$0.6S$</td></tr>
<tr><td>瓦材屋面的木屋盖和轻钢屋盖</td><td>$S<16$</td></tr>
<tr><td rowspan="2">冰建筑为非刚性方案</td><td>装配式有檩体系轻型楼、屋盖</td><td>$S\geqslant 20$</td><td colspan="3" rowspan="2">$1.5H$</td></tr>
<tr><td>瓦材屋面的木屋盖和轻钢屋盖</td><td>$S\geqslant 16$</td></tr>
<tr><td colspan="3">构件上端为自由端</td><td colspan="3">$2.0H$</td></tr>
</table>

注：1 构件在底层时，构件高度 H，取楼板顶面或上水平支承点到构件下端支承距离；构件在其他层时，构件高度 H，取楼板或其他水平支承点间的距离；

2 构件上端为自由端时，构件高度 H，取构件长度；

3 无壁柱的山墙，构件高度 H，可取层高加山墙尖高度的1/2；带壁柱的山墙、带冰构造柱的山墙，构件高度 H 可取壁柱、冰构造柱处的山墙高度；

4 无盖的三边支承墙，构件高度 H，取上端自由边到墙下端支承点的距离，且在无盖的三边支承墙中，宜设置冰圈梁和壁柱或冰构造柱。

表 4.4.13-2 墙、柱的允许高厚比 $[\beta]$

构件类型	冰 墙	冰 柱
主要承重构件	10	8
次要承重构件	12	10

2 带壁柱墙和带冰构造柱墙的高厚比应按下式进行验算：

$$\beta = \frac{H_0}{h'} \leqslant [\beta] \tag{4.4.13-2}$$

式中：H_0——带壁柱墙、带冰构造柱墙或壁柱间墙、冰构造柱间墙的计算高度，应分别按表4.4.13-1或第4.4.13条第2款第3项的规定采用；

h'——带壁柱墙和带冰构造柱墙的截面折算厚度分别按第4.4.13条第2款第1、2项采用，壁柱间墙、冰构造柱间墙的厚度，取墙本身厚度；

$[\beta]$——墙、柱的允许高厚比，应按表4.4.13-2采用。

1）带壁柱墙的折算厚度，应取3.5倍截面回转半径，其中：带壁柱墙为条形基础时，带壁柱墙截面的翼缘宽度可取相邻壁柱间的距离；单层冰景观建筑，带壁柱墙截面的翼缘宽度可取壁柱宽加墙高的2/3，但不应大于窗间墙宽度和相邻壁柱间的距离；多层冰景观建筑，当有窗间洞口时，带壁柱墙截面的翼缘宽度可取冰实墙宽度；无门窗洞口时，每侧翼墙宽度可取壁柱间高度的1/3。

2）带冰构造柱墙的翼缘宽度取相邻冰构造柱间的距离，其折算厚度取1.05倍墙厚。

3）验算壁柱间墙或冰构造柱间墙的高厚比时，横墙间距 S 应取壁柱间或构造柱间的距离；设有冰圈梁的带壁柱墙或冰构造柱墙的计算高度 H_0 按表4.4.13-1采用，但构件高度 H 按下列规定确定：当冰圈梁宽度 b 大于或等于相邻壁柱间或冰构造柱间的距离 S_0 的1/30时，冰圈梁可视为带壁柱间墙或带冰构造柱间墙的不动铰支点，构件高度 H 应取相邻不动铰之间的距离；不允许增加冰圈梁宽度时，可按墙体平面外等刚度原则增加冰圈梁高度。

4.4.14 冰砌体构造应符合下列规定：

1 双肢空心冰墙的总高度超过允许高厚比时，冰砌体构造应符合下列规定：

1）冰墙单肢厚度不应小于250mm；

2）双肢冰墙间的连接应采用冰块拉结和两皮冰间配置3mm厚水平钢板网的冰块拉结，且拉结冰块的厚度均不得少于两皮冰，每皮冰厚度不应小于200mm；上述两种拉结冰块沿双肢空心冰墙高度相间设置，其间距不应大于单肢墙的允许高厚比的50%。

2 承重的独立空心冰柱截面尺寸不应小于450mm×450mm，实心冰柱截面尺寸不应小于400mm×400mm。

3 独立冰柱高度大于15m时，冰柱内配筋应符合下列规定：

1）竖向钢筋配筋率不得小于0.2%，且配筋不得少于8Φ16，并应采用带肋钢筋；

2）竖向钢筋连接可采用搭接、机械连接或焊接；采用搭接时，钢筋搭接长度不应小于 $60d$（d 为搭接钢筋直径的较大值），且不应小于1200mm；锚固长度不应小于 $80d$，且不应小于1500mm；

3）箍筋直径不应小于Φ12，间距不应大于三皮冰，且不应大于1200mm。

4 冰砌体应分皮错缝搭砌，上下皮搭砌长度不应小于120mm。

5 冰砌墙体伸缩缝的设置应符合下列规定：

1）伸缩缝最大间距不应大于30m；

2）伸缩缝宽度宜为20mm，缝内不得有杂物，应沿缝贯通设置20mm阻燃苯板或其他弹性材料。

6 冰砌体遇到下列情况之一时，应在冰砌体外设置型钢防护骨架及钢板网：

1）冰砌体洞口上部有外加重荷载或动荷载；

2）冰砌体洞口宽度大于3m或有人流、车流通过的洞口；

3）冰砌体的悬挑长度大于0.6m；

4）冰砌体结构安全需要。

7 洞口防护可采用2∟40×4间距500mm的角钢作骨架和3mm厚钢板网，钢板网与角钢点焊间距不应大于200mm。

4.4.15 抗震设防地区，建筑高度大于12m或层数大于4层的冰景观建筑，应根据地震造成灾害的可能性，采取相应的抗震构造措施。

4.4.16 过梁的设置应符合下列规定：

1 冰砌平拱洞口宽度不得大于3m，并应按表4.4.16-1选用型钢过梁。

表4.4.16-1 槽钢、角钢过梁选用表

冰洞口宽度 L_n（mm）	型钢类别	型钢间距（mm）	型钢规格数量
$L_n<1000$	槽钢	500	2[8
	角钢	500	2L50×5
$1000\leqslant L_n<2000$	槽钢	500	2[10
	角钢	500	2L75×6
$2000\leqslant L_n\leqslant 3000$	槽钢	500	2[12
	角钢	500	2L110×8

注：1 型钢过梁上部冰砌体分皮错缝搭砌，上下皮错缝长度为冰块长度的50%，当过梁上部冰砌体高度大于洞口宽度的50%或有外加荷载时，根据计算确定；

2 型钢过梁支承长度不宜小于300mm。

2 采用圆拱形冰砌冰碹过梁时，冰碹尺寸和矢高应按表4.4.16-2选用。

表4.4.16-2 冰碹尺寸、矢高

冰洞口宽度 L_n（mm）	楔形冰碹高度 d（mm）	矢高 f_0（mm）
$L_n\leqslant 3000$	$d\leqslant 300$	$f_0\leqslant 1400$
$3000<L_n\leqslant 6000$	$300<d\leqslant 600$	$1400<f_0\leqslant 3000$
$6000<L_n\leqslant 9000$	$600<d\leqslant 900$	$3000<f_0\leqslant 4500$

注：1 表中楔形冰碹为圆弧形拱洞口，当冰碹高度大于550mm时，分两层砌筑，其高度为两层楔形碹块的高度之和；

2 冰碹过梁上部洞宽范围的冰砌体分皮错缝搭砌，上下皮搭砌长度为冰块长度的1/2。

3 冰砌体的拱脚支座水平截面承载力，应根据拱脚推力作抗剪和抗滑移计算，并应考虑冰体溶化承载力降低情况，采取相应构造措施。

4.4.17 当冰砌构件的悬挑长度大于0.6m时，应按悬挑结构采用型钢挑梁作构造处理。

4.4.18 冰砌体墙中型钢挑梁应按现行国家标准《砌体结构设计规范》GB 50003 的规定进行抗倾覆验算。

4.4.19 当冰景观建筑高度大于12m或层数大于4层时，圈梁标高处应设置刚性拉结或楼盖；楼盖、屋盖的主要承重结构宜采用装配式有檩体系钢结构，承重梁可选用型钢。

4.5 雪体结构构件设计

4.5.1 雪体结构构件应按承载能力极限状态设计，并应满足正常使用状态的要求。

4.5.2 结构构件承载能力极限状态应按荷载效应的基本组合进行计算，并符合下列规定：

1 结构重要性系数应取1.0。

2 永久荷载分项系数应符合下列规定：

1）对由永久荷载效应控制的组合，应取1.35；

2）对由可变荷载效应控制的组合，应取1.20。

3 可变荷载分项系数应取1.4，其组合值系数应取0.7。

4 计算雪体结构构件的自重时，应将本规程表3.2.1～表3.2.5中的取值换算为重力密度（kN/m^3）。

5 非雪体结构构件自重及作用荷载应按现行国家标准《建筑结构荷载规范》GB 50009 的规定取值。

6 雪体结构，在自重及外荷载作用下，当一侧受阳光照射时，应验算整体稳定。

4.5.3 雪体结构构件承载力应按温度分级为－10℃的强度设计值计算。

4.5.4 雪体建筑基础设计应符合下列规定：

1 建筑高度大于10m且落地短边长度大于6m的雪体建筑应进行基础设计，地基承载力应按非冻土强度计算，且应考虑雪体建筑周边土的冻胀因素。

2 软土或回填土地基不能满足设计要求时，应采取减小基底压力的措施。

3 建筑高度大于10m的雪体建筑地基承载或变形不能满足设计要求时，可采用水浇冻土地基等加固措施进行地基处理。处理后的地基承载力应达到设计要求。

4.5.5 建筑高度小于10m且落地短边长度小于6m的雪体建筑和高度小于3m且落地短边长度大于6m的实体雪体建筑可采用自然地面用水浇透冻实的冻土地基；冻土厚度大于400mm时，厚度应按400mm取值，小于400mm时按实际冻土厚度取值。冻土地基承载力值应通过原位测试确定。

4.5.6 雪体建筑应按现行国家标准《砌体结构设计规范》GB 50003 确定静力计算方案进行静力计算，且可按刚性方案设计。

4.5.7 受压构件的承载力应符合下式规定：

$$N \leqslant \varphi f A \tag{4.5.7}$$

式中：N——轴心压力设计值；

φ——高厚比β和轴向力的偏心距e对受压构件承载力的影响系数，应按本规程附录B的规定采用，其中（β）的取值应按本规程第4.5.12条第1、2款计算；（e）按内力设计值计算时，不应超过截面重心到轴向力所在偏心方向截面边缘距离的60%。雪体抗压强度应按本规程表3.2.2规定取值；

f——雪体抗压强度设计值，应按本规程表3.2.2的规定取值；

A——截面面积，雪体应按毛截面计算；带壁柱墙、带冰构造柱的墙截面的翼缘宽度，应分别按本规程第4.5.12条第2款第1、2项采用，壁柱间墙、冰构造柱间墙取截面净长度。

4.5.8 局部受压的承载力应符合下式规定：

$$N_L \leqslant 1.2 f A_L \tag{4.5.8}$$

式中：N_L——局部受压面积上的轴向力设计值；

f——雪体的抗压强度设计值，按本规程表3.2.2的规定取值；

A_L——局部受压面积。

4.5.9 轴心受拉构件的承载力应符合下式规定：

$$N_T \leqslant f_T A \tag{4.5.9}$$

式中：N_T——轴心受拉设计值；

f_T——雪体的轴心抗拉强度设计值，按本规程表3.2.4的规定取值；

A——截面面积，雪体应按毛截面计算。

4.5.10 受剪构件的承载力应符合下式规定：

$$V \leqslant f_v A \tag{4.5.10}$$

式中：V——截面剪力设计值；

f_v——雪体抗剪强度设计值，按本规程表3.2.5的规定取值；

A——截面面积，雪体应按毛截面计算。

4.5.11 受弯构件的承载力应符合下式规定：

$$M \leqslant f_W W \tag{4.5.11}$$

式中：M——截面弯矩设计值；

f_W——雪体弯曲抗拉强度设计值，可取抗折强度设计值，按本规程表3.2.3的规定取值；

W——截面抵抗矩。

4.5.12 墙、柱高厚比设计应符合下列规定：

1 雪体墙、柱的高厚比验算应符合下式规定：

$$\beta = \frac{H_0}{h} \leqslant [\beta] \tag{4.5.12-1}$$

式中：H_0 ——墙、柱的计算高度，应按表 4.5.12-1 采用；

h ——墙厚或矩形柱的短边边长；

$[\beta]$ ——墙、柱的允许高厚比，应按表 4.5.12-2 采用。

表 4.5.12-1　墙、柱的计算高度 H_0

雪体建筑构件类别	楼盖或屋盖类别	横墙间距 S(m)	带壁柱墙、带冰构造柱墙或周边拉结的墙		
			$S>2H$	$2H \geqslant S>H$	$S \leqslant H$
雪体建筑为刚性方案	装配式有檩体系轻型楼、屋盖	$S<20$	$1.0H$	$0.4S+0.2H$	$0.6S$
	瓦材屋面的木屋盖和轻钢屋盖	$S<16$			
雪体建筑为非刚性方案	装配式有檩体系轻型楼、屋盖	$S \geqslant 20$	$1.5H$		
	瓦材屋面的木屋盖和轻钢屋盖	$S \geqslant 16$			
构件上端为自由端		$2.0H$			

注：1 构件在底层时，构件高度 H，取楼板顶面或上水平支承点到构件下端支承距离；构件在其他层时，构件高度 H，取楼板或其他水平支承点间的距离；

2 构件上端为自由端时，构件高度 H，取构件长度；

3 无壁柱的山墙，构件高度 H，可取层高加山墙尖高度的 1/2；带壁柱的山墙、雪体墙中带冰构造柱的山墙，构件高度 H 可取壁柱、冰构造柱处的山墙高度；

4 无盖的三边支承墙，构件高度 H，取上端自由边到墙下端支承点的距离，且在无盖的三边支承墙中，宜设置冰圈梁和壁柱或冰构造柱。

表 4.5.12-2　墙、柱的允许高厚比 $[\beta]$

构件类型	雪体墙	雪体柱
主要承重构件	8	6
次要承重构件	10	8

2 带壁柱墙和带冰构造柱墙的高厚比应按下式进行验算：

$$\beta = \frac{H_0}{h'} \leqslant [\beta] \quad (4.5.12\text{-}2)$$

式中：H_0 ——带壁柱墙、雪体墙中带冰构造柱墙或壁柱间墙、冰构造柱间墙的计算高度，应分别按表 4.5.12-1 或第 4.5.12 条第 2 款第 3 项的规定采用；

h' ——带壁柱墙和带冰构造柱墙的截面折算厚度分别按第 4.5.12 条第 2 款第 1、2 项采用，壁柱间墙、冰构造柱间墙的厚度，取用墙本身厚度；

$[\beta]$ ——墙、柱的允许高厚比，应按表 4.5.12-2 采用。

1）带壁柱墙的折算厚度，应取 3.5 倍截面回转半径，其中：带壁柱墙为条形基础时，带壁柱墙截面的翼缘宽度可取相邻壁柱间的距离；单层雪体建筑，带壁柱墙截面的翼缘宽度可取壁柱宽加墙高的 2/3，但不大于窗间墙宽度和相邻壁柱间的距离；多层雪体建筑，当有窗间洞口时，带壁柱墙截面的翼缘宽度可取雪体实墙宽度；无门窗洞口时，每侧翼墙宽度可取壁柱间高度的 1/3。

2）雪体墙中带冰构造柱墙的翼缘宽度取相邻冰构造柱间的距离，其折算厚度取 1.05 倍墙厚。

3）验算壁柱间墙或冰构造柱间墙的高厚比时，横墙间距 S 应取壁柱间或构造柱间的距离；设有冰圈梁的带壁柱墙或冰构造柱墙的计算高度 H_0 按表 4.5.12-1 采用，但构件高度 H 按下列规定确定：当冰圈梁宽度 b 大于或等于相邻壁柱间或冰构造柱间的距离 S_0 的 1/30 时，冰圈梁可视为带壁柱间墙或带冰构造柱间墙的不动铰支点，构件高度 H 应取相邻不动铰之间的距离；不允许增加冰圈梁宽度时，可按墙体平面外等刚度原则增加冰圈梁高度。

4.5.13 雪体构造应符合下列规定：

1 高度不大于 6m 的雪体墙的厚度不应小于 800mm，高度大于 6m 且小于 10m 的雪体墙的厚度不应小于 1000mm；独立雪体柱截面尺寸不应小于 1200mm×1200mm；

2 高度大于 6m 的雪体墙及独立雪体柱内部应采取设置竹、木、钢等结构加固措施；

3 跨度大于 2m 的拱形门洞，有人、车通过的洞口和有悬挑的雪体，应采取在雪体内外设置竹、木、钢等结构加固防护措施。

4.5.14 抗震设防地区，建筑高度大于 9m 或层数大于 3 层的雪景建筑，宜根据地震造成灾害的可能性，采取相应的抗震构造措施。

4.5.15 过梁的设置应符合下列规定：

1 雪体平拱洞口宽度不得大于 3m，并应按表 4.5.15-1 选用型钢过梁。

表 4.5.15-1　槽钢、角钢过梁选用表

雪体洞口宽度 L_n (mm)	型钢类型	型钢间距 (mm)	型钢规格数量
$L_n<1000$	槽钢	500	2[8
	角钢	500	2L50×5
$1000 \leqslant L_n<2000$	槽钢	500	2[10
	角钢	500	2L75×6

续表 4.5.15-1

雪体洞口宽度 L_n（mm）	型钢类型	型钢间距（mm）	型钢规格数量
$2000 \leqslant L_n \leqslant 3000$	槽钢	500	2[12
	角钢	500	2L110×8

注：1 表中楔形雪体碹为圆弧形拱洞口，当雪体碹高度大于550mm时，分两层砌筑，其高度为两层楔形雪体碹块的高度之和；

2 雪体碹过梁上部洞宽范围的雪体，分皮错缝搭砌，上下皮搭砌长度为雪体块长度的1/2。

2 采用圆拱形雪体碹过梁时，雪体碹尺寸和矢高应按表4.5.15-2采用。

表 4.5.15-2 雪体碹尺寸、矢高

雪体洞口宽度 L_n（mm）	楔形雪体碹高度 d（mm）	矢高 f_0（mm）
$L_n \leqslant 3000$	$d \leqslant 500$	$f_0 \leqslant 1500$
$3000 < L_n \leqslant 6000$	$500 < d \leqslant 800$	$1500 < f_0 \leqslant 3000$
$6000 < L_n \leqslant 9000$	$800 < d \leqslant 1100$	$3000 < f_0 \leqslant 4500$

注：1 表中楔形雪体碹为圆弧形拱洞口，当雪体碹高度大于550mm时，分两层砌筑，其高度为两层楔形雪体碹块的高度之和；

2 雪体碹过梁上部洞宽范围的雪体分皮错缝搭砌，上下皮搭砌长度为雪体块长度的1/2。

3 雪体的拱脚支座水平截面承载力，根据拱脚推力作抗剪和抗滑移计算，并考虑雪体溶蚀承载力降低情况采取相应的构造措施。

4.5.16 当雪体构件的悬挑长度大于0.4m时，应采用型钢挑梁。雪体墙中型钢挑梁的抗倾覆应按现行国家标准《砌体结构设计规范》GB 50003的规定进行验算。

4.5.17 当雪景建筑高度大于9m或层数大于3层时，圈梁标高处应设置刚性拉结；楼盖、屋盖的主要承重结构宜采用装配式有檩体系钢结构，承重梁可选用型钢。

4.6 冰雪景观照明设计

4.6.1 冰雪景观照明设计应符合国家现行标准《建筑照明设计标准》GB 50034、《民用建筑电气设计规范》JGJ 16和《城市夜景照明设计规范》JGJ/T 163的有关规定。

4.6.2 夜间展示的冰雪景观应进行总体和单体照明设计，且应符合下列规定：

1 应对冰雪景观照明设计内置灯光和外置灯光；

2 应根据表现主题合理配置灯光的色彩、照度；

3 灯具布置应符合总体灯光设计和单体灯光设计要求，并应合理确定位置；亮度、光色和光影应符合灯光设计效果要求；

4 宜选用高效、节能、适用的灯具；

5 室外灯具、支架等附属构件应保证寒冷条件下正常使用。

4.6.3 冰雪景观建筑照明质量应符合下列规定：

1 冰雪景观建筑照明光源的色温应符合表4.6.3-1的规定。

表 4.6.3-1 冰雪景观建筑照明光源的色温

光源颜色	色温（K）	颜色特征	适用景观
Ⅰ	<3300	暖	古典以及欧式冰建筑、商业设施
Ⅱ	3300～5300	中间	艺术类冰雕作品、广告
Ⅲ	>5300	冷	雪雕及冰峰、活动场所

2 照明光源颜色应符合冰雪景观建筑创意主题的要求。

3 冰雪景观建筑照明灯光直接眩光限制质量等级 *UGR*（统一眩光值）应符合表4.6.3-2的规定。

表 4.6.3-2 冰雪景观建筑照明灯光直接眩光限制质量等级 *UGR*

UGR 的数值	对应眩光程度描述	视觉要求和场所示例
<13	没有眩光	—
13～16	开始有感觉	冰雕作品
17～19	引起注意	冰雕作品
20～22	引起轻度不适	雪雕作品
23～25	不舒服	雪雕、景区照明
26～28	很不舒服	—

4 冰雪景观照明场所统一眩光值 *UGR* 大于25时应采取下列避免眩光的措施：

1）景观照明灯具不得安装在大型冰雪景观建筑照明干扰区内，且不得对视觉产生镜面反射；

2）小体量冰雪景观建筑及艺术类冰雕景观照明，可沿视线方向进行配光或采取间接照明方式，且宜选用发光面积大、亮度低、光扩散性能好的灯具。

4.6.4 冰雪景观建筑照度水平应符合下列规定：

1 冰雪景观建筑照度可采用下列分级（lx）：20、50、100、200、300、500、750。

2 视觉工作照度范围宜按表4.6.4选用。

表 4.6.4 视觉工作照度范围值

视觉工作性质	照度范围（lx）	区域或活动类型	适用场所示例
简单视觉工作	30～75	简单识别物表征	活动、娱乐场所
一般视觉工作	100～200	景观内置灯光、商业等工作场所	冰雕及冰景观建筑内
	200～500	景观外投光照明	冰雕小品、小规模雪雕
	500～750	大型冰雪景观建筑、景观展示区域、重要视觉场所	标志性景观、舞台表演等较重要景区

3 表演区域应按照演出要求安装专业照明系统。

4 景区环境灯光设计应合理配置灯光的明、暗对比，色彩变化，点、线、面搭配，灯光变化移动在三维空间形成的总体效果；当采用激光等有特殊表现功能的灯光时，宜设置程序控制；中心景区和主要景观的照度应高于其他景区。

5 灯光设计应编制照度分布图、景区和大型景观灯光颜色效果图，灯光变幻程序设计，并应根据总体设计要求，提出音响设计方案。

6 景区道路应安装照明设备，宜选用单色调光源，照度以 20lx～50lx 为宜，可利用灯箱、广告灯、地埋灯间接照明。

4.6.5 冰雪景观建筑照明光源与灯具的选择应符合下列规定：

1 景观区域光源、灯具的选择和配置，应视觉效果良好，布局合理，照度适宜，亮度明晰，色彩突出，变换得当。

2 照明光源应根据景区环境、光效、显色性、耐用性等进行选择。

3 冰景内置光源宜选用荧光灯或其他冷光气体放电光源。

4 广告区、信息发布区、导游图、大屏幕可选用 LED 光源。

5 景区引导标识可采用电致发光板作为辅助照明。

6 景观照明灯具应选用发热量低、节能、安全、耐用、在低温环境下能正常使用的高效光源及高效灯具，并应符合下列规定：

1）冰景内置灯具、轮廓灯等与冰景接触的灯具应选用亮度高、冷光源灯具；

2）冰景内无法拆除的灯具应选用经济、低污染、耐用型灯具；

3）室外采用的灯具应防水、防潮并易于更换。

7 不易检修维护的投光灯、泛光灯、高空标志灯应选择光源寿命长的灯具。

8 景区、广场功能性照明宜选用高强度气体放电灯具。

4.6.6 冰雪景观建筑照明应采取下列节能措施：

1 应选用经济合理、环保节能的光源。

2 直管型荧光灯应选用低温下能够正常工作的节能型电子镇流器。当选用电感镇流器时，能耗应符合现行行业标准《管形荧光灯镇流器能效限定值及节能评价值》GB 17896 的规定。

3 应选择合理的照明控制方式：

1）可采取分区控制灯光或多点控制方式；

2）公共场所照明，宜采用集中控制或时钟控制方式；

3）可设置不同时间段减光控制方案；

4）高效能灯具启动后，可适当降低电压。

4 应根据景区照明功能需要，采用定时开关、红外感应控制器和照明智能控制系统等节能管理措施。

5 广场、道路及庭院照明可采用太阳能照明灯具及风能照明灯具。

4.6.7 冰雪景观建筑的照明供电系统应符合下列规定：

1 应合理确定负荷等级和供电方案。

2 冰雪景区重要照明负荷供电设施宜采用双电源、双回路，分级供电。

3 三相照明线路各相负荷宜保持平衡，最大相负荷电流不宜超过三相负荷平均值的 115%，最小相负荷电流不宜小于三相负荷平均值的 85%。

4 重要场所，应在负荷末极配电箱采用自动切换电源的供电方式，负荷较大时，可采用由两个专用回路各带 50%照明灯具的配电方式。

5 在分支回路中，不得采用三相低压断路器对三个单相分支回路进行控制和保护。

6 照明系统中的每一个单相分支回路电流不宜超过 16A，光源数量不宜超过 50 个；冰建筑内组合灯具每一个单相回路电流不宜超过 25A，光源数量不宜超过 120 个。

7 采用气体放电灯的照明线路时，中性导体应与相导体规格相同。

8 采用电感镇流器气体放电光源时，可将同一灯具或不同灯具的相邻灯管（光源）分接在不同相序的线路上。

9 总体供电方案应按照景区规划和单体冰雪景观建筑电气照明设计，计算用电负荷，确定供电方案，完成配电系统设计，并应符合下列规定：

1）采用固定供电时，配电设备和供电线路应为固定设施，供电线路应采取直埋方式；线路穿过道路和有重型车辆通过的地方，应加钢管保护；

2）采用临时供电时，配电线路宜采用金属线槽明敷设或暗敷设。

10 景区应设置值班照明。

11 采用的电气设备及断路器（含微型断路器）应能在环境温度 −30℃以下正常工作。

12 室外分支线路应安装剩余电流动作保护器。

13 配电线路应安装短路、过负荷和过欠电压保护器。

14 室外配电柜、箱防护等级不应低于 IP33。

4.6.8 冰景建筑灯光设计应符合下列规定：

1 建筑类冰景应根据创意确定光源，灯光应富于变化，大型冰景观建筑灯光宜采用程控设计；艺术类冰景可选用外投光，并应根据表现内容和艺术表现力选用灯光颜色、照度、布光方式和灯具类型。

2 光源的选择应符合下列规定：

1）冰体内的渲染效果灯光色差不宜过小，灯光颜色宜选用白色、黄色、红色、蓝色、绿色等作基调；

2）冰景观建筑内置照明宜选用直管荧光灯和可塑 LED 灯；

3）冰景观建筑轮廓灯宜选用霓虹灯、可塑 LED 灯、光导纤维灯、频闪灯、雷光管；

4）大型冰景观建筑外投光应以气体光源为主，宜选用泛光灯或投光灯；

5）冰雕作品和大型冰景观建筑局部效果照明，可采用暖色调的卤素灯、拍灯或射灯等紧凑型节能灯。

3 冰景观建筑内置光源宜选用 T8 管和 T5 细管径普通卤粉直管荧光灯，或三基色直管荧光灯、紧凑型节能灯、LED 灯。

4 建筑高度大于 3m 且宽度和厚度均大于 1.5m 的冰景观建筑、浮雕类冰景宜以内置灯光为主，局部可采用高光或互补色光进行点缀；并应根据设计要求对光源进行程序控制，实现光源色彩变换、明暗变化、流动闪烁。内置灯光应根据冰的透光度，确定光源与外层冰的厚度，与冰外表面的距离不应大于 350mm 且不应小于 150mm。

5 艺术类冰景灯光布设，宜采用外投光，灯具与景观的距离不应小于 1.5m，灯具宜隐蔽摆放，并应与景观呈一定角度。主光源和辅助光源应在类型、颜色、照度、距离满足表现效果的需要。灯具应安装在灯具架上，且距地面高度不应小于 0.5m。

6 局部造型效果灯可选用白炽灯或卤素灯为光源，射灯作为点缀。

7 冰廊、灌木丛等面积较大的景观，效果光可选用满天星造型。

4.6.9 雪景观灯光设计应符合下列规定：

1 雪雕景观照明可选用金属卤化物灯和高压钠灯，灯具距雪景距离不应小于 2.0m；

2 灯具应安装在灯具架上，且距地面高度不应小于 0.5m；

3 应根据设计主题选择灯光颜色和照度；主光、侧光和背景光的照度应满足功能要求；

4 大型雪景观灯光布置应主次分明，直接照射雪景泛光灯功率不宜大于 400W；

5 宜选用体积较小的泛光灯，灯具和支架宜漆成白色。

4.6.10 低压配电系统的接地形式应符合下列规定：

1 冰雪景区低压配电系统的接地形式宜采用 TT 或 TN-S 系统。

2 当采用 TT 系统时，每个配电箱处应设接地极；接地故障保护的动作特性应符合下式规定：

$$R_A \times I_a \leqslant 50 \qquad (4.6.10)$$

式中：R_A——接地极和外露可导电部分保护导体电阻之和（Ω）；

I_a——保护电器切断故障回路的动作电流（A）。

3 当采用过电流保护器时，反时限特性过电流保护器的故障回路的动作电流（I_a）应保证 5s 内切断电流；采用瞬时动作特性过电流保护器的故障回路的动作电流（I_a）应为保证瞬时动作的最小电流。当采用剩余电流动作保护器时，应为其额定剩余动作电流。

4 当采用 TN-S 系统时，保护导体（PE）超过 50m 时，应作重复接地；当线路超长时，末端配电箱外露可导电部分和外界可导电部分应作局部等电位连接或辅助等电位连接。

4.6.11 配电线路的接地方式，等电位连接以及保护应符合现行国家标准《低压配电设计规范》GB 50054 规定。

5 冰雪景观建筑施工

5.1 一 般 规 定

5.1.1 冰雪景观建筑施工前，建设单位应组织设计、施工、监理单位相关人员，进行图纸会审和技术交底。

5.1.2 施工单位应编制冰雪景观建筑施工组织设计，并应制定施工方案。应对施工支撑结构进行承载力和稳定验算，确定高处作业、施工测量、机具选用、型钢埋设、构件安装、冰雪切割和运输等技术措施。

5.1.3 建筑高度超过 30m 的冰建筑，施工期内应按现行行业标准《建筑变形测量规范》JGJ/T 8 的有关规定进行沉降和变形观测。

5.1.4 对涉及结构安全和使用功能的材料和设备，应进行进场检验。

5.2 施 工 测 量

5.2.1 应按规划要求对场地进行总体放线，对单体景观进行定位，并应经检查合格后，做好建筑控制点桩位保护。

5.2.2 应按照冰雪景观建筑线桩或控制点测定外廓线，并经闭合校测合格后，方可确定细部轴线及有关边界线，其允许偏差应符合表5.2.2的规定。

表5.2.2 细部轴线允许偏差

项目		允许偏差
细部轴线		±10mm
标高	层高	±15mm
	总高	±30mm
总高垂直度(m)	$H\leqslant15$	±20mm
	$H>15$	$H/750$与±50mm的较小值
外廓线边长(m)	$L(B)\leqslant30$	±20mm
	$L(B)>30$	±30mm
对角线(m)	$L(B)\leqslant30$	±30mm
	$L(B)>30$	±40mm
轴线角度(″)	$L(B)\leqslant30$	±20″
	$L(B)>30$	±30″

5.3 采冰与制雪

5.3.1 天然冰采制应符合下列规定：

1 天然冰采制的环境温度宜在－10℃以下。

2 当天然冰冻结厚度大于或等于200mm且冰材料满足下列条件时，方可进行采冰作业：

1）强度达到设计要求；

2）透光性良好，无明显气泡、泥沙、杂物及明显裂缝和断层。

3 毛冰在自然条件下，应搁置12h以上，方可采用；

4 毛冰宜选用下列尺寸规格：长度为1000mm、宽度为700mm且冰厚度大于200mm或长度为1300mm、宽度为1200mm且冰厚度应大于或等于300mm。冰雕宜采用整块毛冰，尺寸规格宜采用长度为2000mm、宽度为1200mm且冰厚度应大于或等于400mm。砌筑用冰块尺寸规格宜采用长度为600mm、宽度为300mm且冰厚度应大于或等于200mm。

5.3.2 毛冰应采用齿锯分割，并加工成设计要求规格的冰砌块。

5.3.3 人造冰冻制应符合下列规定：

1 人造冰的环境温度应在－10℃以下；

2 制作透明人造冰时，应采取充气或使水缓慢流动等防止产生气泡的措施；

3 制作彩色冰时，所用彩色染料应易溶于水、无污染、悬浮性好、透光性强，符合环保要求，且彩色冰的色相饱和度应符合设计要求；

4 人造冰的尺寸规格可采用600mm×300mm×200mm。

5.3.4 人造雪制作应符合下列规定：

1 人造雪制作的环境温度宜在－10℃以下；

2 大规模制雪时，水源应充足，水质应达到制雪机的用水标准；

3 室内人工制雪时，宜选用雾化程度高、喷嘴较细的制雪机制雪，也可选用大型刨冰机用冰块粉碎加工制作；

4 大型雪坯制作宜采用下列方式：

1）采用雪堆积方式时，应采用模板按设计要求制成几何体后，填充堆雪、并分层压实；

2）采用雪块垒砌方式时，应采用强度满足设计要求的规格雪块垒砌组合成大型雪坯，垒砌接缝应规整严密，雪坯几何尺寸应规整。

5.4 冰建筑基础施工

5.4.1 施工前地基表面应清理平整，并应经浇水冻实后，方可进行上部砌体施工。

5.4.2 地基表面坡度小于1%时，宜采用浇水冻实找平；地基表面坡度大于1%时，宜采用冰砌块找平。

5.4.3 冰建筑承重墙、柱必须坐落在实体地基上，严禁坐落在碎冰层上。

5.4.4 冰建筑基础施工应符合下列规定：

1 应采用规格冰块分层组砌的施工方法，上下皮冰块应错缝搭接，搭接长度应为1/2的冰块长度，且不应小于150mm。不得采用周边围砌，中间填芯的方法砌筑。

2 每皮冰块砌筑高度应水平一致，冰砌体水平缝、垂直缝宽度不应大于2mm，且应注水冻实，冰缝冻结面积率不应小于80%。

3 内部设计为填充碎冰或为空心的冰建筑应设实体冰砌体基座，冰基座高度应为冰建筑高度$L(B)$的1/10，且不应小于1m。

5.5 冰砌体施工

5.5.1 冰景观建筑外部应选用透明度高、无杂质、无裂纹的冰砌块。

5.5.2 冰砌块间的冻结用水应选用洁净的天然水或自来水。

5.5.3 冰景建筑施工，应采用组砌方式。可采用垂直升降机或吊车运输砌块。

5.5.4 施工时，灌注用水的温度宜为0℃，并应采用专用注水工具灌注冰缝，注水冻结率不应小于80%。

5.5.5 施工期间，应对冰砌体进行温度监测。当冰体温度高于设计温度或砌筑水不能冻结时，应停止施

工，并应采用遮光、防风材料遮挡等保护冰景的措施。

5.5.6 冰砌块尺寸应根据冰砌体（墙）厚度和冰料尺寸确定，各砌筑面应平整且每皮冰块高度的允许误差为±5mm，冰块长度和宽度的允许误差为±10mm。

5.5.7 冰砌体墙的砌筑应符合下列规定：

1 内部采用碎冰填充的大体量冰建筑或冰景，当外侧冰墙高度大于6m时，冰墙组砌厚度不应小于900mm，当外侧冰墙高度小于6m时，冰墙组砌厚度不应小于600mm，且应满足冰墙高厚比的要求；

2 冰砌体组砌上下皮冰块应上、下错缝，内外搭砌；错缝、搭砌长度应为1/2冰砌体长度，且不应小于120mm；

3 每皮冰块砌筑高度应一致，表面用刀锯划出注水线；冰砌体的水平缝及垂直缝不应大于2mm，且应横平竖直，砌体表面光滑、平整；

4 单体冰景观建筑同一标高的冰砌体（墙）应连续同步砌筑；当不能同步砌筑时，应错缝留斜槎，留槎部位高差不应大于1.5m。

5.5.8 采取空心砌筑方式的大体量冰景观建筑，冰体间应采取构造措施进行拉结，内部非承重部分可采用碎冰填充。

5.5.9 大体量冰景观建筑内填充碎冰时，碎冰应级配合理，并应分层填充，每层厚度不应大于1.5m，且应注水冻实，但不得溢出冰体外表面。

5.5.10 冰碹采用的冰块应根据设计要求，采用加工楔型冰块用的模具制作，且楔型冰块的上下边长度的允许误差为5mm。冰碹中的各楔形冰块间的竖向冰缝应在1mm～2mm之间，竖向冰缝应注满水冻实。

5.5.11 冰砌体中安放灯具的孔洞应根据设计要求预留。灯具孔洞距冰砌体外表面的距离应符合本规程第4.6.8条第4款的规定，冰砌体中灯具孔洞内的碎冰应清理干净。对较高的冰建筑宜留出检修人员出入的隐蔽洞口和上下通行的竖向检修井，检修井内应设置钢筋爬梯。

5.5.12 彩色冰块各砌筑面应平整；彩色冰砌体的冰缝、彩色冰与非彩色冰间的冰缝，应采用水及彩色冰沫拌合填充或勾缝。

5.5.13 冰景观建筑外部完工后，应自上而下进行精细净面处理。

5.6 冰砌体内钢结构施工

5.6.1 对配有竖向钢筋和箍筋的冰建筑，竖向钢筋与冰块间的缝隙应采用冰沫拌水分层塞填冻实，但水平箍筋应在冰砌体上凿出水平冰槽放置并注水冻实，不得高出冰面或放置在冰缝内。

5.6.2 型钢过梁、型钢骨架与冰砌块的缝隙，应采用注水或冰沫拌水塞填。

5.6.3 预埋件与冰砌体应注水冻实，不得有缝隙。

5.6.4 冰建筑施工脚手架和垂直运输设备应独立搭设，不得与冰建筑接触。

5.7 水浇冰景施工

5.7.1 水浇冰景应根据设计要求扎制骨架，然后进行喷水浇洒施工。骨架可一次制成，也可在喷水浇洒过程中继续扎制骨架。

5.7.2 水浇冰景施工可采用机械喷洒，也可采用人工喷洒方式，将水分次喷洒在树枝或其他材料的骨架上，逐渐加厚冰层，冻制成冰挂、冰乳石、冰山、冰洞等景观。

5.7.3 水浇冰景施工的环境温度应在－15℃以下，且应无阳光直接照射。

5.7.4 水浇冰景应采用自来水或无杂质的地下水，喷洒时应控制流量、强度和雾化度。

5.8 冰雕制作

5.8.1 制作冰雕用冰块应无杂质、气泡、裂纹。

5.8.2 大型冰雕作品应根据设计要求，用冰块组砌成几何整体后再进行雕刻。

5.8.3 小型冰雕作品可采用整块冰块，也可采用冰砌块组砌成冰坯后进行雕刻，但冰砌体的纹理、砌缝应符合作品的要求。

5.8.4 用冰砌块组砌冰坯时，冰砌块之间的注水冻结面积率不应小于80%，冰缝的结合应牢固密实，表面光滑应无缝隙。

5.8.5 大型冰雕可先制作小样，也可直接在冰坯上放大样。

5.8.6 冰雕作品可采用圆雕、浮雕、透雕、凹影雕等多种艺术表现手法进行雕刻。

5.8.7 冰雕作品应体现冰的透明、折光、坚硬、易碎、易风化的特点，写意和写实相结合，注重刀法，纹理清晰，力度适当，突出镂空技巧和整体艺术表现力。

5.9 冰灯制作

5.9.1 可根据功能不同制成吊挂式、落地式等形式多样、体量精致小巧的冰灯，且冰体上应留有足够的通风散热口。

5.9.2 冰灯可按下列步骤制作：

1 根据设计要求制作模具；

2 将清水或彩色水注入模具并进行冷冻，冰坯壁厚宜为20mm～40mm；

3 在冰坯适当位置打出孔洞，倒出冰坯内未冻结的水；

4 在冰坯表面绘制或雕刻图案；

5 在冰体内部安装照明灯具；

6 安装辅助构件。

5.9.3 冰花可采用下列方法制作：

1 将清水注入模具或容器内，在低温下冻结成内空的冰坯，在冰体内、外采用描绘、雕刻、镶嵌山水、渔舟、花卉、树木、古灯、古建筑、人物等写意形式，形成浮雕冰景。

2 将清水注入模具或容器内，放入鱼类、昆虫、植物、花卉、小动物造型或标本，冻结后形成冰景。

3 将清水注入模具或容器内，在冻制过程中掺入不同密度、不同溶解性、不同扩散性的彩色溶液，制作成特殊效果冰景。

5.9.4 冰花宜采用外部照明，光源可选用投光灯或其他彩色灯光。

5.9.5 冰花的下部应设高度不低于1.0m，用冰或其他材料制作的展览平台。

5.10 雪景观建筑施工

5.10.1 雪景观建筑用雪可采用天然雪。在雪量较小的地区，雪景观建筑用雪宜采用人造雪。大型雪景观用雪应适当提高人工制雪含水率，小型雪景观可适当降低含水率。

5.10.2 雪景观建筑雪坯模板应搭建牢固；雪坯模板应根据填雪进度分层安装，填充用雪应干净，不应有较大雪块和杂质；雪坯应压制均匀、密实，密度值应符合本规程表3.2.1的规定。

5.10.3 雪景观建筑可采用雕刻和塑造的方式，棱角应圆滑，大型雪雕塑表面相邻面的高度差不宜小于100mm。

5.10.4 雪景观上镶嵌其他材质装饰物应牢固，并应考虑承重和风化因素。较大型的镶嵌物可设置独立基础，也可采取加固措施。

5.10.5 中小型艺术类雪雕作品完成后，应进行表面处理，形成保护层。

5.10.6 以雪为材料的活动类设施，应满足结构要求、保证安全和方便维修。

5.10.7 供白天观赏的雪雕景观主立面宜选择侧光朝向，不宜正对阳光或背光。

6 配电、照明施工

6.1 电力电缆施工

6.1.1 冰雪景观建筑所用电缆应采用在−25℃及以下能够正常工作且绝缘等级符合要求的铝合金电缆。

6.1.2 低压电力电缆芯数和导线截面的选择应符合下列规定：

1 低压配电系统的接地形式为TN-C-S且保护线与中性线合用同一导体时，应采用四芯电缆。

2 低压配电系统的接地形式为TN-S且保护线与中性线各自独立时，应采用五芯电缆。

3 低压配电系统的接地形式为TT时，应采用四芯电缆。

4 1kV以下电源中性点直接接地时，三相四线制系统的电缆中性导体截面面积应满足线路最大不平衡电流持续工作状态的要求；对有谐波电流影响的回路，应考虑谐波电流的影响，且应符合下列规定：

1）以气体放电灯为主要负荷的回路，中性导体截面面积不得小于相导体截面面积；

2）其他负荷回路，中性导体截面面积不得小于相导体截面面积的1/2。

5 采用单芯电缆作接地（PE）线时，中性导体、保护导体的截面面积应符合表6.1.2的规定；保护接地中性导体截面应符合下列规定：

1）铜芯线，不应小于$10mm^2$；

2）铝芯线，不应小于$16mm^2$。

6 保护地线的截面面积应满足回路保护电器可靠动作要求，且应符合表6.1.2的规定。

表6.1.2 满足热稳定要求的保护导体允许最小截面（mm^2）

电缆相导体截面(S)	保护导体允许最小截面
$S\leqslant16$	S
$16<S\leqslant35$	16
$S>35$	$S/2$

7 交流供电回路由多根电缆并联组成时，应采用相同材质、相同截面的导体。

6.1.3 电缆进场时供方应提供产品合格证、产品安全认证标志、产品检测检验报告和其他有效证明文件。

6.1.4 电缆进场时，应进行外观检查和绝缘测试，并应符合下列规定：

1 电缆保护层不得破损；

2 电缆绝缘层不得有损伤，电缆应无压扁、扭曲，铠装应不松卷，耐寒电缆（电线）外护层应有明显标识和制造厂标；

3 应进行绝缘测试并填写现场测试报告单。

6.1.5 电缆运送应符合下列规定：

1 成盘电缆运送时不得平放，卸车时应采用电缆盘吊卸，并不得直接抛装；

2 非成盘电缆应按电缆最小弯曲半径卷成圆盘，在四个点位处捆紧后搬运，不得在地面上拖拉；截断后存放的电缆芯线应在接头处加铅封，应采取绝缘和防潮措施。

6.1.6 安装前，电缆应在温度10℃及以上的环境中至少放置24h，并应安排好电缆放线顺序。

6.1.7 电缆敷设应符合下列规定：

1 电缆敷设前应查看电缆外表面有无损伤。

2 电缆敷设时，应排列整齐，不得交叉，位置固定。在电缆埋设线位应设置标志牌。标志牌设置应符合下列规定：

1）在电缆的始、终端头，转弯、分支接头等处应设置标志牌；

2）标志牌上应注明线路编号；并联使用的电缆应有顺序号，标志牌上的字迹应清晰，不易脱落；当设计无标号时，应写明型号、规格及起讫地点。

3 电缆敷设时，在电缆的终端头和电缆头应留有备用长度。直埋电缆应留取总长度的1.5%～2%作为余度，并应呈波浪形敷设。

4 电缆通过冰景，或在地下埋设时，应加装保护管或保护罩；易受到机械损伤的部位应采用金属钢管保护。伸出冰建筑物保护管的长度不应小于250mm。

5 设有变电所或箱式变电站的供电回路至各功能分区的配电箱的线路，可采用耐低温铠装电力电缆，也可采用无铠装电力电缆加装钢管，并应采用直埋方式安装。

6 在景区、广场、道路配电线路不能暗敷设时，应在地面上安装镀锌钢管加以保护，并应用冰雪碎沫加水冻实覆盖，且不得突出地面。

6.2 照明施工

6.2.1 照明灯具应按设计要求进行安装。冰景内的照明灯具设置应与冰体砌筑施工同步进行。每个用电单元应根据工程进度进行通电检测。冰雪景观用电设施应采取绝缘措施，不应漏电。

6.2.2 冰雪景观基础下配线应穿管保护。灯具配线宜采用耐低温绝缘等级为0.45/0.75kV铜芯橡皮线或铜芯氯丁橡皮线。

6.2.3 冰景内部设置效果灯时，应留有散热口。

6.2.4 冰景内置灯具应便于安装、维护和拆除。

6.2.5 冰景内照明宜采用一体化灯具，两灯之间的连接宜采用模块插口或软连接，电源电线连接处应作好防潮密封处理。

6.2.6 冰景内采用带散热孔耐低温电子镇流器时，应采用防水、防潮措施。

6.2.7 冰景内置电感型镇流器宜集中摆放，在镇流器底部应采取隔热绝缘措施。

6.2.8 公共场所采用点光源照明方式时，宜采用紧凑型节能荧光灯。

6.2.9 冰体内选用白炽灯泡照明时，应具有良好的通风散热空间，灯具功率不应大于25W。

6.2.10 白炽灯泡不应垂直向上安装，且灯泡与冰体的距离不得小于100mm。

6.2.11 高度大于15m或体积大于500m^{3}冰景观建筑内部留有检修通道时，在底部或上部宜根据需要预留换灯检修口。

6.2.12 采用投光灯或泛光灯做景观照明时，宜选用一体化灯具，并应安放在支架上。支架上的灯具应能上下自由转动，并应能调整投射角。

6.2.13 冰景观建筑外轮廓采用可塑LED灯时，明敷设固定间距不得大于1.5m。

6.2.14 气体放电光源无功功率过大时，在景区供电配电箱内应进行分散无功功率补偿。

6.2.15 冰、雪景区照明控制，宜采用就地控制或集中在值班室、变电所统一联合控制方式。

6.2.16 景区闭园后应保留值班和功能性照明。

6.2.17 照明配电接线应符合下列规定：

1 保护接地导体（PE）应与接地干线相连接，且不得串联连接。金属构架、灯具的构件和金属软管应接地，且有标识。

2 采用多相供电的同一冰雪景观建筑内的电线绝缘层颜色应一致。保护导体（PE线）应选用绿/黄双色线；零线应选用淡蓝色；相导体选用：A相为黄色，B相为绿色，C相为红色；不应采用绿/黄双色线作负荷线。冰雪景观内照明回路应与配电箱（盘）回路标识相一致，在配电箱（盘）内和断路器底部标明控制负荷名称。

3 在人行通道等人员来往密集场所安装的落地式灯具、支架上安装的灯具等，应采取防意外触电的保护措施。

6.2.18 照明配电箱（盘）安装应符合下列规定：

1 箱（盘）内应配线整齐，无绞接现象。导线应连接紧密，不伤芯线，不断股。垫圈下螺栓两侧下压的导线截面积应相同，同一端子导线上连接不得多于2根，防松垫圈等零件应齐全。

2 箱（盘）内的开关动作应灵敏可靠，带有剩余电流动作漏电保护装置额定漏电动作电流不应大于30mA，额定漏电动作时间应小于0.1s。

3 照明箱（盘）内，应分别设置零线（N）和中性导体（PE线）汇流排，零线和保护导体应经汇流排配出。

6.2.19 安装、调试、检验用的各类计量器具、电气设备上的计量仪表和相关电气保护仪表（设施），应检测合格，并应在有效期内使用。

7 工程质量验收

7.1 一般规定

7.1.1 冰雪景观建筑工程质量验收可按本规程附录C记录，质量验收程序和组织应符合现行国家标准《建筑工程施工质量验收统一标准》GB 50300的规定。

7.1.2 通过返修或加固处理仍不能满足安全使用要求的分部工程、单位工程，应予拆除。

7.2 冰砌体工程质量验收

Ⅰ 主控项目

7.2.1 冰砌块的强度应满足设计的要求。

检验方法：检查冰砌块强度试验报告。

7.2.2 冻结用水应选用洁净的天然水或自来水。

检验方法：检查验收记录。

7.2.3 冰砌体结构收分或阶梯式处理应满足设计要求。

检验方法：检查验收记录。

7.2.4 冰砌墙体伸缩缝的设置应满足设计要求。当设计无要求时，应符合本规程第4.4.14条第5款的规定。

检验方法：检查验收记录。

7.2.5 过梁的设置应满足设计要求。当设计无要求时，应符合本规程第4.4.16条的规定。

检验方法：检查验收记录。

7.2.6 冰缝注水冻结面积不应小于80%。

检验方法：检查验收记录。

7.2.7 外部冰砌块质量应符合本规程第5.5.6条的规定。

检验方法：检查验收记录。

7.2.8 外冰墙厚度应满足设计要求。当设计无要求时，应符合本规程第5.5.7条第1款的规定。

检查数量：每检验批抽10%，每个墙面不应少于2处。

检验方法：用尺检查。

7.2.9 斜槎留置应符合本规程第5.5.7条第4款的规定。

检验方法：检查验收记录。

7.2.10 冰缝宽度不应大于2mm。

检验方法：观察检查和检查验收记录。

7.2.11 碎冰填充应符合本规程第5.5.9条的规定。

检验方法：检查验收记录。

7.2.12 冰碹施工应符合本规程第5.5.10条的规定。

检验方法：检查验收记录。

7.2.13 冰砌体内钢结构施工时，竖向钢筋搭接长度不应小于$60d$，且不小于1200mm；钢筋锚固长度不应小于$80d$，且不小于1500mm。

检验方法：检查验收记录。

7.2.14 洞口防护钢板网厚度不应小于3mm，钢板网与型钢点焊间距不应大于200mm。

检验方法：检查验收记录。

7.2.15 型钢过梁支承长度应满足设计要求。当设计无要求时，不应小于300mm。

检验方法：检查验收记录。

7.2.16 钢筋、型钢与冰块缝隙应符合本规程第5.6.1、5.6.2和5.6.3条的规定。

检验方法：检查验收记录。

7.2.17 水平钢筋位置设置应满足设计要求。当设计无要求时，应符合本规程第5.6.1条的规定。

检验方法：检查验收记录。

Ⅱ 一般项目

7.2.18 冰砌体组砌方法应符合本规程第5.5.7条第2款的规定。

检验方法：观察检查和检查验收记录。

7.2.19 冰雪景观建筑冰砌体工程外形尺寸偏差、检验方法和抽样数量应符合表7.2.19的规定。

表7.2.19 冰砌体工程外形尺寸允许偏差

序号	项目		允许偏差(mm)	检验方法	抽样数量
1	层高		±15	用水平仪和尺检查	不应少于4处
2	总高		±30		
3	表面平整度		5	用2m靠尺和楔型塞尺检查	检查全部自然墙面，每个墙面不应少于2处
4	门窗洞口高宽		±5	用尺检查	每检验批抽50%，且不应少于5处
5	外墙上下窗口偏移		20	以底层窗口为准，用经纬仪或吊线检查	每检验批抽50%，且不应少于5处
6	水平缝平直度		7	拉10m线和尺检查	检查全部外墙面，每个墙面不应少于2处
7	垂直缝游丁走缝		20	吊线和尺检查，以每层第一皮为准	检查全部外墙面，每个墙面不应少于2处
8	踏步		外高里低，不超过10	用拉线、尺检查	每检验批抽30%，每处取3点，且不应少于5处
9	栏板		±10		
10	垂直度(m)	$H \leqslant 15$	±20	用经纬仪、吊线和尺检查	外墙、柱查阳角，且不少于4处；内墙每20m长查一处，且不应少于4处
		$H > 15$	$H/750$且$\leqslant 50$		
11	外廓线(轴线)长度L、宽度B(m)	$L(B) \leqslant 30$	±20	用经纬仪、吊线和尺检查或其他测量仪器检查	全部外墙和内承重墙
		$L(B) > 30$	±30		

7.3 雪体工程质量验收

Ⅰ 主控项目

7.3.1 雪体的强度应满足设计的要求。

检验方法：检查雪体强度试验报告。

7.3.2 雪体工程墙体厚度应满足设计要求。当设计无要求时，对高度不大于6m的墙体，厚度不应小于800mm，对高度大于6m且小于10m的墙体，厚度不应小于1000mm。

检查数量：每检验批抽10%，每个墙面不应少于2处。

检验方法：用尺检查。

7.3.3 雪柱截面尺寸应满足设计要求。当设计无要求时，截面尺寸不应小于1200mm×1200mm。

检查数量：每检验批抽10%，每个墙面不应少于2处。

检验方法：用尺检查。

7.3.4 平拱洞口型钢过梁的设置应满足设计要求。当设计无要求时，应符合本规程表4.5.15-1的规定。

检验方法：检查验收记录。

7.3.5 型钢过梁上部砌体错缝长度应为雪块长度的1/2。

检验方法：检查验收记录。

7.3.6 型钢过梁支承长度不应小于350mm。

检查数量：每检验批抽10%，每个墙面不应少于2处。

检验方法：用尺检查。

7.3.7 圆拱形雪碹的施工应满足设计要求。当设计无要求时，应符合本规程表4.5.15-2的规定。

检验方法：检查验收记录。

7.3.8 型钢挑梁的设置应满足设计要求。当设计无要求时，应符合本规程第4.5.16条的规定。

检验方法：检查验收记录。

7.3.9 雪填充质量、雪密度值应满足设计要求。当设计无要求时，应符合本规程第5.10.2条的规定。

检验方法：检查验收记录。

7.3.10 雪景观镶嵌物施工应符合本规程第5.10.4条的规定。

检验方法：检查验收记录。

7.3.11 雪活动类设施的施工应符合本规程第4.3.9和5.10.6条的规定。

检验方法：检查验收记录。

Ⅱ 一般项目

7.3.12 冰雪景观建筑雪体工程外形尺寸偏差、检验方法和抽样数量应符合表7.3.12的规定。

表7.3.12 雪体工程外形尺寸允许偏差

序号	项目		允许偏差（mm）	检验方法	抽样数量
1	层高		±15	用水平仪和尺检查	不应少于4处
2	总高		±30		
3	表面平整度		5	用2m靠尺和楔型塞尺检查	检查全部自然墙面，每个墙面不应少于2处
4	门窗洞口高宽		±5	用尺检查	每检验批抽50%，且不应少于5处
5	外墙上下窗口偏移		20	以底层窗口为准，用经纬仪或吊线检查	每检验批抽50%，且不应少于5处
6	栏板		±10	用拉线、尺检查	检查总量的30%，每处取3点，且不应少于5处
7	垂直度（m）	$H \leqslant 15$	±20	用经纬仪、吊线和尺检查	外墙、柱查阳角，且不少于4处；内墙每20m长查一处，且不应少于4处
		$H > 15$	$H/750$且$\leqslant 50$		
8	外廓线（轴线）长度L、宽度B（m）	$L(B) \leqslant 30$	±20	用经纬仪、吊线和尺检查或其他测量仪器检查	全部外墙和内承重墙
		$L(B) > 30$	±30		

7.4 配电照明工程质量验收

7.4.1 冰雪建筑配电照明所用的设备、材料、成品和半成品进场时，应提供质量合格证明文件。对新电气设备、器具和材料等进场时，尚应提供安装、采用、维修和试验要求等技术文件。

7.4.2 动力和照明的漏电保护装置，应进行模拟动作试验，并应作好试验记录。

7.4.3 冰雪景区内大型建筑照明系统满负荷通电连续试运行时间不得小于24h；冰景内照明系统满负荷通电连续试运行时间不得小于12h。

7.4.4 满负荷试运行的所有照明灯具均应开启，每间隔2h记录1次运行情况，在满足本规程第7.4.3条规定的试运行时间内应无故障。

7.4.5 灯具、断路器、启动器、控制器、频闪器及灯光控制设备在投入运行前，应进行耐低温运行试验，反复启动不得低于10次，通电连续试运行时间大于24h。气体放电灯启动试验每次启、停应间隔不少于15min，反复启动不低于5次，上述运行试验不得出现过热、漏电、闪烁、功率降低和超过启动时间或启动不正常等现象。

7.4.6 电压降正常运行情况下，照明和电动机等用电设备端电压的偏差允许值（以额定电压的百分数表示）应为±5%，并应随时进行监测记录。

7.4.7 配电照明工程质量验收记录应符合下列规定：

1 配电照明分部工程可按灯具及安装、配电箱（盘）施工、照明供电施工、用电保护、电缆及施工、照度水平及效果和运行调试 7 个分项工程进行验收；每个分项工程验收质量应符合设计要求，并应填写验收记录；

2 应进行质量控制资料检查，安全和功能检验资料核查及主要功能抽查，并应填写记录；

3 配电照明工程检验批评定应全数检验。

8 维护管理

8.1 监　　测

8.1.1 景区使用期间应对冰雪景观建筑砌体进行温度监测，并符合下列规定：

1 景区中每个功能分区应至少选择 1 个具有代表性的冰雪景观建筑作为监测点；

2 应选择建筑高度大于 12m 的冰景观建筑，或建筑高度大于 9m 的雪景观建筑作为监测点；

3 监测的部位应选择景观建筑的主要结构部位；

4 监测的时段为：8 时、14 时和 20 时，必要时可增加 2 时。

8.1.2 冰雪景观建筑的沉降和变形监测应按照现行行业标准《建筑变形测量规范》JGJ/T 8 的有关规定进行。

8.1.3 应根据对冰雪景观建筑砌体温度监测和变形监测结果，当冰雪景观建筑局部出现明显裂缝、松动脱落、位移、倾斜、风化严重、失去观赏价值等情况采取的措施应符合本规程第 8.2 和 8.3 节的规定。

8.2 维　　护

8.2.1 冰雪景区在使用期间应组织相关专业技术人员对冰雪景观建筑进行专项巡回检查，并符合下列规定：

1 专项检查的内容应包括冰雪砌体结构安全状况和用电设备安全运行状态；

2 冰雪砌体结构安全状况检查，在景区运行初期应以变形监测为重点；在景区运行后期应以砌体温度监测为重点；检查中对设置的监测点的主要结构部位砌体温度和变形进行监控；

3 用电设备安全检查应以各类仪表运行状况和记录为重点；

4 巡回检查的内容应包括冰雪景观建筑观感质量、各类防滑设施、安全防护措施，配电照明线路及配电箱、盘各类灯具运行状况；

5 专项检查每天一次；巡回检查每天展前和展后各一次，出现环境温度异常变化时应加大检查频次；

6 每次检查后应根据相关数据和本规程的相关规定制定维护方案。

8.2.2 运行期间冰雪景观建筑出现下列情况应及时进行维护：

1 表面被积雪、灰尘等污染；

2 内置灯具造成冰体融化产生孔洞；

3 雪景观建筑出现蜂窝、麻面，影响观赏效果；

4 风化严重，局部融化变形；冰体表面出现裂缝，冰块粘结缝出现融蚀、风蚀，局部松动、塌陷；

5 冰砌体、雪体与结构构件产生缝隙；

6 基础变形；

7 其他影响观感质量的局部缺损等现象；

8 需要随时进行维护的冰雪景观建筑。

8.2.3 冰雪娱乐活动设施的防护措施、防滑设施及警示标识应随时进行维护、加固或更换。

8.2.4 水浇冰景施工完成后，每 5d 宜进行一次维护，在低温天气下应补充喷水，保持景观完好。

8.2.5 照明设施、设备以及相关的维护应按本规程第 8.2.1 条第 3～6 款要求进行。

8.3 拆　　除

8.3.1 当冰景观建筑所处环境日平均温度高于－5℃、雪景观建筑日平均温度高于－10℃时，应采取禁止人员进入上部、内部活动或停止运行等措施。

8.3.2 日最高气温连续 5d 不低于 0℃时，冰雪景观建筑应进行拆除。

8.3.3 冰雪景观建筑出现明显位移或倾斜，存在安全隐患时，应予以拆除。

8.3.4 冰雪景观建筑表面或局部融化，失去观赏价值时，应予以拆除。

附录 A　冰砌体承载力影响系数

A.0.1 冰砌体承载力影响系数（φ）应按表 A.0.1 的规定采用。

表 A.0.1　冰砌体承载力影响系数（φ）

高厚比 β	相对偏心距 $\frac{e}{h}$						
	0.00	0.05	0.10	0.15	0.20	0.25	0.30
3	1.00	0.89	0.78	0.70	0.61	0.58	0.55
4	1.00	0.88	0.76	0.68	0.60	0.57	0.54

续表 A.0.1

高厚比 β	相对偏心距 $\frac{e}{h}$						
	0.00	0.05	0.10	0.15	0.20	0.25	0.30
5	1.00	0.87	0.73	0.66	0.59	0.56	0.52
6	1.00	0.86	0.71	0.65	0.58	0.55	0.51
7	1.00	0.85	0.69	0.63	0.57	0.53	0.49
8	1.00	0.84	0.68	0.62	0.56	0.52	0.47
9	1.00	0.83	0.66	0.60	0.54	0.50	0.45
10	1.00	0.82	0.65	0.59	0.53	0.49	0.44

注：1 e 为轴向力偏心距；

2 h 为矩形截面中平行于轴向力偏心方向的边长。

附录B 雪体承载力影响系数

B.0.1 雪体承载力影响系数（φ）应按表 B.0.1 的规定采用。

表 B.0.1 雪体承载力影响系数(φ)

高厚比 β	相对偏心距 $\frac{e}{h}$						
	0.00	0.05	0.10	0.15	0.20	0.25	0.30
2	1.00	0.91	0.82	0.71	0.60	0.53	0.45
3	1.00	0.89	0.79	0.70	0.60	0.53	0.45
4	1.00	0.88	0.76	0.66	0.55	0.50	0.44
5	1.00	0.87	0.73	0.62	0.51	0.46	0.40
6	1.00	0.85	0.70	0.59	0.47	0.42	0.37
7	1.00	0.84	0.67	0.56	0.43	0.38	0.34
8	1.00	0.83	0.64	0.53	0.39	0.34	0.31

注：1 e 为轴向力偏心距；

2 h 为矩形截面中平行于轴向力偏心方向的边长。

附录C 工程质量验收记录

C.0.1 检验批的质量验收记录由施工项目专业质量检查员填写，监理工程师（建设单位项目专业负责人）组织项目专业质量检查员等进行验收，并应按表 C.0.1 记录。

表 C.0.1 检验批质量验收记录

<table>
<tr><td colspan="2">工程名称</td><td></td><td>分项工程名称</td><td></td><td>验收部位</td><td></td></tr>
<tr><td colspan="2">施工单位</td><td></td><td>专业工长</td><td></td><td>项目经理</td><td></td></tr>
<tr><td colspan="2">施工执行标准名称及编号</td><td colspan="5"></td></tr>
<tr><td colspan="2">分包单位</td><td></td><td>分包项目经理</td><td></td><td>施工班组长</td><td></td></tr>
<tr><td colspan="3">质量验收规范的规定</td><td colspan="2">施工单位检查评定记录</td><td colspan="2">监理（建设）单位验收记录</td></tr>
<tr><td rowspan="9">主控项目</td><td>1</td><td></td><td colspan="2"></td><td colspan="2"></td></tr>
<tr><td>2</td><td></td><td colspan="2"></td><td colspan="2"></td></tr>
<tr><td>3</td><td></td><td colspan="2"></td><td colspan="2"></td></tr>
<tr><td>4</td><td></td><td colspan="2"></td><td colspan="2"></td></tr>
<tr><td>5</td><td></td><td colspan="2"></td><td colspan="2"></td></tr>
<tr><td>6</td><td></td><td colspan="2"></td><td colspan="2"></td></tr>
<tr><td>7</td><td></td><td colspan="2"></td><td colspan="2"></td></tr>
<tr><td>8</td><td></td><td colspan="2"></td><td colspan="2"></td></tr>
<tr><td>9</td><td></td><td colspan="2"></td><td colspan="2"></td></tr>
<tr><td rowspan="4">一般项目</td><td>1</td><td></td><td colspan="2"></td><td colspan="2"></td></tr>
<tr><td>2</td><td></td><td colspan="2"></td><td colspan="2"></td></tr>
<tr><td>3</td><td></td><td colspan="2"></td><td colspan="2"></td></tr>
<tr><td>4</td><td></td><td colspan="2"></td><td colspan="2"></td></tr>
<tr><td colspan="2">施工单位检查结果评定</td><td colspan="5">项目专业质量检查员　　　　年　月　日</td></tr>
<tr><td colspan="2">监理(建设)单位验收结论</td><td colspan="5">监理工程师
(建设单位项目专业技术负责人) 年　月　日</td></tr>
</table>

C.0.2 分项工程质量应由监理工程师（建设单位项目专业技术负责人）组织项目专业技术负责人等进行验收，并应按表 C.0.2 记录。

表 C.0.2 ________分项工程质量验收记录

工程名称		结构类型		检验批数	
施工单位		项目经理		项目技术负责人	
分包单位		分包单位负责人		分包项目经理	
序号	检验批部位、区段		施工单位检查评定记录	监理(建设)单位验收结论	
1					
2					
3					
4					
5					
6					
7					
8					
9					
10					
检查结论	项目专业技术负责人 年 月 日		验收结论	监理工程师 (建设单位项目专业技术负责人) 年 月 日	

表 C.0.3 ________分部（子分部）工程验收记录

工程名称		结构类型		层 数	
施工单位		技术部门负责人		质量部门负责人	
分包单位		分包单位负责人		分包技术负责人	
序号	分部工程名称	检验批数	施工单位检查评定	验收意见	
1					
2					
3					
4					
5					
6					
质量控制资料					
安全和功能检验(检测)报告					
观感质量验收					
验收单位	分包单位		项目经理 年 月 日		
	施工单位		项目经理 年 月 日		
	勘察单位		项目负责人 年 月 日		
	设计单位		项目负责人 年 月 日		
	监理(建设)单位		总监理工程师 (建设单位项目专业技术负责人) 年 月 日		

C.0.3 分部（子分部）工程质量应由总监理工程师（建设单位项目专业技术负责人）组织施工项目经理和有关勘察、设计单位项目负责人进行验收，并按表 C.0.3 记录。

C.0.4 单位工程质量验收应按表 C.0.4-1 的规定进行记录。表 C.0.4-1 为单位工程质量验收的汇总表，与表 C.0.3 和表 C.0.4-2～表 C.0.4-4 配合使用。表 C.0.4-2 为单位工程质量控制资料核查记录，表 C.0.4-3 为单位工程安全和功能检验资料核查及主要功能抽查记录，表 C.0.4-4 为单位工程观感质量检查记录。

表 C.0.4-1 单位工程质量竣工验收记录

工程名称		结构类型		层数/建筑面积	
施工单位		技术负责人		开工日期	
项目经理		项目技术负责人		竣工日期	

序号	项目	验收记录	验收结论
1	分部工程	共 分部，经查 分部 符合标准及设计要求 分部	
2	质量控制 资料核查	共 项，经审查符合要求 项，经核定符合规范要求 项	
3	安全和主要使用功能核查及抽查结果	共核查 项，符合要求 项， 共抽查 项，符合要求 项， 经返工处理符合要求 项	
4	观感质量验收	共抽查 项，符合要求 项， 不符合要求 项	
5	综合验收结论		

	建设单位	监理单位	施工单位	设计单位
参加验收单位	（公章） 单位(项目)负责人 年 月 日	（公章） 总监理工程师 年 月 日	（公章） 单位负责人 年 月 日	（公章） 单位(项目)负责人 年 月 日

表 C.0.4-2 单位工程质量控制资料核查记录

工程名称			施工单位		
序号	项目	资料名称	份数	核查意见	核查人
1	建筑与结构	图纸会审、设计变更、洽商记录			
2		工程定位测量、放线记录			
3		原材料出厂合格证书及进场检（试）验报告			
4		施工试验报告及见证检测报告			
5		隐蔽工程验收记录			
6		施工记录			
7		地基基础、主体结构检验及抽样检测资料			
8		分项、分部工程质量验收记录			
9		工程质量事故及事故调查处理资料			
10		新材料、新工艺施工记录			
1	配电照明	图纸会审、设计变更、洽商记录			
2		材料、设备出厂合格证书及进场检（试）验报告			
3		设备调试记录			
4		金属构架、灯具的构件和金属软管接地记录			
5		隐蔽工程验收记录（内置灯具、电缆施工等）			
6		施工记录			
7		分项工程质量验收记录			

结论：

总监理工程师

施工单位项目经理 年 月 日 （建设单位项目负责人） 年 月 日

表 C.0.4-3 单位工程安全和功能检验资料核查及主要功能抽查记录

工程名称			施工单位			
序号	项目	资料名称	份数	核查意见	抽查结果	核查（抽查）人
1	建筑与结构	建筑垂直度、标高、全高测量记录				
2		建筑物沉降观测测量记录				
3		活动、娱乐工程试用记录				
1	配电与照明	照明全负荷试验记录				
2		大型灯具牢固性检验记录				
3		接地(PE)支线接线及接地电阻检查、测试记录				
4		人行过道等人流密集场所灯具防触电措施检查记录				
5		漏电保护装置动作电流和时间测试记录				
6		电器保护计量仪表灵敏度测试记录				

结论：

总监理工程师

施工单位项目经理　年　月　日　（建设单位项目负责人）　年　月　日

表 C.0.4-4 单位工程观感质量检查记录

工程名称			施工单位			
序号	项目		抽查质量状况	核查(抽查)人 好	一般	差
1	建筑与结构	外墙面				
2		变形缝				
3		屋面				
4		内墙面				
5		内顶棚				
6		地面				
7		楼梯、踏步、护栏				
8		门窗				
1	配电照明	配电箱(盘)接线				
2		配电箱(盘)开关				
3		配电箱(盘)漏电保护装置				
4		配电箱(盘)内N线与PE线配置				
5		照明质量、照度水平及效果				
观感质量综合评价						
检查结论						

总监理工程师

施工单位项目经理　　年　月　日　（建设单位项目负责人）

年　月　日

本规程用词说明

1 为便于在执行本规程条文时区别对待，对要求严格程度不同的用词说明如下：

1） 表示很严格，非这样做不可的：
正面词采用“必须”，反面词采用“严禁”；

2） 表示严格，在正常情况下均应这样做的：
正面词采用“应”，反面词采用“不应”或“不得”；

3） 表示允许稍有选择，在条件许可时首先应这样做的：
正面词采用“宜”，反面词采用“不宜”；

4） 表示有选择，在一定条件下可以这样做的，采用“可”。

2 条文中指明应按其他有关标准执行的写法为：“应符合……的规定”或“应按……执行”。

引用标准名录

1 《砌体结构设计规范》GB 50003

2 《建筑结构荷载规范》GB 50009

3 《建筑照明设计标准》GB 50034

4 《低压配电设计规范》GB 50054

5 《建筑工程施工质量验收统一标准》GB 50300

6 《建筑变形测量规范》JGJ/T 8

7 《民用建筑电气设计规范》JGJ 16

8 《城市夜景照明设计规范》JGJ/T 163

9 《管形荧光灯镇流器能效限定值及节能评价值》GB 17896

中华人民共和国行业标准

冰雪景观建筑技术规程

JGJ 247—2011

条 文 说 明

制 定 说 明

《冰雪景观建筑技术规程》JGJ 247－2011经住房和城乡建设部2011年8月29日以第1133号公告批准、发布。

本规程制定过程中，编制组对冰雪景观建筑材料、设计、施工、安全、灯光、运营和工程质量验收等进行了调查研究，总结了我国北方地区近50年来冰灯和冰雪景观建筑工程的实践经验，同时参考借鉴了国外先进技术法规、技术标准，通过数个实验期对人工制冰、人造雪、天然冰、天然雪的观察和大量的物理性能实验及实际验证，取得了一系列重要技术参数。

为便于广大设计、施工、科研、学校等单位有关人员在使用本规程时能正确理解和执行条文规定，《冰雪景观建筑技术规程》编制组按章、节、条顺序编制了本规程的条文说明，对条文规定的目的、依据以及执行中需注意的有关事项进行了说明，还着重对强制性条文的强制性理由作了解释。但是，本条文说明不具备与规程正文同等的法律效力，仅供使用者作为理解和把握规程规定的参考。

目　次

1 总 则

1.0.1 冰雪景观建筑的出现是冰灯和雪雕艺术的一次飞跃。冰雪艺术展示从民间节庆的一种小型娱乐装饰发展成为冰灯艺术，进而发展为冰雪景观建筑，在中国北方经历了较为漫长的发展阶段，最初的年代已经无从考查，从最初民间一种简单的节日装饰，经过哈尔滨市艺术工作者的挖掘、整理，走过了近50年的历程，发展成为一门独特的表现艺术，成为国内外许多城市和地区促进地方经济和文化发展炙手可热的特色项目。“冰灯”也从民间简单随手提着游玩的灯笼，发展成为大体量综合性的冰雪景观建筑，在设计、施工、功能、作用上等均发生了本质性的变化。通过查证最新相关资料，目前，在我国和世界范围内还没有针对“冰雪”为材料的建设规范。我们根据多年的实践经验、多年的观测、大量的试验和实际应用，编制了本规程，供有关人员参考。由于可供参考的资料有限，环境和条件的局限性，本规程还需根据实际情况进行充实。

在当今旅游业高度发达，与经济发展紧密相连的时期，冰雪景观建筑已经成为世界范围寒地国家和地区争相发展的特色旅游项目。冰雪景观建筑迫切需要在规划、设计、施工、验收和维护管理等各项技术领域有一个统一的规范，从而提高冰雪景观建筑设计水平，促进冰雪艺术和冰雪文化发展，保证冰雪景观建筑安全和工程质量。

1.0.2 大型冰雪景观建筑及其游乐园一般建于严寒、寒冷地区的室外，对于气候和冰雪材料有一定的要求，在区域上有一定的局限性。室内冰雪景观则不受地域限制，但一般规模较小，运营和维护成本较高。

2 术语和符号

本规程采用的术语和符号是根据我国寒冷地区冰雪景观建筑的设计、施工和建设的实践，以及冰雪旅游和冰雪文化的发展逐渐形成的习惯和社会认知，并参考国内外有关资料而形成的。

2.1 术 语

2.1.11 本条低温条件下指在环境温度低于−10℃的条件下。

2.1.14 冰雪景观建筑高度在本规程不包括冰雪景观建筑上部和下部非冰雪制品的高度。

3 冰、雪材料的计算指标

3.1 冰材料计算指标

3.1.1 冰块的强度极限值

1 抗压强度极限值试验曲线如图1所示。

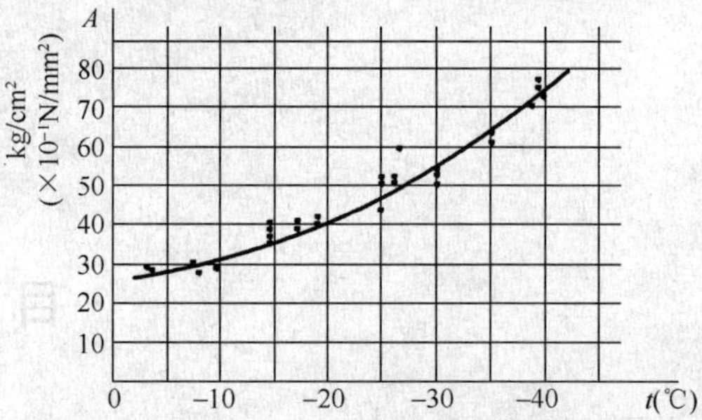

图1 冰块的抗压强度极限值试验曲线

冰的抗压强度经验公式为：

$$A = 26.1 + 0.24t(1 + 0.1t) \quad (1)$$

式中：A——冰在不同温度下的抗压强度极限值；

t——冰的温度，取绝对值，t 大于5且小于40。

2 抗剪强度极限值试验曲线如图2所示。

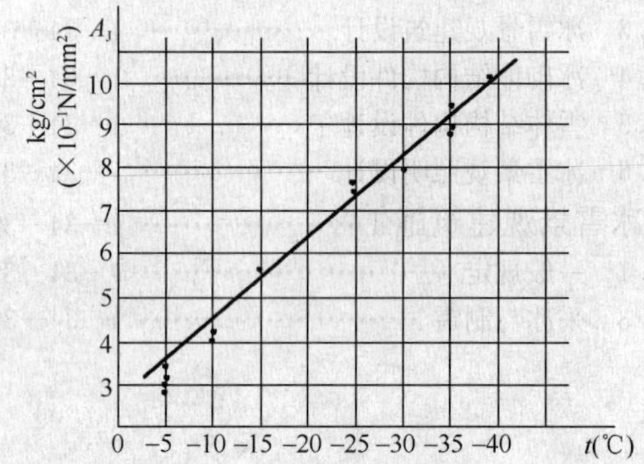

图2 冰块的抗剪强度极限值试验曲线

冰的抗剪强度经验公式为：

$$A_J = 2.6 + 0.19t \quad (2)$$

式中：A_J——冰的抗剪强度极限值；

t——冰的温度，取绝对值，t 大于5且小于40。

3 抗拉强度极限值试验曲线如图3所示。

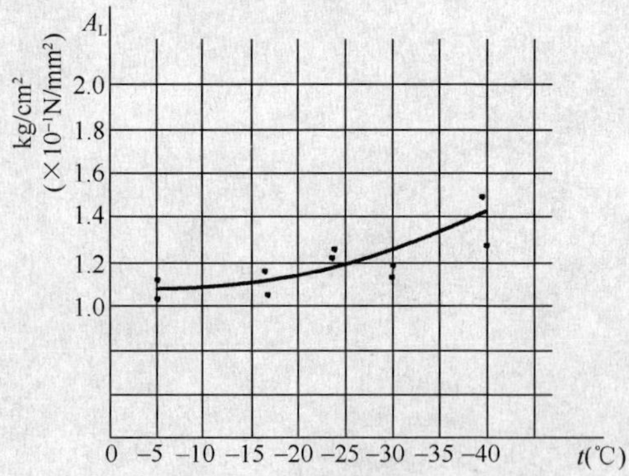

图3 冰块的抗拉强度极限值试验曲线

冰的抗拉强度经验公式为：

$$A_L = 1.08 + 0.002t(0.13t - 1) \quad (3)$$

式中：A_L——冰的抗拉强度极限值；

t——冰的温度，取绝对值，t 大于 5 且小于 40。

3.1.2 冰砌体抗压、抗拉、抗剪强度标准值

冰砌体抗压强度标准值按下式计算：

$$f_k = f_m(1 - 1.645\delta) \quad (4)$$

式中：f_k——冰砌体抗压强度标准值（MPa）；

δ——变异系数，取为 0.25；

f_m——冰砌体抗压强度极限值的平均值（MPa）。

$f_m = 0.52f_1$，-5℃时 $f_1 = 2.79$，为冰的抗压强度极限值的平均值，取自试验资料，即规程表 3.1.1 值，则 $f_m = 1.451$MPa。

由上得 $f_k = 0.854$MPa。

冰砌体抗拉强度标准值按下式计算：

$$f_{tk} = f_{tm}(1 - 1.645\delta) \quad (5)$$

式中：f_{tk}——冰砌体抗拉强度标准值（MPa）；

δ——变异系数，取为 0.31；

f_{tm}——冰砌体抗拉强度极限值的平均值（MPa）。

$f_{tm} = 0.29\sqrt{f_t}$，-5℃时 $f_t = 0.108$MPa，为冰的抗拉强度极限值的平均值，取自试验资料，即规程表 3.1.1 值，则 $f_{tm} = 0.095$MPa。

由上得 $f_{tk} = 0.047$MPa。

冰砌体抗剪强度标准值按下式计算：

$$f_{vk} = f_{vm}(1 - 1.645\delta) \quad (6)$$

式中：f_{vk}——冰砌体抗剪强度标准值（MPa）；

δ——变异系数，取为 0.29；

f_{vm}——冰砌体抗剪强度极限值的平均值（MPa）。

$f_{vm} = 0.25\sqrt{f_v}$，-5℃时 $f_v = 0.36$MPa，为冰的抗剪强度极限值的平均值，取自试验资料，即规程表 3.1.1 值。则 $f_{vm} = 0.150$MPa。

由上得 $f_{vk} = 0.078$MPa。

其他温度分级时，同理可求得相应的强度标准值，得出本规程 3.1.2。

3.1.3 冰砌体抗压、抗拉、抗剪强度设计值，取自于强度标准值。强度标准值除以材料分项系数 γ_f 即为强度设计值。材料分项系数考虑了施工质量控制等级 C 级取 $\gamma_f = 1.8$，类似冰雕等比较精细的工程施工质量控制等级可定为 B 级取 $\gamma_f = 1.7$。

施工质量控制等级的确定，参照现行国家标准《砌体结构工程施工质量验收规范》GB 50203 的规定，主要考虑现场质保体系、工作环境、材料强度和工人技术等级的综合水平等因素来划定。

3.1.4 不同地域的冰导热系数，可按下式进行计算：

$$\lambda = 2.22(1 + 0.0015t) \quad (7)$$

式中：λ——冰的导热系数[W/(m·K)]；

t——冰温度(℃)，取绝对值，t 大于 5 且小于 40。

3.2 雪材料计算指标

3.2.1 人造雪的密度取自试验数据，采用雪龙牌制雪机所产人造雪的密度值为参考值，替代 supercool 牌制雪机和波顿牌制雪机所产人造雪的密度值。天然雪取自原始试验数据。

3.2.2 雪体抗压强度极限值取自试验资料。不同温度时，其强度表达式（密度函数）如下：

人造雪		天然雪	
-10℃	$y = 0.0083x - 3.864$	-10℃	$y = 0.0040x - 1.2113$
-20℃	$y = 0.0090x - 4.1489$	-20℃	$y = 0.0043x - 1.2209$
-30℃	$y = 0.0152x - 7.2184$	-30℃	$y = 0.0079x - 2.4415$

式中：抗压强度极限值 y 的单位为 MPa，密度 x 的单位为 kg/m^3。

所用物理力学指标是对雪加压处理后的试验数据，不适用于松散状态雪。

强度标准值 f_k 也是考虑了各种受力状态时的强度变异性，按"统一标准"取用了强度极限值的平均值 f_m 的概率密度分布函数 0.05 的分位值，即 95%保证率的强度极限值的平均值 f_m，按式 $f_k = f_m(1 - 1.645\delta)$ 推算得到。

考虑到材料的离散性较大，取变异系数 $\delta = 0.28$。

强度设计值考虑了施工环境条件差，其施工质量控制等级定为 C 级，材料分项系数 $\gamma_f = 1.9$；对于雪雕、雪塑等比较精细工程，施工质量控制等级定为 B 级，材料分项系数 $\gamma_f = 1.8$。设计值及施工质量控制等级的确定原则与冰砌体相同。

对于 -15℃和 -25℃条件下的抗压强度值按线性插入算得。而松散状态的雪未纳入抗压强度指标中。

3.2.3 雪体的抗折强度极限值取自试验资料。

人造雪	
-10℃	$y = 0.0069x - 3.3695$
-20℃	$y = 0.0119x - 5.723$
-30℃	$y = 0.0127x - 6.0505$

式中：抗折强度极限值 y 的单位为 MPa，密度 x 的单位为 kg/m^3。

表 1 天然雪抗折强度极限值

密度(kg/m^3)	温度(℃)		
	-10	-20	-30
350	0.147	0.157	0.162
390	0.223	0.246	0.263
410	0.389	0.418	0.425

雪体的抗折强度标准值及设计值的推算方法同本规范第 3.2.2 条条文说明抗压强度值计算方法，但其中变异系数取 $\delta=0.3$。C、B 级的材料分项系数分别为 $\gamma_f=1.9$、1.8。

对于－15℃和－25℃的雪体抗折强度值按线性插入算得。而松散状态的雪未纳入雪体抗折强度指标中。

3.2.4 雪体的抗劈拉强度极限值试验资料，人造雪采用了雪龙牌制雪机的指标。

表 2 人造雪抗劈拉强度极限值（MPa）

密度（kg/m³）	温度（℃）		
	－10	－20	－30
510	0.093	0.113	0.121
530	0.146	0.170	0.185
550	0.194	0.216	0.231

表 3 天然雪抗劈拉强度极限值（MPa）

密度（kg/m³）	温度（℃）		
	－10	－20	－30
350	0.066	0.076	0.081
390	0.102	0.111	0.118
410	0.149	0.170	0.183

人造雪抗劈拉强度极限值取上表抗劈拉强度极限值。抗劈拉强度标准值、设计值的推算方法同本规范第 3.2.2 条条文说明中的抗压强度值计算方法，但考虑到指标离散性较大，变异系数取 $\delta=0.3$，C、B 级的材料分项系数分别为 $\gamma_f=1.9$、1.8。

对于－15℃和－25℃的抗劈拉强度值按线性插入算得。而松散状态的雪未纳入抗劈拉强度指标中。

3.2.5 雪体的抗剪强度极限值试验数据。

表 4 人造雪极限值（MPa）

密度（kg/m³）	温度（℃）		
	－10	－20	－30
510	0.268	0.404	0.540
530	0.362	0.515	0.659
550	0.515	0.630	0.745

表 5 天然雪极限值（MPa）

密度（kg/m³）	温度（℃）		
	－10	－20	－30
350	0.068	0.072	0.089
390	0.145	0.183	0.196
410	0.179	0.200	0.221

按与本规程第 3.2.2 条条文说明抗压强度值计算相同的方法推算抗剪强度标准值、设计值。考虑压剪试验强度值偏高，所以变异系数取 $\delta=0.31$，C、B 级的材料分项系数分别为 $\gamma_f=2.0$、1.9。

对于－15℃和－25℃的抗剪强度值按线性插入算得。而松散状态的雪未纳入抗剪强度指标中。

冰材料计算指标根据实验室测试数据以及设计人员在实际工作中的经验制定，经过不断积累所得出。冰材料计算指标经过了近 50 年的实际检验，没有出现过因设计取值而发生事故的情况，而雪材料计算指标经过两年的试验而得，需在实践中进一步观测和积累。在有特殊需要时，可进行测试或参考实验结果。

4 冰雪景观建筑设计

冰雪景观建筑设计属于多门类的综合学科，是土木工程设计、艺术设计、照明设计、营销策划、活动策划、展示设计等多个设计领域的综合。通过几十年的实践总结，冰雪景观建筑设计以土木工程设计为主要参考依据，在施工上以建筑工程施工队伍、使用建筑机械设备为主。

4.1 一 般 规 定

由于地域条件和施工的差异，不同地区各有差别，在设计中应充分考虑地域的要求。建议多使用地方材料。冰雪的透光度、供应量将直接制约设计。

4.1.1 针对冰雪景观建筑施工期以及使用期较为短暂的特点，提出了设计工作的总体原则，其中最主要的是冰雪景观建筑应满足使用安全要求和景观自身特点的要求。

4.1.3 设计中选择的设备、使用的材料、设备维护、设备运行、设施使用和游人活动，要求在寒冷条件下保证运行安全良好。新产品宜通过实际检验后采用。

4.2 冰雪景区总体设计

总体设计的关键在于整个园区的创意主题的确定，根据主题才能确定园区的表现形式、规模，设计者在此阶段更像是一个策划者。而一般技术规程，特别是施工规程中并不涉及此类内容。对于冰雪景观建筑设计工作者，在总体设计阶段应是一个复合型的人才，需要具备多学科的综合能力。

总体设计可以参考园林景区有关设计标准。

4.2.1～4.2.4 此 4 条对景区选址、总体规划、景区建筑设计和交通规划提出了相关要求，在设计过程中可参照园林景区有关设计规范要求实施。

每人不小于 10m² 确定占地面积，地域不同可根据实际情况定。

4.3 冰雪景观建筑设计

冰雪景观建筑设计包括单体设计，设计中涉及组群设计，一个单项可能包括数个单体项目。冰雪景观建筑在工程设计中一般以实体建筑为主，构造设计较多，构件材料也可采用木材、竹材等经济、耐用、易回收的材料。

冰雪景观建筑立面设计突出总体效果，受结构和构造限制，一般比较厚重，在设计过程，以整体效果作为重点，单体轮廓清晰，线条明朗，细部雕琢应考虑风化因素的影响，宜用夸张手法。

4.3.2 冰雪景观建筑设计注重外部艺术表现力，在满足结构安全和功能要求的前提下，内部可设计为空心，可采用堆土、沙袋、脚手架代替或用毛冰、碎冰填充。

4.3.3 高度超过10m的冰墙、冰柱的主要承重构件和次要承重构件，均应进行强度计算并满足结构要求，特别是允许游人进入内部或上部的冰雪景观建筑更应特别谨慎。本条为强制性条文，应严格执行。

4.3.4 冰楼梯踏步宽度取规定值上限，踏步台阶外高里低是为防滑需要；冰楼梯围栏高度，取国家规定标准上限，厚度依多年实践和高厚比要求确定。

4.3.5 本条采用"不宜"，是考虑到结构和施工等因素提出的，同时考虑到冰雪景观建筑中求"高"、求"大"，容易忽视"精"、"细"等现象，在设计中根据需要从实际出发，对超过30m的冰建筑采取相应的结构设计措施确保结构安全，材料的垂直运输也应采取特殊手段保证施工安全，强化质量管理，确保冰建筑精雕细刻的特色。

4.3.6 本条主要是对垂直高度超过5m并与游人直接接触的5m以上冰砌体部分的设计提出构造要求。冰雪景区供游人进出的大型拱门等建筑，其高度一般在5m以上，其顶部均有一些悬挑等结构，对此类建筑提出2条措施：冰砌体作收分或阶梯式处理；上部封顶压盖部分应有抗倾覆、抗滑移措施，以防止上部冰砌块坠落伤人，此规定符合多年来实践经验的要求。本条为强制性条文，应严格执行。

4.3.7 冰雪艺术设计应不断引入新的设计理念，探索新的设计思路。要吸纳当前世界各国先进的冰雪艺术设计元素，丰富思路、扩充视野、创新发展。

4.3.8 阳光、温度、风力、污染对冰雪具有融蚀作用，其中冰的风化作用平均每日约为0.2mm(哈尔滨地区)，受地域、环境、气候的影响，各地冰雪体风化程度将有所变化；对雪的影响还会更大一些，有条件时在雪建筑迎光面应喷洒胶质防晒液和其他维护方式。

4.3.9 活动类项目参与人数较多，尤以儿童为主，此类项目的设计安全性应成为设计工作重点考虑的因素。攀爬类项目提出攀登防护措施、攀登辅助工具、顶部安全防护栏杆、疏散平台及通道等要求，是为预防摔伤、踏伤、跌滑、高坠等事故发生。滑梯类项目中，对直线滑道、曲线滑道护栏、转弯、滑道的平均坡度、下滑工具、终端设计等，均根据多年来的实践经验和相关设计要求提出了具体技术规定，利于此项目安全和可靠。缓冲道长度应根据滑道坡度等计算确定，缓冲道终点应设防护设施。此条相关技术数据符合多年来实践经验，它涉及人身安全。本条为强制性条文，应严格执行。

4.4 冰砌体结构构件设计

4.4.1、4.4.2、4.4.5～4.4.7 冰砌体结构构件的计算以承载力计算为主，荷载效应取基本组合，并以相应的构造措施为保证。

关于正常使用极限状态的问题，因此种材料结构，尚无变形、裂缝等的控制指标限值，按极限状态验算根据不足，只能直观判断，所以暂按计算和结构构造措施使结构保持正常使用状态。

虽然使用期限只有短暂的两个月，但因人流密集，所以结构重要性系数为1。

一般景观区面积大时，应简单查明地层构造，岩土性质，水文地质条件及冻深，宜达到初勘深度。对于不均匀沉降较敏感的冰景建筑下，宜布有控制性勘探孔。

高度大于10m的冰景建筑，应验算软弱下卧层地基承载力。

当冰建筑为大面积实体落地建筑时，入冬初期施工现场已有的冰雪覆盖层，导致地基土冻得不厚。为确保安全，冰雪景观建筑在大面积施工前，当冻土厚度超过400mm时，只计400mm厚作为冻土持力层，而厚度小于400mm的按实际厚度取用。冻土地基承载力由现场测试确定。

空旷的冰砌体建筑的静力计算方案，当横墙间距$S\geqslant 20$m超出刚性方案(因为临时性建筑不会是重型刚性楼盖、屋盖，所以按有檩轻型楼、屋盖考虑的S)即非刚性方案时，宜采取有效构造措施，使得体系成为刚性。如设置必要的冰砌横墙拉结或设临时性的壁式框架充当冰砌横墙的拉结作用。

4.4.3 冰砌块砌筑时，环境温度偏高，将影响工期和施工质量。环境温度上升至－5℃～0℃，达到停止使用或拆除条件，为保证冰景观建筑使用过程的安全，以－5℃作为设计温度。

4.4.4 本条规定了高度大于10m，落地短边长度大于6m的冰建筑应进行基础设计的基本原则；同时规定了软土、回填土地基不能满足设计要求或对于高度超过10m的冰建筑，地基承载力变形不能满足设计要求时，应采取的相应措施，以保证地基安全度，从而保证景观建筑安全。本条列为强制性条文是因为根据目前情况看，冰雪景观建筑向"高"、"大"发展，因此必须强调地基承载力以免出现结构隐患。本条为强制性条文，应严格执行。

4.4.9 本条中局部受压强度提高系数，因施工条件不利，影响施工质量，不易做到均匀受压状况。故参照砌体规范端部受压的情况简化后取整为 1.20。

4.4.10 轴心受拉构件承载力计算不包括轴向力垂直于冰块间的粘结平面(冰缝)的情况，如现场浇水结冰作为冰块间的粘结层时，设计中避免这种受力形式。

沿竖缝的冰体破坏以及沿齿缝的破坏模式，受拉计算面积取受力构件的全部截面积。

水平受拉(沿水平粘结平面)时包括竖缝截面。

4.4.11 受剪构件承载力计算以通缝破坏形式为主，当计算齿缝破坏情况时抗剪截面积应为把竖缝计入在内的全截面计算。

4.4.12 由于施工环境条件差，队伍专业熟练程度不够，常造成冰缝结合面注水饱满度不足 80%。砌体通常存在通缝、齿缝或沿冰块和竖缝等几种破坏的可能，而每种情况承载力不尽相同，其中任一种的弯曲抗拉强度值都略高于抗剪强度值。考虑到无法进行弯曲抗拉模式试验的实际情况，根据经验为偏于安全以抗剪强度代用。

实际可能遇到的工程，如二侧外冰墙，中间用碎冰浇水结冰填充的冰砌体，外冰墙的受力接近受弯构件。

4.4.13 冰建筑是短期观展性的，不可能做刚性大的重型楼、屋盖，所以只考虑了轻型有檩体系楼、屋盖作为静力计算的结构水平支承体系，以此划分成刚性、非刚性方案(包括弹性、刚弹性)。

当无盖有四面墙的情况时，若边比接近或大于 2，按悬臂构件考虑；当小于 2 时，横墙间的三边支承墙板，较高时应设计成设有圈梁的带壁柱墙或冰构造柱墙，从而使大面积墙划分成小区格的墙板。

当满足 $\frac{b}{S_0}\geqslant 30$ 时，墙体的构件高度 H，取为相邻圈梁间的距离。继而按本规程表 4.4.13-1 确定 H_0，当然横墙刚度要达到其最大水平位移值 $u_{max}\leqslant\frac{H}{500}$，应比砌体放宽，因为材料有较大的塑性，式中 H 为横墙的总高度。如单层时横墙长度 $L\geqslant H$，多层时 $L\geqslant\frac{H}{2}$。

表 4.4.13-1 的非刚性方案指刚弹性方案和弹性方案，因本规程所涉及的工程很难遇到，所以未细列出。

关于冰圈梁、冰构造柱的结构，可参照本规程第 4.4.15 条条文说明中的相关内容。

4.4.14 双肢空心冰墙，往往在冰墙中安设灯管时形成单肢墙，这种墙的厚度一般在 250mm，较薄。为了增强结构在施工初期至使用后期的整个过程中的刚度和稳定性，原则上沿双肢空心冰墙每隔不大于 1/2 单肢冰墙允许高厚比的高度处，相间设置两皮冰块、在两皮冰块间设钢板网进行拉结。

高厚比指以单肢厚度计算，拉结冰块作为节点的节点间距与墙厚度之比。

冰柱内竖向钢筋插入在钻孔中，且冰沫(碎屑)注 0℃水冻实。水平箍筋放置在水平沟槽内冰沫注 0℃水冻实。

关于冰砌体伸缩缝的设置，综合考虑到结构安全、观赏效果以及多年来的实践经验，以 30m 设一道 20mm 伸缩缝为宜。关于冰线膨胀系数 α 值的确定，经查证最新国内外有关资料，按 52.7×10^{-6}/K 取值。

4.4.15 本条文从抗震概念出发，给出了抗震设防原则。较高的冰景建筑，虽然每年使用期限不长，年复一年，周期性地重复出现，又因人流密集，地震发生的随机性和材料自身的脆性特点造成危及人身安全的因素存在，所以应考虑抗震构造设防，以提高冰结构的刚度及延性，若遭遇地震，冰块不至于瞬时坠落，造成游人伤亡事故发生。

关于抗震构造措施，可考虑设置配筋冰构造柱及配筋冰圈梁和适当设置横墙等设防措施，来提高结构的刚度及延性。增加冗余度以防连锁性破坏。

冰圈梁、冰构造柱是在一面外露(三面冰砌体围合)的水平或竖向冰槽中放置钢筋骨架，并用冰沫碎屑与 0℃水拌制的半液体流动状态拌合物来灌实冻结成冰圈梁或冰构造柱，也可采用其他方式如钢骨架或钢板网圈梁等抗震构造措施。

4.4.16 梁板外荷载：当梁板下的冰墙高度(h_w)小于过梁的净跨(L_n)时，应计入梁板传来的荷载；当梁板下的墙体高度(h_w)不小于过梁净跨(L_n)时，可不考虑梁板荷载。

冰墙体自重：当过梁上的冰墙体高度(h_w)小于过梁净跨 $L_n/2$ 时，应按冰砌体的均布自重采用；当冰砌体高度(h_w)不小于过梁净跨 $L_n/2$ 时，应按高度为 1/2 墙体的均布自重采用。

4.4.17 挑梁悬挑长度即使小于 0.6m，也应在最上第二层往下每隔 1 皮～2 皮设置配筋率不少于 0.2% 的钢板网或钢筋，并锚固于主体结构，伸入长度不小于 $30d$。

悬挑型钢梁可选用槽钢、角钢、工字钢等。

4.4.19 当冰建筑物高度大于 12m(4 层)时，每隔一定高度(圈梁标高)处，应设置冰楼面刚性楼盖作为冰建筑的刚性横隔，使冰建筑物增加空间刚度及整体稳定性和协同工作，意在为每片墙竖向提供水平支承点，能使墙片处于周边拉结状态。

4.5 雪体结构构件设计

4.5.1、4.5.2、4.5.4～4.5.6 各条说明借鉴冰结构的相关条文说明，理解应用。

计算雪体自重时，应将其质量密度乘以重力加速度 g 换算成重力密度。如 $510\text{kg/m}^3\times10\text{N/kg}=5100\text{N/m}^3=5.10\text{kN/m}^3$。本条文中的雪，指经加压

处理后的雪。

雪体结构构件，当一侧有阳光照射时，被照射面雪融化，成为竖向偏心受压构件，易失去整体稳定，所以除整体稳定验算外，必要时采取防护措施。

4.5.3 雪体结构构件，以－10℃的强度值作为构件设计的计算指标，是因为雪比冰材料结构松散，温度稍有上升容易变形；其次现场施工条件很不利，工期紧等影响施工质量的诸多因素，而使用后期临近拆除时温度相对较高，为保证使用过程中的安全，以－10℃为设计温度。

4.5.7 雪体结构构件，墙、柱构件截面尺寸都较大，墙厚800mm、柱1200mm×1200mm，通常高度都不大，所以不必考虑φ的影响，取其为1。若偏心距较大，为使雪体建筑接近轴向受压状态并满足$\beta \leqslant [\beta]$的要求，可采取加大截面面积、设壁柱或设骨架等措施。

表6 雪体承载力影响系数 φ

高厚比 β	相对偏心距 $\frac{e}{h}$			
	0.00	0.10	0.20	0.30
2	1.00	0.820	0.601	0.452
3	1.00	0.786	0.600	0.446
4	1.00	0.757	0.553	0.437
5	1.00	0.729	0.510	0.402
6	1.00	0.700	0.467	0.367

注：承载力影响系数φ是偏压极限荷载平均值与轴压极限荷载平均值的比值。

附录B是以上表为依据，对相对偏心距$\frac{e}{h}$及高厚比β按线性插入编制成的。

4.5.8 局部受压构件承载力计算四种情况中，即中心局压、墙段的中部边缘局压、端部局压、角部局压等，按砌体不论哪种情况，提高系数都不大于1.25，考虑到雪体材质不密实，受局压时有凹陷变形，提高系数取1.20。一般设计中尽可能避免端部或角部局压情况。

4.5.9 轴心受拉构件承载力计算时，轴心抗拉强度指标按抗劈拉强度值计算承载力。

4.5.10 受剪构件承载力计算时，受剪强度指标是按剪压试验方法取得的值。

4.5.11 受弯构件承载力计算时，其弯曲抗拉强度指标采用抗折强度值，其值是以简支梁集中受荷的试验方法取得的值。

4.5.12 墙、柱允许高厚比按本规程表4.5.12-2采用，参见本规程条文说明第4.4.14条，只考虑了轻型楼盖作为水平支承体系。因雪体结构材料强度比较低而且不密实，所以对无盖有四面墙体的情况，墙体为三面支承时根据边比确定悬臂结构或三边支承结构。当墙体较高时，应设计成设有圈梁的带壁柱或冰构造柱的小区格墙板。

当满足$\frac{b}{S_0} \geqslant 30$时，墙体构件高度取$H$（圈梁间距）。继而按本规程表4.4.13-1确定$H_0$，当然横墙有足够的刚度。其最大水平位移值$u_{\max} \leqslant \frac{H}{500}$，应比砌体放宽，是考虑到这种材料塑性大。上式中$H$为横墙总高度，一般单层时横墙长度$L \geqslant H$，多层时$L \geqslant \frac{H}{2}$。

表4.4.13-1的非刚性方案指刚弹性方案和弹性方案，因本规程所涉及的工程很难遇到，所以未细列出。

雪材料比较松散，受阳光辐射后融化影响稳定性，所以对其允许高厚比$[\beta]$值较冰结构严一些。

关于雪体的冰圈梁、冰构造柱，可参照本规程第4.4.15条条文说明中的相关内容。

4.5.13 雪体构造应符合下列规定：

雪体材料结构松散，强度较低，易受日照，风蚀影响，出于安全考虑，所以墙和柱的最小构造尺寸定得较大，墙800mm、柱1200mm×1200mm，也因上述的原因，高度大于10m的雪墙、独立柱，内部设置竹、木、钢材料组成的结构体系，以保证雪体整体稳定。

4.5.14 关于雪体的抗震设防理念及抗震构造措施可参照本规程第4.4.15条条文说明中的相关内容。

4.5.15 过梁的荷载取值按本规程第4.4.16条的条文说明采用。

表4.5.15-1、表4.5.15-2的注，只限于洞口是以长方形雪砌块、楔形雪砌块砌成时按注解执行。

雪体碹同冰碹，每层楔形块的高度指楔形块的大小边间的距离。碹高是每层楔形块的高度之和。雪体材料松散，强度低，受自然条件影响较大，所以碹拱脚，应验算滑移稳定。同时还应注意因融化承载力降低的情况，应采取的相应补强加固措施。

4.5.16 雪体悬臂构件，由于其抗剪能力低，应选用构造措施保证挑梁的安全，如采用型钢作挑梁。

悬挑型钢梁可选用槽钢、角钢、工字钢等。

4.5.17 雪体结构构件断面较大，承载力、稳定性比冰结构好，但高度较大时，如大于9m（3层）时，由于易受自然日照风吹的影响，单面融化、风蚀成为偏心受力构件，容易形成不稳定的受力体，所以在每隔一定高度（圈梁标高）处，设冰楼面刚性楼盖作为横隔，使该种建筑为空间稳定整体，同时墙体成为四面有约束的构件。

4.6 冰雪景观照明设计

灯光是冰雪景观建筑夜间展示的灵魂，色彩斑澜、绚烂多姿的灯光与冰雪景观建筑的融合是工程技术和艺术表现的完美结合，灯光是冰雪景观设计中不可或缺的内容，设计者对于灯光、灯具、色彩、供电、电气施工、灯光表现力等相关知识应充分了解和掌握，对新型光源等新技术、新工艺和新设备应进行深入的研究。

4.6.2 设计内容及要求包括下列要求：

冰雪景观建筑灯光整体设计主要包括：景观效果照明、功能性照明、舞台灯光及灯光演示等专业性照明设计。

1 冰雪景观建筑效果照明主要采用两种灯光布设方式：一种是冰内设置的灯光，主要用于大型冰景建筑或雕塑；另一种是针对冰雕和雪雕设置的外投光照明，主要用于人物、动物、植物、浮雕，保证景观具有良好的艺术效果。

2 灯光的颜色和明暗变幻在冰雪景观表现效果上尤其重要。由于冰体、雪体本身的透光率、折射率、反光率不同，不同颜色灯光波长和穿透力不同，在灯光设计上和色温配置上，建议多采用白、红、黄、绿、蓝、紫等颜色的灯光，颜色配置上宜采用对比色或补色。

3 为突出节能和环保，尽量不用白炽灯类光源。原因是白炽灯发光效率低、产生的热量易融化冰雪。应推广采用LED塑管灯及荧光灯。

4 利用各种灯饰和效果灯营造特殊夜景。可充分采用高低位差、明暗对比、色彩变化、点线面结合等多种手法，采用激光、光纤、LED、电脑程控、激光光束三维空间造型表演等技术和采用满天星、红灯笼等空间点缀方式，通过各种灯光组合营造完美的灯饰效果。

4.6.3 冰雪景观建筑灯光设计根据总体效果，合理确定光源色温，达到最佳效果。良好的光源显色性还具有一定的节能效果。

灯光设计和照明设计宜采用多种灯光组合，使冰雪景观通过灯光的表现力，展现效果。

眩光是冰雪景观建筑较难避免的问题，特别影响景观拍照效果，在灯具布置上尽量避免眩光。雪雕比较高时，采用大功率的投光灯，灯具布置要合适，注意灯具的选型及光源的隐蔽性。采用大功率LED投光灯，可减少眩光的影响。

4.6.4 照度水平参照现行国家标准《建筑照明设计标准》GB 50034中的分级。

本规程表4.6.4照度范围值是依据多年来冰雪景观建筑设计经验并参考行业标准确定。

大型冰雪景区中的娱乐场所，应利用灯光营造快乐气氛，可采用激光结合城市之光、空中玫瑰、大功率电脑探照灯共同组合烘托景区氛围。在冰体地面可采用LED塑管灯组成图形，变换灯光组合。

当景区占地面积较大、冰景之间距离较远时，应考虑增设道路或庭园等功能性照明设施，也可结合广告灯箱及地埋LED灯等多种布灯方案，增加景区照明。

4.6.5 选择光源时，应合理确定各种光电参数，选用低温条件下具有良好启动特性的灯具。

冰景内置灯选择的光源及灯具应满足低温条件下的使用要求。

大规模冰雪景观，因场地条件限制，升降设备无法靠近，灯具的质量要严格控制。

园区灯光的整体设计需要组织好各景观之间的亮度分配，避免灯光颜色、亮度反差过大。冰雪景观立面投光（泛光）照明要确定好被照物立面各部位的照度或亮度，使照明层次感强，不宜把整个景物均匀照亮，但也不能在同一照明区内出现明显光斑、暗区和扭曲现象。

4.6.6 目前大型冰景观建筑内大量采用荧光灯，拆除时不作回收处理，随景观一同拆除，灯管粉碎后，其玻璃碎片、汞及有害物质融入冰中，造成环境污染。应提倡采用绿色环保、有利回收、可重复使用的光源，推广LED光源取代荧光灯。

4.6.7 承办重大活动的景区，应相对提高供电负荷等级。

三相负荷应尽量均衡，各相电压偏差不致差别过大。

重要的照明负荷应采用两个专用回路（两个电源）各带一半照明负荷，有利于简化系统，减少自动投切层次。

一般照明负荷主要为单相设备，如采用三相断路器，其中一相发生故障，会三相跳闸，停电影响范围较大。

主要考虑照明负荷使用的不平衡性以及气体放电灯线路的非线性所产生的高次谐波，使中性导体也会流过3的奇次倍谐波电流，此电流可达相电流的数值，因此作出相关规定。

普通断路器（含微型断路器）产品适合在温度高于5℃的条件下使用，寒冷地区选择产品应在温度低于−30℃以下保持正常工作。

从人身安全保护角度设置单相接地故障保护。

针对室外安装的柜、箱，当电气元件发热，会导致落在壳体上的雪、冰融化进入柜、箱，应采取必要的防护措施。

4.6.8 冰景内置灯光颜色要和谐，布置巧妙、新颖。目前推荐T5三基色灯管作冰景内置灯，该灯管细，冰内预留槽小，易施工。建议逐步推广LED塑管灯或其他效率高、光源寿命长、灯光穿透力强、无汞、耗电低、易维护的节能环保灯具。

4.6.9 根据设计对雪景立面的亮度要求，通过采用不同颜色的卤化物泛光灯、大功率LED泛光灯和灯光变幻等措施，从而突出雪景的层次感，并让静止的雪建筑“动”起来，营造一个美妙的冰雪世界。

5 冰雪景观建筑施工

5.1 一 般 规 定

5.1.1 冰雪景观建筑技术交底包括设计交底和施工图会审两部分。技术交底内容为冰雪景观建筑的地基基础、主体结构、非冰支撑结构、内置或外挂灯具、外部景观造型及施工图未表示的外部景观等设计要求。

5.1.2 本条是指在技术交底的基础上，施工单位应对结构施工方案及施工方法进行选优，编制施工组织设计（方案）并按规定报审。

5.1.3 根据试验结果和40余年来的实践经验，冰砌体高度超过30m，除采取结构措施外，还要进行沉降和变形观测，如发现冰砌体沉降开裂或严重变形，应采取加固、局部封闭等安全措施。本条不仅涉及施工期间安全，同样也涉及投入使用后的安全。本条为强制性条文，应严格执行。

5.1.4 为保证结构安全和使用功能，对重要材料和主要设备进行进场检验很必要，设置本条的目的在于防止因时间紧、任务重而被忽视。

5.3 采冰与制雪

5.3.1 本条主要针对冰量需要较大且具备供冰条件的区域。

根据材料试验和实践经验，当天然冰厚度小于200mm时，强度较低，冰面无法承受作业重量，易发生事故；此时冰容易破碎，不易加工成型。

毛冰从水中采出后，冰晶体内含有大量水分，“冰”的形成过程尚未完成，在寒冷状态下，需要搁置一段时间使其“冻透”，以达到设计要求的强度。“毛冰”经切割后形成规整的六个砌筑面平整的砌筑用冰。

提出砌筑用冰块的几何尺寸规格，目的在于规范冰砌体设计并使之标准化。天然毛冰的几何尺寸是总结多年来施工实践，以方便现场加工，同时减少废冰。

5.3.3 用自来水在容器中直接冻制的冰体，呈半透明乳白色。

5.4 冰建筑基础施工

5.4.3 为了保证冰建筑的结构安全和稳定，冰建筑的外墙体必须用整冰砌筑方法坐落在地基上，尤其是内部填充碎冰的大体量冰建筑和冰平台，其上部外墙冰砌体必须从地基上组砌到顶，不允许将冰墙、柱落在已填充的碎冰层上。本条为强制性条文，应严格执行。

5.5 冰砌体施工

5.5.2 为了保证冰砌体景观整洁，应采用洁净的天然水或自来水灌注冰缝。

5.5.5 施工期间，砌体温度随环境温度的变化而变化，为了控制砌体温度，对已施工的砌体要随时进行温度监测，当砌体温度高于－5℃时（冰砌体设计温度值）应停止施工，并采取相应措施，以保证施工安全。本条为强制性条文，应严格执行。

5.5.7 冰砌体墙是冰建筑结构稳定、景观效果、内置灯具等镶嵌的主体。本条对冰墙砌筑作了规定，内部填充碎冰的大体量冰建筑和冰景，外侧冰墙冰砌块组砌厚度不应小于900mm或600mm，且应满足该冰墙高厚比的要求，保证冰建筑和冰景整体刚度、强度和使用周期。外侧冰墙厚度限值900mm或600mm是考虑了冰墙组砌采用常规600mm×300mm冰块，按每层一顺一丁的方法上、下错缝，内外搭砌。考虑到冰缝过大注入的粘结水易流淌的实际情况，所以冰缝取不大于2mm。本条为强制性条文，应严格执行。

5.5.9 本条规定了大体量冰建筑或冰景内填充碎冰的方法，其中碎冰填充高度不应大于1.5m，指不得大于操作脚手架一步架的高度。

5.5.11 本条规定灯具孔洞距冰砌体外表面距离不应大于350mm，且不应少于150 mm，主要考虑了冰砌体透光度的影响，冰砌体内置灯具摆放，气温升高、太阳直射、风蚀产生的冰融化损失。获得灯具距冰砌体外表面距离最佳位置，灯具摆放密度、照度，应根据冰的透光度和设计效果要求，通过实际试验结果确定。

5.6 冰砌体内钢结构施工

5.6.1～5.6.3 采取措施保证冰砌体内钢筋或钢结构与冰块间紧密的连接，应采用碎冰和水拌合的混合物注入连接处冻实。水平冰缝只有2mm宽，因此水平箍筋只能置于凿出的水平冰槽内，从而保证冰砌体内钢筋与冰块之间连接紧密。埋入槽内的水平箍筋不得高出冰面是为满足砌筑施工要求。

5.6.4 建筑施工脚手架与垂直运输设备不允许搭设在冰建筑上或与冰建筑接触，防止冰砌体受外力破坏和保持外表面完整。在施工过程中应采取架体稳定的相应措施，脚手架应采用双排钢脚手交圈闭合式，将冰建筑置于架体中间，实现架体之间拉结。本条为强制性条文，应严格执行。

5.10 雪景观建筑施工

5.10.1 宜采用人造雪是针对受到雪量限制的地区，雪景观建筑人造雪的含水率与雪的密度、强度等级相关联，应在现场经试验后确认。

5.10.2 雪景观建筑外表应体现雪的洁净，本条为此提出了具体要求；雪坯制作，提出通过模板成型，分层夯实是为了确保雪的密度、强度。

5.10.4 对雪景观建筑镶嵌物提出构造上的要求。

5.10.7 本条是为提高景观建筑的观赏效果，减少阳光直射引发的融蚀。

6 配电、照明施工

6.1 电力电缆施工

6.1.2 电力电缆芯数和截面选择应考虑安全、合理。

6.1.3～6.1.5 提出电力电缆进场及运送要求，是为了确保电缆施工质量、保障安全。

6.1.6、6.1.7 电缆敷设应优先保护电缆安全，同时兼顾经济性。

固定供电系统：一年四季电缆干线不动，冬季为冰雪景观供电，夏季兼顾其他用电。

临时供电系统：根据设计要求，冬季展示时临时敷设电缆，用后拆除。

6.2 照明施工

6.2.1 冰景内灯光的安装，为避免拆冰返工应随冰的砌筑同步进行，并带电测试，随时检验用电设备是否能正常启动，是否有闪烁现象等。冰景内置用电设施，不得漏电，避免冰体融化，形成带电导体。

6.2.2 冰景基础下的配线，管、线可同步进行敷设，以防冰块将管和线压坏，可选择耐低温铜芯橡皮线或铜芯氯丁橡皮线。

6.2.3 多个电感镇流器集中放置时，应注意散热。

6.2.4 设计和施工应当采取措施，方便使用后灯管和导线的回收利用。

6.2.5 冰景内采用一体化灯具时，应采用连接附件，便于安装。

6.2.9 冰景内采用白炽灯泡连接灯光控制器实现灯光变幻，白炽灯的功率应小于25W，宜采用效果更好的紧凑型节能型灯具。

6.2.10 灯泡不得向上安装，防止冰雪融化进入灯具造成短路。

6.2.11 大规模冰景建筑，应留有换灯检修口，检修口大小按需要留置。

6.2.13 轮廓灯安装间距不宜大于1.5m为参考值。

6.2.14 投光灯（泛光灯）为气体光源，集中采用时，受功率因数偏低影响，可在较近配电箱内加电容器进行补偿。

6.2.15 大型冰雪景区照明可在配电室或值班室采用集中遥控系统，统一控制关闭和开启。利用景区中道路及庭园灯做值班看守照明，宜采用光控和时钟相结合的控制方式。

6.2.17 电气设备或导管接近裸露导体的接地（PE）牢固可靠，防止漏电造成伤害。接地支线与接地干线相连接时，不得串联连接，避免在维修和更换时，如拆除中间一件，接地或接零的单独个体将全部失去电击保护作用。

电线外护层的颜色不同是为了区别其功能而设定的，方便识别、维护、检修。在任何情况下不得采用PE线作负荷线。同一景观内不同功能的电线绝缘层颜色应有区别。景观内照明回路应与配电箱回路标识相一致，并标明负荷名称，方便识别、维护、检修，防止因误操作引发触电事故。

随着冰雪艺术的提高，外投光的灯具种类也相对增多。灯具、架安装在人员来往密集的场所极易被人触碰，因此要有严格的防灼伤和防触电的措施。

6.2.18 每个接线端子上的电线连接不超过2根，是为了连接紧密，不因通电后热胀冷缩发生松动。

采用TN-S系统，为使PE线和N线截然分开，在照明配电箱内要分设PE排和N排。

因照明配电箱额定容量有大小，小容量的回路较少，仅2条～3条回路，可以用数个接线柱（如绝缘的多孔瓷或胶木接头）分别组合成PE和N接线排。不得两者混合连接。

6.2.19 仪表的指示和信号是否准确，关系到正确判断运行状态以及预期的功能和安全要求，因此特别规定此条。

7 工程质量验收

7.1 一般规定

7.1.1 根据现行国家标准《建筑工程施工质量验收统一标准》GB 50300，对冰雪景观建筑工程质量验收的划分为：单位（子单位）工程、分部（子分部）工程、分项工程和检验批。

单位（子单位）工程在冰雪景区，可根据各不同功能分区的独立施工条件和独立观赏功能划分，其中具有独立观赏功能或独立景点单体工程可作为其子单位工程。在施工前由建设、监理、施工单位协商确定，并据此收集整理资料和验收。

分部（子分部）工程应按专业性质、建筑部位确定。当分部工程量较大且较为复杂，可将其中相同部分的工程或能形成独立专业体系的工程划分成若干子分部工程。冰雪景观建筑分部工程可划分为地基与基础、主体结构和配电照明等分部工程；在主体结构分部工程中可分为非冰（雪）结构、冰雪砌体结构、钢（木）结构等子分部工程。在配电照明分部工程中可分为灯具及安装、配电箱（盘）、用电保护、电缆及施工、照明质量、照度水平及效果，运行调试等分项工程。

分项工程可由一个或若干检验批组成。检验批可根据施工质量控制及验收需要按施工段、变形缝等进行划分。冰砌体工程、雪体工程和冰砌体、雪体内钢（木）结构工程可按 3m 作为一个检验批进行划分。

冰雪活动类设计、无障碍设计、安全设施设计、景区服务管理设计、配套设施设计（商服、供水、排水、供电、供热、环卫设施、标识）等，应按相关专业要求的验收标准进行，其中安全设施的施工质量验收应严格执行设计文件和相关标准要求。

凡属地基与基础工程，冰砌体、雪体内钢（木）结构工程，冰砌体内置器材、电缆施工等隐蔽性工程，在隐蔽前应通知设计、监理和建设单位参加验收，并形成隐蔽验收文件。

冰雪景观建筑工程检验批（分项工程）质量验收是工程质量的关键环节，是保证工程质量的重要手段。验收前，施工单位应先填写“检验批和分项工程的质量验收记录”，并由项目专业质量检验员和项目专业技术负责人分别在检验批和分项工程质量检验记录中相关栏目上签字，然后由监理工程师组织，严格按规定程序进行验收。

冰雪景观建筑分部工程验收实行总监理工程师（建设单位技术负责人）负责制，应组织施工单位项目负责人和技术、质量负责人等进行验收，由于地基与基础、主体结构技术性能、用电保护、照明运行调试关系到整个工程的安全，因此要求设计单位工程项目负责人参加相关分部工程质量验收，并对验收结果负责。

冰雪景观建筑，单位（子单位）工程完工后，施工单位首先要依据质量标准设计图纸等组织有关人员进行自检，并对检查结果进行评定，符合要求后向建设单位提交工程验收报告和完整的相关质量资料，由建设单位组织验收。

单位工程质量验收应由建设单位或项目负责人组织设计、施工单位负责人或项目负责人及施工单位的技术、质量负责人、监理单位的总监理工程师、经营管理单位技术负责人进行单位（子单位）工程验收。规定经营管理单位参加，是为了便于冰雪景观建筑使用前有关缺陷的修复及使用过程中维护管理。

冰雪景观建筑单位工程质量验收也称质量竣工验收，是建筑工程投入使用前的最后一次验收，也是最重要的一次验收。验收合格的条件有五个：除构成单位工程的各分部工程应该合格，并且有关的资料文件应完整以外，还须进行以下三个方面的检查：

涉及安全和使用功能的分部工程应进行检验资料的复查。不仅要全面检查其完整性（不得有漏检缺项），而且对分部工程验收时补充进行的见证抽样检验报告也要复核。这种强化验收的手段体现了对安全和主要使用功能的重视。

此外，对主要使用功能还须进行抽查。使用功能的检查是对冰雪景观建筑工程和设备、灯具安装工程最终质量的综合检验。因此，在分项、分部工程验收合格的基础上，竣工验收时再作全面检查。抽查项目是在检查资料文件的基础上由参加验收的各方人员商定，并用计量、计数的抽样方法确定检查部位。检查按本规程的要求进行。

最后，还须由参加验收的各方人员共同进行观感质量检查，这类检查往往难以定量，只能以观察、触摸或简单量测的方式进行，并由各个人的主观印象判断，检查结果并不给出“合格”或“不合格”的结论，而是综合给出质量评价。对于“差”的检查点应通过返修处理等补救。

通常工程的不合格现象一般都在检验批验收中发现并予以解决，体现边施工、边检验、边整改的原则。由于冰雪景观建筑施工时间极短的现实情况，所有质量隐患尽早在检验批的施工过程中消除。

当出现工程质量缺陷时应按下列要求进行处理：

1 在检验批验收时，当结构项目不能满足要求或一般尺寸偏差不符合规定时，应及时进行处理。其中，严重的应推倒重来；一般缺陷通过整修或更换设备予以解决。允许施工单位在采取相应措施后重新对检验批验收，但只有在验收认定合格后的检验批才能进行下一个检验批的施工，不允许因施工期短而忽视质量安全。

2 对经检验达不到设计要求的检验批，但经原设计单位核算后认定，能满足结构安全和使用功能的，可予以验收。

3 存在严重缺陷，按照一定的技术方案进行处理后，能够满足安全使用的，造成改变结构外形尺寸，但不影响安全和主要使用功能，可以按技术方案和协商文件进行验收。

7.1.2 对于通过返修或加固处理仍不能满足安全使用要求的分部工程、单位工程，应坚决予以拆除，绝不可让“带病”的工程投入使用。

7.2 冰砌体工程质量验收

本节对冰砌体工程质量验收提出按主控项目和一般项目组织实施，对验收要求、检验方法作了明确规定。

7.3 雪体工程质量验收

本节对雪体工程质量验收提出按主控项目和一般项目组织实施，对验收要求、检验方法作了明确规定。

7.4 配电照明工程质量验收

配电及照明工程为冰雪景观建筑中一个极为重要的分部工程。从一定意义上讲，景观除了靠建筑外，其效果主要靠“灯”，因此本节专门列出验收中相关内容和要求，目的在于确保其效能的发挥。

7.4.1 主要设备、材料、成品、半成品进场检验工作是工程质量的关键点，其工作过程、检验结论应有记录，并经各相关单位确认。采用新的电气设备、器具和材料进入现场前应按规定要求组织检查、检验，以保证投入使用后相关工作顺利展开。

7.4.2 为避免用电设备发生电气故障，形成电气设备可接近裸露导体带电体，造成触电事故，加装漏电保护装置能迅速切断电源，防止事故发生。漏电保护装置要作模拟动作试验，以保证其灵敏度和可靠性。

7.4.3 规定进行满负荷通电试验时间，是检验景区用电峰值期能否正常运行的有效方法。

7.4.4 所有照明灯具应逐一验收，保证灯具的完好率。

7.4.5 检验各种电气设备的稳定性。

7.4.6 各种用电设备对电压偏差都有一定要求。涉及用电设备端电压的电压偏差超过允许值，将导致用电设备的寿命降低或光通量降低。

7.4.7 提出了配电照明工程质量验收记录的内容、标准。

8 维护管理

8.1 监　　测

8.1.1 冰雪景观建筑砌体温度和强度有直接关系，随着温度的变化，砌体强度会随之变化，为此提出对冰砌体、雪体进行测温并规定了测温的具体要求。

8.1.2 除了对冰雪砌体测温，还应同步进行运行过程的结构变形监测，因为冰雪景观建筑强度除了和设计温度相关外，还与地基、施工、风化、风蚀等因素密切相关。运行过程中冰雪景观结构产生变形，反映了相关因素（包括温度）综合作用的结果，对安全运行十分重要。

8.1.3 本条提出了当监测结果出现 6 种情况应采取的相应措施。

8.2 维　　护

8.2.1 在黑龙江省地区，运行初期为 12 月末～1 月上旬，运行后期为 2 月末～3 月上旬，但是主要取决于温度变化和景观建筑融化程度，其他地区可作参考。

8.3 拆　　除

8.3.1～8.3.4 通过对冰雪景观建筑实地测温，监测变形，总结多年来实践经验，本条规定了冰雪景观建筑停止运行及拆除的具体要求。

冰、雪建筑砌体温度，除考虑瞬间温度外，还应考虑砌体的日平均温度值，依据砌体日平均温度采取相应的措施。

冰雪景观的拆除，除应综合考虑景观因温度变化对结构产生的影响、景观变形对观赏价值的影响外，尚应考虑日照、风力侵蚀对景观造成的损害。

中华人民共和国行业标准

拱形钢结构技术规程

Technical specification for steel arch structure

JGJ/T 249—2011

批准部门：中华人民共和国住房和城乡建设部
施行日期：2 0 1 2 年 5 月 1 日

中华人民共和国住房和城乡建设部
公　　告

第 1057 号

关于发布行业标准《拱形钢结构技术规程》的公告

现批准《拱形钢结构技术规程》为行业标准，编号为 JGJ/T 249－2011，自 2012 年 5 月 1 日起实施。

本规程由我部标准定额研究所组织中国建筑工业出版社出版发行。

中华人民共和国住房和城乡建设部

2011 年 7 月 4 日

前　言

根据住房和城乡建设部《关于印发〈2008 年工程建设标准规范制订、修订计划（第一批）〉的通知》（建标［2008］102 号）的要求，规程编制组经广泛调查研究，认真总结实践经验，参考有关国际标准和国外先进标准，并在广泛征求意见的基础上，编制本规程。

本规程的主要技术内容是：1　总则；2　术语和符号；3　材料；4　结构与节点选型；5　荷载效应分析；6　设计；7　制作与安装；8　工程验收；相关附录。

本规程由住房和城乡建设部负责管理，由清华大学土木工程系负责具体技术内容的解释。执行过程中如有意见或建议，请寄送清华大学土木工程系（地址：北京市海淀区清华园 1 号，邮编：100084）。

本规程主编单位：清华大学
五洋建设集团股份有限公司

本规程参编单位：浙江大学
哈尔滨工业大学
浙江精工钢构有限公司
宝钢钢构有限公司
浙江东南网架股份有限公司
上海宝冶集团有限公司
西安建筑科技大学
天津大学
湖南大学
中国建筑科学研究院
中国航空工业规划设计研究院
中国农业大学
江苏沪宁钢机股份有限公司
上海建工集团
中建钢构有限公司
河北金环钢结构工程有限公司
珠江钢管有限公司
鞍山东方钢结构有限公司

本规程主要起草人员：郭彦林　罗　海　韩林海
王　宏　王明贵　刘　涛
朱　丹　陈国栋　陈志华
辛克贵　肖　瑾　杨强跃
张　强　武　岳　周观根
郑永会　郝际平　贺明玄
赵　阳　剧锦三　莫敏玲
钱基宏　徐伟英　崔晓强
舒兴平　童根树　窦　超

本规程主要审查人员：陈禄如　张毅刚　刘树屯
金德钧　柴　昶　鲍广鑑
顾　强　曹平周　路克宽
陈敖宜　杨蔚彪　丁　阳

目　次

Contents

1 总 则

1.0.1 为在拱形钢结构的设计、制作、安装及验收中贯彻执行国家的技术经济政策，做到技术先进、安全适用、经济合理、确保质量，制定本规程。

1.0.2 本规程适用于工业与民用建筑和构筑物中拱形钢结构的设计、制作、安装及验收。

1.0.3 拱形钢结构应根据工程实际情况，综合考虑其使用功能、荷载性质、施工条件等，选择合理的结构类型、轴线形状、节点形式及构造与施工方法，满足构件在运输、安装及使用过程中的强度、稳定性和刚度要求，符合防腐、防火要求。

1.0.4 拱形钢结构的设计、施工及验收，除应符合本规程外，尚应符合国家现行有关标准的规定。

2 术语和符号

2.1 术 语

2.1.1 拱形钢结构 steel arch structure

拱轴线为二维曲线（如圆弧形、抛物线形、悬链线形、椭圆线形等），依靠拱脚推力来抵抗拱轴平面内荷载作用的实腹式截面或开孔截面钢拱、钢管桁架拱、索拱以及钢管混凝土拱的总称。

2.1.2 城市人行桥 platform bridge

跨越道路、供行人通行的桥梁结构，主要承受自重荷载、风雪荷载及行人荷载等。

2.1.3 实腹式截面拱 solid-web steel arch

截面腹板无开孔削弱的钢拱。

2.1.4 腹板开孔钢拱 steel arch with web opening

截面腹板有开孔（洞）的钢拱。

2.1.5 钢管桁架拱 latticed steel tubular arch

采用圆管或方（矩）管构成的平面或立体桁架所形成的钢拱。

2.1.6 索拱 cable arch

将拉索按一定规则布置，与拱体杂交形成的结构体系。

2.1.7 钢管混凝土拱 concrete filled steel tubular arch

由钢管混凝土构件组成的拱形结构。

2.1.8 钢管混凝土桁架拱 latticed concrete filled steel tubular arch

由钢管混凝土构件组成的桁架拱形结构。

2.1.9 无铰拱 arch fixed at two ends

拱体无铰且拱脚固定的拱形结构。

2.1.10 两铰拱 pin-ended arch

拱脚为铰接的拱形结构。

2.1.11 三铰拱 three-hinged arch

拱脚为铰接且拱体有一铰接节点（一般位于拱顶）的拱形结构。

2.1.12 矢高 rise of arch

拱形结构轴线顶点到两拱脚连线的距离。

2.1.13 矢跨比 rise-to-span ratio

拱形结构轴线顶点到两拱脚连线的距离与拱脚间跨度的比值。

2.1.14 等代梁 equivalent beam

具有与拱形结构相同跨度、承受相同竖向荷载的简支梁。

2.1.15 跃越屈曲 snap-through buckling

拱形结构在外荷载作用下由于拱轴线压缩变形，导致拱在平面内由上凸的位形突然失去稳定，转变为下凹的位形。

2.1.16 设计位形 design configuration

从设计图纸中确定的构件或节点的空间位置坐标，是结构施工完毕的目标位形。

2.1.17 施工变形预调值 preset deformation during construction

结构安装时构件或节点的位形与设计位形的坐标差值。按照施工变形预调值安装结构，其成型状态能满足设计位形的要求。

2.1.18 拆撑 removal of temporary supporting

采用临时支撑进行安装的钢结构工程，构件安装完毕后按照一定顺序逐步拆除临时支撑的过程。

2.2 符 号

2.2.1 作用和作用效应设计值

F——集中荷载；

q——分布荷载集度；

N_H——拱脚水平推力；

M——弯矩；

N——轴心力；

V——剪力。

2.2.2 计算指标

E、E_s——钢材的弹性模量；

E_c——混凝土的弹性模量；

E_{sc}——钢管混凝土的组合轴压弹性模量；

G——钢材的剪变模量；

f——钢材的抗拉、抗压和抗弯强度设计值；

f_v——钢材的抗剪强度设计值；

f_y——钢材的屈服强度（或屈服点）；

f_c——混凝土抗压强度设计值；

f_{ck}——混凝土抗压强度标准值；

f_{sc}——钢管混凝土组合轴压强度设计值；

σ——正应力；

τ——剪应力；

δ——结构变形值；

ρ——质量密度。

2.2.3 几何参数

A——截面面积；

A_e——等效截面面积；

A_c——单根分肢钢管内混凝土的截面面积；

A_b——单根平腹杆钢管的截面面积；

A_d——单根斜腹杆钢管的截面面积；

A_s——单根分肢的钢管面积；

A_{sc}——钢管混凝土构件的组合截面面积；

I——毛截面惯性矩；

I_c——混凝土毛截面惯性矩；

I_{sc}——钢管混凝土组合截面毛截面惯性矩；

W——毛截面模量；

W_{sc}——钢管混凝土组合截面毛截面模量；

B——矩形钢管短边边长；

D——圆钢管外直径或矩形钢管长边边长；

h——截面的高度；

h_0——腹板的计算高度；

b——翼缘自由外伸宽度；

t_f——翼缘的厚度；

t_w——腹板的厚度；

g——腹板孔洞的净间距；

r——圆形孔洞半径；

L——拱的跨度；

H——拱的矢高；

R——圆弧拱拱轴圆弧的半径；

S——拱的轴线长度；

λ——长细比；

λ_x——拱轴线平面内的长细比；

Θ——拱的圆心角；

$\bar{\lambda}$——正则化长细比；

λ_h——拱轴线平面外换算长细比；

λ_e——腹板开孔钢拱或钢管桁架拱的换算长细比；

λ_n——钢管混凝土拱的名义长细比。

2.2.4 计算系数及其他

α_E——钢材和混凝土的弹性模量比；

α_s——构件截面含钢率；

φ——轴心受压拱的稳定系数；

φ_0——轴心受压桁架拱的稳定系数；

η——钢管桁架拱的整体与构件稳定相关作用系数；

η'——矢跨比对钢管混凝土拱结构轴压稳定承载力的影响系数；

γ_x、γ_y——对主轴 x、y 的截面塑性发展系数；

ξ——钢管混凝土的约束效应系数标准值，设计值用 ξ_0 表示；

κ——拱脚推力计算系数；

K_{ao}——拱形钢结构弹性弯扭屈曲系数；

k_a——腹板开孔钢拱的平面内弹性屈曲系数；

k_{cr}——长期荷载作用对钢管混凝土拱结构的影响系数；

K_{sn}——跃越屈曲计算系数。

3 材 料

3.1 钢 材

3.1.1 拱形钢结构宜采用 Q345、Q390、Q420 和 Q460 钢材，其质量与性能应符合现行国家标准《碳素结构钢》GB/T 700 和《低合金高强度结构钢》GB/T 1591 的规定。

3.1.2 拱形钢结构处于侵蚀性介质的外露环境或对耐腐蚀有特别要求时，可采用符合现行国家标准《耐候结构钢》GB/T 4171 的焊接耐候钢。

3.1.3 拱形钢结构所用钢材应具有抗拉强度、伸长率、屈服强度和硫、磷含量的合格保证，对焊接结构尚应有碳当量的合格保证。同时，焊接承重结构以及重要的非焊接承重结构采用的钢材还应具有冷弯试验的合格保证。对需要验算疲劳的结构所用钢材，尚应有冲击韧性的合格保证。

3.1.4 承受地震作用并可能进入弹塑性工作状态的拱形钢结构构件，其钢材性能除应符合本规程第3.1.3条的规定外，尚应符合屈强比不大于0.85，伸长率不小于20%且具有良好的可焊性和合格的冲击韧性等附加性能要求。

3.1.5 拱形钢结构中，厚度大于或等于40mm的钢板，因焊接约束力与工作拉应力作用，在沿板厚方向承受较大拉应力时，应按现行国家标准《厚度方向性能钢板》GB 5313的规定，附加保证厚度方向性能要求，其板厚方向的断面收缩率不应小于15%。

3.1.6 拱形钢结构可采用焊接或轧制型材与管材。当采用钢管时，应符合下列规定：

1 圆钢管宜选用符合现行国家标准《直缝电焊钢管》GB/T 13793 的直缝焊接圆钢管，其规格宜按现行国家标准《结构用冷弯空心型钢尺寸、外形、重量及允许偏差》GB/T 6728 或本规程附录A选用；

2 圆钢管选用热轧无缝钢管时，其材质、性能等应符合现行国家标准《结构用无缝钢管》GB/T 8162 的规定；

3 矩形钢管宜选用符合现行行业标准《建筑结构用冷弯矩形钢管》JG/T 178 的焊接矩形钢管，并要求为Ⅰ级产品，其规格可按本规程附录A选用。

3.1.7 索拱结构中索体可采用钢丝绳、钢绞线、钢丝束和钢拉杆等，其材料标准应符合下列规定：

1 钢丝绳应符合现行国家标准《重要用途钢丝绳》GB 8918 的规定；

2 钢绞线索应符合现行行业标准《高强度低松弛预应力热镀锌钢绞线》YB/T 152 和《镀锌钢绞线》

YB/T 5004 的规定；

3　钢丝束索及其外防护层应符合国家现行标准《桥梁缆索用热镀锌钢丝》GB/T 17101 和《建筑缆索用高密度聚乙烯套料》CJ/T 297 的规定；

4　钢拉杆应符合现行国家标准《钢拉杆》GB/T 20934 的规定。

3.1.8　索拱结构中锚具材料应符合现行国家标准《优质碳素结构钢》GB/T 699、《合金结构钢》GB/T 3077 和《一般工程用铸造碳钢件》GB/T 11352 的规定。

3.1.9　拱形钢结构所用铸钢节点，其钢材牌号、质量与性能等技术条件应符合现行国家标准《焊接结构用铸钢件》GB/T 7659 的规定。

3.1.10　在拱形钢结构的设计和钢材订货文件中，应注明所采用钢材的钢号、等级、对钢材力学性能、工艺性能的附加要求以及钢材质量、性能所依据的标准名称等。

3.2　连 接 材 料

3.2.1　拱形钢结构的焊接材料应符合下列规定：

1　手工焊接采用的焊条，应符合现行国家标准《碳钢焊条》GB/T 5117 或《低合金钢焊条》GB/T 5118 的规定，选择的焊条型号应与主体金属力学性能相适应；

2　埋弧焊用焊丝和焊剂，应符合现行国家标准《埋弧焊用碳钢焊丝和焊剂》GB/T 5293、《埋弧焊用低合金钢焊丝和焊剂》GB/T 12470 及《气体保护电弧焊用碳钢、低合金钢焊丝》GB/T 8110 的规定；

3　熔化嘴电渣焊和非熔化嘴电渣焊采用的焊丝，应符合现行国家标准《熔化焊用钢丝》GB/T 14957 的规定；

4　焊材的强度与性能应与母材相匹配，当两种不同强度的钢材焊接时宜采用与低强度钢材相适应的焊接材料。

3.2.2　拱形钢结构螺栓连接的材料应符合下列规定：

1　普通螺栓应符合现行国家标准《六角头螺栓》GB/T 5782 和《六角头螺栓　C 级》GB/T 5780 的规定；

2　高强度螺栓应符合现行国家标准《钢结构用扭剪型高强度螺栓连接副》GB/T 3632 或《钢结构用高强度大六角头螺栓》GB/T 1228、《钢结构用高强度大六角螺母》GB/T 1229 与《钢结构用高强度大六角头螺栓、大六角螺母、垫圈技术条件》GB/T 1231 的规定。

3.3　混　凝　土

3.3.1　钢管混凝土拱中的混凝土可采用普通混凝土、高强混凝土，宜优先采用高性能自密实混凝土。强度等级宜采用 C30～C80，水灰比应控制在 0.45 以下。

3.3.2　混凝土轴心抗压、轴心抗拉强度标准值 f_{ck}、f_{tk}应按表 3.3.2-1 采用。轴心抗压、轴心抗拉强度设计值 f_c、f_t和弹性模量 E_c应按表 3.3.2-2 采用。

表 3.3.2-1　混凝土的强度标准值

混凝土强度等级	C30	C35	C40	C45	C50	C55	C60	C65	C70	C75	C80
f_{ck} (N/mm^2)	20.1	23.4	26.8	29.6	32.4	35.5	38.5	41.5	44.5	47.4	50.2
f_{tk} (N/mm^2)	2.01	2.20	2.39	2.51	2.64	2.74	2.85	2.93	2.99	3.05	3.11

表 3.3.2-2　混凝土的强度设计值和弹性模量

混凝土强度等级	C30	C35	C40	C45	C50	C55	C60	C65	C70	C75	C80
f_c (N/mm^2)	14.3	16.7	19.1	21.1	23.1	25.3	27.5	29.7	31.8	33.8	35.9
f_t (N/mm^2)	1.43	1.57	1.71	1.80	1.89	1.96	2.04	2.09	2.14	2.18	2.22
E_c (×10^4 N/mm^2)	3.00	3.15	3.25	3.35	3.45	3.55	3.60	3.65	3.70	3.75	3.80

注：采用泵送混凝土且无实测数据时，表中高强混凝土的弹性模量 E_c应乘折减系数 0.95。

4　结构与节点选型

4.1　一 般 规 定

4.1.1　拱形钢结构的截面形式与轴线形状、节点构造与拱脚构造，应根据建筑物的功能要求、荷载条件、跨度大小、施工方法及基础条件综合确定。

4.1.2　拱形钢结构可选用等截面或变截面的实腹式截面拱、腹板开孔钢拱、钢管桁架拱、钢管混凝土拱以及上述各种形式的钢拱与拉索（或拉杆）、撑杆组合形成的索拱结构。

4.1.3　拱形钢结构的轴线形状可选用圆弧形、抛物线形、椭圆线形、悬链线形以及变曲率线形等，拱脚约束条件可采用铰接或固接等。

4.1.4　当拱形钢结构为非落地拱时，其支承柱或框架柱应具有足够的刚度和承载力以抵抗拱脚推力。当拱脚沉降或侧移较大时，应考虑对无铰拱与两铰拱受力性能的影响。

4.1.5　拱形钢结构的选型应考虑面外支撑的设置要求。面外支撑可采用钢桁架、钢梁、檩条及屋面板体系等。

4.2　结 构 选 型

4.2.1　拱形钢结构宜根据荷载及荷载效应组合的控

制工况，进行轴线形状的优化分析。全跨水平均布竖向荷载作用的控制工况，宜优先选用抛物线拱。沿轴线均布竖向荷载作用的控制工况，宜优先选用悬链线拱。

4.2.2 拱形钢结构可采用实腹式截面拱及腹板开孔钢拱。实腹式截面拱可采用工字形截面、箱形截面或圆管截面。腹板开孔钢拱可采用工字形或组合截面，组合截面的翼缘可采用钢板、圆钢管或矩形钢管等形式，腹板上可开圆形、椭圆形、方（矩）形以及六边形孔等（图 4.2.2）。

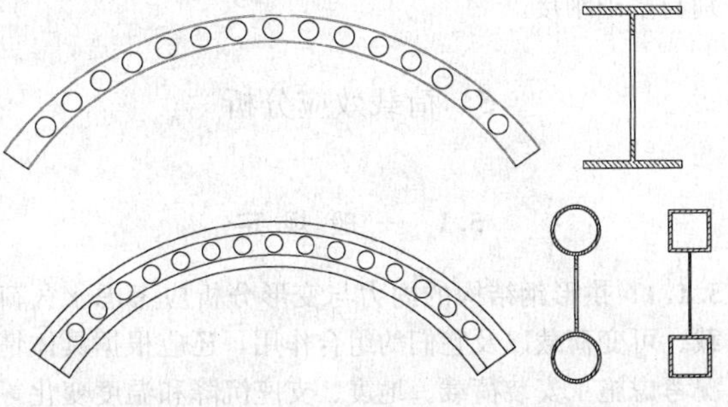

图 4.2.2 腹板开孔钢拱

4.2.3 钢管桁架拱可采用平面桁架和立体桁架。立体桁架可采用三角形、矩形及梯形截面等（图 4.2.3），其弦杆与腹杆可采用圆钢管、矩形钢管或其他型钢等，斜腹杆与弦杆的夹角宜控制在 30°～60°范围内。对于三角形截面的钢管桁架拱，宜优先选择正三角形截面。

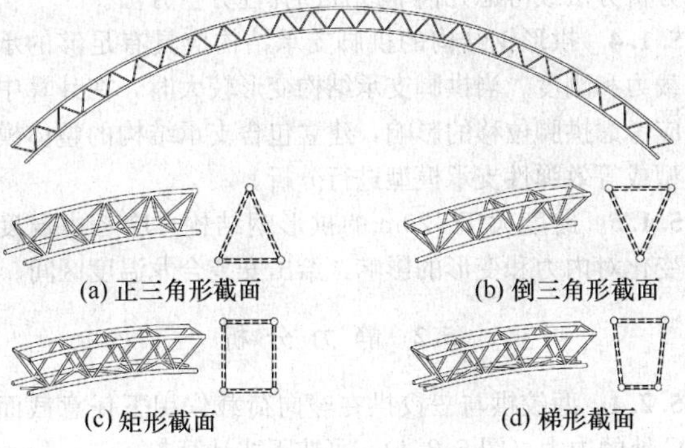

图 4.2.3 钢管桁架拱

4.2.4 索拱结构应综合考虑拱轴线的形式、矢跨比、主要荷载类型、支座条件、使用功能及构造要求等因素确定合理的布索形式，可选用如下类型：

1 由拉索和拱体组成的弦张式索拱结构（图 4.2.4-1）；

2 由拉索、撑杆和拱体组成的弦撑式索拱结构（图 4.2.4-2）；

3 由拉索、索盘和拱体组成的车辐式索拱结构（图 4.2.4-3）；

4 由拉索、桥面和拱体组成的索拱桥结构（图 4.2.4-4）。

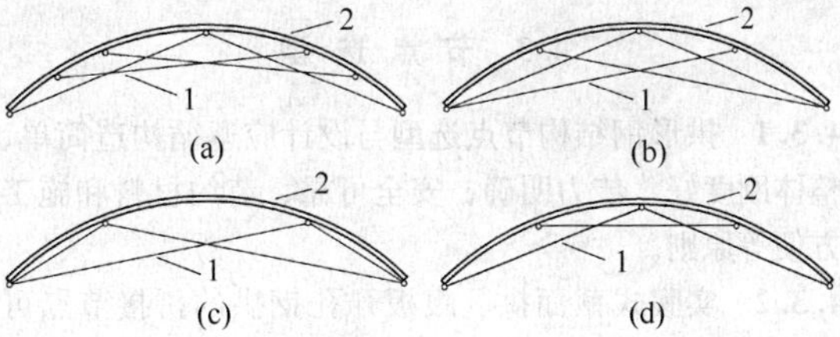

图 4.2.4-1 弦张式索拱结构

1—拉索；2—拱体

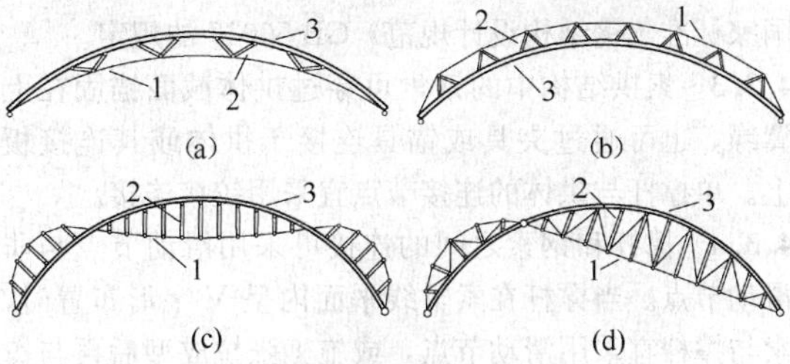

图 4.2.4-2 弦撑式索拱结构

1—拉索；2—撑杆；3—拱体

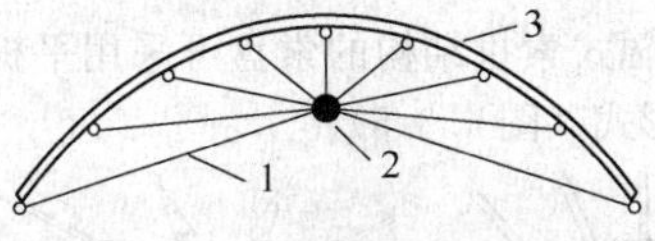

图 4.2.4-3 车辐式索拱结构

1—拉索；2—索盘；3—拱体

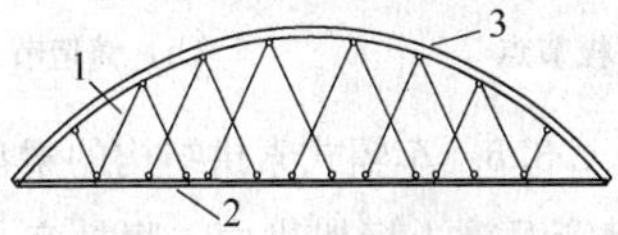

图 4.2.4-4 索拱桥结构

1—拉索；2—桥面；3—拱体

4.2.5 车辐式索拱的矢跨比宜选择在 0.3～0.5 之间，索盘位置应控制在拱脚连线之上，宜位于拱矢高的一半附近。

4.2.6 钢管混凝土拱截面可选用单钢管混凝土截面、哑铃形截面、桁架式截面等。哑铃形截面与桁架式截面的弦杆可采用钢管混凝土构件，且不宜断开，腹杆可采用圆钢管或者方矩管（图 4.2.6）。

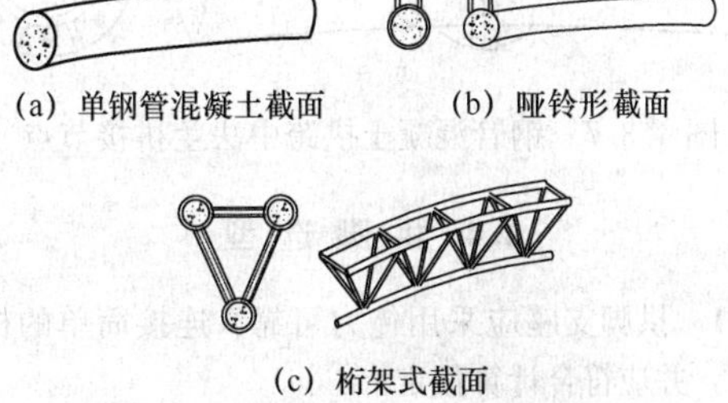

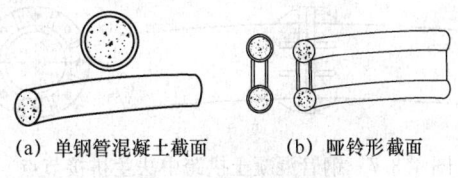

图 4.2.6 钢管混凝土拱

4.3 节 点 选 型

4.3.1 拱形钢结构节点选型与设计应遵循构造简单、整体刚度好、传力明确、安全可靠、节约材料和施工方便等原则。

4.3.2 实腹式截面拱、腹板开孔钢拱的拼接节点可采用对接焊缝连接、法兰连接或端板连接。钢管桁架拱的弦杆宜通长设置，腹杆与其连接可采用直接相贯焊接或通过节点板连接。节点构造与计算应符合现行国家标准《钢结构设计规范》GB 50017 的规定。

4.3.3 索拱结构中的钢索可穿过拱体截面锚固在上翼缘，也可通过夹具或锚具连接于拱体或其连接板上。单撑杆与拱体的连接节点宜采用铰接连接。

4.3.4 撑杆和钢索之间的连接可采用滑动节点与非滑动节点。当撑杆在索轴线平面内呈 V 字形布置时，索与撑杆宜采用滑动节点，或施工张拉成型后再与撑杆节点固定，形成非滑动节点。当撑杆为单杆且与拱体铰接连接时，其撑杆与拉索的连接节点应采用非滑动节点。

4.3.5 车辐式索拱结构的索盘可采用平板节点、铸造节点等形式（图 4.3.5）。

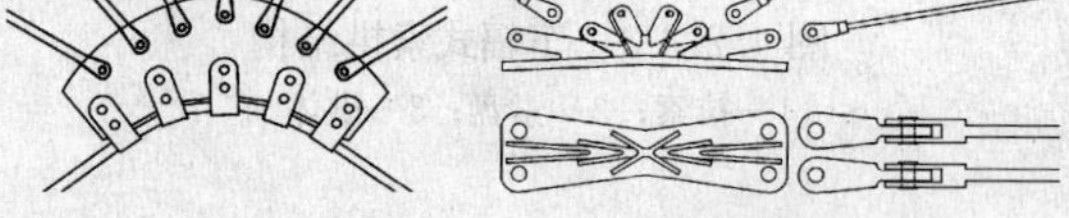

(a) 平板节点　　(b) 铸造节点

图 4.3.5　车辐式索拱结构的索盘

4.3.6 在钢管混凝土桁架拱中，腹杆宜与弦杆直接相贯焊接或通过节点板连接，可采用图 4.3.6 的构造形式。

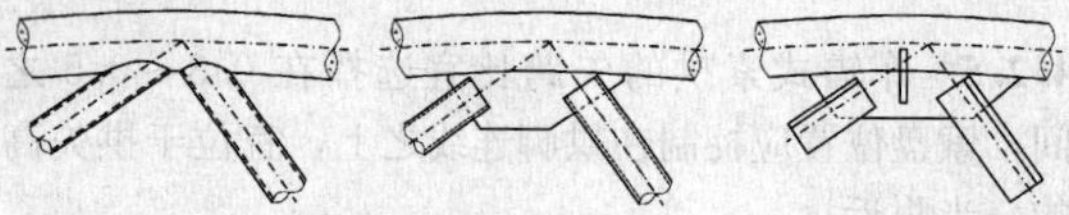

(a)　　(b)　　(c)

图 4.3.6　钢管混凝土桁架拱中腹杆与弦杆的连接

4.3.7 当钢管混凝土拱的跨度超过 30m 时，可在跨中设置法兰拼接节点（图 4.3.7）。

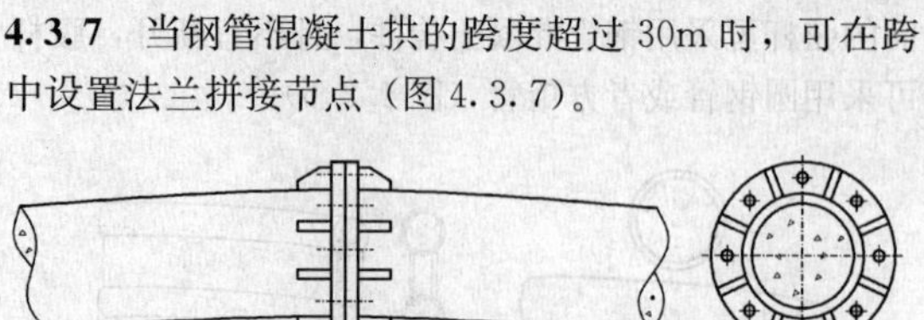

图 4.3.7　钢管混凝土拱跨中法兰拼接节点

4.4 拱 脚 选 型

4.4.1 拱脚支座应采用传力可靠、连接简单的构造形式，并应符合计算假定。

4.4.2 拱形钢结构应考虑拱脚推力对基础（落地拱时）或下部结构（位于支承结构上时）的影响，并采取相应措施。当拱脚推力较大及条件允许时，宜设置连接拱脚的钢绞线或型钢拉杆。

4.4.3 实腹式截面拱采用铰接拱脚时，可设置拱脚加劲肋并采用销轴连接；拱脚刚接时，拱脚部位的截面高度宜适当扩大，或采取加强措施如设置加劲肋或填充混凝土等。腹板开孔钢拱的拱脚附近宜避免开孔。

4.4.4 钢管桁架拱采用铰接拱脚时，可将各分肢在拱脚处收于一点；采用刚接拱脚时，可将每个弦杆分别与基础刚接。

5 荷载效应分析

5.1 一 般 规 定

5.1.1 拱形钢结构的内力与变形分析应考虑永久荷载、可变荷载以及它们的组合作用，还应根据具体情况考虑施工安装荷载、地震、支座沉降和温度变化等作用。荷载的标准值、分项系数、组合系数等，应按现行国家标准《建筑结构荷载规范》GB 50009 的规定取值。

5.1.2 对于风荷载、雪荷载等可变荷载，应考虑其在拱轴线平面内的最不利分布作用，还应考虑其可能在拱平面外产生的不利作用。

5.1.3 拱形钢结构的内力与变形计算可采用线弹性分析方法或考虑几何非线性的弹性分析方法。

5.1.4 拱形钢结构的拱脚支承结构应具有足够的承载力和刚度。当拱脚支承结构变形较大时，在计算中应考虑拱脚位移的影响，建立包含支承结构的整体模型或等效弹性支承模型进行分析。

5.1.5 跨度大于 120m 的拱形钢结构，应考虑温度变化对内力和变形的影响，给出安装合龙温度区间。

5.2 静 力 分 析

5.2.1 两铰拱与三铰拱在竖向荷载作用下任意截面 C 处的内力（图 5.2.1），可按下式计算：

$$M_C = M^0 - N_H y$$

$$V_C = V^0 \cos\theta - N_H \sin\theta \qquad (5.2.1)$$

$$N_C = -V^0 \sin\theta - N_H \cos\theta$$

式中：M——截面在拱轴线平面内的弯矩（N·m），以使拱的内缘纤维受拉为正；

N——截面的轴力（N），以拉力为正；

V——截面的剪力（N），以使隔离体顺时针转动为正；

y——截面 C 的纵坐标（m），向上为正；

θ——截面 C 处拱轴切线与 X 轴所呈的锐角，左半拱为正，右半拱为负；

N_H——拱脚水平推力（N）。

注：上标 0 表示等代梁的内力，下标 C 表示拱的截面 C 处的内力。

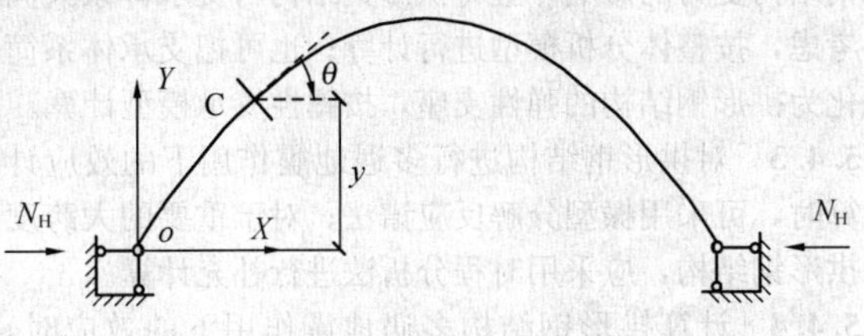

图 5.2.1 拱的内力计算

5.2.2 承受竖向荷载作用的等截面两铰拱及无铰拱，其拱脚推力可按式（5.2.2-1）计算：

$$N_H = \kappa_1 \kappa_2 N_0 \qquad (5.2.2\text{-}1)$$

式中：κ_1 ——拱脚推力调整系数，可按本规程附录 B 中表 B-1 采用；

κ_2 ——与截面刚度相关的折减系数；

N_0 ——拱脚推力基准值（N）。

1 与截面刚度相关的折减系数 κ_2 可按下式计算：

$$\kappa_2 = \frac{1}{1+\dfrac{EI}{EA \cdot H^2}\omega} \qquad (5.2.2\text{-}2)$$

式中：ω ——系数，可按本规程附录 B 中表 B-2 采用；

E ——材料弹性模量（N/m²）；

I ——截面惯性矩（m⁴）；

A ——截面面积（m²）；

H ——拱的矢高（m）。

2 拱脚推力基准值 N_0 可按下列公式计算：

当承受全跨或半跨水平均布荷载 q 时：

$$N_0 = \frac{qL^2}{8H} \qquad (5.2.2\text{-}3)$$

当承受拱顶集中或 1/4 跨集中荷载 F 时：

$$N_0 = \frac{FL}{4H} \qquad (5.2.2\text{-}4)$$

式中：L ——拱的跨度（m）。

5.2.3 承受竖向荷载作用的三铰拱，其拱脚反力可按下列公式计算：

$$N_H = \frac{M_C^0}{H} \qquad (5.2.3\text{-}1)$$

$$N_V = N_C^0 \qquad (5.2.3\text{-}2)$$

式中：N_H ——拱脚水平推力；

M_C^0——等代梁的跨中弯矩；

N_V ——拱脚竖向反力；

N_C^0——等代梁的支座竖向反力。

5.2.4 实腹式等截面圆弧形两铰拱的竖向变形可按下列公式计算：

竖向均布荷载作用下：

$$\delta = a_1 \frac{qL^4}{EI} + a_2 \frac{qL^2}{GA} \qquad (5.2.4\text{-}1)$$

竖向集中荷载作用下：

$$\delta = a_1 \frac{FL^3}{EI} + a_2 \frac{FL}{GA} \qquad (5.2.4\text{-}2)$$

式中：δ ——竖向位移值（m）；

q ——竖向均布荷载（N/m）；

F ——竖向集中荷载（N）；

EI ——截面抗弯刚度（N·m²）；

GA ——截面抗剪刚度（N）；

a_1、a_2 ——对应于荷载工况的系数，可按本规程附录 C 中表C-1确定。

5.2.5 腹板开圆形孔的工形截面圆弧形两铰拱的竖向变形，可按下列方法计算：

1 将腹板开圆形孔拱等效为矩形孔洞的双肢缀板格构式拱（图 5.2.5），其几何尺寸可按照公式（5.2.5-1）确定：

$$h_e = 1.70 \cdot R$$

$$l_e = 1.58 \cdot R \qquad (5.2.5\text{-}1)$$

式中：h_e ——双肢缀板格构式拱的矩形孔洞的高度（m）；

l_e ——双肢缀板格构式拱的矩形孔洞的宽度（m）；

R ——腹板开孔钢拱的圆形孔半径（m）。

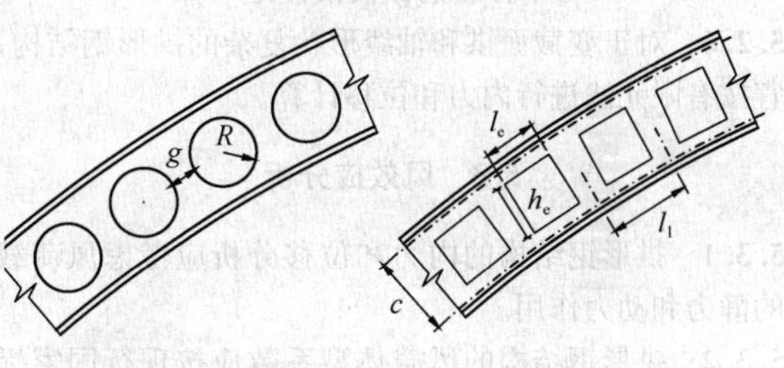

(a) 腹板开圆形孔拱　　(b) 双肢缀板格构式拱

图 5.2.5 腹板开圆形孔钢拱的等效示意

2 竖向变形可按下列公式计算：

竖向均布荷载 q 作用时：

$$\delta = a_1 \frac{qL^4}{EI_e} + a_2 \frac{qL^2}{GA_e} + a_3 \frac{\lambda_1^2}{24EA_1}\left(1+\frac{2}{k}\right)qL^2 \qquad (5.2.5\text{-}2)$$

竖向集中荷载 F 作用时：

$$\delta = a_1 \frac{FL^3}{EI_e} + a_2 \frac{FL}{GA_e} + a_3 \frac{\lambda_1^2}{24EA_1}\left(1+\frac{2}{k}\right)FL \qquad (5.2.5\text{-}3)$$

式中：a_1、a_2、a_3 ——系数，可按本规程附录 C 中表 C-2 确定；

I_e ——等效截面惯性矩（m⁴）；

A_e ——等效截面面积（m²）；

A_1 ——双肢缀板格构截面的每个分肢面积（m²）；

λ_1 ——等效格构式拱的分肢长细比；

k ——缀板与分肢的线刚度比值。

1）等效截面惯性矩 I_e 按下式计算：

$$I_e = I_0 - \frac{\pi}{4}\frac{t_w R^4}{g+2R} \quad (5.2.5\text{-}4)$$

2）等效截面面积 A_e 按下式计算：

$$A_e = A_0 - \frac{\pi t_w R^2}{g+2R} \quad (5.2.5\text{-}5)$$

3）等效格构式拱的分肢长细比 λ_1 按下式计算：

$$\lambda_1 = l_1/i_1 \quad (5.2.5\text{-}6)$$

4）缀板与分肢的线刚度比值 k 按下式计算：

$$k = (I_b/c)/(I_1/l_1) \quad (5.2.5\text{-}7)$$

式中：I_0——不考虑腹板开孔计算的惯性矩（m^4）；

g——孔洞边缘间距（m）；

t_w——腹板厚度（m）；

A_0——不考虑腹板开孔计算的截面积（m^2）；

t_w——腹板厚度（m）；

l_1——缀板间的中心距（m）；

i_1——每个分肢的回转半径（m）；

I_b——缀板的截面惯性矩（m^4）；

c——两分肢的轴线间距（m）；

I_1——每个分肢的截面惯性矩（m^4）。

5.2.6 对于变截面拱和轴线形状复杂的拱形钢结构，宜按有限元法进行内力和位移计算。

5.3 风效应分析

5.3.1 拱形钢结构的内力和位移分析应考虑风荷载的静力和动力作用。

5.3.2 拱形钢结构的风载体型系数应按现行国家标准《建筑结构荷载规范》GB 50009 的规定取值；对于体型复杂且重要的拱形钢结构，其风载体型系数宜通过风洞试验确定。

5.3.3 对于中小跨度拱形钢结构可采用平均风荷载乘以风振系数的方法近似考虑结构的风动力效应，风振系数参考取值为 1.2～1.8。

5.3.4 对于满足下列条件之一的拱形钢结构，宜通过风振响应分析确定风动力效应：

1 跨度大于 120m；

2 结构基本自振周期大于 1.0s；

3 体型复杂且较为重要的结构。

5.3.5 拱形钢结构屋面围护结构的设计，应考虑风压极值的影响，并考虑结构内压与外部风荷载的叠加效应。

5.4 地震作用分析

5.4.1 在抗震设防烈度为 7 度的地区，对于拱形钢结构当矢跨比大于或等于 1/5 时，应进行水平抗震验算；当矢跨比小于 1/5 时，应进行竖向和水平抗震验算；在抗震设防烈度为 8 度或 9 度的地区，对于拱形钢结构应进行水平和竖向抗震验算。拱跨度大于 120m 时，应进行罕遇地震分析。

5.4.2 在地震作用分析时，应考虑支承体系对拱形钢结构受力的影响，宜将拱形钢结构与支承体系共同考虑，按整体分析模型进行计算；也可把支承体系简化为拱形钢结构的弹性支座，按弹性支承模型计算。

5.4.3 对拱形钢结构进行多遇地震作用下的效应计算时，可采用振型分解反应谱法；对于重要的大跨度拱形钢结构，应采用时程分析法进行补充计算。

5.4.4 计算拱形钢结构多遇地震作用下的效应时，对于拱脚落地的拱形钢结构，阻尼比值可取 0.02；对于钢管混凝土拱形钢结构，阻尼比可取 0.035；对设有混凝土支承结构的拱形钢结构，整体计算时阻尼比值可取 0.03。罕遇地震弹塑性计算时，阻尼比值可取 0.05。

5.4.5 拱形钢结构构件的抗震承载力调整系数应符合现行国家标准《建筑抗震设计规范》GB 50011 的规定。

6 设　　计

6.1 一 般 规 定

6.1.1 拱形钢结构的设计应进行强度、整体稳定性（平面内与平面外整体稳定）以及变形计算，还应进行局部稳定验算及节点强度验算。

6.1.2 对于变截面、轴线形状复杂以及重要的拱形钢结构，可采用弹塑性全过程分析确定其整体稳定承载力。

6.1.3 采用有限元法计算拱形钢结构的变形和承载力时，其计算模型应符合下列规定：

1 对实腹式截面拱，宜选用考虑截面剪切变形影响的梁单元。如果截面板件高厚比或者宽厚比不能保证局部稳定性，应选用壳单元。

2 对腹板开孔钢拱，宜采用壳单元。

3 对钢管桁架拱，杆件宜采用梁单元。

4 对索拱结构，拉索可采用索单元，拱体可采用梁单元或壳单元。

5 钢材可采用理想弹塑性应力与应变曲线或采用两折线强化模型，强化模量取 2% 的弹性模量。拉索可采用线弹性应力与应变曲线。

6.1.4 满足下列条件之一时，可不进行钢拱平面外整体稳定计算：

1 在平面外有足够刚度的屋面板约束时；

2 当平面外有足够数量的支撑且能够约束钢拱截面的面外位移与扭转时；

3 承受全跨水平均布荷载的双轴对称工字形等截面圆弧两铰拱，当沿拱轴线等间距设置面外完全支撑，且相邻支承点距离 S_1 与截面翼缘宽度 b_f 的比值满足公式（6.1.4-1）时。

$$\frac{S_1}{b_f} \leqslant 2.3 + 0.092\lambda_x \quad (6.1.4\text{-}1)$$

式中：λ_x——拱轴线平面内的几何长细比，应按公式（6.1.4-2）确定。

$$\lambda_x = \frac{S}{2i_x} \tag{6.1.4-2}$$

式中：S——拱轴线长度（m）；

i_x——拱轴线平面内的截面回转半径（m）。

6.1.5 当拱矢跨比较小时，应计算拱的跃越屈曲荷载。符合下式要求的实腹式截面钢拱，可不进行跃越屈曲验算。

$$L\sqrt{\frac{A}{12I_x}} > K_{sn} \tag{6.1.5}$$

式中：L——拱的跨度（m）；

A——拱的毛截面面积（m^2）；

I_x——拱轴线平面内的毛截面惯性矩（m^4）；

K_{sn}——跃越屈曲系数，按表 6.1.5 采用。

表 6.1.5 跃越屈曲系数

支承条件	矢跨比				
	0.05	0.075	0.10	0.15	0.20
两铰拱	35	23	17	10	8
无铰拱	319	97	42	13	6

6.1.6 拱形钢结构最大竖向位移计算值不应超过其跨度的1/400，平面内拱顶最大水平侧移计算值不应超过其跨度的 1/200。荷载取值与组合系数应符合现行国家标准《建筑结构荷载规范》GB 50009 的规定。

6.1.7 对于直接承受中级或重级工作制悬挂吊车荷载的拱形钢结构，应按照现行国家标准《钢结构设计规范》GB 50017 中的规定进行疲劳验算。

6.2 实腹式截面拱

6.2.1 实腹式截面拱的强度计算、局部稳定性计算应符合现行国家标准《钢结构设计规范》GB 50017 的规定。

6.2.2 轴心受压实腹式截面圆弧及抛物线钢拱的平面内整体稳定承载力可按下式计算：

$$\frac{N}{\varphi A} \leqslant f \tag{6.2.2}$$

式中：N——拱脚轴力设计值（N）；

A——拱的毛截面面积（m^2）；

φ——轴心受压拱的平面内稳定系数，应根据拱轴线形式、拱轴线平面内的几何长细比、截面类型、矢跨比按本规程附录 D 采用；

f——钢材的抗压强度设计值（N/m^2）。

6.2.3 承受轴力和平面内弯矩共同作用的实腹式截面圆弧及抛物线钢拱的平面内整体稳定承载力可按下式计算：

$$\frac{N}{\varphi A f} + \alpha\left(\frac{M}{\gamma_x W_x f}\right)^2 \leqslant 1 \tag{6.2.3}$$

式中：N——最大轴力设计值（N）；

M——最大弯矩设计值（N·m）；

φ——轴心受压拱的平面内稳定系数；

γ_x——截面塑性发展系数，应按照现行国家标准《钢结构设计规范》GB 50017 的规定取值；

W_x——拱轴线平面内弯曲的毛截面模量（m^3）；

α——与支承条件、截面形式有关的系数，按表 6.2.3 确定。

表 6.2.3 压弯拱的系数 α

截面形式	支承条件		
	三铰拱	两铰拱	无铰拱
圆管截面	0.83	0.76	0.69
工字形截面	1.11	1.00	0.91
箱形截面	0.91	0.83	0.76

6.2.4 无面外支撑的轴心受压热轧圆管截面圆弧形两铰拱，其平面外整体稳定承载力可按照公式（6.2.4-1）计算：

$$\frac{N}{\varphi_{out} A} \leqslant f \tag{6.2.4-1}$$

式中：N——最大轴力设计值（N）；

φ_{out}——轴心受压拱的平面外稳定系数，可根据两铰拱的换算长细比 λ_h 按照现行国家标准《钢结构设计规范》GB 50017 中 c 类截面取值。

换算长细比 λ_h 可按公式（6.2.4-2）～式（6.2.4-4）计算：

$$\lambda_h = \frac{\lambda_y}{\sqrt{K_{ao}}} \tag{6.2.4-2}$$

$$\lambda_y = \frac{S}{i_y} \tag{6.2.4-3}$$

$$K_{ao} = \frac{(\pi^2 - \Theta^2)^2}{\pi^2(\pi^2 + 1.3\Theta^2)} \tag{6.2.4-4}$$

式中：λ_y——拱的换算长细比；

i_y——拱轴线平面外的毛截面回转半径（m）；

K_{ao}——拱的平面外弹性弯扭屈曲系数；

Θ——拱的圆心角，以弧度为单位。

6.3 腹板开孔钢拱

6.3.1 腹板开圆形孔的工形截面拱的强度计算应取最不利截面进行，其正应力、剪应力及折算应力应符合现行国家标准《钢结构设计规范》GB 50017 的规定。

6.3.2 腹板开圆形孔的工形截面圆弧形两铰拱，在进行平面内整体稳定计算时，可按本规程第 5.2.5 条的规定将其等效为矩形孔的双肢缀板式格构拱。

6.3.3 轴心受压腹板开圆形孔的工形截面圆弧形两铰拱的平面内整体稳定承载力可按下列步骤计算：

1 换算长细比 λ_e 应按下式计算：

$$\lambda_e=\sqrt{\lambda_x^2+\frac{\pi^2}{12}\left(1+\frac{2}{k}\right)\lambda_1^2} \quad (6.3.3\text{-}1)$$

2 弹性屈曲系数 k_a 应按下式计算：

$$k_a=\left(1-\frac{1.96}{\lambda_e}\right)-\left(1.29-\frac{11.9}{\lambda_e}\right)\left(\frac{H}{L}\right)^{\left(2.93-\frac{34.8}{\lambda_e}\right)} \quad (6.3.3\text{-}2)$$

3 正则化长细比 $\bar{\lambda}$ 应按下式计算：

$$\bar{\lambda}=\frac{\lambda_e}{\pi}\sqrt{\frac{f_y}{k_a E}} \quad (6.3.3\text{-}3)$$

4 稳定性应按下式验算：

$$\frac{N}{\varphi A_e}\leqslant f \quad (6.3.3\text{-}4)$$

式中：λ_x——拱轴线平面内的几何长细比；

λ_1——等效格构拱的分肢长细比；

k——缀板与分肢的线刚度比值；

H、L——拱的矢高与跨度（m）；

f_y——钢材的屈服强度（N/m²）；

E——钢材的弹性模量（N/m²）；

N——拱脚轴力设计值（N）；

A_e——等效截面面积（m²），按本规程公式（5.2.5-5）确定；

φ——平面内稳定系数，根据正则化长细比 $\bar{\lambda}$ 按本规程附录 E 采用。

6.3.4 腹板开圆形孔的工形截面圆弧形两铰拱，承受轴力和平面内弯矩共同作用时，其平面内整体稳定承载力可按下式计算：

$$\frac{N}{\varphi A_e}+\frac{M}{W_e}\leqslant f \quad (6.3.4)$$

式中：N——最大轴力设计值（N）；

M——平面内最大弯矩设计值（N·m）；

W_e——按等效双肢缀板式格构拱确定的拱轴线平面内截面模量（m³）。

6.3.5 腹板开孔钢拱的板件局部稳定性应满足下列规定：

1 孔半径 R 宜符合下式要求：

$$0.5<\frac{2R}{h_0}<0.7 \quad (6.3.5\text{-}1)$$

2 孔洞的间距 g 不应小于 $h_0/3$。

3 当孔半径满足公式（6.3.5-1）的规定时，孔与翼缘之间的板件（图 6.3.5 中区域 A）的高厚比限值应符合下式要求：

$$\frac{h_1}{t_w}\leqslant 17\sqrt{\frac{235}{f_y}} \quad (6.3.5\text{-}2)$$

相邻孔之间的板件（图 6.3.5 中区域 B）的高厚比限值应符合下式要求：

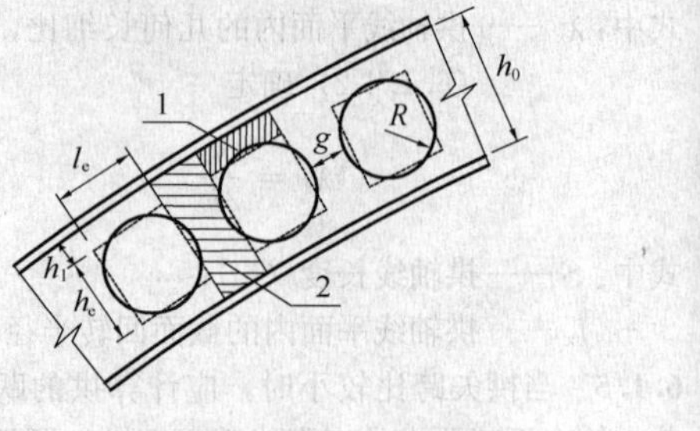

图 6.3.5 腹板开孔钢拱的局部稳定性

1—腹板区域 A；2—腹板区域 B

$$\frac{h_0}{t_w}\leqslant 50\sqrt{\frac{235}{f_y}} \quad (6.3.5\text{-}3)$$

4 钢拱截面翼缘的局部稳定应符合下式要求：

$$\frac{b_1}{t}\leqslant 15\sqrt{\frac{235}{f_y}} \quad (6.3.5\text{-}4)$$

式中：h_0——腹板的计算高度（m）；

h_1——等效双肢缀板式格构拱的矩形孔与翼缘之间的腹板高度（m）；

t_w——腹板厚度（m）；

b_1——翼缘自由外伸宽度（m）；

t——翼缘厚度（m）。

6.4 钢管桁架拱

6.4.1 本节适用于不直接承受动力荷载、无直腹杆、节点采用杆件直接相贯焊缝连接的钢管（圆管、方管或矩形管）桁架拱。

6.4.2 钢管桁架拱的杆件及节点强度计算应符合现行国家标准《钢结构设计规范》GB 50017 的规定。

6.4.3 钢管桁架拱应保证腹杆不先于整体结构而破坏。圆钢管径厚比不应大于 $100(235/f_y)$，方管或矩形管的最大外缘尺寸与壁厚的比值不应超过 $40\sqrt{235/f_y}$。

6.4.4 轴心受压圆弧形钢管桁架两铰拱的平面内整体稳定承载力可按下式计算：

$$\frac{N}{\eta\varphi_0 A}\leqslant f \quad (6.4.4\text{-}1)$$

式中：N——拱脚轴力设计值（N）；

η——整体与局部稳定相关作用影响系数；

φ_0——钢管桁架拱的平面内稳定系数，根据换算长细比 λ_e 按本规程附录 F 采用；

A——弦杆分肢面积之和（m²）。

整体与局部稳定相关作用影响系数 η 应按下列公式计算：

$$\eta=1-\left(a_1\frac{H}{L}+a_2\right)\frac{\lambda_c}{\lambda_e} \quad (6.4.4\text{-}2)$$

$$\lambda_e = \sqrt{\lambda_x^2 + \left[1-\left(\frac{\Theta}{2\pi}\right)^2\right]\frac{\pi^2 EA}{K_v}} \quad (6.4.4\text{-}3)$$

$$K_v = EA_d \sin^2\theta\cos\theta\cos^2\varphi \quad (6.4.4\text{-}4)$$

式中：a_1、a_2——截面类型系数，按表 6.4.4 采用；

λ_c——节间弦杆的长细比，取上弦和下弦节间长度的平均值计算；

λ_e——换算长细比；

λ_x——钢管桁架拱拱轴线平面内的几何长细比；

Θ——圆心角，以弧度为单位；

K_v——钢管桁架拱的剪切刚度（N）；

A_d——节间内参与剪力传递的各斜腹杆截面面积之和（m^2），对于平面桁架拱为 A_{d0}，对于三角形截面、矩形截面空间桁架拱为 $2A_{d0}$，A_{d0} 为单个斜腹杆的截面面积；

θ——斜腹杆与弦杆的夹角（图 6.4.4a）；

φ——斜腹杆所在平面与截面对称轴的夹角，对平面桁架拱等于零（图 6.4.4b）。

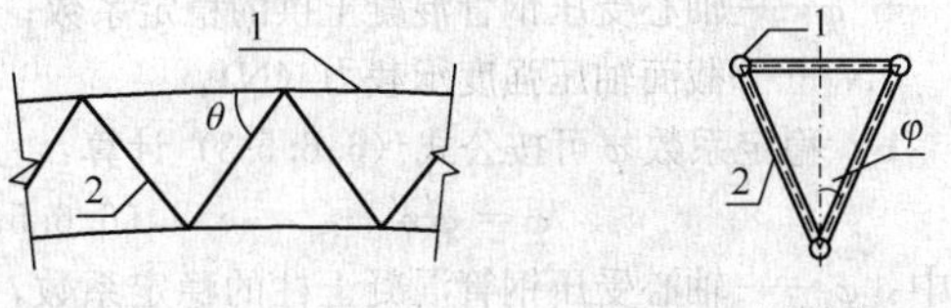

(a)夹角θ　　(b)夹角φ

图 6.4.4　钢管桁架拱剪切刚度的计算角度

1—弦杆；2—斜腹杆

表 6.4.4　截面类型系数

截面类型	a_1	a_2
矩形或梯形	0.15	0.075
正三角形	0.17	0.075
倒三角形	0.24	0.056

6.4.5　承受轴力和平面内弯矩共同作用的圆弧形两铰钢管桁架拱的平面内整体稳定承载力应按下式计算：

$$\frac{N}{\eta\varphi_0 A} + \frac{M}{\eta W_x} \leqslant f \quad (6.4.5)$$

式中：N——最大轴力设计值（N）；

M——最大弯矩设计值（N·m）；

W_x——按弦杆轴线确定的等效截面模量（m^3），对于平面桁架拱和倒梯形（或矩形）截面钢管桁架拱等于 $I_x/(H/2)$；对于三角形截面钢管桁架拱等于 $\mu \cdot I_x/(2H/3)$。I_x 为拱轴线内惯性矩，H 为截面高度。截面模量系数 μ 按照表 6.4.5 确定。

表 6.4.5　截面模量系数 μ

截面类型	荷载形式					
	全跨水平均布	半跨水平均布	全跨轴线均布	半跨轴线均布	跨中集中	1/4 跨集中
正三角形	1.5	1.15	1.8	1.15	1.5	1.1
倒三角形	1.15	1.15	1.2	1.15	1.6	1.4

6.4.6　钢管桁架拱的杆件稳定性应按照现行国家标准《钢结构设计规范》GB 50017 的规定执行。对壁厚小于或等于 6mm 的冷成型薄壁钢管杆件应按现行国家标准《冷弯薄壁型钢结构技术规范》GB 50018 确定。杆件的计算长度应按表 6.4.6 采用。

表 6.4.6　杆件的计算长度

桁架类别	弯曲方向		弦杆	腹杆	
				支座斜杆和支座竖杆	其他腹杆
平面钢管桁架拱	平面内		l	l	$0.9l$
	平面外		l_1	l	l
立体钢管桁架拱	三角形截面	平面内	$0.9l$	l	$0.9l$
		平面外	$0.9l$	l	$0.9l$
	方形、矩形与梯形截面	平面内	l	l	$0.9l$
		平面外	l	l	l

注：1　对立体桁架，表中所指平面为相邻二弦杆构成的平面；

2　l 为杆件的节间长度，l_1 为弦杆侧向支撑点之间的距离；

3　对端部缩头或压扁的圆管腹杆，其计算长度取 $1.0l$。

6.4.7　钢管桁架拱的杆件长细比不宜超过表 6.4.7 中规定的数值。

表 6.4.7　杆件的容许长细比［λ］

	杆件形式	杆件受拉	杆件受压	受压与压弯	受拉与拉弯
钢管桁架拱	一般杆件	300	180	—	—
	支座附近杆件	250			

6.5　索　拱

6.5.1　对于弦张式索拱结构以及车辐式索拱结构，拉索预应力取值应以拉索张紧为宜。

6.5.2　对弦撑式索拱结构，应综合考虑建筑造型、使用功能、边界条件与合理的预应力取值，通过试算确定初始几何形状以及相应的预应力分布。拉索预应力取值应保证在永久荷载控制的荷载组合作用下，拉索不松弛。

6.5.3　索与拱体、索与撑杆、索与索盘以及索与索的连接节点应符合计算假定，应做到传力路线明确、确保安全并便于制作与安装。

6.5.4 索拱结构的承载力计算宜采用有限元分析方法。

6.6 钢管混凝土拱

Ⅰ 一般规定

6.6.1 本节适用于拱轴线为圆弧形、截面形式为圆形截面和矩形截面、承受静力荷载或间接承受动力荷载作用的钢管混凝土拱的设计和计算。

6.6.2 钢管混凝土拱在施工阶段，尚应按空钢管进行承载力、稳定性和变形验算。施工阶段的荷载主要为湿混凝土自重和实际可能作用的施工荷载。

6.6.3 钢管混凝土拱的约束效应系数应符合下列规定：

1 约束效应系数的标准值 ξ 应按公式（6.6.3-1）计算：

$$\xi=\frac{A_s f_y}{A_c f_{ck}} \quad (6.6.3\text{-}1)$$

2 约束效应系数的设计值 ξ_o 应按公式（6.6.3-2）计算：

$$\xi_o=\frac{A_s f}{A_c f_c} \quad (6.6.3\text{-}2)$$

式中：f_{ck}——混凝土的轴心抗压强度标准值（N/m^2）；

f_y——钢材的屈服强度（N/m^2）；

f_c——混凝土的轴心抗压强度设计值（N/m^2）；

f——钢材的抗拉、抗压和抗弯强度设计值（N/m^2）；

A_s——钢管的横截面面积（m^2）；

A_c——混凝土的横截面面积（m^2）。

3 ξ 的取值范围宜在 0.2～4.0 之间。当钢管混凝土拱用于地震区时，圆钢管混凝土拱的约束效应系数标准值 ξ 不应小于 0.6，对于矩形钢管混凝土，ξ 值不应小于 1.0。

6.6.4 钢管混凝土拱的组合轴压强度、组合弹性刚度的计算应符合下列规定：

1 组合轴压强度设计值 f_{sc} 应按下列公式计算：

对于圆钢管混凝土：

$$f_{sc}=(1.14+1.02\xi_o)f_c \quad (6.6.4\text{-}1)$$

对于矩形钢管混凝土：

$$f_{sc}=(1.18+0.85\xi_o)f_c \quad (6.6.4\text{-}2)$$

式中：f_c——混凝土的轴心抗压强度设计值（N/m^2）；

ξ_o——构件截面的约束效应系数设计值。

2 钢管混凝土拱的组合弹性轴压刚度 EA 应按下式计算：

$$EA=E_{sc}A_{sc} \quad (6.6.4\text{-}3)$$

式中：E_{sc}——组合轴压弹性模量（N/m^2），可按本规程附录 G 确定；

A_{sc}——组合截面的横截面面积（m^2），等于 A_s+A_c。

3 钢管混凝土拱的组合弹性抗弯刚度 EI 应按下式计算：

$$EI=E_sI_s+\alpha E_cI_c \quad (6.6.4\text{-}4)$$

式中：E_s、E_c——钢材和混凝土的弹性模量（N/m^2），分别按现行国家标准《钢结构设计规范》GB 50017 和《混凝土结构设计规范》GB 50010 的规定采用；

I_s、I_c——钢管和混凝土的截面惯性矩（m^4）；

α——抗弯刚度折减系数，对于圆钢管混凝土，$\alpha=0.8$；对于矩形钢管混凝土，$\alpha=0.6$。

Ⅱ 钢管混凝土拱承载力计算

6.6.5 轴心受压钢管混凝土拱的平面内整体稳定承载力应符合下列公式规定：

$$N\leqslant\varphi N_u \quad (6.6.5\text{-}1)$$

$$N_u=A_{sc}f_{sc} \quad (6.6.5\text{-}2)$$

式中：N——轴压力设计值（N）；

φ——轴心受压钢管混凝土拱的稳定系数；

N_u——截面轴压强度承载力（N）。

1 稳定系数 φ 可按公式（6.6.5-3）计算：

$$\varphi=\varphi'\eta' \quad (6.6.5\text{-}3)$$

式中：φ'——轴心受压钢管混凝土柱的稳定系数，可根据名义长细比 λ_n 按本规程附录 H 确定；

η'——矢跨比对钢管混凝土拱的轴压稳定承载力的影响系数，可按本规程附录 J 确定。

2 名义长细比 λ_n 可按下列规定计算：

对于圆钢管混凝土：

$$\lambda_n=\frac{4L_0}{D} \quad (6.6.5\text{-}4)$$

对于矩形钢管混凝土绕强轴弯曲：

$$\lambda_n=\frac{2\sqrt{3}L_0}{D} \quad (6.6.5\text{-}5)$$

对于矩形钢管混凝土绕弱轴弯曲：

$$\lambda_n=\frac{2\sqrt{3}L_0}{B} \quad (6.6.5\text{-}6)$$

式中：D——圆钢管外直径或矩形钢管长边边长（m）；

B——矩形钢管短边边长（m）；

L_0——拱轴等效计算长度（m），对于无铰拱取 $0.36S$，两铰拱取 $0.5S$，三铰拱取 $0.58S$，S 为拱轴线长度。

6.6.6 钢管混凝土拱的截面受弯承载力应按公式（6.6.6）计算：

$$M_u=\gamma_m W_{sc}f_{sc} \quad (6.6.6)$$

式中：γ_m、W_{sc}——截面抗弯塑性发展系数与截面抗弯模量（m^3），应按表 6.6.6 的规定计算。

表 6.6.6　截面抗弯塑性发展系数与截面抗弯模量

参　数	截　面	计算公式
截面抗弯塑性发展系数	圆钢管混凝土	$\gamma_m=1.1+0.48\ln(\xi+0.1)$
	矩形钢管混凝土	$\gamma_m=1.04+0.48\ln(\xi+0.1)$
截面抗弯模量	圆钢管混凝土	$W_{sc}=\pi D^3/32$
	矩形钢管混凝土绕强轴弯曲	$W_{sc}=BD^2/6$
	矩形钢管混凝土绕弱轴弯曲	$W_{sc}=B^2D/6$

6.6.7　承受轴力和平面内弯矩共同作用的钢管混凝土拱的平面内承载力应符合下列规定：

当 $\dfrac{N}{N_u}\geqslant 2\varphi^3\eta_0$ 时：

$$\frac{N}{\varphi N_u}+\frac{a}{d}\left(\frac{M}{M_u}\right)\leqslant 1 \qquad (6.6.7\text{-}1)$$

当 $\dfrac{N}{N_u}<2\varphi^3\eta_0$ 时：

$$-b\left(\frac{N}{N_u}\right)^2-c\left(\frac{N}{N_u}\right)+\frac{1}{d}\left(\frac{M}{M_u}\right)\leqslant 1 \qquad (6.6.7\text{-}2)$$

式中：φ——轴心受压钢管混凝土拱的稳定系数，按本规程第 6.6.5 条规定取值；

N——最大轴压力设计值（N）；

M——平面内最大弯矩设计值（N·m）；

η_0——系数，按表 6.6.7 的规定计算；

$a\sim d$——系数，按本规程附录 K 确定。

表 6.6.7　系数 η_0 计算

截面	约束效应系数	计算公式
圆钢管混凝土	$\xi\leqslant 0.4$ 时	$\eta_0=0.5-0.245\xi$
	$\xi>0.4$ 时	$\eta_0=0.1+0.14\xi^{-0.84}$
矩形钢管混凝土	$\xi\leqslant 0.4$ 时	$\eta_0=0.5-0.318\xi$
	$\xi>0.4$ 时	$\eta_0=0.1+0.13\xi^{-0.81}$

Ⅲ　钢管混凝土桁架拱整体承载力计算

6.6.8　钢管混凝土桁架拱（图 6.6.8）的轴压承载力计算应满足本规程第 6.6.5 条规定。桁架拱的名义长细比应按换算长细比 λ_{ox} 取值，计算方法应符合表 6.6.8 的规定。

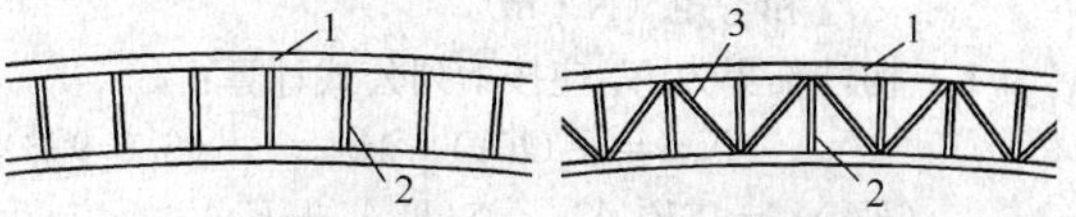

（a）平腹杆体系　　（b）斜腹杆体系

图 6.6.8　钢管混凝土桁架拱

1—弦杆；2—平腹杆；3—斜腹杆

表 6.6.8　钢管混凝土桁架拱的换算长细比

项目	截面形式	腹杆体系	计 算 公 式
双肢	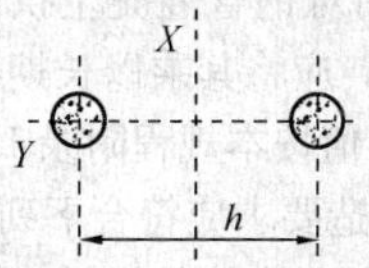	平腹杆	$\lambda_{ox}=\sqrt{\lambda_x^2+\frac{\pi^2}{12}\lambda_1^2+\frac{\pi^2\alpha_1\lambda_0^2 l_1}{6h}\cdot\left(1+\frac{1}{\alpha_s\cdot\alpha_E}\right)}$
		斜腹杆	$\lambda_{ox}=\sqrt{\lambda_x^2+54\alpha_d\cdot\left(1+\frac{1}{\alpha_s\cdot\alpha_E}\right)+\frac{2\pi^2\alpha_b h}{l_1}\cdot\left(1+\frac{1}{\alpha_s\cdot\alpha_E}\right)}$
三肢	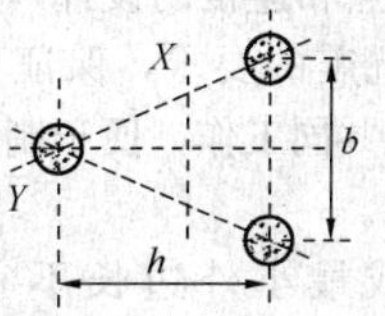	平腹杆	$\lambda_{ox}=\sqrt{\lambda_x^2+0.1\pi^2\lambda_1^2+\frac{0.2\alpha_1\pi^2 l_1\lambda_0^2}{h}\left(1+\frac{1}{\alpha_s\cdot\alpha_E}\right)}$
		斜腹杆	$\lambda_{ox}=\sqrt{\lambda_x^2+54\alpha_d\cdot\left(1+\frac{1}{\alpha_s\cdot\alpha_E}\right)+2\pi^2\alpha_b\cdot\frac{h}{l_1}\cdot\left(1+\frac{1}{\alpha_s\cdot\alpha_E}\right)}$
四肢	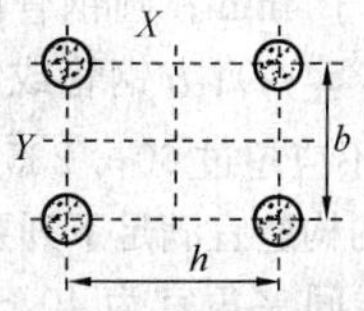	平腹杆	$\lambda_{ox}=\sqrt{\lambda_x^2+\frac{\pi^2}{12}\lambda_1^2+\frac{\pi^2\alpha_1\lambda_0^2 l_1}{6h}\cdot\left(1+\frac{1}{\alpha_s\cdot\alpha_E}\right)}$
		斜腹杆	$\lambda_{ox}=\sqrt{\lambda_x^2+54\alpha_d\cdot\left(1+\frac{1}{\alpha_s\cdot\alpha_E}\right)+\frac{2\pi^2\alpha_b h}{l_1}\cdot\left(1+\frac{1}{\alpha_s\cdot\alpha_E}\right)}$

注：1　Y-Y 轴的对称平面为拱轴线所在平面；

2　l_1 为节间的几何长度，h 为桁架拱在拱轴线平面内的截面高度；

3　A_s 为单根弦杆的钢管面积，A_c 为单根弦杆的核心混凝土面积；

4　A_1 为平腹杆体系中单根腹杆的钢管截面面积，A_d 为斜腹杆体系中单根斜腹杆的钢管截面面积，A_b 为斜腹杆体系中单根平腹杆的钢管截面面积；

5　$\lambda_x=L_0/i_x$ 为桁架拱的几何长细比，其中 L_0 为拱轴等效计算长度，应符合本规程第 6.6.5 条的规定；

6　λ_{ox} 为整个构件对 x 轴的换算长细比，λ_1 为单肢一个节间的长细比，λ_0 为空钢管平腹杆的长细比；

7　$\alpha_E=E_s/E_c$ 为钢材和混凝土的弹性模量比，$\alpha_s=A_s/A_c$ 为单根弦杆的含钢率，$\alpha_1=A_s/A_1$ 为单根弦杆和腹杆的钢管面积的比值，$\alpha_d=A_s/A_d$ 为单根弦杆和斜腹杆的钢管面积的比值，$\alpha_b=A_s/A_b$ 为单根弦杆和平腹杆的钢管横截面面积的比值。

6.6.9 钢管混凝土桁架拱在弯矩平面内的压弯承载力计算应符合下列规定：

当 $\frac{M}{N} \leqslant \frac{M_B}{N_B}$ 时：

$$\frac{N}{\varphi \Sigma A_{sc}} + \frac{M}{W_{sc}(1-\varphi N/N_{cr})} \leqslant f_{sc} \quad (6.6.9\text{-}1)$$

当 $\frac{M}{N} > \frac{M_B}{N_B}$ 时：

$$-N + \frac{M}{r_c(1-N/N_{cr})} \leqslant 1.05 \Sigma A_s f \quad (6.6.9\text{-}2)$$

式中：N——最大轴力设计值（N）；

M——平面内最大弯矩设计值（N·m）；

f_{sc}——钢管混凝土组合轴压强度设计值（N/m²）；

N_{cr}——构件临界力（N）；

W_{sc}——构件截面总抵抗矩（m³）；

r_c——截面重心至压区弦杆重心轴的距离（m）；

N_B、M_B——承载力相关曲线特征点对应的轴力（N）和弯矩（N·m）。

1 构件临界力 N_{cr} 应按下列公式计算：

$$N_{cr} = \pi^2 (EA)_{sc} / \lambda_{ox}^2 \quad (6.6.9\text{-}3)$$

$$(EA)_{sc} = \Sigma E_{sc} A_{sc} = \Sigma (E_s A_s + E_c A_c) \quad (6.6.9\text{-}4)$$

式中：$(EA)_{sc}$——构件总的轴压刚度（N）。

2 构件截面总抵抗矩 W_{sc} 应符合下列公式的要求：

对于双肢或四肢结构：

$$W_{sc} = I_{sc}/(h/2) \quad (6.6.9\text{-}5)$$

对于三肢结构：

$$W_{sc} = I_{sc}/(2h/3) \quad (6.6.9\text{-}6)$$

式中：I_{sc}——截面的整体惯性矩（m⁴）；

h——截面的高度（m）。

3 承载力相关曲线特征点对应的轴力 N_B 和弯矩 M_B 应按下列公式计算：

$$N_B = \varphi \cdot N_{uc} - N_{ut} \quad (6.6.9\text{-}7)$$

$$M_B = \varphi \cdot N_{uc} \cdot r_c + N_{ut} \cdot r_t \quad (6.6.9\text{-}8)$$

$$N_{uc} = \Sigma A_{sc} f_{sc} \quad (6.6.9\text{-}9)$$

$$N_{ut} = 1.05 \Sigma A_s f \quad (6.6.9\text{-}10)$$

式中：N_{uc}——构件总轴压承载力（N）；

N_{ut}——构件总轴拉承载力（N）；

ΣA_s——截面中钢材部分总面积（m²）；

r_t——截面重心至拉区弦杆重心轴的距离（m）。

4 截面重心至压区弦杆及拉区弦杆重心轴的距离 r_c 与 r_t 应按下列公式计算：

$$r_c = \frac{N_{uc1}}{N_{uc}} h \quad (6.6.9\text{-}11)$$

$$r_t = \frac{N_{uc2}}{N_{uc}} h \quad (6.6.9\text{-}12)$$

式中：N_{uc1}——拉区弦杆的轴压承载力总和（N）；

N_{uc2}——压区弦杆的轴压承载力总和（N）；

h——桁架拱在拱轴线平面内的截面高度（m）。

6.6.10 承受轴力和平面内弯矩共同作用的钢管混凝土桁架拱，除按本规程公式（6.6.9-1）和公式（6.6.9-2）验算整体稳定承载力外，尚应验算单拱肢稳定承载力。当单拱肢长细比 λ_1 符合下列条件时，可不验算单拱肢稳定承载力：

对于平腹杆格构式构件：

$$\lambda_1 \leqslant 40 \text{ 且 } \lambda_1 \leqslant 0.5\lambda_{max} \quad (6.6.10\text{-}1)$$

对于斜腹杆格构式构件：

$$\lambda_1 \leqslant 0.7\lambda_{max} \quad (6.6.10\text{-}2)$$

式中：λ_{max}——构件在 X-X 和 Y-Y 方向换算长细比的较大值。

6.6.11 钢管混凝土桁架拱的腹杆承载力设计应符合现行国家标准《钢结构设计规范》GB 50017 的规定。

6.6.12 钢管混凝土桁架拱的弦杆节间承载力应符合下列规定：

1 承受轴压力与弯矩共同作用时，节间弦杆承载力设计可按本规程第 6.6.7 条计算，其计算长度可取节间几何长度；

2 承受轴向拉力 N_t 的节间弦杆承载力应符合公式（6.6.12）的规定：

$$N_t \leqslant 1.05 A_s f \quad (6.6.12)$$

Ⅳ 其 他 规 定

6.6.13 验算长期荷载作用对钢管混凝土拱的轴压极限承载力设计值的影响时，应将其乘以长期荷载作用影响系数 k_{cr} 进行折减。k_{cr} 值按本规程附录 L 确定。

6.6.14 钢管混凝土拱的构造要求应符合下列规定：

1 钢管混凝土拱的节点和连接的设计，应满足承载力、刚度、稳定性和抗震的要求，保证力的传递，使钢管和管中混凝土能共同工作，便于制作、安装和管中混凝土的浇灌施工。

2 钢管的外直径或最小外边长不宜小于 100mm，钢管的壁厚不宜小于 4mm；圆钢管的外径与壁厚之比不应超过 $150(235/f_y)$；方钢管或矩形管的最大外缘尺寸与壁厚之比不应超过 $60\sqrt{235/f_y}$。

3 斜腹杆体系桁架拱的构造宜满足下列要求：

1）斜腹杆与弦杆轴线间夹角宜为 40°～60°的范围；

2）杆件轴线宜交于节点中心，或者腹杆轴线交点与弦杆轴线距离不宜大于弦杆直径的 1/4（当大于 1/4 时，应考虑其偏心影响）；

3）平腹杆端部净距不宜小于 50mm。

4 平腹杆体系桁架拱的构造宜满足下列要求：

1）腹杆中心距离不应大于弦杆中心距离的 4

倍（$l_1/b \leqslant 4$）；

2）腹杆空钢管面积不宜小于弦杆钢管面积的 1/4（$A_s/A_1 \leqslant 4$）；

3）腹杆的长细比不宜大于单根弦杆长细比的 1/2（$\lambda_0 \leqslant 0.5\lambda_1$）。

5 三肢和四肢钢管混凝土桁架拱截面 b/h 宜取 0.3～1；b 为桁架拱在拱轴线平面内的截面宽度；h 为桁架拱在拱轴线平面内的截面高度。

7 制作与安装

7.1 一 般 规 定

7.1.1 拱形钢结构的制作与安装，除符合本规程外，尚应符合现行国家标准《钢结构工程施工质量验收规范》GB 50205 和《混凝土工程施工质量验收规范》GB 50204 的规定。

7.1.2 拱形钢结构的施工单位应具有相应的施工资质，并具有完整的质量保证体系。

7.1.3 拱形钢结构采用的钢材、焊接材料、连接材料、混凝土材料等性能，应符合设计文件的要求和本规程第 3 章的规定。

7.1.4 施工单位应根据设计文件、国家有关规范、标准及企业制作、安装工艺编制施工详图。施工详图宜由原设计工程师认可。当需要对设计文件进行修改时，施工单位应向原设计单位申报，经同意并签署文件后才有效。

7.1.5 拱形钢结构或构件设置施工变形预调值时，应在施工详图中注明，并在制作或安装时进行预变形。

7.1.6 拱形钢结构制作前，应根据设计文件、施工详图、国家有关规范、标准以及施工单位的条件，编制制作工艺文件。

7.1.7 对复杂拱形钢结构，宜进行工艺性试验以及计算机预拼装模拟。

7.1.8 拱形钢结构的安装，应根据设计图的要求，并编制施工组织设计。

7.1.9 安装工艺应保证拱形钢结构的稳定性且不应造成构件的永久变形。构件安装就位后应进行临时固定并进行校正，当不能形成稳定的结构体系时应设置临时支撑或进行临时加固。必要时宜对结构进行施工阶段全过程受力分析。

7.1.10 对大型或复杂拱形钢结构的吊点位置和吊耳应进行专门计算，并应符合设计或施工要求。

7.1.11 当拱形钢结构采用临时支撑安装时，应考虑支撑对结构内力改变的影响；应对支撑下部结构进行验算，在拆除临时支撑时宜进行拆撑分析，编制施工方案。

7.2 制 作

7.2.1 放样和号料应符合下列规定：

1 拱形钢结构应根据施工详图进行放样。放样和号料应预留焊接收缩量及切割、端铣等加工余量。

2 放样和样板（样杆）的允许偏差，应符合表 7.2.1 的规定。

3 需要弯曲的构件在号料时应按工艺规定的方向取料，弯曲构件的受拉部位钢材表面，不应有冲眼和划痕等缺陷。

表 7.2.1 放样和样板（样杆）的允许偏差

项　目	允许偏差（mm）
平行线距离和分段尺寸	±0.5
对角线	±1.0
长度	0～+0.5
宽度	−0.5～0
孔距	±0.5
组孔中心线距离	±0.5
加工样板的角度	±20′

7.2.2 切割和边缘加工应符合下列规定：

1 钢材的切割应根据厚度、形状、加工工艺、设计要求，选择适合的方法进行。型钢宜采用锯切方法，钢管相贯线宜采用数控相贯线切割机切割。

2 需要边缘加工的构件，宜采用铣削、刨削、车削等方式进行加工。

7.2.3 拱形钢结构制孔宜采用下列方法：

1 使用数控钻床或多轴立式钻床等制孔；

2 同类孔径较多时，采用模板制孔；

3 精度要求较高时，在构件成型后制孔；

4 小批量制作的孔，采用样板画线制孔。

7.2.4 拱形钢结构的矫正和弯曲成型加工应符合下列规定：

1 对原材料变形或加工及焊接引起的变形，宜采用冷矫正或热矫正方法进行矫正。

2 由钢板组装焊接而成的构件宜采用直接下料成型，钢管和型材宜采用成品弯曲。弯曲加工可采用冷弯曲和热弯曲。

3 碳素结构钢在环境温度低于−16℃、低合金高强度结构钢在环境温度低于−12℃时，不应进行冷矫正和冷弯曲。冷弯曲加工可采用压力机、折弯机、弯管机、弯角机等机械设备。钢管和型材的最小冷弯曲半径应根据设备能力、截面规格和工艺条件确定，必要时可进行工艺试验。

4 采用热弯曲加工成型时，加热温度宜控制在 900℃～1000℃；碳素结构钢和低合金结构钢在温度分别下降到 700℃和 800℃之前，应结束加工，低合金结构钢应自然冷却。不得在兰脆温度区段进行弯曲加工。

5 焊接钢管的纵向焊缝宜避开受拉区。钢管及型材弯曲部位的螺栓孔宜在弯曲加工后再开孔。

6　弯曲成型后的曲线应光滑，构件表面不应有明显褶皱，且局部凹凸度不应大于1mm。弯曲部位不应存在裂纹、过烧、分层等缺陷。

7　弯曲加工精度的校核可采用中心规和弯曲加工样板。对于大型构件，可按图7.2.4采用数值方式表示弯曲量。

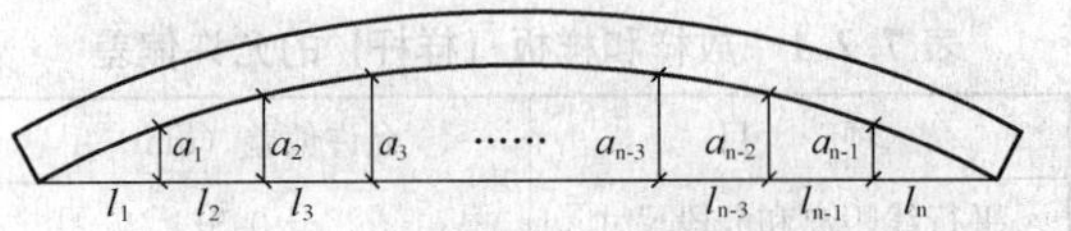

图7.2.4　弯曲量的数值表示法

7.2.5　拱形钢结构组装应符合下列规定：

1　拱形钢结构组装应在胎架上进行，胎架应有足够的承载力和刚度并稳定可靠。当拱形钢结构尺寸较大时可分段制作，采用分段制作时应在工厂内进行整榀预拼装。

2　组装前应对零部件进行严格检查，填写实测记录，并制作必要的工装。

3　组装时应根据焊接等收缩变形情况，预放收缩余量；对有预变形要求的构件，应在组装前按要求做好预变形。

4　组装应按制作工艺文件规定的顺序进行，构件的隐蔽部位应在焊接完成，并经检查合格后方可封闭。

5　组装过程应避免零、部件间的强制性装配，避免装配过程造成较大的结构内力。

7.2.6　拱形钢结构焊接应符合下列规定：

1　施焊前应由焊接技术责任人根据焊接工艺评定结果编制焊接工艺文件，向操作人员进行技术交底，并及时处理施工过程中的焊接技术问题。

2　焊工应严格按照批准的焊接工艺文件中规定的焊接方法、工艺参数、施焊顺序等进行焊接。

3　焊接材料与母材的匹配应符合设计要求。焊接材料在使用前，应按其产品说明书及焊接工艺文件的规定进行烘焙和存放。

4　拱形钢结构焊接坡口的形状和尺寸应符合设计要求。

5　应采取工艺措施控制焊接变形，减小焊接应力。

6　对二次及二次以上相贯的隐蔽焊缝，当设计要求隐蔽焊缝需要焊接时，应制定合理的焊接顺序，确保隐蔽焊缝在被覆盖前焊接完成，并在焊缝检查合格后进行覆盖。

7　焊接钢管的纵向或环向焊缝质量等级应符合设计要求。当设计无要求时，应符合现行国家标准《钢结构工程施工质量验收规范》GB 50205的二级质量等级要求。两段钢管的对接节点，纵向焊缝间的最短焊缝距离不应小于5倍钢管壁厚，且不应小于80mm（图7.2.6）。

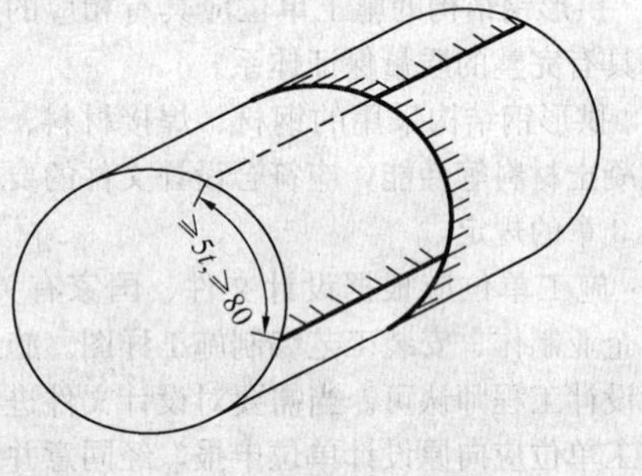

图7.2.6　两段钢管的对接节点

7.2.7　实腹式截面拱制作尚应符合下列规定：

1　当截面较小且起拱度不大时，可直接采用弯管机或液压机弯曲成型；当截面较大时，宜采用钢板下料直接拼焊成拱；

2　实腹式截面拱制作允许偏差应符合表7.2.7的要求。

表7.2.7　实腹式截面拱制作允许偏差（mm）

项　目		允许偏差	检验方法	图　例
拱段长度		±3.0	用钢尺检查	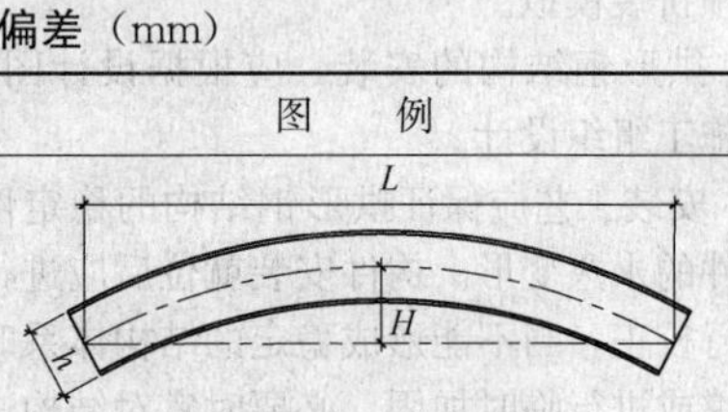
矢高 H		$L/2500$，且不大于8.0	用拉线和钢尺检查	
侧弯 e		$L/3000$，且不大于6.0		
截面尺寸	端部	±3.0	用钢尺检查	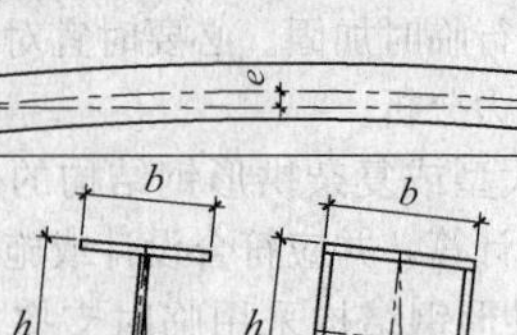
	其他处	±5.0		
扭曲 δ		$h/250$，且不大于5.0	用吊线和钢尺检查	
端部垂直度 Δ		$h/500$，且不大于3.0	用直角尺和钢尺检查	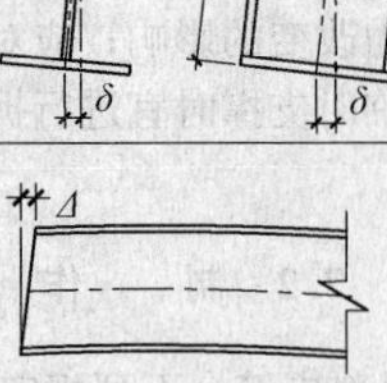

7.2.8 腹板开孔钢拱的制作尚应符合下列规定：

1 孔口转角处应尽量避免尖角，宜用圆角过渡；

2 在腹板上开孔时，应根据施工详图在钢板上放出孔的大样，放样和号料时应预留收缩余量及切割等加工余量；

3 采用型钢直接弯曲成型的拱形钢结构在腹板上开孔时，宜在构件弯曲成型后进行腹板开孔加工；

4 采用腹板数控切割、翼缘板弯曲成型加工的组装工艺时，宜在钢板下料时直接切割开孔；

5 腹板开孔钢拱的制作允许偏差应符合表7.2.8的要求。

表 7.2.8 腹板开孔截面钢拱制作允许偏差（mm）

项目		允许偏差	检验方法	图例
跨度 L		±3.0	用钢尺检查	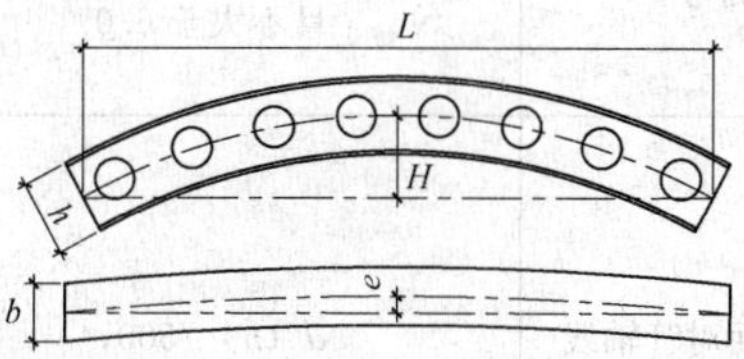
矢高 H		$L/2500$，且不大于8.0	用拉线和钢尺检查	
侧弯 e		$L/3000$，且不大于6.0	用拉线和钢尺检查	
截面尺寸	端部	±3.0	用钢尺检查	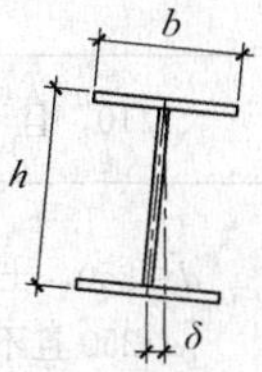
截面尺寸	其他处	±5.0	用钢尺检查	
扭曲 δ		$h/250$，且不大于5.0	用吊线和钢尺检查	
端部垂直度 Δ		$h/500$，且不大于3.0	用直角尺和钢尺检查	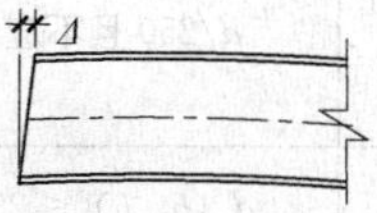
开孔直径 d		±3.0	用钢尺检查	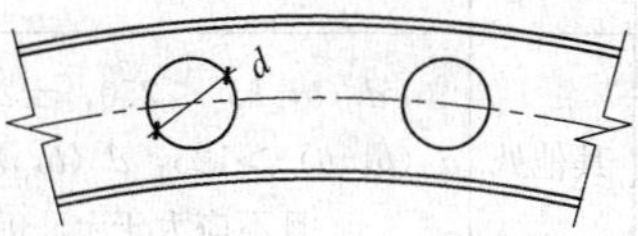
孔位偏差	中心弧长 A	±5.0	用钢尺检查	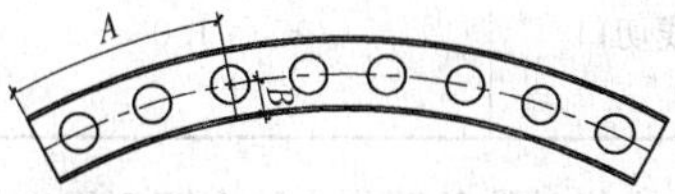
孔位偏差	孔中心至翼缘板外表面距离 B	±3.0	用钢尺检查	

7.2.9 钢管桁架拱制作应符合下列规定：

1 钢管的弯曲成型加工应在直管验收合格后进行。

2 钢管的弯曲成型方法应根据设计要求、设备条件、钢管规格等确定，宜采用冷弯曲成型。当冷弯曲不能满足要求时，可采用中频加热弯曲成型。

3 钢管桁架拱制作允许偏差应符合表7.2.9的要求。

表 7.2.9 钢管桁架拱制作允许偏差（mm）

项目		允许偏差	检验方法	图例
跨度 L		±3.0	用钢尺检查	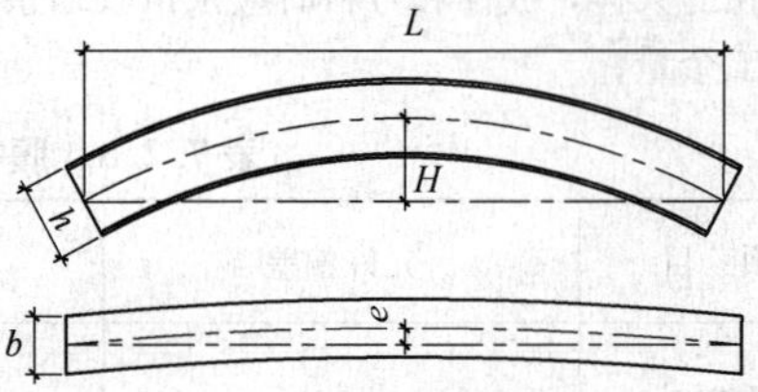
矢高 H		L/2500，且不大于 8.0	用拉线和钢尺检查	
侧弯 e		L/3000，且不大于 6.0		
管端面对管轴线的垂直度 Δ		d（h）/500，且不应大于 3.0	用角尺、塞尺检查	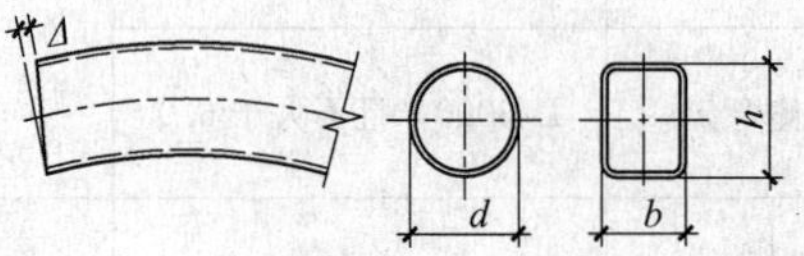
对口错边 Δ		t/10，且不应大于 3.0	用钢尺检查	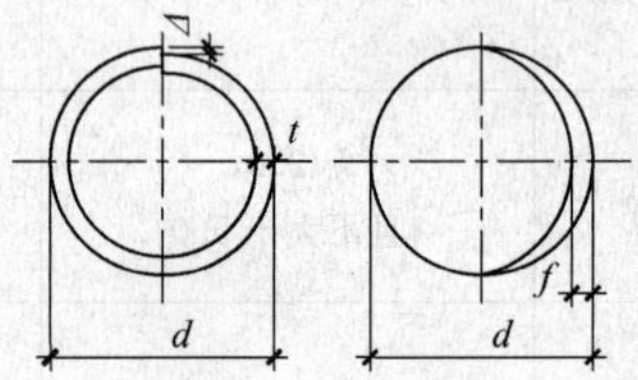
弯曲后椭圆度 f	端部	$d\leqslant250$，±1.0；$d>250$，d/250 且不应大于±3.0	用卡尺和游标卡尺检查	
	其他处	$d\leqslant250$，±2.0；$d>125$，d/250 且不应大于±5.0		
截面尺寸 d、b、h	端部	d（b，h）$\leqslant250$，±1.0；d（b，h）>250，d（b，h）/250 且不应大于±3.0	用钢尺检查	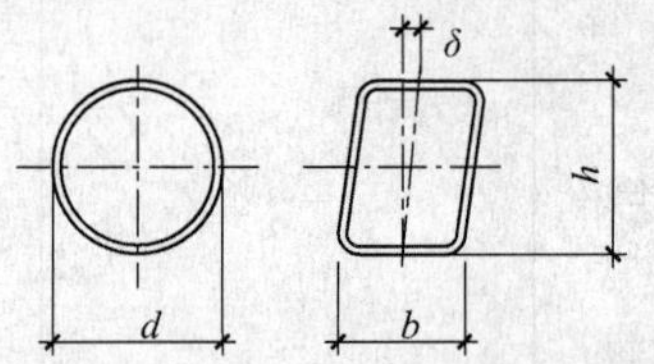
	其他处	d（b，h）$\leqslant250$，±2.0；d（b，h）>125，d（b，h）/250 且不应大于±5.0		
扭曲 δ		h/250，且不应大于 5.0	用吊线和钢尺检查	
相贯线切口		1.0	用套模和游标卡尺检查	—

7.2.10 索拱结构的制作应符合下列规定：

1 索拱结构的拱可采用实腹截面钢拱、腹板开孔截面钢拱和钢管桁架拱，其制作应符合本规程第 7.2.7、7.2.8 和 7.2.9 条的规定；

2 索拱结构的钢索制作应符合设计要求；

3 索拱结构的索盘、锚具、夹具及连接节点的制作宜采用机械加工成型，其允许偏差应符合设计要求和国家现行有关标准的规定。

7.2.11 钢管混凝土拱制作应符合下列规定：

1 钢管混凝土拱所用钢管宜采用圆形和矩形截面；

2 浇筑混凝土时在钢管上开的进料孔宜为圆孔，圆孔直径宜小于钢管直径或边长的 1/2，开孔位置宜尽量避开受拉区；

3 钢管混凝土拱的钢管制作允许偏差应符合本规程表 7.2.7 和表 7.2.9 的规定。

7.3 安　装

7.3.1　安装前应设置标高和轴线基准点。基准点的设置应符合下列规定：

1　标高基准点的设置宜以拱脚底板支承面为基准，设在拱脚便于观测处。其余标高观测点宜设置在拱顶、拱轴线形状变化处或纵横拱交叉处等位置。

2　在拱脚底板上表面的纵横方向两侧宜各设一个轴线基准点，并宜在标高观测点处同步设置轴线观测点。

7.3.2　拱形钢结构安装前，应对基础及预埋件进行验收。

7.3.3　钢拱构件吊装前，应根据构件的外形、重量、安装现场条件等确定绑扎方法和绑扎点位置。必要时宜对构件进行吊装工况验算。

7.3.4　拱形钢结构的安装顺序宜从拱脚至拱顶方向两侧对称安装。拱脚在安装过程中应采取临时措施可靠固定。

7.3.5　对于复杂、特殊及新型的拱形钢结构，宜在施工阶段进行监测。

7.3.6　拱形钢结构安装时应考虑温度、光照等影响。结构的定位测量宜在早晨、傍晚或阴天条件下进行。

7.3.7　拱形钢结构在安装过程中应及时连接侧向稳定构件，或采用缆风绳等临时施工措施，以确保结构或构件的稳定性。缆风绳等临时施工措施应根据计算确定，并应可靠锚固。

7.3.8　拱形钢结构临时支撑卸载时，宜遵循从拱脚至拱顶对称拆撑的顺序。拆撑方法的确定，应保证结构受力体系的合理转化。拆撑过程引起支撑内力增加应在支撑设计中考虑。

7.3.9　拱形钢结构可采用分段吊装高空组对法、旋转起扳法、整体提升法、分段累积提升法、旋转起扳提升法、滑移法等方法安装。

7.3.10　采用分段吊装高空组对法安装时，沿拱跨度方向宜设置满堂脚手架或点式临时支撑架。满堂脚手架或点式支撑架的设置应根据安装工况与拆撑卸载工况经计算分析确定。

7.3.11　采用旋转起扳法安装时应符合下列规定：

1　应考虑拱形钢结构从卧式状态向设计位形转化时结构内力、变形以及拱脚支座推力的变化。

2　当采用液压起扳时，起扳动力应大于起扳荷载的1.5倍，起扳线速度不大于0.5m/min，缆风绳承载力应大于最大荷载的5倍。当采用卷扬机起扳时，起扳动力应大于起扳荷载的2倍，缆风绳承载力应大于最大荷载的8倍。缆风绳最大荷载应考虑牵引角度变化、线速度不同步、伸长量不同等引起的内力增加。卷扬机应锚固牢靠。

3　在起扳过程中，应对拱形钢结构设制动索装置，避免发生倾覆。当拱形钢结构跨度较大且侧向稳定性较差时，应增设侧向稳定措施，并宜进行侧向稳定验算。

4　起扳装置、制动装置与临时支撑等应可靠锚接。

7.3.12　采用整体提升或分段累积提升法安装时应符合下列规定：

1　提升点的设置应符合拱形钢结构的受力与变形要求，在提升前宜对结构进行施工过程验算；

2　提升架底座设计、提升架的稳定性及承载力等应经计算确定，并应考虑因多点提升不同步或拆撑卸载不均匀而产生的内力增加；

3　提升过程及提升就位后，应有可靠的临时措施防止结构晃动；

4　分段累积提升时，应在分段对接点处设置安全操作平台与防护措施。

7.3.13　索拱结构安装尚应符合下列规定：

1　索拱结构中的索张拉施工时宜以张拉力控制为主、结构变形控制为辅的原则进行张拉；

2　索拱结构施工前，应进行施工张拉过程分析；

3　索的张拉顺序、分级次数宜通过计算分析确定，并宜经原设计工程师确认；索力损失可采用超张拉方法弥补；

4　安装时应考虑索力的变化，避免因拉索退出工作导致结构破坏；

5　索张拉力的监测宜采用油压表读数、张拉伸长量、压力传感器、磁通量等方法。

7.3.14　钢管混凝土拱安装尚应符合下列规定：

1　采用预制钢管混凝土拱时，应待管内混凝土强度达到设计值的50%以后，方可进行吊装。

2　采用先安装空钢管结构后浇筑管内混凝土的施工方法时，应按施工阶段的荷载验算空钢管结构的承载力和稳定性。在浇筑混凝土时，由施工阶段荷载引起的钢管初始最大压应力值不宜超过$0.35f$。

3　混凝土浇筑宜采用导管浇筑法、手工逐段浇筑法或泵送顶升浇筑法。施工前应根据设计要求进行混凝土配合比设计和必要的浇筑工艺试验，并编制浇筑作业指导书。

4　混凝土的浇筑工作宜连续进行，必须间歇时，间歇时间不应超过混凝土的终凝时间。

5　混凝土的浇筑质量，可采用敲击钢管的方法进行初步检查，如有异常则应采用超声波检测。对不密实的部位应采用钻孔压浆法进行补强，然后将钻孔补焊封闭。

7.3.15　拱形钢结构安装允许偏差应符合表7.3.15的规定：

表 7.3.15 拱形钢结构安装允许偏差（mm）

项　目		允许偏差	检查方法	图　例
拱脚底座中心对定位轴线的偏移 Δ		5.0	用吊线和钢尺检查	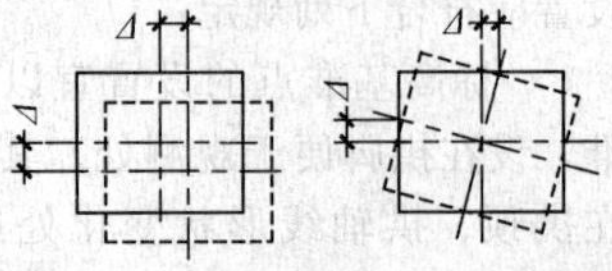
跨度 L		$\pm L/2000$，且不应大于±30.0	用经纬仪和光电测距仪测量	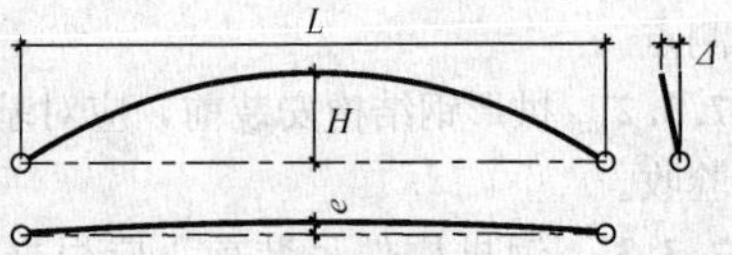
跨中垂直度 Δ		$L/1500$，且不应大于 25.0	用吊线和钢尺检查	
侧向弯曲矢高 e	$L \leqslant 60$m	$L/1000$，且不应大于 10.0	用拉线、吊线和钢尺检查	
	$60 < L \leqslant 120$m	$L/2500$，且不大于 20.0		
	$L > 120$m	$L/2500$，且不大于 40.0		
相邻钢拱顶面高差	支座处	10.0	用水准仪和钢尺检查	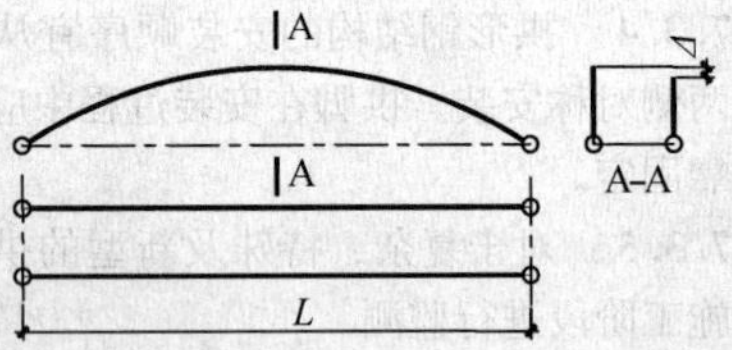
	其他处	15.0		

7.4 防腐与防火涂装

7.4.1 除锈涂装应符合下列规定：

1 除锈宜采用喷砂或抛丸方法，使用的磨料应符合设计要求及国家现行有关标准的规定。除锈等级应达到 $Sa2\frac{1}{2}$级或以上。

2 防腐涂料的品种、涂装遍数、涂层厚度等应符合设计要求及现行国家标准《钢结构工程施工质量验收规范》GB 50205 的规定。

7.4.2 除火涂装应符合下列规定：

1 应根据抗火设计要求采用喷涂防火或外包覆防火，其耐火等级及耐火极限应符合国家现行有关标准的规定；

2 防火涂料涂装应符合设计要求及国家现行有关标准的规定；

3 防腐涂料和防火涂料同时使用时，其相容性应满足相关技术要求。

8 工 程 验 收

8.1 一 般 规 定

8.1.1 拱形钢结构工程验收除应符合本规程的规定，尚应符合现行国家标准《钢结构工程施工质量验收规范》GB 50205 的规定。

8.1.2 拱形钢结构工程施工质量的验收应在施工单位自检合格的基础上，按照检验批的划分，进行拱形钢结构分项工程验收。

8.1.3 拱形钢结构分项工程可包含若干个检验批，如材料检验批（钢材、连接材料及混凝土）、制作检验批、除锈涂装检验批和安装检验批等。

8.1.4 检验批合格质量应符合下列规定：

1 主控项目必须符合合格质量标准的要求；

2 一般项目其检验结果应有 80%及以上的检验点符合合格质量标准的要求，且最大值不应超过其允许值的 1.2 倍；

3 质量检查记录、质量证明文件等资料应完整。

8.2 工程质量合格规定

8.2.1 竣工验收应由建设单位组织实施，勘察单位、设计单位、监理单位、施工单位共同参与。参加验收的各方人员应具备规定的资格。

8.2.2 拱形钢结构分项工程施工质量的合格应在各检验批均合格的基础上，进行质量控制资料检查、材料性能复验资料检查、观感质量现场检查。各项检查均应要求资料完整、质量合格。

8.2.3 拱形钢结构分项工程施工质量控制资料应包括材料合格证明文件、材料实验报告、焊缝质量检测报告、各检验批记录等，并应符合工程勘察、设计文件的要求。

8.2.4 拱形钢结构分项工程施工材料的复验资料应包括涉及结构安全性能的原材料及成品的见证取样复

验报告。承担见证取样、检测的单位应具有相应资质。

8.2.5 对钢管混凝土拱形钢结构，管内混凝土的浇灌质量，可采用敲击钢管的方法进行初步检查，如有异常则应采用超声波检测。

附录A 冷弯方（矩）形钢管、圆钢管截面特性

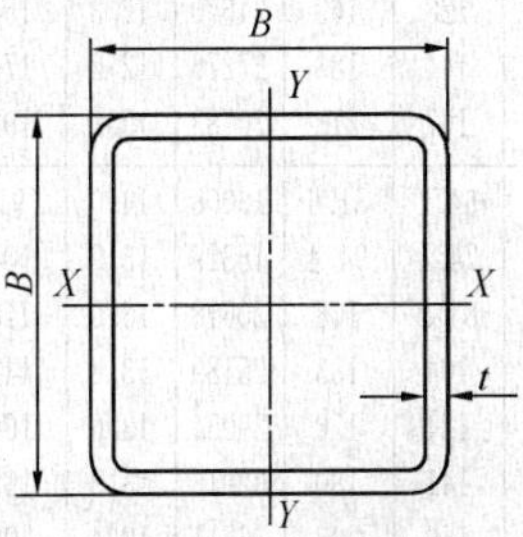

图 A-1 冷弯正方形钢管

表 A-1 冷弯正方形钢管外形尺寸、允许偏差及截面特性

边长 (mm)	允许偏差 (mm)	壁厚 (mm)	理论重量 (kg/m)	截面面积 (cm²)	惯性矩 (cm⁴)	回转半径 (cm)	截面抵抗矩 (cm³)	扭转常数	
B	$\pm\Delta$	t	M	A	$I_x=I_y$	$r_x=r_y$	$W_x=W_y$	I_t (cm⁴)	C_t (cm³)
100	±0.80	4.0	11.7	11.9	226	3.9	45.3	361	68.1
		5.0	14.4	18.4	271	3.8	54.2	439	81.7
		6.0	17.0	21.6	311	3.8	62.3	511	94.1
		8.0	21.4	27.2	366	3.7	73.2	644	114
		10	25.5	32.6	411	3.5	82.2	750	130
110	±0.90	4.0	13.0	16.5	306	4.3	55.6	486	83.6
		5.0	16.0	20.4	368	4.3	66.9	593	100
		6.0	18.8	24.0	424	4.2	77.2	695	116
		8.0	23.9	30.4	505	4.1	91.9	879	143
		10	28.7	36.5	575	4.0	104.5	1032	164
120	±0.90	4.0	14.2	18.1	402	4.7	67.0	635	101
		5.0	17.5	22.4	485	4.6	80.9	776	122
		6.0	20.7	26.4	562	4.6	93.7	910	141
		8.0	26.8	34.2	696	4.5	116	1155	174
		10	31.8	40.6	777	4.4	129	1376	202
130	±1.00	4.0	15.5	19.8	517	5.1	79.5	815	119
		5.0	19.1	24.4	625	5.1	96.3	998	145
		6.0	22.6	28.8	726	5.0	112	1173	168
		8.0	28.9	36.8	883	4.9	136	1502	209
		10	35.0	44.6	1021	4.8	157	1788	245
		12	39.6	50.4	1075	4.6	165	1998	268

续表 A-1

边长 (mm)	允许偏差 (mm)	壁厚 (mm)	理论重量 (kg/m)	截面面积 (cm²)	惯性矩 (cm⁴)	回转半径 (cm)	截面抵抗矩 (cm³)	扭转常数	
B	$\pm\Delta$	t	M	A	$I_x=I_y$	$r_x=r_y$	$W_x=W_y$	I_t (cm⁴)	C_t (cm³)
135	±1.00	4.0	16.1	20.5	582	5.3	86.2	915	129
		5.0	19.9	25.3	705	5.3	104	1122	157
		6.0	23.6	30.0	820	5.2	121	1320	183
		8.0	30.2	38.4	1000	5.0	148	1694	228
		10	36.6	46.6	1160	4.9	172	2021	267
		12	41.5	52.8	1230	4.8	182	2271	294
		13	44.1	56.2	1272	4.7	188	2382	307
140	±1.10	4.0	16.7	21.3	651	5.5	53.1	1022	140
		5.0	20.7	26.4	791	5.5	113	1253	170
		6.0	24.5	31.2	920	5.4	131	1475	198
		8.0	31.8	40.6	1154	5.3	165	1887	248
		10	38.1	48.6	1312	5.2	187	2274	291
		12	43.4	55.3	1398	5.0	200	2567	321
		13	46.1	58.8	1450	4.9	207	2698	336
150	±1.20	4.0	18.0	22.9	808	5.9	108	1265	162
		5.0	22.3	28.4	982	5.9	131	1554	197
		6.0	26.4	33.6	1146	5.8	153	1833	230
		8.0	33.9	43.2	1412	5.7	188	2364	289
		10	41.3	52.6	1652	5.6	220	2839	341
		12	47.1	60.1	1780	5.4	237	3230	380
		14	53.2	67.7	1915	5.3	255	3566	414
160	±1.20	4.0	19.3	24.5	987	6.3	123	1540	185
		5.0	23.8	30.4	1202	6.3	150	1894	226
		6.0	28.3	36.0	1405	6.2	176	2234	264
		8.0	36.9	47.0	1776	6.1	222	2877	333
		10	44.4	56.6	2047	6.0	256	3490	395
		12	50.9	64.8	2224	5.8	278	3997	443
		14	57.6	73.3	2409	5.7	301	4437	486
170	±1.30	4.0	20.5	26.1	1191	6.7	140	1856	210
		5.0	25.4	32.3	1453	6.7	171	2285	256
		6.0	30.1	38.4	1702	6.6	200	2701	300
		8.0	38.9	49.6	2118	6.5	249	3503	381
		10	47.5	60.5	2501	6.4	294	4233	453
		12	54.6	69.6	2737	6.3	322	4872	511
		14	62.0	78.9	2981	6.1	351	5435	563
180	±1.40	4.0	21.8	27.7	1422	7.2	158	2210	237
		5.0	27.0	34.4	1737	7.1	193	2724	290
		6.0	32.1	40.8	2037	7.0	226	3223	340
		8.0	41.5	52.8	2546	6.9	283	4189	432
		10	50.7	64.6	3017	6.8	335	5074	515
		12	58.4	74.5	3322	6.7	369	5865	584
		14	66.4	84.5	3635	6.6	404	6569	645

续表 A-1

边长 (mm)	允许偏差 (mm)	壁厚 (mm)	理论重量 (kg/m)	截面面积 (cm^2)	惯性矩 (cm^4)	回转半径 (cm)	截面抵抗矩 (cm^3)	扭转常数	
B	$\pm\Delta$	t	M	A	$I_x=I_y$	$r_x=r_y$	$W_x=W_y$	I_t (cm^4)	C_t (cm^3)
190	±1.50	4.0	23.0	29.3	1680	7.6	176	2607	265
		5.0	28.5	36.4	2055	7.5	216	3216	325
		6.0	33.9	43.2	2413	7.4	254	3807	381
		8.0	44.0	56.0	3208	7.3	319	4958	486
		10	53.8	68.6	3599	7.2	379	6018	581
		12	62.2	79.3	3985	7.1	419	6982	661
		14	70.8	90.2	4379	7.0	461	7847	733
200	±1.60	4.0	24.3	30.9	1968	8.0	197	3049	295
		5.0	30.1	38.4	2410	7.9	241	3763	362
		6.0	35.8	45.6	2833	7.8	283	4459	426
		8.0	46.5	59.2	3566	7.7	357	5815	544
		10	57.0	72.6	4251	7.6	425	7072	651
		12	66.0	84.1	4730	7.5	473	8230	743
		14	75.2	95.7	5217	7.4	522	9276	828
		16	83.8	107	5625	7.3	562	10210	900
220	±1.80	5.0	33.2	42.4	3238	8.7	294	5038	442
		6.0	39.6	50.4	3813	8.7	347	5976	521
		8.0	51.5	65.6	4828	8.6	439	7815	668
		10	63.2	80.6	5782	8.5	526	9533	804
		12	73.5	93.7	6487	8.3	590	11149	922
		14	83.9	107	7198	8.2	654	12625	1032
		16	93.9	119	7812	8.1	710	13971	1129
250	±2.00	5.0	38.0	48.4	4805	10.0	384	7443	577
		6.0	45.2	57.6	5672	9.9	454	8843	681
		8.0	59.1	75.2	7229	9.8	578	11598	878
		10	72.7	92.6	8707	9.7	697	14197	1062
		12	84.8	108	9859	9.6	789	16691	1226
		14	97.1	124	11018	9.4	881	18999	1380
		16	109	139	12047	9.3	964	21146	1520
280	±2.20	5.0	42.7	54.4	6810	11.2	486	10513	730
		6.0	50.9	64.8	8054	11.1	575	12504	863
		8.0	66.6	84.8	10317	11.0	737	16436	1117
		10	82.1	104	12479	10.9	891	20173	1356
		12	96.1	122	14232	10.8	1017	23804	1574
		14	110	140	15989	10.7	1142	27195	1779
		16	124	158	17580	10.5	1256	30393	1968
300	±2.40	6.0	54.7	69.6	9964	12.0	664	15434	997
		8.0	71.6	91.2	12801	11.8	853	20312	1293
		10	88.4	113	15519	11.7	1035	24966	1572
		12	104	132	17767	11.6	1184	29514	1829
		14	119	153	20017	11.5	1334	33783	2073
		16	135	172	22076	11.4	1472	37837	2299
		19	156	198	24813	11.2	1654	43491	2608

续表 A-1

边长 (mm)	允许偏差 (mm)	壁厚 (mm)	理论重量 (kg/m)	截面面积 (cm^2)	惯性矩 (cm^4)	回转半径 (cm)	截面抵抗矩 (cm^3)	扭转常数	
B	$\pm\Delta$	t	M	A	$I_x=I_y$	$r_x=r_y$	$W_x=W_y$	I_t (cm^4)	C_t (cm^3)
320	±2.60	6.0	58.4	74.4	12154	12.8	759	18789	1140
		8.0	76.6	97	15653	12.7	978	24753	1481
		10	94.6	120	19016	12.6	1188	30461	1804
		12	111	141	21843	12.4	1365	36066	2104
		14	128	163	24670	12.3	1542	41349	2389
		16	144	183	27276	12.2	1741	46393	2656
		19	167	213	30783	12.0	1924	53485	3022
350	±2.80	6.0	64.1	81.6	16008	14.0	915	24683	1372
		7.0	74.1	94.4	18329	13.9	1047	28684	1582
		8.0	84.2	108	20618	13.9	1182	32557	1787
		10	104	133	25189	13.8	1439	40127	2182
		12	124	156	29054	13.6	1660	47598	2552
		14	141	180	32916	13.5	1881	54679	2905
		16	159	203	36511	13.4	2086	61481	3238
		19	185	236	41414	13.2	2367	71137	3700
380	±3.00	8.0	91.7	117	26683	15.1	1404	41849	2122
		10	113	144	32570	15.0	1714	51645	2596
		12	134	170	37697	14.8	1984	61349	3043
		14	154	197	42818	14.7	2253	70586	3471
		16	174	222	47621	14.6	2506	79505	3878
		19	203	259	54240	14.5	2855	92254	4447
		22	231	294	60175	14.3	3167	104208	4968
400	±3.20	8.0	96.5	123	31269	15.9	1564	48934	2362
		9.0	108	138	34785	15.9	1739	54721	2630
		10	120	153	38216	15.8	1911	60431	2892
		12	141	180	44319	15.7	2216	71843	3395
		14	163	208	50414	15.6	2521	82735	3877
		16	184	235	56153	15.5	2808	93279	4336
		19	215	274	64111	15.3	3206	108410	4982
		22	245	312	71304	15.1	3565	122676	5578
450	±3.40	9.0	122	156	50087	17.9	2226	78384	3363
		10	135	173	55100	17.9	2449	86629	3702
		12	160	204	64164	17.7	2851	103150	4357
		14	185	236	73210	17.6	3254	119000	4989
		16	209	267	81802	17.5	3636	134431	5595
		19	245	312	93853	17.3	4171	156736	6454
		22	279	355	104919	17.2	4663	177910	7257
480	±3.50	9.0	130	166	61128	19.1	2547	95412	3845
		10	144	184	67289	19.1	2804	105488	4236
		12	171	218	78517	18.9	3272	125698	4993
		14	198	252	89722	18.8	3738	145143	5723
		16	224	285	100407	18.7	4184	164111	6426
		19	262	334	115475	18.6	4811	191630	7428
		22	300	382	129413	18.4	5392	217978	8369
500	±3.60	9.0	137	174	69324	19.9	2773	108034	4185
		10	151	193	76341	19.9	3054	119470	4612
		12	179	228	89187	19.8	3568	142420	5440
		14	207	264	102010	19.7	4080	164530	6241
		16	235	299	114260	19.6	4570	186140	7013
		19	275	350	131591	19.4	5264	217540	8116
		22	314	400	147690	19.2	5908	247690	9155

注：表中理论重量按钢密度 7.85g/cm^3 计算。

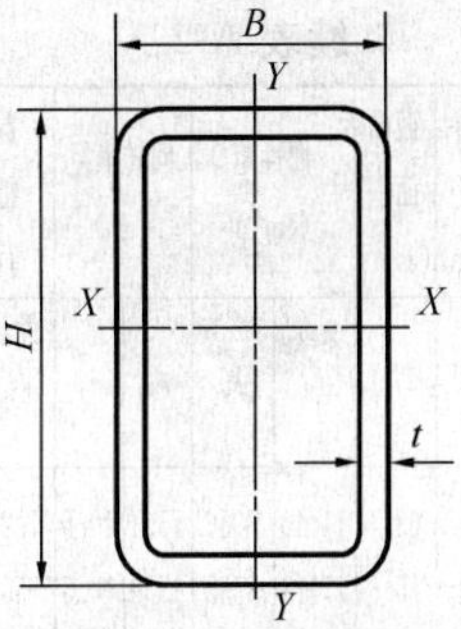

图 A-2 冷弯矩形钢管

表 A-2 冷弯长方形钢管外形尺寸、允许偏差及截面特性

边长 (mm)		允许偏差 (mm)	壁厚 (mm)	理论重量 (kg/m)	截面面积 (cm^2)	惯性矩 (cm^4)		回转半径 (cm)		截面抵抗矩 (cm^3)		扭转常数	
H	B	$\pm\Delta$	t	M	A	I_x	I_y	r_x	r_y	W_x	W_y	I_t (cm^4)	C_t (cm^3)
120	80	±0.90	4.0	11.7	11.9	294	157	4.4	3.2	49.1	39.3	330	64.9
			5.0	14.4	18.3	353	188	4.4	3.2	58.8	46.9	401	77.7
			6.0	16.9	21.6	106	215	4.3	3.1	67.7	53.7	166	83.4
			7.0	19.1	24.4	438	232	4.2	3.1	73.0	58.1	529	99.1
			8.0	21.4	27.2	476	252	4.1	3.0	79.3	62.9	584	108
140	80	±1.00	4.0	13.0	16.5	429	180	5.1	3.3	61.4	45.1	411	76.5
			5.0	15.9	20.4	517	216	5.0	3.2	73.8	53.9	499	91.8
			6.0	18.8	24.0	570	248	4.9	3.2	85.3	61.9	581	106
			8.0	23.9	30.4	708	293	4.8	3.1	101	73.3	731	129
150	100	±1.20	4.0	14.9	18.9	594	318	5.6	4.1	79.3	63.7	661	105
			5.0	18.3	23.3	719	384	5.5	4.0	95.9	79.8	807	127
			6.0	21.7	27.6	834	444	5.5	4.0	111	88.8	915	147
			8.0	28.1	35.8	1039	519	5.4	3.9	138	110	1148	182
			10	33.4	42.6	1161	614	5.2	3.8	155	123	1426	211
160	60	±1.20	4.0	13.0	16.5	500	106	5.5	2.5	62.5	35.4	294	63.8
			4.5	14.5	18.5	552	116	5.5	2.5	69.0	38.9	325	70.1
			6.0	18.9	24.0	693	144	5.4	2.4	86.7	48.0	410	87.0
160	80	±1.20	4.0	14.2	18.1	598	203	5.7	3.3	71.7	50.9	493	88.0
			5.0	17.5	22.4	722	214	5.7	3.3	90.2	61.0	599	106
			6.0	20.7	26.4	836	286	5.6	3.3	104	76.2	699	122
			8.0	26.8	33.6	1036	344	5.5	3.2	129	85.9	876	149
180	65	±1.20	4.0	14.5	18.5	709	142	6.2	2.8	78.8	43.8	396	79.0
			4.5	16.3	20.7	784	156	6.1	2.7	87.1	48.1	439	87.0
			6.0	21.2	27.0	992	194	6.0	2.7	110	59.8	557	108
180	100	±1.30	4.0	16.7	21.3	926	374	6.6	4.2	103	74.7	853	127
			5.0	20.7	26.3	1124	452	6.5	4.1	125	90.3	1012	154
			6.0	24.5	31.2	1309	524	6.4	4.1	145	104	1223	179
			8.0	31.5	40.4	1643	651	6.3	4.0	182	130	1554	222
			10	38.1	48.5	1859	736	6.2	3.9	206	147	1858	259

续表 A-2

边长 (mm)		允许偏差 (mm)	壁厚 (mm)	理论重量 (kg/m)	截面面积 (cm^2)	惯性矩 (cm^4)		回转半径 (cm)		截面抵抗矩 (cm^3)		扭转常数	
H	B	$\pm\Delta$	t	M	A	I_x	I_y	r_x	r_y	W_x	W_y	I_t (cm^4)	C_t (cm^3)
200	100	±1.30	4.0	18.0	22.9	1200	410	7.2	4.2	120	82.2	984	142
			5.0	22.3	28.3	1459	497	7.2	4.2	146	99.4	1204	172
			6.0	26.1	33.6	1703	577	7.1	4.1	170	115	1413	200
			8.0	34.4	43.8	2146	719	7.0	4.0	215	144	1798	249
			10	41.2	52.6	2444	818	6.9	3.9	244	163	2154	292
200	120	±1.40	4.0	19.3	24.5	1353	618	7.4	5.0	135	103	1345	172
			5.0	23.8	30.4	1649	750	7.4	5.0	165	125	1652	210
			6.0	28.3	36.0	1929	874	7.3	4.9	193	146	1947	245
			8.0	36.5	46.4	2386	1079	7.2	4.8	239	180	2507	308
			10	44.4	56.6	2806	1262	7.0	4.7	281	210	3007	364
200	150	±1.50	4.0	21.2	26.9	1584	1021	7.7	6.2	158	136	1942	219
			5.0	26.2	33.4	1935	1245	7.6	6.1	193	166	2391	267
			6.0	31.1	39.6	2268	1457	7.5	6.0	227	194	2826	312
200	150	±1.50	8.0	40.2	51.2	2892	1815	7.4	6.0	283	242	3664	396
			10	49.1	62.6	3348	2143	7.3	5.8	335	286	4428	471
			12	56.6	72.1	3668	2353	7.1	5.7	367	314	5099	532
			14	64.2	81.7	4004	2564	7.0	5.6	400	342	5691	586
220	140	±1.50	4.0	21.8	27.7	1892	948	8.3	5.8	172	135	1987	224
			5.0	27.0	34.4	2313	1155	8.2	5.8	210	165	2447	274
			6.0	32.1	40.8	2714	1352	8.1	5.7	247	193	2891	321
			8.0	41.5	52.8	3389	1685	8.0	5.6	308	241	3746	407
			10	50.7	64.6	4017	1989	7.8	5.5	365	284	4523	484
			12	58.5	74.5	4408	2187	7.7	5.4	401	312	5206	546
			13	62.5	79.6	4624	2292	7.6	5.4	420	327	5517	575
250	150	±1.60	4.0	24.3	30.9	2697	1234	9.3	6.3	216	165	2665	275
			5.0	30.1	38.4	3304	1508	9.3	6.3	264	201	3285	337
			6.0	35.8	45.6	3886	1768	9.2	6.2	311	236	3886	396
			8.0	46.5	59.2	4886	2219	9.1	6.1	391	296	5050	504
			10	57.0	72.6	5825	2634	9.0	6.0	466	351	6121	602
			12	66.0	84.1	6458	2925	8.8	5.9	517	390	7088	684
			14	75.2	95.7	7114	3214	8.6	5.8	569	429	7954	759
250	200	±1.70	5.0	34.0	43.4	4055	2885	9.7	8.2	324	289	5257	457
			6.0	40.5	51.6	4779	3397	9.6	8.1	382	340	6237	538
			8.0	52.8	67.2	6057	4304	9.5	8.0	485	430	8136	691
			10	64.8	82.6	7266	5154	9.4	7.9	581	515	9950	832
			12	75.4	96.1	8159	5792	9.2	7.8	653	579	11640	955
			14	86.1	110	9066	6430	9.1	7.6	725	643	13185	1069
			16	96.4	123	9853	6983	9.0	7.5	788	698	14596	1171

续表 A-2

边长(mm)		允许偏差(mm)	壁厚(mm)	理论重量(kg/m)	截面面积(cm^2)	惯性矩(cm^4)		回转半径(cm)		截面抵抗矩(cm^3)		扭转常数	
H	B	$\pm\Delta$	t	M	A	I_x	I_y	r_x	r_y	W_x	W_y	I_t(cm^4)	C_t(cm^3)
260	180	±1.80	5.0	33.2	42.4	4121	2350	9.9	7.5	317	261	4695	426
			6.0	39.6	50.4	4856	2763	9.8	7.4	374	307	5566	501
			8.0	51.5	65.6	6145	3493	9.7	7.3	473	388	7267	642
			10	63.2	80.6	7363	4174	9.5	7.2	566	646	8850	772
			12	73.5	93.7	8245	4679	9.4	7.1	634	520	10328	884
			14	84.0	107	9147	5182	9.3	7.0	703	576	11673	988
300	200	±2.00	5.0	38.0	48.4	6241	3361	11.4	8.3	416	336	6836	552
			6.0	45.2	57.6	7370	3962	11.3	8.3	491	396	8115	651
			8.0	59.1	75.2	9389	5042	11.2	8.2	626	504	10627	838
			10	72.7	92.6	11313	6058	11.1	8.1	754	606	12987	1012
			12	84.8	108	12788	6854	10.9	8.0	853	685	15236	1167
			14	97.1	124	14287	7643	10.7	7.9	952	764	17307	1311
			16	109	139	15617	8340	10.6	7.8	1041	834	19223	1442
350	200	±2.10	5.0	41.9	53.4	9032	3836	13.0	8.5	516	384	8475	647
			6.0	49.9	63.6	10682	4527	12.9	8.4	610	453	10065	764
			8.0	65.3	83.2	13662	5779	12.8	8.3	781	578	13189	986
			10	80.5	102	16517	6961	12.7	8.2	944	696	16137	1193
			12	94.2	120	18768	7915	12.5	8.1	1072	792	18962	1379
			14	108	138	21055	8856	12.4	8.0	1203	886	21578	1554
			16	121	155	23114	9698	12.2	7.9	1321	970	24016	1713
350	250	±2.20	5.0	45.8	58.4	10520	6306	13.4	10.4	601	504	12234	817
			6.0	54.7	69.6	12457	7458	13.4	10.3	712	594	14554	967
			8.0	71.6	91.2	16001	9573	13.2	10.2	914	766	19136	1253
			10	88.4	113	19407	11588	13.1	10.1	1109	927	23500	1522
			12	104	132	22196	13261	12.9	10.0	1268	1060	27749	1770
			14	119	152	25008	14921	12.8	9.9	1429	1193	31729	2003
			16	134	171	27580	16434	12.7	9.8	1575	1315	35497	2220
350	300	±2.30	7.0	68.6	87.4	16270	12874	13.6	12.1	930	858	22599	1347
			8.0	77.9	99.2	18341	14506	13.6	12.1	1048	967	25633	1520
			10	96.2	122	22298	17623	13.5	12.0	1274	1175	31548	1852
			12	113	144	25625	20257	13.3	11.9	1464	1350	37358	2161
			14	130	166	28962	22883	13.2	11.7	1655	1526	42837	2454
			16	146	187	32046	25305	13.1	11.6	1831	1687	48072	2729
			19	170	217	36204	28569	12.9	11.5	2069	1904	55439	3107
400	200	±2.40	6.0	54.7	69.6	14789	5092	14.5	8.6	739	509	12069	877
			8.0	71.6	91.2	18974	6517	14.4	8.5	949	652	15820	1133
			10	88.4	113	23003	7864	14.3	8.4	1150	786	19368	1373
			12	104	132	26248	8977	14.1	8.2	1312	898	22782	1591
			14	119	152	29545	10069	13.9	8.1	1477	1007	25956	1796
			16	134	171	32546	11055	13.8	8.0	1627	1105	28928	1983

续表 A-2

边长(mm)		允许偏差(mm)	壁厚(mm)	理论重量(kg/m)	截面面积(cm^2)	惯性矩(cm^4)		回转半径(cm)		截面抵抗矩(cm^3)		扭转常数	
H	B	$\pm\Delta$	t	M	A	I_x	I_y	r_x	r_y	W_x	W_y	I_t(cm^4)	C_t(cm^3)
400	250	±2.50	5.0	49.7	63.4	14440	7056	15.1	10.6	722	565	14773	937
			6.0	59.4	75.6	17118	8352	15.0	10.5	856	668	17580	1110
			8.0	77.9	99.2	22048	10744	14.9	10.4	1102	860	23127	1440
			10	96.2	122	26806	13029	14.8	10.3	1340	1042	28423	1753
			12	113	144	30766	14926	14.6	10.2	1538	1197	33597	2042
			14	130	166	34762	16872	14.5	10.1	1738	1350	38460	2315
			16	146	187	38448	19628	14.3	10.0	1922	1490	43083	2570
400	300	±2.60	7.0	74.1	94.4	22261	14376	15.4	12.3	1113	958	27477	1547
			8.0	84.2	107	25152	16212	15.3	12.3	1256	1081	31179	1747
			10	104	133	30609	19726	15.2	12.2	1530	1315	38407	2132
			12	122	156	35284	22747	15.0	12.1	1764	1516	45527	2492
			14	141	180	39979	25748	14.9	12.0	1999	1717	52267	2835
			16	159	203	44350	28535	14.8	11.9	2218	1902	58731	3159
			19	185	236	50309	32326	14.6	11.7	2515	2155	67883	3607
450	250	±2.70	6.0	64.1	81.6	22724	9245	16.7	10.6	1010	740	20687	1253
			8.0	84.2	107	29336	11916	16.5	10.5	1304	953	27222	1628
			10	104	133	35737	14470	16.4	10.4	1588	1158	33473	1983
			12	123	156	41137	16663	16.2	10.3	1828	1333	39591	2314
			14	141	180	46587	18824	16.1	10.2	2070	1506	45358	2627
			16	159	203	51651	20821	16.0	10.1	2295	1666	50857	2921
450	350	±2.80	7.0	85.1	108	32867	22448	17.4	14.4	1461	1283	41688	2053
			8.0	96.7	123	37151	25360	17.4	14.3	1651	1449	47354	2322
			10	120	153	45418	30971	17.3	14.2	2019	1770	58458	2842
			12	141	180	52650	35911	17.1	14.1	2340	2052	69468	3335
			14	163	208	59898	40823	17.0	14.0	2662	2333	79967	3807
			16	184	235	66727	45443	16.9	13.9	2966	2597	90121	4257
			19	215	274	76195	51834	16.7	13.8	3386	2962	104670	4889
450	400	±3.00	9.0	115	147	45711	38225	17.6	16.1	2032	1911	65371	2938
			10	127	163	50259	42019	17.6	16.1	2234	2101	72219	3272
			12	151	192	58407	48837	17.4	15.9	2596	2442	85923	3846
			14	174	222	66554	55631	17.3	15.8	2958	2782	99037	4398
			16	197	251	74264	62055	17.2	15.7	3301	3103	111766	4926
			19	230	293	85024	71012	17.0	15.6	3779	3551	130101	5671
			22	262	334	94835	79171	16.9	15.4	4215	3959	147482	6363
500	200	±3.10	9.0	94.2	120	36774	8847	17.5	8.6	1471	885	23642	1584
			10	104	133	40321	9671	17.4	8.5	1613	967	26005	1734
			12	123	156	46312	11101	17.2	8.4	1853	1110	30620	2016
			14	141	180	52390	12496	17.1	8.3	2095	1250	34934	2280
			16	159	203	58015	13771	16.9	8.2	2320	1377	38999	2526

续表 A-2

边长 (mm)		允许偏差 (mm)	壁厚 (mm)	理论重量 (kg/m)	截面面积 (cm^2)	惯性矩 (cm^4)		回转半径 (cm)		截面抵抗矩 (cm^3)		扭转常数	
H	B	$\pm\Delta$	t	M	A	I_x	I_y	r_x	r_y	W_x	W_y	I_t (cm^4)	C_t (cm^3)
500	250	±3.20	9.0	101	129	42199	14521	18.1	10.6	1688	1161	35044	2017
			10	112	143	46324	15911	18.0	10.6	1853	1273	38624	2214
			12	132	168	53457	18363	17.8	10.5	2138	1469	45701	2585
			14	152	194	60659	20776	17.7	10.4	2426	1662	58778	2939
			16	172	219	67389	23015	17.6	10.3	2696	1841	37358	3272
500	300	±3.30	10	120	153	52328	23933	18.5	12.5	2093	1596	52736	2693
			12	141	180	60604	27726	18.3	12.4	2424	1848	62581	3156
			14	163	208	68928	31478	18.2	12.3	2757	2099	71947	3599
			16	184	235	76763	34994	18.1	12.2	3071	2333	80972	4019
			19	215	274	87609	39838	17.9	12.1	3504	2656	93845	4606
500	400	±3.40	10	135	173	64334	45823	19.3	16.3	2573	2291	84403	3653
			12	160	204	74895	53355	19.2	16.2	2996	2668	100471	4298
			14	185	236	85466	60848	19.0	16.1	3419	3042	115881	4919
			16	209	267	95510	67957	18.9	16.0	3820	3398	130866	5515
			19	245	312	109600	77913	18.7	15.8	4384	3896	152512	6360
			22	279	356	122539	87039	18.6	15.6	4902	4352	173112	7148
500	450	±3.50	10	143	183	70337	59941	19.6	18.1	2813	2664	101581	4132
			12	170	216	82040	69920	19.5	18.0	3282	3108	121022	4869
			14	196	250	93736	79865	19.4	17.9	3749	3550	139716	5580
			16	222	283	104884	89340	19.3	17.8	4195	3971	157943	6264
			19	260	331	120595	102683	19.1	17.6	4824	4564	184368	7238
			22	297	378	135115	115003	18.9	17.4	5405	5111	209643	8151
500	480	±3.60	10	148	189	73939	69499	19.8	19.2	2958	2896	112236	4420
			12	175	223	86328	81146	19.7	19.1	3453	3381	133767	5211
			14	203	258	98697	92763	19.6	19.0	3948	3865	154499	5977
			16	229	292	110508	103853	19.4	18.8	4420	4327	174736	6713
			19	269	342	127193	119515	19.3	18.7	5088	4980	204127	7765
			22	307	391	142660	134031	19.1	18.5	5706	5585	232306	8753

注：表中理论重量按钢密度 7.85g/cm^3 计算。

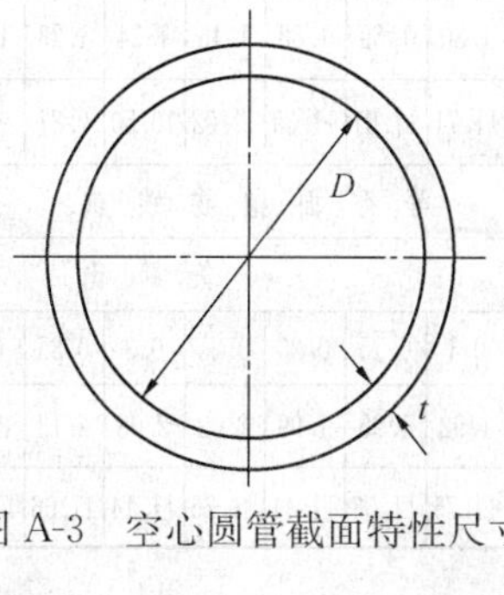

图 A-3　空心圆管截面特性尺寸

表 A-3　空心圆管外形尺寸、允许偏差及截面特性

管径 (mm)	壁厚 (mm)	理论重量 (kg/m)	截面面积 (cm^2)	惯性矩 (cm^4)	回转半径 (cm)	截面抵抗矩 (cm^3)	抗扭截面系数 (cm^3)
D	t	M	A	$I_x=I_y$	$r_x=r_y$	$W_x=W_y$	W_n
114.3	4	1.1	13.9	211	3.9	37	74
	5	1.4	17.2	257	3.9	45	90
	6	1.7	20.4	300	3.8	52	105
	8	2.2	26.7	379	3.8	66	133
139.7	4	1.4	17.0	393	4.8	56	112
	5	1.7	21.1	480	4.8	69	138
	6	2.1	25.2	564	4.7	81	162
	8	2.7	33.1	720	4.7	103	206
159	4	1.6	19.5	585	5.5	74	147
	5	2.0	24.2	718	5.4	90	180
	6	2.3	28.8	845	5.4	106	212
	8	3.1	37.9	1084	5.3	136	273
168.3	4	1.7	20.6	697	5.8	83	166
	6	2.5	30.6	1008	5.7	120	240
	8	3.3	40.3	1297	5.7	154	308
	10	4.1	49.7	1563	5.6	186	372
	12	4.9	58.9	1809	5.5	215	430
219.1	4	2.2	27.0	1563	7.6	143	285
	6	3.2	40.1	2281	7.5	208	416
	8	4.3	53.0	2958	7.5	270	540
	10	5.4	65.7	3597	7.4	328	657
	12	6.4	78.0	4198	7.3	383	766
	14	7.5	90.2	4763	7.3	435	870
323.9	6	4.8	59.9	7569	11.2	467	935
	8	6.4	79.4	9905	11.2	612	1223
	10	8.0	98.6	12152	11.1	750	1501
	12	9.5	117.5	14312	11.0	884	1768
	14	11.1	136.2	16388	11.0	1012	2024
	16	12.7	154.7	18381	10.9	1135	2270
355.6	6	5.3	65.9	10065	12.4	566	1132
	8	7.0	87.3	13195	12.3	742	1484
	10	8.7	108.5	16215	12.2	912	1824
	12	10.5	129.5	19130	12.2	1076	2152
	14	12.2	150.2	21941	12.1	1234	2468
	16	14.0	170.6	24651	12.0	1386	2773

续表 A-3

管径 (mm)	壁厚 (mm)	理论重量 (kg/m)	截面面积 (cm^2)	惯性矩 (cm^4)	回转半径 (cm)	截面抵抗矩 (cm^3)	抗扭截面系数 (cm^3)
D	t	M	A	$I_x=I_y$	$r_x=r_y$	$W_x=W_y$	W_n
406.4	6	6.0	75.4	15121	14.2	744	1488
	8	8.0	100.1	19864	14.1	978	1955
	10	10.0	124.5	24463	14.0	1204	2408
	12	12.0	148.6	28922	14.0	1423	2847
	14	14.0	172.5	33244	13.9	1636	3272
	16	16.0	196.1	37430	13.8	1842	3684
	18	18.0	219.5	41484	13.7	2042	4083
	20	19.9	242.7	45409	13.7	2235	4469
457	6	6.8	85.0	21607	15.9	946	1891
	8	9.0	112.8	28432	15.9	1244	2488
	10	11.2	140.4	35074	15.8	1535	3069
	12	13.5	167.7	41535	15.7	1818	3635
	14	15.7	194.7	47820	15.7	2093	4185
	16	18.0	221.6	53932	15.6	2360	4720
	18	20.2	248.1	59874	15.5	2620	5240
	20	22.4	274.4	65648	15.5	2873	5746
508	6	7.5	94.6	29796	17.7	1173	2346
	8	10.0	125.6	39260	17.7	1545	3091
	10	12.5	156.4	48496	17.6	1909	3818
	12	15.0	186.9	57507	17.5	2264	4528
	14	17.5	217.2	66298	17.5	2610	5220
	16	20.0	247.2	74871	17.4	2947	5895
	18	22.5	276.9	83231	17.3	3276	6553
	20	25.0	306.5	91381	17.3	3597	7195
559	6	8.3	104.2	39831	19.6	1425	2850
	8	11.0	138.4	52538	19.5	1879	3759
	10	13.8	172.4	64968	19.4	2324	4648
	12	16.5	206.1	77124	19.3	2759	5518
	14	19.3	239.6	89011	19.3	3184	6369
	16	22.0	272.8	100632	19.2	3600	7200
	18	24.7	305.8	111991	19.1	4006	8013
	20	27.5	338.5	123093	19.1	4404	8808
610	6	9.0	113.8	51897	21.4	1701	3403
	8	12.0	151.2	68517	21.3	2246	4492
	10	15.0	188.4	84804	21.2	2780	5560
	12	18.0	225.3	100763	21.1	3303	6607
	14	21.0	262.0	116398	21.1	3816	7632
	16	24.0	298.4	131715	21.0	4318	8637
	18	27.0	334.6	146716	20.9	4810	9620
	20	30.0	370.5	161408	20.9	5292	10584

注：表中理论重量按钢密度 $7.85g/cm^3$ 计算。

附录 B　拱形钢结构拱脚推力计算系数

表 B-1　拱脚推力调整系数 κ_1

等截面圆弧拱										
荷载条件	支承条件	矢跨比								
		0.1	0.15	0.2	0.25	0.3	0.35	0.4	0.45	0.5
全跨水平均布荷载	两铰拱	0.99	0.98	0.97	0.96	0.94	0.92	0.90	0.87	0.84
	无铰拱	1.01	1.01	1.02	1.03	1.04	1.06	1.07	1.09	1.11
半跨水平均布荷载	两铰拱	0.50	0.49	0.49	0.48	0.47	0.46	0.45	0.44	0.42
	无铰拱	0.53	0.53	0.53	0.54	0.55	0.56	0.57	0.58	0.59
拱顶集中荷载	两铰拱	0.77	0.76	0.75	0.74	0.72	0.70	0.68	0.66	0.63
	无铰拱	0.94	0.94	0.94	0.93	0.93	0.93	0.92	0.92	0.91
1/4 跨集中荷载	两铰拱	0.54	0.56	0.54	0.53	0.52	0.51	0.51	0.49	0.47
	无铰拱	0.52	0.57	0.55	0.56	0.57	0.57	0.60	0.61	0.62
等截面抛物线拱										
荷载条件	支承条件	矢跨比								
		0.1	0.15	0.2	0.25	0.3	0.35	0.4	0.45	0.5
全跨水平均布荷载	两铰拱	1.00	1.00	1.00	1.00	1.00	1.00	1.00	1.00	1.00
	无铰拱	1.00	1.00	1.00	1.00	1.00	1.00	1.00	1.00	1.00
半跨水平均布荷载	两铰拱	0.51	0.51	0.51	0.51	0.51	0.50	0.51	0.51	0.51
	无铰拱	0.52	0.51	0.51	0.51	0.51	0.51	0.52	0.52	0.52
拱顶集中荷载	两铰拱	0.78	0.78	0.78	0.77	0.77	0.77	0.77	0.78	0.79
	无铰拱	0.95	0.94	0.93	0.93	0.92	0.91	0.91	0.91	0.91
1/4 跨集中荷载	两铰拱	0.55	0.55	0.56	0.56	0.56	0.56	0.57	0.57	0.58
	无铰拱	0.52	0.52	0.53	0.54	0.54	0.54	0.55	0.55	0.55

表 B-2　系数 ω

等截面圆弧形拱									
支承条件	矢跨比								
	0.1	0.15	0.20	0.25	0.3	0.35	0.4	0.45	0.5
两铰拱	1.80	1.69	1.58	1.45	1.34	1.23	1.14	1.06	1.00
无铰拱	11.71	11.61	11.39	11.02	10.50	9.87	9.19	8.51	7.89
等截面抛物线拱									
支承条件	矢跨比								
	0.1	0.15	0.20	0.25	0.3	0.35	0.4	0.45	0.5
两铰拱	1.92	1.95	1.99	2.03	2.08	2.13	2.64	5.14	8.78
无铰拱	11.75	11.58	11.41	11.26	11.14	11.06	11.05	11.65	13.04

附录C 拱形钢结构变形计算系数

表 C-1 实腹式截面圆弧形两铰拱的变形计算系数

矢跨比	全跨竖向均布荷载（δ为拱顶挠度）		半跨竖向均布荷载（δ为1/4跨挠度）		拱顶竖向集中荷载（δ为拱顶挠度）		1/4跨竖向集中荷载（δ为1/4跨挠度）	
H/L	a_1 (10^{-5})	a_2	a_1 (10^{-5})	a_2	a_1 (10^{-5})	a_2	a_1 (10^{-5})	a_2
0.1	1.28	1.06	43.1	0.410	55.4	1.77	147	1.01
0.2	6.22	0.323	45.2	0.154	71.5	0.617	153	0.425
0.3	18.0	0.197	49.2	0.100	103	0.417	163	0.315
0.4	42.5	0.173	56.1	0.0916	157	0.381	178	0.309
0.5	86.3	0.179	68.9	0.0980	240	0.386	207	0.322

表 C-2 腹板开圆形孔的工形截面圆弧形两铰拱的变形计算系数

全跨竖向均布荷载，δ为拱跨中点的挠度			
矢跨比	a_1 (10^{-5})	a_2	a_3
0.1	1.28	1.059	0.0393
0.2	6.22	0.323	0.0190
0.3	18.0	0.197	0.0240
0.4	42.5	0.173	0.0376
0.5	86.3	0.179	0.0576
半跨竖向均布荷载，δ为拱1/4跨处的挠度			
矢跨比	a_1 (10^{-5})	a_2	a_3
0.1	43.1	0.410	0.0571
0.2	45.2	0.154	0.0390
0.3	49.2	0.100	0.0343
0.4	56.1	0.0916	0.0352
0.5	68.9	0.0980	0.0472
拱顶竖向集中荷载，δ为拱跨中点的挠度			
矢跨比	a_1 (10^{-5})	a_2	a_3
0.1	55.4	1.769	0.155
0.2	71.5	0.617	0.124
0.3	103	0.417	0.138
0.4	157	0.381	0.161
0.5	240	0.386	0.182
1/4跨处竖向集中荷载，δ为拱1/4跨处的挠度			
矢跨比	a_1 (10^{-5})	a_2	a_3
0.1	147	1.013	0.186
0.2	153	0.425	0.146
0.3	163	0.315	0.128
0.4	178	0.309	0.135
0.5	207	0.322	0.143

附录D 实腹截面钢拱平面内稳定系数

D.1 轴心受压圆弧拱稳定系数

D.1.1 热轧圆管等截面轴心受压圆弧拱的稳定系数应符合下列规定：

1 对于三铰拱，可根据面内长细比和矢跨比按表D.1.1-1取值。

表 D.1.1-1 热轧圆管截面三铰圆弧拱的稳定系数

$\lambda_x\sqrt{\frac{f_y}{235}}$	矢跨比								
	0.10	0.15	0.20	0.25	0.30	0.35	0.40	0.45	0.50
20	0.934	0.943	0.946	0.948	0.949	0.950	0.951	0.952	0.938
30	0.889	0.900	0.905	0.908	0.910	0.912	0.913	0.914	0.898
40	0.837	0.850	0.857	0.861	0.864	0.866	0.868	0.869	0.852
50	0.778	0.793	0.800	0.805	0.809	0.811	0.813	0.815	0.796
60	0.710	0.727	0.735	0.740	0.744	0.747	0.749	0.751	0.733
70	0.639	0.656	0.664	0.669	0.673	0.676	0.678	0.680	0.662
80	0.569	0.583	0.590	0.595	0.598	0.600	0.602	0.603	0.590
90	0.500	0.512	0.518	0.523	0.525	0.527	0.529	0.530	0.518
100	0.438	0.448	0.453	0.456	0.458	0.460	0.461	0.462	0.451
110	0.383	0.391	0.395	0.398	0.399	0.401	0.402	0.402	0.392
120	0.335	0.342	0.345	0.347	0.349	0.350	0.350	0.351	0.342
130	0.294	0.300	0.303	0.305	0.306	0.306	0.307	0.308	0.299
140	0.260	0.265	0.267	0.269	0.269	0.270	0.270	0.271	0.263
150	0.229	0.235	0.237	0.238	0.239	0.239	0.240	0.240	0.233
160	0.204	0.209	0.211	0.212	0.213	0.213	0.213	0.214	0.208
170	0.183	0.187	0.189	0.190	0.191	0.191	0.191	0.192	0.187
180	0.165	0.169	0.170	0.171	0.172	0.172	0.172	0.173	0.169
190	0.149	0.152	0.154	0.155	0.155	0.156	0.156	0.156	0.153
200	0.135	0.138	0.140	0.141	0.141	0.141	0.142	0.142	0.139

注：表内中间值可采用插值法求得。

2 对于两铰拱，可根据面内长细比和矢跨比按表D.1.1-2取值。

表 D.1.1-2 热轧圆管截面两铰圆弧拱的稳定系数

$\lambda_x\sqrt{\frac{f_y}{235}}$	矢跨比								
	0.10	0.15	0.20	0.25	0.30	0.35	0.40	0.45	0.50
20	0.921	0.941	0.952	0.959	0.963	0.964	0.965	0.966	0.967
30	0.900	0.919	0.925	0.929	0.931	0.932	0.933	0.934	0.934
40	0.866	0.882	0.888	0.891	0.893	0.894	0.895	0.895	0.895
50	0.823	0.840	0.846	0.848	0.849	0.850	0.849	0.848	0.847
60	0.782	0.794	0.798	0.799	0.798	0.796	0.794	0.791	0.787
70	0.732	0.740	0.741	0.740	0.737	0.733	0.728	0.722	0.716
80	0.674	0.677	0.677	0.673	0.668	0.662	0.654	0.647	0.638
90	0.611	0.612	0.608	0.603	0.595	0.588	0.579	0.569	0.559

续表 D.1.1-2

$\lambda_x\sqrt{\frac{f_y}{235}}$	矢跨比								
	0.10	0.15	0.20	0.25	0.30	0.35	0.40	0.45	0.50
100	0.548	0.546	0.541	0.534	0.526	0.517	0.507	0.496	0.485
110	0.487	0.484	0.478	0.471	0.463	0.453	0.443	0.432	0.421
120	0.431	0.428	0.422	0.415	0.406	0.397	0.387	0.377	0.366
130	0.383	0.379	0.373	0.366	0.358	0.349	0.340	0.330	0.320
140	0.341	0.337	0.331	0.325	0.317	0.309	0.300	0.291	0.282
150	0.304	0.301	0.295	0.289	0.282	0.274	0.266	0.258	0.249
160	0.273	0.269	0.264	0.258	0.252	0.245	0.237	0.230	0.222
170	0.245	0.242	0.238	0.232	0.226	0.220	0.213	0.206	0.199
180	0.222	0.219	0.215	0.210	0.204	0.198	0.192	0.185	0.179
190	0.202	0.199	0.195	0.190	0.185	0.179	0.174	0.168	0.162
200	0.184	0.181	0.177	0.173	0.168	0.163	0.158	0.152	0.147

注：表内中间值可采用插值法求得。

3 对于无铰拱，可根据面内长细比和矢跨比按表 D.1.1-3 取值。

表 D.1.1-3 热轧圆管截面无铰圆弧拱的稳定系数

$\lambda_x\sqrt{\frac{f_y}{235}}$	矢跨比								
	0.10	0.15	0.20	0.25	0.30	0.35	0.40	0.45	0.50
20	0.916	0.948	0.962	0.969	0.974	0.978	0.981	0.983	0.985
30	0.896	0.928	0.940	0.948	0.954	0.958	0.961	0.964	0.966
40	0.876	0.907	0.918	0.927	0.934	0.939	0.943	0.946	0.948
50	0.856	0.885	0.896	0.905	0.911	0.917	0.920	0.924	0.926
60	0.830	0.859	0.871	0.880	0.886	0.891	0.895	0.898	0.901
70	0.802	0.830	0.844	0.853	0.859	0.864	0.868	0.872	0.875
80	0.775	0.801	0.814	0.822	0.828	0.833	0.837	0.841	0.844
90	0.745	0.769	0.781	0.788	0.794	0.798	0.802	0.806	0.809
100	0.712	0.731	0.742	0.748	0.753	0.757	0.761	0.764	0.767
110	0.677	0.692	0.702	0.708	0.712	0.716	0.720	0.724	0.727
120	0.638	0.650	0.657	0.662	0.666	0.670	0.674	0.678	0.681
130	0.596	0.608	0.614	0.618	0.622	0.625	0.628	0.631	0.634
140	0.554	0.563	0.568	0.571	0.574	0.577	0.580	0.583	0.586
150	0.514	0.520	0.523	0.526	0.529	0.532	0.535	0.537	0.539
160	0.472	0.478	0.480	0.482	0.484	0.486	0.488	0.490	0.492

续表 D.1.1-3

$\lambda_x\sqrt{\frac{f_y}{235}}$	矢跨比								
	0.10	0.15	0.20	0.25	0.30	0.35	0.40	0.45	0.50
170	0.433	0.438	0.440	0.442	0.444	0.446	0.448	0.450	0.452
180	0.400	0.404	0.406	0.408	0.410	0.412	0.414	0.416	0.418
190	0.368	0.372	0.374	0.375	0.376	0.377	0.378	0.379	0.380
200	0.342	0.345	0.347	0.348	0.349	0.350	0.351	0.352	0.353

注：表内中间值可采用插值法求得。

D.1.2 焊接工字形等截面轴心受压圆弧拱的稳定系数应符合下列规定：

1 对于三铰拱，可根据面内长细比和矢跨比按表 D.1.2-1 取值。

表 D.1.2-1 焊接工字形截面三铰圆弧拱的稳定系数

$\lambda_x\sqrt{\frac{f_y}{235}}$	矢跨比								
	0.10	0.15	0.20	0.25	0.30	0.35	0.40	0.45	0.50
20	0.920	0.932	0.937	0.940	0.942	0.944	0.945	0.946	0.931
30	0.860	0.873	0.880	0.884	0.887	0.889	0.890	0.891	0.874
40	0.797	0.812	0.820	0.824	0.826	0.827	0.828	0.829	0.812
50	0.732	0.748	0.755	0.759	0.761	0.763	0.764	0.765	0.748
60	0.665	0.680	0.687	0.691	0.693	0.695	0.696	0.697	0.680
70	0.600	0.615	0.622	0.626	0.629	0.631	0.633	0.635	0.618
80	0.543	0.558	0.565	0.570	0.573	0.575	0.577	0.578	0.561
90	0.489	0.502	0.508	0.512	0.515	0.517	0.518	0.519	0.507
100	0.436	0.448	0.454	0.457	0.459	0.461	0.462	0.463	0.451
110	0.387	0.398	0.403	0.406	0.408	0.409	0.410	0.411	0.399
120	0.341	0.351	0.355	0.358	0.360	0.361	0.362	0.363	0.351
130	0.301	0.310	0.314	0.316	0.317	0.318	0.319	0.320	0.309
140	0.267	0.274	0.277	0.279	0.280	0.281	0.282	0.282	0.272
150	0.235	0.242	0.245	0.246	0.247	0.248	0.248	0.248	0.241
160	0.208	0.215	0.217	0.218	0.219	0.220	0.221	0.221	0.214
170	0.186	0.192	0.194	0.195	0.196	0.197	0.197	0.197	0.190
180	0.167	0.172	0.174	0.175	0.175	0.176	0.176	0.177	0.171
190	0.150	0.155	0.157	0.157	0.158	0.158	0.159	0.159	0.154
200	0.136	0.140	0.142	0.143	0.143	0.144	0.144	0.144	0.140

注：表内中间值可采用插值法求得。

2 对于两铰拱，可根据面内长细比和矢跨比按表 D.1.2-2 取值。

表 D.1.2-2　焊接工字形等截面两铰圆弧拱的稳定系数

$\lambda_x\sqrt{\frac{f_y}{235}}$	矢跨比								
	0.10	0.15	0.20	0.25	0.30	0.35	0.40	0.45	0.50
20	0.880	0.909	0.925	0.936	0.944	0.948	0.950	0.952	0.953
30	0.871	0.892	0.905	0.911	0.915	0.917	0.918	0.919	0.920
40	0.840	0.853	0.858	0.860	0.861	0.860	0.859	0.857	0.855
50	0.798	0.805	0.807	0.807	0.806	0.803	0.799	0.795	0.791
60	0.748	0.751	0.751	0.748	0.744	0.740	0.735	0.729	0.723
70	0.693	0.693	0.690	0.686	0.681	0.676	0.671	0.665	0.660
80	0.636	0.635	0.632	0.629	0.625	0.620	0.615	0.610	0.604
90	0.583	0.582	0.580	0.576	0.571	0.565	0.559	0.552	0.545
100	0.532	0.530	0.527	0.522	0.516	0.510	0.503	0.495	0.486
110	0.482	0.480	0.476	0.470	0.464	0.457	0.449	0.440	0.431
120	0.433	0.431	0.427	0.422	0.415	0.407	0.399	0.390	0.381
130	0.389	0.387	0.383	0.377	0.370	0.362	0.353	0.344	0.334
140	0.349	0.346	0.341	0.335	0.328	0.320	0.312	0.303	0.294
150	0.313	0.309	0.304	0.298	0.292	0.284	0.276	0.267	0.259
160	0.281	0.277	0.272	0.266	0.260	0.253	0.245	0.237	0.229
170	0.252	0.248	0.243	0.238	0.232	0.226	0.219	0.212	0.204
180	0.227	0.224	0.220	0.215	0.209	0.203	0.197	0.190	0.183
190	0.205	0.202	0.198	0.194	0.189	0.183	0.177	0.171	0.164
200	0.187	0.184	0.180	0.176	0.171	0.166	0.161	0.155	0.149

注：表内中间值可采用插值法求得。

3　对于无铰拱，可根据面内长细比和矢跨比按表 D.1.2-3 取值。

表 D.1.2-3　焊接工字形等截面无铰圆弧拱的稳定系数

$\lambda_x\sqrt{\frac{f_y}{235}}$	矢跨比								
	0.10	0.15	0.20	0.25	0.30	0.35	0.40	0.45	0.50
20	0.855	0.900	0.926	0.941	0.951	0.958	0.963	0.967	0.969
30	0.848	0.891	0.913	0.925	0.933	0.940	0.945	0.949	0.952
40	0.838	0.879	0.897	0.908	0.916	0.922	0.927	0.931	0.934
50	0.827	0.858	0.874	0.883	0.890	0.895	0.899	0.903	0.906
60	0.807	0.830	0.843	0.850	0.855	0.860	0.863	0.867	0.870
70	0.784	0.801	0.811	0.817	0.822	0.825	0.828	0.831	0.834

续表 D.1.2-3

$\lambda_x\sqrt{\frac{f_y}{235}}$	矢跨比								
	0.10	0.15	0.20	0.25	0.30	0.35	0.40	0.45	0.50
80	0.755	0.769	0.777	0.782	0.785	0.788	0.791	0.794	0.796
90	0.724	0.734	0.740	0.743	0.746	0.749	0.751	0.753	0.755
100	0.687	0.695	0.700	0.703	0.705	0.707	0.709	0.711	0.713
110	0.648	0.655	0.659	0.662	0.664	0.666	0.668	0.670	0.672
120	0.612	0.618	0.622	0.625	0.627	0.629	0.631	0.633	0.635
130	0.575	0.581	0.585	0.588	0.591	0.593	0.595	0.597	0.599
140	0.540	0.546	0.550	0.553	0.555	0.557	0.559	0.561	0.563
150	0.505	0.510	0.513	0.516	0.519	0.521	0.523	0.525	0.527
160	0.471	0.475	0.478	0.481	0.484	0.487	0.489	0.491	0.493
170	0.438	0.442	0.445	0.448	0.451	0.453	0.455	0.457	0.459
180	0.407	0.411	0.414	0.416	0.418	0.420	0.422	0.424	0.426
190	0.377	0.381	0.384	0.386	0.388	0.390	0.392	0.394	0.396
200	0.349	0.353	0.355	0.357	0.359	0.361	0.363	0.365	0.367

注：表内中间值可采用插值法求得。

D.1.3　焊接箱形等截面轴心受压圆弧拱的稳定系数应符合下列规定：

1　对于三铰拱，可根据面内长细比和矢跨比按表 D.1.3-1 取值。

表 D.1.3-1　焊接箱形截面三铰圆弧拱的稳定系数

$\lambda_x\sqrt{\frac{f_y}{235}}$	矢跨比								
	0.10	0.15	0.20	0.25	0.30	0.35	0.40	0.45	0.50
20	0.927	0.939	0.943	0.946	0.948	0.950	0.951	0.952	0.937
30	0.876	0.889	0.894	0.897	0.900	0.902	0.903	0.904	0.891
40	0.815	0.828	0.833	0.836	0.839	0.841	0.843	0.845	0.832
50	0.743	0.759	0.764	0.767	0.770	0.772	0.774	0.775	0.763
60	0.672	0.686	0.692	0.696	0.698	0.700	0.701	0.702	0.691
70	0.599	0.612	0.618	0.622	0.624	0.626	0.627	0.628	0.617
80	0.525	0.538	0.544	0.548	0.550	0.552	0.554	0.555	0.545
90	0.460	0.472	0.478	0.482	0.484	0.486	0.488	0.489	0.480
100	0.401	0.413	0.418	0.421	0.423	0.425	0.426	0.427	0.418
110	0.333	0.342	0.346	0.349	0.351	0.352	0.352	0.353	0.346
120	0.286	0.294	0.297	0.299	0.301	0.302	0.303	0.304	0.296
130	0.247	0.254	0.257	0.258	0.259	0.259	0.260	0.260	0.255
140	0.215	0.220	0.222	0.223	0.223	0.224	0.224	0.225	0.219

续表 D.1.3-1

$\lambda_x\sqrt{\frac{f_y}{235}}$	矢跨比								
	0.10	0.15	0.20	0.25	0.30	0.35	0.40	0.45	0.50
150	0.188	0.193	0.195	0.195	0.196	0.196	0.197	0.197	0.192
160	0.164	0.168	0.169	0.170	0.170	0.170	0.171	0.171	0.167
170	0.146	0.149	0.150	0.151	0.151	0.151	0.151	0.151	0.149
180	0.130	0.133	0.133	0.134	0.134	0.134	0.135	0.135	0.133
190	0.116	0.119	0.120	0.120	0.120	0.121	0.121	0.121	0.118
200	0.104	0.107	0.108	0.109	0.109	0.109	0.109	0.109	0.107

注：表内中间值可采用插值法求得。

2 对于两铰拱，可根据面内长细比和矢跨比按表 D.1.3-2 取值。

表 D.1.3-2 焊接箱形截面两铰圆弧拱的稳定系数

$\lambda_x\sqrt{\frac{f_y}{235}}$	矢跨比								
	0.10	0.15	0.20	0.25	0.30	0.35	0.40	0.45	0.50
20	0.868	0.903	0.922	0.934	0.942	0.947	0.951	0.954	0.956
30	0.861	0.886	0.900	0.910	0.916	0.920	0.923	0.925	0.927
40	0.843	0.861	0.870	0.874	0.877	0.878	0.878	0.878	0.876
50	0.804	0.815	0.819	0.820	0.819	0.817	0.814	0.811	0.807
60	0.750	0.757	0.758	0.757	0.754	0.749	0.744	0.739	0.733
70	0.692	0.695	0.694	0.690	0.685	0.679	0.672	0.665	0.657
80	0.632	0.631	0.628	0.623	0.616	0.608	0.601	0.593	0.585
90	0.566	0.564	0.560	0.555	0.548	0.541	0.533	0.525	0.517
100	0.504	0.502	0.498	0.492	0.485	0.478	0.470	0.462	0.454
110	0.450	0.448	0.444	0.439	0.432	0.425	0.417	0.409	0.400
120	0.398	0.396	0.392	0.386	0.379	0.371	0.363	0.353	0.344
130	0.348	0.345	0.341	0.335	0.328	0.320	0.311	0.302	0.293
140	0.305	0.302	0.298	0.293	0.286	0.278	0.270	0.262	0.254
150	0.267	0.264	0.260	0.255	0.249	0.243	0.236	0.228	0.220
160	0.233	0.230	0.226	0.222	0.216	0.210	0.204	0.198	0.191
170	0.206	0.203	0.199	0.195	0.190	0.185	0.179	0.173	0.167
180	0.181	0.179	0.176	0.172	0.167	0.162	0.157	0.152	0.147
190	0.161	0.159	0.156	0.152	0.148	0.144	0.140	0.135	0.130
200	0.144	0.142	0.139	0.136	0.132	0.128	0.124	0.120	0.116

注：表内中间值可采用插值法求得。

3 对于无铰拱，可根据面内长细比和矢跨比按表 D.1.3-3 取值。

表 D.1.3-3 焊接箱形截面无铰圆弧拱的稳定系数

$\lambda_x\sqrt{\frac{f_y}{235}}$	矢跨比								
	0.10	0.15	0.20	0.25	0.30	0.35	0.40	0.45	0.50
20	0.843	0.890	0.918	0.936	0.947	0.955	0.961	0.966	0.970
30	0.836	0.879	0.904	0.920	0.931	0.938	0.944	0.948	0.952
40	0.829	0.867	0.889	0.904	0.913	0.920	0.926	0.930	0.934
50	0.819	0.853	0.871	0.884	0.892	0.899	0.904	0.908	0.912
60	0.805	0.832	0.847	0.857	0.865	0.871	0.876	0.880	0.883
70	0.782	0.804	0.817	0.825	0.831	0.836	0.840	0.844	0.848
80	0.754	0.771	0.781	0.787	0.792	0.797	0.801	0.805	0.808
90	0.722	0.734	0.742	0.747	0.751	0.754	0.757	0.760	0.763
100	0.683	0.694	0.700	0.704	0.707	0.710	0.713	0.716	0.718
110	0.643	0.652	0.657	0.661	0.664	0.667	0.669	0.671	0.673
120	0.598	0.607	0.611	0.614	0.617	0.620	0.622	0.624	0.626
130	0.551	0.559	0.564	0.568	0.570	0.572	0.574	0.576	0.578
140	0.510	0.517	0.521	0.524	0.527	0.530	0.532	0.534	0.536
150	0.471	0.477	0.481	0.484	0.487	0.489	0.491	0.493	0.495
160	0.432	0.438	0.442	0.445	0.448	0.450	0.452	0.454	0.456
170	0.398	0.403	0.407	0.410	0.413	0.415	0.417	0.419	0.421
180	0.365	0.370	0.373	0.376	0.378	0.380	0.382	0.384	0.386
190	0.334	0.338	0.341	0.343	0.345	0.347	0.349	0.351	0.353
200	0.304	0.308	0.310	0.312	0.314	0.316	0.318	0.320	0.322

注：表内中间值可采用插值法求得。

D.2 轴心受压抛物线拱稳定系数

D.2.1 热轧圆管等截面轴心受压抛物线拱的稳定系数应符合下列规定：

1 对于三铰拱，可根据面内长细比和矢跨比按表 D.2.1-1 取值。

表 D.2.1-1 热轧圆管截面三铰抛物线拱的稳定系数

$\lambda_x\sqrt{\frac{f_y}{235}}$	矢跨比								
	0.10	0.15	0.20	0.25	0.30	0.35	0.40	0.45	0.50
20	1.000	1.000	1.000	1.000	1.000	1.000	1.000	1.000	1.000
30	1.000	1.000	1.000	1.000	1.000	1.000	1.000	1.000	1.000
40	1.000	1.000	1.000	1.000	1.000	1.000	1.000	1.000	1.000
50	0.880	0.924	0.963	1.000	1.000	1.000	1.000	1.000	1.000
60	0.802	0.855	0.905	0.951	0.984	0.997	1.000	1.000	1.000

续表 D.2.1-1

$\lambda_x\sqrt{\frac{f_y}{235}}$	矢跨比								
	0.10	0.15	0.20	0.25	0.30	0.35	0.40	0.45	0.50
70	0.715	0.766	0.829	0.881	0.927	0.949	0.960	0.967	0.970
80	0.623	0.681	0.742	0.801	0.852	0.873	0.889	0.898	0.901
90	0.548	0.603	0.661	0.715	0.773	0.791	0.805	0.811	0.814
100	0.480	0.526	0.578	0.631	0.689	0.706	0.716	0.720	0.722
110	0.418	0.462	0.509	0.555	0.606	0.622	0.631	0.635	0.636
120	0.367	0.404	0.446	0.488	0.537	0.549	0.556	0.558	0.558
130	0.322	0.355	0.392	0.430	0.474	0.485	0.490	0.492	0.492
140	0.283	0.314	0.346	0.380	0.421	0.430	0.434	0.436	0.435
150	0.251	0.277	0.307	0.338	0.375	0.382	0.386	0.387	0.387
160	0.222	0.248	0.274	0.303	0.335	0.342	0.345	0.346	0.345
170	0.199	0.221	0.245	0.270	0.301	0.307	0.310	0.311	0.310
180	0.177	0.199	0.221	0.244	0.272	0.277	0.280	0.280	0.280
190	0.159	0.180	0.200	0.221	0.247	0.251	0.254	0.254	0.254
200	0.144	0.163	0.181	0.201	0.225	0.229	0.231	0.231	0.231

注：表内中间值可采用插值法求得。

2 对于两铰拱，可根据面内长细比和矢跨比按表 D.2.1-2 取值。

表 D.2.1-2 热轧圆管截面两铰抛物线拱的稳定系数

$\lambda_x\sqrt{\frac{f_y}{235}}$	矢跨比								
	0.10	0.15	0.20	0.25	0.30	0.35	0.40	0.45	0.50
20	0.936	0.989	1.000	1.000	1.000	1.000	1.000	1.000	1.000
30	0.928	0.978	1.000	1.000	1.000	1.000	1.000	1.000	1.000
40	0.908	0.958	0.993	1.000	1.000	1.000	1.000	1.000	1.000
50	0.872	0.926	0.971	0.996	1.000	1.000	1.000	1.000	1.000
60	0.830	0.880	0.930	0.964	0.984	0.994	1.000	1.000	1.000
70	0.783	0.833	0.879	0.913	0.935	0.950	0.958	0.964	0.967
80	0.724	0.769	0.812	0.841	0.865	0.880	0.890	0.895	0.898
90	0.659	0.698	0.734	0.761	0.782	0.796	0.804	0.808	0.810
100	0.592	0.624	0.654	0.679	0.696	0.708	0.714	0.716	0.716
110	0.525	0.551	0.578	0.601	0.613	0.622	0.628	0.630	0.630
120	0.466	0.488	0.508	0.530	0.542	0.549	0.553	0.554	0.552
130	0.413	0.432	0.452	0.469	0.478	0.484	0.487	0.487	0.486
140	0.366	0.384	0.400	0.413	0.422	0.429	0.431	0.431	0.429
150	0.326	0.342	0.356	0.369	0.376	0.381	0.383	0.382	0.380
160	0.292	0.306	0.320	0.329	0.335	0.339	0.341	0.341	0.340
170	0.262	0.275	0.285	0.295	0.301	0.305	0.306	0.305	0.304
180	0.233	0.246	0.257	0.267	0.272	0.275	0.276	0.275	0.274
190	0.210	0.224	0.235	0.242	0.247	0.249	0.250	0.249	0.247
200	0.188	0.201	0.211	0.220	0.224	0.227	0.228	0.227	0.225

注：表内中间值可采用插值法求得。

3 对于无铰拱，可根据面内长细比和矢跨比按表 D.2.1-3 取值。

表 D.2.1-3 热轧圆管截面无铰抛物线拱的稳定系数

$\lambda_x\sqrt{\frac{f_y}{235}}$	矢跨比								
	0.10	0.15	0.20	0.25	0.30	0.35	0.40	0.45	0.50
20	0.964	1.000	1.000	1.000	1.000	1.000	1.000	1.000	1.000
30	0.949	1.000	1.000	1.000	1.000	1.000	1.000	1.000	1.000
40	0.930	0.997	1.000	1.000	1.000	1.000	1.000	1.000	1.000
50	0.908	0.975	1.000	1.000	1.000	1.000	1.000	1.000	1.000
60	0.883	0.949	0.990	1.000	1.000	1.000	1.000	1.000	1.000
70	0.854	0.921	0.967	0.988	1.000	1.000	1.000	1.000	1.000
80	0.826	0.893	0.939	0.964	0.980	0.986	0.996	0.998	0.999
90	0.796	0.861	0.905	0.932	0.949	0.959	0.966	0.970	0.972
100	0.760	0.825	0.870	0.896	0.913	0.924	0.931	0.935	0.936
110	0.724	0.785	0.828	0.857	0.874	0.887	0.893	0.897	0.900
120	0.688	0.741	0.785	0.816	0.834	0.846	0.854	0.859	0.862
130	0.646	0.697	0.739	0.769	0.791	0.806	0.816	0.822	0.826
140	0.601	0.645	0.689	0.721	0.747	0.763	0.774	0.782	0.787
150	0.557	0.599	0.641	0.673	0.700	0.718	0.731	0.740	0.746
160	0.515	0.554	0.591	0.627	0.653	0.672	0.686	0.696	0.703
170	0.473	0.509	0.547	0.581	0.607	0.626	0.641	0.651	0.659
180	0.438	0.470	0.502	0.533	0.561	0.583	0.596	0.607	0.615
190	0.403	0.433	0.463	0.493	0.521	0.540	0.556	0.566	0.573
200	0.370	0.399	0.428	0.458	0.481	0.502	0.515	0.526	0.533

注：表内中间值可采用插值法求得。

D.2.2 焊接工字形等截面轴心受压抛物线拱的稳定系数应符合下列规定：

1 对于三铰拱，可根据面内长细比和矢跨比按表 D. 2. 2-1 取值。

表 D. 2. 2-1　工字形截面三铰抛物线拱的稳定系数

$\lambda_x\sqrt{\frac{f_y}{235}}$	矢跨比								
	0.10	0.15	0.20	0.25	0.30	0.35	0.40	0.45	0.50
20	0.969	1.000	1.000	1.000	1.000	1.000	1.000	1.000	1.000
30	0.904	0.963	1.000	1.000	1.000	1.000	1.000	1.000	1.000
40	0.835	0.895	0.953	0.991	1.000	1.000	1.000	1.000	1.000
50	0.762	0.821	0.881	0.932	0.970	0.985	0.993	0.996	0.998
60	0.689	0.745	0.803	0.856	0.904	0.924	0.937	0.945	0.948
70	0.622	0.675	0.727	0.777	0.826	0.849	0.862	0.869	0.873
80	0.560	0.609	0.660	0.706	0.752	0.773	0.784	0.790	0.793
90	0.501	0.547	0.595	0.640	0.685	0.705	0.715	0.720	0.723
100	0.443	0.486	0.532	0.575	0.619	0.638	0.647	0.652	0.654
110	0.391	0.430	0.472	0.512	0.553	0.573	0.581	0.584	0.586
120	0.342	0.378	0.417	0.455	0.496	0.511	0.517	0.521	0.521
130	0.300	0.333	0.367	0.403	0.442	0.454	0.459	0.461	0.461
140	0.265	0.294	0.324	0.357	0.394	0.403	0.407	0.408	0.408
150	0.236	0.260	0.286	0.315	0.350	0.358	0.361	0.362	0.361
160	0.208	0.230	0.255	0.280	0.311	0.318	0.321	0.322	0.321
170	0.185	0.205	0.227	0.250	0.277	0.284	0.287	0.288	0.286
180	0.165	0.183	0.203	0.224	0.250	0.256	0.257	0.258	0.257
190	0.149	0.165	0.183	0.202	0.226	0.231	0.233	0.233	0.232
200	0.134	0.149	0.165	0.183	0.204	0.209	0.211	0.211	0.210

注：表内中间值可采用插值法求得。

2　对于两铰拱，可根据面内长细比和矢跨比按表 D. 2. 2-2 取值。

表 D. 2. 2-2　工字形等截面两铰抛物线拱的稳定系数

$\lambda_x\sqrt{\frac{f_y}{235}}$	矢跨比								
	0.10	0.15	0.20	0.25	0.30	0.35	0.40	0.45	0.50
20	0.938	0.982	1.000	1.000	1.000	1.000	1.000	1.000	1.000
30	0.926	0.970	1.000	1.000	1.000	1.000	1.000	1.000	1.000
40	0.885	0.928	0.969	0.994	1.000	1.000	1.000	1.000	1.000
50	0.832	0.874	0.917	0.949	0.969	0.982	0.989	0.993	0.996
60	0.772	0.814	0.854	0.887	0.909	0.925	0.935	0.941	0.945
70	0.710	0.747	0.783	0.814	0.834	0.849	0.859	0.865	0.867
80	0.650	0.683	0.715	0.743	0.761	0.774	0.782	0.787	0.789
90	0.593	0.624	0.653	0.678	0.695	0.707	0.714	0.718	0.719

续表 D. 2. 2-2

$\lambda_x\sqrt{\frac{f_y}{235}}$	矢跨比								
	0.10	0.15	0.20	0.25	0.30	0.35	0.40	0.45	0.50
100	0.537	0.564	0.592	0.614	0.629	0.640	0.646	0.649	0.650
110	0.484	0.508	0.531	0.551	0.564	0.574	0.579	0.581	0.581
120	0.434	0.455	0.475	0.493	0.504	0.512	0.516	0.517	0.516
130	0.387	0.405	0.423	0.439	0.449	0.454	0.457	0.457	0.456
140	0.343	0.360	0.375	0.389	0.398	0.403	0.405	0.405	0.404
150	0.306	0.320	0.334	0.346	0.352	0.356	0.358	0.358	0.357
160	0.273	0.286	0.298	0.308	0.314	0.317	0.318	0.318	0.317
170	0.245	0.256	0.267	0.275	0.281	0.284	0.285	0.284	0.282
180	0.221	0.231	0.240	0.248	0.252	0.255	0.255	0.254	0.253
190	0.199	0.208	0.217	0.224	0.228	0.229	0.230	0.229	0.228
200	0.180	0.189	0.197	0.203	0.206	0.207	0.208	0.207	0.206

注：表内中间值可采用插值法求得。

3　对于无铰拱，可根据面内长细比和矢跨比按表 D. 2. 2-3 取值。

表 D. 2. 2-3　工字形等截面无铰抛物线拱的稳定系数

$\lambda_x\sqrt{\frac{f_y}{235}}$	矢跨比								
	0.10	0.15	0.20	0.25	0.30	0.35	0.40	0.45	0.50
20	0.908	0.988	1.000	1.000	1.000	1.000	1.000	1.000	1.000
30	0.898	0.978	1.000	1.000	1.000	1.000	1.000	1.000	1.000
40	0.883	0.961	1.000	1.000	1.000	1.000	1.000	1.000	1.000
50	0.864	0.935	0.978	0.996	1.000	1.000	1.000	1.000	1.000
60	0.843	0.903	0.944	0.972	0.991	0.998	1.000	1.000	1.000
70	0.813	0.866	0.904	0.931	0.952	0.965	0.973	0.978	0.980
80	0.780	0.826	0.866	0.896	0.917	0.931	0.939	0.944	0.947
90	0.743	0.786	0.826	0.860	0.885	0.903	0.913	0.919	0.923
100	0.706	0.748	0.789	0.825	0.851	0.870	0.882	0.890	0.895
110	0.666	0.707	0.750	0.787	0.816	0.837	0.850	0.858	0.864
120	0.625	0.665	0.707	0.746	0.776	0.799	0.814	0.824	0.829
130	0.586	0.625	0.665	0.702	0.734	0.758	0.774	0.785	0.792
140	0.547	0.584	0.623	0.659	0.690	0.715	0.732	0.743	0.750
150	0.509	0.545	0.582	0.618	0.647	0.672	0.688	0.701	0.708
160	0.470	0.507	0.542	0.577	0.605	0.629	0.646	0.658	0.666
170	0.435	0.470	0.505	0.537	0.565	0.588	0.605	0.616	0.623

续表 D. 2. 2-3

$\lambda_x\sqrt{\frac{f_y}{235}}$	矢跨比								
	0.10	0.15	0.20	0.25	0.30	0.35	0.40	0.45	0.50
180	0.402	0.434	0.467	0.499	0.526	0.549	0.565	0.576	0.583
190	0.370	0.401	0.432	0.462	0.488	0.510	0.526	0.537	0.545
200	0.340	0.369	0.399	0.427	0.453	0.474	0.489	0.500	0.507

注：表内中间值可采用插值法求得。

D. 2. 3 焊接箱形等截面轴心受压抛物线拱的稳定系数应符合下列规定：

1 对于三铰拱，可根据面内长细比和矢跨比按表 D. 2. 3-1 取值。

表 D. 2. 3-1 焊接箱形截面三铰抛物线拱的稳定系数

$\lambda_x\sqrt{\frac{f_y}{235}}$	矢跨比								
	0.10	0.15	0.20	0.25	0.30	0.35	0.40	0.45	0.50
20	0.983	1.000	1.000	1.000	1.000	1.000	1.000	1.000	1.000
30	0.925	0.984	1.000	1.000	1.000	1.000	1.000	1.000	1.000
40	0.861	0.926	0.979	0.999	1.000	1.000	1.000	1.000	1.000
50	0.788	0.851	0.915	0.963	0.991	0.997	0.999	1.000	1.000
60	0.708	0.771	0.836	0.893	0.939	0.959	0.969	0.975	0.978
70	0.634	0.692	0.754	0.811	0.864	0.886	0.898	0.906	0.909
80	0.559	0.614	0.673	0.728	0.781	0.803	0.815	0.821	0.825
90	0.492	0.544	0.597	0.647	0.694	0.717	0.728	0.734	0.735
100	0.430	0.477	0.525	0.574	0.620	0.640	0.650	0.655	0.656
110	0.374	0.416	0.464	0.508	0.553	0.570	0.577	0.581	0.583
120	0.325	0.363	0.406	0.448	0.492	0.504	0.511	0.513	0.514
130	0.283	0.317	0.354	0.391	0.431	0.443	0.448	0.449	0.449
140	0.246	0.277	0.309	0.343	0.379	0.389	0.392	0.393	0.392
150	0.217	0.243	0.272	0.303	0.335	0.342	0.345	0.346	0.345
160	0.190	0.215	0.241	0.269	0.297	0.303	0.306	0.307	0.306
170	0.171	0.191	0.216	0.240	0.265	0.271	0.273	0.274	0.273
180	0.152	0.172	0.194	0.216	0.238	0.243	0.245	0.245	0.244
190	0.136	0.154	0.175	0.196	0.215	0.219	0.221	0.221	0.220
200	0.122	0.140	0.159	0.178	0.195	0.199	0.201	0.201	0.201

注：表内中间值可采用插值法求得。

2 对于两铰拱，可根据面内长细比和矢跨比按表 D. 2. 3-2 取值。

表 D. 2. 3-2 焊接箱形截面两铰抛物线拱的稳定系数

$\lambda_x\sqrt{\frac{f_y}{235}}$	矢跨比								
	0.10	0.15	0.20	0.25	0.30	0.35	0.40	0.45	0.50
20	0.942	0.985	1.000	1.000	1.000	1.000	1.000	1.000	1.000
30	0.917	0.974	1.000	1.000	1.000	1.000	1.000	1.000	1.000
40	0.887	0.950	0.989	0.999	1.000	1.000	1.000	1.000	1.000
50	0.846	0.901	0.945	0.975	0.989	0.996	0.999	0.999	1.000
60	0.789	0.838	0.883	0.919	0.941	0.956	0.965	0.971	0.974
70	0.730	0.771	0.812	0.845	0.867	0.884	0.894	0.901	0.905
80	0.665	0.702	0.737	0.768	0.788	0.803	0.811	0.816	0.818
90	0.595	0.628	0.661	0.688	0.705	0.718	0.725	0.729	0.730
100	0.530	0.560	0.589	0.613	0.629	0.641	0.648	0.650	0.651
110	0.469	0.497	0.524	0.545	0.559	0.569	0.575	0.576	0.577
120	0.418	0.442	0.465	0.483	0.496	0.504	0.508	0.509	0.508
130	0.369	0.389	0.408	0.424	0.435	0.441	0.445	0.445	0.443
140	0.324	0.342	0.358	0.373	0.381	0.386	0.389	0.388	0.387
150	0.285	0.300	0.316	0.328	0.335	0.340	0.342	0.342	0.340
160	0.252	0.267	0.280	0.291	0.297	0.301	0.302	0.302	0.301
170	0.225	0.237	0.249	0.259	0.265	0.268	0.270	0.269	0.268
180	0.201	0.213	0.224	0.233	0.237	0.240	0.242	0.241	0.240
190	0.181	0.192	0.202	0.211	0.214	0.217	0.218	0.218	0.217
200	0.163	0.174	0.183	0.191	0.195	0.197	0.198	0.198	0.196

注：表内中间值可采用插值法求得。

3 对于无铰拱，可根据面内长细比和矢跨比按表 D. 2. 3-3 取值。

表 D. 2. 3-3 焊接箱形截面无铰抛物线拱的稳定系数

$\lambda_x\sqrt{\frac{f_y}{235}}$	矢跨比								
	0.10	0.15	0.20	0.25	0.30	0.35	0.40	0.45	0.50
20	0.832	0.973	1.000	1.000	1.000	1.000	1.000	1.000	1.000
30	0.877	0.984	1.000	1.000	1.000	1.000	1.000	1.000	1.000
40	0.878	0.970	1.000	1.000	1.000	1.000	1.000	1.000	1.000
50	0.865	0.946	0.994	1.000	1.000	1.000	1.000	1.000	1.000
60	0.849	0.920	0.965	0.991	0.999	1.000	1.000	1.000	1.000
70	0.823	0.886	0.927	0.956	0.974	0.984	0.988	0.991	0.992
80	0.792	0.847	0.886	0.915	0.936	0.949	0.955	0.959	0.961
90	0.758	0.807	0.845	0.875	0.898	0.913	0.922	0.927	0.931
100	0.719	0.765	0.805	0.839	0.864	0.882	0.893	0.900	0.904

续表 D. 2. 3-3

$\lambda_x\sqrt{\frac{f_y}{235}}$	矢跨比								
	0. 10	0. 15	0. 20	0. 25	0. 30	0. 35	0. 40	0. 45	0. 50
110	0. 678	0. 722	0. 763	0. 800	0. 828	0. 848	0. 861	0. 869	0. 875
120	0. 635	0. 677	0. 719	0. 758	0. 788	0. 811	0. 826	0. 835	0. 842
130	0. 590	0. 632	0. 675	0. 715	0. 746	0. 771	0. 787	0. 798	0. 805
140	0. 545	0. 586	0. 629	0. 669	0. 701	0. 728	0. 744	0. 757	0. 764
150	0. 502	0. 541	0. 582	0. 622	0. 656	0. 683	0. 700	0. 713	0. 722
160	0. 462	0. 499	0. 538	0. 575	0. 609	0. 636	0. 655	0. 668	0. 677
170	0. 425	0. 460	0. 498	0. 534	0. 565	0. 591	0. 609	0. 622	0. 631
180	0. 390	0. 424	0. 459	0. 494	0. 523	0. 548	0. 566	0. 578	0. 587
190	0. 357	0. 389	0. 422	0. 454	0. 483	0. 507	0. 524	0. 536	0. 545
200	0. 325	0. 355	0. 387	0. 418	0. 445	0. 468	0. 484	0. 496	0. 504

注：表内中间值可采用插值法求得。

附录 E　腹板开圆形孔的工字形圆弧两铰拱平面内稳定系数

$\bar{\lambda}$	稳定系数	$\bar{\lambda}$	稳定系数	$\bar{\lambda}$	稳定系数	$\bar{\lambda}$	稳定系数	$\bar{\lambda}$	稳定系数
0. 05	0. 996	0. 55	0. 832	1. 05	0. 577	1. 55	0. 336	2. 05	0. 207
0. 1	0. 983	0. 6	0. 813	1. 1	0. 548	1. 6	0. 319	2. 1	0. 198
0. 15	0. 963	0. 65	0. 792	1. 15	0. 519	1. 65	0. 303	2. 15	0. 190
0. 2	0. 934	0. 7	0. 770	1. 2	0. 492	1. 7	0. 288	2. 2	0. 182
0. 25	0. 920	0. 75	0. 746	1. 25	0. 466	1. 75	0. 274	2. 25	0. 175
0. 3	0. 907	0. 8	0. 721	1. 3	0. 441	1. 8	0. 261	2. 3	0. 168
0. 35	0. 894	0. 85	0. 694	1. 35	0. 417	1. 85	0. 249	2. 35	0. 161
0. 4	0. 880	0. 9	0. 665	1. 4	0. 395	1. 9	0. 237	2. 4	0. 155
0. 45	0. 865	0. 95	0. 636	1. 45	0. 374	1. 95	0. 227	2. 45	0. 149
0. 5	0. 849	1	0. 607	1. 5	0. 354	2	0. 216	2. 5	0. 144

注：表内中间值可采用插值法求得。

附录 F　圆弧形两铰钢管桁架拱的平面内稳定系数

F. 0. 1　平面和倒梯形（矩形）截面圆弧形两铰钢管桁架拱的稳定系数可根据矢跨比的不同，按表 F. 0. 1-1 与表 F. 0. 1-2 确定。

表 F. 0. 1-1　平面和倒梯形（矩形）截面桁架拱的稳定系数（矢跨比 $H/L<0.20$）

$\lambda_e\sqrt{\frac{f_y}{235}}$	0	1	2	3	4	5	6	7	8	9
0	1. 000	1. 000	1. 000	1. 000	0. 999	0. 998	0. 997	0. 996	0. 995	0. 993
10	0. 991	0. 989	0. 987	0. 985	0. 982	0. 979	0. 976	0. 973	0. 969	0. 966
20	0. 962	0. 958	0. 953	0. 949	0. 945	0. 940	0. 936	0. 931	0. 927	0. 923
30	0. 918	0. 914	0. 909	0. 905	0. 900	0. 895	0. 891	0. 886	0. 881	0. 876
40	0. 872	0. 867	0. 862	0. 857	0. 852	0. 847	0. 842	0. 837	0. 835	0. 832
50	0. 829	0. 826	0. 823	0. 820	0. 817	0. 814	0. 811	0. 807	0. 804	0. 801
60	0. 797	0. 793	0. 790	0. 786	0. 782	0. 778	0. 774	0. 770	0. 765	0. 761
70	0. 757	0. 752	0. 747	0. 743	0. 738	0. 733	0. 728	0. 723	0. 717	0. 712
80	0. 707	0. 701	0. 696	0. 690	0. 684	0. 678	0. 673	0. 667	0. 661	0. 655
90	0. 649	0. 642	0. 636	0. 630	0. 624	0. 617	0. 611	0. 605	0. 598	0. 592
100	0. 586	0. 579	0. 573	0. 567	0. 560	0. 554	0. 548	0. 542	0. 535	0. 529
110	0. 523	0. 517	0. 511	0. 505	0. 499	0. 493	0. 487	0. 481	0. 476	0. 470
120	0. 464	0. 459	0. 453	0. 448	0. 443	0. 437	0. 432	0. 427	0. 422	0. 417
130	0. 412	0. 407	0. 402	0. 397	0. 392	0. 388	0. 383	0. 379	0. 374	0. 370
140	0. 365	0. 361	0. 357	0. 353	0. 349	0. 345	0. 341	0. 337	0. 333	0. 329
150	0. 325	0. 322	0. 318	0. 314	0. 311	0. 307	0. 304	0. 301	0. 297	0. 294
160	0. 291	0. 288	0. 285	0. 281	0. 278	0. 275	0. 273	0. 270	0. 267	0. 264
170	0. 261	0. 258	0. 256	0. 253	0. 250	0. 248	0. 245	0. 243	0. 240	0. 238
180	0. 235	0. 233	0. 231	0. 228	0. 226	0. 224	0. 222	0. 220	0. 217	0. 215
190	0. 213	0. 211	0. 209	0. 207	0. 205	0. 203	0. 201	0. 199	0. 198	0. 196
200	0. 194	0. 192	0. 190	0. 189	0. 187	0. 185	0. 183	0. 182	0. 180	0. 179
210	0. 177	0. 175	0. 174	0. 172	0. 171	0. 169	0. 168	0. 166	0. 165	0. 164
220	0. 162	0. 161	0. 159	0. 158	0. 157	0. 155	0. 154	0. 153	0. 152	0. 150
230	0. 149	0. 148	0. 147	0. 145	0. 144	0. 143	0. 142	0. 141	0. 140	0. 139
240	0. 137	0. 136	0. 135	0. 134	0. 133	0. 132	0. 131	0. 130	0. 129	0. 128
250	0. 126	0. 125	0. 124	0. 123	0. 122	0. 121	0. 121	0. 120	0. 119	0. 118

表 F. 0. 1-2　平面和倒梯形（矩形）截面桁架拱的稳定系数（矢跨比 $H/L\geqslant0.20$）

$\lambda_e\sqrt{\frac{f_y}{235}}$	0	1	2	3	4	5	6	7	8	9
0	1. 000	1. 000	1. 000	0. 999	0. 999	0. 999	0. 998	0. 997	0. 996	0. 995
10	0. 994	0. 993	0. 992	0. 990	0. 989	0. 987	0. 985	0. 983	0. 981	0. 979
20	0. 977	0. 974	0. 971	0. 968	0. 964	0. 961	0. 958	0. 955	0. 952	0. 949

续表 F. 0. 1-2

$\lambda_e\sqrt{\frac{f_y}{235}}$	0	1	2	3	4	5	6	7	8	9
30	0.946	0.942	0.939	0.936	0.932	0.929	0.925	0.922	0.918	0.915
40	0.911	0.907	0.904	0.900	0.896	0.892	0.888	0.884	0.880	0.875
50	0.871	0.867	0.862	0.858	0.853	0.848	0.844	0.839	0.834	0.829
60	0.824	0.818	0.813	0.808	0.802	0.797	0.791	0.785	0.779	0.773
70	0.767	0.761	0.755	0.749	0.742	0.736	0.730	0.723	0.716	0.710
80	0.703	0.696	0.689	0.681	0.672	0.663	0.654	0.645	0.637	0.628
90	0.619	0.611	0.603	0.594	0.586	0.578	0.570	0.562	0.554	0.547
100	0.539	0.532	0.524	0.517	0.510	0.503	0.496	0.490	0.483	0.476
110	0.470	0.464	0.457	0.451	0.445	0.439	0.433	0.428	0.422	0.416
120	0.411	0.406	0.400	0.395	0.390	0.385	0.380	0.375	0.371	0.366
130	0.361	0.357	0.353	0.348	0.344	0.340	0.336	0.332	0.328	0.324
140	0.320	0.316	0.312	0.309	0.305	0.301	0.298	0.294	0.291	0.288
150	0.284	0.281	0.278	0.275	0.272	0.269	0.266	0.263	0.260	0.257
160	0.254	0.252	0.249	0.246	0.244	0.241	0.239	0.236	0.234	0.231
170	0.229	0.227	0.224	0.222	0.220	0.217	0.215	0.213	0.211	0.209
180	0.207	0.205	0.203	0.201	0.199	0.197	0.195	0.193	0.191	0.190
190	0.188	0.186	0.184	0.183	0.181	0.179	0.178	0.176	0.174	0.173
200	0.171	0.170	0.168	0.167	0.165	0.164	0.162	0.161	0.160	0.158
210	0.157	0.155	0.154	0.153	0.152	0.150	0.149	0.148	0.146	0.145
220	0.144	0.143	0.142	0.141	0.139	0.138	0.137	0.136	0.135	0.134
230	0.133	0.132	0.131	0.130	0.129	0.128	0.127	0.126	0.125	0.124
240	0.122	0.121	0.120	0.119	0.118	0.117	0.116	0.116	0.115	0.122
250	0.114	0.113	0.112	0.111	0.110	0.109	0.108	0.107	0.106	0.105

F. 0. 2 正三角形截面圆弧形两铰钢管桁架拱的稳定系数可根据矢跨比的不同，按表 F. 0. 2-1 与表 F. 0. 2-2 确定。

表 F. 0. 2-1 正三角形截面桁架拱的稳定系数

（矢跨比 $H/L<0.20$）

$\lambda_e\sqrt{\frac{f_y}{235}}$	0	1	2	3	4	5	6	7	8	9
0	1.000	1.000	1.000	0.999	0.999	0.998	0.997	0.996	0.994	0.993
10	0.991	0.989	0.987	0.985	0.983	0.980	0.977	0.975	0.971	0.968
20	0.964	0.957	0.951	0.944	0.938	0.932	0.925	0.919	0.912	0.906
30	0.900	0.893	0.887	0.880	0.874	0.868	0.861	0.855	0.848	0.842
40	0.835	0.829	0.822	0.816	0.809	0.803	0.796	0.790	0.783	0.776
50	0.770	0.765	0.761	0.758	0.754	0.750	0.746	0.742	0.738	0.734
60	0.730	0.726	0.722	0.718	0.713	0.709	0.704	0.700	0.695	0.690
70	0.686	0.681	0.676	0.671	0.666	0.661	0.656	0.651	0.646	0.641

续表 F. 0. 2-1

$\lambda_e\sqrt{\frac{f_y}{235}}$	0	1	2	3	4	5	6	7	8	9
80	0.635	0.630	0.625	0.619	0.614	0.608	0.603	0.597	0.592	0.586
90	0.581	0.575	0.570	0.564	0.559	0.553	0.547	0.542	0.536	0.531
100	0.525	0.520	0.514	0.509	0.503	0.498	0.493	0.487	0.482	0.477
110	0.471	0.466	0.461	0.456	0.451	0.446	0.441	0.436	0.431	0.426
120	0.421	0.417	0.412	0.407	0.403	0.398	0.394	0.389	0.385	0.381
130	0.376	0.372	0.368	0.364	0.360	0.356	0.352	0.348	0.344	0.340
140	0.336	0.333	0.329	0.325	0.322	0.318	0.315	0.312	0.308	0.305
150	0.302	0.298	0.295	0.292	0.289	0.286	0.283	0.280	0.277	0.274
160	0.271	0.268	0.266	0.263	0.260	0.257	0.255	0.252	0.250	0.247
170	0.245	0.242	0.240	0.237	0.235	0.233	0.231	0.228	0.226	0.224
180	0.222	0.220	0.217	0.215	0.213	0.211	0.209	0.207	0.205	0.203
190	0.202	0.200	0.198	0.196	0.194	0.192	0.191	0.189	0.187	0.186
200	0.184	0.182	0.181	0.179	0.177	0.176	0.174	0.173	0.171	0.170
210	0.168	0.167	0.166	0.164	0.163	0.161	0.160	0.159	0.157	0.156
220	0.155	0.153	0.152	0.151	0.150	0.148	0.147	0.146	0.145	0.144
230	0.143	0.141	0.140	0.139	0.138	0.137	0.136	0.135	0.134	0.133
240	0.132	0.131	0.130	0.129	0.128	0.127	0.126	0.125	0.124	0.123
250	0.122	0.121	0.120	0.119	0.118	0.117	0.116	0.115	0.114	0.113

表 F. 0. 2-2 正三角形截面桁架拱的稳定系数

（矢跨比 $H/L\geqslant0.20$）

$\lambda_e\sqrt{\frac{f_y}{235}}$	0	1	2	3	4	5	6	7	8	9
0	1.000	1.000	1.000	1.000	0.999	0.999	0.999	0.998	0.998	0.997
10	0.997	0.996	0.995	0.995	0.994	0.993	0.992	0.991	0.990	0.988
20	0.986	0.982	0.977	0.973	0.968	0.963	0.959	0.954	0.950	0.945
30	0.940	0.935	0.931	0.926	0.921	0.916	0.911	0.906	0.901	0.896
40	0.891	0.886	0.881	0.876	0.870	0.865	0.860	0.854	0.849	0.843
50	0.838	0.832	0.826	0.821	0.815	0.809	0.803	0.797	0.791	0.785
60	0.779	0.772	0.766	0.760	0.753	0.747	0.740	0.734	0.727	0.721
70	0.714	0.707	0.701	0.694	0.687	0.680	0.674	0.667	0.660	0.653
80	0.646	0.640	0.633	0.625	0.617	0.609	0.601	0.593	0.585	0.577
90	0.570	0.562	0.555	0.547	0.540	0.533	0.526	0.519	0.512	0.505
100	0.498	0.492	0.485	0.479	0.472	0.466	0.460	0.454	0.448	0.442
110	0.437	0.431	0.425	0.420	0.415	0.409	0.404	0.399	0.394	0.389
120	0.384	0.379	0.375	0.370	0.365	0.361	0.356	0.352	0.348	0.344
130	0.340	0.335	0.331	0.328	0.324	0.320	0.316	0.312	0.309	0.305
140	0.302	0.298	0.295	0.291	0.288	0.285	0.282	0.279	0.275	0.272
150	0.269	0.266	0.264	0.261	0.258	0.255	0.252	0.250	0.247	0.244

续表 F.0.2-2

$\lambda_e\sqrt{\frac{f_y}{235}}$	0	1	2	3	4	5	6	7	8	9
160	0.242	0.239	0.237	0.234	0.232	0.230	0.227	0.225	0.223	0.220
170	0.218	0.216	0.214	0.212	0.210	0.208	0.206	0.204	0.202	0.200
180	0.198	0.196	0.194	0.192	0.190	0.189	0.187	0.185	0.183	0.182
190	0.180	0.178	0.177	0.175	0.174	0.172	0.170	0.169	0.167	0.166
200	0.165	0.163	0.162	0.160	0.159	0.158	0.156	0.155	0.154	0.152
210	0.151	0.150	0.148	0.147	0.146	0.145	0.144	0.142	0.141	0.140
220	0.139	0.138	0.137	0.136	0.135	0.133	0.132	0.131	0.130	0.129
230	0.128	0.127	0.126	0.125	0.124	0.123	0.122	0.122	0.121	0.120
240	0.119	0.118	0.117	0.116	0.115	0.114	0.114	0.113	0.112	0.111
250	0.110	0.109	0.108	0.108	0.107	0.106	0.105	0.104	0.104	0.103

F.0.3 倒三角形截面圆弧形两铰钢管桁架拱的稳定系数可根据矢跨比的不同，按表 F.0.3-1 与表 F.0.3-2 确定。

表 F.0.3-1 倒三角形截面桁架拱的稳定系数
（矢跨比 $H/L<0.20$）

$\lambda_e\sqrt{\frac{f_y}{235}}$	0	1	2	3	4	5	6	7	8	9
0	1.000	1.000	1.000	0.999	0.998	0.997	0.996	0.994	0.993	0.991
10	0.988	0.986	0.983	0.980	0.977	0.974	0.970	0.967	0.963	0.958
20	0.954	0.952	0.949	0.946	0.943	0.940	0.937	0.934	0.931	0.927
30	0.924	0.921	0.918	0.915	0.911	0.908	0.905	0.901	0.898	0.894
40	0.891	0.887	0.883	0.879	0.876	0.872	0.868	0.864	0.859	0.855
50	0.851	0.846	0.842	0.837	0.833	0.828	0.823	0.818	0.813	0.808
60	0.803	0.798	0.793	0.787	0.782	0.776	0.771	0.765	0.759	0.753
70	0.747	0.741	0.735	0.729	0.723	0.717	0.711	0.704	0.698	0.691
80	0.685	0.678	0.671	0.665	0.658	0.651	0.645	0.638	0.631	0.625
90	0.618	0.611	0.604	0.598	0.591	0.584	0.578	0.571	0.564	0.558
100	0.551	0.545	0.538	0.532	0.526	0.519	0.513	0.507	0.501	0.495
110	0.489	0.483	0.477	0.471	0.465	0.460	0.454	0.449	0.443	0.438
120	0.432	0.427	0.422	0.417	0.412	0.407	0.402	0.397	0.392	0.388
130	0.383	0.379	0.374	0.370	0.365	0.361	0.357	0.352	0.348	0.344
140	0.340	0.336	0.333	0.329	0.325	0.321	0.318	0.314	0.310	0.307
150	0.304	0.300	0.297	0.294	0.290	0.287	0.284	0.281	0.278	0.275
160	0.272	0.269	0.266	0.263	0.261	0.258	0.255	0.252	0.250	0.247
170	0.245	0.242	0.240	0.237	0.235	0.232	0.230	0.228	0.226	0.223
180	0.221	0.219	0.217	0.215	0.213	0.211	0.209	0.207	0.205	0.203
190	0.201	0.199	0.197	0.195	0.193	0.191	0.190	0.188	0.186	0.185

续表 F.0.3-1

$\lambda_e\sqrt{\frac{f_y}{235}}$	0	1	2	3	4	5	6	7	8	9
200	0.183	0.181	0.180	0.178	0.176	0.175	0.173	0.172	0.170	0.169
210	0.167	0.166	0.164	0.163	0.162	0.160	0.159	0.157	0.156	0.155
220	0.153	0.152	0.151	0.150	0.148	0.147	0.146	0.145	0.144	0.142
230	0.141	0.140	0.139	0.138	0.137	0.136	0.135	0.134	0.133	0.132
240	0.131	0.130	0.129	0.128	0.127	0.126	0.125	0.124	0.123	0.122
250	0.121	0.120	0.119	0.118	0.117	0.116	0.115	0.114	0.113	0.112

表 F.0.3-2 倒三角形截面桁架拱的稳定系数
（矢跨比 $H/L\geqslant 0.20$）

$\lambda_e\sqrt{\frac{f_y}{235}}$	0	1	2	3	4	5	6	7	8	9
0	1.000	1.000	1.000	0.999	0.999	0.998	0.998	0.997	0.996	0.995
10	0.993	0.992	0.991	0.989	0.987	0.985	0.983	0.981	0.979	0.976
20	0.974	0.970	0.966	0.963	0.959	0.955	0.952	0.948	0.944	0.941
30	0.937	0.933	0.929	0.925	0.921	0.917	0.913	0.909	0.905	0.901
40	0.897	0.892	0.888	0.884	0.879	0.875	0.870	0.865	0.861	0.856
50	0.851	0.846	0.841	0.836	0.831	0.826	0.821	0.815	0.810	0.804
60	0.799	0.793	0.788	0.782	0.776	0.770	0.764	0.758	0.752	0.746
70	0.739	0.733	0.727	0.720	0.714	0.707	0.701	0.694	0.687	0.681
80	0.674	0.667	0.660	0.653	0.644	0.636	0.627	0.619	0.611	0.602
90	0.594	0.586	0.578	0.571	0.563	0.555	0.548	0.540	0.533	0.526
100	0.519	0.512	0.505	0.498	0.491	0.485	0.478	0.472	0.466	0.459
110	0.453	0.447	0.441	0.436	0.430	0.424	0.419	0.413	0.408	0.403
120	0.398	0.393	0.388	0.383	0.378	0.373	0.368	0.364	0.359	0.355
130	0.351	0.346	0.342	0.338	0.334	0.330	0.326	0.322	0.318	0.315
140	0.311	0.307	0.304	0.300	0.297	0.293	0.290	0.287	0.283	0.280
150	0.277	0.274	0.271	0.268	0.265	0.262	0.259	0.256	0.254	0.251
160	0.248	0.246	0.243	0.241	0.238	0.236	0.233	0.231	0.228	0.226
170	0.224	0.221	0.219	0.217	0.215	0.213	0.211	0.209	0.206	0.204
180	0.202	0.200	0.199	0.197	0.195	0.193	0.191	0.189	0.188	0.186
190	0.184	0.182	0.181	0.179	0.177	0.176	0.174	0.173	0.171	0.170
200	0.168	0.167	0.165	0.164	0.162	0.161	0.159	0.158	0.157	0.155
210	0.154	0.153	0.151	0.150	0.149	0.148	0.146	0.145	0.144	0.143
220	0.142	0.140	0.139	0.138	0.137	0.136	0.135	0.134	0.133	0.132
230	0.131	0.130	0.129	0.128	0.127	0.126	0.125	0.124	0.123	0.122
240	0.121	0.120	0.119	0.118	0.117	0.116	0.116	0.115	0.114	0.113
250	0.112	0.111	0.110	0.109	0.108	0.107	0.106	0.105	0.104	0.103

附录G　钢管混凝土组合弹性模量

表 G-1　圆钢管混凝土的组合弹性模量 E_{sc}（N/mm^2）

钢材牌号		Q235					
混凝土强度等级		C30	C40	C50	C60	C70	C80
截面含钢率 α_s	0.04	28938	35738	41422	47614	53704	59489
	0.05	31072	37873	43557	49748	55838	61623
	0.06	33206	40007	45691	51882	57972	63758
	0.07	35340	42141	47825	54016	60106	65892
	0.08	37475	44275	49959	56150	62240	68026
	0.09	39609	46409	52093	58285	64375	70160
	0.10	41743	48543	54227	60419	66509	72294
	0.11	43877	50677	56361	62553	68643	74428
	0.12	46011	52812	58496	64687	70777	76562
	0.13	48145	54946	60630	66821	72911	78697
	0.14	50279	57080	62764	68955	75045	80831
	0.15	52414	59214	64898	71089	77179	82965
	0.16	54548	61348	67032	73224	79314	85099
	0.17	56682	63482	69166	75358	81448	87233
	0.18	58816	65617	71301	77492	83582	89367
	0.19	60950	67751	73435	79626	85716	91502
	0.20	63084	69885	75569	81760	87850	93636
钢材牌号		Q345					
混凝土强度等级		C30	C40	C50	C60	C70	C80
截面含钢率 α_s	0.04	25398	30642	35026	39801	44497	48959
	0.05	27814	33059	37442	42217	46913	51375
	0.06	30230	35475	39858	44633	49330	53791
	0.07	32647	37891	42274	47049	51746	56207
	0.08	35063	40307	44691	49465	54162	58624
	0.09	37479	42724	47107	51882	56578	61040
	0.10	39895	45140	49523	54298	58994	63456
	0.11	42312	47556	51939	56714	61411	65872
	0.12	44728	49972	54356	59130	63827	68288
	0.13	47144	52388	56772	61547	66243	70705
	0.14	49560	54805	59188	63963	68659	73121
	0.15	51976	57221	61604	66379	71075	75537
	0.16	54393	59637	64020	68795	73492	77953
	0.17	56809	62053	66437	71211	75908	80370
	0.18	59225	64469	68853	73628	78324	82786
	0.19	61641	66886	71269	76044	80740	85202
	0.20	64057	69302	73685	78460	83157	87618

续表 G-1

钢材牌号		Q390					
混凝土强度等级		C30	C40	C50	C60	C70	C80
截面含钢率 α_s	0.04	24709	29570	33633	38058	42411	46546
	0.05	27241	32101	36164	40590	44943	49078
	0.06	29772	34633	38696	43121	47474	51610
	0.07	32304	37165	41227	45653	50006	54141
	0.08	34835	39696	43759	48184	52537	56673
	0.09	37367	42228	46291	50716	55069	59204
	0.10	39899	44759	48822	53248	57601	61736
	0.11	42430	47291	51354	55779	60132	64268
	0.12	44962	49823	53885	58311	62664	66799
	0.13	47493	52354	56417	60842	65195	69331
	0.14	50025	54886	58949	63374	67727	71862
	0.15	52557	57417	61480	65906	70259	74394
	0.16	55088	59949	64012	68437	72790	76926
	0.17	57620	62481	66543	70969	75322	79457
	0.18	60151	65012	69075	73500	77853	81989
	0.19	62683	67544	71607	76032	80385	84520
	0.20	65215	70075	74138	78564	82917	87052
钢材牌号		Q420					
混凝土强度等级		C30	C40	C50	C60	C70	C80
截面含钢率 α_s	0.04	24386	29037	32924	37159	41324	45280
	0.05	26995	31646	35533	39767	43932	47889
	0.06	29604	34254	38142	42376	46541	50497
	0.07	32212	36863	40750	44984	49149	53106
	0.08	34821	39471	43359	47593	51758	55714
	0.09	37429	42080	45967	50201	54366	58323
	0.10	40038	44688	48576	52810	56975	60931
	0.11	42646	47297	51184	55418	59583	63540
	0.12	45255	49905	53793	58027	62192	66148
	0.13	47863	52514	56401	60636	64800	68757
	0.14	50472	55123	59010	63244	67409	71366
	0.15	53080	57731	61618	65853	70017	73974
	0.16	55689	60340	64227	68461	72626	76583
	0.17	58297	62948	66835	71070	75235	79191
	0.18	60906	65557	69444	73678	77843	81800
	0.19	63514	68165	72052	76287	80452	84408
	0.20	66123	70774	74661	78895	83060	87017

注：表内中间值可采用插值法求得。

表 G-2　矩形钢管混凝土的组合弹性模量 E_{sc}（N/mm²）

钢材牌号		Q235					
混凝土强度等级		C30	C40	C50	C60	C70	C80
截面含钢率 α_s	0.04	28231	35270	41153	47562	53866	59854
	0.05	30009	37049	42932	49341	55644	61633
	0.06	31788	38827	44710	51119	57423	63411
	0.07	33566	40605	46489	52898	59201	65190
	0.08	35345	42384	48267	54676	60980	66968
	0.09	37123	44162	50046	56454	62758	68747
	0.10	38902	45941	51824	58233	64537	70525
	0.11	40680	47719	53603	60011	66315	72303
	0.12	42459	49498	55381	61790	68093	74082
	0.13	44237	51276	57160	63568	69872	75860
	0.14	46016	53055	58938	65347	71650	77639
	0.15	47794	54833	60717	67125	73429	79417
	0.16	49573	56612	62495	68904	75207	81196
	0.17	51351	58390	64273	70682	76986	82974
	0.18	53129	60169	66052	72461	78764	84753
	0.19	54908	61947	67830	74239	80543	86531
	0.20	56686	63725	69609	76018	82321	88310
钢材牌号		Q345					
混凝土强度等级		C30	C40	C50	C60	C70	C80
截面含钢率 α_s	0.04	24339	29768	34305	39247	44108	48727
	0.05	26353	31781	36318	41261	46122	50740
	0.06	28366	33795	38332	43274	48135	52754
	0.07	30380	35808	40345	45288	50149	54767
	0.08	32393	37822	42359	47301	52162	56781
	0.09	34407	39835	44372	49315	54176	58794
	0.10	36420	41849	46386	51328	56190	60808
	0.11	38434	43862	48399	53342	58203	62821
	0.12	40447	45876	50413	55355	60217	64835
	0.13	42461	47889	52427	57369	62230	66848
	0.14	44474	49903	54440	59382	64244	68862
	0.15	46488	51916	56454	61396	66257	70875
	0.16	48501	53930	58467	63409	68271	72889
	0.17	50515	55943	60481	65423	70284	74902
	0.18	52528	57957	62494	67436	72298	76916
	0.19	54542	59970	64508	69450	74311	78929
	0.20	56555	61984	66521	71463	76325	80943

续表 G-2

钢材牌号		Q390					
混凝土强度等级		C30	C40	C50	C60	C70	C80
截面含钢率 α_s	0.04	23533	28564	32770	37350	41856	46137
	0.05	25643	30674	34879	39460	43966	48246
	0.06	27752	32784	36989	41570	46075	50356
	0.07	29862	34893	39099	43679	48185	52466
	0.08	31972	37003	41208	45789	50295	54575
	0.09	34081	39113	43318	47899	52404	56685
	0.10	36191	41222	45428	50008	54514	58795
	0.11	38301	43332	47537	52118	56624	60904
	0.12	40410	45442	49647	54228	58733	63014
	0.13	42520	47551	51757	56337	60843	65124
	0.14	44630	49661	53866	58447	62953	67233
	0.15	46739	51771	55976	60557	65062	69343
	0.16	48849	53880	58086	62666	67172	71453
	0.17	50959	55990	60195	64776	69282	73562
	0.18	53068	58100	62305	66886	71391	75672
	0.19	55178	60209	64415	68995	73501	77782
	0.20	57288	62319	66524	71105	75611	79891
钢材牌号		Q420					
混凝土强度等级		C30	C40	C50	C60	C70	C80
截面含钢率 α_s	0.04	23137	27951	31975	36357	40668	44764
	0.05	25311	30125	34148	38531	42842	46938
	0.06	27485	32299	36322	40705	45016	49111
	0.07	29658	34472	38496	42879	47190	51285
	0.08	31832	36646	40670	45053	49364	53459
	0.09	34006	38820	42843	47226	51537	55633
	0.10	36180	40994	45017	49400	53711	57807
	0.11	38353	43167	47191	51574	55885	59980
	0.12	40527	45341	49365	53748	58059	62154
	0.13	42701	47515	51539	55921	60232	64328
	0.14	44875	49689	53712	58095	62406	66502
	0.15	47049	51862	55886	60269	64580	68675
	0.16	49222	54036	58060	62443	66754	70849
	0.17	51396	56210	60234	64617	68928	73023
	0.18	53570	58384	62407	66790	71101	75197
	0.19	55744	60558	64581	68964	73275	77371
	0.20	57917	62731	66755	71138	75449	79544

注：表内中间值可采用插值法求得。

附录H　钢管混凝土轴压构件稳定系数

表 H-1　圆钢管混凝土稳定系数 φ′

钢材牌号	混凝土强度等级	α_s	名义长细比 λ_n									
			20	30	40	50	60	70	80	90	100	110
Q235	C30	0.04	0.972	0.923	0.875	0.828	0.783	0.739	0.696	0.654	0.614	0.575
		0.08	0.975	0.930	0.886	0.843	0.800	0.758	0.716	0.675	0.635	0.595
		0.12	0.977	0.935	0.893	0.852	0.810	0.769	0.729	0.688	0.648	0.608
		0.16	0.978	0.938	0.898	0.858	0.818	0.778	0.738	0.697	0.657	0.616
		0.20	0.980	0.941	0.902	0.863	0.824	0.784	0.745	0.704	0.664	0.623
	C40	0.04	0.957	0.901	0.847	0.795	0.746	0.699	0.655	0.613	0.573	0.536
		0.08	0.960	0.908	0.858	0.809	0.762	0.717	0.674	0.632	0.593	0.555
		0.12	0.962	0.913	0.864	0.818	0.772	0.728	0.685	0.644	0.604	0.566
		0.16	0.964	0.916	0.869	0.824	0.779	0.736	0.694	0.653	0.613	0.574
		0.20	0.966	0.919	0.874	0.829	0.785	0.742	0.700	0.660	0.620	0.581
	C50	0.04	0.946	0.886	0.828	0.773	0.722	0.674	0.628	0.586	0.547	0.510
		0.08	0.950	0.893	0.839	0.787	0.738	0.691	0.646	0.605	0.565	0.528
		0.12	0.952	0.898	0.845	0.795	0.747	0.701	0.657	0.616	0.577	0.539
		0.16	0.954	0.901	0.850	0.801	0.754	0.709	0.665	0.624	0.585	0.547
		0.20	0.956	0.904	0.854	0.806	0.760	0.715	0.672	0.631	0.591	0.553
	C60	0.04	0.936	0.872	0.811	0.754	0.700	0.651	0.604	0.562	0.523	0.488
		0.08	0.940	0.879	0.821	0.767	0.715	0.667	0.622	0.580	0.541	0.505
		0.12	0.942	0.884	0.828	0.775	0.725	0.677	0.633	0.591	0.552	0.515
		0.16	0.944	0.887	0.833	0.781	0.731	0.684	0.640	0.599	0.559	0.523
		0.20	0.946	0.890	0.837	0.785	0.737	0.690	0.646	0.605	0.565	0.529
	C70	0.04	0.928	0.860	0.797	0.738	0.683	0.632	0.585	0.542	0.504	0.469
		0.08	0.932	0.868	0.807	0.750	0.697	0.648	0.602	0.560	0.521	0.486
		0.12	0.934	0.872	0.814	0.758	0.706	0.657	0.612	0.570	0.531	0.496
		0.16	0.936	0.876	0.818	0.764	0.713	0.665	0.619	0.578	0.539	0.503
		0.20	0.939	0.879	0.822	0.769	0.718	0.670	0.625	0.583	0.545	0.509
	C80	0.04	0.921	0.851	0.785	0.724	0.668	0.616	0.569	0.526	0.488	0.454
		0.08	0.925	0.858	0.795	0.737	0.682	0.632	0.585	0.543	0.505	0.470
		0.12	0.927	0.863	0.802	0.744	0.691	0.641	0.595	0.553	0.515	0.480
		0.16	0.929	0.866	0.806	0.750	0.697	0.648	0.603	0.560	0.522	0.487
		0.20	0.932	0.869	0.810	0.755	0.702	0.654	0.608	0.566	0.528	0.492

续表 H-1

钢材牌号	混凝土强度等级	α_s	名义长细比 λ_n									
			20	30	40	50	60	70	80	90	100	110
Q345	C30	0.04	0.977	0.937	0.895	0.851	0.806	0.760	0.713	0.664	0.587	0.509
		0.08	0.981	0.947	0.910	0.870	0.828	0.784	0.737	0.687	0.608	0.527
		0.12	0.984	0.953	0.919	0.882	0.842	0.798	0.751	0.701	0.620	0.538
		0.16	0.986	0.958	0.926	0.891	0.851	0.808	0.762	0.711	0.629	0.545
		0.20	0.988	0.962	0.932	0.897	0.859	0.816	0.770	0.719	0.636	0.551
	C40	0.04	0.961	0.911	0.860	0.811	0.762	0.713	0.666	0.618	0.547	0.474
		0.08	0.966	0.921	0.875	0.829	0.782	0.736	0.688	0.640	0.566	0.491
		0.12	0.969	0.927	0.884	0.840	0.795	0.749	0.702	0.653	0.578	0.501
		0.16	0.972	0.932	0.891	0.848	0.804	0.759	0.711	0.663	0.586	0.508
		0.20	0.974	0.936	0.896	0.855	0.811	0.766	0.719	0.670	0.593	0.514
	C50	0.04	0.950	0.893	0.837	0.784	0.733	0.683	0.635	0.589	0.521	0.451
		0.08	0.954	0.903	0.852	0.802	0.753	0.704	0.657	0.610	0.539	0.467
		0.12	0.958	0.909	0.861	0.812	0.765	0.717	0.669	0.622	0.550	0.477
		0.16	0.961	0.914	0.867	0.820	0.773	0.726	0.679	0.631	0.558	0.484
		0.20	0.963	0.918	0.873	0.827	0.780	0.733	0.686	0.638	0.564	0.489
	C60	0.04	0.938	0.876	0.817	0.760	0.707	0.656	0.608	0.563	0.498	0.431
		0.08	0.943	0.886	0.831	0.777	0.726	0.676	0.629	0.583	0.515	0.447
		0.12	0.947	0.892	0.839	0.788	0.737	0.688	0.641	0.595	0.526	0.456
		0.16	0.950	0.897	0.846	0.795	0.746	0.697	0.650	0.603	0.533	0.462
		0.20	0.952	0.901	0.851	0.801	0.752	0.704	0.657	0.610	0.539	0.468
	C70	0.04	0.928	0.862	0.799	0.740	0.685	0.634	0.586	0.542	0.479	0.415
		0.08	0.934	0.872	0.813	0.757	0.704	0.653	0.606	0.561	0.496	0.430
		0.12	0.937	0.878	0.821	0.767	0.715	0.665	0.617	0.572	0.506	0.438
		0.16	0.940	0.883	0.828	0.774	0.723	0.674	0.626	0.581	0.513	0.445
		0.20	0.943	0.887	0.833	0.780	0.729	0.680	0.633	0.587	0.519	0.450
	C80	0.04	0.920	0.850	0.785	0.724	0.668	0.616	0.568	0.524	0.463	0.402
		0.08	0.926	0.860	0.799	0.740	0.686	0.634	0.587	0.543	0.480	0.416
		0.12	0.929	0.866	0.807	0.750	0.696	0.646	0.598	0.554	0.490	0.424
		0.16	0.932	0.871	0.813	0.757	0.704	0.654	0.607	0.562	0.497	0.430
		0.20	0.935	0.875	0.818	0.763	0.711	0.661	0.613	0.568	0.502	0.435

续表 H-1

钢材牌号	混凝土强度等级	α_s	名义长细比 λ_n									
			20	30	40	50	60	70	80	90	100	110
Q390	C30	0.04	0.979	0.941	0.900	0.857	0.812	0.763	0.712	0.650	0.557	0.483
		0.08	0.983	0.952	0.917	0.878	0.835	0.788	0.737	0.673	0.577	0.500
		0.12	0.986	0.959	0.927	0.891	0.849	0.803	0.752	0.686	0.589	0.510
		0.16	0.989	0.964	0.935	0.900	0.860	0.814	0.763	0.696	0.597	0.518
		0.20	0.991	0.969	0.941	0.907	0.868	0.822	0.771	0.704	0.604	0.523
	C40	0.04	0.963	0.913	0.864	0.815	0.765	0.715	0.664	0.605	0.519	0.450
		0.08	0.968	0.925	0.880	0.834	0.787	0.738	0.687	0.627	0.537	0.466
		0.12	0.971	0.932	0.890	0.846	0.800	0.752	0.701	0.639	0.548	0.475
		0.16	0.974	0.937	0.897	0.855	0.810	0.762	0.711	0.649	0.556	0.482
		0.20	0.977	0.941	0.903	0.862	0.817	0.770	0.719	0.656	0.562	0.487
	C50	0.04	0.950	0.895	0.840	0.786	0.734	0.683	0.633	0.576	0.494	0.428
		0.08	0.956	0.906	0.855	0.805	0.755	0.705	0.655	0.597	0.512	0.444
		0.12	0.960	0.913	0.865	0.817	0.768	0.718	0.668	0.609	0.522	0.453
		0.16	0.963	0.918	0.872	0.825	0.777	0.728	0.678	0.618	0.530	0.459
		0.20	0.965	0.922	0.878	0.832	0.785	0.736	0.685	0.625	0.536	0.464
	C60	0.04	0.939	0.877	0.818	0.761	0.707	0.655	0.606	0.551	0.472	0.409
		0.08	0.944	0.888	0.833	0.779	0.727	0.676	0.627	0.570	0.489	0.424
		0.12	0.948	0.895	0.842	0.790	0.739	0.689	0.639	0.582	0.499	0.433
		0.16	0.951	0.900	0.849	0.798	0.748	0.698	0.648	0.590	0.506	0.439
		0.20	0.954	0.905	0.855	0.805	0.755	0.705	0.656	0.597	0.512	0.444
	C70	0.04	0.928	0.862	0.799	0.740	0.684	0.632	0.583	0.530	0.454	0.394
		0.08	0.934	0.873	0.814	0.758	0.704	0.652	0.603	0.549	0.470	0.408
		0.12	0.938	0.880	0.823	0.768	0.716	0.665	0.615	0.560	0.480	0.416
		0.16	0.942	0.885	0.830	0.776	0.724	0.673	0.624	0.568	0.487	0.422
		0.20	0.945	0.890	0.836	0.783	0.731	0.680	0.631	0.574	0.492	0.427
	C80	0.04	0.920	0.850	0.784	0.723	0.666	0.613	0.565	0.513	0.440	0.381
		0.08	0.926	0.860	0.799	0.740	0.685	0.633	0.584	0.531	0.455	0.395
		0.12	0.930	0.867	0.808	0.751	0.696	0.645	0.596	0.542	0.465	0.403
		0.16	0.933	0.872	0.814	0.758	0.705	0.653	0.604	0.550	0.471	0.409
		0.20	0.936	0.877	0.820	0.764	0.711	0.660	0.611	0.556	0.477	0.413

续表 H-1

钢材牌号	混凝土强度等级	α_s	名义长细比 λ_n									
			20	30	40	50	60	70	80	90	100	110
Q420	C30	0.04	0.980	0.943	0.904	0.860	0.814	0.764	0.710	0.629	0.539	0.467
		0.08	0.985	0.955	0.921	0.882	0.838	0.789	0.735	0.651	0.558	0.484
		0.12	0.988	0.963	0.932	0.895	0.853	0.804	0.750	0.664	0.569	0.494
		0.16	0.990	0.968	0.940	0.905	0.863	0.815	0.761	0.674	0.578	0.501
		0.20	0.992	0.973	0.946	0.912	0.872	0.824	0.769	0.681	0.584	0.506
	C40	0.04	0.963	0.915	0.866	0.816	0.765	0.714	0.662	0.586	0.502	0.435
		0.08	0.969	0.927	0.883	0.837	0.788	0.738	0.685	0.606	0.520	0.451
		0.12	0.973	0.934	0.893	0.849	0.802	0.752	0.699	0.619	0.530	0.460
		0.16	0.976	0.940	0.901	0.858	0.812	0.762	0.709	0.628	0.538	0.466
		0.20	0.978	0.945	0.907	0.865	0.820	0.770	0.717	0.635	0.544	0.472
	C50	0.04	0.951	0.895	0.841	0.787	0.734	0.682	0.631	0.558	0.478	0.415
		0.08	0.957	0.907	0.857	0.807	0.756	0.704	0.653	0.577	0.495	0.429
		0.12	0.961	0.915	0.867	0.819	0.769	0.718	0.666	0.589	0.505	0.438
		0.16	0.964	0.920	0.875	0.827	0.778	0.728	0.675	0.598	0.513	0.444
		0.20	0.967	0.925	0.881	0.834	0.786	0.736	0.683	0.605	0.518	0.449
	C60	0.04	0.939	0.877	0.818	0.761	0.706	0.653	0.603	0.533	0.457	0.396
		0.08	0.945	0.889	0.834	0.780	0.727	0.675	0.624	0.552	0.473	0.410
		0.12	0.949	0.896	0.844	0.791	0.739	0.688	0.637	0.563	0.483	0.419
		0.16	0.952	0.902	0.851	0.800	0.749	0.697	0.646	0.571	0.490	0.425
		0.20	0.955	0.906	0.857	0.806	0.756	0.705	0.653	0.578	0.495	0.429
	C70	0.04	0.928	0.862	0.799	0.739	0.683	0.630	0.580	0.513	0.440	0.381
		0.08	0.934	0.873	0.814	0.757	0.703	0.651	0.600	0.531	0.455	0.395
		0.12	0.939	0.880	0.824	0.769	0.715	0.663	0.613	0.542	0.464	0.403
		0.16	0.942	0.886	0.831	0.777	0.724	0.672	0.621	0.550	0.471	0.408
		0.20	0.945	0.891	0.837	0.783	0.731	0.679	0.628	0.556	0.476	0.413
	C80	0.04	0.919	0.849	0.783	0.721	0.664	0.611	0.561	0.496	0.425	0.369
		0.08	0.925	0.860	0.798	0.739	0.683	0.631	0.581	0.514	0.441	0.382
		0.12	0.930	0.867	0.808	0.750	0.695	0.643	0.593	0.524	0.450	0.390
		0.16	0.933	0.873	0.814	0.758	0.704	0.652	0.601	0.532	0.456	0.395
		0.20	0.937	0.877	0.820	0.765	0.711	0.659	0.608	0.538	0.461	0.400

注：表内中间值可采用插值法求得。

表 H-2 矩形钢管混凝土稳定系数 φ'

钢材牌号	混凝土强度等级	α_s	名义长细比 λ_n									
			20	30	40	50	60	70	80	90	100	110
Q235	C30	0.04	0.965	0.917	0.870	0.824	0.780	0.737	0.696	0.655	0.617	0.579
		0.08	0.967	0.924	0.881	0.838	0.797	0.756	0.715	0.676	0.637	0.599
		0.12	0.969	0.928	0.887	0.847	0.806	0.767	0.727	0.688	0.650	0.611
		0.16	0.970	0.931	0.892	0.853	0.814	0.775	0.736	0.697	0.659	0.620
		0.20	0.972	0.934	0.896	0.858	0.819	0.781	0.743	0.704	0.666	0.627
	C40	0.04	0.950	0.896	0.843	0.793	0.745	0.699	0.656	0.615	0.576	0.540
		0.08	0.953	0.902	0.853	0.806	0.760	0.716	0.674	0.634	0.595	0.558
		0.12	0.955	0.907	0.860	0.814	0.770	0.727	0.685	0.645	0.607	0.570
		0.16	0.957	0.910	0.864	0.820	0.776	0.734	0.694	0.654	0.615	0.578
		0.20	0.958	0.912	0.868	0.824	0.782	0.740	0.700	0.660	0.622	0.584
	C50	0.04	0.940	0.881	0.825	0.772	0.722	0.674	0.630	0.588	0.550	0.514
		0.08	0.943	0.888	0.835	0.785	0.737	0.691	0.648	0.607	0.568	0.532
		0.12	0.945	0.892	0.841	0.792	0.746	0.701	0.658	0.618	0.579	0.543
		0.16	0.947	0.895	0.846	0.798	0.752	0.708	0.666	0.626	0.587	0.551
		0.20	0.948	0.898	0.849	0.803	0.757	0.714	0.672	0.632	0.594	0.557
	C60	0.04	0.931	0.868	0.809	0.753	0.701	0.652	0.607	0.565	0.527	0.492
		0.08	0.934	0.875	0.819	0.766	0.715	0.668	0.624	0.582	0.544	0.509
		0.12	0.936	0.879	0.825	0.773	0.724	0.678	0.634	0.593	0.555	0.519
		0.16	0.938	0.882	0.829	0.778	0.730	0.685	0.641	0.601	0.562	0.526
		0.20	0.939	0.885	0.833	0.783	0.735	0.690	0.647	0.607	0.568	0.532
	C70	0.04	0.923	0.857	0.795	0.738	0.684	0.634	0.588	0.546	0.507	0.473
		0.08	0.926	0.864	0.805	0.750	0.698	0.649	0.604	0.563	0.524	0.490
		0.12	0.928	0.868	0.811	0.757	0.706	0.659	0.614	0.573	0.535	0.500
		0.16	0.930	0.871	0.815	0.762	0.712	0.665	0.621	0.580	0.542	0.507
		0.20	0.932	0.874	0.819	0.767	0.717	0.671	0.627	0.586	0.548	0.512
	C80	0.04	0.916	0.848	0.784	0.725	0.670	0.619	0.572	0.530	0.492	0.458
		0.08	0.920	0.855	0.794	0.737	0.684	0.634	0.588	0.546	0.508	0.474
		0.12	0.922	0.859	0.800	0.744	0.692	0.643	0.598	0.556	0.518	0.484
		0.16	0.924	0.862	0.804	0.749	0.698	0.650	0.605	0.563	0.525	0.491
		0.20	0.925	0.865	0.808	0.753	0.703	0.655	0.610	0.569	0.531	0.496

续表 H-2

钢材牌号	混凝土强度等级	α_s	名义长细比 λ_n									
			20	30	40	50	60	70	80	90	100	110
Q345	C30	0.04	0.971	0.931	0.890	0.848	0.805	0.761	0.715	0.669	0.610	0.529
		0.08	0.975	0.941	0.905	0.867	0.826	0.784	0.739	0.692	0.632	0.547
		0.12	0.978	0.947	0.914	0.878	0.839	0.798	0.753	0.706	0.644	0.559
		0.16	0.980	0.952	0.921	0.886	0.849	0.808	0.764	0.716	0.654	0.567
		0.20	0.982	0.956	0.926	0.893	0.856	0.816	0.772	0.724	0.661	0.573
	C40	0.04	0.955	0.906	0.857	0.809	0.762	0.715	0.669	0.623	0.568	0.493
		0.08	0.960	0.916	0.871	0.827	0.782	0.736	0.691	0.645	0.588	0.510
		0.12	0.963	0.922	0.880	0.837	0.794	0.749	0.704	0.658	0.600	0.520
		0.16	0.965	0.926	0.886	0.845	0.803	0.759	0.714	0.668	0.609	0.528
		0.20	0.967	0.930	0.891	0.851	0.810	0.766	0.721	0.675	0.616	0.534
	C50	0.04	0.944	0.889	0.835	0.783	0.733	0.685	0.639	0.594	0.541	0.469
		0.08	0.948	0.898	0.849	0.800	0.753	0.706	0.660	0.615	0.560	0.486
		0.12	0.952	0.904	0.857	0.810	0.764	0.718	0.673	0.627	0.572	0.496
		0.16	0.954	0.909	0.863	0.818	0.773	0.727	0.682	0.636	0.580	0.503
		0.20	0.956	0.912	0.868	0.824	0.779	0.734	0.689	0.643	0.587	0.508
	C60	0.04	0.933	0.873	0.815	0.760	0.708	0.659	0.612	0.568	0.517	0.448
		0.08	0.938	0.882	0.828	0.777	0.727	0.678	0.632	0.588	0.536	0.464
		0.12	0.941	0.888	0.836	0.786	0.738	0.690	0.644	0.600	0.546	0.474
		0.16	0.943	0.892	0.842	0.794	0.746	0.699	0.653	0.608	0.554	0.481
		0.20	0.946	0.896	0.847	0.799	0.752	0.706	0.660	0.615	0.561	0.486
	C70	0.04	0.924	0.859	0.798	0.741	0.687	0.637	0.590	0.547	0.498	0.431
		0.08	0.929	0.869	0.811	0.757	0.705	0.656	0.610	0.566	0.515	0.447
		0.12	0.932	0.874	0.819	0.767	0.716	0.667	0.621	0.577	0.526	0.456
		0.16	0.934	0.879	0.825	0.774	0.724	0.676	0.630	0.586	0.533	0.462
		0.20	0.937	0.883	0.830	0.779	0.730	0.682	0.636	0.592	0.539	0.467
	C80	0.04	0.916	0.848	0.785	0.726	0.670	0.619	0.572	0.529	0.482	0.417
		0.08	0.921	0.857	0.797	0.741	0.688	0.638	0.591	0.548	0.499	0.432
		0.12	0.924	0.863	0.805	0.750	0.698	0.649	0.602	0.559	0.509	0.441
		0.16	0.927	0.868	0.811	0.757	0.706	0.657	0.611	0.567	0.516	0.447
		0.20	0.929	0.871	0.816	0.762	0.712	0.663	0.617	0.573	0.522	0.452

续表 H-2

钢材牌号	混凝土强度等级	α_s	名义长细比 λ_n									
			20	30	40	50	60	70	80	90	100	110
Q390	C30	0.04	0.973	0.936	0.897	0.855	0.811	0.765	0.717	0.666	0.579	0.502
		0.08	0.978	0.947	0.913	0.875	0.834	0.789	0.741	0.690	0.600	0.520
		0.12	0.981	0.954	0.923	0.887	0.848	0.804	0.756	0.704	0.612	0.530
		0.16	0.984	0.959	0.930	0.896	0.858	0.814	0.767	0.714	0.621	0.538
		0.20	0.986	0.963	0.936	0.903	0.866	0.823	0.775	0.722	0.628	0.544
	C40	0.04	0.957	0.909	0.861	0.813	0.765	0.717	0.669	0.621	0.539	0.468
		0.08	0.962	0.920	0.877	0.832	0.787	0.740	0.692	0.643	0.559	0.484
		0.12	0.965	0.927	0.886	0.844	0.800	0.754	0.706	0.656	0.570	0.494
		0.16	0.968	0.932	0.893	0.852	0.809	0.763	0.715	0.665	0.578	0.501
		0.20	0.971	0.936	0.899	0.859	0.816	0.771	0.723	0.673	0.585	0.507
	C50	0.04	0.945	0.891	0.838	0.786	0.736	0.686	0.638	0.591	0.514	0.445
		0.08	0.950	0.901	0.853	0.804	0.756	0.708	0.660	0.612	0.532	0.461
		0.12	0.954	0.908	0.862	0.815	0.768	0.721	0.673	0.625	0.543	0.471
		0.16	0.957	0.913	0.869	0.823	0.777	0.730	0.682	0.634	0.551	0.477
		0.20	0.959	0.917	0.874	0.830	0.784	0.738	0.690	0.641	0.557	0.483
	C60	0.04	0.934	0.874	0.817	0.762	0.709	0.659	0.611	0.565	0.491	0.426
		0.08	0.939	0.884	0.831	0.779	0.728	0.679	0.631	0.585	0.508	0.441
		0.12	0.942	0.891	0.840	0.790	0.740	0.692	0.644	0.597	0.519	0.450
		0.16	0.945	0.896	0.846	0.797	0.749	0.701	0.653	0.606	0.526	0.456
		0.20	0.948	0.900	0.852	0.804	0.756	0.708	0.660	0.612	0.532	0.461
	C70	0.04	0.924	0.860	0.799	0.741	0.687	0.636	0.588	0.544	0.472	0.410
		0.08	0.929	0.870	0.813	0.758	0.706	0.656	0.608	0.563	0.489	0.424
		0.12	0.933	0.876	0.822	0.769	0.717	0.668	0.620	0.574	0.499	0.433
		0.16	0.936	0.881	0.828	0.776	0.726	0.677	0.629	0.583	0.506	0.439
		0.20	0.938	0.885	0.833	0.782	0.732	0.683	0.636	0.589	0.512	0.444
	C80	0.04	0.915	0.848	0.784	0.725	0.669	0.617	0.570	0.526	0.457	0.396
		0.08	0.921	0.858	0.798	0.741	0.687	0.637	0.589	0.545	0.473	0.410
		0.12	0.925	0.864	0.806	0.751	0.698	0.648	0.601	0.556	0.483	0.419
		0.16	0.927	0.869	0.813	0.758	0.707	0.657	0.609	0.564	0.490	0.425
		0.20	0.930	0.873	0.818	0.764	0.713	0.663	0.616	0.570	0.496	0.430

续表 H-2

钢材牌号	混凝土强度等级	α_s	名义长细比 λ_n									
			20	30	40	50	60	70	80	90	100	110
Q420	C30	0.04	0.975	0.939	0.900	0.858	0.814	0.766	0.716	0.654	0.561	0.486
		0.08	0.980	0.951	0.917	0.880	0.837	0.791	0.741	0.677	0.580	0.503
		0.12	0.983	0.958	0.928	0.892	0.852	0.806	0.755	0.691	0.592	0.513
		0.16	0.986	0.964	0.935	0.902	0.862	0.817	0.766	0.701	0.601	0.521
		0.20	0.988	0.968	0.941	0.909	0.870	0.826	0.775	0.709	0.607	0.527
	C40	0.04	0.958	0.911	0.863	0.815	0.767	0.717	0.667	0.609	0.522	0.453
		0.08	0.963	0.922	0.880	0.835	0.789	0.741	0.691	0.630	0.541	0.469
		0.12	0.967	0.930	0.890	0.847	0.802	0.755	0.704	0.643	0.552	0.478
		0.16	0.970	0.935	0.897	0.856	0.812	0.765	0.714	0.653	0.560	0.485
		0.20	0.972	0.939	0.903	0.863	0.820	0.773	0.722	0.660	0.566	0.490
	C50	0.04	0.946	0.892	0.839	0.787	0.736	0.686	0.636	0.580	0.497	0.431
		0.08	0.951	0.903	0.855	0.806	0.757	0.708	0.658	0.601	0.515	0.446
		0.12	0.955	0.910	0.864	0.818	0.770	0.721	0.672	0.613	0.525	0.455
		0.16	0.958	0.915	0.872	0.826	0.779	0.731	0.681	0.622	0.533	0.462
		0.20	0.961	0.920	0.877	0.833	0.787	0.738	0.689	0.629	0.539	0.467
	C60	0.04	0.925	0.861	0.800	0.742	0.686	0.634	0.584	0.516	0.443	0.384
		0.08	0.940	0.885	0.832	0.780	0.729	0.679	0.630	0.574	0.492	0.427
		0.12	0.943	0.892	0.841	0.791	0.741	0.691	0.642	0.586	0.502	0.435
		0.16	0.946	0.897	0.848	0.799	0.750	0.701	0.651	0.594	0.509	0.442
		0.20	0.949	0.902	0.854	0.806	0.757	0.708	0.659	0.601	0.515	0.446
	C70	0.04	0.924	0.860	0.799	0.741	0.686	0.634	0.586	0.533	0.457	0.396
		0.08	0.929	0.870	0.813	0.758	0.706	0.655	0.606	0.552	0.473	0.410
		0.12	0.933	0.877	0.822	0.769	0.717	0.667	0.618	0.563	0.483	0.419
		0.16	0.936	0.882	0.829	0.777	0.726	0.676	0.627	0.572	0.490	0.425
		0.20	0.939	0.886	0.834	0.783	0.733	0.683	0.634	0.578	0.496	0.430
	C80	0.04	0.915	0.847	0.783	0.724	0.667	0.615	0.567	0.516	0.442	0.384
		0.08	0.921	0.858	0.798	0.741	0.686	0.635	0.587	0.534	0.458	0.397
		0.12	0.925	0.865	0.807	0.751	0.698	0.647	0.599	0.545	0.467	0.405
		0.16	0.928	0.870	0.813	0.759	0.706	0.656	0.607	0.553	0.474	0.411
		0.20	0.930	0.874	0.818	0.765	0.713	0.663	0.614	0.559	0.480	0.416

注：表内中间值可采用插值法求得。

附录J　矢跨比对钢管混凝土拱稳定承载力的影响系数

表 J-1　矢跨比对圆钢管混凝土拱的稳定承载力影响系数 η'

名义长细比 λ_n	矢跨比					
	0.10	0.15	0.20	0.25	0.30	0.35
20	0.949	0.970	0.981	0.989	0.993	0.994
30	0.962	0.982	0.988	0.993	0.995	0.996
40	0.963	0.981	0.988	0.991	0.993	0.994
50	0.961	0.981	0.988	0.991	0.992	0.993
60	0.969	0.984	0.989	0.990	0.989	0.986
70	0.975	0.985	0.987	0.985	0.981	0.976
80	0.980	0.984	0.984	0.978	0.971	0.962
90	0.984	0.986	0.979	0.971	0.958	0.947
100	0.987	0.984	0.975	0.962	0.948	0.932
110	0.988	0.982	0.970	0.955	0.939	0.919

表 J-2　矢跨比对矩形钢管混凝土拱的稳定承载力影响系数 η'

名义长细比 λ_n	矢跨比					
	0.10	0.15	0.20	0.25	0.30	0.35
20	0.895	0.931	0.951	0.963	0.971	0.976
30	0.920	0.947	0.962	0.972	0.979	0.983
40	0.938	0.958	0.968	0.972	0.976	0.977
50	0.939	0.952	0.957	0.958	0.957	0.954
60	0.929	0.938	0.939	0.938	0.934	0.928
70	0.921	0.925	0.924	0.919	0.912	0.904
80	0.919	0.917	0.913	0.906	0.895	0.884
90	0.911	0.908	0.902	0.894	0.882	0.871
100	0.908	0.905	0.897	0.886	0.874	0.861
110	0.913	0.909	0.901	0.890	0.876	0.862

注：1　长细比 λ_n 对于单拱按本规程第 6.6.5 条计算，格构式按本规程表 6.6.8 计算；

2　表内中间值可采用插值法求得。

附录K　压弯钢管混凝土拱的平面内承载力计算系数

K.0.1　系数 a、b、c、d 系数应按下列公式计算：

$$a=1-2\varphi^2\eta_0 \tag{K.0.1-1}$$

$$b=\frac{1-\zeta_0}{\varphi^3\eta_0^2} \tag{K.0.1-2}$$

$$c=\frac{2(\zeta_0-1)}{\eta_0} \tag{K.0.1-3}$$

对于圆钢管混凝土：

$$d=1-0.4\left(\frac{N}{N_E}\right) \tag{K.0.1-4}$$

对于矩形钢管混凝土：

$$d=1-0.25\left(\frac{N}{N_E}\right) \tag{K.0.1-5}$$

式中：ζ_0——与约束效应系数标准值 ξ 有关的系数；

N_E——名义欧拉临界力（N），按公式（K.0.1-6）计算。

$$N_E=\pi^2(E_sA_s+E_cA_c)/\lambda_n^2 \tag{K.0.1-6}$$

K.0.2　系数 ζ_0 应按下列公式计算：

对于圆钢管混凝土：

$$\zeta_0=1+0.18\xi^{-1.15} \tag{K.0.2-1}$$

对于矩形钢管混凝土：

$$\zeta_0=1+0.14\xi^{-1.3} \tag{K.0.2-2}$$

附录 L 长期荷载作用对钢管混凝土拱的影响系数

表 L-1 长期荷载作用对圆钢管混凝土的影响系数 k_{cr}

长期荷载比 n	ξ	名义长细比 λ_n									
		20	30	40	50	60	70	80	90	100	110
0.2	0.5	0.899	0.863	0.831	0.814	0.800	0.791	0.785	0.783	0.785	0.791
	1.0	0.915	0.885	0.860	0.842	0.829	0.819	0.813	0.811	0.813	0.819
	1.5	0.924	0.899	0.877	0.860	0.846	0.836	0.829	0.827	0.829	0.836
	2.0	0.931	0.909	0.890	0.872	0.858	0.848	0.842	0.839	0.841	0.848
	2.5	0.936	0.916	0.900	0.882	0.868	0.857	0.851	0.849	0.851	0.857
	3.0	0.940	0.923	0.908	0.890	0.875	0.865	0.859	0.857	0.859	0.865
	3.5	0.944	0.928	0.915	0.897	0.882	0.872	0.865	0.863	0.865	0.872
	4.0	0.947	0.933	0.922	0.903	0.888	0.878	0.871	0.869	0.871	0.878
0.4	0.5	0.887	0.850	0.819	0.802	0.789	0.780	0.774	0.772	0.774	0.780
	1.0	0.902	0.873	0.848	0.830	0.817	0.807	0.802	0.800	0.802	0.808
	1.5	0.911	0.886	0.865	0.847	0.834	0.824	0.818	0.816	0.818	0.824
	2.0	0.918	0.896	0.877	0.860	0.846	0.836	0.830	0.828	0.830	0.836
	2.5	0.923	0.903	0.887	0.869	0.855	0.845	0.839	0.837	0.839	0.845
	3.0	0.927	0.910	0.895	0.877	0.863	0.853	0.847	0.845	0.847	0.853
	3.5	0.931	0.915	0.902	0.884	0.870	0.860	0.853	0.851	0.853	0.860
	4.0	0.934	0.919	0.908	0.890	0.876	0.865	0.859	0.857	0.859	0.866
0.6	0.5	0.874	0.838	0.807	0.791	0.778	0.769	0.763	0.762	0.763	0.769
	1.0	0.889	0.860	0.835	0.819	0.805	0.796	0.790	0.788	0.790	0.796
	1.5	0.898	0.873	0.852	0.835	0.822	0.812	0.806	0.805	0.807	0.813
	2.0	0.905	0.883	0.865	0.847	0.834	0.824	0.818	0.816	0.818	0.824
	2.5	0.910	0.890	0.875	0.857	0.843	0.833	0.827	0.825	0.827	0.834
	3.0	0.914	0.896	0.883	0.865	0.851	0.841	0.835	0.833	0.835	0.841
	3.5	0.917	0.902	0.889	0.871	0.857	0.847	0.841	0.839	0.841	0.848
	4.0	0.920	0.906	0.895	0.877	0.863	0.853	0.847	0.845	0.847	0.854
0.8	0.5	0.861	0.826	0.795	0.779	0.767	0.758	0.752	0.751	0.753	0.758
	1.0	0.876	0.848	0.823	0.807	0.794	0.784	0.779	0.777	0.779	0.785
	1.5	0.885	0.861	0.840	0.823	0.810	0.801	0.795	0.793	0.795	0.801
	2.0	0.891	0.870	0.852	0.835	0.822	0.812	0.806	0.805	0.807	0.813
	2.5	0.896	0.877	0.862	0.844	0.831	0.821	0.815	0.814	0.816	0.822
	3.0	0.900	0.883	0.870	0.852	0.839	0.829	0.823	0.821	0.823	0.829
	3.5	0.904	0.888	0.876	0.859	0.845	0.835	0.829	0.827	0.830	0.836
	4.0	0.907	0.893	0.882	0.865	0.851	0.841	0.835	0.833	0.835	0.842

表 L-2 长期荷载作用对矩形钢管混凝土的影响系数 k_{cr}

长期荷载比 n	ξ	名义长细比 λ_n									
		20	30	40	50	60	70	80	90	100	110
0.2	0.5	0.926	0.897	0.868	0.851	0.835	0.822	0.811	0.803	0.798	0.795
	1.0	0.937	0.912	0.887	0.875	0.863	0.855	0.848	0.844	0.843	0.845
	1.5	0.943	0.921	0.899	0.889	0.880	0.874	0.871	0.870	0.871	0.875
	2.0	0.947	0.927	0.907	0.899	0.893	0.888	0.887	0.888	0.891	0.898
	2.5	0.951	0.932	0.914	0.907	0.902	0.900	0.899	0.902	0.907	0.916
	3.0	0.953	0.936	0.919	0.914	0.910	0.909	0.910	0.914	0.921	0.930
	3.5	0.956	0.940	0.924	0.919	0.917	0.917	0.919	0.924	0.932	0.943
	4.0	0.958	0.943	0.928	0.924	0.923	0.924	0.927	0.933	0.942	0.954
0.4	0.5	0.913	0.884	0.856	0.839	0.823	0.811	0.800	0.792	0.787	0.784
	1.0	0.923	0.899	0.875	0.862	0.851	0.843	0.836	0.833	0.832	0.833
	1.5	0.929	0.908	0.886	0.876	0.868	0.862	0.858	0.857	0.859	0.863
	2.0	0.934	0.914	0.894	0.886	0.880	0.876	0.874	0.875	0.879	0.885
	2.5	0.937	0.919	0.901	0.894	0.889	0.887	0.887	0.890	0.895	0.903
	3.0	0.940	0.923	0.906	0.901	0.897	0.896	0.897	0.901	0.908	0.918
	3.5	0.942	0.927	0.911	0.907	0.904	0.904	0.906	0.911	0.919	0.930
	4.0	0.944	0.930	0.914	0.911	0.910	0.911	0.914	0.920	0.929	0.941
0.6	0.5	0.900	0.872	0.843	0.827	0.812	0.799	0.789	0.781	0.776	0.773
	1.0	0.910	0.886	0.862	0.850	0.839	0.831	0.825	0.821	0.820	0.822
	1.5	0.916	0.895	0.873	0.864	0.856	0.850	0.846	0.845	0.847	0.851
	2.0	0.920	0.901	0.882	0.874	0.867	0.864	0.862	0.863	0.867	0.873
	2.5	0.924	0.906	0.888	0.882	0.877	0.874	0.874	0.877	0.882	0.890
	3.0	0.926	0.910	0.893	0.888	0.884	0.883	0.885	0.889	0.895	0.905
	3.5	0.929	0.913	0.897	0.894	0.891	0.891	0.893	0.899	0.906	0.917
	4.0	0.931	0.916	0.901	0.898	0.897	0.898	0.901	0.907	0.916	0.928
0.8	0.5	0.887	0.859	0.831	0.815	0.800	0.788	0.778	0.770	0.765	0.762
	1.0	0.897	0.873	0.850	0.837	0.827	0.819	0.813	0.809	0.808	0.810
	1.5	0.903	0.882	0.861	0.851	0.843	0.838	0.834	0.833	0.835	0.839
	2.0	0.907	0.888	0.869	0.861	0.855	0.851	0.850	0.851	0.855	0.861
	2.5	0.910	0.893	0.875	0.869	0.864	0.862	0.862	0.865	0.870	0.878
	3.0	0.913	0.897	0.880	0.875	0.872	0.871	0.872	0.876	0.883	0.892
	3.5	0.915	0.900	0.884	0.881	0.878	0.878	0.881	0.886	0.894	0.904
	4.0	0.917	0.903	0.888	0.885	0.884	0.885	0.888	0.894	0.903	0.915

注：1 长细比 λ_n 对于单拱按本规程第 6.6.5 条计算，格构式按本规程表 6.6.8 计算；约束效应系数 ξ 按规程式（6.6.3-1）计算；

2 表内中间值可采用插值法求得。

本规程用词说明

1 为便于在执行本规程条文时区别对待，对要求严格程度不同的用词说明如下：

1）表示很严格，非这样做不可的：
正面词采用“必须”，反面词采用“严禁”；

2）表示严格，在正常情况下均应这样做的：
正面词采用“应”，反面词采用“不应”或“不得”；

3）表示允许稍有选择，在条件许可时首先应这样做的：
正面词采用“宜”，反面词采用“不宜”；

4）表示有选择，在一定条件下可以这样做的，采用“可”。

2 条文中指明应按其他有关标准执行的写法为：“应符合……的规定”或“应按……执行”。

引用标准名录

1 《建筑结构荷载规范》GB 50009
2 《混凝土结构设计规范》GB 50010
3 《建筑抗震设计规范》GB 50011
4 《钢结构设计规范》GB 50017
5 《冷弯薄壁型钢结构技术规范》GB 50018
6 《混凝土工程施工质量验收规范》GB 50204
7 《钢结构工程施工质量验收规范》GB 50205
8 《优质碳素结构钢》GB/T 699
9 《碳素结构钢》GB/T 700
10 《钢结构用高强度大六角头螺栓》GB/T 1228
11 《钢结构用高强度大六角螺母》GB/T 1229
12 《钢结构用高强度大六角头螺栓、大六角螺母、垫圈技术条件》GB/ T 1231
13 《低合金高强度结构钢》GB/T 1591
14 《合金结构钢》GB/T 3077
15 《钢结构用扭剪型高强度螺栓连接副》GB/T 3632
16 《耐候结构钢》GB/T 4171
17 《碳钢焊条》GB/T 5117
18 《低合金钢焊条》GB/T 5118
19 《埋弧焊用碳钢焊丝和焊剂》GB/T 5293
20 《厚度方向性能钢板》GB 5313
21 《六角头螺栓 C级》GB/T 5780
22 《六角头螺栓》GB/T 5782
23 《结构用冷弯空心型钢尺寸、外形、重量及允许偏差》GB/T 6728
24 《焊接结构用铸钢件》GB/T 7659
25 《气体保护电弧焊用碳钢、低合金钢焊丝》GB/T 8110
26 《结构用无缝钢管》GB/T 8162
27 《重要用途钢丝绳》GB 8918
28 《一般工程用铸造碳钢件》GB/T 11352
29 《埋弧焊用低合金钢焊丝和焊剂》GB/T 12470
30 《直缝电焊钢管》GB/T 13793
31 《熔化焊用钢丝》GB/T 14957
32 《桥梁缆索用热镀锌钢丝》GB/T 17101
33 《钢拉杆》GB/T 20934
34 《建筑结构用冷弯矩形钢管》JG/T 178
35 《高强度低松弛预应力热镀锌钢绞线》YB/T 152
36 《建筑缆索用高密度聚乙烯套料》CJ/T 297
37 《镀锌钢绞线》YB/T 5004

中华人民共和国行业标准

拱形钢结构技术规程

JGJ/T 249—2011

条　文　说　明

制 定 说 明

《拱形钢结构技术规程》JGJ/T 249－2011 经住房和城乡建设部 2011 年 7 月 4 日以第 1057 号公告批准、发布。

本规程制定过程中，编制组对我国拱形钢结构近年来的发展、技术进步与工程应用情况进行了大量调查研究，总结了我国拱形钢结构工程建设的实践经验，同时参考了国外先进技术法规、技术标准，并进行了多项试验，为规程的制定提供了重要依据。

为便于广大设计、施工、科研、学校等单位有关人员在使用本规程时能正确理解和执行条文规定，《拱形钢结构技术规程》编制组按章、节、条顺序编制了本规程的条文说明，对条文规定的目的、依据以及执行中需注意的有关事项进行了说明。但是，本条文说明不具备与规程正文同等的法律效力，仅供使用者作为理解和把握规程规定的参考。

目　次

1 总　　则

1.0.1 拱形钢结构由于拱轴线的曲线形状以及推力作用等特点，其选型设计、稳定计算、加工制作及安装验收与梁柱等直构件存在差异。本规程为拱形钢结构的设计、制作、安装与验收提供指导。

1.0.2 本条限定了规程的适用范围。由于城市人行桥的荷载类型及其作用与建筑结构基本相同，故本规程也适用于城市人行桥中的拱形钢结构。但大型公路、铁路桥梁的拱形钢结构需考虑车辆移动荷载、风振效应、波浪冲击荷载、船舶撞击荷载、地震多点输入等，故不列入本规程的适用范围。

3 材　　料

3.1 钢　　材

3.1.2 当采用一般钢材使用的焊接材料焊接时，焊缝区的防腐仍应特别注意。

3.3 混 凝 土

3.3.1 一般用于拱形钢结构中的混凝土多为钢管混凝土。由于钢管本身是封闭的，多余水分不能排出，因而水灰比不宜过大。采用流动性混凝土或塑性混凝土主要取决于采用的浇灌工艺。

良好的混凝土密实度是保证钢管和核心混凝土之间共同工作的重要前提。高强混凝土、自密实高性能混凝土是已应用比较成熟的新技术。研究结果表明，在钢管混凝土中采用自密实高性能混凝土时，只要按有关规定严格控制其质量，便能够满足对钢管混凝土的设计要求。

4 结构与节点选型

4.1 一 般 规 定

4.1.2 拱形钢结构选型包括确定结构形式、轴线形状、截面形式、拱脚约束条件以及细部节点构造等。索拱结构可以根据设计需要由拉索、撑杆或索盘与其他任何形式的纯拱进行组合，形成受力合理、经济高效的承载力体系。

4.1.5 拱形钢结构的设计，不仅要满足平面内稳定承载力的要求，也应考虑面外支撑的设置。因为无面外支撑拱的整体稳定承载力较低，常为结构设计的控制因素之一。

4.2 结 构 选 型

4.2.1 全跨水平均布竖向荷载作用下的抛物线拱、全跨轴线均布竖向荷载作用下的悬链线拱为轴心受压拱，其承载效率较高。

4.2.2 腹板开孔钢拱兼具拱和开洞构件的特点，适用于建筑美学或管道设备穿出的功能要求。腹板开孔钢拱可采用组合截面形式。

4.2.3 研究表明，矩形截面与梯形截面钢管桁架拱的面内稳定承载力相当。全跨均布荷载作用下，当矢跨比大于0.15时，正三角形截面拱的承载力比倒三角形截面高很多，而在半跨均布荷载作用下或竖向集中荷载作用下，二者承载力基本相同（参见《钢管桁架拱平面内失稳与破坏机理的数值研究》，工程力学，2010年第11期）。

4.2.4 弦张式索拱与车辐式索拱通过拉索约束或牵制作用限制拱体的变形发展，从而达到提高拱体刚度与整体承载力、减少拱脚推力的目的。这种类型的索拱结构通过拉索与拱体的拉扯作用，可以明显改善拱体的受力性能，降低纯拱结构对反对称几何初始缺陷的敏感性。其中，弦张式索拱结构一般在承受半跨荷载、减小水平推力或考虑建筑美观因素时采用。弦撑式索拱结构通过撑杆的反向作用给拱体提供弹性支承，进而降低拱体的弯矩峰值，提高结构的整体刚度与承载力，与张弦梁的受力机理类似。一般地，钢拱的矢跨比越大、长细比越大，拉索对拱体稳定性能的提高作用越明显。

4.2.5 研究表明，当车辐式索拱的矢跨比在本条所述范围内，且索盘位于矢高的一半位置时，其稳定性能及承载效率较优（参见《车辐结构平面内弹性稳定承载力及设计建议》，空间结构，2006年第1期）。

4.4 拱 脚 选 型

4.4.1 拱形钢结构的拱脚为铰接时，其构造设计应尽量保证其拱脚具有充分的转动能力，且能有效传递剪力和轴力；刚接时要能充分传递弯矩，否则应根据实际构造情况在计算时考虑拱脚节点的弯矩－转角特性。此外，拱脚构造使得内力传递越简单，其可靠性越能得到保证。

4.4.3 刚接拱脚处一般弯矩较大，可采取构造措施如填充加劲板或填充混凝土加强，以防止拱脚处构件应力过大而引起构件局部屈曲或强度破坏。

5 荷载效应分析

5.1 一 般 规 定

5.1.2 近年来对钢结构的事故调查表明，钢结构由风荷载、雪荷载等可变荷载引发的工程事故增多，故本条提醒工程设计人员要重视荷载的最不利分布形式，特别是局部雪荷载的堆积作用。

5.1.3 分析表明，考虑几何非线性与否对拱脚反力的计算结果影响较小，故拱脚反力计算可采用线性分析方法；但在计算拱形钢结构的内力与变形时，特别对大、中跨度的拱（跨度不小于60m），宜采用考虑几何非线性的弹性分析方法。

5.1.4 当拱下部支承结构的变形对拱本身的内力和变形都有较大影响时，应充分考虑拱与下部支承结构之间的相互作用。因而，在计算时应建立包含支承结构的整体模型或等效弹性支承模型进行分析。

5.1.5 拱形钢结构对温度效应较为敏感，特别在矢跨比不大的情况下。因此在进行大跨度拱形钢结构设计时应进行温度效应分析，并与其他荷载效应进行组合计算截面强度与整体稳定性。在施工安装过程，要正确设置合龙温度区间。

5.2 静力分析

5.2.2 承受竖向荷载作用的超静定拱，其拱脚水平推力与矢跨比、截面弯曲刚度与轴压刚度的比值有关。本条文给出的数值考虑了上述因素的影响，计算表格与公式由清华大学依据计算结果给出。

5.2.5 上式在实腹式截面拱的基础上，对弯曲项和剪切项根据开洞情况进行了等效修正，并增加了由剪力次弯矩引起的变形项，根据有限元计算结果拟合得到变形计算公式中的各系数。

5.3 风效应分析

5.3.1 风荷载对结构的作用表现为平均风压的不均匀分布作用和脉动风压作用。拱形钢结构的风效应分析目前在理论上已较为成熟，但尚缺乏简便实用的工程计算方法；因此在实际工程设计中，应根据具体情况由专业机构对拱形钢结构的风效应进行分析或进行风洞试验。

5.3.2 虽然拱形钢结构的几何形状相对简单，《建筑结构荷载规范》GB 50009中对不同矢跨比的落地拱和高架拱的风荷载体型系数都作了规定，但实际工程中的拱形钢结构风压分布还会受到其他一些因素的影响，如风向、曲率变化以及相邻建筑物等，因此对于体型复杂且重要的拱形钢结构，其风荷载体型系数宜通过风洞试验确定。

5.3.3 以风振系数表达的结构等效静风荷载主要适用于以基阶振动为主的高耸型结构，拱形钢结构的振动中往往存在多阶振型的贡献，因此采用风振系数考虑拱形钢结构的风致动力效应只是一种近似方法。由于拱形钢结构的形式多样，动力性能也差别较大，因此很难给出统一的风振系数表达式。本条给出的风振系数是对一些常见拱形钢结构形式分析后得到的参考取值。实际设计时，结构跨度较大且自振频率较低者取较大值。

5.3.4 对于何为大型复杂的拱结构，目前尚无明确定义。根据工程经验，当结构跨度大于120m时可视为大型拱结构；此外，根据美国、澳大利亚等国家的规范，当结构自振周期大于1.0s时，其风动力效应较为明显。因此，对于符合以上条件的拱结构，均应进行较为精确的等效静风荷载分析。当采用风振时程分析方法或随机振动理论分析时，输入的风荷载时程或功率谱宜根据风洞试验确定。

5.3.5 从已发生的房屋结构风灾害调查结果来看，在强风作用下的屋面围护结构破坏较为普遍，因此应在设计时考虑阵风系数的影响。阵风系数宜根据风洞试验结果确定，也可参考《建筑结构荷载规范》GB 50009中的相关规定。此外，由于门窗突然开启（或破碎）导致建筑内压骤增，进而引发屋盖被掀起的实例也较多，因此设计中需要根据具体情况考虑结构内压与外部风吸力的叠加作用。

5.4 地震作用分析

5.4.1 拱形钢结构水平振动与竖向振动属同一数量级，但矢跨比较大的拱形钢结构，将以水平振动为主。在设防烈度为7度的地震区，当拱形钢结构矢跨比大于或等于1/5时，竖向地震作用对拱形钢结构的影响不大，因此本条规定在设防烈度为7度的地震区、矢跨比大于或等于1/5的拱形钢结构可不进行竖向抗震验算，但必须进行水平抗震验算。在抗震设防烈度为6度的地区，拱形钢结构可不进行抗震验算。

6 设 计

6.1 一般规定

6.1.1 拱形钢结构一般以压弯受力居多，其设计应包含强度、稳定以及刚度计算，还应进行局部稳定性计算。对于实腹式与腹板开孔拱，局部稳定计算通过限制板件的宽厚比保证；对于格构式拱，局部稳定指节间内构件的稳定性。与梁比较，拱称为推力结构。对于拱形钢结构的设计，结构整体稳定计算是十分重要的内容，必须予以高度重视。

拱形钢结构通常在均布竖向荷载作用下具有较好的承载性能，但是在荷载呈偏跨分布作用下，特别在局部荷载较大的位置会产生较大的弯矩，结构受力较为不利。风荷载和雪荷载在拱屋面上往往呈现不均匀分布的特点，因此应根据具体情况确定荷载的最不利分布形式。

6.1.2 对于等截面实腹式圆弧拱、抛物线拱，腹板开圆孔工字形截面圆弧拱、相贯焊接节点的圆弧形钢管桁架拱的平面内稳定计算，本规程已给出相应的计算公式。对于截面与轴线变化复杂的拱形钢结构，尚无可供设计使用的简化设计方法，故推荐按照有限元分析方法进行计算。

采用有限元法计算拱平面内整体稳定承载力时，

取拱平面内最低阶整体屈曲模态作为初始几何缺陷的分布形式，其缺陷幅值按拱跨度的 $1/n$ 取值。对反对称屈曲的拱按《钢结构设计规范》GB 50017 中 a、b、c、d类截面分别取 $n=600$、500、400、300。几何初始缺陷的取值源于德国 DIN 18800-Ⅱ提供的数值，其综合考虑了几何初始缺陷和残余应力两项因素的影响。采用弹塑性全过程有限元分析方法计算拱形钢结构的极限承载力时，其计算结果直接与单元类型的选取、拱单元的划分数量、屈服条件及软件之间算法的差异、极值点的确定以及计算人员知识水平的高低等多因素有关，建议拱形钢结构的荷载效应（按照标准值组合计算）不应大于拱平面内稳定承载力计算值（按照荷载标准值组合后的比例关系确定）与 K 值之比。其中 K 反映了荷载效应（标准值）与结构抗力取值（标准值）的不利影响（1.645），再考虑到有限元计算的不确定因素（暂定 1.2），K 综合取值 2.0。

目前对拱形钢结构平面外稳定承载力的研究工作较少，尚没有可直接采用的简化计算公式。采用有限元方法计算拱平面外稳定承载力时，可同时取拱平面内与平面外的最低阶整体屈曲模态作为初始几何缺陷的分布形式，其面内外缺陷幅值按拱跨度的 $1/n$ 取值；对面内反对称屈曲的拱按《钢结构设计规范》GB 50017 中 a、b、c、d类截面分别取 $n=600$、500、400、300。面外缺陷幅值按面外屈曲波长的 1/750 取值。按照有限元分析方法计算拱的平面外稳定时，除了考虑拱材料与几何非线性外，还应采用能够反映拱轴线面外变形、绕拱轴线扭转及拱脚实际约束条件的空间模型，按照这一计算模型所获得的计算结果反映了拱的空间失稳特性。同样建议拱形钢结构的荷载效应（按照标准值组合计算）不应大于拱平面外稳定承载力计算值（按照荷载标准值组合后的比例关系确定）与 K 值之比。同前所述，K 综合取值 2.0。

6.1.3 对于实腹式等截面梁，可采用梁单元，但单元类型应能充分考虑截面剪切变形的影响。研究结果表明，对于粗短拱或者扁拱，其剪切变形对其承载力影响较大。如果构成截面的板件宽厚比超过其限值，应用壳单元可以考虑板件局部屈曲的影响。对于腹板开孔截面拱，采用梁单元模型会产生较大的误差，因而建议采用壳单元亦能考虑板件局部变形的影响。但若能提炼出腹板开孔截面拱的简化计算模型，亦可用梁单元计算。对于钢管桁架拱，一般要求弦杆做成弧形曲线，故采用梁单元能考虑其附加弯曲变形。条件允许时，建议对拱采用梁单元与壳单元分别计算并取二者的较小值作为承载力设计值。特别对于空腔内采用加劲肋的箱形截面拱，采用壳单元更能反映构件的实际受力情况，也可通过壳单元进一步优化截面设计以及加劲肋配置。

计算拱形钢结构稳定承载力，必然要考虑结构或构件的塑性发展。有限元弹塑性分析时，钢材采用理想弹塑性应力应变曲线常会出现迭代不收敛现象，故采用适当强化的计算模型以解决收敛问题。

6.1.4 在建筑拱形钢结构屋面，通常存在檩条以及屋面板等次构件的面外支撑作用，当支撑构件具有足够刚度能够完全限制钢拱的面外位移或扭转时，能保证钢拱不发生整体面外失稳。清华大学的研究表明，对于两铰拱即拱脚截面处的线位移及绕拱轴切线的扭转角完全受到约束而拱轴在其平面内及面外弯曲自由的情况，且面外支撑应能充分约束支承点处截面的面外位移与扭转的情况，只要满足公式（6.1.4-1），钢拱的面外失稳不先于面内失稳。

6.1.5 此条参照德国 DIN18800-Ⅱ-1990。研究表明，满足上述条件的实腹式截面钢拱，其跃越屈曲不先于反对称弯曲失稳发生。

6.1.6 此值是综合近年来国内外的设计与使用经验而确定的。

6.2 实腹式截面拱

6.2.1 拱脚处一般轴力较大，需要特别注意验算该处截面强度与局部稳定性。如果拱脚处局部应力较大，可采取加强措施，如设置加劲板等。

6.2.2 大量数值分析及试验结果表明，《钢结构设计规范》GB 50017 的柱子曲线不适用于轴心受压实腹式截面拱平面内稳定性计算，因此特别为拱形钢结构制定了一套稳定曲线（参见《均匀受压两铰圆弧钢拱的平面内稳定设计曲线》，工程力学，2008 年第 9 期；《轴心受压抛物线拱平面内稳定性及设计方法研究》，建筑结构学报，2009 年第 3 期）。

6.2.3 通常荷载工况下实腹式截面拱属于压弯构件，其平面内整体稳定性验算仍采用 N-M 相关公式，其公式中的参数由数值分析结果拟合获得。其中 α 反映了截面形式及支座条件的影响，参见《焊接工字形截面抛物线拱平面内稳定性试验研究》，建筑结构学报，2009 年第 3 期。

6.2.4 无面外支撑的轴压圆管截面圆弧形两铰拱的平面外稳定计算，基于等效原则把平面外弯扭屈曲转化成平面内弯曲屈曲计算，这里假定拱脚处的平动自由度和绕拱轴切线方向的转动自由度均被约束。具体参见《圆管截面两铰圆弧轴心受压拱的平面外稳定性及设计方法》，工业建筑，2009 年第 12 期。

6.3 腹板开孔钢拱

6.3.3 弹性屈曲系数 k_a 的概念及计算参见《实腹圆弧钢拱的平面内稳定极限承载力设计理论及方法》，建筑结构学报，2007 年第 3 期等。

6.3.4 腹板开孔与实腹式截面拱的最大区别在于腹板孔对其截面剪切刚度的削弱作用，因此借鉴缀板式格构柱稳定承载力的计算思路，可以按照长细比等效的思路将腹板开圆孔拱等效为缀板式格构拱，通过换算长细比进行平面内整体稳定性计算（参见《腹板开洞钢拱的平面内稳定极限承载力设计理论及方法》，建筑结构学报，2007年第3期等）。

6.3.5 研究结果表明，当孔直径位于$0.5h_0 \sim 0.7h_0$之间时其承载效率（单位重量对屈曲荷载的贡献）最高；当孔间距g小于$h_0/3$时，其承载效率迅速下降。

开孔拱的腹板屈曲后的承载力下降较多，因此需要通过控制板件的宽厚比限制其局部失稳。对于腹板的局部屈曲，需要进行两部分板件的设计：一为孔与翼缘之间的板件A，可近似认为三边简支一边自由板；二为孔与孔之间的板件B，近似认为两对边受剪且弹性支承于翼缘及两对边自由。

6.4 钢管桁架拱

6.4.2 关于钢管桁架拱的杆件和节点的承载力计算可参照《钢结构设计规范》GB 50017中"钢管结构"的规定执行。

6.4.3 研究表明，钢管桁架拱中斜腹杆发生破坏后，会导致整体承载力大幅下降（参见《钢管桁架拱平面内失稳与破坏机理的数值研究》，工程力学，2010年），因此进行钢管桁架拱设计时应首先保证腹杆构件的稳定性。钢管外缘尺寸与壁厚比值的限值参考《钢结构设计规范》GB 50017中相关规定。

6.4.4 根据清华大学对钢管桁架拱整体稳定性研究成果（《轴心受压圆弧形钢管桁架拱平面内稳定性能及设计方法》，建筑结构学报，2010年第8期），钢管桁架拱平面内失稳破坏时，总是伴随着受压弦杆的局部变形，因此应考虑杆件稳定性与钢拱整体稳定性的相关作用。公式（6.4.4-2）中提出的相关作用影响系数η正是考虑了这一影响因素，其中φ_0为不考虑相关作用时平面内整体稳定系数。η是矢跨比γ和参数λ_c/λ_e的函数，随着节间弦杆长细比与桁架拱换算长细比的比值λ_c/λ_e增大，弦杆局部稳定对整体承载力的削弱作用加大。公式（6.4.4-3）中换算长细比的引入考虑了桁架拱平面内稳定承载力计算时剪切刚度的影响。

6.4.5 压弯圆弧形钢管桁架拱采用N-M相关公式进行平面内稳定性验算，公式（6.4.5）中弯矩项中存在相关作用系数，主要在于桁架拱平面内弯曲时，同样存在受压弦杆的局部稳定对整体稳定承载力的削弱作用。由于三角形截面钢管桁架拱的等效截面模量W介于$I/(2H/3)$和$I/(H/3)$之间，因此引入截面模量系数予以修正。表6.4.5荷载形式中，水平均布荷载指沿着轴线的水平投影均匀分布的竖向荷载，一般雪荷载等活荷载属于此类；轴线均布荷载指沿着轴线均匀分布的竖向荷载，一般屋面板等自重荷载属于此类。具体参见《四边形截面圆弧空间钢管桁架拱平面内稳定性及试验研究》，建筑结构学报，2010年第8期。

6.4.6 钢管桁架拱中，其杆件失稳依据其弯曲方向可分为平面内失稳与平面外失稳。

对于平面钢管桁架拱，表6.4.6中杆件平面内计算长度系数取值与《钢结构设计规范》GB 50017中桁架略有不同，考虑到钢管桁架拱主要承受轴力与沿拱轴线正负弯矩的共同作用，上下弦杆几乎处于平等地位，故取值比钢结构设计规范中桁架构件稍偏安全。对弦杆平面外稳定计算，偏于安全地取其弦杆侧向支撑点之间的距离作为计算长度。

对于三角形截面的立体钢管桁架拱的杆件计算长度，其三根弦杆构成了非常稳定的三角形截面，当桁架拱构件在其平面内和平面外屈曲时，受到的约束作用比平面桁架拱要大得多。特别是弦杆平面内外的计算长度，与平面桁架拱弦杆的平面内外计算长度比较有所降低，故取0.9而不是取1.0。对于方形、矩形以及梯形截面立体钢管桁架拱的杆件平面内与平面外计算长度，为了简化计算仍偏于安全地取与平面桁架拱相同。

6.4.7 此条中容许长细比限值参考《钢结构设计规范》GB 50017并结合实际经验而定。

6.5 索　拱

6.5.1 对于弦张式索拱结构以及车辐式索拱结构，索的张拉作用在钢拱变形时才能发挥出来，所以对其不必施加预应力，但在施工时以张紧为宜。在使用期间，可以允许拉索在可变荷载（如风荷载等偶然作用）作用下松弛，但在永久荷载作用下，拉索宜保持张紧状态。

6.5.2 对于弦撑式索拱结构，拉索的主要作用是消减拱体中的弯矩峰值，因而对拉索施加预应力主要是用来提高拱体的承载力与刚度。因此，要求在永久荷载控制的荷载组合作用下，拉索不松弛，在可变荷载控制的组合作用下，不要因拉索松弛而导致索拱结构失效。

6.5.4 索拱结构是索与拱体组成的一种杂交结构，索的作用主要是通过限制拱体的变形或者消减拱体的弯矩峰值来提高结构的承载力与刚度。拉索的作用使得拱体轴向压力增加，弯矩减小，拱体本应更易失稳，但由于拱体本身又受拉索的约束，其整体稳定性大大提高。特别是对于弦张式索拱结构以及车辐式索拱结构，由于拉索的牵制作用，大大减低了拱体对初始缺陷的敏感性。因此，宜把拉索与拱体作为整体考虑，计算其承载力。目前对索拱结构的整体稳定计算的实用方法还研究不多，故建议按有限元方法进行承载力分析。

6.6 钢管混凝土拱

6.6.1 本节的条文适用于圆弧形钢管混凝土拱的设计和计算。适用参数范围：约束效应系数ξ为0.2～

4.0，名义长细比 λ_n 或换算长细比 λ_{ox} 为 20～110，矢跨比为 0.10～0.35。对于格构式钢管混凝土拱，除上述条件外，其截面高度 h 与跨度 L 的比值宜为 1/20～1/50。

6.6.3 对于目前建筑工程中常用的钢材，采用 C30 以上强度等级的混凝土比较合理。在常用含钢率情况下，Q235 钢和 Q345 钢宜配 C30～C50 或 C60 混凝土，Q390 钢和 Q420 钢宜配 C60 及以上的混凝土，且约束效应系数不宜大于 4，也不宜小于 0.3。

对钢管混凝土的理论分析和实验研究的结果都表明，由于钢管对其核心混凝土的约束作用，使混凝土材料本身性质得到改善，即强度得以提高，塑性和韧性性能大为改善。同时，由于混凝土的存在可以延缓或阻止钢管发生内凹的局部屈曲；在这种情况下，不仅钢管和混凝土材料本身的性质对钢管混凝土性能的影响很大，而且二者几何特性和物理特性参数如何"匹配"，也将对钢管混凝土构件力学性能起着非常重要的影响。研究结果表明，可以以约束效应系数作为衡量这种相互作用的基本参数。

在本规程适用参数范围内，约束效应系数 ξ 越大，则构件的延性越好，反之则越差。当钢管混凝土用作地震区的结构柱时，为了保证钢管混凝土构件具有良好的延性，提出此限值。

6.6.4 对本条各款说明如下：

1 数值分析方法可以计算获得钢管混凝土轴压时纵向压力和纵向应变之间的关系曲线。这是代表钢管混凝土整体的荷载-应变关系，将轴向荷载 N 除以全截面面积 A_{sc}（对于圆钢管混凝土：$A_{sc}=\pi r^2$，r 是钢管外半径；对于矩形钢管混凝土：$A_{sc}=BD$，B、D 分别为其边长），即得截面上的名义应力 $\bar{\sigma}=N/A_{sc}$，此关系也就是钢管混凝土组合应力-应变关系。经与大量实测曲线比较，吻合程度很好。

此荷载-应变关系的各阶段都获得了数学表达式。由此得到了弹性阶段的组合弹性模量 E_{sc}、弹塑性阶段的组合切线模量 E_{sct} 和强化阶段的组合强化模量 E_{sch}。定义由弹塑性阶段转入强化阶段的点为组合强度标准值 f_{scy}，表达式如下：

1） 对于圆钢管混凝土：

$$f_{scy}=(1.14+1.02\xi)\cdot f_{ck} \tag{1}$$

2） 对于矩形钢管混凝土：

$$f_{scy}=(1.18+0.85\xi)\cdot f_{ck} \tag{2}$$

引入钢材和混凝土的材料分项系数后，即得到钢管混凝土轴心受压强度设计值 f_{sc} 的计算公式。

在采用 f_{sc} 为设计钢管混凝土构件的强度指标时，对轴心受压构件的承载力进行了可靠性分析。在收集和整理了 2139 个试件的试验结果，按不同钢材牌号、混凝土强度等级、含钢率和荷载比的情况进行分析和计算以后表明，采用本规定的设计方法所确定的钢管混凝土基本构件的抗力满足《建筑结构可靠度设计统一标准》GB 50068 中规定对延性破坏构件的可靠性要求。

2 从钢管混凝土轴压应力-应变关系曲线可导出组合轴压弹性模量、切线模量和强化模量，公式如下：

1） 组合弹性模量：

$$E_{sc}=\frac{f_{scp}}{\varepsilon_{scp}} \tag{3}$$

对圆钢管混凝土：

比例极限：

$$f_{scp}=\left[0.192\left(\frac{f_y}{235}\right)+0.488\right]f_{scy} \tag{4}$$

比例极限应变：

$$\varepsilon_{scp}=3.25\times10^{-6}f_y \tag{5}$$

对矩形钢管混凝土：

比例极限：

$$f_{scp}=\left[0.263\left(\frac{f_y}{235}\right)+0.365\left(\frac{30}{f_{ck}}\right)+0.104\right]f_{scy} \tag{6}$$

比例极限应变：

$$\varepsilon_{scp}=3.01\times10^{-6}f_y \tag{7}$$

2） 切线模量：

$$E_{sct}=\frac{(A_1f_{scy}-B_1\bar{\sigma})\bar{\sigma}}{(f_{scy}-f_{scp})f_{scp}}E_{sc} \tag{8}$$

其中，系数 $A_1=1-\frac{E_{sch}}{E_{sc}}\left(\frac{f_{scp}}{f_{scy}}\right)^2$；$B_1=1-\frac{E_{sch}}{E_{sc}}\left(\frac{f_{scp}}{f_{scy}}\right)$；平均应力 $\bar{\sigma}=\frac{N}{A_{sc}}$。

3） 强化阶段模量：

对于圆钢管混凝土：

$$E_{sch}=420\xi+550 \tag{9}$$

对于矩形钢管混凝土：

$$E_{sch}=220\xi+450 \tag{10}$$

3 钢管混凝土结构的抗弯刚度，目前国内外各规程的规定不尽相同。考虑到构件受弯时混凝土开裂的可能，对混凝土部分的抗弯刚度宜适当折减。研究结果表明，圆形钢管对其核心混凝土的约束效果要优于矩形钢管，对其混凝土部分的抗弯刚度的折减可略小。

6.6.5 钢管混凝土典型的 φ'-λ_n 关系见图 1，大致可分为三个阶段，即当 $\lambda_n\leqslant\lambda_o$ 时，稳定系数 $\varphi'=1$，构件属于强度破坏；当 $\lambda_o<\lambda_n\leqslant\lambda_p$ 时，构件失去稳定时处在弹塑性阶段；当 $\lambda_n>\lambda_p$ 时，构件属于弹性失稳。

轴心受压稳定系数 φ' 的计算方法如下：

$\lambda_n\leqslant\lambda_o$ 时：$\varphi'=1$ (11)

$\lambda_o<\lambda_n\leqslant\lambda_p$ 时：

$$\varphi'=a_0\lambda_n^2+b_0\lambda_n+c_0 \tag{12}$$

$\lambda_n>\lambda_p$ 时：$\varphi'=\frac{d_0}{(\lambda_n+35)^2}$ (13)

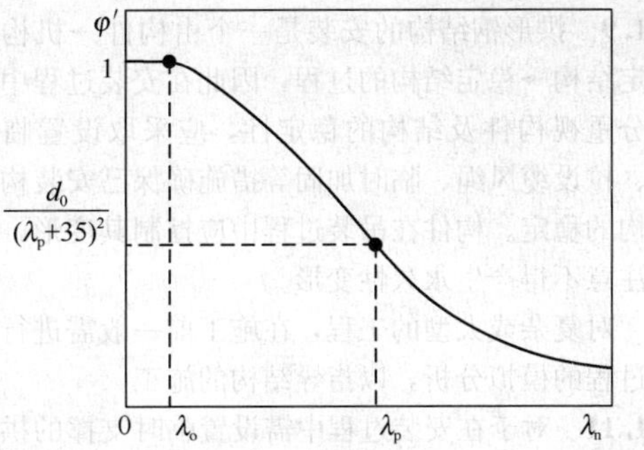

图 1　典型的 φ'-λ_n 关系曲线

其中，$a_0 = \frac{1+(35+2\lambda_p-\lambda_o)e_0}{(\lambda_p-\lambda_o)^2}$；$b_0 = e_0 - 2a_0\lambda_p$；

$c_0 = 1 - a_0\lambda_o^2 - b_0\lambda_o$；$e_0 = \frac{-d_0}{(\lambda_p+35)^3}$

对于圆钢管混凝土：

$$d_0 = \left[13000 + 4657\ln\left(\frac{235}{f_y}\right)\right]\left(\frac{25}{f_{ck}+5}\right)^{0.3}\left(\frac{\alpha_s}{0.1}\right)^{0.05} \tag{14}$$

对于矩形钢管混凝土：

$$d_0 = \left[13500 + 4810\ln\left(\frac{235}{f_y}\right)\right]\left(\frac{25}{f_{ck}+5}\right)^{0.3}\left(\frac{\alpha_s}{0.1}\right)^{0.05} \tag{15}$$

λ_p 和 λ_o 分别为钢管混凝土轴压构件发生弹性和弹塑性失稳时对应的界限长细比。

对于圆钢管混凝土：

$$\lambda_p = \frac{1743}{\sqrt{f_y}},\ \lambda_o = \pi\sqrt{\frac{420\xi+550}{(1.02\xi+1.14)f_{ck}}} \tag{16}$$

对于矩形钢管混凝土：

$$\lambda_p = \frac{1811}{\sqrt{f_y}},\ \lambda_o = \pi\sqrt{\frac{220\xi+450}{(0.85\xi+1.18)f_{ck}}} \tag{17}$$

式中：f_y 与 f_{ck} 均以 MPa 为单位代入。

矢跨比对轴心受压钢管混凝土拱的影响系数有影响。参考拱形钢结构的研究结果，并参考国内现有钢管混凝土拱桥方面的研究结果确定了影响系数 η'。

拱轴等效计算长度 L_0 的取值方法参考钢管混凝土拱桥方面的研究成果确定。

6.6.7　钢管混凝土拱单杆构件的平面内压弯受力性能和钢管混凝土偏压直构件的受力性能总体上类似，钢管混凝土曲杆短构件的 N/N_u-M/M_u 相关曲线（也可称为强度相关关系）如图 2 所示，与钢管混凝土直构件类似，也存在一平衡点 A。

钢管混凝土典型的 N/N_u-M/M_u 强度关系曲线大致可分为两部分，平衡点 A 的纵横坐标的计算公式见条款。曲线可用两个数学表达式来描述：

1　C-D 段（$N/N_u \geqslant 2\eta_0$ 时），可近似采用直线的函数形式来描述：

$$\frac{N}{N_u} + a\cdot\left(\frac{M}{M_u}\right) = 1 \tag{18}$$

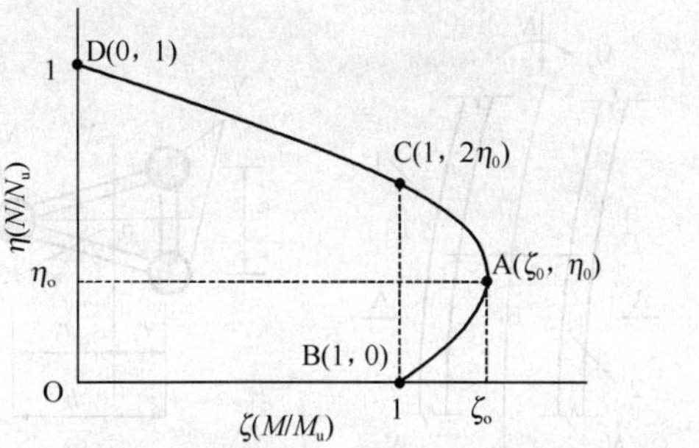

图 2　典型的 N/N_u-M/M_u 强度关系曲线

2　C-A-B 段（$N/N_u < 2\eta_0$ 时），可采用抛物线的函数形式来描述：

$$-b\cdot\left(\frac{N}{N_u}\right)^2 - c\cdot\left(\frac{N}{N_u}\right) + \left(\frac{M}{M_u}\right) = 1 \tag{19}$$

式中：N_u ——钢管混凝土拱的轴压强度承载力；

M_u ——平面内受弯承载力；

M ——钢管混凝土拱轴平面内承受的最大弯矩。

考虑构件长细比影响时，钢管混凝土单杆拱的 N/N_u-M/M_u 相关方程修正为条款中的公式，同时材料分项系数均取 1.0。式中的 $1/d$ 是考虑二阶效应而对弯矩的放大系数。

6.6.9　格构式钢管混凝土拱受力性能和单杆构件的受力性能总体上类似，其 N/N_u-M/M_u 相关曲线（也可称为强度相关关系）如图 3 所示，与钢管混凝土拱单杆构件类似，也存在一平衡点 B，其中 N_u 为轴压强度承载力，M_u 为受弯承载力。

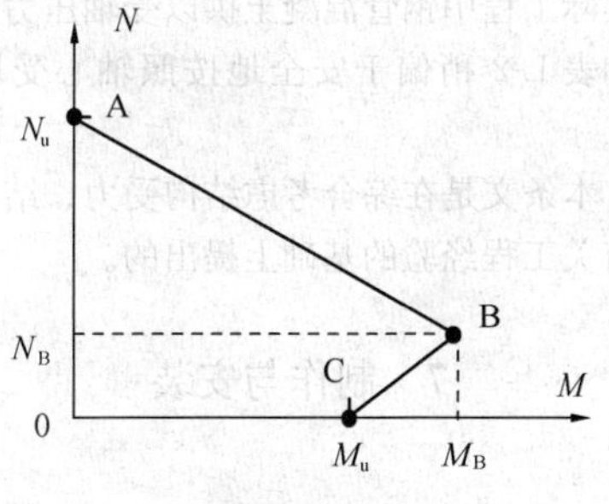

图 3　格构式拱形钢管混凝土结构 N-M 强度相关关系曲线

规程条款中换算长细比的计算进行了 $E_{sc}A_{sc} = E_sA_s + E_cA_c$ 的简化。简化条件为：$\xi = 0.2 \sim 4.0$，$f_y = 235\text{MPa} \sim 420\text{MPa}$，$f_{cu} = 30\text{MPa} \sim 80\text{MPa}$，$\alpha_s = 0.03 \sim 0.15$。在使用规程时需要注意。

图 4 以三肢平腹式钢管混凝土拱形钢结构为例，弦杆在弯矩作用下可分为拉区弦杆和压区弦杆，下面说明 r_c、r_t 的计算方法。

设 N_{uc1} 为拉区弦杆的轴压承载力总和，N_{uc2} 为压区弦杆的轴压承载力总和，则结构总的轴压承载力为 $N_{uc} = N_{uc1} + N_{uc2} = \Sigma A_{sc}f_{sc}$，$A_{sc}$ 和 f_{sc} 分别为单根钢管混凝土弦杆的截面积及轴压强度承载力。

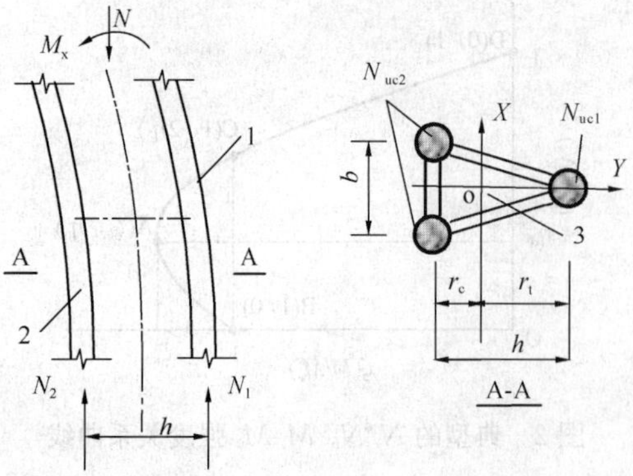

图 4 钢管混凝土拱形钢结构的 r_c、r_t 计算示意

1—弦杆 1；2—弦杆 2；3—截面重心

对于钢管混凝土拱形钢结构的截面，其截面重心至拉区弦杆重心轴的距离为：

$$r_t = \frac{N_{uc2}}{N_{uc1} + N_{uc2}} h \quad (20)$$

截面重心至压区弦杆重心轴的距离为：

$$r_c = \frac{N_{uc1}}{N_{uc1} + N_{uc2}} h \quad (21)$$

6.6.13 钢管混凝土结构在长期荷载作用下，混凝土的收缩和徐变会引起钢管和核心混凝土间的内力重分布现象。长期荷载作用可能导致钢管混凝土构件承载力的降低，而这种降低和长期荷载水平、截面约束效应系数、构件长细比和荷载偏心率有关。在工程常用范围内，根据分析结果提出长期荷载作用影响系数。研究表明，系数 k_{cr} 随着荷载偏心率的增大而增大，考虑到实际工程中钢管混凝土拱以受轴压力为主，故表 L-1 和表 L-2 稍偏于安全地按照轴心受压的情况取值。

6.6.14 本条文是在综合考虑结构受力、结构施工和钢结构有关工程经验的基础上提出的。

7 制作与安装

7.1 一 般 规 定

7.1.5 拱形钢结构的施工变形预调值指拱体在制作与安装时，在设计位形的基础上附加一个二维位形增量，确保结构在安装成型后达到设计要求的结构外形。预变形的方式和变形量应在编制施工详图时加以明确。

7.1.7 在制作复杂拱形钢结构时，应根据其组成情况和受力状况确定其加工、组装、焊接方法，当一些工艺参数无法确定时，应通过工艺试验来确定。对连接复杂（如采用全螺栓连接或一个节点处有多个不同方向的构件连接）的情况，一般应在工厂内进行预拼装。预拼装可采用整体预拼装、相邻段（即前后、左右分段）预拼装、分块预拼装和首件预拼装等。

7.1.9 拱形钢结构的安装是一个由构件→机构→不稳定结构→稳定结构的过程，因此在安装过程中必须十分重视构件及结构的稳定性，应采取设置临时支撑、拉设缆风绳、临时加固等措施确保已安装构件和结构的稳定。构件在吊装过程中应控制其变形，特别要注意不得产生永久性变形。

对复杂或大型的工程，在施工前一般需进行施工全过程的模拟分析，以指导结构的施工。

7.1.11 对于在安装过程中需设置临时支撑的拱形钢结构，支撑可能会改变拱体的受力状态，特别对于钢管桁架拱，可能引起杆件内力变号。结构安装合龙后拆撑时，临时支撑逐步退出受力状态，而结构则逐步进入设计受力的最终状态。在这个过程中由于受力体系的转化，无论是临时支撑还是结构自身都会引起内力和变形的改变，如引起的内力和变形较大，则应分批按顺序拆除支撑。因此需要根据计算分析来确定拆除支撑的方法。同时，要求编制专门的方案来指导现场工人的操作。

7.2 制 作

7.2.2 钢材的切割方法较多，如剪切、锯切或自动、半自动、手工气割和等离子切割等。剪切钢板厚度宜在 12mm 以下，对于重要构件必须去除剪切边缘的硬化部分。

自动、半自动、手工气割可切割任意厚度和任意形状的钢板，火焰切割后一般应对其切割面进行打磨处理。等离子切割可切割精度要求较高、厚度较薄的钢板。

7.2.3 当同种类型的零件板较多时，可先制作钻孔模板，并以此模板为基准进行套钻，以提高工作效率和加工精度。

当孔位精度要求较高或两组孔的间距过大时，可加工成整体构件后再进行打孔，以避免拼装误差、焊接变形及矫正对其带来的影响，确保孔位的精度。

7.2.4 对原材料矫正、零件矫正以及焊接变形矫正可采用冷矫正或热矫正。冷矫正一般采用机械矫正，如采用钢板矫平机、型钢矫正机等；热矫正一般采用火焰矫正，火焰矫正是把引起变形部位的金属局部加热到热塑状态，利用不均匀加热引起的变形来矫正已经发生的变形。

构件起拱方向的弧形腹板采用数控切割直接下料，相对应翼缘板采用卷板机弯曲成型，当钢板厚度很厚及弯曲曲率较大时可采用热成型。钢管和型材可采用弯管机或液压机冷弯成型，当曲率很大时可采用热弯曲方法成型。

钢管及型材弯曲后均存在拱度及侧向偏差，因此构件弯曲部位的螺栓孔应在弯曲成型后从其基准面重新定位后制孔，以保证与其相连的杆件能顺利安装。

弯曲部位产生的裂纹、分层、过烧等缺陷严重影响到结构安全，对弯曲后的钢板应进行外观检查及无损检测，以确保工程的安全。

弯曲加工样板检查，当零件弦长小于或等于1500mm时，样板弦长不应小于零件弦长的2/3；当零件弦长大于1500mm时，样板弦长不应小于1500mm，且其成型部位与样板的间隙不得大于1.0mm。

7.2.5 按照拱形钢结构投影尺寸放出1∶1大样图，并搭设组装胎架，胎架强度和刚度应满足构件重量、胎架自重及组装定位时外部施加的荷载需求。当拱形钢结构跨度及拱高较大时，由于一次组装比较困难，可分段加工制作，待各分段构件制作完成后，进行预拼装并在各分段两端做好标识，以确保现场顺利安装。

构件组装定位时，应充分考虑后序工作的加工余量，如焊接收缩、端部铣削、焊接变形矫正等。对有预变形要求的构件，应在组装前做好预变形，同时还需考虑焊接对预变形带来的影响。

组装时，应严格按照工艺文件规定的组装顺序进行，对构件的隐蔽部位应先进行焊接、除锈等，并在检查合格后再进行二次组装。

7.2.6 由于拱形钢结构工程中的焊接节点和焊接接头不可能进行现场实物取样，为保证工程焊接质量，必须在构件制作和结构安装焊接前进行焊接工艺评定，并根据焊接工艺评定的结果制定相应的焊接工艺。施焊前，应对操作人员进行技术交底，以明确焊接方法、焊接部位、焊接顺序、焊缝等级、焊角尺寸、焊接参数及焊接材料的选用、烘焙等要求，并对需重点注意的部位进行特别说明。焊接技术负责人应随时检查焊缝质量，及时处理由各方面因素引发的焊接技术问题。

焊接材料与母材的匹配应符合相关规范要求。低碳钢含碳量低，产生焊接裂纹的倾向小，焊接性能较好，一般按焊缝金属与母材等强度的原则选择焊条。低合金高强度结构钢应选择低氢型焊条，由于焊缝实际强度往往比用标准试板测定的熔敷金属强度高20MPa～90MPa，为使焊缝金属的机械性能与母材基本相同，选择的焊条应略低于母材的强度。

焊接时，应采用对称焊法、倒焊法、跳焊法等焊接工艺措施减少焊接变形。采用预热、后热及层间温度控制等工艺措施减小焊接应力。

7.2.7 实腹式截面拱构件类型较多，当截面较大时，由于采用普通的机械弯曲成型易对构件造成裂纹、褶皱等缺陷，所以宜采用钢板直接下料拼焊成拱形。

7.2.8 腹板开孔截面钢拱腹板开孔转角处宜采用圆角，以避免应力集中。

型钢直接弯曲成型时，如腹板先开孔，当弯曲成型至腹板开孔部位，由于此处截面的削弱，易造成不规则的变形，因此宜在钢拱弯曲成型后再进行腹板开孔加工。

腹板采用数控切割时，一并将腹板上的孔割出，这样孔的形状和精度比较容易保证。为节省钢板用量，腹板开孔及弯曲成型可采用图5所示的方法：

1 将工字型钢A按照横轴半长r_{uh}[即$r(R+h_0/2)/R$]、纵轴半长r_{uv}[即$r(R-r_{uh})/R$]以及腹板高度的1/2切割成两部分；

2 将工字型钢B按照横轴半长r_{dh}[即$r(R-h_0/2)/R$]、纵轴半长r_{dv}[即$r(R+r_{dh})/R$]以及腹板高度的1/2切割成两部分；

3 冷弯工字型钢A的上半边构件，使得腹板的洞口直径正好达到$2r$，即可获得腹板开洞工形截面钢拱的上半边构件；

4 冷弯工字型钢B的下半边构件，使得腹板的洞口直径正好达到$2r$，即可获得腹板开洞工形截面钢拱的下半边构件；

5 焊接上下两半边构件，便可形成腹板开洞工字形截面钢拱。

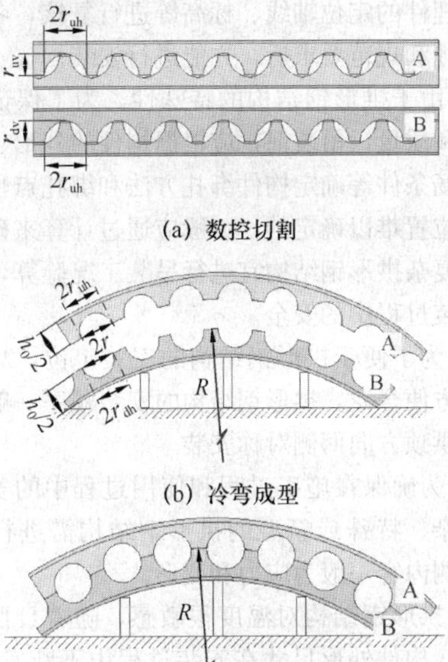

图5 腹板数控切割开孔与翼缘板弯曲成型工艺

7.2.9 钢管桁架拱制作前，原材料的各项偏差均应符合相关规范要求。

钢管的弯曲成型一般分为热弯曲成型和冷弯曲成型，具体成型工艺应根据设计要求、钢管径厚比、设备条件等确定。一般采用冷弯曲成型加工方法，当弯曲半径小于规定的最小弯曲半径时，可采用中频加热弯曲成型，以防止冷弯曲造成的裂纹等缺陷。

7.2.10 索拱结构采用的实腹截面拱、腹板开孔截面拱和钢管桁架拱等截面形式，是在纯拱基础上加设了钢索后形成的，因此其钢拱部分加工制作与本规程第7.2.7、7.2.8和7.2.9条的要求相同。

索拱结构的索盘、锚具、夹具及连接节点应具有较高的精度，因此宜采用机械方法精确加工，以控制偏差在允许范围内。

7.2.11 灌浆孔宜为圆孔，以避免应力集中。其开孔位置应满足灌浆要求，且尽量避开受拉区域。钢管混凝土拱是在钢管拱的基础上加灌混凝土，因此其制作允许偏差应符合表7.2.7和表7.2.9的要求。

7.3 安 装

7.3.1 本条对拱形钢结构安装的标高和轴线基准点的设置作出了规定。基准点应在安装前进行设置。标高基准点的设置一般以拱脚底板支承面作为标高定位基准，同时还应设置标高观测点。观测点一般设置在拱顶、拱轴线形状变化处或纵横拱交叉处等位置。轴线基准点一般设置在拱脚底板上表面的纵横方向的两侧，同时还应设置轴线观测点。轴线观测点一般设置在标高观测点的同一位置。

7.3.2 拱形钢结构安装单位应对土建单位提交的基础和预埋件的定位轴线、标高等进行复核，各项数据符合设计和规范要求后，方能进行安装。

7.3.3 由于拱形钢结构的特殊性，为了保证吊装施工安全和质量，吊装前，应根据构件的外形、重量和安装现场条件等确定构件绑扎方法和绑扎点位置，对绑扎点位置难以确定的，一般应通过计算来确定。对大型或复杂拱形钢结构宜进行吊装工况验算，确保构件在吊装过程中的安全。

7.3.4 为了便于拱形钢结构的安装定位，减少累积误差，方便合龙，拱形钢结构的安装顺序一般采用从拱脚至拱顶方向两侧对称安装。

7.3.5 为确保在施工过程和使用过程中的安全，对一些复杂、特殊或新型的拱形钢结构需进行健康监测，监测内容一般为应力和变形。

7.3.6 拱形钢结构对温度很敏感，随着日照、温度的变化，构件外形尺寸在安装过程中不断发生变化。因此，对拱形钢结构的测量定位应统一在某一特定的时间或条件，一般选择在早晨、傍晚或阴天（即温度变化小、日照很弱）条件下进行。

7.3.7 为了防止结构或构件在受外力作用下产生过大的变形，保证安装过程中的结构或构件稳定，应及时连接拱形钢结构的侧向稳定构件，或者采用缆风绳固定等临时措施。当采用缆风绳固定时，一般应通过计算确定缆风绳的大小、锚固点位置及张紧力等。

7.3.8 当拱形钢结构在安装过程中设置临时支撑时，安装结束后需拆除支撑。拆撑的顺序有相应的要求，对拱形钢结构，一般应从拱脚向拱顶方向顺序拆撑，这样能确保受力体系的合理转化。

7.3.9 拱形钢结构的安装应根据结构特点以及施工现场条件，按照安全、合理、经济的原则选择施工方案。一般可采用分段吊装高空组对法、旋转起扳法、整体提升法、分段累积提升法、旋转起扳提升法、滑移法等方法安装，也可采用两种或两种以上方法组合进行安装。

7.3.10 拱形钢结构的分段大小应根据施工现场吊装设备确定。当采用分段吊装高空组对法安装时，应设置临时支撑。临时支撑可采用满堂脚手架或点式支撑架，点式支撑架一般采用格构式或单肢式。临时支撑的大小、尺寸、间距等应根据安装和卸载工况计算确定，应保证有足够的承载力、刚度与稳定性。

7.3.11 本条规定了采用旋转起扳法安装时的要求。

拱形钢结构在地面拼装时一般采用卧式拼装，因此在进行起扳时，应考虑从卧式状态向安装位置（即设计位置）转化时的结构内力、变形以及支座推力的变化，为此应采取必要措施保证结构和设备的安全。

起扳方式一般有液压起扳和卷扬机起扳，液压起扳较平稳。

为防止拱形钢结构在起扳过程中发生倾覆，对拱形钢结构应设置制动索，制动索沿起扳方向和相反方向对称设置，在起扳过程中一边收紧，另一边放松。始终保持两边张紧的状态。

7.3.12 本条规定了采用整体提升或分段累积提升法安装时的要求。

拱形钢结构采用提升法施工时，提升点的设置至关重要，其设置原则是保证结构在提升过程中的受力和变形符合设计要求。当不能满足要求时，应对结构进行临时加固。

采用提升法施工时，还应对提升架进行验算。验算的内容有提升架的底座（包括基础）、提升架自身的承载力和稳定性等。提升架在计算时，应考虑提升点不同步、拆撑卸载不均匀等不利因素。

拱形钢结构提升时，可采用设置导轨的形式来保证结构不晃动，对提升架一般可设置缆风绳来保证其稳定性。

7.3.13 本条规定了索拱结构安装时的要求。

索拱结构中索的张拉方法应根据设计要求确定，一般采用以张拉力控制为主、变形控制为辅的双控原则。当张拉力和变形不能同时满足时，应以张拉力控制为主，但此时应分折原因，找出问题所在，并进行及时调整，以满足设计要求。

索拱结构的施工方法（如索的张拉顺序、分级次数等）应由施工全过程模拟分析确定，并应经原设计工程师确认，对施工过程应进行全程监控，特别是对索力和结构变形应进行监测。索力可通过油压表读数、索伸长量、压力传感器或EM磁通量等方法来测得，变形可通过全站仪测量得到。索力和变形均应控制在设计计算的范围内。

索的张拉一般可分成二～三级。如分成二级张拉，第一级一般张拉到设计值的70%，第二级张拉到设计值的100%；如采用三级张拉，第一级一般张拉到设计值的50%，第二级张拉到设计值的80%，第三级张拉到设计值的100%。

索的张拉还应考虑各索相互之间的影响。

索在张拉时索力会有一定的损失。因此，在张拉时一般应考虑超张拉。超张拉值应根据连接节点形式确定，一般可取3%～5%。

7.3.14 本条规定了钢管混凝土拱安装时的要求。

钢管混凝土拱可采用预制钢管混凝土拱和现浇钢管混凝土拱。当采用预制钢管混凝土拱时，管内的混凝土强度应达到设计值的50%以后，才能进行吊装。当采用现浇钢管混凝土拱时，应对空钢管进行施工条件下的强度和稳定性验算。同时，还应考虑在浇筑混凝土时，钢管的最大初始压应力不能超过其抗压强度设计值的35%。

混凝土的配合比除了应满足有关力学性能指标的要求外，还应注意混凝土坍落度的选择。混凝土配合比应根据混凝土设计强度等级计算，并通过试验确定。对钢管混凝土拱内的混凝土质量的检测一般采用敲击法，通过听声音来检查，当发现有异常时，可采用超声波进行检测。当检测发现有质量问题（即不密实）时，可采用在钢管上钻孔进行压浆补强。

7.4 防腐与防火涂装

7.4.1 除锈一般采用喷砂机或抛丸机进行。当构件体积较大，无法放入喷砂或抛丸机内时，也可采用手工喷砂。磨料一般采用棱角砂、金刚砂、钢丸、断丝等，也可采用两种不同磨料按一定配比的混合物。磨料粒径选用1.2mm～3mm为佳，压缩空气压力为0.4MPa～0.6MPa，喷距100mm～300mm，喷角90°±45°，加工处理后的构件表面呈灰白色为最佳。

涂料品种、涂装遍数、涂层厚度均应符合设计要求。当设计对涂层厚度无要求时，涂层干漆膜总厚度：室外应为150μm，室内应为125μm，其允许偏差为－25μm。每遍涂层干漆膜厚度的允许偏差为－5μm。

防腐涂装时的环境温度和相对湿度应符合涂料产品说明书的要求，当说明书无要求时，环境温度宜在5℃～38℃之间，相对湿度不应大于85%。涂装时构件表面不应有结露；涂料未干前应避免雨淋、水冲等，并应防止机械撞击。

7.4.2 防火保护措施应按照安全可靠、经济实用和美观的原则选用。在要求的耐火极限内能有效地保护钢构件，并在钢构件受火产生变形时，不发生结构性破坏，仍能保持原有的保护作用直至规定的耐火时间。

防腐涂料和防火涂料同时使用时，应防止其发生化学反应对钢构件产生有害影响。

中华人民共和国行业标准

建筑与市政工程施工现场专业人员职业标准

Occupational standards for construction site technician of building and municipal engineering

JGJ/T 250—2011

批准部门：中华人民共和国住房和城乡建设部
施行日期：2 0 1 2 年 1 月 1 日

中华人民共和国住房和城乡建设部
公　　告

第1059号

关于发布行业标准《建筑与市政工程施工现场专业人员职业标准》的公告

现批准《建筑与市政工程施工现场专业人员职业标准》为行业标准，编号为 JGJ/T 250－2011，自2012年1月1日起实施。

本标准由我部标准定额研究所组织中国建筑工业出版社出版发行。

中华人民共和国住房和城乡建设部
2011年7月13日

前　　言

根据住房和城乡建设部《关于印发〈2009年工程建设标准规范制订、修订计划〉的通知》（建标[2009]88号）的要求，标准编制组经广泛调查研究，认真总结实践经验，参考有关国际标准和国外先进标准，并在广泛征求意见的基础上，制定本标准。

本标准的主要技术内容是：1. 总则；2. 术语；3. 职业能力标准；4. 职业能力评价。

本标准由住房和城乡建设部负责管理，中国建设教育协会负责具体技术内容的解释。执行过程中如有意见或建议，请寄送中国建设教育协会（地址：北京市海淀区三里河路九号，邮编：100835）。

本标准主编单位：中国建设教育协会
苏州二建建筑集团有限公司

本标准参编单位：住房和城乡建设部标准定额研究所
四川省建设系统岗位培训与建设执业资格注册中心
青岛市建筑工程管理局
中国建筑业协会机械管理与租赁分会
中国建筑一局（集团）有限公司
山西建筑工程（集团）总公司
湖南省建筑工程集团总公司
青建集团股份公司
四川建筑职业技术学院
黑龙江建筑职业技术学院
徐州建筑职业技术学院
湖北城市建设职业技术学院
成都航空职业技术学院

本标准主要起草人员：李竹成　李建华　胡兴福　熊君放　于周军　尤　完　危道军　任卫华　吴明军　李　健　冯光灿　李大伟　卫顺学　刘周学　高本礼　赵　研　吴文钢　齐书俊　邵　华

本标准主要审查人员：张兴野　刘晓初　杜学伦　丁传波　商丽萍　龚　毅　刘哲生　俞　敏　林　华　吴松勤　符里刚　钱大治　程华安

目 次

Contents

1 总 则

1.0.1 为了加强建筑与市政工程施工现场专业人员队伍建设，规范专业人员的职业能力评价，指导专业人员的使用与教育培训，促进科学施工，确保工程质量和安全生产，制定本标准。

1.0.2 本标准适用于建筑业企业、教育培训机构、行业组织、行业主管部门进行人才队伍规划、教育培训、评价、使用等。

1.0.3 建筑与市政工程施工现场专业人员应包括施工员、质量员、安全员、标准员、材料员、机械员、劳务员、资料员。其中，施工员、质量员可分为土建施工、装饰装修、设备安装和市政工程四个子专业。

1.0.4 本标准为建筑与市政工程施工现场相关专业人员规定了所应履行的职责，所需的专业知识和专业技能的基本要求。有关地区和企业可根据自身实际，对本地区及企业的相关专业人员提出更高的要求。

1.0.5 建筑与市政工程施工现场专业人员的岗位设置、工作职责确定、教育培训和职业能力评价，除应符合本标准外，尚应符合国家现行有关标准的规定。

2 术 语

2.0.1 职业标准 occupational standards

在职业岗位分类的基础上，对从业人员应履行的工作职责、所需专业知识和专业技能，及其考核评价的方式、方法的规范性要求。

2.0.2 工作职责 roles

职业岗位的工作范围和责任。

2.0.3 专业技能 technical skills

通过学习训练掌握的，运用相关知识完成专业工作任务的能力。

2.0.4 专业知识 technical knowledge

完成专业工作应具备的通用知识、基础知识和岗位知识。

2.0.5 通用知识 general knowledge

在建筑与市政工程施工现场从事专业技术管理工作，应具备的相关法律法规及专业技术与管理知识。

2.0.6 基础知识 basic knowledge

与职业岗位工作相关的专业基础理论和技术知识。

2.0.7 岗位知识 job knowledge

与职业岗位工作相关的专业标准、工作程序、工作方法和岗位要求。

2.0.8 职业能力评价 competency assessment guidelines

通过考试、考核、鉴定等方式，对专业人员职业能力水平进行测试和判断。

2.0.9 施工现场专业人员 site technician

在建筑与市政工程施工现场从事技术与管理工作的人员。

2.0.10 施工员 foreman

在建筑与市政工程施工现场，从事施工组织策划、施工技术与管理，以及施工进度、成本、质量和安全控制等工作的专业人员。

2.0.11 质量员 quality controller

在建筑与市政工程施工现场，从事施工质量策划、过程控制、检查、监督、验收等工作的专业人员。

2.0.12 安全员 safety supervisor

在建筑与市政工程施工现场，从事施工安全策划、检查、监督等工作的专业人员。

2.0.13 标准员 standardization supervisor

在建筑与市政工程施工现场，从事工程建设标准实施组织、监督、效果评价等工作的专业人员。

2.0.14 材料员 materialman

在建筑与市政工程施工现场，从事施工材料计划、采购、检查、统计、核算等工作的专业人员。

2.0.15 机械员 machinery supervisor

在建筑与市政工程施工现场，从事施工机械的计划、安全使用监督检查、成本统计核算等工作的专业人员。

2.0.16 劳务员 labourer supervisor

在建筑与市政工程施工现场，从事劳务管理计划、劳务人员资格审查与培训、劳动合同与工资管理、劳务纠纷处理等工作的专业人员。

2.0.17 资料员 data processor

在建筑与市政工程施工现场，从事施工信息资料的收集、整理、保管、归档、移交等工作的专业人员。

3 职业能力标准

3.1 一 般 规 定

3.1.1 建筑与市政工程施工现场专业人员应具有中等职业（高中）教育及以上学历，并具有一定实际工作经验，身心健康。

3.1.2 建筑与市政工程施工现场专业人员应具备必要的表达、计算、计算机应用能力。

3.1.3 建筑与市政工程施工现场专业人员应具备下列职业素养：

1 具有社会责任感和良好的职业操守，诚实守信，严谨务实，爱岗敬业，团结协作；

2 遵守相关法律法规、标准和管理规定；

3 树立安全至上、质量第一的理念，坚持安全生产、文明施工；

4 具有节约资料、保护环境的意识；

5 具有终生学习理念，不断学习新知识、新技能。

3.1.4 建筑与市政工程施工现场专业人员工作责任，可按下列规定分为“负责”、“参与”两个层次。

1 “负责”表示行为实施主体是工作任务的责任人和主要承担人。

2 “参与”表示行为实施主体是工作任务的次要承担人。

3.1.5 建筑与市政工程施工现场专业人员教育培训的目标要求，专业知识的认知目标要求可按下列规定分为“了解”、“熟悉”、“掌握”三个层次。

1 “掌握”是最高水平要求，包括能记忆所列知识，并能对所列知识加以叙述和概括，同时能运用知识分析和解决实际问题。

2 “熟悉”是次高水平要求，包括能记忆所列知识，并能对所列知识加以叙述和概括。

3 “了解”是最低水平要求，其内涵是对所列知识有一定的认识和记忆。

3.2 施 工 员

3.2.1 施工员的工作职责宜符合表3.2.1的规定。

表3.2.1 施工员的工作职责

项次	分类	主要工作职责
1	施工组织策划	(1) 参与施工组织管理策划。 (2) 参与制定管理制度。
2	施工技术管理	(3) 参与图纸会审、技术核定。 (4) 负责施工作业班组的技术交底。 (5) 负责组织测量放线、参与技术复核。
3	施工进度成本控制	(6) 参与制定并调整施工进度计划、施工资源需求计划，编制施工作业计划。 (7) 参与做好施工现场组织协调工作，合理调配生产资源；落实施工作业计划。 (8) 参与现场经济技术签证、成本控制及成本核算。 (9) 负责施工平面布置的动态管理。
4	质量安全环境管理	(10) 参与质量、环境与职业健康安全的预控。 (11) 负责施工作业的质量、环境与职业健康安全过程控制，参与隐蔽、分项、分部和单位工程的质量验收。 (12) 参与质量、环境与职业健康安全问题的调查，提出整改措施并监督落实。

续表 3.2.1

项次	分类	主要工作职责
5	施工信息资料管理	(13) 负责编写施工日志、施工记录等相关施工资料。 (14) 负责汇总、整理和移交施工资料。

3.2.2 施工员应具备表3.2.2规定的专业技能。

表3.2.2 施工员应具备的专业技能

项次	分类	专 业 技 能
1	施工组织策划	(1) 能够参与编制施工组织设计和专项施工方案。
2	施工技术管理	(2) 能够识读施工图和其他工程设计、施工等文件。 (3) 能够编写技术交底文件，并实施技术交底。 (4) 能够正确使用测量仪器，进行施工测量。
3	施工进度成本控制	(5) 能够正确划分施工区段，合理确定施工顺序。 (6) 能够进行资源平衡计算，参与编制施工进度计划及资源需求计划，控制调整计划。 (7) 能够进行工程量计算及初步的工程计价。
4	质量安全环境管理	(8) 能够确定施工质量控制点，参与编制质量控制文件、实施质量交底。 (9) 能够确定施工安全防范重点，参与编制职业健康安全与环境技术文件、实施安全和环境交底。 (10) 能够识别、分析、处理施工质量缺陷和危险源。 (11) 能够参与施工质量、职业健康安全与环境问题的调查分析。
5	施工信息资料管理	(12) 能够记录施工情况，编制相关工程技术资料。 (13) 能够利用专业软件对工程信息资料进行处理。

3.2.3 施工员应具备表3.2.3规定的专业知识。

表3.2.3 施工员应具备的专业知识

项次	分类	专 业 知 识
1	通用知识	(1) 熟悉国家工程建设相关法律法规。 (2) 熟悉工程材料的基本知识。 (3) 掌握施工图识读、绘制的基本知识。 (4) 熟悉工程施工工艺和方法。 (5) 熟悉工程项目管理的基本知识。

续表 3.2.3

项次	分类	专 业 知 识
2	基础知识	(6) 熟悉相关专业的力学知识。 (7) 熟悉建筑构造、建筑结构和建筑设备的基本知识。 (8) 熟悉工程预算的基本知识。 (9) 掌握计算机和相关资料信息管理软件的应用知识。 (10) 熟悉施工测量的基本知识。
3	岗位知识	(11) 熟悉与本岗位相关的标准和管理规定。 (12) 掌握施工组织设计及专项施工方案的内容和编制方法。 (13) 掌握施工进度计划的编制方法。 (14) 熟悉环境与职业健康安全管理的基本知识。 (15) 熟悉工程质量管理的基本知识。 (16) 熟悉工程成本管理的基本知识。 (17) 了解常用施工机械机具的性能。

3.3 质 量 员

3.3.1 质量员的工作职责宜符合表 3.3.1 的规定。

表 3.3.1 质量员的工作职责

项次	分类	主要工作职责
1	质量计划准备	(1) 参与进行施工质量策划。 (2) 参与制定质量管理制度。
2	材料质量控制	(3) 参与材料、设备的采购。 (4) 负责核查进场材料、设备的质量保证资料，监督进场材料的抽样复验。 (5) 负责监督、跟踪施工试验，负责计量器具的符合性审查。
3	工序质量控制	(6) 参与施工图会审和施工方案审查。 (7) 参与制定工序质量控制措施。 (8) 负责工序质量检查和关键工序、特殊工序的旁站检查，参与交接检验、隐蔽验收、技术复核。 (9) 负责检验批和分项工程的质量验收、评定，参与分部工程和单位工程的质量验收、评定。
4	质量问题处置	(10) 参与制定质量通病预防和纠正措施。 (11) 负责监督质量缺陷的处理。 (12) 参与质量事故的调查、分析和处理。
5	质量资料管理	(13) 负责质量检查的记录，编制质量资料。 (14) 负责汇总、整理、移交质量资料。

3.3.2 质量员应具备表 3.3.2 规定的专业技能。

表 3.3.2 质量员应具备的专业技能

项次	分类	专 业 技 能
1	质量计划准备	(1) 能够参与编制施工项目质量计划。
2	材料质量控制	(2) 能够评价材料、设备质量。 (3) 能够判断施工试验结果。
3	工序质量控制	(4) 能够识读施工图。 (5) 能够确定施工质量控制点。 (6) 能够参与编写质量控制措施等质量控制文件，实施质量交底。 (7) 能够进行工程质量检查、验收、评定。
4	质量问题处置	(8) 能够识别质量缺陷，并进行分析和处理。 (9) 能够参与调查、分析质量事故，提出处理意见。
5	质量资料管理	(10) 能够编制、收集、整理质量资料。

3.3.3 质量员应具备表 3.3.3 规定的专业知识。

表 3.3.3 质量员应具备的专业知识

项次	分类	专 业 知 识
1	通用知识	(1) 熟悉国家工程建设相关法律法规。 (2) 熟悉工程材料的基本知识。 (3) 掌握施工图识读、绘制的基本知识。 (4) 熟悉工程施工工艺和方法。 (5) 熟悉工程项目管理的基本知识。
2	基础知识	(6) 熟悉相关专业力学知识。 (7) 熟悉建筑构造、建筑结构和建筑设备的基本知识。 (8) 熟悉施工测量的基本知识。 (9) 掌握抽样统计分析的基本知识。
3	岗位知识	(10) 熟悉与本岗位相关的标准和管理规定。 (11) 掌握工程质量管理的基本知识。 (12) 掌握施工质量计划的内容和编制方法。 (13) 熟悉工程质量控制的方法。 (14) 了解施工试验的内容、方法和判定标准。 (15) 掌握工程质量问题的分析、预防及处理方法。

3.4 安 全 员

3.4.1 安全员的工作职责宜符合表3.4.1的规定。

表3.4.1 安全员的工作职责

项次	分类	主要工作职责
1	项目安全策划	（1）参与制定施工项目安全生产管理计划。 （2）参与建立安全生产责任制度。 （3）参与制定施工现场安全事故应急救援预案。
2	资源环境安全检查	（4）参与开工前安全条件检查。 （5）参与施工机械、临时用电、消防设施等的安全检查。 （6）负责防护用品和劳保用品的符合性审查。 （7）负责作业人员的安全教育培训和特种作业人员资格审查。
3	作业安全管理	（8）参与编制危险性较大的分部、分项工程专项施工方案。 （9）参与施工安全技术交底。 （10）负责施工作业安全及消防安全的检查和危险源的识别，对违章作业和安全隐患进行处置。 （11）参与施工现场环境监督管理。
4	安全事故处理	（12）参与组织安全事故应急救援演练，参与组织安全事故救援。 （13）参与安全事故的调查、分析。
5	安全资料管理	（14）负责安全生产的记录、安全资料的编制。 （15）负责汇总、整理、移交安全资料。

3.4.2 安全员应具备表3.4.2规定的专业技能。

表3.4.2 安全员应具备的专业技能

项次	分类	专 业 技 能
1	项目安全策划	（1）能够参与编制项目安全生产管理计划。 （2）能够参与编制安全事故应急救援预案。
2	资源环境安全检查	（3）能够参与对施工机械、临时用电、消防设施进行安全检查，对防护用品与劳保用品进行符合性审查。 （4）能够组织实施项目作业人员的安全教育培训。

续表3.4.2

项次	分类	专 业 技 能
3	作业安全管理	（5）能够参与编制安全专项施工方案。 （6）能够参与编制安全技术交底文件，实施安全技术交底。 （7）能够识别施工现场危险源，并对安全隐患和违章作业提出处置建议。 （8）能够参与项目文明工地、绿色施工管理。
4	安全事故处理	（9）能够参与安全事故的救援处理、调查分析。
5	安全资料管理	（10）能够编制、收集、整理施工安全资料。

3.4.3 安全员应具备表3.4.3规定的专业知识。

表3.4.3 安全员应具备的专业知识

项次	分类	专 业 知 识
1	通用知识	（1）熟悉国家工程建设相关法律法规。 （2）熟悉工程材料的基本知识。 （3）熟悉施工图识读的基本知识。 （4）了解工程施工工艺和方法。 （5）熟悉工程项目管理的基本知识。
2	基础知识	（6）了解建筑力学的基本知识。 （7）熟悉建筑构造、建筑结构和建筑设备的基本知识。 （8）掌握环境与职业健康管理的基本知识。
3	岗位知识	（9）熟悉与本岗位相关的标准和管理规定。 （10）掌握施工现场安全管理知识。 （11）熟悉施工项目安全生产管理计划的内容和编制方法。 （12）熟悉安全专项施工方案的内容和编制方法。 （13）掌握施工现场安全事故的防范知识。 （14）掌握安全事故救援处理知识。

3.5 标 准 员

3.5.1 标准员的工作职责宜符合表3.5.1的规定。

表 3.5.1 标准员的工作职责

项次	分类	主要工作职责
1	标准实施计划	(1) 参与企业标准体系表的编制。 (2) 负责确定工程项目应执行的工程建设标准，编列标准强制性条文，并配置标准有效版本。 (3) 参与制定质量安全技术标准落实措施及管理制度。
2	施工前期标准实施	(4) 负责组织工程建设标准的宣贯和培训。 (5) 参与施工图会审，确认执行标准的有效性。 (6) 参与编制施工组织设计、专项施工方案、施工质量计划、职业健康安全与环境计划，确认执行标准的有效性。
3	施工过程标准实施	(7) 负责建设标准实施交底。 (8) 负责跟踪、验证施工过程标准执行情况，纠正执行标准中的偏差，重大问题提交企业标准化委员会。 (9) 参与工程质量、安全事故调查，分析标准执行中的问题。
4	标准实施评价	(10) 负责汇总标准执行确认资料、记录工程项目执行标准的情况，并进行评价。 (11) 负责收集对工程建设标准的意见、建议，并提交企业标准化委员会。
5	标准信息管理	(12) 负责工程建设标准实施的信息管理。

3.5.2 标准员应具备表 3.5.2 规定的专业技能。

表 3.5.2 标准员应具备的专业技能

项次	分类	专业技能
1	标准实施计划	(1) 能够组织确定工程项目应执行的工程建设标准及强制性条文。 (2) 能够参与制定工程建设标准贯彻落实的计划方案。
2	施工前期标准实施	(3) 能够组织施工现场工程建设标准的宣贯和培训。 (4) 能够识读施工图。
3	施工过程标准实施	(5) 能够对不符合工程建设标准的施工作业提出改进措施。 (6) 能够处理施工作业过程中工程建设标准实施的信息。 (7) 能够根据质量、安全事故原因，参与分析标准执行中的问题。
4	标准实施评价	(8) 能够记录和分析工程建设标准实施情况。 (9) 能够对工程建设标准实施情况进行评价。 (10) 能够收集、整理、分析对工程建设标准的意见，并提出建议。
5	标准信息管理	(11) 能够使用工程建设标准实施信息系统。

3.5.3 标准员应具备表 3.5.3 规定的专业知识。

表 3.5.3 标准员应具备的专业知识

项次	分类	专业知识
1	通用知识	(1) 熟悉国家工程建设相关法律法规。 (2) 熟悉工程材料的基本知识。 (3) 掌握施工图绘制、识读的基本知识。 (4) 熟悉工程施工工艺和方法。 (5) 了解工程项目管理的基本知识。
2	基础知识	(6) 掌握建筑结构、建筑构造、建筑设备的基本知识。 (7) 熟悉工程质量控制、检测分析的基本知识。 (8) 熟悉工程建设标准体系的基本内容和国家、行业工程建设标准化管理体制。 (9) 了解施工方案、质量目标和质量保证措施编制及实施基本知识。
3	岗位知识	(10) 掌握与本岗位相关的标准和管理规定。 (11) 了解企业标准体系表的编制方法。 (12) 熟悉对工程建设标准实施进行监督检查和工程检测的基本知识。 (13) 掌握标准实施执行情况记录及分析评价的方法。

3.6 材 料 员

3.6.1 材料员的工作职责宜符合表 3.6.1 的规定。

表 3.6.1 材料员的工作职责

项次	分类	主要工作职责
1	材料管理计划	(1) 参与编制材料、设备配置计划。 (2) 参与建立材料、设备管理制度。

续表 3.6.1

项次	分类	主要工作职责
2	材料采购验收	(3) 负责收集材料、设备的价格信息，参与供应单位的评价、选择。 (4) 负责材料、设备的选购，参与采购合同的管理。 (5) 负责进场材料、设备的验收和抽样复检。
3	材料使用存储	(6) 负责材料、设备进场后的接收、发放、储存管理。 (7) 负责监督、检查材料、设备的合理使用。 (8) 参与回收和处置剩余及不合格材料、设备。
4	材料统计核算	(9) 负责建立材料、设备管理台账。 (10) 负责材料、设备的盘点、统计。 (11) 参与材料、设备的成本核算。
5	材料资料管理	(12) 负责材料、设备资料的编制。 (13) 负责汇总、整理、移交材料和设备资料。

3.6.2 材料员应具备表 3.6.2 规定的专业技能。

表 3.6.2 材料员应具备的专业技能

项次	分类	专 业 技 能
1	材料管理计划	(1) 能够参与编制材料、设备配置管理计划。
2	材料采购验收	(2) 能够分析建筑材料市场信息，并进行材料、设备的计划与采购。 (3) 能够对进场材料、设备进行符合性判断。
3	材料使用存储	(4) 能够组织保管、发放施工材料、设备。 (5) 能够对危险物品进行安全管理。 (6) 能够参与对施工余料、废弃物进行处置或再利用。
4	材料统计核算	(7) 能够建立材料、设备的统计台账。 (8) 能够参与材料、设备的成本核算。
5	材料资料管理	(9) 能够编制、收集、整理施工材料、设备资料。

3.6.3 材料员应具备表 3.6.3 规定的专业知识。

表 3.6.3 材料员应具备的专业知识

项次	分类	专 业 知 识
1	通用知识	(1) 熟悉国家工程建设相关法律法规。 (2) 掌握工程材料的基本知识。 (3) 了解施工图识读的基本知识。 (4) 了解工程施工工艺和方法。 (5) 熟悉工程项目管理的基本知识。
2	基础知识	(6) 了解建筑力学的基本知识。 (7) 熟悉工程预算的基本知识 (8) 掌握物资管理的基本知识。 (9) 熟悉抽样统计分析的基本知识。
3	岗位知识	(10) 熟悉与本岗位相关的标准和管理规定。 (11) 熟悉建筑材料市场调查分析的内容和方法。 (12) 熟悉工程招投标和合同管理的基本知识。 (13) 掌握建筑材料验收、存储、供应的基本知识。 (14) 掌握建筑材料成本核算的内容和方法。

3.7 机 械 员

3.7.1 机械员的工作职责宜符合表 3.7.1 的规定。

表 3.7.1 机械员的工作职责

项次	分类	主要工作职责
1	机械管理计划	(1) 参与制定施工机械设备使用计划，负责制定维护保养计划。 (2) 参与制定施工机械设备管理制度。
2	机械前期准备	(3) 参与施工总平面布置及机械设备的采购或租赁。 (4) 参与审查特种设备安装、拆卸单位资质和安全事故应急救援预案、专项施工方案。 (5) 参与特种设备安装、拆卸的安全管理和监督检查。 (6) 参与施工机械设备的检查验收和安全技术交底，负责特种设备使用备案、登记。
3	机械安全使用	(7) 参与组织施工机械设备操作人员的教育培训和资格证书查验，建立机械特种作业人员档案。 (8) 负责监督检查施工机械设备的使用和维护保养，检查特种设备安全使用状况。 (9) 负责落实施工机械设备安全防护和环境保护措施。 (10) 参与施工机械设备事故调查、分析和处理。

续表 3.7.1

项次	分类	主要工作职责
4	机械成本核算	(11) 参与施工机械设备定额的编制，负责机械设备台账的建立。 (12) 负责施工机械设备常规维护保养支出的统计、核算、报批。 (13) 参与施工机械设备租赁结算。
5	机械资料管理	(14) 负责编制施工机械设备安全、技术管理资料。 (15) 负责汇总、整理、移交机械设备资料。

3.7.2 机械员应具备表 3.7.2 规定的专业技能。

表 3.7.2 机械员应具备的专业技能

项次	分类	专业技能
1	机械管理计划	(1) 能够参与编制施工机械设备管理计划。
2	机械前期准备	(2) 能够参与施工机械设备的选型和配置。 (3) 能够参与核查特种设备安装、拆卸专项施工方案。 (4) 能够参与组织进行特种设备安全技术交底。
3	机械安全使用	(5) 能够参与组织施工机械设备操作人员的安全教育培训。 (6) 能够对特种设备安全运行状况进行评价。 (7) 能够识别、处理施工机械设备的安全隐患。
4	机械成本核算	(8) 能够建立施工机械设备的统计台账。 (9) 能够进行施工机械设备成本核算。
5	机械资料管理	(10) 能够编制、收集、整理施工机械设备资料。

3.7.3 机械员应具备表 3.7.3 规定的专业知识。

表 3.7.3 机械员应具备的专业知识

项次	分类	专业知识
1	通用知识	(1) 熟悉国家工程建设相关法律法规。 (2) 了解工程材料的基本知识。 (3) 了解施工图识读的基本知识。 (4) 了解工程施工工艺和方法。 (5) 熟悉工程项目管理的基本知识。

续表 3.7.3

项次	分类	专业知识
2	基础知识	(6) 了解工程力学的基本知识。 (7) 了解工程预算的基本知识。 (8) 掌握机械制图和识图的基本知识。 (9) 掌握施工机械设备的工作原理、类型、构造及技术性能的基本知识。
3	岗位知识	(10) 熟悉与本岗位相关的标准和管理规定。 (11) 熟悉施工机械设备的购置、租赁知识。 (12) 掌握施工机械设备安全运行、维护保养的基本知识。 (13) 熟悉施工机械设备常见故障、事故原因和排除方法。 (14) 掌握施工机械设备的成本核算方法。 (15) 掌握施工临时用电技术规程和机械设备用电知识。

3.8 劳 务 员

3.8.1 劳务员的工作职责宜符合表 3.8.1 的规定。

表 3.8.1 劳务员的工作职责

项次	分类	主要工作职责
1	劳务管理计划	(1) 参与制定劳务管理计划。 (2) 参与组建项目劳务管理机构和制定劳务管理制度。
2	资格审查培训	(3) 负责验证劳务分包队伍资质，办理登记备案；参与劳务分包合同签订，对劳务队伍现场施工管理情况进行考核评价。 (4) 负责审核劳务人员身份、资格，办理登记备案。 (5) 参与组织劳务人员培训。
3	劳动合同管理	(6) 参与或监督劳务人员劳动合同的签订、变更、解除、终止及参加社会保险等工作。 (7) 负责或监督劳务人员进出场及用工管理。 (8) 负责劳务结算资料的收集整理，参与劳务费的结算。 (9) 参与或监督劳务人员工资支付、负责劳务人员工资公示及台账的建立。
4	劳务纠纷处理	(10) 参与编制、实施劳务纠纷应急预案。 (11) 参与调解、处理劳务纠纷和工伤事故的善后工作。

续表 3.8.1

项次	分类	主要工作职责
5	劳务资料管理	(12) 负责编制劳务队伍和劳务人员管理资料。 (13) 负责汇总、整理、移交劳务管理资料。

3.8.2 劳务员应具备表 3.8.2 规定的专业技能。

表 3.8.2 劳务员应具备的专业技能

项次	分类	专 业 技 能
1	劳务管理计划	(1) 能够参与编制劳务需求及培训计划。
2	资格审查培训	(2) 能够验证劳务队伍资质。 (3) 能够审验劳务人员身份、职业资格。 (4) 能够对劳务分包合同进行评审，对劳务队伍进行综合评价。
3	劳动合同管理	(5) 能够对劳动合同进行规范性审查。 (6) 能够核实劳务分包款、劳务人员工资。 (7) 能够建立劳务人员个人工资台账。
4	劳务纠纷处理	(8) 能够参与编制劳务人员工资纠纷应急预案，并组织实施。 (9) 能够参与调解、处理劳资纠纷和工伤事故的善后工作。
5	劳务资料管理	(10) 能够编制、收集、整理劳务管理资料。

3.8.3 劳务员应具备表 3.8.3 规定的专业知识。

表 3.8.3 劳务员应具备的专业知识

项次	分类	专 业 知 识
1	通用知识	(1) 熟悉国家工程建设相关法律法规。 (2) 了解工程材料的基本知识。 (3) 了解施工图识读的基本知识。 (4) 了解工程施工工艺和方法。 (5) 熟悉工程项目管理的基本知识。
2	基础知识	(6) 熟悉流动人口管理和劳动保护的相关规定。 (7) 掌握信访工作的基本知识。 (8) 了解人力资源开发及管理的基本知识。 (9) 了解财务管理的基本知识。

续表 3.8.3

项次	分类	专 业 知 识
3	岗位知识	(10) 熟悉与本岗位相关的标准和管理规定。 (11) 熟悉劳务需求的统计计算方法和劳动定额的基本知识。 (12) 掌握建筑劳务分包管理、劳动合同、工资支付和权益保护的基本知识。 (13) 掌握劳务纠纷常见形式、调解程序和方法。 (14) 了解社会保险的基本知识。

3.9 资 料 员

3.9.1 资料员的工作职责宜符合表 3.9.1 的规定。

表 3.9.1 资料员的工作职责

项次	分类	主要工作职责
1	资料计划管理	(1) 参与制定施工资料管理计划。 (2) 参与建立施工资料管理规章制度。
2	资料收集整理	(3) 负责建立施工资料台账，进行施工资料交底。 (4) 负责施工资料的收集、审查及整理。
3	资料使用保管	(5) 负责施工资料的往来传递、追溯及借阅管理。 (6) 负责提供管理数据、信息资料。
4	资料归档移交	(7) 负责施工资料的立卷、归档。 (8) 负责施工资料的封存和安全保密工作。 (9) 负责施工资料的验收与移交。
5	资料信息系统管理	(10) 参与建立施工资料管理系统。 (11) 负责施工资料管理系统的运用、服务和管理。

3.9.2 资料员应具备表 3.9.2 规定的专业技能。

表 3.9.2 资料员应具备的专业技能

项次	分类	专 业 技 能
1	资料计划管理	(1) 能够参与编制施工资料管理计划。
2	资料收集整理	(2) 能够建立施工资料台账。 (3) 能够进行施工资料交底。 (4) 能够收集、审查、整理施工资料。
3	资料使用保管	(5) 能够检索、处理、存储、传递、追溯、应用施工资料。 (6) 能够安全保管施工资料。

续表 3.9.2

项次	分类	专业技能
4	资料归档移交	(7) 能够对施工资料立卷、归档、验收、移交。
5	资料信息系统管理	(8) 能够参与建立施工资料计算机辅助管理平台。 (9) 能够应用专业软件进行施工资料的处理。

3.9.3 资料员应具备表 3.9.3 规定的专业知识。

表 3.9.3 资料员应具备的专业知识

项次	分类	专业知识
1	通用知识	(1) 熟悉国家工程建设相关法律法规。 (2) 了解工程材料的基本知识。 (3) 熟悉施工图绘制、识读的基本知识。 (4) 了解工程施工工艺和方法。 (5) 熟悉工程项目管理的基本知识。
2	基础知识	(6) 了解建筑构造、建筑设备及工程预算的基本知识。 (7) 掌握计算机和相关资料管理软件的应用知识。 (8) 掌握文秘、公文写作基本知识。
3	岗位知识	(9) 熟悉与本岗位相关的标准和管理规定。 (10) 熟悉工程竣工验收备案管理知识。 (11) 掌握城建档案管理、施工资料管理及建筑业统计的基础知识。 (12) 掌握资料安全管理知识。

4 职业能力评价

4.1 一 般 要 求

4.1.1 建筑与市政工程施工现场专业人员的职业能力评价，可采取专业学历、职业经历和专业能力评价相结合的综合评价方法。其中专业能力评价应采用专业能力测试方法。

4.1.2 专业能力测试包括专业知识和专业技能测试，应重点考查运用相关专业知识和专业技能解决工程实际问题的能力。

4.1.3 建筑与市政工程施工现场专业人员参加职业能力评价，其施工现场职业实践年限应符合表 4.1.3 的规定。

表 4.1.3 施工现场职业实践最少年限（年）

岗位名称	土建类本专业专科及以上学历	土建类相关专业专科及以上学历	土建类本专业中职学历	土建类相关专业中职学历	非土建类中职及以上学历
施工员、质量员、安全员、标准员、机械员	1	2	3	4	—
材料员、劳务员、资料员	1	2	3	4	4

4.1.4 建筑与市政工程施工现场专业人员专业能力测试的内容，应符合本标准第 3 章相关规定。

4.1.5 建筑与市政工程施工现场专业人员专业能力测试，专业知识部分应采取闭卷笔试方式；专业技能部分应以闭卷笔试方式为主，具备条件的可部分采用现场实操测试。专业知识考试时间宜为 2h，专业技能考试时间宜为 2.5h。

4.1.6 建筑与市政工程施工现场专业人员专业能力测试，专业知识和专业技能考试均采取百分制。专业知识和专业技能考试成绩同时合格，方为专业能力测试合格。

4.1.7 已通过施工员、质量员职业能力评价的专业人员，参加其他岗位的职业能力评价，可免试部分专业知识。

4.1.8 建筑与市政工程施工现场专业人员的职业能力评价，应由省级住房和城乡建设行政主管部门统一组织实施。

4.1.9 对专业能力测试合格，且专业学历和职业经历符合规定的建筑与市政工程施工现场专业人员，颁发职业能力评价合格证书。

4.2 专业能力测试权重

4.2.1 施工员专业能力测试权重应符合表 4.2.1 的规定。

表 4.2.1 施工员专业能力测试权重

项次	分类	评价权重
专业技能	施工组织策划	0.10
	施工技术管理	0.30
	施工进度成本控制	0.30
	质量安全环境管理	0.20
	施工信息资料管理	0.10
	小计	1.00

续表 4.2.1

项 次	分 类	评价权重
专业知识	通用知识	0.20
	基础知识	0.40
	岗位知识	0.40
	小计	1.00

4.2.2 质量员专业能力测试权重应符合表 4.2.2 的规定。

表 4.2.2 质量员专业能力测试权重

项 次	分 类	评价权重
专业技能	质量计划准备	0.10
	材料质量控制	0.20
	工序质量控制	0.40
	质量问题处置	0.20
	质量资料管理	0.10
	小计	1.00
专业知识	通用知识	0.20
	基础知识	0.40
	岗位知识	0.40
	小计	1.00

4.2.3 安全员专业能力测试权重应符合表 4.2.3 的规定。

表 4.2.3 安全员专业能力测试权重

项 次	分 类	评价权重
专业技能	项目安全策划	0.20
	资源环境安全检查	0.20
	作业安全管理	0.40
	安全事故处理	0.10
	安全资料管理	0.10
	小计	1.00
专业知识	通用知识	0.20
	基础知识	0.40
	岗位知识	0.40
	小计	1.00

4.2.4 标准员专业能力测试权重应符合表 4.2.4 的规定。

表 4.2.4 标准员专业能力测试权重

项 次	分 类	评价权重值
专业技能	标准实施计划	0.20
	施工前期标准实施	0.30
	施工过程标准实施	0.30
	标准实施评价	0.10
	标准信息管理	0.10
	小计	1.00
专业知识	通用知识	0.20
	基础知识	0.40
	岗位知识	0.40
	小计	1.00

4.2.5 材料员专业能力测试权重应符合表 4.2.5 的规定。

表 4.2.5 材料员专业能力测试权重

项 次	分 类	评价权重
专业技能	材料管理计划	0.10
	材料采购验收	0.20
	材料使用存储	0.40
	材料统计核算	0.20
	材料资料管理	0.10
	小计	1.00
专业知识	通用知识	0.20
	基础知识	0.40
	岗位知识	0.40
	小计	1.00

4.2.6 机械员专业能力测试权重应符合表 4.2.6 的规定。

表 4.2.6 机械员专业能力测试权重

项 次	分 类	评价权重
专业技能	机械管理计划	0.10
	机械前期准备	0.20
	机械安全使用	0.40
	机械成本核算	0.20
	机械资料管理	0.10
	小计	1.00
专业知识	通用知识	0.20
	基础知识	0.40
	岗位知识	0.40
	小计	1.00

4.2.7 劳务员专业能力测试权重应符合表 4.2.7 的规定。

表 4.2.7　劳务员专业能力测试权重

项　　次	分　　类	评价权重
专业技能	劳务管理计划	0.10
	资格审查培训	0.20
	劳动合同管理	0.40
	劳务纠纷处理	0.20
	劳务资料管理	0.10
	小计	1.00
专业知识	通用知识	0.20
	基础知识	0.40
	岗位知识	0.40
	小计	1.00

4.2.8　资料员专业能力测试权重应符合表 4.2.8 的规定。

表 4.2.8　资料员专业能力测试权重

项　　次	分　　类	评价权重
专业技能	资料计划管理	0.10
	资料收集管理	0.30
	资料使用保管	0.20
	资料归档移交	0.20
	资料信息系统管理	0.20
	小计	1.00

续表 4.2.8

项　　次	分　　类	评价权重
专业知识	通用知识	0.20
	基础知识	0.40
	岗位知识	0.40
	小计	1.00

本标准用词说明

1　为了便于在执行本标准条文时区别对待，对要求严格程度不同的用词说明如下：

1） 表示很严格，非这样做不可的：
正面词采用“必须”，反面词采用“严禁”；

2） 表示严格，在正常情况下均应这样做的：
正面词采用“应”，反面词采用“不应”或“不得”；

3） 表示允许稍有选择，在条件许可时首先应这样做的：
正面词采用“宜”，反面词采用“不宜”；

4） 表示有选择，在一定条件下可以这样做的，采用“可”。

2　条文中指明应按其他有关标准执行的写法为：“应符合……的规定”或“应按……执行”。

中华人民共和国行业标准

建筑与市政工程施工现场专业人员职业标准

JGJ/T 250—2011

条 文 说 明

制 定 说 明

《建筑与市政工程施工现场专业人员职业标准》JGJ/T 250－2011，经住房和城乡建设部 2011 年 7 月 13 日以第 1059 号公告批准、发布。

本标准制定过程中，编制组进行了广泛深入的调查研究，总结分析了我国建设行业企事业单位基层专业管理人员岗位培训、考核评价的实践经验，同时参考了国外建设行业专业人员职业标准体系框架，编制了本标准。

为了方便有关人员正确理解和执行条文规定，《建筑与市政工程施工现场专业人员职业标准》编制组按章、节、条、款顺序编制了本标准的条文说明，对条文规定的目的、依据以及执行中需注意的有关事项进行了说明。但是，本条文说明不具备与正文同等的法律效力，仅供使用者作为理解和把握标准规定的参考。

目　次

1 总 则

1.0.1 建筑与市政工程施工现场专业人员队伍素质是影响工程质量和安全的关键因素。我国从20世纪80年代开始，在建设行业开展关键岗位培训考核和持证上岗工作，对于提高从业人员的专业技术水平和职业素养，促进施工现场规范化管理，保证工程质量和安全，推动行业发展和进步发挥了重要作用。本标准的核心是建立新的职业能力评价制度。该制度是关键岗位培训考核工作的延续和深化。实施本标准的根本目的是，提高建筑与市政工程施工现场专业人员队伍素质，确保施工质量和安全生产。

1.0.2 本标准适用范围是：(1) 建筑业企业聘任、使用、评价施工现场专业人员；(2) 建筑业企业、教育培训机构、行业组织开展教育培训；(3) 行业主管部门、行业组织开展施工现场专业人员职业能力评价；(4) 行业主管部门、建筑业企业制定人才队伍建设规划。

1.0.3 目前，各地建筑与市政工程施工现场专业人员的岗位名称、工作职责不尽一致，给职业培训考核的统一、规范造成了困难，制定、施行本标准的目的之一，就是引导这类人员的名称逐步统一、规范。经过广泛调研和科学论证，并兼顾传统习惯，本标准将建筑与市政工程施工现场专业人员岗位名称确定为施工员、质量员、安全员、标准员、材料员、机械员、劳务员、资料员等。本标准不作为岗位设置的依据，工程项目经理部可根据实际需要设置职业岗位，不排除一岗多人和一人多岗的设置方式。

根据量大面广，通用性、专业性强，技能要求高的原则，现编制施工员等8个职业岗位的职业标准，其他职业岗位的职业标准逐步编制开发。鉴于土建施工、装饰装修、设备安装、市政工程专业的施工员、质量员工作差异较为明显，本标准将其分为土建施工、装饰装修、设备安装和市政工程四个子专业。有关单位可在本标准基础上，分类编写施工员、质量员相应的教育培训及考核评价大纲。

在本标准所列8个职业岗位中，标准员是新设的岗位。鉴于工程建设标准是工程建设的重要技术依据，能否严格执行工程建设标准直接影响到工程质量、安全及人身健康，《中华人民共和国建筑法》、《建设工程质量管理条例》、《建设工程安全生产管理条例》等法律法规对执行标准都作出了明确的规定。施工现场专业人员是建设工程施工阶段的直接管理者，设置标准员岗位，可以促进标准实施，保障工程质量和安全，同时强化工程建设标准化工作。

2 术 语

2.0.1 国家对职业标准尚无统一的定义和统一的编写体例。本标准从建筑与市政工程项目经理部各职业岗位专业人员的工作职责、专业知识、专业技能和职业能力评价方式方法等方面，提出规范性要求。

2.0.3 专业技能是通过专门训练才能掌握的技能，不包括诸如表达能力等一般技能。

2.0.4～2.0.7 专业知识是完成专业工作应具备的专门知识。本标准将其分为通用知识、基础知识和岗位知识。通用知识是建筑与市政工程施工现场专业人员应具备的共性知识，基础知识、岗位知识是与本岗位工作相关的知识。

2.0.9 建筑与市政工程施工现场专业人员特指建筑与市政工程项目经理部内从事专业技术与管理工作的专职人员，如施工员、质量员、安全员、标准员、材料员、机械员、劳务员、资料员等，不包括项目经理、副经理、项目总工程师等管理人员，也不包括技术工人和一般行政、后勤人员。

2.0.10～2.0.17 施工员、质量员、安全员、标准员、材料员、机械员、劳务员、资料员特指建筑与市政工程项目经理部内从事该项工作的专职人员，是项目经理部的组成人员。

3 职业能力标准

3.1 一 般 规 定

3.1.1 本条规定中等职业教育学历是申请参加职业能力评价人员的最低学历要求，各岗位对学历可以有不同要求。

本条不作为对施工现场从业人员的学历限制。

3.1.2 本条规定了建筑与市政工程施工现场专业人员的基本能力结构，但不作为职业能力评价中的测试内容。

3.1.3 本条规定了建筑与市政工程施工现场专业人员的基本职业素养，但不作为职业能力评价中的测试内容。

3.2 施 工 员

3.2.1 本条明确了施工员的主要职责，即主要负责施工进度协调，参与施工技术、质量、安全和成本等管理。

“施工员”岗位，不论是名称还是工作职责，全国各地都有较大不同。一些地方“施工员”与“技术员”的职责没有明确的界限，只设“施工员”或“技术员”岗位。而另一些地方则有“施工员”和“技术员”两个岗位，“技术员”主要从事技术管理等工作，“施工员”主要负责进度协调等工作，但各地一般都设置“技术负责人”（即“项目总工程师”)。编制组在调研的基础上，确定本标准不设“技术员”这一岗位，施工员在技术负责人的主持下参与技术管理等工作。

1　施工组织管理策划主要指施工组织管理实施规划（施工组织设计）的编制，由项目经理负责组织，技术负责人实施，施工员参与。编制完成后应经企业技术部门及技术负责人审批后，报总监理工程师批准后实施。

2　图纸会审、技术核定、技术交底、技术复核等工作由项目技术负责人负责，施工员等参与。

施工员组织测量放线，有两方面的工作职责，一是要为测量员具体进行测量工作时提供支持和便利，二是在测量员测量工作完成后组织技术、质量等有关人员进行“验线”。

技术核定是项目技术负责人针对某个施工环节，提出具体的方案、方法、工艺、措施等建议，经发包方和有关单位共同核定并确认的一项技术管理工作。

技术交底由项目技术负责人负责实施。技术交底必须包括施工作业条件、工艺要求、质量标准、安全及环境注意事项等内容，交底对象为项目部相关管理人员和施工作业班组长等。对施工作业班组的技术交底工作应由施工员负责实施。重要或关键分项工程可由技术负责人分别进行质量、安全和环境交底，质量员、安全员协助参与。

技术复核是指技术人员对工程的重要施工环节进行检查、验收、确认的过程。主要包括工程定位放线，轴线、标高的检查与复核，混凝土与砂浆配合比的检查与复核等工作。

3　施工员协助项目经理和技术负责人制定并调整施工进度计划，负责编制作业性进度计划，协助项目经理协调施工现场组织协调工作，落实作业计划。

施工平面布置的动态管理是指建设规模较大的项目，随着工程的进展，施工现场的面貌将不断改变。在这种情况下，应按不同阶段分别绘制不同的施工总平面图，并付诸实施，或根据工地的实际变化情况，及时对施工总平面图进行调整和修正，以便适应不同时期的需要。

4　施工员协助技术负责人做好质量、安全与环境管理的预控工作，参与安全员或质量员的安全检查和质量检查工作，并落实预控措施和检查后提出的整改措施。

3.2.2　施工员可分为土建施工、装饰装修、设备安装、市政工程四个子专业，表3.2.2所列专业技能均为针对本专业的要求。例如，编制施工组织设计，土建施工专业主要为土建工程施工组织设计，装饰装修专业主要为装饰装修工程施工组织设计，设备安装专业主要为设备安装工程施工组织设计，市政工程专业主要为市政工程施工组织设计。

质量控制点是指施工过程中需要对质量进行重点控制的对象或实体。

3.2.3　施工员的专业知识，应按土建施工、装饰装修、设备安装、市政工程四个子专业突出本专业的要求。

1　通用知识包括法律法规、工程材料、工程识图、施工工艺、项目管理五个方面的内容，是建筑与市政工程施工现场各岗位专业人员应具备的共性知识，但对其深度和广度的要求各岗位可以有所不同。

2　土建施工、装饰装修、设备安装、市政工程四个子专业的施工员，对力学知识的要求是不一样的，应根据专业实际提出相应要求。

对于建筑与市政构造、结构以及建筑设备的基本知识，土建施工、装饰装修专业应以建筑构造、建筑结构知识为重点，市政工程专业应以市政构造、结构知识为重点，设备安装专业应以建筑设备知识为主。

3.3　质　量　员

3.3.1　本条明确了质量员的主要职责，即质量计划准备、材料质量控制、工序质量控制、质量问题处置和质量资料管理。

1　施工质量策划是质量管理的一部分，是指制定质量目标并规定必要的运行过程和相关资源的活动。质量策划由项目经理主持，质量员参与。

2　材料和设备的采购由材料员负责。质量员参与采购，主要是参与材料和设备的质量控制，以及材料供应商的考核。这里材料指工程材料，不包括周转材料；设备指建筑设备，不包括施工机械。

进场材料的抽样复验由材料员负责，质量员监督实施。进场材料和设备的质量保证资料包括：

1）产品清单（规格、产地、型号等）；

2）产品合格证、质保书、准用证等；

3）检验报告、复检报告；

4）生产厂家的资信证明；

5）国家和地方规定的其他质量保证资料。

施工试验由施工员负责，质量员进行监督、跟踪。施工试验包括：

1）砂浆、混凝土的配合比，试块的强度、抗渗、抗冻试验；

2）钢筋（材）的强度、疲劳试验、焊接（机械连接）接头试验、焊缝强度检验等；

3）土工试验；

4）桩基检测试验；

5）结构、设备系统的功能性试验；

6）国家和地方规定需要进行试验的其他项目。

计量器具符合性审查主要包括：计量器具是否按照规定进行送检、标定；检测单位的资质是否符合要求；受检器具是否进行有效标识等。

3　工序质量是指每道工序完成后的工程产品质量。工序质量控制措施由项目技术负责人主持制定，质量员参与。

关键工序指施工过程中对工程主要使用功能、安全状况有重要影响的工序。特殊工序指施工过程中对工程主要使用功能不能由后续的检测手段和评价方法加以验证的工序。

检验批、分项分部工程和单位工程的划分见《建筑工程施工质量验收统一标准》GB 50300。

4 本标准将质量通病、质量缺陷和质量事故统称为质量问题。质量通病是建筑与市政工程中经常发生的、普遍存在的一些工程质量问题，质量缺陷是施工过程中出现的较轻微的、可以修复的质量问题，质量事故则是造成较大经济损失甚至一定人员伤亡的质量问题。

质量通病预防和纠正措施由项目技术负责人主持制定，质量员参与。

质量缺陷的处理由施工员负责，质量员进行监督、跟踪。

对于质量事故，应根据其损失的严重程度，由相应级别住房和城乡建设行政主管部门牵头调查处理，质量员应按要求参与。

5 质量员在资料管理中的职责是：

1）进行或组织进行质量检查的记录；

2）负责编制或组织编制本岗位相关技术资料；

3）汇总、整理本岗位相关技术资料，并向资料员移交。

3.3.2 质量员的专业技能，应按土建施工、装饰装修、设备安装、市政工程四个子专业突出本专业的要求。

1 质量计划是针对特定的产品、项目或合同规定专门的质量措施、资源和活动顺序的文件。质量计划通常是质量策划的一个结果。

2 要求质量员能够根据质量保证资料和进场复验资料，对材料和设备质量进行评价；能够根据施工试验资料，判断相关指标是否符合设计和有关技术标准要求。

3.3.3 质量员的专业知识，应按土建施工、装饰装修、设备安装、市政工程四个子专业突出本专业的要求，具体说明同本标准第3.2.3条条文说明。

3.4 安 全 员

3.4.1 本条明确了安全员的主要职责，即项目安全策划、资源环境安全检查、作业安全管理、安全事故处理、安全资料管理。

1 项目安全策划是制定工程项目施工现场安全生产管理计划的一系列活动。

施工项目安全生产管理计划包括安全控制目标、控制程序、组织结构、职责权限、规章制度、资源配置、安全措施、检查评价和奖惩制度以及对分包的安全管理；复杂或专业性项目的总体安全措施、单位工程安全措施及分部分项工程安全措施；非常规作业的单项安全技术措施和预防措施等。同时，对项目现场，尚应按照《环境管理体系 要求及使用指南》GB/T 24001的要求，建立并持续改进环境管理体系，以促进安全生产、文明施工并防止污染环境。

施工项目安全生产管理计划及安全生产责任制度均由施工单位组织编制，项目经理负责，安全员参与。

施工现场安全事故应急救援预案，应包括建立应急救援组织、配备必要的应急救援器材、设备，其编制由施工单位组织，项目经理负责，安全员应参与。

2 开工前安全条件审查是建设行政主管部门负责进行的工作，现场监理人员和现场安全员主要参与现场安全防护、消防、围挡、职工生活设施、施工材料、施工机具、施工设备安装、作业人员许可证、作业人员保险手续、项目安全教育计划、现场地下管线资料、文明施工设施等项目的检查。

施工防护用品和劳保用品的符合性审查是指对于施工防护用品和劳保用品的安全性能是否达到或符合施工安全要求的检查与审验。

3 危险性较大的分部、分项工程专项施工方案由总承包单位或专业承包单位组织编制，安全员要参与审核，因方案涉及施工安全保证措施，安全员一般应参与专项施工方案的编制。

安全技术交底是由项目技术负责人负责实施。安全技术交底必须包括安全技术、安全程序、施工工艺和工种操作等方面内容，交底对象为项目部相关管理人员和施工作业班组长等。对施工作业班组的安全技术交底工作应由施工员负责实施，安全员协助、参与。

施工作业安全检查包括日常作业安全检查、季节性安全检查、专项安全检查等，检查内容按《建筑施工安全检查标准》JGJ 59的要求执行。

施工现场环境监督管理是施工生产管理的重要环节，由项目经理负责，主要目标是保持现场良好的作业环境、卫生条件和工作秩序，做到污染预防，并预防可能出现的安全隐患，确保项目文明施工；有效实施现场管理，保护地下管线、发现文物古迹或爆炸物时及时报告，切实控制污水、废气、噪声、固体废弃物、建筑垃圾和渣土，正确处理有毒有害物质。这一工作中，安全员参与涉及安全施工和环境安全的工作，包括污染预防、报告发现的爆炸物、控制污水废气和噪声、处理有毒有害物质等。

4 项目安全生产事故应急救援演练是项目部根据项目应急救援预案进行的定期专项应急演练，由项目经理负责。安全员监督演练的定期实施、协助演练的组织工作。当安全生产事故发生后，项目经理负责组织、指挥救援工作，安全员参与组织救援。

安全生产事故发生后，施工单位要及时如实报告、采取措施防止事故扩大、保护事故现场。安全生产事故主要由政府组织调查。项目部的职责主要是协助调查。因此，安全员的职责就是协助调查人员对安全事故的调查、分析。

3.5 标 准 员

3.5.1 本条规定了标准员的主要工作职责，即标准实施计划、施工前期标准实施、施工过程标准实施、标准实施评价、标准信息管理。

1 工程建设标准包括工程建设国家标准、行业标准、地方标准和企业标准。标准员确定工程项目应执行的工程建设标准，是指从现行的标准里，根据所承建的工程项目类别、结构形式、地域特点等确定应执行的工程建设标准。标准有效版本，一是指经法定程序批准发布、备案，并由指定出版机构正式出版的标准；二是指所选用的标准文本应在有效期内。工程建设标准一般实施一段时间后进行修订，颁布新的版本，标准员应关注工程建设标准制修订动态，掌握最新版本。

工程建设标准是编制施工组织设计、专项施工方案、质量计划和安全生产管理计划的重要依据，工程建设标准中所规定的技术要求也是方案、计划编制的重要目标之一，如何落实工程建设标准的要求是制定方案和计划的重要内容之一，特别是质量验收标准、安全标准、施工技术标准等。标准员参与制定主要工程建设标准贯彻落实的计划方案及管理制度，是指协助各项方案、计划编制的负责人，提出主要标准贯彻落实的技术管理措施及管理制度，确保工程项目建设达到工程建设标准的各项技术要求。

2 标准员参与编制施工组织设计、专项施工方案等，是指对于涉及工程建设标准相关内容的编制提供支持。

工程建设标准实施交底是指标准员向施工现场的其他专业人员就标准实施事项进行的交底，对象为施工员、质量员、安全员、材料员、机械员等，交底的内容是所承建的工程项目应执行工程建设标准的主要技术要求。

3 工程建设标准实施的信息管理，是指标准员利用信息化手段对工程建设标准实施情况进行监管。

对工程项目执行标准的情况进行评价，是指按照分部工程的划分，对不同分部工程施工过程中执行标准的情况分别进行评价，得出各分部施工是否符合标准要求的结论，对于没有达到标准的要求，要分析原因。

3.5.3 工程建设标准体系是某一工程建设领域的所有工程建设标准，按其客观存在的联系，相互依存，相互衔接，相互补充，相互制约，构成的一个科学有机整体。

3.6 材 料 员

3.6.1 本条明确了材料员的主要职责，即材料管理计划、材料采购验收、材料使用存储、材料统计核算和材料资料管理。

1 材料管理计划的制定一般由工程项目部项目经理组织，项目技术负责人负责，材料员等参与编制。

材料、设备配置计划是指为了实现建筑与市政工程项目施工的目标，根据工程施工任务、进度，对材料、设备的使用作出具体安排和搭配方案途径。

本节所提到的材料包括工程材料和周转材料；设备指建筑设备、小型施工设备和工器具，不包括大中型施工机械设备。

2 材料采购验收工作一般包括材料采购与验收两大部分工作。材料采购工作中对供应单位的评价、选择及材料采购合同签订、管理一般由项目经理负责，材料员与其他相关人员参与。

3 剩余材料、设备回收和处置，及不合格材料、设备处置由工程项目部负责，材料员参与。

4 材料成本核算由工程项目部主管经济负责人组织，材料员参与。

3.7 机 械 员

3.7.1 本条明确了机械员的主要工作职责，即机械管理计划、机械前期准备、机械安全使用、机械成本核算和机械资料管理。

1 机械管理计划，包括施工机械的采购和租赁、使用、维修保养、装卸等计划，机械员主要参与使用计划和维修保养计划的制定。使用计划和机械设备管理制度由机械管理部门组织制定，机械员参与，以便充分了解项目施工过程中机械设备使用的整体需要和管理要求；维护保养计划是在使用计划的基础上，由机械员负责制定。

2 机械前期准备，是项目施工前的一项重要工作，一般由项目经理负责，技术负责人具体安排指导，机械员根据需要参与相关工作，但向建设主管部门备案、登记使用特种设备的工作，由机械员负责。

“特种设备”是指涉及生命安全、危险性较大的锅炉、压力容器（含气瓶）、压力管道、电梯、起重机械、客运索道、大型游乐设施和场（厂）内专用机动车辆及其所用的材料、附属的安全附件、安全保护装置和与安全保护装置相关的设施。

协助特种设备安装、拆卸的安全管理和监督检查，是指机械员在机械设备安装及拆卸单位作业时，在安装及拆卸现场进行巡视，协助项目安全负责人监督、检查。

参与施工机械设备的检查验收，是指对新购置、租赁、安装、改造的机械设备的产品质量、安全控制可靠性、调试试运行等进行全面检查验收，机械员须在场参与工作。

施工机械设备的安全技术交底，一般与分部、分项安全技术交底同步并逐级进行。项目技术负责人对机械员交底，机械员对机械作业班组作业人员进行交底。安全技术交底主要内容包括：工程项目和分部、分项工程的概况；工程项目和分部、分项工程的危险部位；针对危险部位采取的具体预防措施；作业中应注意的安全事项；作业人员应遵守的安全操作规范和规程；作业人员发现事故隐患应采取的措施和发生事故后应及时采取的躲避和急救措施。

3 施工机械设备安全使用需要重点控制的环节是：加强操作人员的培训，把好特种机械设备作业人员的就业准入关；加强施工机械设备的维护和保养，保证机械设备的规范操作；确保施工机械设备安全防护装置、安全警告标识的设置到位。

重大机械设备事故一般由各级建设主管部门根据事故等级进行分级调查、分析和处理，机械员按要求协助。

4 机械成本管理中定额的编制，一般由项目财务部门负责，机械员参与。施工机械设备台账是企业为了加强机械设备的管理、更加详细地了解机械设备方面的信息而设置的一种辅助账本。施工机械设备租赁结算，一般由财务部门负责结算，机械员参与。

5 施工机械设备资料，一般包括机械设备的数据报表、监测、检查、维修记录等。

3.8 劳 务 员

3.8.1 本条明确了劳务员的主要职责，即劳务管理计划、资格审查培训、劳动合同管理、劳务纠纷处理、劳务资料管理。

1 劳务管理计划的制定、组建项目劳务管理机构、制定劳务管理制度等工作，一般由项目经理组织，劳务员等各有关管理人员参与。

2 劳务资格审查主要包括劳务企业资质审查和劳务人员职业资格审查。审查具体要求参见住房和城乡建设部的有关规定。具体工作一般由项目经理主持，劳务员等各有关管理人员参与。

3 劳动合同管理在工程项目上有两种情况：对劳务分包队伍的管理和对自有劳务人员的管理。因此对本款（6）、（7）、（9）项中的职责，对劳务分包队伍行使“监督”职责，对自有劳务人员则直接负责。劳务费的结算分劳务分包费结算和劳务工人工资结算两种情况。一般由项目经理组织，劳务员等各有关管理人员参与。

4 劳务纠纷处理有两项主要工作：一是制定劳务纠纷应急预案，一般由企业相关部门编制总纲要，项目经理组织对预案进行细化和责任分工，并组织实施；二是调解、处理劳务纠纷和工伤事故的善后工作，根据情况的严重程度由企业或项目经理组织有关人员处理，劳务员协助进行。

3.9 资 料 员

3.9.1 本条明确了资料员的主要职责，即资料计划管理、资料收集整理、资料使用保管、资料归档移交、资料信息系统管理。

1 资料员应协助项目经理或技术负责人制定施工资料管理计划，建立施工资料管理规章制度。施工资料是建筑与市政工程在施工过程中形成的资料，包括施工管理资料、施工技术资料、施工进度及造价资料、施工物资资料、施工记录、施工试验记录及检测报告、施工质量验收记录、竣工验收资料等。施工资料管理计划的内容包括资料台账，资料管理流程，资料管理制度以及资料的来源、内容、标准、时间要求、传递途径、反馈的范围、人员及职责和工作程序等。

2～4 项次资料员应收集、审查施工员、质量员等项目部其他专业人员，以及相关单位移交的施工资料，并整理、组卷，向企业相关部门和建设单位移交归档。

施工资料交底的内容包括资料目录，资料编制、审核及审批规定，资料整理归档要求，移交的时间和途径，人员及职责等。

5 资料员应协助企业相关部门建立施工资料管理系统。施工资料管理系统包括资料的准备、收集、标识、分类、分发、编目、更新、归档和检索等。

3.9.2 安全保管施工资料包括严格遵守国家和地方的有关法律、法规和规定，建立完善的资料管理制度和安全责任制度，坚持全过程安全管理，采取必要的安全保密措施，包括资料的分级、分类管理方式，确保施工资料安全、合理、有效使用。

4 职业能力评价

4.1 一 般 要 求

4.1.1 职业能力评价采取综合评价方式进行，由专业学历、职业经历和专业能力评价三部分组成。专业学历以文化程度为评价指标，职业经历以施工现场职业实践年限为评价指标，专业能力以专业能力测试成绩为评价指标。

4.1.2 建筑与市政工程施工现场专业人员专业能力测试不同于学历教育的学业考核，不应过分强调基本概念、基本原理的考查，而应重点考查运用相关专业知识和专业技能解决工程实际问题的能力。实际操作中，宜采用诸如工程案例等形式的测试题目。

4.1.3 依据国务院学位委员会《学位授予和人才培养学科目录（1997年）》和教育部《普通高等学校本科专业目录（1998年）》、《普通高等学校高职高专教育指导性专业目录（2004年）》、《中等职业学校专业目录（2010年修订）》，各职业岗位对应的土建类本专业、相关专业见表1。

表1 各职业岗位的土建类本专业、相关专业对应表

序号	学历层次	施工员、质量员、标准员、安全员、机械员	材料员、劳务员、资料员
1	土建类研究生本专业	土木工程（一级学科）、建筑与土木工程（工程硕士）	土木工程（一级学科）、管理科学与工程、建筑与土木工程（工程硕士）
2	土建类本科本专业	土木工程、建筑环境与设备工程、给水排水工程、工程管理	土木工程、建筑环境与设备工程、给水排水工程、工程管理
3	土建类专科本专业	建筑设计类、土建施工类、建筑设备类、工程管理类、市政工程类	建筑设计类、土建施工类、建筑设备类、工程管理类、市政工程类、房地产类
4	土建类研究生相关专业	建筑学（一级学科）、管理科学与工程	建筑学（一级学科）
5	土建类本科相关专业	建筑学、城市规划	建筑学、城市规划、电气工程及其自动化
6	土建类专科相关专业	城镇规划与管理类、房地产类、公路监理、道路桥梁工程技术、高速铁道技术、电气化铁道技术、铁道工程技术、城市轨道交通工程技术、港口工程技术、管道工程技术、管道工程施工、水利工程与管理类	城镇规划与管理类、房地产类、公路监理、道路桥梁工程技术、高速铁道技术、电气化铁道技术、铁道工程技术、城市轨道交通工程技术、港口工程技术、管道工程技术、管道工程施工、水利工程与管理类
7	土建类中职本专业	建筑工程施工、建筑装饰、古建筑修缮与仿建、土建工程检测、建筑设备安装、供热通风与空调施工运行、给排水工程施工与运行、楼宇智能化设备安装与运行	建筑工程施工、建筑装饰、城镇建设、工程造价、古建筑修缮与仿建、土建工程检测、建筑设备安装、供热通风与空调施工运行、给排水工程施工与运行、工程施工机械运用与维修
8	土建类中职相关专业	城镇建设、道路与桥梁工程施工、市政工程施工、铁道施工与养护、水电工程建筑施工	道路与桥梁工程施工、铁道施工与养护、水电工程建筑施工、市政工程施工、物业管理、房地产营销与管理

4.1.4 本标准第3章规定了建筑与市政工程施工现场专业人员专业能力测试的框架性内容。为了保证本标准的可操作性，还将编制与本标准配套的考试大纲。

4.1.5 现场实操是最能反映专业技能测试真实水平的形式。但是，建筑与市政工程施工现场专业人员职业能力评价是一项量大面广的工作，专业技能测试全部采用现场实操不现实。因此，本标准规定专业技能测试以闭卷笔试方式为主，但鼓励具备条件的地区部分采用现场实操测试。

4.1.6 建筑与市政工程施工现场专业人员专业能力测试成绩不实行滚动制，只有在同一次测试中，专业知识和专业技能都合格，方为专业能力测试合格。

4.1.7 在本标准所列职业岗位中，施工员、质量员所涉及的专业知识面相对较宽，要求也相对较高。为了减轻参加职业能力评价人员不必要的学习负担，本标准规定，凡通过施工员或质量员职业能力评价的专业人员，参加其他岗位的职业能力评价，可以免试部分专业知识。

4.1.8 建筑与市政工程施工现场专业人员职业能力评价，是一项事关施工现场专业人员队伍建设的重要制度，涉及面广，政策性强，该工作应在住房和城乡建设部统一领导下，由省级住房和城乡建设行政主管部门统一组织实施。

中华人民共和国行业标准

建筑钢结构防腐蚀技术规程

Technical specification for anticorrosion
of building steel structure

JGJ/T 251—2011

批准部门：中华人民共和国住房和城乡建设部
施行日期：2 0 1 2 年 3 月 1 日

中华人民共和国住房和城乡建设部
公　　告

第 1070 号

关于发布行业标准《建筑钢结构防腐蚀技术规程》的公告

现批准《建筑钢结构防腐蚀技术规程》为行业标准，编号为 JGJ/T 251－2011，自 2012 年 3 月 1 日起实施。

本规程由我部标准定额研究所组织中国建筑工业出版社出版发行。

中华人民共和国住房和城乡建设部
2011 年 7 月 13 日

前　　言

根据住房和城乡建设部《关于印发〈2009 年工程建设标准规范制订、修订计划（第一批）〉的通知》（建标［2009］88 号）的要求，规程编制组经广泛调查研究，认真总结实践经验，参考相关国内标准和国际标准，并在广泛征求意见的基础上，制定本规程。

本规程的主要技术内容是：1 总则；2 术语和符号；3 设计；4 施工；5 验收；6 安全、卫生和环境保护；7 维护管理；相关附录。

本规程由住房和城乡建设部负责管理，由河南省第一建筑工程集团有限责任公司负责具体技术内容的解释。执行过程中如有意见或建议，请寄送河南省第一建筑工程集团有限责任公司（地址：河南省郑州市黄河路 23 号，邮政编码：450014）。

本规程主编单位：河南省第一建筑工程集团有限责任公司
林州建总建筑工程有限公司

本规程参编单位：总参通信工程设计研究院
陕西建工集团机械施工有限公司
河北建设集团有限公司
新蒲建设集团有限公司
郑州航空工业管理学院
河南省第一建设集团第七建筑工程有限公司
郑州市第一建筑工程集团有限公司
许昌中原建设（集团）有限公司
广东嘉宝莉化工（集团）有限公司

本规程主要起草人员：胡伦坚　王　虎　陈汉昌　胡伦基　陈　震　李怀增　冯俊昌　李存良　候会杰　孙惠民　谢晓鹏　谢继义　马发现　冯敬涛　王雁钧　刘　铁　雷　霆　靳鹏飞　王红军　赵东波　李继宇　吴家岳

本规程主要审查人员：王明贵　石永久　刘立新　樊鸿卿　梁建智　周书信　林向军　许　平　刘登良

目次

Contents

1 总 则

1.0.1 为规范建筑钢结构防腐蚀设计、施工、验收和维护的技术要求，保证工程质量，做到技术先进、安全可靠、经济合理，制定本规程。

1.0.2 本规程适用于大气环境中的新建建筑钢结构的防腐蚀设计、施工、验收和维护。

1.0.3 建筑钢结构防腐蚀设计、施工、验收和维护，除应符合本规程的规定外，尚应符合国家现行有关标准的规定。

2 术语和符号

2.1 术 语

2.1.1 腐蚀速率 corrosion rate

单位时间内钢结构构件腐蚀效应的数值。

2.1.2 大气腐蚀 atmospheric corrosion

材料与大气环境中介质之间产生化学和电化学作用而引起的材料破坏。

2.1.3 腐蚀裕量 corrosion allowance

设计钢结构构件时，考虑使用期内可能产生的腐蚀损耗而增加的相应厚度。

2.1.4 涂装 coating

将涂料涂覆于基体表面，形成具有防护、装饰或特定功能涂层的过程。

2.1.5 表面预处理 surface pretreatment

为改善涂层与基体间的结合力和防腐蚀效果，在涂装之前用机械方法或化学方法处理基体表 面，以达到符合涂装要求的措施。

2.1.6 除锈等级 grade of removing rust

表示涂装前钢材表面锈层等附着物清除程度的分级。

2.1.7 防护层使用年限 service life of protective layer

在合理设计、正确施工、正常使用和维护的条件下，防腐蚀保护层预估的使用年限。

2.1.8 附着力 adhesive force

干涂膜与其底材之间的结合力。

2.1.9 金属热喷涂 metal thermal spraying

用高压空气、惰性气体或电弧等将熔融的耐蚀金属喷射到被保护结构物表面，从而形成保护性涂层的工艺过程。

2.1.10 涂层缺陷 coating defect

由于表面预处理不当、涂料质量和涂装工艺不良而造成的遮盖力不足、漆膜剥离、针孔、起泡、裂纹和漏涂等缺陷。

2.2 符 号

$\Delta\delta$——单面腐蚀裕量；

K——单面平均腐蚀速率；

P——保护效率；

t_l——防腐蚀保护层的设计使用年限；

t——钢结构的设计使用年限。

3 设 计

3.1 一 般 规 定

3.1.1 建筑钢结构应根据环境条件、材质、结构形式、使用要求、施工条件和维护管理条件等进行防腐蚀设计。

3.1.2 大气环境对建筑钢结构长期作用下的腐蚀性等级可按表 3.1.2 进行确定。

表 3.1.2 大气环境对建筑钢结构长期作用下的腐蚀性等级

腐蚀类型		腐蚀速率(mm/a)	腐蚀环境		
腐蚀性等级	名 称		大气环境气体类型	年平均环境相对湿度(%)	大气环境
Ⅰ	无腐蚀	<0.001	A	<60	乡村大气
Ⅱ	弱腐蚀	0.001～0.025	A	60～75	乡村大气
			B	<60	城市大气
Ⅲ	轻腐蚀	0.025～0.05	A	>75	乡村大气
			B	60～75	城市大气
			C	<60	工业大气
Ⅳ	中腐蚀	0.05～0.2	B	>75	城市大气
			C	60～75	工业大气
			D	<60	海洋大气
Ⅴ	较强腐蚀	0.2～1.0	C	>75	工业大气
			D	60～75	海洋大气
Ⅵ	强腐蚀	1.0～5.0	D	>75	海洋大气

注：1 在特殊场合与额外腐蚀负荷作用下，应将腐蚀类型提高等级；

2 处于潮湿状态或不可避免结露的部位，环境相对湿度应取大于75%；

3 大气环境气体类型可根据本规程附录 A 进行划分。

3.1.3 当钢结构可能与液态腐蚀性物质或固态腐蚀性物质接触时，应采取隔离措施。

3.1.4 在大气腐蚀环境下，建筑钢结构设计应符合下列规定：

1 结构类型、布置和构造的选择应满足下列要求：

1）应有利于提高结构自身的抗腐蚀能力；

2）应能有效避免腐蚀介质在构件表面的积聚；

3）应便于防护层施工和使用过程中的维护和检查。

2 腐蚀性等级为Ⅳ、Ⅴ或Ⅵ级时，桁架、柱、主梁等重要受力构件 不应采用格构式构件和冷弯薄壁型钢。

3 钢结构杆件应采用实腹式或闭口截面，闭口截面端部应进行封闭；封闭截面进行热镀浸锌时，应采取开孔防爆措施。腐蚀性等级为Ⅳ、Ⅴ或Ⅵ级时，钢结构杆件截面不应采用由双角钢组成的T形截面和由双槽钢组成的工形截面。

4 钢结构杆件采用钢板组合时，截面的最小厚度不应小于6mm；采用闭口截面杆件时，截面的最小厚度不应小于4mm；采用角钢时，截面的最小厚度不应小于5mm。

5 门式刚架构件宜采用热轧H型钢；当采用T型钢或钢板组合时，应采用双面连续焊缝。

6 网架结构宜采用管形截面、球型节点。腐蚀性等级为Ⅳ、Ⅴ或Ⅵ级时，应采用焊接连接的空心球节点。当采用螺栓球节点时，杆件与螺栓球的接缝应采用密封材料填嵌严密，多余螺栓孔应封堵。

7 不同金属材料接触的部位，应采取隔离措施。

8 桁架、柱、主梁等重要钢构件和闭口截面杆件的焊缝，应采用连续焊缝。角焊缝的焊脚尺寸不应小于8mm；当杆件厚度小于8mm时，焊脚尺寸不应小于杆件厚度。加劲肋应切角，切角的尺寸应满足排水、施工维修要求。

9 焊条、螺栓、垫圈、节点板等连接构件的耐腐蚀性能，不应低于主体材料。螺栓直径不应小于12mm。垫圈不应采用弹簧垫圈。螺栓、螺母和垫圈应采用热镀浸锌防护，安装后再采用与主体结构相同的防腐蚀措施。

10 高强度螺栓构件连接处接触面的除锈等级，不应低于Sa2 $\frac{1}{2}$，并宜涂无机富锌涂料；连接处的缝隙，应嵌刮耐腐蚀密封膏。

11 钢柱柱脚应置于混凝土基础上，基础顶面宜高出地面不小于300mm。

12 当腐蚀性等级为Ⅵ级时，重要构件宜选用耐候钢。

3.1.5 对设计使用年限不小于25年、环境腐蚀性等级大于Ⅳ级且使用期间不能重新涂装的钢结构部位，其结构设计应留有适当的腐蚀裕量。钢结构的单面腐蚀裕量可按下式计算：

$$\Delta\delta = K[(1-P)t_l+(t-t_l)] \quad (3.1.5)$$

式中：$\Delta\delta$——钢结构单面腐蚀裕量（mm）；

K——钢结构单面平均腐蚀速率（mm/a），碳钢单面平均腐蚀速率可按本规程表3.1.2取值，也可现场实测确定；

P——保护效率（%），在防腐蚀保护层的设计使用年限内，保护效率可按表3.1.5取值；

t_l——防腐蚀保护层的设计使用年限（a）；

t——钢结构的设计使用年限（a）。

表3.1.5 保护效率取值（%）

环境 \ 腐蚀性等级	Ⅰ	Ⅱ	Ⅲ	Ⅳ	Ⅴ	Ⅵ
室外	95	90	85	80	70	60
室内	95	95	90	85	80	70

3.2 表面处理

3.2.1 钢结构在涂装之前应进行表面处理。

3.2.2 防腐蚀设计文件应提出表面处理的质量要求，并应对表面除锈等级和表面粗糙度作出明确规定。

3.2.3 钢结构在除锈处理前，应清除焊渣、毛刺和飞溅等附着物，对边角进行钝化处理，并应清除基体表面可见的油脂和其他污物。

3.2.4 钢结构在涂装前的除锈等级除应符合现行国家标准《涂装前钢材表面锈蚀等级和除锈等级》GB 8923的有关规定外，尚应符合表3.2.4规定的不同涂料表面最低除锈等级。

表3.2.4 不同涂料表面最低除锈等级

项目	最低除锈等级
富锌底涂料	Sa2 $\frac{1}{2}$
乙烯磷化底涂料	
环氧或乙烯基酯玻璃鳞片底涂料	Sa2
氯化橡胶、聚氨酯、环氧、聚氯乙烯萤丹、高氯化聚乙烯、氯磺化聚乙烯、醇酸、丙烯酸环氧、丙烯酸聚氨酯等底涂料	Sa2或St3
环氧沥青、聚氨酯沥青底涂料	St2
喷铝及其合金	Sa3
喷锌及其合金	Sa2 $\frac{1}{2}$

注：1 新建工程重要构件的除锈等级不应低于Sa2 $\frac{1}{2}$；

2 喷射或抛射除锈后的表面粗糙度宜为40μm～75μm，且不应大于涂层厚度的1/3。

3.3 涂层保护

3.3.1 涂层设计应符合下列规定：

1 应按照涂层配套进行设计；

2 应满足腐蚀环境、工况条件和防腐蚀年限要求；

3 应综合考虑底涂层与基材的适应性，涂料各层之间的相容性和适应性，涂料品种与施工方法的适应性。

3.3.2 涂层涂料宜选用有可靠工程实践应用经验的，经证明耐蚀性适用于腐蚀性物质成分的产品，并应采用环保型产品。当选用新产品时应进行技术和经济论证。防腐蚀涂装同一配套中的底漆、中间漆和面漆应有良好的相容性，且宜选用同一厂家的产品。建筑钢结构常用防腐蚀保护层配套可按本规程附录B选用。

3.3.3 防腐蚀面涂料的选择应符合下列规定：

1 用于室外环境时，可选用氯化橡胶、脂肪族聚氨酯、聚氯乙烯萤丹、氯磺化聚乙烯、高氯化聚乙烯、丙烯酸聚氨酯、丙烯酸环氧等涂料。

2 对涂层的耐磨、耐久和抗渗性能有较高要求时，宜选用树脂玻璃鳞片涂料。

3.3.4 防腐蚀底涂料的选择应符合下列规定：

1 锌、铝和含锌、铝金属层的钢材，其表面应采用环氧底涂料封闭；底涂料的颜料应采用锌黄类。

2 在有机富锌或无机富锌底涂料上，宜采用环氧云铁或环氧铁红的涂料。

3.3.5 钢结构的防腐蚀保护层最小厚度应符合表3.3.5的规定。

表3.3.5 钢结构防腐蚀保护层最小厚度

防腐蚀保护层设计使用年限(a)	钢结构防腐蚀保护层最小厚度(μm)				
	腐蚀性等级Ⅱ级	腐蚀性等级Ⅲ级	腐蚀性等级Ⅳ级	腐蚀性等级Ⅴ级	腐蚀性等级Ⅵ级
$2\leqslant t_l<5$	120	140	160	180	200
$5\leqslant t_l<10$	160	180	200	220	240
$10\leqslant t_l\leqslant15$	200	220	240	260	280

注：1 防腐蚀保护层厚度包括涂料层的厚度或金属层与涂料层复合的厚度；

2 室外工程的涂层厚度宜增加20μm～40μm。

3.3.6 涂层与钢铁基层的附着力不宜低于5MPa。

3.4 金属热喷涂

3.4.1 在腐蚀性等级为Ⅳ、Ⅴ或Ⅵ级腐蚀环境类型中的钢结构防腐蚀宜采用金属热喷涂。

3.4.2 金属热喷涂用的封闭剂应具有较低的黏度，并应与金属涂层具有良好的相容性。金属热喷涂用的涂装层涂料应与封闭层有相容性，并应有良好的耐蚀性。金属热喷涂用的封闭剂、封闭涂料和涂装层涂料可按本规程附录C进行选用。

3.4.3 大气环境下金属热喷涂系统最小局部厚度可按表3.4.3选用。

表3.4.3 大气环境下金属热喷涂系统最小局部厚度

防腐蚀保护层设计使用年限(a)	金属热喷涂系统	最小局部厚度(μm)		
		腐蚀等级Ⅳ级	腐蚀等级Ⅴ级	腐蚀等级Ⅵ级
$5\leqslant t_l<10$	喷锌+封闭	120+30	150+30	200+60
	喷铝+封闭	120+30	120+30	150+60
	喷锌+封闭+涂装	120+30+100	150+30+100	200+30+100
	喷铝+封闭+涂装	120+30+100	120+30+100	150+30+100
$10\leqslant t_l\leqslant15$	喷铝+封闭	120+60	150+60	250+60
	喷Ac铝+封闭	120+60	150+60	200+60
	喷铝+封闭+涂装	120+30+100	150+30+100	250+30+100
	喷Ac铝+封闭+涂装	120+30+100	150+30+100	200+30+100

注：腐蚀严重和维护困难的部位应增加金属涂层的厚度。

3.4.4 热喷涂金属材料宜选用铝、铝镁合金或锌铝合金。

4 施 工

4.1 一 般 规 定

4.1.1 建筑钢结构防腐蚀工程应编制施工方案。

4.1.2 钢结构防腐蚀工程施工使用的设备、仪器应具备出厂质量合格证或质量检验报告。设备、仪器应经计量检定合格且在时效期内方可使用。

4.1.3 钢结构防腐蚀材料的品种、规格、性能等应符合国家现行有关产品标准和设计的规定。

4.2 表 面 处 理

4.2.1 表面处理方法应根据钢结构防腐蚀设计要求的除锈等级、粗糙度和涂层材料、结构特点及基体表面的原始状况等因素确定。

4.2.2 钢结构在除锈处理前应进行表面净化处理，表面脱脂净化方法可按表4.2.2选用。当采用溶剂做清洗剂时，应采取通风、防火、呼吸保护和防止皮肤直接接触溶剂等防护措施。

表4.2.2 表面脱脂净化方法

表面脱脂净化方法	适用范围	注意事项
采用汽油、过氯乙烯、丙酮等溶剂清洗	清除油脂、可溶污物、可溶涂层	若需保留旧涂层，应使用对该涂层无损的溶剂。溶剂及抹布应经常更换

续表 4.2.2

表面脱脂净化方法	适用范围	注意事项
采用如氢氧化钠、碳酸钠等碱性清洗剂清洗	除掉可皂化涂层、油脂和污物	清洗后应充分冲洗，并作钝化和干燥处理
采用 OP 乳化剂等乳化清洗	清除油脂及其他可溶污物	清洗后应用水冲洗干净，并作干燥处理

4.2.3 喷射清理后的钢结构除锈等级应符合本规程第 3.2.4 条的规定。工作环境应满足空气相对湿度低于 85%，施工时钢结构表面温度应高于露点 3℃以上。露点可按本规程附录 D 进行换算。

4.2.4 喷射清理所用的压缩空气应经过冷却装置和油水分离器处理。油水分离器应定期清理。

4.2.5 喷射式喷砂机的工作压力宜为 0.50MPa～0.70MPa；喷砂机喷口处的压力宜为 0.35MPa～0.50MPa。

4.2.6 喷嘴与被喷射钢结构表面的距离宜为 100mm～300mm；喷射方向与被喷射钢结构表面法线之间的夹角宜为 15°～30°。

4.2.7 当喷嘴孔口磨损直径增大 25%时，宜更换喷嘴。

4.2.8 喷射清理所用的磨料应清洁、干燥。磨料的种类和粒度应根据钢结构表面的原始锈蚀程度、设计或涂装规格书所要求的喷射工艺、清洁度和表面粗糙度进行选择。壁厚大于或等于 4mm 的钢构件可选用粒度为 0.5mm～1.5mm 的磨料，壁厚小于 4mm 的钢构件应选用粒度小于 0.5mm 的磨料。

4.2.9 涂层缺陷的局部修补和无法进行喷射清理时可采用手动和动力工具除锈。

4.2.10 表面清理后，应采用吸尘器或干燥、洁净的压缩空气清除浮尘和碎屑，清理后的表面不得用手触摸。

4.2.11 清理后的钢结构表面应及时涂刷底漆，表面处理与涂装之间的间隔时间不宜超过 4h，车间作业或相对湿度较低的晴天不应超过 12h。否则，应对经预处理的有效表面采用干净牛皮纸、塑料膜等进行保护。涂装前如发现表面被污染或返锈，应重新清理至原要求的表面清洁度等级。

4.2.12 喷砂工人在进行喷砂作业时应穿戴防护用具，在工作间内进行 喷砂作业时呼吸用空气应进行净化处理。喷砂完工后，应采用真空吸尘器、无水的压缩空气除去喷砂残渣和表面灰尘。

4.3 涂 层 施 工

4.3.1 钢结构涂层施工环境应符合下列规定：

1 施工环境温度宜为 5℃～38℃，相对湿度不宜大于 85%；

2 钢材表面温度应高于露点 3℃以上；

3 在大风、雨、雾、雪天、有较大灰尘及强烈阳光照射下，不宜进行室外施工；

4 当施工环境通风较差时，应采取强制通风。

4.3.2 涂装前应对钢结构表面进行外观检查，表面除锈等级和表面粗糙度应满足设计要求。

4.3.3 涂装方法和涂刷工艺应根据所选用涂料的物理性能、施工条件和被涂钢结构的形状进行确定，并应符合涂料规格书或产品说明书的规定。

4.3.4 防腐蚀涂料和稀释剂在运输、储存、施工及养护过程中，不得与酸、碱等化学介质接触。严禁明火，并应采取防尘、防曝晒措施。

4.3.5 需在工地拼装焊接的钢结构，其焊缝两侧应先涂刷不影响焊接性能的车间底漆，焊接完毕后应对焊缝热影响区进行二次表面清理，并应按设计要求进行重新涂装。

4.3.6 每次涂装应在前一层涂膜实干后进行。

4.3.7 涂料储存环境温度应在 25℃以下。常见涂料施工的间隔时间和储存期应符合产品说明书的相关规定。

4.3.8 钢结构防腐蚀涂料涂装结束，涂层应自然养护后方可使用。其中化学反应类涂料形成的涂层，养护时间不应少于 7d。

4.4 金属热喷涂

4.4.1 采用金属热喷涂施工的钢结构表面除锈等级、表面粗糙度、热喷涂材料的规格和质量指标、涂层系统的选择应符合本规程第 3.2.4 条和第 3.4 节的有关规定。

4.4.2 金属热喷涂方法可采用气喷涂或电喷涂法。

4.4.3 采用金属热喷涂的钢结构表面应进行喷射或抛射处理。

4.4.4 采用金属热喷涂的钢结构构件应与未喷涂的钢构件做到电气绝缘。

4.4.5 表面处理与热喷涂施工之间的间隔时间，晴天不得超过 12h，雨天、有雾的气候条件下不得超过 2h。

4.4.6 工作环境的大气温度低于 5℃、钢结构表面温度低于露点 3℃和空气相对湿度大于 85%时，不得进行金属热喷涂施工操作。

4.4.7 热喷涂金属丝应光洁、无锈、无油、无折痕，金属丝直径宜为 2.0mm 或 3.0mm。

4.4.8 金属热喷涂所用的压缩空气应干燥、洁净，同一层内各喷涂带之间应有 1/3 的重叠宽度。喷涂时应留出一定的角度。

4.4.9 金属热喷涂层的封闭剂或首道封闭涂料施工宜在喷涂层尚有余温时进行，并宜采用刷涂方式施工。

4.4.10 钢构件的现场焊缝两侧应预留 100mm～150mm 宽度涂刷车间底漆临时保护，待工地拼装焊接后，对预留部分应按相同的技术要求重新进行表面清理和喷涂施工。

4.4.11 装卸、运输或其他施工作业过程应采取防止金属热喷涂层局部损坏的措施。如有损坏，应按设计要求和施工工艺进行修补。

5 验 收

5.1 一 般 规 定

5.1.1 建筑钢结构防腐蚀工程可按钢结构制作或钢结构安装工程检验批的划分原则划分为一个或若干个检验批。

5.1.2 建筑钢结构防腐蚀工程质量验收记录应符合下列规定：

1 施工现场质量管理检查记录可按现行国家标准《建筑工程施工质量验收统一标准》GB 50300 进行；

2 检验批验收记录应按本规程附录 E 填写；

3 分项工程验收记录可按现行国家标准《建筑工程施工质量验收统一标准》GB 50300 进行。

5.1.3 建筑钢结构防腐蚀工程验收时，应提交下列资料：

1 设计文件及设计变更通知书；

2 磨料、涂料、热喷涂材料的产地与材质证明书；

3 基层检查交接记录；

4 隐蔽工程记录；

5 施工检查、检测记录；

6 竣工图纸；

7 修补或返工记录；

8 交工验收记录。

5.2 表 面 处 理

Ⅰ 主 控 项 目

5.2.1 涂装前钢材表面除锈应符合设计要求和国家现行有关标准的规定。处理后的钢材表面不应有焊渣、焊疤、灰尘、油污、水和毛刺等。当设计无要求时，钢材表面除锈等级应符合本规程第 3.2.4 条的规定。

检查数量：小型钢构件按构件数应抽查构件数量的 10%，且不应少于 3 件。大型、整体钢结构每 $50m^2$ 对照检查 1 次，且每工班检查次数不少于 1 次。

检查方法：用铲刀检查和用现行国家标准《涂装前钢材表面锈蚀等级和除锈等级》GB 8923 规定的图片对照观察检查。

5.2.2 涂装前钢材表面粗糙度检验应按现行国家标准《涂装前钢材表面粗糙度等级的评定（比较样块法）》GB/T 13288 的有关规定。

检查数量：在同一检验批内，应抽查构件数量的 10%，且不应少于 3 件。

检查方法：用标准样块目视比较评定表面粗糙度等级，或用剖面检测仪、粗糙度仪直接测定表面粗糙度。采用比较样块法时，每一评定点面积不小于 $50mm^2$；采用剖面检测仪或粗糙度仪直接检测时，取评定长度为 40mm，在此长度范围内测 5 点，取其算术平均值为该评定点的表面粗糙度值；当采用两种方法的检测结果不一致时，应以剖面检测仪、粗糙度仪直接检测的结果为准。

Ⅱ 一 般 项 目

5.2.3 涂装施工前应进行外观检查，表面不得有污染或返锈。涂装完成后，构件的标志、标记和编号应清晰完整。

检查数量：全数检查。

检查方法：观察检查。

5.2.4 表面清理和涂装作业施工环境的温度和湿度应符合设计要求。

检查数量：每工班不得少于 3 次。

检查方法：应采用温湿度仪进行测量，并应按本规程附录 D 换算对应的露点。

5.3 涂 层 施 工

Ⅰ 主 控 项 目

5.3.1 涂料、涂装遍数和涂层厚度均应符合设计要求。当设计对涂层厚度无要求时，室外涂层干漆膜总厚度不应小于 150μm。室内涂层干漆膜总厚度不应小于 125μm，且允许偏差为 −25μm～0μm。每遍涂层干漆膜厚度的允许偏差为 −5μm～0μm 。

检查数量：在同一检验批内，应抽查构件数量的 10%，且不应少于 3 件。

检查方法：用干漆膜测厚仪检查。每个构件检测 5 处，每处的数值为 3 个相距 50mm 测点涂层干漆膜厚度的平均值。

5.3.2 涂层的附着力应满足设计要求。

检查数量：每 $200m^2$ 检测数量不得少于 1 次，且总检测数量不得少于 3 次。

检查方法：按现行国家标准《色漆和清漆　拉开法附着力试验》GB/T 5210 或《色漆和清漆　漆膜划格试验》GB/T 9286 的有关规定执行。

Ⅱ 一 般 项 目

5.3.3 涂料涂层应均匀，无明显皱皮、流坠、针眼和气泡等。

检查数量：全数检查。

检查方法：观察检查。

5.3.4 构件表面不应误涂、漏涂，涂层不应脱皮和返锈等。

检查数量：全数检查。

检查方法：观察检查。

5.4 金属热喷涂

Ⅰ 主控项目

5.4.1 金属热喷涂涂层厚度应符合设计要求。

检查数量：平整的表面每 $10m^2$ 表面上的测量基准面数量不得少于 3 个，不规则的表面可适当增加基准面数量。

检查方法：按现行国家标准《热喷涂涂层厚度的无损测量方法》GB 11374 的有关规定执行。

5.4.2 金属热喷涂涂层结合性能检验应符合设计要求。

检查数量：每 $200m^2$ 检测数量不得少于 1 次，且总检测数量不得少于 3 次。

检查方法：按现行国家标准《金属和其他无机覆盖层热喷涂锌、铝及其合金》GB/T 9793 的有关规定执行。

Ⅱ 一般项目

5.4.3 金属热喷涂涂层的外观应均匀一致，涂层不得有气孔、裸露底材的斑点、附着不牢的金属熔融颗粒、裂纹及其他影响使用性能的缺陷。

检查数量：全数检查。

检查方法：观察检查。

6 安全、卫生和环境保护

6.1 一般规定

6.1.1 钢结构防腐蚀工程的施工应符合国家有关法律、法规对环境保护的要求，并应有妥善的劳动保护和安全防范措施。

6.2 安全、卫生

6.2.1 涂装作业安全、卫生应符合现行国家标准《涂装作业安全规程 涂漆工艺安全及其通风净化》GB 6514、《金属和其他无机覆盖层 热喷涂 操作安全》GB 11375、《涂装作业安全规程 安全管理通则》GB 7691 和《涂装作业安全规程 涂漆前处理工艺安全及其通风净化》GB 7692 的有关规定。

6.2.2 涂装作业场所空气中有害物质不得超过最高允许浓度。

6.2.3 施工现场应远离火源，不得堆放易燃、易爆和有毒物品。

6.2.4 涂料仓库及施工现场应有消防水源、灭火器和消防器具，并应定期检查。消防道路应畅通。

6.2.5 密闭空间涂装作业应使用防爆灯具，安装防爆报警装置；作业完成后油漆在空气中的挥发物消散前，严禁电焊修补作业。

6.2.6 施工人员应正确穿戴工作服、口罩、防护镜等劳动保护用品。

6.2.7 所有电气设备应绝缘良好，临时电线应选用胶皮线，工作结束后应切断电源。

6.2.8 工作平台的搭建应符合有关安全规定。高空作业人员应具备高空作业资格。

6.3 环境保护

6.3.1 涂料产品的有机挥发物含量（VOC）应符合国家现行相关的要求。

6.3.2 施工现场应保持清洁，产生的垃圾等应及时收集并妥善处理。

6.3.3 露天作业时应采取防尘措施。

7 维护管理

7.0.1 建筑钢结构的防腐蚀维护管理应包括下列内容：

1 应根据定期检查和特殊检查情况，判断钢结构和防腐蚀保护层的状态；

2 应根据检查的结果对钢结构的防腐蚀效果做出判断，确定更新或修复的范围。

7.0.2 建筑钢结构的腐蚀与防腐蚀检查可分为定期检查和特殊检查。定期检查的项目、内容和周期应符合表 7.0.2 的规定。

表 7.0.2 定期检查的项目、内容和周期

检查项目	检查内容	检查周期（a）
防腐蚀保护层外观检查	涂层破损情况	1
防腐蚀保护层防腐蚀性能检查	鼓泡、剥落、锈蚀	5
腐蚀量检测	测定钢结构壁厚	5

7.0.3 钢结构防腐蚀涂装的现场修复应符合下列规定：

1 防腐蚀保护层破损处的表面清理宜采用喷砂除锈，其除锈等级应达到现行国家标准《涂装前钢材表面锈蚀等级和除锈等级》GB 8923 中规定的 Sa2 $\frac{1}{2}$ 级。当不具备喷砂条件时，可采用动力或手工除锈，其除锈等级应达到 St3 级。

2 搭接部位的防腐蚀保护层表面应无污染、附着物，并应具有一定的表面粗糙度。

3 修补涂料宜采用与原涂装配套或能相容的防腐涂料，并应能满足现场的施工环境条件，修补涂料的存储和使用应符合产品使用说明书的要求。

7.0.4 钢结构防腐蚀维护施工应有妥善的安全防护措施和环境保护措施。

7.0.5 钢结构防腐蚀维护管理档案应包括下列内容：

1 钢结构的设计资料、施工资料和竣工资料；

2 防腐蚀保护层的设计资料、施工资料和竣工资料；

3 定期检查、特殊检查的检查记录，检查记录包括工程名称、检查方式、日期、环境条件和发现异常的部位与程度；

4 各项检查所提出的建议、结论和处理意见；

5 涂装维护的设计和施工方案；

6 涂装维护的施工记录、检测记录和验收结论。

附录A 大气环境气体类型

表A 大气环境气体类型

大气环境气体类型	腐蚀性物质名称	腐蚀性物质含量（kg/m^3）
A	二氧化碳	$<2\times10^{-3}$
	二氧化硫	$<5\times10^{-7}$
	氟化氢	$<5\times10^{-8}$
	硫化氢	$<1\times10^{-8}$
	氮的氧化物	$<1\times10^{-7}$
	氯	$<1\times10^{-7}$
	氯化氢	$<5\times10^{-8}$

续表A

大气环境气体类型	腐蚀性物质名称	腐蚀性物质含量（kg/m^3）
B	二氧化碳	$>2\times10^{-3}$
	二氧化硫	$5\times10^{-7}\sim1\times10^{-5}$
	氟化氢	$5\times10^{-8}\sim5\times10^{-6}$
	硫化氢	$1\times10^{-8}\sim5\times10^{-6}$
	氮的氧化物	$1\times10^{-7}\sim5\times10^{-6}$
	氯	$1\times10^{-7}\sim1\times10^{-6}$
	氯化氢	$5\times10^{-8}\sim5\times10^{-6}$
C	二氧化硫	$1\times10^{-5}\sim2\times10^{-4}$
	氟化氢	$5\times10^{-6}\sim1\times10^{-5}$
	硫化氢	$5\times10^{-6}\sim1\times10^{-4}$
	氮的氧化物	$5\times10^{-6}\sim2.5\times10^{-5}$
	氯	$1\times10^{-6}\sim5\times10^{-6}$
	氯化氢	$5\times10^{-6}\sim1\times10^{-5}$
D	二氧化硫	$2\times10^{-4}\sim1\times10^{-3}$
	氟化氢	$1\times10^{-5}\sim1\times10^{-4}$
	硫化氢	$>1\times10^{-4}$
	氮的氧化物	$2.5\times10^{-5}\sim1\times10^{-4}$
	氯	$5\times10^{-6}\sim1\times10^{-5}$
	氯化氢	$1\times10^{-5}\sim1\times10^{-4}$

注：当大气中同时含有多种腐蚀性气体时，腐蚀级别应取最高的一种或几种为基准。

附录B 常用防腐蚀保护层配套

表B 常用防腐蚀保护层配套

除锈等级	涂层构造									涂层总厚度（μm）	使用年限(a)		
	底层			中间层			面层						
	涂料名称	遍数	厚度（μm）	涂料名称	遍数	厚度（μm）	涂料名称	遍数	厚度（μm）		较强腐蚀、强腐蚀	中腐蚀	轻腐蚀、弱腐蚀
Sa2或St3	醇酸底涂料	2	60	—	—	—	醇酸面涂料	2	60	120	—	—	2～5
								3	100	160	—	2～5	5～10
	与面层同品种的底涂料	2	60	—	—	—	氯化橡胶、高氯化聚乙烯、氯磺化聚乙烯等面涂料	2	60	120	—	—	2～5
		2	60					3	100	160	—	2～5	5～10
		3	100					3	100	200	2～5	5～10	10～15
	环氧铁红底涂料	2	60	环氧云铁中间涂料	1	70		2	70	200	2～5	5～10	10～15
		2	60		1	80		3	100	240	5～10	10～11	＞15

续表 B

除锈等级	涂层构造									涂层总厚度(μm)	使用年限(a)		
	底层			中间层			面层						
	涂料名称	遍数	厚度(μm)	涂料名称	遍数	厚度(μm)	涂料名称	遍数	厚度(μm)		较强腐蚀、强腐蚀	中腐蚀	轻腐蚀、弱腐蚀
Sa2 或 St3	环氧铁红底涂料	2	60	环氧云铁中间涂料	1	70	环氧、聚氨酯、丙烯酸环氧、丙烯酸聚氨酯等面涂料	2	70	200	2～5	5～10	10～15
		2	60		1	80		3	100	240	5～10	10～11	>15
$Sa2\frac{1}{2}$		2	60		2	120		3	100	280	10～15	>15	>15
		2	60		1	70	环氧、聚氨酯、丙烯酸环氧、丙烯酸聚氨酯等厚膜型面涂料	2	150	280	10～15	>15	>15
		2	60	—	—	—	环氧、聚氨酯等玻璃鳞片面涂料	3	260	320	>15	>15	>15
							乙烯基酯玻璃鳞片面涂料	2					
Sa2 或 St3	聚氯乙烯萤丹底涂料	3	100	—	—	—	聚氯乙烯萤丹面涂料	2	60	160	5～10	10～11	>15
$Sa2\frac{1}{2}$		3	100					3	100	200	10～11	>15	>15
		2	80				聚氯乙烯含氟萤丹面涂料	2	60	140	5～10	10～l5	>15
		3	110					2	60	170	10～11	>15	>15
		3	100					3	100	200	>15	>15	>15
$Sa2\frac{1}{2}$	富锌底涂料	见表注	70	环氧云铁中间涂料	1	60	环氧、聚氨酯、丙烯酸环氧、丙烯酸聚氨酯等面涂料	2	70	200	5～10	10～15	>15
			70		1	70		3	100	240	10～11	>15	>15
			70		2	110		3	100	280	>15	>15	>15
			70		1	60	环氧、聚氨酯丙烯酸环氧、丙烯酸聚氨酯等厚膜型面涂料	2	150	280	>15	>15	>15
Sa3(用于铝层)、$Sa2\frac{1}{2}$(用于锌层)	喷涂锌、铝及其合金的金属覆盖层 120μm，其上再涂环氧密封底涂料 20μm			环氧云铁中间涂料	1	40	环氧、聚氨酯、丙烯酸环氧、丙烯酸聚氨酯等面涂料	2	60	240	10～15	>15	>15
								3	100	280	>15	>15	>15
							环氧、聚氨酯、丙烯酸环氧、丙烯酸聚氨酯等厚膜型面涂料	1	100	280	>15	>15	>15

注：1 涂层厚度系指干膜的厚度。

2 富锌底涂料的遍数与品种有关，当采用正硅酸乙酯富锌底涂料、硅酸锂富锌底涂料、硅酸钾富锌底涂料时，宜为 1 遍；当采用环氧富锌底涂料、聚氨酯富锌底涂料、硅酸钠富锌底涂料和冷涂锌底涂料时，宜为 2 遍。

附录 C　常用封闭剂、封闭涂料和涂装层涂料

表 C　常用封闭剂、封闭涂料和涂装层涂料

类型	种类	成膜物质	主颜料	主要性能
封闭剂	磷化底漆	聚乙烯醇缩丁醛	四盐基铬酸锌	能形成磷化-钝化膜，可提高封闭层、封闭涂料的相容性及防腐性能

续表 C

类型	种　类	成膜物质	主颜料	主要性能
封闭剂	双组分环氧漆	环氧	铬酸锌、磷酸锌或云母氧化铁	能形成磷化-钝化膜，可提高封闭层、封闭涂料的相容性及防腐性能，与环氧类封闭涂料或涂层涂料配套
	双组分聚氨酯	聚氨基甲酸酯	锌铬黄或磷酸锌	能形成磷化-钝化膜，可提高封闭层、封闭涂料的相容性及防腐性能，与聚氨酯类封闭或涂层涂料配套
封闭涂料或涂装层涂料	双组分环氧或环氧沥青	环氧沥青	—	耐潮、耐化学药品性能优良，但耐候性差
	双组分聚氨酯漆	聚氨基甲酸酯	—	综合性能优良，耐潮湿、耐化学药品性能好，有些品种具有良好的耐候性，可用于受阳光直射的大气区域

附录 D　露点换算表

表 D　露点换算表

大气环境相对湿度（%）	环境温度(℃)									
	−5	0	5	10	15	20	25	30	35	40
95	−6.5	−1.3	3.5	8.2	13.3	18.3	23.2	28.0	33.0	38.2
90	−6.9	−1.7	3.1	7.8	12.9	17.9	22.7	27.5	32.5	37.7
85	−7.2	−2.0	2.6	7.3	12.5	17.4	22.1	27.0	32.0	37.1
80	−7.7	−2.8	1.9	6.5	11.5	16.5	21.0	25.9	31.0	36.2
75	−8.4	−3.6	0.9	5.6	10.4	15.4	19.9	24.7	29.6	35.0
70	−9.2	−4.5	−0.2	4.59	9.1	14.2	18.5	23.3	28.1	33.5
65	−10.0	−5.4	−1.0	3.3	8.0	13.0	17.4	22.0	26.8	32.0
60	−10.8	−6.0	−2.1	2.3	6.7	11.9	16.2	20.6	25.3	30.5
55	−11.5	−7.4	−3.2	1.0	5.6	10.4	14.8	19.1	23.0	28.0
50	−12.8	−8.4	−4.4	−0.3	4.1	8.6	13.3	17.5	22.2	27.1
45	−14.3	−9.6	−5.7	−1.5	2.6	7.0	11.7	16.0	20.2	25.2
40	−15.9	−10.3	−7.3	−3.1	0.9	5.4	9.5	14.0	18.2	23.0
35	−17.5	−12.1	−8.6	−4.7	−0.8	3.4	7.4	12.0	16.1	20.6
30	−19.9	−14.3	−10.2	−6.9	−2.9	1.3	5.2	9.2	13.7	18.0

注：中间值可按直线插入法取值。

附录E　建筑钢结构防腐蚀涂装检验批质量验收记录

表E　建筑钢结构防腐蚀涂装检验批质量验收记录表

<table>
<tr><td colspan="2">工程名称</td><td colspan="2"></td><td>检验批部位</td><td></td></tr>
<tr><td colspan="2">施工单位</td><td colspan="2"></td><td>项目经理</td><td></td></tr>
<tr><td colspan="2">监理单位</td><td colspan="2"></td><td>总监理工程师</td><td></td></tr>
<tr><td colspan="2">施工依据标准</td><td colspan="2"></td><td>分包单位负责人</td><td></td></tr>
<tr><td colspan="2">主控项目</td><td>合格质量标准</td><td>施工单位检验评定记录或结果</td><td>监理(建设)单位验收记录或结果</td><td>备　注</td></tr>
<tr><td>1</td><td>表面除锈</td><td>5.2.1</td><td></td><td></td><td></td></tr>
<tr><td>2</td><td>表面粗糙度</td><td>5.2.2</td><td></td><td></td><td></td></tr>
<tr><td>3</td><td>涂层厚度</td><td>5.3.1</td><td></td><td></td><td></td></tr>
<tr><td>4</td><td>涂层结合性能</td><td>5.3.2</td><td></td><td></td><td></td></tr>
<tr><td>5</td><td>金属喷涂层厚度</td><td>5.4.1</td><td></td><td></td><td></td></tr>
<tr><td>6</td><td>金属喷涂层结合性能</td><td>5.4.2</td><td></td><td></td><td></td></tr>
<tr><td colspan="2">一般项目</td><td>合格质量标准</td><td>施工单位检验评定记录或结果</td><td>监理(建设)单位验收记录或结果</td><td>备　注</td></tr>
<tr><td>1</td><td>涂装前表面外观</td><td>5.2.3</td><td></td><td></td><td></td></tr>
<tr><td>2</td><td>施工环境温度和湿度</td><td>5.2.4</td><td></td><td></td><td></td></tr>
<tr><td>3</td><td>涂层外观</td><td>5.3.3、5.3.4</td><td></td><td></td><td></td></tr>
<tr><td>4</td><td>金属喷涂层外观</td><td>5.4.3</td><td></td><td></td><td></td></tr>
<tr><td colspan="2">施工单位
检验评定结果</td><td colspan="4">班组长：
或专业工长：
年　月　日

质检员：
或项目技术负责人：
年　月　日</td></tr>
<tr><td colspan="2">监理(建设)单位
验收结论</td><td colspan="4">监理工程师(建设单位项目技术人员)：　　年　月　日</td></tr>
</table>

本规程用词说明

1　为便于在执行本规程条文时区别对待，对于要求严格程度不同的用词说明如下：

1）表示很严格，非这样做不可的：
正面词采用“必须”，反面词采用“严禁”；

2）表示严格，在正常情况下均应这样做的：
正面词采用“应”，反面词采用“不应”或“不得”；

3）表示允许稍有选择，在条件许可时首先应这样做的：
正面词采用“宜”，反面词采用“不宜”；

4）表示有选择，在一定条件下可以这样做的，采用“可”。

2　条文中指明必须按其他标准、规范执行的写法为“按……执行”或“应符合……的规定”

引用标准名录

1　《建筑工程施工质量验收统一标准》GB 50300

2　《色漆和清漆　拉开法附着力试验》GB/T 5210

3　《涂装作业安全规程　涂漆工艺安全及其通风净化》GB 6514

4《涂装作业安全规程　安全管理通则》GB 7691

5《涂装作业安全规程　涂漆前处理工艺安全及其通风净化》GB 7692

6　《涂装前钢材表面锈蚀等级和除锈等级》GB 8923

7　《色漆和清漆　漆膜划格试验》GB/T 9286

8　《金属和其他无机覆盖层热喷涂　锌、铝及其合金》GB/T 9793

9　《热喷涂涂层厚度的无损测量方法》GB 11374

10　《金属和其他无机覆盖层　热喷涂　操作安全》GB 11375

11　《涂装前钢材表面粗糙度等级的评定（比较样块法）》GB/T 13288

中华人民共和国行业标准

建筑钢结构防腐蚀技术规程

JGJ/T 251—2011

条 文 说 明

制 定 说 明

《建筑钢结构防腐蚀技术规程》JGJ/T 251-2011，经住房和城乡建设部2011年7月13日以第1070号公告批准、发布。

本规程制定过程中，编制组进行了广泛的调查和研究，总结了国内外先进技术法规、技术标准，通过对不同环境条件下建筑钢结构防腐蚀情况的区别，做出了具体的规定。

为便于广大设计、施工、科研、学校等单位有关人员在使用本规程时能正确理解和执行条文的规定，《建筑钢结构防腐蚀技术规程》编制组按章、节、条、款顺序编制了本规程的条文说明，对条文规定的目的、依据以及执行中需注意的有关事项进行了说明。但是，本条文说明不具备与规程正文同等的法律效力，仅供使用者作为理解和把握规程规定的参考。

目　次

1 总 则

1.0.1 本条为制定本规程的目的。随着建筑工程中钢材用量的迅速增长，钢结构的腐蚀问题日益突出。选择适当的防腐蚀技术、合理的设计、科学的施工、适度的维护管理，是确保建筑钢结构工程安全、耐久的重要措施。

1.0.2 本条规定了本规程的适用范围。本规程仅考虑在大气环境中的新建建筑工程钢结构的防腐蚀设计、施工、检验和维护。由于钢桩在建筑工程中尚未广泛应用，因此未包括在本规程的适用范围之中。

3 设 计

3.1 一 般 规 定

3.1.1 本条是对建筑钢结构防腐蚀工程的一般要求，防腐蚀是一门边缘学科，建筑钢结构工程由于所处腐蚀环境类型不同，造成的腐蚀速率有很大的差别，适用的防腐蚀方法也各不相同。因此，根据腐蚀环境类型和使用条件，选择适宜的防腐蚀措施，才能做到先进、经济、实用。

3.1.2 由于大气环境中所含的腐蚀性物质的成分、浓度、相对湿度是影响钢结构腐蚀的关键因素。本条根据《大气环境腐蚀性分类》GB/T 15957，按影响钢结构腐蚀的主要气体成分及其含量，将环境气体分为A、B、C、D四种类型。大气相对湿度（RH）类型分为干燥型（$RH<60\%$）、普通型（$RH=60\%\sim75\%$）、潮湿型（$RH>75\%$）。根据碳钢在不同大气环境下暴露第一年的腐蚀速率（mm/a），将腐蚀环境类型分为六大类。

进行建筑钢结构防腐蚀设计时，可按建筑钢结构所处位置的大气环境和年平均环境相对湿度确定大气环境腐蚀性等级。当大气环境不易划分时，大气环境腐蚀性等级应由设计进行确定。

在特殊场合与额外腐蚀负荷作用下，应将腐蚀类型提高等级。例如：①风沙大的地区，因风携带颗粒（沙子等）使钢结构发生磨蚀的情况；②钢结构上用于（人或车辆）通行或有机械重负载并定期移动的表面；③经常有吸潮性物质沉积于钢结构表面的情况。

考虑到处于潮湿状态或不可避免结露部位的标准应相应提高，对如厕浴间等类似的局部环境将大气相对湿度按$RH>75\%$考虑。

3.1.3 因为钢结构主要是承担结构荷载的，可以通过隔离措施避免与液态腐蚀性物质或固态腐蚀性物质接触，以便可以达到经济、实用的目的。

3.1.4 本条给出了在腐蚀环境下结构设计应符合的规定。对本条各款说明如下：

2 钢结构构件和杆件形式，对结构或杆件的腐蚀速率有重大影响。按照材料集中原则的观点，截面的周长与面积之比愈小，则抗腐蚀性能愈高。薄壁型钢壁较薄，稍有腐蚀对承载力影响较大；格构式结构杆件的截面较小，加上缀条、缀板较多，表面积大，不利于钢结构防腐蚀。

3 闭口截面杆件端部封闭是防腐蚀要求。闭口截面的杆件采用热镀浸锌工艺防护时，杆件端部不应封闭，应采取开孔防爆措施，以保证安全。若端部封闭后再进行热浸镀锌处理，则可能会因高温引起爆炸。

4 为保证钢构件的耐久性，应有一定的截面厚度要求。太薄的杆件一旦腐蚀便很快丧失承载力。规程中规定的截面厚度最小限值，是根据使用经验确定的。杆件均指的是单件杆件。

5 门式刚架是近年来使用较多的钢结构，它造型简捷，受力合理。在腐蚀条件下推荐采用热轧H型钢。因整体轧制，表面平整，无焊缝，可达到较好的耐腐蚀性能。采用双面连续焊缝，使焊缝的正反面均被堵死，密封性能好。

6 网架结构能够实现大跨度空间且造型美观，近年发展迅速，应用于许多工业与民用建筑。钢管截面和球型节点是各类网架中杆件外表面积小、防腐蚀性能好且便于施工的空间结构形式，也是工业建筑中广泛应用的形式。

焊接连接的空心球节点虽然比较笨重，施工难度大，但其防腐蚀性能好，承载力高，连接相对灵活。在大气环境腐蚀性等级为Ⅳ、Ⅴ或Ⅵ级时不推荐螺栓球节点，因钢管与球节点螺栓连接时，接缝处难以保持严密。

网架作为大跨度结构构件，防腐蚀非常重要，螺栓球接缝处理和多余螺栓孔封堵都是防止腐蚀性气体进入的重要措施。

7 不同金属材料接触时会发生电化学反应，腐蚀严重，故要在接触部位采取防止电化学腐蚀的隔离措施。如采用硅橡胶垫做隔离层并加密封措施。

8 焊接连接的防腐蚀性能优于螺栓连接和铆接，但焊缝的缺陷会使涂层难以覆盖，且焊缝表面常夹有焊渣又不平整，容易吸附腐蚀性介质，同时焊缝处一般均有残余应力存在，所以，焊缝常常先于主体材料腐蚀。焊缝是传力和保证结构整体性的关键部位，对其焊脚尺寸应有最小要求。断续焊缝容易产生缝隙腐蚀，若闭口截面的连接焊缝采用断续焊缝，腐蚀介质和水汽容易从焊缝空隙中渗入内部。所以对重要构件和闭口截面杆件的焊缝应采用连续焊缝。

加劲肋切角的目的是排水，避免积水和积灰加重腐蚀，也便于涂装。焊缝不得把切角堵死。国际标准《色漆和清漆　防护漆体系对钢结构的腐蚀防护》ISO

12944 中提出加劲肋切角半径不应小于 50mm。

9 构件的连接材料，如焊条、螺栓、节点板等，其耐腐蚀性能（包括防护措施）不应低于主体材料，以保证结构的整体性。弹簧垫圈（如防松垫圈、齿状垫圈）容易产生缝隙腐蚀。

11 钢柱柱脚均应置于混凝土基础上，不允许采用钢柱插入地下再包裹混凝土的做法。钢柱于地上、地下形成阴阳极，雨季环境湿度高或积水时，电化学腐蚀严重。另外，室内外地坪常因排水不畅而积水，规定钢柱基础顶面宜高出地面不小于 300mm，是为了避免柱脚积水锈蚀。

12 耐候钢即耐大气腐蚀钢，是在钢中加入少量合金元素，如铜、铬、镍等，使其在工业大气中形成致密的氧化层，即金属基体的保护层，以提高钢材的耐候性能，同时保持钢材具有良好的焊接性能。在大气环境下，耐候钢表面也需要采用涂料防腐。耐候钢表面的钝化层增强了与涂料附着力。另外，耐候钢的锈层结构致密，不易脱落，腐蚀速率减缓。故涂装后的耐候钢与普通钢材相比，有优越的耐蚀性，适宜在室外环境使用。

参考已有部分实验结果，在有些地区为了使钢结构防腐蚀的经济效益更为明显，在腐蚀性等级为Ⅴ级时，重要构件也可采用耐候钢。

3.1.5 目前各种常规的防腐蚀措施，均难以确保 100%的保护度。涂层和金属热喷涂层即使在设计使用年限内，也会因针孔或机械破损而造成小面积局部腐蚀。使用中不能重新涂装的钢结构部位是指对于防腐蚀维护不易实施的钢结构及其部位。如在构造上不能避免难于检查、清刷和油漆之处，以及能积留湿气和大量灰尘的死角、凹槽或有特殊要求的部位，可以在结构设计时留有适当的腐蚀裕量。由于封闭结构内氧气不能得到有效补充，腐蚀过程不可能连续进行，因此无需考虑防腐蚀措施。

《钢结构设计规范》GB 50017—2003 条文说明第 8.9.2 条提出，不能重新刷油的部位应采取特殊的防锈措施，必要时亦可适当加厚截面的厚度。本规程第 3.1.5 条的相关规定是国内现行的有效防锈措施，对设计使用年限大于或等于 25 年，所处环境的腐蚀性等级较高（大于Ⅳ级）的建筑物，使用期间不能重新涂装的钢结构部位，考虑钢结构防腐蚀措施失效后，钢结构的继续锈蚀可能危害建筑物安全时，应考虑腐蚀裕量。

3.2 表 面 处 理

3.2.1 有多种因素影响防腐蚀保护层的有效使用寿命，如涂装前钢材表面处理质量、涂料的品种、组成、涂膜的厚度、涂装道数、施工环境条件及涂装工艺等。表 1 列出已作的相关调查关于各种因素对涂层寿命影响的统计结果。

表 1 各种因素对涂层寿命的影响表

因 素	影响程度（%）
表面处理质量	49.5
涂膜厚度	19.1
涂料种类	4.9
其他因素	26.5

由表 1 可见，表面处理质量是涂层过早破坏的主要影响因素，对金属热喷涂层和其他防腐蚀覆盖层与基体的结合力，表面处理质量也有极重要的作用。因此，规定钢结构在涂装之前应进行表面处理。

3.2.4 现行国家标准《涂装前钢材表面锈蚀等级和除锈等级》GB 8923 规定了涂装前钢材表面锈蚀程度和除锈质量的目视评定等级。对涂装前钢结构的表面状态，包括锈蚀等级和除锈等级都作出了明确的规定。

涂层与基体金属的结合力主要依靠涂料极性基团与金属表面极性分子之间的相互吸引，粗糙度的增加，可显著加大金属的表面积，从而提高了涂膜的附着力。但粗糙度过大也会带来不利的影响，当涂料厚度不足时，轮廓峰顶处常会成为早期腐蚀的起点。因此，规定在一般情况下表面粗糙度值不宜超过涂装系统总干膜厚度的 1/3。

3.3 涂 层 保 护

3.3.2 防腐蚀涂装配套中的底漆、中间漆和面漆因使用功能不同，对主要性能的要求也有所差异，但同一配套中的底漆、中间漆、面漆宜有良好的相容性。

在涂装配套中，因底漆、中间漆和面漆所起作用不同，各厂家同类产品的成分配比也有所差别。如果一个涂装系统采用不同厂家的产品，配套性难以保证。一旦出现质量问题，不易分析原因，也难以确定责任者，因此宜选用同一厂家的产品。

3.3.3 对本条各款说明如下：

1 聚氨酯涂料是聚氨基甲酸酯树脂涂料的简称。聚氨酯涂料的耐候性与型号有关，脂肪族的耐候性好，而芳香族的耐候性差。聚氨酯取代乙烯互穿网络涂料属于耐候性聚氨酯涂料，本规程不作为单一品种列入。含羟基丙烯酸酯与脂肪族多异氰酸酯反应而成的丙烯酸聚氨酯涂料，具有很好的耐候性和耐腐蚀性能。

聚氯乙烯萤丹涂料含有萤丹颜料成分，对被涂覆的基层表面起到较好的屏蔽和隔离介质作用，而且对金属基层具有磷化、钝化作用。该涂料对盐酸及中等浓度的硫酸、硝酸、醋酸、碱和大多数的盐类等介质，具有较好的耐腐蚀性能。不含萤丹的聚氯乙烯涂料的性能很差。另外，一些单位通过试验和工程实践表明，若在聚氯乙烯萤丹涂料中加入适量的氟树脂，其耐温、耐老化和耐腐蚀性能更好。

2 树脂玻璃鳞片涂料能否用于室外取决于树脂的耐候性。

3.3.4 锌黄的化学成分是铬酸锌，由它配制而成的锌黄底涂料适用于钢铁表面。

3.3.5 用于钢结构的防腐蚀保护层一般分为三大类：第一类是喷、镀金属层上加防腐蚀涂料的复合面层；第二类是含富锌底漆的涂层；第三类是不含金属层，也不含富锌底漆的涂层。

钢结构涂层的厚度，应根据构件的防护层使用年限及其腐蚀性等级确定。因为防护层使用年限增大到10a～15a，故本条所规定的涂层厚度比目前一般建筑防腐蚀工程上的实际涂层稍厚；室外构件应适当增加涂层厚度。

3.4 金属热喷涂

金属热喷涂是利用各种热源，将欲喷涂的固体涂层材料加热至熔化或软化，借助高速气流的雾化效果使其形成微细熔滴，喷射沉积到经过处理的基体表面形成金属涂层的技术。金属热喷涂最早在20世纪40年代应用于防腐蚀方面，已经具备了几十年的经验。金属热喷涂主要有喷锌和喷铝两种，作为钢结构的底层，有着很好的耐蚀性能。金属热喷涂广泛用于新建、重建或维护保养时对于金属部分的修补。在大气环境中喷铝层和喷锌层是最长效保护系统的首要选择。喷铝层是大气环境中钢结构使用较多的一种选择，比喷锌层的耐蚀性能还要强。喷铝层与钢铁的结合力强，工艺灵活，可以现场施工，适用于重要的不易维修的钢铁桥梁。在很多环境下，金属热喷涂层的寿命可以达到15a以上。但是其处理速度较慢，施工标准又高，使得最初的费用相对较高，但它的长期使用寿命表明是经济有效的。和所有涂层一样，金属热喷涂系统的性能是由高质量的施工，包括表面处理、使用的材料、施工设备以及施工技术等来保证的。

4 施工

4.1 一般规定

4.1.3 根据有关资料显示，钢结构防腐蚀材料中挥发性有机化合物含量不得大于40%，施工时可据此作为参考。

4.2 表面处理

4.2.2 钢结构表面的焊渣、毛刺和飞溅物等附着物会造成涂层的局部缺陷。钢结构在除锈前，应进行表面净化处理：用刮刀、砂轮等工具除去焊渣、毛刺和飞溅的熔粒，用清洁剂或碱液、火焰等清除钢结构表面油污，用淡水冲洗至中性。小面积油污可采用溶剂擦洗。

脱脂净化的目的是除去基体表面的油脂和机械加工润滑剂等污物。这些有机物附着在基体金属表面上，会严重影响涂层的附着力，并污染喷（抛）射处理时所用的磨料。

残存的清洗剂，特别是碱性清洗剂，也会影响涂层的附着力。

多数溶剂都易燃且有一定的毒性，采取相应的防护措施是必要的，如通风、防火、呼吸保护和防止皮肤直接接触溶剂等。

4.2.4 由空压机所提供的压缩空气含有一定的油和水，油会严重影响涂层的附着力，水会加速被涂覆钢结构返锈。空压机的压缩空气温度较高，一般约70℃～80℃，用未经冷却的空气直接喷射温度相对较低的钢结构表面，可能会产生冷凝现象。油水分离器内部的过滤材料经过一定时间使用后会失效，应予更换。

4.2.8 磨料的选择是表面清理中的重要环节，一般A级和B级锈蚀等级的钢构件选用丸状磨料；C级和D级锈蚀等级使用棱角状磨料效率较高；丸状和棱角状混合磨料适用于各种原始锈蚀等级的钢结构表面。

4.2.9 手工除锈不能除去附着牢固的氧化皮，动力除锈也无法清除蚀孔中的铁锈，且动力除锈有抛光作用，降低涂层的附着力，因此不适用于大面积建筑钢结构的表面清理，只能作为修复或辅助手段。

4.3 涂层施工

4.3.5 焊缝及焊接热影响区是涂料保护的薄弱环节之一，本条为质量强化措施。根据部分工程的施工情况可对焊缝热影响区进行界定，在焊缝两侧50mm范围内应先涂刷不影响焊接性能的车间底漆。

4.3.7 表面清理与涂装之间的间隔时间越短越好，具体时间间隔要求因施工现场的空气相对湿度和粉尘含量的不同而有较大区别。根据部分工程钢结构施工情况，对于空气的相对湿度小于60%的晴天，表面预处理与涂装施工之间的间隔时间不应超过12h。

4.4 金属热喷涂

4.4.2 金属热喷涂工艺有火焰喷涂法、电弧喷涂法和等离子喷涂法等。由于环境条件和操作因素所限，目前在工程上应用的热喷涂方法仍以火焰喷涂法较多。该方法用氧气和乙炔焰熔化金属丝，由压缩空气吹送至待喷涂结构表面，即本条的气喷涂。

电弧喷涂技术近年来发展很快，它的地位已超过火焰喷涂，成为防腐蚀施工最重要的热喷涂方法。在电弧喷涂过程中，两根金属丝被加载至18V～40V的直流电压，每根丝带有不同的极性。它们作为自耗电极，彼此绝缘，并同时被送丝机构送进。在喷涂枪的前端两根金属丝相遇，引燃产生电弧，电弧使两金属丝的尖端熔化，用压缩空气把熔化的金属雾化，并对雾化的金属细滴加速，使它们喷向工件形成涂层。在大面积钢结构热喷涂防腐蚀施工中，电弧喷涂的独特优越性是其他方法所不及的。这包括：特别高的涂层结合强度、突出的经济性、工艺易于掌握、喷涂质量容易保证等。当需要高生产效率及长时间连续喷涂时，电弧喷涂的优越性可以得到特别好的发挥。

4.4.3 金属热喷涂层对表面处理的要求很高，表面粗糙度值也比涂料大，手工和动力除锈无法满足其表面处理要求。

4.4.4 金属热喷涂常用的材料为锌铝及合金，其电极电位比钢结构低。在腐蚀性电解质中，如果采用热喷涂防腐蚀的钢构件与未采用热喷涂的钢构件相连接。金属涂层便成了牺牲阳极，会溶解自身，并对未喷涂部位提供保护电流，从而导致喷涂层过早失效，未能达到预期的保护寿命。

值得注意的是，金属热喷涂构件通过预埋铁件与混凝土中的结构钢筋连接，如果该混凝土结构处于经常性的潮湿状态中，也会促使金属热喷涂层溶解破坏。

4.4.5 缩短表面预处理与热喷涂施工之间的时间间隔，可以减少被保护钢结构表面返锈和结露的机会，使生成的氧化膜厚度较薄，喷镀颗粒容易击破，从而保证金属热喷涂层的附着力。

基材表面预处理后 30min 内基材表面的电极电位没有明显变化，而在 2h～3h 内基本是稳定的。随着时间的增加，其表面的电极电位值开始升高，活化强度减弱，镀层与基材的结合强度下降。这是由于表面氧化膜的生成厚度与喷镀颗粒撞击表面时能否破裂有关：2h～3h 之内，很薄的氧化膜很易被高速喷射的喷镀颗粒击破；2h～3h 之后，氧化膜过厚，喷镀颗粒不易击破，对镀层与基材起着隔绝的作用，从而破坏镀层与基材的附着。

间隔时间越短越好，具体时间间隔要求因施工现场的空气相对湿度和粉尘含量的不同而有较大区别。

4.4.6 被喷涂钢结构表面在大气温度低于 5℃、温度低于露点 3℃，或空气相对湿度大于 85%时，容易结露形成水膜，从而造成金属热喷涂层的附着力显著下降。

4.4.7 热喷涂用金属材料的品质指标采用了现行国家标准《金属和其他无机覆盖层热喷涂　锌、铝及其合金》GB/T 9793 的规定。工程上常用的热喷涂材料一般为 ϕ3.0mm 的金属丝。

锌应符合现行国家标准《锌锭》GB/T 470 中规定的 Zn99.99 的质量要求。

铝应符合现行国家标准《变形铝及铝合金化学成分》GB/T 3190 中规定的 1060 的质量要求。

锌铝合金的金属组成应为锌 85%～87%，铝 13%～15%。锌铝合金中锌应符合现行国家标准《锌锭》GB/T 470 中规定的 Zn99.99 的质量要求，铝应符合现行国家标准《变形铝及铝合金化学成分》GB/T 3190 中规定的 1060 的质量要求。

铝镁合金的金属组成应为镁 4.8%～5.5%，铝 94.5%～95.2%。

Ac 铝的金属组成应为硒 0.1%～0.3%，铝 99.7%～99.9%。

4.4.8 根据有关资料显示，喷涂角度 80°为最好。垂直喷镀时，半熔融状态的雾状微粒，以很快的速度堆积，会有部分空隙中的空气无法驱出而形成较多孔穴；有部分金属微粒从结构表面碰落回到镀层金属雾中去，使金属微粒互相碰撞，削弱镀层微粒对结构表面冲击力量，造成镀层疏松、附着力降低。若角度过小，高速喷射的金属微粒会产生滑冲和驱散现象。这样既降低镀层的附着力，同时又浪费材料。

4.4.9 在金属热喷涂层的封闭剂或首道封闭涂料施工时，如果喷涂层的温度过高，会对封闭材料的性能产生不良甚至破坏性影响，温度过低会影响渗透封闭效果。

5 验 收

5.3 涂层施工

5.3.1 涂层的干漆膜厚度应采用精度不低于 10%的测厚仪进行检测，测厚仪应经标准样块调零修正，每一测点应测取 3 次读数，每次测量的位置相距 50mm，取 3 次读数的算术平均值为此点的测定值。测定值达到设计厚度的测点数不应少于总测点数的 85%，且最小测值不得低于设计厚度的 85%。

6 安全、卫生和环境保护

6.1 一般规定

6.1.1 建筑钢结构的防腐蚀施工所使用的材料、设备和工艺，可能会对作业人员的身体健康和人身安全产生不利影响，也可能对施工环境和使用环境造成一定程度的污染，因此作出本条规定。

7 维护管理

7.0.1 根据定期检查和特殊检查情况，判断钢结构和其防腐蚀保护层是否处于正常状态。如果未发现异常，将检查记录作为结构物管理档案的一部分保存；如果发现异常情况，可根据异常情况的性质和程度对钢结构的防腐蚀效果作出判断，决定是否需要对防腐蚀保护层进行修复或更新，进而决定修复的范围和程度。

7.0.2 特殊检查的检查项目和内容可根据具体情况确定，或选择定期检查项目中的一项或几项。

对定期检查各项目的内容、方式、作用及相互关系说明如下：

防腐蚀保护层外观检查是对涂装钢结构进行的一般性检查，主要方法为目视检查保护层是否有破损及分辨破损的类型，估测破损的范围和程度，填写检测记录表，作为防腐蚀修复或结构补强的判断依据。

防腐蚀保护层防腐蚀性能检查是对防腐蚀保护层进行详细检查和测定，通过记录防腐蚀保护层的变色、粉化、鼓泡、剥落、返锈和破损面积等对防腐蚀保护层的保护性能进行评定，以便决定是否采取修复措施。

钢结构腐蚀量的检测原则上采用无破损检测方法，用超声波测厚仪测量钢结构的壁厚，根据设计原始厚度和使用时间推算出腐蚀量和腐蚀速率。厚度测定结果可用于评价防腐蚀措施的保护效果，判断是否需要进行修复或补强。

每次重大自然灾害后（如地震、台风等）应对钢结构防腐蚀进行全面检查。

中华人民共和国行业标准

房地产市场基础信息数据标准

Standard for data of real estate market's basic information

JGJ/T 252—2011

批准部门：中华人民共和国住房和城乡建设部
施行日期：2 0 1 2 年 3 月 1 日

中华人民共和国住房和城乡建设部
公　　告

第 1183 号

关于发布行业标准《房地产市场基础信息数据标准》的公告

现批准《房地产市场基础信息数据标准》为行业标准，编号为 JGJ/T 252－2011，自 2012 年 3 月 1 日起实施。

本标准由我部标准定额研究所组织中国建筑工业出版社出版发行。

中华人民共和国住房和城乡建设部

2011 年 11 月 22 日

前　　言

根据住房和城乡建设部《关于印发〈2008 年工程建设标准规范制订、修订计划（第一批）〉的通知》（建标［2008］102 号）的要求，标准编制组经广泛调查研究，认真总结实践经验，参考有关国际标准和国外先进标准，并在广泛征求意见的基础上，编制本标准。

本标准的主要技术内容是：1. 总则；2. 术语；3. 数据分类；4. 数据编码及结构；5. 数据质量控制要求；以及相关附录。

本标准由住房和城乡建设部负责管理，由上海市房屋土地资源信息中心负责具体技术内容的解释。执行过程中如有意见或建议，请寄送上海市房屋土地资源信息中心（地址：上海市北京西路 95 号 9 楼，邮编：200003）。

本标准主编单位：上海市房屋土地资源信息中心

本标准参编单位：住房和城乡建设部信息中心
北京市城建研究中心
南京市房产管理局信息中心
杭州市房产信息中心
成都市房地产信息中心
郑州市房产档案和信息中心

本标准参加单位：上海南康科技有限公司
上海亿图信息科技有限公司

本标准主要起草人员：宋　唯　潘兰平　黄　河　杜　文　周　葵　骆远骋　蔡阳军　吴天君　胡建改　汪一琛　刘利锋　曹中初　瞿　晖　王　斌　顾建华　刘　峰　曹彤宇　杨　光　林哲明　崔晓东　陆绍波

本标准主要审查人员：刘洪玉　丁烈云　方天培　顾炳忠　施建刚　宋　涛　李竣基　吉同路　张一川

目　次

Contents

1 总 则

1.0.1 为规范房地产市场基础信息数据采集、处理、分析和发布工作，制定本标准。

1.0.2 本标准适用于房地产市场基础信息系统数据库的建立和数据交换。

1.0.3 房地产市场基础信息数据除应符合本标准的规定外，尚应符合国家现行有关标准的要求。

2 术 语

2.0.1 基础数据 fundamental data

描述丘、幢以及户的自然特征数据和权利特征数据的总和。

2.0.2 从业主体数据 participant data

在房地产市场活动中参与者的信息数据，但不包括房地产管理部门及其人员的相关信息数据。房地产管理部门及其人员一般称为管理主体。

2.0.3 业务数据 business data

在房地产市场业务活动中产生的过程数据。

2.0.4 发布数据 public data

对基础数据、从业主体数据、业务数据进行处理后，向公众发布的房地产数据。

3 数据分类

3.1 数据分类方法

3.1.1 房地产市场基础信息数据应采用多级分类形式，并应符合现行行业标准《房地产市场信息系统技术规范》CJJ/T 115的规定。

3.1.2 房地产市场基础信息数据应分为：基础数据、从业主体数据、业务数据、发布数据四个大类。

3.2 基 础 数 据

3.2.1 基础数据应包括物理数据和权属数据。

3.2.2 物理数据应包括下列内容：

1 地理数据：区县、街道（乡镇）、街坊（村）、板块、道路、地形和数字正射影像图数据；

2 丘数据；

3 幢数据：自然幢、逻辑幢、层和房产分层平面图数据；

4 户数据：户属性、房产分户平面图和坐落数据；

5 数字栅格图：规划图扫描图件和竣工图扫描图件数据。

3.2.3 权属数据应包括下列内容：

1 土地使用权数据；

2 房屋所有权数据；

3 抵押权数据；

4 承租权数据；

5 地役权数据；

6 限制权数据；

7 异议登记数据；

8 权利人数据。

3.3 从业主体数据

3.3.1 从业主体数据应包括下列内容：

1 从业企业数据；

2 从业人员数据；

3 从业企业与从业人员关联关系数据。

3.3.2 当条件具备时，从业主体数据宜包括下列内容：

1 从业企业信用记录数据；

2 从业人员信用记录数据。

3.4 业 务 数 据

3.4.1 业务数据应包括测绘成果业务数据和交易登记业务数据。

3.4.2 测绘成果业务数据应包括测绘项目数据和成果审核数据。

3.4.3 交易登记业务数据应包括新建商品房交易业务数据、存量房交易业务数据和登记业务数据。

3.5 发 布 数 据

3.5.1 发布数据应包括新建商品房信息、存量房信息和从业主体信息。

3.5.2 新建商品房信息应包括下列信息：

1 新建商品房项目基本信息：基本情况、销售信息和合同撤销信息。

2 新建商品房销售表信息：幢信息、幢销售信息和户详细信息。

3 新建商品房专题汇总信息：新建商品房预售公示汇总信息、新建商品房在售汇总信息和新建商品房成交汇总信息。

3.5.3 存量房信息应包括下列信息：

1 存量房房源信息：存量房在售基本信息和交易信息。

2 存量房专题汇总信息：存量房在售汇总信息和存量房成交汇总信息。

3.5.4 从业主体信息应包括下列信息：

1 从业企业信息：房地产开发企业、房地产经纪机构、房地产评估机构、房屋测绘机构、物业服务企业以及其他与房地产市场相关的企业基本信息和企业资质信息。

2 从业人员信息：房屋销售人员、房地产经纪人、房地产估价师、房屋测绘人员、物业小区经理以及其他专业人员的基本信息和人员资质信息。

4 数据编码及结构

4.1 分 类 编 码

4.1.1 房地产市场信息系统数据要素应依次按一级分类、二级分类、三级分类和四级分类划分，各级要素代码应采用两位数字层次码组成，其结构应按表4.1.1划分。

表4.1.1 数据要素分类编码方法

××	××	××	××
一级分类	二级分类	三级分类	四级分类

4.1.2 分类编码宜符合表4.1.2的要求，长度应满足8位，其中不足位数的应在末尾补0。

表4.1.2 分类编码

分类编码	一级分类	二级分类	三级分类	四级分类
10000000	基础数据			
10010000		物理数据		
10010100			地理数据	
10010101				区县数据
10010102				街道（乡镇）数据
10010103				街坊（村）数据
10010104				板块数据
10010105				道路数据
10010106				基础地形数据
10010107				数字正射影像图
10010200			丘数据	
10010300			幢数据	
10010301				自然幢数据
10010302				逻辑幢数据
10010303				层数据
10010304				房产分层平面图
10010400			户数据	
10010401				户属性数据
10010402				房产分户平面图
10010403				坐落数据

续表4.1.2

分类编码	一级分类	二级分类	三级分类	四级分类
10010500			栅格图数据	
10010501				规划图扫描图件
10010502				竣工图扫描图件
10020000		权属数据		
10020100			权利数据	
10020101				土地使用权数据
10020102				房屋所有权数据
10020103				抵押权数据
10020104				承租权数据
10020105				地役权数据
10020106				限制权数据
10020107				异议登记数据
10020200			权利人数据	
20000000	从业主体数据			
20010000		从业企业数据		
20010100			从业企业基本信息	
20010200			从业企业信用记录数据	
20020000		从业人员数据		
20020100			从业人员基本信息	
20020200			从业人员信用记录数据	
20030000		从业企业人员关系数据		
30000000	业务数据			
30010000		测绘成果业务数据		

续表 4.1.2

分类编码	一级分类	二级分类	三级分类	四级分类
30010100			测绘项目数据	
30010200			成果审核数据	
30020000		交易登记业务数据		
30020100			新建商品房交易业务数据	
30020101				开发项目数据
30020102				预售许可数据
30020103				现售备案数据
30020104				预（销）售合同数据
30020105				预（销）售合同买受人数据
30020106				建设用地规划许可证
30020107				建设工程规划许可证
30020108				建筑工程施工许可证
30020200			存量房交易业务数据	
30020201				经纪合同数据
30020202				出售挂牌数据
30020203				买卖合同数据
30020204				买卖合同主体数据
30020205				资金监管协议数据
30020206				资金监管合同数据
30020207				资金监管账户数据
30020208				资金监管入账记录
30020209				资金监管出账记录

续表 4.1.2

分类编码	一级分类	二级分类	三级分类	四级分类
30020300			登记业务数据	
30020301				受理申请数据
30020302				收件数据
30020303				收费数据
30020304				审核数据
30020305				缮证数据
30020306				发证数据
30020307				归档数据
30020308				问题案件数据
40000000	发布数据			
40010000		新建商品房信息		
40010100			新建商品房基本信息	
40010101				基本情况
40010102				销售信息
40010103				合同撤销信息
40010200			新建商品房销售表信息	
40010201				幢信息
40010202				幢销售信息
40010203				户详细信息
40010300			新建商品房专题汇总信息	
40010301				新建商品房预售公示汇总信息
40010302				新建商品房在售汇总信息
40010303				新建商品房成交汇总信息
40020000		存量房信息		

续表 4.1.2

分类编码	一级分类	二级分类	三级分类	四级分类
40020100			存量房房源信息	
40020101				存量房在售基本信息
40020102				存量房交易信息
40020200			存量房专题汇总信息	
40020201				存量房在售汇总信息
40020202				存量房成交汇总信息
40030000		从业主体信息		
40030100			企业信息	
40030101				企业基本信息
40030102				企业资质信息
40030200			从业人员信息	

4.2 空间要素图形分层

4.2.1 空间要素应采用分层的方法进行组织管理，并应符合表 4.2.1 的要求。

表 4.2.1 空间要素分层方法

序号	数据集名	数据集要素	几何特征	属性表名	约束条件
1	地理数据	区县	Polygon	QX	必选
		街道(乡镇)	Polygon	JD	必选
		街坊(村)	Polygon	JF	必选
		板块	Polygon	BK	必选
		道路	Line	DL	必选
		基础地形	Point		可选
			Line		可选
			Polygon		可选
			Annotation		可选
		数字正射影像图	Image	SGT	可选
2	丘数据	丘	Polygon	Q	必选

续表 4.2.1

序号	数据集名	数据集要素	几何特征	属性表名	约束条件
3	幢数据	自然幢	Polygon	ZRZ	必选
		房产分层平面图	Image	FCPMT	可选
4	户数据	房产分户平面图	Image	FCPMT	必选
5	栅格图数据	规划图扫描图件	Image	SGT	可选
		竣工图扫描图件	Image	SGT	可选

4.3 数据结构要素说明

4.3.1 各类数据的表名应采用大写中文拼音首字母缩写的形式表示。

4.3.2 各类数据的数据结构应采用下列要素描述：

1 字段名称：数据项的名称或含义。

2 字段代码：唯一标识该数据项的代码，对应于数据库中表的字段名，在同一表内是唯一的，采用大写中文拼音首字母缩写的形式表示，如果同一表内字段代码相同，追加数字序号以示区分。

3 字段类型：数据项的数据类型，用一个字符串表示，常用值应符合下列要求：

1）Boolean：布尔型值，取值为真（true，非零值）或假（false，零）。

2）Short：16 位的整数，取值范围为－32768～32767，一般用于表示字典表的代码属性。

3）Integer：32 位的整数，取值范围大约为 $-2.1\times10^{10}\sim2.1\times10^{10}$，一般用于表示数据的序列号（主键）。

4）Long：64 位整数，取值范围约为 $-9.22\times10^{14}\sim9.22\times10^{14}$，一般用于表示较长的数据序列号。

5）Number：可包含指定位数的小数且运算不损失精度的十进制数值型，通常用于表示面积、货币等数据。特别地，对于面积数据，小数位数确定为 3 位，对于货币数据，小数位数确定为 4 位。

6）String：定长字符串，以字节为单位，通常用于表示少于 2000 个字节的字符串。

7）LongBinary：长二进制类型，以字节为单位，通常用于存储二进制文件数据。

8）Date：日期数据，也可包含时间信息。

4 字段长度：数据项包含的字节数。对 Number 和 String 类型，可予以指定。其他类型的长度为固定值，可忽略。

5 小数位数：该值仅对 Number 类型有效，即包含的小数位数。

6 值域：该数据项的取值范围，包括上限、下限以及枚举字典表等。

7 约束条件：该数据项的必须填写要求，以及与其他数据项的依赖关系。

8 备注：该数据项的附加描述信息。

4.4 数 据 结 构

4.4.1 物理数据结构应符合下列要求：

1 区县属性数据结构应符合表 4.4.1-1 的要求。

表 4.4.1-1 区县属性数据结构（表名：QX）

序号	字段名称	字段代码	字段类型	字段长度	小数位数	值域	约束条件	备注
1	区县编号	QXBH	Integer			>0	必选	
2	区县号	QXH	String	6		A.1 区县字典表	必选	
3	区县名称	QXMC	String	50			必选	
4	面积	MJ	Number	15	3			

2 街道（乡镇）属性数据结构应符合表 4.4.1-2 的要求。

表 4.4.1-2 街道（乡镇）属性数据结构（表名：JD）

序号	字段名称	字段代码	字段类型	字段长度	小数位数	值域	约束条件	备注
1	街道(乡镇)编号	JDBH	Integer			>0	必选	
2	街道(乡镇)号	JDH	String	9		A.2 街道字典表	必选	
3	区县号	QXH	String	6		A.1 区县字典表	必选	和"区县"关联
4	街道(乡镇)名称	JDMC	String	50				
5	面积	MJ	Number	15	3			

3 街坊（村）属性数据结构应符合表 4.4.1-3 的要求。

表 4.4.1-3 街坊(村)属性数据结构(表名：JF)

序号	字段名称	字段代码	字段类型	字段长度	小数位数	值域	约束条件	备注
1	街坊(村)编号	JFBH	Integer			>0	必选	
2	街坊(村)号	JFH	String	4		A.3 街坊字典表	必选	
3	区县号	QXH	String	6		A.1 区县字典表	必选	和"区县"关联
4	街道(乡镇)号	JDH	String	9		A.2 街道字典表	必选	和"街道(乡镇)"关联
5	街坊(村)名称	JFMC	String	50				
6	面积	MJ	Number	15	3			

4 板块属性数据结构应符合表 4.4.1-4 的要求。

表 4.4.1-4 板块属性数据结构（表名：BK）

序号	字段名称	字段代码	字段类型	字段长度	小数位数	值域	约束条件	备注
1	板块编号	BKBH	Integer			>0	必选	
2	板块号	BKH	String	4		A.4 板块字典表	必选	
3	区县号	QXH	String	6		A.1 区县字典表	必选	和"区县"关联
4	板块名称	BKMC	String	50				
5	面积	MJ	Number	15	3			

5 道路属性数据结构应符合表 4.4.1-5 的要求。

表 4.4.1-5 道路属性数据结构（表名：DL）

序号	字段名称	字段代码	字段类型	字段长度	小数位数	值域	约束条件	备注
1	道路编号	DLBH	Integer			>0	必选	本表中的唯一编号
2	道路名称	DLMC	String	50				
3	长度	CD	Number	15	2			
4	宽度	KD	Number	15	2			

6 丘属性数据结构应符合表 4.4.1-6 的要求。

表 4.4.1-6　丘属性数据结构（表名：Q）

序号	字段名称	字段代码	字段类型	字段长度	小数位数	值域	约束条件	备注
1	丘编号	QBH	Integer			>0	必选	本表中的唯一编号
2	丘编码	QBM	String	20			必选	丘编码＝区县号＋街道(乡镇)号＋街坊(村)号＋丘号＋子丘号
3	区县号	QXH	String	6		A.1 区县字典表	必选	
4	街道(乡镇)号	JDH	String	9		A.2 街道字典表	必选	
5	街坊(村)号	JFH	String	4		A.3 街坊字典表	必选	
6	丘号	QH	String	4			必选	
7	子丘号	ZQH	String	3			必选	
8	土地权属性质	TDQSXZ	Short	4		A.5 土地权属性质字典表		
9	土地用途	TDYT	Short	2		A.6 土地用途字典表		
10	土地等级	TDDJ	Short			A.7 土地等级字典表		
11	面积	MJ	Number	15	3			
12	利用状态	LYZT	Short			A.8 利用状态字典表		
13	空间状态	KJZT	Short			A.9 空间状态字典表		
14	地块标志	DKBZ	Short			A.10 地块标志字典表		
15	用地批号	YDPH	String	50				
16	地下起始深度	DXQSSD	Number	15	2			用于地下宗地，比如地下通道等。空间状态为"地下"时使用
17	地下终止深度	DXZZSD	Number	15	2			
18	数据来源	SJLY	Short			A.11 数据来源字典表		
19	备注	BZ	String	2000				

7　自然幢属性数据结构应符合表 4.4.1-7 的要求。

表 4.4.1-7　自然幢属性数据结构（表名：ZRZ）

序号	字段名称	字段代码	字段类型	字段长度	小数位数	值域	约束条件	备注
1	自然幢编号	ZRZBH	Integer			>0	必选	本表中的唯一编号
2	丘编号	QBH	String	20			必选	和"丘"关联
3	自然幢号	ZRZH	Integer				必选	同一个丘下的唯一编号
4	建筑物名称	JZWMC	String	50				
5	竣工日期	JGRQ	Date					
6	建筑物高度	JZWGD	Number	15	2			
7	幢占地面积	ZZDMJ	Number	15	3			
8	幢用地面积	ZYDMJ	Number	15	3			
9	预测建筑面积	YCJZMJ	Number	15	3			与本幢附属层对应的面积和相等
10	实测建筑面积	SCJZMJ	Number	15	3			
11	建筑物基本用途	JZWJBYT	String	50				
12	地上层数	DSCS	Integer					
13	地下层数	DXCS	Integer					
14	地下深度	DXSD	Number	15	2			
15	备注	BZ	String	2000				

8　逻辑幢属性数据结构应符合表 4.4.1-8 的要求。

表 4.4.1-8　逻辑幢属性数据结构（表名：LJZ）

序号	字段名称	字段代码	字段类型	字段长度	小数位数	值域	约束条件	备注
1	逻辑幢编号	LJZBH	Integer			>0	必选	本表中的唯一编号
2	自然幢编号	ZRZBH	Integer				必选	和"自然幢"关联
3	逻辑幢号	LJZH	Integer				必选	
4	门牌号	MPH	String	4			必选	
5	预测建筑面积	YCJZMJ	Number	15	3			
6	预测地下面积	YCDXMJ	Number	15	3			
7	预测其他面积	YCQTMJ	Number	15	3			
8	实测建筑面积	SCJZMJ	Number	15	3			
9	实测地下面积	SCDXMJ	Number	15	3			
10	实测其他面积	SCQTMJ	Number	15	3			
11	竣工日期	JGRQ	Date					
12	建筑结构	JZJG	Short			A.12 建筑结构字典表		
13	建筑物状态	JZWZT	Short			A.13 建筑物状态字典表		
14	状态日期	ZTRQ	Date					
15	房屋用途	FWYT	Short			A.14 房屋用途字典表		
16	备注	BZ	String	2000				

9　层属性数据结构应符合表 4.4.1-9 的要求。

表 4.4.1-9　层属性数据结构（表名：C）

序号	字段名称	字段代码	字段类型	字段长度	小数位数	值域	约束条件	备注
1	层编号	CBH	Integer			>0	必选	本表中的唯一编号
2	自然幢编号	ZRZBH	Integer				必选	和"自然幢"关联
3	实际层	SJC	Number	3				
4	名义层	MYC	String	50				

续表 4.4.1-9

序号	字段名称	字段代码	字段类型	字段长度	小数位数	值域	约束条件	备注
5	层建筑面积	CJZMJ	Number	15	3			
6	层套内建筑面积	CTNJZMJ	Number	15	3			
7	层阳台面积	CYTMJ	Number	15	3			
8	层共有建筑面积	CGYJZMJ	Number	15	3			
9	层分摊建筑面积	CFTJZMJ	Number	15	3			
10	层半墙面积	CBQMJ	Number	15	3			
11	层高	CG	Number	15	2			
12	水平投影面积	SPTYMJ	Number	15	3			
13	房产平面图编号	FCPMTBH	Integer				必选	和"房产平面图"关联

10　房产平面图属性数据结构应符合表 4.4.1-10 的要求。

表 4.4.1-10　房产平面图属性数据结构（表名：FCPMT）

序号	字段名称	字段代码	字段类型	字段长度	小数位数	值域	约束条件	备注
1	房产平面图编号	FCPMTBH	Integer			>0	必选	本表中唯一编号
2	文件名称	WJMC	String	50				
3	房产平面矢量图	FCPMSLT	Long Binary					
4	房产平面影像图	FCPMYXT	Long Binary					
5	平面图类型	PMTLX	Short			A.15 房产平面图类型字典表		

11　户属性数据结构应符合表 4.4.1-11 的要求。

表 4.4.1-11　户属性数据结构（表名：H）

序号	字段名称	字段代码	字段类型	字段长度	小数位数	值域	约束条件	备注
1	户编号	HBH	Integer			>0	必选	本表中唯一编号

续表 4.4.1-11

序号	字段名称	字段代码	字段类型	字段长度	小数位数	值域	约束条件	备注
2	逻辑幢编号	LJZBH	Integer				必选	和"逻辑幢"关联
3	实际层	SJC	Number	3				
4	名义层	MYC	String	50				
5	户号	HH	Integer				必选	
6	室号部位	SHBW	String	20			必选	
7	户型	HX	Short			A.16 户型字典表		
8	户型结构	HXJG	Short			A.17 户型结构字典表		
9	房屋用途	FWYT	Short			A.14 房屋用途字典表		
10	预测建筑面积	YCJZMJ	Number	15	3			即期房
11	预测套内建筑面积	YCTNJZMJ	Number	15	3			
12	预测分摊建筑面积	YCFTJZMJ	Number	15	3			
13	预测地下部分建筑面积	YCDXBFJZMJ	Number	15	3			
14	预测其他建筑面积	YCQTJZMJ	Number	15	3			
15	预测分摊系数	YCFTXS	Number	12	6			
16	实测建筑面积	SCJZMJ	Number	15	3			即现房
17	实测套内建筑面积	SCTNJZMJ	Number	15	3			
18	实测分摊建筑面积	SCFTJZMJ	Number	15	3			
19	实测地下部分建筑面积	SCDXBFJZMJ	Number	15	3			
20	实测其他建筑面积	SCQTJZMJ	Number	15	3			
21	实测分摊系数	SCFTXS	Number	12	6			
22	共有土地面积	GYTDMJ	Number	15	3			
23	分摊土地面积	FTTDMJ	Number	15	3			
24	独用土地面积	DYTDMJ	Number	15	3			
25	房屋类型	FWLX	Short			A.18 房屋类型字典表		
26	房屋性质	FWXZ	Short			A.19 房屋性质字典表		
27	房产平面图编号	FCPMTBH	Integer				必选	和"房产平面图"关联
28	备注	BZ	String	2000				

12 坐落属性数据结构应符合表 4.4.1-12 的要求。

表 4.4.1-12 坐落属性数据结构(表名：ZL)

序号	字段名称	字段代码	字段类型	字段长度	小数位数	值域	约束条件	备注
1	坐落编号	ZLBH	Long				必选	本表中唯一编号
2	路	L	String	50				
3	号	H	String	50				有的城市用"弄"
4	栋	D	String	50				有的城市用"支弄"
5	单元	DY	String	50				有的城市用"号"
6	坐落	ZL	String	200				由路、号、栋、单元连接而成

13 栅格图属性数据结构应符合表 4.4.1-13 的要求。

表 4.4.1-13 栅格图属性数据结构(表名：SGT)

序号	字段名称	字段代码	字段类型	字段长度	小数位数	值域	约束条件	备注
1	栅格图编号	SGTBH	Integer			>0	必选	本表中唯一编号
2	数据文件名	SJWJM	String	200			必选	文件数据应存储在文件服务器上，本字段用于记录存储位置
3	头文件名	TWJM	String	200			必选	
4	元数据文件名	YSJWJM	String	200			必选	

4.4.2 权属数据结构应符合下列要求：

1 土地使用权数据结构应符合表 4.4.2-1 的要求。

表 4.4.2-1 土地使用权数据结构（表名：TDSYQ）

序号	字段名称	字段代码	字段类型	字段长度	小数位数	值域	约束条件	备注
1	权利编号	QLBH	Long					
2	土地使用权证号	TDSYQZH	String	50				
3	宗地面积	ZDMJ	Number	15	3			
4	土地使用权人	TDSYQR	String	100				
5	权利面积	QLMJ	Number	15	3			
6	土地用途	TDYT	Short			A.6 土地用途字典表		
7	使用起始时间	SYQSSJ	Date					
8	使用结束时间	SYJSSJ	Date					
9	登记机构	DJJG	String	200				
10	登记日期	DJRQ	Date					

续表 4.4.2-1

序号	字段名称	字段代码	字段类型	字段长度	小数位数	值域	约束条件	备注
11	取得方式	QDFS	Short			A.20 土地使用权取得方式字典表		
12	权属状态	QSZT	Short			A.21 权属状态字典表		
13	是否预告登记	SFYGDJ	Boolean					
14	备注	BZ	String	2000				

2 房屋所有权数据结构应符合表 4.4.2-2 的要求。

表 4.4.2-2 房屋所有权数据结构（表名：FWSYQ）

序号	字段名称	字段代码	字段类型	字段长度	小数位数	值域	约束条件	备注
1	权利编号	QLBH	Long					
2	房屋所有权证号	FWSYQZH	String	50				
3	产权性质	CQXZ	Short			A.22 产权性质字典表		
4	产权证颜色	CQZYS	Short			A.23 产权证颜色字典表		
5	权利人	QLR	String	100				
6	权利比例	QLBL	String	50				
7	房屋坐落	FWZL	String	200				
8	许可证号	XKZH	String	50				预售或现售
9	房地产价值	FDCJZ	Number	20	4			是指以“货币种类”为单位的房地产价值
10	货币种类	HBZL	Short			A.24 币种字典表		
11	人民币价值	RMBJZ	Number	20	4			
12	产权生效日期	CQSXRQ	Date					即记载房屋登记的日期

续表 4.4.2-2

序号	字段名称	字段代码	字段类型	字段长度	小数位数	值域	约束条件	备注
13	产权注销日期	CQZXRQ	Date					即房屋注销登记的日期
14	登记机构	DJJG	String	200				
15	登记日期	DJRQ	Date					
16	房屋建筑面积	FWJZMJ	Number	15	3			
17	套内建筑面积	TNJZMJ	Number	15	3			
18	权属状态	QSZT	Short			A.21 权属状态字典表		
19	是否预告登记	SFYGDJ	Boolean					
20	备注	BZ	String	2000				

3 抵押权数据结构应符合表 4.4.2-3 的要求。

表 4.4.2-3 抵押权数据结构（表名：DYQ1）

序号	字段名称	字段代码	字段类型	字段长度	小数位数	值域	约束条件	备注
1	权利编号	QLBH	Long					
2	抵押权证号	DYQZH	String	50				
3	抵押类别	DYLB	Short			A.25 抵押类别字典表		
4	抵押权人	DYQR	String	500				
5	抵押人	DYR	String	500				
6	债务人	ZWR	String	500				
7	债务履行起始日期	ZWLXQSRQ	Date					
8	债务履行结束日期	ZWLXJSRQ	Date					
9	抵押价值	DYJZ	Number	20	4			
10	抵押币种	DYBZ	Short			A.24 币种字典表		

续表 4.4.2-3

序号	字段名称	字段代码	字段类型	字段长度	小数位数	值域	约束条件	备注
11	抵押人民币价值	DYRMBJZ	Number	20	4			
12	抵押物坐落	DYWZL	String	200				
13	抵押面积	DYMJ	Number	15	3			
14	最高额抵押	ZGEDY	Number	15	4			
15	贷款方式	DKFS	Short			A.26 贷款方式字典表		
16	债权金额	ZQJE	Number	20	4			
17	债权币种	ZQBZ	Short			A.24 币种字典表		
18	债权人民币价值	ZQRMBJZ	Number	20	4			
19	原产权编号	YCQBH	Long	20				
20	登记机构	DJJG	String	200				
21	登记日期	DJRQ	Date					
22	权属状态	QSZT	Short			A.21 权属状态字典表		
23	是否预告登记	SFYGDJ	Boolean					
24	备注	BZ	String	2000				

4 承租权数据结构应符合表 4.4.2-4 的要求。

表 4.4.2-4 承租权数据结构（表名：CZQ）

序号	字段名称	字段代码	字段类型	字段长度	小数位数	值域	约束条件	备注
1	权利编号	QLBH	Long					
2	租赁证号	ZLZH	String	50				
3	租金	ZJ	Number	20	4			
4	租金币种	ZJBZ	Short			A.24 币种字典表		
5	人民币租金	RMBZJ	Number	20	4			

续表 4.4.2-4

序号	字段名称	字段代码	字段类型	字段长度	小数位数	值域	约束条件	备注
6	租赁起始日期	ZLQSRQ	Date					
7	租赁结束日期	ZLJSRQ	Date					
8	租赁面积	ZLMJ	Number	15	3			
9	租赁用途	ZLYT	Short			A.27 租赁用途字典表		
10	房屋坐落	FWZL	String	200				
11	出租凭证名称	CZPZMC	String	50				
12	出租凭证号码	CZPZHM	String	50				
13	登记机构	DJJG	String	100				
14	登记日期	DJRQ	Date					
15	权属状态	QSZT	Short			A.21 权属状态字典表		
16	是否预告登记	SFYGDJ	Boolean					
17	备注	BZ	String	2000				

5 地役权数据结构应符合表 4.4.2-5 的要求。

表 4.4.2-5 地役权数据结构（表名：DYQ2）

序号	字段名称	字段代码	字段类型	字段长度	小数位数	值域	约束条件	备注
1	权利编号	QLBH	Long				必选	
2	地役权证号	DYQZH	String	50			必选	
3	约定事项	YDSX	String	500				
4	供役地种类	GYDZL	Short			A.28 供役地种类字典表		
5	供役地号	GYDH	Long					
6	供役地证件号码	GYDZJHM	String	50				

续表 4.4.2-5

序号	字段名称	字段代码	字段类型	字段长度	小数位数	值域	约束条件	备注
7	供役地坐落	GYDZL	String	200				
8	供役地人	GYDR	String	50			必选	
9	需役地种类	XYDZL	Short			A.29 需役地种类字典表		
10	需役地号	XYDH	Long					
11	需役地证件号码	XYDZJHM	String	50				
12	需役地坐落	XYDZL	String	200				
13	地役权人	DYQR	String	50			必选	
14	利用方式	LYFS	String	500				
15	费用支付方式	FYZFFS	String	500				
16	争议解决方法	ZYJJFF	String	500				
17	起始时间	QSSJ	Date					
18	结束时间	JSSJ	Date					
19	权属状态	QSZT	Short			A.21 权属状态字典表		
20	备注	BZ	String	2000				

6 限制权数据结构应符合表 4.4.2-6 的要求。

表 4.4.2-6 限制权数据结构（表名：XZQ）

序号	字段名称	字段代码	字段类型	字段长度	小数位数	值域	约束条件	备注
1	权利编号	QLBH	Long					
2	限制证号	XZZH	String	50				
3	限制类型	XZLX	Short			A.30 限制类型字典表		
4	限制方式	XZFS	Short			A.31 限制方式字典表		

续表 4.4.2-6

序号	字段名称	字段代码	字段类型	字段长度	小数位数	值域	约束条件	备注
5	限制文件类型	XZWJLX	Short			A.32 限制文件类型字典表		
6	限制文件	XZWJ	String	200				
7	限制人	XZR	String	100				
8	被限制人	BXZR	String	100				
9	限制部位	XZBW	String	200				
10	被限制权证号	BXZQZH	String	50				
11	预计限制结束时间	YJXZJSSJ	Date					
12	权属状态	QSZT	Short			A.21 权属状态字典表		
13	备注	BZ	String	2000				

7 异议登记数据结构应符合表 4.4.2-7 的要求。

表 4.4.2-7 异议登记数据结构（表名：YYDJ）

序号	字段名称	字段代码	字段类型	字段长度	小数位数	值域	约束条件	备注
1	权利编号	QLBH	Long					
2	异议类别	YYLB	String	50				
3	异议证号	YYZH	String	50				
4	文件名	WJM	String	200				
5	文件号	WJH	String	200				
6	申请人	SQR	String	200				
7	坐落	ZL	String	200				
8	生效日期	SXRQ	Date					
9	登记日期	DJRQ	Date					
10	权属状态	QSZT	Short			A.21 权属状态字典表		
11	备注	BZ	String	2000				

8 权利人数据结构应符合表 4.4.2-8 的要求。

表 4.4.2-8 权利人数据结构（表名：QLR）

序号	字段名称	字段代码	字段类型	字段长度	小数位数	值域	约束条件	备注
1	权利编号	QLBH	Long				必选	
2	权利人编号	QLRBH	Long				必选	
3	权利类别	QLLB	Short			A.33 权利类别字典表	必选	
4	权利人名称	QLRMC	String	50			必选	
5	顺序号	SXH	Short					
6	证件类别	ZJLB	Short			A.34 证件类型字典表		
7	证件号码	ZJHM	String	50			必选	
8	发证机关	FZJG	String	100				
9	所属行业	SSHY	Short			A.35 所属行业字典表		
10	国家/地区	GJDQ	Short			A.36 国家和地区字典表		
11	户籍所在省市	HJSZSS	Integer			A.37 省市字典表		
12	性别	XB	Short			A.38 性别字典表		
13	电话	DH	String	50				
14	地址	DZ	String	200				
15	邮编	YB	String	10				
16	工作单位	GZDW	String	100				
17	电子邮件	DZYJ	String	50				
18	权利人性质	QLRXZ	Short			A.39 权利人性质字典表		
19	权利面积	QLMJ	Number	15	3			
20	权利比例	QLBL	String	100				
21	共有方式	GYFS	Short			A.40 共有方式字典表		

续表 4.4.2-8

序号	字段名称	字段代码	字段类型	字段长度	小数位数	值域	约束条件	备注
22	权属状态	QSZT	Short			A.21 权属状态字典表		
23	备注	BZ	String	2000				

4.4.3 从业主体数据结构应符合下列要求：

1 从业企业基本信息数据结构应符合表 4.4.3-1 的要求。

表 4.4.3-1 从业企业基本信息数据结构
（表名：CYQYJBXX）

序号	字段名称	字段代码	字段类型	字段长度	小数位数	值域	约束条件	备注
1	企业编号	QYBH	Integer					唯一编号
2	企业类别	QYLB	Short			A.41 房地产企业类别字典表		
3	企业名称	QYMC	String	50				
4	企业简称	QYJC	String	20				
5	组织机构代码	ZZJGDM	String	50				
6	所在省市	SZSS	Integer			A.37 省市字典表		
7	区县号	QXH	Integer			A.1 区县字典表		
8	经营范围	JYFW	String	100				
9	注册地址	ZCDZ	String	200				
10	联系地址	LXDZ	String	200				
11	邮政编码	YZBM	String	10				
12	联系人	LXR	String	50				
13	联系电话	LXDH	String	50		多值		
14	传真	CZ	String	50		多值		
15	电子邮件	DZYJ	String	50				
16	网站	WZ	String	50				
17	资质等级	ZZDJ	Short			A.42 资质等级字典表		

续表 4.4.3-1

序号	字段名称	字段代码	字段类型	字段长度	小数位数	值域	约束条件	备注
18	资质证书编号	ZZZSBH	String	20				
19	资质证书有效起始日期	ZZZSYXQSRQ	Date					
20	资质证书有效终止日期	ZZZSYXZZRQ	Date					
21	有职称专业人数	YZCZYRS	Integer					
22	高级职称人数	GJZCRS	Integer					
23	在册人员总数	ZCRYZS	Integer					
24	中级职称人数	ZJZCRS	Integer					
25	初级职称人数	CJZCRS	Integer					
26	营业执照号码	YYZZHM	String	50				
27	营业执照经营期限起始日	YYZZJYQXQSR	Date			精确到日		
28	营业执照经营期限到期日	YYZZJYQXDQR	Date			精确到日		
29	净资产（元）	JZC	Number	20	4			
30	总资产（元）	ZZC	Number	20	4			
31	注册资本	ZCZB	Number	20	4			
32	注册资本单位	ZCZBDW	Short			A.24 币种字典表		
33	总经理	ZJL	String	20				
34	法定代表人	FDDBR	String	20				
35	法人代表联系电话	FRDB-LXDH	String	20				
36	法人代表证件名称	FRDB-ZJMC	String	50				

续表 4.4.3-1

序号	字段名称	字段代码	字段类型	字段长度	小数位数	值域	约束条件	备注
37	法人代表证件号码	FRDB-ZJHM	String	30				
38	登记区县号	DJQXH	Integer			A.1 区县字典表		
39	创建时间	CJSJ	Date			精确到秒		
40	修改时间	XGSJ	Date			精确到秒		
41	是否有效	SFYX	Short			A.43 有效性字典表		
42	从业企业状态	CYQYZT	Short			A.44 从业企业状态字典表		
43	企业性质	QYXZ	Short			A.45 单位性质字典表		
44	成立日期	CLRQ	Date					
45	批准从事房地产业务日期	PZCSFD CYWRQ	Date					
46	备注	BZ	String	2000				

2 从业企业信用记录数据结构应符合表 4.4.3-2 的要求。

表 4.4.3-2 从业企业信用记录数据结构

（表名：CYQYXYJL）

序号	字段名称	字段代码	字段类型	字段长度	小数位数	值域	约束条件	备注
1	企业编号	QYBH	Integer					
2	信用记录编号	XYJLBH	Integer					关键字
3	信用记录类型	XYJLLX	Short			A.46 企业信用记录类型字典表		
4	信用记录分值	XYJLFZ	Number	8	4			正值表示加分，负值表示减分
5	记录人员	JLRY	String	50				
6	记录时间	JLSJ	Date					
7	备注	BZ	String	2000				

3 从业人员基本信息数据结构应符合表 4.4.3-3 的要求。

表 4.4.3-3 从业人员基本信息数据结构

（表名：CYRYJBXX）

序号	字段名称	字段代码	字段类型	字段长度	小数位数	值域	约束条件	备注
1	人员编号	RYBH	Integer					唯一编号
2	人员类别	RYLB	Short			A.47 从业人员类别字典表		
3	姓名	XM	String	50				
4	性别	XB	Short			A.38 性别字典表		
5	出生日期	CSRQ	Date					
6	证件类型	ZJLX	Short			A.34 证件类型字典表		
7	证件号码	ZJHM	String	50				
8	证件地址	ZJDZ	String	200				
9	照片	ZP	Long Binary					
10	国家/地区	GJDQ	Short			A.36 国家和地区字典表		
11	省份/城市	SFCH	String	50				
12	通讯地址	TXDZ	String	200				
13	邮政编码	YZBM	String	10				
14	移动电话	YDDH	String	50				
15	联系电话	LXDH	String	50				
16	电子邮件	DZYJ	String	50				
17	是否注册	SFZC	Boolean					
18	文化程度	WHCD	Short			A.48 教育程度字典表		
19	证书类别	ZSLB	Short			A.49 证书类别字典表		

续表 4.4.3-3

序号	字段名称	字段代码	字段类型	字段长度	小数位数	值域	约束条件	备注
20	资质等级	ZZDJ	String	50				
21	是否参加继续教育	SFCJJXJY	Boolean					
22	继续教育相关信息	JXJYX-GXX	String	1000				
23	创建时间	CJSJ	Date					
24	修改时间	XGSJ	Date					
25	是否有效	SFYX	Short			A.43 有效性字典表		
26	执业证书编号	ZYZSBH	String	50			必选	
27	从业人员状态	CYRYZT	Short			A.50 从业人员状态字典表		
28	备注	BZ	String	2000				

4 从业人员信用记录数据结构应符合表 4.4.3-4 的要求。

表 4.4.3-4 从业人员信用记录数据结构
（表名：CYRYXYJL）

序号	字段名称	字段代码	字段类型	字段长度	小数位数	值域	约束条件	备注
1	人员编号	RYBH	Integer					
2	信用记录编号	XYJLBH	Integer					关键字
3	信用记录类型	XYJLLX	Short			A.51 人员信用记录类型字典表		
4	信用记录分值	XYJLFZ	Number	8	4			正值表示加分，负值表示减分
5	记录人员	JLRY	String	50				
6	记录时间	JLSJ	Date					
7	备注	BZ	String	2000				

5 从业企业人员关联关系数据结构应符合表 4.4.3-5 的要求。

表 4.4.3-5 从业企业人员关联关系数据结构
（表名：CYQYRYGLGX）

序号	字段名称	字段代码	字段类型	字段长度	小数位数	值域	约束条件	备注
1	关系编号	GXBH	Integer					主键，允许一个人员几次进入同一个企业
2	企业编号	QYBH	Integer					
3	人员编号	RYBH	Integer					
4	人员序号	RYXH	Integer					在企业中的人员排序号
5	在企业中职务	ZQYZZW	String	100				
6	进入企业时间	JRQYSJ	Date					
7	离开企业时间	LKQYSJ	Date					
8	是否有效	SFYX	Short			A.43 有效性字典表		

4.4.4 业务数据结构应符合下列要求：

1 测绘项目数据结构应符合表 4.4.4-1 的要求。

表 4.4.4-1 测绘项目数据结构（表名：CHXM）

序号	字段名称	字段代码	字段类型	字段长度	小数位数	值域	约束条件	备注
1	项目编号	XMBH	Integer			>0	必选	本表中唯一编号
2	成果号	CGH	String	12			必选	
3	项目类型	XMLX	String	2		A.52 测绘项目类型字典表	必选	
4	项目名称	XMMC	String	100				
5	房地产坐落	FDCZL	String	200				
6	区县号	QXH	Integer			A.1 区县字典表	必选	
7	委托人名称	WTRMC	String	200			必选	

续表 4.4.4-1

序号	字段名称	字段代码	字段类型	字段长度	小数位数	值域	约束条件	备注
8	委托人地址	WTRDZ	String	200			必选	
9	委托人邮政编码	WTRYZBM	String	8				
10	委托单位联系人	WTDWLXR	String	16			必选	
11	联系电话	LXDH	String	50			必选	
12	委托人电子邮箱	WTRDZYX	String	50				
13	建设用地规划许可证编号	JSYDG HXKZBH	String	50				
14	建设工程规划许可证编号	JSGCG HXKZBH	String	50				
15	建筑工程施工许可证编号	JZGCSG XKZBH	String	50				
16	选址意见书编号	XZYJSBH	String	50				
17	待测土地面积	DCTDMJ	Number	15	3			
18	待测建筑面积	DCJZMJ	Number	15	3			
19	房屋占地面积	FWZDMJ	Number	15	3			
20	房屋建筑总面积	FWJZZMJ	Number	15	3			
21	地上建筑总面积	DSJZZMJ	Number	15	3			
22	地下建筑总面积	DXJZZMJ	Number	15	3			
23	独用土地总面积	DYTDZMJ	Number	15	3			
24	受理日期	SLRQ	Date				必选	
25	受理人	SLR	String	50			必选	
26	测绘资质要求	CHZZYQ	String	16				
27	测绘技术要求	CHJSYQ	String	200				
28	精度要求	JDYQ	String	200				

续表 4.4.4-1

序号	字段名称	字段代码	字段类型	字段长度	小数位数	值域	约束条件	备注
29	测绘单位	CHDW	String	50			必选	
30	立项人	LXR	String	50			必选	
31	测绘负责人	CHFZR	String	50			必选	
32	管理部门	GLBM	String	64			必选	
33	权属调查员	QSDCY	String	50				
34	结束日期	JSRQ	Date				必选	
35	相关图件	XGTJ	Integer					和"栅格图"关联

2 成果审核数据结构应符合表 4.4.4-2 的要求。

表 4.4.4-2 成果审核数据结构（表名：CGSH）

序号	字段名称	字段代码	字段类型	字段长度	小数位数	值域	约束条件	备注
1	审核信息编号	SHXXBH	Integer			>0	必选	本表中唯一编号
2	项目编号	XMBH	String	12			必选	和"测绘项目"关联
3	审核要点	SHYD	String	200			必选	
4	审核意见	SHYJ	String	200				
5	审核结果	SHJG	Short			A.53 审核结果字典表	必选	
6	备注	BZ	String	2000				

3 开发项目数据结构应符合表 4.4.4-3 的要求。

表 4.4.4-3 开发项目数据结构（表名：KFXM）

序号	字段名称	字段代码	字段类型	字段长度	小数位数	值域	约束条件	备注
1	项目编号	XMBH	Integer					
2	项目名称	XMMC	String	100				

续表 4.4.4-3

序号	字段名称	字段代码	字段类型	字段长度	小数位数	值域	约束条件	备注
3	销售名称	XSMC	String	100				
4	区县号	QXH	Integer			A.1 区县字典表		
5	项目地址	XMDZ	String	200				
6	房地产开发企业名称	FDCKFQYMC	String	100				
7	房地产开发企业编号	FDCKFQYBH	Integer					
8	开盘日期	KPRQ	Date					
9	入住日期	RZRQ	Date					
10	售楼电话	SLDH	String	50				
11	售楼地址	SLDZ	String	200				
12	土地使用权证号	TDSYQZH	String	50				
13	土地等级	TDDJ	Short			A.7 土地等级字典表		
14	规划用途	GHYT	Short			A.6 土地用途字典表		
15	总套数	ZTS	Short					
16	总建筑面积	ZJZMJ	Number	15	3			
17	四至范围	SZFW	String	200				
18	占地面积	ZDMJ	Number	15	3			
19	自然幢数	ZRZS	Short					
20	当前可售套数	DQKSTS	Short					
21	当前可售面积	DQKSMJ	Number	15	3			
22	已预定套数	YYDTS	Short					

续表 4.4.4-3

序号	字段名称	字段代码	字段类型	字段长度	小数位数	值域	约束条件	备注
23	已售套数	YSTS	Short					
24	楼盘简介	LPJJ	String	2000				
25	设备装修	SBZX	String	2000				
26	施工进度	SGJD	String	2000				
27	配套设施	PTSS	String	2000				
28	周围交通	ZWJT	String	2000				
29	绿化率	LHL	String	100				
30	容积率	RJL	String	100				
31	建筑密度	JZMD	Number	12	2			
32	车位个数	CWGS	Short					
33	建设用地规划许可证号	JSYDGHXKZH	String	50				
34	板块编号	BKBH	Integer					
35	土地投资(万元)	TDTZ	Number	20	4			
36	计划总建筑面积(m^2)	JHZJZMJ	Number	15	3			
37	计划总投资（万元）	JHZTZ	Number	20	4			
38	计划开工时间	JHKGSJ	Date					
39	计划竣工时间	JHJGSJ	Date					
40	实际完成投资(万元)	SJWCTZ	Number	20	4			
41	实际开工时间	SJKGSJ	Date					
42	实际竣工时间	SJJGSJ	Date					
43	备注	BZ	String	2000				

4 新建商品房预售许可数据结构应符合表4.4.4-4的要求。

表 4.4.4-4 新建商品房预售许可数据结构

（表名：XJSPFYSXK）

序号	字段名称	字段代码	字段类型	字段长度	小数位数	值域	约束条件	备注
1	许可编号	XKBH	Long				必选	
2	许可证号	XKZH	String	100			必选	
3	公司名称	GSMC	String	200			必选	
4	项目名称	XMMC	String	100			必选	
5	预计竣工面积	YJJGMJ	Number	12	3			
6	预计竣工套数	YJJGTS	Integer					
7	预计竣工日期	YJJGRQ	Date					
8	房屋类型	FWLX	Short			A.18 房屋类型字典表		
9	建筑类型	JZLX	Short			A.54 建筑类型字典表		
10	建筑结构	JZJG	Short			A.12 建筑结构字典表		
11	房屋幢号	FWZH	String	20				
12	层数	CS	Integer					
13	套数	TS	Integer				必选	
14	总建筑面积	ZJZMJ	Number	12	3			
15	许可面积	XKMJ	Number	12	3			
16	许可套数	XKTS	Integer				必选	
17	销售开始日期	XSKSRQ	Date					
18	销售结束日期	XSJSRQ	Date					
19	批准预售住房总面积(m²)	PZYSZFZMJ	Number	15	3			
20	住房预售申报平均价格(元/m²)	ZFYSSBPJJG	Number	20	4			
21	批准预售商业营业用房总面积(m²)	PZYSSYYYYFZMJ	Number	15	3			
22	商业营业用房预售申报平均价格(元/m²)	SYYYYFYSSBPJJG	Number	20	4			
23	批准预售办公楼总面积(m²)	PZYSBGLZMJ	Number	15	3			
24	办公楼预售申报平均价格(元/m²)	BGLYSSBPJJG	Number	20	4			
25	批准预售其他房屋总面积(m²)	PZYSQTFWZMJ	Number	15	3			
26	其他房屋申报平均价格(元/m²)	QTFWSBPJJG	Number	20	4			
27	原许可证号	YXKZH	String	100				
28	备注	BZ	String	2000				

5 新建商品房现售备案数据结构应符合表4.4.4-5的要求。

表 4.4.4-5 新建商品房现售备案数据结构

（表名：XJSPFXSBA）

序号	字段名称	字段代码	字段类型	字段长度	小数位数	值域	约束条件	备注
1	备案编号	BABH	Long				必选	
2	备案证号	BAZH	String	100			必选	
3	公司名称	GSMC	String	200			必选	

续表 4.4.4-5

序号	字段名称	字段代码	字段类型	字段长度	小数位数	值域	约束条件	备注
4	项目名称	XMMC	String	100			必选	
5	实际竣工面积	SJJGMJ	Number	12	3			
6	实际竣工套数	SJJGTS	Integer					
7	实际竣工日期	SJJGRQ	Date					
8	房屋类型	FWLX	Short					
9	建筑类型	JZLX	Short			A.54 建筑类型字典表		
10	建筑结构	JZJG	Short			A.12 建筑结构字典表		
11	房屋幢号	FWZH	String	20				
12	层数	CS	Integer					
13	套数	TS	Integer				必选	
14	总建筑面积	ZJZMJ	Number	12	3			
15	现售备案面积	XSBAMJ	Number	12	3			
16	现售备案套数	XSBATS	Integer				必选	
17	销售开始日期	XSKSRQ	Date					
18	销售结束日期	XSJSRQ	Date					
19	累计批准销售住房总面积(m^2)	LJPZXSZFZMJ	Number	15	3			
20	住房销售申报平均价格(元/m^2)	ZFXSSBPJJG	Number	20	4			
21	现售备案商业营业用房总面积(m^2)	XSBASYYYYFZMJ	Number	15	3			
22	商业营业用房销售申报平均价格(元/m^2)	SYYYYFXSSBPJJG	Number	20	4			
23	现售备案办公楼总面积(m^2)	XSBABGLZMJ	Number	15	3			
24	办公楼销售申报平均价格(元/m^2)	BGLXSSBPJJG	Number	20	4			
25	现售备案其他房屋总面积(m^2)	XSBAQTFWZMJ	Number	15	3			
26	其他房屋申报平均价格(元/m^2)	QTFWSBPJJG	Number	20	4			
27	原许可证号	YXKZH	String	100				
28	备注	BZ	String	2000				

6 新建商品房预(销)售合同数据结构应符合表4.4.4-6的要求。

表 4.4.4-6 新建商品房预(销)售合同数据结构
(表名:XJSPFYSHT)

序号	字段名称	字段代码	字段类型	字段长度	小数位数	值域	约束条件	备注
1	合同编号	HTBH	Long				必选	
2	户编号	HBH	Long				必选	关联户表
3	合同坐落	HTZL	String	200			必选	
4	销售方式	XSFS	Short			A.55 销售方式字典表		
5	合同签订日期	HTQDRQ	Date				必选	
6	合同确认日期	HTQRRQ	Date					
7	合同确认人	HTQRR	String	50				
8	建筑面积	JZMJ	Number	15	3		必选	
9	套内建筑面积	TNJZMJ	Number	15	3			
10	合同金额	HTJE	Number	20	4		必选	

续表 4.4.4-6

序号	字段名称	字段代码	字段类型	字段长度	小数位数	值域	约束条件	备注
11	合同币种	HTBZ	Short			A.24 币种字典表		
12	计价方式	JJFS	Short			A.56 计价方式类型字典表		
13	付款类型	FKLX	Short			A.57 付款类型字典表		
14	贷款方式	DKFS	Short			A.26 贷款方式字典表		
15	付款时间	FKSJ	Date					
16	单价	DJ	Number	20	4			
17	房地产开发企业名称	FDCKFQYMC	String	100			必选	
18	房地产开发企业电话	FDCKFQYDH	String	50				
19	房地产开发企业地址	FDCKFQYDZ	String	200				
20	合同撤销日期	HTCXRQ	Date					
21	合同撤销确认人	HTCXQRR	String	50				
22	备注	BZ	String	2000				

7 存量房经纪合同数据结构应符合表 4.4.4-7 的要求。

表 4.4.4-7 存量房经纪合同数据结构

（表名：CLFJJHT）

序号	字段名称	字段代码	字段类型	字段长度	小数位数	值域	约束条件	备注
1	经纪合同编号	JJHTBH	Long					
2	委托类型	WTLX	Short			A.58 委托类型字典表	必选	
3	委托来源	WTLY	Short			A.59 委托来源字典表	必选	
4	委托时间	WTSJ	Date					

续表 4.4.4-7

序号	字段名称	字段代码	字段类型	字段长度	小数位数	值域	约束条件	备注
5	委托地点	WTDD	String	500				
6	户编号	HBH	Long				必选	
7	房屋所有权证号	FWSYQZH	String	100			必选	
8	权利人	QLR	String	100			必选	
9	证件类型	ZJLX	Short			A.34 证件类型字典表		
10	证件号码	ZJHM	String	100				
11	委托人地址	WTRDZ	String	200				
12	联系电话	LXDH	String	100				
13	房地产经纪机构编号	FDCJJJGBH	Long				必选	关联从业企业表
14	房地产经纪人编号	FDCJJRBH	Long				必选	关联从业人员表
15	状态	ZT	Short			A.60 存量房委托合同状态字典表		
16	是否有效	SFYX	Short			A.43 有效性字典表		
17	备注	BZ	String	2000				

8 存量房出售挂牌数据结构应符合表 4.4.4-8 的要求。

表 4.4.4-8 存量房出售挂牌数据结构

（表名：CLFCSGP）

序号	字段名称	字段代码	字段类型	字段长度	小数位数	值域	约束条件	备注
1	出售挂牌编号	CSGPBH	Long					
2	挂牌类型	GPLX	Short			A.61 挂牌类型字典表		
3	户编号	HBH	Long				必选	关联户表
4	区县号	QXH	Integer			A.1 区县字典表	必选	

续表 4.4.4-8

序号	字段名称	字段代码	字段类型	字段长度	小数位数	值域	约束条件	备注
5	受理处编号	SLCBH	Short				必选	
6	交易员编号	JYYBH	Short				必选	
7	挂牌币种	GPBZ	Short			A.24 币种字典表	必选	
8	挂牌价格	GPJG	Number	20	4		必选	
9	发布坐落	FBZL	String	200				
10	小区名称	XQMC	String	100				
11	户型	HX	Short			A.16 户型字典表		
12	容积率	RJL	Number	8	4			
13	房型图	FXT	String	500				
14	景观图	JGT	String	500				
15	楼层	LC	String	50			必选	
16	朝向	CX	Short			A.62 朝向字典表		
17	装修程度	ZXCD	Short			A.63 装修程度字典表		
18	房屋装饰处理	FWZSCL	Short			A.64 房屋装饰处理字典表		
19	维修资金结算方式	WXZJJSFS	Short			A.65 维修资金结算方式字典表		
20	面积构成	MJGC	String	200				
21	配套设施	PTSS	String	200				
22	交通线路	JTXL	String	200				
23	地理方位	DLFW	String	100				
24	物业公司	WYGS	String	100				
25	物业管理费	WYGLF	Number	20	4			
26	交房日期	JFRQ	Date					

续表 4.4.4-8

序号	字段名称	字段代码	字段类型	字段长度	小数位数	值域	约束条件	备注
27	带租约状况	DZYZK	Short					
28	权利人	QLR	String	50				
29	权利人证件号码	QLRZJHM	String	50				
30	权利人住址	QLRZZ	String	200				
31	权利人联系电话	QLRLXDH	String	50				
32	挂牌期限(天)	GPQX	Short					
33	挂牌起始日期	GPQSRQ	Date					
34	挂牌截止日期	GPJZRQ	Date					
35	挂牌状态	GPZT	Short			A.66 存量房挂牌状态字典表		
36	备注	BZ	String	2000				

9 存量房买卖合同数据结构应符合表 4.4.4-9 的要求。

表 4.4.4-9 存量房买卖合同数据结构

（表名:CLFMMHT）

序号	字段名称	字段代码	字段类型	字段长度	小数位数	值域	约束条件	备注
1	合同编号	HTBH	Long				必选	
2	产权证号	CQZH	String	50			必选	
3	户编号	HBH	Long				必选	
4	房屋坐落	FWZL	String	200				
5	房屋类型	FWLX	String	100				
6	房屋结构	FWJG	String	100				
7	户型	HX	String	100				
8	建筑面积	JZMJ	Number	15	3			

续表 4.4.4-9

序号	字段名称	字段代码	字段类型	字段长度	小数位数	值域	约束条件	备注
9	套内建筑面积	TNJZMJ	Number	15	3			
10	价格	JG	Number	20	4			
11	合同币种	HTBZ	Short			A.24 币种字典表		
12	付款类型	FKLX	Short			A.57 付款类型字典表		
13	贷款方式	DKFS	Short			A.26 贷款方式字典表		
14	付款时间	FKSJ	Date					
15	签订日期	QDRQ	Date					
16	确认时间	QRSJ	Date					
17	确认签字时间	QRQZSJ	Date					
18	最后变更通过时间	ZHBGTGSJ	Date					
19	撤销时间	CXSJ	Date					
20	结束时间	JSSJ	Date					
21	状态	ZT	Short			A.67 存量房买卖合同状态字典表		
22	是否有效	SFYX	Short			A.43 有效性字典表		

10 存量房买卖合同主体数据结构应符合表 4.4.4-10 的要求。

表 4.4.4-10 存量房买卖合同主体数据结构

（表名：CLFMMHTZT）

序号	字段名称	字段代码	字段类型	字段长度	小数位数	值域	约束条件	备注
1	主体编号	ZTBH	Long					
2	合同编号	HTBH	Long					

续表 4.4.4-10

序号	字段名称	字段代码	字段类型	字段长度	小数位数	值域	约束条件	备注
3	主体类别	ZTLB	Short			A.68 买卖合同主体类别字典表	必选	
4	主体姓名	ZTXM	String	200			必选	
5	性别	XB	Short			A.38 性别字典表		
6	出生日期	CSRQ	Date					
7	证件类别	ZJLB	Short			A.34 证件类型字典表		
8	证件号码	ZJHM	String	50				
9	发证机关	FZJG	String	100				
10	地址	DZ	String	200				
11	联系电话	LXDH	String	20				
12	邮编	YB	String	10				
13	电子邮件	DZYJ	String	20				
14	国家/地区	GJDQ	Short			A.36 国家和地区字典表		
15	户籍所在省	HJSZS1	String	20				
16	户籍所在市	HJSZS2	String	20				
17	居住所在省	JZSZS1	String	20				
18	居住所在市	JZSZS2	String	20				
19	银行	YH	String	100				是指买受人的退款银行或卖受人的收款银行
20	账户	ZH	String	100				
21	代理人姓名	DLRXM	String	200				

续表 4.4.4-10

序号	字段名称	字段代码	字段类型	字段长度	小数位数	值域	约束条件	备注
22	代理人证件类别	DLRZJLB	Short			A.34 证件类型字典表		
23	代理人证件号码	DLRZJHM	String	50				
24	代理人地址	DLRDZ	String	200				
25	代理人联系电话	DLRLXDH	String	20				
26	备注	BZ	String	2000				

11 存量房资金监管协议数据结构应符合表4.4.4-11的要求。

表 4.4.4-11 存量房资金监管协议数据结构
（表名:CLFZJJGXY）

序号	字段名称	字段代码	字段类型	字段长度	小数位数	值域	约束条件	备注
1	监管编号	JGBH	Long				必选	
2	监管服务机构编号	JGFWJGBH	Long					关联从业企业表
3	监管服务机构名称	JGFWJGMC	String	200				
4	监管服务人员编号	JGFWRYBH	Long					关联从业人员表
5	货币种类	HBZL	Short			A.24 币种字典表		
6	合同总金额	HTZJE	Number	20	4			
7	总监管金额	ZJGJE	Number	20	4			
8	买受人自有资金金额	MSRZYZJJE	Number	20	4			
9	买受人贷款金额	MSRDKJE	Number	20	4			
10	自有资金缴款期限	ZYZJJKQX	Date					

续表 4.4.4-11

序号	字段名称	字段代码	字段类型	字段长度	小数位数	值域	约束条件	备注
11	公积金贷款金额	GJJDKJE	Number	20	4			
12	商业贷款金额	SYDKJE	Number	20	4			
13	签订协议日期	QDXYRQ	Date					
14	买受人密码	MSRMM	String	20				手动变更或撤销监管协议时使用该密码
15	出卖人密码	CMRMM	String	20				手动变更或撤销监管协议时使用该密码
16	出卖人抵押校验状态	CMRDYJYZT	Short			A.69 出卖人抵押校验状态字典表		
17	撤销时间	CXSJ	Date					
18	归档时间	GDSJ	Date					
19	状态	ZT	Short			A.70 资金监管协议状态字典表		
20	是否有效	SFYX	Short			A.43 有效性字典表		
21	备注	BZ	String	2000				

12 存量房资金监管合同数据结构应符合表4.4.4-12的要求。

表 4.4.4-12 存量房资金监管合同数据结构
（表名:CLFZJJGHT）

序号	字段名称	字段代码	字段类型	字段长度	小数位数	值域	约束条件	备注
1	监管编号	JGBH	Long				必选	
2	合同编号	HTBH	Long				必选	

续表 4.4.4-12

序号	字段名称	字段代码	字段类型	字段长度	小数位数	值域	约束条件	备注
3	户编号	HBH	Long					关联户表
4	房屋坐落	FWZL	String	200				
5	房屋面积	FWMJ	Number	15	3			
6	房屋所有权证号	FWSYQZH	String	50				
7	产权人姓名	CQRXM	String	200				
8	产权人电话	CQRDH	String	100				
9	合同金额	HTJE	Number	20	4			
10	货币种类	HBZL	Short			A.24 币种字典表		
11	经纪机构编号	JJJGBH	Long					关联从业企业表
12	经纪机构名称	JJJGMC	String	200				
13	来源标志	LYBZ	Short			A.71 来源标志字典表		
14	他项证号	TXZH	String	100				
15	他项权利人	TXQLR	String	200				
16	备注	BZ	String	2000				

13 存量房资金监管账户数据结构应符合表4.4.4-13的要求。

表 4.4.4-13 存量房资金监管账户数据结构
（表名：CLFZJJGZH）

序号	字段名称	字段代码	字段类型	字段长度	小数位数	值域	约束条件	备注
1	账户编号	ZHBH	Long				必选	
2	监管编号	JGBH	Long				必选	
3	买卖双方标志	MMSFBZ	Short			A.68 买卖合同主体类别字典表		

续表 4.4.4-13

序号	字段名称	字段代码	字段类型	字段长度	小数位数	值域	约束条件	备注
4	账户类别	ZHLB	Short			A.72 资金监管账户类别字典表		
5	是否对公	SFDG	Boolean					
6	账户所有人	ZHSYR	String	50				
7	账户号	ZHH	String	30				
8	银行编号	YHBH	Short					
9	银行名称	YHMC	String	200				
10	开户银行	KHYH	String	50				
11	开户行编号	KHHBH	Long					
12	银行交换号	YHJHH	String	20				
13	初始金额	CSJE	Number	20	4			
14	划出金额累计	HCJELJ	Number	20	4			
15	划进金额累计	HJJELJ	Number	20	4			
16	当前余额	DQYE	Number	20	4			
17	银行当前余额	YHDQYE	Number	20	4			
18	货币种类	HBZL	Short			A.24 币种字典表		
19	鉴证标志	JZBZ	Short			A.73 鉴证标志字典表		
20	鉴证时间	JZSJ	Date					
21	鉴证人编号	JZRBH	Integer					
22	状态	ZT	Short			A.74 资金监管账户状态字典表		
23	备注	BZ	String	2000				

14 存量房资金监管入账记录数据结构应符合表4.4.4-14的要求。

表 4.4.4-14　存量房资金监管入账记录数据结构

（表名：CLFZJJGRZJL）

序号	字段名称	字段代码	字段类型	字段长度	小数位数	值域	约束条件	备注
1	入账记录编号	RZJLBH	Long				必选	
2	监管编号	JGBH	Long				必选	
3	划款指令编号	HKZLBH	Long					
4	账户号	ZHH	String	30				
5	金额	JE	Number	20	4			
6	货币种类	HBZL	Short			A.24　币种字典表		
7	付款人姓名	FKRXM	String	50				
8	付款人账户	FKRZH	String	30				
9	监管银行编号	JGYHBH	Short					
10	对公付款银行编号	DGFKYHBH	Long					
11	对公分支银行编号	DGFZYHBH	Long					
12	对公退款户名	DGTKHM	String	50				
13	对公退款账号	DGTKZH	String	30				
14	对公付款银行名称	DGFKYHMC	String	200				
15	对公付款银行交换号	DGFKYHJHH	String	20				
16	对公银行账户	DGYHZH	String	30				
17	实际操作时间	SJCZSJ	Date					
18	银行流水号	YHLSH	String	50				
19	是否对公	SFDG	Boolean					
20	是否利息	SFLX	Boolean					
21	是否退款	SFTK	Boolean					
22	复核情况	FHQK	Short			A.75　复核情况字典表		
23	复核备注	FHBZ	String	2000				
24	复核人	FHR	Integer					
25	复核人姓名	FHRXM	String	50				
26	复核时间	FHSJ	Date					
27	审核人姓名	SHRXM	String	50				
28	审核时间	SHSJ	Date					
29	审核情况	SHQK	String	100				
30	操作人姓名	CZRXM	String	50				
31	是否有效	SFYX	Short			A.43　有效性字典表		
32	备注	BZ	String	2000				

15　存量房资金监管出账记录数据结构应符合表4.4.4-15的要求。

表 4.4.4-15　存量房资金监管出账记录数据结构

（表名：CLFZJJGCZJL）

序号	字段名称	字段代码	字段类型	字段长度	小数位数	值域	约束条件	备注
1	出账记录编号	CZJLBH	Long				必选	
2	监管编号	JGBH	Long				必选	
3	账户编号	ZHBH	Long				必选	

续表 4.4.4-15

序号	字段名称	字段代码	字段类型	字段长度	小数位数	值域	约束条件	备注
4	划款指令编号	HKZLBH	Long				必选	
5	金额	JE	Number	20	4			
6	币种	BZ1	Short			A.24 币种字典表		
7	收款方姓名	SKFXM	String	50				
8	收款方账户	SKFZH	String	30				
9	收款方银行名称	SKFYHMC	String	200				
10	收款银行交换号	SKYHJHH	String	20				
11	划款日期	HKRQ	Date					
12	实际操作时间	SJCZSJ	Date					
13	指令状态	ZLZT	Short			A.76 出账指令状态字典表		
14	划款途径	HKTJ	Short			A.77 划款途径字典表		
15	复核情况	FHQK	Short			A.75 复核情况字典表		
16	复核备注	FHBZ	String	2000				
17	复核人	FHR	Integer					
18	复核人姓名	FHRXM	String	50				
19	复核时间	FHSJ	Date					
20	审核情况	SHQK	String	100				
21	审核人	SHR	Integer					
22	审核人姓名	SHRXM	String	50				
23	审核时间	SHSJ	Date					

续表 4.4.4-15

序号	字段名称	字段代码	字段类型	字段长度	小数位数	值域	约束条件	备注
24	结算公司编号	JSGSBH	Long					
25	监管银行编号	JGYHBH	Long					
26	资金属性编号	ZJSXBH	Long					
27	操作人姓名	CZRXM	String	50				
28	是否有效	SFYX	Short			A.43 有效性字典表		
29	备注	BZ2	String	2000				

16 登记受理申请数据结构应符合表 4.4.4-16 的要求。

表 4.4.4-16 登记受理申请数据结构
（表名：DJSLSQ）

序号	字段名称	字段代码	字段类型	字段长度	小数位数	值域	约束条件	备注
1	登记编号	DJBH	Long				必选	
2	登记大类	DJDL	Short			A.78 登记大类字典表	必选	
3	登记小类	DJXL	Short				必选	各地宜根据登记大类字典表结合实际情况进一步扩展
4	区县号	QXH	Integer			A.1 区县字典表	必选	
5	受理人员	SLRY	String	50				
6	受理时间	SLSJ	Date	50				
7	坐落	ZL	String	200				
8	通知人姓名	TZRXM	String	50				
9	通知方式	TZFS	Short			A.79 通知方式字典表		

续表 4.4.4-16

序号	字段名称	字段代码	字段类型	字段长度	小数位数	值域	约束条件	备注
10	通知人电话	TZRDH	String	50				
11	通知人移动电话	TZRYDDH	String	50				
12	通知人电子邮件	TZRDZYJ	String	50				
13	当前节点	DQJD	String	50				
14	当前办理人员	DQBLRY	String	50				
15	是否问题案件	SFWTAJ	Boolean					
16	结束时间	JSSJ	Date					
17	案件状态	AJZT	Short			A.80 案件状态字典表		
18	备注	BZ	String	2000				

17 登记收件数据结构应符合表 4.4.4-17 的要求。

表 4.4.4-17 登记收件数据结构（表名：DJSJ）

序号	字段名称	字段代码	字段类型	字段长度	小数位数	值域	约束条件	备注
1	登记编号	DJBH	Long				必选	应与登记受理申请数据关联
2	收件时间	SJSJ	Date				必选	
3	收件类型	SJLX	Short			A.81 收件类型字典表	必选	
4	收件名称	SJMC	String	100			必选	
5	收件数量	SJSL	Short					
6	收缴收验标志	SJSYBZ	Boolean					
7	是否额外收件	SFEWSJ	Boolean					
8	是否补充收件	SFBCSJ	Boolean					

续表 4.4.4-17

序号	字段名称	字段代码	字段类型	字段长度	小数位数	值域	约束条件	备注
9	页数	YS	Short					
10	备注	BZ	String	2000				

18 登记收费数据结构应符合表 4.4.4-18 的要求。

表 4.4.4-18 登记收费数据结构（表名：DJSF）

序号	字段名称	字段代码	字段类型	字段长度	小数位数	值域	约束条件	备注
1	登记编号	DJBH	Long				必选	应与登记受理申请数据关联
2	计费人员	JFRY	String				必选	
3	计费日期	JFRQ	Date				必选	
4	收费科目编码	SFKMBM	String	50			必选	
5	收费科目名称	SFKMMC	String	50			必选	
6	是否额外收费	SFEWSF	Boolean					
7	收费基数	SFJS	Number	20	4			
8	收费类型	SFLX	Short			A.82 收费类型字典表		
9	应收金额	YSJE	Number	20	4		必选	
10	折扣后应收金额	ZKHYSJE	Number	20	4			
11	收费人员	SFRY	String	50				
12	收费日期	SFRQ	Date					
13	付费方	FFF	Short			A.83 付费方字典表		
14	实际付费人	SJFFR	String	50				
15	实收金额	SSJE	Number	20	4			
16	收费单位	SFDW	String	50				

19 登记审核数据结构应符合表 4.4.4-19 的要求。

表 4.4.4-19 登记审核数据结构(表名:DJSH)

序号	字段名称	字段代码	字段类型	字段长度	小数位数	值域	约束条件	备注
1	登记编号	DJBH	Long				必选	应与登记受理申请数据关联
2	节点代码	JDDM	String	30			必选	
3	节点名称	JDMC	String	50				
4	顺序号	SXH	Long				必选	
5	登记官	DJG	String	50			必选	
6	审核开始时间	SHKSSJ	Date					
7	审核结束时间	SHJSSJ	Date					
8	审核意见	SHYJ	String	500			必选	
9	操作结果	CZJG	Short			A.84 审核意见操作结果字典表		

20 登记缮证数据结构应符合表 4.4.4-20 的要求。

表 4.4.4-20 登记缮证数据结构(表名:DJSZ)

序号	字段名称	字段代码	字段类型	字段长度	小数位数	值域	约束条件	备注
1	登记编号	DJBH	Long				必选	应与登记受理申请数据关联
2	缮证编号	SZBH	Long				必选	主键
3	缮证名称	SZMC	String	50			必选	
4	缮证证号	SZZH	String	50			必选	
5	权证流水号	QZLSH	String	100			必选	
6	操作人	CZR	String	50				
7	操作时间	CZSJ	Date					
8	备注	BZ	String	2000				

21 登记发证数据结构应符合表 4.4.4-21 的要求。

表 4.4.4-21 登记发证数据结构(表名:DJFZ)

序号	字段名称	字段代码	字段类型	字段长度	小数位数	值域	约束条件	备注
1	登记编号	DJBH	Long				必选	应与登记受理申请数据关联
2	发证编号	FZBH	Long				必选	主键
3	发证人员	FZRY	String	50				
4	发证时间	FZSJ	Date					
5	发证名称	FZMC	String	50			必选	
6	发证数量	FZSL	Short					
7	领证人姓名	LZRXM	String				必选	
8	领证人证件类别	LZRZJLB	Short			A.34 证件类型字典表		
9	领证人证件号码	LZRZJHM	String	50			必选	
10	领证人电话	LZRDH	String	50				
11	领证人地址	LZRDZ	String	200				
12	领证人邮编	LZRYB	String	10				
13	备注	BZ	String	2000				

22 登记归档数据结构应符合表 4.4.4-22 的要求。

表 4.4.4-22 登记归档数据结构(表名:DJGD)

序号	字段名称	字段代码	字段类型	字段长度	小数位数	值域	约束条件	备注
1	登记编号	DJBH	Long				必选	应与登记受理申请数据关联
2	档案编号	DABH	Long				必选	主键

续表 4.4.4-22

序号	字段名称	字段代码	字段类型	字段长度	小数位数	值域	约束条件	备注
3	登记大类	DJDL	Short			A.78 登记大类字典表	必选	
4	登记小类	DJXL	Short				必选	各地宜根据登记大类字典表结合实际情况进一步扩展
5	坐落	ZL	String	200				
6	权证号码	QZHM	String	50			必选	
7	卷宗号	JZH	String	50			必选	
8	文件件数	WJJS	Short				必选	
9	总页数	ZYS	Short					
10	操作人	CZR	String	50				
11	归档时间	GDSJ	Date				必选	
12	备注	BZ	String	2000				

23 登记问题案件数据结构应符合表 4.4.4-23 的要求。

表 4.4.4-23 登记问题案件数据结构
（表名:DJWTAJ）

序号	字段名称	字段代码	字段类型	字段长度	小数位数	值域	约束条件	备注
1	登记编号	DJBH	Long				必选	应与登记受理申请数据关联
2	问题案件编号	WTAJBH	Long				必选	主键
3	发现人员	FXRY	String	50				
4	发现时间	FXSJ	Date				必选	
5	发现节点代码	FXJDDM	String	50			必选	

续表 4.4.4-23

序号	字段名称	字段代码	字段类型	字段长度	小数位数	值域	约束条件	备注
6	发现节点名称	FXJDMC	String	50				
7	问题描述	WTMS	String	500				
8	处理人员	CLRY	String	50				
9	处理时间	CLSJ	Date					
10	解决办法	JJBF	String	500				
11	备注	BZ	String	2000				

24 新建商品房预(销)售合同买受人数据结构应符合表 4.4.4-24 的要求。

表 4.4.4-24 新建商品房预(销)售合同买受人数据结构(表名：XJSPFYXSHTMSR)

序号	字段名称	字段代码	字段类型	字段长度	小数位数	值域	约束条件	备注
1	合同编号	HTBH	Long					
2	买受人姓名	MSRXM	String	20			必选	
3	性别	XB	Short			A.38 性别字典表		
4	证件类别	ZJLB	Short			A.34 证件类型字典表		
5	证件号码	ZJHM	String	50				
6	发证机关	FZJG	String	100				
7	地址	DZ	String	200				
8	联系电话	LXDH	String	20				
9	邮编	YB	String	10				
10	电子邮件	DZYJ	String	20				
11	国家/地区	GJDQ	Short			A.36 国家和地区字典表		
12	户籍所在省	HJSZS1	String	20				

续表 4.4.4-24

序号	字段名称	字段代码	字段类型	字段长度	小数位数	值域	约束条件	备注
13	户籍所在市	HJSZS2	String	20				
14	居住所在省	JZSZS1	String	20				
15	居住所在市	JZSZS2	String	20				
16	出生日期	CSRQ	Date					
17	备注	BZ	String	2000				

25 建设用地规划许可证数据结构应符合表4.4.4-25的要求。

表 4.4.4-25 建设用地规划许可证数据结构

（表名：JSYDGHXKZ）

序号	字段名称	字段代码	字段类型	字段长度	小数位数	值域	约束条件	备注
1	项目编号	XMBH	Integer					关联开发项目表的项目编号字段
2	项目名称	XMMC	String	100				
3	许可证号	XKZH	String	100				
4	发证日期	FZRQ	Date					
5	总建设用地面积(m^2)	ZJSYDMJ	Number	15	3			

26 建设工程规划许可证数据结构应符合表4.4.4-26的要求。

表 4.4.4-26 建设工程规划许可证数据结构

（表名：JSGCGHXKZ）

序号	字段名称	字段代码	字段类型	字段长度	小数位数	值域	约束条件	备注
1	项目编号	XMBH	Integer					关联开发项目表的项目编号字段
2	项目名称	XMMC	String	100				

续表 4.4.4-26

序号	字段名称	字段代码	字段类型	字段长度	小数位数	值域	约束条件	备注
3	许可证号	XKZH	String	100				
4	发证日期	FZRQ	Date					
5	容积率	RJL	Number	15	2			
6	绿化率	LHL	Number	15	2			
7	建筑面积(m^2)	JZMJ	Number	15	3			
8	住宅面积(m^2)	ZZMJ	Number	15	3			
9	商业面积(m^2)	SYMJ	Number	15	3			
10	办公面积(m^2)	BGMJ	Number	15	3			
11	其他面积(m^2)	QTMJ	Number	15	3			

27 建筑工程施工许可证数据结构应符合表4.4.4-27的要求。

表 4.4.4-27 建筑工程施工许可证数据结构

（表名：JZGCSGXKZ）

序号	字段名称	字段代码	字段类型	字段长度	小数位数	值域	约束条件	备注
1	项目编号	XMBH	Integer					关联开发项目表的项目编号字段
2	项目名称	XMMC	String	100				
3	许可证号	XKZH	String	100				
4	发证日期	FZRQ	Date					
5	建筑规模(m^2)	JZGM	Number	15	2			

4.4.5 发布数据结构应符合下列要求：

1 新建商品房基本情况数据结构应符合表4.4.5-1的要求。

表 4.4.5-1 新建商品房基本情况数据结构

（表名：XJSPFJBQK）

序号	字段名称	字段代码	字段类型	字段长度	小数位数	值域	约束条件	备注
1	标识码	BSM	Integer			>0	必选	本表中唯一编号
2	区县号	QXH	Integer			A.1 区县字典表	必选	通过物理数据得到
3	板块号	BKH	String	4		A.4 板块字典表	必选	从业务数据得到
4	项目地址	XMDZ	String	200			必选	
5	项目名称	XMMC	String	100			必选	
6	房屋类型	FWLX	Short			A.18 房屋类型字典表		
7	楼盘状态	LPZT	Short			A.85 楼盘状态字典表		
8	面积	MJ	Number	15	3			
9	开盘编号	KPBH	Integer				必选	

2 新建商品房销售信息数据结构应符合表 4.4.5-2 的要求。

表 4.4.5-2 新建商品房销售信息数据结构

（表名：XJSPFXSXX）

序号	字段名称	字段代码	字段类型	字段长度	小数位数	值域	约束条件	备注
1	标识码	BSM	Integer			>0	必选	本表中唯一编号
2	区县号	QXH	Integer			A.1 区县字典表	必选	通过物理数据抽取得到
3	板块号	BKH	String	4		A.4 板块字典表	必选	
4	项目地址	XMDZ	String	200			必选	从业务数据抽取、统计得到
5	项目名称	XMMC	String	100			必选	
6	房屋类型	FWLX	Short			A.18 房屋类型字典表		

续表 4.4.5-2

序号	字段名称	字段代码	字段类型	字段长度	小数位数	值域	约束条件	备注
7	成交均价	CJJJ	Number	20	4			从业务数据抽取、统计得到
8	建筑面积	JZMJ	Number	15	3			
9	套数	TS	Number	10				
10	累计均价	LJJJ	Number	20	4			
11	累计住宅均价	LJZZJJ	Number	20	4			

3 新建商品房合同撤销情况数据结构应符合表 4.4.5-3 的要求。

表 4.4.5-3 新建商品房合同撤销情况数据结构

（表名：XJSPFHTCXQK）

序号	字段名称	字段代码	字段类型	字段长度	小数位数	值域	约束条件	备注
1	标识码	BSM	Integer			>0	必选	本表中唯一编号
2	项目名称	XMMC	String	100			必选	从业务数据抽取、统计得到
3	区县号	QXH	Integer			A.1 区县字典表	必选	
4	项目地址	XMDZ	String	200			必选	
5	板块号	BKH	String	4		A.4 板块字典表	必选	
6	企业名称	QYMC	String	200			必选	
7	合同撤销总次数	HTCXZCS	Number	6			必选	
8	累计住宅合同撤销次数	LJZZHTCXCS	Number	6				
9	累计合同撤销均价	LJHTCXJJ	Number	20	4			
10	累计住宅合同撤销均价	LJZZHTCXJJ	Number	20	4			

4 新建商品房幢信息数据结构应符合表 4.4.5-4 的要求。

表 4.4.5-4 新建商品房幢信息数据结构

（表名：XJSPFZXX）

序号	字段名称	字段代码	字段类型	字段长度	小数位数	值域	约束条件	备注
1	标识码	BSM	Integer			>0	必选	本表中唯一编号
2	楼栋编号	LDBH	Integer				必选	从业务数据抽取、统计得到
3	楼栋名称	LDMC	String	50			必选	
4	项目名称	XMMC	String	100			必选	
5	开盘编号	KPBH	Integer				必选	
6	参考价格	CKJG	Number	20	4			
7	总可售套数	ZKSTS	Number	10			必选	
8	总可售面积	ZKSMJ	Number	15	3		必选	
9	总套数	ZTS	Number	10			必选	
10	总面积	ZMJ	Number	15	3		必选	

5 新建商品房幢销售信息数据结构应符合表 4.4.5-5 的要求。

表 4.4.5-5 新建商品房幢销售信息数据结构

（表名：XJSPFZXSXX）

序号	字段名称	字段代码	字段类型	字段长度	小数位数	值域	约束条件	备注
1	标识码	BSM	Integer			>0	必选	本表中唯一编号
2	楼栋编号	LDBH	Integer				必选	从业务数据抽取、统计得到
3	楼栋名称	LDMC	String	50			必选	
4	项目名称	XMMC	String	100			必选	
5	开盘编号	KPBH	Integer				必选	
6	参考价格	CKJG	Number	20	4			

续表 4.4.5-5

序号	字段名称	字段代码	字段类型	字段长度	小数位数	值域	约束条件	备注
7	已售套数	YSTS	Number	10				从业务数据抽取、统计得到
8	已售面积	YSMJ	Number	15	3			
9	预定套数	YDTS	Number	10				
10	预定面积	YDMJ	Number	15	3			
11	登记套数	DJTS	Number	10				
12	登记面积	DJMJ	Number	15	3			

6 新建商品房户详细信息数据结构应符合表 4.4.5-6 的要求。

表 4.4.5-6 新建商品房户详细信息数据结构

（表名：XJSPFHXXXX）

序号	字段名称	字段代码	字段类型	字段长度	小数位数	值域	约束条件	备注
1	标识码	BSM	Integer	10		>0	必选	本表中唯一编号
2	户号	HH	Integer				必选	从业务数据抽取得到
3	楼栋编号	LDBH	Integer				必选	
4	室号	SH	String	40			必选	通过物理数据抽取得到
5	实际层	SJC	Number	3				
6	名义层	MYC	String	50				
7	现房建筑面积	XFJZMJ	Number	15	3		必选	
8	现房套内建筑面积	XFTNJZMJ	Number	15	3		必选	
9	现房共有建筑面积	XFGYJZMJ	Number	15	3		必选	
10	期房建筑面积	QFJZMJ	Number	15	3		必选	
11	期房套内建筑面积	QFTNJZMJ	Number	15	3		必选	

续表 4.4.5-6

序号	字段名称	字段代码	字段类型	字段长度	小数位数	值域	约束条件	备注
12	期房共有建筑面积	QFGYJZMJ	Number	15	3		必选	通过物理数据抽取得到
13	户型	HX	Short			A.16 户型字典表	必选	
14	房屋类型	FWLX	Short			A.18 房屋类型字典表		
15	人工干预	RGGY	Short			A.86 人工干预字典表		
16	房屋性质	FWXZ	Short			A.19 房屋性质字典表		
17	状态	ZT	Short			A.87 户销售状态字典表	必选	

7 新建商品房预售公示汇总信息数据结构应符合表 4.4.5-7 的要求。

表 4.4.5-7 新建商品房预售公示汇总信息数据结构
（表名：XJSPFYSGSHZXX）

序号	字段名称	字段代码	字段类型	字段长度	小数位数	值域	约束条件	备注
1	标识码	BSM	Integer			>0	必选	本表中唯一编号
2	项目名称	XMMC	String	100			必选	从业务数据抽取、统计得到
3	项目地址	XMDZ	String	200			必选	
4	总套数	ZTS	Number	10			必选	
5	总面积	ZMJ	Number	15	3		必选	
6	区县号	QXH	Integer			A.1 区县字典表	必选	

8 新建商品房在售汇总信息数据结构应符合表 4.4.5-8 的要求。

表 4.4.5-8 新建商品房在售汇总信息数据结构
（表名：XJSPFZSHZXX）

序号	字段名称	字段代码	字段类型	字段长度	小数位数	值域	约束条件	备注
1	标识码	BSM	Integer			>0	必选	本表中唯一编号

续表 4.4.5-8

序号	字段名称	字段代码	字段类型	字段长度	小数位数	值域	约束条件	备注
2	区域类型	QYLX	Short			A.88 区域类型字典表	必选	
3	区域编号	QYBH	String	6			必选	应根据区域类型选择对应的字典表
4	总可售套数	ZKSTS	Number	10				从业务数据抽取、统计得到
5	总可售面积	ZKSMJ	Number	15	3			
6	已售套数	YSTS	Number	10				
7	已售面积	YSMJ	Number	15	3			
8	预定套数	YDTS	Number	10				
9	预定面积	YDMJ	Number	15	3			
10	登记套数	DJTS	Number	10				
11	登记面积	DJMJ	Number	15	2			
12	总套数	ZTS	Number	10				
13	总面积	ZMJ	Number	15	3			
14	统计时间	TJSJ	Date				必选	

9 新建商品房成交汇总信息数据结构应符合表 4.4.5-9 的要求。

表 4.4.5-9 新建商品房成交汇总信息数据结构
（表名：XJSPFCJHZXX）

序号	字段名称	字段代码	字段类型	字段长度	小数位数	值域	约束条件	备注
1	标识码	BSM	Integer			>0	必选	本表中唯一编号
2	区域类型	QYLX	Short			A.88 区域类型字典表	必选	
3	区域编号	QYBH	String	6			必选	应根据区域类型选择对应的字典表

续表 4.4.5-9

序号	字段名称	字段代码	字段类型	字段长度	小数位数	值域	约束条件	备注
4	当日签约面积	DRQYMJ	Number	15	3			从业务数据抽取、统计得到
5	当日签约套数	DRQYTS	Number	10				
6	当日签约金额	DRQYJE	Number	20	4			
7	当日签约均价	DRQYJJ	Number	20	4			
8	当日签约撤销面积	DRQYCXMJ	Number	15	3			
9	当日签约撤销套数	DRQYCXTS	Number	10				
10	当日签约撤销金额	DRQYCXJE	Number	20	4			
11	当日签约撤销均价	DRQYCXJJ	Number	20	4			
12	当日预定面积	DRYDMJ	Number	15	3			
13	当日预定套数	DRYDTS	Number	10				
14	当日预定金额	DRYDJE	Number	20	4			
15	当日预定均价	DRYDJJ	Number	20	4			
16	当日预定撤销面积	DRYDCXMJ	Number	15	3			
17	当日预定撤销套数	DRYDCXTS	Number	10				
18	当日预定撤销金额	DRYDCXJE	Number	20	4			
19	当日预定撤销均价	DRYDCXJJ	Number	20	4			
20	当日登记面积	DRDJMJ	Number	15	3			
21	当日登记套数	DRDJTS	Number	10				
22	当日登记金额	DRDJJE	Number	20	4			

续表 4.4.5-9

序号	字段名称	字段代码	字段类型	字段长度	小数位数	值域	约束条件	备注
23	当日登记均价	DRDJJJ	Number	20	4			从业务数据抽取、统计得到
24	项目累计签约面积	XMLJQYMJ	Number	15	3			
25	项目累计签约套数	XMLJQYTS	Number	10				
26	项目累计签约金额	XMLJQYJE	Number	20	4			
27	项目累计签约均价	XMLJQYJJ	Number	20	4			
28	项目累计签约撤销面积	XMLJQYCXMJ	Number	15	3			
29	项目累计签约撤销套数	XMLJQYCXTS	Number	10				
30	项目累计签约撤销金额	XMLJQYCXJE	Number	20	4			
31	项目累计签约撤销均价	XMLJQYCXJJ	Number	20	4			
32	项目累计预定面积	XMLJYDMJ	Number	15	3			
33	项目累计预定套数	XMLJYDTS	Number	10				
34	项目累计预定金额	XMLJYDJE	Number	20	4			
35	项目累计预定均价	XMLJYDJJ	Number	20	4			
36	项目累计预定撤销面积	XMLJYDCXMJ	Number	15	3			
37	项目累计预定撤销套数	XMLJYDCXTS	Number	10				
38	项目累计预定撤销金额	XMLJYDCXJE	Number	20	4			

续表 4.4.5-9

序号	字段名称	字段代码	字段类型	字段长度	小数位数	值域	约束条件	备注
39	项目累计预定撤销均价	XMLJYDCXJJ	Number	20	4			
40	项目累计登记面积	XMLJDJMJ	Number	15	3			
41	项目累计登记套数	XMLJDJTS	Number	10				从业务数据抽取、统计得到
42	项目累计登记金额	XMLJDJJE	Number	20	4			
43	项目累计登记均价	XMLJDJJJ	Number	20	4			
44	统计时间	TJSJ	Date				必选	

10 存量房在售基本信息数据结构应符合表 4.4.5-10 的要求。

表 4.4.5-10 存量房在售基本信息数据结构

（表名：CLFZSJBXX）

序号	字段名称	字段代码	字段类型	字段长度	小数位数	值域	约束条件	备注
1	标识码	BSM	Integer			>0	必选	本表中唯一编号
2	区县号	QXH	Integer			A.1 区县字典表	必选	
3	总价	ZJ	Number	20	4		必选	
4	面积	MJ	Number	15	3		必选	
5	房屋类型	FWLX	Short			A.18 房屋类型字典表		从业务数据抽取得到
6	房屋坐落	FWZL	String	200				
7	楼层	LC	String	50			必选	
8	朝向	CX	Short			A.62 朝向字典表		

11 存量房交易信息数据结构应符合表 4.4.5-11 的要求。

表 4.4.5-11 存量房交易信息数据结构

（表名：CLFJYXX）

序号	字段名称	字段代码	字段类型	字段长度	小数位数	值域	约束条件	备注
1	标识码	BSM	Integer			>0	必选	本表中唯一编号
2	户编号	HBH	Integer				必选	
3	产权证号	CQZH	String	50			必选	
4	区县号	QXH	Integer			A.1 区县字典表	必选	
5	房屋坐落	FWZL	String	200				
6	室号部位	SHBW	String	20			必选	
7	房屋类型	FWLX	Short			A.18 房屋类型字典表		
8	建筑结构	JZJG	Short			A.12 建筑结构字典表		
9	户型	HX	Short			A.16 户型字典表	必选	
10	建筑面积	JZMJ	Number	15	3		必选	从业务数据抽取得到
11	套内建筑面积	TNJZMJ	Number	15	3		必选	
12	价格	JG	Number	20	4		必选	
13	状态	ZT	Short			A.87 户销售状态字典表	必选	
14	是否有效	SFYX	Short			A.43 有效性字典表		
15	操作人员	CZRY	Number	10				
16	操作日期	CZRQ	Date					
17	最后修改时间	ZHXGSJ	Date					
18	确认时间	QRSJ	Date					
19	确认签字时间	QRQZSJ	Date					

续表 4.4.5-11

序号	字段名称	字段代码	字段类型	字段长度	小数位数	值域	约束条件	备注
20	最后变更通过时间	ZHBGTGSJ	Date					从业务数据抽取得到
21	撤销时间	CXSJ	Date					
22	结束时间	JSSJ	Date					

12 存量房在售汇总信息数据结构应符合表 4.4.5-12 的要求。

表 4.4.5-12 存量房在售汇总信息数据结构

（表名：CLFZSHZXX）

序号	字段名称	字段代码	字段类型	字段长度	小数位数	值域	约束条件	备注
1	标识码	BSM	Integer			>0	必选	本表中唯一编号
2	区域类型	QYLX	Short			A.88 区域类型字典表	必选	
3	区域编号	QYBH	String	6			必选	应根据区域类型选择对应的字典表
4	面积	MJ	Number	15	3			从业务数据统计得到
5	套数	TS	Number	10				
6	统计起始日期	TJQSRQ	Date					
7	统计结束日期	TJJSRQ	Date					

13 存量房成交汇总信息数据结构应符合表 4.4.5-13 的要求。

表 4.4.5-13 存量房成交汇总信息数据结构

（表名：CLFCJHZXX）

序号	字段名称	字段代码	字段类型	字段长度	小数位数	值域	约束条件	备注
1	标识码	BSM	Integer			>0	必选	本表中唯一编号

续表 4.4.5-13

序号	字段名称	字段代码	字段类型	字段长度	小数位数	值域	约束条件	备注
2	区域类型	QYLX	Short			A.88 区域类型字典表	必选	
3	区域编号	QYBH	String	6			必选	应根据区域类型选择对应的字典表
4	区域名称	QYMC	String	50				
5	销售数量	XSSL	Number	10				从业务数据抽取、统计得到
6	销售面积	XSMJ	Number	15	3			
7	销售金额	XSJE	Number	20	4			
8	统计起始日期	TJQSRQ	Date				必选	
9	统计结束日期	TJJSRQ	Date					

14 企业基本信息发布数据应根据实际需要按本标准表 4.4.3-1 的要求抽取。

15 企业资质信息发布数据应根据实际需要按本标准表 4.4.3-1 的要求抽取。

16 从业人员信息发布数据应根据实际需要按本标准表 4.4.3-3 的要求抽取。

5 数据质量控制要求

5.1 基 础 数 据

5.1.1 物理数据的来源应符合下列要求：

1 区县、街道（乡镇）、街坊（村）、道路、板块、基础地形等地理数据应通过基础地理数据库迁移获取及定期批量更新。

2 数字正射影像图应通过专业影像采集和处理机构获取，应定期（年度）更新高精度影像，宜定期（季度）更新低精度影像。

3 丘、幢、户数据应通过房地产管理部门已确认的测绘成果数据库或档案数据迁移获取，应通过房地产测绘业务进行维护更新，更新应根据特定的物理数据变更审核流程进行。

4 数字栅格图应通过业务数据扫描获取。

5.1.2 物理数据质量控制应符合下列要求：

1 地理数据和数字正射影像图、数字栅格图的数据质量应按现行行业标准《城市基础地理信息系统技术规范》CJJ 100进行控制。

2 丘、幢、户的数据质量应按国家现行标准《地籍测量规范》CH 5002和《房产测量规范》GB/T 17986进行控制。

3 户数据的房产平面图建库时应使用对应户的坐落进行命名，宜采用PDF、WMF等存档格式和DWG等原始格式同时存储。

5.1.3 权属数据的来源应符合下列要求：

1 权属数据应在房地产登记管理业务过程中产生。

2 权属数据应在经过受理、审核、权证处理、归档等房地产登记业务流程中具有不同的时效状态。

3 权属数据的时效状态应随着登记业务过程的进行发生改变，权属数据内容本身不应发生改变。

4 权属数据应与物理数据建立对应关系。

5 权属数据的变更应根据特定的权属数据变更审核流程进行。

5.1.4 权属数据质量控制应符合下列要求：

1 完整性要求：应对权属数据产生、变更和结束的过程和所需的关键数据项作完整的记录，不可缺失或者遗漏。

2 准确性要求：权属数据一经记录应与登记申请人提交的材料保持一致，不应随意改变数据内容。

3 一致性要求：相关的权属数据之间应保持内在关联关系的一致性。

4 精度要求：对权属数据中的时间、日期、金额等数据项应按照精度要求准确记录。

5 修正要求：对权属数据的偏差、异常、丢失、关联错误等情况应及时进行识别，并应通过必要的审核流程完成数据修正。

5.2 从业主体数据

5.2.1 从业企业的数据来源应包括房地产开发企业、房地产经纪机构、房地产评估机构、房屋测绘机构、物业服务企业及与房地产市场相关的企业。

5.2.2 从业人员的数据来源应包括房屋销售人员、房地产经纪人、房地产估价师、房屋测绘人员、物业小区经理及其他专业人员。

5.2.3 从业主体数据质量控制应符合下列要求：

1 应及时、准确地记录从业企业注册、变更、注销的事件序列，以及企业资质、年检、信用情况的变化。

2 应及时、准确地记录从业人员的从业资质及其从业经历情况，并可跟踪其信用记录情况的变化。

3 应能根据采集的从业主体数据，按空间区域、时间趋势、从业主体类别统计从业主体的分布和变化情况。

5.3 业务数据

5.3.1 业务数据主要应包括测绘成果业务数据、交易登记业务数据。这些数据中应包括该业务涉及的流程、收费、收件以及相关的合同、权证、表单等数据。

5.3.2 流程数据质量控制应符合下列要求：

1 应记录并能回放流程的实际流转过程。

2 应记录流程各节点的输入和输出。

3 对涉及审核、审批的步骤，必须记录相关的审核、审批意见。

5.3.3 收费数据质量控制应符合下列要求：

1 应记录收费标准之内和收费标准之外的全部费用。

2 应记录应收费用、实收费用以及所使用的货币单位。

3 收费金额应精确到小数点后两位。

5.3.4 收件数据质量控制应符合下列要求：

1 应记录收件标准之内和收件标准之外的全部收件。

2 应记录应收件数和实收件数，并注明收件类型。

3 当条件具备时，宜采用拍照或扫描的方式将收件图像化，并与具体业务数据关联。

5.3.5 合同、权证、表单等数据质量控制应符合下列要求：

1 合同数据应包含合同主体、权利和义务关系、违约责任、生效期限等必不可少的信息。

2 权证数据应包括权利类别、权利主体、权利客体、时效范围、发证单位，必要的应附相应图纸。

3 表单数据应包括表单类别、内容陈述、生效期限、签发单位及个人等信息。

4 应能够追溯合同、权证、表单的原始输出版本。

5 当条件具备时，宜采用防伪技术对合同、权证、表单等数据进行保护。

5.4 发布数据

5.4.1 发布数据应通过基础数据、从业主体数据、业务数据中进行获取。

5.4.2 发布数据的统计模型应包括下列内容：

1 房源类型：应根据房源类型数据结合其他某一个或多个要素信息进行综合统计分析，类型数据应分为新建商品房和存量房两种类别。

2 区域指标：应根据指定区域结合其他某一个或多个要素信息进行综合统计分析。区域指标应包括全市、区县、板块和其他选定的区域等类别。

3 时间指标：应根据指定时间段结合其他某一个或多个要素信息进行综合统计分析。时间指标应包括日、月、季、年或任意指定时间段等形式。

4 价格指标：应根据某一个价格区间或价格指标结合其他某一个或多个要素进行综合统计分析。价格指标应包括成交总金额、成交均价、指定价格区间等形式。

5 面积指标：应根据面积指标结合其他某一个或多个要素信息进行综合统计分析。面积指标应分为楼盘总面积、可售总面积、单套建筑面积、成交面积、已售总面积、撤销总面积、新增供应面积等类别。

6 套数指标：应根据房屋套数指标结合其他某一个或多个要素信息进行综合统计分析。

7 房屋类型：应根据房屋类型数据结合其他某一个或多个要素信息进行综合统计分析。房屋类型数据应包括住宅、办公、商业和其他房屋类型。

8 交易状态：应根据某一交易状态结合其他某一个或多个要素进行综合统计分析。交易状态应包括预定、成交、已售和撤销等四种状态。

9 楼盘状态：应根据楼盘状态结合其他某一个或多个要素进行综合统计分析。楼盘状态应包括即将开盘、预售、销售和售完等四种状态。

附录A 属性值字典表

表 A.1 区县字典表

代　码	名　称
310101	某某市某某区
310102	……
……	……

注：本字典表采用《中华人民共和国行政区划代码》GB/T 2260，根据国家标准调整。

表 A.2 街道字典表

代　码	名　称
310101001	某某街道
310101002	……

注：本字典表采用《县级以下行政区划代码编制规则》GB/T 10114，根据国家标准调整。

表 A.3 街坊字典表

代　码	名　称
0001	某某街坊
0002	……

表 A.4 板块字典表

代　码	名　称
0101	某某板块
0102	……

表 A.5 土地权属性质字典表

代　码	名　称
10	国有土地所有权
20	国有土地使用权
30	集体土地所有权
40	集体土地使用权

表 A.6 土地用途字典表

代　码	名　称
10	商业、金融业用地
11	商业服务业用地
12	旅游业用地
13	金融保险业用地
20	工业、仓储用地
21	工业用地
22	仓储用地
30	市政用地
31	市政公用设施用地
32	绿化用地
40	公共建筑用地
41	文化、体育、娱乐
42	机关、宣传
43	科研、设计
44	教育
45	医疗卫生
50	住宅用地
60	交通用地
61	铁路
62	民用机场
63	港口码头
64	其他交通
70	特殊用地
71	军事设施
72	涉外用地
73	宗教用地
74	监狱
80	水域用地

续表 A.6

代　　码	名　　称
90	农用地
91	水田
92	菜地
93	旱地
94	园地
00	其他用地

表 A.7　土地等级字典表

代　　码	名　　称
1	一类
2	二类
3	三类
4	四类
5	五类
6	六类
7	七类
8	八类
9	九类
10	十类

表 A.8　利用状态字典表

代　　码	名　　称
1	已批在用
2	已批未用
3	未批先用

表 A.9　空间状态字典表

代　　码	名　　称
1	地下
2	地面
3	地上

表 A.10　地块标志字典表

代　　码	名　　称
1	标准宗地
2	道路宗地
3	铁路宗地
4	水域宗地
5	地下宗地

表 A.11　数据来源字典表

代　　码	名　　称
1	登记数据
2	勘测数据
3	调查数据

表 A.12　建筑结构字典表

代　　码	名　　称
1	钢结构
2	钢、钢筋混凝土结构
3	钢筋混凝土结构
4	混合结构
5	砖木结构
6	其他结构

表 A.13　建筑物状态字典表

代　　码	名　　称
1	历史
2	期房
3	现房
4	虚拟

表 A.14　房屋用途字典表

代　　码	名　　称
10	住宅
11	成套住宅
111	别墅
112	高档公寓
12	非成套住宅
13	集体宿舍
20	工业、交通、仓储
21	工业
22	公共设施
23	铁路
24	民航
25	航运
26	公共运输
27	仓储
30	商业、金融、信息
31	商业服务
32	经营
33	旅游
34	金融保险

续表 A.14

代码	名称
35	电讯信息
40	教育、医疗、卫生、科研
41	教育
42	医疗卫生
43	科研
50	文化、娱乐、体育
51	文化
52	新闻
53	娱乐
54	园林绿化
55	体育
60	办公
70	军事
80	其他
81	涉外
82	宗教
83	监狱
84	物管用房

表 A.15 房产平面图类型字典表

代码	名称
1	房产分层平面图
2	房产分户平面图

表 A.16 户型字典表

代码	名称
1	一居室
2	二居室
3	三居室
4	四居室
5	五居室
99	其他

表 A.17 户型结构字典表

代码	名称
1	平层
2	错层
3	复式楼
4	跃层
99	其他

表 A.18 房屋类型字典表

代码	名称
1	住宅
2	商业用房
3	办公用房
4	工业用房
5	仓储用房
6	车库
99	其他

注：房屋类型是规划审批时确定的。

表 A.19 房屋性质字典表

代码	名称
0	市场化商品房
1	动迁房
2	配套商品房
3	公共租赁住房
4	廉租住房
5	限价普通商品住房
6	经济适用住房
7	定销商品房
8	集资建房
9	福利房
99	其他

表 A.20 土地使用权取得方式字典表

代码	名称
1	征收
2	划拨
3	出让
4	转让
99	其他

表 A.21 权属状态字典表

代码	名称
0	临时
1	现势
2	历史
3	终止

注：临时状态是指权利处于办理过程中，现势状态是指权利已经生效，历史状态是指上一手权利已经由于权利正常转移到下一手而结束，终止状态是指正在办理的权利非正常结束。

表 A.22 产权性质字典表

代　码	名　称
1	全民
2	集体
3	股份制
4	私有
5	军产
99	其他

表 A.23 产权证颜色字典表

代　码	名　称
1	绿色
2	黄色
3	红色

表 A.24 币种字典表

代　码	名　称
1	元（人民币）
2	美元
3	港元
4	日元
5	新币
6	新台币
7	马克
8	英镑
9	法郎
10	澳元
11	泰铢
12	欧元

表 A.25 抵押类别字典表

代　码	名　称
1	预购商品房抵押
2	在建工程抵押
3	已购商品房抵押
4	持证抵押
5	设典
99	其他

表 A.26 贷款方式字典表

代　码	名　称
1	不贷款
2	组合贷款
3	公积金贷款
4	商业贷款
99	其他

表 A.27 租赁用途字典表

代　码	名　称
1	居住
2	旅（宾）馆
3	办公
4	厂房
5	交通运输
6	仓储
7	商业
8	店铺
9	教育
10	文化展览
11	体育
12	影剧娱乐
13	社会福利
14	医疗
15	农业服务
16	公用服务
17	特种用途
18	会所

表 A.28 供役地种类字典表

代　码	名　称
1	产权证
2	土地证

表 A.29 需役地种类字典表

代　码	名　称
1	产权证
2	土地证

表 A.30 限制类型字典表

代　码	名　称
1	司法限制
2	行政限制
99	其他

表 A.31 限制方式字典表

代　码	名　称
1	预查封
2	正式查封
3	轮候查封

表 A.32 限制文件类型字典表

代　码	名　称
1	判决书
2	调解书
3	裁定书
99	其他文件

表 A.33 权利类别字典表

代　码	名　称
1	土地使用权
2	房屋所有权
3	抵押权
4	承租权
5	地役权
6	限制权
7	异议登记

表 A.34 证件类型字典表

代　码	名　称
1	身份证
2	港澳台身份证
3	护照
4	户口簿
5	军官证（士兵证）
6	组织机构代码
7	营业执照
99	其他

表 A.35 所属行业字典表

代　码	名　称
1	交邮
2	金融
3	服务
4	地勘
5	工业
6	商业
7	房地产
8	农业
9	建筑
99	其他

表 A.36 国家和地区字典表

代　码	名　称
142	中华人民共和国
100	亚洲
101	阿富汗
102	巴林
103	孟加拉国
104	不丹
105	文莱
106	缅甸
107	柬埔寨
108	塞浦路斯
109	朝鲜民主主义人民共和国
111	印度
112	印度尼西亚
113	伊朗
114	伊拉克
115	以色列
116	日本
117	约旦
118	科威特
119	老挝
120	黎巴嫩
122	马来西亚
123	马尔代夫
124	蒙古
125	尼泊尔
126	阿曼
127	巴基斯坦
128	巴勒斯坦
129	菲律宾
130	卡塔尔
131	沙特阿拉伯
132	新加坡
133	韩国
134	斯里兰卡
135	叙利亚
136	泰国
137	土耳其
138	阿拉伯联合酋长国
139	也门共和国

续表 A. 36

代码	名称
141	越南
200	非洲
201	阿尔及利亚
202	安哥拉
203	贝宁
204	博茨瓦纳
205	布隆迪
206	喀麦隆
207	加那利群岛
208	佛得角
209	中非
210	塞卜泰（休达）
211	乍得
212	科摩罗
213	刚果
214	吉布提
215	埃及
216	赤道几内亚
217	埃塞俄比亚
218	加蓬
219	冈比亚
220	加纳
221	几内亚
222	几内亚（比绍）
223	科特迪瓦
224	肯尼亚
225	利比里亚
226	利比亚
227	马达加斯加
228	马拉维
229	马里
230	毛里塔尼亚
231	毛里求斯
232	摩洛哥
233	莫桑比克
234	纳米比亚
235	尼日尔
236	尼日利亚
237	留尼汪

续表 A. 36

代码	名称
238	卢旺达
239	圣多美和普林西比
240	塞内加尔
241	塞舌尔
242	塞拉利昂
243	索马里
244	南非
245	西撒哈拉
246	苏丹
247	坦桑尼亚
248	多哥
249	突尼斯
250	乌干达
251	布基纳法索
252	扎伊尔
253	赞比亚
254	津巴布韦
255	莱索托
256	梅利利亚
257	斯威士兰
258	厄立特里亚
299	非洲其他国家（地区）
300	欧洲
301	比利时
302	丹麦
303	英国
304	德意志联邦共和国
305	法国
306	爱尔兰
307	意大利
308	卢森堡
309	荷兰
310	希腊
311	葡萄牙
312	西班牙
313	阿尔巴尼亚
314	安道尔
315	奥地利
316	保加利亚

续表 A.36

代码	名称
318	芬兰
320	直布罗陀
321	匈牙利
322	冰岛
323	列支敦士登
324	马耳他
325	摩纳哥
326	挪威
327	波兰
328	罗马尼亚
329	圣马力诺
330	瑞典
331	瑞士
334	爱沙尼亚
335	拉脱维亚
336	立陶宛
337	格鲁吉亚
338	亚美尼亚
339	阿塞拜疆
340	白俄罗斯
341	哈萨克斯坦
342	吉尔吉斯
343	摩尔多瓦
344	俄罗斯
345	塔吉克斯坦
347	乌克兰
348	乌兹别克斯坦
349	南斯拉夫联盟共和国
350	斯洛文尼亚共和国
351	克罗地亚共和国
352	捷克共和国
353	斯洛伐克共和国
354	前南斯拉夫马其顿共和国
355	波斯尼亚一黑塞哥维那共和国
356	土库曼斯坦
400	拉丁美洲
401	安提瓜和巴布达
402	阿根廷

续表 A.36

代码	名称
403	阿鲁巴岛
404	巴哈马
405	巴巴多斯
406	伯利兹
408	玻利维亚
409	博奈尔
410	巴西
411	开曼群岛
412	智利
413	哥伦比亚
414	多米尼克
415	哥斯达黎加
416	古巴
417	库腊索岛
418	多米尼加共和国
419	厄瓜多尔
420	法属圭亚那
421	格林纳达
422	瓜德罗普
423	危地马拉
424	圭亚那
425	海地
426	洪都拉斯
427	牙买加
428	马提尼克
429	墨西哥
430	蒙特塞拉特
431	尼加拉瓜
432	巴拿马
433	巴拉圭
434	秘鲁
435	波多黎各
436	萨巴
437	圣卢西亚
438	圣马丁岛
439	圣文森特和格林纳丁斯
440	萨尔瓦多
441	苏里南
442	特立尼达和多巴哥

续表 A.36

代码	名称
443	特克斯和凯科斯群岛
444	乌拉圭
445	委内瑞拉
446	英属维尔京群岛
447	圣其茨—尼维斯
499	拉丁美洲其他国家（地区）
500	北美洲
501	加拿大
502	美国
503	格陵兰
504	百慕大
599	北美洲其他国家（地区）
600	大洋洲
601	澳大利亚
602	库克群岛
603	斐济
604	盖比群岛
605	马克萨斯群岛
606	脑鲁
607	新喀里多尼亚
608	瓦努阿图
609	新西兰
610	诺福克岛
611	巴布亚新几内亚
612	社会群岛
613	所罗门群岛
614	汤加
615	土阿莫土群岛
616	土布艾群岛
617	萨摩亚
618	基里巴斯
619	图瓦卢
620	密克罗尼西亚联邦
621	马绍尔群岛共和国
622	贝劳共和国
699	大洋洲其他国家（地区）
701	国（地）别不详的
702	联合国及所属机构和其他国际组织
1421	香港特别行政区

续表 A.36

代码	名称
1422	澳门特别行政区
1423	台湾省
1990	亚洲其他国家（地区）

表 A.37　省市字典表

代码	名称	代码	名称
110000	北京	430000	湖南
120000	天津	440000	广东
130000	河北	450000	广西
140000	山西	460000	海南
150000	内蒙古	500000	重庆
210000	辽宁	510000	四川
220000	吉林	520000	贵州
230000	黑龙江	530000	云南
310000	上海	540000	西藏
320000	江苏	610000	陕西
330000	浙江	620000	甘肃
340000	安徽	630000	青海
350000	福建	640000	宁夏
360000	江西	650000	新疆
370000	山东	710000	台湾
410000	河南	810000	香港
420000	湖北	820000	澳门

表 A.38　性别字典表

代码	名称
1	男性
2	女性
3	不详

表 A.39　权利人性质字典表

代码	名称
1	自然人
2	法人
99	其他组织

表 A.40　共有方式字典表

代码	名称
0	单独所有
1	共同共有
2	按份共有
3	共有

表 A.41 房地产企业类别字典表

代码	名称
1	房地产开发企业
2	房地产经纪机构
3	房地产评估机构
4	物业服务企业
5	房屋测绘机构
99	其他企业

表 A.42 资质等级字典表

代码	名称
1	一级
2	二级
3	三级
4	四级
99	暂定资质

注：对于不同的从业主体，资质等级的名称可能有所不同，在本字典表中，一级表示最高等级，二级次之，以此类推。

表 A.43 有效性字典表

代码	名称
1	有效
2	无效

表 A.44 从业企业状态字典表

代码	名称
1	正常
2	吊销
3	暂停整顿
4	从业人员不足
5	年检不合格

表 A.45 单位性质字典表

代码	名称
100	内资企业
110	国有企业
120	集体企业
130	股份合作企业
140	联营企业
150	有限责任公司
160	股份有限企业
170	私营企业

续表 A.45

代码	名称
180	外资企业
190	外商投资企业
200	港、澳、台商投资企业
210	合资经营企业（港或澳、台资）
220	合作经营企业（港或澳、台资）
230	中外合资经营企业
240	中外合作经营企业
250	外商投资股份有限公司
260	港、澳、台商独资经营企业
270	港、澳、台商投资股份有限公司
280	其他企业

表 A.46 企业信用记录类型字典表

代码	名称
1	良好
2	不良

表 A.47 从业人员类别字典表

代码	名称
1	房屋销售人员
2	房地产经纪人
3	物业小区经理
4	房屋测绘人员
5	房地产估价师
6	管理人员
99	其他

表 A.48 教育程度字典表

代码	名称
1	小学
2	初中
3	高中
4	大学
5	硕士
6	博士
99	其他

表 A.49 证书类别字典表

代码	名称
1	全国
2	省级
3	市级

表 A.50 从业人员状态字典表

代码	名称
1	正常
2	吊销
3	暂停整顿
4	资格证过期

表 A.51 人员信用记录类型字典表

代码	名称
1	良好
2	不良

表 A.52 测绘项目类型字典表

代码	名称
10	地籍测绘
11	地籍变更
12	地籍修测
20	房产测绘
21	房产面积预测
22	房产面积实测

表 A.53 审核结果字典表

代码	名称
1	通过
2	不通过

表 A.54 建筑类型字典表

代码	名称
1	低层
2	多层
3	中高层
4	高层
5	超高层

表 A.55 销售方式字典表

代码	名称
0	预售
1	现售

表 A.56 计价方式类型字典表

代码	名称
1	按建筑面积计算
2	按套内建筑面积计算
3	按套（单元）计算
99	其他

表 A.57 付款类型字典表

代码	名称
1	一次性付款
2	分期付款
3	抵押贷款付款
4	组合贷款

表 A.58 委托类型字典表

代码	名称
1	出租
2	出售
3	差价换房
4	出租/出售
5	出租/差价换房
6	出售/差价换房
7	出租/出售/差价换房

表 A.59 委托来源字典表

代码	名称
1	上门委托
2	受理处委托
3	网络委托
99	其他委托

表 A.60 存量房委托合同状态字典表

代码	名称
101	草稿
102	正在变更
103	变更待审核
104	变更审核通过
201	已签
202	已暂停
301	已完成
302	已撤销

表 A.61 挂牌类型字典表

代码	名称
1	委托挂牌
2	自助挂牌

表 A.62 朝向字典表

代码	名称
1	南
2	东南

续表 A.62

代　　码	名　　称
3	西南
4	北
5	东北
6	西北
7	东
8	西
9	不明

表 A.63　装修程度字典表

代　　码	名　　称
1	毛坯房
2	粗装修
3	精装修

表 A.64　房屋装饰处理字典表

代　　码	名　　称
1	作价
2	不作价

表 A.65　维修资金结算方式字典表

代　　码	名　　称
1	赠送
2	不赠送

表 A.66　存量房挂牌状态字典表

代　　码	名　　称
101	待挂
102	正在变更
201	在挂
202	已暂停
301	已完成
302	已撤销

表 A.67　存量房买卖合同状态字典表

代　　码	名　　称
101	草稿
102	正在变更
103	变更待审核
104	变更审核通过
201	已签
202	已暂停
301	已完成
302	已撤销

表 A.68　买卖合同主体类别字典表

代　　码	名　　称
0	买受人
1	出卖人

表 A.69　出卖人抵押校验状态字典表

代　　码	名　　称
0	未校验
1	抵押余额已输入
2	无抵押

表 A.70　资金监管协议状态字典表

代　　码	名　　称
101	草稿
103	变更中
201	初次确认
301	手工撤销
302	系统撤销
303	交易结束

表 A.71　来源标志字典表

代　　码	名　　称
1	交易登记业务
2	存量房业务

表 A.72　资金监管账户类别字典表

代　　码	名　　称
1	监管子账户
2	收款账户
3	抵押账户
4	退款账户
5	新收款账户
6	新退款账户

表 A.73　鉴证标志字典表

代　　码	名　　称
0	未鉴证
1	已鉴证

表 A.74　资金监管账户状态字典表

代　　码	名　　称
0	作废
1	正常

表 A.75 复核情况字典表

代　码	名　称
0	未复核
1	已复核

表 A.76 出账指令状态字典表

代　码	名　称
0	初始
1	确认未生效
2	生效
3	划付成功
4	划付失败
5	退回

表 A.77 划款途径字典表

代　码	名　称
1	网银
2	手工

表 A.78 登记大类字典表

代　码	名　称
100	初始登记
200	变更登记
300	转移登记
400	注销登记
500	抵押权登记
600	文件登记
700	租赁备案
800	地役权登记
900	预告登记
1100	更正登记
1200	异议登记
1300	其他登记

表 A.79 通知方式字典表

代　码	名　称
1	电话
2	移动电话
3	电子邮件
4	信函

表 A.80 案件状态字典表

代　码	名　称
1	在办
2	已办
3	暂停
4	不予登记
5	用户撤回

表 A.81 收件类型字典表

代　码	名　称
1	原件正本
2	正本复印件
3	原件副本
4	副本复印件
5	手稿
99	其他

表 A.82 收费类型字典表

代　码	名　称
1	按件
2	面积
3	金额
4	累进
5	按套
6	按证

表 A.83 付费方字典表

代　码	名　称
1	甲方
2	乙方
3	双方

表 A.84 审核意见操作结果字典表

代　码	名　称
1	同意
2	回退
3	退件
4	转件

表 A.85 楼盘状态字典表

代　码	名　称
1	开盘
2	预售
3	销售
4	售完

表 A.86 人工干预字典表

代　码	名　称
1	强制不可售
2	强制可售

表 A.87 户销售状态字典表

代　码	名　称
1	已签（黄）
2	已登记（红）
3	可售（绿）
4	已付定金（粉红）
5	未纳入网上销售（白）

表 A.88 区域类型字典表

代　码	名　称
1	全市
2	区县
3	板块

本标准用词说明

1 为便于在执行本标准条文时区别对待，对于要求严格程度不同的用词说明如下：

1）表示很严格，非这样做不可的：
正面词采用“必须”；反面词采用“严禁”。

2）表示严格，在正常情况下均应这样做的：
正面词采用“应”；反面词采用“不应”或“不得”。

3）表示允许稍有选择，在条件许可时首先应这样做的：
正面词采用“宜”；反面词采用“不宜”；

4）表示有选择，在一定条件下可以这样做的，采用“可”。

2 条文中指明应按其他有关标准执行的写法为“应符合……的规定”或“应按……执行”。

引用标准名录

1 《中华人民共和国行政区划代码》GB/T 2260

2 《县级以下行政区划代码编制规则》GB/T 10114

3 《房产测量规范》GB/T 17986

4 《城市基础地理信息系统技术规范》CJJ 100

5 《房地产市场信息系统技术规范》CJJ/T 115

6 《地籍测量规范》CH 5002

中华人民共和国行业标准

房地产市场基础信息数据标准

JGJ/T 252—2011

条 文 说 明

制 定 说 明

《房地产市场基础信息数据标准》JGJ/T 252-2011经住房和城乡建设部2011年11月22日以第1183号公告批准、发布。

本标准制定过程中，编制组进行了房地产市场基础数据的调查研究，总结了我国房地产行业信息化的实践经验，同时参考了国外相关先进技术法规、技术规范，编制了本标准。

为便于房地产管理部门有关人员在使用本标准时能正确理解和执行条文规定，《房地产市场基础信息数据标准》编制组按章、节、条顺序编制了本标准的条文说明，对条文规定的目的、依据以及执行中需注意的有关事项进行了说明。但是，本条文说明不具备与标准正文同等的法律效力，仅供使用者作为理解和把握标准规定的参考。

目　次

1 总　　则

1.0.1 说明制定本标准的目的。

1.0.2 说明本标准的使用范围。

1.0.3 说明使用本标准的约束条件，即应在何种情况下遵循本标准的规定。

2 术　　语

2.0.1 定义了本标准中涉及的基础数据的概念。

2.0.2 定义了本标准中涉及的从业主体数据的概念。

2.0.3 定义了本标准中涉及的业务数据的概念。

2.0.4 定义了本标准中涉及的发布数据的概念。

3 数 据 分 类

3.1 数据分类方法

3.1.1、3.1.2 说明房地产市场基础信息数据的分类依据和分类方法。

采用四级的分类方法，可以形成一个完整的树形数据体系，既有助于条理的清晰性，也有助于数据的进一步扩展。

3.2 基 础 数 据

3.2.1 说明基础数据的子类别。

基础数据包括两部分：物理数据和权属数据。物理数据用于描述宗地、幢和户的自然特征，如户的坐落、房型、房屋平面图等。权属数据用于描述户的权利特征，如权利人、权利价值、权属状态等。权属数据应与相应的物理数据建立关联关系。

3.2.2 说明物理数据应该包括的子类数据。

物理数据包括五个子类数据：地理数据、丘数据、幢数据、户数据、数字栅格图。地理数据描述了地理位置及地形地貌；丘数据描述了地块；幢数据描述了地块上的楼栋；户数据描述了楼栋中的户单元；数字栅格图描述了相关的扫描图件。其中丘、幢、户之间必须建立关联关系。

3.2.3 说明权属数据应包括的子类数据。

土地使用权数据、房屋所有权数据、抵押权数据、承租权数据、地役权数据、限制权数据、异议登记数据、权利人数据这八类数据均由登记管理业务所产生、使用以及变更，数据之间存在密切的关联关系，相互依赖，相互约束。

3.3 从业主体数据

3.3.1、3.3.2 说明从业主体数据的范围。

从业企业数据是指和房地产市场管理有关的房地产企业，如房地产开发企业、物业服务企业、房地产经纪机构等。从业人员数据是指从事房地产行业的个人并且具有一定的从业资格或者职称的要求，如房地产估价师、经纪人、物业经理人等。对从业企业和从业人员的信用记录数据是从行业信用管理的要求出发，对从业企业和从业人员的行为进行监督管理，采集相关的信用记录情况。

3.4 业 务 数 据

3.4.1 说明业务数据包括的内容。

对应于物理数据和权属数据，测绘成果业务数据和交易登记业务数据是对物理数据和权属数据进行更新维护的过程中，产生的一些附加的项目信息。

3.4.2 说明测绘业务数据的构成。

测绘业务数据包括测绘项目数据和成果审核数据。测绘项目数据是在建立测绘项目时，填写的项目相关的数据，包括项目类型、项目名称、委托人信息、相关证件信息等。成果审核数据是对测绘成果进行审核得到的数据，包括审核要点、审核结果。审核要点是指审核的内容，审核结果是针对每个审核要点得到的结果，值域为通过与不通过。

3.4.3 说明交易登记业务数据的范围。

新建商品房业务数据包括来自新建商品房的项目建设、预销售情况、合同签约等过程中产生的数据；存量房业务数据包括来自存量房挂牌、摘牌、定金合同签约、买卖合同签约等过程中产生的数据；登记业务数据包括来自房地产登记办理过程中产生的各类流程数据、收件数据、收费数据、文档数据等。新建商品房业务数据和存量房业务数据可以作为生成登记业务数据的来源和依据。

3.5 发 布 数 据

3.5.1 说明发布数据的范围。

发布数据是通过政府门户网站发布，及时让广大群众获知的各类信息。房地产市场管理过程中需要将与新建商品房有关的信息、与存量房买卖有关的信息以及相关从业主体信息经过整理汇总后，通过互联网进行公开告知，以便人民群众可以及时掌握房地产市场真实有效的信息。

3.5.2 说明要发布的新建商品房的主要信息。

3.5.3 说明要发布的存量房的主要信息。

3.5.4 说明从业主体信息的范围。

从业主体信息中的从业企业信息和从业人员信息是对从业主体数据的提炼和汇总，主要是房地产从业企业和房地产从业人员，对这些广大人民群众关心的信息进行生成和发布，有利于行业的规范和自律。

4 数据编码及结构

4.1 分类编码

4.1.1 说明房地产市场信息系统数据库的要素。

房地产市场信息系统数据库要素采用四级分类编码，形成一个完整的树形层次结构，也可以在此基础上进行扩展，增加新的编码，但新的编码不可再使用已有的编码。

4.1.2 说明分类编码。

一级分类包括基础数据、从业主体数据、业务数据和发布数据，涵盖房地产市场信息系统的数据范围，只能扩展其子类。

4.2 空间要素图形分层

4.2.1 说明空间要素图形组织管理的方法。

地理数据、丘数据和自然幢数据都以矢量模型存储，根据其空间特征，可以分为点、线、面，便于日常的更新维护。由于房产分层平面图和房产分户平面图不具有坐标系统，不在地理空间图形显示，因此，以栅格模型存储。

4.3 数据结构要素说明

4.3.1、4.3.2 说明数据表结构的要素。

为统一数据结构的描述方式，参考数据库设计的基本方法，采用字段名称、字段代码、字段类型、字段长度、小数位数等基本要素进行描述，其中“字段”的含义与数据库中的“字段”含义基本一致，只是字段类型采用了更为语义化的描述方法。此外，还增加了值域、约束条件等描述信息，说明数据的来源、范围和有效性校验规则。

4.4 数据结构

4.4.1 说明了物理数据的属性数据结构。

物理数据按地理空间位置，分为区县、街道（乡镇）、街坊（村）和板块四个区域。与房地产相关的数据按照关联关系，分为了丘、自然幢、逻辑幢、层、户、坐落、房产平面图和栅格图。丘与自然幢关联，自然幢分别与逻辑幢和层关联，逻辑幢和层是对自然幢横向和纵向的细分。户分别与逻辑幢和层关联，逻辑幢和层的面积数据都由户汇总得到。坐落信息根据各城市的不同需要，可以与户关联，也可以与逻辑幢关联，不作强制要求。房产平面图数据分别与层和户关联。

4.4.2 权属数据包括土地使用权数据、房屋所有权数据、抵押权数据、承租权数据、地役权数据、限制权数据、异议登记数据以及这些权利对应的权利人数据。

1 对于各项权利数据，需要记录其临时、现势、历史和终止四种状态，并可以追溯每个房屋或每个地块的权利变化历史。

2 土地使用权或地役权可以建立在一个或多个地块上，该权利应与地块（丘）建立关联关系。

3 房屋所有权可以建立在一个或多个房屋上，该权利应与房屋（户）建立关联关系。

4 抵押权、承租权、限制权、异议登记均可以建立在一个或多个房屋及地块上，也应与对应的房屋或地块建立关联关系。

5 权利人数据是各项权利的必要组成部分，意在表明权属主体是谁，权利人的状态应与权利状态保持一致。

6 每项权利以权利编号为唯一标识，不可修改。

7 每项权利都将描述权利的有效时间范围、权利部位或范围、登记机构。

8 每项权利的权证编号是指权利证书上打印的号码，应严格保持连续性。权利证书上的内容，应来自于各项权利信息，二者应保持一致。

9 权属数据在确权后，记载于登记簿。

4.4.3 从业主体数据包括从业企业及其信用记录、从业人员及其信用记录、从业企业和从业人员的关联关系。

1 从业企业主要包括房地产开发企业、房地产经纪机构、房地产评估机构、房屋测绘机构、物业服务企业以及与房地产市场相关的企业。从业企业数据应涵盖其注册、变更、年检、注销等业务过程。从业企业信用记录数据应涵盖良好记录和不良记录。

2 从业人员主要包括房屋销售人、房地产经纪人、房地产估价师、房屋测绘人员、物业小区经理以及其他专业人员。从业人员信用记录数据应涵盖良好记录和不良记录。

3 同一从业人员可以按先后顺序出现在不同的从业企业中，但不能同时出现在两个不同的从业企业中，通过从业企业和从业人员的关联关系，可以记录从业人员的从业经历。

4.4.4 业务数据涵盖测绘及成果业务、新建商品房网上备案业务、存量房网上备案及资金监管业务、权属登记业务。

1 物理数据的更新维护，需要通过日常的测绘业务驱动，在日常的测绘项目的受理时，会填写一些项目相关的信息，这些信息就存储在测绘项目数据表中。测绘业务往往需要多级审核，审核的内容根据不同的城市要求，都有具体的规定，这些审核的内容就存储在成果审核数据表中，同时，该表也存储审核的结果，即通过与不通过。

2 新建商品房网上备案业务数据包括开发项目数据、新建商品房预售许可数据、新建商品房现售备案数据、新建商品房预（销）售合同数据。这些数据应以楼盘表为基础建立开发项目与地块、开发项目所含房屋以及房屋是否允许销售的关联关系，形成销售表，预售合同和销售合同的签订也将改变销售表中房屋的状态。

3 存量房网上备案及资金监管业务数据包括经纪合同数据、出售挂牌数据、买卖合同数据、资金监管协议数据、资金监管合同数据、资金监管出入账数据。这些数据也应以楼盘表为基础。

4 权属登记数据涵盖登记业务流程，包括收件、收费、审核、缮证、发证、归档以及问题案件信息。权属登记业务以登记案件为单位，以基础权属为管理对象，严格记录基础权属的产生、变更、灭失的全部过程。

4.4.5 说明了发布数据的属性结构。

5 数据质量控制要求

5.1 基础数据

5.1.1 说明物理数据的来源及更新维护的办法。

1 区县、街道（乡镇）、街坊（村）、道路、板块、基础地形等地理数据在建库时应通过基础地理数据库迁移获取。由于地理数据比较稳定，不是经常变化的数据，因此它的更新维护为定期批量更新。

2 数字正射影像图应通过专业影像采集和处理机构获取，高精度影像按年度定期更新，低精度影像按季度定期更新。

3 丘、幢、户数据在建库时应通过房产管理部门已确认的测绘成果数据库或档案数据迁移获取。它们的更新维护是长期的、准时的，应通过日常的房地产测绘业务流程进行维护更新。

4 对于新建的项目，在业务受理时，项目的委托单位会提交一些纸质的材料，如相关部门打印的图形数据、证书等，这些数据都需要扫描成为数字栅格图。对于一些已经结案的历史项目，如果在项目办理过程中，没有扫描纸质材料，应通过档案中提取这些数据进行扫描，得到数字栅格图。

5.1.2 说明物理数据的质量控制要求。

5.1.3 说明权属数据的来源应符合的要求。

权属数据主要包含土地使用权数据、房屋所有权数据、抵押权数据等，是房地产登记管理业务过程中产生的重要数据，具有法律效用。随着房地产各类登记业务办理，各权属数据的时效性会因为各个办理环节的改变而发生改变，如抵押权会因为办理抵押注销登记而失效。所以需要对各类权属数据的时效性进行有效的区分和控制，避免时效性发生错误或者混乱。

权属数据和物理数据之间的对应关系的建立必须完整正确，一旦发生偏差或者缺失，会影响到登记业务办理的准确性。因权属数据和物理数据之间存在有效的对应关系，所以在权属数据发生变更时，就需要依据特定的权属数据变更审核流程进行，以防止权属数据和物理数据之间对应关系发生错误。

5.1.4 说明权属数据应符合的质量控制要求。

权属数据主要包含土地使用权数据、房屋所有权数据、抵押权数据等，是房地产登记管理业务过程中产生的重要数据，具有法律效用，也是办理新的房地产登记业务的依据和前提。对权属数据在完整性、准确性、一致性和精度的要求，是正确办理房地产登记业务的重要保证，否则会因错误的登记而引发相关法律上的纠纷。对权属数据的修正要求是在发现有缺陷的权属数据后，对其进行及时的改正，避免新的错误数据的产生。

5.2 从业主体数据

5.2.1 说明从业企业的数据来源。

从业企业有房地产开发企业、房地产经纪机构、房地产评估机构、房屋测绘机构、物业服务企业以及其他房地产企业，这些企业有共性的数据，也有各自不同的资质要求和行业特点，数据类型也有所不同，对这些数据定义和管理时，需要考虑不同企业的特点，设定专用的属性数据。

5.2.2 说明从业人员的数据来源。

从业人员有房屋销售人员、房地产经纪人、房地产估价师、房屋测绘人员、物业小区经理、其他专业人员，这些人员有共性的数据，也有各自不同的资质要求和行业特点，数据类型也有所不同，对这些数据定义和管理时，需要考虑不同人员的特点，设定专用的属性数据。

5.2.3 说明从业主体数据的质量控制要求。

对从业主体数据及时准确地记录，是房地产市场管理的基本要求。从业主体数据中从业企业数据的变化是因房地产企业的注册、变更、注销、年检、资质变更等事件的发生而改变，从业人员数据的变化是因从业人员执业资格的变化、从业经历的改变而变化，对从业主体数据的变更进行控制，并对从业主体数据在空间和时间上进行分析统计，可以准确地掌握房地产行业内从业情况的走向，掌握市场发展的趋势。

5.3 业务数据

5.3.1 说明业务数据的范围。

测绘成果业务数据和交易登记业务数据都是在各自业务办理过程中产生的，包括了业务涉及的流程数据、收件数据、收费数据以及相关的文档数据。这些业务数据通常以业务编号作为关联条件，对这些业务数据进行管理。这些数据体现了业务办理过程的严谨性，反映登记管理部门依法管理的要求，必须保证这些数据是能够真实地反映实际的办理过程。

5.3.2 说明流程数据应符合的质量控制要求。

流程数据主要有流转信息、节点信息、操作人员信息、流程文档及相应的关联信息。流程数据是真实记录登记业务办理过程重要的数据，尤其是业务人员和业务操作时间的记录，如提交时间、完成业务处理时间、审批意见等。流程数据对于登记业务过程中的回退和撤销等特殊流程也要作明确的记录。

5.3.3 说明收费数据应符合的质量控制要求。

收费数据主要有收费类别信息、计算公式信息、收费单据信息及相应的关联信息。收费数据是真实记录登记业务办理过程中收费情况的重要数据，尤其是收费单据的记录，如收费基数、实收金额、收费类别等。收费数据对于登记业务过程中的费用的减免和退费等特殊情况也要作明确的记录。

5.3.4 说明收件数据应符合的质量控制要求。

收件数据主要有收件类别信息、证件/文件性质和名称信息、收件日期信息、件袋信息及相应的关联信息。收件数据是真实记录登记业务办理过程中收件情况的重要数据，尤其是收件清单的记录，如名称、类别、件数等。收件数据对于登记业务过程中的并件、补件和退件等特殊情况也要作明确的记录。

5.3.5 说明合同、权证、表单等数据应符合的质量控制要求。

合同、权证、表单等数据是交易登记业务办理过程中的输入或者输出，对产生权属数据、业务数据、从业主体数据有重要的影响。对于这些数据的质量控制，需要在记录这些数据时进行严格的控制和校验，并能够保留相应的副本，以备后查。对于权证、合同等重要文档的生成，还应通过技术进行防伪控制，防止不法分子造假贩假，扰乱市场秩序。

5.4 发布数据

5.4.1 说明发布数据的获取来源。

5.4.2 说明发布数据的统计指标和统计方法。

发布数据统计时，并不是直接用一个简单指标来统计，往往是通过一系列的指标进行复合统计。

附录A 属性值字典表

A.1～A.88 列举本标准数据结构中用到的字典表。每个字典表的结构应包括两个字段：

1 代码：可以是整型数字，也可以是字符串，在数据库中以代码存储。

2 名称：用于描述代码字段含义的字符串。

字典表代码一旦确定不可修改，新增的代码项不能占用已有的代码。

其中，A.6 土地用途字典表、A.12 建筑结构字典表、A.14 房屋用途字典表以《房产测量规范》为依据编制。A.37 省市字典表应采用国家统计局统一发布的《全国行政区划代码》，每年更新一次。

中华人民共和国行业标准

无机轻集料砂浆保温系统技术规程

Technical specification for thermal insulating systems of inorganic lightweight aggregate mortar

JGJ 253—2011

批准部门：中华人民共和国住房和城乡建设部

施行日期：2 0 1 2 年 6 月 1 日

中华人民共和国住房和城乡建设部
公　　告

第1179号

关于发布行业标准《无机轻集料砂浆保温系统技术规程》的公告

现批准《无机轻集料砂浆保温系统技术规程》为行业标准，编号为JGJ 253－2011，自2012年6月1日起实施。其中，第4.1.1、6.1.1、6.1.2条为强制性条文，必须严格执行。

本规程由我部标准定额研究所组织中国建筑工业出版社出版发行。

中华人民共和国住房和城乡建设部

2011年11月22日

前　　言

根据住房和城乡建设部《关于印发〈2009年工程建设标准规范制订、修订计划〉的通知》（建标［2009］88号）的要求，规程编制组经广泛调查研究，认真总结实践经验，参考有关国际标准和国外先进标准，并在广泛征求意见的基础上，编制本规程。

本规程的主要技术内容是：1. 总则；2. 术语；3. 基本规定；4. 性能要求与进场检验；5. 设计；6. 施工；7. 质量验收。

本规程中以黑体字标志的条文为强制性条文，必须严格执行。

本规程由住房和城乡建设部负责管理和对强制性条文的解释，由广厦建设集团有限责任公司负责具体技术内容的解释。执行过程中如有意见或建议，请寄送广厦建设集团有限责任公司（地址：浙江省杭州市玉古路166号，邮编：310013）。

本规程主编单位：广厦建设集团有限责任公司
宁波荣山新型材料有限公司

本规程参编单位：浙江大学
中国建筑科学研究院
中国建筑材料科学研究总院
上海市建设工程安全质量监督总站
上海市建筑科学研究院
浙江省建筑科学设计研究院
河南省建筑科学研究院
南京臣功节能材料有限公司
乐意涂料（上海）有限公司
浙江大森建筑节能科技有限公司
浙江东宸建设控股集团有限公司
浙江鸿翔保温科技有限公司
浙江新世纪工程检测有限公司
杭州泰富龙新型建筑材料有限公司
杭州元创新型材料科技有限公司
杭州安阳建材科技有限公司
太原思科达科技发展有限公司
江西扬泰建筑干粉有限公司
深圳市思科达科技有限公司
深圳贝特尔建筑材料有限公司
安徽芜湖中川节能建材有

限公司
武汉奥捷高新技术有限公司
南阳天意保温耐火材料有限公司
昆山长绿环保建材有限公司
余姚市飞天玻纤有限公司

本规程主要起草人员：阮　华　钱晓倩　林炎飞
李陆宝　楼　明　王小山
方明晖　潘延平　宋　波
王智宇　刘　勇　周　东
刘明明　王新民　苑　麒
栾景阳　韩玉春　朱国亮
周　强　张继文　邓　威
水贤明　张定干　李　珠
王博儒　林　德　赵享鸿
张　迁　张建中　王海宾
刘德亮　周　瑜　陈伟前
朱仟忠　顾剑英　庄继昌

本规程主要审查人员：钱选青　薛滔菁　赵霄龙
高旭东　王洪涛　马成良
任　俊　伊　立　陈金伟

目 次

Contents

1 总　　则

1.0.1 为规范无机轻集料砂浆保温系统墙体保温工程技术要求，保证工程质量，做到技术先进、安全可靠、经济合理，制定本规程。

1.0.2 本规程适用于以混凝土和砌体为基层墙体的民用建筑工程中，采用无机轻集料砂浆保温系统的墙体保温工程的设计、施工及验收。

1.0.3 无机轻集料砂浆保温系统的设计、施工及验收除应符合本规程外，尚应符合国家现行有关标准的规定。

2 术　　语

2.0.1 墙体保温工程　thermal insulation on walls

将保温系统通过组合、组装、施工或安装固定在墙体表面上所形成的建筑物实体。

2.0.2 无机轻集料砂浆保温系统　thermal insulating systems of inorganic lightweight mortar

由界面层、无机轻集料保温砂浆保温层、抗裂面层及饰面层组成的保温系统。包括外墙外保温、内保温两种保温构造。

2.0.3 基层　substrate

保温系统所依附的墙体。

2.0.4 界面砂浆　interface treating agent

用于改善基层与保温层表面粘结性能的聚合物干混砂浆。

2.0.5 无机轻集料保温砂浆　the mortar with mineral binder and using lightweight inorganic granule as aggregate

以憎水型膨胀珍珠岩、膨胀玻化微珠、闭孔珍珠岩、陶砂等无机轻集料为保温材料，以水泥或其他无机胶凝材料为主要胶结料，并掺加高分子聚合物及其他功能性添加剂而制成的建筑保温干混砂浆。

2.0.6 抗裂砂浆　anti-crack mortar

由水泥或其他无机胶凝材料、高分子聚合物和填料等材料配制而成，能满足一定变形而具有一定的抗裂性能的干混砂浆。

2.0.7 玻纤网　glassfiber-mesh

经表面涂覆处理的网格状玻璃纤维织物，具有一定的耐碱性和硬挺度，作为增强材料埋入抗裂砂浆中，与抗裂砂浆共同形成抗裂面层，用以提高抗裂面层的抗裂性。

2.0.8 塑料锚栓　plastic fastener

由螺钉和带圆盘的塑料膨胀套管两部分组成，固定于基层墙体的专用连接件。

3 基 本 规 定

3.0.1 无机轻集料砂浆保温系统应能适应基层的正常变形而不产生裂缝或空鼓，同时系统内的各个面层之间应具有变形协调的能力。

3.0.2 当无机轻集料砂浆保温系统用于外墙外保温时，应符合现行行业标准《外墙外保温工程技术规程》JGJ 144 的有关规定。

3.0.3 墙体的保温、隔热和防潮性能应符合现行国家标准《民用建筑热工设计规范》GB 50176 和国家现行有关建筑节能设计标准的规定。

3.0.4 保温系统各组成部分应具有物理-化学稳定性。所有组成材料应彼此相容并具有防腐性。在可能受到生物侵害时，墙体保温工程尚应具有防生物侵害性能。

3.0.5 保温系统采用的砂浆均应为单组分砂浆，现场不得添加除水以外的其他材料。

3.0.6 检测数据的判定应按现行国家标准《数值修约规则与极限数值的表示和判定》GB/T 8170 的规定进行。

4 性能要求与进场检验

4.1 系统的性能

4.1.1 当无机轻集料砂浆保温系统用于外墙外保温时，必须进行耐候性检验，耐候性性能必须符合下列规定：

1 涂料饰面经 80 次高温（70℃）、淋水（15℃）和 5 次加热（50℃）、冷冻（−20℃）循环后不得出现开裂、空鼓或脱落。

2 面砖饰面经 80 次高温（70℃）、淋水（15℃）和 30 次加热（50℃）、冷冻（−20℃）循环后不得出现开裂、空鼓或脱落。

3 抗裂面层与保温层拉伸粘结强度：Ⅰ型保温砂浆不应小于 0.10MPa，Ⅱ型保温砂浆不应小于 0.15MPa，Ⅲ型保温砂浆不应小于 0.25MPa；且破坏部位应位于保温层内。

4 经耐候性试验后，面砖饰面系统的拉伸粘结强度不应小于 0.4MPa。

4.1.2 无机轻集料砂浆保温系统的性能尚应符合表 4.1.2 的要求。

表 4.1.2　无机轻集料砂浆保温系统的性能指标

项　目	性　能　指　标
抗冲击性	普通型（单层玻纤网）：3J，且无宽度大于 0.10mm 的裂纹； 加强型（双层玻纤网）：10J，且无宽度大于 0.10mm 的裂纹

续表 4.1.2

项　目	性　能　指　标
抗裂面层不透水性	2h 不透水
吸水量（在水中浸泡 1h）	≤1000g/m²
抗裂面层复合饰面层水蒸气湿流密度	≥0.85g/（m²·h）
耐冻融性能	30 次冻融循环后，系统无空鼓、脱落，无渗水裂缝； 抗裂面层与保温层的拉伸粘结强度 Ⅰ型保温砂浆：≥0.10MPa Ⅱ型保温砂浆：≥0.15MPa Ⅲ型保温砂浆：≥0.25MPa （破坏部位应位于保温层内）
热　阻	符合设计要求

注：1　外墙内保温系统的耐候性、耐冻融性能不作要求。

2　当需要检验外墙外保温系统抗风荷载性能时，性能指标和试验方法由供需双方协商确定。

4.2 组成材料的性能

4.2.1 无机轻集料保温砂浆按干密度可分为Ⅰ型、Ⅱ型和Ⅲ型，其性能应符合表 4.2.1 的要求。其中燃烧性能指标应符合现行国家标准《建筑材料及制品燃烧性能分级》GB 8624 中 A2 级的检验判断要求。

表 4.2.1 无机轻集料保温砂浆的性能指标

项　目			性能要求		
			Ⅰ型	Ⅱ型	Ⅲ型
干密度		（kg/m³）	≤350	≤450	≤550
抗压强度		（MPa）	≥0.50	≥1.00	≥2.50
拉伸粘结强度		（MPa）	≥0.10	≥0.15	≥0.25
导热系数（平均温度 25℃）		[W/(m·K)]	≤0.070	≤0.085	≤0.100
稠度保留率(1h)		（%）	≥60		
线性收缩率		（%）	≤0.25		
软化系数			≥0.60		
抗冻性能	抗压强度损失率	（%）	≤20		
	质量损失率	（%）	≤5		
石棉含量			不含石棉纤维		
放射性			同时满足 I_{Ra}≤1.0 和 I_{γ}≤1.0		
燃烧性能			A2 级		

4.2.2 界面砂浆的性能应符合表 4.2.2 的要求。

表 4.2.2 界面砂浆的性能指标

项　目		指　标
拉伸粘结强度	原强度（MPa）	≥0.90
	浸水（MPa）	≥0.70
可操作时间（h）		1.5～4.0

4.2.3 抗裂砂浆的性能应符合表 4.2.3 的要求。

表 4.2.3 抗裂砂浆的性能指标

项　目		指　标
可使用时间	可操作时间（h）	≥1.5
	在可操作时间内拉伸粘结强度（MPa）	≥0.70
原拉伸粘结强度（常温 28d）（MPa）		≥0.70
浸水拉伸粘结强度（常温 28d，浸水 7d）（MPa）		≥0.50
透水性（24h）（mL）		≤2.5
压折比		≤3.0

4.2.4 玻纤网的性能应符合表 4.2.4 的要求。

表 4.2.4 玻纤网的性能指标

项　目	指　标
网孔中心距（mm）	5～8
单位面积质量（g/m²）	≥130
耐碱拉伸断裂强力（经、纬向）（N/50mm）	≥750
断裂伸长率（经、纬向）（%）	≤5.0
耐碱断裂强力保留率（经、纬向）（%）	≥50

4.2.5 塑料锚栓的金属螺钉应采用不锈钢或经过表面防腐蚀处理的金属制成，塑料钉和带圆盘的塑料膨胀管应采用聚酰胺、聚乙烯或聚丙烯制成，不得使用回收的再生材料。有效锚固深度不应小于 25mm，塑料圆盘直径不应小于 50mm，套管外径宜为 7mm～10mm，单个塑料锚栓抗拉承载力标准值在 C25 混凝土基层中不应小于 0.60kN，在其他砌体中不应小于 0.30kN。

4.2.6 涂料饰面时应采用柔性耐水腻子，其性能应符合现行行业标准《外墙外保温柔性耐水腻子》JG/T 229 的规定。

4.2.7 饰面涂料应与无机轻集料砂浆保温系统的材料具有相容性，且其性能除应符合国家现行相关标准外，尚应满足表 4.2.7 的抗裂性能要求。

表 4.2.7 饰面涂料的抗裂性能指标

项　目		指　标
抗裂性	平涂用涂料	断裂伸长率≥150%
	连续性复层建筑涂料	主涂层的断裂伸长率≥100%
	浮雕类非连续性复层建筑涂料	主涂层初期干燥抗裂性满足要求

4.2.8 外保温饰面砖应采用粘贴面带有燕尾槽的产品，且不得残留脱模剂。其性能除应符合国家现行相关标准的规定外，尚应满足表 4.2.8 的要求。

表 4.2.8 饰面砖的性能指标

项目		指标
单块尺寸规格	表面面积（m^2）	≤0.02
	厚度（mm）	≤7.5
单位面积质量（kg/m^2）		≤20

4.2.9 陶瓷墙地砖胶粘剂的性能应符合现行行业标准《陶瓷墙地砖胶粘剂》JC/T 547 的规定。

4.2.10 陶瓷墙地砖填缝剂的性能应符合现行行业标准《陶瓷墙地砖填缝剂》JC/T 1004 的规定。

4.3 材料进场检验

4.3.1 保温工程所用材料的品种、性能应符合国家现行有关标准的规定和设计的要求。外观和包装应完整、无破损。

4.3.2 材料进场时，应按现行国家标准《建筑节能工程施工质量验收规范》GB 50411 的规定进行质量检查和验收，并应符合下列规定：

1 应对产品合格证、出厂检验报告和有效期内的型式检验报告进行检查。出厂检验报告应包含表 4.3.2-1 规定的检验项目。

表 4.3.2-1 保温系统主要组成材料出厂检验项目

材料名称	出厂检验项目
界面砂浆	原拉伸粘结强度、可操作时间
无机轻集料保温砂浆	干密度、稠度保留率、抗压强度
抗裂砂浆	原拉伸粘结强度、可操作时间
玻纤网	网孔中心距、单位面积质量、碱拉伸断裂强力、断裂伸长率
塑料锚栓	塑料圆盘直径、单个塑料锚栓抗拉承载力标准值
柔性耐水腻子	容器中的状态、施工性、表干时间
陶瓷墙地砖胶粘剂	原拉伸粘结强度、凉置时间
陶瓷墙地砖填缝剂	标准试验条件下抗折强度及抗压强度、吸水量

2 无机轻集料保温砂浆、抗裂砂浆、界面砂浆、玻纤网、塑料锚栓、柔性耐水腻子、陶瓷墙地砖胶粘剂、陶瓷墙地砖填缝剂应按表 4.3.2-2 规定的项目进行现场抽样复验，抽样复验应符合下列规定：

检查方法：随机抽样送检，核查复验报告。

检查数量：墙体节能工程中，同一厂家同一品种的产品，当单位工程保温墙体面积在 $5000m^2$ 以下时，各抽查不应少于 1 次；当单位工程保温墙体面积在 $5000m^2$～$10000m^2$ 时，各抽查不应少于 2 次；当单位工程保温墙体面积在 $10000m^2$～$20000m^2$ 时，各抽查不应少于 3 次；当单位工程保温墙体面积在 $20000m^2$ 以上时，各抽查不应少于 6 次。

表 4.3.2-2 保温系统主要组成材料进场复验项目

材料名称	复验项目
界面砂浆	原拉伸粘结强度、浸水拉伸粘结强度
无机轻集料保温砂浆	干密度、抗压强度、导热系数
抗裂砂浆	原拉伸粘结强度、浸水拉伸粘结强度、压折比
玻纤网	耐碱拉伸断裂强力、耐碱强力保留率、断裂伸长率
塑料锚栓	塑料圆盘直径、单个塑料锚栓抗拉承载力标准值
柔性耐水腻子	柔性、耐水性
陶瓷墙地砖胶粘剂	原拉伸粘结强度、浸水拉伸粘结强度
陶瓷墙地砖填缝剂	标准试验条件下抗折强度、抗压强度、吸水量、横向变形

4.4 检验方法

4.4.1 无机轻集料砂浆保温系统应按本规程附录 B 第 B.1 节的规定进行试样制备。

4.4.2 系统性能应按本规程附录 B 第 B.2 节规定的试验方法进行检验。系统耐候性试验后，进行面砖饰面时，应按现行行业标准《建筑工程饰面砖粘结强度检验标准》JGJ 110 的规定进行饰面砖粘结强度试验。断缝应从饰面砖表面切割至抗裂面层外表面（不应露出玻纤网），深度应一致。

4.4.3 界面砂浆性能应按本规程附录 B 第 B.3 节规定的试验方法进行检验。

4.4.4 无机轻集料保温砂浆性能应按本规程附录 B 第 B.4 节规定的试验方法进行检验。

4.4.5 抗裂砂浆性能应按本规程附录 B 第 B.5 节规定的试验方法进行检验。

4.4.6 玻纤网性能应按本规程附录 B 第 B.6 节规定的试验方法进行检验。

4.4.7 单个塑料锚栓抗拉承载力应按现行行业标准《膨胀聚苯板薄抹灰外墙外保温系统》JG 149 规定的试验方法进行检验。

4.4.8 饰面涂料性能应按本规程附录 B 第 B.7 节规定的试验方法进行检验。

4.4.9 饰面砖性能应按本规程附录 B 第 B.8 节规定的试验方法进行检验。

4.4.10 柔性耐水腻子性能应按现行行业标准《外墙外保温柔性耐水腻子》JG/T 229 规定的试验方法进行检验。

4.4.11 陶瓷墙地砖胶粘剂性能应按现行行业标准《陶瓷墙地砖胶粘剂》JC/T 547 规定的试验方法进行检验。

4.4.12 陶瓷墙地砖填缝剂性能应按现行行业标准《陶瓷墙地砖填缝剂》JC/T 1004 规定的试验方法进行检验。

5 设 计

5.1 一 般 规 定

5.1.1 无机轻集料砂浆保温系统宜用于外保温系统，且外墙外保温厚度不宜大于 50mm。

5.1.2 外墙外保温工程设计不得更改系统构造和组成材料。

5.1.3 外墙宜使用涂料饰面。当外保温系统的饰面层采用粘贴饰面砖时，系统供应商应提供包括饰面砖拉伸粘结强度的耐候性检验报告，并应符合下列规定：

1 粘贴饰面砖工程应进行专项设计，编制施工方案，并应符合现行行业标准《外墙饰面砖工程施工及验收规程》JGJ 126 的规定。

2 工程施工前应做样板墙，进行面砖拉拔试验，经建设、设计和监理等单位确认后方可施工。

3 粘贴面砖时，应使用符合国家现行相关标准要求的陶瓷墙地砖胶粘剂和填缝剂。

5.1.4 当采用无机轻集料砂浆保温系统进行外墙外保温设计时，无机轻集料保温砂浆的导热系数、蓄热系数应按表 5.1.4 选取。

表 5.1.4 无机轻集料保温砂浆热工参数

保温砂浆类型	蓄热系数 S [W/(m²·K)]	导热系数 λ [W/(m·K)]	修正系数
Ⅰ型	1.20	0.070	1.25
Ⅱ型	1.50	0.085	1.25
Ⅲ型	1.80	0.100	1.25

5.1.5 无机轻集料砂浆外墙外保温系统应进行密封和防水构造设计，应确保水不会渗入保温层及基层，重要部位应有详图。水平或倾斜的出挑部位及延伸至楼地面以下的部位应做好防水处理。在墙体上安装的设备或管道应固定于基层墙体上，并应做好密封和防水处理。无机轻集料砂浆外墙内保温系统的厨卫部分应进行防水设计。

5.2 建 筑 构 造

5.2.1 外墙外保温系统构造应符合本规程附录 A 第 A.0.1 条和第 A.0.2 条的规定。

5.2.2 外墙内保温系统构造应符合本规程附录 A 第 A.0.3 条的规定。

5.2.3 当外墙保温层厚度无法满足本规程第 5.1.1 条要求时，可选用内外复合保温，系统构造应符合本规程第 5.2.1 条和第 5.2.2 条的要求。

5.2.4 无机轻集料保温砂浆层厚度应符合墙体热工性能设计要求。

5.2.5 抗裂面层中应设置玻纤网，应严格控制抗裂面层厚度。涂料饰面时复合玻纤网的抗裂面层厚度不应小于 3mm；面砖饰面时复合玻纤网的抗裂面层厚度不应小于 5mm。

5.2.6 面砖饰面时，抗裂面层的玻纤网外侧应采用塑料锚栓锚固，且塑料锚栓的数量每平方米不应少于 5 个。

5.2.7 在外墙外保温涂料饰面系统的抗裂面层中，必要时应设置抗裂分格缝，并应做好分格缝的防水设计。

6 施 工

6.1 一 般 规 定

6.1.1 外墙外保温工程施工期间以及完工后 24h 内，在夏季，应避免阳光暴晒。在 5 级以上大风天气和雨天不得施工。

6.1.2 无机轻集料砂浆保温系统外墙保温工程的施工，应符合下列规定：

1 保温砂浆层厚度应符合设计要求。

2 保温砂浆层应分层施工。保温砂浆层与基层之间及各层之间应粘结牢固。

3 采用塑料锚栓时，塑料锚栓的数量、位置、锚固深度和拉拔力应符合设计要求，塑料锚栓应进行现场拉拔试验。

6.1.3 保温工程实施前应编制专项施工方案并应经监理（建设）单位认可后方可实施。施工前应进行技术交底，施工人员应经过必要的实际操作培训并经考核合格。

6.1.4 保温工程的施工应在基层施工质量验收合格后进行。应避免在潮湿的墙体上进行保温层施工。

6.1.5 现场配制砂浆时，砂浆水灰比应由无机轻集料砂浆保温系统供应商确定。

6.2 施 工 准 备

6.2.1 基层墙面不得有灰尘、污垢、油渍及残留灰块等现象。基层表面高凸处应剔平并找平，对蜂窝、麻面、露筋、疏松部分等应符合现行国家标准《建筑装饰装修工程质量验收规范》GB 50210 的有关规定。门窗口与墙体交接处应填补密实。

6.2.2 保温工程施工前，外门窗洞口应通过验收，洞口尺寸、位置应符合国家现行有关标准的规定和设计要求，门窗框或辅框应安装完毕。伸出墙面的预埋件、连接件应安装完毕，并应按保温层厚度留出间隙。

6.2.3 脚手架或操作平台施工应符合国家现行相关标准的规定，脚手架或操作平台应验收合格。

6.3 施工流程

6.3.1 涂料饰面外墙外保温工程和外墙内保温工程的工艺流程宜按下列工序进行：

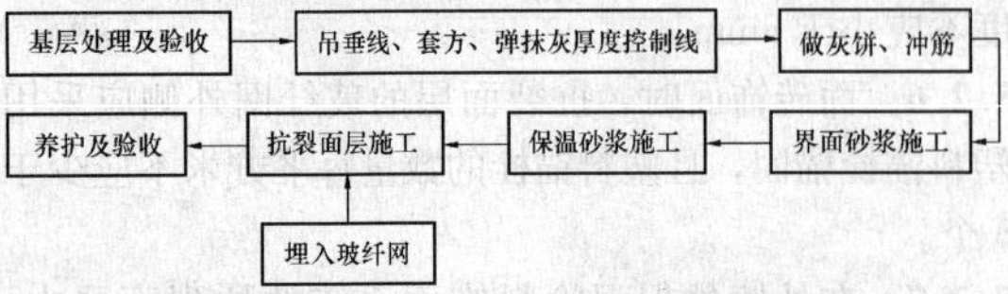

6.3.2 面砖饰面外墙外保温工程的工艺流程宜按下列工序进行：

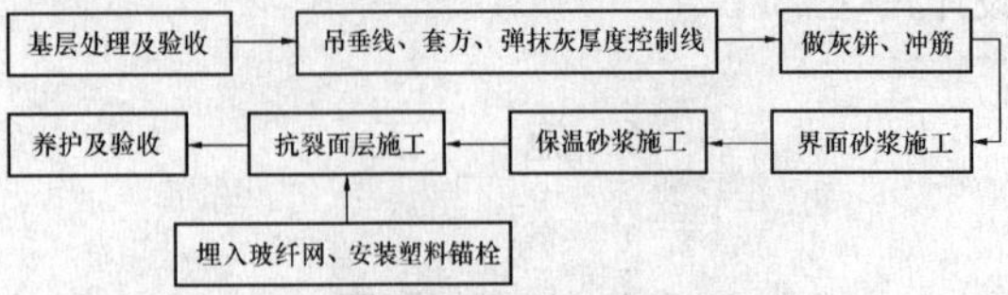

6.4 施工要点

6.4.1 应按设计和施工方案要求进行基层处理。

6.4.2 保温工程施工时应吊垂线、套方。在建筑外墙大角及其他必要处应挂垂直基准线，控制保温砂浆表面垂直度。

6.4.3 保温砂浆施工前应弹抹灰厚度控制线，并应根据建筑内部和墙体保温技术要求，在墙面弹出外门窗水平控制线、垂直控制线、分格缝线。

6.4.4 应采用保温砂浆做标准饼，然后冲筋，其厚度应以墙面最高处抹灰厚度不小于设计厚度为准，并应进行垂直度检查，门窗口处及墙体阳角部分宜做护角。

6.4.5 界面砂浆应均匀涂刷于基层表面。

6.4.6 保温砂浆应按设计或产品使用说明书的要求配制。采用机械搅拌，机械搅拌时间不宜少于 3min，且不宜大于 6min。搅拌好的砂浆宜在 120min 内用完。

6.4.7 保温砂浆施工应在界面砂浆形成强度前分层施工，每层保温砂浆厚度不宜大于 20mm；保温砂浆层与基层之间及各层之间粘结应牢固，不应脱层、空鼓和开裂。

6.4.8 施工后应及时做好保温砂浆层的养护，严禁水冲、撞击和振动。保温层应垂直、平整、阴阳角方正、顺直，平整度偏差应符合现行国家标准《建筑装饰装修工程质量验收规范》GB 50210 的规定；当不符合要求时，应进行修补。

6.4.9 抗裂面层施工时，应预先将抗裂砂浆均匀施工在保温层上，玻纤网应埋入抗裂砂浆面层中，严禁玻纤网直接铺在保温层面上用砂浆涂布粘结。抗裂砂浆面层的厚度应符合本规程第 5.2.5 条的规定。

6.4.10 玻纤网施工应符合下列规定：

1 大面积施工玻纤网前，应先做好门、窗洞口玻纤网翻包边。应在门、窗的四个角各做一块 200mm×300mm 的玻纤网，45°斜贴后，再将大面上的网布继续粘贴埋入。

2 在抗裂砂浆可操作时间内，应将裁剪好的玻纤网铺展在第一层抗裂砂浆上，并应将弯曲的一面朝里，沿水平方向绷直绷平，用抹刀边缘线抹压铺展固定，将玻纤网压入底层抗裂砂浆中。然后由中间向上下、左右方向将面层抗裂砂浆抹平整，确保抗裂砂浆紧贴玻纤网，粘结应牢固、表面平整，抗裂砂浆应涂抹均匀。玻纤网搭接宽度不应小于 50mm，转角处玻纤网搭接宽度不应小于 100mm，上下搭接宽度不应小于 80mm，不得使玻纤网皱褶、空鼓、翘边。

3 在保温系统与非保温系统部分的接口部分，大面上的玻纤网应延伸搭接到非保温系统部分，搭接宽度不应小于 100mm。

4 分格缝应沿凹槽将玻纤网埋入抗裂砂浆内。

6.4.11 塑料锚栓的安装应在玻纤网压入抗裂砂浆后进行。塑料锚栓应在基层内钻孔锚固，有效锚固深度应大于 25mm。当基层墙体为蒸压加气混凝土制品时，有效锚固深度应大于 50mm，当基层墙体为空心小砌块时，应采用有回拧功能的塑料锚栓。钻孔深度应根据保温层厚度采用相应长度的钻头，钻孔深度宜比塑料锚栓长 10mm～15mm。

6.4.12 抗裂面层施工后应及时做好养护，严禁水冲、撞击和振动。

6.4.13 面砖的填缝应在面砖固定至少 24h，且面砖已经稳定粘结并具一定强度后进行。

6.5 成品保护

6.5.1 保温施工应采取防晒、防风、防雨、防冻措施。保温工程完成后严禁在墙体处近距离高温作业。

6.5.2 保温施工应采取防止施工污染的措施。

6.5.3 保温施工时不得有重物或尖物撞击墙面和门窗框。对碰撞坏的墙面及门窗框应及时修复。

6.6 安全文明施工

6.6.1 保温施工中各专业工种应紧密配合，合理安排工序，不得颠倒工序作业。

6.6.2 电器机具应由专人负责。电动机接地应安全可靠，非机电人员不得动用机电设备。

6.6.3 高空作业应系好安全带，并应正确使用个人劳动防护用品。

6.6.4 施工操作前，应按国家现行标准及有关操作规程检查脚手架，经检查合格后方能进入岗位操作，施工过程中应加强检查和维护。

6.6.5 废弃的材料应在指定地点堆放。

6.6.6 施工现场材料应堆放整齐，并应作好标识。

6.6.7 切割面砖等板材时应有防止粉尘产生的措施。

6.6.8 施工过程中应及时清理建筑垃圾，不得随意抛撒，施工垃圾应及时清运，并应适量洒水减少扬尘。

6.6.9 施工过程中宜使用低噪声的施工机具。

7 质量验收

7.1 一般规定

7.1.1 墙体保温工程应按现行国家标准《建筑工程施工质量验收统一标准》GB 50300 和《建筑节能工程施工质量验收规范》GB 50411 有关规定进行施工质量验收。

7.1.2 主体结构完成后进行施工的保温工程，应在主体或基层质量验收合格后施工，施工过程中应及时进行质量检查、隐蔽工程验收和检验批验收，施工完成后应进行墙体节能分项工程验收。

7.1.3 材料进场验收应符合下列规定：

1 应对材料的品种、规格、包装、外观和尺寸进行检查验收，并应经监理（建设）单位确认，形成相应的验收记录。

2 应对材料的质量证明文件进行核查，并应经监理（建设）单位确认，纳入工程技术档案。进入施工现场的无机轻集料砂浆保温系统组成材料应具备出厂合格证、说明书及相关性能型式检测报告。

3 无机轻集料砂浆保温系统组成材料的燃烧性能应符合设计要求和现行国家标准《高层民用建筑设计防火规范》GB 50045、《建筑内部装修设计防火规范》GB 50222 和《建筑设计防火规范》GB 50016 等的规定。

4 无机轻集料砂浆保温系统组成材料应符合国家现行有关标准对材料有害物质限量的规定，不得对室内外环境造成污染。

7.1.4 墙体保温工程应对下列部位或内容进行隐蔽工程验收，并应有详细的文字记录和必要的图像资料：

1 保温砂浆层附着的基层及其表面处理；

2 塑料锚栓；

3 玻纤网铺设；

4 墙体热桥部位处理；

5 被封闭的保温砂浆层厚度。

7.1.5 墙体保温工程的组成材料在施工过程中应采取防潮、防水等保护措施。

7.1.6 墙体保温工程验收的检验批划分应符合下列规定：

1 采用相同材料、工艺和施工做法的墙面，每 $500m^2$～$1000m^2$ 墙体保温施工面积应划分为一个检验批，不足 $500m^2$ 也应为一个检验批。

2 检验批的划分也可根据保温施工与施工流程相一致且方便施工与验收的原则，由施工单位与监理（建设）单位共同商定。

7.2 主控项目

7.2.1 无机轻集料砂浆保温系统及主要组成材料性能应符合本规程第 4 章的规定。

检查方法：检查型式检验报告和进场复验报告。

7.2.2 用于墙体保温工程的无机轻集料砂浆保温系统及组成材料，其品种、规格和保温构造应符合设计要求和国家现行相关标准的规定。

检验方法：观察、尺量检查；核查质量证明文件。

检查数量：按进场批次，每批应随机抽取 3 个试样进行检查；质量证明文件按进场批次全数检查。

7.2.3 墙体保温工程采用的界面砂浆、无机轻集料保温砂浆、抗裂砂浆、玻纤网及塑料锚栓，其复验项目、检验方法及检查数量应按本规程第 4.3.2 条第 2 款执行。

7.2.4 墙体保温工程施工前应按设计和施工方案的要求对基层进行处理，处理后的基层应符合保温层施工方案的要求。

检验方法：对照设计和施工方案观察检查；核查隐蔽工程验收记录。

检查数量：每 $100m^2$ 应抽查 1 处，每处不得少于 $10m^2$。

7.2.5 墙体保温工程各层构造做法应符合设计要求，并应按施工方案施工。

检验方法：对照设计和施工方案观察检查；核查隐蔽工程验收记录。

检查数量：墙体保温工程中，每检验批不同构造做法应各抽查 3 处。

7.2.6 无机轻集料砂浆保温系统外墙保温工程的施工应符合本规程第 6.1.2 条的规定。

检验方法：观察；手扳检查；保温材料厚度采用钢针插入或剖开尺量检查；粘结强度和锚固力核查试验报告；核查隐蔽工程验收记录。

检查数量：墙体保温工程中，每个检验批抽查不得少于 3 处。

7.2.7 无机轻集料保温砂浆应在施工中制作同条件养护试件，并应检测其导热系数、干密度和抗压强度。无机轻集料保温砂浆的同条件养护试件应见证取样送检。

检验方法：核查试验报告。

检查数量：每个检验批应抽样制作同条件养护试块 3 组。

7.2.8 墙体保温工程各类饰面层的基层及面层施工，应符合设计和现行国家标准《建筑装饰装修工程质量验收规范》GB 50210 的规定要求，并应符合下列

规定：

1　饰面层施工的基层应无脱层、空鼓和裂缝，基层应平整、洁净，含水率应符合饰面层施工的要求。

2　采用粘贴饰面砖作饰面层时，其安全性与耐久性应符合设计和国家现行有关标准的规定。饰面砖应做粘结强度拉拔试验，试验结果应符合设计和有关标准的规定。

3　外墙外保温工程的饰面层不得渗漏。

4　外墙外保温层及饰面层与其他部位交接的收口处，应采取密封措施。

检验方法：观察检查；核查试验报告和隐蔽工程验收记录。

检查数量：

1）每检验批每 100m² 应抽查一处，每处不得小于 10m²。

2）饰面砖现场粘结强度拉拔试验同一厂家同一品种的产品，当单位工程保温墙体面积在 20000m² 以下时，各抽查不得少于 3 处；当单位工程保温墙体面积在 20000m² 以上时，各抽查不得少于 6 处。现场拉伸粘结强度检验应符合现行行业标准《建筑工程饰面砖粘结强度检验标准》JGJ 110 的相关规定。

3）饰面层渗漏检查和表面防水功能、防水措施检查每检验批每 100m² 应抽查一处，每处不得小于 10m²。

4）外墙外保温层及饰面层与其他部位交接的收口处密封措施检查。每检验批应抽查 10%，并不得少于 5 处。

7.2.9　当设计要求在墙体内设置隔汽层时，隔汽层的位置、使用的材料及构造做法应符合设计要求和国家现行相关标准的规定。隔汽层应完整、严密，穿透隔汽层处应采取密封措施。隔汽层冷凝水排水构造应符合设计要求。

检验方法：对照设计观察检查；核查质量证明文件和隐蔽工程验收记录。

检查数量：每个检验批应抽查 5%，并不得少于 3 处。

7.2.10　外墙或毗邻不采暖空间墙体上的门窗洞口四周的侧面以及墙体上凸窗四周侧面，应按设计要求采取节能保温措施。

检验方法：对照设计观察检查，必要时抽样剖开检查；核查隐蔽工程验收记录。

检查数量：每个检验批应抽查 5%，并不得少于 5 个洞口。

7.2.11　外墙热桥部位应按设计要求采取隔断热桥措施。

检验方法：对照设计和施工方案观察检查；核查隐蔽工程验收记录。

检查数量：按不同热桥种类，每种应抽查 10%，并不得少于 5 处。

7.3　一般项目

7.3.1　进场保温材料与构件的包装应完整无破损，符合设计要求和国家现行产品标准的规定。

检验方法：观察检查。

检查数量：全数检查。

7.3.2　当采用玻纤网作为防止开裂的措施时，玻纤网的铺贴和搭接应符合设计和施工方案的要求。砂浆抹压应密实，不得空鼓，玻纤网不得皱褶、外露。

检验方法：观察检查；核查隐蔽工程验收记录。

检查数量：每个检验批抽查不得少于 5 处，每处不得少于 2m²。

7.3.3　穿墙套管、脚手眼、孔洞等施工产生的墙体缺陷，应按施工方案采取隔断热桥措施，不得影响墙体热工性能。

检验方法：对照施工方案观察检查。

检查数量：全数检查。

7.3.4　无机轻集料保温砂浆厚度应均匀，接茬应平顺密实。

检验方法：观察、尺量检查。

检查数量：每个检验批应抽查 10%，并不得少于 10 处。

7.3.5　墙体上容易碰撞的阳角、门窗洞口及不同材料基体的交接处等特殊部位，其保温层应采取防止开裂和破损的加强措施。

检验方法：观察检查；核查隐蔽工程验收记录。

检查数量：按不同部位，每类应抽查 10%，并不得少于 5 处。

附录 A　无机轻集料砂浆保温系统基本构造

A.0.1　涂料饰面无机轻集料砂浆外墙外保温系统基本构造应符合表 A.0.1 的规定。

表 A.0.1　涂料饰面无机轻集料砂浆外墙外保温系统基本构造

基本构造					构造示意图
基层①	界面层②	保温层③	抗裂面层④	饰面层⑤	
混凝土墙及各种砌体墙	界面砂浆	无机轻集料保温砂浆	抗裂砂浆＋玻纤网（有加强要求的增设一道玻纤网）	柔性腻子＋涂料饰面	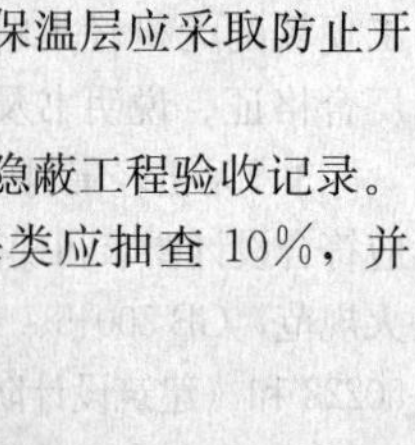

A. 0. 2 面砖饰面无机轻集料砂浆外墙外保温系统基本构造应符合表 A. 0. 2 的规定。

表 A. 0. 2 面砖饰面无机轻集料砂浆外墙外保温系统基本构造

基本构造					构造示意图
基层 ①	界面层 ②	保温层 ③	抗裂面层 ④	饰面层 ⑤	
混凝土墙及各种砌体墙	界面砂浆	无机轻集料保温砂浆	抗裂砂浆 + 玻纤网（锚固件与基层锚固）	胶粘剂 + 面砖 + 填缝剂	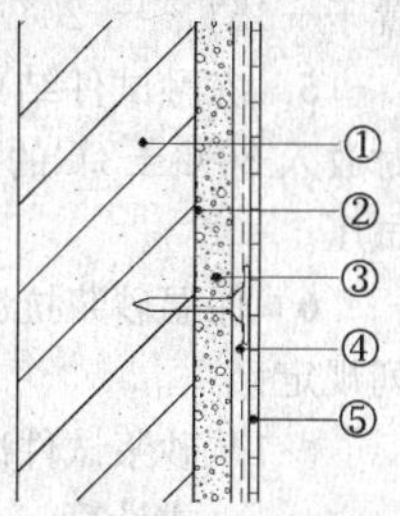

A. 0. 3 无机轻集料砂浆内保温系统基本构造应符合表 A. 0. 3 的规定。

表 A. 0. 3 无机轻集料砂浆内保温系统基本构造

基本构造					构造示意图
基层 ①	界面层 ②	保温层 ③	抗裂面层 ④	饰面层 ⑤	
混凝土墙及各种砌体墙	界面砂浆	无机轻集料保温砂浆	抗裂砂浆 + 玻纤网	涂料饰面	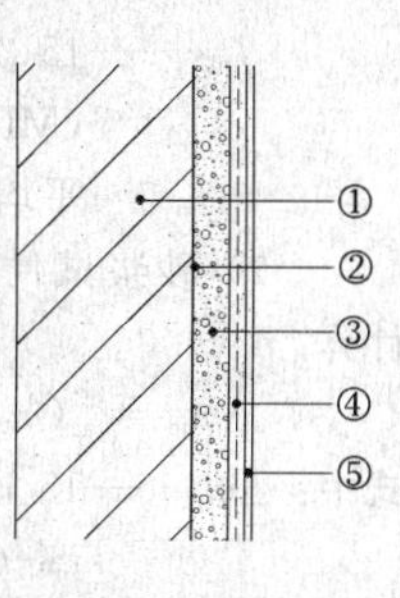

附录 B 系统及其组成材料性能试验方法

B. 1 试样制备、养护和状态调节

B. 1. 1 无机轻集料砂浆保温系统试样，应按系统供应商说明书中规定的保温系统各组成砂浆的水灰比、构造要求和施工方法进行制备。试样养护时间应为 28d。

B. 1. 2 试样养护和状态调节环境应为：温度 23℃±2℃，相对湿度 55%～85%。

B. 2 系统性能指标试验方法

B. 2. 1 系统耐候性应按现行行业标准《外墙外保温工程技术规程》JGJ 144 的规定进行试验。系统耐候性试验后，面砖饰面时应按现行行业标准《建筑工程饰面砖粘结强度检验标准》JGJ 110的规定进行饰面砖粘结强度试验。断缝应从饰面砖表面切割至抗裂面层外表面，深度应一致，不应露出玻纤网。

B. 2. 2 系统抗冲击性能应按现行行业标准《外墙外保温工程技术规程》JGJ 144 的规定进行试验，试件与基层粘结紧密，其中保温层厚度应取 50mm；对 10J 级抗冲击构件，应涂刷一层聚丙烯酸类乳液。

B. 2. 3 系统抗裂面层不透水性、吸水量、耐冻融性能应按现行行业标准《外墙外保温工程技术规程》JGJ 144 的规定进行试验。

B. 2. 4 系统水蒸气湿流密度应按现行国家标准《建筑材料水蒸气透过性能试验方法》GB/T 17146 中水法的规定进行试验。试样制备如下：试样由保温砂浆层和抗裂面层组成，试样尺寸为 55mm×200mm×200mm，试样数量 2 个。50mm 厚无机轻集料保温砂浆（7d）＋5mm 厚抗裂砂浆（5d）＋弹性底涂，养护 28d。试验时，弹性底涂表面朝向湿度小的一侧。

B. 2. 5 系统热阻应按国家现行标准《建筑构件稳态热传递性质的测定 标定和防护热箱法》GB/T 13475、《绝热材料稳态热阻及有关特性的测定 热流计法》GB/T 10295 和《居住建筑节能检测标准》JGJ/T 132 的规定进行试验。

B. 3 界面砂浆性能指标试验方法

B. 3. 1 界面砂浆原拉伸粘结强度、浸水拉伸粘结强度应按现行行业标准《建筑砂浆基本性能试验方法标准》JGJ/T 70 的规定进行试验。浸水拉伸粘结强度试验时，养护至 14d 的试样，应放入 20℃±3℃的水中浸泡 7d，取出擦干表面水分，放置 30min 后进行测定。

B. 3. 2 可操作时间的测定：界面砂浆配制好后，应按系统供应商提供的可操作时间（没有规定时应按 4h）放置，此时材料应具有良好的操作性。

B. 4 无机轻集料保温砂浆性能指标试验方法

B. 4. 1 无机轻集料保温砂浆的试验时，试件制备应符合下列规定：

1 应将无机轻集料保温砂浆提前 24h 放入实验室，实验室温度应为 23℃±2℃，相对湿度应为 55%～85%，且应根据系统供应商提供的水灰比混合搅拌制备拌合物。

2 应采用卧式搅拌机，且搅拌机主轴转速宜为 45 r/min±5r/min。搅拌砂浆时，砂浆的用量不宜少于搅拌机容量的 20%，且不宜多于 60%；搅拌时，应先加入粉料，边搅拌边加水搅拌 2min，暂停搅拌 3min 后，清理搅拌机内壁及搅拌叶片上的砂浆，再继续搅拌 2min。砂浆稠度应控制在 80mm±10mm。

3 应将制备的拌合物一次注满 70.7mm×70.7mm×70.7mm 钢质有底试模，并略高于其上表面，用捣棒均匀由外向内按螺旋方向轻轻插捣 25 次，插捣时用力不应过大，且不得破坏其保温骨料，再采用油灰刀沿模壁插捣数次或用橡皮锤轻轻敲击试模四周，直至插捣棒留下的空洞消失，最后将高出部分的拌合物沿试模顶面削去抹平。试样数量不得少于 24 块。导热系数试样尺寸应为 300mm×300mm×30mm，并在同一组料中取样制作。

4 试样的养护按下列程序进行：试样制作后，应用聚乙烯薄膜覆盖，养护 48h±8h 后脱模，继续用聚乙烯薄膜包裹养护至 14d 后，去掉聚乙烯薄膜养护至 28d。

5 应取 6 块试样进行干密度的测定，其中烘干温度应为 80℃±3℃，应取试样检测值的 4 个中间值的计算算术平均值作为干密度值；检验干密度后的 6 个试样应进行抗压强度试验，另取 6 个试样进行软化系数的试验，应另取 12 个试样进行抗冻性能的试验。

B.4.2 干密度应按现行国家标准《无机硬质绝热制品试验方法》GB/T 5486 的规定进行试验。

B.4.3 抗压强度按现行国家标准《无机硬质绝热制品试验方法》GB/T 5486 的规定进行试验，取试样检测值的 4 个中间值计算算术平均值，作为抗压强度值。

B.4.4 拉伸粘结强度、线性收缩率应按现行行业标准《建筑砂浆基本性能试验方法标准》JGJ/T 70 的规定进行试验。拉伸粘结强度试样应采用聚乙烯薄膜覆盖，养护至 14d，去掉薄膜继续养护至 28d；线性收缩率应取 56d 的收缩率值。

B.4.5 导热系数宜按现行国家标准《绝热材料稳态热阻及有关特性的测定　防护热板法》GB/T 10294 的规定进行试验。

B.4.6 抗冻性能的试验应符合下列规定：

1 试件在 28d 龄期时应进行冻融试验。试验前 2d 应对冻融试件和对比试件进行外观检查并记录其原始状况，并应将冻融试件和对比试件放入温度为 80℃±3℃ 环境下烘干 24h，然后编号、称量；再将冻融试件和对比试件放入 15℃～20℃ 的水中浸泡，浸泡的水面应至少高出试件顶面 20mm，两组试件浸泡 48h 后取出，并用拧干的湿毛巾轻轻擦去表面水分。应对冻融试件进行冻融试验，并应将对比试件放入标准养护室中进行包裹养护。

2 冷冻箱（室）内的温度均应以其中心温度为标准。试件冻结温度应控制在－20℃～－15℃。当冷冻箱（室）内温度低于－15℃时，试件方可放入。当试件放入之后，温度高于－15℃时，则应以温度重新降至－15℃时计算试件的冻结时间。从装完试件至温度重新降至－15℃的时间不应超过 2h。

3 每次冻结时间应为 4h，冻结完成后应立即取出试件，并应立即放入能使水温保持在 15℃～20℃ 的水槽中进行融化。槽中水面应至少高出试件表面 20mm，试件在水中融化的时间不应小于 4h。融化完毕即为一次冻融循环。取出试件，并应用拧干的湿毛巾轻轻擦去表面水分，送入冷冻箱（室）进行下一次循环试验，连续进行 15 次循环。

4 每 5 次循环，应进行一次外观检查，并应记录试件的破坏情况；试验期间如需中断试验，试样应置于－15℃～－20℃环境下存放。

5 冻融试件结束后，冻融试件与对比试件应同时放入 80℃±3℃的条件下烘干 24h，然后进行称量、试压。

6 保温砂浆抗冻性能的结果计算评定应符合下列规定：

1）砂浆试件冻融后的抗压强度损失率应按下式计算：

$$\Delta f_{\mathrm{m}}=[(f_{\mathrm{m1}}-f_{\mathrm{m2}})/f_{\mathrm{m1}}]\times 100 \quad (\text{B.4.6-1})$$

式中：Δf_{m}——15 次冻融循环后的砂浆强度损失率（%）；

f_{m1}——冻融循环试验前的试件抗压强度（MPa），以 6 块试件中 4 个中间值的平均值计算；

f_{m2}——15 次冻融循环后的试件抗压强度（MPa），以 6 块试件中 4 个中间值的平均值计算。

2）砂浆试件冻融后的质量损失率应按下式计算：

$$\Delta m_{\mathrm{m}}=[(m_0-m_{\mathrm{n}})/m_0]\times 100 \quad (\text{B.4.6-2})$$

式中：Δm_{m}——15 次冻融循环后砂浆的质量损失率（%）；

m_0——冻融循环试验前试件质量（kg），以 6 块试件中 4 个中间值的平均值计算；

m_{n}——15 次冻融循环后试件质量（kg），以 6 块试件中 4 个中间值的平均值计算。

B.4.7 软化系数应按现行国家标准《建筑保温砂浆》GB/T 20473 的规定进行试验。

B.4.8 稠度应按现行行业标准《建筑砂浆基本性能试验方法标准》JGJ/T 70 的规定进行试验，稠度保留率应按下式计算：

$$W=C_1/C_0\times 100\% \quad (\text{B.4.8})$$

式中：W——稠度保留率（%）；

C_0——初始稠度（mm）；

C_1——静止 1h 稠度（mm）。

B.4.9 石棉含量应按现行行业标准《环境标志产品认证技术要求　轻质墙体板材》HBC 19 的规定进行试验。

B.4.10 放射性应按现行国家标准《建筑材料放射性

核素限量》GB 6566 的规定进行试验。

B.4.11 燃烧性能应按现行国家标准《建筑材料不燃性试验方法》GB/T 5464 和《建筑材料及制品的燃烧性能　燃烧热值的测定》GB/T 14402 的规定进行试验。

B.5　抗裂砂浆性能指标试验方法

B.5.1 抗裂砂浆配制好后，应按系统供应商提供的可操作时间放置。

B.5.2 抗裂砂浆原拉伸粘结强度、在可操作时间内拉伸粘结强度、浸水拉伸粘结强度应按现行行业标准《建筑砂浆基本性能试验方法标准》JGJ/T 70 的规定进行试验，拉伸粘结强度试样应采用聚乙烯薄膜覆盖，养护至 14d，去掉薄膜继续养护至 28d；浸水拉伸粘结强度的浸水时间为 7d。

B.5.3 透水性应按本规程附录 B 第 B.9 节进行试验。

B.5.4 压折比的测定应符合下列规定：

1　抗压强度、抗折强度应按现行国家标准《水泥胶砂强度检验方法（ISO 法）》GB/T 17671 的规定进行试验。抗裂砂浆成型后，应采用聚乙烯薄膜覆盖，养护 48h±8h 后脱模，继续用聚乙烯薄膜包裹养护至 14d，去掉薄膜养护至 28d。

2　压折比应按下式计算：

$$T = R_c / R_f \qquad (B.5.4)$$

式中：T——压折比；

R_c——抗压强度（N/mm^2）；

R_f——抗折强度（N/mm^2）。

B.6　玻纤网性能指标试验方法

B.6.1 应采用直尺测量连续 10 个孔的平均值作为网孔中心距值。

B.6.2 单位面积质量应按现行国家标准《增强制品试验方法　第 3 部分：单位面积质量的测定》GB/T 9914.3 的规定进行试验。

B.6.3 耐碱拉伸断裂强力及断裂伸长率应按现行国家标准《增强材料　机织物试验方法　第 5 部分：玻璃纤维拉伸断裂强力和断裂伸长的测定》GB/T 7689.5 的规定进行试验。

B.6.4 断裂强力保留率应按现行行业标准《增强用玻璃纤维网布　第 2 部分：聚合物基外墙外保温用玻璃纤维网布》JC 561.2 的规定进行试验。

B.7　饰面涂料性能指标试验方法

B.7.1 断裂伸长率应按现行国家标准《建筑防水涂料试验方法》GB/T 16777 的规定进行试验。

B.7.2 初期干燥抗裂性应按现行国家标准《复层建筑涂料》GB/T 9779 的规定进行试验。

B.7.3 其他性能指标应按建筑涂料相关标准的规定进行试验。

B.8　饰面砖性能指标试验方法

B.8.1 单块尺寸应按现行国家标准《陶瓷砖试验方法　第 1 部分：抽样和接收条件》GB/T 3810.1 的规定抽取 10 块整砖为试件，并应按现行国家标准《陶瓷砖试验方法　第 2 部分：尺寸和表面质量的检验》GB/T 3810.2 的规定进行试验。

B.8.2 单位面积质量的测定应符合下列规定：

1　应将本规定附录 B 第 B.8.1 条所测的 10 块整砖，放在 110℃±5℃ 的烘箱中干燥至恒重，放在有硅胶或其他干燥剂的干燥器内冷却至室温。应采用能称量精确到试件质量 0.01% 的天平称量。以 10 块整砖的平均值作为干砖的质量 W。

2　应测量 10 块整砖的平均长和宽，作为饰面砖长 L 和宽 B。

3　单位面积质量应按下式计算：

$$M = 1000W/(L \times B) \qquad (B.8.2)$$

式中：M——单位面积质量（kg/m^2）；

W——干砖的质量（g）；

L——饰面砖长度（mm）；

B——饰面砖宽度（mm）。

B.9　透水性试验方法

B.9.1 试样应由 30mm 厚无机轻集料保温砂浆和 5mm 厚抗裂砂浆组成，尺寸为 200mm×200mm。试样成型后，应采用聚乙烯薄膜覆盖，养护至 14d，去掉薄膜养护至 28d。

B.9.2 试验装置应由带刻度的玻璃试管（卡斯通管 Carsten-Rohrchen）组成，容积应为 10mL，试管刻度应为 0.05mL。

B.9.3 应将试样置于水平状态（图 B.9.3），将卡斯通管放于试样的中心位置，应采用密封材料密封试样和玻璃试管间的缝隙，往玻璃试管内注水，直至试管的 0 刻度，在试验条件下放置 24h，再读取试管的刻度。

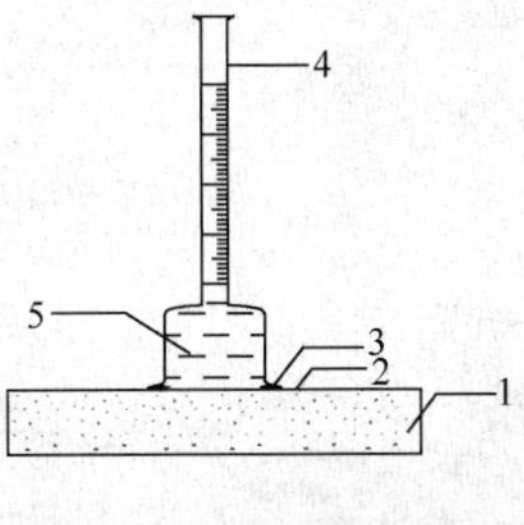

图 B.9.3　透水性试验示意图

1—无机轻集料保温砂浆；2—抗裂砂浆；3—密封材料；4—卡斯通管；5—水

B.9.4 透水量应取试验前后试管的刻度之差，取 2 个试样的平均值，精确至 0.1mL。

本规程用词说明

1 为了便于在执行本规程条文时区别对待，对要求严格程度不同的用词说明如下：

1）表示很严格，非这样做不可的：

正面词采用“必须”，反面词采用“严禁”。

2）表示严格，在正常情况下均应这样做的：

正面词采用“应”，反面词采用“不应”或“不得”。

3）表示允许稍有选择，在条件许可时首先应这样做的：

正面词采用“宜”，反面词采用“不宜”。

4）表示有选择，在一定条件下可以这样做的，采用“可”。

2 条文中指明应按其他有关标准执行的写法为“应符合……的规定”或“应按……执行”。

引用标准名录

1 《建筑设计防火规范》GB 50016

2 《高层民用建筑设计防火规范》GB 50045

3 《民用建筑热工设计规范》GB 50176

4 《建筑装饰装修工程质量验收规范》GB 50210

5 《建筑内部装修设计防火规范》GB 50222

6 《建筑工程施工质量验收统一标准》GB 50300

7 《建筑节能工程施工质量验收规范》GB 50411

8 《陶瓷砖试验方法》GB/T 3810

9 《建筑材料不燃性试验方法》GB/T 5464

10 《无机硬质绝热制品试验方法》GB/T 5486

11 《建筑材料放射性核素限量》GB 6566

12 《增强材料 机织物试验方法》GB/T 7689

13 《数值修约规则与极限数值的表示和判定》GB/T 8170

14 《建筑材料及制品燃烧性能分级》GB 8624

15 《复层建筑涂料》GB/T 9779

16 《增强制品试验方法》GB/T 9914

17 《绝热材料稳态热阻及有关特性的测定 防护热板法》GB/T 10294

18 《绝热材料稳态热阻及有关特性的测定 热流计法》GB/T 10295

19 《建筑构件稳态热传递性质的测定 标定和防护热箱法》GB/T 13475

20 《建筑材料及制品的燃烧性能 燃烧热值的测定》GB/T 14402

21 《建筑防水涂料试验方法》GB/T 16777

22 《建筑材料水蒸气透过性能试验方法》GB/T 17146

23 《水泥胶砂强度检验方法（ISO法）》GB/T 17671

24 《建筑保温砂浆》GB/T 20473

25 《建筑砂浆基本性能试验方法标准》JGJ/T 70

26 《建筑工程饰面砖粘结强度检验标准》JGJ 110

27 《外墙饰面砖工程施工及验收规程》JGJ 126

28 《居住建筑节能检测标准》JGJ/T 132

29 《外墙外保温工程技术规程》JGJ 144

30 《膨胀聚苯板薄抹灰外墙外保温系统》JG 149

31 《陶瓷墙地砖胶粘剂》JC/T 547

32 《增强用玻璃纤维网布 第2部分：聚合物基外墙外保温用玻璃纤维网布》JC 561.2

33 《陶瓷墙地砖填缝剂》JC/T 1004

34 《外墙外保温柔性耐水腻子》JG/T 229

35 《环境标志产品认证技术要求 轻质墙体板材》HBC 19

中华人民共和国行业标准

无机轻集料砂浆保温系统技术规程

JGJ 253—2011

条 文 说 明

制 定 说 明

《无机轻集料砂浆保温系统技术规程》JGJ 253-2011，经住房和城乡建设部2011年11月22日以第1179号公告批准、发布。

本规程制定过程中，编制组进行了系统广泛的调查研究，总结了我国无机轻集料砂浆保温系统外墙保温工程施工中的实践经验，同时参考了国外先进技术法规、技术标准。

为了便于广大设计、施工、科研、学校、生产企业等单位有关人员在使用本标准时能正确理解和执行条文规定，《无机轻集料砂浆保温系统技术规程》编制组按照章、节、条顺序编制了本规程的条文说明，对条文规定的目的、依据以及执行中需注意的有关事项进行了说明。但是，本条文说明不具备和规程正文同等的法律效应，仅供使用者作为理解和把握规程规定的参考。

目 次

1 总 则

1.0.1 随着我国建筑节能技术的发展，无机轻集料砂浆保温系统在建筑保温工程上的应用迅速增长。该保温系统由界面层、保温层、抗裂面层和饰面层组成。保温层宜采用憎水型膨胀珍珠岩、膨胀玻化微珠、闭孔珍珠岩、陶砂等无机轻集料，替代传统的普通膨胀珍珠岩和聚苯颗粒作为骨料，弥补了用普通膨胀珍珠岩和聚苯颗粒作为轻集料的传统保温砂浆中诸多缺陷和不足。与传统的聚苯颗粒、普通膨胀珍珠岩作为轻集料保温砂浆相比，无机轻集料保温砂浆既克服了普通膨胀珍珠岩吸水性大、易粉化，搅拌中体积收缩率大，易造成产品后期强度低和空鼓开裂等缺点；同时又弥补了聚苯颗粒有机材料易燃、防火性能差、和易性差、施工中反弹性大、易受虫蚁噬蚀以及老化等问题；无机轻集料保温砂浆自身具有抗老化、耐候性、防火性、无毒性、强度高、砂浆亲和性能好等特点，且施工工艺简单。理论和工程实践已证明，在节能建筑墙体保温工程中采用无机轻集料砂浆保温系统是一种良好的技术措施。

制定本规程的目的是为了控制无机轻集料砂浆保温系统在建筑墙体保温工程的质量，规范施工技术要求，促进建筑保温行业健康发展。

本规程规范了无机轻集料砂浆保温系统的基本构造、保温系统及组成材料的性能要求，用于检查各项性能的检验方法以及对于设计、施工及验收的相应规定。

1.0.2 本条规定适用于混凝土或砌体结构基层的民用建筑墙体保温工程，包括新建、改建、扩建以及既有建筑的节能改造工程，工业建筑可参照执行。既有建筑的节能改造工程要注意墙体基层的技术处理。

1.0.3 国家和行业现行强制性标准包括建筑防火、建筑工程抗震等方面的标准和规范。

2 术 语

2.0.1 墙体保温工程是建筑物围护结构的保温，它不仅包括外墙外保温，还包括外墙内保温、分户墙保温以及外墙内外复合保温。

2.0.2 无机轻集料砂浆保温系统是一个由界面层、保温层、抗裂面层及饰面层组成的整体，可根据建筑节能的要求进行使用。抗裂面层由抗裂砂浆和玻纤网两部分组成，没有设置玻纤网的无网外墙外保温构造不适用于本规程。

2.0.3 基层墙体可为现浇混凝土、预制混凝土或混凝土空心砌块、蒸压加气混凝土砌块、烧结多孔砖、灰砂砖、炉渣砖和页岩模数砖等墙体材料构造的砌体结构。

2.0.5 无机轻集料保温砂浆是一种以无机非金属矿物轻集料为骨料的保温砂浆，根据保温砂浆的干密度、抗压强度、导热系数及功能的不同，分为Ⅰ型、Ⅱ型和Ⅲ型三种型号。本规程的编制主要参考膨胀玻化微珠保温砂浆的技术参数，对于其他无机轻集料的保温砂浆，在满足本规程提供的技术参数的前提下，亦适用于墙体的保温系统。

3 基 本 规 定

3.0.2 涉及无机轻集料砂浆保温系统的工程使用安全性、耐久性要求，编制时除了考虑保温系统应具有的功能外，必须符合现行行业标准《外墙外保温工程技术规程》JGJ 144 第 3 章的规定。无机轻集料保温砂浆本身具有优良的防火性能（A 级不燃），故不再对保温工程另外作防火构造要求。

3.0.5 为规范施工，保证保温工程的质量，特规定此条。保温系统的各组成砂浆指界面砂浆、无机轻集料保温砂浆、抗裂砂浆。采用多组分配比的砂浆不能称为单组分砂浆。

多组分配制砂浆由于现场施工条件的限制，其质量较难保证。本条规定主要是为了防止现场各种砂浆配制的随意性，保证产品的质量。

3.0.6 在判定测定值是否符合标准要求时，按现行国家标准《数值修约规则与极限数值的表示和判定》GB/T 8170 中规定的修约值比较法进行。

4 性能要求与进场检验

4.1 系统的性能

4.1.1 外墙外保温工程在实际使用中会受到相当大的热应力作用，这种热应力主要表现在抗裂防护层上。由于无机轻集料保温砂浆具有一定的隔热性能，其抗裂防护层温度在夏季可高达 80℃。夏季持续晴天后突然暴雨所引起的表面温度变化可达 50℃。夏季的高温还会加速保护层的老化。抗裂防护层中的有机高分子聚合物材料会由于紫外线辐射、空气中的氧化和水分作用而遭到破坏。

外墙外保温工程要求能够经受住周期性热湿和热冷气候条件的长期作用。耐候性试验模拟夏季墙面经高温日晒后突降暴雨和冬季昼夜温度的反复作用，对大尺寸的外保温墙体进行加速气候老化试验，是检验和评价外保温系统质量的最重要的试验项目。耐候性试验与实际工程有着很好的相关性，能很好地反映实际外保温工程的耐候性能。

耐候性试验条件的组合是十分严格的。通过该试验，不仅可检验外保温系统的长期耐候性能，而且还可对设计、施工和材料性能进行综合检验。如果材料质量不符合要求，设计不合理或施工质量不好，都不可能经受住这样的考验。

对比现行行业标准《外墙外保温工程技术规程》JGJ 144，本标准特别是为提高面砖饰面系统的安全性，在耐候性能指标中增加了30次加热（50℃）、冷冻（−20℃）循环的要求。

同时针对不同型号的无机轻集料砂浆的外保温系统，提出了耐候性试验后，抗裂面层与保温层的拉伸粘结强度的不同数值，而且破坏部位应位于保温层内的技术要求。耐候性试验后，面砖饰面系统的拉伸粘结强度≥0.40MPa，目的就是确保外保温系统的安全性。

4.1.2 根据无机轻集料砂浆保温系统的整体要求，对系统的抗冲击性、吸水量、抗裂面层不透水性、耐冻融性、抗裂面层复合饰面层水蒸气湿流密度、热阻作了规定。

外保温系统抗冲击性、吸水量、抗裂面层不透水性和抗裂面层复合饰面层水蒸气渗透阻几项性能都与抗裂面层有关。厚的抗裂面层抗冲击性和不透水性好，薄的抗裂面层水蒸气渗透阻小，但抗裂面层过薄又会导致不透水性差。

无机轻集料砂浆保温系统在墙体内保温时，由于保温系统设置在墙体内侧，不受室外气候条件（温差、雨雪等的直接作用），耐候性、耐冻融性能不作要求。

4.2 组成材料的性能

4.2.1 无机轻集料保温砂浆是整个保温系统中最主要的功能材料，根据干密度、抗压强度、导热系数及功能的不同，分为Ⅰ型、Ⅱ型和Ⅲ型三种型号，其中Ⅲ型不宜单独用于外墙外保温，主要用于辅助保温。

本规程对现行国家标准《建筑保温砂浆》GB/T 20473规定的砂浆干密度范围作了适当的扩大，体现了本规程的先进性。由于以前的建筑保温砂浆大都采用普通膨胀珍珠岩作为骨料，而普通膨胀珍珠岩的力学性能、保温性能、颗粒的稳定性能都远不如经过处理的闭孔珍珠岩或玻化微珠，特别是无机轻集料保温砂浆配方中普遍引入了聚合物改性剂，Ⅰ型保温砂浆在较高的干密度范围内导热系数≤0.070W/(m·K)；同时保温砂浆的抗压强度大幅度提高，Ⅱ型和Ⅲ型保温砂浆情况类似。因此干密度范围的扩大不是对保温砂浆性能要求的降低，相反，这个改变能够促使保温砂浆配方的不断改进，以求能够配制出强度高、导热系数低而综合性能高的保温砂浆。各系统供应商在实际生产时，可根据所采用的原材料和配方，制定相应的企业标准细化本规程。

本规程对无机轻集料保温砂浆的抗压强度技术指标有较大的提高，这不仅是因为通过无机轻集料保温砂浆配方的改进使其性能得到了改善；还由于保温试样养护时间改为14d覆膜养护，而后去掉薄膜养护至28d，其试样抗压强度要比7d覆膜养护大。

在对几组覆膜养护7d的无机轻集料保温砂浆进行测试，抗压强度值分别为：1.24MPa、1.44MPa、0.90MPa、0.90MPa、0.86MPa，而相同配比的砂浆14d覆膜养护后的抗压强度为：1.34MPa、1.58MPa、0.99MPa、1.07MPa、0.92MPa，强度增长分别为：8.4%、9.4%、9.8%、19.0%、7.1%。可以看出强度平均有10%左右的增长。而由于保温系统的实际施工工序问题，保温砂浆层在表面硬化后，即进行抗裂砂浆面层的施工，相当于对保温砂浆起到一个覆膜养护的作用，我们认为采用覆膜14d养护制度所测定的抗压强度更贴近实际工程情况。因此，这一强度指标在技术上是可以实现的，经济上也是合理的，特别是在工程实际中尤其显得必要，有利于提高保温系统的安全性。

现行国家标准《建筑保温砂浆》GB/T 20473中的压剪粘结强度测试，其测试数据的离散性大，不稳定，对试验设备有一定限制，操作起来有一定难度。采用拉伸粘结强度的试验方法，试样制作简便，测试的数据相对较稳定，能充分反映砂浆的性能指标。

本规程中对软化系数指标作了适当的提高，这对于南方潮湿多雨的气候特点是非常必要的，也有利于提高系统的安全性。

本规程设置稠度保留率的技术参数指标，是为了确保加水搅拌的无机轻集料保温砂浆具备一定的施工操作时间。

本规程无机轻集料保温砂浆燃烧性能指标要求为A2级不燃材料，满足现行国家标准《建筑材料及制品燃烧性能分级》GB 8624检验判断的要求。

4.2.2 界面砂浆指标中，拉伸粘结强度替代了压剪粘结强度指标。通过大量的试验资料和相关调查分析，并根据实际试验对比，拉伸粘结强度更容易检测，可靠性更强，也更能反映材料的这一特性。

4.2.3 抗裂面层对保温砂浆层起着良好的防护作用，整个无机轻集料砂浆保温系统的防水功能主要是通过控制抗裂砂浆的性能来进行的。本规程增加了采用卡斯通管进行测试的透水性指标。

另用压折比来控制抗裂砂浆的柔韧性时，由于未规定最小抗压强度，压折比并不能很客观地反映抗裂砂浆的柔韧性。当工程有要求时，可按照现行行业标准《陶瓷墙地砖胶粘剂》JC/T 547中的横向变形指标进行检测。

4.2.4 玻纤网按照现行行业标准《耐碱玻璃纤维网布》JC/T 841的规定，其中根据工程实际情况规定网孔中心距为5mm～8mm，单位面积质量≥130g/m^2。在工程实际选用中，应特别关注网孔净面积大小，尽可能采用网孔净面积大的玻纤网，以提高复合了玻纤网的抗裂面层的粘结强度，必要时可以采用提高粘结强度的技术措施。

4.2.5 塑料锚栓由螺钉和带圆盘的塑料膨胀套管两部分组成。锚栓关系到系统的安全性，质量应得到保证。

4.2.6 涂料饰面时，应采用柔性耐水腻子，柔性耐水腻子应与保温系统的材料具有相容性，其性能应符合现行行业标准《外墙外保温柔性耐水腻子》JG/T 229的规定要求。不得使用没有柔性的普通找平腻子，进场时涂料供应商提供的柔性耐水腻子型式检验报告中检测项目必须齐全。

4.2.7 进场时，生产厂家应提供饰面涂料抗裂性能的检验报告和相关技术资料。

4.2.8 饰面砖的吸水率应符合现行行业标准《外墙饰面砖工程施工及验收规程》JGJ 126 的规定要求。根据建筑物所在的气候区要求不同，其中Ⅰ、Ⅵ、Ⅶ气候区吸水率≤3%；Ⅱ、Ⅲ、Ⅳ、Ⅴ气候区吸水率≤6%。饰面砖的抗冻性应符合现行行业标准《外墙饰面砖工程施工及验收规程》JGJ 126 的规定要求。

4.2.9 陶瓷墙地砖胶粘剂横向变形应大于或等于2.0mm。

4.2.10 陶瓷墙地砖填缝剂横向变形应大于或等于2.0mm。

4.3 材料进场检验

4.3.1 对保温工程选用的无机轻集料保温砂浆的型号与品种必须与节能设计说明的要求相符合，导热系数的计算值必须与采用的保温砂浆型号一致，同时技术指标必须满足本规程对应型号的要求。

4.3.2 对保温系统的出厂检验项目、进场复验项目及方法作了规定。不同型号的无机轻集料保温砂浆其对应的系统的型式检验报告必须一致。

4.4 检验方法

4.4.1～4.4.12 无机轻集料砂浆保温系统组成的界面砂浆、无机轻集料保温砂浆、抗裂砂浆，不同系统供应商的配方设计所要求的水灰比不同。进行砂浆性能检测时，应该按照系统供应商所提供的、与施工现场一致的水灰比进行试样的成型。砂浆若有特殊的施工方法，在试样成型时应加以相应的技术说明。

5 设 计

5.1 一般规定

5.1.1 本规程中将无机轻集料砂浆保温系统作为一个整体来考虑，规定外墙外保温层的最大厚度，目的是为了保证保温系统的安全性。

5.1.2 外墙外保温工程设计中，不得更改本规程规定的系统构造和组成材料。特殊工程发生更改，与本规程规定的保温系统构造或组成材料不一致时，应由建设单位组织专项的技术论证。

5.1.3 外墙外保温系统饰面层为饰面砖时，应有相应的技术保障措施。规定了饰面砖构造无机轻集料砂浆保温系统应具备的要求和程序。

施工前应编制专项的施工技术方案，提前进行样板墙施工，进行饰面砖拉伸粘结强度试验，采取有效的施工技术保障措施，必要时可以由建设单位组织专项的技术论证。

5.1.4 规定了不同型号的无机轻集料保温砂浆的导热系数、蓄热系数和修正系数的设计参数。虽然不同原材料和配合比、不同干密度和导热系数之间略有差异，但分别就三种型号的保温砂浆而言，其值差异不大。

不同型号的无机轻集料保温砂浆的导热系数、蓄热系数在节能计算时，按本条规定数值选取进行计算。

系统供应商所提供的无机轻集料砂浆保温系统型式检验报告导热系数的测试值，不能作为建筑节能计算的导热系数计算选取值。

对墙体传热系数热惰性指标的计算及热工性能参数的取值，主要参考现行国家标准《民用建筑热工设计规范》GB 50176 的参数取值，但其中抗裂砂浆的热工性能的参数由试验测试结果及经验公式取得。

无机轻集料保温砂浆的导热系数的修正系数取1.25，是通过大量的试验研究，并参考了现行国家标准《民用建筑热工设计规范》GB 50176 确定的。

图1是几组不同配方保温砂浆在不同质量含水率时的导热系数测试结果。

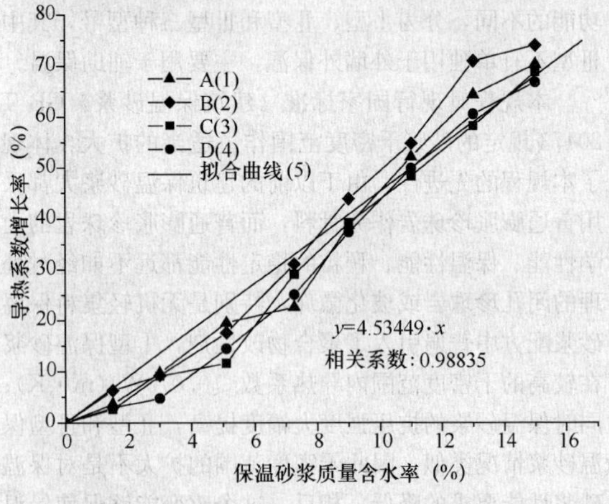

图1 导热系数随质量含水率变化曲线图

图2是保温砂浆在不同相对湿度条件下的质量平衡含水率测试结果。

由中国建筑工业出版社出版的《夏热冬冷地区建筑节能技术》可知，夏热冬冷地区的相对湿度常年在80%左右，通过图1、图2中拟合曲线的计算，该湿度情况下，导热系数增长 24.9%，故修正系数

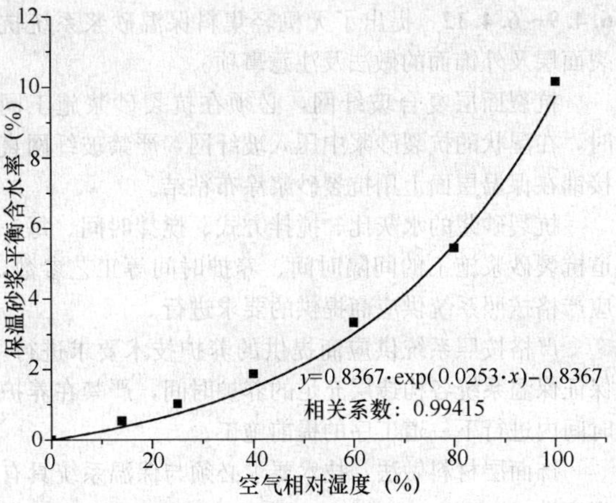

图2　保温砂浆质量平衡含水率随空气相对湿度变化图

取1.25。

5.1.5　密封和防水构造设计包括变形缝的设置、变形缝的构造设计以及系统的起端和终端的包边等。

1　需设变形缝的部位有：

1）基层墙体结构设有伸缩缝、沉降缝和防震缝处；

2）预制墙板相接处；

3）保温系统与不同材料相接处；

4）结构可能产生较大位移的部位，例如建筑体形突变或结构体系变化处；

5）经计算需设置变形缝处；

6）基层材料改变处。

2　系统的起端和终端包括以下部位：

1）门窗周边；

2）穿墙管线洞口；

3）檐口、女儿墙、勒脚、阳台、雨篷等尽端；

4）变形缝及基层不同构造、不同材料结合处。

对于水平或倾斜的出挑部位，表面应增设防水层。水平或倾斜的出挑部位包括窗台、女儿墙、阳台、雨篷等，这些部位有可能出现积水、积雪情况。

5.2　建筑构造

5.2.1～5.2.3　规定了无机轻集料砂浆保温系统的各种基本构造及做法。应优先选用外保温系统，由于本规程第5.1.1条规定外墙外保温厚度不宜大于50mm，当墙体平均传热系数无法满足要求时，宜选用内外复合保温。内外复合保温由外墙外保温、外墙内保温两个子系统组成。内侧保温层厚度不宜大于30mm。

5.2.5　在考虑施工条件和保证系统质量与安全的前提下，本条对抗裂面层的厚度作了规定。

抗裂面层过厚，则会因横向拉应力超过玻纤网抗拉强度而导致抗裂层开裂。

根据施工现场一般采用在抗裂砂浆湿状态下埋入玻纤网的施工工艺，涂料饰面时抗裂面层厚度上限厚度不宜超过5mm；面砖饰面时抗裂面层厚度上限厚度不宜超过8mm。

面砖饰面时，抗裂面层则是由两道抗裂砂浆面层组成，即在第一道抗裂砂浆层中埋入玻纤网，安装塑料锚栓后，再进行第二道抗裂砂浆层的施工。

5.2.6　规定了塑料锚栓的用量。

5.2.7　为防止水浸入而造成面层局部空鼓、脱落，鼓励选用研发新材料，合理设置分格缝，故设此条。同样原因在施工工艺和施工要点中，对分格缝要求应按相关规定进行处理。

涂料饰面工程的施工，严格按照编制的外墙外保温工程施工组织设计要求进行施工，不得随意变更保温系统的分格缝的设置，不得破坏已经设置的保温系统的分格缝构造。

6　施　工

6.1　一般规定

6.1.1　无机轻集料砂浆保温系统中的界面砂浆、无机轻集料保温砂浆、抗裂砂浆都是需要在现场搅拌后进行施工的干粉砂浆，由于无机轻集料保温砂浆的强度相对较低，特别是早期强度发展较慢，因此湿度过低会影响保温层强度的发展。

在高湿度和低温天气下，抗裂面层与保温砂浆层干燥过程可能需要几天的时间。新抹砂浆层表面看似硬化和干燥，但往往仍需要采取保护措施使其在整个厚度内充分养护，特别是在冻结温度、雨、雪或其他有害气候条件很可能出现的情况下。

另一方面，尚未凝结硬化的界面砂浆、无机轻集料保温砂浆、抗裂砂浆在雨天会影响表面质量，严重时会被冲刷。在情况允许时，可采取遮阳、防雨和防风措施。

外墙内保温工程施工，受阳光暴晒、在5级以上大风天气和雨天施工的因素影响相对较小，可以根据工程实际情况决定。

6.1.2　无机轻集料保温砂浆层施工厚度，直接影响到墙体传热系数是否满足节能设计的要求，是重要的控制指标。

无机轻集料保温砂浆需要进行分层施工，轻质的保温砂浆一次性粉刷过厚，容易导致湿的保温砂浆坠裂、空鼓、渗水等现象，影响保温砂浆层与基层之间的粘结。分层施工也是保证保温砂浆施工质量的控制手段。

对于墙体保温工程施工提出3款基本要求，这些要求主要关系到安全和节能效果，十分重要。

6.1.3　现行国家标准《建筑工程施工质量验收统一标准》GB 50300规定，施工现场质量管理应有相应的施工技术标准；各工序应按施工技术标准进行质量控制，每道工序完成后，应进行检查。无机轻集料砂浆保温工程能否满足建筑物墙体保温节能要求，应从原材料、施工过程全方位进行控制，更为重要的是目前对保温系统的施工经验尚不足，通过施工组织设计或专项施工方案的编制实施，有利于提高工程质量。

从事节能施工作业人员的操作技能对于节能施工效果影响较大，且无机轻集料保温砂浆和施工工艺对于某些施工人员可能并不熟悉，所以应在施工前对相关人员进行技术交底和必要的实际操作培训，技术交底和培训均应留有记录。

6.1.4 本条是对围护结构保温工程基层墙体质量的具体要求和保温工程正式施工前的准备工作要求。

6.1.5 界面砂浆、无机轻集料保温砂浆、抗裂砂浆的水灰比与产品配制质量有关，应在专项施工方案中加以说明。施工方案中应包括施工工序、施工间隔时间、施工机具、基层处理、环境温度和养护条件要求、施工方法、材料用量和砂浆配制水灰比、各工序施工质量要求、施工要点、成品保护等。

6.2 施工准备

6.2.1 为保证保温工程质量和保温工程正式施工打好基础，基层的处理应符合现行国家标准《建筑装饰装修工程质量验收规范》GB 50210 中一般抹灰工程质量要求。

6.2.2 规定了施工作业技术条件，以避免工序颠倒，影响施工质量，并有利于成品保护。

6.2.3 该条不仅是为了考虑外墙保温施工安全可靠，而且也是为了方便施工，保证施工质量而作出的规定。由于保温系统是多道工序施工成活，所以施工作业架以整体爬架或固定式脚手架为宜。

6.3 施工流程

6.3.1、6.3.2 施工过程中应按工艺流程规定，合理安排各工序，保证各工序间的衔接和间隔时间，不应随意改变施工流程中的顺序，以保证施工质量。

6.4 施工要点

6.4.1～6.4.5 基层处理应满足保温工程施工的要求，根据基层墙体的类型，分别用相应的方法进行基层的处理。

界面砂浆的水灰比、配制方式等工艺参数，应严格按照系统供应商提供的要求进行。

6.4.6～6.4.8 保温层的施工是整个保温工程的重要环节，为了保证工程质量，避免热桥等不利因素的产生，保温层施工应严格按相关规程执行。

保温砂浆的水灰比、搅拌方式、搅拌时间、每一道保温砂浆施工的间隔时间、养护时间等工艺参数，应严格按照系统供应商提供的要求进行。

6.4.9～6.4.12 提出了无机轻集料保温砂浆系统抗裂面层及外饰面的做法及注意事项。

抗裂面层复合玻纤网，必须在抗裂砂浆施工同时，在湿状的抗裂砂浆中压入玻纤网，严禁玻纤网直接铺在保温层面上用抗裂砂浆涂布粘结。

抗裂砂浆的水灰比、搅拌方式、搅拌时间、每一道抗裂砂浆施工的间隔时间、养护时间等工艺参数，应严格按照系统供应商提供的要求进行。

严格按照系统供应商提供的养护技术要求进行，保证保温系统各构造层充足的养护时间，严禁在养护时间内进行下一道工序的提前施工。

饰面层材料做法、技术要求必须与保温系统具有相容性。

6.5 成品保护

6.5.1～6.5.3 为保证保温层的功能特性，特规定此条。

6.6 安全文明施工

6.6.1～6.6.9 这几条的规定是为了保证工程质量以及生产的安全。

7 质量验收

7.1 一般规定

7.1.2 本条规定了墙体节能验收的程序性要求。无机轻集料砂浆保温系统都是在主体结构内侧或外侧表面做保温层，一般是在主体结构完成后施工，对此，在施工过程中应及时进行质量检查、隐蔽工程验收、相关检验批和分项工程验收，施工完成后应进行墙体节能子分部工程验收。

7.1.3 墙体节能工程主要依靠系统供应商提供的型式检验报告加以证实，型式检验报告应包括符合本规程技术要求的耐久性试验。不同型号的无机轻集料保温砂浆，系统供应商必须提供其对应型号的保温系统耐久性能的型式检验报告。

7.1.4 本条列出墙体节能工程通常应该进行隐蔽工程验收的具体部位和内容，以规范隐蔽工程的验收。当施工中出现本条未列出的内容时，应在施工方案中对隐蔽工程验收内容加以补充。

7.1.6 墙体节能工程检验批的划分并非是唯一或绝对的。当遇到较为特殊的情况时，检验批的划分也可根据方便施工与验收的原则，由施工单位与监理（建设）单位共同商定。

7.2 主控项目

7.2.1 检查无机轻集料砂浆保温系统和组成材料的型式检验报告、进场复检报告是否符合本规程规定的技术要求。

7.2.2 本条是验证工程所用的无机轻集料砂浆保温系统的品种、规格等是否符合设计要求，不能随意改变和替代。在材料进场时通过目视和尺量、称重等方法检查，并对其质量证明文件进行核查确认。

7.2.3 在现行国家标准《建筑节能工程施工质量验收规范》GB 50411 中，此条列为强制性条文。无机轻集料保温砂浆的导热系数、干密度、抗压强度是需要进行进场复检的技术指标。

墙体保温工程的热工性能是否满足本条规定，主要依靠对各种质量证明文件的核查和进场材料的复检。导热系数是标准技术指标中，唯一反映材料热工性能的技术参数，也是需要控制的热工参数，从而验证墙体的传热系数是否符合节能设计计算的重要指标。必须严格核查无机轻集料保温砂浆设计与使用型号是否一致。

无机轻集料保温砂浆燃烧性能达到 A 级，属于不燃无机材料，这是其最主要的材料特性。根据现行国家标准《建筑节能工程施工质量验收规范》GB 50411 规定，燃烧性能通过检查其质量证明文件，即无机轻集料保温砂浆型式检验报告燃烧性能是否达到 A 级，不需要进行材料的复检。

核查质量证明文件包括核查材料的出厂合格证书、性能检测报告、外保温系统的型式检验报告等。当上述质量证明文件和各种检测报告为复印件时，应盖证明其真实性的相关单位印章和经手人员签字，并注明原件存放处。必要时，尚应核对原件。

本条列出了无机轻集料砂浆保温系统进场复检的项目和数量要求，复检的试验方法应遵守本规程的试验方法要求。复检应为见证取样送检，由具备见证资质的检测机构进行试验。根据住房和城乡建设部 141 号令第 12 条规定，见证取样试验应由建设单位委托。

7.2.4 为了保证墙体节能工程质量，需要对墙体基层表面进行处理，然后进行保温系统施工。基层表面处理对于保证安全和节能效果很重要，由于基层表面处理属于隐蔽工程，施工中容易被忽略，事后无法检查。本条强调对基层表面进行的处理按照设计和施工方案的要求进行，以满足保温系统施工工艺的需要。并规定施工中应全数检查，验收时则应核查所有隐蔽工程验收记录。

7.2.5 除面层外，墙体节能工程各层构造做法均为隐蔽工程，完工后难以检查。本条给出施工实体检查和验收时，资料核查两种方法和数量。在施工过程中对于隐蔽工程应该随做随验，并做好记录。检查的内容主要是墙体节能工程各层构造做法是否符合设计要求，以及施工工艺是否符合施工方案要求。检验批验收时则应该核查这些隐蔽工程验收记录。

7.2.6 无机轻集料保温砂浆层施工厚度，直接影响到墙体传热系数。无机轻集料保温砂浆需要进行分层施工，轻质的保温砂浆一次性粉刷过厚，容易导致湿的保温砂浆坠裂、空鼓、渗水等现象，影响保温砂浆层与基层之间的粘结。

7.2.7 为了检验无机轻集料保温砂浆保温层的实际保温效果，本条规定应在施工中制作同条件养护试件，以检测其导热系数、干密度和抗压强度等参数。保温砂浆同条件养护试块试验应实行见证取样送检，由建设单位委托具备见证资质的检测机构进行试验。

7.2.8 饰面砖构造的无机轻集料砂浆外墙外保温系统，应按现行行业标准《建筑工程饰面砖粘结强度检验标准》JGJ 110 进行现场拉拔强度检验。

7.2.9 墙体内隔汽层的作用，主要为防止空气中的水分进入保温层造成保温效果下降，进而形成结露等问题。本条针对隔汽层容易出现破损、透汽等问题，规定隔汽层设置的位置、使用的材料及构造做法，应符合设计要求和相关标准的规定。要求隔汽层应完整、严密，穿透隔汽层处应采取密封措施。

7.2.10 本条所指的门窗洞口四周墙侧面，是指窗洞口的侧面，即与外墙面垂直的 4 个小面。非严寒、寒冷地区凸窗外凸部分的四周墙侧面和地面，均应按设计要求采取割断热桥或节能保温措施。

7.2.11 严寒、寒冷地区外墙热桥部位对于墙体总体保温效果影响较大。非严寒、寒冷地区的要求在严格程度上有区别。

7.3 一 般 项 目

7.3.1 在出厂运输和装卸过程中，界面砂浆、无机轻集料保温砂浆、抗裂砂浆、玻纤网、塑料锚栓的包装容易破损，包装破损后材料受潮等可能进一步影响材料的性能。本条针对这种情况作出规定：要求进入施工现场的节能材料包装应完整无损，并符合设计要求和材料产品标准的规定。

7.3.2 本条是对于玻纤网的施工要求。玻纤网属于隐蔽工程，其质量缺陷完工后难以发现，故施工中应加强管理。

7.3.4 墙体采用无机轻集料砂浆保温系统时，保温砂浆层宜连续施工；保温砂浆厚度应均匀，接茬应平顺密实。

7.3.5 本条主要针对容易碰撞、破损的保温层特殊部位要求采取加强措施，防止被损坏。具体的防止开裂和破损的加强措施通常由设计或施工技术方案确定。

附录 A 无机轻集料砂浆保温系统基本构造

A.0.1 本条规定了涂料饰面无机轻集料砂浆外墙外保温系统的基本构造。

界面层由界面砂浆构成，可增加无机轻集料保温砂浆与基层墙体间的粘结力。蒸压加气混凝土制品表面应采用专用界面砂浆材料。

保温层由无机轻集料保温砂浆构成。施工时加水搅拌均匀，抹压在已经界面砂浆处理过的基层墙面上，形成保温层。

抗裂面层由抗裂砂浆和玻纤网构成，用于提高保护层的机械强度、抗裂性能和防水性能。当墙面建筑物首层或门窗等易受碰撞部位时，应在抗裂面层中增设一道玻纤网。

A.0.2 本条规定了面砖饰面无机轻集料砂浆外墙外保温系统的基本构造。

为了保证面砖饰面系统的安全性，在系统的抗裂面层构成中增设了需锚固入基层的塑料锚栓。塑料锚栓的主要作用在于不可预见情况下，对确保系统的安全性起一定的辅助作用。塑料锚栓数量和布置应根据建筑物高度和结构部位不同设置，不能因使用锚栓就放宽对保温系统组成材料间的粘结固定性能的要求。

玻纤网必须满足本规程的技术要求，抗裂面层复合玻纤网的厚度必须大于5mm，按照现行行业标准《建筑工程饰面砖粘结强度检验标准》JGJ 110的规定进行饰面砖粘结强度试验必须合格。

A.0.3 本条规定了无机轻集料砂浆外墙内保温系统的基本构造。

附录B 系统及其组成材料性能试验方法

B.1 试样制备、养护和状态调节

B.1.2 为满足外墙外保温系统的基本规定，需要对保温系统的组成材料进行检验。现行行业标准《外墙外保温工程技术规程》JGJ 144规定的试样养护和状态调节环境条件为：温度10℃～25℃，相对湿度不应低于50%；现行行业标准《胶粉聚苯颗粒外墙外保温系统》JG 158中规定的标准实验室环境为：空气温度23℃±2℃，相对湿度50%±10%；现行行业标准《膨胀聚苯板薄抹灰外墙外保温系统》JG 149中规定的标准实验室环境为：空气温度23℃±2℃，相对湿度50%±10%，而耐候性试验时的环境温度为10～25℃，相对湿度不应小于50%；现行国家标准《建筑保温砂浆》GB/T 20473中规定的养护条件为：温度环境20℃±3℃，相对湿度60%～80%。现行行业标准《陶瓷墙地砖胶粘剂》JC/T 547中规定的标准试验条件为：环境温度23℃±2℃，相对湿度50%±5%。对于同一实验室要开展这类产品试验，是很难满足不同养护要求的，因此，本规程统一了养护和状态调节环境条件。

B.2 系统性能指标试验方法

B.2.1 规定了面砖拉拔试验时的切割深度；断缝应从饰面砖表面切割至抗裂面层外表面（不应露出玻纤网），深度应一致。

B.2.3 根据无机轻集料保温砂浆的特点，对抗冲击性试验，除了应按现行行业标准《外墙外保温工程技术规程》JGJ 144中附录A.5有关规定外，还规定试件与基层粘结紧密，保温层厚度取50mm；对10J级抗冲击构件，应在表面涂刷一层丙烯酸类乳液以提高试验稳定性。

B.4 无机轻集料保温砂浆性能指标试验方法

B.4.1 由于无机轻集料保温砂浆性能受搅拌方式影响较大，特规定对搅拌设备的要求及对搅拌时间的要求。在对无机轻集料保温砂浆用行星式搅拌机进行3min、6min及9min的搅拌后发现，同配方的保温砂浆稠度分别为66mm、67mm、78mm，干密度为373kg/m³、380kg/m³、424kg/m³，抗压强度为1.70MPa、1.71MPa、2.11MPa，搅拌时间过长，会使无机轻集料破损，从而导致干密度和抗压强度均上升，影响砂浆的导热系数。

另砂浆稠度对性能影响较大，所以本规程在保证施工性能的前提下，对新拌砂浆的稠度作了规定。若系统供应商对自身产品的稠度有特殊要求，可在检测报告中指明。

B.4.4 在进行拉伸粘结强度试验时，由于无机轻集料保温砂浆基层为水泥砂浆试块，吸水性较大。当保温砂浆层较薄时，由于保温砂浆层失水较多，导致保温砂浆水灰比减小，强度增大；当保温砂浆层过厚时，保温砂浆成型有难度，所以选择保温砂浆的成型厚度为6mm。

B.4.6 在参照现行行业标准《建筑砂浆基本性能试验方法标准》JGJ/T 70基础上修订。

由于针对干密度小于550kg/m³、抗压强度小于2.5MPa的无机轻集料保温砂浆，按现行行业标准《建筑砂浆基本性能试验方法标准》JGJ/T 70测定时，往往会出现冻融循环试验后试件饱水质量不仅未损失反而增加。表1列举了分别按现行行业标准《建筑砂浆基本性能试验方法标准》JGJ/T 70及本规程测定的冻融循环试验后的试件质量损失率数据。

表1 保温砂浆性能测定值

样品编号		1	2	3
干密度（kg/m³）		460	344	388
抗压强度（MPa）		1.73	0.71	0.56
导热系数（平均温度25℃）[W/（m·K）]		0.088	0.068	0.083
抗冻性能（15次循环）	按照JGJ 70测定的质量损失率（%）	质量增加4.6	质量增加10.5	质量增加1.8
	本规程测定的质量损失率（%）	0	2.4	4.9

由表1可见，三个试样按现行行业标准《建筑砂浆基本性能试验方法标准》JGJ/T 70测定，冻融循环试验后的试件质量损失率均提高。分析原因，可能与无机轻集料保温砂浆的特殊结构有关。由于保温砂浆强度较低，且内部存在较多未连通的孔隙，在冻融循环过程中易遭到破坏，使部分原来不连通的封闭孔隙在冻融过程中损伤，从而导致吸水率提高，出现冻融后试件饱水质量增加的现象。由此可见，完全采用现行行业标准《建筑砂浆基本性能试验方法标准》JGJ/T 70的方法测定无机轻集料保温砂浆抗冻性能的质量损失率，存在着一定的不合理性。

因此，本条文要求抗冻试验前后均先将试件烘干24h后再称量，以便较客观地反映材料冻融后的实际质量损失率情况。

B.6 玻纤网性能指标试验方法

B.6.4 欧洲《UEAtc聚苯板复合外墙外保温认定指南》中以5%的NaOH水溶液作为碱溶液，《有抹面复合外保温系统欧洲技术认定指南》（EOTA ETAG 004）中改用混合碱作为碱溶液。美国外保温相关标准中也以5%的NaOH水溶液作为碱溶液。国内以5%的NaOH水溶液作为碱溶液做了大量试验验证，并积累了大量试验数据。因此，本规程规定耐碱断裂强力保留率应按现行行业标准《增强用玻璃纤维网布 第2部分：聚合物基外墙外保温用玻璃纤维网布》JC 561.2的规定进行试验，以5%的NaOH水溶液作为碱溶液。

中华人民共和国行业标准

建筑施工竹脚手架安全技术规范

Technical code for safety of bamboo scaffold in construction

JGJ 254—2011

批准部门：中华人民共和国住房和城乡建设部
施行日期：2 0 1 2 年 5 月 1 日

中华人民共和国住房和城乡建设部
公　　告

第 1192 号

关于发布行业标准《建筑施工竹脚手架安全技术规范》的公告

现批准《建筑施工竹脚手架安全技术规范》为行业标准，编号为 JGJ 254－2011，自 2012 年 5 月 1 日起实施。其中，第 3.0.2、4.2.5、6.0.3、6.0.7、8.0.6、8.0.8、8.0.12、8.0.13、8.0.14、8.0.21、8.0.22、8.0.23 条为强制性条文，必须严格执行。

本规范由我部标准定额研究所组织中国建筑工业出版社出版发行。

中华人民共和国住房和城乡建设部

2011 年 12 月 6 日

前　　言

根据原国家计划委员会《关于印发〈1989 年年度工程建设城建、建工行业标准制订、修订计划〉的通知》（计综合［1989］30 号）的要求，规范编制组经广泛调查研究，认真总结实践经验，参考有关国际标准和国外先进标准，并在广泛征求意见的基础上，编制本规范。

本规范的主要技术内容是：1. 总则；2. 术语和符号；3. 基本规定；4. 材料；5. 构造与搭设；6. 拆除；7. 检查与验收；8. 安全管理。

本规范中以黑体字标志的条文为强制性条文，必须严格执行。

本规范由住房和城乡建设部负责管理和对强制性条文的解释，由深圳市建设（集团）有限公司负责具体技术内容的解释。执行过程中如有意见和建议，请寄送深圳市建设（集团）有限公司（地址：深圳市红岭中路 2118 号，邮政编码：518008）。

本规范主编单位：深圳市建设（集团）有限公司
湖南长大建设集团股份有限公司

本规范参编单位：哈尔滨工业大学
江西省建设工程安全质量监督管理局
深圳市鹏城建筑集团有限公司
上海嘉实（集团）有限公司

本规范参加单位：芜湖第一建筑工程公司

本规范主要起草人员：刘宗仁　肖　营　陈志龙　郭　宁　张文祥　李天成　周妙玲　卢　亮　李　盛　王绍君　姜庆远　涂新华　陈晓辉　贾元祥　祝尚福　钱　勇　黄爱平　万　强　李世钟　蔡希杰　黄　秦　李发林　施五四

本规范主要审查人员：陈火炎　刘联伟　卓　新　葛兴杰　李根木　蓝九元　杨承惁　朱学农　刘新玉

目　次

Contents

1 总 则

1.0.1 为在竹脚手架的设计、搭设、验收和拆除中贯彻执行国家安全生产法规，做到技术先进、安全适用、经济合理，制定本规范。

1.0.2 本规范适用于工业与民用建筑工程施工中落地式双排竹脚手架、满堂竹脚手架的设计、搭设与使用。

1.0.3 竹脚手架不得用于模板支撑架，不得作为结构受力架体使用，也不得用于外墙使用易燃保温隔热材料的建筑物。

1.0.4 竹脚手架的设计、搭设与使用，除应符合本规范外，尚应符合国家现行有关标准的规定。

2 术语和符号

2.1 术 语

2.1.1 竹脚手架 bamboo scaffold

由绑扎材料将以竹杆为立杆、纵向水平杆、横向水平杆、顶撑、剪刀撑等杆件连接而成的有若干侧向约束的脚手架。

2.1.2 外脚手架 external scaffold

设置在房屋或构筑物外围的施工脚手架。

2.1.3 双排脚手架 double-pole scaffold

由内外两排立杆和水平杆等构成的脚手架。

2.1.4 满堂脚手架 multi rank scaffold

由多排、多列立杆和水平杆、剪刀撑等构成的脚手架。

2.1.5 结构脚手架 construction scaffold

用于砌筑和结构工程施工作业的脚手架。

2.1.6 装饰脚手架 ornamental scaffold

用于装饰工程施工作业的脚手架。

2.1.7 立杆 vertical staff

脚手架中垂直于水平面的竖向杆件。

2.1.8 水平杆 level staff

脚手架中的水平杆件。

2.1.9 顶撑 top bracing

紧贴立杆，两端顶住上下水平杆，用于传递竖向力的杆件。

2.1.10 抛撑 cast support

下端支承在脚手架下端外侧，上端与脚手架立杆固定的杆件。

2.1.11 斜撑 inclined support

与立杆或水平杆斜交的杆件。

2.1.12 剪刀撑 scissors support

成对设置的交叉斜杆。

2.1.13 扫地杆 ground staff

贴近地面、连接立杆根部的水平杆。

2.1.14 连墙件 connected component

连接脚手架和建筑物、构筑物结构的构件。

2.1.15 搁栅 grid

与纵向或横向水平杆件连接用于支承脚手板的杆件。

2.1.16 斜道 inclined path

用于人员上下和施工材料、工具运输的斜向通道。

2.1.17 竹笆脚手板 bamboo fence scaffold board

采用平放的竹片纵横编织而成的脚手板。

2.1.18 竹串片脚手板 bamboo chips juxtaposed scaffold board

采用螺栓穿过并列的竹片拧紧而成的脚手板。

2.1.19 整竹拼制脚手板 integral bamboo fabricated scaffold board

采用整竹按大小头一顺一倒相互排列拼制而成的脚手板。

2.1.20 毛竹 mao bamboo

产于我国江南一带及四川、湖北、湖南的一种常绿多年生植物。其杆身茎节明显，节间多空，质地坚韧，表皮光滑。

2.1.21 竹龄 bamboo age

毛竹的生产年龄按年计算，以竹表皮颜色进行鉴别。一年生呈嫩青色，二年生呈老青色，三、四年生呈深绿色，五、六年生呈黄色或赤黄色，七年或七年以上生呈橘黄色。

2.1.22 有效直径 effective diameter

竹杆的有效部分的小头直径。

2.1.23 竹篾 thin bamboo strip

采用毛竹的竹黄部分劈割而成的绑扎材料。

2.1.24 塑料篾 plastic strips

由纤维材料制成带状，在竹脚手架中用以代替竹篾的一种绑扎材料。

2.1.25 节点 node

脚手架杆件的交汇点。

2.1.26 主节点 main joint

立杆、纵向水平杆和横向水平杆的三杆交汇点。

2.1.27 吊索 sling

用钢丝绳或合成纤维等为原料做成的用于加固架体的绳索。

2.1.28 缆绳 cable

采用钢索或合成纤维等材料制作的具有抗拉、抗冲击、耐磨损、柔韧轻软等性能的多股绳索。

2.2 符 号

2.2.1 几何参数

d——杆件直径、外径；

H——脚手架搭设高度；

h——步距；

h_w——连墙点竖距；

L——脚手架长度；

L_a——立杆纵距；

L_b——立杆横距；

L_0——计算跨度；

L_w——连墙点横距。

2.2.2 抗力

f_g——地基承载力设计值；

f_{gk}——地基承载力标准值。

3 基本规定

3.0.1 在竹脚手架搭设和拆除前，应根据本规范的规定对竹脚手架进行设计，并应编制专项施工方案。专项施工方案应包括下列内容：

1 工程概况、设计依据、搭设条件、搭设方案设计。

2 脚手架搭设的施工图，且应包括以下各类图纸：

1）架体的平面、立面、剖面图；

2）连墙件的布置图；

3）转角、门洞口的构造；

4）斜道布置及构造图；

5）主要节点构造图。

3 基础做法及要求。

4 架体搭设和拆除的程序和方法。

5 季节性施工措施。

6 质量保证措施。

7 架体搭设、使用、拆除的安全技术措施。

8 应急预案。

3.0.2 严禁搭设单排竹脚手架。双排竹脚手架的搭设高度不得超过 24m，满堂架搭设高度不得超过 15m。

3.0.3 竹脚手架使用地区 10 年一遇的基本风压大于 0.50kN/m² 的，应对竹脚手架采取必要的加固措施。

3.0.4 竹脚手架作业层上的施工均布荷载标准值应符合表 3.0.4 的规定。

表 3.0.4 施工均布荷载标准值

类　别	标准值（kN/m²）
装修脚手架	≤2.0
结构脚手架	≤3.0

3.0.5 在两纵向立杆间的同一跨度内，用于结构施工的竹脚手架沿竖直方向同时作业不得超过 1 层；用于装饰施工的竹脚手架沿竖直方向同时作业不得超过 2 层。

3.0.6 竹脚手架构件的挠度控制值应符合表 3.0.6 的规定。

表 3.0.6 构件挠度控制值

竹脚手架构件类型	挠度控制值	L_0 的取值
脚手板	$L_0/200$	取相邻两横向或纵向水平杆间的距离
横向水平杆	$L_0/150$	取 L_b，即内外两立杆间的距离
纵向水平杆	$L_0/150$	取 L_a，即相邻两立杆间的距离

3.0.7 竹脚手架的地基处理应按本规范第 5.1.4 条执行。

3.0.8 竹脚手架的基础、整体构造和连墙件，应进行必要的设计和验算。

3.0.9 连墙件应结合建筑物或构筑物的结构确定其使用材料、连接方法和设置位置。

3.0.10 竹脚手架的门洞口、通道应采取必要的加强措施和安全防护措施。

3.0.11 竹脚手架应绑扎牢固，节点应可靠连接。

3.0.12 竹脚手架的使用期限不宜超过 1 年，否则应对杆件及节点进行检查，并应按本规范第 5.1.9 条的绑扎要求进行加固。

4 材　料

4.1 竹　杆

4.1.1 竹脚手架主要受力杆件应选用生长期 3 年～4 年的毛竹，竹杆应挺直、坚韧，不得使用严重弯曲不直、青嫩、枯脆、腐烂、虫蛀及裂纹连通两节以上的竹杆。

4.1.2 各类杆件使用的竹杆直径不应小于有效直径。竹杆有效直径应符合下列规定：

1 纵向及横向水平杆不宜小于 90mm；对直径为 60mm～90mm 的竹杆，应双杆合并使用；

2 立杆、顶撑、斜撑、抛撑、剪刀撑和扫地杆不得小于 75mm；

3 搁栅、栏杆不得小于 60mm。

4.1.3 主要受力杆件的使用期限不宜超过 1 年。

4.2 绑扎材料

4.2.1 竹杆的绑扎材料应采用合格的竹篾、塑料篾或镀锌钢丝，不得使用尼龙绳或塑料绳。竹篾、塑料篾的规格应符合表 4.2.1 的规定。

表 4.2.1 竹篾、塑料篾的规格

名称	长度（m）	宽度（mm）	厚度（mm）
竹篾	3.5～4.0	20	0.8～1.0
塑料篾	3.5～4.0	10～15	0.8～1.0

4.2.2 竹篾应由生长期 3 年以上的毛竹竹黄部分劈剖而成。竹篾使用前应置于清水中浸泡不少于 12h，竹篾应新鲜、韧性强。不得使用发霉、虫蛀、断腰、大节疤等竹篾。

4.2.3 单根塑料篾的抗拉能力不得低于 250N。

4.2.4 钢丝应采用 8 号或 10 号镀锌钢丝，不得有锈蚀或机械损伤。8 号钢丝的抗拉强度不得低于 $400N/mm^2$，10 号钢丝的抗拉强度不得低于 $450N/mm^2$。

4.2.5 竹杆的绑扎材料严禁重复使用。

4.2.6 竹杆的绑扎材料不得接长使用。

4.3 脚 手 板

4.3.1 脚手板应具有满足使用要求的平整度和整体性，并应符合本规范附录 A 的要求。

4.3.2 脚手板宜采用竹笆脚手板、竹串片脚手板和整竹拼制脚手板，不得采用钢脚手板。单块竹笆脚手板和竹串片脚手板重量不得超过 250N。常用的竹脚手板构造形式应符合本规范附录 A 的规定。

4.4 安 全 网

4.4.1 外墙脚手架的安全网宜采用阻燃型安全网，其材料性能指标应符合现行国家标准《安全网》GB 5725的要求。

5 构造与搭设

5.1 一 般 规 定

5.1.1 竹脚手架应具有足够的强度、刚度和稳定性，在使用时，变形及倾斜程度应符合本规范第 7.2.9 条的规定。

5.1.2 竹脚手架搭设前，应按本规范第 7.1 节的规定进行检查验收。经检验合格的材料，应根据竹杆粗细、长短、材质、外形等情况合理挑选和分类，堆放整齐、平稳。宜将同一类型的材料用在相邻区域。

5.1.3 双排竹脚手架的构造与搭设应符合下列规定：

1 横向水平杆应设置于纵向水平杆之下，脚手板应铺在纵向水平杆和搁栅上，作业层荷载可由横向水平杆传递给立杆（图 5.1.3-1）；

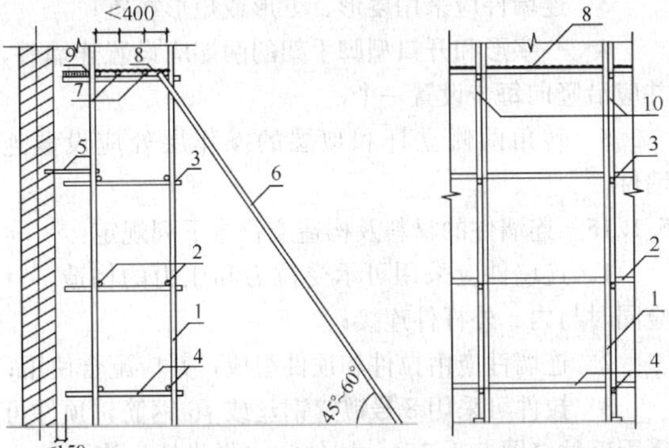

(a) 剖面图　　(b) 立面图

图 5.1.3-1　竹脚手架构造图（横向水平杆在下时）

1—立杆；2—纵向水平杆；3—横向水平杆；4—扫地杆；5—连墙件；6—抛撑；7—搁栅；8—竹笆脚手板；9—竹串片脚手板；10—顶撑

2 横向水平杆应设置于纵向水平杆之上，脚手板应铺在横向水平杆和搁栅上，作业层荷载可由纵向水平杆传递给立杆（图 5.1.3-2）。

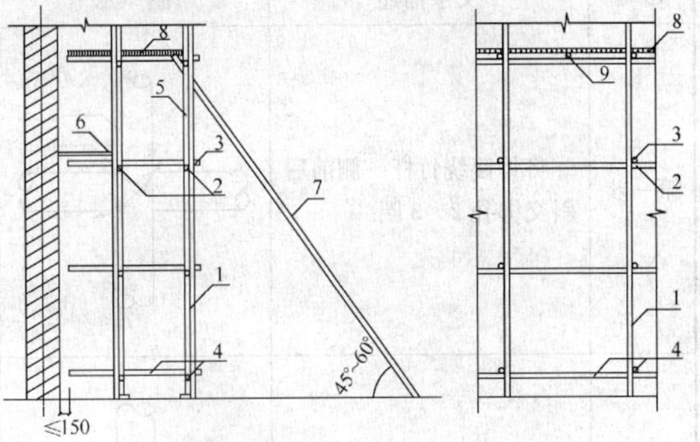

(a) 剖面图　　(b) 立面图

图 5.1.3-2　竹脚手架的构造图（纵向水平杆在下时）

1—立杆；2—纵向水平杆；3—横向水平杆；4—扫地杆；5—顶撑；6—连墙件；7—抛撑；8—竹串片脚手板；9—搁栅

5.1.4 竹脚手架的立杆、抛撑的地基处理应符合下列规定：

1 当地基土为一、二类土时，应进行翻填、分层夯实处理；在处理后的基础上应放置木垫板，垫板宽度不得小于 200mm，厚度不得小于 50mm，并应绑扎一道扫地杆；横向扫地杆距垫板上表面不应超过 200mm，其上应绑扎纵向扫地杆；

2 当地基土为三类土～五类土时，应将杆件底端埋入土中，立杆埋深不得小于 200mm，抛撑埋深不得小于 300mm，坑口直径应大于杆件直径 100mm，坑底应夯实并垫以木垫板，垫板不得小于 200mm×200mm×50mm；埋杆时应采用垫板卡紧，回填土应分层夯实，并应高出周围自然地面 50mm；

3 当地基土为六类土～八类土或基础为混凝土时，应在杆件底端绑扎一道扫地杆。横向扫地杆距垫板上表面不得超过 200mm，应在其上绑扎纵向扫地杆。地基土平整度不满足要求时，应在立杆底部设置木垫板，垫板不得小于 200mm×200mm×50mm。

5.1.5 满堂脚手架地基允许承载力不应低于 80kPa。

5.1.6 竹脚手架搭设前，应对搭设和使用人员进行安全技术交底。

5.1.7 竹脚手架搭设前，应清理、平整搭设场地，并应测放出立杆位置线，垫板安放位置应准确，并应做好排水措施。

5.1.8 底层顶撑底端的地面应夯实并设置垫板，垫板不宜小于 200mm×200mm×50mm。垫板不得叠放。其他各层顶撑不得设置垫块。

5.1.9 竹脚手架绑扎应符合下列规定：

1 主节点及剪刀撑、斜杆与其他杆件相交的节点应采用对角双斜扣绑扎，其余节点可采用单斜扣绑扎。双斜扣绑扎应符合表 5.1.9 的规定；

表 5.1.9 双斜扣绑扎法

步骤	文字描述	图 示
第一步	将竹篾绕竹杆一侧前后斜交绑扎 2～3 圈	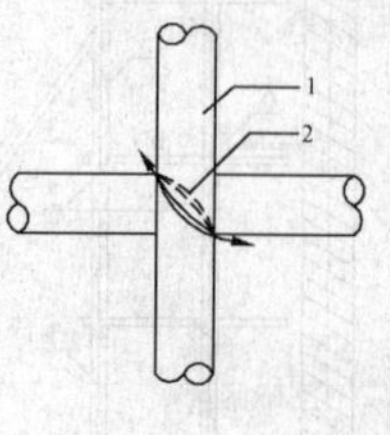
第二步	竹篾两头分别绕立杆半圈	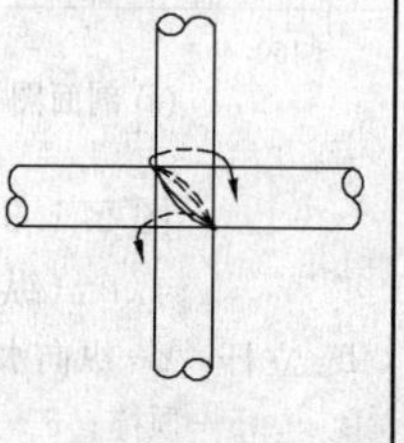
第三步	竹篾两头再沿第一步的另一侧相对绕行	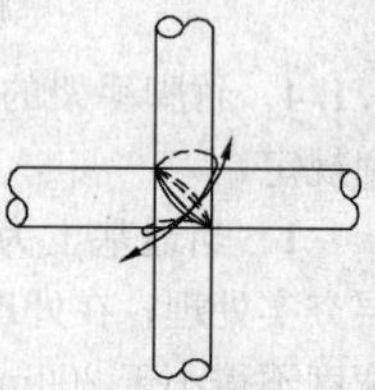
第四步	竹篾相对绕行 2～3 圈	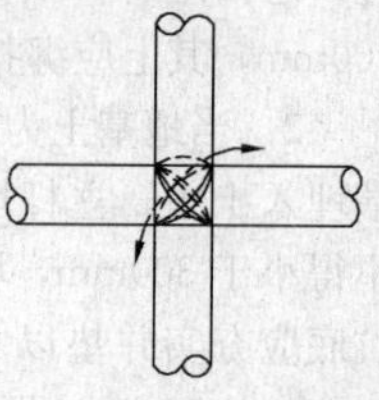
第五步	将竹篾两头相交缠绕后，从两竹杆空隙的一端穿入从另一端穿出，并用力拉紧，将竹篾头夹在竹篾与竹杆之中	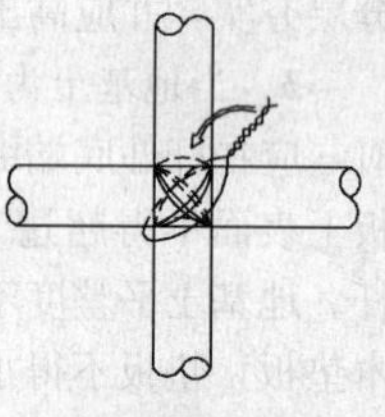

注：1—竹杆；2—绑扎材料。

2 杆件接长处可采用平扣绑扎法；竹篾绑扎时，每道绑扣应采用双竹篾缠绕 4 圈～6 圈，每缠绕 2 圈应收紧一次，两端头应拧成辫结构掖在杆件相交处的缝隙内，并应拉紧，拉结时应避开篾节（图 5.1.9）；

3 三根杆件相交的主节点处，相互接触的两杆件应分别绑扎，不得三根杆件共同绑扎一道绑扣；

4 不得使用多根单圈竹篾绑扎；

5 绑扎后的节点、接头不得出现松脱现象。施工过程中发现绑扎扣断裂、松脱现象时，应立即重新绑扎。

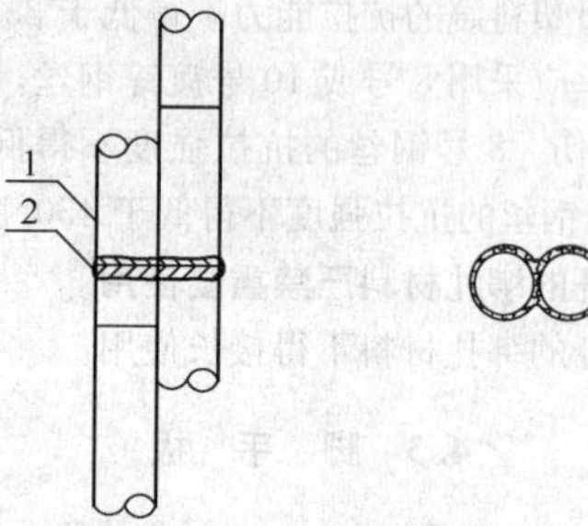

图 5.1.9 平扣绑扎法

1—竹杆；2—绑扎材料

5.1.10 受力杆件不得钢竹、木竹混用。

5.1.11 竹脚手架的搭设程序应符合下列规定：

1 竹脚手架的搭设应与施工进度同步，一次搭设高度不应超过最上层连墙件两步，且自由高度不应大于 4m；

2 应自下而上按步架设，每搭设完两步架后，应校验立杆的垂直度和水平杆的水平度；

3 剪刀撑、斜撑、顶撑等加固杆件应随架体同步搭设；

4 斜道应随架体同步搭设，并应与建筑物、构筑物的结构连接牢固。

5.1.12 竹脚手架沿建筑物、构筑物四周宜形成自封闭结构或与建筑物、构筑物共同形成封闭结构，搭设时应同步升高。

5.1.13 连墙件宜采用二步二跨（竖向间距不大于 2 步，横向间距不大于 2 跨）或二步三跨（竖向间距不大于 2 步，横向间距不大于 3 跨）或三步二跨（竖向间距不大于 3 步，横向间距不大于 2 跨）的布置方式。

5.1.14 连墙件的布置应符合下列规定：

1 应靠近主节点设置连墙件，当距离主节点大于 300mm 时应设置水平杆或斜杆对架体局部加强；

2 应从第二步架开始设置连墙件；

3 连墙件应采用菱形、方形或矩形布置；

4 一字形和开口型脚手架的两端应设置连墙件，并应沿竖向每步设置一个；

5 转角两侧立杆和顶层的操作层处应设置连墙件。

5.1.15 连墙件的材料及构造应符合下列规定：

1 连墙件应采用可承受拉力和压力的构造，且应同时与内、外杆件连接；

2 连墙件应由拉件和顶件组成，并应配合使用；

3 拉件可采用 8 号镀锌钢丝或 $\phi 6$ 钢筋，顶件可采用毛竹（图 5.1.15）；拉件宜水平设置；当不能水平设置时，与脚手架连接的一端应低于与建筑物、构筑物结构连接的一端。顶件应与结构牢固连接；

4 连墙件与建筑物、构筑物的连接应牢固，连墙件不得设置在填充墙等部位。

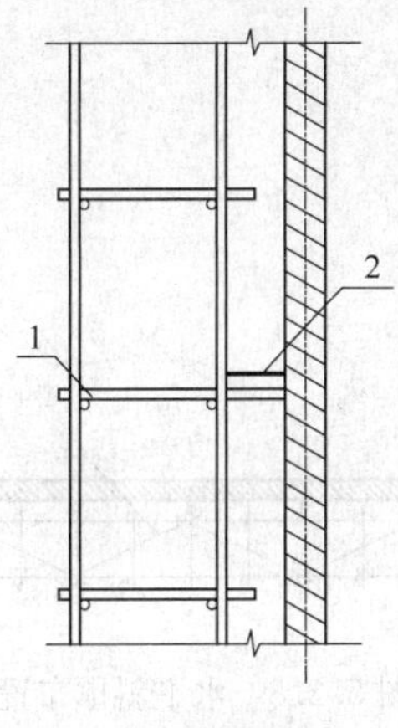

图 5.1.15 连墙件的构造

1—连墙件；2—8 号镀锌钢丝或 $\phi 6$ 钢筋

5.1.16 竹脚手架作业层外侧周边应设置两道防护栏杆，上道栏杆高度不应小于 1.2m，下道栏杆应居中设置，挡脚板高度不应小于 0.18m。栏杆和挡脚板应设在立杆内侧；脚手架外立杆内侧应采用密目式安全立网封闭。

5.2 双排脚手架

5.2.1 双排脚手架应由立杆、纵向水平杆、横向水平杆、连墙件、剪刀撑、斜撑、抛撑、顶撑、扫地杆等杆件组成。架体构造参数应符合表 5.2.1 的规定。

表 5.2.1 双排脚手架的构造参数

用途	内立杆至墙面距离（m）	立杆间距（m）		步距（m）	搁栅间距（m）	
		横距	纵距		横向水平杆在下	纵向水平杆在下
结构	≤0.5	≤1.2	1.5～1.8	1.5～1.8	≤0.40	不大于立杆纵距的 1/2
装饰	≤0.5	≤1.0	1.5～1.8	1.5～1.8	≤0.40	不大于立杆纵距的 1/2

5.2.2 立杆的构造与搭设应符合下列规定：

1 立杆应小头朝上，上下垂直，搭设到建筑物或构筑物顶端时，内立杆应低于女儿墙上皮或檐口 0.4m～0.5m；外立杆应高出女儿墙上皮 1m、檐口 1.0～1.2m（平屋顶）或 1.5m（坡屋顶），最上一根立杆应小头朝下，并应将多余部分往下错动，使立杆顶平齐；

2 立杆应采用搭接接长，不得采用对接、插接接长；

3 立杆的搭接长度从有效直径起算不得小于 1.5m，绑扎不得少于 5 道，两端绑扎点离杆端不得小于 0.1m，中间绑扎点应均匀设置；相邻立杆的搭接接头应上下错开一个步距；

4 接长后的立杆应位于同一平面内，立杆接头应紧靠横向水平杆，并应沿立杆纵向左右错开。当竹杆有微小弯曲，应使弯曲面朝向脚手架的纵向，且应间隔反向设置。

5.2.3 纵向水平杆的构造与搭设应符合下列规定：

1 纵向水平杆应搭设在立杆里侧，主节点处应绑扎在立杆上，非主节点处应绑扎在横向水平杆上；

2 搭接长度从有效直径起算不得小于 1.2m，绑扎不得少于 4 道，两端绑扎点与杆件端部不应小于 0.1m，中间绑扎点应均匀设置；

3 搭接接头应设置于立杆处，并应伸出立杆 0.2m～0.3m。相邻纵向水平杆的接头不应设置在同步或同跨内，并应上下内外错开一倍的立杆纵距。架体端部的纵向水平杆大头应朝外（图 5.2.3）。

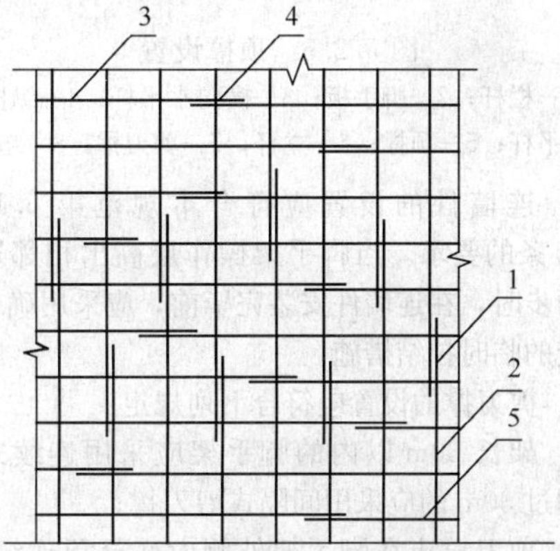

图 5.2.3 立杆和纵向水平杆接头布置

1—立杆接头；2—立杆；3—纵向水平杆；4—纵向水平杆接头；5—扫地杆

5.2.4 横向水平杆的构造与搭设应符合下列规定：

1 横向水平杆主节点处应绑扎在立杆上，非主节点处应绑扎在纵向水平杆上；

2 非主节点处的横向水平杆，应根据支撑脚手板的需要等间距设置，其最大间距不应大于立杆纵距的 1/2；

3 横向水平杆每端伸出纵向水平杆的长度不应小于 0.2m；里端距墙面应为 0.12m～0.15m，两端应与纵向水平杆绑扎牢固；

4 主节点处相邻横向水平杆应错开搁置在立杆的不同侧面，且与同一立杆相交的横向水平杆应保持在立杆的同一侧面。

5.2.5 顶撑的构造与搭设应符合下列规定：

1 顶撑应紧贴立杆设置，并应顶紧水平杆；顶撑应与上、下方的水平杆直径匹配，两者直径相差不得大于顶撑直径的 1/3；

2 顶撑应与立杆绑扎且不得少于 3 道，两端绑扎点与杆件端部的距离不应小于 100mm，中间绑扎点应均匀设置；

3 顶撑应使用整根竹杆，不得接长，上下顶撑应保持在同一垂直线上；

4 当使用竹笆脚手板时，顶撑应顶在横向水平杆的下方（图 5.2.5）；当使用竹串片脚手板时，顶撑应顶在纵向水平杆的下方。

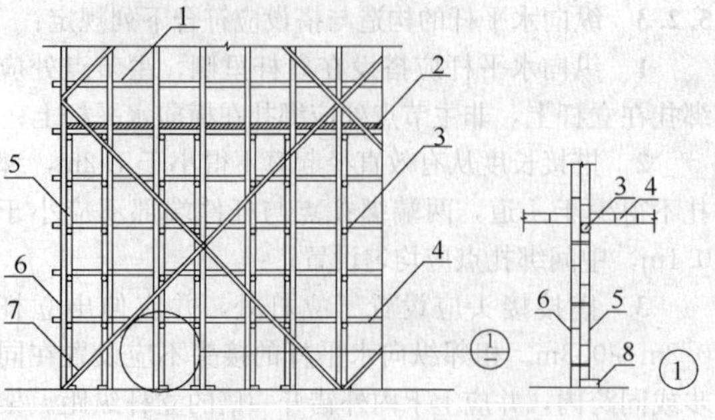

(a) 顶撑设置图　　(b) 顶撑设置详图

图 5.2.5　顶撑设置

1—栏杆；2—脚手板；3—横向水平杆；4—纵向水平杆；5—顶撑；6—立杆；7—剪刀撑；8—垫板

5.2.6　连墙件的设置应符合本规范第 5.1.13～5.1.15 条的要求。当脚手架操作层高出相邻连墙件以上两步时，在连墙件安装完毕前，应采用确保脚手架稳定的临时拉结措施。

5.2.7　剪刀撑的设置应符合下列规定：

1　架长 30m 以内的脚手架应采用连续式剪刀撑，超过 30m 的应采用间隔式剪刀撑；

2　剪刀撑应在脚手架外侧由底至顶连续设置，与地面倾角应为 45°～60°（图 5.2.7）；

3　间隔式剪刀撑除应在脚手架外侧立面的两端设置外，架体的转角处或开口处也应加设一道剪刀撑，剪刀撑宽度不应小于 $4L_a$；每道剪刀撑之间的净距不应大于 10m；

4　剪刀撑应与其他杆件同步搭设，并宜通过主节点；剪刀撑应紧靠脚手架外侧立杆，和与之相交的立杆、横向水平杆等应全部两两绑扎；

5　剪刀撑的搭接长度从有效直径起算不得小于 1.5m，绑扎不得少于 3 道，两端绑扎点与杆件端部不应小于 100mm，中间绑扎点应均匀设置。剪刀撑应大头朝下、小头朝上。

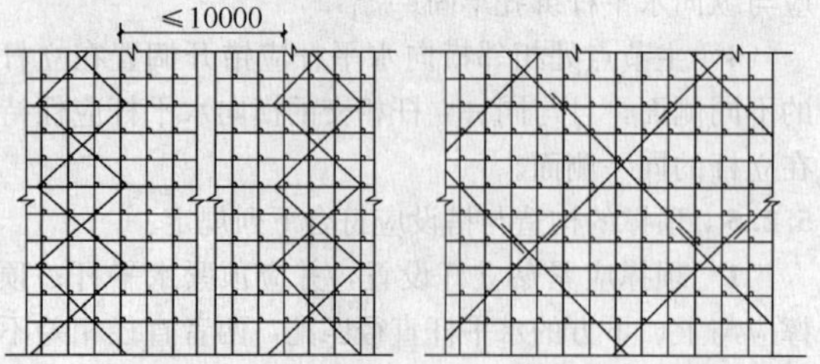

(a) 间隔式剪刀撑　　(b) 连续式剪刀撑

图 5.2.7　剪刀撑布置形式

5.2.8　斜撑、抛撑的设置应符合下列规定：

1　水平斜撑应设置在脚手架有连墙件的步架平面内，水平斜撑的两端与立杆应绑扎呈"之"字形，并应将其中与连墙件相连的立杆作为绑扎点（图 5.2.8）；

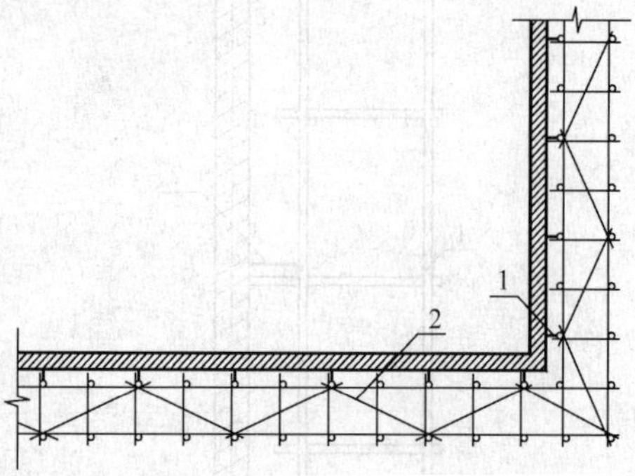

图 5.2.8　水平斜撑布置

1—连墙件；2—水平斜撑

2　一字形、开口型双排脚手架的两端应设置横向斜撑；

3　横向斜撑应在同一节间由底至顶呈"之"字形连续设置，杆件两端应固定在与之相交的立杆上；

4　当竹脚手架搭设高度低于三步时，应设置抛撑。抛撑应采用通长杆件与脚手架可靠连接，与地面的夹角应为 45°～60°角，连接点中心至主节点的距离不应大于 300mm。抛撑拆除应在连墙件搭设后进行。

5.2.9　当作业层铺设竹笆脚手板时，应在内外侧纵向水平杆之间设置搁栅，并应符合下列规定：

1　搁栅应设置在横向水平杆上面，并应与横向水平杆绑扎牢固；

2　搁栅应在纵向水平杆之间等距离布置，且间距不得大于 400mm；

3　搁栅的接长应采用搭接，搭接处应头搭头，梢搭梢；搭接长度从有效直径起算，不得小于 1.2m；搭接端应在横向水平杆上，并应伸出 200mm～300mm；

4　竹笆脚手板应按其主竹筋垂直于纵向水平杆方向铺设，且应采用对接平铺，四个角应采用 14 号镀锌钢丝固定在纵向水平杆上。

5.2.10　竹串片脚手板应设置在两根以上横向水平杆上。接头可采用对接或搭接铺设（图 5.2.10）。当采用对接平铺时，接头处应设两根横向水平杆，脚手板外伸长度不应大于 150mm，两块脚手板的外伸长度之和不应大于 300mm；当采用搭接铺设时，接头应支承在横向水平杆上，搭接长度应大于 200mm，其伸出横向水平杆的长度不应小于 100mm。

5.2.11　作业层脚手板应铺满、铺稳，离开墙面距离不应大于 150mm。

5.2.12　作业层端部脚手板探头长度不应超过 150mm，其板长两端均应与支承杆可靠地固定。

5.2.13　脚手架内侧横向水平杆的悬臂端应铺设竹串片脚手板，脚手板距墙面不应大于 150mm。

5.2.14　防护栏杆和安全立网的设置应符合本规范第 5.1.16 条的要求。

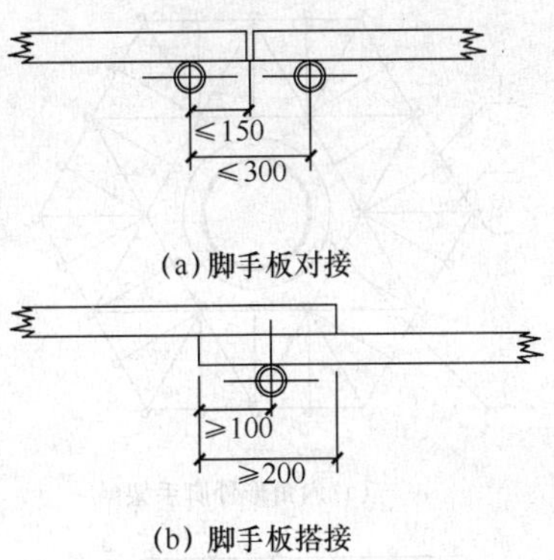

图 5.2.10 脚手板对接、搭接的构造

5.2.15 门洞的搭设应符合下列要求：

1 门洞口应采用上升斜杆、平行弦杆桁架结构形式（图 5.2.15），斜杆与地面倾角应为 45°～60°；

2 门洞处的空间桁架除下弦平面处，应在其余 5 个平面内的节间设置一根斜腹杆，上端应向上连接交搭（2～3）步纵向水平杆，并应绑扎牢固；

3 门洞桁架下的两侧立杆、顶撑应为双杆，副立杆高度应高于门洞口 1 步～2 步；

4 斜撑、立杆加固杆件应随架体同步搭设，不得滞后搭设。

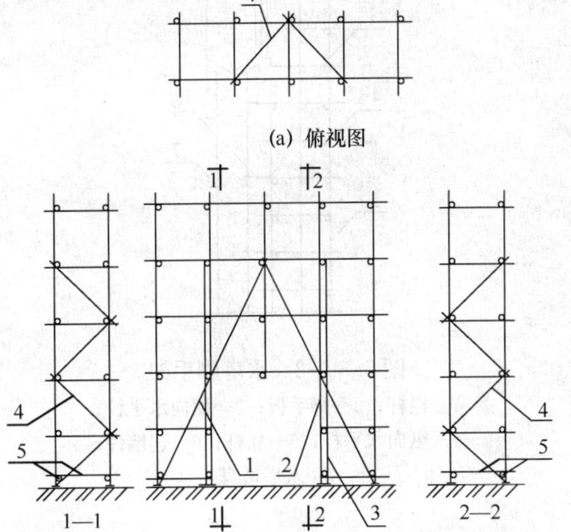

图 5.2.15 门洞和通道脚手架构造
（适用于两跨宽的门洞）
1—斜腹杆；2—主立杆；3—副立杆；
4—斜杆；5—扫地杆

5.3 斜 道

5.3.1 斜道可由立杆、纵向水平杆、横向水平杆、顶撑、斜杆、剪刀撑、连墙件等组成。斜道应紧靠脚手架外侧设置，并应与脚手架同步搭设（图 5.3.1）。

5.3.2 当脚手架高度在 4 步以下时，可搭设“一”字形斜道或中间设休息平台的上折形斜道；当脚手架高度在 4 步以上时，应搭设“之”字形斜道，转弯处应设置休息平台。

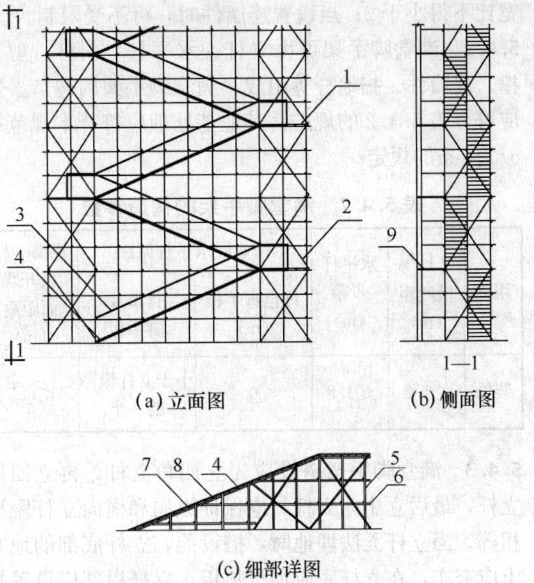

图 5.3.1 斜道的构造与布置
1—平台；2—剪刀撑；3—栏杆；4—斜杆；
5—立杆；6—纵向水平杆；7—斜道板；
8—横向水平杆；9—连墙件

5.3.3 人行斜道坡度宜为 1：3，宽度不应小于 1m，平台面积不应小于 $2m^2$，斜道立杆和水平杆的间距应与脚手架相同；运料斜道坡度宜为 1：6，宽度不应小于 1.5m，平台面积不应小于 $4.5m^2$，运料斜道及其对应的脚手架立杆应采用双立杆。

5.3.4 斜道外侧及休息平台两侧应设剪刀撑。休息平台应设连墙件与建筑物、构筑物的结构连接。连墙件的设置应符合本规范第 5.1.13～5.1.15 条的要求。

5.3.5 当斜道脚手板横铺时，应在横向水平杆上每隔 0.3m 加设斜平杆，脚手板应平铺在斜平杆上；当斜道脚手板顺铺时，脚手板应平铺在横向水平杆上。当横向水平杆设置在斜平杆上时，间距不应大于 1m；在休息平台处，不应大于 0.75m。脚手板接头处应设双根横向水平杆，脚手板搭接长度不应小于 0.4m。脚手板上每隔 0.3m 应设一道高 20mm～30mm 的防滑条。

5.3.6 斜道两侧及休息平台外侧应分别设置防护栏杆，斜道及休息平台外立杆内侧应挂设密目式安全立网。防护栏杆的设置应符合本规范第 5.1.16 条的规定。

5.3.7 斜道的进出口处应按现行行业标准《建筑施工高处作业安全技术规范》JGJ 80 的规定设置安全防护棚。

5.4 满堂脚手架

5.4.1 满堂脚手架搭设高度不得超过 15m。架体高宽比不得小于2；当设置连墙件时，可不受限制。

5.4.2 满堂脚手架可由立杆、水平杆、斜杆、剪刀撑、连墙件、扫地杆等组成。满堂脚手架的构造参数应符合表5.4.2的规定。其地基处理应符合本规范第5.1.4条的规定。

表5.4.2 满堂脚手架的构造参数

用途	立杆纵横间距（m）	水平杆步距（m）	作业层水平杆间距		靠墙立杆离开墙面距离（m）
			竹笆脚手板（m）	竹串片脚手板	
装饰	≤1.2	≤1.8	≤0.4	小于立杆纵距的一半	≤0.5

5.4.3 满堂脚手架搭设应先立四角立杆，再立四周立杆，最后立中间立杆，应保证纵向和横向立杆距离相等。当立杆无法埋地时，搭设前，立杆底部的地基土应夯实，在立杆底应加设垫板，立杆根部应设置扫地杆。当架高5m及以下时，垫板的尺寸不得小于200mm×200mm×50mm（长×宽×厚）；当架高大于5m时，应垫通长垫板，其尺寸不得小于200mm×50mm（宽×厚）。顶层纵（横）向水平杆应置于立杆顶端；立杆顶端应设帮条固定纵（横）向水平杆。

5.4.4 满堂脚手架四周及中间每隔四排立杆应设置纵横向剪刀撑，并应由底至顶连续设置，每道剪刀撑的宽度应为四个跨距。

5.4.5 满堂脚手架在架体的底部、顶部及中间应每3步设置一道水平剪刀撑。

5.4.6 横向水平杆应绑扎在立杆上，纵向水平杆可每隔一步架与立杆绑扎一道。

5.4.7 满堂脚手架应在架体四周设置连墙件，与建筑物或构筑物可靠连接。连墙件的设置应符合本规范第5.1.13～5.1.15条的要求。

5.4.8 作业层脚手板应满铺，并应与支承的水平杆绑扎牢固。作业层临空面应设置栏杆和挡脚板。防护栏杆和挡脚板的设置应符合本规范第5.1.16条的要求。

5.4.9 供人员上下的爬梯应绑扎牢固，上料口四边应设安全护栏。

5.5 烟囱、水塔脚手架

5.5.1 烟囱、水塔等圆形和方形构筑物脚手架宜采用正方形、六角形、八角形等多边形外脚手架，可由立杆、纵向水平杆、横向水平杆、剪刀撑、连墙件等组成（图5.5.1-1、图5.5.1-2）。烟囱、水塔脚手架的构造参数应符合表5.5.1的规定。

表5.5.1 烟囱、水塔脚手架构造参数

里排立杆至构筑物边缘的距离（m）	立杆横距（m）	立杆纵距（m）	纵向水平杆步距（m）
≤0.5	1.2	1.2～1.5	1.2

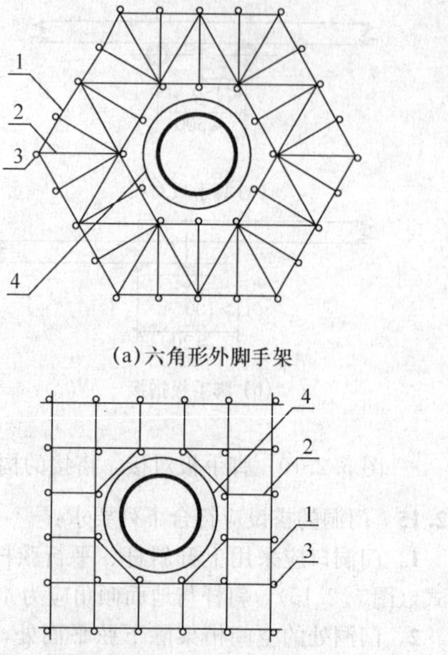

(a)六角形外脚手架

(b)正方形外脚手架

图5.5.1-1 烟囱脚手架

1—纵向水平杆；2—横向水平杆；3—立杆；4—烟囱

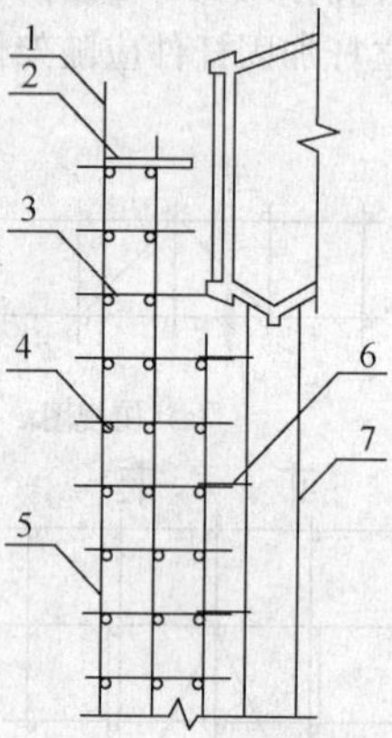

图5.5.1-2 水塔脚手架

1—栏杆；2—脚手板；3—横向水平杆；4—纵向水平杆；5—立杆；6—连墙件；7—水塔塔身

5.5.2 立杆搭设应先内排后外排，先转角处后中间，同一排立杆应齐直，相邻两排立杆接头应错开一步架。

5.5.3 烟囱脚手架搭设高度不得超过24m。烟囱脚手架立杆自下而上应保持垂直。搭设时可根据需要增设内立杆，并应利用烟囱结构作为增设内立杆的支撑点（图5.5.3）。

5.5.4 水塔脚手架应根据水箱直径大小搭设成三排架，在水箱处应搭设成双排架。

5.5.5 在纵向水平杆转角处应补加一根横向水平杆，并应使交叉搭接处形成稳定的三角形。作业层横向水平杆间距不应大于1m，距烟囱壁或水塔壁不应大

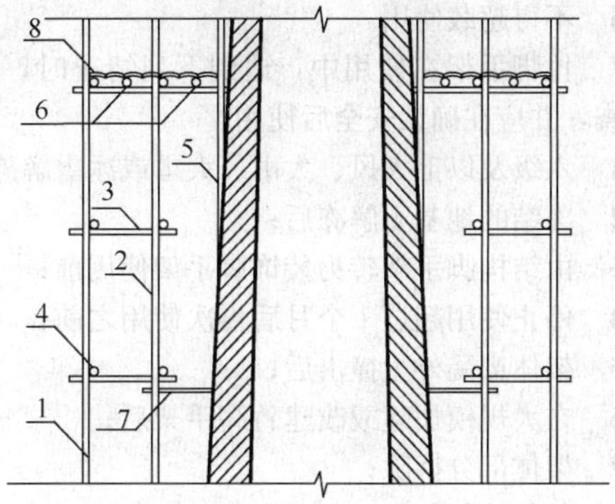

图 5.5.3 烟囱脚手架构造剖面图
1—外立杆；2—内立杆；3—横向水平杆；
4—纵向水平杆；5—新增内立杆；6—搁栅；
7—连墙件；8—脚手板

于 0.1m。

5.5.6 脚手架外侧应从下至上连续设置剪刀撑。当架高 10m～15m 时，应设一组（4 根以上双数）缆风绳对拉，每增高 10m 应加设一组。缆风绳应采用直径不小于 11mm 钢丝绳，不得用钢筋代替，与地面夹角应为 45°～60°，下端应单独固定在地锚上，不得固定在树木或电杆上。

5.5.7 脚手架应每二步三跨设置一道连墙件，转角处必须设置连墙件。可在结构施工时预埋连墙件的连接件，然后安装连墙件。连墙件的设置应符合本规范第 5.1.14、5.1.15 条的要求。

5.5.8 作业层应满铺脚手板，并应设置防护栏杆和挡脚板，防护栏杆外侧应挂密目式安全网，脚手板下方应设一道安全平网。防护栏杆和安全立网的设置应符合本规范第 5.1.16 条的要求。

5.5.9 爬梯的设置应符合本规范第 5.4.9 条的规定。

6 拆　　除

6.0.1 竹脚手架拆除应按拆除方案组织施工，拆除前应对作业人员作书面的安全技术交底。

6.0.2 拆除竹脚手架前，应作好下列准备工作：

1 应对即将拆除的竹脚手架全面检查；

2 应根据检查结果补充完善竹脚手架拆除方案，并应经方案原审批人批准后实施；

3 应清除竹脚手架上杂物及地面障碍物。

6.0.3 拆除竹脚手架时，应符合下列规定：

1 拆除作业必须由上而下逐层进行，严禁上下同时作业，严禁斩断或剪断整层绑扎材料后整层滑塌、整层推倒或拉倒；

2 连墙件必须随竹脚手架逐层拆除，严禁先将整层或数层连墙件拆除后再拆除架体；分段拆除时高差不应大于 2 步。

6.0.4 拆除竹脚手架的纵向水平杆、剪刀撑时，应先拆中间的绑扎点，后拆两头的绑扎点，并应由中间的拆除人员往下传递杆件。

6.0.5 当竹脚手架拆至下部三步架高时，应先在适当位置设置临时抛撑对架体加固后，再拆除连墙件。

6.0.6 当竹脚手架需分段拆除时，架体不拆除部分的两端应按本规范第 5.1.13～5.1.15 条的规定采取加固措施。

6.0.7 拆下的竹脚手架各种杆件、脚手板等材料，应向下传递或用索具吊运至地面，严禁抛掷至地面。

6.0.8 运至地面的竹脚手架各种杆件，应及时清理，并应分品种、规格运至指定地点码放。

7 检查与验收

7.1 材料检查与验收

7.1.1 竹脚手架的各种材料，在进入施工现场时，应进行检查与验收，并应符合本规范第 4 章的规定。

7.1.2 塑料篾应具有合格证和检验报告，当无检验报告时，应每个批次抽取一组试件（3 件）检测，检测结果应满足本规范第 4.2.3 条的规定。

7.1.3 经检查和验收不合格的材料，应及时清除出场。

7.2 竹脚手架检查与验收

7.2.1 搭设前，应对竹脚手架的地基进行检查，并应经验收合格。

7.2.2 竹脚手架搭设完毕或每搭设 2 个楼层高度，满堂脚手架搭设完毕或每搭设 4 步高度，应对搭设质量进行一次检查，并应经验收合格后交付使用或继续搭设。

7.2.3 竹脚手架应由单位工程负责人组织技术、安全人员进行检查验收。

7.2.4 竹脚手架搭设质量验收时，应具备下列技术文件：

1 按本规范第 3.0.1 条要求编制的专项施工方案；

2 材料质量检验记录；

3 安全技术交底及搭设质量检验记录；

4 竹脚手架工程施工验收报告。

7.2.5 竹脚手架工程验收，应对搭设质量进行全数检验。重点检验项目应符合下列要求，并应将检验结果记入施工验收报告：

1 主要受力杆件的规格、杆件设置应符合专项施工方案的要求；

2 地基应符合专项施工方案的要求，应平整坚实，垫板应符合本规范的规定；

3 立杆间距应符合专项施工方案的要求，立杆垂直度应符合本规范的规定；

4 连墙件应设置牢固，连墙件间距应符合专项施工方案的要求；

5　剪刀撑、斜撑等加固杆件应设置齐全、绑扎可靠；

6　竹脚手架门洞、转角等部位的搭设应符合本规范第 5.2.15 条的规定；

7　安全网的张挂及防护栏杆设置应齐全、牢固。

7.2.6　竹脚手架在使用中应定期检查，并应符合下列规定：

1　地基不得积水，垫板不得松动，立杆不得悬空；

2　架体不得出现倾斜、变形；

3　加固杆件、连墙件应牢固；

4　绑扎材料应无松脱、断裂；绑扎钢丝应无锈蚀现象；

5　安全防护措施应符合本规范第 5.1.16 条的要求；

6　不得超载使用。

7.2.7　竹脚手架在使用中，遇到下列情况时，应进行检查，并应在确认安全后使用：

1　六级及以上大风、大雨、大雪或冰雪解冻后；

2　冻结的地基土解冻后；

3　由结构脚手架转为装饰脚手架使用前；

4　停止使用超过 1 个月后再次使用之前；

5　架体遭受外力撞击后；

6　在大规模加建或改建竹脚手架后；

7　架体部分拆除；

8　其他特殊情况。

7.2.8　竹脚手架在拆除前，应对架体进行检查，当发现有连墙件、剪刀撑等加固杆件缺少，架体倾斜失稳或立杆悬空等情况时，应对架体加固后再拆除。

7.2.9　竹脚手架搭设的技术要求、允许偏差与检验方法应符合表 7.2.9 的规定。

表 7.2.9　竹脚手架搭设的技术要求、允许偏差与检验方法

项次	项目		技术要求	允许偏差 Δ（mm）	示意图	检查方法与工具
1	地基基础	表面	坚实平整	—	—	观察
		排水	不积水			
		垫板	不松动			
2	各杆件小头有效直径	纵向、横向水平杆	≥90mm	0	—	卡尺或钢尺
		搁栅、栏杆	≥60mm			
		其他杆件	≥75mm			
3	杆件弯曲	端部弯曲 $L \leqslant 1.5$m	≤20mm	0	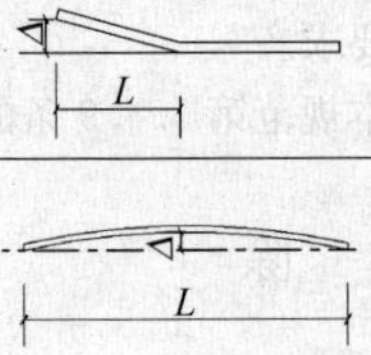	钢尺
		顶撑	≤20mm	0		
		其他杆件	≤50mm			
4	立杆垂直度	搭设中检查偏差的高度	不得朝外倾斜，当高度为： H=10m H=15m H=20m H=24m	 25 50 75 100	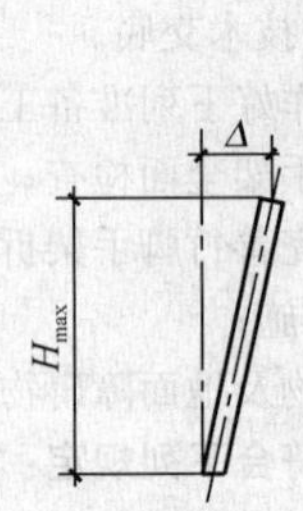	用经纬仪或吊线和钢尺
		最后验收垂直度	不得朝外倾斜	100		
5	顶撑	直径	与水平杆直径相匹配	与水平杆直径相差不大于顶撑的 1/3	—	钢尺

续表 7.2.9

项次	项目		技术要求	允许偏差 Δ（mm）	示意图	检查方法与工具
6	间距	步距 纵距 横距	—	±20 ±50 ±20	—	钢尺
7	纵向水平杆高差	一根杆的两端	—	±20	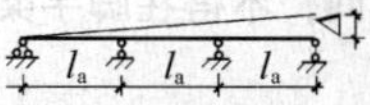	水平仪或水平尺
		同跨内两根纵向水平杆	—	±10	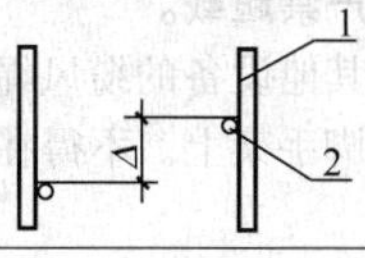	
		同一排纵向水平杆	—	不大于架体纵向长度的 1/300 或 200mm	—	
8	横向水平杆外伸长度偏差	出外侧立杆	≥200mm	0	—	钢尺
		伸向墙面	≤450mm	0		
9	杆件搭接长度	纵向水平杆	≥1.5m	0		钢尺
		其他杆件	≥1.2m	0		
10	斜道防滑条	外观	不松动	—		观察
		间距	300mm	±30	—	钢尺
11	连墙件	设置间距	二步三跨或三步二跨	—		观察
		离主节点距离	≤300mm	0	—	钢尺

注：1—立杆；2—纵向水平杆。

8 安全管理

8.0.1 施工企业的项目负责人应对竹脚手架搭设和拆除的安全管理负责，并应组织制定和落实项目安全生产责任制、安全生产规章制度和操作规程。项目负责人应组织技术人员对所有进场的施工人员进行安全教育和技术培训。

8.0.2 工地应配备专、兼职消防安全管理人员，负责施工现场的日常消防安全管理工作。

8.0.3 竹脚手架的搭设、拆除应由专业架子工施工。架子工应经考核，合格后方可持证上岗。

8.0.4 竹杆及脚手板应相对集中放置，放置地点离建筑物不应少于 10m，并应远离火源。堆放地点应有明显标识。

8.0.5 竹杆应按长短、粗细分别堆放。露天堆放时，应将竹杆竖立放置，不得就地平堆。竹篾在贮运过程中不得受雨水浸淋，不得沾染石灰、水泥，不得随地堆放，应悬挂在通风、干燥处。

8.0.6 当搭设、拆除竹脚手架时，必须设置警戒线、警戒标志，并应派专人看护，非作业人员严禁入内。

8.0.7 竹脚手架搭设过程中，应及时设置扫地杆、连墙件、斜撑、抛撑、剪刀撑以及必要的缆绳和吊索。搭设完毕应进行检查验收，并应确认合格后使用。

8.0.8 当双排脚手架搭设高度达到三步架高时，应随搭随设连墙件、剪刀撑等杆件，且不得随意拆除。当脚手架下部暂不能设连墙件时应设置抛撑。

8.0.9 搭设、拆除竹脚手架时，作业层应铺设脚手板，操作人员应按规定使用安全防护用品，穿防滑鞋。

8.0.10 竹脚手架外侧应挂密目式安全立网，网间应严密，防止坠物伤人。

8.0.11 临街搭设、拆除竹脚手架时，外侧应有防止坠物伤人的安全防护措施。

8.0.12　在竹脚手架使用期间，严禁拆除下列杆件：

1　主节点处的纵、横向水平杆，纵、横向扫地杆；

2　顶撑；

3　剪刀撑；

4　连墙件。

8.0.13　在竹脚手架使用期间，不得在脚手架基础及其邻近处进行挖掘作业。

8.0.14　竹脚手架作业层上严禁超载。

8.0.15　不得将模板支架、其他设备的缆风绳、混凝土泵管、卸料平台等固定在脚手架上。不得在竹脚手架上悬挂起重设备。

8.0.16　不得攀登架体上下。

8.0.17　在使用过程中，应对竹脚手架经常性地检查和维护，并应及时清理架体上的垃圾或杂物。

8.0.18　施工中发现竹脚手架有安全隐患时，应及时解决；危及人身安全时，应立即停止作业，并应组织作业人员撤离到安全区域。

8.0.19　6级及以上大风、大雾、大雨、大雪及冻雨等恶劣天气下应暂停在脚手架上作业。雨、雪、霜后上架操作应采取防滑措施，并应扫除积雪。

8.0.20　在竹脚手架使用过程中，当预见可能遇到8级及以上的强风天气或超过本规范第3.0.3条规定的风压值时，应对架体采取临时加固措施。

8.0.21　工地应设置足够的消防水源和临时消防系统，竹材堆放处应设置消防设备。

8.0.22　当在竹脚手架上进行电焊、机械切割作业时，必须经过批准且有可靠的安全防火措施，并应设专人监管。

8.0.23　施工现场应有动火审批制度，不应在竹脚手架上进行明火作业。

8.0.24　卤钨灯灯管距离脚手架杆件不应小于0.5m，且应防范灯管照明引起杆件过热燃烧。通过架体的导线应设置用耐热绝缘材料制成的护套，不得使用具有延燃性的绝缘导线。

附录A　脚　手　板

A.0.1　竹笆脚手板应采用平放的竹片纵横编织而成。纵片不得少于5道且第一道用双片，横片应一反一正，四边端纵横片交点应用钢丝穿过钻孔每道扎牢。竹片厚度不得小于10mm，宽度应为30mm。每块竹笆脚手板应沿纵向用钢丝扎两道宽40mm双面夹筋，夹筋不得用圆钉固定。竹笆脚手板长应为1.5m～2.5m，宽应为0.8m～1.2m（图A.0.1）。

A.0.2　竹串片脚手板应采用螺栓穿过并列的竹片拧紧而成，螺栓直径应为8mm～10mm，间距应为500mm～600mm，螺栓孔直径不得大于10mm。板的厚度不得小于50mm，宽度应为250mm～300mm，长度应为2m～3.5m（图A.0.2）。

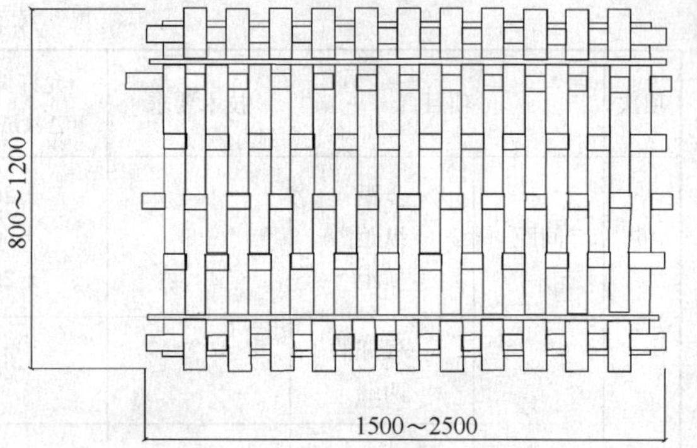

图A.0.1　竹笆脚手板

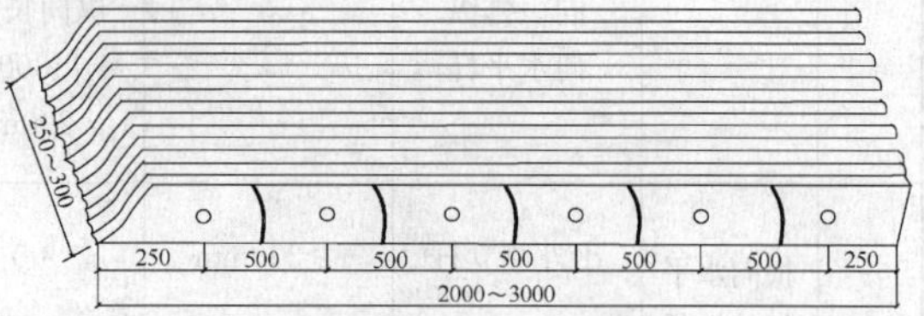

图A.0.2　竹串片脚手板

A.0.3　整竹拼制脚手板应采用大头直径为30mm，小头直径为20mm～25mm的整竹大小头一顺一倒相互排列而成。板长应为0.8m～1.2m，宽应为1.0m。整竹之间应用14号镀锌钢丝编扎，应150mm一道。脚手板两端及中间应对称设四道双面木板条，并应采用镀锌钢丝绑牢（图A.0.3）。

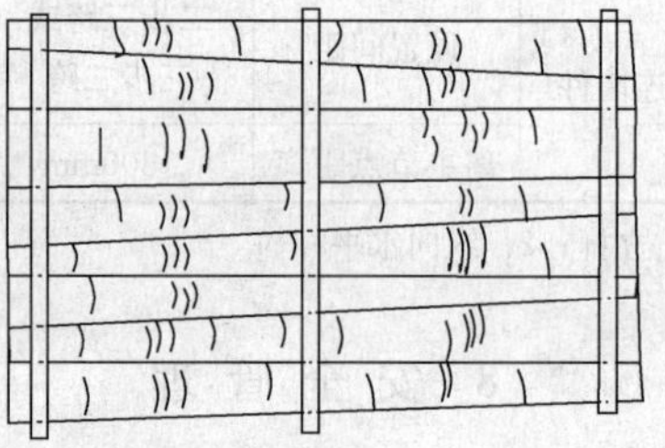

图A.0.3　整竹拼制脚手板

本规范用词说明

1　为便于在执行本规范条文时区别对待，对要求严格程度不同的用词说明如下：

1）表示很严格，非这样做不可的：
正面词采用“必须”，反面词采用“严禁”；

2）表示严格，在正常情况下均应这样做的：
正面词采用“应”，反面词采用“不应”或“不得”；

3）表示允许稍有选择，在条件许可时首先应这样做的：

正面词采用“宜”，反面词采用“不宜”；

4）表示有选择，在一定条件下可以这样做的，采用“可”。

2　条文中指明应按其他有关标准执行的写法为：“应符合……的规定”或“应按……执行”。

引用标准名录

1　《建筑施工高处作业安全技术规范》JGJ 80

2　《安全网》GB 5725

中华人民共和国行业标准

建筑施工竹脚手架安全技术规范

JGJ 254—2011

条 文 说 明

制 定 说 明

《建筑施工竹脚手架安全技术规范》JGJ 254-2011，经住房和城乡建设部2011年12月6日以第1192号公告批准、发布。

本规范制定过程中，编制组进行了广泛的调查研究，总结了我国竹脚手架设计、施工和使用的实践经验，同时参考了国外先进技术法规、技术标准，通过竹脚手架整架试验和节点试验取得了构造参数。

为便于广大设计、施工、科研、学校等单位有关人员在使用本规范时能正确理解和执行条文规定，《建筑施工竹脚手架安全技术规范》编制组按章、节、条顺序编制了本规范的条文说明，对条文规定的目的、依据以及执行中需注意的有关事项进行了说明，还着重对强制性条文的强制性理由作了解释。但是，本条文说明不具备与标准正文同等的法律效力，仅供使用者作为理解和把握标准规定的参考。

目 次

1 总 则

1.0.1 建筑施工竹脚手架是建筑工程施工中工人进行施工操作和运送材料的临时性设施。我国的竹材产量占世界总产量的80%左右，生长在长江和珠江流域地区。竹材生长快，分布地区较广，资源丰富，建筑上大量采用竹材，作为传统形式的竹脚手架，我国南方各省广泛采用，最高的搭设高度达60m。但我国目前尚无科学的完整的竹脚手架规范。为了获得更好的综合经济效益和社会效益，使施工现场安全得到进一步完善，特制定本规范。

1.0.2 规定了对于工业与民用建筑施工中竹脚手架的设计、施工与使用，均应遵守本规范的各项安全技术要求。本规范中竹脚手架的设计是指竹脚手架搭设施工设计。

1.0.3 外墙使用易燃保温隔热材料，施工作业过程中易因保温隔热材料燃烧而引燃竹脚手架，造成火灾事故。

1.0.4 在执行本规范时，尚应符合其他国家现行标准的有关规定。

2 术语和符号

2.1 术 语

2.1.20 产于四川、湖北、湖南等地的毛竹也称为楠竹。

3 基 本 规 定

3.0.1 作为施工中危险性较大的工作，必须引起施工人员的高度重视，因此在此作出明确规定，必须在脚手架施工前编制专项施工方案，方案内容要齐全。架体搭设、使用、拆除的安全技术措施应包含详细的防火安全技术措施。

3.0.2 单排竹脚手架整体刚度较差，承载能力较低，为保证安全施工，一般不得采用。双排竹脚手架搭设高度不超过24m，满堂架不得超过15m，是根据全国调研收集的资料和工程实践的总结。

3.0.3 根据调查和统计分析，规定了竹脚手架适用的10年一遇的基本风压值，超过该值的地区应采取加固措施。

3.0.4 施工均布荷载标准值是根据我国长期实践使用的$2kN/m^2$和$2.7kN/m^2$的实际情况，并参考了国外同类标准的荷载系列确定的。

3.0.5 结构工程竹脚手架施工均布活荷载标准值较大。

3.0.6 参考木脚手架、扣件式钢管脚手架取值。

3.0.7 竹脚手架搭设前，没有对地基认真处理会对脚手架安全造成影响，故予以强调说明。

3.0.8 要根据脚手架所处的场地地基的情况进行基础设计；根据建筑物的不同特点及使用要求，按照规范要求对外脚手架进行整体构造设计和连墙件验算。

3.0.9 根据使用地区的基本风压和建筑结构，确定连墙件的材料、连接方法和设置位置，确保连接可靠。

3.0.10 竹脚手架的门洞口是架体的薄弱位置，要进行局部加强。

3.0.12 根据调研总结，24m以下的竹脚手架，其使用期限一般不宜超过1年。当使用期限超过1年的应对架体进行检查和必要的加固。

4 材 料

4.1 竹 杆

4.1.1 竹材的生长期以3年～4年为最佳，质地较好，不易被虫蛀。竹材的承载能力受其材质影响很大，且又是不能补救的，因此对竹杆的选材非常重要。竹龄可按表1根据各种外观特点进行鉴别。

表1 竹龄鉴别方法

特点＼竹龄	3年以下	3年～4年	5年及以上
皮色	下山时呈青色如青菜叶，隔一年呈青白色	下山时呈冬瓜皮色，隔一年呈老黄色或黄色	呈枯黄色，并有黄色斑纹
竹节	单箍突出，无白粉箍	竹节不突出，近节部分凸起呈双箍	竹节间皮上生出白粉
劈开	劈开处发毛，劈成篾条后弯曲	劈开处较老，篾条基本挺直	

生长于阳山坡的竹材，竹皮呈白色带淡黄色，质地较好；生长于阴山坡的竹材，竹皮色青，质地较差，且易遭虫蛀，但仍可同样使用；嫩竹被水浸伤(热天泡在水中时间过长)，表色也呈黄色，但其肉带紫褐色，质松易劈，不宜使用。

鉴别竹材采伐时间的方法为：将竹材在距离根部约(3～4)节处用锯锯断或用刀砍断观察，其断面上如呈有明显斑点者或将竹材浸入水中后，竹内有液体分泌出来，而水中有很多泡沫产生者，就可推断白露以前所采伐。反之，如果在杆壁断面上无斑点或在浸水后无液体分泌及泡沫产生者，则可推断为白露后采伐。

4.1.2 竹脚手架的竹杆有效部分的小头直径以及双杆合并规定，是根据全国调研收集和工程实践的分析结果确定。

4.1.3 对主要受力杆件的使用期限作出明确的规定。

4.2 绑扎材料

4.2.1～4.2.4 绑扎材料是保证竹脚手架受力性能和整体稳定性的关键部件，对于外观检查不合格和材质不合要求的绑扎材料严禁使用。尼龙绳和塑料绳绑扎的绑扣易于松脱，故不得使用。

4.2.5 绑扎材料经过一个单位工程使用周期后，其材料质量无法满足后续工程的使用要求。

4.2.6 为了确保绑扎牢固，规定绑扎材料不得接长使用。

4.3 脚手板

4.3.1、4.3.2 脚手板可因地制宜选用竹、木脚手板，但不得采用钢脚手板，脚手板应便于搬运。

4.4 安全网

4.4.1 从防火角度考虑，外墙脚手架的安全网宜采用阻燃型安全网，其纵横方向的续燃及阴燃时间不应大于4s。

5 构造与搭设

5.1 一般规定

5.1.1 根据竹脚手架的受力特点，分析影响竹脚手架承载能力的重要因素和使竹脚手架首先失稳的薄弱部位，从而为有效地提高竹脚手架安全工作能力找到切实可行的方法，即为从竹脚手架的绑扎连接和构造措施方面给予保证。

5.1.2 搭设竹脚手架用的竹杆，首先要满足材质要求、保证质量，其次要考虑经济适用。

5.1.3 竹脚手架搭设的形式，根据全国调研收集的资料和工程实践的总结，两种结构形式均有采用。

5.1.4 为防止立杆底端不均匀沉降引起某些立杆超载而危及脚手架的安全，竹脚手架底端应进行处理。根据土的开挖难易程度列出三种处理方法。第一种为一、二类为土，即松软土、普通土，第二种为三类土～五类土，即坚土、砂砾坚土、软石。第三种为六类土～八类土，即次坚石、坚石、特坚土。由于竹杆直径较大且架子搭设高度不超过24m，根据全国调研收集的资料和工程实践的结果，这些处理方法是可行的。

对立杆、抛撑埋深的规定是在保证杆件埋设稳定的前提下，按一般习惯性做法而规定的。

为了便于操作，横向扫地杆距垫板上表面不超过200mm，这个尺寸比扣件式钢管脚手架的略为放宽。

5.1.5 本条界定了满堂脚手架的地基承载力范围。

5.1.7 做好排水措施是防止雨水渗入影响立杆的稳定。

5.1.8 本条规定了底层顶撑底端的要求。

5.1.9 绑扎是保证脚手架受力性能和整体稳定性的关键，必须严格执行规范规定。单斜扣绑扎方法可参照双斜扣绑扎。

5.1.11 为了确保搭设施工的安全，明确了架子的搭设程序及自由端高度、加固杆件等的搭设要求。

5.1.12 非封闭的脚手架将大大降低脚手架的整体刚度，因此必须采取加密连墙件及设置横向支撑等与建筑物或构筑物加强拉结的措施。

5.1.13 连墙件是阻止脚手架发生横向变形、保证脚手架整体稳定的约束。连墙件的设置及其牢固可靠程度是防止脚手架倾覆或整体失稳的关键。

连墙件竖向间距增大，将使脚手架的稳定承载力降低，一般其他条件相同，连墙件竖向间距由2步距增大到3步距时，稳定承载力降低20%左右：连墙件竖向间距由2步距增大到4步距时，稳定承载力降低30%左右。连墙件的竖向间距直接影响立杆的纵距与步距。

5.1.14 连墙件布置的规定：

1 连墙件紧靠主节点设置能有效地阻止脚手架发生横向弯曲失稳或倾覆，若远离主节点设置连墙件，因立杆的抗弯刚度较差，将会由于立杆产生局部弯曲，减弱甚至起不到约束脚手架横向变形的作用；

2 由于第一步立杆所承受的轴向力最大，是保证脚手架稳定性的控制杆件；在第二步纵向水平杆处设连墙件，是从构造上保证脚手架立杆局部稳定性的重要措施之一；

3 若一字形、开口型脚手架两端不与主体结构相连，就相当于自由边界而成为薄弱环节；将其两端与主体结构加强连接，再加上横向斜撑的作用，可对这类脚手架提供较强的整体刚度。

5.1.15 连墙件的材料及构造应符合下列规定：

1 连墙件是防止脚手架横向倾覆的，要求连墙件既能抗拉又能抗压；

2 拉件和顶件分别具有抗拉和抗压的作用，必须配合使用，确保架体横向稳定。

5.2 双排脚手架

5.2.1 竹脚手架是由绑扎材料将立杆、纵向水平杆、横向水平杆连接而成的、有若干侧向约束的多层多跨框架。该框架节点刚度和杆件线刚度较差，由于它符合结构构成原则，所以能够有效地承受荷载作用。通过全国调研收集的资料和工程实践的总结以及竹脚手架整架试验、节点试验的分析结果，竹脚手架的杆件组成和节点连接是构成脚手架空间结构的保证。

双排竹脚手架的组成和搭设参数是根据全国调研收集的资料和竹脚手架试验结果确定的。横向水平杆在下时适用于竹笆脚手板，纵向水平杆在下时适用于竹串片脚手板。

5.2.2 到建筑物或构筑物顶端后，立杆外高里低既是为了便于操作，又能搭设外围护，保证安全。

立杆采用对接、插接连接，会对下步立杆造成破坏，因此严禁对接或插接。

对立杆的搭接规定是为了保证搭接接头的安全可靠，减小偏心及对正常传力带来的影响，确保施工的顺利进行。

5.2.3 纵向水平杆绑在立杆的里侧，一方面是为了减小横向水平杆的跨度，另一方面是为了增加立杆的稳定。杆件接长时，搭接处应头搭头，梢搭梢。

5.2.4 根据采取的脚手板的种类，规定了横向水平杆的布置形式及绑扎方式。

当横向水平杆承受脚手板传来的荷载时，它的稳定与否，直接影响到脚手架的正常使用和操作人员的安全，据此对其作出了明确规定。

主节点处的横向水平杆要与立杆绑牢，是为了增加立杆的承载能力和整体稳定；错开搁置在相邻立杆的不同侧面，且同立杆横向水平杆应保持在同一侧面，主要是为了保证整个架体受力均匀。

5.2.5 本条规定了顶撑的布置形式及绑扎方式。

5.2.7 剪刀撑的作用是使脚手架在纵向形成稳定结构，本条的各项要求都是为了保证脚手架的纵向稳定，以防止脚手架纵向变形发生整体倒塌而规定的。

对剪刀撑作用大小的分析表明：若连接立杆太少，则纵向支撑刚度较差，故对剪刀撑跨越立杆的跨数作了规定。

由于剪刀撑斜杆较长，如不固定在与之相交的立杆上，将会由于刚度不足先失去稳定。

5.2.8 脚手架设置水平斜撑、横向斜撑可提高脚手架的横向刚度，显著地提高脚手架的稳定承载力。

在脚手架搭设的高度较低时或暂时无法设置连墙件时，必须设置抛撑。

5.2.9～5.2.13 各地使用的脚手板种类较多，本规范尽可能将现有各种在用脚手板汇集起来列为附录A以供参考，但应按照适用、安全的要求进行选择。实际使用时，竹串片脚手板因不好掌握推车方向，易发生翻车事故，不宜用于有水平运输的脚手架。

对于铺设竹笆脚手板的搁栅设置规定是根据现场使用情况提出的。

规定脚手板的对接和搭接尺寸旨在限制探头板长度以防脚手板倾翻或滑脱。

5.2.15 底层留有门洞时，门洞上边所承受的荷载通过斜杆及纵向水平杆传递给门洞两侧的立杆，本条根据受力情况对门洞脚手架的搭设方法作出规定。

5.3 斜　　道

5.3.2 一字形斜道水平长度宜控制在20m以内，若操作人员负重走得过长易于疲累。“之”字形斜道应设置平台。

5.3.3 根据人体行走和不易于劳累的条件，对坡度作了规定。考虑使用和安全，规定了最小平台面积，运料斜道及其对应的外架立杆采用双立杆加密。

5.3.4 为了考虑斜道的稳定而提出的要求。

5.3.5、5.3.6 这两条是必须遵守的安全措施。横向水平杆绑扎在斜平杆上的间距规定是根据受力要求而限制的。

5.4 满堂脚手架

5.4.1 满堂脚手架的高宽比大于2，其稳定性较差。

5.4.2 满堂脚手架的构造参数，是根据全国调研收集的资料，结合工程实践的经验做法作出的规定。

5.4.3 本条是按照构造要求对垫板作出的规定，方便执行。

5.4.4 本条是为了保证满堂架的整体稳定而提出来的，要求在脚手架四周及中间搭设纵横向剪刀撑。

5.5 烟囱、水塔脚手架

5.5.1 本条从立杆构造需要和保证受力合理两个方面对其布置作了规定，并对纵向和横向水平杆的布置及其间距作了规定，以确保架子的安全。

5.5.6 架子每面的外侧均需设置。

5.5.7 烟囱、水塔均为高耸构筑物，除满足脚手架的强度和稳定外，还应防止架子的扭转和遇风摇晃，提出了必须设置连墙件的要求。因烟囱、水塔结构上不能留有洞眼，因此提出在浇筑混凝土或砌筑时，预先埋入连墙件的连接件，再与连墙件连接。

5.5.8 规定栏杆的具体做法和安全网必须设置的位置和方法。

6 拆　　除

6.0.1 竹脚手架拆除前应编制拆除专项施工方案，并作书面的安全技术交底。

6.0.2 明确拆除竹脚手架的准备工作。

6.0.3 本条明确规定了竹脚手架的拆除顺序及技术要求，有利于拆除中保证竹脚手架的整体稳定性。

6.0.5、6.0.6 规定了竹脚手架拆至下部三步架高以及分段拆除时，对架体加固措施。

6.0.7 规定拆下的杆件、脚手板严禁抛掷，应采取向下传递等的安全措施。

7 检查与验收

7.1 材料检查与验收

7.1.1～7.1.3 竹脚手架的承载能力受竹杆及绑扎材料的材质影响很大，破坏形式为脆性破坏，且不能补救，在材料的选择上非常重要，在这里对材料的检查与验收作明确规定。

7.2 竹脚手架检查与验收

7.2.2、7.2.3 规定了竹脚手架搭设时间及验收的人员及组织方法。

7.2.4 为提高施工企业管理水平，防患于未然，明确责任，提出了脚手架工程检查验收时应具备的文件。

7.2.6 所列的检查项目均为保证竹脚手架的强度、刚度、整体稳定性及使用安全。

7.2.7 根据工程施工经验，脚手架在使用过程中遇到本条所列情况，应加强检查。

7.2.8 对竹脚手架在拆除前的检查提出要求。

7.2.9 对表7.2.9的说明：

1 关于杆件的小头有效直径及杆件弯曲的允许偏差，是根据全国调研收集和工程实践的分析结果而确定。

2 关于立杆垂直度的允许偏差

立杆安装垂直度允许偏差值的规定，关系到脚手架的安全与承载能力的发挥。

通过对全国调研收集的有关立杆垂直度的数据用数理统计方法分析，将偏差数据按架高5m分档，逐档绘制了直方图。经研究，确定不同总高的脚手架在最后验收时的垂直度允许偏差值均为100mm，如表7.2.9项次4的上半部表。在搭设过程中，每5m检查一次，其允许偏差按最后验收的相对比值计算而得。保证了最后的控制数值。从国内实测数据分析可知，所规定的允许偏差值是代表国内许多建筑企业搭设质量的平均先进水平的。

3 关于间距的允许偏差

根据现场实测调查，一般均可做到。

4 关于纵向水平杆高差的允许偏差

纵向水平杆水平度的允许偏差值关系到结构的承载力、施工安全（架上推车）等。根据现场实测调查，一般均可做到。

5 项次8是为了防止横向水平杆顶墙不便操作，故不允许有正偏差。

8 安全管理

8.0.1 竹脚手架操作系高空作业，偶尔的疏忽，随时会发生伤亡事故，因此规定安全生产责任制，责任落实到人，保证施工安全。项目安全生产责任制、安全生产规章制度和操作规程应包括消防安全制度、消防安全操作规程和火灾隐患整改制度。

8.0.3 架子工是特殊工种，本规定要求架子工上岗前应经过专业技术培训，取得《特种作业操作证》，持证上岗。

8.0.4 竹杆、脚手板为易燃材料，其堆放地点应与建筑物、火源保持适当的距离。

8.0.5 竹脚手架搭设的质量和工作的可靠性受竹材材质影响很大，防止竹杆弯曲变形、开裂、腐烂，保证竹篾质地新鲜、韧性好，应注意竹材的储放。

8.0.6 明确拆除竹脚手架期间作业区的警戒管理工作。

8.0.7 竹脚手架搭设时，不及时设置扫地杆（立杆底端埋入土中的可不设置）、连墙件、斜撑、抛撑、剪刀撑以及必要的缆绳和吊索，会对脚手架整体安全造成影响。

8.0.8 设置连墙件、剪刀撑是确保脚手架整体稳定性的重要措施，本条规定脚手架搭设到三步架高时，应随搭随设连墙件、剪刀撑等杆件，且不得随意拆除。

8.0.11 临街搭设、拆除竹脚手架时，容易造成坠物伤人，应采取必要的安全防护措施。

8.0.12 在竹脚手架使用期间拆除主节点处的纵、横向水平杆，纵、横向扫地杆，剪刀撑、顶撑、连墙件将危及竹脚手架的使用安全，本条明确规定在竹脚手架使用期间严禁拆除。

8.0.13 在脚手架基础及其邻近处进行挖掘作业，会影响立杆的稳定，容易造成立杆悬空、架体倾斜、甚至倒塌。

8.0.14 架体使用过程中超载会对脚手架的安全造成严重影响。

8.0.15 不得随意改变其结构和用途，严格控制竹脚手架的荷载。

8.0.16 应通过爬梯或斜道上下架体。

8.0.17 竹脚手架在使用期间的检查和修复是保证竹脚手架正常工作的关键。竹脚手架使用时间较长，设专人定期或不定期进行检查是十分必要的，以确保施工安全。

8.0.19 大风、大雾、大雨、大雪及冻雨等特殊情况对竹脚手架整体影响较大，同时对施工人员在脚手架上作业也造成不利影响，因此必须加以检查并采取相应措施后才能使用。

8.0.21 竹脚手架施工现场应每层设置简易的消防给水系统，同时配备必要的灭火器材。架体立面每$100m^2$应配备两个10L灭火器材，并符合《建筑灭火器配置设计规范》GB 50140的规定。

8.0.22 竹材为易燃材料，进行电焊、机械切割作业必须有相应的防火措施。电焊、机械切割作业时，应配置灭火器材。作业层脚手架内立杆与建筑物之间应封闭，电焊及机械切割产生的火花及焊渣溅落范围内应铺设阻燃材料，并设专人监护。清除电焊、机械切割作业产生的可燃物质。作业完毕，要留有充足时间观察，确认无引火点后，方可离去。

8.0.23 严格执行临时动火作业"三级"审批制度，领取动火作业许可证后方可动火。在竹脚手架上不应进行明火作业，以免点燃竹脚手架和脚手板。

8.0.24 本条明确规定了卤钨灯的安全使用距离。

中华人民共和国行业标准

钢筋锚固板应用技术规程

Technical specification for application of headed bars

JGJ 256—2011

批准部门：中华人民共和国住房和城乡建设部
施行日期：2 0 1 2 年 4 月 1 日

中华人民共和国住房和城乡建设部
公　　告

第1134号

关于发布行业标准《钢筋锚固板应用技术规程》的公告

现批准《钢筋锚固板应用技术规程》为行业标准，编号为JGJ 256－2011，自2012年4月1日起实施。其中，第3.2.3、6.0.7、6.0.8条为强制性条文，必须严格执行。

本规程由我部标准定额研究所组织中国建筑工业出版社出版发行。

中华人民共和国住房和城乡建设部

2011年8月29日

前　　言

根据住房和城乡建设部《关于印发〈2010年工程建设标准规范制订、修订计划〉的通知》（建标[2010] 43号）的要求，规程编制组经广泛调查研究，认真总结实践经验，参考有关国际标准和国外先进标准，并在广泛征求意见的基础上，制定本规程。

本规程的主要技术内容是：1. 总则；2. 术语和符号；3. 钢筋锚固板的分类和性能要求；4. 钢筋锚固板的设计规定；5. 钢筋丝头加工和锚固板安装；6. 钢筋锚固板的现场检验与验收。

本规程中以黑体字标志的条文为强制性条文，必须严格执行。

本规程由住房和城乡建设部负责管理和对强制性条文的解释，由中国建筑科学研究院负责具体技术内容的解释。执行过程中如有意见或建议，请寄送中国建筑科学研究院（地址：北京市北三环东路30号，邮编：100013）。

本规程主编单位：中国建筑科学研究院
北京韩建集团有限公司

本规程参编单位：建研科技股份有限公司
天津大学建筑工程学院
重庆大学土木工程学院
中国核电工程有限公司
中国核工业第二二建设有限公司
中国中轻国际工程有限公司
清华大学建筑设计研究院有限公司
上海核工程研究设计院
中交第三航务工程勘察设计院有限公司
江苏省建工设计研究院有限公司
北京建达道桥咨询有限公司
江阴市城乡规划设计院

本规程主要起草人员：吴广彬　刘永颐　田　雄　李智斌　徐瑞榕　王依群　傅剑平　王洪斗　季钊徐　黄祝林　贺小岗　储艳春　金晓博　尚连飞　吴洪峰　张星云　宋桂峰　葛召深　常卫华　严益民　周林生

本规程主要审查人员：程懋堃　白生翔　沙志国　张承起　康谷贻　李东彬　陈　矛　张超琦　杨振勋　赵景发　李扬海　钱冠龙

目　次

Contents

1 总 则

1.0.1 为在混凝土结构中合理使用钢筋锚固板，做到安全适用、技术先进、经济合理、确保质量，制定本规程。

1.0.2 本规程适用于混凝土结构中钢筋采用锚固板锚固时锚固区的设计及钢筋锚固板的安装、检验与验收。

1.0.3 钢筋锚固板的应用除应符合本规程外，尚应符合国家现行有关标准的规定。

2 术语和符号

2.1 术 语

2.1.1 锚固板 anchorage head for rebar

设置于钢筋端部用于锚固钢筋的承压板。

2.1.2 部分锚固板 partial anchorage head for rebar

依靠锚固长度范围内钢筋与混凝土的粘结作用和锚固板承压面的承压作用共同承担钢筋规定锚固力的锚固板。

2.1.3 全锚固板 full anchorage head for rebar

全部依靠锚固板承压面的承压作用承担钢筋规定锚固力的锚固板。

2.1.4 钢筋锚固板 headed bars

钢筋锚固板的组装件（图 2.1.4）。

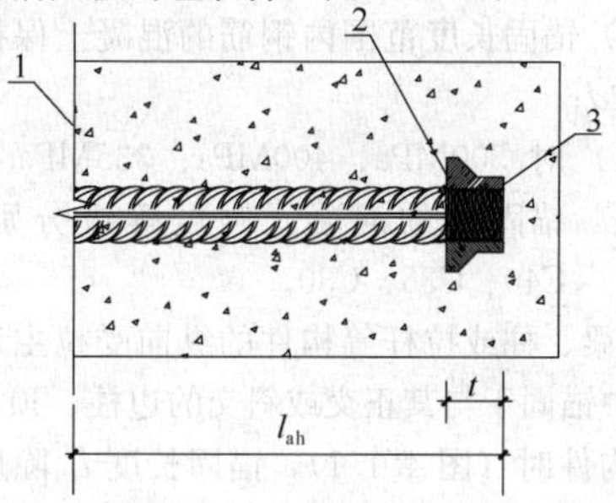

(a) 锚固板正放

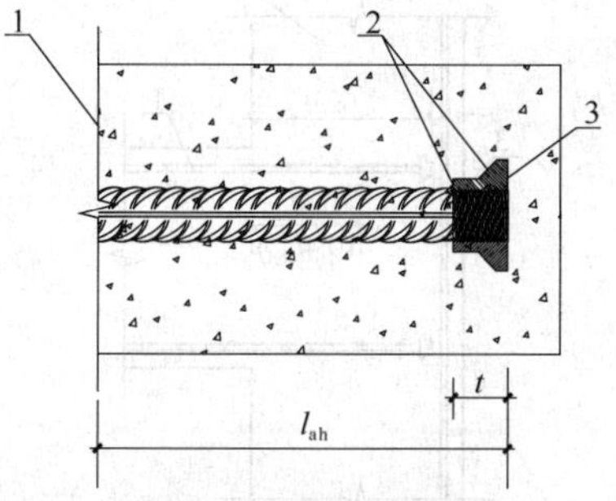

(b) 锚固板反放

图 2.1.4 钢筋锚固板示意图

1—锚固区钢筋应力最大处截面；2—锚固板承压面；3—锚固板端面

2.1.5 钢筋锚固板的锚固长度 anchorage length of headed bars

受力钢筋依靠其表面与混凝土粘结作用和部分锚固板承压面的承压作用共同承担钢筋规定锚固力所需要的长度。

2.1.6 锚固板承压面 bearing surface of anchorage head

钢筋受拉时锚固板承受压力的面。

2.1.7 锚固板端面 end surface of anchorage head

锚固板的外端面。

2.1.8 锚固板厚度 thickness of anchorage head

锚固板端面到承压面的最大厚度。

2.1.9 锚固板承压面积 bearing area of anchorage head

锚固板承压面在钢筋轴线方向的投影面积。

2.1.10 钢筋锚固板锚固区 anchorage area of headed rebars

混凝土结构中，钢筋拉力通过钢筋锚固板传递并扩散到周围混凝土的区域。

2.1.11 钢筋丝头 thread sector at rebar end

钢筋端部加工的螺纹区段。

2.2 符 号

A_s——钢筋公称截面面积；

d——钢筋公称直径；

f_{stk}——钢筋极限强度标准值；

f_{yk}——钢筋屈服强度标准值；

l_{ab}——受拉钢筋的基本锚固长度；

l_{abE}——受拉钢筋的抗震基本锚固长度；

l_{ah}——钢筋锚固板的锚固长度。

3 钢筋锚固板的分类和性能要求

3.1 锚固板的分类与尺寸

3.1.1 锚固板可按表 3.1.1 进行分类。

表 3.1.1 锚固板分类

分类方法	类 别
按材料分	球墨铸铁锚固板、钢板锚固板、锻钢锚固板、铸钢锚固板
按形状分	圆形、方形、长方形
按厚度分	等厚、不等厚
按连接方式分	螺纹连接锚固板、焊接连接锚固板
按受力性能分	部分锚固板、全锚固板

3.1.2 锚固板应符合下列规定：

1 全锚固板承压面积不应小于锚固钢筋公称面积的9倍；

2 部分锚固板承压面积不应小于锚固钢筋公称面积的4.5倍；

3 锚固板厚度不应小于锚固钢筋公称直径；

4 当采用不等厚或长方形锚固板时，除应满足上述面积和厚度要求外，尚应通过省部级的产品鉴定；

5 采用部分锚固板锚固的钢筋公称直径不宜大于40mm；当公称直径大于40mm的钢筋采用部分锚固板锚固时，应通过试验验证确定其设计参数。

3.2 钢筋锚固板的性能要求

3.2.1 锚固板原材料宜选用表3.2.1中的牌号，且应满足表3.2.1的力学性能要求；当锚固板与钢筋采用焊接连接时，锚固板原材料尚应符合现行行业标准《钢筋焊接及验收规程》JGJ 18对连接件材料的可焊性要求。

表3.2.1 锚固板原材料力学性能要求

锚固板原材料	牌 号	抗拉强度 σ_s (N/mm²)	屈服强度 σ_b (N/mm²)	伸长率 δ (%)
球墨铸铁	QT450-10	≥450	≥310	≥10
钢板	45	≥600	≥355	≥16
	Q345	450～630	≥325	≥19
锻钢	45	≥600	≥355	≥16
	Q235	370～500	≥225	≥22
铸钢	ZG230-450	≥450	≥230	≥22
	ZG270-500	≥500	≥270	≥18

3.2.2 采用锚固板的钢筋应符合现行国家标准《钢筋混凝土用钢 第2部分：热轧带肋钢筋》GB 1499.2及《钢筋混凝土用余热处理钢筋》GB 13014的规定；采用部分锚固板的钢筋不应采用光圆钢筋。采用全锚固板的钢筋可选用光圆钢筋。光圆钢筋应符合现行国家标准《钢筋混凝土用钢 第1部分：热轧光圆钢筋》GB 1499.1的规定。

3.2.3 钢筋锚固板试件的极限拉力不应小于钢筋达到极限强度标准值时的拉力 $f_{stk}A_s$。

3.2.4 钢筋锚固板在混凝土中的锚固极限拉力不应小于钢筋达到极限强度标准值时的拉力 $f_{stk}A_s$。

3.2.5 锚固板与钢筋的连接宜选用直螺纹连接，连接螺纹的公差带应符合《普通螺纹 公差》GB/T 197中6H、6f级精度规定。采用焊接连接时，宜选用穿孔塞焊，其技术要求应符合现行行业标准《钢筋焊接及验收规程》JGJ 18的规定。

4 钢筋锚固板的设计规定

4.1 部分锚固板

4.1.1 采用部分锚固板时，应符合下列规定：

1 一类环境中设计使用年限为50年的结构，锚固板侧面和端面的混凝土保护层厚度不应小于15mm；更长使用年限结构或其他环境类别时，宜按照现行国家标准《混凝土结构设计规范》GB 50010的相关规定增加保护层厚度，也可对锚固板进行防腐处理。

2 钢筋的混凝土保护层厚度应符合现行国家标准《混凝土结构设计规范》GB 50010的规定，锚固长度范围内钢筋的混凝土保护层厚度不宜小于$1.5d$；锚固长度范围内应配置不少于3根箍筋，其直径不应小于纵向钢筋直径的0.25倍，间距不应大于$5d$，且不应大于100mm，第1根箍筋与锚固板承压面的距离应小于$1d$；锚固长度范围内钢筋的混凝土保护层厚度大于$5d$时，可不设横向箍筋。

3 钢筋净间距不宜小于$1.5d$。

4 锚固长度 l_{ah} 不宜小于 $0.4l_{ab}$（或 $0.4l_{abE}$）；对于500MPa、400MPa、335MPa级钢筋，锚固区混凝土强度等级分别不宜低于C35、C30、C25。

5 纵向钢筋不承受反复拉、压力，且满足下列条件时，锚固长度 l_{ah} 可减小至 $0.3l_{ab}$：

1）锚固长度范围内钢筋的混凝土保护层厚度不小于$2d$；

2）对500MPa、400MPa、335MPa级钢筋，锚固区的混凝土强度等级分别不低于C40、C35、C30。

6 梁、柱或拉杆等构件的纵向受拉主筋采用锚固板集中锚固于与其正交或斜交的边柱、顶板、底板等边缘构件时（图4.1.1），锚固长度 l_{ah} 除应符合本条第4款或第5款的规定外，宜将钢筋锚固板延伸至

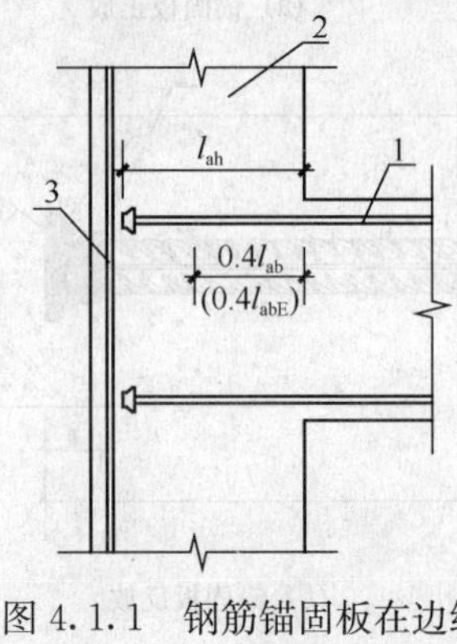

图4.1.1 钢筋锚固板在边缘构件中的锚固示意图

1—构件纵向受拉主筋；2—边缘构件；3—边缘构件对侧纵向主筋

正交或斜交边缘构件对侧纵向主筋内边。

4.1.2 梁支座采用部分锚固板时，应符合下列规定：

1 钢筋混凝土简支梁和连续梁简支端的剪力大于 $0.7f_tbh_0$，且其下部纵向受力钢筋伸入支座范围内的锚固长度无法满足现行国家标准《混凝土结构设计规范》GB 50010 中不小于 $12d$ 的要求时，可选用钢筋锚固板；对 335MPa、400MPa 级钢筋，锚固长度 l_{ah} 不应小于 $6d$；对 500MPa 级钢筋，l_{ah} 不应小于 $7d$（图 4.1.2-1）；

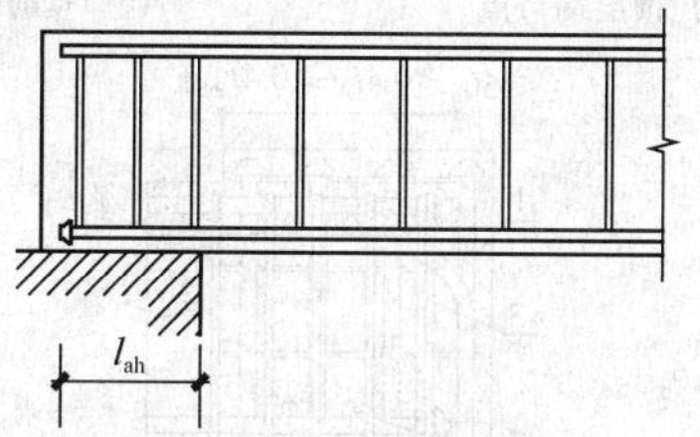

图 4.1.2-1 纵向受力钢筋伸入梁简支支座的锚固

2 简支单跨深梁和连续深梁的简支端支座处，深梁的下部纵向受拉钢筋应全部伸入支座，下部纵向受拉钢筋可选用锚固板锚固，锚固板应伸过支座中心线，其锚固长度不应小于 $0.45l_{ab}$［图 4.1.2-2（a）］；连续深梁的下部纵向受拉钢筋应全部伸过中间支座的中心线，且自支座边缘算起的锚固长度不应小于 $0.4l_{ab}$［图 4.1.2-2（b）］。

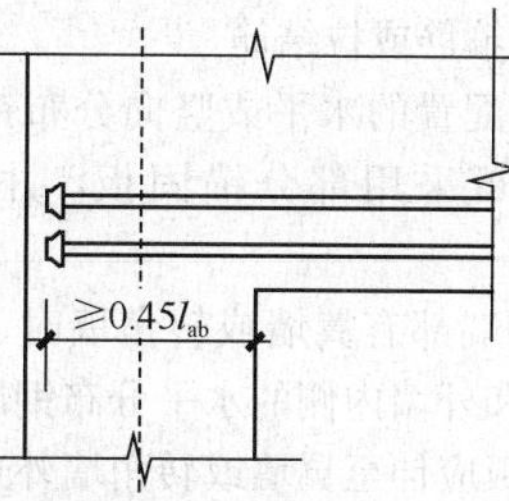

(a)端支座

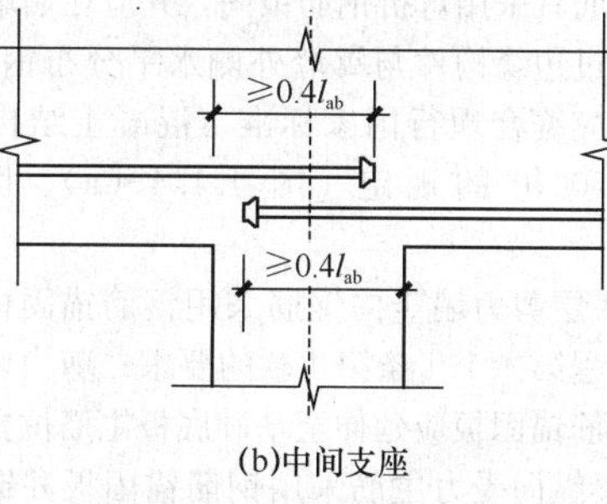

(b)中间支座

图 4.1.2-2 简支单跨深梁和连续深梁下部纵向受拉钢筋锚固

4.1.3 框架节点采用部分锚固板时，应符合下列规定：

1 中间层中间节点梁下部纵向钢筋采用锚固板时，锚固板宜伸至柱对侧纵向钢筋内边，锚固长度不应小于 $0.4l_{ab}$（$0.4l_{abE}$）［图 4.1.3-1（a）］；

2 中间层端节点梁纵向钢筋采用锚固板时，锚固板宜伸至柱外侧纵筋内边，距纵向钢筋内边距离不应大于 50mm，锚固长度不应小于 $0.4l_{ab}$（$0.4l_{abE}$）［图 4.1.3-1（b）］；

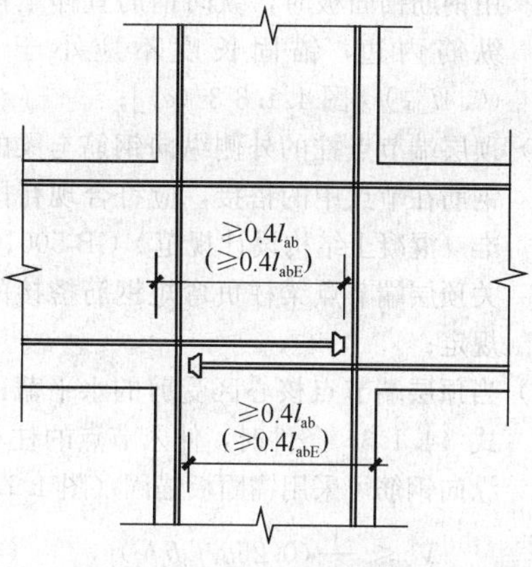

(a)中间节点

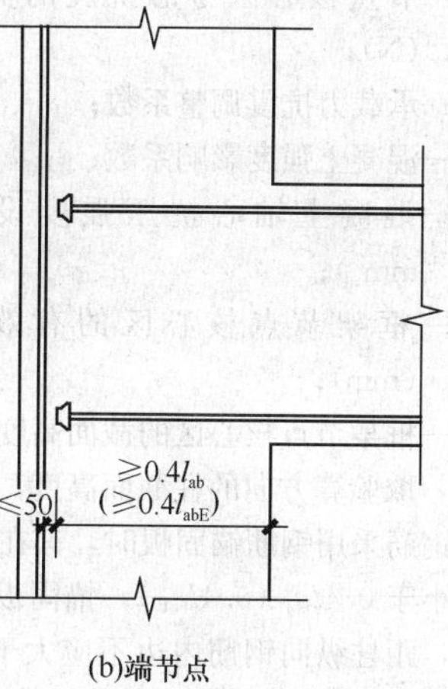

(b)端节点

图 4.1.3-1 梁纵向钢筋在中间层节点的锚固

3 顶层中间节点柱的纵向钢筋在节点中采用钢筋锚固板时，锚固板宜伸至梁上部纵向钢筋内边，且锚固长度不应小于 $0.5l_{ab}$（$0.5l_{abE}$）（图 4.1.3-2）；梁的下部纵向钢筋在节点中采用钢筋锚固板时，锚固板宜伸至柱对侧纵向钢筋内边，且锚固长度不应小于 $0.4l_{ab}$（$0.4l_{abE}$）；

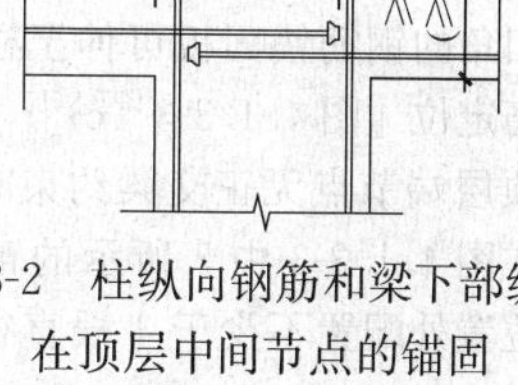

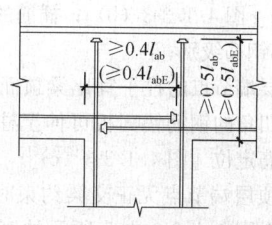

图 4.1.3-2 柱纵向钢筋和梁下部纵向钢筋在顶层中间节点的锚固

4　顶层端节点采用钢筋锚固板时，应符合下列规定：

1） 柱的内侧纵向钢筋在节点中采用钢筋锚固板时，锚固长度不宜小于 $0.4l_{ab}$（$0.4l_{abE}$）；顶层端节点梁的下部纵向钢筋在节点中采用钢筋锚固板时，纵向钢筋宜伸至柱外侧纵筋内边，锚固长度不应小于 $0.4l_{ab}$（$0.4l_{abE}$）[图 4.1.3-3（c）]；

2） 顶层端节点柱的外侧纵向钢筋与梁的上部钢筋在节点中的搭接，应符合现行国家标准《混凝土结构设计规范》GB 50010 中有关顶层端节点梁柱负弯矩钢筋搭接的相关规定；

3） 当顶层端节点核心区受剪的水平截面满足式（4.1.3）条件时，伸入节点的柱和梁的纵向钢筋可采用锚固板锚固（图 4.1.3-3）；

$$V_j \leqslant \frac{1}{\gamma_{RE}}(0.25\beta_c f_c b_j h_j) \qquad (4.1.3)$$

式中：V_j——节点核心区考虑抗震的剪力设计值（N）；

γ_{RE}——承载力抗震调整系数；

β_c——混凝土强度影响系数；

f_c——混凝土轴心抗压强度设计值（N/mm²）；

b_j——框架节点核心区的有效验算宽度（mm）；

h_j——框架节点核心区的截面高度（mm），可取验算方向的柱截面高度，即 $h_j=h_c$。

梁上部钢筋采用钢筋锚固板时，其在节点中的锚固长度不应小于 $0.4l_{ab}$（$0.4l_{abE}$），锚固板宜伸至柱纵向钢筋内边，距柱纵向钢筋内边不应大于 50mm [图 4.1.3-3（c）]；柱外侧钢筋锚固板除角部钢筋外应在柱顶区全部弯折在节点内，其弯折段与梁上部伸入节点的钢筋锚固板的搭接长度不应小于 $14d$（d 为梁上部钢筋公称直径），当不满足上述要求时，可以将弯折钢筋的锚固板伸入梁内 [图 4.1.3-3（c）]；上述搭接区段应配置倒置的 U 形垂直插筋，插筋直径不应小于被搭接钢筋中梁筋直径的 0.5 倍，间距不大于梁筋直径的 5 倍和 150mm 中的小者；在离梁筋锚固板承压面 $2d$ 范围内，应配置双排上述的倒置 U 形垂直插筋，且每根梁上部钢筋均应有插筋通过，插筋应伸过梁下部钢筋 [图 4.1.3-3（b）]；插筋的钢筋级别不应低于梁上部钢筋级别；

4） 顶层端节点的柱子宜比梁顶面高出 50mm，柱四角的钢筋锚固板可伸至柱顶并用封闭箍筋定位 [图 4.1.3-3（c）]；

5） 当顶层端节点无正交梁约束时，节点顶部应在图 4.1.3-3 中 5 所示的正交梁上部钢筋位置处配置不少于 4 根直径为 16mm 的水平箍筋或拉结筋。

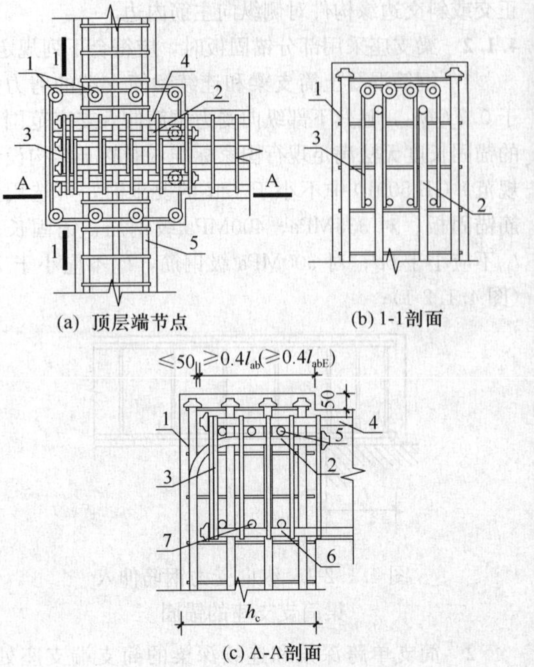

图 4.1.3-3　顶层端节点钢筋锚固板布置和节点构造

1—梁宽范围外柱钢筋；2—梁宽范围内柱钢筋；3—U 形插筋；4—梁上部钢筋；5—正交梁上部钢筋；6—梁下部钢筋；7—正交梁下部钢筋

注：图中尺寸单位为毫米（mm）

4.1.4　墙体中配置的水平或竖向分布钢筋直径不小于 16mm 时，可采用部分锚固板，并应符合下列规定：

1　剪力墙端部有翼墙或转角墙时，内墙两侧的水平分布钢筋和外墙内侧的水平分布钢筋可采用锚固板锚固，锚固板应伸至翼墙或转角墙外边，锚固长度 l_{ah} 应符合本规程第 4.1.1 条的规定；转角墙外侧的水平分布钢筋宜采用弯折钢筋锚固，并应在墙端外角处弯折并穿过边缘构件与翼墙外侧水平分布钢筋搭接，搭接长度应符合现行国家标准《混凝土结构设计规范》GB 50010 的规定 [图 4.1.4（a）、图 4.1.4（b）]；

2　底层剪力墙竖向钢筋采用钢筋锚固板时，应符合本规程第 4.1.1 条第 4 款的要求；剪力墙边缘构件中的钢筋锚固板应延伸至基础底板主筋位置处；

3　梁纵向受力主筋采用钢筋锚固板并锚固于剪力墙边缘构件时，除应符合本规程第 4.1.1 条第 4 款规定外，尚应符合国家现行标准《混凝土结构设计规范》GB 50010 和《高层建筑混凝土结构技术规程》JGJ 3 中有关剪力墙设置扶壁柱或暗柱的尺寸、配筋和构造要求，并宜将钢筋锚固板延伸至剪力墙边缘构件对侧主筋位置。

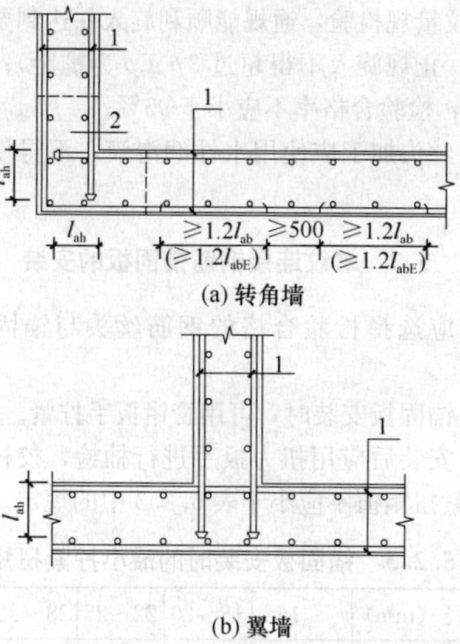

(a) 转角墙

(b) 翼墙

图 4.1.4　部分锚固板在剪力墙中的应用

1—墙体水平分布筋；2—转角墙边缘构件

注：图中尺寸单位为毫米（mm）

4.2 全锚固板

4.2.1 采用全锚固板时，应符合下列规定：

1 全锚固板的混凝土保护层厚度应按本规程第 4.1.1 条规定执行；

2 钢筋的混凝土保护层厚度不宜小于 $3d$；

3 钢筋净间距不宜小于 $5d$；

4 钢筋锚固板用做梁的受剪钢筋、附加横向钢筋或板的抗冲切钢筋时，应在钢筋两端设置锚固板，并应分别伸至梁或板主筋的上侧和下侧定位（图 4.2.1）；墙体拉结筋的锚固板宜置于墙体内层钢筋外侧；

5 500MPa、400MPa、300MPa 级钢筋采用全锚固板时，混凝土强度等级分别不宜低于 C35、C30 和 C25。

4.2.2 在梁中采用全锚固板时，应符合下列规定：

1 位于梁下部或梁截面高度范围内的集中荷载，应全部由附加横向钢筋承担；附加横向钢筋可选用锚固板锚固，并应布置在长度为 s 的范围内，此处 $s=2h_1+3b$（图 4.2.2-1），钢筋锚固板宜按图 4.2.1（a）布置；

2 当有集中荷载作用于深梁下部 3/4 高度范围内时，该集中荷载应全部由附加横向钢筋承受；附加横向钢筋可选用全锚固板锚固，其水平分布长度 s 应按下列公式确定（图 4.2.2-2）：

当 $h_1 \leqslant h_b/2$ 时　　$s = b_b + h_b$　（4.2.2-1）

当 $h_1 > h_b/2$ 时　　$s = b_b + 2h_1$　（4.2.2-2）

钢筋锚固板应沿梁两侧均匀布置，并应从梁底伸到梁顶，按图 4.2.1（a）布置；

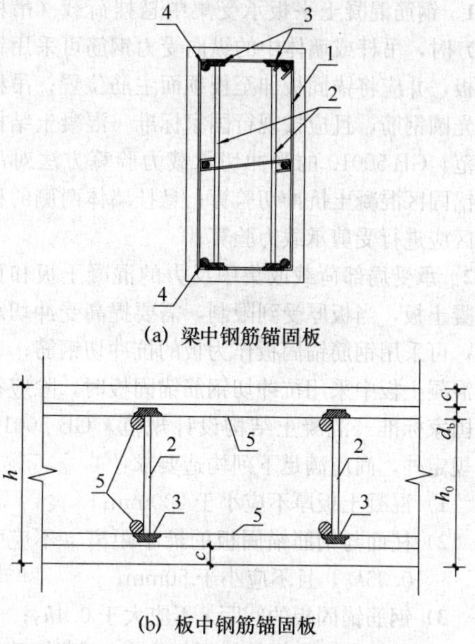

图 4.2.1　梁、板中钢筋锚固板设置

1—箍筋；2—钢筋锚固板；3—锚固板；4—梁主筋；5—板主筋

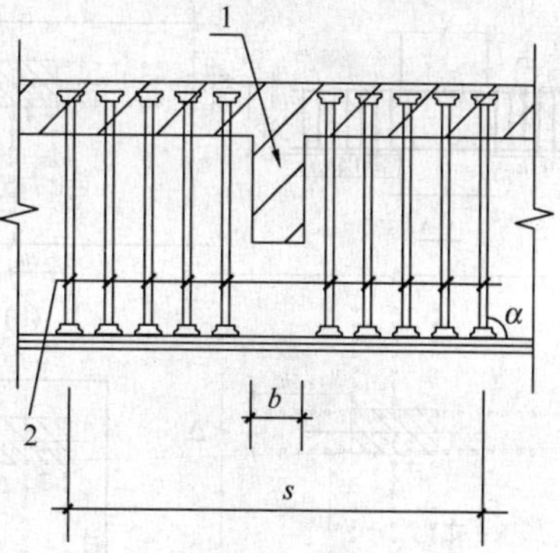

图 4.2.2-1　梁高度范围内有集中荷载作用时附加横向钢筋的布置

1—传递集中荷载的位置；2—钢筋锚固板

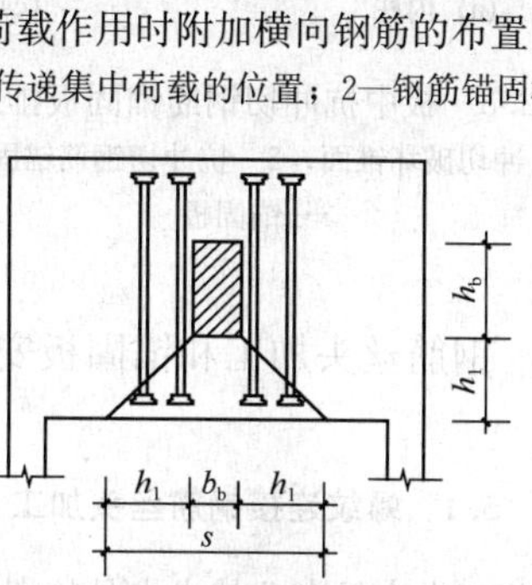

图 4.2.2-2　深梁承受集中荷载作用时的附加横向钢筋

3 当需提高梁的受剪承载力时，梁受剪钢筋可采用全锚固板锚固，并可与普通箍筋等同使用［图 4.2.1（a）］。

4.2.3 在板中采用全锚固板时，应符合下列规定：

1 钢筋混凝土平板承受集中悬挂荷载（吊杆或墙体）时，吊杆或墙体中的纵向受力钢筋可采用钢筋锚固板，并应将锚固板伸至板顶面主筋位置；吊杆宜选用光圆钢筋，且应按现行国家标准《混凝土结构设计规范》GB 50010 的受冲切承载力验算方法对吊杆进行锚固区混凝土抗冲切验算；悬挂墙体两侧的板的受剪区应进行受剪承载力验算；

2 承受局部荷载或集中反力的混凝土板和预应力混凝土板，当板厚受到限制，需要提高受冲切承载力时，可采用钢筋锚固板作为板的抗冲切钢筋；

混凝土板中采用抗冲切钢筋锚固板时，除应符合现行国家标准《混凝土结构设计规范》GB 50010 的计算规定外，尚应满足下列构造要求：

1）混凝土板厚不应小于 200mm；

2）柱面与钢筋锚固板的最小距离 s_0 不应大于 $0.35h_0$，且不应小于 50mm；

3）钢筋锚固板的间距 s 不应大于 $0.4h_0$；

4）计算所需的钢筋锚固板应在 45°冲切破坏锥面范围内配置，且应等间距向外延伸，从柱截面边缘向外布置长度不应小于 $1.5h_0$（图 4.2.3）。

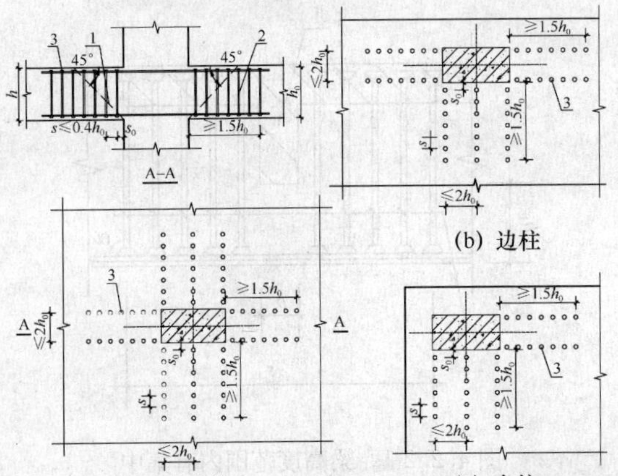

(a) 内柱　(b) 边柱　(c) 角柱

图 4.2.3　板中抗冲切钢筋锚固板排列布置

1—冲切破坏锥面；2—抗冲切钢筋锚固板；3—锚固板

5　钢筋丝头加工和锚固板安装

5.1　螺纹连接钢筋丝头加工

5.1.1 操作工人应经专业技术人员培训，合格后持证上岗，人员应相对稳定。

5.1.2 钢筋丝头加工应符合下列规定：

1 钢筋丝头的加工应在钢筋锚固板工艺检验合格后方可进行；

2 钢筋端面应平整，端部不得弯曲；

3 钢筋丝头公差带宜满足 6f 级精度要求，应用专用螺纹量规检验，通规能顺利旋入并达到要求的拧入长度，止规旋入不得超过 3p（p 为螺距）；抽检数量 10%，检验合格率不应小于 95%；

4 丝头加工应使用水性润滑液，不得使用油性润滑液。

5.2　螺纹连接钢筋锚固板的安装

5.2.1 应选择检验合格的钢筋丝头与锚固板进行连接。

5.2.2 锚固板安装时，可用管钳扳手拧紧。

5.2.3 安装后应用扭力扳手进行抽检，校核拧紧扭矩。拧紧扭矩值不应小于表 5.2.3 中的规定。

表 5.2.3　锚固板安装时的最小拧紧扭矩值

钢筋直径（mm）	≤16	18～20	22～25	28～32	36～40
拧紧扭矩（N·m）	100	200	260	320	360

5.2.4 安装完成后的钢筋端面应伸出锚固板端面，钢筋丝头外露长度不宜小于 1.0p。

5.3　焊接钢筋锚固板的施工

5.3.1 焊接钢筋锚固板，应符合下列规定：

1 从事焊接施工的焊工应持有焊工证，方可上岗操作；

2 在正式施焊前，应进行现场条件下的焊接工艺试验，并经试验合格后，方可正式生产；

3 用于穿孔塞焊的钢筋及焊条应符合现行行业标准《钢筋焊接及验收规程》JGJ 18 的相关规定；

4 焊缝应饱满，钢筋咬边深度不得超过 0.5mm，钢筋相对锚固板的直角偏差不应大于 3°；

5 在低温和雨、雪天气情况下施焊时，应符合现行行业标准《钢筋焊接及验收规程》JGJ 18 的相关规定。

5.3.2 锚固板塞焊孔尺寸应符合现行行业标准《钢筋焊接及验收规程》JGJ 18 的相关规定（图 5.3.2）。

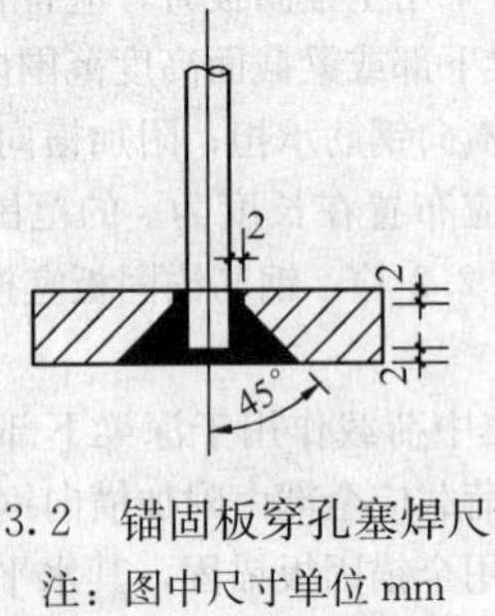

图 5.3.2　锚固板穿孔塞焊尺寸图

注：图中尺寸单位 mm

6　钢筋锚固板的现场检验与验收

6.0.1 锚固板产品提供单位应提交经技术监督局备案的企业产品标准。对于不等厚或长方形锚固板，尚应提交省部级的产品鉴定证书。

6.0.2 锚固板产品进场时，应检查其锚固板产品的合格证。产品合格证应包括适用钢筋直径、锚固板尺寸、锚固板材料、锚固板类型、生产单位、生产日期以及可追溯原材料性能和加工质量的生产批号。产品尺寸及公差应符合企业产品标准的要求。用于焊接锚固板的钢板、钢筋、焊条应有质量证明书和产品合格证。

6.0.3 钢筋锚固板的现场检验应包括工艺检验、抗拉强度检验、螺纹连接锚固板的钢筋丝头加工质量检验和拧紧扭矩检验、焊接锚固板的焊缝检验。拧紧扭矩检验应在工程实体中进行，工艺检验、抗拉强度检验的试件应在钢筋丝头加工现场抽取。工艺检验、抗拉强度检验和拧紧扭矩检验规定为主控项目，外观质量检验规定为一般项目。钢筋锚固板试件的抗拉强度试验方法应符合本规程附录A的有关规定。

6.0.4 钢筋锚固板加工与安装工程开始前，应对不同钢筋生产厂的进场钢筋进行钢筋锚固板工艺检验；施工过程中，更换钢筋生产厂商、变更钢筋锚固板参数、形式及变更产品供应商时，应补充进行工艺检验。

工艺检验应符合下列规定：

1 每种规格的钢筋锚固板试件不应少于3根；

2 每根试件的抗拉强度均应符合本规程第3.2.3条的规定；

3 其中1根试件的抗拉强度不合格时，应重取6根试件进行复检，复检仍不合格时判为本次工艺检验不合格。

6.0.5 钢筋锚固板的现场检验应按验收批进行。同一施工条件下采用同一批材料的同类型、同规格的钢筋锚固板，螺纹连接锚固板应以500个为一个验收批进行检验与验收，不足500个也应作为一个验收批；焊接连接锚固板应以300个为一个验收批，不足300个也应作为一个验收批。

6.0.6 螺纹连接钢筋锚固板安装后应按本规程第6.0.5条的验收批，抽取其中10%的钢筋锚固板按本规程第5.2.3条要求进行拧紧扭矩校核，拧紧扭矩值不合格数超过被校核数的5%时，应重新拧紧全部钢筋锚固板，直到合格为止。焊接连接钢筋锚固板应按现行行业标准《钢筋焊接及验收规程》JGJ 18有关穿孔塞焊要求，检查焊缝外观是否符合本规程第5.3.1条第4款的规定。

6.0.7 对螺纹连接钢筋锚固板的每一验收批，应在加工现场随机抽取3个试件作抗拉强度试验，并应按本规程第3.2.3条的抗拉强度要求进行评定。3个试件的抗拉强度均应符合强度要求，该验收批评为合格。如有1个试件的抗拉强度不符合要求，应再取6个试件进行复检。复检中如仍有1个试件的抗拉强度不符合要求，则该验收批应评为不合格。

6.0.8 对焊接连接钢筋锚固板的每一验收批，应随机抽取3个试件，并按本规程第3.2.3条的抗拉强度要求进行评定。3个试件的抗拉强度均应符合强度要求，该验收批评为合格。如有1个试件的抗拉强度不符合要求，应再取6个试件进行复检。复检中如仍有1个试件的抗拉强度不符合要求，则该验收批应评为不合格。

6.0.9 螺纹连接钢筋锚固板的现场检验，在连续10个验收批抽样试件抗拉强度一次检验通过的合格率为100%条件下，验收批试件数量可扩大1倍。当螺纹连接钢筋锚固板的验收批数量少于200个，焊接连接钢筋锚固板的验收批数量少于120个时，允许按上述同样方法，随机抽取2个钢筋锚固板试件作抗拉强度试验，当2个试件的抗拉强度均满足本规程第3.2.3条的抗拉强度要求时，该验收批应评为合格。如有1个试件的抗拉强度不满足要求，应再取4个试件进行复检。复检中如仍有1个试件的抗拉强度不满足要求，则该验收批应评为不合格。

附录A 钢筋锚固板试件抗拉强度试验方法

A.0.1 螺纹连接和焊接连接钢筋锚固板试件抗拉强度的检验与评定均可采用钢筋锚固板试件抗拉强度试验方法。

A.0.2 钢筋锚固板试件的长度不应小于250mm和$10d$。

A.0.3 钢筋锚固板试件的受拉试验装置应符合下列规定：

1 锚固板的支承板平面应平整，并宜与钢筋保持垂直；

2 锚固板支撑板孔洞直径与试件钢筋外径的差值不应大于4mm；

3 宜选用专用钢筋锚固板试件抗拉强度试验装置（图A.0.3）进行试验。

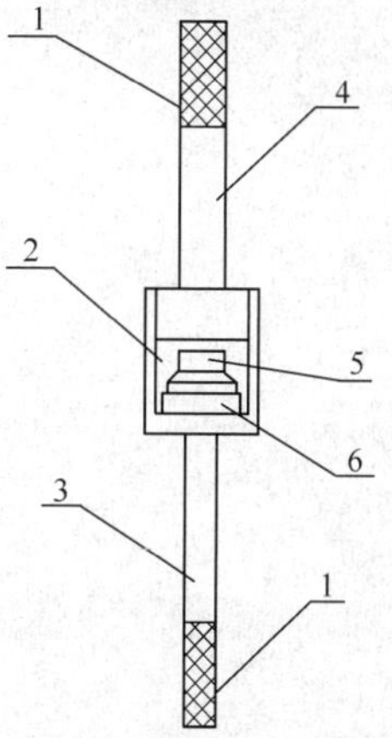

图A.0.3 钢筋锚固板试件拉伸试验装置示意图
1—夹持区；2—钢套管基座；3—钢筋锚固板试件；
4—工具拉杆；5—锚固板；6—支承板

A. 0. 4 钢筋锚固板抗拉强度试验的加载速度应符合现行国家标准《金属材料 室温拉伸试验方法》GB/T 228 的规定。

本规程用词说明

1 为便于在执行本规程条文时区别对待，对要求严格程度不同的用词说明如下：

1）表示很严格，非这样做不可的：
正面词采用"必须"，反面词采用"严禁"；

2）表示严格，在正常情况下均应这样做的：
正面词采用"应"，反面词采用"不应"或"不得"；

3）表示允许稍有选择，在条件许可时首先应这样做的：
正面词采用"宜"，反面词采用"不宜"；

4）表示有选择，在一定条件下可以这样做的，采用"可"。

2 条文中指明应按其他有关标准执行的写法为："应符合……的规定"或"应按……执行"。

引用标准名录

1 《混凝土结构设计规范》GB 50010

2 《普通螺纹 公差》GB/T 197

3 《金属材料 室温拉伸试验方法》GB/T 228

4 《钢筋混凝土用钢 第 1 部分：热轧光圆钢筋》GB 1499. 1

5 《钢筋混凝土用钢 第 2 部分：热轧带肋钢筋》GB 1499. 2

6 《钢筋混凝土用余热处理钢筋》GB 13014

7 《高层建筑混凝土结构技术规程》JGJ 3

8 《钢筋焊接及验收规程》JGJ 18

中华人民共和国行业标准

钢筋锚固板应用技术规程

JGJ 256—2011

条 文 说 明

制 定 说 明

《钢筋锚固板应用技术规程》JGJ 256－2011，经住房和城乡建设部2011年8月29日以第1134号公告批准、发布。

本规程制定过程中，编制组进行了广泛的调查研究，总结了我国钢筋锚固板试验研究成果和工程应用的实践经验，同时参考了国外先进技术法规、技术标准，许多单位和学者进行了卓有成效的试验和研究，为本次制定提供了极有价值的技术参数。

为了便于广大设计、施工、科研、学校等单位有关人员在使用本规程时能正确理解和执行条文规定，《钢筋锚固板应用技术规程》编制组按章、节、条顺序编制了本规程的条文说明，对条文规定的目的、依据以及执行中需注意的有关事项进行了说明，还着重对强制性条文的强制性理由作了解释。但是，本条文说明不具备与标准正文同等的法律效力，仅供使用者作为理解和把握标准规定的参考。

目　次

1 总　　则

钢筋的可靠锚固与结构的安全性密切相关。不同的钢筋锚固方式将明显影响混凝土结构的设计和施工方法。近年来发展起来一种垫板与螺帽合一的新型锚固板，将其与钢筋组装后形成的钢筋锚固板具有良好的锚固性能，螺纹连接可靠、方便，锚固板可工厂生产和商品化供应，用它代替传统的弯折钢筋锚固和直钢筋锚固可以节约钢材，方便施工，减少结构中钢筋拥挤，提高混凝土浇筑质量，深受用户欢迎。

钢筋锚固板应用范围广泛，土木建筑工程包括房屋建筑、桥梁、水利水电、核电站、地铁等工程均有大量钢筋需要钢筋锚固技术。钢筋锚固板锚固技术为这些工程提供了一种可靠、快速、经济的钢筋锚固手段，具有重大经济和社会价值。

近年来，国内一些研究单位和高等学校对钢筋锚固板的基本性能和在框架节点中的应用开展了不少有价值的研究工作，取得了丰富的科研成果。本规程是在总结国内、外大量钢筋锚固板试验研究成果和国内众多重大工程采用新型钢筋锚固板的基础上编制的。本规程旨在为钢筋锚固板的使用，做到安全适用、技术先进、经济合理、确保质量。

鉴于钢筋锚固板在我国的应用历史较短，基础性研究工作也还需要进一步完善，本规程公布实施后将继续积累工程应用经验和新研究成果，在以后修订过程中不断改进完善。

2 术语和符号

2.1 术　　语

2.1.4 本术语指装配了锚固板的钢筋，与国际所用术语 headed deformed bars 或 headed bars 相对应。包括各类一端或二端带锚固板的钢筋。

2.1.6～2.1.8 强调是钢筋受拉时的承压面，以便与受压时的承压面相区别；对承压面不在同一平面的不等厚锚固板，可能有多个承压面，锚固板厚度指端面到最远承压面的最大厚度 t。

3 钢筋锚固板的分类和性能要求

3.1 锚固板的分类与尺寸

3.1.2 锚固板承压面积的规定是根据国内外各类钢筋锚固板试验结果作出的规定，大多数钢筋锚固板试验所用的锚固板承压面积，对全锚固板为 9 倍左右的钢筋公称面积，部分锚固板为 4.5 倍左右钢筋公称面积。锚固板的厚度要求是根据锚固板与钢筋连接强度和锚固板刚度的需要确定的。对不等厚度锚固板或长方形锚固板，除应满足规程规定的面积和厚度要求外，尚应提供验证钢筋锚固板锚固能力的产品定型鉴定报告。这是为确保锚固板刚度以及钢筋锚固板的锚固能力提出的附加要求。产品鉴定报告应包括试验论证不同类型和规格的钢筋锚固板能够在满足本规程规定的锚固长度、最小混凝土保护层和最小构造配筋的条件下达到本规程第 3.2.4 条的要求；同时应满足本规程第 3.2.3 条的钢筋锚固板试件极限抗拉强度的要求。

3.2 钢筋锚固板的性能要求

3.2.1 锚固板与钢筋采用焊接连接时，锚固板材料的选用应考虑与钢筋的可焊性，应满足现行行业标准《钢筋焊接及验收规程》JGJ 18 中对预埋件焊接接头的材料要求。

3.2.3 钢筋锚固板试件的极限抗拉强度是保证钢筋锚固板锚固性能的重要环节，要求其极限拉力不应小于钢筋达到极限强度标准值时的拉力 $f_{stk}A_s$，本规程采用现行国家标准《混凝土结构设计规范》GB 50010 中的基本符号体系，钢筋极限强度标准值用 f_{stk} 表达。本条为强制性条文，必须严格执行。

3.2.4 本条规定了钢筋锚固板在混凝土中的锚固极限拉力不应小于钢筋达到极限强度标准值时的拉力 $f_{stk}A_s$。对锚固板产品提供检验依据，钢筋锚固板的实际锚固强度受钢筋锚固长度、锚固板承压面积和刚度、混凝土强度等级及钢筋保护层厚度的影响较大，产品鉴定时应验证最不利情况下满足本规程本条规定的强度要求。

3.2.5 规定锚固板与钢筋的连接宜采用螺纹连接是为了提高连接承载力的可靠性和稳定性。考虑我国幅员广大，地区条件及工程类型差别大，焊接连接可作为锚固板与钢筋的补充连接手段。

4 钢筋锚固板的设计规定

4.1 部分锚固板

4.1.1 采用部分锚固板时，应符合下列规定：

1 锚固板的混凝土保护层厚度多数情况下是由主筋混凝土保护层决定的。本规程规定，锚固板的最小混凝土保护层厚度为 15mm。更高结构使用年限和二、三类环境条件下，应增大混凝土保护层厚度，可按照现行国家标准《混凝土结构设计规范》GB 50010 对不同使用年限和环境类别对钢筋保护层的调整值进行调整，也可对锚固板采取附加的防腐措施以满足耐久性要求。

2～4 钢筋的锚固长度、混凝土保护层厚度和箍筋配置对钢筋锚固板的锚固极限拉力有明显影响；本规程规定的钢筋锚固板的基本锚固长度为 $0.4l_{ab}$，比现行国家标准《混凝土结构设计规范》GB 50010 规定的钢筋机械锚固时的锚固长度 $0.6l_{ab}$要小，这是根据本规程编制组成员单位近年来完成的大量研究成果作出的合理调整。本规程规定，部分锚固板承压面积不应小于锚固钢筋公称面积的 4.5 倍，锚固区混凝土保护层厚度不宜小于 $1.5d$，同时规定了构造箍筋和锚固区混凝土强度等级的最低要求，满足上述条件后，可以确保在最不利情况下钢筋锚固板的锚固强度。本规程中不再要求对混凝土保护层、钢筋直径等参数进行修正，以便与现行国家标准《混凝土结构设计规范》GB 50010 对框架节点中采用钢筋锚固板时锚固长度的规定保持一致。

锚固区混凝土强度不仅影响与钢筋粘结力，从而影响锚固长度，更对锚固板的承压力有直接影响，本规程增加了针对不同钢筋强度级别相对应的最低混凝土强度等级要求。部分试验结果表明，当埋入段钢筋的混凝土保护层厚度超过 $2d$ 时，箍筋的作用明显减少，在同样锚固长度的情况下，$2d$ 钢筋保护层的素混凝土锚固板试件，其锚固极限拉力与 $1d$ 保护层并配置构造箍筋试件的锚固极限拉力基本相当。具有 $3d$ 保护层的钢筋锚固板试件，即使不配置构造箍筋，已有很高的锚固力，但为了更安全起见，本规程仍引用现行国家标准《混凝土结构设计规范》GB 50010 中埋入段不配置箍筋的条件是大于等于 $5d$。

5 国内外钢筋锚固板试验结果均表明，与传统的弯折钢筋锚固相比，同样锚固长度的钢筋锚固板其锚固能力比弯折钢筋提高 30%左右，美国混凝土房屋建筑设计规范 ACI 318-08 规定，钢筋锚固板的锚固长度可取传统弯折钢筋锚固长度的 75%。考虑到本规程对钢筋锚固板的间距要求较为宽松，结合国内试验数据本规程规定，一般情况下，钢筋锚固板的锚固长度取用与传统弯折钢筋相同的长度 $0.4l_{ab}$，仅在混凝土保护层大于等于 $2d$ 和不承受反复拉压的工况以及满足一定的混凝土强度要求的情况下，允许钢筋锚固板锚固长度采用 $0.3l_{ab}$。本条规定为某些迫切需要减少钢筋锚固长度的场合提供了解决途径。

6 梁、柱和拉杆等受拉主筋采用锚固板并集中锚固于与其相交的边缘构件时，巨大的集中力如果不是传递给边缘构件的全截面而是截面的一小部分时，容易引起锚固区的局部冲切破坏。1991 年欧洲海洋石油勘探平台 SleipnerA 的垮塌，就是因为集中配置的大量钢筋锚固板没有延伸至与其相交的边缘构件对侧主筋处而是锚固于构件腹部，致使在钢筋拉拔力作用下，锚固区混凝土局部冲切破坏（图 1）。工程中如遇必须在边缘构件腹部锚固时，宜进行钢筋锚固区局部抗冲切强度验算或参照现行国家标准《混凝土结构设计规范》GB 50010 有关位于梁下部或高度范围内承受集中荷载时配置附加横向钢筋的相关规定处理。

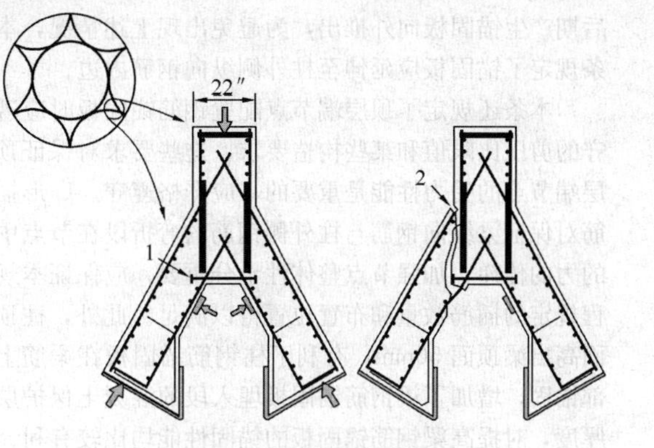

图 1 SleipnerA 垮塌试验研究

1—8 号钢筋锚固板；2—破坏部位

4.1.2 本规程编制组完成了配置钢筋锚固板的简支梁支座锚固试验，梁尺寸为 200mm × 600mm × 4000mm，配置 3 根 400MPa 级 25mm 钢筋，混凝土保护层厚度 $1d$，钢筋间净距 $1.5d$，埋入支座长度为 $6d$，采用单点集中荷载加载，剪跨比分别为 1.33 和 1.0。试验结果表明，支座处钢筋应力达到屈服强度时，梁的锚固性能仍然良好、支座处混凝土完整无损，锚固板端面的滑移量也很小（0.4mm）。试验证明，钢筋锚固板用于支座处减少钢筋锚固长度是有效的。对 500MPa 级钢筋，规程建议取 l_{ah}不应小于 $7d$。通常情况下，支座处钢筋应力达到屈服强度的概率是很小的。本条文中出现的非本规程规定的符号，均引自现行国家标准《混凝土结构设计规范》GB 50010。

4.1.3 近（6～7）年来，中国建筑科学研究院、天津大学、重庆大学等单位先后对钢筋锚固板用于框架梁柱节点做了试验研究，完成了 20 余个框架梁柱中间层端节点和顶层端节点在反复荷载作用下的受力性能研究。上述试验结果与国外类似的试验结果均表明，钢筋锚固板用于框架中间层端节点梁筋的锚固具有比传统弯折钢筋更好的锚固性能。框架梁柱顶层端节点的情况则比较复杂，由于梁和柱的主筋都要在节点区锚固，钢筋密集，布置比较困难，钢筋锚固板具有明显缓解钢筋布置的困难，但钢筋锚固板在节点中的传力机制也比较复杂，对于某些高剪压比的顶层端节点，如果没有足够强的抗剪箍筋，其承受反复拉压的滞回性能并不理想。试验也表明，当钢筋锚固板满足某些条件时，顶层端节点也能表现出良好的性能，位移延性系数达 3.5 左右。本规程有关框架节点应用钢筋锚固板的规定是在上述试验基础上并参照国外相关规范规定制订的。

本条规定中间层端节点梁纵向钢筋在节点中采用钢筋锚固板时，应满足图 4.1.3-1（b）的要求。其主要原则是除了钢筋锚固长度应满足规定要求外，还宜将锚固板尽量伸向柱截面的外侧纵向钢筋内边，以确保节点的传力机理和节点核心区的抗剪强度；此外，当锚固板离柱外表面过近时，容易在反复拉压受力的后期产生锚固板向外推出，为避免出现上述情况，本条规定了锚固板应延伸至柱外侧纵向钢筋内边。

本条还规定了顶层端节点配置钢筋锚固板时应遵守的剪压比限值和某些构造要求，这些要求对保证顶层端节点的受力性能是重要的，应严格遵守。U形插筋对保证梁纵向钢筋与柱外侧钢筋的弯折段在节点中的力的传递、加强节点整体性十分重要，应保证本规程规定的插筋数量和布置位置得以满足。此外，柱顶面高出梁顶面50mm，有利于柱钢筋锚固板在梁筋上部锚固，增加了梁钢筋锚固板埋入段的混凝土保护层厚度，对提高梁钢筋锚固板的锚固性能均比较有利。

4.1.4 端部有翼墙或转角墙的剪力墙，其水平分布筋不小于16mm时，可采用钢筋锚固板，且多数情况下可满足本规程4.1.1第5款的要求，从而可采用$0.3l_{ab}$，比传统弯折钢筋更易满足墙体中钢筋锚固长度要求。

4.2 全锚固板

4.2.1 采用全锚固板的钢筋比采用部分锚固板的钢筋要求更大的混凝土保护层和钢筋间距，这是因为全锚固板要承受全部钢筋拉力，要求锚固板具有更高的承压强度，有时需要更多地利用锚固板承压面周围的混凝土来提高混凝土局部承压强度。由于采用全锚固板的钢筋多数情况下用于板或梁的抗剪钢筋、吊筋等场合，满足本条要求的混凝土保护层和钢筋间距要求一般不会有什么困难。

采用全锚固板的钢筋用做梁的受剪钢筋、附加横向钢筋或板的抗冲切钢筋时，斜裂缝可能在邻近锚固板处通过，上、下两端设置的全锚固板可提供足够的锚固力。锚固板应尽量伸至梁或板主筋的上侧和下侧，一方面是提高构件全截面受剪承载力需要，另一方面是便于钢筋锚固板定位。

4.2.2 全锚固板用做梁的附加横向钢筋时，承担着将梁或板的下部荷载传递至梁顶面的功能。其配置数量和范围应符合现行国家标准《混凝土结构设计规范》GB 50010中的有关规定。

梁承受很大剪力时，采用全锚固板的钢筋作为抗剪钢筋并与普通箍筋配合使用，可利用更大直径和更高强度的钢筋以减少箍筋数量，简化钢筋工程施工。工程经验表明，混凝土厚板中，采用全锚固板抗剪钢筋，施工十分方便。

4.2.3 采用全锚固板的钢筋作为板的吊杆时，宜采用光圆钢筋，使吊杆中的力更多依靠板顶面处锚固板承压面来承受，而不需要依靠钢筋与混凝土的粘结力，从而可改善吊杆混凝土锚固区的受力性能。全锚固板钢筋用做吊杆时，其埋入长度应经过验算，确保锚固区周围混凝土有足够的受冲切承载能力。

全锚固板用于板的抗冲切钢筋，本规程中这部分条款主要参考现行国家标准《混凝土结构设计规范》GB 50010有关混凝土板抗冲切规定和现行行业标准《无粘结预应力混凝土结构技术规程》JGJ 92配置抗冲切锚栓的有关规定制定的，钢筋锚固板与抗冲切锚栓功能上是一致的。钢筋锚固板的优点是其螺纹连接比专用焊接锚栓更可靠。对全锚固板适用的混凝土板厚度的限值，本规程规定不应小于200mm，对小于200mm的板，去掉上、下混凝土保护层和锚固板厚度以后，钢筋长度过短，抗剪效果会受到影响，因此本规程不推荐使用。

5 钢筋丝头加工和锚固板安装

5.1 螺纹连接钢筋丝头加工

5.1.2 连接锚固板的钢筋丝头的加工与普通直螺纹钢筋接头的丝头加工是一样的，本部分的有关规定与现行行业标准《钢筋机械连接技术规程》JGJ 107保持一致。专用螺纹量规由技术提供单位提供。

5.2 螺纹连接钢筋锚固板的安装

5.2.3 钢筋锚固板安装扭矩值对连接强度的影响并不大，要求一定的扭矩是为防止锚固板松动后影响丝头连接长度。本条规定，钢筋锚固板的安装扭矩与直螺纹钢筋接头的扭矩值相同。本规定可方便施工，有利于施工单位对扭矩扳手的管理和检验。

5.2.4 控制钢筋丝头能伸出锚固板，确保连接强度，同时便于检查，钢筋丝头外露长度不宜小于$1.0p$（p为螺距）。

5.3 焊接钢筋锚固板的施工

5.3.1、**5.3.2** 本条中各款要求均引自现行行业标准《钢筋焊接及验收规程》JGJ 18中有关规定和预埋件电弧焊钢筋穿孔塞焊的相关要求。钢筋锚固板穿孔塞焊，有时可能需要增大锚固板尺寸，当有实践经验时，也可调整穿孔塞焊孔的参数。

6 钢筋锚固板的现场检验与验收

6.0.1、**6.0.2** 施工现场对锚固板产品主要检查是否有产品合格证以及锚固板供应单位提供的经技术监督局备案的企业产品标准，必要时可进行追溯。

6.0.4 钢筋锚固板连接工程开始前，应对不同钢厂的进场钢筋进行锚固板连接工艺检验，主要是检验锚固板提供单位所确定的锚固板材料、螺纹规格、工艺参数是否与本工程中的进场钢筋相适应，并可提高实际工程中抽样试件的合格率，减少在工程应用后再发现问题造成的经济损失，施工过程中如更换钢筋生产厂，变更钢筋锚固板参数、形式及变更产品供应商时，应补充进行工艺检验。

6.0.5 本条是对钢筋锚固板现场检验验收批的数量要求，是施工现场钢筋锚固板质量检验的抽检依据。焊接连接钢筋锚固板的连接强度受环境、材料和人为因素影响较大，质量稳定性低于螺纹连接，其验收批数量应少于螺纹连接钢筋锚固板。

6.0.6 本条规定了螺纹连接钢筋锚固板拧紧扭矩检验批数量和检验制度，并规定了焊接连接钢筋锚固板焊缝外观检验要求。

6.0.7 本条规定了螺纹连接钢筋锚固板的抽检制度及合格判定标准。螺纹连接钢筋锚固板的抽检制度及合格标准与现行行业标准《钢筋机械连接应用技术规程》JGJ 107 基本一致。考虑到在工程中截取钢筋锚固板试件后无法重装，检验时可在钢筋丝头加工现场在已装配好的钢筋锚固板中随机抽取试件，不必在工程实体中抽取钢筋锚固板试件进行抗拉强度试验。

6.0.8 规定了焊接连接钢筋锚固板的抽检制度及合格判定标准，相关规定与现行行业标准《钢筋焊接及验收规程》JGJ 18 中钢筋电弧焊接头的有关规定基本一致。

6.0.9 考虑到某些施工段锚固板数量通常比钢筋接头为少，尤其是不同规格钢筋锚固板分入不同验收批后常常数量不多，本规程规定当连续十个验收批一次抽样均合格后，当验收批数量小于某一数值后的钢筋锚固板检验制度，从而可减少检验工作量。

中华人民共和国行业标准

预制带肋底板混凝土叠合楼板技术规程

Technical specification for concrete composite slab with precast ribbed panel

JGJ/T 258—2011

批准部门：中华人民共和国住房和城乡建设部
施行日期：2 0 1 2 年 4 月 1 日

中华人民共和国住房和城乡建设部
公　告

第 1136 号

关于发布行业标准《预制带肋底板混凝土叠合楼板技术规程》的公告

现批准《预制带肋底板混凝土叠合楼板技术规程》为行业标准，编号为 JGJ/T 258 - 2011，自 2012 年 4 月 1 日起实施。

本规程由我部标准定额研究所组织中国建筑工业出版社出版发行。

中华人民共和国住房和城乡建设部

2011 年 8 月 29 日

前　言

根据住房和城乡建设部《关于印发〈2009 年工程建设标准规范制订、修改计划（第一批）〉的通知》（建标［2009］88 号）的要求，规程编制组经广泛调查研究，认真总结实践经验，参考有关国际标准和国外先进标准，并在广泛征求意见的基础上，编制了本规程。

本规程的主要内容有：1. 总则；2. 术语和符号；3. 材料；4. 基本设计规定；5. 叠合楼板结构设计；6. 构造要求；7. 工程施工；8. 工程验收。

本规程由住房和城乡建设部负责管理，由湖南高岭建设集团股份有限公司负责具体技术内容的解释。执行过程中如有意见或建议，请寄送湖南高岭建设集团股份有限公司（地址：湖南省长沙市开福区捞刀河镇彭家巷 468 号，邮政编码：410153）。

本规程主编单位：湖南高岭建设集团股份有限公司

本规程参编单位：衡阳市衡洲建筑安装工程有限公司
湖南大学
兰州大学
曙光控股集团有限公司
山东万斯达集团有限公司

本规程主要起草人员：周绪红　吴方伯　何长春
黄海林　陈　伟　邓利斌
刘　彪　李骥原　唐仕亮
颜云方　张　波　蒋世林
陈赛国　黄　璐

本规程主要审查人员：马克俭　白生翔　孟少平
吴　波　何益斌　余志武
张友亮　肖　龙　陈火焱

目　次

Contents

1 总 则

1.0.1 为了提高预制带肋底板混凝土叠合楼板的设计与施工技术水平，贯彻执行国家的技术经济政策，做到安全、适用、经济、耐久、确保质量，制定本规程。

1.0.2 本规程适用于环境类别为一类、二 a 类，且抗震设防烈度小于或等于 9 度地区的一般工业与民用建筑楼板的设计、施工及验收。当遇有板底表面温度大于 100℃或有生产热源且表面温度经常大于 60℃或板承受振动荷载情况之一时，应按国家现行有关标准进行专门设计。

1.0.3 预制带肋底板混凝土叠合楼板的设计、施工及验收，除应符合本规程的规定外，尚应符合国家现行有关标准的规定。

2 术语和符号

2.1 术 语

2.1.1 预制带肋底板 precast ribbed panel

由实心平板与设有预留孔洞的板肋组成，经预先制作并用于混凝土叠合楼板的底板。预制带肋底板包括预制预应力带肋底板、预制非预应力带肋底板。

2.1.2 实心平板 solid panel

预制带肋底板的下部实心混凝土平板，其内配置受力的先张法纵向预应力筋或纵向非预应力钢筋。

2.1.3 板肋 rib

沿预制带肋底板跨度方向设置并带预留孔洞的肋条，其截面形式可为矩形、T 形等。

2.1.4 预留孔洞 preformed hole

为布置横向穿孔的非预应力钢筋或管线等而在板肋上设置的孔洞。

2.1.5 胡子筋 beard-shape reinforcement

实心平板端部伸出的纵向受力钢筋。

2.1.6 拼缝防裂钢筋 joint anti-crack reinforcement

布置于预制带肋底板拼缝处横向穿孔钢筋上方，用于约束可能产生裂缝的构造钢筋。

2.1.7 横向穿孔钢筋 transversal perforating reinforcement

垂直于板肋并从预留孔洞穿过的非预应力钢筋。

2.1.8 叠合层 cast-in-situ concrete topping

在预制带肋底板上部配筋并浇筑混凝土的楼板现浇层。

2.1.9 叠合楼板 composite slab

在预制带肋底板上配筋并浇筑混凝土叠合层形成的楼板。

2.1.10 叠合楼盖 composite floor system

由各类梁与预制带肋底板组成，并通过配筋及浇筑混凝土叠合层而形成的装配整体式楼盖。

2.2 符 号

2.2.1 材料性能

f'_{tk}、f'_{ck} ——与施工阶段对应龄期的混凝土立方体抗压强度 f'_{cu} 相应的混凝土轴心抗拉强度标准值、轴心抗压强度标准值；

f_{tk1} ——预制预应力带肋底板混凝土轴心抗拉强度标准值；

f_y ——非预应力钢筋抗拉强度设计值。

2.2.2 作用和作用效应

G_{k1} ——叠合楼板（包括预制带肋底板和叠合层）自重标准值；

G_{k2} ——第二阶段面层、吊顶等自重标准值；

Q_k ——第一阶段可变荷载标准值 Q_{k1} 与第二阶段可变荷载标准值 Q_{k2} 两者中的较大值；

q ——均布荷载设计值；

q_1 ——叠合楼板自重设计值；

q_2 ——外加荷载设计值；

M_{1G} ——叠合楼板自重在计算截面产生的弯矩设计值；

M_{1Gk} ——叠合楼板自重标准值 G_{k1} 在计算截面产生的弯矩值；

M_{1Q} ——第一阶段可变荷载在计算截面产生的弯矩设计值；

M_{2k} ——第二阶段荷载标准组合下在计算截面上产生的弯矩值；

M_{2G} ——第二阶段面层、吊顶等自重在计算截面产生的弯矩设计值；

M_{2Gk} ——第二阶段面层、吊顶等自重标准值在计算截面产生的弯矩值；

M_{2Q} ——第二阶段可变荷载在计算截面产生的弯矩设计值；

M_{2Qk} ——使用阶段可变荷载标准值在计算截面产生的弯矩值；

V_{1G} ——叠合楼板自重在计算截面产生的剪力设计值；

V_{1Q} ——第一阶段可变荷载在计算截面产生的剪力设计值；

V_{2G} ——第二阶段面层、吊顶等自重在计算截面产生的剪力设计值；

V_{2Q} ——第二阶段可变荷载在计算截面产生的剪力设计值；

σ_{ct}、σ_{cc} ——施工阶段相应的荷载标准组合下产生在构件计算截面预拉区、预压区边缘的混凝土法向拉应力、压应力；

σ_{ck}——使用阶段按荷载标准组合计算控制截面抗裂验算边缘的混凝土法向应力；

σ_{pc}——扣除全部预应力损失后在控制截面抗裂验算边缘混凝土的法向预压应力；

σ_{sq}——荷载准永久组合下叠合楼板纵向非预应力钢筋的应力。

2.2.3 几何参数

B——板的计算宽度；

l_0——板的计算跨度；

W_0——叠合楼板计算截面边缘的换算截面弹性抵抗矩；

W_{01}——预制预应力带肋底板换算截面受拉边缘的弹性抵抗矩。

2.2.4 计算系数及其他

γ_0——结构重要性系数；

γ_G——永久荷载分项系数；

γ_Q——可变荷载分项系数。

3 材　料

3.1 混 凝 土

3.1.1 预制带肋底板的混凝土强度等级不宜低于C40且不应低于C30，叠合层的混凝土强度等级不宜低于C25。

3.1.2 混凝土力学性能标准值和设计值应按现行国家标准《混凝土结构设计规范》GB 50010 的规定取用。

3.2 钢　　筋

3.2.1 受力的预应力筋宜采用消除应力螺旋肋钢丝或冷轧带肋钢筋；受力的非预应力钢筋宜采用热轧带肋钢筋、冷轧带肋钢筋，也可采用热轧光圆钢筋。

3.2.2 受力的预应力筋和受力的非预应力钢筋力学性能标准值和设计值应按国家现行标准《混凝土结构设计规范》GB 50010 和《冷轧带肋钢筋混凝土结构技术规程》JGJ 95 的规定取用。受力的预应力筋的直径不应小于 5mm；受力的非预应力钢筋的直径不应小于 6mm。

3.2.3 在预制带肋底板和叠合层中配置的各类构造钢筋，可根据实际情况确定，但其直径不应小于 4mm。

4 基本设计规定

4.1 一 般 规 定

4.1.1 本规程依据现行国家标准《混凝土结构设计规范》GB 50010 的极限状态设计方法，采用分项系数的设计表达式进行设计。

4.1.2 叠合楼板的安全等级和设计使用年限应与整个结构保持一致。

4.1.3 叠合楼板的设计应满足下列三个阶段的不同要求：

1 制作阶段：预制带肋底板在放张、堆放、吊装及运输阶段，预制预应力带肋底板的板底不应出现裂缝；预制非预应力带肋底板的板底不宜出现受力裂缝；

2 施工阶段：应对预制带肋底板的承载力、裂缝控制分别进行计算或验算；

3 使用阶段：应对叠合楼板的承载力、挠度及裂缝控制分别进行计算或验算。

预制带肋底板在制作、运输及安装时，应考虑动力系数，其值可取 1.5，也可根据实际情况作适当调整。

4.1.4 叠合楼板应根据施工阶段支撑设置情况分别采用下列不同的计算方法：

1 施工阶段不加支撑的叠合楼板，应对预制带肋底板及浇筑叠合层混凝土后的叠合楼板按二阶段受力分别进行计算。预制带肋底板可按一般受弯构件考虑，叠合楼板应考虑二次叠合的影响，此时，应按本规程第 4.2 节的规定进行荷载与内力分析；其承载力、挠度及裂缝控制应按本规程第 5 章的规定计算或验算。

2 施工阶段设有可靠支撑的叠合楼板，可按整体受弯构件考虑，其承载力、挠度及裂缝控制计算或验算应符合现行国家标准《混凝土结构设计规范》GB 50010 有关整体受弯构件的规定。

4.1.5 叠合楼板可与现浇梁、叠合梁、钢梁等组合成叠合楼盖。此时，梁的承载力极限状态计算与正常使用极限状态验算应符合国家现行有关标准的规定，各类梁的刚度应能保证叠合楼板按单向简支板、连续板或边支承双向板的计算条件。叠合楼板也可直接搁置或嵌固于墙中，并应按设计情况确定其嵌固程度。

支承在混凝土剪力墙、承重砌体墙以及刚性的钢梁、现浇梁、叠合梁等上方的叠合楼板，应按国家标准《混凝土结构设计规范》GB 50010-2010 第 9.1.1 条的规定，分别按单向板或双向板进行计算。

4.1.6 正常使用极限状态下的叠合楼板验算，对采用预制预应力带肋底板的叠合楼板应采用荷载标准组合进行计算；对采用预制非预应力带肋底板的叠合楼板应采用荷载准永久组合进行计算。

4.2 荷载与内力分析

4.2.1 施工阶段不加支撑的叠合楼板，内力应分别按下列两个阶段计算：

1 第一阶段：叠合层混凝土未达到强度设计值

之前的阶段。荷载由预制带肋底板承担，预制带肋底板按简支构件计算；荷载包括预制带肋底板自重、叠合层混凝土自重以及施工阶段的可变荷载。

2 第二阶段：叠合层混凝土达到设计规定的强度值之后的阶段。按叠合楼板计算；荷载考虑下列两种情况并取较大值：

1）施工阶段：考虑叠合楼板自重，面层、吊顶等自重以及施工阶段的可变荷载；

2）使用阶段：考虑叠合楼板自重，面层、吊顶等自重以及使用阶段的可变荷载。

施工阶段的可变荷载可根据实际情况确定，也可按现行国家标准《混凝土结构工程施工规范》GB 50666 的规定取用。

4.2.2 承受均布荷载的叠合楼板，其均布荷载设计值应按下列公式计算：

$$q = q_1 + q_2 \quad (4.2.2\text{-}1)$$

$$q_1 = \gamma_0 \gamma_G G_{k1} \quad (4.2.2\text{-}2)$$

$$q_2 = \gamma_0 (\gamma_G G_{k2} + \gamma_Q Q_k) \quad (4.2.2\text{-}3)$$

式中：q ——均布荷载设计值（kN/m^2）；

q_1 ——叠合楼板自重设计值（kN/m^2）；

q_2 ——外加荷载设计值（kN/m^2）；

G_{k1} ——叠合楼板（包括预制带肋底板和叠合层）自重标准值（kN/m^2）；

G_{k2} ——第二阶段面层、吊顶等自重标准值（kN/m^2）；

Q_k ——第一阶段可变荷载标准值 Q_{k1} 与第二阶段可变荷载标准值 Q_{k2} 两者中的较大值（kN/m^2）；

γ_0 ——结构重要性系数；

γ_G ——永久荷载分项系数；

γ_Q ——可变荷载分项系数。

4.2.3 承载能力极限状态计算时，对预制带肋底板和叠合楼板进行弹性分析或塑性内力重分布分析的弯矩设计值和剪力设计值应按下列规定取用：

预制带肋底板

$$M_1 = M_{1G} + M_{1Q} \quad (4.2.3\text{-}1)$$

$$V_1 = V_{1G} + V_{1Q} \quad (4.2.3\text{-}2)$$

叠合楼板跨中正弯矩区段和支座负弯矩区段

$$M_{mid} = M_{1G} + M_{2G} + M_{2Q} \quad (4.2.3\text{-}3)$$

$$M_{sup} = M_{2G} + M_{2Q} \quad (4.2.3\text{-}4)$$

$$V = V_{1G} + V_{2G} + V_{2Q} \quad (4.2.3\text{-}5)$$

式中：M_{1G} ——叠合楼板自重在计算截面产生的弯矩设计值(N·mm)；

M_{1Q} ——第一阶段可变荷载在计算截面产生的弯矩设计值（N·mm）；

M_{2G} ——第二阶段面层、吊顶等自重在计算截面产生的弯矩设计值（N·mm），当考虑内力重分布时，应取调幅后的弯矩设计值；

M_{2Q} ——第二阶段可变荷载在计算截面产生的弯矩设计值（N·mm），当考虑内力重分布时，应取调幅后的弯矩设计值；

V_{1G} ——叠合楼板自重在计算截面产生的剪力设计值（N）；

V_{1Q} ——第一阶段可变荷载在计算截面产生的剪力设计值（N）；

V_{2G} ——第二阶段面层、吊顶等自重在计算截面产生的剪力设计值（N）；

V_{2Q} ——第二阶段可变荷载在计算截面产生的剪力设计值（N）。

4.2.4 当叠合楼板符合单向板的计算条件时，其内力设计值应符合下列规定：

1 承受均布荷载简支板的跨中弯矩设计值可按下式计算：

$$M = \frac{1}{8} q B l_0^2 \quad (4.2.4)$$

式中：B ——板的计算宽度（mm）；

l_0 ——板的计算跨度（m）。

2 承受均布荷载的多跨叠合连续板，当相邻两跨的长跨与短跨之比小于 1.1、各跨荷载值相差不大于 10%时，可按弹性分析方法计算内力设计值，并可对其第二阶段荷载产生支座弯矩设计值进行适度调幅，调幅幅度不宜大于 20%。

4.2.5 承受均布荷载的单向叠合楼板，其剪力设计值可按本规程第 4.2.4 条的计算原则确定。

4.2.6 承受均布荷载的双向叠合楼板，可按弹性分析方法计算内力设计值，也可对其第二阶段荷载产生支座弯矩设计值进行适度调幅，调幅幅度不宜大于 20%。按考虑塑性内力重分布分析方法设计的叠合楼盖，其钢筋伸长率、钢筋种类及环境类别应符合国家标准《混凝土结构设计规范》GB 50010－2010 第 5.4.2 条的规定，并应满足正常使用极限状态要求且采取有效的构造措施。

当双向叠合楼板的 x、y 方向相对受压区高度均不大于 0.15 时，也可采用塑性铰线法或条带法等塑性极限分析方法计算内力设计值。

4.2.7 承受均布荷载的单向多跨叠合板，在正常使用极限状态下的内力值可按下列规定计算：

1 多跨钢筋混凝土叠合连续板，在荷载准永久组合下，可按国家标准《混凝土结构设计规范》GB 50010－2010 第 7.2.1 条规定的截面刚度关系进行内力计算；

2 多跨预应力混凝土叠合连续板，在荷载标准组合下，跨中截面可按不出现裂缝的刚度，支座截面可按出现裂缝的刚度分别进行内力计算。

4.2.8 承受均布荷载的双向叠合楼板，在正常使用极限状态下的内力值，宜选择符合实际的方法计算，也可按正交异性板计算。

4.2.9 采用先张法生产的预制预应力带肋底板在相应各阶段由预加力产生的混凝土法向应力，应按现行国家标准《混凝土结构设计规范》GB 50010 的规定进行计算。

5 叠合楼板结构设计

5.1 一般规定

5.1.1 预制带肋底板及叠合楼板应按短暂设计状况、持久设计状况进行设计，对地震设计状况应符合现行国家标准《建筑抗震设计规范》GB 50011 有关抗震构造措施的规定。

5.1.2 在短暂设计状况、持久设计状况下的预制带肋底板及叠合楼板均应按承载能力极限状态进行计算，并应对正常使用极限状态进行验算。

5.2 承载能力极限状态计算

5.2.1 预制带肋底板及叠合楼板的正截面受弯承载力、斜截面受剪承载力计算，应符合现行国家标准《混凝土结构设计规范》GB 50010 的规定。

5.2.2 在均布荷载作用下，不配置箍筋的一般叠合楼板，可不对叠合面进行受剪强度验算，但应符合本规程第 6.1.3 条的构造规定。

5.3 正常使用极限状态验算

5.3.1 预制带肋底板在制作、施工、堆放、吊装等阶段的验算应符合下列规定：

1 预制预应力带肋底板正截面边缘的混凝土法向应力，可按下列公式验算：

$$\sigma_{ct} \leqslant f'_{tk} \tag{5.3.1-1}$$

$$\sigma_{cc} \leqslant 0.8f'_{ck} \tag{5.3.1-2}$$

式中：σ_{ct}、σ_{cc}——施工阶段相应的荷载标准组合下产生在构件计算截面预拉区、预压区边缘的混凝土法向拉应力、压应力（N/mm^2）；

f'_{tk}、f'_{ck}——与施工阶段对应龄期的混凝土立方体抗压强度 f'_{cu} 相应的混凝土轴心抗拉强度标准值、轴心抗压强度标准值（N/mm^2）。

2 预制非预应力带肋底板应符合现行国家标准《混凝土结构设计规范》GB 50010 和《混凝土结构工程施工规范》GB 50666 的规定，并宜采取防裂的构造措施。

5.3.2 在使用阶段，对采用预制预应力带肋底板的叠合楼板沿平行板肋方向的裂缝控制，应按一般要求不出现裂缝的规定按下列公式验算

$$\sigma_{ck} - \sigma_{pc} \leqslant f_{tk1} \tag{5.3.2-1}$$

$$\sigma_{ck} = \frac{M_{1Gk}}{W_{01}} + \frac{M_{2k}}{W_0} \tag{5.3.2-2}$$

$$M_{2k} = M_{2Gk} + M_{2Qk} \tag{5.3.2-3}$$

式中：σ_{ck}——使用阶段按荷载标准组合计算控制截面抗裂验算边缘的混凝土法向应力（N/mm^2）；

σ_{pc}——扣除全部预应力损失后在控制截面抗裂验算边缘混凝土的法向预压应力（N/mm^2）；

f_{tk1}——预制预应力带肋底板混凝土轴心抗拉强度标准值（N/mm^2）；

M_{1Gk}——叠合楼板自重标准值 G_{k1} 在计算截面产生的弯矩值（N·mm）；

M_{2k}——第二阶段荷载标准组合下在计算截面上产生的弯矩值（N·mm）；

M_{2Gk}——第二阶段面层、吊顶等自重标准值在计算截面产生的弯矩值（N·mm）；

M_{2Qk}——使用阶段可变荷载标准值在计算截面产生的弯矩值（N·mm）；

W_{01}——预制预应力带肋底板换算截面受拉边缘的弹性抵抗矩（mm^3）；

W_0——叠合楼板计算截面边缘的换算截面弹性抵抗矩（mm^3）。

5.3.3 采用预制非预应力带肋底板的叠合楼板的正、负弯矩区，以及采用预制预应力带肋底板的叠合楼板的垂直板肋方向正、负弯矩区，应按现行国家标准《混凝土结构设计规范》GB 50010 规定的裂缝宽度限值及相应计算公式进行裂缝宽度验算。

5.3.4 采用预制非预应力带肋底板的叠合楼板，纵向非预应力钢筋应力应按下式验算：

$$\sigma_{sq} \leqslant 0.9f_y \tag{5.3.4}$$

式中：σ_{sq}——在荷载准永久组合下叠合楼板纵向非预应力钢筋的应力，按现行国家标准《混凝土结构设计规范》GB 50010 的规定进行计算（N/mm^2）；

f_y——非预应力钢筋抗拉强度设计值（N/mm^2）。

5.3.5 采用预制非预应力带肋底板的叠合楼板和采用预制预应力带肋底板的叠合楼板的挠度，应按现行国家标准《混凝土结构设计规范》GB 50010 的规定进行验算。

6 构造要求

6.1 一般规定

6.1.1 预制带肋底板的截面形式、侧面形式可根据结构实际情况分别按图 6.1.1-1、6.1.1-2 取用，且应符合下列规定：

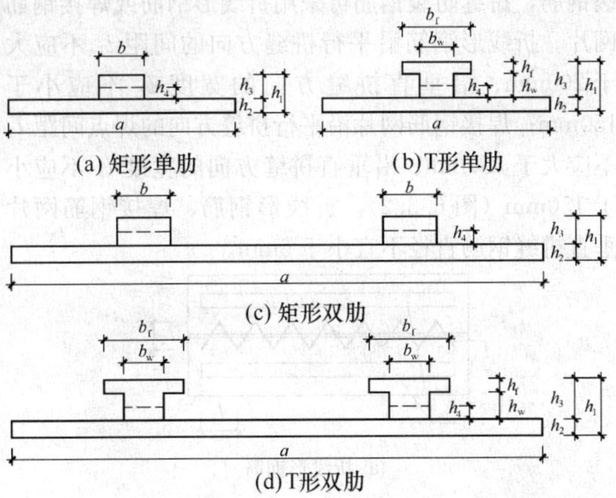

图 6.1.1-1 预制带肋底板截面形式示意

a—实心平板的宽度；b—板肋的宽度；b_f—翼缘的宽度；h_f—翼缘的高度；b_w—腹板的宽度；h_w—腹板的高度；h_1—预制带肋底板的总高；h_2—实心平板的高度；h_3—板肋的高度；h_4—预留孔洞的高度

1 板肋及预留孔洞的宽度和高度应满足施工阶段承载力、刚度要求。

2 边孔中心与板端的距离 l_1 不宜小于 250mm，肋端与板端的距离 l_2 不宜大于 40mm，预留孔洞的宽度 l_4 不应大于 2 倍预留孔洞的净距 l_3。

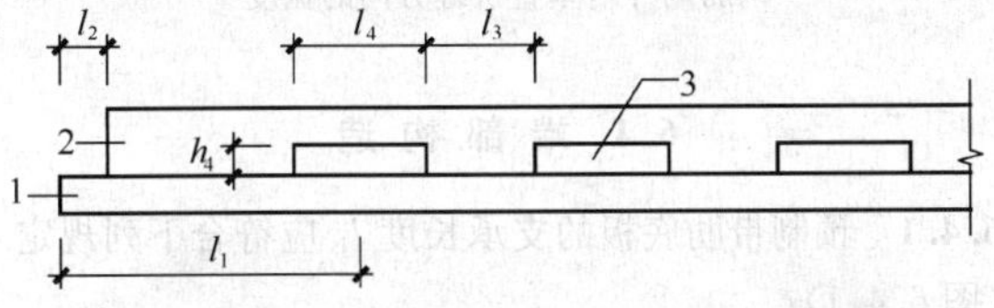

图 6.1.1-2 预制带肋底板侧面形式示意

1—实心平板；2—板肋；3—预留孔洞；l_1—边孔中心与板端的距离；l_2—肋端与板端的距离；l_3—预留孔洞的净距；l_4—预留孔洞的宽度；h_4—预留孔洞的高度

6.1.2 叠合楼板的厚度不宜小于 110mm 且不应小于 90mm。叠合层混凝土的厚度不宜小于 80mm 且不应小于 60mm；高度超过 50m 的房屋采用叠合楼板时，其叠合层混凝土厚度不应小于 80mm。板肋上方混凝土的厚度不应小于 25mm。

当叠合楼板跨度小于或等于 6.6m 时，实心平板的厚度 h_2 不应小于 30mm；当叠合楼板跨度大于 6.6m 时，实心平板的厚度 h_2 不应小于 40mm。

6.1.3 预制带肋底板上表面应做成凹凸差不小于 4mm 的粗糙面。承受较大荷载的叠合楼板，宜在预制带肋底板上设置伸入叠合层的构造钢筋。

6.1.4 叠合楼板开洞应避开板肋位置，宜设置在板间拼缝处。圆孔孔径 d 或长方形边长 b 不应大于 120mm，洞边距板边距离 l_1 不应大于 75mm（图 6.1.4），且应符合下列规定：

1 开洞未截断实心平板的纵向受力钢筋且开洞尺寸不大于 80mm 时，可不采取加强措施；

2 开洞截断实心平板的纵向受力钢筋或开洞尺寸在 80mm～120mm 之间时，应采取有效加强措施，可根据等强原则在孔洞四周设置附加钢筋，钢筋直径不应小于 8mm，数量不应少于 2 根，沿平行板肋方向附加钢筋应伸过洞边距离 l_a 不应小于 $25d$（d 为附加钢筋直径），沿垂直板肋方向附加钢筋应伸至板肋边。

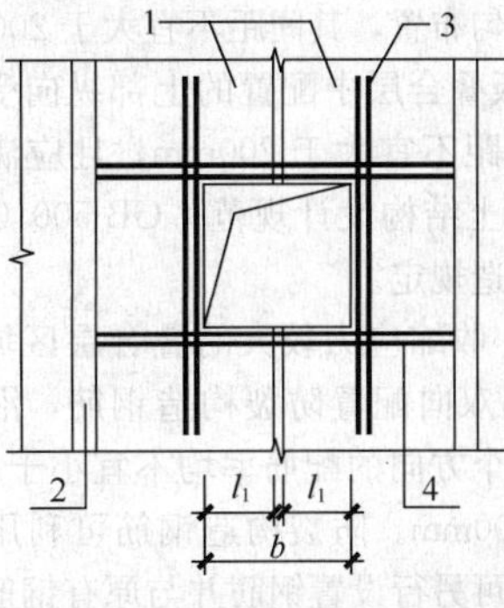

图 6.1.4 叠合楼板开洞加强措施

1—预制带肋底板；2—板肋；3—沿平行板肋方向附加钢筋；4—沿垂直板肋方向附加钢筋；b—长方形边长；l_1—洞边距板边距离；l_a—沿平行板肋方向附加钢筋伸过洞边距离

6.1.5 当按设计要求需设置现浇板带时，现浇板带的设置及配筋要求应符合现行国家标准《混凝土结构设计规范》GB 50010 的规定。

6.1.6 叠合楼板基于耐久性要求的混凝土保护层厚度，应符合现行国家标准《混凝土结构设计规范》GB 50010 的规定；基于耐火极限要求的耐火保护层厚度尚应符合表 6.1.6 的规定。

表 6.1.6 叠合楼板耐火保护层最小厚度

类型	约束条件	1.0h		1.5h	
		板厚（mm）	耐火保护层（mm）	板厚（mm）	耐火保护层（mm）
采用预制预应力带肋底板的叠合楼板	简支	—	22	—	30
	连续	110	15	120	20
采用预制非预应力带肋底板的叠合楼板	简支	—	10	—	20
	连续	90	10	90	10

注：计算耐火保护层时，应包括抹灰粉刷层在内。

6.2 钢筋配置

6.2.1 实心平板的纵向受力钢筋应按计算配置，并应沿实心平板宽度范围内均匀布置。先张法预应力筋之间的净间距应根据浇筑混凝土、施加预应力及钢筋锚固等要求确定，但不应小于其公称直径的 2.5 倍和混凝土粗骨料最大粒径的 1.25 倍，且不应小于 15mm。预制预应力带肋底板端部 100mm 长度范围内应设置不小于 3 根Φ4 的附加横向钢筋或钢筋网片。

6.2.2 板肋顶部的全长范围内应设置预应力或非预应力纵向构造钢筋，数量不应少于 1 根；当采用非预应力钢筋时，直径不应小于 6mm。

6.2.3 横向穿孔钢筋应从预留孔洞中穿过，并应沿垂直板肋方向均匀布置，其间距不宜大于 200mm。

6.2.4 叠合楼板叠合层中配置的上部纵向受力非预应力钢筋，其间距不宜大于 200mm，且应满足现行国家标准《混凝土结构设计规范》GB 50010 的最小配筋率要求和构造规定。

6.2.5 在温度、收缩应力较大的叠合层区域，应在板的叠合层上部双向配置防裂构造钢筋，沿平行板肋、垂直板肋两个方向的配筋率均不宜小于 0.10%，间距不宜大于 200mm。防裂构造钢筋可利用原有钢筋贯通布置，也可另行设置钢筋并与原有钢筋按受拉钢筋的要求搭接或伸入周边梁、墙内进行锚固。

6.2.6 预制带肋底板采用的吊钩或内埋式吊具，应符合现行国家标准《混凝土结构设计规范》GB 50010 和《混凝土结构工程施工规范》GB 50666 的规定。

6.3 拼缝构造

6.3.1 实心平板侧边的拼缝构造形式可采用直平边、双齿边、斜平边、部分斜平边等（图 6.3.1）。拼缝宽度 b_j 不宜小于 10mm，拼缝可采用砂浆抹缝或细石混凝土灌缝，砂浆强度等级不宜小于 M15，混凝土强度等级不宜小于 C20，且宜采用膨胀砂浆或膨胀混凝土。

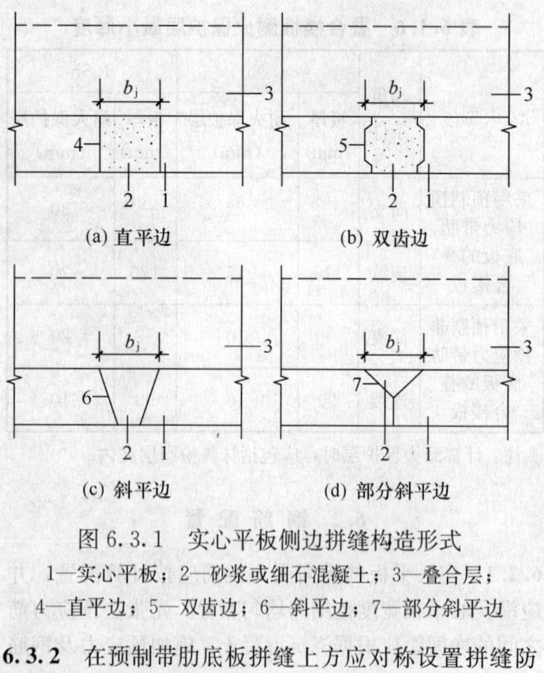

图 6.3.1 实心平板侧边拼缝构造形式

1—实心平板；2—砂浆或细石混凝土；3—叠合层；4—直平边；5—双齿边；6—斜平边；7—部分斜平边

6.3.2 在预制带肋底板拼缝上方应对称设置拼缝防裂钢筋，拼缝防裂钢筋可采用折线形钢筋或焊接钢筋网片。折线形钢筋沿平行拼缝方向的间距 l_1 不应大于 200mm、沿垂直拼缝方向的宽度 l_2 不应小于 150mm；焊接钢筋网片沿平行拼缝方向的焊点间距 l_3 不应大于 150mm、沿垂直拼缝方向的宽度 l_4 不应小于 150mm（图 6.3.2）。折线形钢筋、焊接钢筋网片垂直拼缝钢筋直径不宜小于 6mm。

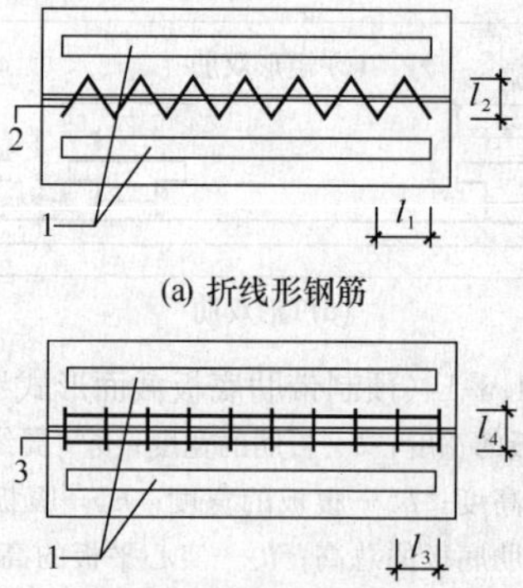

图 6.3.2 拼缝防裂钢筋构造

1—预制带肋底板；2—折线形钢筋；3—焊接钢筋网片；l_1—折线形钢筋沿平行拼缝方向的间距；l_2—折线形钢筋沿垂直拼缝方向的宽度；l_3—焊接钢筋网片沿平行拼缝方向的焊点间距；l_4—焊接钢筋网片沿垂直拼缝方向的宽度

6.4 端部构造

6.4.1 预制带肋底板的支承长度 l_1 应符合下列规定（图 6.4.1）：

1 当与混凝土梁或剪力墙整体浇筑时，支承长度不应小于 10mm；

2 搁置在承重砌体墙或混凝土梁上的支承长度不应小于 80mm；搁置在钢梁上的支承长度不应小于 50mm；当在承重砌体墙上设混凝土圈梁，利用胡子筋拉结时，支承长度不应小于 40mm。

6.4.2 叠合楼板与承重砌体墙、钢梁、混凝土梁或剪力墙之间应设置可靠的锚固或连接措施（图 6.4.1），且应符合下列规定：

1 胡子筋长度 l_2 不应小于 50mm。当与混凝土梁或剪力墙整体浇筑时，胡子筋长度不应小于 150mm；当胡子筋影响预制带肋底板铺板施工时，可在一端不预留胡子筋，并在不预留胡子筋一端的实心平板上方设置端部连接钢筋替代胡子筋，端部连接钢筋应沿板端交错布置，端部连接钢筋支座锚固长度 l_1 不应小于 $10d$、伸入板内长度 l_3 不应小于 150mm（图 6.4.2）。

2 横向穿孔钢筋的锚固应符合现行国家标准《混凝土结构设计规范》GB 50010 的规定。

3 按简支边或非受力边设计的叠合楼板，当与

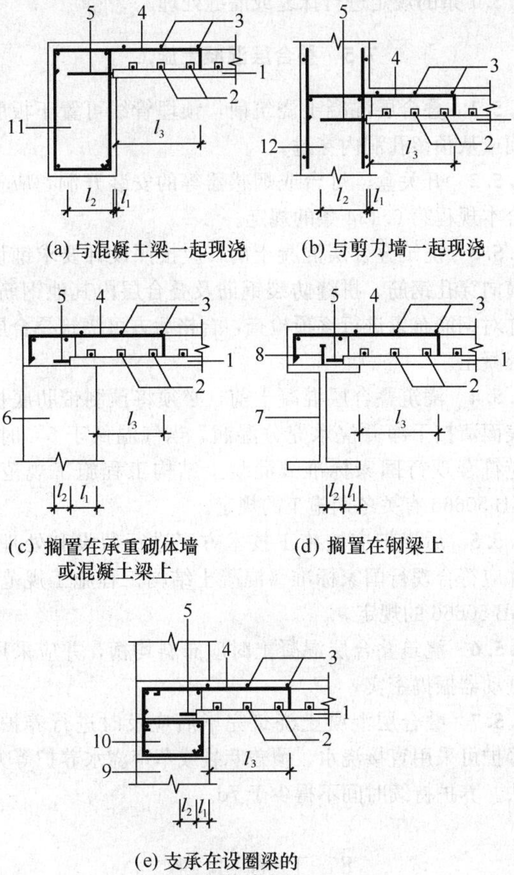

(a) 与混凝土梁一起现浇　(b) 与剪力墙一起现浇

(c) 搁置在承重砌体墙或混凝土梁上　(d) 搁置在钢梁上

(e) 支承在设圈梁的承重砌体墙上

图 6.4.1　叠合楼板端部支承长度与连接构造

1—预制带肋底板；2—横向穿孔钢筋；3—板面分布筋；4—支座负筋或板面构造钢筋；5—胡子筋；6—承重砌体墙或混凝土梁；7—钢梁；8—抗剪连接件；9—设混凝土圈梁的承重砌体墙；10—混凝土圈梁；11—现浇混凝土梁；12—剪力墙；l_1—预制带肋底板的支承长度；l_2—胡子筋长度；l_3—板面构造钢筋伸入板内的长度

混凝土梁、墙整体浇筑或嵌固在承重砌体墙内时，应设置板面上部构造钢筋，并应符合现行国家标准《混凝土结构设计规范》GB 50010 的规定。

4　当叠合楼板与钢梁之间设置抗剪连接件时，其栓钉抗剪连接件应根据实际情况计算确定，并应符合相关标准的规定。

7　工程施工

7.1　一般规定

7.1.1　叠合楼板工程施工前应编制施工组织设计或专项施工方案，对施工现场平面布置、预制带肋底板制作、转运路线、道路条件及吊装方案等作出规定，并应经审查批准后施工。

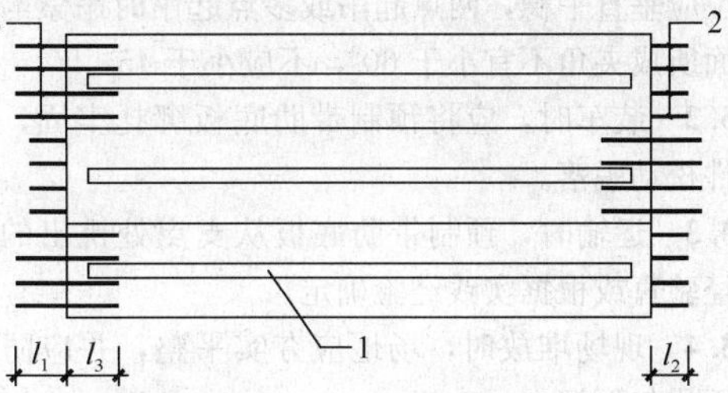

图 6.4.2　叠合楼板设置端部连接钢筋构造

1—预制带肋底板；2—胡子筋；3—端部连接钢筋；l_1—端部连接钢筋支座锚固长度；l_2—胡子筋长度；l_3—端部连接钢筋伸入板内长度

7.1.2　预制带肋底板宜在工厂制作，也可在施工现场制作。

7.1.3　开工前，应对参加预制制作和现场施工人员进行技术交底和安全教育。

7.1.4　预制带肋底板的制作场地和施工现场应满足起吊、堆放、运输等要求，防止构件破损、丧失稳定等情况的发生。

7.1.5　叠合楼板的安装施工除应符合本规程的规定外，尚应符合现行国家标准《混凝土结构工程施工规范》GB 50666 和国家有关劳保安全技术的规定。

7.2　预制带肋底板制作

7.2.1　预制带肋底板采用模具生产时，模具应有足够的承载力、刚度和整体稳定性，且应满足预制带肋底板预留孔、预埋吊件及其他预埋件的定位要求。对跨度较大的预制带肋底板的模具应根据设计要求预设反拱。

7.2.2　制作预制带肋底板的场地应平整、坚实，并应有排水措施。制作先张法预制带肋底板时，台座应满足承受张拉力的要求。台座表面应光滑平整，2m 长度内的表面平整度不应大于 2mm，在气温变化较大的地区应设置伸缩缝。

7.2.3　预制预应力带肋底板的预应力施工应符合现行国家标准《混凝土结构工程施工规范》GB 50666 的规定。

7.2.4　预制带肋底板可根据需要选择自然养护或蒸汽养护方式。当采用蒸汽养护时，应制定养护制度并严格控制升降温速度和最高温度。

7.2.5　预制带肋底板的上表面应按设计规定进行处理。无设计规定时，一般采用露骨料粗糙面，也可采用自然粗糙面。露骨料粗糙面可在混凝土初凝后，采取措施冲刷掉未凝结的水泥浆形成。

7.3　预制带肋底板起吊、运输及堆放

7.3.1　预制带肋底板的吊点位置应合理设置，起吊

就位应垂直平稳，两点起吊或多点起吊时吊索与板水平面所成夹角不宜小于60°，不应小于45°。

7.3.2 装车时，应将预制带肋底板绑扎牢固，防止构件松动脱落。

7.3.3 运输时，预制带肋底板从支点处挑出的长度应经验算或根据实践经验确定。

7.3.4 现场堆放时，场地应夯实平整，并应防止地面不均匀下沉。

7.3.5 预制带肋底板应按照不同型号、规格分类堆放。

7.3.6 预制带肋底板应采用板肋朝上叠放的堆放方式，严禁倒置。各层预制带肋底板下部应设置垫木，垫木应上下对齐，不得脱空。堆放层数不应大于7层，并应有稳固措施。

7.4 预制带肋底板铺设

7.4.1 安装前应按设计图纸核对预制带肋底板的型号及长度，并宜在待铺设部位注明型号及长度。

7.4.2 对施工阶段设有可靠支撑设计的叠合楼板，应按现行国家标准《混凝土结构工程施工规范》GB 50666的规定对模板与支撑进行设计，并应提出支撑的布置图。

对施工阶段不加支撑设计的叠合楼板，当预制带肋底板施工荷载较大或跨度大于等于3.6m时，预制带肋底板跨中宜设置不少于1道临时支撑。

7.4.3 支撑拆除时，叠合层混凝土强度应符合下列规定：

1 当预制带肋底板跨度不大于2m时，同条件养护的混凝土立方体抗压强度不应小于设计混凝土强度等级值的50%；

2 当预制带肋底板跨度大于2m且不大于8m时，同条件养护的混凝土立方体抗压强度不应小于设计混凝土强度等级值的75%；

3 当预制带肋底板跨度大于8m时，同条件养护的混凝土立方体抗压强度不应小于设计混凝土强度等级值的100%。

7.4.4 安装预制带肋底板时，其搁置长度应满足设计要求。预制带肋底板与梁或墙间宜设置厚度不大于30mm坐浆或垫片。

7.4.5 施工荷载应符合设计要求和现行国家标准《混凝土结构工程施工规范》GB 50666的规定，并应避免单个预制楼板承受较大的集中荷载；未经设计允许，施工单位不得擅自对预制带肋底板进行切割、开洞。

7.4.6 当按设计要求需设置现浇板带时，现浇板带的施工应符合下列要求：板带宽度小于200mm，可采用吊模现浇；板带宽度不小于200mm，应采用下部支模现浇。

7.4.7 预制带肋底板铺设完成后，应按本规程第6.3.1条的规定进行抹缝或灌缝处理。

7.5 叠合层混凝土施工

7.5.1 叠合层混凝土浇筑前，预埋管线可置于板肋间或从预留孔洞内穿过。

7.5.2 开关盒、灯台或烟感器等的安装开洞，应符合本规程第6.1.4条的规定。

7.5.3 浇筑叠合层混凝土前，应按照设计要求铺设横向穿孔钢筋、拼缝防裂钢筋及叠合层内其他钢筋，并对钢筋布置进行逐项检查，合格后方可浇筑叠合层混凝土。

7.5.4 浇筑叠合层混凝土前，必须将预制带肋底板表面清扫干净并浇水充分湿润。当气温低于5℃时，应符合现行国家标准《混凝土结构工程施工规范》GB 50666有关冬期施工的规定。

7.5.5 后浇带应按施工技术方案进行留设和处理，并应符合现行国家标准《混凝土结构工程施工规范》GB 50666的规定。

7.5.6 浇筑叠合层混凝土时应布料均衡，并应采用振动器振捣密实。

7.5.7 叠合层混凝土浇筑完毕后应及时进行养护。养护可采用直接浇水、覆盖麻袋或草帘浇水养护等方法。养护持续时间不得少于7d。

8 工程验收

8.1 一般规定

8.1.1 根据工程量和施工方法，可将叠合楼盖、柱或墙等组成的混凝土结构划分为一个或若干个子分部工程。每个子分部工程可划分为支撑、钢筋、预应力、混凝土、预制带肋底板、现浇叠合层等分项工程。各分项工程可按工作班、楼层或施工段划分为若干检验批。

8.1.2 预制带肋底板分项工程的质量控制，应由预制构件企业或施工单位负责，并应符合本规程和现行国家标准《混凝土结构工程施工质量验收规范》GB 50204的规定。预制构件由企业生产时，应提供产品合格证（合格证明文件、规格及性能检测报告等）；在施工现场生产时，应按批进行检验。

8.1.3 预制带肋底板安装、钢筋、叠合层混凝土等分项工程应由施工单位进行质量控制，除应符合本规程规定外，尚应符合现行国家标准《混凝土结构工程施工质量验收规范》GB 50204的规定。

8.2 预制带肋底板

8.2.1 预制带肋底板的外观质量缺陷，应由监理（建设）单位、施工单位等各方根据其对结构性能和使用功能影响的严重程度，按表8.2.1确定。

表 8.2.1 外观质量缺陷

项目	现 象	严重缺陷	一般缺陷
露筋	预制带肋底板内部钢筋未被混凝土包裹而外露	纵向受力钢筋有露筋	其他钢筋有少量露筋
孔洞	混凝土中深度与长度均超过保护层厚度的非设计孔穴	实心平板端部及下表面有孔洞	其他部位有少量孔洞
蜂窝	混凝土表面缺少水泥砂浆而形成石子外露	实心平板端部及下表面有蜂窝	其他部位有少量蜂窝
裂缝	深入混凝土内部的缝隙，不包括网状裂纹、龟裂水纹等	实心平板的下表面裂缝	其他部位有少量不影响结构性能或使用功能的裂缝
端部缺陷	端部混凝土疏松或受力筋松动等	构件端部有影响板的传力性能的缺陷	构件端部有基本不影响板的传力性能的缺陷
外表缺陷	混凝土表面麻面、掉皮、起砂及漏抹等	实心平板下表面有外表缺陷	其他部位有少量不影响使用功能的外表缺陷
外形缺陷	不直、倾斜、缺棱少角与飞边等	实心平板下表面有外形缺陷	其他部位有少量不影响使用功能的外形缺陷
外表沾污	表面有油污或粘杂物	实心平板上表面、板肋表面有外表沾污	其他部位有少量不影响结构性能的外表沾污

Ⅰ 主 控 项 目

8.2.2 预制带肋底板应进行结构性能检验。结构性能检验不合格的预制带肋底板不得用于结构中。检验数量及检验方法应按现行国家标准《混凝土结构工程施工质量验收规范》GB 50204 执行。

8.2.3 预制带肋底板的外观质量不应有严重缺陷，不应有影响结构性能和安装、使用功能的尺寸偏差。对已经出现的外观质量问题，应按技术处理方案进行处理，并重新检查验收。

检查数量：全数检查。

检验方法：观察，量测，检查技术处理方案。

8.2.4 预制带肋底板应在明显部位标明生产单位、构件型号、生产日期和质量验收标志。胡子筋的规格、位置和数量应符合设计要求。

检查数量：全数检查。

检验方法：观察。

Ⅱ 一 般 项 目

8.2.5 预制带肋底板的外观质量不宜有一般缺陷。对已经出现的一般缺陷，应按技术处理方案进行处理，并重新检查验收。

检查数量：全数检查。

检验方法：观察，检查技术处理方案。

8.2.6 预制带肋底板的尺寸偏差应符合表 8.2.6 的规定。

检查数量：同一工作班生产的同类型构件，抽查 5%且不少于 3 件。

检验方法：见表 8.2.6。

表 8.2.6 预制带肋底板的允许偏差及检验方法

项目		允许偏差（mm）	检 验 方 法
实心平板	长度	+10，−5	用尺量测平行于实心平板长度方向的任何部位
	宽度	±5	用尺量测平行于实心平板宽度方向的任何部位
	厚度	+5，−3	用尺量测平行于实心平板厚度方向的任何部位
板肋	长度	±10	用尺量测平行于板肋长度方向的任何部位
	宽度	±10	用尺量测平行于板肋宽度方向的任何部位
	厚度	±5	用尺量测平行于板肋厚度方向的任何部位
实心平板的下表面	对角线	10	用尺量测下表面两个对角线差
	侧向弯曲	$L/750$ 且 ≤20	拉线、用尺量测侧向弯曲最大处
	翘曲	$L/750$	用调平尺在下表面两端量测
	表面平整	5	用 2m 靠尺和楔形塞尺，量测靠尺与下表面两点间的最大缝隙
实心平板纵向受力钢筋	间距偏差	±5	用尺量测
	在板宽方向的钢筋截面几何中心与规定位置偏差	±10	用尺量测
	保护层厚度	+5，−3	用尺或钢筋保护层厚度测定仪量测
	外伸长度	+30，−10	用尺在板端量测

续表 8.2.6

项目		允许偏差(mm)	检验方法
预埋件	中心位置偏移	±10	用尺量测纵、横两个方向中心线，取其中较大值
预留孔洞	中心位置偏移	±5	用尺顺板肋方向量测中心位置
	规格尺寸	±10	用尺量测
自重偏差		±7%	用衡器量测

注：1 自重偏差检验仅用于型式试验；

2 L 为预制带肋底板标志跨度。

8.3 预制带肋底板安装

8.3.1 预制带肋底板安装后的尺寸偏差应符合表 8.3.1 的规定。

检查数量：全数检查。

检验方法：见表 8.3.1。

表 8.3.1 预制带肋底板安装的允许偏差及检验方法

项目	允许偏差(mm)	检验方法
轴线位置	5	钢尺检查
实心平板下表面标高	±5	水准仪或拉线、钢尺检查
相邻实心平板下表面高低差	2	钢尺检查
下表面平整度	5	2m 靠尺和塞尺检查

8.3.2 预制带肋底板胡子筋的伸出长度应符合设计要求。

检查数量：全数检查。

检验方法：观察，检查施工记录。

8.4 钢筋与叠合层混凝土

Ⅰ 主控项目

8.4.1 在浇筑叠合层混凝土之前，应进行钢筋隐蔽工程验收，其内容包括钢筋品种、规格、数量、位置和连接接头位置以及预埋件数量、位置等。

检查数量：全数检查。

检验方法：观察，钢尺检查。

8.4.2 叠合层混凝土的强度等级必须符合设计要求。

检查数量：应按现行国家标准《混凝土结构工程施工质量验收规范》GB 50204 执行。

检验方法：检查施工记录及试件强度试验报告。

8.4.3 混凝土运输、浇筑及间歇的全部时间不应超过混凝土的初凝时间。

检查数量：全数检查。

检验方法：观察，检查施工记录。

Ⅱ 一般项目

8.4.4 施工缝和后浇带的位置应按设计要求和施工技术方案确定。

检查数量：全数检查。

检验方法：观察，检查施工记录。

8.5 叠合楼板

8.5.1 叠合楼板中涉及结构安全的重要部位应进行结构实体检验。

8.5.2 叠合楼板子分部工程施工质量验收应按现行国家标准《混凝土结构工程施工质量验收规范》GB 50204 执行，并应提供相关的文件和记录。

8.5.3 叠合楼板子分部工程施工质量验收合格应符合下列规定：

1 有关分项工程施工质量验收合格；

2 应有完整的质量控制资料；

3 观感质量验收合格；

4 叠合楼板结构实体检验结果满足要求。

8.5.4 当叠合楼板施工质量不符合要求时，应进行专门的技术处理，然后通过技术处理方案和协商文件进行验收。

本规程用词说明

1 为了便于在执行本规程条文时区别对待，对于要求严格程度不同的用词说明如下：

1）表示很严格，非这样做不可的：
正面词采用“必须”；反面词采用“严禁”。

2）表示严格，在正常情况下均应这样做的：
正面词采用“应”；反面词采用“不应”或“不得”。

3）表示允许稍有选择，在条件许可时首先这样做的：
正面词采用“宜”；反面词采用“不宜”。

4）表示有选择，在一定条件下可以这样做的，采用“可”。

2 条文中指明应按其他有关标准执行的写法为：“应按……执行”或“应符合……的规定”。

引用标准名录

1 《混凝土结构设计规范》GB 50010

2 《建筑抗震设计规范》GB 50011

3 《混凝土结构工程施工质量验收规范》GB 50204

4 《混凝土结构工程施工规范》GB 50666

5 《冷轧带肋钢筋混凝土结构技术规程》JGJ 95

中华人民共和国行业标准

预制带肋底板混凝土叠合楼板技术规程

JGJ/T 258—2011

条 文 说 明

制 定 说 明

《预制带肋底板混凝土叠合楼板技术规程》JGJ/T 258-2011，经住房和城乡建设部2011年8月29日以第1136号公告批准发布。

本规程制定过程中，编制组进行了广泛和深入的调查研究，总结了我国预制带肋底板混凝土叠合楼板技术的实践经验，同时参考了国外先进技术法规、技术标准，通过叠合板带受力性能等试验取得了一系列重要技术参数。

为便于广大设计、施工、科研、学校等单位有关人员在使用本规程时能正确理解和执行条文规定，《预制带肋底板混凝土叠合楼板技术规程》编制组按章、节、条顺序编制了本规程的条文说明，对条文规定的目的、依据以及执行中需注意的有关事项进行了说明。但是，本条文说明不具备与规程正文同等的法律效力，仅供使用者作为理解和把握规程规定的参考。

目　次

1 总 则

1.0.1 本条规定是制定本规程的基本方针和原则。
1.0.2 本条规定了本规程的适用范围。
1.0.3 本规程主要针对采用预制带肋底板的混凝土叠合楼板的设计、施工与验收编制而成，凡本规程未规定的部分应符合其他相关现行国家标准。

2 术语和符号

2.1 术 语

本规程中仅给出了专有的术语，其他术语与现行国家标准《工程结构设计基本术语和通用符号》GBJ 132、《建筑结构设计术语和符号标准》GB/T 50083、《建筑结构可靠度设计统一标准》GB 50068、《建筑结构荷载规范》GB 50009、《混凝土结构设计规范》GB 50010等标准规范相同。

2.1.1 预制带肋底板（图 1）可作为叠合层的永久性模板并承受施工荷载。由于纵向受力钢筋可采用预应力筋或非预应力钢筋，因此预制带肋底板分为预制预应力带肋底板、预制非预应力带肋底板。

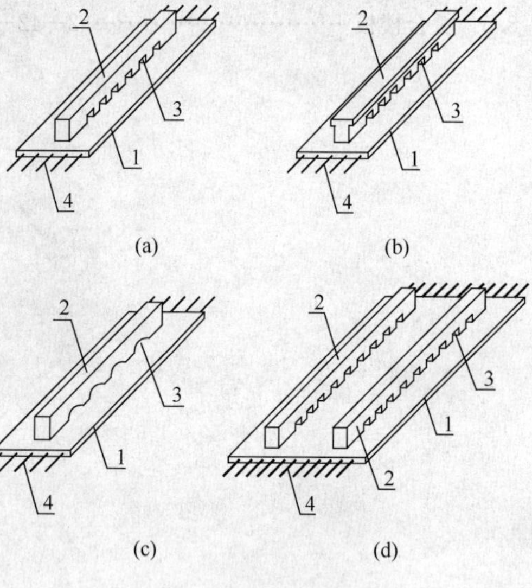

图 1 预制带肋底板

1—实心平板；2—板肋；3—预留孔洞；4—胡子筋

2.1.2～2.1.5 预制带肋底板的组成部分。板肋的数量为一条或一条以上（图 1a、图 1d）；板肋的截面形式包括矩形、T 形等（图 1a、图 1b）；预留孔洞用于布置横向穿孔钢筋或管线，孔洞形状可呈矩形、圆弧形等（图 1a、图 1c）。

2.1.6～2.1.9 叠合楼板是在预制带肋底板上浇筑叠合层形成的楼板，在叠合层混凝土达到设计规定的强度值后由预制带肋底板和叠合层共同承受设计规定的荷载（图 2）。预制带肋底板上放置的钢筋，有横向穿孔钢筋、拼缝防裂钢筋以及配置在叠合层上部的受力钢筋等。

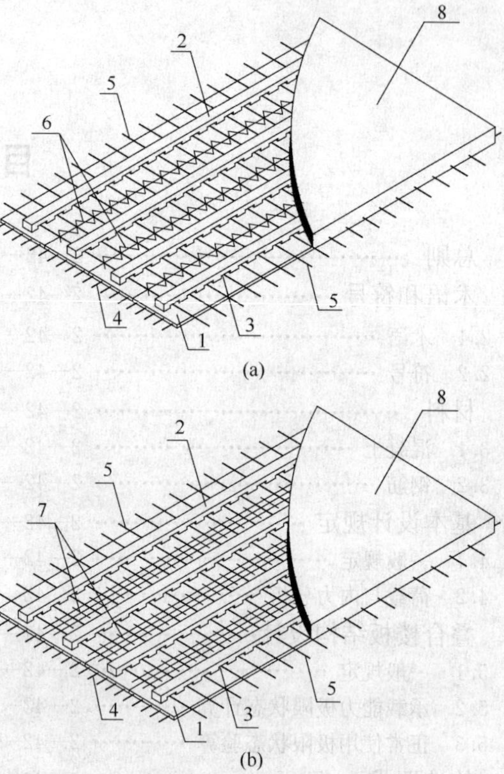

图 2 叠合楼板示意图

1—实心平板；2—板肋；3—预留孔洞；4—胡子筋；5—横向穿孔钢筋；6—折线形钢筋；7—焊接钢筋网片；8—叠合层

拼缝防裂钢筋位于楼板拼缝处且宜放置在横向穿孔钢筋上方，可为折线形钢筋或焊接钢筋网片。图 2a、图 2b 分别为放置折线形钢筋和焊接钢筋网片的叠合楼板示意图。

2.2 符 号

本规程列出了常用的符号，对一些不常用的符号在条文相应处已有说明。

3 材 料

3.1 混 凝 土

由于预制带肋底板的纵向受力钢筋强度很高，故要求预制带肋底板的混凝土强度等级亦应相应的提高，这样才能达到更经济的目的。所以，规定预制带肋底板的混凝土强度等级不宜低于 C40 且不应低于 C30。因叠合层中平均压应力一般不高，并参考国内的应用经验，故将其混凝土强度等级规定为不宜低于 C25。

3.2 钢　　筋

3.2.1 受力的预应力筋推荐采用消除应力螺旋肋钢丝，也可采用冷轧带肋钢筋，采用冷轧带肋钢筋时应综合考虑结构长期耐久性的问题。

根据现行国家标准《混凝土结构设计规范》GB 50010的规定，本规程受力的非预应力钢筋按先后顺序依次推荐：热轧带肋钢筋、冷轧带肋钢筋、热轧光圆钢筋，并提倡应用高强、高性能、带肋钢筋。

3.2.2 本条规定了受力的预应力筋和受力的非预应力钢筋的最小直径要求，从结构与构件的长期耐久性考虑，受力钢筋不建议采用过小的直径。

4　基本设计规定

4.1　一　般　规　定

4.1.1 本规程按现行国家标准《工程结构可靠性设计统一标准》GB 50153及《建筑结构可靠度设计统一标准》GB 50068的规定，采用概率极限状态设计方法，以分项系数的形式表达。本规程中的荷载分项系数应按现行国家标准《建筑结构荷载规范》GB 50009的规定取用。

4.1.3 预制带肋底板的制作阶段，在放张、堆放、吊装及运输时应考虑混凝土的实际强度。

4.1.4 根据施工和受力特点的不同可分为在施工阶段加设可靠支撑的叠合楼板（一阶段受力叠合楼板）和在施工阶段不加设支撑的叠合楼板（二阶段受力叠合楼板）两类。

4.2　荷载与内力分析

4.2.1 施工阶段的可变荷载一般指在预制带肋底板上作业的施工人员和施工机具等，并考虑施工过程中可能产生的冲击和振动。若有过量的冲击、混凝土堆放以及管线等应考虑附加荷载。由于施工技术和方法的不同，施工阶段的可变荷载不完全相同，合理给定施工阶段的可变荷载十分重要，大量工程实践表明，其值一般可取1.0kN/m²。

本条给出不加支撑的叠合楼板在叠合层混凝土达到设计强度值之前的第一阶段和达到设计强度值之后的第二阶段所应考虑的荷载。在第二阶段，因为叠合层混凝土达到设计强度值后仍可能存在施工活荷载，且其产生的荷载效应可能大于使用阶段可变荷载产生的荷载效应，故应考虑两种荷载效应中的较大值。

4.2.4 本条提出了多跨叠合连续板考虑塑性内力重分布的设计方法。该方法仅对第二阶段的弯矩进行调幅，第一阶段弯矩不用调幅。当采用该方法进行叠合板设计时，钢筋应符合现行国家标准《混凝土结构设计规范》GB 50010有关总伸长率限值的规定，构件变形和裂缝宽度验算应满足正常使用极限状态要求。

4.2.6 根据国家标准《混凝土结构设计规范》GB 50010-2010第5章的规定，当采用考虑塑性内力重分布的方法和塑性极限理论的分析方法进行结构的承载力计算时，弯矩的调整幅度及受压区高度均应满足本条的规定，以保证楼板出现塑性铰的位置具有足够的转动能力并限制裂缝宽度以满足正常使用极限状态的要求。

4.2.8 双向叠合楼板在两个正交方向存在明显的刚度差异，在计算时应合理考虑。考虑两个方向的刚度时，在预应力方向按不出现裂缝的刚度、非预应力方向按出现裂缝的刚度进行内力计算。

5　叠合楼板结构设计

5.1　一　般　规　定

5.1.1～5.1.2 叠合楼板设计以现行国家标准《工程结构可靠性设计统一标准》GB 50153和《建筑结构可靠度设计统一标准》GB 50068的规定为设计原则，对结构的短暂设计状况、持久设计状况通过计算和构造进行设计，按承载能力极限状态进行计算，并对正常使用极限状态进行验算，对地震和偶然设计状况主要是通过构造措施来满足。

5.2　承载能力极限状态计算

5.2.2 试验研究表明：由于板肋的存在，增大了新、老混凝土接触面，板肋预留孔洞内后浇混凝土与横向穿孔钢筋形成的抗剪销栓，能保证叠合层与预制带肋底板形成整体共同承载、协调受力。所以在均布荷载作用下，在预制带肋底板上浇筑形成且不配置箍筋的叠合楼板，实心平板上表面采用粗糙面，就能满足叠合面抗剪要求，可不对叠合面进行受剪强度验算。承受较大荷载的预应力板，由于预应力造成的反拱、徐变影响，宜设置界面构造钢筋加强其整体性。

5.3　正常使用极限状态验算

5.3.1 对预制预应力带肋底板截面边缘的混凝土法向应力的限值条件，参考了现行国家标准《混凝土结构设计规范》GB 50010的规定并吸取了大量工程设计经验而得到。对混凝土法向应力的限值，均按与各制作阶段混凝土抗压强度 f'_{cu} 相应的抗拉强度标准值、抗压强度标准值表示。

5.3.2 由于叠合楼板一般不会在环境类别为三类及更恶劣的情况下使用，所以按预应力混凝土二级裂缝控制等级的要求，对叠合楼板沿平行板肋方向的裂缝控制按一般要求不出现裂缝的规定验算。

5.3.4 对预制非预应力带肋底板叠合楼板纵向受拉钢筋应力的限值条件，参考了现行国家标准《混凝土结构设计规范》GB 50010 的规定，由于叠合构件存在"受拉钢筋应力超前"现象，使其与同样截面普通受弯构件相比钢筋拉应力及曲率偏大，并有可能使受拉钢筋在弯矩准永久值作用下过早达到屈服，所以为了防止这种情况的发生，给出了公式计算的受拉钢筋应力控制条件。该条件属叠合受弯构件正常使用极限状态的附加验算条件，与裂缝宽度控制条件和变形控制条件不能相互取代。

6 构造要求

6.1 一般规定

6.1.1 根据工程经验和试验研究，进行预制带肋底板承载力与刚度计算时，必须考虑板肋的作用，板肋及预留孔洞的宽度和高度应满足预制带肋底板施工阶段承载力、刚度的要求。

6.1.2 本条是从构造上提出叠合楼板的最小厚度要求，合理的厚度应在符合承载力极限状态和正常使用极限状态、耐火性能以及混凝土保护层要求等前提下，按经济合理的原则确定。板肋上方混凝土的厚度应满足叠合楼板叠合层上部配筋的混凝土保护层厚度要求。

当叠合楼板跨度大于或等于 6.6m 时，实心平板内纵向受力钢筋的配筋量较大，为避免实心平板出现纵向劈裂缝，实心平板的厚度不应小于 40mm。

6.1.3 试验研究表明：由于板肋的存在，增大了新、老混凝土接触面，板肋预留孔洞内后浇叠合层混凝土与横向穿孔钢筋形成的抗剪销栓，能保证叠合层混凝土与预制带肋底板形成整体协调受力并共同承载。在均布荷载作用下，在预制带肋底板上浇筑形成且不配置箍筋的叠合楼板，对实心平板上表面采用凹凸差不小于 4mm 的粗糙面，能满足叠合面抗剪要求。承受较大荷载的预应力板，由于预应力造成的反拱、徐变影响，宜设置界面构造钢筋加强其整体性。

6.1.4 叠合楼板严禁在板肋位置开洞，且开洞宜避免截断实心平板的纵向受力钢筋。当开洞尺寸较大或截断多根实心平板的纵向受力钢筋时，宜首先考虑采用现浇板带，其次再考虑根据等强原则采取加强措施。

6.1.5 当叠合楼板遇柱角、在板肋位置开洞、开洞尺寸大于 120mm、后浇带等情况时，需按设计要求设置现浇板带。

6.1.6 耐火保护层主要包括混凝土保护层和粉刷抹灰层，两者都对钢筋的升温起着阻缓作用，对结构的耐火极限的提高都起有利作用。表中数据参考了现行国家标准《高层民用建筑设计防火规范》GB 50045 等相关标准的规定，并结合自身的特点，给出了高层建筑耐火等级为二级（1.0h）和一级（1.5h）对耐火保护层厚度的最小要求。如特殊情况，可以根据相关规范执行。

如有其他可靠的防火措施，如粉刷防火涂料等，可不受此表中数据的限制。

6.2 钢筋配置

6.2.1 本条对纵向钢筋的净间距作出了规定，是基于受力性能和施工要求而提出来的。根据先张法预应力传递长度范围内局部挤压造成的环向拉应力容易导致构件端部混凝土出现劈裂裂缝，提出了预应力筋净间距及其在带肋底板端部配置加密横向钢筋的要求。

6.2.2 预制带肋底板施工过程中设置支撑时，支承位置板肋顶部会承受负弯矩，为避免该负弯矩作用下板肋开裂，应在板肋顶部设置纵向构造钢筋。同时，对于预制预应力带肋底板，该纵向构造钢筋还能有效地避免制作阶段预应力反拱导致的板肋开裂。当跨度较大或施工荷载较大时，应根据实际情况增加板肋顶部纵向构造钢筋的数量。

6.2.5 为防止间接作用（温度、收缩）在叠合层区域引起裂缝，叠合层上部未配筋区域应配置防裂的构造钢筋。考虑混凝土保护层厚度的要求，防裂钢筋宜设置为：沿平行板肋方向防裂钢筋在下，沿垂直板肋方向防裂钢筋在上。

6.3 拼缝构造

6.3.1 试验研究和工程实践经验表明：叠合楼板的预制带肋底板存在板肋和预留孔洞，垂直板肋方向设有横向穿孔钢筋，后浇叠合层混凝土会与横向穿孔钢筋形成抗剪销栓，再结合拼缝防裂钢筋、板端负弯矩钢筋等加强叠合楼盖整体性的共同措施，已保证了叠合楼板具有良好的整体性，采用砂浆抹缝或细石混凝土灌缝措施处理拼缝即可。拼缝构造措施可防止浇筑叠合层混凝土时拼缝漏浆，并作为横向穿孔钢筋的保护层。

6.3.2 在预制带肋底板拼缝处配置拼缝防裂钢筋，可提高叠合楼板在拼缝处的抗裂性能。为提高垂直板肋方向的截面有效高度，钢筋放置时，拼缝防裂钢筋宜放置在横向穿孔钢筋上方。

6.4 端部构造

为了保证叠合楼板与支承结构的整体性，形成可靠的预制带肋底板混凝土叠合楼盖，本规程对叠合楼板在各类支承条件下的支承长度、胡子筋的外伸长度提出了最低要求。

多年工程应用经验表明，胡子筋过长会影响预制底板铺板施工，在保证叠合楼板与支承结构的整体性条件下，本规程推荐采用设置端部连接钢筋的方式，沿板端交错布置端部连接钢筋，加强叠合楼板与现浇混凝土梁、剪力墙的抗震性能和整体性，形成安全可靠、施工便利的装配整体式结构。

叠合楼板与钢梁之间应设有抗剪连接件，本规程主要推荐采用栓钉作为抗剪连接件，有关抗剪连接件的构造要求应符合现行国家标准《钢结构设计规范》GB 50017的规定。

7 工程施工

7.1 一般规定

7.1.1 施工组织设计和专项施工方案应按程序审批，对涉及结构安全和人身安全的内容，应有明确的规定和相应的措施。预制带肋底板制作、转运路线、道路条件宜选择平直的运输路线，道路应平整坚实。

7.1.2 有条件的地区，预制带肋底板宜在工厂制作；无条件的地区，也可在施工现场制作。

7.1.4 预制带肋底板的产品质量和安装质量对结构受力和安全有重大影响，在出厂和安装施工前应严格控制制作和安装的质量以保证预制带肋底板的正常使用功能。

7.2 预制带肋底板制作

7.2.1 模具是决定预制构件制作质量的关键，按设计要求及国家现行有关标准验收合格的模具方可用于预制构件制作。改制模具在使用前的检查验收同新模具使用。对于重复使用的模具，每次浇筑混凝土前也应核对模具的关键尺寸，并应针对模具的磨损进行及时、有效的修补。

预制构件预留孔设施、插筋、预埋吊件及其他预埋件应可靠地固定在模具上，并避免在浇筑混凝土过程中产生移位。

7.2.2 对预制场地的要求，是根据实践经验提出的。

7.2.4 自然养护的要求与现浇混凝土一致。蒸汽养护应由构件生产企业根据具体情况确定养护制度，并应符合现行国家标准《混凝土结构工程施工规范》GB 50666的规定。

7.2.5 露骨料粗糙面可按下列规定制作：

1 在模板表面需要露骨料的部位涂刷适量的缓凝剂；

2 在混凝土完成初凝后或脱模后，用高压水枪冲洗表面，并用专用工具进行处理。

7.3 预制带肋底板起吊、运输及堆放

7.3.1 吊索与板水平面所成夹角过小容易造成吊索受力过大而断裂。

7.3.3 预制带肋底板从支点处挑出的长度过大，在运输车辆颠簸时易产生横向裂纹。

7.3.6 预制带肋底板倒置会导致底板破坏。堆放层数不应大于7层，底板堆积过高，会由于自重过大使底板产生受压变形。

7.4 预制带肋底板铺设

7.4.3 当预制带肋底板跨度较大时，若施工阶段承载力或变形不满足要求，应通过设置临时支撑解决。临时支撑位置与叠合楼板计算有关，应按设计图纸要求设置。

临时支撑可采用托梁或从下层楼面及底层地面支顶的方式。托梁可以周转使用。当采用从下层楼面或从底层地面支顶的临时支撑时，采用孤立的点支撑可能造成预制带肋底板局部损坏，应将支撑柱顶紧木材或钢板等具有一定宽度的水平支撑，如果支撑柱下层着力点是楼面板，下支撑点亦应设置水平支撑。

7.4.4 板安装铺放前，在砌体或梁上先用1：2.5水泥砂浆（体积比）找平；安装时采取边坐浆边安装，砂浆要坐满垫实，使板与支座间粘结牢固。

7.4.7 灌缝材料宜采用细石混凝土，石子粒径不宜大于10mm，且宜采用膨胀混凝土。

7.5 叠合层混凝土施工

7.5.4 预制带肋底板铺设完成后，在底板上还要继续各种施工作业，难免留下各种杂物，浇筑混凝土前必须清理干净，避免对叠合面的粘结性能造成不利影响。

7.5.6 为保证人员安全，严禁在预制带肋底板跨中（临时支撑作为支座）部位倾倒混凝土。应严格控制布料堆积高度，防止因为集中荷载过大而造成预制带肋底板破坏、施工人员受伤。

8 工程验收

8.1 一般规定

8.1.3 叠合楼盖的验收综合性强、牵涉面广，不仅有原材料方面的内容，尚有半成品、成品方面的内容，与施工技术和质量标准密切相关。因此，凡本规程有规定者，应遵照执行；凡本规程无规定者，应符合现行国家标准《混凝土结构工程施工质量验收规范》GB 50204的规定。

当承包合同和设计文件对施工质量的要求高于本规程的规定时，验收时应以承包合同和设计文件为准。

8.2 预制带肋底板

8.2.1 对预制带肋底板外观质量的验收，采用检查缺陷，并对缺陷的性质和数量加以限制的方法进行。本条给出了确定预制带肋底板外观质量严重缺陷、一般缺陷的一般原则。当外观质量缺陷的严重程度超过本条规定的一般缺陷时，可按严重缺陷处理。在具体

实施中，外观质量缺陷对结构性能和使用功能等的影响程度，应由监理（建设）单位、施工单位等各方共同确定。

8.2.2 预制带肋底板的结构性能检验应执行国家标准《混凝土结构工程施工质量验收规范》GB 50204的规定。

8.2.3 外观质量的严重缺陷通常会影响到结构性能、使用功能或耐久性。对已经出现的严重缺陷，应由施工单位根据缺陷的具体情况提出技术处理方案，经监理（建设）单位认可后进行处理，并重新检查验收。

8.2.4 预制带肋底板应在明显部位标明生产单位，以利于确定质量负责单位；标明构件型号以利于现场安装时能准确快速就位；标明生产日期以利于辨认构件是否达到强度要求；质量验收标志表示该构件各项质量指标到达规定要求。胡子筋连接着预制带肋底板与现浇梁或墙，在结构中很重要，应对其规格、位置和数量进行检查。

本规程中，凡规定全数检查的项目，通常均采用观察检查的方法，但对观察难以判定的部位，应辅以量测观测或其他辅助观测。

8.2.5 外观质量的一般缺陷通常不会影响到结构性能、使用功能，但有碍观瞻。故对已经出现的一般缺陷，也应及时处理，并重新检查验收。

8.2.6 为了保证预制带肋底板可靠地搭设在梁或墙上，实心平板的长度允许正偏差稍大，允许负偏差稍小。

本规程中，尺寸偏差的检验除可采用条文中给出的方法外，也可采用其他方法和相应的检测工具。

8.3 预制带肋底板安装

8.3.1 本条规定了预制带肋底板安装后尺寸的允许偏差和检验方法。实际应用时，尺寸偏差除应符合本条规定外，尚应满足设计要求。

8.3.2 预制带肋底板胡子筋的伸出长度，关系到预制带肋底板与现浇梁或墙的可靠连接，应细致检查。

8.5 叠合楼板

8.5.1 具体的检验方法应根据现行国家标准《混凝土结构工程施工质量验收规范》GB 50204 有关结构实体检验的规定进行。

8.5.3 根据现行国家标准《建筑工程施工质量验收统一标准》GB 50300 的规定，给出了叠合楼板子分部工程质量的合格条件。其中，观感质量验收应按现行国家标准《混凝土结构工程施工质量验收规范》GB 50204 有关混凝土结构外观质量的规定检查。

8.5.4 当施工质量不符合要求时，可以根据国家标准《建筑工程施工质量验收统一标准》GB 50300 给出了的处理方法进行处理。

中华人民共和国行业标准

采暖通风与空气调节工程检测技术规程

Technical specification for test of heating & ventilating and air-conditioning engineering

JGJ/T 260—2011

批准部门：中华人民共和国住房和城乡建设部

施行日期：2 0 1 2 年 4 月 1 日

中华人民共和国住房和城乡建设部
公　告

第 1130 号

关于发布行业标准《采暖通风与空气调节工程检测技术规程》的公告

现批准《采暖通风与空气调节工程检测技术规程》为行业标准，编号为 JGJ/T 260－2011，自 2012 年 4 月 1 日起实施。

本规程由我部标准定额研究所组织中国建筑工业出版社出版发行。

中华人民共和国住房和城乡建设部

2011 年 8 月 29 日

前　言

根据原建设部《关于印发〈2005 年工程建设标准规范制订、修订计划（第一批）〉的通知》（建标函［2005］84 号）的要求，规程编制组经广泛调查研究，认真总结实践经验，参考有关国际标准和国外先进标准，并在广泛征求意见的基础上，制定本规程。

本规程主要技术内容包括：总则，基本规定，基本技术参数测试方法，采暖工程，通风与空调工程，洁净工程，恒温恒湿工程。

本规程由住房和城乡建设部负责管理，由中国建筑科学研究院负责具体技术内容的解释。执行过程中如有意见或建议，请寄送中国建筑科学研究院（地址：北京市北三环东路 30 号，邮政编码：100013，E-mail：JCGC163@163. com）

本规程主编单位：中国建筑科学研究院
湖南望新建设集团股份有限公司

本规程参编单位：北京住总集团有限责任公司
北京市设备安装工程集团有限公司
北京建工总机电设备安装工程有限公司
北京市建设工程质量监督总站
国家空调设备质量监督检验中心
深圳市建设工程质量监督总站
深圳市建设工程质量检测中心
辽宁省建设科学研究院
上海市建设工程质量检测有限公司
北京建筑工程学院
沈阳紫薇机电设备有限公司
国际铜业中国协会
福禄克国际公司

本规程主要起草人：宋　波　宋松树　史新华
刘元光　李建军　孙世如
曹　勇　王智超　张彦国
柳　松　刘锋钢　陈少波
盖晓霞　路　宾　王庆辉
高尚现　邵宗义　李　攀
张建华　邱晨怡

本规程主要审查人：许文发　朱　能　李德英
万水娥　于晓明　曹　阳
朱伟峰　龚延风　董重成

目次

Contents

1 总 则

1.0.1 为了加强对采暖通风与空气调节工程的监督与管理，规范采暖通风与空气调节工程的检测方法，保证采暖通风与空气调节工程检测的质量，制定本规程。

1.0.2 本规程适用于采暖通风与空气调节工程中基本技术参数性能指标测试，以及采暖、通风、空调、洁净、恒温恒湿工程的试验、试运行及调试的检测。

1.0.3 采暖通风与空气调节工程检测除应符合本规程外，尚应符合国家现行有关标准的规定。

2 基本规定

2.0.1 采暖通风与空气调节工程检测可分为过程检测、试运行与调试 检测。

2.0.2 委托第三方检测的程序应符合下列规定：

1 委托方应提出检测要求，并应提供完整的技术资料；

2 委托方与检测机构应签订委托合同；

3 检测机构应组成检测小组，制定检测方案并实施；

4 检测机构应出具检测报告。

2.0.3 参加检测的工作人员应经专业技术培训，所使用的检测仪器和设备应在合格检定或校准有效期内。

2.0.4 检测人员应根据检测范围，选择和操作相关检测仪器设备，与检测仪器设备相关的技术资料应便于检测人员的取用。

2.0.5 检测时应妥善保管检测资料和检测结果，检测后应做好技术档案归档工作。

2.0.6 检测报告的保存管理应符合下列规定：

1 报告发出后，报告副本、原始记录和相关资料应统一管理；

2 报告的保存和销毁应按相应制度执行。

3 基本技术参数测试方法

3.1 一 般 规 定

3.1.1 采暖通风与空气调节系统各项性能均应在系统实际运行状态下进行检测。

3.1.2 冷水（热泵）机组及其水系统性能检测工况应符合现行行业标准《公共建筑节能检测标准》JGJ/T 177 的规定。

3.1.3 基本参数检测项目应包括风系统基本参数、水系统基本参数、室内环境基本参数、电气和其他参数，以及系统性能参数。

3.2 风系统基本参数

3.2.1 风系统基本参数检测仪表性能应符合表 3.2.1 的规定。

表 3.2.1 风系统基本参数检测仪表性能

序号	测量参数（单位）	检测仪器	仪表准确度
1	送、回风温度(℃)	玻璃水银温度计、热电阻温度计、热电偶温度计等各类温度计(仪)	0.5℃
2	风速(m/s)	风速仪、毕托管和微压计	0.5m/s
3	风量(m^3/h)	毕托管和微压计、风速仪、风量罩	5%（测量值）
4	动压、静压(Pa)	毕托管和微压计	1.0Pa
5	大气压力(Pa)	大气压力计	2hPa

3.2.2 送、回风温度的检测应符合下列规定：

1 送、回风温度的测点布置应符合下列规定：

1）风口送、回温度检测位置应位于风口表面气流直接触及的位置（包含散流器出口）；

2）风管内和机组送、回风温度检测位置应位于风管中央或机组预留点。

2 送、回风温度可按下列步骤及方法进行测量：

1）根据委托要求和现场的实际情况确定检测状态；

2）检查系统是否运行稳定；

3）确定测点的具体位置以及测点的数目；

4）使用检测仪器设备进行检测。

3 送、回风温度应按下式计算：

$$t_p = \frac{\sum_{i=1}^{n} t_i}{n} \tag{3.2.2}$$

式中：t_p ——测点平均温度（℃）；

n ——测试点的个数；

t_i ——第 i 个测点温度（℃）。

3.2.3 风管风量、风速和风压的检测应符合下列规定：

1 风管风量、风速和风压测点布置应符合现行行业标准《公共建筑节能检测标准》JGJ/T 177 的规定。

2 风管风量、风速和风压可按下列步骤及方法进行检测：

1）检查系统和机组是否正常运行，并调整到检测状态；

2）确定风量测量的具体位置以及测点的数目

和布置方法，测量截面应选择在气流较均匀的直管段上，并距上游局部阻力管件 4 倍～5 倍管径以上（或矩形风管长边尺寸），距下游局部阻力管件 1.5 倍～2 倍管径以上（或矩形风管长边尺寸）的位置（图 3.2.3）；

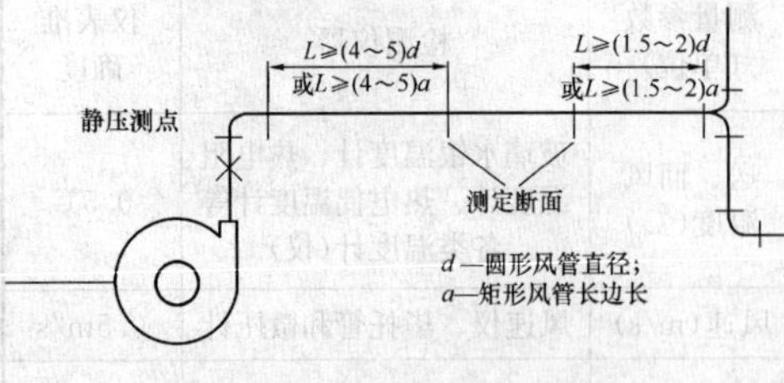

图 3.2.3　测定断面位置选择示意

3）依据仪表的操作规程，调整测试用仪表到测量状态；

4）逐点进行测量，每点宜进行 2 次以上测量；

5）当采用毕托管测量时，毕托管的直管应垂直管壁，毕托管的测头应正对气流方向且与风管的轴线平行，测量过程中，应保证毕托管与微压计的连接软管通畅无漏气；

6）记录所测空气温度和当时的大气压力。

3　数据处理应符合下列规定：

1）当采用毕托管和微压计测量时，应按下列公式计算风量：

$$\overline{P}_{\mathrm{v}}=\left(\frac{\sqrt{P_{\mathrm{v1}}}+\sqrt{P_{\mathrm{v2}}}+\cdots\cdots\sqrt{P_{\mathrm{vn}}}}{n}\right)^{2} \tag{3.2.3-1}$$

$$\overline{V}=\sqrt{\frac{2\overline{P}_{\mathrm{v}}}{\rho}} \tag{3.2.3-2}$$

$$L=3600\overline{V}F \tag{3.2.3-3}$$

$$L_{\mathrm{s}}=\frac{L\cdot\rho}{1.2} \tag{3.2.3-4}$$

$$\rho=0.00349B/(273.15+t) \tag{3.2.3-5}$$

式中：$\overline{P}_{\mathrm{v}}$——平均动压(Pa)；

P_{v1}、P_{v2}……P_{vn}——各测点的动压(Pa)；

$\overline{V}$——断面平均风速(m/s)；

ρ——空气密度($\mathrm{kg/m^3}$)；

B——大气压力(kPa)；

t——空气温度(℃)；

F——断面面积($\mathrm{m^2}$)；

L——机组或系统风量($\mathrm{m^3/h}$)；

L_{s}——标准空气状态下风量($\mathrm{m^3/h}$)。

2）当采用热电风速计或数字式风速计测量风量时，断面平均风速为各测点风速测量值的平均值，实测风量和标准风量的计算方法与毕托管和微压计测量计算方法相同。

3.2.4　大气压力的检测应符合下列规定：

1　大气压力检测的测点布置应将大气压力测试装置放置于当地测点水平处，保持与测试环境充分接触，并不受外界相关因素干扰；

2　应在测试环境稳定后，对仪表进行读值；

3　大气压力检测的数据处理应取两次测试值的平均值作为测试结果。

3.2.5　室内换气次数检测应符合现行国家标准《公共场所室内换气率测定方法》GB/T 18204.19 的规定。

3.2.6　室内气流速度检测应符合下列规定：

1　室内气流速度检测的测点布置应将被测空间划分为若干个体积相等的正方体，在每个小的正方体内悬挂布置小型风速自动记录仪，测点的位置和数量由被测空间的大小和工艺要求确定。

2　室内气流速度可按下列步骤及方法进行检测：

1）对所有测点的风速自动记录仪校对时间，设置自动记录的启动时间和时间间隔；

2）开启被测空间工艺设备进行送风，待稳定后人员离开被测试空间；

3）风速自动记录仪按照预先设定进行自动测量和存储，测试完成后应使用相应的软件将数据下载进行分析。

3　室内气流速度检测的数据处理应依据采集的数据，做出室内气流速度场在空间和时间范围内的分布图。

3.3　水系统基本参数

3.3.1　水系统基本参数检测仪表性能应符合表 3.3.1 的要求。

表 3.3.1　水系统基本参数检测仪表性能

序号	测量参数	单位	检测仪器	仪表准确度
1	温度	℃	玻璃水银温度计、铂电阻温度计等各类温度计(仪)	0.2℃(空调) 0.5℃(采暖)
2	流量	$\mathrm{m^3/h}$	超声波流量计或其他形式流量计	≤2%(测量值)
3	压力	Pa	压力仪表	≤5%(测量值)

3.3.2　水温检测应符合下列规定：

1　水温检测的测点布置应尽量布置在靠近被测机组（设备）的进出口处；当被检测系统预留安放温度计位置时，可利用预留位置进行测试。

2　水温可按下列步骤进行检测：

1）确定检测状态，安装检测仪表；

2）依据仪表的操作规程，调整测试仪表到测量状态；

3）待测试状态稳定后，开始测量；

4）测试过程中，若测试工况发生比较大的变化，需对测试状态进行调整，重新进行测试。

3 水温检测的数据处理应将各次测量值的算术平均值作为测试值。

3.3.3 水流量检测应符合下列规定：

1 水流量检测的测点布置应设置在设备进口或出口的直管段上；对于超声波流量计，其最佳位置可为距上游局部阻力构件10倍管径、距下游局部阻力构件5倍管径之间的管段上。

2 水流量可按下列步骤进行检测：

1）确定检测状态，安装检测仪表；

2）依据仪表的操作规程，调整测试仪表到测量状态；

3）待测试状态稳定后，开始测量，测量时间宜取10min。

3 水流量检测的数据处理应取各次测量的算术平均值作为测试值。

3.3.4 压力检测应符合下列规定：

1 压力检测的测点布置应在系统原有压力表安装位置。

2 压力可按下列步骤进行检测：

1）确定检测状态，拆卸系统原有压力表，安装已标定或校准过的压力表；

2）依据仪表的操作规程，调整测试仪表到测量状态；

3）待测试状态稳定后，开始测量。

3 压力检测的数据处理应取各次测量的算术平均值作为测试值。

3.4 室内环境基本参数

3.4.1 室内环境基本参数检测仪表性能应符合表3.4.1的要求。

表3.4.1 室内环境基本参数检测仪表性能

序号	测量参数	单位	检测仪器	仪表准确度
1	温度	℃	温度计(仪)	0.5℃ 热响应时间不应大于90s
2	相对湿度	%RH	相对湿度仪	5%RH
3	风速	m/s	风速仪	0.5m/s
4	噪声	dB(A)	声级计	0.5dB(A)
5	洁净度	粒/m³	尘埃粒子计数器	采样速率大于1L/min
6	静压差	Pa	微压计	1.0Pa

3.4.2 室内环境温度、湿度检测应符合下列规定：

1 空调房间室内环境温度、湿度检测的测点布置应符合下列规定：

1）室内面积不足16m²，测室中央1点；

2）16m²及以上且不足30m²测2点（居室对角线三等分，其二个等分点作为测点）；

3）30m²及以上不足60m²测3点（居室对角线四等分，其三个等分点作为测点）；

4）60m²及以上不足100m²测5点（二对角线上梅花设点）；

5）100m²及以上每增加20m²～50m²酌情增加1个～2个测点（均匀布置）；

6）测点应距离地面以上0.7m～1.8m，且应离开外墙表面和冷热源不小于0.5m，避免辐射影响。

2 室内环境温度、湿度可按下列步骤及方法进行检测：

1）根据设计图纸绘制房间平面图，对各房间进行统一编号；

2）检查测试仪表是否满足使用要求；

3）检查空调系统是否正常运行，对于舒适性空调，系统运行时间不少于6h；

4）根据系统形式和测点布置原则布置测点；

5）待系统运行稳定后，依据仪表的操作规程，对各项参数进行检测并记录测试数据；

6）对于舒适性空调系统测量一次。

3 室内平均温度应按下列公式计算：

$$t_{\mathrm{rm}}=\frac{\sum_{i=1}^{n}t_{\mathrm{rm},i}}{n} \tag{3.4.2-1}$$

$$t_{\mathrm{rm},i}=\frac{\sum_{j=1}^{p}t_{i,j}}{p} \tag{3.4.2-2}$$

式中：t_{rm}——检测持续时间内受检房间的室内平均温度(℃)；

$t_{\mathrm{rm},i}$——检测持续时间内受检房间第 i 个室内逐时温度(℃)；

n——检测持续时间内受检房间的室内逐时温度的个数；

$t_{i,j}$——检测持续时间内受检房间第 j 个测点的第 i 个温度逐时值(℃)；

p——检测持续时间内受检房间布置的温度测点的点数。

4 室内平均相对湿度应按下列公式计算：

$$\varphi_{\mathrm{rm}}=\frac{\sum_{i=1}^{n}\varphi_{\mathrm{rm},i}}{n} \tag{3.4.2-3}$$

$$\varphi_{\mathrm{rm},i}=\frac{\sum_{j=1}^{p}\varphi_{i,j}}{p} \tag{3.4.2-4}$$

式中：φ_{rm}——检测持续时间内受检房间的室内平均相对湿度(%)；

$\varphi_{rm,i}$ ——检测持续时间内受检房间第 i 个室内逐时相对湿度(%)；

n——检测持续时间内受检房间的室内逐时相对湿度的个数；

$\varphi_{i,j}$ ——检测持续时间内受检房间第 j 个测点的第 i 个相对湿度逐时值(%)；

p——检测持续时间内受检房间布置的相对湿度测点的点数。

3.4.3 风口风速检测应符合下列规定：

1 风口风速检测的测点布置应符合下列规定：

1）当风口面积较大时，可用定点测量法，测点不应少于 5 个，测点布置如图 3.4.3-1 所示；

2）当风口为散流器风口时，测点布置如图 3.4.3-2 所示。

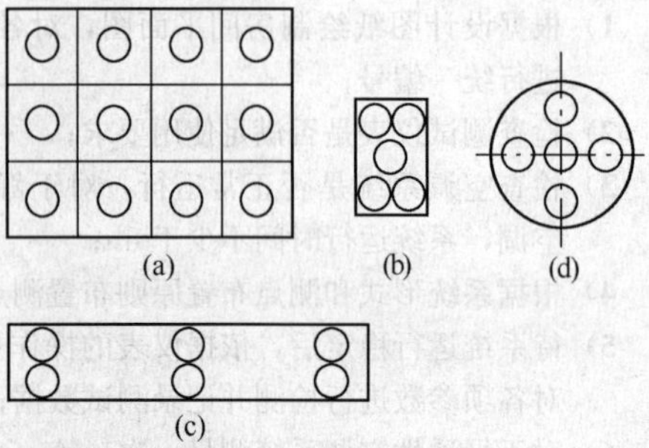

图 3.4.3-1　各种形式风口测点布置

(a) 较大矩形风口；(b) 较小矩形风口；(c) 条缝形风口；(d) 圆形风口

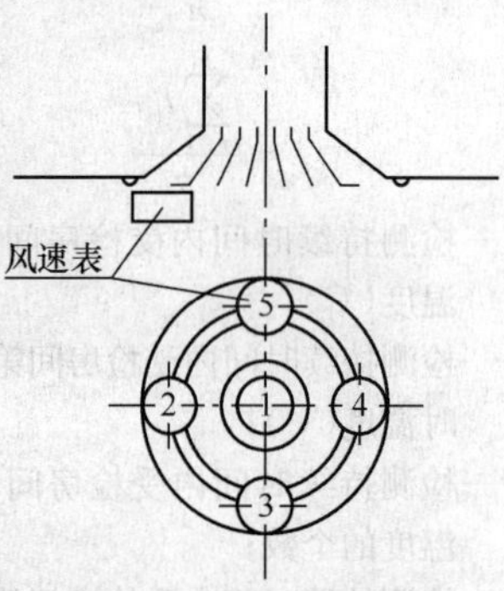

图 3.4.3-2　用风速仪测定散流器出口平均风速

2 风口风速可按下列检测步骤及方法进行检测：

1）当风口为格栅或网格风口时，可用叶轮式风速仪紧贴风口平面测定风速；

2）当风口为条缝形风口或风口气流有偏移时，应临时安装长度为 0.5m～1.0m 且断面尺寸与风口相同的短管进行测定。

3 风口风速应按下式计算：

$$V = \frac{V_1 + V_2 + V_3 + \cdots\cdots + V_n}{N} \quad (3.4.3)$$

式中：V_1、V_2……V_n ——各测点的风速(m/s)；

n——测点总数(个)。

3.4.4 风口风量的检测应符合下列规定：

1 风口风量检测测点布置应符合下列规定：

1）当采用风速计法测量风口风量时，在辅助风管出口平面上，应按测点不少于 6 点均匀布置测点；

2）当采用风量罩法测量风口风量时，应根据设计图纸绘制风口平面布置图，并对各房间风口进行统一编号。

2 风口风量可按下列检测步骤及方法进行检测：

1）当采用风速计法时，根据风口的尺寸，制作辅助风管；辅助风管的截面尺寸应与风口内截面尺寸相同，长度不小于 2 倍风口边长；利用辅助风管将待测风口罩住，保证无漏风；

2）当采用风量罩法时，根据待测风口的尺寸、面积，选择与风口的面积较接近的风量罩罩体，且罩体的长边长度不得超过风口长边长度的 3 倍；风口的面积不应小于罩体边界面积的 15%；确定罩体的摆放位置来罩住风口，风口宜位于罩体的中间位置；保证无漏风。

3 风口风量检测的数据处理应符合下列规定：

1）当采用风速计法时，以风口截面平均风速乘以风口截面积计算风口风量，风口截面平均风速为各测点风速测量值的算术平均值，应按下式计算：

$$L = 3600 \cdot F \cdot V \quad (3.4.4)$$

式中：F——送风口的外框面积(m^2)；

V——风口处测得的平均风速(m/s)。

2）当采用风量罩法时，观察仪表的显示值，待显示值趋于稳定后，读取风量值，依据读取的风量值，考虑是否需要进行背压补偿，当风量值不大于 1500m^3/h 时，无需进行背压补偿，所读风量值即为所测风口的风量值；当风量值大于 1500m^3/h 时，使用背压补偿挡板进行背压补偿，读取仪表显示值即为所测的风口补偿后风量值。

3.4.5 室内环境噪声检测应符合下列规定：

1 室内环境噪声检测的测点布置应符合下列规定：

1）当室内面积小于 50 m^2 时，测点应位于室内中心且距地 1.1m～1.5m 高度处或按工艺要求设定，距离操作者 0.5m 左右，距墙面和其他主要反射面不小于 1m；

2）当室内面积大于 50m^2，每增加 50m^2 应增加 1 个测点；

3）测量时声级计或传声器可采用手持或固定在三脚架上，应使传声器指向被测声源。

2 室内环境噪声可按下列检测步骤及方法进行检测：

1）根据设计图纸绘制房间平面图，对各房间进行统一编号；

2）检查测试仪表是否满足使用要求；

3）检查空调系统是否正常运行；

4）根据测点布置原则布置测点；

5）关掉所有空调设备，测量背景噪声；

6）依据仪表的操作规程，测量各测点噪声。

3 室内环境噪声检测的数据处理应符合下列规定：

1）当实测噪声与背景噪声之差 $\Delta<3$dB(A)时，测量无效；

2）当实测噪声与背景噪声之差 $\Delta=3$dB(A)时，实测值−3dB(A)；

3）当实测噪声与背景噪声之差 $\Delta=4\sim5$dB(A)，实测值 −2dB(A)；

4）当实测噪声与背景噪声之差 $\Delta=6\sim10$dB(A)，实测值 −1dB(A)；

5）当实测噪声与背景噪声之差 $\Delta>10$dB(A)，不用修正。

3.4.6 截面风速的检测应符合下列规定：

1 截面风速检测的测点布置应符合下列规定：

1）对于为检测送风量而进行的单向流风速检测，应在距离过滤器出风面 100mm～300mm 的截面处进行。对于工作面平均风速的检测应和委托方协商确认工作面的位置，垂直单向流应选择距墙或围护结构内表面大于 0.5m，离地面 0.8m 作为工作区；水平单向流以距送风墙或围护结构内表面 0.5m 处的纵断面为第一工作面；

2）确定测点数时，可采用送风面积乘以 10，再计算平方根确定测点数量，不得少于 4 个点，且每个高效过滤风口或风机过滤器机组至少测量 1 个点；

3）确定测量时间时，为保证检测的可重复性，每点风速检测应保证一定的测量时间，可采用一定时间的平均值作为测点的检测值。

2 应检查空调系统运行是否正常，依据仪表的操作规程，测量并记录各测点截面风速。

3 截面风速检测的数据处理应符合下列规定：

1）对于为检测送风量和截面平均风速进行的风速检测，应以各点平均值作为检测结果；

2）工作面风速不均匀度可按下式计算：

$$\beta_v=\frac{\sqrt{\frac{\Sigma(v_i-\bar{v})^2}{n-1}}}{\bar{v}} \qquad (3.4.6)$$

式中：β_v ——风速不均匀度；

v_i ——任一点实测风速；

$\bar{v}$ ——平均风速；

n ——测点数。

3.4.7 空气洁净度检测应符合下列规定：

1 空气洁净度检测仪表的选择应符合下列规定：

1）空气洁净度检测宜采用粒子计数器，采样量应大于 1L/min；

2）当测试粒径大于或等于 0.5μm 的粒子时，宜采用光散射粒子计数器；

3）当测试粒径大于或等于 0.1μm 的粒子时，宜采用大流量激光粒子计数器，采样量应大于或等于 28.3L/min；

4）当测试粒径小于 0.1μm 的超微粒子时，宜采用凝结核激光粒子计数器。

2 空气洁净度检测采样点应按下式计算：

$$N_L=\sqrt{A} \qquad (3.4.7\text{-}1)$$

式中：N_L——最少采样点数；

A——洁净室（区）的面积（m^2）。

3 空气洁净度检测每次采样的最少采样量的确定应符合下列规定：

1）在每个采样点应采集足够的空气量，保证能检测出至少 20 个粒子，每个采样点的每次采样量应按下式计算：

$$V_s=\frac{20}{Cn\cdot m}\times1000 \qquad (3.4.7\text{-}2)$$

式中：V_s——采样量（L）；

$Cn\cdot m$——被测洁净室（区）空气洁净度等级被测粒径的允许限制（p/m^3）。

2）每个采样点的采样量应至少为 2L，采样时间最少应为 1min；当洁净室（区）仅有 1 个采样点时，应在该点至少采样 3 次。

4 空气洁净度检测的数据处理应符合下列规定：

1）每个采样次数为 2 次或 2 次以上的采样点，该采样点平均粒子浓度应按下式计算：

$$\overline{X_i}=\frac{X_{i,1}+X_{i,2}+\Lambda+X_{i,n}}{n} \qquad (3.4.7\text{-}3)$$

式中：$\overline{X_i}$ ——采样点 i（代表任何位置）的平均粒子浓度；

$X_{i,1}\cdots\cdots X_{i,n}$ ——每次采样的粒子浓度；

n ——在采样点 i 的采样次数。

2）当采样点为 1 个时，应按本规程式（3.4.7-3）计算该点平均粒子浓度。当采样点为 10 个或 10 个以上时，应按本规程式（3.4.7-3）计算各点的平均浓度后，按下式计算洁净室（区）总平均值：

$$\overline{\overline{X}}=\frac{\overline{X}_{i,1}+\overline{X}_{i,2}+\Lambda+\overline{X}_{i,m}}{m} \qquad (3.4.7\text{-}4)$$

式中：$\overline{\overline{X}}$——采样点平均值的总平均值；

m——采样点的总数。

3.4.8 静压差的检测应符合下列规定：

1 静压差检测点布置应在所有门关闭的条件下进行，宜由平面布置上与外界最远的里间房间开始，依次向外测定，通过门缝或预留测孔等位置进行检测。

2 静压差可按下列检测步骤及方法进行检测：

1）静压差的测试应在风量调试完成后进行；

2）根据房间平面图，制定检测顺序，检测前确认所有房门关闭；

3）根据安排好的顺序，依次对各房间的静压差进行检测，记录检测数据。

3.5 电气参数和其他参数

3.5.1 电气参数和其他参数等检测仪表性能应符合表3.5.1的要求。

表3.5.1 电气参数和其他参数等检测仪表性能

序号	测量参数	单位	检测仪器	仪表准确度
1	电流	A	交流电流表 交流钳形电流表	2.0级
2	电压	V	电压表	1.0级
3	功率	kW	功率表或 电流电压表	1.5级
4	功率因数	%	功率因数表	1.5级
5	转速	r/min	各类接触式 非接触式转速表	1.5级

3.5.2 电流检测应符合下列规定：

1 电流检测的测点布置应根据测试需求，确定被测电流的位置；

2 应检查测试状态是否正常，并依据仪表的操作规程，进行测量；

3 电流检测的数据处理应待被测电流稳定后，进行记录读值。

3.5.3 电压检测应符合下列规定：

1 电压检测的测点布置应根据测试需求确定被测电压的位置；

2 应检查测试状态是否正常，并依据仪表的操作规程，进行测量；

3 电压检测的数据处理应待被测电压稳定后，进行记录读值，取三相电压的算术平均值。

3.5.4 转速检测应符合下列规定：

1 转速检测的测点布置应根据测试需求确定被测位置；

2 应检查测试状态是否正常，并依据仪表的操作规程，进行测试；

3 转速检测的数据处理应直接测量机组主轴转速，在同一试验条件下测量三次，取平均值。

3.5.5 功率检测应符合下列规定：

1 功率检测的测点布置应根据测试需求确定被测位置，电机输入功率检测应按现行国家标准《三相异步电动机试验方法》GB/T 1032进行。

2 功率检测宜优先采用两表法（两台单相功率表）测量，也可采用一台三相功率表或三台单相功率表测量。

3 当功率检测的数据处理采用两表法（两台单相功率表）测量时，输入功率应为两表测试功率之和。

3.5.6 功率因数检测应符合下列规定：

1 功率因数检测的测点布置应根据测试需求确定被测设备的位置。

2 应检查测试状态是否正常，并依据仪表的操作规程，进行测量。

3 功率因数的数据处理应符合下列规定：

1）当测试仪表能够直接显示功率因数时，应直接读取功率因数作为测试值；

2）当测试仪表无法直接显示功率因数时，应根据功率表和交流电压表（交流电流表）测试的有功功率值和视在功率计算得出功率因数。

3.6 系统性能参数

3.6.1 制冷（热）量检测应符合下列规定：

1 制冷（热）量检测的测点布置应符合下列规定：

1）对于2台及以下同型号机组，应至少抽取1台；对于3台及以上同型号机组，应至少抽取2台；

2）温度计应设在靠近机组的进出口处；流量传感器应设在设备进口或出口的直管段上，并应符合测试要求。

2 制冷（热）量可按下列步骤及方法进行检测：

1）应按现行国家标准《容积式和离心式冷水（热泵）机组性能试验方法》GB/T 10870规定的液体载冷剂法进行检测；

2）检测时应同时分别对冷水（热水）的进、出口处水温和流量进行检测，根据进、出口温差和流量检测值计算得到系统的供冷（供热）量；

3）应每隔5min～10min读一次数，连续测量60min，取每次读数的平均值作为测试的测定值。

3 机组制冷（热）量应按下式计算：

$$Q_0 = V\rho c\Delta t/3600 \quad (3.6.1)$$

式中：Q_0——机组制冷(热)量(W)；

V——循环侧水平均流量(m^3/h)；

Δt——循环侧水进、出口平均温差(℃)；

ρ——水平均密度(kg/m^3)；

c——平均温度下水的比热容[kJ/(kg·℃)]。

3.6.2 冷水机组性能系数检测应符合下列规定：

1 冷水机组性能系数可按下列步骤及方法进行检测：

1）应在被测机组测试状态稳定后，开始测量冷水机组的冷量，并同时测量冷水机组耗功率；

2）应每隔 5min～10min 读一次数，连续测量 60min，取每次读数的平均值作为测试的测定值；

3）冷水机组的校核试验热平衡率偏差不得大于15%。

2 冷水机组性能系数检测的数据处理应符合下列规定：

1）电驱动压缩机的蒸气压缩循环冷水机组的性能系数（COP）应按下式计算：

$$COP = \frac{Q_0}{N_i} \tag{3.6.2-1}$$

式中：Q_0——机组测定工况下平均制冷量（kW）；

N_i——机组平均实际输入功率（kW）。

2）溴化锂吸收式冷水机组的性能系数（COP）按下式计算：

$$COP = \frac{Q_0}{(Wq/3600)+P} \tag{3.6.2-2}$$

式中：Q_0——机组测定工况下平均制冷量(kW)；

W——燃料耗量，其中燃气消耗量 W_g（m^3/h），燃油消耗量 W_0(kg/h)；

q——燃料低位热值(kJ/m^3 或 kJ/kg)；

P——消耗电力(kW)。

3.6.3 水泵效率检测应符合下列规定：

1 水泵效率可按下列步骤及方法进行检测：

1）应在被测水泵测试状态稳定后，开始测量；

2）测试过程中，应测量水泵流量，并测试水泵进出口压差，以及水泵进出口压力表的高差，同时记录水泵输入功率；

3）检测工况下，应每隔 5min～10min 读数 1 次，连续测量 60min，并应取每次读数的平均值作为检测值。

2 水泵效率应按下式计算：

$$\eta = 10^{-6} V\rho g(\Delta H + Z)/3.6W \tag{3.6.3-1}$$

$$\Delta H = (P_{out} + P_{in})/\rho g \tag{3.6.3-2}$$

式中：V——水泵平均水流量(m^3/h)；

ρ——水平均密度(kg/m^3)；

g——自由落体加速度(m/s^2)；

P_{out}——水泵出口压力(Pa)；

P_{in}——水泵进口压力(Pa)；

ΔH——水泵平均扬程，进、出口平均压差(m)；

Z——水泵进、出口压力表高度差(m)；

W——水泵平均输入功率(kW)。

3.6.4 冷却塔效率检测应符合下列规定：

1 冷却塔可按下列步骤及方法进行检测：

1）应在被测冷却塔测试状态稳定后开始测量，冷却水量不得低于额定水量的80%；

2）应测量冷却塔进出口水温，并测试冷却塔周围环境空气湿球温度。

2 冷却塔效率应按下式计算：

$$\eta_{ic} = \frac{T_{ic,in} - T_{ic,out}}{T_{ic,in} - T_{iw}} \times 100\% \tag{3.6.4}$$

式中：η_{ic}——冷却塔效率(%)；

$T_{ic,in}$——冷却塔进水温度(℃)；

$T_{ic,out}$——冷却塔出水温度(℃)；

T_{iw}——环境空气湿球温度(℃)。

3.6.5 冷源系统能效比（EER_{-sys}）检测应符合下列规定：

1 应在被测冷源系统运行状态稳定后开始测量冷源系统能效比，并可按下列步骤及方法进行：

1）应分别对系统的制冷量、机组输入功率、冷冻水泵输入功率、冷却水泵输入功率、冷却塔风机输入功率进行测试；

2）供冷量的测试应符合本规程第 3.6.1 条的规定；

3）检测工况下，应每隔 5min～10min 读数 1 次，连续测量 60min，并应取每次读数的平均值作为检测的检测值。

2 冷源系统能效比应按下式计算：

$$EER_{-sys} = \frac{Q_0}{\Sigma N_i} \tag{3.6.5}$$

式中：EER_{-sys}——冷源系统能效比(kW/kW)；

Q_0——冷源系统测定工况下平均制冷量(kW)；

ΣN_i——冷源系统各设备的平均输入功率之和(kW)。

3.6.6 风机单位风量耗功率检测应符合下列规定：

1 抽检比例不应少于空调机组总数的 20%，不同风量的空调机组检测数量不应少于1台。

2 风机单位风量耗功率可按下列步骤及方法进行检测：

1）被测风机测试状态稳定后，开始测量；

2）分别对风机的风量和输入功率进行测试，风管风量的检测方法应符合本规程第 3.2.3 条的规定；

3）风机的风量应为吸入端风量和压出端风量的平均值，且风机前后的风量之差不应大于5%。

3 风机单位风量耗功率应按下式计算：

$$W_s = \frac{N}{L} \tag{3.6.6}$$

式中：W_s——风机单位风量耗功率[W/(m^3·h)]；

N——风机的输入功率(W)；

L ——风机的实际风量(m^3/h)。

3.6.7 水力平衡度检测应符合下列规定：

1 水力平衡度检测的测点位置应符合下列规定：

1）当热力入口总数不超过 6 个时，应全数检测；

2）当热力入口总数超过 6 个时，应根据各个热力入口距热源距离的远近，按近端、远端、中间区域各选 2 处确定受检热力入口。

2 水力平衡度可按下列步骤及方法进行检测：

1）检测应在采暖系统正常运行后进行；

2）水力平衡度检测期间，应保证系统总循环水量维持恒定且为设计值的 100%～110%；

3）热力入口流量测试应符合本规程第 3.3.3 条的规定；

4）循环水量的检测值应以相同检测持续时间内各热力入口处测得的结果为依据进行计算。

3 水力平衡度应按下式计算：

$$HB_j = \frac{G_{wm,j}}{G_{wd,j}} \tag{3.6.7}$$

式中：HB_j ——第 j 个支路处的系统水力平衡度；

$G_{wm,j}$ ——第 j 个支路处的实际水流量(m^3/h)；

$G_{wd,j}$ ——第 j 个支路处的设计水流量(m^3/h)；

j ——支路处编号。

3.6.8 补水率检测应符合下列规定：

1 补水率检测的测点应布置在补水管道上适宜的位置。

2 补水率可按下列步骤及方法进行检测：

1）应在采暖系统正常运行后进行，检测持续时间宜为整个采暖期；

2）总补水量应采用具有累计流量显示功能的流量计量装置检测，且应符合产品的使用要求；

3）当采暖系统中固有的流量计量装置在检定有效期内时，可直接利用该装置进行检测。

3 采暖系统补水率应按下列公式计算：

$$R_{mp} = \frac{g_a}{g_d} \times 100\% \tag{3.6.8-1}$$

$$g_d = 0.861\frac{q_q}{t_s - t_r} \tag{3.6.8-2}$$

$$g_a = \frac{G_a}{A_0} \tag{3.6.8-3}$$

式中：R_{mp} ——采暖系统补水率(%)；

g_a ——检测持续时间内采暖系统单位建筑面积单位时间内的补水量[kg/(m^2·h)]；

g_d ——采暖系统单位建筑面积单位时间内理论设计循环水量[kg/(m^2·h)]；

G_a ——检测持续时间内采暖系统平均单位时间内的补水量(kg/h)；

A_0 ——居住小区内所有采暖建筑物的总建筑面积(m^2)；

q_q ——供热设计热负荷指标(W/m^2)；

t_s，t_r ——采暖系统设计供回水温度(℃)。

3.6.9 室外管网热损失率检测应符合下列规定：

1 室外管网热损失率检测的测点应布置在热源总出口及各个热力入口。

2 室外管网热损失率可按下列步骤及方法进行检测：

1）应在采暖系统正常运行 120h 后进行，检测持续时间不应少于 72h；

2）检测期间，采暖系统应处于正常运行工况，热源供水温度的逐时值不应低于 35℃；

3）采暖系统室外管网供水温降应采用温度自动检测仪进行同步检测，数据记录时间间隔不应大于 60min；

4）建筑物采暖供热量应采用热计量装置在建筑物热力入口处检测，供回水温度和流量传感器的安装宜满足相关产品的使用要求，温度传感器宜安装于受检建筑物外墙外侧且距外墙外表面 2.5m 以内的地方；

5）采暖系统总采暖供热量宜在采暖热源出口处检测，供回水温度和流量传感器宜安装在采暖热源机房内，当温度传感器安装在室外时，距采暖热源机房外墙外表面的垂直距离不应大于 2.5m。

3 采暖系统室外管网热损失率应按下式计算：

$$\alpha_{ht} = \left(1 - \sum_{j=1}^{n} Q_{a,j}/Q_{a,t}\right) \times 100\% \tag{3.6.9}$$

式中：α_{ht} ——采暖系统室外管网热损失率；

$Q_{a,j}$ ——检测持续时间内第 j 个热力入口处的供热量(MJ)；

$Q_{a,t}$ ——检测持续时间内热源的输出热量(MJ)。

3.6.10 锅炉运行效率检测应符合下列规定：

1 锅炉运行效率可按下列步骤及方法进行检测：

1）应在采暖系统正常运行 120h 后进行，检测持续时间不应少于 24h；

2）检测期间，采暖系统应处于正常运行工况，燃煤锅炉的日平均运行负荷率不应小于 60%，燃油和燃气锅炉瞬时运行负荷率不应小于 30%，锅炉日累计运行时数不应少于 10h；

3）燃煤采暖锅炉的耗煤量应按批计量；燃油和燃气采暖锅炉的耗油量和耗气量应连续累计计量；

4）在检测持续时间内，煤样应用基低位发热值的化验批数应与采暖锅炉房进煤批次一致，且煤样的制备方法应符合现行国家标准《工业锅炉热工性能试验规程》GB/T 10180的有关规定；燃油和燃气的低位发热值应根据油品种类和气源变化进行化验；

5）采暖锅炉的输出热量应采用热计量装置连续累计计量。

2 检测持续时间内采暖锅炉日平均运行效率应按下列公式进行计算：

$$\eta_{2,a}=\frac{Q_{a,t}}{Q_i}\times 100\% \quad (3.6.10\text{-}1)$$

$$Q_i=G_c\cdot Q_c^y\cdot 10^{-3} \quad (3.6.10\text{-}2)$$

式中：$\eta_{2,a}$——检测持续时间内采暖锅炉日平均运行效率；

Q_i——检测持续时间内采暖锅炉的输入热量(MJ)；

G_c——检测持续时间内采暖锅炉的燃煤量(kg)或燃油量(kg)或燃气量(Nm^3)；

Q_c^y——检测持续时间内燃用煤的平均应用基低位发热值(kJ/kg)或燃用油的平均低位发热值(kJ/kg)或燃用气的平均低位发热值(kJ/Nm^3)。

4 采暖工程

4.1 一般规定

4.1.1 采暖工程检测前应具备下列条件：

1 检测方案应已批准，并进行方案交底；

2 参与检测人员应掌握、熟悉检测内容和检测技术要求；

3 检测项目施工应已完成，且经检查符合设计要求；

4 检测设备齐备，水、电供应满足检测要求。

4.1.2 采暖工程检测应包括下列内容：

1 水压试验应包括阀门水压试验、散热器水压试验、地板辐射供暖盘管水压试验、室内采暖管道水压试验、换热器水压试验和室外供热管网水压试验；

2 冲洗试验应包括室内采暖系统冲洗试验，室外采暖管网冲洗试验；

3 试运行和调试应包括水泵单机试运转，室内采暖系统试运行和调试，地板辐射供暖系统的试运行和调试，室外供热管网试运行和调试。

4.2 水压试验

4.2.1 阀门水压试验应符合下列规定：

1 阀门水压试验应包括强度试验和严密性试验。

2 阀门外观检查应无损伤，规格应符合设计要求，质量合格证明文件及性能检测报告应齐全、有效。

3 阀门的强度试验压力应为公称压力的1.5倍；严密性试验压力应为公称压力的1.1倍，试验压力在试验持续时间内应保持不变，且壳体填料及阀瓣密封面应无渗漏。

4 阀门试验应以水作为介质，温度应在5℃～40℃之间。阀门持续试验时间应符合表4.2.1-1的规定。

表 4.2.1-1 阀门试验持续时间

公称直径 DN (mm)	最短试验持续时间(s)		
	严密性试验		强度试验
	金属密封	非金属密封	
≤50	15	15	15
65～200	30	15	60
250～450	60	30	180

5 阀门强度试验可按下列步骤进行：

1）把阀门放在试验台上，封堵好阀门两端，完全打开阀门启闭件；

2）从另一端口引入压力，打开进水阀门，充满水后，及时排气；

3）缓慢升至试验压力值，不得急剧升压；

4）到达强度试验压力后（止回阀应从进口端加压），在规定的时间内，检查阀门壳体是否发生破裂或产生变形，压力有无下降，壳体（包括填料阀体与阀盖连接处）是否有结构损伤；

5）阀门水压试验后，擦净阀门水渍存放，并逐个记录阀门强度试验情况。

6 阀门严密性试验可按下列步骤进行：

1）阀门严密性试验应在强度试验合格的基础上进行；主要阀类的严密性试验方法应符合表4.2.1-2的要求；

2）对于规定了介质流通方向的阀门，应按规定的流通方向加压（止回阀除外）；在试验压力下，规定时间内检查阀门的密封性能；

3）阀门严密性试验后，擦净阀门水渍存放，并逐个记录阀门严密性试验情况。

表 4.2.1-2 阀门严密性试验

序号	阀类	试验加压方法
1	闸阀	关闭启闭件，从一端引入压力，缓慢升压至试验压力，在规定的时间内检查阀瓣处是否严密，压力是否有下降；一端试验合格后，用同样的方法检验另一密封面，从另一端引入压力，检查阀瓣处是否严密，压力是否下降
2	球阀	
3	旋塞阀	
4	截止阀	试验程序同闸阀试验程序。在对阀座密封最不利的方向，引入压力至试验压力，在阀门完全关闭的状态下，在规定的试验时间内检查阀瓣是否渗漏
5	调节阀	

续表 4.2.1-2

序号	阀类	试验加压方法
6	蝶阀	沿着对密封最不利的方向引入介质并施加压力。对称阀座的蝶阀可沿任一方向加压。试验程序同闸阀试验程序
7	止回阀	沿着使阀瓣关闭的方向引入介质并施加压力，检查是否渗漏，试验程序同闸阀试验程序

4.2.2 散热器强度试验应符合下列规定：

1 散热器外观检查应无损伤，规格应符合设计要求，质量合格证明文件及性能检测报告应齐全、有效。

2 水压试验水温应在5℃～40℃之间；当设计无要求时试验压力应为工作压力的1.5倍，但不得小于0.6MPa，试验时间应为2min～3min，压力不降且不渗漏。

3 散热器强度试验可按下列步骤进行：

1）将散热器轻放在试验台上，安装试验用临时丝堵和补芯、放气阀门、压力表和手动试压泵等试验部件；

2）试压管道连接后，开启进水阀门向散热器内充水，同时打开放气阀，待水灌满后，关闭放气阀门；

3）缓慢升压至散热器工作压力，检查无渗漏后再升压至规定的试验压力值，关闭进水阀门，稳压2min～3min，观察散热器各接口是否有渗漏现象、压力表值是否下降；

4）散热器水压试验后应及时排空腔内积水，并分别填写每组散热器试验情况。

4.2.3 地面辐射供暖盘管水压试验应符合下列规定：

1 水压试验之前，管道敷设应符合设计要求，并对试压管道和管件采取安全有效的固定和保护措施；冬期进行水压试验时，还应采取可靠的防冻措施；水压试验应在盘管隐蔽前进行。

2 试验压力应为工作压力的1.5倍并不得小于0.6MPa，稳压1h内压力降不得大于0.05MPa且不渗不漏。

3 地面辐射采暖盘管水压试验应按下列步骤进行：

1）水压试验时，经分水器缓慢注水，同时应将管道内空气排尽；

2）充满水后进行检查，观察无渗漏现象后再进行加压；

3）缓慢升压，升压至工作压力，观察管道无渗漏现象后，再继续升压至试验压力，时间不宜少于15min；

4）升压至试验压力后停止加压，稳压1h观察有无渗漏现象，记录压力下降数值；

5）应按分集水器分别记录试验情况。

4.2.4 室内采暖管道水压试验应符合下列规定：

1 室内采暖管道水压试验应在管道安装完成，且经检查符合设计要求后进行。

2 冬期进行水压试验时，应采取可靠的防冻措施，试压结束后应及时将水放尽，必要时应采用压缩空气或氧气将低点处存水吹尽。

3 水压试验水温应在5℃～40℃之间，试验压力应符合设计要求，当设计未注明时，应符合下列规定：

1）使用金属管道热水采暖系统，顶点试验压力应以系统顶点工作压力加0.1MPa，同时在系统顶点的试验压力不应小于0.3MPa；

2）使用塑料管及复合管的热水采暖系统，顶点试验压力应以系统顶点工作压力加0.2MPa，同时在系统顶点的试验压力不应小于0.4MPa；

3）隐蔽的局部管道，试验压力应为管道工作压力的1.5倍；

4）水压试验时应保证最低点试验压力不超过该处的设备和管道以及附件的最大承受压力；

5）加压泵所处位置的试验压力，应为顶点的试验压力与试压泵所处的位置与顶点的标高差的静水压力之和。

4 室内采暖管道水压试验应按下列步骤及方法进行：

1）应开启试压管路全部阀门，关闭试验段与非试验段连接处阀门；

2）打开进水阀门向管道系统中注水，同时开启系统高点排气阀，将管道及采暖设备内的空气排尽，待水注满后，关闭排气阀和进水阀；

3）使用加压泵向系统加压，宜分2～3次升至试验压力，升压过程中应对系统进行全面检查，无异常现象时继续加压；

4）缓慢升压至工作压力后，检查各部位是否存在渗漏现象，当无渗漏现象后再升压至试验压力，进行全面检查，当管道系统和设备检查结果符合要求后，降至工作压力，再作检查；

5）水压试验结束后，打开排气阀和泄水阀，将水排至指定地方，并填写试验记录。

4.2.5 热交换器水压试验应符合下列规定：

1 热交换器的质量合格证明文件及性能检测报告应齐全、有效。

2 热交换器的试验压力应为最大工作压力的1.5倍，且不应低于0.4MPa，水压试验水温应在

5℃～40℃之间。

3 热交换器水压试验应按下列步骤及方法进行：

1）开启进水阀门向热交换器内充水，同时打开放气阀排气，充满水后关闭进水阀门和排气阀门；

2）缓慢升压至规定试验压力，10min 内观察压力下降情况；

3）试验结束后，开启排气阀和泄水阀门进行泄水，并记录试验情况。

4.2.6 室外供热管道水压试验应符合下列规定：

1 室外供热管道水压试验应在管道安装工作全部完成后进行。

2 冬期进行水压试验时，应采取可靠的防冻措施，试压合格后应及时将水放尽。

3 水压试验压力应为工作压力的 1.5 倍，且不应低于 0.6MPa，水压试验水温应在 5℃～40℃之间。

4 室外供热管网水压试验可按下列步骤及方法进行：

1）将系统的阀门全部开启，同时开启各高点放气阀，关闭最低点泄水阀；

2）向管道系统内充水，待管道中空气全部排净，放气阀不间断出水时，关闭放气阀和进水阀，全面检查管道是否存在漏水现象；

3）管道无漏水现象后，使用加压泵对管道系统进行加压，加压宜分 2～3 次升至试验压力，加压过程中应检查系统管道是否存在渗漏、变形、破坏等现象；

4）水压试验结束后应及时将管道内水排净，并记录试验情况。

4.3 冲洗与充水试验

4.3.1 室内采暖系统冲洗应符合下列规定：

1 室内采暖系统冲洗应在水压试验合格后进行。

2 系统冲洗应按管道的水流方向进行冲洗，系统冲洗水温应在 5℃～40℃之间。

3 冲洗压力不应低于采暖工作压力，且不应大于管道水压试验压力，管道内冲洗流速不应低于介质工作流速，冲洗出水口流速不应小于 1.5m/s 且不宜大于 2m/s。

4 冲洗出水口处管道管径不应小于被冲洗管径的 3/5。

5 冲洗水排出时应具备排放条件。

6 室内采暖系统冲洗可按下列步骤及方法进行：

1）检查采暖系统各环路阀门，启闭应灵活、可靠；

2）冲洗前应将系统滤网等附件全部卸下，待冲洗后复位；

3）由待冲洗立支管的采暖入口向系统供水，关闭其他立支管控制阀门，启动增压水泵向系统加压，观察出水口水质水量情况；

4）按顺序冲洗其他各干、立、支管，直至全系统管道冲洗完毕为止。

4.3.2 室外管道冲洗应符合下列规定：

1 室外管道冲洗应在管道试压合格后进行；

2 冲洗要求应符合本规程第 4.3.1 条的规定；

3 当条件具备时，可将供回水管道与换热站联网进行循环冲洗，循环冲洗时间宜为 20min～30min，打开除污器排污阀，反复灌水循环冲洗，直至从除污器排水口出的水与入口水相同为止。

4.4 试运行与调试检测

4.4.1 水泵单机试运行应按下列步骤及方法进行：

1 水泵单机试运行应在测试水泵接地电阻、电机绝缘合格后进行；

2 水泵带负荷试运行必须在水泵充水状态下运行，严禁无水进行水泵试运行；

3 点动启动按钮检查水泵运行方向是否正确，有无异常振动、声响，确保无误后启动水泵运行；

4 监测水泵启动电流和运行电流，待稳定后观察进、出水管段压力表显示值的波动范围值，满足设计要求后，逐渐打开水泵出水阀门，直至全部打开，系统正常运行；

5 检查填料压盖滴水情况，普通填料泄漏量不应大于 60mL/h，机械密封的不应大于 5mL/h；

6 试运行结束后，使用接触式温度计对水泵轴承温度进行检测，将感温包紧贴轴承外壳处，记录轴承温度；

7 水泵单机试运行试验后记录试验结果。

4.4.2 室内采暖系统调试和试运行应符合下列规定：

1 室内采暖系统调试和试运行应在系统试压、冲洗合格后进行。

2 热力入口的相应设备（水力平衡阀、压力表、温度计等）应安装齐全。

3 调试应在热源不间断供热时进行，室内温度不应低于设计计算温度 2℃，且不应高于 1℃。

4 室内采暖系统试运行可按下列步骤及方法进行：

1）开启系统的回水总阀门，关闭系统的供水阀门，同时开启系统最高点的排气阀门；

2）外网热水经回水干管向系统注入，直至系统中空气排净充满热水；

3）缓慢开启总供水阀门，使系统正常循环；

4）巡查管道系统，对渗漏管道进行修理。

5 室内采暖系统调试应按下列步骤及方法进行：

1）室内采暖系统调试前应在系统正常运行 24h 后进行；

2）通过调节各分支环路水力平衡阀以及立管

和散热器支管阀门，使系统各环路流量不超过设计要求的10%；

3）检查各分支环路室内温度是否符合设计要求，不应存在过冷、过热情况。

6 记录采暖热力入口的供水压力、温度、流量，供、回水压差，平衡阀的锁定位置，室内温度以及膨胀水箱的水位与补水泵的连锁启动控制等。

4.4.3 地面辐射供暖系统调试和试运行应符合下列规定：

1 地面辐射供暖系统的调试和试运行应在系统冲洗完毕且混凝土填充层养护期满后，正式供暖运行前进行，并具备正常供暖条件；

2 初始加热时，热水升温应平缓，供水温度应控制在比室外环境温度高10℃左右，且不应高于32℃，连续运行48h后每隔24h升高约3℃，直至达到设计供水温度；

3 对每组分水器、集水器分支管逐路进行调节，室内温度不应低于设计计算温度2℃，且不应高于1℃；

4 试运行和调试应按每组分集水器分别记录。

4.4.4 室外管网调试和试运行应符合下列规定：

1 室外供热管网调试和试运行应在水压试验、冲洗完成后进行。

2 各环路流量不应超过设计流量的10%。

3 调试时应做好保温、封闭工作，防止管道系统冻坏。

4 室外管网试运行可按下列步骤及方法进行：

1）关闭各建筑的供、回水阀门，打开循环管阀门，从回水总管处向供热管道注水，注水应经过处理软化，直至注满外管网，注水过程中应在换热站内供水总管的最高点排出系统内空气；

2）外管网注满水后，对系统水进行升温加热，同时开启循环水泵，使供水温度逐渐升高至设计温度；

3）应对巡查中发现的问题及时处理和修理，修好后随即开启阀门。

5 室外管网调试可按下列步骤及方法进行：

1）调试首先应从最不利支环路开始，关小其他环路阀门，调整最不利环路水力平衡阀至设计流量，并用智能仪表监测该阀门的压降值；

2）依次调节其他环路，按同样方法调整其他支环路水力平衡阀至设计流量，全部调试合格后，锁定各平衡阀开度，并做出标志；

3）调试同时应对建筑物室内温度进行测试，室内温度应符合设计要求，当室内温度达不到设计要求时，应重新进行调试直至合格为止。

5 通风与空调工程

5.1 一般规定

5.1.1 通风与空调工程检测应具备下列条件：

1 检测方案已批准，并进行方案交底；

2 参与检测人员掌握、熟悉检测内容和检测技术要求；

3 检测项目施工已完成，经检查应符合设计要求；

4 检测设备应齐备，水、电供应满足检测要求。

5.1.2 通风与空调工程检测应包括下列内容：

1 严密性试验包括漏光检验、风管漏风量试验、现场组装式空气处理机组漏风量测试；

2 水压试验包括阀门水压试验、风机盘管水压试验、供冷（热）管道水压试验；

3 冲洗与充水试验；

4 试运行与调试包括水泵单机试运行、风机单机试运行、风机盘管三速运行试验、冷却塔单机试运行、冷水机组单机试运行、供冷（热）水管道系统调试、风机风量及风压测试、风系统调试。

5.2 严密性试验

5.2.1 风管漏光试验应符合下列规定：

1 风管系统漏光检测时，可将移动光源置于风管内侧或外侧，其相对侧应为暗黑环境；

2 检测光源应沿着被检测风管接口、接缝处作垂直或水平缓慢移动，检查人员在另一侧观察漏光情况，当有光线射出时应作好记录，并统计漏光点；

3 系统风管的检测应以总管和主干管为主，宜采用分段检测。

5.2.2 风管漏风量检测应符合下列规定：

1 风管漏风量检测条件应符合下列规定：

1）风管漏风量检测应在风管分段连接完成或系统主干管安装完毕、漏光检测合格后进行；

2）系统分段、面积测试应完成，试验管段分支管口及端口应密封；

3）测试风管端面按仪器要求安装好连接软管；

4）检测场地应有220V～380V电源。

2 风管漏风量可按下列步骤及方法进行检测：

1）使用连接软管将漏风量测试仪的出风口与被测风管连接起来，并应确保严密不漏；

2）使用测压软管连接被测风管和微压计（或U形压力计）的一侧，使用测压软管将微压计与漏风量测试装置流量测试管测压口连接，或将微压计的双口与流量测试管的测压口连接；

3）接通电源，启动风机，通过调整节流器或变频调速器，向被测试风管内注入风量，缓慢升压，使被测风管压力（微压计或U形压力计）示值控制在要求测试的压力点上，并基本保持稳定，记录漏风量测试仪进口流量测试管的压力或孔板流量测试管的压差；

4）经计算得出测试风管的漏风量，记录测试数据，并根据测试风管的面积计算单位漏风量。

5.2.3 现场组装式空气处理机组漏风率检测应符合下列规定：

1 现场组装式空气处理机组漏风率检测应按照机组的使用进行分类，对于明显的漏风缝隙或漏风点应进行密封处理；

2 现场组装式空气处理机组漏风率检测应符合本规程第5.2.2条的规定。

5.3 水压试验

5.3.1 阀门水压试验应符合本规程第4.2.1条的规定。

5.3.2 风机盘管水压试验压力应为工作压力的1.5倍，试验方法应符合本规程第4.2.2条的规定。

5.3.3 供冷（热）管道水压试验应符合下列规定：

1 水压试验应在管道安装完成并经检查符合设计要求后进行。

2 当冬期进行水压试验时，应采取可靠的防冻措施，试压结束后应及时将水放尽，必要时应采用压缩空气或氧气将低点处存水吹尽。

3 水压试验水温应在5℃～40℃之间，试验压力应符合设计要求，当设计未注明时，应符合下列规定：

1）冷热水、冷却水系统的试验压力，当工作压力不大于1.0MPa时，试验压力应为1.5倍工作压力，且不应小于0.6MPa；当工作压力大于1.0MPa时，试验压力应为工作压力加0.5MPa；

2）耐压塑料管的强度试验压力应为1.5倍工作压力，严密性试验压力应为1.15倍的工作压力。

4 供冷（热）管道水压试验步骤应符合本规程第4.2.4条的规定。

5.4 冲洗与充水试验

5.4.1 管道的冲洗应符合本规程第4.3.1、4.3.2条的规定。

5.4.2 冷凝水管道充水试验应符合下列规定：

1 冷凝水管道充水试验应分层分段进行；

2 应对冷凝水试验管段最低处进行封堵，由系统风机盘管托水盘向该管段内注水，水位应高于风机盘管托水盘最低点；

3 灌满水后观察15min，应检查管道及接口有无渗漏，确认管道及接口无渗漏时，应从最低处泄水，同时检查各盘管托盘无存水为合格；

4 充水试验合格后，应填写冲洗试验记录。

5.5 试运行与调试检测

5.5.1 水泵单机试运行应符合本规程第4.4.1条的规定。

5.5.2 风机单机试运行应符合下列规定：

1 风机单机试运行之前应检查风机叶轮旋转方向、运转平稳状态、有无异常振动与声响，其电机运行功率应符合设备技术文件的规定。

2 风机运转平稳后应进行风机转速、风压、风量的测定，并应符合下列规定：

1）风机转速测定宜使用接触式或光电式转速表，根据风机的传动类型选择测定位置，传动风机可将测点设在风机传动轴的轴心处，并根据轴心孔的大小选择相应的转换头，将转速表调整到测定状态后把接触头正对轴心孔，拧紧转换头并观察转速显示器显示数值的稳定性，读取数值并记录；

2）风机风压、风量的检测方法应符合本规程第3.2.3条的规定。

5.5.3 风机盘管温控与调速运行试验应在风机正常运转的状态下进行，调整变速或温控开关的档位或状态，风机运行动作状态应与试验要求运行状态对应。

5.5.4 冷却塔试运行应符合下列规定：

1 冷却塔试运行前管道水压试验及冲洗应合格，冷却塔集水盘应清理干净，自动补水阀应动作灵活；

2 点动启动风机，检查冷却塔风机的转向及稳定性符合要求后，正式启动冷却塔风机和冷却水泵，系统循环试运行不应少于2h，运行中无异常情况出现，冷却塔本体应稳固、无异常振动和声响，其噪声应符合设计要求和产品性能指标；

3 试运行过程中应检查测试冷却塔飘水率及噪声，并应分时段检测进出水温度的变化情况，对比设计要求及设备性能，冷却塔试运行工作结束后，应清洗集水盘。

5.5.5 冷水机组单机试运行应符合下列规定：

1 冷水机组单机试运行前准备工作应包括下列内容：

1）检查安全保护继电器的整定值，控制系统动作应灵敏、正常；

2）检查油箱的油面高度；

3）开启系统中相应的阀门；

4）设备冷却水系统应开通、运行稳定，冷冻水系统应满足运行要求；

5）向蒸发器供载冷剂液体应通畅；

6）将能量调节装置调到最小负荷位置或打开旁通阀。

2 冷水机组单机启动运行可按下列步骤及方法进行：

1）启动压缩机，检查油压，待压缩机转速稳定后，其油压应符合有关设备技术文件的规定；

2）容积式压缩机启动时应缓慢开启吸气截止阀和节流阀；

3）安全保护继电器的动作应灵敏；

4）根据现场情况和设备技术文件的规定，确定在最小负荷下所需运转的时间，并作好记录。

3 冷水机组单机试运行检查记录应包括下列内容：

1）油箱油面高度和各部位供油情况；

2）润滑油的压力和温度；

3）吸排气的压力和温度；

4）进排水温度和冷却水供应情况；

5）运动部件有无异常声响，各连接部位有无松动、漏气、漏油、漏水等现象；

6）电动机的电流、电压和温升；

7）能量调节装置动作是否灵敏，浮球阀及其他液位计工作是否稳定；

8）机组的噪声和振动。

5.5.6 水系统试运行与调试应符合下列规定：

1 调试运行前，水管道试压及管道系统的冲洗应全部合格，制冷设备、通风与空调设备单机试运行应合格。

2 水系统试运行与调试可按下列步骤及方法进行：

1）关闭水系统所有控制阀门，风机盘管及空调机组的旁通阀门应关闭严密；

2）检查风机盘管上的放气阀是否完好，并把放气阀的顶针拧紧，检查膨胀水箱的补水阀门是否关闭严密；

3）向系统内注入软化水，主干管及立管注满水后，对系统进行检查，确保无渗漏后对支路系统进行注水，待支路系统注满水，检查无渗漏后，进行风机盘管的注水、放气、查漏工作；

4）启动空调水系统循环水泵，进行系统循环，通过调整阀门的开启度调整水系统、分支管路的流量，运行时间不应少于8h，当北方冬季天气进行调试时，宜进行热水循环；

5）水系统调试时，在水泵运行稳定后应检查系统的平衡性。

3 水系统调试结果应符合下列规定：

1）空调冷热水、冷却水总流量测试结果与设计流量的偏差不应大于10%；

2）系统平衡调整后，各空调机组的水流量应符合设计要求，允许偏差为15%；

3）多台冷却塔并联运行时，各冷却塔的进、出水量应达到均衡一致。

5.5.7 风机风量及风压检测应符合本规程第3.2.3条的规定。

5.5.8 风系统风量调试应符合下列规定：

1 系统各支管风量调试应符合下列规定：

1）系统各支管风量调试应在风机单机试运行调试合格后进行；

2）从系统的最不利环路开始，使其支路风量与设计风量近似相等，利用各支路风阀依次进行风量调节，每调节一次风阀需要重新进行一次风量测试，直至系统各支路风量与设计风量基本一致；

3）风量调整达到设计要求后，在风阀上用油漆注上标记，并将风阀固定。

2 空调系统新风、回风量调试应符合下列规定：

1）在确定空调系统送风量符合设计要求的基础上，按照设计要求计算新风量和回风量数值；

2）根据系统特点及管路布置情况，可选取在回风管段或回风、新风管段共同确定测试断面进行回风量和新风量测试；

3）根据测试数据的大小调整新风阀、回风阀的开度使之符合设计要求，以达到风量平衡。

3 总风量实际测试值与设计值的偏差不应大于10%，各风口的实际测试值与设计值的偏差不应大于15%。

6 洁净工程

6.1 一般规定

6.1.1 洁净工程检测可分为常规检测和综合性能检测。

6.1.2 洁净工程常规检测应符合本规程第5章的规定。

6.1.3 洁净工程综合性能检测包括下列主要内容：

1 洁净室风量、风速、洁净度、压差的检测；

2 高效过滤器检漏；

3 洁净室温湿度、噪声检测；

4 生物洁净室微生物的检测；

5 精密操作的洁净室微振检测；

6 电子工业洁净室围护结构表面导静电性的检测；

7 洁净室气流检测；

8 非单向流洁净室自净能力检测；

9 围护结构严密性检测；

10 围护结构渗漏检测；

11 洁净室内甲醛、氨、臭氧、二氧化碳浓度的检测；

12 洁净室分子态污染物和表面污染物的检测。

6.1.4 洁净室试运行和调试应在空态或静态条件下进行，需要时也可与建设方（用户）协商确定检测状态。试运行和调试时，冷（热）源系统运转应正常，试运行时间不应少于8h。

6.1.5 综合性能检验应在系统连续稳定运行12h以上进行。

6.1.6 洁净室风量、风速、洁净度、压差、温湿度、噪声的检测应符合第3章的规定，对于有恒温恒湿项目的检测应符合本规程第7章的规定。

6.1.7 洁净室内甲醛、氨、臭氧、二氧化碳浓度的检测，应符合国家室内空气质量相关标准的规定，对于洁净室分子态污染物和表面污染物的检测，应符合现行国家标准《洁净室施工及验收规范》GB 50591的规定。

6.2 高效过滤器扫描检漏

6.2.1 高效过滤器扫描检漏应符合下列规定：

1 对送、排（回）风高效空气过滤器的现场检漏，应采用扫描法，采用光度计或粒子计数器在过滤器与安装框架接触面、过滤器边框与滤纸接触面以及其全部滤芯出风面上进行。过滤器上游用于现场扫描检漏检测的气溶胶可为液态，也可为固态。

2 被检过滤器的风量宜在设计风量的80%～120%之间。

3 当高效过滤器上游大气尘浓度低于4000粒/L，且过滤器上游系统上可设置检漏气溶胶注入点时，可采用光度计法进行检漏。

4 粒子计数器法可适用于所有等级的洁净场所过滤器检漏，适用过滤器最大穿透率可低至0.000005%或更低。

5 采用光度计扫描检漏时，高效过滤器上游气溶胶浓度宜在20mg/m³～80mg/m³，不得低于10mg/m³；采用粒子计数器扫描检漏时，高效过滤器上游浓度及采样流量应符合表6.2.1的规定。当上游浓度达不到规定要求时，应采用适当措施增加上游浓度。

表6.2.1 粒子计数器扫描检漏时的参数

高效过滤器	采样流量（L/min）	过滤器上游浓度（粒/L）
普通高效过滤器（国标A、B、C类）	≥2.83	≥0.5μm：≥4000
超高效过滤器（国标D、E、F类）	≥28.3	≥0.3μm：≥6000

6.2.2 高效过滤器扫描检漏应按下列方法进行：

1 检漏时将采样口放在距离被检过滤器表面2cm～3cm处，宜以1.5cm/s（2.83L/min）或2cm/s（28.3L/min）的速度移动，对被检过滤器进行扫描。

2 当上游浓度较大时可提高扫描速度。

3 采用光度计扫描检漏时，过滤器局部透过率不应超过0.01%；采用粒子计数器扫描检漏时，粒子计数器显示值为检测结果。

6.3 生物洁净室微生物检测

6.3.1 生物洁净室微生物检测应符合下列规定：

1 生物洁净室微生物检测宜采用沉降菌法和浮游菌法。

2 微生物的静态或空态检测前，应对各类表面进行擦拭消毒，但不应对室内空气进行熏蒸、喷洒等消毒；动态检测禁止对表面和空气进行消毒。

3 采样点的位置应协商确定，宜布置在有代表性的地点和气流扰动极小的地点，在乱流洁净室内培养皿不应布置在送风口正下方，当无特殊要求时，可在洁净区内均匀布置。

6.3.2 生物洁净室微生物的检测应按下列步骤及方法进行：

1 检测之前，应确保培养皿、采样器等检测设备没有受到污染。测试人员必须穿着无菌服，戴口罩，头、手均不应裸露，裤管应塞在袜套内。应制定和记录检测计划，包括采样位置、数量、顺序等，所有培养皿均在底部编号，记录各采样位置相对应的培养皿编号。

2 采用沉降法测试时，放置培养皿时宜从内向外依次布置，将带盖的培养皿放置在适当位置，拿开盖子，搭在皿边上，并使培养基完全暴露，过程中避免跨越已经暴露的培养皿。经过沉降后，宜从外向内依次收皿，将盖子盖好后倒置，收起培养皿。为防止脱水，最长沉降时间不宜超过1h。

3 采用浮游菌测试时，应开动真空泵，排除残余消毒剂后，再放入培养皿或培养基条，置采样口于采样点后，开启采样器、真空泵，设定采样时间，进行采样。

4 收皿后应及时放入培养箱培养，在培养箱外时间不宜超过2h。当无专业标准规定时，对于检测细菌总数，培养温度应采用35℃～37℃，培养时间应为24h～48h；对于检测真菌，培养温度应采用27℃～29℃，培养时间宜为3d。对培养后的皿进行菌落计数时，应采用5倍～10倍放大镜查看，当有2个或更多的菌落重叠时，可分辨时应以2个或多个菌落计数。

6.4 洁净室微振检测

6.4.1 洁净室微振检测应符合下列规定：

1 室内微振的检测应采用能满足检测精度要求的振动分析仪；

2 测点应选在室中心地面和有必要测定振动位置的地面上，以及各壁板表面的中心处。

6.4.2 洁净室微振检测应按下列步骤及方法进行：

1 应分别测出室内全部净化空调设备正常运转和停止运转两种情况下纵轴、横轴和垂直轴三个方向的振幅值；

2 微振测试宜分阶段进行，首先应进行本底环境振动测试，再进行建筑结构振动测试，对于精密设备仪器应首先进行安装地点的环境振动测试，再进行精密设备仪器的微振测试。

6.5 围护结构表面导静电性检测

6.5.1 地面、墙面和工作台面等表面导静电性能应采用符合精度要求的高阻计检测。

6.5.2 围护结构表面导静电性检测应在测试表面上选定代表区域的两点，用导线把高阻计和圆柱形铜电极连接起来进行测量。

6.6 洁净室气流检测

6.6.1 洁净室气流检测应符合下列规定：

1 不应用气流动态数值模拟（CFD）的分析结果代替洁净室气流检测；

2 气流检测包括气流流型、气流流向、流线平行性等，可采用丝线法或示踪剂法（发烟等）等，逐点观察和记录气流流向，并可用量角器测量气流角度，也可采用照相机或摄像机等图像处理技术进行记录，采用热球式风速仪或超声三维风速仪等测量各点气流速度；

3 采用丝线法时可采用尼龙单丝线、薄膜带等轻质材料，放置在测试杆的末端，或装在气流中细丝格栅上，直接观察出气流的方向和因干扰引起的波动；

4 采用示踪剂法时，可采用去离子（DI）水，用固态二氧化碳（干冰）或超声波雾化器等生成直径为0.5μm～50μm的水雾，采用四氯化钛（$TiCl_4$）等“酸雾”作示踪剂时，应确保不致对洁净室、室内设备以及操作人员产生危害。

6.6.2 洁净室气流检测应按下列步骤及方法进行：

1 气流流型检测时，对于垂直单向流洁净室可选择洁净室纵、横剖面各一个，以及距地面高度0.8m、1.5m的水平面各一个；水平单向流洁净室可选择纵剖面和工作区高度水平面各一个，以及距送、回风墙面0.5m和房间中心处等3个横剖面。所有面上的测点间距均应为0.2m～1.0m。对于乱流洁净室，应选择通过代表性送风口中心的纵、横剖面和工作区高度的水平面各1个，剖面上的测点间距应为0.2m～0.5m，水平面上的测点间距应为0.5m～1.0m。两个风口之间的中线上应设置测点；

2 气流流向检测时，应在被测区域内前后之间设置多个测点；

3 流线平行性检测时，应在每台过滤器下设置测点。

6.7 非单向流洁净室自净能力检测

6.7.1 非单向流洁净室自净能力检测应符合下列规定：

1 非单向流洁净室自净能力检测宜适用于ISO6级和ISO7级洁净室，对于更低级别的洁净室不宜检测；

2 自净能力检测可采用计算自净时间和实测自净时间比对的方法，具体检测方法应符合现行国家标准《洁净室施工及验收规范》GB 50591的规定；

3 宜采用100∶1自净时间检测法进行检测，同时采用大气尘或人工尘源，采用粒子计数器测试。

6.7.2 非单向流洁净室自净能力检测应按下列步骤及方法进行：

1 将室内浓度升高到100倍的洁净室级别上限浓度，采用尘埃粒子计数器对室内洁净度进行间隔1min的连续检测，记录达到级别上限浓度所需要的时间；

2 自净速率、100∶1自净时间应按下列公式计算：

$$N=-2.3\times\frac{1}{t_1}\log_{10}\left(\frac{C_1}{C_0}\right) \quad (6.7.2\text{-}1)$$

$$N=4.6\times\frac{1}{t_{0.01}} \quad (6.7.2\text{-}2)$$

式中：N——自净速率；

t_1——两次测量的间隔时间；

C_0——初始浓度；

C_1——t_1时间后的浓度；

$t_{0.01}$——指室内浓度达到初始浓度1%所需要的时间。

6.8 围护结构严密性检测

6.8.1 围护结构严密性检测应符合下列规定：

1 围护结构严密性检测宜使用目测法、压力衰减法和恒压法；

2 压力衰减法和恒压法的压力设定值，应根据工程实际情况与建设方协商确定，且不应超过围护结构的承受能力；

3　测试过程中室内温度应保持稳定。

6.8.2　围护结构严密性检测应按下列步骤及方法进行：

1　当采用目测法时，应采用发烟管等示踪指示剂，在有压洁净室的待测位置进行气流示踪检查，观察有无明显的渗漏气流；

2　当采用压力衰减法时，被测洁净室内到达某一设定压力后，应观察室内压力随时间的衰减情况，记录压力衰减到一半时所用的时间；

3　当采用恒压法时，被测洁净室内到达某一设定压力后，应通过补气或抽气使室内压差维持稳定，采用流量计读取漏泄量，每分钟读数一次，取平均值，测试不宜超过5min。

6.9　围护结构防渗漏检测

6.9.1　围护结构防渗漏检测应符合下列规定：

1　围护结构防渗漏测试宜采用粒子计数器和光度计；

2　应检查围护结构的连接处、各种缝隙、工艺管道穿墙处，测试点的数目和位置宜协商确定。

6.9.2　围护结构防渗漏检测应按下列步骤及方法进行：

1　应在洁净室内，距被测部位5cm处，以5cm/s的速度进行扫描，检查渗漏情况。

2　当采用粒子计数器时，应首先测量洁净室外部紧邻围护结构或入口处的粒子浓度，该浓度不应小于洁净室内浓度的10^3倍，且不应低于3.5×10^6粒/m^3，当浓度小于该值时，应采用人工尘提高浓度。对于打开的入口的防渗漏检测，宜采用示踪法检测入口处的气流流向。

3　当采用光度计时，宜在洁净室围护结构外侧发人工尘，其浓度应超过光度计在0.1%设置时的满量程，对于打开的入口的防渗漏检测，应采用光度计测量门内侧0.3m～1.0m处的微粒浓度。

7　恒温恒湿工程

7.1　一 般 规 定

7.1.1　恒温恒湿工程的通风空调系统检测应符合本规程第5章的规定。

7.1.2　在对恒温恒湿工程进行检测之前，其空调系统应连续正常运行不少于24h。

7.1.3　在对恒温恒湿工程进行检测时，应对空调系统的送、回风空气的温湿度和风量进行检测并符合要求。

7.1.4　对于有噪声或者振动控制要求的恒温恒湿工程，应符合本规程第7.4节和第7.5节进行噪声和振动检测的规定。

7.2　室内温度检测

7.2.1　恒温恒湿房间的温度检测仪器宜采用具有自动记录功能的温度记录仪，也可采用其他类似的温度采集系统，检测时应根据温度波动范围选择高一级精度的仪器。

7.2.2　检测的时间间隔宜为30s～60s，并应连续检测24h～48h。

7.2.3　室内温度测点布置应符合下列规定：

1　送回风口处应布置测点。

2　恒温恒湿工作区具有代表性的地点应布置测点。

3　测点应布置在距外墙表面大于0.5m、离地0.8m的同一高度上；也可根据恒温恒湿区的大小，分别布置在离地不同高度的几个平面上，测点数应符合表7.2.3的规定。

表7.2.3　温度测点数要求

波动范围	室内面积不大于 $50m^2$	每增加 $20m^2$～$50m^2$
$\Delta t\leqslant\pm0.5$℃	点间距不应大于2m，点数不应少于5个	
$\Delta t=\pm0.5$℃～±2℃	5个	增加3个～5个

7.3　室内湿度检测

7.3.1　恒温恒湿房间的湿度检测仪器宜采用具有自动记录功能的湿度记录仪，也可采用其他的湿度采集系统，检测时应根据湿度波动范围选择高一级精度的仪器。

7.3.2　检测的时间间隔宜为30s～60s，并应连续检测24h～48h。

7.3.3　室内湿度测点布置应符合下列规定：

1　送回风口处应布置测点。

2　恒温恒湿工作区具有代表性的地点应布置测点。

3　测点应布置在距外墙表面大于0.5m、离地0.8m的同一高度上；也可根据恒温恒湿区的大小，分别布置在离地不同高度的几个平面上，测点数应符合表7.3.3的规定。

表7.3.3　湿度测点数要求

波动范围	室内面积不大于 $50m^2$	每增加 $20m^2$～$50m^2$
$\Delta RH\leqslant\pm5\%$	点间距不应大于2m，点数不应少于5个	
$\Delta RH=\pm5\%\sim\pm10\%$	5个	增加3个～5个

7.4 室内噪声检测

7.4.1 恒温恒湿房间内的噪声检测宜采用带倍频程分析的声级计。

7.4.2 测点布置可按室内面积均分或按照工艺特定要求进行。当按室内面积均分时，可每 $50m^2$ 设一点，测点应位于其中心，距地面 1.1m～1.5m 高度处。

7.5 室内振动检测

7.5.1 当空调机组邻近恒温恒湿房间且工艺设备有振动要求时，恒温恒湿房间内的振动检测应采用振动仪测定。

7.5.2 测点应按工艺特定要求进行布置。

本规程用词说明

1 为便于在执行本规程条文时区别对待，对要求严格程度不同的用词说明如下：

1）表示很严格，非这样做不可的：

正面词采用“必须”，反面词采用“严禁”；

2）表示严格，在正常情况下均应这样做的：

正面词采用“应”，反面词采用“不应”或“不得”；

3）表示允许稍有选择，在条件许可时首先应这样做的；

正面词采用“宜”，反面词采用“不宜”；

4）表示有选择，在一定条件下可以这样做的采用“可”。

2 条文中指明应按其他有关标准执行的写法为：“应符合……的规定”或“应按……执行”。

引用标准名录

1 《三相异步电动机试验方法》GB/T 1032

2 《工业锅炉热工性能试验规程》GB/T 10180

3 《容积式和离心式冷水（热泵）机组性能试验方法》GB/T 10870

4 《公共场所室内换气率测定方法》GB/T 18204.19

5 《洁净室施工及验收规范》GB 50591

6 《公共建筑节能检测标准》JGJ/T 177

中华人民共和国行业标准

采暖通风与空气调节工程检测技术规程

JGJ/T 260—2011

条 文 说 明

制 定 说 明

《采暖通风与空气调节工程检测技术规程》JGJ/T 260－2011，经住房和城乡建设部 2011 年 8 月 29 日以第 1130 号公告批准、发布。

本规程制定过程中，编制组进行了广泛调查研究，总结我国采暖通风与空气调节工程检测的实践经验，同时参考了有关国际标准和国外先进标准，通过试验取得了采暖通风与空气调节工程检测技术的重要技术参数。

为便于广大设计、施工、科研、学校等单位有关人员在使用本规程时能正确理解和执行条文规定，《采暖通风与空气调节工程检测技术规程》编制组按章、节、条顺序编制了本规程的条文说明，对条文规定的目的、依据以及执行中需注意的有关事项进行了说明。但是，本条文说明不具备与规程正文同等的法律效力，仅供使用者作为理解和把握规程规定的参考。

目　次

1 总　　则

为了加强对采暖通风与空气调节工程的监督与管理，规范采暖通风与空气调节工程的检测方法，保证采暖通风与空气调节工程检测中采暖、通风与空调、洁净、恒温恒湿工程的试验、试运行及调试的质量，制定本规程。

2 基 本 规 定

2.0.2 本条所规定的内容是委托第三方检测时的检测条件与程序，具备相应能力的施工单位也可自行完成检测工作。

3 基本技术参数测试方法

3.2 风系统基本参数

3.2.1 本条为检测仪器的基本要求，检测仪器的选择需根据检测量程范围和检测精度的要求进行确定。

3.2.2 风口送、回风干球温度检测时，检测传感器应尽量同出口气流充分接触。

3.2.3 风量的测量方法主要参照《公共建筑节能检测标准》JGJ/T 177－2009 附录 E.1.3 中的方法，现场进行检测时，可根据现场的情况和检测位置对风管的截面测点进行确定。

3.2.6 室内风场和温湿度的测试主要采用小型风速、温度、湿度自动记录设备以保证尽可能少地对室内原有的风场、温度场、湿度场的影响；各个点气流速度的测量必须同时进行；这种气流的测试应是室内空间立体的测试。对于只有气流最大风速限定的测试场合，可采用无指向风速探头。

3.3 水系统基本参数

3.3.1 本条为检测仪器的基本要求，检测仪器的选择需根据检测量程范围和检测精度的要求进行确定。

3.3.2 对本条说明如下：

1 测点布置应考虑尽量减少由于管道散热造成的测量偏差。

2 当没有提供安放温度计的位置时，可以利用热电偶或表面温度计等测量供回水管外壁面的温度，通过两者测量值相减得到供回水温差。测量时注意在安放了热电偶后，应在测量位置覆盖绝热材料，保证热电偶和水管管壁的充分接触。热电偶测量误差应经校准确认满足测量要求，或保证热电偶是同向误差，即同时保持正偏差或负偏差。

3.3.3 可采用系统已有的孔板流量计、涡轮流量计等进行测量，但应进行校准。

3.4 室内环境基本参数

3.4.1 本条为检测仪器的基本要求，检测仪器的选择需根据检测范围和检测精度的要求进行确定，如对室内风速有特殊要求的乒乓球场馆、羽毛球场馆等，需要根据测试要求进行确定。

湿球温度检测可采用通风干湿球温度仪，精度要求不低于 0.5℃。对恒温恒湿系统，温度和相对湿度测量仪器精度根据其不同精度要求而定。

3.4.2 对本条说明如下：

1 对于工艺性空调区域和委托方有特殊要求的空调区域可根据本条原则进行测点的增加。

2 测点距离地面高度是根据检测人员使用手持式温湿度检测仪器和我国空调房间具有温度控制功能的控制面板的高度而确定的。

3.4.4 风量罩罩体与风口尺寸相差较大会造成较大的测量误差，所以需要尺寸相近的罩体进行测量。当风口风量较大时，风量罩罩体和测量部分的节流对风口的阻力会增加，造成风量下降较多，为了消除这部分阻力，需要进行背压补偿。

3.4.5 在《洁净室施工及验收规范》GB 50591－2010 中规定：F.6.3 有条件时，宜测定空调净化系统停止运行后的本底噪声，室内噪声与本底噪声相差小于 10dB(A)时，应对测点值进行修正：6～9dB(A)时减 1dB(A)，4～5dB(A)时减 2dB(A)，3dB(A)时减 3dB(A)，<3dB(A)时测定值无效。在《工业企业厂界环境噪声排放标准》GB 12348－2008 中也有相同规定。《采暖通风与空气调节设备噪声声功率级的测定　工程法》GB 9068－88 中的 7.4.1.2，规定测量值与背景噪声相差大于 10dB(A)时不修正，小于 6dB(A)时，测量无效，当差值为 6～8dB(A)时，修正值为－1dB(A)，当差值为 9～10dB(A)时，修正值为－0.5dB(A)。对于工程现场检测，要求不必过高。建议采用最新国家标准，《洁净室施工及验收规范》GB 50591－2010 和《工业企业厂界环境噪声排放标准》GB 12348－2008 中的规定。

3.4.6 关于截面风速的测量，一般指层流洁净室的截面风速，包括高效过滤器出风面和工作面。测量位置和测点的确定方法，参考《洁净室及相关受控环境——第 3 部分　计量和测试方法》ISO 14644－3 中的 B 4.2.2。

单向流风速的检测方法，参照 ISO 14644－3 中的规定。但在 ISO 14644－3 中没有规定工作面的检测，相对于国内的很多洁净室相关规范均有工作面截面风速的要求，因此在这里作了检测规定。另外以往国内检测方法中，对于单向流风速检测的测点要求数量很多，尤其是对于大面积单向流洁净室，造成检测工作量巨大，在此参照最新 ISO 14644－3 中的规定，减少了测点数量。此外，这里规定的测点数量为最低要求，在实际工程中，可根据工程要求作调整。

3.4.7 对于单向流洁净室，采样口应对着气流方向，对于非单向流洁净室，采样口宜向上，采样速度宜接近室内气流速度。室内测试人员必须穿洁净服，不得超过 3 人，应位于测试点下风侧并远离测试点，并应保持静止。进行换点操作时动作要轻，应减少人员对室内洁净度的干扰。

3.5 电气参数和其他参数

3.5.1 本条为检测仪器的基本要求，检测仪器的选择须根据检测的量程范围和检测精度的要求进行确定。

3.5.2 当线路的电流较小且要求测量精度较高时，测量仪器的干扰较大，所以应该将测量电流表串入电路中进行测量。

3.6 系统性能参数

3.6.2 《容积式和离心式冷水（热泵）机组性能试验方法》GB/T 10870－2001 中规定校核试验偏差不应大于 6%，考虑现场的测试条件和仪表准确度的规定，现场冷水机组性能的校核试验热平衡率偏差取不大于 15%。

溴化锂吸收式冷水机组的燃料耗量如现场不便于测量，可现场安装计量仪表进行测量，现场安装仪表必须经过相关计量部门的标定；燃料的发热值可根据当地相关部门提供的燃料发热值进行计算。

3.6.3 当测量水泵进出口压力时，应注意两个测点之间的阻力部件（如过滤器、软连接和弯头等）对测量结果的影响，如影响不能忽略，则应进行修正。

3.6.5 冷源系统用电设备包括冷水机房的冷水机组、冷冻水泵、冷却水泵和冷却塔风机，其中冷冻水泵如果是二次泵系统，一次泵和二次泵均包括在内。冷源系统不包括空调系统的末端设备。

4 采 暖 工 程

4.2 水 压 试 验

4.2.1 阀门强度及严密性试验应根据不同的阀门类型分别进行。阀门的强度性能是指阀门承受介质压力的能力。阀门是承受内压的机械产品，因而必须具有足够的强度和刚度，以保证长期使用而不发生破裂或产生变形，因此，强度试验主要是检验壳体、填料函及阀体与阀盖连接处的耐压强度，不应有结构损伤；阀门的密封性能是指阀门各密封部位阻止介质泄漏的能力，它是阀门最重要的技术性能指标。阀门的密封部位有三处：启闭件与阀座两密封面间的接触处；填料与阀杆和填料函的配合处；阀体与阀盖的连接处。其中前一处的泄漏叫做内漏，也就是通常所说的关不严，它将影响阀门截断介质的能力。对于截断阀类来说，内漏是不允许的。后两处的泄漏叫做外漏，即介质从阀内泄漏到阀外。外漏会造成物料损失，污染环境，严重时还会造成事故。对于易燃易爆、有毒或放射性的介质，外漏更是不允许的，因而阀门必须具有可靠的密封性能。

4.2.2 无论是订购成品散热器还是现场组装散热器，散热器的强度试验均应逐组进行，试验的关键是要求散热器各接口必须无渗漏现象，且压力表值无下降。

4.2.3 塑料管材一般都具有透氧性，同时塑料管材的可塑性也较钢管要大，所以在进行水压试验时，需较长时间的观察才能真实反映出耐压强度和严密性；也是因为塑料管材的可塑性大，在水压试验的过程中，升压过快，有可能使局部的压力过高，而压力表却无法反映出来，容易出现爆管事故。冬期施工进行水压试验时，应进行防冻保护，并在水压试验合格后把水放尽并吹扫干净。

4.2.4 本条规定了采暖系统水压试验的程序和方法。采暖系统水压试验的压力是指试压泵的出口压力，通常应由设计给出。如果设计未注明，验收规范规定了可根据系统顶点的工作压力来确定的方法。采暖系统水压试验压力确定方法是根据采暖系统管道内工作介质的特性、工作压力的状况和便于操作的要求等因素综合考虑的。

热水采暖系统中，当采用上供下回式的供热方式时，根据其系统动水压图可知，系统运行时其顶点的工作压力高于系统底点的工作压力。

采暖系统施工，有些部位随着装修进度需要提前隐蔽，如导管、主立管等，对于该部位应提前进行单项试压。试验压力应按较为严格的强度试验压力要求，为 1.5 倍工作压力，在试验压力下不得有压力下降，这也是考虑因为管道相对较少，且隐蔽后在系统试压时不便检查，无任何渗漏的可能。

4.2.5 热交换器水压试验时，应以最大工作压力进行试验进行。升压过程应缓慢，以免造成局部压力过大，损坏加热面。

4.2.6 室外管网的管径比较大，焊口较多，水压试验的关键是排净管道系统中的空气，缓慢升压，分几次升压至试验压力，才能真实反映试验情况。

4.3 冲洗与充水试验

4.3.1 冲洗时应保证有一定流速及压力。流速过大，不容易观察水质情况，流速过小，冲洗无力。冲洗应先冲洗大管，后冲洗小管；先冲洗横导管，然后冲洗立管，再冲洗支管。严禁以水压试验过程中的放水代替管道冲洗。

4.3.2 室外网管安装成品保护是关键的问题，作业条件比较差，管内容易掉进杂物。因此，冲洗是关键的工序，否则杂物会进入室内管网，堵塞管道。

4.4 试运行与调试检测

4.4.1 本条提出电机和水泵在试运行前和试运行过程中检查的内容，主要是检查电机的安全保障、水泵的性能及确保水泵安全运行的状态。水泵转动方向不正确将无法检查水泵的性能状况，要求连续运行时间主要是观察其性能状态的稳定性，各转动部件的异常振动和声响，异常的振动和声响将是设备故障的先兆。由于轴承的摩擦运转过程要产生热量，摩擦越大产生的热量越多，其连接体的温度也将越高，通过实验和经验判断，温度过高会对转动件造成损坏，因而提出轴承的温度要求。

4.4.2 采暖系统试运行和调试是检验采暖系统是否符合设计要求、是否满足使用功能的重要工序。试运行可以在热状态下进行，也可以在冷状态下进行，主要是检验系统的水力运转情况，检查室内管道循环是否正常。

调试必须在热源不间断供热的情况下，并且在热负荷24h后进行，检验各环路的水流量平衡情况，最终使房间温度相对于设计计算温度偏差不大于2℃。

4.4.3 地面辐射采暖铺设的管道一般采用复合管道或塑料管道，因其热膨胀系数大，如果首次通水温度过高，会造成管道急剧膨胀而被损坏，因此要求供水温度不宜过高，并且是缓慢升温。

4.4.4 室外管网平衡是关系到各用户正常供热的重要因素，调试应在系统试运行正常的基础上进行。

5 通风与空调工程

5.1 一般规定

5.1.2 本条对系统必要的检测项目进行界定，以满足工程追溯检查和验收的需要，同时也是对系统安装过程的定性检查的需要及工程交付使用性能的检验。因为在实际施工过程中，一些施工单位为了赶进度往往忽视一些必要的检测项目和内容，造成竣工验收过程中一些核查资料的缺失。

5.2 严密性试验

5.2.2 对系统安装状态提出要求，对需要进行漏风试验的管段先进行漏光试验是为了减少重复试验的次数，漏光检查是为了把一些明显的漏点提前发现并采取措施进行封堵，确保系统的严密，如果不进行漏光试验直接进行漏风试验往往很难做到一次试验成功，甚至无法做到升压、保压，过程不稳定，无法记录试验数据。

因为目前使用的漏风量测试装置主要由风机、节流器、测压仪表、标准孔板、整流栅、连接软管等构成，每一台标准的测试装置都有一个特定的数学关系式来表示或已经绘制出完整的图表，因而我们在测试之前一定要详细地阅读设备使用说明书，明确操作要领及需要使用哪些仪表、用哪些仪表测试出哪些数据，按照关系式的要求代入即可计算出漏风量或通过图表查取要获得的数据。按照《通风与空调工程施工质量验收规范》GB 50243－2002中第4.2.5条的计算结果对比所测试的漏风量进行判定是否符合要求。

5.3 水压试验

5.3.3 由于分段试验完成后系统当中存在部分没有进行试验的接点，同时现场的交叉作业可能对已进行试压完成的管段造成损坏，本条提出在系统安装完成后要求进行系统管路强度试验。由于系统的最低点为最大承压点，提出试验压力以系统最低点的压力为准。管道系统试压完成后，及时排除管内积水主要是考虑北方地区冬季较为寒冷，防止管道发生冻胀裂，给后续施工带来不必要的隐患、返工和经济损失。

5.4 冲洗与充水试验

5.4.2 由于冷凝水管道多为开式系统，不便于进行封闭耐压试验，因而要求进行灌水试验，目的在于检查各管道接口处是否有渗漏现象。检查盘管托盘有无存水主要为了发现风机盘管安装是否有倒坡现象。由于存在漏检或不检的现象，在夏季空气湿度大的情况下，冷凝水骤然剧增造成排水不畅，形成外溢而渗漏，损坏建筑装饰。

5.5 试运行与调试检测

5.5.2 风机转动方向不正确将无法检查风机的性能状况，要求连续运行时间主要是观察其性能状态的稳定性、各转动部件的异常振动和声响，异常的振动和声响是设备故障的先兆。由于轴承的摩擦运转过程要产生热量，摩擦越大产生的热量越多，其连接体的温度也将越高，通过实验和经验判断，温度过高会对转动件造成损坏，因而提出轴承的温度要求。

风机试运行时，在额定转速下连续运行2h后，其轴承温度应符合下列规定：

1 滑动轴承外壳温度最高不得超过70℃；

2 滚动轴承温度最高不得超过80℃。

5.5.4 冷却水系统的清洁状态直接影响着冷水机组的运行工况，施工现场存在试水排放代替冲洗的现象，然而其水量和排放速度无法将管道内的杂物排除干净，在系统运行时会造成冷凝器管路的堵塞或交换器管壁的损伤，降低冷水机组的制冷效果和使用寿命。管路的渗漏会加大补水量，补水阀的灵活性将影响系统的安全性。冷却塔的运行基于风机的运转状态，其异常振动和声响将影响冷却塔的安全性，必须查清原因、消除隐患。排除系统内的积水是为了防止北方冬季天气较冷，积水冻结冻坏设备和管路，造成不必要的返修和经济损失。

5.5.5 本条中检查的项目和要求主要是为了确保冷水机组的安全性。程序上的错误和检测数据的异常在机组启动时就可能造成机组的损坏，因而在机组启动前要按照要求进行检查和各项测试工作，发现异常必须立即停止，排除异常和故障，重新启动。

5.5.6 系统的安装完成、试压、冲洗是确保水系统调试的条件。一部分项目为了满足提前使用的需要往往存在甩项调试的情况，而不考虑系统的完整性，或者在甩项内容安装完成后直接利用已运行系统内的水进行运行压力试压和简单的冲洗即投入运行，为以后的整体运行埋下隐患。

本条给出了空调水系统调试、风机风量及风压测定的方法和要求，主要是检查空调系统的运行状态、调试结果及合格判定标准。

5.5.8 本条给出了风量调整的先后顺序和具体的调试方法及调试结果判定的标准。

6 洁 净 工 程

6.1 一 般 规 定

6.1.4 通常工程调试时的检测为空态，工程验收的检测为空态或静态，工程使用验收和日常监测为动态。空态通常是指全部建成且设施齐备，净化空调系统运行正常，只是没有生产设备、材料及人的洁净室状态。静态指全部建成且设施齐备，净化空调系统运行正常，现场没有人员。此时生产设备已安装完毕而未运行的洁净室状态；或生产设备停止运行并进行自净达到规定时间后的洁净室状态；或正在按建设方(用户）和施工方商定的方式运行的洁净室状态。动态通常是指全部建成、设施齐备，正在以规定的模式运行，且现场有规定数量的人员正以商定方式工作的洁净室状态。通常在静态的定义上有些分歧，在《洁净室及相关受控环境》ISO 14644 上，将静态定义为“在全部建成、设施齐备的洁净室中，已安装好的生产设备正在按用户和供应商商定好的方式运行，但场内没有人员。”《洁净室及相关受控环境》ISO 14644 规定设备运行却无人员在场，侧重高自动化程度的电子厂房，并不适用于所有洁净室。通过与ISO工作组的交流，认为不同行业的洁净室应针对行业特点对运行状态进行定义，《洁净室及相关受控环境》ISO 14644 中的定义偏向于自动化程度高的生产厂房。在新版欧盟《药品生产质量管理规范》GMP 中，对静态的定义也作了修改。

6.1.7 新增项目如甲醛、氨、臭氧、二氧化碳等的检测，是环保要求的新需要，突显对洁净室质量要求的提高。分子态污染物和表面洁净度则是国际上新出现的内容，在国际标准中也无具体方法。在现行国家标准《洁净室施工及验收规范》GB 50591中，根据相关资料和企业实践作了相关规定。

6.2 高效过滤器扫描检漏

6.2.1 有些行业出于安全、环保等原因，不提倡使用DOP进行过滤器测试，而有些行业出于对有机物缓释挥发方面的担忧，不提倡使用油性气溶胶进行过滤器测试。所发生的气溶胶可以为单分散气溶胶，也可以为多分散气溶胶，但无论发生哪种气溶胶，应保证所发生气溶胶的浓度以及粒径分布在测试过程中保持稳定。常用液态物质包括 DEHS/DES/DOS（癸二酸二辛酯)、DOP（邻苯二甲酸二辛酯)、PAO（聚α烯烃）等，常用固态物质包括 PSL（聚苯乙烯乳胶球)、大气气溶胶。人工多分散气溶胶一般采用 Laskin 喷嘴来发生。

6.2.2 高效过滤器安装后的检漏方法主要参照《洁净室及相关受控环境》ISO 14644 以及《洁净室施工及验收规范》GB 50591 中的要求，并结合工程实践制定，光度计法发尘量大，操作复杂，易污染，一般宜采用粒子计数器法。

对于单个安装高效过滤器，四周形成空腔时，应采取适宜的隔离措施，如不采用措施，在安装边框扫描处会受周围环境洁净度影响，造成无法判断。

6.3 生物洁净室微生物检测

6.3.2 对于生物洁净室是以控制生物微粒为主要目的，细菌检测要经常进行，沉降菌法相对简便易行，建议优先采用。

6.7 非单向流洁净室自净能力检测

6.7.2 这里介绍的洁净室自净能力检测方法是 ISO 14644-3 中的两种方法，《洁净室施工及验收规范》GB 50591 中采用实测自净时间和理论自净时间相比较的方法，可根据需要采用。

6.9 围护结构防渗漏检测

6.9.2 围护结构渗漏测试是《洁净室及相关受控环境》ISO 14644 上新增的检测内容，用以检查围护结构严密性，以往一般采用目测，实际工程中，可根据需要进行测试，通常用于高级别洁净室。采用粒子计数器时，如果被测位置的含尘浓度超过室外相同粒径的粒子浓度的 1%，则认为有渗漏，采用光度计时，当 0.1%设置的光度计的读数超过 0.01%时，则认为有渗漏。

7 恒温恒湿工程

7.1 一 般 规 定

7.1.2 本条文对恒温恒湿工程的空调系统连续正常

运行的时间作出了规定。检测工作必须在恒温恒湿空调系统运行稳定和可靠之后进行。空调系统连续正常运行24h以后，应已适应了周围环境对它的影响，可以认为达到了稳定的状态。

7.1.3 空调系统的送、回风空气的温湿度和风量不仅能最直接地反映出空调系统的实际运行情况，而且是检验空调系统是否达到设计工况的主要依据，因此在恒温恒湿工程检测过程中，应对其进行检测。

7.1.4 恒温恒湿控制区域一般都离空调机组较近，对于一些有特殊要求的工艺或者操作间，噪声或者振动可能会对工艺或者操作有所影响。这种情况下，应对恒温恒湿控制区域的噪声或者振动进行检测。

7.2 室内温度检测

7.2.1 本条文对恒温恒湿工程温度检测所使用的仪器进行了规定。对于恒温恒湿工程，不同的测量仪器具有的精度不同，检测时应根据温度波动范围选择相应的具有足够精度的仪器。推荐采用带有锂电池的温度自记仪进行检测，这样既方便检测，又可减少测量仪器对工程的影响。

7.2.2 本条文对恒温恒湿工程温度检测时间间隔和检测持续时间进行了规定。检测的时间间隔主要考虑检测仪器的反应时间和环境对检测的影响，一般地，时间间隔取为30s～60s，既可保证检测仪器具有足够的反应时间，又可忽略环境对检测的影响；连续记录时间应在周围环境完整变化一个周期（昼夜），即24h以上，同时，检测也无需无限进行下去，在周围环境完整变化两个周期，即48h以内即可。检测的时间间隔和连续检测持续的时间也可由委托方和检测方约定。

7.2.3 本条对恒温恒湿工程室内温度测点布置原则进行了规定。对送回风温度进行检测的主要目的是检查空调系统实际运行情况是否能达到设计工况。对恒温恒湿工作区具有代表性点的温度进行检测，可以查看出空调系统的运行效果。测点的布置应离外墙一定距离（大于0.5m），从而避免外墙对检测产生影响；考虑到操作人员的操作高度，测点一般布置在离地0.8m的同一高度上；对于一些特殊工艺或者有特殊要求的恒温恒湿区，可根据恒温恒湿区的大小，分别布置在离地不同高度的几个平面上。

7.3 室内湿度检测

7.3.1 本条对恒温恒湿工程湿度检测所使用的仪器进行了规定。对于恒温恒湿工程，推荐采用带有锂电池的湿度自记仪进行检测，这样既方便检测，又可减少测量仪器对工程的影响。不同的测量仪器具有的精度不同，检测时应根据湿度波动范围选择相应的具有足够精度的仪器。

7.3.2 本条对恒温恒湿工程湿度检测时间间隔和检测持续时间进行了规定。检测的时间间隔主要考虑检测仪器的反应时间和环境对检测的影响，一般地，时间间隔取为30s～60s，既可保证检测仪器具有足够的反应时间，又可忽略环境对检测的影响；连续记录时间应在周围环境完整变化一个周期（昼夜），即24h以上，同时，检测也无需无限进行下去，在周围环境完整变化两个周期，即48h以内即可。检测的时间间隔和连续检测持续的时间也可由委托方和检测方约定。

7.3.3 对送回风湿度进行检测的主要目的是检查空调系统实际运行情况是否能达到设计工况。对恒温恒湿工作区具有代表性点的湿度进行检测，可以查看出空调系统的运行效果。测点的布置应离外墙一定距离（大于0.5m），从而避免外墙对检测产生影响；考虑到操作人员的操作高度，测点一般布置在离地0.8m的同一高度上；对于一些特殊工艺或者有特殊要求的恒温恒湿区，可根据恒温恒湿区的大小，分别布置在离地不同高度的几个平面上。

7.4 室内噪声检测

7.4.1 本条对恒温恒湿工程噪声检测所使用的仪器进行了规定。采用带倍频程分析的声级计可以测量出各个频段的噪声，便于分析出现较大噪声的原因。

7.4.2 本条对恒温恒湿工程噪声测点布置进行了规定。因为噪声在一定面积（$50m^2$）内是几乎不变的，所以在按室内面积均分进行噪声检测时，每$50m^2$检测一点，测点设置于中心，同时考虑操作人员的听觉高度，测点设置于距地面1.1m～1.5m高度处。

7.5 室内振动检测

7.5.2 本条对恒温恒湿工程振动测点布置进行了规定。振动测点主要考虑按工艺特定的要求进行布置。

中华人民共和国行业标准

外墙内保温工程技术规程

Technical specification for interior thermal insulation on external walls

JGJ/T 261—2011

批准部门：中华人民共和国住房和城乡建设部

施行日期：2 0 1 2 年 5 月 1 日

中华人民共和国住房和城乡建设部
公　　告

第 1193 号

关于发布行业标准《外墙内保温工程技术规程》的公告

现批准《外墙内保温工程技术规程》为行业标准，编号为 JGJ/T 261－2011，自 2012 年 5 月 1 日起实施。

本规程由我部标准定额研究所组织中国建筑工业出版社出版发行。

中华人民共和国住房和城乡建设部

2011 年 12 月 6 日

前　　言

根据住房和城乡建设部《关于印发〈2010 年工程建设标准规范制订、修订计划〉的通知》（建标［2010］43 号）的要求，《外墙内保温工程技术规程》编制组经大量调查研究，认真总结实践经验，参考有关国际标准和国外先进标准，并在广泛征求意见的基础上，编制本规程。

本规程的主要技术内容是：1. 总则；2. 术语；3. 基本规定；4. 性能要求；5. 设计与施工；6. 内保温系统构造和技术要求；7. 工程验收。

本规程由住房和城乡建设部负责管理，由中国建筑标准设计研究院负责具体技术内容的解释。执行过程中如有意见或建议，请寄送中国建筑标准设计研究院（地址：北京市海淀区首体南路 9 号主语国际 2 号楼；邮政编码：100048）。

本规程主编单位：中国建筑标准设计研究院
武汉建工股份有限公司

本规程参编单位：中国建筑科学研究院
国家防火建筑材料质量监督检验中心
浙江大学
北京中建建筑科学研究院有限公司
中国建筑材料检验认证中心
中国聚氨酯工业协会
圣戈班石膏建材（上海）有限公司
四川科文建材科技有限公司
可耐福石膏板（天津）有限公司
宜春市金特建材实业有限公司
拜耳材料科技（中国）有限公司
欧文斯科宁（中国）投资有限公司
杭州泰富龙新型建筑材料有限公司
浙江鑫得建筑节能科技有限公司
上海贝恒化学建材有限公司
绍兴市中基建筑节能科技有限公司
太原思科达科技发展有限公司
山东联创节能新材料股份有限公司
江苏万科建筑节能工程有限公司
天津住宅集团建设工程总承包有限公司
南阳银通节能建材高新技术开发有限公司
上海天宇装饰建材发展有限公司
上海卡迪诺节能科技有限

公司
湖北邱氏节能建材高新技术有限公司
河南玛纳建筑模板有限公司

本规程主要起草人员：曹　彬　陆　兴　费慧慧　魏素巍　王新民　李晓明　冯　雅　赵成刚　张三明　胡宝明　王建强　宋晓辉　柳建峰　杜长青　沙拉斯　刘建勇　姜　涛　田　辉　朱国亮　孙　强　余　骏　马恒忠　刘元珍　孙振国　邵金雨　冯　云　杜　峰　徐　松　王宝玉　刘定安　杨金明　邱杰儒　鲍　威

本规程主要审查人员：金鸿祥　冯金秋　王庆生　杨星虎　钱选青　马道贞　吕大鹏　钱建军　焦冀曾

目　　次

Contents

1 总 则

1.0.1 为规范外墙内保温工程技术要求，保证工程质量，做到技术先进、安全可靠、经济合理，制定本规程。

1.0.2 本规程适用于以混凝土或砌体为基层墙体的新建、扩建和改建居住建筑外墙内保温工程的设计、施工及验收。

1.0.3 外墙内保温工程的设计、施工及验收，除应符合本规程外，尚应符合国家现行有关标准的规定。

2 术 语

2.0.1 外墙内保温系统 interior thermal insulation system on external walls

主要由保温层和防护层组成，用于外墙内表面起保温作用的系统，简称内保温系统。

2.0.2 外墙内保温工程 interior thermal insulation on external walls

内保温系统通过设计、施工或安装，固定在外墙内表面上形成保温构造，简称内保温工程。

2.0.3 基层墙体 substrate

内保温系统所依附的外墙。

2.0.4 内保温复合墙体 wall composed with interior thermal insulation

由基层墙体和内保温系统组合而成。

2.0.5 保温层 thermal insulation layer

由保温材料组成，在内保温系统中起保温作用的构造层。

2.0.6 抹面层 rendering coat

抹在保温层（或保温层的找平层）上，中间夹有增强网，保护保温层并具有防裂、防水、抗冲击和防火作用的构造层。

2.0.7 饰面层 finish coat

内保温系统的表面装饰构造层。

2.0.8 防护层 protecting coat

抹面层（或面板）和饰面层的总称。

2.0.9 隔汽层 vapour barrier layer

阻隔水蒸气渗透的构造层。

2.0.10 内保温复合板 interior insulation composite panel

保温材料单侧复合无机面层，在工厂预制成型，具有保温、隔热和防护功能的板状制品，简称复合板。

2.0.11 无机保温板 inorganic thermal insulation board

以无机轻骨料或发泡水泥、泡沫玻璃为保温材料，在工厂预制成型的保温板。

2.0.12 保温砂浆 thermal insulation mortar

以无机轻骨料或聚苯颗粒为保温材料，无机、有机胶凝材料为胶结料，并掺加一定的功能性添加剂而制成的建筑砂浆。

2.0.13 界面砂浆 interface treating mortar

用以改善基层墙体与保温砂浆材料表面粘结性能的聚合物水泥砂浆。

2.0.14 胶粘剂 adhesive

用于保温板与基层墙体粘结的聚合物水泥砂浆。

2.0.15 粘结石膏 gypsum binders

用于保温板与基层墙体粘结的石膏类胶粘剂。

2.0.16 抹面胶浆 rendering coat mortar

由高分子聚合物、水泥、砂为主要材料制成，具有一定变形能力和良好粘结性能的聚合物水泥砂浆。

3 基 本 规 定

3.0.1 内保温工程应能适应基层墙体的正常变形而不产生裂缝、空鼓和脱落。

3.0.2 内保温工程各组成部分应具有物理—化学稳定性。所有组成材料应彼此相容，并应具有防腐性。在可能受到生物侵害时，内保温工程应具有防生物侵害性能；所有组成材料应符合现行国家标准《民用建筑工程室内环境污染控制规范》GB 50325 和《建筑材料放射性核素限量》GB 6566 的相关规定。

3.0.3 内保温工程应防止火灾危害。

3.0.4 内保温工程应与基层墙体有可靠连接。

3.0.5 内保温工程用于厨房、卫生间等潮湿环境时，应具有防水渗透性能。

3.0.6 内保温复合墙体的保温、隔热和防潮性能应符合现行国家标准《民用建筑热工设计规范》GB 50176 和国家现行有关建筑节能设计标准的规定。

3.0.7 内保温工程有关检测数据的判定，应采用现行国家标准《数值修约规则与极限数值的表示和判定》GB/T 8170 中规定的修约值比较法。

4 性 能 要 求

4.1 内保温系统

4.1.1 内保温系统性能应符合表 4.1.1 的规定。

表 4.1.1 内保温系统性能

检验项目	性能要求	试验方法
系统拉伸粘结强度（MPa）	≥0.035	JGJ 144
抗冲击性（次）	≥10	JG/T 159
吸水量（kg/m²）	系统在水中浸泡 1h 后的吸水量应小于 1.0	JGJ 144

续表 4.1.1

检验项目		性能要求	试验方法
热阻		符合设计要求	GB/T 13475
抹面层不透水性		2h 不透水	JGJ 144
防护层水蒸气渗透阻		符合设计要求	JGJ 144
燃烧性能		不低于 B 级	GB/T 8626 和 GB/T 20284；GB/T 5464 和（或）GB/T 14402
燃烧性能附加分级	产烟量	不低于 s2 级	GB/T 20284
	燃烧滴落物/微粒	不低于 d1 级	GB/T 8626 和 GB/T 20284
	产烟毒性	不低于 t1 级	GB/T 20285

注：1 对于玻璃棉、岩棉、喷涂硬泡聚氨酯龙骨固定内保温系统，当玻璃棉板（毡）和岩棉板（毡）主要依靠塑料钉固定在基层墙体上时，可不做系统拉伸粘结强度试验。

2 仅用于厨房、卫生间等潮湿环境时，吸水量、抹面层不透水性和防护层水蒸气渗透阻应满足表 4.1.1 的规定。

3 燃烧性能分级采用 GB 8624－2006。

4.2 组成材料

4.2.1 复合板性能应符合表 4.2.1 的规定。

表 4.2.1 复合板性能

检验项目	性能要求			试验方法
	纸面石膏板面层时	无石棉硅酸钙板面层时	无石棉纤维水泥平板面层时	
抗弯荷载（N）	宽度方向 ≥160 长度方向 ≥400	≥G（板材重量）	≥G（板材重量）	GB/T 9775 或 JG/T 159
拉伸粘结强度（MPa）	≥0.035 且纸面与保温板界面破坏	≥0.10 且保温板破坏	≥0.10 且保温板破坏	JG 149
抗冲击性（次）	≥10			JG/T 159
面板收缩率（%）	—	≤0.06	≤0.06	JG/T 159
燃烧性能	不低于 B 级			GB/T 8626 和 GB/T 20284；GB/T 5464 和（或）GB/T 14402

续表 4.2.1

检验项目		性能要求			试验方法
		纸面石膏板面层时	无石棉硅酸钙板面层时	无石棉纤维水泥平板面层时	
燃烧性能附加分级	产烟量	不低于 s2 级			GB/T 20284
	燃烧滴落物/微粒	不低于 d1 级			GB/T 8626 和 GB/T 20284
	产烟毒性	不低于 t1 级			GB/T 20285

注：1 当纸面石膏板的断裂荷载、无石棉硅酸钙板及无石棉纤维水泥平板的抗折强度满足国家现行有关产品标准的要求时，可不做复合板的抗弯荷载试验。

2 燃烧性能分级采用 GB 8624－2006。

4.2.2 有机保温板性能应符合表 4.2.2 的规定。

表 4.2.2 有机保温板性能

检验项目	性能要求			试验方法
	模塑聚苯乙烯泡沫塑料板（EPS 板）	挤塑聚苯乙烯泡沫塑料板（XPS 板）	硬泡聚氨酯板（PU 板）	
密度（kg/m^3）	18～22	22～35	35～45	GB/T 6343
导热系数[W/(m·K)]	≤0.039	≤0.032	≤0.024	GB/T 10294 或 GB/T 10295
垂直于板面方向抗拉强度（MPa）	≥0.10			JGJ 144
尺寸稳定性（%）	≤1.0	≤1.5	≤1.5	GB 8811
燃烧性能	不低于 D 级			GB/T 8626 和 GB/T 20284
氧指数（%）	≥30	≥26	≥26	GB/T 2406.2

注：1 导热系数仲裁试验应按 GB/T 10294 进行。

2 燃烧性能分级采用 GB 8624－2006。

4.2.3 纸蜂窝填充憎水型膨胀珍珠岩保温板性能应符合表 4.2.3 的规定。

表 4.2.3 纸蜂窝填充憎水型膨胀珍珠岩保温板性能

检验项目	性能要求	试验方法
密度（kg/m^3）	≤100	JC 209
当量导热系数[W/(m·K)]	≤0.049	GB/T 10294 或 GB/T 10295
燃烧性能	不低于 B 级	GB/T 8626 和 GB/T 20284；GB/T 5464 和（或）GB/T 14402
抗拉强度（MPa）	≥0.035	JG 149

注：1 当量导热系数仲裁试验应按 GB/T 10294 进行。

2 燃烧性能分级采用 GB 8624－2006。

4.2.4 无机保温板性能应符合表4.2.4的规定。

表4.2.4 无机保温板性能

检验项目		性能要求	试验方法
干密度(kg/m^3)		≤350	GB/T 5486
导热系数[W/(m·K)]		≤0.070	GB/T 10294或GB/T 10295
蓄热系数[W/(m^2·K)]		≥1.2	JG/T 283
抗压强度(MPa)		≥0.40	GB/T 5486.2
垂直于板面方向抗拉强度(MPa)		≥0.10	JGJ 144
吸水率(V/V)(%)		≤12	JC/T 647
软化系数		≥0.60	JG/T 283
干燥收缩值(mm/m)		<0.80	GB/T 11969
燃烧性能		不低于A2级	GB/T 5464和(或)GB/T 14402
放射性核素限量	内照射指数I_{Ra}	≤1.0	GB 6566
	外照射指数I_{γ}	≤1.0	

注：1 导热系数仲裁试验应按GB/T 10294进行。

2 燃烧性能分级采用GB 8624-2006。

4.2.5 保温砂浆性能应符合表4.2.5的规定。

表4.2.5 保温砂浆性能

检验项目		性能要求		试验方法
		无机轻集料保温砂浆	聚苯颗粒保温砂浆	
干密度(kg/m^3)		≤350		JG/T 283
抗压强度(MPa)		≥0.20		JG/T 283
抗拉强度(MPa)		≥0.10		JG/T 283
压剪粘结强度(MPa)(与水泥砂浆块)	原强度	≥0.050		JG/T 283
	耐水强度			
导热系数[W/(m·K)]		≤0.070		GB/T 10294或GB/T 10295
蓄热系数[W/(m^2·K)]		≥1.20	≥0.95	JG/T 283
稠度保留率(1h)(%)		≥60	—	JGJ/T 70
线性收缩率(28d)(%)		≤0.30		JG/T 283
软化系数		≥0.60	≥0.55	JG/T 283
石棉含量		不含石棉纤维		HBC19
放射性核素限量	内照射指数I_{Ra}	≤1.0		GB 6566
	外照射指数I_{γ}	≤1.0		
燃烧性能		不低于A2级	不低于C级	GB/T 8626和GB/T 20284；GB/T 5464和(或)GB/T 14402

注：1 导热系数仲裁试验应按GB/T 10294进行。

2 燃烧性能分级采用GB 8624-2006。

4.2.6 喷涂硬泡聚氨酯性能应符合表4.2.6的规定。

表4.2.6 喷涂硬泡聚氨酯性能

检验项目	性能要求	试验方法
密度(kg/m^3)	≥35	GB/T 6343
导热系数[W/(m·K)]	≤0.024	GB/T 10294或GB/T 10295
压缩性能(形变10%)(kPa)	≥0.10	GB/T 8813
尺寸稳定性(%)	≤1.5	GB 8811
拉伸粘结强度(与水泥砂浆，常温)(MPa)	≥0.10，且破坏部位不得位于粘结界面	GB 50404
吸水率(%)	≤3	GB/T 8810
燃烧性能	不低于D级	GB/T 8626和GB/T 20284
氧指数(%)	≥26	GB/T 2406.2

注：1 导热系数仲裁试验应按GB/T 10294进行。

2 燃烧性能分级采用GB 8624-2006。

4.2.7 玻璃棉、岩棉、喷涂硬泡聚氨酯龙骨固定内保温系统用玻璃棉板(毡)性能应符合表4.2.7的规定。

表4.2.7 玻璃棉、岩棉、喷涂硬泡聚氨酯龙骨固定内保温系统用玻璃棉板(毡)性能

检验项目	性能要求				试验方法
标称密度(kg/m^3)	24	32	40	48	GB/T 5486
粒径>0.25mm渣球含量(%)	≤0.3				GB/T 5480
纤维平均直径(μm)	≤7.0				GB/T 5480
质量吸湿率(%)	≤5.0				GB/T 5480
憎水率(%)	≥98.0				GB/T 10299
导热系数[W/(m·K)]	≤0.043	≤0.040	≤0.037	≤0.034	GB/T 10295
有机物含量(%)	≤8.0				GB/T 11835
甲醛释放量(mg/L)	≤1.5				GB/T 18580
基棉燃烧性能	不低于A2级				GB/T 5464和(或)GB/T 14402

注：1 玻璃棉板标称密度$32kg/m^3$～$48kg/m^3$，玻璃棉毡标称密度$24kg/m^3$～$48kg/m^3$。

2 燃烧性能分级采用GB 8624-2006。

4.2.8 玻璃棉、岩棉、喷涂硬泡聚氨酯龙骨固定内保温系统用岩棉板(毡)性能应符合表4.2.8的规定。

表 4.2.8 玻璃棉、岩棉、喷涂硬泡聚氨酯龙骨固定内保温系统用岩棉板(毡)性能

检验项目	性能要求	试验方法
标称密度(kg/m^3)	板 120～150； 毡 80～100	GB/T 5480
粒径>0.25mm 渣球含量(%)	≤4.0	GB/T 5480
纤维平均直径(μm)	≤5.0	GB/T 5480
酸度系数	≥1.6	GB/T 5480
导热系数 [W/(m·K)]	≤0.045	GB/T 10295
质量吸湿率(%)	≤1.0	GB/T 5480
有机物含量(%)	≤4.0	GB/T 11835
甲醛释放量(mg/L)	≤1.5(可通过包覆达到)	GB/T 18580
憎水率(%)	≥98.0	GB/T 10299
基棉燃烧性能	不低于 A2 级	GB/T 5464 和(或)GB/T 14402

注：燃烧性能分级采用 GB 8624－2006。

4.2.9 界面砂浆按适用的基层可分为Ⅰ型和Ⅱ型，其性能应符合表 4.2.9 的规定。

表 4.2.9 界面砂浆性能

检验项目			性能要求		试验方法
			Ⅰ型	Ⅱ型	
拉伸粘结强度(与保温砂浆)(MPa)	未处理	14d	≥0.1 且保温层破坏		JC/T 907
	浸水处理				
拉伸粘结强度(与水泥砂浆)(MPa)	未处理	7d	≥0.4	≥0.3	
		14d	≥0.6	≥0.5	
	浸水处理		≥0.5	≥0.3	
	热处理				
	冻融循环处理				
	碱处理				
晾置时间(min)			—	≥10	

注：Ⅰ型产品的晾置时间，应根据工程需要由供需双方确定。

4.2.10 胶粘剂性能应符合表 4.2.10 的规定。

表 4.2.10 胶粘剂性能

检验项目			性能要求		试验方法
			与水泥砂浆	与保温板和复合板	
拉伸粘结强度(MPa)	原强度		≥0.60	≥0.10 和保温板破坏	JGJ 144
	耐水强度	浸水 48h，干燥 2h	≥0.30	≥0.06	
		浸水 48h，干燥 7d	≥0.60	≥0.10	
可操作时间(h)			1.5～4.0		JG 149

4.2.11 粘结石膏性能应符合表 4.2.11 的规定。

表 4.2.11 粘结石膏性能

检验项目		性能要求	试验方法
细度	1.18mm 筛网筛余(%)	0	JC/T 1025
	150μm 筛网筛余(%)	≤25	
凝结时间	初凝(min)	≥25	JC/T 517
	终凝(min)	≤120	
抗折强度(MPa)		≥5.0	JC/T 1025
抗压强度(MPa)		≥10.0	
拉伸粘结强度(MPa)	与有机保温板	≥0.10	JG 149
	与水泥砂浆	≥0.50	

4.2.12 抹面胶浆性能应符合表 4.2.12 的规定。

表 4.2.12 抹面胶浆性能

检验项目			性能要求			试验方法
			与有机保温材料	与无机保温板或无机轻集料保温砂浆	聚苯颗粒保温砂浆	
拉伸粘结强度(与保温材料)(MPa)	原强度		≥0.10，破坏发生在保温层中			JG 149
	耐水强度	浸水 48h，干燥 2h	≥0.06	≥0.08	≥0.08	
		浸水 48h，干燥 7d	≥0.10			
拉伸粘结强度(与水泥砂浆)(MPa)	原强度		≥0.5			
	耐水强度	浸水 48h，干燥 2h	≥0.3			
		浸水 48h，干燥 7d	≥0.5			

续表 4.2.12

检验项目		性能要求			试验方法
		与有机保温材料	与无机保温板或无机轻集料保温砂浆	聚苯颗粒保温砂浆	
吸水量（g/m²）		≤1000			JG 149
不透水性（2h）		试样抹面层内侧无水渗透			JG 149
柔韧性	压折比（水泥基）	≤3.0			JG 149
	开裂应变（非水泥基）（%）	≥1.5			
可操作时间（水泥基）（h）		1.5～4.0			JG 149
放射性限量	内照射指数 I_{Ra}	≤1.0			GB 6566
	外照射指数 I_{γ}	≤1.0			

注：1 仅用于面砖饰面时，抹面胶浆与水泥砂浆之间的拉伸粘结强度应满足表 4.2.12 的规定。

2 仅用于厨房、卫生间等潮湿环境时，吸水量和不透水性应满足表 4.2.12 的规定。

4.2.13 粉刷石膏性能应符合表 4.2.13 的规定。

表 4.2.13 粉刷石膏性能

检验项目		性能要求	试验方法
凝结时间（min）	初凝时间（h）	≥1	JC/T 517
	终凝时间（h）	≤8	
保水率（%）		≥75	
抗折强度（MPa）		≥2.0	
抗压强度（MPa）		≥4.0	
粘结强度（MPa）		≥0.4	
拉伸粘结强度（与有机保温板）（MPa）		≥0.10	JG 149
放射性	内照射指数 I_{Ra}	≤1.0	GB 6566
	外照射指数 I_{γ}	≤1.0	

4.2.14 中碱玻璃纤维网布、涂塑中碱玻璃纤维网布、耐碱玻璃纤维网布的性能应分别符合表 4.2.14-1、表 4.2.14-2、表 4.2.14-3 的规定。

表 4.2.14-1 中碱玻璃纤维网布性能

检验项目	性能要求		试验方法
	A 型	B 型	
经、纬密度（根/25mm）	4～5	8～10	GB/T 7689.2
单位面积质量（g/m²）	≥80	45～60	JC 561.1
拉伸断裂强力（经、纬向）（N/50mm）	≥840	≥780	GB/T 7689.5
断裂伸长率（经、纬向）（%）	≤5.0		GB/T 7689.5

表 4.2.14-2 涂塑中碱玻璃纤维网布性能

检验项目	性能要求	试验方法
经、纬密度（根/25mm）	4～5	GB/T 7689.2
单位面积质量（g/m²）	≥130	JC 561.1
拉伸断裂强力（经、纬向）（N/50mm）	≥1200	GB/T 7689.5
耐碱拉伸断裂强力保留率（%）	≥50	JC 561.2
断裂伸长率（经、纬向）（%）	≤5.0	GB/T 7689.5
可燃物含量（%）	≥20	GB/T 9914.2
碱金属氧化物含量（%）	11.6～12.4	GB/T 1549

表 4.2.14-3 耐碱玻璃纤维网布性能

检验项目	性能要求	试验方法
经、纬密度（根/25mm）	4～5	GB/T 7689.2
单位面积质量（g/m²）	≥130	GB/T 9914.3
拉伸断裂强力（经、纬向）（N/50mm）	≥1000	GB/T 7689.5
断裂伸长率（经、纬向）（%）	≤4.0	
耐碱拉伸断裂强力保留率（经、纬向）（%）	≥75	GB/T 20102
可燃物含量（%）	≥12	GB/T 9914.2
氧化锆、氧化钛含量（%）	ZrO_2 含量（14.5±0.8）且 TiO_2 含量（6±0.5）或 ZrO_2 和 TiO_2 含量≥19.2 且 ZrO_2 含量≥13.7 或 ZrO_2 含量≥16	JC 935

4.2.15 锚栓性能应符合表 4.2.15 的规定。

表 4.2.15 锚 栓 性 能

检验项目	性能要求	试验方法
单个锚栓抗拉承载力标准值（kN）	≥0.30	JG 149

4.2.16 内保温系统用腻子性能应符合表 4.2.16 的规定。

表 4.2.16 内保温系统用腻子性能

<table>
<tr><th colspan="2" rowspan="2">检验项目</th><th colspan="6">性能要求</th><th rowspan="2">试验方法</th></tr>
<tr><th>普通型
(P)</th><th>普通耐水型
(PN)</th><th>柔性
(R)</th><th>柔性耐水型
(RN)</th><th>弹性
(T)</th><th>弹性耐水型
(TN)</th></tr>
<tr><td colspan="2">容器中状态</td><td colspan="6">无结块、均匀</td><td rowspan="2">JG/T 298</td></tr>
<tr><td colspan="2">施工性</td><td colspan="6">刮涂无障碍</td></tr>
<tr><td rowspan="2">干燥时间
(表干)</td><td>单道施工厚度<2mm 的产品</td><td colspan="6">≤2h</td><td rowspan="2">按 GB/T 1728－1979(1989)中乙法的规定进行</td></tr>
<tr><td>单道施工厚度≥2mm 的产品</td><td colspan="6">≤5h</td></tr>
<tr><td rowspan="2">初期干燥抗裂性</td><td>单道施工厚度<2mm 的产品</td><td colspan="6" rowspan="2">3h 无裂纹</td><td rowspan="2">JG/T 24</td></tr>
<tr><td>单道施工厚度≥2mm 的产品</td></tr>
<tr><td colspan="2">打磨性</td><td colspan="6">手工可打磨</td><td>JG/T 298</td></tr>
<tr><td colspan="2">耐水性</td><td>4h 无起泡、开裂及明显掉粉</td><td>48h 无起泡、开裂及明显掉粉</td><td>4h 无起泡、开裂及明显掉粉</td><td>48h 无起泡、开裂及明显掉粉</td><td>4h 无起泡、开裂及明显掉粉</td><td>48h 无起泡、开裂及明显掉粉</td><td>GB/T 1733
GB 6682</td></tr>
<tr><td rowspan="2">粘结强度
(MPa)</td><td>标准状态</td><td>>0.40</td><td>>0.50</td><td>>0.40</td><td>>0.50</td><td>>0.40</td><td>>0.50</td><td rowspan="2">JG/T 24</td></tr>
<tr><td>浸水后</td><td>—</td><td>>0.30</td><td>—</td><td>>0.30</td><td>—</td><td>>0.30</td></tr>
<tr><td colspan="2">腻子膜柔韧性</td><td colspan="2">直径 100mm，无裂纹</td><td colspan="2">直径 50mm，无裂纹</td><td colspan="2">—</td><td rowspan="2">JG/T 157</td></tr>
<tr><td colspan="2">动态抗开裂性（mm）</td><td colspan="2">≥0.04，<0.08</td><td colspan="2">≥0.08，<0.3</td><td colspan="2">≥0.3</td></tr>
<tr><td colspan="2">低温贮存稳定性</td><td colspan="6">三次循环不变质</td><td>按 GB/T 9268－2008 中 A 法进行</td></tr>
<tr><td colspan="2">有害物质限量</td><td colspan="6">符合现行国家标准《室内装饰装修材料 内墙涂料中有害物质限量》GB 18582－2008 水性墙面腻子的规定</td><td>GB 18582－2008</td></tr>
</table>

注：1 普通型腻子及普通型耐水腻子、柔性腻子及柔性耐水型腻子，腻子膜柔韧性或动态抗开裂性通过其中一项即可。
2 液态组合或膏状组合需测试低温贮存稳定性指标。

4.2.17 纸面石膏板应符合下列规定：

1 纸面石膏板应符合现行国家标准《纸面石膏板》GB/T 9775 的规定；

2 纸面石膏板的放射性核素限量，应符合现行国家标准《建筑材料放射性核素限量》GB 6566 中对建筑主体材料天然放射性的规定。

4.2.18 无石棉纤维水泥平板应符合下列规定：

1 无石棉纤维水泥平板应符合国家现行标准《纤维水泥平板 第 1 部分：无石棉纤维水泥平板》JC/T 412.1 的规定；

2 无石棉纤维水泥平板的放射性核素限量，应符合现行国家标准《建筑材料放射性核素限量》GB 6566 中对建筑主体材料天然放射性的规定。

4.2.19 无石棉硅酸钙板应符合下列规定：

1 无石棉硅酸钙板应符合国家现行标准《纤维增强硅酸钙板 第 1 部分：无石棉硅酸钙板》JC/T 564.1 的规定；

2 无石棉硅酸钙板的放射性核素限量，应符合现行国家标准《建筑材料放射性核素限量》GB 6566 中对建筑主体材料天然放射性的要求。

4.2.20 建筑用轻钢龙骨应符合现行国家标准《建筑用轻钢龙骨》GB/T 11981 的规定。

4.2.21 接缝带和嵌缝材料的性能应符合国家现行有关标准的规定。

4.2.22 隔汽层的透湿率不应大于 4.0×10^{-8}g/(Pa·s·m^2)。

5 设计与施工

5.1 设 计

5.1.1 内保温工程应合理选用内保温系统，并应确保系统各项性能满足具体工程的要求。

5.1.2 内保温工程的热工和节能设计应符合下列规定：

1 外墙平均传热系数应符合国家现行建筑节能

标准对外墙的要求。

2 外墙热桥部位内表面温度不应低于室内空气在设计温度、湿度条件下的露点温度，必要时应进行保温处理。

3 内保温复合墙体内部有可能出现冷凝时，应进行冷凝受潮验算，必要时应设置隔汽层。

5.1.3 内保温工程砌体外墙或框架填充外墙，在混凝土构件外露时，应在其外侧面加强保温处理。

5.1.4 内保温工程宜在墙体易裂部位及与屋面板、楼板交接部位采取抗裂构造措施。

5.1.5 内保温系统各构造层组成材料的选择，应符合下列规定：

1 保温板及复合板与基层墙体的粘结，可采用胶粘剂或粘结石膏。当用于厨房、卫生间等潮湿环境或饰面层为面砖时，应采用胶粘剂。

2 厨房、卫生间等潮湿环境或饰面层为面砖时不得使用粉刷石膏抹面。

3 无机保温板或保温砂浆的抹面层的增强材料宜采用耐碱玻璃纤维网布。有机保温材料的抹面层为抹面胶浆时，其增强材料可选用涂塑中碱玻璃纤维网布；当抹面层为粉刷石膏时，其增强材料可选用中碱玻璃纤维网布。

4 当内保温工程用于厨房、卫生间等潮湿环境采用腻子时，应选用耐水型腻子；在低收缩性面板上刮涂腻子时，可选普通型腻子；保温层尺寸稳定性差或面层材料收缩值大时，宜选用弹性腻子，不得选用普通型腻子。

5.1.6 设计保温层厚度时，保温材料的导热系数应进行修正。

5.1.7 有机保温材料应采用不燃材料或难燃材料做防护层，且防护层厚度不应小于6mm。

5.1.8 门窗四角和外墙阴阳角等处的内保温工程抹面层中，应设置附加增强网布。门窗洞口内侧面应做保温。

5.1.9 在内保温复合墙体上安装设备、管道或悬挂重物时，其支承的埋件应固定于基层墙体上，并应做密封设计。

5.1.10 内保温基层墙体应具有防水能力。

5.2 施　工

5.2.1 内保温工程应按照经审查合格的设计文件和经审查批准的施工方案施工，并应编制专项施工方案。施工前应对施工人员进行技术交底和必要的实际操作培训。

5.2.2 内保温工程施工前，外门窗应安装完毕。水暖及装饰工程需要的管卡、挂件等预埋件，应留出位置或预埋完毕。电气工程的暗管线、接线盒等应埋设完毕，并应完成暗管线的穿带线工作。

5.2.3 内保温工程施工现场应采取可靠的防火安全措施，并应符合下列规定：

1 内保温工程施工作业区域，严禁明火作业；

2 施工现场灭火器的配置和消防给水系统，应符合现行国家标准《建设工程施工现场消防安全技术规范》GB 50720 的规定；

3 对可燃保温材料的存放和保护，应采取符合消防要求的措施；

4 可燃保温材料上墙后，应及时做防护层，或采取相应保护措施；

5 施工用照明等高温设备靠近可燃保温材料时，应采取可靠的防火措施；

6 当施工电气线路采取暗敷设时，应敷设在不燃烧体结构内，且其保护层厚度不应小于30mm；当采用明敷设时，应穿金属管、阻燃套管或封闭式阻燃线槽；

7 喷涂硬泡聚氨酯现场作业时，施工工艺、工具及服装等应采取防静电措施。

5.2.4 内保温工程施工期间以及完工后24h内，基层墙体及环境空气温度不应低于0℃，平均气温不应低于5℃。

5.2.5 内保温工程施工，应在基层墙体施工质量验收合格后进行。基层应坚实、平整、干燥、洁净。施工前，应按设计和施工方案的要求对基层墙体进行检查和处理，当需要找平时，应符合下列规定：

1 应采用水泥砂浆找平，找平层厚度不宜小于12mm；找平层与基层墙体应粘结牢固，粘结强度不应小于0.3MPa，找平层垂直度和平整度应符合现行国家标准《建筑装饰装修工程质量验收规范》GB 50210 的规定；

2 基层墙体与找平层之间，应涂刷界面砂浆。当基层墙体为混凝土墙及砖砌体时，应涂刷Ⅰ型界面砂浆界面层；基层墙体为加气混凝土时，应采用Ⅱ型界面砂浆界面层。

5.2.6 内保温工程应采取下列抗裂措施：

1 楼板与外墙、外墙与内墙交接的阴阳角处应粘贴一层300mm宽玻璃纤维网布，且阴阳角的两侧应各为150mm；

2 门窗洞口等处的玻璃纤维网布应翻折满包内口；

3 在门窗洞口、电器盒四周对角线方向，应斜向加铺不小于400mm×200mm玻璃纤维网布。

5.2.7 内保温工程完工后，应做好成品保护。

6 内保温系统构造和技术要求

6.1 复合板内保温系统

6.1.1 复合板内保温系统的基本构造应符合表6.1.1的规定。

表 6.1.1　复合板内保温系统基本构造

基层墙体①	系统基本构造				构造示意
	粘结层②	复合板③		饰面层④	
		保温层	面板		
混凝土墙体，砌体墙体	胶粘剂或粘结石膏＋锚栓	EPS板，XPS板，PU板，纸蜂窝填充憎水型膨胀珍珠岩保温板	纸面石膏板，无石棉纤维水泥平板，无石棉硅酸钙板	腻子层＋涂料或墙纸（布）或面砖	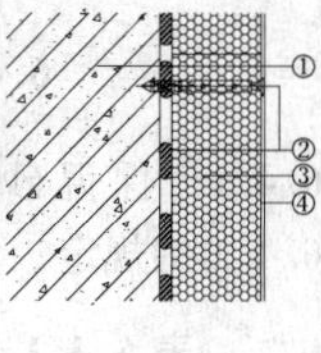

注：1　当面板带饰面时，不再做饰面层。

2　面砖饰面不做腻子层。

6.1.2　复合板的规格尺寸应符合下列规定：

1　复合板公称宽度宜为 600mm、900mm、1200mm、1220mm、1250mm。

2　石膏板面板公称厚度不得小于 9.5mm，无石棉纤维增强硅酸钙板面板和无石棉纤维水泥平板面板公称厚度不得小于 6.0mm。

6.1.3　施工时，宜先在基层墙体上做水泥砂浆找平层，采用以粘为主、粘锚结合方式将复合板固定于垂直墙面，并应采用嵌缝材料封填板缝。

6.1.4　当复合板的保温层为 XPS 板或 PU 板时，在粘贴前应在保温板表面做界面处理。XPS 板面应涂刷表面处理剂，表面处理剂的 pH 值应为 6～9，聚合物含量不应小于 35%；PU 板应采用水泥基材料作界面处理，界面层厚度不宜大于 1mm。

6.1.5　复合板与基层墙体之间的粘贴，应符合下列规定：

1　涂料饰面时，粘贴面积不应小于复合板面积的 30%；面砖饰面时，粘贴面积不应小于复合板面积的 40%；

2　在门窗洞口四周、外墙转角和复合板上下两端距顶面和地面 100mm 处，均应采用通长粘结，且宽度不应小于 50mm。

6.1.6　复合板内保温系统采用的锚栓应符合下列规定：

1　应采用材质为不锈钢或经过表面防腐处理的碳素钢制成的金属钉锚栓；

2　锚栓进入基层墙体的有效锚固深度不应小于 25mm，基层墙体为加气混凝土时，锚栓的有效锚固深度不应小于 50mm。有空腔结构的基层墙体，应采用旋入式锚栓。

3　当保温层为 EPS、XPS、PU 板时，其单位面积质量不宜超过 15kg/m^2，且每块复合板顶部离边缘 80mm 处，应采用不少于 2 个金属钉锚栓固定在基层墙体上，锚栓的钉头不得凸出板面。

4　当保温层为纸蜂窝填充憎水型膨胀珍珠岩时，锚栓间距不应大于 400mm，且距板边距离不应小于 20mm。

6.1.7　基层墙体阴角和阳角处的复合板，应做切边处理。

6.1.8　复合板内保温系统接缝处理应符合下列规定：

1　板间接缝和阴角宜采用接缝带，可采用嵌缝石膏（或柔性勾缝腻子）粘贴牢固；

2　阳角宜采用护角，可采用嵌缝石膏（或柔性勾缝腻子）粘贴牢固；

3　复合板之间的接缝不得位于门窗洞口四角处，且距洞口四角不得小于 300mm。

6.2　有机保温板内保温系统

6.2.1　有机保温板内保温系统的基本构造应符合表 6.2.1 的规定。

表 6.2.1　有机保温板内保温系统的基本构造

基层墙体①	系统基本构造				构造示意
	粘结层②	保温层③	防护层		
			抹面层④	饰面层⑤	
混凝土墙体，砌体墙体	胶粘剂或粘结石膏	EPS板，XPS板，PU板	做法一：6mm 抹面胶浆复合涂塑中碱玻璃纤维网布 做法二：用粉刷石膏 8mm～10mm 厚横向压入 A 型中碱玻璃纤维网布；涂刷 2mm 厚专用胶粘剂压入 B 型中碱玻璃纤维网布	腻子层＋涂料或墙纸（布）或面砖	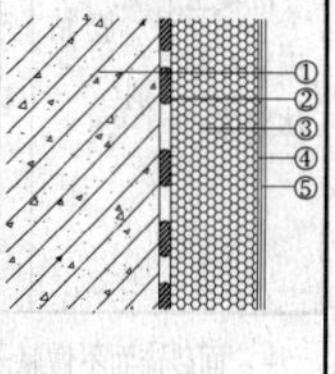

注：1　做法二不适用面砖饰面和厨房、卫生间等潮湿环境。

2　面砖饰面不做腻子层。

6.2.2　有机保温板宽度不宜大于 1200mm，高度不宜大于 600mm。

6.2.3　施工时，宜先在基层墙体上做水泥砂浆找平层，采用粘结方式将有机保温板固定于垂直墙面。

6.2.4　当保温层为 XPS 板和 PU 板时，在粘贴及抹面层施工前应做界面处理。XPS 板面应涂刷表面处理剂，表面处理剂的 pH 值应为 6～9，聚合物含量不应小于 35%；PU 板应采用水泥基材料做界面处理，界面层厚度不宜大于 1mm。

6.2.5　有机保温板与基层墙体的粘贴，应符合下列规定：

1　涂料饰面时，粘贴面积不得小于有机保温板面积的 30%；面砖饰面时，不得小于有机保温板面积的 40%；

2　保温板在门窗洞口四周、阴阳角处和保温板上下两端距顶面和地面 100mm 处，均应采用通长粘结，且宽度不应小于 50mm。

6.2.6　在墙面粘贴有机保温板时，应错缝排列，门窗洞口四角处不得有接缝，且任何接缝距洞口四角不得小于 300mm。阴角和阳角处的有机保温板，应做切边处理。

6.2.7　有机保温板的终端部，应用玻璃纤维网布翻包。

6.2.8　抹面层施工应在保温板粘贴完毕 24h 后方可进行。

6.3　无机保温板内保温系统

6.3.1　无机保温板内保温系统的基本构造应符合表 6.3.1 的规定。

表 6.3.1　无机保温板内保温系统的基本构造

基层墙体 ①	系统基本构造				构造示意
	粘结层 ②	保温层 ③	防护层		
			抹面层 ④	饰面层 ⑤	
混凝土墙体，砌体墙体	胶粘剂	无机保温板	抹面胶浆＋耐碱玻璃纤维网布	腻子层＋涂料或墙纸（布）或面砖	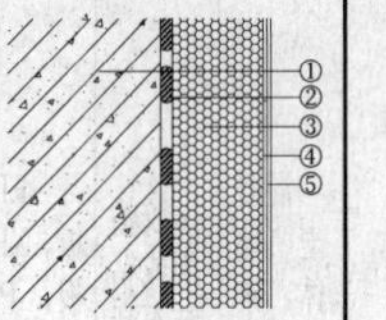

注：面砖饰面不做腻子层。

6.3.2　无机保温板的规格尺寸宜为 300mm×300mm、300mm×450mm、300mm×600mm、450mm×450mm、450mm×600mm，厚度不宜大于 50mm。

6.3.3　无机保温板粘贴前，应清除板表面的碎屑浮尘。

6.3.4　无机保温板的粘贴应符合下列规定：

1　在外墙阳角、阴角以及门窗洞口周边应采用满粘法，其余部位可采用条粘法或点粘法，总的粘贴面积不应小于保温板面积的 40%；

2　上下排之间保温板的粘贴，应错缝 1/2 板长，板的侧边不应涂抹胶粘剂；

3　阳角上下排保温板应交错互锁；

4　门窗洞口四角保温板应采用整板截割，且板的接缝距洞口四角不得小于 150mm；

5　保温板四周应靠紧且板缝不得大于 2mm；

6　保温板的终端部应采用玻璃纤维网布翻包。

6.3.5　无机保温板内保温系统的抹面胶浆施工应符合下列规定：

1　无机保温板粘贴完毕后，应在室内环境温度条件静待1d～2d 后，再进行抹面胶浆施工。

2　施工前应采用 2m 靠尺检查无机保温板板面的平整度，对凸出部位应刮平，并应清理碎屑后再进行抹面施工。

6.4　保温砂浆内保温系统

6.4.1　保温砂浆内保温系统基本构造应符合表 6.4.1 的规定。

表 6.4.1　保温砂浆内保温系统基本构造

基层墙体 ①	系统基本构造				构造示意
	界面层 ②	保温层 ③	防护层		
			抹面层 ④	饰面层 ⑤	
混凝土墙体，砌体墙体	界面砂浆	保温砂浆	抹面胶浆＋耐碱纤维网布	腻子层＋涂料或墙纸（布）或面砖	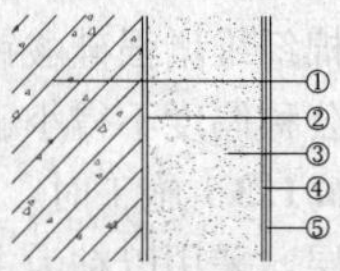

注：面砖饰面不做腻子层。

6.4.2　界面砂浆应均匀涂刷于基层墙体。

6.4.3　保温砂浆施工应符合下列规定：

1　应采用专用机械搅拌，搅拌时间不宜少于 3min，且不宜大于 6min。搅拌后的砂浆应在 2h 内用完。

2　应分层施工，每层厚度不应大于 20mm。后一层保温砂浆施工，应在前一层保温砂浆终凝后进行（一般为 24h）。

3　应先用保温砂浆做标准饼，然后冲筋，其厚度应以墙面最高处抹灰厚度不小于设计厚度为准，并应进行垂直度检查，门窗口处及墙体阳角部分宜做护角。

6.4.4　抹面胶浆施工应符合下列规定：

1　应预先将抹面胶浆均匀涂抹在保温层上，再将耐碱玻璃纤维网布埋入抹面胶浆层中，不得先将耐碱玻璃纤维网布直接铺在保温层面上，再用砂浆涂布粘结；

2　耐碱玻璃纤维网布搭接宽度不应小于 100mm，两层搭接耐碱玻璃纤维网布之间必须满布抹面胶浆，严禁干茬搭接；

3　抹面胶浆层厚度：保温层为无机轻集料保温砂浆时，涂料饰面不应小于 3mm，面砖饰面不应小于 5mm；保温层为聚苯颗粒保温砂浆时，不应小于 6mm；

4　对需要加强的部位，应在抹面胶浆中铺贴双层耐碱玻璃纤维网布，第一层应采用对接法搭接，第二层应采用压茬法搭接。

6.4.5　保温砂浆内保温系统的各构造层之间的粘结应牢固，不应脱层、空鼓和开裂。

6.4.6　保温砂浆内保温系统采用涂料饰面时，宜采用弹性腻子和弹性涂料。

6.5　喷涂硬泡聚氨酯内保温系统

6.5.1　喷涂硬泡聚氨酯内保温系统的基本构造应符合表 6.5.1 的规定。

表 6.5.1　喷涂硬泡聚氨酯内保温系统基本构造

基层墙体①	系统基本构造						构造示意
	界面层②	保温层③	界面层④	找平层⑤	防护层		
					抹面层⑥	饰面层⑦	
混凝土墙体，砌体墙体	水泥砂浆聚氨酯防潮底漆	喷涂硬泡聚氨酯	专用界面砂浆或专用界面剂	保温砂浆或聚合物水泥砂浆	抹面胶浆复合涂塑中碱玻璃纤维网布	腻子层＋涂料或墙纸(布)或面砖	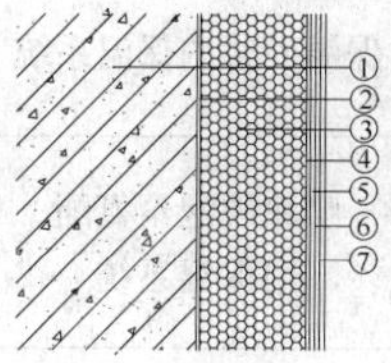

注：面砖饰面不做腻子层。

6.5.2　喷涂硬泡聚氨酯的施工应符合下列规定：

1　环境温度不应低于 10℃，空气相对湿度宜小于 85%。

2　硬泡聚氨酯应分层喷涂，每遍厚度不宜大于 15mm。当日的施工作业面应在当日连续喷涂完毕。

3　喷涂过程中应保证硬泡聚氨酯保温层表面平整度，喷涂完毕后保温层平整度偏差不宜大于 6mm。

4　阴阳角及不同材料的基层墙体交接处，保温层应连续不留缝。

6.5.3　喷涂硬泡聚氨酯保温层的密度、厚度，应抽样检验。

6.5.4　硬泡聚氨酯喷涂完工 24h 后，再进行下道工序施工。用于喷涂硬泡聚氨酯保温层找平的保温砂浆的性能应符合本规程表 4.2.5 的规定。

6.6　玻璃棉、岩棉、喷涂硬泡聚氨酯龙骨固定内保温系统

6.6.1　玻璃棉、岩棉、喷涂硬泡聚氨酯龙骨固定内保温系统的基本构造应符合表 6.6.1 的规定。

表 6.6.1　玻璃棉、岩棉、喷涂硬泡聚氨酯龙骨固定内保温系统基本构造

基层墙体①	系统基本构造						构造示意图
	保温层②	隔汽层③	龙骨④	龙骨固定件⑤	防护层		
					面板⑥	饰面层⑦	
混凝土墙体，砌体墙体	离心法玻璃棉板（或毡）或摆锤法岩棉板（或毡）或喷涂硬泡聚氨酯	PVC、聚丙烯薄膜、铝箔等	建筑用轻钢龙骨或复合龙骨	敲击式或旋入式塑料螺栓	纸面石膏板或无石棉硅酸钙板或无石棉纤维水泥平板＋自攻螺钉	腻子层＋涂料或墙纸（布）或面砖	做法一：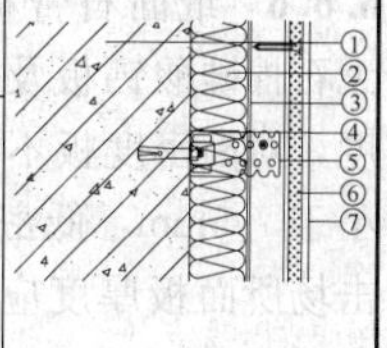 做法二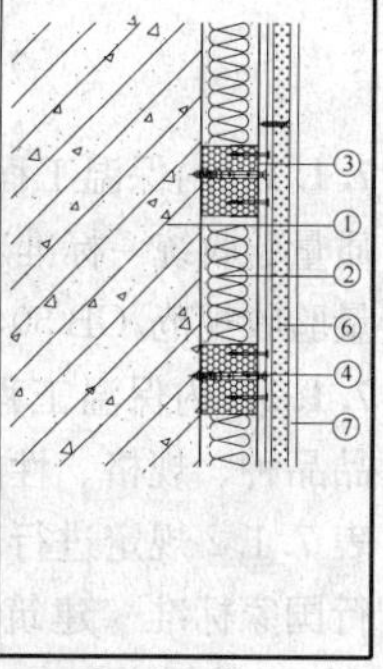

注：1　玻璃棉、岩棉应设隔汽层，喷涂硬泡聚氨酯可不设隔汽层；

2　面砖饰面不做腻子层。

6.6.2　龙骨应采用专用固定件与基层墙体连接，面板与龙骨应采用螺钉连接。当保温材料为玻璃棉板（毡）、岩棉板（毡）时，应采用塑料钉将保温材料固定在基层墙体上。

6.6.3　复合龙骨应由压缩强度为 250kPa～500kPa、燃烧性能不低于 D 级的挤塑聚苯乙烯泡沫塑料板条和双面镀锌量不应小于 100g/m² 的建筑用轻钢龙骨复合而成。复合龙骨的尺寸允许偏差应符合表 6.6.3 的规定。

表 6.6.3　复合龙骨的尺寸允许偏差（mm）

项　目		指　标	构　造
断面尺寸	*A*	±2.0	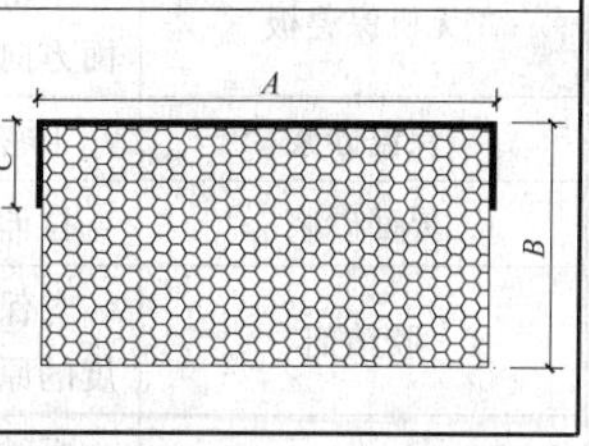
	B	±1.0	
	C	±0.3	
轻钢龙骨厚度		公差应符合相应材料的国家标准要求	

注：1　建筑用轻钢龙骨基本规格可为 2700mm×50（*A*）mm×10（*C*）mm。

2　挤塑板条规格可为 2700mm×50（*A*）mm×30（*B*）mm。

6.6.4　对于固定龙骨的锚栓，实心基层墙体可采用敲击式固定锚栓或旋入式固定锚栓；空心砌块的基层墙体应采用旋入式固定锚栓。锚栓进入基层墙体的有

效锚固深度应符合本规程第6.1.6条的规定。

6.6.5 当保温材料为玻璃棉板（毡）、岩棉板（毡）时，应在靠近室内的一侧，连续铺设隔汽层，且隔汽层应完整、严密，锚栓穿透隔汽层处应采取密封措施。

6.6.6 纸面石膏板最小公称厚度不得小于12mm；无石棉硅酸钙板及无石棉纤维水泥平板最小公称厚度，对高密度板不得小于6.0mm，对中密度板不得小于7.5mm，低密度板不得小于8.0mm。对易受撞击场所面板厚度应适当增加。竖向龙骨间距不宜大于610mm。

7 工程验收

7.1 一般规定

7.1.1 内保温工程应按现行国家标准《建筑工程施工质量验收统一标准》GB 50300和《建筑节能工程施工质量验收规范》GB 50411的有关规定进行施工质量验收。

7.1.2 内保温工程主要组成材料进场时，应提供产品品种、规格、性能等有效的型式检验报告，并应按表7.1.2规定进行现场抽样复验，抽样数量应符合现行国家标准《建筑节能工程施工质量验收规范》GB 50411的规定。

表7.1.2 内保温系统主要组成材料复验项目

组成材料	复验项目
复合板	拉伸粘结强度，抗冲击性
有机保温板	密度，导热系数，垂直于板面方向的抗拉强度
喷涂硬泡聚氨酯	密度，导热系数，拉伸粘结强度
纸蜂窝填充憎水型膨胀珍珠岩保温板	导热系数，抗拉强度
岩棉板（毡）	标称密度，导热系数
玻璃棉板（毡）	标称密度，导热系数
无机保温板	干密度，导热系数，垂直于板面方向的抗拉强度
保温砂浆	干密度，导热系数，抗拉强度
界面砂浆	拉伸粘结强度
胶粘剂	与保温板或复合板拉伸粘结强度的原强度
粘结石膏	凝结时间，与有机保温板拉伸粘结强度
粉刷石膏	凝结时间，拉伸粘结强度
抹面胶浆	拉伸粘结强度
玻璃纤维网布	单位面积质量，拉伸断裂强力

续表7.1.2

组成材料	复验项目
锚栓	单个锚栓抗拉承载力标准值
腻子	施工性，初期干燥抗裂性

注：界面砂浆、胶粘剂、抹面胶浆、制样后养护7d进行拉伸粘结强度检验。发生争议时，以养护28d为准。

7.1.3 内保温分项工程需进行验收的主要施工工序应符合表7.1.3的规定。

表7.1.3 内保温分项工程需进行验收的主要施工工序

分项工程	施工工序
复合板内保温系统	基层处理，保温板安装，板缝处理，饰面层施工
有机保温板内保温系统	基层处理，保温板粘贴，抹面层施工，饰面层施工
无机保温板内保温系统	基层处理，保温板粘贴，抹面层施工，饰面层施工
保温砂浆内保温系统	基层处理，涂抹保温砂浆，抹面层施工，饰面层施工
喷涂硬泡聚氨酯内保温系统	基层处理，喷涂保温层，保温层找平，抹面层施工，饰面层施工
玻璃棉、岩棉、喷涂硬泡聚氨酯龙骨内保温系统	基层处理，保温板安装，面板安装，饰面层施工

7.1.4 内保温工程应按现行国家标准《建筑节能工程施工质量验收规范》GB 50411规定进行隐蔽工程验收。对隐蔽工程应随施工进度及时验收，并应做好下列内容的文字记录和图像资料：

1 保温层附着的基层及其表面处理；

2 保温板粘结或固定，空气层的厚度；

3 锚栓安装；

4 增强网铺设；

5 墙体热桥部位处理；

6 复合板的板缝处理；

7 喷涂硬泡聚氨酯、保温砂浆或被封闭的保温材料厚度；

8 隔汽层铺设；

9 龙骨固定。

7.1.5 内保温分项工程宜以每500m²～1000m²划分为一个检验批，不足500m²也宜划分为一个检验批；每个检验批每100m²应至少抽查一处，每处不得小于10m²。

7.1.6 内保温工程竣工验收应提交下列文件：

1 内保温系统的设计文件、图纸会审、设计变更和洽商记录；

2 施工方案和施工工艺；

3 内保温系统的型式检验报告及其主要组成材料的产品合格证、出厂检验报告、进场复检报告和现场检验记录；

4 施工技术交底；

5 施工工艺记录及施工质量检验记录。

7.2 主 控 项 目

7.2.1 内保温工程及主要组成材料性能应符合本规程的规定。

检查方法：检查产品合格证、出厂检验报告和进场复验报告。

7.2.2 保温层厚度应符合设计要求。

检查方法：插针法检查。

7.2.3 复合板内保温系统、有机保温板内保温系统和无机保温板内保温系统保温板粘贴面积应符合本规程规定。

检查方法：现场测量。

7.2.4 复合板内保温系统、有机保温板内保温系统和无机保温板内保温系统，保温板与基层墙体拉伸粘结强度不得小于0.10MPa，并且应为保温板破坏。

检查方法：按现行行业标准《建筑工程饰面砖粘结强度检验标准》JGJ 110的规定现场检验，试样尺寸应为100mm×100mm。

7.2.5 保温砂浆内保温系统，保温砂浆与基层墙体拉伸粘结强度不得小于0.1MPa，且应为保温层破坏。

检查方法：按现行行业标准《建筑工程饰面砖粘结强度检验标准》JGJ 110的规定现场检验，试样尺寸应为100mm×100mm。

7.2.6 保温砂浆内保温系统，应在施工中制作同条件养护试件，检测其导热系数、干密度和抗压强度。保温砂浆的同条件养护试件应见证取样送检。

检验方法：核查试验报告。

保温砂浆干密度应符合设计要求，且不应大于350kg/m³。

检查方法：现场制样，并按现行国家标准《建筑保温砂浆》GB/T 20473的规定检验。

7.2.7 喷涂硬泡聚氨酯内保温系统，保温层与基层墙体的拉伸粘结强度不得小于0.10MPa，抹面层与保温层的拉伸粘结强度不得小于0.10MPa，且破坏部位不得位于各层界面。

检查方法：按现行国家标准《硬泡聚氨酯保温防水工程技术规范》GB 50404的规定现场检验。

7.2.8 当设计要求在墙体内设置隔汽层时，隔汽层的位置、使用的材料及构造做法应符合设计要求和有关标准的规定。隔汽层应完整、严密，穿透隔汽层处应采取密封措施。

检验方法：对照设计观察检查；核查质量证明文件和隐蔽工程验收记录。

7.2.9 热桥部位的处理应符合设计和本规程的要求。

检验方法：对照设计和施工方案观察检查；检查隐蔽工程验收记录。

7.3 一 般 项 目

7.3.1 内保温工程的饰面层施工质量应符合现行国家标准《建筑装饰装修工程质量验收规范》GB 50210的有关规定。

7.3.2 抹面层厚度应符合本规程要求。

检查方法：插针法检查。

7.3.3 内保温系统抗冲击性应符合本规程规定。

检查方法：按现行行业标准《外墙内保温板》JG/T 159的规定检验。

7.3.4 当采用增强网作为防止开裂的措施时，增强网的铺贴和搭接应符合设计和施工方案的要求。抹面胶浆抹压应密实，不得空鼓，增强网不得皱褶、外露。

检验方法：观察检查；核查隐蔽工程验收记录。

7.3.5 复合板之间及龙骨固定系统面板之间的接缝方法应符合施工方案要求，复合板接缝应平整严密。

检验方法：观察检查。

7.3.6 墙体上易碰撞的阳角、门窗洞口及不同材料基体的交接处等特殊部位，抹面层的加强措施和增强网做法，应符合设计和施工方案的要求。

检验方法：观察检查；核查隐蔽工程验收记录。

本规程用词说明

1 为便于在执行本规程条文时区别对待，对要求严格程度不同的用词说明如下：

1) 表示很严格，非这样做不可的：
正面词采用"必须"，反面词采用"严禁"。

2) 表示严格，在正常情况下均应这样做的：
正面词采用"应"，反面词采用"不应"和"不得"。

3) 表示允许稍有选择，在条件许可时首先应这样做的：
正面词采用"宜"，反面词采用"不宜"。

4) 表示允许有选择，在一定条件下可以这样做的，采用"可"。

2 条文中指明应按其他有关标准的规定执行的写法为："应符合……规定"或"应按……执行"。

引用标准名录

1 《民用建筑热工设计规范》GB 50176

2 《建筑装饰装修工程质量验收规范》GB 50210

3 《建筑工程施工质量验收统一标准》GB 50300

4 《民用建筑工程室内环境污染控制规范》GB 50325

5 《硬泡聚氨酯保温防水工程技术规范》GB 50404

6 《建筑节能工程施工质量验收规范》GB 50411

7 《建设工程施工现场消防安全技术规范》GB 50720

8 《纤维玻璃化学分析方法》GB/T 1549

9 《漆膜、腻子膜干燥时间测定法》GB/T 1728-1979(1989)

10 《漆膜耐水性测定法》GB/T 1733

11 《塑料 用氧指数法测定燃烧行为 第2部分：室温试验》GB/T 2406.2

12 《建筑材料不燃性试验方法》GB/T 5464

13 《矿物棉及其制品试验方法》GB/T 5480

14 《无机硬质绝热制品试验方法》GB/T 5486

15 《无机硬质绝热制品试验方法 力学性能》GB/T 5486.2

16 《泡沫塑料及橡胶 表观密度的测定》GB/T 6343

17 《建筑材料放射性核素限量》GB 6566

18 《分析实验室用水规格和试验方法》GB 6682

19 《增强材料 机织物试验方法 第2部分：经、纬密度的测定》GB/T 7689.2

20 《增强材料 机织物试验方法 第5部分：玻璃纤维拉伸断裂强力和断裂伸长的测定》GB/T 7689.5

21 《数值修约规则与极限数值的表示和判定》GB/T 8170

22 《建筑材料及制品燃烧性能分级》GB 8624-2006

23 《建筑材料可燃性试验方法》GB/T 8626

24 《硬质泡沫塑料吸水率测定》GB/T 8810

25 《硬质泡沫塑料 尺寸稳定性试验方法》GB 8811

26 《硬质泡沫塑料压缩性能的测定》GB/T 8813

27 《乳胶漆耐冻融性的测定》GB/T 9268-2008

28 《纸面石膏板》GB/T 9775

29 《建筑石膏》GB 9776

30 《增强制品试验方法 第2部分：玻璃纤维可燃物含量的测定》GB 9914.2

31 《增强制品试验方法 第3部分：单位面积质量的测定》GB/T 9914.3

32 《绝热材料稳态热阻及有关特性的测定 防护热板法》GB/T 10294

33 《绝热材料稳态热阻及有关特性的测定 热流计法》GB/T 10295

34 《保温材料憎水性试验方法》GB/T 10299

35 《绝热用岩棉、矿渣棉及其制品》GB/T 11835

36 《蒸压加气混凝土试验方法》GB/T 11969

37 《建筑用轻钢龙骨》GB/T 11981

38 《绝热 稳态传热性质的测定 标定和防护热箱法》GB/T 13475

39 《建筑材料燃烧值试验方法》GB/T 14402

40 《室内装饰装修材料 人造板及其制品中甲醛释放限量》GB/T 18580

41 《室内装饰装修材料 内墙涂料中有害物质限量》GB 18582-2008

42 《玻璃纤维网布耐碱性试验方法 氢氧化钠溶液浸泡法》GB/T 20102

43 《建筑材料或制品的单体燃烧试验》GB/T 20284

44 《材料产烟毒性危险分级》GB/T 20285

45 《建筑保温砂浆》GB/T 20473

46 《建筑砂浆基本性能试验方法标准》JGJ/T 70

47 《建筑工程饰面砖粘结强度检验标准》JGJ 110

48 《外墙外保温工程技术规程》JGJ 144

49 《合成树脂乳液砂壁状建筑涂料》JG/T 24

50 《膨胀聚苯板薄抹灰外墙外保温系统》JG 149

51 《建筑外墙用腻子》JG/T 157

52 《外墙内保温板》JG/T 159

53 《膨胀玻化微珠轻质砂浆》JG/T 283

54 《建筑室内用腻子》JG/T 298

55 《膨胀珍珠岩》JC 209

56 《纤维水泥平板 第1部分：无石棉纤维水泥平板》JC/T 412.1

57 《粉刷石膏》JC/T 517

58 《增强用玻璃纤维网布 第1部分：树脂砂轮用玻璃纤维网布》JC 561.1

59 《增强用玻璃纤维网布 第2部分：聚合物基外墙外保温用玻璃纤维网布》JC561.2

60 《纤维增强硅酸钙板 第1部分：无石棉硅酸钙板》JC/T 564.1

61 《泡沫玻璃绝热制品》JC/T 647

62 《混凝土界面处理剂》JC/T 907

63 《玻璃纤维工业用玻璃球》JC 935

64 《粘结石膏》JC/T 1025

65 《环境标志产品认证技术要求 轻质墙体板材》HBC19

中华人民共和国行业标准

外墙内保温工程技术规程

JGJ/T 261—2011

条 文 说 明

制 定 说 明

《外墙内保温工程技术规程》JGJ/T 261－2011，经住房和城乡建设部2011年12月6日以第1193号公告批准、发布。

本规程制定过程中，编制组进行了大量的调查研究，总结了我国工程建设中外墙内保温工程的实践经验，同时参考了国外先进技术法规、技术标准，通过试验取得了外墙内保温系统和材料的重要技术参数。

为便于广大设计、施工、科研、学校等单位有关人员，在使用本规程时能正确理解和执行条文规定，《外墙内保温工程技术规程》编制组按章、节、条顺序编制了本规程的条文说明，对条文规定的目的、依据以及执行中应注意的有关事项进行了说明。但是，本条文说明不具备与规程正文同等的法律效力，仅供使用者作为理解和把握规程规定的参考。

目　次

1 总　则

1.0.1 建筑外围护结构的保温形式，主要有外墙内保温、外墙外保温、外墙内外复合保温及自保温等形式。采用何种保温形式，应根据建筑的类别、建筑结构形式、所处的气候分区、供暖的形式、全寿命周期的经济分析及安全评估等因素综合确定。

外墙内保温是一种较为广泛采用的外墙保温方式，与外墙外保温相比，内保温的优势在于安全性高、维护成本低、使用寿命长、便于外立面装饰装修、室内变温快等。由于内保温保温层设在内部，墙体无需蓄热，开启空调后可迅速变温达到设定温度，对于间歇采暖的建筑比外墙外保温更节能。

制定本规程的目的在于规范外墙内保温的设计和施工，保证外墙内保温工程质量，促进外墙内保温行业健康发展。

本规程给出了内保温系统及组成材料的性能及检验方法，并对设计、施工和工程验收做出相应规定。

本规程收入了应用广泛，技术较为成熟或有发展前景的6种外墙内保温系统，其他系统待工程应用成熟后再行增补。

1.0.2 规程适用于以混凝土或砌体为基层墙体的新建、扩建和改建居住建筑的内保温系统，也适用于内外复合保温系统。

新建公共建筑外墙内保温和既有建筑节能改造情况比较复杂，技术上主要涉及构造设计、热桥处理、基层处理等方面。某些公共建筑物会有穿堂风（如开敞式走廊），还存在风荷载作用下外墙内保温系统的粘结强度和锚栓设置等一系列问题。

外墙内保温系统在夏热冬暖地区、夏热冬冷地区更为适用，在严寒地区和寒冷地区仅采用内保温的话，可能不能满足节能要求，需要同时采用内外复合保温系统（即同时采用外保温和内保温）。

1.0.3 本条的规定是为了明确本规程与相关标准之间的关系。在进行外墙内保温工程的设计、施工和验收时，除要执行本规程外，还需要执行其他的相关标准。这里的“国家现行有关标准”是指现行的工程建设国家标准和行业标准，不包括地方标准。

2 术　语

2.0.1 本规程包含的内保温系统按构造设计分为以下6种系统。

1 复合板内保温系统：系统采用粘锚结合方式固定于基层墙体。锚栓固定板面，又不得凸出板面。锚栓的主要作用是避免室内失火时保温层熔化，面板脱落造成人员伤亡。

2 有机保温板内保温系统：系统采用粘结方式固定于基层墙体。

3 无机保温板内保温系统：系统采用条粘法或点粘法与基层墙体连接。

4 保温砂浆内保温系统：基层墙体经界面砂浆处理后，保温砂浆直接粘结在基层墙体上。

5 喷涂硬泡聚氨酯内保温系统：硬泡聚氨酯通过机械喷涂方式固定于经过聚氨酯防潮底漆处理的基层墙体上。为避免防护层开裂，保温层上必须设界面层和找平层。

6 玻璃棉、岩棉、喷涂硬泡聚氨酯龙骨固定内保温系统：玻璃棉或岩棉靠塑料钉固定在基层墙体，硬泡聚氨酯靠喷涂固定在基层墙体。建筑轻钢龙骨用敲击式或旋入式塑料锚栓固定在基层墙体上，建筑轻钢龙骨与基层墙体间应经断热处理。玻璃棉或岩棉温度较高的一侧，应连续铺设隔汽层。

2.0.3 适合于内保温系统的外墙，一般由混凝土墙体（预制或现浇）或各种砌体（砖、砌块）构成。

2.0.6～2.0.8 一般来说，防护层由抹面层（或面板）和饰面层构成。

1 抹面层：直接抹在保温材料（或其上找平层）上的涂层，中间夹有涂塑中碱玻璃纤维网布或耐碱玻璃纤维网布增强。防护层的大部分功能均由其保证。

2 饰面层：保温系统的最外层。其作用是保护内保温系统免受外界因素破坏，并起装饰作用。

2.0.9 隔汽层是水蒸气渗透阻较大的材料层，作为阻碍水蒸气通过绝热层之用。常用的材料有PVC、聚丙烯、铝箔等，其透湿率不应大于4.0×10^{-8} g/(Pa·s·m^2)。一般来说，采暖建筑应在保温层内侧做隔汽层，空调建筑应在隔热层外侧做隔汽层。若全年出现水蒸气渗透现象，则应根据具体情况决定是否在保温层内、外侧双向布置隔汽层。采用双向布置隔汽层时，施工时应确保保温材料不会受潮，否则会在使用时内部产生冷凝，不易挥发。一般情况下，不宜用双面布置隔汽层的做法。

3 基本规定

3.0.1 墙体的正常变形是指温度、含水率、风荷载、撞击力造成的变形，这种变形不应造成内保温复合墙体的裂缝，或形成空鼓脱落。系统的各构造层次间具有变形协调能力，可减少甚至避免保温系统产生裂缝，若基层墙体、保温层、保护层材料的弹性模量、线膨胀系数相差过大，由温度、湿度变化造成的变形率和变形速度不一致，易造成保温层裂缝。

3.0.2 本条文包含两项内容：一是组成材料的耐久性，二是组成材料的环保性。

1 组成材料的耐久性

在正常使用条件和正常维护下，所有组成材料在系统使用寿命期内均应保持其特性。这就要求符合以下几点：

1）所有组成材料都应表现出物理—化学稳定性。在相互接触的材料之间出现反应的情况下，这些反应应该是缓慢进行的。

2）所有材料应是天然耐腐蚀或经耐腐蚀处理。这涉及玻璃纤维网布耐碱性，金属固定件镀锌或涂防锈漆等防锈处理。

3）所有材料应是彼此相容的。

彼此相容是要求内保温系统中任何一种组成材料应与其他所有组成材料相容。这也就是说，胶粘剂、抹面材料、饰面材料、密封材料和附件等应与有机保温材料或无机保温材料相容，并且各种材料之间都应相容。鼠类、白蚁都会咬食 EPS 板等。在有白蚁等虫害的地区，应做好防虫害构造设计。

2 组成材料的环保性能

为了预防和控制室内环境污染，保障人民身体健康，所有组成材料的有害物质，包括放射性物质、总挥发性有机化合物（TVOC）、甲醛、氨、苯、甲苯、二甲苯、重金属等，均应符合国家现行有关标准的规定。

3.0.3 为防止和减少火灾危害，保护人身和财产安全，设计人员根据建筑防火设计的要求，合理选择内保温系统的燃烧性能及其附加分级。

3.0.4 内保温工程应与基层墙体有可靠连接，避免在地震时脱落。

3.0.5 内保温工程用于厨房、卫生间等潮湿环境时，应具有防水渗透性能，避免对保温层造成损害。其防水渗透性能，主要靠系统的各构造层次组成材料。需要慎重选择粘结层材料、保温层材料、防护层材料。

4 性能要求

4.1 内保温系统

4.1.1 本条文对内保温系统性能提出了要求：

1 为保证室内失火时生命和财产的安全性，规定了内保温系统的燃烧性能不低于 B 级。

2 考虑到室内失火时，人员伤亡大多因烟气中毒或窒息死亡，故本条文增加了对内保温系统燃烧性能附加分级的要求，控制产烟量不低于 s2 级、产烟毒性不低于 t1 级、燃烧滴落物/微粒不低于 d1 级。若对燃烧性能附加分级有更高要求时，可控制为 s1、d0、t0，当然工程造价要相应增加很多。

3 内保温系统用于潮湿环境时，应计算防护层水蒸气渗透阻，越大越好（不同于外保温系统要求防护层水蒸气渗透阻越小越好），特别是基层墙体为重质材料时。必要时设隔汽层。

4.2 组成材料

4.2.1 本条文对复合板性能提出了要求。

1 参考《保温隔声复合石膏板—定义、要求和试验方法》EN 13950：2005，当纸面石膏板的断裂荷载和无石棉纤维增强硅酸钙板、无石棉纤维水泥平板的抗折强度符合相应产品标准的要求时，可不做复合板的抗弯荷载试验。

2 增加了对复合板的燃烧性能分级和燃烧性能附加分级指标，以防止和减少火灾危害，保护人身和财产安全。

4.2.2 本条文对内保温系统用有机保温板性能提出了要求。

1 本规程中有机保温板是指模塑聚苯板（EPS）、挤塑聚苯板（XPS）和硬泡聚氨酯板（PU）。

2 对 EPS 板、XPS 板和 PU 板不但提出了燃烧性能要求，而且还提出了氧指数要求，以增加防火安全性。

3 根据国外经验，PU 板密度小于 35kg/m^3 时，孔壁过薄、易碎、气孔内气体逸出，保温性能下降。

4.2.3 本条文根据内保温系统的性能要求及产品现状并结合工程实践对纸蜂窝填充憎水型膨胀珍珠岩保温板性能提出了要求。

填充的膨胀珍珠岩应符合《膨胀珍珠岩》JC 209－92（96）的要求，并应经憎水处理，憎水率不应小于 98%。

4.2.4 本条文的性能要求是根据内保温系统的性能要求及产品现状并结合工程实践而制定。

1 规定了干密度的上限值。干密度大、导热系数大，不适用于外墙内保温系统。

2 因保温材料厚度大，故放射性核素限量应按《建筑材料放射性核素限量》GB 6566 中建筑主体材料要求，不应按装修材料要求。

4.2.5 本条文的性能要求依据内保温系统的性能要求，选取了《胶粉聚苯颗粒外墙外保温系统》JG/T 158 和《膨胀玻化微珠轻质砂浆》JG/T 283 中保温砂浆的部分指标。

1 保温砂浆干密度大、抗压强度和抗拉强度大，导热系数也大。做内保温用，干密度≤350kg/m^3，导热系数较小，抗压强度和抗拉强度也可满足内保温要求，是一个较合适的选择。当选用干密度较小的聚苯颗粒保温砂浆时，特别要注意其抗拉强度、软化系数和燃烧性能是否能满足设计要求和表 4.2.5 的规定。

2 放射性要求应按建筑主体材料考虑。

4.2.6 本条文对喷涂硬泡聚氨酯性能提出了要求

1 明确规定喷涂硬泡聚氨酯密度不得小于 35kg/m^3，以避免喷涂硬泡聚氨酯壁薄、易破损，导热系数加大。

2 通过调研得出，多数厂家硬泡聚氨酯导热系数在 0.019W/(m·K)～0.023W/(m·K)之间，故本规程规定其导热系数不得大于 0.024W/(m·K)。

4.2.7 本条文对玻璃棉、岩棉、喷涂硬泡聚氨酯龙骨固定内保温系统用玻璃棉板（毡）性能提出了要求。

1 龙骨固定内保温系统用玻璃棉板（毡）采用离心法工艺生产。

2 在《墙体材料应用统一技术规范》GB 50574-2010中，玻璃棉板标称密度为32kg/m³～48kg/m³。考虑到工程中玻璃棉毡也在大量采用，本条文增加了玻璃棉毡品种，标称密度定为24kg/m³～48kg/m³。

3 由于玻璃棉板（毡）采用塑料钉固定在基层墙体上，所以不考虑岩棉板垂直于板面的抗拉强度。

4 本条文其他性能指标，同时参考了《绝热用玻璃棉及其制品》GB/T 13350、《建筑绝热用玻璃棉制品》GB/T 17795，《工业设备及管道绝热工程设计规范》GB 50264、《火力发电厂保温材料技术条件及检验方法》DLT 776等相关标准。

4.2.8 本条文对玻璃棉、岩棉、喷涂硬泡聚氨酯龙骨固定内保温系统用岩棉板（毡）性能提出了要求。

1 龙骨固定内保温系统用岩棉板（毡）选用摆锤法工艺生产的产品。

2 增加了酸度系数（岩棉产品化学组成中二氧化硅、三氧化二铝质量分数之和与氧化硅，氧化镁质量分数之和的比值）大于等于1.6的要求。酸度系数越大，产品的耐久性越好，优良产品的酸度系数应大于等于1.8。

3 在《墙体材料应用统一技术规范》GB 50574-2010中，岩棉板的干密度为80kg/m³～150kg/m³，岩棉毡的干密度为60kg/m³～100kg/m³，本规程从应用角度和施工角度，适度提高了岩棉板（毡）干密度的下限值。

4 从室内环境质量考虑，甲醛释放量要求不应大于1.5mg/L。若甲醛释放量大于1.5mg/L，建议用抗水蒸气渗透的外覆层材料六面包覆，确保甲醛释放量不大于1.5mg/L，同时避免岩棉受潮。

5 由于岩棉板（毡）采用塑料钉固定在基层墙体上，所以不考虑岩棉板垂直于板面的抗拉强度。

6 本条文其他性能指标，同时参考了《建筑用岩棉、矿渣棉绝热制品》GB 19686、《建筑外墙外保温用岩棉制品》GB/T 25975、《工业设备及管道绝热工程设计规范》GB 50264等相关标准。

4.2.9 本条文对界面砂浆性能提出了要求。界面砂浆是为了改善保温砂浆与基层的拉伸粘结强度，在《混凝土界面处理剂》JC/T 907只规定了界面砂浆与水泥砂浆（基层）的拉伸粘结强度，故本规程增加了界面砂浆与保温砂浆的拉伸粘结强度。

按适用的水泥混凝土基层或加气混凝土基层，将界面砂浆分为Ⅰ型和Ⅱ型，分别提出不同的性能要求。

4.2.10 本条文对胶粘剂性能提出了要求。

浸水试样处理条件按ETAG 004修改为浸水2d，水中取出后干燥2h和浸水2d，水中取出后干燥7d。

4.2.11 本条文对粘结石膏性能提出了要求。

1 不得用于厨房、卫生间等潮湿环境，也不得用于面砖饰面。

2 推荐用普通型粘结石膏，不用快干型粘结石膏。

4.2.12 本条文对抹面胶浆性能提出了要求。为了确保材料的使用性能，增加了面砖饰面时抹面胶浆与水泥砂浆之间的拉伸粘结强度的要求。

当抹面胶浆用于涂料或墙纸（布）饰面时，只要求与保温材料的拉伸粘结强度；当抹面胶浆用于面砖饰面时，抹面砂浆拉伸粘结强度应同时满足与保温材料的拉伸粘结强度及与水泥砂浆的拉伸粘结强度。

4.2.13 本条文对粉刷石膏性能提出了要求。本条文的性能要求依据内保温系统的工程需要，选取了《粘结石膏》JC/T 1025中底层粉刷石膏，并在条文说明6.2.1中给出了具体做法。

1 不得用于厨房、卫生间等潮湿环境，也不得用于面砖饰面。

2 明确粉刷石膏的放射性要求按建筑主体材料考虑。

4.2.14 本条文对玻璃纤维网布性能提出了要求。

本条文包括了中碱玻璃纤维网布、涂塑中碱玻璃纤维网布和耐碱玻璃纤维网布三种玻璃纤维网布。

1 中碱玻璃纤维网布分为A型和B型两种，只适用于底层粉刷石膏抹面。

2 涂塑中碱玻璃纤维网布的性能指标参考《增强用玻璃纤维网布　第2部分：聚合物基外墙外保温用玻璃纤维网布》JC 561.2-2006制定。该标准还规定了对材料可燃物含量和碱金属氧化物含量的要求。采用的是玻璃纤维网布经向和纬向拉伸断裂强力及耐碱拉伸断裂强力保留率。

3 耐碱玻璃纤维网布主要用于无机保温板和保温砂浆的抹面胶浆中，也适用于面砖饰面的抹面胶浆。

耐碱玻璃纤维网布的性能指标参考《耐碱玻璃纤维网布》JC/T 841-2007制定。采用的是玻璃纤维网布经向和纬向拉伸断裂强力和耐碱拉伸断裂强力保留率。该标准还规定了对材料氧化锆、氧化钛含量和可燃物含量的要求。

4.2.15 本条文对锚栓性能提出了要求。内保温系统锚栓的作用与外保温的要求不同，内保温系统用锚栓只是为保证火灾发生时，复合板的面板能可靠挂在基层墙体上，所以只要求了单个锚栓抗拉承载力标准值。

4.2.16 本条文对外墙内保温用腻子性能提出了要求。由于《建筑室内用腻子》JG/T 298不适用于保温材料的基层上，因此增加了腻子膜柔韧性和动态抗开裂性的要求。给出了6种外墙内保温用腻子，建筑师应根据室内环境、面层的收缩性和保温层的尺寸稳定性，选择适宜的品种。

4.2.22 本条文对隔汽层性能提出了要求。

隔汽层的透湿率应符合《矿物棉绝热制品用复合贴面材料》JC/T 2028－2010的规定，不应大于$4.0\times10^{-8}g/(Pa\cdot s\cdot m^2)$。

5 设计与施工

5.1 设 计

5.1.1 本规程规定了6种内保温构造系统，同一系统的粘结层、保温层、防护层也不尽相同，各具特色。选用时应根据建筑所在的气候分区、使用环境及对保温、隔热、防火等各项性能的要求，选择适宜的系统构造，满足工程要求。

5.1.2 内保温工程的热工和节能设计除应符合本规程第3.0.6条的规定外，尚应符合下列规定：

2 结露会恶化室内环境、有害人体健康。一般情况下内保温系统外围护墙内表面出现大面积结露的可能性不大，只需核算热桥部位内表面温度是否高于露点温度即可。由于热桥是出现高密度热流的部位，应采取辅助保温措施，加强热桥部位的保温，以减小采暖负荷。对室内、外温差较小的夏热冬暖和部分夏热冬冷地区，在有内保温情况下，结构性热桥部位出现结露的几率很小，设计验算结果满足热工规范要求时，结构热桥部位可不做辅助性保温措施。

3 内保温复合墙体内部有可能出现冷凝时，应进行冷凝受潮验算，必要时应设置隔汽层，防止结露。

5.1.3、5.1.4 条文是为避免内保温系统的外围护墙，因温度变形而引起墙体开裂的行之有效的措施。

1 对现浇混凝土等不能设置分隔缝的构件，应放置在墙体之内用砌体覆盖或设置高效保温材料的保温层，预防温度变形过大，导致墙体开裂。

2 外露的屋面挑檐、梁板内外廊和女儿墙压顶等现浇混凝土构件，未设置保温层时，应采取每隔12m～20m设置分隔缝的做法，减少温度作用效应，预防墙体开裂。

5.1.5 本条文对内保温系统各构造层次组成材料提出要求。

1、2 明确石膏基材料，不得用于潮湿环境和面砖饰面。

3 明确耐碱玻璃纤维网布、涂塑中碱玻璃纤维网布和中碱玻璃纤维网布的选用原则。

4 明确外墙内保温用腻子的选用原则。

5.1.6 设计保温层厚度时，保温材料导热系数的修正系数可参考《民用建筑热工设计规范》GB 50176及相关标准文件采用。

5.1.7 为确保外墙内保温系统的防火性能，明确有机保温材料应采用不燃材料或难燃材料做防护层，且厚度不应小于6mm。

5.1.8 门窗洞口四角和外墙阴阳角等处设置局部增强网，防止墙体开裂；外门窗洞口为热桥部位，其内侧面应设置保温层。保温层厚度视门窗构造与安装情况而定，但不宜小于20mm。

5.1.10 对无外保温的内保温基层墙体，宜按年降水量和基本风压，依据《建筑外墙防水工程技术规程》JG/T 235－2011采取墙面整体防水和(或)节点构造防水措施。对于年降水量大于等于600mm的地区未采取墙面整体防水时，应采用节点构造防水措施和基层墙体内表面设找平层的做法。

5.2 施 工

5.2.1 本条文是对内保温工程施工的基本要求。施工图设计文件应经设计图纸审查机构审查，施工方案应经建设和监理单位审查。文件一经确定，施工中不得变更。如要变更，应按原程序重新审查、确认后，方可施工。

5.2.2 这些部位均属热桥部位，内保温施工前必须处理好，以便于内保温施工时热桥部位的保温处理。

5.2.3 保温工程施工现场防火管理不严，导致火灾时有发生。为确保防火安全，特制定本施工现场防火措施。

5.2.4 室内温度低于5℃施工，保温砂浆、找平层材料、界面砂浆、粘结材料、抹面材料等的长期性能下降，造成工程隐患。

5.2.5 基层是否平整、坚实，对保温层的粘结可靠性、抹面层和饰面层的尺寸允许偏差影响极大，因此必须待基层施工质量验收合格后，方可进行内保温工程施工。

为确保基层平整、坚实，保温层粘结施工前，应用水泥砂浆找平处理。不但改善基层平整度，还可提高基层墙体防水功能。为保证水泥砂浆找平层与基层墙体可靠粘结，应根据基层墙体的性质，在基层与水泥砂浆找平层之间，选用不同的界面砂浆，改善水泥砂浆找平层与基层墙体的粘结性能，并防止空鼓、开裂、脱层。

5.2.6 本条文为内保温工程施工的基本抗裂措施，施工中必须严格执行。其他抗裂措施，详见本规范第6章的相关条文。

6 内保温系统构造和技术要求

6.1 复合板内保温系统

6.1.1 本条文给出了粘结层、保温层、面板、饰面层的多种组合方式和系统的基本构造，供设计选择。

复合板为工厂预制。潮湿环境下，宜选用 XPS 或 PU 保温材料，纸面石膏板应选用耐水纸面石膏板，腻子层应选用耐水型腻子。粘结石膏不得用于潮湿环境和面砖饰面。

6.1.2 本条文规定了复合板规格尺寸，面板由于有保温层做背衬，厚度可适度减薄，但石膏面板最小公称厚度为 9.5mm，无石棉硅酸钙板及无石棉纤维水泥平板面板最小公称厚度为 6.0mm。

6.1.3 为提高墙面基层平整度并防止墙体渗水，宜做水泥砂浆找平层。界面层应按本规程第 5.2.5 条选用。复合板采用以粘为主、粘锚结合方式固定。

6.1.6 本条文规定了复合板内保温系统锚栓的相关要求。1、2 款分别规定了锚栓的材质和锚固深度和锚栓类型。3、4 款规定了锚栓的数量和锚固注意事项。为防止以 EPS、XPS、PU 为保温层的复合板，在火灾发生时 EPS、XPS、PU 熔化而造成面板脱落伤人，规定应用两个金属钉锚栓固定复合板。

6.1.7 阴角和阳角处的保温板，应做切边处理，以便保温层闭合。

6.1.8 阴、阳角，门窗洞口四角为应力集中部位，且易受磕碰，故应按本条做增强处理。

6.2 有机保温板内保温系统

6.2.1 本条文给出了粘结层、保温层、抹面层和饰面层的多种组合方式和系统的基本构造，供设计选择。

潮湿环境下，宜选用 XPS 或 PU 保温材料，腻子层应选用耐水型腻子，粘结石膏不得用于潮湿环境和面砖饰面。

采用抹面胶浆作抹面层时，施工应按下列步骤进行：

1 先在保温层表面抹底层抹面胶浆，厚度 4mm～5mm；

2 将涂塑中碱玻璃纤维网布满铺并压入抹面胶浆表面；

3 在底层抹面胶浆凝结前抹面层抹面胶浆，厚度 1mm～2mm。抹面层总厚度不小于 6mm。

采用粉刷石膏作抹面层时，施工应按下列步骤进行：

1 先用粉刷石膏砂浆(可用粉刷石膏与建筑中砂按体积比2∶1混合配制，也可直接使用预混好中砂的粉刷石膏)在有机保温板面上做出标准灰饼，灰饼厚度应为 8mm～10mm，待灰饼硬化后抹灰。对于 XPS 板，应提前 4h 在 XPS 板上涂刷界面剂。

2 根据灰饼厚度用杠尺将粉刷石膏砂浆刮平，用抹子搓毛后，在抹灰初凝前横向绷紧 A 型中碱玻璃纤维网布，用抹子压入到抹灰层内，搓平、压光。玻璃纤维网布应靠近抹灰层的外表面。

3 待粉刷石膏砂浆抹灰层基本干燥后，在抹灰层表面刷专用胶粘剂并压入、绷紧 B 型中碱玻璃纤维网布。玻璃纤维网布接搓处搭接长度和玻璃纤维网布拐过相邻墙体的长度，均不应小于 150mm。一般来说，北方地区气候干燥，不做 B 型中碱玻璃纤维网布抗裂增强，抹面层无法保证不开裂；若南方地区有工程实践经验，不做 B 型中碱玻璃纤维网布，可以保证抹面层不开裂，也可以省去。

6.2.2 有机保温板尺寸过大时，可能因基层和保温板的不平整而导致虚粘及表面平整度不易调整等施工问题。

6.2.6、6.2.7 为防止墙面开裂采取的措施。

6.3 无机保温板内保温系统

6.3.1 本条文给出了粘结层、保温层、抹面层和不同饰面层的多种组合方式和系统的基本构造，供设计选用。

6.3.2 无机保温板面积过大，施工和运输过程中易损，且施工不便。

6.3.3 无机保温板在生产、运输和保管中会产生碎屑、浮尘，粘结前必须清除干净，以确保工程质量。

6.3.4 本条文为对无机保温板的粘结要求和防止墙面开裂的措施。

6.4 保温砂浆内保温系统

6.4.1 本条文规定了保温砂浆内保温系统的基本构造。

为保证保温砂浆与基层墙体粘结的可靠性，基层墙体内侧应均匀涂刷界面砂浆。混凝土墙及灰砂砖、硅酸盐砖砌体应选用本规程表 4.2.9 中的Ⅰ型界面砂浆，加气混凝土墙体应选用表 4.2.9 中的Ⅱ型界面砂浆。

6.4.2 界面砂浆用以改善保温砂浆与基层墙体的粘结性能，否则粘结强度难以保证。

6.4.3 本条文规定了保温砂浆施工时的注意事项。

保温砂浆应分层施工、逐层压实，每层厚度不宜大于 20mm。一次性抹灰过厚，干缩大，易出现空鼓、脱层和开裂。

6.4.4 本条文为保温砂浆内保温系统的重要抗裂措施。

6.4.6 由于保温砂浆线性收缩率较大，容易引起涂层龟裂，故宜选用弹性腻子，可选用柔性腻子，不得选用普通型腻子。

6.5 喷涂硬泡聚氨酯内保温系统

6.5.1 本条文规定了喷涂硬泡聚氨酯内保温系统的基本构造，供设计选用。

基层墙体的界面层不是必要的，只在基层含水率较高时，使用聚氨酯防潮底漆等界面材料，提高喷涂硬泡聚氨酯与基层墙面的粘结力；基层墙体清洁、干燥，可不做界面处理。

喷涂硬泡聚氨酯表面上的界面层是必需的，以确保找平层与保温层的粘结强度，避免起鼓、脱皮、开裂等现象。界面材料可选用专用的界面砂浆或界面剂。

喷涂硬泡聚氨酯保温层的平整度难以达工程质量要求，应用保温砂浆或聚合物水泥砂浆找平，避免起鼓、脱层、开裂等现象发生，同时提高了系统的防火性能。

6.5.2 本条文规定了喷涂硬泡聚氨酯施工时的注意事项。

1 施工环境温度过低或空气相对湿度过高，均会影响喷涂硬泡聚氨酯的发泡反应，尤其是室温过低不易发泡、固化时间长。

2 每遍喷涂厚度控制在15mm以内，以确保发泡质量，也有利于表面平整度的控制。当日喷涂完毕，是指施工作业面必须当日连续喷涂至设计规定厚度，确保每一遍喷涂的间隔时间不能过长，以免影响喷涂硬泡聚氨酯层间的粘结性能。这就要求施工前应根据工程量备足材料，确保施工连续性。

3 喷涂硬泡聚氨酯保温层平整度对后续施工影响极大，保温层平整度小于6mm时，可采用保温砂浆或聚合物水泥砂浆找平。若保温层平整度偏差过大，在保证保温层厚度能满足设计要求的前提下，可采取切削、刨平等修整措施，再用压缩空气等方式除去浮尘，满足下道工序施工要求。

4 对各类不易喷涂的部位，可采用粘贴聚氨酯板的方式修补，但必须保证粘贴聚氨酯板后，其外表面的平整度与喷涂施工保持一致。

6.5.3 硬泡聚氨酯的密度与导热系数密切相关。只要控制了硬泡聚氨酯的密度和厚度，保温层的保温性能就有了保证，所以现场抽样检验十分重要。

6.6 玻璃棉、岩棉、喷涂硬泡聚氨酯龙骨固定内保温系统

6.6.1 本条文规定了玻璃棉、岩棉、喷涂硬泡聚氨酯龙骨固定内保温系统的基本构造，供设计选用。

本规程推荐采用的是离心法工艺生产的玻璃棉和摆锤法工艺生产的岩棉，不建议采用火焰法工艺生产的玻璃棉和沉降法工艺生产的岩棉。

6.6.3 为避免产生热桥，龙骨应进行断热处理。

轻钢龙骨双面镀锌量体现表面防腐蚀能力，直接影响其使用寿命。正常室内环境下轻钢龙骨双面镀锌量不应小于100g/m^2；室内潮湿环境下，轻钢龙骨双面镀锌量不宜小于120g/m^2。

6.6.5 当岩棉板(毡)为防止甲醛超标，已采用抗水蒸气渗透的外覆层(如PVC、聚丙烯薄膜、铝箔等)六面包覆，且透湿率不应大于4.0×10^{-8}g/(Pa·s·m^2)时，可不再连续铺设抗水蒸气的隔汽层。

6.6.6 本系统面板的厚度，参考对内隔墙板厚度的要求确定。复合板的面板由于有保温层做衬板，所以板的厚度相对较薄。

7 工程验收

7.1 一般规定

7.1.2 保温材料的密度、导热系数和抗拉强度是控制保温材料性能的关键参数，反映了材料化学组成、均匀性、熔合或成型质量等生产环节的控制，通常情况下，基本上就可控制其热工性能和力学性能。

7.1.3 由于施工过程中存在大量隐蔽工程施工，后道工序施工后较难判定前道工序的施工质量，因此，应在前道工序验收合格后，方可进行后续工序施工。

7.1.4 本条文对隐蔽工程的验收项目和保存的档案资料作出明确规定。

7.2 主控项目

7.2.2 在保温材料种类已确定的条件下，保温层厚度可直接影响到是否达到节能设计要求。

7.2.6 由于保温砂浆为现场搅拌施工，其干密度与施工过程有较大关系，干密度可直接决定其导热系数大小，从而影响是否达到节能设计要求。

7.3 一般项目

7.3.1 有机保温板内保温系统和无机保温板内保温系统抹面层和饰面层尺寸偏差取决于基层和保温板粘贴的尺寸偏差。由于抹面层和饰面层厚度较薄，只有当保温板尺寸偏差符合《建筑装饰装修工程质量验收规范》GB 50210规定时，才能做到抹面层和饰面层尺寸偏差符合规定。保温板的尺寸偏差又与基层有关，内保温工程的施工应在基层施工质量验收合格后进行。

中华人民共和国行业标准

市政架桥机安全使用技术规程

Technical specification for safe use of municipal bridge erecting machine

JGJ 266—2011

批准部门：中华人民共和国住房和城乡建设部

施行日期：2 0 1 2 年 5 月 1 日

中华人民共和国住房和城乡建设部
公　告

第 1195 号

关于发布行业标准《市政架桥机安全使用技术规程》的公告

现批准《市政架桥机安全使用技术规程》为行业标准，编号为 JGJ 266－2011，自 2012 年 5 月 1 日起实施。其中，第 3.0.1、3.0.3、3.0.5、4.4.5 条为强制性条文，必须严格执行。

本规程由我部标准定额研究所组织中国建筑工业出版社出版发行。

中华人民共和国住房和城乡建设部

2011 年 12 月 6 日

前　言

根据住房和城乡建设部《关于印发〈2011 年工程建设标准规范制订、修订计划〉的通知》（建标［2011］17 号）的要求，规程编制组经广泛调查研究，认真总结实践经验，参考有关国际标准和国外先进标准，并在广泛征求意见的基础上，制定本规程。

本规程的主要技术内容是：1. 总则；2. 术语；3. 基本规定；4. 架桥机的安装与拆卸；5. 检查与验收；6. 架桥机的使用。

本规程中以黑体字标志的条文为强制性条文，必须严格执行。

本规程由住房和城乡建设部负责管理和对强制性条文的解释，由鹏达建设集团有限公司负责具体技术内容的解释。执行过程中如有意见或建议，请寄送鹏达建设集团有限公司（地址：北京市丰台区张仪村路甲 22 号，邮政编码：100071）。

本规程主编单位：鹏达建设集团有限公司
上海市第七建筑有限公司

本规程参编单位：上海市建工设计研究院有限公司
上海市建设机械检测中心
中国建筑业协会建筑安全分会
南京建工建筑机械安全检测所
长治市潞安鸿源房地产开发有限公司
山西宏厦第一建设有限责任公司
郑州市华中路桥设备有限公司
上海市建设工程安全质量监督总站
上海市建设安全协会
成都市建设工程施工安全监督站
舜元建设（集团）有限公司
福建省工程建设质量安全协会设备分会
河南省建设安全监督总站
山东省建筑施工安全监督总站
中太建设集团股份有限公司

本规程主要起草人员：廖　永　崔晓强　汤坤林
张　健　王剑辉　季　方
施仁华　王兰英　严　训
季经纬　康红生　辛爱兰
李平文　张常庆　崔旭旺

安小剑　刘爱国　刘铁刚
宁亚军　朱长瑜　王美华
尤雪春　裴娄庆　姚培庆
贾国瑜　王新波　陈家利
马志远　栾启亭　徐光新
王建国　张国栋　张心忠

本规程主要审查人员：耿洁明　刘曦明　姜英民
宫守河　施卫东　韩学诠
肖　剑　陶天华　高俊岳
王清斌　蔡忠明

目　次

Contents

1 总 则

1.0.1 为规范市政架桥机在安装、使用及拆卸过程中的安全技术要求，确保市政道路桥梁架桥工程的施工安全，制定本规程。

1.0.2 本规程适用于市政道路桥梁工程所使用单梁式架桥机和双梁式架桥机的安装、使用和拆卸。

1.0.3 市政架桥机的安装、使用和拆卸，除应符合本规程外，尚应符合国家现行有关标准的规定。

2 术 语

2.0.1 市政架桥机 municipal bridge erecting machine

为架设市政桥梁工程，以桥墩（台）或桥面为支承点，将预制桥梁梁体（包括整孔梁体、整跨梁片、节段梁体）安装在桥墩（台）指定位置的设备，简称架桥机。

2.0.2 节段拼装架设 segmental beam erecting

将桥梁的梁体在一跨间沿桥向划分为若干节段，在工厂或施工现场预制，通过架桥机架设后进行组拼，并施加预应力使之成为整体结构的一种施工方法。

2.0.3 整跨架设 whole span beam erecting

桥梁梁体长度与桥梁跨径相吻合，由一榀或多榀梁体架设到位后构成桥架结构的一种施工方法，又称为整孔架设。

2.0.4 额定起重量 rated load of lifting

架桥机处于最大支承跨度状态时所能起吊的最大重量。

2.0.5 转跨作业 transfer span operating

架桥机沿桥纵向从桥墩（台）移到下一桥墩（台）的操作。

2.0.6 首跨作业 starting span operating

架桥机在第一架设孔位上架设预制梁的操作。

2.0.7 末跨作业 terminal span operating

架桥机在最后架设孔位上架设预制梁的操作。

2.0.8 支承跨度 support span

架桥机架设预制梁状态下，位于架设孔位上沿桥纵向两支承支腿中心线之间的纵向距离。

3 基本规定

3.0.1 架桥机应具有特种设备制造许可证、产品合格证、使用说明书、制造监督检验证明和备案证明。

3.0.2 架桥机的出租单位或自购架桥机的使用单位应在其工商注册所在地县级以上地方人民政府建设主管部门备案登记。架桥机使用单位应在架桥机投入使用前告知工程所在地县级以上地方人民政府建设行政主管部门。

3.0.3 从事架桥机的装拆企业必须具备建设主管部门颁发的起重设备安装工程专业承包资质和施工企业安全生产许可证，架桥机的特种作业人员必须持由国家认可具有培训资格部门签发的操作资格证书上岗。

3.0.4 出租单位应在签订的架桥机租赁合同中，明确租赁双方的安全责任；架桥机使用单位应与安装单位签订架桥机安装、拆卸合同，明确双方的责任。

3.0.5 施工单位应根据工程情况选用架桥机类型，并应制定作业计划、编制架桥机装拆和使用的施工方案。施工方案应通过专家论证，并应经监理单位批准后方可实施。必须严格按施工方案组织施工，不得擅自修改和调整施工方案。

3.0.6 架桥机装拆和使用的施工方案应包括下列内容：

1 工程概况；

2 编制依据；

3 作业人员的组织和职责；

4 施工作业的环境条件；

5 安装位置平面图、立面图和安装作业范围平面图；

6 架桥机的性能、技术参数、主要零部件外形尺寸和重量；

7 辅助起重设备的种类、型号、性能及位置安排；

8 吊索具的配置、安装与拆卸工具及仪器；

9 安全装置的调试程序；

10 架桥机的安装、拆卸和使用的步骤与方法；

11 重大危险源和安全技术措施；

12 应急预案。

3.0.7 架桥机的整机主要技术性能参数应有铭牌明示。吊钩或吊具应有标记，铭牌应包括下列主要内容：

1 额定起重量；

2 厂标或生产厂名；

3 监检标志；

4 生产编号。

3.0.8 架桥机应采用三相交流电源，在正常工作条件下的施工用电应符合现行行业标准《施工现场临时用电安全技术规范》JGJ 46 的相关规定。

3.0.9 架桥机的动力与电气装置应符合现行行业标准《建筑机械使用安全技术规程》JGJ 33 的相关规定。

3.0.10 架桥机安装前，安装单位应按施工方案的要求，对参加架桥机施工作业的管理人员、操作人员及相关人员进行安全技术交底。

3.0.11 架桥机安装使用说明书应明确架桥机的工作状态和非工作状态的风力限制，允许使用的环境温度、湿度范围和供电要求，允许使用地点的海拔高度。架桥机的抗风能力不应低于表3.0.11的规定。

表3.0.11 架桥机抗风能力限值（Pa）

工作状态 P_{II}		非工作状态 P_{III}
转跨	150	1200
架梁	250	

3.0.12 有下列情况之一时，不得进行架桥机的作业：

1 设备有故障或架桥机经检测不合格时；

2 无符合规定的持证上岗操作人员或持证人员身体不适时；

3 遇13m/s以上大风、暴雨、大雾、大雪、气温低于−20℃等恶劣天气条件时。

3.0.13 架桥机安装、使用和拆卸时，应作好安全警戒防护，并应对安全警戒防护采取必要的技术和管理措施。

3.0.14 架桥机的产权单位应对架桥机从出厂至报废的整个过程所有资料进行归档管理，并应建立设备履历。

3.0.15 当架桥机的作业人员高空作业时，应符合现行行业标准《建筑施工高处作业安全技术规范》JGJ 80的相关规定和有关作业要求。

3.0.16 当架桥机达到下列条件之一时，应进行使用状态安全评估：

1 达到设计规定的架梁片数时；

2 安装拆卸转场次数达到5次时；

3 出厂年限达到5年时。

3.0.17 架桥机使用状态的安全评估应满足下列要求：

1 使用状态的安全评估应包括所有可能影响架桥机安全使用的结构件、零部件及电气件，并应包括承载结构、机械系统、液压系统、电气系统、安全系统等部件；

2 架桥机产权单位应保留用来确定架桥机接近设计寿命的使用记录，除制造厂提供的有关资料外，还应包括维护、检查、意外事件、故障、修理和改装等记录。使用者应掌握相关信息。

4 架桥机的安装与拆卸

4.1 一般规定

4.1.1 架桥机安装和拆卸前应办理起重机械安装、拆卸告知手续，并应将相关资料报送监理单位审核。

4.1.2 架桥机安装单位应在现场配备项目负责人、安全负责人、机械管理员、专业技术人员和特种作业人员。

4.1.3 施工现场应道路通畅、排水顺畅、通水、通电。安装、拆卸架桥机拼装场地应满足架桥机装拆和使用的施工方案要求。

4.1.4 安装、拆卸架桥机的起重机械，应根据工程特点、施工环境条件、架桥机情况选用，并应符合国家相应的规定和安全使用技术规程，应经检测合格后使用。

4.1.5 用于架桥机安装、拆卸的临时设施应进行设计，并应检查，验收合格后方可使用。

4.1.6 当安装、拆卸过程中遇恶劣天气条件时，不得继续安装、拆卸作业，且应切断电源；并应将已安装或尚未拆除的部分采取临时固定措施，且应达到安全状态。

4.2 作业准备

4.2.1 架桥机安装、拆卸前的技术准备工作应符合下列规定：

1 应核实作业所需的架桥机使用说明书、装拆和使用的施工方案；

2 项目技术负责人、专业技术员对作业人员应进行详细的安全技术交底；

3 安装、拆卸人员应按装拆和使用的施工方案要求，安排到位，且应持证上岗。

4.2.2 架桥机安装作业前材料和设备的准备工作应符合下列规定：

1 应根据架桥机使用说明书清单，清点架桥机构件及零配件，确认其进场情况；

2 应检查架桥机各机构维修保养和工作性能；

3 应检查架桥机安装、拆卸用起重器具和索具；

4 应检查架桥机所用材料、连接件、部件，应确认其合格、完好、有效，并应确认润滑部位已润滑；

5 应确认起重机械的参数，并应检查设备性能状况；

6 应确认架桥机安装、拆卸用脚手架体、枕木、起重葫芦、千斤顶、电焊机、电缆、照明等机具、材料和数量符合装拆和使用的施工方案要求；

7 涉及关键工序部位的施工机具应确保性能完好，不得使用不符合要求的施工机具。

4.2.3 架桥机安装、拆卸前，应对运输路线、安装场地和环境条件等进行详细踏勘，宜包括下列主要内容：

1 施工场地情况及架桥机安装场地情况；

2 施工环境条件，周边相邻环境空间中的线缆和建筑情况；

3 运输路线情况；

4 电力供应情况。

4.2.4 架桥机安装拆卸前，应核实操作人员的证件，且应真实有效。

4.2.5 架桥机安装前应确定安装位置，对支腿支撑位置应进行校核，应测量定位架桥机支腿竖立处基准点，并应标出测量的控制点。

4.2.6 安装、拆卸场地应设有隔离设施和醒目的警示标识，非施工人员不得进入。

4.3 安装与拆卸

4.3.1 架桥机应按说明书规定或施工方案确定的顺序进行安装和拆卸。

4.3.2 安装、拆卸架桥机的起重机械应在允许载荷范围内起重作业，不得超载作业，应建立健全相应的使用安全管理制度，操作人员应持特种作业人员操作资格证书上岗。

4.3.3 架桥机的拼装应在架梁线路的直线地段进行，直线有效长度不宜小于架桥机使用说明书规定的距离。

4.3.4 当安装架桥机主梁时，前后主梁临时支承应保证主梁结构的稳定性。

4.3.5 架桥机安装、拆卸过程中应有专人负责，统一指挥，明确指挥信号。

4.3.6 架桥机安装、拆卸过程中发现异常应立即停止操作，并应经处理后方可继续作业。机械、电气设备不得带故障工作。

4.3.7 架桥机安装完成后，应进行初步检查，并应符合下列规定：

1 各部位销轴、螺栓连接应无松动或脱落，液压油、润滑油油量应充足，各部件应无过度磨损和严重变形；

2 卷扬机应运行平稳，钢丝绳应润滑良好，应无断丝及过度磨损情况，应无跳槽或挤压，松紧度应适宜，制动应灵敏可靠，停车装置应灵敏有效。

4.4 调　试

4.4.1 架桥机调试前，应确保下列安全防护装置可靠有效：

1 行车报警装置；

2 行程、高度限位及保险装置；

3 风速仪、夹轨钳、锚定装置等防风装置；

4 缓冲器、端部止挡；

5 紧急断电开关；

6 通道口连锁保护；

7 防护罩或防护栏；

8 防脱钩装置；

9 安全制动装置。

4.4.2 架桥机安装后应进行调试，调试应包括下列主要内容：

1 机械、电气设备、液压系统等设备及元器件的检验；

2 各油缸支腿伸缩试验；

3 整机纵移试验；

4 整机横移运行试验；

5 整机制动试验。

4.4.3 架桥机拼装调整完毕，应进行试运行，并应检验架桥机横向、纵向移动，吊梁小车纵向移动，吊梁小车起吊设备运行以及架桥机所有制动系统、液压电气系统情况。

4.4.4 架桥机调试完成后，应以不小于现场实际起重量进行试吊。

4.4.5 架桥机安装完毕后，使用单位应组织出租、安装、监理等有关单位进行验收，并应委托具有国家认可检验检测资质的机构进行检测，检测后应出具检验报告。架桥机应经验收合格后再投入使用。

5 检查与验收

5.1 检　查

5.1.1 每班作业前，应对架桥机进行日常检查，并应符合使用说明书和本规程附录A的规定，应记录检查结果。

5.1.2 架桥机使用期间，应每月组织相关专业人员进行检查，并应符合本规程附录B的规定，应记录检查结果。

5.1.3 架桥机作业期间，应进行空载检查、带载检查和运行检查，并宜符合本规程附录A的规定。

5.2 验　收

5.2.1 架桥机验收时应符合下列规定：

1 不应在13m/s以上大风、暴雨、大雾、大雪、气温低于－20℃等恶劣天气的条件下进行验收；

2 应确保供电电网电压正常，电压波动范围不应超过额定电压值的±10%；

3 应确保验收现场整洁，不得有影响验收的物品、设施和无关人员，应设置正在验收的警示牌；

4 待验收设备的安全装置和附件应符合设计要求；

5 验收人员和操作人员应取得相关资格。

5.2.2 架桥机验收使用的仪器和设备应符合下列规定：

1 验收用的仪器和设备均应有产品合格证，且经检定合格，并在检定周期内，其性能和精度应满足测量的技术要求；

2 试验载荷的质量与标定值的误差不应大于1%。

5.2.3 架桥机的安装验收项目应包括下列主要内容，并应符合本规程附录C的要求：

1 技术资料；

2 作业环境及外观；

3 结构件；

4 大车横移轨道；

5 主要零部件与机构；

6 电气系统；

7 液压系统；

8 安全装置与防护措施；

9 空载试验；

10 额载试验；

11 转跨试验。

5.2.4 架桥机的验收方法应符合下列规定：

1 应对设备的注册备案、安装等相关资料进行审核。应对设备的金属结构、机构及零部件、安全装置、电气、操作控制装置等的外观应进行目测检查；

2 设备的金属结构和机构及零部件的变形、磨损、锈蚀程度、几何尺寸偏差等应采用直尺、游标卡尺、千分尺、塞尺、钢卷尺、测距仪、经纬仪、水准仪、测厚仪等测量仪器测量，裂纹缺陷应采用无损检测仪检测，螺栓连接状况应采用力矩扳手检测，电气元件及线路和电气保护的性能参数应采用万用表、电流表、绝缘电阻仪、接地电阻仪测量；

3 电气控制、操作控制、安全等装置及机构运行的可靠性，应在运行中检查验收。

5.2.5 架桥机的特殊项目验收方法应符合下列规定：

1 主梁上拱度和上翘度测量应采取水准仪法：将水准仪放在适当位置，调平，分别测量主梁跨中架桥机跨度的十分之一跨度范围处，两支腿中心、悬臂端的标高进行计算，箱型梁架桥机主梁上拱度和上翘度检测主梁上翼缘板，桁架架桥机检测轨道；

2 空载试验：各安全装置试验合格后，在空载情况下，应分别对起升、运行进行试验，检查各机构运行和控制系统情况，再对双起升、双纵移和双横移机构从一个行程终端向另一行程终端进行联动操作，检查全程的同步情况，试验结果应符合要求；

3 额载试验：起吊额定载荷，进行起升、运行联动试验。静态刚性测量时，对双小车架桥机的吊具在设计规定的最不利位置或单小车按1/2额定载荷加载，从实际上拱值算起，测量主梁跨中下挠值，测量方法是在主梁跨中（或悬臂）贴一标尺，用水准仪或经纬仪或测拱仪测量吊载前后差值，试验结果应符合要求。

5.2.6 安装完毕后，应按本规程附录C的要求自检，并应填写验收记录。

5.2.7 架桥机验收时，主控项目应全部检查合格，一般项目中不合格项不超过3项，可判定为合格，否则判定为不合格，并应出具验收结论。

6 架桥机的使用

6.1 一般规定

6.1.1 架桥机使用前应查验下列资料和证明文件：

1 产品合格证；

2 安装使用说明书；

3 安装检测合格证；

4 经审批通过的架桥机装拆和使用的施工方案；

5 施工方案交底记录。

6.1.2 施工单位应指定专人对施工方案实施情况进行现场监督，当发现未按施工方案施工时，应立即整改；当发现危及人身安全的紧急情况时，应立即组织作业人员撤离危险区域。施工单位技术负责人应严格监控施工方案的实施情况。

6.1.3 架桥机施工单位应按规定到登记部门办理使用登记。

6.1.4 架桥机作业应明确人员分工，统一指挥，并应设专职操作人员、电工和安全检查员，应有严格的施工组织及措施。

6.1.5 架桥机工作环境和周边设施安全距离应符合现行行业标准《施工现场临时用电安全技术规范》JGJ 46的相关规定。架桥机工作时，架桥机各部分和架桥机上所有操作人员手持工具等与输电线最小距离应符合表6.1.5的规定。

表6.1.5 架桥机与架空线路边线的最小距离

输电线路电压（kV）	<1	10	35	110	220	330	500
最小水平距离（m）	1.5	3.0	4.0	5.0	6.0	7.0	8.5
最小垂直距离（m）	1.5	2.0	3.5	4.0	6.0	7.0	8.5

6.1.6 钢丝绳端部固定连接应符合表6.1.6的要求。钢丝绳夹夹座应在受力绳头一边，每两个钢丝绳夹的间距不应小于钢丝绳直径的6倍。

表6.1.6 钢丝绳夹连接时的安全要求

钢丝绳公称直径(mm)	≤19	19～32	32～38	38～44	44～60
钢丝绳夹最少数量(组)	3	4	5	6	7

6.1.7 钢丝绳的安装和维护，应符合下列规定：

1 应预防钢丝绳因损伤、腐蚀或其他物理、化学因素造成的性能降低；

2 钢丝绳开卷时，应预防打结或扭曲；

3 钢丝绳切断时，应有预防绳股散开的措施；

4 安装钢丝绳时，应在洁净的地方拖线，不得绕在其他的物体上，不应划、磨、碾压和过度弯曲；

5 钢丝绳应保持良好的润滑状态；

6 更换钢丝绳时，应检查钢丝绳的合格证，确认机械性能、规格，并应符合设计要求；

7 日常使用的钢丝绳应每天进行检查，检查部位应包括端部的固定连接、平衡滑轮处，并应作出安全性的判断；

8 钢丝绳的保养、维护、安装、检验、报废应符合现行国家标准《起重机 钢丝绳 保养、维护、安装、检验和报废》GB/T 5972的相关规定。

6.1.8 运行时发现下列情况之一时，应立即停止作业：

1 卷扬系统异常；

2 制动器异常；

3 钢丝绳在滑轮上发生跳槽；

4 安全装置失效；

5 钢丝绳在卷筒上缠绕混乱。

6.1.9 架桥机横移轨道应与运行车轮相适应，表面应光滑、无毛刺、无裂纹，轨道及轨道梁应垫实，不得悬空。

6.1.10 转跨和吊梁时，不得用液压缸承重。

6.2 构件安装

6.2.1 架梁施工前应对架桥机进行全面检查，应确保各机构处于良好状态。

6.2.2 架梁施工每班作业前应作日常检查，应在确认无误后开始工作。

6.2.3 架梁作业时应设置风速风向仪，监视风力和风向。当风速大于13m/s时，停止架梁作业。

6.2.4 架桥机在每项吊梁作业前，应试吊一次，应在确认可靠后作业。

6.2.5 架桥机卷扬机作业时，应符合下列规定：

1 吊梁小车第一次起吊梁时，应检验卷扬机制动的可靠性，制动距离不应大于30mm，并应以不大于50片梁为一个单位，应定期检查卷扬机制动；

2 吊梁时卷扬机组应动作一致，受力均匀，钢丝绳不得与金属结构干涉，并应在卷筒上排列整齐；

3 梁片在起吊、纵移和下落时，应保持水平。

6.2.6 架桥机带梁纵移时，应符合下列规定：

1 应在提升结束且梁稳定后，再由吊梁小车携梁平稳前移，吊梁小车提升作业与携梁转跨不得同时进行；

2 吊梁纵移时，应设专人观察梁运行位置，确保梁与架桥机不发生挂碰，应采用捯链将架桥机前支腿部位与横移轨道拉紧固定。

6.2.7 落梁操作时，应符合下列规定：

1 落梁过程中，应设专人观察起重吊梁小车上的卷扬机、制动器；

2 当发生停电或电气故障导致无法落梁时，应立即对危险区域实施警戒，并应在确定架桥机状态后，检修架桥机。

6.2.8 架梁施工时，应符合下列规定：

1 遥控系统和司机室主控系统应设置遥控请求和遥控允许及互锁机构，并应将司机室控制作为主控制权；

2 支腿液压缸顶升时，缸内行程不应小于100mm，顶高就位后，应采用专用夹具将顶高行程段锁紧。

6.2.9 架梁过程中发现安全事故隐患时，应立即停止施工，进行整改。

6.2.10 作业人员应遵守安全施工的规章制度和操作规程，并应正确佩戴和使用安全防护服装、防护用具及机械设备等。使用单位应书面告知危险岗位的操作规程和违章操作的危害。

6.2.11 架桥机首跨作业应符合下列规定：

1 遇纵坡时，架桥机纵向移位应采取防滑措施；

2 悬臂纵移、支腿顶高作业时，起吊吊梁小车应停在规定位置；

3 支腿顶高就位后，应采用夹具锁紧。

6.2.12 架桥机末跨作业，前支腿应转换到适合前支腿桥台支撑，并应调整至适合架桥机在桥台上运行的高度。

6.3 转 跨

6.3.1 架桥机工作坡度应满足设计要求，并应采取防滑措施。

6.3.2 架桥机转跨前应做好下列准备工作：

1 检查及测量桥面纵移轨道，应铺设完好；

2 桥面纵移轨道铺设横向间距允许偏差为±10mm，横桥向允许偏差为±10mm，接头处允许高差为±1mm；

3 前后支腿支承油缸应处于收空状态，前支腿上托辊轮与后支腿下走行轮应与纵移轨道接触良好；

4 第一次转跨纵移前，应确保前支腿稳定支承靴与已架梁体底部支撑牢靠；

5 第二次转跨纵移前，应确保前支腿稳定支承靴及墩顶抱箍与墩顶支承牢固，应控制前支腿站位时的倾斜角度，向前倾斜度不应大于2%，向后倾斜度不应大于3%；

6 应确保各电机运转正常。

6.3.3 悬臂纵移时，应将吊梁小车移到适当位置。

6.3.4 当现场实测风力超过10.7m/s时，应停止转跨作业，并应采取相应防护措施。中雨及大雪天气时不得进行转跨作业。

6.4 维护和保养

6.4.1 架桥机应定期保养和检修。架桥机应按规定进行试吊、试运检查以及制动试验，应在确认合格后方可使用。

6.4.2 对架桥机械的主要受力结构件、安全附件、安全保护装置、运行机构、控制系统等应进行日常维护保养，并应做好记录。

6.4.3 架桥机应配备符合安全要求的索具、吊具，应及时进行日常安全检查和维护保养。

6.4.4 每架设一跨应检查连接螺栓及销轴等，每架设两跨应检查起重吊梁小车上紧固件及连接件等部位，确保无松动或脱落，发现异常时应及时处置。

6.4.5 每班作业时应观察架桥机液压润滑系统的油位，并应及时补充或更换。液压管线的接头不应有渗漏现象。

6.4.6 架桥机各纵移机构轨道两端应安装挡块和限位开关，并应定期检查。

6.4.7 架桥机更换紧固件及销轴等配件的强度等级应满足设计要求。

附录A 架桥机日常检查表

表A 架桥机日常检查表

工程名称		工程地点		
架桥机备案登记号		使用单位		
架桥机型号		制造单位		
序号	检查项目	检查要求	检查结果	备注
1	连接螺栓、销轴、开口销、卡板等	无松动或脱落		
2	钢丝绳	润滑良好，无断丝及磨损过度情况，无跳槽或挤压，松紧度合适		
3	结构件	无过度磨损、严重变形等情况		
4	滑轮	转动良好，应有钢丝绳防脱装置，且有效		
5	焊缝	无开裂，重点检查起吊受力部位		
6	减速箱	无漏油		
7	制动器	有效		
8	液压系统	连接头及油箱无渗漏，液压系统的管路或其他部件表面无脱漆，金属管无损坏，软管无扭结、擦伤和过度弯曲		
9	电缆、电线	无破损		
10	控制箱	箱盖门应完好，箱内电器清洁，无受潮，接线端子无松动现象		
11	前后支点	可靠有效		
12	起升机构起升高度限位器	有效		

续表A

序号	检查项目	检查要求	检查结果	备注
13	大（小）车和引导梁等运行机构极限位置限制器	有效		
14	紧急断电开关	应能切断架桥机总电源，且不能自动复位		
检查发现问题：		处理情况：		
检查人签名：		检查日期：		

附录B 架桥机月检查表

表B 架桥机月检查表

工程名称		工程地点		
架桥机备案登记号		使用单位		
架桥机型号		制造单位		
序号	检查项目	检查要求	检查结果	备注
1	连接螺栓、销轴、开口销、卡板等	无松动或脱落		
2	钢丝绳	润滑良好，无断丝及磨损过度情况，无跳槽或挤压，松紧度合适		
3	滑轮	转动良好，应有钢丝绳防脱装置，且有效		
4	结构件	无过度磨损、严重变形等情况		
5	焊缝	无开裂与焊接缺陷，重点检查起吊受力部位		
6	减速箱	油量充足		
7	制动器	间隙及制动片的磨损不超过说明书的规定要求		
8	机臂与横梁间的心盘	无窜出现象		
9	行走轮、均衡架	磨损不超过说明书规定的要求		

续表 B

序号	检查项目	检查要求	检查结果	备注
10	液压系统	液压油箱油量充足，油质符合说明书规定的要求		
11		管路或其他部件表面无脱漆，金属管无损坏，软管无扭结、擦伤和过度弯曲		
12		运行无不正常的异常声响		
13		系统的压力正常		
14	电缆、电线	无破损，电缆收放张紧装置应正常		
15	控制箱内元器件	磨损应不超过说明书规定的要求		
16	电器触头	无烧毁粘结现象		
17	电器设备	固定导线螺钉应拧紧		
18	起升机构起升高度限位器	有效		
19	大（小）车和引导梁等运行机构极限位置限制器	有效		
20	大（小）车和引导梁等运行机构极限位置终端缓冲器和端部挡铁	应分别设置缓冲器与端部止挡，且对接良好。端部止挡应固定牢固，两边同时接触缓冲器		
21	架桥机上外露的活动零部件	有可能伤人的活动零部件均应装设防护罩		
22	紧急断电开关	应能切断架桥机总电源，且不能自动复位		
检查中存在的问题：		处理意见：		
检查结论：				
参加检查人员签名：		检查日期：		

附录C 架桥机安装验收表

表C 架桥机安装验收表

工程名称		工程地点	
备案登记号		使用单位	
型号规格		制造单位	
出厂日期		出厂编号	
安装单位		监理单位	
安装日期		安装负责人	

序号	验收项目			验收内容与要求	验收结果
1	主控项目	结构件	1.1	主要受力构件不应有严重塑性变形和裂纹。出现下列情况之一时应报废： 1 整体失稳且不能修复的。 2 产生严重塑性变形使工作机构不能正常运行、不能修复的。 3 锈蚀或腐蚀超过原厚度10%。 4 产生裂纹应修复或采取措施防止裂纹扩展，否则应报废	
2			1.2	金属结构的连接焊缝不得有严重缺陷。螺栓连接不得松动，不应有缺件、损坏。高强度螺栓连接应有足够的预紧力矩	
3		主要零部件与机构	2.1	专用吊具不应有裂纹、剥裂和过度磨损等缺陷；存在缺陷不得补焊；销轴直径磨损达原直径的5%应报废；吊钩应有标记和防脱钩装置	
4			2.2	制动器验收应符合下列要求： 1 动力驱动的架桥机每个机构都应装设制动器，起升机构的制动器应为常闭状态。 2 制动器的零部件不应有裂纹、过度磨损、塑性变形、缺件等缺陷。液压制动器不应漏油。制动片磨损达原厚度的50%或露出铆钉应报废。 3 制动轮与摩擦片之间应接触均匀，且不得有影响制动性能的缺陷或油污。 4 制动器调整适宜，制动平稳可靠。 5 制动轮应无裂纹(不包括制动轮表面淬硬层微裂纹)，凹凸不平度不得大于1.5mm，不得有摩擦垫片固定铆钉引起的划痕	

续表C

序号	验收项目			验收内容与要求	验收结果
5	主控项目	电气系统	3.1	额定电压不大于500V时，电气线路对地的绝缘电阻，不得低于0.8MΩ，潮湿环境不得低于0.4MΩ	
6			3.2	架桥机上总电源必须设短路、失压、零位、过流保护	
7			3.3	接地验收应符合下列要求： 1 架桥机整体金属结构和所有电气设备正常，不带电的金属外壳、变压器铁芯及金属隔离层、穿线金属管槽、电缆金属护层等均应有可靠的接地。 2 架桥机的接地电阻不得大于4Ω，零线重复接地的接地电阻不得大于10Ω	
8		安全装置与防护措施	4.1	起升机构应设起升高度限位器，且有效	
9			4.2	架桥机必须设置紧急断电开关，在紧急情况下，应能切断架桥机总电源。紧急断电开关应不能自动复位，且应设在司机操作方便的位置	
10			4.3	架桥机应设有行车警报系统，大车横向移动过程应发出持续的警报信号	
11		额载试验（或按工程实际最大起重量进行试吊）		起升额定载荷（对双小车架桥机的吊具在设计规定的最不利位置或单小车按$G_n/2$加载），测量架桥机主梁跨中下挠值应满足：节段间销接的跨中下挠不大于$S/250$，高强度螺栓连接的跨中下挠不大于$S/400$（有特殊要求的以制造厂使用说明书为准）。各机构运转正常，无啃轨现象。试验后检查架桥机不应有裂纹、连接松动、构件损坏等。 其中：G_n—额定载荷（t）；S—跨度（m）	
12		转跨试验		架桥机转跨应平稳、安全、无异常，能实现设计规定的过孔跨度，过孔处于极限位置（前支腿落于轨道上之前）时，悬臂下挠应不大于$L/100$或设计规定值。 其中：L—悬臂长度（m）	
13		技术资料	1.1	应有制造单位的特种设备制造（生产）许可证证明资料	
14			1.2	应有产品合格证	
15			1.3	应有特种设备制造监督检验证明资料	

续表C

序号	验收项目			验收内容与要求	验收结果
16	一般项目	技术资料	1.4	应有备案证明资料	
17			1.5	应有安装前的告知手续	
18			1.6	应有安装单位的资质证明资料	
19			1.7	应有安装单位的安全生产许可证，且在有效期内	
20			1.8	应有安装拆卸合同	
21			1.9	应有安装拆卸施工方案	
22			1.10	安装人员应具有有效的特殊工种操作证	
23			1.11	应有安装使用说明书	
24		作业环境及外观	2.1	架桥机明显部位应有清晰的铭牌、额定起重量标志，作业区应设置警戒标志及设施	
25			2.2	扫轨板、电缆卷筒应涂红色安全色，吊具、台车、夹轨器应有黄黑相间的安全色	
26			2.3	架桥机上的人行通道和人要到达维护的部位，与运动物体之间的安全距离不得小于0.5m，否则应采取有效的防护设施	
27			2.4	架桥机应有安全方便的检修作业空间或辅助检修平台	
28			2.5	通向架桥机及架桥机上的通道应保证人员安全、方便到达	
29		结构件	3.1	箱型梁架桥机主梁腹板其局部平面度在离受压区翼缘板$H/3$以内不应大于0.7δ，其余区域不应大于1.2δ。 其中：H—腹板高度（m）；δ—腹板厚度（mm）	
30			3.2	小车轨道验收应符合下列要求： 1 架桥机小车轨距极限偏差应为±5mm。 2 架桥机小车纵移轨道在每段梁上不得有接缝，其接缝位置与每段梁的拼装位置应统一，且应必须满足： 1）接头处的高差不得大于2mm； 2）接头处的接头间隙不得大于5mm； 3）接头处的侧向错位不得大于2mm。 3 两端最短一段轨道长度应大于1.5m，应在轨道端部加挡块	

续表C

序号	验收项目			验收内容与要求	验收结果
31	一般项目	结构件	3.3	司机室验收应符合下列要求： 1 司机室的结构必须有足够的强度和刚度。司机室与架桥机连接应牢固、可靠。 2 司机室内应设灭火器、绝缘地板和司机室外音响信号，门必须安装锁定装置。 3 司机室应有良好的视野	
32		大车横移轨道	4.1	轨道接头间隙不得大于5mm，高差不得大于2mm，侧向错位不得大于2mm	
33			4.2	轨道实际中心与轨道梁的实际中心偏差不得大于10mm	
34			4.3	固定轨道的螺栓和压板不应缺少。压板固定牢固，垫片不得窜动	
35			4.4	轨道不应有裂纹、严重磨损等影响安全运行的缺陷	
36		主要零部件与机构	5.1	钢丝绳及其固定验收应符合下列要求： 1 钢丝绳的规格、型号应符合设计要求，与滑轮和卷筒相匹配，并正确穿绕。钢丝绳端固定应牢固、可靠。压板固定时，压板不得少于2个，卷筒上的绳端固定装置应有防松或自紧的性能；金属压制接头固定时，接头不应有裂纹；楔块固定时，楔套不应有裂纹，楔块不应松动；绳卡固定时，绳卡安装应正确，绳卡数按本规程表6.1.6的要求执行。 2 除固定钢丝绳的圈数外，卷筒上至少应保留3圈钢丝绳作为安全圈。 验收方法：将吊钩放到最低工作位置，检查安全圈数。 3 钢丝绳应润滑良好，不得与金属结构干涉。 4 钢丝绳不应有扭结、压扁、弯折、断股、断芯、笼状畸变等变形现象。 5 钢丝绳直径由于拉伸的减少量不得大于公称直径的7%。 6 钢丝绳断丝数不应超过规定的数值	
37			5.2	滑轮验收应符合下列要求： 1 滑轮应转动良好，且与钢丝绳匹配，出现下列情况之一的应报废： 1)出现裂纹、轮缘破损等损伤钢丝绳的缺陷； 2)轮槽壁厚磨损达原壁厚的20%； 3)轮槽底部直径减少量达钢丝绳直径的50%或槽底出现沟槽。 2 滑轮应有防止钢丝绳脱槽的装置，且可靠有效	

续表C

序号	验收项目			验收内容与要求	验收结果
38	一般项目	主要零部件与机构	5.3	减速器验收应符合下列要求： 1 地脚螺栓、壳体连接螺栓不得松动，螺栓不得缺损。 2 减速器工作时不得有异常声响、振动、发热和漏油	
39			5.4	车轮及支撑轮不得有过度磨损，轮缘磨损量达原厚度的50%或踏面磨损达原厚度的15%时，应报废	
40			5.5	联轴器零件无缺损，连接无松动，运转平稳	
41			5.6	卷筒验收应符合下列要求： 1 卷筒两侧边缘超过最外层钢丝绳的高度不应小于钢丝绳直径的2倍。卷筒上钢丝绳应排列有序，应设有防钢丝绳脱槽装置。 2 卷筒壁不应有裂纹或轮缘破损，筒壁磨损量不应大于原壁厚的10%。 3 在卷筒上钢丝绳尾部应固定，有防松和自紧性能	
42			5.7	导绳器应在整个工作范围内有效排绳，不应有卡阻、缺件等缺陷	
43			5.8	环链不应有裂纹、开焊等缺陷，链环直径磨损达原直径的10%应报废	
44		电气系统	6.1	电气设备及电器元件验收应符合下列要求： 1 电气设备及电器元件的构件应齐全完整、固定牢固；传动部分应灵活，无卡阻；绝缘材料无破损。 2 采用移动式软电缆馈电装置应有合适的收放措施	
45			6.2	架桥机供电电源应设置总电源开关，并应设置在靠近架桥机且地面人员易于操作的地方，开关出线端不得连接与架桥机无关的电气设备	
46			6.3	架桥机总电源开关状态应在司机室内有明显的信号指示。架桥机应设有示警音响信号，并且在架桥机工作场地范围内应能清楚听到	
47		液压系统	7.1	有相对运动的部位采用软管连接时，应缩短软管长度，并避免相互刮磨，易受到损坏的外露软管应加保护套，软管出现老化应报废	
48			7.2	液压管路、接头、阀组等元件不得漏油	
49			7.3	液压系统应有防止过载和冲击的安全装置，平衡阀和液压锁与执行机构连接有效	

续表 C

序号	验收项目			验收内容与要求	验收结果
50	一般项目	安全装置与防护措施	8.1	大(小)车和引导梁等运行机构应设极限位置限制器，且有效	
51			8.2	大(小)车和引导梁等运行机构极限位置终端应分别设缓冲器和端部止挡，缓冲器与端部止挡应对接良好。端部止挡应固定牢固，两边应同时接触缓冲器	
52			8.3	架桥机大(小)车运行机构应设扫轨板；扫轨板距轨道不得大于10mm	
53			8.4	架桥机上外露的有可能伤人的活动零部件均应装设防护罩	
54			8.5	架桥机的电气设备应装设防雨罩	
55		空载试验		各种安全装置工作有效；各机构运转正常，制动可靠；操纵系统、电气控制系统工作正常；各运行机构无啃轨现象；必要时检测大车同步性	
验收结论					
参加单位					
验收人员					
验收日期					

本规程用词说明

1 为便于在执行本规程条文时区别对待，对要求严格程度不同的用词说明如下：

1) 表示很严格，非这样做不可的：
正面词采用“必须”；反面词采用“严禁”；

2) 表示严格，在正常情况下均应这样做的：
正面词采用“应”；反面词采用“不应”或“不得”；

3) 表示允许稍有选择，在条件许可时首先应这样做的：
正面词采用“宜”；反面词采用“不宜”；

4) 表示有选择，在一定条件下可以这样做的，采用“可”。

2 条文中指明应按其他有关标准执行的写法为“应符合……的规定”或“应按……执行”。

引用标准名录

1 《起重机　钢丝绳　保养、维护、安装、检验和报废》GB/T 5972

2 《建筑机械使用安全技术规程》JGJ 33

3 《施工现场临时用电安全技术规范》JGJ 46

4 《建筑施工高处作业安全技术规范》JGJ 80

中华人民共和国行业标准

市政架桥机安全使用技术规程

JGJ 266—2011

条 文 说 明

制 定 说 明

《市政架桥机安全使用技术规程》JGJ 266－2011，经住房和城乡建设部2011年12月6日以第1195号公告批准、发布。

本规程制定过程中，编制组进行了广泛而深入的调查研究，总结了我国工程建设中市政架桥机安全使用的实践经验，同时参考了国外先进技术法规、技术标准，通过试验取得了市政架桥机安全使用的重要技术参数。

为便于广大设计、施工、科研、学校等单位有关人员在使用本规程时能正确理解和执行条文规定，《市政架桥机安全使用技术规程》编制组按章、节、条顺序编制了本规程的条文说明，对条文规定的目的、依据以及执行中需注意的有关事项进行了说明，还着重对强制条文的强制性理由做了解释。但是，本条文说明不具备与规程正文同等的法律效力，仅供使用者作为理解和把握规程规定的参考。

目　次

1 总 则

1.0.1 我国的架桥机主要是用于铁路、公路桥梁和城市的道桥（包括立交桥）等。近些年来，为了缓解城市道路拥挤，特别是交叉路口的“瓶颈”问题，城市市政道路新建、改建和扩建的规模不断加大，城市道桥特别是高架桥、立交桥有了很大发展，架桥机在城市道路建设上应用越来越广泛，随之而来的安全事故也相应攀升，尤其是其建设地点往往位于城市繁华地段，施工场地狭窄、施工环境复杂，车流、人流多，对施工安全的要求更高。从事故原因分析，既有违章作业，管理监督不到位的问题，也有架桥机维护保养不善，或是设备本身有缺陷等情况。为了减少和遏止事故的发生，特编制《市政架桥机安全使用技术规程》，用强制性条文约束和规范在城市规划区范围内架桥机安全使用的行为，维护广大职工和周围人民群众的生命财产安全。

1.0.2 本规程的制定是针对目前普遍采用的架桥机机型，随着今后架桥机机型的升级和改进，将对本规程作进一步的修订和完善，以适应实际施工的需要。

1.0.3 市政架桥机在安全使用技术方面有着自身的特殊要求，主要是：

1 架桥机在其基座处理上要求更高、更复杂，因为城市的立交桥通常为多层多向，架桥机的基层不仅要做好地基的处理，有的还要做好以下层桥面为基础的处理；

2 因施工场地狭窄，架桥机的架设和安全使用的要求更高，难度更大；

3 噪声、现场安全防护等要求更高。

本规程是重点针对市政架桥机施工安全提出的，在施工中不仅要遵守本规程，还要遵守国家其他现行有关标准的规定，如：《施工现场临时用电安全技术规范》JGJ 46、《建筑机械使用安全技术规程》JGJ 33、《建筑施工高处作业安全技术规范》JGJ 80、《起重机设计规范》GB/T 3811、《起重机 钢丝绳 保养、维护、安装、检验和报废》GB/T 5972、《起重机械安全规程》GB 6067、《架桥机安全操作规程》TB/T 2661 等。

3 基本规定

3.0.1 本条是强制性条文。本条规定参照了国家质量监督检验检疫总局《起重机械制造监督检验规则》TSG Q 7001-2006、《建筑起重机械安全监督管理规定》（建设部令第 166 号）第四条中的相关内容，并结合目前架桥机施工中所使用的相关资料和文件作了本规定，其主要目的是为了确保架梁施工所使用的架桥机首先应是正规厂家出产的合格产品这一前提，这也是架桥机安全使用的必要条件之一。

3.0.2 架桥机产权单位是指具有架桥机所有权的单位。架桥机的施工单位是指实施市政工程施工的单位。架桥机装拆单位是指具体实施架桥机安装和拆卸作业的单位。

3.0.3 本条是强制性条文。本条规定参照了《建筑起重机械安全监督管理规定》建设部令第 166 号第十条、第二十五条中的相关内容，其主要目的是对架桥机的装拆企业的实力和能力，包括设备和相应的人员有一个明确的界定，以适应其所承担工程的规模和技术难度。特种作业人员所持操作资格证书必须是由国家或地方认可的具有培训资格部门签发的。

3.0.4 架桥机装拆单位与架桥机施工单位为同一家单位时，则不需要签订架桥机安装、拆卸合同。

3.0.5 本条是强制性条文。根据《建筑起重机械安全监督管理规定》（建设部令第 166 号）第十五条、《危险性较大的分部分项工程安全管理办法》（建质［2009］87 号）附件二第三条的规定，架桥机架梁施工属于超过一定规模的危险性较大的分部分项工程，应编制施工方案，并经施工企业技术负责人签字审批认可。当架桥机达到下列条件之一时，必须进行专家论证：

1 工作高度超过 10m；

2 城市道桥单跨跨度大于 20m；

3 单根预制梁重量大于 60t。

当设计、环境等因素发生重大变化时，如因设计变更或者其他原因使得单根预制梁的截面和重量发生较大变化时，应重新组织专家论证。

3.0.6 安全应急预案包括：作业前应制定防火、防爆、防雷击、防洪和防暑等应急预案，其应符合国家现行的相关规定；在人流、交通、住宅密集区，必须编制疏导及应急预案；针对用于架桥机安装和拆卸的起重机械的应急预案。

安全装置包括：运行机构限位装置、起升高度限位装置、支腿机械锁定装置、起重量限制器、安全制动器、超速开关、风速仪、总断路器、紧急停止开关、失压保护和零位保护等。

3.0.9 动力系统包括架桥机各机构的纵移、起重机构的起升，配套后，要求能承受较大的扭矩和振动冲击，因此，安装时需要放置平稳、固定良好。保护接地是在电器外壳与大地之间设置电阻小的金属接地极，当绝缘损坏时，电流经接地极入地，不会对人体造成危害。保护接零是将接地的中性线（零线）与非带电的结构、外壳和设备相连接，当绝缘损坏时，由于中性线电阻很小，短路电流很大，会使电气线路中的保护开关、保险器和熔断器动作，切断电源，从而避免发生人身触电事故。在保护接零系统中，如果个别设备接地未接零，且该设备相线碰壳，则该设备及所有接零设备的外壳都会出现危险电压。尤其是当接地线或接零保护的两个设备距离较近，当人同时接触这两个设备时，其接触电压可达220V的数值，触电危险将更大。因此，在同一供电系统中，不能同时采用接零和接地两种保护方法。如在保护接零的零线上串接熔断器或断路设备，将使零线失去保护功能。当电器发生严重超载、短路及失压等故障时，通过自动开关的跳闸，切断故障电器，可有效保护串接在它上面的电气设备；如果在故障未排除前强行合闸，将失去保护作用而烧坏电气设备。水是导电体，如果电气设备上有积水，将破坏绝缘性能。

3.0.10 相关人员是指除管理人员、操作人员以外，在现场为架桥机施工作业提供直接服务的人员。

3.0.11 对本条应符合的环境条件，建议参照如下要求：

1 架桥机的电源为三相交流，额定频率为50Hz或60Hz，额定电压为380V～660V。在正常工作条件下，供电系统在架桥机馈电线接入处的电压波动不应超过额定值的±10%。

2 采用发电机组供电时，发电机组在架桥机使用环境条件下，其常用功率应满足架桥机工作需要，电压波动不应超过额定值的±5%。

3 架桥机安装使用地点的海拔高度不应超过1000m，超过1000m时，应按《旋转电机 定额和性能》GB 755的规定对电动机容量进行校核。

4 架桥机正常使用的环境温度应在－20℃～＋40℃的范围，24h内的平均温度不得超过＋35℃。

5 当架桥机周围空气温度在＋40℃时，其相对湿度不应超过50%。较低温度下相对湿度可以提高，例如在＋20℃时提高为90%。周围空气温度在不超过＋25℃时，相对湿度允许短时高达100%。

3.0.12 在架桥机出现故障的情况下，应组织相关人员排除故障，经重新调试合格后方可继续投入使用；如因故障较大而无法立即排除的，不得继续投入使用。在本条所列的条件下，应严禁架桥机的安装、拆卸、架梁、转跨及调试等作业。

3.0.13 外来因素是指在架桥机作业时有非施工人员进入警戒区域、电源电路发生故障、天气条件发生突然变化等情况。

3.0.14 架桥机使用过程中，应建立的安全技术档案包括下列内容：

1 架桥机的产品质量合格证明、监督检验证明、安装技术文件和资料、使用和维护说明；

2 安全保护装置的型式试验合格证明；

3 定期检验报告和定期自行检查的记录；

4 日常使用状况记录；

5 日常维护保养记录；

6 运行故障和事故记录；

7 使用登记证明。

3.0.15 当架桥机的作业人员高空作业时，应符合下列要求：

1 在2m以上悬空和无平台处作业时，应正确佩带和使用安全带，有平台的应安装防护栏杆和安全网。

2 高空作业人员必须进行身体检查，患有高血压、心脏病、贫血以及其他不适于高空作业者，不得从事高空作业。

3 登高扫、抹、擦、吊、架设、堆物时，作业面下必须设置防护。

4 所有作业人员进入施工现场，应正确佩戴和使用安全帽。登高作业人员应穿胶鞋或软底鞋，不得穿拖鞋、硬底鞋。

5 高空作业使用的工具应放在工具袋内，常用的工具应系在身上，所需材料或其他工具必须用牢固、结实的绳索传递，禁止抛掷。

6 架桥机的拆卸人员高空作业时，可按安装时人员的要求上岗。

3.0.16 如设计无规定，在一般情况下，铁路架桥机已架梁片达到2000片，一般公路架桥机架梁片数达到5000片，节段拼装式架桥机的架梁片数达到8000片的，应进行使用状态安全评估。

4 架桥机的安装与拆卸

4.1 一般规定

4.1.1 相关资料是指起重机械备案证明、安装单位资质证书、安全生产许可证、安装单位特种作业人员证书。起重机械安装、拆卸工程施工方案，安装单位与施工总承包单位签订的安全协议书，安装、拆卸专职安全生产管理人员、专业技术人员名单，安装、拆卸应急救援预案，起重机械资料及其特种作业人员证书。

4.1.4 非特别说明，本规程中的起重机械都是指用于安装、拆卸架桥机的起重机械，如龙门吊、履带吊、汽车吊等。安装、拆卸架桥机的起重机械，应根据工程的特点、施工的环境条件、架桥机的情况选用，应满足国家现行标准的规定和安全使用技术的要求，这些标准和规程主要是：《建筑机械使用安全技术规程》JGJ 33、《施工现场临时用电安全技术规范》JGJ 46、《起重机 钢丝绳 保养、维护、安装、检验和报废》GB/T 5972、《起重机设计规范》GB/T 3811，这些规范对架桥机所涉及的机械安全使用、电气设备、安全用电、各机械部件等通用条件进行了规定。

4.2 作业准备

4.2.1 本条中的专业技术员是指架桥机产权单位的技术人员以及负责架桥机的安装和拆卸单位的技术人

员；项目技术负责人一般是指实行工程总承包的工程，总承包单位本工程的技术负责人；作业人员是指完成本工程架桥机安装、拆卸、使用，包括起重机械以及安全警戒的所有专业工种或专职的操作人员。

安全技术交底主要包括：项目技术负责人及专业技术员组织全体人员学习施工方案和架桥机使用说明书中有关内容，包括架桥机结构、性能参数，安装、拆卸作业的有关要求、危险源的识别和具体的防范措施等。

4.2.2 所谓关键工序部位一般是指构件安装、架桥机转跨等，本条意即施工机具应性能完好，这是关键工序部位施工的一个必要条件，而对于其他各工序来说，同样也应做到本条要求。需对维修保养和工作性能情况进行检查的主要部件有主要受力结构件、安全附件、安全保护装置、运行机构、控制系统、索具、吊具、连接螺栓及销轴、吊梁小车上所有紧固件及连接件等。

4.3 安装与拆卸

4.3.7 架桥机拼装完毕后应进行全面调整，使其达到正常工作状态，拼装调整中应满足下列要求：

1 低、中、高支腿轨道间距离尺寸应严格控制其平行，防止架桥机横向移动时支腿出轨；

2 钢轨铺设必须水平稳固安全，路轨下道木必须铺设均匀并垫实，钢轨与道木采用道钉固定，两根钢轨接头处高低及侧向偏差应小于1mm；

3 两根主梁间的剪刀撑必须全部加设到位；

4 架桥机主梁坡度调整应以低支腿高度为基准，低支腿高度不调节，坡度全部调整完毕必须采用水平仪复核；

5 钢轨下局部腾空部位采用木板、木块垫实，严禁采用木楔垫实。

4.4 调　试

4.4.1 架桥机安全制动装置是指运行机构限位装置、起升高度限位装置、支腿机械锁定装置、起重量限制器、安全制动器等。

4.4.5 对于架桥机额定起重量大而构件重量较小的情况，考虑到安全性、操作性和可行性的结合，建议按照现场实际需要的1.1倍起重量来出具检测报告。

5 检查与验收

5.1 检　　查

5.1.1 实行施工总承包的项目，每班作业前，应由总承包单位牵头组织架桥机安装单位、产权单位对架桥机进行检查。

5.1.2 专业技术人员是指架桥机产权单位的技术人员以及负责架桥机安装和拆卸单位的技术人员。

5.2 验　　收

5.2.4 特殊项目验收中，其他检查试验项目应在必要时进行，主要包括静载试验和动载试验。静载试验是将小车停在跨中和悬臂端（对双小车架桥机的吊具则在设计规定的最不利位置），起升机构逐步加载至1.25倍额定载荷，按检验内容与要求进行试验和检查，核实试验结果应符合要求。动载试验是起吊1.1倍的额定载荷，检查架桥机各机构的灵活性和制动器的可靠性。每一工况的试验不得少于三次，每次动作停稳后再进行下次启动，必须注意加速度、减速度和速度限制在架桥机正常工作的范围内。卸载后，检查机构及结构各部件，应无松动和损坏等异常现象，核实试验结果应符合要求。

5.2.5 主梁跨中拱度是指两支腿中心标高的平均值与跨中标高的差，主梁悬臂端翘度是指支腿中心标高与对应悬臂端标高的差，测量时注意标尺的方向以判断上拱度和上翘度的正负。

6 架桥机的使用

6.1 一 般 规 定

6.1.1 本条规定了投入使用的架桥机应为符合相关标准和所在工程工况的合格产品，这是保证安全操作的基本条件。

安装检测合格证包括下列内容：检测检验证明、型式试验报告等证明文件、安全保护装置的型式试验合格证明、设备安装自检报告。

架桥机施工方案的内容应根据现场实际施工条件，按安全技术标准及架桥机的性能要求编制；方案应由施工单位技术部门组织本单位施工技术、安全、质量部门等专业技术人员进行审核。经审核合格的，由施工单位技术负责人签字。实行施工总承包的，方案应由总承包单位技术负责人及相关专业承包单位技术负责人签字。架桥机施工方案应按国家有关规定进行专家论证，如不需专家论证，则经施工单位审核合格后报监理单位，由项目总监理工程师审核签字后实施。方案实施前，编制人员或项目技术负责人应对有关安全施工的技术要求向施工作业班组、作业人员作出书面技术交底及详细说明，并由双方签字确认。

6.1.3 本条规定参考了《起重机械安全监察规定》中第十七条：起重机械在投入使用前或者投入使用后30日内，使用单位应当按照规定到登记部门办理使用登记；《建筑起重机械备案登记办法》（建质[2008] 76号关于印发《建筑起重机械备案登记办法》的通知）第五条：建筑起重机械出租单位或者自购建筑起重机械使用单位在建筑起重机械首次出租或安装前，应当向本单位工商注册所在地县级以上地方人民政府建设主管部门办理备案。

6.1.4 人员基本条件如下：指挥员一名，熟悉桥梁结构及起重工作的基本要求，特别是熟悉架桥机的结构、拼装程序、操作方法和使用说明书中的要求，并具有一定的组织能力，熟悉指挥信号，责任心强；电工一名，能看懂架桥机电路图并能按图接线，能在工作中迅速排除故障，责任心强，业务熟练，反应敏捷；液压工一名，熟悉液压系统的基本知识和使用及维修技能，能正确操作和排除有关故障；起重工三名，具有多年从事起重工作的经历，责任心强，具备一定的力学知识，熟悉起重机操作规程和安全规程，工作认真负责；辅助工三名，具有一定的文化知识，身强力壮，能吃苦耐劳，肯钻研业务。

6.1.5、**6.1.6** 表 6.1.5 参照《施工现场临时用电安全技术规范》JGJ 46，表 6.1.6 参照《起重机械安全规程》GB 6067。

钢丝绳端部固定连接应符合下列要求：

1 用绳卡连接时，应保证连接强度不得小于钢丝绳破断拉力的 85%；

2 用编结连接时，编结长度不应小于钢丝绳直径的 15 倍，且不得小于 300mm，连接强度不得小于钢丝绳破断拉力的 75%；

3 用楔块、楔套连接时，楔套应用钢材制造，连接强度不得小于钢丝绳破断拉力的 75%；

4 用锥形套浇铸法连接时，连接强度应达到钢丝绳的破断拉力；

5 用铝合金套压缩法连接时，应使铝合金套与钢丝绳紧密牢固的贴合，连接强度应达到钢丝绳的破断拉力。

6.1.7 钢丝绳所用的润滑剂应符合要求，并且不影响外观检查。润滑时应特别注意不易看到和不易接近的部位，如平衡滑轮处的钢丝绳。

6.2 构 件 安 装

6.2.1 具体检查项目应包括下列内容：

1 检查各类限位器应牢固可靠；

2 检查吊点、吊具应无变形、缺损；

3 检查卷扬机、减速器的控制应可靠；

4 检查钢丝绳、绳卡及其排列情况；

5 检查液压、电气的连接情况；

6 检查各支腿支撑位置及受力情况；

7 检查大车横移轨道的轨距、平行度和水平度。

6.2.2 班前检查的主要内容是：检查机电、液压系统的管、线路，检查接头有无松动，管、线路有无破损，连接螺栓有无松动；架桥机金属结构应采取保护接零，同时采取防雷、防感应电措施，接零保护每班检查一次；信号、标志、标示、警铃等设施每班检查，保持良好状态。

6.2.3 架梁时的风速条件是小于 13m/s，过孔时风速的条件是小于 10.3m/s。

6.2.4 试吊，即捆好梁后，先将卷扬机组做制动试验 2 次～3 次，然后将梁吊起少许，检查钢丝绳应无跳槽、吊架插销应无窜动等情况。严禁利用限位装置或限制器代替制动停车。

6.2.5 构件常用的吊装方式分为两种：

吊杆：即采用特殊钢材的杆件穿入构件预设吊装孔吊装，采用螺母固定，固定螺母应符合相关规范，固定好后应有防护措施；

钢丝绳：即用钢丝绳捆住梁端，钢丝绳与梁折角处应设防护措施，以保护梁体及钢丝绳。以上两种吊装工具的安全系数均不应小于 6 倍。

6.2.7 落梁过程中，下落梁与已架梁不得相碰，并保持梁底水平度偏差 10°。就位时，先对位固定支座端，后对位活动支座端。落梁时，两吊点卷扬机组应动作一致，落梁距横移设备 20mm～30mm 时，应调整梁片纵向位置，确认无误后继续落梁。

6.2.8 架梁施工时应经常检查液压油、润滑油的油量，及时补充或更换；电机、电源、控制柜、制动轮等处应设防雨设施；轨道面湿、滑及冰冻时，架梁作业应采取相应的防护措施。

6.2.10 此处作业人员指进行高空作业的相关人员。作业人员在遵守有关规定的同时，有权对施工现场的作业条件、作业程序和作业方式中存在的安全问题提出批评、检举和控告，有权拒绝违章指挥和强令冒险作业。在施工中发生危及人身安全的紧急情况时，作业人员有权立即停止作业或者在采取必要的应急措施后撤离危险区域。

中华人民共和国行业标准

城市测量规范

Code for urban survey

CJJ/T 8—2011

批准部门：中华人民共和国住房和城乡建设部
施行日期：2 0 1 2 年 6 月 1 日

中华人民共和国住房和城乡建设部
公　　告

第 1178 号

关于发布行业标准《城市测量规范》的公告

现批准《城市测量规范》为行业标准，编号为 CJJ/T 8-2011，自 2012 年 6 月 1 日起实施。原行业标准《城市测量规范》CJJ 8-99 同时废止。

本规范由我部标准定额研究所组织中国建筑工业出版社出版发行。

中华人民共和国住房和城乡建设部

2011 年 11 月 22 日

前　　言

根据原建设部《关于印发〈2006 年工程建设标准规范制订、修订计划（第一批）〉的通知》（建标［2006］77 号）的要求，规范编制组经广泛调查研究，认真总结实践经验，参考国内外有关先进标准，并在广泛征求意见的基础上，对原行业标准《城市测量规范》CJJ 8—99 进行了修订。

本规范的主要技术内容是：1. 总则；2. 术语、符号和代号；3. 基本规定；4. 平面控制测量；5. 高程控制测量；6. 数字线划图测绘；7. 数字高程模型建立；8. 数字正射影像图制作；9. 工程测量；10. 地籍测绘；11. 房产测绘；12. 地图编制。

修订的主要技术内容是：1. 增加了“术语、符号和代号”、“基本规定”、“数字高程模型建立”、“房产测绘”四章；2. 修改了“平面控制测量”、“高程控制测量”部分内容，增加了 RTK 测量、卫星定位高程测量等技术内容；3. 将原第 4、5、8 章内容修改调整为目前的第 6 章；4. 将原第 5 章的部分内容修改调整为目前的第 8 章；5. 将原第 7 章的内容综合修改，并增加了规划监督测量、日照测量、土石方测量、竣工测量、城市管理部件测量和变形测量等内容，成为目前的第 9 章，并将地面沉降观测内容并入变形测量中；6. 将原第 9 和 10 章进行了综合修改后成为目前的第 12 章；7. 取消了原规范 15 个附录中的附录 B、附录 C、附录 D、附录 G、附录 H、附录 J、附录 K、附录 L、附录 M、附录 N、附录 P 等 11 个附录。

本规范由住房和城乡建设部负责管理，由北京市测绘设计研究院负责具体技术内容的解释。执行过程中如有意见或建议，请寄送北京市测绘设计研究院（北京市海淀区羊坊店路 15 号，邮政编码：100038）。

本规范主编单位：北京市测绘设计研究院

本规范参编单位：建设综合勘察研究设计院有限公司
天津市测绘院
上海市测绘院
重庆市勘测院
深圳市勘察测绘院有限公司
南京市测绘勘察研究院有限公司
国家测绘局测绘标准化研究所
国家测绘局第一大地测量队
广州市城市规划勘测设计研究院
宁波市测绘设计研究院
沈阳市勘察测绘研究院
武汉市测绘研究院
西安市勘察测绘院
武汉市国土资源和规划信息中心
成都市勘察测绘研究院
济南市勘察测绘研究院
昆明市测绘研究院
北京勤业测绘科技有限公司

本规范主要起草人员：陈　倬　王　丹　洪立波

于建成　郭容寰　谢征海
贾光军　李宗华　王双龙
李　勇　孙乐兵　金善焜
肖学年　方　锋　岳建利
黄　勇　施宝湘　刘　政
黄　河　陈声勇　高　磊
牛守明　侯至群　严小平

张周平　董　明　蔡振来
焦永达　储征伟

本规范主要审查人员：宁津生　严伯铎　张　远
过静珺　蒋景瞳　陈绍光
秦长利　张志华　程效军
李维功　许长胜

目　次

Contents

1 总 则

1.0.1 为统一城市测量的技术要求，为城乡经济建设和社会发展提供准确的测量成果，满足城市现代化建设发展、信息化管理和信息资源综合应用的需要，制定本规范。

1.0.2 本规范适用于城市规划、建设、运行和管理中的平面控制测量、高程控制测量、数字线划图测绘、数字高程模型建立、数字正射影像图制作、工程测量、地籍测绘、房产测绘、地图编制等城市测量工作，也适用于镇、乡、村的测量工作。

1.0.3 城市测量使用的仪器设备应定期检验校正，并使其保持良好状态；使用的软件应通过测试。

1.0.4 城市测量应采用中误差作为测量精度的衡量标准，并应以二倍中误差作为极限误差。

1.0.5 在城市测量中，应鼓励采用新技术、新方法和新仪器设备。

1.0.6 城市测量除应符合本规范外，尚应符合国家现行有关标准的规定。

2 术语、符号和代号

2.1 术 语

2.1.1 全数检验 total inspection

对批成果中全部单位成果逐一进行的质量检验。

2.1.2 抽样检验 sampling inspection

从批成果中随机抽取一定数量样本进行的质量检验。

2.1.3 首级网 primary control network

一个城市建立的最高等级的平面和高程控制网。

2.1.4 加密网 densified control network

在首级网基础上布设的低等级控制网。

2.1.5 卫星定位网 satellite positioning network

采用卫星定位测量方法布设的平面控制网。

2.1.6 网络 RTK 测量 network RTK surveying

基于连续运行基准站网，利用载波相位动态实时差分技术和网络通信技术进行定位测量。

2.1.7 单基站 RTK 测量 single base station RTK surveying

基于单一基准站，利用载波相位动态实时差分技术和网络通信技术进行定位测量。

2.1.8 高程导线测量 elevation traverse survey

利用三角高程测量按类似导线路线方式获取各点高程的测量方法。

2.1.9 真正射影像图 true digital ortho map

利用数字表面模型，采用数字微分纠正技术，改正原始影像的几何变形，经影像重采样后，使影像视角被纠正为垂直视角而形成的影像图。

2.1.10 双极坐标法 dual polar coordinate method

利用两个不同测站及不同起始方向，采用极坐标法测量同一点位坐标的方法。

2.1.11 定线测量 alignment survey

城市规划道路定线测量的简称，指确定城市规划道路的平面位置的测量工作。

2.1.12 拨地测量 allocation survey

建设用地钉桩测量的简称，指标定建设用地范围的测量工作。

2.1.13 条件点 qualification point

对实现规划条件有制约作用的点位。

2.1.14 规划监督测量 planning supervision survey

为验证建设工程平面位置、高度和建筑面积等指标是否符合规划审批要求而进行的测量工作。

2.1.15 城市管理部件 urban management component

城市市政管理公共区域内的各项设施，包括公用设施类、道路交通类、市容环境类、园林绿化类、房屋土地类等市政工程设施和市政公用设施。

2.1.16 沉降监测网 subsidence network

用于地面沉降观测的高程网。

2.2 符 号

a——固定误差；仪器标称精度中的固定误差；

a_{ij}——相对点位误差椭圆的长半轴；

α_v——垂直角观测值；

a_w——点位误差椭圆的长半轴；

b——比例误差系数；平均航向重叠度的像片基线长度；

b_{ij}——相对点位误差椭圆的短半轴；

b_w——点位误差椭圆的短半轴；

C——视准轴误差；

dH——检测点检测高程与卫星定位高程的差值；

d——基线长度；

D——测距边长度；测距边两端点仪器与棱镜平均高程面上的水平距离；相邻界址点间的距离；房屋边长；

f——地球曲率与大气折光对垂直角的改正值；

f_β——附合导线或闭合导线环的方位角闭合差；

h——测距仪与棱镜之间的高差；高程导线边两端点的高差；

h_c——观测角顶点至对边的垂线长度；

h_g——测距边所在地区大地水准面对于参考椭球面的高度；

h_u——水深；

H——基本等高距；平均相对航高；等深距；

H_m——测距边高出大地水准面（黄海平均海水面）的平均高程；

i——仪器高；界址点序号；

k——当地的大气折光系数；

L——附合路线或环线长度；水准环线周长；水准检测路线长度；

L_s——测段、区段或路线长度；

L_i——检测测段长度；

m_{α_v}——垂直角测角精度；

m_D——观测边的平均测距中误差；每千米测距中误差；

m_{Di}——测距边实际测距中误差；

m_j——相应等级界址点规定的点位中误差；

m_n——新成果等级规定的测角中误差；

m_o——旧成果等级规定的测角中误差；

m_p——面积中误差；

m_s——边长误差；

m_x、m_y——点位在坐标轴方向的误差；

m_α——方向角误差；

m_{α_1}、m_{α_2}——起始方位角中误差，以秒（″）为单位；

m_β——相应等级边角组合网规定的测角中误差，以秒（″）为单位；

$m_{\Delta x}$、$m_{\Delta y}$——坐标增量的误差；

M——成图比例尺分母；地籍原图比例尺分母；

M_H——卫星定位高程控制测量高程中误差；

M_{ij}——四等网中最弱相邻点的相对点位中误差；

M_w——四等以下网中最弱点相对于起算点的点位中误差；每千米高差中数全中误差；

M_s——航摄比例尺分母；

n——测站数；宗地界址点个数；

n'——测段数；

n_a——每站全部方向测回总数；

n_d——该站方向总数；

n_0——测回数；

n_s——测距边边数；

n_t——三角形的个数；

n_Δ——Δ_c 的个数；

N——水准环数；检测点数；

N'——f_β 的个数；

p_i——距离测量的先验权；

P——面积；

R_m——参考椭球面在1、2两点中点的平均曲率半径；地球平均曲率半径；参考椭球面在测距边中点的平均曲率半径；

R_n——测距边方向参考椭球面法截弧的曲率半径；

R_p——影像扫描分辨率；

R_z——正射影像图分辨率；

S——边长；房产面积；经各项改正后的斜距；

S_1、S_2——经过各项改正后的高程导线边的倾斜距离；

S'_0——测距边水平距离归算到参考椭球面上的边长；

S_0——S'_0 归算到高斯平面的测距边边长；

T——测距边要求的相对中误差的分母；

v——棱镜高；

v_1、v_2——后视和前视的棱镜高；

W——经过各项改正后的水准环线闭合差；

W_i——三角形闭合差；

x_1、x_2、y_1、y_2——1、2两点的坐标值；

X_i、Y_i——宗地第 i 个界址点坐标；

y_m——1、2两点的横坐标平均值；测距边两端点近似横坐标的平均值；

α——除观测角外的另两个角度；

α_a——圆周角条件或组合角条件方程式的系数；

β——传距角；

β_l——导线观测左角中数；

β_r——导线观测右角中数；

$\delta_{1,2}$——测站点1向照准点2观测方向的方向改化值；

$\delta_{2,1}$——测站点2向照准点1观测方向的方向改化值；

Δ——测段往返测高差的不符值；

Δ_c——测站圆周角闭合差；

Δ_d——往、返测距离的差数；

Δ_D——界址点坐标计算的边长与实量边长较差的限差；

Δ_h——要求达到的高程精度；年均沉降量；

Δ_p——两次量算面积较差；

Δ_y——测距边两端点近似横坐标的增量；

μ——单位权中误差；高程异常模型中误差；

ρ——常数，为206265″；

σ_{si}——测距的先验中误差，可按测距仪的标称精度计算。

2.3 代　　号

2.3.1 缩略词

CMYK——印刷彩色模式 cyan magenta yellow

black;

CORS——连续运行参考站 continuously operating reference stations;

DEM——数字高程模型 digital elevation model;

DGPS——差分全球定位系统 difference global positioning system;

DLG——数字线划图 digital line graphic;

DOM——数字正射影像图 digital orthophoto map;

DRG——数字栅格地图 digital raster graphic;

IMU——惯性测量单元 inertial measurement unit;

PDOP——位置精度因子 position dilution of precision;

RTK——载波相位动态实时差分 real time kinematic;

TIFF——图像文件格式 tagged image file format;

TIN——不规则三角网 triangulated irregular network。

2.3.2 有关代号

DJ_1——室外条件下一测回水平方向中误差不超过1″的经纬仪或全站仪;

DJ_2——室外条件下一测回水平方向中误差不超过2″且大于1″的经纬仪或全站仪;

DJ_6——室外条件下一测回水平方向中误差不超过6″且大于2″的经纬仪或全站仪;

DS_{05}——每千米水准测量高差中数偶然中误差不超过0.5mm的光学水准仪;

DS_1——每千米水准测量高差中数偶然中误差不超过1mm且大于0.5mm的光学水准仪;

DS_3——每千米水准测量高差中数偶然中误差不超过3mm且大于1mm的光学水准仪;

DSZ_{05}——每千米水准测量高差中数偶然中误差不超过0.5mm的数字水准仪;

DSZ_1——每千米水准测量高差中数偶然中误差不超过1mm且大于0.5mm的数字水准仪。

3 基本规定

3.1 空间和时间参照系

3.1.1 城市测量应采用该城市统一的平面坐标系统，并应符合下列规定：

1 投影长度变形值不应大于25mm/km;

2 当采用地方平面坐标系统时，应与国家平面坐标系统建立联系。

3.1.2 城市测量应采用高斯－克吕格投影。

3.1.3 城市测量应采用统一的高程基准。当采用地方高程基准时，应与国家高程基准建立联系。

3.1.4 城市测量的时间应采用公元纪年、北京时间。

3.2 作业与成果管理要求

3.2.1 测量作业前，应根据城市测量项目的技术难易程度和规模大小等，收集分析有关测量资料，进行必要的现场踏勘，制定经济合理的技术路线，编写项目设计或技术设计并进行技术交底。项目设计或技术设计的编写应符合现行行业标准《测绘技术设计规定》CH/T 1004的规定。

3.2.2 作业人员应具有承担其工作的能力，并应按国家现行有关标准、项目设计或技术设计作业。

3.2.3 作业人员应按现行行业标准《测绘作业人员安全规范》CH 1016的规定进行测量作业。

3.2.4 作业期间，测量仪器设备应进行规定项目的检校，仪器参数设置应定期检查并记录。使用的软件宜定期升级维护。

3.2.5 测量作业过程中，应进行自检和互校，并应做好工程进度、技术问题等内部沟通及用户需求、意见反馈等外部沟通。

3.2.6 测量项目的技术总结或说明应根据技术难易程度和规模大小等确定、编写。技术总结的编写应符合现行行业标准《测绘技术总结编写规定》CH/T 1001的规定。

3.2.7 测量成果验收后应根据档案管理的要求进行测量档案的整理、归档。

3.2.8 当工程测量成果有保密要求时，应按国家相关规定进行保密处理后再提供使用。

3.2.9 数字形式的测量成果宜采用不同存储介质进行双备份。有条件的城市宜实行异地备份，异地备份地点距本地宜大于500km。

3.2.10 测量成果宜按国家现行相关标准的规定采用数据库等技术进行管理，并应确保测量成果的完整性、一致性和可追溯性。

3.2.11 DLG、DEM、DOM元数据内容与格式宜符合现行行业标准《基础地理信息数字产品元数据》CH/T 1007的规定。

3.3 质量检验要求

3.3.1 测量成果应按现行国家标准《测绘成果质量检查与验收》GB/T 24356和《数字测绘成果质量检查与验收》GB/T 18316的规定进行检查验收，并应按要求编写检查验收报告。

3.3.2 测量成果的验收宜由甲方组织实施，也可由甲方委托国家认可的检验机构实施。

3.3.3 测量成果质量检查与验收应实行过程检查与最终检查、验收的两级检查一级验收制度，并应保存相关记录。记录应完整、规范、清晰，签注应齐全，内容不得随意更改。

3.3.4 测量成果质量检查与验收应按顺序独立进行，测量成果未通过前一工序检查前，不应进行后一工序检查。

3.3.5 过程检查应采用全数检验方式；最终检查宜采用全数检验方式，也可采用抽样检验方式；验收宜采用抽样检验方式。

3.3.6 采用抽样检验方式时，抽样数量和样本的质量评定应符合现行国家标准《测绘成果质量检查与验收》GB/T 24356 和《数字测绘成果质量检查与验收》GB/T 18316 的相关规定。

3.3.7 测量成果在检查验收时，应按现行国家标准《测绘成果质量检查与验收》GB/T 24356 和《数字测绘成果质量检查与验收》GB/T 18316 的规定进行质量评定。测量成果质量宜采用优、良、合格、不合格四级评定制。不合格的测量成果经整改后，应重新进行检查、验收。

4 平面控制测量

4.1 一般规定

4.1.1 城市平面控制网的布设应遵循“从整体到局部、分级布网”的原则。首级网宜一次全面布设；加密网可分期、越级布设。

4.1.2 城市平面控制网的等级宜划分为二、三、四等和一、二、三级。

4.1.3 城市平面控制测量可采用卫星定位测量、导线测量、边角组合测量等方法。

4.1.4 当需要建立城市地方平面坐标系统时，应按下列规定选择平面直角坐标系统：

1 当长度变形值不大于 25mm/km 时，宜采用高斯-克吕格投影统一 3°带的平面直角坐标系统，也可采用高斯-克吕格投影任意带平面直角坐标系统；

2 当长度变形值大于 25mm/km 时，应依次采用下列平面直角坐标系统：

1）投影于抵偿高程面上的高斯-克吕格投影统一 3°带的平面直角坐标系统；

2）高斯-克吕格投影任意带平面直角坐标系统，投影面可采用黄海平均海水面或城市平均高程面；

3）当高斯-克吕格投影任意带平面直角坐标系统不能满足要求时，应分带投影。

3 面积小于 $25km^2$ 的城镇建立的地方平面坐标系统，可不进行投影改正。

4.1.5 城市平面控制网的首级网应与国家控制网联测。联测时，应对拟利用的国家控制网点的精度进行分析。当精度满足城市测量要求时，应直接利用；当精度不满足城市测量要求时，宜利用其点位，并选用一个国家控制网点的坐标与一条边的方位角作为城市平面控制网的起算数据。

4.1.6 四等平面控制网中最弱相邻点的相对点位中误差不应大于 0.05m。四等以下网中最弱点相对于起算点的点位中误差不应大于 0.05m。

4.1.7 二、三等平面控制网点宜逐点联测高程，联测精度不应低于三等高程控制测量精度要求；四等和一、二、三级平面控制网点可依据具体情况联测高程，联测精度不应低于四等高程控制测量精度要求。高程联测的方法和技术要求应符合本规范第 5 章的有关规定。

4.1.8 城市平面控制网的设计应符合下列规定：

1 应收集有关资料并进行现场踏勘。收集的资料宜包括：

1）适当比例尺的地形图和交通图，以及有关气象、地质、通信等方面的资料；

2）城市总体规划和近期建设开发方面的资料；

3）城市已有控制测量资料，包括平面控制网图、水准路线图、点之记、成果表和技术总结等。

2 应对收集的资料进行分析研究，根据测区实际需要、预期精度、测量方法、观测方式、测区的自然地理条件与交通状况等进行城市平面控制网设计。

3 应设计城市平面控制点的概略位置，并拟定首级网与已有平面控制网或国家控制网的联测方案。

4 应判断和检查城市平面控制网各相邻控制点的通视情况。导线网、边角组合网中的各相邻控制点应通视；卫星定位网中的各相邻控制点可不要求全部通视。

5 当城市平面控制网存在多种布网方案时，应进行控制网最优化设计。

6 应拟定城市平面控制点的高程联测方案。

4.1.9 应根据平面控制网设计结果和测区实地调查情况，编写技术设计，拟定作业计划。

4.1.10 各等级卫星定位网点与边角组合网点的点名，宜采用村名、山名、地名、单位名称，并应在调查后确定。同一测区有相同的点名时，应加以区别。新旧点重合时，宜采用旧点名。各等级导线点可按区域或线路命名编号。

4.1.11 卫星定位接收机的检定应符合现行行业标准《全球定位系统（GPS）接收机（测地型和导航型）校准规范》JJF 1118 的规定；卫星定位接收机的维护应符合现行行业标准《卫星定位城市测量技术规范》CJJ/T 73 的规定。

4.1.12 全站仪或电子经纬仪系列的分级、基本技术参数、检定要求应符合现行行业标准《全站型电子速测仪检定规程》JJG 100 的规定；光学经纬仪系列的分级、基本技术参数应符合现行国家标准《光学经纬仪》GB/T 3161 的规定，检定要求应符合现行行业标准《光学经纬仪检定规程》JJG 414 的规定；测距仪的检定要求应符合现行国家标准《光电测距仪》GB/T 14267 的规定。

4.1.13 城市平面控制测量的外业记录应符合下列规定：

1 卫星定位测量的外业记录应符合现行行业标准《卫星定位城市测量技术规范》CJJ/T 73 的规定。

2 导线测量、边角组合测量的外业记录宜采用电子记录方式，也可采用纸质手簿记录。

3 采用电子记录方式时，外业记录宜符合现行行业标准《测量外业电子记录基本规定》CH/T 2004、《导线测量电子记录规定》CH/T 2002、《三角测量电子记录规定》CH/T 2005 的规定。数据文件中的原始观测记录不得更改。

4 采用纸质手簿记录时，应符合下列规定：

1) 外业记录不得涂改、追记和转抄；

2) 水平角观测时，秒值读记错误应重新观测，度、分读记错误可在现场更正，但同一方向盘左、盘右不应连环更改；垂直角观测时，度、分的读数，在各测回中不应连环更改；

3) 距离测量时，厘米及以下数值读记错误应重新观测，米、分米读记错误，在同一距离、同一高差的往、返测或两次测量的相关数字不应连环更改；

4) 对错误进行更正时，应将错误数字、文字整齐划去，在其上方另记正确数字、文字；划改的数字和超限划去的成果，均应注明原因和重测结果的所在页码。

4.1.14 应根据成果使用需要，选择采用国家统一坐标系统或城市地方坐标系统，并应对城市平面控制网观测成果进行归化计算。有关坐标系统对应的地球椭球基本参数应符合本规范附录 A 的规定。

4.2 选点与埋石

4.2.1 各等级平面控制点的点位应根据设计成果到实地选定，并应符合下列规定：

1 点位应选在坚固稳定的地点，且应便于埋石和观测，并能永久保存；

2 高等级点点位的选择，应便于低等级点的加密；平面控制网边缘的控制点点位的选择，应便于扩展应用；

3 宜利用城市区域内原有的平面控制点点位；

4 采用卫星定位测量方法时，选点要求应符合现行行业标准《卫星定位城市测量技术规范》CJJ/T 73 的规定；

5 采用导线测量和边角组合测量方法时，相邻控制点间视线超越障碍物的高度或旁离障碍物的距离应符合下列规定：

1) 二等边角组合测量时，不宜小于 1.5m；

2) 三、四等测量时，不宜小于 1.0m；

3) 一、二、三级导线测量时不宜小于 0.5m。

6 边长采用电磁波测距时，测距边的选择应符合下列规定：

1) 测距边的长度宜在相应等级控制网平均边长的 0.7 倍至 1.3 倍的范围内选择；

2) 测线宜高出地面和离开障碍物 1m 以上；

3) 测线不得通过散热塔、烟囱等发热体的上空及附近；

4) 安置测距仪的测站应避开受电磁场干扰的地方，离开高压线距离宜大于 5m；

5) 应避免测距时的视线背景部分有反光物体。

4.2.2 点位选定后，宜绘制选点图和点之记草图。

4.2.3 各等级平面控制点均应埋设永久性标石。平面控制点标志、标石及其造埋的规格应符合现行国家标准《国家三角测量规范》GB/T 17942 的规定。坑底填以砂石，捣固夯实或浇灌混凝土底层。二、三等点宜埋设盘石和柱石，两层标石中心的偏离值应小于 3mm；其他平面控制点宜埋设柱石。各等级平面控制点的标石，亦可兼做水准标石，此时标志宜为半球状，标石底层应浇灌混凝土。标志中心应具有明显、耐久的中心点。

4.2.4 各等级平面控制点埋石过程中应根据标石类型和埋设方式在标石坑挖设、标石安置、标石整饰等关键步骤中拍摄照片。

4.2.5 各等级控制点选点、埋石工作结束后，应绘制点之记。二、三、四等控制点应办理标志委托保管手续，其他埋石点可根据需要而定。应定期巡视检查和维修控制点标石。

4.3 卫星定位平面控制测量

4.3.1 卫星定位网可采用静态测量和动态测量方法施测。动态测量可采用网络 RTK 测量方式或单基站 RTK 测量方式；在已建立 CORS 网的城市，宜采用网络 RTK 测量方式。

4.3.2 静态测量可施测二、三、四等和一、二级平面控制网；动态测量可施测一、二、三级平面控制网。

4.3.3 静态卫星定位网的主要技术指标应符合表 4.3.3 的规定。二、三、四等静态卫星定位网相邻点最小边长不宜小于平均边长的 1/2；最大边长不宜大于平均边长的 2 倍。当边长小于 200m 时，边长中误差应小于 0.02m。

表 4.3.3 静态卫星定位网的主要技术指标

等级	平均边长（km）	a（mm）	$b(1\times10^{-6})$	最弱边相对中误差
二等	9	≤5	≤2	≤1/120000
三等	5	≤5	≤2	≤1/80000
四等	2	≤10	≤5	≤1/45000
一级	1	≤10	≤5	≤1/20000
二级	<1	≤10	≤5	≤1/10000

注：a——固定误差；

b——比例误差系数。

4.3.4 动态卫星定位网的主要技术指标应符合表4.3.4的规定。困难地区相邻点间距离可缩短至表4.3.4规定长度的2/3，边长较差不应大于20mm。

表 4.3.4 动态卫星定位网的主要技术指标

等级	相邻点间距离（m）	点位中误差（mm）	相对中误差	方法	起算点等级	流动站到基准站距离（km）	测回数
一级	≥500	≤50	≤1/20000	网络RTK	—	—	≥4
二级	≥300	≤50	≤1/10000	网络RTK	—	—	≥3
				单基站RTK	四等及以上	≤6	
三级	≥200	≤50	≤1/6000	网络RTK	—	—	≥3
				单基站RTK	四等及以上	≤6	
					二级及以上	≤3	

4.3.5 卫星定位接收机使用前应进行检验，检验项目、方法和要求应符合现行行业标准《卫星定位城市测量技术规范》CJJ/T 73的规定。不同类型、不同品牌的接收机共同作业前，应在已知基线上进行比对测试，超过本规范表4.3.3相应等级限差时，不应使用。

4.3.6 静态测量卫星定位接收机的选用应符合表4.3.6的规定。

表 4.3.6 静态测量卫星定位接收机的选用

等级	接收机类型	标称精度	同步观测接收机数
二等	双频	$\leqslant5mm+2\times10^{-6}d$	≥4
三等	双频或单频	$\leqslant5mm+2\times10^{-6}d$	≥3

续表 4.3.6

等级	接收机类型	标称精度	同步观测接收机数
四等	双频或单频	$\leqslant10mm+5\times10^{-6}d$	≥3
一级	双频或单频	$\leqslant10mm+5\times10^{-6}d$	≥3
二级	双频或单频	$\leqslant10mm+5\times10^{-6}d$	≥3

注：d——基线长度。

4.3.7 静态测量的技术要求应符合表4.3.7的规定。

表 4.3.7 静态测量的技术要求

等级	卫星高度角（°）	有效观测卫星数	平均重复设站数	时段长度（min）	数据采样间隔（s）	PDOP值
二等	≥15	≥4	≥2	≥90	10～30	<6
三等	≥15	≥4	≥2	≥60	10～30	<6
四等	≥15	≥4	≥1.6	≥45	10～30	<6
一级	≥15	≥4	≥1.6	≥45	10～30	<6
二级	≥15	≥4	≥1.6	≥45	10～30	<6

4.3.8 静态卫星定位网宜由一个或若干个独立闭合环构成，也可采用附合线路形式构成。各等级静态卫星定位网独立闭合环边数或附合线路边数应符合表4.3.8的规定。

表 4.3.8 静态卫星定位网独立闭合环边数或附合线路边数

等 级	独立闭合环边数或附合线路边数
二等	≤6
三等	≤8
四等	≤10
一级	≤10
二级	≤10

4.3.9 静态测量观测计划、准备工作、作业要求和数据处理应符合现行行业标准《卫星定位城市测量技术规范》CJJ/T 73的规定。

4.3.10 动态测量卫星定位接收机的选用应符合表4.3.10的规定。

表 4.3.10 动态测量卫星定位接收机的选用

等 级	接收机类型	标称精度
一级	双频	$\leqslant10mm+2\times10^{-6}d$
二级	双频	$\leqslant10mm+2\times10^{-6}d$
三级	双频	$\leqslant10mm+2\times10^{-6}d$

注：d——基线长度。

4.3.11 动态卫星定位网布设时，控制点总数不应少于3个，控制点中应保证至少有3个以上或2对以上相互通视的点位。

4.3.12 动态测量的准备工作、坐标系统转换工作应符合现行行业标准《卫星定位城市测量技术规范》CJJ/T 73 的规定。

4.3.13 单基站 RTK 测量基准站的设置应符合现行行业标准《卫星定位城市测量技术规范》CJJ/T 73 的规定。

4.3.14 动态测量作业应符合下列规定：

1 观测前，手簿中设置的平面收敛阈值不应超过 20mm，垂直收敛阈值不应超过 30mm；

2 观测时，卫星高度角 15°以上的卫星颗数不应少于 5 颗，PDOP 值应小于 6；

3 天线应采用三角支架架设，仪器的圆气泡应稳定居中；

4 观测值应记录收敛、稳定的固定解。经、纬度应记录到 0.00001″，平面坐标和高程应记录到 0.001m；

5 基准站设置完成后，应至少采用一个不低于二级的已知控制点进行检核，平面位置较差不应大于 50mm；

6 一测回的自动观测值个数不应少于 10 个，定位结果应取平均值；

7 测回间应至少间隔 60s，下一测回测量开始前，应重新初始化；

8 测回间的平面坐标分量较差应小于 20mm 或经、纬度的分量较差应小于 0.0007″，垂直坐标分量较差应小于 30mm。最终观测成果应取各测回结果的平均值；

9 初始化时间超过 5min 仍不能获得固定解时，宜断开通信链路，重启卫星定位接收机，再次初始化。当重启 3 次仍不能获得固定解时，应选择其他位置进行测量。

4.3.15 动态卫星定位网点应进行边长、角度或导线联测检核，技术指标应符合表 4.3.15 的规定。

表 4.3.15 动态卫星定位网点检核的技术指标

等级	边长检核		角度检核		导线联测检核	
	测距中误差(mm)	边长较差的相对中误差	测角中误差(″)	角度较差限差(″)	角度闭合差(″)	边长相对闭合差
一级	≤15	≤1/14000	≤5	14	$\pm16\sqrt{n}$	≤1/10000
二级	≤15	≤1/7000	≤8	20	$\pm24\sqrt{n}$	≤1/6000
三级	≤15	≤1/4000	≤12	30	$\pm40\sqrt{n}$	≤1/4000

注：n——测站数。

4.4 导 线 测 量

4.4.1 采用导线测量方法时，可布设三、四等和一、二、三级平面控制网。

4.4.2 采用电磁波测距导线测量方法布设平面控制网的主要技术指标应符合表 4.4.2 的规定。

表 4.4.2 采用电磁波测距导线测量方法布设平面控制网的主要技术指标

等级	闭合环或附合导线长度(km)	平均边长(m)	测距中误差(mm)	测角中误差(″)	导线全长相对闭合差
三等	≤15	3000	≤18	≤1.5	≤1/60000
四等	≤10	1600	≤18	≤2.5	≤1/40000
一级	≤3.6	300	≤15	≤5	≤1/14000
二级	≤2.4	200	≤15	≤8	≤1/10000
三级	≤1.5	120	≤15	≤12	≤1/6000

4.4.3 导线网的布设应符合下列规定：

1 一、二、三级导线的布设可根据测区实际情况选用两个级别；

2 导线网中，结点与高级点间或结点与结点间的导线长度不应大于附合导线规定长度的 0.7 倍；

3 当附合导线长度短于规定长度的 1/3 时，导线的全长闭合差不应大于 0.13m；

4 特殊情况下，导线的总长和平均边长可放长至本规范表 4.4.2 规定长度的 1.5 倍，但其全长闭合差不应大于 0.26m；

5 导线网用作首级网时，应布设成多边形格网，加密网可布设成单线、单结点或多结点导线网；

6 四等及以下各级导线网可布设成多结点无定向导线网，起算点不应少于 3 个，且应均匀分布；

7 导线相邻边长之比不宜大于 1：3；

8 当附合导线的边数大于 12 条时，其测角精度应提高一个等级。

4.4.4 一测区开始作业前，应对使用的全站仪、电子经纬仪、光学经纬仪、测距仪进行检验并记录，检验资料应装订成册。检验项目、方法和要求应符合现行国家标准《国家三角测量规范》GB/T 17942 和现行行业标准《三、四等导线测量规范》CH/T 2007 中的规定。

4.4.5 各等级导线测量水平角观测技术指标应符合表 4.4.5 的规定。

表 4.4.5 导线测量水平角观测技术指标

等 级	测 回 数			方位角闭合差(″)
	DJ_1	DJ_2	DJ_6	
三等	8	12	—	$\pm3\sqrt{n}$
四等	4	6	—	$\pm5\sqrt{n}$
一级	—	2	4	$\pm10\sqrt{n}$
二级	—	1	3	$\pm16\sqrt{n}$
三级	—	1	2	$\pm24\sqrt{n}$

注：n——测站数。

4.4.6 水平角观测可采用方向观测法。方向观测法一测回的操作程序应符合下列规定：

1 照准零方向标的，应按度盘位置表配置度盘；

2 顺时针旋转照准部（1～2）周后照准零方向标的，应读取水平度盘的度、分数值；当采用全站仪或电子经纬仪时，应同时读取秒的数值；当采用光学经纬仪时，应重合对径分划线两次并读取光学测微器读数；

3 顺时针旋转照准部，精确照准 2 方向标的，应按本条第 2 款的规定读数，并应顺时针方向旋转照准部依次进行 3、4、……、n 方向的观测，最后闭合至零方向；

4 纵转望远镜，逆时针旋转照准部（1～2）周后照准零方向标的，应按本条第 2 款的规定读数；

5 逆时针旋转照准部，应按与上半测回相反的观测次序依次观测至零方向。

4.4.7 方向观测法各项限差应符合表 4.4.7 的规定。当照准点方向的垂直角不在±3°范围内时，该方向的 2C 较差可按同一观测时间段内的相邻测回进行比较，但应在手簿中注明。

表 4.4.7 方向观测法各项限差（″）

经纬仪型号	光学测微器两次重合读数差	半测回归零差	一测回内 2C 较差	同一方向值各测回较差
DJ_1	1	6	9	6
DJ_2	3	8	13	9
DJ_6	—	18	—	24

4.4.8 水平角观测前的准备工作应包括下列内容：

1 检查并确认平面控制点标石是稳固的；

2 整置仪器，并检查视线超越或旁离障碍物的距离，并应符合本规范第 4.2.1 条第 5 款的规定；

3 水平角观测采用方向观测法时，选择一个距离适中、通视良好、成像清晰的观测方向作为零方向；

4 水平角观测采用方向观测法时，按本规范附录 B 的规定编制方向观测法度盘位置表。

4.4.9 水平角观测应符合下列规定：

1 水平角观测应在通视良好、成像清晰稳定的情况下进行。

2 水平角观测过程中，仪器不应受日光直射，气泡中心偏离整置中心不应超过 1 格。气泡偏离接近 1 格时，应在测回间重新整置仪器。

3 水平角观测采用方向观测法时，方向数不多于 3 个的，可不归零。

4 在三、四等导线点上，多于两个方向时，应采用方向观测法观测；只有两个方向时，宜以奇数测回和偶数测回分别观测导线前进方向的左角和右角。观测右角时，应以观测左角的起始方向为准变换度盘位置。测站圆周角闭合差应按公式（4.4.9）计算，且三等导线测站圆周角闭合差应在±3.0″之内，四等导线测站圆周角闭合差应在±5.0″之内。

$$\Delta_c = \beta_l + \beta_r - 360° \qquad (4.4.9)$$

式中：Δ_c——测站圆周角闭合差（″）；

β_l——导线观测左角中数；

β_r——导线观测右角中数。

5 各等级导线观测时，脚架的安置宜采用三联脚架法。

4.4.10 水平角观测成果的重测和取舍应符合本规范第 4.5.10 条的规定。

4.4.11 距离测量采用的测距仪等级应符合表 4.4.11 的规定。每千米测距中误差（m_D）应按公式（4.4.11）计算。

$$m_D = a + b \times D \qquad (4.4.11)$$

式中：a——仪器标称精度中的固定误差（mm）；

b——仪器标称精度中的比例误差系数（mm/km）；

D——测距边长度（km），取值为 1。

表 4.4.11 测距仪等级

仪器等级	每千米测距中误差（mm）
Ⅰ级	$m_D \leqslant 5$
Ⅱ级	$5 < m_D \leqslant 10$

4.4.12 各等级导线的边长，应按本规范表 4.4.2 的测距中误差要求，选用相应精度指标的测距仪测定。

4.4.13 各等级平面控制网测距的主要技术指标应符合表 4.4.13 的规定。

表 4.4.13 各等级平面控制网测距的主要技术指标

等 级	仪器等级	观测次数		总测回数
		往	返	
二等	Ⅰ级	1	1	6
三等	Ⅰ级	1	1	4
	Ⅱ级			6
四等	Ⅰ级	1	1	2
	Ⅱ级			4
一级	Ⅱ级	1	—	2
二、三级	Ⅱ级	1	—	1

注：1 一测回是指照准目标一次，一般读数 4 次，可根据仪器出现的离散程度和大气透明度作适当增减。往返测回数各占总测回数的一半。

2 根据具体情况，可采用不同时段观测代替往返观测，不同时段是指上午、下午或不同的白天。

4.4.14 各级测距仪观测结果各项较差的限差应符合表4.4.14的规定。往返较差应将斜距化算到同一水平面进行比较。

表4.4.14 各级测距仪观测结果各项较差的限差

仪器等级	一测回读数较差(mm)	单测回间较差(mm)	往返或不同时段的较差
Ⅰ级	5	7	$2(a+b\times D)$
Ⅱ级	10	15	

注：a——固定误差；

b——比例误差系数；

D——测距边长度（km）。

4.4.15 电磁波测距时，气象数据的测定应符合下列规定：

1 气象仪表宜选用通风干湿温度表和空盒气压表。测距时使用的温度表及气压表宜和测距仪检定时一致。

2 到达测站后，应立刻打开装气压表的盒子，置平气压表，并应避免受日光曝晒。温度表应悬挂在与测距视线同高、不受日光辐射影响和通风良好的地方，并应在气压表和温度表与周围温度一致后，再测记气象数据。

3 气象数据的测定要求应符合表4.4.15的规定。

表4.4.15 气象数据的测定要求

测距边	最小读数 温度(℃)	最小读数 气压(Pa)	测定的时间间隔	气象数据的取用
二、三、四等网	0.2	50	一测站同时段观测始末	测距边两端的平均值
一级网	0.5	100	每边测定一次	观测一端的数据
二、三级网	0.5	100	一时段始末各测定一次	取平均值作为各边测量的气象数据

4.4.16 电磁波测距观测时间的选择应符合下列规定：

1 应在大气稳定和成像清晰的气象条件下进行观测，晴天日出后与日落前半小时内不宜观测，中午可根据地区、季节和气象情况留有适当的间歇时间。阴天有微风时，可全天观测。

2 在雷雨前后、大雾、大风、雨、雪天气及大气透明度很差的情况下，不应观测。

4.4.17 电磁波测距的作业要求应符合下列规定：

1 应执行仪器说明书中规定的操作程序；

2 在晴天作业时，应给仪器遮阳，不应将镜头对向太阳，也不宜顺光、逆光观测；

3 作业中使用的棱镜应与检验时使用的棱镜一致；

4 测线或测线延长线上不应存在其他棱镜。对讲机亦应暂时停止通话。

4.4.18 测距边的倾斜改正可采用垂直角或两端点的高差计算。两端点的高差可采用水准测量或三角高程测量方法测定。

4.4.19 采用垂直角直接计算平距时，垂直角测角精度应按公式（4.4.19）计算。以垂直角测角精度为引数，垂直角的观测方法及测回数应符合表4.4.19的规定。

$$m_{\alpha_v}=\frac{\sqrt{2}\rho}{5T\sin\alpha_v} \tag{4.4.19}$$

式中：m_{α_v}——垂直角测角精度（″）；

α_v——垂直角观测值；

ρ——常数，为206265″；

T——测距边要求的相对中误差的分母。

表4.4.19 垂直角的观测方法及测回数

方法	测回数 精度：5″～10″ DJ_2	精度：10″～30″ DJ_2	精度：10″～30″ DJ_6	精度：30″以上 DJ_6
对向观测，中丝法	2	1	2	1
单向观测，中丝法	3	2	3	2

4.5 边角组合测量

4.5.1 采用边角组合测量方法可布设二、三、四等和一、二级平面控制网。

4.5.2 边角组合网点位中误差应符合下列规定：

1 四等网中最弱相邻点的相对点位中误差（M_{ij}）应按下列公式计算：

$$M_{ij}=\sqrt{a_{ij}^2+b_{ij}^2} \tag{4.5.2-1}$$

$$M_{ij}=\sqrt{m_{\Delta x}^2+m_{\Delta y}^2} \tag{4.5.2-2}$$

$$M_{ij}=\sqrt{m_s^2+\left(\frac{m_\alpha}{\rho}S\right)^2} \tag{4.5.2-3}$$

式中：a_{ij}——相对点位误差椭圆的长半轴；

b_{ij}——相对点位误差椭圆的短半轴；

$m_{\Delta x}$、$m_{\Delta y}$——坐标增量的误差；

m_s——边长误差；

m_α——方向角误差；

ρ——常数，为206265″；

S——边长。

2 四等以下网中最弱点相对于起算点的点位中误差（M_w）应按下列公式计算：

$$M_w=\sqrt{a_w^2+b_w^2} \tag{4.5.2-4}$$

$$M_w = \sqrt{m_x^2 + m_y^2} \quad (4.5.2\text{-}5)$$

式中：a_w——点位误差椭圆的长半轴；

b_w——点位误差椭圆的短半轴；

m_x、m_y——点位在坐标轴方向的误差。

4.5.3 边角组合网的主要技术指标应符合表 4.5.3 的规定。

表 4.5.3 边角组合网的主要技术指标

等级	平均边长 (km)	测角中误差 (″)	测距中误差 (mm)	起始边边长相对中误差	测距相对中误差	最弱边边长相对中误差
二等	9.0	≤1.0	≤30	≤1/300000	≤1/300000	≤1/120000
三等	5.0	≤1.8	≤30	≤1/200000(首级) ≤1/120000(加密)	≤1/160000	≤1/80000
四等	2.0	≤2.5	≤16	≤1/120000(首级) ≤1/80000(加密)	≤1/120000	≤1/45000
一级	1.0	≤5.0	≤16	≤1/40000	≤1/60000	≤1/20000
二级	0.5	≤10.0	≤16	≤1/20000	≤1/30000	≤1/10000

4.5.4 边角组合网的布设应符合下列规定：

1 边角组合网应重视图形结构，各边边长宜近似相等，各三角形的内角不应大于 100°且不宜小于 30°，当受地形限制时，也不应小于 25°。

2 当边角组合网估算精度偏低时，宜适当加测对角线或增设测距边。

3 加密网可采用插网（锁）或插点的方法，一、二级可布设成线形锁。采用插网或插点方法且未作联测的相邻点的距离，三等网不应小于 3.5km，四等网不应小于 1.5km，不满足要求的，应改变设计方案。

4 各等级交会插点点位应在高等三角形的中心附近，同一插点各方向距离之比不应大于 1∶3。对于单插点，三等点应具有 6 个内外交会方向测定，其中至少应有两个交角为 60°～120°的外方向；四等点应有 5 个交会方向，图形欠佳时应有外方向。对于双插点，交会方向数应增加 1 倍，其中应包括两待定点间的对向观测方向。

4.5.5 边角组合网水平角观测技术指标应符合表 4.5.5 的规定。

表 4.5.5 边角组合网水平角观测技术指标

等级	测角中误差 (″)	三角形最大闭合差 (″)	平均边长 (km)	方向观测测回数		
				DJ_1	DJ_2	DJ_6
二等	≤1.0	±3.5	>9	15	—	—
			≤9	12	—	—
三等	≤1.8	±7.0	>5	9	12	—
			≤5	6	9	—
四等	≤2.5	±9.0	>2	6	9	—
			≤2	4	6	—
一级	≤5.0	±15.0	—	—	2	6
二级	≤10.0	±30.0	—	—	1	2

4.5.6 一测区开始作业前，全站仪、电子经纬仪、光学经纬仪、测距仪的检验应符合本规范第 4.4.4 条的规定。

4.5.7 方向观测法各项限差应符合本规范第 4.4.7 条的规定。

4.5.8 水平角观测前的准备工作应符合本规范第 4.4.8 条的规定。

4.5.9 水平角观测除应符合本规范第 4.4.9 条第 1、2、3 款的规定外，还应符合下列规定：

1 二等控制点上水平角观测的全部测回，应在两个以上时间段完成，上午、下午、夜间应各为一个时间段。每个时间段观测的测回数不应多于全部测回数的 2/3；按全组合测角法观测时，同一角度各测回不应连续观测。

2 二等以下各等级控制点上水平角观测的全部测回，可在一个时间段内完成。

3 当方向总数超过 6 个时，可分两组观测，且每组至少应包括两个共同方向，其中一个应为共同零方向，两组共同方向角值之差，不应大于本等级测角中误差的 2 倍。分组观测最后结果，应按等权分组观测进行测站平差。

4 在观测过程中，当遇某些方向目标暂不清晰时，可先放弃，待清晰时补测。一测回中放弃的方向数不应超过方向总数的 1/3，放弃方向补测时，可只联测零方向。当全部测回已测完，某些方向尚未观测过时，对这些方向的观测应按分组观测处理。

5 在高等级控制点上设站观测低等级方向时，应联测与低等级方向构成图形的两个高等级方向。高等级方向间夹角的观测值和原观测值之差不应大于 Δ_m，Δ_m 应按下式计算：

$$\Delta_m = \pm 2\sqrt{m_n^2 + m_0^2} \quad (4.5.9)$$

式中：m_n——新成果等级规定的测角中误差；

m_0——旧成果等级规定的测角中误差。

4.5.10 水平角观测成果的重测和取舍应符合下列规定：

1 超出本规范规定限差的结果，应进行重测。重测应在基本测回完成并对成果综合分析后进行。

2 2C 较差或各测回较差超限时，应重测超限方向并联测零方向。因测回较差超限重测时，除明显孤值外，应对观测结果中出现最大值和最小值的测回进行重测。

3 零方向的2C较差或下半测回的归零差超限时，该测回应重测。方向观测法一测回中，重测方向数大于等于所测方向总数的1/3时，该测回应重测。

4 采用方向观测法时，每站基本测回重测的方向测回数，不应超过全部方向测回总数的1/3，大于1/3的，应整站重测。方向观测法重测数的计算，在基本测回观测结果中，重测一个方向应算作一个方向测回；因零方向超限而重测的整个测回应算作（n_d-1）个方向测回。每站全部方向测回总数 n_a 应按下式计算：

$$n_a=(n_d-1)\times n_0 \tag{4.5.10}$$

式中：n_a——每站全部方向测回总数；

n_d——该站方向总数；

n_0——测回数。

5 基本测回结果和重测结果应记入手簿。基本测回与重测结果不应取中数，每一测回应只取一个符合限差的结果。

6 因三角形闭合差、极条件、基线条件、方位角条件自由项超限而重测时，应进行分析，并择取有关测站整站重测。

4.5.11 各等级边角组合网的边长，应按本规范表4.5.3的测距中误差要求，选用相应精度指标的测距仪测定，边长测量的方法和技术要求应符合本规范第4.4.13条～第4.4.19条的规定。

4.6 成果整理与提交

4.6.1 观测工作结束后，应及时整理和检查外业观测手簿，并应在确认观测成果全部符合本规范规定后，再进行计算。

4.6.2 静态卫星定位网的基线解算、检验及平差应符合现行行业标准《卫星定位城市测量技术规范》CJJ/T 73的规定。

4.6.3 二、三、四等导线网和边角组合网点的方向观测值应进行高斯投影方向改化。二、三等控制点的方向观测值的高斯投影方向改化应按公式（4.6.3-1）计算，四等控制点的方向观测值的高斯投影方向改化可按公式（4.6.3-2）计算：

$$\left.\begin{aligned}\delta_{1,2}&=\frac{\rho}{6R_m^2}(x_1-x_2)(2y_1+y_2)\\ \delta_{2,1}&=\frac{\rho}{6R_m^2}(x_2-x_1)(y_1+2y_2)\end{aligned}\right\} \tag{4.6.3-1}$$

$$\delta_{1,2}=-\delta_{2,1}=\frac{\rho}{2R_m^2}(x_1-x_2)y_m \tag{4.6.3-2}$$

式中：$\delta_{1,2}$——测站点1向照准点2观测方向的方向改化值（″）；

$\delta_{2,1}$——测站点2向照准点1观测方向的方向改化值（″）；

x_1、x_2、y_1、y_2——1、2两点的坐标值（m）；

R_m——参考椭球面在1、2两点中点的平均曲率半径（m）；

y_m——1、2两点的横坐标平均值（m）。

4.6.4 导线网和边角组合网的测距边水平距离的计算应符合下列规定：

1 采用两点间的高差时，应按下式计算：

$$D=\sqrt{S^2-h^2} \tag{4.6.4-1}$$

2 采用垂直角时，应按下列公式计算：

$$\left.\begin{aligned}D&=S\cos(\alpha_v+f)\\ f&=(1-k)\rho\frac{S\cos\alpha_v}{2R_m}\end{aligned}\right\} \tag{4.6.4-2}$$

式中：D——测距边两端点仪器与棱镜平均高程面上的水平距离（m）；

S——经气象、加乘数与乘常数等改正后的斜距（m）；

h——测距仪与棱镜之间的高差（m）；

α_v——垂直角观测值；

f——地球曲率与大气折光对垂直角的改正值（″）；

k——当地的大气折光系数；

R_m——地球平均曲率半径（m）。

4.6.5 导线网和边角组合网的测距边水平距离的高程归化和投影改化应符合下列规定：

1 测距边水平距离（D）归算到参考椭球面上的边长（S'_0）应按下式计算：

$$S'_0=D\left\{1-\frac{H_m+h_g}{R_n}+\frac{(H_m+h_g)^2}{R_n^2}\right\} \tag{4.6.5-1}$$

式中：S'_0——测距边水平距离归算到参考椭球面上的边长（m）；

H_m——测距边高出大地水准面（黄海平均海水面）的平均高程（m）；

h_g——测距边所在地区大地水准面对于参考椭球面的高度（m）；

R_n——测距边方向参考椭球面法截弧的曲率半径（m）。

2 由 S'_0 再归算到高斯平面的测距边边长 S_0 应按下式计算：

$$S_0=S'_0\left\{1+\frac{y_m^2}{2R_m^2}+\frac{(\Delta y)^2}{24R_m^2}\right\} \tag{4.6.5-2}$$

式中：S_0——S'_0 归算到高斯平面的测距边边长（m）；

y_m——测距边两端点近似横坐标的平均值（m）；

Δy——测距边两端点近似横坐标的增量（m）；

R_m——参考椭球面在测距边中点的平均曲率半径（m）。

3 测距边边长的高程归化计算应符合本规范附

录C的规定。

4.6.6 导线网的测角中误差应符合本规范表4.4.2的规定，并可分下列两种情况计算测角中误差：

1 按左、右角观测的三、四等导线（网）的测角中误差，应按下式计算：

$$m_\beta=\sqrt{\frac{[\Delta_c\Delta_c]}{2n_\Delta}} \tag{4.6.6-1}$$

式中：Δ_c——测站圆周角闭合差（″）；

n_Δ——Δ_c 的个数。

2 按导线方位角闭合差计算的测角中误差，应按下式计算：

$$m_\beta=\sqrt{\frac{1}{N'}\left[\frac{f_\beta f_\beta}{n}\right]} \tag{4.6.6-2}$$

式中：f_β——附合导线或闭合导线环的方位角闭合差（″）；

n——计算时的测站数；

N'——f_β 的个数。

4.6.7 边角组合网的检核项目和限差应符合下列规定：

1 边长用电磁波测距仪进行往返观测时，应按公式（4.6.7-1）评定距离测量的单位权中误差（μ）和距离测量的先验权（p_i），并应根据 μ 及 p_i 按公式（4.6.7-2）估算任一边的实际测距中误差（m_{D_i}）：

$$\left.\begin{aligned}\mu&=\sqrt{\frac{[P\Delta_d\Delta_d]}{2n_s}}\\ p_i&=\frac{1}{\sigma_{s_i}^2}\end{aligned}\right\} \tag{4.6.7-1}$$

$$m_{D_i}=\mu\sqrt{\frac{1}{p_i}} \tag{4.6.7-2}$$

式中：Δ_d——往、返测距离的差数（mm）；

n_s——测距边边数；

p_i——距离测量的先验权；

σ_{s_i}——测距的先验中误差，可按测距仪的标称精度计算。

2 由测边组成的三角形中观测了一个角度与计算值的限差，应根据各边平均测距中误差按公式（4.6.7-3）进行检核，或根据各边的平均测距相对中误差按公式（4.6.7-4）进行检核：

$$W_\gamma=\pm2\sqrt{\left(\frac{m_D}{h_c}\rho\right)^2(\cos^2\alpha+\cos^2\beta+1)+m_\beta^2} \tag{4.6.7-3}$$

$$W_\gamma=\pm2\sqrt{2\left(\frac{m_D}{D}\rho\right)^2(\cot^2\alpha+\cot^2\beta+\cot\alpha\cdot\cot\beta)+m_\beta^2} \tag{4.6.7-4}$$

式中：m_D——观测边的平均测距中误差（mm）；

h_c——观测角顶点至对边的垂线长度（mm）；

α、β——除观测角外的另两个角度；

m_β——相应等级边角组合网规定的测角中误差（″）；

$\frac{m_D}{D}$——各边的平均测距相对中误差。

3 以测边为主的边角组合网角条件，包括圆周条件与组合角条件的自由项的限差，应按式（4.6.7-5）计算：

$$W_a=\pm2m_D\sqrt{[\alpha_a\alpha_a]} \tag{4.6.7-5}$$

式中：m_D——观测边的平均测距中误差（mm）；

α_a——圆周角条件或组合角条件方程式的系数。

4 以测角为主的边角组合网，还应按下列规定进行检核：

1）三角形闭合差、测角中误差应符合本规范第4.5.5条的规定。测角中误差宜由20个以上三角形闭合差计算。测角中误差（m_β）应按下式计算：

$$m_\beta=\sqrt{\frac{[W_tW_t]}{3n_t}} \tag{4.6.7-6}$$

式中：W_t——三角形闭合差（″）；

n_t——三角形的个数。

2）三角网条件方程式极条件自由项的限差，应按公式（4.6.7-7）计算；起始边（基线）条件自由项的限差应按公式（4.6.7-8）计算；方位角条件自由项的限差应按公式（4.6.7-9）计算。

$$W_{sc}=\pm2\frac{m_\beta}{\rho}\sqrt{\sum\cot^2\beta} \tag{4.6.7-7}$$

$$W_{ic}=\pm2\sqrt{\frac{m_\beta^2}{\rho^2}\sum\cot^2\beta+\left(\frac{m_{S_1}}{S_1}\right)^2+\left(\frac{m_{S_2}}{S_2}\right)^2} \tag{4.6.7-8}$$

$$W_{ac}=\pm2\sqrt{n\cdot m_\beta^2+m_{\alpha_1}^2+m_{\alpha_2}^2} \tag{4.6.7-9}$$

式中：m_β——相应等级规定的测角中误差（″）；

β——传距角；

$\frac{m_{S_1}}{S_1}$、$\frac{m_{S_2}}{S_2}$——起始边边长相对中误差；

m_{α_1}、m_{α_2}——起始方位角中误差（″）；

n——推算路线所经过的测站数。

4.6.8 导线网、边角组合网的平差应符合下列规定：

1 二、三、四等网的平差应采用严密平差法，并应进行精度评定。精度评定内容应包括单位权中误差、最弱点点位中误差（点位误差椭圆参数）、最弱相邻点点位中误差（相对点位误差椭圆参数）、最弱边的边长相对中误差及方位角中误差等。

2 一、二、三级网的平差可采用近似平差法和按近似方法评定其精度。

4.6.9 平面控制测量的内业计算数字取位要求应符合表4.6.9的规定。

表 4.6.9 平面控制测量的内业计算数字取位要求

等级	方向观测值及各项改正数 (″)	边长观测值及各项改正数 (m)	边长与坐标 (m)	方位角 (″)
二等	0.01	0.0001	0.001	0.01
三等	0.1	0.001	0.001	0.1
四等	0.1	0.001	0.001	0.1
一级	1	0.001	0.001	1
二级	1	0.001	0.001	1
三级	1	0.001	0.001	1

4.6.10 城市平面控制测量成果验收后，应提交下列资料：

1 技术设计；

2 按适当比例绘制的平面控制网图、点之记及平面控制点标志委托保管书；

3 测量仪器、气象及其他仪器的检验资料；

4 全部外业观测记录、测量手簿、外业概算与验算资料；

5 全部内业计算资料、数据加工处理中生成的文件、资料及成果表；

6 技术总结或技术报告；

7 质量检查验收报告。

5 高程控制测量

5.1 一般规定

5.1.1 一个城市应采用统一的高程基准，宜采用1985国家高程基准或沿用1956年黄海高程系，也可采用地方高程系。

5.1.2 城市高程控制网的等级宜划分为一、二、三、四等，并宜采用水准测量方法施测。水准测量确有困难的山岳地带及沼泽、水网地区的四等高程控制测量，也可采用高程导线测量方法；平原和丘陵地区的四等高程控制测量，可采用卫星定位测量方法。一等网的布设应另行设计。

5.1.3 城市高程控制网的布设范围应与城市平面控制网相适应。较大规模或存在地面沉降的城市应建立基岩水准点作为城市高程控制网的起算点，一般城市可选择一个较为稳固并便于长期保存的国家高程控制点作为起算点。与国家高程控制点的联测精度不应低于城市首级高程控制网的精度。

5.1.4 城市首级高程控制网应布设成闭合环线。加密网可布设成附合路线、结点网或闭合环，并应充分利用已有高程控制点标石；特殊情况下，可布设成水准支线。

5.1.5 城市首级高程控制网的等级不应低于三等，并应根据城市的面积大小、远景规划和路线的长短确定。各等高程控制网中相对于起算点的最弱点高程中误差不应大于0.02m。对高程精度有特殊要求时，可另行设计。

5.1.6 城市高程控制网设计前，应收集有关资料并进行现场踏勘。收集的资料宜包括下列内容：

1 城市的1：10000～1：100000地形图和交通图；

2 城市规划、地质、地震、气象、地下水位及冻土深度等资料；

3 城市已有的水准测量资料，包括各等水准网图、水准点点之记、成果表和技术总结等。

5.1.7 各等城市高程控制网设计要求应符合表5.1.7的规定，高程控制点结点间或结点与高等级点间附合路线长度不应大于表5.1.7规定的0.7倍。

表 5.1.7 各等城市高程控制网设计要求（km）

高程控制点间距离（测段长度）	建筑区	1～2
	其他地区	2～4
环线或附合于高级点间路线最大长度	二 等	400
	三 等	45
	四 等	15

5.1.8 高程控制点宜采用“等级”＋“线名”＋“顺序号”的方式命名。等级宜采用罗马数字。附合路线的线名宜采用路线起止地点的地名简称，并应按“起西止东”或“起北止南”的顺序命名；环线的线名宜采用环线内具代表性的地名并加“环”字命名。顺序号宜采用阿拉伯数字；附合路线的顺序号应自路线起点顺序编号；环线应自起点按顺时针方向顺序编号。

5.1.9 水准仪系列的分级及基本技术参数应符合现行国家标准《水准仪》GB/T 10156的规定。用于高程控制测量的卫星定位接收机的选用与检验维护、布网要求、观测的作业要求应符合本规范第4章的相关规定。

5.1.10 城市高程控制网的外业观测记录应符合下列规定：

1 水准测量、高程导线测量的外业观测记录宜采用电子记录方式，也可采用规定的纸质手簿记录。电子记录的技术要求应符合现行行业标准《测量外业电子记录基本规定》CH/T 2004和《水准测量电子记录规定》CH/T 2006的规定。

2 卫星定位高程控制测量的外业观测记录应符合现行行业标准《卫星定位城市测量技术规范》CJJ/T 73的规定。

3 采用电子记录方式时，数据文件中的原始观测记录不得进行任何更改；采用纸质手簿记录时，观测记录不得涂改、追记和转抄。

5.2 选点与埋石

5.2.1 水准路线应沿坡度较小、土质坚实、施测方便的道路布设，并宜避免通过大河、湖泊、沼泽与峡谷等障碍物。采用数字水准仪施测的线路还应避免穿越电磁辐射强烈地区。

5.2.2 地面高程控制点点位应选设在坚实稳固与安全僻静之处，墙脚高程控制点点位应选设在永久性或半永久性的建（构）筑物上。点位应便于长期保存、寻找和引测。高程控制点不应选设在下列地点：

1 待施工场所或拟拆修建筑物；

2 低湿、易于淹没之处；

3 土崩、滑坡等地质条件不良处及地下管线之上；

4 有剧烈振动的地点；

5 地势隐蔽不便于观测之处。

5.2.3 高程控制点类型可分为基岩水准点、基本水准点和普通水准点。高程控制点标志、标石及其造埋的规格应符合现行国家标准《国家一、二等水准测量规范》GB/T 12897、《国家三、四等水准测量规范》GB/T 12898 的规定。首级水准路线的结点，应为基本水准点。

5.2.4 高程控制点均应埋设永久性标石或标志。标石或标志埋设应符合下列规定：

1 应稳固耐久，便于使用；

2 标石的底部应埋设在冻土层以下，并应浇灌混凝土基础；

3 高程控制点标志可在基岩或坚固永久的建筑物上埋设。

5.2.5 二、三等高程控制点埋石过程中，应拍摄反映标石坑挖设、标石安置、标石整饰等主要过程情况及标石埋设位置远景的照片。

5.2.6 观测应在埋设的标石稳定后进行。对于二等水准观测，高程控制点标石埋设后，应至少经过一个雨季，冻土深度大于 0.8m 的地区还应经过一个冻解期，基岩水准标石应至少经过一个月。

5.2.7 二、三等高程控制点埋石结束后，应提交下列资料：

1 测量标志委托保管书；

2 高程控制点点之记及路线图、标石建造情况照片或数据文件；

3 埋石工作技术总结，并应说明埋石工作情况、埋石中的特殊问题处理及对观测工作的建议等。

5.2.8 高程控制点的检查和维护周期不应超过 5 年，地面沉降量较大的地区不宜超过 3 年。高程控制网复测前，应对高程控制点进行检查和维护，并应符合下列规定：

1 应进行实地检查并逐点记录标石现状；

2 高程控制点附近地貌、地物有显著变化时，应重绘点之记、修改路线图并拍摄照片；

3 标石及附属物损毁的，应进行修补或重新建造；

4 对补埋的标石，应进行高程联测，对怀疑高程有突变的标石应进行检测；

5 应查明标石的损毁原因，并应与接管单位协商，提出处置意见。

5.3 水准测量

5.3.1 各等水准测量的主要技术指标应符合表 5.3.1 的规定。水准环线由不同等级水准路线构成时，闭合差的限差应先按各等级路线长度分别计算，然后取其平方和的平方根为限差；检测已测测段高差之差的限差，可适用于对单程及往返检测；检测测段长度小于 1km 时，应按 1km 计算。

表 5.3.1 各等水准测量的主要技术指标（mm）

等级	每千米高差中数中误差		测段、区段、路线的往返测高差不符值	测段、路线的左右路线高差不符值	附合路线或环线闭合差		检测已测测段高差之差
	偶然中误差 M_Δ	全中误差 M_W			平原、丘陵	山区	
二等	≤1	≤2	$\pm4\sqrt{L_s}$	—	$\pm4\sqrt{L}$		$\pm6\sqrt{L_i}$
三等	≤3	≤6	$\pm12\sqrt{L_s}$	$\pm8\sqrt{L_s}$	$\pm12\sqrt{L}$	$\pm15\sqrt{L}$	$\pm20\sqrt{L_i}$
四等	≤5	≤10	$\pm20\sqrt{L_s}$	$\pm14\sqrt{L_s}$	$\pm20\sqrt{L}$	$\pm25\sqrt{L}$	$\pm30\sqrt{L_i}$

注：1 L_s——测段、区段或路线长度（km）；

L——附合路线或环线长度（km）；

L_i——检测测段长度（km）。

2 山区指路线中最大高差大于 400m 的地区。

5.3.2 新购置的水准仪及标尺应进行检验；作业前或跨河水准测量前，也应对水准仪及标尺进行检验。检验项目、方法和要求应符合现行国家标准《国家一、二等水准测量规范》GB/T 12897 与《国家三、四等水准测量规范》GB/T 12898 的规定。数字水准仪的检验应符合现行行业标准《数字水准仪检定规程》CH/T 8019 的规定，因瓦条码水准标尺的检验应符合现行行业标准《因瓦条码水准标尺检定规程》CH/T 8020 的规定。作业期间，应按下列规定对水准仪进行检校：

1 自动安平光学水准仪 i 角应每天检校一次；气泡式水准仪 i 角应每天上、下午各检校一次；在作业开始后的 7 个工作日内，若 i 角较为稳定，以后可每隔 15d 检校 i 角一次。

2 数字水准仪 i 角应在每天开测前进行测定。若开测为未结束测段，应在新测段开始前进行测定。

5.3.3 水准测量的转点尺承可采用尺桩或尺台，用于二等水准测量的尺台重量不应小于5kg。

5.3.4 水准观测应在标尺分划线成像清晰稳定时进行。下列情况下，不应进行二等水准观测：

1 日出后与日落前30min内；

2 太阳中天前后各2h内，可根据地区、季节和气象情况，适当增减中午间歇时间；

3 标尺分划线的影像跳动而难以照准时；

4 气温突变时；

5 标尺与仪器不稳定时。

5.3.5 二等水准测量的观测应符合下列规定：

1 采用光学水准仪光学测微法时，往返测应按下列观测顺序进行：

1）往测，奇数站为后—前—前—后；偶数站为前—后—后—前；

2）返测，奇数站为前—后—后—前；偶数站为后—前—前—后。

2 采用数字水准仪时，往返测观测顺序，奇数站应为后—前—前—后，偶数站应为前—后—后—前。

3 两个基本水准标石之间的区段可划分成长度为20km～30km的多个分段，并应在每一分段内，先连续进行所有测段的往测或返测，然后连续进行该分段的返测或往测。该分段中每一测段的往测或返测的观测时间，宜分别安排在上午与下午，同时段的测站数不应大于该分段总测站数的30%。

4 一测站的操作程序、间歇及其检测、其他固定点的观测和跨河水准测量、观测读数和计算的数字取位应符合现行国家标准《国家一、二等水准测量规范》GB/T 12897的规定。

5.3.6 三、四等水准测量的观测应符合下列规定：

1 采用光学水准仪进行三等水准测量时，可采用中丝读数法进行往返观测。当使用DS_1级仪器和因瓦标尺进行观测时，可采用光学测微法进行单程双转点观测。两种方法的每站观测顺序应为后—前—前—后。采用数字水准仪进行三等水准测量往返测时，每站的观测顺序应与光学水准仪的观测顺序相同。

2 采用光学水准仪进行四等水准测量，当采用中丝读数法时，可直读距离，观测顺序应为后—后—前—前。当水准路线为附合路线或闭合环时，可采用单程测量；当采用单面标尺时，应变动仪器高度，并观测两次。水准支线应进行往返观测或单程双转点观测。采用数字水准仪进行四等水准测量往返测，每站的观测顺序应为后—后—前—前。

3 一测站的操作程序、间歇及其检测、其他固定点的观测和跨河水准测量、观测读数和计算的数字取位，应符合现行国家标准《国家三、四等水准测量规范》GB/T 12898的规定。

5.3.7 观测过程应符合下列规定：

1 观测前，应使仪器与外界气温趋于一致。观测时，应使用白色测伞遮蔽阳光。迁站时，宜罩以白色仪器罩。使用数字水准仪前，应进行预热。

2 采用气泡式水准仪观测前，应测出倾斜螺旋的置平零点，并做标记，且应根据气温变化随时调整零点位置；采用补偿式自动安平水准仪观测时，圆水准器应置平。

3 在连续各测站上安置三脚架时，应使其中两脚与水准路线的方向平行，第三脚应轮换置于路线方向的左侧与右侧。

4 除路线转弯处外，在每一测站上，仪器与前后标尺应接近一条直线。

5 同一测站上观测时，不应两次调焦。

6 仪器的倾斜螺旋和测微鼓的最后旋转方向均应为旋进。

7 不应为了增加标尺读数而把尺桩(台)安置在沟边或壕坑中。

8 每测段往测和返测的测站数应为偶数。往测转为返测时，两根标尺应互换位置，并应重新整置仪器。

9 采用数字水准仪时，应避免镜头直接对着太阳；尺面视线遮挡不应超过标尺在望远镜中截长的20%。

5.3.8 采用光学水准仪时的视线长度、前后视距差、视线高度的要求应符合表5.3.8-1的规定。采用数字水准仪时的视线长度、前后视距差、视线高度的要求应符合表5.3.8-2的规定；几何法数字水准仪视线高度的高端限差，二等不应大于2.85m；相位法数字水准仪重复测量的次数可按表5.3.8-2的数值减少一次。

表5.3.8-1 采用光学水准仪时的视线长度、前后视距差、视线高度的要求（m）

等级	仪器类型	视线长度	前后视距差	任一测站上前后视距差累积	视线高度
二等	DS_1	≤50	≤1	≤3	下丝读数≥0.3
	DS_{05}	≤60			
三等	DS_3	≤75	≤2	≤5	三丝能读数
	DS_1、DS_{05}	≤100			
四等	DS_3	≤100	≤3	≤10	三丝能读数
	DS_1、DS_{05}	≤150			

表5.3.8-2 采用数字水准仪时的视线长度、前后视距差、视线高度的要求（m）

等级	仪器类别	视线长度	前后视距差	任一测站上前后视距差累积	视线高度	重复测量次数
二等	DSZ_1、DSZ_{05}	≥3且≤50	≤1.5	≤3	≥0.55且≤2.8	≥2次

续表 5.3.8-2

等级	仪器类别	视线长度	前后视距差	任一测站上前后视距差累积	视线高度	重复测量次数
三等	DSZ_1、DSZ_{05}	≤100	≤2	≤5	三丝能读数	≥2 次
四等	DSZ_1、DSZ_{05}	≤150	≤3	≤10	三丝能读数	≥2 次

5.3.9 水准测量的测站观测限差应符合表 5.3.9 的规定。采用双摆位自动安平水准仪时，可不计算基辅分划读数的差。采用数字水准仪时，同一标尺两次读数差可不设限差，两次读数所测高差的差应符合表 5.3.9 对基辅分划所测高差的差的规定。

表 5.3.9 水准测量的测站观测限差（mm）

<table>
<tr><th colspan="2" rowspan="2">等 级</th><th colspan="2">上下丝读数平均值与中丝读数差</th><th rowspan="2">基辅分划或黑红面读数的差</th><th rowspan="2">基辅分划或黑红面所测高差的差</th><th rowspan="2">单程双转点法观测左右路线转点差</th><th rowspan="2">检测间歇点高差的差</th></tr>
<tr><th>5mm 刻划标尺</th><th>10mm 刻划标尺</th></tr>
<tr><td colspan="2">二等</td><td>1.5</td><td>3.0</td><td>0.4</td><td>0.6</td><td>—</td><td>1.0</td></tr>
<tr><td rowspan="2">三等</td><td>光学测微法</td><td colspan="2" rowspan="2">—</td><td>1.0</td><td>1.5</td><td>1.5</td><td rowspan="2">3.0</td></tr>
<tr><td>中丝读数法</td><td>2.0</td><td>3.0</td><td>—</td></tr>
<tr><td colspan="2">四等</td><td colspan="2">—</td><td>3.0</td><td>5.0</td><td>4.0</td><td>5.0</td></tr>
</table>

5.3.10 水准测量成果的重测和取舍应符合下列规定：

1 超出本规范第 5.3.1、5.3.8 和 5.3.9 条规定限差的观测结果，应进行重测；

2 因测站观测限差超限，在本站观测时发现的，应立即重测；迁站后发现的，应从经检测符合限差的水准点或间歇点开始重测；

3 测段往返测高差不符值超限时，应先对可靠性较小的往测或返测进行整测段重测，并应符合下列规定：

1）当重测的高差与同方向原测高差的不符值大于往返测高差不符值的限差，但与另一单程的高差不符值未超出限差时，可取用重测结果；

2）当同方向两高差的不符值未超出限差，且其中数与另一单程原测高差的不符值亦不超出限差时，可取同方向两高差中数作为该单程的高差；

3）当重测高差或同方向两高差中数与另一单程高差的不符值超出限差时，应重测另一单程；

4）当出现同向不超限，而异向超限的分群现象时，如果同方向高差不符值小于限差之半，可取原测的往返高差中数作往测结果，取重测的往返高差中数作为返测结果。

4 单程双转点观测中，当测段的左右路线高差不符值超限时，可只重测一个单线，并与原测结果中符合限差的一个单线取用中数；当重测结果与原测结果均符合限差时，可取三个单线的中数；当重测结果与原测两个单线结果均超限时，应再重测一个单线；

5 当每千米高差中数偶然中误差、每千米高差中数全中误差、往返测高差不符值、附合路线或环线闭合差超限时，应对路线上可靠性较小的一些测段进行重测。

5.4 高程导线测量

5.4.1 采用高程导线测量方法进行四等高程控制测量时，高程导线应起闭于不低于三等的水准点，边长不应大于 1km，路线长度不应大于四等水准路线的最大长度。布设高程导线时，宜与平面控制网相结合。

5.4.2 高程导线可采用每点设站或隔点设站的方法施测。隔点设站时，每站应变换仪器高度并观测两次，前后视线长度之差不应大于 100m。

5.4.3 高程导线的边长和垂直角观测应符合下列规定：

1 观测应在目标成像清晰稳定时进行。

2 边长的测定应采用不低于Ⅱ级精度的测距仪观测两测回。采用每点设站法时，往返测可各测一测回。测距的各项限差和要求应符合本规范表 4.4.14 和表 4.4.15 的规定，每站应读取气温、气压值。

3 垂直角观测应采用 DJ_2 级经纬仪按中丝法观测四个测回，测回间较差和指标差较差均不应大于 5″。

4 仪器高、棱镜高应在观测前后各量测一次，两次互差不应大于 2mm，结果应取用中数。

5.4.4 测站高差的计算应符合下列规定：

1 观测的斜距应进行加常数、乘常数和气象改正；

2 每点设站时，相邻测站间单向观测高差应按公式（5.4.4-1）计算；相邻测站间对向观测的高差中数 h_{12} 应按公式（5.4.4-2）计算；

$$h = S\sin\alpha_v + (1-k)\frac{S^2\cos^2\alpha_v}{2R_m} + i - v \tag{5.4.4-1}$$

式中：h——高程导线边两端点的高差（m）；

S——经过各项改正后的高程导线边的斜距（m）；

α_v——垂直角观测值；

k——当地的大气折光系数；

R_m——地球平均曲率半径（m）；

i——仪器高（m）；

v——棱镜高（m）。

$$h_{12}=(h_1-h_2)/2 \qquad (5.4.4\text{-}2)$$

式中：脚标 1、2 分别为相邻测站的序号。

3 隔点设站时，相邻照准点间的高差 h_{12} 应按下式计算：

$$h_{12}=S_2\sin\alpha_{v_2}-S_1\sin\alpha_{v_1}+v_1-v_2+\frac{(1-k)}{2R_m}\left[(S_2\cos\alpha_{v_2})^2-(S_1\cos\alpha_{v_1})^2\right] \qquad (5.4.4\text{-}3)$$

式中：脚标 1、2——后视和前视标号；

S_1、S_2——经过各项改正后的高程导线边的倾斜距离（m）；

α_v——垂直角观测值；

k——当地的大气折光系数；

R_m——地球平均曲率半径（m）；

v_1、v_2——后视和前视的棱镜高（m）。

5.4.5 采用高程导线测定的高程控制点或其他固定点的高差，应进行正常水准面不平行改正，计算方法应符合现行国家标准《国家三、四等水准测量规范》GB/T 12898 的规定。

5.4.6 高程导线观测读数和计算的数字取位要求应符合表 5.4.6 的规定。

表 5.4.6 高程导线观测读数和计算的数字取位要求

项目	斜距（mm）	垂直角（″）	仪器高、棱镜高（mm）	气温（℃）	气压（Pa）	测站高差（mm）	测段高差（mm）
观测值	1	1	1	0.1	100	—	—
计算值	1	0.1	0.1	—	—	0.1	1

5.4.7 高程导线测量的限差应符合表 5.4.7 的规定，当测量结果超出本规范表 5.4.7 规定时，应按本规范第 5.3.10 条的规定进行重测和取舍。

表 5.4.7 高程导线测量的限差（mm）

观测方法	两测站对向观测高差不符值	两照准点间两次观测高差不符值	附合路线或环线闭合差		检测已测测段高差之差
			平原、丘陵	山区	
每点设站	$\pm45\sqrt{D}$	—	$\pm20\sqrt{L}$	$\pm25\sqrt{L}$	$\pm30\sqrt{L_i}$
隔点设站	—	$\pm14\sqrt{D}$			

注：D——测距边长度（km）；

L——附合路线或环线长度（km）；

L_i——检测测段长度（km）。

5.5 卫星定位高程控制测量

5.5.1 采用卫星定位测量方法建立四等高程控制网时，应包括高程异常模型建立、卫星定位测量、高程计算与检查等过程。

5.5.2 用于建立四等高程控制网的高程异常模型，其高程异常模型内符合中误差不应大于 20mm，高程异常模型高程中误差不应大于 30mm。

5.5.3 高程异常模型建立的方法和技术要求应符合现行行业标准《卫星定位城市测量技术规范》CJJ/T 73 的规定。

5.5.4 新建立的高程异常模型应采用不低于三等水准测量的方法进行模型高程中误差外业检测。检测点应均匀分布于拟合点间的中部并能反映地形特征。检测点数不应少于拟合点总数的 15% 且不应少于 5 个点。

5.5.5 卫星定位高程控制测量应采用静态观测方法，按四等平面控制测量的要求施测，并宜与卫星定位平面测量同时进行。

5.5.6 卫星定位静态观测数据应在地心坐标系下进行三维约束平差。观测数据的预处理和网平差的要求应按本规范第 4 章的相应规定执行。

5.5.7 卫星定位高程控制测量应在高程异常模型覆盖区域内进行。

5.5.8 进行卫星定位高程控制测量时，应联测一个以上的已知高程控制点进行检核，检核高程较差不应大于 0.06m。

5.5.9 高程计算时，应采用卫星定位网三维约束平差成果和符合本规范第 5.5.2 条规定的高程异常模型进行计算。

5.5.10 卫星定位高程控制测量工作完成后，应进行 100% 的内业检查和 10% 的外业检测，并应符合下列规定：

1 内业检查应包括下列内容：

1）外业观测数据记录的齐全性；

2）观测成果的精度指标；

3）输出成果内容的完整性；

4）校核点的较差计算及检核结果。

2 卫星定位高程控制测量成果的外业检测技术要求应符合表 5.5.10 的规定。检测时，应至少联测一个已知高程控制点。

表 5.5.10 卫星定位高程控制测量成果的外业检测技术要求

检测方法	采用等级	检测较差（mm）
水准测量	四等及四等以上	$\leqslant30\sqrt{L}$

注：L——水准检测线路长度，以“km”为单位；小于 0.5km 的，按 0.5km 计。

5.6 成果整理与提交

5.6.1 每一水准路线应在观测结束并经全面检查确认无误后，再进行下一步计算。计算水准点概略高程时，所用的高差应加入下列改正：

1 水准标尺长度误差改正数；

2 正常位水准面不平行的改正数；

3 水准路线或环线闭合差的改正数。

5.6.2 水准测量作业结束后，除四等单程外的每条水准路线应按测段往返高差不符值计算每千米水准测量偶然中误差（M_{Δ}）；当水准网的环数大于20个时，还应按环线闭合差计算每千米水准测量全中误差（M_w）。M_{Δ} 和 M_w 应符合本规范表5.3.1的规定，超限时，应对闭合差较大的路线进行重测。M_{Δ} 和 M_w 应按下列公式计算：

$$M_{\Delta}=\sqrt{\frac{1}{4n'}\left[\frac{\Delta\Delta}{L_s}\right]} \quad (5.6.2\text{-}1)$$

$$M_w=\sqrt{\frac{1}{N}\left[\frac{WW}{L}\right]} \quad (5.6.2\text{-}2)$$

式中：Δ——测段往返测高差的不符值（mm）；

L_s——测段长（km）；

n'——测段数；

W——经过各项改正后的水准环线闭合差（mm）；

N——水准环数；

L——水准环线周长（km）。

5.6.3 水准测量计算的数字取位要求应符合表5.6.3的规定。

表 5.6.3 水准测量计算的数字取位要求

等级	往(返)测距离总和(km)	往返测距离中数(km)	各测站高差(mm)	往(返)测高差总和(mm)	往返测高差中数(mm)	高程(mm)
二等	0.01	0.1	0.01	0.01	0.1	0.1
三等	0.01	0.1	0.1	1.0	1.0	1.0
四等	0.01	0.1	0.1	1.0	1.0	1.0

5.6.4 高程导线的观测工作结束后，应及时整理和检查外业观测手簿所有计算，并应在确认观测成果全部符合本规范规定后，再进行计算。

5.6.5 水准网与高程导线的平差应采用条件平差或间接平差，并应评定网中最弱点相对于起算点的高程中误差。

5.6.6 卫星定位高程控制测量完成后应将检测点的卫星定位高程计算结果和外业检测结果整理并计算两次结果的较差。卫星定位高程控制测量的高程中误差应按下式计算：

$$M_H=\sqrt{\frac{[dHdH]}{2N}} \quad (5.6.6)$$

式中：M_H——卫星定位高程控制测量高程中误差（mm）；

dH——检测点检测高程与卫星定位高程的差值（mm）；

N——检测点数。

5.6.7 城市高程控制测量成果验收后，应提交下列资料：

1 技术设计；

2 高程控制网网图，高程控制点点之记，二、三等高程控制点标志委托保管书；

3 经纬仪、测距仪、卫星定位接收设备、水准仪与水准标尺、气象仪器等的检验资料；

4 全部外业观测记录；

5 全部内业计算资料；

6 技术总结；

7 质量检查验收报告。

6 数字线划图测绘

6.1 一般规定

6.1.1 DLG数据可采用全野外数字测图方法、摄影测量方法获取，也可采用模拟地形图数字化的方法获取。

6.1.2 DLG的比例尺可根据不同用途按表6.1.2选用。

表 6.1.2 DLG的比例尺选用

比例尺	用途
1∶500 1∶1000	城市详细规划和管理、地下管线和地下普通建(构)筑工程的现状图、工程项目的施工图设计等
1∶2000	城市详细规划和工程项目的初步设计等
1∶5000 1∶10000	城市规划设计

6.1.3 1∶500、1∶1000、1∶2000DLG的分幅和编号宜符合现行国家标准《国家基本比例尺地图图式 第1部分：1∶500、1∶1000、1∶2000地形图图式》GB/T 20257.1的有关规定，1∶5000、1∶10000DLG的分幅和编号宜符合现行国家标准《国家基本比例尺地形图分幅和编号》GB/T 13989的有关规定，也可沿用原有的分幅和编号方法。

6.1.4 地形类别的划分应符合表6.1.4的规定。

表 6.1.4 地形类别的划分

地形类别	划分原则
平地	大部分地面坡度在2°以下地区
丘陵地	大部分地面坡度在2°～6°的地区
山地	大部分地面坡度在6°～25°的地区
高山地	大部分地面坡度在25°以上的地区

6.1.5 DLG的基本等高距应符合表6.1.5的规定。

同一幅图应采用一种基本等高距。

表 6.1.5 DLG 的基本等高距（m）

地形类别	比例尺			
	1∶500	1∶1000	1∶2000	1∶5000、1∶10000
平地	0.5	0.5	0.5(1)	1
丘陵地	0.5	0.5(1)	1	2.5
山地	1(0.5)	1	2	5
高山地	1	1(2)	2	5

注：表中括号内的数值可根据地形类别和用途选用。

6.1.6 地物点相对于邻近平面控制点的点位中误差和地物点相对于邻近地物点的间距中误差应符合表 6.1.6 的规定。森林、隐蔽等特殊困难地区，可按表 6.1.6 规定值放宽 0.5 倍。

表 6.1.6 地物点相对于邻近平面控制点的点位中误差和地物点相对于邻近地物点的间距中误差

地形类别	地物点相对于邻近平面控制点的点位中误差（图上 mm）	地物点相对于邻近地物点的间距中误差（图上 mm）
平地、丘陵地	≤0.5	≤0.4
山地、高山地	≤0.75	≤0.6

6.1.7 DLG 高程精度应符合下列规定：

1 城市建筑区和基本等高距为 0.5m 的平坦地区，1∶500、1∶1000、1∶2000DLG 的高程注记点相对于邻近图根点的高程中误差不应大于 0.15m。

2 其他地区高程精度应以等高线插求点的高程中误差来衡量。等高线插求点相对于邻近图根点的高程中误差应符合表 6.1.7 的规定，困难地区可按表 6.1.7 的规定值放宽 0.5 倍。

表 6.1.7 等高线插求点的高程中误差

地形类别	平地	丘陵地	山地	高山地
高程中误差（m）	$\leqslant 1/3 \times H$	$\leqslant 1/2 \times H$	$\leqslant 2/3 \times H$	$\leqslant 1 \times H$

注：H——基本等高距。

6.1.8 DLG 测绘可采用全野外测量方法或摄影测量方法，也可采用同一区域更大比例尺的、现势的、符合本规范第 6 章规定的 DLG 进行缩编。缩编的基本要求宜符合本规范第 12.2.6 条的规定。

6.1.9 要素的分类与代码宜符合现行国家标准《基础地理信息要素分类与代码》GB/T 13923 的规定，并应按设计要求分层存放。

6.1.10 要素的定义和描述宜符合现行国家标准《基础地理要素数据字典 第 1 部分：1∶500、1∶1000、1∶2000 基础地理要素数据字典》GB/T 20258.1 和《基础地理要素数据字典 第 2 部分：1∶5000、1∶10000 基础地理要素数据字典》GB/T 20258.2 的规定。

6.1.11 要素的图式表达宜符合现行国家标准《国家基本比例尺地图图式 第 1 部分：1∶500、1∶1000、1∶2000 地形图图式》GB/T 20257.1 和《国家基本比例尺地图图式 第 2 部分：1∶5000、1∶10000 地形图图式》GB/T 20257.2 的规定。

6.1.12 DLG 的数据格式宜符合现行国家标准《地理空间数据交换格式》GB/T 17798 的规定。

6.2 测 绘 内 容

（Ⅰ）1∶500、1∶1000、1∶2000DLG

6.2.1 1∶500、1∶1000、1∶2000DLG 测绘内容应包括测量控制点、水系、居民地及设施、交通、管线、境界与政区、地貌、植被与土质等要素，并应着重表示与城市规划、建设有关的各项要素。

6.2.2 各等级测量控制点应测绘其平面的几何中心位置，并应表示类型、等级和点名。

6.2.3 水系要素的测绘及表示应符合下列规定：

1 江、河、湖、海、水库、池塘、沟渠、泉、井及其他水利设施，应测绘及表示，有名称的应注记名称，并可根据需要测注水深，也可用等深线或水下等高线表示。

2 河流、溪流、湖泊、水库等水涯线，宜按测绘时的水位测定。当水涯线与陡坎线在图上投影距离小于 1mm 时，水涯线可不表示。图上宽度小于 0.5mm 的河流、图上宽度小于 1mm 或 1∶2000 图上宽度小于 0.5mm 的沟渠，宜用单线表示。

3 海岸线应以平均大潮高潮的痕迹所形成的水陆分界线为准。各种干出滩应在图上用相应的符号或注记表示，并应适当测注高程。

4 应根据需求测注水位高程及施测日期；水渠应测注渠顶边和渠底高程；时令河应测注河床高程；堤、坝应测注顶部及坡脚高程；池塘应测注塘顶边及塘底高程；泉、井应测注泉的出水口与井台高程，并应根据需求测注井台至水面的深度。

6.2.4 居民地及设施要素的测绘及表示应符合下列规定：

1 居民地的各类建（构）筑物及主要附属设施应准确测绘外围轮廓和如实反映建筑结构特征。

2 房屋的轮廓应以墙基外角为准，并应按建筑材料和性质分类并注记层数。1∶500、1∶1000DLG，房屋应逐个表示，临时性房屋可舍去；1∶2000DLG 可适当综合取舍，图上宽度小于 0.5mm 的小巷可不表示。

3 建筑物和围墙轮廓凸凹在图上小于 0.4mm、

简单房屋小于 0.6mm 时，可舍去。

4 对于 1∶500DLG，房屋内部天井宜区分表示；对于1∶1000DLG，图上面积 6mm^2 以下的天井可不表示。

5 工矿及设施应在图上准确表示其位置、形状和性质特征；依比例尺表示的，应测定其外部轮廓，并应按图式配置符号或注记；不依比例尺表示的，应测定其定位点或定位线，并用不依比例尺符号表示。

6 垣栅的测绘应类别清楚，取舍得当。城墙按城基轮廓依比例尺表示时，城楼、城门、豁口均应测定；围墙、栅栏、栏杆等，可根据其永久性、规整性、重要性等综合取舍。

6.2.5 交通要素的测绘及表示应符合下列规定：

1 应反映道路的类别和等级，附属设施的结构和关系；应正确处理道路的相交关系及与其他要素的关系；并应正确表示水运和海运的航行标志，河流的通航情况及各级道路的通过关系。

2 铁路轨顶、公路路中、道路交叉处、桥面等，应测注高程，曲线段的铁路，应测量内侧轨顶高程；隧道、涵洞应测注底面高程。

3 公路与其他双线道路在图上均应按实宽依比例尺表示，并应在图上每隔 150mm～200mm 注出公路技术等级代码及其行政等级代码和编号，且有名称的，应加注名称。公路、街道宜按其铺面材料分别以砼、沥、砾、石、砖、碴、土等注记于图中路面上，铺面材料改变处，应用地类界符号分开。

4 铁路与公路或其他道路平面相交时，不应中断铁路符号，而应将另一道路符号中断；城市道路为立体交叉或高架道路时，应测绘桥位、匝道与绿地等；多层交叉重叠，下层被上层遮住的部分可不绘，桥墩或立柱应根据用图需求表示。

5 路堤、路堑应按实地宽度绘出边界，并应在其坡顶、坡脚适当测注高程。

6 道路通过居民地应按真实位置绘出且不宜中断；高速公路、铁路、轨道交通应绘出两侧围建的栅栏、墙和出入口，并应注明名称，中央分隔带可根据用图需求表示；市区街道应将车行道、过街天桥、过街地道的出入口、分隔带、环岛、街心花园、人行道与绿化带等绘出。

7 跨河或谷地等的桥梁，应测定桥头、桥身和桥墩位置，并应注明建筑结构；码头应测定轮廓线，并应注明其名称，无专有名称时，应注记“码头”；码头上的建筑应测定并以相应符号表示。

6.2.6 管线要素的测绘及表示应符合下列规定：

1 永久性的电力线、电信线均应准确表示，电杆、铁塔位置应测定。当多种线路在同一杆架上时，可仅表示主要的。各种线路应做到线类分明，走向连贯。

2 架空的、地面上的、有管堤的管道均应测定，并应分别用相应符号表示，注记传输物质的名称。当架空管道直线部分的支架密集时，可适当取舍。地下管线检修井宜测绘表示。

6.2.7 境界与政区要素的测绘及表示应符合下列规定：

1 DLG 上应正确反映境界的类别、等级、位置以及与其他要素的关系。

2 县（区、旗）和县以上境界应根据勘界协议、有关文件准确绘出，界桩、界标应精确表示几何位置。乡、镇和乡级以上国营农、林、牧场以及自然保护区界线可按需要测绘。

3 两级以上境界重合时，应以较高一级境界符号表示。

6.2.8 地貌要素的测绘及表示应符合下列规定：

1 应正确表示地貌的形态、类别和分布特征。

2 自然形态的地貌宜用等高线表示，崩塌残蚀地貌、坡、坎和其他特殊地貌应用相应符号或用等高线配合符号表示。城市建筑区和不便于绘等高线的地方，可不绘等高线。

3 各种自然形成和人工修筑的坡、坎，其坡度在 70°以上时应以陡坎符号表示，70°以下时应以斜坡符号表示；在图上投影宽度小于 2mm 的斜坡，应以陡坎符号表示；当坡、坎比高小于 1/2 基本等高距或在图上长度小于 5mm 时，可不表示；坡、坎密集时，可适当取舍。

4 梯田坎坡顶及坡脚宽度在图上大于 2mm 时，应测定坡脚；测制 1∶2000DLG 时，若两坎间距在图上小于 5mm，可适当取舍；梯田坎比较缓且范围较大时，也可用等高线表示。

5 坡度在 70°以下的石山和天然斜坡，可用等高线或用等高线配合符号表示；独立石、土堆、坑穴、陡坎、斜坡、梯田坎、露岩地等应测注上下方高程，也可测注上方或下方高程并量注比高。

6 各种土质应按图式规定的相应符号表示，大面积沙地应采用等高线加注记表示。

7 高程注记点的分布应符合下列规定：

1）图上高程注记点应分布均匀，丘陵地区高程注记点间距宜符合表 6.2.8 的规定；平坦及地形简单地区可放宽至 1.5 倍，地貌变化较大的丘陵地、山地与高山地应适当加密；

表 6.2.8 丘陵地区高程注记点间距（m）

比例尺	1∶500	1∶1000	1∶2000
高程注记点间距	15	30	50

2）山顶、鞍部、山脊、山脚、谷底、谷口、沟底、沟口、凹地、台地、河川湖池岸旁、水涯线上以及其他地面倾斜变换处，均应测高程注记点；

3）城市建筑区高程注记点应测设在街道中心

线、街道交叉中心、建筑物墙基脚和相应的地面、管道检查井井口、桥面、广场、较大的庭院内或空地上以及其他地面倾斜变换处；

4）基本等高距为0.5m时，高程注记点应注至厘米；基本等高距大于0.5m时可注至分米。

8 计曲线上的高程注记，字头应朝向高处，且不应在图内倒置；山顶、鞍部、凹地等不明显处等高线应加绘示坡线；当首曲线不能显示地貌特征时，可测绘二分之一基本等高距的间曲线。

6.2.9 植被与土质要素的测绘及表示应符合下列规定：

1 DLG上应正确反映植被的类别特征和范围分布；对耕地、园地应测定范围，并应配置相应的符号。大面积分布的植被在能表达清楚的情况下，可采用注记说明；同一地段生长有多种植物时，可按经济价值和数量适当取舍，符号配置连同土质符号不应超过三种。

2 种植小麦、杂粮、棉花、烟草、大豆、花生和油菜等的田地应配置旱地符号，有节水灌溉设备的旱地应加注“喷灌”、“滴灌”等；经济作物、油料作物应加注品种名称；一年分几季种植不同作物的耕地，应以夏季主要作物为准配置符号表示。

3 在图上宽度大于1mm的田埂应用双线表示，小于1mm的应用单线表示；田块内应测注高程。

6.2.10 各种名称、说明注记和数字注记应准确注出；图上所有居民地、道路（包括市镇的街、巷）、山岭、沟谷、河流等自然地理名称，以及主要单位等名称，均应进行调查核实，有法定名称的应以法定名称为准，并应正确注记。

（Ⅱ）1∶5000、1∶10000DLG

6.2.11 1∶5000、1∶10000DLG测绘内容及表示应符合现行国家标准《1∶5000、1∶10000地形图航空摄影测量外业规范》GB/T 13977的规定，要素取舍还应符合下列规定：

1 独立树、岩峰、山洞和空旷区域低矮的独立房、小棚房等明显、突出、具有判定方位作用的地物，应测绘并表示；

2 居民地内部、街巷等图上不能详细表示的地物，应保持其特征，综合取舍；

3 在图上不能同时按真实位置表示两个以上地物符号时，应分主次取舍或移位表示，移位后的要素不应改变其相对位置。

6.3 全野外测量法

（Ⅰ）图根控制测量

6.3.1 图根控制测量宜在城市各等级控制点下进行，可采用卫星定位测量、导线测量和电磁波测距极坐标法等方法。

6.3.2 图根点点位中误差和高程中误差应符合表6.3.2的规定。

表6.3.2 图根点点位中误差和高程中误差

中误差	相对于图根起算点	相对于邻近图根点	
点位中误差	≤图上0.1mm	≤图上0.3mm	
高程中误差（m）	≤1/10×H	平地	≤1/10×H
		丘陵地	≤1/8×H
		山地、高山地	≤1/6×H

注：H——基本等高距。

6.3.3 图根点密度应根据测图比例尺和地形条件确定，平坦开阔地区图根点密度宜符合表6.3.3的规定。地形复杂、隐蔽及城市建筑区，图根点密度应满足测图需要，并宜结合具体情况加密。

表6.3.3 平坦开阔地区图根点的密度（点/km²）

测图比例尺	1∶500	1∶1000	1∶2000
模拟测图法图根点密度	≥150	≥50	≥15
数字测图法图根点密度	≥64	≥16	≥4

6.3.4 采用卫星定位测量方法布设图根点时，应符合现行行业标准《卫星定位城市测量技术规范》CJJ/T 73的有关规定。

6.3.5 图根电磁波测距导线测量的技术指标应符合表6.3.5的规定。

表6.3.5 图根电磁波测距导线测量的技术指标

比例尺	附合导线长度（m）	平均边长（m）	导线相对闭合差	测回数DJ_6	方位角闭合差（″）	仪器类别	方法与测回数
1∶500	900	80	≤1/4000	1	$\pm40\sqrt{n}$	Ⅱ级	单程观测1
1∶1000	1800	150					
1∶2000	3000	250					

注：n——测站数。

6.3.6 图根导线的附合不宜超过两次，在个别极困难地区，可附合三次。因地形限制，图根导线无法附合时，可布设支导线，但不应多于四条边，长度不应超过本规范表6.3.5中规定长度的1/2，最大边长不应超过本规范表6.3.5中平均边长的2倍。支导线边长采用电磁波测距仪测距时，可单程观测一测回。水平角观测的首站应联测两个已知方向，采用DJ_6光学经纬仪观测一测回，其他站应分别测左、右角各一测回，其固定角不符值与测站圆周角闭合差均不应超过±40″，采用全站仪时，其他站可观测一测回。

6.3.7 当局部地区图根点密度不足时，可在等级控制点或一次附合图根点上，采用电磁波测距极坐标法布点加密，平面位置测量的技术指标应符合表6.3.7的规定；边长不宜超过定向边长的3倍；采用双极坐标法测量时，每测站可只联测一个已知方向，测角、测距应均为一测回，两组坐标较差不超限时，应取中数。采用电磁波测距极坐标法所测的图根点，不应再行发展，且一幅图内用此法布设的点不应超过图根点总数的30%。条件许可时，宜采用双极坐标测量，或适当检测各点的间距；当坐标、高程同时测定时，可变动棱镜高度测量两次。两组坐标较差、坐标反算间距与实测间距较差均不应大于图上0.2mm。

表6.3.7 电磁波测距极坐标法测量技术指标

项目	仪器类别	方法	测回数	最大边长（m）			固定角不符值（″）
				1∶500	1∶1000	1∶2000	
测距	Ⅱ级	单程观测	1	200	400	800	—
测角	DJ_6	方向法、联测两个已知方向	1	—	—	—	±40

6.3.8 图根导线平差可采用近似平差。计算时，角值应取至秒，边长和坐标应取至厘米。

6.3.9 图根点宜采用临时标志，当测区内高级控制点稀少时，应适当埋设标石或测定永久性地物点坐标，埋石点应选在第一次附合的图根点上，并应做到至少能与其他埋石点或坐标地物点通视。

6.3.10 测定永久性地物点坐标时，可不设置标志。房屋等多边形轮廓地物，宜以其棱角与地面交界点为准；地下管线检修井等圆形轮廓地物，宜以圆心为准。永久性地物点坐标的施测方法与技术要求，应符合本规范第6.3.6条和第6.3.7条的规定。

6.3.11 图根点的高程测量应符合下列规定：

1 当基本等高距为0.5m时，应采用图根水准、图根电磁波测距三角高程或卫星定位测量方法测定；

2 当基本等高距大于0.5m时，也可采用经纬仪三角高程测量。

6.3.12 图根水准测量应起闭于不低于市政工程线路水准测量精度要求的高程控制点上，可沿图根点布设为附合路线、闭合环或结点网。对起闭于一个水准点的闭合环，应先行检测该点高程的正确性。高级点间附合路线或闭合环线长度不应大于8km，结点间路线长度不应大于6km，支线长度不应大于4km。应使用不低于DS_{10}级的水准仪（i角应小于30″），并应按中丝读数法单程观测，支线应往返测，并应估读至毫米。仪器至标尺的距离不宜超过100m，前后视距离宜相等；路线闭合差应在$\pm 40\sqrt{L}$ mm之内（L为路线长度，km）；在山地每千米超过16站时，路线闭合差应在$\pm 12\sqrt{n}$ mm之内（n为测站数）。图根水准计算可简单配赋，高程应取至厘米。

6.3.13 图根高程导线测量应起闭于高等级高程控制点上，其边数不宜超过12条，边数超过12条时，应布设成结点网。图根高程导线测量时，垂直角应对向观测；电磁波测距极坐标法测量时，图根点垂直角可单向观测一测回，变动棱镜高度后再测一次；独立交会点亦可用不少于三个方向（对向为两个方向）单向观测的三角高程推算，其中测距要求应与图根导线测距要求相同。图根三角高程测量的技术指标应符合表6.3.13的规定。仪器高和棱镜高应量至毫米，高差较差或高程较差在限差内时，应取其中数。当边长大于400m时，应考虑地球曲率和折光差的影响。计算三角高程时，角度应取至秒，高差应取至厘米。

表6.3.13 图根三角高程测量的技术指标

仪器类型	中丝法测回数		垂直角较差、指标差较差（″）	对向观测高差、单向两次高差较差（m）	各方向推算的高程较差（m）	附合路线或环线闭合差	
	经纬仪三角高程测量	高程导线				经纬仪三角高程测量（m）	高程导线（mm）
DJ_6	1	对向1 单向2	≤25	$\leqslant 0.4\times S$	$\leqslant 0.2H$	$\pm 0.1H\sqrt{n_s}$	$\pm 40\sqrt{[D]}$

注：S为边长（km）；H为基本等高距（m）；n_s为边数；D为测距边边长（km）。

6.3.14 测站点的增补应符合下列规定：

1 应充分利用控制点和图根点。当图根点密度不足时，除应用内外分点法外，还可根据具体情况采用图解交会法或图解支点等方法增补测站点；当采用外分点法时，外分点的距离不应超过后视长度。

2 采用图解交会法增补测站点时，前、侧方交会均不应少于三个方向，1∶2000比例尺测图可采用后方交会，但不应少于四个方向。交会角应在30°～150°之间。前、侧方交会出现的示误三角形内切圆直径小于0.4mm时，可按交会边长配赋，刺出点位；后方交会利用三个方向精确交出点位后，第四个方向检查误差不应超过0.3mm。

3 由图根点上可分支出图解支点，支点边长不宜超过用于图板定向的边长并应往返测定，视距往返较差不应大于1/200。图解支点最大边长及测量方法应符合表6.3.14的规定。

表6.3.14 图解支点的最大边长及测量方法

比例尺	最大边长（m）	测量方法
1∶500	50	实量或测距
1∶1000	100	实量或测距
	70	视距
1∶2000	160	实量或测距
	120	视距

4 图解交会点的高程，可用三角高程方法测定。

由三个方向推算的高程较差，在平地，不应超过1/5倍基本等高距，在丘陵地、山地，不应超过1/3倍基本等高距。支点的高程可用测图仪器的水平视线或三角高程方法测定，往返测高差的较差不应超过1/7倍基本等高距。

（Ⅱ）要 素 采 集

6.3.15 测图前，应根据技术设计制定作业计划，收集测区内已有测图成果，抄录控制点成果并进行实地踏勘。

6.3.16 采用模拟测图方法时，宜选用厚度为0.07mm～0.10mm、经过热定型处理、变形率小于0.02%的聚酯薄膜作为原图纸，并应在原图纸上绘制方格网、图廓线及展绘控制点，其限差应符合表6.3.16的规定。

表6.3.16 绘制方格网、图廓线及展绘控制点的限差（mm）

项 目	限 差
方格网实际长度与名义长度之差	0.20
图廓对角线长度与理论长度之差	0.30
控制点间的图上长度与坐标反算长度之差	0.30

6.3.17 测图所使用的仪器、软件和工具的性能和各项指标应满足DLG测绘的要求，模拟测图使用的仪器和工具还应符合下列规定：

1 测量仪器视距乘常数应在100±0.1之内。量距使用的皮尺在测图前应检验，作业过程中也应检验。测图中，量距误差大于图上0.1mm时，应改正。

2 垂直度盘指标差应在±1′之内。

3 比例尺尺长误差应在±0.2mm之内。

4 量角器直径不宜小于200mm，偏心差应在0.2mm之内。

6.3.18 要素平面位置的采集可采用极坐标法、支距法或交会法，也可采用卫星定位测量。在街坊内部设站困难时，也可采用几何作图等综合方法。高程值可采用三角高程测量、水准测量或卫星定位测量等方法采集。

6.3.19 仪器设置及测站上的检查应符合下列规定：

1 仪器对中的偏差，不应大于图上0.05mm。

2 应以较远的一点标定方向，用其他点进行检核。采用平板仪测绘时，检核偏差不应大于图上0.3mm；采用经纬仪或全站仪测绘时，检核偏差不应大于图上0.2mm。每站测图过程中，应检查定向点方向，采用平板仪测绘时，偏差不应大于图上0.3mm；采用经纬仪或全站仪等测绘时，归零差不应大于4′。

3 应检查另一测站高程，且其较差不应大于1/5倍基本等高距。

4 采用量角器配合经纬仪测图，当定向边长在图上短于100mm时，应以正北或正南方向作起始方向。

6.3.20 地物点、地形点视距和测距的最大长度应符合表6.3.20的规定。测绘1∶500比例尺地形图，建成区、平坦地区及丘陵地的地物点距离采用皮尺测量时，最大长度应为50m，山地、高山地地物点视距的最大长度可按表6.3.20的地形点要求确定。采用数字测图或按坐标展点成图时，测距的最大长度可按表6.3.20的规定放宽1倍。

表6.3.20 地物点、地形点视距和测距的最大长度（m）

比例尺	视距最大长度		测距最大长度	
	地物点	地形点	地物点	地形点
1∶500	—	70	80	150
1∶1000	80	120	160	250
1∶2000	150	200	300	400

6.3.21 当采用方向交会法测定地物点时，交会方向线宜为三个，其长度不宜大于测板定向距离。当采用全站仪测图时，角度应读记至秒，距离应读记至毫米，仪器高、棱镜高应量记至毫米。

6.3.22 采用数字测图方法时，点状要素应按定位点采集，有向点应确定其方位角；线状要素应按其规则采集，当线状要素遇河流、桥梁等其他不同类要素时，应不间断采集；面状要素应封闭构面，同一类面状要素不应重叠。

6.3.23 数字测图采用测记法时，应现场绘制测站草图。

6.3.24 采用卫星定位测量方法采集要素时，重复抽样检核不应低于10%，检核偏差不应大于图上0.2mm。

6.4 摄影测量法

（Ⅰ）基 本 要 求

6.4.1 采用摄影测量法测绘DLG时宜包括影像获取、像控点布设、像控点测量、野外调绘、空中三角测量、定向建模、数据采集等过程。

6.4.2 地物点的平面位置宜采用数字摄影测量工作站测图、解析测图仪测图、综合法测图等方法进行测定。

6.4.3 像控点和纠正点的平面位置，可采用全野外测绘、平高区域网加密或平面区域网加密等方法。

6.4.4 1∶500、1∶1000、1∶2000 DLG城市建筑区和基本等高距为0.5m的平坦地区，高程注记点和等高线宜由外业测绘；其余地区高程注记点和等高线可采用平高区域网加密，在数字摄影测量工作站、解析测图仪上测绘。

6.4.5 像控点和内业加密点的精度要求应符合下列规定：

1 像控点的精度指标不应小于图根点的精度；

2 内业加密点相对于邻近平面控制点的点位中误差应符合表 6.4.5-1 的规定；

3 内业加密点相对于邻近高程控制点的高程中误差应符合表 6.4.5-2 的规定；

4 阴影、投影死角、森林、隐蔽等困难地区的内业加密点点位中误差和高程中误差可分别按表 6.4.5-1、表 6.4.5-2 的规定值放宽 0.5 倍。

表 6.4.5-1 内业加密点相对于邻近平面控制点的点位中误差

地形类别	成图比例尺	加密点点位中误差（图上 mm）
城市建筑区、平地、丘陵地	1∶500～1∶10000	≤0.35
山地、高山地	1∶500～1∶10000	≤0.50

表 6.4.5-2 内业加密点相对于邻近高程控制点的高程中误差

比例尺	地形类别	基本等高距	加密点高程中误差（m）
1∶500	平地	0.5	—
	丘陵地	0.5	≤0.18
	山地	0.5	≤0.24
		1.0	≤0.50
	高山地	1.0	≤0.60
1∶1000	平地	0.5	—
	丘陵地	0.5	≤0.18
		1.0	≤0.35
	山地	1.0	≤0.50
	高山地	1.0	≤0.60
		2.0	≤1.00
1∶2000	平地	0.5	—
		1.0	≤0.24
	丘陵地	1.0	≤0.35
	山地	2.0	≤0.80
	高山地	2.0	≤1.20
1∶5000	平地	1.0	—
	丘陵地	2.5	≤1.00
	山地	5.0	≤2.00
	高山地	5.0	≤2.50
1∶10000	平地	1.0	—
	丘陵地	2.5	≤1.00
	山地	5.0	≤2.00
	高山地	5.0	≤3.00

（Ⅱ）影 像 获 取

6.4.6 航摄方案应依据城市规划、设计等的需要和实际的成图能力制定，并应符合下列规定：

1 航摄比例尺应根据成图比例尺、航高、像幅大小、图幅大小、布点方案、测区地形、仪器装备和加密、成图技术水平等情况，按表 6.4.6-1 进行选择，同时应注意航高与焦距的选择。

表 6.4.6-1 航摄比例尺的选择

成图比例尺	航摄比例尺分母			
	平地、丘陵地		山地、高山地	
	光学摄影	数字摄影	光学摄影	数字摄影
1∶500	2000～3000	3000～4000	3000～3500	3500～4000
1∶1000	3500～4000	4500～6000	5000～6000	6000～8000
1∶2000	6000～8000	8000～10000	7000～12000	9000～16000
1∶5000	10000～20000	12000～25000	10000～20000	12000～25000
1∶10000	20000～32000	25000～40000	20000～32000	25000～40000

2 光学摄影航摄仪焦距的选择应符合表 6.4.6-2 的规定。平地综合法成图时，根据需要可采用焦距大于 210mm 的航摄仪。采用数字摄影方式成图时，应根据航摄仪的实际情况、成图比例尺及地形类别，选择航摄仪焦距。

表 6.4.6-2 光学摄影航摄仪焦距的选择

成图比例尺	地形类别	航摄仪焦距（mm）
1∶500	各种地形类别	150～305
1∶1000	各种地形类别	150～210
1∶2000	平地、丘陵地	150～210
	山地、高山地	150
1∶5000	平地、丘陵地	150～210
	山地、高山地	150

3 应选择适当的摄影季节和时间进行航空摄影。用于 DOM 制作时，宜沿图幅中心飞行，一张像片宜覆盖一幅图或四幅图；解析测图仪测图、数字摄影测量工作站测图时，摄影航线可按一定旁向重叠敷设，也可采用沿图幅中心飞行，东西向飞行时应保证南北满幅，南北向飞行时应保证东西满幅。

6.4.7 飞行质量应符合下列规定：

1 航向重叠不宜小于 60%，最小不应小于 53%；旁向重叠不宜小于 30%，最小不应小于 15%。采用一张像片覆盖一幅图时，航向重叠宜为 85%；航线偏离图幅中心线不应大于像片上 30mm（23×23 像幅）。航线间不应有相对漏洞和绝对漏洞。

2 航摄影像倾角不宜大于 2°，个别最大不应大于 4°；旋偏角应符合表 6.4.7 的规定，在同一航线上达到或接近最大旋偏角的像片不应连续超过三片；航线弯曲度不应大于 3%；当采用数字摄影测量工作站进行数据处理时，其旋偏角要求可适当放宽，但不应影响立体观测效果、旁向重叠度、航向重叠度。

表 6.4.7 航摄影像旋偏角的要求

航摄比例尺		>1∶4000	1∶4000～1∶8000	<1∶8000
相对航高（m）		—	—	>1200
旋偏角（°）	一般	≤10	≤8	≤6
	最大	≤12	≤10	≤8

3 一条航线最大和最小航高之差不应超过 30m，分区实际航高与预定航高之差应小于航高的 5%。

6.4.8 摄影质量应符合下列规定：

1 航摄像片不均匀变形不应大于 3/10000；底片压平误差应采用精密立体坐标量测仪或解析测图仪检查。检查时，应测定标准配置点和至少 9 个检查点的坐标和视差，并应按六点法相对定向进行解析计算。检查点的上下视差残差，采用精密立体坐标量测仪测定的，不应大于 0.02mm；采用解析测图仪测定的，不应大于 0.005mm。最高地形点影像移位不应超过 0.03mm；灰雾密度应小于 0.2；反差宜为 1.1～1.4。

2 航摄像片影像应清晰，框标应齐全；像片局部有云影、划痕、静电痕迹、药膜损伤而影响模型连接和测图时，应进行补摄。

3 采用数码航摄时，影像应反差适中、色调饱满、灰度直方图在 0～255 级呈正态分布。

6.4.9 卫星遥感影像的基本要求应符合下列规定：

1 影像应选择层次丰富、清晰易读、色调均匀、反差适中、现势性好、倾角小的全色影像或多光谱影像。当采用多帧卫星影像成图时，其获取的时态宜保持一致，并应收集影像相应的星历和姿态参数。

2 应依据成图的比例尺选择一定分辨率的卫星遥感影像，影像地面分辨率不宜大于所成图的图上 0.1mm。

3 卫星遥感影像相邻各景之间的重叠不应小于图像宽度的 4%。

4 影像中云层覆盖应少于 5%，且不应覆盖重要地物。

6.4.10 航摄像片扫描应符合下列规定：

1 航摄像片扫描仪的最低几何分辨率应大于 25μm（原始负片上），且在使用前应经过严格检校。使用 25 点网格鉴定时，其几何检校的中误差不宜大于 3μm，使用其他方法时，其几何位置坐标限差不应大于 5μm。辐射检校应定期进行，辐射分辨率应达到 8Bit（256 级），辐射误差不应大于 2DN，扫描仪模数转换器的选用不宜低于 10Bit。

2 应收集扫描像片的信息，包括灰度、真彩、彩红外等色彩种类，正片、负片等成像性质，像幅规格，航摄仪信息等。

3 应根据影像的用途确定扫描分辨率，并应符合下列规定：

1）用于 DLG 测图、DEM 数据采集的，分辨率应满足高程量测精度的要求，并应按式（6.4.10-1）进行估算：

$$R_p = \Delta_h \times b / H \qquad (6.4.10\text{-}1)$$

式中：R_p——影像扫描分辨率（μm）；

Δ_h——要求达到的高程精度（m）；

b——平均航向重叠度的像片基线长度（μm）；

H——平均相对航高（m）。

2）用于 DOM 制作的，分辨率应满足影像分辨率的要求，并应按公式（6.4.10-2）进行估算：

$$R_p = R_z \times M / M_s \qquad (6.4.10\text{-}2)$$

式中：R_p——影像扫描分辨率（μm）；

R_z——正射影像图分辨率（μm），一般取 100μm；

M——成图比例尺分母；

M_s——航摄比例尺分母。

3）当航摄像片影像综合分辨率为 20LP/mm 时，R_p 可确定为 25μm；当有多种用途时，应选择最高要求的分辨率进行扫描。

4 影像原始信息不应损失，并应保留航摄像片原有影像分辨率。

5 扫描影像应反差适中、色调饱满、框标清晰，灰度直方图在 0～255 级呈正态分布。质量较差的，应进行灰度拉伸处理、反差与亮度处理、边缘信息增强处理等影像增强处理。

6 应根据扫描像片的特征和测区地形特征，选择有代表性的像片进行预扫以确定扫描参数。

7 扫描的质量检查应符合下列规定：

1）数据文件名应与像片号对应一致；

2）扫描影像的灰度直方图宜为 0～255 灰阶；

3）扫描分辨率应达到设计要求；

4）扫描影像应反差适中、层次丰富、色彩饱满；

5）影像应完整满幅、框标清晰齐全；

6）相邻影像之间不应有明显色差。

（Ⅲ）像控点布设

6.4.11 利用航摄像片成图时，像控点的布设应符合下列规定：

1　像控点应布设在航向及旁向六片（或五片）重叠范围内；

2　像控点距像片边缘的距离不应小于 15mm（23×23）或5mm（数码像片）；

3　旁向重叠过小、相邻航线的点不能公用时，可分别布点，但两点裂开的垂直距离应小于 10mm；

4　位于自由图边的像控点，应布设在离图廓线 4mm 以外；

5　生产 DLG、DOM 时，四个基本纠正点宜选在像片的四角附近。

6.4.12　全野外布点应符合下列规定：

1　采用综合法生产 DLG 并采用平高全野外布点时，像控点距像片边缘的距离可按本规范第 6.4.11 条第 2 款的规定减半；

2　采用综合法生产 DLG 时，应选刺四个基本平高纠正点，并应在选定像片的主点附近选刺一个平高检查点；

3　采用全能法生产 DLG 时，每个立体像对内应布设四个平高控制点（图 6.4.12）。

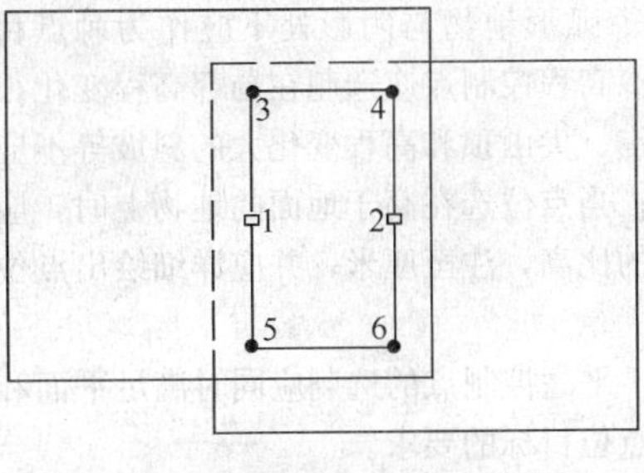

图 6.4.12　全能法成图立体像对布点图

□—像主点；●—像控点

6.4.13　区域网布点应符合下列规定：

1　对平高区域网或平面区域网，采用光学摄影资料时，区域的航线数不宜超过 6 条。基线数不宜超过 16 条；采用数字摄影资料时，区域的航线数不宜超过 12 条，基线数不宜超过 32 条；当联合 DGPS/IMU 数据进行区域网平差时，航线数和基线数可适当放宽。

2　平高控制点宜采用区域周边布点，内部可加布适当点数的平高控制点。控制点跨度应符合表 6.4.13 的规定。

表 6.4.13　控制点跨度

控　制　点		采用光学摄影资料	采用数字摄影资料
平高控制点	航向跨度（基线）	≤4	≤8
	旁向跨度（航线）	≤4	≤6
高程控制点航向跨度	平地、丘陵地（基线）	≤4	≤8
	山地、高山地（基线）	≤5	≤10

3　在符合本规范第 6.4.11 条规定情况下，采用航摄像片、区域由 5～6 条航线组成时，应在区域周边和中央布设平高控制点，在区域两端和中间布设 3～5 排高程控制点[图 6.4.13-1 的(a)(航线为偶数)和(b)(航线为奇数)]。当区域网航线数不超过四条时，可沿周边布设 8 个平高控制点[图 6.4.13-1 的(c)(航线较长时)或(d)(航线较短时)]；当采用航带法区域网平差时，可采用标准航带法区域网布点方案[图 6.4.13-1 的(e)]。

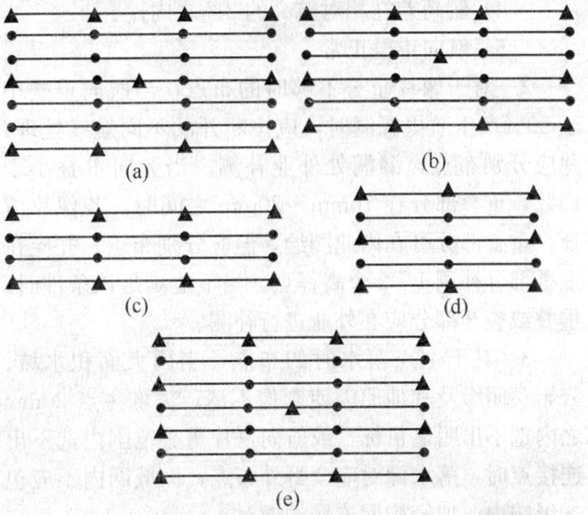

图 6.4.13-1　区域网布点略图

▲—平高控制点；●—高程控制点

4　平面区域网应布设平高控制点，其布点和加密方法应与平高区域网相同。

5　对于不规则区域网，除按间隔要求布点外，区域凸角点处应加布平高控制点，凹角点处应加布高程控制点[图 6.4.13-2(a)]。当凹角点与凸角点之间的距离超过两条基线时，凹角点处应布设平高控制点[图 6.4.13-2(b)]。

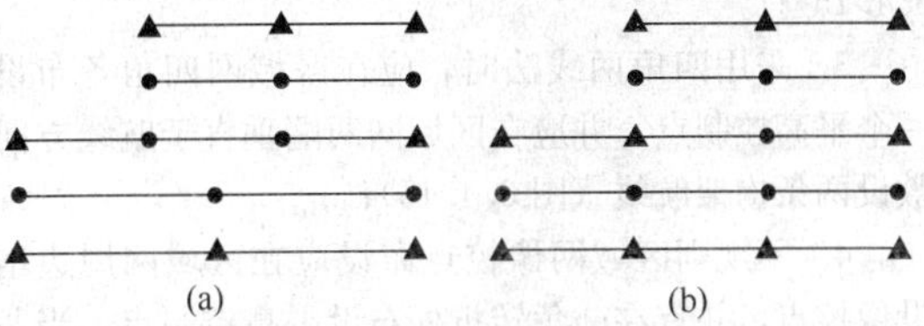

图 6.4.13-2　不规则区域网布点略图

▲—平高控制点；●—高程控制点

6　像控点在像片上的位置除应符合本规范第 6.4.11 条的规定外，还应符合下列规定：

1）像控点应选在旁向重叠中线附近，离开方位线不应小于 50mm（23×23）或 30mm（9.5×16.8）；旁向重叠过大不能满足该要求时，应分别布点；

2）航线两端上下像控点在同一像对内相互偏

离不应超过半条基线，规则区域网中间的像控点左右偏离不应超过一条基线。

6.4.14 特殊情况下，布点应符合下列规定：

1 对于航摄分区分界处的布点，当相邻航摄分区满足下述条件时，位于两分区的相邻航线可按同一航线处理，否则应分别布点：

1）两相邻分区使用同一航摄仪于同期航摄；

2）航线旁向衔接错开小于10%；

3）衔接后航线弯曲度在3%之内；

4）航高差在相对航高的2%之内；

5）航向重叠正常。

2 对于像片重叠不够时的布点，当航向重叠小于53%产生航摄漏洞时，应按断开的不同航线处理，并应分别布点，漏洞处外业补测。当旁向重叠小于15%，重叠部分在10mm～20mm之间时，若像片清晰，重叠部分可在内业测绘，但应分别布点，并应在重叠部分补测1～2个高程点。当不能满足该条件时，重叠或裂开部分应在外业进行补测。

3 对于主点落水时的布点，当因大面积水域、云影、阴影及其他原因使影像不清，离像主点20mm之内选不出明显目标，或航向三片重叠范围内选不出连接点时，落水像对应全野外布点，区域网内不应包括影响内业加密构网连接的像对。

4 水滨和岛屿地区的布点宜按全野外布点，超出控制点连线10mm以外的陆地部分应加测平高点，困难时可改为高程点。当难以用航测方法保证精度时，应采用外业补测。

6.4.15 卫星定位辅助光束法区域网平差像控点布设方案应符合下列规定：

1 规则区域网可采用四角两边或四角两线法；

2 采用四角两边法时，应在区域网的四角各布设一个平高控制点，并应在区域网两端垂直于航线方向的旁向重叠中线附近各布设一个高程控制点（图6.4.15）；

3 采用四角两线法时，应在区域网四角各布设一个平高控制点，并应在区域网两端垂直于航线方向敷设两条构架航线（图6.4.15）；

4 不规则区域网像控点布设应在区域网周边增设像控点，并宜在凸角转折处布设平高控制点，当凹角转折处为一条基线时，应布设高程控制点，当凹角转折处为一条以上基线时，应布设平高控制点（图6.4.15）。

（Ⅳ）像控点测量

6.4.16 航摄前宜布设地面标志，并应及时联测。铺设地面标志的要求宜符合现行国家标准《1：500 1：1000 1：2000地形图航空摄影测量外业规范》GB/T 7931的相关规定。

6.4.17 平面控制点应选刺在影像清晰的明显地物

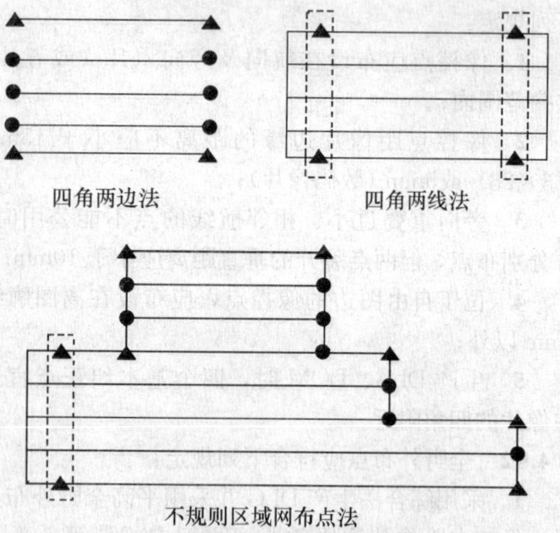

图6.4.15 采用卫星定位辅助光束法区域网布点略图

▲—平高控制点；　▭—测图航线；
●—高程控制点；　┅—构架航线

点、接近正交的线状地物交点、地物拐角点或固定的点状地物上，实地辨认误差应小于图上0.1mm。弧形地物与阴影处不应作为刺点目标。

6.4.18 高程控制点应选刺在局部高程变化很小的地方，狭沟、尖山顶和高程变化大的斜坡等不应选作刺点目标；当点位选在高于地面的地物上时，应量出其与地面的比高，注至厘米，并应详细绘出点位略图和断面图。

6.4.19 平高控制点的选刺应同时满足平面和高程控制点对点位目标的要求。

6.4.20 像控点在各张相邻像片上均应清晰可见，并应选择影像最清晰的一张像片作为刺点片，刺点误差和刺孔直径不应大于0.1mm，且应刺透，不应有双孔，刺偏时应换片重刺。

6.4.21 选刺目标时，应以满足刺点目标要求为主，同时满足像控点布设的点位要求和兼顾联测的方便，选定后应打桩或埋石，并应立即进行统一编号和实地绘制略图。桩位、说明、略图和刺孔位置应一致和确切无误，并应由两人分别在不同像片上独立进行对刺或第二人100%检查。控制像片整饰格式宜符合现行国家标准《1：500 1：1000 1：2000地形图航空摄影测量外业规范》GB/T 7931的规定。

6.4.22 平面控制点可采用图根导线、卫星定位、测角交会点和引点等方法测定，平高像控点相对于附近各等级控制点的平面位置中误差不超过图上0.1mm。测角交会点不宜作为下次发展图形（不包括引点）的起算点，联测像控点的电磁波测距导线主要技术指标应符合表6.4.22-1的规定，当电磁波测距导线短于表6.4.22-1规定的1/3时，其绝对闭合差不应大于图上0.3mm。测角交会点的主要技术指标应符合表6.4.22-2的规定。

表 6.4.22-1 联测像控点的电磁波测距导线的主要技术指标

成图比例尺	附合导线长度（km）	平均边长（km）	边数	测距要求	测角中误差（″）	方位角闭合差（″）	导线相对闭合差
1∶500	2	0.3	7	Ⅱ级单程1测回	≤15	$\pm30\sqrt{n}$	≤1/8000
1∶1000	4	0.5	8				
1∶2000	7	0.8	9				

注：n——测站数。

表 6.4.22-2 测角交会的主要技术指标

交会边长（m）	测角中误差（″）	测回数 DJ_6	交会点两组计算坐标较差（图上 mm）
≤1.0M	≤15	2	≤0.2

注：M——成图比例尺分母。

6.4.23 当像控点不能组成扩展图形、像控点位不适宜设站或距已知控制点很近时，可采用引点。引点应算作一次发展次数。该像控点应联测两个已知方向，采用方向观测法观测两测回；该像控点至引点采用钢尺量距时，不宜大于图根导线平均边长的规定，且应往返丈量，较差相对误差不应大于 1/30000；采用电磁波测距时，距离全长不应大于本规范表 6.4.22-1 的平均边长规定，且应按本规范表 6.4.22-1 的测距要求观测；并宜增加检核条件。检查坐标较差不应大于图上 0.2mm。

6.4.24 平地和丘陵地的高程控制点的测定宜采用水准测量、高程导线测量或卫星定位测量等方法，附合路线长度不应大于 10km；山地、高山地可采用经纬仪三角高程测量、卫星定位测量等方法。

6.4.25 控制点计算手簿应附有成果索引表和选点联测略图，并应标绘出区域网范围、图幅编号、像控点位置及联测图形或导线与水准路线走向。

（Ⅴ）野 外 调 绘

6.4.26 调绘应判读准确、描绘清楚、图式运用恰当、注记准确；调绘人员应坚持“走到、看到和问到”的原则；调绘前应收集和分析有关资料，根据测区情况宜采用先航测内业判读测图，然后到野外对航测内业所成线划图进行补测、调绘的方法；也可采用先全野外像片调绘或室内像片判读与野外像片调绘相结合，后航测内业成图的方法。当采用先内业判读测图后野外调绘的方法时，应在野外对航测内业成图进行全面实地检查、修测、补测、地理名称调查注记、屋檐改正等工作。

6.4.27 1∶500、1∶1000、1∶2000DLG 野外调绘应符合下列规定：

1 像片调绘宜采用放大片进行，放大倍数应根据地物复杂程度而定，且应配备一套像片以供立体观察。调绘面积线的范围可根据像控点连线或图廓线位置确定，不按图廓布点时，应划在隔片的航向和旁向重叠的中线附近，并不应产生调绘漏洞。对于面积线，右、下边应绘直线，左、上边应绘曲线，且不应分割重要地物和街区，不宜顺沿线状地物或压盖点状地物。自由图边应调绘出图外 10mm。

2 调绘内容应包括确定房屋类别、标注楼房层数、补测内业无法判测的地物、测注高程注记点和调查地理名称等。调绘应反映调绘时现状，对航摄后新增地物、影像模糊地物、被影像或阴影遮盖的地物，包括无明显影像的独立地物和水准点，应到实地补测，可采用交会法、支距法、全数字测图等方法；补测的地物应附有标明与明显影像相关尺寸的实测草图，面积较大时，应附有按成图比例尺测绘的原图；航摄后拆除的建筑物，或虽有影像但可不表示的地物，应在像片或图上用红色“×”划去，范围较大时应加说明。

3 水涯线的调绘宜以摄影时的影像为准，池塘、水渠等应以坎边为准。被阴影遮盖的及其他内业难以测绘的地物，应在外业量注堤埊或陡坎的比高、道路铺装面宽度和路肩宽度、河沟宽度等有关数据。2m 以下的比高应于外业量注；屋檐宽度应在实地量取房宽改正屋檐或直接量取，当屋檐宽度大于图上 0.15mm 时，应在相应处用红色数字注明其宽度。在 1∶500 成图时，堤埊或陡坎的比高、道路铺装面宽度、路肩宽度、河沟宽度和屋檐宽度应量注至 50mm；在 1∶1000 和 1∶2000 成图时，应量注至 100mm。

4 调绘片间应接边，且接边处房屋轮廓、道路、管线、河流、植被等的性质、等级、宽度和符号，以及各项注记应一致。调绘像片整饰格式应符合现行国家标准《1∶500 1∶1000 1∶2000地形图航空摄影测量外业规范》GB/T 7931 的规定。

6.4.28 1∶5000、1∶10000DLG 野外调绘应符合下列规定：

1 1∶5000、1∶10000DLG 野外调绘应按现行国家标准《1∶5000、1∶10000 地形图航空摄影测量外业规范》GB/T 13977 执行；

2 调绘像片的比例尺不宜小于成图比例尺的 1.5 倍，地物复杂地区应适当放大；

3 调绘面积线应绘在隔片的航向和旁向重叠的中线附近，对于接边线，东、南边应画为直线，西、北边应画为曲线，距像片边缘应大于 10mm，不应产生漏洞或重叠；自由图边应调绘出图外 10mm；

4 调绘片应采用分色描绘，地物及注记宜用黑色，地貌宜用棕色，水系宜用绿色。调绘使用简化符号时，应在技术设计中对简化符号及颜色予以描述；

5 航摄后拆除的建筑物，或虽有影像但可以不表示的地物，应在像片或图上用红色“×”划去，范围较大时应说明。

（Ⅵ）空中三角测量

6.4.29 空中三角测量的精度指标应符合下列规定：

1 内定向限差不应大于 0.01mm。采用数字摄影资料时，可不作内定向。

2 对于相对定向精度，采用航摄像片扫描成图的不应大于 0.008mm，采用数字摄影资料的不应大于 0.005mm。

3 定向点残差、多余控制点不符值、区域网内公共点和区域网间公共点较差的限差应分别符合表 6.4.29-1、表 6.4.29-2 的规定，并不应有系统误差。

表 6.4.29-1　1∶500、1∶1000、1∶2000 定向点残差、多余控制点不符值、区域网内公共点和区域网间公共点较差的限差

地形类别			平地		丘陵地		山地			高山地	
等高距（m）			0.5	1	0.5	1	0.5	1	2	1	2
定向点残差	平面（mm）	1∶500									
		1∶1000	0.25		0.25		0.40			0.40	
		1∶2000									
	高程（m）	1∶500	—		0.14	—	0.18	0.40	—	0.45	—
		1∶1000	—		0.14	0.25	—	0.40	—	0.45	0.75
		1∶2000	—	0.18	—	0.25	—	—	0.60	—	0.90
多余野外控制点不符值	平面（mm）	1∶500									
		1∶1000	0.44		0.44		0.60			0.60	
		1∶2000									
	高程（m）	1∶500	—		0.23	—	0.30	0.60	—	0.75	—
		1∶1000	—		0.23	0.44	—	0.60	—	0.75	1.25
		1∶2000	—	0.30	—	0.50	—	—	1.00	—	1.50
区域网内公共点较差	平面（mm）	1∶500									
		1∶1000	0.56		0.56		0.80			0.80	
		1∶2000									
	高程（m）	1∶500	—		0.29	—	0.38	0.80	—	0.96	—
		1∶1000	—		0.29	0.56	—	0.80	—	0.96	1.60
		1∶2000	—	0.38	—	0.60	—	—	1.28	—	1.92
区域网间公共点较差	平面（mm）	1∶500									
		1∶1000	0.70		0.70		1.00			1.00	
		1∶2000									
	高程（m）	1∶500	—		0.36	—	0.48	1.00	—	1.20	—
		1∶1000	—		0.36	0.70	—	1.00	—	1.20	2.00
		1∶2000	—	0.48	—	0.80	—	—	1.60	—	2.40

表 6.4.29-2　1∶5000、1∶10000 定向点残差、多余控制点不符值、区域网内公共点和区域网间公共点较差的限差

地形类别			平地	丘陵地	山地	高山地
定向点残差	平面（mm）	1∶5000	0.30	0.30	0.40	0.40
		1∶10000	0.30	0.30	0.40	0.40
	高程（m）	1∶5000	—	0.80	1.50	1.90
		1∶10000	—	0.80	1.50	2.20
多余控制点不符值	平面（mm）	1∶5000	0.35	0.35	0.50	0.50
		1∶10000	0.35	0.35	0.50	0.50
	高程（m）	1∶5000	—	1.00	2.00	2.50
		1∶10000	—	1.00	2.00	3.00
区域网内公共点较差	平面（mm）	1∶5000	0.56	0.56	0.80	0.80
		1∶10000	0.56	0.56	0.80	0.80
	高程（m）	1∶5000	—	1.60	3.20	4.00
		1∶10000	—	1.60	3.20	4.80
区域网间公共点较差	平面（mm）	1∶5000	0.70	0.70	1.00	1.00
		1∶10000	0.70	0.70	1.00	1.00
	高程（m）	1∶5000	—	2.00	4.00	5.00
		1∶10000	—	2.00	4.00	6.00

6.4.30 进行空中三角测量前，应准备测区影像数据文件、相机参数文件、控制点成果以及摄影比例尺、航高等航摄信息。

6.4.31 空三项目的建立应输入相机参数、航带信息、各项限差、控制点坐标等数据，且输入数据后应检查核对。

6.4.32 内定向时，应建立框标模板、自动量测框标，采用仿射变换进行内定向，并应检查内定向结果。精度较差时，应分析原因并作处理；精度超限时，应复核并重测。

6.4.33 内业加密点的选点应符合本规范第 6.4.11 条～第 6.4.14 条的有关规定。相对定向时，可采用自动匹配相对定向。相对定向计算时，应手工剔除粗差点，并应确保相邻像对之间、上下航带之间有足够的连接点，每个标准点位附近宜有 2 个以上可靠的连接点。

6.4.34 绝对定向时，应先根据控制点点位图及点位说明转刺控制点，然后进行绝对定向计算，并应确认控制点、检查点残差均在限差之内。当有超限或接近限差时，应分析原因确认控制点的准确性和转刺正确性。

6.4.35 加密点的三维大地坐标和像片的外方位元素，应采用光束法整体平差获得。

6.4.36 相邻区域网的接边，应比较相邻区域网的同名加密点坐标是否满足精度要求。

（Ⅶ）定 向 建 模

6.4.37 定向建模的内定向、相对定向、绝对定向的精度要求可按本规范第6.4.29条的规定执行。

6.4.38 有空三成果的定向建模，可通过空三成果的导入，自动完成内定向、相对定向和绝对定向。

6.4.39 没有像对内外方位元素的定向建模，应采用已有加密成果，完成内定向、相对定向和绝对定向。

（Ⅷ）数 据 采 集

6.4.40 数据采集可采用先外业调绘、后内业测图，或先内业测图、后外业调绘再编绘成图的方式。

6.4.41 对要素实体进行图形采集的同时，应按照设定的属性表赋相应的要素代码及属性信息。

6.4.42 地物、地貌测绘应符合下列规定：

1 地物与地貌元素应参照调绘片，根据立体模型辨认和测绘，不应错漏、移位和变形。

2 描绘房屋和街区轮廓时，应先以测标中心切准房角或轮廓拐角，然后再打点连线。各种道路、管线、沟堤等应跟迹描绘，走向明确，衔接合理。用符号表示的各种地物，其定位点或定位线应描绘准确。

3 补测地物时，新增的、无影像的或阴影遮盖的地物，应根据调绘时附有实测尺寸的草图或原图，按相对位置尺寸依比例尺进行编绘，不应按模型上相关影像判绘。

4 等高线宜采用测标切准模型描绘。宜先测注记点高程，0.5m基本等高距测区应注至0.01m，大于0.5m基本等高距测区可注至0.1m。在等倾斜地段，当计曲线间距小于5mm时，可只测计曲线，并应插绘首曲线。等高线可通过相应格网间距的DEM内插生成；有植被覆盖的地表，宜切准地面描绘，当只能沿植被表面描绘，应加植被高度改正。在树林密集隐蔽地区，应按调绘时量注的平均树高进行改正；对于等高线描绘误差，平地、丘陵地不应大于1/5基本等高距，山地、高山地不应大于1/3基本等高距。

5 像片测图范围超出像片上定向点连线不应大于10mm，超出部分离像片边缘不应小于10mm。

6 数据采集应依据相应比例尺图式的要求进行，层次符号应正确。

6.4.43 像对之间的数据应在测图过程中进行连接与接边。像对间地物接边差应小于地物点平面位置中误差的2倍。等高线接边差宜小于1个基本等高距，山地、高山地可适当放宽，并应按地物接边限差要求执行。

6.5 模拟地形图数字化

6.5.1 模拟地形图数字化，可使用数字化仪或扫描仪与计算机联机作业，将模拟地形图转化为数据文件。数字化仪或扫描仪的主要技术指标应满足成图的精度要求。

6.5.2 数字化软件应具有图纸定向、数据采集、实时显示等功能。

6.5.3 模拟地形图应清晰、平整、无褶皱，其图廓、方格网长度误差及图纸的变形应满足用户对用图的精度要求。

6.5.4 模拟地形图扫描分辨率不应低于300dpi。

6.5.5 图纸定向点个数不应少于4个。定向点应分布均匀、合理，并宜选用图廓坐标或格网点作为定向点。经过定向与几何校正后，内图廓点、公里格网点的坐标与理论值之差不应大于图上0.3mm。

6.5.6 数字化采集时，点状要素采集中误差不应大于图上0.15mm，线状要素采集中误差不应大于图上0.2mm。

6.6 数据编辑处理

（Ⅰ）数据处理一般要求

6.6.1 要素属性内容应完整、正确，并宜包括下列内容：

1 地理名称、单位名称、门牌号、建筑物的用途、建筑物层数、建筑物的结构、建筑物的高度、水系名称、道路名称和等级、桥名、道路性质等属性信息；

2 高程点、等高线相应的高程值；

3 各种点状要素、线状要素的注记文本属性信息。

6.6.2 要素的几何类型和空间拓扑关系应正确，并应符合下列规定：

1 房屋、道路、水系、植被等四类要素宜构面，且应分别放置在不同层中；

2 面状要素应严格封闭，不应有悬挂点；在一个面要素中宜有唯一标识点，标识点代码应正确，且应落在面内部，不应落在面边界线上或边界外；相邻面要素的边线应重合；同一层中的面状要素之间不应重叠；

3 同一层中的线状要素不应自重叠、自相交；构成几何网络的线状要素应保证结点的相交性、连通性；

4 多边形、线状要素的构成宜完整，不宜破碎。

6.6.3 各种名称注记、说明注记和图例应正确、齐全。注记不宜压盖地物，其字体、字大、字向、单位宜符合本规范第6.1.11条的规定。

（Ⅱ）1∶500、1∶1000、1∶2000DLG数据加工

6.6.4 建筑物数据加工应符合下列规定：

1 建筑物为面状要素，标识点应唯一；建筑物的层数等属性信息可赋在标识点上；

2 建筑物中的注记不宜作为面标识点。

6.6.5 道路面数据加工应符合下列规定：

1 房屋边线做胡同边线构面时，应沿胡同查看，并应连接房与房之间的断处；

2 路面性质属性可加赋在道路面标识点上，其代码应与相应的路中线代码一致；

3 道路构面时，应注意切除范围内的绿地或隔离带；

4 应注意公路桥、立交桥、高架路种类的区分。立交桥和高架路可不构面。

6.6.6 道路中线数据加工应符合下列规定：

1 高速公路、等级公路、大车路、土路、街道、胡同等，宜加绘路中线。

2 高速公路的主、辅路宜分别绘制中线，且主路宜绘制一条中线，两边辅路宜按车行方向各绘一条中线。主、辅路应合理连接。其他道路，每条可绘制一条道路中线。

3 道路中线上应赋道路名称属性。

4 道路中线在同一平面相交处应形成结点；当多条道路相交时，在交叉路口处宜形成唯一结点，相交路线宜保持平滑。

5 当道路遇到立交桥，且方向相同，但不在同一平面时，宜分别绘中线；主路和匝道宜分别绘中线，并应准确与桥下道路连接。

6 道路相交处不应有悬挂点。

6.6.7 铁路数据加工应符合下列规定：

1 铁路线要素定位线宜采用其中线，并应确保图幅间铁路线的接边；

2 铁路相交处应形成结点；

3 铁路遇隧道应保持铁路连贯，并应按隧道走向连接；

4 铁路遇道路从上方通过，或遇天桥、附属设施时，宜保持铁路连贯。

6.6.8 水系数据加工应符合下列规定：

1 河、湖、水库、池塘、沟渠等水系宜构面，名称可加赋在面标识点的名称属性中；

2 水系构面时，有坡线或护岸的，应以第一道坡线或护岸为边界；有水涯线但无坡线或护岸的，应以水涯线为边界；

3 对于河流干枯地段，当有大片植被或有大车路或土路时，应归入水系面中，且植被部分、道路部分不应构植被面或道路面；当有房屋时，应将房屋构面。

6.6.9 高程点、等高线数据加工应符合下列规定：

1 所有高程点、等高线宜加赋高程值属性；

2 等高线的首曲线和计曲线应加以区分，且不应存在异常高程值。

6.6.10 植被面数据加工应符合下列规定：

1 不同种类植被的代码应加以区分，边界位置应合理、准确。

2 植被边缘有沟渠时，应以沟渠边线为界，将沟渠隔在植被面之外。植被面中临时性的沟渠可并入植被面。

3 大片苗圃或菜地内的温室、菜窖，应归入苗圃或菜地面内，但房屋应单独构面。

（Ⅲ）1∶5000、1∶10000DLG 数据加工

6.6.11 居民地数据加工应符合下列规定：

1 街区应按面状要素采集；

2 街区外围轮廓线内的天井应按天井代码采集，可不加标识点，并可将该层构建面拓扑后批量删除；

3 依比例尺的棚房应按线状地物采集；

4 有特殊意义的建筑及古建筑应按依比例尺突出房屋采集；

5 普通房屋、街区的区分应满足图式要求。

6.6.12 道路及附属设施数据加工应符合下列规定：

1 有道路名称且有等级编号的，应按等级公路处理；

2 没有道路名称也没有等级编号的，应按公路处理；

3 有道路名称没有等级编号的，应按街道处理。

6.6.13 道路中线数据采集加工应符合下列规定：

1 街道、公路应采路中线，并应赋相应属性，中线与边线代码应配套。

2 胡同可不采集中线。

3 街道、公路应构成路网。不起连通作用的道路中线，不应采集。

4 立交桥处可只采集主路的中线，匝道中线可不采集。

5 两条不同街道、公路中线通过路口或立交桥时，应交于路口或立交桥中心点。

6 当一条道路与另一条被高架桥架起的道路相交时，不应打结点。

7 经过铁路、过街天桥、桥梁等附属设施时，路中线应连续。

8 中线路名应标赋正确。

6.6.14 街道边线数据采集加工应符合下列规定：

1 街道边线采集应以原图为准，原图上有边线的应采集。

2 经过铁路、过街天桥、桥梁等附属设施时，街道边线应连续；被注记分割开处应连接。街道边线代码的使用应与中线配套。

3 内部道路应按边线采集。

4 立交桥、路堤、路堑、道路边线、绿化隔离带的关系，应正确。

5 不规则过街天桥应按范围线采集。

6 被不规则过街天桥、桥梁、道路、隧洞所覆盖的铁路路段应分别采集。

7 铁路被规则过街天桥覆盖时，应连续。

8 铁路隧道线，公路隧道线应分属于铁路和道路层中。

9 等级公路中线应采集，技术等级标赋应正确；边线遇注记处应连续。

10 道路或铁路跨不同图幅时，应保证其贯通、编码一致。

6.6.15 管线与垣栅数据加工时，应采集电力线、通信线的线路折点所在位置。

6.6.16 水系及附属设施数据加工应符合下列规定：

1 单线河、双线河、湖泊等遇桥梁、涵洞、瀑布、水闸等，应直接数字化通过，并应保证水系贯通连成完整系统；

2 双线渠、运河等人工水域应按面状要素采集，有护岸的应以护岸边线构面，无护岸的应以水涯线构面；

3 双线河、水库等天然水域应构建面要素，有水涯线的应按水涯线采集构面，没有水涯线的应按坡坎、堤坝等边线采集构面；

4 水库应以水涯线或坝符号内边线为岸线，河心岛、湖心岛应采集。坝应采集中心线，水库下游的河流应与水库边线相接，并不应加辅助线；

5 当湖与水库区分不清时，对于有水库名称、库容、库坝的，可按水库处理，其他的可按湖泊处理；

6 面状水系要素应加辅助线。不同名称段的双线河，应在分界处加辅助线；

7 对于池塘、水塘、鱼塘，当图上面积大于 $25mm^2$ 时，应构面；

8 同一水域被桥分割开时，应连续采集；被堤、坡、路等分割开时，应按多个多边形处理；

9 游泳池可与工矿建筑物放置在同一层；

10 当池塘中有水生作物时，构水系面的同时应构植被面。

6.6.17 境界数据加工应符合下列规定：

1 境界层应以单幅图为单位，并应按原图采集符号线，可不构面；

2 当单幅图中没有境界线时，境界层不应存在。

6.6.18 地貌和土质数据加工应符合下列规定：

1 等高线被高程注记等打断处，应连续不间断；被植被、居民地等地物隔断处，等高线宜连通；

2 等高线遇坎、斜坡等要素时，应连通；等高线遇双线河且河道内有高程点时，等高线不应过河，并应沿河道线连通，断到其高一个等高距的下边；等高线遇双线河且河道内没有高程点时，等高线可在河两岸对称处过河连通，且两岸中断的等高线连接应圆滑合理；

3 当等高线特别密集，不能在原图上全部绘出时，应保持计曲线的连续性，且其他等高线宜连上；

4 等高线遇大的冲沟、陡石山中断时，可不连续；

5 等高线、高程点和比高点的高程值应正确。

6.6.19 植被数据加工应符合下列规定：

1 图面面积大于 $25mm^2$ 的植被宜构面；图面面积小于 $25mm^2$ 的植被，应按点、线采集。

2 植被构面应考虑图廓整饰右侧文字注记，除稀疏灌木丛、半荒草地、荒草地外，构面应正确。

3 居民地、道路应做挖空，并应真实表示地表植被情况。遇有温室房屋时，可不做挖空。

4 相邻图幅的植被构面应完整连贯。

5 构面线段与其他地物为重合线时，应使用拷贝功能。

6 有地类界且有植被符号处，应构面，并应与其他层范围线地类界区分。

6.6.20 名称注记加工应符合下列规定：

1 同一行且没有间隔的完整字符串，应按点记录，注记位置为第一个字符左下角位置。

2 竖行、分行或有间隔的注记，应以线记录，每一字符的左下角应为结点或顶点的位置。

3 注记是散点时，可使用注记合并功能合并为多点注记。对路名做注记合并时，应完整正确。

4 注记的字体、大小应按设计要求标注。

5 数字说明注记应按点方式输出。

6 所有的等高线注记应放至名称注记层。

7 图廓右侧的植被说明注记应放至注记层附注类中。

（Ⅳ）图幅接边与输出

6.6.21 图幅接边应符合下列规定：

1 在提取面要素前，应对线要素进行接边，作业员宜对所加工图幅的东南边接边；

2 在几何图形方面，图幅之间应实现无缝接边，接边要素应自然连接；

3 公共图廓边应完全重合；

4 接边地物要素属性应保持一致；

5 面要素应正确接边，接边面要素标识点属性应一致。

6.6.22 DLG 数据宜以图幅为单位输出。

（Ⅴ）成果检验与提交

6.6.23 DLG 成果应全部进行内业质量检查，并应符合下列规定：

1 要素应完整，不应遗漏，多边形应闭合；

2 点、线、面拓扑关系应正确，要素的相互关系应正确，相邻图幅接边应正确、属性一致；

3 要素的位置精度应符合设计要求；

4 分层、分类代码和属性值内容应正确；

5 图幅编号、数据文件名、数据格式应符合设计要求；

6 图廓、方格网、控制点输入精度应与理论值一致；地物、地貌各要素表示应正确、齐全，图式符号运用应正确；元数据和图历表填写应完整清楚，各项资料应齐全。

6.6.24 DLG数据及有关文档应进行整理，逐项登记，形成成果清单，经检查无误后提交。成果应包括技术设计、质量检查验收报告、精度统计表、技术总结、DLG数据文件、元数据文件、DLG回放图、图历簿等。

6.7 数据更新与维护

6.7.1 进行DLG数据更新与维护时，基本等高距的选择、测量精度、图式符号表示、要素分类、属性项等应符合本规范第6.1节的规定及原DLG设计的规定。

6.7.2 DLG数据更新与维护的方法宜符合本规范第6.1.8条的规定。

6.7.3 对修测图，应进行图廓方格网的变化进行检查，当图纸变形使方格网的实际长度与理论长度之差超过0.2mm时，应采用适当方法进行纠正。

6.7.4 进行DLG更新与维护前，应充分了解原DLG数据结构，检查原DLG的精度、数据的完好性及一致性，且要素精度应与原有要素保持一致和相应关系。

6.7.5 修测、补测的内容应符合本规范第6.2节的规定，或根据设计要求，按应用需要，重点采集部分要素，同时应对原DLG相应的内容进行一致性修改。

6.7.6 数据更新应利用图根点或固定点，当局部地区地物变动不大时，可利用原有位置准确的地物点进行装测或设站采集。修测后的地物点与原有地物的间距中误差不得超过图上0.4mm。修测后的地物不应再作为修测新地物的依据。

6.7.7 地物较大、补测新建的楼群或独立的高大建筑、修测丘陵地、山地或高山地的地貌，应布设图根点。

6.7.8 数据更新的要素分层宜区分于原要素的分层，并应建立相应关系。

6.7.9 独立采集的图幅应进行接边；未按标准图幅进行采集的数据，应先相互拼接（接边）再按标准图幅范围进行数据裁切。相邻图幅之间应进行要素的图形接边与属性接边，并应做到位置正确、形态合理、属性一致。

6.7.10 当一幅图地形变动面积超过50%时，宜全幅重测。

6.7.11 修测中原图上的地物、地貌存在超过$2\sqrt{2}$倍中误差的粗差时，应予以纠正。

6.7.12 更新与维护后的数据质量检查应符合本规范第6.6.23条的规定。

6.7.13 更新与维护后的图幅应记录修测情况，并应符合本规范第6.6.24条的规定。

6.7.14 数据更新后应对历史数据及相应的元数据文件进行及时存档，并应对数据标签进行明确标记。数据标签标记宜包含数据名称、所采用的标准号、比例尺、图幅编号、生产日期、版本号等内容。

7 数字高程模型建立

7.1 一般规定

7.1.1 DEM的建立可采用航空摄影测量法、矢量数据生成法和机载激光雷达测量法等方法。

7.1.2 DEM的格网间距根据比例尺宜为2.5m×2.5m或5m×5m。

7.1.3 DEM的精度等级宜划分为一、二、三级。

7.1.4 DEM格网点高程中误差应符合表7.1.4的规定。森林等隐蔽地区的格网点高程中误差可放宽至表7.1.4规定的1.5倍，DEM内插点的高程中误差可放宽至表7.1.4规定的1.2倍。

表7.1.4 DEM格网点高程中误差

比例尺	格网间距（m）	精度等级	格网点高程中误差（m）			
			平地	丘陵地	山地	高山地
1∶500 1∶1000 1∶2000	2.5×2.5	一级精度	0.35	0.50	1.20	2.50
		二级精度	0.50	0.70	1.80	3.00
		三级精度	0.70	1.00	2.50	5.00
1∶5000 1∶10000	5×5	一级精度	0.50	1.20	2.50	5.00
		二级精度	0.70	1.70	3.30	6.70
		三级精度	1.00	2.50	5.00	10.00

7.1.5 DEM成果文件命名宜符合现行行业标准《基础地理信息数字产品数据文件命名规则》CH/T 1005的规定。

7.1.6 DEM数据格式宜符合现行国家标准《地理空间数据交换格式》GB/T 17798的规定。

7.1.7 DEM成果数据宜以图幅为单位输出。

7.2 航空摄影测量法

7.2.1 采用航空摄影测量法建立DEM应包括外业像控点测量、影像扫描、空中三角测量、定向建模、特征点线量测、像方DEM生成、物方DEM内插、物方DEM编辑、单模型DEM接边、DEM镶嵌裁切和成果输出等过程。

7.2.2 外业像控点测量、影像扫描、空中三角测量和定向建模的技术要求应符合本规范第6章的相关规定。采用已有成果时应检核。

7.2.3 特征点线量测应符合下列规定：

1 测标应切准地面进行三维坐标量测；

2 特征点应包括山顶、凹地、鞍部等；

3 特征线应包括河流、水库、湖泊等水系边线，道路边线，山脊线、沟谷线、断裂线等；

4 当某区域影像相关效果不好，无法准确量测高程时，应量测边界点。

7.2.4 像方DEM可通过影像相关生成，并应与立体模型叠合检查，对偏离地面的像方DEM点高程应进行编辑修改，并可根据需要加测特征点线。

7.2.5 物方DEM应根据像方DEM格网点及特征点线高程构TIN内插生成。

7.2.6 物方DEM编辑时，应将物方DEM格网点与立体模型叠合，对偏离地面的物方DEM点高程应进行编辑修改。

7.2.7 单模型DEM接边时，格网的重叠带不应少于2个。应检查重叠带内同名格网点的高程，并应对较差大于2倍DEM格网点高程中误差的格网点高程进行修测，直至符合限差。

7.2.8 DEM裁切应符合下列规定：

1 同名格网点高程应取平均值；

2 DEM应进行矩形裁切，范围可按图廓线向外扩展2cm，也可扩展若干排格网。

7.3 矢量数据生成法

7.3.1 采用矢量数据生成法建立DEM应包括资料准备、矢量数据采集与接边、构TIN与编辑、DEM内插、DEM镶嵌裁切和成果输出等过程。

7.3.2 资料准备应符合下列规定：

1 准备的资料宜包括用于扫描的原图或符合本规范第6章规定的DLG数据；

2 用于扫描的原图的图廓边长与理论值之差不应大于0.2mm，图廓对角线长度与理论值之差不应大于0.3mm；

3 原图扫描分辨率不应低于300dpi。经过定向与几何校正后，内图廓点、格网点的坐标与理论值之差不应大于图上0.1mm。

7.3.3 矢量数据采集与接边应符合下列规定：

1 要素应分类采集，且分类与代码宜符合现行国家标准《基础地理信息要素分类与代码》GB/T 13923的规定。采集要素应无遗漏，并赋高程值。

2 采集的矢量数据相对扫描原图数据，点要素的采集偏差不应大于图上0.1mm，线要素的采集偏差不应大于图上0.15mm。采用DLG数据直接获取矢量数据时，可从DLG中直接提取所需要素。

3 等高线应连续，自由图边处应顺走势延伸到图廓外。高程点应准确采集其位置。

4 宜采集特征点线。特征点应包括山顶、凹地、鞍部等；特征线应包括河流、水库、湖泊等水系边线，道路边线，山脊线，沟谷线，断裂线等。高程推测区域应划出其范围线。

5 水库、湖泊等封闭水域应按面状要素采集，并应与上下游及周边高程相协调。

6 矢量数据接边应按图廓向外扩展20mm进行。

7 接边应包括图形接边与属性接边，接边后数据位置应正确、形态应合理、属性应一致。

7.3.4 构TIN与编辑应符合下列规定：

1 构TIN后的TIN图形与等高线底图叠合时应无异常三角形，对不合理的平三角形，应内部加点后重新构TIN；

2 生成TIN的线网透视图应无因高程异常而显现的粗差点、线或区域。

7.3.5 DEM应按格网间距构TIN内插生成。由DEM生成的等高线与原图等高线的偏移不应大于1/2基本等高距。

7.3.6 DEM裁切应符合本规范第7.2.8条的规定。

7.4 机载激光雷达测量法

7.4.1 采用机载激光雷达法建立DEM应包括准备工作、坐标转换、数据拼接、数据滤除、数据编辑、DEM内插和成果输出等过程。

7.4.2 航高、扫描点间距、采集的回波次数、航带重叠度等参数应根据DEM格网间距、地形类型、植被情况、建（构）筑物情况确定。

7.4.3 点云数据应转换至地方要求的坐标系统。

7.4.4 不同航带的点云数据应进行拼接。

7.4.5 点云数据中高程异常噪声点、非地面点和相邻航带重叠区域冗余数据点应滤除。

7.4.6 数据编辑可包括去除难以自动滤除的非地面点、找回误滤除的地面点等内容。

7.4.7 规则格网点DEM数据应采用多项式内插方法生成。

7.5 成果检验与提交

7.5.1 DEM成果应全部进行质量检查，并可采用野外散点法、室内加密桩点法或图解检查点法。

7.5.2 DEM成果检验时，应对文件命名、数学基础、格网间距、高程精度、数据格式、图幅接边、元数据、图历簿等内容进行检验。

7.5.3 提交的DEM成果应包括DEM数据、元数据和文档资料。文档资料应包括技术设计、图幅结合表、图历簿、检查验收报告、技术总结和成果清单；图历簿宜包括产品概况、资料利用情况、采集过程中主要工序完成情况、出现的问题、处理方法、过程检查和产品质量评价等内容。

8 数字正射影像图制作

8.1 一般规定

8.1.1 DOM的制作可采用航空摄影测量法和卫星遥

感测量法。

8.1.2 DOM比例尺宜选择1：1000、1：2000、1：5000或1：10000。

8.1.3 DOM空间分辨率应符合表8.1.3的规定。

表8.1.3 DOM空间分辨率

比例尺	空间分辨率（m）
1：1000	≤0.10
1：2000	≤0.20
1：5000	≤0.50
1：10000	≤1.00

8.1.4 对于DOM平面位置中误差，平地、丘陵地不应大于图上0.5mm，山地、高山地不应大于图上0.75mm。地物影像的接边差不应大于图上0.3mm。

8.1.5 DOM黑白影像灰阶不应低于8Bit，彩色影像灰阶不应低于24Bit；灰度直方图应基本呈正态分布。

8.1.6 DOM成果应无明显拼接痕迹，并应保证建筑物等实体的影像完整；影像色彩应接近真实自然，纹理应清晰，色调应均衡，反差应适中。

8.1.7 DOM文件命名可按现行行业标准《基础地理信息数字产品数据文件命名规则》CH/T 1005的规定执行。

8.1.8 DOM数据宜以Geo TIFF格式存储，也可按现行国家标准《地理空间数据交换格式》GB/T 17798的规定以正射影像数据交换格式存储。

8.1.9 DOM成果数据宜以图幅为单位输出。

8.2 航空摄影测量法

8.2.1 采用航空摄影测量法制作DOM应包括外业像控点测量、影像扫描、空中三角测量、定向建模、DEM数据采集、正射纠正、影像镶嵌、影像处理、图幅裁切等过程。

8.2.2 外业像控点测量、影像扫描、空中三角测量和定向建模的技术要求应符合本规范第6章的相关规定。采用已有成果时应检核。

8.2.3 DEM数据采集应符合本规范第7章的相关规定；制作真正射影像图时，还应采集有关地物的高程数据。采用已有成果时应检核。

8.2.4 正射纠正可采用立体建模微分纠正方法或单片微分纠正方法，并应利用像片定向参数和DEM数据进行纠正，制作真正射影像图时，还应利用有关地物的高程数据。

8.2.5 影像镶嵌时，应按图幅范围选取所有需要进行镶嵌的正射影像，可在相邻影像间选择镶嵌线，镶嵌线不宜穿越建（构）筑物和线状地物。

8.2.6 影像处理可根据需要进行，并应对影像色调进行调整。处理后的影像，特别是镶嵌线附近的影像，色调应一致、反差应适中，相邻影像之间不应存在明显的镶嵌痕迹。

8.2.7 图幅裁切应按内图廓线最小外接矩形范围或根据设计要求外扩一排或多排栅格点进行，生成DOM数据。

8.3 卫星遥感测量法

8.3.1 采用卫星遥感测量法制作DOM应包括影像预处理、控制点量测、正射纠正、影像融合、影像镶嵌、影像处理、图幅裁切等过程。

8.3.2 影像预处理可包括影像匀色、去云雾、增强处理等内容。

8.3.3 控制点量测应符合下列规定：

1 用于纠正的控制点应为明显地物点，并可采用外业实测平面坐标与高程值的控制点，也可采用较大比例尺的DLG、DRG或DOM上的明显地物点；

2 当使用星历参数和姿态角等精密参数构成严密物理模型或有理函数模型进行几何纠正时，一景卫星影像宜选取不少于12个控制点，点位可分布在影像四角或四边中心位置上，也可采用边角混合五点法布点，其余点均匀分布；当控制点无法靠近影像边选取时，可适当内移，移动量不应大于影像边长的1/4；

3 当采用多项式拟合进行纠正时，一景卫星影像宜选取15～20个控制点，点位应均匀分布并能控制所纠正影像的范围。

8.3.4 正射纠正应根据需要对全色影像、多光谱影像或融合后影像分别进行，并应符合下列规定：

1 平地可不利用DEM数据，直接采用多项式拟合进行正射纠正；

2 丘陵地可根据情况利用低一等级的DEM数据进行正射纠正；

3 山地和高山地应利用相应格网间距的DEM数据，采用严密物理模型或有理函数模型进行正射纠正。

8.3.5 影像融合可根据数据情况及产品需要进行，并宜对全色影像和多光谱影像进行融合，融合后影像应能反应细部特征，纹理清晰，色彩明亮。

8.3.6 影像镶嵌时，应在相邻两景影像间选择镶嵌线，镶嵌线不宜穿越建（构）筑物和线状地物，并应基于镶嵌线对相邻两景影像进行镶嵌。

8.3.7 影像处理可根据需要进行，并应对影像色调进行调整。处理后镶嵌线附近的影像，色调应一致，反差应适中，相邻影像之间不应存在明显的镶嵌痕迹。

8.3.8 图幅裁切应按内图廓线最小外接矩形范围或根据设计要求外扩一排或多排栅格点进行，生成DOM数据。

8.4 成果检验与提交

8.4.1 DOM成果应全部进行质量检查。

8.4.2 DOM成果检验时，应对文件命名、数据格式、坐标投影、覆盖范围、数学基础、平面精度、影像质量、元数据、图历簿等内容进行检验。

8.4.3 提交的DOM成果应包括DOM数据、元数据和文档资料。文档资料应包括技术设计、图幅接合表、图历簿、检查验收报告、技术总结和成果清单；图历簿宜包括产品概况、资料利用情况、采集过程中主要工序完成情况、出现的问题、处理方法、过程检查和产品质量评价等内容。

9 工程测量

9.1 一般规定

9.1.1 城市工程测量应包括定线测量、拨地测量、规划监督测量、日照测量、工程图测绘、市政工程测量、地下空间设施现状测量、土石方测量、竣工测量、城市管理部件测量和变形测量等内容。

9.1.2 城市工程测量宜采用城市统一的平面坐标系统和高程基准，当测图面积较小或为测制勘测设计阶段的一次性专用图，采用城市统一的平面坐标系统和高程基准有困难时，可采用独立平面坐标系统和高程系统。

9.1.3 城市工程测量宜采用1∶500至1∶2000比例尺地形图作为工作底图。

9.2 定线测量和拨地测量

9.2.1 定线测量和拨地测量工作内容宜包括资料收集、平面控制测量、条件点测量、计算及测设、资料整理和质量检查验收等内容。

9.2.2 定线测量和拨地测量应以城市规划主管部门下达的定线、拨地条件为依据。

9.2.3 定线测量和拨地测量应采用解析法作业。

9.2.4 定线测量和拨地测量测定的中线点、轴线点、拨地定桩点与相邻控制点的点位中误差不应大于50mm。

9.2.5 定线测量和拨地测量的成果宜展绘注记在1∶1000或1∶2000比例尺地形图上。

9.2.6 资料收集应符合下列规定：

1 定线测量应根据定线条件收集拟定线规划道路及相关规划道路定线资料；

2 拨地测量应依据拨地设计条件，收集有关资料并核实与规划道路、已有拨地测量成果的关系。

9.2.7 平面控制测量应符合下列规定：

1 平面控制点的等级不应低于三级，并宜采用导线测量或卫星定位动态测量等方法布设。在控制点稀少地区，三级导线可同级附合一次。

2 采用导线测量方法布设平面控制点的技术要求应符合本规范第4章的相关规定，导线点可不埋石。

3 采用卫星定位动态测量方法布设平面控制点时，应符合现行行业标准《卫星定位城市测量技术规范》CJJ/T 73的相关规定。

4 用于规划道路网定线测量的平面控制网宜布设成导线网。

5 直接采用已有平面控制点测设时，应校核平面控制点间的角度和边长并记录。控制点的校核限差应符合表9.2.7的规定。边长小于50m的，实测边长与条件边长较差应在±20mm之内。

表9.2.7 控制点的校核限差

检测角与条件角较差（″）	实测边长与条件边长较差的相对误差	校核坐标与条件坐标的点位较差（mm）	高差较差（mm）
30	1/4000	50	$\pm10\sqrt{n}$

注：n——测站数。

9.2.8 条件点测量应符合下列规定：

1 条件点测量可采用双极坐标法、前方交会法、导线联测法和卫星定位动态测量方法等；

2 采用双极坐标法、前方交会法时，点位较差应在±50mm之内，成果应取用平均值；采用前方交会法时，交会角度宜在30°～150°之间，且交会距离宜小于100m；采用导线联测法时，作业方法和精度要求应符合本规范第4章三级导线测量的有关规定；采用卫星定位动态测量方法时，作业方法和精度要求应符合本规范第4章RTK三级控制点的规定；

3 现状道路路中心线、路边线、围墙的测量范围不应小于定线条件中指定范围的2/3，测量路中心线、路边线的条件点个数不应少于3个，当指定范围内现状道路较长时，宜增加条件点个数；

4 钢尺量距宜采用单程双次丈量方法，两次量距较差应在±20mm之内；

5 测量结果应及时进行计算、检算、整理，并应将所测条件点展绘到地形图上校核。

9.2.9 测量结果计算前，应先熟悉定线、拨地条件，了解有关的定线测量、拨地测量资料，检查外业工作程序和手簿记录均符合要求后，再进行计算。

9.2.10 定线测量计算应符合下列规定：

1 计算现状道路平均中线时，所测各中线条件点距现状道路平均中线距离的代数和的平均值应在±50mm之内。

2 应依据定线条件要求，计算规划道路中线起点、终点、折点及与各相关规划路交点坐标或立交红线点坐标。当折点设曲线时，应计算曲线元素，曲线元素应包括转折角、曲线半径、切线长、曲线长、外距和圆心坐标。

3 定线测量成果应展绘到地形图上，当与定线条件相差较大时，应分析原因并与定线条件拟定人联系。

9.2.11 拨地测量计算及测设应符合下列规定：

1 采用解析实钉法时，应根据拨地条件中用地桩点与相关地物、用地桩点间的关系，测设各用地桩点，然后测量部分用地桩点坐标，作为条件坐标的起算数据或校核坐标；

2 采用解析拨钉法时，应根据拨地条件测量条件点坐标并计算各用地桩点的坐标，然后测设各用地桩点并校核；

3 拨地测量成果应展绘到地形图上，当与拨地条件相差较大时，应分析原因并与拨地条件拟定人联系；

4 采用解析实钉法时，定桩的顺序应从要求较严或精度较高的边开始；

5 用地桩点不能实钉时，可在用地边线上钉指示桩；

6 测设的用地桩点应进行坐标校核，具备条件时应进行图形校核。校核限差应符合表 9.2.11 的规定；拨地边长小于 30m 时，拨条件角检查点位不应大于 10mm；对于实测边长与条件边长较差，边长小于 50m 的应在±20mm 之内；三点验直的偏差，可按表 9.2.11 检测角与条件角较差的限差执行。

表 9.2.11 校核限差

检测角与条件角较差（″）	实测边长与条件边长较差的相对误差	校核坐标与条件坐标计算的点位较差（mm）
60	1/2500	50

9.2.12 定线测量资料整理应符合下列规定：

1 定线测量资料应包括定线条件、定线沿革、定线成果、工作说明、工作略图、内外业测算手簿、检验报告、附图、原有定线条件及其成果等内容，并应顺序装订成册，作为归档资料的正本；定线成果宜另行装订成册，并为归档资料的副本。

2 定线沿革应填写本次定线条件下达日期、条件编号、规划道路起止和路宽等简明情况。规划道路网的每一条路应分别记录本次定线条件下达日期、条件编号、规划道路起止和路宽等简明情况。

3 定线成果宜包括中线各点点名、坐标、各线段方位角、边长、路宽、含曲线元素的成果略图等内容。

4 工作说明应简要说明本次定线的计算过程，着重说明计算中的难点和特殊问题的处理情况；规划道路网的工作说明可分别陈述。

5 工作略图应表示各相关道路及条件点与本次定线的关系；规划道路网工作略图应集中绘制。

6 规划道路网中每条规划道路的各项资料应与路网内其他规划道路的相应资料合并后依顺序装订成册。

7 规划道路全线废除时，应将定线条件装订进正本，并填写定线沿革，副本应撤销。

8 规划道路全线废除时，所有相关规划道路的定线测量资料应变更。

9.2.13 拨地测量资料整理应符合下列规定：

1 拨地测量资料宜包括拨地条件、拨地成果、工作说明、工作略图、内外业测算手簿、检验报告、附图等内容，并应按顺序装订成册。

2 拨地成果宜包括成果通知单及成果略图。成果通知单宜包括用地桩点点名、坐标、各线段边长、指示桩与用地桩点的距离等内容；成果略图宜包括用地边界及用地桩点、相邻规划道路等内容，并应标注用地面积、规划道路名称等，实钉桩点应突出表示。

3 工作说明应描述控制点布设、条件坐标计算、测设等情况，未实钉的桩点应说明。

4 工作略图应表示用地边界、相邻规划道路、各用地桩点的拨钉情况、曲线半径、规划道路名称、各路段方位角和路宽等内容。

9.3 规划监督测量

9.3.1 规划监督测量应包括建设工程的放线测量或灰线验线测量、±0 层验线测量和验收测量。

9.3.2 规划监督测量宜采用解析法，并应依据城市规划主管部门出具的条件进行作业。

9.3.3 规划监督测量的工作内容宜包括前期准备、控制测量、条件点（验测点）测量、内业计算、成果资料整理、产品质量检验和成果归档与提交等内容，并应符合下列规定：

1 放线测量应在成果资料整理之前进行桩点测设与校核测量；

2 验收测量的工作内容应包括建（构）筑物高度测量、建设工程竣工地形图测量、地下管线探测和建筑面积测量。

9.3.4 规划监督测量的前期准备应依据城市规划主管部门出具的条件，收集有关的定线测量、拨地测量等资料，制定测量方案。

9.3.5 规划监督测量的平面控制测量应符合下列规定：

1 平面控制测量宜符合本规范第 9.2.7 条第 1、2、3、5 款的规定；

2 地下工程验收测量的导线测量应符合本规范第 9.7 节的有关规定；

3 验收测量的地形图测绘，图根点布设方法和要求应符合本规范第 6 章的有关规定。

9.3.6 规划监督测量的高程控制测量应符合下列规定：

1 采用水准测量方法时，技术指标不应低于本规范第 6 章有关图根水准测量的规定。水准线路高程闭合差可按$\pm 10\sqrt{n}$（单位为“mm”，n为测站数）执行。

2 采用电磁波测距三角高程测量方法时，线路长度不应大于4km，测距边边长不应大于500m，技术要求应符合本规范第6章有关图根电磁波测距三角高程测量的规定。

9.3.7 规划监督测量中条件点（验测点）的选择应依据城市规划主管部门出具的条件和现场实际情况选定，条件点（验测点）测量应符合本规范第9.2.8条第1、2、4款的规定。

9.3.8 放线测量内业计算应符合下列规定：

1 应依据城市规划主管部门出具的条件、条件点坐标和施工图等资料，计算建（构）筑物外墙角点坐标；

2 计算拟建建（构）筑物各轴线交点坐标时，应保证外墙角点满足城市规划主管部门出具的条件；

3 桩点应编号，且同一工程的桩点编号不应重复；

4 拟建建（构）筑物放线不满足规划条件时，应经城市规划主管部门调整后再予放线。

9.3.9 放线测量桩点测设与校核测量应符合下列规定：

1 拟建建（构）筑物的主要角点或轴线点，特别是涉及规划条件的角点，应实地放线；

2 用导线点测设的桩点，宜变换测站和后视方向并采用极坐标法进行校核，具备条件时应检核桩点间图形关系；校核限差应符合本规范表9.2.11的规定。

9.3.10 放线测量成果资料整理应符合下列规定：

1 应编制放线测量成果表，且内容宜包括点号、点间距离、坐标等。非正式桩点可只提供相关距离；成果表内宜绘制拟建建（构）筑物放线示意图。

2 资料内容可包括放线测量通知单、放线测量成果表、工作说明及工作略图、内业计算簿、外业测算簿、工程测量交桩书、检验报告表和平面设计图，并应按顺序装订。

3 工作说明宜描述控制测量、条件点的施测情况、桩点测设情况、作业中的特殊问题等。

4 工作略图宜按比例绘制，内容宜包括拟建建（构）筑物略图、规划道路名称、拟建建（构）筑物与四至关系等，实钉桩点宜标识。

9.3.11 灰线验线测量内业计算应符合下列规定：

1 计算前应熟悉规划条件，了解有关资料，外业工作程序和手簿记录应符合要求。

2 应依据城市规划主管部门出具的条件、条件点坐标、验测点坐标和施工图等资料，计算建（构）筑物与四至的关系。

3 建（构）筑物每侧计算的数据应与规划许可证附图标注的数据对应。验线测量宜检测涉及有四至距离的细部点位，也可验测外廓轴线点并根据施工图推求细部点位进行计算。

4 四至周边建筑未建时，可不计算间距；当有需要时，可依据其设计坐标计算。

5 桩点应编号，同一工程的桩点编号不应重复。

6 建（构）筑物的位置不满足规划条件时，应上报。

9.3.12 灰线验线测量成果资料整理应符合下列规定：

1 应编制验线测量成果表，内容宜包括点号、点间距离、坐标等；验线示意图宜绘制在成果表内，也可单独绘制，内容应与规划许可证附图相对应；

2 资料内容可包括验线测量通知单、验线测量成果表、工作说明及工作略图、内业计算簿、外业测算簿、检验报告表和平面设计图，并应按顺序装订；

3 工作说明宜描述控制测量、条件点的施测情况、验测点测设情况、作业中的特殊问题等；

4 工作略图宜按比例绘制，内容宜包括建（构）筑物略图、规划道路名称、拟建建（构）筑物与四至关系等。

9.3.13 ±0层验线测量应在建（构）筑物基础施工完成后，根据工程放线或灰线验线测量成果，测量建（构）筑物验测点坐标和±0层的地坪高程。±0层的地坪高程可采用水准测量或电磁波测距三角高程测量的方法测定。采用水准测量方法时，宜将±0层的地坪高程点联入水准线路，也可从不同的起算点测量两次，高程较差在±30mm之内时，高程成果应取用中数；采用电磁波测距三角高程测量方法时，宜从不同的起算点测量两次，高程较差应在±30mm之内，且高程成果应取用中数。

9.3.14 ±0层验线测量内业计算应符合本规范第9.3.11条的规定。

9.3.15 ±0层验线测量成果资料整理应符合本规范第9.3.12条的规定。

9.3.16 验收测量建（构）筑物高度测量应符合下列规定：

1 宜测量建（构）筑物的高度、层数和建（构）筑物室内外地坪的高程，并宜绘制楼高示意图。一个楼高示意图表示不清的，可绘制多个楼高示意图。

2 建（构）筑物的高度测量可采用电磁波测距三角高程测量法或实量法。采用电磁波测距三角高程测量法时，应变换仪器高或觇标高测两次，两次测量值的较差不大于100mm时，成果应取用平均值。

3 建（构）筑物室内外地坪的高程可按本规范第9.3.13条的规定施测。

9.3.17 验收测量竣工地形图测量宜采用数字成图的方法施测，并应符合下列规定：

1 验收测量竣工地形图测量范围宜包括建设区外第一栋建筑物或市政道路或建设区外不小于30m。

2　涉及规划条件的地物点相对邻近图根点的点位中误差不应大于50mm，地物点之间的间距中误差不应大于70mm；其他地物点相对邻近图根点的点位中误差不应大于70mm，地物点之间的间距中误差不应大于100mm。地物点的高程中误差不应大于40mm。

3　宜测量建筑物各主要角点、车行道入口、各种管线进出口的位置和高程，并应标注建筑物结构层数。

4　宜测量内部道路起终点、交叉点和转折点的位置，弯道、路面、人行道、绿化带等界线，构筑物位置和高程。

9.3.18　验收测量地下管线探测应符合下列规定：

1　地下管线探测的精度要求应符合现行行业标准《城市地下管线探测技术规程》CJJ 61的规定；

2　地下管线探测的对象宜包括给水、排水、燃气、工业、热力、电力、电信等管线；探测管线宜与建设工程周边市政管线衔接；

3　地下管线测量的取舍应符合现行行业标准《城市地下管线探测技术规程》CJJ 61的相关规定，应结合各个区域的具体情况，划分为市政管线和小区管线，并应按表9.3.18-1的规定取舍；

表9.3.18-1　市政管线和小区管线测量的取舍要求

管线种类	取舍要求	
	市政管线	小区管线
给水	管径≥100mm的，应测量	测至每幢建筑的总阀
排水	管径≥300mm或箱涵≥300mm×300mm的，应测量，雨水、污水箅子可不测	雨水管线从每幢建筑起点测至市政管道连接井，污水管线从化粪池测至市政管道连接井
燃气	管径≥89mm的，应测量	测至每幢建筑的调压箱
工业	全测	全测
热力	全测	全测
电力	电压＞380V的及路灯、交通信号灯应全测	全测，单根电缆式的路灯可不测
电信	全测	全测

注：管径指不含管道保护层的管道直径（含管壁厚）。

4　地下管线测量宜在覆土前进行。对建设区范围内的地下管线应查明其敷设状况，明显管线点应实地调查、记录和量测所露出的管线及其附属设施，并应查明隐蔽管线的特征点在地面的投影位置，特征点应含交叉点、分支点、转折点、变材点、变径点、变坡点、起讫点、上杆、下杆以及管线上的附属设施中心点等。地下管线的建（构）筑物和附属设施测量内容宜符合表9.3.18-2的规定；

表9.3.18-2　地下管线的建（构）筑物和附属设施测量内容

管线种类	管线点		量注项目	测注高程位置
	特征点	附属物		
给水	弯头、三通、四通、变径、直线点	阀门、消火栓、各种检修井、水表、各种阀门井、预留接头	管径、材质、埋深	顶端及地面高程
排水	起终点井、进出水口、交叉口井、转折点井、直线点	各种检修井、排水装置	管径（断面尺寸）、流向、埋深、材质	管底、方沟底及地面高程
燃气	弯头、三通、四通、直线点	排气装置、阀门、各种检修井	管径（断面尺寸）、压力、材质、载体名称、埋深	管顶及地面高程
工业	弯头、三通、四通、直线点	排液、排污装置、各种检修井、阀门	管径、材质、载体名称、埋深	管顶及地面高程
热力	弯头、三通、四通、直线点	各种检修井、阀门	管径、材质、埋深	管顶及地面高程
电力	弯头、分支、电力沟、直线点、上杆点	变压器、塔、各种检修井、路灯	电压、材质、断面尺寸、电缆根数、埋深	管顶及地面高程
电信	直通、分支、直线点、上杆点	接线箱、各种检修井、电话亭	管孔排列、管材、材质、埋深	管顶及地面高程

5　宜依据建设方提供的管网设计和施工资料，进行实地核实和调查。地下管线实地调查的项目应符合表9.3.18-3的规定；

表9.3.18-3　地下管线实地调查的项目

管线种类		埋深		断面		特征点	材质	附属物	载体特征			埋设年代	权属单位
		内底	外顶	管径	宽×高				压力	流向	电压		
给水		—	△	△	—	△	△	△	—	—	—	△	△
排水	管道	△	—	△	—	△	△	△	—	△	—	△	△
	方沟	△	—	—	△	△	△	△	—	△	—	△	△
燃气		—	△	△	—	△	△	△	△	—	—	△	△
工业	自流	△	—	△	—	△	△	△	—	△	—	△	△
	压力	—	△	△	—	△	△	△	△	—	—	△	△
热力	有沟道	△	—	—	△	△	△	△	—	△	—	△	△
	无沟道	—	△	△	—	△	△	△	—	△	—	△	△
电力	管块	—	△	—	△	△	△	△	—	—	△	△	△
	沟道	△	—	—	△	△	△	△	—	—	△	△	△
	直埋	—	△	△	—	△	△	△	—	—	△	△	△

续表 9.3.18-3

管线种类		埋深		断面		特征点	材质	附属物	载体特征			埋设年代	权属单位
		内底	外顶	管径	宽×高				压力	流向	电压		
电信	管块	—	△	—	△	△	△	△	—	—	—	△	△
	沟道	△	—	—	△	△	△	△	—	—	—	△	△
	直埋	—	△	△	—	△	△	△	—	—	—	△	△

注：△——表示应实地调查的项目。

6 地下管线检修井及起终点、转折点、三通等特征点的位置宜测定；井盖、井底、沟槽、井内敷设物、管顶等处的高程宜测定，井距大于 75m 时，除测出井内管顶或井底高程外，宜加测中间点。

9.3.19 验收测量建筑面积测量应符合下列规定：

1 建筑物的边长丈量宜采用钢尺或手持测距仪独立测量两次，两次量距较差的绝对值不应大于 5mm，结果应取用中数。采用钢尺或手持测距仪无法准确测量时，可采用坐标解析法施测建筑物各主要角点，并宜通过一站测量完成。需要在多个测站测量时，使用仪器的测角精度不应低于 7″，测距标称精度中的固定误差应不大于 5mm，比例误差系数应不大于 3mm/km。

2 测量完成后，应核查建筑物中的技术层、夹层、暗层、地下层、阳台、室内花园、卫生间、楼顶等隐蔽地方。

3 当测量边长扣除抹灰和装饰厚度后与设计边长的较差的绝对值在（$0.028m+0.0014\times D$）之内（D 为边长，单位为“m”）或城市规划主管部门规定的条件时，可按设计边长计算。

4 面积计算前，应对房屋的边长进行校核，各尺寸之间应没有矛盾。整幢房屋的外框边长和套内轴线边长应满足其几何图形构成的边长闭合几何关系，分段量测边长之和与总边长应一致，对多余观测引起的边长较差，应进行配赋处理后，再进行计算。

5 建筑面积测量宜包括建设工程总建筑面积、分栋建筑面积和每栋分层建筑面积，以及每栋分层外框示意图，并应注明建筑功能。

6 建筑面积测量应符合现行国家标准《建筑工程建筑面积计算规范》GB/T 50353 的相关规定或城市规划主管部门的规定。

9.3.20 验收测量内业计算应符合本规范第 9.3.11 条的规定。

9.3.21 验收测量成果资料整理应符合下列规定：

1 应编制验收测量成果表，内容宜包括点号、点间距离、坐标等；示意图宜绘制在成果表内，也可单独绘制，内容应与规划许可证附图相对应；

2 资料内容可包括验收测量通知单、验收测量成果表、现状地形图成果、工作说明及工作略图、内业计算簿、外业测算簿、检验报告表和平面设计图，并应按顺序装订；

3 工作说明宜描述控制测量、条件点的施测情况、验测点测设情况、作业中的特殊问题等；

4 工作略图宜按比例绘制，内容宜包括建（构）筑物略图、规划道路名称、拟建建（构）筑物与四至关系等。

9.4 日照测量

9.4.1 需向城市规划主管部门提交日照分析报告的建设项目，应进行日照测量。

9.4.2 日照测量的工作内容宜包括基础资料收集，图根控制测量，地形图及立面细部测绘，总平面图、层平面图和立面图绘制，日照分析，质量检验和成果整理与提交。

9.4.3 基础资料收集应符合下列规定：

1 拟建、在建的主体建筑和客体建筑的相关资料应由委托方提供，并应负责资料的真实性；

2 在批或已批的拟建、在建建筑的有关材料应以规划主管部门审批或待批的方案为准；

3 应收集拟建、在建建筑的总平面图、平面图、立面图、剖面图的电子文件；

4 应收集覆盖主体建筑和客体建筑的已有竣工图资料。

9.4.4 图根控制测量应符合本规范第 6.3.5 条～第 6.3.18 条的规定。

9.4.5 地形图及立面细部测绘应符合下列规定：

1 日照分析区域地形图测绘宜采用 1∶500 的比例尺，并宜采用数字成图方法；

2 建筑物主要拐点相对邻近图根点的点位中误差应小于 50mm，一般拐点相对邻近图根点的点位中误差应小于 70mm，地物点间距中误差应小于 50mm；高程点高程中误差应小于 40mm；

3 建筑物外围的相关地形图或当地城市规划主管部门指定范围内的地形图应实测；

4 客体建筑中商店、厂房、办公用房，或独立灶间、卫生间、楼梯间等的窗户，可不测量高度，但应测量宽度并标注名称；

5 客体建筑被遮挡立面上的门、窗、阳台的平面位置和高程或当地城市规划主管部门指定范围内的建筑物立面图应实测；

6 客体建筑为坡屋顶的应实测屋脊线、合水线和屋檐线，并应在适当位置注记相应的高程；阳台、走廊等应如实表示，对于全封闭阳台，可只表示阳台上的窗户，阳台里面的门窗可不表示，对于自行封闭阳台的，应按封闭前原有的门窗表示；

7 客体建筑层高应实测，建筑物的屋顶、门窗及其他附属设施的高程应测定；

8 主体建筑的屋顶平面图应实测，并宜包括女儿墙、电梯房、水箱等附属物的平面位置和高程；

9 主体建筑和客体建筑的室内地坪、室外地面高程应实测；当室内地坪有高差时，应分别测量其高程及分界线的位置；

10 建筑物的边长、门窗宽度及其他附属设施的尺寸可采用钢尺、测距仪等设备直接丈量，也可采用坐标解析法测定；

11 地面高程的测量宜采用水准测量方法进行；

12 主体建筑和客体建筑的外形宜采用数码相机摄影。

9.4.6 总平面图、层平面图和立面图绘制应符合下列规定：

1 主体建筑和客体建筑的总平面图应实测；总平面图中的主体建筑和客体建筑宜突出表示，并应加以区分。

2 客体建筑应分别绘制各层平面图；一般建筑物应绘制底层平面图、标准层平面图和屋顶平面图，当标准层和底层一致时，可仅绘制标准层平面图和屋顶平面图。建筑物各层平面图应标注门窗的投影位置。

3 主体建筑应绘制其北立面图、侧立面图和屋顶平面图，图上应包括女儿墙、电梯房、水箱等附属物。

9.4.7 日照分析应符合下列规定：

1 日照分析使用的软件应经过鉴定，并应获得当地城市规划主管部门的认可。

2 建筑的日照标准应符合当地城市规划主管部门的规定。

3 日照分析可采用窗户分析方法、单点分析方法、多点沿线分析方法或多点区域分析方法。对于能够确定窗户位置的生活居住特征建筑，可采用窗户分析方法或单点分析方法；对于未完成单体方案的已批规划建筑、申报建筑和在批规划建筑或者无法确定窗户位置的生活居住特征建筑，可采用多点沿线分析方法或多点区域分析方法；活动场地可采用多点区域分析方法。

4 有转角直角窗户、转角弧形窗户、凸窗等的居室，宜以居室窗洞开口作为日照分析测绘的位置。

5 满窗日照计算可按照窗户左右端、中心点满窗方式或当地城市规划主管部门要求进行。

6 对于一般窗户，应以外墙窗台位置为计算基准面；转角直角窗、弧形窗、凸窗等，宜以居室窗洞开口为计算基准面。

7 落地门窗、组合门窗、阳台封窗等的窗户高度，应按离室内地坪 0.9m 的高度计算。

8 两侧均无隔板遮挡也未封闭的凸阳台，宜以居室窗户的外墙窗台面为计算基准面。

9 两侧或一侧有分户隔板的凸阳台、凹阳台以及半凹半凸阳台，宜以阳台与外墙相交的墙洞口为计算基准面。

10 设计封闭的阳台，应以封窗的阳台栏杆面为计算基准面；阳台被住户自行封闭的，应按原设计和本规范第 9.4.5 条第 5、6 款的规定确定基准面。

11 建筑自身阳台、隔板、遮阳板等对建筑自身窗户的日照遮挡，应纳入计算。

12 实体女儿墙和跃层建筑的高度、出挑的阳台、檐口等影响因素应纳入计算。

13 计算点经纬度应按照项目位置确定。

14 有效日照时间段的确定宜符合表 9.4.7 的规定。建筑气候区划的划分应符合现行国家标准《城市居住区规划设计规范》GB 50180 的规定。

表 9.4.7 有效日照时间段的确定

建筑气候区划	Ⅰ、Ⅱ、Ⅲ、Ⅶ气候区		Ⅳ气候区		Ⅴ、Ⅵ气候区
	大城市	中小城市	大城市	中小城市	
日照标准日	大寒日			冬至日	
日照时数(h)	≥2	≥3		≥1	
有效日照时间段(h)	8：00～16：00			9：00～15：00	
计算起点	底层窗台面				

9.4.8 日照测量成果宜包括日照分析图、日照分析报告和城市规划主管部门要求的其他相关资料。

9.5 工程图测绘

9.5.1 工程图的比例尺宜根据工程性质、用图需要和测区大小选用 1：500～1：5000 比例尺，也可采用大于 1：500 的比例尺。

9.5.2 工程图测绘应充分利用城市现有各种大比例尺地形图，当不满足用图需要时，应修补测。大于 1：500比例尺的工程图测绘，应根据精度要求自行设计。

9.5.3 工程图测绘的图根控制测量应符合本规范第 6 章的相关规定。

9.5.4 工矿区细部测量应测定工矿区建（构）筑物主要拐角点或几何中心等细部点的坐标、高程。细部点点位中误差和高程中误差应符合表 9.5.4 的规定；不测量坐标、高程的建（构）筑物，及不进行细部测量的工矿区，可按本规范第 6 章的相关规定测绘。

表 9.5.4 细部点点位中误差与高程中误差（mm）

地 物	细部点点位中误差	细部点高程中误差
主要建（构）筑物	≤50	≤30
次要建（构）筑物	≤70	≤40

9.5.5 工矿区建（构）筑物测量应根据其疏密程度、测图比例尺和用图需要进行取舍，细部点选取要求应符合表9.5.5的规定，并应符合下列规定：

1 建（构）筑物周边尺寸大于图上0.4mm的凹凸部分，应测量；

2 宽度大于2.5m或能通行汽车的厂房门，应测量；

3 排列整齐的住宅楼可测其外围四角的坐标。

表9.5.5 细部点选取要求

类别		坐标	高程	备注
建(构)筑物	矩形	主要墙角	主要墙外角、室内地坪	—
	圆形	圆心	地面	注明接地处半径、高度或深度
地下管(沟)道		起、终、转、交叉点、变径点均测管(沟)道中心或主要井盖中心	地面、井面、井底、加压的测管外顶，自流的测管内底，有沟道的测沟底	经委托单位开挖后施测
地下直埋电缆		起、终、转、交叉点、入地点、出地点，均测电缆或沟道中心	测细部坐标的点和变坡点，均测电缆顶部或盖板顶和地面	经委托单位开挖后施测
架空管道		起、终、转、交叉点、均测支架中心	测细部坐标的点和变坡点，均测基座面或地面	注明通过铁路、公路的净空高
架空电力、电信线		杆(塔)的起、终、转、交叉点，均测杆(塔)中心	杆(塔)的基座面或地面	注明通过铁路、公路的净空高
铁路		车挡、岔心、进厂房处、直线部分每50m、曲线内轨每20m测一点	车挡、岔心、变坡处、直线每50m、曲线内轨每20m测一点	—
厂外公路厂内道路		干线的交叉点，均测道路中心	变坡处、交叉点、直线每30m～40m测一点	—
桥梁、涵洞		大型的测四角，中型的测中心线两端，小型的只测中心点	测细部坐标的点，涵洞需测进、出口洞底高、顶高	—

9.5.6 细部点坐标测量宜采用极坐标法。仪器对中误差不应大于5mm，水平角宜观测一测回，归零差不应大于60″；钢尺量距长度不宜超过一整尺，电磁波测距长度不应大于150m。

9.5.7 细部点高程测量宜采用水准测量方法。采用全站仪同时测定细部点坐标、高程，并进行数字化成图时，垂直角宜在±10°之内，水平角和垂直角均可观测半测回，仪器高和棱镜高均应量至1mm。

9.5.8 对相邻细部点反算距离与实地丈量距离的较差，主要建（构）筑物应在$(70+d/20000)$mm之内，次要建（构）筑物应在$(100+d/20000)$mm之内（d为两相邻细部点间的距离，单位为“mm”）。

9.5.9 工矿区现状图的绘制宜采用将建（构）筑物细部点测算的坐标、丈量的细部尺寸及有关元素进行展绘、编制成图的方法。细部点坐标与高程成果均应取至厘米，坐标展点误差不应大于图上0.3mm。

9.5.10 精度要求较高且测区较大的工矿区现状图测绘宜符合本规范第6章的相关规定。

9.5.11 细部点宜按分类进行编号，并应编制成果表。当地形图负荷量允许时，可将细部点的坐标和高程注记于地形图上。

9.5.12 水下地形测量的图幅分幅、等深（高）距宜与该测区陆上地形测量一致。

9.5.13 测深点相对于邻近图根点的点位中误差不应大于图上1.5mm，在1∶500比例尺测图、开阔平坦水域和水深超过20m水域，可放宽至2mm。

9.5.14 测深设备的适用范围与测深点深度中误差应符合表9.5.14的规定；工程要求不高或特殊困难地区以及用锤测而流速大于表中规定或锤测水深超过20m的，可放宽至表9.5.14规定的2倍。在有水草、海底树林的水域，不应使用测深仪。

表9.5.14 测深设备的适用范围与测深点深度中误差（m）

测深设备	适用范围	测深点深度中误差
测深杆	水深0～5	≤0.10
测深锤	水深0～10，流速<1m/s	≤0.15
	水深10～20，流速<0.5m/s	≤0.20
测深仪	水深2～10	≤0.15
	水深10～20，流速<0.5m/s	≤0.20
	水深>20	$\leqslant 0.015h_u$

注：h_u——水深（m）。

9.5.15 水下地形测量等深（高）线插求点的高程相对于邻近图根点的高程中误差应符合表9.5.15的规定；作业困难、水深大于20m或工程要求不高的，可放宽至表9.5.15规定的1.5倍。

表9.5.15 等深（高）线插求点的高程中误差

水下地面倾斜角	0°～2°	2°～6°	6°～25°	25°以上
高程中误差（m）	$\leqslant 1/2\times H$	$\leqslant 2/3\times H$	$\leqslant 1\times H$	$\leqslant 1.5\times H$

注：H——等深距（m）。

9.5.16 测深前应了解测区水域的礁石、沉船、险滩等水下障碍物及水文气象资料。作业中，当风浪引起测深仪记录纸上回声线起伏变化在内陆水域大于0.3m、海域大于0.5m时，宜暂停测深工作。采用测深锤、测深杆作业，遇大风浪难以读数时，应停止测深工作。

9.5.17 测深点宜按横断面布设，断面方向应与水流方向或岸线垂直。断面间距宜为图上20mm，测点间距宜为图上10mm，可根据地形变化和用图要求适当加密或放宽。

9.5.18 水面的高程可直接测定或设置临时水尺测定。水尺位置及数量的设置应能控制整个测区内水位的瞬时变化。水尺零点高程或水面高程应以不低于图根水准测量的精度测定；测深时有关水尺应同步观测。内陆水域观测次数应根据水位变化确定，两次观测期间水位变化不应大于0.1m，至少应在每日测深开始和结束时各测定一次；潮汐河段及海域应每隔10min观测一次潮位。水位应读记至厘米。

9.5.19 每次测深作业前后应测定测深仪的电压、转速。当工作电压和实际转速超过仪器标称值时，应进行调整或改正，并应用其他测深设备分别在深、浅水处校核水深。当无法校核水深时，可根据水温、含盐度进行深度改正。

9.5.20 测深点定位可根据测区情况、测图比例尺与设备条件选用断面索法、单角交会法、经纬仪平板仪前方交会法、卫星定位动态定位法、全站仪自动跟踪极坐标法或无线电定位仪定位法等。采用交会法定位时，交会角宜在30°～150°之间。用于测深点定位的测站点，不应低于图根点的精度要求。施测过程中应检查定向点方向偏差，全站仪、经纬仪不应大于60″，平板仪不应大于图上0.2mm。

9.5.21 测深点内业展绘可根据外业定位方法、测图比例尺、测区大小、测深点距测站的远近与设备情况，选用辐射线格网法、量角器法、重叠法、解析法或数字化成图法等。测深点的高程或水深应计算和注记至分米。

9.5.22 市政工程测图的比例尺宜由设计单位按需求提出，也可按表9.5.22选用。

表9.5.22 市政工程测图比例尺的选用

测图类别		城市建筑区	非建筑区	山区
小型桥、涵、闸、坝、厂、站、所、场址等工点地形图		1：100、1：200、1：500、1：1000、1：2000、1：5000		
线路带状地形图		1：500、1：1000	1：1000、1：2000	1：2000、1：5000
线路纵断面图	水平	1：500、1：1000	1：1000、1：2000	1：2000、1：5000
	垂直	1：50、1：100	1：100、1：200	1：200、1：500
线路横断面图	水平	1：50、1：100	1：100、1：200	1：200
	垂直			

9.5.23 对于线路工程的带状地形图测绘，图根点可利用道路中线点，施测宽度应符合设计要求。施工范围内的地物、地貌应详测，设计参考部分可择要测绘。带状地形图测绘宜进行分幅设计，各图幅应自左至右顺序编号，接边位置不宜设在建筑物、路口、曲线内与交叉跨越处。当局部地段有比较方案或迂回线路时，宜将其测绘在同一图幅内。

9.5.24 对于道路工程的带状地形图测绘，道路的设计中线、施工中线和规划中线应展绘在图幅中央，内容应按地形图要求测绘；根据需要，可对施测范围内的房屋分间、分户注记种类和门牌号；道路路边线、人行道侧石线、铺面材料分界线、绿地、各类电杆和各种地下管线检修井等，应测绘，各种地下管线检修井、建筑物的房基及散水、单位门口和院内出水口处，应测注高程。交叉路口的测量范围应加大，若另测路口图时，带状地形图上的路口高程和地物可择要测绘。

9.5.25 道路立交桥桥址地形图的比例尺宜为1：500，应按地形图的要求测绘，并应将现有各种地下管线资料绘注于地形图上。当委托单位有要求时，可补测没有资料的地下管线检修井与其他需要的内容，必要时应进行地下管线探测与坑探，且坑探应经委托单位开挖后施测。同一立交桥桥址范围较大时，可分幅测绘，但应拼接成一张桥址地形图。

9.5.26 大、中型跨河桥桥址地形图比例尺宜为1：500～1：2000。测绘范围应满足桥梁孔跨、桥头路基和导流建筑物的设计需要，顺线路方向宜测至两岸历史最高洪水位或设计水位2m以上；当遇漫滩时，测绘范围不应小于桥梁全长加导流堤在桥址中线上的投影长度；沿水流方向，上游应测至河宽的1.5～2倍处，下游应测至1倍处；受倒灌影响、有蓄水等特殊情况的桥涵，应根据实际情况确定测绘范围。小桥涵地形图的测绘范围应满足设计要求。测绘内容应满足地形图的要求，并应表示现有河道护岸、导流建筑物、旧桥和两岸被冲刷地点等，还应测绘线路中线和最高洪水位。

9.5.27 桥址纵断面图的水平比例尺、河床横断面图的水平比例尺、河床地形图的比例尺宜与桥址地形图一致。桥址纵断面的测量范围应与桥址地形图顺线路方向的测量范围相同，并至少应在桥址纵断面上、下游加测河床横断面各一处，断面的宽度及间距应根据设计要求确定。桥址纵断面宜与桥头引线纵断面合并绘制成一张图。

9.5.28 桥址纵断面、河床横断面测量，水上部分可采用水准仪测定，水下部分可采用断面索法、极坐标法或单角交会法等，并应符合本规范第9.5.20条有关规定。当测绘的断面数较多时，可根据断面测深点勾绘等深（高）线，绘制成河床地形图，并应与桥址地形图绘制成一张图。

9.5.29 自来水厂、泵站、污水处理厂临近水域时，应进行取水口或出水口的水域断面测量。

9.5.30 交叉路口、广场、停车场宜根据设计要求，按5m～20m划分方格，并测注方格网点高程。

9.6 市政工程测量

9.6.1 本节适用于道路、桥梁、河湖、堤防、自流与压力管道、电力管沟、通信管线等普通市政工程勘测设计阶段的测绘工作。特大桥、轨道交通、隧道、大河、机场、海堤等大型工程的测量及各种工程的施工测量，应符合国家现行有关标准的规定。

9.6.2 用于市政工程线路的平面控制测量宜采用附合导线形式，并应符合下列规定：

1 主要线路施测1∶500、1∶1000比例尺带状地形图时，附合导线等级不应低于三级，技术要求应符合本规范第4.4节的有关规定；施测1∶1000比例尺带状地形图时，附合导线长度与平均边长可放宽至本规范表4.4.2规定的2倍。

2 次要线路施测1∶500及更小比例尺带状地形图时，应符合本规范第6.3.5条的相关规定。

3 山地线路电磁波测距导线测量的主要技术指标应符合表9.6.2的规定；导线超长时，全长闭合差不应大于520mm。施测1∶5000比例尺带状地形图的线路或困难地区，导线相对闭合差可放宽至表9.6.2规定的2倍；导线超长时，全长闭合差不应大于1040mm。

表9.6.2 山地线路电磁波测距导线测量的主要技术指标

附合导线长度(m)	测回数 DJ_6	测距仪器、方法与测回数	方位角闭合差(″)	导线相对闭合差
1000	1	Ⅱ级、单程、1	$\pm 60\sqrt{n}$	≤1/2000

注：n——测站数。

4 高速公路、城际快速路和其他精度要求高的线路，导线测量宜按一、二级导线的精度要求施测。规划市区和城镇范围外跨省市、跨区县的线路，宜符合现行行业标准《公路勘测规范》JTG C10的规定。

9.6.3 市政工程线路水准测量应符合下列规定：

1 每300m左右宜留设一个临时水准点，桥梁、隧道两端以及较大构筑物等处应按需要留设水准点，水准点的位置应设在施工范围以外，标志应明显、牢固、使用方便。

2 可采用水准测量方法或电磁波测距三角高程测量方法，主要技术指标应分别符合表9.6.3-1和表9.6.3-2的规定。水准测量附合或闭合于高等级点间的线路长度不应超过本规范第6.3.12条的规定；电磁波测距三角高程测量附合或闭合于高等级点间的线路长度不应超过6km，每边边长不应超过500 m，边数不应大于12条。仪器高、棱镜高或觇牌高应在观测前后各量测一次，取值应精确至1mm；当较差不大于4mm时，应取用平均值。计算时，应考虑地球曲率和折光差的影响。

表9.6.3-1 线路水准测量的主要技术指标

仪器类型	标尺类型	视线长度(m)	观测方法	附合路线闭合差(mm)
DS_3	单面	100	单程，后—前	$\pm 30\sqrt{L}$

注：L——附合路线长度（km）。

表9.6.3-2 线路电磁波测距三角高程测量主要技术指标

垂直角观测仪器类型	对向观测测回数		垂直角较差与指标差较差(″)	测距仪器、方法与测回数	对向观测高差较差(mm)	附合路线闭合差(mm)
	三丝法	中丝法				
DJ_2	1	2	≤10	Ⅱ级、单程、1	$\pm 60\sqrt{D}$	$\pm 30\sqrt{L}$

注：D——测距边长度（km）。

3 精度要求较高的市政工程的水准测量可按四等水准测量要求或根据需要另行设计。

4 水准测量跨越河流、深沟且视线长度超过200m时，应采用跨河水准测量方法，跨河水准应观测两个单测回，半测回中应观测两组，两测回间较差应在$\pm 40\sqrt{s}$ mm之内（s为跨河视线长度，km）。

9.6.4 线路测量视工程需要，宜加固起点、终点、转点、交点、重要方向桩等桩位，并应绘制点之记或钉控制桩。

9.6.5 市政工程线路带状地形图与工点地形图的测绘应符合本规范第9.5.22条～第9.5.30条的有关规定。

9.6.6 当线路中线与已有道路及地面、地下和架空的管线等交叉时，可根据设计人员要求测量设计需要的交叉角、交叉点的桩号、高程或净空高，并可根据工程需要进行洪水位和桥涵孔径、种类、高程的调查测量。

9.6.7 线路中线测量应符合下列规定：

1 中线测量宜沿线路中线进行。河道中线、沟渠中线以及中线遇障碍或大部分落入水中时，应将中线平行移至岸上或在适当位置钉轴线桩，轴线桩号应换算为中线里程。

2 中线测量采用解析法的，转角点与方向点的桩号、转角角度应以计算值为准；图解法和现场选线法的桩号应以实测为准。

3 采用卫星定位动态测量方法测设中线点时，应符合现行行业标准《卫星定位城市测量技术规范》

CJJ/T 73 中 RTK 图根控制点的规定。

4 中线定线可根据工程的不同精度要求，采用经纬仪或目测定向；中线量距可采用电磁波测距或钢尺量距，并宜进行尺长、温度和倾斜改正；旧河整治与排水沟等精度要求较低的工程，可采用视距测量。

5 直线段上中线桩位的间距应根据地形变化确定，并宜为 20m～50m。平曲线测设可采用偏角法、切线支距法或中心角放射法等。圆曲线和复曲线应测设起点、中点和终点；回头曲线应测设圆心、起点和终点；缓和曲线应测设起点和终点。曲线段上中线桩位的间距应按曲线半径和长度确定，并宜为 10m～40m。道路中线转角小于 3°，山区道路、河道中线转角小于 5°时，可不设曲线，转角可用 DJ_6 级仪器测一测回。中线穿越铁路、公路、桥涵、建（构）筑物、水域、沟渠等处和地形变化处，应设加桩。

6 断链应在测量成果和有关设计文件中注明，并应在实地钉断链桩，断链桩不应设在曲线内或建（构）筑物上，桩上应注明线路来向去向里程和应增减的长度，并宜在等号前、后分别注明来向去向里程。

7 线路中线桩位与曲线测设的限差应符合表 9.6.7 的规定。

表 9.6.7 线路中线桩位与曲线测设的限差

线段类别		主要线路	次要线路	山地线路
直线	纵向相对误差	1/2000	1/1000	1/500
	横向偏差（mm）	25	50	100
曲线	纵向相对闭合差	1/2000	1/1000	1/500
	横向闭合差（mm）	50	75	100

8 对于桥梁中线长度精度指标，钢筋混凝土梁及短跨简支梁应按桥长估算，且当桥长小于 200m 时，相对中误差不应大于 1/10000，当桥长为 200m～500m 时，相对中误差不应大于1/20000；连续梁及长跨简支梁宜按桥式估算。

9.6.8 纵、横断面测量应符合下列规定：

1 纵断面测量应逐点附合于线路水准测量水准点上，按图根水准测量或图根电磁波测距三角高程测量精度要求沿中线逐桩进行，并应检查里程桩号。相邻水准点高差与纵断面测量检测的较差，不应大于 20mm。铁路轨顶、桥面、路中、下水道井底与坑探测高点等设计所依据的重要高程点位，应按转点施测。水准点和转点的读数应取至毫米，各中视点的读数应取至厘米。

2 横断面测量的宽度应满足设计需要。对于横断面的方向，在直线部分应与中线垂直，在曲线部分应在法线上。在不影响设计质量的情况下，断面数量可根据横向地形变化适当增减；加测断面时，应在中线上补桩号及高程。旧路展宽和排水沟等工程可选有代表性的位置施测横断面。

3 横断面测量时，应根据不同工程的需要，测量横向遇到的建筑地坪、各街巷与单位出入口地面、地下室采光口的窗台、地下管线检修井井盖、进出水口、不同路面结构界线、沿岸水工建筑物顶面等处高程。测路拱大样时，应适当加密点位。

4 按轴线桩施测横断面时，中线处应加测高程并注明。

5 横断面测量可采用全站仪测量或用水准仪测高、用皮尺或绳尺量距，高差读数应取至厘米，距离读数应取至分米。

9.6.9 内业成图应符合下列规定：

1 对于桥、涵、闸、坝、道路立交桥等独立建（构）筑物、路口和小型厂、站、所址设计用图，当外业分幅测绘时，内业宜拼接绘制成一张总图。对于带状地形图，当外业分幅不合理时，内业可重新分幅。

2 规划道路中线、建筑红线、施工中线及轴线应绘制在地形图上，图上的中线里程、点名及坐标、转角、曲线要素、点之记、水准点位置和高程以及各类调查测量资料的注记，应布局合理，当图面负荷过大时，可另附定线关系图或中线、水准点与调查测量成果表。

9.6.10 市政工程测量成果质量检验应符合下列规定：

1 测量内容应符合设计的要求；

2 在工程设计需要范围内，地形图施测要素应齐全；纵、横断面与地形图应吻合；纵、横断面的桩号应一致；

3 纵横断面的数据格式应满足设计要求；

4 图、表、资料应与实地一致。

9.6.11 测量工作结束后，应及时整理资料，并应装订成册归档。资料中应包括任务书及与设计部门协商变更项目的纪要、定线关系图、技术总结或工作说明、原始记录、各项计算成果和各种比例尺原图。

9.7 地下空间设施现状测量

9.7.1 本节适用于城市地下人防工程、过街地道、地下停车场、地下商场、地下隐蔽工程的现状测量。

9.7.2 地下空间设施现状测量可分为已建工程的普查测量和为新建地面工程项目设计施工服务的示位测量。

9.7.3 地下空间设施平面图可采用解析法或图解法施测；示位测量还应将其平面位置准确放样到地面。施测的精度要求可根据服务对象、用途和实际需要确定。

9.7.4 作业前应进行踏勘，了解地下空间设施出入口及竖井的位置和地道的分布走向，绘制草图并选点。

9.7.5 用于地下空间设施现状测量的导线测量主要技术要求应符合下列规定：

1 导线宜布设成附合导线。地下导线可附合于地上导线，地下导线可同级附合一次，由等级导线点起始的导线附合次数不应大于3次。地下导线无法布设附合导线时，可布设支导线。

2 普查测量时，地上导线不应低于图根导线的精度要求；地下导线水平角应观测一测回，方位角闭合差应在$\pm 90''\sqrt{n}$内（n为测站数）；附合导线长度不应大于300m，测图比例尺为1∶1000时不应大于600m；坐标相对闭合差不应大于1/1000；导线超长时，全长闭合差不应大于0.3m，测图比例尺为1∶1000时不应大于0.6m。

3 示位测量时，地上导线不应低于三级导线的精度要求；地下导线不应低于图根导线或图根支导线的精度要求。

4 支导线左、右角应各观测一测回，第一站的左、右角应观测不同的起始方向，并应取两推算方位角中数，测站圆周角闭合差应在$\pm 60''$内；支导线长度不宜大于附合导线规定长度的1/2，距离应往返测量。

5 当地下导线或支导线超长时，宜在导线中间或支导线2/3处采用陀螺经纬仪加测方位角。

9.7.6 水准测量线路的高程闭合差应在$\pm 12\sqrt{n}$ mm之内（n为测站数）。

9.7.7 仪器由较低温环境转入较高温环境时，应先将仪器装箱，并在较高温环境下置放不少于15min后再开箱，与外界气温趋于一致后，再继续观测。由较高温环境转到较低温环境时，仪器可不装箱，并应等候适当时间，使仪器与外界气温趋于一致后再观测。

9.7.8 地下人防工程现状测量应符合下列规定：

1 地下人防工程现状测量的内容应根据规划、设计和人防主管部门的需要确定。在规划路、广场范围之内或虽属规划路、广场范围以外但埋深大于5m的地下人防工程，宜采用解析法施测，其他地下人防工程可采用图解法施测。测绘调查的内容宜包括地道及出入口、坑道及出入口、掘开式工事及出入口、竖井、各种附属设施、与地道相连通的地下建筑等的平面位置、高程、断面或容积、材料、结构以及附属设施的名称。

2 道路、广场、街坊及其内部下面的连通性地道的普查测量，可分区按街道办事处范围成片施测。当布设的地下导线网形复杂或超长过多时，应组成结点网进行平差计算。为满足设计急需的小面积地下人防工程现状测量，可单独测绘。

3 地道有出入口的，导线宜经由出入口布设，也可通过竖井用几何方法或陀螺经纬仪进行地下导线的定向。对于连通地道施测范围内或附近有两个出入口的，应布设附合导线；当连通地道有一出入口一竖井的，可布设成一端有定向的导线；对于连通地道有两个或两个以上竖井的，当采用几何定向时，应用两井定向的方法布设成无定向导线。对于小面积测量且附近仅有一个出入口的，可布设支导线；当仅有一个竖井时，几何定向应采用一井定向的方法。

4 地下人防工程应测量通道的起点、终点、转折点、交叉点、分支点、变坡点、断面变化点、材料结构分界点、地下管道穿越点、轮廓特征点及细部尺寸。解析法可采用导线联测法与极坐标法施测测点坐标。极坐标法水平角可观测一测回，钢尺量距不宜大于50m。用DS_3级水准仪测高程，单独线路每个测点宜作为转点，测点密集时可用中视法。采用全站仪同时测定测点坐标与高程时，水平角和垂直角宜观测一测回，当采用数字化成图时，可观测半测回，测距长度不应大于150m，仪器高和觇牌高应量至毫米。

5 人防通道、地下通道、隧道、防空设施宜按横断面和路面线型进行测量；横断面测量的间隔宜为20m～50m，路面线型测量的点位宜设置在道路中心。在人防通道、隧道的起点、终点、转点、交叉点、分支点、变坡点、竖井井底、地下管道穿越点管顶及不同高度的地坪处等，应施测横断面或高程，高程注记点平均间距宜为图上30mm，人防通道顶面、底面、横断面突变点的高程注记宜加圆括号。

6 地下人防工程图的图式宜符合本规范附录D的规定。

7 外业测绘时，重叠的与立交的通道应采用上实下虚画法，应在实地注记每段通道的材料、结构、断面、地下建筑分间的容积以及各种设施的名称，其中断面、容积的注记应分别采用“宽×高”、“长×宽×高”的方式，并应以米为单位，宜注至0.1m。采用解析法与测记法时，应在实地编点号并画草图注记。相邻图幅应进行拼接。

8 应将外业测绘的人防工程图映绘在或根据测量成果展绘在地形二底图上，线条宜着色，通道内应涂以浅颜色，各种注记应绘制在通道内或适宜的地方；地下通道应以虚线套绘在地形图上。外业采用一体化数据采集时，可通过编辑叠加到地形图上。

9 测量工作结束后，应编写工作说明、绘制略图、整理资料并装订成册归档。

9.7.9 除地下人防工程外，其他地下空间设施现状测量可按本规范第9.7.8条的规定执行。

9.8 土石方测量

9.8.1 土石方测量应根据需要确定其范围，并应在测量范围内采集高程数据和计算土石方量。高程数据可采用极坐标法和网格测量法进行采集，也可采用能满足精度要求的其他方法进行采集。

9.8.2 土石方测量的首级平面控制测量精度不应低于一次附合图根导线精度，首级高程控制精度不应低于一次附合图根高程精度，其施测要求应符合本规范第6章的相关规定。

9.8.3 采用极坐标法进行土石方高程数据采集时应符合下列规定：

1 碎部点间距不宜大于计算要求的网格间距，地形变化处应加密碎部点；

2 地形特征线应采集，坎上、坎下高程应采集；

3 水池、塘、稻田、旱田等应采集泥面高程及其周边坎的高程；

4 建（构）筑物应采集其周边高程及地坪高程；

5 其他影响土石方量的地形、地物应采用碎部点控制其范围和高程；

6 设站时，仪器对中误差不应大于5mm。应照准离测站较远的控制点作为起始方向，观测另一控制点作为检校，测得平面坐标及高程，检校点平面位置较差不应大于100mm，高程较差不应大于100mm；仪器高、棱镜高应量记至毫米；作业过程中和作业结束前应对定向方位进行检查。

9.8.4 采用网格测量法进行土石方高程数据采集时应符合下列规定：

1 在内业应按要求的格网间距对土方测量范围线进行划分，确定轴线网格角点及编号，输出网格图。轴线格网角点宜为范围内的角点，编号宜采用建筑轴线编号，横向应采用字母，纵向应采用数字。

2 外业应采用全站仪按极坐标法施放主要网格角点，采用钢尺或皮尺按照格网间距对其他网格角点进行量距放样。主要网格角点宜在实地打木桩或做固定标记。

3 应采用水准测量或电磁波测距三角高程测量按图根高程精度采集各网格角点高程。网格角点高程数据应与编号对应。

4 同一网格内坡度突然变化处应增加高程采集点，陡坎应采集坎上、坎下高程，土石分界线应采集分界点高程。

9.8.5 采用极坐标法采集数据的土石方量计算应符合下列规定：

1 采用三角网法时，应先对地形高程点、设计高程点分别建立地形高程三角网、设计高程三角网，然后计算范围线内两个三角网之间形成的几何体体积，并应两个三角网空间相交的线作为开挖零界线；

2 采用网格法时，应按任务要求绘制网格线；并应先对地形高程点、设计高程点分别建立地形高程三角网、设计高程三角网，再内插计算出每个网格角点和边界点的地形高程和设计高程，然后按本规范第9.8.6条的方法计算土石方量。

9.8.6 采用网格测量法采集数据的土石方量计算应符合下列规定：

1 整格计算时，应将网格各角点地面高程与设计高程之高差的算术平均值乘以网格面积，获得该格的土石方量；

2 破格计算时，应将破格的各网格角点地面高程与设计高程之高差按点间距离加权计算平均值乘以破格面积，获得该破格的土石方量；

3 应将计算获得各网格的挖填方量分别累加，获得工程项目的土石方量。

9.8.7 土石方量应由一人计算，另一人进行检核。当检核计算成果与原计算成果的较差不大于原计算成果的3%时，应提交原计算成果，当检核计算与原计算成果的较差大于原计算成果的3%时，应查明原因重新计算。

9.8.8 采用极坐标法采集数据获得土石方量的成果时，宜随机抽查不少于采集点总数3%的内插点，且检查点覆盖范围不应小于总面积的5%，检测高程与原测内插高程的平均较差应在±100mm内。

9.8.9 采用网格测量法采集数据获得土石方量的成果时，宜随机抽查不少于5%的网格角点高程；检测高程与原测高程的平均较差应在±50mm之内。

9.8.10 土石方测量成果的原始记录应清晰、完整。

9.8.11 土石方测量成果的内容应包括土石方量计算图、技术报告及委托方确认的相关内容。

9.9 竣 工 测 量

9.9.1 竣工测量应在工业建筑工程、民用建筑工程、城市道路工程、城市桥梁工程、地下管线工程和地下建（构）筑物工程等竣工后进行。测量范围宜包括建设区外第一栋建筑物或市政道路或建设区外不小于30m。

9.9.2 竣工测量地形图宜选用1∶500比例尺；当建（构）筑物密集且1∶500比例尺不能满足要求时，可选用1∶200比例尺。

9.9.3 在建（构）筑物不密集和地下管线较简单的情况下，可将地面建筑、地下管线、地下建筑编绘成一张竣工总图，否则应分别测绘成图。

9.9.4 竣工测量地形图的主要地物点相对邻近图根点的点位中误差不应大于50mm，次要地物点相对邻近图根点的点位中误差不应大于70mm，地物点间距中误差不应大于50mm；困难地区地物点相对邻近图根点的点位中误差和地物点间距中误差不应大于100mm。高程点相对邻近图根点的高程中误差不应大于40mm。

9.9.5 竣工测量地形图应实地测绘。

9.9.6 竣工测量地形图测绘方法宜采用全野外数字成图法。

9.9.7 竣工测量地形图应包括工程建设地面建（构）筑物、道路、植被、地下管线及其附属设施、地下防空设施、地下隧道、空中悬空设施等要素。

9.9.8 竣工测量前应收集经当地城市规划主管部门审批的建筑物施工设计图、总平面图和放线成果。

9.9.9 竣工测量的控制测量应符合下列规定：

1 各等级控制点宜埋设标志；

2 首级控制应采用不低于一次附合图根导线的平面控制点和同级图根高程控制点；

3 控制网起始点宜采用原建设用图的控制点，当原控制点被破坏时，应重新布设；

4 控制测量不应采用无定向导线，且不宜采用回头导线。

9.9.10 工业建筑工程竣工测量应符合下列规定：

1 工业厂房及一般建筑物应测定各主要角点坐标、车行道入口、各种管线进出口平面位置和高程，测定主体房顶（女儿墙除外）、地坪、房角室外高程，并应注记厂名、车间名称、结构层数等。

2 厂区铁路应测定路线转折点、曲线起终点、车挡和道岔中心，测定弯道、道岔、桥涵等构筑物平面位置和高程。直线段，应每 25m 测出轨顶及路基的平面位置和高程；曲线段，半径小于 500m 的应每 10m 测一点，半径大于 500m 的应每 20m 测一点。

3 厂区内部道路应测定路线起终点、交叉点和转折点，测定弯道、路面、人行道、绿化带界线、构筑物平面位置和高程，并应标注路面结构、路名、道路去向。

4 地下管线应测定检修井、转折点、起终点和三通等特征点的坐标，测定井旁地面、井盖、井底、沟槽、井内敷设物和管顶等处的高程，井距大于 75m 时，应加测中间点。图上宜注明井的编号、管道名称、管径、管材及流向。地下管线的测定宜在管沟回填前完成。

5 架空管线应测定管线转折点、结点、交叉点和支点的平面位置和高程，测定支架旁地面高程。

6 水池、烟囱、水塔、储气罐、反应炉等特种构筑物及其附属构筑物的平面位置和高程、与各种管线沟槽的接口位置等均应表示，并应测出烟囱及炉体高度、沉淀池深度等。

7 围墙拐点的坐标、绿化区边界以及不同专业的规划验收需要反映的设施和内容，应测绘。

8 需计算建筑面积的建筑物，应采用钢尺或手持测距仪量测该幢建筑物的四周边长及各层不同结构的边长。

9 工业建筑工程中地下工程的竣工测量宜按本规范第 9.7 节的相关规定执行。

9.9.11 民用建筑工程竣工测量应符合下列规定：

1 民用建筑应测定建筑物各主要角点坐标和高程、零层高程、结构层数、主体房顶高程等；测定建筑物坐标的角点应与建筑建设放样角点一致，矩形建筑不应少于 3 点，圆形建筑不应少于 4 点，异形建筑应以满足控制建筑物形状的足够点位为准。

2 建筑区内部道路应测定路线起终点、交叉点和转折点的三维位置，弯道、路面、人行道、绿化带界线，构筑物位置和高程，并应标注路面结构、路名、道路去向。

3 民用建筑建设区域内的地下管线应全面测量，给水、燃气、电力管线应探测到分户表，排水管线应探测到化粪池。各种管线应与建设区外的市政管线衔接。

4 需计算建筑面积的建筑物应采用钢尺或手持测距仪量测该幢建筑物的四周边长及各层不同结构的边长。

5 民用建筑工程中地下工程的竣工测量宜按本规范第 9.7 节的相关规定执行。

9.9.12 城市道路工程竣工测量应符合下列规定：

1 道路工程竣工图应根据实际状况进行测量。道路中心直线段，应每 25m 施测一个坐标和高程点；曲线段起终点、中间点，应每隔 15m 施测一个坐标和高程点；道路坡度变化处应加测坐标和高程点。

2 过街管道、路边沟道以及立交桥附属的地下管线等设施的竣工测量应在施工中进行。

3 过街天桥应测注天桥底面高程，并应标注与路面的净空高。

9.9.13 城市桥梁工程竣工测量应符合下列规定：

1 在桥梁工程竣工后应对桥墩、桥面及其附属设施进行现状测量；

2 每个桥墩应按地面实际大小施测角点或周边坐标和高程；

3 桥面测量应沿桥梁中心线和两侧，并包括桥梁特征点在内，以 20m～50m 间距施测坐标和高程点；

4 桥梁工程测量时，应由甲方提供或到相关单位调查收集最高洪水位、常年洪水位、常年枯水位、最低枯水位、通航水位等资料，并应标注在桥梁工程竣工图上；

5 桥梁工程区域的地下管线应全面测量；

6 桥梁工程竣工测量提交的资料宜包括 1∶500 桥梁竣工图、墩台中心间距表、桥梁中心线中桩高程一览表、桥梁竣工测量技术说明。

9.9.14 地下管线竣工测量应符合本规范第 9.3.18 条的有关规定；探测管线应与建设工程周边市政管线衔接。

9.9.15 地下建筑竣工测量宜按本规范第 9.7 节的相关规定执行。

9.10 城市管理部件测量

9.10.1 城市管理部件的分类、编码、定位精度、属性信息、图式符号和数据更新等应符合现行行业标准《城市市政综合监管信息系统技术规范》CJJ/T 106 和《城市市政综合监管信息系统 管理部件和事件分类、编码及数据要求》CJ/T 214 的规定。

9.10.2 城市管理部件测量的控制测量可按本规范第

6.3 节图根控制测量的相关规定执行。

9.10.3 城市管理部件的测量应符合下列规定：

1 应利用 1∶500、1∶1000 比例尺 DLG，对城市管理部件的类型及其属性信息进行普查和测绘。对于 DLG 数据中已包含的城市管理部件数据，可直接提取使用。

2 对于空间位置或边界明确和较明确的城市管理部件，应使用全站仪、GPS 或其他测量设备按本规范第 6.3 节地物点测绘的规定测定其平面位置。

3 在实地普查和测绘的基础上，应根据记录图表进行数据录入和处理，分类建立城市管理部件数据文件。数据文件应包城市管理部件的位置信息和属性信息。

4 城市管理部件数据的组织管理和元数据应符合现行行业标准《城市市政综合监管信息系统技术规范》CJJ/T 106 的规定。

9.10.4 对获得的城市管理部件数据应进行质量检查。检查的内容应包括分类代码的正确性、属性信息的完整性和准确性、部件的定位精度，以及作业过程文档等。

9.11 变 形 测 量

9.11.1 变形测量应包括建筑变形测量、地面沉降观测和地裂缝观测。建筑变形测量应符合现行行业标准《建筑变形测量规范》JGJ 8 的规定。

9.11.2 当根据对城市高程控制网复测成果的比较和分析，证实城市有地面沉降时，应建立沉降监测网。进行地面沉降观测，有条件的城市宜建立地面沉降监测数据库和地面沉降监测信息系统。沉降监测网可分为沉降水准监测网和沉降 GNSS 监测网，有条件的可利用 INSAR 技术作为补充。

9.11.3 沉降监测网路线的走向及点位宜与城市高程控制网的线、点重合。必要时，可调整城市高程控制网的路线或在局部地区布设专用的沉降监测网。沉降点的选埋应符合本规范第 5 章水准点标石埋设的相关规定。

9.11.4 沉降监测网的基准点宜选择基岩水准点或相对稳定的水准点，且宜为国家一、二等水准点。

9.11.5 根据城市各地区的水文、地质情况和年均沉降量，整个城市宜划分为若干不同沉降量的沉降区，各沉降区的沉降点间距和复测周期的要求宜符合表 9.11.5 的规定。

表 9.11.5 沉降点间距和复测周期的要求

年均沉降量 Δ_h（mm）	沉降点间距（m）	复测周期
$\Delta_h \leqslant 30$	2000～1000	3 年～5 年
$30 < \Delta_h \leqslant 50$		1 年～3 年
$50 < \Delta_h \leqslant 100$	700～500	6 个月～1 年
$100 < \Delta_h \leqslant 150$	500～250	3 个月～6 个月
$\Delta_h > 150$	<250	1 个月～3 个月

9.11.6 地面沉降观测宜采用水准测量的方法，测量精度可根据年均沉降量、沉降区域、复测周期和需要等确定，并应按相应等级的水准测量技术要求施测。

9.11.7 地面沉降观测作业应符合下列规定：

1 宜缩短二等水准环线或路线的长度，并可用两架同级仪器对向观测代替往返观测。

2 地面沉降观测的路线、观测季节、使用的仪器和标尺应相对固定。

3 地面沉降观测作业应从沉降量大的地区开始，依次向沉降量小的地区推进。当高等水准路线和低等水准路线在同一年施测时，宜同期进行。

4 在沉降量较大的地区，应在短时间内完成一个闭合环的观测；沉降监测网中同一结点的不同路线分别有不同小组施测时，宜同时接测。

9.11.8 沉降 GNSS 监测网的布设和施测应符合现行国家标准《全球定位系统（GPS）测量规范》GB/T 18314 的规定，测量等级宜不低于 B 级网精度要求。

9.11.9 沉降 GNSS 监测网应根据需要进行高程联测，高程联测的精度不应低于三等水准测量的精度要求。

9.11.10 地面沉降观测的平差计算、资料整理除应符合本规范第 5.6 节的有关规定外，尚应符合下列规定：

1 应计算沉降点的本次沉降量、累计沉降量和年均沉降量；

2 应计算每个沉降区和整个城市的本次平均沉降量、累计平均沉降量和年均沉降量；

3 应绘制有异常沉降现象的沉降点逐年或逐月的沉降曲线；

4 应根据沉降点的本次沉降量或年均沉降量绘制等沉线图。等沉距应按沉降量的大小或需要确定。

9.11.11 地裂缝监测的内容应包括地裂缝两侧水平位移量监测、垂直位移量监测、地裂缝带沿走向延伸及向纵深发展监测。

9.11.12 地裂缝观测周期可根据地裂缝活动情况选择 3 个月、6 个月或 12 个月。

9.11.13 地裂缝的水平位移量监测宜采用 GNSS 观测法或精密测距法，垂直位移量监测宜采用水准测量方法。

9.11.14 地裂缝监测点的选埋应符合下列规定：

1 每条地裂缝可根据实际情况布设（1～4）个监测场；

2 每个监测场的监测点应沿垂直于地裂缝的方向布设，并宜在地裂缝两侧各 15m 范围内均匀布设，点数不宜少于 5 个；

3 地裂缝监测点的位置应便于标石长期保存，便于观测，并宜办理标志委托保管手续；

4 地裂缝监测点标石类型宜为普通水准标石。

9.11.15 地裂缝水平位移量监测采用 GNSS 观测法

时，测量等级宜不低于C级网精度要求。

9.11.16 地裂缝监测点应联入闭合水准线路，并宜选择距监测场较近的城市高程控制点作为闭合水准线路的起算点。水准测量的等级应为二等，主要技术要求应符合本规范第5章的相关规定。

9.11.17 水准测量平差应采用严密平差计算监测点的高程，并应根据各期监测数据计算各点的沉降量和累计沉降量。

9.11.18 地裂缝差异沉降量宜以监测场最北侧或最西侧的一个稳固监测点作为固定点，计算其他各监测点的相对沉降量，并应取地裂缝两侧监测点的平均沉降量之差作为地裂缝两侧差异沉降量。

9.11.19 地裂缝监测成果应包括各监测点的高程、每期沉降量、累计沉降量和地裂缝两侧差异沉降量及水平位移量。

10 地 籍 测 绘

10.1 一 般 规 定

10.1.1 城市地籍测绘应包括地籍平面控制测量、地籍要素测量、地籍图测绘、面积量算与汇总、地籍变更测量等内容。

10.1.2 城市地籍测绘应利用城市区域内的定线拨地资料、基本比例尺地形图、测量控制网（点）等既有成果，获取和表述城市土地和土地上建筑物的权属、位置、形状、数量等信息。

10.1.3 城市地籍测绘应以宗地为基本单元。宗地构成应以权属调查确定的界址点点位为依据。宗地编号应符合国家现行有关标准的规定。

10.1.4 界址点宜划分为一类和二类，且一类适用于街坊外围及街坊内明显的界址点，二类适用于街坊内隐蔽的界址点。

10.1.5 开展地籍测绘工作之前，应实地核实权属调查资料。资料的核实应包括下列内容：

1 接收地籍调查表、宗地草图、宗地关系草图及街坊划分示意图等权属调查原始资料；

2 核实宗地草图的界址点编号与实地的一致性；

3 核实界址点设置是否符合测量技术要求，不符合的，可提请权属调查人员纠正或增设界址点，并应订正权属调查原始资料；

4 核实宗地及界址点编号的正确性；

5 核实房屋单元的划分与编号的正确性；

6 查对地名、路名及行政区域界线如区界、街道（街坊）、镇、村界等有关名称、境界资料。

10.2 地籍平面控制测量

10.2.1 地籍平面控制网的等级宜划分为二、三、四等，一、二、三级和图根级。二、三、四等和一、二、三级地籍平面控制网的技术要求应符合本规范第4章的相关规定，图根级应符合本规范第6章的相关规定。

10.2.2 各等级地籍平面控制网宜在高等级的城市平面控制网基础上加密建立，并可逐级加密，也可越级加密。当城市无平面控制网时，建立的除图根级外的地籍平面控制网，可作为该城市的平面控制网。

10.2.3 地籍平面控制测量可采用卫星定位测量、导线测量或边角组合测量等方法。卫星定位测量、边角组合测量可布设各等级地籍平面控制网，导线测量可布设除二等外其他等级的地籍平面控制网。

10.2.4 宗地界址点坐标宜采用二、三、四等和一、二、三级控制点施测。少数隐蔽的二类界址点可采用图根级控制点施测，并应做好注记说明。

10.2.5 图根级导线的布设应符合下列规定：

1 图根级导线可同级附合一次；

2 当导线长度小于允许长度的1/3时，导线全长闭合差应在±0.13m内；

3 当导线存在短于10m的边长时，不应采用该导线布设同级附合导线；

4 电磁波测距导线的总长可放宽50%，但导线全长闭合差应在±0.22m内，导线相对闭合差不应大于1/4000。

10.2.6 地籍平面控制测量工作完成后，应按本规范第4章的相关规定进行数据处理和资料整理。

10.3 地籍要素测量

10.3.1 地籍要素测量应包括界址点、线及其他重要界标的测量，行政区域、地籍区和地籍子区界线的测量，建筑物和永久性构筑物的测量，地类界的测量等内容，并宜采用解析法或部分解析法。

10.3.2 界址点测量的主要技术指标应符合表10.3.2的规定。采用部分解析法装绘的界址点可只符合表10.3.2中界址点间距中误差、与邻近地物点的间距中误差的规定。

表10.3.2 界址点测量的主要技术指标（mm）

界址点类别	与邻近控制点的点位中误差	界址点间距中误差	与邻近地物点的间距中误差
一类	≤50	≤50	≤50
二类	≤100	≤100	≤100

10.3.3 采用解析法进行地籍要素测量时，应符合下列规定：

1 应采用极坐标法、距离交会法、方向交会法、截距法、直角坐标法或卫星定位动态测量等方法，测量全部界址点和主要地物点，并应计算点位坐标，技术要求应符合本规范第9.5.6条的规定；

2 应以界址点、主要地物点的坐标为基础，测量其他地籍要素的几何图形要素，计算坐标，并应以宗地草图的丈量数据作校核。

10.3.4 采用部分解析法进行地籍要素测量时，应符合下列规定：

1 应先采用解析法测量街坊外围及街坊内明显界址点的坐标，再采用测量数据装绘街坊内部宗地界址点及其他地籍要素的平面位置；

2 成图时，应先展绘测有坐标的界址点，再采用经宗地草图校核后的丈量数据装绘街坊内部其他地籍要素；

3 外围呈曲线的界线可图解测绘。

10.3.5 根据规划设计条件形成的土地界址要素，其界址点坐标应采用拨地测量的条件坐标。

10.4 地籍图测绘

10.4.1 地籍图应表示下列内容：

1 地籍要素：各级行政界线要素、界址要素、地籍号、地类、坐落、土地使用者或所有者及土地等级等内容；

2 数学要素：平面坐标系统、内外图廓线、格网线及坐标注记、控制点点位及其注记、地籍图比例尺、地籍图分幅索引图、本幅地籍图分幅编号、图名及图幅整饰等内容；

3 地物要素：建筑物、道路、水系、地貌、土壤植被、注记等。

10.4.2 地籍图可采用数字法或模拟法测绘。地籍要素应反映充分、明显，其他要素应摘要表示，可略去细部、次要的部分。

10.4.3 城市地籍图比例尺可按表10.4.3选用。

表10.4.3 城市地籍图比例尺的选用

地　区	比例尺
大城市市区	1∶500
中、小城市市区，大型独立工矿区	1∶500或1∶1000
郊县城镇、小型独立工矿区	1∶1000
郊县村镇	1∶2000

10.4.4 地籍图宜为400mm×500mm的矩形图幅或500mm×500mm的正方形图幅。分幅编号宜按图廓西南角坐标（整10m）数编码，并应X坐标在前、Y坐标在后、中间短线连接。当作业区已有相应比例尺地形图时，地籍图的分幅与编号可沿用地形图的分幅与编号。地籍图图式、图例应按国家和地方土地主管部门规定执行。

10.4.5 地籍原图或地籍电子底图、地籍图精度的检测应符合下列规定：

1 相邻界址点间距、界址点与邻近地物点关系距离的中误差不应大于图上0.3mm；

2 依测量数据装绘的上述距离的误差不应大于图上0.3mm；

3 宗地内部与界址边不相邻的地物点，其点位中误差不应大于图上0.5mm；

4 邻近地物点间距中误差不应大于图上0.4mm。

10.4.6 宗地图应表示本宗地号、地类号、宗地面积、界址点及界址点号、界址边长、邻宗地号及邻宗地界址示意线等内容，并应作为土地证书和宗地档案的附图。

10.4.7 宗地图绘制可采用蒙绘法、缩放绘制法、复制法、计算机输出法等，并应符合下列规定：

1 宗地图应依比例尺绘制，并宜根据宗地的大小选择适当的比例尺和纸张；

2 宗地图上界址边长注记应齐全，并可采用实测边长或反算边长；

3 宗地图指北方向应与相应的地籍图指北方向一致；

4 宗地图的整饰、注记规格应与地籍图一致。

10.5 面积量算与汇总

10.5.1 面积量算可采用坐标解析法、实测几何要素解析法或图解法等方法。

10.5.2 面积量算宜独立进行两次。当采用软件计算时，可只计算一次，但应校核输入数据。

10.5.3 采用坐标解析法时，面积应按公式（10.5.3-1）计算，面积中误差按公式（10.5.3-2）计算：

$$P=\frac{1}{2}\sum_{i=1}^{n}X_i(Y_{i+1}-Y_{i-1})$$

或

$$P=\frac{1}{2}\sum_{i=1}^{n}Y_i(X_{i-1}-X_{i+1})\qquad(10.5.3\text{-}1)$$

式中：P——面积（m^2）；

X_i、Y_i——宗地第i个界址点坐标（m）。当$i-1=0$时，$X_0=X_n$，当$i+1=n+1$时，$X_{n+1}=X_1$；

n——宗地界址点个数；

i——界址点序号，按顺时针方向顺编。

$$m_{\mathrm{p}}=\pm m_j\sqrt{\frac{1}{8}\sum_{i=1}^{n}[(X_{i+1}-X_{i-1})^2+(Y_{i+1}-Y_{i-1})^2]}\qquad(10.5.3\text{-}2)$$

式中：m_{p}——面积中误差（m^2）；

m_j——相应等级界址点规定的点位中误差（m）。

10.5.4 采用实测几何要素解析法时，面积中误差应按公式（10.5.4）计算：

$$m_{\mathrm{p}}=\pm(0.04\sqrt{P}+0.003P)\qquad(10.5.4)$$

式中：P——面积（m^2）。

10.5.5 采用图解法时，面积应取两次量算结果的中数。两次量算面积的较差（Δp）应符合公式（10.5.5）的规定。对于图上面积小于500mm²的地块，不应使用图解法量算其面积。

$$\Delta P \leqslant 0.0003M\sqrt{P} \quad (10.5.5)$$

式中：ΔP——两次量算面积较差（m^2）；

P——面积（m^2）；

M——地籍原图比例尺分母。

10.5.6 面积量算精度宜采用二级控制，并应符合下列规定：

1 应以图幅理论面积为第一级控制，图幅内各街坊及其他区块面积之和与图幅理论面积的相对误差小于1/400时，应将闭合差按面积比例反向配赋给各街坊及其他区块，并平差计算出各街坊及其他区块的面积；

2 应以经过第一级控制的各街坊面积为第二级控制，当各宗地面积之和与本街坊面积的相对误差小于1/200时，应将闭合差按面积比例反向配赋给本街坊的各宗地，并平差计算出街坊内的各宗地面积，宗地边长丈量数据可不更改。

10.5.7 面积应以“m^2”为单位，量算结果的取值应保留到小数点后两位。

10.5.8 面积量算完成之后，应对量算的原始资料加以整理、汇总。

10.5.9 面积汇总时点宜采用初始地籍调查完成时点或某一现状时点。

10.5.10 面积汇总应以街坊为单位按土地利用类别进行，并应由街坊开始，逐级汇总统计街道、县级行政区城镇土地分类面积。

10.5.11 面积汇总成果应包括界址点成果表、宗地面积计算表、宗地面积汇总表和地类面积统计表。

10.6 地籍变更测量

10.6.1 地籍变更测量应包括地籍变更调查资料核实、变更界址点测量、变更后宗地图测绘、面积量算与地籍图修测等内容，并应测量分割或合并的宗地的地籍要素。

10.6.2 变更测量前，应先进行变更权属调查。

10.6.3 进行变更权属调查与测量前，应准备下列主要资料：

1 变更土地登记或房地产登记申请书；

2 原有地籍图和宗地图的复制件；

3 本宗地及邻宗地的原有地籍调查表的复制件，包括宗地草图；

4 有关界址点坐标；

5 必要的变更数据的准备；

6 变更地籍调查表；

7 本宗地附近测量控制点成果；

8 变更地籍调查通知书。

10.6.4 变更界址点的测量应以平面控制点或原界址点为依据；平面控制点或原界址点与相邻宗地界址点的间距应经检测无误。

10.6.5 平面控制点破坏较大的地区，应按本规范第10.2节的规定对控制点进行补测。

10.6.6 宗地变更后的编号应符合下列规定：

1 宗地分割或合并后，原宗地号不应再用；

2 分割后的各宗地以原编号的支号顺序编列；数宗地合并后的宗地号应以原宗地号中的最小宗地号加支号表示；

3 宗地合并后，应对新宗地的界址点进行统一编号，并应备注相应点的原有编号。

10.6.7 采用解析法分割宗地应符合下列规定：

1 分割点位于原界址边上，已埋设界桩的，应先测量距两界址点距离与原边长进行误差配赋后，再计算分割点坐标；未埋设界桩的，应先按给定数据计算分割点坐标，再在实地放样点位，然后埋设界桩并进行检测；

2 分割点在原宗地内部时，应按实地分割点测定其坐标。

10.6.8 采用图解法分割宗地应符合下列规定：

1 分割点位于原界址边上的，应测量各分段长度，分段长度之和应与原界址边全长相符，并应按分段长度将分割点展绘于图上；

2 分割点位于宗地内部的，应测量分割点与相邻分割点的距离及几何图形有关要素，并应经检验相符后，再将分割点展绘于图上。

10.6.9 宗地分割后的面积量算的计算方法应符合本规范第10.5节的规定。当一宗地分割为数宗地时，分割后各宗地面积之和应与原宗地面积相符，且当误差符合本规范第10.5.6条规定时，应按分割宗地面积比例配赋。

10.6.10 地籍图的修测应符合下列规定：

1 地籍图的修测应在原图或复制底图上进行。应检查原图或复制底图的图廓方格网，内图廓长度误差不应大于0.2mm、内图廓对角线长度误差不应大于0.3mm。

2 修测的主要内容应包括各级行政境界、宗地界、新增主要地物及地籍变更编号和注记。

3 新测的界址点、地物点点位中误差应符合本规范表10.3.2的规定。

4 当一幅图需要修测的面积超过50%时，宜全幅重测。

5 原图地籍、地形要素有错误时，应进行纠正。

6 每幅图修测后，应记录修测情况，并应绘制略图附入图历簿。

10.6.11 变更测量结束后，应对有关地籍图、表、资料进行修正。

10.7 成果整理与提交

10.7.1 地籍测绘成果整理应符合下列规定：

1 地籍测绘成果的图件部分各项内容应齐全，

图面整饰应美观；控制网展点网图、地籍图分幅接合表的图幅不宜小于500mm×500mm；

2 文字总结、报告等图件以外的其他成果，应按其所属类别，分别装订成册；

3 装订成册的成果资料应加具封面；封面应注明本项成果的名称；同一项成果分为若干册的，应进行顺序编号，封面应注明本册成果资料的内容范围；

4 涉及街道、街坊、宗地编号的成果装订成册时，同一类别的成果资料应按街道、街坊、宗地编号的顺序进行编列，同一册中应保持街坊内资料的完整性；

5 成果的数据文件应注明所属内容、范围和测绘时间。

10.7.2 地籍测绘工作结束后，应提交下列成果资料：

1 文字成果应包括技术设计、技术总结、工作总结、土地利用分类统计分析报告、检查报告及验收报告等；

2 图件成果应包括各等级控制网展点网图、点之记、原始观测记录、平差计算资料及成果表，仪器检定资料，包含街道、街坊分区示意图等的地籍索引图，地籍图及其分幅接合表，界址点坐标、面积计算成果表；

3 面积量算成果应包括以街坊为单位以宗地为单元的面积量算表，以街坊为单位的宗地面积汇总表，以街道为单位的街坊面积汇总表，以区、街道为单位的城镇土地分类面积统计表，以区、街道为单位的国有、集体土地面积统计表；

4 数据成果应提交相应格式的数据文件。

11 房产测绘

11.1 一般规定

11.1.1 房产测绘的主要内容宜包括房产平面控制测量、房产要素测量、房产图绘制、房产面积测算、房产变更测量等。

11.1.2 最低等级的房产测绘平面控制网中相邻控制点的相对点位中误差不应大于25mm。

11.1.3 房产界址点宜按坐标的测定精度分为一、二、三级，大中城市繁华地段和重要建筑物的界址点宜选用一级或二级，其他地区可选用三级。房产界址点的精度指标应符合表11.1.3的规定。

表11.1.3 房产界址点的精度指标（m）

界址点等级	房产界址点相对于邻近控制点的点位中误差
一	≤0.02
二	≤0.05
三	≤0.1

11.1.4 房产分幅图地物点、房产要素点与邻近控制点的点位中误差应符合表11.1.4的规定。

表11.1.4 房产分幅图地物点、房产要素点与邻近控制点的点位中误差

测量方法	全野外数字测量方法（m）	其他测图方法（图上mm）
点位中误差	≤0.05	≤0.5

11.1.5 房产面积的精度宜分为一、二、三级，有特殊要求的用户和城市商业中心地段可采用一级精度，新建商品房及未测算过的可采用二级精度，其他房产可采用三级精度；房产面积测算的精度指标应符合表11.1.5的规定。

表11.1.5 房产面积测算的精度指标（m^2）

房产面积的精度等级	房产面积中误差
一	$0.01\sqrt{S}+0.0003S$
二	$0.02\sqrt{S}+0.001S$
三	$0.04\sqrt{S}+0.003S$

注：S——房产面积（m^2）。

11.1.6 房产要素的编号方法应符合现行国家标准《房产测量规范 第1单元：房产测量规定》GB/T 17986.1的规定。

11.2 房产平面控制测量

11.2.1 房产平面控制测量的技术要求应符合本规范第4章的规定。

11.2.2 房产测绘采用的平面控制点均应埋设固定标志。

11.2.3 建筑物密集区的控制点平均间距不应大于100m，建筑物稀疏区的控制点平均间距不应大于200m。

11.3 房产要素测量

11.3.1 房产要素测量应包括界址点测量、丘界线测量、房屋及其附属设施测量、陆路交通测量、水域测量和其他相关地物测量等，可采用野外解析法、航空摄影测量法、全野外数据采集法等方法。

11.3.2 界址点测量应符合下列规定：

1 界址点坐标测量的起算点应是邻近的基本控制点或高级界址点。界址点坐标可采用极坐标法、交会法、支导线法、正交法等野外解析法测定。

2 房产界址点相对于邻近控制点的点位中误差应符合本规范表11.1.3的规定；间距大于50m的相邻界址点间的间距误差应符合本规范表11.1.3的限差规定；间距不大于50m的界址点间的间距误差应在按公式（11.3.2）计算的结果之内：

$$\Delta_D = \pm(m_j + 0.02 m_j D) \quad (11.3.2)$$

式中：m_j——相应等级界址点的点位中误差（m）；

D——相邻界址点间的距离（m）；

Δ_D——界址点间的间距误差（m）。

3 需要测定坐标的房角点的精度等级和限差应符合本规范表 11.1.3 的规定。

4 一、二级界址点不在固定地物点上时，应埋设固定标志，并应记录标志类型和方位。

11.3.3 丘界线测量应符合下列规定：

1 丘界线的边长宜采用钢尺或测距仪测定。不规则的弧形丘界线可按折线分段测定。测量结果应标示在房产分丘图上。

2 本丘与邻丘毗连墙体为共有墙时，应测量至墙体厚度1/2 处；为借墙时，应测量至墙体内侧；为自有墙时，应测量至墙体外侧。

11.3.4 房屋测量应符合下列规定：

1 房屋应逐幢测绘，不同产别、不同建筑结构、不同层数的房屋应分别测量；独立成幢房屋应以房屋四面墙体外侧为界测量。

2 毗邻房屋的四面墙体，应在房屋所有人指界下，区分自有墙、共有墙或借墙，并应以墙体所有权范围为界测量。

3 每幢房屋应测定平面位置并分幢分户丈量。丈量房屋应以外墙勒脚以上墙角为准，测绘房屋应以外墙水平投影为准。

4 测量房屋四面墙体外侧或测量房屋墙角点坐标时，应标明房屋墙体的归属。

5 房角点的类别代码应为 4，除类别代码外，房角点的其余编号应与界址点相同。

11.3.5 房屋附属设施、陆路交通、水域测量和其他相关地物测量应符合现行国家标准《房产测量规范　第1单元：房产测量规定》GB/T 17986.1 的规定。

11.4 房产图绘制

11.4.1 房产图应包括房产分幅图、房产分丘图和房产分户图。房产图绘制前，应进行房屋调查和房屋用地调查。

11.4.2 房屋调查的内容应包括房屋坐落、产权主、产别、层数、所在层次、建筑结构、建成年份、用途、墙体归属、权源、产权纠纷和他项权利等基本情况，并应绘制房屋权界线示意图。房屋调查应以幢为单元分户进行，作业方法及要求应符合现行国家标准《房产测量规范　第 1 单元：房产测量规定》GB/T 17986.1 的规定。

11.4.3 房屋用地调查的内容应包括房屋用地坐落、产权性质、土地等级、税费、用地人、用地单位所有制性质、土地使用权来源、四至、界标、土地用地用途、用地面积和用地纠纷等基本情况，并应绘制房屋用地范围示意图。房屋用地调查应以丘为单元分户进行，作业方法及要求应符合现行国家标准《房产测量规范 第 1 单元：房产测量规定》GB/T 17986.1 的规定。

11.4.4 房产图的表示方法应符合现行国家标准《房产测量规范　第 1 单元：房产测量规定》GB/T 17986.1 和《房产测量规范　第 2 单元：房产图图式》GB/T 17986.2 的规定。

11.4.5 房产分幅图的绘制应符合下列规定：

1 房产分幅图应表示控制点、丘界、房屋、房屋附属设施和房屋围护物、注记等基本内容；

2 成图方法应符合本规范第 6 章的相关规定；

3 房产分幅图应采用 500mm×500mm 正方形分幅；

4 建筑物密集地区的房产分幅图宜采用 1：500 比例尺，其他区域可采用 1：1000 比例尺；

5 房产分幅图的编号应由编号区代码加图幅代码组成，应符合现行国家标准《房产测量规范　第 1 单元：房产测量规定》GB/T 17986.1 的规定；

6 房产要素的点位精度应符合本规范表 11.1.3 的规定；图幅的接边误差不应大于本规范表 11.1.4 规定的界址点、地物点点位中误差的 $2\sqrt{2}$倍。

11.4.6 房产分丘图的绘制应符合下列规定：

1 房产分丘图除应表示分幅图的内容外，还应表示房屋权界线、界址点的点位和点号、房屋建成年份、用地面积、建筑面积、房屋边长、挑廊及阳台轮廓尺寸等内容；

2 房产分丘图的幅面可在 787mm×1092mm 的 1/32～1/4 之间选用；

3 房产分丘图的比例尺根据丘面积的大小，可在 1：100～1：1000 之间选用；

4 房产分丘图上应分别注明所有周邻产权所有单位或所有人的名称；

5 房产分丘图应以丘为单位，可实测绘制，也可采用分幅图的原图或数字化图调查绘制；

6 房产分丘图的坐标系统与分幅图的坐标系统应一致。

11.4.7 房产分户图的绘制应符合下列规定：

1 房产分户图应表示本户所在的丘号、幢号、结构、层数、层次、坐落、户内建筑面积、共有分摊面积、产权面积、房屋层的轮廓线、墙体归属权属线、共有部位等房屋权属范围的平面尺寸及四至关系；

2 房产分户图应在分丘图的基础上，以一户产权人为单位，采用表图结合的形式绘制；

3 房产分户图的幅面可选用 787mm×1092mm 的 1/32 或 1/16 等；

4 房产分户图的比例尺宜为 1：200；

5 房屋内层高低于 2.20m 的部位应以虚线表示其范围，并应注记边长，且应在其范围内注记“$h<2.20$”；

6 跃层、复式房屋的分户图应绘制在同一张图纸上；

7 分户图上房屋的丘号、幢号应与分丘图一致。

11.5 房产面积测算

11.5.1 房产面积测算可采用实地量距法和坐标解析法。已竣工房屋边长应现场实测量取。

11.5.2 实测房屋边长时，应符合下列规定：

1 应重复测量不少于两次，其较差应该在限差内，并应取其平均数作为最终结果；

2 当房屋平面构成不规则，且无建筑施工图可获取不规则图形相应的图形元素时，可采用全站仪极坐标法实测房屋特征点或拐点的坐标，通过解析法计算面积；

3 直接测量房屋边长有困难时，可采用全站仪极坐标法实测两端点的坐标，通过坐标反算边长；

4 采用同一钢卷尺两次丈量时，边长不大于10m的较差相对误差应小于1/1000；边长大于10m的较差相对误差应小于1/2000。采用手持测距仪、光电测距仪、全站仪测量时，一测回两次读数较差不应大于5mm。

11.5.3 房屋边长可从建筑施工图上读取，并应符合下列规定：

1 应对房屋的对应边长、分段边长与总边长进行校核。校核不符时，应报告。

2 已竣工房屋的实测边长与图纸标注边长的限差满足表11.5.3的规定时，可采用图上标注的边长。

表 11.5.3 实测边长与图纸标注边长的限差(m)

边长范围	限　差
$D\leqslant10$	$\leqslant0.03$
$10<D\leqslant30$	$\leqslant0.003D$
$D>30$	$\leqslant0.1$

注：D——房屋边长。

11.5.4 房屋边长的数据采集、注记和草图绘制应符合下列规定：

1 住宅或办公楼应分套或分单元进行边长数据采集；

2 公用建筑面积的边长数据应分层采集；

3 未分户分割的商业用房、仓库、厂房等的建筑面积边长数据应分单元采集，其公用建筑面积边长应分层采集；

4 已分割成若干单元的商业用房、仓库、厂房等的建筑面积边长数据应分层采集；

5 当一间（单元）房屋或房屋的屋顶或墙体为向内倾斜的斜面，并分成层高在2.20m以上和以下两部分时，应分别测量两部分的边长数值并辅以略图说明；

6 实测房屋外墙的边长时，除应记录包含外墙装饰贴面厚度的总长外，还应现场记录装饰贴面厚度，且装饰贴面厚度宜实测；

7 对地下空间（含地下室）进行房屋边长测量时，因无法测至外墙面，可只实测室内边长，外墙厚度可取建筑施工图的设计值，据此推算地下空间边长值；

8 采集所得的边长数据应注记在房屋分层、分户平面图上；边长注记应以米为单位，并取位至厘米；边长数值应平行于该边注记并紧靠该边线；东西走向的边长数字字体应朝上（北）方向注记；南北走向的边长数字字体应朝左（西）方向注记；

9 边长外业测量的记录应在实地完成，不应依据事后回忆追记或涂改。

11.5.5 竣工或现状测绘时，当建筑施工图上商铺为虚拟分割，或为实体分隔但现场因故未砌筑实体隔墙时，可采用分割测点法进行测绘。分割测点法应符合下列规定：

1 分割测点的平面控制不应低于三级导线精度，可分级或越级布设；

2 采用极坐标法施测分割地界点坐标时，水平角观测应采用DJ_2级及以上的光学经纬仪或电子经纬仪，测距应采用Ⅰ级光电测距仪，并应各观测一测回。

11.5.6 房屋建筑面积分户计算时，边长量取应符合下列规定：

1 建筑物外墙（含山墙）内侧为公用建筑面积时，公用建筑面积的边长应量取至墙体外侧；

2 建筑物外墙（含山墙）内侧为套内建筑面积时，套内建筑面积的边长应包含半墙厚度；

3 建筑物墙体外侧为架空空间时，该段墙体应作为外墙，边长量取应符合本条第1款和第2款的规定；

4 分户建筑面积套内之间的共墙、套内与公用建筑面积间的共墙、公用建筑面积之间的共墙，均应以墙中线为界，分别计取分户套内建筑面积的边长和公用建筑面积的边长；

5 走廊、阳台与套内建筑面积或公用建筑面积之间的隔墙，其墙体一半应计入套内或公用建筑面积，另一半应计入半外墙。

11.5.7 房产面积竣工测量时，应对标准层、架空层、结构转换层、夹层、地下室层、半地下室层等进行层高测量，并应符合下列规定：

1 同一楼层分为多个不同层高的建筑空间时，各空间应分别测量与记录。

2 建筑物的设计层高在大于2.10m和小于2.30m范围内时，应在不同位置测量不少于3个层高值，并应取其平均值作为实测层高值；设计层高值不大于2.10m或不小于2.30m时，可只测一个层高值。

层高值应取位至厘米。

3 有建筑施工图，且实测层高平均值与设计值较差在±0.03m范围内时，可视为竣工层高与设计层高相符，并应以设计层高为准；无建筑施工图时，其层高应以同一空间层不同位置实测层高数据的平均值为准。

11.5.8 计算房产建筑全面积、半面积和不计算面积的范围界定应按现行国家标准《房产测量规范　第1单元：房产测量规定》GB/T 17986.1或按当地建设主管部门的规定执行。

11.5.9 共有建筑面积应依据其使用功能及服务范围进行划分并分摊，并应符合下列规定：

1 整幢共有建筑面积：为整幢服务的公用建筑空间的面积，应在整幢范围内分摊；

2 功能区共有建筑面积：专为一幢建筑的某一个功能区服务的公共建筑空间的面积，应在该功能区内分摊；

3 功能区间共有建筑面积：仅为一幢建筑的某几个功能区服务的公共建筑空间的面积，应在相关的功能区范围内分摊；

4 层内共有建筑面积：专为本层服务的公共建筑空间的面积，应在本层内分摊；

5 层间共有建筑面积：仅为某一功能区内的两层或两层以上楼层服务的公共建筑空间的面积，应在相关楼层范围内分摊；

6 由于功能设计不同，仅由同一层内的多户使用的公共建筑空间的面积，应由相关多户分摊。

11.5.10 共有建筑面积的优先级应按服务范围由大到小、由整体到局部的顺序依次递减。优先级低的共有建筑面积应参与分摊优先级高的共有建筑面积。

11.5.11 共有建筑面积的划分和确认应符合下列规定：

1 应依据地方城市规划主管部门核准备案的建筑施工图，划分共有部位的使用功能和服务范围，其功能和名称应以设计图纸的标注为依据进行确认；

2 应依据土地使用权出让合同、建设工程规划许可证中约定或规定的计容积率、不计容积率、核增等建筑面积分项功能指标，补充确定相关的核增、应分摊、不分摊建筑空间内容与范围；

3 竣工测绘、现状测绘、变更测绘时，应现场测量并复核已使用建筑空间的实际使用功能，未使用的建筑空间或实地无法确认功能的建筑空间，其功能应以经地方城市规划主管部门核准并备案的施工图上标注的功能为准。

11.5.12 共有面积的处置应符合下列规定：

1 产权各方有合法权属分割文件或协议的，应按文件或协议规定执行；

2 无产权分割文件或协议的，可根据共用建筑面积的分摊优先级和相关房屋的建筑面积按比例分摊；

3 一幢房屋或其部分在进行变更测绘时，除原测绘中存在明显错误外，应遵循相同的分摊原则。

11.5.13 共有面积分摊计算应采用下列方法：

1 整幢分摊方法：对于一幢单一功能的建筑，当其各户对共有建筑面积的共用状况基本一致时，可采用共有建筑面积整体分摊的方法进行分摊计算；

2 多级分摊方法：当一幢建筑存在两个以上的功能区，或存在为局部服务的共有建筑空间时，应采用多级分摊的方法，根据共有建筑空间的优先级按从高到低的原则进行共有建筑面积的分摊计算。

11.6 房产变更测量

11.6.1 房产变更测量应包括房屋现状变更和房产权属变更测量。房屋发生买卖、交换、继承、分割、新建、改建、扩建、重建、拆除、改制等涉及面积增减变化和权界调整的，应进行变更测量。

11.6.2 变更测量开始前，应收集各种房产变更信息，依据变更类别分项进行现状变更和权属变更调查。

11.6.3 现状变更测量应符合下列规定：

1 基于模拟图进行现状变更测量时，变更范围小的，可根据图上原有房屋或设置的测线，采用卷尺定点测量，变更范围大的，可采用测线图定点测量或平板仪测量；

2 采用解析法测量或全野外数字采集时，应先在实地布设好足够的平面控制点，再逐点设站进行现场数据采集。

11.6.4 权属变更测量应符合下列规定：

1 权属变更测量可采用图解法和解析法，并应依据变更登记申请书、标示的房产及其用地位置草图、权利证明文件，约定日期，通知申请人到现场指界，实施分户测绘；

2 变更测量的基准点可采用现有的平面控制点、界址点、房角点，不应采用已修测过的地物点；

3 用于房屋分析的权属变更测量宜采用图解法，应将分界的实量数据注记在草图上，并应按实量数据计算面积后，再定出分界点在图上的位置；

4 用于房屋用地分割或合并的权属变更测量宜采用解析法。用地分割的，应将新增界址点的坐标数据、点号注记在草图上，按坐标展出分割点的图上位置；用地合并的，应取消毗连界址点，并用界址点坐标计算丘的用地面积。

11.6.5 变更测量之后，应对现有房产、原有资料进行修正和处理。

11.6.6 变更测量精度应符合下列规定：

1 变更后的分幅图和分丘图的图上精度、新补测界址点的精度应符合本规范表11.1.3和表11.1.4的规定；

2 房产分割后，各户房屋建筑面积之和与原有房屋建筑面积的不符值的二分之一应符合本规范表11.1.5的规定；

3 房产合并后的建筑面积应取被合并的房屋建筑面积之和，用地合并后的面积应取被合并的各丘面积之和。

11.6.7 房产编号的调整应符合下列规定：

1 丘号、丘支号、幢号、界址点号、房角点号、房产权号、房屋共有权号不应重号；房产权号、房屋共有权号不宜调整，整幢房屋拆除时，应注销其权号。

2 用地合并或重划，应重新编丘号。新编的丘号应按房产分区或房产分幅图内最大丘号续编。

3 用地合并，四周外围界址点应维持原点号；用地分割或扩大，新增的界址点点号应按房产分幅图内最大界址点续编。

4 用地单元中房屋被部分拆除或扩建，应保留原幢号；新建和改建房屋应按丘内最大幢号续编。

11.7 成果检验与提交

11.7.1 房产测绘成果的过程检查应进行100%的外业巡视，其中主要数据抽查不应少于30%；内业应100%检查。

11.7.2 房产测绘成果的最终检查应进行不少于30%的外业巡视和100%的内业检查。

11.7.3 提交的成果资料应包括成果资料索引及说明、技术设计、技术报告、检查验收报告和各种成果、成图。

12 地图编制

12.1 一般规定

12.1.1 城市地图编制宜包括地形图、地理底图、影像地图、专题地图与地图集（册）等的编绘和地图制版等内容。

12.1.2 地图编制采用的资料应权威、内容应完整、准确、现势性强，满足地图编制要求。

12.1.3 编制公开使用的地理底图、影像地图、专题地图与地图集（册），应符合国家有关保密法律法规的规定，公开出版的还应符合国家相关出版规定。

12.1.4 地图编制宜采用数字制图、制印技术。

12.2 地形图编绘

12.2.1 城市各种比例尺地形图可包括数字地形图和模拟地形图两种形式。

12.2.2 数字地形图可采用DLG或数字化的模拟地形图，并应经制图编辑和处理后，形成数字地形图。所采用的DLG应符合本规范第6章的规定。

12.2.3 各种比例尺地形图应内容完整，符号绘制准确，各要素几何位置准确，各要素关系处理合理，反映实际地形特征。

12.2.4 各种比例尺地形图的图式应符合现行国家标准《国家基本比例尺地图图式 第1部分：1：500、1：1000、1：2000地形图图式》GB/T 20257.1和《国家基本比例尺地图图式 第2部分：1：5000、1：10000地形图图式》GB/T 20257.2的规定。

12.2.5 各类要素符号的绘制应符合下列规定：

1 各种测量控制点应以展点或测点位置为符号几何中心位置进行绘制，与其他地物相遇时，不应移位。

2 依比例绘制的轮廓符号，应保持轮廓位置的几何精度。其内绘的说明符号，应配置在轮廓内适中位置。

3 半依比例绘制的线状符号，应保持定位线位置的几何精度。

4 不依比例绘制的符号，应保持其定位点位置的几何精度。

12.2.6 采用较大比例尺DLG或模拟地形图缩编较小比例尺地形图时，应符合下列规定：

1 应充分收集资料，并对资料的内容、数学基础、准确性、完整性、可靠性等进行分析，并应编写专业技术设计；

2 数学基础的展绘精度、资料转绘和各要素的绘制精度，应满足相应比例尺地形图的技术要求；

3 各要素的综合取舍，应根据地形图比例尺、制图区域特点和国家现行有关规范与技术设计的要求确定；

4 应选取典型地区进行样图缩编试验，并应根据输出的样图效果对技术设计进行修改、完善；

5 用于缩编DLG的软件应具有图廓整饰、绘制独立性地物符号、线状符号、面状符号、等高线以及图幅剪裁的功能；图形文件格式宜与国家标准统一或便于相互转换；图形文件应便于显示、编辑和输出。

12.2.7 地形图打印输出时，宜采用伸缩性小的工程打印纸或厚度为0.07mm～0.1mm的聚酯薄膜。地形图图廓线长度误差应在±0.2mm之内；对角线长度误差应在±0.3mm之内。

12.3 地理底图编绘

12.3.1 地理底图的技术设计宜包括数学基础、图面设计、区域特征说明、制图资料、要素选择、制图综合、色彩配置、制图工艺方案、成果检查等内容。

12.3.2 地理底图的内容应包括行政区域界线、水系、居民地、道路、地貌和植被等基本地理要素。

12.3.3 地理底图宜采用城市DLG编制形成，也可采用现势性强、图面清晰的地形图，经扫描后设置适当灰度的 TIFF 图像作为地理底图。

12.3.4 地理底图所采用的 DLG 应现势性强，并应符合本规范第 6 章的规定；行政区域界线应采用民政部门发布的信息。

12.3.5 地理底图要素的综合取舍程度应根据地图性质和用途，按技术设计要求确定，并可按本规范第 6.2 节的规定执行。

12.4 影像地图编绘

12.4.1 影像地图应基于航空、航天影像数据，根据专题内容及地表特征，通过施加线划、符号、注记等方式，突出表示相关地理信息。

12.4.2 影像数据处理应符合下列规定：

1 影像数据应进行正射纠正；

2 影像色彩应进行调整，并应保证影像色彩的真实性、自然性；

3 影像应清晰，层次关系分明，并应消除大气污染、云彩等对影像的干扰。

12.4.3 根据影像地图的功能要求及影像的分辨率，宜选择合适的比例尺，并宜对影像进行合理的分幅、拼接处理。

12.4.4 影像地图中图形要素的编辑处理宜包括主要道路边线的勾绘，水面勾绘普染，主要道路、建筑物、水系、山体及公园等名称的标注。

12.4.5 影像地图内容要素应进行分类分级设计编辑，并应采用适宜的符号、线型、字体、色彩表示相应的内容要素，图面整体效果应达到信息表达准确、主次内容分明、影像层次清晰，分类注记、图面色彩、色调等和谐美观。

12.4.6 影像地图图面整饰应包括图名、比例尺、摄制时间等内容。

12.5 专题地图与地图集编绘

12.5.1 专题地图与地图集应按内容与用图需要，编制总体策划方案和技术设计。

12.5.2 技术设计应明确地图的性质、用途、制图范围、开本、比例尺、资料、数学基础等，并应明确各内容要素的编制要求、表示方法、分类分级原则、符号、线型、色彩及计算机制图工艺流程等。

12.5.3 根据技术设计的要求，应选择典型地区试做样图，对图面配置、内容选取指标、图形符号以及色彩、注记的字体、字号等进行详细设计，并应根据样图试验效果，修改技术设计。

12.5.4 需要使用地理底图的专题地图与地图集，应首先编制地理底图，地理底图编制方法可按本规范第 12.3 节的有关规定执行。

12.5.5 专题地图与地图集的图式符号和颜色可根据专题内容与要素内容的性质进行设计，并应符合大众的阅图习惯与审美倾向。

12.5.6 专题地图与地图集的编辑作业应符合下列基本规定：

1 应设计图式符号或图表，选择适合的字体，配置相应的字库。设计应充分反映专题要素特性、地图立意，并应通过形状、大小和色彩的综合运用，达到充分表达专题信息的目的。

2 采用软件编制时，应对各类专题要素进行图层设置。

3 使用地理底图时，可在其上进行专题要素的编辑，并应根据确定的分类分级原则，对专题要素进行分类分级，分别标示。应处理好专题要素与地理底图之间的关系。

4 图幅版面应进行详细的版式、色彩、图表等设计。

5 应进行接边，并应对图廓进行整饰。

6 地图文件与相关文字、图片、图表等内容应集成排版。

7 编制成果应进行审校、修改、验收。

12.6 地 图 制 版

12.6.1 根据地图产品的功能要求及印刷的经济合理性，宜选择适当开本尺寸的分色胶片，生成相应制版文件。在输出分色胶片前，应将制版文件输出纸样进行检查，内容应正确。

12.6.2 制版文件应符合下列规定：

1 应正确绘制套合规矩线、裁切线、定位孔、色标；

2 栅格图像应转换为 CMYK 格式或灰度格式，图像分辨率不应低于 300dpi。

12.6.3 激光照排输出分色胶片的精度指标应符合国家现行有关标准的规定。

12.6.4 分色胶片在彩色打样、印刷前应进行检查。胶片检查应符合下列规定：

1 规矩线应齐全，四色胶片套合误差不应大于 0.1mm；

2 网点应均匀，网点密度应正确，并应与设计值一致；

3 胶片不应有划痕、折弯、脏点。

附录 A 大地坐标系地球椭球基本参数

表 A 大地坐标系地球椭球基本参数

地球椭球	
参数名称	2000 国家大地坐标系
长半轴 a (m)	6378137
地心引力常数 GM	$3.986004418\times10^{14}m^3s^{-2}$

续表 A

地球椭球		
参数名称	2000 国家大地坐标系	
地球动力形状因子 J_2	0.001082629832258	
地球旋转速度 ω	7.292115×10^{-5} rads^{-1}	
参考椭球		
参数名称	1980 西安坐标系	1954 北京坐标系
长半轴 a（m）	6378140	6378245
短半轴 b（m）	6356755.2882	6356863.0188
扁率 α	1/298.257	1/298.3
第一偏心率平方 e^2	0.00669438499959	0.006693421622966
第二偏心率平方 e'^2	0.00673950181947	0.006738525414683

附录 B 方向观测法度盘位置表

B.0.1 采用方向观测法时，各测回间应将度盘位置变换一个角度（σ），且 σ 应按下式计算：

$$\sigma=\frac{180^\circ}{n_0}(j-1)+i'(j-1)+\frac{\omega}{n_0}\left(j-\frac{1}{2}\right) \tag{B.0.1}$$

式中：n_0——测回数；

j——测回序号（j=1、2…n_0）；

i'——水平度盘最小间格分划值，DJ_1 级仪器为 4′，DJ_2 级仪器为 10′；

ω——测微盘分格数，DJ_1 级仪器 ω=60 格；DJ_2 级仪器 ω=600″。

B.0.2 DJ_1 级仪器方向观测法度盘位置表应符合表 B.0.2 的规定。

表 B.0.2 DJ_1 级仪器度盘位置表

测回数	15	9	8	6	4
	格	格	格	格	格
1	00° 00′ 02	0° 00′ 03	0° 00′ 04	0° 00′ 05	0° 00′ 08
2	12 04 06	20 04 10	22 34 11	30 04 15	45 04 22
3	24 08 10	40 08 17	45 08 19	60 08 25	90 08 38
4	36 12 14	60 12 23	67 42 26	90 12 35	135 12 52
5	48 16 18	80 16 30	90 16 34	120 16 45	
6	60 20 22	100 20 37	112 50 41	150 20 55	
7	72 24 26	120 24 43	135 24 49		
8	84 28 30	140 28 50	157 58 56		
9	96 32 34	160 32 57			
10	108 36 38				
11	120 40 42				
12	132 44 46				
13	144 48 50				
14	156 52 54				
15	168 56 58				

B.0.3 DJ_2 级仪器方向观测法度盘位置表应符合表 B.0.3 的规定。

表 B.0.3 DJ_2 级仪器度盘位置表

测回数	12	9	8	6
1	0° 00′ 25″	0° 00′ 33″	0° 00′ 37″	0° 00′ 50″
2	15 11 15	20 11 40	22 11 52	30 12 30
3	30 22 05	40 22 47	45 23 07	60 24 10
4	45 32 55	60 33 53	67 34 22	90 35 50
5	60 43 45	80 45 00	90 45 37	120 47 30
6	75 54 35	100 56 07	112 56 52	150 59 10
7	90 05 25	120 07 13	135 08 07	
8	105 16 15	140 18 20	157 19 22	
9	120 27 05	160 29 27		
10	135 37 55			
11	150 48 45			
12	165 59 35			

附录 C 测距边边长的高程归化计算

C.0.1 当城市平面控制测量与国家坐标系统一致时，测距边边长应归算到参考椭球面上（图 C.0.1）。测距边边长归算到参考椭球面上的改正数（Δh_1）应按公式（C.0.1）计算，R_n 可在总参测绘局编制的《测量计算用表集》（之一）或冶金工业部成都勘察公司修订的《控制测量计算手册》附录 15 中按测距边纬度和方位角为引数查取。

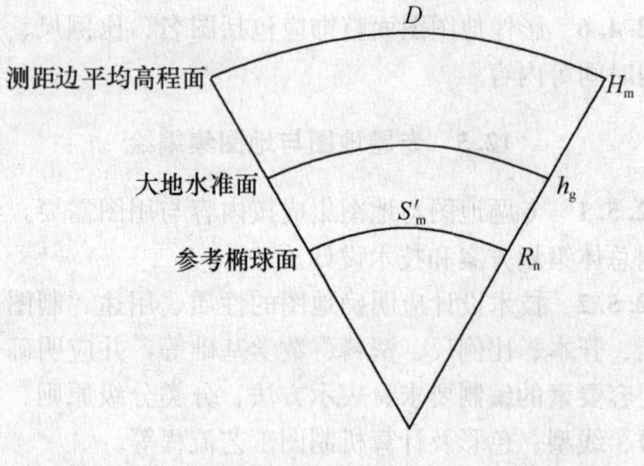

图 C.0.1 测距边边长归算至参考椭球面上

$$\Delta h_1=S'_0-D=-\frac{H_m+h_g}{R_n}D+\left(\frac{H_m+h_g}{R_n}\right)^2D \tag{C.0.1}$$

式中：D——测距边水平距离（m）；

S'_0——归算至参考椭球面上的测距边长度（m）；

H_m——测距边高出大地水准面（黄海平均海水面）的平均高程（m）；

h_g——测距地区大地水准面对于参考椭球面的高差（m）；

R_n——沿测距边方向参考椭球面法截弧的曲率半径（m）。

C.0.2 当无大地水准面差距图可供查取 h_g 值时，测距边边长可归算到黄海平均海水面上。归算到黄海平均海水面上的测距边长度的改正数（Δh_2）应按公式（C.0.2）计算：

$$\Delta h_2 = -\frac{H_m}{R_n}D + \left(\frac{H_m}{R_n}\right)^2 D \qquad (C.0.2)$$

C.0.3 归算到城市平均高程面上的改正数（Δh_3）应按公式（C.0.3）计算：

$$\Delta h_3 = -\frac{H_u - H_m}{R_n}D \qquad (C.0.3)$$

式中：H_u——城市平均高程面的高程（m）。

附录D 地下人防工程图图式

表D 地下人防工程图图式

序号	符号名称	1∶500 1∶1000 1∶2000	简要说明
1	地下人防工程的地表出入口	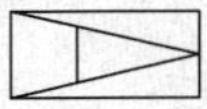	符号依比例尺按实际方向表示，尖端表示入口方向
2	山地坑道出入口		符号依比例尺按实际方向绘在洞口位置上
3	竖井		井口按实际形状测绘
4	有转梯的竖井		指人可以由旋转楼梯上下的竖井，箭头方向表示升高方向
5	通气孔	1.0 ○ 气	不论形状，均用此符号表示
6	人防人孔	2.0 ○ 防	仅可供一人沿井壁爬梯上下的窨井式出入口
7	地道中的阶梯	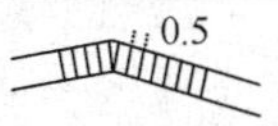	阶梯的起止点应实测
8	预留口	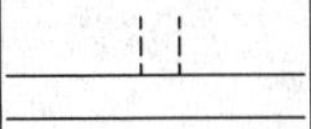	—
9	地下水井	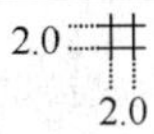	—
10	地下建筑物	旅	可根据地下建筑物的用途加以注记，如地下商店、餐厅、旅馆、影剧院、工厂、医院等分别加注“商”、“餐”、“旅”、“剧”、“工”、“医”等字

本规范用词说明

1 为便于在执行本规范条文时区别对待，对要求严格程度不同的用词说明如下：

1） 表示很严格，非这样做不可的：
正面词采用“必须”，反面词采用“严禁”；

2） 表示严格，在正常情况均应这样做的：
正面词采用“应”，反面词采用“不应”或“不得”；

3） 表示允许稍有选择，在条件许可时首先应这样做的：
正面词采用“宜”，反面词采用“不宜”；

4） 表示有选择，在一定条件下可以这样做的，采用“可”。

2 条文中指明应按其他有关标准执行的写法为：“应按……执行”或“应符合……的规定”。

引用标准名录

1《城市居住区规划设计规范》GB 50180

2《光学经纬仪》GB/T 3161

3《1∶500 1∶1000 1∶2000 地形图航空摄影测量外业规范》GB/T 7931

4《水准仪》GB/T 10156

5《国家一、二等水准测量规范》GB/T 12897

6《国家三、四等水准测量规范》GB/T 12898

7《基础地理信息要素分类与代码》GB/T 13923

8《1∶5000、1∶10000 地形图航空摄影测量外业规范》GB/T 13977

9《国家基本比例尺地形图分幅和编号》GB/T 13989

10《光电测距仪》GB/T 14267

11《地理空间数据交换格式》GB/T 17798

12《国家三角测量规范》GB/T 17942

13《房产测量规范 第1单元：房产测量规定》GB/T 17986.1

14《房产测量规范 第2单元：房产图图式》GB/T 17986.2

15《全球定位系统（GPS）测量规范》GB/T 18314

16《数字测绘成果质量检查与验收》GB/T 18316

17《国家基本比例尺地图图式 第1部分：1∶500、1∶1000、1∶2000 地形图图式》GB/T 20257.1

18《国家基本比例尺地图图式 第2部分：1∶5000、1∶10000 地形图图式》GB/T 20257.2

19《基础地理要素数据字典 第1部分：1∶

500、1∶1000、1∶2000 基础地理要素数据字典》GB/T 20258.1

20 《基础地理要素数据字典 第2部分：1∶5000、1∶10000 基础地理要素数据字典》GB/T 20258.2

21 《测绘成果质量检查与验收》GB/T 24356

22 《建筑工程建筑面积计算规范》GB/T 50353

23 《建筑变形测量规范》JGJ 8

24 《城市地下管线探测技术规程》CJJ 61

25 《卫星定位城市测量技术规范》CJJ/T 73

26 《城市市政综合监管信息系统技术规范》CJJ/T 106

27 《城市市政综合监管信息系统 管理部件和事件分类、编码及数据要求》CJ/T 214

28 《测绘作业人员安全规范》CH 1016

29 《测绘技术总结编写规定》CH/T 1001

30 《测绘技术设计规定》CH/T 1004

31 《基础地理信息数字产品数据文件命名规则》CH/T 1005

32 《基础地理信息数字产品元数据》CH/T 1007

33 《导线测量电子记录规定》CH/T 2002

34 《测量外业电子记录基本规定》CH/T 2004

35 《三角测量电子记录规定》CH/T 2005

36 《水准测量电子记录规定》CH/T 2006

37 《三、四等导线测量规范》CH/T 2007

38 《数字水准仪检定规程》CH/T 8019

39 《因瓦条码水准标尺检定规程》CH/T 8020

40 《全球定位系统（GPS）接收机（测地型和导航型）校准规范》JJF 1118

41 《全站型电子速测仪检定规程》JJG 100

42 《光学经纬仪检定规程》JJG 414

43 《公路勘测规范》JTG C10

中华人民共和国行业标准

城市测量规范

CJJ/T 8—2011

条 文 说 明

修订说明

《城市测量规范》CJJ/T 8－2011 经住房和城乡建设部 2011 年 11 月 22 日以第 1178 号公告批准、发布。

本规范是在《城市测量规范》CJJ 8－99 的基础上修订而成的，上一版的主编单位是北京市测绘设计研究院，参编单位是同济大学测量与国土信息工程系、沈阳市勘察测绘研究院、成都市勘察测绘研究院、昆明市勘察测绘研究院、南昌市测绘勘察研究院，主要起草人员是洪立波、蒋达善、顾孝烈、孟庆遇、金善焜、陈声勇、张克勤、赖志礼、欧阳清、蔡振来、林书尧、张冬黎。本规范修订的主要技术内容是：1. 增加了“术语、符号和代号”、“基本规定”、“数字高程模型建立”、“房产测绘”四章；2. 修改了“平面控制测量”、“高程控制测量”部分内容，增加了 RTK 测量、卫星定位高程测量等技术内容；3. 将原第 4、5、8 章内容修改调整为目前的第 6 章；4. 将原第 5 章的部分内容修改调整为目前的第 8 章；5. 将原第 7 章的内容综合修改，并增加了规划监督测量、日照测量、土石方测量、竣工测量、城市管理部件测量和变形测量等内容，成为目前的第 9 章，并将地面沉降观测内容并入变形测量中；6. 将原第 9 和 10 章进行了综合修改后成为目前的第 12 章；7. 取消了原规范 15 个附录中的附录 B、附录 C、附录 D、附录 G、附录 H、附录 J、附录 K、附录 L、附录 M、附录 N、附录 P 等 11 个附录。

本规范修订过程中，编制组进行了广泛的调查研究，总结了我国城市测量领域有关科研和技术发展成果，同时参考了有关国家标准和行业标准。

为了便于广大测绘、设计、施工、科研、学校等单位有关人员在使用本规范时能正确理解和执行条文规定，《城市测量规范》编制组按章、节、条顺序编制了本规范的条文说明，对条文规定的目的、依据以及执行中需注意的有关事项进行了说明。但是，本条文说明不具备与规范正文同等的法律效力，仅供使用者作为理解和把握标准规定的参考。

目　次

1 总　　则

1.0.1 本条对制定本规范的目的和意义进行了描述。

1.0.2 本条对本规范的适用范围进行了描述，城市测量中本规范未涉及的其他工作应符合相应的国家、行业标准的规定。

1.0.3 本条是对城市测量使用的仪器设备和软件的总体要求，有特殊要求的在具体条文中描述，如，控制测量仪器设备的检验、日照分析软件的特殊要求等。

1.0.5 本规范鼓励在城市测量中积极采用新技术、新方法和新仪器设备，但要求所采用的新技术、新方法和新仪器设备应满足本规范规定的技术指标和精度的规定。

1.0.6 本条要求城市测量既应符合本规范的规定，又应符合国家现行有关法律、法规和标准的规定。同时，与本规范第1.0.2条的规定进行了呼应。

3 基本规定

3.1 空间和时间参照系

3.1.1～3.1.3 坐标系和高程基准的选择和采用是城市测量的重要问题，也是城市基础测绘的重要内容。一个城市在测量工作中采用统一的平面坐标系和高程基准是各项城市测绘工作的必要基础。

本次修订进一步明确了城市统一的平面坐标系统的投影长度变形值不应大于2.5cm/km，以保证平面坐标系能满足1：500地形图和基础地理信息数据，以及城市工程测量的要求。采用地方平面坐标系统时，应与国家平面坐标系统建立联系，保证测量成果整体性，便于测量成果应用和信息共享，减少重复浪费。城市统一的平面坐标系统通过城市平面控制网与国家大地控制网联结，建立与国家平面坐标系统建立联系。当未能联结或联结确有困难时，应在测区中央或附近的控制点上采用卫星定位测量定位或测定天文方位角。城市统一的平面坐标系统下的测量成果，可通过1980西安坐标系或1954北京坐标系与2000国家大地坐标系的坐标转换关系作为过渡，建立该平面坐标系与2000国家大地坐标系的联系。

3.1.4 随着城市信息化的不断发展、测量成果特别是城市基础地理信息应用的不断扩展和深入，城市测量成果的时间属性日益重要。采用统一的时间基准也成为城市测量的必然要求。

3.2 作业与成果管理要求

3.2.1 城市测量范畴较为广泛，而且各种城市测量项目的技术难易程度、规模大小、采取的技术路线、资料、仪器和人员各不相同，测量作业前，应对技术路线、作业人员、仪器设备、进度、环境、安全等进行策划，并根据不同情况制定经济合理的技术路线和技术方案，进行必要的技术交底，必要时应编写项目设计或技术设计，以保证测量工作的顺利实施。同时，标准化、规范化的项目设计或技术设计的编写是测量项目实施的技术、质量和管理的基本要求。测绘行业标准《测绘技术设计规定》CH/T 1004规定了测绘项目设计和专业技术设计的基本要求、设计过程及其主要内容，提出了测绘技术设计的基本原则，规定了设计过程通常由策划、确定设计输入、设计输出方案、设计评审、设计验证、设计审批以及设计更改等组成，并规定了各个设计阶段的工作内容和要求，特别是分别规定了项目设计书和专业技术设计书编写的主要内容、结构和要求。

3.2.2 各种城市测量项目实施的组织、管理、设计、内外业生产、质量检验、成果管理、应用服务等人员，特别是具体实施测量作业的人员，应具备具有承担其工作的能力，除必要的仪器设备操作能力外，还应该具备必要的学习、理解、沟通等能力，应具有良好的职业道德和敬业精神，以及认真负责的工作态度。各种作业人员只有严格按规范和技术设计作业，才能保证测绘项目的最终质量。

3.2.3 强制性行业标准《测绘作业人员安全规范》CH 1016是我国第一部关于基础测绘生产中作业人员的安全保护与防范的规范。该标准规定了基础测绘生产中与人身安全相关的安全管理、安全防范及应急处理的要求。城市测量作业时应考虑测绘作业的环境因素和安全因素，遵守相关安全生产管理制度和安全生产操作细则，严格执行《测绘作业人员安全规范》CH1016。

3.2.4 作业期间，测量作业人员应根据规范规定的项目和方法，经常性的对测量仪器设备的主要技术要求和参数进行检验和校正，以保证仪器设备性能指标达到作业要求，并加强对测绘仪器设备的管理。软件应定期和及时的升级维护，尽可能使用最新版本，以提高软件性能和保证可靠性。

3.2.5 测量作业过程中，作业人员应对资料、测量数据、阶段性成果等按照有关质量管理的制度和规定，进行及时、充分和认真的自检和互校。这是测量成果质量控制的必要手段和程序，也是每个作业人员的责任和义务。

3.2.6 一般每个测量项目都应按行业标准《测绘技术总结编写规定》CH/T 1001的规定编写项目的技术总结。对于规模较小、技术难度较低的经常性测量项目可以编写说明。

3.2.9 为保证测量成果数据的安全，必须对数据进行备份，且应采用两种不同存储介质分别进行备份。异地备份是保证数据安全的有效手段，在距本地大于

500km 的地方进行异地备份，可以有效地避免因突发的重大自然灾害等对数据的破坏。

3.3 质量检验要求

3.3.1 现行国家标准《测绘成果质量检查与验收》GB/T 24356 和《数字测绘成果质量检查与验收》GB/T 18316 是我国测绘领域成果（产品）质量检查和验收的两个基本标准。前者对除数字测绘成果（4D）以外的所有测绘产品的质量检查与验收进行了规定，后者主要针对数字测绘成果（4D）的质量检查与验收。

3.3.2 为保证测量成果验收的公正性、公平性和独立性，测量成果的验收宜由测量项目的委托单位组织实施，也可由具有测绘成果质量监督检验资质的单位组织实施。测量成果质量的检查与验收也应由具有相应资格的人员完成。

3.3.5、3.3.6 全数检验指 100%的测量成果均应检查，抽样检验指在所有成果中随机抽取一定数量的成果作为样本进行检验。抽样方法、数量等应按现行国家标准《测绘成果质量检查与验收》GB/T 24356 和《数字测绘成果质量检查与验收》GB/T 18316 执行。

3.3.7 在检查验收时，若测量成果被判定为不合格，要分析原因、进行必要的重测等处理，这种处理完成后，要重新进行检查、验收。

4 平面控制测量

4.1 一 般 规 定

4.1.1 随着卫星定位测量的普及，城市平面控制网的布设无需逐级控制。但是“从整体到局部、分级布网”的原则还应遵循。考虑到我国当前城市化的进程很快，城市首级网也有可能根据城市的发展分期布设，因此将原《城市测量规范》CJJ 8－99 中“首级网应一次全面布设”修改为“首级网宜一次全面布设”。

4.1.2 城市平面控制网的等级划分为二、三、四等和一、二、三级。删去了“当需布设一等网时，应另行设计，经主管部门审批后实施”的规定，使本规范更趋实际。

4.1.3 由于卫星定位技术的发展，世界上先后出现了美国的 GPS 系统、俄罗斯的 GLONASS 系统、欧盟的 GALILEO 系统等卫星导航定位系统，在测量工作中可以选择的卫星定位系统不仅仅是美国 GPS 系统，因此将“全球定位系统（GPS）测量”改为“卫星定位测量”。由于三角测量在城市控制测量工作中已经不再应用，因此本次规范修订将三角测量部分删去，考虑到规范的延续性，仍保留了边角组合测量的相关要求。在建立城市平面控制网的方法中，按照各种方法目前应用的几率，重新进行了顺序上的编排，编排后的顺序为：卫星定位测量、导线测量、边角组合测量，这样更具有针对性。

采用卫星定位测量、边角组合测量的方法可布设二、三、四等和一、二、三级平面控制网；采用电磁波测距导线测量方法可布设三、四等和一、二、三级平面控制网。对于导线测量，虽规定了一、二、三级三个级别的技术要求，但一个城市只能根据当地的具体情况选用两个级别。

4.1.4 坐标系统选择是城市平面控制测量的重要问题。本规范根据城市测量工作的特点，提出坐标系统的选择应以投影长度变形不大于 2.5cm/km 为原则。因为一千米长度变形为 2.5cm 时，即相对误差为 1/40000，这样的长度变形，能满足城市 1∶500 地形测图及城市工程测量的要求，在实地测量中无需进行投影变形改正。同时还应顾及到城市地理位置和平均高程的情况来选择坐标系统。

城市平面控制网的坐标系统最理想的是和国家网的坐标系统取得一致，使城市网能成为国家网的组成部分。但是城市网要求根据平面控制点坐标反算的边长与实量边长尽可能相符，也就是要求控制网边长归算到参考椭球体面上（或平均海水面上）高程归化和高斯正形投影的距离改化的总和（即长度变形）限制在一定数值内，才能满足城市 1∶500 比例尺测图和市政工程施工放样的需要。因此，城市平面控制网要采用国家统一坐标系统，必须具备下列条件：

1 城市中心地区位于高斯正形投影统一 3°带中央子午线附近（在我国，统一 3°带的中央子午线经度由东经 75°起，每隔 3°至东经 135°）。

2 城市平均高程面必须接近国家参考椭球体面或平均海水面。

3 城市所在地区的国家网精度高于城市首级网的精度。

同时满足上述条件的城市为数不多，有的城市虽然满足此条件，但是由于历史的原因没有采用统一 3°带，而是采用任意带建立了城市的地方坐标系，并且一直在沿用。因此本次规范修订在原《城市测量规范》CJJ 8－99 的基础上增加了当长度变形值不大于 2.5cm/km 时，也可采用高斯正形投影任意带平面直角坐标系统的规定。

当长度变形值大于 2.5cm/km 时，可以根据具体情况与要求建议按下列次序选择坐标系统：抵偿高程面上的高斯正形投影 3°带平面直角坐标系统、高斯正形投影任意带平面直角坐标系统、高斯正形投影任意带分带投影坐标系统、假定平面直角坐标系统。今分析说明如下：

导线网和边角组合网中的观测边长 D 归化至参考椭球体面上时，其长度将会缩短 ΔD。设归化高程为 H，地球平均曲率半径为 R，则其近似关系式为：

$$\frac{\Delta D}{D}=\frac{H}{R} \tag{4-1}$$

即 $\Delta D/D$ 和归化高程 H 成正比。设 $R=6371$km，H 为50～2000m 时，$\Delta D/D$ 的数值如表 4-1 所示。

表 4-1　$\Delta D/D$ 与 H 的关系

H (m)	50	100	160	300	500	1000	2000
$\Delta D/D$	1/127000	1/64000	1/40000	1/21000	1/12700	1/6400	1/3200

椭球体上的边长 S 投影至高斯平面，其长度将会放长 ΔS，设该边两端点的平均横坐标为 y_m，其差数为 Δy，则

$$\Delta S=S\left\{\frac{y_m^2}{2R^2}+\frac{(\Delta y)^2}{24R^2}\right\} \tag{4-2}$$

其近似关系式为：

$$\frac{\Delta S}{S}=\frac{y_m^2}{2R^2} \tag{4-3}$$

当 y_m 为 10km～150km 时，高斯正形投影的距离改化的相对数值如表 4-2 所示。

表 4-2　$\Delta S/S$ 与 y_m 值的关系

y_m (km)	10	20	30	45	50	100	150
$\Delta S/S$	1/810000	1/200000	1/90000	1/40000	1/32000	1/8100	1/3600

在城市地区的平面控制网的计算中只允许有较微小的长度变形，使控制点间按坐标反算的长度和实地测量的长度之比（称为投影长度比）接近于 1，在使用这些控制点的数据时实用上可以不进行任何化算，以便于城市大比例尺测图和市政工程的施工放样。

对于城市最大比例尺 1∶500 测图，设其图幅大小为 500mm×500mm，如果认为横跨相邻图幅的两个平面控制点间的投影长度变形小于 0.05mm 时可以忽略不计，则其相对变形为 1/10000；对于一般市政工程施工放样，要求平面控制点之间的相对精度为 1/20000。因此从城市最大比例尺测图与市政工程施工放样两者中要求较高的来考虑，使其实际上不受影响，本规范规定投影（包括高程归化和高斯投影）的长度变形不得大于 1/40000，即不得大于 2.5cm/km。

从国家与城市的平面控制网的坐标系统宜一致，以便于互相利用方面来考虑，本规范建议首先应考虑采用高斯正形投影统一 3°带平面直角坐标系。但是从以上表列数字来看，城市地区高程若大于 160m 或其平面位置离开统一 3°带的中央子午线的东西方向距离（横坐标）若大于 45km，其长度变形均超过规定的 1/40000，这时应该采取适当的措施。

利用高程归化和高斯投影对于控制网边长的影响为前者缩短和后者伸长的特点，存在着两者抵偿的地带，即根据公式(4-1)、公式（4-3），使

$$\frac{H}{R}=\frac{y_m^2}{2R^2} \tag{4-4}$$

当然，完全抵偿是不可能的，因为同一城市地区高程 H 有变化，y_m 仅是指平均横坐标，地区总是有一个东西方向的宽度。如果不能完全抵偿而容许有一个残余的差数 V_S，则其相对差数为：

$$\frac{V_S}{S}=\frac{y_m^2}{2R^2}-\frac{H}{R} \tag{4-5}$$

如果按上述规定使 $V_S/S=\pm 1/40000$，设 $R=6371$km，则

$$y_m=\sqrt{12742H\pm 2029} \tag{4-6}$$

式中 y_m 及 H 均以“km”为单位。由此算得抵偿地带的高程和相应的横坐标区间见表 4-3。

表 4-3　抵偿地带的高程和相应的横坐标区间

H (m)	0	50	160	300	500	1000	2000
$\pm y_m$ (km)	0～45	0～52	3～64	42～76	66～92	104～122	153～166

可见对于一定的高程只存在一定的抵偿地带，其东西宽度随高程的增加而愈来愈狭窄，城市的区域往往不可能正好在这一范围内。

用人为地改变归化高程来使它与高斯投影的长度改化相抵偿，但并不改变按统一 3°带的中央子午线的投影方法称为抵偿高程面的高斯正形投影统一 3°带平面直角坐标系，简称抵偿坐标系。此时选择高程修正值 ΔH 使：

$$\frac{H+\Delta H}{R}=\frac{y_0^2}{2R^2} \tag{4-7}$$

式中：y_0——城市中心地区某点的横坐标值。

由于抵偿坐标系仍按统一 3°带进行高斯投影的方向和距离改化，因此在此系统中的坐标值和按真正高程进行归化的 3°带高斯投影的坐标换算仅是简单的缩放比例关系。

采用抵偿坐标系时，长度变形完全被抵偿的也仅仅是在某一横坐标（y_0）处，因此也应有东西宽度的限制。设横坐标变化 Δy，使投影的长度变形限制为 1/40000，则可以得到公式（4-8）：

$$\left|\frac{y_0^2}{2R^2}-\frac{(y_0+\Delta y)^2}{2R^2}\right|=\frac{1}{40000} \tag{4-8}$$

设 $R=6371$km 则公式（4-8）可写成：

$$|y_0^2-(y_0+\Delta y)^2|=2029 \tag{4-9}$$

如果 Δy 为正值，则令 $y_E=y_0+\Delta y$，此时公式（4-9）应为：

$$(y_0+\Delta y)^2-y_0^2=2029 \tag{4-10}$$

即：

$$y_E=\sqrt{2029+y_0^2} \tag{4-11}$$

如果 Δy 为负值，则令 $y_w=y_0+\Delta y$，此时分为两种情况：

当 $y_0<45$km 时，

$$y_W=-\sqrt{2029+y_0^2} \tag{4-12}$$

当 $y_0\geqslant 45$km 时，此时公式（4-9）应为：

$$y_0^2-(y_0+\Delta y)^2=2029 \tag{4-13}$$

即：$$y_W=\sqrt{y_0^2-2029} \quad (4\text{-}14)$$

对于各种 y_0 的数值，东、西边缘的横坐标值 y_E、y_W 以及向东、向西的横坐标差 Δy_E、Δy_W 如表4-4所示。例如对于 $y_0=75$km，则 $\Delta y_E=12$km，$\Delta y_W=-15$km，此时抵偿坐标系的容许东西宽度为27km，横坐标值为60km～87km。如果超出这个范围，虽然采用了抵偿坐标系，东西边缘的长度变形仍大于规定的要求。

表 4-4 当投影长度变形限制为 1/40000 时的东、西边缘横坐标值（km）

y_W	Δy_W	y_0	Δy_E	y_E
−46	−56	10	+36	46
−49	−69	20	+29	49
−54	−84	30	+24	54
−60	−100	40	+20	60
0	−45	45	+19	64
22	−28	50	+17	67
40	−20	60	+15	75
60	−15	75	+12	87
89	−11	100	+10	110
143	−7	150	+7	157

如果由于以上原因不能采用统一3°带高斯正形投影平面直角坐标系或抵偿坐标系时，则可以采用任意带（使中央子午线通过城市中心区）高斯正形投影平面直角坐标系，并用城市平均高程面进行高程归化，以减小长度变形。

如果城市的东西方向跨度很大，当高斯正形投影任意带投影的一个投影带不能保证将投影长度变形控制在2.5cm/km以内时，可以采用分带投影的方法。

4.1.5 本次修订将原《城市测量规范》CJJ 8－99中规定的“城市控制网宜与国家控制网联测”改为“城市首级控制网应与国家控制网联测”，同时将原规范中“不能与国家控制网联测时，应在测区中央或附近的控制点上采用卫星定位方法测量大地方位角或采用天文测量的方法测定天文方位角，作为城市平面控制网的定向依据”的规定删去，强调了城市测量中的首级控制网与国家控制网联测的必要性。

城市首级控制网与国家控制网联测时应对国家控制点的标石与标架进行实地检查，对其测量成果进行分析，应充分地利用完好的标石与标架以及可用的测量成果，当精度满足城市测量要求时，应直接利用，或进行改算后利用，以减少重复测量，节省测量费用。

4.1.7 将原《城市测量技术规范》CJJ 8－99城市高程控制测量一般规定中对于城市各等级平面控制点高程测量的规定放到本条中。考虑到城市似大地水准面精化的应用将二、三等平面控制点高程联测精度提高到“不低于三等高程控制测量的精度”。

4.1.11 平面控制网测量应用的卫星定位接收机都应经过专业检定部门的检验，合格后获得一定时间内的有效使用。在作业过程中，还应对接收机进行维护，保证卫星定位接收机处于良好状态。卫星定位接收机的维护包括：接收机在运输和存放时期的防振、防潮、防晒、防尘、防蚀和防辐射等防护措施；接收机在作业过程中防风和防雷等防护措施；接收机的接头和连接器应保持清洁，仪器箱应保持干燥；接收机的电池的充放电和防护措施等。

4.1.12 删去了原《城市测量规范》CJJ 8－99中附录D光学经纬仪系列的分级及基本技术参数，更改为：“光学经纬仪系列的分级、基本技术参数应符合现行国家标准《光学经纬仪》GB/T 3161的规定，检定要求应符合现行行业标准《光学经纬仪检定规程》JJG 414的规定。”增加了全站仪或电子经纬仪系列的分级、基本技术参数、检定要求。

4.1.13 本条规定了外业观测记录要求。随着技术的发展应用电子记簿的方式非常普遍，因此在各种控制网测量中优先采用电子记录方式，但是也不能排除个别地区仍然采用纸质手簿，所以也对纸质手簿填写做了规定。

4.1.14 我国于2008年7月1日正式启用了“2000国家大地坐标系”，考虑到城市地方坐标系的普遍存在，因此将原《城市测量规范》CJJ 8－99中城市平面控制网观测成果的归化计算，应根据成果使用需要，“采用我国1980西安坐标系或继续沿用1954北京坐标系”更改为“选择采用国家统一坐标系或城市地方坐标系”，在附录A中增加了2000国家大地坐标系的地球椭球参数。

4.2 选点与埋石

4.2.1 本次规范修订删去了原《城市测量规范》CJJ 8－99中有关三角网的技术要求，对应的在选点与埋石部分将建造觇标的相关要求删去。在边角网、导线和导线网中，相邻控制点之间规定通视条件应良好、视线超越（或旁离）障碍物的距离应大于一定数值，是为了避免旁折光的影响。而这种影响在晴天加剧，阴天削弱。采用卫星定位测量方法时，控制点之间可以不通视，选点的具体要求执行现行行业标准《卫星定位城市测量技术规范》CJJ/T 73的相关规定。

4.2.4 为了控制平面控制点埋石的质量，本次规范修订增加了对各等平面控制点埋石过程的关键环节应拍摄照片的要求。对于预制标石的埋设应拍摄反映标石坑的形状和尺寸的标石坑照片、反映标石安置是否平直端正的标石安置照片和反映标石埋设位置的地物、地貌景观的标石埋设位置远景照片；对于现场浇注的标石还应拍摄反映骨架捆扎的形状和尺寸的钢筋骨架照片、反映基座的形状及钢筋骨架安置是否正确的基座建造后照片、反映标志安置是否平直、端正的标志安置照片、反映标石整饰是否规范的标石整饰后照片。

4.3 卫星定位平面控制测量

4.3.1 城市平面控制测量的常规测量方法是采用边角组合测量或精密导线测量的方法，随着空间技术的发展，以卫星为基础的无线电导航定位系统，即卫星定位技术成为最新的空间定位技术。该技术具有全球性、高效率、多功能、高精度的特点，在用于大地定位时，点间无通视要求，观测不受天气条件影响。卫星定位技术用于测量采用相对定位原理，作业方法有多种形式，根据城市测量的特点，将卫星定位平面控制网测量分为静态测量和动态测量两种方式。动态测量又分为网络 RTK 测量和单基站 RTK 测量两种方式。删去了原《城市测量规范》CJJ 8－99 中提到的“快速静态”方式。

RTK 定位技术基于载波相位观测值的实时动态定位技术，它能够实时地提供测站点在指定坐标系中的三维定位结果。在 RTK 作业模式下，基准站通过数据链将其观测值和测站坐标信息一起传送给流动站。流动站不仅通过数据链接收来自基准站的数据，还要采集 GPS 观测数据，并在系统内组成差分观测值进行实时处理。流动站可处于静止状态，也可处于运动状态。RTK 技术的关键在于数据处理技术和数据传输技术。利用 1 个基准站的已知坐标数据和观测值进行实时差分的方法称为单基站 RTK 测量方法；在已建立卫星定位连续运行基准站的城市，将多个实时运行的基准站组成网络，利用网络内多个基准站的已知坐标和观测值与流动站进行实时差分的方法称为网络 RTK 测量方法。本节中将采用卫星定位静态测量观测方式布设的平面控制网称为静态卫星定位网，将采用卫星定位动态测量观测方式布设的平面控制网称为动态卫星定位网。

4.3.2 根据卫星定位技术的发展和城市测量的特点，增加了利用卫星定位动态测量可以施测一、二、三级平面控制的规定。

4.3.3 静态卫星定位网的主要技术指标和要求引自现行行业标准《卫星定位城市测量技术规范》CJJ/T 73。

4.3.4 动态卫星定位网的主要技术指标和要求引自现行行业标准《卫星定位城市测量技术规范》CJJ/T 73。

为了保证高等级控制测量的精度均匀性，本条强调了动态测量方式布设一级平面控制点时应采用网络 RTK 进行测量。表 4.3.4 中的关于相邻点间距离和相对中误差的解释说明，见现行行业标准《卫星定位城市测量技术规范》CJJ/T 73 的条文说明。考虑到城市测量的特点，在通视困难地区，相邻点间距离可以缩短至表中规定长度的 2/3，但应使用常规方法检测边长，使两者之间的边长较差不大于 2cm，以满足常规测量对控制点几何条件的要求。

4.3.5 卫星定位接收机在使用前的检验内容包括一般检验、常规检验、通电检验和实测检验。

一般检验包括：接收机及天线型号应与标称一致，外观良好性的检查；各种部件及其附件应匹配、齐全和完好，紧固的部件应不得松动和脱落；设备使用手册和后处理软件操作手册及磁（光）盘应齐全的检查。

常规检验包括：天线或基座圆水准器和光学对点器的检验，光学对点器的测试方法应符合现行行业标准《光学经纬仪检定规程》JJG 414 的规定；天线高的量尺的完好性及尺长精度的检验；数据传录设备及软件齐全性，数据传输完好性的检验；通过实例计算测试和评估数据后处理软件，结果满足要求可使用。

通电检验包括：通电后电源及工作状态指示灯工作是否正常的检验；按键和显示系统工作是否正常的检验；利用接收机自测试命令进行测试；检验接收机锁定卫星时间，接收信号强弱及信号失锁情况。

实测检验包括：接收机内部噪声水平测试；接收机天线相位中心稳定性测试；接收机野外作业性能及不同测程精度指标测试；接收机高、低温性能测试；接收机综合性能评价等。

不同类型、不同品牌的接收机从数据采集到数据处理都有差异，如果参加共同作业进行统一处理就必须经过验证，符合精度要求后才能开始共同作业。可通过不同组合在已知基线上进行比对验证。

4.3.6 卫星定位静态测量时接收机的选用要求引自现行行业标准《卫星定位城市测量技术规范》CJJ/T 73 的相关规定。

4.3.7 各等级卫星定位静态测量作业的基本技术要求引自现行行业标准《卫星定位城市测量技术规范》CJJ/T 73。

4.3.8 各等级静态卫星定位网中独立闭合环边数或附合线路边数的要求引自现行行业标准《卫星定位城市测量技术规范》CJJ/T 73。

4.3.9 卫星定位静态测量的观测计划可根据测区范围的大小分区编制，包括作业日期、时间、测站名称和接收机名称等。观测准备工作和观测作业要求在现行行业标准《卫星定位城市测量技术规范》CJJ/T 73 中均有详细的规定。

4.3.10 卫星定位动态测量时接收机的选用要求引自现行行业标准《卫星定位城市测量技术规范》CJJ/T 73 的相关规定。

4.3.11 RTK 测量的精度会受到各种因素的影响，由于受初始化过程中以及数据链传输过程中外界环境、电磁波干扰产生的误差的影响，可能导致整周未知数解算不可靠。同时，RTK 测设点间相互独立，与传统测量强调的相邻点间相对关系有着根本上的区别。为了满足能用常规测量的方法对 RTK 测量的控制点进行检核，制定了本条规定。

本条以检核的需要为出发点，规定了采用 RTK 方法进行平面控制点布设时，最少要测量 3 个控制点，且应保证此 3 个点互相通视；当控制点多于 3 个时，应保证至少有 2 对互相通视的对点，便于利用导线检核。

4.3.12 RTK 观测前的准备工作包括：检查接收机天线、通信接口、主机接口等设备连接是否牢固可靠；连接电缆接口应无氧化脱落或松动；数据采集器、电台、基准站和流动站接收机等设备的工作电源是否充足；数据采集器内存或存储卡受否有充足的存储空间；接收机的内置参数是否正确；水准气泡、投点器和基座是否符合作业要求；天线高度设置与天线高的量取方式是否一致。

坐标系统转换时应首先检查所用已知点的地心坐标框架是否与计算转换参数时所用地心坐标框架一致；当已有转换参数时，可直接输入该参数。没有转换参数时应利用均匀分布在测区及周边的 3 个以上同时具有地心和参心坐标系的控制点成果，将其坐标输入数据采集器，计算转换参数，平面坐标转换的残差绝对值不应超过 2cm。

4.3.13 单基站 RTK 测量基准站的设置包括：基准站的卫星截止高度角设置；仪器类型、测量类型、电台类型、电台频率、天线类型、数据端口、蓝牙端口等设备参数设置；基准站坐标、数据单位、尺度因子、投影参数和坐标转换参数等计算参数设置。

4.3.14 卫星定位动态测量作业的观测要求引自现行行业标准《卫星定位城市测量技术规范》CJJ/T 73。

本条中关于平面收敛阈值和垂直收敛阈值的规定是根据 RTK 测量水平精度比垂直精度高的特点，水平收敛阈值按照 1/3 点位中误差计算（1/3×5cm＝1.667cm，取整数 2cm），垂直收敛阈值按照水平收敛阈值的 1.5 倍（1.5×2cm＝3cm）计算。

本条中“基准站设置完成后，应至少采用一个不低于二级的已知控制点进行检核，平面位置较差不应大于 5cm。”的规定是针对“单基站 RTK 测量”的要求，网络 RTK 测量不需要此项工作。在“单基站 RTK 测量”作业中为了避免基准站设错（如：设站点位错、坐标输错、转换参数设错等）特别增加了本条规定。

4.3.15 动态卫星定位网点检核测量技术指标的引自现行行业标准《卫星定位城市测量技术规范》CJJ/T 73。动态卫星定位网点应采用常规方法进行边长、角度检核，表 4.3.15 中各项限差是在原精度要求上放宽了$\sqrt{2}$倍规定的，导线联测检核时，联测导线是按相应的下一个等级的要求执行的。当采用导线联测的方法进行检核时，该导线同时可以应用于相应工程，不必另行布设导线。

4.4 导线测量

4.4.1 本节中将采用电磁波测距导线测量方法布设的平面控制网称为导线网。导线网作为城市平面控制网的一种形式，可以应用在平原建成区、林木荫蔽等地区。

4.4.2 电磁波测距包括光波测距、微波测距、红外光电测距和激光测距等，考虑到目前测绘行业应用的测距方法不单为红外光电测距，故本规范将原“光电测距”均改为“电磁波测距”。

随着全站仪普遍采用，利用电磁波测距非常方便，因此删除了原《城市测量规范》CJJ 8－99 中钢尺量距导线的技术要求。

导线设计的理论分析以直伸等边的单导线作为基础，然后用等权代替法、模拟计算法等推广到导线网。

单导线设计的理论根据是：

1 导线的最弱点在其中部，最弱点的点位误差由测量误差和起始数据误差所引起。

2 起始或测量的长度元素引起导线点位的纵向（导线延伸方向）误差、角度元素引起导线点位的横向（垂直于导线延伸方向）误差。

3 设计各等级导线网时，使起始数据误差和测量误差对最弱点（导线中点）点位的影响相等；使最弱点点位的纵向误差和横向误差相等。即所谓“中点等影响”原则，由此得到的理想结果是导线中部最弱点的误差椭圆为一个点位误差不大于 5cm 的误差圆。

检验导线测量精度的一个最明显的指标为导线的角度和坐标闭合差。习惯上检验导线的闭合差分两步进行，首先检验角度闭合差，在容许范围内则加以调整，然后检验坐标闭合差。

用限制导线坐标闭合差来保证导线中点的点位精度，需要根据导线中点与端点的误差关系。导线经过角度闭合差的调整，由导线测量误差所引起的导线端点的纵向误差和横向误差如公式（4-15）所示：

$$\left.\begin{aligned} m_t &= \sqrt{nm_s^2+\lambda^2\ (nS)^2} \\ m_u &= S\frac{m_\beta}{\rho}\sqrt{\frac{n(n+1)(n+2)}{12}} \end{aligned}\right\} \tag{4-15}$$

式中：n——导线边数；

S——平均边长（mm）；

m_s——测距偶然中误差（mm）；

λ——测距系统误差的比例系数；

m_β——测角中误差（″）。

导线经过平差后，中点的纵向误差 $m_{t(m)}$、横向误差 $m_{u(m)}$ 为：

$$\left.\begin{aligned} m_{t(m)} &= \frac{\sqrt{n}}{2}m_s \\ m_{u(m)} &= S\frac{m_\beta}{\rho}\sqrt{\frac{n(n+2)(n^2+2n+4)}{192(n+1)}} \end{aligned}\right\} \tag{4-16}$$

由起始数据误差引起导线端点的纵、横向误差为：

$$\left.\begin{aligned} m'_{\mathrm{t}} &= m_{s_{\mathrm{AB}}} \\ m'_{\mathrm{u}} &= \frac{m_{\alpha}}{\rho} \cdot \frac{nS}{\sqrt{2}} \end{aligned}\right\} \tag{4-17}$$

式中：$m_{s_{\mathrm{AB}}}$ ——导线两端点（已知点）连线的边长误差（mm）；

m_{α}——导线两端附合的已知边方向的方向角误差（″）。

由起始数据误差引起导线中点的纵、横向误差为：

$$\left.\begin{aligned} m'_{\mathrm{t(m)}} &= \frac{1}{2} m_{s_{\mathrm{AB}}} \\ m'_{\mathrm{u(m)}} &= \frac{m_{\alpha}}{\rho} \cdot \frac{nS}{2\sqrt{2}} \end{aligned}\right\} \tag{4-18}$$

由此可见，导线端点的点位误差 M 和中点的点位误差 $M_{(\mathrm{m})}$ 由上述四种误差所形成，即

$$\left.\begin{aligned} M &= \sqrt{m_{\mathrm{t}}^2 + m_{\mathrm{u}}^2 + m_{\mathrm{t}}^{2\prime} + m_{\mathrm{u}}^{2\prime}} \\ M_{(\mathrm{m})} &= \sqrt{m_{\mathrm{t(m)}}^2 + m_{\mathrm{u(m)}}^2 + m_{\mathrm{t(m)}}^{2\prime} + m_{\mathrm{u(m)}}^{2\prime}} \end{aligned}\right\} \tag{4-19}$$

将导线端点和中点的各项误差列入表 4-5，分别求其比值：

表 4-5　中、端点各项误差比值

项目	导线测量误差引起		起始数据误差引起		总的点位误差
	纵向误差	横向误差	纵向误差	横向误差	
端点误差	$m_{\mathrm{s}}\sqrt{n}$	$\frac{m_{\beta}}{\rho}S\sqrt{\frac{n(n+1)(n+2)}{12}}$	$m_{s_{\mathrm{AB}}}$	$\frac{m_{\alpha}}{\rho}S\frac{n}{\sqrt{2}}$	M
中点误差	$m_{\mathrm{s}}\frac{\sqrt{n}}{2}$	$\frac{m_{\beta}}{\rho}S\sqrt{\frac{n(n+2)(n^2+2n+4)}{192(n+1)}}$	$\frac{1}{2}m_{s_{\mathrm{AB}}}$	$\frac{m_{\alpha}}{\rho}S\frac{n}{2\sqrt{2}}$	$M_{(\mathrm{m})}$
中、端点误差比值	1∶2（注 1）	1∶4（注 2）	1∶2	1∶2	1∶2.65（$\approx\sqrt{7}$）

注：1　按照严格直伸导线的误差传播理论，平差后测距的系统误差可以完全消除，事实上导线不可能严格直伸，因此假定平差后中点仍受到 $\frac{1}{2}\lambda nS$ 的测距系统误差的影响，故中、端点误差比值仍为 1∶2；

2　该项比值随导线边数 n 的变化而变化，对于不同的 n，其比值如表 4-6。

表 4-6　中、端点横向误差比值随边数的变化

n	4	8	12	16
$m_{\mathrm{u(m)}}/m_{\mathrm{u}}$	1∶3.78	1∶3.93	1∶3.96	1∶3.98

从表 6 中可近似地取比值为 1∶4，使导线中点的点位误差限制为 5cm，即

$$M_{(\mathrm{m})} = \sqrt{m_{\mathrm{t(m)}}^2 + m_{\mathrm{u(m)}}^2 + m_{\mathrm{t(m)}}^{2\prime} + m_{\mathrm{u(m)}}^{2\prime}} = 50\mathrm{mm} \tag{4-20}$$

按等影响原则，令：

$$m_{\mathrm{t(m)}} = m_{\mathrm{u(m)}} = m'_{\mathrm{t(m)}} = m'_{\mathrm{u(m)}} = \frac{50\mathrm{mm}}{\sqrt{4}} = 25\mathrm{mm} \tag{4-21}$$

根据中、端点误差的比值，得到导线端点由测量误差引起的纵、横向误差应为：

$$m'_{\mathrm{t}} = 25\mathrm{mm} \times 2 = 50\mathrm{mm} \tag{4-22}$$

$$m'_{\mathrm{u}} = 25\mathrm{mm} \times 4 = 100\mathrm{mm} \tag{4-23}$$

由起始数据误差引起的纵、横向误差应为：

$$m'_{\mathrm{t}} = 25\mathrm{mm} \times 2 = 50\mathrm{mm} \tag{4-24}$$

$$m'_{\mathrm{u}} = 25\mathrm{mm} \times 2 = 50\mathrm{mm} \tag{4-25}$$

由导线测量误差、起始数据误差引起的端点点位误差分别为：

$$M_1 = \sqrt{50^2 + 100^2} = 112\mathrm{mm} \tag{4-26}$$

$$M_2 = \sqrt{50^2 + 50^2} = 71\mathrm{mm} \tag{4-27}$$

$$M = \sqrt{M_1^2 + M_2^2} = \sqrt{112^2 + 71^2} = 133\mathrm{mm} \tag{4-28}$$

M 为总的端点点位中误差，其具体的反映为导线的全长闭合差。由此可以估算导线的相对闭合差，并规定容许的相对闭合差，如表 4-7。

表 4-7　各等级光电测距导线的容许相对闭合差

导线等级	总长（km）	估算相对闭合差	2 倍相对闭合差	采用的容许相对闭合差
三等	15	1/112782	1/56391	1/60000
四等	10	1/75188	1/37594	1/40000
一级	3.6	1/27067	1/13534	1/14000
二级	2.4	1/18045	1/9023	1/10000
三级	1.5	1/11278	1/5639	1/6000

导线端点应限制的测量纵向误差为±50mm，即

$$m_{\mathrm{t}} = \sqrt{nm_{\mathrm{s}}^2 + (nS)^2\lambda^2} = \pm 50\mathrm{mm} \tag{4-29}$$

设电磁波测距仪的测距系统误差的比例系数为 2，则公式（4-29）可写成：

$$\sqrt{nm_{\mathrm{s}}^2 + (nS)^2 \times 2^2} = \pm 50\mathrm{mm} \tag{4-30}$$

由此得到每边的电磁波测距偶然误差应为：

$$m_{\mathrm{s}} = \sqrt{\frac{2500 - 4(nS)^2}{n}} \tag{4-31}$$

式中 S 以“km”为单位，m_{s} 以“mm”为单位。

导线端点限制的测量横向误差应为±100mm，即

$$m_{\mathrm{u}} = S\frac{m_{\beta}}{\rho}\sqrt{\frac{n(n+1)(n+2)}{12}} = \pm 100\mathrm{mm} \tag{4-32}$$

由此得到导线的测角中误差应为：

$$m_{\beta} = \frac{20.6}{nS}\sqrt{\frac{12n}{(n+1)(n+2)}} \tag{4-33}$$

对于各等级导线每边用电磁波测距的测距误差、测角中误差的估算值与采用值如表 4-8。

表 4-8　各等级导线边的电磁波测距误差和测角中误差

导线等级	总长(km)	边数	每边测距误差(mm)		测角中误差(″)	
			估算	采用	估算	采用
三等	15	5	17.89	18	1.64	1.5
四等	10	6	18.71	18	2.34	2.5
一级	3.6	12	14.28	15	5.09	5
二级	2.4	12	14.37	15	7.64	8
三级	1.5	12	14.41	15	12.22	12

关于导线网用等权替代法算得等权路线的长度如图 4-1 所示。图中 L 代表该等级导线的容许长度。构成多种导线网后，结点间的路线长度和已知点间的路线总长为图中所注明系数乘以容许长度 L。图 4-1 可以供布设各等级导线网时参考。

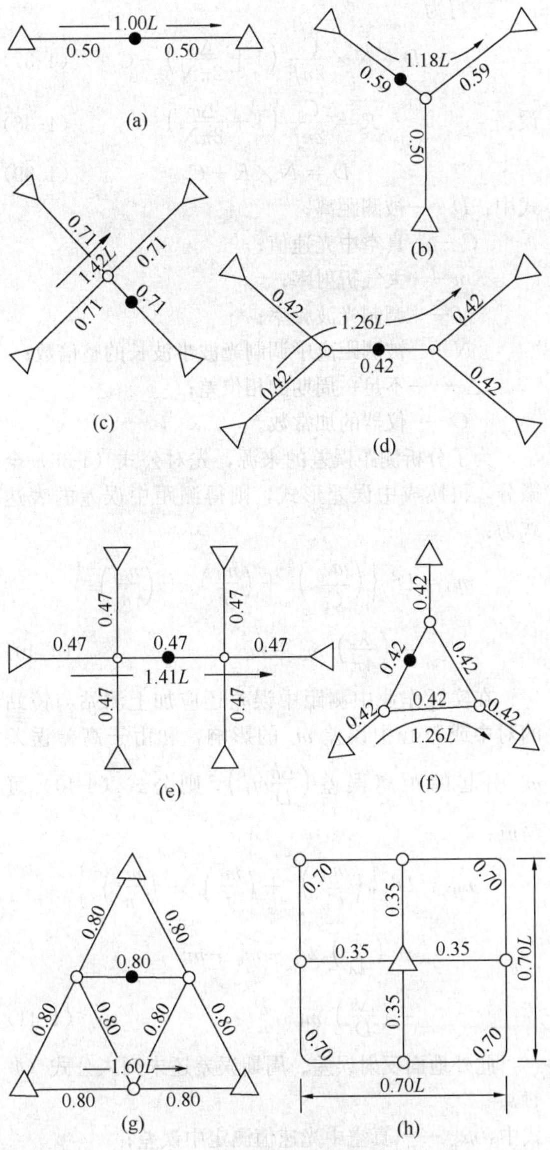

图 4-1　导线网的等权路线长度

△—高级控制点；○—导线网结点；●—估计最弱点

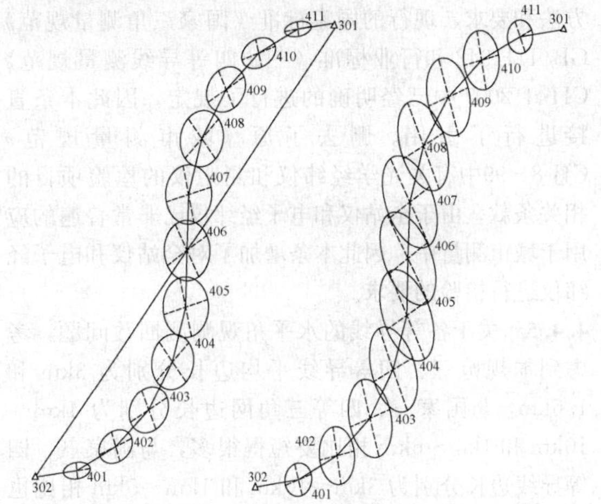

图 4-2　有定向单导线与无定向单导线的点位精度比较

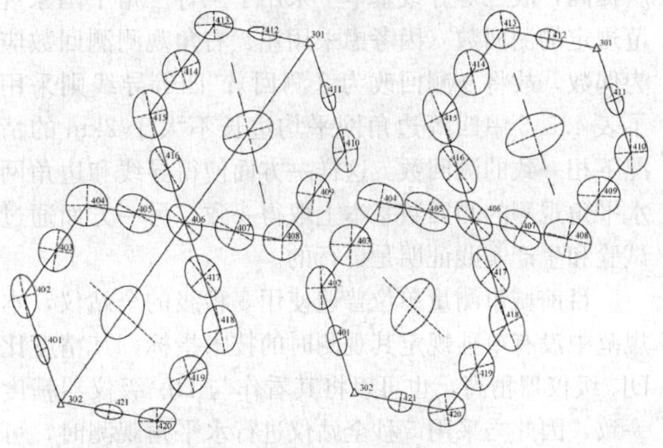

图 4-3　有定向导线网与无定向导线网的点位精度比较

4.4.3　对于四等以下的导线网，考虑到各城市地区差异，例如平原城市与山城、旧城区与新城区、建筑的疏密程度不同等，将导线分为一、二、三级，实际采用时可选取其中两级。

无定向导线较之两端有起始方位角的导线肯定会增大点位误差，但其增大的情况又随导线布设形式而不同。根据模拟计算：单线附合的一级城市导线作为无定向导线，最弱点的点位误差比典型的导线增大约 65%，且增大的主要为横向误差（见图 4-2)。而如果加密的导线网在两个起始点之间自身构成两个闭合环（见图 4-3)，则在有、无定向角的点位误差比较中，无定向导线的最弱点误差约增大 20%。因此本规范规定："四等及以下各级导线网可布设成多结点的无定向导线网，并且起算点不应少于 3 个，以保证导线点位的精度与导线自身的可靠性"。删除了原《城市测量规范》CJJ 8－99 中"对不存在通视条件的卫星定位网点或其他控制网的孤点，采用四等及以下各级加密导线网时，应布设成具有两个或两个以上闭合环，在闭合环数或结点数较少时，应适当提高导线测角精度”的规定。

4.4.4 一测区开始作业前对使用仪器的检验项目、方法和要求，现行的国家标准《国家三角测量规范》GB/T 17942 和行业标准《三、四等导线测量规范》CH/T 2007 中已经明确的进行了规定，因此本条直接进行了引用。删去了原《城市测量规范》CJJ 8－99中有关光学经纬仪和测距仪的检验项目的相关条款。由于全站仪和电子经纬仪已非常普遍的应用于城市测量中，因此本条增加了对全站仪和电子经纬仪进行检验的要求。

4.4.5 关于各等导线的水平角观测测回数问题，考虑到本规范三、四等导线平均边长分别为 3km 和 1.6km，与国家三、四等三角网边长分别为 4km～10km 和 1km～6km 相比要短得很多，与国家三、四等导线边长分别为 3km～10km 和 1km～5km 相比也要短得多，因此本规范决定采用较少的测回数。鉴于三等导线的测角中误差为 1.5″比三等三角网的 1.8″有所提高，故三等导线基本上采用了三等三角中国家规范规定的测回数（因考虑采用左、右角观测测回数应为偶数，故将 9 测回改为 8 测回）；四等导线则采用了表 4.5.5 中四等边角网平均边长不大于 2km 的情况下相一致的测回数。这样一方面使得导线和边角网水平角观测的测回数基本上取得一致，另一方面通过试验和生产实践证明是可行的。

目前城市测量单位普遍使用 5 秒级的全站仪，本规范中没有单独规定其观测时的技术指标，其精度比 DJ_6 级仪器稍高，也可以将其看作与 DJ_6 级仪器精度一致，因此当采用 5 秒全站仪进行水平角观测时，可相应地选择执行 DJ_6 级仪器的技术指标。

4.4.9 关于三、四等导线测站圆周角闭合差的规定，根据《国家三角测量规范》GB/T 17942 可知导线测站圆周角闭合差的限值 $\Delta_c = 2m_\beta$，故三等不应超过 ±3.0″，四等不应超过±5.0″。

4.4.11 目前国内外对测距仪测距中误差 m_D 的估算公式，主要有以下两种形式：

$$m_D = a + b \times D \tag{4-34}$$

$$m_D = \sqrt{a^2 + (b \times D)^2} \tag{4-35}$$

式中：a——仪器标称精度中的固定误差（mm）；

b——仪器标称精度中的比例误差系数（mm/km）；

D——测距边长度（km）。

对于这两个估算公式，国内外都持有不同的理解和看法。公式（4-34）是测距仪器制造厂厂方所给的该种仪器的测距精度（或准确度），即称之为仪器的标称精度，但如何确定的还不完全清楚，有一种观点认为标称精度只有仪器机械试验的精度，与实测精度还有差别，对于新购进的测距仪应进行实测检验，通过回归分析，重新确定 a、b 值，再采用公式（4-34）估算测距精度。还有一种观点则认为测距仪标称精度是厂方给定的精度指标，正如经纬仪 DJ_2、水准仪 DS_1 一样，代表着仪器的精度和级别，经过实测检验，如果证明不低于标称精度，应按标称精度进行估算。因为若按第一种观点办，将导致一种型号的仪器可能由于实测精度不同，而被分为不同级别。多数测绘工作者习惯于采用公式（4-35）来进行估算测距中误差 m_D，从误差性质来分析，不论固定误差还是比例误差，都是偶然误差居于主导地位，而且两者是互相独立的，因此固定误差 a 和比例误差 $b \times D$ 不能用简单的代数和相加，而是应该按误差传播定律来进行计算，认为采用公式（4-35）来估算是比较合适的。

众所周知，相位式测距基本计算公式为：

$$D = \frac{1}{2f} \times \frac{C_0}{n}\left(N + \frac{\Delta\varphi}{2\pi}\right) + C \tag{4-36}$$

或写为

$$D + N \times \frac{C_0}{2nf}\left(1 + \frac{\Delta\varphi}{2\pi N}\right) + C \tag{4-37}$$

设：

$$R = \frac{C_0}{2nf}\left(1 + \frac{\Delta\varphi}{2\pi N}\right) \tag{4-38}$$

$$D = N \times R + C \tag{4-39}$$

式中：D——被测距离；

C_0——真空中光速值；

n——大气折射率；

f——调制光波频率；

N——被测距离中调制光波半波长的整倍数；

$\Delta\varphi$——不足一周期的相位差；

C——仪器的加常数。

为了分析测距误差的来源，先对公式（4-36）全微分，再换成中误差形式，则得测距中误差的表达式为：

$$m_D^2 = D^2\left\{\left(\frac{m_{C_0}}{C_0}\right)^2 + \left(\frac{m_f}{f}\right)^2 + \left(\frac{m_n}{n}\right)^2\right\} + \left(\frac{\lambda}{4\pi}\right)^2 m_\varphi^2 + m_c^2 \tag{4-40}$$

在实际作业中测距中误差还应加上测站与镜站的对中或归心中误差 m_z 的影响，和由于高差误差 m_h 引起的距离误差 $\left(\frac{\Delta h}{D} m_h\right)$，则公式（4-40）可写成：

$$m_D^2 = D^2\left\{\left(\frac{m_{c_0}}{C_0}\right)^2 + \left(\frac{m_f}{f}\right)^2 + \left(\frac{m_n}{n}\right)^2\right\} + \left(\frac{\lambda}{4\lambda}\right)^2 m_\varphi^2 + m_c^2 + m_z^2 + \left(\frac{\Delta h}{D}\right)^2 m_h^2 \tag{4-41}$$

此外地面反射误差、周期误差还未列入公式（4-41）。

式中：m_{c_0}——真空中光速值测定中误差；

m_f——测尺频率中误差；

m_n——大气折射率中误差；

λ——调制光波的波长 $\left(\lambda=\frac{C_0}{f}\right)$；

m_φ——测相中误差；

m_c——仪器加常数测定中误差。

公式（4-41）表明测距中误差 m_D 是由以上各项误差综合影响而成的。

从误差来源分析，有些误差对测距精度影响与距离长短无关，此类误差称为固定误差，如 m_φ、m_c 和 m_z 等项误差。有些误差影响是与距离成比例的，如 m_{c_0}、m_f、m_n 等项误差。从各项误差影响的性质来讲，有系统性的如 m_{c_0}、m_f、m_c 以及 m_n 中的一部分；有偶然性的如 m_φ、m_z 以及 m_n 中另一部分。

按照公式（4-41）把上述各项误差代入所得的测距中误差 m_D 与实测资料所得的测距中误差基本上是相吻合的，通过对实测资料的分析对比，虽然公式（4-34）和公式（4-35）表达形式不同，但对短程光电测距仪来说，估算的结果 m_D 还是比较接近的，当距离长度在 2km 以内时，两者估算结果约相差 1mm，两种估算公式基本相当。根据本规范规定平面控制网四等以上控制网的平均边长在 2km 以上，故采用公式（4-35）来估算 m_D 更为合理些，所以本规范在设计各等级平面控制网测距精度时，暂采用式（4-35）估算。

4.4.14 关于各级测距仪观测结果各项较差的限值，现就规范表 4.4.14 中几项规定说明如下：

1 一测回读数较差

一测回各次读数较差的含义，就是照准一次读 n 次数的差数，所以读数较差主要取决于仪器的内部符合精度 m_{in}，目前测定仪器的内部符合精度，一般有两种方法：一是在任意一距离或多段距离上，仪器对准反光镜，进行一次照准多次读数，m_{in} 按公式（4-42）式进行计算：

$$m_{in}=\sqrt{\frac{[V_iV_i]}{n-1}} \quad (4\text{-}42)$$

式中：V_i——观测值与平均值的差数；

n——观测值的个数。

另一种是在检定基线场上，用六段法全组合观测 21 个距离值 d_i，按解析法计算出加常数 C 和 21 个距离的平差值 $\overline{d}_i$，按下式计算观测值的改正值 V_i：

$$V_i=d_i+C-\overline{d}_i \quad (4\text{-}43)$$

然后按公式（4-44）计算 m_{in}：

$$m_{in}=\sqrt{\frac{[V_iV_i]}{21-7}} \quad (4\text{-}44)$$

仪器的内部符合精度，不仅测定方法可不同，而且各类型甚至各台仪器之间也不尽相同，有时差别也较大，这样为了比较合理地求出各类型仪器内部符合精度，我们设想寻求出仪器内部符合精度 m_{in} 和仪器外部精度 m_D 或仪器标称精度两者之间的关系，这个问题核工业部地质四队在郑州花园基线场进行了试验，他们用 94 台国内外短程光电测距仪，对 137 次测试成果进行了综合分析得到：一是采用上述第二种方法测得的仪器内部精度 m_{in} 较外部符合精度 m_D 缩小了 1/3。二是在测站上按照准一次读 5 个数，取 5 个读数的算术平均值，求得在不同长度上的仪器内部符合精度与外部符合精度的近似关系式：

300m 以内	$6m_{in}\approx m_D$
300m～600m	$4m_{in}\approx m_D$
600m～900m	$3m_{in}\approx m_D$
900m～1200m	$2.5m_{in}\approx m_D$
1200m～1500m	$2.2m_{in}\approx m_D$
1500m～2000m	$2m_{in}\approx m_D$

从小于 300m 到 2000m，m_D 与 m_{in} 的平均比值为 3.3，当距离在上述测程的中间部位时，其比值约为 2.5～3，取平均值约为 2.8，即 $m_D/m_{in}=2.8\approx 2\sqrt{2}$，则

$$m_{in}\approx\frac{m_D}{2\sqrt{2}} \quad (4\text{-}45)$$

用公式（4-45）所求的仪器内部符合精度也和许多收集到的其他部门实际测定的 m_{in} 值大体一致。因此我们用公式（4-45）来计算读数较差，同时为了计算方便令仪器外部符合精度等于仪器标称精度。

一测回各次读数较差应为：

$$2\sqrt{2}m_{in}=2\sqrt{2}\times\frac{m_D}{2\sqrt{2}}=m_D \quad (4\text{-}46)$$

即一测回内读数较差等于仪器的标称精度。

2 同一时间段单程测回间较差

一测回内一般读数次数 2～4 次，以取较少的次数来考虑，取 $n=2$，2 次读数取中数，即一测回读数中误差为 $m_{in}/\sqrt{2}$，考虑到测回间较差中还应包括照准误差、大气瞬间变化的影响以及各类型测距仪 m_{in} 的差别影响等因素，其综合影响取为一测回读数中误差的 2 倍，即为 $2m_{in}/\sqrt{2}=\sqrt{2}m_{in}$，则同一时间段单程测回间较差为：

$$2\sqrt{2}\sqrt{2}m_{in}=2\sqrt{2}\sqrt{2}\frac{m_D}{2\sqrt{2}}=\sqrt{2}m_D \quad (4\text{-}47)$$

即同一时间段单程测回间较差等于仪器标称精度的 $\sqrt{2}$ 倍。

3 往返或不同时段较差

电磁波测距往返观测或在两个时间段内观测是为了更好地削弱系统误差的影响。往返或不同时间段较差，不仅受 m_{in} 影响而且更主要受大气条件变化的影响以及仪器对中（或归心）误差、倾斜改正误差等等的影响，因此我们认为对这项较差起主导作用的已经不是 m_{in}，而是 m_n、m_z、m_h，特别是对四等和四等以上的长边，比例误差的影响更为显著，所以我们认为计

算这项较差，直接采用一测回测距中误差 $m_s \leqslant (a+b \times D)$ 更为全面、合理。取往返或不同时间段各二测回，则往返或不同时间段较差为：

$$2\sqrt{2}\frac{m_s}{\sqrt{2}} = 2m_s = 2(a+b\times D) \qquad (4\text{-}48)$$

这样规定对于短于 1000m 的一、二级小三角和短于 300m 的各级导线边长也是合适的，因为对于短边比例误差已经不起主导作用，起主导作用的则是固定误差。

4.4.19 在电磁波测距中，用观测垂直角 α_v 将斜距 S 归算为平距 D 的公式主要部分为 $D=S\times\cos\alpha_v$，由此式的微分得到垂直角误差 m_{α_v} 引起平距的相对中误差：

$$\frac{m_D}{D} = \sin\alpha_v \frac{m_{\alpha_v}}{\rho} \qquad (4\text{-}49)$$

设测距边的平距相对中误差要求为 $1/T$，而规定垂直角误差只能占 1/5（可以忽略不计），则以 $1/5T$ 代替 m_D/D，得到

$$m_{\alpha_v} = \frac{\rho}{5T\sin\alpha_v} \qquad (4\text{-}50)$$

由于测距边要求对向观测或在两个时段内观测（即两次观测取平均），因此单次观测对垂直角观测的误差可放宽 $\sqrt{2}$ 倍，即

$$m_{\alpha_v} = \sqrt{2}\frac{\rho}{5T\sin\alpha_v} \qquad (4\text{-}51)$$

4.5 边角组合测量

4.5.1 在电磁波测距、卫星定位系统日益普及采用的情况下，城市平面控制网以单纯的三角网形式或边角组合网的形式布设已很少被采用。但是一些按原《城市测量规范》CJ J8－99 布设的城市三角网或边角组合网的成果仍在被应用，也不能排除个别地区仍然采用边角组合网，由于三角网看作边角组合网的特殊形式，故本规范将三角测量部分删去，保留了边角组合测量部分。本节将采用边角组合测量方法布设的平面控制网称为边角组合网。

4.5.2 由于原《城市测量规范》CJJ 8－99 中的对于城市平面控制网的精度要求的规定是由边角组合网（包括导线网）的模式推算出来的，因此本次修订中，将原《城市测量规范》CJJ 8－99 中城市平面控制测量一般规定中的此部分内容放到了边角组合测量中。

城市平面控制网的精度要求应满足城市最大基本比例尺测图、解析法细部坐标测量和普通市政工程施工放样的需要。城市最大基本比例尺测图为 1：500，图解精度以图上 0.1mm 计算，则实地精度为 5cm。规定四等以下各级边角组合网的最弱点点位中误差相对于起算点（上级控制点）而言不得大于 5cm。四等以下各级边角组合网的精度指标对于普通市政工程的施工放样也是能够满足要求的，因为放样时要求新建筑物与邻近已有建筑物或与平面控制点的相对位置误差不应大于 10cm～20cm，因此用作施工放样的控制点本身具有 5cm 的误差也是允许的。

平面控制点的点位误差是一个相对的概念，对于控制大比例尺测图和市政工程放样也应该有一个距离的范围。本规范规定：四等以下边角组合网的点位中误差是相对于起算点而言，最弱点是指其网中离开高级点最远或结构强度最薄弱处的点而言。因为四等网的平均边长为 2km，四等以下的平面控制点离开高级控制点不会超过 1km，对于正方形分幅 1：2000 比例尺测图不大于一幅图的范围，1：1000 比例尺不大于四幅图的范围，而对于1：500比例尺则不大于 16 幅图的范围。在这样的范围内，这些控制点可能落于同一图幅或相邻图幅，因此要求其有 0.1mm 的图上精度，其最高要求实地点位中误差为 5cm。对于市政工程施工放样来说，在大约 4km^2 范围内有上述规定的点位精度也已经能够满足要求。

至于平均边长大约为 2km 左右的四等边角组合网，本规范规定为最弱相邻点的相对点位中误差不得大于 5cm，这是指对于相邻同级点而言。作为控制下级网，能保证同级相邻点之间的相对精度就可以了，因为下级网就依附在这些点上，而不可能绕过若干高级点而进行附合。城市四等平面控制网是基本控制网，它并不直接用于测图或施工放样，而是作为下级平面控制网的骨干，应满足 5cm 的精度要求。至于城市三等或二等网的精度要求，则根据其能保证控制下级网而进行设计。

对于平面控制网的精度，1959 年版《城市测量规范》是以最低等（指四等）三角网的最弱边相邻点的点位中误差来衡量。对于三角网来说，离开基线边最远、图形结构又较差之处存在最弱边。目前可以用多种形式布设四等或四等以上的平面控制网，对于三边网和导线网来说，每条边都是实测，无最弱边可言。本规范为了统一平面控制网的精度衡量标准，提出“最弱相邻点”的概念，这对于边角网，并不改变其原来的“最弱边相邻点”的含义；对于导线网，是指相邻而不相连测的两点，而该处导线网的图形结构又是最差的；对于三边网，在图形结构最差之处可以找到最弱相邻点。

平面控制点的位置是根据起始数据并通过边长、角度等观测值进行计算，最后以一对平面直角坐标值（x、y）来确定的。由于观测值中的随机误差，使平面控制点的坐标也具有随机误差 m_x、m_y，并定义总的点位误差为：

$$M = \sqrt{m_x^2 + m_y^2} \qquad (4\text{-}52)$$

m_x、m_y 也称为点位在坐标轴方向上的误差。由于点位误差是一个二维随机变量，它不但可以用 m_x、m_y 来表示，也可以用其他任意两个相互垂直的方向

上的误差，例如以某一方向为纵向、与之垂直的方向为横向的纵、横向误差 m_t、m_u 来表示，即

$$M=\sqrt{m_x^2+m_y^2}=\sqrt{m_t^2+m_u^2} \tag{4-53}$$

在一般情况下，$m_x \neq m_y$、$m_t \neq m_u$，从这一点也可以说明，点位在各个方向上的误差是有变化的。能够全面地反映点位误差的概率分布情况的是点位误差椭圆，它能够反映出各个方向上的点位误差，包括最大与最小的误差。误差椭圆的参数为：长半轴 a_w、短半轴 b_w 和长半轴的方向角 φ_0，如图 4-4 所示。根据观测值的中误差计算的误差椭圆称为中误差椭圆。中误差椭圆的长短半轴依次乘以 2 和 3，称为 2 倍中误差椭圆和 3 倍中误差椭圆。点位落入中误差椭圆内的概率为 0.394，落入 2 倍中误差椭圆内的概率为 0.865，落入 3 倍中误差椭圆内的概率为 0.989。误差椭圆不加说明时都是指中误差椭圆。

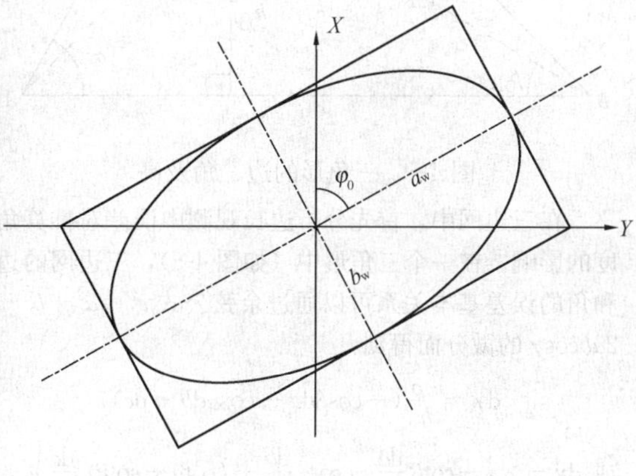

图 4-4　误差椭圆的参数

坐标轴方向上的误差 m_x、m_y，和误差椭圆参数 a_w、b_w、φ_0 均可根据平面控制网各待定点的协因数矩阵 Q 及单位权中误差 σ_0 求得，设网中有 t 个待定点，则协因数矩阵的维数为 $2t \times 2t$，其一般形式为：

$$Q=\begin{bmatrix} Q_{x_1x_1} & Q_{x_1y_1} & Q_{x_1x_2} & Q_{x_1y_2} & \cdots\cdots Q_{x_1x_t} & Q_{x_1y_t} \\ Q_{y_1x_1} & Q_{y_1y_1} & Q_{y_1x_2} & Q_{y_1y_2} & \cdots\cdots Q_{y_1x_t} & Q_{y_1y_t} \\ \cdots\cdots & \cdots\cdots & \cdots\cdots & \cdots\cdots & \cdots\cdots & \cdots\cdots \\ \cdots\cdots & \cdots\cdots & \cdots\cdots & \cdots\cdots & \cdots\cdots & \cdots\cdots \\ Q_{x_tx_1} & Q_{x_ty_1} & Q_{x_tx_2} & Q_{x_ty_2} & \cdots\cdots Q_{x_tx_t} & Q_{x_ty_t} \\ Q_{y_tx_1} & Q_{y_ty_1} & Q_{y_tx_2} & Q_{y_ty_2} & \cdots\cdots Q_{y_tx_t} & Q_{y_ty_t} \end{bmatrix} \tag{4-54}$$

第 i 点坐标的方差与协方差为：

$$\left.\begin{aligned} m_{x_i}^2 &= \sigma_0^2 Q_{x_ix_i} \\ m_{y_i}^2 &= \sigma_0^2 Q_{y_iy_i} \\ m_{x_iy_i} &= \sigma_0^2 Q_{x_iy_i} \end{aligned}\right\} \tag{4-55}$$

式中：σ_0——单位权中误差。

网中所有待定点坐标的方差——协方差矩阵为：

$$D=\sigma_0^2 Q$$

$$=\begin{bmatrix} m_{x_1}^2 & m_{x_1y_1} & m_{x_1x_2} & m_{x_1y_2} & \cdots\cdots m_{x_1x_t} & m_{x_1y_t} \\ m_{y_1x_1} & m_{y_1}^2 & m_{y_1x_2} & m_{y_1y_2} & \cdots\cdots m_{y_1x_t} & m_{y_1y_t} \\ \cdots\cdots & \cdots\cdots & \cdots\cdots & \cdots\cdots & \cdots\cdots & \cdots\cdots \\ \cdots\cdots & \cdots\cdots & \cdots\cdots & \cdots\cdots & \cdots\cdots & \cdots\cdots \\ m_{x_tx_1} & m_{x_ty_1} & m_{x_tx_2} & m_{x_ty_2} & \cdots\cdots m_{x_t}^2 & m_{x_ty_t} \\ m_{y_tx_1} & m_{y_ty_1} & m_{y_tx_2} & m_{y_ty_2} & \cdots\cdots m_{y_tx_t} & m_{y_t}^2 \end{bmatrix} \tag{4-56}$$

根据待定点坐标的方差—协方差矩阵，可按下式计算第 i 点误差椭圆的参数：

$$\left.\begin{aligned} \varphi_0 &= \frac{1}{2}\tan^{-1}\left(\frac{2m_{x_iy_i}}{m_{x_i}^2-m_{y_i}^2}\right) \\ a_w^2 &= \frac{1}{2}\left\{m_{x_i}^2+m_{y_i}^2+\sqrt{(m_{x_i}^2-m_{y_i}^2)+4m_{x_iy_i}^2}\right\} \\ b_w^2 &= \frac{1}{2}\left\{m_{x_i}^2+m_{y_i}^2-\sqrt{(m_{x_i}^2-m_{y_i}^2)+4m_{x_iy_i}^2}\right\} \end{aligned}\right\} \tag{4-57}$$

由此可见，对第 i 点的点位误差：

$$M_i^2 = m_{x_i}^2 + m_{y_i}^2 = a_w^2 + b_w^2 \tag{4-58}$$

在独立网中，坐标误差、误差椭圆和点位误差都是对起算点而言；在附合于多个高级点的加密网中，是对各个高级点而言，所以有时又称为绝对点位误差、绝对点位误差椭圆，简称为点位误差、点位误差椭圆，在本规范中用来衡量四等以下平面控制点相对于起算点的点位误差。

在四等及四等以上的平面控制网中，根据控制低级网的需要，本规范规定同级网的最弱相邻点的精度指标，即规定两个待定点之间（不论是否联测）的相对点位误差。这就需要用到两点之间的坐标增量误差、边长和方向角误差或相对点位误差椭圆来衡量。

任意两个待定点 i、j 的相对位置可以用其坐标差（坐标增量）来表示：

$$\Delta x_{ij} = x_j - x_i \qquad \Delta y_{ij} = y_j - y_i \tag{4-59}$$

根据待定点坐标的方差—协方差矩阵，可以分离出有关 i 与 j 点的子矩阵：

$$D_{ij}=\begin{bmatrix} m_{x_i}^2 & m_{x_iy_i} & m_{x_ix_j} & m_{x_iy_j} \\ m_{y_ix_i} & m_{y_i}^2 & m_{y_ix_j} & m_{y_iy_j} \\ m_{x_jx_i} & m_{x_jy_i} & m_{x_j}^2 & m_{x_jy_j} \\ m_{y_jx_i} & m_{y_jy_i} & m_{y_jx_j} & m_{y_j}^2 \end{bmatrix} \tag{4-60}$$

按协方差传播定律，可以得到 i、j 点增量的方差和协方差：

$$\left.\begin{aligned} m_{\Delta x}^2 &= m_{x_i}^2 + m_{x_j}^2 - 2m_{x_ix_j} \\ m_{\Delta y}^2 &= m_{y_i}^2 + m_{y_j}^2 - 2m_{y_iy_j} \\ m_{\Delta x\Delta y} &= m_{x_iy_i} + m_{x_jy_j} - m_{x_iy_j} - m_{x_jy_i} \end{aligned}\right\} \tag{4-61}$$

即 i、j 点增量的方差—协方差矩阵为：

$$D_{\Delta x\Delta y}=\begin{bmatrix} m_{\Delta x}^2 & m_{\Delta x\Delta y} \\ m_{\Delta x\Delta y} & m_{\Delta y}^2 \end{bmatrix} \tag{4-62}$$

而 i、j 点的相对点位误差为：

$$M_{ij}=\sqrt{m_{\Delta x}^2+m_{\Delta y}^2} \tag{4-63}$$

i 和 j 点之间的边长和方向角的计算公式为：

$$S=\sqrt{\Delta x^2+\Delta y^2} \qquad \alpha=\tan^{-1}\left(\frac{\Delta y}{\Delta x}\right) \tag{4-64}$$

根据两点间增量的方差和协方差，按协方差传播定律，得到：

$$\left.\begin{aligned} m_s^2 &= \cos^2\alpha m_{\Delta x}^2+\sin^2\alpha m_{\Delta y}^2+2\sin\alpha\cos\alpha m_{\Delta x\Delta y} \\ m_\alpha^2 &= \left(\frac{\Delta y}{S^2}\rho\right)^2 m_{\Delta x}^2+\left(\frac{\Delta x}{S^2}\rho\right)^2 m_{\Delta y}^2-2\Delta x\Delta y\left(\frac{\rho}{S^2}\right)^2 m_{\Delta x\Delta y} \end{aligned}\right\} \tag{4-65}$$

如果以两点间的边长误差 m_s 作为纵向误差 m_t，则方向角误差的弧度 $\frac{m_\alpha}{\rho}$ 乘以边长 S 可作为横向误差 m_u，即：

$$\left.\begin{aligned} m_t^2 &= m_s^2 \\ m_u^2 &= \frac{m_\alpha^2}{\rho^2}S^2=\sin^2\alpha m_{\Delta x}^2+\cos^2\alpha m_{\Delta y}^2-2\sin\alpha\cos\alpha m_{\Delta x\Delta y} \end{aligned}\right\} \tag{4-66}$$

因此 i、j 点的相对点位误差也可表示为：

$$M_{ij}=\sqrt{m_s^2+\left(\frac{m_\alpha}{\rho}S\right)^2}=\sqrt{m_t^2+m_u^2} \tag{4-67}$$

更全面地表示相对点位误差，则用下式求出相对误差椭圆参数：

$$\left.\begin{aligned} \varphi_0 &= \frac{1}{2}\tan^{-1}\left(\frac{2m_{\Delta x\Delta y}}{m_{\Delta x}^2-m_{\Delta y}^2}\right) \\ a_{ij}^2 &= \frac{1}{2}\left\{m_{\Delta x}^2+m_{\Delta y}^2+\sqrt{(m_{\Delta x}^2-m_{\Delta y}^2)+4m_{\Delta x\Delta y}^2}\right\} \\ b_{ij}^2 &= \frac{1}{2}\left\{m_{\Delta x}^2+m_{\Delta y}^2-\sqrt{(m_{\Delta x}^2-m_{\Delta y}^2)+4m_{\Delta x\Delta y}^2}\right\} \end{aligned}\right\} \tag{4-68}$$

因此 i、j 点的相对点位误差也可表示为：

$$M_{ij}=\sqrt{a_{ij}^2+b_{ij}^2}=\sqrt{m_{\Delta x}^2+m_{\Delta y}^2}=\sqrt{m_s^2+\left(\frac{m_\alpha}{\rho}S\right)^2} \tag{4-69}$$

相对点位误差的衡量可以用以上任何一种计算方法，这几种计算方法所以会得到同一结果是基于坐标轴的旋转并不影响点位精度这一原理。按以边长方向为纵向的纵、横向误差计算时，实质上就是把坐标轴旋转至两点的连线方向而计算坐标轴方向的误差；按相对点位误差椭圆的长、短半轴计算时，实质上就是把坐标轴旋转至最大误差的方向而计算坐标轴方向的误差。

4.5.3 在城市平面控制测量生产应用中，绝少采用纯三边网，由于采用各种形式的边角组合网，可以增加控制网的可靠性和点位精度的均匀性。边角组合网是以测边为主根据优化设计加测部分方向（或角），或以测角为主加测部分边的组合网，所有的边长和方向（或角）均作为观测数据参加平差。边角组合网的形式是多种多样的，故在论证其技术要求时，仍以三边网为主进行精度分析。

在平面控制网中，为了最终确定点位和方向，需要确定三角形中的各边和各角。三角网通过起始边长和观测角度来推算待定边长，而三边网则通过观测边长来推算角度。两者的主要观测值不同，而确定点位并保证具有必要的精度的目的是相同的。

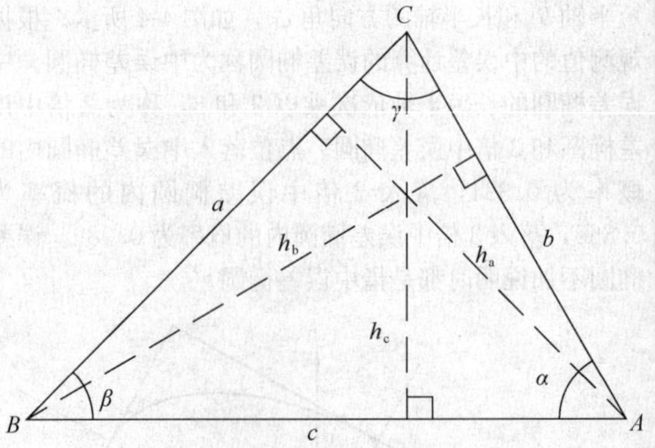

图 4-5 三角形的边、角及高

在三边网中，首先分析边长观测中误差对推算角度的影响。在一个三角形中（如图 4-5），三边网的边和角的误差基本关系可以通过余弦公式 $c^2=a^2+b^2-2ab\cos\gamma$ 的微分而得到：

$$d\gamma=\frac{\rho}{h_c}(-\cos\beta da-\cos\alpha db+dc)$$

或 $$d\gamma=\rho\left\{-\cot\beta\frac{da}{a}-\cot\alpha\frac{db}{b}+(\cot\alpha+\cot\beta)\frac{dc}{c}\right\} \tag{4-70}$$

根据独立观测值的误差传播定律：

$$m_\gamma=\rho\sqrt{\cot^2\beta\left(\frac{m_a}{a}\right)^2-\cot^2\alpha\left(\frac{m_b}{b}\right)^2+(\cot\alpha+\cot\beta)^2\left(\frac{m_c}{c}\right)^2} \tag{4-71}$$

如果设测距的相对误差为一常数，即

$$\frac{m_a}{a}=\frac{m_b}{b}=\frac{m_c}{c}=\frac{m_s}{S} \tag{4-72}$$

则

$$m_\gamma=\rho\frac{m_S}{S}\sqrt{2(\cot^2\alpha+\cot^2\beta+\cot\alpha\cot\beta)} \tag{4-73}$$

如果为等边三角形，则

$$m_\alpha=m_\beta=m_\gamma=\rho\frac{m_s}{S}\sqrt{2} \tag{4-74}$$

设 m_f 为每一观测方向的中误差，则 $m_f\sqrt{2}=m_\beta$，因此

$$\frac{m_s}{S}=\frac{m_f}{\rho} \tag{4-75}$$

公式（4-75）可以作为边长观测值精度与角度观测值精度相匹配的理论依据。在实测的边角组合网中，以及用典型图形模拟计算中，证明其正确性。

本规范按照城市边角组合网的设计应和城市三角网的规格取得一致的原则，采用平均边长相一致、测边和测角的精度相一致的规定，见表 4-9。

表 4-9　三角网、三边网的平均边长和观测精度

三边网和三角网等级	平均边长（km）	三角网角度、方向观测		三角网边长观测		测边所用测距仪的标称精度	
		m_β (″)	m_f (″)	m_s/S	m_s (mm)	加常数	乘常数
二等	9	1.0	0.7	1/300000	30	5	3
三等	5	1.8	1.3	1/160000	30	5	5
四等	2	2.5	1.8	1/120000	16	5	5
一级	1	5	3.5	1/60000	16	10	10
二级	0.5	10	7.1	1/30000	16	10	10

从表 4-9 可以看出三边网所需要的测距仪精度是目前中、短程测距仪所具有的，实测的边长精度还可以比表列数字有所提高。

由于三边网的各边均为独立测定，平差后的边长精度（纵向误差）基本上是均匀的，但其方向精度（横向误差）受到传算线路中角度误差的影响，而角度误差与图形有关。因此三边网在选点时应和三角网一样，必须重视图形结构，以正三角形为理想图形。其大角和小角的限制的理论根据如下：

设 γ 角为等腰三角形的顶角，见图 4-6。

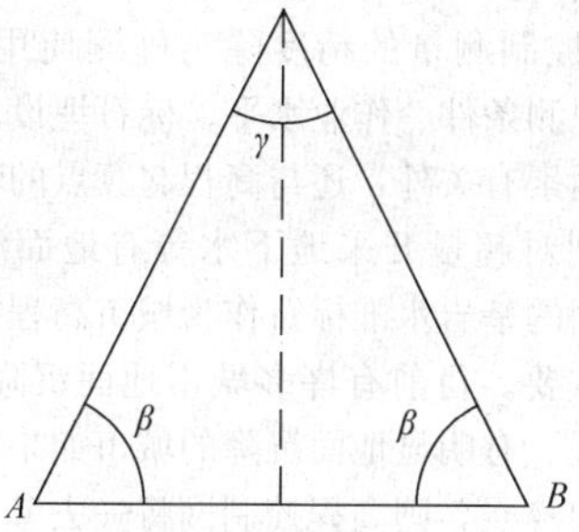

图 4-6　等腰三角形

则

$$m_\gamma = \rho\frac{m_s}{S}\cot\beta\sqrt{6} = 0.505\times\frac{m_s}{S}\times10^6\tan\frac{\gamma}{2} \tag{4-76}$$

对于各个等级不同的测距相对中误差，以及大小不同的 γ 角，按边长计算的角度中误差见表 4-10。

表 4-10　等腰三边网测距误差引起的角度误差（″）

γ (°)	m_S/S				
	1/300000	1/160000	1/120000	1/60000	1/30000
30	0.45	0.84	1.13	2.26	4.51
40	0.61	1.15	1.53	3.06	6.13

续表 4-10

γ (°)	m_S/S				
	1/300000	1/160000	1/120000	1/60000	1/30000
50	0.79	1.47	1.96	3.93	7.85
60	0.97	1.82	2.43	4.86	9.72
70	1.18	2.21	2.95	5.90	11.8
80	1.41	2.65	3.53	7.07	14.1
90	1.68	3.16	4.21	8.42	16.8
100	2.01	3.76	5.02	10.0	20.1
110	2.41	4.51	6.01	12.0	24.1
120	2.92	5.47	7.29	14.6	29.2

由此可见，三边网中的角度精度随所对角度的增大而降低，因此在每一三角形中首先应限制最大的角度。设以 60°角度为标准，以标准角度的误差的两倍为极限，因此规定三角形的内角不应大于 100°。另一方面，三角形的内角越小，所对的边长也越短，过短的边长导致测距相对误差的增加，形成不利图形，因此又规定三角形的内角不应小于 25°，有小于 30°的角度的三角形应控制在三角形个数 10%以下。

观测在进行中或结束时，对野外测量成果的检核是十分重要的，大都认为三边网的检核条件较少，三边网边长的对向观测的差值实际上也是很好的检核，因此本规范规定对于网中每一个中点多边形、大地四边形或扇形必须作圆周角条件及组合角条件的检核。

为了进行上述检核，首先必须列出这些条件方程式，三边网的条件方程式可以用多种形式写出，考虑到测量工作者已熟悉三角网中极条件的检核，因此建议采用圆周角条件和组合角条件的形式，把边长闭合差化为角度闭合差而检验其是否超限。

4.5.5　对于城市边角网测量中水平角观测的技术要求，考虑到角度观测的精度与照准目标点的距离有关，距离较远受通视条件的影响也较大。因此，本次规范修订保留了原《城市测量规范》CJJ 8－99 中的指标规定，以“大于”和“小于等于”各等三角网平均边长为界线，规定两种不同的测回数，前者采用较多的测回数，而后者较少，对于一、二级边角网则不作这样的区分。这样既与国家规范规定的测回数取得一致，又符合经济合理的原则，以获得较高的经济效益。实践证明，采用较少测回数是能够达到测角精度指标的。

4.5.10　因超限而重测的完整测回称为重测。因对错度盘、测错方向、读记错误、上半测回归零差超限、碰动仪器、气泡偏离过大以及其他原因未测完的测回，均可立即重新观测，而不算作重测测回数。

4.6　成果整理与提交

4.6.2　静态卫星定位网观测数据预处理工作主要是

对观测的基线数据进行解算和检验。一般采用卫星定位接收机自带的商用软件进行基线解算，基线解算工作的要求详见现行行业标准《卫星定位城市测量技术规范》CJJ/T 73。基线解算工作完成后要对解算的成果进行检验，包括同一时段观测值的数据剔除率的检验、复测基线的长度较差的检验、GNSS 网中任何一个三边构成的同步环闭合差的检验、异步环或附合线路坐标闭合差的检验，现行行业标准《卫星定位城市测量技术规范》CJJ/T 73 对基线解算数据的检验有很详细和明确的规定，因此本规范直接进行了引用。

静态卫星定位网平差包括三维无约束平差和约束平差两个步骤的工作。第一步是进行三维无约束平差，三维无约束平差是在地心坐标系下进行的，通常以网中一个点的已知地心系三维坐标作为无约束平差的起算点。无约束平差的目的，主要是检验卫星定位网有无残余的粗差基线向量和其内部符合精度。静态卫星定位网平差的第二步是在无约束平差满足精度要求后确定的有效观测量基础上，在国家坐标系或城市独立坐标系下进行经三维约束平差或二维约束平差。约束点的已知坐标、已知距离或已知方位，作为强制约束的固定值。无约束平差的基线向量各分量改正数反映了卫星定位网内部符合精度，是不受起算数据误差影响的。约束平差后，同名基线在约束平差和无约束平差中的改正数过大，则说明起算数据误差引起了卫星定位网变形。为了不降低卫星定位网的精度，要比较两类平差法的基线改正数较差。

由于现行行业规范《卫星定位城市测量技术规范》CJJ/T 73 对卫星定位网的平差要求规定得非常详细，因此本规范没有再直接规定，只对其进行了引用。

4.6.7 本条将原《城市测量规范》CJJ 8－99 中三角测量的验算作为边角组合网检核的一部分即以测角为主的边角组合网的检核，并将检核的项目和限差放到本条第 4 款。

5 高程控制测量

5.1 一 般 规 定

5.1.1 目前我国各城市所采用的高程系统尚不统一，个别城市还有同时使用两个高程系统的，这显然对城市测绘成果的共享利用，带来极大的不便和困难，而且在使用上也很容易产生差错。为了改变这种混乱状态，提高测绘成果的经济效益，做到一测多用，同时为了便于跨地区的水利工程及其他大型工程建设的需要，高程系统的统一是很重要的。因此本规范规定，一个城市只应采用一个统一的高程系统，城市高程控制网的高程系统，宜采用 1985 国家高程基准或沿用 1956 年黄海高程系。1985 国家高程基准青岛原点高程为 72.260m，而 1956 年黄海高程系青岛原点高程为 72.289m。很多城市由于历史的原因还在沿用地方高程系，因此本次规范修订时增加了可采用地方高程系的规定。当城市高程系统采用地方高程系时，应与国家高程系统建立联系。

5.1.2 原《城市测量规范》CJJ 8－99 规定将城市高程控制网等级划分为二、三、四等。本次修订考虑到城市测量中对高程精度有特殊需要者，增加了一等高程控制网，规定了一、二、三、四等高程控制网宜采用水准测量的方法施测，此时高程控制网的等级与国家水准测量等级划分相一致。一等高程控制网应单独设计并布设成一等水准网，其精度要求可参照国家一等水准测量的规定。

城市高程控制网的建立可以用水准测量、三角高程（高程导线）测量或卫星定位高程测量的方法，目前仍以水准测量为主。

随着电磁波测距仪及全站仪的推广应用，城市四等及一、二、三级导线在测量距离和水平角的同时，能以较高精度测定垂直角，再量取仪器高和棱镜高，则可以在测定平面控制网的同时，测定达到四等水准测量精度的高程导线。

随着卫星定位技术的发展，目前利用卫星定位的大地高成果结合似大地水准面精化成果进行高程控制网测量可以达到四等水准测量的精度。因此本条增加了卫星定位高程测量可以用于平原和丘陵地区的城市四等高程控制。

5.1.3 高程控制测量的精度除与施测使用的仪器、操作方法、观测条件、作业水平、标石埋设质量以及网形结构等因素有关外，还与高程起算点的稳定性密切相关。特别对超量开采地下水等有地面沉降的城市，建立稳固的基岩水准标石作为城市高程控制网的起算点尤为重要。目前有许多城市地面沉降较严重，应该引起重视。有明显地面沉降的城市如果没有一个高程稳定的起算点，则高程控制网将失去基准，地面沉降观测的成果将产生扭曲。因此建立基岩水准标石对于大城市或存在地面沉降的城市具有重要意义。不存在地面沉降的一般城市，其高程控制网可以用城市范围内或邻近的国家高程控制点作为起算点，以方便与国家高程系统建立联系。

5.1.5 城市高程控制网是城市大比例尺测图、城市工程测量和城市地面沉降观测的基本控制，它的高程精度应能满足城市 1∶500 比例尺测图、市政工程测量等方面的需要。

城市最大基本比例尺 1∶500 地形图的等高距大多为 0.5m，要求图根点的高程相对于起算点的高程中误差不得大于等高距的 1/10，则为 50mm，作为图根点高程起算点的各等高程控制点（多数为四等高程控制点）其精度按提高至 2 倍计为±25mm。不用等高线表示地形的城市建筑区和平坦地区的地物平面图，规定其地面的高程注记点相对于近邻图根点的高程中误差不得大于 0.15m，当等高距为 0.5m 时，图根点的高程应用图根水准测定，其路线闭合差不得超过 $\pm 40\sqrt{L}$（mm），则具有 ±25mm 高程精度的水准点也足以进行控制。

在城市工程测量中，以市政工程中的自流管道对高程放样精度要求为最高。当管道的最小设计坡度为 0.5‰时，即每千米的设计高差为 0.5m，为保证设计坡度施工放样的精度要求，在设计、施工阶段的测量误差按 1/10 计为 ±50mm，则作为市政工程高程起算点的高程控制点的精度按提高至 2 倍计为 ±25mm。

考虑到高程控制点的误差既由测量误差引起，也受到高级点的起始数据误差的影响。以起始数据误差影响为测量误差的 $1/\sqrt{2}$ 计算，则由高程测量误差引起的高程控制网中最弱点的高程中误差应为：$25/\sqrt{1^2+(1/\sqrt{2})^2}=20\text{mm}$。因此本规范对高程控制测量的基本精度要求规定为：各等高程控制网中最弱点（相对于起算点）的高程中误差不得超过 0.02m。

从一些城市实测资料统计结果来看，说明本规范“0.02m”的精度指标是能够达到的。

5.1.7 关于高程控制网单一路线（环线或附合于高等级点间路线）最大长度的规定，其理论依据如下：单一的环线或附合路线中的最弱点在线路的中部，如图 5-1 所示。为了保证最弱点相对于起算点的必要精度（0.02m），应根据各等高程控制测量的每千米高差测定的中误差，来限制高程控制网路线的长度 L。

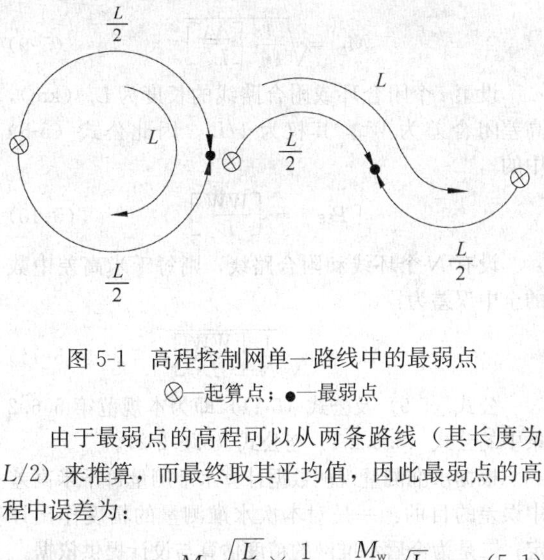

图 5-1 高程控制网单一路线中的最弱点

⊗—起算点；●—最弱点

由于最弱点的高程可以从两条路线（其长度为 $L/2$）来推算，而最终取其平均值，因此最弱点的高程中误差为：

$$m_h = M_w\sqrt{\frac{L}{2}} \times \frac{1}{\sqrt{2}} = \frac{M_w}{2}\sqrt{L} \qquad (5\text{-}1)$$

式中：M_w——该等高程控制测量每千米的高差测定全中误差（mm）；

L——单一路线的长度（km）。

按照各等高程控制测量的 M_w 和城市高程控制网布设精度要求，令 $m_h=20\text{mm}$，则可以用式（5-2）计算各等高程控制测量的单一路线的容许长度：

$$L = \left(\frac{2m_h}{M_w}\right)^2 = \left(\frac{40}{M_w}\right)^2 \qquad (5\text{-}2)$$

对于各等高程控制测量，L 的计算值与规范的采用值如表 5-1 所示。

表 5-1 各等高程控制网单一线路的容许长度

等级	M_w（mm）	m_h（mm）	L 计算值（km）	L 容许值（km）
二等	2		400	400
三等	6	20	44	45
四等	10		16	15

高程控制网的布设不限于单线，尤其是作为加密网，往往布设成结点网或格网形式。故本规范又规定，对于高程控制网规定结点与高级点之间或结点与结点之间的路线容许长度为单线的 0.7 倍。

根据城市测量特点，城市建设需要高程控制点有较大的密度，因此本规范规定高程控制点间距离（测段长度）在建筑区为 1km～2km，其他地区为 2km～4km，这样的规定是符合城市测量的实际需要的。

5.1.9 为了与国家标准保持一致，将原《城市测量规范》CJJ 8－99中有关水准仪系列的分级及基本技术参数的规定删去，更改为“水准仪系列的分级及基本技术参数应符合现行国家标准《水准仪》GB/T 10156 的规定”。

由于现行的国家标准对用于高程控制测量的水准仪标尺的技术指标均有详细的规定，因此本条将原《城市测量规范》CJJ 8－99 中“水准标尺的米间隔平均真长与名义长之差，对于线条式因瓦标尺不应大于 0.10mm，对于区格式木质标尺不应大于 0.50mm。”的规定删去。

5.1.10 本条规定了高程测量外业观测记录要求。随着技术的发展应用电子记簿的方式非常普遍，因此在高程控制测量中应优先采用电子记录方式，但是也不能排除个别地区仍然采用纸质手簿，所以也对纸质手簿填写作了规定。采用纸质手簿记录时，应注意下列事项：

1 手簿中记载项目的原始观测数据应字迹清晰端正、填写齐全。外业手簿中任何原始记录，包括文字，不应擦改或涂改，更不能转抄复制。

2 当原始记录米与分米数字或文字有误时，应以单线划去，在其上方写出正确数字和文字，并应在备考栏内注明原因，但一测站内不应有两个相关数字连环更改。划去不用的废站亦应注明原因。

5.2 选点与埋石

5.2.5 随着电子技术的发展，数码照相设备已经非常普及。为了控制埋石的质量以及为以后寻找高程控制点方便，本次规范修订增加了二、三等高程控制点埋石过程中各个环节拍摄照片的要求。对于预制标石的埋设应拍摄反映标石坑的形状和尺寸的标石坑照片、反映标石安置是否平直端正的标石安置照片和反映标石埋设位置的地物、地貌景观的标石埋设位置远景照片；对于现场浇注的标石还应拍摄反映骨架捆扎的形状和尺寸的钢筋骨架照片、反映基座的形状及钢筋骨架安置是否正确的基座建造后照片、反映标志安置是否平直、端正的标志安置照片、反映标石整饰是否规范的标石整饰后照片。

5.2.6 本条增加了高程控制点标石埋设后需要经过一定的稳定期后才能进行二等水准观测的要求，稳定期的时间长度引自现行国家标准《国家一、二等水准测量规范》GB/T 12897。

5.2.7 本次规范修订增加了二、三等高程控制点埋石结束后上交资料内容的相应规定。根据城市高程控制测量的一些实际情况，将原《城市测量规范》CJJ 8－99中各等高程控制点均应办理委托保管手续更改为二、三等高程控制点应提交测量标志委托保管书。

5.2.8 本条增加了对高程控制点检查和维护的要求。现行国家标准《国家一、二等水准测量规范》GB/T 12897中要求一、二等水准点应每5年定期检查和维护，本次规范修订根据城市的具体情况规定了各等高程控制点的检查和维护周期不应超过5年，复测前也应对高程控制点进行检查和维护。

5.3 水 准 测 量

5.3.1 水准测量的主要技术要求是根据水准测量中误差传播的规律。用水准测量测定高差的精度受到水准测量中偶然误差（水准尺读数误差、水准管气泡居中误差、补偿摆置平误差等）和系统误差（仪器误差、系统性折光误差等）的影响。高差测量的中误差m_h的一般表达式为：

$$m_h^2 = \varepsilon^2 L + \delta^2 L^2 \quad (5\text{-}3)$$

式中：ε——单位距离中的偶然误差；

δ——单位距离中的系统误差；

L——水准路线的长度。

在短程的水准测量中，系统误差的影响小于偶然误差的影响。在城市水准测量中，水准点间距离很短，因此估算用水准测量测定两点间高差的精度，可以用公式（5-4）估算：

$$m_h = M\sqrt{L} \quad (5\text{-}4)$$

式中：M——每千米高差测定的中误差（mm）；

L——两点间的距离（km）。

设以M为单位权中误差，则两点间线路的权为：

$$P = \frac{1}{L} \quad (5\text{-}5)$$

在各等水准测量中，两水准点之间的高差需要进行往返观测而取其平均值（中数）作为观测值。如果水准点间的距离较长，也可分为若干测段，分段进行往返观测。水准测量往返观测的差数可以用来初步评定水准测量的精度。由于各测段路线长度不同，为不等权观测，求不等权观测的单位权中误差的公式为：

$$m_0 = \sqrt{\frac{[P\varepsilon\varepsilon]}{n}} \quad (5\text{-}6)$$

式中：ε——观测值的真误差；

P——观测值的权；

n——观测值的个数。

根据实测资料的统计分析：在水准测量中，大部分的偶然误差能反映在短距离（例如一个测段）的往返测高差差值中；在长距离（例如闭合环线或两高级点间的附合路线）中，系统误差在高差闭合差中可能有所反映。因此，用公式（5-6）根据测段间的往返测高差之差Δ，可以求得水准测量的每千米高差中数的偶然中误差M_Δ；根据环线或附合路线的高差闭合差W，可以求得水准测量的每千米高差中数的全中误差（偶然误差与系统误差的联合影响）M_w。

设以1km的单程水准测量的权为1，第i测段的长度为L_{si}（km），则单程观测的权为$1/L_{si}$，往返差值为Δ_i，其权为$1/(2L_{si})$。因此公式（5-6）中的

$$[P\varepsilon\varepsilon] = \frac{1}{2}\left[\frac{\Delta\Delta}{L_s}\right] \quad (5\text{-}7)$$

设有n'个测段，则每千米单程观测的高差偶然中误差为：

$$\sqrt{\frac{[P\varepsilon\varepsilon]}{n'}} = \sqrt{\frac{1}{2n'}\left[\frac{\Delta\Delta}{L_s}\right]} \quad (5\text{-}8)$$

因此，每千米往返测高差中数的偶然中误差为：

$$M_\Delta = \sqrt{\frac{1}{4n'}\left[\frac{\Delta\Delta}{L_s}\right]} \quad (5\text{-}9)$$

设第i个闭合环或附合路线的长度为L_i（km），高差闭合差为W_i，其权为$1/L_i$。因此公式（5-6）中的

$$[P\varepsilon\varepsilon] = \left[\frac{WW}{L}\right] \quad (5\text{-}10)$$

设有N个环线和附合路线，则每千米高差中数的全中误差为：

$$M_w = \pm\sqrt{\frac{1}{N}\left[\frac{WW}{L}\right]} \quad (5\text{-}11)$$

公式（5-9）及公式（5-11）即为本规范第5.6.2条中的公式（5.6.2-1）与公式（5.6.2-2）。

根据水准测量观测数据计算水准测量每千米高差中误差的目的：一是对本次水准测量的精度作出评定；二是为今后水准网的精度估算与设计提供依据。

水准测量的主要技术要求中，与国家水准测量相一致，规定了二、三、四等水准测量的每千米高差中数的中误差（偶然中误差M_Δ与全中误差M_W）。据此可以推求往返测高差不符值与路线高差闭合差的容许值。

测段间单程高差测量的中误差为：

$$m_h = M_\Delta \sqrt{2}\ \sqrt{L_s} \quad (5\text{-}12)$$

测段间往返测高差之差（高差不符值）的中误差为：

$$m_{\Delta h} = m_h \sqrt{2} = 2M_\Delta\ \sqrt{L_s} \quad (5\text{-}13)$$

测段间容许的往返测高差不符值以两倍中误差计为：

$$m_{\Delta hp} = 4M_\Delta\ \sqrt{L_s} = 2M_w\ \sqrt{L_s} \quad (5\text{-}14)$$

环线或附合路线的高差闭合差的中误差为：

$$m_{\Sigma h} = M_w \sqrt{L} \quad (5\text{-}15)$$

容许的环线或附合路线的高差闭合差以两倍中误差计为：

$$m_{\Sigma hp} = 2M_w \sqrt{L} \quad (5\text{-}16)$$

在山区进行水准测量时考虑到测站数要增加，对容许闭合差的规定略为放宽。

5.3.2 本条规定了新购置的仪器、作业前或跨河水准测量前仪器的检验项目、方法和要求应按现行国家标准《国家一、二等水准测量规范》GB/T 12897与《国家三、四等水准测量规范》GB/T 12898中的规定执行。由于现行国家标准中已经规定了自动安平水准仪补偿误差的限差标准，因此将原《城市测量规范》CJJ 8－99中“二等水准测量采用补偿式自动安平水准仪施测时，其补偿误差不应大于0.2″”的规定删去。在本规范修订期间《数字水准仪检定规程》CH/T 8019和《因瓦条码水准标尺检定规程》CH/T 8020两个行业标准正式发布，因此增加了数字水准仪和因瓦条码水准标尺的检验应按上述两个标准执行的规定。

本条中对于 i 角的检校重新进行了规定，将光学水准仪按照自动安平光学水准仪和气泡式水准仪加以区分进行规定。i 角的检校次数和周期等也因现行的《国家一、二等水准测量规范》GB/T 12897与《国家三、四等水准测量规范》GB/T 12898的修订而有所改变。增加了数字水准仪 i 角的检校的相关规定。

5.3.5 将原《城市测量规范》CJJ 8－99本条的内容重新调整、归纳和补充。将二等水准观测、与三、四等水准观测的要求分开规定，条理上更为清晰。本条规定了二等水准测量的观测要求，根据现行的国家标准增加了数字水准仪的观测要求。修改了观测读数和计算的数字取位要求，使其与现行国家标准《国家一、二等水准测量规范》GB/T 12897一致。

5.3.6 本条规定了三、四等水准测量的观测要求，增加了数字水准仪的观测要求，修改了观测读数和计算的数字取位要求，使其与现行国家标准《国家三、四等水准测量规范》GB/T 12898一致。

5.3.7 本条规定了各等水准观测过程中应遵守的事项，增加了气泡式水准仪观测前的注意事项和数字水准仪观测过程中的注意事项等。

5.3.8 对各等水准观测的视线长度、前后视距差、前后视距累积差和视线高度的要求进行了修改，尤其是三、四等水准观测，修改后的要求与现行的《国家三、四等水准测量规范》GB/T 12898的规定是一致的。增加了利用数字水准仪进行各等水准观测的视线长度、前后视距差、前后视距差累积、视线高度和重复测量次数的要求。

5.3.9 对各等水准观测的测站观测限差的要求，增加了使用双摆位自动安平水准仪和数字水准仪观测时的限差要求。

5.4 高程导线测量

5.4.1 随着技术的发展，光学经纬仪已被逐步淘汰，因此将原《城市测量规范》CJJ 8－99的三角高程测量一节中有关经纬仪三角高程测量和经纬仪三角高程导线的要求删除，同时删除了用经纬仪三角高程测定各等级平面控制网高程的要求，保留并增加了电磁波测距三角高程测量代替四等水准的高程导线的相关要求。将本节更名为高程导线测量。

使用全站仪，置于两端或中间观测两点间的斜距与垂直角，量取仪器高与棱镜高，以计算两点间的高差，称为电磁波测距三角高程测量。电磁波测距三角高程测量的精度经实践证明可以达到四等高程控制测量的精度，宜按某一路线传递高程，称为四等高程导线。

本节规定的高程导线的测量方法和要求主要针对电磁波测距三角高程测量方法代替四等水准的高程导线。

5.4.2 高程导线各边的高差测定应采用对向观测，主要是为了抵消垂直角观测中的大气垂直折光影响。

在每一照准点安置仪器进行对向观测的方法，称为每点设站法。每隔一照准点安置仪器的施测方法，称为隔点设站法。

5.4.3 本条高程导线的边长和垂直角观测要求中，对仪器高、棱镜高的量测要求与原《城市测量规范》CJJ 8－99的要求基本一致，其他各项要求均引自现行国家标准《国家三、四等水准测量规范》GB/T 12898。

5.4.4 本条增加了隔点设站方法的相邻照准点间高差计算公式。该计算公式引自现行国家标准《国家三、四等水准测量规范》GB/T 12898。

5.4.6 增加了高程导线的各项观测读数和计算取位的要求，该要求与现行国家标准《国家三、四等水准测量规范》GB/T 12898相同。

5.4.7 测量结果的各项限差引自现行国家标准《国家三、四等水准测量规范》GB/T 12898。

5.5 卫星定位高程控制测量

5.5.1 本次规范修订删除了原《城市测量规范》CJJ 8－99中地面沉降观测一节，编者认为对地面沉降的观测应不属于高程控制测量的范畴，因此将其删去。

随着卫星定位技术的普遍应用，我国不少的大中型城市均进行了似大地水准面精化的工作，为卫星定位高程测量代替水准测量打下了基础。经许多城市的实践证明，在平地和丘陵地区卫星定位高程测量可以达到四等水准测量的精度，因此本节将利用卫星定位高程测量代替四等水准测量的工作称为卫星定位高程控制测量。本节的所有规定和要求均针对采用卫星定位测量方法进行四等高程控制测量。

5.5.2 卫星定位测量方法建立四等高程控制网所用高程异常模型的精度要求引自现行行业标准《卫星定位城市测量技术规范》CJJ/T 73的规定。“高程异常模型高程中误差”是指高程异常模型的外业实际检测精度，即“外符合精度”。“高程异常模型内符合中误差”μ按公式（5-17）计算。

$$\mu = \sqrt{[v_i v_i]/(n-1)}$$

$$v_i = H'_i - H_i \tag{5-17}$$

式中：v_i——拟合点的拟合残差；

H'_i——拟合点的卫星定位测量高程；

H_i——拟合点的水准测量的高程；

μ——高程异常模型内符合中误差；

n——参与拟合的点数。

5.5.4 本条规定了“高程异常模型高程中误差”的检测方法。高程异常模型高程中误差M按公式（5-18）计算。

$$M = \sqrt{[V_i V_i]/n}$$

$$V_i = H'_i - H_i \tag{5-18}$$

式中：V_i——检测点的卫星定位高程与水准高程之差；

H'_i——检测点的卫星定位测量高程；

H_i——检测点的水准测量高程；

M——高程异常模型高程中误差；

n——检测点点数。

5.5.8 为了保证观测的可靠性，在进行卫星定位高程控制测量时，需要至少联测一个已知高程控制点进行检核，检核高程较差的指标引自现行行业标准《卫星定位城市测量技术规范》CJJ/T 73的规定。这种检核应视为作业时的自检，方法为卫星定位静态联测。

5.5.10 本条规定了卫星定位高程控制测量工作完成后，应进行100%的内业检查和10%外业抽检。外业检测采用四等及四等以上水准测量的方法，检测的指标要求引自现行行业标准《卫星定位城市测量技术规范》CJJ/T 73。

5.6 成果整理与提交

5.6.2 本条计算公式（5.6.2-1）和公式（5.6.2-2）的推导见本章第5.3.1条的条文说明。

5.6.7 本条在提交资料中增加了卫星定位接收设备的检验资料和数据加工处理中生成的文件两部分内容。根据城市高程控制测量的一些实际情况，将原《城市测量规范》CJJ 8-99中各等高程控制点均应提交标志委托保管书更改为二、三等高程控制点应提交标志委托保管书。

6 数字线划图测绘

6.1 一 般 规 定

6.1.2 1∶500、1∶1000、1∶2000、1∶5000、1∶10000比例尺DLG是城市规划、建设与管理，市政工程、工业与民用建筑设计以及施工中的重要依据，是建设和维护基础地理数据库、编制各种专题地图的基础信息。DLG比例尺的选择反映用户对DLG信息的精度和内容的要求，也关系到经济效益的问题。选用的DLG比例尺愈大，工作量和资金投入愈多。

6.1.5 基本等高距的选择是基于城市几十年的实践经验和城市规划、建设与管理的需要而制定的。根据我国一些城市兼有平地、丘陵、山地和高山地等多种地形类别，对于等高距的选择，本规范有较多的灵活性，在1∶500、1∶1000、1∶2000的不同地形类别中列出了两种不同的等高距，但在同一幅图中不得采用两种等高距。

6.1.6 本规范规定DLG的地物点平面精度以地物点相对于邻近平面控制点（或航测野外像控点）的点位中误差不得超过图上0.5mm；邻近地物点间距中误差不得超过图上0.4mm。山地（不包括山城建筑区）、高山地和设站施测困难的旧街坊内部，其精度要求按上述规定放宽0.5倍。其平面精度的确定是依据城市规划、设计、施工、建设、管理，以及基础地理信息的各类用户应用需求出发；是总结了几十年来城市地形测量的经验和理论推导而获得的。近年来，随着技术的不断进步，GPS和全站仪已经成为DLG数据采集的常用工具，一些城市也结合各种工程应用的需要，结合地籍管理的需要，提高了DLG数据采集的精度，但考虑到大多数城市对DLG应用的需求，本规范仍然保留原有的DLG平面精度要求。

6.1.7 本规范规定了1∶500、1∶1000、1∶2000DLG城市建筑区和等高距为0.5m的平坦地区的高程注记点相对于邻近图根点的高程中误差不应大于0.15m，其他地区的高程精度以等高线插求点相对于邻近图根点的中误差来衡量。本规范采用了《工程测量规范》GB 50026所采用的经验公式来推求等高线的插求点的高程中误差M_p：

$$M_p = H/4 + 0.8M \times 10^{-3} \times \tan\alpha \tag{6-1}$$

式中：H——基本等高距；

M——测图比例尺分母；

α——地面倾斜角。

其中，等高线的高程中误差的取值均不应大于基本等高距的1/2，特殊困难地区也不应大于一倍基本等高距。

实际上，DLG对高程精度的要求，主要体现在基本等高距的选择上。

6.1.9～6.1.12 现行国家标准《基础地理信息要素分类与代码》GB/T 13923、《基础地理要素数据字典 第1部分：1∶500、1∶1000、1∶2000基础地理要素数据字典》GB/T 20258.1、《基础地理要素数据字典 第2部分：1∶5000、1∶10000基础地理要素数据字典》GB/T 20258.2、《国家基本比例尺地图图式 第1部分：1∶500、1∶1000、1∶2000地形图图式》GB/T 20257.1和《国家基本比例尺地图图式 第2部分：1∶5000、1∶10000地形图图式》GB/T 20257.2、《基础地理信息数字产品元数据》CH/T 1007、《地理空间数据交换格式》GB/T 17798分别对要素的分类与代码、定义和描述、图式、元数据、DLG数据格式进行了规定，本规范按照上述国家标准作了修订。

6.2 测绘内容

6.2.2 测量控制点包括三角点、小三角点、导线点、埋石图根点、不埋石图根点、水准点、卫星定位等级点等，应根据实际情况分类表示。各类测量控制点符号的几何中心表示地面上控制点标志的中心位置。

6.2.3 本条第2款中，河流、溪流、湖泊、水库等水涯线，宜按测绘时的水位测定，当采用摄影测量或卫星遥感方法测绘时，一般按影像获取时的水位测定，当影像获取时间为枯水或洪水期时，应以常水位表示。图上宽度小于1mm的河流，用水涯线绘制河流，不绘陡坎线。

6.2.4 本条第2款中，规定了房屋的轮廓应以墙基外角为准。因为城市规划、建设与管理部门都是以墙基外角或外墙面为依据进行设计和管理的。

6.2.5 本条第6款中规定，高速公路应绘出两侧围建的栅栏、墙和出入口，并注明公路名称，中央分隔带可根据用图需求表示。由于进入正常运行的高速公路进行测绘，特别是采集高速公路中的中央分隔带十分危险，所以高速公路中央隔离带可视需求情况表示，亦可结合摄影测量或卫星遥感法进行测绘。匝道可用引道表示。

6.3 全野外测量法

6.3.3 图根点的密度规定是根据各种比例尺测图所使用的仪器的最大视距长度来估算的。采用模拟测图或数字测图所使用的仪器不同，其允许的最大视距长度也不同。地形复杂、隐蔽以及城市建筑区，应以满足测图需要并结合具体情况加大密度。

6.3.5 关于图根导线测量的技术要求，根据导线的相对闭合差与附合导线长度有如下关系：

$$\frac{1}{T}=\frac{2KM_z}{L} \tag{6-2}$$

式中：K——导线端点闭合差与导线中间点点位中误差的比例系数；

L——导线全长；

M_z——导线中间点点位中误差。

根据表6.3.2中图根点相对于图根起算点（等级控制点）的点位中误差不应大于图上0.1mm的规定，则有：

$$M_z=0.1M \tag{6-3}$$

式中：M——测图比例尺分母，单位为毫米。

按双等影响考虑，有$K=\sqrt{7}$，令导线全长相对闭合差

$$\frac{1}{T}=\frac{1}{4000}=\frac{2\sqrt{7}\times0.1M}{L} \tag{6-4}$$

则$L=2\sqrt{7}\times0.1M\times4000=2117M$（mm）$=2.117M$（m）$\approx2M$，所以，当进行1∶500、1∶1000比例尺测图时，为保证图根导线达到1/4000相对闭合差，长度分别规定为900m、1800m。

6.3.7 当局部地区图根点密度不足时，可在各等级控制点或一次附合图根点上，采用电磁波测距极坐标法布点加密。其点位中误差不应大于图上0.1mm，极坐标法的边长D可按公式（6-6）估算。1∶500、1∶1000、1∶2000比例尺地形图电磁波测距极坐标法过长的估算与取用值见表6-1。

$$m_p=\sqrt{m_D^2+\left(\frac{m_\beta}{\rho}\times D\right)^2}=D\sqrt{\left(\frac{m_D}{D}\right)^2+\left(\frac{m_\beta}{\rho}\right)^2} \tag{6-5}$$

$$D=\frac{m_p}{\sqrt{\left(\frac{m_D}{D}\right)^2+\left(\frac{m_\beta}{\rho}\right)^2}} \tag{6-6}$$

式中：m_p——极坐标点点位中误差，按图上0.1mm为限；

m_D/D——测距边相对中误差，以1/10000计；

m_β——测角中误差，以±20″计。

表6-1 电磁波测距极坐标法边长的估算与取用值

测图比例尺	极坐标点点位中误差	最大边长	
		估算值	取用值
1∶500	0.05	359	200
1∶1000	0.10	718	400
1∶2000	0.20	1436	800

从表6-1可以看出最大边长取用值仅为估算值的56%，主要考虑到图幅的范围大小，不管是正方形还是矩形分幅，最大边长取用值为图上40cm已经足

够。在作业中为防止粗差产生，规定了联测两个已知方向，测距一测回，同时不应在此点上再发展，以及一幅图内不得超过图根点总数的30％。

6.3.12 图根水准测量技术要求是根据本规范6.3.2条的规定。图根点相对于图根起算点的高程中误差不得大于测图基本等高距的1/10。1∶500基本等高距为0.5m，即不应大于50mm。图根符合路线的长度按公式（6-7）估算：

$$M_z = 2M\sqrt{L}, L = 4M_z^2/M_w^2 \quad (6\text{-}7)$$

式中：L——图根水准符合路线或闭合环线的长度（km）；

M_z——图根水准路线最弱点（中点）高程中误差（mm）；

M_w——图根水准测量每千米高程中误差，以±20mm计。

为留有一定精度储备，附合路线中最弱点高程中误差不取用±50mm，而是以30mm估算，则图根水准附合路线或闭合环线的长度不得超过8km，结点间路线长度不应超过附合路线长度的0.7倍，故取用6km。支线长度不得超过4km。

图根水准路线闭合差随着山地陡峭程度不同而有所放宽，当山地每千米超过16站时，不应超过$\pm 12\sqrt{n}$（mm）；若每千米为18站时，则允许的闭合差相当于$\pm 50\sqrt{L}$（mm）；而每千米为25站时，则允许的闭合差相当于$\pm 60\sqrt{L}$（mm）。

6.3.15 DLG数据采集的准备工作是测图工作的重要环节，是保证测图工作质量最基本要求和顺利推进数据采集和管理的重要措施。准备工作包括测区现有DLG或地形图、各类控制点等资料的收集，测区踏勘等工作。

6.3.17 测图使用的仪器和工具包括经纬仪、水准仪、测距仪、全站仪、GPS接收机、钢尺、皮尺、绘图仪等，这些仪器应进行定期检验和校正。采用数字测图的，应确保所使用的计算机系统的正常运行，安装必要的防病毒软件；DLG数据采集软件应具有：与全站仪等采集设备的数据接口、数据编辑功能、符号编辑功能、数据转换功能、坐标转换功能、图形显示与输出功能、与标准地理信息数据转换功能等；数据采集软件在使用前应确保系统的正常运行。采用平板仪测图的，还应对所使用的小平板仪或大平板仪和测斜仪进行必要的校正，以保持仪器的良好状态。

6.3.22 线状要素实交处的悬挂点、河流遇桥梁的连通处理、面状要素构面等拓扑处理可在数据库产品加工时进行。

6.3.24 采用卫星定位测量方法采集要素时，本规范规定，重复抽样检核不应低于10％，检核偏差不应大于图上0.2mm。由于采用卫星定位测量方法，特别是采用RTK进行数据采集时，涉及影响数据采集精度的因素较多，有卫星接收数量、基站与流动站通信的延迟等，会造成固定解计算收敛速度缓慢等现象，影响采集精度。所以，应进行重复采样检核。

6.4 摄影测量法

6.4.5 DLG数据采集无论是采用全野外测量法还是摄影测量法，都是为了城市规划、设计、管理服务的，因此从用途考虑，成图精度指标应统一。

6.4.6 航摄比例尺的选择正确与否，直接影响成图的平面和高程精度，因此航摄比例尺的确定，即测图放大倍数的控制，应由成图的平面和高程预期精度来进行估算。

考虑到本规范中保留了传统成图方法，所以这里也保留了对全能仪上航测成图精度进行估算所要考虑的对航测成图精度起主要影响的各种因素，并提出估算测图放大倍数的关系式。对于数字摄影测量的成图方式，有些因素可不予考虑，比如：房檐改绘中的展绘误差、仪器传动误差、展点中误差、主距安置误差引起的高程中误差。航测成图平面精度的估算与平面放大倍数的选择以及航测成图的高程精度估算与航高、测图放大倍数的选择等高线插求点的高程中误差的计算须去除以上因素。

1 航测成图平面精度的估算与平面放大倍数的选择

图上地物点的点位中误差m_s主要有以下误差来源：

1) 像控点点位中误差m_1：与平板仪测图的图根点规定相同，即$m_1 \leqslant 0.1$mm（图上）；

2) 房檐改绘中误差m_2：其中包含房檐尺寸量取误差0.1mm（图上）和展绘误差0.1mm（图上），所以取$m_2 \leqslant 0.15$mm（图上）；

3) 图纸套合与清绘误差m_3：$m_3 \leqslant 0.15$mm；

4) 加密点点位中误差m_4（m_{s1}）：通常规定其中误差限值应小于$m_s/\sqrt{2}$倍，即$m_{s1}=m_4 \leqslant m_s/\sqrt{2}$；

5) 航摄分解力影响平面位置中误差m_5：航摄分解力R决定像片最小量测单元I_r，$I_r = 1/(2\sqrt{2}R)$，其中$1/R = 1/R_o + 1/R_n$，R_o和R_n分别为航摄仪物镜的分解力和底片乳剂分解力，$R_o = 40$线/mm，$R_n = 90$线/mm，则$R = 28$线/mm，而$I_r = 0.0126$mm。航摄分解力引起模型平面位置的最小量测值为$\delta_s = I_r \times K_s$（$K_s$为平面测图放大倍数），即为航摄分解力误差，因此$m_5 = \delta_s = 0.0126K_s$（mm）；

6) 内部定向中误差m_6：为因像片主点偏心

——ΔS 引起的平面位移误差，可按

$$m_6 = \pm \frac{m_{\Delta s}}{f_k} \times \Delta h \times K_s \quad (6\text{-}8)$$

式中：$m_{\Delta s}$——像片主点偏心 ΔS 的中误差；

Δh——像对平均高差；

f_k——航摄仪焦距。

7） 平面定向中误差 m_7：平面定向中误差由加密点偶然误差、影像的偶然变形误差、定向点的判读和照准误差、图板展点误差以及绘图桌上的传动误差引起的，即：

$$m_7 = \frac{1}{2}\sqrt{(0.7m_4)^2 + (0.025K_s)^2 + \left(K_s \times \frac{\phi}{2}\right)^2 + 0.1^2 + 0.1^2} \quad (6\text{-}9)$$

其中 ϕ 为测标直径，ϕ=0.06mm，则

$$m_7 = \frac{1}{2}\sqrt{(0.7m_4)^2 + (0.04K_s)^2 + 0.02} \quad (6\text{-}10)$$

8） 测图中切准引起平面位置中误差 m_8：

$$m_8 = \frac{\phi}{2}K_s \quad (6\text{-}11)$$

令 ϕ=0.06mm（测标直径），则 $m_8 = 0.03K_s$；

9） 仪器传动误差 m_9：$m_9 \leqslant 0.1$mm；

10） 展点中误差 m_{10}：$m_{10} \leqslant 0.1$mm。

综合上述各项误差的影响，当考虑房檐改绘误差的影响时，则：

$$m_s^2 = m_1^2 + m_2^2 + \cdots\cdots + m_{10}^2$$
$$= 0.08 + 1.12m_{sj}^2 + \left[0.00146 + \left(\frac{m_{\Delta s}}{f_k}\Delta h\right)^2\right]K_s^2 \quad (6\text{-}12)$$

当不考虑房檐改绘误差的影响时，则：

$$m_s^2 = m_1^2 + m_3^2 + \cdots\cdots + m_{10}^2$$
$$= 0.0575 + 1.12m_{sj}^2 + \left[0.00146 + \left(\frac{m_{\Delta s}}{f_k}\Delta h\right)^2\right]K_s^2 \quad (6\text{-}13)$$

由此可见，平面测图放大倍数决定于航摄质量、航摄仪焦距、仪器作业精度、加密精度和测区的地形条件等因素，作业单位应根据具体情况作出合理选择。

平地、丘陵地平面点位中误差限差为图上0.5mm，山地、高山地平面点位中误差限差为图上0.75mm，则加密点中误差 m_{sj} 的限值为：

平地、丘陵地：$m_{sj} \leqslant 0.35$mm；

山地、高山地：$m_{sj} \leqslant 0.5$mm。

像片归心误差 m_s，本规范规定 $m_s \leqslant 0.05$mm。

h 为像对平均高差，平地可取10m，丘陵地取40m，山地取100m，高山地取180m。

根据 m_{sj} = ±0.35mm、±0.5mm 和公式（6-13）可计算出1∶500各种类别平面测图放大倍数 K_s 限值如表6-2。

表 6-2　1∶500 平面测图放大倍数 K_s 值

焦距（mm）	地形类别		
	平地、丘陵地	山地	高山地
87.5	4.6	6.9	4.3
115	5.5	8.0	5.4
152	5.9	9.5	6.7
210	6.0	10.5	8.2
305	6.0	11.5	10.0

当考虑到房檐改绘误差时，平地、丘陵地 K_s 的值比表6-2小大约1.0，山地、高山区的 K_s 的限值比表6-2小大约0.5。

平面测图放大倍数的选择除考虑上述因素外，还须考虑到加密技术水平。现在我国加密点平面点位中误差其加密技术指标：平地、丘陵地可以达到归化至像片上0.05mm，山地、高山地可以达到0.07mm。因此，综合考虑表6-2与现阶段加密技术水平，1∶500平面测图放大倍数：平地、丘陵地不宜大于6倍，山地、高山地不宜大于7倍。

2　航测成图的高程精度估算与航高、测图放大倍数的选择等高线插求点的高程中误差 m_h 主要有以下几个误差来源：

1） 像控点高程中误差 m_1：与平板仪测图的图根点规定相同，即 $m_1 \leqslant H_d/10 = 0.1H_d$（$H_d$ 为基本等高距）；

2） 加密点的高程中误差 m_2（m_{hj}）：通常规定为不大于等高线插求点的 $1/\sqrt{2}$，即

$$m_{hj} = m_2 \leqslant m_h/\sqrt{2} \quad (6\text{-}14)$$

3） 主距安置误差引起的高程中误差 m_3：

$$m_3 = \frac{\Delta f}{f_k}\Delta h \quad (6\text{-}15)$$

式中：Δh——像对平均高差；

f_k——航摄仪焦距；

Δf——主距安置误差。

4） 像对归心引起的高程中误差 m_4：

$$m_4 = \sqrt{2}\frac{m_{\Delta s}}{b_p}\Delta h \quad (6\text{-}16)$$

式中：b_p——像对基线长度。

5） 仪器定向中误差 m_5：包括主距安置误差、像片归心引起的高程误差、加密点偶然误差、切准误差和读数误差，即

$$m5 = \frac{1}{\sqrt{4}}\sqrt{\left(\frac{\Delta f}{fk}\Delta h\right)^2 + \left(2\frac{m\Delta h}{bp}m\Delta p\right)^2 + \left(0.7\frac{H}{bp}m\Delta p\right)^2 + \left(\frac{H}{bp}m\Delta p\right)^2 + m_d^2} \quad (6\text{-}17)$$

式中：Δf——主距安置误差，宜取0.02mm；

H——摄影像对相对航高；

$m_{\Delta p}$——测标切准引起左右视差中误差，宜取 $m_{\Delta p} = \sqrt{2}I_r = 0.018$mm。

6） 测绘动态中误差 m_6：包括不同坡度平面位

置误差对高程的影响、切准误差与读数误差。

$$m_6 = \sqrt{\left[\left(\frac{H}{f_k}m_q + \frac{H}{f_k}m_{\Delta p}\right)\tan\beta\right]^2 + \left(\frac{H}{b_p}m_{\Delta p}\right)^2 + m_d^2} \tag{6-18}$$

式中：m_q——上下视差；

β——地面坡度，平地、丘陵可取 5°，山地可取 15°，高山地取 30°。

综合上述各项误差的影响，得等高线高程中误差 m'_h 为：

$$m'_h = \sqrt{m_1^2 + m_2^2 + m_3^2 + m_4^2 + m_5^2 + m_6^2} \tag{6-19}$$

等高线插求点的高程中误差 m_h 为：

$$m_h = \sqrt{0.67m_h^{2\prime} + m_7^2} \tag{6-20}$$

式中：m_7 为地形概括误差，取 $m_7^2 = 0.25m_h^{2\prime}$

$$m_h = 0.96m'_h \tag{6-21}$$

为了计算上的方便，取 $m_h = m'_h$，即

$$m_h = \sqrt{m_1^2 + m_2^2 + m_3^2 + m_4^2 + m_5^2 + m_6^2} \tag{6-22}$$

所以，

$$m_h^2 = 0.01H_d^2 + 1.1225m_{hj}^2 + 1.25\left(\frac{\Delta f}{f_k}\Delta h\right)^2 + 2.5\left(\frac{m_{\Delta s}}{b_p}\Delta h\right)^2 + 1.25\left(\frac{H}{b_p}m_{\Delta p}\right)^2 + \left[\left(\frac{H}{f_k}m_q + \frac{H}{f_k}m_{\Delta p}\right)\tan\beta\right]^2 + 1.25m_d^2 \tag{6-23}$$

采用内业加密时，$m_{hj} = m_2 \leqslant \frac{m_h}{\sqrt{2}}$，其关系式为：

$$m_h^2 = 0.01H_d^2 + 1.1225\left(\frac{m_h}{\sqrt{2}}\right)^2 + 1.25\left(\frac{\Delta f}{f_k}\Delta h\right)^2 + 2.5\left(\frac{m_{\Delta s}}{b_p}\Delta h\right)^2 + 1.25\left(\frac{H}{b_p}m_{\Delta p}\right)^2 + \left[\left(\frac{H}{f_k}m_q + \frac{H}{f_k}m_{\Delta p}\right)\tan\beta\right]^2 + 1.25m_d^2 \tag{6-24}$$

采用全野外高程像控点时，其关系式为：

$$m_h^2 = 0.011225H_d^2 + 1.25\left(\frac{\Delta f}{f_k}\Delta h\right)^2 + 2.5\left(\frac{m_{\Delta s}}{b_p}\Delta h\right)^2 + 1.25\left(\frac{H}{b_p}m_{\Delta p}\right)^2 + \left[\left(\frac{H}{f_k}m_q + \frac{H}{f_k}m_{\Delta p}\right)\tan\beta\right]^2 + 1.25m_d^2 \tag{6-25}$$

m_q 宜取 0.025mm。由公式（6-24）和公式（6-25）可得出各种地形类别的航高 H 限值关系式：

平地采用平高区域网加密时：

$$H \leqslant 50b_p\sqrt{0.43875m_h^2 - 0.01H_d^2 - 0.625b_p^{-2} - 0.05f_k^{-2} - 1.25m_d^2} \tag{6-26}$$

采用全野外高程像控点时：

$$H \leqslant 50b_p\sqrt{m_h^2 - 0.011225H_d^2 - 0.625b_p^{-2} - 0.05f_k^{-2} - 1.25m_d^2} \tag{6-27}$$

丘陵地采用平高区域网加密时：

$$H \leqslant 50b_p\sqrt{0.43875m_h^2 - 0.01H_d^2 - 10b_p^{-2} - 0.8f_k^{-2} - 1.25m_d^2} \tag{6-28}$$

采用全野外高程像控点时：

$$H \leqslant 50b_p\sqrt{m_h^2 - 0.011225H_d^2 - 10b_p^{-2} - 0.8f_k^{-2} - 1.25m_d^2} \tag{6-29}$$

山地采用平高区域网加密时：

$$H \leqslant \left(\sqrt{0.000405b_p^{-2} + 0.000132f_k^{-2}}\right)^{-1} \times \sqrt{0.43875m_h^2 - 0.01H_d^2 - 62.5b_p^{-2} - 5f_k^{-2} - 1.25m_d^2} \tag{6-30}$$

采用全野外高程像控点时：

$$H \leqslant \left(\sqrt{0.000405b_p^{-2} + 0.000132f_k^{-2}}\right)^{-1} \times \sqrt{m_h^2 - 0.011225H_d^2 - 62.5b_p^{-2} - 5f_k^{-2} - 1.25m_d^2} \tag{6-31}$$

高山地采用平高区域网加密时：

$$H \leqslant \left(\sqrt{0.000405b_p^{-2} + 0.00062f_k^{-2}}\right)^{-1} \times \sqrt{0.43875m_h^2 - 0.01H_d^2 - 202.5b_p^{-2} - 16.2f_k^{-2} - 1.25m_d^2} \tag{6-32}$$

采用全野外高程像控点时：

$$H \leqslant \left(\sqrt{0.000405b_p^{-2} + 0.00062f_k^{-2}}\right)^{-1} \times \sqrt{m_h^2 - 0.011225H_d^2 - 202.5b_p^{-2} - 16.2f_k^{-2} - 1.25m_d^2} \tag{6-33}$$

公式中像对基线长 b_p 的取值，23×23 像幅宜取 85mm。

在选择航高 H 时，除了考虑上述因素，同时还要考虑加密点高程精度对航高的限值要求。平高区域网加密对航高 H 的限值可用公式（6-34）和公式（6-35）公式表示：

平地、丘陵地：$H \leqslant \frac{m_{hj}b_p}{1.22m_{\Delta p}}$ （6-34）

山地、高山地：$H \leqslant \frac{m_{hj}b_p}{1.44m_{\Delta p}}$ （6-35）

综合以上各种情况，便可得到各种地形类别、等高距、成图比例尺的航高 H 的限值。

求得航高 H 后，即可估算高程测图的放大倍数 K_h。1∶500 成图 23×23 像幅航高 H 与高程测图放大倍数 K_h 限值见表 6-3。

$$K_h = \frac{H}{f_k M} \tag{6-36}$$

式中：M——测图比例尺分母。

选择测图放大倍数和航高时，应综合考虑平面精度和高程精度对航高 H 与测图放大倍数 K 的影响。1∶500成图 23×23 像幅航高 H 与测图放大倍数 K 限值见表 6-4。

当 $K_h > K_s$，则 $K = K_s$；

当 $K_h < K_s$，则 $K = K_h$；

$$K = \frac{M_p}{M} \tag{6-37}$$

式中：M_p——航摄像片比例尺分母。

表 6-3　1∶500 成图 23×23 像幅航高 H 与高程测图放大倍数 K_h 限值

地形类别		平地	丘陵	山地		高山地
基本等高距(m)		0.5	0.5	0.5	1	1
焦距 152 (mm)	H(m)	*610	650	750	1470	1960
	K_h	*8.0	8.5	9.8	19.3	25.7
焦距 210 (mm)	H(m)	*610	650	750	1470	1960
	K_h	*5.8	6.2	7.1	14.0	18.6
焦距 305 (mm)	H(m)	*610	650	750	1470	1960
	K_h	*4.0	4.2	4.9	9.6	12.8

注：表中带*号项为像控点高程全野外，其余项为平高区域网加密。

表 6-4　1∶500 成图 23×23 像幅航高 H 与测图放大倍数 K 限值

地形类别		平地	丘陵	山地		高山地
基本等高距(m)		0.5	0.5	0.5	1	1
焦距 152 (mm)	H(m)	*450	450	540	—	—
	K	*5.9	5.9	7.0	—	—
焦距 210 (mm)	H(m)	*610	630	740	740	740
	K	*5.8	6.0	7.0	7.0	7.0
焦距 305 (mm)	H(m)	**920	650	750	1070	1070
	K	**6.0	4.2	4.9	7.0	7.0

注：表中带*号项为像控点高程全野外，带**号项为等高线与高程注记点野外测绘；其余项像控点高程为平高区域网加密；像控点平面位置均为区域网加密。

测图放大倍数 K 应同时满足平面和高程的精度要求。测图放大倍数在 1∶500 成图时，平地、丘陵地不宜大于 6 倍，山地、高山地不宜大于 7 倍；1∶1000 成图时，平地、丘陵地不宜大于 4 倍，山地、高山地宜为（4～6）倍；1∶2000 成图时，平地、丘陵地不宜大于 4 倍，山地、高山地宜为（3.5～6）倍。

1∶500、1∶1000、1∶2000 成图像控点平面位置均可采用平高或平面区域网加密。

航测成图精度与像片比例尺、航高有密切关系。因此航摄比例尺、航高的选择应根据成图比例尺、图幅大小、像幅大小、布点方案、测区地形和仪器装备以及航测成图、加密技术水平等进行合理选择。

23×23 像幅成图时，建筑区和 0.5m 等高距平坦地区，宜野外测绘高程注记点和等高线（当航高满足一定值时，可用全野外高程像控点在数字摄影测量工作站、解析测图仪上测定高程注记点与等高线）。除 0.5m 等高距平坦地区之外，其余地区均可采用平高区域网加密，在数字摄影测量工作站、解析测图仪上测绘高程。

利用数码航摄资料成图时。平面精度一般考虑其实际的地面分辨率，根据实际作业经验及相关规定，一般地面分辨率最大不超过表 6-5 规定；高程精度一般要考虑航高对其的影响，其航高一般不宜超过常规航空摄影对航高规定的限制。

表 6-5　地面分辨率最大值

成图比例尺	1∶500	1∶1000	1∶2000	1∶5000	1∶10000
地面分辨率 (m)	0.05	0.10	0.20	0.50	1.00

6.4.7　对飞行质量的要求是为了保证成图的基本要求，应按有关规定做好航摄方案的选择和验收工作。当航摄比例尺大于1∶4000时，旋偏角不宜大于 10°（最大不应大于 12°，且不得连续超过三片）的规定，主要是考虑到目前航摄飞行的具体困难，如在低空摄影时，受气象状况的影响较大，不易稳定，故略放宽一些。

6.4.8　本条规定了摄影质量的要求。因测图放大倍数较大，影像位移的问题较显著，由于飞机航速 W 和曝光时间 t 引起的像点位移 δ，其大小可按下式计算：

$$\delta = W_t / M_p \tag{6-38}$$

式中：M_p——航摄比例尺分母。

如，当 $W=300$km/h，$t=\text{s}/300M_p=8000$ 时，δ 为 0.035mm，在综合法成图时相当于图上 0.14mm，在模拟测图仪等仪器上测图时，位移处于航线方向，还将影响高程量测精度，因此规范规定，影像位移不应大于像片上 0.03mm，应根据允许的影像位移，选择合理的航速和曝光时间。航摄时，宜采用像移补偿装置的航摄仪。

6.4.9　如果卫星影像用于测量 DLG，则应先做好预处理工作：

1　色彩的融合——购买的影像要经过各个波段的融合以及色彩处理才能用于矢量测图。

2　影像的纠正——纠正到相应的坐标系，再利用其进行矢量图的测绘。

6.4.10　由于目前的航摄像片基本是数码像片，扫描的过程较少，在此规范中不作详细说明。

6.4.11　为了减少外业工作量，宜采用内业加密的方法，如不能达到规范规定的精度要求时，应采用全野外布点方案，以保证最后的成图精度。

6.4.13　关于区域网的布点，目前大多采用航带法和独立模型法区域网布点。规范规定的平面区域网和平高区域网的布点方案，是根据理论估算并结合一些单位的试验总结和经验确定的。理论估算采用独立模型法的区域网精度估算公式（见王之卓著《摄影测量原理》），当平高控制点跨度为 4 时，平面加密精度估算公式为：

$$\delta_s = \delta_{sm}(0.83 + 0.02n_s) \qquad (6\text{-}39)$$

式中：n_s——区域网航线数；

δ_{sm}——单模型的平面中误差，根据现今加密水平 δ_{sm} 宜取归化到像片上 0.05mm～0.07mm。

对于航带法区域网加密程序，平高控制点旁向跨度应根据测图放大倍数适当减少1～2条航线。

高程加密精度估算公式采用公式（6-40）

$$\delta_z = \delta_{zm}(0.34 + 0.22i) \qquad (6\text{-}40)$$

式中：i——航向高程控制点跨度；

δ_{zm}——单模型的平面中误差，δ_{zm} 宜取 $\frac{H}{b_p}m_{\Delta p}$，

$m_{\Delta p}=\sqrt{2}I_r=0.018$mm。

本规范规定，航向高程控制点跨度 i：平地、丘陵地不应大于4，山地、高山地不应大于5。

6.4.16 为了提高加密精度，航摄前宜在区域网设计点位上和已有控制点上布设地面标志，较长较宽的河流外业要提供水位成果，以供内业加密时水系平差。

设标志前与航摄单位联系，按飞行设计图和像控点布设方案确定标志位置。标志的形状应根据地面点位特征和地形条件确定，宜在三翼、十字和圆形等标志中使用。标志宽度应相当于地面的辨认精度，标志的颜色对衬影的反差越大，标志影像的判读性就越好。因此在植被覆盖的地面上以白色标志为好，水淹地、植被稀少的沙土地，以无光泽标志为好，或在白色标志上涂以黑边衬托，标志取材可因地制宜。

6.4.17 像控点的目标判定和选刺的准确程度直接影响到内业的加密精度，因此要强调刺点检查，略图和说明要将目标的细部特征表示和表达清楚，不能有模棱两可的解释。

由于像片比例尺较大，小路和田埂等线状地物相交或拐角的影像能否作为明显目标，要根据地面的分辨率确定，其实地尺寸 G 可按公式（6-41）计算：

$$G = \frac{H}{f_k R} = \frac{M_p}{R}(\text{mm}) \qquad (6\text{-}41)$$

式中：H——航高；

f_k——航摄仪焦距；

R——地面的分辨率；

M_p——航摄比例尺分母。

当 $R=28$ 线/mm，$M_p=8000$ 时，则 $G=0.28$m，即像片上为 0.04mm。

规范规定的实地辨认精度是根据上述数据和像片比例尺计算而得。

6.4.21 像控点的精度、施测方法基本与平板仪测图的图根点相同，在本章中不另行规定。但由于图根点密度和像控点的密度以及布设各有不同特点，像控点的间隔较大，因此像控点联测图形的边长宜放长一些。必要时应进行精度估算，以确定相应的布网和施测要求。像控点布设要考虑今后地形图修测的需要，保留一定的埋石点位。

6.4.26 野外调绘是航测成图过程的一道重要工序，必须熟练掌握像片判读方法，作业时要严肃认真，杜绝差错，严格按照规范的有关规定执行。以前有些部门采用先像片调绘（包括室内判读调绘）后成图的方法，这种方法适用于变化不大、改正较少的地区，对于密集复杂的建筑区，这种方法粗差率较高，难以满足成图要求，因此大多数单位对密集复杂的建筑区成图采用先测后调绘的方法。这些方法各单位都取得了一定的经验。本规范不强调调绘方式，但应注意有些调绘内容在室内判读难以解决，如一些独立地物、工业设施、各种说明注记和新增地物等。因此，必须强调野外检查补调，并根据测区的具体情况编写补充规定。无论采用什么方式调绘，都必须满足本规范要求。

6.5 模拟地形图数字化

6.5.1 数字化仪主要有两类：扫描数字化仪和跟踪数字化仪。扫描数字化仪速度快，将图形信息转化为点阵信息，通过矢量化后形成矢量信息。使用扫描数字化仪进行数字化，精度较低。使用跟踪数字化仪进行数字化，速度稍慢，但精度高。数字化仪或扫描仪的主要技术指标是指幅面、分辨率、综合误差、十字丝宽度等。

6.5.2 数字化软件很多，功能也不可能完全相同，这里只提出数字化软件的基本要求。

6.5.3 模拟地形图的好坏将直接影响数字化图的精度，对原图资料的要求，取决于用户对数字化图的精度要求。

6.5.5 模拟地形图数字化的工艺流程是：准备工作、图纸定向、数据采集。图纸定向的检查主要顾及三个误差来源：原图的综合误差 0.2mm、原图的变形误差 0.2mm 和数字化的综合误差 0.1mm，故数字化坐标值与理论值的较差限差定为 0.3mm。

6.6 数据编辑处理

在现行国家标准《1∶500　1∶1000　1∶2000 外业数字测图技术规程》GB/T 14912－2005 中，对数字地形图进行了分类，分为空间数据库产品、地图制图产品，GB/T 14912 条款 6.3“数据分层”及在随后的数据处理原则中对两种有区别的数据在编辑要求上进行了区分，如“6.6 空间数据库产品的数据处理原则”，“6.4 等高线处理”，“6.7 地图制图产品的编辑原则”，其中一个重要的区别就是地图制图产品不构面、不进行拓扑处理、也不进行属性表的录入。两种产品的数据处理进行区分从实际应用的角度来看可操作性强，符合目前绝大多数用户对数字测绘产品的使用要求。从现代测绘的发展趋势来看，目前数字化测绘正向信息化测绘转变，对建设 GIS 应用系统的

部门及一些进行决策分析的用户来说，除数字地形图外还需要针对他们的需要进行拓扑处理及属性采集加工，基础的属性是不能满足他们的需要或者不符合其他行业的标准的，因而有选择地进行构面和根据需要进行属性采集加工是经济的。

本章中的数字线划图DLG从表现形式和满足大多数服务对象“城市详细规划和管理、地下管线和地下普通建（构）筑工程的现状图、工程项目的施工图设计等（1∶500，1∶1000）”的用途来看，DLG是地图制图产品的数字形式，它的图式符号、它的图面美观原则都继承了传统地图制图的特点，DLG数据打印或印刷在纸质上就是符合图式要求的地形图，DLG数据经拓扑处理、构面、基本属性表录入后可提供GIS系统使用或基础地理信息建库。

本章的6.1.9规定了要素的分类与代码标准，6.1.10规定了要素的定义和描述标准，6.1.11规定了要素的图式标准，其中《基础地理信息要素分类与代码》GB/T 13923，《基础地理要素数据字典　第1部分1∶500、1∶1000、1∶2000基础地理要素数据字典》GB/T 20258.1和《基础地理要素数据字典　第2部分1∶5000、1∶10000基础地理要素数据字典》GB/T 20258.2均从基础地理信息角度对地理信息要素进行整理归类，《国家基本比例尺地图图式　第1部分1∶500、1∶1000、1∶2000地形图图式》GB/T 20257.1和《国家基本比例尺地图图式　第2部分1∶5000、1∶10000地形图图式》GB/T 20257.2从地图符号化的角度进行了归类和区分，两者之间有不衔接的地方。主要有以下几类：

1　图式要素有、信息要素无，如图式“4.9注记”；图式上对不同级别的要素、或同种级别的要素根据图面负载情况的不同规定了注记的字体、大小、颜色等。在地图制图数据编辑时注记一般单独作为一个图层进行，在空间数据入库数据编辑时注记一般根据内容转化为各种地物的属性，如地图注记的房屋建筑材料、层数、路面材料等转化为房屋、道路的属性。图式要素有、信息要素无的要素还有珊瑚礁、沙洲、陡岸等等。

2　图式要素细分，信息要素综合，这类要素有一定数量：

1）由于图式符号表现不同，如：图上控制点细分为三角点（还细分为土堆上的三角点）、小三角点（还细分为土堆上的小三角点）、导线点、埋石图根点（还细分为土堆上的）、不埋石图根点；相对应的信息要素只有两个，110102（三角点）、110103（图根点），三角点中由属性表中“等级字段”中的属性值“5″，10″”的三角点即为小三角点，图根点中由属性表中“类型”中的属性值区分埋石图根点、土堆上的埋石图根点、不埋石图根点，但制图表示时由于一个代码只能和一个符号对应，因此在地图制图数据采集时为区分不同的符号，需另外增加6个代码；类似的还有水中滩、岸滩，泉、地热池，沟渠流向、潮汐流向，水闸，加固岸、防波堤，棚房，废弃的矿井井口、窑，传送带，吊车，装卸漏斗，地磅，露天货栈等；

2）由于一些符号分为依比例、半依比例、不依比例，所以图式要素要细分，而信息代码只有一个，如涵洞符号有依比例、半依比例两种，信息要素分类代码为220900，在属性表中“代码”中的属性值中6位分类代码后加一位图形代码区分（1，点，2，线，3，面、复合面，4，复合线）。类似的还有水井，机井，探井（试坑），液、气贮存设备，水塔，水塔烟囱，散热塔，跳伞塔，蒸馏塔，瞭望塔，温室，大棚，积肥池等。

3　图式要素无符号，信息要素有信息点，如代码110401（重力点）制图不表示。类似的还有国务院（311101），省级行政区政府，地级行政区政府，县级行政区政府，乡级行政区政府，村委会，游乐场，公园，陵园等。

4　图式要素综合，信息要素细分，这类情况较少。如图式露天采掘场、乱掘地是一个要素，信息要素分类代码分别为320300，320400。类似的还有：散热塔、跳伞塔、蒸馏塔、瞭望塔图式要素是一个，信息要素中散热塔（321101），蒸馏塔（321102），瞭望塔（321103）是细分的；图式要素：体育馆、科技馆、博物馆、展览馆要素是一个，信息要素分为两个：体育馆（340403），馆（科技馆、博物馆、展览馆等）等等。

《城市基础地理信息系统技术规范》CJJ 100－2004附录中DLG的编码体系《1∶500　1∶1000　1∶2000地形要素分类与代码》就是按图式符号区分，信息可合并的原则进行编码的。

目前，许多数字测图软件及数据编辑软件，地物要素代码均是按图式符号表达进行编码，每一个要素或几个要素合并起来表达一个空间实体即一个地物对象。它们的地形要素代码隐式地记录在数据中，如南方开思测图软件，代码存储在DWG数据属性dwgthickness中，用开思软件功能或FME软件可查看到代码，安图在Microstation平台开发的数据采编软件代码存储在用mslink联结的数据库中，也要用专门的软件功能或FME软件才能看到。

6.6.1、6.6.2　条款的数据编辑内容基本上属于空间数据库产品的要求，可根据合同要求及用途需要进行采用。

6.6.4 一些软件在构面时需要一个面心点（也可称标识点，即label点），构面结束后可将面心点的属性传递到面边界上，此时也可将面心点删除；面心点可挂接一个属性表，子段定义可参考《基础地理要素数据字典 第1部分 1∶500、1∶1000、1∶2000 基础地理要素数据字典》中要素代码310301，310302，310400等的定义，建筑的层次及结构类型是最基本的属性，也是测绘时较容易识别的属性，也可根据具体的项目要求扩充与建筑相关的其他经济、人文属性，这些属性测绘时不容易识别，或者属性的识别需要其他专业知识，或是保密数据在其他专业部门保管，只有在进行委托数据加工时或专项工程时才能获取录入。

建筑物中的注记作为单独的图形要素存在，在进行数据加工时可开发相应程序功能将注记转为属性，加快属性录入速度；如果已有入库数据，在符号化时可将要生成注记的属性转为注记，大多数的GIS软件数据编辑平台提供了这些相关的功能。

6.6.5 目前道路面的运用不是很多，道路用于空间分析时主要用于网络分析，如连通分析、最短路径分析、最佳路径分析、道路沿线缓冲区分析，用于这些分析时，采用道路中线加相应的属性即可进行。

道路在空间的几何形态是面状分布，因而加工数据库产品时按面处理。

道路构面原则中所指的代码应理解为实体编码（行业名称代码），以道路名称相同为优先原则。

道路构面时，如果隔离带是线状地物如栏杆，或是水泥隔离带但图上宽度小于1mm的，不需挖除隔离带。

道路上的桥面部分和道路一起构面。

公路桥、立交桥加标识点即公路桥、立交桥作为兴趣点采集，至少应包含名称属性，其他属性按需采集录入。

6.6.6 这是加工数据库产品的要求，作为DLG数据提供或打印时道路中线不出现、不打印。道路中线不需实测表示，根据两侧道路边线生成道路中心线即可。

立交桥本身不做中线，在做有立交桥相连的道路中线时是按道路在实际空间位置是否相交来确定是否形成结点，而不是按投影在平面上的有交点来形成结点，这里的相交应按立体几何中空间直线的相交来理解。每一条经立交桥连通的道路单独绘中线，中线的属性至少应包括道路名称、车道数、道路宽度等，其他属性按需采集录入。

6.6.7 这是加工数据库产品的要求，作为DLG数据提供或打印时，隧道部分应按图式规定绘虚线。铁路与其他道路平交、立交时按图式绘制，立交时按投影原则进行，上层压盖下层。

6.6.8 这是加工数据库产品的要求，水系构面时单线河、单线渠不构面，双线河上有桥时双线河连通构面。

6.6.9 加工数据库产品时，由于制图需要，被标高注记、坡坎断开的等高线要连续表示，等高线进行线连接处理。

6.6.10 加工数据库产品时，植被有明确边界线构面处理，以其他线状地物、面状地物为边界的复制公共边作为植被的辅助拓扑边界线进行构面处理。

6.6.11 街区外围轮廓线内的天井在制图时不填晕线，空白表示，实际是街区面的“洞”，拓扑处理时要挖“洞”，因而要采集天井范围线，并且要是多边形。

6.6.12 城市道路仍按主干道、次干道、支路、高架路等要素处理。

6.6.13 不同街道、公路中线通过路口或立交桥时，按空间实际是否相交来决定是否形成结点，结点位置就在两条中心线的交点处，三条以上中心线相交时，结点平差到同一点，空间不相交的不按投影位置的交点形成结点。

6.6.14 加工数据库产品时，铁路被不规则过街天桥、桥梁、道路、隧洞所覆盖路段要连续表示。

6.6.19 道路中的绿化带可不构面，不挖空。

6.6.20 一个名称注记应保持为一个整体，如单位名称、地名、路名，无论注记形式是否有间隔、横排、或竖排，注记不能是“散的”，不能为单个的字。

6.6.23 不做数据库产品时，可不进行拓扑处理。

6.7 数据更新与维护

6.7.5 修测、补测的要素宜按要素的分层归到相应的层，增加“数据更新时间”的属性字段。

6.7.14 数据标签标记一般包含数据名称、所采用的标准号、比例尺、图幅编号、生产日期、版本号等内容，各项内容之间用逗号隔开。版本号的整数代表对整幅图全部要素重测次数，小数位代表部分变化要素修测（修编）次数。

7 数字高程模型建立

7.1 一 般 规 定

7.1.1 DEM的生产主要采用数字摄影测量方法、矢量数据生成法和机载激光雷达法。通常而言，在已有地形图或DLG数据的情况下，可采用矢量数据生成法，该方法与数字摄影测量方法相比可减少一定的工作量；在已有定向建模数据的情况下，可采用数字摄影测量方法；在已有机载激光雷达数据的情况下，可采用机载激光雷达法。在满足成图精度前提下，可采用本规范未列入的新技术和新方法，但应经过实践验证并提供实验报告。

7.2 航空摄影测量法

7.2.3 由于DEM用于反映地形地貌的变化，而特征点、线是生成DEM的重要要素，所以特征点线的测量不应遗漏地形地貌的变化处。

7.2.4 像方DEM通常采用影像自动匹配的方式进行，对于林地或草地，匹配点位于植被的顶部，此时为了反映真实的地面高程，通常估算植被高度后，将同一片类似区域的高程压低相同的植被高程值。静止水域通常高程相同，但匹配结果与立体模型叠合后常有高程起伏，此时应编辑特征点线，使水域的高程与立体模型一致。

7.3 矢量数据生成法

7.3.4 由于采用已有矢量数据作为数据源，采用编辑后一些图层的矢量数据作为特征点线构TIN，所以矢量数据的质量对三角网至关重要，如果选取的矢量数据中存在个别点高程未赋值，则生成的TIN就会出现异常三角形，所以构TIN后务必检查是否存在异常三角形，以避免由错误的TIN内插得到错误的DEM结果。

8 数字正射影像图制作

8.1 一 般 规 定

8.1.1 DOM的生产主要采用数字摄影测量方法和遥感影像处理方法，在满足成图精度前提下，可采用本规范未列入的新技术和新方法，但应经过实践验证并提供实验报告。

8.1.2 正射影像图宜用于城市宏观设计规划、城市资源调查等方面，为保证影像质量，便于实际使用，规范规定正射影像图比例尺不宜大于1∶1000。

8.2 航空摄影测量法

8.2.4 正射影像制作时，平地可根据平均高程设定均一高度代替DEM数据。

8.2.5 在选取镶嵌线时，宜沿平坦线状地物（如道路、水系）边缘选取。

8.2.6 在进行影像处理时，可采用整体处理和局部处理相结合的方法进行。整体处理用于调整影像色调的整体偏色，局部处理用于处理局部色调不均、拼接痕迹严重等问题。

8.3 卫星遥感测量法

8.3.4 在已有卫星严密物理模型时，应优先考虑采用严密物理模型进行几何纠正。

8.3.5 用于融合的全色影像与多光谱影像，像素分辨率宜大致为1∶4。

9 工 程 测 量

9.1 一 般 规 定

9.1.1 工程测量指在工程建设的勘测设计、施工和运营管理阶段所进行的各种测量工作，按其工作顺序和性质分为勘测设计阶段的工程控制测量和地形测量；施工阶段的施工测量和设备安装测量；竣工和管理阶段的竣工测量、变形观测及运营维护测量等。按工程建设的对象分为建筑工程测量、水利工程测量、铁路测量、公路测量、桥梁工程测量、隧道工程测量、矿山测量、城市市政工程测量、工厂建设测量以及军事工程测量、海洋工程测量等等。本条是按照第9章各节的内容概括而得。

9.1.2 从便于管理、数据共享的角度出发，城市工程测量应采用城市统一的平面坐标系统和高程基准，目前的技术手段，对于采用统一的平面坐标系统和高程基准的要求已不存在困难。但当工程规模很小，工程之间的前后关系又不紧密时，保留了可采用独立平面坐标系统和高程系统的余地，但不推荐采用。

9.2 定线测量和拨地测量

9.2.1 本节规定的是定线测量和拨地测量的技术要求，所以先根据测量工作的先后顺序，概括定线测量和拨地测量的工作内容。

9.2.2 城市规划行政主管部门下达的定线、拨地条件，包括通过采用传真、电话、电子邮件等方式与其联系确定的条件都应作为定线测量和拨地测量的作业依据。

9.2.3 在城市工程测量中，其作业方法可分为解析法和图解法。无论按给定条件测设，还是根据实地地物测量其细部坐标和高程，只要是提供的测量成果为解析数据，这种测量方法即称为解析法。

9.2.5 本条主要从定线测量和拨地测量成果管理、应用的角度提出建议。定线测量和拨地测量资料收集时，要收集周边的定线测量和拨地测量成果，所以建议将定线测量和拨地测量成果展绘注记在1∶1000或1∶2000比例尺纸质或数字地形图上，或者建立专题数据库，以便使用。

9.2.7 为了减少相同技术要求条款的重复，定线测量和拨地测量的平面控制测量只规定了等级、推荐采用的方法，具体技术要求参照第4章的有关规定执行。并明确指出：导线点可不埋石；在控制点稀少地区三级导线可同级附合一次。对直接利用现有控制点进行测设，防止控制点用错，强调要进行角度和边长检核并记录。

9.2.8 定线测量中经常遇到测量指定范围内现状道

路路中心线、路边线、围墙的情况，为了避免用一小段直线来代替较长直线所带来的偏差，故规定条件点位置的选择应控制指定范围的 2/3。条件点测量完成后，为防止条件点位置选错，故强调展绘到地形图上与定线条件附图校核。

9.2.10 定线测量计算做如下说明：

1 平均中线的算法：设在指定范围内的道路中线上从起点到终点依次实测了 n 个条件点，第 1 点与第 n 点的连线为 l，平均中线为 $\hat{l}$，各条件点到 l 的垂距为 d_i（$i=1, 2, \cdots\cdots n$），l 两侧垂距符号相反，则 l 按下式平移距离 d 后即为平均中线 $\hat{l}$ 了：

$$d = -\frac{\sum_{i=1}^{n} d_i}{n} \qquad (9\text{-}1)$$

特别地，当 $|d| \leqslant 50\text{mm}$，可不用平移，直接取 l 为 $\hat{l}$。

下面举例说明平均中线的算法。

例：如图 9-1 所示，按定线条件，测得中线条件点 Z1～Z6 共 6 点，连接 Z1 和 Z6（图中 l 线），并算得其余各点距直线 l 的垂距。请计算直线 l 到平均中线 $\hat{l}$ 的平移量 d。

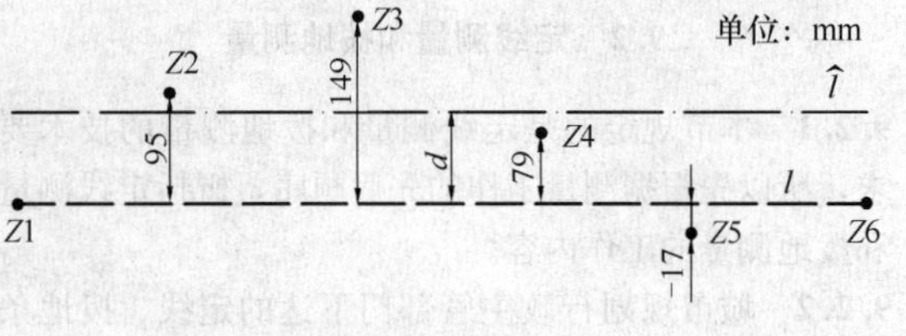

图 9-1　平均中线计算示意图

解：$d = -[(0 + 95 + 149 + 79 - 17 + 0)/6] = -51\text{mm}$。

即直线 l 向上平移 51mm 得平均中线 $\hat{l}$。

2 在计算规划道路红线时，我们经常会遇到路不等宽红线曲线元素的计算。如图 9-2 所示，已知道路中线交点 JD 的坐标 Y_{JD}、X_{JD}，中线曲线半径 R，半路宽 d_1、d_2，可以求得外侧和内侧红线曲线半径 R_1、R_2。计算公式如下：

$$\Delta d = d_1 - d_2 \qquad (9\text{-}2)$$

$$R_1 = R + d_1 - 0.5\Delta d \qquad (9\text{-}3)$$

$$R_2 = R - d_1 + 0.5\Delta d \qquad (9\text{-}4)$$

当 $d_1 = d_2 = d$ 时，$\Delta d = 0$，则 $R_1 = R + d$，$R_2 = R - d$，说明外侧红线、中线和内侧红线三条曲线同圆心。

由 I 角和曲线半径（R_1、R_2）可算得外侧和内侧红线的切线长（T_1、T_2）、曲线长（L_1、L_2）、外距（E_1、E_2）等。外侧和内侧曲线圆心 O_1、O_2 的坐标可由外侧和内侧交点 JD_1、JD_2 的坐标求得。

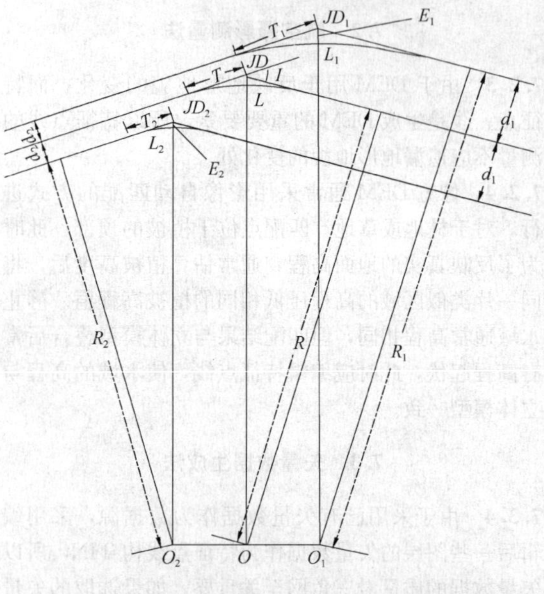

图 9-2　路不等宽红线曲线元素的计算示意图

9.2.11 拨地测量计算及测设做如下条文说明：

本条第 2 款，拨地测量计算路口红线的计算方法举例如下：

例 1：见图 9-3，标准路口红线的一部分，$ABCD$ 为路口东北角红线。首先根据路宽及路口放宽尺寸计算交点 O，然后根据路口尺寸，以 O 点依次计算 A、B、C 坐标，按直角三角形计算出 $C-D$ 方位角和距离，计算 D 点坐标。如果 $OA = OB$，则 $\angle A = \angle B$，按等腰三角形计算夹角，计算 $A-B$ 方位角。图中标准路口红线尺寸为条件给定。

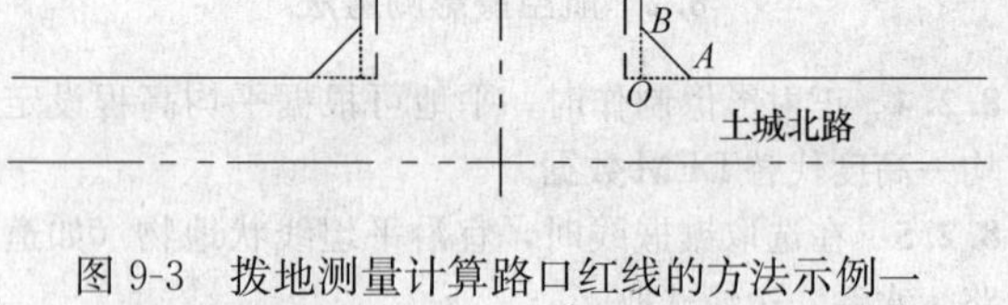

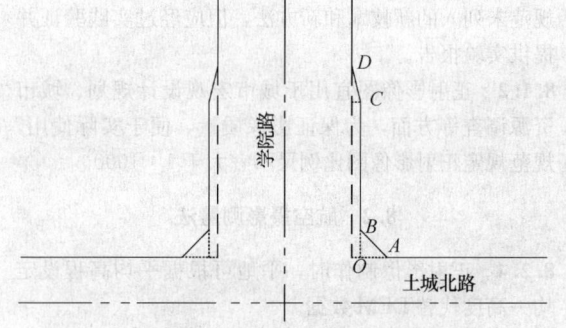

图 9-3　拨地测量计算路口红线的方法示例一

例 2：见图 9-4，标准路口红线的一部分，$FEABCD$ 为路口东北角红线。首先根据路宽及路口放宽尺寸计算交点 O，然后根据路口尺寸，以 O 点依次计算 A、B、C、E 点坐标，按直角三角形计算 $C-D$ 方位角、距离和 $E-F$ 方位角、距离，计算 D、F 坐标。如果 $OA = OB$，则 $\angle A = \angle B$，按等腰三角形计算夹角，计算 $A-B$ 方位角。图中标准路口红线尺寸为条件给定。

本条第 4 款，如临路的拨地应由临路的用地界桩开始测设，不临路的拨地应从长边开始测设。

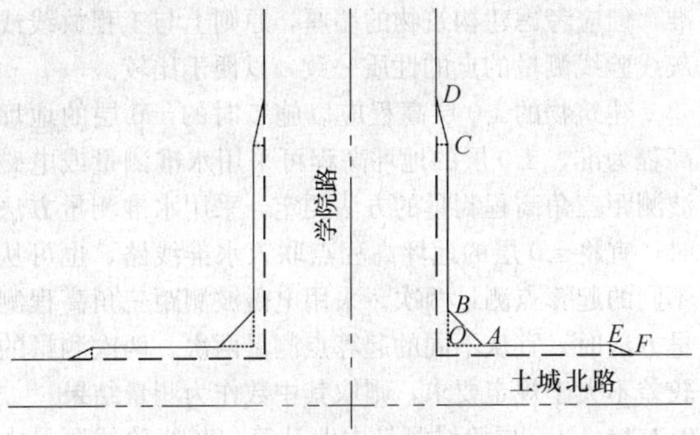

图 9-4　拨地测量计算路口红线的方法示例二

本条第 5 款，拨地测量测设时，若用地桩点不能实钉时，可在用地边线上钉指示桩，但应注意指示桩不可钉在用地边线的延长线上。

9.3　规划监督测量

9.3.1　规划监督测量包括放线测量（或灰线验线测量）、±0 层验线测量和验收测量。在不同的城市因规划管理方法的不同，其涉及的测量内容可能有所不同，部分城市建设工程的放线由施工单位承担，测绘单位受城市规划行政主管部门委托代表其城市规划行政主管部门进行灰线验线。部分城市建设工程的放线由测绘单位承担，但不再进行灰线验线。所以要求放线测量和灰线验线测量可根据城市规划行政主管部门的要求选择一种作为规划监督测量即可。

为保证统一管理，确保规划监督测量的连贯性和完整性，原则上，一个城市的规划监督测量由城市规划行政主管部门委托一家测绘单位实施。

9.3.3　规划监督测量一般包括三个阶段的测量：开工前的灰线验线测量或放线测量、基础施工完毕的±0层验线测量、竣工后的验收测量。这三个阶段有相同的工作内容，也有属于本阶段特有的工作内容。本条款先概括三个阶段共有的工作内容，然后指出各阶段特有的工作内容。

9.3.4　规划监督测量由于涉及建设项目的相关规划条件，所以前期准备应依据城市规划行政主管部门出具的条件，收集有关的定线测量、拨地测量等资料，特别是规划红线等。

9.3.7　规划监督测量中条件点（验测点）宜包括能控制建筑位置和反映建筑的间距要求的角点，并且能满足城市规划行政主管部门出具的条件的要求和现场的实际情况定。

9.3.8　放线测量根据工程的性质主要分为建筑工程放线测量和市政工程放线测量。建筑工程放线测量主要根据城市规划行政主管部门审批的建筑工程放线附图和相应的建筑施工图，再结合拟建建（构）筑物与四周主要建（构）筑物和道路中心线的距离来推算拟建建（构）筑物各角点（轴线角点或外墙角点）坐标，最后将推算的角点坐标实地放线定桩，并将实地放线的情况标注在放线附图上供城市规划行政主管部门审核。市政工程放线测量又主要分为市政道路和市政管线放线测量，主要根据城市规划行政主管部门审批的市政工程放线附图上所确定的各点的坐标进行实地放线定桩。

放线测量的内业计算，应符合下列规定：

1　为了保证建筑竣工后外墙角点间的相关间距能满足要求，原则上要根据城市规划行政主管部门出具的条件、条件点坐标和施工图等资料，计算建构筑物外墙角点坐标。

2　在不同的城市因规划管理方法的不同或便于建筑施工方便，部分城市可能习惯计算拟建建构筑物轴线交点的坐标，但应充分考虑建构筑物的墙厚，以保证外墙角点满足城市规划行政主管部门出具的条件。

3　桩点应统一编号，并保证同一工程的桩点编号不应重复。

4　拟建建构筑物放线不满足规划条件时，应及时告知经城市规划行政主管部门和建设方，经调整后再予放线。

9.3.10　放线测量成果资料整理可能因不同城市规划管理方法的不同而有所不同，但应主要符合以下方面：

1　编制放线测量成果表，放线测量成果表内容宜包括点号、坐标、点间距离等，其中，非正式桩点可只提供相关距离。成果表内宜绘制拟建建构筑物放线示意图，也可单独绘制放线示意图。

2　资料内容可包括放线测量通知单、放线测量成果表、工作说明及工作略图、内业计算簿、外业测算簿、工程测量交桩书、检验报告表和平面设计图，并顺序装订。目前放线测量大部分单位均采用内外业一体化，故也可按上述顺序保存相应的电子文档。

3　工作说明目的是将工作中的相关情况进行描述，以便于管理，因此宜将测量工作中的控制测量、条件点的施测情况、桩点测设情况、作业中的特殊问题等进行描述。

4　工作略图宜按城市规划行政主管部门批准的放线附图的比例绘制，内容应满足当地城市规划行政主管部门的要求并与规划许可相对应，宜包括拟建建构筑物略图、规划道路、拟建建构筑物与四至关系等，实放桩点宜标识。

9.3.11　灰线验线测量主要根据城市规划行政主管部门审批的放线附图和相应的建筑施工图，再结合测绘单位或施工单位实地的已放线位置进行验线，以判断已放线的拟建建（构）筑物位置能否满足规划管理的要求。

灰线验线测量内业计算应符合下列规定：

1　计算前应充分熟悉规划条件，了解项目情况，检查外业记录手簿。

2 根据条件城市规划行政主管部门出具的条件，结合条件点坐标、外业实测验测点坐标、审批的施工图，城市规划行政主管部门审批的要求计算建构筑物与四至的关系。

3 计算建构筑物与四至的关系与规划许可证附图标注的数据一一对应。凡是涉及有四至距离的细部点位宜进行外业实测，无法实测时也宜通过验测外廓轴线点，并结合施工图来推算细部点点位，最后在根据推算的细部点位置来计算建构筑物与四至的关系。

4 四至周边建筑已建时，宜实测和推算间距。未建时，可依据其设计坐标计算。

5 桩点应统一编号，并保证同一工程的桩点编号不应重复。

6 建（构）筑物的位置不满足规划条件时，应采取相应的措施及时告知经城市规划行政主管部门和建设方。

9.3.12 灰线验线测量成果资料整理应符合下列规定：

1 编制验线测量成果表，验线测量成果表内容宜包括点号、点间距离、坐标等；验线示意图宜绘制在成果表内，也可单独绘制，内容应与规划许可证附图相对应。

2 资料内容可包括验线测量通知单、验线测量成果表、工作说明及工作略图、内业计算簿、外业测算簿、检验报告表和平面设计图，并顺序装订。目前验线测量大部分单位均采用内外业一体化，故也可按上述顺序保存相应的电子文档。

3 工作说明目的是将工作中的相关情况进行描述，以便于管理，因此宜将测量工作中的控制测量、条件点的施测情况、验测点测设情况、作业中的特殊问题等进行描述。

4 工作略图宜按城市规划行政主管部门许可的附图的比例绘制，内容应满足当地城市规划行政主管部门的要求并与规划许可相对应，宜包括建构筑物略图、规划道路名称、拟建建构筑物与四至关系等。

9.3.13 ±0层验线测量应在建构筑物基础施工完成后进行测量，城市规划行政主管部门根据实测的结果，以判断建筑的基础部分是否占压建筑红线或道路红线，是否移动批准的位置，间距是否符合要求，是否有其他违法建设行为，要求测量要及时，以便于发现问题及时整改。

±0层验线测量应参照工程放线或灰线验线测量成果，测量建构筑物验测点坐标和±0层的地坪高程。验测点应选择在建筑物外框关键部位和关键的点上，基本上与放线或灰线验线的点位一致，为建构筑物的外围主要角点、有间距要求的角点等。

验线点的平面位置宜以建构筑物墙中心的轴线交叉点为准，但由于施工，一般情况该轴线点是无法准确确定，所以一般要求以建筑物外墙面的交叉点为准，但应考虑建构筑物的墙厚，原则上与工程放线或灰线验线测量的点的性质一致，以便于比较。

建筑物的±0层高程应以施工时的±0层的地坪高程为准，±0层的地坪高程可采用水准测量或电磁波测距三角高程测量的方法测定。采用水准测量方法时，宜将±0层的地坪高程点联入水准线路，也可从不同的起算点测量两次。采用电磁波测距三角高程测量方法时，宜从不同的起算点测量两次。两次测量的较差不大于规定要求，则取其中数作为测量结果。

9.3.14 ±0层验线测量内业计算与灰线验线测量内业计算基本类似，故其要求应符合本规范第9.3.11条的规定。

9.3.15 ±0层验线测量成果资料整理与灰线验线测量成果资料整理基本类似，应符合本规范第9.3.12条的规定。

9.3.16 为了控制建（构）筑物的高度，验收测量必须对建（构）筑物高度进行测量，高度测量应符合下列规定：

1 宜测量建构筑物的高度、层数和建构筑物的相关标高（地下地坪高、±0层标高、建筑顶面标高、建筑制高点标高），并根据测量的数据绘制楼高示意图。一个楼高示意图表示不清的可绘制多个楼高示意图。

2 建构筑物的高度测量可采用电磁波测距三角高程测量法或实量法。采用电磁波测距三角高程测量法时应变换仪器高或觇标高测两次，实量法也应变换位置进行测量两次，两次测量值的较差不大于100mm时，成果取用平均值。

3 建构筑物室内外地坪的高程可参照本规范第9.3.13条±0层标高测量的规定施测。

9.3.17 验收测量现状地形图测量宜采用数字成图的方法施测，其主要精度要求参照了工程图测绘的相关规定。验收测量现状地形图测绘除按本规范城市地形测量要求实测外，还必须满足城市规划行政主管部门验收的要求，因此对建筑物各主要角点、车行道入口、各种管线进出口、内部道路起终点、交叉点和转折点的位置，弯道、路面、人行道、绿化带等界线、构筑物位置和高程宜进行实测，并标注建筑物结构层数。

9.3.18 验收测量地下管线探测应符合下列规定：

1 地下管线测量的精度按现行行业标准《城市地下管线探测技术规程》CJJ 61的规定执行。

2 地下管线测量的对象主要包括给水、排水、燃气、工业、热力、电力、电信等管线。

3 地下管线测量的取舍应参照现行行业标准《城市地下管线探测技术规程》CJJ 61的相关规定，结合各个城市的具体情况，规定了市政管线和小区管线探测的取舍标准，各城市可按本城市规划行政主管部门的具体要求，再作详细规定。

4 地下管线验收测量宜在回填前进行，当无法在回填前进行测量时，应结合调查和物探的方法查明各种地下管线上的建构筑物和附属设施。参照现行行业标准《城市地下管线探测技术规程》CJJ 61 的相关规定，规定地下管线的建构筑物和附属设施测量的主要内容。

5 参照现行行业标准《城市地下管线探测技术规程》CJJ 61 的相关规定，规定地下管线实地调查的主要项目。

6 参照现行行业标准《城市地下管线探测技术规程》CJJ 61 的相关规定，规定地下管线平面位置和高程的测定井距应小于 75m。

9.3.19 验收测量建筑面积测量应符合下列规定：

1 较规则的建筑物的边长丈量宜采用钢尺或手持测距仪独立测算两次，两次量距较差绝对值不应大于 5mm，结果取用中数。异型建筑丈量方法宜采用全野外数据采集或野外坐标解析法施测建筑物各主要角点。为了避免误差累计，要求宜通过一站测量。

2 要求作业人员要加强现场核对，特别是建筑工程的隐蔽地方：技术层、夹层、暗层以及地下室、阳台、室内花园、卫生间、楼顶等，最容易发现疑似违规建筑。

3 本条规定设计边长与测量边长（扣除抹灰和装饰的厚度）的较差限差，该限差公式来源于吕永江主编，中国标准出版社 2001 年出版的《房产测量规范与房地产测绘技术》中第 104 页 7.3.5 条对边长测量精度要求与限差的建议；但在实际操作过程中，由于无法准确确定建筑抹灰和装饰的厚度，一般根据外业实测边长（包括抹灰和装饰的厚度）与设计边长的较差值，该值与该建筑抹灰和装饰厚度的经验值的较差不超过当地的规定值，可按照设计边长计算建筑面积；城市规划行政主管部门另有规定的可按其规定执行。

4 要求在面积计算之前应对建筑的所有边长进行一次校核，检核的主要条件为：几何图形边长的闭合关系、分段量测边长之和与总边长的一致关系，对多余观测引起的边长较差，应进行配赋处理后，方可进行计算。

5 建筑面积测量成果的表述形式必须满足当地城市规划行政主管部门的要求，应依照建设工程规划许可证的标准格式和内容制作，宜包括建设工程总建筑面积、分栋建筑面积和每栋分层建筑面积，以及每栋分层外框示意图，并应注明建筑功能。

6 建筑面积测算应满足现行国家标准《建筑工程建筑面积计算规范》GB/T 50353 中计算建筑面积的相关规定。但由于建筑新技术和新的建筑结果的不断发展，各城市可按本城市规划行政主管部门的具体要求，制定更详细的面积计算细则，但不宜与现行国家标准《建筑工程建筑面积计算规范》的原则相违背。

9.3.20 验收测量内业计算与灰线验线测量基本类似，应符合本规范第 9.3.11 条的规定。

9.3.21 验收测量成果资料整理应符合下列规定：

2 目前验线测量大部分单位均采用内外业一体化，故也可按正文中本款顺序保存相应的电子文档。

3 工作说明目的是将工作中的相关情况进行描述，以便于管理，因此宜将测量工作中的控制测量、条件点的施测情况、验测点测设情况、作业中的特殊问题等进行描述。

4 工作略图宜按城市规划行政主管部门许可的附图的比例绘制，内容应满足当地城市规划行政主管部门的要求并与规划许可相对应，宜包括建构筑物略图、规划道路名称、拟建建构筑物与四至关系等。

9.4 日照测量

9.4.3 客体建筑不仅为有日照要求的现状建筑，设计方案已通过当地有关部门审定或已经批准尚未建设及正在建设的建筑也应纳入客体建筑。

9.4.5 考虑到尽可能利用已有测绘资料、减少重复测绘及测量误差的不可避免性，过高或过低的精度要求均不合适，参照本规范 9.5 节测量精度要求比较适宜。

4 建筑中商店、厂房、办公用房、或独立灶间、卫生间、楼梯间等功能用途房间国家规范无日照要求，为便于建筑横向宽度检核，在外业测量中应进行窗户宽度的测量。

8 主体建筑的北侧、东西两侧、及屋顶（包括女儿墙、电梯房、水箱等附属物）对客体建筑日照量影响较大。

9.4.7 对日照分析按相应款做下列说明：

4 目前上海、杭州、宁波、无锡、合肥、东莞等大部分城市对于有转角直角窗户、转角弧形窗户、凸窗等异形窗均以居室窗洞开口建模，测绘位置示意见图 9-5：

7 按照《城市居住区规划设计规范》GB 50180 日照时间计算起点为底层窗台面（底层窗台面是指距室内地坪 0.9m 高的外墙位置）。

13 影响太阳高度角（h）和方位角（A）的因素有 3 点：赤纬（δ）、时角（t）、纬度（ϕ），而太阳高度角、方位角的计算直接影响到日照量，太阳高度角、方位角计算公式见式（9-5）、公式（9-6）：

$$\sin h = \sin\phi \times \sin\delta + \cos\phi \times \cos\delta \times \cos t,\ -90^\circ \leqslant h \leqslant 90^\circ \tag{9-5}$$

$$\cos A = (\sin h \times \sin\phi - \sin\delta)/(\cos h \times \cos\phi) \tag{9-6}$$

式中：$\delta = 23.45^\circ \times \sin[(N-80.25) \times (1-N/9500)]$（$N$——从元旦到计算日的总天数）；$t = 15^\circ(n-12)$（$n$ 为太阳时）。

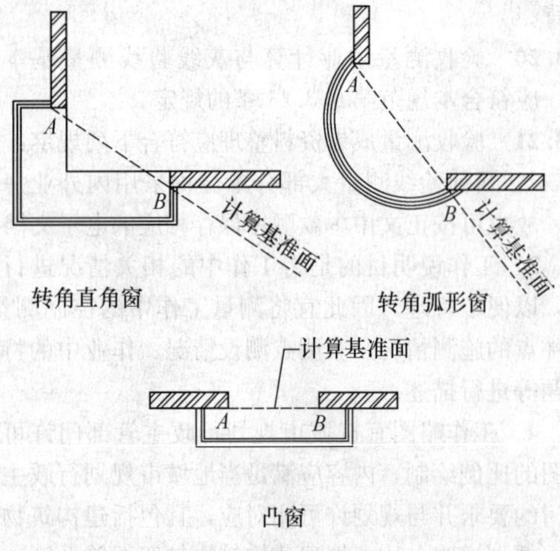

图 9-5 日照分析测绘位置示意图

下面以某点经纬度为基准，以简单的矩形建筑为对象，通过数据分析，说明纬度变化对建筑日照的影响（见图 9-6）。测试样例如下：

基准纬度：30°40′00″	基准经度：104°04′00″
分析日	大寒日：09 年 01 月 20 日
有效日照时间	08：00～16：00

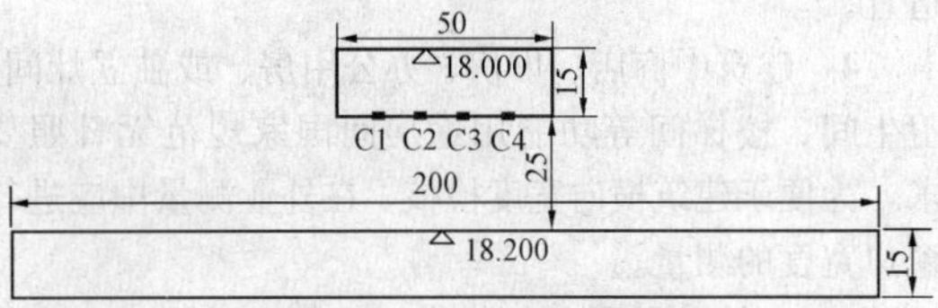

图 9-6 纬度变化对建筑日照的影响测试样例

通过测试确定，纬度每变化 4′左右，对日照量会产生近 2 分钟左右的影响，故本项规定计算点经纬度应按照项目位置确定。

14 本款内容引自国家标准《城市居住区规划设计规范》GB 50180－93 中住宅日照规定。

9.5 工程图测绘

9.5.1 工程图的比例尺选择主要根据工程性质、用图需要和测区大小等确定。可选用 1∶500、1∶1000、1∶2000 和 1∶5000 比例尺。小面积工程测图为了增大图面或详细了解地形地物便于设计、施工而采用大于 1∶500 的比例尺，以 1∶200、1∶100 居多。

9.5.2 本条对充分利用现有测量成果提出要求。如精度要求较低，可用小一级比例尺地形图放大或按小一级比例尺地形图的规定进行施测。

9.5.13 测深点点位中误差是在参考国内一些现行国家标准和行业标准（点位中误差为图上 1.25～2.00mm）的基础上制定的。

9.5.14 测深设备的适用范围与测深点深度中误差是相关的。一般认为，测深杆适用于水深 0～5m 且流速不大的浅水区，其较差为 0.2～0.3m；用测深锤测深，在流速不大、水深小于 20m 的情况下，其较差为 0.3～0.5m；测深仪适用水深 2m 以上水流较急的水域。因为 0～2m 记录纸上零线与回声线混在一起难以判别，为了避免发生错判，故定为 2m 以上。在有水草、海底树林的水域，不应使用测深仪。因为这时反射的回波深度不是水底深度。

9.5.16 根据实践经验及有关资料，测船因风浪引起的颠簸程度，取决于风浪的强弱和测船的抗风性能，应由测深仪记录纸上回声线反映出的起伏变化来定。当变化不大时，可量取波形起伏的中数为水深读数，对测深精度影响不大，此时尚可继续作业，而当测深仪在正常工作，记录纸上出现有 0.4m～0.5m 的锯齿形变化时，实际水面浪高将超出其值 1～2 倍，此时船身剧烈摇摆，换能器随测船摇动而改变着入水深度，直接产生更大的深度误差，并往往伴随出现锯齿形回声线，以至无法判别水深。按内河和海上船舶的抗风能力，规定在内陆水域和海域当测深仪正常工作时，回声线分别在记录纸上出现大于 0.3m 和 0.5m 的起伏变化，宜暂停作业。采用测深锤、测深杆作业时，测深获得的是绳、杆的水面读数，因风浪引起的水面起伏的大小，将直接影响到测深的读数精度。

9.5.17 水下地形测量不能像陆地那样按地形变化选择地性点，所以测点密度较大。多数水下地貌垂直于岸线的横向变化远大于平行岸线的纵向变化，因此断面间距应大于测点间距。根据一些作业单位多年的实践经验，顾及到图面的负载量，规定断面间距和测点间距宜分别为图上 2cm 和 1cm。为适应水下地形变化和工程用图需要的不同，可根据具体情况，适当加密或放宽断面和测点的密度。

9.5.18 当水域开阔平坦、水位变化极小时，可在近岸水边打入木桩，使其与水面齐平，然后用水准测量方法直接测定桩顶高程，即为水面高程。当水面涌浪较大，应设立水尺观测水位，取波峰波谷读数的平均值作为水面高。水尺应设在受风浪、壅水、回流影响较小，又不易遭到碰撞，且有代表性的地方，若一支水尺不能保证测出测深期最高与最低水位时，应设立阶梯形水尺组。当测区内水位坡降较大，应分段设立水尺进行水位观测。在水尺附近宜设立 2 个不低于图根水准精度的临时水准点，以便随时用图根水准测量的精度接测水尺零点高程或水面高程；或以不低于图根水准测量的精度布设附合路线直接测定水尺零点高程或水面高程。

水位观测应与测深工作同时进行。实际工作中采用定时观测水位，内陆水域应使两次观测时间间隔内水位变化小于 0.1m；受潮汐影响的河段和海域的坡降不是固定的，涨潮时下游水位高上游低，退潮时上游水位高下游低，急涨、急退时坡降大，而平流时水面几乎成水平状态，因此观测潮位的时间间隔要短，规定宜每隔 10min 观测一次。根据观测的水位按时间内插求得测深时的工作水位。

9.5.19 测深仪工作电压与额定电压、实际转速与规定转速之差的变动范围，应以仪器说明书（鉴定书）为依据。正常工作电压与额定电压之差，直流电源不应超过 10%，交流电源不应超过 5%；实际转速与规定转速之差不应超过 1%。超过规定时，应进行调整或改正。电压与转速调整后，应分别在深、浅水处作停泊与航行检查，如有误差，应绘制误差曲线图进行水深改正。

9.5.20 测深点定位的方法很多，对于某测区具体采用什么方法，应根据水域情况（水深、流速和面积大小）、测图比例尺和设备条件综合考虑确定。

9.5.22 市政工程工点地形图（即小面积块状工程地形图）和带状地形图的比例尺，应根据所需精度、幅面大小、图面负荷与经济合理等因素综合考虑选用。考虑线路纵、横断面图比例尺的选用规与线路带状地形图比例尺关系密切，因本节亦有桥址纵断面图、河床横断面的内容，放在本规范表 9.5.22 中比较有利，以避免不必要的割裂与重复。

9.5.23 带状地形图的分幅设计，主要是为了便于使用。图幅过长，打开和卷起都很费事；过短，增加接图的工作量。目前因提供的测量成果多为数字成果，图幅分幅不当问题不突出，出施工图时应考虑使用的方便。

9.5.24 道路工程带状图的测绘是很普遍的，在线路带状图中也是具有代表性的，条文中主要就测绘特点和要求作了一些具体规定。

9.5.25 我国城市道路立交桥的建设发展很快，因此有必要纳入立交桥桥址图测绘的内容。立交桥桥址图的测绘主要为设计立交桥和匝道的位置提供地形资料，同时为改、扩建地下管线提供依据和安全保障。

9.5.26 跨河桥按其长度可分为特大桥、大桥、中桥和小桥，其划分标准为：桥长在 500m 以上为特大桥；100～500m 为大桥，20～100m 为中桥；20m 以下为小桥。桥址地形图比例尺根据河宽而定，桥长在 50m 以下时可选用 1：200 或 1：500；桥长在 100m 左右时用 1：500；桥长在 200m 以上时选用 1：1000 或1：2000。

9.5.27 桥址纵断面图是表示桥梁中线位置现有河床的地形变化，用以设计桥梁孔跨、墩台高度、净空和导流建筑物。加测河床横断面，是为了计算洪水流量。

9.5.28 桥址纵断面水上部分的测量与线路纵断面测量相同，应在进行线路纵断面测量时一次完成。河床横断面水上部分的测量可按线路横断面测量的要求施测。

9.5.29 抽取地表水的自来水厂、泵站和污水处理厂，应进行取水口或出水口的水域断面测量。抽取地下水源的自来水厂、泵站不包括在内。

9.5.30 施测方格高程图，是在测完施测范围内地物点和现状路边线后，以设计施工中线或现状路中线为基线，根据比例尺大小、地面平坦程度和精度要求来确定方格网间隔，并根据实地的基线桩将方格网放样到实地上，测定各方格网交点的高程，以厘米为单位注记在图上相应方格网交点的右上方。

9.6 市政工程测量

9.6.1 本节内容主要纳入了普通的市政工程勘测设计阶段的通用性测绘工作，对于条文中所述大型的或城市少有的工程测量项目，多数为专业部门所承担，各种工程的施工测量，内容相当繁杂，城市测绘单位也极少参与，所以条文中包含的工程项目能满足绝大多数城市测绘单位的需要。

9.6.2 考虑到市政工程线路测量的需要，施测 1：1000 比例尺带状图的主要线路附合导线长度，可按导线最弱点相对于起算点的点位中误差不得大于图上 0.1mm 进行估算。在规划市区和郊县城镇范围内的线路，仍然要规定导线长度，考虑到山地线路施测带状图通常采用最大比例尺为 1：2000，以及考虑到数字化测图与困难地区放宽要求的需要，山地线路附合导线长度，导线绝对闭合差和相对闭合差均按 10cm 的精度指标计算。高速公路和高架路工程导线测量的技术要求按《公路勘测规范》JTG C10 的规定执行。

9.6.3 市政工程线路水准测量的相应款做下列说明：

1 市政工程线路水准测量是工程设计阶段中重要的控制测量工作之一，它为测绘专用地形图、纵横断面图及调查重要高程点的高程提供依据，同时又是施工时高程放样的基础，其水准点的位置应能满足工程施工放样的需要。

2 在市政工程中，以重力自流管道对高程控制的要求为最高。当自流管道的设计坡度为 0.5‰时，即每千米的设计高差为 0.5m。为保证设计坡度施工放样的精度要求，在设计、施工阶段的测量误差按 1/10 计，即为±5cm/km。根据武汉测绘学院工测系 1960 年对城市排水管网精度要求的分析，其结论为：当排水管道管径大于 1500mm、坡度小于 0.5‰时，其工程水准测量的精度需采用四等水准。而普通的市政工程可以采用稍低于四等水准的精度要求。本规范采用了介于四等水准和图根水准之间的 $\pm 30\sqrt{L}$ (mm) 的精度指标（某些规范称为五等或等外水准），中平测量再按图根水准的精度施测，这样既满足了一般市政工程线路水准测量的实际需要，又不存在同级附合的不合理情况。

9.6.4 随着施工单位技术力量的加强，往往只需要测量单位交付控制点，所以本条的要求应根据实际情况执行。

9.6.7 线路中线测量按相应款作下列说明：

1 轴线桩号换算为中线里程，应根据直线部分分段移轴、中线等距移轴与不等距移轴等不同情况分别处理。中线等距移轴与不等距移轴又分为交点上不设曲线和设置曲线两种情况。

5 直线段上的中桩间距，地形平坦地区宜为50m，地形起伏大的地区可采用20m；曲线段上的中桩间距，平坦地区曲线平径大于800m时，可为40m；山区公路当曲线半径为30m～60m，缓和曲线长度为30～50m时，不应大于10m，当曲线半径和缓和曲线长度小于30m或用回头曲线时，不应大于5m。

6 由于测量分段，局部改线或量距错误等原因造成中线里程不连续，即称为中线断链。

7 中桩桩位的测量限差，根据城市线路的主次和地形的起伏而异，主要线路多集中于市区，次要线路则分布于市区、卫星城镇和郊区，上述线路大多处于平原、丘陵，山地线路多在远郊山区，因此对不同类别的线路精度要求是有区别的。城市测量多年的实践证明，这些限差是不难达到的。

曲线测设的纵向闭合差，主要由总偏角的测角误差、切线长和弦长的丈量误差等构成，总偏角的测角误差将使计算的各项曲线要素产生同向误差，导致这种误差在曲线测设中互相抵消。切线和弦长丈量时的系统误差在纵向闭合差中影响甚微，偶然误差是影响纵向闭合差的主要因素。主要线路曲线测设的纵向相对闭合差定为1/2000是比较容易达到的，次要线路和山地线路亦有放宽，也是不难达到的。

曲线横向闭合差，主要由偏角法的拨角误差、切线长和弦长的丈量误差以及测站点的投点误差等构成。由于城市主要线路大都选用大于不设超高的平曲线平径，半径大，曲线不长，因此曲线横向闭合差是能够不超过5cm的。次要线路和山地线路随着曲线半径的递减和曲线长度的增加，曲线横向闭合差虽可能增大，但对于7.5cm和10cm限差也是不容易超过的。

9.6.8 纵、横断面测量按相应款作下列说明：

1 纵断面测量是在高程控制测量和中线测量的基础上进行的，根据高程控制测量所留设的工程水准点。从一个水准点沿中桩逐桩按图根水准的精度要求施测桩位的地面高程至下一个水准点，逐点进行闭合，因此纵断面测量亦称中平测量。这样做可以一举数得，一方面检测了工程水准点，又沿中桩施测了地面高程，同时还检查了里程桩号。

2 横断面测量是测量垂直于线路中线方向的地面起伏情况。横断面的宽度通常为路基设计宽度的2～3倍，一般测至填挖边线以外，城市道路应测至两侧建筑物。横断面的密度应视两侧的地形变化作适当增减，通常平原地区的道路工程和地下管线工程，如果地势平坦或工程面狭窄，可不施测横断面，而以中桩的地面高程代表两侧地形即可。河道横断面测量应以岸上轴线桩为起算点，测绘河道两岸、防洪堤、水涯线、河底地形变化点及洪水位的高程等。

5 横断面的测量方法有全站仪法、水准仪法、经纬仪视距法等，可根据横向地形变化大小、精度要求和仪器条件选用。

9.6.9 目前设计人员已广泛使用计算机辅助设计，纵断面图和横断面图已不需测绘人员提供，所以舍掉了原规范对纵、横断面图的要求。

9.7 地下空间设施现状测量

9.7.1 本节标题由原规范“地下普通建（构）筑工程现状测量”改为“地下空间设施现状测量”。适用的范围相同。

9.7.2 示位测量是指兴建楼房时，为了保存和充分利用下面原有的人防工程，同时为确保楼房本身的安全，多采用打钢筋混凝土桩加固地基基础，设计人员为防止打桩穿透或挤垮人防通道的事故发生，而要求测量人员提供建筑范围内1∶500或1∶200比例尺人防工程的现状图和将人防通道的位置、形状准确放样到地面上，并补测地面新增地物和高程，以保证正确设计桩位和指示施工，这项测量工作简称为示位测量。

9.7.4 进行地下人防工程的普查测量，首先应到各街道办事处联系，收集管片内人防通道网示意图，了解各出人口、竖井所在地点及其他有关事宜。然后进行现场踏勘，有示意图的需核对、修改与补充，无示意图的应于现场绘出草图。

9.7.5 导线的布设方法，首先应视需要与否，如示位测量必须先布设经过附近出入口或竖井旁以及需地面放样地点的地上导线，再布设地下导线测绘所需范围的人防通道。其次要看导线是否超长，如果超长可先布设地上导线，再布设地下导线，普查测量可布设地下多结点导线网，使导线精度均匀并可缩短导线长度。其他情况则可直接布设自地上经由地下再地上的导线，以减少控制层次。

9.7.6 由于地下普通建（构）筑工程出入口坡度大，有时甚至需要盘旋回环，地下通道又多曲折起伏，视线短，站数明显增多，因此按山区图根水准测量的精度要求进行地下水准测量是合理的。

9.7.7 由于地上、地下温差大的特殊情况，作出如此规定是为了对测量仪器的防霉、防雾、防锈采取的一种防护措施。

9.7.8 地下人防工程现状测量按相应款作下列说明：

1 地道是指平原地区和市区，利用一定深度的自然地层防护，利用斜梯、竖井出入的工事；坑道是指在山地利用山体的自然防护层提高抗力，利用直切的平口深入山体的工事；掘开式工事是指用掘开地面将工事构筑于地下然后回填的方法施工，且其上部没有较坚固楼房的工事。

2 为满足设计急需的小面积（一两栋楼的范围）人防工程现状测量，即前面提到的示位测量，当拟建楼房距原有楼房很近，且根据原有楼房进行放线时，应测量原有楼房楼角的坐标，并展绘到地形图上以修正楼角的位置。在建筑场地周围地形有变化或有新增地物，应修测补测，精度要求较高的，应测地物点细部坐标，地面上拟建位置处也应补测几个地面高程。无1∶500基本地形图的地区，应地面、地下一起测绘。

7 重叠的与立交的通道采用上实下虚画法，应根据不同情况正确处理。上下部分重叠的两条通道，重叠部分如果上窄下宽，上面通道投影位置尽落在下面通道内，则上下通道边线均画实线；如果上宽下窄，下面通道被上面通道全部遮住了，则上面的画实线，下面的画虚线，下面的一侧边线被遮住，则一侧边线画虚线；如果上下立体交叉，则下面被上面遮住的通道边线应画虚线。

顶面材料可分钢筋混凝土（简称砼）、普通黏土砖（简称砖）、条石或岩石（简称石）、三合土（简称土）。结构可分拱顶（简称拱）、平顶（简称平）。

9.8 土石方测量

9.8.1 土石方测量除本节描述的方法外，还可采用机载激光雷达、激光三维扫描仪采集三维点云构建DEM进行计算，采用上述两种方法采集的点云数据一般密度都较大（机载激光雷达可达1m×1m，激光三维扫描仪更是可达毫米级），且精度均匀可靠，可根据需要设置点云采集密度及构建相应分辨率的DEM进行体积计算。

9.8.7 两人采用同一方法和同一软件计算同一工程的土石方量，原则上结果应一致，但因可能在处理破格的方法上存在一定差异，导致两人计算结果不一致。因此，规定检核计算与原计算成果的较差不大于总方量的3%，该指标是根据部分单位计算土石方量的经验确定。

9.8.8、9.8.9 采用极坐标法采集数据获得土石方量，场地没有设置标志，对检测高程精度适当放宽；而采用网格测量法采集数据获得土石方量，场地设置有明显标志，故规定检测高程与原测高程的平均较差不大于1∶500地形图测绘的图根高程的精度。

9.9 竣工测量

9.9.1 竣工测量记录了工程地面、地下建筑竣工后的实际位置、高程以及形体尺寸、材质等状况，是反映、评估施工质量的技术资料，应作为工程进行交接验收、管理维护、改建扩建的重要依据，作为建设及运营管理单位必须长期保存的技术文件，更是国家建设行政管理部门进行监督审查以及国有资产归档的主要技术档案，因此工业建筑工程、民用建筑工程、城市道路工程、城市桥梁工程、地下管线工程和地下建构筑物工程竣工后宜进行竣工测量。

9.9.2 竣工测量以能清楚描述建构筑物地理空间位置关系为原则，一般采用1∶500比例尺，较复杂建构筑物可采用1∶200比例尺，甚至更大比例尺。

9.9.3 对于小型工程在建（构）筑物不密集和地下管线比较简单的情况下可将地面建筑、地下管线、地下建筑编绘成一张竣工总图，其中地下管线着色宜为彩色、地面建筑宜采用黑白实线、地下建筑宜采用黑白虚线加以区分。否则应分别测绘成图。

9.9.4 从理论上探讨地物点的平面测定精度，国内已有不少资料和著作做过论述，现结合我国当前城市采用数字化测图方法进行理论上的精度推导分析。

在数字化测图中，图上地物点中误差 m_w 来源，主要由图根点点位中误差 m_t、图根点至地物点的测距中误差 m_j、方向中误差 m_f 所构成，即

$$m_w = \sqrt{m_t^2 + m_j^2 + m_f^2} \tag{9-7}$$

现将各项误差逐项分析如下：

1 图根点点位中误差 m_t 取图上±0.1mm，按照1∶500比例尺为5cm。

2 图根点至地物点的测距中误差 m_j 是影响地物点点位精度的一项主要误差，城市建筑区和平地、丘陵地的1∶500测图，测站至地物点距离采用全站仪实测，此项误差较小，按照二级测距仪测距中误差为10mm。

3 地物点的方向中误差 m_f 包括：照准误差及全站仪测角误差等，其式为：

$$m_f = \frac{m_r}{\rho} \times S \tag{9-8}$$

式中：m_r ——测绘地物点的方向中误差（″）；

S——测定地物点的图上最大视距长度。

其中 m_r 随视距的增大而减小，但视距大到一定限度后，其减小的速度就缓慢下来，因此，对于大比例尺测图所规定的视距范围来说，目前国内大多数取用 $m_r = \pm 6''$。按公式（9-8）结合本规范的视距长度计算得表9-1。

表9-1 地物点的方向中误差（mm）

S	300	200	150	100	75
m_f	8.7	5.8	4.4	2.9	2.2

综上所述，将各项中误差数值代入公式（9-7）算出用图根点直接测绘的地物点最大点位中误差为5.2cm，取值5.0cm。

综上所述，本规范规定主要地物点相对邻近图根点的点位中误差应不大于5cm，次要地物点相对邻近图根点的点位中误差应不大于7cm，地物点间距中误差应不大于5cm；困难地区取2倍中误差为允许值，

地物点相对邻近图根点的点位中误差应不大于10cm，地物点间距中误差应不大于10cm。高程点的高程中误差应不大于4cm。

9.9.5 竣工测量地形图应实地测绘，为了反映建（构）筑物的周边关系，地形图范围应包括建设区外第一栋永久建筑物，周边没有建筑物时，地形图范围测至建设区外30m。

9.9.6 竣工测量是为了反映建成建构筑的空间位置关系，是办理验收相关手续的依据材料之一，因此宜采用内外业一体化数字成图法，保证竣工测量地形图的精度。

9.9.7 竣工测量是对建构筑物要素进行全部测绘，包括地下、地面、地上的建（构）筑物。

9.9.8 竣工测量是城市规划行政主管部门进行建构筑核查测量的内容之一，为了清楚地描述建构筑物与设计图纸及建筑红线的关系，因此竣工测量前应收集经城市规划行政主管部门审批后的建筑物施工设计图、总平面图和放线成果。

9.9.9 对竣工测量控制点规定的解释如下：

1 竣工测量是对新建建（构）筑物的测量，新建建（构）筑物及配套设施能保存相当长时间，布设控制点不易被破坏，因此控制点应为永久性控制点。

2 由9.9.4规定可知：竣工测量精度较高，精度高于一般地形图测绘，因此应采用不低于一次附合图根导线的平面控制点和同级图根高程控制点作为首级控制。

3 为了减小控制点测量误差和使用方便，控制网起始点应尽量采用原建设用图的控制点，如原控制点破坏应布设不低于一次附合图根导线的平面控制点和同级图根高程控制点作为首级控制。

4 由于竣工测量资料往往用于工程竣工验收的依据，数据的可靠性十分重要，特别是首级控制测量的准确性相当重要。因此平面控制中，不应采用自由导线，应尽量避免采用回头导线，确保控制测量的精度。

9.9.10 描述了工业建筑工程竣工测量的内容，包括建（构）筑物、厂区铁路、厂区道路、地下管线、架空管线及其配套设施，内容丰富，指出各类要素需测量的特征点，详细明了。

9.9.11 描述了民用建筑工程竣工图测量的内容，包括建（构）筑物、厂区道路、地下管线及其配套设施，内容丰富，指出各类要素需测量的特征点，详细明了。

9.9.12 对城市道路工程竣工测量要求解释如下：

1 道路工程竣工图应根据实际现状进行测量。根据不同用户的需要，可计算道路的表面积，作为施工结算的参考。测量路心高程点，可绘制道路竖向断面，了解道路纵坡与设计纵坡的差异。

2 道路施工过程中，地下管线也一并施工，为了准确测量地下管线，应在管线覆土前进行测量，消除探测误差，可提高管线测量精度。

3 过街天桥底面高程，与路面的净空高是描述过街天桥的重要指标。

9.9.13 描述了城市桥梁工程竣工测量的内容，包括墩柱、桥面及附属设施等，调查收集最高洪水位、常年洪水位、常年枯水位、最低枯水位、通航水位等资料。

9.10 城市管理部件测量

9.10.1 城市管理部件测量的目的是为住房和城乡建设部在全国推广的数字化城市管理系统建设和运行提供符合要求的城市管理部件的空间信息和属性信息。国家现行标准《城市市政综合监管信息系统技术规范》CJJ/T 106和《城市市政综合监管信息系统管理部件和事件分类、编码及数据要求》CJ/T 214对城市管理部件的分类、编码、定位精度、属性信息、图式符号以及数据更新等均作了明确规定，城市管理部件测量时应遵循这些规定。

9.10.3 为了进行城市管理部件的测量，应收集最新的1∶500、1∶1000比例尺DLG数据和其他有关资料（如一些城市管理部件统计资料等）。DLG数据中一般都包含一定数量的城市管理部件数据（如井盖、信号标志灯），经实地核实后，这些数据可直接利用。为了保证城市管理部件数据的完整性、准确性，城市管理部件的类型和有关属性信息应实地全面普查。对于现行标准《城市市政综合监管信息系统　管理部件和事件分类、编码及数据要求》CJ/T 214中规定的A、B两类城市管理部件（分别对应为"空间位置或边界明确"、"空间位置或边界较明确"），应使用专业测量设备精确测定其平面位置。

9.10.4 城市管理部件数据的质量对于保证数字化城市管理系统运行的质量和效率具有重要意义，因此应该做好相应的质量检查。有关检查的具体要求可参照现行国家标准《数字测绘质量检验与验收》GB/T 18316的相关规定来进行。

9.11 变形测量

9.11.1 变形测量涉及行业和内容比较多，本节根据城市特点仅对城市地面沉降观测和地裂缝观测做出规范性要求。

9.11.2 地面沉降观测可采用GNSS监测法、INSAR监测法及水准测量等方法，本规范结合城市勘测特点，重点介绍水准测量方法。水准测量精度可根据年均沉降量、沉降区域、复测周期和需要等确定，并按相应等级的水准测量技术要求施测。

9.11.3 沉降网路线的走向及点位宜分别与城市高程控制网的线、点重合。对于不能满足沉降观测要求的可调整城市高程控制网的路线或在局部地区布设专用的沉降网，这样即可节约成本，也尽可能多地保持了观测数据的连续性。

9.11.4 为保证城市地面沉降观测的可靠性，沉降网应选取相对稳定的基岩水准点或深埋水准点作为起算基准。

9.11.5 表9.11.5给出的复测周期与沉降点间距是根据技术常规和大多数做法确定的，不同城市可根据自身经济和需求等实际情况适当调整。

9.11.7 本条给出了沉降观测作业时需注意的问题和应采取的措施。

9.11.10 本条明确了沉降观测成果计算、资料整理应包含的必要内容，但不仅限于此，各城市可根据地方具体情况在此基础上增加。

9.11.12 地裂缝观测周期可根据地裂缝活动及当地建设需求等情况具体确定，活动比较明显的（年差异沉降大于2cm），可每季度或半年观测一次；对于不甚明显的，可一年或两年观测一次，但最长一般不宜超过两年。

9.11.14 本条给出了地裂缝监测点的布设要求。对于地裂缝长度较短的可在地裂缝中间位置布设一个监测场，地裂缝长度较长的宜在两端位置和中间位置分别布设监测场，对于横穿城市大范围区域的可在整条地裂缝上布设4个检测场。

9.11.16 地裂缝监测点要联入闭合水准线路，宜选择距监测场较近的城市高程控制点作为闭合水准线路的起算点。水准测量的等级应为二等，主要技术要求应符合本规范第5章的相关规定。水准线路的起算基准宜保持连续，这样可以比较监测整体沉降情况。

9.11.17 水准测量平差应采用严密平差，计算监测点的高程，并应根据各期监测数据计算各点的沉降量和累计沉降量。对于个别监测点的异常变化应予以分析和剔除。

9.11.18 本条给出了地裂缝差异沉降的计算要求，其中对于个别监测点的异常变化应予以分析和剔除。

9.11.19 本条规定了地裂缝监测成果应包括的主要内容，但不仅限于此。

10 地 籍 测 绘

10.1 一 般 规 定

10.1.1 本条规定了城市地籍测绘工作的内容。

10.1.2 开展城市地籍测绘，宜在城市先行开展基本图测绘和规划定线拨地测量的情况下进行，因此在符合精度要求和经过核实的前提下，应充分利用与地籍测量密切相关的既有成果，保证城市测量成果的统一一致，避免重复测量和矛盾的发生。

10.1.3 城市地籍测绘的基本单元是宗地。城市地籍测绘主要为城市土地管理服务，地籍权属调查除受土地管理部门委托外，不能越俎代庖，理应执行土地管理部门确定的点位及其有关规定。宗地宜按照《第二次全国土地调查技术规程》TD/T 1014－2007第10.3条的要求进行编号。

10.1.4 按界址点测定精度的要求，将界址点划分成两个级别。第一级为明显的界址点，包括街坊外围界址点、宗地间明显的界址点；第二级为街坊内部隐蔽的界址点。

10.1.5 本条规定了地籍权属调查核实工作的内容、程序与注意事项。

10.2 地籍平面控制测量

10.2.1 地籍平面控制网等级的划分与城市平面控制网的等级划分一致。

10.2.2 按照《中华人民共和国测绘法》及其他相关法律法规的要求，地籍平面控制网应是城市测绘基础工作之一，应纳入城市测绘主管部门的统一管理。

10.2.3 本规范将测定界址点的精度要求分成两类（级），因此，地籍导线的主要技术要求应根据界址点的测量精度而定。

10.2.4 界址点的测量精度要求，决定了不能在图根点上施测界址点坐标，当对于隐蔽地区，其界址点测量精度要求放宽到±10cm时，图根平面控制点上施测的界址点精度才可以达到要求。

10.2.5 本条款将导线的三种特例明确地提出来了，即：A. 短导线，B. 导线中有超短边，C. 长导线。在条款中明确这三种特例导线的处理方法是很有必要的，因为在测绘实践中这样的导线常被采用且大量存在，多数情况受测绘环境所迫不得不布设出ABC类导线。实际上这三种导线在本规范平面控制测量和图根控制测量部分都有规定，只是这里将它们归纳整理在一起，这样更明确且突出，具有重要的现实意义，规定的指标比地形测量的导线测量技术指标稍高一点。第一条的闭合差指标13cm来自三级导线，原《城市测量规范》中关于图根导线在此种情况下的闭合差是不超过图上0.3mm（实地15cm）；第三条中关于导线全长绝对闭合差的指标22cm，比原《城市测量规范》规定的指标是图上0.5mm（实地25cm）稍高。第二条明确超短边（这里规定10m）不能做起算数据是合理的，大量的测量数据显示，这样的短边如果用作起算数据，导线一般达不到技术要求。

10.3 地籍要素测量

10.3.1 本条规定了地籍要素测量的内容及方法。

10.3.2 按界址点测定精度的要求，将界址点测定划分成两个级别。第一级为明显的界址点，包括街坊外围界址点、宗地间明显的界址点，其测量精度要求相对于临近控制点的点位中误差小于5cm；第二级为街坊内部隐蔽的界址点，其测量精度要求相对于临近控制点的点位中误差小于10cm。

10.3.3 本条规定了采用解析法进行地籍要素测量的方法和技术要求。全部界址点和主要地物点的测量必须采用解析法实测，其他地籍要素可依据界址点和主要地物点的坐标进行计算。

10.3.4 本条规定了采用部分解析法进行地籍要素测量的方法和技术要求。街坊外围界址点和街坊内部便于设站施测的界址点采用解析法，而街坊内部设站施测困难的地籍要素可丈量数据进行装绘，装绘采用几何作图方法虽仍属于图解法，但一是在外围有解析坐标点的控制之下，误差进行了合理配赋；二是其面积的量算可用几何要素解析法求得，其精度要高于单纯的图解法。只有在外围呈曲线的界线如地类界，才可采用图解法测绘。

10.3.5 本条意在使规划拨地测量和地籍测量融为一体，避免重复测量，使拨地测量的成果能得到充分有效的利用，防止出现两套坐标的矛盾发生。

10.4 地籍图测绘

10.4.1 本条规定了地籍图应表达的内容。

10.4.2 本条规定了地籍图测绘的方法。

数字法测图：利用电子速测仪（全站式或半站式）或其他测量仪器配合棱镜在野外测量测站至待测细部点的方向、距离和高差，并将野外测量的数据自动传输或人工键入到电子手簿、IC卡或便携式微机记录，现场绘制地形（草）图，到室内将数据自动传输到计算机，借着计算机及配套的数字测图软件，人机交互编辑后，按一定的比例尺及图式符号自动生成数字地籍图，控制绘图仪自动输出地籍图（也被人们称为计算机辅助地籍成图）。

模拟法测图：通过平板仪或经纬仪配合水准尺勘丈界址点和地物点的点位，不计算界址点及地物点的坐标，成图是以手工方式，将界址点及地物点展绘在图纸上，然后测绘地物和地貌。这种方法主要适用于采用图解勘丈法或部分解析法测定界址点的地籍细部测量。对于采用部分解析法测定界址点的地籍细部测量，应用模拟法测绘地籍图时，要充分利用解析界址点坐标，首先应将已有解析坐标的界址点展绘在图上，以其为控制，采用模拟法测绘其他界址点和地物点的点位。

地籍要素及地面附着物的次第关系，依据图面荷载，优先表示主要的和重要的，有选择地表示次要的地物要素。

10.4.3 本条规定了地籍图测绘的比例尺。

10.4.4 地籍图的图幅划分标准应与城市相同比例尺基本地形图的划分标准一致，便于统一管理和使用。

10.4.5 地籍分幅图的精度要求按地籍要素测量方法的不同而有所区别，解析法（数字化）成图，因全部界址点、主要地物点均用计算机辅助成图，实测坐标的界址点、地物点相对于邻近控制点的点位中误差（包括测定误差和展绘误差）以图上0.2mm计，故其间距中误差不应大于图上0.3mm（$0.2\times\sqrt{2}=0.28<0.3$mm），则用解析法成图的地籍图的精度明显优于相同比例尺的地形图。未测坐标的地物点（包括装绘和图解测绘）的图上点位中误差和间距中误差，与城市基本地形图的精度要求相同。

10.4.6 本条规定了宗地图应表示的内容。

10.4.7 本条规定了宗地图绘制的4种方法。

1 蒙绘法：以基本地籍图作底图，将薄膜蒙在所需宗地位置上，逐项准确地透绘所需要素，整饰后制作宗地图。

2 缩放绘制法：宗地过大或过小时，可采取按比例缩小或放大的方法，先透绘后整饰，再制作宗地图。

3 复制法：宗地的信息过多时，可采用复制法复制地籍图制作宗地图。大宗地可缩小复印，小宗地可放大复印，但复印后须加注界址边长数据、面积及图廓等要素，并删除邻宗地的部分内容。

4 计算机输出法：利用数字法测图时，宗地图生成是在数字法测图系统中自动生成，生成的宗地图须加注界址边长数据、面积及图廓等要素。

10.5 面积量算与汇总

10.5.1 本条规定了面积量算的方法。坐标解析法适用于外业按解析法施测坐标的地块面积；实测几何要素解析法适用于在实地测量了几何图形有关要素，并可按几何公式计算的地块面积；图解法适用于既未实测界址点又未实测几何要素的地块面积，亦用于外围界线呈曲线的图形；外业按部分解析法施测的地籍图，其解析法部分用坐标解析法计算，装绘部分用实测几何要素解析法或图解法量算。

10.5.2 面积宜独立计算两次，在符合限差的情况下取中数，主要起到检核的作用。

10.5.3 采用规范条文中公式（10.5.3-1）计算宗地面积时，界址点必须按顺时针方向编号。若界址点按逆时针方向顺序编号，则公式（10.5.3-1）中Y_i+1与Y_i-1或X_i+1与X_i-1应互换位置，否则结果会出现负值。

10.5.4 实测几何要素解析法比某些规范称之为“实地量距法”的含义要广，如矩形、三角形可量边计算面积，但三角形量三边计算面积比较麻烦，在实地量三角形的高也不容易，若量两边并测其夹角就方便简单得多。有些图形如平行四边形、任意四边形对角线被遮挡不能量，则可根据实地情况量边测角，不能仅局限于量距。

10.5.5 图解法量算面积的方法很多，由于方格法、网点法、平行线法量算精度较差，本规范不予采用。光电测积法分数字化仪计算面积和电子扫描计算面积两类，有光电面积量测仪、密度分割仪等。图解法因量算精度较差宜适用于较大的面积量算，且应在其他方法无法适用的情况下作为最后的面积量算手段。

10.5.6 本条既是面积量较差配赋方法也是检核方法，即用一定范围的总面积控制各分块面积。

10.5.9 本规定主要保证汇总统计数据的一致性与时效性。

10.6 地籍变更测量

10.6.1 土地上的建筑物发生买卖、交换、继承、分割、合并、征拨、转让、赠送、租赁、抵押而产生所有权和使用权以及其他权属发生变化后需要进行地籍变更测量。

10.6.2 地籍变更测量须由土地管理部门组织实施，应在变更权属调查完成后进行。

10.6.3 地籍变更测量前应做好收集整理历史地籍档案资料的工作，保障资料的合理延续性。

10.6.4 原地籍平面控制点或界址点可以作为测量权属变更点的依据，但必须校核后使用，也可在新布设的平面控制点上进行测量。

10.6.5 地籍平面控制点如果破坏遗失较多导致密度较小时，应先进行加密后再进行变更测量。

10.6.6 无论宗地分割或合并，原宗地号一律不得再用。分割后的各宗地以原编号的支号顺序编列；数宗地合并后的宗地号以原宗地号中的最小宗地号加支号表示。如18号宗第一次地分割成3块宗地，分割后的编号分别为18-1，18-2，18-3；如18-2号宗地再分割成2宗地，则编号为18-4，18-5；如18-4号宗地与10号宗地合并，则编号为10-1；如18-5号宗地与25号宗地合并，则编号为18-6。

10.6.7 本条款规定了分割点在不同情况下的处理方法。

10.6.8 本条款规定了在分割点确定后各分割分段的处理方法。

10.6.9 本条款规定了宗地分割后各分块面积的处理方法。

10.6.10 地籍图修测的主要内容应反映地籍要素现状的变更，重点包括界址点、线的变更和界标地物的增减和变更；行政境界以及地类等范围的变更；建筑物、构筑物的增减变更以及建筑物结构、层数的变更；道路、广场、绿地、水域等范围的变更；地理名称、单位名称、门牌号码的变更等。

10.7 成果整理与提交

10.7.1 本条明确了对地籍测量资料进行整理的要求。

10.7.2 本条明确了地籍测量应提交的成果内容。

11 房 产 测 绘

11.1 一 般 规 定

11.1.1 房产测绘是为房地产产权、产籍管理、房地产开发利用、交易、征收税费以及为城镇规划建设提供数据和资料，涉及千家万户的切身利益，政策性非常强。本章根据不同地区多年房产测绘的实践经验总结，在参照国家标准《房产测量规范》GB/T 17986的基础上编写的。对于建筑面积全算、半算和不算的建筑空间范围以及建筑共有面积的建筑空间范围的界定，政策性特别强，因此要求严格遵照国家标准的规定；但在房屋边长测量等数据采集方面作了更加详细的规定。

房产调查也是房产测量的重要内容之一，国家标准是专门列一章，但是房产调查的有关数据、资料的取得对于测量单位来说是比较困难的，因此本章弱化了这方面的内容，将其归并到房产要素测量一章中。

11.1.2 房产平面控制测量目的是为房产测量以及为房地产信息系统提供准确可靠的定位精度。不仅要求房地产要素本身的定位精度，更重要的是要求房地产要素与要素之间的相邻精度。因此，房地产平面控制点特别强调要求保证相邻或邻近控制点之间的相对精度，而不是传统的强调相对于起算点的精度。

11.1.3 世界发达国家对不动产地籍测量规范的有关规定中几乎都将界址点分成几个等级，供不同需要时选用，一级界址点的精度要求大部分定位±0.02m。国家标准《房产测量规范》GB/T 17986将界址点精度分为三级。

界址点等级的选用一般应根据土地价格、开发利用程度和实际需要而定，当然，还要考虑到今后发展的需求变化。

11.1.5 我国幅员广大，各地经济发展又很不平衡，每平方米商品房面积价格相差较大。考虑到我国的实际情况和各地的不同需求，也要考虑到适应今后发展的趋势和新的需求，国家标准《房产测量规范》GB/T 17986将房屋面积的测算精度分为三级。

11.2 房产平面控制测量

11.2.1～11.2.3 房产平面控制测量的目的是：建立一个高精度的，有一定密度的，能长期保存使用的、稳定的房产平面控制网。

高精度控制网是要求保持控制点间有较高的相对精度，只有这样的控制网才能够保证所控制下的房地产要素之间的相邻相对精度。

有一定密度的控制网，是要求房产平面控制点有相当的分布密度，以满足房地产要素测量对起算控制点的要求。

稳定的房产平面控制网，是要求所提供的平面控制网点的坐标能保持较长时间的稳定，不要经常变换。因为房地产测绘是一种提供官方证明的政府行为的测量，其成果用于进行产权登记，一经确定，即具法律效力；而坐标和面积将是今后产权登记最主要的基本数据，一经登记发证，就应保持其严肃性和稳定性，而不能经常或任意改动，以免造成产权登记和档案材料的混乱。

房产平面控制点包括二、三、四等平面控制点和一、二、三级平面控制点。通常情况下，房产平面控制测量的最低等级控制点是三级或二级平面控制点。

11.3 房产要素测量

11.3.2 界址测量是指界址点和界址线的测量，最主要的是界址点坐标测量。界址点由点的标志、点的编号、点的坐标三部分组成。

11.4 房产图绘制

11.4.1 房产图的分类经实践检验，普遍认为是科学合理的，它既能满足房地产宏观管理的需要，也可满足各地房屋产权登记发证的需要。

11.5 房产面积测算

11.5.2 采用钢卷尺测量水平距离时，尺两端应选取房屋的相同高度的参考点，以保持尺子处于水平位置。使用红外测距仪或全站仪测边时，应使测线紧贴墙角并离地面约 0.8m 至 1.2m，使测线两端符合房屋边长，此项规定可以减少量距误差及误差传播积累。

11.5.9 全部建筑面积、一半建筑面和不计算建筑面积的建筑空间范围应该符合现行国家标准《房产测量规范 第 1 单元：房产测量规定》GB/T 7986.1－2000 中的第 8.2.1 条至第 8.2.3 条的规定。这三条是这样规定的：

1 计算全部建筑面积的范围

a）永久性结构的单层房屋，按一层计算建筑面积；多层房屋按各层建筑面积的总和计算。

b）房屋内的夹层、插层、技术层及其楼梯间、电梯间等其高度在 2.2m 以上部位计算建筑面积。

c）穿过房屋的通道，房屋内的门厅、大厅，均按一层计算面积。门厅、大厅内的回廊部分，层高在 2.2 米以上的，按其水平投影面积计算。

d）楼梯间、电梯（观光梯）井、提物井、垃圾道、管道井等均按房屋自然层计算面积。

e）房屋天面上，属永久性建筑，层高在 2.2m 以上的楼梯间、水箱间、电梯机房及斜面结构屋顶高度在 2.2m 以上的部位，按其外围水平投影面积计算。

f）挑楼、全封闭的阳台按其外围水平投影面积计算。

g）属永久性结构有上盖的室外楼梯，按各层水平投影面积计算。

h）与房屋相连的有柱走廊，两房屋间有上盖和柱的走廊，均按其柱的外围水平投影面积计算。

i）房屋间永久性的封闭的架空通廊，按外围水平投影面积计算。

j）地下室、半地下室及其相应出入口，层高在 2.2m 以上的，按其外墙（不包括采光井、防潮层及保护墙）外围水平投影面积计算。

k）有柱或有围护结构的门廊、门斗，按其柱或围护结构的外围水平投影面积计算。

l）玻璃幕墙等作为房屋外墙的，按其外围水平投影面积计算。

m）属永久性建筑有柱的车棚、货棚等按柱的外围水平投影面积计算。

n）依坡地建筑的房屋，利用吊脚做架空层，有围护结构的，按其高度在 2.2m 以上部位的外围水平面积计算。

o）有伸缩缝的房屋，若其与室内相通的，伸缩缝计算建筑面积。

2 计算一半建筑面积的范围

a）与房屋相连有上盖无柱的走廊、檐廊，按其围护结构外围水平投影面积的一半计算。

b）独立柱、单排柱的门廊、车棚、货棚等属永久性建筑的，按其上盖水平投影面积的一半计算。

c）未封闭的阳台、挑廊，按其围护结构外围水平投影面积的一半计算。

d）无顶盖的室外楼梯按各层水平投影面积的一半计算。

e）有顶盖不封闭的永久性的架空通廊，按外围水平投影面积的一半计算。

3 不计算建筑面积的范围

a）层高小于 2.2m 以下的夹层、插层、技术层和层高小于 2.2m 的地下室和半地下室。

b）突出房屋墙面的构件、配件、装饰柱、装饰性的玻璃幕墙、垛、勒脚、台阶、无柱雨篷等。

c）房屋之间无上盖的架空通廊。

d）房屋的天面、挑台、天面上的花园、泳池。

e）建筑物内的操作平台、上料平台及利用建筑物的空间安置箱、罐的平台。

f）骑楼、过街楼的底层用作道路街巷通行的部分。

g）利用引桥、高架路、高架桥、路面作为顶盖建造的房屋。

h）活动房屋、临时房屋、简易房屋。

i）独立烟囱、亭、塔、罐、池、地下人防干线及支线。

j）与房屋室内不相通的房屋间伸缩缝。

11.6 房产变更测量

11.6.1 现状变更具体反映在分幅图和分丘图上，权属变更具体反映在产权证附图与登记档案上，为产权产籍提供测绘保障。现状变更和权属变更测量都是动态变更测量。

12 地 图 编 制

12.1 一 般 规 定

12.1.1 原规范本章内容侧重于模拟地图特别是模拟地形图的编制，随着计算机制图、制印技术的迅速发展与日臻成熟，传统制图、制印工艺已基本淘汰，下列章节中涉及模拟地图的相关内容已基本删除，不再赘述。与原规范相比，修订后的本章内容作了较大改动，重点放在数字地图的编制上。随着城市各种专题地图应用的日益广泛，地理底图的编制日显重要，再一个就是随着遥感技术的快速发展，基于航天、航空等遥感影像为数据源编制的影像地图也得到了广泛、深入的应用。因而除原规范中的地形图、城市专题图、地图集（册）外，将地理底图与影像地图也纳入城市地图编制范畴中。下列各节将对地形图、地理底图、专题地图与地图集、影像地图的技术、质量要求等分别进行描述，使得各节内容条理更清晰，逻辑更严谨，不互为混淆，原规范第 9.2 随之删除，该部分内容将放在下列各节中加以说明。

12.1.2 此条为新增内容，对编图资料的质量提出了基本要求。

12.1.3 此条为新增内容，强调编制公开使用的地图应符合国家有关保密等法律法规规定、公开出版地图应符合国家相关出版规定。

12.1.4 此条为新增内容，强调编制地图应更多地采用现代数字制图、制印技术。

12.2 地形图编绘

12.2.1 将地形图分成两种形式，用于区分现在与过去地形图的生产与表现方式。

12.2.5 此条对应原规范第 9.2.3 条，新增了测量控制点的绘制要求。

12.2.6 此条对应原规范第 9.4 节中地形图编绘的相关内容。增加了选取典型地区进行样图缩编试验的规定，实际生产中特别是在大型项目全面实施之前，必须有这一必要的工作环节，以检验技术设计中的各项技术规定的合理性；还增加了对编图软件功能的要求。

12.3 地理底图编绘

12.3.3 进行地理底图编制时，建议采用 DLG 数据为基础资料。

12.4 影像地图编绘

12.4.1 本节为新增内容。影像地图因为以卫星、航拍等遥感影像作为地理底图，与其他专题地图相比无论从设计、编辑处理及图面综合表现等方面都有其强烈的特殊性，故专门设置这一节，针对影像地图的编制作出基本规定。

12.5 专题地图与地图集编绘

12.5.3 此条为新增内容，增加了根据技术设计要求，选择典型地区试做样图的规定，以检验技术设计中的各项技术规定的合理性。

12.5.5 此条规定增强了图例符号设计的合理性与灵活性。

12.5.6 此条为新增内容，对专题地图与地图集的编辑作业作了基本规定。

12.6 地 图 制 版

12.6.1 随着社会行业的细分及专业化程度的提高，特别是从 20 世纪 90 年代以来，制版印刷技术与工艺的革命性飞跃，制版印刷作为一门独立性较强的学科与地图学的关联性日渐减弱。原规范第 10 章城市地图制印主要内容为传统的地图照相制版工艺，业已基本淘汰，因此本规范删除了这部分内容，而仅阐述与地图编制最为相关的印前地图制版内容与相应规定。此条主要规定了制版文件的设计要求。

中华人民共和国行业标准

城市桥梁设计规范

Code for design of the municipal bridge

CJJ 11—2011

批准部门：中华人民共和国住房和城乡建设部
施行日期：2 0 1 2 年 4 月 1 日

中华人民共和国住房和城乡建设部
公　告

第993号

关于发布行业标准《城市桥梁设计规范》的公告

现批准《城市桥梁设计规范》为行业标准，编号为CJJ 11-2011，自2012年4月1日起实施。其中，第3.0.8、3.0.14、3.0.19、8.1.4、10.0.2、10.0.3、10.0.7条为强制性条文，必须严格执行。原行业标准《城市桥梁设计准则》CJJ 11-93同时废止。

本规范由我部标准定额研究所组织中国建筑工业出版社出版发行。

中华人民共和国住房和城乡建设部

2011年4月22日

前　言

根据原建设部《关于印发〈二〇〇四年度工程建设城建、建工行业标准制订、修订计划〉的通知》（建标［2004］66号）的要求，规范编制组经广泛调查研究，认真总结实践经验，参考有关国际标准和国外先进标准，并在广泛征求意见的基础上，修订本规范。

本规范的主要技术内容是：1. 总则；2. 术语和符号；3. 基本规定；4. 桥位选择；5. 桥面净空；6. 桥梁的平面、纵断面和横断面设计；7. 桥梁引道、引桥；8. 立交、高架道路桥梁和地下通道；9. 桥梁细部构造及附属设施；10. 桥梁上的作用。

本规范修订的主要技术内容是：

1. 补充了工程结构可靠度设计内容有关的条文，明确了桥梁结构应进行承载能力极限状态和正常使用极限状态设计；桥梁设计应区分持久状况、短暂状况和偶然状况三种设计状况。

2. 修改了桥梁设计荷载标准。

3. 对桥梁分类标准、桥上及地下通道内管线敷设的规定、跨越桥梁的架空电缆线、桥位附近的管线以及紧靠下穿道路的桥梁墩位布置要求等进行了调整。

4. 增加节能、环保、防洪抢险、抗震救灾等方面的条文；增加涉及桥梁结构耐久性设计以及斜、弯、坡等特殊桥梁设计的条文。

5. 对桥梁的细部构造及附属设施的设计提出了更为具体的要求和规定。

6. 制定了强制性条文。

本规范中以黑体字标志的条文是强制性条文，必须严格执行。

本规范由住房和城乡建设部负责管理和对强制性条文的解释，由上海市政工程设计研究总院负责具体技术内容的解释。执行过程中如有意见或建议，请寄送上海市政工程设计研究总院（地址：上海市中山北二路901号，邮政编码：200092）。

本规范主编单位：上海市政工程设计研究总院

本规范参编单位：北京市市政工程设计研究总院
天津市市政工程设计研究院
兰州市城市建设设计院
重庆市设计院
广州市市政工程设计研究院
南京市市政设计研究院
杭州市城建设计研究院
沈阳市市政工程设计研

究院
同济大学

本规范主要起草人员：程为和　马　骉　沈中治
都锡龄　秦大航　崔健球
袁建兵　贾军政　张剑英
刘旭锴　陈翰新　纪　诚
古秀丽　郑宪政　宁平华
张启伟

本规范主要审查人员：周　良　韩振勇　赵君黎
段　政　刘新痴　刘　敏
彭栋木　毛应生　王今朝
李国平

目　次

Contents

1 总 则

1.0.1 为使城市桥梁设计符合安全可靠、适用耐久、技术先进、经济合理、与环境协调的要求，制定本规范。

1.0.2 本规范适用于城市道路上新建永久性桥梁和地下通道的设计，也适用于镇（乡）村道路上新建永久性桥梁和地下通道的设计。

1.0.3 城市桥梁设计应根据城乡规划确定的道路等级、城市交通发展需要，遵循有利于节约资源、保护环境、防洪抢险、抗震救灾的原则进行设计。

1.0.4 城市桥梁设计除应执行本规范外，尚应符合国家现行有关标准的规定。

2 术语和符号

2.1 术 语

2.1.1 可靠性 reliability

结构在规定的时间内，在规定条件下，完成预定功能的能力。

2.1.2 可靠度 degree of reliability

结构在规定的时间内，在规定条件下，完成预定功能的概率。

2.1.3 设计洪水频率 design flood freguency

设计采用的等于或大于某一强度的洪水出现一次的平均时间间隔为洪水重现期，其倒数为洪水频率。

2.1.4 设计基准期 design period

在进行结构可靠性分析时，为确定可变作用及与时间有关的材料性能等取值而选用的时间参数。

2.1.5 设计使用年限 design working life

设计规定的结构或结构构件不需进行大修即可按预定目的使用的年限。

2.1.6 作用（荷载） action（load）

施加在结构上的集中力或分布力（直接作用，也称为荷载）和引起结构外加变形或约束变形的原因（间接作用）。

2.1.7 永久作用 permanent action

在结构使用期间，其量值不随时间而变化，或其变化值与平均值比较可忽略不计的作用。

2.1.8 可变作用 variable action

在结构使用期间，其量值随时间变化，且其变化值与平均值比较不可忽略的作用。

2.1.9 偶然作用 accidental action

在结构使用期间出现的概率很小，一旦出现，其值很大且持续时间很短的作用。

2.1.10 作用效应 effect of action

由作用引起的结构或结构构件的反应，例如内力、变形、裂缝等。

2.1.11 作用效应的组合 combination for action effects

结构或在结构构件上几种作用分别产生的效应随机叠加。

2.1.12 设计状况 design situation

代表一定时段的一组物理条件，设计时应做到结构在该时段内不超越有关的极限状态。

2.1.13 极限状态 limit state

结构或构件超过某一特定状态就不能满足设计规定的某一功能要求，此特定状态为该功能的极限状态。

2.1.14 承载能力极限状态 ultimate limit states

对应于桥梁结构或其构件达到最大承载能力或出现不适于继续承载的变形或变位的状态。

2.1.15 正常使用极限状态 serviceability limit states

对应于桥梁结构或其构件达到正常使用或耐久性能的某项规定限值的状态。

2.1.16 安全等级 safety classes

为使结构具有合理的安全性，根据工程结构破坏所产生后果的严重程度而划分的设计等级。

2.1.17 高架桥 viaduct

通过架空于地面修建的城市道路称为高架道路。其构筑物称为高架桥。

2.1.18 地下通道 underpass

穿越道路或铁路线的构筑物，称为地下通道。

2.1.19 小型车专用道路 compacted car-only road

只允许小型客（货）车通行的道路。

2.2 符 号

L——加载长度；

P_k——车道荷载的集中荷载；

q_k——车道荷载的均布荷载；

W——单位面积的人群荷载；

W_p——单边人行道宽度；在专用非机动车桥上为 1/2 桥宽。

3 基 本 规 定

3.0.1 桥梁设计应符合城乡规划的要求。应根据道路功能、等级、通行能力及防洪抗灾要求，结合水文、地质、通航、环境等条件进行综合设计。因技术经济上的原因需分期实施时，应保留远期发展余地。

3.0.2 桥梁按其多孔跨径总长或单孔跨径的长度，可分为特大桥、大桥、中桥和小桥等四类，桥梁分类应符合表 3.0.2 的规定。

表 3.0.2 桥梁按总长或跨径分类

桥梁分类	多孔跨径总长 L (m)	单孔跨径 L_o (m)
特大桥	$L>1000$	$L_o>150$
大　桥	$1000\geqslant L\geqslant 100$	$150\geqslant L_o\geqslant 40$
中　桥	$100>L>30$	$40>L_o\geqslant 20$
小　桥	$30\geqslant L\geqslant 8$	$20>L_o\geqslant 5$

注：1　单孔跨径系指标准跨径。梁式桥、板式桥以两桥墩中线之间桥中心线长度或桥墩中线与桥台台背前缘线之间桥中心线长度为标准跨径；拱式桥以净跨径为标准跨径。

2　梁式桥、板式桥的多孔跨径总长为多孔标准跨径的总长；拱式桥为两岸桥台起拱线间的距离；其他形式的桥梁为桥面系的行车道长度。

3.0.3　城市桥梁设计宜采用百年一遇的洪水频率，对特别重要的桥梁可提高到三百年一遇。

城市中防洪标准较低的地区，当按百年一遇或三百年一遇的洪水频率设计，导致桥面高程较高而引起困难时，可按相交河道或排洪沟渠的规划洪水频率设计，但应确保桥梁结构在百年一遇或三百年一遇洪水频率下的安全。

3.0.4　桥梁孔径应按批准的城乡规划中的河道及(或)航道整治规划，结合现状布设。当无规划时，应根据现状按设计洪水流量满足泄洪要求和通航要求布置。不宜过大改变水流的天然状态。

设计洪水流量可按国家现行标准的规定进行分析、计算。

3.0.5　桥梁的桥下净空应符合下列规定：

1　通航河流的桥下净空应按批准的城乡规划的航道等级确定。通航海轮桥梁的通航水位和桥下净空应符合现行行业标准《通航海轮桥梁通航标准》JTJ 311 的规定。通航内河轮船桥梁的通航水位和桥下净空应符合现行国家标准《内河通航标准》GB 50139 的规定，并应充分考虑河床演变和不同通航水位航迹线的变化。

2　不通航河流的桥下净空应根据计算水位或最高流冰面加安全高度确定。

当河流有形成流冰阻塞的危险或有漂浮物通过时，应按实际调查的数据，在计算水位的基础上，结合当地具体情况酌留一定富余量，作为确定桥下净空的依据。对淤积的河流，桥下净空应适当增加。

在不通航或无流放木筏河流上及通航河流的不通航桥孔内，桥下净空不应小于表 3.0.5 的规定。

表 3.0.5 非通航河流桥下最小净空表

桥梁的部位		高出计算水位 (m)	高出最高流冰面 (m)
梁底	洪水期无大漂流物	0.50	0.75
	洪水期有大漂流物	1.50	—
	有泥石流	1.00	—
支承垫石顶面		0.25	0.50
拱　脚		0.25	0.25

3　无铰拱的拱脚被设计洪水淹没时，水位不宜超过拱圈高度的 2/3，且拱顶底面至计算水位的净高不得小于 1.0m。

4　在不通航和无流筏的水库区域内，梁底面或拱顶底面离开水面的高度不应小于计算浪高的 0.75 倍加 0.25m。

5　跨越道路或公路的城市跨线桥梁，桥下净空应分别符合现行行业标准《城市道路设计规范》CJJ 37、《公路工程技术标准》JTG B01 的建筑限界规定。跨越城市轨道交通或铁路的桥梁，桥下净空应分别符合现行国家标准《地铁设计规范》GB 50157 和《标准轨距铁路建筑限界》GB 146.2 的规定。

桥梁墩位布置同时应满足桥下道路或铁路的行车视距和前方交通信息识别的要求，并应按相关规范的规定要求，避开既有的地下构筑物和地下管线。

6　对桥下净空有特殊要求的航道或路段，桥下净空尺度应作专题研究、论证。

3.0.6　桥梁建筑应符合城乡规划的要求。桥梁建筑重点应放在总体布置和主体结构上，结构受力应合理，总体布置应舒展、造型美观，且应与周围环境和景观协调。

3.0.7　桥梁应根据城乡规划、城市环境、市容特点，进行绿化、美化市容和保护环境设计。对特大型和大型桥梁、高架道路桥、大型立交桥梁在工程建设前期应作环境影响评价，工程设计中应作相应的环境保护设计。

3.0.8　桥梁结构的设计基准期应为 100 年。

3.0.9　桥梁结构的设计使用年限应按表 3.0.9 的规定采用。

表 3.0.9 桥梁结构的设计使用年限

类　别	设计使用年限 (年)	类　别
1	30	小桥
2	50	中桥、重要小桥
3	100	特大桥、大桥、重要中桥

注：对有特殊要求结构的设计使用年限，可在上述规定基础上经技术经济论证后予以调整。

3.0.10 桥梁结构应满足下列功能要求：

1 在正常施工和正常使用时，能承受可能出现的各种作用；

2 在正常使用时，具有良好的工作性能；

3 在正常维护下，具有足够的耐久性能；

4 在设计规定的偶然事件发生时和发生后，能保持必需的整体稳定性。

3.0.11 桥梁结构应按承载能力极限状态和正常使用极限状态进行设计，并应同时满足构造和工艺方面的要求。

3.0.12 根据桥梁结构在施工和使用中的环境条件和影响，可将桥梁设计分为以下三种状况：

1 持久状况：在桥梁使用过程中一定出现，且持续期很长的设计状况。

2 短暂状况：在桥梁施工和使用过程中出现概率较大而持续期较短的状况。

3 偶然状况：在桥梁使用过程中出现概率很小，且持续期极短的状况。

3.0.13 桥梁结构或其构件：对3.0.12条所述三种设计状况均应进行承载能力极限状态设计；对持久状况还应进行正常使用极限状态设计；对短暂状况及偶然状况中的地震设计状况，可根据需要进行正常使用极限状态设计；对偶然状况中的船舶或汽车撞击等设计状况，可不进行正常使用极限状态设计。

当进行承载能力极限状态设计时，应采用作用效应的基本组合和作用效应的偶然组合；当按正常使用极限状态设计时，应采用作用效应的标准组合、作用短期效应组合（频遇组合）和作用长期效应组合（准永久组合）。

3.0.14 当桥梁按持久状况承载能力极限状态设计时，根据结构的重要性、结构破坏可能产生后果的严重性，应采用不低于表3.0.14规定的设计安全等级。

表3.0.14 桥梁设计安全等级

安全等级	结构类型	类别
一级	重要结构	特大桥、大桥、中桥、重要小桥
二级	一般结构	小桥、重要挡土墙
三级	次要结构	挡土墙、防撞护栏

注：1 表中所列特大、大、中桥等系按本规范表3.0.2中单孔跨径确定，对多跨不等跨桥梁，以其中最大跨径为准；冠以“重要”的小桥、挡土墙系指城市快速路、主干路及交通特别繁忙的城市次干路上的桥梁、挡土墙。

2 对有特殊要求的桥梁，其设计安全等级可根据具体情况另行确定。

3.0.15 桥梁结构构件的设计应符合国家现行有关标准的规定。地下通道结构的设计应符合本规范第8.3节的有关规定。

3.0.16 桥梁结构应符合下列规定：

1 构件在制造、运输、安装和使用过程中，应具有规定的强度、刚度、稳定性和耐久性。

2 构件应减小由附加力、局部力和偏心力引起的应力。

3 结构或构件应根据其所处的环境条件进行耐久性设计。采用的材料及其技术性能应符合相关标准的规定。

4 选用的形式应便于制造、施工和养护。

5 桥梁应进行抗震设计。抗震设计应按国家现行标准《中国地震动参数区划图》GB 18306、《城市道路设计规范》CJJ 37和《公路工程技术标准》JTG B01的规定进行。对已编制地震小区划的城市，可按行政主管部门批准的地震动参数进行抗震设计。

地震作用的计算及结构的抗震设计应符合国家现行相关规范的规定。

6 当受到城市区域条件限制，需建斜桥、弯桥、坡桥时，应根据其具体特点，作为特殊桥梁进行设计。

7 桥梁基础沉降量应符合现行行业标准《公路桥涵地基与基础设计规范》JTG D63的规定。对外部为超静定体系的桥梁，应控制引起桥梁上部结构附加内力的基础不均匀沉降量，宜在结构设计中预留调节基础不均匀沉降的构造装置或空间。

3.0.17 对位于城市快速路、主干路、次干路上的多孔梁（板）桥，宜采用整体连续结构，也可采用连续桥面简支结构。

设计应保证桥梁在使用期间运行通畅，养护维修方便。

3.0.18 桥梁应根据工程规模和不同的桥型结构设置照明、交通信号标志、航运信号标志、航空障碍标志、防雷接地装置以及桥面防水、排水、检修、安全等附属设施。

3.0.19 桥上或地下通道内的管线敷设应符合下列规定：

1 不得在桥上敷设污水管、压力大于0.4MPa的燃气管和其他可燃、有毒或腐蚀性的液、气体管。条件许可时，在桥上敷设的电信电缆、热力管、给水管、电压不高于10kV配电电缆、压力不大于0.4MPa燃气管必须采取有效的安全防护措施。

2 严禁在地下通道内敷设电压高于10kV配电电缆、燃气管及其他可燃、有毒或腐蚀性液、气体管。

3.0.20 对特大桥和重要大桥竣工后应进行荷载试验，并应保留作为运行期间监测系统所需要的测点和参数。

3.0.21 桥梁设计必须严格实施质量管理和质量控制，设计文件的组成应符合有关文件编制的规定，对涉及工程质量的构造设计、材料性能和结构耐久性及需特别指明的制作或施工工艺、桥梁运行条件、养护维修等应提出相应的要求。

4 桥位选择

4.0.1 桥位选择应根据城乡规划，近远期交通流向和流量的需要，结合水文、航运、地形、地质、环境及对邻近建筑物和公用设施的影响进行全面分析、综合比较后确定。

4.0.2 特大桥、大桥的桥位应选择在河道顺直、河床稳定、河滩较窄、河槽能通过大部分设计流量且地质良好的河段。桥位不宜选择在河滩、沙洲、古河道、急弯、汇合口、渡口、港口作业区及易形成流冰、流木阻塞的河段以及活动性断层、强岩溶、滑坡、崩塌、地震易液化、泥石流等不良地质的河段。

中小桥桥位宜按道路的走向进行布置。

4.0.3 桥梁纵轴线宜与洪水主流流向正交；当不能正交时，对中小桥宜采用斜交或弯桥。

4.0.4 通航河流上桥梁的桥位选择，除应符合城乡规划，选择在河道顺直、河床稳定、水深充裕、水流条件良好的航段上外，还应符合下列规定：

1 桥梁墩台沿水流方向的轴线，应与最高通航水位的主流方向一致，当为斜交时，其交角不宜大于5°；当交角大于5°时，应加大通航孔净宽。对变迁性河流，应考虑河床变迁对通航孔的影响。

2 位于内河航道上的桥梁，尚应符合现行国家标准《内河通航标准》GB 50139 中关于水上过河建筑物选址的要求。

3 通航海轮的桥梁、桥位选择应符合现行行业标准《通航海轮桥梁通航标准》JTJ 311 的规定。

4.0.5 非通航河流上相邻桥梁的间距除应符合洪水水流顺畅，满足城市防洪要求外，尚应根据桥址工程地质条件、既有桥梁结构的状态、与运营干扰等因素来确定。

4.0.6 当桥址处有两个及以上的稳定河槽，或滩地流量占设计流量比例较大，且水流不易引入同一座桥时，可在主河槽、河汊和滩地上分别设桥，不宜采用长大导流堤强行集中水流。桥轴线宜与主河槽的水流流向正交。天然河道不宜改移或截弯取直。

4.0.7 桥位应避开泥石流区。当无法避开时，宜建大跨径桥梁跨过泥石流区。当没有条件建大跨桥时，应避开沉积区，可在流通区跨越。桥位不宜布置在河床的纵坡由陡变缓、断面突然变化及平面上的急弯处。

4.0.8 桥位上空不宜设有架空高压电线，当无法避开时，桥梁主体结构最高点与架空电线之间的最小垂直距离，应符合国家现行标准《城市电力规划规范》GB 50293 和《110～550kV 架空送电线路设计技术规程》DL/T 5092 的规定。

当桥位旁有架空高压电线时，桥边缘与架空电线之间的水平距离应符合国家现行相关标准的规定。

4.0.9 桥位应与燃气输送管道、输油管道，易燃、易爆和有毒气体等危险品工厂、车间、仓库保持一定安全距离。当距离较近时，应设置满足消防、防爆要求的防护设施。

桥位距燃气输送管道、输油管道的安全距离应符合国家现行相关标准的规定。

5 桥面净空

5.0.1 城市桥梁的桥面净空限界、桥面最小净高、机动车车行道宽度、非机动车车行道宽度、中小桥的人行道宽度、路缘带宽度、安全带宽度、分隔带宽度应符合现行行业标准《城市道路设计规范》CJJ 37 的规定。

特大桥、大桥的单侧人行道宽度宜采用 2.0m～3.0m。

5.0.2 城市桥梁中的小桥桥面布置形式及净空限界应与道路相同，特大桥、大桥、中桥的桥面布置及净空限界中的车行道及路缘带的宽度应与道路相同，分隔带宽度可适当缩窄，但不应小于现行行业标准《城市道路设计规范》CJJ 37 规定的最小值。

6 桥梁的平面、纵断面和横断面设计

6.0.1 桥梁在平面上宜做成直桥，当特殊情况时可做成弯桥，其线形布置应符合现行行业标准《城市道路设计规范》CJJ 37 的规定。

6.0.2 对下承式和中承式桥的主梁、主桁或拱肋，悬索桥、斜拉桥的索面及索塔，可设置在人行道或车行道的分隔带上，但必须采取防止车辆直接撞击的防护措施。悬索桥、斜拉桥的索面及索塔亦可设置在人行道或检修道栏杆外侧。

6.0.3 桥面车行道路幅宽度宜与所衔接道路的车行道路幅宽度一致。当道路现状与规划断面相差很大，桥梁按规划车行道布置难度较大时，应按本规范第3.0.1 条规定分期实施。

当两端道路上设有较宽的分隔带或绿化带时，桥梁可考虑分幅布置（横向组成分离式桥），桥上不宜设置绿化带。特大桥、大桥、中桥的桥面宽度可适当减小，但车行道的宽度应与两端道路车行道有效宽度的总和相等并在引道上设变宽缓和段与两端道路接顺。小桥的机动车道平面线形应与道路保持一致。

6.0.4 当特大桥、大桥、中桥与两端道路为新建时，桥面车行道布设应根据规划道路等级，按现行行业标准《城市道路设计规范》CJJ 37 的规定和交通流量来确定。

6.0.5 桥梁宽度应按本规范第 5 章的规定确定。

6.0.6 桥面最小纵坡不宜小于 0.3%。桥面最大纵

坡、坡度长度与竖曲线布设应符合现行行业标准《城市道路设计规范》CJJ 37 的规定。

桥梁纵断面设计时，应考虑到长期荷载作用下的构件挠曲和墩台沉降的影响。

6.0.7 桥梁横断面布置除桥面净空应符合本规范第5章规定外，尚应符合下列规定：

1 桥梁人行道或检修道外侧必须设置人行道栏杆。

2 对主干路和次干路的桥梁，当两侧无人行道时，两侧应设检修道，其宽度宜为 0.50m～0.75m。

3 对桥面上机动车道与非机动车道上有永久性分隔带的桥或专用非机动车的桥，其两旁的人行道或检修道缘石宜高出车行道路面 0.15m～0.20m。

4 对主干路、次干路、支路的桥梁，桥面为混合行车道或专用机动 车道时，人行道或检修道缘石宜高出车行道路面 0.25m～0.40m。当跨越急流、大河、深谷、重要道路、铁路 、主要航道或桥面常有积雪、结冰时，其缘石高度宜取较大值，外侧应采用加强栏杆。

5 对快速路桥、机动车专用桥的桥面两侧应设置防撞护栏，防撞护栏应符合本规范第 9.5.2 条规定。

6.0.8 桥面车行道应按现行行业标准《城市道路设计规范》CJJ 37 的规定设置横坡，在快速路和主干路桥上，横坡宜为 2%；在次干路和支路桥上横坡宜为 1.5%～2.0%，人行道上宜设置 1%～2%向车行道的单向横坡。在路缘石或防撞护栏旁应设置足够数量的排水孔。在排水孔之间的纵坡不宜小于 0.3%～0.5%。

7 桥梁引道、引桥

7.0.1 桥梁引道应按现行行业标准《城市道路设计规范》CJJ 37 的规定要求布设；引桥应按本规范的有关要求布设。

7.0.2 桥梁引道的设计应与引桥的设计统一，从安全、经济、美观等方面进行综合比较。

7.0.3 桥梁引道及引桥的布设应遵循下列原则：

1 桥梁引道及引桥与两侧街区交通衔接，并应预留防洪抢险通道。

2 当引道为填土路堤时，宜将城市给水、排水、燃气、热力等地下管道迁移至桥梁填土范围以外或填土影响范围以外布设。

3 位于软土地基上的引道填土路堤最大高度应予以控制。

4 引桥墩台基础设计应分析基础施工及基础沉降对邻近永久性建筑物的影响。

5 在纵坡较大的桥梁引道上，不宜设置平交道口和公共交通车辆的停靠站及工厂、街区出入口。

7.0.4 当引道采用填土路堤，且两侧采用较高挡土墙时，两侧应设置栏杆，其布置可按本规范第 6.0.7 条有关规定执行。

7.0.5 特大桥、大桥、中桥的桥头应避免分隔带路缘石突变。路缘石在平面上应设置缓和接顺段，折角处应采用平曲线接顺。

7.0.6 当主孔斜交角度较大、引桥较长时，宜根据桥址的地形、地物在引桥与主桥衔接处布设若干个过渡孔，使其后的引桥均按正交布置。

7.0.7 桥台侧墙后端深入桥头锥坡顶点以内的长度不应小于 0.75m。

位于城市快速路、主干路和次干路上的桥梁，桥头宜设置搭板，搭板长度不宜小于 6m。

7.0.8 桥头锥体及桥台台后 5m～10m 长度的引道，可采用砂性土等材料填筑。在非严寒地区当无透水性材料时，可就地取土填筑，也可采用土工合成材料或其他轻质材料填筑。

8 立交、高架道路桥梁和地下通道

8.1 一般规定

8.1.1 立交、高架道路桥梁和地下通道应按城市规划和现行行业标准《城市道路设计规范》CJJ 37 中的有关规定设置。

8.1.2 立交、高架道路桥梁和地下通道的布设应综合考虑下列因素：

1 宜按规划一次兴建，分期建设时应考虑后期的实施条件；

2 应减少工程占用的土地、房屋拆迁及重要公共设施的搬迁；

3 充分考虑与街区间交通的相互关系；

4 结构形式及建筑造型应与城市景观协调，桥下空间利用应防止可能产生的对交通的干扰，墩台的布置应考虑桥下空间的净空利用，以及转向交通视距等要求；

5 应密切结合地形、地物、地质、地下水情况以及地下工程设施等因素；

6 应密切结合规划及现有的地上、地下管线；

7 应综合分析设计中所采用的立交形式、桥梁结构和施工工艺对周围现有建筑、道路交通以及规划中的新建筑的影响；

8 应根据环境保护的要求，采取工程措施减少工程建设对周围环境的影响。

8.1.3 立交、高架道路桥梁和地下通道的平面、纵断面、横断面设计，应满足下列要求：

1 平面布置应与其相衔接道路的标准相适应，应满足工程所在区域道路行车需要。

2 纵断面设计应与其衔接的道路标准相适应，

并应结合当地气候条件、车辆类型及爬坡能力等因素，选用适当的纵坡值。竖曲线最低点不宜设在地下通道暗埋段箱体内，凸曲线应满足行车视距。对混合交通应满足非机动车辆的最大纵坡限制值要求。

3 横断面设计应与其衔接的道路标准相适应。在机动车道与非机动车道之间，可设置分隔带疏导交通。对设有中间分隔带的宽桥，桥梁结构可设计成上下行分离的独立桥梁。

4 立交区段的各种杆、柱、架空线网的布置，应保持该区段的整洁、开阔。当桥面灯杆置于人行道靠缘石处，杆座边缘与车行道路面（路缘石外侧）的净距不应小于0.25m。地下通道引道的杆、柱宜设置在分隔带上或路幅以外。

8.1.4 当立交、高架道路桥梁的下穿道路紧靠柱式墩或薄壁墩台、墙时，所需的安全带宽度应符合下列规定：

1 当道路设计行车速度大于或等于60km/h时，安全带宽度不应小于0.50m；

2 当道路设计行车速度小于60km/h时，安全带宽度不应小于0.25m。

8.1.5 当下穿道路路缘带外侧与柱、墩台、墙之间设有检修道，其宽度大于所需的安全带宽度时，可不再设安全带。

8.1.6 汽车撞击墩台作用的力值和位置可按现行行业标准《公路桥涵设计通用规范》JTG D60的规定取值。对易受汽车撞击的相关部位应采取相应的防撞构造措施，但安全带宽度仍应符合本规范第8.1.4条的规定。

8.1.7 当高架道路桥梁的长度较长时，应考虑每隔一定距离在中央分隔带上设置开启式护栏，设置的最小间距不宜小于2km。

8.2 立交、高架道路桥梁

8.2.1 当立交、高架道路桥梁与桥下道路斜交时，可采用斜交桥的形式跨越。当斜交角度较大时，宜采用加大桥梁跨度，减小斜交角度或斜桥正做的方式，同时应满足桥下道路平面线形、视距及前方交通信息识别的要求。

8.2.2 曲线梁桥的结构形式及横断面形状，应具有足够的抗扭刚度。结构支承体系应满足曲线桥梁上部结构的受力和变形要求，并采取可靠的抗倾覆措施。

8.2.3 对纵坡较大的桥梁或独柱支承的匝道桥梁，应分析桥梁向下坡方向累计位移的影响，总体设计时独柱墩连续梁分联长度不宜过长，中墩应采用适宜的结构尺寸，并应保证墩柱具有较大的纵横向抗推刚度。

8.2.4 当立交、高架道路桥梁的跨度小于30m，且桥宽较大时，桥墩可采用柱式桥墩，柱数宜少，视觉应通透、舒适。

8.2.5 当立交、高架道路桥下设置停车场时，不得妨碍桥梁结构的安全，应设置相应的防火设施，并应满足有关消防的安全规定。

8.2.6 当立交、高架道路桥梁跨越城市轨道交通或电气化铁路时，接触网与桥梁结构的最小净距应符合国家现行标准《地铁设计规范》GB 50157和《铁路电力牵引供电设计规范》TB 10009的规定。

8.3 地 下 通 道

8.3.1 采用地下通道方案前，应与立交跨线桥方案作技术、经济、运营等方面的比较。设计时应对建设地点的地形、地质、水文，地上、地下的既有构筑物及规划要求，地下管线，地面交通或铁路运营情况进行详细调查分析。位于铁路运营线下的地下通道，为保证施工期间铁路运营安全，地下通道位置除应按本规范第8.1.1条的规定设置外，还应选在地质条件较好、铁路路基稳定、沉降量小的地段。

8.3.2 地下通道净空应符合本规范第5章的规定。当地下通道中设置机动车道、非机动车道和人行道时，可将非机动车道、人行道和机动车道布置在不同的高程上。

在仅布置机动车道的地下通道内，应在一侧路缘石与墙面之间设置检修道，宽度宜为0.50m～0.75m。当孔内机动车的车行道为四条及以上时，另一侧还应再设置0.50m～0.75m宽的检修道。

8.3.3 下穿城市道路或公路的地下通道，设计荷载应符合本规范及现行行业标准《公路桥涵设计通用规范》JTG D60的规定，结构内力、截面强度、挠度、裂缝宽度计算及允许值的取用应符合现行行业标准《公路钢筋混凝土及预应力混凝土桥涵设计规范》JTG D62的规定，裂缝宽度也可按现行国家标准《混凝土结构设计规范》GB 50010的规定进行计算；抗震验算应符合相关抗震设计规范的规定。地下通道长度应根据地下通道上方的道路性质符合本规范及现行行业标准《公路桥涵设计通用规范》JTG D60相关的道路净空宽度的规定。

8.3.4 下穿铁路的地下通道，其设计荷载、结构内力、截面强度、挠度、裂缝宽度计算及允许值的取用、抗震验算应符合国家现行标准《铁路桥涵设计基本规范》TB 10002.1、《铁路桥涵钢筋混凝土和预应力混凝土结构设计规范》TB 10002.3和《铁路工程抗震设计规范》GB 50111的规定。地下通道长度除应符合上跨铁路线路的净空宽度要求外，还应满足管线、沟漕、信号标志等附属设施和铁路员工检修便道的需求。

8.3.5 当地下通道轴线与置于地下通道上的道路或铁路轴线的斜交角$\alpha \leqslant 15°$时，可按正交结构分析；当$\alpha > 15°$时，应按斜交结构分析。

8.3.6 地下通道混凝土强度等级不宜低于C30；当

地下通道及与其衔接的引道结构的最低点位于地下水位以下时，混凝土抗渗等级不应低于P8。下穿铁路的地下通道混凝土强度等级和抗渗等级应符合现行行业标准《铁路桥涵钢筋混凝土和预应力混凝土结构设计规范》TB 10002.3的规定。

8.3.7 地下通道结构连续长度不宜过长。当地下通道结构长度较长时，应设置沉降缝或伸缩缝。沉降缝或伸缩缝的间距应按地基土性质、荷载、结构形式及结构变化情况确定。

8.3.8 当地下通道采用顶进施工工艺时，宜布置成正交；当采用斜交时，斜交角不应大于45°。地下通道的结构尺寸应计入顶进时的施工偏差，角隅处的构造筋及中墙、侧墙的纵向钢筋宜适当加强。位于地下通道上的铁路线路的加固应满足保证铁路安全运营的要求。

8.3.9 当地下水位较高时，地下通道及与其衔接的引道结构应进行抗浮计算，并应采取相应的抗浮措施。

9 桥梁细部构造及附属设施

9.1 桥面铺装

9.1.1 桥面铺装的结构形式宜与所衔接的道路路面相协调，可采用沥青混凝土或水泥混凝土材料。

9.1.2 桥面铺装层材料、构造与厚度应符合下列规定：

1 当为快速路、主干路桥梁和次干路上的特大桥、大桥时，桥面铺装宜采用沥青混凝土材料，铺装层厚度不宜小于80mm，粒料宜与桥头引道上的沥青面层一致。水泥混凝土整平层强度等级不应低于C30，厚度宜为70mm～100mm，并应配有钢筋网或焊接钢筋网。

当为次干路、支路时，桥梁沥青混凝土铺装层和水泥混凝土整平层的厚度均不宜小于60mm。

2 水泥混凝土铺装层的面层厚度不应小于80mm，混凝土强度等级不应低于C40，铺装层内应配有钢筋网或焊接钢筋网，钢筋直径不应小于10mm，间距不宜大于100mm，必要时可采用纤维混凝土。

9.1.3 钢桥面沥青混凝土铺装结构应根据铺装材料的性能、施工工艺、车辆轮压、桥梁跨径与结构形式、桥面系的构造尺寸以及桥梁纵断面线形、当地的气象与环境条件等因素综合分析后确定。

9.2 桥面与地下通道防水、排水

9.2.1 桥面铺装应设置防水层。

沥青混凝土铺装底面在水泥混凝土整平层之上应设置柔性防水卷材或涂料，防水材料应具有耐热、冷柔、防渗、耐腐、粘结、抗碾压等性能。材料性能技术要求和设计应符合国家现行相关标准的规定。

水泥混凝土铺装可采用刚性防水材料，或底层采用不影响水泥混凝土铺装受力性能的防水涂料等。

9.2.2 圬工桥台台身背墙、拱桥拱圈顶面及侧墙背面应设置防水层。下穿地下通道箱涵等封闭式结构顶板顶面应设置排水横坡，坡度宜为0.5%～1%，箱体防水应采用自防水，也可在顶板顶面、侧墙外侧设置防水层。

9.2.3 桥面排水设施的设置应符合下列规定：

1 桥面排水设施应适应桥梁结构的变形，细部构造布置应保证桥梁结构的任何部分不受排水设施及泄漏水流的侵蚀；

2 应在行车道较低处设排水口，并可通过排水管将桥面水泄入地面排水系统中；

3 排水管道应采用坚固的、抗腐蚀性能良好的材料制成，管道直径不宜小于150mm；

4 排水管道的间距可根据桥梁汇水面积和桥面纵坡大小确定：

当纵坡大于2%时，桥面设置排水管的截面积不宜小于60mm²/m²；

当纵坡小于1%时，桥面设置排水管的截面积不宜小于100mm²/m²；

南方潮湿地区和西北干燥地区可根据暴雨强度适当调整；

5 当中桥、小桥的桥面设有不小于3%纵坡时，桥上可不设排水口，但应在桥头引道上两侧设置雨水口；

6 排水管宜在墩台处接入地面，排水管布置应方便养护，少设连接弯头，且宜采用有清除孔的连接弯头；排水管底部应作散水处理，在使用除冰盐的地区应在墩台受水影响区域涂混凝土保护剂；

7 沥青混凝土铺装在桥跨伸缩缝上坡侧，现浇带与沥青混凝土相接处应设置渗水管；

8 高架桥桥面应设置横坡及不小于0.3%的纵坡；当纵断面为凹形竖曲线时，宜在凹形竖曲线最低点及其前后3m～5m处分别设置排水口。当条件受到限制，桥面为平坡时，应沿主梁纵向设置排水管，排水管纵坡不应小于3%。

9.2.4 地下通道排水应符合下列规定：

1 地下通道内排水应设置独立的排水系统，其出水口必须可靠。排水设计应符合国家现行标准《室外排水设计规范》GB 50014、《城市道路设计规范》CJJ 37的规定。

2 地下通道纵断面设计除应符合本规范第8.1.3条第2款的规定外，应将引道两端的起点处设置倒坡，其高程宜高于地面0.2m～0.5m左右，并应加强引道路面排水，在引道与地下通道接头处的两侧应设一排截水沟。

3　地下通道内路面边沟雨水口间应有不小于0.3%～0.5%的排水纵坡。当较短地下通道内不设置雨水口时，地下通道纵坡不应小于0.5%。引道与地下通道内车行道路面，应设不小于2%的横坡。

地下通道引道段选用的径流系数应考虑坡陡径流增加的因素，其雨水口的设置与选型应适应汇水快而急的特点。

4　当下穿地下通道不能自流排水时，应设置泵站排水，其管渠设计、降雨重现期应大于道路标准。排水泵站应保证地下通道内不积水。

5　采用盲沟排水和兼排雨水的管道和泵站，应保证有效、可靠。

9.3　桥面伸缩装置

9.3.1　桥面伸缩装置，应满足梁端自由伸缩、转角变形及使车辆平稳通过的要求。伸缩装置应根据桥梁长度、结构形式采用经久耐用、防渗、防滑等性能良好，且易于清洁、检修、更换的材料和构造形式。材料及其成品的技术要求应符合国家现行相关标准的规定。

在多跨简支梁间，可采用连续桥面。连续桥面的长度不宜大于100m，连续桥面的构造应完善、牢固和耐用。

9.3.2　对变形量较大的桥面伸缩缝，宜采用梳板式或模数式伸缩装置。伸缩装置应与梁端牢固锚固。

城市快速路、主干路桥梁不得采用浅埋的伸缩装置。

9.3.3　当设计伸缩装置时，应考虑其安装的时间，伸缩量应根据温度变化及混凝土收缩、徐变、受荷转角、梁体纵坡及伸缩装置更换所需的间隙量等因素确定。

对异型桥的伸缩装置，必须检算其纵横向的错位量。

9.3.4　在使用除冰盐地区，对栏杆底座、混凝土铺装以及桥梁伸缩装置以下的盖梁、墩台帽等处，应进行耐久性处理。

9.3.5　地下通道的沉降缝、伸缩缝必须满足防水要求。

9.4　桥 梁 支 座

9.4.1　桥梁支座可按其跨径、结构形式、反力力值、支承处的位移及转角变形值选取不同的支座。

桥梁可选用板式橡胶支座或四氟滑板橡胶支座、盆式橡胶支座和球形钢支座。不宜采用带球冠的板式橡胶支座或坡形板式橡胶支座。

支座的材料、成品等技术要求应符合国家现行相关标准的规定。

9.4.2　支座的设计、安装要求应符合有关标准的规定，且应易于检查、养护、更换，并应有防尘、清洁、防止积水等构造措施。

墩台构造应满足更换支座的要求，在墩台帽顶面与主梁梁底之间应预留顶升主梁更换支座的空间。

支座安装时应预留由于施工期间温度变化、预应力张拉以及混凝土收缩、徐变等因素产生的变形和位移，成桥后的支座状态应符合设计要求。

9.4.3　主梁应在墩、台部位处设置横向限位构造。

9.4.4　对大中跨径的钢桥、弯桥和坡桥等连续体系桥梁，应根据需要设置固定支座或采用墩梁固结，不宜全桥采用活动支座或等厚度的板式橡胶支座。

对中小跨径连续梁桥，梁端宜采用四氟滑板橡胶支座或小型盆式纵向活动支座。

9.5　桥 梁 栏 杆

9.5.1　人行道或安全带外侧的栏杆高度不应小于1.10m。栏杆构件间的最大净间距不得大于140mm，且不宜采用横线条栏杆。栏杆结构设计必须安全可靠，栏杆底座应设置锚筋，其强度应满足本规范第10.0.7条的要求。

9.5.2　防撞护栏的设计可按现行行业标准《公路交通安全设施设计规范》JTG D81的有关规定进行。

防撞护栏的防撞等级可按本规范第10.0.8条规定选择。

9.5.3　桥梁栏杆及防撞护栏的设计除应满足受力要求以外，其栏杆造型、色调应与周围环境协调。对重要桥梁宜作景观设计。

9.5.4　当桥梁跨越快速路、城市轨道交通、高速公路、铁路干线等重要交通通道时，桥面人行道栏杆上应加设护网，护网高度不应小于2m，护网长度宜为下穿道路的宽度并各向路外延长10m。

9.6　照明、节能与环保

9.6.1　桥上照明及地下通道照明不应低于两端道路的照明标准。道路照明标准应符合现行行业标准《城市道路设计规范》CJJ 37、《城市道路照明设计标准》CJJ 45的规定。大型桥梁及长度较长的地下通道照明应进行专门设计。

9.6.2　桥梁与地下通道照明应满足节能、环保、防眩等要求。灯具宜采用黄色高光通量、无光污染的节能光源。

9.6.3　桥上应设置照明灯杆。根据人行道宽度及桥面照度要求，灯杆宜设置在人行道外侧栏杆处；当人行道较宽时，灯杆可设置在人行道内侧或分隔带中，杆座边缘距车行道路面的净距不应小于0.25m。

当采用金属杆的照明灯杆时，应有可靠接地装置。

9.6.4　照明灯杆灯座的设计选用应与环境、桥型、栏杆协调一致。

9.6.5　当高架道路桥梁沿线为医院、学校、住宅等对声源敏感地段时，应设置防噪声屏障等降噪设施。对防噪声屏障结构应验算风荷载作用下的强度、抗倾覆稳定以及其所依附构件的强度安全。当其依附构件为防撞护栏时，可考虑风荷载与车辆撞击力不同时作用。

9.7 其他附属设施

9.7.1 特大桥、大桥宜根据桥梁结构形式设置检修通道及供检查、养护使用的专用设施，并宜配置必要的管理用房。斜拉桥、悬索桥索塔顶部应设置防雷装置，并应按航空管理规定设置航空障碍标志灯。当主梁、索塔为钢箱结构时，宜设置内部抽湿系统。

9.7.2 特大桥、大桥宜根据需要布置测量标志，跨河、跨海的特大桥、大桥宜设置水尺或水位标志，通航孔宜设置导航标志。标志设置应符合国家现行有关标准的规定。

9.7.3 特大桥、大桥及中长地下通道宜考虑在桥梁、地下通道两端或其他取用方便的部位设置消防、给水设施。

9.7.4 照明、环保、消防、交通标志等附属设施不得侵入桥梁、地下通道的净空限界，不得影响桥梁和地下通道的安全使用。

9.7.5 对符合本规范第3.0.19条规定而设置的各种管线，尚应符合下列规定：

1 口径较大的管道不宜在桥梁立面上外露。

2 应妥善安排各类管线，在敷设、养护、检修、更换时不得损坏桥梁。刚性管道宜与桥梁上部结构分离。

3 电力电缆与燃气管道不得布置在同一侧。

4 各类管线不得侵入桥面和桥下净空限界。

5 敷设在地下通道内的各类管线，应便于维修、养护、更换。宜敷设在非机动车道或人行道下。

10 桥梁上的作用

10.0.1 桥梁设计采用的作用应按永久作用、可变作用、偶然作用分类。除可变作用中的设计汽车荷载与人群荷载外，作用与作用效应组合均应按现行行业标准《公路桥涵设计通用规范》JTG D60的有关规定执行。

10.0.2 桥梁设计时，汽车荷载的计算图式、荷载等级及其标准值、加载方法和纵横向折减等应符合下列规定：

1 汽车荷载应分为城—A级和城—B级两个等级。

2 汽车荷载应由车道荷载和车辆荷载组成。车道荷载应由均布荷载和集中荷载组成。桥梁结构的整体计算应采用车道荷载，桥梁结构的局部加载、桥台和挡土墙压力等的计算应采用车辆荷载。车道荷载与车辆荷载的作用不得叠加。

3 车道荷载的计算（图10.0.2-1）应符合下列规定：

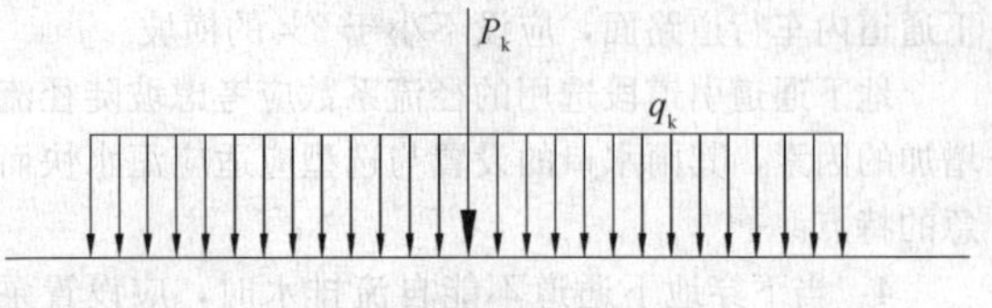

图10.0.2-1 车道荷载

1）城—A级车道荷载的均布荷载标准值（q_k）应为10.5kN/m。集中荷载标准值（P_k）的选取：当桥梁计算跨径小于或等于5m时，P_k＝180kN；当桥梁计算跨径等于或大于50m时，P_k＝360kN；当桥梁计算跨径在5m～50m之间时，P_k值应采用直线内插求得。当计算剪力效应时，集中荷载标准值（P_k）应乘以1.2的系数。

2）城—B级车道荷载的均布荷载标准值（q_k）和集中荷载标准值（P_k）应按城—A级车道荷载的75%采用；

3）车道荷载的均布荷载标准值应满布于使结构产生最不利效应的同号影响线上；集中荷载标准值应只作用于相应影响线中一个最大影响线峰值处。

4 车辆荷载的立面、平面布置及标准值应符合下列规定：

1）城—A级车辆荷载的立面、平面、横桥向布置（图10.0.2-2）及标准值应符合表10.0.2的规定：

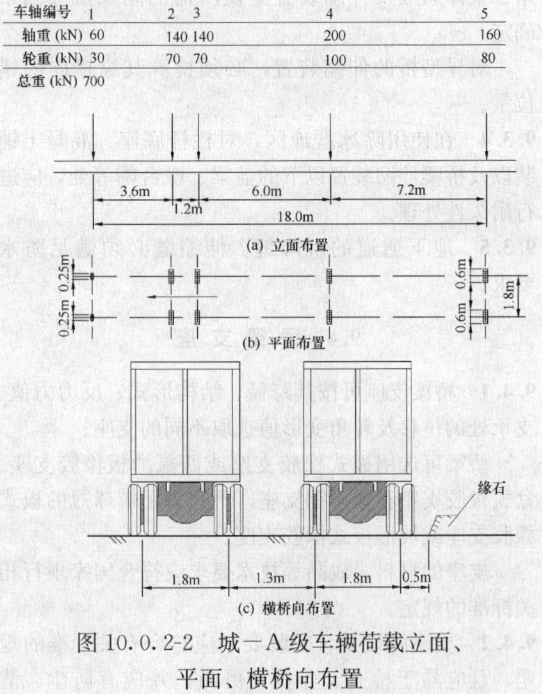

图10.0.2-2 城—A级车辆荷载立面、平面、横桥向布置

表 10.0.2 城—A 级车辆荷载

车轴编号	单位	1	2	3	4	5
轴重	kN	60	140	140	200	160
轮重	kN	30	70	70	100	80
纵向轴距	m		3.6	1.2	6	7.2
每组车轮的横向中距	m	1.8	1.8	1.8	1.8	1.8
车轮着地的宽度×长度	m	0.25×0.25	0.6×0.25	0.6×0.25	0.6×0.25	0.6×0.25

2）城—B 级车辆荷载的立面、平面布置及标准值应采用现行行业标准《公路桥涵设计通用规范》JTG D60 车辆荷载的规定值。

5 车道荷载横向分布系数、多车道的横向折减系数、大跨径桥梁的纵向折减系数、汽车荷载的冲击力、离心力、制动力及车辆荷载在桥台或挡土墙后填土的破坏棱体上引起的土侧压力等均应按现行行业标准《公路桥涵设计通用规范》JTG D60 的规定计算。

10.0.3 应根据道路的功能、等级和发展要求等具体情况选用设计汽车荷载。桥梁的设计汽车荷载应根据表 10.0.3 选用，并应符合下列规定：

表 10.0.3 桥梁设计汽车荷载等级

城市道路等级	快速路	主干路	次干路	支 路
设计汽车荷载等级	城—A 级或城—B 级	城—A 级	城—A 级或城—B 级	城—B 级

1 快速路、次干路上如重型车辆行驶频繁时，设计汽车荷载应选用城—A 级汽车荷载；

2 小城市中的支路上如重型车辆较少时，设计汽车荷载采用城—B 级车道荷载的效应乘以 0.8 的折减系数，车辆荷载的效应乘以 0.7 的折减系数；

3 小型车专用道路，设计汽车荷载可采用城—B 级车道荷载的效应乘以 0.6 的折减系数，车辆荷载的效应乘以 0.5 的折减系数。

10.0.4 在城市指定路线上行驶的特种平板挂车应根据具体情况按本规范附录 A 中所列的特种荷载进行验算。对既有桥梁，可根据过桥特重车辆的主要技术指标，按本规范附录 A 的要求进行验算。

对设计汽车荷载有特殊要求的桥梁，设计汽车荷载标准应根据具体交通特征进行专题论证。

10.0.5 桥梁人行道的设计人群荷载应符合下列规定：

1 人行道板的人群荷载按 5kPa 或 1.5kN 的竖向集中力作用在一块构件上，分别计算，取其不利者。

2 梁、桁架、拱及其他大跨结构的人群荷载（W）可采用下列公式计算，且 W 值在任何情况下不得小于 2.4kPa：

当加载长度 $L<20$m 时：

$$W=4.5\times\frac{20-w_{p}}{20} \tag{10.0.5-1}$$

当加载长度 $L\geqslant20$m 时：

$$W=\left(4.5-2\times\frac{L-20}{80}\right)\left(\frac{20-w_{p}}{20}\right) \tag{10.0.5-2}$$

式中：W——单位面积的人群荷载，(kPa)；

L——加载长度，(m)；

w_p——单边人行道宽度，(m)；在专用非机动车桥上为 1/2 桥宽，大于 4m 时仍按 4m 计。

3 检修道上设计人群荷载应按 2kPa 或 1.2kN 的竖向集中荷载，作用在短跨小构件上，可分别计算，取其不利者。计算与检修道相连构件，当计入车辆荷载或人群荷载时，可不计检修道上的人群荷载。

4 专用人行桥和人行地道的人群荷载应按现行行业标准《城市人行天桥与人行地道技术规范》CJJ 69 的有关规定执行。

10.0.6 桥梁的非机动车道和专用非机动车桥的设计荷载，应符合下列规定：

1 当桥面上非机动车与机动车道间未设置永久性分隔带时，除非机动车道上按本规范第 10.0.5 条的人群荷载作为设计荷载外，尚应将非机动车道与机动车道合并后的总宽作为机动车道，采用机动车布载，分别计算，取其不利者；

2 桥面上机动车道与非机动车道间设置永久性分隔带的非机动车道和非机动车专用桥，当桥面宽度大于 3.50m，除按本规范第 10.0.5 条的人群荷载作为设计荷载外，尚应采用本规范第 10.0.3 条规定的小型车专用道路设计汽车荷载（不计冲击）作为设计荷载，分别计算，取其不利者；

3 当桥面宽度小于 3.50m，除按本规范第 10.0.5 条的人群荷载作为设计荷载外，再以一辆人力劳动车（图 10.0.6）作为设计荷载分别计算，取其不利者。

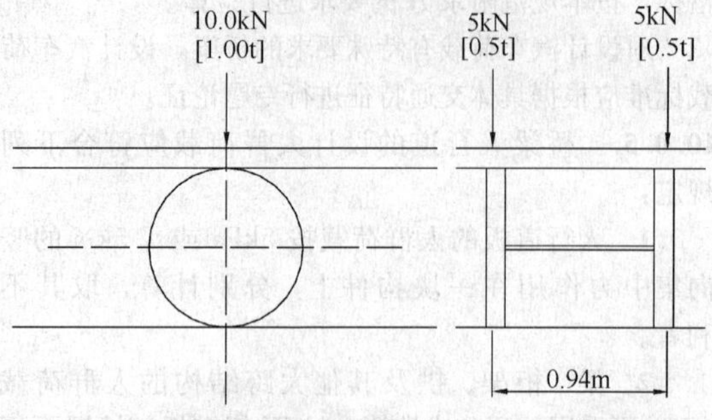

图 10.0.6 一辆人力劳动车荷载图

10.0.7 作用在桥上人行道栏杆扶手上竖向荷载应为 1.2kN/m；水平向外荷载应为 2.5kN/m。两者应分别计算。

10.0.8 防撞护栏的防撞等级可按表 10.0.8 选用。与防撞等级相应的作用于桥梁护栏上的碰撞荷载大小可按现行行业标准《公路交通安全设施设计规范》JTG D81 的规定确定。

表 10.0.8 护栏防撞等级

道路等级	设计车速（km/h）	车辆驶出桥外有可能造成的交通事故等级 重大事故或特大事故	车辆驶出桥外有可能造成的交通事故等级 二次重大事故或二次特大事故
快速路	100、80、60	SB、SBm	SS
主干路	60	SB、SBm	SA、SAm
主干路	50、40	A、Am	SB、SBm
次干路	50、40、30	A	SB
支 路	40、30、20	B	A

注：1 表中 A、Am、B、SA、SB、SAm、SBm、SS 等均为防撞等级代号。

2 因桥梁线形、运行速度、桥梁高度、交通量、车辆构成和桥下环境等因素造成更严重碰撞后果的区段，应在表 10.0.8 基础上提高护栏的防撞等级。

附录 A 特种荷载及结构验算

A.0.1 特种平板挂车主要技术指标应符合表 A.0.1 的规定，特种荷载（图 A.0.1）可包括下列内容：

1 特—160：1600kN（160t）特种平板挂车荷载；

2 特—220：2200kN（220t）特种平板挂车荷载；

3 特—300：3000kN（300t）特种平板挂车荷载；

4 特—420：4200kN（420t）特种平板挂车荷载。

表 A.0.1 特种平板挂车的主要技术指标

主要指标	单位	特—160	特—220	特—300	特—420
车头（牵引车）自重	kN（t）	350（35）	350（35）	420（42）	420（42）
平板（挂车）自重	kN（t）	250（25）	350（35）	580（58）	780（78）
装载重量	kN（t）	1000（100）	1500（150）	2000（200）	3000（300）
平板车车轴数	个	5 排 10 轴	7 排 14 轴	9 排 18 轴	12 排 24 轴
每个车轴压力	kN（t）	125（12.5）	132（13.2）	143.5（14.35）	157.5（15.75）
纵向轴距	m	4×1.6	1.575＋4×1.5＋1.575	8×1.5	11×1.5
每个车轴的车轮组数	个	2	2	2	2
每组车轴的横向中轴	m	2.17	2.17	2.20	2.20
每组车轮着地的宽度和长度	m	0.5（宽）×0.2（长）	0.5（宽）×0.2（长）	0.5（宽）×0.2（长）	0.5（宽）×0.2（长）

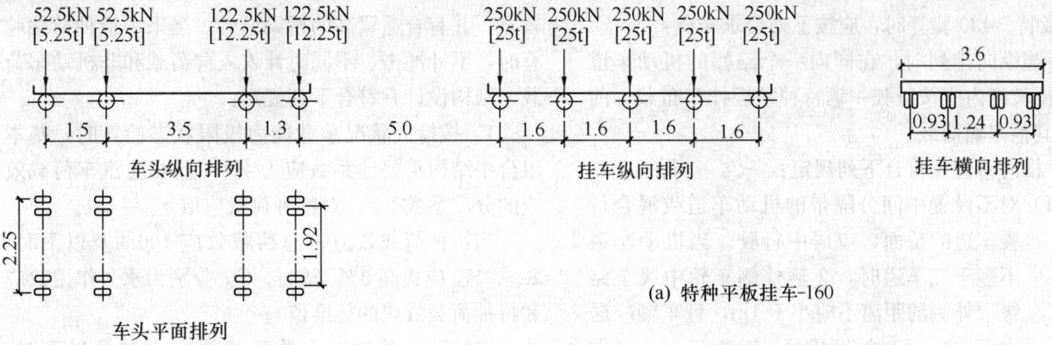

(a) 特种平板挂车-160

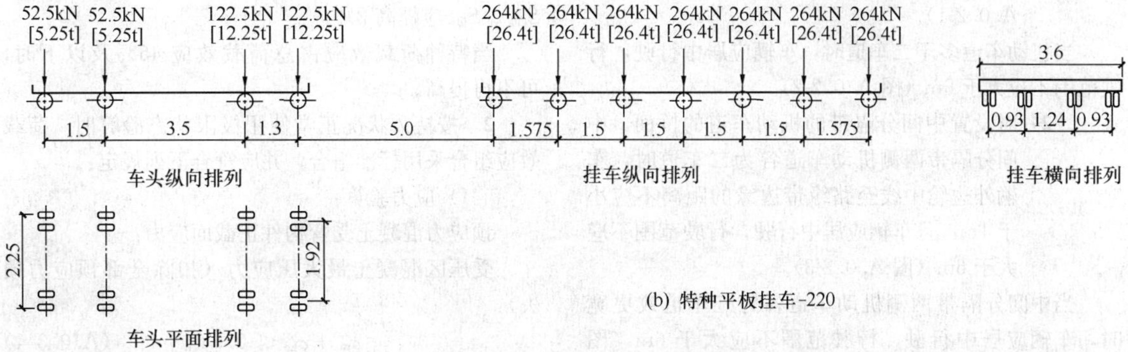

(b) 特种平板挂车-220

图 A.0.1 特种平板挂车-160、220、300、420 的纵向排列和横向（或平面）布置（一）

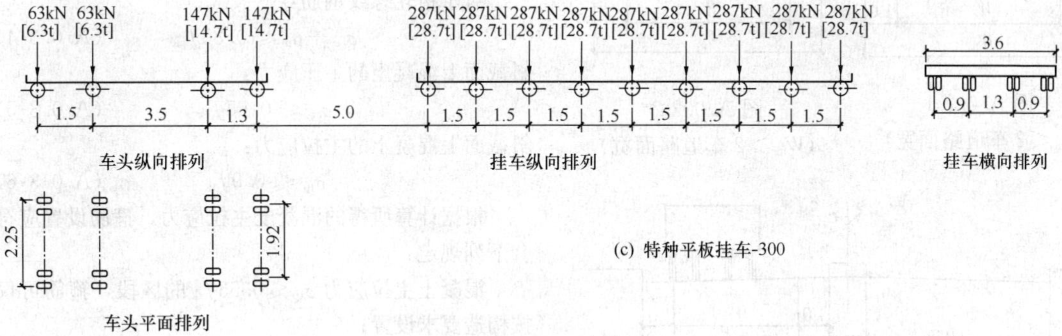

(c) 特种平板挂车-300

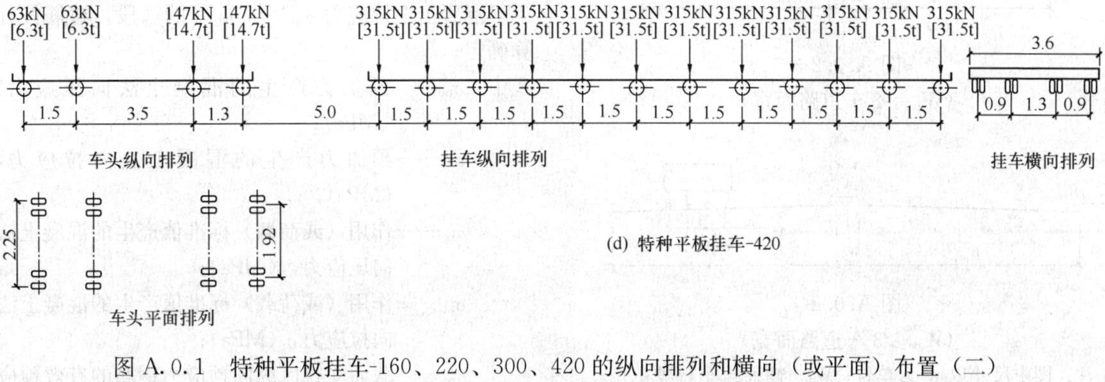

(d) 特种平板挂车-420

图 A.0.1 特种平板挂车-160、220、300、420 的纵向排列和横向（或平面）布置（二）

注：为使计算方便，挂车各个轴重取相同数值，其总和与挂车称号略有出入。图中尺寸，以 m 为单位。

A.0.2 当采用特种平板挂车特—160、特—220、特—300及特—420验算时，应按下列要求布载：

1 当纵向排列时，在同向一个路幅的机动车道内，全桥长度内应按行驶一辆特种平板挂车布载，前后应无其他车辆荷载。

2 横向布置应符合下列规定：

1）对不设置中间分隔带的机动车道或混合行驶车道的桥面，应居中行驶。当机动车道不多于二车道时，车辆外侧车轮中线至路缘带外侧的距离不应小于1m，且车辆应居中行驶，行驶范围不应大于6m（图A.0.2-1）。

当机动车道多于二车道时，车辆应居中行驶，行驶范围不应大于6m（图A.0.2-2）。

2）对设置中间分隔带的机动车道的桥面，中间分隔带两侧机动车道各为二车道时，车辆外边轮中线至路缘带边缘的距离不应小于1m，且车辆应居中行驶，行驶范围不应大于6m（图A.0.2-3）。

当中间分隔带两侧机动车道各为三车道或更宽时，车辆应居中行驶，行驶范围不应大于6m（图A.0.2-4）。

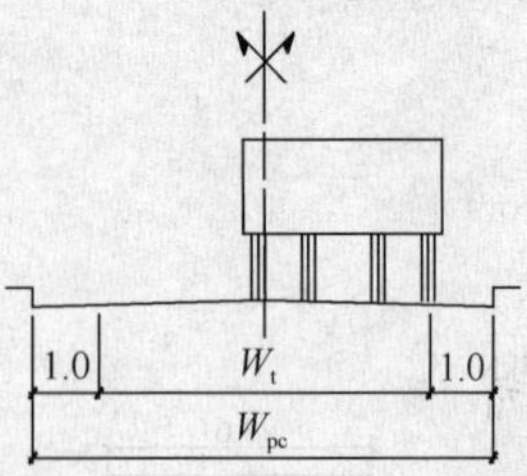

图A.0.2-1

（W_{pc}≤2车道路面宽）

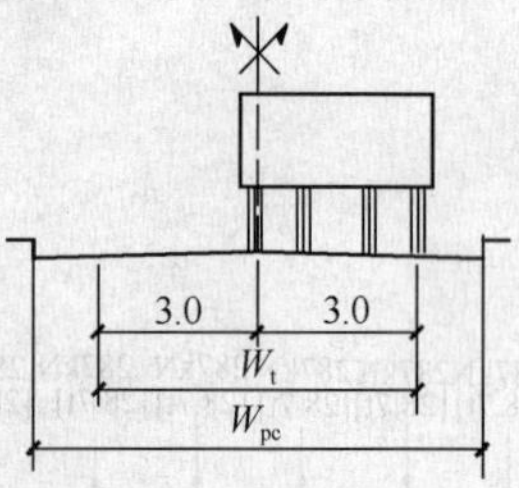

图A.0.2-2

（W_{pc}＞2车道路面宽）

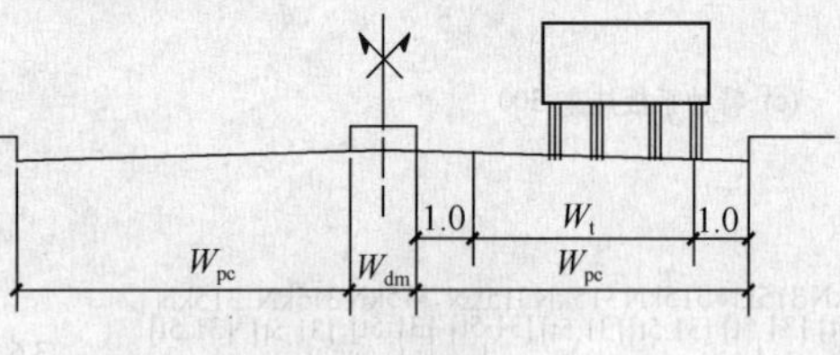

图A.0.2-3

（W_{pc}＝2车道路面宽）

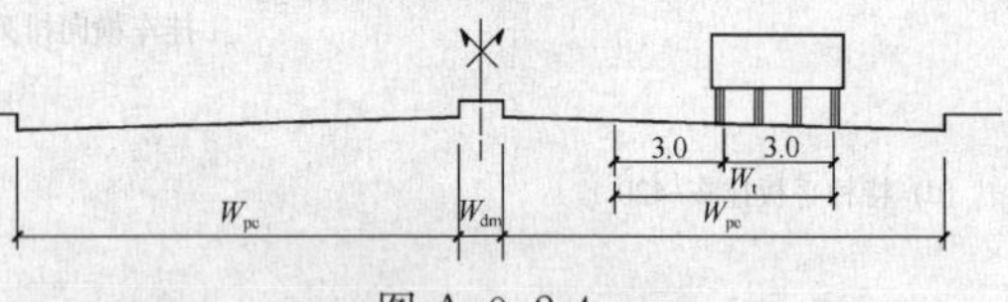

图A.0.2-4

（W_{pc}≥3车道路面宽）

注：图中尺寸以m为单位；W_t—特种挂车行驶范围；W_{pc}—车行道总宽度；W_{dm}—分隔带宽度。

A.0.3 通行特重车辆的桥梁宜采用整体性好、桥宽较宽、并有合适梁高的桥梁结构。当采用特种荷载验算时，不计冲击、不同时计入人群荷载和非机动车荷载。结构设计宜符合下列规定：

1 按持久状况承载能力极限状态验算时，基本组合中结构重要性系数应为$\gamma_0=1$，相应汽车荷载效应的分项系数γ_{Q1}，对特种荷载应取$\gamma_{Q1}=1.1$。

当特种荷载效应占总荷载效应100%及以下时，S_{Gik}、S_{Qik}应提高3%（S_{Gik}、S_{Qik}分别为永久作用效应和特种荷载效应的标准值）；

当特种荷载效应占总荷载效应60%及以下时，S_{Gik}、S_{Qik}应提高2%；

当特种荷载效应占总荷载效应45%及以下时，可不再提高。

2 按持久状况正常使用极限状态验算时，荷载效应组合采用标准组合，并应符合下列规定：

1） 应力验算：

预应力混凝土受弯构件正截面应力：

受压区混凝土最大压应力（扣除全部预应力损失）：

$$\sigma_{pt}+\sigma_{kc}\leqslant 0.6f_{ck} \quad (A.0.3\text{-}1)$$

受拉区混凝土最大拉应力（扣除全部预应力损失）：

$$\sigma_{pc}+\sigma_{kt}\leqslant 0.9f_{tk} \quad (A.0.3\text{-}2)$$

受拉区预应力钢筋最大拉应力：

对于钢丝、钢绞线：

$$\sigma_{pe}+\sigma_{p}\leqslant 0.7f_{pk} \quad (A.0.3\text{-}3)$$

对于精轧螺纹钢筋：

$$\sigma_{pe}+\sigma_{p}\leqslant 0.85f_{pk} \quad (A.0.3\text{-}4)$$

斜截面上混凝土的主压应力：

$$\sigma_{cp}\leqslant 0.65f_{ck} \quad (A.0.3\text{-}5)$$

斜截面上混凝土的主拉应力：

$$\sigma_{tp}\leqslant 0.9f_{tk} \quad (A.0.3\text{-}6)$$

根据计算所得的混凝土主拉应力，箍筋设置应符合下列规定：

混凝土主拉应力$\sigma_{tp}\leqslant 0.55f_{tk}$的区段，箍筋可仅按构造要求设置；

混凝土主拉应力$\sigma_{tp}>0.55f_{tk}$的区段，箍筋按计算确定；

式中：σ_{pc}——预加力产生的混凝土法向压应力，(MPa)；

σ_{pt}——预加力产生的混凝土法向拉应力，(MPa)；

σ_{kc}——作用（或荷载）标准值产生的混凝土法向压应力，(MPa)；

σ_{kt}——作用（或荷载）标准值产生的混凝土法向拉应力，(MPa)；

σ_{pe}——截面受拉区纵向预应力钢筋的有效预应力，(MPa)；

σ_p——作用（或荷载）标准值预应力的应力或应力增量，（MPa）；

σ_{cp}——构件混凝土中的主压应力，（MPa）；

σ_{tp}——构件混凝土中的主拉应力，（MPa）；

f_{ck}、f_{tk}——分别为混凝土抗压、抗拉强度的标准值，（MPa）；

f_{pk}——为预应力钢筋抗拉强度的标准值，（MPa）。

2）钢结构的强度和稳定性验算：

钢材和各种连接件的容许应力限值可按国家现行相关标准的规定提高。

3）裂缝宽度验算：

钢筋混凝土构件和B类预应力混凝土构件，其计算的最大裂缝宽度不应超过下列限值：

钢筋混凝土构件Ⅰ类和Ⅱ类环境 0.25mm

Ⅲ类和Ⅳ类环境 0.15mm

采用精轧螺纹钢筋的预应力混凝土构件

Ⅰ类和Ⅱ类环境 0.25mm

Ⅲ类和Ⅳ类环境 0.15mm

采用钢丝或钢绞线的预应力混凝土构件

Ⅰ类和Ⅱ类环境 0.15mm

根据现行行业标准《公路钢筋混凝土及预应力混凝土桥涵设计规范》JTG D62的规定Ⅲ类和Ⅳ类环境不得进行带裂缝的B类构件设计。

4）挠度验算：

钢筋混凝土、预应力混凝土受弯构件在特种荷载作用下的挠度限值可按现行行业标准《公路钢筋混凝土及预应力混凝土桥涵设计规范》JTG D62规定的限值提高20%。

钢结构的挠度限值可按国家现行相关标准规定的限值提高。

本规范用词说明

1 为便于在执行本规范条文时区别对待，对要求严格程度不同的用词说明如下：

1）表示很严格，非这样做不可的：

正面词采用“必须”，反面词采用“严禁”。

2）表示严格，在正常情况下均应这样做的：

正面词采用“应”，反面词采用“不应”或“不得”。

3）表示允许稍有选择，在条件许可时，首先应这样做的：

正面词采用“宜”，反面词采用“不宜”。

4）表示有选择，一定条件下可以这样做的，采用“可”。

2 条文中指明应按其他有关标准执行的写法为“应符合……的规定”或“应按……执行”。

引用标准名录

1《混凝土结构设计规范》GB 50010

2《室外排水设计规范》GB 50014

3《铁路工程抗震设计规范》GB 50111

4《内河通航标准》GB 50139

5《地铁设计规范》GB 50157

6《城市电力规划规范》GB 50293

7《标准轨距铁路建筑限界》GB 146.2

8《中国地震动参数区划图》GB 18306

9《城市道路设计规范》CJJ 37

10《城市道路照明设计标准》CJJ 45

11《城市人行天桥与人行地道技术规范》CJJ 69

12《公路工程技术标准》JTG B01

13《公路桥涵设计通用规范》JTG D60

14《公路钢筋混凝土及预应力混凝土桥涵设计规范》JTG D62

15《公路桥涵地基与基础设计规范》JTG D63

16《公路交通安全设施设计规范》JTG D81

17《通航海轮桥梁通航标准》JTJ 311

18《铁路桥涵设计基本规范》TB 10002.1

19《铁路桥涵钢筋混凝土和预应力混凝土结构设计规范》TB 10002.3

20《铁路电力牵引供电设计规范》TB 10009

21《110～550kV架空送电线路设计技术规程》DL/T5092

中华人民共和国行业标准

城市桥梁设计规范

CJJ 11—2011

条 文 说 明

修 订 说 明

《城市桥梁设计规范》CJJ 11－2011，经住房和城乡建设部2011年4月22日以第993号公告批准、发布。

本规范是在《城市桥梁设计准则》CJJ 11－93的基础上修订而成，上一版的主编单位是上海市政工程设计研究院，参编单位是北京市市政工程设计研究院、南京市勘测设计院、天津市市政工程勘测设计院、广州市市政设计研究院、沈阳市市政设计研究院、杭州市城建设计院、兰州市勘测设计院，主要起草人员是胡克治、黎宝松、姜维龙、傅丛立。本次修订的主要技术内容是：

1. 补充了工程结构可靠度设计内容有关的条文，明确了桥梁结构应进行承载能力极限状态和正常使用极限状态设计；桥梁设计应区分持久状况、短暂状况和偶然状况三种设计状况。

2. 修改了桥梁设计荷载标准。

3. 对桥梁分类标准、桥上及地下通道内管线敷设的规定、跨越桥梁的架空电缆线、桥位附近的管线以及紧靠下穿道路的桥梁墩位布置要求等进行了调整。

4. 增加节能、环保、防洪抢险、抗震救灾等方面的条文；增加涉及桥梁结构耐久性设计以及斜、弯、坡等特殊桥梁设计的条文。

5. 对桥梁的细部构造及附属设施的设计提出了更为具体的要求、规定。

6. 制定了必须严格执行的强制性条文。

本规范修订过程中，编制组进行了广泛的调查研究，总结了我国桥梁建设的实践经验，同时参考了国外先进技术法规、技术标准。

为便于广大设计、施工、科研、学校等单位有关人员在使用本标准时能正确理解和执行条文规定，《城市桥梁设计规范》编制组按章、节、条顺序编制了本标准的条文说明，对条文规定的目的、依据以及执行中需注意的有关事项进行了说明，还着重对强制性条文的强制性理由作了解释。但是，本条文说明不具备与标准正文同等的法律效力，仅供使用者作为理解和把握标准规定的参考。

目　次

1 总 则

1.0.1 本规范是在原《城市桥梁设计准则》CJJ 11－93（以下简称《准则》）的基础上修订而成的。在修订过程中吸取了自《准则》施行以来，反映城市桥梁发展和设计技术水平提高的经验和成果，同时亦考虑了近年来相关行业标准的技术内容更新与变化，使城市桥梁设计标准统一，并符合安全可靠、适用耐久、技术先进、经济合理、与环境协调的要求。

安全可靠、适用耐久是设计的目的和功能需求，技术先进要求城市桥梁设计积极采用新技术、新材料、新工艺、新结构，大型城市桥梁、高架道路桥梁、立交桥梁的设计应注意工程总体的经济合理，除桥梁主体结构的造价外，还应综合考虑桥梁附属设施、征地拆迁、施工工艺、建设周期、维修养护等诸多影响工程总投资的因素。城市桥梁建设主要是解决交通功能的需求，但大多数情况下城市大型桥梁还将成为城市中一座比较突出的景观建筑，在安全可靠、适用耐久、技术先进、经济合理的前提下，设计中应对其与周围环境的协调、总体布局的舒展、造型的美观予以足够重视。

1.0.2 本规范是按照《工程结构可靠性设计统一标准》GB 50153等标准规定的基本原则和方法编制的，适用于城市道路上新建永久性桥梁和地下通道的设计，也适用于镇（乡）村道路上新建永久性桥梁和地下通道的设计。对城市中其他有特殊用途的桥梁，如管线专用桥、人行天桥、港口码头、厂矿专用桥以及施工便桥不在本规范范围内。对于城市道路上的旧桥改建，往往需要利用部分旧桥，而旧桥又有一定的局限性，要完全符合本规范有困难，鉴此未提出适用于改建桥梁。

1.0.3 城市桥梁设计应符合城乡规划的要求。鉴于我国是世界上人口最多的国家，也是最大的发展中国家，众多的人口、蓬勃发展的经济与现有资源、生态环境的矛盾日趋突出。土地、淡水、能源、矿产资源和环境状况已严重制约了经济的发展，环境污染和生态环境的恶化影响了人民生活质量的提高，危及人民财产和生命安全的自然灾害亦时有发生。节约资源、保护环境、提高防灾减灾能力、构建资源节约型、环境友好型社会是我国的基本国策。城市桥梁是一项重要的城市基础设施，城市桥梁设计应在安全、适用的前提下，遵循有利于节约资源、保护环境、防洪抢险、抗震救灾的原则，控制工程建设规模、工程用地、材料用量及工程投资，选用经济合理、与环境协调的总体布局和结构造型。

3 基 本 规 定

3.0.1 桥梁尤其是大型桥梁是城市交通中重要构筑物。应根据城乡规划、道路功能、等级、通行能力及抗洪、抗灾要求结合地形、河流水文、河床地质、通航要求、河堤防洪、环境影响等条件进行综合考虑。本条特别强调桥梁设计应按城乡规划要求、交通量预测，考虑远期交通量增长需求。在远期要求与近期现状发生较大矛盾时（如拆迁量过大等），或目前按规划要求建设有很大困难时（如工程规模大，一时难以实现等），则可按近期的交通量要求进行设计，但仍应在设计中保留远期发展的可能性，以使桥梁能长期充分地发挥它的作用。

3.0.2 本条与《公路桥涵设计通用规范》JTG D60中的桥梁分类标准相同。单孔跨径反映技术复杂程度，跨径总长反映建设规模。除跨河桥梁外，城市跨线桥、立交桥、高架桥均应按此分类。

3.0.3 考虑到城市桥梁安全对确保城市交通的重要性，本规范特别规定不论特大、大、中、小桥设计洪水频率一般均采用百年一遇，条文中的特别重要桥梁主要是指位于城市快速路、主干路上的特大桥。

城市中有时会遇到建桥地区的总体防洪标准低于一百年一遇的洪水频率，若仍按此高洪水频率设计，桥面高程可能高出原地面很多，会引起布置上的困难，诸如拆迁过多，接坡太长或太陡，工程造价增加许多，甚至还会遇上两岸道路受淹，交通停顿，而桥梁高耸，此时可按当地规划防洪标准来确定梁底设计标高及桥面高程。而从桥梁结构的安全考虑，结构设计中如墩、台基础埋置深度，孔径的大小（满足泄洪要求），洪水时结构稳定等，仍需按本规范规定的洪水频率进行计算。

3.0.4 桥梁孔径布设，既要根据河道（泄洪、航运）规划，又要考虑桥位上、下游已建或拟建桥梁、水工建筑物及堤岸的状况。设计桥梁孔径时，过大改变河流水流的天然状态，将会给桥梁本身，甚至桥位附近地区造成严重后果。压缩孔径、缩短桥长、较大压缩过洪断面、提高流速的做法并不可取。根据各类桥梁的大量实际经验，这样做将会大大增加桥下冲刷，对桥梁基础不利。由于水文计算有一定的偶然性，一旦估计不足，在洪水到来时，会使桥梁基础面临危险境地，这在过去的建桥实践中是不乏先例的。

3.0.5 本条所规定的桥梁桥下净空，除跨越城市道路和轨道交通的桥下净空外其余均与现行《公路桥涵设计通用规范》JTG D60的规定一致。对于桥下净空有特殊要求的航道或路段，桥下净空尺度应作专题研究、论证。计算水位根据设计水位，同时考虑壅水、浪高等因素确定。

3.0.6 《城市道路设计规范》CJJ 37中对桥梁景观设计作了原则性规定，而本条强调桥梁建筑重点，应放在总体布置和主体结构上，主体结构设计应首先考虑桥梁受力合理，不应采用造型怪异、受力不合理、施工复杂、工程量大、造价昂贵的结构形式，亦不宜在主体结构之外过多增加装饰。

3.0.7 随着社会进步、经济发展和人民生活质量的不断提高，人们越来越重视对自然生态环境的保护。桥梁应根据城乡规划中所确定的保护和改善环境的目标和任务，结合城市环境的现状、市容特点，进行绿化、美化市容和保护环境设计。对于特大型、大型桥梁、高架道路桥梁和大型立交桥梁，在工程建设前期应对大气环境质量、交通噪声、振动环境质量、日照环境质量等作出评价，在工程设计中应根据环境评价的结论和建议进行环保设计。

3.0.8 以可靠性理论为基础的极限状态设计都需有一个确定的设计基准期。设计基准期是指结构可靠性分析时，为确定可变作用及与时间有关的材料性能取值而选用的时间参数，也就是可靠度定义中的"规定时间"。公路桥梁的设计基准期取为100年是根据我国公路桥梁使用的现状和以往的设计经验确定的，根据《公路工程结构可靠度设计统一标准》GB/T 50283-1999公路桥梁的车辆荷载统计参数都是按100年确定的，而未考虑材料性能随时间的变化。当设计基准期定为100年时，荷载效应最大值分布的0.95分位值接近于原《公路桥涵设计通用规范》JTJ 021-89规定的汽车荷载标准值。设计基准期不完全等同于使用年限，当结构的使用年限超过设计基准期后，并不等于结构丧失功能或报废，只表明结构的失效概率(指结构不能完成预定功能的概率)可能会比设计时的预期值增大。

本规范规定桥梁设计基准期为100年，符合《城市道路设计规范》CJJ 37中关于桥梁的设计基准期要求，同时也是为了与公路桥梁保持一致，但需对原《城市桥梁设计荷载标准》CJJ 77-98进行适当调整。

3.0.9 设计使用年限是设计规定的一个时期，在这一规定时期内结构只需进行正常维护(包括必要的检测、养护、维修等)而不需要进行大修就能按预期目的使用，完成预定功能，即桥梁主体结构在正常设计、正常施工、正常使用、正常维护下达到的使用年限。根据现行国家标准《工程结构可靠性设计统一标准》GB 50153附录A.3.3条文，对于桥梁结构使用年限应按本规范表3.0.9的规定采用。

3.0.10 本条为桥梁结构必须满足的四项功能，其中第1、第4两项是结构的安全性要求，第2项是结构的适用性要求，第3项是结构的耐久性要求，安全性、适用性、耐久性三者可概括为桥梁结构可靠性的要求。

足够的耐久性能系指桥梁在规定的工作环境中，在预定时间内，其材料性能的恶化不致导致桥梁结构出现不可接受的失效概率。从工程概念上说，足够的耐久性能就是指正常维护条件下桥梁结构能够正常使用到规定的期限。

整体稳定性，系指在偶然事件发生时和发生后桥梁结构仅产生局部的损坏而不致发生连续或整体倒塌。

3.0.11 承载能力极限状态关系到结构的破坏和安全问题，体现了桥梁结构的安全性。桥梁结构或结构构件出现下列状态之一时，应认为超过承载能力极限状态：

1 整个结构或结构的一部分作为刚体失去平衡(如倾覆、滑移等)；

2 结构构件或连接因材料强度被超过而破坏(包括疲劳破坏)，或因过度变形而不适于继续承载；

3 结构转变为机动体系；

4 结构或结构构件丧失稳定(如压屈等)。

正常使用极限状态仅涉及结构的工作条件和性能，体现了桥梁结构的适用性和耐久性。当结构或结构构件出现下列状态之一时，应认为超过了正常使用极限状态：

1 影响正常使用或外观的变形；

2 影响正常使用或耐久性能的局部损坏(包括裂缝)；

3 影响正常使用的振动；

4 影响正常使用的其他特定状态。

显然，这两类极限状态概括了结构的可靠性，只有每项设计都符合有关规范规定的两类极限状态设计要求，才能使所设计的桥梁结构满足本规范第3.0.10条规定的功能要求。

3.0.12、3.0.13 第3.0.12条中"环境"一词含义是广义的，包括桥梁在施工和使用过程中所受的各种作用。

持久状况是指桥梁使用阶段适用于结构使用时的正常情况。这个阶段要对桥梁的所有预定功能进行设计，即必须进行承载能力极限状态和正常使用极限状态计算。

短暂状况所对应的是桥梁施工阶段及使用期间维修养护适用于结构出现的临时情况。与使用阶段相比施工阶段及维修养护的持续时间较短，桥梁结构体系，所承受的各种荷载亦与使用阶段不同，设计要根据具体情况而定。短暂状况除需进行承载能力极限状态计算外亦可根据需要进行正常使用极限状态计算。

偶然状况是指桥梁可能遇到的偶发事件如地震、撞击等的状况，适用于结构出现的异常情况。对此状况除地震设计状况外，其他设计状况只需作承载能力极限状态设计。

3.0.14 与公路桥梁相同，进行持久状况承载能力极限状态设计时，桥梁亦应按其重要性，破坏后果划分为三个设计安全等级。根据现行国家标准《工程结构可靠性设计统一标准》GB 50153-2008附录A.3.1条文，表3.0.14列出了不同安全等级所对应的桥梁类型。设计工程师也可根据桥梁的具体情况与业主商定，但不能低于表列等级。

3.0.16 对桥梁结构设计提出总的要求

桥梁结构设计除按3.0.10条规定满足强度、刚度、稳定性和耐久性要求外，还应考虑如何方便制造、简化施工、提供必要的养护条件以及在运输、安装、使用的过程中防止构件产生过大的变形或开裂。

对于钢结构应注意焊接时所产生的附加应力，预应力混凝土构件应注意锚固处的局部应力，当轴向力偏离构件轴线时还应考虑偏心力引起的附加弯矩等等，鉴此本条提出："构件应减小由附加力、局部力和偏心力引起的应力。"

桥梁结构的耐久性设计，可按国家现行标准《混凝土结构耐久性设计规范》GB/T 50476和《公路工程混凝土结构防腐技术规范》JTG/TB 07－01的规定进行。

地震作用计算及结构的抗震设计可按现行《公路工程抗震设计规范》JTJ 004、《公路桥梁抗震设计细则》JTG B02－01的规定进行。住房和城乡建设部正在编制《城市桥梁抗震设计规范》，该规范正式颁布后，桥梁结构的抗震设计应执行此规范的规定。

斜桥、弯桥、坡桥的设计注意事项详见本规范第8.2.1条～第8.2.3条的条文及条文说明。

3.0.17 位于快速路、主干路、次干路上的多孔梁（板）桥，采用整体连续结构和连续桥面简支结构，可以少设伸缩缝，改善行车条件，增加行车舒适度。但在设计中宜优先考虑采用整体连续结构（见本规范第9.3.1条条文说明）。

本规范第3.0.9条规定了桥梁的设计使用年限，条文说明中已指出："设计使用年限是设计规定的一个时期，在这一规定时期结构只需进行正常维护（包括必要的检测、养护、维修等）而不需要进行大修就能按预定目的使用，完成预定功能。"而桥梁结构本身的工作条件和环境比较差，鉴此在规定的设计使用年限内，为保证结构具有良好的工作状态，不管建桥采用何种材料，经常的养护维修是非常重要的和必需的，本条强调设计应充分考虑便于养护维修。

3.0.18 桥梁建设应考虑各项必需的附属设施的布置和安排，以免桥梁建成后再重新设置，损伤桥梁结构或破坏桥梁外观。具体规定详见本规范第9章。

3.0.19 对桥上或地下通道内敷设的管线作出规定主要是确保桥梁或地下通道结构的运营安全，避免发生危及桥梁或地下通道自身和在桥上或地下通道内通行的车辆、行人安全的重大燃爆事故。国务院颁发的《城市道路管理条例》（1996年第198号令）第四章第二十七条规定：城市道路范围内禁止"在桥梁上架设压力在4公斤/平方厘米（0.4兆帕）以上的煤气管道，10千伏以上的高压电力线和其他燃爆管线。"对于按本条规定允许在桥上通过的压力不大于0.4兆帕燃气管道和电压在10kV以内的高压电力线，其安全防护措施应分别满足现行的《城镇燃气设计规范》GB 50028、《电力工程电缆设计规范》GB 50217的规定要求。

对于超过本条规定的管线，如因特殊需要在桥上或地下通道内通过，应作可行性、安全性专题论证，并报请主管部门批准。

3.0.20 城市重要桥梁竣工后应做荷载试验，测定桥梁的静力和动力特性，有关试验资料可作为桥梁运行期间继续监测和健康评估的依据。

3.0.21 为保证桥梁结构在设计基准期内有规定的可靠度，必须对桥梁设计严格实施质量管理和质量控制。根据现行《工程结构可靠性设计统一标准》GB/T 50153附录B桥梁设计的质量控制应做到：勘察资料应符合工程要求、数据正确、结论可靠，设计方案、基本假定和计算模型合理、数据运用正确。设计文件的编制应符合《建设工程勘察设计管理条例》（中华人民共和国国务院令2000年9月25日）和现行《市政公用工程设计文件编制深度规定》的要求。

4 桥位选择

4.0.1 我国大多数城市因河而建，有的山城依山傍水。城因河而兴，河以城为依托。桥梁建设应在城乡规划的指导下进行。桥位应按城市交通建设和发展需要，同时注意发挥近期作用的原则来选择。

城市河（江）道多属渠化河道，沿河（江）两岸，一般都有房屋、市政设施、驳岸、堤防等，桥位选择和布置应对上述建筑物的安全和稳定性给予高度重视和周密考虑。

4.0.2 桥梁是永久性的大型公共设施，应有一定的安全度和耐久性。一般情况下，狭窄的河槽，河床比较稳定，水流较顺畅，在这种河段上选择桥位，会减少桥长。不良地质河段，常会增加基础处理的难度，增加桥梁的造价，或影响桥梁的安全和使用寿命，因此桥位应尽量避免这些地段。河滩急弯、汇合处，水流流向多变，流速不稳定，对航运和桥梁墩台安全不利。在港口作业区，船舶载重较大，且各项作业交错进行，发生船舶撞击桥墩的机会较多，对船舶航运和桥梁安全运营非常不利，桥位亦应尽量避免这些地区。容易发生流冰的河段，小跨径桥梁容易遭受冰冻胀裂甚至冰毁，在选择桥位时也应该考虑这一因素。某市的一座公路桥，就因大面积流冰而遭毁。

4.0.3 一般情况下桥梁纵轴线以与河道水流流向正交（指桥梁纵轴线与水流流向法线的交角为0°）布置为好，这样可简化结构布置、缩短桥长，降低造价。但城市桥梁常受两岸地形地物的限制，并受规划道路的影响，本规范第4.0.2条规定"中、小桥桥位宜按道路的走向进行布置”。鉴此，中、小桥梁如条件所限可考虑斜交或弯桥，但应同时考虑本规范第3.0.16条的有关要求。

4.0.4 通航河道的主流宜与桥梁纵轴线正交，如有困难时其偏角不宜大于5°，这是从船舶航行安全考虑。通航净宽及加宽值，对内河航道、通航海轮的航道可分别按现行《内河通航标准》GB 50139、《通航海轮桥梁通航标准》JTJ 311的有关规定计算确定。当桥位布置有困难，交角大于5°时，应加大通航孔的跨径。计算公式如下：

$$L_a = \frac{l + b\sin\alpha}{\cos\alpha} \quad (1)$$

式中：L_a——相应于计算水位的墩(台)边缘之间的净距(m)；

l——通航要求的有效跨径(m)(应不小于由航迹带宽度与富裕宽度组成的航道有效宽度)；

b——墩(台)的长度(m)；

α——内河桥为垂直于水流主流方向与桥梁纵轴线间的交角(°)，跨海桥为垂直于涨、落潮流主流方向与桥轴线间的大角(°)。

通航河流上的桥梁的桥位选择，尚应符合现行《内河通航标准》GB 50139中的下列规定：

1 桥位应避开滩险，通航控制河段、弯道、分流口、汇流口、港口作业区、锚地；其距离，上游不得小于顶推船队长度的4倍或拖带船队长度的3倍；下游不得小于顶推船队长度的2倍或拖带船队长度的1.5倍。

2 两座相邻桥梁轴线间距，对Ⅰ～Ⅴ级航道应大于代表船队长度与代表船队下行5min航程之和，Ⅳ～Ⅷ级航道应大于代表船队长度与代表船队下行3min航程之和。

若不能满足上述1、2条要求的距离时，应采取相应措施，保证安全通航。在不能满足1、2条要求，而其所处通航水域无碍航水流时，可靠近布置，但两桥相邻边缘的净距应控制在50m以内，且通航孔必须相互对应。水流平缓的河网地区相邻桥梁的边缘距离，经论证后可适当加大。

随着我国国民经济的持续发展，大江、大河及沿海近海水域上修建跨越通航海轮航道上的桥日趋增多，为了适应新形势的发展，有必要增加通行海轮桥梁的桥位选择的条文，并应遵循现行《通航海轮桥梁通航标准》JTJ 311的规定：“桥址应远离航道弯道、滩险、汇流口、渡口、港口作业区和锚地，其距离应能保证船舶安全通航。通航海轮的内河航道桥梁上游不得小于代表船型或控制性顶推船队长度4倍的大值，下游不得小于代表船型或控制性顶推船队长度2倍的大值；跨越海域的桥梁上、下游均为不得小于代表船型长度的4倍；通航10^4DWT(船舶等级)及以上船舶航道上的桥梁，远离的距离可适当加大。不能远离时需经实船试验或模型试验论证确实。在航道弯道上建桥宜一孔跨越或相应加大净空宽度。”

4.0.7 泥石流是一种携带大量泥、石、砂等物质，历时短暂的山洪急流，对桥梁等构筑物的破坏性极大。在泥石流地区选择桥位时应采取措施，以保证桥梁安全。一般选桥位时应尽量避开泥石流地区；不能避开时可采用大跨跨越。在没有条件建大跨时，应尽量避开河床纵坡由陡变缓，断面突然收缩或扩大，及平面急弯处，因这些地段容易使泥石流沉积、阻塞。

4.0.8 桥位上空若有架空高压送电线路通过或桥位旁有架空高压电线时，对桥梁的正常运营存在不安全因素，尤其在大风天或雷雨天，或极端低温时，更为严重。因此桥梁不宜在架空送电线路下穿越，桥梁边缘与架空电线之间的水平距离除国家现行标准《66kV及以下架空电力线路设计规范》GB 50061及《110～500kV架空送电线路设计技术规程》DL/T 5092有所规定外，现行行业标准《公路桥涵设计通用规范》JTG D60规定不得小于高压电线的塔(杆)架高度。

4.0.9 桥位附近存在燃气输送管道、输油管道、易爆和有毒气体等危险品工厂、车间、仓库，对桥梁正常运营存在安全隐患。本规范第3.0.19条已根据国务院颁发的《城市道路管理条例》(1996年第198号令)的规定提出：“不得在桥上敷设污水管，压力大于0.4MPa的煤气管和其他可燃、有毒或腐蚀性的液、气体管。”因此不符合此规定的燃气输送管道，输油管道不得借桥过河。当桥位附近有燃气输送管道、输油管道时，桥位距管道的安全距离，应按国家现行标准《公路桥涵设计通用规范》JTG D60、《输油管道工程设计规范》GB 50253等规范的规定执行。

5 桥面净空

5.0.1 特大桥、大桥桥长长、建设规模大、投资高，而从已建成的特大桥、大桥上行人通行情况来看，行人大多选择乘车过桥，步行过桥者为数不多，从经济适用角度考虑，特大桥、大桥人行道宽度不宜太宽，鉴此本规范5.0.1条提出特大桥、大桥人行道宽度宜采用2.0m～3.0m。

5.0.2 本条条文按现行行业标准《城市道路设计规范》CJJ 37的相关条文规定制订。

6 桥梁的平面、纵断面和横断面设计

6.0.1 桥梁在平面上宜做成直桥，这对于简化设计、方便施工、保证工程质量、降低工程造价等均较为有利。但由于城市原有道路系统并非十分理想，已有建筑比较密集，交通设施布设复杂，如将桥梁平面布置

为直桥，可能会遇到相当大的困难，或是满足不了道路线路上的技术要求，或是增加大量拆迁，或是较严重地影响已有的重要设施及重要建筑的使用等等。为此，可以在平面上做成弯桥。弯桥布置的线形应符合现行行业标准《城市道路设计规范》CJJ 37 的规定。

6.0.2 下承式、中承式桥的主梁、主桁或拱肋和悬索桥、斜拉桥的索面及索塔都是桥梁的主要承重构件，对桥梁结构的安全至关重要，本条规定主要是为了保证桥梁结构安全。

6.0.3 “桥面车行道路幅宽度宜与所衔接道路的车行道路幅宽度一致”，这是为了不致使桥上车行道路幅与道路车行道的路幅交接不顺。当道路现状与规划断面相差很大时，如桥梁一次按规划车行道建成，既造成兴建困难，又导致很大的浪费，则可按本规范第3.0.1条规定考虑近、远期结合，分期实施。

如城市道路的横断面按三幅或四幅布置，中间有较宽的分隔带或很宽的绿化带，整个路幅非常宽，此时，线路上的桥梁宽度布置要分别对待，妥善解决。

小桥的车行道路幅宽度(指路缘石之间)及线形取其与两端道路相同，目的是保证路、桥连接顺直，不使驾驶员在视野和行车条件的适应上发生变化，从而达到过桥交通与原道路线形一致舒适通畅，且投资增加不多。

在一般情况下，桥上不应设绿化分隔带，因绿化土层薄，树木易枯萎；土层厚则对桥梁增加不必要的荷重。

对特大桥、大桥、中桥，如果两端道路有较宽的分隔带，若桥面缘石间宽度与道路缘石间的宽度相同，将会使桥梁上、下部结构工程量增加，大大增加工程费用。因而，按本规范第5.0.2条规定，特大桥、大桥、中桥车行道宽度取相当于两端道路的车行道有效宽度(即不计分隔带或绿化带宽度)的总和。这样，桥面虽然收窄了，但并不影响车流通行。

6.0.6 桥梁纵断面布设不当，对安全、适用、经济、美观都有影响。

桥面最小纵坡不宜小于0.3%，主要是考虑桥面排水顺畅。

桥面纵坡和竖曲线原则上应与道路的要求一致。

桥面最大纵坡、坡度长度与竖曲线的布设要求见现行行业标准《城市道路设计规范》CJJ 37 的相关规定。

长期荷载作用下的构件挠曲和墩台沉降，会改变桥面纵断面的线形，影响行车的舒适性和桥梁美观。

6.0.7 检修道指供执勤、养护、维修人员通行的专用通道。本条规定主要是为了保证桥上通行车辆和行人的安全，避免由于车辆失控，坠入桥下，造成重大伤亡事故和财产损失。

6.0.8 必须充分重视桥梁车行道排水问题。桥面积水既有碍观瞻，也影响行车安全。因排水不畅在桥面车道形成薄层水，当车速较高，制动时会导致车轮与路面打滑，易发生事故。

排水孔一般均在车道路缘石处，故不论纵坡多大，均需有横向排水坡度。

城市桥常较公路桥宽，从理论上讲，其横向排水要求应比公路桥高。

7 桥梁引道、引桥

7.0.1 桥梁引道本身属道路性质，故应按《城市道路设计规范》CJJ 37 的规定布设。引桥系桥梁结构，故应按本规范规定布设。

7.0.2 桥梁引道与引桥长度关系到桥梁工程的总投资和桥梁景观效果。为片面强调桥梁美观，某些桥梁布设采用长桥短引道，造成引桥下空间狭小，如不作封闭处理，保洁人员无法清洁，不利于城市管理。同样，为降低工程投资，采用短桥长引道会影响城市景观，位于软土地基上的高填土还会引起较大的路堤沉降。为合理布设桥梁的引道、引桥，应从安全、经济、美观等方面进行综合比较，避免不合理的长桥短引道或短桥长引道布设。

7.0.3 市区、特别是老市区受条件限制在布设引道、引桥时易造成两侧街区出入交通堵塞，为保证消防、救护、抢险等车辆进出畅通，应结合引道、引桥、街区支路和防洪抢险的要求布设必要的通道，处理好与两侧街区交通的衔接。

桥梁引道为填土路堤时，尤其是在软弱地基上设置较高的引道时，路基沉降会对附近建筑物和原有地下管道产生不利影响，同时城市给水排水等地下管道破坏后会造成桥梁引道、引桥塌陷，因此宜将给、排水等刚性地下管道移至桥梁引道范围以外布设。

引桥的墩、台沉降会影响附近建筑物。在墩、台施工时也会影响附近建筑物，特别在桩基施工时更容易影响附近建筑物。

具有较大纵坡的引道上不宜设置平交道口，工厂、街区出入口、车辆停靠站。

7.0.4 主要是为了提高桥梁使用时的安全性。

7.0.5 鉴于本规范第5.0.2条、第6.0.3条中已分别规定特大桥、大桥、中桥的桥面宽度可适当减小，为了确保行车安全，本条提出桥与路的缘石在平面上应设置缓和接顺段。

7.0.6 简化设计，改善桥梁立面景观效果。

7.0.7 桥台侧墙后端要深入桥头锥坡0.75m(按路基和锥坡沉实后计)，是为了保证桥台与引道路堤密切衔接。

台后设置搭板已在城市桥上使用多年，实践表明这是目前治理桥头跳车简单、实用且有效的办法。

7.0.8 桥头锥坡填土或实体式桥台背面的一段引道填土，宜用砂性土或其他透水性土，这对于台背排水和防止台背填土冻胀是十分必要的。在非严寒地区，桥头填土也可以就地取材，利用桥址附近的土填筑或采用土工合成材料及其他轻质材料填筑。

8 立交、高架道路桥梁和地下通道

8.1 一 般 规 定

8.1.1 在城市交通繁忙的区域或路段是否需要建立交、高架道路桥梁或地下通道，应按城市道路等级（快速路、主干路等）、交叉线路的种类（城市道路、轨道交通、公路以及铁路）和等级（城市快速路、主干路，高速公路、一级公路，铁路干线、支线、专用线及站场区等）、车流量等条件综合考虑，作出规划，按现行行业标准《城市道路设计规范》CJJ 37 中的有关规定进行布置。

8.1.2 设计立交、高架道路桥梁和地下通道时，因受当地各种条件制约，其平面布置、跨越形式、跨径、结构布置等方案是比较多的，除应符合本规范第 8.1.1 条的规定要求外，根据经验，提出应按以下各条进行综合比较分析：

1 城市立交、高架道路的交通量大、涉及面广，建成后改造拓宽、加长、提高标准比较困难。特别是地下通道，扩建难度更大，改建费用更高，故强调主体部分宜按规划一次修建。在特殊情况下（如相交道路暂不兴建等），次要部分（如立交匝道）可分期建设，但要考虑后建部分的可实施性。

2 城市征地、拆迁（尤其对城市中心区或较大建筑）是个大问题，拆迁费用巨大，有时往往是控制整个工程能否实施的关键，故提出特别注意。

3 本规范第 7.0.3 条已提出"桥梁引道及引桥的布设，应处理好与两侧街区交通的衔接，并应预留防洪抢险通道。"同样对于立交、高架道路的匝道以及地下通道的引道布设亦可能会由于对邻近原有街区的交通出行考虑不周，特别是填土引道或下穿地下通道的引道往往会引起消防、救护、抢险车辆的出入困难，给邻近街区周边行人及非机动车交通带来不便。为解决这类问题，设计时常需在引道两侧另辟地方道路（辅道系统），解决周边车辆出入、转向及行人和非机动车辆通行的问题，增加了工程投资规模。因此，设计中应全面考虑。

4 立交、高架道路桥梁的总体布置和外形处理不当，会带来不良景观。高架道路桥下空间的利用也要综合考虑，如作为停车场，则桥下须满足车辆进、出口位置，出、入路线以及行车视距等要求，这样可能会影响桥跨布置和墩、台的形式。作为交通枢纽的立交桥梁、位于快速路上的高架道路桥梁在桥下不应设置商场、自由集市等，以免干扰交通，影响使用功能。

5 地形、地物将影响立交的平面布置（正、斜、直、弯）。地质、地下水情况及地下工程设施对选用上跨桥还是下穿地下通道起决定作用，在设计时应仔细衡量。

6 城市中各类重要管线较多，使用不能中断。在修建立交或高架道路时应考虑桥梁结构的施工工艺对城市管线的影响，对不能切断的城市管线会出现先期二次拆迁而增加整个工程投资。对于下穿结构会遇到重力流排水管的拆改等问题，在设计时应妥善解决。

7 在城市改造中，拟建立交附近会有较多的建筑物，立交形式、结构、施工工艺会对原有建筑和景观产生不同影响。

通常，总是在重要、交通繁忙的道路或道路交叉口，枢纽修建高架道路或立交，在施工中必须维持必要的交通，尤其是与铁路交会的立交要保证铁路所需的运行条件，在设计中必须加以考虑。

在设计中选用的结构形式，特别是基础形式，要充分考虑拟建工程对规划中的邻近建筑物的影响。这方面也有一些教训。如某市的一座跨线铁路立交（建于 20 世纪 50 年代中期），其墩、台、引道挡土墙均采用天然地基（该工程位于铁路站场区，限于当时的技术条件，采用桩基等人工基础，将影响铁路运行），引道挡土墙高出地面 8m 左右，在当时被认为是在软土地基上获得成功的一项优秀设计。后因交通需要，规划部门欲利用两侧既有道路，在立交两侧加建地下通道。但在具体设计时发现：如要保证原有墩、台、挡土墙的基础稳定，新开挖基坑需离原挡土墙 15m 以外，不能按规划设想利用既有道路，只得另觅新址，并使邻近地区成为新建较大结构工程的禁区。

8 在城市建成区或居民集中区域修建立交或高架道路时，由于行车条件的改善，往往机动车的行车速度较高，其尾气、噪声对周边的影响不容忽视，必要时应采取工程措施（如增设隔声屏障等）减小对周边环境的影响。

8.1.3 立交、高架道路的平面、纵断面、横断面设计

1 提出了平面设计要求。

2 提出了纵断面设计要求。下穿地下通道设有凹形竖曲线，竖曲线最低点不宜设在地下通道暗埋段箱涵内，可将其设在敞开段引道内，这是为了使暗埋段地下通道内不易产生积水，地下通道内路面潮湿后易干，以免人、车打滑。因此一般在地下通道内常不设排水口，通常利用边沟纵向排水至设在竖曲线最低点的引道排水口，进入集水井，用泵将集水井中的水排出。一般在引道下设集水井要比地下通道下设集水

井方便。

根据《城市道路设计规范》CJJ 37规定。非机动车车行道坡度宜小于2.5%，大于或等于2.5%时，应按规定限制坡长。

3 提出了对横断面布置的要求。

4 立交区段的各种杆、柱、架空线网的布置，不要呈凌乱状，线网宜入地。照明灯具布置要与两端道路结合良好。

8.1.4 本条按现行行业标准《城市道路设计规范》CJJ 37的规定制订。

8.1.5 墩、柱受汽车撞击作用的力值、位置可按现行《公路桥涵设计通用规范》JTG D60的规定取值。对易受汽车撞击的相关部位应采用如增设钢筋或钢筋网、外包钢结构或柔性防撞垫等防护构造措施，对于采用外包钢结构或柔性防撞垫等防护构造措施，安全带宽度应从外包结构的外缘起算。

8.1.7 本条提出："高架道路桥梁长度较长时，应每隔一定距离在中央分隔带上设置开启式护栏，"主要是为了疏散因交通事故等原因造成车辆阻塞，为救援工作创造条件。

8.2 立交、高架道路桥梁

8.2.1 当桥梁与桥下道路斜交时，为满足桥下车辆的行车要求可采用斜桥方式跨越。当斜交角度较大(一般大于45°)时，主桥梁上部结构受力复杂。随着斜交角度的增大，钝角处支承力相应增大；而锐角处支承力相应减少，甚至可能会出现上拔力。由于斜桥在温度变化时会产生横向位移和不平衡的旋转力矩，从而导致"爬移现象"。因此，当斜交角度较大时，宜采用加大跨径改善斜交角度或采用斜桥正做(如独柱墩等)的方式改善桥梁的受力性能。同时，应满足桥下行车视距的要求。

8.2.2 弯扭耦合效应是曲线梁桥力学性质的最大特点，在外荷载作用下，梁截面产生弯矩的同时，必然伴随产生"耦合"扭矩。同样，梁截面内产生扭矩的同时，也伴随产生"耦合"弯矩。其相应的竖向挠度也与扭转角之间对应地产生耦合效应。因此，曲线梁桥在选择结构形式及横断面截面形状时，必须考虑具有足够的抗扭刚度。

对于曲线桥梁，特别是独柱支承的曲线梁桥。在温度变化、收缩、徐变、预加力、制动力、离心力等情况作用下，其平面变形与曲线梁桥的曲率半径、墩柱的抗推刚度、支承体系的约束情况及支座的剪切刚度密切相关，在设计中应采用满足梁体受力和变形要求的合理支承形式，并在墩顶设置防止梁体外移、倾覆的限位构造等。

在曲线梁桥施工和运营过程中，国内各地曾多次发生过上部结构的平面变形过大而发生破坏的情况。如某市一座匝道桥，上部结构为六孔一联独柱预应力连续弯箱梁。箱梁底宽5.0m，高2.2m，桥面全宽9.0m，桥梁中心线平曲线半径$R=255$m，桥梁中心线跨度分别为：22.8m、35m、55m、39.9m、55m、32m，全联长度为239.7m。该匝道桥在建成运营1年半后，突然发生梁体变位。各墩位处有不同程度的切向、径向和扭转变位。端部倾角达2.42°，最大水平位移达22cm，最大径向位移达47cm；各墩顶支座均受到不同程度的过量变形和损坏。边墩曲线内侧的板式橡胶支座脱空，造成外侧的板式橡胶支座超载后产生明显的压缩变形；独柱中墩盆式橡胶支座的大部分橡胶体从圆心挤出支座钢盆外。

8.2.3 当桥梁纵坡较大时，对于桥梁，特别是独柱支承的桥梁由于结构重力、制动力、收缩、徐变和温度变化的影响，有向下坡方向发生累计位移的潜在危险。如某地一座匝道桥，桥宽10.5m，墩柱高度12m左右，单箱单室箱形截面，纵向坡度3.5%，在建成通车5年后发生沿下坡方向的累计位移，致使伸缩缝挤死不能保证其使用功能。因此，在连续梁的分联长度、墩柱的水平抗推刚度上应引起重视。

8.2.4 30m以下跨径，并为宽桥跨越街道时，对于下穿道路上的人群，墙式桥墩会妨碍视线，同时由于墙面过大，产生压抑感。采用柱式墩效果较好，但应注意合理安排桥墩横向墩柱数、截面形状与尺寸大小，以免墩柱过多、尺寸过大影响视觉和景观。

8.3 地下通道

8.3.1 "位于铁路运营线下的地下通道，为保证施工期间铁路运营安全，地下通道位置除应按本规范第8.1.1条的规定设置外，还应选在地质条件较好、铁路路基稳定、沉降量小的地段。"主要是为了避免地下通道基坑施工时，铁路路基发生大体积滑坡。如果地质条件确实较差，施工困难，则应选地质条件较好的位置，并据此调整线路的走向或采用上跨方案。

8.3.2 较长的地下通道，在行驶机动车的车行道孔中，若无人行道，为了保证执勤、维修人员安全，应设置检修道。孔中车行道窄时，在一侧设检修道；车行道较宽时，应在两侧都设检修道。

8.3.3 地下结构的裂缝宽度一般按现行国家标准《混凝土结构设计规范》GB 50010的规定计算。

8.3.4 城市地下通道有时下穿铁路站场区或作业区，故在布置这类地下通道长度时，除满足上跨铁路线路的净空要求外，还应满足管线、沟漕、信号标志等附属设施和人行通道的需求。

8.3.6、8.3.7 为防止地面水、地下水渗入地下通道，要求地下通道箱涵能满足防水要求。根据现行《地铁设计规范》GB 50157的相关条文，由原北京地下铁道工程局提供的大量试验资料表明，采用普通级配配制强度为C30的混凝土其抗渗等级均大于P12。

鉴此本条提出地下通道箱体混凝土强度等级不低于C30，混凝土抗渗等级不应低于P8。箱体防水层设置，伸缩缝、沉降缝的防水要求见本规范第9.2.2条与第9.3.5条。

8.3.8 斜交角度过大会导致地下通道结构受力复杂、施工困难，据此本条提出斜交角度不应大于45°。

8.3.9 一般情况下，地下通道及与其衔接的引道结构下卧土层为黏土时，采用盲沟倒滤层形式的排水抗浮措施较为经济、合理；下卧层为砂性土层时宜根据抗浮计算采用其他形式的抗浮措施，抗浮安全系数宜取1.10。

9 桥梁细部构造及附属设施

9.1 桥面铺装

9.1.1 桥面铺装是车轮直接作用的部分，要求平整、防滑、有利排水。桥面铺装亦可以认为是桥梁行车道板的保护层，其作用在于分布车轮荷载、防止车轮直接磨损行车道板，使桥梁主体结构免受雨水侵蚀。为了保证行车舒适、平稳，便于连续施工，桥面铺装的结构形式宜与所在位置的道路路面相协调。综合行车条件、经济性和耐久性等因素，桥梁的桥面铺装材料宜采用沥青混凝土和水泥混凝土材料。

9.1.2 城市快速路、主干路桥梁和次干路上的特大桥、大桥，桥面铺装大多数采用沥青混凝土，一般为两层，上层为细粒式沥青混凝土，具有抗滑、耐磨、密实稳定的特性；下层为中粒式沥青混凝土，具有传力、承重作用。在沥青混凝土铺装以下设有水泥混凝土整平层，以起到保护桥面板和调整桥面标高、平整借以敷设桥面防水层的目的。

水泥混凝土铺装具有强度高、耐磨强、稳定性好、养护方便等优点，但接缝多，平整度差影响行车舒适，且存在修补困难等缺点，目前仅在道路为水泥混凝土路面时才采用。

为保证工程质量、行车安全、舒适、耐久，本条规定了各种铺装材料性能、最小的厚度及必要的构造要求。水泥铺装层的厚度仅为面层厚度、未包括整平层、垫层的厚度。

9.1.3 钢桥面铺装一般采用沥青混凝土材料，钢桥面沥青混凝土铺装的使用状况与铺装材料的性能(包括基本强度、变形性能、抗腐蚀性、水稳性、高温稳定性、低温抗裂性、粘结性、抗滑性等)、施工工艺、车轮轮压大小、结构的整体刚度(桥梁跨径、结构形式)、局部刚度(桥面系的构造尺寸)以及桥梁的纵断面线形、桥梁所在地的气象与环境条件有关。国内大跨径钢桥的沥青混凝土桥面铺装的使用时间不长，缺少成熟经验，因此钢桥面的沥青混凝土铺装应根据上述因素综合分析后确定。

9.2 桥面与地下通道防水、排水

9.2.1 由于桥梁在车辆、温度等荷载反复作用下桥面板的应力、变形、裂缝也随着周期性的变化，为适应这种情况，沥青混凝土桥面必须采用柔性防水层，而刚性防水层易造成开裂、脱落，最终起不到防水效果。

水泥混凝土由于构造的限制，目前尚无一种完善的防水层形式。根据目前使用的经验，建议采用渗透型或外掺剂型的刚性防水层形式。对于在水泥混凝土铺装和桥面板之间设置防水层的做法，应注意到防水层的厚度会影响水泥混凝土铺装的受力状态，对此设计应有切实的措施和对策。

9.2.3 桥面防水是桥梁耐久性的一个重要方面，对延长桥梁寿命起到关键性的作用。而桥面防水又是一个涉及铺装材料、设计、施工综合性的系统工程，还必须和桥面排水等配合，做到“防排结合”。

桥面应有完善的排水设施，必须设排水管将水排到地面排水系统中，不能直接将水排到桥下。过去对跨河桥梁不受限制，现在应重视环保净化水源，对跨河桥、跨铁路桥也不能直接将水排入河中或铁路区段上。

排水管直径不仅以排水量控制，还应考虑防止杂物堵塞。根据以往经验，最小直径为150mm。

排水管间距根据桥梁汇水面积和水平管纵坡而定。参照《公路排水设计规范》，全国地区的设计降雨量，以北京地区为例，5年一遇10min降雨强度$q_{5,10}=2.2$mm/min(北京地区能包容全国80%以上)，如按快速路、主干路桥梁设计重现期为5年，降雨历程为5min，则其降雨强度$q_{5,10}=3.03$mm/min，按ϕ150泄水管其纵坡为$i=1\%$和$i=2\%$时，计算出每平方米桥面面积所需设置的排水管面积分别为43mm²和30mm²，如考虑两倍的安全率，则为86mm²和60mm²。以此作为确定排水管面积的依据。

根据美国规范，当降雨强度为100mm/h(1.67mm/min)时，横坡为3%，Φ150mm的氯乙烯管能排除汇水面积为390m²(坡度1∶96)和557m²(坡度1∶48)的水量(见下表)。折合相当的降雨强度，每平方米桥面排水管面积为81mm²/m²和58mm²/m²。如计算两倍安全率，则也和本条规定的数据相一致的。

管径(mm)	容许的最大水平断面积(m²)		
	水平排水管		
	坡度1∶96	坡度1∶48	坡度1∶24
100	144	200	238
125	251	334	502
150	390	557	780

续表

管径（mm）	容许的最大水平断面积（m^2）		
	水平排水管		
	坡度 1∶96	坡度 1∶48	坡度 1∶24
200	808	1106	1616
250	1412	1821	2824
300	2295	2954	4589

根据南方潮湿地区如广东，$q_{5,10}=2.5\sim3.0$mm/min；西北干燥地区新疆、内蒙古、宁夏、青海等，$q_{5,10}=0.5\sim1.5$mm/min（详见《公路排水设计规范》JTJ018－97、图 3.07-1，对排水管面积作出适当调整）。

桥面排水必须设置纵坡和横坡，不宜设置平坡（坡度为零），对于高架桥梁一般应设凸型竖曲线纵坡，当桥梁过长或其他原因需要凹形竖曲线纵坡时根据《公路排水设计规范》JTJ 018－97 在曲线最低处必须增加排水口数量。

参照《日本高等级公路设计规范》（1990 年 6 月），桥上排水管的纵坡原则上不小于 3%，如纵坡过小会影响桥面径流水量的排泄，应加大排水管面积。

9.2.4 地下通道排水

1 通常情况下，地下通道内需设排水泵，采用雨水设计的重现期要比两端道路规划的重现期高一些。国家现行标准《室外排水设计规范》GB 50014、《城市道路设计规范》CJJ 37 对立交排水设计原则，设计重现期有明确规定，规定立交范围内高水高排、低水低排的设计原则。

2 提出为了不使地面水流入地下通道的一些措施。

3 条文中所提的措施是为了保证地下通道路面车道排水畅通，减少路面薄层水影响，以保证行车安全。

4 强调不能自流排水时设泵站的重要性。因为一般道路短时间内积一些水问题不大，而地下通道所处地形低，若路面积水较深，拦截无效流入地下通道，而排水泵能力不足，则地下通道有被水灌满的危险。某地下通道在一次暴雨时，积水深达 2.0m，这样容易引发安全事故，地下通道照明等设施亦会受到损坏。

5 采用盲沟排水的目的是降低地下水对结构的压力，若失效将危及地下通道结构的安全，故必须保证。

9.3 桥面伸缩装置

9.3.1 简支梁连续桥面，类似于连续梁，减少了多跨简支梁的伸缩缝，使桥面行车舒适，节省造价，方便养护，这是目前仍在采用的原因。但从使用效果看，简支梁端连续桥面部位的构造较弱，该处桥面容易开裂，从长远看是全桥“薄弱”环节，影响桥梁耐久性，破损后也难以修复，因此本条对使用范围作出一定的限制，并且对构造提出一定的要求。

9.3.2 桥梁伸缩装置使用至今已有很多类型，到目前为止比较成熟和常用的有模数式和梳板式。伸缩装置关键之一是和梁端的锚固，不少是由于锚固不善被破坏的。

对于浅埋嵌缝式伸缩装置，由于到目前为止，从材料、构造、机理等各方面都还存在着问题，从使用效果上也有不少失败的教训，因此在快速路、主干路上不能使用。

9.3.3 桥梁伸缩装置安装的时间温度是计算伸缩量的一个依据，另外还要考虑条文中列举的多方面因素。过去设计伸缩装置时，常仅只计及温度、收缩等 1～2 项，导致伸缩量不够，检查一些旧桥时发现伸缩装置拉断、拉脱的情况，因此除温度、收缩外其余伸缩因素也是不能忽视的。异型桥（包括斜、弯桥）是空间结构，结构变形大小和方向存在着任意性，因此必须检算纵横向的错位量。

9.3.4 对北方使用除冰盐地区，由于盐水氯离子渗入钢筋混凝土，破坏了钢筋钝化膜使钢筋锈蚀，混凝土受损，所以在桥梁容易受到水侵蚀的部位，应进行耐久性处理如采用钢筋阻锈剂等。

9.4 桥梁支座

9.4.1 桥梁支座是联系上下部结构并传递上部结构反力的传力装置，也是形成结构体系的关键部件，如果支座不够完善会造成因体系受力变化带来的影响，因此支座的合理选择在设计中至关重要。

球形钢支座能适应较大的转动角度，但转动刚度较小，在弯桥设计中为增大主梁抗扭刚度，一般仍使用盆式橡胶支座，只有转角较大或其他特殊要求时才采用球形钢支座。

9.4.2 板式橡胶支座有规定的使用年限，而且比桥梁主体结构设计使用年限期短得多，根据北京市在 20 世纪 80 年代以后修建的桥梁检查，板式橡胶支座出现了多种形式的损坏，有一定数量的支座需要更换。因此设计时应在墩台帽顶预留更换空间。

支座安装时要考虑施工时的温度，以及施工阶段的其他影响（如预应力张拉等），设计中若没有充分考虑这些因素，会使成桥后支座受力和变形“超量”，造成支座剪切变形过大，墩台顶面混凝土拉裂等现象。

9.4.3 一般情况下在主梁的墩、台部位处均需设置“横向限位”构造，特别是斜、弯、异型桥及采用四氟滑板橡胶支座的上部结构，根据其受力特点及四氟滑板橡胶支座的滑移特性，主梁端部会产生水平转动和横向位移，为保持梁体平面线型和桥梁伸缩装置的正常使用，保证梁体安全，更应在主梁的墩、台部位处设置横向限位设施。限位设施的间隙和强度应根据计算确定。

9.4.4 弯桥、坡桥必须具有一定的纵向水平刚度，以避免梁体在正常使用条件下，由于水平制动力、温度力或自重水平分力等的作用，产生纵向"飘移"(是累计的不可逆飘移)变位。大中跨钢桥如采用板式橡胶支座，由于梁底支座楔形钢板在施工制作时产生的微小坡面误差，在自重水平分力及反复温度力的叠加作用下，由于桥体水平刚度较小，微小的不平衡水平力就会累计产生不可逆的单向水平飘移变位。如1998年建成的某大桥为三孔62m+95m+62m钢箱连续梁，全桥采用板式橡胶支座，桥面纵坡仅为 i=0.28%，建成后第二年夏天发生梁体自东向西(下坡方向)移动，西侧伸缩缝挤死，东侧伸缩缝拉开7.5cm，梁端支座累计推移100mm。究其原因是胀缩力的不平衡作用，由于桥梁的纵坡产生微小的自重水平分力，叠加夏天较大的温差力，产生了向西方向的微量位移，日复一日，就累计成较大的不可逆的位移量。事后，在中墩上，将梁体与墩顶刚性固定后，加大了桥体水平刚度，至今再也没有发生"飘移"的现象。

对于中小跨径的多跨连续梁，梁端宜采用四氟乙烯板橡胶支座或小型盆式纵向活动支座的原因是为了释放水平变形简化梁端支座的受力状态。

9.5 桥梁栏杆

9.5.1 本规范第6.0.7条规定"桥梁人行道或检修道外侧必须设置人行道栏杆"。本条规定栏杆高度不小于1.10m，与《公路桥涵设计通用规范》JTG D60规定的一致。栏杆构件间的最大净间距不得大于140mm，与现行《城市人行天桥与人行地道技术规范》CJJ 69的有关规定相同。栏杆底座必须设置锚筋，满足栏杆荷载要求，这是为确保行人安全所必需的，以往在栏杆设计中，有的底座仅留榫槽。

9.5.4 桥梁跨越快速路、城市轨道交通、高速公路、重要铁路时为防止行人往桥下乱扔弃物、烟头引起火灾及确保桥下车辆安全，应设置护网，护网高度应从人行道面起算。这在以往的工程实践中已经得到建设、设计、养护多方认可，是行之有效的规定。

9.6 照明、节能与环保

9.6.1～9.6.5 根据本规范第1.0.3条、第3.0.7条、第3.0.18条的规定及现行的相关规范和标准提出桥梁设计中有关照明、节能与环保的一般要求。

9.7 其他附属设施

9.7.1～9.7.5 确保桥梁或地下通道能安全、正常使用，在正常维护时有足够的耐久性。

10 桥梁上的作用

10.0.1 根据《工程结构可靠性设计统一标准》GB 50153："结构上的作用应包括施加在结构上的集中力和分布力，和引起结构外加变形和约束变形的原因。"而"施加在结构上的集中力和分布力，可称为荷载。"《公路工程结构可靠度设计统一标准》GB/T 50283－1999："结构上的作用应分为直接作用和间接作用。直接作用为直接施加于结构上的集中力或分布力；间接作用为引起结构外加变形或约束变形的地震、基础变位、温度和湿度变化、混凝土收缩和徐变等。直接作用又称为荷载。"

本规范第3.0.8条规定："桥梁结构的设计基准期为100年"需对原《城市桥梁设计荷载标准》CJJ 77－98进行适当调整。在本规范修编过程中曾对城市桥梁车辆荷载标准、公路桥涵汽车荷载标准，以及两种荷载标准对梁式桥(包括简支梁、连续梁)产生的荷载效应和荷载效应组合进行了详细的比较分析：

1 现行荷载标准异同比较

《城市桥梁设计荷载标准》CJJ 77－98	《公路桥梁设计荷载标准》JTG D60－2004
(1) 汽车荷载等级： 城－A级 城－B级 由车道荷载和车辆荷载组成。	(1) 汽车荷载等级： 公路－Ⅰ级 公路－Ⅱ级 由车道荷载和车辆荷载组成。
(2) 加载方式 桥梁的主梁、主拱和主桁等计算采用车道荷载，桥梁的横梁、行车道板桥台或挡土墙后土压力计算应采用车辆荷载。 不得将车道荷载和车辆荷载的作用叠加。	(2) 加载方式 桥梁结构的整体计算采用车道荷载；桥梁结构的局部加载、涵洞、桥台和挡土墙土压力计算采用车辆荷载。 车道荷载与车辆荷载的作用不得叠加
(3) 适用范围 适用于桥梁跨径或加载长度不大于150m的城市桥梁结构。	(3) 适用范围 无跨径和加载长度的限制，但大跨径桥梁应考虑车道荷载的纵向折减系数，见(7)。

(4) 车道荷载的计算图式

跨径 2～20m 时

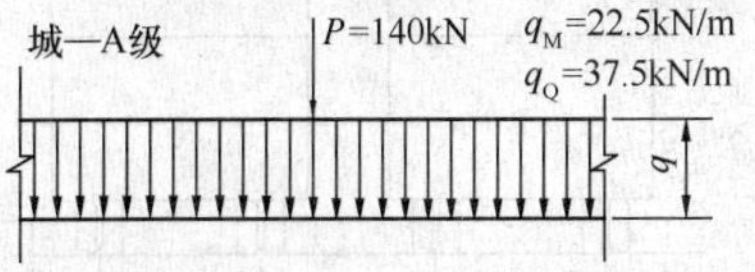

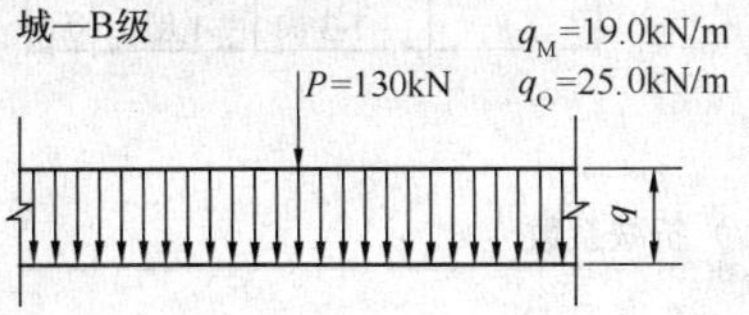

跨径 20m＜L≤150m

城－A 级

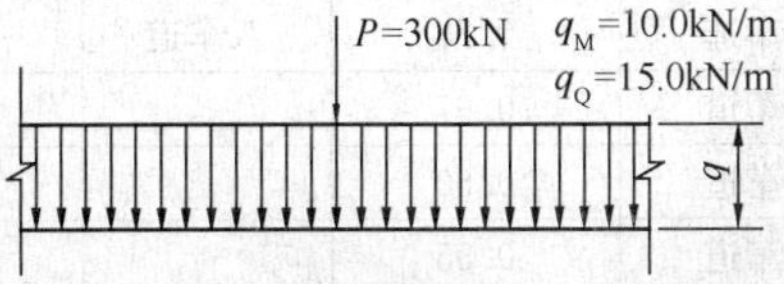

当车道数等于或大于 4 条时，计算弯矩不乘增长系数。计算剪力应乘增长系数 1.25。

城－B 级

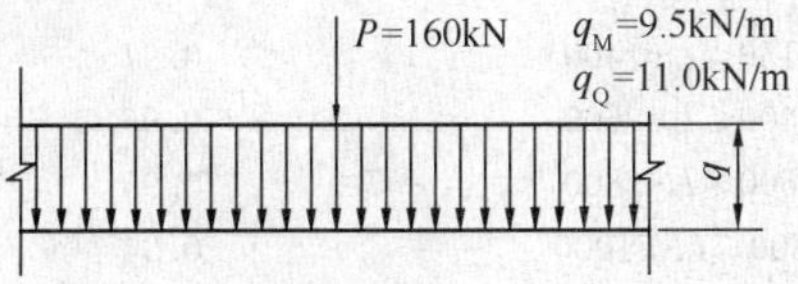

当车道数等于或大于 4 条时，计算弯矩不乘增长系数。计算剪力应乘增长系数 1.30。

(5) 车辆荷载标准车的主要技术指标

车轴编号	1	2	3	4	5
轴重 (kN)	60	140	140	200	160
轮重 (kN)	30	70	70	100	80

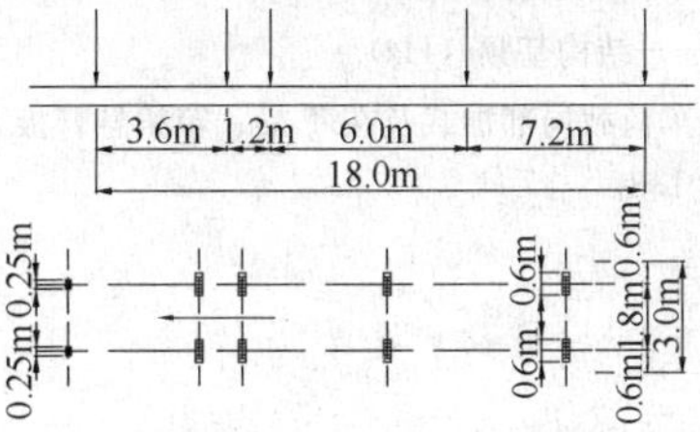

车轴编号	1	2	3
轴重(kN)	60	120	120
轮重(kN)	30	60	60

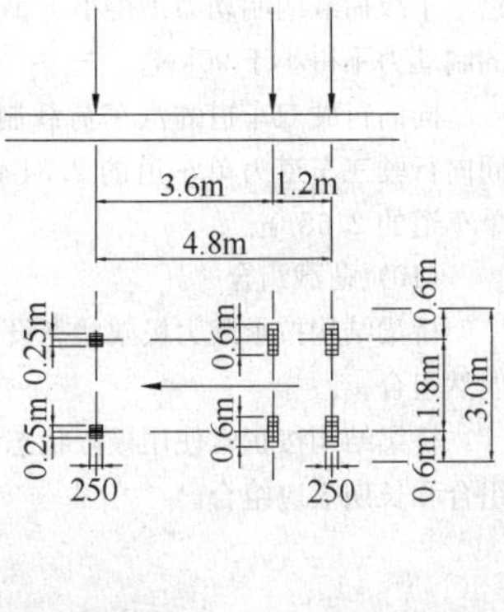

(4) 车道荷载的计算图式：

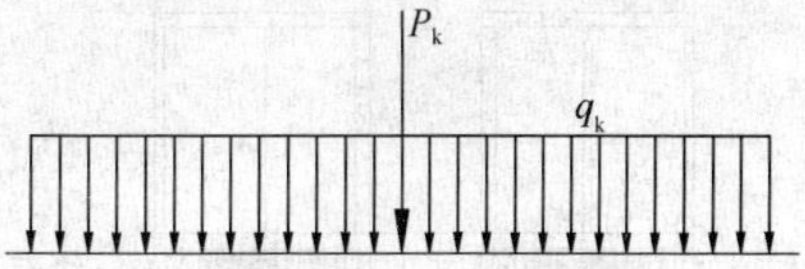

公－Ⅰ级

q_k＝10.5kN/m

P_k：

桥梁计算跨径小于或等于 5m 时，P_k＝180kN

桥梁计算跨径等于或大于 50m 时，P_k＝360kN

桥梁计算跨径在 5m～50m 之间时，P_k值采用直线内插求得。计算剪力时 P_k值应乘以 1.2 的系数。

公路－Ⅱ级，按公路－Ⅰ级乘以 0.75 的系数。

车道荷载的均布荷载应满布于使结构产生最不利效应的同号影响线上，集中荷载只作用于相应影响线中一个最大影响线峰值处。

(5) 车辆荷载标准车的主要技术指标

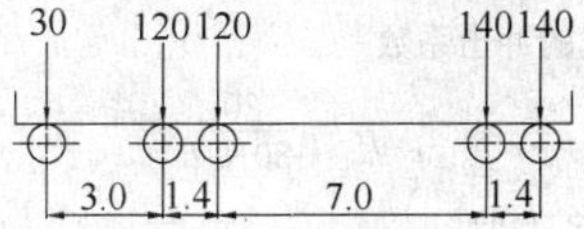

a) 立面布置

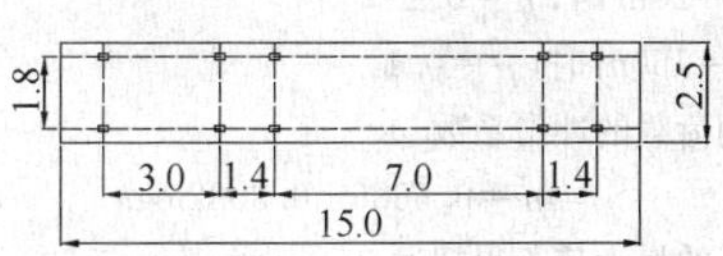

b) 平面尺寸

车辆荷载的主要技术指标

项　目	单位	技术指标
车辆重力标准值	kN	550
前轴重力标准值	kN	30
中轴重力标准值	kN	2×120
后轴重力标准值	kN	2×140
轴　距	m	3＋1.4＋7＋1.4
轮　距	m	1.8
前轮着地宽度及长度	m	0.3×0.2
中、后轮着地宽度及长度	m	0.6×0.2
车辆外形尺寸（长×宽）	m	15×2.5

公路－Ⅰ级和公路－Ⅱ级的车辆荷载采用相同的标准车。

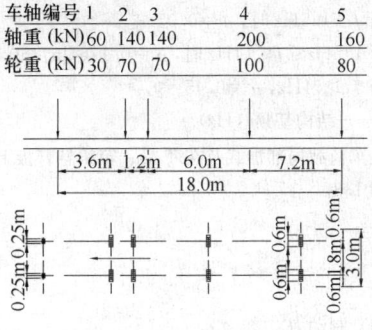

(6) 汽车荷载的横向布置

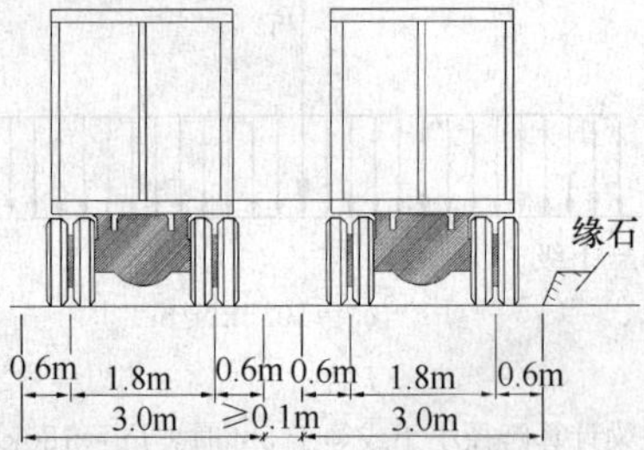

(7) 折减系数

横向折减系数

二车道	1.0
三车道	0.8
四车道	0.67
五车道	0.60
≥六车道	0.55

(8) 冲击系数

车道荷载的冲击系数

$$\mu=\frac{20}{80+l}$$

l——跨径(m)

当 $l=20$m 时，$\mu=0.2$

当 $l=150$m 时，$\mu=0.1$

车辆荷载的冲击系数

$$\mu=0.6686-0.3032\log l$$

但 μ 的最大值不得超过 0.4。

(9) 制动力

一个设计车道的制动力(不计冲击力)

城—A级：应采用160kN或10%车道荷载并取两者中的较大值。

城—B级：应采用90kN或10%车道荷载，并取两者中的较大值。

当计算的加载车道为2条或2条以上时，应以2条车道为准，其制动力不折减。

(10) 荷载组合

与已废除的原《公路桥涵设计通用规范》JTJ 021-89除组合Ⅲ外基本一致。

(6) 汽车荷载的横向布置

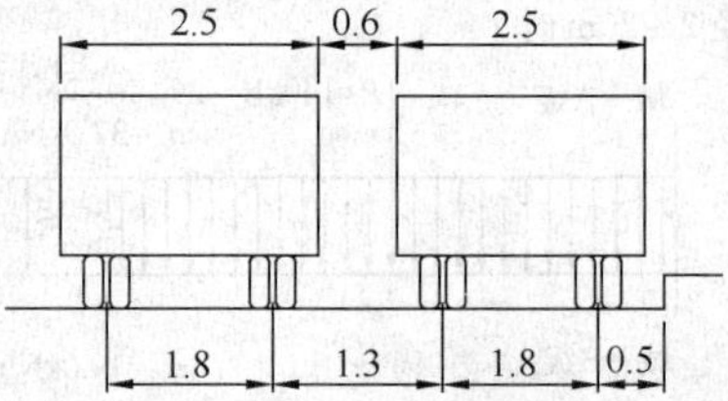

(7) 折减系数

二车道	1.0	七车道	0.52
三车道	0.78	八车道	0.50
四车道	0.67		
五车道	0.60		
六车道	0.55		

纵向折减系数

当计算跨径大于150m时汽车荷载应考虑纵向折减。纵向折减系数为：

$150<l_o<400$	0.97
$400\leqslant l_o<600$	0.96
$600\leqslant l_o<800$	0.95
$800\leqslant l_o<1000$	0.94
$l_o\geqslant 1000$	0.93

其中 l_o(m)为桥梁计算跨径。

(8) 冲击系数

当 $f<1.5$Hz 时，$\mu=0.05$

当 $1.5\text{Hz}\leqslant f\leqslant 14\text{Hz}$ 时，$\mu=0.1767\ln f-0.0157$

当 $f>14$Hz，$\mu=0.45$

f——结构基频(Hz)

汽车荷载局部加载及在T梁、箱梁悬臂板上的冲击系数采用1.3。

(9) 制动力

汽车荷载的制动力按同向行驶的汽车荷载(不计冲击力)计算。

一个设计车道的制动力按车道荷载的10%计算，但公路—Ⅰ级荷载的制动力不得小于165kN，公路—Ⅱ级荷载的制动力不得小于90kN。

同向行驶双车道的汽车荷载制动力为单车道的两倍；同向行驶三车道为单车道的2.34倍，同向行驶四车道为单车道的2.68倍。

(10) 荷载组合

桥梁结构按承载力极限状态设计时应采用基本组合和偶然组合。

桥梁结构按正常使用极限状态设计时应采用短期效应组合和长期效应组合。

《城市桥梁设计荷载标准》CJJ 77－98

（11）其他

《城市桥梁设计荷载标准》CJJ 77－98 中的汽车荷载标准是“根据现代城市桥梁车辆荷载的特点，参照加拿大安大略省桥梁设计规范中的有关规定”并“充分考虑了与公路桥梁荷载标准（指 JTJ 021－89）的兼容性”制定的。（摘自何宗华：《城市桥梁设计荷载标准》简介）。“加拿大车辆荷载标准是以 1975 年交通调查为依据”，设计基准期为 50 年（见《城市桥梁设计荷载标准》P44）。

《公路桥梁设计荷载标准》JTG D60－2004

（11）其他

现行《公路桥梁设计荷载标准》（见《公路桥涵设计通行规范》JTG D60－2004）以我国近期大量的车辆调查统计、分析资料为依据，结合我国公路桥梁使用现状和以往经验测定的，相应的设计基准期为 100 年。

2 荷载及荷载效应组合比较

（1）荷载效应比较（以单车道计）

简支梁

比较项目 ＼ 跨径（m）		6	10	15	20	22	25	30	35
城—A/公路—Ⅰ	跨中弯矩	0.963	1.000	1.033	1.058	1.127	1.087	1.028	0.982
	支点剪力	1.001	1.120	1.229	1.311	1.125	1.100	1.064	1.033
城—B/公路—Ⅱ	跨中弯矩	1.157	1.188	1.215	1.236	0.970	0.951	0.922	0.899
	支点剪力	1.083	1.163	1.235	1.289	0.907	0.894	0.879	0.864

比较项目 ＼ 跨径（m）		40	45	50	55	60	70	80
城—A/公路—Ⅰ	跨中弯矩	0.943	0.911	0.884	0.886	0.889	0.892	0.898
	支点剪力	1.010	0.989	0.972	0.989	1.004	1.032	1.056
城—B/公路—Ⅱ	跨中弯矩	0.880	0.865	0.851	0.866	0.880	0.902	0.923
	支点剪力	0.853	0.843	0.835	0.856	0.874	0.908	0.938

两跨等跨连续梁

比较项目 ＼ 位置 ＼ 跨径（m）			10	15	20	25	30	35	40	50	60	70
城—A/公路—Ⅰ	弯矩	跨中	0.981	1.010	1.031	1.090	1.031	0.983	0.943	0.881	0.887	0.891
		中支点	1.283	1.362	1.412	1.039	1.000	0.971	0.947	0.911	0.916	0.920
	剪力	边支点	1.065	1.161	1.232	1.089	1.050	1.018	0.991	0.949	0.981	1.008
		中支点	1.228	1.361	1.459	1.121	1.091	1.066	1.045	1.611	1.043	1.072
城—B/公路—Ⅱ	弯矩	跨中	1.166	1.191	1.208	0.943	0.913	0.890	0.870	0.839	0.868	0.893
		中支点	1.488	1.572	1.621	1.039	1.025	1.015	1.007	0.994	1.019	1.038
	剪力	边支点	1.120	1.178	1.227	0.878	0.856	0.839	0.829	0.808	0.846	0.879
		中支点	1.251	1.344	1.413	0.926	0.916	0.907	0.897	0.881	0.923	0.959

三跨等跨连续梁

比较项目		跨径（m） 位置	10	15	20	25	30	35	40	50	60	70
城—A/公路—Ⅰ	弯矩	边跨中	0.966	1.027	1.051	1.087	1.029	0.982	0.943	0.883	0.889	0.893
		中支点	1.236	1.312	1.361	1.046	1.005	0.972	0.946	0.908	0.912	0.917
		中跨中	0.967	0.991	1.010	1.093	1.033	0.984	0.943	0.879	0.884	0.889
	剪力	边支点	1.075	1.173	1.249	1.091	1.051	1.022	0.995	0.954	0.986	1.012
		中支点左	1.216	1.354	1.439	1.120	1.088	1.064	1.041	1.008	1.041	1.070
		中支点右	1.195	1.320	1.416	1.116	1.082	1.058	1.035	0.999	1.034	1.059
城—B/公路—Ⅱ	弯矩	边跨中	1.184	1.210	1.229	0.949	0.921	0.898	0.878	0.850	0.877	0.902
		中支点	1.441	1.516	1.566	1.027	1.011	0.999	0.989	0.975	1.001	1.022
		中跨中	1.152	1.171	1.183	0.937	0.907	0.882	0.861	0.829	0.856	0.879
	剪力	边支点	1.129	1.189	1.236	0.882	0.860	0.846	0.833	0.814	0.851	0.885
		中支点左	1.239	1.338	1.398	0.426	0.911	0.904	0.893	0.879	0.919	0.954
		中支点右	1.229	1.309	1.377	0.916	0.904	0.893	0.883	0.868	0.911	0.943

四跨等跨连续梁

比较项目		跨径（m） 位置	10	15	20	25	30	35	40	50	60	70
城—A/公路—Ⅰ	弯矩	边跨1中	0.990	1.024	1.046	1.088	1.029	0.982	0.943	0.883	0.888	0.893
		边跨2中	0.984	1.016	1.034	1.089	1.031	0.983	0.943	0.881	0.887	0.891
		中支点B	1.248	1.321	1.371	1.045	1.004	0.972	0.946	0.908	0.913	0.917
		中跨点C	1.269	1.346	1.396	1.041	1.002	0.971	0.947	0.910	0.915	0.919
	剪力	边支点A	1.071	1.170	1.245	1.091	1.049	1.020	0.993	0.952	0.984	1.011
		中支点B左	1.213	1.351	1.439	1.120	1.088	1.064	1.041	1.007	1.041	1.069
		中支点B右	1.214	1.340	1.437	1.119	1.085	1.061	1.039	1.003	1.040	1.065
		中支点C左	1.180	1.307	1.391	1.112	1.078	1.053	1.029	0.994	1.027	1.059
城—B/公路—Ⅱ	弯矩	边跨1中	1.180	1.204	1.224	0.948	0.919	0.897	0.876	0.847	0.875	0.899
		边跨2中	1.170	1.195	1.211	0.941	0.914	0.892	0.871	0.840	0.868	0.891
		中支点B	1.456	1.529	1.577	1.029	1.015	1.003	0.993	0.980	1.005	1.025
		中跨点C	1.476	1.554	1.606	1.036	1.021	1.011	1.002	0.989	1.014	1.033
	剪力	边支点A	1.124	1.190	1.233	0.879	0.860	0.843	0.830	0.811	0.850	0.885
		中支点B左	1.239	1.338	1.395	0.926	0.913	0.901	0.893	0.880	0.919	0.954
		中支点B右	1.236	1.326	1.393	0.922	0.910	0.899	0.891	0.875	0.917	0.950
		中支点C左	1.207	1.299	1.359	0.915	0.900	0.889	0.879	0.863	0.903	0.941

五跨等跨连续梁

比较项目		跨径（m）/ 位置	10	15	20	25	30	35	40	50	60	70
城—A/公路—Ⅰ	弯矩	边跨1中	0.993	1.023	1.047	1.087	1.029	0.982	0.943	0.883	0.888	0.893
		中跨2中	0.979	1.009	1.028	1.090	1.033	0.983	0.943	0.881	0.886	0.891
		中跨3中	1.002	1.034	1.058	1.086	1.029	0.982	0.943	0.863	0.889	0.893
		中支点B	1.245	1.321	1.369	1.045	1.004	0.972	0.946	0.908	0.913	0.917
		中支点C	1.281	1.360	1.409	1.040	1.001	0.971	0.947	0.911	0.916	0.920
	剪力	边支点A	1.071	1.170	1.245	1.089	1.052	1.020	0.993	0.952	0.983	1.012
		中支点B左	1.213	1.351	1.439	1.120	1.090	1.064	1.041	1.007	1.041	1.069
		中支点B右	1.207	1.335	1.430	1.117	1.085	1.061	1.038	1.003	1.039	1.063
		中支点C左	1.180	1.308	1.388	1.112	1.081	1.053	1.029	0.993	1.027	1.055
		中支点C右	1.205	1.331	1.422	1.115	1.083	1.057	1.037	1.000	1.035	1.063
城—B/公路—Ⅱ	弯矩	边跨1中	1.177	1.206	1.224	0.948	0.919	0.896	0.876	0.849	0.875	0.899
		中跨2中	1.165	1.189	1.256	0.942	0.913	0.889	0.868	0.838	0.865	0.889
		中跨3中	1.191	1.215	1.236	0.950	0.922	0.899	0.880	0.851	0.879	0.902
		中支点B	1.448	1.525	1.575	1.028	1.013	1.002	0.992	0.978	1.004	1.024
		中支点C	1.486	1.567	1.618	1.039	1.025	1.014	1.006	0.993	1.018	1.037
	剪力	边支点A	1.124	1.186	1.233	0.879	0.860	0.843	0.830	0.811	0.850	0.885
		中支点B左	1.239	1.338	1.395	0.926	0.913	0.901	0.893	0.878	0.916	0.954
		中支点B右	1.237	1.322	1.388	0.922	0.907	0.898	0.888	0.871	0.917	0.947
		中支点C左	1.207	1.299	1.355	0.915	0.901	0.889	0.876	0.862	0.903	0.936
		中支点C右	1.228	1.316	1.382	0.919	0.904	0.898	0.886	0.870	0.913	0.947

(2) 荷载效应组合比较（永久作用仅考虑结构重力，可变作用只计入车辆荷载）。

先张法预应力混凝土空心板

（板宽：中板 1.00m，边板 1.40m，车行道≥7.0m）

空心板计算数据

板位＼数据	跨径	计算跨径（m）	板高（m）	横向分布系数		冲击系数	
				跨中（城市/公路）	支点	城市—A/B	公路—Ⅰ/Ⅱ
中板	10	9.46	0.52	0.313/0.323	0.5	0.2	0.430
边板				0.357/0.368			
中板	13	12.46	0.62	0.306/0.313	0.5	0.2	0.351
边板				0.341/0.349			
中板	16	15.46	0.82	0.303/0.310	0.5	0.2	0.335
边板				0.353/0.361			
中板	18	17.46	0.82	0.301/0.306	0.5	0.2	0.292
边板				0.351/0.357			
中板	20	19.36	0.90	0.299/0.303	0.5	0.2	0.269
边板				0.344/0.349			
中板	22	21.56	0.90	0.297/0.301	0.5	0.197	0.240
边板				0.342/0.347			

以上数据摘自上海市市政工程标准设计《先张法预应力混凝土空心板（桥梁）》。

空心板　　城—A/公路—Ⅰ表

跨径（m）	计算跨径（m）	板位＼组合	基本组合		短期效应组合		长期效应组合	
			跨中弯矩	支点剪力	跨中弯矩	支点剪力	跨中弯矩	支点剪力
10	9.46	中板	0.833	0.864	0.988	0.987	0.993	0.990
		边板	0.886	0.890	0.989	1.004	0.993	1.003
13	12.46	中板	0.944	0.939	1.003	1.011	1.002	1.008
		边板	0.944	0.958	1.002	1.022	1.001	1.016
16	15.46	中板	0.962	0.972	1.010	1.028	1.006	1.019
		边板	0.960	1.999	1.008	1.044	1.012	1.031
18	17.46	中板	0.987	1.006	1.014	1.036	1.010	1.026
		边板	0.985	1.032	1.012	1.053	1.008	1.036
20	19.36	中板	1.001	1.025	1.014	1.041	1.001	1.028
		边板	0.998	1.048	1.001	1.054	1.009	1.037
22	21.36	中板	1.035	1.036	1.031	1.039	1.020	1.027
		边板	1.034	1.037	1.031	1.038	1.020	1.027

空心板　　城—B/公路—Ⅱ表

跨径（m）	计算跨径（m）	板位＼组合	基本组合		短期效应组合		长期效应组合	
			跨中弯矩	支点剪力	跨中弯矩	支点剪力	跨中弯矩	支点剪力
10	9.46	中板	0.985	0.915	1.060	1.023	1.040	1.018
		边板	0.985	0.935	1.054	1.032	1.036	1.023
13	12.46	中板	1.029	0.971	1.056	1.030	1.036	1.020
		边板	1.026	0.986	1.051	1.036	1.033	1.023
16	15.46	中板	1.046	0.992	1.056	1.037	1.036	1.025
		边板	1.036	1.011	1.052	1.045	1.034	1.030
18	17.46	中板	1.059	1.017	1.057	1.039	1.037	1.028
		边板	1.056	1.035	1.054	1.049	1.035	1.032
20	19.36	中板	1.064	1.029	1.052	1.039	1.033	1.026
		边板	1.061	1.044	1.050	1.047	1.032	1.030
22	21.36	中板	0.976	0.919	0.992	0.957	0.996	0.971
		边板	0.976	0.929	0.992	0.963	0.995	0.976

后张预应力混凝土T梁
（梁距2.25m，桥宽12.75m）

T梁计算数据

梁位＼数据	跨径（m）	计算跨径（m）	梁高（m）	横向分布系数		冲击系数	
				跨中（城市/公路）	支点（城市/公路）	城市	公路
中梁	25	24.30	1.25	0.554/0.561	0.811/0.811	0.1918	0.2233
边梁				0.635/0.648	0.444/0.489		
中梁	30	29.20	1.50	0.553/0.560	0.811/0.811	0.1832	0.1953
边梁				0.641/0.653	0.444/0.489		
中梁	35	34.10	1.75	0.552/0.560	0.811/0.811	0.1753	0.1710
边梁				0.644/0.656	0.444/0.489		
中梁	40	39.00	2.00	0.550/0.558	0.811/0.811	0.1681	0.1540
边梁				0.638/0.650	0.444/0.489		
中梁	45	43.90	2.25	0.550/0.558	0.811/0.811	0.1614	0.1348
边梁				0.640/0.651	0.444/0.489		

T梁　　城—A/公路—Ⅰ表

跨径（m）	计算跨径（m）	梁位＼组合	基本组合		短期效应组合		长期效应组合	
			跨中弯矩	支点剪力	跨中弯矩	支点剪力	跨中弯矩	支点剪力
25	24.30	中梁	1.021	1.026	1.021	1.027	1.013	1.018
		边梁	1.022	1.011	1.023	1.015	1.015	1.010
30	29.20	中梁	1.005	1.013	1.005	1.012	1.003	1.008
		边梁	1.003	1.007	1.005	1.007	1.003	1.005

续表

跨径（m）	计算跨径（m）	梁位＼组合	基本组合		短期效应组合		长期效应组合	
			跨中弯矩	支点剪力	跨中弯矩	支点剪力	跨中弯矩	支点剪力
35	34.10	中梁	0.993	1.003	0.995	1.001	0.997	1.001
		边梁	0.989	1.003	0.992	1.001	0.995	1.001
40	39.00	中梁	0.984	0.994	0.988	0.993	0.992	0.995
		边梁	0.978	0.999	0.983	0.997	0.989	0.998
45	43.90	中梁	0.978	0.989	0.982	0.987	0.989	0.992
		边梁	0.971	0.998	0.976	0.993	0.985	0.996

T梁　　城—B/公路—Ⅱ表

跨径（m）	计算跨径（m）	梁位＼组合	基本组合		短期效应组合		长期效应组合	
			跨中弯矩	支点剪力	跨中弯矩	支点剪力	跨中弯矩	支点剪力
25	24.30	中梁	0.973	0.928	0.989	0.960	1.013	1.018
		边梁	0.962	0.941	0.983	0.970	0.989	0.981
30	29.20	中梁	0.972	0.930	0.985	0.958	0.991	0.973
		边梁	0.961	0.948	0.978	0.970	0.986	0.981
35	34.10	中梁	0.971	0.933	0.982	0.958	0.962	0.973
		边梁	0.960	0.954	0.975	0.971	0.984	0.982
40	39.00	中梁	0.971	0.936	0.981	0.958	0.988	0.974
		边梁	0.960	0.958	0.973	0.972	0.983	0.983
45	43.90	中梁	0.971	0.938	0.980	0.957	0.988	0.973
		边梁	0.960	0.961	0.971	0.973	0.982	0.983

后张预应力混凝土小箱梁

（桥宽15.5m，单箱两室箱形断面、腹板间距5.25m）

小箱梁计算数据

梁位＼数据	跨径（m）	计算跨径（m）	梁高（m）	横向分布系数		冲击系数	
				跨中（城市/公路）	支点（城市/公路）	城市	公路
中梁	22.52	21.76	1.60	0.916/0.916	1.41/1.41	0.197	0.32
边梁				1.04/1.05	1.60/1.64		
中梁	25.52	24.76	1.60	0.909/0.909	1.41/1.41	0.191	0.27
边梁				1.025/1.03	1.60/1.64		
中梁	28.52	27.76	1.60	0.904/0.904	1.41/1.41	0.186	0.23
边梁				1.01/1.02	1.6/1.64		
中梁	33.52	32.66	1.80	0.899/0.899	1.41/1.41	0.178	0.20
边梁				1.01/1.02	1.60/1.64		
中梁	38.52	37.56	2.00	0.884/0.884	1.41/1.41	0.176	0.170
边梁				1.00/1.01	1.60/1.64		

小箱梁　城—A/公路—Ⅰ表

跨径（m）	计算跨径（m）	组合 梁位	基本组合		短期效应组合		长期效应组合	
			跨中弯矩	支点剪力	跨中弯矩	支点剪力	跨中弯矩	支点剪力
22.52	21.76	中梁	1.009	1.001	1.026	1.029	1.017	1.019
		边梁	1.006	0.990	1.027	1.025	1.017	1.016
25.52	24.76	中梁	1.006	1.002	1.017	1.020	1.011	1.013
		边梁	1.004	0.992	1.017	1.015	1.011	1.010
28.52	27.76	中梁	1.004	1.003	1.010	1.012	1.006	1.008
		边梁	1.000	0.993	1.008	1.007	1.005	1.004
33.52	32.66	中梁	0.996	0.998	1.000	1.002	1.000	1.002
		边梁	0.992	0.988	0.998	0.997	0.999	0.998
38.52	37.56	中梁	0.991	0.993	0.994	0.995	0.996	0.997
		边梁	0.986	0.984	0.991	0.989	0.994	0.993

小箱梁　城—B/公路—Ⅱ表

跨径（m）	计算跨径（m）	组合 梁位	基本组合		短期效应组合		长期效应组合	
			跨中弯矩	支点剪力	跨中弯矩	支点剪力	跨中弯矩	支点剪力
22.52	21.76	中梁	0.966	0.918	0.996	0.971	0.998	0.981
		边梁	0.960	0.903	0.994	0.962	0.996	0.975
25.52	24.76	中梁	0.971	0.926	0.993	0.969	0.996	0.980
		边梁	0.966	0.912	0.991	0.960	0.995	0.974
28.52	27.76	中梁	0.975	0.932	0.991	0.967	0.994	0.979
		边梁	0.969	0.918	0.988	0.957	0.993	0.972
33.50	32.66	中梁	0.976	0.937	0.988	0.965	0.993	0.978
		边梁	0.971	0.924	0.985	0.956	0.991	0.972
38.52	37.56	中梁	0.978	0.943	0.987	0.965	0.992	0.978
		边梁	0.978	0.930	0.974	0.957	0.990	0.973

30m＋30m＋30m 预应力混凝土连续箱梁

（梁高 2.0m，桥宽 25.5m，单箱三室，腹板间距 5.16m、5.60m）

比较项目		组合	冲击系数		基本组合	短期效应组合	长期效应组合
			城市	公路			
城—A/公路—Ⅰ	边跨	跨中弯矩	0.18	0.31	0.978	1.006	1.004
		边支点剪力	0.18	0.31	1.059	1.056	1.035
	中跨	支点弯矩	0.18	0.41	0.978	1.008	1.005
		中支点剪力	0.18	0.31	1.058	1.051	1.031
	中跨	跨中弯矩	0.18	0.31	0.960	1.012	1.008
城—B/公路—Ⅱ	边跨	跨中弯矩	0.18	0.31	0.957	0.990	0.994
		边支点剪力	0.18	0.31	1.001	1.016	1.010
	中跨	支点弯矩	0.18	0.41	0.984	1.006	1.004
		中支点剪力	0.18	0.31	1.013	1.020	1.012
	中跨	跨中弯矩	0.18	0.31	0.907	0.969	0.980

*　车道数≥4，按城市荷载计算剪力：城—A 级乘增长系数 1.25；城—B 级乘增长系数 1.30；冲击系数按跨径计。

35m＋42m＋35m 预应力混凝土连续箱梁

（梁高 2.0m，桥宽 25.5m，单箱三室，腹板间距 5.15m、5.60m）

比较项目 \ 组合			冲击系数 城市	冲击系数 公路	基本组合	短期效应组合	长期效应组合
城—A/公路—Ⅰ	边跨	跨中弯矩	0.17	0.26	0.995	1.010	1.006
		边支点剪力	0.17	0.26	1.058	1.048	1.030
	中跨	支点弯矩	0.17	0.36	0.977	1.002	1.001
		中支点剪力	0.17	0.26	1.060	1.044	1.027
	中跨	跨中弯矩	0.17	0.26	0.982	1.004	1.002
城—B/公路—Ⅱ	边跨	跨中弯矩	0.17	0.26	0.972	0.994	0.996
		边支点剪力	0.17	0.26	1.006	1.014	1.008
	中跨	支点弯矩	0.17	0.36	0.984	1.002	1.001
		中支点剪力	0.17	0.26	1.021	1.019	1.012
	中跨	跨中弯矩	0.17	0.26	0.960	0.988	0.992

* 车道数≥4，按城市荷载计算剪力：城—A 级乘增长系数 1.25；城—B 级乘增长系数 1.30；冲击系数按跨径计。

52m＋70m＋52m 变高度预应力混凝土连续箱梁

（桥宽 16m，梁高支点 3.65m，跨中 2.0m，单箱单室）

比较项目 \ 组合			冲击系数 城市	冲击系数 公路	基本组合	短期效应组合	长期效应组合
城—A/公路—Ⅰ	边跨	跨中弯矩	0.133	0.08	0.972	0.973	0.983
		边支点剪力	0.133	0.08	1.081	1.040	1.025
	中跨	支点弯矩	0.133	0.18	0.981	0.993	0.996
		中支点剪力	0.133	0.08	1.061	1.031	1.018
	中跨	跨中弯矩	0.133	0.08	0.970	0.966	0.978
城—B/公路—Ⅱ	边跨	跨中弯矩	0.133	0.08	0.973	0.975	0.984
		边支点剪力	0.133	0.08	1.008	1.011	1.007
	中跨	支点弯矩	0.133	0.18	0.995	1.000	1.000
		中支点剪力	0.133	0.08	1.034	1.015	1.009
	中跨	跨中弯矩	0.133	0.08	0.966	0.967	0.979

* 城市荷载冲击系数按跨径计。

7×50m 预应力混凝土连续箱梁

（梁高 3.0m，桥宽 17.15m，单箱单室）

比较项目 \ 组合			冲击系数 城市	冲击系数 公路	基本组合	短期效应组合	长期效应组合
城—A/公路—Ⅰ	边跨	跨中弯矩	0.154	0.202	0.956	0.981	0.988
		边支点剪力					
	第二跨	中支点弯矩	0.111	0.299	0.956	0.991	0.994
		中支点剪力	0.111	0.202	1.025	1.032	1.019
城—B/公路—Ⅱ	边跨	跨中弯矩	0.154	0.202	0.958	0.981	0.988
		边支点剪力					
	第二跨	中支点弯矩	0.111	0.299	0.975	0.998	0.999
		中支点剪力	0.111	0.202	1.002	1.014	1.008

* 城市荷载冲击系数按内力影响线加载长度算得。

6×60m 预应力混凝土连续箱梁

（梁高 3.4m，桥宽 16m，单箱单室）

比较项目 \ 组合			冲击系数		基本组合	短期效应组合	长期效应组合
			城市	公路			
城—A/公路—Ⅰ	边跨	跨中弯矩	0.143	0.171	0.964	0.982	0.989
		边支点剪力					
	第二跨	中支点弯矩	0.100	0.269	0.959	0.991	0.994
		中支点剪力	0.100	0.171	1.031	1.034	1.021
城—B/公路—Ⅱ	边跨	跨中弯矩	0.143	0.171	0.968	0.984	0.991
		边支点剪力					
	第二跨	中支点弯矩	0.100	0.269	0.980	1.000	1.000
		中支点剪力	0.100	0.171	1.009	1.017	1.010

* 城市荷载冲击系数按内力影响线加载长度算得。

6×70m 预应力混凝土连续箱梁

（梁高 4.0m，桥宽 17.15m，单箱单室）

比较项目 \ 组合			冲击系数		基本组合	短期效应组合	长期效应组合
			城市	公路			
城—A/公路—Ⅰ	边跨	跨中弯矩	0.133	0.135	0.977	0.987	0.992
		边支点剪力					
	第二跨	中支点弯矩	0.100	0.233	0.972	0.993	0.996
		中支点剪力	0.100	0.135	1.032	1.031	1.019
城—B/公路—Ⅱ	边跨	跨中弯矩	0.133	0.135	0.982	0.99	0.994
		边支点剪力					
	第二跨	中支点弯矩	0.100	0.233	0.989	1.001	1.001
		中支点剪力	0.100	0.135	1.015	1.017	1.010

* 城市荷载冲击系数按内力影响线加载长度算得。

69m＋120m＋120m＋69m 变高度预应力混凝土连续箱梁

（桥宽 16m，三车道，梁高：跨中 2.8m、支点 7m，单箱单室）

比较项目 \ 组合			冲击系数		基本组合	短期效应组合	长期效应组合
			城市	公路			
城—A/公路—Ⅰ	第二跨	跨中弯矩	0.10	0.05	0.988	0.977	0.995
		支点剪力	0.10	0.05	1.004	1.013	0.983
	第二跨	支点弯矩	0.10	0.05	0.999	0.997	0.998
城—B/公路—Ⅱ	第二跨	跨中弯矩	0.10	0.05	1.005	0.995	0.996
		支点剪力	0.10	0.05	1.012	1.005	0.956
	第二跨	支点弯矩	0.10	0.05	1.009	1.003	1.002

80m＋140m＋140m＋80m 变高度预应力混凝土连续箱梁

（桥宽 16m，三车道，梁高：跨中 3.5m、支点 8m，单箱单室）

<table>
<tr><td colspan="3" rowspan="2">组合
比较项目</td><td colspan="2">冲击系数</td><td rowspan="2">基本组合</td><td rowspan="2">短期效应组 合</td><td rowspan="2">长期效应组 合</td></tr>
<tr><td>城市</td><td>公路</td></tr>
<tr><td rowspan="3">城-A/公路-Ⅰ</td><td rowspan="2">第二跨</td><td>跨中弯矩</td><td>0.10</td><td>0.05</td><td>0.983</td><td>0.980</td><td>0.987</td></tr>
<tr><td>支点剪力</td><td>0.10</td><td>0.05</td><td>1.064</td><td>1.034</td><td>1.020</td></tr>
<tr><td>第二跨</td><td>支点弯矩</td><td>0.10</td><td>0.05</td><td>0.996</td><td>0.995</td><td>0.997</td></tr>
<tr><td rowspan="3">城-B/公路-Ⅱ</td><td rowspan="2">第二跨</td><td>跨中弯矩</td><td>0.10</td><td>0.05</td><td>1.002</td><td>0.993</td><td>0.996</td></tr>
<tr><td>支点剪力</td><td>0.10</td><td>0.05</td><td>1.044</td><td>1.023</td><td>1.014</td></tr>
<tr><td>第二跨</td><td>支点弯矩</td><td>0.10</td><td>0.05</td><td>1.008</td><td>1.003</td><td>1.002</td></tr>
</table>

如以计算值差异 5％作为比较控制值，就车道荷载而言通过以上比较可以清楚地看到：

①两种现行荷载标准荷载效应的差异：由于荷载图式的差异，对于城—A/公路—Ⅰ，超过 5％比较控制值的范围为：简支梁跨径≤30m，等跨等高度连续梁跨径≤35m。对于城-B/公路-Ⅱ，超过 5％比较控制值的范围为跨径≤20m。超过上述跨径范围有部分计算截面的剪力差异超过 5％。

②两种现行荷载标准荷载效应组合的差异：由于冲击系数与恒载权重的影响，仅在跨径≤20m 的简支结构有超过 5％比较控制值的差异，最大为 6.4％。部分连续结构的剪力差异亦有少数计算截面超过 5％，最大为 8.1％。

但两种现行荷载标准的车辆荷载标准值有一定的差异。

鉴于上述比较，本条提出："除可变作用中的设计汽车荷载与人群荷载外，作用与作用效应组合均按现行行业标准《公路桥涵设计通用规范》JTG D60 的有关规定执行"。

10.0.2 现行《公路桥涵设计通用规范》中车辆荷载的标准值采用原规范汽车－超 20 级的加重车。车辆总重 550kN，轴重分别为 30kN、120kN、120kN、140kN、140kN。这是由于"对公路上行驶的单项汽车随机过程的统计分析表明，单车的前后轴重与原规范汽车－超 20 级的加重车相近。"但根据北京、天津、上海等城市相关部门提供的资料表明，尚有一定数量总重超过 550kN、轴重超过 140kN 的重型车辆频繁行驶在城区道路上。美国、加拿大、日本等国规范的车辆荷载轴重都大于 140kN，加拿大安大略省与日本规范车辆荷载的总重与轴重尚有增大的趋势。鉴此本规范规定城市—A 级、城市—B 级的车道荷载的计算图式、标准值与现行公路荷载标准中公路—Ⅰ级、公路—Ⅱ级的车道荷载计算图式、标准值相同。而城市—A 级的车辆荷载则采用原《城市桥梁设计荷载标准》CJJ 77－98 中的城—A 级车辆荷载，城市—B 级的车辆荷载采用公路荷载标准中的车辆荷载。

10.0.3 支路上如重型车辆较少时，采用的设计汽车荷载相当于原公路荷载标准汽车－15 级，小型车专用道路系指只允许小型客货车通行的道路，位于小型车专用道上的桥梁的设计汽车荷载相当于原公路荷载标准汽车－10 级。

10.0.4 特种荷载主要是应对通行次数较少特重车，故不作为设计荷载列入本规范正文。附录 A.0.2 条中提出"车辆应居中行驶"是要求特重车沿路面中线行驶，行驶速度一般控制在 5km/h。

10.0.5 鉴于城市人口稠密，人行交通繁忙，桥梁人行道的设计人群荷载仍沿用原《城市桥梁设计准则》规定的人群荷载。人行道板等局部构件可以一块板为单位进行计算。

10.0.6 2 原《准则》为原公路荷载标准汽车－10 级。

10.0.7 沿用现行《城市人行天桥与人行地道技术规范》CJJ 69 的规定，作用在人行道栏杆、扶手上的荷载仅考虑人群作用。这也是对局部构件的计算（只供计算栏杆、扶手用），不影响其他构件，而且规定水平和竖向荷载分别计算。这是符合结构实际受力情况的。

10.0.8 防撞护栏的设计要求可按现行行业标准《公路交通安全设施设计规范》JTG D81 的规定执行。防撞等级选用是按上述规范第 5.2.5 条的规定换算成城市道路等级改写而成的。

中华人民共和国行业标准

城市道路公共交通站、场、厂工程设计规范

Code for design of urban road public transportation stop, terminus and depot engineering

CJJ/T 15—2011

批准部门：中华人民共和国住房和城乡建设部

施行日期：2 0 1 2 年 6 月 1 日

中华人民共和国住房和城乡建设部
公　　告

第1182号

关于发布行业标准《城市道路公共交通站、场、厂工程设计规范》的公告

现批准《城市道路公共交通站、场、厂工程设计规范》为行业标准，编号为CJJ/T 15－2011，自2012年6月1日起实施。原行业标准《城市公共交通站、场、厂设计规范》CJJ 15－87同时废止。

本规范由我部标准定额研究所组织中国建筑工业出版社出版发行。

中华人民共和国住房和城乡建设部

2011年11月22日

前　　言

根据原建设部《关于印发〈2005年工程建设标准规范制订、修订计划（第一批）〉的通知》（建标［2005］84号）的要求，规范编制组经广泛调查研究，认真总结实践经验，参考有关国际标准和国外的先进标准，广泛征求了各方意见，在原行业标准《城市公共交通站、场、厂设计规范》CJJ 15－87的基础上，修订了本规范。

本规范主要技术内容：1 总则；2 车站；3 停车场；4 保养场；5 修理厂；6 调度中心。

本规范修订的主要内容：

1　新增公共交通枢纽站和调度中心的设计；

2　对站、场、厂设施的功能和基本要求进行了细化；

3　对停车场总用地规模等概念不清和已过时指标进行了重新界定和调整；

4　新增了公共交通站、场、厂电动汽车、智能交通（ITS）、信息化建设等；

5　删除了城市水上公共交通方面的内容。

本规范由住房和城乡建设部负责管理，由武汉市交通科学研究所负责具体技术内容的解释。在执行过程中，如有意见和建议请寄交武汉市交通科学研究所（地址：武汉市发展大道409号五洲大厦A座6楼；邮政编码：430015）。

本规范主编单位：武汉市交通科学研究所

本规范参编单位：重庆市公共交通控股(集团)有限公司
广州市交通站场建设管理中心公交站场管理公司
武汉市公共交通(集团)有限责任公司
武汉市客运出租汽车管理处
武汉市轮渡公司

本规范主要起草人员：李志强　王有元　夏　涌　霍　斌　杜逸纯　刘依群　王尔义　张　铭　刘　俊　王定坚　段庆秋　杨云海　蔡振辉　胡惠民　张江路　朱义祥　张四九　胡支元

本规范主要审查人员：林　正　黄志耀　李成玉　童荣华　胡天羽　林　群　赵　杰　崔新书　叶　青　杨新苗

目 次

Contents

1 总 则

1.0.1 为使城市道路公共交通站、场、厂等设施与城市发展相适应，做到因地制宜、布局合理、技术先进、经济适用，保障城市道路公共交通安全高效运营，制定本规范。

1.0.2 本规范适用于新建、扩建和改建城市道路公共交通的站、场、厂的工程设计。

1.0.3 城市道路公共交通站、场、厂应纳入城市总体规划和综合交通规划。

1.0.4 城市道路公共交通站、场、厂的设计应有利于保障城市道路公共交通畅通和安全，节约资源和用地。在需设置公共交通设施的用地紧张地带，宜以立体布置为主，并可进行土地的综合开发利用。

1.0.5 城市道路公共交通站、场、厂应与城市轨道交通、快速公交和对外交通系统进行一体化设计。

1.0.6 城市道路公共交通站、场、厂的设计除应符合本规范外，尚应符合国家现行有关标准的规定。

2 车 站

2.1 首 末 站

2.1.1 首末站应与旧城改造、新区开发、交通枢纽规划相结合，并应与公路长途客运站、火车站、客运码头、航空港以及其他城市公共交通方式相衔接。

2.1.2 首末站的设置应根据综合交通体系的道路网系统和用地布局，并应按下列原则确定：

1 首末站应选择在紧靠客流集散点和道路客流主要方向的同侧；

2 首末站应临近城市公共客运交通走廊，且应便于与其他客运交通方式换乘；

3 首末站宜设置在居住区、商业区或文体中心等主要客流集散点附近；

4 在火车站、客运码头、长途客运站、大型商业区、分区中心、公园、体育馆、剧院等活动集聚地多种交通方式的衔接点上，宜设置多条线路共用的首末站；

5 长途客运站、火车站、客运码头主要出入口100m范围内应设公共交通首末站；

6 0.7万人～3万人的居住小区宜设置首末站，3万人以上的居住区应设置首末站；

7 在设置无轨电车的首末站时，应根据电力供应的可能性和合理性将首末站设置在靠近整流站的地方。

2.1.3 首末站的规模应按线路所配运营的车辆总数确定，并应符合下列规定：

1 线路所配运营车辆的总数宜考虑线路的发展需要；

2 每辆标准车首末站用地面积应按 $100m^2$～$120m^2$ 计算；其中回车道、行车道和候车亭用地应按每辆标准车 $20m^2$ 计算；办公用地含管理、调度、监控及职工休息、餐饮等，应按每辆标准车 $2m^2$～$3m^2$ 计算；停车坪用地不应小于每辆标准车 $58m^2$；绿化用地不宜小于用地面积的20%。用地狭长或高低错落等情况下，首末站用地面积应乘以1.5倍以上的用地系数；

3 当首站不用作夜间停车时，用地面积应按该线路全部运营车辆的60%计算；当首站用作夜间停车时，用地面积应按该线路全部运营车辆计算。首站办公用地面积不宜小于 $35m^2$；

4 末站用地面积应按线路全部运营车辆的20%计算。末站办公用地面积不宜小于 $20m^2$；

5 当环线线路首末站共用时，其用地应按本条3、4款合并计算，办公用地面积不宜小于 $40m^2$；

6 首末站用地不宜小于 $1000m^2$。

2.1.4 对有存车换乘需求的首末站，应另外增加自行车、摩托车、小汽车的存车用地面积。

2.1.5 当首末站建有加油、加气设施时，其用地应按现行国家标准《汽车加油加气站设计与施工规范》GB 50156的要求另行核算面积后加入首末站总用地面积中。

2.1.6 在设置无轨电车的首末站时，用地面积应乘以1.2的系数，并应同时考虑车辆转弯时的偏线距和架设触线网的可能性。无轨电车首末站的折返能力，应与线路的通过能力相匹配；两条及两条线路以上无轨电车共用一对架空触线的路段，应使其发车频率与车站通过能力、交叉口架空触线的通过能力相协调。无轨电车整流站的规模应根据其所服务的车辆型号和车数确定。整流站的服务半径宜为1.0km～2.5km。一座整流站的用地面积不应大于 $100m^2$。

2.1.7 首末站设施应符合表2.1.7的要求。

表 2.1.7 首末站设施

设 施		配置	
		首 站	末 站
信息设施	站 牌	√	√
	区域地图、公交线路图	○	○
信息设施	公交时刻表	○	○
	实时动态信息	○	○
无障碍设施		√	√
便利设施	候车亭	√	○
	站 台	√	○
	座 椅	○	—
	非机动车存放	√	○
	机动车停车换乘	○	—

续表 2.1.7

设施		配置	
		首 站	末 站
安全环保	候车廊	○	○
	照 明	✓	✓
	监 控	○	○
	消 防	✓	○
	绿 化	✓	○
运营管理	站场管理室	○	—
	线路调度室	✓	○
	智能监控室	○	—
	司机休息室	✓	—
	卫生间	✓	○
	餐饮间	○	○
	清洁用具杂务间	○	○
	停车坪	✓	○
	回车道	✓	✓
	小修和低保	✓	—

注："✓"表示应有的设施，"○"表示可选择的设施，"—"表示不设的设施。

2.1.8 首末站站内应按最大运营车辆的回转轨迹设置回车道，且道宽不应小于 7m。

2.1.9 远离停车场、保养场或有较大早班客运需求的首末站应建供夜间停车的停车坪，停车坪内应有明显的车位标志、行驶方向标志及其他运营标志。停车坪的坡度宜为 0.3%～0.5%。

2.1.10 首末站的入口和出口应分隔开，且必须设置明显的标志。出入口宽度应为 7.5～10m。当站外道路的车行道宽度小于 14m 时，进出口宽度应增加 20%～25%。在出入口后退 2m 的通道中心线两侧各 60°范围内，应能目测到站内或站外的车辆和行人。

2.1.11 首站应建候车亭，候车亭的设计应符合下列规定：

1 候车亭设施必须防雨、抗震、防风、防雷；

2 候车亭内应设置夜间照明装置；

3 候车亭高度不宜低于 2.5m，候车亭顶棚宽度不宜小于 1.5m，且与站台边线竖向缩进距离不应小于 0.25m；

4 候车亭的建筑式样、材料、颜色等可根据本地的建筑特点和特定环境特征设计，宜实用与外形美相结合。

2.1.12 站台长度不宜小于 35m，宽度不宜小于 2m，且应高出地面 0.20m。首站站台应适量设置座椅。

2.1.13 首末站应在明显的位置设置站牌标志和发车显示装置。站牌设计应按现行国家标准《城市公共交通标志 第 3 部分：公共汽电车站牌和路牌》GB/T 5845.3 的规定执行，并应符合下列规定：

1 普通站牌底边距地面不应小于 1700mm；集合站牌最上面单元站牌的顶边距地面的距离不应大于 2200mm，最下面单元站牌的底边距地面的距离不应小于 400mm。

2 在站台设置站牌应符合站台的限界要求。在路边设置的站牌时，牌面应与车行道垂直，其侧边距路沿石的距离不应小于 300mm；牌面面向车行道的站牌，其牌面距路沿石的距离不应小于 500mm。

2.1.14 首站可设置候车廊，廊长宜为 15m～20m。候车廊的隔离护栏应采用不易变形、防腐蚀性能好、易清洗的材料制作，隔离护栏与站台边线净距不得小于 0.25m。

2.1.15 首末站停车区的道路宜采用混凝土路面结构，当采用沥青混凝土路面结构时，应作抗车辙增强处理。候车区宜设提示盲道和缘石坡道等无障碍设施。

2.1.16 首末站加油、加气合建站时，加油、加气站的设计应按现行国家标准《汽车加油加气站设计与施工规范》GB 50156 的规定执行。

2.1.17 电动汽车首末站应设置充电设施，并应符合现行国家标准《电动车辆传导充电系统 电动车辆交流/直流充电机（站）》GB/T 18487.3 的规定。

2.1.18 首末站的照明应符合现行行业标准《城市道路照明设计标准》CJJ 45 的规定。

2.2 中 途 站

2.2.1 中途站应设置在公共交通线路沿途所经过的客流集散点处，并宜与人行过街设施、其他交通方式衔接。

2.2.2 中途站应沿街布置，站址宜选在能按要求完成运营车辆安全停靠、便捷通行、方便乘车三项主要功能的地方。

2.2.3 在路段上设置中途站时，同向换乘距离不应大于 50m，异向换乘距离不应大于 100m；对置设站，应在车辆前进方向迎面错开 30m。

2.2.4 在道路平面交叉口和立体交叉口上设置的车站，换乘距离不宜大于 150m，并不得大于 200m。郊区站点与平交口的距离，一级公路宜设在 160m 以外，二级及以下公路宜设在 110m 以外。

2.2.5 几条公交线路重复经过同一路段时，其中途站宜合并设置。站的通行能力应与各条线路最大发车频率的总和相适应。中途站共站线路条数不宜超过 6 条或高峰小时最大通过车数不宜超过 80 辆，超过该规模时，宜分设车站。分设车站的距离不宜超过 50m。当电、汽车并站时，应分设车站，其最小间距不应小于 25m。具备条件的车站应增加车辆停靠通道。

2.2.6 中途站的站距宜为500m～800m。市中心区站距宜选择下限值；城市边缘地区和郊区的站距宜选择上限值。

2.2.7 中途站候车亭、站台、站牌及候车廊的设计应按本规范第2.1.11条～第2.1.14条的规定执行。客流较少的街道上设置中途站时，应适当缩短候车廊，且廊长不宜小于5m，也可不设候车廊。

2.2.8 中途站宜设置停靠区，并应符合下列规定：

1 在大城市和特大城市，线路行车间隔在3min以上时，停靠区长度宜为30m；线路行车间隔在3min以内时，停靠区长度宜为50m。若多线共站，停靠区长度宜为70m；

2 在中小城市，停靠区的长度可按所停主要车辆类型确定。通过该站的车型在两种以上时，应按最大一种车型的车长加安全间距计算停靠区的长度；

3 停靠区宽度不应小于3m。

2.2.9 中途站宜采用港湾式车站，快速路和主干路应采用港湾式车站。港湾式车站沿路缘向人行道侧呈等腰梯形状的凹进不应小于3m，长度应按本规程第2.2.8条计算，机动车应与非机动车隔离。

2.2.10 在车行道宽度为10m以下的道路上设置中途站时，宜建避车道。

2.2.11 中途站停车区、候车区应符合本规范第2.1.15条的规定。

2.2.12 中途站设施应符合表2.2.12的要求。

表2.2.12 中途站设施

设施		配置
信息设施	站牌	✓
便利设施	无障碍设施	✓
	候车亭	○
	站台	○
	座椅	○
	自行车存放	○
安全设施	候车廊	○
	照明	✓

注："✓"表示应有的设施，"○"表示可选择的设施。

2.3 枢纽站

2.3.1 多条道路公共交通线路共用首末站时应设置枢纽站，枢纽站可按到达和始发线路条数分类，2条～4条线为小型枢纽站，5条～7条线为中型枢纽站，8条线以上为大型枢纽站，多种交通方式之间换乘为综合枢纽站。

2.3.2 枢纽站设计应坚持人车分流、方便换乘、节约资源的基本原则。宜采用集中布置，统筹物理空间、信息服务和交通组织的一体化设计，且应与城市道路系统、轨道交通和对外交通有通畅便捷的通道连接。

2.3.3 枢纽站进出车道应分离，车辆宜右进右出。站内宜按停车区、小修区、发车区等功能分区设置，分区之间应有明显的标志和安全通道，回车道宽度不宜小于9m。

2.3.4 发车区不宜少于4个始发站，候车亭、站台、站牌、候车廊的设计应按本规范第2.1.11条～第2.1.14条的规定执行。

2.3.5 换乘人行通道设施建设根据需要和条件，可选择平面、架空、地下等设计形式。

2.3.6 枢纽站应设置适量的停车坪，其规模应根据用地条件确定。具备条件的，除应按本规范首末站用地标准计算外，还宜增加设置与换乘基本匹配的小汽车和非机动车停车设施用地。不具备条件的，停车坪应按每条线路2辆运营车辆折成标台后乘以200m²累计计算。

2.3.7 大型枢纽站和综合枢纽站应在显著位置设置公共信息导向系统，条件许可时宜建电子信息显示服务系统。公共信息导向系统应符合现行国家标准《公共信息导向系统设置原则与要求 第4部分：公共交通车站》GB/T 15566.4的规定。

2.3.8 当电、汽车共用枢纽站时，还应布置电车的避让线网和越车通道。

2.3.9 办公用地应根据枢纽站规模确定。小型枢纽站不宜小于45m²；中型枢纽站不宜小于90m²；大型枢纽站和综合枢纽站不宜小于120m²。

2.3.10 绿化用地应结合绿化建设进行生态化设计，面积不宜少于总用地面积的20%。

2.3.11 枢纽站的设施应符合表2.3.11的规定。

表2.3.11 枢纽站设施

设施		配置		
		大型枢纽站	中、小型枢纽站	综合枢纽站
信息设施	公共信息牌	✓	✓	✓
	站牌	✓	✓	✓
	区域地图、公交线路图	✓	✓	✓
	公交时刻表	✓	✓	✓
	实时动态信息	✓	✓	✓
便利设施	无障碍设施	✓	✓	✓
	候车亭	✓	✓	✓
	站台	✓	✓	✓
	座椅	○	○	○
	人行通道	✓	✓	✓
	非机动车存放	✓	✓	✓
	机动车停车换乘	○	○	○

续表 2.3.11

设 施		配 置		
		大型枢纽站	中、小型枢纽站	综合枢纽站
安全环保	候车廊	○	○	○
	照 明	√	√	√
	监 控	√	√	√
	绿 化	√	√	√
运营管理	站场管理室	√	√	√
	线路调度室	√	√	√
	智能监控室	√	√	√
	司机休息室	√	√	○
	卫生间	√	√	√
	餐饮间	√	○	○
	清洁用具杂务间	√	√	√
	停车坪	√	√	√
	回车道	√	√	√
	小修和低保	√	√	○

注："√"表示应有的设施，"○"表示可选择的设施。

2.4 出租汽车营业站

2.4.1 在火车站、客运码头、机场、公路客运站等对外交通枢纽和医院、大型宾馆、商业中心、文化娱乐和游览活动中心、大型居住区及市内交通枢纽等地方应设置出租汽车营业站或候客点、停靠点，并应根据出租车方式乘客流量的需求确定用地规模。

2.4.2 营业站应符合下列规定：

1 营业站应配套相应的服务设施，服务设施可包括营业室、司机休息室、餐饮间、卫生间等；

2 营业站用地宜按每辆车占地不小于 32m² 计算。其中，停车场用地不宜小于每辆车 26m²；

3 营业站建筑用地不宜小于每辆车 6m²；

4 营业站的建筑式样、色彩、风格应具有出租汽车行业特点。

2.4.3 当出租汽车采用网点式营业服务时，营业站的服务半径不宜大于 1km，用地面积宜为 250m²～500m²。

2.4.4 出租汽车采用路抛制候客服务时，应在商业繁华地区、对外交通枢纽和人流活动频繁的集散地附近设置候客点，并应符合下列规定：

1 候客点宜设置在具备条件的道路两侧或街头巷尾；

2 候客点应划定车位，树立候客标牌；

3 候客点单向距离不宜大于 500m，每个候客点车位设置不宜少于 5 个。

2.4.5 出租汽车停靠点应符合下列规定：

1 在城市主要干道人流集中路段应设置出租汽车停靠点；

2 停靠点间距宜控制在 1km 以内；

3 每个停靠点宜设置 2 个～4 个车位。

3 停 车 场

3.1 功能与选址

3.1.1 停车场应具备为线路运营车辆下线后提供合理的停放空间、场地和必要设施等主要功能，并应能按规定对车辆进行低级保养和小修作业。停车场应包括停车坪(库)、洗车台(间)、试车道、场区道路以及运营管理、生活服务、安全环保等设施，其设施应符合表 3.1.1 的规定。

表 3.1.1 停车场设施

设 施		配 置
停车设施	停车坪(库)	√
	洗车台(间)	√
	试车道	√
	场区道路	√
	防冻防滑设施	√
运营管理设施	调 度	○
	票 务	√
	车队管理	√
	行政办公	√
	低保车库及附属工间	√
	库 房	√
	配电室	√
	供热设施	○
	油气站	√
	劳保后勤库	√
生活服务设施	单身宿舍	○
	文娱室	√
	医务室	○
	食 堂	√
	卫生间	√
安全环保设施	照 明	√
	监 控	√
	消 防	√
	绿 化	√

注：1 "√"表示应有的设施，"○"表示可选择的设施；

2 无轨电车停车场需增加停车场线网、馈线、整流站供电设施，不需要油气站。

3.1.2 停车场应均匀地布置在各个区域性线网的重心处，与线网内各线路的距离宜控制在1km～2km以内。

3.1.3 停车场宜分散布局，可与首末站、枢纽站合建。

3.1.4 停车场用地应安排在水、电供应、消防和市政设施条件齐备的地区。

3.1.5 停车场可通过综合开发利用，建地下停车场或立体停车场。

3.1.6 停车场的照明应符合现行行业标准《城市道路照明设计标准》CJJ 45的规定。

3.2 用地与布置

3.2.1 停车场用地面积应根据公交车辆在停放饱和的情况下，每辆车仍可自由出入（无轨电车应顺序出车）而不受周边所停车辆的影响确定。

3.2.2 停车场用地面积宜按每辆标准车150m²计算。在用地特别紧张的大城市，停车场用地面积不应小于每辆标准车120m²。首末站、停车场、保养场的综合用地面积不应小于每辆标准车200m²，无轨电车还应乘以1.2的系数。因用地条件限制，当停车场利用率不高时，可根据具体情况增加用地。在设计道路公共交通总用地规模时，已有夜间停车的首末站、枢纽站的停车面积不应在停车场用地中重复计算。

3.2.3 停车场的洗车间（台）、油库用地应按有关标准的规定单独计算后再加进停车场的用地中。

3.2.4 停车场用地按生产工艺和使用功能宜划分为运营管理、停车、生产和生活服务区。生产区的建筑密度宜为45%～50%，运营管理及生活服务区的建筑密度不宜低于28%。各部分平面设计应符合下列规定：

1 运营管理由调度室、车辆进出口、门卫、办公楼等机构和设施构成。

2 车辆进出应有安全、宽敞、视野开阔的进出口和通道。

3 停车坪应有良好的雨水、污水排放系统，并应符合现行国家标准《室外排水设计规范》GB 50014的规定。排水明沟与污水管线不得连通，停车坪的排水坡度（纵、横坡）不应大于0.5%。

4 停车坪应采用画线标志指示停车位置和通道宽度。

5 在寒冷地区，停车坪上应有热水加注装置，且宜建封闭式停车库。

6 停车场应建回车道和试车道。停车场的回车道、试车道用地宜为26m²～30m²/标准车，无轨电车可适当增加回车道、试车道用地。

7 生产区的平面布局应包括一、二级保养工间及其辅助工间和动力及能源供给工间两个部分。

8 生产车间按工艺要求，宜采取顺车进、顺车出的平面布局，并应按生产性质及工艺确定建筑层数与层高，辅助工间不宜高于三层。

9 生活服务区应包括文化娱乐、食堂、卫生间等。

3.2.5 停车场的车间必须符合安全生产要求，并应对地面和墙面进行耐油、耐碱、耐酸的防腐处理，地沟墙面应选用光洁的饰面材料。

3.2.6 停车场设施应达到抗震、消防、防雨、防风、防雷、防盗的要求，并必须配备安全照明设施。

3.2.7 室外停车场应确保场区的绿化用地，对全场绿化进行总体布局，可将种植树木、花卉、草坪和建水池、花坛、休息亭台结合起来，并宜适当地点缀反映公共交通特点的建筑小品。

3.2.8 靠近城市办公、生活、医院、学校、休闲区域的停车场，应结合实际用地形态和吸声隔声减噪设施布置绿化带。

3.2.9 停车场内应有良好的厂区环境和安全视距。在生产区和停车区应充分利用边角空地进行绿化，运营管理和生活服务区的绿地率不应低于20%。

3.3 进 出 口

3.3.1 停车场的进出口宜设置在停车坪一侧，其方向应朝向场外交通路线。

3.3.2 停车场内的交通路线应采用与进出口行驶方向相一致的单向行驶路线。停车场的进出口处必须安装限速、引导、警告、禁行和单行等交通标志。

3.3.3 停车场的车辆进出口和人员进出口应分开设置。

3.3.4 车辆的进出口应分开设置，停车场停放容量大于50辆时应另外设置一个备用进出口。

3.3.5 车辆进出口的宽度应符合本规范第2.1.10条的要求。

3.3.6 人员进出口可设置在车辆进出口的一侧或两侧，其使用宽度应大于1.6m。

3.3.7 无轨电车停车场内线网应统一按顺时针或逆时针行车方向布置。试车线在停车区域绕周设置。线网触线高度可为5.0m～5.5m。

3.4 建筑与设施

3.4.1 一、二级保养和小修作业应在停车场一并进行分管作业。进行作业的工位数，应根据每日所需一、二级保养车次和小修车次，按每工位数的日均一、二级保养车次和小修车次确定，且工位数不应少于2个。

3.4.2 每个工位面积可按下式核算，出租汽车可按单车的要求执行：

$$F = (L + H_1 + H_2) \times (b + a_1 + a_2) \tag{3.4.2}$$

式中：F——工位面积（m²）；

L——车辆全长（m）；

H_1——车前保留宽度（m），单车可按2.5m取值，铰接车可按3.0m取值；

H_2——车后保留宽度（m），单车可按1.5m取值，铰接车可按2.0m取值；

b——车辆全宽(m)；

a_1、a_2——分别为车辆两侧保留宽度(m)，两侧保留总宽度可按3.0m取值。

3.4.3 主保修工间的建筑面积可根据工位面积、通道和保修作业区域计算，不宜小于全场保修工间面积的50%～60%。

3.4.4 保修工间的修车地沟应根据工位数量确定。

3.4.5 通道式修车地沟的长度不应小于2倍车长；独立式修车地沟的长度不应小于1辆车长。修车地沟净宽不应小于0.85m，有效深度不应小于1m。并列修车地沟间的中心距不应小于6.0m。地沟内墙应镶嵌瓷砖等光洁的饰面材料，墙内应设有照明灯具洞口和低压安全灯电源。

3.4.6 辅助工间宜采用卫星式、两翼式等排列整齐的布局，并应布置在主保修工间的周围或上层。

3.4.7 停车场应建室内洗车间或室外洗车台，北方地区宜建洗车间。洗车间或洗车台的用地面积宜为停车场用地的面积1%～1.5%，也可单独计算。

3.4.8 洗车间内宜设置车辆远红外线干燥器。洗车间或洗车台宜设置水回收利用装置。

3.4.9 停车场办公及生活用建筑面积应为每标准车$10m^2$～$15m^2$。

3.4.10 生活用建筑中应配备职工生活服务设施。

3.4.11 油气站应设置在停车场内安全的区域，并应按现行国家标准《汽车库、修车库、停车场设计防火规范》GB 50067和《汽车加油加气站设计与施工规范》GB 50156的规定执行。

3.4.12 油气站的储存能力应符合下列规定：

1 地下油罐的储油能力宜按3d～4d的用量确定；

2 液化石油气加气站储罐的储存能力宜按2d～3d的用量确定；

3 由管道天然气供气的加气站的储气能力不应超过$18m^3$；由非管道供气的加气站的储气能力不应超过$8m^3$；

4 车载储气瓶的总容积不应超过$18m^3$。

3.4.13 加油加气站应有供管理人员值班休息的站房，其使用面积不应小于$10m^2$。

3.4.14 加油加气站应设置加油加气的自动计量设施。

3.5 多层与地下停车库

3.5.1 在用地紧张的城市，停车场可向空间或向地下发展。

3.5.2 多层停车库的地质条件和基础工程必须符合多层建筑的设计要求，与周围易燃、易爆物体和高压电力设施的间距应符合现行国家标准《汽车库、修车库、停车场设计防火规范》GB 50067的规定。

3.5.3 公共汽、电车多层停车库的建筑面积宜按$100m^2$～$113m^2$/标准车确定，并应符合下列规定：

1 停车区的建筑面积宜为$67m^2$～$73m^2$/标准车；

2 保修工间区的建筑面积宜为$14m^2$～$17m^2$/标准车；

3 调度管理区的建筑面积宜为$8m^2$～$10m^2$/标准车；

4 辅助区的建筑面积宜为$6m^2$～$7m^2$/标准车；

5 机动和发展预留建筑面积宜为$5m^2$～$6m^2$/标准车。

3.5.4 独立的多层停车库的布局可分为停车区、保修工间区、调度管理区和辅助区，并应符合下列规定：

1 停车区应包括停车位、车行道、人行道在内的停车部分，并应设置回车场地、坡道和升降机、车辆转盘、电梯等设施；

2 保修工间区应包括低保、小修、充电、更换轮胎等主辅修工间及洗车间；

3 调度管理区应包括办公室、调度室、场务司机室；

4 辅助区应包括储藏室、卫生间等。

3.5.5 多层停车库停车区车辆的停放形式可按平行式停放，成30°、45°、60°的斜列式停放，成90°的垂直式停放。停放形式应结合停放区的平面形状，选用进出车最方便、占用停放区建筑面积最小的停放形式。

3.5.6 地下停车库应选在水文地质条件好、出口周围宽敞处，且停车库的排风口不宜朝向建筑物、公园、广场等公共场所。

3.5.7 地下停车库宜主要用于停车，其他建筑均可安排在地面上。地下停车库的建筑面积应按$70m^2$/标准车确定，其地面建筑应另行计算。

3.5.8 地下停车库的埋深应适当，当停车库顶部的地面种植树木时，土层的最小厚度不应小于2m；种植草坪、花卉或蔬菜时，土层的最小厚度不应小于0.6m。

3.5.9 多层或地下停车库应根据所停车型、停放形式、所需的安全间隔、车行道布置选择结构合理、经济实用的停车区柱网形式，且柱网宜采用同一尺寸，并应符合下列规定：

1 在选定柱网时应首先确定柱网的单元尺寸、车位和车行道所需的合理跨度，应避免为减少柱的数量而使跨度或地下车库埋深过大；

2 当车位和车行道所需跨度尺寸无法统一时，柱网可分别采用不同尺寸，但不应超过2种；

3 当停放无轨电车时，其柱网必须考虑电车线网的张力对柱网强度的影响。

3.5.10 停车区的层高应考虑建筑结构和各类管道等设备的需要，但层高不应过大，停车区最小净高不应小于3.40m。

3.5.11 停车区内应采用单向行车，车行道宜保持直线形，通视距离应为50m～80m范围内。车行道的宽度和转弯半径应能满足车辆的安全通行。

3.5.12 多层停车库的坡道宜布置在主体建筑之外。当条件不允许时，可采取布置在建筑物的中部、两侧或者两端，但应与停车用的主体建筑的柱网和结构相协调。

3.5.13 公共汽车、无轨电车库的坡道宜为直线形，并应符合下列规定：

1 坡道的面层构造应采取防滑措施；

2 公共汽车库直线坡道的纵坡应小于10%，曲线形坡道的纵坡应小于8%；无轨电车库直线坡道纵坡应小于8%，曲线形坡道的纵坡应小于6%；出租汽车库直线坡道纵坡应小于15%，曲线形坡道的纵坡应小于12%；

3 坡道与行车交汇处、与平地相衔接的缓坡段的坡度应为正常坡度的1/2；其长度，标准车宜为6m、铰接车宜为10m、出租汽车宜为4m；

4 直线坡道应设置纵向排水沟和1%～2%的横向坡度；

5 当采用双行坡道时，公共汽车和无轨电车的直线双行坡道的最小宽度不应小于7.0m，曲线双行坡道的最小宽度不应小于10.0m；出租汽车的直线双行坡道最小宽度不应小于5.5m，曲线双行坡道最小宽度不应小于7.0m；

6 公共汽、电车的坡道可在一侧设立宽度为1m的人行道。

3.5.14 多层或地下停车库的进出口必须分开设置，并应有限速、禁停车辆、禁止鸣笛等日夜能显示的标志标线。

3.5.15 多层或地下停车库的照明应符合现行行业标准《汽车库建筑设计规范》JGJ 100的规定。

3.5.16 多层或地下车库必须有完善的消防和通风设施，并应符合现行国家标准《汽车库、修车库、停车场设计防火规范》GB 50067的规定。

3.5.17 多层和地下停车库应有交通监控、导向、指挥等管理系统。

3.5.18 出租汽车的多层及地下停车库的建筑面积可按公交标准车的0.5倍进行折算。

3.6 出租汽车停车场

3.6.1 出租汽车停车场的设置应以位于所辖营业站的重心处、空驶里程最少、调度方便、进出口面向交通流量较少的次干道为原则。

3.6.2 出租汽车停车场的规模宜为100辆，且最多不应超过200辆。大城市可根据所拥有的出租汽车数量，分别设立若干停车场。

3.6.3 出租汽车停车场的功能应包括停放车辆、低级保养和小修。

3.6.4 车辆不超过100辆的中小城市，可在停车场内另建一座担负二级保养以上任务的保修车间，不再另建保养场。

3.6.5 出租汽车停车场不宜采用露天停车坪停放车辆，宜建有防冻和防曝晒的停车库。在用地紧张的城市，应建多层停车库。

3.6.6 出租汽车停车场的平面布置应包括停车库、低级保养保修工间、办公及生活区、绿化、机动及预留发展用地等。停车场用地可按车(长×宽)4.8m×1.8m作为标准车，不应小于$50m^2$/标准车。当采用多层停车库时，其设计按本规范第3.5节的规定执行。

3.6.7 出租汽车停车场的进出口的朝向、宽度、安全标志应按本规范第3.3节的规定执行。

4 保养场

4.1 功能与选址

4.1.1 保养场应具有承担运营车辆的各级保养任务，并应具有相应的配件加工、修制能力和修车材料及燃料的储存、发放等的功能。保养场应包括生产管理设施、生产辅助设施、生活服务设施和安全环保设施等，保养场的设施应符合表4.1.1的要求。

表4.1.1 保养场设施

设施		配置
生产辅助设施	保养车库	✓
	修理工间	✓
	车辆检测线	✓
	材料仓库	✓
	动力系统	✓
	油气站	✓
	劳保后勤库	✓
生产管理设施	技术管理	✓
	保修机务调度	✓
	行政办公	✓
	停车设施	○
	待保停车坪(库)	✓
	洗车台(间)	✓
	试车道	✓
	场区道路	✓
生活服务设施	文体、食堂、卫生间	✓
	单身宿舍、医务保健	○
安全环保设施	照明	✓
	监控	✓
	消防	✓
	绿化	✓

注：1 无轨电车保养场需增加保养场线网、馈线、整流站供电设施，不需要油气站。

2 "✓"表示应有，"○"表示可视具体情况选择。

4.1.2 城市建立保养场的数量应根据城市的发展规模和为其服务的公共交通的规模确定。

4.1.3 保养场应按企业运营车辆的保有量设置，并应符合下列规定：

1 当企业运营车辆保有量在600辆以下时，可建1个综合性停车保养场；保有量超过600辆，可建1个大型保养场；

2 中、小城市车辆较少，不应分散建保养场，可根据线网布置情况，适当集中车辆在合理位置建保养场。

4.1.4 中、小城市的保养场宜与停车场或修理厂合建；低级保养和小修设备较少时，保养场宜与停车场合建。

4.1.5 当停车场和保养场合建时，其设施应结合本规范表3.1.1和表4.1.1的规定进行综合设计；当停车场和修理厂合建时，应按本规范第5章的相关规定设置修理车间。

4.1.6 保养场应按下列原则进行选址：

1 大城市的保养场宜建在城市的每一个分区线网的重心处，中、小城市的保养场宜建在城市边缘；

2 保养场应距所属各条线路和该分区的各停车场均较近；

3 保养场应避免建在交通复杂的闹市区、居住小区和主干道旁。宜选择在交通流量较小，且有两条以上比较宽敞、进出方便的次干道附近；

4 保养场附近应具备齐备的城市电源、水源和污水排放管线系统；

5 保养场应避免建在工程和水文地质不良的滑坡、溶洞、活断层、流沙、淤泥、永冻土和具有腐蚀性特征的地段；

6 保养场应避免高填方或开凿难度大的石方地段；

7 保养场应处在居住区常年主导风的下风方向。

4.2 用地与布置

4.2.1 保养场的纵轴朝向宜与主导风向一致，或成一个影响不大的较小交角。其主要建筑物不宜处于西晒、正迎北风的不利方向。

4.2.2 保养场平面布置应有明显的功能分区，并应符合下列规定：

1 生产区与办公、生活区应分开布置；

2 生产功能或性质相近，动力需要、防火、卫生等要求类似的车间应布置在同一功能分区内；

3 保养车间及其附属的辅助车间应按工艺路线要求布置在相邻近的建筑物里，建筑物之间应既有防火等合理的间隔，又具有顺畅而方便的联系；

4 保养场的办公及生活性建筑宜布置在场前区，建筑式样、风格、色彩等应与所在街景的美学特点要相谐和。

4.2.3 保养场应根据保养能力设置符合城市公共汽车技术条件要求的回车道、试车道。回车道、试车道用地总指标应按停放车辆数26m²/标准车～30m²/标准车计算，分项建设时，回车道和试车道应按停放车辆数每标准车用地指标取12m²/标准车～13m²/标准车计算。

4.2.4 保养场应设置不小于50辆运营车辆的待保停车坪(库)。停车坪(库)用地应按停放车辆数65m²/标准车～80m²/标准车计算。

4.2.5 保养场区车行道路的宽度不应小于7m，人行道的宽度不应小于1m。

4.2.6 保养场应有供机动车进出的主大门，其宽度不应小于12m，主大门两边应有宽度不小于3m的人员出入门，同时还应在适当处设置车辆紧急出入门。

4.2.7 保养场的配电房、锅炉房、空压机房、乙炔发生站等动力设施应设置在全场的负荷中心处。锅炉房应位于全场的下风处，并应有就近便于堆放、装卸燃煤的场地。

4.2.8 保养场用地应按所承担的保养车辆数计算，并应符合表4.2.8的规定。

表4.2.8 保养场用地面积指标

保养能力（辆）	每辆车的保养用地面积(m²/辆)		
	单节公共汽车和电车	铰接式公共汽车和电车	出租小汽车
50	220	280	44
100	210	270	42
200	200	260	40
300	190	250	38
400	180	230	36

4.2.9 当保养场与停车场或修理厂合建时，其用地面积应在保养场的基础上，按本规范第3章中停车面积、修理厂中修理车间的用地要求增加所需面积。

4.2.10 保养场的油气站、变电房的用地应另行计算。

4.2.11 保养场应确保绿化用地规模，办公区和生活区的绿地率不应低于20%，有特殊要求的城市可另行增加用地。

4.3 建筑与设施

4.3.1 保养场的生产车间应按生产性质及工艺确定建筑层数与层高，辅助工间不宜高于3层。

4.3.2 保养场应根据保修生产的工艺要求，可由保养车间、发动机修理间、底盘修理间、轮胎修理间及喷烤漆间等构成保修厂房，由电工间、蓄电池间、设备维修间、材料配件工具库、动力站等构成辅助车间，并应符合下列要求：

1 各辅助车间应按工艺要求，紧凑地布置在主车间的四周；

2 发动机修理、动力站等有较大噪声的车间应单独布置，并应采取隔噪措施；

3 各类建筑、设施的防火设计应符合现行国家标准《汽车库、修车库、停车场设计防火规范》GB 50067

的规定。

4.3.3 保养场应有固定的车身保养工作场所，并应单独建立车身保养车间（工段、组）。

4.3.4 保养场的保修厂房应根据南北方城市的不同情况因地制宜，采取相适应的形式，并应符合下列规定：

1 保修厂房宜采用通过式，顺车进房，顺车出房，利用房外通道回车。

2 厂房长度可因地制宜，厂房宽度可按每日保修车辆的台次确定。

3 保养场生产性建筑用地宜按 $50m^2$/标准车计算。各车间的用地应根据工艺设计确定。

4.3.5 汽车保养场的保修工位可按每 100 辆标准车 9 个确定，其中车身 2 个、机电 7 个；电车保养场的保修工位可按每 100 辆标准车 11 个确定，其中车身 4 个、机电 7 个。

4.3.6 保养场的保养车间、发动机修理间、底盘修理间、蓄电池间等与油和腐蚀性介质接触的厂房地面，应采用高标号混凝土面和耐机油、耐酸、耐腐蚀的非刚性材料面层。各车间的地沟外表面应选用光洁的饰面材料。

4.3.7 保养场的生产和生活污水应分开，生产污水必须经净化设施处理后，方可排入市政管线。机油、蓄电池液等不得排入污水管道，应统一回收、处理。

4.3.8 生产垃圾和生活垃圾应分开。生产垃圾应分类收集，有毒、腐蚀性垃圾应由相关专业垃圾处理厂进行处理。

4.3.9 保修设备的配备应按现行国家标准《汽车维修业开业条件　第 1 部分：汽车整车维修企业》GB/T 16739.1 的规定执行。

4.3.10 保养场设施应具有相应的抗震、防雨、防风、防雷、防盗措施。

4.3.11 办公楼用地宜占生活性建筑用地的 13%。办公楼的设计应符合现行行业标准《办公建筑设计规范》JGJ 67 的规定。

4.3.12 保养场宜配职工生活服务设施。

4.3.13 保养场噪声值应符合现行国家标准《声环境质量标准》GB 3096 和《工业企业厂界环境噪声排放标准》GB 12348 的有关规定，当不能满足要求时，应采取隔声、隔振措施。

4.3.14 保养场油气站的设计应按本规范第 3.4.11 条～第 3.4.14 条执行。

5 修 理 厂

5.1 功能与选址

5.1.1 中小城市的修理厂宜与保养场合建。

5.1.2 修理厂宜建在距离城市各分区位置适中、交通方便、交通流量较小的主干道旁，周围有一定发展余地和方便接入的给排水、电力等市政设施的市区边缘。

5.1.3 修理厂的建设应进行环境评价，其内容应包括噪声、废气排放、污水排放和固体废物等。

5.2 用地与布置

5.2.1 修理厂应根据运营车辆的数量及其大、中修间隔年限确定修理厂的规模、厂房面积等。大、中修间隔年限应由各城市按本地具体情况确定。

5.2.2 修理厂用地应按所承担年修理车辆数计算，宜按 $250m^2$/标准车进行设计。

5.2.3 修理厂的平面布置应按生产区、辅助区、厂前区、生活区进行设置，并应符合下列规定：

1 修理厂的生产区应以生产厂房为中心区域，宜布置在全厂总平面的中间；

2 辅助区宜靠近主厂房，围绕着主厂房布置；

3 厂前区应包括办公楼、营业区；

4 生活区应包括食堂等为职工生活服务的区域，并应与生产分开。

5.2.4 修理厂的全厂性仓库应布置在营业区，专用仓库宜靠近所服务的车间，易燃物品的仓库应布置在下风处和厂区边缘，并应靠近工厂道路。仓库应确保消防车能自由接近库房。

5.2.5 修理厂内的道路应符合下列规定：

1 回车场最小面积应按铰接车计算。

2 行车道的转弯半径不应小于 12m。

3 行车道的横向坡度宜为 2%～3%，纵横向坡度不应大于 5%。

4 主要道路应人车分道，宽度不应小于 10m。

5 修理厂人与车出入的大门必须分开设置。车辆进出的主大门宽不应小于 12m，净高不应小于 3.6m。

6 修理厂应设置应急备用大门。

5.2.6 厂区消火栓的布置应符合现行国家标准《汽车库、修车库、停车场设计防火规范》GB 50067 的规定。

5.2.7 修理厂应确保绿化用地，厂前区和生活区的绿地率不应低于 20%，修理厂内四周宜建宽度为 2.0m～2.5m 的绿化带。

5.3 建筑与设施

5.3.1 修理厂厂房的方位应按照采光及主导风向确定，应利用自然采光和通风。厂房的建筑宜采用组合式，应采用有利于运输和降低建筑费用的式样。

5.3.2 各车间、工作间的布局应符合下列规定：

1 修理厂应按工艺路线、工作顺序和便于生产上相互联系的要求安排各车间、工作间的位置。

2 各主要通道的布局应整齐，应照顾到各种运输方式的衔接，避免生产运输线路迂回往复以及跨越生产线的现象。

3 各车间、工作间应有与主通道直接连通的大门，且经常开启的大门不宜朝北。各车间的大门应能使车间最大设备通过或另设置最大设备通过的备用大门，经常开启的大门与备用大门宜结合设置。

4 热加工、锻压、铸造、电镀、喷漆等有有害气体排放的车间，应置于全场常年主导风的下风向。

5 锻压、机加工等产生噪声的工艺应设置在单独的车间内，并应符合本规范第4.3.13条的规定。

6 车间办公室和生活间应就近布置在各车间内。

5.3.3 修理厂仓库的设计可按有关规范进行，占地面积可按下式计算：

$$S_Q = \frac{Q \times K \times n}{12P_x} \quad (5.3.3)$$

式中：S_Q——修理厂仓库占地面积(m^2)；

Q——该厂年生产量(修车数/年)；

K——物料入库量占年生产量的百分比(%)；

n——材料储备期(月)；

P_x——仓库总面积上的平均荷量(t/m^2)。

5.3.4 修理厂的污水、垃圾的设施及处理应符合本规范第4.3.7条、第4.3.8条的规定。

5.3.5 修理厂各类建筑、设施的防火设计应符合现行国家标准《汽车库、修车库、停车场设计防火规范》GB 50067的规定。

5.3.6 修理厂设施应具有相应的抗震、防雨、防风、防雷、防盗措施。

6 调度中心

6.0.1 调度中心应具备运营动态管理、调度、监控和公共信息服务等功能。应配置调度工作平台、通信设施、在线服务设施和救援车辆等设备，包括若干调度终端、视频显示系统及机房等，其监控及调度系统应符合下列基本规定：

1 应能实现各级调度实时监视所辖线路全部运营车辆的运行状态；

2 应能实现运营车辆的远程调度、实时调度和应急调度；

3 应实现多条线路的集中统一调度，并应能提高相关线路的衔接配合能力；

4 应能为乘客提供动态乘车信息服务；

5 应能自动生成行车记录，并按统计期自动生成运营统计数据；

6 应能根据动态运营数据，实时提出调整行车计划和运营排班计划的建议方案。

6.0.2 调度中心应与公交企业的调度体制相协调，可根据交通方式特征，按不同类型或不同隶属关系分别建设总调度中心和分调度中心。

6.0.3 总调度中心应为总公司系统的指挥中心，应能监视监控及调度系统的所有运营车辆和指挥各分调度中心、线路调度室，并应具有临时取代分调度中心或线路调度室的调度职能的功能。总调度中心宜选址在靠近其服务的线网中心处，用地面积不宜小于5000m^2，设施建筑面积不宜小于5000m^2。

6.0.4 分调度中心应为分公司系统的指挥中心，应接受并执行总调度中心的命令和指挥各线路调度室；应能监视所辖区域、线路的运营车辆，并应具有临时取代线路调度室的职能的功能。分调度中心的工作半径不应大于8km，每处用地面积可按500m^2计算，且宜与大型枢纽站或停车场合建。

6.0.5 公交枢纽站、换乘站、停车场、保养场、首末站、中途站应配置通信调度设施设备和电子显示服务等装置。

6.0.6 中、小城市可根据需要配置调度中心及相关设施。

本规范用词说明

1 为便于在执行本规范条文时区别对待，对要求严格程度不同的用词说明如下：

1)表示很严格，非这样做不可的：

正面词采用“必须”，反面词采用“严禁”；

2)表示严格，在正常情况下均应这样做的：

正面词采用“应”，反面词采用“不应”或“不得”；

3)表示允许稍有选择，在条件许可时首先应这样做的：

正面词采用“宜”，反面词采用“不宜”；

4)表示有选择，在一定条件下可以这样做的，采用“可”。

2 条文中指明应按其他有关标准执行的写法为“应符合……的规定”或“应按……执行”。

引用标准名录

1 《室外排水设计规范》GB 50014

2 《汽车库、修车库、停车场设计防火规范》GB 50067

3 《汽车加油加气站设计与施工规范》GB 50156

4 《声环境质量标准》GB 3096

5 《城市公共交通标志 第3部分：公共汽电车站牌和路牌》GB/T 5845.3

6 《工业企业厂界环境噪声排放标准》GB 12348

7 《公共信息导向系统设置原则与要求 第4部分：公共交通车站》GB/T 15566.4

8 《汽车维修业开业条件 第1部分：汽车整车维修企业》GB/T 16739.1

9 《电动车辆传导充电系统 电动车辆交流/直流充电机(站)》GB/T 18487.3

10 《城市道路照明设计标准》CJJ 45

11 《办公建筑设计规范》JGJ 67

12 《汽车库建筑设计规范》JGJ 100

中华人民共和国行业标准

城市道路公共交通站、场、厂工程设计规范

CJJ/T 15—2011

条 文 说 明

修　订　说　明

《城市道路公共交通站、场、厂工程设计规范》CJJ/T 15－2011，经住房和城乡建设部2011年11月22日以第1182号公告批准、发布。

本规范是在《城市公共交通站、场、厂设计规范》CJJ 15－87的基础上修订而成，上一版的主编单位是武汉市公用事业研究所（现武汉市交通科学研究所的前身），主要起草人员是胡润洲。

本次修订的主要技术内容是：新增公共交通枢纽站和调度中心的设计内容；对站、场、厂设施的功能和基本要求进行了细化；对停车场总用地规模等概念不清和已过时指标进行了重新界定和调整；新增了公共交通站、场、厂电动汽车、智能交通（ITS）、信息化建设等内容；删除了城市水上公共交通方面的内容。

本规范修订过程中，编制组进行了大量的调查研究，总结了我国城市道路公共交通站、场、厂的实践经验，同时参考了国外先进技术标准。

为便于广大设计、施工、科研、学校等单位有关人员在使用本规范时能正确理解和执行条文规定，《城市道路公共交通站、场、厂工程设计规范》编制组按章、节、条顺序编制了本规范的条文说明，对条文规定的目的、依据以及执行中需注意的有关事项进行了说明。但是，本条文说明不具备与规范正文同等的法律效力，仅供使用者作为理解和把握规范规定的参考。

目　次

1 总 则

1.0.1 本规范是在原《城市公共交通站、场、厂设计规范》CJJ 15－87的基础上修订的。修订本规范的目的主要体现四个方面：一是系统性，既要充分考虑城市道路公共交通子系统，又要考虑经济社会大系统，使道路公共交通的设计建设与城市总体规划、各专项规划相协调，适应经济社会发展要求，适应运营调度管理要求，适应乘客安全便捷出行需求；二是开放性，既要考虑服务区域范围的扩大，又要考虑与其他交通方式的整合，还要预留未来发展的余量，把功能放在十分突出的位置；三是应变性，体现产业发展政策取向和资源、环境约束，体现相关标准规范的新发展，体现安全环保新要求；四是创新性，国内外新技术、新材料、新工艺、新方式的研发和应用，在城市道路公共交通领域日趋成熟，吸纳最新发展成果拓展了新的发展空间。而旧版规范制定时间较早，且在这些方面存在较大缺陷，因此，为了使城市道路公共交通站、场、厂的设计建设符合新的发展要求，并指导未来一定时期的实践，本规范修订显得非常必要和及时。

1.0.2 本规范界定的适用范围为城市道路公共交通车站、停车场、保养场、修理厂的新建、扩建和改建设计和建设。快速公交、城市轨道交通、城市水上公共交通和城市其他公共交通的相应标准另行制定。

1.0.3 城市公共交通站、场、厂是保证城市公共交通运营生产能正常进行的重要后方设施，是城市基础设施的组成部分之一。因此，它不仅要符合城市总体规划和综合交通规划，与城市规划相互协调，与土地使用相互作用，合理布局，而且应纳入城市总体规划和综合交通规划，并在规划中占有相应的重要地位。

1.0.4 规定了城市道路公共交通站、场、厂设计的基本原则和要求。根据城市发展和土地利用实际，按照节约集约利用土地要求以及交通枢纽综合立体开发成功案例，提出了用地紧张地带道路公共交通设施设计建设模式，不局限于平面和单一功能，这样可以提高土地利用效率，同时解决公共交通用地无法落实问题。

特别强调在必须设置公共交通设施的用地紧张地带的土地开发模式，突破土地政策界限，鼓励综合开发利用，在这方面国内外有很好的案例。

1.0.5 本规范突出以人为本、无缝对接、零距离换乘理念，强调换乘枢纽的重要地位和作用，在综合交通枢纽设计时，更加注重交通设施和交通组织的一体化。一体化设计尤其要重视衔接换乘的物理设施、交通组织等。

1.0.6 在执行本规范条文时，不得与我国现行的其他有关标准和规范发生冲突。对引用的各有关标准的参数、计算方法和名词术语等一律不再作新的定义、解释或者重复叙述。

2 车 站

2.1 首 末 站

2.1.1 根据现代交通建设的要求，注重道路公共交通首末站设置、建设与城市土地利用及其他交通方式的相互关系，提出了随城市建设改造、大型客运交通枢纽设置与其他客运交通方式统一规划建设的模式及要求，主要目的是使城市公共交通与其他客运交通“无缝”衔接，方便换乘。

2.1.2 本条在总结城市公共汽、电车首末站设置经验的基础上，进一步明确了公共交通客运首末站在城市总体规划和综合交通体系网络中的优先设置理念。根据旧版设计规范的部分内容和大量实际车站设置的案例，以公共交通提供便捷、经济、舒适的客运服务为基本准则，界定了公共交通客运首末站的基本选址原则。并针对城市发展中大型居住区的规划建设模式，根据畅通工程、绿色交通示范城市考核标准说明或一般城市居住区域的公共交通出行发生率等，界定不同的居住规模等级相应的公共交通首末站设置要求。

对长途客运站、火车站、客运码头主要出入口内设置公共交通车站给出了范围控制指标。主要目的是使城市公共交通与对外交通资源整合共享、“无缝”衔接，方便换乘。在其他大型集散点附近设置首末站，也是快速疏散和提高效率的需要。

2.1.3 首末站规模主要指其建设用地规模，本次修编以运营车辆基准用地方法计算首末站建设用地规模，即按线路所配运营车辆总数及每标准车用地基数确定其规模。

随着经济社会发展，应逐步改善工作生活环境，并留有发展余地，同时，也便于规划设计人员准确把握使用尺度，提出首末站总用地规模和分项指标，适度增加办公、回车道面积。根据公共交通设施建设日益增长的环保要求和目前国内城市绿化的一般要求，城市绿化覆盖率要求一般不低于35%，结合《城市绿地分类标准》CJJ/T 85，将首末站绿化用地标准提高至20%。综合考虑城市公共交通首末站生产配套基础设施的实际需求，给出了首末站各项生产配套基础设施的基本用地规模控制指标。

首末站的占地面积按每辆标准车占地不应小于$100m^2$计算。这个指标是全国各大中城市从建站的经验中总结的实用数据。

首站有两种情况，一是不用作夜间停车，另一种是用作停车。在不用作夜间停车的情况下，站内停车坪主要用于高峰后调整下来的车辆停放和剩余运营车辆周转。根据各城市调查的资料，这两部分车辆同时在坪内周转停放的最大可能可达到50%以上。加上站内不能利用的死角和应留的车辆进出间距、通道，因而规定停车坪在不用作夜间停车的情况下，占地面积不应小于该线路全部运营车辆的60%所需用地规模。

依据《城市道路交通规划设计规范》GB 50220－95第3.3.7条，界定首末站用地的下限值。

为了改善运营调度管理和司乘人员生产生活条件，结合公共交通行业自身特点，必须高度重视基本的设施配置，体现以人为本。表1、表2列出了广州等城市公共交通站场建设经验数据。

表1　公交站场用地经验数据（不含智能监控）

站场分类		首末站	枢纽站	要求
公交站场	总面积(m^2)	1000～3000	3000以上	站场以长方形为佳，出入口位于站场两侧，并与场外道路衔接
	容纳线路数(条)	1～4	5以上	
办公用地	总面积(m^2)	35以上	75以上	每增加3条公交线路需增加$10m^2$
	站场管理室面积(m^2)	5	15	
	线路调度室面积(m^2)	15	30	每增加3条公交线路需增加$10m^2$
	司机休息室面积(m^2)	10	15	
办公用地	卫生间(m^2)	2	10	
	茶水间面积(m^2)	3	5	
	清洁用具杂务间面积(m^2)	3	6	

表2　公交站场用地经验数据（含智能监控）

公交站场	总面积(m^2)	1000～3000	3000以上	站场以长方形为佳，出入口位于站场两侧，并与场外道路衔接
	容纳线路数	1～4条	5条以上	
办公用地	总面积(m^2)	43以上	91以上	每增加3条公交线路需增加$20m^2$
	站场管理室面积(m^2)	5	15	
	线路调度室面积(m^2)	15	30	每增加3条公交线路需增加$10m^2$
	智能监控室面积(m^2)	8	16	每增加3条公交线路需增加$10m^2$
	司机休息室面积(m^2)	10	15	
	卫生间(m^2)	2	10	
	茶水间面积(m^2)	3	5	
	清洁用具杂务间面积(m^2)	3	6	

依据表1和表2，界定首末站办公用地规模下限。末站一般不含站场管理室、司机休息室和智能监控室，若需要，则相应增加面积。

总结各地在末站规划用地和建设规模上的经验数据。末站按该路线全部车辆的20%安排用地是必要和适宜的。

2.1.4　为增强公共交通吸引力，方便市民出行，特别需要考虑各种方式存车换乘需要，提出对存车换乘需求量较大的首末站，配套存车换乘条件，并在首末站设计时另外增加用地面积。

2.1.5　本条根据现行的国家标准《汽车库、修车库、停车场设计防火规范》GB 50067和《汽车加油加气站设计与施工规范》GB 50156，确定公共交通首末站在设计建设加油、加气设施时的用地规模设计准则和安全要求。

2.1.6　根据无轨电车的机电运行装置的物理特性，界定无轨电车首末站的一般设置基准和设计要求，尤其是明确给出了对无轨电车电力供应的可行性和经济技术合理性的设计要求。同时，明确根据《城市道路交通规划设计规范》GB 50220－95第3.4.4条，确定无轨电车整流站的规模、服务半径以及折返能力。

2.1.7　根据国内实践经验，参照美国相关设计标准，给出首末站设计的具体内容。

2.1.8　本条给出了首末站站内回车道的主要设计参数。由于在早、晚高峰时进出车辆较多，常有2辆车同时回车，加上每辆车行驶时两侧应留的安全间距（各750mm），还要留出车辆摆动安全距离，因此，回车道宽规定不应小于7m。

2.1.9　出于节约资源能源、减少空驶里程和方便运营调度管理需要，远离停车场保养场或有较大早班客运需求的首末站必须设计供车辆下线停靠和部分或全部车辆夜间停车的停车坪。

为了便于雨水排放，不造成积水，保障停车安全，根据城市规划相关规定，对停车坪的坡度提出了要求。

2.1.10　参考日本道路设计规范规定，非铰接车的出入口宽不应小于7.5m。因此，在小城市运营车均为非铰接车的，出入口宽度也确定以这一数值为设计标准。

考虑很多城市还有一定规模的铰接车运营车辆，今后该类型车辆还有增加的趋势，为了保证首末站出入口的交通安全，出入口的宽度不应小于标准车宽的3倍～4倍（7.5m～10m）。而且应通视良好，在出入口后退2m的通道中心线两侧构成的120度范围内能清楚地看到站内车辆或者道路上的车辆和行人。

2.1.11～2.1.14　候车亭、候车廊、站台是改善乘客候车条件和保障乘客安全的需要，其设计总结了佛山、北京等国内城市的实践经验，在对全国各主要城市公共汽车、电车中途站的调查中，廊长一般没有超过20m。站牌设计在国家标准《城市公共交通标志　第3部分：公共汽电车站牌和路牌》GB/T 5845.3中作出了详细规定。

2.1.15 首末站停车区路面使用频率高，为了保障路面完好和行车安全，对道路强度提出增强处理要求。对盲人和残疾人候车人性化设施也提出了设计要求。

2.1.16 本条根据现行的国家标准《汽车库、修车库、停车场设计防火规范》GB 50067和《汽车加油加气站设计与施工规范》GB 50156，确定了公共交通首末站建加油设施的设计准则。

2.1.17 电动汽车首末站是本次规范修编增加的重要内容，电动汽车首末站除应具备一般公共交通首末站的基本条件外，还应符合《电动车辆传导充电系统、电动车辆交流/直流充电机（站）》GB/T 18487.3的规定。

2.2 中 途 站

2.2.1 在设置中途站时，以人性化设计理念为指导，增加了应在过街通道与站位之间留有足够安全距离的前提下，尽可能地与人行过街设施及其他交通方式近距离衔接的设计要求，以方便乘客换乘和过马路，尽可能“无缝”衔接。

2.2.2 设置中途站是专为公交车辆停靠，以方便让乘客上下。乘客上下完毕，车辆就应立即通过这个站，让后面的公共交通车辆停靠。因此，设置站址时，主要解决停和通的问题，同时避免非公交车辆的干扰。按照以人为本的原则，本条还增加了方便乘车的要求。

2.2.3 在路段上设置站点时，上、下行对称的站点宜在道路平面上错开，以免把车行道宽度缩小太多，造成瓶颈，影响道路畅通。如果路旁绿带较宽，则可采用港湾式停靠站。对称车站应错开的距离不宜太近，否则，对称车站同时停车和上下车乘客集中在车站就很容易造成瓶颈。

依据《城市道路交通规划设计规范》GB 50220－95第3.3.4条，增加了对置设站、不同方向换乘距离的设计控制指标。

2.2.4 在交叉口附近设置站点时，应该考虑：使乘客乘车、换乘方便；不妨碍交叉口的交通和安全，即不阻挡交叉口视距三角形内的车辆和行人的视线，不影响停车线前车辆的停车候驶和通行能力；不影响站点本身的行车秩序和通行能力。路线的通行能力取决于站点的通行能力。保证站点能满足公共交通车辆通过的必要条件是t间$\geqslant t$停。如果站点太靠近交叉口停车线，车辆上完乘客后，常会遇到交叉口红灯而不能出站。被迫继续停在站上，有t阻的时间。这样，站点的通行能力（N站）：

$$N\text{站}=\frac{60}{t\text{停}+t\text{阻}}\quad(\text{车次}/\text{小时})$$

因此，为了提高站点的通行能力，停靠站应与交叉口有一定的距离。使t阻$=0$，最好是将停靠站设在过交叉口的50m以外。公安部从交通管理和交通安全出发，提出“公共汽、电车的中途站，应设在交叉路口的驶出段”。从提高公交站点的通行能力和交通安全出发，作了此条规定。

依据《城市道路交通规划设计规范》GB 50220－95第3.3.4条，增加了交叉口（平面和立体）设置中途站的换乘距离设计控制指标。

郊区公路设公交站离平交路口距离也是从安全角度考虑的最低要求。

2.2.5 在道路上有几条路线重复经过时，它们的站点必然会发生联系，为了乘客换车方便，常常将几条路线的停靠站并在一起。这时，应该特别注意站点的通行能力是否与各条路线发车频率的总和相适应，否则容易产生站点堵塞，运送速度降低，车辆客运能力降低，站上秩序混乱。所以，在设置这类站点时，对于路线重复段较长的，除将几个乘客换车较多的站合在一起外，对其余换车较少的站，可以将站分设，前后间隔布置。只要站点通行能力允许，对于路线重复较短的交叉路线，其站址宜靠近或合并，以便乘客换车。对于无轨电车路线重复较多的站点，可在站上架设架空避让线，使后面不需要停站的车辆可以超越。

通过实地观察和测算，给出了中途站停靠线路条数和高峰小时通过车数的设计指标。站点设计理论和实践证明，停靠通道增加可以加快车辆快速进站和通过。

2.2.6 在市区道路上布置站距时，因受到道路系统、交叉口间距的影响，需要结合道路上的具体情况确定。因此在整条路线上，站距是不等的，市中心地区，客流密集，乘客上下频繁，站距宜小些；城市边缘地区和郊区人口分布相对分散，站距可适当增大。

随着优先发展城市公共交通战略的推进，合理的步行距离已经纳入公共交通服务质量管理范畴，绿色交通示范城市考核标准说明中也有类似要求。本条依据以上意见和各地的经验进行了总结。

《城市道路交通规划设计规范》GB 50220－95第3.3.1条，对不同城市区域线路、各种常规公共交通运输方式的平均站距长度给出了控制标准。

2.2.7 在一些次要的线路和一些客流较少的中途站，由于车辆间隔长，候车的乘客也不多，实际执行情况一般没有候车廊，因此，设计时可以不设候车廊，如果为了规范站台秩序需要设置，廊长可以适当缩短，但不宜小于5m。廊长的具体尺寸应根据车站的具体情况酌定。当共站停靠线路条数较多时，候车乘客量都很大，候车廊和站台设计时应适当加长。

2.2.8 《法国城市内部的道路规则》关于公共交通车一章中对公共汽车站作了这样的规定：“汽车站的停车带宽度为3m”。“停车带的延长长度，每停放一辆公共汽车至少要保证30m。前后15m范围内禁止停车”。

美国《公共交通设施标准手册》对停车站的长度作了如下规定和论述：公共汽车停车站的长度应反映出：在20min～30min的各高峰时间内，一个车站能同时容纳的车辆数;公共汽车进出车站的行驶要求。公共汽车上下乘客位置的大小取决于:公共汽车进站率及其特点,停车站的乘客量。公共汽车停车站的容纳能量标准:乘客服务时间在20s或20s以内的地方,要给大约每60辆高峰车提供一个车位,这是典型放射形干道的情况;在平均30s到40s的地方,要给大约每30辆高峰车提供一个车位;乘客服务时间很大的地方,要给大约每20辆高峰车提供一个车位。一辆单车长40英尺(12.19m),那么对于较长的铰接车来说,停车站长度应相应作修正。当线路公共汽车运营次数极少时(即高峰时少于4辆,基本间隔为每小时两辆车)就需要使公共汽车同时使用一个停车站时,那么每增加一辆车,停车站的长度则增加45英尺(13.72m)。单车停站时,停车站的长度标准:在交叉口驶出部分的路段上设立的公共汽车停车站的长度应为80英尺~100英尺(24.38m~30.48m);在交叉口驶入部分公共汽车停车站长度为90英尺~105英尺(27.43m~32m),停站公共汽车前部至前一停车位始端的距离。公共汽车停车站应用6英寸~8英寸(152mm~203mm)宽的白色车道实线作标志,将公共汽车的停车区间与相邻行车道清晰地区别开来,在车流量大的路段,可采取路面停车站标志。

同时,《公共交通设施标准手册》对公共汽车停车站停车位置的容纳能力给出了参考数据。

从以上所述可知:

1 为了确保车辆在中途站能迅速进出站和安全停靠必须要划定一个停车区。在这个停车区前后还要留一个安全距离,这样车辆进出站才能迅速,才能不会因前后有东西阻碍不能停车或发生事故。我国目前大多数没有这样做,停靠站前后,甚至就在站上有时都出现障碍物,使车辆不能安全停靠,影响车辆正常运行。

2 车辆的停站时间按下述公式计算:

$$t停 = t减 + t上下 + t加(分钟)$$

$t减 = 2t安/b$ ($t安 \approx 5m$,前车出站与后车进站的最小安全距离)

($b \approx 1 \sim 1.5m/s^2$车辆减速度)

$t上下$——乘客上下车时间,约20s~40s;

$t加$——车辆驶出停靠站的时间$(t加)^2 = 2$车身$/a$,($a \approx 0.8 \sim 1.2m/s^2$,车辆启动加速度)。

车辆停靠时间必须小于线路发车间隔时间,从而保证站点有较好的通行能力。这就必须根据停靠时间的长短和每一个车位在该停靠时间(服务时间)内的容纳能力确定停车区的长度,使两辆车在前后进站停靠的情况下都有停靠的地方。停靠时间在30s,150辆车也才需要3个车位。按我国情况,停车区长度最多不宜超过3辆车长加各5m的安全距离,这样,车辆进出站基本没有问题。

3 停车带宽度为3m,既能满足车辆停靠要求,也不影响其他机动车辆正常安全通行。

2.2.9 鉴于公共交通发展多年来的实际和中途调度的可能性,设中途调度站已经没有实际意义,随着信息化和智能化管理的进程,中途调度站的功能完全可以取代。

根据《城市道路交通规划设计规范》GB 50220-95第3.3.6条,增加了快速路、主干路及具备条件的次干路的公共交通停靠站设计准则和平面布置要求。对开凹长度,宽度规定了下限值,对上限值未加限制。

2.2.10 本条主要根据我国目前许多城市需要,并参照美国《公共交通设施标准手册》中对公共汽车避车道的规定。我国大城市的旧城区一般是商业、文娱活动中心,居民也多集中于此,交通流量因而较大,但道路又较窄,以至于一辆公共汽车停站,就要占去大半个车道,使后面的机动车、非机动车受阻,不仅影响通行能力,还容易造成交通事故。这样的道路如果能利用一点人行道,使车辆进入凹进的停车区,减少占据行车道的宽度,就能减少对城市道路交通的影响,保障交通畅通。

2.2.11 中途站停车区道路增强处理,理由见本规范第2.1.15条文说明。

2.3 枢 纽 站

本节为新增内容,主要突出枢纽站在城市公共交通系统中的重要功能、性质、地位和作用,它是公共交通线网和运营组织的核心,是客流转换和保障运输过程连续性的关键节点,是发挥多方式衔接联运和各自优势的重要环节,是车辆停放、低保、小修及调度的重要场所,其地位和作用不言而喻,因此,根据国内外实践经验,本章就枢纽站选址原则、内部功能布局及交通组织要求、与城市道路衔接、辅助设施以及用地需求等作出规定。基于当时的条件,枢纽站在旧版《规范》中第2.1.17条仅简要叙述,没有突出其应有的地位和作用,在认识上也未达到一定高度。《城市道路交通规划设计规范》GB 50220-95中第3.2.1条和绿色交通示范城市考核标准说明中涉及了枢纽站相关内容。

本节规定多条道路公共交通线路共用首末站形成换乘枢纽站的设计要求,明确了功能定位、分区、布局的原则和枢纽站内外交通组织必须考虑的因素,还包括提升服务质量的辅助设施配置。

随着城市范围的扩大,大量乘客的出行仅靠一种公共交通方式完成是不现实的,必然存在多方式换乘。为了发挥交通系统的整体效率,必须建立有效的交通衔接系统,将各种交通方式内部、各种交通方式之间、私人交通与公共交通、市内交通与对外交通有机衔接,这就是综合枢纽应起的作用,也是本规范新增相关内容的原因。通过枢纽设施和紧凑的站点设置,向公交乘客提供方便的换乘条件;通过"停车+换乘",实现公共交通与个体交通的有效转换;通过综合枢纽和连接市内的道路、轨道，将机场、港口、火车站和公路客运站等对外交通设施与市内交通紧密相连。

2.3.1 不同规模的枢纽站的配置和要求应视功能和具体情况有所不同，提出了枢纽站分类指标和设计建设规模依据。

2.3.2 枢纽换乘客流量大、多条线路汇集，需要在此设首末站，要求有良好的车辆进出站连通道，对城市主干道机动车流干扰最小。同时，枢纽是一个整体，属综合性设施，为了最大限度地整合土地、设施资源，各功能分区布局必须统筹安排、系统规划设计和建设。

2.3.3 枢纽站内进出车辆和行人流量大，为了保证通行安全，提出进出车道分开设置和右进右出设计要求，目的是避免进出车辆冲突，保证车流顺畅。同时，枢纽站兼具停车场的部分功能，承担该枢纽站服务的线路车辆停车周转、低级保养及小修任务，为了满足运营车辆的技术性能和调度管理要求，必须设置明显的标志，保障站内秩序和安全。因此，提出分区设置和安全要求，使站内功能分区配置相对独立，避免人车混行、运修混杂。

2.3.4 根据国内外经验，枢纽站的发车区始发站的数量取决于共站线路条数，一般一条线路用一个始发站，设一个发车位和一个候车位，随着线路条数的增加，一个始发站可以容纳两条线路发车，因此，考虑到需要与可能以及发展余地，始发站数量不宜少于4个。站台、雨阳篷、座椅等设施的配置主要是为了满足乘客候车的需要。

2.3.5 人行通道应尽量减少与机动车通道平面交织，与地下通道和人行天桥有机衔接整合，综合布局使用，保障行人安全。

2.3.6 枢纽站的首要功能是方便乘客换乘，但是，国内各城市道路公共交通枢纽实际用地都很紧张，特别是中心城区更加困难，因此，提出重点满足车辆周转，其次才是停车需求，依此原则考虑停车坪用地，并给出计算方法。为了发挥道路公共交通容量大、占地少的优势，吸引更多的出行转向公共交通方式，枢纽站宜根据站址用地可能性，另行配套安排自行车、摩托车、出租车、小汽车停车场，以方便存车换乘。

2.3.7 大型枢纽站运营线路多，客流量大，为了方便乘客辨识候车站台和乘车，应采用现代信息技术，在醒目的地方显示线路发车信息为乘客导乘。

2.3.8 在电、汽车共用枢纽站时，要充分考虑电车供电线网的特殊限制，合理安排行车运行通道。

2.3.9 为了满足枢纽站内车辆运营、调度、管理的需要，改善生产、生活条件，对办公用地面积作出了规定，详见条文说明2.1.3中的表1和表2。

2.3.11 对枢纽站和综合枢纽设施建设内容作出了规定，以满足乘客便捷换乘所需要的信息和服务，保障安全生产各项需要。

2.4 出租汽车营业站

2.4.1 为了方便乘客，实现"无缝"换乘，满足主要客流集散地各种乘车需求，根据《城市道路交通规划设计规范》GB 50220－95第3.3.8和第3.3.9条规定，增加了营业站设置要求，并根据乘客流量，确定建站规模。如流量集中且很大的火车站等，需要快速疏散，规模可能需要100辆～200辆，网点式服务需要的规模在10辆～20辆，一般停靠点的规模在5辆左右，而招手停靠点规模在2辆左右，就能满足驻车和候客需求。

2.4.2 出租汽车营业站的规划占地面积，以长4.8m，宽1.8m，车辆前留宽3.0m，后留宽0.5m，车辆两侧各留宽0.6m测算。

1 每一车位用地面积

全长4.8＋3.0＋0.5＝8.3m

全宽1.8＋0.6＋0.6＝3m

车位面积8.3×3＝24.9≈25m^2

2 停车场(或停车库)用地面积A_e

S_y——单车投影面积 $S_y=4.8\times1.8=8.46m^2$

H_1——停车面积系数 $K_t=3$

A_0——每车位面积 $A_0=8.64\times3=25.92\approx26m^2$

$$A_e=A_0\times n=S_y\cdot K_t\cdot n$$

3 停车数量30辆的营业站，其生产、生活所需建筑面积(包括调度室、乘客候车室、司机候车室、餐饮间、厕所)为120m^2，停车面积为630m^2，共计面积为750m^2。

每辆车平均所需建筑面积为4m^2，换成为占地面积等于6m^2。

由以上所述知，每车位占地面积最大为26m^2，本条归纳为营业站的占地面积宜按不小于32m^2/辆出租车计算，其中建筑占地面积不宜小于6m^2/辆出租车。

2.4.3 为了扩大出租汽车服务范围，若采用网点式服务，本条给出了服务半径和规模指标值，以10辆～20辆车、可达范围1km为宜。

2.4.4、2.4.5 我国出租汽车大部分在运行中载客，平均空驶率已达40%以上。为了充分体现出租汽车"门到门"的优势和方便乘客，体现定点载客和流动性载客，应给出租汽车运营创造良好的条件，设置营业站、网点服务、候客点、停靠点的目的就在于此，既方便了乘客，又可以让部分车辆停车候客，减少空驶，节约能源，降低尾气排放，符合节能减排的要求。

3 停 车 场

3.1 功能与选址

3.1.1～3.1.4 根据建设节约型社会和科学发展观的要求，增加了"停车场宜分散布局，可与首末站、枢纽站合建”、“综合开发利用”等内容，目前，很多城市已经成功地实施了这种模式。结合国内外相关经验，给出了停车场设施明细表。

从经济角度考虑，停车场到其服务的线路和分区保养场的距离不宜太远，否则，过高的空驶里程会造成巨大的浪费。

3.2 用地与布置

3.2.1、3.2.2 为了满足交通发展的需要。除应增加一定数量的道路用地外，还要有足够的用地供车辆停放。车辆若无固定地点停放，势必沿路到处停歇，既妨碍交通，又影响市容；或者侵占人行道，影响行人交通。所以要保证停车场用地，并提出了停车场规模。因各地情况不同，有的只有单车，增加标准车规模更直观明确。

增加了“在用地特别紧张的大城市，停车场用地不宜小于每辆标准车用地 $120m^2$”等内容，一是考虑停车规模小型化、分散化特殊情况需要。二是主要考虑保修工间与办公及生活建筑立体叠加，综合开发利用。三是中心城区用地紧张的实际情况。

从节约集约利用土地角度，综合安排停车用地，避免重复安排，给出综合用地指标下限值。采用多层停车库时，也不应重复计算。

3.2.4～3.2.6 增加了停车场平面布局、建筑、交通组织和安全相关要求，以利安全生产和环境保护。

3.2.7～3.2.9 增加了利用绿化带减少场区噪声扰民要求，体现以人为本、与环境融和，并给出绿化率指标。

3.3 进 出 口

3.3.1～3.3.5 《汽车库、修车库、停车场设计防火规范》GB 50067“安全疏散”中从防火出发，为保证一般汽车库在发生火灾事故时人员和车辆能安全疏散，对疏散出口作了规定。结合公共交通车辆进出停车场的特殊情况，本规范作出了规定。

3.4 建筑与设施

3.4.1、3.4.2 根据现行行业标准《城市客运车辆保养通用技术条件》CJ/T 3052 规定，凡公交车行驶里程达到 3000km，必须进行一级保养，行驶 16000km，必须进行二级保养，结合国内多年来的实践经验数据，2 个工位可以保障 200 辆运营公交车的一、二级保养需求。按照停车场小型化、分散化原则，一般停车场不会超过停车 200 辆。此外，部分首站具备低保功能，也可完成一定量的低保任务。对于超过 200 辆车的情况，工位数也未定死。

3.4.3～3.4.5 修车地沟有通道式敞开地沟和独立式敞开地沟两种。沟的长度根据实践经验而得。保修工间占地面积一般为停车场总占地面积的 14%～17%。主保修工间建筑占地面积不应小于保修工间建筑占地面积的 50%～60%。

3.4.8 按照资源节约型、环境友好型社会建设要求，增加了水回收再利用新要求。

3.4.9、3.4.10 从办公用地不宜过大，生活性建筑用地保证够用出发，提出了办公及生活性建筑最低限界，即不应小于 $10m^2$～$15m^2$/标准车。由于办公及生活都可以上接，因此，建筑面积可以依照需要和投资的可能从增加楼层上加以解决。由于我国已经停止福利分房以及生活服务设施社会化程度的提高，所以，职工住宅和生活服务设施应执行国家及地方相关政策和标准，不再作为必须配套设施规定。

3.4.11～3.4.14 参照上海、北京等城市公交企业建设和使用油库的经验数据，根据发展新型清洁能源的趋势和应用实际，液化石油气和天然气已广泛应用于城市公共交通领域，所以，将油库改为油气站，并执行最新版国家标准《汽车库、修车库、停车场设计防火规范》GB 50067 和《汽车加油加气站设计与施工规范》GB 50156(2006 年版)的要求。

3.5 多层与地下停车库

3.5.1～3.5.17 通过综合开发利用，建地下或地上立体停车场等立体形式，节约集约利用土地资源，已经成为国内外建设停车场成功的发展模式。主要参考美国、英国的多层停车场资料和我国《汽车库建筑设计规范》JGJ 100 中关于多层车库的论述，结合实际编制了多层与地下停车库一节的各条。具体设计建设时，应按《汽车库建筑设计规范》JGJ 100 执行。

为了提高安全性，增加了车辆进出多层和地下停车场的监控、导向、交通组织及消防设施要求，并执行相应国家标准规范规定。

3.6 出租汽车停车场

3.6.1～3.6.7 根据国家标准《城市道路交通规划设计规范》GB 50220－95 第 8.1.7 条机动车公共停车场用地面积，宜按当量小汽车停车位数计算。地面停车场用地面积，每个停车位宜为 $25m^2$～$30m^2$；停车楼和地下停车库的建筑面积，每个停车位宜为 $30m^2$～$35m^2$。

本规范提出出租汽车停车场用地面积不应小于 $50m^2$/标准车，其中包括停车、维修、办公、绿化、发展预留和机动用地。当采用多层停车库时，用地面积不应重复计算。

4 保 养 场

4.1 功能与选址

4.1.1～4.1.5 保养场的功能主要是承担运营车辆的高保任务及相应的配件加工、修制和修车材料，燃料的储存，发放等。按工程标准要求，加强了保养场用地、安全环保及设计项目等内容要求。

为了节约集约用地，提高保养场使用效率，对保养场建设提出分建或合建要求。

4.1.6 对保养场的选址规定了相应的原则要求。

4.2 用地与布置

4.2.3、4.2.4 增加了建设保养场回车道、试车道和停车坪的具体指标。

4.2.8 《城市道路交通规划设计规范》GB 50220－95 中第 3.4.3 条对公共交通车辆保养场用地面积指标作出了设计界定。

4.2.9 充分考虑具体情况下，给出保养场与停车场或修理厂合建时，综合用地可合并和调剂使用。

4.3 建筑与设施

4.3.1～4.3.3 随着经济社会发展，乘客对公共交通服务质量和安全要求越来越高，公交车辆作为城市流动的风景线，应高度重视车身的保养和维修工作，有条件的企业，车身应单独进保进修，使车辆面貌和车况经常保持完好状况，延长车辆的使用寿命。

根据工艺特点，便于生产安全，给出建筑层数、层高一般要求。

4.3.4 依照各个城市的意见以及实践经验，规定为生产性房屋建筑占地以每标准车占地 $50m^2$ 为计算指标。由于各城市的具体情况不同，各车间（包括库房、动力站）的用地不加限定，只规定根据工艺设计确定，从而使各地能因地制宜。

4.3.6 增加了地沟和墙面用材相关要求。

4.3.7～4.3.10 根据国家现行关于保修设备、安全消防和环境保护要求，增加了相应内容。

4.3.11～4.3.13 根据目前企业管理模式及有关建筑标准，合理安排生活性建筑用地。为落实环境保护相关要求，在设计时，应预先考虑周全，以改善生产、生活条件，减少对周边环境的影响。

5 修 理 厂

5.1 功能与选址

5.1.1～5.1.3 随着分工的社会化、专业化，车辆修理的小型化和分散化，以及节约资源的要求，城市道路公共交通车辆的修理要么与运营分离，交给专营企业，要么与保养场合并建设，这已经成为客观现实，因此，不主张单独建修理厂，特别是中小城市。

根据修理厂的特点，其选址应满足生产和环保要求。

5.2 用地与布置

5.2.1～5.2.7 根据国内实际经验数据，主要对修理厂厂区内布局、道路及安全生产和绿化等提出了要求。

5.3 建筑与设施

5.3.1～5.3.3 根据修理厂的生产工艺流程，对厂房、车间、工作间的布局提出相应规定和要求。

5.3.4～5.3.6 提出保障安全生产和环境保护方面的设计要求。

6 调 度 中 心

本章为新增内容，随着节约型社会建设和科技进步，最大限度地发挥资源效率不仅变得越来越紧迫和必须，而且变成了可能。公共交通已经从原来的单线调度发展成区域调度，从人工调度发展成智能调度。在城市交通越来越拥挤、各种大型活动越来越频繁、突发事件越来越多，而乘客对服务质量需求越来越高的态势下，调度中心的地位和作用也日益显现，新增道路公共交通调度中心的设计建设意义重大而深远。《城市道路交通规划设计规范》GB 50220－95 中第 3.4.1 条和第 3.4.6 条有所规定，即将颁布的《城市公共交通条例》和《公共汽电车行车监控及集中调度系统技术规程》中也有明确的要求。

6.0.1 城市公共交通设置调度中心，目的是通过运营组织和人员调度的快速反应，优化运力配置，处理突发事件发生时的客流疏散，保障安全，降低成本，提高经济效益和社会效益。为了保障运营调度快速、及时和有效，调度中心最关键环节是信息的准确、及时和通畅，现代化的通信手段为信息传递提供了便利，可为乘客提供出行信息服务，也为突发事件的紧急救援创造了指挥条件，因此，通信技术和设施至关重要，救援车辆及设备也非常必要。本条对调度中心的设施和基本功能要求作出了规定。

6.0.2 不同交通方式的特征不尽相同，隶属关系、管理模式和调度方式也有差别，根据条件许可，分别建设调度中心是必要和可行的。

6.0.3 在突发客流高峰或紧急情况发生时，要求以最短的时间到达现场指挥增援，因此，总调度中心选址在其服务的线网中心是最恰当的，其规模应能满足救援和工作车辆停放、信息处理交换、监控系统及工作人员办公基本要求。根据实践经验确定总调度中心用地面积和设施建筑面积均不小于 $5000m^2$。

6.0.4 根据城市用地和公交线网覆盖范围大小合理设置分调度中心，在大城市，因为城市范围较大，一个调度中心难以满足适时快速调度要求，依据《城市道路交通规划设计规范》GB 50220－95 中第 3.4.6 条的规定，可适当设置分调度中心，而大型枢纽站或停车场一般也在分区或线网的重心，因此，分调度中心与大型枢纽站或停车场合建成为必要和可能。

6.0.5 为了实现信息化调度，建立信息网络及设施是基础，充分利用公交枢纽站、换乘站、停车场、保养场、首末站、中途站等在线网中的广覆盖来获取和反馈信息，能为科学调度提供最快捷的途径，为乘客提供准确的乘车信息服务，也为智能调度创造了条件。

6.0.6 因为中、小城市的人口、用地、公交线网、运力及客流规模有限，是否配置调度中心及相关设施，应根据需要与可能确定。

中华人民共和国行业标准

含藻水给水处理设计规范

Code for design of algae water treatment

CJJ 32—2011

批准部门：中华人民共和国住房和城乡建设部
施行日期：2 0 1 2 年 1 月 1 日

中华人民共和国住房和城乡建设部
公　　告

第 997 号

关于发布行业标准《含藻水给水处理设计规范》的公告

现批准《含藻水给水处理设计规范》为行业标准，编号为 CJJ 32－2011，自 2012 年 1 月 1 日起实施。其中，第 4.4.5、4.7.5 条为强制性条文，必须严格执行。原行业标准《含藻水给水处理设计规范》CJJ 32－89 同时废止。

本规范由我部标准定额研究所组织中国建筑工业出版社出版发行。

中华人民共和国住房和城乡建设部

2011 年 4 月 22 日

前　　言

根据住房和城乡建设部《关于印发〈2008 年工程建设标准规范制订、修订计划（第一批）〉的通知》（建标［2008］102 号）的要求，规范编制组经广泛调查研究，认真总结实践经验，参考有关国际标准和国外先进标准，并在广泛征求意见的基础上，修订了本规范。

本规范主要技术内容是：1 总则；2 术语；3 取水口位置选择；4 含藻水给水处理；5 应急处理。

本次修订的主要技术内容是：增加了术语、预处理、混凝、活性炭吸附、膜处理、含藻水水源水质突发污染时的应急处理以及藻毒素等有关规定。

本规范中以黑体字标志的条文为强制性条文，必须严格执行。

本规范由住房和城乡建设部负责管理和对强制性条文的解释，由中国市政工程中南设计研究总院负责具体技术内容的解释。在执行过程中如有意见或建议，请寄送中国市政工程中南设计研究总院（地址：湖北省武汉市解放公园路 41 号，邮编 430010）。

本规范主编单位：中国市政工程中南设计研究总院

本规范参编单位：广州市市政工程设计研究院
清华大学

本规范主要起草人员：李树苑　陈才高　随　军　刘文君　刘海燕　杨文进　孙志民　吴瑜红　付　乐　雷培树　王占生　汪传新　张怀宇　周建华　王广华　刘国祥　王早文

本规范主要审查人员：吴济华　郄艳秋　杨　开　马　军　熊水英　张　竑　姜应和　陶　涛　于水利　徐山源　吕跃进

目　次

Contents

1 总 则

1.0.1 为提高含藻水给水处理设计水平，达到技术先进、经济合理、安全适用，保证供水水质达标，制定本规范。

1.0.2 本规范适用于以含藻的湖泊、水库或河流为水源的给水处理设计。

1.0.3 水源水质应符合国家现行标准《地表水环境质量标准》GB 3838和《生活饮用水水源水质标准》CJ 3020的有关规定，且应在设计枯水位时能够取到符合水源水质标准的设计水量。选择水源时，应调查水源水的含藻量、富营养化程度和有关水质的变化情况。

1.0.4 含藻水给水处理应避免破坏藻类细胞壁，控制藻毒素的升高，保障饮用水的安全。

1.0.5 含藻水给水处理设计除应符合本规范外，尚应符合国家现行有关标准的规定。

2 术 语

2.0.1 含藻水 algae water

藻类及其他浮游生物过量繁殖、藻数量大于100万个/L或足以妨碍混凝、沉淀和过滤正常运行的水源水。

2.0.2 藻渣 algae scum

气浮池分离室水面上藻的浮渣。

2.0.3 水华 water blooms

藻类过度繁殖导致水质恶化的一种生态现象。

2.0.4 高效沉淀池 high efficiency settler

由机械混凝和斜管（板）沉淀构成、采用污泥外回流并具有较高液面负荷的沉淀池。

2.0.5 翻板滤池 shutter filter

以反冲洗排水舌阀（板）代替反冲洗排水阀的过滤形式。反冲洗排水舌阀（板）在工作过程中可0°～90°范围内来回翻转。冲洗采用气水冲洗、具有反冲洗时不排水特点的快滤型滤池。

3 取水口位置选择

3.0.1 取水口应位于含藻量较低、水深较大或水域开阔的位置，不应设在水华频发区域、高藻期间主导下风向的凹岸区。

取水口应远离天然湖岸、泥沙淤积区。取水口的位置应符合现行行业标准《饮用水水源保护区划分技术规范》HJ/T 338的规定，一级保护区域范围内不应有排水口和入湖河口。

3.0.2 当湖泊、水库的水深大于10m时，应根据季节性水质沿水深的垂直分布规律，在表层水以下分层取水。

3.0.3 设计最低水位时取水口上缘的淹没深度，应根据表层水的含藻量、漂浮物和冰层厚度确定，且不宜小于1m。

3.0.4 取水口下缘距湖泊、水库底的高度，应根据底部淤泥成分、泥沙沉积和变迁情况以及底层水质等因素确定，且不宜小于1m。

4 含藻水给水处理

4.1 一 般 规 定

4.1.1 含藻水给水处理工艺必须保证供水水质符合现行国家标准《生活饮用水卫生标准》GB 5749的规定。

4.1.2 含藻水给水处理工艺流程的选择及构筑物的选型，应根据原水水质或相似水厂的经验，通过技术经济比较后确定；必要时可通过试验确定。

4.1.3 含藻水给水处理宜按下列工艺流程选择：

1 原水—预处理—混凝—沉淀（澄清）—气浮—过滤—消毒

2 原水—预处理—混凝—气浮或沉淀（澄清）—过滤—消毒

3 原水—预处理—常规处理（混凝、气浮或沉淀（澄清）、过滤）—深度处理（活性炭吸附、臭氧—生物活性炭、超（微）滤）—消毒

4 原水—预处理—混凝—气浮或沉淀（澄清）—超（微）滤—消毒

4.1.4 以含藻水为水源的水厂不宜采用微絮凝直接过滤工艺。

4.1.5 藻数量的测定应符合本规范附录A的规定。藻毒素的测定应符合现行国家标准《水中微囊藻毒素的测定》GB/T 20466的规定。

4.2 预 处 理

4.2.1 以含藻水为原水的水厂应设置预处理。结合水源水质特点，预处理可采用化学预氧化、粉末活性炭吸附或生物氧化等工艺。

4.2.2 预氧化的氧化剂应根据水源水质、规模、净水工艺等条件选择氯、臭氧、高锰酸盐、二氧化氯等。投加的预氧化药剂不得影响水厂出厂水水质，并应符合现行国家标准《室外给水设计规范》GB 50013的规定。

4.2.3 预氧化药剂投加点可选择在水源厂（站）、净水厂。宜优先选择在水源厂（站）投加预氧化药剂，并充分利用原水输送的接触时间。当在水厂内投加预氧化药剂时，应避免各种药剂之间的相互影响。

4.2.4 预氧化药剂投加量应根据水源水质、净水工艺、预氧化目标以及水质安全等条件确定。

4.2.5 预氧化剂与待处理水应保证有足够的接触时间。

4.2.6 当含藻水水源在短时间内有异嗅或藻毒素较高时，可采用粉末活性炭吸附。粉末活性炭投加点和用量，应根据水质及试验确定。粉末活性炭宜投加到原水中并充分混合，投加量可为（10～30）mg/L。

4.2.7 人工填料生物预处理的进水应有较好的生物可降解性，BOD_5/COD 的比值宜大于 0.2。原水的藻数量、耗氧量、氨氮浓度较高，且水温不低于 5℃的含藻水，可根据试验结果，采用生物预处理。

4.2.8 人工填料生物接触氧化的水力停留时间宜为（1.5～2.5）h，曝气的气水比宜为 1∶1～2∶1。

4.2.9 下向流颗粒滤料生物滤池的主要参数宜符合下列规定：

1 滤料粒径宜为（2～5）mm，滤料厚度宜为 2m，滤速宜为（4～6）m/h；

2 气水比宜为 0.8∶1～1.5∶1，可采用穿孔管曝气、气水冲洗；

3 气水反冲洗强度宜为：水(10～15)$L/(m^2 \cdot s)$，气(10～20)$L/(m^2 \cdot s)$。

4.3 混凝、沉淀（澄清）

4.3.1 混合及絮凝池的设计应符合现行国家标准《室外给水设计规范》GB 50013 的有关规定。气浮池前的混凝时间可少于沉淀工艺，宜为（5～15）min。

4.3.2 平流沉淀池的表面负荷宜为（1.0～2.0）$m^3/(m^2 \cdot h)$，水平流速宜采用（6.0～10.0）mm/s，沉淀时间宜为（4.0～2.0）h。当原水浑浊度较低时，沉淀时间宜采用较高值。

4.3.3 上向流斜管沉淀池的液面负荷宜采用（5.0～6.5）$m^3/(m^2 \cdot h)$。

4.3.4 澄清池清水区的液面负荷宜采用(2.0～3.0)$m^3/(m^2 \cdot h)$。

4.3.5 高效沉淀池清水区的液面负荷可采用（10～25)$m^3/(m^2 \cdot h)$。

4.4 气 浮

4.4.1 气浮池接触室的上升流速宜为（10～20）mm/s，分离室的向下流速可采用（1.5～2.0）mm/s，即分离室液面负荷可为（5.4～7.2)$m^3/(m^2 \cdot h)$。

4.4.2 气浮池的单格宽度不宜超过 10m，池长不宜超过 15m，有效水深可采用（2.0～3.0）m。

4.4.3 气浮池应设置排泥、排渣设施。

4.4.4 溶气罐位置宜靠近气浮池，溶气压力可采用（0.2～0.4）MPa；溶气水回流比宜为 6%～10%，当含藻量高时，可采用 11%～15%。

4.4.5 气浮池的藻渣必须全部收集，严禁直接排入水体，并应按照无害化的要求进行处理与处置。

4.5 过 滤

4.5.1 滤池的滤料组成及滤速可按照表 4.5.1 选用。滤池的承托层应符合现行国家标准《室外给水设计规范》GB 50013 的有关规定，其中单层石英砂滤料、双层滤料的承托层之上应铺设粒径为（1～2）mm、厚度为 50mm 的石英砂。

表 4.5.1 滤池的滤料组成及滤速

滤料种类		滤料参数及组成 粒径（mm）	不均匀系数 K_{80}	厚度（mm）	正常滤速（m/h）	强制滤速（m/h）
单层石英砂滤料		0.7～1.0	<1.4	900	5～7	7～10
均匀级配单层石英砂粗砂滤料		0.9～1.25	<1.3	1200～1500	6～8	8～11
双层滤料	无烟煤	0.8～1.8	<1.8	450	6～8	8～12
	石英砂	0.5～1.0	<1.7	400		
三层滤料	无烟煤	0.8～1.8	<1.8	500	8～12	12～14
	石英砂	0.5～0.8	<1.5	270		
	高密度矿石	0.25～0.5	<1.7	80		

注：滤料的密度（g/cm^3）：无烟煤 1.4～1.6；石英砂 2.6～2.65；高密度矿石 4.4～5.2。

4.5.2 对采用单独水冲洗的滤池，水冲洗的强度及时间宜符合表 4.5.2-1 的规定。对采用气水冲洗的滤池，冲洗强度及时间宜符合表 4.5.2-2 的规定。

表 4.5.2-1 水冲洗的强度及时间

滤料种类	冲洗强度［$L/(m^2 \cdot s)$］	膨胀率（%）	冲洗时间（min）
单层石英砂滤料	13～15	45	8～6
双层滤料	14～16	50	8～6
三层滤料	16～17	50	8～6

表 4.5.2-2 气水冲洗的强度及时间

滤料种类	先气冲洗 强度［$L/(m^2 \cdot s)$］	先气冲洗 时间（min）	气水同时冲洗 气强度［$L/(m^2 \cdot s)$］	气水同时冲洗 水强度［$L/(m^2 \cdot s)$］	气水同时冲洗 时间（min）
单层石英砂滤料	15～20	4～2	—	—	—
均匀级配单层石英砂粗砂滤料	13～17	3～2	13～17	3～4	4～3
双层滤料	15～20	4～2	—	—	—

滤料种类	后水冲洗 强度［$L/(m^2 \cdot s)$］	后水冲洗 时间（min）	表面扫洗 强度［$L/(m^2 \cdot s)$］	表面扫洗 时间（min）
单层石英砂滤料	8～10	8～6	—	—
均匀级配单层石英砂粗砂滤料	4～8	9～6	1.4～2.3	全程
双层滤料	6.5～10	7～6	—	—

4.6 活性炭吸附

4.6.1 活性炭应根据水质与被吸附污染物特点，选择具有较强的吸附性能、机械强度高、化学性质稳定以及再生后性能恢复好等特性的颗粒活性炭。当采用煤质颗粒活性炭时，颗粒活性炭粒径、特性参数以及质量应符合国家现行有关标准的规定。

4.6.2 颗粒活性炭滤池的炭层厚度宜为(1.5～2.5)m，空床滤速宜为(7.5～15)m/h，接触时间不宜小于10min。

4.6.3 颗粒活性炭滤池的反冲洗应符合现行国家标准《室外给水设计规范》GB 50013 的有关规定。除翻板滤池可采用气水同时反冲洗外，其他池型不宜采用气水同时反冲洗。

4.7 膜处理

4.7.1 含藻水给水处理的膜处理单元可采用微滤或超滤。

4.7.2 膜处理单元的形式及膜孔径的大小宜根据水质、处理目标及经济条件等因素确定。

4.7.3 膜通量选择应考虑工艺流程、设计水温、水质、运行时间、运行稳定性及经济等因素合理确定。当采用压力式膜处理工艺时，设计膜通量宜小于65L/(m^2·h)；当采用浸没式膜处理工艺时，设计膜通量宜小于40L/(m^2·h)。膜处理系统的水回收率宜大于95%。

4.7.4 膜单元应进行冲洗及定期化学清洗。

4.7.5 膜单元化学清洗的废液严禁直接排入水体，必须按照无害化的要求进行处理与处置。

4.8 消毒

4.8.1 出厂水消毒应符合现行国家标准《室外给水设计规范》GB 50013 的有关规定。

4.8.2 出厂水及管网水的消毒副产物浓度必须符合现行国家标准《生活饮用水卫生标准》GB 5749 的有关规定。

5 应急处理

5.0.1 以含藻的湖泊、水库或河流为水源的水厂，宜在现行行业标准《饮用水水源保护区划分技术规范》HJ/T 338 规定的一级保护区边界选择水质敏感点，并设置水质突发性污染的预警设施。预警可采用水质模型或生物预警等形式。

5.0.2 湖泊、水库水源取水口半径 100m 范围内，可设置拦截设施（滤布）或其他形式的水华物理隔离区，并应采取机械捞藻等措施。

5.0.3 以湖泊、水库或含藻的河流为水源的水厂，宜在水源厂（站）或水厂设置投加预氧化剂及粉末活性炭的设施。预氧化剂和粉末活性炭投加量可根据水质和试验确定。

5.0.4 当取水口所在水域发生水华，致使出厂水含藻量大幅升高、异嗅异味严重时，除应采取紧急措施加强水厂运行管理外，还应同时加大水处理中的预氧化剂、混凝剂、助凝剂（聚丙烯酰胺等）、粉末活性炭的投加量，并调节混凝时水的 pH 值至6.5～7.0。

附录A 藻数量的测定

A.0.1 样品制备应符合下列规定：

1 将含藻水水样摇匀后倒入 1000mL 筒形分液漏斗中至 1000mL 刻度处；

2 加入 30mL 鲁哥氏液（Lugols solution）摇匀固定，静沉 24h 后，用虹吸管吸出上清液，直至筒形分液漏斗中剩下(20～25) mL 的浓缩液；

3 将浓缩液摇匀后移入到 50mL 带刻度的定量瓶中，然后用吸出的上清液少许冲洗筒形分液漏斗 3 次，每次的冲洗液一并移入上述定量瓶中；

4 读取浓缩液体积 V。

A.0.2 样品提取应符合下列规定：

1 以左右平移的方式摇动定量瓶 200 次后立即用 0.1mL 的移液管从中两次各吸出 0.1mL 的样品，分别注入两片容积均为 0.1mL 的计数框中，盖上盖玻片；

2 计数框内不得有气泡，样品不得溢出计数框。

A.0.3 样品计数应符合下列规定：

1 在 10×40 或 8×40 倍显微镜下进行计数。

2 计算应采用下列公式：

1）目镜视野法计数可采用下式

$$N=\frac{10C}{F_s\cdot F_n}\cdot V\cdot P_n \qquad (A.0.3\text{-}1)$$

式中：N——1 升水中的藻数量（个/L）；

C——计数框面积（mm^2）；

V——1 升水样沉淀浓缩后移入 50mL 定量瓶中溶液的体积（mL）；

F_s——每个视野的面积（mm^2）；

F_n——每片计数过的视野数；

P_n——每片通过计数实际数出的藻数量。

2）行格计数法可对计数框中的 2、5、8 行或 2、5、8 列进行计数，可采用下式

$$N=\frac{100V}{R}\cdot P_n \qquad (A.0.3\text{-}2)$$

式中：N——1 升水中的藻数量（个/L）；

V——1 升水样沉淀浓缩后移入 50mL 定量瓶中溶液的体积（mL）；

R——实际计数的行数或列数；

P_n——每片通过计数实际数出的藻数量。

3 当同一标本的两次计数值在其算术平均值±10%范围内时，则该算术平均值视为计数结果，否则应重新提取样品计数。

A.0.4 藻数量的快速测定应符合下列规定：

1 当藻类暴发或遇其他紧急情况需快速测定藻数量时，可采用本方法；

2 取1000mL水样通过孔径为（0.020～0.035）mm的浮游生物网，用少量蒸馏水冲洗筛网，冲洗液收集于50mL带刻度的定量瓶中，然后加入0.5mL鲁哥试剂，读取浓缩液体积V；

3 采用本规范附录A第A.0.2条、第A.0.3条的规定进行样品提取和计数。

本规范用词说明

1 为便于在执行本规范条文时区别对待，对要求严格程度不同的用词说明如下：

1）表示很严格，非这样做不可的：

正面词采用“必须”，反面词采用“严禁”；

2）表示严格，在正常情况下均应这样做的：

正面词采用“应”，反面词采用“不应”或“不得”；

3）表示允许稍有选择，在条件许可时首先应这样做的：

正面词采用“宜”，反面词采用“不宜”；

4）表示有选择，在一定条件下可以这样做的，采用“可”。

2 条文中指明应按其他有关标准执行的写法为：“应符合……的规定”或“应按……执行”。

引用标准名录

1 《室外给水设计规范》GB 50013

2 《地表水环境质量标准》GB 3838

3 《生活饮用水卫生标准》GB 5749

4 《水中微囊藻毒素的测定》GB/T 20466

5 《生活饮用水水源水质标准》CJ 3020

6 《饮用水水源保护区划分技术规范》HJ/T 338

中华人民共和国行业标准

含藻水给水处理设计规范

CJJ 32—2011

条 文 说 明

修 订 说 明

《含藻水给水处理设计规范》CJJ 32－2011经住房和城乡建设部2011年4月22日以第997号公告批准、发布。

本规范是在《含藻水给水处理设计规范》CJJ 32－89的基础上修订而成。上一版的主编单位是中国市政工程中南设计研究总院，主要起草人员是李家就。本次修订的主要技术内容有：1 规范的适用范围，由原规范的只适用于含藻的湖泊或水库为水源的给水处理设计，扩展到适用于含藻的河流为水源的给水处理设计；2 全面总结原规范发布实施以来我国在该技术领域发展的新技术、新经验，重点是含藻水给水处理工艺的优化，预处理、混凝沉淀、深度处理、膜处理等新内容和有关设计参数；3 新增含藻水给水处理设计中应急措施内容。

本规范修订过程中，编制组进行了充分的调查研究，总结了国内40余座水厂含藻水给水处理设计和运行的成熟经验；新增和修订了数十项主要设计参数。参考我国《室外给水设计规范》GB 50013－2006、《生活饮用水卫生标准》GB 5749－2006、《地表水环境质量标准》GB 3838－2002、《水中微囊藻毒素的测定》GB/T 20466－2006、《水处理用滤料》CJ/T 43－2005、《饮用水水源保护区划分技术规范》HJ/T 338－2007等相关标准，对本规范进行了修订和扩充，力求统一协调。

为便于广大设计、施工、科研、学校等单位有关人员在使用本标准时能正确理解和执行条文规定，《含藻水给水处理设计规范》编制组按章、节、条顺序编制了本规范的条文说明，对条文规定的目的、依据以及执行中需注意的有关事项进行了说明，还着重对强制性条文的强制性理由作出了解释。但是本条文说明不具备与标准正文同等的法律效力，仅供使用者作为理解和把握标准规定的参考。

目　次

1 总　　则

1.0.1 本规范修订的目的。

1.0.2 本条规定本规范的适用范围。

1.0.3 关于水源水质、水量的规定。

湖泊、水库水的富营养程度是水源选择的一个重要的水质条件，它直接影响整个工程造价和工程投产后的正常运行、出厂水水质以及制水成本。水质调查主要对湖泊、水库的受污染和营养程度在近5年的状况及变化情况进行分析，同时通过采取卫生防护措施，要求在设计年限内水源水质不低于《地表水环境质量标准》GB 3838中地表水的Ⅲ类水质标准和《生活饮用水水源水质标准》CJ 3020的有关规定，其中特别应注意高锰酸盐指数、化学需氧量、五日生化需氧量、总氮、总磷等水质项目。

选择水源时，还必须对水源水量的变化进行分析。在设计年限及水源枯水位时应能取到符合上述水质标准的设计水量，以保证在规划年限内满足供水水量的要求。

湖泊、水库水的藻的种属、含量不同，对常规水处理工艺运行以及对出厂水水质的危害也不一样。席藻 10×10^4 个/L或蓝藻（15～30）$\times10^4$ 个/L时，水即产生嗅味。有些藻产生藻毒素，对人体更具危害；卫生部推荐饮用水源中藻类卫生标准警戒限值为 21×10^4 个/L。在不同季节，同一水源的含藻量变化很大；因此，调查不同季节和不同时期含藻水水源水质的变化，对含藻水给水处理设计十分重要。

1.0.4 关于含藻水给水处理工艺控制藻毒素的规定。

随着国家社会经济的快速发展，产生大量的工业污水、生活污水以及面源污染物等排入水库、湖泊等水域，尤其是氮磷污染，造成水体的富营养化和藻的大量繁殖。世界上许多作为饮用水水源的水库、湖泊等水体有大量蓝藻水华形成。水华的暴发，尤其是近年国内的太湖、滇池、汉江等水体不断有报道水华发生，不仅造成水体感官性状恶化，而且由于某些藻类能够分泌藻毒素，对人体健康构成危害。在已发现的各种不同藻毒素种类中，微囊藻毒素（Microcystins, MCs）是一种在蓝藻水华污染中出现频率最高、产生量最大和造成危害最严重的藻毒素。调查发现，饮用水中MCs的存在与人群中原发性肝癌和大肠癌的发病率有明显的相关性。

微囊藻毒素是具有生物活性的七肽单环肝毒素，性质稳定，具有水溶性和耐热性。不论常规的水处理工艺，还是将水煮沸，都难以有效去除微囊藻毒素。研究显示，即使在300℃高温下微囊藻毒素仍然可以保留一部分活性。

我国现行《生活饮用水卫生标准》GB 5749－2006和《地表水环境质量标准》GB 3838－2002中规定微囊藻毒素－LR≤0.001mg/L；世界卫生组织（WHO）在其推荐的饮用水标准指导中也增加了微囊藻毒素－LR≤1μg/L等指标。

蓝绿藻水华产生的微囊藻毒素在水体中已经被广泛发现，传统的水处理工艺不能将其去除，混凝、沉淀过程由于管道内部湍流和滤池内压力梯度的作用可能破坏藻类细胞壁，造成藻毒素的释放，所以传统的水处理工艺反而会加重藻毒素的危害。目前去除藻毒素的方法主要有物理法、化学法和生物法。因此，在含藻水给水处理工艺选择时，应尽量避免对藻类细胞壁的破坏，控制藻毒素的生成。

1.0.5 本条规定了本规范与其他标准、规范的关系。

3 取水口位置选择

3.0.1 关于选择取水口位置的规定。

确定取水口位置时，应对水源水文特征、湖底或库底地质及底泥、浮游生物及漂浮生物、长年主导风向、河流入湖库口、排水口等进行全面的调查分析论证，使所取之水藻数量较低、水质较好。

在富营养化湖泊中，愈靠近污染源或河口的富营养化程度就愈高；离湖岸愈近，受地表径流的污染愈大，水质就越差。某湖泊离岸不同距离的取水点的水质分布如表1。浑浊度以及色度、氨氮浓度也是相同规律。

表1　某湖离岸不同距离取水点的高锰酸盐指数和藻的分布

离湖岸距离（m）	高锰酸盐指数（mg/L）	藻（10^4 个/L）
500	5.21	39.3
1000	4.45	27.4
1500	3.95	27.6
2000	3.69	17.2
2500	3.40	13.7

杭州西湖、鄱阳湖、吉力湖、喀纳斯湖的含藻量都是沿岸＞河口＞湖心。各湖泊藻的水平分布，详见表2。

表2　湖泊中不同位置的藻数量

（10^4 个/L）

湖　名	沿岸带	河口区	湖心区
吉力湖	385.1	269.9	160.6
喀纳斯湖	70.8	62.0	32.9
杭州西湖	729.7	471.3	325.7
江西鄱阳湖	150.0	89.8	53.2

某水厂取水口因位于高藻季节主导风向下侧凹岸区内，大量藻类漂浮，形成严重水华，腐烂发臭，致使出厂水具有恶臭，严重妨碍了水厂的正常供水；而另一水厂在同一湖泊的取水口，因位于水域开阔的位置，没有类似水华发生。因此，取水口应尽可能远离湖岸。

按照《生活饮用水集中式供水单位卫生规范》的规定，取水点周围半径 100m 的水域内，严禁捕捞、网箱养殖、停靠船只、游泳和从事其他可能污染水源的任何活动。取水点上游 1000m 至下游 100m 的水域不得排入工业废水和生活污水；其沿岸防护范围内不得堆放废渣，不得设立有毒、有害化学物品仓库、转运站，不得设立装卸垃圾、粪便和有毒有害化学物品的码头，不得使用工业废水或生活污水灌溉及施用难降解或剧毒的农药，不得排放有毒气体、放射性物质，不得从事放牧等有可能污染该段水域水质的活动。作为生活饮用水水源的水库和湖泊，应根据不同情况，将取水点周围部分水域或整个水域及其沿岸划为水源保护区。

《饮用水水源保护区划分技术规范》HJ/T 338-2007 规定，一般河流水源地，一级保护区长度为取水口上游不小于 1000m，下游不小于 100m 范围内的河道水域；湖泊、水库饮用水水源保护区划分按照湖泊、水库规模的大小划分，具体为①小型水库和单一供水功能的湖泊、水库应将正常水位线以下的全部水域面积划分为一级保护区；②小型湖泊、中型水库为取水口半径 300m 水域范围的区域；③大型水库、大中型湖泊为取水口半径 500m 水域范围的区域。

湖泊、水库的分类见表 3。

表 3　湖库型饮用水水源地分类表

水源地类型	
水库	小型，$V<0.1$ 亿 m^3
	中型，0.1 亿 $m^3 \leqslant V < 1$ 亿 m^3
	大型，$V \geqslant 1$ 亿 m^3
湖泊	小型，$S<100km^2$
	大中型，$S \geqslant 100km^2$

3.0.2 关于湖泊、水库按水深分层取水的规定。

湖泊、水库水的水质随季节和水深有较大的变化。夏秋季表层水温高，藻含量很高。湖泊、水库底的水，含氧量不足，Fe^{2+}、Mn^{2+}、硫化氢含量增加。汛期、洪水期或暴雨后，湖泊、水库水的浑浊度常常增高，不同水深的浑浊度也不同。因此采用分层取水时，在不同季节，可从不同水深取得较好水质的原水。如抚顺某水厂取水在大伙房水库内，设四层取水口，根据不同季节的水质变化分层取水，全年的原水浑浊度低于 7NTU，藻类含量也较低；贵阳、青岛、大连等市以及日本釜房湖的水厂，都在水库内分层取水，有些水厂用绞车控制取水深度。

3.0.3 关于设计最低水位时取水口上缘淹没深度的规定。

本规定是为了避免取水时挟带表层水中的大量的藻、浮游生物和漂浮生物，避免受冰层妨碍。调查资料表明：我国各地已建成投产的取水口上缘淹没深度大都大于 1m。故本条规定设计最低水位时取水口上缘的淹没深度不宜小于 1m。

3.0.4 关于取水口下缘距湖泊、水库底高度的规定。

湖泊、水库水中死亡的浮游生物等残骸大都沉积于湖、库底，致使底泥有机质成分的含量增高。底泥有机质厌氧分解的结果，使得接近底泥的底层水中，H_2S、CO_2、Fe^{2+}、Mn^{2+} 含量增加。底部泥沙也会发生变迁。根据调查，各地取水口下缘距湖、库底的高度均大于 1m。据此，本条规定不宜小于 1m。

4　含藻水给水处理

4.1　一 般 规 定

4.1.2 关于含藻水给水处理工艺流程选择原则的规定。

目前含藻水给水处理工艺的主体工艺或单元一般包括混凝沉淀（澄清）或气浮、过滤、消毒的常规工艺，以及预处理、膜处理和深度处理工艺构成，工艺流程主要根据水质情况采用不同的组合。深度处理工艺包括：活性炭吸附滤池、臭氧—生物活性炭滤池以及膜处理单元等。对水质复杂或水质变化较大的水源，水处理工艺选择时，可以根据需要进行相应的试验，保证选择的水处理工艺流程经济、高效，运行及管理方便。

4.1.3 关于含藻水处理工艺流程的规定。

本条列出了含藻水给水处理工艺一般采用的工艺流程，主要处理单元包括：预处理、混凝沉淀（澄清）、气浮、过滤和深度处理。由于含藻水水源一般受到微污染，含藻量较高，正常情况下采用常规的混凝沉淀、过滤工艺会影响工艺的稳定运行或出厂水水质，前置预处理能够保证工艺的稳定运行，提高出水水质。因此，工艺流程的特点是必须有预处理工艺段，也是目前采用的主要工艺方法。预处理工艺一般采用预氯化、预臭氧、高锰酸钾等化学预氧化或生物预氧化以及投加粉末活性炭等。在常规工艺流程之前设置预氧化、粉末活性炭、生物预处理，国内均有实例；预加氯更为普遍。含藻水采用生物预处理不产生有害副产物。

1 原水—预处理—混凝—沉淀（澄清）—气浮—过滤—消毒工艺流程的主要特点是混凝沉淀后接气浮工艺。气浮是除藻的有效方法之一，但是气浮常年运行的费用较高，对于季节性短期呈现含藻量升高特点的含藻水水源，全年采用气浮则不经济，因此，一般将混凝沉淀和气浮工艺串联，在藻含量高的时间，后续的气浮工艺运行，藻含量较低时混凝沉淀后直接超越气浮，这样既保证了水质又节省了运行成本。国内有成功运行的实例。

常规处理工艺流程中的沉淀或气浮都是含藻水处理工艺的主要单元，在水质变化大的水源，也可采用浮沉池，以应对高藻期间的水质保障。

2 原水—预处理—混凝—气浮或沉淀（澄清）—过滤—消毒工艺流程，主要是常规处理工艺的混凝沉淀及混凝气浮仅选择一种。对常年藻含量较高的水源，可以直接选择气浮工艺单元；对常年藻含量不高的水源水，由于对常规处理的混凝沉淀和过滤工艺运行影响有限，因此，可以采用混凝沉淀工艺单元。

我国含藻水给水处理的多年生产运行实践和试验研究结果表明，用常规处理工艺流程处理含藻水，在适当地降低沉淀（澄清）池表面负荷和滤池滤速、增加混凝剂及助凝剂投加量、原水含藻量短时间增高时投加粉末活性炭，出厂水水质可符合国家水质标准。国外先进国家的含藻水处理均有此经验。

我国有多座含藻水水厂为混凝—气浮—过滤的水处理工艺流程。在运行正常时，出厂水水质符合要求。

3 水源水质条件较差，如水源为Ⅳ类～劣Ⅴ类时，或常年藻含量较高时，一般预处理＋常规处理工艺很难达到饮用水水质标准，可以采用在其后增加深度处理工艺单元。

北京第九水厂在常规水处理工艺流程的过滤工艺之后，续以颗粒活性炭吸附，可以有效吸附常规处理出水的异嗅，改善水的口感；当原水平均含藻量为（215～315）$\times 10^4$ 个/L时，炭滤池出水平均含藻量比原水降低92%～96%。我国目前采用该工艺流程的水厂主要在太湖流域及江浙地区水源水质较差的地区。日本霞浦水厂原水含藻，在常规处理工艺流程的混合工艺之前增加生物预处理，在滤池之后增加颗粒活性炭吸附。出厂水无异嗅异味。

4 膜处理工艺近年来在国内使用增多，因此专门列出该工艺形式。膜处理工艺主要采用超滤或微滤。除作为常规处理和深度处理外，也作为水源水的预处理以及与粉末活性炭联用除微污染。本条内容仅列出了主要的工艺形式。

含藻水给水处理仅列出主要工艺流程，其他包括强化常规处理工艺、二次微絮凝强化过滤以及多点投加预氧化剂等工艺，在生产中都有较好的效果。含藻水给水处理工艺流程选择时，还必须结合水源水质的特点，经过技术经济比较以及借鉴其他有效的生产实践确定。

4.1.4 有关含藻水采用过滤工艺单元的规定。

湖泊、水库水源由于浑浊度较低，过去国内一些水厂采用微絮凝直接过滤。但是，由于水源在不同季节以及随着环境变化会影响水源水质，尤其是水温、大风等的影响，会降低直接过滤工艺的出水水质，有的甚至影响工艺的正常运行。目前，原直接过滤工艺大多都增加了混凝沉淀工艺。美国要求直接过滤的进水，长年的浑浊度应小于25NTU、色度应小于25度、硅藻应少于20×10^4 个/L；多数直接过滤水厂的进水浑浊度小于10NTU。日本的生活饮水处理不用直接过滤工艺。因此，规定含藻水水源的水厂不宜采用微絮凝直接过滤工艺。

4.2 预 处 理

4.2.1 关于预处理工艺设置原则的规定。

含藻水水源由于一般呈微污染状态，尤其是季节性藻含量升高，影响水厂净水工艺的正常运行。因此，规定应设置预处理设施。一般可考虑预氯化、臭氧预氧化、投加高锰酸钾以及与粉末活性炭联用的方式去除微污染。常年藻含量较高、有机污染以及氨氮污染的水源可考虑设置生物预处理工艺。

4.2.2 关于预氧化药剂选择的原则。

臭氧预氧化剂因制备系统较复杂、设备费用较高，一般与臭氧生物活性炭工艺联用，较少单独使用。其他化学预氧化药剂的采用也与许多因素相关，因此，无论采用何种预氧化药剂都需要进行综合比较后确定。药剂投加与出水水质有着密切关系，氯等在水源受污染程度较大时，可能会产生其他有害物质影响出水水质，因此，投加药剂应根据水源水质等情况选择，不得影响出水水质。

4.2.3 关于确定预氧化药剂投加点的原则。

预氧化药剂投加点关系到净化效果。选择投加点时，要考虑工程的具体情况。为节省药剂投加量，应考虑药剂的接触时间，能够利用水源厂（站）和净水厂之间的管道容量时，投加点可设置在水源厂（站）。各种预氧化药剂与混凝剂、吸附剂等会有相互抵消的作用，反而降低除嗅味、除藻及助凝的效果，应考虑药剂之间投加的时间间隔，充分发挥各种药剂的作用。《室外给水设计规范》GB 50013－2006中规定，高锰酸钾与其他药剂宜有（3～5）min的间隔时间。

4.2.4 关于确定预氧化药剂投加量的原则。

预氧化药剂的投加量要结合工艺目标，考虑各种因素合理确定。通过小试能够确定投药量，并保证水质安全，因此，一般可通过试验确定。

预氧化药剂的投加量和确定原则，《室外给水设计规范》GB 50013－2006有较详细的规定。用于去除有机微污染物、藻和控制臭味的高锰酸钾投加量可为（0.5～2.5）mg/L。

4.2.5 关于预氧化药剂接触时间的原则规定。

预氧化剂与待处理水的接触时间，在工艺目标和药剂种类不同时会有较大差异，但是必须满足接触时间，保证预氧化工艺的效果。

《室外给水设计规范》GB 50013－2006 中规定，预臭氧接触时间宜为（2～5）min。

4.2.6 关于粉末活性炭投加的有关规定。

投加粉末活性炭，能有效地去除含藻水的异嗅、异味、藻毒素以及氯消毒副产物，能明显地提高常规工艺的除藻效率。我国有多座湖泊、水库水厂已经积累使用粉末活性炭经验。美国的一百多座常规水处理工艺水厂、日本的湖泊及水库常规工艺水厂都采用投加粉末活性炭。粉末活性炭的投加时间，一年大约为几天至几十天。因此，规定粉末活性炭作为短时间的吸附剂。

由于水源的水质条件差异较大，因此，在确定粉末活性炭投加点和投加量时，可以进行相应的试验。

粉末活性炭宜加于原水中，进行充分混合，接触（10～15）min 以上之后，再加氯或混凝剂。除在取水口投加以外，根据试验结果也可在混合池、絮凝池、沉淀池中投加。粉末活性炭的用量范围是根据国内外生产实践及试验资料规定。

4.2.7 有关采用生物预处理的规定。

采用生物预处理工艺的前提条件主要是原水的可生物降解性和水温，因此，必须充分重视评估原水进行生物预处理的可行性。

在生物预处理的工程设计之前，应先用原水做该工艺的试验，试验时间宜经历冬夏两季。原水的可生物降解性可根据 BDOC 或 BOD_5/COD 比值鉴别。

对四座湖泊、水库的水，用相同规格的人工填料系统地进行生物预处理中试结果表明，当 BOD_5/COD 的平均比值为（0.21～0.45）时，藻、氨氮、嗅阈值、耗氧量的平均去除率分别为：89.2%、82.6%、49.7%、26.3%；当 BOD_5/COD 的比值为 0.08，填料上不能挂膜，藻、氨氮、嗅阈值、耗氧量的去除率分别低至：45.8%、38.7%、20.5%、12.4%。国内 5 座水厂长期试验结果也表明，BOD_5/COD 比值宜大于 0.2。因此，规定该比值宜大于 0.2。

使用人工填料（悬浮球、YDT、PWT、蜂窝等）生物接触氧化池、陶粒生物滤池等生物预处理工艺处理含藻水，污染物的去除效率一般为：藻 65%～90%，藻毒素 70%～85%，氨氮 80%～95%，耗氧量 20%～42%。但生物预处理要求水温不能太低，低于 5℃时生物的活性较差，对氨氮、耗氧量的去除效果不甚明显。因此，规定水温不宜低于 5℃。

4.2.8 关于人工生物预处理设计参数的有关规定。

国内外多座水厂的生产运行或中型试验资料都说明，生物预处理池水力停留时间为（1.8～2.2）h 以及穿孔管曝气气水比为 1∶1～2∶1 时，生物预处理的效率高，并且运行稳定。

4.2.9 关于下向流颗粒滤料滤池生物预处理设计参数的规定。

本条的颗粒滤料主要指人工陶粒滤料，参数的确定主要参考国内的中试及有关的生产运行数据。

粒径（2～5）mm、厚度 2m 的下向流颗粒滤料生物预处理池，曝气的气水比为 1∶1 左右、滤速为（4～6）m/h 时，藻和耗氧量的去除率分别为 55%～85%、17.2%～27.3%。滤池采用气水反冲洗，冲洗周期为（3～7）d。

4.3 混凝、沉淀（澄清）

4.3.1 关于混合及絮凝池设计的规定。

现行《室外给水设计规范》GB 50013－2006 中已经有较明确的规定，因此，可以直接采用。对于气浮池前的混凝时间，根据工程的实际数据可少于沉淀工艺，因此，作了此项规定。

4.3.2 关于沉淀池基本设计参数的规定。

平流沉淀池的表面负荷、水平流速和沉淀时间，一般随原水水质、混凝效果、整流设备和水温等的不同而有较大的差异。现将国内外取用湖泊、水库水的水厂平流沉淀池的表面负荷、水平流速和沉淀时间列于表 4。

表 4 国内外部分水厂平流沉淀池设计参数

	表面负荷 [$m^3/(m^2\cdot h)$]	水平流速 (mm/s)	沉淀时间 (h)
青岛	0.39～1.57	5.9	4
大连		3～10	2～4
长春		5.6～6	
美国大湖 密西西比河上游地区卫生工程委员会标准	0.83～1.71	2.54（最大）	4（最小）
日本茂庭水厂	2.27	4.89	
日本蹴上水厂	1.53	7.82	2.15
日本水道设施设计指南·解说		≤6.67	3～5

国外有一些含藻水水厂，平流沉淀池的表面负荷为（1～2）$m^3/(m^2\cdot h)$；水平流速为（6～10）mm/s；沉淀时间为冬天（3～4）h，夏天 2h。参考国外资料并根据我国各地湖泊、水库水水厂的运行情况，同时考虑到沉淀池出水水质标准的提高，故条文规定平流沉淀池的表面负荷宜为（1.0～2.0）$m^3/(m^2\cdot h)$，水平流速宜为（6～10）mm/s，沉淀时间宜为（4～2）h。北方地区以及原水浑浊度较低时，沉淀时间宜采用较高值，水平流速宜采用较低值。

4.3.3 关于上向流斜管沉淀池的液面负荷的规定。

液面负荷值与原水水质、凝聚剂、沉淀池出水水质要求、斜管直径及长度等有关。据调查，各地湖泊、水库水厂斜管沉淀池的液面负荷大都在《室外给水设计规范》GB 50013－2006规定的（5～9）$m^3/(m^2·h)$的范围。国外如日本村野水厂（琵琶湖水源水）的斜管沉淀池液面负荷为6.5$m^3/(m^2·h)$，深圳某水库水源斜管沉淀池液面负荷5.93$m^3/(m^2·h)$。考虑到含藻水较难沉淀的特点以及沉淀池出水水质标准的提高，故本条规定上向流斜管沉淀池的液面负荷宜为（5.0～6.5）$m^3/(m^2·h)$。

4.3.4 关于澄清池清水区液面负荷的规定。

国内湖泊、水库水的水厂，澄清池的清水区液面负荷一般为（2.5～3.2）$m^3/(m^2·h)$。国外澄清池的清水区液面负荷（部分数据系根据上升流速换算）如下：

1 美国推荐设计参数为：辐射式上向流澄清池（1.3～1.9）$m^3/(m^2·h)$，混凝澄清池（2～3）$m^3/(m^2·h)$，悬浮澄清池（2～3）$m^3/(m^2·h)$。

2 日本水道协会规定，浑浊度低、颗粒小、容易孳生藻类的原水以及凝聚剂投加率形成的浑浊度比原水浑浊度高并且可能有轻的絮凝体形成的倾向时，要求采用小的液面负荷（2.09～2.7）$m^3/(m^2·h)$。日本霞浦水厂（霞浦湖水源）澄清池的液面负荷一般为（2.16～2.52）$m^3/(m^2·h)$，蹴上水厂（琵琶湖水源）为3.35$m^3/(m^2·h)$。

欧洲某国的给水设计规范规定，当进水悬浮物小于20mg/L时，澄清区的液面负荷，冬季为（1.44～1.8）$m^3/(m^2·h)$，夏季为（2.16～2.52）$m^3/(m^2·h)$；而当进水悬浮物为（20～100）mg/L时，澄清区的液面负荷冬季为（1.8～2.16）$m^3/(m^2·h)$，夏季为（2.52～2.88）$m^3/(m^2·h)$。

根据湖泊、水库水的澄清特点并结合国内外资料，本条规定澄清池清水区液面负荷宜为（2.0～3.0）$m^3/(m^2·h)$。

4.3.5 关于高效沉淀池的规定。

目前，在城市给水工程中有较多使用不同形式的高效沉淀池，而且取得了较好的效果。因此，增加了高效沉淀池工艺单元。高效沉淀池主要指机械混凝且有污泥外回流的沉淀形式，其中沉淀区设置斜管。污泥的外回流一般采用3%～5%的回流比。目前这种工艺在国内已经开始使用，因此，根据目前实际应用情况制定有关的参数。国内部分水厂采用高效沉淀池的主要参数见表5。

表5　含藻水水源水厂高效沉淀池液面负荷

厂名	水源名称	规模（$10^4m^3/d$）	沉淀区液面负荷[$m^3/(m^2·h)$]	藻含量（10^4个/L）	备注
北京市第九水厂（微砂加重高效沉淀池）	密云水库	150	42.5	400	
胜利油田民丰水厂（中置式高效沉淀池）	民丰水库	6	11.63	1756	
乌鲁木齐市石墩子山水厂（高密度高效沉淀池）	乌拉泊水库	20	23		低温低浊
上海杨树浦水厂	黄浦江	36	22		微污染水
天津市津滨水厂（高密度高效沉淀池）	引栾水源	50	16.2		微污染高藻水源
嘉兴市南郊贯泾港水厂（中置式高效沉淀池）	南郊河、长塘河水源	15	15.12		微污染水
上海市南市水厂（高密度高效沉淀池）	黄浦江	50	21.4		微污染水
嘉兴市石臼漾水厂（中置式高效沉淀池）	新塍塘	8	15.5		微污染水

4.4 气　浮

4.4.1 关于气浮池接触室上升流速和分离室向下流速及液面负荷的规定。

气浮池接触室上升流速应以接触室内水流稳定，气泡对絮粒有足够的捕捉时间为准。根据各地调查资料，上升流速大多采用20mm/s。某些水厂的实践表明，当上升流速低，也会因接触室面积过大而使释放器的作用范围受影响，造成净水效果不好。据资料分析，上升流速的下限以10mm/s为宜。

在生产运行中，含藻水气浮池分离室液面负荷小于6.7$m^3/(m^2·h)$时，藻的去除率可达80%；8$m^3/(m^2·h)$时，藻去除率下降。我国东北地区有些气浮池液面负荷为7$m^3/(m^2·h)$。本条规定液面负荷可为（5.4～7.2）$m^3/(m^2·h)$。

4.4.2 关于气浮池的单格宽度、池长及水深的规定。

本条按照《室外给水设计规范》GB 50013的规定列出。

4.4.3 关于气浮池排渣设备的规定。

气浮池在运行过程中，难免有细砂和部分藻渣絮粒下沉淤积于池底。为保证气浮池出水水质，延长放空清洗周期，本条规定气浮池底部应设置排泥设施。

4.4.4 关于气浮池有关参数的规定。

为减小因管道过长而造成压力的损失，故规定溶气罐宜接近气浮池。

国外资料中的溶气压力多采用（0.4～0.6）MPa。根据我国的试验成果，提高溶气罐的溶气量及释放器的释气性能后，可适当降低溶气压力，以减少电耗。因此，按国内试验及生产运行情况，规定溶气压力一般可采用（0.2～0.4）MPa范围。

回流比应根据原水浑浊度大小以及气泡粘附絮粒的难易程度决定。气浮池运行研究结果表明，溶气水回流比6%～7.4%时除藻效率不高，高藻季节需要11%～15%。本条规定溶气水回流比一般宜采用6%～10%，含藻量高时溶气水回流比可为11%～15%。

4.4.5 关于气浮池藻渣处置的规定。

含藻水中的藻上浮至气浮池分离室的水面，形成一层藻浮渣。藻渣的量约为气浮池处理水量的0.04%，藻渣含水率为92%～97%。藻渣层的厚度取决于排渣周期的长短，可厚至10cm以上。

气浮池藻渣的污染物浓度很高：一般BOD_5为8.8g/L、COD 51g/L、悬浮固体44g/L，氮、磷、砷、锌、铅、铁含量都高。国内气浮池的藻渣较多未经过任何处理而直接排入水体，对水源的污染很严重；也有把气浮池藻渣回流到本水厂的水源，造成藻渣"循环"；还有把气浮池藻渣排入污水系统，致使下游的污水处理厂在藻渣排入的时段停止运行。

气浮池藻渣经过板框压滤机脱水后的含水率可降至78%～80%。因此，本条规定气浮池的上浮藻渣必须全部收集，并应按当地环保部门规定进行处置；严禁把藻渣排入水体。

4.5 过滤

4.5.1 关于滤池的滤料组成及滤速的有关规定。

采用水冲洗的不均匀石英砂滤料（$d_{10}=0.55$）滤池在含藻水处理的过滤过程中过滤周期很短，故规定单层石英砂滤料粒径为（0.7～1.0）mm。因含藻水的可滤性比较低，故规定单层石英砂滤料的正常滤速为（5～7）m/h，双层滤料、三层滤料的滤速也相应减小。

4.5.2 有关滤池冲洗的规定。

本条按照《室外给水设计规范》GB 50013-2006中滤池水冲、气水冲洗的有关规定，结合含藻水水质特点，冲洗强度的范围和冲洗时间适当增加。

4.6 活性炭吸附

4.6.1 关于活性炭选择原则的规定。

4.6.2 关于活性炭滤池设计参数的有关规定。

根据国内外湖泊水库水源水的13座水厂生产运行以及两处含藻水处理试验的资料都说明，常规处理工艺流程的过滤之后的颗粒活性炭滤池，当炭层厚度为(1.5～2.5)m以及空床滤速为(6.8～12)m/h时，颗粒活性炭吸附池的吸附效果正常。去除臭、味的颗粒活性炭滤池的设计空床接触时间(EBCT)一般为(8～15)min，考虑到水质标准提高，以及含藻水水源的水质特点，本条规定不宜小于10min。因此，本条规定颗粒活性炭滤池炭层厚度宜为(1.5～2.5)m，空床滤速宜为(7.5～15)m/h。

4.6.3 关于颗粒活性炭滤池反冲洗的规定。

由于颗粒活性炭相对密度较小，根据试验如采用气水同时反冲洗会使滤料大量流失，因此，除翻板滤池池型时可以采用气水联合同时反冲洗外，其他池型不宜采用气水联合同时反冲洗，气水分别单独冲洗可避免颗粒活性炭的流失。

4.7 膜处理

4.7.1 关于膜处理单元形式的规定。

膜分离是在外加推动力的作用下，利用膜的透过能力达到分离水中离子或分子以及某些微粒的技术。根据膜微孔孔径的不同，可分为微滤（MF）、超滤（UF）、纳滤（NF）、反渗透（RO）等。

微滤和超滤的作用机理主要是物理截留，重点是去除水中的悬浮性物质；纳滤和反渗透的主要作用机理是溶解、扩散，重点是去除水中的溶解性物质。由于反渗透和纳滤的投资和运行能耗较高，在含藻水水源给水处理中较少采用。微滤介于常规过滤和超滤之间，能去除"两虫"、藻类和水生生物，但不能完全去除细菌和病毒；超滤对细菌、病毒、"两虫"、藻类和水生生物有较高的去除率，是目前保障饮用水生物安全性最有效的技术之一。因此，规定含藻水水源的给水处理一般宜采用微滤或超滤。

4.7.2 关于膜处理具体形式的规定。

用于含藻水给水处理工艺的膜单元主要有超滤和微滤。膜组件主要采用中空纤维膜。按照运行方式不同可分为压力式和浸没式两种，根据水流方向压力式又可分为外压式和内压式两种。

通常微滤的膜孔径为（0.05～5.0）μm，超滤的膜孔径为（5～100）nm。膜处理单元的具体形式宜结合水质和处理目标及经济条件等因素确定。

压力式超滤膜的推动力由泵在进水侧加压，膜组件在正压下工作，为密闭式系统，采用内压式或外压式设计。外压式中空纤维膜产品水在膜丝内，水流通道没有被阻塞的风险，但纤维间死角易导致堵塞，不易清洗，主要适用于浊度较高的待处理水；内压式超滤膜系统水从膜丝的内部向外，无死角，适用于水质良好的待处理水。但进水水质较差时抗污染能力差，需要更严格的预处理。

浸没式超滤膜的推动力依靠产水侧抽真空，膜组件在负压下工作，利用虹吸或泵抽吸方式进行负压抽滤，采用开放式系统。

4.7.3 关于膜通量确定的原则。

膜通量是膜处理工艺的重要参数之一，是指单位时间内通过单位膜面积的水量，常用单位$L/(m^2 \cdot h)$。膜通量过大或过小对工程投资、运行管理及经济运行影响较大。而且，膜通量会随着运行时间、清洗等逐渐降低；水温降低时，膜通量也会减小。因此，应根据水质以及当地的条件等因素合理确定。

膜处理工艺在国内外应用的部分实例列于表6。

表6 膜处理在给水处理中的部分应用

序号	厂名	规模 ($10^4m^3/d$)	水源	净水工艺	膜形式	膜单元参数
1	加拿大 Lakeview 水厂	36.3	湖水	臭氧—生物活性炭—超滤	浸没式超滤	跨膜压差(0.02～0.03)MPa，膜通量 43L/(m^2·h)，系统回收率 95%
2	澳门大水塘(MSR)水厂	6	水库水	混凝—气浮—超滤	浸没式超滤	跨膜压差(0.02～0.03)MPa，膜通量 39L/(m^2·h)，系统回收率 95%
3	红海 Jeddah 港口 kindasa 水厂	5.65		混凝—超滤	压力式超滤	跨膜压差(0.015～0.04)MPa，膜通量 78L/(m^2·h)
4	新加坡 chestnut 水厂	27.3	微污染水源水	强化混凝—超滤	浸没式超滤	跨膜压差(0.02～0.03)MPa，膜通量 68L/(m^2·h)，系统回收率 96%
5	上海洋山深水港供水工程	1.6	自来水	曝气生物活性炭—超滤	压力式超滤	跨膜压差(0.06～0.1)MPa，膜通量 70L/(m^2·h)
6	美国马萨诸塞州 seekonk 水厂	1.6		高锰酸钾预氧化—超滤	浸没式超滤	跨膜压差(0.01～0.065)MPa，膜通量 42L/(m^2·h)
7	佛山市新城区优质水厂	0.5	自来水	活性炭吸附—超滤—臭氧二氧化氯联合消毒	浸没式超滤	跨膜压差(0.028～0.040)MPa，膜通量 57.5L/(m^2·h)，系统回收率 94%～95%
8	南通市芦泾水厂	2.5	长江南通段	原水—絮凝—超滤—清水池—出水	浸没式超滤	跨膜压差≤0.09MPa，膜通量 32L/(m^2·h)
9	天津市杨柳青水厂	0.5	含藻的受污染滦河水	原水—管道混合—絮凝—超滤	压力式超滤	跨膜压差<0.15MPa，膜通量 37.5L/(m^2·h)，系统水回收率 98%

结合国内外的工程实例，并考虑经济和安全性，本条对压力式和浸没式膜处理工艺分别作了规定。根据工艺流程和水质情况，膜通量范围可进行调整。

4.7.4 关于膜单元定期冲洗及化学清洗的规定。

超滤膜组件在运行中，原水中的胶体、悬浮物、细菌等被膜内表面截留，这些物质会在膜管内积累造成膜的污染。为了维持膜的性能和保持膜透水量的相对稳定需要定期对膜丝进行冲洗。具体的冲洗周期确定，可考虑产品的要求以及水质条件确定。

4.7.5 关于对化学清洗废液处理处置的规定。

膜组件在运行一定时间后，膜会被污染，通量下降，为恢复其通量，除在线反洗外，还需要定期进行化学清洗。即采用化学药剂与膜内污染反应，达到清洗掉污染物的目的。化学清洗主要采用酸碱以及氧化剂等，清洗废液的腐蚀性及有害物质浓度较高，必须收集单独处理和处置，以避免对环境造成危害。因此，本条规定必须进行无害化处理与处置。

4.8 消　毒

4.8.1、4.8.2 关于水厂出厂水消毒的规定。

《室外给水设计规范》GB 50013 中对出厂水消毒已有明确规定，因此，本条明确应执行其中相应的规定。

采用氯消毒，目前仍然是国内和世界先进国家的大多水厂的主要消毒剂，但出厂水及管网水的氯消毒副产物浓度必须符合《生活饮用水卫生标准》GB 5749 的规定。可以通过控制前体物浓度、采用活性炭吸附等处理工艺使消毒副产物浓度符合上述标准规定。

5 应 急 处 理

5.0.1 关于含藻水水源设置水质预警设施的原则规定。

目的是在水源水质受到突发性污染时，能够争取有更多的时间调整水厂的运行控制参数或采取投加药剂等应急处理措施。

5.0.2 关于物理隔离区设置的规定。

由于藻类大部分分布在水深 20m 以内的水中，如蓝藻、绿藻在最上层，硅藻多分布于深层，为防止在水流和风的作用下藻对取水口的影响，可设置水面上的物理拦截以及捞藻设施，以降低其影响。按照《生活饮用水集中式供水单位卫生规范》的规定，取水点周围半径100m的水域内，严禁捕捞、网箱养殖、停靠船只、游泳和从事其他可能污染水源的任何活动，考虑到实施条件，本条规定可在100m范围内设置。

5.0.3 关于以含藻水为水源的水厂及其取水口设置投加预氧化剂和粉末活性炭投加设施应急处理设备的规定。

水华的持续时间很短，一般为几天到一个星期，事故的发生往往很快，所以应该有预先制定的应急方案。

5.0.4 关于处理含藻水水源发生水华时的规定。

取水口所在水域发生水华时，水面浮藻厚度甚至达到数十厘米。某水厂曾因水华，导致暂时停产。

实践资料表明：(1)混凝时pH值为8.6时，沉淀水的含藻量为2400万个/L；混凝时pH值为6时，沉淀水含藻量则为300万个/L；(2)除藻时，助凝剂和预加氯的投加量均需加大2倍；投加聚丙烯酰胺助凝剂可去除硅藻97%，预加氯可去除藻95%～98%；(3)臭气很浓，土味素达到100μg/L以上时，投加粉末活性炭100mg/L可以完全除臭；日本金町水厂(规模为182万m^3/d)正常运行时的粉末活性炭投加量即达到100mg/L。

滤池的反冲洗强度可适当加大，反冲洗周期可缩短至正常运行时的二分之一左右。

因此，在水华时段内，调节pH值，适当加大预氧化剂(氯、高锰酸钾)、混凝剂、聚丙烯酰胺助凝剂、粉末活性炭的投加量，适当地降低水处理负荷和调整反冲洗强度和周期，可以有效地去除水中的藻、臭、味、色度、浑浊度，可使出厂水符合饮用水水质标准。

中华人民共和国行业标准

高浊度水给水设计规范

Code for design of water supply engineering using high-turbidity raw water

CJJ 40—2011

批准部门：中华人民共和国住房和城乡建设部
施行日期：2 0 1 2 年 1 月 1 日

中华人民共和国住房和城乡建设部
公　　告

第 996 号

关于发布行业标准《高浊度水给水设计规范》的公告

现批准《高浊度水给水设计规范》为行业标准，编号为 CJJ 40－2011，自 2012 年 1 月 1 日起实施。其中，第 3.1.7、4.1.8、6.1.4、6.3.5、7.3.8 条为强制性条文，必须严格执行。原行业标准《高浊度水给水设计规范》CJJ 40－91 同时废止。

本规范由我部标准定额研究所组织中国建筑工业出版社出版发行。

中华人民共和国住房和城乡建设部

2011 年 4 月 22 日

前　　言

根据住房和城乡建设部《关于印发〈2008 年工程建设标准规范制订、修订计划（第一批）〉的通知》（建标［2008］102 号）的要求，规范编制组经广泛调查研究，认真总结实践经验，参考有关国际标准和国外先进标准，并在广泛征求意见的基础上，修订了本规范。

本规范主要技术内容是：1. 总则；2. 术语和符号；3. 给水系统；4. 取水工程；5. 水处理工艺流程；6. 水处理药剂；7. 沉淀（澄清）构筑物；8. 排泥；9. 应急措施。

本次修订的主要内容是：

1. 规范的适用范围，由原规范的只适用于黄河高浊度水，扩展到适用于全国范围高浊度水的给水设计；现规范所指高浊度水，包括界面沉降高浊度水和非界面沉降高浊度水。

2. 全面总结原规范发布以来我国在该技术领域发展的新技术、新经验，重点是水源取水和预处理工艺系统的优化，泥沙输送处理与处置的新内容和有关设计参数。

3. 新增高浊度水给水设计中安全供水和应急措施内容。

本规范中以黑体字标志的条文为强制性条文，必须严格执行。

本规范由住房和城乡建设部负责管理和对强制性条文的解释，由中国市政工程西北设计研究院有限公司负责具体技术内容的解释。在执行过程中如有意见或建议，请寄送中国市政工程西北设计研究院有限公司（地址：甘肃省兰州市定西路 459 号，邮政编码：730000）。

本规范主编单位：中国市政工程西北设计研究院有限公司

本规范参编单位：中国市政工程西南设计研究总院
中国市政工程东北设计研究总院
兰州威立雅水务（集团）有限责任公司
兰州交通大学
哈尔滨工业大学
西安建筑科技大学

本规范主要起草人员：孔令勇　戴之荷　马小蕾　毛继程　厉彦松　付忠志　刘冬平　孙晓霞　张建锋　陈树勤　武福平　罗万申　郝立栋　袁一星　贾万新　章伟民　赫俊国　熊易华

本规范主要审查人员：沈裘昌　张晓健　万玉成　刘延澄　吕启忠　吕品祥　张　智　武道吉　郄燕秋　贾瑞宝　康旺儒

目次

Contents

1 总 则

1.0.1 为提高高浊度水给水工程设计质量，规范设计工艺和设计参数，制定本规范。

1.0.2 本规范适用于新建、扩建或改建的以高浊度水为水源的城镇及工业区永久性给水工程设计。

1.0.3 本规范中的高浊度水处理工艺，指通过预处理和一、二级（或多级）沉淀（澄清），将高浊度原水处理至满足滤池进水水质要求的净水工艺。水的过滤、消毒、深度处理等后续工艺应符合国家现行有关标准的规定。

1.0.4 高浊度水给水工程设计应以提高城镇供水保证率为目标，正确处理好技术和经济，系统和局部，工艺全流程和单体构筑物各环节的关系，使全系统安全经济地运行，并具有应对突发事故的能力。

1.0.5 高浊度水给水工程的设计除应符合本规范外，尚应符合国家现行有关标准的规定。

2 术语和符号

2.1 术 语

2.1.1 高浊度水 high-turbidity raw water

含沙量或浊度较高，水中泥沙具有分选、干扰和约制沉降特征的原水。按照是否出现清晰的沉降界面，又分为界面沉降高浊度水和非界面沉降高浊度水两类。

2.1.2 界面沉降高浊度水 high-turbidity raw water with sharp interface settling

在沉降过程中分选、干扰和约制沉降作用明显，出现清晰浑液面的高浊度水。含沙量一般大于10kg/m³，以黄河流域的高浊度水为典型代表。

2.1.3 非界面沉降高浊度水 high-turbidity raw water without sharp interface settling

在沉降过程中虽有分选、干扰和约制沉降作用，但不出现清晰浑液面的高浊度水。浊度一般大于3000NTU，以长江上游高浊度水为典型代表。

2.1.4 分选、干扰和约制沉降 separating, disturbing and restraining settlement

水中泥沙在下沉过程中，存在粗、细颗粒的分选下沉，颗粒之间产生水力干扰，互相制约，随着浓度的增加，最终呈现水中泥沙颗粒群整体下沉的现象。

2.1.5 调蓄水池 regulation and storage tank

用于蓄存和调节水量，在水源遭遇沙峰、洪水、枯水（脱流、断流）、冻害（冰凌）、突发污染等不能正常取水的时段内，维持水厂正常供水能力的构筑物称作调蓄水池。

2.1.6 浑水调蓄水池 regulation and storage tank for muddy water

蓄存高浊度原水（兼有预沉作用）的调蓄水池称作浑水调蓄水池。

2.1.7 清水调蓄水池 regulation and storage tank for clean water

蓄存预沉水（包括水库清水期原水）、沉淀（澄清）水、过滤水等处理后水的调蓄水池称作清水调蓄水池。

水处理厂的出厂水清水池，一般作为水量的日平衡，不属于调蓄水池；如果其调节容积按沙峰（或洪水、枯水、冻害、突发污染等）历时设计，则属于清水调蓄水池。

2.1.8 稳固河段 stable river segment

指河床相对稳定，主流较固定的河段。河岸经常发生冲蚀并经多次加固的工程地段，一般主流线变化较小，靠流几率较高，习惯上也称其为“老险工段”，从控制主流的角度可视作稳固河段。

2.1.9 揭河底 cover layer of river bottom to be flaked and moved by flood

在发生高含沙洪峰时，由于流速和相对密度增大，水流作用于河床底面的拖曳力骤增，而致成片河床被剥离、掏冲的剧烈冲刷现象。

2.1.10 藕节断面 torose section in river

游荡性河段中河面宽窄相间形似莲藕，明显收缩处称作藕节断面。此处主流相对稳定，流势较强。

2.1.11 预处理系统 pre-treatment system

高浊度水处理过程中，在常规处理工艺前所设置的处理工序。一般由取水头部预处理、斗槽或渠道预处理、沉沙池预处理、调蓄水池预处理、沉淀（澄清）构筑物预处理等组成。

2.1.12 一级沉淀（澄清）处理流程 single stage sedimentation (clarification) processing

原水不经预处理，直接进行混凝沉淀（澄清），即可满足滤池进水水质要求的高浊度水处理流程。

2.1.13 二级或三级沉淀（澄清）处理流程 double or multi sedimentation (clarification) processing

原水浊度较高，沙峰持续时间较长，需先进行第一级预处理后，再经第二级或第三级沉淀（澄清）处理，才能满足滤池进水水质要求的高浊度水处理流程。

2.1.14 絮凝剂 flocculant

具有凝聚、吸附、架桥、网捕等功能的有机（无机）高分子水处理药剂。

2.1.15 药剂联合、混合投加 combined dosing of two or more agents / mixed dosing of compound agent

为发挥不同药剂的特殊功能，强化净化效果所采用的混凝剂和絮凝剂前后两次或多次投加，或复配药剂的混合一次投加方法。

2.1.16 辐流沉淀池 radial-flow sedimentation tank

中心进水周边出水，水流沿径向辐射流动的圆形沉淀构筑物。

2.1.17 水旋澄清池 swirling clarifier

进水依靠水力呈旋流运动，集混合、絮凝、澄清、泥沙内部循环和两次泥水分离于一体的圆形澄清构筑物。

2.1.18 两次泥水分离 twice separation of water and sludge

在水旋澄清池、机械搅拌澄清池、泥沙外循环澄清池中，较重的泥沙絮体先在絮凝室中进行第一次分选沉降，较轻的泥沙絮体再在分离室中完成第二次沉降分离的净化过程。原水含沙量较高或粗砂占比较大时，絮凝室的沉泥量可占到全部沉泥量的50%左右。

2.1.19 泥沙外循环澄清池 sludge external reflux clarifier

多种药剂分步投加、多级机械絮凝、泥沙可调控的外部循环，以保持混合室最佳泥沙浓度，形成高浓度悬浮层接触吸附，具有两次泥水分离的高效澄清构筑物。

2.1.20 应急措施 emergency measures

指在取水河段出现洪峰、沙峰、脱流、断流、冰害，或发生突发性水源水质污染等情况，使供水系统不能正常工作时，为确保安全供水，所采取应对突发事件的技术措施。

2.1.21 深泓线 talweg

河道中各断面最大水深点的连线。

2.2 符 号

C_1——进水含沙量（kg/m^3）；

C_2——出水含沙量（kg/m^3）；

C_3——排泥水含沙量（kg/m^3）；

C_4——泥沙浓缩区的泥沙平均浓度（kg/m^3）；

C_m——在历时 t 内泥沙浓缩的平均浓度（kg/m^3）；

F——清水分离区净面积（m^2）；

G——排泥水量（m^3/s）；

K——排泥水量计算的安全系数；

Q_0——设计进水量（m^3/s）；

Q——设计出水量（m^3/s）；

N——排泥耗水率（%）；

T——一次排泥的历时（h）；

W——泥沙浓缩区容积（m^3）；

t——泥沙浓缩时间（s）；

u——静止沉淀浑液面沉速（mm/s）；

α——静、动水沉降速度的比值系数。

3 给 水 系 统

3.1 一 般 规 定

3.1.1 高浊度水给水系统应包括取水工程、调蓄工程、水处理工程、输配水工程、泥沙输送工程、泥沙处理处置工程以及应急措施等。

3.1.2 高浊度水给水宜采用多水源或区域联网给水系统，或有备用水源的给水系统。

3.1.3 大、中型高浊度水给水工程的预处理设施，宜设置于水源地附近。调蓄水池的设置，应根据水源特点和安全供水的需要，并结合当地条件，经技术经济比较确定。

3.1.4 高浊度水预处理流程和构筑物的形式，应根据沙峰历时、泥沙颗粒组成、水量变化、水质变化、场地条件等因素，并结合当地管理经验，经技术经济比较确定。

3.1.5 高浊度给水系统的泥沙输送、处理、利用和处置，应根据当地条件和环保要求，因地制宜，经技术经济比较确定。环境条件允许的地区，可根据需要分期建设。

3.1.6 高浊度水给水系统宜强化系统运行中的自动化、机械化和监测预警预报系统。

3.1.7 生活饮用水给水系统的供水水质，必须符合国家现行标准《生活饮用水卫生标准》GB 5749 和《城市供水水质标准》CJ/T 206 的规定。

3.1.8 非生活饮用水给水系统的供水水质，可按用户要求确定。

3.2 系统分类与优化组合

3.2.1 高浊度水给水系统可分为多水源给水系统与单水源给水系统，又可分为有调蓄水池的处理系统与无调蓄水池的处理系统。对于用水量较大且比较集中，而对水质、水压要求不统一的用水对象，可采用分质、分压、分区给水系统。

3.2.2 应充分发挥高浊度水给水系统各净化构筑物的功能，各构筑物进出水水质和负荷应全面衡量、合理分担。后一级处理构筑物的设计进水含沙量（或浊度）应高于前一级处理构筑物的设计出水含沙量（或浊度）。

3.2.3 高浊度水的预处理系统应以降低原水含沙量或浊度为主，同时还应对原水中的耗氧量、色度、嗅味、有害污染物等其他理化指标发挥一定的综合净化效应。

3.2.4 当采用多水源给水、备用水源给水或区域联网给水系统时，系统内各水源应有机结合、相互联通，并应保证在需要时能及时切换或调度供水。

4 取 水 工 程

4.1 一 般 规 定

4.1.1 高浊度水取水工程的设计方案应符合城镇规划和河流规划，并应根据水源的水文特点、水质特点、河床和岸边的地质特点、当地气候条件、航运要求等因素综合比较确定。大、中型的重要取水工程，宜进行河床动态水工模型试验。

4.1.2 大、中型取水工程的设计，当取水断面距离现有水文站较远或附近水文站资料难以引用时，应设置临时水文站观测必要的水文资料。

4.1.3 设在水利枢纽库区下游的取水工程，应考虑水利枢纽建成后不同运行工况所引起的洪（枯）流量、洪（枯）水位、河床冲淤、含沙量等水文条件变化对取水的影响。

4.1.4 高浊度水给水工程的设计取水年保证率应达到90%～99%。当不能满足时，应根据实际情况采取相应的安全保障措施。

4.1.5 取水构筑物的设计取水量应包括下列内容：

1 现行国家标准《室外给水设计规范》GB 50013中对应设计规模应包括的水量；

2 设计最大含沙量时净水厂的自用水量；

3 预处理系统的排泥水量、蒸发水量、渗漏水量；

4 原水输送管渠的漏损水量；

5 调蓄水池的补充水量。

4.1.6 高浊度水取水工程的设计应考虑下列因素：

1 江河主流游荡和河床的冲淤；

2 流量和水位变化，河道断流、脱流；

3 漂浮物、杂草、冰凌和冰坝；

4 含沙量、沙峰特点和泥沙组成；

5 河道航运和上下游建有水库及其他水工设施；

6 可能造成水源水质污染的点源、面源因素。

4.1.7 当在冲、淤较为严重的河段设置取水构筑物时，应考虑在使用年限内河床淤积或冲刷的变化，以及由此引起的水位变化。对可能产生冰坝的河段，应采取预防冰坝和水位上涨的措施。

4.1.8 取水构筑物基础应设在局部冲刷和揭河底深度以下，并应满足地基承载力和稳定性要求。

4.1.9 在河道上设置取水与水工构筑物或引水导流设施时，应征得相关部门的同意。

4.2 取水构筑物

4.2.1 取水构筑物宜采取直接从主河道取水的方式，不宜设引水渠、集水前池和单独的集水室（井），也不宜采用倒虹管或自流管引水。

4.2.2 对于江、河岸边较陡，靠岸有足够的水深，河床较稳定且地质条件较好的河段，应采用直接取水的岸边合建式取水构筑物。

4.2.3 对于江、河岸边平缓，枯水期无足够水深，在主流深泓线比较稳定的河段取水的大、中型给水工程，宜采用河心合建式取水构筑物。小型工程也可采用移动式取水设施，直接从主河道中取水。

4.2.4 对于河道主流摆动的游荡性河段，宜在能控制主流，深泓线较集中的藕节断面处设河心式取水头部与岸边泵房相结合的分建式取水构筑物。

4.2.5 对于江、河岸边取水条件较好的冲淤型河段，为防止枯水期脱流或断流发生，宜采用岸边合建式取水构筑物与河心取水头部互为备用的多点取水方案。

4.2.6 对于冰情较严重且无冰水分层，河水含沙量较高，河道纵坡较大具有自流冲淤条件的河段，宜采用双向斗槽和岸边泵房结合的取水构筑物，斗槽自清流速不宜小于2.0m/s。必要时应进行水工模型试验。

4.2.7 对于岸边有足够的枯水位水深，水位变幅较小，原水含沙量较低并有冰水分层，漂浮物和杂草等较少的河段，可采用直吸式岸边泵房取水构筑物，并应设置必要的反冲洗设施。

4.2.8 在江河支流取水，对于水流较分散，水深较浅，枯水期取水比大于20%～30%且无航运要求的河段，宜采用低坝与岸边泵房结合的取水构筑物。宜在冲沙闸上游一定距离设置分水墙及导沙底槛；进水闸底宜高出冲沙闸底0.8m～1.5m；在寒冷地区，进水闸后可设水力排冰兼预沉渠道，进水闸和出水闸的闸底高差不宜小于1.0m，渠道底坡不宜小于1%，并应对闸门等设备采取防冰冻措施。

4.2.9 在非界面沉降高浊度水河道取水，当水深和流速等条件允许时，可采用取水头部预除沙和泵房合建的直吸式取水构筑物。

4.2.10 取水口位置选择应符合下列条件：

1 游荡性河段的取水口应设于主流深泓线较密集，枯水位有一定水深的位置上；

2 取水口应设在弯曲河段主流顶冲点下游的凹岸，必要时还应于该顶冲点上游采取稳固主流的控导工程；

3 寒冷地区设取水口，应选在冰水分层或冰凌、冰坝危害较轻且浮冰、杂草等能顺流而下的河段；

4 取水口应远离江河中浅滩、江心洲、岛屿的尾部，并应注意其演变趋势；

5 取水口上游有支流汇入时，应设在汇入口下游1000m以外；

6 在无基岩出露的顶冲点凹岸可选时，取水口位置也可选在稳固河段的适当位置。

4.2.11 取水口进水闸前缘应凸入枯水位水流边线内，并与水流流线平行。

4.2.12 取水口宜设多层进水孔，或安装不同引水高程的叠梁闸。

4.2.13 当原水含沙量较高，河床冲淤变化大，邻近有支流汇入，易形成砂坝或断流，主河道游荡，冰情严重时，均可设置两个或多个取水口。

4.2.14 水泵直吸取水的取水头部，应采取拦截悬浮物的措施。

4.3 取水泵房

4.3.1 高浊度水取水泵房的结构形式，应根据水文和地质条件，通过技术经济比较确定。

4.3.2 取水泵房的进水口应防止推移质泥沙进入。进水口下缘与河床的高差不应小于1.0m，在水深较浅的河段，高差不应小于0.5m。进水口应设叠梁闸。

4.3.3 格栅应设在进水口的外侧，并采用平板格栅，栅前应设置除渣设施，严寒和寒冷地区应采取防冻措施。

4.3.4 设置在冰絮、冰凌或杂草等漂浮物较严重河段的取水泵房，其格栅的过栅流速宜选用0.1m/s～0.3m/s；进水口前应设置胸墙，胸墙下缘宜低于正常高水位2.0m；冬季水位若低于胸墙下缘，应留有设置防冻板的位置；在进水口前上游宜设置防浮冰、防杂草等的活动导流装置。

4.3.5 进水间不得少于2个，在进水间前端应设置闸门。大型取水泵房每台水泵都必须设置单独进水间，中小型取水工程可两台水泵合用进水间。

4.3.6 当进水间内设旋转格网时，格网底部应高出进水间底面0.4m～0.5m，格网和进水间底面之间不得设置挡板。

4.3.7 格网至水泵吸水管口的间距宜采用1.5m～2.5m。当间距大于2.5m时，应设置专用的排泥泵定期排泥。

4.3.8 进水间底板应坡向水泵吸水口，底板最低处应与吸水口下缘相平。

4.3.9 当在非界面沉降高浊度水河道取水时，不宜设置进水间或集水井。当需要设置进水间时，应设置高压水或压缩空气冲洗系统。

4.3.10 高浊度水取水泵宜选用低转速卧式离心泵，并应选用耐磨蚀叶轮、耐磨蚀泵壳和耐磨蚀密封件，还应配备足够数量的易损部件。

4.3.11 当原水含沙量超过$10kg/m^3$或浊度大于5000NTU时，选泵时应考虑泥沙含量对水泵特性的影响。对重要的大型工程，宜通过试验测定泥沙水的水泵特性。

4.3.12 水泵的台数和容量的配置应考虑由于进水含沙量不同所引起取水量的变化，泵组的备用率应达到50%～100%，水泵扬程和流量应留有适当的余量。在设有调蓄水池的给水系统中，取水泵房内应设置调蓄水池补充水水泵。

5 水处理工艺流程

5.1 一般规定

5.1.1 高浊度水给水处理工艺流程可分为一级沉淀（澄清）处理流程、二级沉淀（澄清）处理流程或三级沉淀（澄清）处理流程。

5.1.2 工艺流程的选择，除应保证高浊度水时段的处理效果外，还应保证其他季节对低温低浊、低温高浊、有机有害物污染、藻类污染等水质的有效处理。应根据原水水质和供水水质要求，参照相似条件的水厂运行经验或试验资料，结合具体情况通过技术经济比较确定。

5.1.3 在水利枢纽下游取水的高浊度水给水处理工艺，应考虑河流水文特征变化对原水水质的影响。根据水质变化特点，应采用适应水质变化和净化效率较高的处理流程。

5.1.4 净水厂主要处理构筑物的设计水量，应满足后续处理单元的进水量要求，并应根据其在高浊度水处理流程中的位置确定；当构筑物下游设有调蓄水池时，还应包括调蓄水池的补充水流量。设计应考虑季节变化或原水水质变化所引起的产水量变化、整个处理流程及各处理构筑物的适应能力，应保证不同季节或原水水质变化时的安全供水。

5.2 一级沉淀（澄清）处理流程

5.2.1 当符合下列条件之一时，可采用一级沉淀（澄清）处理流程：

1 沉淀（澄清）的出水浊度允许大于50NTU；

2 原水为最高含沙量低于$40kg/m^3$的界面沉降高浊度水，或最大浊度小于3000NTU的非界面沉降高浊度水；

3 采用一级沉淀（澄清）处理流程进行生活饮用水处理时，聚丙烯酰胺投加量不超过国家现行卫生标准的；

4 允许超剂量投加聚丙烯酰胺的非生活饮用水处理；

5 有备用水源的给水系统，采用强化常规工艺，能满足供水水质要求的中小型给水工程。

5.2.2 一级沉淀（澄清）处理流程应采用强化混凝沉淀（澄清）技术。可采用辐流沉淀池、平流沉淀池、平流加斜管（板）沉淀池、机械搅拌澄清池、水旋澄清池以及泥沙外循环澄清池等净化构筑物。

5.2.3 当界面沉降高浊度水采用一级沉淀（澄清）处理流程时，宜设调蓄水池。当原水含沙量低于$40kg/m^3$，且沙峰延续时间小于一级沉淀（澄清）池的水力停留时间时，可采用浑水顶清水的运行方式，可不设调蓄水池。

5.3 二级或三级沉淀（澄清）处理流程

5.3.1 当符合下列条件之一时，应采用二级或三级沉淀（澄清）处理流程：

1 沉淀（澄清）的出水浊度要求低于10NTU；

2 原水设计含沙量大于$40kg/m^3$的界面沉降高浊度水，或原水设计浊度大于3000NTU的非界面沉降高浊度水；

3 采用一级沉淀（澄清）处理流程进行生活饮用水处理时，聚丙烯酰胺投加剂量超过国家现行卫生标准的；

4 超过设计含沙量的沙峰持续时间较长，或因水源断流、脱流等需设调置蓄水池或预处理的给水工程；

5 在一级或二级沉淀（澄清）处理前还需设置沉沙预沉池的给水工程；

6 无备用水源的给水系统。

5.3.2 采用二级或三级沉淀（澄清）处理流程的第一级预沉构筑物，应具有较大的泥沙浓缩容积和可靠的排泥设施。可采用辐流沉淀池，平流沉淀池或斜管（板）沉淀池，必要时在第一级沉淀（澄清）构筑物前亦可加设沉沙预沉池。

5.3.3 二级或三级沉淀（澄清）处理流程的第一级预沉构筑物，应设置投加絮凝剂的设施；可根据原水水质条件采用下列运行方式：

1 对辐流沉淀池、平流沉淀池、斜管（板）沉淀池等，可采用混凝沉淀方式运行，或在沙峰期间进行混凝沉淀，其他时间进行自然沉淀；

2 浑水调蓄水池兼预沉池、条渠预沉池、沉沙预沉池等，可采用自然沉淀的方式运行；

3 沉淀（澄清）构筑物的排泥，应根据进水含沙量和泥沙浓缩规律以及积泥量等因素确定，可采用连续排泥或间歇排泥。

5.3.4 设有浑水调蓄水池的高浊度水处理工艺，可根据具体条件和要求在调蓄水池前增设沉沙池。

5.3.5 非界面沉降高浊度水处理系统，可不设置调蓄水池；当原水浊度大于5000NTU时，其第一级预沉构筑物可采用混凝沉淀的沉沙预沉池。

6 水处理药剂

6.1 一 般 规 定

6.1.1 高浊度水沉淀（澄清）处理混凝剂和絮凝剂的选用，应通过试验或参照相似条件下的运行经验并进行技术经济比较后确定。

6.1.2 药剂单独投加所能处理最大含沙量，可参照表6.1.2的数值选用。

表6.1.2 药剂单独投加所能处理最大含沙量

药剂种类	处理最大含沙量（kg/m³）
硫酸铝	10
三氯化铁	25
聚合氯化铝（铁）	40
聚丙烯酰胺	80～100

6.1.3 水处理药剂在贮存、溶解、输送、计量和投加过程中不得混杂。当设计药剂投加设施时，应按药剂品种各成系统，投加设施应设置切换、放空、清洗的措施。

6.1.4 当采用新型药剂或复合药剂作为生活饮用水处理的混凝剂或絮凝剂时，应进行毒理鉴定，符合国家现行相关标准要求后方可使用。

6.2 聚丙烯酰胺溶液的配制

6.2.1 高浊度水处理应采用固含量为90%、二次水解的白色或微黄色颗粒或粉末状聚丙烯酰胺产品，使用时应先经（20～40）目格网筛分散均匀，投入药剂搅拌池（罐）中加水快速搅拌60min～90min即可注入药剂溶液池（罐）中，配制成浓度为1%～2%的溶液。

6.2.2 当使用胶状聚丙烯酰胺时，应先经栅条分割成条状或碎块状后，再投入搅拌池（罐）中注水搅拌60min～120min，配制成浓度为1%～2%的溶液。

6.2.3 搅拌池（罐）应设置投药、进水、出液和放空系统；搅拌器宜采用涡轮式或推进式，并应设置导流筒，搅拌浆外缘线速宜为50m/min～60m/min；池壁应设置挡板等扰流装置。

6.2.4 搅拌设备能力和溶液池容积的计算，应先根据设计含沙量历时曲线和设计水量，求得最高日用量和设计沙峰历时内的药剂用量，再按下列方法确定：

1 设计水量较小或沙峰历时较短的给水工程，平时应将溶解好的水解药液放入溶液池备用，溶液池容积应按设计沙峰历时内所需剂量确定；

2 设计沙峰历时较长或大中型给水工程，应采用连续搅拌和溶液池贮存相结合的运行方式，溶液池容积应按最高日用量和每日配制次数不大于3次确定。

6.2.5 当加氢氧化钠自行水解时，配制装备和输送、计量、电气设备等均应采取防腐措施；水解溶液池宜采用封闭式，当采用非封闭式时应采用隔墙或其他隔离设施。

6.2.6 储药间、配药间和投药间的地面应采取防滑措施；地坪宜采用同一高程，不宜设置坡道或不易识别的台阶；房间应避免阳光直射，并应设置给水排水、通风和搬运设备。用量较大的配药间宜设置专门清洗包装袋的设备。

6.3 聚丙烯酰胺的投加

6.3.1 聚丙烯酰胺药液可采用计量泵或水射器投加；投加浓度宜为0.1%～0.2%。当采用水射器投加时，药剂投加浓度应为水射器后混合溶液的浓度。

6.3.2 投加聚丙烯酰胺药液的计量设备必须采用聚丙烯酰胺药液进行标定。

6.3.3 聚丙烯酰胺的投加剂量，应通过试验或参照相似条件的运行经验确定；当含沙量相同时，聚丙烯酰胺的投加量与泥沙粒度有关，可对泥沙进行颗粒组成与投药量的相关性试验并确定最佳投药量。当无实际资料可用时，可参照下列数值计算以聚丙烯酰胺纯量计的投加剂量：

1 高浊度水混凝沉淀（澄清），聚丙烯酰胺全年平均投加量宜为0.015mg/L～1.5mg/L；

2 当原水含沙量为10kg/m³～40kg/m³时，投加剂量宜为1mg/L～2mg/L；

3 当原水含沙量为40kg/m³～60kg/m³时，投加剂量宜为2mg/L～4mg/L；

4 当原水含沙量为60kg/m³～100kg/m³时，投加剂量宜为4mg/L～10mg/L。

6.3.4 处理高浊度水应投加水解后的聚丙烯酰胺，未水解的投加量可按水解投加量的5～6倍计算。

6.3.5 当投加聚丙烯酰胺进行生活饮用水处理时，出厂水中丙烯酰胺单体的残留浓度必须符合现行国家标准《生活饮用水卫生标准》GB 5749的规定。

6.3.6 非生活饮用水处理中，也应控制聚丙烯酰胺的投加量不能过大，应避免沉淀（澄清）池的出水浊度增加或对后续净水工序产生不利的影响。

6.3.7 当投加聚丙烯酰胺时，根据原水水质的具体情况，宜采用分步投加或清水回流投加。当采用分步投加时，其先后投加量的比例应根据水中稳定泥沙浓度确定；浓度大时，先投入的比例应增大，可先投加60%与原水快速混合，相隔5s～10s后再投加40%。当采用清水回流投加时，回流比宜为5%，并应采用快速混合器设计参数。

6.4 多种药剂联合投加

6.4.1 原水泥沙浓度较高、颗粒组成较细、有微污染的高浊度水处理，应采用两种或多种药剂联合投加，包括聚丙烯酰胺与聚合氯化铝（铁）的两次投加，以及复配药剂的一次投加。投加方式应通过试验或参照相似条件的使用经验确定。

6.4.2 当两种药剂联合投加时，宜先投加聚丙烯酰胺或其他高分子絮凝剂，经快速混合后，间隔30s～60s再投加混凝剂。原水的浊度和水温越低，两次投加的时间间隔应越长。

6.4.3 当采用聚丙烯酰胺和聚合氯化铝（铁）的联合投加时，必须使先投加的药剂经过充分混合后，再投加第二种药剂。

6.4.4 当采用复配药剂时，可一次性投加。

6.4.5 非界面沉降高浊度水处理，宜在一级预沉池投加聚丙烯酰胺絮凝剂，在二级沉淀（澄清）池投加混凝剂，并应使出水浊度满足滤池进水水质要求。

6.4.6 受污染高浊度水处理中，根据原水水质特点，除可采用两种药剂联合投加和强化常规处理工艺措施外，也可选用对水中有机污染物具有高效氧化和分解功能的复合药剂。

7 沉淀（澄清）构筑物

7.1 一般规定

7.1.1 高浊度水处理沉淀（澄清）构筑物的选择，应根据原水水质、处理水量、出水水质等要求，结合具体条件，经过技术经济比较确定。

7.1.2 所选用的沉淀（澄清）构筑物应具备快速混合、高效絮凝、多级固液分离、较大的泥沙浓缩容积、排泥通畅和运行稳定等特点，为保持沉淀（澄清）池稳定运行，界面沉降高浊度水的沉淀（澄清）池中应设置浑液面检测仪表。

7.1.3 沉淀（澄清）构筑物的设计水量，应符合本规范第5.1.4条的要求；沉淀（澄清）构筑物在排泥时仍应满足设计出水量要求。

7.1.4 沉淀（澄清）构筑物排泥管中的流速不宜小于1.2m/s。界面沉降高浊度水的排泥管径不宜小于250mm，非界面沉降高浊度水的排泥管径不宜小于200mm。

7.1.5 沉淀（澄清）构筑物不宜采用配水槽溢流配水。

7.1.6 沉淀（澄清）构筑物泥沙浓缩室容积，应在浑液面保持稳定的前提下，根据进水含沙量和浓缩时间，通过计算确定。泥沙浓缩时间不宜小于1h。

7.1.7 大中型沉淀（澄清）构筑物，应采用机械排泥；小型沉淀（澄清）构筑物可采用重力排泥，不宜采用穿孔管排泥。

7.1.8 当采用斗式重力排泥时，界面沉降高浊度水的排泥斗坡角不应小于55°，非界面沉降高浊度水的排泥斗坡角不应小于60°。每个泥斗内均应设置液动或气动快开底阀。

7.1.9 当沉淀（澄清）构筑物采用重力排泥时，排泥管应设高压水反冲洗系统。

7.2 沉沙（预沉）池

7.2.1 当高浊度水泥沙颗粒组成较粗时，可设置沉沙（预沉）池，首先去除0.1mm以上粒径的泥沙。

7.2.2 对于原水含沙量高，冬季冰絮时间较长，冰水不分层的北方地区高浊度水，可采用除沙兼防冰的双向斗槽或条渠预除沙构筑物。

7.2.3 大中型高浊度水处理工程，宜采用自然沉淀平流式沉沙池或上向流斜管沉沙池；也可利用渠道或附近洼地、池塘等作为自然沉淀的大型沉沙池。小型给水工程可采用立式圆形旋流沉沙池。

7.2.4 沉沙池的设计参数应根据原水含沙量、泥沙颗粒组成、去除率和排沙等因素，通过模型试验或参照相似条件下的运行经验确定。

7.2.5 界面沉降高浊度水平流式沉沙池的水平流速可取15mm/s～25mm/s，上向流斜管沉沙池的上升流速可取2mm/s～10mm/s，立式旋流沉沙池的切线流速可取2.0m/s～3.0m/s。沉沙池内水流停留时间可取20min～30min。

7.2.6 非界面沉降高浊度水处理宜采用平流式或斜管式沉沙池。平流式沉沙池的水平流速可取10mm/s

～20mm/s，停留时间可取15min～30min；上向流斜管（板）沉沙池的上升流速可取2.5mm/s～5mm/s，立式旋流沉沙池的切线流速可取3.0m/s。

7.2.7 沉沙池应采用机械或水力排沙，池内应设有高压水反冲洗系统。

7.3 调蓄水池

7.3.1 调蓄水池的设置，应根据水源水质和沙峰特点、供水要求和地形、地质等条件，综合分析确定；也可利用附近适宜的滩地、天然洼地、池塘、湖泊、旧河道、已建农业水库以及峡谷等自然条件，因地制宜设置调蓄水池。浑水调蓄水池应根据调蓄水量、预沉泥沙和净化水质等因素综合设计。

7.3.2 调蓄水池的调蓄容积，应根据取水河段历年水文资料，按设计保证率的要求经统计分析，以设计典型年沙峰曲线中超过设计含沙量的沙峰历时为调蓄时间，并结合设计供水量、供水系统的消耗水量、自用水量和水池本身的损耗水量等因素确定。

7.3.3 当浑水调蓄水池兼做一级预沉池时，其容积应按下列因素确定：

1 根据设计含沙量和典型年沙峰曲线，确定所需避沙峰的调蓄时间，计算所需的调蓄水量；

2 因水源脱流、断流、洪水、枯水、冰害和水污染等突发原因造成取水中断时间内所需的调蓄水量；

3 调蓄水池的蒸发、渗漏和其他损失的水量；

4 调蓄水池积泥、排泥和进出水系统所需的容积；

5 位于调蓄水池后续水处理构筑物和供水系统所消耗的水量；

6 其他水源需临时供水的水量；

7 上述调蓄容量应按供水对象事故用水量进行核算，并应按一级预沉池的要求进行复核。

7.3.4 当大中型浑水调蓄水池兼一级沉淀池时，宜采用自然沉淀。当沉淀时间大于5d时，其出水浊度宜为100NTU～200NTU。浑水调蓄水池前可设置沉沙池或其他形式的预沉构筑物。

7.3.5 浑水调蓄水池宜采用吸泥船机械排泥。当北方地区为防止池面封冻和冰层下积泥因长时期缺氧引发水质变差时，可采取临时机械破冰或在冰面开孔，用水泵扬水强制水循环等临时充氧措施；也可考虑冬季超越调蓄水池的运行方式。

7.3.6 清水调蓄水池的容积应按本规范第7.3.3条的规定计算，其中第4款和第5款所需的容积，应根据清水调蓄水池在水处理流程中的不同位置确定。

7.3.7 清水调蓄水池的补充水流量增加了上游净化构筑物的处理水量，适用于小型给水工程。

7.3.8 调蓄水池必须设置排空设施。水池大堤必须留有抢险、检修的交通通道。

7.3.9 浑水调蓄水池应备有挖泥船就位、移动、固定等设施。

7.3.10 大中型调蓄水池应考虑水体富营养化造成水质恶化的应对措施，并应设有安全保障和监护系统。

7.4 混合、絮凝池

7.4.1 高浊度水处理中的混合设施，必须使注入的药剂与原水快速、均匀混合，并应适应水质、水量变化的需要。聚丙烯酰胺与原水混合方式宜采用水泵、水射器或管道混合器，混合时间宜为10s～30s，混合速度梯度不宜低于$500s^{-1}$；非界面沉降高浊度水处理宜采用机械或水力混合，混合时间宜为10s～60s，混合速度梯度不宜低于$400s^{-1}$。

7.4.2 管道混合包括管道静态混合器、扩散混合器、孔板混合器、文氏管混合器等，使用时必须控制一定的扰动强度和较短的混合时间，其GT值宜为1500～2000之间，管内流速宜为1.5m/s～2.0m/s。

7.4.3 絮凝池应合理分配水流速度，投加聚丙烯酰胺絮凝剂的絮凝时间宜为15min～20min，絮凝速度梯度宜为$100s^{-1}$～$20s^{-1}$递减。当单独投加聚丙烯酰胺絮凝剂预沉时，可不设絮凝池。

7.4.4 当采用网板（格）絮凝时，絮凝时间可采用10min～15min，过网眼流速宜控制在0.6m/s～0.2m/s递减。

7.4.5 非界面沉降高浊度水宜采用折板、栅条、网格等絮凝设施，并应采取逐渐降低过流速度、增大孔眼和增加间距等措施。一级沉淀（澄清）时絮凝停留时间宜为5min～10min，二级沉淀（澄清）时絮凝停留时间宜为10min～25min。

7.4.6 高浊度水混合、絮凝池的水头损失应控制在200mm～250mm，并应与其后续处理构筑物直接连接，中间不应设置阻流设施或跌水。

7.4.7 絮凝池应优化水力条件、减少泥沙沉积。絮凝池底部应设置排泥设施和反冲洗管。

7.4.8 当采用两种药剂联合投加或混合投加时，其混合、絮凝设备和参数的选用应结合具体情况，通过试验或相似条件下的运行经验确定。

7.5 辐流沉淀池

7.5.1 辐流沉淀池宜用于大中型高浊度水处理的第一级沉淀构筑物。原水含沙量较低时可采用自然沉淀，原水含沙量较高时应采用投加有机高分子絮凝剂或普通混凝剂的混凝沉淀。自然沉淀的最高设计含沙量应根据泥沙颗粒组成、沙峰延续时间确定，宜为$20kg/m^3$。投加聚丙烯酰胺混凝沉淀的最高设计含沙量宜为$80kg/m^3$～$100kg/m^3$。

7.5.2 辐流沉淀池设计计算方法，应以高浊度水清水分离和泥沙浓缩双向运动的动态平衡为基础，并以清水分离特性确定沉淀面积，以泥沙浓缩特性确定浓缩容积，并应符合下列规定：

1　辐流沉淀池清水分离区净面积可按下式计算：

$$F=1000\cdot\alpha\cdot Q/u \quad (7.5.2\text{-}1)$$

式中：F——清水分离区净面积（m^2），不包括中心进水管及其周围涡流带面积；

Q——设计出水量（m^3/s）；

α——静、动水沉降速度的比值，宜为1.3～1.35；

u——静止沉淀浑液面沉速（mm/s），与泥沙浓度、颗粒组成及水温等有关，应通过试验或参照相似条件的运行资料确定。

2　辐流沉淀池泥沙浓缩容积可按下式计算：

$$W=Q_0\cdot C_1\cdot t/C_m \quad (7.5.2\text{-}2)$$

式中：W——泥沙浓缩区容积（m^3）；

Q_0——设计进水量（m^3/s）；

C_1——进水含沙量（kg/m^3）；

t——泥沙浓缩时间（s），相当于停留时间；

C_m——在历时 t 内泥沙浓缩的平均浓度（kg/m^3），可由浑液面沉降曲线上 t 时间内浑液面的平均高度计算。

7.5.3　辐流沉淀池主要设计参数应通过试验或参照相似条件下的运行经验确定，当无上述资料时，可按表7.5.3的数值选用。

表7.5.3　辐流沉淀池主要设计参考数值

设计参数名称	自然沉淀	混凝沉淀
进水含沙量（kg/m^3）	＜20	＜100
池子直径（m）	50～100	50～100
静止沉淀浑液面沉速（mm/s）	0.015～0.025	0.1～0.2
出水浊度（NTU）	＜1000	100～500
总停留时间（h）	4.5～13.5	6.0～8.5
排泥浓度（kg/m^3）	150～250	300～400
中心水深（m）	4.0～7.2	4.0～7.2
周边水深（m）	2.4～2.7	2.4～2.7
底坡（%）	＞5	＞5
超高（m）	0.5～0.8	0.5～0.8
刮泥机转速（min/r）	15～53	15～53
刮泥机外缘线速度（m/min）	3.5～6.0	3.5～6.0

7.5.4　辐流沉淀池进水管上应设置闸阀、排气阀和放空阀，必要时应设置适用于高浊度水的计量设备。

7.5.5　辐流沉淀池中心配水应以切向出流，并应于配水孔外围径向1.5m～2.0m处安装整流挡水套筒，形成一圈高浓度旋流絮凝区。原水应从筒底部均匀进入沉淀区。

7.5.6　辐流沉淀池设计必须抑制进出水短路。周边出水槽应采用变断面孔口淹没出流或三角堰自由出流，孔（堰）口前应设置挡水板，总出水管（渠）上应设置阀门或闸板。

7.5.7　当北方寒冷地区采用室外结构时，可采取临时增加单池出水负荷并以自由出流提高水面流速等措施防止池面冻结，也可采用高压水冲动水面或利用刮泥机定时转动等防冰冻措施。

7.5.8　辐流沉淀池处理微污染高浊度水，宜采用多功能新型药剂联合投加、高效旋流絮凝等强化絮凝和分离的技术措施。

7.5.9　辐流沉淀池的排泥宜采用周边传动桁架式刮泥机，当直径小于40m时也可采用中心传动刮泥机。根据进水含沙量变化，刮排泥方式可采用间歇式或连续式。

7.5.10　池体与排泥管廊应严格防渗；排泥管廊应考虑检修维护的便利，并应设有高压冲洗水、排水和通风设施。

7.5.11　大中型辐流沉淀池宜采用半地下式，并宜采用重力排泥；当地形条件受限时也可采用泥浆泵压力排泥。排泥管不得淤积，泥浆流速宜为1.2m/s～1.6m/s。当辐流沉淀池直径为100m时，重力排泥管径宜为600mm；当直径为50m时，重力排泥管径宜为500mm；当直径为30m时，重力排泥管径宜为400mm。

7.6　平流沉淀池

7.6.1　平流沉淀池宜用于大、中型工程的预处理和二级处理。池形宜为矩形。根据进水水质，可选用自然沉淀或混凝沉淀。

7.6.2　平流沉淀池的主要设计参数应通过试验或参照相似条件下的运行经验确定，当无上述资料时宜按下列数值选用：

1　混凝沉淀的水平流速宜为10mm/s～20mm/s，沉淀时间宜为1.5h～3.0h；

2　自然沉淀的水平流速宜为5mm/s～10mm/s，沉淀时间不宜小于6.0h。

7.6.3　当用于非界面沉降高浊度水处理时，宜采用平流加异向流斜管（板）组合沉淀池。主要设计参数应参照试验资料或相似条件下的运行经验确定，当无参考资料时，可按表7.6.3的数值选用。

表7.6.3　平流加异向流斜管（板）组合沉淀池主要设计参考数值

设计参数名称	单位	参考数值
平流段与斜管段容积比	%	60～40
总停留时间	h	1.0～2.5
平流段水平流速	mm/s	10～15
斜管（板）区上升流速	mm/s	1.5～2.0
斜管管径	mm	35～50
斜管长度	mm	1000～1200
斜板间距	mm	50～100
斜板长度	mm	1200～1500
斜管（板）安装倾角	°	≥60

7.6.4 平流沉淀池应与混合、絮凝池直接相连。

7.6.5 平流沉淀池进水应使水流均匀扩散，平稳进入池内，进口段渐变角不宜超过20°，并宜设置穿孔墙配水，孔眼流速宜小于0.08m/s～0.10m/s。

7.6.6 沉淀池出水宜采用多条纵向指形堰槽，孔口淹没出流或三角堰自由出流，溢流率不宜大于250m^3/(m·d)。

7.6.7 平流沉淀池应采用机械排泥，沉淀池进出水系统的布置应适应排泥设备安装和运行的需要。

7.6.8 大型平流预沉池应采用自然沉淀和挖泥船排泥。

7.7 斜管沉淀池

7.7.1 斜管沉淀池宜用于进水浊度为500NTU～1000NTU，短时进水浊度不超过3000NTU的非界面沉降高浊度水处理。

7.7.2 当原水浊度高于5000NTU时，斜管沉淀池前宜设置平流过渡段（缓冲区），过渡段停留时间宜为10min～20min。

7.7.3 斜管底部进水区入口处水平流速宜为0.1m/s。

7.7.4 短期出现高浊度水并有藻类污染的水库水，可采用斜管（板）加气浮为一体的浮沉池。

7.8 机械搅拌澄清池

7.8.1 机械搅拌澄清池宜用于高浊度水处理的中小型工程。当投加聚丙烯酰胺和普通混凝剂时，可处理含沙量低于40kg/m^3的高浊度水。

7.8.2 机械搅拌澄清池的主要设计参数应通过试验或参照相似条件下的运行经验确定，当无参考资料时，可按表7.8.2的数值选用。

表7.8.2 机械搅拌澄清池主要设计参考数值

设计参数名称	单 位	参考数值	备 注
澄清池直径	m	10～40	—
进水含沙量	kg/m^3	＜40	—
出水浊度	NTU	＜10～20	个别50
停留时间	h	1.5～2.0	其中絮凝时间为10min～20min
分离区上升流速	mm/s	0.8～1.2	—
回流倍数	—	2～3	—
容积比	—	1∶2∶7	根据需要可调整为1∶3∶10
排泥浓度	kg/m^3	150～300	—
排泥耗水率	%	15～30	—

7.8.3 机械搅拌澄清池应在第一絮凝室内设置第二投药点，其设置高度宜在第一絮凝室的1/2高度处。

7.8.4 分离室上升流速可采用0.8mm/s～1.2mm/s，分离室面积在容积比为1∶2∶7的条件下，可取为全池面积的80%～85%，第一、二絮凝室总容积与分离室容积的比宜为3∶7。

7.8.5 当原水含沙量较高时，可适当增大泥沙浓缩和清水分离面积，泥沙可不回流；并宜采用直壁和缓坡平底形池型或盆形池型。

7.8.6 小型澄清池出水可采用分离室中部设环形集水槽，大型澄清池出水应采用辐射集水槽和在分离室内侧环形集水槽相结合的形式。集水槽内流速宜为0.4m/s～0.6m/s。

7.8.7 可采用加大搅拌叶片面积、分离区设置异向流斜管等措施，提高处理效率和降低出水浊度。

7.8.8 机械搅拌澄清池的排泥应采用机械刮泥和中心排泥坑相结合的形式，可不另设排泥斗。

7.9 水旋澄清池

7.9.1 水旋澄清池宜用于中、小型工程的高浊度水处理，可适应低温、低浊和原水水质的变化。当投加聚丙烯酰胺和普通混凝剂，且进水含沙量为60kg/m^3～80kg/m^3时，出水浊度可小于20NTU。

7.9.2 水旋澄清池的主要设计参数应通过试验或参照相似条件下的运行经验确定，当无参考资料时，可按表7.9.2的数值选用。

表7.9.2 水旋澄清池主要设计参考数值

设计参数名称	单 位	参考数值
进水含沙量	kg/m^3	60～80
出水浊度	NTU	＜10～20
进水喷咀流速	m/s	2.5～4.0
进水管前工作压力	kPa	≈60
第二絮凝室导流筒流速	mm/s	20～50
分离室上升流速	mm/s	0.8～1.2
混合时间	min	6～8
絮凝时间	min	15～20
总停留时间	h	1.5～2.5
平均排泥浓度	kg/m^3	100～350
排泥耗水率	%	15～25

7.9.3 当采用两种药剂联合投加时，聚丙烯酰胺应在池前进水管上投加，间隔10s后在池内进水管口喷嘴前再投加普通混凝剂。

7.9.4 当进水出现低温低浊或低温高浊时，可进行泥沙回流，并将导流筒下降，絮凝时间应增加为30min～40min。

7.9.5 处理高藻和有机污染的高浊度水，可根据具体情况采用改进的旋流澄清气浮池，当进水浊度小于10000NTU时，出水浊度可小于10NTU。

7.9.6 水旋澄清池应采用机械排泥，直径小于 10m 的小型池可采用穿孔管分段重力排泥。泥沙回流管与进水管上的水射器应相接，并应设有反冲洗管。

7.10 泥沙外循环澄清池

7.10.1 泥沙外循环澄清池宜用于原水水质、水量变化较大，受占地条件限制的高浊度水处理工程的第二级澄清处理构筑物。

7.10.2 泥沙外循环澄清池应采用多种药剂联合投加、快速混合、多级推流机械絮凝，高浓度悬浮絮凝层接触分离、斜管澄清合为一体，并有可调节的泥沙外循环系统。

7.10.3 对泥沙外循环澄清池，聚丙烯酰胺应先投加 50%在回流泥沙中，在絮凝室再投加 50%，并应在混合室投加混凝剂；回流泥沙浓度宜为 20000mg/L～30000mg/L，最佳回流比宜为 2%～4%。

7.10.4 泥沙外循环澄清池宜采用机械排泥，排泥水含固率宜为 3%～5%，可直接满足泥沙脱水的要求。

7.10.5 泥沙外循环澄清池的澄清速率可采用 20m/h～30m/h，澄清后浊度去除率可达 95%～98%。当经预处理后进水浊度在 100NTU～200NTU（短时 5000NTU）时，出水浊度可达 1NTU～2NTU。

7.10.6 泥沙外循环澄清池的主要设计参数应通过试验或参照相似条件下的运行经验确定，当无参考资料时，可按表 7.10.6 的数值选用。

表 7.10.6 泥沙外循环澄清池主要设计参考数值

设计参数名称	单 位	参考数值	备 注
进水浊度	NTU	≤(100～200)	短期可达 5000
水力负荷	$m^3/(m^2 \cdot h)$	20～30	—
上升流速	mm/s	5～10	—
出水浊度	NTU	1～2	—
泥沙回流比	%	2～4	—
回流泥沙浓度	mg/L	20000～30000	—
混合室悬浮物浓度	mg/L	800～1200	—
混合、絮凝时间	min	10～15	—
总停留时间	min	40～50	—
混合搅拌机转速	r/min	100～150	—
絮凝搅拌机转速	r/min	30～70	可采用变频调速

8 排 泥

8.1 一 般 规 定

8.1.1 第一级沉淀（澄清）构筑物的积泥分布、积泥浓度、排泥浓度以及排泥水量与原水含沙量、沉淀方式、药剂品种、浓缩时间以及排泥方式等因素有关，应通过试验或参照相似条件下的运行经验确定。

8.1.2 第一级沉淀池应设置清洗池内积泥的高压水枪。

8.1.3 净水厂排泥水的浓缩脱水设计应按现行国家标准《室外给水设计规范》GB 50013 执行。

8.1.4 当条件允许时，应优先考虑综合利用排泥水；如外排时，则须符合环保要求。

8.1.5 净水厂排出的泥沙应妥善处置，泥沙宜进行处理和综合利用。

8.2 泥 沙 浓 缩

8.2.1 沉淀（澄清）构筑物的泥沙浓缩时间不宜小于 1h。其积泥量可按下式计算：

$$W = Q \cdot t(C_1 - C_2)/(C_4 - C_1) \quad (8.2.1)$$

式中：W——沉淀（澄清）构筑物积泥量，即泥沙浓缩区容积（m^3）；

Q——设计出水量（m^3/s）；

t——泥沙浓缩时间（s）；

C_1——进水含沙量（kg/m^3）；

C_2——出水含沙量（kg/m^3）；

C_4——泥沙浓缩区的泥沙平均浓度（kg/m^3）。

8.2.2 沉淀（澄清）构筑物泥沙浓缩区的泥沙平均浓度与进水含沙量、浓缩时间、药剂品种和投加剂量等有关，可从泥沙沉降试验曲线求得。当无上述资料时，在浓缩 1h 情况下泥沙的平均浓度，自然沉淀时可采用 150kg/m³～300kg/m³，混凝沉淀时可采用 200kg/m³～350kg/m³。

8.2.3 兼作预沉池的浑水调蓄水池，其积泥浓度主要与浓缩时间和排泥设施运行机制有关，当浓缩时间大于 10d 时，可取 600kg/m³～1350kg/m³。

8.2.4 沉淀（澄清）构筑物的排泥水量，可按下列公式计算：

1 当采用连续排泥时，可按下式计算：

$$G = K \cdot Q(C_1 - C_2)/(C_3 - C_1) \quad (8.2.4\text{-}1)$$

2 当采用间歇排泥时，可按下式计算：

$$G = K \cdot W \cdot C_4/(3600 C_3 T) \quad (8.2.4\text{-}2)$$

式中：G——沉淀（澄清）池的排泥水量（m^3/s）；

K——排泥水量计算的安全系数，宜为 1.0～1.1，非界面沉降高浊度水时宜为 1.1～1.2；

Q——设计出水量（m^3/s）；

C_1——进水含沙量（kg/m^3）；

C_2——出水含沙量（kg/m^3）；

C_3——排泥水含沙量（kg/m^3）；

C_4——泥沙浓缩区的泥沙平均浓度（kg/m^3）；

W——两次排泥间隔时间内积聚的泥沙量，即泥沙浓缩区容积（m^3）；

T——一次排泥的历时（h）。

8.2.5 沉淀（澄清）构筑物排泥耗水率随进水含沙

量增加而增大，当无试验资料时可按下式进行估算：

$$N = 0.26C_1 \quad (8.2.5)$$

式中：N——排泥耗水率，即排泥水量占进水量的百分数（%）；

C_1——进水含沙量（kg/m^3）。

8.3 刮（排）泥设备

8.3.1 大、中型沉淀（澄清）构筑物的排泥应采用机械刮泥，不宜采用钢丝绳、皮带轮或水下齿轮传动的刮泥机械。刮泥机械可按沙峰期内连续运行设计。

8.3.2 刮（排）泥设备的选用与构筑物形式、直径、积泥量等因素有关，选用时宜符合下列规定：

1 矩形平流沉淀池宜采用行车刮泥机；

2 直径为30m～100m的圆形沉淀（澄清）池宜采用周边传动桁架刮泥机；

3 直径小于30m的圆形沉淀（澄清）池宜采用中心传动桁架刮泥机；

4 当圆形沉淀（澄清）池的底坡为5%～15%时，刮泥机的转速可采用60min/r和30min/r两档。

8.3.3 当处理非界面沉降高浊度水时，平流沉淀池或平流加斜管沉淀池可采用长扁咀大口径虹吸排泥机；圆形沉淀（澄清）池宜采用中心传动周边轨道或悬臂运行的机械刮泥与池底中心集泥坑快开盖板阀联动的刮、排泥设施。

8.3.4 刮泥机可将沉泥集中到排泥沟或中心积泥坑后排除，在排泥沟内还应设置将泥推往排出口的设施，排泥沟可根据具体情况设置多条，其断面尺寸应通过计算确定。

8.3.5 刮泥臂外缘线速度不宜大于10m/min，可采用2.5m/min～5.0m/min。

8.3.6 刮（排）泥设备水下零件应采用不锈蚀材料制作或进行防腐处理，其水下部分的轴与轴套间应采用压力清水润滑，针齿轮传动时润滑水应设置稳压装置。

8.3.7 当计算刮泥机功率时，积泥浓度宜采用下列数值：

1 当采用连续刮泥时，自然沉淀宜为350kg/m^3～400kg/m^3，投加聚丙烯酰胺絮凝沉淀宜为400kg/m^3～500kg/m^3；

2 当采用间歇刮泥时，自然沉淀宜为800kg/m^3～1000kg/m^3，投加聚丙烯酰胺絮凝沉淀宜为600kg/m^3～800kg/m^3。

8.3.8 当进行刮泥设备负荷估算时，沉淀（澄清）构筑物的积泥分布可按下列规定进行简化：

1 当采用辐流池和平流池自然沉淀时，积泥可视为均匀分布；

2 当采用辐流池和平流池混凝沉淀时，进口处积泥多，出口处积泥少，可按梯形或三角形断面考虑；

3 机械搅拌澄清池和水旋澄清池的内、外圈的积泥可视为均匀分布且各为50%；

4 泥沙外循环澄清池和斜管沉淀池的积泥可视为均匀分布。

8.3.9 刮泥机设计必须考虑初次启动和停运后再启动时的超载问题。

8.4 泥沙排除与输送

8.4.1 第一级沉淀（澄清）构筑物排泥宜采用重力排泥，且排泥管径应按非均质浆体流的流变特性进行设计。

8.4.2 排泥闸门宜采用自动快开阀，并应在排泥阀前设调节、检修阀门和高压水反冲管。非界面沉降高浊度水排泥管口上，宜采用快开池底盖板阀或快开阀。

8.4.3 采用穿孔管排泥的小型沉淀（澄清）池，穿孔管长度不应大于4m，管径不应小于250mm，开孔面积比宜采用80%～90%，并应设置高压水反冲洗设施。

8.4.4 当采用重力排泥时，其排泥管（渠）的排泥能力应通过计算确定，每池的排泥管应单独设置，坡度宜大于1%，并应按600kg/m^3～800kg/m^3的排泥浓度校核。

8.4.5 排泥泵房不宜设在沉淀构筑物下部，沉泥应先以重力排泥管排出，重力排泥管廊道内应设置通风、防渗和给排水等设施。

8.4.6 压力输泥管浆体流的水力计算，应考虑泥浆浓度和流态，其管道阻力损失宜大于清水的阻力损失，并宜选用管道阻力损失较小的过渡流速，可按照1.2m/s～1.7m/s进行设计。

8.4.7 排除的泥浆应就地就近排放。当必须采用泵提升时，宜采用耐磨蚀的泥浆泵或沙泵。泵的设置高度应为自灌式。

8.4.8 应防止泥沙输送在停运时因沉泥堵塞管道。泥沙管道在停运前应以清水顶泥的办法先将管内泥沙排除，或采用高扬程大流量的水冲淤后再启动。

8.5 吸 泥 船

8.5.1 兼作预沉池的大型调蓄水池和大型平流式预沉池宜采用吸泥船排泥。吸泥船形式的选择应根据积泥量及其性质、吸泥船工作制度及其排泥浓度等因素确定，宜选用绞吸式吸泥船。

8.5.2 吸泥船时间利用率可采用70%～80%，每月作业天数可按23d～25d进行计算。全年工作天数应根据原水逐月含沙量情况、气候条件和积泥容积等因素综合确定。

8.5.3 调蓄水池的积泥容积应根据积泥量变化情况、吸泥船排泥量及工作制度进行综合平衡计算，可按年调节或按洪水期调节。

8.5.4 吸泥船的排泥能力设计应以典型年最高月含沙量进行校核。

8.5.5 积泥量及其变化情况应按选定的设计典型年逐月计算。典型年计算频率宜为10%～20%。

8.5.6 吸泥船排泥浓度与吸泥船性质、操作熟练程度有关，可按200kg/m³进行计算。

8.5.7 吸泥船应采用电力驱动。

8.5.8 压力排泥管应根据排泥泵特性、吸泥船单独或联合工作、管道不淤流速等因素计算和布置，每条船应设置单独的排泥管道。

8.5.9 绞吸式吸泥船的最远排泥距离宜按600m～1000m进行设计，最大吸泥深度宜按25m～30m进行设计。当无法就近排放时，应加大输泥管（渠）的坡度和流速，不得淤积。

8.6 泥沙处置与利用

8.6.1 沉泥处置途径的设计，应先经市场分析和技术经济比较，选用因地制宜、保护环境、技术经济可行、管理方便、可持续利用的设计方案。

8.6.2 泥沙的处置宜利用地形、地貌等自然条件，并以天然洼地、池塘、旧河道、沟谷等进行就地排放的自然处置措施为主。应采取必要的工程措施、防止泥沙排放对周围环境和水域造成二次污染或地下水位升高等不良影响。

8.6.3 大中型高浊度水处理厂应建设沉泥处理设施。沉泥应经浓缩、脱水，并宜进行干化处理，制成含固率为20%～30%的泥饼，经运输填埋或进一步综合利用和资源化处置。

8.6.4 沉泥可用于土壤改良和农（林）作物种植。排放前应先在江、河大堤外围设置多块排泥场，然后逐块轮换排入沉泥。应保持场内泥沙颗粒分布均匀，排放口可设在排泥场四周或两端并轮换排放。

8.6.5 沉泥可用于加固河堤和淤背。在河堤坡角外，应先筑成简易土围放淤区，围堤高宜为2m～3m，埂顶宽宜为1.5m～2.0m，放淤区内退水与进水能力应相平衡。当泥水经20d～30d自然干化后，随即应加高围堤继续排放。

8.6.6 沉泥可用于烧制建筑材料。当沉泥先经自然干化后，对于含泥量较多的粗细颗粒混合沉泥可用于烧砖。宜在沉泥中加入一定比例的瘦化剂填料进行制砖指标的调整。

9 应急措施

9.1 一般规定

9.1.1 高浊度水给水工程的应急措施应包括水源应急措施、水处理厂应急措施和配水系统应急措施。

9.1.2 应急措施应以预防为主、平灾结合、安全经济、快速启动、灵活高效为原则。

9.1.3 应急措施的设计任务应主要包括合理规划应急措施，合理设计旁通、超越、投加等应急接口，合理备用材料、药剂、设备、设施等，并应为应急措施的快速启动创造条件。

9.1.4 当发生紧急情况时，对于可通过临时工程手段实施的应急措施，不宜建设永久性固定设施。

9.1.5 供水管理部门应建立应急防控体系、制定应急预案，应加强对各种突发性因素监测预警系统的管理，并建立及时调度与启动应急措施的保障机制。

9.1.6 对暂停或已经关闭的备用水源、备用流程、备用管线等，应加强维护管理，并应采取能及时启动的相关措施，至少应每年启动试验一次。

9.1.7 当发生突发事件时，应急供水量应维持在正常供水量的50%～70%，并应以"先生活后生产"的分配原则供水。企业安全停产所需水量应由企业自行储备。

9.2 水源应急措施

9.2.1 应完善水源系统的管理机制、加强水源水系的修复和治理、消除或减少可能发生的污染源。

9.2.2 应加强水源水质、水量的远程监测预警和监控信息管理体系，并应具有提前启动备用水源、调蓄水池、减量减压供水等应急措施。

9.2.3 备用水源或多水源的给水系统，应具有启用备用水源或跨片供水的转换接口和调度措施。

9.2.4 界面沉降高浊度水宜采用有调蓄水池的处理流程，并应强化浑水调蓄水池的综合净化功能。

9.2.5 水源地宜储备必要的应急药剂，并应考虑应急药剂的临时投加措施，应预留应急药剂的投加接口。当水源地距净水厂较近且交通便利时，应急药剂可在净水厂中储备。

9.2.6 取水口宜备用挖泥船及导流、防沙、防冰、防杂草的物资和设施。备用挖泥船也可租用。

9.3 水处理厂应急措施

9.3.1 水处理厂净化工艺设计宜选用留有一定缓冲余地的设计参数，并应采用"多级屏障"的处理流程和强化常规处理工艺。

9.3.2 水处理厂应采取必要的应急药剂储备措施。应综合水厂重要性、水源（水厂）联合调度的方式、蓄水池容量、药剂的采购运输渠道、交通状况和应急响应的时效等因素，合理确定储备品种和储备量。

9.3.3 水处理厂应配备主要应急药剂的配制与投加设施，并应配备或预留主要应急药剂的投加管路或接口。

9.3.4 宜强化水厂中心化验室的功能，预测水源可能发生的重点污染源，并宜建立针对性的测控软硬件技术和试验平台。

9.4 配水系统应急措施

9.4.1 从水厂到用户的各重要环节，应有事故供水临时切换、冲洗、排放、启动备用设施等措施。

9.4.2 配水管网应设置必要的监测接口、转换接口和切换阀组。

本规范用词说明

1 为便于在执行本规范条文时区别对待，对要求严格程度不同的用词说明如下：

1）表示很严格，非这样做不可的：
正面词采用“必须”，反面词采用“严禁”；

2）表示严格，在正常情况下均应这样做的：
正面词采用“应”，反面词采用“不应”或“不得”；

3）表示允许稍有选择，在条件许可时首先应这样做的：
正面词采用“宜”，反面词采用“不宜”；

4）表示有选择，在一定条件下可以这样做的，采用“可”。

2 条文中指明应按其他有关标准执行的写法为：“应符合……的规定（要求）”或“应按……执行”。

引用标准名录

1 《室外给水设计规范》GB 50013

2 《生活饮用水卫生标准》GB 5749

3 《城市供水水质标准》CJ/T 206

中华人民共和国行业标准

高浊度水给水设计规范

CJJ 40—2011

条 文 说 明

修 订 说 明

《高浊度水给水设计规范》CJJ 40－2011经住房和城乡建设部2011年4月22日以第996号公告批准、发布。

本规范是在《高浊度水给水设计规范》CJJ 40－91的基础上修订而成。上一版的主编单位是中国市政工程西北设计研究院，主要起草人员是裘本昌、贾万新、王石华、吴兆申。本次修订的主要技术内容有：1.将规范的适用范围由原规范的只适用于黄河高浊度水，扩展到适用于全国范围高浊度水的给水设计；2.全面总结原规范发布以来我国在该技术领域发展的新技术、新经验，重点是水源取水和预处理工艺系统的优化，泥沙输送处理与处置的新内容和有关设计参数；3.新增高浊度水给水设计中安全供水和应急措施内容。

本规范修订过程中，编制组进行了充分的调查研究，总结了黄河流域、长江上游和东北地区40余座城市，60多个水厂的高浊度水给水工程设计和生产运行的成熟经验；采用了中国市政工程西北设计研究院、中国市政工程西南设计研究院、中国市政工程东北设计研究院、哈尔滨工业大学、西安建筑科技大学、兰州交通大学等设计和科研单位的实验资料；归纳了兰州、西宁、白银、包头、郑州、济南、成都、重庆、宜宾、绵阳、南充、泸州、攀枝花等地水厂的监测成果；参考了《高浊度给水工程》、《受污染高浊度水净化集成技术与设备》、《水工业工程设计手册》、《净水凝聚剂的应用》、《清水回流技术》、《高锰酸盐复合药剂除污染技术》、《长江上游高浊度水的特征及净化技术》、《北方地区安全用水保障技术》、《高浊度水絮凝条件控制》、《有机高分子絮凝剂与无机盐混凝剂恰当絮凝GT值比较》、《高浊度水净化技术》、《高浊度水预沉技术》、《特种水处理技术》、《高浊度水沉泥输送与处置》等实验成果和科技文献；修正了数十项重要技术参数。根据国家现行相关标准，如《室外给水设计规范》GB 50013－2006、《生活饮用水卫生标准》GB 5749－2006、《水处理剂　聚丙烯酰胺》GB 17514－2008、《城市供水水质标准》CJ/T 206－2005等，对本规范进行了修订和扩充，力求统一协调。尚未发现国外高浊度水给水工程的技术法规和标准可以借鉴。

为便于广大设计、施工、科研、学校等单位有关人员在使用本标准时能正确理解和执行条文规定，《高浊度水给水设计规范》编制组按章、节、条顺序编制了本标准的条文说明，对条文规定的目的、依据以及执行中需注意的有关事项进行了说明，还着重对强制性条文的强制性理由作出了解释。但是本条文说明不具备与标准正文同等的法律效力，仅供使用者作为理解和把握标准规定的参考。

目　次

1 总 则

1.0.1 本条阐明了编制本规范的宗旨。

1.0.2 本条规定了本规范的适用范围。

由于我国高浊度水分布较广，其中泥沙组成各异，表现在沉降特征上也有较大区别。关于高浊度水的统一定义，过去研究甚少。

根据目前的研究进展，我国的高浊度水在沉降过程中，不同程度地存在泥沙的分选、干扰和约制沉降。黄河高浊度水在沉降过程中具有清晰的浑液面，含沙量一般大于 $10kg/m^3$；而长江上游高浊度水在沉降过程中没有清晰的浑液面，浊度一般为（3000～5000）NTU。虽然黄河高浊度水的含沙量 $10kg/m^3$ 时产生的浊度与长江高浊度水的浊度（3000～5000）NTU 基本相当，是两者之间的一个结合点，但在是否出现浑液面方面尚有区别。

黄河流域的高浊度水表现为界面沉降，而长江中上游地区的高浊度水表现为非界面沉降；在工程做法方面，两者也存在一定的差异，目前尚无法完全统一。

因此在本规范中采用了求同存异的做法，分别以界面沉降高浊度水和非界面沉降高浊度水进行定义，在总体统一的前提下，有区别的问题分别说明。为减少文字重复，条文中需要加以区别的条款，分别冠有“界面沉降高浊度水”或“非界面沉降高浊度水”的定语。

1.0.3 界定了本规范中的高浊度水处理工艺以满足滤池进水水质为目标。水的过滤和深度处理等后续工艺与普通水处理相同，应按现行的有关标准和规范执行，本规范不再赘述。

1.0.4 本条提出了高浊度水给水工程设计的基本原则，应以提高城镇供水保证率为目标，强调用系统工程的理念处理好技术和经济、系统和局部、工艺全流程和单体构筑物各环节的关系，发挥系统综合效益。本条是基于我国给水技术的不断发展，已从过去只重视单体水处理构筑物净化效率的改进，发展到重视整个给水系统集成化综合效益的提高，这同时也是强化抗御风险能力的需要。

1.0.5 本条强调除应符合本规范规定外，还应符合国家现行有关标准和规范的规定。国家现行标准和规范中已经规定的内容，除非需要强调，本规范不再赘述。

3 给 水 系 统

3.1 一 般 规 定

3.1.1 本条概括提出了高浊度水给水系统包括的工程内容。

3.1.2 关于给水系统选择的原则规定。

在条件许可时，要优先采用多水源或区域联网给水系统，或有备用水源的给水系统。

近年来我国水源污染突发事件频频发生，而高浊度水给水工程影响正常供水的不利因素又更复杂，安全供水问题更为突出。根据南京、郑州、无锡、广州等城市实施城市安全供水应急措施和有关城市供水防灾规划的做法，多水源、备用水源和区域联网供水系统，是提高城市供水保证率的重要措施之一。

3.1.3 关于高浊度水给水工程预处理设施位置的原则规定。

高浊度水原水属高浓度均质流，预沉构筑物的排泥水属浆体非均质流，泥沙输送的水力计算和泥沙处置是设计中的难题。实践证明高浊度水预处理系统尽量靠近水源地，从技术、经济、节能和便于运行管理各方面都是有利的。

兰州西固水厂、包头画匠营子引黄供水、呼和浩特引黄供水以及郑州、开封、济南等城市引黄供水工程，其高浊度水预处理系统均位于取水河段附近。

浑水调蓄水池兼有预处理和调节水量的多种功能，一般设置在水源地附近；从水库取水的清水调蓄水池，一般也设在水源地附近；水厂中的或水厂后的清水调蓄水池一般结合水厂总体要求确定位置；设有清水调蓄水池的系统，在向清水调蓄水池补充水量时，需加大上游净化构筑物的处理能力；要经过技术经济比较确定。

3.1.4 关于高浊度水预处理工艺选择的原则规定。

预处理是高浊度水处理的重要环节，也是关系水厂正常运行和安全供水的保障措施之一。预处理工艺的选择，与高浊度水的沙峰历时、泥沙颗粒组成、水量变化、水质变化、场地条件等有关，要经过技术经济比较确定。

3.1.5 关于泥沙处理处置系统设计的原则规定。

高浊度水沉淀泥沙的输送与处置是高浊度水给水系统设计的难题之一，黄委会和环保部门又有净水厂排泥水不准排回到水源河流中的明文规定，故本条文提出对该问题的原则性要求，非常必要。

3.1.6 关于高浊度水给水系统自动化、机械化和预警水平的原则规定。

高浊度水给水系统中尤其是水源工程中，对原水水质的监测预警预报系统是当前的薄弱环节，又是预防突发事件、保证安全供水的重要措施。适当强调对安全供水有利。

水源水质监测和预警预报是预防突发性事件，提前启动应急措施的前提条件。高浊度水沙峰来势迅猛，含沙量往往在一小时内从几 kg/m^3 猛增到几百 kg/m^3，突发时间又多在夜间，往往造成水厂措手不及而被迫停产。近年来黄河上游兰州西固水厂等生产单位重视了该项工作，能做到沙峰到来之前得到预警信息，从而通过调度使应急措施提前到位，保证了水厂安全运行。

3.1.7 本条为强制性条文，规定了生活饮用水的供水水质必须满足国家标准、城镇建设行业标准的要求。国家标准和行业标准自然是必须执行的，在此提出是为了强调。两个标准并列，是由于《生活饮用水卫生标准》GB 5749 引用了《城市供水水质标准》CJ/T 206，也表达了“同时符合”的含义。

3.1.8 规定了非生活饮用水给水系统的供水水质，可按用户要求确定。“用户要求”是指用户的行业标准或工艺标准对水质的要求，用户没有行业标准或工艺标准的，可根据用途综合分析确定主要水质指标。

3.2 系统分类与优化组合

3.2.1 关于高浊度水给水系统分类的一般原则与划分方法。

3.2.2 关于合理划分水处理系统中各级构筑物的设计负荷的规定。

合理确定各级构筑物设计含沙量（浊度）的进出口参数，将直接影响调蓄水池的容量和各处理构筑物处理效率的有效发挥。进出口参数的合理搭接，是确保水质安全的重要措施之一。如黄河的界面沉降高浊度水一级沉淀池投加聚丙烯酰胺时，其出水含沙量可达到（100～500）mg/L，但二级沉淀（澄清）池进水往往考虑（1～3）kg/m^3的含沙量，以确保出水水质的稳定；长江的非界面沉降高浊度水一般不设调蓄水池，为了满足滤池进水浊度的需要，多采用三级沉淀处理流程。各级沉淀构筑物进出水浊度的合理分担和搭接尤为重要。

3.2.3 关于进一步提高浑水调蓄水池等预沉构筑物综合净化效率的原则规定。

这是当前高浊度水处理的需要，已引起科研、设计和生产单位的重视；并采用多种强化技术来提高高浊度水预处理系统的功能。从而改变了过去认为高浊度水预处理只能降低含沙量或浊度的理念。

从另外一种角度分析，高浊度水特点是泥沙浓度高，泥沙颗粒的比表面积较大。据资料分析，当黄河高浊度水泥沙平均粒径 0.02mm 左右时，其泥沙的比表面积可达（2.5×10^3～3.0×10^3）m^2/kg，所能吸附的有机质可达 10g/kg 左右。利用高浊度水预处理降低含沙量的同时，去除水中有机污染物的作用已被国内外所肯定。

根据中国市政工程西北设计研究院所负责完成的国家“九·五”重点科技攻关项目《受污染高浊度水净化集成技术与设备》研发成果，以及其示范工程济南黄河一水厂生产实验观测证明，在对受微污染的高浊度水预处理中，降低浊度的同时，去除水中有机污染、耗氧量、总有机碳、色度和遗传毒理学等指标也有一定的效果。

据调查，目前在兰州西固水厂、包头画匠营子引黄水厂、郑州水厂、天津水厂、山西水厂等，也都在高浊度水预处理构筑物或调蓄水池、水库中采用人工充氧、接触氧化和投加具有氧化分解有机污染物功能的新型药剂等，在微污染原水的预处理方面，取得了较好的效果。

3.2.4 本条强调了多水源或联网供水系统确保及时切换或调度供水的重要性。

据资料介绍，为预防突发事件，确保安全供水，目前国内不少自来水公司都计划或已经实施多水源供水和备用水源或区域联网供水系统。但必须保证在发生突发事件时，能及时调度和快速切换运行，才能使相关措施发挥作用。

4 取水工程

4.1 一般规定

4.1.1 关于取水工程方案选择的原则性规定。

取水工程的设计方案应符合城镇规划和河流规划，应针对重点因素综合考虑。大中型重要取水工程在条件具备时，最好进行河床动态水工模型试验。

建国初期，由于对高浊度水河流多变的水文、水质、泥沙、地质等特点研究和认识不足，仅在黄河上游从西宁到兰州河段，就有大小二十多个高浊度水取水工程出现了问题。在总结教训和提高认识的基础上，取水工程设计才逐渐走向成熟。如兰州西固、山西大禹渡、河南人民胜利渠、山东打渔张等取水工程，以及包头画匠营子引黄、呼和浩特引黄等取水工程都是根据这些原则确定的，均收到了比较满意的效果。

4.1.2 关于大中型取水工程设计利用已有水文资料和建立临时水文站进行观测的要求。

在以往的工程实例中，利用某一水文站的资料，往往不能满足设计要求。尤其是中间有支流汇入或上游修建水库后，更应对取水河段的实际水文、水质、河床、冲淤等变化进行补测。如兰州西固水厂一期工程、白银水厂、石嘴山电厂水源、兰钢水源、靖远电厂水源等工程均进行了补测，为设计提供了可靠的水文资料。

4.1.3 关于在水利枢纽下游修建取水工程应考虑水利枢纽运行工况导致水文特征变化的规定。

修建在取水工程上游年调节型的大中型水库，对下游河段水流、水文、水质等都会造成较大的影响。主要是下游流量过程和含沙量过程总体上趋于平缓，一般情况下水库下游河段水质变清、水温增高。但下游河段因流量减少或水库定期排沙等原因，也会出现取水口含沙量瞬时增高的现象，对此应予以重视。还应考虑到藻类污染等不利因素。下游取水工程设计应考虑水库"蓄清排浑"运行时的取水安全问题。

4.1.4 本条规定了设计取水年保证率指标，提出了为安全供水必须采取相应的保障措施。

《室外给水设计规范》GB 50013 只提出了设计枯水流量和设计枯水位的年保证率，而本条所规定的设计取水年保证率，系指取水的总体保证率，两者是有区别的。影响高浊度水取水保证率的因素较多，如沙峰、冰害、枯水（含断流、脱流）、洪水等，设计不仅要考虑枯水过程，还应考虑沙峰过程、冰冻过程、洪水过程等。这些不利因素同时发生的几率比较小，一般按最不利的一项条件来设计。

4.1.5 关于取水工程设计取水量的规定。

1 在《室外给水设计规范》GB 50013 中，水厂设计规模应包括的水量有 5 项，分别是综合生活用水（包括居民生活用水和公共建筑用水）、工业企业用水、浇洒道路和绿地用水、管网漏损水量、未预见用水。高浊度水给水厂设计规模也应按该规范执行；

2 预沉池或沉淀池排泥耗水量与进水含沙量近似成正比关系（详见本规范第 8.2.5 条），因此高浊度水净水厂的自用水量比常规净水厂的自用水量高得多，应按设计最大含沙量时的自用水量计入；

3 高浊度水的预处理构筑物往往面积较大，因此蒸发、渗漏、排泥等损耗水量也较大，应计入设计取水量之中；

4 高浊度水的原水输送管渠渗漏损失应计入取水量中，特别当采用明渠输送时，漏损水量较大；

5 在设有调蓄水池的系统中，调蓄水池的补充水量较大（有时很大），应计算在内。

水源含沙量超出设计取水含沙量的延续时间内（或因其他原因不能取水的时段），需要由调蓄水池供出贮存的水量；恢复取水后，在规定的时间内，需将调蓄水池再度充满。单位时间内的充水量即为调蓄水池的补充水量。

4.1.6 本条文概括了在高浊度水江河取水工程设计中必须重视并予以解决的主要问题。

4.1.7 关于取水构筑物采取河床冲淤和冰坝危害预防措施的规定。

黄河下游由于泥沙落淤使河床逐年升高，河床每年淤高 10cm 左右，最高处已高出地面约 10m，故有"悬河"之称。取水构筑物设计必须考虑这一因素。郑州市自来水公司和郑州铝厂取水工程设计中考虑了 20 年的总淤积高度，洪水位也相应抬高。对黄河河套河段，必须考虑由于冰坝堆积或堵塞使水位骤然抬高对取水构筑物所造成的影响。

4.1.8 本条为强制性条文，是取水构筑物基础设计的原则规定。

高浊度水取水构筑物的设计冲刷深度应通过计算与调研确定，除应考虑天然演变冲刷，还应考虑高含沙水流的剧烈冲刷以及所谓"揭河底"现象，如黄河的龙门、韩城、郑州等曾多次发生。黄河的这种特殊现象，对工程的破坏作用较大，在设计时应引起重视。

黄河干流冲刷深度一般都在（10～20）m 左右，所谓的基础深度"够不够三丈六"的说法，值得借鉴。

4.1.9 关于在河道上设置取水构筑物应取得相关部门同意的原则规定，主要指应取得水利、航运、环保等部门的同意。

4.2 取水构筑物

4.2.1 关于直接从主河道取水的规定。

本条文总结了高浊度水取水工程的经验和教训。流速一旦小于不淤流速或停止流动，泥沙会立即落淤堵塞。如郑州花园口、邙山、济南、山西夹马口等引黄取水构筑物采用引水渠，运行中在前池或岸边喇叭形进水间经常发生大量沉沙淤堵。

关于自流管引水方式，黄河干流和某些支流上过去多采用这种取水形式，绝大多数因其取水头部被泥沙淹埋、自流管堵塞而停产或废弃。目前仅包钢取水站在使用，但也曾发生过引水自流管被淤堵的问题。近年来由于包钢水源管理的力度加大，强化了引水管反冲措施，取水才有了一定保证。

4.2.2 关于岸边合建式取水构筑物的规定。

高浊度水的取水工程，不宜设取水头部、自流管、集水井。在有条件的河段应优先采用直接从主河道中取水的岸边合建式取水构筑物。

4.2.3 关于河心合建式取水构筑物和移动式取水的规定。

主流不靠岸但较稳定或枯水期岸边无足够水深的大中型给水工程，宜采用河心合建式取水构筑物直接从主河道取水，可避免自流管引水。其压力水管可通过栈桥上岸，如宁夏石嘴山电厂取水泵房。

移动式取水只适用于小型工程，如黄河中上游的浮动取水头部、泵船、缆车取水，长江上游的泵船、泵车取水设施等。移动式取水构筑物可取水质较好的上层水，无闸、渠、池等的淤积问题，但管理和操作难度较大，只能在有条件的江、河上采用。如水位不能急涨急落，落差不能太大等。

4.2.4 关于河心取水头部与岸边泵房分建式取水构筑物的规定。

本条文主要针对游荡性河段。岸边取水或在河心建取水泵房保证率都较低，为控制主流摆动或岸边式取水泵房因脱流不能取水，可采用河心取水头部与岸边泵房分建式取水构筑物。如包钢昭君坟取水工程先后采用 3 个河心取水墩与岸边泵房相结合的形式。但对于含沙量较高、冰情较严重和冲淤幅度较大的河段，一般不宜采用。

4.2.5 关于岸边合建式取水构筑物与河心取水头部互为备用的规定。

近年来从取水安全和稳妥角度出发，岸边合建式取水泵房与河心取水头部互为备用的取水方式，在黄河上游有较多选用。如包头画匠营子引黄供水工程，为控制主流线摆动，在进行了“整体动床河工模型试验”后，选用了该取水方式。呼和浩特引黄给水工程同样采用了河心取水头部与岸边合建式取水泵房相互备用的取水形式。

4.2.6 关于斗槽式取水构筑物的规定。

本条文根据兰州西固水厂取水工程设计和生产运行总结资料编写。双向斗槽有利防冰、防漂浮物、防沙。泵房取水口与斗槽进水口的水平距离按冰絮上浮速度 0.003m/s 计算，斗槽上下游水位落差大于 0.5m，自清流速不低于 2.0m/s，槽内的水面比降不低于 1/700，并满足冲大于淤的条件方可采用。原甘肃机械厂取水斗槽，因位置选择不当，又未做水工模型试验，使用不久因泥沙淤积无法清除而报废。

4.2.7 关于直吸式岸边泵房取水的规定。

直吸式取水构筑物可充分利用水泵的真空吸水高度，以减少泵房地下埋深，可设置浮动取水头部。该形式的取水构筑物有的不设格栅，在清除吸入杂物时要停泵，且人工维修工作量较大。

4.2.8 关于低坝与岸边泵房取水构筑物的规定。

适用于江河支流取水，水流较分散，水深较浅，枯水期取水比较大，无航运要求的河段。为防止底部推移质泥沙进入引水渠，应设分水墙及导沙槛，促使含沙量较大的底层水流由冲沙闸排往河道下游，同时提高进水闸闸底标高。

寒冷地区对预沉和排冰渠道的要求，根据西宁市西川水厂实例编写。

4.2.9 关于取水头部预除沙的相关规定。

非界面沉降高浊度水原水中粒径大于 0.05mm～0.1mm 的粗沙较多，为减轻后续净化设施的负担，可利用其易下沉的特点设置取水头部斜管（板）预除沙设施。其中以侧向流斜板取水头部效果较好。而采用活动式取水或设吸水井、集水间等方式取水，都有失败的教训。

四川维尼纶厂、江津机械厂、宜宾第一水厂、云南天化厂取水工程中的异向流斜管取水头部，管中流速 0.1m/s～0.2m/s，停留时间 40s～50s，粗沙去除率 50%～75%；侧向流斜板的粗沙去除率可达 70%～80%。

4.2.10 关于取水口位置选择的规定。

黄河下游为典型的游荡性河段，长江上游高含沙河流也有程度不同的枯水期主流摆动。在此类河段选择取水口位置时尤应谨慎。有条件时应根据调查或实测的历年主河道中心位置绘制综合图，在主流线密集的“藕节”断面取水比较可靠。如郑州铝厂弧柏嘴取水口、郑州二水源花园口取水口位置的设计都采用了这种方法，多年来未出现脱流情况。

游荡性河段有所谓“一弯变、弯弯变”的特点，为稳定取水口处主流不摆动和不出现脱流事故，提出在取水口上游进行加固和主流控导。如渭河西楼子取水口为了稳定主流，在对岸上游修了 7 条潜丁坝控导河势，20 年来洪枯水位水流一直紧靠取水口，保证了取水安全。

高浊度水江河取水的另一重要问题是泥沙，在北方还有冰凌问题。从泥沙角度看，取水口在弯道凹岸有利；但从冰水分层要求看，一般要求流速较低，控制在 0.6m/s～1.0m/s 之间为宜；而凹岸的流速一般较大，冰水不易分层。因此在工程设计中，引水口平面与主流夹角等参数也应充分重视，有的工程采取导流、导冰、导漂浮物等措施解决。

4.2.11 关于取水口进水闸的设计规定。

本条文根据原水电部山西水利勘测设计院调研总结资料编写。在山西田山、包头磴口，甘肃景泰川等取水泵站的取水口设计为此形式。较成功地避免了进水闸前产生回流，防止了闸门淤堵。

4.2.12 关于取水口分层取水的规定。

高浊度水流中泥沙、藻类、冰屑等沿水深的分布差别较大。据有关资料分析，距水面深 1.2m～2.0m 以下，泥沙会增多而藻类和冰絮会减少。根据黄河上游取水口运行的经验证明，安装叠梁闸或在不同水位设多层进水窗口，是应对河流水位变化和多年冲淤不平衡的河床演变并能取得水质较好原水的措施之一。

4.2.13 关于设置两个或多个取水口的规定。

主河道游荡的河段，取水条件十分不利，应在设计中避免。但当找不到更合适的位置而必须在这种河段取水时，可设置两个或多个取水口。

包头钢铁公司取水口位于黄河昭君坟河段。该河段河流摆动不定，枯水期主流也有变化，含沙量高达 70kg/m^3，冰情严重，最大冰块达 160m^2，厚度达 1.1m，取水条件非常不利。该取水口处上下游数十千米范围内均系土质河床，而在昭君坟河段左右岸有岩石露头，形成较固定的顶冲点。据此，在该河段主流线上设两个河心桥墩式取水口，每个取水口的取水量为设计水量的 75%。使用几年后，因河道摆动有一个河心取水口已经登陆，又修建了第三个取水口。

其后，类似条件的黄河取水工程，如包头画匠营子引黄供水、呼和浩特引黄供水工程设计都采用了岸边合建取水泵站与河心取水墩相结合和互为备用的所谓“三点式”的取水模式。开封自来水公司在黄河开封段的黑岗口和柳园口各设了一个引水口；白银公司在黄河四龙口、金沟口各设了一个取水口；郑州自来水公司在邙山和花园口各设了一个取水口，对保证安全供水均有较好的效果。

4.2.14 关于采用水泵直吸式取水头部取水的相关规

定。多用于小型给水工程。

4.3 取水泵房

4.3.1 关于取水泵房结构形式应通过技术经济比较确定的原则性规定。

取水泵房的结构形式，除了要考虑设计规模和水泵机组布置外，还应考虑水文和地质条件，以及某些外部环境的相互影响。

为便于水泵布置和有利施工，中小型工程多采用圆形泵房，如兰州维尼纶水厂、白银水厂、包头河东水厂等取水泵房；大型取水泵房则以矩形为多，如西固水厂、郑州铝厂、包头画匠营子等取水泵房。

4.3.2 关于取水泵房进水口的规定。

控制取水泵房进水口底槛高程的目的，是防止泥沙淤积和推移质进入进水间。从安全和经济考虑本规范规定不小于1.0m，当河道水深较浅时也应不小于0.5m。设置叠梁闸的目的在于能调整进水高度，在水位较高时，可加大进水口底缘与河床的距离，以防止推移质泥沙进入，可取得含沙量较少的表层水。包头磴口取水泵房和西北铁合金厂取水泵房进水间底槛距河床2.0m，而西固水厂取水泵房的底槛距斗槽底只有0.5m，在加强管理时，运行也可正常。

4.3.3 关于进水口格栅的规定。

本条根据兰州西固水厂、西宁西川水厂、包头磴口水厂、石嘴山电厂水厂等取水泵房设计和运转经验编写。格栅设在进水口外侧时，推移质泥沙不易进入进水间或在格栅前堆积。

4.3.4 关于格栅和进水口防冰、防漂浮物的规定。

本条根据兰州西固水厂、西宁西川水厂、郑州二水厂等的设计、运行经验编写。

4.3.5 关于取水泵房进水间的规定。

进水间少于两个时不利于轮换检修。矩形取水泵房可采用一个进水闸对应一台水泵。而圆形泵房从布置考虑可对应两台水泵，如兰州维尼纶厂、白银水厂、包头磴口水厂的取水泵房。

当大型取水泵房单台水泵取水量为2.0m^3/s～3.0m^3/s时，其进水格网面积为制约因素，如兰州西固水厂一台泵的进水间要设两台旋转格网才能满足要求。

4.3.6 关于进水间旋转格网底部预留空隙的规定。

该条根据原建工部北京水院设计的格网标准图和兰州西固水厂的生产实践制定。格网下应留有大于40cm的空间，以便检修、拆卸。另外，格网的轴容易磨损，每根轴的最大磨损为0.5cm，共有52根轴，则格网运行后期总下垂量约25cm～30cm，要留有40cm空隙才能保证安全生产。

兰州西固水厂及白银水厂原来格网下设挡板，原意是防止进水短路。但实际运行中发现该处大量泥沙堆积，压在格网上，使网格变形，检修工作量大。现均将原设挡板拆除，效果较好。

4.3.7 关于格网到水泵吸水管口距离的规定。

生产运行表明，格网到水泵吸水管口的距离不宜太小，否则泵口流速对过网流速有较大的影响，距离太大又会增加排泥的困难。如兰州西固水厂、兰州维尼纶厂、白银一水源、包头磴口水厂等取水泵房，格网至水泵吸水管口距离均大于3.0m，积泥严重，必须设冲、排泥专用设备。

4.3.8 关于进水间底坡的规定。

设置底坡的目的，是使沉淀泥沙能够被水泵抽吸排除。

4.3.9 关于在长江或类似河道取水不宜设进水间的规定。

长江上游高浊度水取水泵房，由于原水经取水头部进入泵房吸水间后流速变缓，导致大量粗颗粒泥沙下沉，有时甚至淤积很厚，影响正常运行，因此不宜设进水间。如受条件限制需要设进水间，一般应采取排除淤沙的措施，可以利用高压水冲动后随原水抽出，也可用压缩空气管抽吸淤沙，就近排入取水口下游江河中。

4.3.10 关于高浊度水取水泵的选型规定。

本条文根据运行经验，《高浊度给水工程》以及中国市政工程西北设计研究院的试验研究资料编写。

根据高浊度水水泵运行经验，当泥沙粒径大于0.03mm时，对泵体和叶轮的磨损比较严重。泥沙粒径越粗，磨损越严重；水泵转速越高，磨损越严重。应尽可能选用转速较小的水泵并采用耐磨蚀泵壳、叶轮和密封件。

从有利检修出发，卧式离心泵部件简单，一台检修不影响其他泵正常工作。而轴流泵，特别当安装在湿室型泵房内时，往往采用一闸多泵的运行方式，一台检修全部停运。另外轴流泵检修要经过拆卸电机、排除漏水等较复杂工序，检修时间较长。

在郑州铝厂生产性试验过程中，由于易损部件的配备不足，曾使该厂黄河水源两年不能运行。

4.3.11 关于高含沙水对水泵特性的影响。

当原水含沙量高于10kg/m^3或浊度高于5000NTU时，泥沙对水泵特性的影响主要是流体相对密度增加和流动性变差导致水泵扬程减小，一般可按（泥沙水扬程＝清水扬程×清水相对密度/泥沙水相对密度）估算；当原水含沙量更高时，其流动特性可能超出牛顿流体范畴，且流体相对密度增加较多，重要的大型工程，宜通过试验测定泥沙水的水泵特性。

4.3.12 关于高浊度水取水泵房水泵机组备用率的规定。

由于高浊度水含沙量高，泥沙硬度较大，水泵磨损比一般水流严重。如黄河中、下游的取水泵，叶轮寿命仅几百小时，泵壳寿命约半年左右，故设计中应增大水泵的备用率。

使用一般清水泵输送高浊度水，其流量和扬程都有所下降，故在选泵时应留有一定的余地以补偿其损耗和不足。由于高浊度水供水量有较大的变化，特别在向调蓄水池补水时流量增加较多，选泵时应充分考虑到这种工况。

5 水处理工艺流程

5.1 一般规定

5.1.1 高浊度水给水处理工艺流程的分类。

5.1.2 关于高浊度水处理工艺流程选择的一般规定。

高浊度水沉淀（澄清）处理流程的选择和一般水源不同，不但要考虑原水含沙量的特点，还要考虑其他复杂因素，综合平衡、统筹兼顾、正确选择。参照已有水厂的运行经验也十分重要。

黄河上有些工程对汛期的高浊度水不能有效地处理，不得不增建预沉池或重新改扩建水厂。如：西宁西川水厂最初设计采用脉冲澄清池，包头磴口水厂设计采用中间加隔墙的平流沉淀池，都因为对黄河高浊度水浑液面沉降的规律认识不足，沙峰时无法有效处理而失败。

长江上游非界面沉降高浊度水处理时，原来设计的平流式沉淀池也无法适应原水含沙量的增高，各水厂不得不增建沉沙池等预处理构筑物。

另外，我国高浊度水河流水质多变。有时冬季河水较清，仅（20～30）NTU左右，水温降至0℃，出现低温低浊；有时因上游水库排沙，会出现低温高浊；近年来江河水质污染加剧，出现了微污染高浊度水处理的新问题。因此有些处理流程不能适应水质变化，无法保证出水水质。所有上述情况，在设计时应当全面考虑。

5.1.3 关于在水利枢纽下游取水时，应考虑水文特性改变对水质影响的一般规定。

水利枢纽的修建，势必引起河流水文特性的改变，包括对水质也会产生有利或不利的影响。设计应充分考虑这些变化带来的不利影响。

5.1.4 关于净水构筑物设计水量的规定。

主要包括水厂设计供水量和设计最大含沙量时本级和下游处理单元的自用水量（排泥水量和冲洗水量），构筑物下游设有调蓄水池时还应包括向调蓄水池补水的流量。即：

构筑物设计进水量＝水厂设计供水量＋最大含沙量时本级处理单元自用水量＋最大含沙量时下游处理单元自用水量＋下游调蓄水池的补水量

5.2 一级沉淀（澄清）处理流程

5.2.1 关于高浊度水处理采用一级沉淀（澄清）处理流程适用条件的规定。

随着我国高浊度水给水处理技术的不断发展，各种高效处理构筑物和新型高效水处理药剂以及强化常规处理工艺的成功应用，为在高浊度水处理中采用一级沉淀（澄清）处理工艺流程创造了条件。

目前高浊度水处理采用一级沉淀（澄清）处理工艺流程的，仍是一些中小型或对供水水质要求不高的给水工程。

5.2.2 关于一级沉淀（澄清）处理流程可采用的净化构筑物的规定。

本条文根据目前采用一级沉淀处理流程的中、小型高浊度水处理工程的设计、生产运行总结资料编写。从供水安全考虑，采用一级处理沉淀（澄清）工艺流程的高浊度水给水工程，应采用投加两种（或多种）药剂的强化絮凝技术。

5.2.3 关于设置调蓄水池的规定。

一级沉淀（澄清）构筑物最高处理含沙量一般为$40kg/m^3$，但高浊度水汛期沙峰或上游水库排沙时原水含沙量基本超过此值，为保证安全供水还应设调蓄水池。如兰钢给水、延安给水等所采用的一级沉淀（澄清）处理高浊度水给水工程均设有调蓄水池；陕西某水厂设计规模$10000m^3/d$，采用水旋澄清池的一级处理流程，后来为避沙峰又修建$50000m^3$的清水调蓄水池。

关于浑水顶清水的运行方式，是指在沙峰期间浑水从进水端进入，清水从出水端排出，直至用浑水置换构筑物内所存清水的过程。这种运行方式的前提是沙峰期间原水含沙量低于$40kg/m^3$，且沙峰延续时间小于一级沉淀（澄清）构筑物的停留时间。沙峰期间应加强絮凝措施，使沙峰过后一级沉淀（澄清）的出水水质控制在后续工艺可承受的范围内。

5.3 二级或三级沉淀（澄清）处理流程

5.3.1 关于高浊度水处理采用二级或三级沉淀（澄清）处理流程适用条件的规定。

当采用一级沉淀工艺无法达到滤池进水水质要求时，应采用二级或三级沉淀处理流程。补充说明如下：

1 二级沉淀（澄清）处理流程一般指“预沉池（或浑水调蓄水池）＋混凝沉淀（澄清）池”流程。而三级处理流程是指在上述二级的前面再增加自然或混凝沉淀构筑物的流程。

2 条文第2款中使用“设计含沙量”和“设计浊度”而未使用“最高含沙量”和“最大浊度”，是考虑最高含沙量短期超过$40kg/m^3$或最大浊度短期超过3000NTU时，也可采用避峰措施解决，不一定要采用二级或三级沉淀（澄清）处理流程。

3 近年来对生活用水处理中投加聚丙烯酰胺的毒理问题引起重视，国家生活饮用水卫生标准中已作了限值规定，如生活饮用水处理中用一级沉淀（澄清）工艺可能导致丙烯酰胺超限时，应采用二级或三级沉淀（澄清）处理流程。

4 据调研资料分析，当原水含沙量低于 80kg/m³时，采用强化常规工艺的二级或三级混凝沉淀处理流程，其出水水质可完全满足滤池进水水质的要求。

5.3.2 关于第一级预沉构筑物设计原则的规定。

本条文规定的内容是高浊度水处理的特殊性决定的。高浊度水处理两大技术难点：一是泥水分离和泥沙浓缩问题；二是排泥问题。据此，要求第一级沉淀构筑物应有较大的积泥容积和较长的停留时间，并要求排泥通畅可靠。

常用的一级沉淀构筑物，如：辐流式沉淀池、平流式沉淀池、调蓄水池兼预沉池、预沉条渠等多用于水量较大的工程。中小型工程多采用平流加斜管沉淀池、机械搅拌澄清池、水旋澄清池或其他改进型的沉淀（澄清）构筑物，都能取得满意的效果。

5.3.3 关于第一级预沉构筑物运行方式的规定。

本条提出的运行方式是建议性质的，应根据原水水质、设计含沙量、稳定泥沙含量、泥沙自絮凝性能、预沉池处理效率和出水水质等多种因素，并结合当地具体条件选用。但无论采用哪种运行方式均应在设计中考虑投加混凝剂的措施。

5.3.4 关于浑水调蓄水池之前可设置沉沙池的规定。

黄河高浊度水处理在有条件时，应设浑水调蓄水池兼预沉池。为减轻调蓄水池的负担，可在前面增设一级沉沙池，也可利用河滩或岸边条件设置自然沉淀预沉池，形成三级沉淀处理流程。如郑州二水厂、濮阳给水厂、包头画匠营子引黄给水，呼和浩特引黄给水等工程，均采用了上述三级沉淀处理流程。

5.3.5 关于非界面沉降高浊度水可不设调蓄水池的规定。

长江上游非界面沉降高浊度水浊度逐年增高，造成水处理困难，甚至不能正常运行。据调查，当长江高浊度水原水浊度超过（5000～6000）NTU时，需将前面的自然沉淀（沉沙）池改为混凝沉淀的沉沙池，并将平流式沉淀池改建为平流加斜管沉淀池。如：成都二水厂、成都六水厂、宜宾水厂、重庆三水厂、北碚水厂等均采用了上述处理流程，处理效果良好。

6 水处理药剂

6.1 一般规定

6.1.1 关于混凝剂和絮凝剂选择的一般规定。

高浊度水处理药剂的选用是影响到处理效果和水厂运行费用的主要因素之一，也是当前应对水源水质污染加剧，提高供水质量的重要措施之一。为强化处理效果，通常采用无机金属盐混凝剂和有机高分子絮凝剂两种药剂或各种新型多功能复合药剂的联合投加。药剂品种、投加方式、絮凝条件、净化效果等，应通过试验或结合相似条件的运行经验，经过技术经济比较后确定。

6.1.2 各种药剂适用的原水含沙量参考数据。

本条文根据《高浊度给水工程》、《水工业工程设计手册》、《净水凝聚剂的应用》等文献和各大水厂的运行实践以及有关调研资料编写，可供设计参考。

6.1.3 关于多种药剂不得混杂的规定。

高浊度水含沙量变化范围广，泥沙粒径组成随高浊度水河段的不同而各异，所适应的药剂种类也较多，有时还因货源不固定，所用药剂品种变化较大。在投药系统设计中，必须采取措施防止不同药剂相互混杂。如聚合铝不得与有硫酸根的药剂相混；聚丙烯酰胺不得与硫酸铝、三氯化铁、聚合铝（铁）相混等。本条文根据兰州自来水公司、西宁自来水公司等生产经验和其他有关单位的试验资料编写。

6.1.4 本条为强制性条文，规定新型药剂或复合药剂必须进行相关鉴定。

本条文对使用该类药剂用于生活饮用水处理提出了严格的要求。规定应进行毒理鉴定，不符合国家标准的，不能在设计中使用。

高浊度水给水处理采用阴离子型聚丙烯酰胺絮凝剂和聚合氯化铝（铁）混凝剂的水厂比较多，但近年来选用阳离子型有机高分子絮凝剂和各种高效复合型混凝剂的水厂有上升的趋势。据了解，有个别水厂并未按国家标准对上述药剂的产品质量进行严格检验验收，致使有些不合格的药剂被水厂使用，其后果是严重的。

目前采用的阳离子型有机高分子絮凝剂，系丙烯酰胺（AM）与二甲基二烯丙基季铵盐的共聚物，具有除浊和提高沉速的双重功能。阳离子型有机高分子絮凝剂处理黄河高浊度水试验表明，在一定原水含沙量的条件下，比阴离子聚丙烯酰胺絮凝剂有更明显的技术经济优势。

对于阳离子型有机高分子絮凝剂在水中残余单体二甲基二烯丙基氯化铵含量的毒理问题，目前看法仍不够统一。基本上认为该单体含量控制在 0.05mg/L 以下，可用于给水处理；但也有的则认为该产品有一定的毒性，在生活用水处理中应慎重使用。

必须指出，目前我国新的水处理药剂国标中仍未将阳离子型有机高分子絮凝剂列入，国家水处理药剂委员会正在组织国内有关单位进行毒理卫生指标的试验和鉴定工作。

6.2 聚丙烯酰胺溶液的配制

6.2.1 关于粉末状聚丙烯酰胺的配制规定。

生产实践证明，微粒状聚丙烯酰胺使用方便，设备简单，有利清扫，而且单体含量较低，并以分子量为（600～1000）万的产品为宜。分子量过低絮凝效果较差，过高的分子量会增加配制溶液的难度。其溶液配制应符合以下要求：

1 颗粒和干粉状产品均需机械搅拌溶解，如产品规格和性能改变，则溶解方式也相应变化；

2 干粉先用（20～40）目的格网筛选后投入搅拌池，是为了防止产生内部是90%浓度干粉表面是8%浓度胶体的干粉团，形成所谓“鱼眼”；

3 大多数水厂用干粉的搅拌时间（40～60）min；西宁自来水公司采用干粉的搅拌时间42min；而《水处理剂　聚丙烯酰胺》GB 17514－2008规定的溶解时间为60min（阴离子型）～90min（非离子型）；本规范遵从此项规定。

6.2.2 关于胶状聚丙烯酰胺的配制规定。

使用胶状聚丙烯酰胺时应先切碎，兰州西固水厂采用胶体的搅拌时间为60min，有些单位采用胶体需搅拌（90～120）min。本规范规定搅拌时间为（60～120）min。

6.2.3 关于搅拌池（罐）的设计规定。

本条文根据中国市政工程西北设计研究院“聚丙烯酰胺絮凝剂搅拌设备设计资料”编写。

6.2.4 关于搅拌设备设计计算的规定。

本条文根据兰州西固水厂聚丙烯酰胺药剂间相关资料编写。据调查，采用第1款的有包头画匠营子引黄水厂、济南引黄一水厂等，采用第2款的有兰州西固水厂、郑州水厂等。

6.2.5 关于水解池防腐、封闭、隔离的设计规定。

兰州西固水厂投药间设计，原来考虑使用氢氧化钠水解，投产后用氢氧化钠水解时产生了氨味、腐蚀等问题。本条文综合运行经验编写。

6.2.6 本条文为投药间设计的一般性规定。

设计成同一地坪是为了防滑、防跌，以便操作和保障人身安全。特别要避免高差较小的、隐蔽的、不易识别的台阶或坡道。

在避光的条件下，聚丙烯酰胺溶液比较稳定，可保存的时间较长。

6.3 聚丙烯酰胺的投加

6.3.1 关于聚丙烯酰胺溶液投加方式和投加浓度的规定。

用聚丙烯酰胺处理高浊度水，为防止由于水中泥沙将药剂封闭或过多占有而降低絮凝效果，要求药剂投加后能快速、均匀地混合于原水中。生产中多采用加水稀释后投加，投加药液浓度越低，混合效果越好，但浓度过低会造成药液配制设备规格增大或数量增加。

根据试验和调研资料，大多数高浊度水处理中采用本条文所规定的投加浓度，当投加剂量大时，可采用较高的浓度值。原水含沙量越低，投加浓度对混凝效果和影响亦越小。

6.3.2 关于对计量泵进行标定的规定。

由于聚丙烯酰胺溶液的流变特性与清水不同，其阻力损失比清水较小，故用清水标定的计量设备，应重新标定。根据兰州西固水厂的实践经验，采用60°三角堰计量，投加聚丙烯酰胺药液（浓度为2%）的流量比通过清水时多50%左右。

6.3.3 聚丙烯酰胺投加剂量的参考数据。

高浊度水处理采用聚丙烯酰胺絮凝剂，其投加剂量主要与水中稳定泥沙浓度有关。国内对此研究试验较多，由于各地高浊度水泥沙特性又有较大差别，有条件时应通过试验确定。

郑州铝厂黄河水处理车间原有的投药模型未考虑颗粒因素，西安建筑科技大学在该厂的运行试验证实，当原水含沙量为70kg/m³时，随着泥沙颗粒变细，在投药量不变的情况下辐流沉淀池中浑液面不断上升，随时有浑液面溢出的风险。经按泥沙颗粒因素调整投药量之后，浑液面才保持了稳定。

条文中所列聚丙烯酰胺絮凝剂投加量和设计含沙量关系的数值，系根据《高浊度给水工程》和有关单位生产试验总结资料编写。

6.3.4 关于聚丙烯酰胺水解的相关规定。

目前高浊度水处理都采用聚丙烯酰胺的水解体，但也有个别水厂仍采用未水解的聚丙烯酰胺药剂。本条文根据兰州自来水公司、中国市政工程西北设计研究院的测试资料编写。

6.3.5 本条为强制性条文，规定了出厂水中丙烯酰胺单体的残留浓度。

原规范相应的要求是“生活饮用水中单体丙烯酰胺纯量最大浓度，在非经常使用情况下（每年使用时间少于一个月）小于0.1mg/L，在经常使用情况下小于0.01mg/L”，是因为当时没有相应的国家标准，显然已经不符合现行国家标准的规定。因此本规范规定必须按照《生活饮用水卫生标准》GB 5749执行。

根据《水处理剂　聚丙烯酰胺》GB 17514－2008的规定，用于饮用水处理的Ⅰ类产品，丙烯酰胺单体含量应≤0.025%；又根据《生活饮用水卫生标准》GB 5749－2006的规定，生活饮用水中丙烯酰胺单体含量的限值是0.0005mg/L；假定投入水中的聚丙烯酰胺中所含丙烯酰胺单体，全部溶解并随出水逸出，则聚丙烯酰胺的最大投加量应不大于2mg/L（丙烯酰胺单体残留剂量≤2mg/L×0.025%＝0.0005mg/L）。因此，符合国家标准的饮用水处理用聚丙烯酰胺，最大投加量按2mg/L控制，对生活饮用水是安全的。

控制聚丙烯酰胺投加量的目的是控制丙烯酰胺单体的残留量，一切以出厂水中丙烯酰胺单体残留浓度达标为依据。聚丙烯酰胺投加量和出厂水中丙烯酰胺单体残留量的对应关系，与原水的水质和采用的净水工艺过程相关，可通过实验和运行监测来确定。

6.3.6 关于聚丙烯酰胺投加剂量过大时对后续净水工艺不利的提示。

根据调研资料证明，当聚丙烯酰胺投量超过规定投加剂量较大时，不但产生毒理问题，反而会使出水浊度增高和导致后续工艺运行不利。如兰州第一毛纺厂曾发生离子交换器结块堵塞现象，西宁西川水厂曾发生滤池滤料结块现象。

6.3.7 关于聚丙烯酰胺“分步投加”和“清水回流投加”的规定。

聚丙烯酰胺采用“分步投加”和“清水回流投加”技术，是我国在此技术领域研发并经生产实践证明有效的新技术。实践证明，原水含沙量越低，其效果越好。当进水含沙量低于 $40kg/m^3$ 时，采用分步投加可节省药剂 40%左右；而清水回流投加可提高处理负荷 1～2 倍。

本条文根据《高浊度给水工程》和中国市政工程西北设计研究院负责完成的国家“九五”重点科技攻关课题《受污染高浊度水净化集成技术与设备》示范工程济南黄河一水厂生产性试验研究报告，西北建筑工程学院《清水回流技术》的研发总结和有关试验资料编写。

6.4 多种药剂联合投加

6.4.1 关于两种药剂联合投加的原则规定。

只采用单一药剂，已不适应当前水污染加剧和供水水质标准不断提高的要求。尤其在高浊度水处理中，采用普通金属盐混凝剂时形成的絮体小而较松散，达不到提高沉速和高效除浊的要求；而单独投加阴离子聚丙烯酰胺絮凝剂时对水中胶体脱稳功能较弱，使处理后出水的余浊偏高。

随着絮凝剂和絮凝技术的不断创新，为在提高沉速的同时，又能降低出水浊度，生产中多采用两种药剂功能互补的联合投加技术。两种药剂的投加顺序、投加的时间间隔、投加剂量和投加点的选择，对处理效果均有较大的影响。采用两种药剂两次投加的混凝效果主要由后投加的药剂性质所决定。当采用复配药剂一次混合投加时，其两种药剂的特性，不同功能基团的复配比例和不同电性的制约条件等因素，对处理效果有直接影响。因此应根据试验和相似条件的水厂运行经验，合理确定投加方式。

6.4.2 关于联合投加顺序的规定。

高浊度水处理生产实践证明，先投加高分子絮凝剂，后投加混凝剂，对提高絮凝效果、降低出水浊度较为有利。但也有先投加混凝剂，后投加高分子絮凝剂的报道，在有条件时应通过试验确定最佳的投加方式。

本条文根据《高浊度给水工程》、《水工业设计手册》和中国市政工程西北设计研究院负责完成的国家“九五”重点科技攻关课题《受污染高浊度水净化集成技术与设备》和示范工程济南黄河一水厂生产性试验研究报告，以及兰州自来水公司、包头自来水公司、郑州自来水公司等生产运行总结资料，西安建筑科技大学的实验资料等编写。

6.4.3 关于聚丙烯酰胺和聚合氯化铝（铁）联合投加时混合的规定。

由于原水泥沙浓度较高，要求先加的高分子絮凝剂必须与原水快速均匀混合，否则会造成效果降低。同时又应避免不同性质与功能的两种药剂对混凝效果的相互抑制和干扰。

聚丙烯酰胺混合的 G 值一般不小于 $500s^{-1}$，原水含沙量越高则 G 值应越大。两次投加的间隔时间，应随原水含沙量和水温的降低而适当延长。

聚丙烯酰胺混合的最佳 GT 值为 1500～2000，聚合氯化铝（铁）混合的最佳 GT 值为 2500～3000。在原水含沙量为 $40kg/m^3$ 左右时，聚丙烯酰胺投加（1～3）mg/L，聚合氯化铝投加（10～20）mg/L，预沉池出水浊度可控制在 100NTU 以下。

6.4.4 关于复配药剂可一次投加的规定。

随着我国地面水源有机污染的加剧，和高浊度水原水水质的多变，采用单一混凝剂的常规处理工艺处理后出水水质往往不能达标，近年来高浊度水处理较多地采用了不同功能两种药剂复配混合投加技术，提高了对水中各类有机污染物的净化效率。

根据调查，高浊度水处理目前采用的复配药剂有：阳离子型聚丙烯酰胺与聚合氯化铁复配药剂、阴离子型聚丙烯酰胺与聚合铝复配药剂、阴阳离子混合型聚丙烯酰胺复配药剂、高锰（铁）酸盐复合药剂、铝铁盐复合药剂等。

复配型药剂可一次投加，简化了投配设备，在处理受污染高浊度水除浊的同时，对原水中有机污染物也有较好的净化效果。

本条文根据兰州自来水公司、包头自来水公司、郑州自来水公司等单位的研发和运行资料编写。

6.4.5 非界面沉降高浊度水处理时药剂投加的规定。

我国长江上游非界面沉降高浊度水的原水浊度的逐年增高，采用单一混凝剂时沉淀池出水不能满足滤池进水浊度低于 5NTU 的要求，近年来多采用聚丙烯酰胺絮凝剂与聚合铁（铝）混凝剂联合投加。

生产运行中，当原水浊度大于 5000NTU 时，在预沉池（沉沙池）先投加聚丙烯酰胺 1.5mg/L，然后在沉淀池前再投加铁盐混凝剂 20mg/L，采用二级混凝沉淀工艺，出水浊度通常可小于 5NTU，个别情况不大于 10NTU。

本条文根据中国市政工程西南设计研究院长江高浊度水处理设计总结资料编写。

6.4.6 关于可选用具有高效氧化和分解功能的复合

药剂处理受污染高浊度水的规定。

本条文根据哈尔滨工业大学国家“九五”重点科技攻关课题《高锰酸盐复合药剂除污染技术》研发成果总结资料和郑州自来水公司白庙水厂、胜利油田滨南水厂、耿井水厂等生产经验总结资料编写。

7 沉淀（澄清）构筑物

7.1 一般规定

7.1.1 关于高浊度水处理沉淀（澄清）构筑物选择的一般规定。

高浊度水处理应满足不同的原水水质（如汛期沙峰高浊度、冬季低温低浊、藻类和有机污染等）的处理要求。同时还应充分利用当地的地形、地貌条件。

7.1.2 关于高浊度水处理沉淀（澄清）构筑物的基本要求。

应根据水中泥沙不同的沉降特性，选用不同的沉淀（澄清）设施。长江的非界面沉降高浊度水采用平流加斜管的组合式沉淀池是成功的；但黄河的界面沉降高浊度水处理由于异重流布水和浑液面沉降的特点，采用中间设隔墙的平流预沉池，效果就较差。

池中设浑液面检测仪表主要用于界面沉降高浊度水，是保证沉淀池不出浑水的有效措施。郑州铝厂黄河水净化车间多次发生辐流池浑液面逸出，加装浑液面检测仪表后再没有发生过出浑水现象。

7.1.3 关于沉淀（澄清）构筑物设计水量的规定。

沉淀（澄清）构筑物设计水量，应按本规范第5.1.4条的规定。由于高浊度水处理中排泥水量比常规水处理大，设计中经常发生漏算或少算排泥水量的情况。本条强调构筑物在排泥时仍应满足设计出水量。排泥水量可按本规范第8.2.4条或第8.2.5条的规定计算。

7.1.4 关于沉淀（澄清）构筑物排泥管的规定。

本条文根据高浊度水处理厂的运行经验总结资料编写，主要是为了防止排泥管堵塞并便于清通。

7.1.5 关于沉淀（澄清）构筑物配水方式的规定。

本条文根据高浊度水处理厂的运行经验总结资料编写，主要是为了配水均匀和防止出现异重流。

7.1.6 关于沉淀（澄清）构筑物泥沙浓缩室容积的规定。

浓缩区容积影响沉淀构筑物稳定运行，是保持固、液动态平衡的重要条件。应根据混凝沉淀泥沙浓缩曲线，求出相应浓缩时间内池中泥沙浓缩所需高度，并计算出泥沙浓缩区所需的容积。具体算法可按本规范第7.5.2条或第8.2.1条的规定。

7.1.7 关于沉淀（澄清）构筑物排泥方式的规定。

本条文根据有关高浊度水处理厂生产运行经验编写。如：兰州某厂给水采用机械搅拌澄清池，原未设刮泥机，排泥很困难，增设机械刮泥机排泥后，排泥效果良好。中国市政工程西北设计研究院设计的机械搅拌澄清池、辐流式沉淀池和水旋澄清池均设有机械刮泥设备，排泥效果良好。四川泸天化给水工程取长江上游高浊度水为水源，采用直径24m的机械搅拌澄清池，原采用穿孔管排泥，因经常堵塞使排泥困难，后改用机械排泥，排泥效果良好。

7.1.8 关于沉淀（澄清）构筑物采用斗式重力排泥的规定。

据调查，黄河等界面沉降高浊度水排泥，集泥斗（槽）壁边坡倾角为55°～60°，并辅以压力水冲泥是可行的。但对于长江上游非界面沉降高浊度水排泥，由于粗沙摩擦系数较大，设计应采用较大的边坡倾角。

7.1.9 关于排泥管设置高压水反冲洗系统的规定。

排泥管设有反冲洗管是保证高浊度水重力排泥系统正常运行的重要措施。

7.2 沉沙（预沉）池

7.2.1 关于沉沙（预沉）池的适用条件。

本条文根据成都自来水公司、包头自来水公司和中国市政工程西北设计研究院、中国市政工程西南设计研究院、山西水科院等试验资料和生产运行经验编写。在本规范第7.2.5条和第7.2.6条的设计条件下，自然沉淀的沉沙池可基本去除粒径0.1mm以上的泥沙，泥沙的总去除率可达到20%～30%。

7.2.2 关于斗槽除沙和条渠除沙的适用条件。

本条文根据中国市政工程西北设计研究院、兰州自来水公司、西宁自来水公司等单位设计、运行总结资料编写。

7.2.3 关于各种沉沙池的适用条件。

高浊度水中粗颗粒泥沙具有分选沉降和沉速较快的特点，尤其是原水含沙量较低时，其特点更为明显。另外，高浊度水细颗粒泥沙也会发生自絮凝的聚附作用，促使沉速加大。据资料介绍，当含沙量在(10～12) kg/m^3 左右时，黄河高浊度水的自然沉降效率最高。

本条文根据《高浊度给水工程》等文献和郑州、濮阳、开封、淄博等自来水公司对黄河中、下游高浊度水预处理的经验总结资料编写。

7.2.4 规定了沉沙池设计的一般原则。设计参数应通过模型试验或参照相似条件下的运行经验确定。

7.2.5 界面沉降高浊度水沉沙池设计参考数据。

本条文根据《高浊度给水工程》、《水工业工程设计手册》等文献和中国市政工程西北设计研究院设计总结资料编写。

7.2.6 非界面沉降高浊度水沉沙池设计参考数据。

本条文根据中国市政工程西南设计研究院《长江上游高浊度水的特征及净化技术》及有关水厂沉沙池

设计和运行总结资料编写。

7.2.7 关于沉沙池排沙方式的规定。

根据高浊度水中的粗颗粒泥沙容易在沉沙池沉积和流动性较差的特点，结合各地水厂沉沙池排沙的经验教训，本条文规定以机械排沙或水力排沙两种方式为主。

7.3 调 蓄 水 池

7.3.1 关于调蓄水池设计的原则规定。

大中型高浊度水给水工程设计中，当原水沙峰含沙量较高、且持续时间较长时，为保证安全供水多采用浑水调蓄水池。如白银公司给水、包头画匠营子引黄给水、呼和浩特引黄给水，郑州、开封、濮阳、济南、东营等城市的引黄给水工程，根据当地地形条件均采用了浑水调蓄水池。

采用清水调蓄水池的有河津铝厂、三门峡市给水二期等。三门峡市给水二期则利用水库的条件，引水库清水流入下游的清水调蓄水池。

还有先经预沉、沉淀或澄清处理后再设调蓄水池的，如呼和浩特引黄给水工程，黄河原水先经辐流预沉池，然后再进入利用农业旧水库改建的调蓄水池。

大多数中小型工程的清水调蓄水池都设在水厂处理工艺流程的最后。

高浊度水浑水调蓄水池除调蓄水量外，还应发挥其在降低浊度、净化水质等方面的综合效应。国家"九五"重大科技专项（863计划）《北方地区安全用水保障技术》研究建立了从水源、预处理、水厂净化的全系统保障体系。供水系统中的调蓄水池列入了水质改善保障系统之中，构成了改善水质、为后序水处理减轻水质负荷的重要环节。该项技术已在天津西河水源、山西汾河水源等工程调蓄水库中应用。

7.3.2 关于调蓄水池容积计算的原则性规定。

应首先确定设计供水保证率和设计含沙量，然后根据原水多年水文资料经频率分析得出的相应保证率的典型年沙峰曲线，求得最长不能取水的断水时间（沙峰历时），为设计调蓄水量的依据。

黄河中下游调蓄水池的设计容积，一般是以避沙峰所需时间（沙峰历时）确定的；但也有城市经统计分析多种不利因素，以与沙峰不同时出现而又影响取水时间较长的其他不利水文因素确定。

7.3.3 关于浑水调蓄水池容积计算的规定。

当取水河段原水的水文、水质等自然条件已定时，给水工程的设计最高含沙量值就成为决定浑水调蓄水池容积的关键参数。调蓄水池除为避沙峰外，还要考虑影响取水的其他不利因素，如脱流、断流、洪水、枯水、冰害、水质污染等。

如：河南濮阳给水工程，设计含沙量为50kg/m³，据统计资料分析，该河段出现大于50kg/m³的沙峰历时为9d，但枯水位断流时间为10d，两者不同时重叠出现，设计调蓄时间按10d考虑。

本条文第5款的规定，是考虑到有些工程当调蓄水池设在沉淀（澄清）构筑物之后时，其应负担的后续处理构筑物的自用水量不同。如：包头画匠营子引黄、呼和浩特引黄等给水工程，其浑水调蓄水池位于预沉池之后，应负担沉淀、过滤单元的自用水量；黄河中游某水厂将调蓄水池设于机械搅拌澄清池之后，只负担过滤单元的自用水量。

7.3.4 关于大中型浑水调蓄水池的相关规定。

大中型浑水调蓄水池多采用自然沉淀，包头画匠营子引黄（一期）、呼和浩特引黄、济南引黄二期等给水工程，都在自然沉淀浑水调蓄水池前设预沉构筑物，以减轻调蓄水池的排泥负担。

7.3.5 关于浑水调蓄水池排泥和充氧的规定。

据调查，浑水调蓄水池基本都采用吸泥船排泥。个别地方由于池容较大和原水含沙量较低，不设排泥设施。

据包头画匠营子引黄工程冬季运行经验介绍，一般在调蓄水池封冻20d左右，水厂出水出现明显的腥味，分析原因是调蓄水池池底淤泥厌氧产生的异味因冰盖不能及时溢出所致。采取消除冰盖和异味的措施之一就是破冰和水泵扬水，促进池内水循环。同时将调蓄水池原设计的池底潜流进水改为池面跌水溢流进水，增加了水中的溶解氧，取得了良好的效果。

条件成熟时，也可考虑冬季超越调蓄水池的运行方式。

7.3.6 关于清水调蓄水池容积计算的规定参见本规范7.3.3条的相关说明。

7.3.7 关于清水调蓄水池适用条件的规定。

由于清水调蓄水池一般设于水厂处理流程的最后（也有个别设于处理流程中间的），补充水在经过水厂净化构筑物处理后，才能补进清水调蓄水池。因此在水池充水期增加了处理构筑物的处理水量，有时会比设计水量增加20%～30%，故本条提出清水调蓄水池适用于小型高浊度水给水工程的规定。

7.3.8 本条为强制性条文，是关于调蓄水池检修和安全方面的规定。

调蓄水池一般容量较大，一旦发生事故可造成重大损失，应设有排空设施和抢修通道。本条文根据调查已建调蓄水池投产运行中的经验教训编写，是市政设施防灾抗灾的需要，必须重视。

7.3.9 关于浑水调蓄水池挖泥船就位、移动和固定措施的要求。

容积较大的浑水调蓄水池，可能一年或数年才清泥一次，不一定常备挖泥船。但至少要考虑挖泥船的就位、移动和固定措施，以保证挖泥船进得来、定得住、移得动、出得去。

7.3.10 大中型调蓄水池是提高供水可靠性的关键环节，应具备应对水质恶化的措施，并有良好的安全保障和监护条件。

7.4 混合、絮凝池

7.4.1 关于快速高强度混合的要求。

根据中国市政工程西北设计研究院的设计实践和生产测试数据，在处理高浊度水时，使用聚丙烯酰胺需要短时高强度的混合搅拌，混合时间超过30s时效果较差。兰州自来水公司和哈尔滨工业大学的科研成果也证实了以上论点。

根据中国市政工程西南设计研究院的设计总结和有关实测资料，非界面沉降高浊度水中泥沙颗粒较粗，并以分选沉降为其主要特征。投加药剂后要求快速脱稳和吸附，此时原水中的沙粒成为絮凝载体，已形成接触凝聚，故要求的G值较低。

7.4.2 关于管道混合的技术要求。

管道混合器是适合高浊度水混合要求的设备。要求控制一定的扰动强度和恰当的混合时间，才能取得较好的混合效果。对混合后管内水流条件、阻力变化及扰动强度等，也应合理控制，借助改变口径和长度的措施，实现调整速度梯度与混合时间的乘积（GT）值的目的。

本文根据《高浊度给水工程》、《高浊度水净化技术》、《高浊度水絮凝控制》等文献和有关高浊度水厂运行经验总结资料编写。

7.4.3 关于絮凝池设计的规定。

根据中国市政工程西北设计研究院、兰州自来水公司、西宁自来水公司等单位试验资料，在单独投加聚丙烯酰胺时，可不设絮凝池。兰州西固水厂辐流沉淀池投加聚丙烯酰胺只经水泵混合后，仅在输水管中絮凝（1～2）min，絮凝效果良好。

兰州自来水公司试验还表明，当原水浊度增至几万度以上时，阳离子型有机高分子絮凝剂的恰当GT值降低至接近于零。证实了使用有机高分子絮凝剂处理高浊度水的工艺中不需要设置专门的絮凝池就能获得满意的絮凝效果。

絮凝池设计参数根据《高浊度给水工程》、《高浊度水絮凝条件控制》、《有机高分子絮凝剂与无机盐混凝剂恰当絮凝GT值比较》等文献推荐。

7.4.4 关于网板（格）絮凝技术的规定。

网板（格）絮凝是我国自主研发的一项新技术，根据水流涡旋和过网水流的紊动流态机理，沿水流方向改变网格尺度使水中絮体不断增大，网后微涡体尺度也相应增加，实现多向同性紊流的最佳絮凝条件。在黄河高浊度水处理和长江上游高浊度水处理中采用较多，絮凝效果甚佳，絮凝时间可缩短为10min以内，作为设计参数宜留有一定余地，建议采用（10～15）min。

本条文根据《高浊度给水工程》、《水工业工程设计手册》等文献和中国市政工程西北设计研究院、中国市政工程西南设计研究院研发和设计经验总结资料编写。

7.4.5 关于非界面沉降高浊度水絮凝的规定。

本条文根据中国市政工程西南设计研究院编写的《长江高浊度水的特征及净化技术》，以及泸州水厂、重庆水厂、自贡水厂等生产经验总结资料编写。

7.4.6 关于混合、絮凝池水头损失的规定。

高浊度水处理投加絮凝剂和混凝剂后在很短时间内完成混合絮凝过程，若在沉淀（澄清）之前将已形成的较大体积和密实的絮体矾花破碎，二次再絮凝沉淀的效果很差。

本条文根据中国市政工程西北设计研究院对黄河高浊度水处理中絮凝技术的设计总结资料编写。

7.4.7 关于絮凝池排泥的相关规定。

虽然从理论上絮凝池底部是不应该沉泥的，但高浊度水中泥沙较多，在絮凝池底沉积几乎不可避免，且沉泥容易板结，因此要求絮凝池应优化水力条件，减少泥沙沉积，同时还应设排泥和冲洗设施。本条文根据高浊度水处理运行经验编写。

7.4.8 关于两种药剂联合投加或混合投加的规定。

据调查，高浊度水处理采用新型药剂的联合投加时，由于药剂的特性不同，若混合、絮凝条件不合理，会出现不同药剂性能的相互干扰，降低絮凝效果，出水浊度增高的现象，故本条文提出应通过试验或相似条件下的运行经验确定。

7.5 辐流沉淀池

7.5.1 辐流沉淀池的适用条件。

辐流式沉淀池具有容积较大，适应水质、水量变化的能力较强，排泥便利和管理方便等优点。可作为处理高浊度水的一级沉淀构筑物。

当采用自然沉淀时处理效率较低；投加聚丙烯酰胺絮凝沉淀时效率成倍增加，可按具体条件选用。

兰州西固水厂采用直径100m的辐流式沉淀池，当进水含沙量为$100kg/m^3$时，自然沉淀的泥沙颗粒沉速为（0.01～0.015）mm/s；而改用投加聚丙烯酰胺絮凝沉淀时，浑液面沉速为（0.2～0.22）mm/s，分别增加了19倍和14倍。

7.5.2 辐流沉淀池的计算方法。

辐流沉淀池处理高浊度水时，由于池内外水温、泥沙浓度和速度差等差异，多以异重流方式布水，原水由中心配水孔进池后先潜入池底，以水平方向向周边推进。在池中形成浑水层。随着浑水层中泥沙的下沉和浓缩，必然同时向上挤出部分清水。要保证沉淀池稳定运行，必须保证池内进、出的固、液相动态平衡。据此，沉淀池在满足一定的泥沙浓缩容积和泥水分离面积的同时，为使池内浑液面稳定在一定位置，还要从池内排出与进池相应量的浓缩泥沙。否则会发生浑液面上升，沉淀池出浑水的不良现象。

高浊度水处理辐流沉淀池的正确计算方法，不只是满足其向上出清水所需的池面积；而更重要还应同时满足向下泥沙浓缩所需的容积和相应的排泥浓度。

本条文根据《高浊度给水工程》、《水工业工程设计手册》等文献和有关设计、科研、生产等单位的总结资料编写。

7.5.3 辐流沉淀池的主要设计参考数据。

本条文根据辐流式沉淀池的设计、生产运行经验数据整理，直径 50m 以下的辐流式沉淀池，设计时宜采用较低的数值。所列数据是参考数据，不是设计指标的硬性规定。

7.5.4 关于辐流沉淀池进水系统的规定。

进水管的高处应装排气阀，用自动排气阀时应防止水压过低，不能顶开而失效；进水的计量设备要防止泥沙堵塞，常用的有电磁流量计、喷嘴和孔板，但应有清洗水反冲管；进水管（包括进水竖筒）应设放泄空管，便于停产检修和防冻。

本条文根据西固水厂、包钢水厂、白银水厂二水源、济南黄河一水厂等生产单位的运行经验编写。

7.5.5 关于辐流沉淀池设中心旋流絮凝装置的规定。

在辐流沉淀池中心进水筒外设强化絮凝的旋流絮凝装置，是提高絮凝效果和净化效率的有效措施。

根据中国市政工程西北设计研究院负责完成的国家“九五”重点科技攻关项目《受污染高浊度水净化集成技术与设备》研发成果，并在示范工程济南黄河一水厂生产运行中得到生产验证，采用高效旋流絮凝技术，在进水含沙量为（15～20）kg/m^3 时，出水浊度可达到（20～40）NTU，并具有去除水中有机污染指标的效果。

7.5.6 关于辐流沉淀池出水系统的规定。

目前采用自由出流方式较多。为防止因进水管进水的惯性作用和池面出现浑水短路使出水不均匀，其周边出水可采用非均匀断面出流的方式。

本条文根据中国市政工程西北设计研究院、兰州西固水厂、济南黄河一水厂等设计，运行经验总结资料编写。

7.5.7 关于防冻措施的规定。

根据兰州西固水厂在冬季提高处理水量 10%～20%，增加池面出流流速的防冻经验和济南黄河一水厂在冬季采用高压水冲动池面或刮泥机定时转动破冰的经验编写。有条件时也可采用向池中加热电厂废热水混合的防冻措施，如兰州西固水厂、石嘴山电厂水厂等。

7.5.8 关于辐流沉淀池用于处理微污染高浊度水的规定。

本条文根据中国市政工程西北设计研究院负责完成的国家“九五”重点科技攻关项目《受污染高浊度水净化集成技术与设备》研发成果和其示范工程济南黄河一水厂生产运行总结资料编写。

7.5.9 关于刮泥机选型的规定。

高浊度水沉泥具有自凝聚和板结特点，刮泥阻力大，应选用能适应重负荷的刮泥设备。本条文根据《高浊度给水工程》和中国市政工程西北设计研究院、兰州西固水厂、济南黄河一水厂等辐流沉淀池设计、生产运行经验总结资料编写。

7.5.10 关于池体防渗和排泥管廊的规定。

由于辐流式沉淀池的直径较大，池体结构整体性差，应特别重视防渗措施。兰州西固水厂投产时，曾因渗漏而无法正常运行。

7.5.11 关于排泥方式和排泥管的规定。

本条文根据《高浊度给水工程》、《水工业工程设计手册》等文献和兰州西固水厂、包钢黄河水厂、济南黄河一水厂等运行管理总结资料编写。

7.6 平流沉淀池

7.6.1 平流沉淀池的适用范围和运行方式。

本条文根据高浊度水处理平流沉淀池实际运行情况和《高浊度给水工程》、《水工业工程设计手册》等文献有关内容编写。

7.6.2 平流沉淀池的主要设计参数。

本条文根据已建平流式沉淀池运行总结资料编写。资料表明，自然沉淀平流式沉淀池沉淀时间一般不小于 6.0h；混凝沉淀时间可取（1.5～3.0）h。所列数据是参考数据，不是设计指标的硬性规定。

7.6.3 平流加斜管（板）沉淀池的主要设计参数。

本条文根据《高浊度给水工程》、《水工业工程设计手册》等文献及中国市政工程西南设计研究院设计总结资料和成都二水厂、成都六水厂、南充第二水厂等平流式沉淀池运行总结资料编写。

其中如：南充二水厂二期扩建工程处理 5000NTU 的高浊度水，采用平流加斜管组合式沉淀池，一级沉淀池斜管区上升流速为 4mm/s，表面负荷 $14.4m^3/(m^2 \cdot h)$，出水浊度低于 1000NTU，二级沉淀池斜管区上升流速 2.5mm/s，表面负荷 $9m^3/(m^2 \cdot h)$，出水浊度低于 5NTU，个别情况低于 10NTU，可达到滤池进水浊度要求。所列数据是参考数据，不是设计指标的硬性规定。

7.6.4 关于平流沉淀池与混合絮凝池连接形式的规定。

为防止已形成的絮体破碎影响沉淀分离效果，构筑物应紧凑衔接和便于管理。这是平流沉淀池的优势之一。

7.6.5 关于平流沉淀池进水端布置的规定。

以水流平稳过渡和均匀配水为目的，并防止已形成的絮体破碎。

7.6.6 关于平流沉淀池出水端布置的规定。

沉淀池出流设施是影响水流稳定性的重要因素。采用纵向伸入池面的多条指形集水槽，对抑制不均匀出水和防止出浑水都有较好效果。同时，也较符合沉淀池沿程出水的基本理念。《室外给水设计规范》GB 50013－2006提出溢流率不宜超过300m^3/(m·d)，高浊度水处理时溢流率应略低，规定为不宜大于250m^3/(m·d)。

7.6.7 关于排泥方式和排泥设备安装的规定。

排泥是平流沉淀池最薄弱的环节，也是高浊度水处理保持池内泥沙平衡的必要条件。本条文强调了排泥方法，并提出进出水系统对排泥的影响，以便更好地解决平流沉淀池和平流加斜管沉淀池的排泥问题。

如成都六水厂、郑州花园口水厂等高浊度水处理平流沉淀池和斜管沉淀池，为防止进出水系统的干扰对出水水质的影响，采用了从旁侧伸入池底悬臂式刮吸泥机，很好地解决了刮吸泥机运行与斜管的矛盾。此外还有池底刮泥小车、池底链板式刮泥机等排泥方式。

7.6.8 关于大型平流预沉池排泥的规定。

大型平流预沉池停留时间长，幅面广阔，池底集泥进出口分布差异大，采用挖泥船挖泥比较经济。如包钢取水工程和白银一水源的大型平流预沉池为自然沉淀，包钢平流预沉池按颗粒沉速（0.1～0.15）mm/s设计，沉淀时间11h，白银平流预沉池按池内流速0.65mm/s设计，停留时间夏季60h，冬季80h，泥沙去除效率均达到90%以上，均采用挖泥船排泥。

7.7 斜管沉淀池

7.7.1 斜管沉淀池的适用范围。

在高浊度水处理中，一般多采用平流沉淀池加斜管的组合池型。长江上游非界面沉降高浊度水处理中也有直接采用斜管沉淀池的水厂。本条根据中国市政工程西南设计研究院的设计经验编写。

7.7.2 高浊度水处理斜管沉淀池的特殊要求。

非界面沉降高浊度水处理采用斜管沉淀池，当进水浊度较高时宜在配水端设置过渡段，也称作缓冲区。其主要作用一是留出调整投药参数的缓冲时间，二是让大量的泥沙在过渡段沉淀，以防止斜管上挂泥太多被压垮。根据中国市政工程西南设计研究院和中国市政工程西北设计研究院的设计经验编写。

7.7.3 根据西安建筑科技大学较长时间的模型试验，控制斜管进水区入口水平流速在0.1m/s左右，是保证斜管沉淀池进水分布均匀，防止出现短路和局部絮体逸出的有效措施。

7.7.4 关于采用浮沉池的规定。

短期高浊度水并有藻类污染的水库水，要求沉淀池不但能处理高浊度水，还要能去除藻类污染，浮沉池是一种较好的组合形式。

本条文根据中国市政工程东北设计研究院《特种水处理技术》文集以及吉林水厂、大庆水厂、辽源水厂等设计总结资料编写。

7.8 机械搅拌澄清池

7.8.1 机械搅拌澄清池的适用范围。

机械搅拌澄清池作为高浊度水一级处理构筑物，中国市政工程西北设计研究院使用较多。设计进水含沙量一般为(15～20)kg/m^3，个别为(40～60)kg/m^3，运行情况良好。宜阳化肥厂二期工程机械搅拌澄清池可处理(50～70)kg/m^3，个别曾达(90～100)kg/m^3的高浊度水。淄博引黄供水一期采用机械搅拌澄清池一级处理流程，设计进水含沙量为40kg/m^3。

中国市政工程西南设计研究院设计的四川维尼纶厂给水、云天化二期给水、重庆黄桷渡水厂等均以长江高浊度水为水源，当进水浊度为（5000～8000）NTU时，出水可满足滤池进水浊度要求。

本条文根据中国市政工程西北设计研究院、中国市政工程西南设计研究院设计和生产运行资料编写。

7.8.2 机械搅拌澄清池的主要设计参考数据。

本条文列出了机械搅拌澄清池的主要设计参数。所列数据是参考数据，不是设计指标的硬性规定。

7.8.3 机械搅拌澄清池的投药位置。

依据河南宜阳化肥厂一期机械搅拌澄清池的运行经验，在第一絮凝室增设第二投药点，不但能提高处理含沙量的范围，而且可以缩短停留时间，提高出水水质，后又经宜阳二期和青海等水厂机械搅拌澄清池运行验证，证明其效果较好。

7.8.4 关于分离室设计参考数据。

本条文根据中国市政工程西北设计研究院、中国市政工程西南设计研究院设计和运行资料编写。

7.8.5 关于原水含沙量较高时可增大絮凝室容积的规定。

这是采用澄清池处理高浊度水的有效措施。实践证明，高浊度水投加聚丙烯酰胺絮凝剂后，近40%～50%的泥沙在第一絮凝室沉淀。非界面沉降高浊度水采用混凝沉淀时更有60%～80%的泥沙在此沉淀。为提高第一絮凝室浓缩区的泥沙浓度，有利池内固、液动态平衡和降低排泥耗水率，增加该容积是非常有效的。

河南化肥厂二期给水采用增大浓缩区容积的直壁平底机械搅拌澄清池，投加聚丙烯酰胺处理原水含沙量为（70～80）kg/m^3的高浊度水，效果良好。

山东淄博引黄给水采用直径36m机械搅拌澄清池，设计容积比为1∶1.14∶11.1，效果良好。

本条文中所指的盆形池型，系成都五水厂采用直径34m的机械搅拌澄清池处理高浊度水，运行效果较佳。

7.8.6 关于出水槽的设计规定。

大型机械搅拌澄清池设内侧环形集水槽是为出水均匀，抑制中心导流筒出流冲向池外侧的现象。

本条文根据《水工业工程设计手册》和中国市政

工程西北设计研究院设计总结资料编写。

7.8.7 关于提高处理效率的措施。

生产经验证明，改善搅拌叶片和加设斜管装置，是提高机械搅拌澄清池出水水质和水量的有效措施。成都五水厂采用直径34m机械搅拌澄清池，进行上述改造后，不但使出水量增加（1～2）倍，而且水质净化效率也有明显的提高。

7.8.8 关于排泥方式的规定。

机械搅拌澄清池的排泥比较顺畅，是其相对于平流沉淀池的一大优势。中国市政工程西北设计研究院、中国市政工程西南设计研究院设计的机械搅拌澄清池均采用此种排泥方式，生产运行效果良好。

7.9 水旋澄清池

7.9.1 水旋澄清池的适用范围。

本条文根据原西北给水排水设计院"水旋澄清池试验报告"和"西北-Ⅰ型"水旋澄清池生产试验总结资料编写。

"西北-Ⅰ型"水旋澄清池是中国市政工程西北设计研究院早期研发的适合于高浊度水处理的新型水旋澄清池。集快速混合、高效絮凝、两次泥水分离和泥沙回流于一体，并在分离区增设斜管，进一步提高了净化效率。采用聚丙烯酰胺和普通混凝剂联合投加时，进水含沙量为（80～100）kg/m^3，出水可满足滤池进水浊度要求。经过多年的生产实践，目前已有多种改进型水旋澄清池用于中、小型高浊度水处理的一级处理流程中，运行情况良好。

工程实践中该池设计最大直径16.5m，池深7m。池径再大，池深会过深，故本条文强调适用于高浊度水处理的中、小型工程。

7.9.2 水旋澄清池的主要设计参考数据。

所列数据是参考数据，不是设计指标的硬性规定。

7.9.3 关于两种药剂联合投加位置和时序的规定。

为确保出水水质达到新的国家卫生标准要求，目前多采用两种或多种药剂联合投加或多功能复配药剂的混合投加的强化絮凝技术。本条文根据《高浊度给水工程》《水工业工程设计手册》等编写。

7.9.4 处理低温水时的改善措施。

低温低浊水的主要特点是水的黏性增大和缺少絮凝核心使颗粒的碰撞几率降低，因此增加回流泥沙和延长絮凝时间是提高絮凝效果的措施之一。低温高浊水虽不缺少絮凝核心，但延长絮凝时间或增加泥沙浓度对提高絮凝效果也是有利的。

7.9.5 关于旋流澄清气浮池的规定。

关于特种水质的高浊度水处理，是近二十年来出现的新问题，目前除了本规范第7.9.3条所述的多种药剂联合投加外，还有增设斜管和气浮等强化常规工艺的技术措施，均取得了较好的效果。

当原水含沙量较高和原水水质多变时，前面还应增设一级预沉构筑物。

7.9.6 关于水旋澄清池排泥的规定。

据调查，采用分段穿孔管排泥，每段穿孔管长约（4～5）m，沉泥基本可排除，但远端仍有积泥。故本条文强调大直径的水旋澄清池应采用机械排泥。

7.10 泥沙外循环澄清池

7.10.1 泥沙外循环澄清池的适用范围。

该池型系国外引进国内消化、改进的新型澄清构筑物，可用于高浊度水预处理后的二级处理。在我国西北、东北地区目前设计投产的有乌鲁木齐石墩子山水厂、西宁第七水厂和阜新引白水源等工程。

7.10.2 泥沙外循环澄清池的特性描述。

本条文简要介绍了该澄清构筑物的特点，其中最重要的是可调节的外循环泥沙回流，实现控制池内最佳的絮体浓度和高浓度悬浮絮凝层接触吸附分离的功能。

7.10.3 泥沙外循环澄清池的运行方式与投药顺序。

本条文根据《水工业工程设计手册》和有关泥沙外循环澄清池的设计运行总结资料编写。

7.10.4 泥沙外循环澄清池的排泥方式和排泥含固率。

由于泥沙外循环澄清池比一般其他澄清池具有较大泥沙浓缩容积的特点，可增加泥沙浓缩时间，减少排泥水量。生产实践证明，该澄清池的排泥不经浓缩过程可直接脱水，简化了泥沙处理流程。

7.10.5 泥沙外循环澄清池的出水指标。

本条文根据《水工业工程设计手册》、《给水排水设计手册》和中国市政工程西北设计研究院设计总结资料编写。

7.10.6 泥沙外循环澄清池的主要设计参考数据。

本条文根据《水工业工程设计手册》、《给水排水设计手册》和中国市政工程西北设计研究院设计总结资料编写。所列数据是参考数据，不是设计指标的硬性规定。

8 排　泥

8.1 一 般 规 定

8.1.1 排泥系统的一般设计原则。

8.1.2 关于设置高压水枪冲洗池内积泥的规定。

由于原水在第一级沉淀池停留时间长，沉泥可能在池底或水流死角处板结而不易清除，因此需要设置高压水冲洗系统。本条文根据高浊度水沉淀池排泥生产运行经验编写。

8.1.3 关于净水厂排泥水浓缩脱水设计应执行《室外排水设计规范》GB 50013的规定。

净水厂排泥水的浓缩和脱水在《室外排水设计规范》中已有具体规定，本规范不再重复。本规范第8.2节的“泥沙浓缩”，是指泥沙在沉淀（澄清）构筑物内的浓缩过程。

8.1.4 关于排泥水综合利用和外排的原则规定。

高浊度水处理的排泥量较大，应按水资源回收的理念加以综合利用。受条件限制不得不外排时，应符合环保要求，不宜将排泥水直接排放到水源或附近水体中。

8.1.5 关于泥沙综合利用的原则规定。

净水厂排出泥沙的处置，是当前比较突出的问题，本条文提出应处理和利用，详见本规范第8.6节“泥沙处置与利用”。

8.2 泥沙浓缩

8.2.1 沉淀（澄清）构筑物积泥量的计算公式。

该公式是理论公式，根据物料平衡原理导出。泥沙平均浓度 C_4 系指与浓缩时间有关的平均浓度，该值可从沉淀浓缩曲线求得。预沉池通常采用连续排泥方式，以形成一定量的底流，使进入和排出的泥沙维持平衡。

本条文根据《高浊度给水工程》、《高浊度水预沉技术》等文献编写。

8.2.2 关于浓缩区泥沙平均浓度的参考数据。

根据兰州西固水厂自然沉淀池实测资料，沉泥经1h浓缩后，可达(380～400)kg/m³，但实际排泥浓度只有(150～300)kg/m³。据兰州铁道学院(兰州交通大学)和兰州自来水公司的试验资料，当原水含沙量大于40kg/m³，采用混凝沉淀时斜管沉淀池的排泥浓度为(250～300)kg/m³。

投加聚丙烯酰胺混凝沉淀时，前1h内泥沙浓缩较快。西安冶金建筑学院(西安建筑科技大学)认为设计排泥浓度(300～350)kg/m³为宜，考虑到排泥水稀释等因素，本规范规定为(200～350)kg/m³。

8.2.3 浑水调蓄水池积泥浓度的参考数据。

浑水调蓄水池的积泥浓度差别很大，本条文的（600～1350）kg/m³，其低限为浓缩10d以上的资料。如有条件，应选用有代表性的原水进行沉降试验，取得相应浓缩时间的浓度资料。

8.2.4 沉淀（澄清）构筑物排泥水量的计算公式。

该组公式是理论公式，根据物料平衡原理导出。

8.2.5 沉淀（澄清）构筑物排泥耗水率的估算公式。

该公式为经验公式，由兰州西固水厂总结提出，包括间歇排泥和连续排泥的情况。排泥耗水率只用于控制总排泥水量之用。而具体的排泥水量应按本规范式（8.2.4）计算。

8.3 刮（排）泥设备

8.3.1 排泥方式与排泥设备的原则规定。

高浊度水沉淀（澄清）构筑物的排泥，中国市政工程西北设计研究院均采用机械刮泥，均按连续运转设计。由于黄河高浊度水泥沙的特点，采用虹吸管或泥泵排泥时，除磨损严重外，排不干净也是重要的限制因素。

采用钢丝绳、皮带轮传动或水下齿轮传动的刮泥机，应防止卡绳、脱槽或磨损、打滑。尤其是在间歇运行时，更应特别防止上述不利情况的发生。黄河高浊度水处理采用钢丝绳或齿轮传动的刮泥机，在兰州西固二水厂、903厂澄清池运行中，都发生过上述事故。其中尤其是钢丝绳传动刮泥机，虽然构造简单，但在高浊度水沉淀（澄清）构筑物中不宜采用。

8.3.2 关于刮泥机设备选型的规定。

周边传动桁架刮泥机，中国市政工程西北设计研究院设计的池型，最大直径为100m，最小为30m。

中心传动桁架刮泥机，在标准型机械搅拌澄清池的设计和应用中已取得了一定的经验。实际应用的最大刮臂直径为21.74m，鞍山钢铁公司烧结总厂使用的直径20m，针齿轮传动的直径14.2m。

8.3.3 非界面沉降高浊度水处理的刮（排）泥方式。

长江上游非界面沉降高浊度水的沉淀（澄清）构筑物排泥，由于沉泥颗粒较粗和容易板结，其预沉、沉淀二级处理构筑物应采用机械排泥。据生产运行经验证明，长扁嘴大口径虹吸排泥机具有结构简单、操作方便、耗电省等优点，在成都二水厂、六水厂应用，运行效果良好。

8.3.4 关于排泥沟的设计规定。

宜阳化肥厂二期给水采用刮泥机和排泥沟排泥方式，运行中排泥浓度偏低，原因是泥浆向排泥口流动过程中被稀释。因而在采用排泥沟排泥时，应防止泥浆被稀释。其池底排泥沟的条数和断面尺寸，应根据积泥情况和刮泥设计负荷计算确定。

8.3.5 关于刮泥臂外缘线速度的规定。

中国市政工程西北设计研究院采用（2.5～5.0）m/min的刮泥臂外缘线速度，运行效果良好。直径为100m辐流沉淀池刮泥机最快为半小时转一圈，相当于线速度为10m/min左右。兰州西固水厂、包钢水厂、济南黄河一水厂等生产运行中，周边传动刮泥机均采用每半小时一圈或每小时一圈两档转速。

8.3.6 关于刮泥机防腐和润滑的规定。

刮泥机水下零部件需要防腐，现多采用不锈钢制作或钢制喷锌处理。水下轴承和轴套采用压力清水润滑还能防止泥沙进入引起磨损。

兰州西固水厂、宜阳化肥厂给水沉淀池刮泥机开始未加清水稳压设备，发现刮泥机被水压顶起，后来加清水稳压后效果较好。另根据北京市政设计研究院资料，针齿轮传动，钢丝绳传动等刮泥机水下润滑轴承所需压力水要求水压稳定，并应安装压力表以便监视。

8.3.7 刮泥机负荷计算规定。

计算刮泥机功率时，积泥浓度应当取上限。

连续刮泥时（按浓缩1h考虑），兰州西固水厂自然沉淀的积泥浓度为380kg/m³；西安冶金建筑学院（西安建筑科技大学）在中条山的试验中，自然沉淀的积泥浓度最高为575kg/m³，通常为（300～400）kg/m³。

间歇刮泥时，兰州西固水厂自然沉淀的积泥浓度最高达900kg/m³；投加聚丙烯酰胺混凝沉淀时，中国市政工程西北设计研究院模型试验积泥浓度可达600kg/m³；903厂投加聚丙烯酰胺混凝沉淀时，积泥浓度最高可达800kg/m³，这时积泥流动已十分困难。

本条文所列数值仅在计算刮泥机负荷时使用。

8.3.8 沉淀（澄清）构筑物积泥分布的简化原则，一般用于刮泥设备的设计负荷估算。

高浊度水受池内水温、浓度、流速等瞬时差异的影响，一般呈现异重流布水，当原水沙峰延续时间大于池内停留时间时，异重流将浑水推向尾端，并以浑液面沉淀的形式进行泥水分离，这时积泥分布基本是均匀的。兰州西固水厂、济南黄河一水厂等的运行经验和实测资料均表明，自然沉淀池积泥可按均布考虑。

混凝沉淀（澄清）时，进口处积泥多，出口处积泥少，可按梯形或三角形分布考虑；非界面沉降高浊度水或原水含沙量较低时，由于粗沙分选沉降明显，沉泥在入口处较多，可按梯形或三角形分布考虑。

机械搅拌澄清池和水旋澄清池中，较重的泥沙絮体在絮凝室中进行第一次分选沉降，再在分离室中完成第二次沉降分离。原水含沙量较高或粗砂占比较大时，絮凝室的沉泥量可占到全部沉泥量的50%左右。条文中"内圈"指絮凝室的底部，"外圈"指分离室底部。

由于梯形或三角形分布对刮泥机的工作不利，可根据设计含沙量绘制分选沉降的积泥分布曲线，对刮泥机进行校核计算。

本条文根据中国市政工程西北设计研究院、中国市政工程西南设计研究院关于沉淀（澄清）构筑物刮泥机械设计总结和有关高浊度水厂的积泥观测资料编写。

8.3.9 关于特定条件下刮泥机超载问题的规定。

高浊度水沉淀泥沙容易板结，在刮泥机设计时应给予重视，如初次启动或停运行后再启动。

据调查，兰州某厂给水澄清池因临时停运后再启动，将中心传动的刮泥机机轴扭坏。云南天化厂给水机械搅拌澄清池和沉沙池，渡口攀钢二期扩建等给水工程均采用水下齿轮传动刮泥机，也曾因用排泥间歇时间较长，再启动时发生齿轮"打滑"事故。

8.4 泥沙排除与输送

8.4.1 关于重力流排泥的规定。

高浊度水混凝沉淀的积泥经二次启动后，其流变特性与普通均质水流不同，属于非均质流浆体，或表现为"阵流"的不稳定流态。

据中国市政工程西北设计研究院国家"八五"重点科技攻关课题《高浊度水沉泥输送与处置》研究成果和示范工程生产性试验以及兰州铁道学院（兰州交通大学）室外生产性试验总结报告资料证明，高浊度水沉泥输送，在相同流速和浓度的条件下，其阻力损失值均大于均质浑水和清水的阻力损失值。其增值的大小与浆体流浓度成正比。

8.4.2 关于排泥闸（阀）门的设计规定。

根据中国市政工程西北设计研究院的设计经验，高浊度水排泥管上应装设自动快开阀、检修阀和高压冲洗水管等。根据中国市政工程西南设计研究院的设计和调研资料介绍，非界面沉降高浊度水处理时，在集泥斗或集泥槽的排泥管口上安装液压快开盖板阀，排泥效果较理想。

8.4.3 关于穿孔管排泥的设计规定。

据调查，已投产运行的高浊度水处理中采用穿孔管排泥失败的教训较多，不少水厂后来都改为机械排泥，因此一般情况下不宜采用穿孔管排泥。

西北某厂把原来的穿孔管增大了开孔比，并使管长减短为4m，运行中仍存在端部积泥；西南攀枝花市给水厂也曾因用穿孔管排泥失败，后全部改成机械排泥。宜宾化工厂给水厂在直径23.38m的机械搅拌澄清池内采用了直径250mm的环形穿孔管，排泥效果尚好。

本条文规定了如果采用穿孔管排泥时，穿孔管长度、直径、开孔面积比等设计参数的取值。

8.4.4 关于重力排泥的设计规定。

本条文根据兰州西固水厂、包钢水厂、济南黄河一水厂、淄博引黄供水等工程的沉淀（澄清）构筑物生产运行总结资料编写。如淄博引黄供水处理厂设计四座机械搅拌澄清池为一组，由于每组的排泥管连接较多，给排泥带来困难，后期改造成每池设独立的排泥管排泥效果较好。

兰州西固水厂辐流沉淀池最高排泥浓度达（800～900）kg/m³，甘肃903厂澄清池排泥浓度在投加聚丙烯酰胺时也达800kg/m³。故本条文强调对重力排泥管的排泥通过能力要按（600～800）kg/m³的浓度进行校核计算。

据调查，随着原水含沙量的降低，排泥流量也将减少，输沙能力有所下降，因而在有条件的情况下，排泥管坡度应适当加大，1%的数值为参考矿浆输送的要求规定的。

8.4.5 关于排泥泵房和排泥管廊的设计规定。

本条文根据已投产运行的高浊度水处理沉淀（澄清）构筑物排泥运行经验总结资料编写。济南黄河一水厂排泥泵房设在池下排泥廊道内，由于埋设较深给检修维护带来不便。兰州西固水厂和包钢水厂辐流沉淀池排泥泵房设在池外，便于运行管理。

8.4.6 关于高浊度水排泥输送水力计算的规定。

含沙量较高且细颗粒泥沙含量较多的高浊度水流多为非牛顿流体，其流变特性也与一般水流不同，在同样流速条件下其阻力损失较一般牛顿流体水流大。试验测定证明，当非牛顿流体的流速较高时，也会导致失去其原来的特性，中间存在一个减阻的过渡流速，过渡流速将随浆体物质和浓度的不同而改变。对于黄河流域界面沉降高浊度水，一般参考数据如下：

当排泥水含沙量(350～400)kg/m^{3}时，输送管道过渡流速不低于2.0m/s；

当排泥水含沙量(300～350)kg/m^{3}时，输送管道过渡流速不低于1.5m/s；

当排泥水含沙量(200～300)kg/m^{3}时，输送管道过渡流速不低于1.2m/s；

当排泥水含沙量(150～200)kg/m^{3}时，输送管道过渡流速不低于1.0m/s。

本条文根据中国市政工程西北设计研究院完成的国家“八五”重点科技攻关课题《高浊度水沉泥输送与处置》生产性试验报告和黄委会水科院《高含沙水流的阻力损失计算》等研究总结资料编写。

8.4.7 关于泥浆输送泵的设计规定。

本条文根据兰州西固水厂、包钢水厂、包头画匠营子引黄、济南黄河一水厂等企业排泥运行经验编写。

8.4.8 关于泥沙输送系统停运后再启动的规定。

本条文根据《高浊度给水工程》等文献和济南黄河一水厂泥沙输送经验资料编写。

8.5 吸泥船

8.5.1 吸泥船的适用范围及形式。

郑州、开封、白银、包头、济南、胜利油田等水厂的大、中型调蓄预沉池或平流式预沉池，均采用吸泥船排泥。具有工作可靠，排泥浓度高的优点。排泥浓度通常为200kg/m^3。包钢大型平流式预沉池采用可调式高压水冲泥管，其吸泥船的排泥浓度为（150～250）kg/m^3。绞吸式吸泥船是目前应用较多的排泥设备。

8.5.2 关于吸泥船工作制度的规定。

本条文根据原建工部给水排水设计院吸泥船的调研报告编写。

8.5.3 关于调蓄预沉池积泥容积的原则规定。

据调查，当全年原水高含沙量持续时间较长，吸泥船全年较均衡工作及积泥容积较大时，积泥容积可采用年调节；当全年原水高含沙量持续时间较短，吸泥船排泥能力较大，积泥容积较小，并在寒冷地区时，宜采用洪水期调节。

8.5.4 关于吸泥船排泥能力校核的规定。

本条文根据原建工部给水排水设计院吸泥船调查资料编写。根据包钢平流池运行经验，必要时应以最高日含沙量校核吸泥船的排泥能力，这与平流池储泥容积较小有关。

8.5.5 设计典型年计算频率的规定。

设计典型年的选择标准，原建工部给水排水设计院调查报告中推荐频率为20%。现经调研认为其标准应适当提高，本条文规定为10%～20%。

8.5.6 关于吸泥船排泥浓度的规定。

吸泥船排泥浓度变化较大，特别是与操作有关。根据调查资料，90m^3/h型号吸泥船排泥浓度在（100～300）kg/m^3；20m^3/h型号和250m^3/h型号吸泥船排泥浓度低且不稳定，约（20～100）kg/m^3，最高160kg/m^3。这与吸泥船采用高压水冲泥有关。对于绞吸式吸泥船，其排泥浓度一般在200kg/m^{3}以上。山东河道局自制吸泥船，虽用水枪冲泥，其排泥浓度也在200kg/m^{3}以上。

鉴于目前吸泥船的改进，本条文规定按200kg/m^{3}考虑。

8.5.7 关于吸泥船动力的规定。

调查资料表明，吸泥船应使用电力作为动力，管理方便，效果较好。尤其在我国北方寒冷地区，使用电力驱动效果更为明显。

此外，山西水科院完成了水力吸泥机排除水库积泥的技术装备研究，经多年试验运行，效果很好。该技术装备利用调蓄水池与排泥口的水位差排泥，具有动力耗费小，排泥费用低的优点。

8.5.8 吸泥船排泥管道的规定。

据调查，吸泥船的压力排泥管道布置不当，将直接影响吸泥船的使用效果，尤其是两条船共用一条排泥管时效果很差。故本条文规定，每条船应单独设置排泥管。

8.5.9 绞吸式吸泥船排泥距离参考数据。

本条文根据各地吸泥船排泥的运行经验编写。其排泥距离和吸泥深度的加大，主要依靠吸泥泵功率的加大和液压技术的发展。

8.6 泥沙处置与利用

8.6.1 关于高浊度水沉泥处置途径设计的原则性规定。

各地经验证明，应确定技术可行、经济合理，长期稳定可靠的沉泥处置方案。

8.6.2 泥沙处置与利用的原则规定。

本条文根据目前我国高浊度水处理中对沉泥处置途径的设计、生产运行总结资料编写。

据调查，兰州西固水厂、白银水厂、包钢水厂、呼和浩特水厂、郑州水厂、濮阳水厂等黄河中、上游高浊度水处理厂以及长江上游非界面沉降高浊度水处理厂沉泥基本采用本条文的处置措施。

8.6.3 关于建污泥处理厂处置沉泥的规定。

目前我国高浊度水处理厂，建设沉泥处理设施的很少。随着环保意识的提高，经济的发展以及排泥量的不断增加，高浊度水处理厂大量沉泥的连续排放所采用自然干化或直接排入水体的处置方法将受到很大的限制。据此，本条文提出大中型高浊度水处理厂应建设沉泥处理设施，是我国高浊度水沉泥处理的发展方向。

8.6.4 关于沉泥用于种植和土壤改良的建议。

利用黄河沉泥改良土壤，并用于农作物、林木、果树等种植的综合利用，在黄河中、下游早有历史记载。实践证明无论是自然沉淀或是混凝沉淀的沉泥，对于作物种植都具有可利用的基本条件。较适用于种植小麦、大豆、甜菜和棉花等农作物。对含有 PAM 的沉泥用于食用的农（林）作物，应进行有害单体被作物吸收的毒理性试验，证明其符合卫生标准后，方可应用。

黄河高浊度水处理沉泥经排灌和自然干化后表观密度为（1.3～1.5）g/cm^3，孔隙比为 0.6～0.9，均为农作物土质要求范围，沉泥经自然干化并经一段时间的耕种，效益非常显著，很受当地农民的欢迎。

本条文根据中国市政工程西北设计研究院《高浊度水沉泥输送与利用》研究和示范工程济南黄河水厂沉泥利用试验观测的总结资料，山东河务局、山东省水力勘测设计院以及济南水厂、开封水厂、郑州水厂、包头水厂等有关单位沉泥利用的总结资料编写。

8.6.5 关于利用沉泥加固河堤和淤背的建议。

利用黄河沉泥淤背加固河堤，经水利、河务有关部门多年现场试验观测，积累了丰富的科学数据和实施经验。大堤表观密度一般为（1.4～1.7）g/cm^3，孔隙比要求 0.6～0.9，经采取一定的压沙盖顶和防渗抗滑措施后，完全可满足要求。

8.6.6 关于利用沉泥烧制建筑材料的建议。

利用水厂沉泥经干化处理后，烧制建筑材料，是一项一举两得的利用途径，并能缓解毁田取土用以烧砖制瓦的矛盾。据调查，黄河沉泥干化后的塑性指数约为 8～11，而烧砖用黏土的塑性指数为 3～17，其他如土质的收缩率、干燥敏感性等指标也接近烧砖的要求。据开封、郑州等地介绍：一座年产 1200 万块砖的砖厂，年用泥量约 10 万 m^3 左右，为预沉池排泥的综合利用提供了经验。

本条文根据开封自来水公司、郑州自来水公司、济南自来水公司等单位利用黄河沉泥烧砖制瓦的经验总结资料编写。

9 应急措施

9.1 一般规定

9.1.1 应急措施的分类。

为便于表述和管理，应急措施按高浊度水给水工程的主要工程单元进行分类。

9.1.2 应急措施的建设原则。

根据建设部 2007 年颁发的《市政基础设施工程抗灾设计管理规定》中对市政设施抗灾设防的精神，结合高浊度水给水工程抗灾防害的特殊要求编写。

9.1.3 应急措施设计任务的原则规定。

应急措施的设计，以总体合理规划，设施预留接口，材料合理备用，运行快速投入为原则。

9.1.4 应急措施建设的原则规定。

应急措施只在紧急时使用，为防止设施闲置和过度投资，规定可通过临时工程实施的应急措施，不宜建永久性设施。

9.1.5 建立应急防控体系的原则规定。

防灾减灾是系统工程，除设计和建设要考虑紧急情况以外，科学的管理是必不可少的。本条要求供水管理部门应建立防控体系、制定应急预案、落实保障机制。

9.1.6 备用设施定期检测试验的规定。

备用设施要保证完好和随时可用，因此至少每年启动试验一次是必要的。

9.1.7 应急供水运行的原则规定。

减量供水和优先满足生活用水，是城市应急供水应遵守的基本原则。有特殊需要的企业，应自行解决安全用水储备。

9.2 水源应急措施

9.2.1 关于水源应急措施的一般规定。

强化水源的修复和治理，防止因污染和自然灾害造成中断取水是水源应急措施的根本，体现了以防为主的基本原则。

9.2.2 强调远程监测预警的重要性和信息管理体系的重要性。

从近年来发生的多起水污染事件分析，造成城市供水较长时间中断的原因，还由于平时对水源保护不够重视，以及对上游水质突然变化的监测、预警预报措施不健全，缺少备用水源和应急处理的储备技术等人为因素有一定关系。

以高浊度水给水工程为例，对影响取水的沙峰、脱流、断流、冰害等突发因素，国内不少水厂对此早有预防应急准备，即便发生了上述突发事件，也并未造成城市供水较长时期中断事件的发生。据此，本条文重点强调了水源监测、预报和预防的重要性。

本条文根据近年来发生的黄河包头段有机污染事件、松花江吉林段苯污染事件、广东北江镉污染事件、太湖无锡蓝藻污染事件、秦皇岛自来水臭味事件、贵州都柳江砷污染事件等突发事件应急处理的总结资料编写。

9.2.3 关于多水源或备用水源系统的设计规定。

在有备用水源和多水源给水系统中，水源的转换接口和合理调度措施是备用水源或多水源发挥作用的重要保障。

在大多数城镇，多年来采取限制地下水开采的政策，有的城市因改建大水厂集中供水，而将原来分散于各地的中小水厂关停。对此，应采取停而不废、关而不弃的管理措施。如贵州都柳江砷污染事件发生后，下游三都水族自治县及时启动备用水源供城市应急生活用水。

9.2.4 充分发挥调蓄水池安全保障作用的相关规定。

黄河中、下游近年来多采用大型调蓄水池的工艺流程等措施，对预防突发事件、保证城镇安全供水，具有积极的作用。

强化调蓄水池的综合净化功能，是根据国家“863”高科技术研发计划中“水污染控制技术与治理工程”重大课题研发成果总结资料编写。目前该技术已在天津西河水源、山西汾河水库等工程中应用，对预除藻，净化有机污染，降低原水耗氧量、氨氮和色度等都取得了较好的效应。包头画匠营子引黄工程调蓄水池采用溢流跌水进水和冬季破冰扬水等强化充氧措施，对防止调蓄水池内水质恶化等方面，均有较好的效果。

9.2.5 水源地应急药剂储备和投加设施的相关规定。

为充分发挥应急药剂的综合净化作用，在取水口或原水管道中加药是一种较佳的方案，因此在水源地储备应急药剂是必要的。但如果水源地距净水厂较近且交通便利时，应急药剂可在净水厂中储备。

应急药剂的临时投加措施，包括预留场地、移动式投加设施（设备）、简易的溶药池、药剂堆棚等，应分析实际需要确定。

9.2.6 取水口备用物资或设施的规定。

本条文根据西宁西川水厂，石嘴山电厂给水，包头磴口水厂、郑州芒山引黄工程等取水口防范突发事件应急措施的调研资料编写。

9.3 水处理厂应急措施

9.3.1 关于净化工艺设计宜留有缓冲余地的原则规定。

关于选用“弹性参数”和“多级屏障”的高浊度水处理问题，其目的在于提高水厂的应变和耐冲击负荷的能力，扩大水厂的适应范围，在一定程度上减少和缓解突发事件发生时的供水压力。

9.3.2 关于水处理厂储备应急药剂的相关规定。

近年来我国所发生的多起水源污染突发事件，主要是有毒重金属污染、有毒化学物污染、有害有机物污染、细菌微生物污染、藻类污染等。目前，国家计划项目“城市供水系统应急技术研究”已基本完成，其成果涵盖了我国生活饮用水水质标准中所涉及的各种污染物，并已经获得了其中约100项污染物的应急处理技术方案和相应处理措施以及有关设计参数。应根据这些研究成果和实践经验，合理确定药剂储备品种。

应急药剂中最主要的是具有广谱净化作用的吸附剂如粉末活性炭［一般采用200目的粉末活性炭，参考投加量（20～40）mg/L］、强氧化剂如高锰酸钾及其复合药剂等。混凝剂和絮凝剂是常用水处理净化药剂，不属应急药剂，但紧急情况下其用量可能增加甚至倍增，贮存量需要考虑应急使用的情况。

应急药剂的储备量，除了与工艺因素有关外，还与药剂的产地、采购、运输、响应时效等有关，应综合考虑。

9.3.3 关于合理备用应急投加设施的规定。

水处理厂应配备主要应急药剂的配制与投加设施（设备），至少应考虑主要应急药剂的临时投加措施，包括备用固定或移动式投加设备、溶药池、药剂仓库等；水处理厂还应配备或预留应急药剂的投加管路或接口。应根据实际需要确定。

本条的提法与本规范第9.2.5条是有区别的，要求比水源地高。主要是考虑水厂地面硬化不便开挖、建筑物内部二次施工难度大、总平面调整困难、环境要求较高、厂内备用设施管理方便等因素，尽量在给水系统中构建一个响应速度较快应急环节。

9.3.4 关于强化水厂中心化验室功能的规定。

这是当前我国水处理领域中的一项薄弱环节。据调查，在国内各高浊度水处理厂中，对原水水质变化以及可能发生的水质污染目标污染物，具有相应处理技术储备的较少，更谈不上建立防治措施的试验研究软硬件平台。

为建立供水安全的长效机制，本条文提出高浊度水处理厂宜根据具体情况和可能发生的重点污染源，进行应急处理的技术储备。水厂中心化验室或自来水公司的中心试验室应加强技术和资金的投入。

9.4 配水系统应急措施

9.4.1 关于应急供水转换措施的规定。

据调查资料介绍，我国首个高浊度水给水系统突发水污染应急预案《郑州市饮用水水源突发污染事件应急预案》于2008年12月实施。其中重要的一项就是采取果断措施切断受污染的原水供应，及时排除输配水系统内不合格的存水，启动备用水源供水等措施。

9.4.2 关于配水管网设置监测和转换接口的规定。

只有设置必要的检测接口、转换接口和切换阀组，才能保证紧急情况下及时发现、及时处置。

检测接口是指临时投入检测仪表探头或进行取样的接口，转换接口是指与相邻管网或备用水源、临时水源对接的接口；切换阀组是指关闭事故管段并打开备用或旁路管段的阀门组合。

中华人民共和国行业标准

供热术语标准

Standard for terminology of heating

CJJ/T 55—2011

批准部门：中华人民共和国住房和城乡建设部
施行日期：2 0 1 2 年 3 月 1 日

中华人民共和国住房和城乡建设部
公　　告

第1064号

关于发布行业标准《供热术语标准》的公告

现批准《供热术语标准》为行业标准，编号为CJJ/T 55－2011，自2012年3月1日起实施。原《供热术语标准》CJJ 55－93同时废止。

本标准由我部标准定额研究所组织中国建筑工业出版社出版发行。

中华人民共和国住房和城乡建设部

2011年7月13日

前　　言

根据住房和城乡建设部《关于印发〈2008年工程建设标准规范制订、修订计划（第一批）〉的通知》（建标［2008］102号）的要求，标准编制组经广泛调查研究，认真总结实践经验，参考有关国际标准和国外先进标准，并在广泛征求意见的基础上，修订本标准。

本标准主要技术内容是：1. 总则；2. 基本术语；3. 热负荷及耗热量；4. 供热热源；5. 供热管网；6. 热力站与热用户；7. 水力计算与强度计算；8. 热水供热系统水力工况与热力工况；9. 施工验收、运行管理与调节。

本次修订的主要内容为：

1　调整了原标准部分章节划分内容，完善了涉及供热热源、保温和防腐、热补偿的内容，增加了部分有关施工验收、阀门、热补偿和运行调节的内容；

2　扩充了反映近年来供热技术发展现状与趋势的新技术、新设备、新产品等相关术语；

3　删减了使用频率较低的少量术语，修正了少数定义不清楚的条款，使规定更清晰、明确。

本标准由住房和城乡建设部负责管理，由哈尔滨工业大学负责具体技术内容的解释。执行过程中如有意见或建议，请寄送哈尔滨工业大学（地址：哈尔滨市南岗区黄河路73号；邮政编码：150090）。

本标准主编单位：哈尔滨工业大学

本标准参编单位：北京市煤气热力工程设计院有限公司
泛华建设集团沈阳设计分公司
城市建设研究院
清华大学
北京蓝图工程设计有限公司

本标准主要起草人员：邹平华　冯继蓓　廖嘉瑜　杨　健　狄洪发　吴全华　周志刚

本标准主要审查人员：闻作祥　罗继杰　吴玉环　罗荣华　蔡启林　孙玉庆　李德英　王曙明　伍小亭　王　淮　王　飞

目　次

Contents

1 总　则

1.0.1 为统一供热术语及其定义，实现供热术语的标准化，促进供热技术发展，利于国内外交流，制定本标准。

1.0.2 本标准适用于供热及有关领域。

1.0.3 采用供热术语及其定义除应符合本标准外，尚应符合国家现行有关标准的规定。

2 基 本 术 语

2.1 供　热

2.1.1 供热　heating

向热用户供应热能的技术。

2.1.2 供热工程　heating engineering

生产、输配和应用热能的工程。

2.1.3 集中供热　centralized heating

从一个或多个热源通过供热管网向城市或城市部分地区热用户供热。

2.1.4 分散供热　decentralized heating

热用户较少、热源和供热管网规模较小的单体或小范围的供热方式。

2.1.5 区域供热　district heating

城市某一个区域的集中供热。

2.1.6 城际供热　interurban heating

若干个城市共有热源或分别具有各自的热源、供热管网可连通的集中供热。

2.1.7 热电联产　cogeneration

热电厂同时生产电能和可用热能的联合生产方式。

2.1.8 热电分产　separate heat and power

电厂和供热锅炉房分别生产电能和热能的生产方式。

2.1.9 热化　thermalization

热电联产基础上的集中供热。

2.1.10 热化系数　coefficient of thermalization

热电联产的最大供热能力占供热区域设计热负荷的份额。

2.1.11 供热规划　development program of municipal heating

确定集中供热发展规模和制定建设计划的工作。

2.1.12 供热能力　capacity of heating

供热系统或供热设备所能提供的最大供热功率。

2.1.13 供热半径　range of heating

水力计算时热源至最远热力站（或最远热用户）的管道沿程长度。

2.1.14 供热面积　area of heating

供暖建筑物的建筑面积。

2.1.15 集中供热普及率　coverage factor of centralized heating

集中供热的供热面积与需要供暖建筑物的建筑面积的百分比。

2.1.16 供热成本　cost of heating

为生产和输配热能所发生的各项费用与折旧费之和。

2.1.17 供热标煤耗率　standard coal rate of heating

供出单位热能消耗的燃料所折算的标准煤数量。

2.1.18 热价　heat price

单位热量的价格。

2.2 供热介质及其参数

2.2.1 供热介质　heating medium

在供热系统中，用以传送热能的媒介物质。

2.2.2 低温水　low-temperature hot water

水温低于或等于100℃的热水。

2.2.3 高温水　high-temperature hot water

水温超过100℃的热水。

2.2.4 供水　supply water

从热源供给热力站或热用户的热水。

2.2.5 回水　return water

从热力站或热用户返回热源的热水。

2.2.6 生活热水　domestic hot-water

满足民用及公用建筑日常生活用的热水。

2.2.7 饱和蒸汽　saturated steam

温度等于对应压力下的饱和温度的水蒸气。

2.2.8 过热蒸汽　superheated steam

温度高于对应压力下的饱和温度的水蒸气。

2.2.9 凝结水　condensate

蒸汽冷凝形成的水。

2.2.10 二次蒸汽　flash steam

凝结水因压力降低到低于与其温度相对应的饱和压力，再汽化产生的蒸汽。

2.2.11 沿途凝结水　condensate in steam pipeline

蒸汽在管道中输送时产生的凝结水。

2.2.12 补给水　make-up water

由外界向供热系统补充的水。

2.2.13 供热介质参数　parameters of heating medium

表述供热介质状态特征的各种物理量。

2.2.14 供水温度　temperature of supply water

从热源供给热力站或热用户的热水温度。

2.2.15 回水温度　temperature of return water

从热力站或热用户返回热源的热水温度。

2.2.16 设计供水温度　design temperature of supply water

设计工况下所选定的供水温度。

2.2.17 设计回水温度 design temperature of return water

设计工况下所选定的回水温度。

2.2.18 实际供水温度 actual temperature of supply water

运行时的供水温度。

2.2.19 实际回水温度 actual temperature of return water

运行时的回水温度。

2.2.20 最佳供水温度 optimal temperature of supply water

经技术经济分析所确定的供水温度的最佳值。

2.2.21 最佳回水温度 optimal temperature of return water

经技术经济分析所确定的回水温度的最佳值。

2.2.22 设计供回水温差 design temperature difference between supply water and return water

设计供水温度与设计回水温度之差。

2.2.23 实际供回水温差 actual temperature difference between supply water and return water

实际供水温度与实际回水温度之差。

2.2.24 最佳供回水温差 optimal temperature difference between supply water and return water

经技术经济分析所确定的供水温度与回水温度之差的最佳值。

2.2.25 供水压力 pressure of supply water

热水供热系统供水管道中、热源设备出口、热用户入口处的热水压力。

2.2.26 回水压力 pressure of return water

热水供热系统回水管道中、热源设备入口、热用户出口处的热水压力。

2.2.27 设计压力 design pressure

设计工况下供热管道或设备承受的压力。

同义词：计算压力。

2.2.28 工作压力 working pressure

运行工况下供热管道或设备承受的压力。

2.2.29 允许压力 permissible pressure

供热设备、管道及其管路附件允许承受的最大工作压力。

2.2.30 富裕压力 safety pressure redundancy

制定水压图时为了保证热水供热系统安全可靠运行，增加的压力安全裕量。

2.2.31 汽化压力 saturation steam pressure

水在一定温度下从液态变为气态时所对应的饱和压力。

2.2.32 试验压力 test pressure

对供热管道和（或）设备进行强度试验或严密性试验的压力。

2.2.33 供汽温度 temperature of supply steam

蒸汽供热系统供汽管道中、热源设备出口、热用户或用汽设备入口处的蒸汽温度。

2.2.34 供汽压力 pressure of supply steam

蒸汽供热系统供汽管道中、热源设备出口、热用户或用汽设备入口处的蒸汽压力。

2.2.35 过冷度 degree of subcooling

蒸汽供热系统中凝结水的温度低于相应压力下饱和蒸汽温度的数值。

2.2.36 背压 back pressure

蒸汽供热系统中供热设备、疏水器及用热设备出口供热介质的压力。

2.3 供热系统

2.3.1 供热系统 heating system

由热源通过供热管网向热用户供应热能的设施总称。

2.3.2 热电厂供热系统 heating system based upon cogeneration power plant

以热电厂为主要热源的供热系统。

2.3.3 锅炉房供热系统 heating system based upon boiler plant

以供热锅炉房为主要热源的供热系统。

2.3.4 工业余热供热系统 heating system based upon industrial waste heat

利用工业余热为主要热源的供热系统。

2.3.5 地热能供热系统 heating system based upon geothermal energy

通过地热井，利用地下热水或地下蒸汽以及人工方法从干热岩体中获得的热水与蒸汽的热量为主要热源的供热系统。

2.3.6 垃圾焚化厂供热系统 heating system based upon garbage incineration plant

主要热源以焚烧垃圾为燃料的供热系统。

2.3.7 低温核能供热系统 heating system based upon low temperature nuclear reactor

以低温核能供热堆为主要热源的供热系统。

2.3.8 热泵供热系统 heating system based upon heat pump

以热泵为主要热源的供热系统。

2.3.9 热水供热系统 hot-water heating system

供热介质为热水的供热系统。

2.3.10 闭式热水供热系统 closed-type hot-water heating system

热用户消耗供热系统热能而不直接取用热水的供热系统。

2.3.11 开式热水供热系统 open-type hot-water heating system

热用户不仅消耗供热系统的热能，而且还直接取用热水的供热系统。

2.3.12 低温水供热系统 low-temperature hot water heating system

供热介质为低温水的供热系统。

2.3.13 高温水供热系统 high-temperature hot water heating system

供热介质为高温水的供热系统。

2.3.14 分布式水泵供热系统 distributed pumps heating system

在若干热力站（或热用户）处设置循环水泵的供热系统。

2.3.15 多热源供热系统 multi-source heating system

具有两个或两个以上热源的集中供热系统。

2.3.16 蒸汽供热系统 steam heating system

供热介质为蒸汽的供热系统。

2.3.17 凝结水回收系统 condensate recover system

将蒸汽供热系统用热设备的凝结水和蒸汽管道的沿途凝结水汇集起来，并使之返回热源的系统。

2.3.18 开式凝结水回收系统 open-type condensate recover system

与大气相通的凝结水回收系统。

2.3.19 闭式凝结水回收系统 closed-type condensate recover system

不与大气相通的凝结水回收系统。

2.3.20 余压凝结水回收系统 back-pressure condensate recover system

利用疏水器背压为动力的凝结水回收系统。

2.3.21 重力凝结水回收系统 gravity condensate recover system

以可资利用的凝结水位能为动力的凝结水回收系统。

2.3.22 加压凝结水回收系统 forced condensate recover system

利用水泵或其他设备强制回收凝结水的系统。

2.3.23 混合式凝结水回收系统 combined condensate recover system

综合利用余压、重力、加压等几种方式回收凝结水的系统。

2.3.24 地热直接供热系统 geothermal direct heating system

地热流体直接进入热用户用热设备的供热系统。

2.3.25 地热间接供热系统 geothermal indirect heating system

地热流体通过换热器将热量传给供热系统的循环水，后者在换热器中得到热量后进入热用户用热设备的供热系统。

2.4 供热可靠性

2.4.1 供热的规定功能 required function of heating system

按规定的供热介质和运行参数，提供一定流量的能力。

2.4.2 供热可靠性 reliability of heating system

供热系统在规定的运行周期内，完成规定功能，保持不间断运行的能力。

2.4.3 供热可靠度 degree of reliability of heating system

供热系统在规定的运行周期内，完成规定功能的概率。

2.4.4 供热可靠性评价 reliability assessment of heating system

对供热系统或系统组成部分的可靠性所达到的水平进行分析和确认的过程。

2.4.5 供热可靠性评估 reliability evaluation of heating system

对供热系统或元部件的工作或固有能力或性能是否满足规定可靠性准则而进行分析、预计和认定的过程。

2.4.6 供热可靠性计算 reliability accounting of heating system

确定和分配供热系统或元件的定量可靠性要求，预测和评估系统或元件的可靠性量值而进行的一系列数学工作。

2.4.7 供热系统故障 damage accident of heating system

供热系统出现不正常工作的事件。

2.4.8 故障率 failure rate

在一定运行时间内元部件因故障不能执行规定功能的次数与系统中该类元部件总数的比值。

2.4.9 供热系统事故 breakdown accident of heating system

供热系统完全丧失或部分丧失完成规定功能的事件。

2.4.10 修复时间 repair time

发生事故后，确认故障并使元件或系统恢复到能执行规定功能状态所用的时间。包括事故定位时间、事故修理时间和管道放水、充水时间。

2.4.11 限额供热系数 limit heating coefficient

供热系统事故工况下限定供给的热负荷与设计热负荷之比。

2.4.12 限额流量系数 limit flow rate coefficient

供热系统事故工况限定供给的最低流量与设计流量之比。

2.4.13 供热备用性能 reservation characteristic of heating system

供热系统在事故状态下，具有一定供热能力的性能。

2.4.14 双向供热 two-way heating

环形管网或有连通管的枝状管网可从供热干线两个方向，向支干线或支线供热的供热方式。

3 热负荷及耗热量

3.1 热负荷

3.1.1 热负荷 heating load

单位时间内热用户（或用热设备）的需热量（或耗热量）。

3.1.2 设计热负荷 design heating load

在给定的设计条件下的热负荷。

3.1.3 最大热负荷 maximum heating load

在实际条件下可能出现的热负荷的最大值。

3.1.4 实时热负荷 actual heating load

供热系统的管道系统或设备不同时间实际发生的热负荷。

3.1.5 基本热负荷 base heating load

由基本热源供给的热负荷。

3.1.6 尖峰热负荷 peak heating load

基本热源供热能力不能满足的、由调峰热源提供的实际热负荷与基本热负荷差额热负荷。

3.1.7 平均热负荷 average heating load

全年或供暖期热负荷的平均值

3.1.8 平均热负荷系数 average heating load coefficient

一年或一个供暖期内平均热负荷与设计热负荷的比值。

3.1.9 最大热负荷利用小时数 number of working hours based on maximum design heating load

在一定时间（年或供暖期）内总耗热量按设计热负荷折算的工作小时数。

3.1.10 季节性热负荷 seasonal heating load

只在一年中某些季节才需要的热负荷。

3.1.11 供暖热负荷 heating load for space heating

维持采暖房间在要求温度下的热负荷。

同义词：采暖热负荷。

3.1.12 供暖设计热负荷 design heating load for space heating

与供暖室外计算温度对应的供暖热负荷。

同义词：采暖设计热负荷。

3.1.13 供暖期供暖平均热负荷 average space-heating load during heating period

供暖期内不同室外温度下的供暖热负荷的平均值，即对应于供暖期室外平均温度下的供暖热负荷。

同义词：供暖期采暖平均热负荷；采暖期采暖平均热负荷。

3.1.14 通风热负荷 heating load for ventilation

加热从通风系统进入室内的空气的热负荷。

3.1.15 通风设计热负荷 design heating load for ventilation

与冬季通风室外计算温度对应的通风热负荷。

3.1.16 供暖期通风平均热负荷 average heating load for ventilation during heating period

供暖期内不同室外温度下的通风热负荷的平均值。

3.1.17 空调热负荷 heating load for air-conditioning

满足建筑物空气调节要求的热负荷。

3.1.18 空调冬季设计热负荷 design heating load for winter air-conditioning

与冬季空气调节室外计算气象参数对应的空调热负荷。

3.1.19 空调夏季设计热负荷 design heating load for summer air-conditioning

与夏季空气调节室外计算气象参数对应的空调热负荷。

3.1.20 供暖期空调平均热负荷 average heating load for air-conditioning during heating period

供暖期内不同室外温度下的空调热负荷的平均值。

3.1.21 常年性热负荷 year-round heating load

与气象条件关系不大的、常年都需要的热负荷。

3.1.22 生产工艺热负荷 heating load for process

生产工艺过程中用热设备的热负荷。

3.1.23 热水供应热负荷 heating load for hot-water supply

生活及生产耗用热水的热负荷。

3.1.24 生活热水供应热负荷 heating load for living hot-water supply

制备生活热水消耗的热负荷。

3.1.25 热水供应最大热负荷 maximum heating load for hot-water supply

最大用水量日热水供应的最大热负荷。

3.1.26 热水供应平均热负荷 average heating load for hot-water supply

一周之内平均日热水供应平均热负荷。

3.2 热指标和耗热量

3.2.1 热指标 heating load index for load estimation

单位建筑面积的设计热负荷、单位体积与单位室内外设计温差下的设计热负荷或按单位产品计算的设计热负荷。

3.2.2 供暖面积热指标 space-heating load index per unit floor area

单位建筑面积的供暖设计热负荷。

同义词：采暖面积热指标。

3.2.3 供暖体积热指标 space-heating load index

per unit building volume

单位建筑物外围体积在单位室内外设计温差下的供暖设计热负荷。

同义词：采暖体积热指标。

3.2.4 通风体积热指标 ventilation heating load index per unit building volume

单位建筑物外围体积在单位室内外设计温差下的通风设计热负荷。

3.2.5 热水供应热指标 heating load index per unit of hot-water supply

单位建筑面积的热水供应平均热负荷或按用水单位额定用水量计算的热水供应热指标。

3.2.6 耗热量 heat consumption

供热系统或热用户（或用热设备）在某一段时间内消耗的热量。

3.2.7 年耗热量 annual heat consumption

计算时间为"年"的耗热量。

3.2.8 供暖年耗热量 annual heat consumption on space-heating

供热系统中所有采暖热用户或一个采暖热用户在一个供暖期内的总耗热量。

同义词：采暖年耗热量。

3.2.9 通风供暖期耗热量 heat consumption on ventilation during heating period

供热系统中所有通风热用户或一个通风热用户在一个供暖期内的总耗热量。

3.2.10 空调年耗热量 annual heat consumption on air-conditioning

供热系统中所有空调热用户或一个空调热用户一年内的总耗热量。

3.2.11 生产工艺年耗热量 annual heat consumption on process

供热系统中所有生产工艺热用户或一个生产工艺热用户一年内的总耗热量。

3.2.12 热水供应年耗热量 annual heat consumption on hot-water supply

供热系统中所有热水供应热用户或一个热水供应热用户在一年内的总耗热量。

3.2.13 耗热定额 heat consumption quota

生产工艺过程中为完成某一生产任务或生产某种产品所预定的热量消耗数额。

3.2.14 单位产品耗热定额 heat consumption quota per unit of product

生产工艺生产单位产品的热量消耗数额。

3.2.15 平均小时耗汽量 average hourly steam consumption

用汽设备或生产单位在一定时段内的蒸汽总消耗量按相应时间段小时数的平均值。

3.2.16 最大小时耗汽量 maximum hourly steam consumption

用汽设备或生产单位每小时消耗蒸汽量的最大值。

3.2.17 热水供应小时用热量 hourly heat consumption on hot-water supply

按热水供应热指标计算出的热水供应系统每小时所消耗的热量。

3.3 热负荷图和热负荷延续时间图

3.3.1 热负荷图 heating load diagram

供热系统中热负荷随时间变化的曲线图。

3.3.2 年热负荷图 monthly variation graph of heat load in one year

供热系统一年中热负荷逐月变化状况的曲线图。

3.3.3 月热负荷图 daily variation graph of heat load in one month

供热系统一个月中热负荷逐日变化状况的曲线图。

3.3.4 日热负荷图 hourly variation graph of heat load in one day

供热系统一日中热负荷逐时变化状况的曲线图。

3.3.5 热水供应日耗水量图 hourly variation graph of hot-water consumption in one day

热水供应系统在一昼夜间所消耗水量逐时变化的曲线图。

3.3.6 热负荷延续时间图 heating load duration graph

全年或供暖期内不同室外温度下的热负荷变化情况及与之对应的延续时间的关系曲线图。

4 供热热源

4.1 供热热源

4.1.1 供热热源 heat source of heating system

将天然或人造的能源形态转化为符合供热要求的热能形态的设施，简称为热源。

4.1.2 锅炉房 boiler plant

锅炉以及保证锅炉正常运行的锅炉辅助设备和设施的综合体。

4.1.3 供热厂 heating plant

以供热锅炉房为供热热源的综合体。

4.1.4 热电厂 cogeneration power plant

可实现热电联产的电厂。

4.1.5 工厂自备热电厂 factory-owned cogeneration power plant

工厂为保证本厂用电和用热自行设置的热电厂。

4.1.6 核能热电厂 nuclear-powered cogeneration power plant

用原子核裂变所产生的热能作为热源的热电厂。

4.1.7 低温核能供热堆 low-temperature nuclear heating reactor

产生低温、低压载热介质向供热系统供热的核反应堆。

4.1.8 工业余热 industrial waste heat

工业生产过程中产品、排放物、设备及工艺流程中放出的可资利用的热量。

4.1.9 地热热源 geothermal heat source

利用地下热水或地下蒸汽以及人工方法从干热岩体中获得的热水与蒸汽的热量作为能量来源的热源。

4.1.10 基本热源 base-load heat source

在供热期满负荷运行时间最长的热源。

4.1.11 调峰热源 peak-load heat source

基本热源的产热能力不能满足实际热负荷的要求时，投入运行的热源。

4.1.12 备用热源 stand-by heat source

在事故工况下投入运行的热源。

4.2 锅 炉 房

4.2.1 供热锅炉 heating boiler

利用燃料燃烧释放的热能或其他热能加热给水或其他工质，以获得规定参数（温度和压力）和品质的蒸汽、热水或其他工质向热用户供热的设备。

4.2.2 燃煤锅炉 coal fired boiler

以煤为燃料的锅炉。

4.2.3 燃气锅炉 gas fired boiler

以可燃气体（天然气、高炉煤气和焦炉煤气等）为燃料的锅炉。

4.2.4 燃油锅炉 oil fired boiler

以油为燃料的锅炉。

4.2.5 锅炉辅助设备 boiler auxiliaries

除锅炉本体以外，参与锅炉运行的汽水、上煤、鼓引风、除灰、出渣、除尘系统的设备和监控系统的总称。

4.2.6 鼓风机 forced draft fan

将燃烧所需的空气送入炉膛的通风机。

4.2.7 引风机 induced draft fan

将锅炉炉膛中的燃烧产物吸出并送入烟囱排入大气的通风机。

4.2.8 除尘器 solids separator

将气体夹带的尘粒分离出来加以捕集的设备。

4.2.9 锅炉给水泵 boiler feed-water pump

将水送入蒸汽锅炉，保持锅筒内安全水位的水泵。

4.2.10 事故给水泵 accident feed-water pump

为防止蒸汽锅炉发生严重缺水而设置的给水泵。

4.2.11 热水锅炉循环水泵 hot-water boiler circulation pump

提供热水锅炉锅内水循环压头的水泵。

4.2.12 供热管网循环水泵 circulation pump of heating network

使水在热水供热系统里循环流动的水泵。

4.2.13 供热管网补水泵 make-up water pump of heating network

为保持供热系统充满水，并稳定在设定的压力范围，向系统内补充水的水泵。

4.2.14 事故补水泵 accident make-up water pump

供热系统发生泄漏事故时，为增加补水量而设置的补水泵。

4.2.15 调速水泵 variable speed pump

采用变频器或液力耦合器等方法改变转速的水泵。

4.2.16 变频泵 variable frequency pump

通过改变水泵电动机的电流频率来改变交流电动机的转速，从而使转速可连续发生变化的水泵。

4.2.17 备用水泵 stand-by pump

为检修、处理事故或保证正常运行而设置的水泵。

4.2.18 水处理 water treatment

用物理的和（或）化学的方法使供热系统的水质符合安全和经济运行要求的措施。

4.2.19 锅外水处理 boiler feed-water treatment

对锅炉的补给水在进入锅炉前进行的水处理。

4.2.20 加药水处理 chemical water treatment

将具有防垢或缓蚀作用的物质掺入水里的水处理。

4.2.21 锅水加药处理 boiler water chemical treatment

对锅水进行的加药水处理。

4.2.22 真空除氧 vacuum deoxygenation

使水在真空压力下沸腾，从而释放溶解在水中的气体及氧气。

4.2.23 热力除氧 thermal deoxygenation

将水加热至沸腾，并扩大气水界面，从而去除溶解在水中的气体及氧气。

4.2.24 解吸除氧 desorption deoxygenation

使水和不含氧的气体强烈混合，从而去除溶解在水中的氧。

4.2.25 化学除氧 chemical deoxygenation

使水和适当物质接触，借这类物质和水中溶解的氧化合去除溶解在水中的氧。

4.2.26 软化水 softened water

钙离子和镁离子浓度低于某一给定指标的水。

4.2.27 离子交换 ion exchange

水中某些阳离子或阴离子通过离子交换材料的滤床被另一些离子取代的过程。

4.2.28 热水锅炉额定热功率 rated heating capacity of hot water boiler

热水锅炉在额定参数（压力、温度）、额定流量、使用设计燃料并保证效率时单位时间的连续产热量。

4.2.29 蒸汽锅炉额定蒸发量 rated capacity of steam boiler

蒸汽锅炉在额定参数（蒸汽压力和蒸汽温度）、额定给水温度、使用设计燃料并保证效率时单位时间的连续蒸发量。

4.2.30 锅炉热效率 boiler thermal efficiency

单位时间内锅炉有效利用热量与所消耗燃料输入热量的百分比。

4.2.31 烟气冷凝回收 heat recovery by flue gas condensation

在锅炉烟道中加装冷凝热回收装置，回收烟气中的显热和汽化潜热。

4.3 热 电 厂

4.3.1 涡轮机 turbine

把流体的能量转化为机械功的具有叶片的旋转式动力机械。

4.3.2 汽轮机 steam turbine

蒸汽膨胀变热能为机械功的涡轮机。

4.3.3 凝汽式汽轮机 condensing turbine

进入汽轮机的蒸汽膨胀作功后，被排入具有高真空度的凝汽器中冷凝的汽轮机。

4.3.4 供热式汽轮机 cogeneration turbine

既能生产电能又能向外供热的汽轮机。

4.3.5 背压式汽轮机 back-pressure turbine

进入汽轮机的蒸汽膨胀作功，尾端排汽口的排汽压力大于当地大气压力的汽轮机。

4.3.6 抽汽式汽轮机 extraction turbine

进入汽轮机的蒸汽膨胀作功，部分蒸汽在流到尾端排汽口前，被从汽轮机可调节抽汽口抽出对外供热的汽轮机。

4.3.7 抽汽背压式汽轮机 back-pressure turbine with intermediate bleed-off

带有中间可调节抽汽口的背压式汽轮机。

4.3.8 燃气轮机 gas turbine

变燃料燃烧产物的热能为机械功的涡轮机。

4.3.9 汽轮机抽汽 extracted steam from turbine

汽轮机里的蒸汽未流到尾端之前就被抽出机外利用的蒸汽。

4.3.10 汽轮机抽汽压力 pressure of extracted steam from turbine

汽轮机抽汽流出抽汽口时具有的压力。

4.3.11 基本加热器 primary calorifier

热电厂为热源时，供暖期自始至终运行利用较低压力的抽汽加热供热管网循环水的换热器。

4.3.12 尖峰加热器 peak-load calorifier

热电厂为热源时，与基本加热器串联，在基本加热器不能满足供热要求时，投入使用的利用较高压力蒸汽加热供热管网循环水的换热器。

4.3.13 减压减温装置 desuperheater

将过热蒸汽节流、加湿，使之成为较低压力、较低温度蒸汽的装置。

4.3.14 恶化真空运行 operating with reduced vacuum

降低凝汽式汽轮机凝汽器内的真空度，利用凝汽器中蒸汽的冷凝热量向外供热的运行方式。

4.3.15 打孔抽汽 extracted steam by drilling hole

从汽轮机叶片级间的中间导管上开孔抽出作过部分功的蒸汽。

4.3.16 燃气—蒸汽联合循环 gas-steam combined cycle

由燃气和蒸汽两种不同介质的热力循环叠置组合而成总的热力循环。

4.3.17 燃气—蒸汽联合循环电厂 gas-steam combined cycle power plants

利用燃气—蒸汽联合循环原理生产电能和热能的电厂。

4.4 其他热源及设备

4.4.1 地热田 geothermal field

有开发利用价值的地热资源富集区。

4.4.2 地热流体 geothermal fluid

温度高于 25℃ 的地下热水、蒸汽和热气体的总称。

4.4.3 地热井 geothermal well

抽取或回灌地热流体的管井。

4.4.4 地热回灌 geothermal reinjection

将利用后的地热流体通过回灌井重新注入热储层。

4.4.5 同层回灌 geothermal reinjection for same reservoir bed

将利用后的地热流体回灌至同一热储层的地热回灌。

4.4.6 异层回灌 geothermal reinjection for different reservoir bed

将利用后的地热水回灌至不同热储层的地热回灌。

4.4.7 热泵 heat pump

利用高位能将热量从低温热源转移向高温热源的装置。

4.4.8 地源热泵 ground-source heat pump

以岩土体、地下水或地表水为低温热源的热泵。

4.4.9 空气源热泵 air-source heat pump

以空气作为低温热源的热泵。

4.4.10 溴化锂吸收式热泵机组 LiBr absorption unit

利用溴化锂水溶液作为工质和吸收式热力循环的原理，以热能为高位能的热泵。

4.4.11 蓄热器 thermal energy storage equipment

在热源的供热量多于热用户的需热量时可把多余的热量存储起来，并在热源的供热量不足时再把所存热量释放出来的设备。

5 供热管网

5.1 供热管网

5.1.1 供热管网 heating network

由热源向热用户输送和分配供热介质的管道系统。

同义词：热网、热力网。

5.1.2 枝状管网 tree-shaped heating network

呈树枝状布置的供热管网。

5.1.3 环状管网 ring-shaped heating network

干线构成环状的供热管网。

5.1.4 蒸汽供热管网 steam heating network

供热介质为蒸汽的供热管网。

5.1.5 单制式蒸汽供热管网 single model for steam heating network

由热源引出一种供汽压力蒸汽管的蒸汽供热管网。

5.1.6 双制式蒸汽供热管网 double model for steam heating network

由热源引出两种供汽压力蒸汽管的蒸汽供热管网。

5.1.7 多制式蒸汽供热管网 multi-model for steam heating network

由热源引出两种以上供汽压力蒸汽管的蒸汽供热管网。

5.1.8 热水供热管网 hot-water heating network

供热介质为热水的供热管网。

5.1.9 单管制热水供热管网 one-pipe model for hot-water heating network

只有供水干管，无返回热源的回水干管的开式热水供热管网。

5.1.10 双管制热水供热管网 two-pipe model for hot-water heating network

由一根供水干管和一根回水干管组成的热水供热管网。

5.1.11 多管制热水供热管网 multi-pipe model for hot-water heating network

供、回水干管的总数在两根以上的热水供热管网。

5.1.12 一级管网 primary network

在设置一级换热站的供热系统中，由热源至换热站的供热管网。

5.1.13 二级管网 secondary network

在设置一级换热站的供热系统中，由换热站至热用户的供热管网。

5.1.14 多级管网 multiple network

设置两级以及两级以上换热站的供热管网。

5.1.15 管网选线 route selection of network

在供热区域根据各种条件，选择并确定供热管网管线的平面走向。

5.1.16 供热管网输送效率 heat transfer efficiency of heating network

供热管网输出总热量与供热管网输入总热量的比值。

5.2 供热管线

5.2.1 供热管线 heating pipeline

输送供热介质的室外管道及其沿线的管路附件和附属构筑物的总称。

5.2.2 供热管路附件 fittings and accessories in heating pipeline

供热管路上的管件、阀门、补偿器、支座（架）和器具的总称。

5.2.3 干线 mainline

由热源至各热力站（或热用户）分支管处的所有管线。

5.2.4 主干线 trunk mainline

单热源供热系统的供热管网中由热源至最远热力站（或最远热用户）分支管处的干线；多热源供热系统中由热源经水力汇流点（或水力分流点）至最远热力站（或最远热用户）分支管处的干线。

5.2.5 支干线 main branch

从主干线上引出的、至热力站(或热用户)分支管处的管线。

5.2.6 支线 branch line

自干线引出至一个热力站（或一个热用户）的管线。

5.2.7 输送干线 transfer mainline

自热源至主要负荷区且长度较长，无支干线（或支线）接出的供热干线。

5.2.8 输配干线 transmission and distribution mainline

管线沿途有支干线（或支线）接出的供热干线。

5.2.9 供热管网连通管线 interconnecting pipe in heating network

将两个供热系统或同一供热系统的干线连接起来带有关断阀的管段。

5.2.10 热水供应循环管 circulation pipe of hot-water supply

热水供应系统中为保证用水点的供水温度，在热用户不取水时能使热水循环流动而增设的管道。

5.2.11 管线沿途排水管 blind drains under heating pipeline

为了降低供热管道所在处局部的地下水位，并列敷设在供热管道下有多孔或条缝的排水管道。

5.2.12 放水装置 drain valve connections

放水阀及其前后的管道和管路附件。

5.2.13 放气装置 vent valve connections

放气阀及其前后的管道及管路附件。

5.2.14 疏水装置 steam trap connections

疏水器及其前后的管道及管路附件。

5.2.15 启动疏水装置 warming-up condensate drain-off connections

为了排除蒸汽供热系统启动时产生的凝结水而设置的疏水装置。

5.2.16 经常疏水装置 normal operating condensate drain-off connections

为了排除蒸汽供热系统运行时蒸汽管道或设备所产生的凝结水而设置的疏水装置。

5.3 供热管道敷设

5.3.1 供热管道敷设 installation of heating pipeline

将供热管道及其管路附件按设计条件组成整体并使之就位的工作。

5.3.2 地上敷设 above-ground installation

管道敷设位置在地面以上的敷设方式。

5.3.3 地下敷设 underground installation

管道敷设位置在地面以下的敷设方式。

5.3.4 管沟敷设 in-duct installation

管道敷设在管沟内的敷设方式。

5.3.5 管沟 pipe duct

用于布置供热管道，沿管线设置的专用围护构筑物。

5.3.6 通行管沟 accessible duct

人员可直立通行并可在内部完成检修的管沟。

5.3.7 半通行管沟 semi-accessible duct

人员可弯腰通行并可在内部完成一般检修的管沟。

5.3.8 不通行管沟 inaccessible duct

净空尺寸仅能满足敷设管道的基本要求，不考虑人行通道的管沟。

5.3.9 直埋敷设 directly buried installation

管道直接埋设于土壤中的地下敷设方式。

5.3.10 隧道敷设 in-tunnel installation

管道敷设在岩土层中的地下工程构筑物内的地下敷设方式。

5.3.11 套管敷设 casing pipe installation

管道设置于套管内的地下敷设方式。

5.3.12 覆土深度 thickness of earth-fill cover

管沟敷设时管沟盖板顶部或直埋敷设时保温结构顶部至地表的距离。

5.3.13 埋设深度 depth of burial

管沟敷设时管沟垫层底部或直埋敷设时保温结构底部至地表的距离。

5.3.14 检查室 inspection well

地下敷设管线上，在需要经常操作、检修的管路附件处设置的专用构筑物。

5.3.15 检查室人孔 inspection well manhole

检查室顶部供人员从地面进出检查室用的出入口。

5.3.16 管沟事故人孔 safety exit of pipe duct

在通行管沟和半通行管沟盖板上，发生事故时人员的紧急出入口。

5.3.17 管沟安装孔 installation hole of pipe duct

设置在通行管沟或半通行管沟盖板上，用于施工、维修和事故抢修时管道、管路附件和设备出入专用的孔口。

5.3.18 集水坑 gully pit

用于汇集地下敷设管道沿线的水，位于检查室内低洼处的专用小坑。

5.3.19 操作平台 operating platform

操作、维修供热管道和管路附件的平台。

5.4 管道支座和支架

5.4.1 管道支座 pipe support

直接支承管道并承受管道作用力的管路附件。

5.4.2 活动支座 movable support

允许管道和支承结构有相对位移的管道支座。

5.4.3 滑动支座 sliding support

管道在支承结构上做相对滑动的管道活动支座。

5.4.4 滚动支座 roller support

固定在管道上的滚动部件在支承结构上做相对滚动的管道活动支座。

5.4.5 固定支座 fixing support

不允许管道和支承结构有相对位移的管道支座。

5.4.6 固定墩 directly buried fixing support

嵌固直埋管道固定节（固定支座），并与其共同承受直埋管道所受推力的钢筋混凝土构件。

5.4.7 内固定支座 inside fixed support

设置于钢质外护管内，将钢质预制直埋供热管的工作钢管和钢外护管与推力传递结构嵌固在一起承受工作钢管所受推力的预制保温管道固定支座。

5.4.8 外固定支座 outside fixed support

焊接在预制直埋供热管的钢外护管外壁上，与固定墩嵌固在一起承受钢外护管所受推力的预制保温管道固定支座。

5.4.9 内外固定支座 inside and outside fixed support

通过焊接在钢外护管上的固定板和推力传递构件将预制直埋供热管的工作钢管、钢外护管与固定墩嵌固在一起，并共同承受工作钢管和外护管所受推力的预制保温管道固定支座。

5.4.10 固定节 anchor

将工作管的推力传给固定墩的预制直埋保温管的管路附件。

5.4.11 管道支架 pipeline trestle

将管道或支座所承受的作用力传到建筑结构或地面的管道构件。

5.4.12 高支架 high trestle

地上敷设管道保温结构底净高在 4m 及其以上的管道支架。

5.4.13 中支架 medium-height trestle

地上敷设管道保温结构底净高大于等于 2m、小于 4m 的管道支架。

5.4.14 低支架 low trestle

地上敷设管道保温结构底净高小于 2m 的管道支架。

5.4.15 固定支架 fixing trestle

不允许管道与其有相对位移的管道支架。

5.4.16 活动支架 movable trestle

允许管道与其有相对位移的管道支架。

5.4.17 导向支架 guiding trestle

只允许管道轴向位移的活动支架。

5.4.18 吊架 pipe hanger

管道悬吊在支架下，除允许管道有水平方向的位移外，还允许有少量垂直位移的活动支架。

5.4.19 弹簧支（吊）架 pipe spring trestle or hanger

装有弹簧，除允许管道有水平方向的轴向位移和侧向位移外，还能补偿适量的垂直位移的管道悬支吊架。

5.4.20 刚性支架 rigid trestle

柱脚与基础嵌固连接，柱身刚度大，柱顶位移小，承受管道水平推力的管道支架。

5.4.21 柔性支架 flexible trestle

柱脚与基础嵌固连接，但柱身刚度小、能适应管道热位移，承受管道较小水平推力的管道支架。

5.4.22 铰接支架 hinged-type trestle

柱脚与基础沿管轴向铰接、径向固接，柱身可随管道伸缩摆动，仅承受管道垂直荷载的管道支架。

5.4.23 独立式支架 single trestle

由支承管道的立柱或立柱加横梁组成的管道支架。

5.4.24 悬臂式支架 cantilever trestle

采用悬臂结构支承管道的支架。

5.4.25 梁式支架 beam trestle

支架之间用沿管轴的纵向梁连成整体结构的管道支架。

5.4.26 桁架式支架 trussed trestle

支架之间用沿管轴纵向桁架连成整体的管道支架。

5.4.27 悬索式支架 suspended trestle

用悬索作支承结构的管道支架。

5.5 保温和防腐

5.5.1 保温 insulation

为减少供热管道和设备的散热损失，在其外表面设置保温结构的措施。

5.5.2 填充式保温 loosely filled insulation

将松散的或纤维状保温材料填充在管道外的沟槽或管道（或设备）外的壳体中，形成保温层的保温方法。

5.5.3 灌注式保温 poured insulation

将流动状态的保温材料灌注在管道（或设备）外表面，成型硬化后，形成整体保温结构的保温方法。

5.5.4 涂抹式保温 pasted insulation

将调成胶泥状的保温材料，分层湿抹于管道（或设备）外表面形成保温层的保温方法。

5.5.5 捆扎式保温 wrapped insulation

将成型、柔软、具有弹性的保温制品直接包裹在管道（或设备）外表面构成保温层的保温方法。

5.5.6 缠绕式保温 wounded insulation

将条绳状或片状保温材料缠绕在管道（或设备）外表面构成保温层的保温方法。

5.5.7 预制式保温 prefabricated insulation

将预制的板状、弧状、半圆形保温材料制品捆扎或粘接于管道（或设备）外表面形成保温层，或者将保温结构与管道一起预制成型的保温方法。

5.5.8 保温结构 insulation construction

保温层和保护层的总称。

5.5.9 整体保温结构 integral insulation construction

连续无缝、形成整体并牢固地贴附于管道表面的保温结构。

5.5.10 可拆卸式保温结构 detachable insulation construction

容易拆卸及便于修复的保温结构。

5.5.11 复合保温结构 complex insulation construction

由不同的保温材料（包含空气层）组成的多层保温层的保温结构。

5.5.12 界面温度 interface temperature

复合保温结构中不同的保温材料层之间的温度。

5.5.13 保温材料 insulating material

导热系数低、密度小、有一定机械强度等性能，用于保温的材料。

5.5.14 工作管 working pipe

在保温管中，用于输送供热介质的管道。

5.5.15 保温层 insulating layer

保温材料（包含空气层）构成的结构层。

5.5.16 保护层 protective cover

保温层外阻挡外力和环境对保温层的破坏和影响，有足够机械强度和可靠防水性能的材料构成的结构层。

5.5.17 外护管 outer protective pipe

保温层外阻挡外力和环境对保温层的破坏和影响，有足够机械强度和可靠防水性能的套管。

5.5.18 排潮管 casing drain

用于排除预制保温管的工作管与外护管之间保温层内水汽的钢管。

5.5.19 辐射隔热层 radiation heat insulation layer

在带有空气层的保温管道中设置的具有表面低发射率和高反射率特性的结构层。

5.5.20 空气层 air layer

钢外护管预制保温管道中封闭在保温材料层外表面与钢外护管内表面之间的环形空气层。

5.5.21 真空层 vacuum layer

钢外护管预制真空复合保温管道中在保温材料层外表面与钢外护管内表面之间封闭的具有一定真空度的环形空气层。

5.5.22 防腐 anticorrosion protection

减缓管道和设备金属被腐蚀所采取的措施。

5.5.23 防腐层 antiseptic layer

覆盖在管道或设备金属表面能与其紧密结合的、具有防腐性能的薄膜状材料层。

5.5.24 预制保温管 prefabricated insulating pipe

在工厂将保温结构与输送供热介质的工作管结合一起预制成整体的保温管。

5.5.25 预制保温管件 prefabricated insulating fitting

在工厂将管路附件与保温结构预制成整体的保温管管路附件。

5.5.26 套袖 casing of insulated joint

保温接头的外护管。

5.5.27 防水端封 waterproof stop

用于预制保温管或预制保温管路附件端部，防止水分渗入保温层的封头。

5.5.28 末端套筒 end muff

用于管道封头的预制保温管路附件。

5.5.29 保温隔断装置 separating fitting

钢质外护管预制保温管中，在工作管外表面与钢质外护管内表面之间、填充保温层的空间设置隔断元件将管线保温结构分段密封的装置。

5.5.30 穿墙套袖 wall entry sleeve

供保温管穿过构筑物或建筑物的结构时，设置于管外、埋设于结构内的短套管。

5.5.31 保温管报警系统 integral surveillance system

在预制直埋保温管的保温层中设报警线，在管道上设检测节点，根据保温层中湿度的变化确定管道上故障点的电路及监测报警系统。

5.5.32 热损失 pipe line heat loss

在一定条件下，管道、管路附件或设备向周围环境散失的热量。

5.5.33 允许热损失 permissible heat loss

用单位长度计量的保温管道或单位散热面积计量的设备在一定条件下散热损失的限额。

5.5.34 直线管道热损失 straight pipe heat loss

不含管路附件的直线管道的热损失。

5.5.35 局部热损失 local heat loss

阀门、补偿器、支座等管路附件的热损失。

同义词：管路附件热损失。

5.5.36 局部热损失当量长度 equivalent length of pipe for local heat loss

将局部热损失折算为相同直径、同等保温质量的直线管道单位长度热损失所相当的管道长度。

5.5.37 局部热损失系数 coefficient of local heat loss

计算管段上局部热损失与直线管道热损失之比值。

同义词：管路附件热损失附加系数。

5.5.38 供热管道保温效率 insulation efficiency of heating pipe

评价供热管道保温结构保温效果的系数。它等于不保温管道与保温管道热损失之差与不保温管道热损失之比值。

5.5.39 保温层经济厚度 economical thickness of insulating layer

保温工程投资的年分摊费用与年散热损失费用之和为最小值时的保温层计算厚度。

5.5.40 管道允许温度降 allowable temperature drop of heating medium in pipeline

按使用要求或有关规定所确定的管内供热介质温度的允许降低值。

5.6 热 补 偿

5.6.1 热补偿 compensation of thermal expansion

管道热胀冷缩时防止其变形或破坏所采取的措施。

5.6.2 热伸长 thermal expansion

供热管道由于管内供热介质温度或环境温度升高而引起的长度增加现象。

5.6.3 热位移 thermal movement

因温度变化产生热胀或冷缩时，管道上某点位置的变化。

5.6.4 自然补偿 self-compensation

利用管道自身的弯曲管段进行热补偿。

5.6.5 补偿器 expansion joint

起热补偿作用的管路附件。

5.6.6 补偿器补偿能力 compensating capacity of expansion joint

补偿器所能承担的最大补偿量。

5.6.7 轴向补偿器 axial expansion joint

用于补偿管道轴向位移的补偿器。

5.6.8 横向补偿器 transverse expansion joint

用于补偿单平面或多平面垂直管段横向位移的补偿器。

5.6.9 角向补偿器 angle expansion joint

以角偏转的方式补偿单平面或多平面弯曲管段位移的补偿器。

5.6.10 弯管补偿器 expansion loop and bend

用与供热直管同径的钢管构成呈弯曲形状的补偿器。

5.6.11 方形补偿器 U-shaped expansion joint

由四个90°弯头构成"Π"形的弯管补偿器。

5.6.12 波纹管补偿器 bellow style expansion joint

依托有连续波状突起部件的波形变化实现热补偿的补偿器。

同义词：波纹管膨胀节。

5.6.13 套筒补偿器 sleeve expansion joint

由用填料密封的芯管和外套管组成的、两者同心套装并可轴向伸缩运动的补偿器。

5.6.14 球形补偿器 ball joint compensator

球体相对壳体折曲角的改变进行热补偿的补偿器。

5.6.15 旋转补偿器 rotated sleeve compensator

由填料密封的芯管和外套筒组成，芯管和外套筒可同心旋转运动的补偿器。

5.6.16 一次性补偿器 single action compensator

供热管道预热安装时，只起一次补偿作用后即将其套管与芯管焊接成整体的补偿器。

5.6.17 冷紧 cold pull

安装补偿器时，对其在热伸长反方向上进行的预拉伸。

5.6.18 冷紧系数 coefficient of cold-pull

管道安装时的冷紧量与设计热伸长量的比值。

5.7 阀　　门

5.7.1 截流件 closure member

位于阀体内的介质流动通道上，用于调节或限制介质流动通道的活动部件。

5.7.2 行程 travel

阀门从关闭到全开过程中，截流件从关闭位置起发生的位移。

5.7.3 阀权度 valve authority

阀门处于全开、设计流量时的压差与处于全关时的压差之比。

5.7.4 阀门特性 valve characteristic

在一定压差时，阀门的流量与行程之间的关系，以最大值的百分数来表示。

5.7.5 阀门流量系数 flow coefficient

阀门在规定行程下，两端压差为10^5Pa，流体密度为$1g/cm^3$时，流经阀门的以m^3/h计的流量数值。

5.7.6 关断阀 shut off valve

只起开启、关闭作用的阀门。

5.7.7 分段阀 sectioning valve

间隔一定距离设置在热水供热管网干管上，在运行、维修或发生事故时可用其隔离部分管段而设置的关断阀。

5.7.8 放水阀 drain valve

为排水或充水装设在设备和管道低点的阀门。

5.7.9 放气阀 vent valve

为排气或进气装设在设备和管道的高点的阀门。

5.7.10 安全阀 safety valve

安装在设备或管道上，当设备或管道中的介质压力超过规定值时能自动开启卸压的阀门。

5.7.11 减压阀 pressure reducing valve

自动调整阀门的开度，对管道内的介质进行节流，使阀后介质的压力降低并稳定在给定值的阀门。

5.7.12 疏水器 steam trap

能自动排除凝结水，阻止蒸汽通过的器具。

5.7.13 调节阀 control valve

通过改变阀门开度来调节或限制介质参数和流量的阀门。

5.7.14 调节阀流量特性 flow characteristics of control valve

流过调节阀的介质的相对流量与调节阀的相对开度之间的关系。

5.7.15 调节阀流通能力 rated flow coefficient of control valve

当调节阀全开且阀门两端压差为10^5Pa，流体密度为$1g/cm^3$时，流经阀门的以m^3/h计的流量数值。

5.7.16 调节阀调节能力 regulation ratio of control valve

在某行程下，调节阀两端压差为10^5Pa，流体密度为$1g/cm^3$时，流经阀门的以m^3/h计的流量数与流通能力的比值。

5.7.17 流量调节阀 flow control valve

以流量为控制参数的调节阀。

5.7.18 温度调节阀 temperature control valve

以温度为控制参数的调节阀。

5.7.19 压力调节阀 pressure control valve

以压力为控制参数的调节阀。

5.7.20 手动调节阀 hand control valve

通过人力改变阀门开度的调节阀。

5.7.21 自动调节阀 automatic control valve

依据对被调参数变化的反应，自行调整阀门开度的调节阀。

5.7.22 电动调节阀 power operated control valve

带有电动执行机构的自动调节阀。

5.7.23 自力式调节阀 self-operated control valve

无需外部动力输入的自动调节阀。

6 热力站与热用户

6.1 热力站与中继泵站

6.1.1 热力站 heating station

用来转换供热介质种类、改变供热介质参数、分配、控制及计量供给热用户热量的综合体。

6.1.2 用户热力站 consumer heating station

为单幢或数幢建筑物供热的热力站。

同义词：热力点。

6.1.3 民用热力站 civil heating station

为民用和公用建筑物供热的热力站。

6.1.4 工业热力站 industrial heating station

为工业企业供热的热力站。

6.1.5 中继泵 booster pump

热水供热管网中根据水力工况要求设置在供热干线上，为提高供热介质压力而设置的水泵。

6.1.6 中继泵站 booster pump station

热水供热管网中设置中继泵的综合体。

6.1.7 混水装置 water admixing installation

在热水供热系统中使供热管网的供水与局部系统的部分回水相混合的设备或器具。

6.1.8 混水泵 mixing pump

使供热系统中同一地理位置的供水与部分回水混合的水泵。

6.1.9 水喷射器 water ejector

在供热管网供回水压差作用下，利用喷射原理用供热管网供水引射供暖热用户部分回水与供热管网供水混合的混水装置。

6.1.10 蒸汽喷射器 steam ejector

利用喷射原理，用高压蒸汽引射供暖系统回水，加热回水并提升其压力作为热水供热系统的动力源的混合装置。

6.1.11 凝结水泵 condensate pump

凝结水回收系统中用于输送凝结水的水泵。

6.1.12 分水器 supply water distribution header

热水供热系统中用于连接三个及三个以上分支系统的供水管，并分配水量的管状容器。

6.1.13 集水器 return water collecting header

热水供热系统中用于连接三个及三个以上分支系统的回水管，并汇集水量的管状容器。

6.1.14 均压罐 pressure-equalizing tank

供热系统中连接热源供、回水管和热用户供、回水管或连接热力站供、回水管和热用户供、回水管的罐体。

6.1.15 除污器 strainer

热水供热系统中用于阻留、收集并便于清除循环水中的污物和杂质的装置。

6.1.16 除污装置 strainer installation

除污器及前后管道和管路附件。

6.1.17 调压孔板 orifice plate

热水供热系统中用来消耗管网多余作用压头的孔板。

6.1.18 旁通管 bypass pipe

与热用户、设备和（或）阀门的管路并联，装有关断阀的管段。

6.1.19 分汽缸 steam distribution header

蒸汽供热系统中用于连接三个及三个以上分支管路的供汽管，并分配蒸汽的管状容器。

6.1.20 安全水封 water seal

凝结水回收系统中利用水柱静压头起防超压、隔气和溢水作用的安全装置。

6.1.21 热水储水箱 hot-water storage tank

热水供应系统中用来调节热源供水量与热用户用水量不均等，并储存热水的容器。

6.1.22 二次蒸发箱 flash tank

凝结水回收系统中用于凝结水扩容，并分离凝结水中二次蒸汽的筒体状容器。

6.1.23 凝结水箱 condensate tank

凝结水回收系统中汇集和储存凝结水的水箱。

6.1.24 开式凝结水箱 open-type condensate tank

凝结水回收系统中采用的与大气相通的凝结水箱。

6.1.25 闭式凝结水箱 closed-type condensate tank

凝结水回收系统中采用的不与大气相通的凝结水箱。

6.2 换 热 器

6.2.1 直接加热 direct heating

两种不同温度的流体混合，而使低温流体获得热量的方法。

6.2.2 间接加热 indirect heating

两种不同温度的流体互不接触，通过间壁使低温流体获得热量的方法。

6.2.3 换热器 heat exchanger

两种不同温度的流体进行热量交换的设备。

6.2.4 表面式换热器 surface heat exchanger

通过传热表面间接加热的换热器。

6.2.5 汽—水换热器 steam-water heat exchanger

加热介质为蒸汽、被加热介质为水的表面式换热器。

6.2.6 水—水换热器 water-water heat exchanger

加热介质与被加热介质均为水的表面式换热器。

6.2.7 容积式换热器 volumetric heat exchanger

被加热水流通截面大、水流速度低，除了换热外还有储存热水功能的表面式换热器。

6.2.8 快速换热器 instantaneous heat exchanger

加热介质与被加热介质都以较高的流速流动，以求得强烈热交换的表面式换热器。

6.2.9 半即热式换热器 semi-instantaneous water heater

被加热水在壳体内，供热介质在盘管内，具有较少储水量快速换热的管壳式换热器。

6.2.10 管式换热器 tubular heat exchanger

利用薄壁金属管的管壁换热的表面式换热器。

6.2.11 管壳式换热器 shell-and-tube heat exchanger

由圆筒形壳体和装配在壳体内的管束所组成的管式换热器。

6.2.12 套管式换热器 concentric tube heat exchanger

由管道制成的管套管等构件组成的管式换热器。

6.2.13 板式换热器 plate heat exchanger

不同温度的流体在多层紧密排列的薄壁金属板间流道内交错流动传热的表面式换热器。

6.2.14 热管式换热器 heat-pipe heat exchanger

利用封闭在管壳内的工作流体的蒸发、输送、凝结等过程实现热交换的换热器。

6.2.15 混合式换热器 direct contact heat exchanger

两种不同温度的流体直接接触进行热交换与质交换的换热器。

6.2.16 淋水式换热器 cascade heat exchanger

水通过若干级淋水盘上的细孔呈分散状态流下与蒸汽直接接触的混合式换热器。

6.2.17 喷管式换热器 jet-pipe heat exchanger

被加热水流过喷管时，与从喷管管壁上许多斜向小孔喷入的蒸汽直接接触的混合式换热器。

6.2.18 换热器污垢修正系数 fouling coefficient of heat exchanger

考虑换热表面污垢影响的传热系数与相同条件下清洁换热表面的传热系数之比值。

6.2.19 换热机组 heat exchanger unit

由换热器、水泵、变频器、过滤器、阀门、电控柜、仪表、控制系统及附属部件等组成，以实现流体间热量交换的整体换热装置。

6.3 热用户及其连接方式

6.3.1 热用户 heat consumer

从供热系统获得热能的用热系统。

6.3.2 供暖热用户 space-heating consumer

供暖期为保持一定的室内温度而消耗热量的供暖系统。

同义词：采暖热用户。

6.3.3 通风热用户 ventilation consumer

对供给建筑物的空气进行加热而消耗热量的通风系统。

6.3.4 空调热用户 air conditioning consumer

为了创建空调建筑物的室内环境（保持要求的温度、湿度和空气洁净度等），直接或间接地消耗热量的空调系统。

6.3.5 热水供应热用户 hot-water supply consumer

满足生产和生活所需热水而消耗热量的热水供应系统。

6.3.6 生产工艺热用户 process consumer

生产工艺过程中消耗热能的系统。

6.3.7 热力入口 consumer heat inlet

热用户与供热管网相连接处的管道及设施。

6.3.8 热用户连接方式 connecting method of consumer with heating network

热用户利用热力入口设施与供热管网连接的方式。

6.3.9 直接连接 direct connection

供热介质从热源经供热管网直接流入热用户的连接方式。

6.3.10 简单直接连接 simple direct connection

热水管网与热用户的供水管、热水管网与热用户的回水管分别通过阀门连接的直接连接。

6.3.11 混水连接 water-mixing direct connection

采用混水装置利用混入局部供热管网或热用户的回水降低供热管网或热用户供水温度的直接连接。

6.3.12 混水系数 admixing coefficient

混水装置中局部系统的回水流量与混合前供热管网的供水流量的比值。

6.3.13 间接连接 indirect connection

热用户通过表面式换热器与供热管网相连接的连接方式。

7 水力计算与强度计算

7.1 水力计算

7.1.1 水力计算 hydraulic analysis

为使供热管网达到设计（或运行）要求，根据流体力学原理，确定管径、流量和阻力损失所进行的运算。

7.1.2 静态水力计算 static hydraulic analysis

不考虑供热系统的工况随时间变化所进行的水力

计算。

7.1.3 动态水力计算 dynamical hydraulic analysis

考虑供热系统的工况随时间变化所进行的水力计算。

7.1.4 事故工况水力计算 fault condition hydraulic analysis

热源或供热管网发生事故，对隔离故障元部件后形成的系统进行的水力计算。

7.1.5 最大允许流速 allowable maximum velocity

为保证管道内介质正常流动、防止噪声、振动或过速冲蚀，在水力计算时规定介质流速不得超过的限定值。

7.1.6 允许压力降 allowable pressure drop

根据水力计算结果或技术经济条件而限定的阻力损失。

7.1.7 比摩阻 friction loss per unit length

供热管道单位长度沿程阻力损失。

7.1.8 平均比摩阻 average friction loss per unit length

供热管道单位长度沿程阻力损失的平均值。

7.1.9 经济比摩阻 optimal friction loss per unit length

用技术经济分析的方法，根据供热系统在规定的补偿年限内年总计算费用最小的原则确定的平均比摩阻。

7.1.10 比压降 pressure loss per unit length

供热管路单位长度的总阻力损失。

7.1.11 水力汇流点 hydraulic confluence point

环状供热管网或多热源枝状供热管网中供水干线上两个方向来的水流交汇，并流向一条支干线（或支线）的位置。

7.1.12 水力分流点 hydraulic deliverer point

环状供热管网或多热源枝状供热管网中一条支干线（或支线）来的水流，在回水干线上向两个方向流去的位置。

7.1.13 枝状热水供热管网计算主干线

calculated main of tree-shaped hot-water heating network

设计计算枝状热水供热管网时，所选的从热源到某热力站（热用户）分支管处平均比摩阻最小的干线。

7.1.14 环状热水供热管网计算主干线

calculated main of ring-shaped hot-water heating network

设计计算环状热水供热管网时，所选的从热源经过环形干线到某热力站分支管处平均比摩阻最小的干线。

7.1.15 热水供热管网计算最不利环路 most unfavorable main of hot-water heating network

设计计算热水供热管网时，所选的由热源、计算主干线和热力站（热用户）及其支线组成的环路。

7.1.16 蒸汽供热管网计算最不利管路 most unfavorable main of steam heating network

设计计算蒸汽供热管网时，从热源到热用户平均比摩阻最小的管路。

7.1.17 局部阻力当量长度 equivalent length of local flow-resistance

将管道局部阻力折算为同管径沿程阻力的直管道长度。

7.1.18 管路阻力特性系数 flow-resistance characteristic coefficient of pipeline

单位水流量下供热管路的阻力损失。

7.1.19 用户阻力特性系数 flow-resistance characteristic coefficient of consumer heating system

单位水流量下用户内部系统的阻力损失。

7.1.20 供热管网设计流量 design flow of heating network

设计工况下用来选择供热管网各管段管径及计算阻力损失的流量。

7.1.21 供热管网实际流量 actual flow of heating network

实际运行时供热管网各管段通过的流量。

7.1.22 供热管网总循环流量 circulation flow of heating network

热水供热系统中通过设置在热源的供热管网循环水泵的热水总流量。

7.1.23 供热管网事故工况流量 accident quantity of flow in abnormal condition

供热管网发生故障工况时，关断故障元部件后供热系统仍能向热用户供给的流量。

7.1.24 补水量 flow of water make-up

为保证供热系统内必需的工作压力，单位时间内向热水供热系统补充的水量。

7.1.25 事故补水量 flow of accident water make-up

事故工况下，单位时间内向热水供热系统补充的水量。

7.1.26 失水率 rate of water loss

热水供热系统的单位时间漏失水量与总循环流量的百分比。

7.1.27 补水率 rate of make-up water percentage

热水供热系统单位时间的补水量与总循环流量的百分比。

7.1.28 正常补水率 rate of normalization water make-up

正常运行工况下的热水供热系统补水率。

7.1.29 事故补水率 rate of accident water make-up

事故工况运行时的热水供热系统补水率。

7.1.30 凝结水量 condensate flow

蒸汽供热系统热用户用热后，蒸汽冷凝形成的凝结水的流量。

7.1.31 最大凝结水量 maximum condensate flow

凝结水回收系统回收凝结水量的最大值。

7.1.32 凝结水回收率 condensate recovery percentage

凝结水回收系统回收的凝结水量与其从蒸汽供热系统获取的蒸汽流量之百分比或热用户（用汽设备）回收的凝结水量与其从系统获取的蒸汽流量之百分比。

7.1.33 满管流 full-section pipe-flow

管道横断面全部被水充满的流动状态。

7.1.34 非满管流 partly-filled pipe-flow

管道横断面没有被水全部充满的流动状态。

7.1.35 两相流 two-phase flow

在一个流动系统中同时存在固相、液相和气相中的两种"相"的流动。

7.1.36 零压差点 pressure equal point

供热系统中，同一地理位置供水管压力与回水管压力相等的点。

7.1.37 资用压头 available head

供热系统中用于克服管路阻力损失的、同一热用户热力入口或同一地理位置的供水管与回水管的压差。

7.2 供热管道强度计算

7.2.1 供热管道应力计算 mechanic analysis of heating pipes

考虑供热管道因热胀冷缩、内压和外载作用所引起的作用力、力矩和应力进行的计算。

7.2.2 屈服温差 temperature difference of yielding

管道在伸缩完全受阻的工作状态下，钢管管壁开始屈服时的工作温度与安装温度之差。

7.2.3 失稳 instability

承受压应力作用的管道，在强度条件均能满足的情况下，不能保持自己原有形状而失效的现象。

7.2.4 稳定性验算 stability analysis

对承受轴向（或环向）压力的管道，为保证管道在工作时不发生轴向（或环向）失稳的验算。

7.2.5 管道轴向荷载 axial load on pipe

沿管道轴线方向的各种作用力。

7.2.6 管道水平荷载 horizontal load on pipe

管道承受的水平方向的荷载。包括轴向水平荷载和侧向水平荷载。

7.2.7 管道垂直荷载 veridical load on pipe

管道承受的垂直方向的荷载。包括管道自重和其他外荷载在垂直方向的分力。

7.2.8 管道自重 self weight of pipeline

管子、管路附件、保温结构和管内介质的自身重力总和。

7.2.9 管道内压不平衡力 unbalanced force from internal pressure

管道上设置异径管、补偿器、弯头、阀门及堵板等管路附件处，由于横截面面积或流向发生变化，这些部件上承受的介质压力引起的、作用于固定支座的力。

7.2.10 补偿器反力 reaction force from thermal compensator

由于弯管补偿器、波纹管补偿器、自然补偿管段等的弹性力或由于套筒补偿器产生的摩擦力等对管道产生的作用力。

7.2.11 单位长度摩擦力 friction of unit lengthwise pipeline

直埋预制保温管的外护管与管外土体之间沿轴线方向单位长度的摩擦力。

7.2.12 固定支座（架）水平推力 horizontal thrust on fixing support

沿水平方向施加给固定支座（架）的作用力。包括轴向推力和侧向推力。

7.2.13 固定支座（架）轴向推力 axial thrust on fixing support

沿管道轴线方向施加给固定支座（架）的作用力。

7.2.14 固定支座（架）侧向推力 side thrust on fixing support

水平面上垂直于管道轴线方向施加给固定支座（架）的作用力。

7.2.15 作用力抵消系数 cancelled coefficient of force

固定支座两侧管段方向相反的作用力合成时，荷载较小方向作用力所乘的小于或等于1的系数。

7.2.16 热态应力验算 stress checking for design operation condition

验算供热管道在最高设计温度下的应力。

7.2.17 冷态应力验算 stress checking for non-operation condition

验算供热管道在投入运行前或停止运行后，冷状态下的应力。

7.2.18 应力分类法 classification of stress

根据由不同特征的荷载产生的应力，分别给以不同限定值的应力计算方法。

7.2.19 一次应力 primary stress

管道由内压和持续外载作用而产生的应力。

7.2.20 二次应力 secondary stress

管道由温度变化引起的热胀、冷缩和其他变形受约束而产生的应力。

7.2.21 峰值应力 peak stress

管道或管路附件（如三通等）由于局部结构不连续或局部热应力等产生的应力增量。

7.2.22 热应力 thermal stress

管道由于温度变化引起的热胀、冷缩等变形受约束而产生的应力。

7.2.23 钢材许用应力 allowable stresses of steel

钢材单向拉压时强度和耐久性得到保证的应力最大许用值。

7.2.24 许用合成应力 allowable resultant stress

为简化强度计算，只考虑外载负荷和热补偿同时作用所产生的合成应力许用值。

7.2.25 当量应力 equivalent stress

按一定的强度理论，将结构内的多向应力折算成单向应力形式的等效应力。

7.2.26 许用外载综合应力 allowable combined stress due to external load

为简化强度计算，只考虑外载负荷所引起的综合应力许用值。

7.2.27 许用补偿弯曲应力 allowable bending stress due to thermal compensation

为简化强度计算，只考虑补偿器反力所产生的应力许用值。

7.2.28 工作循环最高温度 operating cycle maximum temperature

计算二次应力和管道热伸长量时所利用的最高计算温度。

7.2.29 工作循环最低温度 operating cycle minimum temperature

计算二次应力和管道热伸长量时所利用的最低计算温度。

7.2.30 计算安装温度 installation temperature for calculation

计算所采用的、供热管道安装时的当地温度。

7.2.31 管道挠度 bending deflection of pipe

在弯矩作用平面内，管道轴线上某点由挠曲引起的垂直于轴线方向的线位移。

7.2.32 管道最大允许挠度 maximum allowable bending deflection of pipe

在荷载作用下按刚度条件计算的管道挠度的最大允许值。

7.2.33 固定支座间距 distance between adjacent fixing supports

两相邻固定支座中心线之间的距离。

7.2.34 活动支座间距 distance between movable supports

两相邻活动支座中心线之间的距离。

7.2.35 固定支座最大允许间距 maximum allowable distance between fixing supports

由强度条件、稳定条件和补偿器补偿能力确定的管道固定支座间距最大值。

7.2.36 活动支座最大允许间距 maximum allowable distance between movable supports

由强度条件和刚度条件等确定的管道活动支座间距最大值。

7.2.37 固定点 fixed point

直埋敷设管道上采用强制固定措施不能发生位移的点。

7.2.38 直埋管锚固点 natural fixed point of directly buried heating pipeline

管道温度升高或降低到某一定值时，直埋敷设的直线管道上发生热位移和不发生热位移的自然分界点。

7.2.39 直埋管活动端 free end of directly buried heating pipeline

直埋敷设管道上安装补偿器和弯管等能补偿热位移的部位。

7.2.40 驻点 stagnation point

两端为过渡段的直埋敷设的直线直埋敷设管道，当管道温度变化且全线管道产生朝向两端或背向两端的热位移，管道上位移为零的点。

7.2.41 锚固段 fully restrained section

直埋敷设管道温度发生变化时，不产生热位移的直埋管段。

7.2.42 过渡段 partly restrained section

直埋敷设管道一端固定（指固定点或驻点或锚固点），另一端为活动端，当管道温度变化时，能产生热位移的管段。

7.2.43 过渡段最小长度 minimum friction length of partly restrained section

直埋敷设管道第一次升温到工作循环最高温度时，受最大摩擦力作用形成的由锚固点至活动端的管段长度。

7.2.44 过渡段最大长度 maximum friction length of partly restrained section

直埋敷设管道经若干次温度变化，摩擦力减至最小时，在工作循环最高温度下形成的由锚固点至活动端的管段长度。

7.2.45 弯头变形段长度 length of expansion leg

温度变化时，弯头两臂产生侧向位移的管段长度。

7.2.46 补强 reinforcement

保障管道开孔边缘处的强度和稳定性的加强措施。

8 热水供热系统水力工况与热力工况

8.1 热水供热系统定压

8.1.1 定压 pressurization

热水供热系统中循环水泵运行和停止工作时，保持定压点水的压力稳定在某一允许范围内波动的技术措施。

8.1.2 定压点 pressurization point

热水供热系统中实现定压的位置。

8.1.3 定压压力 pressurization pressure

热水供热系统中定压点的压力设定值。

8.1.4 定压方式 pressurization methods

热水供热系统中实现定压的技术方案及所采用的定压装置。

8.1.5 定压装置 pressurization installation

实现热水供热系统中某点压力稳定采用的设备及其附属装置。

8.1.6 膨胀水箱定压 pressurization by elevated expansion tank

利用高置膨胀水箱来实现热水供热系统定压的方式。

8.1.7 补水泵定压 pressurization by make-up water pump

利用补水泵补水，实现热水供热系统定压的方式。

8.1.8 补水泵连续补水定压 pressurization by continuously running make-up water pump

利用补水泵连续运行、补水的补水泵定压方式。

8.1.9 补水泵间歇补水定压 pressurization by intermittently running make-up water pump

利用补水泵间歇运行、补水的补水泵定压方式。

8.1.10 补水泵变频补水定压 pressurization by variable frequency running make-up water pump

利用变频器改变补水泵转速，从而改变补水量和水泵扬程的补水泵定压方式。

8.1.11 旁通管定压 pressurization by bypass pipe

定压点设在热水供热系统循环水泵入口和出口之间的旁通管上某点的补水泵定压方式。

8.1.12 氮气定压 pressurization by nitrogen gas

控制氮气定压罐内氮气的压力，实现热水供热系统定压的方式。

8.1.13 空气定压 pressurization by compressed air

控制密闭容器中空气的压力，实现热水供热系统定压的方式。

8.1.14 蒸汽定压 pressurization by steam

控制蒸汽的压力，实现热水供热系统定压的方式。

8.1.15 蒸汽锅筒定压 pressurization by steam cushion in boiler drum

控制汽—水两用锅炉锅筒汽空间的蒸汽压力，实现热水供热系统定压的方式。

8.1.16 淋水式换热器蒸汽定压 pressurization by steam cushion in cascade heat exchanger

控制淋水式换热器内蒸汽压力，实现热水供热系统定压的方式。

8.1.17 补水点 make-up water point

补给水管路与供热系统相连接、用于对热水供热系统实施补水的位置。

8.1.18 静压分区 partitioning static pressure

同一热水供热系统中，定压压力不同的压力分区。

8.2 水压图

8.2.1 水压图 pressure diagram

在热水供热系统中用以表示热源和管道的地形高度、热用户（或热力站）高度以及热水供热系统运行和停止工作时系统内各点测压管水头高度的图形。

8.2.2 设计水压图 design pressure diagram

对应于热水供热系统设计工况下的水压图。

8.2.3 运行水压图 operation pressure diagram

对应于热水供热系统实际运行工况下的水压图。

8.2.4 事故工况水压图 accident pressure diagram

对应于热水供热系统事故工况下的水压图。

8.2.5 供暖期水压图 pressure diagram during heating period

根据热水供热系统供暖期水力工况绘制的水压图。

8.2.6 非供暖期水压图 pressure diagram during non-heating period

根据热水供热系统非供暖期水力工况绘制的水压图。

8.2.7 静水压线 static pressure line

热水供热系统停止运行时网路上各点测压管水头高度的连接线。

8.2.8 动水压线 operation pressure line

热水供热系统运行时网路上各点测压管水头高度的连接线。

8.2.9 供水管动水压线 operation pressure line of supply pipeline

热水供热系统供水管的动水压线。

8.2.10 回水管动水压线 operation pressure line of return pipeline

热水供热系统回水管的动水压线。

8.2.11 充水高度 height of consumer heating system

热水供热系统中水充满热用户（或热力站）时，相对于某一基准高度计量的水柱高度。

8.2.12 用户预留压头 available pressure head in the consumer

设计时为保证热用户（或热力站）正常工作，热水供热管网需预留的作用压头的估计值。

8.2.13 汽化 vaporization

热水供热系统内由于某点水的压力低于该点水温下的汽化压力使水蒸发的现象。

8.2.14 倒空 drop of water level in consumer heating system

供热系统运行或停止运行时，与热用户（或热力站）系统相连接的供热管道的测压管水头低于热用户（或热力站）系统的充水高度而产生的热用户系统水未充满的现象。

8.2.15 超压 overpressure

供热系统的设备和管道中，流体的压力超过规定的允许压力的现象。

8.3 水力工况与热力工况

8.3.1 水力工况 hydraulic regime

热水供热系统中流量和压力的分布状况。

8.3.2 设计水力工况 design hydraulic regime

热水供热系统在设计条件下的水力工况。

8.3.3 运行水力工况 operation hydraulic regime

热水供热系统在实际运行条件下的水力工况。

8.3.4 事故水力工况 accident hydraulic regime

热水供热系统在事故条件下的水力工况。

8.3.5 水击 water hammer

热水供热系统中的水在阀门或泵突然关闭时，其瞬间动量发生急剧变化从而引起水的压力大幅波动的现象。

8.3.6 汽水冲击 steam-water shock

热水供热系统中有蒸汽存在或蒸汽供热系统中的蒸汽管内有凝结水存在造成的汽水撞击。

8.3.7 水力稳定性 hydraulic stability

热水供热系统中各热力站（或热用户）在其他热力站（或热用户）流量改变时，保持本身流量不变的能力。

8.3.8 水力稳定性系数 coefficient of hydraulic stability

热水供热系统中热力站（或热用户）的规定流量和工况变化后可能达到的最大流量的比值。

8.3.9 水力失调 hydraulic misadjustment

热水供热系统各热力站（或热用户）在运行中的实际流量与规定流量的不一致性。

8.3.10 水力失调度 degree of hydraulic misadjustment

热水供热系统水力失调时，热力站（或热用户）的实际流量与规定流量之比值。

8.3.11 水力平衡 hydraulic balance

热水供热系统运行时供给各热力站（或热用户）的实际流量与规定流量数值的一致性。

8.3.12 水力平衡度 degree of hydraulic balance

热水供热系统运行时供给各热力站（或热用户）的规定流量与实际流量数值之比值。

8.3.13 一致水力失调 monotonous hydraulic misadjustment

同一热水供热系统中热力站（或热用户）的水力失调度都大于1（或都小于1）的水力失调。

8.3.14 等比水力失调 equal proportional hydraulic misadjustment

同一热水供热系统中的热力站（或热用户）水力失调度都相等且不等于1的一致水力失调。

8.3.15 不等比水力失调 nonequal proportional hydraulic misadjustment

同一热水供热系统中的热力站（或热用户）的水力失调度不相等的一致水力失调。

8.3.16 不一致水力失调 nonmonotonous hydraulic misadjustment

同一热水供热系统中热力站（或热用户）的水力失调度有的大于1，有的小于1的水力失调。

8.3.17 热力工况 thermal regime

热水供热系统中供热负荷的分布状况。

8.3.18 热力失调 thermal misadjustment

热水供热系统单位时间内供给热力站（或热用户）的实际热负荷偏离规定热负荷的现象。

8.3.19 热力失调度 degree of thermal misadjustment

热水供热系统热力失调时，供给热力站（或热用户）的实际热负荷与规定热负荷之比值。

8.3.20 供热管网热力失调 thermal misadjustment of heating network

热水供热管网供给各热力站（或热用户）的实际热负荷偏离规定热负荷的现象。

8.3.21 热用户热力失调 thermal misadjustment of heat consumer

热用户中散热设备（或换热站换热设备）实际获得的热负荷偏离规定热负荷的现象。

8.3.22 热用户垂直热力失调 vertical thermal misadjustment of heat consumer

同一热用户内上下不同楼层散热设备之间的热力失调。

8.3.23 热用户水平热力失调 horizontal thermal misadjustment of heat consumer

同一热用户内水平方向不同立管及其所连接的散热设备之间的热力失调。

8.3.24 一致热力失调 monotonous thermal misadjustment

同一热水供热系统中热力站（或热用户）的热力失调度都大于1（或都小于1）的热力失调。

8.3.25 等比热力失调 equal proportional thermal misadjustment

同一热水供热系统中的热力站（或热用户）热力失调度都相等且不等于1的一致热力失调。

8.3.26 不等比热力失调 nonequal proportional thermal misadjustment

同一热水供热系统中的热力站（或热用户）的热

力失调度不相等的一致热力失调。

8.3.27 不一致热力失调 nonmonotonous thermal misadjustment

同一热水供热系统中热力站（或热用户）热力失调度有的大于1，有的小于1的热力失调。

9 施工验收、运行管理与调节

9.1 施工及验收

9.1.1 明挖法 open cut method

由地表面垂直向下挖开地层形成基坑，然后直接埋设管道或者修筑管沟、检查室后安装管道的施工方法。

9.1.2 暗挖法 undercutting method

不开挖地面，而在地下水平向前开挖和修筑衬砌的施工方法。

9.1.3 顶管法 pipe jacking method

将钢筋混凝土管或钢管等预制管涵节段顶入土层中的暗挖施工方法。

9.1.4 盾构法 shield driving method

用盾构为施工机具修建隧道和大型地下管道的暗挖施工方法。

9.1.5 浅埋暗挖法 shallow mining method

采用锚杆和喷射混凝土为主要支护手段，充分利用围岩的自承能力和开挖面的空间约束作用的暗挖施工方法。

9.1.6 冷安装 cold installation

安装和焊接管道时的管道温度为环境温度的安装方式。

9.1.7 预热安装 preheating installation

将直埋敷设供热管道加热到预热温度伸长后，再进行焊接的预应力安装方式。

9.1.8 一次性补偿器安装 one-time compensator installation

回填后将直埋敷设供热管道加热到预热温度，用一次性补偿器吸收预期的热伸长量，并实现整体焊接的安装方式。

9.1.9 接口保温 joint insulation

焊接相邻直埋敷设保温管或管路附件管端的工作钢管后，再完成保温层及保护层的操作。

9.1.10 压力试验 pressure test

以液体或气体为介质，对供热系统逐步加压，达到规定的压力并保持压力一定的时间，以检验系统强度或严密性的试验。

9.1.11 水压试验 pressure test by water

以水为试验介质进行的压力试验。

9.1.12 气压试验 pressure test by air

以气体为试验介质进行的压力试验。

9.1.13 强度试验 strength test of pipe

为检查管道、管路附件或设备的强度进行的压力试验。

9.1.14 严密性试验 leakage test of pipe

为检查管道、管路附件及设备的密封性能，在其全部安装完毕后进行的压力试验。

9.1.15 管道清洗 purging of pipe

为去除在安装和检修过程中遗留在供热管道内的杂物，用较大流速的蒸汽、压缩空气或清洁水等对管道进行的连续吹洗或冲洗。

9.1.16 试运行 trial operation

在供热管网全部竣工，总体试压、清洗合格，热源具备供热条件下，供热系统正式运行以前，维持一定时间的运行。

9.2 运行管理

9.2.1 调度管理 dispatching management of heating network

协调供热系统的各个环节，适应和满足热用户要求，实现其安全、可靠与经济运行的管理工作。

9.2.2 事故调度 accident dispatching

在事故工况下，在安全可行条件下最大限度减少事故损失和影响的紧急运行调度。

9.2.3 供热系统监控 monitoring and control of heating system

对供热系统各组成部分（包括热源、供热管网、热力站以及其他一些关键部位）的运行状态及参数实行监测与控制。

9.2.4 供热系统优化运行 optimum operation of heating network

在保证供热质量、安全可靠和节能环保等条件下，供热系统的经济运行。

9.2.5 联网运行 joint operation of heating networks

多热源供热系统的供热管网互相连通的运行方式。

9.2.6 解列运行 separate operation of heating networks

多热源供热系统的供热管网，分解为2个或多个供热系统分别运行的方式。

9.2.7 运行巡视 operational inspection

巡回检查供热管网运行期间的工作状况。

9.2.8 供热管网维修 repair and maintenance of heating network

通过对供热管网设备、管道及其附件的检查、养护、修理、更换，保持其正常运行状态的工作。

9.2.9 供热管网大修 major repair of heating network

对由于超过自然寿命和其他原因已失去原有性能，不能保证正常运行的设备、管道及管路附件和构筑物的修复或更新。

9.2.10 供热管网中修 medium repair of heating network

由于供热管网设备、管道及其附件损坏需供热管网停运检修，但检修规模在大修标准以下的修理。

9.2.11 热用户室温合格率 eligibility rate of room-temperature installation

采暖期供热系统室内温度达到规定要求以上的用户数与系统所供用户总数的百分比。

9.3 供热调节

9.3.1 调节 regulation

供热条件变化时，为保持供热负荷与需热负荷之间的平衡对供热系统供热介质的流量、温度以及运行时间等进行的调整。

9.3.2 初调节 initial regulation

为保证供热系统运行工况符合设计和使用要求，在投入运行初期对系统进行的调节。

9.3.3 运行调节 operation regulation

供热系统在运行过程中进行的调节。

9.3.4 集中调节 centralized regulation

在供热系统热源处进行的运行调节。

9.3.5 局部调节 localized regulation

在热力站、热力入口或热用户内进行的运行调节。

9.3.6 质调节 constant flow regulation

室外温度变化时，保持供热管网流量不变，改变供水温度的集中调节。

9.3.7 量调节 variable flow regulation

室外温度变化时，保持供热管网供水温度不变，改变流量的集中调节。

9.3.8 质量调节 integrative flow regulation

室外温度变化时，同时改变供热管网供水温度和流量的集中调节。

9.3.9 等供回水温差的质量调节 variable flow regulation of equivalent temperature difference

室外温度变化时，保持供热管网供回水温差不变，而改变流量的集中调节。

9.3.10 分阶段调节 regulation by steps

按室外温度高低把供暖期分成几个阶段，在不同的阶段采用不同的调节方式的综合集中调节。

9.3.11 分阶段改变流量的质调节 centralized regulation with flow varied by steps

在室外温度较低阶段采用较大流量，在室外温度较高阶段采用较小流量，在每一个阶段内保持流量不变而改变供水温度的分阶段调节。

9.3.12 间歇调节 regulation by intermittent operation

在室外温度较高时，保持供热管网的流量和供水温度不变，而改变每天供暖小时数的调节。

9.3.13 分时调节 time regulation

每天分时段改变供热管网的供水温度和（或）流量的调节。

9.3.14 间歇运行 intermittent mode operation

供热系统在设计工况下（最冷时）每天也只运行若干小时（不足24h）的运行方式。

9.3.15 水温调节曲线 temperature adjustment curve

供热系统运行调节过程中供、回水温度随室外温度变化的曲线。

9.3.16 流量调节曲线 flow adjustment curve

供热系统运行调节过程中流量或相对流量随室外温度变化的曲线。

附录A 中文索引

C

D

E

F

H

J

S

T

W

X

Y

Z

附录B 英 文 索 引

A

H

I

R

S

T

U

V

W

Y

中华人民共和国行业标准

供热术语标准

CJJ/T 55—2011

条 文 说 明

修 订 说 明

《供热术语标准》CJJ/T 55－2011经住房和城乡建设部2011年7月13日以第1064号公告批准、发布。

本标准是在《供热术语标准》CJJ 55－93的基础上修订而成，上一版的主编单位是哈尔滨建筑工程学院，参编单位是清华大学、建设部城市建设研究院、沈阳市热力工程设计研究院、北京市煤气热力工程设计院，主要起草人员是邹平华、王兆霖、盛晓文、李国祥、廖嘉瑜、吴玉环。标准编制组对我国供热术语的发展进行了总结，对上一版标准进行了修订。

为便于广大设计、施工、科研、院校等单位有关人员在使用本标准时能正确理解和执行条文规定，《供热术语标准》编制组按章、节、条顺序编制了本标准的条文说明，对条文规定的目的、依据以及执行中需注意的有关事项进行了说明。但是，本条文说明不具备与标准正文同等的法律效力，仅供使用者作为理解和把握标准规定的参考。

目　次

1 总 则

本术语标准适用于供热及有关领域。

本标准的颁布实施将规范供热术语及其定义，促进专业术语的标准化。对发展供热技术和增强国内外交流起积极作用。

各术语的定义力求通俗易懂，避免歧义，对于容易含混和产生不同理解的条目将在本条文说明中加以解释。

2 基本术语

2.1 供 热

2.1.3 集中供热是相对分散供热而言的，是指具有一定规模的供热系统。但是多大的规模属于集中供热对不同的国家、不同的时期都会有差别，作为一个术语没有给出其数量的概念，只指出其基本特征。

2.1.4 分散供热是相对集中供热而言的，是指规模较小的供热系统。

2.1.6 城际供热是一个以上城市共用一个或多个热源、供热管网可以连通运行的大型集中供热系统。

2.1.7 热电联产采用的动力设备有供热汽轮机、燃气轮机、燃料电池等。其中用得最普遍的是供热汽轮机。供热汽轮机组包括抽凝式机组、背压式机组、抽背式机组、两用机组和由凝汽式机组改造的供热汽轮机组。近年来燃气轮机的应用有所增加。热电联产采用的动力设备，必须在生产电能的同时，向外供给热能的工况下运行，才称为“热电联产”。

2.1.8 热电分产是由汽轮机等动力设备只生产电能、锅炉只生产热能的生产方式。

2.1.9 热化一词来源于前苏联。原苏联国家标准ГОСТ1943-84中“热化”的定义是“在一个热力循环中生产热能和电能的集中供热”。因此热化是指有热电厂为热源的集中供热，不包括仅有锅炉房为热源的集中供热。

2.1.10 热化系数是热电厂重要的技术经济参数之一。它是热电厂汽轮机抽汽和（或）排汽的额定小时供热量（热电联产小时供热量）与区域最大热负荷之比。优化热化系数是提高热电联产技术经济性的重要途径。热电厂锅炉生产的蒸汽经减压减温器降低温度和压力后，用于供热的热量不能算作热电联产供热量。

2.1.11 供热规划应根据城市建设发展的需要和城市总体规划按照近远期结合的原则，兼顾供热现状、确定集中供热分期发展规模和制定建设规划和步骤。

2.1.12 供热系统或供热设备向热用户供热，可以用“供热功率”来定义供热能力。

2.1.13 供热半径定义中水力计算时热源至最远热力站的管道沿程长度是对间接连接供热系统的一级网而言的；水力计算时热源至最远热用户的管道沿程长度是对直接连接供热系统或间接连接供热系统的二级网而言的。水力计算时热源至最远热力站（或最远热用户）的管道沿程长度，一般是水力计算时的最不利管路。对单热源、枝状管网最不利管路一般也是指从热源到最远热力站（或最远热用户）的管道沿程距离，供热半径相对容易确定。多热源、环状管网的供热半径是指从热源经环形干线到某热力站平均比摩阻最小的管道沿程距离。供热管网的水力计算从供热半径所指示的管线开始，然后再计算其他并联管路和确定循环水泵的扬程。通常对供热半径有两种解释：(1) 热源至最远热力站（或最远热用户）的管线沿程距离。(2) 热源至最远热力站（或最远热用户）的直线地理距离。其中第 (1) 种解释适用于单热源、枝状管网。在以往大多数管网为单热源、枝状管网时是可以采用和接受的。采用水力计算时热源至最远热力站或热用户的管道沿程长度的定义，则不仅适用于单热源、枝状管网，也适用于多热源、环状管网。由于大多数供热系统中热源不在供热区域的中心位置，第 (2) 种解释无实际意义。上述说明中凡涉及热力站（或最远热用户）之处，其用意可见 2.2.4 的条文说明。

2.1.14 在一些统计资料中常采用供热面积这一术语来说明城市集中供热的发展速度和规模，虽然冠以供热两字，但它仅指需要供给采暖热负荷的建筑物的建筑面积。包括民用建筑、公用建筑和工业建筑的采暖建筑面积。生产工艺热负荷与工艺性质和规模等有很大关系，无法用供热面积来统计。

2.1.15 在一些统计资料中常采用集中供热普及率这一术语来说明城市集中供热的发展状况。与供热面积一样，虽然该术语中包括供热两字，但它只涉及具有供暖负荷的供暖建筑物，反映已实行集中供暖的建筑物在需要供暖的建筑面积中的比例。

2.1.16 供热成本是企业经营的重要基础数据之一，是确定热价的重要指标，通过计算得出的单位供热成本，可反映供热企业涉及人力和物力资源以及能源消耗等方面的经营管理水平。

2.1.17 供热标煤耗率可用来反映供热企业特别是热电厂生产和输配热能过程中消耗的能量和有效利用的能量之间的关系，即能源的利用效率。用标准煤来计算消除了使用燃料种类和发热值不同对燃料用量的影响。

2.1.18 热价分为购热价格和售热价格。购热价格指热能经营企业从热能生产企业购买单位热量的价格，一般用“元/GJ”计取。售热价格指热能经营企业（或热能生产企业）向终端用户按计量单位销售热量的价格。售热模式分由热能生产企业直接向终端用户售热和热能生产企业通过热能经营企业向终端用户售热两种。售热价格一般可用单位热量的价格（元/GJ）或单位供热面积的价格（元/m²）计取。在热计量供热系统中，又将热价分为基础热费和计量热费，或称为固定热费和变动热费。

2.2 供热介质及其参数

2.2.2、2.2.3 各国低温水与高温水的分界点不同，本标准中按国内习惯采用100℃来分界。本来还可以称作低温热水和高温热水，考虑习惯说法和简洁采用低温水和高温水来表达。

2.2.4 对直接连接热水供热系统，从热源直接供给热用户热量；对间接连接热水供热系统，热源向热力站供热，然后由热力站向热用户供热。供水可以指供给热量的供热介质——供水；可以指从供热管网向热力站或热用户供给供热介质（水）的过程——供水；可以用来作为从供热管网向热力站或热用户供给供热介质（水）的管道或设备的定语，例如：供水管等。

2.2.5 从热用户返回热力站或热源以及从热力站返回热源的热水都是回水。一个热用户回水供给另一个热用户。对前一用户为回水，对后一用户为供水。对直接连接热水供热系统，水作为供热介质，在热用户用热后返回热源；对间接连接热水供热系统，水作为供热介质，在热用户用热后返回热力站、由热力站返回热源。与第2.2.4条一样，回水可以指释放热量后的供热介质——回水；可以指从热用户或热力站向热源返回供热介质（水）的过程——回水；可以用来作为从供热管网向热力站或热用户返回供热介质（水）的管道或设备的定语，例如：回水管等。

2.2.6 生活热水是指满足民用及公用建筑日常生活需用的热水，如盥洗、洗涤、沐浴等，但不包括饮用的开水和工业生产中使用的热水。

2.2.12 由于水的温度降低、系统漏水和热用户用水，热水供热系统内的水量不足，为了保持系统内的压力和正常运行，需从外界向供热系统补充水。由于热用户用水而进行补水的情况是对有热水供应热用户的热水供热系统而言的。

2.2.13 供热介质参数有压力、温度、焓、比熵和比容等。流量不能算作供热介质参数。

2.2.14 供水温度可指供热系统中热源或热力站的设备或管道中供出的热水温度；供给热力站或热用户的热水温度。

2.2.15 回水温度可指供热系统中返回热源或热力站的设备或管道中的热水温度；从热力站或热用户返回的热水温度。

2.2.25 供水压力可指热源、热力站和热用户供水管道和用热设备进口等处的压力。

2.2.26 回水压力可指热源、热力站和热用户回水管道和用热设备出口等处的压力。

2.2.33 供汽温度是蒸汽的介质参数。对饱和蒸汽，供汽温度与供汽压力以及其他参数是对应的。对过热蒸汽，除已知供汽温度外，还需知道供汽压力，才能确定它的其他参数。供汽温度既可指蒸汽供热系统供汽管道中任何一点的温度，也可指热源设备蒸汽出口、热用户或用汽设备入口处的蒸汽温度。

2.2.34 供汽压力既可指蒸汽供热系统供汽管道中任何一点的压力，也可指热源设备蒸汽出口、热用户或用汽设备入口处的蒸汽压力。

2.3 供 热 系 统

2.3.2 热电厂供热系统是以热电厂为主要热源的供热系统。由热电厂和供热锅炉房等组成的多热源供热系统是提高供热经济性和可靠性的主要措施之一，是大中型供热系统的发展模式。定义中主要两字，指的是一个供热系统中可以有多个热源，只要热电厂供热所占的份额较大，仍称为热电厂供热系统。第2.3.3～2.3.7条的定义中主要两字的含义类似，也是指某一种热源为主。

2.3.3 锅炉房供热系统定义中的供热锅炉房包括利用燃煤、燃油、燃气、生物质等多种能源用于供热的锅炉房。可以是一个或多个供热锅炉房、利用一种或多种能源的锅炉房。

2.3.8 热泵供热系统中的热泵根据低温热源的不同，分为地源热泵系统和空气源热泵系统。

2.3.10、2.3.11 闭式与开式热水供热系统主要是针对热水供应热负荷而言的。热水供应热用户通过换热器获得热能，而不取用供热管网的热水是闭式热水供热系统；热水供应用户直接取用供热管网的热水是开式热水供热系统。只有供暖热用户的热水供热系统一般都是闭式热水供热系统。既有供暖热用户，又有热水供应热用户的热水供热系统可能是开式热水供热系统或闭式热水供热系统。热水供热系统中有关开式系统与闭式系统的概念与空调水系统中的概念有不同之处。

2.3.12、2.3.13 低温水供热系统与高温水供热系统是按热源的设计供水温度的数值是在高温水还是低温水的范围来划分的。有关低温水和高温水的定义见本规程第2.2.2条和第2.2.3条。

2.3.14 随着变频技术和自控技术的发展，近年来分布式水泵供热系统在国内得到发展。分布式水泵供热系统是除了可在热源设置循环水泵之外，还可在若干热力站或热用户处设置循环水泵的供热系统。在热力站或热用户处设置变频循环水泵，用以代替阀门（调节阀）调节用户流量，减少了阀门的无效节流损失。热力站或热用户水泵除承担各热力站或热用户的阻力损失之外，还要承担热用户及部分干管的阻力损失。热源循环水泵只承担热源和其余部分干管的阻力损失或仅承担热源的阻力损失。

2.3.15 具有两个或两个以上的多热源的供热系统一

般都是大中型供热系统，供热系统中的多个热源可互为备用，提高供热安全可靠性和经济性。

2.3.16 蒸汽供热系统是指热源生产蒸汽的供热系统。

2.3.18 凝结水回收系统中只要有一处与大气相通，就是开式凝结水回收系统。一般是在凝结水管路上或凝结水箱上设置空气管与大气相通。

2.3.19 闭式凝结水回收系统的管理比开式系统复杂，但由于可减少空气进入系统，减缓了系统的腐蚀，减少了跑冒滴漏现象，从而提高了凝结水回收效率和节能效果。

2.3.20 余压凝结水回收系统定义中疏水器背压是指疏水器出口的压力。

2.4 供热可靠性

2.4.2 《可靠性、维修性术语》GB/T 3187－94 中定义可靠性为："产品在规定的条件下和规定的时间区间内完成规定功能的能力"。《可靠性维修性保障性术语》GBJ 451 A－2005 中定义可靠性为："产品在规定的条件下和规定的时间内，完成规定功能的能力"。供热可靠性参照这些标准中有关可靠性的术语定义拟定。

2.4.7、2.4.9 供热系统故障是指供热系统出现不正常工作的事件，经处理可以在短时间内恢复供热。由于建筑物有热惰性，这类事件对热用户的供热不产生重大影响。供热系统事故是指由于供热管网管道或设备严重损坏，使供热系统完全丧失或部分丧失完成规定功能，在短期内难以修复而严重影响供热。与供热系统故障相比，发生事故时停止供热，用户室内温度大幅下降，有可能导致供热管道和设备冻坏。供热系统故障与供热系统事故是根据某一准则人为认定的，例如以事故终结时热用户的室内温度水平来认定。

2.4.8 故障率是一定条件下，元部件发生故障次数的统计平均值。

2.4.14 双向供热是对环形管网或有连通管的枝状管网而言的。环形管网干线为环形；有连通管的枝状管网，连通管接入运行时干线也可改变干线内的水流方向。对上述管网，从环形干线或有连通管的枝状管网接出的支干线或支线在不同工况下有可能从与干线相连接点的两个方向得到热媒，称之为双向供热。它是提高供热管网可靠性的有效途径。双向供热可减少系统在事故工况下被关断用户的数量，从而降低事故影响范围，降低事故损失。

3 热负荷及耗热量

3.1 热 负 荷

3.1.1 热负荷包括供暖热负荷、通风热负荷、空调热负荷、生产工艺热负荷和热水供应热负荷等。

3.1.2 设计热负荷定义中"给定的设计条件"，对不同的热用户是不同的。对供暖热用户，给定的设计条件是指冬季供暖室外计算温度。对通风热用户，给定的设计条件是指冬季通风室外计算温度。对空调热用户，给定的设计条件是指冬季空调室外计算温度。供暖热负荷、通风热负荷、空调热负荷就是设计条件下的最大热负荷，简称设计热负荷。热水供应系统有平均热负荷与最大热负荷之分，分别用于不同的设计场合。

3.1.3 最大热负荷指由于某些因素使热负荷超过设计热负荷的情况。如：室外温度长时间低于室外计算温度时出现的供暖（通风、空调）热负荷、热水供应和用热水的工业用户用水高峰的小时用水量、生产工艺热用户的最大小时用汽量等。

3.1.4 实时热负荷对热源及设备为实际发生的单位时间内的供热量；对供热管网为实际发生的单位时间内输送的热量；对热用户为实际发生的单位时间内的需热量或耗热量。

3.1.11 第 3.1.1 条已经对热负荷做了定义。这里只需对供暖进行定义而把热负荷引用到本定义中不再做解释。考虑到习惯用法以及已经出版发行的标准、规范等的影响，并列了同义词采暖热负荷。并且认为对采暖热用户称采暖热负荷，对热源称供暖热负荷更合理。本标准中其他术语中凡涉及供暖、采暖时做类似的考虑。例如：3.1.11 供暖设计热负荷；3.1.13 供暖期供暖平均热负荷；3.2.8 供暖年耗热量；6.3.2 供暖热用户等条目中都给出了同义词。凡术语或定义中有供暖字样者，对热源而言；有采暖字样者，对热用户而言。

3.1.13 供暖期供暖平均热负荷的定义中包含两种概念。前半部分"供暖期内不同室外温度下的供暖热负荷的平均值"是指整个供暖期内总的需热量（耗热量）对供暖期总的延续时间的平均。后半部分"供暖期室外平均温度下的供暖热负荷"是指某一确定温度（供暖期室外平均温度）下的供暖热负荷，但由于供暖期平均温度也是按供暖期内逐日温度统计平均得出的。因此，从这两个不同的角度得到的供暖期供暖平均热负荷在数值上是相等的。

3.1.14 通风热负荷定义中"加热从通风系统进入室内的空气的热负荷"，将采暖系统加热从门窗缝隙渗入和侵入室内的冷空气所耗热负荷与其分离开来。

3.1.18 空调冬季设计热负荷是指用空调系统满足建筑物冬季室内温度、湿度和空气质量等要求所消耗的热量。由于室外温度低于室内，空调系统所提供的热量应满足采暖和处理新风的要求。《采暖通风与空气调节设计规范》GB 50019－2003 中规定冬季空气调节室外计算参数：冬季空气调节室外计算温度采用历年平均不保证 1 天的日平均温度；冬季空气调节室外计算相对湿度采用累年最冷月平均相对湿度。

3.1.19 空调夏季设计热负荷是指采用吸收式制冷机组以及空调系统的其他空气处理过程所要消耗的热量，用以满足空调系统冷负荷要求。空调夏季设计冷负荷包括围护结构传热冷负荷、室内热源散热引起的冷负荷、湿负荷和新风负荷等。《采暖通风与空气调节设计规范》GB 50019－2003 中规定夏季空气调节室外计算参数：夏季空气调节室外计算干球温度采用夏季室外空气历年平均不保证 50 h 的干球温度；夏季空气调节室外计算湿球计算温度采用室外空气历年平均不保证 50 h 的湿球温度。

3.1.21 常年性热负荷是常年都需要的热负荷。这一点有别于季节性热负荷。但常年又区别于全年，不一定是在一年 365 天都需要。例如某些生产工艺热负荷与原料来源有关，不一定全年生产。因此，不再用全年热负荷的称法而改成常年热负荷。与气象条件关系不大是指与气象变化基本无关，但不是一点关系没有。比如热水供应热负荷，原则上常年都应供应，但在夏季自来水温度升高，而且人们习惯用较低温度的热水以及使用热水量相对较少，热水供应热负荷较低。而冬季则正好相反。使得冬夏两季的热水供应热负荷有差别，这当然是与气象条件分不开的。因此，不能说完全与气象条件无关。

3.1.22 生产工艺热负荷指生产过程中用于加热、烘干、蒸煮、清洗、熔化等工艺用热设备或作为动力用于驱动机械设备（汽泵、汽锤等）用热的热负荷。

3.1.23 热水供应热负荷是指日常生活中洗衣、洗脸、洗澡等用热水的热负荷；公共浴池、公共洗衣房等服务行业集中用热水的热负荷；工农业生产过程中需要用热水的热负荷。

3.1.25、3.1.26 由于一周之内各日以及每日的不同时段的热水供应用水量都是不同的，设计计算热水供应系统时，要采用最大热负荷和平均热负荷的概念。由于采暖期比非采暖期热水供应用水量大，因此热水供应最大热负荷发生在采暖期，是指采暖期最大用水量日热水供应的最大热负荷。3.1.26 定义中平均日是指供暖期一周之内按 7 天平均确定的热水供应日用热量对应的 24 小时。与 3.1.25 一样，由于采暖期比非采暖期热水供应用水量大，因此热水供应平均热负荷是指采暖期一周之内平均日热水供应平均热负荷。

3.2 热指标和耗热量

3.2.1 热指标用于概算设计热负荷。对不同的概算方法和不同的对象，热指标的数值和单位不同。热指标定义是针对不同的热指标给出的。其中单位建筑面积的设计热负荷是对供暖面积热指标而言的；单位体积与单位室内外设计温差下的设计热负荷是对供暖体积热指标而言的；按单位产品计算的设计热负荷是对生产工艺热用户的耗热定额而言的。热指标不仅包括热用户本身的耗热指标，还应考虑向这些热用户供热管网的热损失。

3.2.5 热水供应热指标的单位可为 W/m² 或 L/（用水单位·日）。L/（用水单位·小时）中的用水单位可为人数，床位等，它比《城镇供热管网设计规范》CJJ 34－2010 中的生活热水热指标（W/m²）范围更为广泛一些。

3.2.6 耗热量指在一定时间内消耗的热量。一定时间可以是年、月、日、小时或季节等，因此对应着年、月、日、小时或采暖期耗热量等。耗热量不仅包括热用户本身的耗热量，还应考虑向这些热用户供热管网的热损失。3.2.7～3.2.12 各术语有同样的含义。

3.2.8 供暖年耗热量定义中已明确在一个供暖期内的总耗热量，但考虑到习惯，也为了与其他耗热量叫法统一，该术语仍称供暖年耗热量或采暖年耗热量，而未称作采暖期供暖耗热量或采暖期采暖耗热量。

3.2.10 空调年耗热量指空调系统全年各运行工况下所消耗的总热量。一年内空调系统有供冷、供热和同时供冷和供热的工况。如采用溴化锂吸收式机组，在过渡季或冬季，朝向不同的、大型公用建筑内区和外区对供热或供冷有不同要求时，会出现同一建筑同时供冷和供热的情况。

3.3 热负荷图和热负荷延续时间图

3.3.1～3.3.4 热负荷图中横坐标为时间（或年、月、日），纵坐标为与时间对应的热负荷。

3.3.5 热水供应日耗水量图中横坐标为小时（时间），纵坐标为小时耗水量。

3.3.6 热负荷延续时间图由互相联系的两部分构成。图中纵坐标的左侧为热负荷随室外温度变化的曲线图。右侧为全年或供暖期内不同室外温度对应的热负荷延续时间曲线图。右图曲线下的面积表示全年或供暖期的总耗热量。

4 供热热源

4.1 供热热源

4.1.5 工厂自备热电厂可以设置在厂区内，也可以设置在厂区外。可以只给本厂供电、供热，也可以在优先保证向本厂供电、供热的条件下向外供电、供热。

4.1.7 通常用于供热的核供热站的载热介质压力不超过 2.5MPa，温度不超过 200℃即可满足供热需要。核电站为了提高效率，载热介质的压力可达到 16MPa，温度可达到 300～320℃。用于供热的低温核反应堆有低压压水堆、有机载热型及游泳池型等。水为载热剂的堆芯出口温度可为 200℃、198℃、

115℃，可作为热源，相应地供热管网供回水设计温度可为150/70℃、120/70℃、95/60℃等。游泳池式小功率低温供热堆为常压，堆芯出口温度为80℃（最高不超过100℃）。

4.1.8 工业余热来源于工业生产过程有关的各个环节。其中从排放物的角度而言，工业生产过程中的排放物包括固体物料、液体物料及气体物料。因此相应的工业余热包括固体物料工业余热、液体物料工业余热及气体物料工业余热。

4.1.9 地热介质有蒸汽和热水等。地热水根据其温度又可分为：高温（150℃以上）、中温（150℃以下90℃以上）和低温（90℃以下）。地热能的开发利用包括发电和非发电利用（直接利用）两个方面。

4.2 锅 炉 房

4.2.1 根据所采用的能源，供热锅炉有燃煤锅炉、燃气锅炉、燃油锅炉以及电锅炉等多种。供热锅炉除了向民用建筑、公用建筑供热之外，还向工农业等各生产部门供热。

4.2.9 锅炉给水泵用于补充蒸汽供热系统中凝结水回收系统未能回收的水量及其他原因散失的水量。

4.2.11 热水锅炉循环水泵的作用是增强锅内水循环，保证锅炉必要的循环倍率。在自然循环锅炉中水靠自身的重力作用已能满足锅内水循环要求，不需要设锅炉循环水泵。一般强制循环或复合循环热水锅炉需要配备锅炉循环水泵。

4.3 热 电 厂

4.3.1 涡轮机亦称透平，是叶轮式动力机械、汽轮机、燃气轮机、水轮机、风轮机的通称。

4.3.6 抽汽式汽轮机可调节抽汽口抽出蒸汽的流量和压力可调，以满足供热系统调节的要求。

4.3.7 抽汽背压式汽轮机相当于抽汽式汽轮机与背压式汽轮机的组合。

4.3.8 燃气轮机是以天然气、液体燃料或煤（气化）为工质，由压缩机、燃烧室、透平、控制系统及辅助设备所组成的。空气在压缩机中被压缩后，进入燃烧室与喷入的燃料掺混燃烧。所产生的高温高压气体在透平中膨胀，把部分热量转换为机械能。目前燃气轮机只能燃用天然气（包括焦炉煤气和高炉煤气）或液体燃料。

4.3.14、4.3.15 恶化真空运行和打孔抽汽都是将凝汽式轮机改造为供热式汽轮机的措施。

4.3.16 燃气—蒸汽联合循环是燃气在燃气轮机中作功，再利用燃气轮机的排气作为热源加热汽轮机系统的给水，产生高温、高压蒸汽，驱动汽轮机作功的热力循环方式。上述两种循环叠置组合成一个总的循环系统，可以提高循环效率。燃气—蒸汽联合循环有三种主要形式：不补燃的余热锅炉型、补燃的余热锅炉型和增压锅炉型。

4.4 其他热源及设备

4.4.3 地热井有勘探井、生产井和回灌井三大类。查明地下热水埋藏条件、运动规律、水的流量、温度和压力以及水文地质情况的地热井称为勘探井；抽取地热热水用于发电、供暖、工农业应用和生活的地热井称为生产井；将利用后的地热水注还地下热储层的地热井称为回灌井。

4.4.8 地源热泵通常是由水源热泵机组、地热能交换系统、建筑物内系统组成的供热空调系统。根据地热能交换系统形式的不同，地源热泵分为地埋管地源热泵、地下水地源热泵和地表水地源热泵。

4.4.9 空气源热泵通常有空气/水热泵、空气/空气热泵等形式。

4.4.11 蓄热器是热源的产热量与热用户的需热量不平衡的调节设备。可蓄存和释放热量。可用于各类热源，可安装于供热系统的热源、供热管网或热用户处。

5 供 热 管 网

5.1 供 热 管 网

5.1.1 供热管网简称热网，也称热力网。供热管网输送的是热能，当作为动力时也称热力。考虑到多年来的习惯用法，仍给出其同义词热力网。供热管网定义的范围为热源出口至热用户（或热力站）入口。

5.1.5 蒸汽供热管网的制式，取决于热源供应几种蒸汽参数，不计及凝结水管，也不论及蒸汽管的根数。单制式蒸汽供热管网是指从热源供出单一参数的蒸汽供热管网。如向同一组热用户引出两根相同蒸汽压力的蒸汽管也应看作单制式蒸汽供热管网。即制式不是指管道的根数。因此，用单制式比单管式更恰当。

5.1.6 双制式蒸汽供热管网经常是用供汽压力较高的供汽管满足高参数生产设备用汽要求；用供汽压力较低的供汽管满足较低参数蒸汽用户的用汽要求。有关制式的概念见5.1.5的条文说明。

5.1.7 多制式蒸汽供热管网是从热源引出多种供汽压力的供汽管，分别向多个用汽压力不同的热用户供热。有关制式的概念见5.1.5的条文说明。

5.1.9 与蒸汽供热管网不同，热水供热管网的制式是指同时存在供水干管和回水干管而言的。单管制热水供热管网是开式系统，只有从热源引出的供水管，无返回热源的回水管。具体有两种类型：一种是只有供水管通向所有热用户的供热管网，有些小型的热水供应系统采用这种型式；另一种是仅仅输送干线只有供水管的供热管网，当热源离热用户较远、输送干线较长、采暖回水量与热水供应用水量相当时，回水被热水供应用户取用，可以采用后一种型式。单管制热水供热管网只有供水管，为了提高可靠性亦可采用两根并行的供水管。

5.1.10 实际工程中大量采用的是双管制热水供热管网。

5.1.11 多管制热水供热管网有两种基本类型。一种是以考虑正常工况为主的多管制。在这种型式下，有三管制与四管制等。三管制可为两根供水温度不同的供水管和一根回水管，四管制可为两根供水温度不同的供水管和两根回水管。不同温度的供水管满足不同热用户的要求。另一种是为了提高可靠性、应对事故工况设置的多管制。在这种型式下，三管制可为两根供水温度相同的供水管和一根回水管或者为一根供水管和两根回水管。发生事故时关闭两根供水管（或两根回水管）中的一根管道，另外两根管道形成一供一回的环路可以维持运行、供给热用户限额流量。四管制可为两根供水温度相同的供水管和两根回水管。发生事故时关闭任何一根管道，系统可以维持运行。

5.1.12 一级管网的定义适用于设置一级换热站的供热系统，一级管网与二级管网的分界点是换热站。由热源至换热站的供热管网是一次管网。随着供热行业的发展，供热系统的规模和型式有了很大扩展，目前有些工程经过两级或三级换热将热能传给热用户。在多级管网供热系统中，由热源至第一级换热站的供热管道系统称为一级管网。无换热站的供热系统，无一级管网和二级管网之分。

5.1.13 二级管网的定义适用于设置一级换热站的供热系统，一级管网与二级管网的分界点是换热站。由换热站至热用户的供热管网是二次管网。在多级管网供热系统中，由第一级换热站至第二级换热站的供热管道系统称为二级管网。在多级管网供热系统中，有的热力站主要起隔绝和降低供热介质压力的作用，称作隔压站。

5.1.14 在多级管网中，由热源至第一级换热站的供热管道系统称为一级管网；由第一级换热站至第二级换热站的供热管道系统称为二级管网；由第二级换热站至第三级换热站的供热管道系统称为三级管网。以此类推。

5.1.15 管网选线定义中的各种条件是指供热管网布置时应考虑热源位置、热负荷分布、各种地上和地下管道及构筑物的交叉与道路、铁路、河流等的关系以及水文、地质和环境等多种因素，经技术经济比较确定。

5.2 供 热 管 线

5.2.1 供热管线与供热管道的区别在于前者不仅包括管道，而且还包括沿线管路附件（阀门、补偿器、支座、支架等）及附属构筑物（管沟、检查室等）。

5.2.2 供热管路附件是管道、阀门、管件及其他附件的总称。管件包括三通、弯头、异径管、管堵、法兰、垫片等。其他附件包括补偿器、支座（架）和器具等。

5.2.3～5.2.6 本术语标准中把通往一个热力站（或一个热用户）的管线定义为支线（有时支线又称为户线），考虑到如果间接连接时一个热力站可向多个热用户供热，在这种情况下该热力站的管线称作户线不妥，所以建议称为支线更好。除了支线则全为干线，这样分类的好处在于概念比较明确。干线可分为主干线和支干线。主干线的定义适用于间接连接与直接连接系统。对间接连接供热系统而言，主干线是由热源至最远热力站分支管处的干线，分支管处是指热力站支线与干线的连接点；对直接连接用户而言，主干线是由热源至最远热用户分支管处的干线，分支管处是指热用户支线与干线的连接点。支干线是除主干线以外的干线。从而将支干线与干线、支干线与支线加以区别。干线、主干线、支干线和支线又常称为干管、主干管、支干管和支管，见图1。

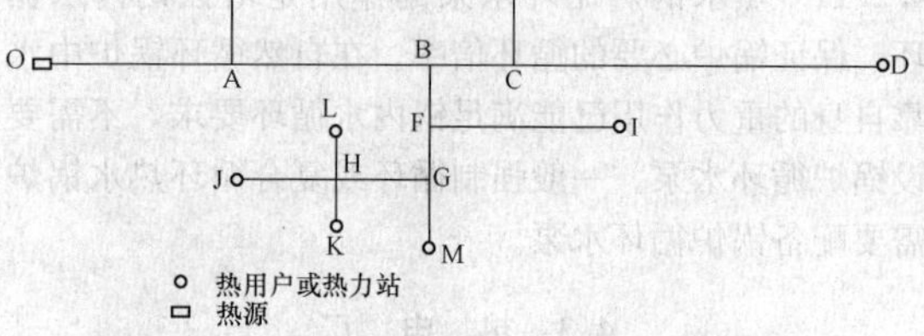

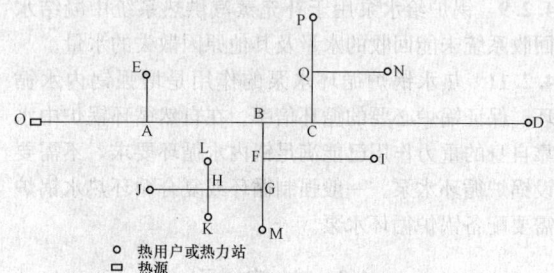

图1 主干线、支干线、支线说明简图

图中：分支管处：A、B、C、F、G、H、Q

主干线：O—A—B—C

支干线：CQ、BF、FG、GH

支 线：CD、AE、FI、GM、HK、HL、HJ、QN、QP

5.2.9 供热管网连通管线一般是指连接同一供热管网或不同供热管网中不同干线的管道。有双连通管和单连通管之分。双连通管指同一地段的连通管为两根并行的管道，其中一根用于连通供水干管，另一根用于连通回水干管。单连通管指同一地段的连通管为一根管道，通过阀门切换既可用于连通供水干管，又可连通回水干管。此连通管不是指热用户入口供回水管的连通管。

5.2.11 管线沿途排水管是利用渗流原理降低供热管道所在地点地下水位的措施。

5.2.12 供热管道的放水装置包括除污短管、放水管、放水阀以及将这些部件连成整体后与供热管道线相连接的管路附件。

5.2.13 供热管道的放气装置包括集气罐、放气管、放气阀以及将这些部件连成整体后与供热管道线相连接的管路附件。

5.2.14 蒸汽管道的疏水装置包括集水短管、疏水管、疏水阀、关断阀、检查阀等以及将这些部件连成整体后与供热管道线相连接的管路附件。

5.3 供热管道敷设

5.3.10 隧道敷设的定义中参照《中国土木建筑百科辞典》（工程施工卷）中隧道的定义："隧道是修建在岩土层内各种工程结构物的总称"。隧道有市政隧道和其他用途的隧道。供热管线遇到铁路、公路、河流及其他不可敞沟开挖的地段，可采用隧道敷设。在管道安装前完成隧道结构施工，隧道内部尺寸不仅应能满足供热管道及其管路附件的运输、安装、检修、更换需要，有的还要敷设其他工程管线及提供各种交通车辆和行人的通道。

5.3.11 套管敷设时套管的尺寸稍大于供热管道敷设要求。不考虑在套管内检修管道，在套管两端应有抽管检修和施工的空间。可采用钢管、钢筋混凝土管或其他材质的成品管道作为套管。

5.3.13 管沟埋设深度指管沟垫层底部至地面的距离；检查室埋设深度指检查室垫层底部至地面的距离；直埋管道埋设深度指保温结构外底至地面的距离。以上结构均不包括结构以下的地基处理层及垫层。

5.3.17 管沟安装孔的尺寸应满足安装、检修或事故抢修具有一定长度的、最大直径的管道和管路附件以及最大外形尺寸设备进出通行管沟、半通行管沟的空间要求。安装、检修和事故抢修时不需揭开管沟盖板，而只需打开安装孔的盖板即可进行操作。

5.3.18 集水坑常设置于检查室内。若维修或发生事故时管道要放空，管内的水汇集到集水坑。对管沟敷设集水坑还用于汇集沿管线的积水以及从地表、地下进入管沟和检查室内的水；对直埋敷设集水坑还用于汇集从地表、地下进入检查室内的水。集水坑位于较低位置处，以利于积水和用排水设备抽出。

5.4 管道支座和支架

5.4.4 滚动支座分滚轴式和滚珠式，管道位移时滚动支座产生的滚动摩擦力小于滑动摩擦。滚轴式滚动支座仅管道轴向相对位移时为滚动摩擦；滚珠式滚动支座管道在水平各向相对移动时都为滚动摩擦。

5.4.7 内固定支座是工作钢管与外护管的固结点，限制该点的工作钢管与外护管之间的位移。

5.4.8 外固定支座是钢质外护管与固定墩的固结点，限制该点的钢质外护管与土壤之间的位移。

5.4.9 内外固定支座是工作钢管、外护管与固定墩固结点，限制该点的工作钢管和钢质外护管与土壤之间的位移。

5.4.20 刚性支架的柱脚与基础的连接在管道的径向和轴向都是嵌固的。支架的刚度大，柱顶的位移值甚小，不能适应管道的热变形。因而所承受的水平推力就很大。因此，它是一种靠自身的刚性抵抗管道热膨胀所引起的水平推力的支架。

5.4.21 柔性支架的下端固定，上端自由。支架沿管道轴线的刚性小（柔度大），柱顶依靠支架本身的柔度，允许发生一定的变形从而适应管道的热膨胀位移，使支架承受的弯矩较小。柱身沿管道横向刚度较大，可视为刚架。

5.4.22 铰接支架柱身可随管道的伸缩而摆动，支柱仅承受管道的垂直荷载。因而柱子横断面和基础尺寸可以适当减小。

5.4.25 梁式支架可分为单层和双层，单梁和双梁等。

5.5 保温和防腐

5.5.1 保温定义中的供热管道包括补偿器、阀门等管路附件。

5.5.7 预制式保温定义中包含两种预制式保温。一种是在工厂生产保温材料预制品，现场将其捆扎或粘接于管道（或设备）外表面形成保温层的方式；另一种是将保温结构与管道一起在工厂制成预制保温管的方式。

5.5.10 可拆卸式保温结构的保护层和保温层可分离，保温层与管道不粘接，拆卸后便于恢复。用于供热管道上需要经常维修、更换的管路附件处。常用于地上敷设和管沟敷设的供热管道。

5.5.12 在异材复合保温结构中，界面温度必须控制在低于或等于外层保温层材料安全使用温度（以摄氏度计）的90%以内。

5.5.13 对保温材料的性能要求是多方面的，定义中只列举了最主要的技术要求。除此外还应有无毒、无害、使用寿命长等要求，未逐一列出。

5.5.14 工作管如采用钢管时，也常称为工作钢管。因近年来出现多种新型管材，它们也有能用于供热的。为了应用面更广，本术语定为工作管，而未强调其材质。工作管中的供热介质可以是蒸汽或热水。

5.5.15 保温层定义中的空气层是指复合保温结构中的空气层或真空层。

5.5.16 保护层是指保温层外的材料层，用以阻挡外力和环境对保温材料的破坏和影响。

5.5.17 外护管是直埋预制保温管的保温结构中的保护层。套在工作管外，外护管与工作管之间有保温层。外护管可采用钢管、高密度聚乙烯塑料管和玻璃纤维增强塑料管等。

5.5.18 排潮管用于输送高温供热介质的预制保温管的保温层中，用于排除工作管与外护管之间保温层内的水汽，以防止保温层的性能减退。其外护管可以采用钢管或玻璃纤维增强塑料管。排潮管可设置在临近预制保温固定支座或适宜的预制保温管段上。排潮管设置在临近保温固定支座处，可减少排潮管的位移和受力。但由于排潮管直径小，并且外护管不直接承受供热介质的内压，所以在实际工程中也往往将排潮管设置在预制保温管段上的其他适宜位置。

5.5.19 辐射隔热层是为了减少辐射换热量、提高保温效果而设置的结构层。常用铝箔作辐射隔热层材料。

5.5.23 防腐层可采用多种材料，目前直埋管的外护管所用材料见5.5.17的条文说明，当外护管为钢管时，由于钢管的抗腐蚀能力差，预制直埋保温管外护管的外壁一定要另有防腐层；当外护管为高密度聚乙烯塑料管和玻璃纤维增强塑料管时，由于这些材料的抗腐蚀能力较强，保温管的外护管外壁无防腐层。

5.5.27 防水端封由工作管、保温层、外护管和保温层端面密封环板组成。

5.5.30 穿墙套袖有刚性与柔性之分，有防水与不防水之分；用于室外供热管道的多为防水穿墙套袖。

5.5.35 局部热损失单独提出是因为管路附件形状各异，其面积比所在的等长直线管道要大，保温质量又难以保证，所以其热损失要比相应直管大。

5.6 热 补 偿

5.6.12 波纹管补偿器包括外压轴向波纹管补偿器、铰链波纹管补偿器与复式拉杆波纹管补偿器等多种类型。其中，外压轴向波纹管补偿器通过外管直接承受土壤的压力并减轻土壤对波纹管的腐蚀，又称为直埋式补偿器（分全埋式与半埋式两类）；铰链波纹管补偿器一般3个一组安装，单式铰链波纹管补偿器可补偿单平面弯曲管段位移，万向铰链波纹管补偿器可补偿多平面弯曲管段位移。铰链能够起限制波纹管轴向位移和承受介质产生的内压推力的作用；复式拉杆波纹管补偿器通过拉杆限制波纹管轴向位移和承受介质内压产生的推力的作用。

5.6.14 球形补偿器本身除了沿轴线旋转任意角度外，还可以向其他任何方向折曲，其折曲角不大于30°，球形补偿器必须由两个以上成组使用。

5.6.15 旋转补偿器需两个以上组对成组安装。

5.7 阀 门

5.7.7 分段阀间隔一定距离设置在干线上。分段阀不包括从干线分出的支干线和从干线和支干线分出的支线处设置的关断阀门，尽管这些阀门在维修和发生事故时也能切除部分管段，但一般不能算做分段阀。

5.7.17 流量调节阀通过控制调节压差来控制流量“恒定”，实际上是将流量控制在某一水平，在该水平上下较小的范围内波动。

6 热力站与热用户

6.1 热力站与中继泵站

6.1.1 热力站连接供热管网与热用户。不同的系统中，热力站功能不同，但总归要具备转换供热介质种类、改变供热介质参数、分配、控制及计量中的某些功能。蒸汽供热系统中，热力站可起转换供热介质种类和改变供热介质参数的作用。热水供热系统中，间接连接的热力站与直接连接的热力站作用又不同。热力站包括换热站、混水热力站、用户热力站等。

6.1.3 民用热力站服务对象包括民用建筑和公用建筑。其热负荷可有供暖、通风、空调和热水供应等。

6.1.4 工业热力站服务对象为工业建筑及其辅助建筑。其热负荷可为生产工艺、供暖、通风、空调和热水供应等。工业热力站服务的工业企业，只有供暖、通风、空调、热水供应热负荷时，由于工业企业用热的时间和规律与民用建筑不同，仍划为工业热力站服务对象。

6.1.5 中继泵也有称为加压泵的，采用加压两字意义不明确，因为热源循环水泵、热用户入口处的循环水泵都有加压作用，考虑到与其他规范协调以及使定义更加确切，本标准中称中继泵。

6.1.7 混水装置是起混水作用的设备或器具。常用混水泵和水喷射器等。

6.1.12、6.1.13、6.1.19 及第6.1节中其他术语都可在热源和热力站中采用。本标准中将其放在第6.1节中，其定义不随使用位置而变化。分水器、集水器和分汽缸构造相同。用于热水系统时称为分水器或集水器；用于蒸汽系统时称为分汽缸；设置于供水管上称为分水器；设置于回水管上称为集水器。如连接两条分支管，采用一般的三通即可实现连接，无需分水器、集水器和分汽缸。所以定义中明确分水器、集水器和分汽缸用于连接三条及三条以上分支管路。

6.1.14 均压罐又称为平衡罐、水力平衡器等，可设置在热源和热力站（或热用户）处。设热源（或热力站）所在的环路为上级环路；热力站（或热用户）所在的环路为下级环路。在上、下两级环路中分别设置循环水泵。上级环路循环水泵克服锅炉（或热力站）所在系统阻力，下级环路循环水泵克服热力站（或热用户）的阻力，通过均压罐将两级环路的供回水管直接相连，均压罐所在处供回水管的压差为零。

6.1.24 开式凝结水箱可在其箱顶盖上或凝结水管的某处设空气管，使凝结水系统与大气相通。

6.1.25 闭式凝结水箱设安全水封等装置，使凝结水系统与大气隔绝。

6.2 换 热 器

6.2.11 管壳式换热器种类繁多。根据其管板、管束的结构特点可分为固定管板式（管束两端的管板与外壳固定在一起），浮头式（管板之一与外壳固定，另一个带有封头，可以与壳体发生相对运动）、U形管式（管弯成U形，管端全部固定在一个管板上）、分段式（若干个直的管壳与相应数量的弯管串联在一起）和波节管式（由呈波节形状的管道组成管束）等类型。

6.2.13 板式换热器根据其结构特点可分为板框式（由平行的波纹板及板间密封垫组合在一个框架上，俗称为板式）、板片式（平行排列的板片焊接在一起，装在一个壳体内）和螺旋板式（两张平行的长板卷成螺旋状）等类型。

6.2.14 热管是一种高效的传热器件。主要由管壳、管芯和工作流体三部分组成。管壳是金属制成的封闭壳体，管芯是由金属制成的多孔毛细结构构件，并紧附在管壳的内壁上。管芯浸透着工作流体。工作流体因工作温度的不同可用各种物质（水、汞、钠等）。在热管同热源接触的一端内，工作流体因吸热而蒸发。蒸汽流向温度较低的另一端并在凝结过程中放出热量。工作流体连续循环，不断地将热量从热源端传递到用热端。

6.2.19 目前换热机组中的换热器多采用板式换热器。因该换热器体积小，可使换热机组比较紧凑。

6.3 热用户及其连接方式

6.3.1 供热系统由热源、供热管网和热用户组成。即热用户是供热系统必不可少的组成部分。根据热负荷性质可并列派生供暖热用户、通风热用户、空调热用户、热水供应热用户和生产工艺热用户。

6.3.4 空调热用户由热源供给蒸汽或热水作为溴化锂吸收式冷水机组的动力源以及空气的加热、加湿过程都要直接或间接地消耗热量。

6.3.7 热力入口除包括管道和管路附件之外，还包括设置在热用户与供热管网相连接处的水泵、混水装置和换热设备等设施。

6.3.9 直接连接的定义对蒸汽供热管网和热水供热管网都适用。

6.3.11 根据混水装置的不同，混水连接可以分为混水泵连接和水喷射器连接。前者依靠外力（水泵）实现混水，后者依靠流体本身的能量来实现混水。

混水连接可用于供热管网和热用户入口，其定义是针对这两种情况而言的。

6.3.13 间接连接有时又称为隔绝式连接，因为间接连接时，热用户与供热管网连接处有表面式换热器，使供热管网的供热介质不直接进入用户，因而其压力不作用到热用户设备上，可减少供热管网的失水率及便于集中控制等。对蒸汽供热管网和热水供热管网都可采用间接连接的方式。

7 水力计算与强度计算

7.1 水力计算

7.1.3 动态水力计算是考虑供热系统的工况随时间变化所进行的水力计算。动态水力计算有三种情况：(1) 只考虑工况变化前、后的情况，按常规水力计算方法进行；(2) 按慢变过程考虑，在水力计算时要加入惯性水头项；(3) 按急变过程考虑，在水力计算时要考虑工质的可压缩性，按水击公式计算。

7.1.7、7.1.10 比摩阻与比压降在实际使用时常常混淆。实际上，“比摩阻”指单位长度管道的沿程阻力损失；“比压降”则指单位长度管路的总阻力损失。总阻力损失包括沿程阻力损失和局部阻力损失。

7.1.11 水力汇流点是对供水管而言的。环状供热管网或多热源枝状供热管网中存在水力汇流点，水力汇流点位于支干线（或支线）与干线的连接点。

7.1.12 水力分流点是对回水管而言的。环状供热管网或多热源枝状供热管网中存在水力分流点，水力分流点位于支干线（或支线）与干线的连接点。

7.1.13 枝状热水供热管网计算主干线的定义是针对单热源枝状热水供热管网而言的。对于单热源枝状热水供热管网，一般计算主干线为热源至最远热力站（或最远热用户）分支管处的串联管线，专指首先开始进行水力计算的那条管线，由于管长最长，其平均比摩阻最小。对于多热源枝状热水供热管网，由于其存在水力汇流点，因此多热源枝状热水供热管网的计算主干线的定义参照7.1.12。定义中的热源至最远热力站分支管处的管线是对间连系统的一级管网而言的；热源至最远热用户分支管处的管线是对直连系统或间连系统的二级管网而言的。

7.1.26、7.1.27 为了保持热水供热系统内的压力水平和正常运行，补水量应等于失水量。失水率和补水率这两个术语是从不同角度给出的。

7.1.32 凝结水回收率定义中凝结水回收系统回收的凝结水量与其从蒸汽供热系统获取的蒸汽流量之百分比是对蒸汽供热系统而言的；热用户（用汽设备）回收的凝结水量与其从系统获取的蒸汽流量之百分比是对热用户（用汽设备）而言的。

7.1.33 当管道全部断面被乳状的汽水混合物充满时应属于两相流，不能当作满管流。

7.1.35 物质的单一状态有固态、液态和气态，在两相流体力学中相应的称为固相、液相和气相。两相流有气固两相流、液固两相流、气液两相流、液体气泡两相流等等。供热系统凝结水管路中蒸汽和凝结水共存的流动状态属于两相流。

7.2 供热管道强度计算

7.2.1 按《城镇供热管网设计规范》CJJ 34－2010

条文说明，管道应力计算的任务是验算管道由于内压、持续外载作用和热胀冷缩及其他位移受约束产生的应力，以判明所计算的管道是否安全、经济、合理；计算管道在上述荷载作用下对固定点产生的作用力，以提供管道系统承力结构的设计数据。

7.2.3 失稳分为轴向失稳和环向失稳。当长直管道受轴向压力时，可能发生细长压杆的轴向失稳。当薄壁管道受侧向外压时，可能发生横截面的环向失稳。

7.2.4 稳定性验算的定义是针对轴向失稳和环向失稳而言的。

7.2.5 水平布置的管道和垂直布置的管道其轴向荷载不同。水平管道轴向荷载包括：摩擦力、内压力不平衡力、补偿器反力等；垂直管道轴向荷载主要是管道自重和其他外荷载在管道轴向的分力。

7.2.7 管道垂直荷载与敷设方式有关。对地上敷设管道垂直荷载除自重外，还有其他外荷载。其他荷载指风、雪荷载等；对直埋敷设管道垂直荷载除自重外，其他外荷载指管上土体荷载。

7.2.15 考虑作用力抵消系数可客观地减少固定支座所受的力及其尺寸，对地上、直埋与管沟敷设管道受力计算时，都要用到作用力抵消系数。

7.2.18 应力分类法将管道中的应力分为一次应力、二次应力和峰值应力。

7.2.19 一次应力是由荷载作用而引起的应力。

7.2.20 二次应力是由变形受约束而引起的应力。

7.2.22 热应力是由温度变形受约束而引起的应力。热应力属于二次应力。

7.2.23 钢材许用应力的取值按《火力发电厂汽水管道应力计算技术规程》DL/T 5366－2006 规定，根据钢材的有关强度特性取下列三项中的最小值：

$$\sigma_b^{20}/3;\sigma_s^t/1.5 \text{ 或 } \sigma_{s(0.2\%)}^t/1.5;\sigma_D^t/1.5$$

式中：σ_b^{20}——钢材在 20℃ 时的抗拉强度最小值，MPa；

σ_s^t——钢材在设计温度下的屈服极限最小值，MPa；

$\sigma_{s(0.2\%)}^t$——钢材在设计温度下残余变形为 0.2% 时的屈服极限最小值，MPa；

σ_D^t——钢材在设计温度下的 10^5h 的持久强度平均值，MPa。

7.2.25 按《城镇直埋供热管道工程技术规程》CJJ/T 81－1998 条文说明，当量应力是指将结构内实际的多向应力按一定的强度理论，折算成单向应力形式，可与单向应力试验结果进行比较，使转换前后对结构破坏的影响能达到等效的应力量。

7.2.26 许用外载综合应力定义中的外载负荷包括管道自重和风、雪荷载等。

7.2.28 按《城镇供热管网设计规范》CJJ 34－2010 规定，蒸汽管道取用锅炉、汽轮机抽（排）汽口的最高工作温度作为管道工作循环最高温度；热水管道工作循环最高温度取用供热管网设计供水温度。

7.2.29 按《城镇供热管网设计规范》CJJ 34－2010 规定，管道工作循环最低温度，对于全年运行的管道，地下敷设时取 30℃，地上敷设时取 15℃；对于只在采暖期运行的管道，地下敷设时取 10℃，地上敷设时取 5℃。

7.2.30 安装温度与计算管道位移量有关，按《城镇直埋供热管道工程技术规程》CJJ/T 81－1998 规定，直埋敷设管道在进行受力计算和应力验算时，计算安装温度取安装时当地的最低温度。

7.2.37～7.2.44 参考《城镇直埋供热管道工程技术规程》CJJ/T 81－1998 确定。

8 热水供热系统水力工况与热力工况

8.1 热水供热系统定压

8.1.3 定压压力分为系统停止运行时的定压压力和系统运行时的定压压力，一般可根据热水供热系统中循环水泵停止工作和运转时管路和直接连接热用户（或换热站）内部不发生汽化、倒空、超压、气蚀并留有一定安全裕量来确定。一般应按运行时满足上述要求确定定压压力的数值。

8.1.11 旁通管定压的定压装置主要是补给水泵，因此经常称为补给水泵旁通管定压，但这样一来容易使人理解成补给水泵旁通管上设定压点，因此，改称旁通管定压更准确一些。该定压方式是在循环水泵进出口之间设置旁通管，但定压点是在循环泵入口和出口之间的旁通管上。

8.2 水 压 图

8.2.1 水压图是表示热水供热系统运行或停止工作时管道内各点的测压管高度的图线。完整的水压图，除了静水压线、动水压线以外，还反映用户的地形高度、建筑物高度等，水压图上的压力都是相对基准面的相对压力，用米水柱表示。对蒸汽供热管网的蒸汽管无水压图之说。

8.2.11 充水高度的定义中水柱高度指热用户（或热力站）充满水时热用户（或热力站）的顶部相对于某一基准面的水柱高度。热用户（或热力站）的高度不一定等于建筑物高度。例如：大多数工业建筑的建筑物高度大于热用户系统的高度。

8.2.14 倒空是避免与热用户系统相连接的供热管道的测压管水头低于热用户系统的充水高度，热用户系统中水不能充满，进入空气的情况。因此，为了保证系统正常运行，采暖期无论是运行还是静止时，供热系统内都应充满水。为了防止倒空，热用户为上供下回式采暖系统时，要保证与热用户相连接的供水管测压管水头高于热用户系统的充水高度；热用户为下供上回式采暖系统时，要保证与热用户相连接的回水管的测压管水头高于热用户系统的充水高度。

8.3 水力工况与热力工况

8.3.17 热力工况是指供热系统中供热负荷的分布状况。水力工况是研究热力工况的基础。热力工况的变化除与水力工况有关之外，还与热用户用热情况有关。热力工况与管道的保温有一定的关系，但热力工况不是指管道保温的优劣和热损失的大小。

9 施工验收、运行管理与调节

9.1 施工及验收

9.1.2 暗挖法主要有顶管法、盾构法、浅埋暗挖法等。

9.1.3 顶管方法是暗挖施工方法之一，操作时将钢筋混凝土管或钢管等预制管涵节段放入工作坑中，通过传力顶铁和导向轨道，用高压千斤顶，将预制管涵节段顶入土层中。

9.1.5 浅埋暗挖法通过对围岩变形的量测及监控，采用锚杆和喷射混凝土为主要支护手段。对围岩进行加固，约束围岩的松弛和变形，使其与围岩共同作用形成联合支护体系，以充分利用围岩的自承能力和开挖面的空间约束作用的暗挖施工方法。浅埋暗挖法又称为松散地层的新奥法。

9.1.13 强度试验定义中的“压力试验”可采用水压试验或气压试验。其中水压试验简便、安全、检漏容易，因而用得较多。

9.1.14 严密性试验可采用水压试验或气压试验。严密性试验是在管道系统安装工程全部完成后进行的总体试验。

9.2 运 行 管 理

9.2.5 联网运行是指根据正常供热或事故供热的需要，将各自能够独立运行的供热系统联合成一个大供热系统共网的运行方式。联网运行的供热管网可以是多热源枝状管网或多热源环状管网。联网运行可以提高供热系统的供热质量、经济性和应对事故的能力。

9.2.6 解列运行是指根据正常供热或事故供热需要，关闭多热源供热管网上的某些阀门，分成为两个或多个供热系统的运行方式。各供热系统有独自的热源和供热管网，相当于两个或多个供热系统分别运行。根据供需情况，解列运行可以是部分解列和整个系统全部解列。

9.3 供 热 调 节

9.3.1 调节定义中对供热介质的流量、温度以及运行时间等进行的调整是调节的手段。对运行时间进行调整是指间歇调节和分时调节等调节手段。调节的目的是为了保持供热量与需热量之间的平衡。

9.3.10 分阶段调节按室外温度高低把供暖期分成几个阶段，在不同的阶段可采用质调节、量调节和质—量调节等几种调节方式组合的调节方式。

9.3.15 水温调节曲线以采暖室外温度为横坐标，供、回水温度为纵坐标。质调节、分阶段改变流量的质调节和量调节这几种调节方式，都分别有不同的水温调节曲线。对前两种方式，供、回水温度同时随室外温度改变。对后一种方式，供水温度不变，回水温度随室外温度改变。

9.3.16 流量调节曲线以采暖室外温度为横坐标，流量或相对流量为纵坐标。

中华人民共和国行业标准

城镇污水处理厂运行、维护及安全技术规程

Technical specification for operation，maintenance and safety of municipal wastewater treatment plant

CJJ 60—2011

批准部门：中华人民共和国住房和城乡建设部

施行日期：2 0 1 2 年 1 月 1 日

中华人民共和国住房和城乡建设部
公　　告

第957号

关于发布行业标准《城镇污水处理厂运行、维护及安全技术规程》的公告

现批准《城镇污水处理厂运行、维护及安全技术规程》为行业标准，编号为 CJJ 60－2011，自 2012 年 1 月 1 日起实施。其中，第 2.2.13、2.2.20、2.2.24、2.2.25、3.2.3、3.5.3、3.10.14、3.12.1、3.12.4、3.12.6、3.12.8、5.3.3、5.6.1、6.1.4、6.2.4、7.3.6、8.1.3、10.0.1 条为强制性条文，必须严格执行。原《城市污水处理厂运行、维护及其安全技术规程》CJJ 60－94 同时废止。

本规程由我部标准定额研究所组织中国建筑工业出版社出版发行。

中华人民共和国住房和城乡建设部

2011 年 3 月 15 日

前　　言

根据原建设部《关于印发〈2004 年度工程建设城建、建工行业标准制订、修订计划〉的通知》（建标［2004］66 号）的要求，规程编制组经广泛调查研究，认真总结实践经验，参考有关国际标准和国外先进标准，并在广泛征求意见的基础上，修订了本规程。

本规程的主要技术内容是 1 总则；2 基本规定；3 污水处理；4 深度处理；5 污泥处理与处置；6 臭气处理；7 化验检测；8 电气及自动控制；9 生产运行记录及报表；10 应急预案。

本次修订的主要技术内容是：1 章节设置做了较大的调整，兼顾了各种不同组合工艺特点的污水处理厂，健全了运行参数及制度保障等方面的内容；2 纳入了近十几年来出现并成熟的新技术、新工艺；3 进一步完善了污泥处理与处置方面的内容；4 增加了污水深度处理方面的内容；5 增加了臭气处理方面的内容；6 增加了应急预案方面的内容。

本规程中以黑体字标志的条文为强制性条文，必须严格执行。

本规程由住房和城乡建设部负责管理和对强制性条文的解释，由中国城镇供水排水协会负责具体技术内容的解释。执行过程中如有意见或建议，请寄送中国城镇供水排水协会（地址：北京市西城区莲花池东路甲 5 号白云时代大厦，邮政编码：100038）。

本规程主编单位：中国城镇供水排水协会
天津创业环保集团股份有限公司

本规程参编单位：城市建设研究院
天津泰达新水源科技开发有限公司
天津中水有限公司
北京城市排水集团有限责任公司
上海市排水行业协会
上海市城市排水市北运营有限公司
无锡市排水总公司
昆明滇池投资有限责任公司
大连市排水处
邯郸市市政污水处理有限责任公司
深圳市水务（集团）有限公司
沃特鲁（澳门）有限公司
泰安市城市排水管理处
合肥市排水管理办公室
珠海威立雅水务污水处理管理有限公司
长沙市排水有限责任公司
艾维有限公司
菲斯曼中国有限公司

北京天传海特环境科技有限公司
上海恩德斯豪斯自动化设备有限公司
宜兴华都琥珀环保机械制造有限公司
特而博涡轮系统（上海）有限公司
海斯特（青岛）泵业有限公司
江苏一环集团有限公司
山东省金曼克电气集团股份有限公司
江苏通用环保设备有限公司
江苏菲力环保工程有限公司
北京麦格天宝科技发展有限公司

本规程主要起草人员：朱雁伯 吕士健 李从华 石凤林 林文波 刘文亚 聂有壮 刘国菊 曹德明 李慧秋 张 艳 吴成铭 齐玉坤 李 健 姜 威 王 岚 宋晓雅 毛惟德 王建华 李 激 翟 明 许运宏 谭丽敏 李宝伟 颜 元 谢松平 许有刚 林应松 谭翠英 虞 刚 傅海涛 曹建山 楼晓中 王 冰 苗 蕃 韩炳兆 杭镇鑫 周 娟 张菊平 顾 骏 王思哲

本规程主要审查人员：唐鸿德 李成江 林荣忱 陈文桥 杨向平 李胜海 鲍宪枝 邹利安 王明军 王秀朵 张伟成

目 次

Contents

1 总　　则

1.0.1 为提高城镇污水处理厂运行、维护技术水平，确保城镇污水处理厂安全、稳定、高效运行，达标排放，实现污水净化、污泥处理和处置、节能减排、保护环境和使资源得到充分利用的目的，制定本规程。

1.0.2 本规程适用于城镇污水处理厂的运行、维护及其安全操作。

1.0.3 城镇污水处理厂的运行、维护及安全除应符合本规程外，尚应符合国家现行有关标准的规定。

2 基 本 规 定

2.1 运 行 管 理

2.1.1 城镇污水处理厂应依据本规程制定相应的管理制度、岗位操作规程、设施、设备维护保养手册及事故应急预案，并应定期修订。

2.1.2 城镇污水处理厂必须建立、健全污水处理设施运行与维护管理制度，各岗位运行操作和维护人员应经培训后持证上岗，并应定期考核。

2.1.3 城镇污水处理厂应有工艺流程图、管网现状图、自控系统图及供电系统图等。

2.1.4 城镇污水处理厂各岗位应有健全的技术操作规程、安全操作规程及岗位责任等制度。

2.1.5 运行管理、操作和维护人员必须掌握处理工艺和设施、设备的运行、维护要求及技术指标。

2.1.6 厂内供水、排水、供电、供热和燃气等设施的运行、维护及管理工作必须符合国家现行有关标准的规定。

2.1.7 污水处理及污泥处理处置工艺运行过程中应配置相应的在线仪表。城镇污水处理厂的进、出水口应安装流量计和化学需氧量等在线监测仪表。

2.1.8 能源和材料的消耗应准确计量，并应做好各项生产指标的统计，进行成本核算。

2.2 安 全 操 作

2.2.1 起重设备、锅炉、压力容器等特种设备的安装、使用、检修、检测及鉴定，必须符合国家现行有关标准的规定。

2.2.2 对易燃易爆、有毒有害等气体检测仪应定期进行检查和校验，并应按国家有关规定进行强制检定。

2.2.3 对厂内各种工艺管线、闸阀及设备应着色并标识，并应符合现行行业标准《城市污水处理厂管道和设备色标》CJ/T 158的规定。

2.2.4 在设备转动部位应设置防护罩；设备启动和运行时，操作人员不得靠近、接触转动部位。

2.2.5 非本岗位人员严禁启闭本岗位的机电设备。

2.2.6 各种闸阀开启与关闭应有明显标志，并应定期做启闭试验，应经常为丝杠等部位加注润滑油脂。

2.2.7 设备急停开关必须保持完好状态；当设备运行中遇有紧急情况时，可采取紧急停机措施。

2.2.8 对电动闸阀的限位开关、手动与电动的连锁装置，应每月检查1次。

2.2.9 各种闸阀井应保持无积水，寒冷季节应对外露管道、闸阀等设备采取防冻措施。

2.2.10 操作人员在现场开、停设备时，应按操作规程进行，设备工况稳定后方可离开。

2.2.11 新投入使用或停运后重新启用的设施、设备，必须对构筑物、管道、闸阀、机械、电气、自控等系统进行全面检查，确认正常后方可投入使用。

2.2.12 停用的设备应每月至少进行1次运转。环境温度低于0℃时，必须采取防冻措施。各种类型的刮泥机、刮砂机、刮渣机等设备，长时间停机后再开启时，应先点动，后启动。冬季有结冰时，应除冰后再启动。

2.2.13 各种设备维修前必须断电，并应在开关处悬挂维修和禁止合闸的标志牌，经检查确认无安全隐患后方可操作。

2.2.14 清理机电设备及周围环境卫生时，严禁擦拭设备运转部位，冲洗水不得溅到电机带电部位、润滑部位及电缆头等。

2.2.15 设备需要维修时，应在机体温度降至常温后，方可维修。

2.2.16 各类水池检修放空或长期停用时，应根据需要采取抗浮措施，并应对池内配套设备进行妥善处理。

2.2.17 凡设有钢丝绳结构的装置，应按要求做好日常检查和定期维护保养；当出现绳端断丝、绳股断裂、扭结、压扁等情况时，必须更换。

2.2.18 起重设备应设专人负责操作，吊物下方危险区域内严禁有人。

2.2.19 设备电机外壳接地必须保证良好，确保安全。

2.2.20 构筑物、建筑物的护栏及扶梯必须牢固可靠，设施护栏不得低于1.2m，在构筑物上必须悬挂警示牌，配备救生圈、安全绳等救生用品，并应定期检查和更换。

2.2.21 各岗位操作人员在岗期间应佩戴齐全劳动防护用品，做好安全防护工作。

2.2.22 城镇污水处理厂必须健全进出污泥消化处理区域的管理制度，值班室的警报器、电话应完好畅通。

2.2.23 污泥消化处理区域内工作人员应配备防静电工作服和工作鞋。

2.2.24 污泥消化处理区域及除臭设施防护范围内，

严禁明火作业。

2.2.25 对可能含有有毒有害气体或可燃性气体的深井、管道、构筑物等设施、设备进行维护、维修操作前，必须在现场对有毒有害气体进行检测，不得在超标的环境下操作。所有参与操作的人员必须佩戴防护装置，直接操作者必须在可靠的监护下进行，并应符合现行行业标准《城镇排水管道维护安全技术规程》CJJ 6 的有关规定。

2.2.26 在易燃易爆、有毒有害气体、异味、粉尘和环境潮湿的场所，应进行强制通风，确保安全。

2.2.27 消防器材的设置应符合消防部门有关法规和标准的规定，并应按相关规定的要求定期检查、更新，保持完好有效。

2.2.28 雨天或冰雪天气，应及时清除走道上的积水或冰雪，操作人员在构筑物上巡视或操作时，应注意防滑。

2.2.29 雷雨天气，操作人员在室外巡视或操作时应注意防雷电。

2.2.30 对栅渣、浮渣、污泥等废弃物的输送系统应定期做维护保养，在室内设置的除渣、除泥等系统，应保持室内良好的通风条件。

2.3 维护保养

2.3.1 运行管理、操作和维护人员应按要求巡视检查设施、设备的运行状况并做好记录。

2.3.2 对厂内各种管线应定期进行检查和维护，并做好记录。

2.3.3 设施、设备的使用与维护保养应按照设施、设备的操作规程和维修保养规定执行。

2.3.4 设施、设备应保持清洁，及时处理跑、冒、滴、漏、堵等问题。

2.3.5 水处理构筑物堰口、排渣口、池壁应保持清洁完好。

2.3.6 根据不同机电设备要求，应定期添加或更换润滑剂，更换出的润滑剂应按规定妥善处置。

2.3.7 对构筑物、建筑物的结构及各种闸阀、护栏、爬梯、管道、井盖、盖板、支架、走道桥、照明设备和防雷电设施等应定期进行检查、维修及防腐处理，应保持其完好。

2.3.8 对各种设备连接件应经常检查和紧固，并应定期更换易损件。

2.3.9 对各类机械设备进行检修时，必须保证其同轴度、静平衡或动平衡等技术要求。

2.3.10 对高（低）压电气设备、电缆及其设施应定期检查和检测，并应保证其性能完好。

2.3.11 对电缆桥架、控制柜（箱）应定期检查并清洁，发现安全隐患应及时处理，并应做好电缆沟雨水及地下渗水的排除工作。

2.3.12 对各类仪器、仪表的检查和校验，应定期进行。

2.3.13 各种设施、设备的日常维护保养和大、中、小修，应按要求进行。

2.3.14 设施、设备维修前，应做好必要的检查，并制定维修方案及安全保障措施；设施、设备修复后，应及时组织验收，合格后方可交付使用。

2.3.15 构筑物、建筑物及自控系统等避雷、防爆装置的测试、维修方法及其周期应符合国家现行标准的有关规定。

2.3.16 操作人员发现运行异常时，应做好相应处理并及时上报，同时做好记录。

2.4 技术指标

2.4.1 城镇污水处理厂的进、出水水质应符合设计文件的规定。

2.4.2 城镇污水处理厂年处理水量应达到计划指标的95%以上。

2.4.3 设施、设备、仪器、仪表的完好率均应达95%以上。

2.4.4 各类设备在运转中噪声均应小于85dB。厂界噪声应符合现行国家标准《工业企业厂界环境噪声排放标准》GB 12348的有关规定。

2.4.5 各种化学药剂、危险化学品及有毒有害药品的使用单位，必须备有安全技术说明书及完善的规章制度。

3 污水处理

3.1 格栅

3.1.1 格栅开机前，应检查系统是否具备开机条件，经确认后方可启动。

3.1.2 粉碎型格栅应连续运行。

3.1.3 拦截型格栅应及时清除栅条（鼓、耙）、格栅出渣口及机架上悬挂的杂物；应定期对栅条校正；当汛期及进水量增加时，应加强巡视，增加清污次数。

3.1.4 对栅渣应及时处理或处置。

3.1.5 格栅运行中应定时巡检，发现设备异常应立即停机检修。

3.1.6 对传动机构应定期检查，并应保证设备处于良好的运行状态。

3.1.7 对粉碎型格栅刀片组的磨损和松紧度应定期检查，并及时调整或更换。

3.1.8 长期停止运行的粉碎型格栅，不得浸泡在污水池中，并应做好设备的清洁保养工作。

3.1.9 检修格栅或人工清捞栅渣时，应切断电源，并在有效监护下进行；当需要下井作业时，除应符合本规程第2.2.25条的规定外，还应进行临时性强制性通风。

3.1.10 格栅间的除臭设置应符合本规程第6章的有关规定。

3.1.11 开启格栅机的台数应按工艺要求确定，污水的过栅流速宜为(0.6～1.0)m/s。

3.1.12 污水通过格栅的前后水位差宜小于0.3m。

3.2 进水泵房

3.2.1 水泵开启台数应根据进水量的变化和工艺运行情况进行调节。

3.2.2 当多台水泵由同一台变压器供电时，不得同时启动，应逐台间隔启动。

3.2.3 当泵房突然断电或设备发生重大事故时，在岗员工应立刻报警，并启动应急预案。

3.2.4 水泵在运行中，必须执行巡回检查制度，并应符合下列规定：

1 应观察各种仪表显示是否正常、稳定；

2 轴承温升不得超过环境温度35℃或设定的温度；

3 应检查水泵填料压盖处是否发热，滴水是否正常，否则应及时更换填料；

4 水泵机组不得有异常的噪声或振动。

3.2.5 水泵运行中发现下列情况时，必须立即停机：

1 水泵发生断轴故障；

2 电机发生严重故障；

3 突然发生异常声响或振动；

4 轴承温升过高；

5 电压表、电流表、流量计的显示值过低或过高；

6 机房进（出）水管道、闸阀发生大量漏水。

3.2.6 潜水泵运行时，应符合下列规定：

1 应观察和记录反映潜水泵运行状态的信息，并应及时处理发现的问题；

2 应定期检查和更换潜水泵油室的油料和机械密封件，操作时严禁损伤密封件端面和轴；

3 起吊和吊放潜水泵时，严禁直接牵提泵的电缆。

3.2.7 对油冷却螺旋离心泵的冷却油液位应定期进行检查。

3.2.8 对泵房的集水池应每年至少清洗一次，应检修集水池液位计及其转换装置。并按检测周期校验泵房内的硫化氢监测仪表及报警装置。

3.2.9 对叶轮、闸阀、管道的堵塞物应及时清除，人工作业时应符合本规程第2.2.25条的规定。

3.2.10 集水池的水位变化应定时观察，集水池的水位宜设定在最高和最低水位范围内。

3.2.11 泵房除臭应符合本规程第6章的规定。

3.3 沉砂池

3.3.1 各类沉砂池均应根据池组的设置与水量变化情况，调节进水闸阀的开启度。

3.3.2 沉砂池的排砂时间和排砂频率应根据沉砂池类别、污水中含砂量及含砂量变化情况设定。

3.3.3 曝气沉砂池的空气量宜根据进水量的变化进行调节。

3.3.4 沉砂量应有记录统计，并定期对沉砂颗粒进行有机物含量分析。

3.3.5 当采用机械除砂时，应符合下列规定：

1 除砂机械应每日至少运行一次；操作人员应现场监视，发现故障，及时处理；

2 应每日检查吸砂机的液压站油位，并应每月检查除砂机的限位装置；

3 吸砂机在运行时，同时在桥架上的人数，不得超过允许的重量荷载。

3.3.6 对沉砂池排出的砂粒和清捞出的浮渣应及时处理或处置。

3.3.7 对沉砂池应定期进行清池处理，并检修除砂设备。

3.3.8 对沉砂池上的电气设备，应做好防潮湿、抗腐蚀处理。

3.3.9 旋流沉砂池搅拌器应保持连续运转，并合理设置搅拌器叶片的转速、浸没深度。当搅拌器发生故障时，应立即停止向该池进水。

3.3.10 采用气提式排砂的沉砂池，应定期检查储气罐安全阀、鼓风机过滤芯及气提管，严禁出现失灵、饱和及堵塞的问题。

3.3.11 沉砂池除臭应符合本规程第6章的规定。

3.3.12 各类沉砂池运行参数除应符合设计要求外，还可按照表3.3.12中的规定确定。

表3.3.12 各类沉砂池运行参数

池型		停留时间(s)	流速(m/s)	曝气强度(m^3气/m^3水)	表面水力负荷[m^3/(m^2·h)]
平流式沉砂池		30～60	0.15～0.30	—	—
竖流式沉砂池		30～60	0.02～0.10	—	—
曝气式沉砂池		120～240	0.06～0.12(水平流速) 0.25～0.30(旋流速度)	0.1～0.2	—
旋流沉砂池	比氏沉砂池	>30	0.60～0.90	—	150～200
	钟氏沉砂池	>30	0.15～1.20	—	150～200

3.3.13 沉砂颗粒中的有机物含量宜小于30%。

3.4 初沉池

3.4.1 初沉池进水量的调节应根据池组设置、进水量的变化进行，使各池配水均匀。

3.4.2 对沉淀池的沉淀效果，应定期观察，并根据污泥沉降性能、污泥界面高度、污泥量等确定排泥的频率和时间。

3.4.3 沉淀池堰口应保持出水均匀，并不得有污泥溢出。

3.4.4 对浮渣斗和排渣管道的排渣情况，应经常检查，排出的浮渣应及时处理或处置。

3.4.5 共用配水井（槽、渠）和集泥井（槽、渠）的初沉池，且采用静压排泥的，应平均分配水量，并应按相应的排泥时间和频率排泥。

3.4.6 刮泥机运行时，同时在桥架上的人数，不得超过允许的重量荷载。

3.4.7 根据运行情况，应定期对斜板（管）和池体进行冲刷，并应经常检查刮泥机电机的电刷、行走装置、浮渣刮板、刮泥板等易磨损件，发现损坏应及时更换。

3.4.8 对斜板（管）及附属设备应定期进行检修。

3.4.9 初沉池宜每年排空 1 次，清理配水渠、管道和池体底部积泥并检修刮泥机及水下部件等。

3.4.10 辐流式初沉池刮泥机长时间待修或停用时，应将池内污泥放空。

3.4.11 初沉池除臭应符合本规程第 6 章的规定。

3.4.12 初沉池运行参数除应符合设计要求外，还可按照表 3.4.12 中的规定确定。

表 3.4.12 初沉池运行参数

池型	表面负荷 [$m^3/(m^2 \cdot h)$]	停留时间 (h)	含水率 (%)
平流式沉淀池	0.8～2.0	1.0～2.5	95～97
辐流式沉淀池	1.5～3.0	1.0～2.0	95～97

3.4.13 当进水浓度符合设计进水指标时，出水生化需氧量、化学需氧量、悬浮固体的去除率应分别大于 25%、30%和 40%。

3.5 初沉污泥泵房

3.5.1 初沉污泥泵房的运行管理应符合本规程第 2 章、第 3.2 节和第 3.8 节的有关规定。

3.5.2 污泥泵的运行台数和排泥时间应根据运行工况确定。

3.5.3 在半地下式或地下式污泥泵房检查维修时，应保证工作间内良好的通风换气，并应符合本规程第 2.2.25 条的有关规定。

3.6 生物反应池

3.6.1 调节生物反应池各池进水量，应根据设计能力及进水水量，按池组设置数量及运行方式确定，使各池配水均匀；对于多点进水的曝气池，应合理分配进水量。

3.6.2 污泥负荷、泥龄或污泥浓度可通过剩余污泥排放量进行调整。

3.6.3 根据不同工艺的要求，应对溶解氧进行控制。好氧池溶解氧浓度宜为(2～4)mg/L；缺氧池溶解氧浓度宜小于 0.5mg/L；厌氧池溶解氧浓度宜小于 0.2mg/L。

3.6.4 生物反应池内的营养物质应保持平衡。

3.6.5 运行管理人员应及时掌握生物反应池的 pH、DO、MLSS、MLVSS、SV、SVI、水温、回流比、回流污泥浓度、ORP(厌氧池)等工艺控制指标，观察活性污泥颜色、状态、气味及上清液透明度等，并应观测生物池活性污泥的生物相，及时调整运行工况。

3.6.6 当发现污泥膨胀、污泥上浮等不正常的状况时，应分析原因，并应针对具体情况调整系统运行工况，应采取有效措施使系统恢复正常。

3.6.7 当生物反应池水温较低时，应采取适当延长曝气时间、提高污泥浓度、增加泥龄或其他方法，保证污水的处理效果。

3.6.8 根据出水水质的要求及不同运行工况的变化，应对不同工艺流程生物反应池的回流比进行调整与控制。

3.6.9 当生物池中出现泡沫、浮泥等异常现象时，应根据感观指标和理化指标进行分析，并应采取相应的调控措施。

3.6.10 操作人员应经常排放曝气系统空气管路中的存水，并应及时关闭放水阀。

3.6.11 对生物反应池曝气装置和水下推动(搅拌)器的运行和固定情况应经常观察，发现问题，必须及时修复。

3.6.12 采用序批式活性污泥法工艺时，应合理调整和控制运行周期，并应按照设备要求定期对滗水器进行检查、清洁和维护，对虹吸式滗水器还应进行漏气检查。

3.6.13 对曝气生物滤池，应按设计要求进行周期反冲洗并控制气、水反冲洗强度。

3.6.14 对金属材质的空气管、挡墙、法兰接口或丝网，应定期进行检查，发现腐蚀或磨损，应及时处理。

3.6.15 较长时间不用的橡胶材质曝气器，应采取相应措施避免太阳曝晒。

3.6.16 对生物反应池上的浮渣、附着物以及溢到走道上的泡沫和浮渣，应及时清除，并应采取防滑措施。

3.6.17 采用除磷脱氮工艺时，应根据水质要求及工况变化及时调整溶解氧浓度、碳氮比及污泥回流比等。

3.6.18 采用化学除磷工艺进行除磷时，应符合本规程第 3.11 节中的有关规定。

3.6.19 生物反应池运行参数应符合设计要求，并可按表 3.6.19 的规定确定。

3.6.20 生物膜法工艺运行参数应符合设计要求，并可按表 3.6.20 中的规定确定。

表 3.6.19 生物反应池运行参数

生物处理类型		污泥负荷[$kgBOD_5$/(kgMLSS·d)]	泥龄(d)	外回流比(%)	内回流比(%)	MLSS(mg/L)	水力停留时间(h)
传统活性污泥法		0.20～0.40	4～15	25～75	—	1500～2500	4～8
吸附再生法		0.20～0.40	3～10	50～100	—	2500～6000	吸附段 1～3
阶段曝气法		0.20～0.40	4～15	25～75	—	1500～3000	3～8
合建式完全混合曝气法		0.25～0.50	2～4	100～400	—	2000～4000	3～5
A/O法(厌氧/好氧法)		0.10～0.40	3.5～10.0	40～100	—	1800～4500	3～8(厌氧段1～2)
A/A/O法(厌氧/缺氧/好氧法)		0.10～0.30	10～20	20～100	200～400	2500～4000	7～14(厌氧段1～2，缺氧段0.5～3.0)
倒置A/A/O法		0.10～0.30	10～20	20～100	200～400	2500～4000	
AB法(超高负荷活性污泥法)	A段	3.00～4.00	0.4～0.7	<70	—	2000～4000	0.5
	B段	0.15～0.30	15～20	50～100	—	2000～3000	5.0
传统SBR法(序批式活性污泥法)		0.05～0.15	15～30	—	—	4000～6000	4～12
DAT-IAT法(连续间歇曝气序批式活性污泥法)		0.05～0.10	20～30	—	200～400	4500～5500	8～12
CAST法(循环式活性污泥法)		0.07～0.18	12～25	20～35	—	3000～5500	16～20
LUCAS/UNITANK法(传统活性污泥法与序批式活性污泥法复合工艺)		0.05～0.10	15～20	—	—	2000～5000	8～12
MSBR法(改良式序批间歇曝气活性污泥法)		0.05～0.13	8～15	30～50	130～150	2200～4000	12～18
ICEAS法(间歇式循环延时曝气活性污泥法)		0.05～0.15	12～25	—	—	3000～6000	14～20
卡鲁塞尔式氧化沟		0.05～0.15	12～18	75～150	—	3000～5500	≥16
奥贝尔式氧化沟		0.05～0.15	12～18	60～100	—	3000～5000	≥16
双沟式(DE型氧化沟)		0.05～0.10	10～30	60～200	—	2500～4500	≥16
三沟式氧化沟		0.05～0.10	20～30	—	—	3000～6000	≥16
水解酸化法		—	15～20	—	—	7000～15000	5～14
延时曝气法		0.05～0.15	20～30	50～150	—	3000～6000	18～36

表 3.6.20 生物膜法工艺运行参数

工艺	水力负荷 [m^3/(m^2·d)]	转盘速度 (r/min)	BOD_5 容积负荷 [$kgBOD_5$/(m^3·d)]	反冲洗周期 (h)	反冲洗水量 (%)
曝气生物滤池 (BIOFOR)	—	—	3.5～5.0	14～40	5～12
低负荷生物滤池	1～3	—	0.15～0.30	—	—
高负荷生物滤池	10～36	—	0.8～1.2	—	—
生物转盘	0.04～0.20	0.8～3.0	0.005～0.020 [kg/(m^2·d)]	—	—

3.7 二 沉 池

3.7.1 调节各池进水量，应根据池组设置、进水量变化确定，保证各池配水均匀。

3.7.2 二沉池污泥排放量可根据生物反应池的水温、污泥沉降比、混合液污泥浓度、污泥回流比、泥龄及二沉池污泥界面高度确定。

3.7.3 对出水堰口，应经常观察，保持出水均匀；堰板与池壁之间应密合、不漏水。

3.7.4 操作人员应经常检查刮吸泥机以及排泥闸阀，应保证吸泥管、排泥管路畅通，并应保证各池均衡运行。

3.7.5 对设有积泥槽的刮吸泥机，应定期清除槽内污物。

3.7.6 池内污水宜每年排空1次，并进行池底清理以及刮吸泥机水下部件的检查、维护。

3.7.7 当二沉池出水出现浮泥等异常情况时，应查明原因并及时处理。

3.7.8 二沉池停运10d以上时，应将池内积泥排空，并对刮吸泥机采取防变形措施。

3.7.9 刮吸泥机运行时，同时在桥架上的人数，不得超过允许的重量荷载。

3.7.10 二沉池运行参数应符合设计要求，并可按表3.7.10中的规定确定。

表 3.7.10 二沉池运行参数

池型		表面负荷 [m^3/(m^2·h)]	固体负荷 [kg/(m^2·d)]	停留时间 (h)	污泥含水率 (%)
平流式沉淀池	活性污泥法后	0.6～1.5	≤150	1.5～4.0	99.2～99.6
	生物膜法后	1.0～2.0	≤150	1.5～4.0	96.0～98.0
中心进周边出辐流式沉淀池		0.6～1.5	≤150	1.5～4.0	99.2～99.6
周进周出辐流式沉淀池		1.0～2.5	≤240	1.5～4.0	98.8～99.0

3.8 回流污泥泵房

3.8.1 回流比应根据生物反应池的污泥浓度及污泥沉降性能调节，确定回流污泥泵开启数量。

3.8.2 对泵房集泥池内杂物应及时清捞。

3.8.3 对回流泵的泵体、叶轮、叶片，应定期检查。

3.8.4 对带有耐磨内衬螺旋离心泵的叶轮与内衬的间隙应定期检查，并应及时调整。

3.8.5 长期停用的螺旋泵应每周旋转180°，并应每月至少试机一次。

3.8.6 寒冷季节，启动螺旋泵时，应检查其泥池内是否结冰。

3.8.7 各类回流污泥泵的运行保养应符合本规程第2章及第3.2节的有关规定。

3.9 剩余污泥泵房

3.9.1 系统中的剩余污泥应及时排除。

3.9.2 运行管理应符合本规程第2章、第3.2节、第3.5节、第3.8节的有关规定。

3.10 供 气 系 统

3.10.1 调节鼓风机的供气量，应根据生物反应池的需氧量确定。

3.10.2 当鼓风机及水(油)冷却系统因突然断电或发生故障时，应立即采取措施。

3.10.3 鼓风机叶轮严禁倒转。

3.10.4 鼓风机房应保证良好的通风。正常运行时，出风管压力不应超过设计压力值。停止运行后，应关闭进、出气闸阀或调节阀。长期停用的水冷却鼓风机，应将水冷却系统的存水放空。

3.10.5 鼓风机在运行中，应定时巡查风机及电机的油温、油压、风量、风压、外界温度、电流、电压等参数，并填写记录报表。当遇到异常情况不能排除时，应立即按操作程序停机。

3.10.6 对鼓风机的进风廊道、空气过滤及油过滤装置，应根据压差变化情况适时清洁；并应按设备运行要求进行检修或更换已损坏的部件。

3.10.7 对备用的鼓风机转子与电机的联轴器，应定期手动旋转1次，并更换原停置角度。

3.10.8 对鼓风系统消声器消声材料及导叶的调节装置，应定期检查，当发生腐蚀、老化、脱落现象时，应及时维修或更换。

3.10.9 使用微孔曝气装置时，应进行空气过滤，并应对微孔曝气器、单孔膜曝气器进行定期清洗。

3.10.10 对横轴表曝机两侧的轴承，应定期补充润滑剂，并应检查减速机的油位和减速机通气帽是否畅通。

3.10.11 长期停止运行的横轴曝气机，必须切断电源，减速机加满润滑油，应定期调整水平轴的静置方位并固定。

3.10.12 调整表面曝气设备的浸没深度和转速，应根据运行工况确定，并应保证最佳充氧能力和推流效果。

3.10.13 正常运行的罗茨鼓风机，严禁完全关闭排气阀，不得超负荷运行。

3.10.14 对以沼气为动力的鼓风机，应严格按照开停机程序进行，每班应加强巡查，并应检查气压、沼气管道和闸阀，发现漏气应及时处理。

3.10.15 鼓风机运行中严禁触摸空气管路。维修空气管路时，应在散热降温后进行。

3.10.16 调节出风管闸阀时，应避免发生喘振。

3.10.17 按照运行维护周期，应在卸压的情况下对安全阀进行各项功能的检查。

3.10.18 在机器间巡视或工作时，应与联轴器等运转部件保持安全距离。

3.10.19 进入鼓风机房时，应佩戴安全防护耳罩等。

3.11 化学除磷

3.11.1 选择合适的除磷化学药剂、投加量和药剂投加点，应根据工艺要求确定，可采用一点或多点投加方式。

3.11.2 化学药剂的储存与使用，应符合国家现行有关标准的规定。

3.11.3 化学药剂投加后，应保证与污水充分混合，并应达到设计规定的反应时间。

3.11.4 对生物反应池中混合液的 pH 和碱度，应每班检测 1 次并及时调整。

3.11.5 对干式投料仓及附属投料设备，应每班检查 1 次，保证药剂不在料仓内板结。

3.11.6 对湿式投料罐及附属投料设备的密闭情况，应每班检查 1 次。

3.11.7 药剂投加管道应保持通畅。

3.11.8 对药剂储罐的液位计，应每 2h 检查 1 次。

3.11.9 采用水稀释的药液系统，应每 2h 检查 1 次供水的压力和流量。

3.12 消毒

3.12.1 采用二氧化氯消毒时，必须符合下列规定：

1 盐酸的采购和存放应符合国家现行有关标准的规定；

2 固体氯酸钠应单独存放，且与设备间的距离不得小于 5m；库房应通风阴凉；

3 在搬运和配制氯酸钠过程中，严禁用金属器件锤击或摔击，严禁明火；

4 操作人员应戴防护手套和眼镜。

3.12.2 采用二氧化氯消毒时，除应符合本规程第 3.12.1 条外，还应符合下列规定：

1 应根据水量及对水质的要求确定加药量；

2 应定期清洗二氧化氯原料罐口闸阀中的过滤网；

3 开机前应检查防爆口是否堵塞，并应确保防爆口处于开启状态；

4 开机前应检查水浴补水阀是否开启，并应确认水浴箱中自来水是否充足；

5 停机时加药泵停止工作后，设备应再运行 30min 以后，方可关闭进水；

6 停机时，应关闭加热器电源。

3.12.3 采用次氯酸钠消毒时，应符合下列规定：

1 应根据水量及对水质的要求确定加药量；

2 应每月清洗 1 次次氯酸钠发生器电极；

3 应将药剂储存在阴暗干燥处和通风良好的清洁室内；

4 运输时应有防晒、防雨淋等措施；并应避免倒置装卸。

3.12.4 采用液氯消毒时，必须符合下列规定：

1 应每周检查 1 次报警器及漏氯吸收装置与漏氯检测仪表的有效联动功能，并应每周启动 1 次手动装置，确保其处于正常状态；

2 氯库应设置漏氯检测报警装置及防护用具。

3.12.5 采用液氯消毒时，除应符合本规程第 3.12.4 条外，还应符合下列规定：

1 加氯量应根据水质、水量、水温和 pH 等具体情况确定；

2 应每月检查并维护漏氯检测仪 1 次，每周对防毒面具检查 1 次；

3 漏氯吸收装置宜每 6 个月清洗 1 次；

4 加氯时应按加氯设备的操作规程进行，停泵前应关闭出氯总闸阀；

5 加氯间的排风系统，在加氯机工作前应通风 (5～10)min；

6 应制定液氯泄漏紧急处理预案和程序；

7 加氯设施较长时间停置，应将氯瓶妥善处置；重新启用时，应按加氯间投产运行的检查和验收方案重新做好准备工作；

8 开、关氯瓶闸阀时，应使用专用扳手，用力均匀，严禁锤击，同时应进行检漏；

9 氯瓶的管理应符合现行国家标准《氯气安全规程》GB 11984 的规定；

10 采用液氯消毒时，运行参数应符合设计要求，可按表 3.12.5 中的规定确定。

表 3.12.5　液氯消毒运行参数

项目	接触时间(min)	加氯间内氯气的最高允许浓度(mg/m³)	出水余氯量(mg/L)
污水	≥30	1	—
再生水	≥30	1	≥0.20(城市杂用水)
			≥0.05(工业用水)
			≥1.00～1.50(农田灌溉)
			≥0.05(景观环境水)

注：1　对于景观环境用水采用非加氯方式消毒时，无此项要求；

2　表中城市杂用水和工业用水的余氯值均指管网末端。

3.12.6　采用紫外线消毒，消毒水渠无水或水量达不到设备运行水位时，严禁开启设备。

3.12.7　采用紫外线消毒时，除应符合本规程第3.12.6条外，还应符合下列规定：

1　无论是否具备自动清洗机构，都必须根据污水水质和现场污水实际处理情况定期对玻璃套管进行人工清洗；

2　应定期更换紫外灯、玻璃套管、玻璃套管清洗圈及光强传感器；

3　应定期清除溢流堰前的渠内淤泥；

4　应满足溢流堰前有效水位，保证紫外灯管的淹没深度；

5　在紫外线消毒工艺系统上工作或参观的人员必须做好防护；非工作人员严禁在消毒工作区内停留；

6　设备灯源模块和控制柜必须严格接地，避免发生触电事故；

7　人工清洗玻璃套管时，应戴橡胶手套和防护眼镜；

8　采用紫外线消毒的污水，其透射率应大于30%。

3.12.8　采用臭氧消毒时，应定期校准臭氧发生间内的臭氧浓度探测报警装置；当发生臭氧泄漏事故时，应立即打开门窗并启动排风扇。

3.12.9　采用臭氧消毒时，除应符合本规程第3.12.8条外，还应符合下列规定：

1　臭氧发生器的开启和关闭应滞后于臭氧系统的其他设备，操作人员必须严格按照系统的启动和停机顺序进行操作；

2　应根据温度、湿度的高低，增减空气压缩机的排污次数；

3　空气压缩机必须设有安全阀，应保证其在规定的压力范围内工作，当系统中的压力超过设定压力时，应检查超压原因并排除故障；

4　水冷式空气压缩机应根据温度调节冷却水量；循环冷却水进水温度宜控制在20℃～32℃，出水温度不应超过38℃；

5　干燥机的运行在满足用气质量要求的前提下，应尽量减少再生气消耗量；

6　冬季或臭氧发生器长时间不工作，应将设备系统内的水排净；

7　采用尾气破坏器进行尾气处理时，应检查催化剂使用效果，及时更换催化剂；

8　应每月对空气压缩机、干燥机、预冷机、臭氧发生器等进行维护保养；

9　每年应至少对臭氧接触及尾气吸收设施进行清刷1次，油漆铁件1次；

10　不同种类的臭氧发生器，其臭氧产量与电耗的关系应符合设计要求，生产每千克臭氧的电耗参数可按表3.12.9中的规定确定。

表 3.12.9　不同种类的臭氧发生器生产每千克臭氧的电耗参数

发生器种类	臭氧产量(g/h)	电耗(kWh/kg·O_3)
大型	＞1000	≤18
中型	100～1000	≤20
小型	1～100	≤22
微型	＜1	实测

注：表中电耗指标限值不包括净化气源的电耗。

4　深度处理

4.1　传统工艺

4.1.1　混合反应池的运行管理、安全操作、维护保养等应符合下列规定：

1　应按设计要求和运行工况，控制流速、水位和停留时间等；

2　采用机械搅拌的混合反应池，应根据实际运行状况设定搅拌强度；

3　药液与水的接触混合应快速、均匀；

4　应定期排除混合反应池、配水池内的积泥；

5　混合反应设施、设备应每年检修1次，并应做好防腐处理，及时维修更换损坏部件。

4.1.2　滤池的运行管理、安全操作、维护保养等应符合下列规定：

1　应根据水头损失或过滤时间进行反冲洗；

2　冲洗前应检查排水槽、排水管道是否畅通；

3　进行气水冲洗时，气压必须恒定，严禁超压；

4　水力冲洗强度应为(8～17)L/m²·s，冲洗时滤料膨胀率应在40%～50%；

5　进水浊度宜控制在10NTU以下，滤后水浊度不得大于5NTU；

6 应定期对滤层做抽样检查，含泥量大于3%时应进行滤料清洗或更换；

7 对于新装滤料或刚刚更换滤料的滤池，应进行清洗处理后方可使用；

8 长期停用的滤池，应使池中水位保持在排水槽之上。

4.1.3 清水池的运行管理、安全操作、维护保养等应符合下列规定：

1 应设定运行水位的上限和下限，严禁超上限或下限水位运行；

2 池顶严禁堆放有可能污染水质的物品或杂物；当池顶种植植物时，严禁施用各种肥料、药物；

3 应至少每2年排空清刷1次池体；

4 应采取有效防止雨、污水倒流和渗透到池内的措施；

5 应设置清水池水质检测点，每日检测化验不得少于1次；当发现水质超标时，应立即采取措施；

6 应每年检查仪表孔、通气孔、人孔等处的防护措施是否良好，并应对清水池内外的金属构件做防腐处理。

4.1.4 送水泵房的运行管理、安全操作、维护保养等应符合下列规定：

1 应根据管网调度指令合理开启送水泵台数，并确保管网水量、水压满足用户需求；

2 当出现瞬时供水流量或压力的波动时，工作人员应及时与管网调度人员联系，不得擅自进行开关泵、升降压等影响供水安全性的操作；

3 水泵的日常保养和安全应符合本规程第2章和第3.2节的有关规定；

4 用户端水质、水量和水压应满足国家现行标准及供水合同要求。

4.2 膜处理工艺

4.2.1 粗过滤系统的运行管理、安全操作、维护保养等应符合下列规定：

1 连续微滤系统启动前，应先检查粗过滤器是否处于自动状态；

2 系统开机前，应同时打开进水阀和出水阀，然后关闭旁通阀转为过滤器供水，并应打开过滤器上的排气阀，排除罐内空气后，关闭排气阀；

3 当需要切换启动备用水泵时，应使过滤器处于手动自清洗运行状态；

4 应每日检查进、出口压力表，检查自清洗是否彻底；当清洗不彻底时，应延长自清洗时间或手动自清洗时间；

5 应经常观察浊水腔和清水腔压力表，发现异常，应及时处理；

6 应每月定期排污1次；

7 应每6个月拆卸清洗1次过滤柱；

8 压差控制器的差压设定范围应为（0.2×10^5～1.6×10^5）Pa，切换差设定范围应为（0.35×10^5～1.50×10^5）Pa。

4.2.2 微过滤膜系统的运行管理、安全操作、维护保养等应符合下列规定：

1 微过滤膜系统启动前，应做好下列准备工作：

1）粗过滤器应处于自动状态；

2）应确认空气压缩系统处于正常状态；

3）系统进水泵应处于自动状态；

4）应确认水源供应正常。

2 应定时巡查过滤单元，发现异常情况，及时处理；

3 应定时排放压缩空气储罐内的冷凝水；

4 当单元的过滤阻力值超出规定值时，应及时进行化学清洗；

5 系统需要停机时，应在正常滤水状态下进行；

6 停机时间超过5d，应将微过滤膜浸泡在专用药剂中保存；

7 外压式微过滤膜系统每3个月必须进行1次声纳测试，膜元件出现问题，应及时隔离或修补；

8 微滤膜系统在化学清洗时不得将单元内水排空；设备维修时必须将单元内水排空；

9 微滤膜系统运行参数除应符合设计要求外，还可按表4.2.2-1和表4.2.2-2中的规定确定。

表4.2.2-1 外压式微滤膜系统运行参数

工艺控制压力（Pa）	反冲频率（min/次）	反冲洗时间（min）	碱洗频率（d/次）	酸洗频率（d/次）	反冲洗压力（Pa）
1.2×10^5～6.0×10^5	30～40	2.5	10～15	40～75	6×10^5

表4.2.2-2 浸没式微滤膜系统运行参数

工艺控制压力（Pa）	反冲频率（min/次）	反冲洗时间（min）	化学增强频率（d/次）	化学清洗频率（d/次）	反冲洗压力（Pa）
1.2×10^5～6.0×10^5	30～40	2.5	3	18	0.25×10^5

4.2.3 反渗透系统的运行管理、安全操作、维护保养等应符合下列规定：

1 应根据进水水质定期校核阻垢剂的投加浓度；

2 设备停机超过24h，应将膜厂商指定的专用药液注入膜压力容器内将膜浸润；

3 应巡查反渗透系统管道及膜压力容器，发现漏水应及时处理；

4 根据系统的污染情况，应定期进行化学清洗（酸洗、碱洗），清洗周期应根据单元的操作环境和污染程度确定，并应符合下列规定：

1）化学清洗前，必须严格遵守安全规定；再操作和处理化学药品时必须佩戴劳动防护用品；

2）进行化学清洗时，应保证设备处于停止状态；

3）清洗后，应重新安装拆卸的管道，并应确认其牢固性；

4）系统启动前，应用反渗透进水罐的储水将系统中的空气排出；

5）化学清洗应保持清洗水温在（30～35）℃；

6）酸洗的药液 pH 应小于 2.8，但不得低于 1.0；碱洗的药液 pH 不得大于 12，电导率应在(50～80)μS/cm。

5　化学清洗前后应记录系统运行时的参数，包括滤液流量、进水流量、反渗透进水压力、各段浓水压力、进水电导率和滤液电导率等；

6　膜处理工艺出水水质指标除应符合设计要求外，还可按表 4.2.3 中的规定确定。

表 4.2.3　膜处理工艺出水水质指标

SS (mg/L)	pH	浊度 (NTU)	电导率 (μS/cm)	总溶解性固体 (mg/L)	总磷 (mg/L)	NH_3-N (mg/L)	NO_3-N (mg/L)	粪大肠菌群
≤5	6.5～7.5	≤1	≤400	≤320	不得检出	≤0.5	≤1.0	每 100mL 不得检出

4.2.4　化学清洗间的运行管理、安全操作、维护保养等应符合下列规定：

1　冬季运行时，车间内温度应保持 5℃以上，并应避免碱液结晶堵塞管道；

2　化学药品的储存和放置应按其特性及使用要求定位摆放整齐，并应有明显标志；

3　用于化学清洗的酸、碱泵，应按设备使用要求定期检查并添加润滑油；

4　化学药品储罐应定期进行彻底清洗；

5　操作人员在化学清洗间操作时，应正确使用和佩戴劳动防护用品；

6　必须保证化学清洗间的通风良好；

7　化学清洗配药罐清洗液位应控制在 30%～70%。

5　污泥处理与处置

5.1　稳定均质池

5.1.1　稳定均质池应每 2h 巡视 1 次，观察池内混合液液位及搅拌器、污泥泵等设备运行状况。

5.1.2　对稳定均质池的污泥含固率应每日检测 1 次，其含固率宜为 2%～3%。

5.1.3　对稳定均质池内的杂物应及时清除。

5.1.4　当稳定均质池停运 1 周时，应将污泥排空。

5.1.5　对稳定均质池内搅拌器等配套设备应定期检修。

5.1.6　当稳定均质池需要养护或检修时，应按本规程第 2.2.25 条执行。

5.2　浓　缩　池

5.2.1　重力浓缩池运行管理、安全操作、维护保养等应符合下列规定：

1　刮泥机宜连续运行；

2　可采用间歇排泥方式，并应控制浓缩池排泥周期和时间；

3　浓缩池除臭应符合本规程第 6 章的有关规定；

4　刮泥机停运时间不得超过 1 周，超过规定时间，应将污泥排空，同时不得超负荷运行；

5　应及时清除浮渣、刮泥机上的杂物及集水槽中的淤泥；

6　当上清液需进行化学除磷时，应符合本规程第 3.11 节的有关规定；

7　机械、电气设备的维护保养应符合本规程第 2 章的有关规定。

5.2.2　气浮浓缩池运行管理、安全操作、维护保养等应符合下列规定：

1　气浮浓缩池及溶气水系统应 24h 连续运行；

2　气浮浓缩池宜采用连续排泥；当采用间歇排泥时，其间歇时间可为(2～4)h；

3　应保持压缩空气的压力稳定，宜通过恒压阀控制溶气水饱和罐进气压力，压力设定宜为(0.3～0.5)MPa；

4　刮泥机停运时间不得超过 1 周，超过规定时间，应将污泥排空，同时不得超负荷运行；

5　应及时清捞出水堰的浮渣，并清除刮吸泥机走道上的杂物；

6　应保证气浮池池面污泥密实；

7　应保证上清液清澈；

8　气浮浓缩池应无底泥沉积；

9　气浮浓缩池宜用于剩余活性污泥的浓缩，不宜投加混凝剂；

10　当刮泥机在长时间停机后再开启时，应先点动、后启动；当冬季有结冰时，应先破坏冰层、再启动；

11　排泥时，应观察稳定均质池液位，不得漫溢；

12　加压溶气罐的压力表应每 6 个月检查、校验 1 次；

13　机械、电气设备的维护保养应符合本规程第 2 章的有关规定；

14　应经常清理池体堰口、刮泥机搅拌栅及溶气水饱和罐内的杂物；

15 应每班检查压缩空气系统畅通情况，并及时排放压缩空气系统内的冷凝水。

5.2.3 浓缩池的运行参数除应符合设计要求外，还可按表5.2.3中的规定确定。

表5.2.3 浓缩池运行参数

污泥类型		污泥固体负荷[kg/(m²·d)]	污泥含水率(%)		停留时间(h)	气固比(kg气/kg固体)
			浓缩前	浓缩后		
重力型	剩余活性污泥	20～30	98.5～99.6	95.0～97.0	6～8	—
气浮型	剩余活性污泥	1.8～5.0	99.2～99.8	95.5～97.5	—	0.005～0.040
重力型	初沉污泥与剩余活性污泥的混合污泥	50～75	—	95.0～98.0	10～12	—

5.3 污泥厌氧消化

5.3.1 污泥厌氧消化池运行管理、安全操作、维护保养等应符合下列规定：

1 应按一定投配率依次均匀投加新鲜污泥，并应定时排放消化污泥；

2 新鲜污泥投加到消化池，应充分搅拌、保证池内污泥浓度混合均匀，并应保持消化温度稳定；

3 对池外加温且为循环搅拌的消化池，投泥和循环搅拌宜同时进行；

4 对采用沼气搅拌的消化池，在产气量不足或在消化池启动期间，应采取辅助措施进行搅拌；

5 对采用机械搅拌的消化池，在运行期间，应监控搅拌器电机的电流变化；

6 应每日检测池内污泥的pH、脂肪酸、总碱度，进行沼气成分的测定，并应根据检测数据调整消化池运行工况；

7 应保持消化池单池的进、排泥的泥量平衡；

8 应每班检查静压排泥管的通畅情况；

9 宜每班排放二级消化池的上清液；

10 应每周检查二级消化池上清液管的通畅情况；

11 应每班巡视并记录池内的温度、压力和液位；

12 应每班检查沼气管线冷凝水排放情况；

13 应每班检查消化池及其附属沼气管线的气体密闭情况，并及时处理发现的问题；

14 应每班检查消化池污泥的安全溢流装置；

15 应按相关规定校验污泥消化系统的温度、压力和液位等各种仪表；

16 应每6个月检查和校验1次沼气系统中的压力安全阀；

17 当消化池热交换器长期停止使用时，应关闭通往消化池的相关闸阀，并应将热交换器中的污泥放空、清洗；螺旋板式热交换器宜每6个月清洗1次，套管式热交换器宜每年清洗1次；

18 连续运行的消化池，宜(3～5)年彻底清池、检修1次；

19 污泥消化控制室应设置可燃气体报警器，并应定期维修和校验；

20 池顶部应设置避雷针，并应定期检查遥测；

21 空池投泥前，气相空间应进行氮气置换；

22 各类消化池的运行参数除应符合设计要求外，还可按表5.3.1中的规定确定。

表5.3.1 污泥厌氧消化池的运行参数

序号	项目		中温消化	高温消化
1	温度(℃)		33～35	52～55
2	日温度变化范围小于(℃)		±1	
3	投配率(%)		5～8	5～12
4	一级消化污泥含水率(%)	进泥	96～97	
		出泥	97～98	
	二级消化污泥含水率(%)	出泥	95～96	
5	pH		6.4～7.8	
6	碱度(mg/L)以 $CaCO_3$ 计		1000～5000	
7	沼气中主要气体成分(%)		$CH_4>50$	
			$CO_2<40$	
			$CO<10$	
			$H_2S<1$	
			$O_2<2$	
8	产气率(m^3气/m^3泥)		>5	
9	有机物分解率(%)		>40	
10	酸碱比		0.1～0.5	

5.3.2 沼气脱硫装置运行管理、安全操作、维护保养等应符合下列规定：

1 应按相关要求，定期校验脱硫装置的温度、压力和pH计；

2 当采用保温加热的脱硫装置时，应每日检查1次保温系统；

3 应每年至少对脱硫装置进行1次防腐处理；

4 应定期清理和更换反应塔内喷淋系统的部件；

5 投加泵的维护和保养可按本规程第3.2节的有关规定执行；

6 应每日检测1次脱硫效果，并应根据其效果再生或更换脱硫装置的填料，操作时还应采取必要的安全措施；

7 干式脱硫装置的运行管理、安全操作、维护保养等应符合下列规定：

1）应每班检查并记录脱硫装置的温度和压力；

2）应定时排放脱硫装置内的冷凝水；

3）当填料再生或更换后、恢复通入沼气前，宜采用氮气置换。

8 湿式脱硫装置的运行管理、安全操作、维护保养等应符合下列规定：

1）应每日测试脱硫装置碱液的pH，并保证碱液溢流通畅；

2）应每日检查碱液投加泵、碱液循环泵的运行状况；

3）应每日检查脱硫装置的气密性；

4）应定期补充碱液，冲洗并清理碱液管线、不得堵塞；

5）当操作间内出现碱液泄漏时，应使用清水及时冲洗。

9 生物脱硫装置的运行管理、安全操作、维护保养等应符合下列规定：

1）应通过观察硫泡沫的颜色，及时调节曝气量和回流量；

2）应每日监控反应塔内吸收液的pH，并应及时补充吸收液；

3）应根据进气硫化氢的负荷，调控反应塔的运行组数；

4）应每日检测脱硫前后硫化氢的浓度；

5）采用外加生物催化剂或菌种的脱硫工艺，应定期补充催化剂或菌种；

6）应避免人身接触硫污泥、硫气泡、碱液，并应配备防护用品；

7）应定期检查脱硫系统的布气管道，并进行防腐处理。

10 脱硫后沼气中硫化氢的含量应小于0.01%。

5.3.3 当维修沼气柜时，必须采取安全措施并制定维修方案。

5.3.4 沼气柜的运行管理、安全操作、维护保养等应符合下列规定：

1 低压浮盖式气柜的水封应保持水封高度，寒冷地区应有防冻措施；

2 沼气应充分利用，剩余沼气不得直接排放，必须经燃烧器燃烧；

3 应按时对沼气柜内的储气量和压力进行检查并做记录；

4 应每日排放蒸汽管道、沼气管道内的冷凝水；

5 应每日对干式气柜柔膜及柜体金属结构进行检查；

6 当沼气柜出现异常时，应及时采取相应措施；

7 湿式气柜水封槽内水的pH应定期测定，当pH小于6时，应换水并保持压力平衡，严禁出现负压；

8 应每日对湿式气柜的导轨和导轮进行检查，以防气柜出现偏轨现象；

9 沼气柜的顶部和外侧应涂饰反射性色彩的涂料；

10 在寒冷地区，湿式气柜水封的加热与保温设施应在冬季前进行检修；

11 沼气柜内沼气处于低位状态时严禁排水；

12 检修气柜顶部时，严禁直接在柜顶板上操作；

13 任何人员不得随意打开沼气柜的检查孔；

14 空柜通入沼气前，气相空间应进行氮气置换；

15 气柜应安装避雷器，并按相关要求定期检测；

16 干式气柜柔膜压力应为(2500～10000)Pa；

17 湿式气柜的压力应为(2500～4000)Pa。

5.3.5 沼气发电机的运行管理、安全操作、维护保养等应符合下列规定：

1 应按时巡视、检查机组运行情况，并做好巡视检查记录，发现问题及时解决；

2 应定期清洗沼气、空气过滤装置；

3 必须每班检查沼气发电机进气管路，不得因漏气及冷凝水过多而影响供气；

4 应按相关要求清洗、检修发电机组余热利用系统的管道、闸阀、换热器等；

5 应每班检测沼气稳压罐；

6 在发电、供电等各项操作中，必须执行有关电器设备操作票制度；

7 当发电机组备用或待修时，应将循环水的进、出闸阀关闭，并放空主机及附属设备内的存水；

8 发电机系统的冷却用水必须使用软化水或在循环水中加入阻垢剂；必要时，应更换循环水；

9 当在寒冷地区冬季运行时，机组启动前应检查润滑系统，停止运转后应及时排放水箱中的冷却水；

10 进入发电机的沼气必须进行脱硫处理；

11 进气压力应满足发电机组的设定值，每立方米沼气的发电量宜大于1.5kW·h。

5.3.6 沼气锅炉的运行管理、安全操作、维护保养等应符合下列规定：

1 锅炉的用水水质，应符合现行国家标准《工业锅炉水质》GB/T 1576 的规定；

2 进入锅炉的沼气必须进行脱硫处理；

3 点火前，必须对沼气锅炉进行相关内容的检查；

4 沼气锅炉运行中，当出现经简单处理不可解决的问题时，应立即停炉；

5 对备用或停用的锅炉，必须采取防腐措施；

6 应严格执行排污制度，定期排污应在低负荷下进行，并应严格监视水位；

7 锅炉沼气燃烧器的安装、调试、操作及保养等各项工作，应按设备说明书及相关的安全规定与准则执行，严禁误操作；

8 应确保沼气供应的稳定与充足；

9 应每班检查输气管道及阀门等组件的气密性；

10 当在保养及检验工作中密封件被打开，重新安装时必须清洁密封面并注意保持密闭性能；

11 应每年对锅炉全套设备进行 1 次维护与保养，对相关部件的气密性进行复查，并应测量每次保养及故障处理后的燃烧烟气值；

12 应合理降低热损失，使锅炉的热效率达到设计值；

13 燃气锅炉污染物的排放必须符合现行国家标准《锅炉大气污染物排放标准》GB 13271 中的有关规定。

5.3.7 沼气燃烧器（火炬）的运行管理、安全操作、维护保养等应符合下列规定：

1 手动式沼气燃烧器应根据沼气柜储气量适时点燃；

2 应按相关规定，检查自动式沼气燃烧器的自动点燃程序及母火管路的压力；

3 应按相关规定，清理沼气燃烧器火焰喷嘴的污物；

4 应按相关规定，校核沼气燃烧器上的压力表；

5 应按相关规定，保养和维修沼气燃烧器管路上的电动闸阀；

6 采用电子点火装置的，应按相关规定，检查接地母线；

7 采用人工点火装置的，操作人员应站在上风向，并必须与燃烧器保持一定距离；

8 沼气燃烧器在运行期间，应每班按时监控火焰燃烧情况。

5.4 污泥浓缩脱水

5.4.1 选择合适的絮凝剂，应根据污泥的理化性质，通过试验，确定最佳投加量。带式脱水机还应选择合适的滤布。

5.4.2 对带式浓缩机、带式脱水机絮凝剂投加量、进泥量、带速、滤布张力和污泥分布板，应及时调整，使滤布上的污泥分布均匀，控制污泥含水率，滤液含固率应小于 10%。

5.4.3 当巡视检查带式脱水机反冲洗水系统、滤布纠偏系统和投药系统时，发现异常，应及时维修。

5.4.4 对离心浓缩机、离心脱水机絮凝剂投加量、进泥量、扭矩和差速，应及时调整，控制污泥含水率，滤液含固率应小于 5%。

5.4.5 停机前应先关闭进泥泵、加药泵；停机后应间隔 30min 方可再次启动。

5.4.6 对破碎机清淘系统应定期清理，经常检查破碎机刀片磨损程度并应及时更换。

5.4.7 各种污泥浓缩、脱水设备脱水工作完成后，都应立即将设备冲洗干净，对带式脱水机应将滤布冲洗干净。

5.4.8 污泥脱水机械带负荷运行前，应空载运转数分钟。

5.4.9 对溶药系统应经常清洗，防止药液堵塞；在溶药池边工作时，应注意防滑，同时应将撒落在池边、地面的药剂清理干净。

5.4.10 机房内的通风应保持良好。

5.4.11 浓缩机投药量（干药/干泥）应控制在(2～4)kg/t；脱水机投药量（干药/干泥）应控制在(3～5)kg/t。脱水后污泥含水率应小于 80%。

5.5 污 泥 料 仓

5.5.1 当采用多仓式污泥料仓储存脱水后污泥时，应使各仓污泥量相对均匀。

5.5.2 料仓在寒冷季节运行，应采取有效的防冻措施。

5.5.3 通过机械振动、搅拌等方式，使污泥在料仓内均匀储存，不得发生堵挂现象。

5.5.4 污泥在料仓内存放的时间不宜超过 5d。

5.5.5 做好料仓仓体和钢结构架的内外防腐，并定期检查和维修，发现问题应及时处理。

5.5.6 污泥输送设备在带负荷运行前，应先空载运行，并检查进料仓和出料仓闸阀的开启状态，同时应进行合理调控。

5.5.7 料仓的防雷、通风和防爆等安全措施应齐全。

5.5.8 料仓的储存量不得大于总容量的 90%。

5.5.9 料仓停用应将仓内沉积的污泥彻底清理干净。

5.5.10 维修或维护料仓时，应监测仓内有毒、有害气体含量，并应按本规程第 2.2.25 条的有关规定执行。

5.6 污 泥 干 化

5.6.1 当流化床式污泥干化机运行时，应连续监测气体回路中的氧含量浓度，严禁在高氧量下连续运行。

5.6.2 流化床式污泥干化机的运行管理、安全操作、维护保养等应符合下列规定：

1 污泥泵启动运行必须在自动模式下进行，运行管理、维护保养等应按本规程第2章及第3.2节、第3.5节和第3.8节中的有关规定执行；

2 分配器的启动必须在自动模式下进行；

3 湿污泥的破碎尺度应以易被干燥机分配流化而定；

4 可根据干化系统污泥的需要量调节分配器；

5 分配器在运行中，应注意观察油杯的自动加油状况；

6 分配器转速应保持平稳，发现振动或电压、电流异常波动且不能排除时，应立即停机；

7 干化系统的运行必须按自动程序完成；运行中应监视干化机的流化状态和床体的温度等各类参数值的变化；

8 干化系统的设备及各部件间的连接口、检查孔应保持良好的密封性；

9 应控制循环气体回路的流量在一定范围内，并应保持良好的流化状态；

10 干化机每运行3个月应对热交换器、风帽、气水分离器、高水位报警点、风室挡板等进行全面检查、清理，并应对所有的密封磨损情况进行详细地检查和记录；

11 检修或调换分配器的滚轮时，应使其嘴片盒的间隙满足要求；

12 应每班检查旋风分离器内壁的磨损、变形、积灰、漏点及浸没管的浸没深度等情况；

13 应调节冷凝换热器的进水量，保证气体回路冷凝后的气体温度满足工艺要求；

14 气水分离器底部的冲洗不得间断，并缓慢调节其进水量，必须保证排水管道通畅；

15 鼓风机、引风机的运行管理应按本规程第3.10节的有关规定执行；

16 干燥机出口压力应控制在允许的范围内；

17 当需要进入容器内检修时，检修人员必须做好安全防护；

18 循环回路气体温度应控制在规定范围内；

19 干化系统运行中或暂停时，不得停止排气风机的运转。

5.6.3 带式污泥干化机的运行管理、安全操作、维护保养等应符合下列规定：

1 应防止干化机污泥进泥系统的污泥搭桥和堵塞；

2 干化机系统应设定为全自动运行模式；

3 应每班检查污泥在干化带上的布料效果，出现异常工况，应停机及时调整；

4 应每年对干化机的干化带、风道系统等进行1次清理；

5 应检查干化带的接头是否牢固并调整干化带的张力；

6 干化机的风道系统严禁短路漏风，装置内部应处在微负压工况运行；

7 每运行3个月应对热交换器的密封、压力表、排水帽等进行全面检查、清理，并对所有的密封磨损情况进行详细地记录和跟踪；

8 在正常操作条件下，累计运行15000h后应更换润滑油，但最长不得超过3年；

9 斗式干泥输送机应设接地装置；

10 应每班检查干化机系统配套的电气、仪表和控制柜，当出现不稳定和不安全因素时，应及时维修或更换；

11 应根据实际运转时间和磨损件损坏程度修理与更换轴承、干化带、切割刀等磨损件。

5.6.4 转鼓式污泥干化机的运行管理、安全操作、维护保养等应符合下列规定：

1 干化机的启动、运行、卸载等应采用自动操作模式；

2 在自动运行模式下，系统必须连续供应物料；

3 系统运行中，应巡检设备的密封、热油系统、传动装置、气闸箱等；

4 运行中应检查所有闸阀的开启位置；

5 当系统在自动运行模式下冷启动时，应确定所有系统的选择开关都处于关闭状态；

6 正常运行需停运干化机时，必须经过冷却程序，严禁手动关闭干化系统；

7 当干化机需维修或停机时，应执行冷却的自动模式；

8 严禁干化机待机运行；

9 过滤器应保持清洁，必要时应进行更换；

10 干化机设备防火、防爆的管理必须严格执行国家有关规定和标准。

5.6.5 干化后污泥的含水率，应根据污泥最终处置的方法确定。

5.7 污泥焚烧

5.7.1 焚烧炉点火时，宜在炉内流化床上、下压力差最小的状态下进行，且应缓慢升温，保持焚烧炉炉膛出口处压力为(−100～−50)Pa之间。

5.7.2 焚烧炉温升至550℃以上时，可投煤或干污泥升温，焚烧温度应控制在(850～900)℃。

5.7.3 煤和泥的切换应依据焚烧状态调整，且调整的速率应相对平稳。

5.7.4 对焚烧炉内物料流化燃烧状况，应随时观察。

5.7.5 风机工况点必须避开产生喘振位置，且应保证风机安全、平稳运行。

5.7.6 焚烧烟气排放温度必须大于烟气排放酸露点温度。

5.7.7 焚烧炉在运行中应保持料层的流化完好，并应根据料层的压力差及时排渣。

5.7.8 焚烧炉启动前应对下列部位进行检查，且应及时处理发现的问题：

1 流化空气风室、风帽、流化风机、管道和流化床砂层；

2 耐火砖、辅助油喷枪、流化床温度传感器及保护管、底部出灰斜槽；

3 燃烧器耐火材料、喷嘴、燃烧器空气风门和记录器；

4 加热面、烟道气管道和引风机；

5 燃料投入机及其转子和壳体；

6 防爆门和开孔的耐火材料。

5.7.9 风机应在无负载下启动，并应在流化风机运行平稳后逐步开大流化风门。

5.7.10 仪表空气压力应保持在 5×10^5Pa 以上。

5.7.11 后部烟道烟气含氧量宜保持在(4～10)vol－%，燃烧器油压应保持在能保证油枪雾化良好的范围内。

5.7.12 焚烧炉停炉前，必须以一定速度减少焚烧炉的处理能力，保证残留在流化床的废燃料燃烧尽。

5.7.13 焚烧炉物料流化高度应控制在(0.4～0.8)m。

5.7.14 风室内压力应为(0.85～1.3)$\times10^4$Pa。

5.7.15 密相区和稀相区的温度应为(850～900)℃。

5.8 污泥堆肥

5.8.1 污泥堆肥前期混合调整段的运行管理、安全操作和维护保养应符合下列规定：

1 当用锯末、秸秆、稻壳等有机物做蓬松剂时，污泥、蓬松剂和返混干污泥等物料经混合后，其含水率应为55%～65%；

2 当无蓬松剂时，污泥与返混干污泥等物料经混合后，其含水率应小于55%；

3 蓬松剂颗粒应保持均匀；

4 混合机在运行中严禁人工搅拌；

5 清理混合机残留物料时，应断开混合机电源。

5.8.2 快速堆肥阶段的运行管理、安全操作和维护保养等应符合下列规定：

1 在快速堆肥阶段中，垛体温度为(55～65)℃的天数宜大于 3d；

2 强制供气时，宜采用均匀间断供气方式；

3 垛体高度不宜超过设计高度；

4 应每日检查 1 次供气管路并保证管路畅通；

5 在翻垛过程中，应及时排除仓内水蒸气；当遇低温时，仓内应留有排气口；

6 翻垛周期宜为每周 3～4 次；

7 翻垛机在运行中，应随时巡查，发现问题应及时处理；

8 应按相关规定，对翻垛机进行维护保养和防腐处理；

9 翻垛机工作时，非操作人员不得进入；

10 在堆肥发酵车间工作时，工作人员应戴防尘保护用品。

5.8.3 污泥堆肥稳定熟化段的运行管理、安全操作和维护保养等应符合下列规定：

1 污泥稳定熟化期宜为(30～60)d；

2 稳定熟化期间可采用自然通气或强制供气；

3 翻堆周期宜控制在(7～14)d；

4 污泥稳定熟化后，有机物分解率应在 25%～40%之间；含水率不宜高于 35%。

5.8.4 污泥堆肥的化验检测应符合下列规定：

1 应每日检测 1～2 次垛体温度；

2 应每日测定 1 次污泥、返混干污泥、蓬松剂、混合物及垛体的有机物和含水率。

6 臭气处理

6.1 收集与输送

6.1.1 对集气罩、集气管道与输气管道的密闭状况应按时巡视、检查。

6.1.2 对集气罩与其他设备、设施相连接处的滑环磨损程度应定期检查、维护。

6.1.3 对集气罩骨架上的钢丝绳和遮盖物应定期检查并紧固。

6.1.4 当进入臭气收集系统的封闭环境内进行检修维护时，必须具备自然通风或强制通风条件，并必须佩戴防毒面具。

6.1.5 对气体输送管线的压降应每班检查和记录。

6.1.6 雨、雪、大风天气，应加强输气管线和集气罩的检查、巡视。应及时清除集气罩与轨道间的积雪。

6.1.7 对集气输送管道内的冷凝水应每班排放 1 次。

6.1.8 当打开集气罩上的观察窗时，操作人员应站在上风向。

6.1.9 对风机和输气管道应定期检查、维护。

6.2 除 臭

6.2.1 采用化学除臭工艺时应符合下列规定：

1 系统开机前应检查供水、供电、供药情况，并应确保各类阀门处于正常状态；

2 系统运行时应监测 pH、臭气浓度、流量、温度、压力等参数；

3 应根据臭气负荷，及时调整加药量；

4 应根据填料塔中的填料压降，及时对填料进行清洗或更换；

5 应清洁化学洗涤器底部、除雾器、喷嘴和给水排水管路的污垢；

6 室外运行的除臭系统，应采取防冻、防晒措施；

7 除臭系统长时间停用，应清洗设备及系统管路，同时应对pH、ORP探头采取保护措施；

8 应每班对化学吸收系统的压力、振动、噪声、密封等情况进行检查；

9 化学药品储罐、备用罐等不应在高温下灼晒，并注意开盖安全；

10 化学药品的使用及储藏应符合国家现行有关规定；

11 化学洗涤塔必须停机后进行检修，并应排除污染气体、确保塔内正常通风，检修人员应配备安全防护用品。

6.2.2 采用生物除臭工艺时应符合下列规定：

1 系统运行时，应监测臭气流量、浓度、温度、湿度、压力和pH等参数；

2 当生物滴滤系统出现大量脱膜、生物膜过度膨胀、生物过滤床板结、土壤床出现孔洞短流等情况时，应及时查明原因，并采取有效措施处理；

3 应保证滤床适宜的湿度；

4 除臭系统宜连续运行，当长时间停机时，应敞开封闭构筑池或水井，并保证系统通风；

5 应每日检查加湿器、生物洗涤塔及滴滤塔的填料，当出现挂碱过厚、下沉、粉化等情况时，应及时处理、补充或更换；

6 应根据生物滤床压降情况，对滤料做疏松维护或更换；被更换的滤料应封闭后集中处理；

7 应每班检查系统的压力、振动、噪声、密封等情况，宜定期对洗涤系统、滴滤系统进行维护。

6.2.3 采用离子除臭工艺时应符合下列规定：

1 除臭系统可间歇运行；当处理臭气时，必须提前启动离子发生装置；

2 除臭系统应注意保持管路系统和设备的清洁和密封；

3 应每班检查1次离子发生装置是否破损、泄漏，并应及时维护和更换；

4 除臭系统维修时必须断电，同时应关闭废气收集系统的进风阀并保证设备内通风良好；

5 空气过滤装置应保持清洁，必要时应对其更换；

6 应每班巡视和检查、记录离子除臭系统风机运行状况；

7 应每班监控除臭系统进、出气中挥发性气体分子浓度、硫化氢气体浓度以及离子浓度的变化。

6.2.4 采用活性炭吸附除臭工艺时，必须符合下列规定：

1 更换活性炭时应停机断电，并应关闭进气闸阀；

2 必须佩戴防毒面具方可打开卸料口；

3 室内操作必须强制通风。

6.2.5 采用活性炭吸附除臭工艺时，除应符合本规程第6.2.4条外，还应符合下列规定：

1 应监视系统的压力值，并应及时更换炭料，防止舱内炭的粉化堆积产生堵塞；

2 应对室外系统做好夏季防晒处理，不宜在高温环境下运行；

3 使用清水再生且在室外运行的系统，冬季应采取防冻、保温措施；

4 使用热蒸汽再生的系统，应监视蒸汽的流量和压力，并保证再生处理过程的有效和正常；

5 使用碱液再生的系统，应保证碱液的投加量；

6 应每2h对系统压力、振动、噪声、密封等情况进行检查；

7 应及时清除或清洗过滤器上集结的污物，可根据使用情况予以更换；

8 可结合出口的臭气浓度确定炭料的再生次数和更换周期；

9 活性炭的存放，应采取防火措施，并按危险品的有关管理规定执行；

10 清理活性炭污染物时，应佩戴防护面具；

11 废弃的活性炭应装入专用的容器内，予以封闭，并应送交专业部门进行集中处理。

6.2.6 采用植物除臭工艺时应符合下列规定：

1 天然植物液应在有效期内使用；

2 应每日检查供液系统的运行情况，并应及时处理发现的问题；

3 用于挥发和喷嘴雾化系统的植物液，应用纯净水稀释，稀释比例应根据除臭现场的动态效果确定；

4 应经常检查雾化系统的自动间断式喷洒和液面控制器的有效性、除臭设备的清洁干燥度、输送液管道各个接口的严密性及接地线的可靠性；

5 应每班检查挥发系统的风机、风机控制器、供液电机是否正常运转，应及时更换出现滴漏的供液系统输液管道，应及时清洗或更换渗透网；

6 应保持植物液储存罐内清洁；

7 当设备出现故障时，应切断电源，并应采取相应措施，防止植物液流失。

7 化验检测

7.1 取样

7.1.1 取样点应在工艺流程各阶段具有代表性的位置选取，并应符合下列规定：

1 应在总进水口处取进水水样，并应避开厂内排放污水的影响，宜为粗格栅前水下1m处；

2 应在总出水口处取出水水样，宜为消毒后排放口水下1m处或排放管道中心处；

3 应依据不同污水、污泥处理工艺确定中间控制参数的取样点；

4 应在污泥处理前、后处取泥样；

5 应在脱硫塔前、后取沼气样。

7.1.2 城镇污水处理厂污水、污泥及厂界废气应符合现行国家标准《城镇污水处理厂污染物排放标准》GB 18918中对取样与监测的有关规定。

7.1.3 噪声控制的测量方法及测点位置应符合现行国家标准《工业企业厂界环境噪声排放标准》GB 12348的规定。

7.2 化验项目及检测周期

7.2.1 城镇污水处理厂日常化验检测项目和周期应符合现行国家标准《城镇污水处理厂污染物排放标准》GB 18918的规定，并应满足工艺运行管理需要，可按表7.2.1-1、表7.2.1-2中的规定确定。

表7.2.1-1 污水分析化验项目及检测周期

检测周期	序号	分析项目
每日	1	pH
	2	BOD_5
	3	COD_{cr}
	4	SS
	5	氨氮
	6	总氮
	7	总磷
	8	粪大肠菌群数
	9	SV%
	10	SVI
	11	MLSS
	12	DO
	13	镜检
每周	1	氯化物
	2	MLVSS
	3	总固体
	4	溶解性固体
每月	1	阴离子表面活性剂
	2	硫化物
	3	色度
	4	动植物油
	5	石油类
	6	氟化物
	7	挥发酚
每半年	1	总汞
	2	烷基汞
	3	总镉

续表7.2.1-1

检测周期	序号	分析项目
每半年	4	总铬
	5	六价铬
	6	总砷
	7	总铅
	8	总镍
	9	总铜
	10	总锌
	11	总锰

注：1 亚硝酸盐氮、硝酸盐氮、凯氏氮的分析周期未列入表中，宜为每日分析项目，应根据工艺需要酌情增减；

2 其他项目可按现行国家标准《城镇污水处理厂污染物排放标准》GB 18918的有关规定选择控制项目执行。

表7.2.1-2 污泥分析化验项目及检测周期

检测周期	序号	分析项目	
每日	1	含水率	
每周	1	pH	
	2	有机份	
	3	脂肪酸	
	4	总碱度	
	5	沼气成分	
	6	上清液	总磷
	7		总氮
	8		悬浮物
	9	回流污泥	SV%
	10		SVI
	11		MLSS
	12		MLVSS
每月	1	粪大肠菌群	
	2	蠕虫卵死亡率	
	3	矿物油	
	4	挥发酚	
每半年	1	总镉	
	2	总汞	
	3	总铅	
	4	总铬	
	5	总砷	
	6	总镍	
	7	总锌	
	8	总铜	

注：1 沼气成分分析包括甲烷、二氧化碳、硫化氢、氮等；

2 采用好氧堆肥处理方法，每月检测一次粪大肠菌群和蠕虫卵死亡率。

7.2.2 再生水出水水质化验项目及检测周期应根据再生水用途分别符合相应的现行国家标准《城市污水再生利用 城市杂用水水质》GB/T 18920、《城市污水再生利用 景观环境水水质》GB/T 18921、《城市污水再生利用 地下水回灌水质》GB/T 19772 和《城市污水再生利用 工业用水水质》GB/T 19923 的规定。

7.2.3 对城镇污水处理厂厂界废气、工作场所的有毒有害气体、噪声等项目应定期进行监测。

7.2.4 对除臭系统的氨、硫化氢、臭气及甲烷等项目的浓度应定期检测。

7.3 化 验 室

7.3.1 城镇污水处理厂日常化验检测项目的检测方法应符合国家现行标准《城镇污水处理厂污染物排放标准》GB 18918、《污水综合排放标准》GB 8978、《城市污水水质检验方法标准》CJ/T 51 和《城市污水处理厂污泥检验方法》CJ/T 221 的规定。

7.3.2 化验室应建立、健全质量管理体系、环境管理体系和职业健康安全管理体系。

7.3.3 每一个检测项目都应有完整的原始记录。当日的样品应在当日内完成检测（粪大肠菌群数和 BOD_5 除外）。对检测的原始数据和化验结果报告，应进行复审并保存。

7.3.4 化验检测的各种仪器、设备、标准药品及检测样品应按产品的特性及使用要求固定摆放整齐，并应有明显的标志。

7.3.5 化验检测所用的量具应按规定由国家法定计量部门进行校正，必须使用带“CMC”标志的计量器具。

7.3.6 化验室必须建立危险化学品、剧毒物的申购、储存、领取、使用、销毁等管理制度。

7.3.7 化验样品的水样保存、容器类别均应符合现行国家标准《水质采样 样品的保存和管理技术规定》HJ 493 的规定。

7.3.8 化验室宜配置紧急喷淋设施。

7.3.9 化验室应配备防火、防盗等安全保护设施。工作完毕后，应对仪器开关、水、电、气源等进行关闭检查。

7.3.10 易燃易爆物、强酸强碱、剧毒物及贵重器具必须由专门部门负责保管，并应建立监督机制，领用时应有严格手续。

7.3.11 化验室应设专人对检测的水样和泥样进行编号、登记和验收；化验室检测的精度范围和重现性应符合国家现行的有关标准和规定。

8 电气及自动控制

8.1 电 气

8.1.1 变、配电装置的工作电压、工作负荷和温度应控制在额定值的允许变化范围内。

8.1.2 对变、配电室内的主要电气设备应巡视检查，并应按要求做好运行日志。

8.1.3 当变、配电室设备在运行中发生跳闸时，在未查明原因之前严禁合闸。

8.1.4 电气设备的运行参数应按时记录，并记录有关的命令指示、调度安排，严禁漏记、编造和涂改。应遵守当地电力部门变电站管理制度的规定。

8.1.5 变压器及相关设备的运行条件、维护等，均应严格遵守变压器运行规程。

8.1.6 高、低压变、配电装置的清扫、检修工作必须符合现行行业标准《电业安全工作规程》DL 409 的规定。

8.1.7 当在电气设备上进行倒闸操作时，必须符合现行行业标准《电业安全工作规程》DL 409 及“倒闸操作票”制度的规定。

8.1.8 当变、配电装置在运行中发生异常情况不能排除时，应立即停止运行。

8.1.9 电容器在重新合闸前，必须使断路器断开，并将电容器放电。

8.1.10 隔离开关接触部分过热，应断开断路器、切断电源；当不允许断电时，则应降低负荷并加强监视。

8.1.11 所有的高压电气设备，应根据具体情况和要求选用含义相符的标志牌。

8.1.12 电缆接头、接线端子等直接接触腐蚀气体的部位，应做好防腐处理。

8.1.13 电器综合保护装置的保养、检修，应按规定的周期进行，并应保留检定值的记录。

8.1.14 对变电站运行数据、各种记录应进行备份，并应保留检定值的记录。

8.2 自 动 控 制

8.2.1 自控系统应设置用户使用权限。

8.2.2 当自控系统需要与外界网络相连时，应只设置一条途径与外界相连，同时应采取必要的措施保护硬件和软件，并应及时升级。

8.2.3 自控系统应采取有效措施避免病毒和非法软件的侵入。

8.2.4 布设各类测量仪表应根据工艺需求和现场实际情况确定，监测点设定的参数不得随意改动。

8.2.5 对仪表应按有关规定进行维护和校验，属国家强检范围的仪表应按周期报技术监督部门进行标定。

8.2.6 仪表维护、检修时，应先查看保护接地情况，带电部位应设明显标志，防止触电。

8.2.7 仪表的测量范围、精度、灵敏度应符合工艺要求。

8.2.8 自控系统的软件、程序应存档，并应备份运行数据。

8.2.9 中央控制系统的显示参数应与现场设备、仪表的运行状况相符，并应及时维护和校核。

8.2.10 正常情况下，PLC（可编程逻辑控制器）应长期保持带电状态，并应及时更换 CPU（中央处理器）电池。

8.2.11 PLC 机站、计算机房应保持适宜设备正常工作的温度和湿度。

8.2.12 对各种在线分析仪表应每月进行校准，并应确保测量准确。室外仪表箱（柜）应有防腐蚀功能，并应做好维护保持清洁。

9 生产运行记录及报表

9.1 生产运行记录

9.1.1 生产运行记录应如实反映全厂设备、设施、工艺及生产运行情况，并应包括下列内容：

1 化验结果报告和原始记录；

2 各类设备、仪器、仪表运行记录；

3 运行工艺控制参数记录；

4 生产运行计量及材料消耗记录；

5 库存材料、备品、备件等库存记录。

9.1.2 每班应有真实、准确、字迹清晰且用碳素墨水笔填写的值班记录，并应由责任人签字。

9.1.3 记录应由相关人员审核无误并签名确认后方可按月归档。

9.2 计划、统计报表和报告制度

9.2.1 城镇污水处理厂应执行计划、统计报表和报告制度。

9.2.2 计划报表应根据城镇污水处理厂正常运行的需要，全面反映进出水水量、进出水水质、污泥处理量、沼气产量、再生水利用量、能源材料消耗量、维护维修项目和资金预算等运营指标；并符合城镇污水处理管理信息报送的要求。

9.2.3 统计报表应依据生产运行及维护、维修记录，全面反映城镇污水处理厂运行情况。

9.2.4 中控室应结合生产运行过程中的进出水量和水质、用电量、污泥产量、各类材料消耗量及在线工艺运行参数等，生成报表、绘制参数曲线保留一年。

9.2.5 计划、统计报表内容应主要包括生产指标报表、运行成本报表、能源及药剂消耗报表、工艺控制报表以及运行分析等。计划、统计报表应按月、年填报。

9.2.6 报告制度应包括：生产运营计划执行情况、安全生产、设施和设备大修及更新、信息上报和财务年度预、决算等。分析报告应按月、年完成。

9.2.7 报表和报告应经审批、签字、盖章后方可报出。

9.3 维护、维修记录

9.3.1 运行管理中应建立健全电气、仪表、机械设备的台账。

9.3.2 维护、维修记录应包括下列内容：

1 电气、仪表、机械设备累计运行台时记录；

2 电气、仪表、机械设备维修及保养记录；

3 设施维护、维修记录。

9.4 交接班记录

9.4.1 交班人员应做好巡视维护、工艺及机组运行、责任区卫生及随班各种工具使用情况等记录。

9.4.2 接班人员应对交班情况做接班意见记录。

9.4.3 交、接双方必须对规定内容逐项交接，应在双方均确认无误后方可签字。

9.4.4 当遇有事故处理或正在工艺、电气、设备操作过程中，暂不进行交接班时，接班人员应协助交班人员处理后方可交接；并应由交班人员整理工作记录，接班人员确认。

9.4.5 当遇到异常情况时，应在交接班记录中详细记录。

10 应 急 预 案

10.0.1 城镇污水处理厂应建立健全应急体系，并应制定相应的安全生产、职业卫生、环境保护、自然灾害等应急预案。

10.0.2 制定应急预案应符合下列规定：

1 应明确说明编制预案的目的、原则、编制依据和适用范围等；

2 应建立应急组织机构并明确其职责、权利和义务；

3 应根据城镇污水处理厂实际特点制定各种应急技术措施，包括：触电、中毒、防汛、关键性生产设备紧急抢修、重大水质污染、严重超负荷运行、压力容器故障、氯气泄漏、沼气泄漏、硫化氢等有毒有害气体泄漏、防火防爆、防自然灾害、防溺水、防高空坠落和化验室事故等应急措施；

4 应有应急装备物资保障、技术保障、安全防护保障和通信信息保障等。

10.0.3 城市污水处理厂的员工应定期接受应急救援方面的教育、培训、演练和考核。

10.0.4 各种应急预案应每年进行 1 次补充、修改和完善，并做好其档案的管理与评审工作。

10.0.5 每年应至少进行 1 次应急预案的演练。演练形式可以采取下列形式：

1 桌面演练；

2 功能演练；

3 全面演练。

本规范用词说明

1 为便于在执行本规程条文时区别对待，对要求严格程度不同的用词说明如下：

1）表示很严格，非这样做不可的用词：

正面词采用“必须”，反面词采用“严禁”；

2）表示严格，在正常情况下均应这样做的用词：

正面词采用“应”，反面词采用“不应”或“不得”；

3）表示允许稍有选择，在条件许可时首先应这样做的用词：

正面词采用“宜”，反面词采用“不宜”；

4）表示有选择，在一定条件下可以这样做的用词，采用“可”。

2 条文中指定应按其他有关标准、规范执行时，写法为：“应符合……的规定”或“应按……执行”。

引用标准名录

1 《工业锅炉水质》GB/T 1576

2 《污水综合排放标准》GB 8978

3 《工业企业厂界环境噪声排放标准》GB 12348

4 《水质采样 样品的保存和管理技术规定》HJ 493

5 《锅炉大气污染物排放标准》GB 13271

6 《城镇污水处理厂污染物排放标准》GB 18918

7 《城市污水再生利用 城市杂用水水质》GB/T 18920

8 《城市污水再生利用 景观环境水水质》GB/T 18921

9 《城市污水再生利用 地下水回灌水质》GB/T 19772

10 《城市污水再生利用 工业用水水质》GB/T 19923

11 《氯气安全规程》GB 11984

12 《城镇排水管道维护安全技术规程》CJJ 6

13 《城市污水水质检验方法标准》CJ/T 51

14 《城市污水处理厂管道和设备色标》CJ/T 158

15 《城市污水处理厂污泥检验方法》CJ/T 221

16 《电业安全工作规程》DL 409

中华人民共和国行业标准

城镇污水处理厂运行、维护及安全技术规程

CJJ 60—2011

条 文 说 明

修 订 说 明

《城镇污水处理厂运行、维护及安全技术规程》CJJ 60－2011经住房和城乡建设部2011年3月15日以第957号公告批准、发布。

本规程是在《城市污水处理厂运行、维护及安全技术规程》CJJ 60－94的基础上修订而成的，上一版的主编单位是天津市纪庄子污水处理厂，参编单位是上海市城市排水管理处、建设部城市建设研究院。主要起草人是朱雁伯、吕士健、李从华、石凤林、林文波、王福南。

本次修订的主要技术内容是：

1 目前我国具有各种新工艺特点的污水处理厂越来越多，新规程需要覆盖大量的新技术和新工艺的运行管理要求，特别是要兼顾各种不同组合工艺特点的污水处理厂。因此，本次规程修订在章节设置做了较大的调整，按照污水处理厂生产流程，兼顾各环节不同工艺特点提出相应的技术要求，使规程尽量简练，同时又避免漏项，但在表述技术要求方面基本还是按照运行管理、安全操作、维护保养、技术指标的顺序做出规定。

2 对近十几年来出现的新技术、新工艺经过总结和提炼，纳入了本规程。同时修改了不相适应的内容。增加了目前普遍采用的新的污水处理工艺、新型构筑物和新设备方面的内容。

3 进一步完善了污泥处理与处置方面的内容。

4 增加了污水深度处理方面的内容。

5 增加了臭气处理方面的内容。

6 结合十几年来出现的事故教训，增加了应急预案方面的内容。

为便于广大污水处理行业的运行管理、设计、施工、科研、学校等单位有关人员在使用本规程时能正确理解和执行条文规定，《城镇污水处理厂运行、维护及安全技术规程》编制组按章、节、条顺序编制了规程的条文说明，对条文规定的目的、依据以及执行中需注意的有关事项进行了说明，还着重对强制性条文的强制理由做了解释。但是，本条文说明不具备与规程正文同等的法律效力，仅供使用者作为理解和把握规程规定的参考。

目　次

1 总　　则

1.0.1 本条概括了制定本规程的宗旨和目的。

1994年颁布的《城市污水处理厂运行、维护及其安全技术规程》CJJ 60-94是我国城市污水处理行业第一次制定关于运行、维护管理和安全操作方面的技术标准，规程实施以来，各级管理部门大多采用该规程对城市污水处理厂进行监督、检查和考核。规程对全国城市污水处理厂的管理工作起到了重要作用。近年来随着我国城市建设的飞速发展，城市的规模越来越大，数量越来越多，城镇水环境问题也越来越突出，由此带动了城镇污水处理厂的建设和发展。1994年全国城镇污水处理厂100多座，城市污水处理率不到20%，截止2010年，全国城镇污水处理厂已达2600座以上，城镇污水处理率已超过70%。与此同时，污水处理技术不断发展，新型的处理工艺和工艺组合也日趋完善，并在新建和改建的城镇污水处理厂得到广泛应用，显然原规程已经不能为大多数城镇污水处理厂提供技术、管理等层面的支持。一大批采用新技术、新工艺、新设备、新材料的新建或改建的城镇污水处理厂更加急需运行维护和安全操作方面的规程，因此必须对该规程进行修订。

本规程重点突出了作为城市基础设施之一的城镇污水处理厂，应发挥的功能和作用，即净化污水、削减污染物，处理并处置污泥，使污泥减量、稳定、无害处置，实现再生水的利用，保证处理设施、设备安全、稳定、高效地运行，贯彻节约能源、保护环境的宗旨。

综上所述，本次规程的修订充分考虑了我国城镇污水处理厂的现状和发展，争取达到能指导城镇污水处理厂的各项工作，在技术管理等方面，争取达到3年～5年不落后的目标。

1.0.3 城镇污水处理厂运行维护和安全管理工作除给水排水专业外还涉及许多工种和岗位，如电气、机械、水暖、司炉、化验等，这些专业都有许多相关的国家现行标准及规定，例如：《变压器运行规程》DL/T 572、《室外排水设计规范》GB 50014、《污水综合排放标准》GB 8978、《污水排入城镇下水道水质标准》CJ 343、《排水管道维护安全技术规程》CJJ 6、《城市污水水质检验方法标准》CJ/T 51和《城市污水处理厂污泥检验方法》CJ/T 221等。

2 基 本 规 定

2.1 运 行 管 理

2.1.1 为了保证城镇污水处理厂安全、稳定、达标运行，运营管理单位必须建立一系列规章制度和操作手册，制定岗位责任制、设施巡视制度、运行调度制度、设备管理制度、交接班制度、设备操作规程、维护保养手册以及当进水水质严重超标准或连续超标准、停电造成的城镇污水处理厂停运、重要工艺设施、设备故障、长时间降雨或暴雨造成污水漫溢等事故发生时的突发事故应急预案。根据实际情况和要求，定期对规章制度和操作手册及事故应急预案进行更新。

2.1.2 要做好城镇污水处理厂运行工作，就必须建立一个精简、高效、职能分工明确的组织机构，根据部门工作内容和岗位任职要求，配备适宜的符合岗位任职标准的运行、管理和维护人员，特殊工种应根据国家相关部门要求取得资格证书后才能上岗工作。

2.1.3 为便于管理和操作，各车间或机房内应有必要的图表，如工艺流程图、管网系统图、供配电系统图等。城镇污水处理厂常见的工艺管道有供水、供电、污水、雨水、再生水、蒸汽、热水、污泥、药液、空气、沼气及通信管线等，为便于对上述工艺管道运行、维护、维修的管理，及时处理管道渗漏、破裂、堵塞等引发的故障，应加强基础管理工作，建立健全工艺管道的现状图，并随着工程的改造不断更新。

2.1.4 根据本岗位的设施、设备的运行特点、安全要求，对操作人员在全部操作过程中必须遵守的事项、程序及动作做出规定，形成安全操作规程；明确本岗位所承担的工作内容、数量、质量及完成的程序、标准和时限，规定本岗位应有的权力和应负的责任，形成岗位责任制。并将上述图表、安全操作规程、岗位责任制悬挂在机房的明显部位，便于查看和规范化管理。

2.1.5 运行管理、操作和维护人员只有掌握本厂的工艺流程和设施、设备的运行维护要求及有关技术参数，才能管理好城镇污水处理厂，保证城镇污水处理厂正常、稳定、经济运行，才能维护好设施、设备，杜绝各类事故发生，为达标运行提供保障。

2.1.6 供水、排水、供电、供热和燃气等管理部门对其相应设备、设施的运行都有行业的标准和专业的管理规定，因此在运行管理中应严格执行。

2.1.7 城镇污水处理厂宜保障工艺运行的高效和低耗，并使污水和污泥处理工艺安全运行。

2.1.8 城镇污水处理厂处理的污水量、污泥量和生产的沼气量、发电量等生产指标及供水量、油量、煤量、燃气量、药量、电量等能源指标及材料的耗用量，都应有准确的计量，作为考核城镇污水处理厂经济效益和社会效益的依据。同时，为城镇污水处理厂运行管理及成本核算奠定基础，提高城镇污水处理厂运行管理效能。

2.2 安 全 操 作

2.2.1 起重设备、锅炉、压力容器等特种设备的安装、使用、检修、检测及鉴定，必须符合《特种设备安全监察条例》（国务院令第373号）的规定。根据国家特种设备管理规定，起重设备、锅炉、压力容器等特种设备的安装、检修、检测及鉴定，应由国家质检总局认可的有资质的单位负责。使用过程必须严格执行操作规程。

2.2.2 污水处理厂的易燃易爆、有毒有害气体报警器等强检器具，应由具有相应资质的计量监督部门按照其检测周期进行校验和检定，并应遵照《中华人民共和国强制检定的工作计量器具检定管理办法》国发[1987] 31号等相关规定执行。

2.2.4 由于设备转动部位一般转速较高，操作人员不得接触转动部位，并偏离转动部件的切线方向，避免造成人身伤亡事故。

2.2.5 非本岗位操作人员对本岗位机电设备情况及运行工况可能不了解，对本岗位机电设备的操作不熟悉，因此随意启闭机电设备不仅容易损坏设备，给生产运行带来不良后果，而且有伤及人身的危险。

2.2.6 阀门的开启与关闭应有明确指示，防止误操作。

2.2.7 急停开关是设备安全防护装置，急停开关应保证瞬时动作，终止设备的一切运动。急停开关的布置应保证操作人员易于触及，不发生危险，应保证完好有效状态。

2.2.8 电动闸门的上下限位开关应灵敏可靠，使用中不出偏差。手动与电动的切换装置也应可靠。手动时，应由连锁装置开关切断电源，保证操作人员安全，每月对其进行1次全面检查。电动闸门的维修周期可按照产品使用说明书中的规定执行。

2.2.9 闸井内长期存水不利于操作，又腐蚀闸阀，所以对于闸阀漏水或地下水渗入等情况，应采取适当措施。当管道、阀门敷设安装在室外土壤冰冻深度以上时，容易受冰冻而胀裂。可采取对管道、闸阀井保温或适当提高输送介质温度等防冻措施。

2.2.10 操作人员在现场开、停设备时，应按照操作规程要求的注意事项、程序及动作进行操作。设备运转工况稳定，各种仪表指示正常后，方可离开。

2.2.12 长期停用的设备应每月至少进行一次运转，这样有利于设备内部润滑，减少磨损，防止轴变形。对于内燃机等有冷却循环系统的设备，在环境温度低于0℃时，应采取加注防冻液等防冻措施，防止冻裂设备；刮泥机等长时间停机时，池内水分蒸发，污泥浓度增高，当刮泥机启动时，静负荷过大，开机时应先点动，可降低静负荷，保护设备。

2.2.13 维修设备的过程中，应切断电源，防止触电，并悬挂维修和禁止合闸标志牌，以防止其他人员合闸误操作，造成人员伤亡事故。

2.2.15 设备需要维修时，机体温度应在降至常温后，方可维修，目的是避免由于温度过高烫伤维修人员，由于热胀冷缩原因造成设备零件变形，难于拆卸，避免损坏设备。

2.2.16 各类水池检修放空时，应采取降低地下水位等抗浮措施，以免地下水位过高造成漂池。

2.2.17 用在刮渣机、抓斗机或捯链等起重设备上的钢丝绳等部件，必须保证其强度和安全使用要求，并符合国家现行标准《起重机 钢丝绳 保养、维护、安装、检验和报废》GB/T 5972的规定；避免可能出现的如钢丝绳拉断，使刮渣机的耙子、抓砂斗或已吊起的重物落下，出现严重的后果。对起重机械的主要受力结构件、安全附件、安全保护装置、运行机构、控制系统等应进行日常维护保养，并做好记录。

2.2.18 无论是机修车间为加工或维修机器部件的装卸所设的吊车，还是像泵房等类似的机器间为吊装检修设备所设的吊车，所有的起重设备都要由该部门的专人操作和维护。重物下严禁站人，非操作人员禁止进入吊装工作区域，以防物体坠落造成人身伤亡事故。

2.2.19 设备电机的金属外壳，经接地线、接地体同大地紧密地连接起来，当发生电气故障电机外壳带电出现危险电压时，配电线路的保护接地系统，可以将故障电压限制在安全范围以内；而配电线路的保护接零系统，可以形成相对零线的单相短路，短路电流促使短路保护装置迅速动作，从而把故障设备电源断开，消除电击危险。

2.2.20 构(建)筑物护栏及扶梯应牢固可靠，为保证安全设施护栏不得低于1.2m。在处理构筑物护栏的明显部位上应悬挂警示牌，警示安全注意事项，配备安放救生圈、安全绳等救生装置，为落水人员提供救护用品，并对救生装置进行定期检查和更换。

2.2.21 操作人员工作时，应按各岗位工作性质不同，正确使用和佩戴劳动防护用品，如污泥处理系统的操作人员应佩戴防静电的工作服、绝缘鞋等，取样人员应戴塑胶手套。一般的操作人员也应穿戴工作服、胶鞋、手套等，避免直接与污水、污泥接触。

2.2.22 污泥消化处理区域及除臭区域均有潜在的有毒、有害气体泄漏的危险，因此污水处理厂将其设为防爆场所，严禁火种带入，为加强管理，防止意外事故发生，必须严格门禁制度，同时保持报警装置完好、有效，通信系统畅通。

2.2.23 污泥消化处理区，易发生可燃气体泄漏事故，为防止摩擦产生的静电火花造成爆炸，操作人员的工作服、工作鞋应是防静电的。

2.2.24 污泥消化处理区域内为防爆场所，为防止可燃气体泄漏遇明火产生爆炸，严禁明火作业。

2.2.25 条文中列举的对有危险性构筑物、设备等进行操作或维护、维修时，包括下井、进入管道、清除沉砂池、沉淀池、曝气池、消化池、泵站集水池的淤积物及检修管道、闸阀、泵、沼气柜等带有沼气的设施、设备，均应遵守现行行业标准《城镇排水管道维护安全技术规程》CJJ 6。另外，上海市排水监测站在实践中总结出一套在下井等相关作业时，需检测有毒有害气体的项目及要求的经验数据，可供参考。经验数据如表1所示。

表1 空气中的氧浓度和有毒有害气体检测项目及检测周期表

序号	检测周期	检测项目	警告性报警限	危险性报警限
1	下井等相关作业时连续测定	氧气（O_2）	≤19.5%（缺氧报警限）	≥23.5%（富氧报警限）
2		可燃气体爆炸下限（LEL）	≥10%LEL	≥20%LEL
3		一氧化碳（CO）	≥35ppm	≥200ppm
4		硫化氢（H_2S）	≥10ppm	≥20ppm
5		挥发性有机化合物（VOC）	≥50ppm	≥100ppm
6		恶臭（臭气浓度）	参见《空气质量 恶臭的测定三点比较式臭袋法》GB/T 14675	

表1中项目的确定主要依据城镇污水处理厂中一些特殊作业，该作业有可能产生对作业人员造成生理危害直至威胁作业人员的生命。为此在作业前和作业中进行连续测定。

采用连续测定主要原因是基于空气质量测定应当具有一定的连续性，这是因为有毒气体的冒逸容易受到气压、温度等变化的影响，而且其溶解释放受搅动后具有突发性。因而在下井前采用简单的一次测定并不能从根本上保障作业人员的安全，而应当在作业开始之前和作业的过程中进行连续测定。

警告性报警限的定义为超过或低于该数值可能会影响作业人员的身体健康，超过危险性报警限对作业人员健康或者设施会造成一定程度的伤害或危害，以至产生事故，应停止作业。

表1中第5项的报警限因采用电极法测得，故按惯例使用%浓度或ppm浓度表示。需要时可换算成国际单位。

表1中第1项，一般富氧情况对人体无害，但会引起其他可燃性气体的爆炸限下移，应予以控制。

2.2.26 加氯间、污泥控制室、污泥脱水机房、泵房等车间，必须做好通风，防止有毒有害气体超标，危害人身健康。

2.2.27 根据消防部门的有关规定和安全生产运行的要求，城镇污水处理厂的所有机电设备的机器间及化验室、锅炉房、库房、煤场、泥区、变配电间等地，都应配备适当的消防器材和消防设施，减少发生火灾造成的损失。

2.2.28 处理构筑物绝大多数都在室外，而且池体高，池走道和爬梯在积水、冰、雪后都较滑，行走或操作时，应注意安全。

2.2.29 雷雨天气，易发生雷击事故，造成人身伤亡，因此操作人员在室外巡视或操作时，应注意人身防雷。

2.3 维护保养

2.3.1 操作人员除了负责构筑物和车间的正常工作外，按工艺流程和各种设施、设备的管理要求，应进行巡视，如进、出水流是否通畅平稳、曝气是否均匀适度、活性污泥物理性状、二次沉淀池是否有污泥上浮或翻泥现象及各种机电设备的运转部位有无异常的噪声、温升、振动和胶轮脱胶等。在巡视中还应观察各种仪表是否工作正常、稳定，同时规范、准确地填写运行检查记录。

2.3.2 各种工艺管道在运行使用过程中，由于管道接口（接头）不严、松动、腐蚀，或受到外部的沉降、压力、机械力等的破坏，或管道中产生的水锤冲击等的破坏，造成管道渗漏、破裂；由于杂物进入管道或杂质的沉积而造成管道堵塞的故障时有发生，因此应定期对工艺管道进行检查和维护，并做好记录。

2.3.3 设施、设备操作规程是操作人员正确掌握操作技能的技术性规范。其内容是根据设施、设备的结构或机械原理的特点以及安全运行等要求，对操作人员在全部操作过程中必须遵守的事项、程序及动作等做出规定。其内容主要包括：操作前现场清理及设施、设备状态检查的要求；设施、设备运行工艺参数；操作程序要求；点检、维护、润滑等要求。操作人员认真执行设备操作规程，可保证设施、设备正常运转，减少故障，防止事故发生。设施、设备维护规定是对设施、设备日常维护保养方面的要求和规定。其主要内容包括：设备润滑要求、定时清扫的规定、设备使用过程中的各项检查要求、维护保养周期、运行中常见故障的排除方法、设备主要易损件、安全注意事项等。坚决执行设施、设备维护规定，可以延长设施、设备使用寿命，保持安全舒适的工作环境。

2.3.4 应保持设施、设备清洁，及时处理跑、冒、滴、漏、堵等问题，目的是保证设施、设备符合工艺卫生要求，减少浪费，实现清洁生产。

2.3.6 为使设备的运转部位处于良好的润滑状态，降低动力消耗，延长设备的使用寿命，操作人员应根据设备的要求及运转情况，定期检查润滑油（脂）的量和质。例如定期检查油位；定期取样观察油品的颜色、透明度、气味等外观情况；定期测定润滑油的黏度、闪点、水分、酸值（或碱值）等反映油品质量变化的理化指标，测定油中金属颗粒或元素变化，检测结果不符合要求的，应进行更换。更换出来的润滑油需根据油质情况降级使用或妥善处置。

2.3.7 构筑物、建筑物等出现渗漏、坍塌或损坏，应及时维修。各种闸阀的丝杠勚扣或闸板脱落等，应及时检修，恢复其功能。护栏、爬梯、管道、支架、盖板、灯杆、防雷设施、起吊设备、水泵、潜水泵导轨、风机等，因外部易生锈，应定期防腐和检修，以延长其使用寿命。

2.3.8 定期检查设备运转情况，掌握设备的运行状态，可以及时发现设备存在的缺陷，通过紧固各种设备连接件，定期更换易损件等预防性和周期性维护保养工作，可以减少设备突发故障。

2.3.10 电气设备和电缆在运行过程中，由于受到机械磨损、负荷冲击、电磁振动，气体腐蚀等因素影响，会发生一些零件的磨损、变形、紧固件松动、绝缘老化等变化。通过定期的检查和预防性试验，可以发现存在问题并及时修缮，避免引发设备故障和事故。

2.3.11 定期检查和清扫高低压开关柜，配电柜（箱）及电缆桥架，检查开关柜内零部件是否完好，柜内清洁，无异常声响，绝缘套管有无破损、裂纹、脏污和闪络放电的痕迹，开关接触良好，无过热现象，操作机构灵活，接线牢固，连锁装置齐全可靠。发现安全隐患，及时处理，避免引发设备故障和事故。

2.3.12 仪器仪表的检修调校应有周期、有计划，保证测量精度和灵敏度，提高仪器仪表（包括传感器）的完好率、开表率、控制率和信号连锁的投运率。运行人员应正确使用仪器仪表，保持仪器仪表的完整和清洁。

2.3.13 由于城镇污水处理厂内机电设备的类型、规格、构造不同，所以其维修的大、中、小周期、内容及技术要求也不同。维修和管理人员都应按不同要求进行维护保养。严格执行检查验收制度，将维修和验收记录存放在设备维修档案中。

2.3.14 维修方案制定的详尽、具体可操作性强可保证维修质量、缩短停修时间、降低维修费用，并可保障维修人员和设施、设备的安全。完成检修工作后，应及时组织施工、监理和管理人员进行验收，合格后交付使用。

2.3.15 应按避雷针、线及阀型或管型避雷器等装置的不同种类，分别进行检修。检查避雷针、避雷线时，应注意它们的引下线有无锈蚀，导电部分的连接处，如焊点、螺栓接头等是否牢固。经小锤轻敲检查，发现有接触不良或脱焊的接点应立即修复。阀型避雷器的瓷套应保持完整，导线和接地引下线不得有烧伤痕迹和断脱现象。水泥接合缝及涂刷的油漆应完好，10kV避雷器上帽引线处，密封应严格，不应有进水，瓷套表面不得有严重污垢。动作记录器指数应有所改变（判断避雷器是否动作）。管型避雷器不得有裂纹、机械损伤、绝缘漆脱落等现象。注意构筑物接地、配电系统及强电设备接地、计算机自控系统接地应分开设置。总之，应认真做好避雷针的检修工作，检查防爆装置的灵敏性和可靠性，发现不符合要求的部件或装置，应进行更换和检修，保证安全使用。

2.3.16 发现设备故障、构筑物渗漏严重或污水、污泥处理效果明显异常，工作人员现场不能解决的问题，应及时向主管部门汇报，并协助相关人员分析事故原因，采取相应的措施予以解决。如设施、设备出故障，则组织相关维修人员进行维修；如上游进水水质超标，请监管部门限排；如工艺过程明显异常，可通过调整工艺参数，控制药量等方式解决。

2.4 技 术 指 标

2.4.1 城镇污水处理厂设计进水水质是依据当地污水现状规划和发展多因素，经技术分析确定的，出水指标依据受纳水体情况及国家和地方有关污染物排放标准确定的，由此决定了污水处理的工艺、方法，如城镇污水处理厂实际进水水质长时间过于超出设计指标，也就超出了该厂对污染物的处理能力，将影响污水处理运行效果，导致出水水质不达标，因此加强控制和监管污水处理厂上游点源的治理至关重要。

2.4.2 城镇污水处理厂处理水量的指标一般由主管部门根据该厂的处理能力和实际进厂的水量确定。城镇污水处理厂则应据此安排，调整厂内的维修、技改等工作，但必须保证完成年处理水量为计划指标的95%以上。

2.4.3 城镇污水处理厂所有的处理设施、设备、仪器、仪表的完好，是水量和水质达标的根本保证。在实际运行中，考虑到各种客观条件所限以及运行管理方法、安全操作的水平、维护保养等因素，规定其完好率应达95%以上。

3 污 水 处 理

3.1 格 栅

3.1.1 格栅开机前，应按操作规程检查是否具备开机条件、是否有大型异物卡堵在格栅中、齿耙是否与栅筛相啮合、电机及传动设备是否处于正常状态等，在影响格栅正常运行的因素全部排除后，方可开启格栅。

3.1.2 粉碎型格栅的栅网面为连续自动更新设计，为了避免频繁启闭给电机带来的危害，粉碎型格栅应24h不间断运行。

3.1.3 应及时清除栅条（鼓、耙）、格栅出渣口及机架上悬挂的杂物，汛期及进水量增大时，应加强巡视，增加清污次数，栅条（鼓、耙）上的截留物如不及时清除将造成栅条（鼓、耙）阻塞，造成污水过栅流速太大，容易把需要截留下来的软性栅渣冲走，影响后续处理过程的运转，严重时使水位差超过允许范围，导致污水外溢和栅筛承压变形。

3.1.4 格栅清除的栅渣，应统一堆放并进行妥善处理或处置。因为格栅的截污物中，含有大量的有机污染物，不及时处理或处置会腐败产生恶臭，影响环境卫生及人身健康。

3.1.5 格栅运行期间应定时巡检，及时清理格栅上卡住、缠绕的杂物和栅前的大块硬物、漂浮物，发生齿耙倾斜或不与栅筛啮合、钢丝绳错位、滑轮脱轨、链条等传动部位出故障或电气限位开关失灵等现象，应停机进行检修，不得强行开机。

3.1.7 粉碎型格栅刀片组的磨损情况和松紧度是保证其粉碎能力和剪切能力的关键，为保证粉碎颗粒粒径的均匀，避免柔性纤维物体对设备的缠绕，保证设备的正常运转，应定期检查粉碎型格栅刀片组的磨损和松紧度，并及时调整或更换。

3.1.8 粉碎型格栅的刀片组是合金钢材质，硬度要求达到洛氏50度以上，当长期不运行时，由于污水及腐蚀性气体对刀片的腐蚀，导致刀片组锈蚀，增大开启电流，影响正常开机，因此对于长期不运行的粉碎型格栅，应吊离污水池或将池内水放空，保持清洁，做好维护。

3.1.9 检修格栅时，应切断电源，悬挂检修牌，并在有效监护下进行检修，防止误操作导致设备损坏及人身伤害；由于井下空间狭小，且污水在管网中处于厌氧状态，极易产生硫化氢、甲硫醇、甲烷气体等恶臭有毒气体，当这些气体达到一定浓度时会对人体造成伤害甚至导致人身伤亡，因此对于需要下到格栅井做检修时，要严格执行安全操作制度，事先做好通风措施并检测有毒气体浓度，操作人员应佩戴齐全防护用品，系好安全带，操作过程中要有专人监护。

3.1.11 本条根据现行国家标准《室外排水设计规范》GB 50014确定过栅流速值。

3.1.12 格栅前后的液位差过高，会造成过栅流速增加，容易把需要截流的污物冲走，影响下步工艺的运行，根据城镇污水处理厂的运行管理经验，污水通过格栅的前后水位差小于0.3m时，既不影响工艺的运行，又便于管理，所以污水通过格栅前后的液位差宜小于0.3m。同时还应该用时间控制除污机的动作，实现以水位和时间双向控制的方法，一般多以水位控制为主。此外，还可设置过扭矩保护，防止因木棒等杂物损毁栅条。

3.2 进 水 泵 房

3.2.1 进水量是指通过进水流量计测量出的实际流量，应与进水泵的抽升量一致，即进水量与水泵开启台数相匹配。进水泵房应设有溢流措施，防止地下和半地下式泵房出现淹水现象，造成设备、人身伤害事故及影响生产，同时抽升量不宜持续大于来水量，使水泵处于低效能状态，损坏设备。水泵的开停次数不可过于频繁，否则易损坏电机、降低使用寿命。泵组内每台水泵的投运次数及时间应基本均匀，避免因某台泵长时间不投运，其吸水口对应的集水池内区域泥砂沉积，造成死角。运行人员应结合本厂泵站的具体情况，找到泵组最佳的运行调度方案。备用泵应定期切换运行。使各设备的磨损等情况均衡。

3.2.3 在岗员工或事故发现者应在第一时间报警，并向中心控制室或调度中心、安技部门和值班领导报告。由值班领导决定并组织启动应急预案。泵房的应急预案主要包括：进（出）水泵房断电、电气火灾、异常水量、电器和设备重大事故、有毒有害气体预防等应急预案。

3.2.4 建立健全巡回检查制度是非常重要的，其中：

1 注意观察各种仪表显示是否正常、稳定。注意仪表指针的变化。在运行正常的情况下，仪表指针的位置应基本上稳定在某个位置上。如仪表指针有剧烈变化和跳动，应立即查明原因。

3 填料盒正常滴水程度（干式离心泵）一般只要控制到能分滴而下，不连续成线即可，即（20～150）滴/min。滴水多少可通过松、紧填料压盖来控制。注意不能单边压紧，以防磨损轴套与压盖。

3.2.5 巡视中发现如下问题应立即停机：

1 泵轴的直度要求非常高，任何微小的弯曲都可能造成叶轮的摆动，影响正常的运行。因此，在拆修及吊运泵轴时，小心勿使其变形。泵轴弯曲超过原直径的0.05%时，应校正。泵轴和轴套间的不同心度超过0.05mm时要重换轴套。水泵轴锈蚀或磨损超过原直径的2%时，应更换新轴；轴套有规则磨损超过原直径的3%、不规则磨损超过原直径的2%时，均需换新轴。同时，检查轴和轴套的接触面有无渗水痕迹，轴套与叶轮间纸垫是否完整，不合要求应修正或更换。新轴套装紧后和泵轴的不同心度，不宜超过0.02mm。

4 轴承温升最高不超过75℃。

5 应注意电压表、电流表上读数是否超过电动机的额定值，过大或过小都应及时停车检查。

3.2.6 潜水泵在运行中，需要特别注意和检查下列问题：

1 注意观察中心控制室控制界面和报警界面上，或者在水泵控制柜中"泵综合保护器"上反应的潜水泵运行状态：

1）油室渗漏传感器；

2）电机腔体积液传感器；

3）接线端子盖内漏水传感器；

4）电机定子绕组温度传感器；

5）泵运行电流；

6）泵运行电压以及轴承温度等是否正常。

对出现的问题给予准确的判断、确认并及时处理；不得置之不理，严禁以任何手段屏蔽此类报警信息，继续运行潜水泵。

2 按泵手册要求定期检查和更换潜水泵油室的油料；泵已经达到设备手册规定的大修期限时或确认存在相关位置渗漏时，应移出潜水泵进行分解检查、维修。应使用专用的设备、工具和器材进行维修，严格遵守操作规程，保障人身和设备安全。进行更换机械密封操作时，严禁损伤密封件端面和轴。

3 起吊和吊放潜水泵时，严禁直接牵提、拖拽泵的电缆。应安排专人负责移出和移入电缆、妥善固定，并保障在操作过程中不对电缆造成损伤，以免造成潜水泵因电缆受损进水。

3.2.7 带有油冷却系统的螺旋离心泵，冷却油液位过低，将影响泵的冷却性能。

3.2.8 污水进入集水池后速度放慢，一些泥砂沉积下来，使有效池容减少，影响水泵的正常工作，因此集水池要根据具体情况定期清理。清理集水池时，应在严格遵守本规程第 2.2.25 条规定的同时，再按相应的流程操作，先停止进水，用泵排空池内存水，然后强制通风。在通风最不利点检测有毒气体（如 H_2S）的浓度及氧气浓度，在满足安全规定的要求后，佩戴齐全劳动防护用品，操作人员方可下池工作。操作人员下池以后，通风强度可适当减小，但不能停止通风，每个操作人员在池下工作时间不可超过标准期限。

3.2.9 在清除水泵进水口处的杂物，拆卸叶轮、管堵、闸阀时，除应严格遵守本规程第 2.2.25 条的规定外，还应严格按操作规程执行，要注意有毒气体的突然释放，防止操作人员中毒。

3.3 沉砂池

3.3.1 操作人员应通过调节进水渠道与沉砂池间的进水闸阀，使沉砂池配水均匀，按设计流速和停留时间运行，充分发挥沉砂池的沉砂作用。

3.3.2 操作人员应根据沉砂量的多少及变化规律，合理地安排排砂次数。排砂间隙时间过长，会堵塞砂管、砂泵，堵卡刮砂机械；排砂间隙时间太短，会使排砂量增大，含水率高。下雨时，由于上游排水系统可能有合流制系统、路面风化或者存在有明渠砂土进入等，应加大排砂次数或连续排砂。

3.3.3 曝气沉砂池的主要操作是通过调整曝气强度来调节污水在池中的水平流速和砂砾下沉的速度，使池内的旋流速度适当，当进入沉砂池的污水量增大时，应加大曝气强度，确保沉砂效果。

3.3.4 沉砂量是沉砂池的重要指标，应做好记录统计。同时，通过定期分析沉砂颗粒的粒径和有机物含量，掌握除砂效率，调整运行工况。

3.3.5 除砂泵或除砂机如较长时间不运行，池内积砂将堵塞吸砂管道，影响设备的启动和运行。运行人员应监控现场设备的油位和限位等，出现问题及时排除故障。刮砂机运行中，多人同时在桁架上，超过设备本身的承载力，将影响其正常运转，严重时将造成损坏。

3.3.6 沉砂池排出的砂粒和池上清捞的浮渣，长期堆放易腐败，产生恶臭，应及时外运处置。

3.3.7 长期运行的沉砂池，其刮板或其他部件磨损后，将降低除砂效率，导致池内存有积砂。在设备由于故障或其他原因停止排砂后，再启动时，容易出现过载现象。此外，由于长期的污水侵蚀，沉砂池池体可能出现水泥剥落等状况。因此，应定期排空沉砂池，进行人工清砂和池体检修，尽量减短清池和检修时间，及时恢复沉砂池功能。

3.3.8 由于沉砂池流速较快，污水蒸发、曝气加速污水中的硫化氢和硫醇类恶臭物质挥发到空气中，对沉砂池上电气设备腐蚀性很大，不仅影响正常使用，而且缩短了电气设备的使用寿命。

3.3.9 搅拌器的作用是加速水体回转流速并对固体颗粒清洗，叶片转速应按设计要求设定。当搅拌器发生故障时，沉砂池除砂效率下降，砂粒附着有机质较高，此时应停止向该池进水，待搅拌器修复后再恢复运行。

3.3.10 储气罐由于是压力容器，应定期检查其气密性和安全阀状况。对于采用鼓风机或压缩机供气的，应定期检查其进气滤芯，及时清理和更换。

3.3.12 表中所列参数根据《室外排水设计规范》GB 50014、《给水排水设计手册》（中国建筑工业出版社）和国内多数城镇污水处理厂多年运行经验数据确定。

3.3.13 沉砂池所沉颗粒应为较纯净的无机颗粒，特别是曝气沉砂池沉砂颗粒的有机物含量应很低。沉砂中有机物含量大于 30%时，极易腐败发臭。

3.4 初沉池

3.4.1 沉淀池往往建成两座或两座以上并联运行，操作人员应注意观察各池上的溢流量是否相同，如有差别，应通过调节进水渠道或配水井上各池进水闸阀的开启度，使每座沉淀池配水量均匀，负荷相等，从而提高整体的沉淀效率。

3.4.2 初沉池排泥可连续进行，也可间歇进行，但宜间歇进行，以使排放污泥的含水率小于 97%，保证较好的排泥效果。采用连续排泥方式时，排泥浓度较低，如果污泥直接进入消化池，将会浪费消化池容积及热量。采用间歇排泥方式时，应根据污泥的沉降性能、泥层厚度等确定合适的排泥频率和时间，一次排泥持续时间不能过长，否则污泥含水率过高，将增加污泥处理设施的负荷，一般夏季可适当缩短排泥间隔时间，防止时间过长污泥厌氧，造成污泥上浮。

3.4.3 如出水堰口被浮渣堵塞，应及时清除，否则会造成堰口出水不均匀，易造成短路，影响处理效果。长时间运行后，沉淀池的出水堰板可能发生倾斜，或因发生不均匀沉降，使每个堰口出水不均匀，影响沉淀效率，必须定期检查并进行必要的校正。一般通过调整堰板孔螺栓位置来校正堰板水平度，保证出水均匀。

3.4.4 浮渣是污水中较轻的漂浮物，刮至排渣斗中，如冲洗水不足，可能造成排渣斗或管道的堵塞。操作人员应及时疏通排渣管或人工清捞浮渣，避免池面漂浮大量的浮渣。集中清理出的浮渣应与栅渣、沉砂池浮渣一并处理或处置。

3.4.6 当有多人同时上到刮泥机走道时，会造成超载，使刮泥机不能正常运转。

3.4.7 斜板（管）沉淀池运行（1～2）个月后，斜板（管）上积泥太多时，会造成污泥上浮现象，可以通过降低水位使斜板（管）部分露出，然后使用高压水进行冲洗。冲洗时应控制好水压，防止损坏斜板（管），同时应避免斜板（管）在阳光直射下暴露时间过长，使材质发生变化。刮泥机电机的电刷、刮泥机行走装置、浮渣刮板、刮泥板都是易磨损件，应根据实际运行情况确定更换周期。

3.4.8 应定期对斜板（管）进行检修，防止因坍塌、折坏造成排泥不畅或发生其他故障，降低沉淀效果。

3.4.9 初沉池的配水渠道运行一段时间后，经常会出现一些积砂，减小了初沉池配水渠的过流断面，使流速增大，影响沉淀池的配水和稳流，降低沉淀效率，所以应定期清理。初沉池放空后检查的内容有：水下部件的锈蚀程度是否需要重新防腐；池底是否有积砂，池内是否有死区；刮板与池底是否密合；排泥斗及排泥管路内是否有积砂；刮板与支承轮的磨损；池壁或池底的混凝土抹面是否有脱落等，刮泥机桁架是否有变形或断裂。

3.4.10 刮泥机或池体结构需长时间检修改造时，刮泥机长时间停运，应将池内污泥放空，如果只放水不排泥，池底污泥将会板结。刮泥机再次启动时，阻力加大，严重时会损坏设备。

3.4.12 表 3.4.12 内参数主要根据国内多数城镇污水处理厂运行经验数据制定。

3.4.13 在进水水质正常的情况下，初沉池 BOD_5、COD_{cr}、SS 的去除率应分别大于 25％、30％和 40％，利于后续二级处理工艺的运行。但是当处理水质有除磷脱氮要求时，为保存碳源，可不对初沉池有机物的去除率做要求。另外，当进水浓度很低时，其去除率可能达不到上述标准，可根据实际情况确定。

3.5 初沉污泥泵房

3.5.2 初沉污泥的排放量与初沉反应池类型、进水水质等因素有关，城镇污水处理厂操作人员应根据初沉反应池的运行工况确定初沉污泥排放量及污泥泵的运行台数。

3.5.3 污泥存积，会产生有毒有害气体，所以进行泵的维修、维护时，应做好污泥井及工作间的通风换气，并按本规程第 2.2.25 条执行。

3.6 生物反应池

3.6.1 可通过调节进水闸阀使推流式和完全混合式生物反应池的进水量均匀、负荷相等；阶段曝气法则要求沿生物反应池长分段多点均匀进水，使微生物在食物较均匀的条件下充分发挥分解有机物的能力。

3.6.2 剩余污泥量排放是工艺控制中最重要的一项操作内容。通过排泥量的调节，可以改变活性污泥中微生物种类和增长速度，可以改变需氧量，可以改善污泥的沉淀性能。当入流水质水量及环境因素发生波动，活性污泥的工艺状态也将随之变化，因此处理效果不稳定。通过排泥量调节，可以克服以上的波动或变化，保证处理效果的稳定。

调整污泥负荷，应尽量避开（0.5～1.5）kgBOD_5/kgMLSS·d 污泥沉淀性能差，且易产生污泥膨胀的负荷区域。

由于污泥泥龄是新增污泥在曝气池中平均停留的天数，并说明活性污泥中微生物的组成，世代时间长于污泥泥龄的微生物不能在系统中繁殖，所以污水在除磷脱氮处理时，必须考虑硝化菌在一定温度下，污泥增长率所决定的泥龄。用污泥泥龄直接控制剩余污泥排放量，从而达到较好的效果。

污泥浓度的高低在某种意义上决定着活性污泥法运行工艺的安全性。污泥浓度高，耐冲击负荷能力强，但需氧量大，另外，非常高的污泥浓度会使氧的吸收率下降，还由于回流污泥量的增高，加上水质的特性合成的污泥指数较高，容易发生污泥膨胀。因此，应依据不同工艺及生产实际运行需要，将污泥浓度控制在合理的范围内。

3.6.3 厌氧段，应尽量保持严格的厌氧状态，DO 在实际运行中应控制在 0.2mg/L 以下，因为聚磷菌只有在严格厌氧状态下，才进行磷的释放，如果存在 DO，则聚磷菌将首先利用 DO 吸收磷或进行好氧代谢，这样就会大大影响其在好氧段对磷的吸收。大量实践证明，只有保证聚磷菌在厌氧段有效地释放磷，才能使之在好氧段充分地吸收磷，从而保证应有的除磷效果。放磷越多，则吸磷越多。厌氧状态下，聚磷菌每多释放 1mg 磷，进入好氧状态后就可多吸收（2.0～2.4）mg 磷。

缺氧段，对“缺氧”的准确含义在理论界尚不统一，在实际运行管理中，当 DO 低于 0.5mg/L 时，即可理解为“缺氧”状态。在缺氧状态且存在足量的 NO_3^- 时，反硝化细菌只能利用 NO_3^- 中的化合态氧分解有机物，并将 NO_3^- 中的氮转化成 N_2，从而达到脱氮的效果。实践证明，当DO高于0.5mg/L时，脱氮效果将明显下降。

好氧段，正常情况下，生物反应池混合液DO不应低于2mg/L，并且应按生物反应池出水末端来控制，以防止二沉池中活性污泥处于缺氧状态，另外，当DO低于2mg/L时，易引起丝状菌生长，活性污泥絮体变小，沉降性能差等现象。但DO不是越高越好，过高的DO本身是能源的浪费，另外也造成过度曝气微生物自身氧化（尤其是污泥负荷低时），或造成污泥絮粒因过度搅拌而打碎（尤其是污泥老化时），一般认为生物反应池混合液应控制在（2～4）mg/L。

3.6.4 在活性污泥系统中，参与活性污泥处理的微生物，在其生命活动过程中，需要不断地从其周围环境的污水中吸取其所必需的营养物质，包括：碳源、氮源、无机盐类及某些生长素等。在运行时，应使BOD_5：N：P的比值为100：5：1。当废水中营养元素N、P的含量不足时，应向生物反应池中补充N、P，以保持废水中的营养平衡。

BOD_5/COD_{cr}值是衡量污水可生化性的指标。通常污水的BOD_5/COD_{cr}值小于0.3时，生化处理很难进行；大于0.5时，可生化性好。

生物脱氮工艺，由于反硝化细菌是在分解有机物的过程中进行反硝化脱氮的，所以进入缺氧段的污水中必须有充足的有机物，才能保证反硝化的顺利进行。从理论上讲，当污水的BOD_5/TKN大于2.86时，有机物即可满足需要，但由于BOD_5中的一些有机物并不能被反硝化细菌利用或迅速利用，而且另外一部分细菌在好氧段不进行反硝化时，也需要有机物，因此，实际运行中应控制BOD_5/TKN的值大于4，最好在5.7以上。否则，应外加碳源，补充有机物的不足。常用的是工业用甲醇，因为甲醇是一种不含氮的有机物，正常浓度下对细菌也没有抑制作用。

生物除磷工艺，厌氧段污水中BOD_5/TP应大于17，以保证聚磷菌对磷的有效释放。

3.6.5 生物反应池正常运行状态时，活性污泥成絮状结构，棕黄色，无异臭，吸附沉降性能良好，沉降时有明显的泥水分界面，镜检可见菌胶团生长好，指示生物有固着型和匍匐型纤毛虫，如钟虫、循纤虫、盖枝虫等居多，并有少量丝状菌和其他生物。测试和计算反映污泥特性的项目有污泥沉降比、混合液污泥浓度、溶解氧、好氧速率以及污泥指数等。沉降比和混合液污泥浓度可反映污泥膨胀等异常现象。氧的需要是微生物代谢的函数。溶解氧低，妨碍正常的代谢过程，过高又加速有机物的氧化而促使污泥老化，既增加运行费用，又容易造成二次沉淀池污泥发生反硝化。污泥指数则可反映活性污泥的松散程度和凝聚性能。污泥指数过高说明污泥难于沉降分离即将膨胀或已经膨胀。正常运行时，沉降比为30%左右，污泥指数为(80～120)mL/g，操作人员可按此值掌握曝气池污泥情况。

3.6.6 春季与夏季过渡期，水温为（15～30)℃时，产生丝状菌性膨胀的微生物之一浮游球衣菌增殖最快。如此时池内溶解氧低，生物反应池内丝状菌将大量繁殖，导致污泥膨胀，所以此时期应加大曝气量，或降低进水量，以减轻负荷，或适当降低污泥浓度，使需氧量减少。

另外，夏季二次沉淀池内死角的积泥也易产生厌氧发酵，还应注意及时彻底地排泥，避免污泥上浮，随水出流，影响出水水质。

秋夏和冬季还可能产生污泥脱氮或污泥解体现象，操作人员应针对产生的原因，采取具体、有效的防治措施。

3.6.7 用活性污泥法处理污水，水温在20℃～30℃时，最适宜微生物的生存条件，其净化效果最好，但在35℃以上10℃以下时，净化效果相应降低。如水温能维持6℃～7℃时，可采取提高污泥浓度和降低污泥负荷等措施保证二级出水水质。除磷脱氮的工艺系统，可以用延长曝气时间或其他提高水温的措施来弥补水温低所造成的影响。

3.6.8 回流量及回流比的调整与控制有以下几种方法：

1 按照二沉池的泥位调节回流比，应根据具体情况选择一个合适的泥位，即选择一个合适的污泥层厚度，泥层厚度一般应控制在0.3m～0.9m之间，且不超过有效池深的1/3。增大回流量，可降低泥位，减少泥层厚度，反之，可增大泥层厚度。一般情况下，调节幅度不宜过大，如调回流比，每次不超过5%；如调回流量，每次不超过10%。

2 按照沉降比调节回流比或回流量，回流比R与沉降比SV_{30}之间存在以下关系：$R=SV_{30}/(100-SV_{30})$，由测得的SV_{30}值可以计算回流比，用于指导回流比的调节。

3 按照回流污泥及混合液污泥浓度调节回流比，可用回流污泥浓度RSS和混合液污泥浓度MLSS指导回流比R的调节。R与RSS和MLSS的关系如下：R=MLSS/(RSS－MLSS)。但该法只适用于低负荷工艺，即入流SS不高的情况下，否则会造成误差。

3.6.9 生物反应池在运行中，当池面出现大量白色气泡时，说明池内混合液污泥浓度太低，在培养活性污泥初期或回流污泥浓度低、回流量少时，可能出现上述情况。此时，应设法增加污泥浓度，使其达到(2000～3000)mg/L。但是，当生物反应池液面出现大量棕黄色气泡或其他颜色气泡时，可能是由于进水中含碳量太高，丝状菌大量繁殖，或进水中含有大量的表面活性剂等原因。这时应采用降低污泥浓度，减少曝气的方法，使之逐步缓解。

3.6.10 经鼓风后的压缩空气温度与外界气温温差较大时，特别是在冬季，空气管内容易产生冷凝水，使空气流动受阻，影响正常曝气。所以应经常排放冷凝水和湿气，排放完毕立即关闭闸阀，防止空气流失。

3.6.12 控制运行周期是周期循环法 SBR 工艺至关重要的因素，应均匀调节各池配水量，确保每个阶段运行周期稳定，并按照设备要求定期对滗水设备进行清洁、维护和检查，保证设备正常运行。选用虹吸式滗水器设备的，还应经常做漏气检查，确保滗水的正常。

3.6.13 曝气生物滤池在运行一段时间后，必须进行反冲洗，这是维持其处理效果的关键，需要在较短的反冲洗时间内，使滤料得到适度的清洗，恢复滤料上微生物膜的活性，并将滤料层内截留的悬浮物和老化脱落的微生物膜通过反冲洗而排出池外。反冲洗的效果对出水水质、工作周期、运行状况的影响很大。

曝气生物滤池反冲洗通过过滤时间和滤池压力等参数进行自动控制，包括快速降水、气洗、气/水反冲洗、漂洗等步骤。控制好气、水反冲洗强度至关重要，过低达不到反冲洗的目的，过高会使生物膜严重脱落，并造成滤料的破损、流失及增加不必要的反冲洗耗水量、耗电量。一般控制反冲洗时气冲强度（45～90)$m^3/m^2 \cdot h$，水冲强度（15～30)$m^3/m^2 \cdot h$。

3.6.15 橡胶材质曝气器在太阳下曝晒时间过长，会造成老化。

3.6.19 表 3.6.19 内参数参照《室外排水设计规范》GB 50014、《给水排水设计手册》（中国建筑工业出版社）和国内多数城镇污水处理厂多年的运行经验数据确定。

AB 法工艺（超高负荷活性污泥法）：A 段作为工艺的主体，可通过各种控制方式的变化，达到不同处理目的要求。A 段曝气池可根据对 BOD_5 的去除要求，按缺氧或好氧方式运行。由于 AB 法一般不设初沉池，所以污水经沉砂池后直接进入 A 段曝气池。为保证沉砂池出水中残留的泥砂和 A 段沉淀池回流过来的污泥不至于在 A 段曝气池内沉淀，因此最低曝气量的控制要求应保证污水混合均匀；B 段生化反应池可按传统活性污泥法或脱氮除磷工艺运行，当 B 段传统活性污泥法运行无脱氮除磷要求时，可以强化 A 段对有机物的去除率；当 B 段按脱氮除磷工艺运行时，A 段不宜有过高的 BOD_5 去除率，否则 B 段进水的碳氮比偏低，不能有效的脱氮。

LUCAS/UNITANK 工艺（传统活性污泥法与序批式活性污泥法的复合工艺）：汇集了 SBR 和传统活性污泥法优点，是一种更加灵活操作运行的一体化处理工艺。同时它又区别于氧化沟工艺，以恒定水位（固定堰）和功能组合交替为其主要特点。LUCAS/UNITANK 工艺是一个连续的、时间控制、恒定液位、循环运行的系统，循环运行使得生物处理和沉淀在各池中连续交替完成，进水按照自动循环运行分别向各池配水。各池可以根据需要具备进水、硝化、反硝化、沉淀和出水功能，剩余污泥从各池底部收集排出。各时段的长短可根据实际水力负荷和污染负荷调整，即通过时间控制来实现。鉴于 LUCAS/UNITANK 工艺运行的程序性太强，为便于工艺运行管理和设备管理，工艺流程图、设备操作规程及设备运转说明应张贴在相应的明显部位，设备的工作状态应有明显的标志。

MSBR 工艺（改良式序批间歇曝气活性污泥法）：一般由污泥浓缩、污泥预缺氧、厌氧、缺氧、好氧、两个 SBR 单元共七个单元构成；为更好地控制 MSBR 池出水的高程，宜在 MSBR 出水后、后续工序（如紫外消毒渠）之前增加透气井，以消除 MSBR 出水空气堰带来的气泡；MSBR 工艺配备的浮筒式搅拌器应定期调整平衡，确保其处于水平状态；空气堰水位控制电极宜用绝缘体撑开，以免出现相互短接的现象。

ICEAS 工艺（间歇式循环延时曝气活性污泥法）：各 ICEAS 池非等水位间隙运行，应注意各 ICEAS 池间隙曝气阶段风量和风压的运行情况，使之满足工艺运行的正常需要，同时保障鼓风和曝气设备的正常运行；应经常观察滗水器位置和各 ICEAS 池进气控制阀门的状态，若未按运行要求放置在正确位置时，应查明原因，及时恢复正常或采取其他相应措施。

氧化沟工艺：由于是在低负荷状态下运行，属于延时曝气，容易产生污泥膨胀，影响处理效果，所以在氧化沟体内或体外适宜设置一个选择器。选择器的类型可以为好氧选择器、缺氧选择器或者厌氧选择器。

卡鲁塞尔式氧化沟：利用了氧化沟的沟道流速，通过内回流闸板的控制，可实现硝化液的高回流比。进水和回流污泥进入厌氧段，可将回流污泥中的残留硝酸氮在厌氧和充足碳源的情况下完成反硝化，同时为聚磷菌充分释放磷创造了条件。

3.6.20 曝气生物滤池用于城市污水二级处理时，一般采用二级滤池。在滤池进水前设 2mm 超细格栅，防止滤头堵塞。滤料层填充高度为 3.0 m～4.5m，有效粒径 2.5mm～6.0mm，一级滤池滤料粒径较二级滤池大。曝气生物滤池实际运行过程中，反冲洗一般通过过滤时间按照设计的反冲洗周期进行自动控制；当水头损失超过设定值时，反冲洗将通过滤池压力进行自动控制，并优先于过滤时间进行反冲洗。一级滤池因截流的污染物质多，反冲洗周期较二级滤池短。

生物膜处理系统中，生物滤池的有机负荷从本质上反映了生物滤池的处理能力。曝气生物滤池现多用于污水深度处理（硝化、脱氮），有机物容积负荷越高，出水有机物浓度也越高。所以，为使出水符合标准，有机物负荷的提高应受到一定的限制。

表 3.6.20 中参数的确定，参照了《室外排水设

计规范》GB 50014 和国内同类污水处理工艺的城镇污水处理厂多年的运行经验数据。

3.7 二 沉 池

3.7.1 二沉池要完成泥水分离，关键是保证较高的沉淀效率，均匀配水是其首要条件。通过调节配水井上各池进水闸阀的开启度，使并联运行的每座沉淀池配水均匀，负荷相等，并在允许的表面负荷和上升流速内运行，以得到理想的出水效果和回流污泥。

3.7.2 由于生物反应池运行需要二沉池提供一定量的、活性好的生物污泥，因此二沉池污泥如果不连续排放，不仅影响二沉池本身的处理效果，而且会影响生物反应池的运行。应定期测定二沉池的泥位，泥层厚度不宜超过有效池深的 1/3。

3.7.3 出水堰应保持清洁，否则会造成堰口出水不均匀，影响处理效果。长时间运行后，沉淀池的出水堰板可能发生倾斜，使每个堰口出水不均匀，发生短流，影响沉淀效率，必须定期检查并进行必要的校正。一般通过调整堰板孔螺栓位置来校正堰板水平度，保证出水均匀。应保持堰板与池壁之间密合，不漏水。

3.7.4 运行过程中，操作人员应经常巡视刮吸泥机是否运行正常，排泥闸阀是否在合适位置，避免因故障造成污泥排放不及时，产生厌氧发酵，使大块污泥上浮，影响出水效果，也影响回流污泥质量。

3.7.5 刮吸泥机积泥槽内污物如果长时间不清除，将会增加刮吸泥机负荷，影响回流污泥的畅通。

3.7.6 二沉池放空后检查的内容有：刮吸泥机部件是否损坏或变形，混凝土抹面是否脱落，排泥管路是否通畅，水下部件的腐蚀程度，回转式刮吸泥机的中心集电装置是否密封良好，池底是否有积砂或有盲区，刮板与池底是否密合等。

3.7.7 当二沉池出水含有大量的悬浮污泥时，会造成出水水质超标，应对二沉池的停留时间、水力负荷、污泥泥质、溶解氧浓度等进行核算、分析原因，采取相应的措施防止污泥流失。

3.7.8 刮吸泥机或池体结构需长时间检修改造时，刮吸泥机长时间停运，如果只放水而不排泥，池底污泥将会板结。刮吸泥机再次启动时，阻力加大，严重时甚至会损坏设备。由于刮吸泥机机身较重，特别是大型刮吸泥机，长期停运时，胶轮易受压变形，应加支墩保护。

3.7.9 当有多人同时上到刮吸泥机走道时，会造成超载，使刮吸泥机不能正常运转。

3.7.10 表 3.7.10 内参数参照《给水排水设计手册》（中国建筑工业出版社）和国内多数城镇污水处理厂运行经验数据确定。

活性污泥法工艺系统中二沉池排出的剩余污泥含水率较高，应保证回流污泥浓度在 99.2%～99.6%的范围内，以满足生物反应池的需要。如果回流污泥浓度太高，则说明污泥在二沉池内停留时间过长，污泥活性差，回流到生物反应池对有机物的分解能力就会降低。如果回流污泥浓度太低，在相同回流比的情况下，就会影响生物反应池中混合液浓度，导致系统中污泥负荷增加，甚至引起 SVI 的恶性增高，直至整个系统失去处理能力。

生物膜法工艺系统中二沉池排出的剩余污泥含水率相对较低，但也在 98%左右。

3.8 回流污泥泵房

3.8.2 集泥池中的杂物不及时清除，会随回流污泥一起被提升，卡住污泥回流泵叶片，严重时会损坏设备。叶片、泵体等出现问题时，回流污泥量不足，会降低生物反应池的处理效率。

3.8.4 及时并准确地调整带有可调耐磨内衬螺旋离心泵的叶轮与其内衬的间隙，可提高螺旋离心泵的效率。

3.8.5 螺旋泵长期停用后，定期短时间开泵，可检查各部位性能是否完好，发现问题，可及时修理，使之处于完好的备用状态。另外，每月至少变换一次泵体位置，可避免由于泵体自重产生的泵轴变形。

3.9 剩余污泥泵房

3.9.1 剩余污泥的排放量与生物反应池类型、污泥泥龄、进水水质等因素有关，城镇污水处理厂操作人员应根据生物反应池的运行工况，确定剩余污泥排放量及污泥泵的运行台数。

3.10 供 气 系 统

3.10.1 为满足生物反应池中一定量的溶解氧，可根据风机类型及性能调节风量。通过改变转速、调节进气导向叶片的旋转角度及调整出风管闸阀的开启度等方式达到目的。

3.10.2 鼓风机运行中，遇到风机过电流、低电压、工艺连锁保护掉闸或突然断电，应立即关闭进、出气闸阀。由于水（油）冷却系统突然断电，对不带辅助油泵的鼓风机应立即操作手摇泵，在惯性力作用下，为继续转动的鼓风机和电机提供润滑油，并关闭进、出气闸阀，直到风机和电机停止运转。

3.10.3 维修鼓风机电路系统时将电路接反，或检修相邻设备后忽略了连通闸门的关闭，将造成鼓风机叶轮倒转，都可能损坏设备。

3.10.4 鼓风机运行时，需要不停地吸入新鲜空气且自身工作要产生大量的热量，故鼓风机房要保证有良好的通风，使鼓风机能安全地运行，还应配置空气净化装置。

鼓风机正常运行时，为防止供风压力的异常上升，应安装排气阀、安全阀等防止超负荷装置，以避免出风管压力超过设计压力值，造成不必要的安全隐患。

长期停用的风机将进出气闸阀关闭，防止由于管道的风压造成风机在没有润滑油的状态下叶轮反向转动，损坏设备。放空水是为了减少腐蚀、防冻，延长冷却器的使用寿命。

3.10.6 鼓风机通风廊道内的负压很高，如清洁不及时或掉入物品会造成堵塞，将使进风量降低，故鼓风机通风廊道应定期巡视，使之保持清洁；由于空气中尘埃量较多，加重了空气过滤装置的负荷，如不及时清洗、更换过滤装置，将使过滤装置堵塞；油过滤装置长时间使用，杂质逐渐增多，降低过滤效果，油质不洁，降低油润滑效果，甚至使设备损坏。故空气过滤及油过滤装置应定期清洁，保持一定的洁净度。

3.10.7 由于鼓风机转子的自重较大，特别是大容量的风机，长期静止放置将造成主轴弯曲，再次投入使用后将不能正常运行，故应定期变换转子放置的角度。

3.10.9 微孔曝气装置长时间运行易造成曝气器内、外侧堵塞，内侧堵塞多因空气中尘埃和管内壁锈蚀物脱落引起，为防止发生堵塞需设置空气净化装置和选择不生锈的供气管道送风；外侧堵塞大多是由生物池内污泥、砂砾、油质、杂质、细菌等引起，停止送风会加速堵塞，堵塞程度严重时，需拆卸进行处理后再使用。可以用高压水枪对堵塞的单孔膜曝气器进行冲洗。

3.10.10 维护保养人员必须严格执行维护保养制度，根据设备使用说明书定期检查横轴表曝机油位、油质，定时、定量更换润滑油和润滑脂，做好保养记录，保养的要点有：

1 减速机首次运行500h后应更换润滑油。

2 横轴表曝机两端应定期加注耐水润滑脂，加注润滑脂时，曝气机应处于运转状态，用新油全部置换旧油。

3 定期检查减速机的润滑油油位是否正常、减速机通气帽是否畅通，油中是否有杂质、有无乳化现象，是否有适当的黏度；并定期更换润滑油，更换润滑油时，曝气机应先运转15min，待油内杂质被充分搅起后关闭横轴表曝机，更换新油。

3.10.11 横轴表曝机一般不允许长期停置，因特殊原因长期停置的横轴表曝机，必须切断电源，每周调整水平轴的静置方位并固定，防止长期垂变产生塑性变形。停用期间，减速机内部必须充满润滑油，防止锈蚀。

3.10.12 曝气机叶轮的浸没深度应符合技术规范要求，浸没深度超出允许范围时，应当及时进行调节；运行管理人员应定期检测、调整曝气叶轮的浸没深度，并根据浸没深度设定液位计参数，以防生物反应池液位超过或低于设定高度，造成曝气机超负荷运行或曝气量不足。

3.10.14 沼气鼓风机沼气管路及闸阀必须严密，不得有漏气现象，否则，不仅影响风机的正常工作，更严重的是由于沼气泄漏，可能发生中毒或爆炸危险。操作人员应经常检查、巡视，发现问题及时处理。

3.10.17 为使鼓风机保持一个稳定的运行风压，应定期对安全阀、排气阀等安全装置进行检查、维护，检查、维护时，应注意操作安全。

3.10.18 鼓风机工作时，轴转速很快，万一发生联轴器连接件的损坏，将沿着联轴器旋转的切线方向抛出，故操作人员在巡视该机器时，应与联轴器等运转部件保持安全距离。

3.10.19 通常鼓风机房内噪声很大，操作人员进入鼓风机房工作时，应佩戴好防护用具。一般鼓风机房在设计时会采用一些隔声装置，如无这些装置时，可进行隔声降噪改造，在室内墙壁装吸声材料，以使噪声不发生混响，必要时窗户可用复层玻璃。

3.11 化学除磷

3.11.1 化学除磷的基本原理是通过投加化学药剂形成不溶性的磷酸盐沉淀物，然后通过固液分离将磷从污水中除去。固液分离可单独进行，也可与初沉污泥和二沉污泥的排放相结合。按工艺流程中化学药剂的投加点不同，磷酸盐沉淀工艺可分为前置沉淀、协同沉淀和后置沉淀三种类型。前置沉淀的药剂投加点是原污水，形成的沉淀物与初沉污泥一起排除。协同沉淀的药剂投加点包括初沉出水、曝气池及二沉池前等其他位置，形成的沉淀物与剩余污泥一起排除。后置沉淀的药剂投加点是二级生物处理之后，形成的沉淀物通过另设的固液分离装置进行分离，包括澄清池或滤池等。化学药剂的投加点和投加量的选择取决于出水TP的排放要求。此外，在化学除磷工艺中，药剂的选择应综合考虑价格、碱度消耗、污泥产生量、安全性等影响。

在污水处理厂中除磷药剂常用的投加点为：初沉池、二沉池和三级处理系统，也可采用多点投加，见表2。

表2 药剂不同投加点可获得的处理效果

投加点	预计出水TP浓度	相关情况
一级处理	≥1.0	促进BOD_5和SS的去除，药剂利用率高，降低后继处理工艺的磷负荷，絮凝过程可能需要聚合物（高分子）
二级处理	≥1.0	药剂利用率较低，MLSS中惰性固体量增加，出水SS携带磷酸盐
一级和二级处理	1.0～0.5	结合了两者的优点，但费用稍有增加
三级处理	≤0.5	可满足严格的排放标准，费用明显增加

3.11.2 化学药剂的储存与使用，应符合第344号国务院令《危险化学品安全管理条例》的相关规定。可用于污水除磷的化学药剂很多，在管理和储存方面各有其特点和要求。如铝盐中的硫酸铝，在水处理中多采用米粒状的，应存放在低碳钢或混凝土制成的存储仓中。干固体硫酸铝在干燥状况下没有腐蚀性，但其粉尘对眼部和呼吸系统有轻微的刺激。液体硫酸铝腐蚀性强，在工作现场要注意手与面部的保护及地面的防滑，一旦溅到皮肤上应立即冲洗。

三氯化铁应存放在带供热设施的构筑物或储罐内，以防止结晶。三氯化铁有强腐蚀性。氯化亚铁腐蚀性略低于三氯化铁，其存放要求与三氯化铁相同。硫酸亚铁溶液为酸性，应采取与三氯化铁相同的防护方式。需注意的是，干式硫酸铁在潮湿空气中易氧化水解，并于20℃以上结块。

3.11.3 除磷药剂与污水的充分混合非常重要，它可以确保药剂的有效使用及均匀扩散。通常采用停留时间和速度梯度来衡量系统的混合和絮凝效果。

3.11.4 在生物反应池投加化学除磷药剂时，药剂会发生水解，有可能产生大量的氢离子。如果污水中存在足够的碱度，这些氢离子会被中和掉，不至于使pH下降。反之，如果污水中碱度不足，则会导致pH下降，影响水处理微生物的活性，导致处理效果下降。此时，应考虑向污水补充碱度。

3.12 消　　毒

3.12.1 本条对采用二氧化氯消毒提出需注意的事项：

盐酸是强酸，具有强腐蚀性，其使用和储存应符合《危险化学品安全管理条例》（中华人民共和国国务院令第344号）及《工作场所安全使用化学品规定》（劳动部劳部发［1996］423号）的规定。

氯酸钠与酸类作用放出二氧化氯，有极强的氧化力；与硫、磷及有机物混合或受撞击易引起燃烧和爆炸；有潮解性，在湿度很高的空气中能吸收水汽而成有毒溶液。所以应储存在阴凉、通风、干燥的库房内，注意防潮。5m为必须保持的安全距离。

氯酸钠是一种重要的无机盐，也是无机氯产品。是制造二氧化氯等的基本化工原料。氯酸钠在介稳状态呈晶体或斜方晶体，易溶于水，微溶于乙醇。在酸性溶液中有强氧化作用，300℃以上分解放出氧气。氯酸钠不稳定，与磷、硫及有机物混合受撞击时易发生燃烧和爆炸，易吸潮结块，氯酸钠粉尘能刺激皮肤、黏膜和眼睛。吸入氯酸钠粉尘，积累在体内可导致中毒。所以在搬运和生产过程中，必须轻装轻卸，防止包装及容器损坏，造成洒落。操作人员佩戴橡胶手套、眼镜等，实现安全劳动防护。

3.12.2 采用二氧化氯消毒时还应注意：

1 加药量应视出水的水质和水量及受纳水体环境要求等实际情况确定，以保证出水水质达标，在保证达到消毒效果的前提下，取最小加药量。

3.12.3 本条对采用次氯酸钠消毒提出需注意的事项，其中：

2 次氯酸钠发生器在工作过程中电极会逐步结垢，这就需要定期清洗电极。一般1个月清洗1次，最长不超过2个月，其方法是将稀盐酸通过防腐泵打入电解槽中浸泡一定时间进行溶解。

3.12.4 本条对采用液氯消毒提出需注意的事项：

1 对漏氯吸收装置，应定期检查其与漏氯检测器的有效联动，确保紧急情况下装置能够有效启动；定期手动启动装置，检查漏氯吸收装置运转情况，保证其处于正常状态，真正起到有效吸收的作用。

2 氯气属于危险化学品，为了保证加氯系统运行过程中的安全，氯库内必须配备有漏氯检测报警装置，漏氯探测探头应根据产品手册的规定合理使用，定期对探头的有效性进行检测，如探头失效应立即更换。漏氯检测报警装置通常设置两级报警，当轻微泄漏时触发漏氯低报警，启动排风装置降低环境中氯气的浓度。当严重泄漏时触发漏氯高报警，关闭排风装置，启动漏氯吸收装置将氯气中和。氯库应该配置专用扳手、活动扳手、手锤、竹签、氨水等维修、检测工具和材料，一旦氯气发生泄漏，操作人员应佩戴好防护用具，及时进入现场处理泄漏点，防止泄漏进一步扩大。防护用具应置于氯库外，便于操作人员既安全又可迅速取用的位置。

3.12.5 采用液氯消毒时还应注意：

1 加氯操作首先必须符合现行的国家标准《氯气安全规程》GB 11984的规定。各类加氯设备的操作方法虽不尽相同，但开泵前都必须例行各项检查工作，待一切正常后方可投入运行。在停止加氯时，提前关闭加氯总阀，然后断水，防止渗漏、腐蚀。污水处理采用加氯消毒是为了杀灭其中的病菌和病毒，加氯量过多，不仅浪费药量，且产生多余的有害物质；加氯量过少，达不到消毒效果，因而，应视出水的水质和水量及受纳水体环境要求确定加氯量。

2 氯泄漏检测仪应按设备使用要求定期清洁探头和检查维护，定期检测检测仪的有效性，以保证预警系统正常。定期对防毒面具进行检查和更新，对存在破损、泄漏现象，不符合要求的，应及时更换。

6 应制定“氯气泄漏紧急处理预案和程序”，以便发生意外泄漏时及时正确地处理，避免事故的扩大发展。预案和程序要突出可操作性和实效性，确保人身和财产安全。

9 氯瓶的管理应注意以下几点：

1）氯瓶应做好不同状态的标志，方便使用。

2）必须坚持轻装、轻放，严禁使用抛、滑或其他容易引起碰撞的方法装卸氯瓶，防止氯瓶阀门或其他部件损坏使氯气大量泄漏，危及人身安全；氯瓶应摆放整齐，留有通道，并做到先入库先使用。

3）当需要促进氯瓶内液氯气化时，用自来水冲氯瓶使液氯气化，不得用热水或火烘烤，否则使氯瓶内温度骤增，压力过大时气体膨胀，导致爆炸，后果严重。

4）保持瓶内的少量剩余压力，避免形成负压，使水或空气进入氯瓶，造成腐蚀。

10 表 3.12.5 中的参数参照《室外排水设计规范》GB 50014 及城市污水再生利用的相关标准确定，如《城市污水再生利用 城市杂用水水质》GB/T 18920。

3.12.6 采用紫外线消毒时，严禁未接灯管前通电，以免损坏电控系统；通电前一定要通水并淹没所有灯管，设置低水位保护装置，盖好工程盖板，严禁带电打开。

3.12.7 本条对采用紫外线消毒提出需注意的其他事项，其中：

1 清洗时用清洗剂（40%磷酸、草酸等）喷洒在玻璃套管表面上，每天检查记录中央控制人机界面各种检测数据（包含电流、电压、灯管工作状态、紫外光强、自动清洗状态等）是否正常。

2 更换灯管等部件时，严禁改变设备灯管配置，以免影响消毒效果；起吊紫外模块时，拔卸下紫外消毒模块上的各种电器、气压或液压的接插件插头，对于各种露天的电器接插件插头，必须用其随带的保护盖板盖好，不可裸露，否则会损坏设备。

3 固定溢流堰式水位控制装置在安装好后要定期（一年左右）清除渠内淤泥。

4 拍门式水位控制装置在使用过程中要依据水量变化调节桶内水量，确保水漫过第一支灯管并控制在 4cm 内。

5 紫外线易损伤眼睛和皮肤，严禁用肉眼直视裸露的紫外灯光线，以防眼睛受紫外光伤害，操作维护时，必须先戴上防紫外光眼镜才能进行，同时穿戴遮盖所有皮肤的外套。

6 非授权电工不得擅自打开系统控制柜，紫外设备要求主电源 AC 380V/50Hz，接地电阻小于 2Ω。

7 清洗剂有腐蚀性，操作时清洗人员应戴橡胶手套和眼镜，避免药液溅到皮肤与眼睛。

8 紫外线消毒工艺 1cm（污水）的透射率（T254）大于 30%，应符合现行国家标准《城市给排水紫外线消毒设备》GB/T 19837 的规定。水中悬浮物质含量较高，影响消毒效果。

3.12.8 臭氧属于对人体有害的气体，因此臭氧浓度探测报警装置是保证臭氧系统运行安全及操作人员人身安全的重要设备之一，应定期按设备操作手册对其灵敏度进行检测并按其使用寿命进行定期更换，以保证其有效性。通常在臭氧系统的自动控制中会设定车间环境臭氧浓度过高停机报警，即一旦发生臭氧泄漏事故时，设置在臭氧发生间内的臭氧浓度探测报警装置会将检测到的环境臭氧浓度值传送到控制系统，此值超过允许的浓度值上限时整个发生系统会自动停机，同时自动启动排风装置，直至将环境臭氧浓度值降低到允许范围内再停止排风装置，此时操作人员方可进入车间查找泄漏点，排除故障。如遇自动系统控制失灵，也应先手动启动排风装置或打开车间门窗，在确保安全的情况下再进行故障排除工作。

3.12.9 本条是当采用臭氧进行消毒时，对臭氧系统的运行管理等做出的规定，其中：

1 对臭氧系统的开停操作做出规定，臭氧系统在一般情况下可根据系统内设置的自动化控制程序进行自动开启或停止，但在自控程序不可用，需要人工开停机时，要特别注意按照系统要求的步骤和时间间隔进行操作，否则会对系统造成不必要的损害。例如：在湿度比较大的环境条件下开机时，一般要求气源系统先吹扫几分钟，待气源达到露点要求时（一般要求在－60℃以下）才能进入臭氧发生器，如不按此步骤进行则有可能对发生器造成损害，因此在进行手动开停机时，应严格按照臭氧系统自身要求的步骤进行操作。

5 本款是从节约能耗的角度出发对干燥机的运行所做出的规定。在冬季阴冷季节可适当增加再生气量，初次使用或间隔较长时间再次使用时，可先加大再生气量，待露点合格，再关闭节流阀，恢复正常再生气量。

8 至少每 1 个月对空压机的安全阀等进行 1 次手动检查，对尼龙管、皮带、油位计等每年进行 1 次检查，发现问题及时处理。

对于干燥机的维护保养主要是应定期检查干燥机的使用效果，不符合要求时，必须及时更换。

对预冷机的维护保养即经常清理预冷机上的灰尘、污垢。如制冷效果明显下降，检查预冷机内制冷液是否充足，如有必要，加充制冷液。

臭氧发生器的内部结构比较复杂，应严格按照系统供应商的要求对其进行维护。目前，多数品牌的臭氧发生器都为每一个放电腔体带有一根保险管，因此某一根保险管烧断后不会影响其他放电腔体的工作，运行中如发生放电管损坏，在不影响设备运行和工艺处理效果的前提下，可暂不对其进行处理，待损坏的放电管数目过多，无法满足工艺需要的臭氧产量时再进行开盖更换，这样可减少发生器罐体的开盖次数，防止污染物进入，同时也大大减少了工作量。

10 本条是依据行业标准《水处理臭氧发生器》CJ/T 322 中的相关内容对臭氧发生器的运行能耗做出的规定。

4 深度处理

4.1 传统工艺

4.1.1 本条是对混凝工艺运行做出的规定。为保证后续沉淀阶段的效果，混合时间宜控制在30s以内，混合搅拌的速度梯度宜控制在（500～1000）s^{-1}，絮凝反应时间宜控制在（15～30）min左右，平均速度梯度控制在（30～60）s^{-1}，以保证反应过程的充分与完全。以上为混凝工艺运行时的推荐工艺运行参数，鉴于全国各水厂混凝工艺的多样化，各水厂也可根据自身工艺特点对以上工艺参数加以调整。另外，进水水质波动、工艺运行调整不及时等原因会造成混合反应池内积泥情况的发生，长时间积泥会产生厌氧漂浮物，既影响混凝效果又影响美观，因此本条也规定，应定期对混合反应池、配水池内的积泥进行排除。

4.1.2 本条是以普通快滤池为对象对过滤工艺运行做出的规定。从天津市纪庄子再生水厂近年的运行统计数据来看，绝大部分时间沉淀出水浊度都在2NTU以下，但在原水水质波动较大时，沉淀出水水质也很难控制在2NTU以下，因此本条规定滤前水浊度小于10NTU，这样在滤速为6m/h的情况下，滤后水浊度可以达到5NTU以下，出水水质可以得到保证。如滤前水浊度过高且无法通过混凝、沉淀等工艺段控制时，应采取降低滤速或其他措施以保证滤后水达标。

4.1.4 本条主要是强调送水泵房的运行管理应以管网调度指令为主，特别是对于城镇公共再生水厂，应成立专门的管网调度中心对各水厂的供水进行统一调度，各水厂不得擅自对送水泵进行操作。

4.2 膜处理工艺

4.2.1 本条是对粗过滤系统的管理等做出的规定，其中：

1 系统启动前，应检查粗过滤器是否处于自动状态。否则，连续微滤系统启动后，粗过滤未运行，容易造成粗滤器的淤堵。

3 当需要切换启动备用水泵时，使滤水器处于手动自清洗运行状态，以防止倒换水泵时，冲起的高深度浊水堵塞过滤柱，影响系统供水和自清洗去污能力。

4 如自清洗过程没有把过滤柱冲洗干净，两压力表的压差值无法恢复到原始状态，需加长自清洗时间或手动自清洗。

7 每6个月拆卸1次过滤柱进行清洗。虽然设备本身具备自清洗功能，但长时间使用后还需拆卸清洗，以保证过滤柱的有效使用。如有油污可用碱洗或者用洗油剂清洗；如有水垢或锈迹，可用盐酸清洗。

4.2.2 本条是对微过滤膜系统管理等做出的规定，其中：

2 应定时巡查连续微滤单元的运行是否正常平稳，如有运转明显异常的地方，应及时分析产生原因并解决。

3 应定时开启压缩空气储槽的排放点排水，是为了保证压缩空气的干燥。

4 设备需要进行化学清洗时，系统会自动给予操作员提示，由操作员手动启动清洗程序。但每天应关注连续微滤单元的过滤阻力值，及时启动化学清洗。

5 设备在除正常滤水以外的状态，如反冲洗、化学清洗、完整性测试等过程中停机，均会中断正在进行的操作，使设备处在非正常的状态下，对设备不利。

6 停机时间不得大于5d，因为离线时间过长，会导致细菌过度滋长。最好能保证48h内至少运行1h，如果需停机较长时间，微滤膜应用专用药剂浸泡保存。

7 声纳测试是用来辅助探测连续微滤单元的泄漏位置。它以电子方式侦听到气泡从损坏的模块、阀门或破损的密封处逸出的声音。因此，至少每3个月进行一次声纳测试，以判断存在问题的膜元件。

8 连续微滤单元在化学清洗暂停状态下不允许排空，否则充满单元内的药液会流失，它既会使化学清洗失效，又会造成污染和化学伤害。设备停机时，单元内部为充满水的状态，维修时将连续微滤单元的水排空，是为了避免维修时单元内水外溢造成伤害。

9 微滤膜系统运行参数的确定，依据了天津再生水厂和泰达新水源再生水厂数年来的运行经验。

4.2.3 本条是对反渗透系统运行管理等做出的规定，其中：

1 阻垢剂的有效添加是为防止膜元件表面结垢。检查添加阻垢剂的管道是否通畅，确认阻垢剂是否有效到达膜元件。进水水质如有变化，阻垢剂的添加浓度也应随之变化，定期根据进水水质校核阻垢剂的添加浓度，以确认有足够浓度的阻垢剂，防止结垢。

2 反渗透设备停机不得超过24h。否则，元件干化会酿成永久性流量损失，或因停机离线时间过长导致细菌过度滋长。因此需用膜厂商指定的专用药液浸润保存。

3 反渗透系统是在高压下运行，管道及膜压力容器如有漏水得不到及时修复，可能导致生产事故。

4 本款是对设备进行化学清洗（酸洗、碱洗）做出的规定：

1）化学清洗前，对于使用的化学物品，必须遵守安全规定。正确佩戴必需的劳动防护用品，如佩戴护眼罩等。

3）清洗后，重新安装拆修的管道，必须检查确认安装后的牢固性，否则设备启动后在较高压力下运行，会造成设备及人身事故。

4）反渗透在清洗后，设备中可能存在空气，启动前必须将系统中空气用反渗透进水罐的储水排出，否则可能导致反渗透膜的损坏。

5）保持适宜的清洗水温是保证化学清洗效果的重要条件，一般要求水温在30℃，最高不超过35℃，此高温临界点应视配置药剂后水中pH而定。不同厂商提供的膜产品对温度的要求可能略有差别，请遵循膜厂商提供的产品说明。

6）化学清洗中，pH视清洗温度的不同略有差别，请遵循膜产品手册。超出此范围可能造成膜的损坏。

5 化学清洗前后应记录设备正常运行时的参数，以判断清洗效果，也是一种数据储备。

一般情况下，当产水量低于正常产水量15%，产水含盐量高于正常产水含盐量10%，压力差值高于正常值15%时，考虑进行化学清洗。

4.2.4 本条是对化学清洗间运行管理等做出的规定，其中：

2 化学药品的储存和放置应按其特性及使用要求定位摆放整齐，并有明显标志。以免药品混淆，产生危险。

4 化学药品储罐应定期进行彻底清洗，否则产生垢体影响设备的清洗效果。

6 保证化学清洗间的通风，防止化学品的挥发气味对人的伤害以及对设备的腐蚀。

7 化学清洗配药罐内的液位最高不超过70%、最低不低于30%，避免液位过高化学品泡沫溢出伤害人体和腐蚀设备，液位过低药泵空运转或加热器干烧产生危险。

5 污泥处理与处置

5.1 稳定均质池

5.1.1 巡视中应注意，采用自重方式排泥时，运行管理人员应观察并控制稳定均质池液位，采用污泥泵排泥时，应受液位自动控制。

5.1.2 污泥含固率是稳定均质池重要的运行参数，是判断其是否运行正常的一个指标。适宜的污泥含固率，有利于污泥的消化和机械脱水。

5.1.3 由于污泥比较黏稠，一旦管道堵塞，疏通比较麻烦。应经常清理搅拌器钢丝绳或吊链上的缠绕物，钢丝绳或吊链被杂物缠绕会造成起吊困难并易被腐蚀，影响设备正常运行。

5.1.4 由于稳定均质池长期运行后，易造成池底污泥沉积过多，增加脱水机负荷，当发现脱水机出泥效果不佳时，或泥泵流量变化时，均质池沉泥可能是诱因，可根据情况对其进行放空、清理工作。

5.1.5 运行管理人员应定期对搅拌器等池内设备进行检修。因为搅拌器叶片上经常会缠绕杂物，影响搅拌效果，不及时清理还会使电机过载运行，发生故障，直接导致后续脱泥系统的正常运行，在检修搅拌器的同时，还应检修搅拌器的固定装置和提升装置。保障搅拌器的正常运行。

5.2 浓 缩 池

5.2.1 本条对重力浓缩池的运行管理等做出了规定，其中：

1 重力浓缩池连续运行时浓缩效果较好。

2 运行初期，当污泥量少或连续排泥不能保证出泥的含水率要求时，可以间歇运行。应该控制排泥周期和时间，停留时间较长时，污泥在池内发生厌氧反应，并会产生污泥上浮的问题。

3 因浓缩池水力停留时间较长，污泥易腐败发臭，所以浓缩池是城镇污水处理厂主要的臭味污染源。当浓缩池气体进行除臭处理时，其操作控制方法应按照设计要求进行。

4 当浓缩池沉淀污泥大量堆积或桥架上同时有多人时，易造成刮泥机的过载而损坏设备，所以刮泥机不能长时间停机或超负荷工作。

5.2.2 本条对气浮浓缩池的运行管理等做出了规定，其中：

1 气浮浓缩池及溶气水系统连续运行时，浓缩效果较好且稳定。

2 污泥处理量大于$100m^3/h$，多采用辐流式池型；污泥处理量小于$100m^3/h$，多采用矩形池，通常辐流式气浮池采用连续排泥，矩形池采用间歇排泥，为保证出泥含水率，避免刮泥机频繁启动过大静负荷对设备的影响，所以气浮池间歇排泥时间为（2～4）h为好。

3 气浮浓缩通常采用加压溶气气浮，气源压力应稳定。结合《给水排水设计手册》（中国建筑工业出版社）和部分城镇污水处理厂运行经验数据，溶气水饱和罐进气压力确定为(0.3～0.5)MPa。

6 气浮浓缩池工作时，表面应有一定厚度的压实层。

8 当气浮浓缩池出现底泥沉积时，宜每24h排放底泥一次。

9 剩余活性污泥较轻，易于上浮，且自身具有絮凝性能，所以一般采用气浮浓缩。

10 由于长期停机，池面污泥含固率增高，气浮浓缩池刮泥机再启动时，静负荷过大，故开机时先点动，可降低静负荷，保护设备。

15 及时排放冷凝水，避免产生水阻。

5.2.3 表5.2.3中所列参数根据《室外排水设计规范》GB 50014、《给水排水设计手册》（中国建筑工业出版社）及国内多数城镇污水处理厂多年运行经验数据确定。

5.3 污泥厌氧消化

5.3.1 本条是对厌氧消化池的运行管理等做出的规

定，其中：

1 污泥无论采用常温、中温还是高温方式消化，都应根据污泥中有机物分解程度、污泥消化天数等分别决定投配率的大小。投配率一经确定，就应按此值向消化池投泥，并保持相对稳定。投泥的连续性和间断性及间断时间也应尽量稳定。另外，除要求进泥含水率较低以外，还希望含水率的变化幅度不大。总之，消化池的投料应定时、定量（主要是控制污泥的有机投配负荷）均匀投配，以便有机物和微生物之间的比例保持相对恒定，避免对微生物的生活环境产生突然的变化。另外，还应根据污泥有机物的分解程度及含水率的变化，定时排放消化的污泥，以维持整个消化系统的平衡。

2 新鲜污泥投放到消化池后，良好的搅拌可提供一个均匀的消化环境，使新加的污泥与池内的消化污泥充分接触，有利于加速生化反应的进程；通过搅拌，使附着在固体颗粒上的气及时脱离，防止浮渣的形成；良好的搅拌效果，能防止泥沙在池底沉积结块。此外，无论是池内加热还是池外预热，操作人员都必须随环境温度的变化及热源的温度变化，调整控制加热时间，使泥温达到设计要求。运行中控制泥温的恒定比控制泥温在最佳范围更重要，因为中温菌在30℃～35℃，高温菌在50℃～60℃的环境范围都能适应，但对温度的变化敏感性极强，适应性很差，特别是高温甲烷菌，温度增减1℃，就可能破坏整个消化过程，所以严格控制消化池泥温是运行管理中的一项重要内容。

3 正在消化的污泥与生污泥先接触，可提高传热效率，还可扩大污泥与菌种接触，因而可以进行活跃的消化。

4 单池的沼气搅拌可自成体系，使池内环境均匀、搅拌充分、完全，同时也便于操作人员灵活调整，出现故障便于分析解决。采用循环泵或螺旋桨等辅助机械设备搅拌，都可临时代替沼气搅拌。

6 污泥厌氧消化过程中，消化池是完全生化反应的封闭反应器。运行管理人员要弄清污泥消化过程是否正常，可通过定期检测产气量、pH、脂肪酸、总碱度等几项工艺运行参数并进行沼气成分的测定，判断污泥消化情况，并根据检测数据调整消化池运行工况，以提供污泥最佳消化条件。

沼气产量降低：温度或负荷的任何突然变化都可使甲烷菌受抑制，影响它的代谢作用及对有机物的降低过程，使产气量降低。

pH降低：当投配率过高，池内产生大量的挥发酸时，导致pH低于正常值，从而抑制生物消化过程，使污泥消化不完全。

挥发酸与总碱度的比值低于0.5保持在0.2左右时，说明所提供的缓冲作用足够，消化过程在稳定地进行。挥发酸与总碱度必须一起测定，而挥发酸的含量正常时，应保持在500mg/L以下。

对沼气成分进行分析：测定二氧化碳与甲烷的含量是掌握消化过程反常现象的最快方法，特别是可反映出反应器内存在有毒的或有抑制作用的物质，重金属和某些阳离子，如硫化物等。

正常运行时，消化池内产酸菌和产甲烷菌会自动保持平衡，并将消化液的pH自动维持在6.5～7.5的近中性范围内，此时碱度一般在（1000～5000）mg/L（以$CaCO_3$计），典型值在（2500～3500）mg/L。但是，由于水力超负荷、温度的波动、投入的有机物超负荷或甲烷菌中毒等，都会导致系统的pH、脂肪酸、总碱度发生变化。

对一定的处理系统而言，沼气中甲烷和二氧化碳的含量接近固定的数值。若沼气中出现二氧化碳百分含量突然增加，表明负荷有可能偏大，系统受到某种抑制。若氮气和氧气的含量同时增大，表明处理系统气密性差，或进泥充气量高。

7 对于特定的消化系统来说，其消化能力也是一定的。在实际运行中，投泥量不能超过系统的消化能力，否则消化效果将降低。但投泥量也不能太低，如果投泥量远低于系统的消化能力，虽能保证消化效果，但污泥处理量将大大降低，造成消化能力的浪费。消化池的进泥量应与排泥量相等，并在进泥之前先排泥。对于底部直接排泥的消化池，尤其应注意排泥量与进泥量的平衡。如果排泥量大于进泥量，消化池的工作液位下降，出现真空状态，严重时，空气会进到池内，产生爆炸危险。如果排泥量小于进泥量，消化池的液位上升，污泥自溢流管溢走，得不到消化处理；如果此时溢流管路被堵塞或不畅，消化池气相工作压力会升高，造成安全阀动作，使沼气逸入大气中，同样存在沼气爆炸的危险。

9 采用二级消化时，二级消化池要排放上清液。通过上清液的排放，可提高消化池排泥浓度，减少污泥脱水的加药量。不排放上清液时，消化池排泥浓度一般低于消化池进泥浓度。消化池上清液的每次排放量都应认真确定。排放量太少，起不到浓缩消化污泥的作用；排放量太大，上清液中固体物质浓度较高，回到进水的固体负荷较大。

10 消化过程中池内的设备容易结垢，特别是二级消化池上清液管结垢，导致上清液不能及时排除，使消化池的液位发生变化，影响消化池安全运行。

11 消化池内的温度、压力和液位是消化池的重点监控指标，操作人员应定期记录仪表显示数据，作为工艺运行的参考，仪表维护人员定期对上述仪表进行检查和校验，保证仪表运转正常，测量准确。

12 沼气是含湿量比较大的气体，其中往往夹杂着雾沫及泥粒。一旦在池外遇到低温，会凝结成水，占去一部分流动断面，或造成水塞，影响沼气系统的压力。

13 用有害气体测定仪定期检查、测试池体、沼气管道及闸阀处是否漏气，是安全操作中一项重要的内容。如沼气管道或闸阀等处漏气，应按照相关标准的规定及时修复，避免发生事故。

14 消化池由于进、排泥不匹配或在出现故障时，会出现消化池的液位超过正常工作液位，这时，消化池的泥有可能会进到气管中，所以，运行人员应定期监控消化池的安全溢流情况。

16 为防止超压或负压造成消化池的破坏，消化池和污泥气储柜应采取相应的措施，如设置超压或负压检测、报警与释放装置，放空、排泥和排水采用双阀等，在运行中应定期对设施的安全装置进行检查，确保完好有效。

17 热交换器检修或长期停用时，关闭通往消化池的闸阀，可防止消化池内污泥从热交换器的清扫孔倒流和沼气的泄漏，同时将换热器的循环水、污泥放空，避免冬季结冰，冻坏管道。

18 消化池运行较长时间后，应停止运行，进行全面的防腐防渗检查与处理。消化池内的腐蚀现象很严重，既有电化学腐蚀，也有生物腐蚀。电化学腐蚀主要是消化过程中产生的硫化氢在液相形成氢硫酸导致的腐蚀。此外，用于提高气密性和水密性的一些防水涂料，经一段时间后，被微生物分解掉，而失去防渗效果。消化池停运后，还应对金属部件进行防腐处理，对内壁进行防渗处理，检查池体结构等。

根据国内大型城镇污水处理厂消化池的运转经验及国外相关资料，本规程将消化池大修周期定为（3～5）年。

21 沼气中的甲烷是一种易燃易爆的气体。混合气体中甲烷含量在5%～15%（体积百分比），氧气含量在12%～20%之间时，遇明火或700℃以上热源即发生爆炸。在消化池气相及沼气柜中，随着消化污泥的培养，甲烷从无到有，中间必然要经历这一区域，此时若存在明火或700℃以上热源即发生爆炸，造成安全事故。因此，在培养消化污泥之前，应进行氮气置换。氮气置换，就是用氮气把消化池气相空间、气柜和沼气管路中的空气置换出来。根据国内大、中型污水处理厂消化池的运行实践，沼气置换后，要求系统中氧气含量小于5%，也有处理厂要求置换至2%以下。

22 消化池相关的运行参数，是参照国内多数城镇污水处理厂消化池运行情况确定的。

5.3.2 本条是对沼气脱硫装置的运行管理等做出的规定，其中：

6 干式脱硫时多采用氧化铁屑（或粉）和木屑拌合制成的脱硫剂，填充在脱硫装置内。经一段时间使用后，脱硫剂中的有效成分氧化铁减少，影响脱硫效果，此时，多进行再生。需注意的是，脱硫剂氧化反应和再生反应均为放热反应。若脱硫剂再生时，在密闭空间内，氧气的流量比较大，极易温升过快，出现脱硫塔着火。如脱硫剂再生时靠近污泥堆置区，会引燃污泥。经多次再生的脱硫剂，其脱硫效果会下降。根据国内外城镇污水处理厂的运行经验，脱硫剂的再生周期宜为5次，否则应更换新的脱硫剂。

7 在对干式脱硫塔的运行管理等的规定中：

3）干式脱硫塔投入运行前或脱硫剂再生后投入塔内时，若与脱硫塔内残存的空气混合比例达到爆炸极限，可能会导致发生爆炸，因此宜进行氮气置换。

8 在对湿式脱硫塔的运行管理等的规定中：

1）湿式脱硫主要是利用水或碱液等吸收液洗涤沼气。吸收液从塔顶向下喷淋，沼气自塔底上升，其中的硫化氢进入吸收液，导致吸收液的pH下降。因此，定期监控和测试吸收液的pH，及时补充吸收液有助于脱硫效果的增加。

9 生物脱硫是利用微生物，经硫化物氧化成硫单质，硫单质经沉淀分离从而达到去除硫的目的。在生物脱硫系统中，硫化物的化学氧化和生物氧化同时发生。系统的溶解氧、pH等影响生物的活性，进而影响脱硫效果。因此，维持一定的回流污泥量和曝气量，有助于维持足够的微生物量和其适宜的生存环境，来取得较好的脱硫效果。

10 沼气脱硫后的硫化氢含量应尽可能的低，否则沼气中的硫化氢会对设备和管道产生腐蚀，如加速沼气发动机火花塞的损坏，降低其使用年限。另外，沼气中的硫化氢随着在沼气发动机或锅炉中燃烧，将转化成二氧化硫，污染大气。综合国内外城镇污水处理厂沼气安全利用要求，本规程将沼气脱硫后硫化氢的含量定为小于0.01%。

5.3.3 沼气柜检修时，危险程度很高，当方案与措施不当时，可能导致爆炸事故。检修前应制定严格详细的维修方案，内容应包括检修的方法、步骤、安全技术要求等，并应请具有专业资质的单位按照有关标准、规范和更具体的规定进行维修。

5.3.4 本条是对沼气柜运行管理等做出的有关规定，其中：

1 沼气柜的水封必须保持足够高度，特别是夏天，由于气温高，水分蒸发快，应及时检查、补充水封内的水量。寒冷地区，气柜应使用蒸汽或热水对气柜进行加热，以防水封槽内的水结冰，影响气柜浮盖的正常升降或造成沼气的泄漏。应在入冬前，对水封加热和保温设施进行检修和保养，来满足气柜供热要求。

2 沼气的主要成分为甲烷和二氧化碳。甲烷在空气中的含量为5%～15%时，遇明火或700℃以上的热源发生爆炸。此外，沼气中还含有硫化氢等有毒气体。剩余沼气直接排放，会造成空气污染或产生爆炸，应通过设置废气燃烧器，将剩余的沼气烧掉。

3 对于低压浮动式单塔和多塔的气柜，操作人员应及时记录其压力和储气量，以防气柜的管线出现堵塞或供气不足、气柜出现负压而使结构遭到破坏。

4 由于沼气从消化池到气柜，管线较长，温降较多，凝结的水分也较多。水分与沼气中的硫化氢产生氢硫酸腐蚀管道和设备，水分凝结在检查阀、安全阀、流量计、调节器等设备的膜片和隔膜上影响其准确性，也降低沼气的热值。所以应尽快将凝结的水分排除，降低对管路的腐蚀程度。此外，冷凝水的存在也会增大管路的阻力，影响消化系统的稳定性。蒸汽管道也需及时地排放冷凝水。冷凝水的存在会影响蒸汽的流量。

5 干式沼气柜柜体应完好，无变形；外防腐涂层应无裂缝损伤，柔膜应密封良好。尤其是柔膜和沼气管相连的法兰处，应定期检查气密性。气柜顶部的配重块，严禁私自移动。

7 沼气中的硫化氢等气体溶于水，会降低水封槽内水的pH，腐蚀气柜内、外壁，降低气柜的使用年限。根据国内城镇污水处理厂的多年运行经验，将pH小于6设为气柜的换水条件。气柜换水时，由于气柜进水和出水的速度存在一定的差异，气柜可能出现负压。因此，气柜换水时，应通过调节气柜泄水阀门的开度，使气柜的进水量略大于气柜的出水量，多余的水，从气柜的溢流管排除，来保持气柜的压力平衡。

8 应注意外力对气柜浮盖的影响。风力较大时，应考虑在气柜上加设防护栏，以防气柜的导轮和导轨出现问题，气柜易出现偏斜，影响气柜的正常升降。

9 涂饰反射性色彩的涂料，有助于削弱太阳光直射使气柜内受热引起的膨胀，稳定气柜的运行。

11 气柜处于低位时，如此时排水，气柜会产生负压，严重时，气柜结构将被破坏。

12 由于气柜顶板的厚度有限，沼气腐蚀性强，运行一段时间后，气柜顶板的强度都有一定程度的下降，如在上边行走或操作，压力过大，很可能出现安全事故。

13 气柜顶部的检修孔、水槽外壁的人孔和气柜浮盖上的人孔，随意打开后，会出现沼气的大量泄漏，发生安全事故。

14 沼气柜中进入空气，会出现爆炸的危险，因此，在气柜投入运行前，应对气柜的气相空间进行氮气置换。甲烷在空气中的含量为5%～15%时，遇明火或700℃以上的热源会发生爆炸。根据国内部分城镇污水处理厂的运行经验，氮气置换后，气柜气相空间中氧气的含量应小于5%。

15 沼气柜容量大，浮盖完全升起后常常高达20m～40m，并且多建于开阔的厂界，在雷雨季节，极易出现雷击，因此，在气柜或气柜附近高点，应设置避雷器。并应由专门的检测机构进行专业评估和维护。

16 本款是根据国内城镇污水处理厂运行经验，设定的干式气柜的运行压力参数范围。

17 本款是根据国内城镇污水处理厂运行经验，设定的湿式气柜的运行压力参数范围。

5.3.5 本条是对沼气发电机运行管理等做出的规定，其中：

1 发电机运行过程中，每1h巡视、检查1次发电机的油位、水位、水温、油压、转数及负荷、油滤清器、空气滤清器、水封罐的水位、沼气压力及机器有无异常的声响等情况。当发电机运行情况不正常时，及时调整解决，不能处理的情况及时上报。

2 应定期清洗沼气、空气过滤装置或更换滤芯，防止发生阻塞，保证燃气的洁净度。

3 沼气管路密封不好，产生泄漏，会发生安全事故，同时造成发动机供气量不足，沼气管路中冷凝水过多会造成“水阻”，同样会影响供气量，造成发动机运转不正常。若冷凝水进入气缸等处，将腐蚀主机。冬季必须经常检查沼气发电机进气管路，并增加冷凝水排放次数。

8 由于发电机冷却循环水系统中的水温较高，硬度高的水容易使发电机冷却系统结垢，使热导系统热交换效率降低，受热不均，造成设备损坏，所以必须使用软化水。没有软化水设施的，也可在循环水中加阻垢剂。但对循环周期过长的水，要监视水中的硬度情况，不符合要求，需重新进行更换。

10 沼气含硫量过高影响机组寿命，同时对大气造成污染。脱硫处理是将沼气中的硫化氢去除，否则硫化氢与水汽形成的氢硫酸会对设备、管道产生腐蚀，降低机组使用寿命。另外，因为硫化氢随着沼气在发动机燃烧后转化为二氧化硫，排入大气，所以脱硫还可以降低二氧化硫对大气的污染程度。

11 每立方米沼气发电量与沼气中甲烷含量、发电机的机械效率等多种因素有关，该参数是根据国内大型城镇污水处理厂沼气发电机多年的运行参数统计结果确定的。

5.3.6 本条是对沼气锅炉运行管理等做出的规定，其中：

1 为了延长锅炉使用寿命，节约燃料，保证蒸汽品质，防止由于水垢、水渣、腐蚀而引起锅炉部件损坏或发生事故，应按《锅炉水处理监督管理规则》（质技监局锅发［1999］217号）的规定做好水质管理工作。

2 经脱硫各项指标应达到如下标准：

1）甲烷含量大于50%；

2）燃气热值波动小于5%；

3）燃气湿度小于65%。

3 运行前对锅炉检查的内容包括：

1）锅炉房内各项制度是否齐全，司炉工人、水质化验人员是否持证上岗；

2）锅炉周围的安全通道是否畅通，锅炉房内可见受压元件、管道、阀门有无变形、泄漏；

3）安全附件是否灵敏、可靠，水位表、水表柱、安全阀、压力表等与锅炉本体连接通道有无堵塞；

4）高低水位报警装置和低水位连锁保护装置动作是否灵敏、可靠；

5）超压报警和超压连锁保护装置动作是否灵敏、可靠；

6）点火程序和熄火保护装置是否灵敏、可靠；

7）锅炉附属设备运转是否正常；

8）锅炉水处理设备是否正常运转，水质化验指标是否符合标准要求。

4 沼气锅炉运行中出现下列问题之一，必须立即停炉的情况有：

1）锅炉水位低于最低水位或高于最高水位；

2）给水泵全部失效或给水系统故障，不能向锅炉进水；

3）水位表或安全阀全部失效；

4）锅炉元件损坏且危及运行人员安全；

5）当锅炉运行中发现受压元件泄漏，炉膛严重结焦、受热面金属超温又无法恢复正常以及其他重大问题时。

7 沼气燃烧器作为沼气锅炉的供热心脏部件，应保证与锅炉运行正确配合，在有供热需求时自动启动，能够自动调节负荷；在系统出现超压、超温以及燃气供气中断、鼓风机停止工作、燃烧熄火时，实现自动停止并发出相应信号或故障报警。

必须严格遵守沼气燃烧器的操作说明，严禁误操作。并熟悉与厂商的联系方式。如经常出现某一故障，则应通知厂商。如不严格遵守相关规定，可能导致设备损坏及人员伤亡等严重后果。

8 燃气的基本特性包括：沼气的热值（kWh/m^3）、成分、燃烧后烟气中二氧化碳的理论最大含量和燃气供气压力等。

9 在输气管道及连接件等处，定期用泡沫物质或相似的不含腐蚀性成分的液体涂刷。查出可疑漏气部位，进行补漏处理。

5.3.7 本条是对沼气燃烧器的运行管理等做出的规定，其中：

3 沼气燃烧器长期使用后，火焰喷嘴上会有尘土、碎屑等，影响点火。此外，沼气管线中的硫化氢等也会腐蚀管壁，堵塞管路。因此，需定期清理火焰喷嘴。清洁时要小心，不要弄碎积碳。

8 遇风、雨、雪等天气，将影响沼气燃烧器的燃烧情况，因此要特别注意不能熄火，发现火焰熄灭，可立即采取相应措施。此外，燃烧器运行期间，应注意下风向有无明火或易燃物，注意防火。

5.4 污泥浓缩脱水

5.4.1 絮凝剂的选用应根据脱水机的类型、污泥性质及经济成本等综合比较来确定。如应用带式压滤机和离心脱水机时，常选用有机高分子絮凝剂聚丙烯酰胺作絮凝剂。聚丙烯酰胺是长链的高分子化合物，利用它的高效吸附架桥作用，使污泥形成颗粒大而强度高的絮凝体，降低污泥的比阻抗，有利于污泥的自重脱水及进一步加压脱水。絮凝剂投加量的大小，应通过试验确定，因为污泥的性质不同，絮凝剂的用量存在显著的差异。一般情况污泥的颗粒越小药剂的消耗量越大。污泥中有机物与悬浮物的数量和成分也影响絮凝剂的用量。所以在脱水机运行前，应做各种投加量试验，在运行中，根据试验情况和运行实际情况调整药剂的投加量，以取得最佳的脱水效果。不同的滤布其毛细吸水值不同，合适的滤布有助于污泥脱水和滤布清洗。

5.4.2 在实际运行中，污泥的泥质和泥量会发生变化，为保证脱水效果，控制污泥含水率，应随时调整脱水机的工作状态，进行投药量、进泥量、转速差、液环层厚度和分离因数的控制。

5.4.4 开机后，根据进泥性质及运行情况及时调整投药量、压力、转速等各有关因素，以获得最佳脱水效果。

5.4.7 在机组正常运转过程中除自动清洗和人工清理脱水机滤布及机组周围的污泥外，在停止脱水后还需彻底清洗滤布，以避免污泥颗粒干燥后堵塞滤布孔眼，降低过滤效果和缩短滤布使用寿命。离心脱水机停止脱水后应立即清洗干净，避免污泥附着在转动部件上而影响其动平衡。

5.4.8 带式脱水机经数分钟的空车运转，可先将滤布浸湿，带负荷运行后，利于泥饼剥落。同时还可调整脱水机滤布张力、主机转速及各种压力、真空度等影响脱水效果的控制装置。

5.4.9 污泥及各种无机或有机化学絮凝剂均对投泥泵、投药泵及管道、溶药池、脱水设备等有腐蚀性，因而在停止使用后，必须用清水冲洗，防止残存的污泥、药液对设备及其他设施产生腐蚀。

5.4.10 污泥进行机械脱水时释放的有害气体和异味对人体、仪器、仪表和设备有不同程度的影响甚至损害，所以值班室和机器间都应保持通风良好。

5.4.11 脱水后污泥含水率可根据污泥最终处置的方法确定，但均应小于80%。

5.5 污 泥 料 仓

5.5.1 在污泥料仓储存污泥时，应尽量保持各污泥料仓存放的污泥量均匀，目的就是要保证料仓的结构载重平均，防止结构发生变化。

5.5.4 污泥在料仓内长时间储存，有可能造成沉积、干化、板结，给输送带来困难。

5.5.6 污泥料仓在正式进料之前，要空载运行，检查输送设备的旋转方向，各种阀门的开启状态，以防止误操作。

5.6 污 泥 干 化

5.6.1 气体回路中的氧含量若在高位运行，将会使系统的安全性下降，必须保证系统的含氧量在规定的范围内运行，并保证其严密性。

5.6.2 本条是对流化床式污泥干化机运行管理等做出的规定，其中：

1 污泥泵启动运行必须在自动模式下进行。不允许采用手动模式是因为自动模式下启动污泥泵可激活系统的连锁装置，保护设备。

2 分配器置于自动模式状态下启动，可以自动调整其转速以及污泥分布的均匀性。

3 分配器的调节将影响到干化后成品污泥颗粒的大小和分配器滚轮的耐磨损程度。一般成品典型干污泥颗粒的粒径范围见表3。

表3 一般成品典型干污泥颗粒的粒径范围

污泥颗粒（mm）	所占比例（%）
>5.0	1
2.0～5.0	10～15
0.5～2.0	75～85
<0.5	5

7 污泥干化系统的运行必须在自动模式下进行，这样系统的各个连锁作用将在系统运行发生异常时得到发挥，因此保护设备。

11 给料分配器的滚轮与其下料嘴片盒的间隙调整在（1～2)mm之间。

16 控制干燥机中的气体差压不超过最低值，可通过调节流量实现。

17 安全防护工作包括：充分有效的通风、内部氧气含量要达到20%以上、安全电压照明以及专人在外监护等。

19 连续排出系统中不断产生的不凝性气体，确保系统的安全。

5.6.3 本条是对带式污泥干化机运行管理等做出的规定，其中：

2 带式干化装置布料机置于自动模式状态下启动，可以自动调整其摆动速度以及污泥分布的均匀性。

3 带式干化装置布料机的调节将影响到干化后成品污泥颗粒的大小，根据污泥性质和污水厂的格栅栅距，在装置调试启动时确定网孔板的形式和孔径，切割速度和污泥中的纤维物质含量有关，泥料成型的直径范围见表4。

表4 泥料成型的直径范围

网孔板形式和孔径	污泥颗粒直径（mm）
含固18%～25%进料长度	10～20
含固18%～25%进料直径	6～10
含固50%～90%出料长度	3～8
含固50%～90%出料直径	4～8

控制污泥干化系统生产运行温度，带式污泥干化机采用的是中低温干化工艺，设定合理的工艺温度，取得最好的干化效果，使热能的利用率最高。

污泥干化系统内置泥料在线检测系统，通过提前设置的程序达到预定干化要求，可根据处理途径的不同而变化，带式干化装置出料含固率在50%～90%的范围，填埋只需要干化到含固50%～60%，而电厂焚烧含固需要在70%以上。

6 风道系统在微负压工况下运行为好，严禁短路漏风。

5.6.4 本条是对转鼓式污泥干化机运行管理等做出的规定，其中：

1 自动操作模式是干化机正常操作程序，在任何情况下，干化机操作和处理污泥均建议采用自动操作模式。这种操作模式能确保整个系统安全和互锁，因此保护设备。

2 系统在自动模式下运行，要求不断地供应污泥，干化系统长时间负载运行效率最高。

3 系统运行中应巡检整个系统并检查设备：检查密封件是否漏气或损伤；查找系统是否漏油；检查链条、链轮和所有电机上的传动装置；检查气闸箱，确保里面的污泥松散干燥。

4 系统管路上主供水阀常开，确保干化机运行时喷雾嘴水的供应。

6 在系统设备安全关闭之前，导热油和干化机金属部件的温度均非常高，必须经过冷却。

7 当干化机需要维修或关闭相当长的时间时，应执行冷却的自动模式程序。关闭主要水阀或切断控制板电源时，应特别注意。遵守关闭燃烧器的程序，在热油燃烧器关闭后，全部设备关闭前，热油温度应降至干化机停机后的安全温度。系统关闭后，冷凝器风机应继续运行5min。

8 待机模式是保持热油温度一定，正好在标准操作温度下的一种程序模式。这意味着燃气正在燃烧，超过整夜或更长时间内待机模式运行，无效率可谈。

5.6.5 污泥干化后，含固率一般能达到50%～90%，可根据污泥最终的处置和利用途径，如卫生填埋、土地利用、焚烧、建筑材料、水泥骨料及燃料等，确定干化后污泥的含水率。

5.7 污泥焚烧

5.7.1 压力差最小指点火风量根据焚烧炉在冷态下进行流化试验的最小微流化风量。

5.7.3 因为污泥和煤是两种热值相差较大的不同燃料。一般来说焚烧炉用煤的干基热值在5000kcal/h左右，而污泥的干基热值在3000kcal/h左右，所以在运行中相互切换对于焚烧工况的影响较大，必须谨慎进行。

5.7.6 烟气的酸露点温度与焚烧后的烟气成分有关，一般排烟温度不宜低于120℃。

5.8 污泥堆肥

5.8.1 本条对污泥堆肥前混合调整段的运行管理等做出的规定，其中：

3 堆肥的添加物中不得有明显大块物体，或布头、塑料等杂物，以防造成对翻堆机卡壳或缠绕。

5.8.2 本条对堆肥发酵段的运行管理等做出的规定，其中：

3 堆体高度超过设计值，容易造成堆体大片塌落，引起翻堆机非正常倒车。

4 供气管路一旦被堵塞或被水淹没，可能会造成局部供气不畅，形成厌氧区。

5.8.4 本条是对堆肥应化验检测的项目做出的规定。

6 臭气处理

6.1 收集与输送

6.1.1 集气罩应包围或靠近污染源，使污染源的扩散限制在最小的范围内，通过抽、吸来进行气体的收集。一般只在围挡的罩壁留有观察窗或不经常开的操作检修门。若集气罩密闭状况差，会影响臭气的收集，进而影响除臭效果。

6.1.2 由于曝气沉砂池、浓缩池等构筑物上多有移动式桥车，与之相连的集气罩多采用滑环等进行相对移动。滑环磨损后，直接影响集气罩的结构。

6.1.3 臭气中硫化氢含量高，极易腐蚀集气罩骨架上的钢丝，导致骨架出现松动、腐蚀、甚至折断的现象，影响运行的安全。雨、雪、风等异常天气，都应该加强巡视，以防遮盖物出现撕扯、塌陷、结冰状况。

6.1.4 集气罩内臭气浓度较高，其中的硫化氢、氨气等有毒气体对人体危害较大，操作人员在无任何安全防护的情况下，进入集气罩集气区域后，会出现中毒等安全事故。

6.1.5 管路的压降，直接反映管路的阻力损失情况。管路压降大，表明管道存在堵塞，不利于气体的收集。

6.1.7 寒冷的冬季，由于集气罩内、外温差大，集气罩与轨道之间的水汽凝结量增加，极易结冰，影响集气罩的运行。积雪也会影响集气罩的运行平稳，不及时清除，也会将轨道冻住。

6.1.8 集气罩内臭气浓度较高，打开观察孔时，操作人员站在下风向，易中毒。

6.1.9 臭气中硫化氢、氨气、一氧化碳气体含量高，这些腐蚀性气体的存在，腐蚀管壁，易出现漏点，影响除臭效果。

6.2 除臭

6.2.1 本条是对采用化学除臭的运行管理等做出的规定，其中：

2 化学系统在运行过程中，其循环水的pH和循环水量的稳定性对系统的处理效率影响较大。同时，还应对臭气的浓度、流量和系统压力进行监测，来掌握系统是否正常运行；根据不同的处理效率要求不同的pH。

3 系统会根据循环水的pH等在一定范围内自动调节加药量，但当系统负荷发生突然变化时，需要操作人员根据系统用药量调节加药泵的冲程长度以调节加药泵的流量，满足系统要求。

4 化学洗涤系统会因为填料生长细菌和结垢引起洗涤器压损增大，造成风机负载升高和效率下降，影响系统正常运行。操作人员应根据这些现象，及时对填料进行清洗，根据不同的污染情况可采取不同的清洗方法。针对生长细菌可以投加次氯酸钠（NaClO）溶液杀菌，对结垢可用酸性溶液清洗。

5 化学洗涤器、除雾器等长时间使用后，容易产生结垢和菌类阻塞，导致循环水量不足，影响系统处理效率，故应定期清洗。

6 循环水和药剂结冻会造成设备损坏。有些化学药剂在烈日下曝晒时易分解，并可能产生有毒有害气体，故室外安装设备应考虑防冻、防晒措施。

7 pH、ORP探头必须定期清洗和标定，长期不用时，应按要求将其用特定的溶液浸泡。

10 化学药品的使用及储藏应符合国务院令第344号《危险化学品安全管理条例》的规定。

11 化学药品和处理的有毒有害气体都会对人体造成极大的伤害，故设备检修时必须停机并对设备通风，以排除残留的污染气体。

6.2.2 本条是对采用生物除臭的运行管理等做出的规定，其中：

1 在生物除臭系统中，净化恶臭污染物的过程全部或部分是由附着、生长在载体表面的微生物来完成的，而这些微生物又都生活在各自特定的环境中，因而与环境条件关系极为密切。在各种环境条件中，温度、湿度、压力、pH等对微生物影响较大。此外，在臭气处理中，气体中的污染物以有机气体为主时，微生物的食物与能量的主要来源就是存在于废气中的有机物成分，因而这些营养物质的来源量，即气体的处理量及其中的有机物含量就是影响除臭处理工艺运行效率的重要因素。

3 滤床的水分过多，填料空隙会滞留过多的水分，使填料的透气性变差，运行阻力增加。此外，在生物滴滤池中，过多的水分还会使空气中的氧气的穿透力下降，影响填料层中微生物的新陈代谢，发生厌氧反应，产生恶臭。当水分过少时，填料层中缺乏微生物生长代谢所必需的水分，微生物的液体环境受到影响，严重时会导致填料干裂。

6 填料在使用过程中不断被压实，孔隙度降低，气体通过填料的阻力不断增大，压降和能耗也随之加大。填料出现粉化、板结等，都将影响除臭效果。

6.2.3 本条是对选择离子除臭的运行管理等做出的规定，其中：

1 离子除臭系统是通过离子发生器产生大量具有高活性的正、负氧离子群，强氧化性自由基等通过与污染气体的混合或扩散到含有污染气体的空间，而达到除臭和净化空气的处理技术。离子发生器可以随时启动，所以离子除臭系统可以间歇运行。在污染源为间歇型时，为了减少运行费用可间歇运行离子除臭设备，但为了保证处理效果，离子除臭系统必须比产生臭气的设备提前启动，停止运行也必须在产生臭气的设备停运后方可停止。

2 离子发生器对进入气体有清洁要求，进入离子发生器的空气应该先经过过滤器净化，这样才有利于设备的长期使用，延长设备寿命。

6.2.4 在采用活性炭作为吸附剂的臭气处理工艺中，活性炭一般放置于一个或多个吸附器中。多个吸附器可采用串联或并联的工艺。再生过程中，还包括脱附、干燥、冷却等流程。所以，在活性炭更换时，应关闭活性炭吸附器前后的电动和手动阀门，对于电动阀门要关闭，并断电，以防由于误操作将管路阀门打开；对于手动阀门，关闭的同时，要悬挂“检修”标牌，表明特定的吸附器正在检修。

除臭工艺中，污染物浓度比较高，在吸附器的管路、闸阀处，臭气大量聚集，在进行检修、进行卸压或卸料时，容器内的臭气短时间内释放，可通过呼吸道进入人体，使人瞬间中毒、死亡。在现行国家标准《化学品分类和危险性公示　通则》GB 13690 中已将 CO、CH_4、H_2S 均纳入危险化学品。

从危险化学品对人体的侵入途径进行防护，操作人员应防止其由呼吸道、皮肤、消化道等进入人体。一般，在污水处理厂臭气主要是通过呼吸道进入人体，所以，操作人员进行吸附器检修和更换活性炭时，应佩戴呼吸道防毒劳动防护用具。

6.2.5 本条是对选择活性炭吸附除臭的运行管理等做出的一般规定，其中：

1 活性炭仓出现粉化堆积时，炭粒中的毛细孔被堵塞，影响臭气的吸附。所以必须及时更换。

6.2.6 本条是对采用植物除臭的运行管理等做出的规定，其中：

1 天然植物液原液的存放应避免阳光直射，在实际应用中应稀释，稀释后的植物液应尽快使用，以防变质，影响使用效果。

5 实际使用中，喷淋管路中的灰尘会堵塞喷头；长期停用后管路残留的植物液会堵塞喷头；气体环境中的硫化氢等会腐蚀设备和管线。因此，为保证良好的除臭效果，应定期检查管路和设备的密闭性和清洁性。

6 保持植物液储存罐内清洁，可以防止结垢或堵塞。

7 化验检测

7.1 取　　样

7.1.1 城镇污水处理厂内的污水及污泥处理的上清液等一般都接入进水前池，所以可能干扰或影响监测上游排放污水的进厂水质，取进水水样时，应在其排放口前边取样，或者取两个不同的水样做对比，一个水样包括所有污水，代表处理厂的总负荷，另一个水样不包括本厂污水，代表上游来水负荷。

进入城镇污水处理厂的污水、处理过程各阶段的污水和产生的污泥及处理后的污水、污泥、沼气都应取样分析、检测，其取样方法、要求和安全规定等均应遵守现行国家标准《水质　采样方案设计技术规定》HJ 495。

1 进水取样地点一般选在总进水口（粗格栅前）是基于获得进水的原始水样，而选在水下 1m 是基于样品垂直分布的代表性，尤其是避免了油类项目等易利用现有工艺（例如气浮技术等）去除物质的采集不合理性而影响整体水质的代表性。此外，采集深度定于浅表层也是便于样品采集一种考虑。

2 总出水口出水水样（消毒后排放口）选在水下 1m 处或排放管道中心处是因为液体在管中的流速最大，足够保证液体呈湍流的特征，使采集的水样更具代表性。

3 工艺中间控制点：主要指为保证城镇污水处理厂的正常运转而必须获得的一些工艺参数而进行的采样。采样地点一般可包括：沉砂池、初沉池、生物反应池、二沉池、污泥回流池、消毒池等。由于污水处理工艺各异，各厂可以根据本厂的工艺控制要求设定取样点。

由于城镇污水处理厂的污泥消化、脱水处理、填埋、焚烧以及农用处置等工艺选择不同，各厂可以根据本厂的工艺控制要求设定取样点。

7.1.2 采样频率：主要是依据国家标准《城镇污水处理厂污染物排放标准》GB 18918－2002 中 4.1.4.2 的规定，进、出水取样频率为至少每 2h 取 1 次，取 24h 混合水样，以日均值计。其采样的方式根据国家标准《水质 采样方案设计技术规定》HJ 495 采用等比例混合的方式。

7.2 化验项目及检测周期

7.2.1 城镇污水处理厂日常化验检测项目及周期的确定主要根据两个原则，既应符合现行国家标准和行业标准，也应满足工艺运行管理的要求。

表 7.2.1-1 污水分析化验项目及检测周期是根据现行国家标准《城镇污水处理厂污染物排放标准》GB 18918 中规定的基本控制项目和工艺需要而设定。表 7.2.1-2 污泥分析化验项目及检测周期主要是根据现行国家标准《城镇污水处理厂污染物排放标准》GB 18918 中部分一类或者选择项目中有毒有害污染物和国家现行行业标准《城镇污水处理厂污泥泥质》CJ 247 以及我国城镇污水处理厂的生产实践而规定。

7.2.2 根据再生水回供方向和用途，确定水质化验项目及检测周期，分别符合相应的现行国家标准，包括《城市污水再生利用 城市杂用水水质》GB/T 18920、《城市污水再生利用 景观环境水水质》GB/T 18921、《城市污水再生利用 地下水回灌水质》GB/T 19772 和《城市污水再生利用 工业用水水质》GB/T 19923 等。同时需要达到水质要求的，应在满足不同标准项目的前提下，其水质指标应选择高标准。

7.2.3 城镇污水处理厂的厂界废气、作业场所的有毒有害气体和噪声直接影响污水处理厂作业人员的身体健康和生命安全，定期对其进行监测是保证安全、清洁生产的重要措施。应根据现行国家标准《城镇污水处理厂污染物排放标准》GB 18918 关于厂界（防护带边缘）废气排放最高允许浓度监测项目及监测周期及各城镇污水处理厂实际状况确定监测频率和周期。

7.3 化 验 室

7.3.1 城镇污水处理厂化验室化验检测项目及检测方法应遵守国家及行业的现行标准如下：

1 国家标准主要指《城镇污水处理厂污染物排放标准》GB 18918 和《污水综合排放标准》GB 8978 中规定的检测项目、方法和标准。

2 行业标准主要指《城市污水水质检验方法标准》CJ/T 51 和《城市污水处理厂污泥检验方法》CJ/T 221 等。

7.3.2 化验室应建立、健全质量管理体系、环境管理体系和职业健康安全管理体系。其内容包括：

1 人员：现行在编人员要经过培训并通过考核；管理人员要具有实验室管理的相应资质和经验；有相应人员的技术和培训管理档案。

2 设备：实验室具备所检测各项项目而配备的各类仪器设备，并经过校核或者检定。实验室有相应管理程序或者制度。

3 设施和环境：化验室具备满足检测项目所必需的设施和环境条件。设施和环境条件对检测结果质量有影响时，实验室应监测、控制和记录环境条件。化验室应建立并保持安全作业管理程序，确保化学危险品、毒品、有害生物、水、气、火、电等危及安全的因素得以有效地控制，并有相应的应急处理措施。区域间的工作相互之间有不利影响时，应采取有效的隔离措施。

7.3.3 本条是对原始记录的要求：

1 化验室应具有适合自身具体情况并符合现行质量体系的记录制度。化验室质量记录的编制、填写、更改、识别、收集、索引、存档、维护和清理应按照程序规范进行。所有工作应当予以记录。

2 对电子储存的记录也应采取有效措施，避免原始信息或数据的丢失或改动。所有质量记录和原始记录、计算和导出数据、记录均应归档并按适当的期限保存。每次检测的记录应包含足够的信息以保证其能够再现。

7.3.4 本条对标志的具体要求为：

1 对于设备应具备状态标志。

2 样品也应具有状态标志，在检样品应有标志包括样品编号、采样日期、样品名称、采样地点等。书写格式应规范。

3 药品和试剂的存放应整洁、合理，标签内容和书写格式符合国家有关规定，标签不得污损。

7.3.5 本条是对化验监测所用的量具做出的规定，其中：

1 "化验监测所用的量具应按规定由国家法定计量部门进行校正"指化验室所使用对检测结果有影响的仪器设备和容量器具必须经过国家法定计量部门进行检定或者校准，只有合格的或者在准用范围内的仪器设备和容量器具才可以使用。

2 必须使用带"CMC"（中国制造计量器具许可证）标志的计量器具，指化验室所使用对检测结果有影响的仪器设备和容量器具应具有"CMC"标志。进口设备应具有制造商所在国家法定计量器具的标志。

7.3.6 本条是对化验室危险化学品、剧毒品管理制度的解释：

1 化验室应当有危险化学品申购、储存、领取、使用、销毁等管理制度。

2 管理制度应当涵盖申购、储存、领取、使用、销毁的全过程。

3 管理制度还应当包括相关事故的应急预案。

4 管理制度中至少要遵守“五双”制度，即：双人申购、双人储存、双人领取、双人使用、双人销毁。

7.3.8 当人身受到腐蚀性化学药剂伤害时，启用应急喷淋，可减轻或避免操作人员受到更大的化学伤害，为送伤者到医院治疗争取宝贵时间。

7.3.9 本条是对化验室建立防火、防盗等安全措施的要求：

1 化验室内应配置与化验内容相对应的灭火器材，灭火器材必须在有效期内。化验室门窗具有防盗措施，并有显著标志。

2 化验室设专职或兼职的监督人员，对工作完毕后的仪器开关、水、电、气源等进行专项检查，并作记录。

7.3.10 本条是对易燃易爆物、强酸强碱、剧毒物及贵重器具的保管、领用手续做出的规定。

易燃易爆物包括易燃液体、燃烧爆炸性固体及可燃性气体等，在使用和保存时都需注意控制其起火的两个条件，即氧的供给和燃烧的起始温度，将其存放在阴凉通风处，要同其他可燃物和易发生火花的药品等隔离放置。剧毒物应保存于密闭的容器内，并标记“剧毒”字样，将其锁在柜中。每次应按需用量领取，并严格履行审批手续。对于贵重器皿，如“白金锅”等，不仅要专人保管，而且还应有（2～3）人分锁保管。对精密仪器和贵重器皿还应分别登记造册，建卡立档。

8 电气及自动控制

8.1 电 气

8.1.1 运行电压超过额定值的允许变化范围，不仅会降低电气设备的使用寿命，而且还可能烧毁电气设备。电气设备低电压运行，会使线路与变压器等输送能力降低，电气设备不能充分利用。变配电装置的工作负荷应尽量调整在额定范围内，以提高负荷率，达到经济合理地用电。变配电装置的控制温度是决定设备绝缘材料使用寿命的主要因素。变配电装置的使用寿命又是由绝缘材料的老化程度决定的。控制温度升高，绝缘材料寿命降低，所以，操作人员应尽量保持变配电装置的工作电压、负荷、控制温度在额定值或规定的范围内运行。

8.1.2 操作人员应对有人值班或无人值班的变配电室主要电气设备的运行状况进行按时巡查，发现问题及时采取措施，记录当班时间内设备的运行状态，包括设备操作、设备异常及故障情况等。如电气设备发生故障，又恢复送电后，对事故范围内的设备应进行特殊巡视，重点检查继电保护装置的动作情况，并做好记录。还应检查导线有无烧伤、断股，瓷绝缘有无烧伤、闪络及碎裂等。巡视过程中还应遵守有关的安全规定。

8.1.3 变压器、电容器或电力电缆的断路器跳（掉）闸后，应由电气维修人员对发生故障的电气设备的操作机构、继电保护、二次回路及直流电流、电容器开关、电流互感器、电力电缆等进行细致的检查，查明原因后，设法排除，尽快地恢复断路器运行。未查出原因，不得强行试送，杜绝因设备故障没得到及时维修，送电后导致毁坏设备的情况发生。

8.1.4 根据电气设备运行记录中的负荷记录资料，可了解设备的利用率，指导设备的负荷调整幅度并决定变电器的运行方式，以提高设备负荷和设备利用率，达到经济运行的目的。另外，根据运行记录资料可确定电气设备的检修内容和周期，适时安排检修试验工作，同时根据有功、无功功率的比例情况，决定补偿设备的容量和确定补偿部位等。严禁编造、涂改运行数据，当出现问题时，利于分析和查找原因。

8.1.7 倒闸操作是变配电室操作人员的主要工作内容之一。在遵守操作票以及有关安全规程的同时，还应注意按程序操作，如首先对“分”、“合”位置进行检查。送电时先合隔离开关，后合断路器；停电时，断开顺序与此相反。变压器送电时，先合电源侧，后合负荷侧，停电时，与此相反。

8.2 自 动 控 制

8.2.1 上位机应设多层次权限管理，最高层管理员宜定期对权限密码进行更换，并做好记录。

8.2.2 因需要与公网连接的系统宜采用防火墙、安全虚拟专用网、入侵检测系统等进行防护。

8.2.10 为防止 PLC 程序丢失，应保持带电状态，经常检查电池状况并及时更换。

8.2.11 为保证 PLC、计算机工作稳定，机房应保持适宜的温度和湿度，控制在以下范围为宜，温度：(23±2)℃（夏季）、(20±2)℃（冬季），湿度：(55±10)%。

8.2.12 在线分析仪表包括 DO 仪、BOD 仪、COD 仪、pH 仪、氨氮分析仪等，因上述仪表在使用中易发生精度漂移，应定期进行校准。

9 生产运行记录及报表

9.1 生产运行记录

9.1.1 设备运行记录主要包括除污、提升、沉砂、供气、搅拌、滗水、刮泥、吸泥、回流、供热、污泥投加与排放、浓缩、脱水、发电、沼气储存及利用、脱硫、除臭、消毒、深度处理、自控仪表、电气等。

应做好污水处理量、污泥处理量、污泥回流量、剩余污泥排放量、空气量、沼气产生量、发电量、排砂量、除渣量、沼气使用量等记录；并做好电、自来水、天然气、脱水及消毒药剂、除磷药剂、中和药剂、滤料、油品等消耗记录。

各类记录和报告应进行科学管理，做到妥善保管、存放有序、查找方便；装订材料应符合存放要求，达到“实用、整洁、美观”。应定期检查记录和报告的管理情况，对破损的资料及时修补、复制或做其他技术处理。

9.1.2 记录频次依运行情况而定。

9.1.3 归档时应以问题、时间或重要程度形成规律、分类清楚，存档纸制文件要求案卷标题确切、保管期限和密级划分准确，以便于保管和利用；对新建设施或新购设备，应由相关各方配合做好原始资料的整理、移交和存档工作。

9.2 计划、统计报表和报告制度

9.2.2 计划报表全面反映城镇污水处理厂年度各项计划生产指标，一般分为年度计划报表、季度计划报表和月度计划报表；季度计划报表和月度计划报表中的各项指标是由年度计划指标分解及当时的实际情况分析、判断得来。

9.2.3 统计报表是计划报表中各项指标完成情况的实际反映，报表中的数据主要来源于生产运行记录。

9.2.7 属于信息报送的管理和要求中的内容之一。

9.3 维护、维修记录

9.3.2 应记录维修及维护的原因、时间、内容、合同、预算、验收及成本情况等。

9.4 交接班记录

9.4.2 接班人员在接班时应对交班记录和具体交接情况认真核实，并认真填写接班意见。

9.4.3 交、接双方交接过程中，如发生异议，应立即核实，由交班人员整理工作记录，接班人员确认，双方认同后，完成交接。

10 应急预案

10.0.1 污水处理厂应根据实际情况制定应急预案，包括：触电应急预案、突然停电应急预案、沼气泄漏应急预案、有毒有害气体中毒应急预案、防汛应急预案、氯气泄漏应急预案、消防应急预案、自然灾害应急预案等。

10.0.2 列举两个城镇污水处理厂应急预案的范例，供参考。

例1 城镇污水处理厂中毒应急预案示例

为了将中毒事故发生时对人身伤害和对环境影响降到最小，结合本厂的实际情况特制定本应急预案：

一、中毒可能发生的部位和造成的影响

1 中毒可能发生的部位

1）加氯设备、管线阀门、钢瓶等部位液氯泄漏处；

2）沼气柜、脱硫塔、沼气发电机、沼气锅炉、泥区消化池、污泥泵等设备、设施及管道、闸门等沼气（污泥）泄漏处；

3）各类检查井、闸门井、污泥和沼气管廊等处。

2 造成的影响

1）有毒有害气体扩散污染大气；

2）人身伤害；

3）生产运行受挫。

二、有毒有害气体的主要理化性和毒理学特点

1 液氯（氯气）

1）主要理化性：

常温常压下为气态，黄绿色气体，有窒息性气味。熔点−101℃，沸点−34.5℃，相对密度（空气为1）为2.48。溶于水和易溶于碱液。氯的化学性质相当活泼，和水生成次氯酸和盐酸，次氯酸再分解为盐酸新生态氧、氯酸。在日光下与易燃气体混合时会发生燃烧爆炸，与许多物质反应引起燃烧和爆炸。它几乎对金属和非金属都有腐蚀作用。

2）毒理学特点：

剧毒品。吸入氯气后，主要作用于气管、支气管、细支气管和肺泡，导致相应的病变。人体对氯的嗅阈为0.06 mg/m^3；因氯气溶于水，生成盐酸和次氯酸，所以人吸入氯气后，氯气可与眼睛、呼吸道黏膜中的水分作用，对黏膜产生强烈的刺激和烧灼，其浓度达90mg/m^3时，可致剧咳；吸入高浓度（120～180）mg/m^3氯气后，接触时间（30～60）min可引起中毒性肺炎和肺水肿；浓度达300mg/m^3时，可危及生命。

2 硫化氢

1）主要理化性：

无色、有典型的臭鸡蛋气味；易溶于水（20℃时，2.9体积的硫化氢气体溶于1体积的水中）；比空气重（分子量34.08，密度1.19g/L）。

2）毒理学特点：

具有全身毒作用，特别是强烈的神经毒作用，对黏膜也有明显刺激作用。其毒作用特点是，较低浓度即可引起对呼吸道及眼黏膜的局部刺激作用；浓度愈高，全身性作用愈明显，表现为中枢神经系统症状和窒息症状；高浓度硫化氢气体可麻痹嗅神经（嗅觉疲劳），而使人感觉不到其气味。

3）急性硫化氢中毒的主要表现：

(1) 轻度中毒

较低浓度主要引起眼和上呼吸道刺激症状。当浓

度为（16～32）mg/m³ 时，短时间接触，首先出现畏光、流泪、眼刺痛、异物感、流涕、鼻及咽喉灼热感等症状。可见到眼结膜充血等。此外，可有轻度的头昏、头痛、乏力等神经系统等症状。

（2）中度中毒

接触浓度在（200～300）mg/m³ 时，即出现中枢神经系统中毒症状，如头痛、头晕、乏力、恶心、呕吐、站立不稳、行动不便，甚至可有短暂意识障碍。

（3）重度中毒

接触浓度在 700mg/m³ 以上时，以中枢神经系统的症状最为突出。患者可首先发生头昏、心悸、呼吸困难、行动迟缓，如继续接触，则出现烦躁、意识模糊、呕吐、腹痛和抽搐，迅即陷入昏迷状态，进而可因呼吸麻痹，甚至死亡。

（4）电击样重度中毒

在接触极高浓度（1000mg/m³ 以上）时，可发生"电击样"中毒，即在数秒钟后突然倒下，瞬时内呼吸停止，这是由于呼吸中枢麻痹所致，但心脏仍可搏动数分钟之久，应立即进行人工呼吸可望获救。

3 甲烷（沼气）

1）主要理化性：

气态，易燃气体，与空气混合形成爆炸性混合气体，遇热源和明火有燃烧爆炸的危险，与氧化剂接触剧烈反应。爆炸极限 5%～15%。

2）毒理学特点：

基本无毒，但浓度过高时使空气中氧含量明显降低，使人窒息。

三、应急组织和职责

1 公司成立应急指挥部

总指挥：负责应急时的全面指挥工作，负责宣布应急预案的启动和解除。

副总指挥：负责现场指挥各专业应急小组。

2 应急指挥部下设：

通信联络组（负责公司内外部通信联络和信息沟通）；

疏散救护组（负责现场人员疏散和伤员救护）；

现场警戒组（负责现场警戒和现场保护）；

抢险组（负责现场抢险和配合外部支援）；

善后处理组（负责事故善后处理和生产恢复）。

四、报警方式和联系电话

1 发生事故时，第一时间发现者应立刻报警，向中心控制室或调度中心、安技部门和厂领导报告。

2 中控室或调度中心、安技部门、值班领导、附近医院、急救中心联系电话。

3 设有报警装置的部位，应按动报警按钮。值班室接警后立即报告中心控制室或调度中心、安技部门、值班领导。

4 由值班领导决定是否启动应急救援预案，向应急组织总指挥报告，请求外部支援。

五、中毒的预防措施

建立健全各项安全生产制度和操作规程；作业人员必须经过技术培训，经考试合格方可上岗，在岗期间必须经常性地参加安全卫生知识培训、防毒救护教育和自救互救训练，参加中毒事故应急救援预案演习，以提高安全意识和应急处理的能力。

1 加氯间液氯泄漏的防范措施

1）加强氯气作业场所通风，设置事故排风装置；配备个人呼吸防护器材等相应安全防护用具；

2）使用氨水定期对加氯设备、加氯管路、氯瓶节门等部位进行检查；发现泄漏，应立即采取有效措施进行处置；

3）定期对报警系统、漏氯吸收系统进行检查，保持有效性；

4）定期对安全防护用具进行检查，确保完好有效；对使用后的防护服，防护面具，应进行检查，检查合格后，应放置在加氯间以外的固定地点，以备应急使用；

5）设置专用的蓄水池；

6）配备专用的抢修工具；

7）加氯间操作必须严格执行《氯气安全规程》GB 11984 的相关规定，运行前应检查加氯设备，做好各项准备工作。

2 污泥气泄漏的防范措施

1）定期对可能产生污泥气场所的机械设备、管路、阀门进行检查、维护，并对该区域进行气体检测；

2）配备相应的消防设施、器材、安全防护用具及可燃可爆气体监测仪等，并定期对其检查，确保完好有效；

3）在泥区作业，必须严格按照操作规程执行，并严格遵守安全制度。

3 井下作业，对有毒有害气体的预防措施

1）下井作业前，必须履行审批手续，制定相应的防护措施，并配备应急所用的物资；

2）做好降水、置换、通风等准备工作，对井下有毒有害气体进行检测，气体一旦超标禁止下井作业；

3）对闸板、闸门的启闭灵活性及严密性进行检查；

4）检查下井作业的人员的身体状况，合格后方可进行下井作业，同时配备齐全相应的安全防护用具、用品；

5）下井作业时，井上至少应有两人监护。

六、应急预案的实施

1 当发生中毒事故时，事故应急指挥部总指挥将宣布紧急启动中毒应急预案。

2 事故应急指挥部成员在接到总指挥命令后，

应立即召集并组织各专业组到达事故现场。

3 各专业组人员到达现场后，首先要摸清或确认中毒事故发生的位置、人员伤害情况，然后根据具体要求按各自职责和分工开展工作。

4 现场警戒组人员应在事故现场周围按规定范围设置路障和标志带，以便控制通往事故现场的所有人行通道和交通道路，避免无关人员和车辆的驶入。

5 疏散救护组人员应按规定路线、方法和程序将现场需要疏散的人员引导到安全地带，并点名登记，查清人数，确认可能缺少的人员。如发现有受伤人员应采取必要的现场处置，伤势较重者要立即送往离事故现场最近的医院进行抢救，或请求120急救中心支援。

6 抢险组人员应按职责和分工的要求，立即赶赴事故发生地，对需救助的人员和国家财产进行紧急抢险工作。

7 善后处理组人员在救援工作结束后，进入事故现场开展相关工作。首先进行事故现场的清理，处理废弃物，而后要对事故现场情况进行文字记载，组织相关人员进行初步事故原因调查，为恢复安全生产做准备。

8 当事故妥善处理完毕后，由事故应急指挥部总指挥公布结束应急预案，事故现场警戒线撤除，生产工作方可恢复。

七、中毒人员救援一般注意事项

1 禁止盲目施救；

2 救援人员要佩戴齐全、合格的防护用品（空气呼吸器、防毒面罩、安全带、安全绳等），在监护人的保护下，条件允许时，进入事故场所实施救护；

3 救援人员不得蛮干，听从指挥，合理救助，确保安全，减少事故伤亡和经济损失。

八、液氯泄漏、沼气泄漏抢救注意事项

1 液氯泄漏引起人员中毒救护注意事项

1）应佩戴好防护用具迅速将中毒者搬离中毒场所；

2）若是皮肤接触，立即脱去被污染的衣着，用大量流动清水冲洗后就医；

3）若是眼睛接触，提起眼睑，用流动的清水或生理盐水冲洗后就医；

4）对突然出现的重度中毒者，应尽快将其移离现场，保持呼吸畅通，并立即给氧；呼吸抑制时，现场应立即施以人工呼吸，心跳骤停时，施以心脏体外按压，在医护人员到来之前，不能停止救护，不应轻易放弃救护；只有在恢复呼吸和心跳后，并在施救条件下，方可送往医疗机构进一步救治；

5）因吸入氯气出现明显刺激症状者，一旦症状减轻或消失，不得轻易断定仅仅是刺激反应，而令患者离开医疗机构；应将其视为处于“假愈期”的严重中毒者，在医疗机构内应令其卧床休息，限制活动，并密切进行医学观察，做好早期防治肺水肿的准备。

2 污泥气泄漏引起人员中毒救护注意事项：

1）应佩戴好防护用具，迅速将中毒者搬离中毒场所，移到空气新鲜的上风口处，将中毒者平躺在地上，解开中毒者的上衣、领扣和腰带，以维持呼吸道通畅，并做好保暖；切忌多人围观，保证空气流动畅通；

2）当中毒者出现昏迷或在极短时间内出现呼吸浅表或停止时，立即对其实施人工呼吸；出现心跳停止时，立即进行胸外心脏按压，在医护人员到来之前，不应轻易放弃救护；

3）在抢救中毒人员的同时，应立即切断毒气源、电源；

4）在防护措施到位的前提下，监测气体浓度，置换空气，清理现场；

5）协助专业医护人员做好救护和转送中毒者。

九、应急设备和物资

1 有毒有害气体监测仪、防毒面具、空压机、空气呼吸器、安全带、绳索、梯子、药品、无线电话和车辆等。

2 安全撤离通道设置安全应急灯和逃生标志。

十、应急预案的培训和演练

1 安技部门负责对厂内各部门、各岗位人员进行应急预案的传达和培训。

2 安技部门组织对各类应急预案的相关程序进行演练，做好记录，并以此为依据，评审和修改应急预案。

十一、事故的处理

1 事故发生后，各部门应立即清点本部门人员和受损物资情况，书面向安技部门汇报。

2 设备动力部门配合相关部门对受损设备尽快修复并投入生产使用。

3 安技部门按有关规定成立事故调查小组，调查发生原因，并按“四不放过”的原则进行事故处理，提出事故报告，报厂主管经理。

4 事故发生部门总结本次事件的教训，在全体员工中实行安全事故的案例教育和有关培训，必要时开展纠正和预防措施，杜绝类似事件的再次发生。

例2 城镇污水处理厂防震减灾应急预案示例

一、组织机构的主要职能

1 公布地震预报内容、发布临震警报。

2 贯彻、落实公司发布的生产系统生产状态的命令。

3 组织有关人员进行震前应急准备工作，指挥震时和震后的抢险救灾工作，并负责监督、检查和协调。

4 及时向上级部门汇报防震减灾和抗震救灾情况，争取指导和支持。

5 在联系中断的情况下，有独立开展抢险救灾工作的义务。

6 认真执行本单位范围内的抢险救灾技术方案。

二、主要责任

1 负责检查各要害部位安全状况，负责临时供电、供水系统的建立，保障通信畅通。地震时，领导应组织厂内员工紧急抢险、排险、消防工作，负责组织对全厂范围内的重要设施和设备所发生的故障和损坏进行抢修，防止次生灾害的发生，对已经发生的次生灾害进行控制、补救，防止蔓延，并尽快恢复生产。及时传达上级命令和紧急通知，及时收集并上报本单位的灾情信息，随时掌握抢险救灾动态。

2 负责组织有关科室进行震时所需物资设备的采购、储备及调用，负责上级支援物资的储运和分配。

3 负责建立现场抢救站，配合专业医务人员对伤员进行抢救处理和护理；负责对重伤员的转运；配合防疫人员开展防止传染病发生和控制其蔓延的工作；负责对饮用水的检查和消毒。

4 负责职工按规定路线安全疏散到规定地点；维持治安秩序，打击地震时出现的各种扰乱社会秩序的不法行为。负责交通管理及危险场所和重要部门的安全保卫工作。

5 保障救灾期间生活必需品、生活救济品分配工作；负责临时生活区的管理工作。

6 开展救灾鼓动工作；负责抗震救灾工作中的宣传报道工作。

7 起草防震减灾和抗震救灾通知和命令；掌握全厂各部位的灾情和抢险救灾状况，及时汇报上级，统一调动抢险救灾队伍，组织调动抗震救灾抢险车辆和物资设备；负责对外接待和联系。

8 负责维护本区域、本范围的社会治安，对易燃、易爆、剧毒部位及物品进行严密监视，防止人为破坏，控制非本单位人员的进入，做好登记工作，加强交通和车辆管理。

三、应急预案

1 人员密集场所应急疏散方案

避震疏散原则以临震疏散为主，震前疏散为辅，统筹安排。疏散场地应选择就近、安全、便利和水源充足的地点，避开易燃、易爆源，高压电线、高大建筑物，同时应考虑人员密度等因素。选择广场、学校操场、停车场和绿地等场所。

运行岗位职工离开岗位前，必须按照操作规程要求完成离岗操作；应急组织人员必须实施应急措施。

办公楼管理人员应先关闭本科室内的电源，而后有秩序地沿办公楼东、西两侧楼梯经一楼前厅至办公楼外厂前区集合。在紧急逃生过程中，救援小组成员应做好现场疏导工作，动员员工保持镇静，不得拥挤，快速有序地逃离办公区域，避免踏伤。脱险后要立即统计人员情况，向领导小组汇报。并对受伤人员进行救护处理，根据伤员的伤情联系邻近的医院、120急救中心或直接由专人护送伤员至医院。

2 破坏性地震应急预案

地震一旦来临，就是抗震救灾工作的命令，不管白天还是夜间，全厂员工应立即到岗。

1）厂应急救援领导小组应立即转为抗震救灾指挥部，履行其各自的职能。迅速了解全厂受灾情况，根据调查情况，迅速组织抢险救灾，疏散人员和维持治安秩序。

2）地震发生后，应立即收集全厂各部位破坏情况，报公司抗震减灾领导小组。

3）各易燃、易爆等重要岗位的值班人员应及时采取措施，消除可能发生的次生灾害隐患，对已发生的灾害立即实施补救措施。

4）对于生产系统运转中的设备，岗位操作人员按照紧急停车操作规程停机，保障设备安全，避免次生灾害。

5）综合救灾队伍立即进入救灾区域，实施救护工作。

3 强有感地震应急预案

1）厂应急救援领导小组通过联系和派人迅速了解全厂各部位有无受灾情况，并迅速组织力量以最快速度抢修受灾设备设施，尽快恢复正常生产，并将地震灾害统计情况上报。

2）保卫部门加强内部治安管理，防止秩序混乱。

4 发布地震预报后的应急反应预案

1）上级部门下达的短临震预报后，厂应急救援领导小组要立即进入临震状态，执行抗震防灾职能。

2）根据预报的震级和各种运行设施、设备的抗震情况发布生产状态指令，对于设备陈旧、抗震性能差和易产生次生灾害的车间、部位应考虑暂停运行。

3）命令各专业技术人员及抢险队伍及时进入重点部位和易燃、易爆岗位，采取预防措施。

4）迅速联系非当班岗位员工马上赶赴厂内，进入岗位，履行职责，做好准备。

5）做好抢险救灾器材、生活必需品和急救药品的准备。

6）组织好保安队伍加强治安工作，对重点部位加强巡逻，严防不法分子趁火打劫。

7）拟定宣传内容，指导职工正确实施防震行动，消除恐惧惊慌心理。

四、地震应急救援物资的储存管理

1 通信器材：对讲机、手机、有线电话。

2 救护用品：担架、急救箱、急救药品。

3 救援用后勤保障用品：冬季棉大衣、手电、安全帽、工作鞋、手套、工作服、雨具等。

4 消防器材：灭火器、消防斧、消防水龙头、消防带等。

5 抢险物资：铲、镐、锹、斧、撬杠、千斤顶、破拆器、防毒面具、电气焊切割工具、钢丝绳、汽车、起重设备等。

6 震时物资供应首先保证救人的物资需要，保证重点部位工程抢险需要，保证重点生产设备设施迅速恢复生产所需。

五、重点部位分布情况：变电站、锅炉房、沼气柜、污泥消化池、污泥控制室、沼气发电机房和综合办公楼等。

六、震时抢险救灾对策

1 临时抗震救灾指挥部的建立。

2 灾情汇报及分析决策。地震发生后，各科室、班组应立即组织人员调查震灾情况，逐级迅速上报，根据灾情的轻重缓急，领导机构分析研究，作出相应决策。震灾严重时，启动破坏性地震应急预案，震灾较轻时，启用强有感地震应急预案。

3 生产运行系统的紧急措施。在地震突然发生时，生产运行系统各岗位人员应不慌乱，在班组长的带领下，密切注意生产运行情况，查明本岗震灾情况，迅速上报。当出现震时停电，火灾，生产设备遭受破坏或出现明显异常无法维持正常运转，应迅速执行紧急停车预案或其他相应的紧急处理方案，在处理过程中，要防止出现操作失误。地震发生后，各级领导迅速进入岗位开展抗震救灾工作，按照分工深入本单位震灾重点地区，进行现场指挥。

4 伤员的抢救与治疗。震后初期的及时抢救可以有效地减少人员的伤亡，对埋压人员的抢救，首先采取“问、听、喊、看、探”的传统方法，尽快确定伤员埋压位置，抢救使用镐、锹工具时必须小心，防止误伤埋压的伤员。抢救人员必须注意自身安全，抢救应尽可能用起重设备，提高抢救速度，抢救现场必须配有医生，对救出的人员进行急救护理，重伤员立刻转运市级医院，轻伤就地护理，无伤者也需就地休息，短时间不得参与任何剧烈活动，以防猝死。

5 现场治安保卫管制。地震初期，正常的社会秩序可能被破坏，此时将出现暂时失控状态，各种社会骚乱事件、事故乃至犯罪活动可能发生，造成社会性次生灾害，为保证职工生命财产安全，保证厂内设备设施，地震初期必须做好现场的治安保卫工作，保证抗震救灾工作的顺利进行。特别是对重点生产运行部位要重点防范。

6 地震初期的生活安置。地震初期，应组织做好食品、饮用水的采购、储存、加工，保证坚守岗位抗震救灾职工的食品。

中华人民共和国行业标准

路面稀浆罩面技术规程

Technical specification for slurry surfacing of pavements

CJJ/T 66—2011

批准部门：中华人民共和国住房和城乡建设部

实施日期：2 0 1 2 年 3 月 1 日

中华人民共和国住房和城乡建设部
公　　告

第 1063 号

关于发布行业标准《路面稀浆罩面技术规程》的公告

现批准《路面稀浆罩面技术规程》为行业标准，编号为 CJJ/T 66－2011，自 2012 年 3 月 1 日起实施。原行业标准《路面稀浆封层施工规程》CJJ 66－95 同时废止。

本规程由我部标准定额研究所组织中国建筑工业出版社出版发行。

中华人民共和国住房和城乡建设部

2011 年 7 月 13 日

前　　言

根据住房和城乡建设部《关于印发〈2010 年工程建设标准制定、修订计划〉的通知》（建标［2010］43 号）的要求，规程编写组经广泛调查研究，认真总结实践经验，参考有关国际标准和国外先进标准，并在广泛征求意见的基础上，修订了本规程。

本规程的主要内容是：1. 总则；2. 术语和符号；3. 基本规定；4. 材料；5. 稀浆混合料；6. 施工；7. 质量验收。

本规程修订的主要技术内容是：增加了微表处的定义及相关规定；增加了改性乳化沥青及其指标要求；稀浆混合料的设计去掉了稠度指标要求，增加了浸水 6d 湿轮磨耗、配伍性指标要求；增加了施工前铺筑试验路的要求；增加了稀浆罩面施工质量控制与验收的要点。

本规程由住房和城乡建设部负责管理，由北京市政路桥建材集团有限公司负责具体技术内容的解释。执行过程中如有意见或建议，请寄送北京市政路桥建材集团有限公司（地址：北京市朝阳区三台山路甲 3 号，邮编：100176）。

本规程主编单位：北京市政路桥建材集团有限公司
深圳市市政工程总公司

本规程参编单位：交通运输部公路科学研究院
北京市政路桥管理养护集团有限公司
浙江美通机械制造有限公司
深圳市天健沥青道路工程有限公司

本规程主要起草人员：柳　浩　高俊合　黄颂昌　曾　赟　李恩光　王凤平　徐　剑　董雨明　李亚宁　薛忠军　申　强　刘声向　李建军　冯海平　杨丽英　龚　颖　秦永春　范璐璐

本规程主要审查人员：张肖宁　丁建平　刘益群　张　汎　任明星　王　林　张志坚　乔朝辉　徐　波

目　次

Contents

1 总　　则

1.0.1 为规范城镇道路路面稀浆罩面技术的应用，保证工程质量，制定本规程。

1.0.2 本规程适用于新建、改建、养护及预防性养护的城镇道路、广场、桥面、隧道等沥青、水泥路面稀浆罩面的设计、施工及验收。

1.0.3 路面稀浆罩面的设计、施工及验收除应符合本规程外，尚应符合国家现行有关标准的规定。

2 术语和符号

2.1 术　　语

2.1.1 稀浆罩面　slurry surfacing

用稀浆混合料进行的路面处置方法，分稀浆封层和微表处两种。

2.1.2 稀浆混合料　slurry mixture

乳化沥青或改性乳化沥青、粗细集料、填料、水和添加剂等按一定比例拌合所形成的浆状混合物。

2.1.3 稀浆封层　slurry seal

采用机械设备将乳化沥青或改性乳化沥青、粗细集料、填料、水和添加剂等按照设计配合比拌合成稀浆混合料及时均匀地摊铺在原路面上经养护后形成的薄层。

2.1.4 微表处　micro-surfacing

采用机械设备将改性乳化沥青、粗细集料、填料、水和添加剂等按照设计配合比拌合成稀浆混合料并摊铺到原路面上的薄层。

2.1.5 集料　aggregate

碎石、机制砂等的总称。

2.1.6 砂当量　sand equivalent

砂当量表征细集料中阻碍沥青与集料粘附的塑性黏土质细颗粒与有效粗颗粒的比例关系，是描述细集料干净程度的指标。

2.1.7 填料　filler

水泥、矿粉、消石灰及粉煤灰等的总称。

2.1.8 可拌合时间　mixable time

按一定配合比进行室内拌合试验，从掺入乳化沥青或改性乳化沥青开始搅拌至手感有力，明显感到搅拌困难时的时间。

2.1.9 破乳时间　break time

稀浆混合料拌合过程中，乳化沥青或改性乳化沥青中沥青和水分离，沥青微粒吸附到石料上而水析出的时间。

2.1.10 黏聚力　cohesion torque

稀浆混合料中矿料之间的粘结力或附着力。

2.1.11 初凝时间　set time

稀浆混合料从加入乳化沥青或改性乳化沥青开始拌合至混合料黏聚力达到 1.2N·m 的时间，通过黏聚力试验测定。

2.1.12 开放交通时间　open traffic time

稀浆混合料从加入乳化沥青或改性乳化沥青开始拌合至混合料黏聚力达到 2.0N·m 的时间，通过黏聚力试验测定。

2.1.13 磨耗值　abrasion loss value

用湿轮磨耗仪，模拟车轮在成型后的稀浆混合料上行驶，通过一定力和一定作用次数后标准试件磨耗前后单位磨耗面积的质量差。

2.1.14 粘附砂量　sand adhesion

用于确定稀浆混合料最大沥青用量，用负荷轮仪，在成型后的稀浆混合料上模拟车轮碾压，通过一定作用次数后，试件单位负荷面积的粘附砂量。

2.1.15 轮辙变形　track deformation

用负荷轮试验仪模拟车轮在成型后的稀浆混合料上碾压，通过一定作用次数后，试样的车辙深度和宽度变化。

2.2 符　　号

BC-1—拌合型阳离子乳化沥青；

BCR—拌合型阳离子改性乳化沥青；

CT—稀浆混合料黏聚力；

ES-1—稀浆封层混合料细封层；

ES-2—稀浆封层混合料中封层；

ES-3—稀浆封层混合料粗封层；

MS-2—微表处混合料Ⅱ型；

MS-3—微表处混合料Ⅲ型；

SE—细集料砂当量；

T_m—稀浆混合料可拌合时间；

T_n—稀浆混合料不可施工时间；

T_s—稀浆混合料初凝时间；

T_t—稀浆混合料开放交通时间。

3 基 本 规 定

3.0.1 稀浆罩面的粘结料应为乳化沥青或改性乳化沥青，应采用常温施工。

3.0.2 当稀浆封层和微表处作为表层罩面时，应与原路面粘结牢固，并应有良好的抗滑性能和封水效果，应坚实、耐久、平整。

3.0.3 应根据使用要求、原路面状况、交通量以及气候条件等因素，选择适当的稀浆封层或微表处类型，并应编制施工方案。

3.0.4 稀浆封层混合料按矿料级配的不同，可分为细封层、中封层和粗封层，分别以 ES-1、ES-2、ES-3 表示；微表处混合料按矿料级配的不同，可分为Ⅱ型和Ⅲ型，分别以 MS-2 和 MS-3 表示。稀浆封层及微表处类型、功能及适用范围应符合表 3.0.4 的规定。

表 3.0.4　稀浆封层及微表处类型、功能及适用范围

稀浆混合料类型	混合料规格	功　　能	适用范围
稀浆封层	ES-1	封水、防滑和改善路表外观	适用于支路、停车场的罩面
	ES-2		次干路以下的罩面，以及新建道路的下封层
	ES-3		次干路的罩面，以及新建道路的下封层
微表处	MS-2	封水、防滑、耐磨和改善路表外观	中等交通等级快速路和主干路的罩面
	MS-3	封水、防滑、耐磨、改善路表外观和填补车辙	快速路、主干路的罩面

3.0.5　稀浆封层和微表处可单层铺筑，也可双层铺筑。

3.0.6　稀浆混合料应根据使用要求，进行配合比设计。

3.0.7　稀浆封层和微表处施工前，应对原路面进行检测与评定。原路面应符合强度、刚度和整体稳定性的要求，且表面应平整、密实、清洁。

3.0.8　施工单位应建立健全施工技术、质量、安全生产管理体系，制定各项施工管理制度。

3.0.9　施工时应保证各材料配合比正确，成型期间应加强初期养护。

3.0.10　稀浆罩面施工，应遵守国家环保法规，注意保护环境。

4　材　　料

4.1　乳化沥青或改性乳化沥青

4.1.1　稀浆封层采用乳化沥青应符合表 4.1.1 中 BC-1 型的规定，微表处选用的改性乳化沥青应符合表 4.1.1 中 BCR 型的规定。

表 4.1.1　稀浆封层和微表处用乳化沥青技术要求

试验项目＼种类		单位	BCR	BC-1	试验方法
筛上剩余量（1.18mm 筛）		%	≤0.1	≤0.1	T 0652
电荷		—	阳离子正电（+）	阳离子正电（+）	T 0653
恩格拉黏度 E_{25}		—	3～30	2～30	T 0622
沥青标准黏度 $C_{25,3}$		s	12～60	10～60	T 0621
蒸发残留物含量		%	≥60	≥55	T 0651
蒸发残留物性质	针入度（100g，25℃，5s）	0.1mm	45～150	45～155	T 0604
	软化点	℃	≥55	—	T 0606
	黏韧性（25℃）	N·m	>3.0	—	T 0624
	韧性（25℃）	N·m	>2.5	—	
	延度（5℃）	cm	≥20	—	T 0605
	延度（15℃）	cm	—	≥40	
	溶解度（三氯乙烯）	%	≥97.5	≥97.5	T 0607
贮存稳定性	1d	%	≤1	≤1	T 0655
	5d	%	≤5	≤5	

注：1　表中的试验方法均引自现行行业标准《公路工程沥青及沥青混合料试验规程》JTJ 052 的有关规定。

2　乳化沥青黏度以恩格拉黏度为准，条件不具备时也可采用沥青标准黏度。

3　南方炎热地区、重载交通道路及用于填补车辙时，蒸发残留物的软化点不应低于57℃。

4　黏韧性和韧性仅作为 SBR 改性乳化沥青的技术要求。

5　贮存稳定性根据施工实际情况选择试验天数，通常采用 5d，乳化沥青生产后能在第二天使用完时也可选用 1d。改性乳化沥青 5d 的贮存稳定性不能满足要求时，应经循环和搅拌后达到均匀一致时方可使用。

4.1.2　微表处宜选用阳离子型改性的乳化沥青，改性剂有效成分不宜小于 3%。

4.2　集　　料

4.2.1　稀浆封层和微表处用矿料可采用不同规格的粗细集料、矿粉等掺配而成，也可采用大粒径的块石、卵石等经多级破碎而成。

4.2.2　稀浆封层和微表处采用的粗集料、细集料质量要求应符合表 4.2.2 的规定。

表 4.2.2　稀浆封层和微表处用粗细集料质量要求

材料名称	项　目	标准 微表处	标准 稀浆封层	试验方法	备注
粗集料	石料压碎值（%）	≤26	≤28	T 0316	
	洛杉矶磨耗损失（%）	≤28	≤30	T 0317	
	石料磨光值（BPN）	≤42	—	T 0321	
	坚固性（%）	≤12	≤12	T 0314	
	针片状含量（%）	≤15	≤18	T 0312	

续表 4.2.2

材料名称	项　目	标　准		试验方法	备注
		微表处	稀浆封层		
细集料	坚固性（%）	⩽12	—	T 0340	>0.3mm部分
	亚甲蓝（g/kg）	⩽25	—	T 0349	
矿料	砂当量（%）	⩾65	⩾50	T 0334	合成矿料中<4.75mm部分

注：表中的试验方法均引自现行行业标准《公路工程集料试验规程》JTG E42 的有关规定。

4.2.3 稀浆封层和微表处矿料级配范围应符合表 4.2.3 的规定。

表 4.2.3　稀浆封层和微表处矿料级配范围

级配类型	通过下列筛孔（mm）的质量百分率（%）							
	9.5	4.75	2.36	1.18	0.6	0.3	0.15	0.075
ES-1		100	90～100	65～90	40～65	25～42	15～30	10～20
MS-2，ES-2	100	90～100	65～90	45～70	30～50	18～30	10～21	5～15
MS-3，ES-3	100	70～90	45～70	28～50	19～34	12～25	7～18	5～15

注：填料计入矿料级配。

4.3　填　　料

4.3.1 稀浆封层和微表处矿料中应掺加矿粉、水泥、消石灰等填料。填料应干燥、疏松，无结团，不得含泥土杂质。

4.3.2 当合成集料中粒径不大于 0.075mm 的含量小于 5%时，应加矿粉，矿粉质量要求应符合表 4.3.2 的规定。

表 4.3.2　矿粉质量要求

项　目	单　位	城市主干路、快速路	其他等级道路	试验方法
表观密度	g/cm³	⩾2.50	⩾2.45	T 0352
含水量	%	⩽1	⩽1	T 0103 烘干法
粒度范围<0.6mm <0.15mm <0.075mm	% % %	100 90～100 75～100	100 90～100 70～100	T 0351
外观	—	无团粒结块		—
亚甲蓝	g/kg	⩽25		T 0349
亲水系数	—	<1		T 0353
塑性指数	—	<4		T 0354
加热安定性	—	实测记录		T 0355

注：表中的试验方法均引自现行行业标准《公路工程集料试验规程》JTG E42 的有关规定。

4.3.3 填料的掺加量应通过混合料设计试验确定。

4.4　添　加　剂

4.4.1 添加剂可采用液体或固体的材料，并应与矿料等拌合均匀。

4.4.2 添加剂的掺加不应对混合料路用性能产生不利影响。

4.4.3 未经试验验证的添加剂，不得在施工中采用。

4.5　水

4.5.1 稀浆封层和微表处用水可采用饮用水或洁净的天然水。

5　稀浆混合料

5.1　一　般　规　定

5.1.1 单层稀浆封层的材料用量范围应符合表 5.1.1 的规定。

表 5.1.1　单层稀浆封层的材料用量范围

项　目	ES-1	ES-2	ES-3
养生后的厚度（mm）	2.5～3.0	4.0～6.0	8.0～10.0
矿料用量（kg/m²）	3.0～6.0	6.0～15.0	10.0～20.0
油石比（沥青占矿料的质量百分比）（%）	9.0～13.0	7.0～12.0	6.5～9.0
水泥、消石灰用量（占矿料质量百分比）（%）	0～3.0		
外加水量（占干矿料质量百分比）（%）	根据混合料的拌合试验确定		

5.1.2 单层微表处的材料用量范围应符合表 5.1.2 的规定。

表 5.1.2　单层微表处的材料用量范围

项　目	MS-2	MS-3
养生后的厚度（mm）	4.0～6.0	8.0～10.0
矿料用量（kg/m²）	6.0～15.0	10.0～22.0
油石比（沥青占矿料的质量百分比）（%）	6.5～9.0	6.0～8.5
水泥、消石灰用量（占矿料的质量百分比）（%）	0～3.0	
外加水量（占干矿料质量百分比）（%）	根据混合料的拌合试验确定	

5.1.3 稀浆混合料的技术指标应符合表5.1.3的规定。试验方法应符合本规程附录A～附录D的要求。

表5.1.3 稀浆混合料技术指标

试验项目	微表处	稀浆封层		试验方法
		快开放交通型	慢开放交通型	
可拌合时间（25℃）(s)	>120	>120	>180	附录A
黏聚力试验（N·m） 30min（初凝时间） 60min（开放交通时间）	 >1.2 >2.0	 >1.2 >2.0	 — —	附录B
负荷车轮粘附砂量（g/m²）	<450	<450	—	T 0755
湿轮磨耗损失 浸水1h（g/m²） 浸水6d（g/m²）	<540 <800	<800 —		T 0752
轮辙变形试验的宽度变化率（%）	<5	—		附录C
配伍性等级值	>11	—		附录D

注：1 用于轻交通量道路的罩面和下封层时，稀浆封层混合料可不作粘附砂量指标的要求；

2 微表处混合料不用于车辙填充时，可不作轮辙变形试验的要求；

3 配伍性等级指标作为参考指标，配伍性的等级提高会较大程度地提高微表处的性能指标。

5.2 配合比设计

5.2.1 稀浆混合料的矿料级配设计步骤应符合下列要求：

1 根据选择的稀浆混合料类型确定矿料的级配范围；

2 选择粗细集料，对各种集料进行性能指标检测；

3 计算各种集料的配合比例，使合成级配曲线在要求的级配范围内。

5.2.2 乳化沥青或改性乳化沥青、填料、水和添加剂的用量的确定应符合下列要求：

1 应选择不同乳化沥青或改性乳化沥青用量进行拌合试验。

2 进行湿轮磨耗试验，根据试验结果绘出沥青用量与磨耗量关系曲线，并应根据本规程表5.1.3中的磨耗量的要求确定沥青用量最小值 P_{bmin}。

3 进行负荷轮试验，根据试验结果绘出沥青用量与粘附砂量关系曲线，并应根据本规程表5.1.3中的粘附砂量的要求确定沥青用量最大值 P_{bmax}。

4 应根据试验结果，得出沥青用量的可选择范围 P_{bmin}～P_{bmax} 曲线（图5.2.2）。

5 油石比的选择应在可选范围内，油石比及混合料的各项技术指标均应满足要求。对微表处混合料，应采用所选择的油石比检验混合料的浸水6d湿

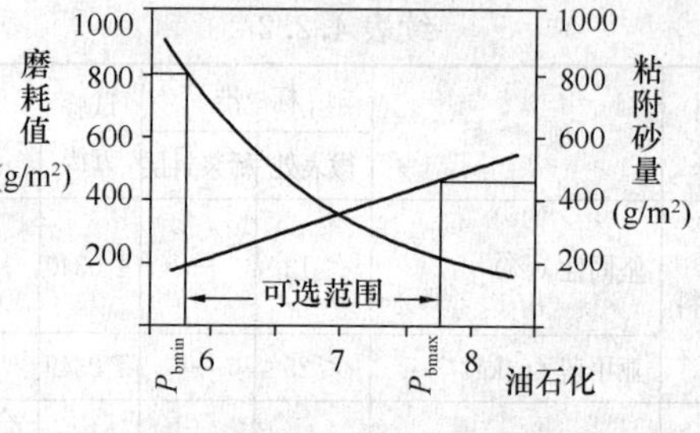

图5.2.2 确定稀浆混合料沥青用量的曲线

轮磨耗指标，用于车辙填充的微表处混合料应增加检验负荷车轮试验的宽度变化率指标，当不符合要求时，应调整油石比重新进行试验，直至符合要求为止。

6 根据经验及配合比设计试验结果，结合原路面状况、气候及交通因素等综合确定混合料配方。

5.2.3 在混合料设计及试验后，应提出稀浆混合料设计报告，设计报告应包括下列主要内容：

1 乳化沥青或者改性乳化沥青技术指标；

2 集料技术指标、矿料配合比和矿料设计级配；

3 稀浆混合料配合比和技术指标。

6 施 工

6.1 一 般 规 定

6.1.1 稀浆罩面施工前，应进行混合料配合比设计，符合技术要求后方可施工。

6.1.2 稀浆封层和微表处应采用专用机械施工。

6.1.3 稀浆封层和微表处施工期及养生期内的气温应高于10℃。

6.1.4 路面过湿或有积水时，严禁进行施工；在雨天及空气湿度大、混合料成型困难的天气时，不得施工；施工中遇雨或施工后混合料尚未成型遇雨时，严禁开放交通，并应在雨后将无法正常成型的材料铲除重做。

6.1.5 施工中应遵守有关操作规程，确保作业安全。

6.2 施 工 准 备

6.2.1 原路面的修补、清洁、洒水和喷洒乳化沥青应符合下列要求：

1 当原路面不符合质量要求时，应对原路面进行修补，拥包应铲平，坑槽应填补，保持路面完整，并应满足本规程第3.0.6条的要求；

2 应清扫铲除原路面上的所有杂物、尘土及松散粒料，对大块油污应采用去污剂清除干净；

3 当原路面为沥青路面，天气过于干燥或炎热时，在稀浆混合料摊铺前，应对原路面预先洒水，洒水量应以路面湿润为准，不得有积水现象，湿润后应立即施工；当原路面为非沥青路面时，宜预先喷洒粘

层油；对用于半刚性基层沥青路面的下封层时，应首先在半刚性基层上喷洒透层油。

6.2.2 材料的检查应符合下列要求：

1 乳化沥青或改性乳化沥青、矿料、水、填料等施工前应进行质量检查，符合要求后方可采用；

2 应抽取矿料堆中间部分的矿料，进行含水量现场测定；

3 所用材料宜一次备齐；当工程量较大时可分批备料和堆放，对不同批次的材料不得混杂堆放。

6.2.3 施工机具应符合下列要求：

1 稀浆混合料摊铺机、装载机、乳化沥青罐车、水槽车、运料车以及拌盘、铁铲、刮耙、计量秤、盛料容器等各种施工机械和辅助工具均应备齐，并应保持良好工作状态。

2 在下列几种情况下，应对摊铺机进行计量标定：

1）机器第一次使用前；

2）机器每年的第一次使用前；

3）原材料或配合比发生较大变化时。

6.2.4 正式施工前应对井盖、井箅、路缘石等道路附属设施采取保护措施。

6.3 铺筑试验段

6.3.1 稀浆封层和微表处正式施工前，应选择合适的路段摊铺试验段。试验段长度不宜小于200m。

6.3.2 施工配合比应根据试验段的摊铺情况，在设计配合比的基础上做小范围调整确定。施工配合比的油石比不应超出设计油石比的－0.3%～＋0.2%，矿料级配应采用设计级配，且不应超出表6.3.2规定的上下限和允许波动范围。

表 6.3.2 稀浆封层和微表处矿料级配

级配类型	通过下列筛孔（mm）的质量百分率（%）							
	9.5	4.75	2.36	1.18	0.6	0.3	0.15	0.075
ES-1		100	90～100	65～90	40～65	25～42	15～30	10～20
MS-2，ES-2	100	90～100	65～90	45～70	30～50	18～30	10～21	5～15
MS-3，ES-3	100	70～90	45～70	28～50	19～34	12～25	7～18	5～15
允许波动范围	−5	±5	±5	±5	±5	±4	±3	±2

6.3.3 试验段完成后应编制总结报告，总结报告中应包括施工配合比、施工工艺等参数，并应作为正式施工依据，施工过程中不得随意更改。

6.4 施　　工

6.4.1 稀浆封层和微表处施工应按下列步骤进行：

1 修补、清洁原路面；

2 放样画线；

3 湿润原路面或喷洒乳化沥青；

4 拌合、摊铺稀浆混合料；

5 手工修补局部施工缺陷；

6 成型养护；

7 开放交通。

6.4.2 摊铺稀浆混合料应按下列程序和要求进行施工：

1 应根据施工路段的路幅宽度，调整摊铺槽宽度，应减少纵向接缝数量，纵向接缝应位于车道线附近；

2 装入摊铺机内的矿料湿度应均匀一致；

3 摊铺机应对准走向控制线，调整摊铺槽，使摊铺槽周边与原路面贴紧；

4 应按生产配合比和现场矿料含水量情况，输出矿料、填料、水、添加剂和乳化沥青或改性乳化沥青，进行拌合；当乳化沥青或改性乳化沥青蒸发残留物含量和矿料含水量发生变化时，必须调整摊铺机的设定，确认材料配合比符合设计要求后方可施工；

5 拌好的稀浆混合料流入摊铺槽后，应均匀分布于摊铺槽全宽范围内。当混合料体积达到摊铺槽容积的2/3左右时，摊铺机宜以1.5km/h～3.0km/h的速度匀速前进，稀浆混合料摊铺量应与搅拌量保持一致；摊铺槽中混合料的体积与摊铺槽容积的比例：当微表处和快开放交通型稀浆封层施工时，宜为1/2，当慢开放交通型稀浆封层施工时，宜为1/2～2/3；

6 稀浆混合料摊铺后的局部缺陷，应及时使用橡胶耙等工具进行人工找平；

7 对纵向接缝，摊铺时应重叠10mm～20mm，并应采用人工及时修正；对横向接缝，应采用油毛毡置于已铺部位的重叠部分，待摊铺机过后，再作人工修正。

6.4.3 当采用双层摊铺或微表处车辙填充后再做微表处罩面时，对先摊铺的一层，应至少在行车作用下成型24h，确认成型后方可进行第二层摊铺。当采用压路机碾压时，可根据实际情况缩短第一层的成型时间。

6.4.4 当采用双层工艺施工时，上下两层的接缝应错开。

6.4.5 当微表处车辙填充时，应调整摊铺厚度，使填充层横断面的中部隆起3mm～5mm（图6.4.5）。

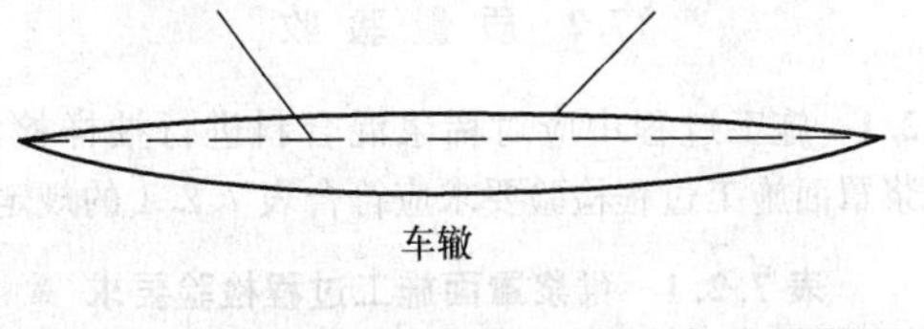

图6.4.5 微表处车辙摊铺应适当高出原路面

6.4.6 初期养护应符合下列要求：

1 在开放交通前严禁车辆和行人通行；

2 对交叉路口、单位门口等摊铺后需尽快开放交通的路段，应采用洒一层薄砂等保护措施，撒砂时间应在破乳之后，并应避免急刹车和急转弯等；

3 稀浆混合料摊铺后可不采用压路机碾压，通车后可采用交通车辆自然压实。在特殊情况下，可采用轮重6t～10t轮胎压路机压实，压实应在混合料初凝后进行；

4 当稀浆封层用于下封层时，宜使用6t～10t轮胎压路机对初凝后的稀浆混合料进行碾压；

5 当混合料能满足开放交通的要求时，应尽快开放交通，初期行车速度不宜超过30km/h；

6 当混合料粘结力达到2.0N·m时，可结束初期养护。

7 质量验收

7.1 材料与设备检查

7.1.1 施工前必须检查原材料的检测报告、稀浆混合料设计报告、摊铺车标定报告，并应确认符合要求。

7.1.2 施工前材料的质量检查应采用批为单位检查，同一料源、同一次购入并运至生产现场的相同规格品种的集料应为一批。检查频率和要求应符合表7.1.2的规定。矿料级配和砂当量指标不能满足设计要求的，必须重新进行混合料设计或者重新选择矿料。

表7.1.2 微表处和稀浆封层施工前的材料质量检查频率与要求

材 料	要 求	检查频率
乳化沥青	符合设计要求	每批来料1次
矿料砂当量和级配	符合设计要求	每批来料1次
矿料含水量	实测	每天一次

注：矿料级配符合设计要求，是指实际级配不超出相应级配类型要求的各筛孔通过率的上下限，且以矿料设计级配为基准，实际级配中各筛孔通过率不得超过本规程表6.3.2规定的允许波动范围。

7.1.3 施工前应对摊铺机的性能、标定和设定以及辅助施工车辆配套情况及其性能等进行检查，并确认满足施工要求。

7.2 质量验收

7.2.1 施工过程中应对稀浆混合料进行抽样检测，稀浆罩面施工过程检验要求应符合表7.2.1的规定。

表7.2.1 稀浆罩面施工过程检验要求

项目	要 求	检验频率	检验方法
稠度	适中	1次/100m	经验法
油石比	施工配合比的油石比±0.2%	1次/日	三控检验法
矿料级配	满足施工配合比的矿料级配要求	1次/日	摊铺过程中从矿料输送带末端接出集料进行筛分
外观	表面平整、均匀，无离析，无划痕	全线连续	目测
摊铺厚度	−10%	5个断面/km	钢尺测量或其他有效手段，每个断面中间及两侧各1点，取平均值作为检测结果
浸水1h湿轮磨耗	≤540g/m²（微表处） ≤800g/m²（稀浆封层）	1次/7个工作日	—

注：矿料级配满足施工配合比的矿料级配要求，是指矿料级配不超出相应级配类型要求的各筛孔通过率的上下限，且以施工配合比的矿料级配为基准，实际级配中各筛孔通过率不超过本规程表6.3.2规定的允许波动范围。

7.2.2 工程完工后，应将施工全线以1km作为一个评价路段按以下规定进行质量检查和验收：

主 控 项 目

1 抗滑性能、渗水系数、厚度应满足表7.2.2的要求。

检查数量：符合表7.2.2的规定。

检验方法：符合表7.2.2的规定。

一 般 项 目

2 表面应平整、密实、均匀，无松散、花白料、轮迹和划痕。

检查数量：全线连续。

检验方法：目测。

3 横向接缝、纵向接缝和边线质量应符合表7.2.2的规定。

表7.2.2 稀浆罩面施工验收要求

项目		要求	检验频率
外观		面平整、密实，均匀，无松散，无花白料，无轮迹，无划痕	全线连续
表观质量	横向接缝	对接，平顺 不平整<3mm	每条
	纵向接缝	宽度<80mm 不平整<6mm	全线连续
	边线	任一30m长度范围内的水平波动不得超过±50mm	全线连续

续表 7.2.2

项目		要求	检验频率
抗滑性能	摆值 F_b（BPN）	城市主干路、快速路≥45	5个点/km
	横向力系数	城市主干路、快速路≥54	全线连续
	构造深度 *TD*	城市主干路、快速路≥0.60mm	5个点/km
渗水系数		≤10mL/min	3个点/km
厚度		−10%	2个断面/km

注：当稀浆封层用于下封层时，抗滑性能可不作要求。

附录A 拌合试验

A.0.1 本方法适用于确定稀浆混合料的可拌合时间和成浆状态。

A.0.2 试验设备应包括下列器具：

1 容积为 300mL～500mL 的拌合杯（硬质纸杯、塑料杯等），拌合匙一把；

2 量筒一只；

3 天平，感量不大于 1g；

4 秒表一只；

5 油毡若干。

A.0.3 试验步骤应符合下列规定：

1 在拌合杯中放入一定量的工程实际用矿料（通常为 100g）、固体添加剂，拌匀，再将水、液体添加剂等倒入锅中拌匀，然后倒入一定量的乳化沥青或改性乳化沥青，并开始计时。

2 在乳化沥青或改性乳化沥青倒入后的最初 3s～8s 内用力快速拌合，然后用拌合匙沿杯壁顺时针均匀拌合，一般每分钟 60 转～70 转，观察混合料的拌合状态。

3 当稀浆混合料变稠，手感到有力时，表明混合料开始有破乳的迹象，记录此刻的时间，称为可拌合时间。

4 继续拌合，当混合料完全抱团，无法拌合时，记录此刻的时间，称为不可施工时间。

5 当混合料的可拌合时间不能满足要求时，应重新调整混合料的配方，重复进行上述试验步骤。

6 记录试验时的气温和湿度。

7 按拌合时间满足要求的配方重新称料、拌合，拌合 30s 后摊到油毡上铺平，厚度约 8mm。将试样在室温下放置 24h 后，观测集料与沥青的配伍性和沥青用量大小，按表 A.0.3 的规定判断。

A.0.4 试验记录表格应包含矿料、填料、水、添加剂、乳化沥青或改性乳化沥青的质量以及可拌合时间等内容。

表 A.0.3 试样沥青用量大小与配伍性优劣的判断依据

		试样的表观效果
沥青用量	偏小	试样呈棕黄色；用手在试样表面捻动会有颗粒散落
	偏大	试样表面有油膜，用手捻动会黏手
混合料配伍性	好	试样呈黑色，手掰有韧性，石料与沥青裹覆良好
	差	试样呈棕黄色，脆，易掰开，掰开后可见未裹覆沥青膜的石料

A.0.5 试验报告应符合下列要求：

1 同一试样平行试验两次，当两次可拌合时间测定值的差值符合重复性试验精密度要求时，取其平均值作为试验结果，准确至 5s。可拌合时间试验结果大于 180s 时记为“＞180s”。

2 当试样可拌合时间小于 120s 时，重复性试验的允许差为 10s；当试样可拌合时间小于 180s 时，重复性试验的允许差为 15s。

3 试验报告应包括下列内容：

1）混合料配方；

2）各种混合料配方下的可拌合时间、不可施工时间和拌合状态；

3）拌合试验的温度、湿度、日照等环境条件；

4）定性描述成型后试样的配伍性和沥青用量大小。

附录B 黏聚力试验

B.0.1 本方法适用于确定稀浆混合料的初凝时间和开放交通时间。

B.0.2 试验设备应符合下列要求：

1 黏聚力试验仪一台（图 B.0.2）。

1）压头。装在气缸传力杆下部，与试件接触部装有橡胶垫，橡胶垫片直径 28.6mm±0.1mm，厚度 6.4mm±0.1mm，橡胶硬度为 60HA±2HA。

2）扭力手柄。套在传力杆上，柄上装有扭力表，其量程不小于 3.5N·m。

3）气压结构。气泵，其最大气压可达 700kPa；气压表，其最大量程不小于 700kPa；可通过气压调节阀调整所需气压大小并保持恒定，通过气压释放按钮和气缸将气压传给传力杆，并作用于试件上。

2 环型试模，内径为 60mm。ES-1、ES-2、MS-2 型混合料的试模厚度 6mm，ES-3、MS-3 型混合料的试模厚度 10mm。

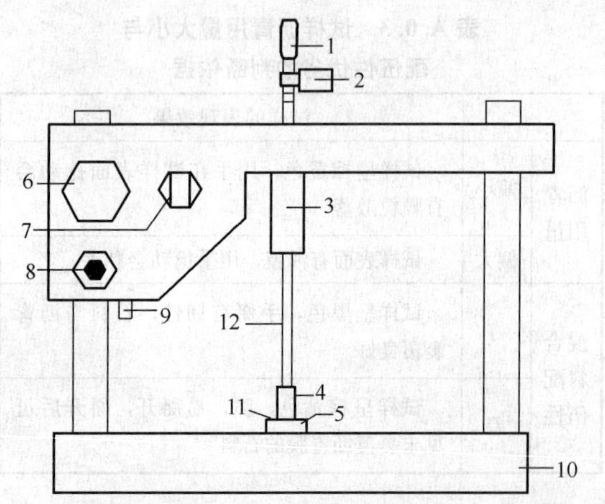

图 B.0.2 黏聚力试验仪

1—施力手柄；2—扭力表；3—气缸；4—压头；5—试件；6—气压表；7—释放钮；8—气压调节阀；9—气管接头；10—底座；11—橡胶垫；12—传力杆

3 秒表一只。

4 4.75mm（用于 10mm×60mm 模）或 8mm（用于 6mm×60mm 模）筛一只。

5 220 号砂纸若干。

6 150mm×150mm 方形油毡若干。

7 其他：量筒、拌合杯和拌铲等。

B.0.3 试验步骤应符合下列规定：

1 标定黏聚力仪，用 220 号粗砂纸做黏聚力试验，10 次试验扭矩扳手读数最大值和最小值的差值应小于 0.3N·m。

2 按拌合试验确定的混合料配比称取矿料、水、乳化沥青或改性乳化沥青和添加剂，通常以干矿料 300g 为准。

3 将矿料、填料倒入杯中，拌匀，再将水、添加剂倒入杯中拌匀，加入乳化沥青或改性乳化沥青并迅速拌匀，时间不超过 30s。

4 将稀浆混合料倒入预湿过的试模中，用油毡垫底，刮平并开始计时，待破乳后立即脱模。

5 将试样在温度 25℃±2℃的环境下养生 30min 后，置于黏聚力试验仪的测试台上。

6 将气动压头压在试件上，此时空气压力表的读数应保持在 200kPa。

7 压力保持 5s～6s 后，将扭矩扳手测力表归零并套住气缸杆上端，在 0.7s～1.0s 内平稳、坚定、水平地扭转 90°～120°，读取扭力表读数和相应的时间，并描述试样的破损状态。

8 按 1、1.5、2.5、3.5、4.5h 等的养生时间分别重复上述的 5～7 的步骤，当出现读数不变化时，则可停止试验。

B.0.4 试验记录表格应包含矿料、填料、水、添加剂、乳化沥青或改性乳化沥青的质量以及不同养生时间的黏聚力值等内容。

B.0.5 试验报告应符合下列要求：

1 同一试样平行试验两次，当两次测定值的差值符合重复性试验精确度要求时，取其平均值作为试验结果，准确至 0.1N·m。

2 重复性试验的允许差为 0.2N·m。

B.0.6 试验报告应包括下列主要内容：

1 混合料配方。

2 试验温度、湿度及其他环境条件。

3 混合料 30min 和 60min 的黏聚力值，并描述 60min 黏聚力试样测试后的破坏状态。

附录 C 微表处混合料轮辙变形试验

C.0.1 本方法适用于测定微表处混合料的抗车辙能力。

C.0.2 试验设备应符合下列要求：

1 负荷轮载试验仪一台（图 C.0.2）；

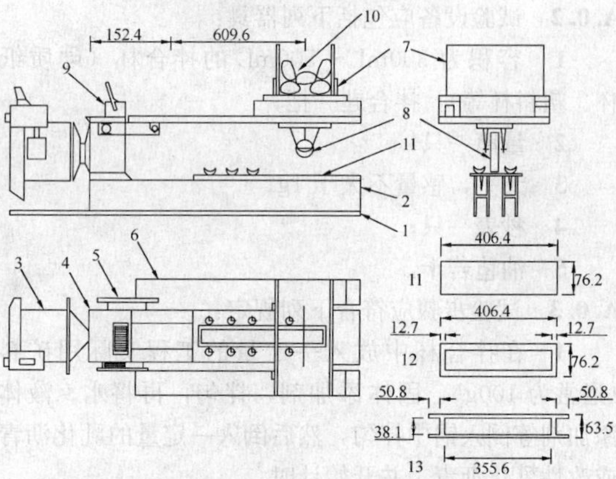

图 C.0.2 负荷轮载试验仪

1—槽型钢底架；2—试件承板；3—电机；4—齿轮减速器；5—曲柄；6—可调从动连杆；7—荷重箱；8—负荷轮；9—计数器；10—荷重袋；11—试模底板；12—试模；13—砂框

1）应选择适宜的电动机和齿轮减速器，使橡胶轮的碾压频率满足 44 次/min±1 次/min 的要求；

2）与齿轮减速器相连的传动曲柄的半径为 152mm±2mm；

3）橡胶轮尺寸：橡胶轮直径 76.5mm±1.0mm，橡胶厚度 12.0mm±0.5mm，橡胶轮宽度 26.0mm±1.0mm；

4）橡胶轮的橡胶硬度为 60HA～70HA；

5）橡胶轮加载重量：曲柄连杆，连同配重、橡胶轮等通过橡胶轮作用在试样上的总重量为 56.7kg±0.5kg；

6）计数器待归零功能；

2 试模：试模厚度分别为 3.2mm±0.2mm，

6.4mm±0.2mm，12.7mm±0.1mm，内部尺寸为(380.0mm±1.0mm)×(50.0mm±1.0mm)，外部尺寸为(406mm±1mm)×(76mm±1mm)；

3 台称一台，称量100kg，感量为0.5kg；

4 天平一台，称量2000g，感量为1g；

5 烘箱一台，带强制通风，温度能控制在60℃±3℃；

6 游标卡尺；

7 其他，拌锅和拌铲等。

C.0.3 试验步骤应符合下列规定：

1 按要求的级配准备粗、细集料及填料，烘干。

2 按试模厚度一般比最大矿料粒径大25%的原则选择合适厚度的试模。

3 试样中各组分的配比以拌合试验所确定的矿料、填料、添加剂、乳化沥青或改性乳化沥青和水的比例为准。

4 称取总重500g的矿料放入拌锅，掺入填料，拌匀，然后加入水拌匀，再加入乳化沥青或改性乳化沥青拌合，拌合时间不超过30s，然后将拌匀的混合料倒入试模中并迅速刮平，整个操作过程在45s内完成。

5 取走试模，把试样放入60℃的烘箱中烘至恒重。取出试样，冷却至室温，测量试样宽度 L_a 和厚度 V_a，准确至0.1mm。

6 将负荷车轮试验仪调整好，使负荷为56.7kg。

7 将试样正确安装在试件承板上。

8 保持试验温度在22℃±2℃。

9 将橡胶轮放下，压到试样上。

10 将计数器复位到零，调整碾压频率为44次/min。

11 开机碾压1000次。

12 取下试样，测量碾压后的试样宽度 L_b 和车辙深度 V_b，准确至0.1mm。

C.0.4 试验记录表格应包含矿料、填料、水、添加剂、乳化沥青或改性乳化沥青的质量以及碾压前试样的宽度、碾压后试样的宽度、碾压前试样的厚度、碾压后的车辙深度等内容。

C.0.5 试验结果计算应符合下列规定：

1 试样的宽度变形率应按下式计算：

$$PLD=(L_b-L_a)\times 100/L_a \quad (C.0.5\text{-}1)$$

式中：PLD——微表处试样单位宽度的变形率（%）；

L_a——微表处试件的宽度（mm）；

L_b——微表处试件碾压后的宽度（mm）。

2 试样的车辙深度率应按下式计算：

$$PVD=V_b\times 100/V_a \quad (C.0.5\text{-}2)$$

式中：PVD——微表处试样单位厚度的车辙深度率（%）；

V_a——微表处试件的厚度（mm）；

V_b——微表处试件碾压后的车辙深度（mm）。

C.0.6 一组试样个数不宜少于3个。当一组测定值中某个测定值与平均值之差大于标准值的 k 倍时，该测定值应予以舍弃，应以其余测定值的平均值作为试验结果。当试样数目为3、4、5、6个时，k 值可分别为1.15、1.46、1.67、1.82。

C.0.7 试验报告应包括下列主要内容：

1 混合料配方；

2 试件的宽度变形率和车辙深度率；

3 试验前试件的宽度和厚度；

4 试验温度。

附录D 配伍性等级试验

D.0.1 本方法适用于测定特定级配的集料与改性乳化沥青之间的配伍性。

D.0.2 试验设备应符合下列要求：

1 旋转瓶试验仪一台；

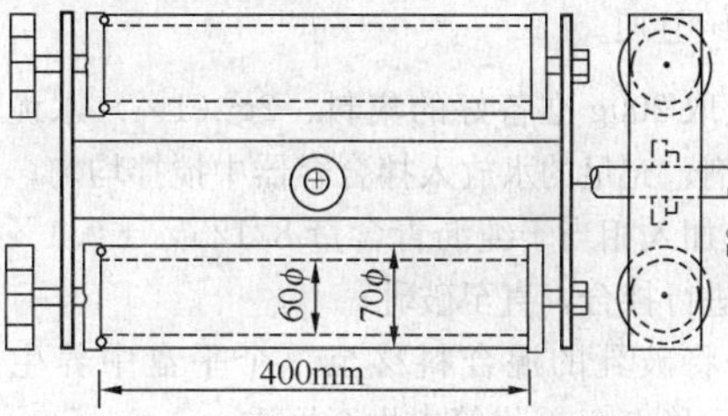

图D.0.2-1 磨耗管样式

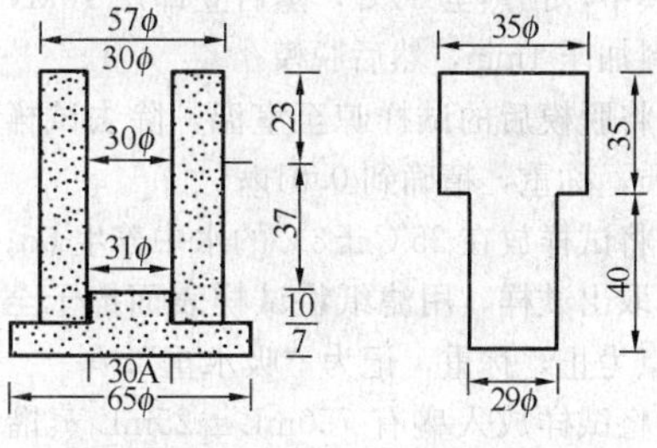

图D.0.2-2 试模和压头的样式

1）旋转速度应满足20r/min±0.5r/min的要求；

2）磨耗管由丙烯酸材料制成，见图D.0.2-1，内径60mm±0.2mm，内部高度400mm±1mm；

3）试模，由不锈钢制作的底座、压头和套管组成；压头和底座的尺寸见图D.0.2-2。套管的内径30mm，高70mm；压头直径、压头的下部长度、套管内径套管长度的公差为±0.1mm，底座上部直径的公差为±0.1mm，其余尺寸的公差为±0.2mm；

4）磨耗管通过旋紧螺丝以垂直于旋转轴的方

向固定在转轴两侧，磨耗管中心轴与旋转轴的水平距离为70mm±1mm；

5）采用气压装置或者万能压力机通过压头对待成型试样进行压力成型，压头压力稳定在1000kg±2kg；

2 天平一台，感量0.01g±0.005g；

3 烘箱，带强制通风，温度能控制在60±3℃；

4 直径50mm、高50mm的镀锌金属吊篮，可以合适的方式悬挂于沸水中。

D.0.3 试验步骤应符合下列规定：

1 将集料筛分并复配。复配后的集料应满足表D.0.3的级配要求；

表D.0.3 配伍性分级试验用集料级配要求

筛孔（mm）	0.6～2.36	0.3～0.6	0.075～0.3	<0.075
质量百分比（%）	25	40	15	20

注：试验用集料也可不进行筛分和复配，而是将实际级配矿料筛除2.36mm以上部分后使用，这时需在试验结果中注明。

2 取200g准备好的集料、2g（1%）水泥或其他外加剂、充足的水放入拌合容器中搅拌均匀；

3 加入相当于纯沥青含量8.125%±0.1%的乳化沥青进行拌合，直至破乳；

4 将破乳的混合料移至一个平盘中养生至少1h，然后移入60℃烘箱中烘至恒重；

5 将在60℃烘干的40g±1g均匀搅拌的混合料放入试模中，预热至60℃，然后立即用10kN的压力对混合料加压1min，然后脱模；

6 将脱模后的试样晾至室温，除去试样表面的松散物质，称重，精确到0.01g；

7 将试样放在25℃±3℃的水中养生6d；

8 取出试样，用滤纸将试样表面擦干至滤纸表面无湿点为止，称重，记为"吸水重"；

9 将试样放入盛有750mL±25mL蒸馏水的磨耗管中，拧紧磨耗管两端的盖子后放到旋转瓶磨耗仪上；

10 开启旋转瓶磨耗仪，以每小时1200转的速度转3h±3min；

11 取出试样，用滤纸将试样表面擦干至滤纸表面无湿点为止，称重，精确到0.01g，记为"磨耗重"。用吸水重减去磨耗重得到试样的磨耗损失；

12 将磨耗后的试样放在吊篮上，放至剧烈沸腾的水中煮30min；

13 取出试样，选取最大的一块试样，将表面擦干后称取重量，将该重量占"吸水重"的比例记为"完整率"；

14 将试样在空气中干燥24h，估计试样表面沥青膜裹覆面积占试样总表面积的比例，记为"裹覆率"。

D.0.4 试验记录表格应包含矿料、填料、水、添加剂、乳化沥青或改性乳化沥青的质量以及试样干重、吸水重、磨耗重、煮后吸水重等内容。

D.0.5 试验结果可按表D.0.5的规定进行混合料配伍性分级。

表D.0.5 配伍性等级计算方法

配伍性分级	等级值	磨耗损失（g）	裹覆率（%）	完整率（%）
A	4	0～0.7	90～100	90～100
B	3	0.7～1.0	75～90	75～90
C	2	1.0～1.3	50～75	50～75
D	1	1.3～2.0	10～50	10～50
0	0	>2.0	0	0

D.0.6 一组试样个数不宜少于3个。当一组测定值中某个测定值与平均值之差大于标准值的k倍时，该测定值应予以舍弃，应以其余测定值的平均值作为试验结果。当试样数目为3、4、5、6个时，k值可分别为1.15、1.46、1.67、1.82。

D.0.7 试验报告应包括下列主要内容：

1 集料级配情况；

2 磨耗损失、裹覆率和完整率分别对应的配伍性分级；

3 求取磨耗损失、裹覆率和完整率分别对应的等级值的和，记为"配伍性等级值"。

本规程用词说明

1 为了便于在执行本规程条文时区别对待，对于要求严格程度不同的用词说明如下：

1）表示很严格，非这样做不可的：
正面词采用"必须"，反面词采用"严禁"；

2）表示严格，在正常情况下均应这样做的：
正面词采用"应"，反面词采用"不应"或"不得"；

3）表示允许稍有选择，在条件许可时首先应这样做的：
正面词采用"宜"，反面词采用"不宜"；

4）表示有选择，在一定条件下可以这样做的，采用"可"。

2 条文中指明应按其他有关标准执行的写法为"应按……执行"或"应符合……的要求（或规定）"。

引用标准名录

1 《公路工程集料试验规程》JTG E42

2 《公路工程沥青及沥青混合料试验规程》JTJ 052

中华人民共和国行业标准

路面稀浆罩面技术规程

CJJ/T 66—2011

条 文 说 明

修 订 说 明

《路面稀浆罩面技术规程》CJJ/T 66－2011，经住房和城乡建设部2011年7月13日以第1063号公布批准、发布。

本规程是在《路面稀浆封层施工规程》CJJ 66－95的基础上修订而成，上一版的主编单位是中国建筑技术研究院，参编单位是同济大学道路与交通工程研究所、重庆市市政养护管理处、西安市市政工程管理处，主要起草人是曾赟、窦佳音、吴允惠、王荆香、王佳良、刘扬洲、贺晋荣、王仁宗、姚祖康。本次修订的主要内容是：1. 增加了微表处的定义及相关规定；2. 增加了改性乳化沥青及其指标要求；3. 稀浆混合料的设计去掉了稠度指标要求，增加了浸水6d湿轮磨耗、配伍性指标要求；4. 增加了施工前铺筑试验路的要求；5. 增加了稀浆罩面施工质量控制与验收的要点。

本规程修订过程中，编制组进行了系统广泛的调查研究，总结了我国城镇道路、广场、桥面、隧道路面等的沥青、水泥路面在新建、改建、养护及预防性养护过程中稀浆罩面的实践经验，同时参考了国外相关标准等，通过了乳化沥青或改性乳化沥青性能检测、稀浆混合料配合比设计及稀浆混合料性能分析试验取得了原材料及稀浆混合料性能指标等重要技术参数。

为便于广大设计、施工、科研、学校等单位有关人员在使用本规程时能正确理解和执行条文规定，《路面稀浆罩面技术规程》编制组按章、节、条顺序编制了本规程的条文说明，对条文规定的目的、依据以及执行中需注意的有关事项进行了说明。但是，本条文说明不具备与标准正文同等的法律效力，仅供使用者作为理解和把握标准规定的参考。

目　次

1 总　　则

1.0.1 本条为修订本规程的目的。中华人民共和国行业标准《路面稀浆封层施工规程》CJJ 66－95（下简称"原规程"）颁布并实行15年了，对规范和指导我国稀浆封层工程应用起到了积极作用。随着稀浆封层技术的不断进步，在我国得到了迅速推广，被广泛应用于新建道路的下封层和城镇路面维修养护工程中。微表处技术（micro-surfacing）是20个世纪90年代后期开始，在稀浆封层基础上发展起来的新技术，并在欧美国家得到迅速推广，为了适应这一新的技术发展形势，国际稀浆罩面协会的名称从原来的"International Slurry Seal Association"改为"International Slurry Surfacing Association"，并对相关技术标准做了补充和调整。微表处技术从2000年开始在我国应用，目前已经成为我国高等级城市道路路面最重要的预防性养护技术。2006年中华人民共和国交通部公路司颁布了《微表处和稀浆封层技术指南》，进一步规范和指导了微表处和稀浆封层在我国公路建设和养护中的应用。本规程对加强规范路面稀浆罩面技术，保证工程质量具有重要意义。

1.0.2 本条阐明了本规程的适用范围。可以应用于不同等级的城镇道路以及广场、桥面、隧道路面等的沥青、水泥面层，新建、改扩建以及养护中都可以应用。目前，微表处技术可应用于城市主干路、快速路的沥青路面、水泥混凝土路面、水泥混凝土桥面等的预防性养护、表面磨耗层、车辙修复等；稀浆封层常应用于城市次干路和支路等低等级路面的预防性养护和城镇道路的下封层等。

1.0.3 本条阐明了本规程在施工应用中与其他标准、规范的关系与衔接原则。

2 术语和符号

2.1.3、2.1.4 为稀浆封层和微表处的定义。稀浆封层和微表处在美国、法国、日本等的规范中是两个不同的概念。稀浆封层与微表处在形式上有很多相似之处，但在原材料选择、混合料技术要求、使用性能与寿命、摊铺设备等诸多方面都存在很大差别。将国际稀浆罩面协会ISSA（International Slurry Surfacing Association）《乳化沥青稀浆封层技术指南》（Recommended Performance Guidelines for Emulsified Asphalt Slurry Seal）（A105 2004年）与《微表处技术指南》（Recommended Performance Guidelines for Micro-surfacing）（A143 2004年）比较，两者主要存在以下不同：

1）定义不同。A105中乳化沥青稀浆封层定义为：稀浆封层是一种将乳化沥青、集料、水和特殊添加剂按合理配比拌合并均匀摊铺到已适当处理过的路面上的混合料。它必须均匀，并能与原路面牢固连接，在使用期内可提供一个良好的抗滑表面。

A143中微表处的定义为：微表处是由聚合物改性乳化沥青、集料、填料、水和外加剂按合理配比拌合并摊铺到原路面上的薄层结构。它应能满足摊铺不同截面厚度（楔形、凹形、刮痕面）的要求，不同沥青用量和不同摊铺厚度的混合料，经养生和初期交通作用固化后，均能耐受住行车作用，并在使用寿命内保持良好的抗滑性能（高的摩擦系数）。它应能适应迅速开放交通的需要，一般来说，在气温24℃、湿度小于50%的情况下，12.7mm厚的微表处要求施工后1h即可开放交通。

可见，从定义的角度看，稀浆封层和微表处的差别在于：①是否使用了改性的乳化沥青；②是否可以填补车辙；③是否可以迅速开放交通。

2）乳化沥青技术要求不同。稀浆封层采用的是未改性的乳化沥青，而微表处采用的是改性的乳化沥青；在美国，稀浆封层可以使用SS-1、SS-1h、CSS-1、CSS-1h、CQS-1h等不同型号的乳化沥青，而微表处使用的乳化沥青型号规定为CQS-1h快凝型乳化沥青；微表处用乳化沥青的残留物含量要求不小于62%，高于稀浆封层用乳化沥青不小于60%的要求，对残留物性质的要求也不相同，如表1所示。

表1　ISSA稀浆封层用乳化沥青和微表处用改性乳化沥青技术要求的对比

检测内容＼适用范围	稀浆封层	微表处
残留物含量	不小于60%	不小于62%
软化点	无要求	不小于57℃
针入度（25℃）	40～90	40～90

3）集料质量要求不同。微表处用集料的砂当量必须大于65%，明显高于用于稀浆封层时不小于45%的要求，这说明微表处用集料必须干净，不能含有太多的泥土；微表处用集料的磨耗损失不得大于30%，比稀浆封层用集料不得大于35%的要求更为严格，说明微表处要求集料必须坚硬、耐磨耗，以保证可以始终提供一个粗糙的抗滑表面。表2为稀浆封层用集料和微表处用集料技术要求的对比。

4）稀浆混合料设计指标不同。从表3列出的试验项目要求中可以看出，微表处混合料要满足的技术要求明显高于稀浆封层。

表2 稀浆封层用集料和微表处用集料技术要求的对比

检测内容＼适用范围	ISSA-A105（稀浆封层）	ISSA-A143（微表处）
砂当量	不小于45%	不小于65%
坚固性	用 Na_2SO_4 不大于15% 用 $MgSO_4$ 不大于25%	用 Na_2SO_4 不大于15% 用 $MgSO_4$ 不大于25%
磨耗损失	不大于35%	不大于30%

表3 稀浆封层和微表处混合料设计指标对比

检测内容＼适用范围		ISSA-A105（稀浆封层）	ISSA-A143（微表处）
稠度试验		需要时	无要求
黏聚力试验 30min 60min		（仅适用于快开放交通） 不小于1.2N·m 不小于2.0N·m	 不小于1.2N·m 不小于2.0N·m
黏附砂量		（仅适用于重交通） 不大于538g/m²	不大于538g/m²
水煮剥离		通过（不小于90%）	通过（不小于90%）
湿轮磨耗损失 浸水1h 浸水6d		 不大于807g/m² —	 不大于538g/m² 不大于807g/m²
可拌合时间		不小于180s	不小于120s（25℃）
轮辙变形试验	横向位移	—	不大于5%
	相对密度	—	不大于2.1
相容性分级		—	不低于（AAA，BAA）11级

注：1 微表处必须能够快速开放交通，因此要求混合料满足反应成型速度和开放交通时间的黏聚力指标，而稀浆封层仅对快开放交通系统提出了这一要求，一般稀浆封层不做要求；

2 与稀浆封层相比，微表处多使用于大交通量的场合，沥青用量不宜过大，因此必须通过粘附砂量指标控制最大沥青用量，以防止泛油的出现，而稀浆封层仅在用于重交通道路时才有这一要求；

3 微表处混合料浸水1h的湿轮磨耗指标（538g/m²）明显高于稀浆封层（807g/m²），说明微表处混合料的耐磨耗能力优于稀浆封层混合料；微表处混合料还必须满足浸水6d湿轮磨耗指标，而稀浆封层没有该指标要求，这说明微表处混合料比稀浆封层混合料有更好的抵抗水损害的能力；

4 微表处可以用做车辙填充，因此对微表处混合料提出了负荷车轮碾压1000次后试样侧向位移不大于5%的要求，而稀浆封层没有这一指标的要求。

5）微表处区别于稀浆封层的重要特点之一就是微表处可用来进行车辙填补，所以在ISSA-A143中有较为详细的关于车辙摊铺的说明：在实施微表处封层作业前，应根据需要将路表车辙、裂缝及凹陷等进行修补。深度超过12.7mm车辙需用车辙填补槽单独处理，车辙摊铺槽的宽度有1.52m和1.81m两种；深度超过39mm的车辙，要求用车辙摊铺箱进行多层处理。各层车辙填充材料须在行车作用下养生至少24h后方可在上面进行下一层的车辙或封层处理；而稀浆封层不能用于车辙填充。

可以看出，微表处混合料从原材料质量要求、混合料设计指标、使用范围等各个方面都比稀浆封层要苛刻得多，因此，它的路用性能、使用寿命等都明显优于稀浆封层。

另一方面，由于微表处技术的出现，国际稀浆封层协会（International Slurry Seal Association）的名称也更改为国际稀浆罩面协会（International Slurry Surfacing Association）。本规程借鉴目前国际上通用的做法，将微表处与稀浆封层区分开来，以利于微表处和稀浆封层技术在我国的健康发展。

另外，结合我国的实际情况，为了提高稀浆封层的路用性能，稀浆封层混合料也可以在保持原材料及级配不变的情况下采用改性乳化沥青作为粘结料，但是微表处必须使用改性乳化沥青作为粘结料。

3 基本规定

3.0.2 本条规定了稀浆罩面的总体性能和要求。

3.0.3 稀浆混合料设计是一项经验性很强的工作，设计者必须有丰富的设计经验。当微表处不作填补车辙时，在气温24℃，湿度小于50%条件下，施工1小时候后可开放交通。

3.0.4 规定了稀浆混合料的类型及其功能和适用性。

3.0.5 规定了稀浆封层和微表处可以单层铺筑，也可以双层铺筑。稀浆封层双层工艺施工时，粗、中、细三种类型混合料型可以两两任意组合；微表处双层工艺施工时，可以采用MS-2＋MS-2，MS-3＋MS-2，MS-2＋MS-3，MS-3＋MS-3等形式的组合。

3.0.7 《城镇道路养护技术规范》CJJ 36中规定沥青路面技术状况评价内容应包括路面行驶质量、路面损坏状况、路面结构强度、路面抗滑能力和综合评价，相应的评价指标为路面行驶质量指数（RQI）、路面状况指数（PCI）、路表回弹弯沉值、抗滑系数（BPN或SFC）和综合评价指数（PQI）；规定水泥路面技术状况评价内容应包括路面行驶质量、路面损坏状况和综合评价，相应的评价指标为路面行驶质量指数（RQI）、路面状况指数（PCI）和综合评价指数（PQI）；规定人行道铺装技术状况评价内容应包括平整度评价和损坏状况评价，相应的评价指标为人行道质量指数（FQI）和人行道状况指数（FCI）；同时还分别规定了不同路面不同评价指标等级范围以及相应的路面养护对策。

本规程建议：

对沥青路面，当PCI和RQI等级满足C等级，并且弯沉值不低于设计弯沉值的70%以上时，可采用稀浆封层或微表处进行预防性养护；

对水泥路面和人行横道，当PCI评价等级不低于B等级时，可采用稀浆封层或微表处进行预防性养护；

另外，针对稀浆封层和微表处的良好抗滑性能，当沥青路面抗滑等级低于B等级时，可通过稀浆罩面来提高路面抗滑性能，提高道路交通安全性能。

微表处和稀浆封层厚度较薄（一般不超过10mm），主要起到表面保护层和磨耗层的作用，而不是承重结构，几乎起不到补强作用，原路面及其基层才是承重层。所以，对原路面强度、刚度、稳定性必须严格控制要求。国际稀浆罩面协会、日本稀浆罩面协会微表处指南中都有类似要求。因此为保证工程质量，达到稀浆罩面的良好效果，施工前必须对原路面进行检测及处理。若不满足，需要进行补强、灌封、车辙填补等病害处理。原路面局部病害处理方法可参照表4进行。

表4 原路面局部病害处理

病害名称	处理措施
深度15mm以下车辙	可直接进行微表处罩面
深度15mm～25mm车辙	先微表处填充，后微表处罩面
深度25mm～40mm车辙	先多层微表处填充，后微表处罩面
深度40mm以上车辙	挖补
宽度大于5mm的裂缝	灌缝
局部破损(如坑槽、松散等)	彻底挖补
拥包、隆起	铣刨或挖补

在我国，微表处目前大多用于沥青路面和水泥混凝土桥面、隧道道面等，也有少量在水泥混凝土路面上使用的实例，但经验不多。在水泥路面上应用微表处时要十分注意对原路面病害的处理，脱空、断角、断板等病害必须彻底修补，接缝必须重新灌缝，保证水泥板坚实、稳定、平整，下卧层支撑均匀。

3.0.8 本条是对企业施工人员不断提高技术素质的基础要求。

3.0.9 本条是对施工中对稀浆混合料级配控制及开放交通前初期养护的要求，在稀浆混合料强度未达到开放交通要求时严禁开放交通。

4 材 料

4.1 乳化沥青或改性乳化沥青

4.1.1 表4.1.1规定的乳化沥青技术要求，是参考《公路沥青路面施工技术规范》JTG F40－2004中乳化沥青技术要求为基础并结合微表处和稀浆封层的使用特点稍做修正后提出的。《路面稀浆封层施工规程》CJJ 66－95要求乳化沥青满足行业标准《乳化沥青路面施工及验收规程》CJJ 42－91，旧规程指标要求相对过时，这次提出的乳化沥青技术要求与旧规范的要求主要存在以下的不同：

1）去掉阴离子乳化沥青的指标要求。对于阴离子型乳化沥青而言，其沥青微粒带有（－）电荷，如果湿润矿料也带有（－）电荷，由于同性电荷相斥的原因，二者之间在有水膜的情况下，难以相互结合，必须待乳液中的水分蒸发后，沥青微粒才能裹覆到矿料表面。所以阴离子沥青乳液与矿料的裹覆只是靠单纯的粘附作用，乳液与矿料的粘结力比较低，若在施工中遇上阴湿季节，乳液中的水分蒸发缓慢，沥青裹覆矿料的时间延长，会延缓开放交通的时间。由于目前国内应用集料基本都是酸性矿料，矿料表面带有（－）电荷，所以本规程中不对阴离子乳化沥青指标单独要求。当使用碱性矿料时，可使用银离子乳化沥青，指标要求除了要求乳化沥青带有（－）电荷外，其他指标要求同BC-1。

2）破乳速度指标不作要求。乳化沥青破乳速度受内因和外因两方面的制约，其中最根本的内因是乳化剂的化学结构，同时又与乳化剂的剂量、pH值的高低、基质沥青的酸值、集料的活性、环境温度等有着密切的关系。采用标准集料得出的乳化沥青的破乳速度，与稀浆混合料破乳速度是不同的概念，对工程实际没有指导意义。

3）筛上剩余量指标。行业标准《乳化沥青路面施工及验收规程》CJJ 42－91中1.18mm筛上剩余量不大于0.3%的技术要求太宽，已经不能起到控制乳化沥青质量的作用。美国标准中采用0.85mm筛上剩余量不大于0.1%的技术要求，考虑到我国的实际情况，采用1.18mm筛上剩余量不大于0.1%的技术要求。

4）黏度指标。我国以往采用沥青标准黏度计进行乳化沥青的黏度检测。近年研究表明，标准黏度、恩格拉黏度和赛波特黏度之间存在着较好的相关关系，三种黏度都是流出型黏度，没有本质上的差别。沥青标准黏度计在我国已经普遍使用，而且操作简便，但为使黏度指标与国际接轨，决定同时采用恩格拉黏度和沥青标准黏度，并以恩格拉黏度为准。

对于黏度要求值，日本标准的要求值

范围太宽，起不到什么限制作用，但其下限值的规定基本符合我国国情；美国标准中的黏度范围相对较小，但下限值定得过高。因此，在制订我国标准时将日本标准的下限和美国ASTM标准的上限结合，确定恩格拉黏度范围为2～30或3～30。

5）蒸发残留物获取方法与性能指标。目前国际上通常采用的获取残留沥青的方法有以下几种：①ASTM对乳化沥青残留物有三种提取方法：蒸馏法、163℃烘干法和138℃低温减压蒸馏法。②美国加州138℃烘干的方法。③国内的直接加热法。经对比研究后认为，蒸馏法和低温减压蒸馏法的试验方法过于复杂，难以在我国推广；163℃烘干法易使残留物发生老化；138℃烘干法测得的各项指标与我国的直接加热法差别不大；直接加热法尽管受到人为因素的影响稍大，但试验方法简单，只要严格按照试验规程认真操作，试验结果比较稳定，因此继续采用该方法。

国际稀浆罩面协会（ISSA）标准中要求微表处用改性乳化沥青的蒸发残留物含量大于等于62%，日本标准中要求大于等于60%。考虑到我国的实际情况，采用大于等于60%作为微表处用改性乳化沥青的蒸发残留物含量下限，在此基础上适当放宽至大于等于55%作为稀浆封层用乳化沥青的蒸发残留物含量下限。

美国和日本的微表处用改性乳化沥青的蒸发残留物针入度一般都要求大于等于40，国际稀浆罩面协会（ISSA）对微表处用改性乳化沥青蒸馏残留物的针入度提出了40～90的要求。我国在实际生产改性乳化沥青时一般采用AH-70号或AH-90号基质沥青，再经过3%以上剂量的SBR改性后，针入度一般都在50～90之间，适当放宽后采用40～100的针入度指标。

软化点指标同样受到基质沥青标号、改性剂种类和剂量、残留物获取方法等的影响。研究发现，对于AH-70号、90号沥青经乳化、3%以上剂量的胶乳改性后，采用直接加热方法获取的蒸发残留物的软化点一般能够达到53℃。为保证工程质量，而且有时存在将改性乳化沥青用于改性稀浆封层的情况，为此我们规定改性乳化沥青的软化点不低于55℃，对于微表处用于南方炎热地区、重载交通道路及车辙填充时，考虑到软化点对热稳性和抗车辙能力的重要性，在注中规定软化点应不低于57℃。

在加热获取乳化沥青蒸发残留物的过程中，试样温度会首先上升并维持在100℃呈沸腾状态，试样表面有大量气泡逸出；待试样表面不再有大气泡，逐渐呈现糊状时，试样温度开始迅速上升。此时，如果维持原来的加热速度，试样温度会很快超过163℃，但试样中的水分并没有蒸发完全。建议在加热过程中实时检测试样温度，当试样温度超过105℃后改用小火慢慢加热，保持在140℃以下直至试样表面不再冒出气泡，然后将乳化沥青温度升至163℃后停止加热。

随着改性乳化沥青技术的不断发展，以及稀浆罩面技术的不断提高，我国对改性乳化沥青的标准也逐步将黏韧性和韧性列入，日本的改性乳化沥青的黏韧性为大于3.0N·m（25℃），韧性为大于2.5N·m（25℃），我国目前还没有要求，为了规范施工以及保证工程质量，暂采用日本的标准。

表4.1.1中乳化沥青或改性乳化沥青各指标检测方法采用《公路工程沥青及沥青混合料试验规程》JTJ 052中的相应指标试验方法。

4.2 集　　料

4.2.2 稀浆封层和微表处用矿料质量要求中，4.75mm以下部分的砂当量指标至关重要。研究表明，稀浆混合料性能受矿料砂当量的影响十分显著，砂当量低于55%的矿料还可能会导致改性剂无法发挥改性效果。在我国已经完成的微表处工程中，矿料砂当量指标大部分能满足大于65%的要求。而我国一些地方稀浆封层寿命过短，很重要的原因之一也是砂当量太低。国际稀浆罩面协会（ISSA）1991年版的技术标准中要求微表处用矿料砂当量不低于60%，1996年修订为不低于65%。本着从严要求的原则，针对稀浆封层和微表处分别提出了50%和65%的砂当量指标。

我国《公路工程集料试验规程》JTG E42中有砂当量试验方法，该方法是根据ASTM D2419的方法经简化后编制的。为了保证试验结果的准确，在进行砂当量试验时应注意以下几个方面：

①用冲洗管冲洗集料时，应在大致冲洗掉试筒壁上的集料后迅速将冲洗管插入试筒的最底部，然后一边旋转，一边缓慢提起，直至冲洗液即将到达刻度线时再将冲洗管从试样中拔出。如果一开始的时候没有将冲洗管插到试筒最底部，等到冲洗了一段时间后再向底部插入将会十分困难，造成底部的细料无法冲洗到表面。

②集料沉淀物读数必须采用配重活塞读取。试样在静置20min的过程中，固体颗粒不断下沉，其中的石粉、细砂等下沉速度很快，在试样表面沉积得十分致密；而泥土下沉速度很慢，在石粉层表面上形成的沉积层十分疏松，当配重活塞插入试筒中后，便能够十分清晰地分辨出石粉层和泥土层的界面。而采用目测法是很难做到的。

石料磨光值是反映石料抵抗轮胎磨光作用能力的重要指标，磨光值越大，所得稀浆罩面路面路用性能也会更好，本规程中要求微表处用石料磨光值不小于

42BPN。有条件的地区可以将该指标要求提高到不小于45BPN，但是考虑到大部分地区为就地取材，石料磨光值基本由本地料源决定，因此本规程中要求磨光值不再另作要求。

对微表处混合料来说，集料的洁净程度，膨胀性黏土矿物的含量严重影响（改性）乳化沥青对集料的裹覆及混合料的整体性能，为此引入了细集料亚甲蓝的指标，并采用我国现行《公路沥青路面施工技术规范》JTG F40中对细集料的标准。

微表处常用做高等城镇道路的路面表层，要求有良好的抗滑性能，且随时间衰减速度要慢，这就要求矿料特别是其中的粗集料必须是耐磨的硬质石料。因此，参照沥青路面施工技术规范对高速公路、一级公路沥青面层用粗、细集料技术要求，提出了微表处用粗细集料的磨光值、磨耗值等指标要求。

鉴于矿料质量对微表处混合料性能的显著影响，建议有条件的单位配备石料破碎机，购买洁净的块石、卵石或大粒径粗集料进行多级破碎来生产微表处用矿料。

表4.2.2中集料各指标检测方法采用《公路工程集料试验规程》JTG E42中相应试验方法。

4.2.3 本条规定的矿料级配范围是根据国际稀浆罩面协会（ISSA）的相关规定制订的，稀浆封层混合料级配范围与旧规范相对应的级配范围没有变化。目前，我国已经铺筑的微表处工程中以MS-3型级配为主，少量采用MS-2型级配。

为降低城市快速路、主干路稀浆罩面的噪声，建议MS-3，ES-3稀浆混合料矿料级配设计时增加6.3mm筛孔通过率的要求。

除了本条规定的矿料级配范围，有些国家（或组织）还有其他微表处级配类型，如国际稀浆罩面协会（ISSA）的Ⅳ型级配以及西班牙的Ⅲ型级配，最大粒径都达到了12.5mm（表5），适用于车辙填充和重载交通道路。法国尚有一种断级配并且掺加纤维的微表处。

表5 ISSA的Ⅳ型级配和西班牙的Ⅲ型级配

筛孔尺寸（mm）	ISSA的Ⅳ型级配通过率	筛孔尺寸（mm）	西班牙Ⅲ型级配通过率
12.5	100	12.5	100
9.5	85～100	10	85～100
		6.3	70～90
4.75	60～87	5	60～85
2.36	40～60	2.5	40～60
1.8	28～45	1.25	28～45
0.6	19～34	0.63	18～33
0.3	14～25	0.32	11～25
0.15	8～17	0.16	6～15
0.075	4～8	0.075	4～8

4.3 填 料

4.3.1 水泥、消石灰等有化学活性的填料与矿粉所起的作用是不同的。水泥、消石灰等的主要作用是调节混合料的可拌合时间、稠度等施工性能，填充作用是次要的，其用量一般限制在3%以内（占矿料的质量百分比）。矿粉的主要作用是调整级配，对稀浆混合料的施工性能影响有限。

4.3.2 表4.3.2中矿粉各指标检测方法采用《公路工程集料试验规程》JTG E42中矿粉相应试验方法。

4.4 添 加 剂

4.4.1 添加剂的主要作用是调节稀浆混合料可拌合时间、破乳速度、开放交通时间等施工性能，并在一定程度上改变混合料的路用性能。同一种添加剂对不同混合料体系的作用可能完全不同，不同混合料体系对各种添加剂的敏感程度也各不相同，因此不能照搬照抄已有经验，而是应针对工程实际通过试验确定某种添加剂的具体作用。此外，添加剂在影响混合料施工性能的同时，也会影响混合料的路用性能，因此必须根据实际情况通过试验进行科学的选择。常用的添加剂包括无机盐类添加剂、有机类添加剂等。对于阳离子乳化沥青混合料，无机盐类添加剂一般会延长可拌合时间，延缓成型。

5 稀浆混合料

5.1 一 般 规 定

5.1.2 规定了单层微表处成型后的厚度和材料用量范围。国际稀浆罩面协会（ISSA）与日本乳化沥青协会标准（JEAAS）规定的微表处用材料用量范围如表6和表7所示。

表6 国际稀浆罩面协会指南中微表处材料用量范围

<table>
<tr><th colspan="4">项 目</th><th>要求值</th></tr>
<tr><td colspan="4">油石比（沥青占矿料的质量百分比）(%)</td><td>5.5～10.5</td></tr>
<tr><td colspan="4">填料用量（填料占矿料的质量百分比）(%)</td><td>0～3</td></tr>
<tr><td colspan="4">改性剂用量（沥青质量百分比）(%)</td><td>不低于3</td></tr>
<tr><td colspan="4">添加剂用量</td><td>根据需要确定</td></tr>
<tr><td colspan="4">外加水量（占矿料的质量百分比）(%)</td><td>根据混合料的稠度确定</td></tr>
<tr><td rowspan="5">干矿料用量（kg/m²）</td><td colspan="3">单层微表处时</td><td>Ⅱ型 5.4～10.8
Ⅲ型 8.1～16.2</td></tr>
<tr><td rowspan="4">车辙填充时</td><td rowspan="4">车辙深度（mm）</td><td>8.5～13</td><td>9.1～13.6</td></tr>
<tr><td>13～25.4</td><td>11.4～15.9</td></tr>
<tr><td>25.4～31.7</td><td>12.7～17.3</td></tr>
<tr><td>31.7～38.1</td><td>14.5～18.2</td></tr>
</table>

表7　日本乳化沥青协会标准中微表处材料用量范围

项　　目	Ⅰ型	Ⅱ型
集料（%）	100	100
改性乳化沥青（外加）（%）	12～15	11～14
水泥（外加）（%）	0～3	0～3
水（外加、包括集料中的水）（%）	7～13	6～12
铺设厚度（mm）	3～5	5～10

对国内微表处应用情况的调查发现，MS-3型级配单层摊铺厚度一般在8mm～10mm之间，MS-2型微表处单层摊铺厚度一般在4mm～6mm之间。

随着摊铺厚度、集料密度、沥青用量等的不同，单位面积的微表处摊铺量也会有所不同，但我国Ⅲ型微表处中矿料用量大致在15kg/m²～22kg/m²的范围内。这样看来要比国际稀浆罩面协会的规定大一些，这可能是因为我国在微表处之前原路面车辙相对较大造成的。MS-2型微表处因国内可供参考的工程实例较少，因此在国际稀浆罩面协会5.4kg/m²～10.8kg/m²要求的基础上适当增大后作为我国矿料用量的参考范围。

国际稀浆罩面协会在1991年的微表处技术指南A143中，规定微表处混合料油石比范围为5.5%～9.5%，1996年修订时已将油石比范围修订为5.5%～10.5%。日本微表处技术指南中规定Ⅰ型和Ⅱ型级配微表处的改性乳化沥青用量分别在12%～15%和11%～14%之间，按照60%的蒸发残留物含量计算，油石比分别在7.2%～9%和6.6%～8.4%之间。

对国内微表处混合料设计的研究调查发现：MS-3型级配实际采用的油石比多在6.0%～7.5%之间。如果油石比超过8.5%后试样仍然呈现深棕色，一般不是因为油石比小的问题，而是混合料的配伍性太差或者集料砂当量过低的原因，应该考虑改变混合料配方。

5.1.3　本条规定了室内试验设计中稀浆混合料应该满足的技术要求。本技术要求主要是参照国际稀浆罩面协会的相关要求（见表8）提出的。

表8　国际稀浆罩面协会微表处指南对微表处混合料的要求

项　目	微表处	稀浆封层	试验方法
可拌合时间（25℃）	不小于120s	不小于180s	ISSA TB-113
黏聚力　30min 60min	不小于1.2N·m 不小于2.0N·m	不小于1.2N·m 不小于2.0N·m （仅针对快开放交通型）	ISSA TB-139
粘附砂量	不大于538g/m²	不大于538g/m² （仅用于重交通道路时）	ISSA TB-109
冲水剥离	不大于90%	不大于90%	ISSA TB-114
湿轮磨耗损失　浸水1h 浸水6d	不大于538g/m² 不大于807g/m²	不大于807g/m²	ISSA TB-100
轮辙变形试验　横向位移率 相对密度	不大于5% 不大于2.1	— —	ISSA TB-147
相容性分级	不低于（AAA，BAA）11级	—	ISSA TB-144

可拌合时间指标：由于可拌合时间受到环境温度和材料温度的影响，因此除要求在室温下拌合外，还应在可能遇到的最高施工温度下进行可拌合时间的验证。但是考虑到不同施工队伍对可拌合时间的要求各不相同，再加上室内拌合试验与现场施工还是有一定差别，因此没有提及高温下可拌合时间要求值。在南方等地区为适应高温环境下施工，建议进行25℃～50℃条件下的拌合试验。

黏聚力指标：试验发现，仅用黏聚力指标的试验数值来反映混合料的成型速度存在一定的片面性。试验中经常出现混合料成型良好但黏聚力数值却较小的情况，相反，混合料没有很好地成型，测出的黏聚力数值却可能会较大。分析认为，在混合料成型不太好的情况下，压头在压力作用下压入试样一定深度，使压头与试样的接触面积增大，且压头在旋转过程中易受到试样中大颗粒的阻碍作用，测出的试验结果自然要大一些；而在混合料成型良好的情况下，压头无法压入相对坚硬的试样中，扭动过程中容易在试样表面打滑，造成了试验结果偏小。因此，在对黏聚力指标提出要求的同时，还提出了对试验过程中试样破损状态的描述。

研究发现，国际稀浆罩面协会规定的1h-WTAT不超过538g/m²和6d-WTAT不超过807g/m²的指标基本适合我国使用，取整为540g/m²和800g/m²后作为我国的技术要求。而国际稀浆罩面协会规定的粘附砂量不超过538g/m²的要求值过大，对确定混合料的最大乳化沥青用量没有指导意义，研究后调整为不超过450g/m²。

同样，在南方高温多雨季节施工时，建议适当降低湿轮磨耗损失WTAT的标准；调整混合料组成：如增加沥青用量；选用优质矿料，粉尘含量少；0mm～3mm细集料中0.075mm通过率≤10%；其他添加剂：水泥、纤维等。

轮辙变形试验可以用来评价微表处混合料的抗车辙能力。对于单层微表处，由于厚度仅10mm左右，本身并不会产生严重车辙，因此没有必要对抗车辙能力提出要求；但是当微表处用于车辙填充时，混合料的抗车辙能力就变得十分重要，但目前国内还没有相应的评价方法。因此根据国际稀浆罩面协会ISSA TB147提出了轮辙变形试验方法，并参照ISSA A143提出了宽度变化率的要求。

在南方高温多雨季节施工时，允许适当降低粘附砂量的标准；调整混合料组成：如减少沥青用量；其他添加剂：水泥、纤维等。

配伍性等级是一项很好的微表处混合料设计技术指标，本规程参照国际稀浆罩面协会的要求提出了该指标的要求。但是由于我国的相关研究工作和经验不多，暂时将相容性分级作为参考指标使用。

6 施　　工

6.1 一 般 规 定

6.1.3 本条规定了微表处和稀浆封层施工对天气情况的要求。国际稀浆罩面协会微表处技术指南中规定：路面温度或气温低于10℃且仍在降温时，不得进行微表处施工，但路面温度或气温高于7℃且仍在升温时可以施工；当材料在固化后24h内可能出现冰冻时不得施工；当天气条件会大幅延长开放交通时间时不应施工。日本乳化沥青协会微表处技术指南规定：微表处施工宜在10℃～25℃范围内进行，如果不得不在高温或低温条件下施工时，必须首先铺筑试验段，确认其施工性能和固化情况。

我国已经铺筑的微表处工程中，有个别路段因工期延误，施工时气温在10℃以下，结果发现，混合料的成型速度十分缓慢，长时间（4h～5h）无法开放交通，开放交通初期有较多的粗集料飞散，因此规定施工温度不应低于10℃。日本标准中25℃的施工温度上限要求过于苛刻，不适合我国国情，但是应采取技术措施保证具有充分的拌合、摊铺时间。

空气湿度较大，且有时持续时间较长，对混合料成型影响较大，一般空气相对湿度达95%时混合料成型非常困难，在此湿度下不应施工。根据不同地区实际情况建议可选择空气相对湿度大于90%或95%时不允许施工。

6.2 施 工 准 备

6.2.1 微表处和稀浆封层厚度较薄（一般不超过10mm），主要起到表面保护层和磨耗层的作用，而不是承重结构，几乎起不到补强作用，原路面及其基层才是承重层。所以，对原路面强度、刚度、稳定性必须严格控制要求。国际稀浆罩面协会、日本稀浆罩面协会微表处指南中都有类似要求。本条规定了施工前，应对原路面进行质量检查，确认原路面满足本规程第3.0.6条的要求。

在我国，微表处目前大多用于沥青路面和水泥混凝土桥面、隧道道面等，也有少量在水泥混凝土路面上使用的实例，但经验不多。在水泥路面上应用微表处时要十分注意对原路面病害的处理，脱空、断角、断板等病害必须彻底修补，接缝必须重新灌缝，保证水泥板坚实、稳定、平整，下卧层支撑均匀。

6.2.2 施工准备阶段，一定要认真测得矿料的含水量，这将直接关系到稀浆混合料实际油石比的大小。这是因为，微表处和稀浆封层摊铺车采用的是体积计量方式，当矿料含水量发生变化时，矿料的体积会随之变化，如果不及时调整摊铺车设定，就会造成稀浆混合料的实际油石比的显著变化。

含水量测定一般采用“含水量—单位体积干矿料重量”关系曲线测试方法，即以1%的含水量间隔，参照T 0331中细集料紧装密度的测试方法，检测矿料在含水量0%～7%情况下的单位体积干矿料重量，得出矿料的“含水量—单位体积干矿料重量”的关系曲线，用于摊铺车设定。

6.2.3 微表处和稀浆封层施工常用设备有：清扫设备、水罐车、乳化沥青罐车、洒布机、洒水车、装载机、稀浆罩面摊铺机及其他辅助工具等。相关要求有：

1 稀浆罩面摊铺机。该机是关键设备。不同摊铺机最大区别之一是拌合系统，拌合系统有两类：单轴螺旋式搅拌器、双轴桨叶式搅拌器。前者仅用于拌制普通稀浆混合料，后者不仅可拌制普通稀浆混合料，还可以拌制聚合物改性乳化沥青混合料。所以，要求采用双轴桨叶式搅拌器。施工过程中，摊铺机操作人员不仅操作机械，还要注意施工质量，所以要求，摊铺机能实现集中控制操作，即操作人员站在操作平台上即可轻易地接触到控制器。

摊铺机计量标定时主要包括以下几个方面：

1）（改性）乳化沥青流量和沥青泵转速或者刻度关系；

2）不同含水量石料流量和皮带转速或者料门开度关系曲线；

3）填料、添加剂、水的流量曲线。

2 水罐车。水罐车上应配备水泵和洒布装置，且其容量应大于摊铺机上的水箱容积。使用前应用水冲洗。

3 乳化沥青罐车。乳化沥青罐车应能密闭，有足够的容量，并配有沥青泵和洒布装置。罐车使用前应用水冲洗，若罐壁附有较厚的沥青，应用柴油清洗干净。不同品种乳化沥青不得混装于同一罐车。

4 洒布机。当需要对原路面洒布粘层或透层油时，应配备乳化沥青洒布机，该机可与乳化沥青罐车并用。

5 装载机。装载机的装载高度应与摊铺机匹配，以满足上料要求。

6.2.4 施工前对井盖、井箅、路缘石等道路附属设施采取保护措施的目的是防止这些设施受到损坏或污染。

6.3 铺筑试验段

6.3.1 稀浆罩面正式施工前，应选择合适的路段摊铺试验段。有关试验段长度，城市主干路和快速路不小于200m，次干路及以下的道路不小于100m。当次干路长度小于1km时，可不铺筑试验段。

6.4 施 工

6.4.2 大部分新式摊铺机的摊铺宽度是可调的，因此尽可能不采用半宽施工，但一些老式摊铺机其宽度不可调，或其他原因，如出于减少重叠浪费的考虑，也可以采用半宽施工。由于半宽施工一边不是直线，所以半宽施工不应放在最后。

此外，当摊铺机内任何一种材料快用完时，应立即关闭所有材料输送的控制开关，让搅拌缸中的混合料搅拌完，并送入摊铺槽摊铺完后，摊铺机停止前进。提起摊铺槽，将摊铺机移出摊铺点，并立即清洗搅拌缸和摊铺槽。

6.4.5 微表处用做车辙填充时，由于摊铺槽没有振捣功能，混合料预压实度较小，原车辙中部摊铺厚度增大后会在行车作用下进一步压密，产生新的车辙。为此，国际稀浆封层协会微表处技术指南（A143）中规定，对于有车辙的路面，每摊铺1in（约25mm）厚的混合料，施工时的摊铺厚度应增加3.2mm～6.4mm，以考虑行车的压密作用。V形车辙摊铺槽刮板的高度可以上下微调，从而保证车辙中部的摊铺高度适当高出原路面标高，以考虑行车压密的作用。

6.4.6 成型养护。微表处和稀浆封层混合料摊铺后一般不需要压路机碾压，但在用于硬路肩、停车场等缺少或者没有行车碾压的场合时，或者为了满足某些特殊需要，可使用6t～10t轮胎压路机对已破乳并初步成型的稀浆混合料进行碾压。水泥混凝土路面上的稀浆封层，严禁使用钢轮压实。此外，稀浆封层用于下封层时，宜使用6t～10t轮胎压路机对已破乳并初步成型的稀浆混合料进行碾压，使混合料具有更好的封水作用。

7 质 量 验 收

7.1 材料与设备检查

7.1.2 矿料含水量的测定十分重要，因为微表处和稀浆封层摊铺机采用体积计量方式，矿料含水量的变化会使得矿料体积显著变化，因此必须及时根据矿料的实测含水量调整摊铺机的设定。

7.2 质 量 验 收

7.2.1 国际稀浆罩面协会微表处技术指南没有对微表处施工过程的质量控制提出要求，日本乳化沥青协会微表处技术指南对施工过程质量控制的要求如表9所示。

表9 日本乳化沥青协会微表处技术指南对施工过程质量控制的要求

项目	频率	要求	方法
乳化沥青用量 集料用量	1次/日	±10%	铺装时研发便览
宽度	100m一点	−2.5cm以上	
沥青含量	1次/日	±10%	
矿料级配	1次/日	2.36mm：±10%以内 0.075：±5%以内	
WTAT磨耗值	1次/工程	1h：540g/m² 或者 6d：810g/m²	浸水1h或6d湿轮磨耗试验任选其一

1）稠度检验的经验法：本方法适用于现场施工过程中，用经验法检验稀浆混合料的稠度，以指导施工。具体方法如下：

①在刚刚摊铺出的稀浆混合料上用直径10mm左右的细棍划出一道划痕，如果划痕马上就被两边的材料淹没，说明混合料的稠度偏稀，应适当降低用水量；如果划痕两边的材料呈松散状态，说明混合料过稠甚至已经破乳；如果划痕能够保持（3～5）s后才被周围材料覆盖，周围的材料仍然有一定的流淌性，说明混合料的稠度合适；

②迎着太阳照射方向观察刚刚摊铺出的材料层，如果表面有大面积亮光的反光带，说明混合料用水量偏大，稠度偏稀；如果刚刚摊铺出的材料层干涩，没有反光，说明混合料偏稠；如果刚刚摊铺出的材料层对日光呈现漫反射，说明稠度适宜。

2）三控检验法：本方法用于对微表处和稀浆封层混合料进行油石比检验，具体操作步骤如下：

①每天摊铺前检查摊铺车料门开度和各个泵的设定是否与设计配比相符，认真记录每车的集料、填料用量和（改性）乳化沥青用量，计算油石比，每日一次总量检验；

②摊铺过程中取样进行混合料抽提试

验，检测油石比大小是否与设计油石比相符；

③每50000m² 左右，统计一次施工用集料、填料和（改性）乳化沥青的实际总用量，计算摊铺混合料的平均油石比。

微表处施工时，油石比检验以第①项为准，第②、③项作为校核。

稀浆封层施工时，施工设备有精确计量装置的，油石比检验以第①项为准，第②、③项作为校核；没有精确计量装置的，以第②项为准，第③项作为校核，此时可适度放宽油石比检验要求至±0.3%。

7.2.2 国外的工程技术标准，包括微表处技术指南，强调的是"过程控制"，一般没有竣工验收环节和要求，而我国不仅进行"过程控制"，同时还进行"结果控制"，要求有竣工验收的标准和方法。

微表处在开放交通后最初的1个月之内处于不稳定状态：固化成型不断进行，个别粗集料可能会飞散，石料表面的沥青膜也会磨损。如果此时进行竣工验收，测得的数据无法反映微表处真正的工作状态，因此将竣工验收定为完工后的1个月至2个月时进行，此时微表处材料层的状况已经基本稳定了，测得的数据可靠、有代表性。稀浆罩面施工质量验收要求如表10所示。

表10 稀浆罩面施工质量验收要求

项目		检验方法
表观质量	外观	目测
	横向接缝	目测
	纵向接缝	目测或用尺量（3m直尺）
	边线	目测或用尺量
抗滑性能	摆值 F_b（BPN）	T 0964
	横向力系数	T 0965
	构造深度 TD（mm）	T 0961
渗水系数		T 0971
厚度		钻孔或其他有效方法；每个断面轮迹带取2点、行车道中间取1点，取其平均值作为检测结果

注：表中T 0964、T 0965、T 0961、T 0971等试验方法均引自现行行业标准《公路路基路面现场测试规程》JTG E60的有关规定。

附录A 拌合试验

本方法是参照ISSA TB113对《公路工程沥青及沥青混合料试验规程》JTJ 052－2000中的《乳化沥青与矿料的拌合试验》T 0659－1993进行修订提出的。《乳化沥青与矿料的拌合试验》T 0659－1993采用固定比例掺配的矿料，经过固定时间的拌合，观察矿料与乳液裹覆是否均匀。本拌合试验方法则是采用工程实际用矿料和乳化沥青，以拌合时间的长短评价稀浆混合料的可操作时间，并根据试样成型情况定性判断混合料配伍性的好坏，对工程实际有更强的指导性。

附录B 黏聚力试验

本试验方法是参照ISSA TB139对《公路工程沥青及沥青混合料试验规程》JTJ 052－2000中的《乳化沥青稀浆封层混合料固化时间试验》T 0754－2000进行修订后提出的。与《乳化沥青稀浆封层混合料固化时间试验》T 0754－2000相比，本试验方法主要有以下改进：（1）明确试验过程中压头在试样台上产生的压力；（2）借鉴ISSA TB139提出了黏聚力试验仪的标定方法；（3）提出了黏聚力试验仪的技术要求。

附录C 微表处混合料轮辙变形试验

微表处混合料可以用于车辙填充，但是，目前我国还没有相关的试验评价方法。为此，借鉴ISSA T147制订本试验方法，用于评价微表处混合料的抗车辙能力。

附录D 配伍性等级试验

配伍性分级试验是微表处混合料性能的重要评价方法，可以较好地评价改性乳化沥青与细集料的配伍性。为此，借鉴ISSA T144制订本试验方法，用于评价微表处混合料的配伍性和抗水损能力。

中华人民共和国行业标准

机动车清洗站技术规范

Technical code for automotive vehicle washing station

CJJ/T 71—2011

批准部门：中华人民共和国住房和城乡建设部

施行日期：2 0 1 2 年 6 月 1 日

中华人民共和国住房和城乡建设部
公　告

第1117号

关于发布行业标准《机动车清洗站技术规范》的公告

现批准《机动车清洗站技术规范》为行业标准，编号为CJJ/T 71－2011，自2012年6月1日起实施。原行业标准《机动车清洗站工程技术规程》CJJ 71－2000同时废止。

本规范由我部标准定额研究所组织中国建筑工业出版社出版发行。

中华人民共和国住房和城乡建设部

2011年8月4日

前　言

根据住房和城乡建设部《关于印发〈2008年工程建设标准规范制订、修订计划（第一批）〉的通知》（建标［2008］102号）的要求，编制组经广泛调查研究，认真总结实践经验，参考有关国际标准和国内外先进标准，并在广泛征求意见的基础上，修订本规范。

本规范的主要技术内容是：1. 总则；2. 站型与选址；3. 总平面布置；4. 工艺及设备；5. 建筑设计及其他；6. 给水排水及污水处理系统；7. 电气系统；8. 环境保护与劳动卫生；9. 施工、验收及运行维护。

本规范修订的主要技术内容是：1. 增加了环境保护与劳动卫生一章；2. 增加了工艺及设备和电气系统两章，调整了施工、验收及运行维护的技术内容；3. 增加了中、小型机动车辆清洗站有关站型、选址、清洗工艺、清洗设备等技术内容；4. 增加了对环境卫生、渣土运输等专用车辆清洗设施的相关要求；5. 增加了关于无水、微水、循环水、再生水洗车的技术要求。

本规范由住房与城乡建设部负责管理，由天津市环境卫生工程设计院负责具体技术内容的解释。执行过程中如有意见和建议，请寄送天津市环境卫生工程设计院（地址：天津市河西区围堤道107号；邮政编码：300201）。

本规范主编单位：天津市环境卫生工程设计院

本规范参编单位：武汉市环境卫生科学研究设计院

湖南孚瑞锑格机械设备有限公司

本规范主要起草人员：张　范　张轶玲　冯其林　昝文安　刘　阳　易国华　梁林峰　刘　勇

本规范主要审查人员：陶　华　郭祥信　陈光荣　朱青山　施　阳　苏昭辉　朱东旭　谢为贤　张勇成　蒋礼泽

目　次

Contents

1 总 则

1.0.1 为使机动车清洗站的建设符合城市发展和城市管理的需要，达到技术先进、经济合理、安全适用、节约用水、保护环境的目的，制定本规范。

1.0.2 本规范适用于新建、扩建、改建机动车清洗站的设计、施工、验收及运行维护。

1.0.3 机动车清洗站应采用技术成熟、经济合理、节水、节能、节地的新技术、新设备、新工艺和新材料，提高机动车清洗保洁的技术水平。

1.0.4 机动车清洗站的设计、施工、验收及运行维护除应执行本规范外，尚应符合国家现行有关标准的规定。

2 站型与选址

2.1 站型与规模

2.1.1 机动车清洗站按所服务对象分为公共机动车清洗站和专用机动车清洗站两类。

2.1.2 机动车清洗站的规模宜按日洗车能力分为大、中、小三种类型，机动车清洗站规模划分应符合表2.1.2的规定。

表 2.1.2 机动车清洗站规模划分表

规模划分	日洗车能力(辆/日)
大型机动车清洗站	≥501
中型机动车清洗站	201～500
小型机动车清洗站	≤200

2.1.3 机动车清洗站日洗车能力宜以小型客车为标准车型进行统计，其他类型车辆宜按表2.1.3换算成标准车型，再进行日洗车量统计。

表 2.1.3 机动车型换算系数表

车辆类型	说 明	换算系数
微型车	车长≤3.5m	0.7
小型车	3.5m<车长<6m	1.0
中型车	6m≤车长<9m	1.5
大型车	10m<车长<12m	2.5
铰接车	12m≤车长≤18m	3.5

注：本表适用于载客汽车的车型换算。

2.2 选 址

2.2.1 机动车清洗站选址应符合下列规定：

1 应符合城市总体规划、环境卫生专项规划及相关规划的要求；

2 应满足供电、供水、污水排放的要求；

3 应交通便利，并应避开交通拥挤地段和车流量较大的道路交叉口；

4 应避开地质断层及可能产生滑坡、泥石流等不良地质地带。

2.2.2 大型公共机动车清洗站选址宜在主城中心区外围，不影响道路交通。

2.2.3 城市在新建或改建停车场（库）、加油站、高速公路服务区、车站、港口、机场等基础设施时，宜将中、小型公共机动车清洗站作为相应的配套设施统一规划与建设。

2.2.4 专用机动车清洗站应由车辆所属单位统一规划，并应设在本单位用地范围内。

2.2.5 市政建设工地、建筑施工现场等应在其工地内设置临时性车辆清洗设施，对驶离车辆进行清洗。

3 总平面布置

3.0.1 大、中型机动车清洗站应包括洗车工作区、辅助设施区、车行道、停车场、车辆进出口、办公区、绿化等。

3.0.2 大、中型机动车清洗站应按照功能分区进行总平面布置，并应符合下列规定：

1 应合理利用地形，节省土地，节约投资；

2 工艺流程应布局合理，分区明确，流程便捷，使用方便。

3.0.3 机动车清洗站车辆进、出口应符合下列规定：

1 清洗站进、出口不宜直接与主干路相连接；

2 大型清洗站进、出口应分开设置，且进、出口之间的净距离不宜小于15m；

3 清洗站进、出口设置应满足驾驶员视线要求，并应设立醒目标志。

3.0.4 机动车清洗站应在进口处和站内设置候洗车辆泊位和擦车泊位，泊位数应与清洗站洗车能力相适应。

3.0.5 机动车清洗站内应设置交通标志、标线。大型机动车清洗站内应设置宽度不小于4m、贯通全站的车行道和宽度不小于1.5m的人行道。

3.0.6 大、中型机动车清洗站的建（构）筑物的布置应符合下列规定：

1 车辆清洗设施宜独立设置，并与清洗站进、出口及各边界保持一定距离；

2 办公和辅助用房宜与洗车工作区分开，避免互相干扰。

3.0.7 市政建设工地、建筑施工现场、垃圾填埋场、采掘场等场所的车辆轮胎和底盘清洗设施应布置在其场所的出口处内。

3.0.8 独立设置的机动车清洗站站内绿地面积不宜大于总占地面积的30%。

4 工艺及设备

4.0.1 机动车清洗工艺应根据下列因素选择：

1 清洗站的规模、类型、车辆清洗要求；

2 节水、节能的要求；

3 对占地、操作、维护、管理的要求。

4.0.2 机动车清洗工艺流程应按预冲洗、底盘冲洗、清洗剂清洗、清水冲淋、蜡洗、吹干的顺序设置。

4.0.3 大、中型机动车清洗站宜采用自动化循环水洗车工艺；小型机动车清洗站根据日平均清洗量、清洗车辆的种类及车辆清洗要求，可采用自动化、半自动化循环水洗车工艺或无水、微水、蒸汽洗车工艺。

4.0.4 采用自动化循环水洗车工艺的清洗设备应符合下列规定：

1 清洗设备的冲洗、刷洗、烘（吹）干等装置的设置应根据清洗工艺要求确定，可单一设置，也可组合设置；

2 车辆到位后各自动控制装置启动或关闭的时间允许偏差应为±2s；

3 清洗设备应具有对车辆各部位外表面的清洗功能，并使清洗完的车辆达到清洗质量要求；

4 刷洗装置的刷毛应采用柔软、吸水量大、耐磨且不易挟裹沙粒或杂物的材料；

5 清洗设备的电气控制系统应有防护措施、抗干扰能力和检测能力，并应有完善的系统保护功能，发生故障时系统应能紧急停机；

6 清洗设备及其零件、紧固件应采用防腐材料或进行防腐处理；

7 清洗设备的机架材料质量应安全可靠，并应经过必要的防腐处理。

4.0.5 采用半自动化循环水洗车工艺的清洗设备应符合下列规定：

1 所配备的高压清洗机、泡沫机、空气压缩机、循环水处理机等应采用高效率、低能耗、低噪声、符合环保要求的设备。

2 高压清洗机应符合现行国家标准《可移式电动工具的安全　第一部分：通用要求》GB 13960.1和《可移式电动工具的安全　第二部分：高压清洗机的专用要求》GB 13960.12的相关要求。

4.0.6 采用微水、无水和蒸汽洗车工艺的清洗设备应符合下列规定：

1 用微水、无水洗车的清洗设备应采用成熟可靠的技术，操作简单、易于维护；

2 洗车液应无磷、无毒、无腐，不伤漆膜，安全环保；

3 锅炉产汽式蒸汽洗车设备应符合《压力容器定期检验规则》TSG R7001的有关规定。

4.0.7 车辆轮胎及底盘清洗宜采用自动化循环水清洗工艺，其清洗设备应符合下列规定：

1 整机结构应简单紧凑、占地面积少，操作简便、工作稳定性好；

2 清洗过程宜采用自动化控制，并设有手动、半自动功能；

3 安全设计应可靠、安全装置应齐全、安全标识应清晰，并应确保清洗过程安全、有序；

4 结构件、水管、水箱等应作专业的防腐、防锈处理，并应确保能长期、可靠地使用；

5 清洗水压、流量、清洗角度和清洗时间应能调整，并应满足各种车辆轮胎和底盘的清洗要求；

6 整机应装有污泥收集装置，并应满足清洗后污泥及时清运的要求。

4.0.8 清洗车辆底盘和车轮宜采用0.2MPa～1.0MPa的水压，清洗车厢宜采用0.2MPa～0.8MPa的水压，刷洗车厢宜采用0.2MPa～0.3MPa的水压。

5 建筑设计及其他

5.0.1 机动车清洗站的建筑形式、风格、色调应与周边建筑和环境相协调。

5.0.2 机动车清洗站的建筑结构应在满足安全性与耐久性要求的前提下，符合清洗工艺和清洗设备安装及维护的要求。

5.0.3 机动车清洗站进出口、车行道、停车场地面应采用混凝土或沥青铺设，洗车工作区地面应采用混凝土铺设，不应使用土面、煤渣、碎石等场地。

5.0.4 清洗设备应设在室内，车辆清洗应在清洗间内进行。当临时性清洗设施设在室外时，应建洗车台或洗车道，并采用围护结构围挡，不应占用人行道或其他公共活动场所。

5.0.5 机动车清洗站清洗间宜为单层建筑，或设在建筑物的底层。清洗间设计除应满足清洗车辆、清洗工艺、清洗设备及噪声控制的要求外，还应符合下列规定：

1 清洗间内净高不宜低于3.6m，进深不宜小于8m。

2 清洗间进出大、中型车辆的门，其宽度不应小于4m；进出小型车辆的门，其宽度不应小于3m。

3 清洗间内应设置内墙裙，其高度不得小于1.5m，应选用防水，易清洗材料。对于长期处于潮湿环境下的清洗间，所有的墙面和顶面应加做防水层后再做饰面，饰面材料应满足防水、耐腐蚀的要求。

4 清洗间内的人行通道宽度应大于0.8m。

5 清洗间冬季室内应有防冻措施，避免室内的地面、墙面、设备、设施等结冰。

5.0.6 清洗间地面、洗车台、洗车道的设计应符合下列规定：

1 应符合清洗设备、清洗工艺的要求；

2 宜采用钢筋混凝土结构，设计荷载应按被洗车型确定，且不得小于汽-15级；

3 有较好的防水性、防滑性和排水性。

5.0.7 机动车清洗站控制室设计应符合下列规定：

1 控制系统可采用分区、分段控制，大型机动车清洗站应采用集中控制；

2 大型机动车清洗站的控制室内净高不应低于2.5m，应能观察工作区域，通风、采光良好，振动小。

5.0.8 机动车清洗站污水处理及循环水回用系统的建（构）筑物设计应符合现行国家标准《室外排水设计规范》GB 50014、《污水再生利用工程设计规范》GB 50335、《建筑中水设计规范》GB 50336、《工业建筑防腐蚀设计规范》GB 50046的有关规定。

5.0.9 机动车清洗站的采光设计应符合现行国家标准《建筑采光设计标准》GB/T 50033的有关规定。

5.0.10 机动车清洗站的通风、排气应符合现行国家标准《采暖通风与空气调节设计规范》GB 50019的要求。

6 给水排水及污水处理系统

6.1 给水排水系统

6.1.1 机动车清洗站洗车用水水源应符合下列规定：

1 可选用符合洗车用水水质要求的市政再生水、雨水、建筑中水等非传统水源。有条件时应优先使用市政再生水。

2 选用自来水或地下水等传统水源时，应符合当地行政主管部门的有关规定，洗车用水应单独装表计量并循环使用。

6.1.2 采用非传统水源或循环用水洗车时，水质应符合现行国家标准《城市污水再生利用 城市杂用水水质》GB/T 18920的有关规定。

6.1.3 洗车用水量应根据洗车用水定额及每日洗车数量计算确定。洗车用水定额应根据清洗设备、清洗工艺、道路路面等级、机动车类型和污染程度确定，并应符合表6.1.3规定。

表6.1.3 机动车洗车用水量［L/（辆·次）］

用水量 / 车辆类型	半自动化洗车			自动化洗车
	高压喷枪冲洗	微水	蒸汽	自动化洗车机（循环用水补水）
微型车	40～60	10～15	3～5	20～30
小型车				
中型车	80～120	15～30	—	40～60
大型车		30～40	—	
铰接车	—	—		150～180

注：1 采用微水、蒸汽洗车的用水量为车身清洗的用水量，不包括底盘和轮胎清洗，车辆类型参考表2.1.3；

2 当车辆清洗设备用水量定额有特殊要求时，其值应按设备要求确定。

6.1.4 机动车清洗站的消防用水的水压和水量应符合现行国家标准《建筑设计防火规范》GB 50016、《汽车库、修车库、停车场设计防火规范》GB 50067的有关规定。

6.1.5 机动车清洗站内洗车用水供水管道的布置和敷设应符合下列规定：

1 供水管道管材及配件应采用耐腐蚀的管材及附件。供水管道承压能力应达到工作压力的1.5倍。

2 供水管道除主干管应装有总阀门外，每条分管道也应装有分阀门。供水管道中应装有调压泄荷阀门，并应在最低位置装有排空阀门。

3 铺设水平管道应有0.2%～0.5%的坡度坡向排空阀门。

4 洗车用水为非传统水源或循环用水时，其供水管道与生活饮用水管道、排水管道平行埋设时，其水平净距离不得小于0.5m；交叉埋设时，供水管道应位于生活饮用水管道下方，排水管道的上方，其净距离不应小于0.15m。供水管道与其他专业管道的间距按现行国家标准《建筑给水排水设计规范》GB 50015中给水管道要求执行。

6.1.6 洗车用水直接使用非传统水源或循环用水时，洗车用水供水管道除应符合本规范第6.1.5条的规定外，供水系统及管道还应采取下列安全保障措施：

1 供水管道不得与生活饮用水给水管道连接；

2 供水管道应按设计规定涂色或标识，并应符合现行国家标准《建筑中水设计规范》GB 50336、《建筑与小区雨水利用工程技术规范》GB 50400的要求；

3 水池（箱）、阀门、水表及给水栓、取水口等均应采取防止误接、误用、误饮的措施；

4 供水系统宜设有备用水源、溢流装置及相关切换设施等；

5 再生水、雨水、建筑中水等在处理、储存、输配等过程中应采取安全防护和监测、检测控制措施。

6.1.7 机动车清洗站的生活污水不应排入洗车污水处理及循环水回用系统。

6.2 污水处理及循环水回用系统

6.2.1 机动车清洗站的洗车污水应全部截流。循环使用的洗车污水应根据污水的水质、水量，采用隔油、沉淀、过滤、消毒等基本工艺和其他深度处理工艺处理，出水水质符合现行国家标准《城市污水再生利用 城市杂用水水质》GB/T 18920的要求后回用；不循环使用的洗车污水经隔油、沉淀等预处理，达到现行国家标准《污水综合排放标准》GB 8978的纳管标准后，方可排入市政污水管网。

6.2.2 循环水回用系统中应敷设一条补水管，补水量根据洗车过程中损失的水量确定。当采用自来水作为补充水时，补水管应安装水表并应采取防止自来水被污染的措施。

6.2.3 循环水回用系统的洗车用水储存池（箱）容积应大于2h的最大用水量，储存池（箱）宜采用耐腐蚀、易清垢的材料制作。钢板池（箱）内、外壁及其附配件均应采取防腐蚀处理。

6.2.4 选用一体化循环用水处理设备或组合设备时，主要设备或环节的处理效果应达到预定的标准。

7 电气系统

7.0.1 机动车清洗站的用电负荷等级和供电要求，应根据现行国家标准《供配电系统设计规范》GB 50052和机动车清洗工艺要求确定，除有特殊要求外，机动车清洗站的用电负荷宜为三级，供电系统的电压等级应为220/380V。

7.0.2 机动车清洗站的洗车工作区的低压配电线路应安装漏电保护装置，并应做好漏电保护装置的上下级配合。

7.0.3 机动车清洗站洗车工作区的电气设备应采用安全电压，非安全电压的电气设备应置于洗车工作区之外。洗车工作区电气设备的外壳防护等级不得低于IP55，电气控制箱的防护等级不得低于IP65，向该工作区供电的线路必须采用绝缘等级为500V加强绝缘的铜芯电缆。

7.0.4 机动车清洗站的洗车工作区的安全电压回路的带电部分不得与大地连接，不得与其他回路的带电部分或保护线连接。用电设备非带电部分的金属外壳应作等电位连接。

7.0.5 机动车清洗站新装、大修或长时间停用后需要恢复使用的设备，其电动机绕组对地绝缘电阻值不应小于0.5MΩ；三相不平衡电流不应超过额定电流的10%。

7.0.6 机动车清洗站洗车工作区应采用节能、防潮的照明装置和开关，供电插座应使用防水型插座。照明装置安装应正确、合理、牢固和整齐。灯具、开关、灯头、插座、接线盒等部件的规格与性能应相互匹配，并且完整无损。灯具与相关附件的连接应正确可靠。

7.0.7 机动车清洗站的防雷及接地设计，应符合现行国家标准《建筑物防雷设计规范》GB 50057的有关规定。

8 环境保护与劳动卫生

8.0.1 机动车清洗站的洗车污水处理系统、循环水回用系统和排污装置等辅助设施应与清洗站的主体设施同时设计、同时建设、同时启用。

8.0.2 对清洗作业等过程中产生的噪声和振动应分别采用有效的降噪和减振措施。噪声控制应符合现行国家标准《工业企业厂界环境噪声排放标准》GB 12348的有关规定。

8.0.3 机动车清洗站应有污泥和废油的储存设施，污泥和废油应定期处置。

8.0.4 机动车清洗站安全与劳动卫生措施应符合现行国家标准《生产过程安全卫生要求总则》GB 12801的有关规定。

8.0.5 机动车清洗站应在危险位置设置醒目的警示标志，应有可靠的防护措施。

8.0.6 机动车清洗站内应按国家劳动保护的相关规定配备劳动保护用品、用具。

8.0.7 机动车清洗站内应按现行国家标准《建筑灭火器配置设计规范》GB 50140设置消防设施和器材。

9 施工、验收及运行维护

9.1 施工与验收

9.1.1 机动车清洗站各建（构）筑物和安装工程施工应符合施工图设计文件、设备技术文件的要求。

9.1.2 工程施工中使用的材料、预制构件、器件等应符合国家现行有关标准和设计要求，并应取得供货商的合格证明文件。

9.1.3 工程的施工变更应按经批准的设计变更文件进行。

9.1.4 设备安装施工前应有符合设备安装的环境条件。

9.1.5 清洗设备的试验与验收应符合本规范第4章的相关要求。

9.1.6 对国外引进的专有清洗设备安装工程施工与验收，应按供货商提供的设备技术说明、合同规定及商检文件执行，并应符合国家现行有关标准的规定。

9.1.7 电气装置的施工与验收应符合现行国家标准《电气装置安装工程　低压电器施工及验收规范》GB 50254、《电气装置安装工程　1kV及以下配线工程施工及验收规范》GB 50258、《电气装置安装工程　旋转电机施工及验收规范》GB 50170、《电气装置安装工程　接地装置施工及验收规范》GB 50169的有关规定。

9.1.8 机动车清洗站的采暖、给排水和污水处理及循环水回用系统工程的施工与验收应符合现行国家标准《建筑给水排水及采暖工程施工质量验收规范》GB 50242的有关规定。

9.1.9 洗车用水供水管道应按现行国家标准《建筑给水排水及采暖工程施工质量验收规范》GB 50242的有关规定进行水压试验。

9.1.10 循环用水的水质按现行国家标准《城市污水再生利用　城市杂用水水质》GB/T 18920的规定进

行验收。

9.1.11 排出机动车清洗站外的污水水质按现行国家标准《污水综合排放标准》GB 8978 的规定和当地环境保护部门的要求进行验收。

9.2 运行维护与安全

9.2.1 机动车清洗站应具有完备的车辆清洗安全管理规章制度、安全操作规程和维修保养制度。

9.2.2 运行管理人员应掌握本单位车辆清洗工艺设备的运行管理要求、技术指标及安全操作规程。

9.2.3 操作人员应熟悉本单位车辆清洗工艺设备的运行要求，掌握本岗位的运行维护技术要求，遵守安全操作规程。

9.2.4 机动车清洗站的各类设施、设备应保持清洁、完好。

9.2.5 车辆清洗工艺设备启动前应充分做好检查和准备工作，确认无误后方可开机运行。

9.2.6 操作人员应按时填写运行记录和维修保养记录。

9.2.7 依照设备说明定期检测调整各部件及更换润滑油。

9.2.8 发现运行异常时，应采取相应措施并及时上报维修。

9.2.9 洗车用水为非传统水源或循环用水时，应符合下列规定：

1 应进行水质检测，水质检测的项目、方法及频率应符合现行国家标准《城市污水再生利用　城市杂用水水质》GB/T 18920 的要求；

2 防止误接、误用、误饮的措施应保持明显和完整。

9.2.10 操作人员上岗时应遵守安全作业和劳动保护规定，穿戴相应的劳保用品。

本规范用词说明

1 为便于在执行本规范条文时区别对待，对要求严格程度不同的用词说明如下：

1）表示很严格，非这样做不可的：
正面词采用“必须”，反面词采用“严禁”。

2）表示严格，在正常情况下均应这样做的：
正面词采用“应”，反面词采用“不应”或“不得”。

3）表示允许稍有选择，在条件许可时首先应这样做的：
正面词采用“宜”，反面词采用“不宜”。

4）表示有选择，在一定条件下可以这样做的，采用“可”。

2 本规范中指明应按其他有关标准执行的写法为：“应符合……规定”或“应按……执行”。

引用标准名录

1 《室外排水设计规范》GB 50014

2 《建筑给水排水设计规范》GB 50015

3 《建筑设计防火规范》GB 50016

4 《采暖通风与空气调节设计规范》GB 50019

5 《建筑采光设计标准》GB/T 50033

6 《工业建筑防腐蚀设计规范》GB 50046

7 《供配电系统设计规范》GB 50052

8 《建筑物防雷设计规范》GB 50057

9 《汽车库、修车库、停车场设计防火规范》GB 50067

10 《建筑灭火器配置设计规范》GB 50140

11 《电气装置安装工程　接地装置施工及验收规范》GB 50169

12 《电气装置安装工程　旋转电机施工及验收规范》GB 50170

13 《建筑给水排水及采暖工程施工质量验收规范》GB 50242

14 《电气装置安装工程　低压电器施工及验收规范》GB 50254

15 《电气装置安装工程　1kV 及以下配线工程施工及验收规范》GB 50258

16 《污水再生利用工程设计规范》GB 50335

17 《建筑中水设计规范》GB 50336

18 《建筑与小区雨水利用工程技术规范》GB 50400

19 《污水综合排放标准》GB 8978

20 《工业企业厂界环境噪声排放标准》GB 12348

21 《生产过程安全卫生要求总则》GB 12801

22 《城市污水再生利用　城市杂用水水质》GB/T 18920

23 《可移式电动工具的安全　第一部分：通用要求》GB 13960.1

24 《可移式电动工具的安全　第二部分：高压清洗机的专用要求》GB 13960.12

25 《压力容器定期检验规则》TSG R7001

中华人民共和国行业标准

机动车清洗站技术规范

CJJ/T 71—2011

条 文 说 明

修 订 说 明

《机动车清洗站技术规范》CJJ/T 71－2011，经住房和城乡建设部2011年8月4日以第1117号公告批准、发布。

本规范是在《机动车清洗站工程技术规程》CJJ 71－2000的基础上修订而成，上一版的主编单位是天津市环境卫生工程设计院，参编单位是武汉市环境卫生科学研究所，主要起草人员是刘伯群、吴健平、张德盛、冯其林、鲁正铠、牟惠传。修订的主要技术内容是：1. 对规范的章节次序和内容作了较大调整；增加了环境保护与劳动卫生一章；2. 增加了工艺及设备和电气系统两章，调整了施工、验收及运行维护的技术内容；3. 增加了中、小型机动车辆清洗站有关站型、选址、清洗工艺、清洗设备等技术内容；4. 增加了对环境卫生、渣土运输等专用车辆清洗设施的相关要求；5. 增加了关于无水、微水、循环水、再生水洗车的技术要求。

本规范修订过程中，编制组进行了广泛的调查研究，总结了我国机动车清洗站工程建设的实践经验，同时参考了国外先进技术法规、技术标准，通过试验取得了清洗站规模确定的重要技术参数。

为便于广大设计、施工、科研、学校等单位有关人员在使用本规范时能正确理解和执行条文规定，《机动车清洗站技术规范》编制组按章、节、条顺序编制了本规范的条文说明，对条文规定的目的、依据以及执行中需注意的有关事项进行了说明。但是，本条文说明不具备与规范正文同等的法律效力，仅供使用者作为理解和把握规范规定的参考。

目　次

1 总 则

1.0.1 明确了制定本规范的目的。《机动车清洗站工程技术规程》CJJ 71－2000于2000年8月1日制定并实施至今，我国国情发生了很大的变化：一是汽车保有量迅猛增加，带动了洗车行业的大力发展，机动车清洗站已经成为改善城市功能的重要服务设施；二是我们国家在节约用水及环境保护等方面制定了多项新的技术政策和法律法规；三是新的洗车技术的出现和广泛应用。这些变化突显出原标准的一些内容已不适应现在的城市发展和城市管理的要求。目前我国洗车业仍处于自发创业和扩张时期，由于缺乏规范管理，存在着无序竞争严重、选址不合理、水资源浪费严重、服务标准不规范等问题，对城市环境和居民生活造成不良影响。为规范机动车辆清洗站的建设，加强城市市容和环境卫生管理，规范机动车辆清洗保洁市场，提高机动车保洁水平，进而实现节约用水、保护环境的目的，修订本规范。

1.0.2 规定了本规范的适用范围。本规范不仅适用于新建的机动车清洗站，同时也适用于扩建和改建的机动车清洗站。

1.0.3 规定了机动车清洗站采用的新技术、新设备、新工艺等应遵循的原则。

近年来，新的洗车设备和技术得到很大的发展，自动化循环水洗车技术、无水洗车技术、微水洗车技术及蒸汽洗车技术等节水洗车新技术已达到实用化水平，并被列入《国家鼓励发展的资源节约综合利用和环境保护技术》(2005年)、《中国节水技术政策大纲》(2005年)及《建设事业"十一五"推广应用和限制禁止使用技术公告》(2007年)中，是得到广泛推广使用的节水洗车技术。特别是自动化循环水洗车技术，完全采用电脑控制，全自动流水线洗车设备使洗车过程自动完成，洗车后的废水全部进行深度处理后回用，既提高了洗车的质量和速度，降低了运行成本，又解决了环境污染问题，节约了水资源，经济效益、环境效益、社会效益都比较显著。因此，应鼓励机动车清洗站在工程建设、运行管理等方面，汲取国内外先进技术及科研成果，结合国情，积极采用技术成熟、经济合理、节水、节能的新技术、新设备、新工艺和新材料，提高机动车清洗保洁的技术水平。

1.0.4 机动车清洗站作为完善城市功能的重要服务设施，在选址、设计、施工、验收及运行维护时，除应符合本规范外，还应符合国家现行有关标准的规定，包括城市规划、环境保护、交通管理、环境卫生、节水、节能、节地、消防、劳动安全和职业卫生等有关标准和规范。

2 站型与选址

2.1 站型与规模

2.1.1 机动车清洗站按服务对象分为公共机动车清洗站和专用机动车清洗站两类。

公共机动车清洗站是指面向社会开放，为社会车辆提供清洗保洁服务的场所，所清洗的车辆一般以中、小型汽车为主，类型以轿车居多。专用机动车清洗站是指为交通、运输和建设单位内部设置的，为本单位工作需要设立的车辆清洗保洁服务的场所，所清洗的车辆包括一般车辆和需要进行专门管理的专用车辆，专门管理的专用车辆中多以大、中型或重型货物等运输车辆为主。

2.1.2 本条根据目前国内大部分城市机动车清洗站规模类型的现状，将机动车清洗站按日洗车能力分为大、中、小三种规模类型，日洗车能力按日洗车量来表示。机动车清洗站因规模类型不同，其清洗工艺及设备、用地面积、配套及辅助设施、人员配备等均不同。

考虑到洗车效率和清洗设备的备用性等问题，结合各地的经验，大型机动车清洗站多采用自动化洗车方式，一般配备4套～6套自动化洗车装置；中型机动车清洗站一般也采用了自动化洗车方式，或采用自动化和半自动化相结合的洗车方式，一般配备2套～3套自动化洗车装置；对于日清洗量大于100辆的小型机动车清洗站，通常采用自动化和半自动化相结合的洗车方式，配备1套自动化洗车装置，对于日清洗量小于100辆的小型机动车清洗站，通常采用半自动化洗车方式。

2.1.3 目前，从快速增长的城市机动车保有量看，小轿车占主导地位，因此机动车清洗站日洗车量统计取小型客车为标准车型。表2.1.3是参考《停车场规划设计规则》(试行)及现行行业标准《机动车类型术语和定义》GA802中的有关车型换算的内容而制定，此表适用于载客汽车的车型换算。

2.2 选 址

2.2.1 本条为机动车清洗站选址的一般原则。不论是公共机动车清洗站还是专用机动车清洗站，都会对城市交通、市容环境、环保等方面产生较大的影响，因此在其选址上应该有一定的限制和要求。

1 本款为机动车清洗站选址应符合的规划要求。近年来，随着机动车保有量的激增，使机动车清洗站得到较大发展，并成为完善城市服务功能的重要的环境卫生设施之一。根据现行国家标准《城市环境卫生设施规划规范》GB 50337的有关规定，机动车清洗站选址应在城市规划建成区内，因此机动车清洗站应纳入城市总体规划、环境卫生专业规划、城市道路交通规划等相关规划中，并与这些规划相互协调、保持一致。如果在城市的城市总体规划、环境卫生专业规划和城市道路交通规划中缺乏有关机动车清洗站的内容，则其选址由建设主管部门会同规划、土地、环保、市容、环卫、交通等有关部门进行，或及时征求有关部门的意见。

2 本款为机动车清洗站站址需要具备的必要条件。与原标准相比，选址新增加了满足污水排放要求，使洗车污水及时得到收集、处理，不得随意排放。

3 本款规定了机动车清洗站站址与交通的要求。机动车清洗站选址既要临近城市道路，方便车辆清洗，又不影响道路交通，因此首先考虑选择在交通情况比较良好而又进出方便的道路附近，同时要避免建在交通拥挤地段和车流量较大的道路交叉口。

4 本款是机动车清洗站的站址确定时还需考虑地质灾害和次生地质灾害的发生。

2.2.2 本条对大型公共机动车清洗站的选址范围提出建议。近年来，为满足群众日益增长的洗车需求，加强市容环境管理和交通秩序安全管理，一些城市的政府部门开始加强机动车清洗站的建设工作，在主城中心区外围和城市的入口处建设了大型机动车清洗站。如2001年投入使用的山西太原晋祠机动车清洗中心，日清洗量1860辆，占地14100m^2；2007年投入使用的马鞍山市湖北路大型综合洗车场，总建筑面积近5000m^2，投资2000万元；景德镇2008年投资200万，在城区的四个主要入城口新建四座洗车场，总占地7600m^2；2009年5月投入运营的成都市成渝高速入城大型洗车场，占地5000m^2，配备了2台轿车洗车机，1台客车洗车机。这些大型机动车清洗站多以政府出资建设，采用自动化洗车工艺，洗车用水循环使用，管理规范，但目前数量还不是很多。

2.2.3 本条对中、小型公共机动车清洗站的选址范围提出建议。这与《汽车库建筑设计规范》JGJ 100、《汽车客运站建筑设计规范》JGJ 60、《城市公共交通站、场、厂设计规范》CJJ 15和《铁路车站及枢纽设计规范》GB 50091等规范的规定相统一，同时新增了加油站、高速公路服务区这两个选址范围。因为这些场所不仅能够提供清洗站经营所需要的大量客源，同时还能够满足消防、环保、交通、停车等方面的特殊要求，其配套及辅助设施也可与所附属的设施合并使用，避免不必要的浪费。

根据调查，国外大多数城市中的清洗站多是和加油站等场所合并设置的。我国上海、深圳、成都、杭州、苏州、南京、福州、太原、西安等城市在其机动车清洗管理规定中，对中、小型公共机动车清洗站的选址也提出相关要求，如严禁在城市主干道两侧设立独立的机动车清洗站，在城市主要商业区和临街底商不允许再设立独立的清洗站等，这些规定更促使加油站、停车场（库）等场所成为中、小型清洗站主要的理想选址地点。为规范中、小型清洗站选址范围，防止小规模清洗站建站过多，引发无序竞争，应鼓励中、小型清洗站设置在加油站、停车场（库）、高速公路服务区、车站、港口、机场等相应的配套设施内，并可根据这些相应配套设施的规模设置相应规模的清洗站。

2.2.4 对专用机动车清洗站的选址范围作出规定。专用机动车清洗站选址在符合城市总体规划、环境卫生专项规划及相关规划要求的同时，应由车辆所属单位统一规划。对于在城市总体规划、环境卫生专项规划及相关规划没作要求的专用机动车清洗站，在进行车辆所属单位统一规划时，可一并考虑，并与规划、环保、市容、环卫、交通等有关部门协调获得批准。

公交汽车、客运出租汽车、货物运输车辆、物流市场等单位是专用车辆比较集中的地方，各单位应根据需要进行统一规划，配置专用的车辆清洗设施或建设专用清洗站。垃圾转运站、垃圾处理场、采掘场、矿山等易造成车辆污染的场所，也应设置专用车辆清洗设施或建设专用车辆清洗站。

2.2.5 市政建设工地、建筑施工工地等已成为城市道路重要的污染源，也是产生城市道路扬尘污染的主要因素。因此根据现行行业标准《建筑施工现场环境与卫生标准》JGJ146及各地文明施工管理规定和环境卫生管理规定，对这些存在阶段性车辆污染的场所，应设置临时性专用车辆清洗设施，主要对驶离车辆的轮胎和底盘进行清洗，减少渣土运输车辆轮胎带泥上路所造成的道路扬尘污染，这是必要的道路防尘措施之一。

3 总平面布置

3.0.1 本条为大、中型机动车清洗站的总平面布置的内容和基本原则。根据目前全国机动车清洗站的现状调查，大、中型清洗站的功能区按业务内容可分为洗车工作区、辅助设施区、车行道及停车场地、办公区、绿化等；小型机动车清洗站由于场地受限，不必严格分区，但在总平面布局中应全面考虑各使用功能的需要。洗车工作区由清洗间、洗车台（道）及辅助工作间等车辆清洗设施组成；辅助设施区主要由洗车污水处理及循环水回用设施组成，一些机动车清洗站的辅助设施还包括车辆美容、保养等设施；办公区由运营管理办公室、值班室、接待室、休息室、卫生、消防等设施组成。机动车清洗站总平面布置应依据其类型、规模、所采用的清洗工艺、环境保护要求、地理、气象、水文和社会等条件作具体分析和选择。

3.0.3 本条为交通安全而规定，防止发生车辆堵塞和碰撞。

1 本款参考国家现行行业标准《汽车库建筑设计规范》JGJ 100、《城市道路设计规范》CJJ 37 有关汽车库、停车场车辆出入口的相关规定而制订。城市主干路的交通流量大，清洗站进、出口直接设于主干路上，往往容易造成交通阻塞。在城市道路为三幅路（或以上）的主干路上，进、出口应先与两侧辅路相连接，然后再根据道路的出入口位置汇入道路主路。

2 本款参考现行国家及行业标准《汽车加油加气站设计与施工规范》GB 50156、《汽车库建筑设计规范》JGJ 100 有关汽车库、加油站及停车场车辆出入口的相关规定，同时参考国外清洗站进、出口的设置要求，对大型机动车清洗站进、出口分开设置提出要求，这主要是从安全和防止进、出口发生堵塞考虑。

3 为使进出清洗站的车辆视野开阔，清洗站面向进、出口应有良好的通视条件，这样既可保证行车安全，也方便操作人员对清洗车辆的管理。同时为保证行车安全，在清洗站进、出口应设立限速、引导、警告等醒目标志。

3.0.4 近年来，许多机动车清洗站均采用了全自动清洗设备，洗车效率大大提高。但由于没有设置足够的候洗停车场地，导致清洗车辆高峰流量时，造成清洗站入口前拥堵，有的小型清洗站甚至将候洗车辆泊位设置在马路便道，这些都给道路交通带来严重影响。因此，为保证全部车辆能够进站有序清洗，不影响道路交通，机动车清洗站应按机动车高峰流量与洗车能力之差设置必要的候洗车辆泊位和擦车泊位，使泊位数与清洗站洗车能力相适应。通过调查得到，一般泊位数宜按该清洗站清洗设备每小时最大清洗车辆数的50%设置。

3.0.5 为了方便车辆清洗和加强安全管理，机动车清洗站内应设置交通标志、标线。大型机动车清洗站车流量较大，同时规定在清洗设备、被洗车辆发生故障或其他事故时，应给车辆和人员提供安全疏散通道。

3.0.6 机动车清洗站建（构）筑物的布置在满足清洗工艺要求的前提下，应符合下列规定：

1 本款为机动车清洗站的车辆清洗设施的设置要求。为保证车辆能全部进站清洗，减少对道路交通和周围环境的影响，同时又能使清洗完的车辆迅速、方便地离开，车辆清洗设施宜独立设置，并与清洗站进、出口及各边界保持一定距离。

2 洗车工作区和办公及辅助用房宜分开设置，这样既能保证洗车工作区的操作安全，又可保证办公人员等不受到干扰。

3.0.7 市政建设工地、建筑施工工地、垃圾处理场、采掘场等是易造成车辆轮胎和底盘污染的场所，这些场所宜设置车辆轮胎和底盘清洗设施，主要目的是对驶离车辆的轮胎和底盘进行清洗，减少道路扬尘污染。本条对这些场所的车辆轮胎和底盘清洗设施的布置作出规定。对于市政建设工地、建筑施工工地等阶段性车辆污染的场所，宜设置临时性轮胎和底盘清洗设施；对于垃圾处理场、采掘场等宜设置固定性轮胎和底盘清洗设施。

3.0.8 本条对单独设置的机动车清洗站的绿化率提出要求。清洗站是车流量较大的场所，为改善站内环境并减少对周围环境的影响，同时保持站内应有良好的安全视距，应有绿化要求，一般可在场站四周和站内各区域的边角空地设置矮小绿化带。而对于附属在停车场、加油站等场所或专用单位用地范围内的机动车清洗站，其绿化率应由停车场、加油站等场所或专用单位统一考虑，不再单算绿化率。

4 工艺及设备

4.0.1 20世纪90年代以前，由于机动车数量少，以及人们对车辆清洗保养要求不高，洗车仅仅是用水简单冲洗一下而已。随着人们生活水平的提高和汽车逐渐进入家庭，有关汽车清洗和保养的服务行业不仅数量大大增加，而且洗车的设施装备及技术水平都得到了很快的提升，使服务内容和服务质量得到了拓展和提高。但由于各地区经济、技术发展不平衡，致使机动车清洗技术水平参差不齐。机动车清洗工艺按自动化程度可分为人工、半自动化及自动化；按采用的清洗剂可分为水、蒸汽和化学清洗剂清洗工艺。在使用中，几种清洗工艺可相互结合，互为补充。目前主要的机动车清洗技术分为以下几种形式：

1 人工洗车：该洗车方式完全由人工操作，因而清洗时间较长，适宜清洗的车辆类型以小型车辆为主。由于缺乏规范管理，洗车工的不规范操作较严重，长期使用这种不规范的洗车，会使车身漆面受损。同时大部分清洗站直接采用自来水管冲洗车身，造成自来水的严重浪费和环境污染。

2 半自动化洗车：采用由人工操作的各种小型专用清洗设备洗车，洗车的效率、质量较人工洗车要好，用水量较人工洗车要少。

1）高压水枪洗车：由人工采用高压水枪或高压清洗机等一些可移动的小型清洗设备来清洗车身外部的洗车方式。采用高压水冲洗车身时，水压不宜过高，否则车身水压过大，会损害车漆，同时还应防止将水喷溅进车辆的锁孔、发动机的电气系统等部位。由于目前绝大多数清洗站的高压水枪洗车的洗车用水只采用自来水，虽然用水量较人工洗车要少，但没有循环使用，也造成了水资源的严重浪费。

2）半自动化循环水洗车：操作过程与高压水枪洗车基本一样，但除了有专用的洗车设备外，还有专用的小型循环水处理设备，洗车用水可循环使用，是一种节水的洗车方式。目前在一些缺水的大中城市，正在广泛地推广使用。

3）无水、微水和蒸汽洗车：无水洗车是指不以水为清洗介质，使用化学清洁剂等用品对汽车进行清洗的洗车方式；微水洗车是指将少量的水充分加压雾化后，利用高压雾化水对车辆进行喷雾清洗，以高速气流结合水雾两相流的洗车方式；蒸汽洗车是指利用高压高温热分解原理，使高温高压水蒸气直接作用到车体表面的洗车方式。这三种洗车方式最适用于中、小型汽车车身的清洗，但对于大型汽车或底盘太脏车辆的清洗不太适宜。随着我国水资源短缺的进一步加剧，使本已严重的水资源供需失衡的矛盾显得更加突出，节水洗车已成为当前的发展趋势，这三种洗车方式可作为有水洗车方式的一种有力的补充。

3 自动化循环水洗车：采用自动化洗车系统，洗车用水循环使用的洗车方式。这种洗车方式一般由电脑按设计程序控制全过程的操作，这样大大提高了洗车设备运行过程中的精确度、洗车效率和质量，并且洗车用水可通过水循环系统，经过处理后循环再利用。

自动化循环水洗车工艺按清洗设备的清洗方式一般分为移动式（隧道式）和固定式（往复龙门式）。移动式是指在电脑的控制下，由清洗设备的输送系统输送车辆依次进入各工序，最终完成车辆清洗的任务。它采用连续生产线布置，各工序时间较短，可进行在线洗车。生产效率高，每小时最大洗车能力为60辆，但由于各工序分开布置，设备占地面积及所需作业场地大，设备前期投资较大。固定式是指在车辆定位后，清洗设备启动，通过清洗设备移动依次完成各工序。其特点是各工序机构集中于一个工位，同一工位需要完成所有的工艺任务，各工序之间需要顺序进行。与移动式相比，洗车效率稍低，一般每小时最大洗车能力为20辆，但由于机构紧凑，设备占地面积及所需作业场地小，设备前期投资相对较小。

4.0.2 为保证机动车的清洗质量及清洗工作的有序进行，本条提出车身清洗的工艺流程按预冲洗、底盘冲洗、洗涤剂清洗、清水冲淋、蜡洗、吹干的顺序设置。

4.0.3 本条提出了大、中、小型机动车清洗站采用的洗车工艺。大、中型机动车清洗站日清洗车辆较多，若采用人工、半自动化清洗方式，劳动强度高、效率低、资源浪费严重，采用自动化循环水洗车工艺可提高清洗效率，改善清洗作业条件，节约水资源。

为了节约用水，提高洗车质量，杜绝粗放型洗车方式，小型机动车清洗站应根据日平均清洗量及车辆清洗要求，采用相应的节水洗车工艺。经过经济技术比较，一般日平均清洗量大于100辆的清洗站，采用自动化循环水洗车工艺还是比较合理的；当日平均清洗量小于100辆时，采用半自动化循环水洗车工艺较经济。在干旱或严重缺水地区以及清洗的车辆主要是以城市中行驶的中、小型汽车为主时，适宜的清洗工艺为无水、微水和蒸汽洗车。

4.0.4 本条是对采用自动化循环水洗车工艺的各类型自动化清洗设备的基本技术要求。

自动化循环水洗车工艺的清洗设备一般由电脑按设计程序控制全过程的操作，故又称为电脑洗车机。该清洗设备按所清洗的车型可分为小车型洗车机、大车型洗车机和特种车型洗车机，按清洗方式可分为移动式洗车机（隧道式）和固定式洗车机（往复龙门式），按清洗时有无刷毛可分为接触式洗车机和无接触式洗车机。

无接触式洗车机清洗时主要由高压水介质冲洗车身，整个清洗过程中只有中性水和活性剂与车身接触，无任何有形的东西，如软布、毛刷或其他洗涤媒介与车身接触。无接触式洗车机普遍较接触式洗车机用水量大，水处理费用高。

接触式洗车机清洗时需用毛刷接触车身，主要分为隧道式洗车机和往复龙门式洗车机两种机型，是目前市场上使用相对普遍的两种机型，主要由清洗系统、供水系统、电气控制系统、压缩空气供给系统、洗涤剂供给系统、机械传动系统、行走系统等构成。往复式洗车机：当车辆开进设备后，其位置固定不动，设备的龙门带着洗车用具，前后移动，完成洗车的各个工序。隧道式洗车机：当洗车时，洗车机不动，车辆在机器的拖动下，缓慢通过洗车机的工作区域，洗车机按照相应的指令程序来清洗车辆。

1 各类型自动化清洗设备装置主要包括冲洗装置、刷洗装置、烘（吹）干装置等。冲洗装置：一般由水管、喷嘴、水泵等组成，从各方向喷射的高压水束或高压水雾柱，可形成密布的高压水网，冲洗车辆顶部、两侧、尾部及底盘等部分，均设置在洗车的开始阶段和结束阶段。刷洗装置：接触式清洗设备具有的装置，主要由横刷和侧刷构成。横刷部件由横刷、升降装置及旋转装置组成；侧刷部件由侧刷、侧刷旋转装置、侧刷左右移动机构及支撑侧刷的托臂组成，这样可使被洗车辆的顶部、两侧及尾部都得到刷洗。烘（吹）干装置：用于洗车后对车辆表面的迅速风干，这样可以把存留在车身所有缝隙里的水流全部吹出，起到了保护汽车内部部件的作用，同时也避免了泥沙划伤车漆的现象。自动化清洗设备各装置的设置应根据清洗工艺及车辆清洗要求确定，可单一设置，也可组合设置。

2 本款是对自动化清洗设备的灵敏度作出规定。

3 以前车辆清洗的主要目的就是清洁，通过清洗除掉车身上的灰尘、油渍，以及轮胎、底盘所带泥沙等污染物，使城市道路上行驶的车辆有整洁的车容车貌。但近年来，由于各种高档车辆越来越多，车辆清洗的主要目的已发展成为清洁加养护，因此对车辆清洗质量要求也在提高。对于自动化清洗设备，既要求能全部自动化地清洗车辆前端面、后端面、两侧面、顶部、底盘和轮胎，并且还要求车辆通过清洗后，车身应无尘土、无污迹，车身漆面无磨损、无划痕，车身漆面要打蜡上光，轮胎和底盘无污泥等。

4 为防止接触式清洗设备刷洗装置的刷毛将车辆划伤，特作出此规定。目前，刷洗装置的刷毛一般采用最新一代泡棉刷，超级轻柔，不伤车身。

5 自动化清洗设备的电气控制系统一般为PLC电脑自控系统。洗车区域水气充盈、环境恶劣，为保证洗车质量和机械、电气性能稳定，要求该电脑控制系统应有较好的防护措施，同时对设备的运行情况、工艺参数能进行在线检测和控制。当系统在受到连续干扰的情况下，不会轻易死机，具有一定的抗干扰能力。当系统及操作人员因误操作产生故障时，该控制系统能对故障进行报警或提示，并能够紧急停机，具有完善的系统保护功能。

6 为防止全自动清洗设备锈蚀所作的规定。

7 机架是洗车机的主体，一般多采用钢板折弯成型，由左右立柱、底座及顶框四部分组成。左右立柱及顶框均应经过酸洗、磷化、热镀锌、烤漆等严格的防腐处理，以提高设备的防腐能力、安全性及使用寿命。

4.0.5 本条对采用半自动化循环水洗车工艺所使用的设备作出规定，本条参考了《上海市机动车辆清洗站设置技术规范》和多个城市的相关规定而确定。

1 对小型机动车清洗站所配备高压清洗机、泡沫机、空气压缩机、循环水处理机等必要设备提出要求。小型机动车清洗站多设置在城市的中心地带，距离居民区较近，多数清洗站由于场地小，洗车高峰时还要在室外进行操作，因此对小型清洗站的清洗设备的工作噪声应有必要的要求。同时应采用高效节能、符合环保要求的设备。根据《当前国家鼓励发展的环保产业设备（产品）目录》中对洗车废水循环处理机的要求为处理量≥$2m^3/h$；功率≤0.5kW。

2 为高压清洗机应符合的技术要求。目前，城市中大量小型机动车清洗站所采用清洗设备多为人工操作的小型可移动式车辆清洗设备，该清洗设备种类、形式多样，多为非标准设备。为了加强对城市中大量的小型机动车清洗站的管理，提高洗车作业质量，提出了清洗设备的相关要求。

4.0.6 本条规定了采用无水、微水和蒸汽洗车工艺的清洗设备应符合的要求。

1 对微水和无水洗车提出的要求。微水洗车机和无水洗车机是近年来新出现的新型洗车设备，是对传统洗车模式的一种变革。由于节水、节能优势明显，是国家大力提倡的新型洗车方式。

2 微水或无水洗车的专用洗车液替代清水在传统洗车过程中的冲洗功效，在清洗的同时对漆面进行美容、护理，清洗液集去污、上光、保养三效合一。为了规范该洗车液和保护环境，提出了相关要求。

3 蒸汽洗车是用柔和的蒸汽与附着在汽车表面的污垢结合、软化、膨胀、分离，达到清洗的目的。蒸汽清洗有助于漆面的保护、缝隙的清洗，并且含水量少不损伤电路，能够有效清洗汽车发动机、仪表盘、空调口等部位，操作更加简单、快捷。蒸汽洗车机分为锅炉产汽式和即热式两种。锅炉产汽式一般在电或其他燃料加热作用下，通过高压锅炉的加压作用，在温度达到一定程度时产生水蒸气，因此该种蒸汽洗车设备实质上是一台小型蒸汽发生器，其储气罐部分属于压力容器，应严格监管，应符合《压力容器定期检验规则》TSG R7001的规定。即热式为第二代蒸汽洗车机，它采用“瞬时汽化”技术，即在小型水泵的作用下，微量水流经过加热管，在流动过程的瞬间吸收热量汽化变为蒸汽，没有高压容器，相对安全、节约能源。

4.0.7 由于现在建筑工地、垃圾处理场、采掘场都是以人工清洗驶离场地的车辆轮胎，此清洗方式既消耗人力又浪费大量水，而且轮胎的清洗效果较差。汽车轮胎清洗机就是针对这些问题而设计，主要由车轮清洗系统、供水系统、操作控制系统及污水循环回用系统构成。机型按安装方式可分为固定式和可移动式，按清洗方式可分为直通式和带滚轴式。可移动式适合短期使用，可以适用于不允许挖掘地面的场合；直通式主要用于清洗轻度污染的轮胎和底盘；带滚轴式用于清洗重度污染的轮胎和底盘。

1、2 对轮胎清洗设备提出的基本要求。

3 为使轮胎清洗设备操作安全、有序，设备的安全设计应可靠，清洗过程对操作人员和被清洗车辆没有损害；安全装置要求齐全，有延时保护、过载保护和断电保护功能，同时操作控制系统的感应装置要求稳定可靠、触发灵敏度高；安全标识清晰，能有效提高操作人员的安全意识，确保清洗过程安全、有序。

4 为防止车辆轮胎清洗设备腐蚀、锈蚀所作的规定。一般车辆轮胎清洗污水仅需进行泥水分离，就可循环使用，因此要求轮胎清洗设备的防腐蚀、锈蚀能力较强，应经过各种专业的防腐、防锈处理。

5 轮胎清洗设备应有一定的针对性和适用性，设备的清洗水压、流量、清洗角度和清洗时间应是可调整的，能够满足各种车辆轮胎和底盘的清洗要求。轮胎清洗设备既要保证清洗效果，也要考虑节水、节能及提高设备的利用率。为保证清洗效果，每台车辆的清洗时间一般控制在30s～300s之间。

6 轮胎和底盘携泥比较严重，清洗后的污水中污泥量很大，为保证清洗后污水能及时循环使用，收集的污泥能够得到处理，轮胎清洗设备应带有自动排泥装置。

4.0.8 为保证操作安全和不伤漆面，应对清洗设备的常用水压作出规定。根据国外多年车辆清洗经验，在车辆轮胎和底盘较脏的情况下，应用大量低压力的水系统才能达到清洗干净的目的，所以压力调整为0.2MPa～1.0MPa，为达到整体一致，清洗车厢水压改为0.2MPa～0.8MPa。

5 建筑设计及其他

5.0.1 汽车产业的发展，使有关汽车清洗和保养的服务行业蓬勃发展，分布在城市各处的洗车站已经成为完善城市服务功能的重要组成部分及城市中到处可见的景观。作为标志性很强的城市服务设施，在建筑风格上应体现地方和时代特色，符合城市标识性建筑的要求。同时为了体现经营思想、技术水平和服务理念，建筑设计也要强调包装，如清洗站的外墙、标识牌、设备设施等，以达到良好的视觉效果，加深顾客印象。

5.0.2 本条对机动车清洗站的建筑结构作出规定。目前国内一些城市的中、小型机动车清洗站还设在临街的临时搭建或危漏的建筑里，由于缺乏一定的安全性与耐久性，既带来一定的安全隐患，又影响市容观瞻。因此在机动车清洗站建筑的结构设计中要求具有强度、刚度、稳定性和耐久性，在保证清洗站建筑结构的安全性与耐久性的前提下，满足清洗工艺和清洗设备的尺寸和安装要求，保证清洗设备必要的操作、检修的面积和空间。同时采取必要的措施，降低和减少各种污染，如对噪声的屏蔽与防护，污水的收集、处理和回用等。

5.0.3 机动车清洗站是车辆经常出入的场所，清洗站的进、出口及作业场地地面，特别是安装了大型洗车设施的洗车工作区地面均应有一定的强度要求。同时由于机动车在清洗过程中，难免会有一些含泥沙、油污的洗车污水、洗涤剂等液体经常浸湿地面，从而对地面造成一定污染，如机动车辆清洗站使用土面、煤渣、碎石等地面，必定会使污染物逐步渗入地面进而对地下水造成污染。因此，参考《上海市机动车辆清洗站设置技术规范》等地方标准，对机动车清洗站场地地面提出相应的要求。

5.0.4 为减少对周围环境的影响，保证清洗设备安全、稳定运行，防止洗车水喷溅及方便洗车污水和泥沙的收集，车辆清洗要求在室内清洗间内进行。对于临时性洗车设施，清洗设备允许设在室外，但要求建洗车台或洗车道并采用围护结构围挡。围护结构要求具有防洗车污水喷溅、防雨、防风、保温、隔声、采光等功能，如挡水墙、挡水棚、洗车机房等。人行道或其他公共活动场所不能作为洗车的场所。

5.0.5 据调查，国外大部分机动车清洗站的清洗间均以单层建筑为主，清洗间设计主要按清洗车辆类型、清洗工艺及设备、噪声控制等要求确定。国内城市中的机动车清洗站的清洗间一部分为单层建筑，一部分设在临街建筑物的底层，有些小型清洗站的清洗间甚至设在临街的底层住宅内，严重破坏了房屋的结构。为规范机动车清洗站清洗间的设置，使机动车进出安全、方便，清洗作业有序进行，减少对周围环境的影响，故对机动车清洗站的清洗间各设计指标作出相应规定。

1 本款对清洗间的净高和进深的下限作出规定。清洗间的净高和进深因被清洗的车辆、采用的清洗工艺、配备的清洗设备的不同而不同，清洗间净高下限作出规定是从自然通风、天然采光、洗车作业、清洗设备安装和维修等空间需要的考虑；清洗间的进深的下限要求是为保证室内洗车作业安全，以及尽量多地能回收洗车污水，清洗间的进深不宜小于8m。这与国外关于清洗间净高和进深的要求是一致的。

2 为方便车辆的进出，对清洗间门的宽度提出要求。

3 对清洗间室内墙面、顶面防水提出要求。本条款参考《建筑室内防水工程技术规程》CECS196有关防水设计要求，对长期处于潮湿环境下的清洗间，要求所有的墙面和顶面应加设防水层后再做饰面，同时饰面材料应满足防水、耐腐蚀的要求。对于采用微水、无水或蒸汽洗车工艺的小型机动车清洗站，清洗间墙面可设置高度不小于1.5m的内墙裙来防水。

4 对于采用人工或半自动化洗车工艺的，清洗间内必须设置人行通道，为保证洗车工人安全操作，人行通道的宽度不得小于0.8m。

5 清洗设备的工作温度一般为0℃～50℃，不应将设备放置于温度低于0℃的环境中，以防止剩余水结冰。因此为保证清洗设备的安全运行，清洗间冬季室内要有防冻措施，避免室内的地面、墙面、设备、设施等结冰。

5.0.6 本条对清洗间地面、洗车台和洗车道的设计提出要求。

1 清洗间地面、洗车台和洗车道的设计首先应符合清洗设备、清洗工艺的要求。

2 清洗间地面和洗车台、洗车道应具有一定的强度，因而规定了一个最小设计载荷值，主要目的是防止地面、洗车台、洗车道强度过低产生断裂渗漏，造成塌陷和污染地下水源。

3 对于经常有水流淌的清洗间地面或洗车台、洗车道应有较好的防水性、防滑性和排水性。根据国家现行标准《建筑地面设计规范》GB 50037、《工业建筑防腐蚀设计规范》GB 50046 有关条款规定，可采用防滑、不透水的面层材料（必要时还应设置防水层）。为防止污水外溢，同时使洗车污水得到充分的回收，清洗间地面或洗车台、洗车道应有适当的坡度，并设置必要的挡水及排水设施。挡水设施的高度要方便车辆的进出，排水设施既要保证地面排水通畅又要有必要的防水措施，避免发生渗漏。一般机动车清洗站的排水设施多采用明沟，沟上加箅盖板，沟内设置防水层，沟底坡度不小于1%。

5.0.7 本条对机动车清洗站清洗设备控制室设计要求作出规定。

1 明确了控制室按其控制方式设计的要求，大型机动车清洗站要求采用自动化清洗设备，并采用集中控制设计。

2 规定了大型清洗站控制室的设计要求，控制室的位置要适宜，使清洗工作区在工作人员的视野之内。

5.0.8 本条为机动车清洗站污水处理及循环水回用系统的建（构）筑物的设计应符合的规定。洗车污水的水处理建（构）筑物一般由隔油池、沉砂池、气浮池、过滤池、澄清池、加药间和供水泵房等组成，应根据清洗站规模、清洗工艺和实际需要选择设置。近几年，国家制定了多项有关水处理的标准规范，如《室外排水设计规范》GB 50014、《污水再生利用工程设计规范》GB 50335、《建筑中水设计规范》GB 50336 等规范中均有关于这些建（构）筑物的设计规定，可按有关规定执行。污泥处理的设计，可按《室外排水设计规范》GB 50014 中的有关要求执行。为保证洗车污水处理建（构）筑物的安全运行，应具有良好的抗渗和抗腐蚀性能，寒冷地区还应有防冻保温措施，可按《工业建筑防腐蚀设计规范》GB 50046 的有关规定执行。

5.0.9 本条对机动车清洗站的采光设计提出了要求。现行国家标准《建筑采光设计标准》GB/T 50033 对建筑物室内采光进行了相关规定。机动车清洗站室内地面湿滑，良好的自然光线有利于作业安全；同时，良好的自然光也便于检查清洗的质量，减少照明能耗。

5.0.10 本条对机动车清洗站的通风、排气功能提出了要求。通风系统一方面可以调节室内的水气，另一方面可以及时排除汽车尾气和洗消剂的气味，改善作业环境。现行国家标准《采暖通风与空气调节设计规范》GB 50019 对建筑物的通风换气进行了相关规定。按照该规范设计建设，可以满足机动车清洗站的通风、排气要求。

6 给水排水及污水处理系统

6.1 给水排水系统

6.1.1 本条对机动车清洗站洗车用水水源作出规定。

1 洗车用水鼓励选用符合洗车用水水质要求的市政再生水、雨水、建筑中水等非传统水源，有条件时应优先使用市政再生水厂的再生水，是因为清洗站周围如存在市政再生水供应时，使用市政再生水既达到节水的目的，又具有较高的经济性。在美国、日本、以色列、新加坡等国家，厕所冲洗、园林和农田灌溉、道路保洁、洗车、城市喷泉、冷却设备补充用水等，都大量使用再生水。2005 年 4 月，国家发改委、科技部、水利部、建设部和农业部联合发布《中国节水技术政策大纲》，鼓励采用再生水利用技术，在农业、工业、城市绿化、河湖景观、城市杂用等领域和行业，提倡优先使用再生水。

根据现有数据预测，我国的水资源开发利用接近极限，如果不及早采取有力的措施，我国将迎来严重的水危机。近些年来，随着我国对水危机认识的提高，城市污水再生利用处理厂、建筑和建筑小区的中水设施和雨水资源综合利用设施的建设已被各方高度重视。今后各种污水再生利用工程会日渐增多，再生利用规模会越来越大，为洗车用水水源选择提供了可靠的保障。

2 对于采用传统水源的洗车用水要求进行严格的审批和管理。采用自来水洗车的需经供水部门批准，取得供水部门同意用水的文件，并单独装表计量交费。对直接从地下取水的，实行取水许可制度，取水单位需向同级人民政府水行政主管部门申请办理取水许可证。需要使用城市规划区内地下水的，由市规划主管部门审批发证。当前各地行政主管部门对洗车用水循环使用均提出了明确的要求，而且从技术上、经济上也是可行的，因此无论是大、中型清洗站，还是小型清洗站，如以自来水或地下水作为洗车用水水源的，洗车用水应循环使用。对于只采用无水、微水或蒸汽洗车的，以及采用符合洗车用水水质要求的中水、再生水或雨水作为洗车用水水源的，洗车用水是否循环使用，根据技术经济综合比较后确定。

6.1.2 根据现行国家标准《城市污水再生利用 城市杂用水水质》GB/T 18920 对车辆冲洗水质控制项目及指标的要求，为保证车辆各部位外表面的清洗质量，用于洗车的再生水、雨水、中水及洗车循环用水的水质指标应满足该标准的要求。对于专门用于清洗汽车轮胎和底盘的洗车用水水质目前尚无相关水质的规定，可考虑适当放宽标准。

6.1.3 本条规定的洗车用水量是参考国内现有清洗设备用水量、现行国家标准《建筑给水排水设计规范》GB 50015 有关汽车冲洗用水定额及全国各省市的洗车用水定额而制定。

6.1.4 本条特别提出机动车清洗站的消防用水的水压和水量的要求。机动车清洗站用水量较大，设计和建设中要求符合现行国家标准《建筑设计防火规范》GB 50016、《汽车库、修车库、停车场设计防火规范》

GB 50067 中的有关规定。

6.1.5 本条是对洗车用水供水管道的规定。

1 根据现行国家标准《建筑给水排水及采暖工程施工质量验收规范》GB 50242 的规定，对清洗站内供水管道的材质和承压能力提出要求。特别是洗车用水采用符合要求的非传统水源和循环用水时，供水管道需要有一定的防腐蚀要求，同时多采用高压水洗车，因此对供水管道有一定的压力要求。

2 本款对供水管道的阀门安装提出要求。为清洗线中某一条生产线检修方便，供水管道装有总阀门外，每条分管道也应装有分阀门；为防止水泵正常运转而清洗设备暂停工作时造成的供水管道压力过大，此时需要有调压泄荷阀门；为将供水管道中的水排出，应在最低位置装有排空阀门。

3 为将供水管道的水能全部排净而规定。

4 本款根据现行国家标准《建筑中水设计规范》GB 50336 的有关规定，为防止污染生活饮用水，对洗车用水采用非传统水源或循环用水的供水管道，其管道和饮用水管道平行或交叉敷设时需要保持一定的距离，同时还要求饮用水管在交叉处不要有接口或作特殊的防护处理。

6.1.6 因为再生水、雨水和建筑中水的原水成分复杂，为保证洗车用水安全，根据现行国家标准《污水再生利用工程设计规范》GB 50335、《建筑中水设计规范》GB 50336 及《建筑与小区雨水利用工程技术规范》GB 50400 的相关要求，对非传统水源使用中应考虑的用水安全问题以及储存输送需要采取的水质保证措施作出规定。

1～4 非传统水源使用中保证用水安全是设计中首先要考虑的问题，与此相关的内容在现行国家标准《建筑中水设计规范》GB 50336、《污水再生利用工程设计规范》GB 50335、《建筑与小区雨水利用工程技术规范》GB 50400 中均有规定，应遵照执行。

5 再生水、雨水、建筑中水等在储存输送中需要有效的水质保证措施，以保证用水安全。在现行国家标准《建筑中水设计规范》GB 50336、《污水再生利用工程设计规范》GB 50335 中均对此提出了要求。对于这些水的用户，水质水量监测、补充消毒、用水设施维护等工作必不可少。

6.1.7 本条规定了清洗站生活污水的排放原则要求。

6.2 污水处理及循环水回用系统

6.2.1 本条分别对循环使用和不循环使用的洗车污水的处理要求进行了规定。循环使用的洗车污水和处理工艺可根据洗车污水的水质、水量，采用除油、沉淀、过滤、消毒等基本工艺进行处理，若出水水质达不到要求时，可根据需要增加活性炭吸附、臭氧-活性炭、脱氨、离子交换、超滤、纳滤、反渗透、膜-生物反应器、曝气生物滤池、臭氧氧化等深度处理工艺。深度处理工艺的选择，应按照技术先进、经济合理的原则，进行单元技术优化组合，使出水水质达到现行国家标准《城市污水再生利用　城市杂用水水质》GB/T 18920 的要求。

洗车污水循环处理工艺因清洗站规模大小不同，处理工艺有较大差别。大型机动车清洗站受空间制约少，采用一些成熟的基本处理工艺，洗车废水可达到回用标准；而中、小型清洗站洗车用水量相对较少，会受到空间和资金等条件的制约。但近年来，国内外在针对中、小型清洗站洗车水循环回用工艺与设备研究方面，已经开展了一定的工作，出现许多洗车污水循环处理新工艺，最为成功的是膜-生物反应器，最大的优点是水池很小，是一般工艺的 1/4，土建成本很少，而且出水水质很稳定，没有任何异味。其缺点是技术要求很高，设备初次投资也不少。

不循环使用的洗车污水是指已采用中水、再生水洗车的污水，或采用用水量较少的无水、微水及蒸汽洗车的污水，其洗车污水需进行预处理，达到现行国家标准《污水综合排放标准》GB 8978 的有关规定后，可排入市政污水管网。无水洗车、微水洗车和蒸汽洗车虽然清洗车辆用水较少，但清洗洗车工具时还会有一些污水产生，这些污水尽管量很少，但会有一些泥沙、油污和洗涤剂存在，直接排入下水道，会造成管道堵塞，应经过处理后再排放。洗车污水水质见表 1。

表 1　洗车污水水质

单位：mg/L（pH 除外）

项　目	pH	COD_{Cr}	BOD_5	LAS	SS	石油类
水质（小型车）	7.62	244	34.2	2.6	89	2
水质（大型车）	5.72	516	85	1.742	206	7.4

6.2.2 为节约用水，减少洗车用水的水量损失，应采用高效率的洗车技术、先进的洗车污水处理技术，提高洗车污水的回收率和重复利用率，这样可逐步减少系统补水量，达到节约用水的目的。目前国内大多数自动化循环水洗车工艺的补水量一般为循环用水总容量的 10%～25%。

洗车循环水回用系统的自来水补水管也应采取防止自来水被污染的措施，根据现行国家标准《建筑中水设计规范》GB 50336 的要求，补水管出水口应高于洗车用水储存池（箱）内溢流水位，其间距不得小于 2.5 倍管径。不得采用淹没式浮球阀补水。

6.2.3 洗车污水循环使用时，循环水回用系统应建洗车用水储存池（箱），用于储存符合洗车水质要求的循环水，其容积应大于 2h 的最大用水量，这样可避免由于用水集中而直接使用自来水情况的发生。同时对洗车用水储存池（箱）所用材质提出要求。

6.2.4 本条针对一体化循环水处理设备或组合设备作出规定。本条根据现行国家标准《建筑中水设计规范》GB 50336中的有关中水处理组合装置和中水处理成套设备的规定而制定。近年来，出现了许多适用于小型机动车清洗站的一体化循环用水处理设备或组合设备，有效地解决了洗车污水回用普遍存在的运行费用较高、设施占地面积较大等问题，具有自动化运行程度高，系统灵活、适应性强等特点。在选用各厂家生产的循环水处理成套设备及定型装置时，设计人员应认真校核其工艺参数、适用范围、设备质量等，以保证用户使用要求。

7 电气系统

7.0.1 本条对机动车清洗站的用电负荷作出规定。根据现行国家标准《供配电系统设计规范》GB 50052因事故中断供电造成社会和经济影响的程度，区分其对供电可靠性的要求，进行负荷分级。据多年机动车清洗站运行实践证明，划分为三级负荷标准是合适的。

7.0.2 本条针对车辆清洗作业中环境湿度较大的特点，明确提出了应在配电线路中安装漏电保护装置的规定。洗车工作区指距清洗设备周边2m～3m的范围。

7.0.3 洗车工作区处于潮湿环境故采用安全电压。洗车工作区的电气设备外壳及其控制箱的防护等级应能防止水进入电气设备及控制箱内部，防止绝缘电阻降低而发生人员触电的事故，同时对供电电缆的绝缘等级提出要求。

7.0.4 本条为保证在洗车工作区操作人员的安全而作出的规定。

7.0.5 本条参考《上海市机动车辆清洗站设置技术规范》有关对电气设备的绝缘电阻值及三相不平衡电流要求而制定。机动车清洗站中的高压清洗机、空气压缩机及电脑洗车机均带有使用220V及380V电源的用电设备，由于清洗作业所产生的水雾和潮气，给安全用电带来了一定的隐患。因而，本规范对电气设备的绝缘电阻值及三相不平衡电流均作了明确规定。

7.0.6 本条参考《上海市机动车辆清洗站设置技术规范》和各地有关机动车清洗站的管理规定，对洗车工作区的照明装置、开关和插座的选用及安装提出要求。机动车清洗站的开关、插座和照明装置也是安全用电的一个重要组成部分，因此需对这些装置进行规定。

7.0.7 本条针对机动车清洗站的预防雷电造成的伤害提出，防雷及接地措施要求符合现行国家标准《建筑物防雷设计规范》GB 50057的有关规定。

8 环境保护与劳动卫生

8.0.1 本条要求机动车清洗站环境保护配套设施建设应遵循“三同时”原则。

8.0.2 机动车清洗站噪声和振动主要在清洗作业等过程中产生。其治理措施包括采用低噪声的工艺及设备、洗车作业在室内（清洗间）或采用围护结构围挡、设置绿化隔离带等措施，使清洗站噪声和振动控制在国家标准规定的范围内。

8.0.3 机动车清洗站的洗车污水含有大量的废油、泥沙，直接排入下水道，一方面造成严重的污染，另一方面还会腐蚀、阻塞管道，带来严重的后果。机动车清洗站应设置专门的污泥和废油的储存设施，对污泥和废油进行收集、储存、合理处置。

8.0.4 本条对机动车清洗站的安全和劳动卫生作出规定。

8.0.5 本条对机动车清洗站劳动安全防护设施及防护措施作了规定。在洗车工作区域内存在的危险处所要求设置警示标志、信号和防护设施；废油（渣）存放地点的安全防火措施和警示标志；洗车用水直接使用非传统水源时，要求有防止误接、误用、误饮的标识和措施等。

8.0.6、8.0.7 按照国家相关要求，机动车清洗站的工作人员需要备有防护服装、护眼罩、绝缘鞋靴、工作帽、手套等劳动保护用品、用具，还需备有灭火、消防等安全设施。

9 施工、验收及运行维护

9.1 施工与验收

9.1.1 本条是工程施工与验收的基本规定。

9.1.2 本条是保证设备安装质量的基本规定。

9.1.3 根据工程设计文件进行施工和安装是工程建设的基本原则。

9.1.4 设备安装施工应符合的基本规定。

9.1.5 清洗设备的验收规定。

9.1.6 对从国外引进的专用清洗设备安装工程施工与验收提出了要求。

9.1.7 电气装置的施工与验收涉及用电安全，国家已发布了相关的标准。本条列出了对电气装置的施工与验收的四项国标。

9.1.8 本条对机动车清洗站采暖、给水排水和污水处理及循环水回用系统施工与验收作出规定。

9.1.9 本条规定了洗车用水供水管道进行水压试验的要求。

9.1.10 本条规定了机动车清洗站洗车循环用水的水质验收要求。

9.1.11 本条规定了机动车清洗站排放的污水水质要求。

9.2 运行维护与安全

9.2.1 机动车清洗站应制定符合本单位要求的车辆清洗安全管理规章制度、设备安全操作技术规程和设备的维修保养制度，这样才能保证清洗站安全、稳定的运行。

9.2.2、9.2.3 对机动车清洗站运行管理人员和操作人员的岗位要求作出规定。

9.2.4 本条为保证机动车清洗站的设施、设备的正常运行作出规定。同时保持各类设备外观亮洁和机内整洁，保持清洗站内清洁和各类物品摆设有序，也有利于树立洗车企业的良好形象，提高企业自身竞争力。

9.2.5 清洗设备启动前，操作人员应对设备进行检查，并作好必要的准备工作，一般包括：1. 检查操作面板各功能指示灯显示是否正常；2. 检查洗车设备空压系统、输送系统、感应系统、刷洗系统、水路系统等是否正常；3. 检查蜡水及清洁剂桶内的液位高低；4. 检查电源和水源是否能确保安全正常运转。

9.2.6 要求操作人员按时认真填写《洗车工作日志》、《洗车机保养维护记录》等有关设施、设备的运行、维护方面的记录。

9.2.7 按照设备说明书定期检测清洗设备各部件，并给清洗设备的轴链等部位涂抹黄油，但不得过量，以免滴流到车身。

9.2.8 操作人员发现设备运行异常时应采取相应措施处理并上报、通知有关人员，以便及时进一步处理。

9.2.9 本条对洗车用水为非传统水源或循环用水时，提出日常维护与管理的基本要求。

9.2.10 为保证操作人员的人身安全，洗车作业时应穿戴防护服和遵守必要的安全防护制度，采取必要的防护措施。

中华人民共和国行业标准

生活垃圾卫生填埋场运行维护技术规程

Technical specification for operation and maintenance of municipal solid waste sanitary landfill

CJJ 93—2011

批准部门：中华人民共和国住房和城乡建设部

施行日期：2 0 1 1 年 1 2 月 1 日

中华人民共和国住房和城乡建设部
公　告

第992号

关于发布行业标准《生活垃圾卫生填埋场运行维护技术规程》的公告

现批准《生活垃圾卫生填埋场运行维护技术规程》为行业标准，编号为CJJ 93－2011，自2011年12月1日起实施。其中，第3.1.6、3.3.4、3.3.7、3.3.8、3.3.11、5.1.18、5.3.1、6.3.4、6.3.5、8.3.5、9.1.1、9.3.6、9.3.8、10.0.2、11.0.1条为强制性条文，必须严格执行。原行业标准《城市生活垃圾卫生填埋场运行维护技术规程》CJJ 93－2003同时废止。

本规程由我部标准定额研究所组织中国建筑工业出版社出版发行。

中华人民共和国住房和城乡建设部

2011年4月22日

前　言

根据住房和城乡建设部《关于印发〈2008年工程建设标准规范制订、修订计划（第一批）〉的通知》（建标［2008］102号）的要求，规程编制组经广泛调查研究，认真总结《城市生活垃圾卫生填埋场运行维护技术规程》CJJ 93－2003的执行情况和国内外生活垃圾卫生填埋场运行维护的实践经验，并在广泛征求意见的基础上，修订了本规程。

本规程的主要技术内容是：1. 总则；2. 术语；3. 一般规定；4. 垃圾计量与检验；5. 填埋作业及作业区覆盖；6. 填埋气体收集与处理；7. 地表水、地下水、渗沥液收集与处理；8. 填埋作业机械；9. 填埋场监测与检测；10. 劳动安全与职业卫生；11. 突发事件应急处置；12. 资料管理。

本次修订的主要技术内容是：1. 修改了规程的名称；2. 增加了“术语”一章；3. 细化了生活垃圾填埋场填埋作业及阶段性封场要求；4. 补充了渗沥液收集与处置要求；5. 调整了部分章节内容，将生活垃圾填埋场“虫害控制”与“填埋场监测”合并为“填埋场监测与检测”一章，并对原内容进行了细化；6. 增加了“劳动安全与职业卫生”一章；7. 增加了“突发事件应急处置”一章；8. 增加了“资料管理”一章。

本规程中以黑体字标志的条文为强制性条文，必须严格执行。

本规程由住房和城乡建设部负责管理和对强制性条文的解释，由华中科技大学负责具体技术内容的解释。执行过程中如有意见与建议，请寄送华中科技大学（地址：武汉市武昌珞喻路1037号；邮政编码：430074）。

本规程主编单位：华中科技大学
杭州市固体废弃物处理有限公司

本规程参编单位：深圳市下坪固体废弃物填埋场
城市建设研究院
宁波市鄞州区绿州能源利用有限公司
上海野马环保设备工程有限公司
武汉华曦科技发展有限公司
深圳胜义环保有限公司
泰安市泰岳环卫设备制造有限公司

本规程主要起草人员：陈海滨　周靖承　梁顺文　王敬民　夏小洪　俞觊觎　周晓晖　姜　俊　张倚马　汪俊时　卢传功　郑学娟　冯向明　毛乾光　张　黎　宋　军　范唯美　刘晶昊　刘　涛　左　钢　王　辉　刘芳芳　杨　禹　张豪兰　胡　洋　任　莉

本规程主要审查人员：陶　华　张　益　吴文伟　张进锋　朱青山　胡康民　孟繁柱　熊　辉　徐　勤　陈增丰

目　次

Contents

1 总 则

1.0.1 为加强生活垃圾卫生填埋场（以下简称“填埋场”）的科学管理、规范作业、安全运行，提高效率、降低成本、有效防治污染，达到生活垃圾无害化，制定本规程。

1.0.2 本规程适用于填埋场的运行、维护及安全管理。

1.0.3 填埋场的运行、维护及安全管理除应执行本规程外，尚应符合国家现行有关标准的规定。

2 术 语

2.0.1 填埋场场区 landfill site

指垃圾填埋场（红线以内）的全部范围，不仅包括填埋场区（填埋库区），还包括配套设施、公用设施、其他设施占地范围。

2.0.2 填埋场区 landfill area

指填埋场中用于填埋垃圾的区域，又称填埋库区。填埋场区（库区）可以由一个或几个填埋区构成。

2.0.3 填埋区 landfill operation district

指进行垃圾填埋作业的范围。

3 一 般 规 定

3.1 运 行 管 理

3.1.1 填埋场管理人员应了解有关处理工艺和与之相关的质量、环境、安全规定；作业人员应掌握本岗位工作职责与任务要求，熟悉本岗位设施、设备的技术性能和运行维护、安全操作规程。

3.1.2 填埋场应建立完善的运行管理制度，并应符合下列要求：

1 应按照工艺技术路线设置岗位；

2 各岗位应制定操作规程和建立相应的安全制度；

3 应对各类作业人员进行岗前体检和分岗位培训，经培训考核合格后方可持证上岗。

3.1.3 填埋场管理人员应掌握填埋场主要技术指标及运行管理要求，并具备执行填埋场基本工艺技术要求和使用有关设施设备的技能，明确相关设施设备的主要性能、使用年限和使用条件的限制等。

3.1.4 填埋场作业人员应熟悉本岗位的主要技术指标及运行要求，遵守安全操作规程，并符合以下要求：

1 具备操作本岗位机械、设备、仪器、仪表的技能；

2 应坚守岗位，按操作要求使用各种机械、设备、仪器、仪表，认真做好当班运行记录；

3 应定期检查所管辖的设备、仪器、仪表的运行状况，认真做好检查记录；

4 运行管理中发现异常情况，应采取相应处理措施，登记记录并及时上报。

3.1.5 填埋场场区道路运输应符合现行国家标准《工业企业厂内铁路、道路运输安全规程》GB 4387 的要求，交通标志标识应符合现行国家标准《图形符号 安全色和安全标志 第1部分：工作场所和公共区域中安全标志的设计原则》GB/T 2893.1 和国家现行标准《环境卫生图形符号标准》CJJ/T 125 的规定，确保各类气候条件下全天安全通行条件并保持畅通。

3.1.6 填埋场严禁接纳未经处理的危险废物。

3.1.7 填埋场可根据填埋处理工艺的需要，接收适量的建筑垃圾作为修筑填埋场工作平台和临时道路的建筑材料，但应使其与生活垃圾分开存放。

3.1.8 垃圾作业车辆离场时应保持干净，特殊时期应对车辆进行消毒处理。

3.1.9 填埋场场区应绿化、美化，保持整洁，无积水。场内的各种建筑物、构筑物，凡有可能积存雨水处应加盖板或及时疏通、排干。作业车辆和场地的冲洗水不得随意排放，应单独收集，经预处理后排入填埋场附近的市政污水管网。

3.2 维 护 保 养

3.2.1 填埋场场区内设施、设备维护应符合下列规定：

1 定期检查维护，发现异常应及时修复；

2 供电设施、电器、照明、监控设备、通信管线等应由专业人员定期检查维护；

3 各种处理机械、设备及作业车辆均应进行必要的日常维护保养，并应按有关规定进行大、中、小修；

4 道路、排水设施等应定期检查维护；

5 避雷、防爆等装置应由专业机构进行定期检测维护；

6 各种消防设施、设备应进行定期检查、维护，发现失效或缺失应及时更换或增补。

3.2.2 所有计量设备、仪器、仪表应委托计量部门定期核定，出具检验核定证书。使用过程中，应定期核定计量系统，校对精度和误差范围，确保计量结果准确。

3.2.3 填埋场场区内各种交通、警示标志应定期检查、维护或更换。

3.3 安 全 操 作

3.3.1 填埋场作业过程安全卫生管理应符合现行国

家标准《生产过程安全卫生要求总则》GB/T 12801的有关规定。

3.3.2 各岗位安全作业规章制度应落实到每个岗位的操作人员。

3.3.3 填埋场作业人员应配备和使用有效的劳动保护及卫生防疫用品、用具，填埋场区现场的生产作业人员应着反光背心、佩戴安全帽；填埋场夜间作业时应设置必要的照明设施。

3.3.4 填埋场场区内应设置明显的禁止烟火、防爆标志。填埋区等生产作业区严禁烟火，严禁酒后上岗。

3.3.5 严禁非本岗位人员启、闭机械设备，管理人员不得违章指挥。

3.3.6 场内电器操作、机电及控制设备检修应严格执行电工安全有关规定。电源电压超出额定电压±10%时，不得启动机电设备。

3.3.7 维修机械设备时，不应随意搭接临时动力线。因确实需要，必须在确保安全的前提下，方可临时搭接动力线；使用过程中应有专职电工在现场管理，并设置警示标志。使用完毕应立即拆除临时动力线，移除警示标志。

3.3.8 皮带传动、链传动、联轴器等传动部件必须有防护罩，不得裸露运转。机罩安装应牢固、可靠。

3.3.9 场内的消防设施应分别按中危险级和轻危险级设置，其中填埋区应按中危险级考虑，并应符合国家现行标准《生活垃圾卫生填埋技术规范》CJJ 17的有关规定。

3.3.10 消防器材设置应符合现行国家标准《建筑灭火器配置设计规范》GB 50140的有关规定。

3.3.11 填埋场场区内的封闭、半封闭场所，必须保证通风、除尘、除臭设施和设备完好，正常运行。

3.3.12 填埋场场区发生火灾时，应根据火情及时采取相应灭火对策。

3.3.13 当填埋区需动火时，应遵循动火审批制度，采取相应的灭火措施，并监测动火区填埋气体情况。动火作业完成后必须进行场地清理与检查，防止自燃。

3.3.14 场内防火隔离带应定期检查维护，每年不少于2次。

3.3.15 场内应配备必要的防护救生用品及药品，存放位置应有明显标志。备用的防护用品及药品应按相关规定应定期检查、更换、补充。

3.3.16 在急弯、陡坎等易发生事故地方和机械、电气设备安装、修理现场必须设置安全警示标志。

3.3.17 应根据实际情况分别制定防火、防爆、防冻、防雪、防汛、防风、防滑坡、防塌方、防溃坝、防运输通道中断等针对应急事件的相关措施。

3.3.18 在进场入口处应对出入填埋场场区的车辆和人员进行登记。

3.3.19 外来人员不得随意出入填埋场区（填埋库区）。参观人员应经安全教育并配备必要的安全防护用品（安全帽、口罩等）后方可进入填埋区（填埋作业区）。

3.3.20 运行维护人员进入存在安全隐患（如有甲烷气体的密闭空间）的场所之前，应采取下列防范措施：

1 通风；

2 测试气体成分、气体温度；

3 测试水深；

4 佩戴防护用具；

5 多人协同作业；

6 其他必要措施。

4 垃圾计量与检验

4.1 运行管理

4.1.1 进场垃圾应称重计量和登记，宜采用计算机控制系统。

4.1.2 垃圾计量、登记应符合下列规定：

1 进场垃圾信息登记内容应包括垃圾运输车车牌号、运输单位、进场日期及时间、垃圾来源、性质、重量等情况；

2 垃圾计量系统应保持完好，计量站房内各种设备应保持使用正常；

3 垃圾计量作业人员应做好每日进场垃圾资料备份和每月统计报表工作；

4 作业人员应做好当班工作记录和交接班记录；

5 计量系统出现故障时，应立即启动备用计量方案，保证计量工作正常进行；当全部计量系统均不能正常工作时，应采用手工记录，待系统修复后及时将人工记录数据输入计算机，保证记录完整准确。

4.1.3 进场垃圾检验应符合下列规定：

1 填埋场入口处操作人员应对进场垃圾适时观察、随机抽查；

2 应定期抽取垃圾来进行理化成分检测；

3 不符合现行国家标准《生活垃圾填埋场污染控制标准》GB 16889中规定的填埋处置要求的各类固体废物，应禁止进入填埋区，并进行相应处理、处置。

4.1.4 填埋作业现场倾卸垃圾时，一旦发现生活垃圾中混有不符合填埋处置要求的固体废物，应及时阻止倾卸并做相应处置，同时对其做详细记录、备案，按照安全作业制度及时上报。

4.2 维护保养

4.2.1 应及时清除地磅表面、地磅槽内及周围的污水和异物。

4.2.2 应根据使用情况定期对地磅进行维护保养和校核工作。

4.2.3 应定期检查维护计量系统的计算机、仪表、录像、道闸和备用电源等设备。

4.3 安 全 操 作

4.3.1 地磅前后方应设置醒目的限速标志。

4.3.2 地磅前方 5m～10m 处应设置减速装置。

5 填埋作业及作业区覆盖

5.1 运 行 管 理

5.1.1 应按设计要求和实际条件制定填埋作业规划，内容应包括：

1 填埋场分期分区作业规划；

2 分单元分层填埋作业规划；

3 分阶段覆盖以及终场覆盖作业规划；

4 填埋场标高、容量和时间控制性规划等。

5.1.2 应按填埋作业规划制定的阶段性填埋作业方案，确定作业通道、作业平台，绘制填埋单元作业顺序图，并实施分区分单元逐层填埋作业。

5.1.3 填埋区作业面（填埋单元）面积不宜过大，可根据填埋场类型按下列要求分类控制作业区面积：

1 Ⅰ、Ⅱ类填埋场作业区面积（m^2）与日填埋量（t）比值为 0.8～1.0，暴露面积与作业面积之比不应大于 1∶3；

2 Ⅲ、Ⅳ类填埋场作业区面积（m^2）与日填埋量（t）比值为 1.0～1.2，暴露面积与作业面积之比不应大于 1∶2。

5.1.4 垃圾卸料平台和填埋作业区域应在每日作业前布置就绪，平台数量和面积应根据垃圾填埋量、垃圾运输车流量及气候条件等实际情况分别确定。

5.1.5 垃圾卸料平台的设置应便于作业并满足下列要求：

1 卸料平台基底填埋层应预先压实；

2 卸料平台的构筑面积应满足垃圾车回转倒车的需要；

3 卸料平台整体应稳定结实，表面应设置防滑带，满足全天候车辆通行要求。

5.1.6 垃圾卸料平台可以是建筑垃圾、石料构筑的一次性卸料平台，也可由特制钢板基箱多段拼接、可延伸并重复使用的专用卸料平台或其他类型的专用平台。

5.1.7 填埋作业现场应有专人负责指挥调度车辆。

5.1.8 填埋作业区周边应设置固定或移动式防飞散网（屏护网）。

5.1.9 填埋机械操作人员应及时摊铺垃圾，压实前每层垃圾的摊铺厚度不宜超过 60cm；单元厚度宜为 2m～4m；最厚不得超过 6m。

5.1.10 宜采用填埋场专用垃圾压实机分层连续碾压垃圾，碾压次数不应少于 2 次；当压实机发生故障停止使用时，应使用大型推土机替代碾压垃圾，连续碾压次数不应少于 3 次。压实后应保证层面平整，垃圾压实密度不应小于 $600kg/m^3$。作业坡度宜为1∶4～1∶5。

5.1.11 填埋作业区应按照填埋的不同阶段适时覆盖，应做到日覆盖、中间覆盖和终场覆盖，日覆盖或阶段性覆盖层厚度均应符合国家现行标准《生活垃圾卫生填埋技术规范》CJJ 17 的规定。

5.1.12 垃圾填埋区日覆盖可采用土、HDPE 膜、LDPE 膜、浸塑布或防雨布等材料进行覆盖。采用土覆盖，其覆盖厚度宜为 20cm～25cm；斜面日覆盖宜采用膜或布覆盖。用其他散体材料作覆盖替代物时，宜参照土的覆盖厚度和性能要求确定其覆盖厚度。

5.1.13 中间覆盖宜采用厚度不小于 0.5mm 的 HDPE 膜或 LDPE 膜覆盖为主，也可用黏土，并应符合下列要求：

1 当采用 HDPE 膜、LDPE 膜、防雨布等材料进行中间覆盖时，应采取有效的气体导排措施，检查覆盖物与雨水边沟的有效搭接，并留有雨水沿坡向流向边沟的坡度；

2 当采用黏土进行平面中间覆盖时，其覆盖层应摊平、压实、整形，厚度不宜小于 30cm，不宜使用黏土进行斜面中间覆盖。

5.1.14 膜覆盖材料的选用应符合下列规定：

1 覆盖膜宜选用厚度 0.5mm 及以上、幅宽为 6m 以上的黑色 HDPE 膜或厚度 5mm 以上的膨润土垫（GCL），日覆盖亦可用 LDPE 膜；

2 日覆盖时膜裁剪长度宜为 20m 左右，中间覆盖时应根据实际需要裁剪长度，不宜超过 50m。

5.1.15 膜覆盖作业程序应符合下列规定：

1 进行膜覆盖时，膜的外缘应拉出，宜开挖矩形锚固沟并在护道处进行锚固；应通过膜的最大允许拉力计算，确定沟深、沟宽、水平覆盖间距和覆土厚度；

2 日覆盖时应从当日作业面最远处的垃圾堆体逐渐向卸料平台靠近，中间覆盖时宜采取先上坡后下坡顺序覆盖；

3 日覆盖时膜与膜搭接的宽度宜为 0.20m 左右，中间覆盖时为 0.08m～0.10m 左右，盖膜方向应顺坡搭接（图 5.1.15-1）；

4 填埋场边坡处的膜覆盖，应使膜与边坡接触

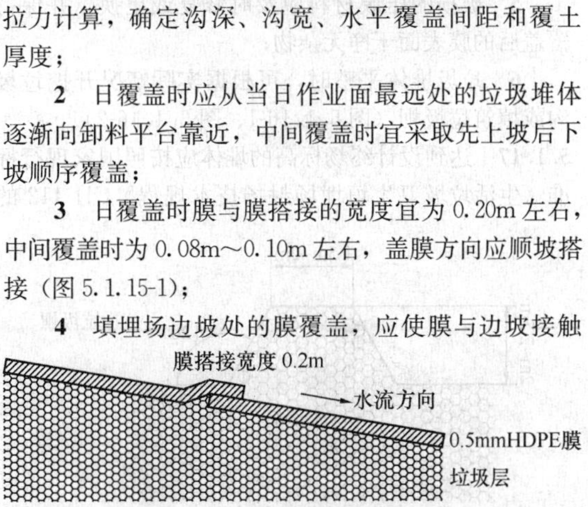

图 5.1.15-1 膜覆盖方向示意图

并有 0.5m～1m 宽度的膜盖住边坡，并铺至其上的锚固沟；

5 中间覆盖时，膜搭接处宜采取有效的固定措施；

6 覆盖后的膜应平直整齐，膜上需压放有整齐稳固的压膜材料；压膜材料应压在膜与膜的搭接处，摆放的直线间距 1m 左右；当日作业气候遇风力比较大时，也可在每张膜的中部摆上压膜袋，直线间距 2m～3m 左右（图 5.1.15-2、图 5.1.15-3）。

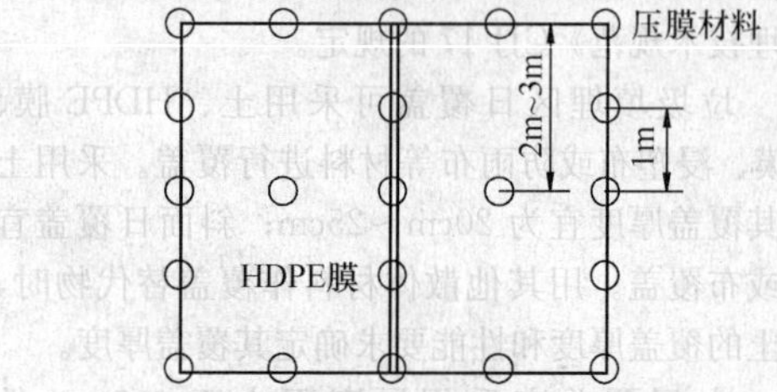

图 5.1.15-2 压膜材料摆放示意

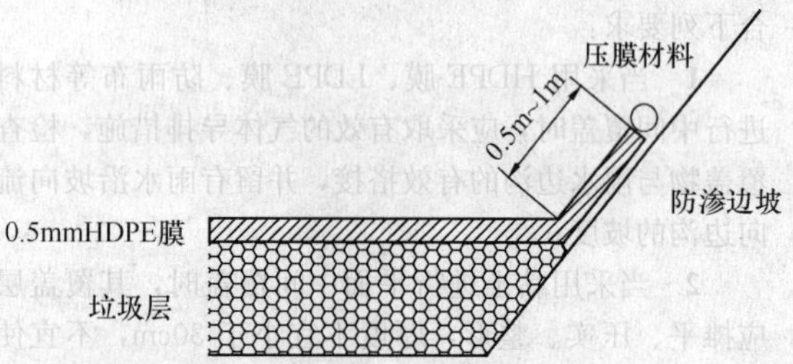

图 5.1.15-3 覆盖膜在防渗边坡上的示意

5.1.16 膜覆盖作业应符合下列规定：

1 裁膜场地应宽敞、平整，不允许有碎石、树枝等尖锐物；

2 覆盖前应先对垃圾堆体进行整平、压实，堆体坡度控制在不大于 1∶3；

3 覆盖结束后，人员不宜在膜上行走；

4 压膜材料应选择软性、不易风化的材料；膜覆盖作业及压膜作业应顺风操作；

5 破损的压膜材料应及时修复或更换，并保持覆盖后的膜表面干净无杂物；

6 垃圾堆体平整时，可根据实际情况开挖垃圾沟或填筑垃圾坝（图 5.1.16-1、图 5.1.16-2）。

5.1.17 达到设计终场标高的堆体应按照国家现行标准《生活垃圾卫生填埋场封场技术规程》CJJ 112 的规定及时进行终场覆盖。

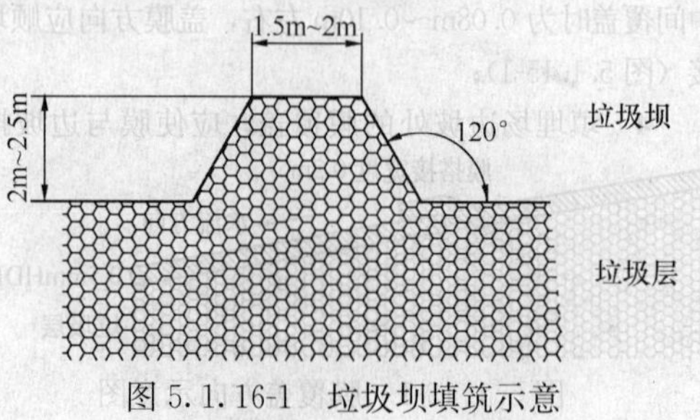

图 5.1.16-1 垃圾坝填筑示意

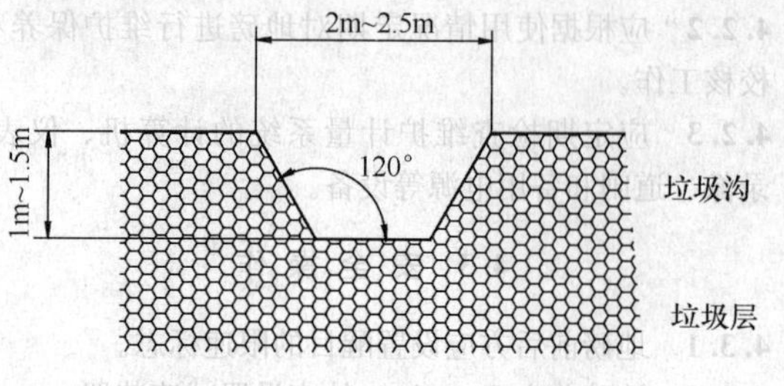

图 5.1.16-2 垃圾沟开挖示意

5.1.18 单元层垃圾填埋完成后，应保持雨污分流设施完好。

5.1.19 采取土工合成材料防渗的填埋场，填埋作业时应注意对防渗结构及填埋气体收集系统的保护，并符合下列规定：

1 垃圾运输车倾倒垃圾点与压实机压实点的安全距离不应小于 10m；

2 场底填埋作业应在第一层垃圾厚度 3m 以上时方可采用压实机作业；

3 靠近场底边坡作业时，填埋作业机械距边坡的水平距离应大于 1m；

4 压实机不应在填埋气体收集管周边 1m 范围内通过。

5.1.20 填埋场作业区臭气的控制应采取下列措施：

1 减少和控制垃圾暴露面，及时覆盖；

2 对渗沥液调节池进行封闭；

3 提高填埋气体收集率；

4 及时清除场区积水；

5 对作业面及时进行消杀。

5.2 维护保养

5.2.1 填埋场场区内应有专人负责道路、截洪沟、排水渠、截洪坝、垃圾坝、洗车槽等设施的维护、保洁、清淤、除杂草等工作。

5.2.2 对场内边坡保护层、尚未填埋垃圾区域内防渗和排水等设施应定期进行检查、维护。

5.2.3 填埋单元阶段性覆盖乃至填埋场封场后，应对填埋场区（填埋库区）覆盖层及各设施定期进行检查、维护。

5.3 安全操作

5.3.1 填埋场区（填埋库区）内严禁捡拾废品，并严禁畜禽进入。

5.3.2 进场车辆倾倒垃圾时应有专人指挥，车辆后方 3m 内不得站人。

5.3.3 填埋区内作业车辆应服从调度人员指挥或按照规定路线及相关标识行驶，做到人车分流、车车分流，保证通行顺畅、有序。

5.3.4 当再次进行后续填埋作业、掀开已覆盖膜、布时，作业人员不应直接面对膜掀开处，应穿戴好劳动防护用品（必要时佩戴防护面具），同时依据具体情况采取局部喷洒水雾、除臭或灭虫药剂等处理措施。

5.3.5 填埋场区（填埋库区）应按规定配备消防器材，储备消防沙土，并应保持器材和设施完好。

5.3.6 填埋场区（填埋库区）发现火情应按安全应急预案及时灭火，事后应分析原因并重新评估应急预案，有针对性地改进预防措施。

5.3.7 当气温降至零度以下并出现冰冻现象时，应在填埋区坡道、弯道等处采取防滑措施。

6 填埋气体收集与处理

6.1 运行管理

6.1.1 单元式填埋作业在垃圾堆体加高过程中，应及时增高填埋气体收集井竖向高度，并应保持垂直。应在垃圾层达到3m以上厚度时，开始建设填埋气体收集井，并确保井内管道位置固定、连接密闭顺畅，避免填埋作业机械对填埋气体收集系统产生损坏。

6.1.2 填埋气体应合理利用；不具备利用条件的，应进行燃烧处理。

6.1.3 对各气体收集井、填埋分区干管及填埋场总管内的气体压力、流量、组分等基础数据应定期进行检测；填埋气体监测应符合现行国家标准《生活垃圾填埋场污染控制标准》GB 16889 的规定，所得数据应及时记录和存档。

6.2 维护保养

6.2.1 填埋气体收集井、管、沟应定期进行维护，清除积水、杂物，检查管道沉降，防止冷凝水堵塞，保持设施完好、管道畅通。

6.2.2 填埋气体燃烧和利用设施、设备应定期检查和维护。

6.3 安全操作

6.3.1 应保持填埋气体导排设施完好；应检查气体自然迁移和聚集情况，防止引起火灾和爆炸。

6.3.2 竖向收集管顶部应设顶罩；与填埋区临时道路交叉的表层水平气体收集管应采取加固与防护措施。

6.3.3 填埋气体收集井安装及钻井过程中应采用防爆施工设备。

6.3.4 填埋场区（填埋库区）上方甲烷气体浓度应小于5%，临近5%时应立即采取相应的安全措施，及时导排收集甲烷气体，控制填埋区气体含量，预防火灾和爆炸。

6.3.5 填埋场区（填埋库区）及周边20m范围内不得搭建封闭式建筑物、构筑物。

7 地表水、地下水、渗沥液收集与处理

7.1 运行管理

7.1.1 填埋场场外积水应及时排导，场内应实行雨污分流，排水设施应定期检查维护，确保完好、畅通。

7.1.2 填埋场区未经污染的地表水应及时通过排水系统排走。

7.1.3 覆盖区域雨水应通过填埋场区内排水沟收集，经沉淀截除泥沙、杂物，水质达到填埋场所在区域水污染物排放要求后，汇入地表水系统排走。排水沟应保持坡度，确保排水畅通。

7.1.4 对非填埋区地表水应定期进行监测，被污染的地表水不得排入自然水体，也不得滞留进入填埋区，应及时排走。

7.1.5 填埋场区地下水收集系统应保持完好，地下水应顺畅排出场外。

7.1.6 填埋场应按照设计要求铺设竖向和水平渗沥液导排收集系统，层间导排收集沟（管）应保持大于2%的最小坡度，确保渗沥液及时导排。

7.1.7 应及时检查、评估、并疏通渗沥液导排系统。

7.1.8 填埋场渗沥液处理系统的运行管理应按照国家现行标准《城市污水处理厂运行、维护及安全技术规程》CJJ 60 的相关规定执行。

7.1.9 渗沥液处理后出水水质应符合现行国家标准《生活垃圾填埋场污染控制标准》GB 16889 的相关规定。

7.1.10 渗沥液处理系统产生的浓缩液及污泥应按照现行国家标准《生活垃圾填埋场污染控制标准》GB 16889 的相关规定进行处理。

7.1.11 应按照设计要求运行维护污水调节池，污水调节池产生的气体宜集中处理或利用。

7.1.12 大雨和暴雨期间，应有专人值班和巡查排水系统的排水情况，发现设施损坏或堵塞应及时组织人员处理。

7.2 维护保养

7.2.1 应定期全面检查、维护地表水、地下水、渗沥液导排收集系统，保持设施完好。

7.2.2 对场区内管、井、池、沟等难以进入的狭窄场所，应定期进行检查、维护，维护人员应配备必要的维护、检测与防护器具。

7.2.3 冬季场区内的管道所处环境温度降至0℃以下时，应采取适当的保护措施，防止系统管道堵塞。

7.3 安全操作

7.3.1 填埋场场内贮水和排水设施竖坡、陡坡高差

超过 2m 时，应设置安全护栏和警示标志。

7.3.2 在检查井的入口处应设置警示或安全告示牌，设置踏步、扶手。人员进入前应先采取有效措施测试，在满足安全作业和通风条件下，配备有安全帽、救生绳、挂钩、吊带等安全用具时方可进入作业。

8 填埋作业机械

8.1 运行管理

8.1.1 作业前应对作业机械进行例行检查、保养。

8.1.2 作业机械操作前应观察各仪表指示是否正常；运转过程一旦发现异常，应立刻停机检查。

8.1.3 作业机械在斜面作业时宜使用低速挡，应避免横向行驶。

8.1.4 填埋作业机械应实行定车、定人、定机管理，并应执行交接班制度。

8.1.5 应对作业机械实行油耗定额管理，管理内容包括：

1 根据机具的实际特点制定油耗定额，定期统计全场油料使用情况，并实行油耗考核制度；

2 合理安排作业任务，准确核算机械行驶里程和燃油消耗情况，宜对生产用机械按任务量加油并计算日均作业油耗，非生产用车辆按月行驶里程（以百公里计）计算用油量；

3 对机械或车辆实行定点加油，加油后驾驶人员应如实填写表单记录油料使用情况；

4 提高驾驶人员节油意识，养成良好的驾驶习惯，监控防止高油耗的驾驶行为；

5 各种废、旧油料应在指定的收集地点存放，不得随意倾倒。

8.2 维护保养

8.2.1 填埋作业机械设备应按要求进行日常或定期检查、维护、保养。

8.2.2 填埋作业机械停置期间，应对其定期清洗和保护性处理，履带、压实齿等易腐蚀部件应进行防腐、防锈。

8.2.3 作业机械的压实齿、履带磨损后应及时更换。

8.2.4 冬季填埋场场区环境温度低于 0℃时，应采取必要的防冻措施保护作业机械设备。

8.2.5 填埋作业完毕，应及时清理填埋作业机械上卡滞的垃圾杂物。

8.3 安全操作

8.3.1 作业人员应严格遵守填埋作业机械安全操作手册的规定，按照工序熟练进行操作。

8.3.2 失修、失保或有故障的填埋作业机械不得使用。

8.3.3 对填埋作业机械不宜拖、顶启动。

8.3.4 两台填埋作业机械在同一作业单元作业时，机械四周均应保证必要的安全作业间距。

8.3.5 填埋作业机械前、后方 2m、侧面 1m 范围内有人时，不得启动、行驶。

9 填埋场监测与检测

9.1 运行管理

9.1.1 填埋场开始运行前，应进行填埋场的本底监测，包括环境大气、地下水、地表水、噪声；填埋场运行过程中应依据现行国家标准《生活垃圾填埋场污染控制标准》GB 16889 进行环境污染、环境质量的监测以及填埋场运行情况的检测。

9.1.2 委托监测应由具备专业资质的环保、环卫监测部门（机构）进行并出具结果报告；委托监测项目应包括地下水、地表水、渗沥液、填埋气体、大气和场界噪声等内容；定期监测可选地表水、渗沥液、填埋气体等单一项目，每年宜进行 1 次全部项目的监测。

9.1.3 填埋场自行检测是以强化日常管理和污染控制为目的。自行检测项目应包括气象条件、填埋气体、臭气、恶臭污染物、降水、渗沥液、垃圾特性、堆体沉降、垃圾堆体内渗沥液水位、防渗衬层完整性、边坡稳定性、苍蝇密度等内容。检测项目与监测项目相同时，以监测为主，检测为辅；填埋场运营单位可根据运行需要选择检测项目和增减检测频次。

9.1.4 填埋场检测采用的采样、测试的内容、方法、仪器设备、标准物质等应符合国家现行相关标准的规定。

9.1.5 检测样品的采样点、样品名称、采样时间、采样人员、天气情况等有关信息应进行翔实记录。环境检测过程中还应有样品的唯一性标识和检测状态标识。

9.1.6 填埋场监测及检测报告宜按照年、季、月、日逐一分类整理归档。

9.1.7 已铺设的防渗衬层在其投入使用前，应对其进行防渗结构防漏探测，其检测方法应符合国家相关标准的规定。

9.1.8 渗沥液处理过程中应按下列要求进行工艺运行参数检测。

1 渗沥液从进入调节池前至处理后外排，应进行流量、色度、pH 值、化学需氧量、生化需氧量、悬浮物、氨氮、大肠菌值的检测；应进行垃圾堆体渗沥液水位和调节池水位的检测；

2 检测项目和方法应按照现行国家标准《生活垃圾卫生填埋场环境监测技术要求》GB/T 18772 的有关规定执行；

3 检测频率每月应不少于1次。

9.1.9 封场后渗沥液检测应按现行国家标准《生活垃圾卫生填埋场环境监测技术要求》GB/T 18772和国家现行标准《生活垃圾卫生填埋场封场技术规程》CJJ 112及封场设计文件的有关规定执行。

9.1.10 填埋场投入使用后应进行连续监测，直至填埋场封场后产生的渗沥液中水污染物浓度连续2年低于现行国家标准《生活垃圾填埋场污染控制标准》GB 16889中水污染物排放限值时为止。

9.1.11 地下水检测应符合下列规定：

1 采样点的布设：上游本底井（1个），以及下游污染监视井（2个）、污染扩散井（2个）和填埋库区防渗层下地下水导排口（排水井，1个）；大型填埋场可适当增加监测井的数量；

2 检测方法：应按照现行国家标准《生活垃圾卫生填埋场环境监测技术要求》GB/T 18772的有关规定执行；

3 检测项目：pH、肉眼可见物、浊度、嗅味、色度、总悬浮物、五日生化需氧量、硫酸盐、硫化物、总硬度、挥发酚、总磷、总氮、铵、硝酸盐、亚硝酸盐、大肠菌群、细菌总数、铅、铬、镉、汞、砷，及地下水水位变化；

填埋场运行过程中对地下水的自行检测，其检测项目则可以结合各地区地下水实际变化或影响情况适当选择；

4 检测频率：每年按照丰水期、枯水期、平水期各至少检测1次；地下水检测项目出现异常变化的，应对其增加检测频率，污染扩散井和污染监视井的检测不少于每月1次。

9.1.12 地表水检测应符合下列规定：

1 采样点：场界排放口；

2 检测方法：应按照现行国家标准《生活垃圾卫生填埋场环境监测技术要求》GB/T 18772的有关规定执行；

3 检测项目：pH、总悬浮物、色度、五日生化需氧量、化学需氧量、挥发酚、总氮、硝酸盐氮、亚硝酸盐氮、大肠菌群、硫化物；

填埋场运行过程中对地表水的自行检测，其检测项目则可结合各地区地表水实际变化或影响情况适当选择；

4 检测频率：每季度不少于1次；水处理后若出现连续外排不符合现行国家标准《生活垃圾填埋场污染控制标准》GB 16889规定时，每10日检测1次。

9.1.13 甲烷气体检测应符合下列规定：

1 填埋场应每天进行一次填埋区、填埋区构筑物、填埋气体排放口的甲烷浓度检测；

2 对甲烷的每日检测可采用符合现行国家标准《便携式热催化甲烷检测报警仪》GB 13486要求或具有相同效果的便携式甲烷测定器进行测定，对甲烷的监督性检测应按照国家现行标准《固定污染源排气中非甲烷总烃的测定 气相色谱法》HJ/T 38中甲烷的测定方法进行测定。

9.1.14 场界恶臭污染物检测应符合下列规定：

1 采样点：在填埋作业上风向设1点，下风向至少布3点，采样方法应按现行国家标准《生活垃圾卫生填埋场环境监测技术要求》GB/T 18772和《恶臭污染物排放标准》GB 14554的有关规定执行；

2 检测项目：臭气浓度、氨气、硫化氢；

3 检测频率：应对场界恶臭污染物浓度每月检测1次。

9.1.15 总悬浮颗粒物检测应符合下列规定：

1 采样点：在填埋作业上风向布设1点，下风向布设4点，填埋场大气检测不应少于4点，采样方法应按现行国家标准《生活垃圾卫生填埋场环境监测技术要求》GB/T 18772的有关规定执行；

2 检测频率：应对场界总悬浮颗粒物浓度每季度检测1次。

9.1.16 填埋场应每季度对场界昼间和夜间噪声进行一次噪声检测。

9.1.17 苍蝇密度应符合下列要求：

1 检测点：填埋场内检测点总数不应少于10点，在作业面、临时覆土面、封场面设点检测，宜每隔30m～50m设点；每测面不应少于3点；用诱蝇笼采样检测；

2 检测方法：笼应离地1m，晴天监测，日出放笼，日落收笼，用杀虫剂杀死苍蝇，分类计数；

3 检测频率：应根据气候特征，在苍蝇活跃季节，一般4月～10月每月测2次，其他时间每月1次。

9.1.18 垃圾压实密度宜每2个月检测1次。

9.1.19 填埋作业覆土厚度应每月检测2次。取样部位和检测时间宜根据填埋作业实际制定，并注意垃圾沉降速率随填埋时间的非均匀性变化。

9.1.20 填埋作业区暴露面面积大小及其污染危害应每月检测2次。

9.1.21 填埋场区（填埋库区）边坡稳定性宜每月检测1次。

9.1.22 从填埋作业开始到封场期结束，对垃圾堆体沉降应每6个月检测1次。

9.1.23 降水、气温、气压、风向、风速等宜进行常年监测。

9.1.24 每月应对场区内的蚊蝇、鼠类等情况进行检查，并应对其危险程度和消杀效率进行评估，及时调整消杀方案。

1 鼠洞周围及鼠类必经之处应定期置放捕鼠器或灭鼠药，24h之后应及时回收捕鼠器和清理死鼠。

2 填埋区及其他蚊蝇密集区应定期进行消杀，

灭蝇应使用低毒、高效、高针对性药物，且定期调整灭蝇药物和施药方法。

9.2 维护保养

9.2.1 取样、检测仪器设备应按规定进行日常维护和定期检查，应有仪器状态标识。

9.2.2 检测仪器设备出现故障或损坏时，应及时检修。

9.2.3 贵重、精密仪器设备应安装电子稳压器，并由专人保管。

9.2.4 强制检定仪器应按规定要求检定。

9.2.5 仪器的附属设备应妥善保管，并应经常进行检查。

9.2.6 对填埋场区（填埋库区）监测井等设施应定期检查维护，监测井清洗频率不宜少于半年一次。

9.2.7 填埋场场区内设施、路面及绿地应定期进行卫生检查。

9.2.8 消杀机械设备应定期进行维护保养。

9.3 安全操作

9.3.1 填埋场区（填埋库区）各检测点应有可靠的安全措施。

9.3.2 填埋场场区内的易燃、易爆物品应置于通风处，与其他可燃物和易产生火花的设备隔离放置。剧毒物品管理应按有关规定执行。

9.3.3 化验带刺激性气味的项目必须在通风橱内进行，避免检测项目之间干扰。

9.3.4 测试、化验完毕，应及时关闭化验室的水、电、气、火源、门窗。

9.3.5 灭蝇、灭鼠消杀药物应按危险品规定管理。

9.3.6 消杀人员进行药物配备和喷洒作业应穿戴安全卫生防护用品，并应严格按照药物喷洒作业规程作业。

9.3.7 监测或检测人员进行样品采集和检验时应配备安全卫生防护用品。

9.3.8 各检测点以及易燃易爆物、化学品、药品等储放点应设置醒目的安全标示。

10 劳动安全与职业卫生

10.0.1 填埋场劳动安全与职业卫生工作应坚持预防为主的方针和防治结合的原则，应采取有效措施，消除或者减少有害生产人员安全和健康的因素，创造良好的劳动条件。

10.0.2 填埋场应建立健全劳动安全与职业卫生管理机制，确定专（兼）职管理人员，管理填埋场的劳动安全和卫生工作。应对新招收的人员进行健康检查，凡患有职业禁忌症的，不得从事与该禁忌症相关的有害作业；定期组织全场人员进行体检和复查工作；定期组织全场安全隐患的排查工作。

10.0.3 填埋场的劳动安全和职业卫生的防治工作应符合国家现行相关标准的规定。

10.0.4 填埋场管理人员应定期检查各部门的劳动安全与职业卫生的防治工作。

10.0.5 生产过程中有害因素控制应符合国家现行相关标准的规定。出现超过国家安全或卫生标准的，应制定治理规划，限期达标。治理规划及达标状况应按规定履行呈报程序并存档。

10.0.6 填埋场应将有害因素监控数据、生产事故记录情况及时报告当地安全监察部门；应将人员健康检查结果和职业性伤害的发生情况及时报告当地卫生防疫机构。遇有职业性严重伤害、中毒死亡或三人以上急性职业中毒情况的，以及重大安全事故造成严重伤亡情况的，应立即上报，并采取有效应对措施。

10.0.7 作业人员不得独自到存在安全隐患场所进行作业，应佩带安全防护用品、采取有效措施预防或对隐患进行安全处理之后方可进入。

10.0.8 填埋场应做好卫生清洁和免疫预防工作。工作结束后，各类人员应及时更换和清理工作服，将自己的日常服装、工作服装和个人的防护用品、设备分开存放。

10.0.9 填埋场应统一管理和配备工作服装与个人劳动防护用品、设备。各岗位作业人员应根据需要配备不同的劳动保护用品、设备，并按照要求正确使用和保管好劳动保护用品、设备。

11 突发事件应急处置

11.0.1 填埋场应建立健全突发事件应急处置制度，组建相应管理机构，制定应急预案及应急程序，落实专项费用、专职（或兼职）人员。

11.0.2 填埋场应根据其服务区（或所在城市）的社会经济情况与自然条件，对生活垃圾处理与管理系统可能遭遇的突发事件进行预判，根据自然灾害、事故灾难、公共卫生事件和社会安全事件等不同突发事件的性质、规模及可能的影响，制定多套应急预案及处置措施。

11.0.3 填埋场应根据危险分析和应急能力评估的结果，针对可能发生的灾害、事故和突发事件，参照《生产经营单位安全生产事故应急预案编制导则》AQ/T 9002的要求，划分应急级别，制定应急响应程序，明确参与应急处置的相应职能部门名称，以及在应急工作中的具体职责，编制应急预案。

11.0.4 填埋场应公布与社会相关突发事件报案联系方法，公告社会相关突发事件报告、处置的程序、方法及有关常识。

11.0.5 应定期组织管理和作业人员进行安全教育和应急演习，并进行检查、考核。

11.0.6 填埋场区内应划定一定面积的区域，以便在社会相关突发事件发生时作为接纳特种垃圾的临时堆存区。

填埋场本身出现事故或故障（如防渗层破裂、污水调节池漫坎、失火、爆炸，以及主要设备损毁等）而导致填埋场正常功能失效时，经上级批准后可以暂时关闭填埋场，在进场附近地点设置垃圾应急填埋区。

11.0.7 发生突发事件时，填埋场应立即启动应急预案，积极组织抢救、抢修等活动，防止事态扩大，最大限度减少人员伤亡、财产损失与环境污染，并及时向上级主管部门汇报和向相关部门通报突发事件性质、规模及处置情况。

11.0.8 场内突发事件处置完毕，填埋场应立即组织事故调查和受损程度评估，重新核定产能，积极恢复生产。

11.0.9 填埋场应通过签订协议、联合组队等形式与有关机构或单位建立突发事件协同处置机制。

12 资 料 管 理

12.0.1 填埋场应建立运行维护技术档案，系统地记载填埋场运行期的全过程及主要事件。

12.0.2 填埋场应建立运行维护资料台账，主要内容应包括：

1 垃圾特性、类别及进场垃圾量；

2 填埋作业规划及阶段性作业方案进度实施记录；

3 填埋作业记录（倾卸区域、摊铺厚度、压实情况、覆盖情况等）；

4 污水收集、处理、排放记录；

5 填埋气体收集、处理记录；

6 环境监测与运行检测记录；

7 场区消杀记录；

8 填埋作业设备运行维护记录；

9 机械或车辆油耗定额管理和考核记录；

10 填埋场运行期工程项目建设记录；

11 环境保护处理设施污染治理记录；

12 上级部门与外来单位到访记录；

13 岗位培训、安全教育及应急演习等的记录；

14 劳动安全与职业卫生工作记录；

15 突发事件的应急处理记录；

16 其他必要的资料、数据。

12.0.3 应建立运行管理日报、月报和年报制度，系统、全面、及时进行数据、资料的收集、整理和报送工作。不得虚报、瞒报、迟报或伪造篡改。

12.0.4 归档文件资料保存形式应包括图表、文字数据材料、照片等纸质或电子载体。

12.0.5 工程建设的资料整理和保存应符合现行国家标准《城市建设档案著录规范》GB/T 50323和《建设工程文件归档整理规范》GB/T 50328的相关规定。运营管理的资料整理和保存应符合相关档案管理的要求。

本规范用词说明

1 为便于在执行本标准条文时区别对待，对于要求严格程度不同的用词说明如下：

1）表示很严格，非这样做不可的：
正面词采用“必须”；反面词采用“严禁”；

2）表示严格，在正常情况下均应这样做的：
正面词采用“应”；反面词采用“不应”或“不得”；

3）表示允许稍有选择，在条件许可时首先应这样做的：
正面词采用“宜”；反面词采用“不宜”；
表示有选择，在一定条件下可以这样做的，采用“可”。

2 条文中指明应按其他有关标准执行的写法为：“应符合……的规定（要求）”或“应按……执行”。

引用标准名录

1 《建筑灭火器配置设计规范》GB 50140

2 《城市建设档案著录规范》GB/T 50323

3 《建设工程文件归档整理规范》GB/T 50328

4 《图形符号　安全色和安全标志　第1部分：工作场所和公共区域中安全标志的设计原则》GB/T 2893.1

5 《工业企业厂内铁路、道路运输安全规程》GB 4387

6 《生产过程安全卫生要求总则》GB/T 12801

7 《便携式热催化甲烷检测报警仪》GB 13486

8 《恶臭污染物排放标准》GB 14554

9 《生活垃圾填埋场污染控制标准》GB 16889

10 《生活垃圾卫生填埋场环境监测技术要求》GB/T 18772

11 《生活垃圾卫生填埋技术规范》CJJ 17

12 《城市污水处理厂运行、维护及安全技术规程》CJJ 60

13 《生活垃圾卫生填埋场封场技术规程》CJJ 112

14 《环境卫生图形符号标准》CJJ/T 125

15 《生产经营单位安全生产事故应急预案编制导则》AQ/T 9002

16 《固定污染源排气中非甲烷总烃的测定　气相色谱法》HJ/T 38

中华人民共和国行业标准

生活垃圾卫生填埋场运行维护技术规程

CJJ 93—2011

条 文 说 明

修 订 说 明

《生活垃圾卫生填埋场运行维护技术规程》CJJ 93－2011，经住房和城乡建设部2011年4月22日以第992号公告批准、发布。

本规程是在《城市生活垃圾卫生填埋场运行维护技术规程》CJJ 93－2003的基础上修订而成，上一版的主编单位是华中科技大学环境科学与工程学院，参编单位是深圳市下坪固体废弃物填埋场、建设部城市建设研究院、ONYX环境技术服务有限公司、中山市环境卫生科技研究所、武汉华曦科技发展有限公司；主要起草人员是陈海滨、冯向明、李辉、王敬民、徐文龙、黎汝深、刘培哲、黎军、黄中林、张彦敏、汪俊时、钟辉、陈石、刘晶昊、刘涛。

本次修订的主要技术内容是：1. 修改了规程的名称；2. 增加了“术语”一章；3. 细化了生活垃圾填埋场填埋作业及阶段性封场要求；4. 补充了渗沥液收集与处置要求；5. 调整了部分章节内容，将生活垃圾填埋场“虫害控制”与“填埋场监测”合并为“填埋场监测与检测”一章，并对原内容进行了细化；6. 增加了“劳动安全与职业卫生”一章；7. 增加了“突发事件应急处置”一章；8. 增加了“资料管理”一章。

为便于广大设计、施工、科研等单位和学校有关人员在使用本标准时能正确理解和执行条文规定，《生活垃圾卫生填埋场运行维护技术规程》编制组按章、节、条顺序编制了本标准的条文说明，对条文规定的目的、依据以及执行中需注意的有关事项进行了说明。还着重对强制性条文的强制性理由作了解释。但是，本条文说明不具备与标准正文同等的法律效力，仅供使用者作为理解和把握标准规定的参考。

目　次

1 总 则

1.0.1 编制本规程的目的在于加强和规范生活垃圾填埋场运行管理，提升管理人员和作业人员的业务水平，保证安全运行，规范作业，以提高效率，实现生活垃圾无害化处置的目的。

1.0.2 本条规定了规程的适用范围，即适用于生活垃圾卫生填埋场，并且包括城市垃圾综合处理厂中的填埋场；暂未达到卫生填埋场建设标准的一般垃圾填埋场和简易垃圾堆场应参照本规程执行。

1.0.3 本条规定了生活垃圾填埋场的运行、维护及安全管理除应执行本规程外，尚应执行现行国家和行业的有关标准。

2 术 语

本章对规程涉及的填埋场场区、填埋场区（填埋库区）、填埋区（填埋作业区）三个主要专业术语做出了定义。其他术语在《市容环境卫生术语标准》CJJ/T 65等相关标准中已作定义或解释。

3 一 般 规 定

3.1 运 行 管 理

3.1.1 本条对填埋场各管理和生产人员完成本岗位工作提出了基本要求。

根据工作性和任务的不同，填埋场的人员可以划分为二类：(1) 管理人员；(2) 作业人员。其中，管理人员又可以划分为：行政管理人员与技术管理人员；作业人员可按照一线与二线进行划分，一线作业人员主要负责具体的岗位作业和设备操作，统称为生产作业人员；二线作业人员则主要负责设施设备的维护以及后勤辅助工作，统称为维护及后勤人员。考虑到填埋场实际的岗位划分，以及一部分人员配置时身兼多岗的需要，鼓励一专多能、办事责任心强和效率高的人员上岗。本规程对人员的划分不针对某一具体的填埋场，亦不涉及劳动工种划分，而只是强调人员及岗位的分配原则，同时为使本规程对人员及岗位划分的行文表述一致而在此说明。

3.1.2 本条对填埋场的运行管理制度提出要求，要以其工艺技术路线为主明确岗位需求，根据实际情况设定各岗位的操作手册和安全守则，建立健全操作规程和安全制度。同时，为了较好地完成填埋场的垃圾处理、处置工作，要对各岗位人员进行上岗培训，明确提出考核和持证上岗的要求。

3.1.3 本条对管理人员完成本职工作提出了基本要求，突出了掌握填埋场主要技术指标、熟悉和操纵设施、设备技能运行管理的要求。管理人员包括行政管理人员和技术管理人员，当然也包括填埋场负责人。

3.1.4 本条规定作业人员应按规定（如使用说明、操作规程、岗位责任制等）的要求，具备操作使用各种机械、设备、仪器、仪表的技能，也包括推土机、挖掘机、装载机、垃圾压实机等特种机械；应保持机械设备完好、整洁。

作业人员要坚守岗位，做好记录；记录应及时，记录内容应准确；并应定期检查管辖的设施设备及仪器仪表的运行状况。

不论是管理人员还是作业人员发现异常，应及时采取相应处理措施，并及时逐级上报。上报内容主要包括运行异常具体情况与原因、已采取的处理措施及效果、进一步的对策及请示上级解决的问题等。特殊或紧急情况可同时向多级领导部门报告。

3.1.5 本条规定填埋场场区道路应畅通，交通标志规范清楚，方便垃圾车辆快速进出。现行国家标准《工业企业厂内铁路、道路运输安全规程》GB 4387就厂内道路、车辆装载、车辆行驶、装卸等各方面安全操作作出了具体规定。场区及填埋区内运输管理，应符合该规程的要求。交通标志同时应符合现行国家标准《图形符号　安全色和安全标志　第1部分：工作场所和公共区域中安全标志的设计原则》GB/T 2893.1和《环境卫生图形符号标准》CJJ/T 125的规定。

对于垃圾填埋场而言，控制进场垃圾车的车速非常重要。道路坡度大于6%或转弯半径小于30m时，车速不宜大于15km/h。考虑到南北地理和气候差异，填埋场应根据具体情况，具备全天候安全通行条件并保持畅通运行的条件。

3.1.6 进入填埋场的固体废弃物应满足《生活垃圾填埋场污染控制标准》GB 16889的相关规定。《国家危险废物名录》列入的各类危险废物均不得进入生活垃圾填埋场。此条为强制性条文。

家庭日常生活中产生的废药品及其包装物、废杀虫剂和消毒剂及其包装物、废油漆和溶剂及其包装物、废矿物油及其包装物、废胶片及废相纸、废荧光灯管、废温度计、废血压计、废镍镉电池和氧化汞电池以及电子类危险废物等，虽未列入《国家危险废物名录》，但也应尽量控制其不进入或少进入生活垃圾填埋场。不在控制危险废物名录下的家庭日常生活中所产生的废电池、化妆品等废品，应按照环保部门相关规定，进入符合要求的消纳场所。

3.1.7 因修筑填埋工作平台、临时道路、临时覆盖等需要，可允许接收适量建筑垃圾，但要与进场生活垃圾分开存放。

3.1.8 本条对出场垃圾车作出了规定，应进行必要冲洗以保持干净。在特殊时期，如有疫病控制要求时，为防止病毒、病菌传染扩散应进行消毒处理。

3.1.9 本条规定应保持填埋场场区干净整齐，绿化美化，消除蚊蝇滋生源，保持环境卫生，树立文明生产形象。并对填埋场内产生的积水和冲洗水的处理分别提出了要求，冲洗水不宜进入渗沥液处理设施，避免加重渗沥液处理的负荷。

3.2 维护保养

3.2.1 本条规定所指的设施、设备主要有各种路面、沟槽、护栏、爬梯、盖板、挡墙、挡坝、井管、监控系统、气体导排系统、渗沥液处理系统和其他各类机电装置等。各岗位人员负责辖区设施日常维护，部门及场部定期组织人员抽查。

各种供电设施、电器、照明设备、通信管线等应由专业人员定期检查维护；各种车辆、机械和设备日常维护保养及部分小修应由作业人员负责，中修或大修应由厂家或专业人员负责；避雷、防爆装置应由专业人员定期按有关行业标准检测。填埋场场区内的各种消防设施、设备应由岗位人员做好日常管理和场部专职人员定期检查。

3.2.2 地磅（或计量桥）应按要求定期由计量部门校核、检定，确保计量结果准确无误。操作人员应每日检查检验地磅的误差，保障称量准确。

3.2.3 本条规定对填埋场场区内各种交通告示或标志应定期进行检查，主要包括进场道路以及场区内交通标志、构筑物指示与安全告示或标志等。

3.3 安全操作

3.3.1 本条规定为达到实施全过程安全管理的目标，应严格按照现行国家标准《生产过程安全卫生要求总则》GB/T 12801 的基本要求，建立和完善全场范围内安全监督机制。

3.3.2 填埋场应根据本场实际情况和各岗位特点，制定具体明确的作业人员和管理人员安全与卫生管理规定，保障人员的安全和身体健康，如消杀岗位人员应规定连续工作 2 年需换岗；消杀时不得面对有人的方向近距离喷洒；不得在下风位置进行消杀作业；定期组织身体检查等。各岗位人员必须严格执行本岗位安全操作规程，这是防止安全事故的关键。

3.3.3 本条规定作业人员的劳动保护措施主要有：穿工作服、戴安全帽、佩戴口罩、使用卫生药品用具等；为保障夜间安全作业，现场的生产作业人员必须穿反光背心，并且要有必要的照明设施；女性作业人员不得穿裙子、披长发、穿高跟鞋等进行作业。

3.3.4 场内控制室、变电室、污水处理区、填埋区等区域是安全防范的重点区域，严禁烟火、严禁酒后上岗是安全生产的基本保证，所以作为强制性条文予以规定。

3.3.5 不熟悉本岗位机械设备性能和运行情况，易发生事故；管理人员违规指挥，也易损坏机械设备，甚至造成安全事故。作业人员有权拒绝执行管理人员的违规指挥。

3.3.6 启、闭电器开关、检修电器控制柜及机电设备操作不当，易发生事故，本条规定应按电工安全规定操作。

电机工作电源电压波动范围为±10%，因电压不稳会降低设备寿命，甚至烧毁电机。故此，机电设备的开机和使用时，应有安全运行保护措施。

3.3.7 本条规定维修机械设备时，不应随意搭接临时动力线，若确实需要，必须在安全前提下临时搭接动力线，并在使用过程应有专职电工在现场管理并设置临时警示标志，使用完毕应立即拆除。这是安全生产的基本保障措施之一，因而作为强制性条文予以规定。

3.3.8 本条规定皮带传动、链传动、联轴器等传动部件须有机罩安全措施，防止工伤事故；机罩安装应牢固、可靠，以防振脱、碰落。这是安全生产的基本保障措施之一，因而作为强制性条文予以规定。

3.3.9 填埋场运行阶段，应执行现行国家标准《建筑灭火器配置设计规范》GB 50140。根据规定的工业建筑灭火器配置场所的危险等级，应根据其生产、使用、储存物品的火灾危险性，可燃物数量，火灾蔓延速度，扑救难易程度等因素，划分为以下三级：

严重危险级：火灾危险性大，可燃物多，起火后蔓延迅速，扑救困难，容易造成重大财产损失的场所；

中危险级：火灾危险性较大，可燃物较多，起火后蔓延较迅速，扑救较难的场所；

轻危险级：火灾危险性较小，可燃物较少，起火后蔓延较缓慢，扑救较易的场所。

对于生活垃圾填埋场而言，填埋区填埋气体中甲烷气含量高，化验室因有化学药品，火灾危险性较大，两者均按中危险级考虑。

火灾种类则根据《建筑灭火器配置设计规范》GB 50140 的要求，依其物质及其燃烧特性划分为 A、B、C、D、E 五类：

A 类火灾：固体物质火灾；

B 类火灾：液体火灾或可熔化固体物质火灾；

C 类火灾：气体火灾；

D 类火灾：金属火灾；

E 类火灾（带电火灾）：物体带电燃烧的火灾。

填埋场场区的消防措施应按 A、B、C、D、E 五类火灾考虑，其中填埋场区（填埋库区）应按 C 类火灾隐患考虑，而化验室可能涉及多类火灾隐患。

3.3.10 本条规定填埋场应按现行国家标准《建筑灭火器配置设计规范》GB 50140 的有关规定选择、设置消防器材，并应由专职人员负责日常维修管理和定期检查，及时更换失效或损坏的消防器材。

3.3.11 填埋场场区内的半封闭、封闭场都应该有通风措施，处于填埋场区（填埋库区）的半封闭、封闭场所易积聚甲烷气体，必须有良好通风措施，并保持通风设施和设备完好。这是根据填埋场特征提出的强制性条文。

在本规程第6章还规定了填埋场区（填埋库区）甲烷含量的安全浓度。

3.3.12 本条规定场区发生火灾应根据火灾性质、类别与着火地点，采用相应灭火对策，尤其是要重视气体火灾危害，做好预防工作。对于填埋区发生的气体火灾和非气体火灾，应采用不同的灭火方案进行处理。

3.3.13 本条明确了填埋区如因生产、施工等原因需动火时，动火前需要办理动火审批手续，做好相应动火准备，动火作业完成后必须对场地进行清理与检查。

3.3.14 本条明确应有必要措施防止填埋场火灾对周边树林的危害，如设置并维护防火隔离带（特别是顺风方向），或必要时设置起防火隔离作用的挡墙。

3.3.15 应在指定的、有明显标志的位置配备防护用品及药品，按照使用有效期限及时更换，以备突发事故或意外事故急用。备用的防护用品及药品应定期检查，必要时应更换、补充。

3.3.16 安全警示标志应符合《图形符号　安全色和安全标志　第1部分：工作场所和公共区域中安全标志的设计原则》GB/T 2893.1和《环境卫生图形符号标准》CJJ/T 125的相关规定。不同颜色可传递禁止、警告、指令、提示等信息，由安全色、几何图形和图形符号可构成表达特定安全信息的安全标志。安全标志不能代替安全操作规程和必要的防护措施，但可作为安全辅助措施，起到提醒和警示作用。

3.3.17 填埋场应根据《中华人民共和国突发事件应对法》、《突发公共卫生事件应急条例》、《生活垃圾应急处置技术导则》RISN-TG005－2008等相关法规、标准，结合实际情况制订防火、防爆、防冻、防雪、防汛、防风、防滑坡、防塌方、防溃坝、防运输通道中断等方面应急方案和措施，如台风暴雨期间应有人员值班，应有应急抢险队员和器材。确保意外情况下将损失控制到最小。

3.3.18 本条规定了对进出填埋场场区的车辆进行管理的基本要求，有条件时应建立相应的自动记录归档系统，并与上级管理机构联网。

3.3.19 此条为保障外来人员和参观人员安全和填埋场安全的必要措施。应对参观人员进行必要的严禁烟火等安全教育。

3.3.20 本条所指存在安全隐患的场所包括：狭窄空间、封闭空间、有甲烷气体的容器（或密闭空间）、有溺水危险的地方等。

4　垃圾计量与检验

4.1　运行管理

4.1.1 由计算机自动计算和统计出进场垃圾重量及其他信息，提高智能化程度和作业效率。

4.1.2 本条规定应对进入填埋场的垃圾进行计量统计。

1　应登记进场垃圾运输车车牌号、运输单位、进场日期及时间、离场时间、垃圾来源、性质、重量等基本资料，及时掌握垃圾处理量和便于运输单位运输量查询，并为垃圾处理收费以及安全管理提供切实可靠数据。

2　垃圾计量系统主要设备有地磅（或计量桥）、仪表、传感器、计算机、录像机、道闸监控器等。

3　要求应做好每日记录资料备份工作，包括每日资料打印和计算机数据备份，同时做好每月统计报表工作。

4　应有当班工作记录和交换班记录，主要记录当班异常情况及注意事项，还应明确交接班人员及时间。

5　地磅系统出现故障应立即采取应急措施，如启动备用第二套磅桥、计算机或不间断电源等设备，保障系统正常使用。

全部计量系统发生故障时，应采用人工记录，同时由专职人员马上维修，系统修复后及时将人工记录数据录入计算机，保证记录完整准确。

4.1.3 本条规定定期进行生活垃圾的理化成分进行检测分析，必须参照《生活垃圾卫生填埋场环境监测技术要求》GB/T 18772的规定，记录理化成分和变化，以保证填埋场的安全稳定运行。并且，对进入填埋场的固体废物（直接填埋的生活垃圾除外）也应符合《生活垃圾填埋场污染控制标准》GB 16889的相关规定。

填埋场应对进入填埋场的垃圾，随时观察、随机抽查、检验，如发现混有违反国家相关标准规定的填埋固体废物时，应拒绝垃圾进场。生活垃圾中混有不满足进场要求的固体废物时，应经预处理后满足进场要求并经有资质的监测机构检测，在获得填埋场运营管理部门特许后，方可进入填埋区填埋。

4.2　维护保养

4.2.1 地磅（或汽车衡）的标准配置主要由承重传力机构（秤体）、高精度称重传感器、称重显示仪表三大主件组成。地磅上及周围有异物时会影响计量的准确度，因此要求作业人员应定期检查维护地磅，及时清除计量桥下面及周围的异物。

4.2.2 地磅易被腐蚀，需要定期维护保养，以保证其计量的准确。

4.2.3 除对在用计算机、仪表、录像、道闸等设施、设备开展日常维护外，还要定期对备用系统进行维护保养。

4.3　安全操作

4.3.1 地磅前后方设置过磅称量、出入通行、行车限速标志及车辆出入磅桥注意事项等标志说明，防止车辆碰撞地磅及附属设施。提示标识应符合《图形符号 安全色和安全标志 第1部分：工作场所和公共区域中安全标志的设计原则》GB/T 2893.1和《环境卫生图形符号标准》CJJ/T 125等现行国家标准的规定。

4.3.2 地磅前方设置减速装置，如减速带等，以便控制上磅车速不至于过快而影响正常称重。

5 填埋作业及作业区覆盖

5.1 运行管理

5.1.1 本条强调应有填埋作业规划。对大型填埋场应实行分区域填埋作业，利于实现科学管理，有效利用库容，实行雨污分流措施，减少渗沥液产生量。作业规划要依据填埋场设计、施工和实际情况制定，对于部分大型填埋场，会出现按照分区和分阶段要求建设和运行同时进行的情况，此时应对填埋作业制定更具针对性的规划要求。

5.1.2 本条强调应有填埋作业方案。对大型填埋场应实行分区域填埋作业，利于实现雨污分流措施，减少渗沥液产生量。作业方案依据填埋区分期分区要求，主要包括：作业通道、作业平台（含平台的设置数量、面积、材料、长度、宽度等参数要求）、场内运输、工作面转换、边坡（HDPE膜）保护、排水沟修筑、填埋气井安装、渗沥液导渗，还包括垃圾的摊铺、压实、覆盖等内容。

5.1.3 尽可能控制较小作业单元面积，有利于减少渗沥液量，减少作业暴露面，减轻臭气产生，提高压实效率。作业单元的大小主要依据每日进场垃圾量、推土机推运距等条件确定。对于Ⅰ、Ⅱ类填埋场，宜按照作业区面积与日填埋量两者数值之比0.8～1.0进行作业区面积的控制，并且按照暴露面积与作业面积之比不大于1∶3进行暴露面积的控制；对于Ⅲ、Ⅳ类填埋场，宜按照作业区面积与日填埋量之比1.0～1.2进行作业区面积的控制，并且可按照暴露面积与作业面积之比不大于1∶2进行暴露面积的控制。控制最小作业单元面积并做好当天及时覆盖，也是减少空气污染，控制虫害的关键。雨、雪季填埋区作业单元易打滑、陷车，应选择在填埋库区入口附近设置备用填埋作业区，以应对突发事件。

5.1.4 垃圾卸料平台和填埋区（填埋作业区）的大小主要依据垃圾运输车高峰期最大车流量和每日垃圾量以及气候等情况确定，在保障垃圾运输车及时卸料的前提下，尽可能控制较小作业平台，以节省费用，减轻污染。

5.1.5 本条明确规定了垃圾卸料平台设置时必须考虑的要求，目的是确保垃圾卸料作业安全、通畅。

5.1.6 垃圾作业平台的结构形式及其修筑材料可根据具体情况选用，而由钢板基箱拼装的专用卸料作业平台除了可重复使用，还具有较好的防沉陷能力，雨、雪期使用更能展现其特点和优势。

5.1.7 本条强调在填埋作业现场应有专人现场指挥垃圾定点倾倒工作，防止堵车和乱倒垃圾现象。

5.1.8 填埋作业区周边设置固定或移动式防飞散网（屏护网），目的是防止纸张、塑料等轻质垃圾的飘散，也降低大风天气对填埋作业的影响。

5.1.9 摊铺作业方式有由上往下、由下往上、平推三种，由下往上摊铺比由上往下摊铺难度大，但压实效果好。应依现场和设备情况选用，每层垃圾厚度为0.4m～0.6m为宜，单元厚度宜为2m～4m，最厚不得超过6m。

5.1.10 本条文明确了垃圾填埋压实作业具体要求。对于日填埋量小于200t的Ⅳ类填埋场，可采取推土机替代专用垃圾压实机完成压实垃圾作业，但应达到规定的压实密度。小型推土机来回碾压次数则按照垃圾压实密度要求，以大型推土机连续碾压的次数（不少于3次）进行相应的等量换算。

5.1.11 适时对填埋作业区进行覆盖的主要作用是防臭，防轻质、飞扬物质，减少蚊蝇及改善不良视觉环境。

日覆盖即每日填埋作业完成后应及时覆盖；中间覆盖即完成一个填埋单元或一个作业区作业时进行的阶段性覆盖；终场覆盖即填埋库区使用完毕，进行封场处理前对全部填埋堆体进行的覆盖。

《生活垃圾卫生填埋技术规范》CJJ 17中规定了日覆盖或阶段性覆盖层厚度。此外，冬季覆盖层厚度应保证掩埋好垃圾即可，夏季的日覆盖厚度应适当增加，以便掩盖住部分臭味，同时增加堆体的承托能力。

挖掘土和建筑渣土都可以用来作为覆盖材料（经建筑渣土的渗沥液由于其钙离子含量较高，导致处理更困难，因而一般不提倡使用），使用可降解塑料或可重复使用的聚乙烯膜进行覆盖也是经济可行的方法。日覆盖用土量应按计划要求，在尽可能接近工作面的位置卸车，不影响到垃圾摊铺和压实作业。可以在工作面的附近预备一些覆盖用土，以备在垃圾燃烧时隔绝空气灭火用或临时使用。

5.1.12 根据国内填埋场经验，采用黏土覆盖容易在压实设备上黏结大量土，对压实作业产生影响。因此日覆盖宜采用沙性土、堆肥产品甚至建筑垃圾（经筛选后）或其他能达到同等效果的材料。实践还表明，斜面日覆盖采用浸塑布或防雨布覆盖更合适。

5.1.13 中间（阶段）覆盖的主要目的是避免因较长时间垃圾暴露进入大量雨水，产生大量渗沥液，建议采用HDPE膜、LDPE膜、黏土或其他防渗材料进行中间（阶段）覆盖，黏土覆盖层厚度不小于30cm。

布、膜（特别是 HDPE、LDPE 膜）的拼装、覆盖应考虑其尺寸和理化特性。

5.1.14 本条是对膜覆盖所选用材料的类型、厚度，以及日覆盖与中间覆盖适宜的长、宽度分别作出了说明。

5.1.15 本条对生活垃圾填埋的膜覆盖作业的程序作出了规定，特别是对日覆盖、中间覆盖过程中覆膜顺序、搭接宽度、锚固和压膜等方面提出了具体要求，并采用图 5.1.15-1、图 5.1.15-2、图 5.1.15-3 分别对膜覆盖方向、压膜材料摆放位置及其在防渗边坡上作业方式进行了直观描述。

5.1.16 本条针对膜覆盖作业过程的注意事项提出了明确规定。

5.1.17 终场覆盖应按照《生活垃圾卫生填埋场封场技术规程》CJJ 112 的有关章节的要求执行。

5.1.18 保持填埋单元乃至场区雨污分流设施完好是实现雨污分流的前提与保证，所以将此内容作为强制性条文予以规定。

5.1.19 本条明确了采用土工合成材料防渗的填埋场，对库底首层和边坡作业时，应按设计文件、实际作业需要采取保护措施，尤其是注意场底首层垃圾的摊铺、填埋、压实作业，以防止后续若干层进行压实机（或其他作业车辆）作业时对场底防渗层和填埋气体收集系统带来破坏，也要注意防止作业机械进场地边坡作业给边坡防渗层和相应作业层带来的破坏。

5.1.20 本条明确了场区作业时对臭气进行防治的若干具体措施。

5.2 维护保养

5.2.1 本条强调应有专人负责各种设施日常维护保养工作，保持设施完好，正常发挥其功能。

5.2.2 边坡 HDPE 膜保护层、尚未填垃圾区域防渗和排水设施易损坏，应进行日常检查、维护管理。

5.2.3 本条规定即使完成填埋单元阶段性覆盖乃至封场后，也要对填埋场区（填埋库区）各种设施设备按设计要求定期检查、维护。

5.3 安全操作

5.3.1 当捡拾废品人员出现在填埋场区（填埋库区）或畜禽进入填埋场区，不仅影响填埋作业，而且还会损坏设施，甚至会产生人员安全事故，应对上述行为（现象）予以禁止，并作为强制性条文予以规定。

5.3.2 本条明确要求为保障作业人员安全，防止车辆倒车倾倒垃圾时出现工伤事故的措施。

5.3.3 本条规定了填埋区（填埋作业区）内车辆行驶作业要服从统一调度指挥，使人员和车辆分流，并遵守警示标识的限制要求。

5.3.4 本条规定了作业人员进行掀膜作业的安全操作要求。由于在使用 HDPE 膜、防雨布等覆盖的垃圾堆体中，会产生甲烷气、硫化氢等有害健康的气体。因此将其掀开时，必须有相应的防范措施。应注意覆盖材料的使用和回收，减低消耗。

5.3.5 填埋场区（填埋库区）应根据填埋场潜在火灾特性（参见本规程第 3.3.9 条）配备适用的消防器材，配备消防设施和消防材料，以备紧急情况下使用。

5.3.6 填埋场区（填埋库区）火情有不同类别与成因，如填埋气体收集井着火、垃圾体表层着火、垃圾体深层着火等情况，应按场内制订的安全应急预案采取有针对性地改进处理措施。

5.3.7 在坡道、弯道等处铺设砖石或建筑垃圾等都是冬季行车防滑的有效措施。

6 填埋气体收集与处理

6.1 运行管理

6.1.1 填埋气体收集井内管道连接顺畅是气体顺畅收集的基本保证，填埋作业过程中应对填埋气体收集系统及时加以保护。如设计中的气体收集系统的建设是在填埋过程中进行的，那么应在垃圾填埋层达到一定高度之后开始建设填埋气体收集系统，同时要确保垃圾层加高过程中及时增加气体收集井的竖向高度。

6.1.2 根据国外经验，填埋垃圾总量达 200 万 t 以上和填埋厚度达 20m 以上，具备利用条件可考虑回收利用。利用形式有发电、民用或充当汽车燃料等形式，有一定经济效益。不能利用的，应收集集中后燃烧处理，可采用火炬法。填埋气体中 50%～60%是甲烷，30%～40%是二氧化碳，还含有少量其他气体。甲烷和二氧化碳是产生温室效应的有害气体。

6.1.3 对填埋气体收集系统气压、流量等基础数据定期检测可找出产生气体的规律，为改进和完善气体收集系统提供依据。

6.2 维护保养

6.2.1 填埋气体收集井、管、沟易积杂物而堵塞，应定期检查维护，确保完好，清除积水、杂物，防止冷凝水堵塞；定期检查管道的沉降。

6.2.2 本条是对气体燃烧、利用设施或设备的维护保养所提出的要求，如开放式火炬、封闭式火炬、气体与处理系统、内燃式发电机等。由于填埋气体腐蚀性大、杂质多，维护保养是很重要的。

6.3 安全操作

6.3.1 填埋场区（填埋库区）应设置有效的填埋气体导排设施，并确保其运行安全有效。根据填埋场是否具备填埋气体利用条件的不同，填埋气体应及时采用主动或被动导排的方式，进行收集利用或集中燃烧处理。未达到卫生填埋安全稳定运行条件的旧填埋场，也应设置有效的填埋气体导排和处理设施，可以选择有效的被动控制的方式进行导排、燃烧处理。

6.3.2 为防止垃圾掉入或堵塞或雷击或阳光直射，引起燃烧、爆炸等事故，应在竖向收集管顶部设顶罩；表层水平方向气体收集管有重型机械设备通过易造成损坏，应采取加套钢管或加铺钢板等临时加固措施。

6.3.3 为防止填埋气体收集井加高、延伸及钻井施工过程发生火灾或爆炸，填埋气体收集井安装及钻井过程中应采用防爆施工设备。

6.3.4 填埋场区（填埋库区）内甲烷气体浓度大于5%时，应马上采取控制甲烷气体逸出或其他应对安全措施，预防发生火灾和爆炸事故。此条为强制性条文。

6.3.5 为避免填埋气体积聚并爆炸、着火，填埋场区（填埋库区）内及周边20m内不能建造封闭式建（构）筑物（如休息室、储物间等）。此条为强制性条文。

7 地表水、地下水、渗沥液收集与处理

7.1 运行管理

7.1.1 本条规定填埋场区（填埋库区）外及时实行积水排导，场内排水应实行雨污分流，并要求保持排水设施完好。填埋区渗沥液由收集系统收集后汇入调节池。填埋场区（填埋库区）覆盖面雨水由专门收集系统收集经沉沙后排入地表水系统。

7.1.2 进入填埋场区（填埋库区）后的任何水质，在不清楚其中成分的情况下，不得随意排放，必须经过严格的监测达标后方能外排，若不达标的可按渗沥液处理。填埋场区内地表水也应通过各级台阶的排水沟和竖井排走。雨期时必要情形下可以考虑增加排水沟导排。

7.1.3 本条规定覆盖区地表水收集方式、排走途径等具体措施。

7.1.4 本条规定应定期对非填埋区地表水水质进行定期监测，地表水水质达到填埋场所在区域水污染物排放限值要求后，宜直接汇入地表水系统排走；地表水水质未达到填埋场所在区域水污染物排放限值要求的，不得排入自然水体，应经相应处理后排走；地表水有较多泥沙、杂物的，要经沉砂处理。

7.1.5 填埋场区（填埋库区）的地下水应通过场底收集系统排出场外，不得与渗沥液混流，以减少渗沥液处理量。地下水水质达到填埋场所在区域水污染物排放限值要求后，宜直接汇入地表水系统排走；地下水水质未达到填埋场所在区域水污染物排放限值要求的，不得排入自然水体，应经相应处理后排走。

7.1.6 为保证渗沥液导排收集系统的效果，水平导渗收集沟（管）应保持大于2%的坡度。

7.1.7 本条是对渗沥液收集和处理工作出现异常情况时应采取的措施提出了要求，有效解决导排沟管堵塞、流量不足等问题。

7.1.8 目前国内规模化处理达标的渗沥液处理厂很少，采用的工艺、设备、自动化程度差别较大，尚难统一操作规程，在填埋场渗沥液处理技术标准正式颁布之前，填埋场渗沥液处理系统宜参照《城市污水处理厂运行、维护及安全技术规程》CJJ 60运行管理。

7.1.9 鉴于填埋渗沥液处理工艺的多样化和复杂性，且国内已稳定运行的填埋渗沥液处理厂不多，本规程不对这部分内容作具体规定。填埋场附属渗沥液处理设施可按其设计文件并参照《生活垃圾填埋场污染控制标准》GB 16889要求和其他相关标准规定，达到出水水质标准。

7.1.10 对于渗沥液处理站产生的浓缩液和污泥，应明确后续处理措施，如渗沥液回灌、污泥再填埋等处理方式，须确保处理效果，尽可能降低整个填埋处理系统负荷。

7.1.11 本条规定，对污水调节池应按设计要求进行运行管理，做好安全记录，对加盖的污水调节池产生的气体应及时收集处理，暂时不能资源化利用的也应经燃烧处理。

7.1.12 大雨和暴雨期间，排水系统易出现问题，应安排专人值班，来回巡查，发现问题及时报告并组织人员处理，确保排水畅通。

7.2 维护保养

7.2.1 本条所指的地表水、地下水系统设施主要有总截洪沟、各层锚固HDPE膜平台截洪沟、排水渠、沉沙池、检查井、急流槽、涵洞、格栅等。

7.2.2 本条所要求配备的器具和设备主要包括铁铲、编织袋、疏通管道专用工具及绳梯、安全带、安全帽、呼吸器等用具。

7.2.3 本条规定管道在环境温度降至零度以下时须有防冻的措施，如将其安装在室内、加裹保温层、排空管道等。

7.3 安全操作

7.3.1 沉砂池、调节池、储水池、集液井等贮水设施和竖坡、陡坡高差超过2m的，易发生安全事故，应设置安全护栏和警示标志。

7.3.2 检查井入口处设置的警示、告示牌应符合《图形符号 安全色和安全标志 第1部分：工作场所和公共区域中安全标志的设计原则》GB/T 2893.1和《环境卫生图形符号标准》CJJ/T 125等现行国家标准的规定；备有的安全器具的型号、规格及质量均应符合国家相关标准的规定或要求，必要时必须佩戴

防毒面具方可进入。

8 填埋作业机械

8.1 运行管理

8.1.1 压实机、推土机、挖掘机、装载机、自卸车等填埋作业机械工作前重点检查内容是：各系统管路有无裂纹或泄漏；各部分螺栓连接件是否紧固；各操纵杆和制动踏板的行程、履带的松紧程度是否符合要求；压实机的压实齿有无松动现象；制动装置的可靠性等。

8.1.2 仪表是标示启动和运转过程中机械设备状态的直接标志。

8.1.3 斜面作业有较大坡度，使用高速挡易损坏机械，摊铺和压实作业过程中，横向作业易发生翻车事故，应尽可能避免横向行驶。

8.1.4 填埋作业机械实行定人、定机管理和执行交接班制度，有利于落实责任，减少故障。每班作业完毕应记录当班机械使用情况、异常情况、注意事项、作业时间、操作人员等基本情况。

8.1.5 加强车辆油耗定额的制定、考核及管理，各单位应根据自身的实际特点制定定额，不断修订完善定额，保持定额处于合理水平，可以节约能源，可以降低运输成本，减少能耗和环境污染，提高车辆使用性能。

油耗定额水平的制定，定额过高而考核标准较松，容易出现跑、冒、滴、漏，导致油耗升高和浪费；定额过低，可能造成服务质量的下降或车辆机件设备的损坏，导致考核难于执行。合理的定额水平应是在正常的运行使用下，使大多数车辆能低于或接近控制线，少数超过或略超控制数的水平。这样的定额水平才能促进生产，及时发现车辆或人员的不正常使用状况，有效控制消耗。

实践证明，一般采用的"经验估工法"对企业制定油耗定额具有很强的借鉴作用，这种方法的优点是简单易行，工作量小，制订定额比较快。缺点是对组成定额的各种因素（如车辆、驾驶人、实载率、气候等）不能仔细分析和计算，技术根据相对不足，受估工人员主观的因素影响大，容易使定额出现偏高或偏低的现象，因而定额的准确性较差。为提高估工的准确性，则可采用"概率估工"法，计算公式为：

$$P=M+\lambda\cdot\sigma \qquad (1)$$

式中，P为估算的消耗定额；M为平均消耗定额；λ为标准偏差系数；σ为标准偏差。

平均消耗定额M的计算公式为：

$$M=(a+4c+b)/6 \qquad (2)$$

式中，a为先进消耗；b为保守消耗；c为有把握消耗。

标准偏差系数λ在通常情况下，可取值1.5～2较为适宜。

标准偏差σ的计算公式为：

$$\sigma^2=(b-a)^2/6 \qquad (3)$$

消耗定额的有效实施，要有与定额相配套的生产技术条件和组织措施：(1)以一定的生产技术条件为基础，加强生产技术和装备水平。(2)合理安排运输任务，协调好生产组织和劳动组织。(3)定点加油，收集废油，按时保养，定期检测是定额有效实施的前提条件。(4)加强驾驶人员技术培训，推广先进节油经验和节油常识。(5)加强定额执行情况的统计、检查和分析，同时积累资料，为进一步修订定额提供参考依据。

8.2 维护保养

8.2.1 填埋机械设备的日常维护、保养由操作设备的作业人员完成，定期检修、维护和零部件更换应有专业机械师会同作业人员完成。

8.2.2 填埋场内机械易腐蚀，停置时间较长的，要做好机械清理工作，对履带、压实齿等易蚀部件必须进行防腐、防锈处理。

8.2.3 履带、压实齿等磨损到一定程度，会影响压实效果，是维修保养乃至更换的重点。

8.2.4 有条件时宜将填埋机械设备停放在车库内(包括临时工棚)，否则也应采取覆盖（覆裹）保暖层、排空机械设备自带水循环管路等措施。

8.2.5 填埋作业环境恶劣，作业完毕，应及时清理作业机械上杂物，保持干净，并做日常保养工作，如打黄油、检查部件有无松脱等。

8.3 安全操作

8.3.1 鉴于垃圾填埋场的特殊环境、填埋作业的特定工艺技术，以及填埋机械设备的专业性，作业人员应严格遵守安全操作手册的要求。

8.3.2 失修、失保、带故障的机械易发生机械和人身安全事故。

8.3.3 作业机械功率大，拖、顶启动易损坏机械。

8.3.4 本条规定多台机械在同一作业面作业时的安全距离。

8.3.5 此条作为强制性条文予以规定是为了保护现场作业人员。

9 填埋场监测与检测

监测与检测均是环境污染控制的重要措施，两者既有联系又有区别——前者通常是环境保护主管部门为了实施监督管理对项目进行环境背景条件、排污情况或环境质量等进行的检验、测试，而后者是环境管理的主体或客体为了掌握项目的环境背景条件、排污情况或环境质量等进行的测试。从技术层面看，监测与检测的内容（指标）总体上应是一致的，采用的方法、标准及其仪器设备应是相同的。

垃圾填埋场运行过程中污染控制涉及的环境检测属后者，即通过对特定项目（指标）检测，了解、判断填埋场各环节、各方面运行是否正常、稳定，进而采取正确的调控措施。因此，检测工作可由填埋场自行完成，也可委托专业机构完成。无论由谁承担特定项目（指标）的检测，都必须采用同样的测试方法与标准，符合国家现行法规、标准的有关规定。

9.1 运行管理

9.1.1 全过程监测与检测是掌控垃圾填埋场运行状态的必要措施，这需要以填埋垃圾前的本底监测作为参照，因而将本底监测、过程监测及检测的相关要求作为强制性条文予以规定。填埋过程检测要求见本节，封场后相关检测参见国家现行标准《生活垃圾卫生填埋场封场技术规程》CJJ 112 的规定。

9.1.2 本条对填埋场应进行的委托监测提出了总体要求，并进行了区分。监测是为了对填埋场运行进行监管，具有管理控制性。填埋全过程应控制的环境指标非常多，本条从垃圾填埋场涉及的环境影响诸方面内容，包括地下水、地表水、渗沥液、填埋气体、大气和场界噪声等提出监测的要求。具体指标应按照现行相关国家标准执行。

9.1.3 本条对填埋场应进行的自行检测提出了总体要求。填埋场自行检测是为了对填埋场的日常运行进行监控，具有生产指导性。自行检测项目规定的是填埋过程应检测的内容，便于随时掌握填埋作业情况，保证填埋场运行质量。本条列举了检测的内容，包括气象条件、填埋气体、臭气、恶臭污染物、降水、渗沥液、垃圾特性、堆体沉降、垃圾堆体内渗沥液水位、防渗衬层完整性、边坡稳定性、苍蝇密度等，根据需要还可增加覆土厚度、垃圾暴露面、边坡坡度、垃圾堆体高程、垃圾堆体沉降等检测项目。本条还指出检测项目与监测项目相同时，要以监测为主，检测为辅；填埋场运营单位可根据运行需要选择检测项目和增减检测频次。

9.1.4 本条规定所采用采样、测试的内容、方法、仪器设备、标准物质等都应符合本规程引用标准名录中所列相关标准的要求。按照标准执行次序的规则，有强制性标准（或条文）时，应首先选择国家、行业或地方强制标准（或条文）中的内容、方法；无强制性标准时，宜参考选择国际标准或国外标准，以及国家推荐性标准、行业标准、地方标准、企业标准中的内容、方法。对非标准方法、自行设计（制定）的方法、超出其预定范围使用的标准方法、扩充和修改过的标准方法需进行确认，以证实该方法适用于预期的用途。

9.1.5 本条规定所采样品以及在样品流转时所应标明的具体内容。

9.1.6 本条规定编制检测报告及规范管理的具体要求，检测项目年报应上交场部资料室保存。

9.1.7 保持防渗衬层完整性是防止渗漏、保护地下水的基本条件，对其进行防漏探测非常必要。

对于生活垃圾填埋工程项目，一次铺设的防渗层达数千甚至数万平方米，但其防渗功能则在防渗膜铺设后的数年内分区分单元受纳垃圾时才逐步得以体现。因此，在填埋垃圾前应该再次进行防漏探测。

目前国内外已经开发了填埋场防渗结构潜在渗漏破损电学探测技术，并且有效地用于填埋场建设和运行。这一技术的检测原理是利用土工膜的电绝缘性和垃圾的导电性。如果土工膜没有被损坏，则由于土工膜的绝缘性不能形成电流回路，检测不到信号；如果土工膜破损，电流将通过破损处（漏洞）而形成电流回路，从而可以检测到电信号，根据检测信号的分布规律定位漏洞。目前用于 HDPE 土工膜电学渗漏检测主要两种方式：双电极法和水枪法。

9.1.8 本条规定了应对渗沥液检测的项目、采样量和采样方法的执行标准，以及渗沥液的检测频率。要求按照工艺控制要求进行，可利用在线监测系统进行检测或进行专门采样检测。

9.1.9 本条明确了封场后进行渗沥液检测的依据。

9.1.10 本条规定对渗沥液的监测应连续进行。按照监测期限，直至封场稳定出水达标排放，符合《生活垃圾填埋场污染控制标准》GB 16889 中水污染物排放限值的要求。

9.1.11 本条规定了检测项目采样点的布设点位应包含的地点和位置；规定了检测应按何种方法执行；规定应对地下水进行的检测项目（不同质量类型地下水监测项目应参照《地下水质量标准》GB/T 14848 中的规定）；规定了检测频率。

9.1.12 本条规定地表水监测采样点一般为场界排放口，但为了掌握场内地表水情况，也可根据情况和需要选择其他部位进行采样分析；规定了采样方法应按照何种标准执行；规定了地表水应检测项目及其频率。

9.1.13 本条规定应对填埋场甲烷进行定期检测的位置和应采用的检测方法。有条件的填埋场，在填埋气发电车间、泵房等密闭设施空间应设填埋气监测报警系统。

9.1.14 本条规定了场界恶臭污染物检测的采样点、检测项目和检测频率。

9.1.15 本条规定了对填埋场总悬浮颗粒物进行检测的采样点和检测频率。

9.1.16 本条规定对填埋场噪声的检测频率。

9.1.17 本条规定苍蝇密度检测点的布设方法、苍蝇密度检测采样方法以及苍蝇密度检测频率。

9.1.18 本条规定了填埋作业垃圾压实密度的检测频率。

9.1.19 本条规定了填埋覆土厚度的检测频率。垃圾沉降可以布点设置沉降标志，经沉降仪的对沉降标志刻度的测定，通过前后对同一地点的对比测定结果反映沉降变化情况。

9.1.20 本条规定了垃圾填埋作业区暴露面检测频率。

9.1.21 本条规定了垃圾填埋区边坡坡度检测频率。

9.1.22 本条规定了垃圾堆体沉降监测点的设置和监测频率。所用的沉降标志应用低碳钢钢桩埋入耐硫酸盐腐蚀混凝土桩管内，也可用水准仪设点测量。

9.1.23 填埋场在运行期应常年进行降水、气温、气压、风向、风速的监测，为填埋场的安全运行提供基础数据。

9.1.24 各填埋场可根据自身要求及地理、气候等多方面条件，摸清蚊蝇、鼠类繁衍规律并制定切实有效的消杀方案。提出了灭鼠具体措施，规定在24h之后应及时回收捕鼠器和清理死鼠是为了防止出现人员误伤和环境污染。经验表明，蚊蝇卵未成蝇前消杀（如在傍晚时分，在蚊蝇生长繁殖区域有针对性消杀，一周2次～3次）能达到较好消杀效果。应采用低毒、高效、高针对性环保型药物灭蝇，以减少对生态环境的负面影响。由于存在抗药性问题，一般需半年左右调整药物，可取得较好消杀效果。

9.2 维护保养

9.2.1 应按有关要求对取样、分析化验及检测仪器设备进行日常维护保养和定期检查，确保正常使用和必要精确度。

9.2.2 仪器设备出现故障或损坏时，应及时查明原因，并进行维修，不得带故障使用。设备维修后，应检定合格方可使用。

9.2.3 贵重、精密仪器设备安装电子稳压器确保正常使用。专人保管，有利于落实责任。

9.2.4 强制检定的监测仪器，应送有检定资质的机构定期检定。

9.2.5 本条规定仪器的附属设备应妥善保管，并进行经常性检查维护。

9.2.6 本条规定监测井等监测设施应定期检查维护，监测设施清洗频率不少于半年一次。

9.2.7 从消除蚊蝇孳生地考虑，应定期对场区内设施、路面、绿地等范围进行环境卫生检查，消除积水。

9.2.8 消杀机械主要有消杀车、台式和背式消杀罐，各填埋场应根据情况选用。一般来说，小范围的用背式消杀罐较好，大范围的用消杀车或台式消杀罐可减轻劳动强度，提高效率。

9.3 安全操作

9.3.1 各检测点的安全措施包括防止检测点被破坏，采样过程防火、防爆、防滑等措施。

9.3.2 各种易燃易爆物的使用保存都应注意控制火源及起火的另外两个条件——氧和起燃温度，应将易燃易爆物置于阴凉通风处，与其他可燃物和易产生火花的设备隔离放置。剧毒物品严格履行审批手续。

9.3.3 带有刺激性气味的有害气体，会影响人体健康，应在通风橱中进行分析化验。避免检测项目之间有干扰。

9.3.4 本条规定在测试、化验结束后应进行的常规性工作。

9.3.5 目前所采用的灭蝇、灭鼠药物均对人体有不同程度影响，药物管理应符合远离办公、生活场所，单独房屋存放、专人保管等危险品管理规定。

9.3.6 本条规定了消杀人员在配药和劳动保护的具体措施。喷洒药物过程应与现场填埋作业人员保持20m以上距离，药物不得喷洒到人体和动物身上，并注意天气条件，如气温、风向等，遇大风、暴雨等特殊气候条件时不宜进行消杀作业。此条作为强制性条文予以规定是为了保护作业现场工作人员。

9.3.7 本条规定了监测人员在样品采集和检验中劳动保护的具体措施。

9.3.8 本条是强制性条文，强调应在各种监测点和各类检测仪器设备旁以及易燃易爆物、化学品、药品等储放点设置醒目警示标志。

10 劳动安全与职业卫生

10.0.1 本条规定了填埋场劳动安全和卫生保护工作遵循的原则。

10.0.2 本条作为强制性条文提出，是为了强化填埋场劳动安全和卫生管理，以保障人员健康。劳动卫生管理机构、专（兼）职管理人员的职责是：

1 制定劳动安全和卫生方面的长期规划和年度计划；

2 对作业场所有害因素进行监控；

3 对人员的健康进行监护；

4 负责劳动安全和卫生工作人员的培训和劳动卫生知识的宣传教育；

5 负责劳动卫生与职业病的体检组织和报告工作；

6 负责劳动安全措施监督实行，开展安全隐患排查工作，以及安全防护用具的配备、检查和更替等工作；

7 负责所属填埋场的卫生防疫、医疗保健机构，开展劳动卫生与职业病防治工作。

10.0.3 本条规定了填埋场的劳动安全和卫生防治工

作应接受上级部门的业务管理和认可。

10.0.4 本条明确了填埋场的管理人员在劳动安全与卫生方面的责任。

10.0.5 本条指出填埋场对超过国家安全或卫生标准的有害因素要实行分期治理，限期整改。治理工作规划要得到上级主管部门的批准。

10.0.6 本条规定填埋场应实行安全和卫生的报告制度。对于出现的重大安全事故或健康危害，应立即上报，实行突发事件的应急预案，及时采取有针对性的措施进行处理，保障人员安全健康，保障资产安全。

10.0.7 本条规定了为确保人员安全，禁止作业人员在存在安全隐患场所单独作业。所指存在安全隐患的主要场合：自然通风不足或产生缺氧环境的、可能有危险气体的、进出通道可能受限制的、存在被洪水淹没危险的、存在失足落水危险的、存在触电危险的。

10.0.8 由于垃圾卫生填埋场会产生一些有害物质，因而在填埋场注意卫生清洁和免疫工作是保障人员健康安全的一个重要部分。

10.0.9 填埋场应配备必要的劳动防护用品、设备，进行统一管理，按照不同岗位需要分配到个人。应特别注意的是，作业人员在进入收集渗沥液的管道竖井或深井泵房时，要注意安全，由于渗沥液含有大量的有害物质，也会散发出强烈刺激性气味，容易造成人体伤害。另外，沼气也有可能进入这些部位。因此，除常规的急救用品，防护用品之外，还应戴上防毒面具，防止爆炸的便携照明灯，便携式的气体感应器等。

11 突发事件应急处置

11.0.1 本条作为强制性条文，明确要求填埋场应具备应对及处置突发事件引发的相关问题的能力。

垃圾填埋场涉及的突发事件包括场内突发事件和社会相关突发事件。场内突发事件主要是运行过程中出现的安全、环保、卫生事故，或机械设备故障等情况；社会相关突发事件则是与填埋场乃至生活垃圾处理系统有关的、存在潜在环境污染危害等负面影响的事件、事故、状况，包括特殊气候、洪灾、火灾、地质灾害、生产事故、公共卫生、社会安全等多种类型突发事件时出现的相关问题。

11.0.2 制定填埋场突发事件应急预案及处置措施的基本依据有《中华人民共和国突发事件应对法》、《国家突发环境事件应急预案》、《环境保护行政主管部门突发环境事件信息报告办法（试行）》、《突发公共卫生事件应急条例》、《生产经营单位安全生产事故应急预案编制导则》AQ/T 9002、《生活垃圾应急处置技术导则》RISN-TG005－2008等。

制定填埋场突发事件应急预案及处置措施应考虑的主要因素有灾害性质、类别（自然灾害、事故灾难、公共卫生事件和社会安全事件）及影响、服务范围及生活垃圾排放情况、所在地区的气候条件（降雨、洪水、台风、潮汛、地震等）、重大社会活动、市政设施设备条件（道路、交通条件等），相关垃圾处理设施布局、规模及工艺特征等。

11.0.3 本条规定，为预防重大自然灾害和作业事故，降低灾害或事故的危害，需要制定符合填埋场运行实际的应急预案并根据应急级别，建立应急响应体系，按照计划定期组织人员培训和应急演练。应急预案的编制和实施要明确各部门以及各岗位作业人员的具体职责。应急预案应按照综合预案、专项预案、现场预案三个层次进行编制，应急程序应分为基本应急程序和专项应急处置程序。

11.0.4 填埋场公布的社会相关突发事件报案联系方法应包括：受理机构名称、联系电话以及必要的其他信息。

11.0.5 定期组织进行防火、防爆、防雷安全教育和演习，适时进行考核，可有效提高管理和操作人员的安全意识和专业技能，及时防止安全事故发生。同时能够应对雨雪、雷电等恶劣天气条件，及时采取相关安全措施保障填埋作业及场区安全。

11.0.6 本条所说的特种垃圾是指突发事件中产生的非生活垃圾，其中部分垃圾理化性状不明或特别，不宜直接填埋处置，需做进一步处理。突发事件特种垃圾临时堆场的规模、结构及占地面积应因地制宜，根据备选应急预案及其工艺技术路线确定。

填埋场因本身的事故或设备故障导致其功能失效的情况出现时，同样应该有应急处置对策。在这种情况下，应就近设置应急填埋场临时堆存垃圾。在填埋场完全恢复运行后，再将垃圾转移至就近的填埋场进行处置。

11.0.7 本条强调填埋场在对发生的突发事件作应急处置时，应及时向上级部门、相关部门报告或通报相关情况，必要时还可向社会公布事态进展情况。

11.0.8 事故调查应尊重科学、实事求是，按照“四不放过”的原则进行，且应符合《生产安全事故报告和调查处理条例》（中华人民共和国国务院令第493号）的有关规定。

11.0.9 大部分突发事件单靠填埋场一家是难以应对的，因此建立协同应急处置机制非常必要。要明确填埋场场内、场外的协同措施，也要明确自然危害下或人为因素下的协同措施。协同组织形式包括与相关部门、机构共享信息资料；与专业运输企业统一运输工具调度；与其他垃圾处理设施互补产能、互换设备等。

12 资料管理

12.0.1 将各类原始记录（如机械、设备、仪器、仪表等）和技术资料分门别类归档有助于填埋场规范化管理和稳定运行，同时为新填埋场的设计、建设和运行管理提供依据。资料文献管理既要注意原始台账保留；又要进行必要的归纳、汇总处理。

12.0.2 本条对资料管理台账的范围和内容提出了基本要求。

垃圾填埋统计量：包括垃圾特性、类别及填埋量，既是反映处理场产能、产量的基础数据，又是核准完成任务量、计算处理费的依据，必须确保统计的准确性。垃圾填埋处理量须由主管（监管）部门（或其代理人）认可。有条件时，填埋场处理量统计系统应与上级主管（监管）部门（或其代理人）管理系统联网。

填埋作业规划及阶段性作业方案进度实施记录：

填埋作业记录：作业记录首先要说明填埋场作业按填埋规划和作业计划要求展开的，做好倾卸区域、摊铺厚度、压实情况、覆盖情况等日工作记录，保持记录清晰，易于识别和检索。记录应字迹清晰、真实、准确、完整、记录及时、签名齐全、不得涂改；记录不得用铅笔和圆珠笔书写，记录空白栏目应划去。

污水收集、处理、排放记录：包括污水收集的数量、水质，处理设施的运行情况、进水和出水水质，排放的水量和排放管道的运行维护情况等。

填埋气体收集、处理记录：包括填埋气体的收集设施运行情况、收集数量和气体组成分析，气体处理设施运行情况等。

环境监测与运行检测记录：监测与检测内容（项目）参见本规程第9章的相关条文。

场区消杀记录：主要是定期对蚊蝇进行喷洒药剂，除虫除害这一环节及其实施效果的记录。

填埋作业设备运行维护记录：包括各种填埋设备和机械的运行、维修记录。

机械或车辆油耗定额管理和考核记录：针对作业机械或车辆实施油耗定额管理的记录，包括实际油耗使用明细、油料库存量、废旧油料回收量、油料盈亏量、油料定额变更情况、油料使用奖惩考核情况等。

填埋场运行期工程项目建设记录：指填埋场正式投入运行之后，对增加的建设项目进行管理的记录。

环境保护处理设施污染治理记录：主要是指填埋场为达到环境保护控制指标，各种处理设施的污染治理情况以及运行、改造等的记录。

上级部门与外来单位到访记录：包括来访部门（单位）、人员（头衔、数量），来访主题（参观、考察项目、内容），陪同人员，交流记录（特别是提出的意见与建议）。

岗位培训、安全教育及应急演习等的记录：包括岗位培训、安全教育及应急演习的参加对象、内容、时间、地点、效果及评价等的记录。

劳动安全与职业卫生工作记录：包括劳动安全和卫生方面的长期规划和年度计划，安全与卫生重大事故情况报告，劳动安全工作日志，体检及复查记录，有害因素治理规划和实施记录等。

突发事件的应急处理记录等：填埋场处置（涉及）的各种突发事件的发生时间、处理过程和结果的记录。

12.0.3 运行管理日报文件（表）应在三天内整理完毕，并由当事人和报告人（或制表人）签名。

运行管理月报文件（表）应在第二个月的第一周内整理完毕，并由报告人（或制表人）签名。

运行管理年报文件（表）应在第二年度的第一个月内整理完毕，并由报告人（或制表人）签名。

12.0.4 特殊情况下，也可将少量实物样品归档保存，如理化特性稳定的膜、管等重要材料或零部件。

12.0.5 本条规定了工程建设项目资料管理和保存应执行的标准，并且应符合档案管理的具体要求。

中华人民共和国行业标准

城镇燃气报警控制系统技术规程

Technical specification for gas alarm and control system

CJJ/T 146—2011

批准部门：中华人民共和国住房和城乡建设部
施行日期：2 0 1 1 年 1 2 月 1 日

中华人民共和国住房和城乡建设部
公　　告

第 914 号

关于发布行业标准《城镇燃气报警控制系统技术规程》的公告

现批准《城镇燃气报警控制系统技术规程》为行业标准，编号为 CJJ/T 146－2011，自 2011 年 12 月 1 日起实施。

本规程由我部标准定额研究所组织中国建筑工业出版社出版发行。

中华人民共和国住房和城乡建设部

2011 年 2 月 11 日

前　　言

根据原建设部《关于印发〈2006 年工程建设标准规范制定、修订计划（第一批）〉的通知》（建标［2006］77 号）的要求，规程编制组经广泛调查研究，认真总结实践经验，参考有关国际标准和国外先进标准，并在广泛征求意见的基础上，编制本规程。

本规程的主要技术内容是：总则、术语、设计、安装、验收、使用和维护。

本规程由住房和城乡建设部负责管理，由中国城市燃气协会负责具体技术内容的解释。在执行过程中如有意见或建议，请寄送中国城市燃气协会（地址：北京市西城区西直门南小街 22 号，邮编：100035）。

本规程主编单位：中国城市燃气协会

本规程参编单位：天津市浦海新技术有限公司
北京市燃气集团有限责任公司
上海市松江电子仪器厂
上海燃气工程设计研究有限公司
北京市煤气热力工程设计院有限公司
山东土木建筑学会燃气专业委员会
上海燃气集团有限责任公司
新疆燃气集团有限责任公司
上海松江费加罗电子有限公司
宁波忻杰燃气用具实业有限公司
欧好光电控制技术（上海）有限公司
济南市长清计算机应用总公司
上海市消防局
北京泰科先锋科技有限公司
新奥燃气控股有限公司
北京均方理化科技研究所
广东胜捷消防企业集团

本规程主要起草人员：牛　军　迟国敬　丛万军　罗崇嵩　蒋克武　宋玉梅　顾书政　张云田　姜述安　黄均义　孟　宇　忻国定　廖　原　秦旭昌　谢　佳　乔　凡　刘丽梅　丁淑兰　李友民　伍建许

本规程主要审查人员：李美竹　朱　晓　金石坚　陈秋雄　应援农　钱　斌　杨　健　牛卓韬　元永泰　孟学思　王　益　于香风　苏伟鹏

目　次

Contents

1 总 则

1.0.1 为规范城镇燃气报警控制系统的设计、安装、验收、使用和维护，防止和减少由于燃气泄漏和不完全燃烧造成的人身伤害及财产损失，制定本规程。

1.0.2 本规程适用于城镇燃气报警控制系统的设计、安装、验收、使用和维护。

1.0.3 城镇燃气报警控制系统的设计、安装应由具有燃气工程设计资质和消防工程施工资质的单位承担。

1.0.4 城镇燃气报警控制系统的设计、安装、验收、使用和维护，除应符合本规程的规定外，尚应符合国家现行有关标准的规定。

2 术 语

2.0.1 燃气报警控制系统 gas alarm and control system

由可燃气体探测器、不完全燃烧探测器、可燃气体报警控制器、紧急切断装置、排气装置等组成的安全系统。分为集中和独立两种。

2.0.2 集中燃气报警控制系统 centralized gas alarm and control system

由点型可燃气体探测器、可燃气体报警控制器、紧急切断阀、排气装置、手动报警触发装置等组成的自动控制系统。

2.0.3 独立燃气报警控制系统 separate gas alarm and control system

由独立式可燃气体探测器、紧急切断阀等组成的自动控制系统。

2.0.4 点型可燃气体探测器 spot combustible gas detector

当被测区域空气中可燃气体的浓度达到报警设定值时，能发出报警信号并和可燃气体报警控制器共同使用的可燃气体探测器。

2.0.5 独立式可燃气体探测器 separate combustible gas detector

当被测区域空气中可燃气体的浓度达到报警设定值时，发出声、光报警信号并输出控制信号，且不与报警控制装置连接使用的可燃气体探测器。

2.0.6 可燃气体报警控制器 combustible gas alarm control unit

接收点型可燃气体探测器及手动报警触发装置信号，能发出声、光报警信号，指示报警部位并予以保持的控制装置。

2.0.7 紧急切断阀 emergency shut-off valve

当接收到控制信号时，能自动切断燃气气源，并能手动复位的阀门（含内置于燃气表内的切断阀）。

2.0.8 释放源 release source

可释放出能形成爆炸性混合气体的所在位置或地点。

2.0.9 不完全燃烧探测器 incomplete combustion gas detector

探测由于燃气不完全燃烧而产生的一氧化碳的探测器。

2.0.10 复合探测器 compound gas detector

在一个探测器里能同时探测可燃气体、燃气不完全燃烧产生的一氧化碳的探测器。

3 设 计

3.1 一 般 规 定

3.1.1 城镇燃气报警控制系统中采用的相关设备应符合国家现行标准的规定，并应经国家有关产品质量监督检测单位检验合格，且取得国家相应许可或认可。

3.1.2 城镇燃气报警控制系统应根据燃气种类和用途选择可燃气体探测器、不完全燃烧探测器或复合探测器，并应符合下列规定：

1 在使用天然气的场所，应选择探测甲烷的可燃气体探测器或复合探测器；

2 在使用液化石油气的场所，应选择探测液化石油气的可燃气体探测器；

3 在使用人工煤气的场所，宜选择探测一氧化碳的不完全燃烧探测器或复合探测器；

4 为探测因不完全燃烧产生的一氧化碳，应选用探测一氧化碳的不完全燃烧探测器。

3.1.3 城镇燃气报警控制系统中的相关设备的使用寿命应符合表3.1.3的规定。

表3.1.3 城镇燃气报警控制系统中的相关设备的使用寿命 （年）

设 备	使用场所	
	居住建筑	商业和工业企业
可燃气体探测器	5	3
不完全燃烧探测器	5	3
复合探测器	5	3
紧急切断阀	10	10

注：表中的使用寿命指自验收之日起。

3.1.4 可燃气体探测器、不完全燃烧探测器、复合探测器的设置场所，应符合现行国家标准《城镇燃气设计规范》GB 50028和《城镇燃气技术规范》GB 50494的有关规定。

3.1.5 在具有爆炸危险的场所，探测器、紧急切断阀及配套设备应选用防爆型产品。

3.1.6 设置集中报警控制系统的场所，其可燃气体报警控制器应设置在有专人值守的消防控制室或值班室。

3.2 居住建筑

3.2.1 居住建筑各单元中分别设置燃气报警控制系统时，可选择独立燃气报警控制系统；当居住建筑中有多个设置单元并且需要集中控制时，可选择集中燃气报警控制系统。

3.2.2 当设有采暖/热水两用炉或燃气快速热水器的居住建筑的地下室、半地下室需设置燃气报警控制系统时，应选用防爆型探测器，以及紧急切断阀和排气装置。并且紧急切断阀和排气装置应与探测器连锁。

3.2.3 当既有居住建筑使用燃气的暗厨房（无直通室外的门和窗）设置可燃气体探测器、不完全燃烧探测器或复合探测器时，应在使用燃气的同时启动排气装置。

3.2.4 当居住建筑内设置可燃气体探测器、不完全燃烧探测器或复合探测器时，应符合下列规定：

1 探测器位置距灶具及排风口的水平距离均应大于0.5m；

2 使用液化石油气等相对密度大于1的燃气的场所，探测器应设置在距地面不高于0.3m的墙上；

3 使用天然气、人工煤气等相对密度小于1的燃气的场所，或选用不完全燃烧探测器的场所，探测器应设置在顶棚或距顶棚小于0.3m的墙上。

3.2.5 居住建筑内设置的可燃气体探测器、不完全燃烧探测器或复合探测器应与紧急切断阀连锁。

3.3 商业和工业企业用气场所

3.3.1 在商业和工业企业用气场所设置燃气报警控制系统时，可选择集中燃气报警控制系统；对面积小于80m² 的场所，也可选择独立燃气报警控制系统。

3.3.2 在安装可燃气体探测器、不完全燃烧探测器或复合探测器的房间内，当任意两点间的水平距离小于8m时，可设1个探测器并应符合表3.3.2-1的规定；否则可设置两个或多个可燃气体气体探测器并应符合表3.3.2-2的规定。

表 3.3.2-1 单个探测器的设置（m）

燃气种类或相对密度	探测器与释放源中心水平距离 L_1	探测器与地面距离 H	探测器与顶棚距离 D	探测器与通气口及门窗距离 L_2
液化石油气或相对密度大于1的燃气	$1\leqslant L_1\leqslant 4$	$H\leqslant 0.3$	—	$0.5\leqslant L_2$
天然气或相对密度小于1的燃气	$1\leqslant L_1\leqslant 8$	—	$D\leqslant 0.3$	$0.5\leqslant L_2$
一氧化碳	$1\leqslant L_1\leqslant 8$	—	$D\leqslant 0.3$	$0.5\leqslant L_2$

表 3.3.2-2 多个探测器的设置（m）

燃气种类或相对密度	探测器与释放源中心水平距离 L_1	两探测器间的距离 F	探测器与地面距离 H	探测器与顶棚距离 D	探测器与通气口及门窗距离 L_2
液化石油气或相对密度大于1的燃气	$1\leqslant L_1\leqslant 3$	$F\leqslant 6$	$H\leqslant 0.3$	—	$0.5\leqslant L_2$
天然气或相对密度小于1的燃气	$1\leqslant L_1\leqslant 7.5$	$F\leqslant 15$	—	$D\leqslant 0.3$	$0.5\leqslant L_2$
一氧化碳	$1\leqslant L_1\leqslant 7.5$	$F\leqslant 15$	—	$D\leqslant 0.3$	$0.5\leqslant L_2$

3.3.3 当气源为相对密度小于1的燃气且释放源距顶棚垂直距离超过4m时，应设置集气罩或分层设置探测器，并应符合下列规定：

1 当设置集气罩时，集气罩宜设于释放源上方4m处，集气罩面积不得小于1m，裙边高度不得小于0.1m，且探测器应设于集气罩内；

2 当不设置集气罩时，应分两层设置探测器，最上层探测器距顶棚垂直距离宜小于0.3m；最下层探测器应设于释放源上方，且垂直距离不宜大于4m。

3.3.4 当安装可燃气体探测器的场所为长方形状且其横截面积小于4m² 时，相邻探测器安装间距不应大于20m。

3.3.5 当使用燃烧器具的场所面积小于全部面积的1/3时，可在燃烧器具周围设置可燃气体探测器、不完全燃烧探测器或复合探测器，并应符合下列规定：

1 探测器的设置位置距释放源不得小于1m且不得大于3m；

2 相邻两探测器距离应符合表3.3.2-2的规定；

3 可燃气体探测器、不完全燃烧探测器或复合探测器应对释放源形成环形保护。

3.3.6 在储配站、门站等露天、半露天场所，探测器宜布置在可燃气体释放源的全年最小频率风向的上风侧，其与释放源的距离不应大于15m。当探测器位于释放源的最小频率风向的下风侧时，其与释放源的距离不应大于5m。

3.3.7 当燃气输配设施位于密闭或半密闭厂房内时，应每隔15m设置一个探测器，且探测器距任一释放源的距离不应大于4m。

3.3.8 紧急切断阀的设置除应符合现行国家标准《城镇燃气设计规范》GB 50028的有关规定外，还应符合下列规定：

1 与报警器连锁的紧急切断阀的安装位置宜设置在分户计量表前；

2　当用户安装集中燃气报警控制系统时，报警器控制的紧急切断阀自动控制的启动条件应为切断阀安装燃气管道的供气范围内有2个以上探测器同时报警，切断阀为自动控制时人工方式仍应有效。

3.3.9　液化石油气储瓶间应设置防爆型可燃气体探测器，并应与防爆型排风装置连锁，防爆型排风装置还应具备手动启动功能。

3.3.10　露天设置的可燃气体探测器，应采取防晒和防雨淋措施。

3.3.11　集中燃气报警控制系统应在被保护区域内设置一个或多个声光警报装置。

3.3.12　集中燃气报警控制系统应在被保护区域内设置一个或多个手动触发报警装置。

3.3.13　独立燃气报警控制系统中可燃气体探测器、不完全燃烧探测器、复合探测器连接紧急切断阀的导线长度不应大于20m。

4　安　装

4.1　一 般 规 定

4.1.1　城镇燃气报警控制系统的安装，应按已审定的设计文件实施。当需要修改设计文件或材料代用时，应经原设计单位同意。

4.1.2　施工单位应结合工程特点制定施工方案。施工单位应具有必要的施工技术标准、健全的安装质量管理体系和工程质量检验制度，并应按本规程附录A填写有关记录。

4.1.3　安装前应具备下列条件：

1　设计单位应向施工、监理单位明确相应技术要求；

2　系统设备、材料及配件应齐全，并应能保证正常安装；

3　安装现场使用的水、电、气及设备材料的堆放场所应能满足正常安装要求。

4.1.4　设备、材料进场检验应符合下列规定：

1　进入施工安装现场的设备、材料及配件应有清单、使用说明书、出厂合格证明文件、检验报告等文件，并应核实其有效性；其技术指标应符合设计要求；

2　进口设备应具备国家规定的市场准入资质；产品质量应符合我国相关产品标准的规定，且不得低于合同规定的要求。

4.1.5　在城镇燃气报警控制系统安装过程中，施工单位应做好安装、检验、调试、设计变更等相关记录。

4.1.6　城镇燃气报警控制系统安装过程的质量控制应符合下列规定：

1　各工序应按施工技术标准进行质量控制，每道工序完成后，应进行检查，合格后方可进入下道工序；

2　相关各专业工种之间交接时，应进行检验，交接双方应共同检查确认工程质量并经监理工程师签字认可后方可进入下道工序；

3　系统安装完成后，安装单位应按相关专业规定进行调试；

4　系统调试完成后，安装单位应向建设单位提交质量控制资料和各类安装过程质量检查记录；

5　安装过程质量检查应由安装单位组织有关人员完成；

6　安装过程质量检查记录应按本规程附录B填写。

4.1.7　城镇燃气报警控制系统质量控制资料应按本规程附录C填写。

4.1.8　城镇燃气报警控制系统安装结束后应按规定程序进行验收，合格后方可交付使用。

4.2　独立燃气报警控制系统的安装

4.2.1　当独立燃气报警控制系统的可燃气体探测器的安装位置距离地面小于0.3m时，其上方不得安装洗涤水槽、洗碗机等用水设施，正前方不得有遮挡物。

4.2.2　可燃气体探测器、不完全燃烧探测器、复合探测器应安装牢固、接线可靠。探测器与紧急切断阀之间的连线除两端允许有不大于0.5m的导线外，其余应敷设在导管或线槽内，在导管和线槽内不应有接头和扭结。在外部若需接头，应采用焊接或专用接插件。焊接处应做绝缘和防水处理。

4.3　集中燃气报警控制系统的布线

4.3.1　报警控制系统应单独布线，系统内不同电压等级、不同电流类别的线路，不应布在同一导管内或线槽的同一槽孔内。

4.3.2　城镇燃气报警控制系统在非防爆区内的布线，应符合现行国家标准《建筑电气工程施工质量验收规范》GB 50303的规定。可燃气体报警控制系统的传输线路的线芯截面选择，除应满足设备使用说明书的要求外，还应满足机械强度的要求。铜芯绝缘导线和铜芯电缆线芯的最小截面面积不应小于表4.3.2的规定。

表4.3.2　铜芯绝缘导线和铜芯电缆线芯的最小截面面积

类　别	线芯的最小截面面积（mm^2）
穿管敷设的绝缘导线	1.00
线槽内敷设的绝缘导线	0.75
多芯电缆	0.50

4.3.3 城镇燃气报警控制系统在防爆区域布线时，应符合现行国家标准《爆炸和火灾危险环境电力装置设计规范》GB 50058的规定。

4.3.4 城镇燃气报警控制系统的绝缘导线和电缆均应敷设在导管或线槽内，在暗设导管或线槽内的布线，应在建筑抹灰及地面工程结束后进行；导管内或线槽内不应有积水及杂物。

4.3.5 导线在导管内或线槽内不应有接头或扭结。导线的接头应在接线盒内焊接或用端子连接。

4.3.6 对从接线盒或线槽引至探测器或控制器等设备的导线，当采用金属软管保护时，金属软管长度不应大于2m。

4.3.7 敷设在多尘或潮湿场所管路的管口和管子连接处，应做密封处理。

4.3.8 当管路超过下列长度时，应在便于接线处装设接线盒：

1 管子长度每超过30m，无弯曲时；

2 管子长度每超过20m，有1个弯曲时；

3 管子长度每超过10m，有2个弯曲时；

4 管子长度每超过8m，有3个弯曲时。

4.3.9 金属导管在接线盒外侧应套锁母，内侧应装护口；在吊顶内敷设时，盒的内外侧均应套锁母。塑料导管在接线盒处应采取固定措施。

4.3.10 导管和线槽明设时，应采用单独的卡具吊装或支撑物固定。吊装线槽或导管的吊杆直径不应小于6mm。

4.3.11 卡具的吊装点或支撑物的支点应处于下列位置：

1 线槽始端、终端及接头处；

2 距接线盒0.2m处；

3 线槽转角或分支处；

4 直线段不大于3m处。

4.3.12 线槽接口应平直、严密，槽盖应齐全、平整、无翘角。当并列安装时，槽盖应便于开启。

4.3.13 管线跨越建筑物的结构缝处，应采取补偿措施，其两侧应固定。

4.3.14 城镇燃气报警控制系统导线敷设后，应采用500V兆欧表测量每个回路导线对地的绝缘电阻，绝缘电阻值不应小于20MΩ。

4.3.15 同一工程中的导线，应根据不同用途选择不同颜色进行区分，相同用途的导线颜色应一致。直流电源线正极应为红色，负极应为蓝色或黑色。

4.4 集中燃气报警控制系统的设备安装

4.4.1 安装方式应符合设计和产品说明书的规定，并应满足操作和维修更换的要求。

4.4.2 可燃气体报警控制器安装应符合下列规定：

1 当可燃气体报警控制器安装在墙上时，其底边距地面高度宜为1.3m～1.5m，靠近门轴的侧面距墙不应小于0.5m；

2 操作面宜留有1.2m宽的操作距离；

3 当落地安装时，其底边宜高出地面0.1m～0.2m；

4 可燃气体报警控制器应安装牢固，不应倾斜；当安装在轻质墙上时，应采取加固措施。

4.4.3 引入控制器的电缆或导线应符合下列规定：

1 电缆芯线和所配导线的端部均应标明编号，并应与图纸一致，字迹应清晰且不易退色；

2 配线应整齐，不宜交叉，并应固定牢靠；

3 端子板的每个接线端，接线不得超过2根；

4 电缆和导线，应留有不小于200mm的余量；

5 导线应绑扎成束；

6 导线穿管、线槽后，应将管口、槽口封堵。

4.4.4 可燃气体探测器、不完全燃烧探测器、复合探测器的安装应符合下列规定：

1 探测器在即将调试时方可安装，在调试前应妥善保管，并应采取防尘、防潮、防腐蚀措施；

2 探测器应安装牢固，与导线连接必须可靠压接或焊接；当采用焊接时，不应使用带腐蚀性的助焊剂；

3 探测器连接导线应留有不小于150mm的余量，且在其端部应有明显标志；

4 探测器穿线孔应封堵；

5 非防爆型可燃气体探测器的安装还应符合本规程第4.2.1条的规定。

4.4.5 紧急切断阀的安装应符合产品说明书的规定，并应满足操作和维修更换的要求。

4.4.6 燃气报警控制系统的接地应符合下列规定：

1 非防爆区中使用36V以上交直流电源设备的金属外壳及防爆区内的所有设备的金属外壳均应有接地保护，接地线应与电气保护接地干线（PE）相连接；

2 接地装置安装完毕后，应测量接地电阻，并做记录；其接地电阻应小于4Ω。

4.4.7 配套设备的安装应符合下列规定：

1 输入模块、输出控制模块距离信号源设备和被联动设备导线长度不宜超过20m；当采用金属软管对连接线作保护时，应采用管卡固定，其固定点间距不应大于0.5m；

2 当阀门、风机等设备的手动控制装置安装在墙上时，其底边距地面高度宜为1.3m～1.5m；

3 声光报警装置安装位置距地面不宜低于1.8m，并不应遮挡。

4.5 系统调试

4.5.1 系统调试的准备应符合下列规定：

1 应按设计要求查验设备的规格、型号、数量等；

2 应按本规程第4.2、4.3、4.4节的要求检查系统的安装质量，对发现的问题，应会同有关单位协商解决，并应有文字记录；

3 应按本规程第4.2、4.3、4.4节的要求检查系统线路，对错线、开路、虚焊、短路、绝缘电阻小于20MΩ等应采取相应的处理措施；

4 对系统中的可燃气体报警控制器、紧急切断阀、风机等设备应分别进行单机通电检查；

5 配套设备的调试应与关联设备共同进行。

4.5.2 可燃气体报警控制器调试应符合下列规定：

1 应切断可燃气体报警控制器的所有外部控制连线，将任一回路可燃气体探测器与控制器相连接后，方可接通电源；

2 可燃气体报警控制器应按现行国家标准《可燃气体报警控制器》GB 16808的有关规定进行主要功能试验。

4.5.3 可燃气体探测器、不完全燃烧探测器、复合探测器的调试应符合下列规定：

1 应按本规程附录D要求进行现场测试；记录报警动作值，并根据本规程附录D的规定判定是否合格；

2 可燃气体探测器、不完全燃烧探测器、复合探测器应全部进行测试。

4.5.4 紧急切断阀调试应符合下列规定：

1 按紧急切断阀的所有联动控制逻辑关系，使相应探测器报警，在规定的时间内，紧急切断阀应动作；

2 手动开关阀门3次，阀门应工作正常。

4.5.5 系统备用电源调试应符合下列规定：

1 检查系统中各种控制装置使用的备用电源容量，应与设计容量相符；

2 备用电源的容量应符合现行国家标准《可燃气体报警控制器》GB 16808的规定；

3 进行3次主备电源自动转换试验，每次应合格。

4.5.6 声光警报及排风装置调试应符合下列规定：

1 按声光警报的所有联动控制逻辑关系，使相应探测器报警，在规定的时间内，声光警报应正常工作；

2 按排风装置的所有联动控制逻辑关系，使相应探测器报警，在规定的时间内，排风装置应正常工作；

3 声光警报及排风装置有手动控制设备时，手动控制设备应能正常工作。

4.5.7 系统联调应符合下列规定：

1 应按设计要求进行系统联调；

2 城镇燃气报警控制系统在连续正常运行120h后，应按本规程附录B的规定填写调试记录表。

5 验 收

5.0.1 城镇燃气报警控制系统安装完毕后，建设单位应组织安装、设计、监理等相关单位进行验收。验收不合格不得投入使用。

5.0.2 城镇燃气报警控制系统工程验收应包括安装调试时所涉及的全部设备，可分项目进行，并应填写相应的记录。

5.0.3 系统中各装置的验收应符合下列规定：

1 有主、备电源的设备的自动转换装置，应进行3次转换试验，每次试验均应合格；

2 可燃气体报警控制器应按实际安装数量全部进行功能检查；

3 安装在商业和工业企业用气场所的可燃气体探测器、不完全燃烧探测器、复合探测器应按安装数量20%比例抽检，安装在居住建筑内的应按实际安装数量全部检验；

4 紧急切断阀及排风装置应全部检查。

5.0.4 系统验收时，安装单位应提供下列技术文件：

1 竣工验收报告、设计文件、竣工图；

2 工程质量事故处理报告；

3 安装现场质量管理检查记录；

4 城镇燃气报警控制系统安装过程质量管理检查记录；

5 城镇燃气报警控制系统设备的检验报告、合格证及相关材料。

5.0.5 城镇燃气报警控制系统验收前，建设单位和使用单位应进行安装质量检查，同时应确定安装设备的位置、型号、数量，抽样时应选择具有代表性、作用不同、位置不同的设备。

5.0.6 系统布线应符合现行国家标准《建筑电气工程施工质量验收规范》GB 50303的规定和本规程第4.3、4.4节的规定；当设置于防爆场所时，应符合现行国家标准《爆炸和火灾危险环境电力装置设计规范》GB 50058的规定。

5.0.7 可燃气体报警控制器的验收应符合下列规定：

1 应符合本规程第4.4节的相关规定；

2 规格、型号、容量、数量应符合设计要求；

3 功能验收应按本规程第4.5.2条逐项检查，并应符合要求。

5.0.8 可燃气体探测器、不完全燃烧探测器、复合探测器的验收应符合下列规定：

1 应满足本规程第4.4节的相关规定；

2 规格、型号、数量应符合设计要求；

3 功能验收应按本规程第4.5.3条逐项检查，并应符合要求。

5.0.9 系统备用电源的验收应符合下列规定：

1 备用电源容量应符合本规程第4.5.5条的

规定；

2 功能验收应按本规程第5.0.3条的规定进行检查，并应符合要求。

5.0.10 系统性能的要求应符合本规程和设计说明规定的联动逻辑关系要求。

5.0.11 配套设施的验收应符合下列规定：

1 安装位置应正确，功能应正常；

2 手动关阀功能应试验3次；

3 在系统验收时，阀门在电控和手动两种情况下应工作正常。

5.0.12 验收不合格的设备和管线，应修复或更换；并应进行复验。复验时，对有抽验比例要求的应加倍检验。

5.0.13 验收合格后，应按本规程附录E填写验收记录。

5.0.14 独立燃气报警系统的验收，可简化进行。系统安装完成后，应按设计要求组织验收。可按本规程附录D的规定进行现场检验和评定，记录报警动作值。紧急切断阀在可燃气体探测器报警时应动作，并应手动开关阀门3次，阀门动作均应正常。

6 使用和维护

6.0.1 城镇燃气报警控制系统的管理操作和维护应由经过专门培训的人员负责，不得私自改装、停用、损坏城镇燃气报警控制系统。

6.0.2 城镇燃气报警控制系统正式启用时，应具有下列文件资料：

1 系统竣工图及设备的技术资料；

2 系统的操作规程及维护保养管理制度；

3 系统操作员名册及相应的工作职责；

4 值班记录和使用图表。

6.0.3 可燃气体探测器、不完全燃烧探测器、复合探测器及紧急切断阀不得超期使用。

6.0.4 可燃气体报警控制系统设备（可燃气体探测器、不完全燃烧探测器、复合探测器除外）的功能，每半年应检查1次，并按本规程附录F的规定填写检查登记表。

6.0.5 商用和工业企业用气场所中的紧急切断阀每半年应手动开闭一次，并电动闭合一次。

6.0.6 当居住建筑中的可燃气体探测器、不完全燃烧探测器、复合探测器使用到3年时，应按本规程附录D的规定至少检查1次，同时应检查紧急切断阀。报警动作值应符合附录D的规定，声光警报信号应正常，紧急切断阀自动关闭、手动开启功能应正常、无内外泄漏，并应记录检测结果，更换不合格产品。

6.0.7 商业和工业场所的可燃气体探测器、不完全燃烧探测器、复合探测器每年应按本规程附录D规定的试验方法检查1次，其检查结果应符合本规程附录D的要求，报警控制器应能收到报警信号并正确显示，联动设备动作应正常，应记录检测结果，维修或更换不合格产品。

6.0.8 受检设备每次检查完后，应粘贴标识并注明检查日期。

附录A 安装现场质量管理检查记录

表A 安装现场质量管理检查记录

工程名称				
建设单位			监理单位	
设计单位			项目负责人	
安装单位			安装许可证	
序号	项 目		内 容	
1	现场质量管理制度			
2	质量责任制			
3	主要专业工种人员操作上岗证书			
4	安装图审查情况			
5	安装组织设计、安装方案及审批			
6	施工技术标准			
7	工程质量检验制度			
8	现场材料、设备管理			
9	其他项目			
结论	安装单位项目负责人：（签章） 年 月 日	监理工程师：（签章） 年 月 日	建设单位项目负责人：（签章） 年 月 日	

附录B 城镇燃气报警控制系统安装过程检查记录

表B.1 城镇燃气报警控制系统安装过程材料和设备检查记录

工程名称			安装单位	
安装执行规程名称及编号			监理单位	
子分部工程名称	设备、材料进场			
项目	执行本规程相关规定	安装单位检查评定记录	监理单位检查（验收）记录	
检查文件及标识	第4.1.1条			
核对产品与检验报告	第4.1.4条			
检查产品外观	第4.1.4条			
检查产品规格、型号	第4.1.4条			
结论	安装单位项目经理： （签章） 年 月 日		监理工程师（建设单位项目负责人）： （签章） 年 月 日	

注：安装过程若用到其他表格，则应作为附件一并归档。

表B.2 城镇燃气报警控制系统安装过程检查记录

工程名称		安装单位	
安装执行规程名称及编号		监理单位	
子分部工程名称	安装		
项 目	执行本规程相关规定	安装单位检查评定记录	监理单位检查（验收）记录
布线	第4.3.1条		
	第4.3.2条		
	第4.3.3条		
	第4.3.4条		
	第4.3.5条		
	第4.3.6条		
	第4.3.7条		
	第4.3.8条		
	第4.3.9条		
	第4.3.10条		
	第4.3.11条		
	第4.3.12条		
	第4.3.13条		
	第4.3.14条		
	第4.3.15条		
可燃气体报警控制器	第4.4.2条		
	第4.4.3条		
可燃气体探测器、不完全燃烧探测器、复合探测器	第4.4.4条		
系统接地	第4.4.6条		
燃气紧急切断阀	第4.4.5条		
配套设备的安装	第4.4.7条		
结论	安装单位项目经理： （签章） 年 月 日	监理工程师（建设单位项目负责人）： （签章） 年 月 日	

注：安装过程若用到其他表格，则应作为附件一并归档。

表 B.3 城镇燃气报警控制系统调试过程检查记录

工程名称		安装单位	
安装执行规范名称及编号		监理单位	
子分部工程名称	调试		
项目	调试内容	安装单位检查评定记录	监理单位检查（验收）记录
调试准备	查验设备规格、型号、数量、备品		
	检查系统安装质量		
	检查系统线路		
	检查联动设备		
	检查测试气体		
可燃气体报警控制器	自检功能及操作级别		
	与探测器连线断路、短路故障信号发出时间		
	故障状态下的再次报警时间及功能		
	消声和复位功能		
	与备用电源连线断路、短路故障信号发出时间		
	高、低限报警功能		
	设定值显示功能		
	负载功能		
	主备电源的自动转换功能		
	连接其他回路时的功能		
可燃气体探测器、不完全燃烧探测器、复合探测器	探测器报警动作值，声光报警功能，联动功能		
	探测器检测数量		
声光警报及排风装置	检查数量		
	合格数量		
燃气紧急切断阀	检查数量		
	合格数量		
系统备用电源	电源容量		
	备用电源工作时间		
系统联调	系统功能		
	联动功能		
结论	安装单位项目经理： （签章） 年 月 日	监理工程师（建设单位项目负责人）： （签章） 年 月 日	

注：安装过程若用到其他表格，则应作为附件一并归档。

附录 C 城镇燃气报警控制系统工程质量控制资料核查记录

表 C 城镇燃气报警控制系统工程质量控制资料核查记录

工程名称		分部工程名称		
安装单位		项目经理		
监理单位		总监理工程师		
序号	资料名称	数量	核查人	核查结果
1	系统竣工图			
2	安装过程检查记录			
3	调试记录			
4	产品检验报告、合格证及相关材料			
结论	安装单位项目负责人： （签章） 年 月 日	监理工程师： （签章） 年 月 日	建设单位项目负责人： （签章） 年 月 日	

附录 D 可燃气体探测器、不完全燃烧探测器、复合探测器试验方法及判定

D.1 一 般 规 定

D.1.1 城镇燃气报警系统采用的可燃气体探测器、不完全燃烧探测器、复合探测器（以下简称探测器）应符合国家现行标准《可燃气体探测器》GB 15322.1～GB 15322.6 和《家用燃气报警器及传感器》CJ/T 347 的规定。

D.1.2 在现场，不论工程验收或使用过程中的检验，应仅对探测器的报警动作值、联动功能、声光报警功能实施检验。

D.1.3 长期未使用的探测器，在进行检查时应至少通电 24h。有浓度指示的探测器除检查报警动作值外应按其量程选择 10%、30%、50%、75%、90%做 5 点检验。

D.1.4 本规程规定的探测器检验，可使用专用检验设备或标准气体实施检验。

D.2 探测器检验方式

D.2.1 当采用专用检验设备法时，应符合下列规定：

1 探测器专用检验设备的性能应符合表 D.2.1 的规定；

2 可根据不同探测器的报警设定值，选择不同量程，进行测试；

3 可连续使用时间 8h，或连续测试 500 台探测器。

D.2.2 检验时应保证检查罩密封良好，应每次加气保持 3min，然后记录探测器的报警动作值。

D.2.3 当采用标准气体法时，标准气体浓度应符合下列规定：

1 检验有浓度显示的探测器应有 5 种浓度标准气，即 10% FS、30% FS、50% FS、75% FS、90%FS；

表 D.2.1 探测器专用检验设备性能要求

气体组分	量限（体积分数）	性能要求				
		重复性偏差极限	示值误差极限	响应时间	零点漂移	量程漂移
CH_4	$0\sim4.5\times10^{-2}$	1.5%(RSD)	±3%FS	10s	±2%FS/6h	±3%FS/6h
C_3H_8	$0\sim1.5\times10^{-2}$					
CO	$0\sim1000\times10^{-6}$	2%(RSD)	±5%FS	30s	±3%FS/h	±3%FS/h
	$0\sim2000\times10^{-6}$					
H_2	$0\sim2.5\times10^{-2}$	1%(RSD)	±2%FS	10s	±2%FS/6h	±2%FS/6h
	$0\sim4000\times10^{-6}$	1.5%(RSD)	±3%FS	30s	±3%FS/h	±3%FS/h
C_2H_5OH	$0\sim1\times10^{-2}$	1.5%(RSD)	±3%FS	15s	±2%FS/6h	±2%FS/6h

2 检验无浓度显示的探测器的标准气浓度应符合表 D.2.3 的规定；

3 所有标准气必须是有证标准物质，准确度应在±2%以内。

表 D.2.3 检验无浓度显示的探测器的标准气浓度

气种	标准气 1	标准气 2	标准气 3
天然气（甲烷）	1%LEL	25%LEL	50%LEL
液化气（丙烷）	1%LEL	25%LEL	50%LEL
一氧化碳	50×10^{-6}	300×10^{-6}	500×10^{-6}
氢气	125×10^{-6}	750×10^{-6}	1250×10^{-6}

D.2.4 当采用标准气体法检验时，应卸下探测器外壳，露出气敏元件，用校准罩将标准气以尽可能小的流量导入气敏元件，时间 3min，并应记录探测器的报警动作值和（或）其他响应值。

D.2.5 应将现场检查结果填入本规程表 F.2 中。

D.3 判 别

D.3.1 对探测天然气、液化气的探测器的判定应符合下列规定：

1 当探测器报警动作值与铭牌上标明的报警设定值之差不超过±10%LEL时为合格；

2 当探测器的报警动作值与铭牌上标明的报警设定值之差超过±10%LEL，但仍在 1%LEL～25%LEL 范围内时为准用；

3 当探测器的报警动作值超过上款的规定时为不合格；

4 对有低、高限报警的探测器应按需要设置低、高限报警，分别检验；低限报警判别应按本条第 1～3 款执行；当高限报警动作值在 40%LEL～60%LEL 之间时为合格，当超出时为不合格；

5 声光报警及联动功能应符合产品说明书的规定。

D.3.2 对人工煤气探测器的判定应符合下列规定：

1 一氧化碳探测器的判定应符合下列规定：

1）当探测器的动作值与铭牌上标明的报警设定值之差不超过$\pm160\times10^{-6}$时为合格；

2）当探测器的动作值与铭牌上标明的报警设定值之差超过$\pm160\times10^{-6}$，但在$50\times10^{-6}\sim300\times10^{-6}$范围内时为准用；

3）当探测器的动作值超过上款的规定时为不合格；

4）对有低、高限报警的探测器应按需要设置低、高限报警，分别检验；低限报警判别应按本条第 1～3 款执行；当高限探测器动作值在$400\times10^{-6}\sim600\times10^{-6}$之间时为合格，超出时为不合格；

5）声光报警及联动功能应符合产品说明书的规定。

2 氢气探测器的判定应符合下列规定：

1）当探测器的动作值与铭牌上标明的报警设定值之差不超过$\pm400\times10^{-6}$时为合格；

2）当探测器的动作值与铭牌上标明的报警设定值之差超过$\pm400\times10^{-6}$，但仍在$125\times10^{-6}\sim750\times10^{-6}$范围内时为准用；

3）当探测器的动作值超过上款的规定时为不合格；

4）对有低、高限报警的探测器应按需要设置低、高限报警，分别检验；低限报警判别应按本条第 1～3 款执行；当高限报警动作值在$1000\times10^{-6}\sim1500\times10^{-6}$之间时为合格，超出时为不合格；

5）声光报警及联动功能应符合产品说明书规定。

D.3.3 有浓度显示的探测器的判定应符合下列规定：

1 每点示值的绝对误差不超过±10%为合格；

2 只有两点超过 ±10%，但不超过 ±15%为准用；

3 其余为不合格。

D.3.4 不完全燃烧探测器的判定应符合下列规定：

1 当符合下列规定时为合格，否则为不合格：

1）用浓度为0.050%～0.055%的一氧化碳气体试验，在5min内报警；

2）用浓度为0.0025%～0.0030%的一氧化碳气体试验，在5min内不报警。

2 声光报警功能、联动功能应符合报警说明书的规定。

D.3.5 批量产品检查结果的处理应符合下列规定：

1 同一建筑物内（或同时投入使用的建筑群），同一品牌、同一时间投入使用的探测器可列为一批；

2 当一批产品中无不合格者时，整批可继续使用到有效期结束；

3 当一批产品中，不合格探测器小于批量的30%时，经更换并检验合格后，整批可继续使用到有效期结束；

4 当一批产品中，不合格探测器大于批量的30%时，应整批更换。

附录E 城镇燃气报警控制系统工程验收记录

表E 城镇燃气报警控制系统工程验收记录

<table>
<tr><td colspan="2">工程名称</td><td></td><td>分部工程名称</td><td></td></tr>
<tr><td colspan="2">安装单位</td><td></td><td>项目经理</td><td></td></tr>
<tr><td colspan="2">监理单位</td><td></td><td>总监理工程师</td><td></td></tr>
<tr><td>序号</td><td>验收项目名称</td><td>执行本规程相关规定</td><td>验收内容记录</td><td>验收评定结果</td></tr>
<tr><td>1</td><td>布线</td><td>第4.3、4.4节</td><td></td><td></td></tr>
<tr><td>2</td><td>技术文件</td><td>第5.0.4条</td><td></td><td></td></tr>
<tr><td>3</td><td>可燃气体探测器、不完全燃烧探测器、复合探测器</td><td>第5.0.8条</td><td></td><td></td></tr>
<tr><td>4</td><td>可燃气体报警控制器</td><td>第5.0.7条</td><td></td><td></td></tr>
<tr><td>5</td><td>系统备用电源</td><td>第5.0.9条</td><td></td><td></td></tr>
<tr><td>6</td><td>系统性能</td><td>第5.0.10条</td><td></td><td></td></tr>
<tr><td>7</td><td>配套设施</td><td>第5.0.11条</td><td></td><td></td></tr>
<tr><td rowspan="4">验收单位</td><td colspan="2">安装单位：（单位印章）</td><td colspan="2">项目经理：（签章）
年 月 日</td></tr>
<tr><td colspan="2">监理单位：（单位印章）</td><td colspan="2">总监理工程师：（签章）
年 月 日</td></tr>
<tr><td colspan="2">设计单位：（单位印章）</td><td colspan="2">项目负责人：（签章）
年 月 日</td></tr>
<tr><td colspan="2">建设单位：（单位印章）</td><td colspan="2">建设单位项目负责人：（签章）
年 月 日</td></tr>
</table>

注：分部工程质量验收由建设单位项目负责人组织安装单位项目经理、总监理工程师和设计单位项目负责人等进行。

附录F 城镇燃气报警控制系统日常维护检查表

表F.1 城镇燃气报警控制系统日常维护检查记录

日期	控制器运行情况				报警设备运行情况			联动设备运行情况		报警部位原因及处理情况	值班人
	自检	消音	电源	巡检	正常	报警	故障	正常	故障		

注：正常画"√"，有问题注明。

表F.2 城镇燃气报警控制系统探测器现场动作值记录

日期	探测器序号	现场动作值记录			处理意见			点检人
		合格	准用	不合格	可以使用	标定	更换探头	

注：1 设备开通及定期检查时，可以使用专用的加气试验装置进行现场动作值试验。

2 正常画"√"。

表F.3 城镇燃气报警控制系统设备年（季）检查记录

单位名称			防火负责人			
日期	设备种类	检查试验内容及结果	仪器自检	故障及排除情况	备注	检查人

本规程用词说明

1 为便于在执行本规程条文时区别对待，对要求严格程度不同的用词说明如下：

1）表示很严格，非这样做不可的：
正面词采用“必须”，反面词采用“严禁”；

2）表示严格，在正常情况下均应这样做的：
正面词采用“应”，反面词采用“不应”或“不得”；

3）表示允许稍有选择，在条件许可时首先应这样做的：
正面词采用“宜”，反面词采用“不宜”；

4）表示有选择，在一定条件下可以这样做的，采用“可”。

2 条文中指明应按其他有关标准执行的写法为：“应符合……的规定”或“应按……执行”。

引用标准名录

1 《城镇燃气设计规范》GB 50028

2 《爆炸和火灾危险环境电力装置设计规范》GB 50058

3 《建筑电气工程施工质量验收规范》GB 50303

4 《城镇燃气技术规范》GB 50494

5 《可燃气体探测器》GB 15322.1～GB 15322.6

6 《可燃气体报警控制器》GB 16808

7 《家用燃气报警器及传感器》CJ/T 347

中华人民共和国行业标准

城镇燃气报警控制系统技术规程

CJJ/T 146—2011

条　文　说　明

制 定 说 明

《城镇燃气报警控制系统技术规程》CJJ/T 146-2011经住房和城乡建设部2011年2月11日以第914号公告批准、发布。

为便于广大设计、施工、科研、学校等单位有关人员在使用本规程时能正确理解和执行条文规定，《城镇燃气报警控制系统技术规程》编制组按章、节、条顺序编制了本规程的条文说明，对条文规定的目的、依据以及执行中需要注意的有关事项进行了说明。但是，本条文说明不具备与规程正文同等的法律效力，仅供使用者作为理解和把握规程规定的参考。

目　次

1 总 则

1.0.1 城镇燃气具有易燃、易爆和有毒的特点，在相对封闭的用气环境（建筑物中），一旦发生燃气的泄漏极易造成燃气中毒、爆炸等事故，对人身公共安全带来威胁。城镇燃气报警控制系统是防止和减少由于燃气泄漏和不完全燃烧造成人身伤害和财产损失的有效手段之一。在我国城镇燃气报警系统经过几十年的发展，其产品生产和使用已形成一定规模。为规范指导燃气报警控制系统在城镇燃气设计、施工、使用和维护工作，做到技术先进、经济合理、安全施工，确保工程质量，特制定本规程。

1.0.2 本条规定了本规程的适用范围，本规程适用于在居住建筑、商业和工业企业用气场所及燃气供应厂站使用的燃气报警控制系统的设计、施工、验收、使用和维护等。

1.0.3 本条依据住房和城乡建设部、劳动部、公安部联合颁布的第10号令《城市燃气安全管理规定》，其中第九条规定"城市燃气工程的设计、施工，必须由持有相应资质证书的单位承担"。由于城镇燃气具有易燃、易爆和有毒的特点，而城镇燃气报警控制系统中的设计、施工与单纯的城镇燃气工程相比，其内容涉及两个专业，城镇燃气和电气仪表专业，在此过程中两个专业有独立、有合作。燃气报警控制系统相对燃气工艺系统属于安全管理系统范畴，因此，要求从事燃气报警控制系统的设计、施工等应具有相应的资质和相应的实践经验，以确保工程质量。

1.0.4 此条是强调燃气报警控制系统在设计、施工、使用和维护中除要符合本规程的规定外，还应符合现行国家标准《城镇燃气技术规范》GB 50494、《城镇燃气设计规范》GB 50028 和现行行业标准《城镇燃气室内工程施工与质量验收规范》CJJ 94 等相关标准的规定，从而确保工程质量。

3 设 计

3.1 一般规定

3.1.1 本条规定"燃气报警控制系统中的相关设备应采用经国家有关产品质量监督检测单位检验合格，并取得国家相应的许可或认可的产品"，是控制燃气报警控制系统中产品质量的有效手段。

3.1.2 本条规定了选择气体探测器时应遵循的原则：

1 应根据燃气种类选择相应的气体探测器；

2 应根据燃具、用气设备环境可能产生的燃气泄漏和燃气不完全燃烧等情况选择相应的气体探测器；

3 气体探测器分为单一和复合型气体探测器，可根据具体情况选用。复合探测器可以有甲烷、一氧化碳复合探测器及甲烷、一氧化碳、温度复合探测器等多种形式。

3.1.3 本条规定了气体探测器和紧急切断阀的使用寿命。其中家用气体探测器世界上质量较好的产品寿命均为5年。紧急切断阀因内部橡胶密封件的寿命问题，世界上最长寿命为10年。故这两项指标可理解为更换周期。商业和工业企业用气体探测器因所用传感器种类不同，寿命不一致。国家规定该类产品每年应强制检查一次。故按不低于三年要求，避免过于频繁更换。

3.1.4 本条说明探测器的设置场所，在《城镇燃气设计规范》GB 50028－2006及《城镇燃气技术规范》GB 50494－2009 中都有具体规定，应符合其规定，本规程不详细列出。

3.1.5 根据现行国家标准《城镇燃气设计规范》GB 50028 和《爆炸和火灾危险环境电力装置设计规范》GB 50058 等规范的规定，有防爆要求的场所安装的气体探测器、紧急切断阀及配套产品要选用防爆型产品。

《爆炸和火灾危险环境电力装置设计规范》GB 50058－92 第 2.2.2 条规定：符合下列条件之一时，可划为非爆炸危险区域：

1 没有释放源并不可能有易燃物质侵入的区域；

2 易燃物质可能出现的最高浓度不超过爆炸下限值的10％；

3 在生产过程中使用明火的设备附近，或炽热部件的表面温度超过区域内易燃物质引燃温度的设备附近；

4 在生产装置区外，露天或开敞设置的输送易燃物质的架空管道地带，但其阀门处按具体情况定。

3.1.6 本条是针对设置集中报警控制系统的场所提出的要求，因为集中报警控制系统一般设置在商业、工业和高层住宅、高级公寓等场所，如果可燃气体报警控制器设置在无人值守的位置，现场报警不易被发现，另外这些场所一般情况下设有消防控制室或值班室。

3.2 居住建筑

3.2.1 本条规定了居住建筑设置燃气报警控制系统时，主要选择独立燃气报警系统。因为多数情况下，居住建筑每个单元即每个居民用户都是独立的。

如果某个小区或某个大楼有物业管理，需要集中监视报警情况，则可选用集中报警控制系统。

如果住宅内设置了报警控制系统，而家庭中的灶具、燃气热水器、壁挂炉等燃气用具分设在不同的独立空间内，则应该在每个使用燃气用具的房间安装气体探测器。

3.2.2 本条是依据《燃气采暖热水炉应用技术规程》

CECS 215：2006 中的有关要求而定的。

3.2.3 本条是依据《城镇燃气设计规范》GB 50028 中的有关要求，对既有建筑住宅暗厨房使用燃气提出要求。

暗厨房是指：厨房无直通室外的门或窗。

3.2.4 本条对住宅中探测器安装位置提出要求。其位置距灶具及排风口的水平距离应大于 0.5m，是因为距灶具太近，烹调中产生的油烟、水蒸气会影响探测器的使用寿命和工作状况。而且如果距排风口太近会对泄漏燃气探测的结果有影响，泄漏的燃气容易聚集在空气非流通地方。

规定当使用液化石油气或相对密度大于 1 的燃气时，探测器应安装在厨房离地面不大于 0.3m 的墙上；主要是因为液化石油气的密度比空气大，一旦燃气泄漏，泄漏的燃气会向下扩散，所以，应安装在靠近地面处。距地面 0.3m 主要是考虑到安装方便和防止污水或潮气对探测器功能和寿命的影响。当使用天然气、人工煤气或相对密度小于 1 的燃气时，探测器可吸顶安装或装于距顶棚小于 0.3m 的墙上；规定的目的也是因为天然气的密度小于空气，所以一旦发生泄漏，泄漏的燃气会向上扩散，距顶棚小于 0.3m 是为了保证及时探测到燃气泄漏。不完全燃烧探测器也是吸顶安装或装于距顶棚小于 0.3m 的墙上。

3.2.5 探测器与紧急切断阀连锁，使得一旦报警，能立即切断气源，保证了安全。

3.3 商业和工业企业用气场所

3.3.1 该条规定了商业和工业企业用户用气场所，设置燃气报警控制系统时，主要选择由点型可燃气体探测器、报警控制器等组成的集中燃气报警控制系统，但对面积小于 $80m^2$ 的商业网点，如小型餐厅等，可以设置独立燃气报警控制系统，这样可以降低用户负担。

3.3.2 本条根据燃气种类和安装气体探测器建筑物的规模确定气体探测器的安装位置和数量。其中，当任意两点间的水平距离小于 8m 时，可设一个气体探测器，以及探测器与释放源的距离、与顶棚或地面的距离等参数，是参考日本标准给出的数据。

当使用液化石油气或相对密度大于 1 的燃气时，可燃气体探测器距释放源中心的水平安装距离不应大于 4m，且不得小于 1m；当使用天然气、人工煤气或相对密度小于 1 的燃气时，气体探测器距释放源中心的安装距离不应大于 8m 且不应小于 1m，是因为液化石油气的密度比空气大，万一泄漏不容易放散，所以要求探测器距释放源的安装距离相对于天然气和人工煤气要短一些。任意两点间的水平距离：指两点间连线长度的水平投影距离。

多个探测器设置的原则主要是考虑相对密度不同的探测器，保护半径不同。为防止两探测器之间被保护区交叉处产生盲区，所以有 1m 的重复交叉。

3.3.3 本条规定对气源为相对密度小于 1 的燃气且释放源距顶棚垂直距离超过 4m 时，应设置集气罩或分层设置探测器，是因为建筑物太高如果不设集气罩或分层设置可燃气体探测器，空间太大需要设置更多的可燃气体探测器。

3.3.4 本条主要是针对安装可燃气体探测器的特殊场所提出要求，以减少可燃气体探测器的安装数量。本条提出长方形状场所，是为了便于描述。对于不规则的狭长形状，可比照进行设置。

3.3.5 本条是对燃具设置场所空间较大，但使用燃具或设置燃气设施的场所只占安装可燃气体探测器的场所整个空间的比例较小时，不需要对整个大空间实施监测，仅对有释放源的局部实施保护即可。本条提出燃烧器具的场所面积小于全部面积的 1/3 是为了便于描述，是一个相对的概念。

3.3.6 本条是参考《石油化工可燃气体和有毒气体检测报警设计规范》GB 50493 制定的。主要考虑到露天、半露天燃气泄漏时，在泄漏燃气容易积聚的地方实施监测，从而更有效地实施监测，避免燃气次生灾害的发生。

3.3.7 本条参考了《石油化工可燃气体和有毒气体检测报警设计规范》GB 50493，对在密闭或半密闭厂房内的燃气输配设施设置探测器的安装规定，其中距释放源不应大于 4m，是按相对密度大于 1 的燃气要求的，以便更加保险。

3.3.8 本条规定了紧急切断阀的设置除应符合《城镇燃气设计规范》GB 50028 中的有关规定外，还有一些其他的规定。设置紧急切断阀主要是控制燃气的泄漏，同时，紧急切断阀切断时还要考虑到影响的范围应尽可能小而且动作可靠。

安装在由建筑物外进入建筑物内的引入管处的紧急切断阀，因为该阀切断将导致整个建筑物断气，因此控制器设置在有人值守的地方，其切断控制应为人工控制，如果控制器设置在无人值守的地方，要有 3 个探测器同时报警才能切断。

设置在建筑物内为多个独立用户供气的管道上的紧急切断阀，应有 2 个以上探测器同时报警才自动切断。

3.3.9 本条强调液化石油气储瓶间应设防爆型气体探测器和排风装置。其排风装置应有自动和手动两种启动方式。

3.3.10 本条规定主要是因为露天安装的气体探测器如果不采取防护措施，受到风吹、雨淋、日晒会减少气体探测器的寿命或损坏探测器。

3.3.11 本条的规定主要是因为集中报警控制系统中一般探测器不具备声光报警功能。声光报警功能一般在报警控制器上，为了提醒现场人员发生了泄漏，特作此规定。

3.3.12 本条的规定是为了在紧急情况下，可以在现场人工发出报警信号。需设置手动触发报警装置。

3.3.13 条文中不应大于 20m 的规定是因为如果距离过长，导线电阻过大，会使电磁阀不能关闭。

4 安装

4.1 一般规定

4.1.1 本规定强调城镇燃气报警控制系统的施工一定要按照批准的工程设计文件进行安装。设计文件是工程施工的主要依据，按图施工是国务院《建设工程质量管理条例》的规定，因此必须执行。本条强调了设计文件的地位，当设计文件有误或因现场条件的原因不能按设计文件执行时，必须事先经原设计单位对图纸进行修改，安装单位不得随意改变设计意图。

设计文件包括施工图、设计变更、设计洽商函等。

4.1.2 施工方案的选择与制定是决定整个工程全局的关键，方案一经决定，则整个工程施工的进程、人力和安装设备的需要与布置，工程质量与施工安全等，现场组织管理随之就被确定下来。施工组织的各个方面都与施工方案发生联系而受其影响。所以，施工方案在很大程度上决定了施工组织设计质量。施工方案编写的内容应符合规范规定，一般施工方案中列出施工安装应遵循的规范清单，所以，要求施工单位应具有必要的施工技术标准。

4.1.3 本条规定了城镇燃气报警控制系统施工前的准备工作：

1 施工前设计单位应向施工、监理等单位进行施工图的交底；施工、监理单位应明确设计文件的要求；

2 施工前应按照设计文件的要求，将施工所用材料备齐，以保证施工质量和施工顺利进行。

4.1.4 本条规定了设备、材料进场检验应遵守的规定。

1 出厂合格文件包括：合格证、质量证明书，有些产品应有相关性能的检测报告、型式检验报告等；

2 本款强调进口设备和材料也应遵守我国的市场准入制度，其产品质量应符合我国现行标准的相关规定。按国家规定需要对进口产品进行检验的，还应有国家商检部门出具的检验报告，并应有中文说明书。

4.1.5 本条规定施工单位应做好相关记录。

4.1.6 本条规定了保证燃气报警控制系统施工质量应遵守的规定和程序。强调了工序检查和工种交接认可。规定每一项工作完成后，均应在具有一定资格的人员参与下，按一定的工作程序进行验收工作，最后指出记录格式，这些要求是保证工程质量所必需的。

对无监理的工程，验收工作均要由建设单位项目负责人组织。

4.1.7 本条规定了质量控制资料填写格式。

4.1.8 本条强调城镇燃气报警控制系统安装结束后，不经过验收合格不得交付使用。主要是依据《建设工程质量管理条例》（国务院令第 279 号令）第十六条：建设单位收到建设工程竣工报告后，应当组织设计、施工、工程监理等有关单位进行竣工验收。

4.2 独立燃气报警控制系统的安装

4.2.1 本条规定主要是强调气体探测器的安装环境要相对干燥，因为气体探测器的组成主要是电子元器件，而水和潮气会影响其寿命或工作效率。

4.2.2 本条对可燃气体探测器的安装提出最基本的要求。导线要在导管或管槽内的规定，主要是考虑对导线的保护，因为导线如果出现故障，根本不可能有控制的作用。

“在导管和线槽内不应有接头和扭结”的要求，主要是考虑导管内的接头和扭结出现断开时不易被发现，另外，导管或槽内有接头将影响线路的机械强度，所以，导线要在接线盒内进行连接，以便于检查。

4.3 集中燃气报警控制系统的布线

4.3.1 本条主要参考《火灾自动报警系统施工及验收规范》GB 50166 的有关规定。本条规定了燃气报警控制系统应单独布线，如果不同电压等级、不同电流类别的导线布置在同一导管内，有可能会影响报警控制系统的可靠性。

4.3.2 本条规定了燃气报警控制系统在非防爆区的布线要求。规定了可燃气体报警控制系统传输线路线芯截面的最小面积，同时还强调要满足机械强度的要求。

4.3.3 本条规定了防爆区域的布线要求。

4.3.4 本条主要参考《火灾自动报警系统施工及验收规范》GB 50166的有关规定。本条强调了导管内或线槽内不应有积水或杂物，主要是考虑到有积水或杂物影响施工质量。如果导管内有积水会影响线路的绝缘；如果导线内有杂物会影响穿线或刮伤导线。

4.3.5 本条主要参考《火灾自动报警系统施工及验收规范》GB 50166的有关规定。本条规定了导线在导管和线槽内不准有接头或扭结。如果有接头将影响线路机械强度，是故障的隐患点。

4.3.6 本条主要参考《火灾自动报警系统施工及验收规范》GB 50166的有关规定。本条规定主要是考虑提高系统的可靠性。

4.3.7 本条主要参考《火灾自动报警系统施工及验收规范》GB 50166的有关规定。主要是防止灰尘和水汽进入管子引起导电或腐蚀管子。

4.3.8 本条主要参考《火灾自动报警系统施工及验收规范》GB 50166的有关规定。本条规定主要考虑如果管路太长或弯头多，会引起穿线困难。

4.3.9 本条主要参考《火灾自动报警系统施工及验收规范》GB 50166的有关规定。本条规定主要考虑使导管安装牢固。

4.3.10 本条主要参考《火灾自动报警系统施工及验收规范》GB 50166 的有关规定。本条规定的目的一方面是确保穿线顺利，另一方面是防止导管或线槽由于自重使其长期处于受力状态，也使得导管或线槽内的导线受力，影响到导线的寿命。

4.3.11 本条主要参考《火灾自动报警系统施工及验收规范》GB 50166 的有关规定。本条规定主要是防止支撑或吊点间距过大，使线槽弧垂过大。

4.3.12 本条主要参考《火灾自动报警系统施工及验收规范》GB 50166 的有关规定。线槽接口应平直、严密，槽盖应齐全、平整、无翘角。并列安装时，槽盖应便于开启。

4.3.13 本条主要参考《火灾自动报警系统施工及验收规范》GB 50166 的有关规定。本条规定主要是建筑物的结构缝随温度变化而变化；所以导线应当留有余量，以免受损或被拉断。

4.3.14 本条主要参考《火灾自动报警系统施工及验收规范》GB 50166 的有关规定。本条要求是为了保证导线间的绝缘电阻。

4.3.15 本条主要参考《火灾自动报警系统施工及验收规范》GB 50166 的有关规定。本条规定相同用途的导线颜色应一致，主要是因为整个报警控制系统的导线较多，如果没有统一规定，容易接错线，也容易给调试和运行带来不必要的麻烦。

4.4 集中燃气报警控制系统的设备安装

4.4.1 本条说明了安装方式的一般原则。

4.4.2 本条主要参考《火灾自动报警系统施工及验收规范》GB 50166 的有关规定。本条规定了可燃气体报警控制器安装位置。主要原则是：保证系统运行可靠；控制器报警时容易察觉；便于操作和维修；防潮防腐蚀。

4.4.3 本条规定了引入控制器的电缆或导线的安装要求。主要目的是便于调试、维护和维修等方便。

4.4.4 本条规定了气体探测器的安装规定：

1 探测器如果提前安装容易在其他施工时被损坏，另外，整体施工未完工，灰尘及潮气等易使探测器误报或损坏；如果探测器在调试前保管不善容易损坏；

2 焊接不应使用带腐蚀性的助焊剂，否则焊接接头处被腐蚀会增加线路电阻或导致断开，影响系统的可靠性；

3 本规定的目的是便于维修和管理；

4 封堵的目的是防止杂物和潮气进入影响绝缘；

5 非防爆型探测器安装还应注意防水。

4.4.5 不同厂家生产的紧急切断阀安装要求不相同，因此安装应符合各厂家说明书的要求。

4.4.6 本规定的目的是为了保证使用人员及设备的安全。

4.4.7 本条第 2 款阀门、风机等设备的手动控制装置的安装高度距地面宜为 1.3m～1.5m 的规定主要是考虑到我国成人平均身高，操作方便确定的。

4.5 系统调试

4.5.1 本条规定了调试前的准备工作，由于可燃气体报警控制器的线路较复杂，接错线的情况时有发生，所以，调试前应再检查线路的连接情况，否则会造成严重的后果。绝缘电阻小于 20MΩ 的原因，一方面是施工时未按规定进行操作，另一方面可能是导线被划伤等，所以也应采取相应的处理措施。

4.5.2 本条规定了可燃气体报警控制器的调试方法和要求。

4.5.3 本条规定了气体探测器的调试方法和要求。

4.5.4 本条规定了紧急切断阀的调试方法和要求。

4.5.5 本条规定了对系统备用电源的调试要求。备用电源是否可靠直接关系到整个系统的可靠性。强调备用电源的容量应与设计容量相符，如果备用电源容量不够或电压过低则整个系统不能正常工作。

4.5.6 本条规定了声光报警及排风装置的调试方法和要求。

4.5.7 本条规定了整个系统调试正常后，应连续运行 120h 后无故障，再按本规程附录 B.3 的规定填写调试报告，才能进行工程验收。

5 验收

5.0.1 本条强调了城镇燃气报警控制系统完工后应进行验收，验收不合格不得投入使用。工程验收是按设计文件对施工质量进行全面检查，城镇燃气报警控制系统的验收不但要按设计文件的要求进行检查还要进行必要的系统性能测试。

5.0.2 本条主要规定验收的内容，强调应填写验收记录。

5.0.3 本条规定了验收的内容和数量。本条款的规定是参照《火灾自动报警控制系统施工及验收规范》GB 50166 的有关要求确定的。其中强调了报警控制器、居民住宅内可燃气体探测器、紧急切断阀及排风装置应按实际数量全部检验。

5.0.4 本条规定了系统验收前施工单位应提供的技术文件。

5.0.5 本条规定了验收前建设单位和使用单位应进

行施工质量再检查。也就是建设单位和使用单位的自检，主要是进行系统功能性检查，以便保证联合验收能顺利通过。

5.0.6 本条规定了系统布线检验应符合《建筑电气工程施工质量验收规范》GB 50303 的规定和本规程第 4.3、4.4 节的要求。因为报警控制系统布线施工与其他电气系统施工的要求都是相同的。

5.0.7 本条规定了可燃气体报警控制器的验收要求。

5.0.8 本条规定了可燃气体探测器的验收要求。

5.0.9 本条规定了系统备用电源的验收要求。

5.0.10 本条规定了系统联动逻辑关系要求。

5.0.11 本条规定了配套设施的验收要求。

5.0.12 本条规定了在系统验收中的设备和管线应是全部合格的，如果不合格应进行修复或更换，并重新进行验收；在重新验收时抽验比例应加倍。

5.0.13 本条规定了验收合格后对验收记录的要求。

5.0.14 本条规定对于独立燃气报警控制系统，主要是对于居民住宅安装的独立燃气报警控制系统的验收，可以简化程序，包括简化文件及验收方法。

6 使用和维护

6.0.1 本条规定了城镇燃气报警控制系统的管理操作应由经过专门培训的人员负责。本条没有强调培训的机构和资质，由于报警控制系统的专业性较强，所以管理、维护和操作人员上岗前一定要经过专门培训，以免由于不掌握相关知识造成误操作损坏设备。

6.0.2 本条规定了城镇燃气报警控制系统正式启用时应具备的文件资料。该规定有利于报警控制系统的使用、维护和维修；同时，也落实责任到人。

6.0.3 本条规定了可燃气体探测器及紧急切断阀不得超期使用，主要是因为探测器和紧急切断阀中，其关键器件、气敏元件和橡胶密封件的寿命都是经过设计和试验得来的，超期使用将引起严重后果。

6.0.4 为保证可燃气体报警控制系统的正常运行，系统每半年应检查 1 次。由于探测器检验受条件限制，实现起来比较困难，因此检验周期放长一些。

6.0.5～6.0.7 本条规定了商业、工业场所和居民住宅的紧急切断阀、气体探测器检查的内容和时间，由于安装环境不同，受污染的程度也不同；所以检查的时间也不同。

6.0.8 本条要求每次检查完以后应贴上注明检查日期的标识。

中华人民共和国行业标准

建筑给水金属管道工程技术规程

Technical specification for metallic pipeline engineering of building water supply

CJJ/T 154—2011

批准部门：中华人民共和国住房和城乡建设部

施行日期：2 0 1 1 年 1 2 月 1 日

中华人民共和国住房和城乡建设部
公　告

第 913 号

关于发布行业标准《建筑给水金属管道工程技术规程》的公告

现批准《建筑给水金属管道工程技术规程》为行业标准，编号为 CJJ/T 154－2011，自 2011 年 12 月 1 日起实施。

本规程由我部标准定额研究所组织中国建筑工业出版社出版发行。

中华人民共和国住房和城乡建设部

2011 年 2 月 11 日

前　言

根据原建设部《关于印发〈2007 年工程建设标准规范制订、修订计划（第一批）〉的通知》（建标[2007] 125 号文）的要求，规程编制组经广泛调查研究，认真总结实践经验，参考有关国际标准和国外先进标准，并在广泛征求意见的基础上，制定了本规程。

本规程主要技术内容是：1 总则；2 术语和符号；3 材料；4 设计；5 施工；6 质量验收。

本规程由住房和城乡建设部负责管理，由中国建筑金属结构协会给水排水设备分会负责具体技术内容的解释。执行过程中，如有意见或建议请寄送中国建筑金属结构协会给水排水设备分会（地址：北京市海淀区紫竹院南路 18 号，邮编 100048）。

本规程主编单位：中国建筑金属结构协会
中太建设集团股份有限公司

本规程参编单位：雅昌管业（深圳）有限公司
中建（北京）国际设计顾问有限公司
国际铜业协会
宁波市华涛不锈钢管材有限公司
澳华（沈阳）不锈钢有限公司
深圳市民乐管业有限公司
浙江正康实业有限公司
苏州市澳华不锈钢管件有限公司
无锡众扬金属制品有限公司
钜电（昆山）科技管线有限公司
江苏包罗铜材集团股份有限公司
南京金口机械制造有限公司
厦门中井科技有限公司
浙江天力管件有限公司
成都共同管业有限公司
浙江久田管业有限公司
上海挺特管业有限公司
上海三庆实业发展有限公司
浙江正益建设发展有限公司

本规程主要起草人员：华明九　姜文源　刘彦菁
周洪宏　曹　捩　刘　浩
张心忠　陈维东　黄　炜
缪德伟　郭　艾　谢家明
黄建聪　钱行正　孙志刚
许明信　张　益　余朝玉
陈献松　文长宏　项光胜
贾福庆　周　宇

本规程主要审查人员：左亚洲　赵　锂　伍果毅
郑克白　刘建华　姜国芳
戚晓专　刘德军　程宏伟
王　莉　任向东

目　次

Contents

1 总 则

1.0.1 为使建筑给水金属管道工程在设计、施工及质量验收中做到安全卫生、技术先进、经济合理、确保质量，制定本规程。

1.0.2 本规程适用于新建、扩建和改建的民用和工业建筑给水金属管道工程的设计、施工及质量验收。

1.0.3 建筑给水金属管道工程的设计、施工及质量验收除应符合本规程的规定外，尚应符合国家现行有关标准的规定。

2 术语和符号

2.1 术 语

2.1.1 镀锌焊接钢管 galvanized steel pipe

普通焊接钢管内外表面经热浸镀锌而成的焊接钢管。

2.1.2 无缝钢管 seamless steel pipe

用优质碳素结构钢或低合金高强度结构钢钢锭或钢坯经热轧或冷拔（冷轧）成型、精整制成，或用铸造方法生产的不带焊缝的钢管。

2.1.3 薄壁不锈钢管 light (thin) gauge stainless steel pipes / thin-walled (thin wall) stainless steel pipes

壁厚与外径之比不大于6%的不锈钢管。

2.1.4 覆塑薄壁不锈钢管 light (thin) gauge stainless steel water pipes wrapped in plastic

外壁有塑料包覆层的薄壁不锈钢管。

2.1.5 球墨铸铁管 nodular cast iron pipe

用含球形石墨的铸铁（QT）铸造成型的铸铁管，又称高强度铸铁管。

2.1.6 铜管 copper pipe

用工业纯铜经拉制、挤制或轧制成型的无缝有色金属管，又称紫铜管。

2.1.7 塑覆铜管 plastic copper pipes

外壁有塑料包覆层的薄壁铜管。

2.2 符 号

2.2.1 几何特征

b——焊接连接管端对口间隙；

DN——公称直径；

D_w——外径；

d_j——管道计算内径；

e——切斜；

L——计算管段长度；

ΔL——计算管段的伸缩长度；

p——焊接连接管端坡口钝边；

β——焊接连接管端坡口角度；

δ——壁厚。

2.2.2 计算系数

α——管材的线膨胀系数。

2.2.3 温度

ΔT——计算温差；

Δt_s——管道内水的最大温差；

Δt_g——管道外空气的最大温差。

3 材 料

3.0.1 建筑给水金属管道的管材、管件和附件的材质、规格、尺寸、技术要求等均应符合国家现行标准的规定，且应有符合国家现行标准的检测报告。

3.0.2 建筑给水金属管道的管材、管件应有符合产品标准规定的明显标志。

3.0.3 建筑给水金属管道工程所采用的管材、管件和附件应配套供应。

3.0.4 用于生活饮用水的建筑给水金属管道的管材、管件和附件的卫生要求，应符合现行国家标准《生活饮用水输配水设备及防护材料的安全性评价标准》GB/T 17219的规定。

3.0.5 建筑给水金属管道的管材、管件的储存应符合下列规定：

1 管材、管件应存放在通风良好的库房，室温不宜高于40℃；

2 堆放场地应平整，底部应有支垫，管材外悬臂长度不宜大于0.5m；

3 管材堆放高度不宜大于1.5m，管件堆放高度不宜大于2.0m。

3.0.6 直管材应成捆包装，端口宜设有护套，每捆重量应适于现场搬运。

3.0.7 管材、管件在运输、装卸和搬运时应小心轻放、防止重压，不得抛、摔、滚、拖。应防止雨淋、污染、长期露天堆放和阳光曝晒。

4 设 计

4.1 一 般 规 定

4.1.1 建筑给水金属管道管材、管件的工作压力不得大于产品标准规定的公称压力。

4.1.2 建筑给水金属管道敷设应符合下列规定：

1 不得直接敷设在建筑物结构层内；

2 干管和立管应敷设在吊顶、管井、管窿内，支管宜敷设在楼（地）面的找平层内或沿墙敷设在管槽内；

3 敷设在找平层或管槽内的给水支管外径不宜大于25mm；

4 敷设在找平层或管槽内的管道，当采用卡套式或卡环式接口连接的管材时，宜采用分水器向各卫生器具配水，中途不得有连接配件，两端接口应明露；

5 分水器配水方式可采用常径配水或缩径配水；当采用缩径配水时，可采用配水支管缩径和全部配水支管缩径。

4.1.3 建筑给水金属管道的水平管宜有 0.2%～0.3%的坡度，并应坡向泄水点。

4.1.4 建筑给水金属管道的水力计算，应按现行国家标准《建筑给水排水设计规范》GB 50015 的有关规定执行。

4.2 管材选用

4.2.1 建筑给水金属管道的管材应根据建筑物标准、使用要求、管材材质等因素选用，同一给水系统宜选用同一种金属管材。

4.2.2 不同连接方式的建筑给水金属管道系统应采用与之相配套的管材规格及配件。

4.2.3 室内明装或暗敷的建筑给水金属管道，应选用耐腐蚀和安装连接方便、可靠的管材，可采用薄壁不锈钢管、铜管或经防腐处理的钢管等。

4.2.4 小区埋地敷设的建筑给水金属管道，应选用具有耐腐蚀和能承受相应地面荷载能力的管材。可采用球墨铸铁管、有衬里的铸铁给水管或经防腐处理的钢管等。

4.2.5 消防给水管道宜采用内外壁热镀锌钢管、焊接钢管或薄壁不锈钢管，并应符合现行国家标准《自动喷水灭火系统设计规范》GB 50084 的规定。

4.2.6 用于输送偏碱性水的建筑给水金属管道宜采用铜管，用于输送偏酸性水或经软化处理的水宜采用薄壁不锈钢管。

4.2.7 建筑给水金属管道中薄壁不锈钢管材和管件的选用可按表 4.2.7 的规定确定。

表 4.2.7 薄壁不锈钢管材和管件的选用

类别	新牌号（统一数字代号）	用途	旧牌号（旧牌号代号）
奥氏体不锈钢	06Cr19Ni10 (S30408)	冷水、热水、直饮水等管道	0Cr18Ni9 (SUS304)
	022Cr19Ni10 (S30403)	冷水、热水、直饮水等管道	00Cr19Ni10 (SUS304L)
	06Cr17Ni12Mo2 (S31608)	热水、耐腐蚀性比 S30408、S30403 的要求更高的场合	0Cr17Ni12Mo2 (SUS316)
	022Cr17Ni12Mo2 (S31603)	海水、高氯介质或耐腐蚀性比 S31608 要求更高的场合，不固溶的焊接用管道宜选材料	00Cr17Ni14Mo2 (SUS316L)

续表 4.2.7

类别	新牌号（统一数字代号）	用途	旧牌号（旧牌号代号）
铁素体不锈钢	022Cr18Ti (S11863)	消防给水管道和与 S30408 相似场合	00Cr17 (SUS439)
	019Cr19Mo2NbTi (S11972)	冷水、热水、高氯介质、消防给水等管道	00Cr18Mo2 (SUS444)

注：统一数字代号按《不锈钢和耐热钢 牌号及化学成分》GB/T 20878－2007 规定。

4.2.8 建筑给水金属管道中薄壁不锈钢管材、管件应根据输送水中允许氯化物含量选材，可按表 4.2.8 的规定选用。

表 4.2.8 薄壁不锈钢管材、管件输送水中允许氯化物含量

新牌号（统一数字代号）	输送水中允许氯化物含量(mg/L) 冷水（<40℃）	热水（≥40℃）	旧牌号（旧牌号代号）
06Cr19Ni10(S30408)	≤200	≤50	0Cr18Ni9(SUS304)
022Cr19Ni10(S30403)	≤200	≤50	00Cr19Ni10(SUS304L)
06Cr17Ni12Mo2(S31608)	≤1000	≤250	0Cr17Ni12Mo2(SUS316)
022Cr17Ni12Mo2(S31603)	≤1000	≤250	00Cr17Ni14Mo2(SUS316L)
022Cr18Ti(S11863)	≤150	≤40	00Cr17(SUS439)
019Cr19Mo2NbTi (S11972)	≤1000	≤250	00Cr18Mo2(SUS444)

注：若输送介质中氯化物含量较高时，应采用含碳量低的不锈钢管材和管件，如 S30403 或 S31603。

4.2.9 当采用焊接连接方式时，建筑给水金属管道中薄壁不锈钢管材宜采用 S30403（SUS304L）、S31608(SUS316)或超低碳不锈钢。

4.2.10 建筑给水金属管道中球墨铸铁管的内防腐宜采用内涂敷水泥或衬覆塑料球墨铸铁衬里。

4.2.11 铜管应采用 TP2 牌号管材，管材的力学性能和化学成分应符合现行国家标准《无缝铜水管和铜气管》GB/T 18033 的规定。

4.3 管道连接方式选择

4.3.1 建筑给水金属管道连接方式应根据管材、管径、用途、介质温度、建筑标准、敷设方法等因素合理选用。

4.3.2 建筑给水金属管道中镀锌焊接钢管、焊接钢管的连接应符合下列规定：

1 当管道公称直径小于或等于 100mm 时，宜采用螺纹连接，也可采用卡压式连接或环压式连接，并应符合下列规定：

1）当采用螺纹连接时，套丝扣时破坏的镀锌层表面及外露螺纹部分应作防腐处理；

2）当采用卡压式连接或环压式连接时，其管材壁厚应满足强度、刚度、加工裕量和腐蚀裕量的要求。

2 当管道公称直径大于100mm时，应采用沟槽连接或法兰连接，且法兰宜采用螺纹法兰。当采用平焊法兰时，镀锌焊接钢管与法兰的焊接处应二次镀锌。

4.3.3 建筑给水金属管道中镀锌无缝钢管的连接方式除与镀锌焊接钢管相同外可采用焊接连接，焊接连接处应二次镀锌，无缝钢管使用在不需要镀锌的场合时，可采用焊接连接。

4.3.4 建筑给水金属管道中薄壁不锈钢管的连接应符合下列规定：

1 当管道公称直径小于或等于100mm时，宜采用卡压式、环压式、双卡压式、内插卡压式连接；

2 当管道公称直径大于100mm时，宜采用卡凸式、沟槽式、卡箍式或法兰连接；

3 焊接连接可用于各种管径薄壁不锈钢管的连接，焊接连接可采用承插氩弧焊或对接氩弧焊；

4 在使用中需拆卸的接口，宜采用卡凸式、沟槽式、卡箍式或法兰连接；

5 薄壁不锈钢管与卫生器具给水配件、水表、阀门或与给水机组、给水设备连接处，宜采用螺纹连接或法兰连接，连接处管件宜采用不锈钢锻压件或黄铜合金管件。

4.3.5 建筑给水金属管道中球墨铸铁管可采用刚性连接、承插式柔性（胶圈）连接、承插式柔性（机械）连接，也可采用法兰连接。

4.3.6 建筑给水金属管道中铜管的连接应符合下列规定：

1 铜管的连接宜采用焊接，但在不能动用明火处，不得采用焊接连接，并应符合下列要求：

1）铜管的焊接宜采用硬钎焊连接；当管道公称直径小于32mm且为非埋设的支管道时，可采用软钎焊连接；

2）埋地敷设的铜管应采用硬钎焊连接；

3）当铜管采用软钎焊连接时，宜采用无污染的软钎焊材料。

2 管道公称直径小于50mm的铜管可采用卡压式连接、环压式连接或卡套式连接。

3 管道公称直径大于或等于50mm的铜管可采用沟槽式连接或法兰连接，并应符合下列规定：

1）沟槽连接件的规格、尺寸和铜管最小壁厚应满足国家现行相关标准的规定；

2）当沟槽连接件为非铜材质时，其接触面应采取防腐隔离措施；

3）负压抽吸的管道接口不得采用沟槽式连接；

4）采用沟槽式连接的金属管道，当需要拆卸时，应泄压泄水后拆卸。

4.4 管道布置和敷设

4.4.1 建筑给水金属管道穿过地下室或地下构筑物外墙时，应预埋防水套管，并应采取防水措施。

4.4.2 建筑给水金属管道穿过结构伸缩缝、防震缝及沉降缝敷设时，应采取下列保护措施：

1 墙体两侧的管道应采用柔性连接；

2 管道或管道保温层的外表面上、下应有不小于150mm的净空；

3 管道在穿墙处应设置方形补偿器，且水平安装。

4.4.3 当建筑给水金属管道中明装管道成排安装时，直线部分应互相平行，弯管部分的曲率半径应一致。

4.4.4 建筑给水金属管道及管道的支墩（座），严禁铺设在冻土和未经处理的松土上。

4.4.5 当建筑给水金属管道穿越墙壁和楼板时，宜敷设在金属或塑料套管内，并应符合下列规定：

1 卫生间及厨房内的套管，其顶部应高出装饰地面50mm；

2 其他楼板内的套管，其顶部应高出装饰地面20mm；

3 套管的底部应与楼板底面相平；

4 墙壁内的套管，其两端应与饰面相平；

5 安装在楼板内的套管，套管与管道之间的缝隙应使用密实的阻燃材料和防水油膏填实，且端面应抹光滑；

6 安装在墙内的套管，套管与管道之间的缝隙宜使用密实的阻燃材料填实，且端面应抹光滑；

7 套管内不得有管道接口。

4.4.6 建筑给水金属管道中暗装管道距离墙面的净距离，应根据管道支架的安装要求和管道的固定要求等条件确定。

4.4.7 当建筑给水金属管道中横管直埋墙体时，预留的管槽应经结构设计，未经结构专业的许可，不得在墙体横向开凿宽度超过300mm的管槽。

4.4.8 不同材质建筑给水金属管道的管材、管件、附件连接时，应采取防止电化学腐蚀的措施。

4.4.9 建筑给水薄壁不锈钢管的管道布置和敷设应符合下列规定：

1 当管道埋地敷设时，管材宜采用覆塑薄壁不锈钢管；

2 当管道嵌墙敷设或埋设在找平层内时，管材宜采用覆塑薄壁不锈钢管，管道不得采用卡凸式等有螺纹的连接方式；

3 管材、管件应匹配，允许偏差不同的管材、管件不得混用；

4 当管道穿越楼板时，套管宜使用不锈钢套管或塑料套管；当采用钢套管时，管道与套管之间应衬垫橡胶圈；

5　当管道采用沟槽式连接，且卡箍材质为铸铁或铸钢时，卡箍与管道之间应衬垫塑料或橡胶；

6　管道支架宜采用不锈钢材质，当采用碳钢支架时，支架与管道之间亦应衬垫塑料或橡胶。

4.4.10　建筑给水铜管的管道布置和敷设应符合下列规定：

1　在建筑给水铜管管道系统中，不宜直接连接碳钢管；

2　埋地铜管宜采用塑覆铜管；

3　嵌墙暗敷的铜管宜采用塑覆铜管，槽内铜管应采取固定措施；

4　当铜管穿越楼板时，套管宜使用塑料套管，当采用钢套管时，铜管与套管之间应衬垫橡胶圈。

4.4.11　抗震设防烈度在8度或8度以上的区域，建筑给水金属管道的敷设应符合下列规定：

1　在非严寒和非寒冷地区，管道立管宜采用墙外敷设；

2　管道宜采用柔性连接；

3　当引入管露明敷设时，宜采用双折弯的方式进入建筑物内；

4　室内管道不应穿越伸缩缝和沉降缝，当必须穿越伸缩缝或沉降缝时，管道应采用柔性连接；

5　当管道穿越楼板时，套管与管道之间宜采用柔性材料填充。

4.5　管道位移补偿

4.5.1　建筑给水金属管道设计应考虑因水温和环境温度变化产生的轴向位移，并应采取相应的补偿措施。

4.5.2　建筑给水金属管道因温差引起的轴向位移量，可按下列公式计算：

$$\Delta L = \alpha \times L \times \Delta T \quad (4.5.2\text{-}1)$$

$$\Delta T = 0.65\Delta t_s + 0.10\Delta t_g \quad (4.5.2\text{-}2)$$

式中：ΔL——管段的轴向位移量(mm)；

α——管材的线膨胀系数[mm/(m·K)]；

L——计算管段长度(m)；

ΔT——计算温差(℃)；

Δt_s——管道内水的最大温差(℃)；

Δt_g——管道外空气的最大温差(℃)。

4.5.3　建筑给水金属管道固定支架的间距应根据管道伸缩量、伸缩接头允许伸缩量等因素确定。固定支架宜设置在变径、分支、接口处及所穿越的承重墙与楼板的两侧。垂直安装的配水干管应在其底部设置固定支架。

4.5.4　建筑给水金属管道中的镀锌焊接钢管、焊接钢管、无缝钢管、不锈钢管和球墨铸铁管的直埋管段可不设补偿装置，铜管的直埋管段应设补偿装置。

4.5.5　建筑给水金属管道可在分流段设自由臂作为支管的补偿设施。

4.6　管道防腐

4.6.1　建筑给水金属管道中钢管必须采取防腐措施，并应符合下列规定：

1　当管道埋地敷设时，应采用涂裹防腐绝缘层或电化学的防腐方法进行外防腐；

2　当管道非埋地敷设时，宜采用涂刷涂料的方法进行外防腐，可采用环氧树脂、沥青、过氯乙烯或乙烯漆等防腐涂料；

3　钢管防腐前，管道表面应进行处理，处理要求应符合防腐材料产品的相应要求，当有特殊要求时，应在工程设计文件中作出规定；

4　大口径钢管的内防腐可采用水泥砂浆衬里；

5　钢管的内防腐可采用聚合物水泥砂浆衬里，聚合物水泥砂浆的配合比可按表4.6.1的规定执行。

表4.6.1　聚合物水泥砂浆配合比

材料名称	配合比(质量比)
52.5级硅酸盐水泥	100
D505聚醋酸乙烯乳剂(含固体约50%)	2.0%～2.5%(按固体含量)
850水溶性有机硅(含甲基硅烷钠盐固体约30%)	1.2%(按固体含量)
砂灰比(26目～28目石英砂)	50%～100%[砂灰比(0.5∶1)～(1∶1)]
水灰比(按现场气候、材料、管径、施工等情况调整)	32%～38%(0.32～0.38)

4.6.2　建筑给水金属管道中埋地敷设的薄壁不锈钢管应采取相应的防腐措施，外壁防腐材料不宜含有氯离子成分。

4.6.3　当建筑给水金属管道中的球墨铸铁管埋地敷设时，外壁应采用沥青涂层或环氧树脂涂层进行防腐。

4.7　管道保温

4.7.1　当建筑给水金属管道室外埋地敷设时，应埋设在冰冻线之下，否则应采取保温措施。

4.7.2　当建筑给水金属管道在室内、外明敷，且有可能冰冻时，应采取保温措施。

4.7.3　建筑给水金属管道室内明敷和非直埋暗装的热水管道应保温。当给水管道可能结露，并会影响环境时，管道应做防结露保温层。

4.7.4　当建筑给水金属管道需保温时，管道的保温结构计算应符合现行国家标准《设备及管道保温技术通则》GB 4272的规定。

5 施 工

5.1 一 般 规 定

5.1.1 建筑给水金属管道工程施工前应具备下列条件：

1 施工图和设计文件应齐全，已进行技术交底；

2 施工组织设计或施工方案已经批准；

3 施工人员已经专业培训；

4 施工场地的用水、用电、材料贮放场地等临时设施能满足施工要求；

5 工程使用的管材、管件、附件、阀门等具有质量合格证书，其规格、型号及性能检测报告符合国家现行标准和设计的要求。

5.1.2 建筑给水金属管道工程与相关各专业之间，应进行交接质量检验，并应形成记录。

5.1.3 隐蔽工程应在经验收各方检验合格后才能隐蔽，并应形成记录。

5.2 管 道 连 接

5.2.1 管道连接前应确认管材、管件的规格尺寸符合设计要求。

5.2.2 管道系统的配管与连接应按下列步骤进行：

1 按设计图纸规定的坐标和标高线绘制实测施工图；

2 按实测施工图进行配管；

3 制定管材和管件的安装顺序，进行预装配；

4 进行管道连接。

5.2.3 配管切割应符合下列规定：

1 在切割前应先确认管材无损伤、无变形；

2 切割工具宜采用专用的电动切管机、手动切管器或手动管割刀；

3 管材宜采用圆周环绕切割，应保持截面周向匀称，管口不得变形；

4 管材切割后，管口的端面应平整，并应垂直于管轴线，切斜 *e*（图 5.2.3）应符合表 5.2.3 的规定。

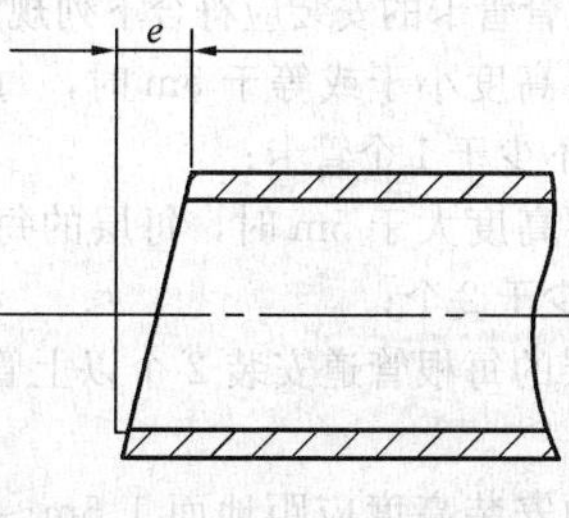

图 5.2.3 切斜

5.2.4 管材切割后，管端的内外毛刺宜采用专用修边工具清除干净。

表 5.2.3 切斜的质量要求

管道公称直径(mm)	切斜 *e*(mm)
≤20	≤0.5
25～40	≤0.6
50～80	≤0.8
100～150	≤1.2
≥200	≤1.5

5.2.5 管材切割后，管端如有变形，应采用专用整形工具对管端进行整圆。

5.2.6 在管道连接前，应将管材与管件的内外污垢与杂质清除干净，有密封材料的管件，应检查密封材料和连接面，不得有伤痕、杂物。

5.2.7 各种管道必须按安装的顺序和方法要求进行连接。

5.2.8 施工安装时，管道需拆卸的场合可采用沟槽式连接、法兰连接和活接连接等连接方式。

5.2.9 当镀锌焊接钢管、焊接钢管采用螺纹连接时，螺纹长度可按表 5.2.9 要求执行。

表 5.2.9 螺纹长度 (mm)

管道公称直径	螺纹长度	
	连接阀体的管道	连接管件的管道
15	12	14
20	13.5	16
25	15	18
32	17	20
40	19	22
50	21	24
65	23.5	27
80	26	30

5.2.10 当镀锌焊接钢管采用卡压式连接或环压式连接时，连接方法可按本规程附录 A.5 的要求执行。

5.2.11 管道公称直径小于或等于 50mm，且管道壁厚小于或等于 3.5mm 的钢管可采用气焊。

5.2.12 当管道采用法兰连接时，法兰盘面应平整、无裂纹，密封面上不得有斑疤、砂眼及辐射状沟纹。

5.2.13 法兰连接使用的橡胶垫圈应符合下列规定：

1 垫圈的材质应均匀，厚薄应一致，应无老化、皱纹等缺陷；当采用非整体垫圈时，拼缝应平整且粘结良好。

2 当管道公称直径小于或等于 600mm 时，垫圈厚度宜为 3mm～4mm；当管道公称直径大于或等于 700mm 时，垫圈厚度宜为 5mm～6mm。

3 垫圈内径应与法兰内径一致，允许偏差应符合下列规定：

1）当管道公称直径小于或等于150mm时，允许偏差为+3mm；

2）当管道公称直径大于或等于200mm时，允许偏差为+5mm。

4 垫圈外径应与法兰密封面外缘平齐。

5.2.14 当薄壁不锈钢管采用卡压式连接、环压式连接、双卡压式连接或内插卡压式连接时，管材和管件的尺寸应配套，其偏差应在允许范围内。组对前，密封圈位置应正确。

5.2.15 铜管管道系统应采用铜制管件、附件。铜管与钢制设备连接时，应采用铜合金配件。

5.2.16 建筑给水金属管道的各种连接方法应符合本规程附录A的要求。

5.3 管道敷设

5.3.1 管道敷设应符合设计要求。

5.3.2 管道安装前应对管材、管件的适配性和公差进行检查。

5.3.3 管道安装间歇或完成后，敞口处应及时封堵。

5.3.4 在施工过程中，应防止管材、管件与酸、碱等有腐蚀性液体、污物接触。受污染的管材、管件，其内外污垢和杂物应清理干净。

5.3.5 当管道穿墙壁、楼板及嵌墙暗敷时，应配合土建工程预留孔、槽，预留孔或开槽的尺寸应符合下列规定：

1 预留孔洞的尺寸宜大于管道外径50mm～100mm；

2 嵌墙暗管的墙槽深度宜为管道外径加20mm～50mm，宽度宜为管道外径加40mm～50mm。

5.3.6 架空管道管顶上部的净空不宜小于200mm。

5.3.7 明装管道的外壁或管道保温层外表面与装饰墙面的净距离宜为10mm。

5.3.8 薄壁不锈钢管、铜管与阀门、水表、水嘴等的连接应采用转换接头。严禁在薄壁不锈钢水管、薄壁铜管上套丝。

5.3.9 进户管与水表的接口不得埋设，并应采用可拆卸的连接方式。

5.3.10 当管道系统与供水设备连接时，其接口处应采用可拆卸的连接方式。

5.3.11 安装管道时不得强制矫正。安装完毕的管线应横平竖直，不得有明显的起伏、弯曲等现象，管道外壁应无损伤。

5.3.12 管道明敷时，应在土建工程完毕后进行安装。安装前，应先复核预留孔洞的位置。

5.3.13 管道暗敷时应符合下列规定：

1 管道应进行外防腐；

2 管道应在试压合格和隐蔽工程验收后方可封蔽；

3 当管道敷设在垫层内时，应在找平层上设置明显的管道位置标志。

5.3.14 当建筑给水金属管道与其他管道平行安装时，安全距离应符合设计的要求，当设计无规定时，其净距不宜小于100mm。

5.4 管道支架

5.4.1 管道系统应设置固定支架或滑动支架。

5.4.2 管道支、吊、托架的安装应符合下列规定：

1 管道支、吊、托架的位置应正确，埋设应平整牢固；

2 固定支架与管道的接触应紧密，固定应牢靠；

3 滑动支架应灵活，滑托与滑槽两侧间应留有3mm～5mm的间隙，位移量应符合设计的要求；

4 无热伸长管道的吊架、吊杆应垂直安装；

5 有热伸长管道的吊架、吊杆应向热膨胀的反方向偏移；

6 固定在建筑结构上的管道支、吊架不得影响结构的安全。

5.4.3 钢管和铜管的管道支、吊架间距应符合现行国家标准《建筑给水排水及采暖工程施工质量验收规范》GB 50242的有关规定。

5.4.4 热水管道固定支架的间距应根据管线热胀量、膨胀节允许补偿量等确定。固定支架宜设置在变径、分支、接口及穿越承重墙、楼板等处的两侧。

5.4.5 薄壁不锈钢管道固定支架的间距不宜大于15m。

5.4.6 薄壁不锈钢管道的滑动支架的最大间距应符合表5.4.6的规定。

表5.4.6 薄壁不锈钢管道的滑动支架的最大间距

管道公称直径(mm)	滑动支架最大间距(m)	
	水平管	立 管
10～15	1.0	1.5
20～25	1.5	2.0
32～40	2.0	2.5
50～80	2.5	3.0
100～300	3.0	3.5

5.4.7 管道立管管卡的安装应符合下列规定：

1 当楼层高度小于或等于5m时，每层的每根管道必须安装不少于1个管卡；

2 当楼层高度大于5m时，每层的每根管道安装的管卡不得少于2个；

3 当每层的每根管道安装2个以上管卡时，安装位置应匀称；

4 管卡的安装高度应距地面1.5m～1.8m，且同一房间的管卡应安装在同一高度上。

5.4.8 当管道公称直径不大于25mm时，可采用塑料管卡。

5.4.9 当不锈钢管、铜管采用碳钢金属管卡或吊架时，金属管卡或吊架与管道之间应采用塑料带或橡胶等软物隔垫。

5.4.10 铜管的固定支架应采用铜套管式固定支架。

5.4.11 在给水栓和配水点处应采用金属管卡或吊架固定，管卡或吊架宜设置在距配件 40mm～80mm 处。

5.4.12 铜管道的支承件宜采用铜合金制品。当采用钢件支架时，管道与支架之间应设柔性隔垫，隔垫不得对管道产生腐蚀。

5.4.13 当管道采用沟槽式连接时，应在下列位置增设固定支架：

1 进水立管的管道底部；

2 管道的三通、四通、弯头等管件的部位；

3 立管的自由长度较长而需要支承立管重量的部位；

4 管道设置补偿器，需要控制管道伸缩的部位。

5.5 管道试验、冲洗和消毒

5.5.1 室内给水管道水压试验、热水供应系统水压试验、小区及厂区的室外给水管道水压试验应符合现行国家标准《建筑给水排水及采暖工程施工质量验收规范》GB 50242 的规定。

5.5.2 当在温度低于 5℃ 的环境下进行水压试验和通水能力检验时，应采取可靠的防冻措施，试验结束后应将管道内的存水排尽。

5.5.3 消防给水系统的金属管水压试验应符合国家现行消防标准的有关规定。

5.5.4 对试压资料应进行评判，并应符合下列规定：

1 施工单位提供的水压试验资料应齐全；

2 水压试验的方法和参数应符合设计的要求；

3 隐蔽工程应有原始试压记录；

4 试压资料不全或不合规定，应重新试压。

5.5.5 管道的通水能力试验应在管道接通水源和安装好配水器材后进行。

5.5.6 通水能力试验时应对配水点作逐点放水试验，每个配水点的流量应稳定正常，然后应按设计要求开启足够数量的配水点，其流量应达到额定的配水量。

5.5.7 生活饮用水管道在试压合格后，应按规定在竣工验收前进行冲洗消毒，并应符合现行国家标准《建筑给水排水及采暖工程施工质量验收规范》GB 50242 和《给水排水管道工程施工及验收规范》GB 50268 的有关规定。

6 质 量 验 收

6.1 一 般 规 定

6.1.1 管道系统应根据工程性质和特点进行中间验收和竣工验收。中间验收、竣工验收前施工单位应进行自检。

6.1.2 分项工程应按系统、区域、施工段或楼层等划分。分项工程应划分成若干个检验批进行验收。

6.1.3 工程验收应作好记录。验收合格后，建设单位应将有关文件、资料立卷归档。

6.1.4 工程验收时应具备下列文件：

1 施工图、竣工图及变更文件；

2 管材、管件及其他主要材料的出厂合格证；

3 中间试验和隐蔽工程验收记录；

4 工程质量事故处理记录；

5 分项、分部及单项工程质量验收记录；

6 管道系统的通水能力检验和水压试验记录；

7 生活给水管道的冲洗消毒记录。

6.2 验 收 要 求

6.2.1 验收的主控项目应包括下列内容：

1 水压试验；

2 通水试验；

3 管道的冲洗和消毒；

4 直埋管道的防腐处理；

5 热水管道的补偿；

6 室外埋设管道的保温防潮处理；

7 管沟的基层处理和井室的地基处理。

6.2.2 验收的一般项目应包括下列内容：

1 焊接连接的焊缝表面质量；

2 水平管道坡度；

3 管道安装允许偏差；

4 管道支吊架；

5 热水管道的保温结构；

6 管沟的坐标、位置、标高、回填土。

6.2.3 建筑给水金属管道工程主控项目和一般项目的检验方法应符合现行国家标准《给水排水管道工程施工及验收规范》GB 50268和《建筑给水排水及采暖工程施工质量验收规范》GB 50242的规定。

附录 A 建筑给水金属管道的连接要求

A.1 碳钢管螺纹连接

A.1.1 螺纹连接应按截管、套丝、管端清理、缠绕生料带、连接的步骤进行。

A.1.2 截管应符合下列规定：

1 管材宜采用锯床或砂轮切割；

2 当采用盘锯切割管材时，盘锯的转速不得大于 800r/min；

3 当采用手工锯截管材时，其锯面应垂直于管轴心并符合本规程第 5.2.3 条的规定。

A.1.3 螺纹套丝应符合下列规定：

1 宜采用电动套丝机；

2 圆锥形管螺纹应符合现行国家标准《55°密封管螺纹　第1部分：圆柱内螺纹与圆锥外螺纹》GB/T 7306.1和《55°密封管螺纹　第2部分：圆锥内螺纹与圆锥外螺纹》GB/T 7306.2的要求。

A.1.4 螺纹连接前应将管端的毛边修光，并应清除管道内和连接处的污物。

A.1.5 螺纹连接的密封材料宜采用聚四氟乙烯生料带。

A.1.6 螺纹连接时应一次旋转到位，不得倒转。

A.2 碳钢管焊接连接

A.2.1 管道焊接前应将焊接处清理干净，并应符合下列规定：

1 应清理端口，并清洁连接部位；

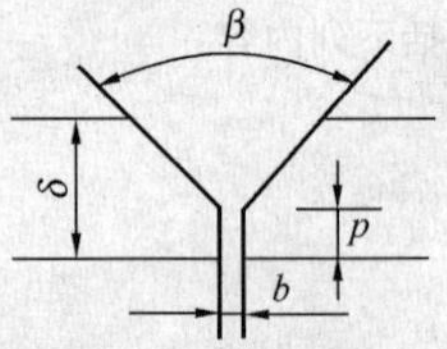

图 A.2.2 焊接的坡口形式和对边尺寸示意

2 端口两侧不小于10mm范围内的管材表面应打磨出金属光泽。

A.2.2 气焊和电弧焊的坡口形式和对边尺寸（图A.2.2）应分别符合表A.2.2-1和表A.2.2-2的规定。

A.2.3 焊接质量应符合现行国家标准《现场设备、工业管道焊接工程施工及验收规范》GB 50236的有关规定，填缝金属应高出管外壁1mm～3mm，焊缝表面应光滑且不得有裂纹、气孔、砂眼和其他缺陷。

表 A.2.2-1 气焊的坡口形式和对边尺寸

管道壁厚δ (mm)	坡口形式和对边尺寸		
	间隙 b(mm)	钝边 p(mm)	坡口角 β(°)
<2	—	—	—
2～3	1.0～2.0	—	—
>3	1.0～2.0	1.0～1.5	30～40

表 A.2.2-2 电弧焊的坡口形式和对边尺寸

管道壁厚δ (mm)	坡口形式和对边尺寸		
	间隙 b(mm)	钝边 p(mm)	坡口角度 β(°)
4～9	1.5～3.0	1.0～1.5	60～70
10～26	2.0～4.0	1.0～2.0	60±5

A.2.4 不得在焊缝处焊接支连接管。管道的横向焊缝与管道的连接焊缝间的距离应符合国家现行相关标准的规定。

A.2.5 在环境温度低于−20℃进行焊接时，接头处应预热到100℃以上再进行焊接。预热管段的长度在焊缝两侧各50mm～75mm。在环境温度低于0℃时，焊缝成形后应在焊接处和管道上采取适当的保温措施。

A.2.6 镀锌焊接钢管焊接后，应对焊缝处进行二次镀锌。

A.2.7 焊条材料应与被焊接管材相同，焊条直径可按表A.2.7选用。

表 A.2.7 焊条直径的选用

焊条直径（mm）	适用管材
2.0	适用于最薄的钢材
2.5、3.2	适用于较薄的钢材
4.0、5.0、6.0	适用于厚钢材

A.3 碳钢管沟槽式连接

A.3.1 管材切口表面应平整，不得有裂缝、凹凸、缩口等缺陷，并应打磨光滑。

A.3.2 沟槽加工部位的管口应进行整圆，并应清除表面的熔渣、氧化物等污物。

A.3.3 沟槽应采用有限位装置的专用滚槽机加工。

A.3.4 沟槽加工时应符合下列规定：

1 滚压环形沟槽时，应使用水平仪量测管道处于水平位置；

2 管道端面应与滚槽机止面贴紧，管道轴线应与滚槽机止面垂直；

3 滚压沟槽过程中，严禁管子出现纵向位移和角位移；

4 加工一个沟槽的时间应符合表A.3.4的规定；

表 A.3.4 加工一个沟槽的时间要求

管道公称直径（mm）	50	65	80	100	125	150	200	250	300	350	400	450	500	600
时　间（min）	2	2	2.5	2.5	3	3	4	5	6	7	8	10	12	16

5 应使用游标卡尺量测沟槽的深度和宽度，在确认沟槽尺寸符合要求后方可取出管子。

A.3.5 滚槽机滚压成型的沟槽应符合下列规定：

1 管端至沟槽段的表面应平整，不得有凹凸、滚痕；

2 沟槽圆心应与管壁同心，沟槽宽度和深度应符合相关标准的规定；

3 管道的镀锌层和内壁的各种涂层或内衬层应完好；

4 沟槽外径不得大于规定值。

A.3.6 沟槽式接头的安装应符合下列规定：

1 卡箍件的型号应与管道匹配；

2 橡胶密封圈不得有损伤；

3 应采用游标卡尺检查管材、管件的沟槽，并应确认符合要求；

4 安装时应在橡胶密封圈上涂抹润滑剂，润滑剂可采用肥皂水或洗涤剂，不得采用油润滑剂；

5 连接时应校直管道中轴线；

6 在橡胶密封圈的外侧安装卡箍件时，应将卡箍件内缘嵌固在沟槽内，并将卡箍件固定在沟槽的中心部位；

7 压紧卡箍件至端面闭合后，应即刻安装紧固件，并应均匀交替拧紧螺栓；

8 在安装卡箍件过程中，必须目测检查橡胶密封圈，不得起皱；

9 安装完毕后应检查并确认卡箍件内缘全圆周嵌固在沟槽内。

A.4 碳钢管法兰连接

A.4.1 法兰接口应平行，允许偏差不应大于法兰外径的1.5%，且不应大于2mm。

A.4.2 螺孔中心允许偏差不应大于螺孔径的5%。

A.4.3 进行法兰连接时，应先将法兰密封面清理干净。

A.4.4 法兰垫圈应放置平整。管道公称直径大于600mm的法兰以及使用拼粘垫片的法兰，均应在两法兰的密封面上各涂一道铅油。

A.4.5 所有螺栓及螺母应涂抹机油。

A.4.6 螺母应在法兰的同一侧，并应对称、均匀拧紧。拧紧后的螺栓宜高出螺母外2个丝扣，且不应大于螺栓直径的1/2。

A.4.7 法兰接口埋地敷设时，应对法兰、螺栓和螺母采取防腐措施。

A.5 薄壁不锈钢管卡压式、环压式、双卡压式、内插卡压式连接

A.5.1 连接应采用专用挤压工具，并应符合下列规定：

1 当管道公称直径大于或等于100mm时，应采用电动工具或液压挤压工具；

2 专用挤压工具应具备限位装置和紧急泄压阀，在发生误操作时应能随时采取紧急措施松开挤压钳口泄压；

3 专用挤压工具的钳口应采用优质合金钢材质，并应经特殊热处理；

4 专用挤压工具应操作便捷，增压和泄压过程应全自动控制，不得出现压接不稳定、不到位或过压现象；

5 专用工具应采用全密封设计，在使用过程中不得出现漏油、失压等故障；

6 专用挤压工具及压接钳口应轻便，宜采用一体化设计，宜一次成型；

7 专用挤压工具应按薄壁不锈钢管材—管件—挤压钳三者同步配套开发。

A.5.2 薄壁不锈钢管卡压式、环压式、双卡压式、内插卡压式连接应符合下列规定：

1 应将密封圈套在管材上，插入承口的底端，然后将密封圈推入连接处的间隙内；插入时不得歪斜，不得割伤、扭曲密封圈或使密封圈脱落；

2 插口应插到承口的底端，且插入深度应符合要求；

3 应采用专用工具进行挤压连接，挤压位置应在专用工具的钳口之下，挤压时专用工具的钳口应与管件或管材靠紧并垂直；

4 管道公称直径大于或等于80mm的管材与管件的环压连接，还应挤压第二道锁紧槽；挤压第二道锁紧槽时，应将环压工具向管件中心方向移动一个密封带长度，再进行挤压连接；

5 挤压时严禁使用润滑油；

6 挤压专用工具的模块必须成组使用。

A.5.3 连接后应对连接处进行检查，并应符合下列规定：

1 连接周圈的压痕应凹凸均匀，且应紧密，不得有间隙。

2 挤压部位的形状和尺寸应采用专用量规进行检查，并应符合下列规定：

1）卡压式连接、双卡压式连接和内插卡压式连接形状应为六边形，并应采用六角量规进行尺寸确认；

2）环压式连接形状应为圆形，并可采用普通量规进行尺寸确认。

3 当发现连接处插入不到位时，应将接头部位切除后重新连接。

4 当发现连接处挤压不到位时，应先检查专用工具是否完好，如工具有损，则应进行修复，然后对挤压不到位的连接再进行一次挤压，挤压完成后应再次用量规进行检查确认。

5 当与转换螺纹接头连接时，应在旋紧螺纹到位后再进行挤压连接。

A.6 薄壁不锈钢管卡凸式连接

A.6.1 薄壁不锈钢管卡凸式连接前应对管口进行扩圆环，并应符合下列规定：

1 应采用专用工具在管口处扩出圆环；

2 扩圆环时应将推压螺母或活套法兰预先套在管材上；

3 辊压圆环时速度不应过快，圆环的圆度应均匀；

4 圆环凸起曲面高度应符合规定，且不应辊压

过度。

A.6.2 卡凸式连接不宜使用断面为三角形的橡胶密封圈，且不得使用润滑油。

A.6.3 管材插入管件应到位，然后应使用扳手将推压螺帽或活套法兰紧固螺栓与管件锁紧，锁紧后密封圈与圆环应完全密封。

A.6.4 连接完成后应检查连接处，不得产生裂纹、裂口等现象。

A.7 薄壁不锈钢管法兰连接

A.7.1 法兰应采用标准规格的法兰。

A.7.2 法兰可采用平焊钢法兰或卡箍法兰。

A.7.3 法兰密封材料应采用衬垫橡胶止水衬垫。

A.7.4 法兰应采用不锈钢材质。紧固件宜采用碳钢材质，与不锈钢法兰用塑料垫圈隔开。

A.7.5 螺母应在法兰的同一侧，并应对称、均匀拧紧。拧紧后的螺栓宜高出螺母外2个丝扣，且不应大于螺栓直径的1/2。

A.8 薄壁不锈钢管焊接连接

A.8.1 薄壁不锈钢管应采用钨极氩弧焊，并宜选用逆变式氩弧焊机或脉冲氩弧焊机。

A.8.2 焊接时不锈钢管内应采取惰性气体保护或选用对内壁焊缝具有保护作用的专用焊丝。

A.8.3 薄壁不锈钢管的承插式焊接应符合下列规定：

1 将不锈钢管道插入管件承口至内轴肩后，应外拉0.5mm～2mm，然后开始焊接；

2 当管件端口无延伸边，焊接时可添加焊丝；当管件端口有延伸边，焊接连接时可不添加焊丝，以延伸边替代；

3 焊接时的工艺参数宜符合表A.8.3的规定。

表 A.8.3 承插式管件钨极氩弧焊焊接工艺参数

管壁厚(mm)	无脉冲焊接工艺参数				有脉冲焊接工艺参数				
	钨极直径(mm)	焊接电流(A)	焊接速度(mm/min)	气体流量(L/min)	钨极直径(mm)	焊接电流(A)	脉冲频率(Hz)	焊接速度(mm/min)	气体流量(L/min)
0.6	1.0	8～12	50～85	4～5	1.0～1.5	10～16	8～10	60～130	5～6
0.8	1.0～1.5	12～18	60～180	4～5	1.5～2.0	18～25	8～10	100～140	5～6
1.0	1.0～1.5	25～38	150～300	5～6	1.5～2.0	25～42	8～10	130～260	6～8
1.2	1.0～1.5	35～48	260～450	6～8	1.5～2.0	38～50	10～12	220～400	8～10
1.5	1.0～2.0	45～60	400～550	8～10	2.0～2.5	45～60	10～12	360～500	10～12

A.8.4 薄壁不锈钢管的对接式焊连接应符合下列规定：

1 对接焊接时，被连接管材、管件的壁厚宜相等，圆度或椭圆度偏差应一致；

2 焊丝和焊条的材质应优于管材和管件，根据管道、管件的材质，焊接时宜按表A.8.4-1选用相应牌号的焊丝和焊条；

表 A.8.4-1 焊丝、焊条选用推荐表

管道、管件材质	焊 丝	焊 条
06Cr19Ni10	H08Cr21Ni10	E308、E308H
022Cr19Ni10	H03Cr21Ni10	E308L、E308MoL
06Cr17Ni12Mo2	H03Cr21Ni11Mo2	E316、E316H
022Cr17Ni12Mo2	H04Cr20Ni11Mo2	E316L

注：1 焊接用不锈钢焊丝应符合《焊接用不锈钢丝》YB/T 5092要求；

2 不锈钢焊条应符合《不锈钢焊条》GB/T983要求；

3 焊接坡口形式和对边尺寸（图A.8.4）宜符合表A.8.4-2的规定。

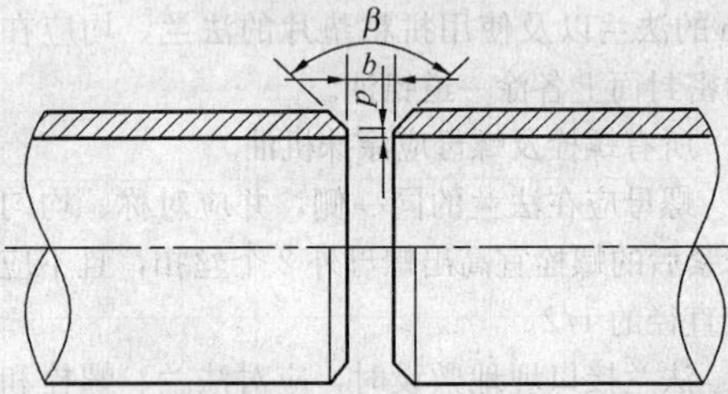

图 A.8.4 焊接的坡口形式和对边尺寸示意

表 A.8.4-2 焊接的坡口形式和对边尺寸

坡口角度 β(°)	间隙 b(mm)	钝边 p(mm)
60～70	0～2	0～1

3 焊接时应采用氩弧焊打底，并应视管壁厚度作多道施焊。

A.9 球墨铸铁管刚性连接

A.9.1 连接前应将承口和插口的连接面清理干净。

A.9.2 填充的油麻应洁净，填充油麻时应符合下列规定：

1 油麻的截面直径应为环向间隙的1.5倍，搭接长度宜为50mm～100mm；

2 填麻应占承口总深度1/3，但不得超过承口水线里缘。

A.9.3 当接口数量较多时，应采用橡胶圈接口，橡胶圈的规格尺寸应符合表A.9.3的规定。

表 A.9.3　橡胶圈的规格尺寸

管道公称直径（mm）	胶圈直径（mm）	胶圈中心长度（mm）	压缩比（%）
150	18	451	44.4
200	18	588	44.4
250	19	725	42.1
300	19	826	42.1
350	19	1058	42.1
400	19	1203	42.1
450	19	1348	42.1
500	21	1493	42.9
600	21	1784	42.9
700	23	2073	47.8
800	23	2364	47.8
900	23	2655	47.8
1000	25	2943	48
1200	25	3523	48

A.9.4　橡胶圈就位可采用推进器、填捻、锤击的方法，但应缓慢、逐步均匀地嵌入。橡胶圈就位后应与承口处边缘的距离相等。

A.9.5　填捻外层填料时应分层填捻，每层厚度不应大于25mm。

A.9.6　连接完成后应根据气温和空气湿度条件对接口进行养护，并应符合下列规定：

1　在温暖湿润季节，可在接口处覆盖湿黏土或缠绕草绳，在炎热季节，应在接口处覆盖草袋；

2　接口养护期间应保持覆盖物湿润，养护时间不应小于24h；

3　养护期间管道上不应有振动负荷，管道内不应有带压水；

4　在环境温度低于−5℃时，应采取相应的保温措施。

A.10　球墨铸铁管柔性连接

A.10.1　连接前应将承口和插口的连接面清理干净。

A.10.2　球墨铸铁管承插式柔性（胶圈）连接应符合下列规定：

1　连接用的橡胶圈可采用楔形、唇形、圆形或中凹形（图A.10.2）；

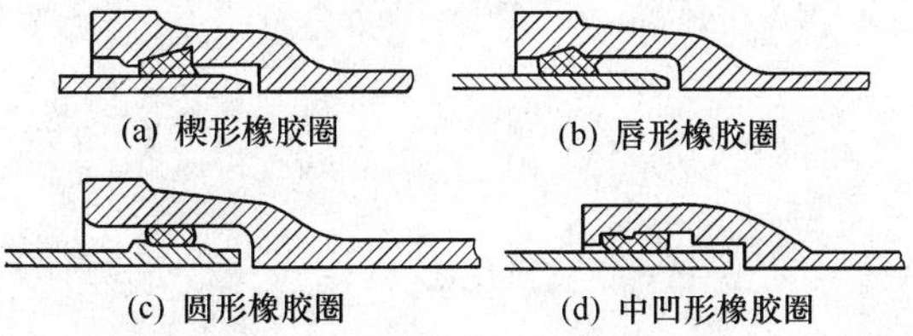

(a) 楔形橡胶圈　(b) 唇形橡胶圈

(c) 圆形橡胶圈　(d) 中凹形橡胶圈

图A.10.2　球墨铸铁管承插式柔性（胶圈）连接接口示意

2　插入时不得使用润滑油。

A.10.3　球墨铸铁管承插式柔性（机械）连接应符合下列规定：

1　当管道公称直径小于或等于400mm时，可采用普通机械型连接；当管道公称直径大于400mm时，可采用改良机械型连接（图A.10.3）；

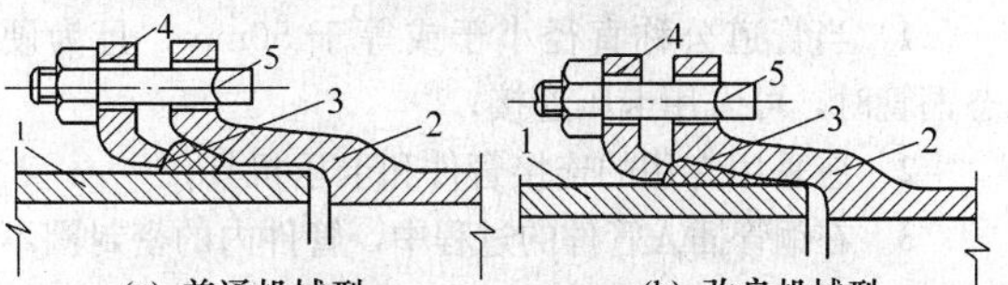

(a) 普通机械型　(b) 改良机械型

图A.10.3　球墨铸铁管承插式柔性（机械）连接

1—插口；2—承口；3—圆形或楔形橡胶圈；4—压环；5—螺栓及螺母

2　螺母应在同一侧（插口一侧），并应对称、均匀拧紧。

A.10.4　连接完成后应检查胶圈位置，胶圈的位置应正确，沿圆周方向距承口的距离应一致。

A.11　铜管钎焊连接

A.11.1　铜管钎焊可采用硬钎焊或软钎焊，并应符合下列规定：

1　硬钎焊可用于各种规格铜管与管件的连接；

2　当管道与管件连接，且管道公称直径小于或等于25mm时，可采用软钎焊连接。

A.11.2　焊接钎料及使用应符合下列规定：

1　硬钎焊的钎料宜选用含磷的脱氧元素的铜基无银、低银钎料；铜管硬钎焊可不添加钎焊剂，但当铜管与铜合金管件钎焊时，应添加钎焊剂；

2　软钎焊的钎料可选用无铅锡基、无铅锡银钎料；焊接时应添加钎焊剂，但不得使用含氨钎焊剂；

3　铜管钎焊不得使用含铅钎料。

A.11.3　钎焊宜采用"氧—乙炔"火焰或"氧—丙烷"火焰加热，软钎焊可采用"丙烷—空气"火焰或电加热。

A.11.4　钎焊前应将铜管焊接处的塑覆层剥离，剥离长度不应小于200mm，并应采用细砂纸或不锈钢丝刷，将焊处外壁和管件内壁的污垢与氧化膜清除干净。

A.11.5　塑覆铜管钎焊时，应在连接点的两端缠绕湿布冷却，钎焊完成后复原塑覆层。

A.11.6　钎焊时应根据工件大小选用火焰功率，被连接的两端口应均匀加热，当达到钎焊温度应及时向接头处添加钎料，并继续加热。当钎料填满钎缝后应立即停止加热，并应保持静置至自然冷却。

A.11.7　钎焊完成后，应将接头处的残留钎焊剂和反应物清洗擦拭干净。

A.12　铜管机械连接

A.12.1　铜管机械连接可采用环压连接、卡压连接、卡套连接、法兰连接或螺纹连接。

A.12.2 采用环压连接时应符合本规程附录 A.5 的有关规定。

A.12.3 采用卡压连接时应符合下列规定：

1 当管道公称直径小于或等于 50mm，且为硬态铜管时，可采用卡压连接；

2 应采用专用的连接管件和卡压机具；

3 在铜管插入管件的过程中，管件内的密封圈不得扭曲变形；

4 管材插入管件到位后应轻轻转动管子，使管材与管件的结合段同轴后方可卡压；

5 卡压时，卡钳端面应与管件轴线垂直，达到规定的卡压力后应保持 1s～2s 方可松开卡钳。

A.12.4 铜管卡套连接应符合下列规定：

1 当管道公称直径小于等于 50mm 或需拆卸的铜管可采用卡套连接；

2 旋紧螺母应选用活动扳手或专用扳手，不宜使用管钳；

3 连接部位宜采用二次装配；第二次装配时，应从力矩激增点起再将螺母拧紧 1/4 圈；

4 一次完成卡套连接时，拧紧螺母应从力矩激增点起再旋转 1 圈～$1\frac{1}{4}$圈，使卡套的刃口切入管子，但不得旋得过紧。

A.12.5 铜管法兰连接时应符合下列规定：

1 松套法兰规格应符合有关标准规定；

2 垫片可采用耐温夹布橡胶板或铜垫片等；

3 紧固件应采用镀锌螺栓、螺母；

4 螺母应在同一侧，并应对称、均匀拧紧。

A.12.6 螺纹连接时应符合下列规定：

1 黄铜配件与附件可采用螺纹连接；

2 密封材料宜采用聚四氟乙烯生料带；

3 连接前应将连接面清理干净；

4 螺纹连接时应一次旋转到位，不得倒转；连接完成后应留有 2 扣～3 扣螺尾。

本规程用词说明

1 为便于在执行本规程条文时区别对待，对要求严格程度不同的用词说明如下：

1）表示很严格，非这样做不可的：
正面词采用“必须”，反面词采用“严禁”；

2）表示严格，在正常情况下均应这样做的：
正面词采用“应”，反面词采用“不应”或“不得”；

3）表示允许稍有选择，在条件许可时首先应这样做的：
正面词采用“宜”，反面词采用“不宜”；

4）表示有选择，在一定条件下可以这样做的，采用“可”。

2 条文中指明应按其他有关标准执行的写法为：“应符合……的规定”或“应按……执行”。

引用标准名录

1 《建筑给水排水设计规范》GB 50015

2 《自动喷水灭火系统设计规范》GB 50084

3 《建筑给水排水及采暖工程施工质量验收规范》GB 50242

4 《现场设备、工业管道焊接工程施工及验收规范》GB 50236

5 《给水排水管道工程施工及验收规范》GB 50268

6 《不锈钢焊条》GB/T 983

7 《设备及管道保温技术通则》GB 4272

8 《55°密封管螺纹 第 1 部分：圆柱内螺纹与圆锥外螺纹》GB/T 7306.1

9 《55°密封管螺纹 第 2 部分：圆锥内螺纹与圆锥外螺纹》GB/T 7306.2

10 《生活饮用水输配水设备及防护材料的安全性评价标准》GB/T 17219

11 《无缝铜水管和铜气管》GB/T 18033

12 《不锈钢和耐热钢 牌号及化学成分》GB/T 20878

13 《焊接用不锈钢丝》YB/T 5092

中华人民共和国行业标准

建筑给水金属管道工程技术规程

CJJ/T 154—2011

条 文 说 明

制 定 说 明

《建筑给水金属管道工程技术规程》CJJ/T 154-2011经住房和城乡建设部2011年2月11日以第913号公告批准、发布。

在规程编制过程中，编制组对我国建筑给水金属管道工程的实践经验进行了总结，对各种建筑给水金属管道的设计、施工及验收等分别作出了规定。

为便于广大设计、施工、科研、学校等单位有关人员在使用本规程时能正确理解和执行条文规定，《建筑给水金属管道工程技术规程》编制组按章、节、条顺序编制了本规程的条文说明，对条文规定的目的、依据以及执行中需注意的有关事项进行了说明。但是，本条文说明不具备与规程正文同等的法律效力，仅供使用者作为理解和把握规程规定的参考。

目 次

1 总　　则

1.0.1 本规程编制的目的。

1.0.2 本规程的适用范围。

1.0.3 除本规程外，建筑给水金属管道的设计、施工及验收还应符合国家现行标准《建筑给水排水设计规范》GB 50015、《室外给水设计规范》GB 50013、《建筑给排水及采暖工程施工质量验收规范》GB 50242、《给水排水管道工程施工及验收规范》GB 50268、《建筑防火设计规范》GB 50016、《工业金属管道设计规范》GB 50316 等有关标准的规定。

2 术语和符号

2.1 术　　语

金属管的定义为：具有一定长度、壁厚、几何形状和机械强度，用金属材料制成的中空筒状固体物。

金属管包括黑色金属管和有色金属管。黑色金属管指钢管和铸铁管；有色金属管指铜管、铝管等。

本规程所列的金属管系列见图 1。

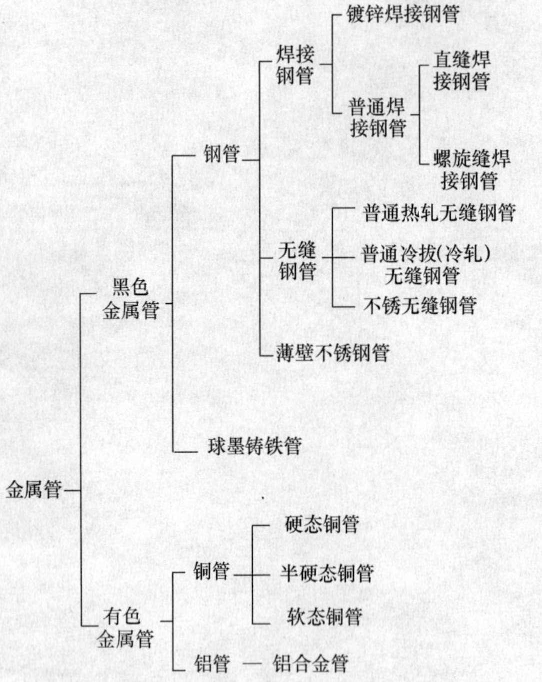

图 1　金属管系列

钢管按加工状态分为热轧钢管、冷拔（冷轧）钢管和熔铸钢管；按钢材的化学成分分为碳素钢管、不锈钢管、不锈耐酸钢管等；按成品焊缝分为无缝钢管、焊接钢管。具有强度大、耐压高、耐振动、管壁较薄、自重较轻、管子较长、接头较少及施工较方便等特点。

焊接钢管按照焊缝形状、用途和表面是否镀锌等分为普通焊接钢管、镀锌焊接钢管、电焊钢管、螺旋缝焊接钢管等。

2.1.1 镀锌焊接钢管，其分类、钢材、试验和工作压力、用途和规格等均与普通焊接钢管基本相同，不同的是单位长度重量因镀锌层而增加 3%～6%、耐锈蚀性较好。镀锌工艺有热浸锌和电镀两种，推荐采用热浸锌工艺。

普通焊接钢管常用钢材有 Q215A、Q215B、Q235A、Q235B 普通碳素结构钢。按管壁厚度分有普通、薄壁和加厚三种，试验压力前两者为 2.0MPa，后者为 3.0MPa，工作压力分别为 1.0MPa 和 1.6MPa。管端有不带螺纹的（光管）和带有锥形管螺纹的两种。

2.1.2 无缝钢管按照用途、轧制状态或化学成分分为普通热轧无缝钢管、普通冷轧（冷拔）无缝钢管、冷拔无缝异形钢管、冷拔精密无缝钢管、低中压锅炉用无缝钢管、高压锅炉用无缝钢管、不锈无缝钢管、不锈耐酸薄壁无缝钢管等。

普通热轧无缝钢管简称热轧无缝钢管，是指用钢锭或钢坯经穿轧、热轧、精整制成的无缝钢管，是无缝钢管中应用最广、品种规格最多的一种。常用普通碳素钢、优质碳素结构钢、低合金结构钢和合金结构钢热轧成型。

普通冷轧（冷拔）无缝钢管简称冷拔无缝钢管，是指用钢锭或钢坯经穿轧、冷轧（冷拔）、精整制成的无缝钢管。常用普通碳素钢、优质碳素结构钢、低合金结构钢和合金结构钢冷轧（冷拔）成型，其性能、质量、表面光洁度、尺寸精度均较热轧无缝钢管好。

不锈无缝钢管通常情况下，在大气中不氧化生锈，能抵抗某些特殊气体和液体的腐蚀。按轧制状态分为热轧和冷轧（冷拔）不锈无缝钢管。

2.1.5 球墨铸铁管耐腐蚀性较好、经久耐用、价廉，与灰口铸铁管相比机械强度高（接近钢管），耐振动和冲击性能较好，可进行焊接和热处理。按连接方式分有承插式和法兰式。

3 材　　料

3.0.1 金属管管材标准情况如下：

镀锌钢管、焊接钢管规格尺寸应符合现行国家标准《低压流体输送用焊接钢管》GB/T 3091 的规定。

无缝钢管规格尺寸应符合现行国家标准《输送流体用无缝钢管》GB/T 8163、《无缝钢管尺寸、外形、重量及允许偏差》GB/T 17395 的规定。

球墨铸铁管规格尺寸应符合现行国家标准《离心铸造球墨铸铁管》GB/T 13295 的规定。

铜管当采用钎焊、卡压连接时，其规格尺寸应符合现行国家标准《无缝铜水管和铜气管》GB/T

18033 的规定。

金属管管件标准情况如下：

镀锌焊接钢管、焊接钢管和无缝钢管应采用碳素钢管件和可锻铸铁管件。

球墨铸铁管管件规格尺寸应符合现行国家标准《柔性机械接口球墨铸铁管件》GB/T 8715 和《球墨铸铁管件》GB 13294 的规定。

铜管件规格尺寸应符合现行国家标准《铜管接头（钎焊式）》GB/T 11618.1、《铜管接头（卡压式）》GB/T 11618.2、现行行业标准《建筑用铜管管件（承插式）》CJ/T 117 的规定。金属管管材和管件基本上都有国家标准或行业标准可以遵循，而唯一例外的是薄壁不锈钢管件，除了卡压式连接的管件有国家标准、内插卡压式管件有行业标准可以遵循外，其他各种连接方式的管件出于专利保护的原因，都无相应的国家标准或行业标准。而这些连接方式又各具优点值得推荐。

3.0.2 本条对各种管材的标志作出了规定。

3.0.3 本条规定了管材、管件和附件应配套供应，其目的是确保它们之间的匹配，以保证工程质量。

3.0.5 管材的堆放高度取决于管材承受外压的强度和管材的重量，管件的堆放高度取决于其包装的形式和包装的承压强度。这里给出了 1.5m 和 2.0m 的推荐值，存放管理者要根据具体情况酌情处理。

4 设 计

4.1 一 般 规 定

4.1.2 管道不能直埋在结构体内，是考虑了以下因素：

1 混凝土在振捣时怕对管道造成损伤；

2 怕混凝土的膨胀伸缩与管道不一致，造成管道接口渗漏。

因此，规程强调管道不得直接浇注在钢筋混凝土结构体内。

分水器配水方式有很多优点：

1 直接从分水器接出支管，支管如采用盘管时，可以减少接口数量，减少渗漏；

2 各卫生器具都单独从分水器接出配水支管，相互干扰小；

3 配水支管可以按卫生器具各自的额定流量配置不同管径的管道。

分水器配水方式曾用于塑料管和复合管配水方式，如 PB 管、铝塑复合管等。但也曾用于铜管（盘管供货的铜管），因此条文予以规定。

4.2 管 材 选 用

4.2.1 不同材质的管材性质有很大差别，如铜管导热性能好、延展性好，而不锈钢管质地坚硬，不同材质的管材连接时不仅容易影响连接效果，进而造成连接处的密封、强度以及电化学腐蚀等诸多问题。

4.2.3～4.2.6 规定管材的具体选用方法。第 4.2.3 条、4.2.4 条和 4.2.5 条主要是指系统和用途。第 4.2.6 条主要讲水质对管材的影响。

4.2.7 300 系列牌号的不锈钢，为我国早已引用的不锈钢牌号。300 系列牌号的不锈钢为奥氏体不锈钢，晶体为面心立方晶格。形成奥氏体的主要成分为镍（Ni），镍的作用：可提高不锈钢韧性和延展性，以便于加工、制造和焊接不锈钢，但也正是由于有了 Ni，而 Ni 又是稀有金属，价格较贵。400 系列牌号不锈钢为铁素体不锈钢，晶体为体心立方晶格。耐腐蚀性能大致和 300 系列牌号不锈钢相当，400 系列牌号不锈钢价格比 300 系列牌号不锈钢为低。因而铁素体不锈钢管道近几年有所发展，这也是本规程将其编制在内的原因。

400 系列牌号不锈钢过去在国内的建筑给水排水领域应用较少，原因在于：

1 受冶炼和加工技术的制约，国内无此产品，若有需要，需从国外进口，价格不菲；

2 人们对不锈钢的认识和判别存在误区，误认为无磁性的为不锈钢（奥氏体不锈钢无磁性），有磁性的为不锈铁（铁素体不锈钢有磁性）。

冶炼和加工技术的制约指正常冶炼温度下，要将碳降到 0.03%以下（含 0.03%），铬只能保持在 4%的水平，而不锈钢要求铬的含量应≥12%，而要提高铬含量，就要提高冶炼温度，而要提高冶炼温度，炉体耐火材料又难以承受，因此影响产品的生产。现在情况有了变化，采用新冶炼技术，即 AOD 氩氧脱碳工艺（高真空、强搅拌和喷吹氧化剂等），可使不锈钢成分中碳、氮总含量≤0.03%。

关于磁性的有无问题，现在已能认识到有磁和无磁均为耐腐蚀钢，均为不锈钢，有无磁性与是否耐腐蚀从根本上是两个概念，磁性是物理概念，腐蚀是化学概念，只要在钢材中含铬达到 10.5%，钢就具有耐腐蚀性，其中 300 系列牌号无磁性，400 系列牌号有磁性。

严格地说，400 系列牌号不锈钢在我国也有应用，不锈钢水箱材质多数为 400 系列牌号，而 400 系列的不锈钢在国外有更广泛的应用，据了解奥氏体不锈钢与铁素体不锈钢用量比，国外为 6：4，而国内为 9：1。

4.2.8 300 系列牌号不锈钢，规程推荐 S30408、S30403、S31608 和 S31603。耐腐蚀性能 S30403 优于 S30408，S31608 优于 S30403，S31603 优于 S31608。而价格也按 S30408、S30403、S31608 和 S31603 依次递增。国外基本不采用 S30408，限于条件，目前在国内还是最主要的不锈钢材料牌号。

不锈钢的牌号有旧牌号，由于标准正在修订，在新标准中牌号改为新牌号，表格中将新、旧牌号、新、旧牌号的代号同时列出，以供对照，便于使用。

400系列牌号不锈钢根据国内情况，已经在工程中应用的有 S11863（SUS439）、SUS439L、SUS443和S11972（SUS444），目前国内的生产厂主要有太钢和宝钢。

300系列牌号不锈钢容易加工，因此300系列牌号不锈钢管材和管件都可以加工，400系列牌号不锈钢不容易加工，管材可以成形，而管件需用300系列牌号不锈钢管件来配套。

4.2.10 铸铁管按铸铁材料分有灰口铸铁管和球墨铸铁管。灰口铸铁管与球墨铸铁管相比，其机械强度较低，抗振动、冲击和弯曲性能较差，规程推荐球墨铸铁管。

4.2.11 铜管用于给水系统的牌号常用的有T2和TP2两个牌号，规程推荐采用TP2牌号，TP2和T2牌号主要区别在于：

TP2牌号含磷0.015%～0.040%，含磷有利于钎料在承插间隙的均匀分布，焊缝牢固；同时磷还能吸收氧化物，降低焊缝处氧含量，而钎焊缝处含氧量越低，焊口耐腐蚀性能就越强。

TP2牌号的铜管价格高于T2牌号铜管，但工程实践表明，在建筑给水工程中TP2牌号比T2牌号的铜管使用中更安全、可靠。

TU2牌号在新的国家标准中已有规定，但应用实例较少，因此在规程中未予提出。

4.3 管道连接方式选择

4.3.2 镀锌焊接钢管、焊接钢管常用的连接方式有螺纹连接、沟槽式连接、法兰连接和焊接连接。螺纹连接管径受限制，壁厚要考虑螺纹高度，套丝过程会损伤表面镀锌层，承受压力也有限，《自动喷水灭火系统施工及验收规范》GB 50261－2005第6.2.1条规定："当系统设计工作压力等于或小于1.0MPa时，水压强度试验压力应为设计工作压力的1.5倍，并不应低于1.4MPa；当系统设计工作压力大于1.0MPa时，水压强度试验压力应为该工作压力加0.4MPa。"

工程验收时，螺纹连接要做到这一点是有难度的。

碳钢管的卡压式连接和环压式连接是近年来发展的新技术，但在国外应用已久，这两种连接方式的优点是：

1 承压能力大；

2 镀锌层不受影响，使用寿命延长；

3 可适当减薄壁厚，节省管材。

沟槽式连接主要用于大口径，法兰连接和焊接连接都会破坏镀锌层（法兰指平焊钢法兰），需要二次镀锌、二次安装。

4.3.4 本条就管径大小、适用场合、是否需要拆卸、安装方式能否动用明火等不同情况分别作出规定。

薄壁不锈钢管的连接方式类型很多，呈多元化趋向。在目前，已经了解并在工程中得到应用的共有29种。

挤压连接方式是最基本的一类连接方式。

挤压连接方式中有卡压式、环压式、内插卡压式、双卡压式等。规程推荐其中的4种连接方式。

卡压式连接是我国最早采用的薄壁不锈钢管连接方式，这种连接方式的生产企业数量也较多，管材、管件和密封圈都有国家标准，也有相应的协会标准对连接作出规定。

环压式连接属于挤压式连接的一种，目前仍在专利保护期内。同卡压式连接的不同点在于：密封方式由O形圈的线密封改为圆筒形密封圈的宽带面密封。压接部位压接前后断面由卡压式的圆形→六边形，改为圆形→圆形（下凹）。卡压式管件密封圈是预先安装在管件承口内，环压式密封圈为安装时套在管材上，然后插入管件承口。

内插卡压式和双卡压式同属于卡压类，区别在于：双卡压式是卡两道双个密封圈，内插卡压式是管件插在管材里面的卡压式连接。

扩环式利用不锈钢质地坚硬的特点，加工成一个凸环，以凸环为支点作为密封锁紧的支点，区别在于凸环的形状不同，因凸环的形状不同，随之而来的密封方式、密封原理、密封圈形状等也有区别，规程推荐直角三角形凸环的卡凸式和曲边端面式连接方式。除此之外还有弧形凸环的凸环式和不等边三角形凸环的锁扩式连接。

焊接连接包括熔焊连接的搭接焊和对接焊。对接焊用于壁厚大于2mm的不锈钢管，搭接焊用于壁厚小于2mm的不锈钢管，从受力而言，对接焊优于搭接焊连接。

组合式连接目前我们只了解一种，即卡压点焊式，先将管材与管材，或管材与管件卡压式连接，再予以点焊，点焊连接的目的在于对卡压式连接再予加强，提高拉拔力。

薄壁不锈钢管的连接方式很多，规程选取了其中的一部分，这些连接方式各有特点。如挤压式连接，接口严密，耐压性能好，但接口不可拆卸，需要有专用工具，在暗敷条件施工有一定困难，对施工人员的技术要求高，管径有一定限制等。而卡凸式、卡套式、压缩式等连接就没有这些问题，但价格一般高于卡压式连接，也不能暗埋。焊接连接密封性能好，但对管材耐腐蚀性能有一定影响，当采用惰性气体保护时，施工较麻烦。

4.3.6 本条规定了铜管各种连接方式及其适用场合，参见中国工程建设标准化协会颁布的《建筑给水铜管管道工程技术规程》CECS：171。

4.4 管道布置和敷设

管道布置和敷设的要求，包括明设和暗设的要求，不得敷设的场所、管道与其他管材的间距要求、管道井尺寸、套管设置、管道穿越楼板等结构体要求、管道防水、防结露、防冻等在《建筑给水排水设计规范》GB 50015中均有相应规定。

4.6 管道防腐

4.6.1 管道的防腐关系到水质保护、管壁厚度、强度保证、使用寿命等，因此金属管的防腐至关重要。

5 施 工

本章规定了施工前的准备、管道连接与敷设以及支吊架的相关内容，管道的施工是在设计合理、材料质量有保证的前提下确保工程质量的重要环节，本章节作了详细的规定。

管道的试验、冲洗和消毒是安全供水的最终保障，但这个环节是最易被忽视的，这里作了严格的规定。

中华人民共和国行业标准

建筑给水复合管道工程技术规程

Technical specification for composite pipeline engineering of building water supply

CJJ/T 155—2011

批准部门：中华人民共和国住房和城乡建设部
施行日期：2 0 1 1 年 1 2 月 1 日

中华人民共和国住房和城乡建设部
公　　告

第 915 号

关于发布行业标准《建筑给水复合管道工程技术规程》的公告

现批准《建筑给水复合管道工程技术规程》为行业标准，编号为 CJJ/T 155－2011，自 2011 年 12 月 1 日起实施。

本规程由我部标准定额研究所组织中国建筑工业出版社出版发行。

中华人民共和国住房和城乡建设部

2011 年 2 月 11 日

前　　言

根据原建设部《关于印发〈2007 年工程建设标准规范制订、修订计划（第一批）〉的通知》（建标［2007］125 号）的要求，规程编制组经广泛调查研究，认真总结实践经验，参考有关国际标准和国外先进标准，并在广泛征求意见的基础上，制定了本规程。

本规程主要技术内容是：1 总则；2 术语和符号；3 材料；4 设计；5 施工；6 质量验收。

本规程由住房和城乡建设部负责管理，由中国建筑金属结构协会给水排水设备分会负责具体技术内容的解释。执行过程中如有意见或建议，请寄送中国建筑金属结构协会给水排水设备分会（地址：北京市海淀区紫竹院南路 18 号，邮编 100048）。

本规程主编单位：中国建筑金属结构协会
浙江宝业建设集团有限公司

本规程参编单位：广东东方管业有限公司
金德管业集团有限公司
中建（北京）国际设计顾问有限公司
天津市利达钢管有限公司
上海昊力涂塑钢管有限公司
杭州纯源钢塑管有限公司
武汉金牛经济发展有限公司
佛山日丰企业有限公司
湖南珠华管业有限公司
潍坊莱德机械有限公司
浙江铭士管业有限公司
上海爱康新型建材有限公司
山西新超管业股份有限公司
广东联塑科技实业有限公司
成都贝根管道有限责任公司
上海上丰集团有限公司
浙江伟星新型建材股份有限公司

本规程主要起草人员：华明九　姜文源　周洪宏
刘彦菁　曹　捩　刘　浩
葛兴杰　杨晓华　林津强
王士良　于富强　孙桢祥
范晓敏　朱剑锋　古思渊
罗建群　张同虎　冯剑铭
姚水良　王　永　周水龙
王　莘　叶　纶　李大治
王宗岭

本规程主要审查人员：左亚洲　赵　锂　刘西宝
刘巍荣　郑克白　刘建华
姜国芳　戚晓专　应明康

目　次

Contents

1 总 则

1.0.1 为使建筑给水复合管道工程在设计、施工及质量验收中做到安全卫生、技术先进、经济合理、确保质量，制定本规程。

1.0.2 本规程适用于新建、扩建和改建的民用和工业建筑给水复合管道工程的设计、施工及质量验收。

1.0.3 建筑给水复合管道工程的设计、施工及质量验收除应符合本规程的规定外，尚应符合国家现行有关标准的规定。

2 术语和符号

2.1 术 语

2.1.1 复合管 composite pipe

采用两种或两种以上的材料，经复合工艺而制成为整体的圆管。

2.1.2 钢塑复合管（SP管） steel-plastic composite pipe

在钢管内壁或外壁或内外壁衬（涂）一定厚度塑料层复合而成的管材。包括衬塑复合钢管、涂塑复合钢管和外覆塑复合钢管。

2.1.3 钢塑复合压力管（PSP管） plastic-steel-plastic composite pressure pipe

以钢带经焊接成型的钢管为中间层，内外层为聚乙烯或聚丙烯塑料，采用热熔胶，通过挤塑成型方法复合成一体的管材。

2.1.4 不锈钢塑料复合管（SNP管） plastics (stainless) steel composite pipe

由外层不锈钢管和内层塑料管粘合而成的复合管材。又称超薄壁不锈钢塑料复合管材。

2.1.5 钢骨架塑料（聚乙烯）复合管 steel skeleton PE composite pipe

以缠绕钢丝网或钢板孔网为中间层，内外层为聚乙烯塑料，采用热熔胶，通过挤塑成型方法复合成一体的管材。钢骨架塑料（聚乙烯）复合管包括钢丝网骨架塑料（聚乙烯）复合管和钢板孔网骨架塑料（聚乙烯）复合管材。

2.1.6 铝塑复合管（铝塑复合压力管）（PAP管） aluminum polyethylene composite pressure pipe

以焊接铝管为中间层，内外层均为聚乙烯塑料、耐热聚乙烯或交联聚乙烯塑料，采用热熔胶，通过挤塑成型方法复合成一体的管材。

2.1.7 塑铝稳态管（塑铝稳态复合管）(PE/A/P管) aluminum stable composite pipe

内层为PP-R或PE-RT塑料，中间用铝层包覆，外覆塑料保护层，各层间通过热熔胶粘接而成五层结构的复合管材。

2.1.8 内衬不锈钢复合钢管（BCP管） stainless steel lined composite steel pipe

采用复合工艺，在碳钢管内壁衬薄壁不锈钢管的复合管材，又称BCP双金属复合管。

2.2 符 号

2.2.1 几何特征

e——切斜；

L——计算管段长度；

ΔL——计算管段的伸缩长度；

δ_1——钢管计算壁厚；

δ_2——塑料层计算壁厚。

2.2.2 计算系数

α——管材的线膨胀系数；

λ——复合管的导热系数；

λ_1——钢管的导热系数；

λ_2——塑料的导热系数。

2.2.3 温度

ΔT——计算温差；

Δt_s——管道内水的最大温差；

Δt_g——管道外空气的最大温差。

3 材 料

3.1 管材和管件

3.1.1 建筑给水复合管道管材、管件和附件的材质、规格、尺寸、技术要求等均应符合国家现行标准的规定，并应有符合相关规定的检测报告。

3.1.2 用于生活饮用水的建筑给水复合管道的管材、管件和附件的卫生要求，应符合现行国家标准《生活饮用水输配水设备及防护材料的安全性评价标准》GB/T 17219的规定。

3.1.3 建筑给水复合管道系统所采用的管材、管件、附件和施工专用机具应配套供应。

3.2 胶粘剂和橡胶件

3.2.1 胶粘剂和橡胶件应与管材配套供应。

3.2.2 胶粘剂粘接强度应满足设计要求，与水接触部分的胶粘剂、橡胶件应符合现行国家标准《生活饮用水输配水设备及防护材料的安全性评价标准》GB/T 17219的规定。

3.2.3 用于热水供应系统的橡胶件应符合现行行业标准《橡胶密封件 给、排水管及污水管道用接口密封圈 材料规范》HG/T 3091、《橡胶密封件——110℃热水供应管道的管接口密封圈——材料规范》HG/T 3097的规定。

3.3 材料管理

3.3.1 建筑给水复合管道工程所使用的管材、管件、附件等应具有中文质量合格证明文件。

3.3.2 所有材料进场时应对品种、规格、外观等进行验收，并应经监理工程师核查确认。包装应完好。

3.3.3 有明显伤痕的管材、管件不得使用。管口变形的管材，应采用专用工具整圆后方可使用。

3.4 材料运输和储存

3.4.1 公称直径小于或等于 50mm 的复合管材应按不同规格捆扎后，再用包装袋包装。管件应按不同品种和不同规格用包装袋包装后再分别装箱，不得散装。

3.4.2 公称直径大于或等于 50mm 的复合管材在装卸时吊索应采用较宽的柔韧皮带、吊带或绳吊索，不得采用钢丝绳或铁链直接接触吊装管材。管材宜采用两个吊点起吊，严禁用吊索贯穿管材两端进行装卸。

3.4.3 复合管管端在出厂时宜采用塑料盖封堵。

3.4.4 在运输、装卸、搬运和堆放复合管材和管件时，应小心轻放，不得划伤，避免油污和化学品污染，严禁剧烈撞击和与尖锐物品碰触，不得抛、摔、滚、拖。

3.4.5 复合管材和管件应存放在通风良好的库房或有顶的棚内，不得受阳光直射、暴晒。储存的环境温度不宜超过 40℃，距热源不得小于 1m。

3.4.6 复合管材应水平堆放在干净、平整的场地上，不得弯曲管材。堆放高度不宜超过 1.5m，端部悬臂长度不应大于 0.5m，并应采取防滚动、防坍塌的措施。

3.4.7 管件应逐层码堆，堆放高度不宜超过 1.2m。

3.4.8 胶粘剂、清洁剂丙酮或酒精等易燃品宜存放在危险品仓库中。运输时应远离火源，存放处应安全可靠、阴凉干燥、通风良好，严禁明火。

4 设计

4.1 一般规定

4.1.1 建筑给水复合管道管材和管件的工作压力不得大于产品标准的公称压力。

4.1.2 建筑给水复合管道敷设应符合下列规定：

1 嵌墙管道不宜大于 *DN*25；

2 埋设在楼（地）面找平层内的管道应采用整根管材；

3 嵌墙管道埋设深度应确保管道外侧水泥砂浆保护层厚度，冷水管不得小于 10mm，热水管不得小于 15mm；

4 当横管（横干管、横支管）嵌入承重墙体内敷设时，应预留管槽。

4.1.3 建筑给水复合管道的水平管的安装宜有 0.002～0.003 的放空坡度，并应坡向泄水点。

4.1.4 建筑给水复合管道的水力计算应符合现行国家标准《建筑给水排水设计规范》GB 50015 的规定。

4.2 材料选用

4.2.1 建筑给水复合管道的管材应根据管道系统设计压力、工作水温和使用环境等因素选用。

4.2.2 室内明装或暗敷的给水复合管道，应选用耐腐蚀性能好和安装连接方便的管材。

4.2.3 室内、外埋地敷设的给水复合管道，应选用耐腐蚀性能好和能承受相应地面荷载的管材。

4.2.4 用于供给冷水或热水的管材可按表 4.2.4 的规定选用。

表 4.2.4 用于冷水或热水的复合管选用

管材	塑料层	可用于冷水	可用于热水
衬塑钢管	聚乙烯	✓	—
	耐热聚乙烯	✓	✓
	交联聚乙烯	✓	✓
	聚丙烯	✓	✓
	硬聚氯乙烯	✓	—
	氯化聚氯乙烯	✓	✓
涂塑钢管	聚乙烯	✓	—
	环氧树脂	✓	✓
钢塑复合压力管	聚乙烯	✓	—
	无规共聚聚丙烯	✓	✓
	耐热聚乙烯	✓	✓
	交联聚乙烯	✓	✓
钢丝网骨架塑料（聚乙烯）复合管		✓	—
钢板孔网骨架塑料（聚乙烯）复合管		✓	—
铝塑复合管	交联聚乙烯	✓	✓
	聚丙烯	✓	✓
	耐热聚乙烯	✓	✓
塑铝稳态管	耐热聚乙烯	✓	✓
	PP-R 聚丙烯	✓	✓

注：1 不锈钢塑料复合管用于冷水或热水参照衬塑钢管选用方法。

2 冷水指水温不高于 40℃，热水指水温高于 40℃。

3 交联聚乙烯和氯化聚氯乙烯塑料可用于 90℃以下的热水，耐热聚乙烯、聚丙烯塑料可用于 70℃以下的热水。

4 "✓"表示可以使用，"—"表示不可以使用。

4.2.5 建筑给水复合管道的公称压力应符合下列规定：

1 衬塑钢管、涂塑钢管的公称压力应符合表4.2.5-1的规定；

表 4.2.5-1 衬塑钢管、涂塑钢管的公称压力

管材	基管/管件	公称压力 *PN*(MPa)
涂塑钢管	焊接钢管/可锻铸铁衬塑管件	*PN*≤1.0
衬塑钢管	无缝钢管/无缝钢管件或球墨铸铁涂(衬)塑管件	1.0<*PN*≤1.6
	无缝钢管/无缝钢管件或球墨铸铁、铸钢涂(衬)塑管件	1.6<*PN*≤2.5

2 钢塑复合压力管的公称压力应符合表4.2.5-2的规定；

表 4.2.5-2 钢塑复合压力管的公称压力

管道公称外径（mm）	公称压力（MPa）	
	普通管	加强管
16	—	2.5
20	—	2.5
25	—	2.5
32	—	2.5
40	—	2.5
50	1.25	2.5
63	1.25	2.0
75	1.25	2.0
90	1.25	2.0
110	1.25	2.0
160	1.25	2.0
200	1.25	2.0
250	1.25	2.0
315	1.25	2.0

3 不锈钢塑料复合管的公称压力不应大于1.6MPa；

4 钢骨架塑料（聚乙烯）复合管的公称压力应符合表4.2.5-3的规定；

5 内衬不锈钢复合钢管的公称压力不应大于2.0MPa。

表 4.2.5-3 钢骨架塑料（聚乙烯）复合管的公称压力

管道公称外径（mm）	公称压力（MPa）						
	0.80	1.00	1.25	1.60	2.00	2.50	3.50
50	—	—	—	✓	✓	✓	✓
63	—	—	—	✓	✓	✓	✓
75	—	—	—	✓	✓	✓	✓
90	—	—	—	✓	✓	✓	✓
110	—	✓	✓	✓	✓	✓	✓
140	—	✓	✓	✓	✓	✓	✓
160	—	✓	✓	✓	✓	✓	✓
200	—	✓	✓	✓	✓	✓	✓
225	—	✓	✓	✓	✓	✓	—
250	✓	✓	✓	✓	✓	✓	—
315	✓	✓	✓	✓	✓	—	—

注：“✓”表示可以满足压力要求，“—”表示没有这种产品。

4.2.6 输送生活饮用水的涂塑钢管，内涂层材料宜采用聚乙烯；输送非生活饮用水的涂塑钢管，内涂层材料可采用环氧树脂。

4.2.7 用于热水供应管道系统的衬塑钢管，应采用内衬材料为交联聚乙烯（PEX）、耐热聚乙烯（PE-RT）、聚丙烯（PP）或氯化聚氯乙烯（PVC-C）的钢塑复合管和内衬聚丙烯（PP）或氯化聚氯乙烯（PVC-C）的管件。当管道连接采用橡胶密封圈时，应采用耐热橡胶密封圈。

4.2.8 消防给水系统管道采用复合管时应采用涂塑钢管，内外涂层应采用符合消防要求的材料。

4.2.9 埋地敷设管道宜采用钢骨架聚乙烯复合管材，也可采用外壁有防腐涂层或塑料层的钢塑复合管材。

4.2.10 与分水器配水方式配套的管材宜采用搭接焊铝塑复合管、塑铝稳态管等。

4.2.11 钢塑复合管螺纹连接的接口芯子带螺纹时，应采用厌氧密封胶密封；接口芯子不带螺纹时，应采用橡胶圈密封。

4.2.12 厌氧密封胶初固时间应为2h，固化时间应为6h～12h，固化完成时间应为24h～48h。

4.3 管道连接方式选择

4.3.1 建筑给水复合管道连接方式应根据管材、管径、用途、建筑标准、敷设方法、环境条件等因素合理选用。

4.3.2 建筑给水复合管道的连接方式应符合表4.3.2的规定。

表 4.3.2 复合管道的连接方式

连接方式	钢塑复合管				钢塑复合压力管	钢骨架塑料复合管	不锈钢塑料复合管		铝塑复合管		塑铝稳态管		内衬不锈钢复合钢管		
	PN≤1.0MPa 或 DN≤100mm	1.0MPa<PN≤1.6MPa 或 100mm<DN≤600mm	1.6MPa<PN≤2.5MPa	水泵房内管道			DN≤63mm	DN>75mm	DN≤32mm	DN≥40mm	明敷、非直埋	直埋	PN≤1.0MPa 或 DN≤100mm	1.0MPa<PN≤1.6MPa 或 100mm<DN≤500mm	DN>500mm
螺纹连接	√	—	—	—	—	—	—	—	—	—	√	—	√	—	—
沟槽式连接	—	√	√	—	√	—	—	—	—	—	—	—	—	√	√
卡箍式柔性管接头连接	—	√	√	—	—	—	—	—	—	—	—	—	—	—	—
法兰连接	—	√	√	√	√	√	—	—	—	—	√	—	—	√	—
热熔对接连接	—	—	—	—	√	√	—	—	—	—	—	—	—	—	—
热熔承插连接	—	—	—	—	√	—	—	—	—	—	√	√	—	—	—
电熔连接	—	—	—	—	—	√	—	—	—	—	—	—	—	—	—
卡压连接	—	—	—	—	—	—	—	—	√	√	—	—	—	—	—
内热熔连接	—	—	—	—	—	—	—	—	√	√	—	—	—	—	—
外热熔连接	—	—	—	—	—	—	—	—	√	√	—	—	—	—	—
双热熔连接	—	—	—	—	√	—	—	—	√	√	—	—	—	—	—
卡套式连接	—	—	—	—	—	—	—	—	√	—	—	—	—	—	—
卡压连接	—	—	—	—	—	—	—	—	√	√	—	—	—	—	—
焊接连接	—	—	—	—	—	—	—	—	—	—	—	—	—	√	√
复合连接	—	—	—	—	—	—	√	—	—	—	—	—	—	—	—
热熔法兰连接	—	—	—	—	—	—	—	√	—	—	—	—	—	—	—

注：复合连接指两种或两种以上连接方式用于同一接口处的连接方式，不锈钢塑料复合管复合连接为内层（塑料层）采用热熔连接，外层（金属层）采用卡压式连接。

"√"代表可以，"—"代表禁止。

4.3.3 采用钢骨架塑料（聚乙烯）复合管的同一建筑给水复合管道系统宜采用相同的连接接头。

4.3.4 当埋地建筑给水复合管道采用法兰接头时，应根据土质条件对法兰和紧固件采取相应的防腐措施。

4.3.5 钢骨架塑料（聚乙烯）复合管与其他不同材质管道连接的过渡接头，应采用由管材厂提供的配套连接接头。

4.4 管道布置和敷设

4.4.1 当在钢骨架塑料（聚乙烯）复合管道系统上连接进、出水支管时，应采用由管材厂提供的配套管件。

4.4.2 建筑给水复合管道与阀门连接或管道与水池、水箱等构筑物内的浮球阀或其他装置连接时，应对管道采取固定措施。

4.4.3 连接在建筑给水复合管道上的阀门等装置应设置独立的支承，其重量不得作用在管道上。

4.4.4 当住宅、旅馆的卫生间采用铝塑复合管时，宜采用分水器配水方式。

4.4.5 抗震设防烈度在 8 度或 8 度以上的区域，建筑给水复合管道敷设应符合下列规定：

1 在非严寒和非寒冷地区，管道立管宜采用墙外敷设；

2 管道宜采用柔性连接；

3 当引入管露明敷设时，宜采用双折弯的方式进入建筑物内；

4 室内管道不应穿越伸缩缝和沉降缝，当必须穿越伸缩缝和沉降缝时，管道应采用柔性连接；

5 当管道穿楼板时，套管与管道之间宜采用柔性材料填充。

4.4.6 当有外防腐层的管道设置支架时，支架与管材的接触面应衬垫橡胶、塑料等柔性材料。

4.5 管道位移补偿

4.5.1 建筑给水复合管道设计时应考虑因水温和环境温度变化产生的轴向位移，并应采取相应的补偿措施。

4.5.2 建筑给水复合管道宜采用管道自身的折角补偿轴向位移。

4.5.3 建筑给水复合管道因温差引起的轴向位移量，可按下列公式计算：

$$\Delta L = \alpha \times L \times \Delta T \quad (4.5.3\text{-}1)$$

$$\Delta T = 0.65\Delta t_s + 0.10\Delta t_g \quad (4.5.3\text{-}2)$$

式中：ΔL——管段的轴向位移量（mm）；

α——管材的线膨胀系数［mm/(m·K)］；

L——计算管段长度（m）；

ΔT——计算温差（℃）；

Δt_s——管道内水的最大温差（℃）；

Δt_g——管道外空气的最大温差（℃）。

注：1 当计算数据不全时，冷水最低温度可按5℃计算，空气温差可按30℃计算；

2 冷水管道可不予计算。

4.5.4 建筑给水复合管道固定支架的间距应根据管道伸缩量、伸缩节允许伸缩量等因素确定。固定支架所受推力应进行计算。

4.5.5 在建筑给水复合管道的变径、分支、接口处及所穿越的承重墙和楼板处的两侧宜设置固定支架；垂直安装的配水干管的底部应设置固定支架。

4.5.6 建筑给水复合管道在分流段宜采用自由臂方式作为支管的补偿。

4.5.7 建筑给水复合管道中采用卡箍式柔性管接头的涂塑钢管、钢塑复合管和埋地敷设的管段可不设补偿装置。

4.6 管道防腐

4.6.1 建筑给水复合管道的外壁为碳钢管时应进行外防腐，当管道埋地敷设时宜采用涂裹绝缘层或电化学防腐保护方式，明敷管道宜采用涂料防腐。

4.6.2 建筑给水复合管道防腐前应对其表面进行处理，处理要求应符合防腐材料产品的相应规定，当有特殊要求时，应在工程设计文件中作出说明。

4.6.3 建筑给水复合管道外层面漆可采用环氧树脂、过氯乙烯或乙烯漆等。

4.6.4 建筑给水复合管道的电化学防腐可采用阴极保护法或牺牲阳极法。

4.7 管道保温

4.7.1 当建筑给水复合管道室外埋地敷设时，应埋设在冰冻线以下，否则应采取保温措施。

4.7.2 当建筑给水复合管道在无冰冻地区埋地敷设时，埋地管道的埋深不得小于500mm，穿越道路部位的埋深不得小于700mm。

4.7.3 当建筑给水复合管道在室内、外明敷，且有可能结冻时，应采取保温措施。

4.7.4 建筑给水复合管道中室内明敷和非直埋暗装的热水管道应保温。当给水管道可能结露，并会影响环境时，管道应做防结露保温层。

4.7.5 当建筑给水复合管道需保温时，保温材料层厚度应根据管道长度、水温、环境温度、供水时间及保温材料性能经计算确定。

4.7.6 保温管道的结构计算应符合现行国家标准《设备及管道绝热技术通则》GB/T 4272和《设备及管道保温设计导则》GB/T 8175的规定。

4.7.7 建筑给水复合管道的导热系数可按下式确定：

$$\lambda=\frac{\lambda_1\delta_1+\lambda_2\delta_2}{\delta_1+\delta_2} \quad (4.7.7)$$

式中：λ——复合管道的导热系数[W/(m·K)]；

λ_1——金属管的导热系数[W/(m·K)]，可取50；

λ_2——塑料的导热系数[W/(m·K)]，可按表4.7.7取值；

δ_1——钢管计算壁厚（mm）；

δ_2——塑料层计算壁厚（mm）。

注：涂塑钢管的涂层热阻可忽略不计。

表 4.7.7 塑料导热系数

衬塑材料	硬聚氯乙烯、氯化聚氯乙烯	聚丙烯	聚乙烯	交联聚乙烯	耐热聚乙烯
导热系数 W/(m·K)	0.16	0.24	0.48	0.41	0.40～0.42

5 施 工

5.1 一般规定

5.1.1 建筑给水复合管道工程施工前应具备下列条件：

1 施工图和设计文件应齐全，已进行技术交底；

2 施工组织设计或施工方案已经批准；

3 施工人员已经专业培训；

4 施工场地的用水、用电、材料储放场地等临时设施能满足施工要求；

5 工程使用的管材、管件、附件、阀门等具有质量合格证书，其规格、型号及性能检测报告符合国家现行标准和设计的要求。

5.1.2 建筑给水复合管道工程与相关各专业之间，应进行交接质量检验，并应形成记录。

5.1.3 隐蔽工程应在经验收各方检验合格后才能隐蔽，并应形成记录。

5.1.4 施工现场与材料储放场地温差较大时，应于安装前将管材和管件在现场放置一定时间，使其温度接近施工现场的环境温度。

5.1.5 管道安装前，应对管材、管件的适配性和公差进行检查。

5.1.6 管道安装间歇或完成后，敞口处应及时封堵。

5.1.7 在施工过程中，应防止管材、管件与酸、碱等有腐蚀性液体和污物接触。受污染的管材、管件，其内外污垢和杂物应清理干净后方可安装。

5.1.8 复合管道系统试压时，管道旁和管道端部严禁站人。

5.1.9 操作现场不得有明火（焊接连接时除外），严禁对复合管材进行明火烘弯。

5.1.10 建筑给水复合管道施工除符合本规程外，还应符合现行国家标准《建筑给水排水及采暖工程施工质量验收规范》GB 50242 和《给水排水管道工程施工及验收规范》GB 50268 的规定。

5.2 管道连接

5.2.1 管道连接前应确认管材、管件的规格尺寸符合设计要求。有橡胶密封圈等密封材料的管件，应检查密封材料和连接面，不得有伤痕和杂物。

5.2.2 管道系统的配管与连接应按下列步骤进行：

1 按设计图纸规定的坐标和标高线绘制实测施工图；

2 按实测施工图进行配管；

3 制定管材和管件的安装顺序，进行预装配；

4 进行管道连接。

5.2.3 管道接口应符合下列规定：

1 当采用熔接时，管道的结合面应有均匀的熔接圈，不得出现局部熔瘤或熔接圈凸凹不匀现象。

2 当法兰连接时，衬垫不得凸入管内，其外边缘宜接近螺栓孔；不得采取放入双垫或偏垫的密封方式。法兰螺栓的直径和长度应符合相关标准，连接完成后，螺栓突出螺母的长度不应大于螺杆直径的1/2。

3 当螺纹连接时，管道连接后的管螺纹根部应有2扣～3扣的外露螺纹，多余的生料带应清理干净，并对接口处进行防腐处理。

4 当卡箍（套）式连接时，两接口端应匹配、无缝隙，沟槽应均匀，卡箍（套）安装方向应一致，卡紧螺栓后管道应平直。

5.2.4 外壁为碳钢管的建筑给水复合管，其配管应符合下列规定：

1 截管工具宜采用专用切管器；

2 在截管前应先确认管材无损伤、无变形；

3 截管后的端面应平整，并应垂直于管轴线，切斜 e（图 5.2.4）应符合表 5.2.4 的规定；

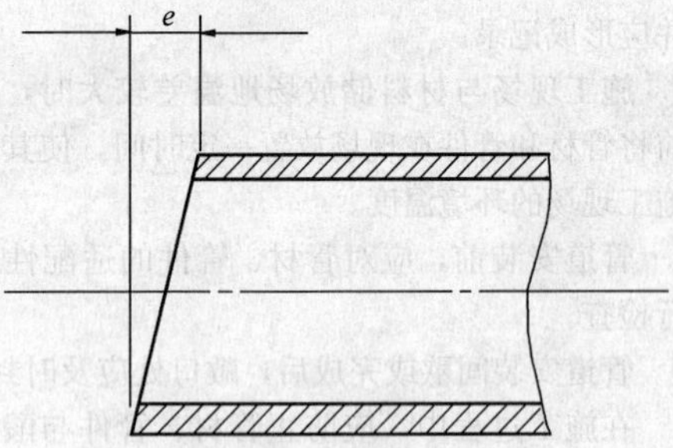

图 5.2.4 切斜

表 5.2.4 切 斜

公称直径（mm）	切斜 e（mm）
≤20	≤0.5
25～40	≤0.6
50～80	≤0.8
100～150	≤1.2
≥200	≤1.5

4 截管后，管端的内外毛刺宜采用专用工具清除干净。

5.2.5 复合管的连接要求应符合本规程附录 A 的规定。

5.2.6 盘卷式铝塑复合管的调直、剪切和弯曲应符合本规程附录 B 的规定。

5.2.7 塑铝稳态管的卷削应符合本规程附录 C 的规定。

5.2.8 当沟槽式连接的复合管管道需要拆卸时，应先排水泄压。

5.2.9 涂塑钢管可现场进行补口，并应符合下列规定：

1 补口应在水压试验前进行；

2 补口区域在喷涂之前应进行喷射除锈处理，其表面质量应符合现行国家标准《涂装前钢材表面锈蚀等级和除锈等级》GB/T 8923－1988规定的 Sa2½等级的要求；

3 喷射除锈后应清除补口处的灰尘和水分，同时将焊接时飞溅形成的尖点修平；

4 管端补口搭接处 15mm 宽度范围内的涂层应打磨粗糙，并清洁表面；

5 应以拟定的喷涂工艺，在试验管段上进行补口试喷，直至涂层质量符合规定要求；

6 宜采用与涂塑钢管相同的材料进行热喷涂，喷涂应保证固化温度要求；

7 补口处喷涂厚度应与管体涂层厚度相同，与管体涂层搭边不应小于 25mm；

8 喷涂后应对补口施工的头一道口进行现场附着力检验和厚度检验；

9 补口后应对补口的外观、厚度和漏点进行检测。

5.2.10 当涂塑钢管在运输、搬运、装卸、施工安装过程中造成涂层局部缺损时，必须对涂层缺陷进行修补，并应符合下列规定：

1 可采用手工或现场涂层修补设备进行修补；

2 缺陷部位的污垢和其他杂质及松脱的涂层应清除干净；

3 应将缺陷部位打磨成粗糙面，并将锈斑、污垢、灰尘等杂质清除干净；

4 公称直径小于或等于 25mm 的管道，缺陷部位宜使用同等物料进行局部修补；

5 当管道公称直径大于 25mm 且缺陷面积小于 $250cm^2$ 时，缺陷部位宜使用双组分环氧树脂涂料或聚乙烯粉末进行局部修补；

6 现场涂层修补设备可适用于公称直径为 50mm～800mm 的涂塑钢管，每次修复时间宜为 2min～10min；涂层修补可采用聚乙烯（PE）或环氧树脂（EP）；

7 所修补的涂层应满足涂塑钢管出厂检验的相

关要求。

5.2.11 涂塑钢管受机械损伤涂层厚度减薄，当损伤部位的厚度小于正常厚度的70%时，必须对减薄的涂层进行修补。

5.2.12 涂塑钢管施工完成后应采用电火花检漏仪对管道进行检查，对缺损处的涂层必须进行修补。

5.3 管道敷设

5.3.1 穿墙壁、楼板及嵌墙暗敷管道，应配合土建工程预留孔、槽，预留孔或开槽的尺寸应符合下列规定：

1 预留孔的直径宜大于管道的外径 50mm～100mm；

2 嵌墙暗管的墙槽深度宜为管道外径加 20mm～50mm，宽度宜为管道外径加 40mm～50mm；

3 横管嵌墙暗敷时，预留的管槽应经结构计算；未经结构专业许可，严禁在墙体开凿长度大于300mm的横向管槽。

5.3.2 管道穿过墙壁和楼板，宜设置金属或塑料套管，并应符合下列规定：

1 安装在卫生间及厨房内的套管，其顶部应高出装饰地面50mm，安装在其他楼板内的套管，其顶部应高出装饰地面20mm，套管底部应与楼板底面相平。套管与管道之间缝隙应采用阻燃密实材料和防水油膏填实，且端面应抹光滑。

2 安装在墙壁内的套管，其两端应与饰面相平。套管与管道之间缝隙宜采用阻燃密实材料填实，且端面应抹光滑。

3 管道的接口不得设在套管内。

5.3.3 架空管道的管顶上部的净空不宜小于200mm。

5.3.4 暗装管道距离墙面的净距离，应根据管道支架的安装要求和管道的固定要求等条件确定。

5.3.5 管道明敷时，应在土建工程完毕后进行安装。安装前，应先复核预留孔洞的位置是否正确。

5.3.6 管道安装应横平竖直，不得有明显的起伏、弯曲等现象，管道外壁应无损伤。

5.3.7 成排明敷管道时，各条管道应互相平行，弯管部分的曲率半径应一致。

5.3.8 对明装管道，其外壁距装饰墙面的距离应符合下列规定：

1 管道公称直径为10mm～25mm时，应小于或等于40mm；

2 管道公称直径为32mm～65mm时，应小于或等于50mm。

5.3.9 管道敷设时，不得有轴向弯曲和扭曲，穿过墙或楼板时不得强制校正。当与其他管道平行安装时，安全距离应符合设计的要求，当设计无规定时，其净距不宜小于100mm。

5.3.10 管道暗敷时应对管道外壁采取防腐措施。

5.3.11 暗敷的管道应在封蔽墙面前，做好试压和隐蔽工程的验收记录。

5.3.12 管道穿过地下室或地下构筑物外墙时，应采取防水措施。对有防水要求的建筑物，必须采用柔性防水套管。

5.3.13 管道穿过结构伸缩缝、防震缝及沉降缝时，应采取下列保护措施：

1 在墙体两侧采取柔性连接；

2 在管道或保温层外皮的上、下部应留有不小于150mm的净空；

3 在穿墙处应水平安装成方形补偿器。

5.3.14 复合管与阀门、水表、水嘴等设施的连接应采用转换接头。

5.3.15 分水器和分水器配水管道的施工应符合国家相关标准的要求。

5.3.16 管道及管道支墩（座），严禁铺设在冻土和未经处理的松土上。

5.4 支吊架安装

5.4.1 建筑给水复合管道系统应按设计规定设置固定支架或滑动支架。

5.4.2 建筑给水复合管道支、吊架间距应符合下列规定：

1 外壁为钢管的偏刚性复合管，其间距应符合现行国家标准《建筑给水排水及采暖工程施工质量验收规范》GB 50242 的规定；

2 中性复合管和偏塑性复合管，其间距应符合现行国家标准《建筑给水排水及采暖工程施工质量验收规范》GB 50242 中对塑料管及复合管管道支架（立管、横管）的规定。

5.4.3 建筑给水复合管道支、吊、托架的安装应符合下列规定：

1 位置应正确，埋设应平整牢固；

2 固定支架与管道的接触应紧密，固定应牢靠；

3 滑动支架应灵活，滑托与滑槽两侧间应留有3mm～5mm的间隙，纵向位移量应符合设计要求；

4 无热伸长管道的吊架、吊杆应垂直安装；

5 有热伸长管道的吊架、吊杆应向热膨胀的反方向偏移；

6 固定在建筑结构上的管道支、吊架不得影响结构的安全。

5.4.4 钢塑复合管、内衬不锈钢复合钢管和管道立管的管卡安装应符合下列规定：

1 当楼层高度小于或等于5m时，每层的每根管道必须安装不少于1个管卡；

2 当楼层高度大于5m时，每层的每根管道必须安装的管卡不得少于2个；

3 当每层的每根管道安装2个以上管卡时，安装位置应匀称；

4 管卡安装高度应距地面1.5m～1.8m，且同一房间的管卡应安装在同一高度上。

5.4.5 外壁为塑料层的复合管道，当采用金属制作的管道支架时，应在管道与支架间衬垫非金属垫片或套管。

5.4.6 当管道采用沟槽式连接时，应在下列位置增设固定支架：

1 进水立管的底部；

2 立管接出支管的三通、四通、弯头的部位；

3 立管的自由长度较长而需要支承立管重量的部位；

4 横管接出支管与支管接头、三通、四通、弯头等管件连接的部位；

5 管道设置补偿器，需要控制管道伸缩的部位。

5.5 管道试验、冲洗和消毒

5.5.1 建筑给水复合管道中偏刚性复合管的水压试验应符合现行国家标准《建筑给水排水及采暖工程施工质量验收规范》GB 50242金属管的检验方法；偏塑性复合管应符合塑料管检验方法；中性复合管应符合复合管检验方法。

5.5.2 当在温度低于5℃的环境下进行水压试验和通水能力检验时，应采取可靠的防冻措施。试验结束后应将管道内的存水排尽。

5.5.3 消防给水系统的复合管水压试验应符合国家现行消防标准的有关规定。

5.5.4 对试压资料应进行评判，并应符合下列规定：

1 施工单位提供的水压试验资料应齐全；

2 水压试验的方法和参数应满足设计的要求；

3 隐蔽工程应有原始试压记录；

4 试压资料不全或不符合规定，应重新试压。

5.5.5 管道的通水能力试验应在管道接通水源和安装好配水器后进行。

5.5.6 通水能力试验时应对配水点做逐点放水试验，每个配水点的流量应稳定正常，然后应按设计要求开启足够数量的配水点，其流量应达到额定的配水量。

5.5.7 生活饮用水管道在试压合格后，应按规定在竣工验收前进行冲洗消毒，并应符合现行国家标准《建筑给水排水及采暖工程施工质量验收规范》GB 50242和《给水排水管道工程施工及验收规范》GB 50268的有关规定。

6 质量验收

6.1 一般规定

6.1.1 管道系统应根据工程性质和特点进行中间验收和竣工验收。中间验收、竣工验收前，施工单位应对施工质量进行自检。

6.1.2 分项工程应按系统、区域、施工段或楼层等划分。分项工程应划分成若干个检验批次进行验收。

6.1.3 工程验收应做好记录。验收合格后，建设单位应将有关文件、资料立卷归档。

6.1.4 工程验收时应具备下列文件：

1 施工图、竣工图及变更文件；

2 管材、管件及其他主要材料的出厂合格证；

3 中间试验和隐蔽工程验收记录；

4 工程质量事故处理记录；

5 分项、分部及单项工程质量验收记录；

6 管道系统的通水能力检验和水压试验记录；

7 生活给水管道的冲洗消毒记录。

6.2 验收要求

6.2.1 验收的主控项目应包括下列内容。

1 水压试验；

2 通水试验；

3 管道的冲洗和消毒；

4 直埋管道的防腐处理；

5 热水管道的补偿；

6 室外埋设管道的保温防潮处理；

7 管沟的基层处理和井室的地基处理。

6.2.2 验收的一般项目应包括下列内容。

1 焊接连接的焊缝表面质量；

2 水平管道坡度；

3 管道安装允许偏差；

4 管道支吊架；

5 热水管道的保温结构；

6 管沟的坐标、位置、标高、回填土。

6.2.3 建筑给水复合管道工程主控项目和一般项目的检验方法应符合现行国家标准《给水排水管道工程施工及验收规范》GB 50268和《建筑给水排水及采暖工程施工质量验收规范》GB 50242的规定。

附录A 复合管的连接要求

A.1 钢塑复合管螺纹连接

A.1.1 截管宜采用锯床，不得使用砂轮切割。

A.1.2 套丝应采用自动套丝机，圆锥形管螺纹应符合现行国家标准《用螺纹密封的管螺纹》GB/T 7306的规定。

A.1.3 钢塑复合管螺纹连接的标准旋入牙数及标准紧固扭矩应符合表A.1.3的规定。

A.1.4 在加工螺纹前衬塑管的管端应采用专用绞刀进行清理加工，将衬塑层按其厚度的1/2进行倒角，倒角坡度宜为10°～15°；涂塑管应采用削刀削成内倒角。

表 A.1.3 标准旋入牙数及标准紧固扭矩

公称直径(mm)	旋入量		扭矩(N·m)	管钳规格(mm)×施加的力(kN)
	长度(mm)	牙数		
15	11	6.0～6.5	40	350×0.15
20	13	6.5～7.0	60	350×0.25
25	15	6.0～6.5	100	450×0.30
32	17	7.0～7.5	120	450×0.35
40	18	7.0～7.5	150	600×0.30
50	20	9.0～9.5	200	600×0.40
65	23	10.0～10.5	250	900×0.35
80	27	11.5～12.0	300	900×0.40
100	33	13.5～14.0	400	1000×0.50
125	35	15.0～16.0	500	1000×0.60
150	35	15.0～16.0	600	1000×0.70

A.1.5 管端、管螺纹清理加工后，宜采用防锈密封胶和聚四氟乙烯生料带缠绕螺纹。

A.1.6 连接完成后，外露的螺纹部分及所有钳痕和表面损伤的部位应涂防锈密封胶。

A.1.7 用厌氧密封胶密封的管接头，养护期不得少于24h，其间不得对其进行挪动或试压。

A.1.8 钢塑复合管不得与阀门直接连接，应采用黄铜质内衬塑的内外螺纹专用过渡管接头。

A.1.9 钢塑复合管不得与给水栓直接连接，应采用黄铜质专用内螺纹管接头。

A.1.10 钢塑复合管与铜管、塑料管连接时应采用专用过渡接头。

A.1.11 当采用内衬塑的内外螺纹专用过渡接头与其他材质的管配件、附件连接时，应在外螺纹的端部采取防腐处理。

A.2 钢塑复合管沟槽连接

A.2.1 管材切口表面应平整，无裂缝、凹凸、缩口、熔渣、氧化物，并打磨光滑。

A.2.2 沟槽加工前，应清除加工部位表面的油漆、铁锈、碎屑等污物。

A.2.3 沟槽宜采用切削加工机成型，也可用专用滚槽机进行加工。切削加工机或滚槽机具应有限位装置。

A.2.4 沟槽加工时，管子端面应与加工机具止面贴紧，管轴线与加工机具止面应垂直。在切削加工或滚槽机滚压沟槽过程中，管子不得出现纵向位移和角位移。

A.2.5 加工一个沟槽的时间不宜小于表 A.2.5 的规定。

表 A.2.5 加工一个沟槽的时间

公称直径 *DN* (mm)	50	65	80	100	125	150	200	250	300
加工时间(min)	＞2	＞2	＞2.5	＞2.5	＞3	＞3	＞4	＞5	＞6

A.2.6 切削加工机或滚槽机滚压成型的沟槽应符合下列规定：

1 管端至沟槽段的表面应平整，无凹凸、无滚痕；

2 沟槽圆心应与管壁同心，沟槽宽度和深度应符合国家现行相关标准的规定；

3 不得损坏管子的镀锌层及内壁的各种涂层和内衬层；

4 滚槽时，沟槽外径不得大于规定值。

A.2.7 沟槽连接方式可适用于公称直径不小于65mm的涂（衬）塑钢管的连接。

A.2.8 沟槽式管接头应符合现行行业标准《沟槽式管接头》CJ/T 156 的规定。

A.2.9 沟槽式管接头的工作压力应与管道工作压力相匹配。

A.2.10 用于输送热水的沟槽式管接头应采用耐温型橡胶密封圈。用于饮用净水管道的橡胶材质应符合现行国家标准《生活饮用水输配水设备及防护材料的安全性评价标准》GB/T 17219 的规定。

A.2.11 涂塑复合钢管的沟槽连接，宜用于现场测量，工厂预涂塑加工，现场安装的方式。

A.2.12 管段在涂塑前应压制标准沟槽，涂塑加工应符合现行行业标准《给水涂塑复合钢管》CJ/T 120 的规定。

A.2.13 管段涂塑除应涂敷内壁外，还应涂敷管口端和管端外壁与橡胶密封圈接触部位。

A.2.14 对衬塑复合钢管应采用预制的沟槽式涂塑管件。

A.2.15 衬（涂）塑复合钢管的沟槽连接应按下列程序进行：

1 应用游标卡尺检查管材、管件的沟槽是否符合要求，以及卡箍件的型号是否正确；

2 检查橡胶密封圈是否匹配，在橡胶密封圈上涂抹润滑剂，连接时应先将橡胶密封圈安装在接口中间部位，并将其套在一侧管端；定位后，再套上另一侧管端；

3 润滑剂可采用肥皂水或洗洁剂，不得使用油脂润滑剂；

4 将卡箍套在胶圈外，并将卡箍边缘嵌入沟槽内；

5 压紧卡箍件至端面闭合后，立刻安紧紧固件，并应均匀拧紧螺栓；

6 在安装卡箍件过程中，应目测检查橡胶密封圈，不得起皱。

A.3 钢塑复合管卡箍式连接

A.3.1 安装前应对管端进行清理，除去碰缺、划痕、毛刺和污垢。

A.3.2 清除管材及管端焊缝处的铁锈及油漆。

A.3.3 安装时，管端与管材应保持同轴，同时将端面垂直于中轴线。

A.3.4 端管端口应采用单边V形坡口，单面连续与管材对焊，焊缝不得有气孔、夹渣、裂纹及未焊透等缺陷。

A.3.5 焊好管端的管材应清除管内杂物，并将密封面清理光滑，不得有污物和划痕。

A.3.6 连接前，在管材密封面、卡箍内腔、两耳结合面、螺栓的螺纹部分应涂敷对橡胶密封圈无害的润滑脂。

A.3.7 连接时，管材两管端间应留一定间隙，将密封圈安装并调整到适中位置，上紧螺栓。两侧螺栓应均匀受力，并不得咬伤密封圈。

A.3.8 卡箍式柔性管接头的技术条件、型式与尺寸应符合现行国家标准《卡箍式柔性管接头　技术条件》GB/T 8259和《卡箍式柔性管接头　型式与尺寸》GB/T 8260的规定。

A.4 钢塑复合管法兰连接

A.4.1 当在现场配接法兰时应符合下列规定：

1 当公称直径小于或等于150mm时，应采用内衬塑凸面带颈螺纹钢制管法兰，并应符合现行国家标准《突面带颈螺纹钢制管法兰》GB/T 9114的规定。被连接的钢塑复合管上应绞螺纹密封用的管螺纹，其牙型应符合现行国家标准《用螺纹密封的管螺纹》GB/T 7306的规定。

2 当公称直径大于150mm时，应采用凸面板式平焊钢法兰，并应符合现行国家标准《平面、突面板式平焊钢制管法兰》GB/T 9119的规定。

A.4.2 钢塑复合管法兰连接可采取一次安装法或二次安装法。当采用二次安装法时，现场安装的管段、管件、阀件和法兰盘均应打上钢印编号。

A.4.3 法兰的压力等级应与管道的工作压力相匹配。

A.4.4 法兰盘面应平整、无裂纹，密封面上不得有斑疤、砂眼及辐射状沟纹，螺孔位置应准确，上螺母的端部应平整。

A.4.5 当采用法兰连接时，法兰盘间的橡胶垫圈应符合下列规定：

1 材质应均匀，厚薄应一致，应无老化、无皱纹。当采用非整体垫片时，应粘接良好、拼缝平整。

2 当管道公称直径小于或等于600时垫圈厚度宜采用3mm～4mm，当管道公称直径大于或等于700时垫圈厚度宜采用5mm～6mm。

3 垫圈内径应等于法兰内径，当管道公称直径小于或等于150时允许偏差值为+3mm，当管道公称直径大于或等于200时允许偏差值为+5mm。

4 垫圈外径应与法兰密封面外缘相齐，不应超过螺栓孔。

A.4.6 当进行法兰连接时，应先将法兰密封面清理干净，垫圈放置平正。管道公称直径大于600mm的法兰和使用拼粘垫片的法兰，均应在两法兰密封面上各涂一道铅油。

A.4.7 所有螺栓及螺母应点涂机油，对称、均匀地拧紧。

A.5 钢塑复合压力管双热熔连接

A.5.1 管材应采用断管器切割，断管后应去除管口处的毛刺。

A.5.2 管道公称直径小于或等于32mm时，管口整圆应符合下列规定：

1 应选择与管材口径同规格的夹瓦，并按照夹瓦上的螺旋线按次序装在整圆夹槽内；

2 应将夹瓦锁紧螺旋模头旋转到工具上；

3 应将管材穿过夹瓦圆孔，同时旋转夹瓦锁紧螺旋模头紧固管材；

4 应旋转整圆模头一侧的手柄，将模头缓慢地推入管材内壁，并使整圆模头完全进入管材端口；

5 应反方向旋转手柄，将模头退出管材，松开夹瓦，将整圆模头取出管材。

A.5.3 当管道公称直径大于或等于40mm，且不大于110mm时，管口应采用双热熔手动熔接机或双热熔液压熔接机进行整圆，并应符合下列规定：

1 当采用双热熔手动熔接机进行整圆时，应按下列程序进行：

1）将整圆模头座安装在卡瓦上，旋上相应规格的整圆模头；

2）将管材装夹安装在固定卡瓦上，并退至起始位置；

3）将管材装夹在手动热熔机卡瓦座上，管材端口应贴靠整圆模头，且管材与整圆模头应保持同心；

4）旋转进退丝杆上的专用扳手，整圆模头进入管材端口进行整圆，当整圆模头完全进入管材端口时，再反向旋转专用扳手，然后退出整圆模头到原位。

2 当采用双热熔液压熔接机进行整圆时，应按下列程序进行：

1）将配套的整圆模头通过卡瓦紧固在双热熔液压熔接机设备的中段，将管道通过卡瓦紧固在另外一侧。当管道较长时，应在管道另一端使用管托进行支撑，支撑高度应使管道保持水平。

2）操作电动液压装置，使整圆模头均匀、缓慢地进入管材内并达到规定的深度。

3）再次操作电动液压装置，将模头退出，松开卡瓦取出管材。

A.5.4 管道连接前应清洁管材、管件的熔接部位，然后用画线板和记号笔在管材端标记出外层熔接深度。

A.5.5 钢塑复合压力管双热熔连接的熔接温度、加热时间和熔接后冷却时间等有关熔接工艺参数应符合表 A.5.5 的规定。

表 A.5.5 双热熔钢塑管件熔接工艺参数

项目	管道公称直径(mm)									
	20	25	32	40	50	63	75	90	110	160
外层熔接深度(mm)	10	10	10	10	12	14	15	17	20	28
熔接温度(℃)	210±10	210±10	210±10	260±10	260±10	260±10	260±10	260±10	260±10	260±10
最短加热时间(s)	25	35	40	30	35	45	50	60	70	90
最长转换时间(s)	4	4	4	5	5	6	6	8	8	8
最短冷却时间(s)	120	120	180	180	180	180	180	180	180	180

注：本表所对应的环境温度为23℃，当施工环境温度低于该温度，应适当延长加热时间(15%～20%)，通过观察"熔池瘤"形成情况来确定加热时间，缩短转换时间，热熔焊瘤均匀、饱满即达到焊接要求。

A.5.6 双热熔连接必须采用钢塑复合压力管专用模头。热熔完成后，当模头有粘料时必须及时清理干净后方可使用；当模头上粘料清理不净或表面涂层破损时必须更换模头。

A.5.7 当管道公称直径小于或等于 32mm 时，管道连接应符合下列规定：

1 通电加热双热熔熔接工具，待熔接模头表面温度达到熔接温度时方可进行熔接；

2 当熔接达到加热时间及效果时，应立即将管材与管件从模头上取下，迅速无旋转地沿轴线方向承插到所标识深度，并保持一定压力，待连接处自然冷却固定，形成均匀的热熔焊瘤；

3 熔接承插过程中严禁旋转被接管道。

A.5.8 当管道公称直径大于或等于 40mm，且不大于 110mm 时，管道连接应符合下列规定：

1 应将与管材规格配套的双热熔模头安装在双热熔手动熔接机上，接通电源使焊接器升温至绿灯亮时即达到 210℃熔接温度，方可进行熔接；

2 应将管材、过渡接头（或法兰）分别在卡瓦内固定好，管材、管件之间应留出热熔焊接的操作距离；

3 将达到规定热熔温度的焊接器放在支架盒内，凹模和凸模的方向应正确；

4 双手匀速、缓慢的向前推动连杆，待管材、过渡接头均插入模头至规定深度，并达到规定的加热时间后，观察加热处熔池，当加热处形成约 2mm 厚的熔池时，加热完成；

5 快速向后拉动连杆，使管材、过渡接头退出加热模头，同时取下焊接器，并向前推动连杆在最短转换时间内，将管材插入过渡接头（或法兰）承口内，并保持一定压力，待连接处自然冷却固定。

A.6 钢骨架塑料复合管电熔连接

A.6.1 管材和管件的承插式和套筒式电熔连接，应采用管材厂提供的设备，并在厂方技术人员指导下进行操作。

A.6.2 管材的连接端面应与管道轴线垂直。

A.6.3 连接前，应采用洁净棉絮擦净连接面上的污物，采用专用工具刮除插入连接面的氧化层，并保持连接面不受潮。

A.6.4 在管材表面上应标出管的插入深度。插入后，松紧度应符合电热熔连接的要求。

A.6.5 通电前应进行下列检查：

1 被连接件应在同一轴线上；

2 导线连接应正确；

3 导线截面积和电源容量应与电熔焊机匹配；

4 加热电压（或加热电流）和加热时间应符合电热熔管件焊接规定的参数。

A.6.6 加热完成后，连接件必须自然冷却。在熔合及冷却过程中，不得移动、转动接头的部位及两侧的管道，不得在连接部位和管道上施加任何压力。

A.6.7 对管材端面裸露的无表面镀层的钢丝，应进行防渗密封处理。

A.7 钢骨架塑料复合管法兰连接

A.7.1 管材应根据承口深度正确断料。管材端口应平整、光滑、无毛刺，不锈钢面层应向管材圆心方向收口。

A.7.2 连接前应检查管道法兰连接用的活套法兰、螺栓等钢制品和密封件的规格尺寸应与管材配套，并应清理污物，钢制品宜涂抹机油或油脂。

A.7.3 密封件必须设置在管端面的密封凹槽内。当管材、管件采用管材端口径向密封时，管材端面嵌入的橡胶圈应紧固、压缩。其压缩变形程度应控制在插入管件时保持一定阻力，不宜有松弛现象。

A.7.4 安装时两法兰面应相互平行并与管道轴线垂直。

A.7.5 螺孔和螺栓的直径应配套，螺栓长度应一致，螺母应在同一侧。

A.7.6 紧固法兰前，被连接件应在同一轴线上。

A.7.7 紧固螺栓时应按对称顺序分次均匀紧固，螺栓拧紧后宜伸出螺母 1 扣～3 扣。

A.7.8 法兰连接应沿管道纵向顺序进行。当拧紧法兰接头的螺栓时，应防止管道纵向出现轴向拉力。

A.8 不锈钢塑料复合管复合连接

A.8.1 不锈钢塑料复合管应采用复合连接，塑料内层应采用热熔连接，金属外层应采用卡压式连接。

A.8.2 在需拆卸部位和施工环境不便于热熔卡压连接时，可采用热熔活接。当采用热熔活接时，应依次将螺母、卡圈和垫圈套在管材上，再进行热熔连接。

A.8.3 管材切割后，其端面应垂直于管道轴线，并应去除端面的毛边和毛刺。

A.8.4 连接端面必须清洁、干燥，无尘土、油污等污物。

A.8.5 热熔工具达到工作温度后方能开始连接，并应符合下列规定：

1 当管材管件的公称直径小于或等于 32mm 时，工作温度宜为 200℃～230℃；

2 当管材管件的公称直径大于或等于 40mm 时，工作温度宜为 250℃。

A.8.6 应无旋转地把管端推到加热头上，插入到所标志的深度，同时，应无旋转地把管件导入加热套内，达到规定标志处。

A.8.7 加热、熔接、冷却时间可按表 A.8.7 的规定执行。

表 A.8.7 不锈钢塑料复合管复合连接时加热、熔接、冷却时间

工序	公称外径(mm)									
	20	25	32	40	50	63	75	90	110	160
加热时间(s)	4	4	6	10	15	20	25	30	40	50
熔接时间(s)	3	3	4	6	6	6	10	10	15	15
冷却时间(min)	3	3	4	4	5	6	8	8	10	12

A.8.8 当环境温度低于 5℃时，加热时间应延长 40%。

A.8.9 达到加热时间后，应立即把管材与管件从加热套与加热头上同时取下，并迅速无旋转地直线均匀插入到所标深度开始连接，插入时应使被连接两端的管材或管件同轴。

A.8.10 在规定的加热时间内，刚熔接好的接头可对位置进行校正，但不得旋转。

A.8.11 冷却后，应采用专用卡压工具进行卡压。

A.9 不锈钢塑料复合管热熔法兰连接

A.9.1 应将不锈钢法兰盘、卡圈、垫圈套在不锈钢塑料管上，然后进行热熔。

A.9.2 复合塑料（PE）挡套与管道热熔连接步骤应符合热熔要求。

A.9.3 应校正两对应的连接件，使连接的两片法兰垂直于管道的中心线，且表面相互平行。

A.9.4 法兰间应衬垫耐热无毒橡胶垫片。

A.9.5 螺栓、螺母宜采用不锈钢件，其规格应相同。螺母应对称紧固在同一侧，法兰紧固好后螺栓应露出螺母。

A.9.6 连接管道的长度应准确。当紧固法兰时，不应使管道产生轴向拉力。

A.9.7 法兰连接部位应设置支吊架。

A.10 铝塑复合管卡压式、卡套式连接

A.10.1 铝塑复合管的连接应按调直、截管、倒角、整圆、连接的步骤进行。

A.10.2 铝塑复合管的卡压式连接应按下列步骤进行：

1 在卡压式管件的凹槽上嵌上橡胶密封圈；

2 在管件上套上定位挡圈和夹套；

3 对铝塑复合管管材端口进行倒角整圆；

4 将管材插入已倒角整圆的铝塑复合管管材端部，插到夹套根部位置；

5 用卡压工具压紧夹套。

A.10.3 铝塑复合管卡套式连接应按下列步骤进行：

1 将锁紧螺母、C形紧箍环套在管上；

2 用力将管件芯体插入管内，至管口达管件芯体根部；

3 将C形紧箍环移至管件、管材连接处；

4 再将锁紧螺母与管件本体拧紧。

A.11 铝塑复合管热熔连接

A.11.1 铝塑复合管的热熔连接应按截管、整圆、连接的步骤进行。

A.11.2 铝塑复合管的热熔连接的截管、整圆应符合下列规定：

1 截管应使用管剪或切管器；

2 切割时应剪平管子的端面，且不得有椭圆现象；

3 管子整圆应使用倒角整圆器。

A.11.3 将热熔器接通电源，发热板到达工作温度后，应将管材、管件无旋转地插入模头至定标线处。铝塑复合管热熔最小承插深度和加热、熔接、冷却时间可按表 A.11.3 的规定执行。

表 A.11.3 铝塑复合管热熔最小承插深度和加热、熔接、冷却时间

工序	公称外径(mm)			
	16	20	25	32
最小承插深度(mm)	11.0	12.3	13.5	15.0
加热时间(s)	4	5	7	8
熔接时间(s)	4	4	4	4
冷却时间(min)	2	3	3	4

A.11.4 当环境温度低于 5℃时，加热时间应延长 50%。

A.11.5 管材管件从熔接器上取出，应迅速、平稳、无旋转地插入到规定位置，从观察孔见到管材或有熔瘤挤出为合格。

A.11.6 熔接后必须冷却，在没有充分冷却前，应避免受扭、受弯和受拉。

A.12 塑铝稳态管熔接连接

A.12.1 在熔接之前，应将管道连接面的铝层清除干净。

A.12.2 管材和管件的连接加热应使用塑铝稳态管专用模头。

A.12.3 连接时，应先将管件插入热熔模头，待管件被热熔深度达到规定深度的 50%时，再将管材插入热熔模头，且应使管件和管材同时插至模头底部。

A.12.4 管材热熔深度、加热温度、加热时间等工艺参数应符合表 A.12.4 规定；在加热时间内，应用手或焊机夹具保持管材和管件相对静止不动。

表 A.12.4 管材热熔深度、加热温度、加热时间等工艺参数

项目	管道公称直径(mm)								
	20	25	32	40	50	63	75	90	110
内管最小热熔深度(mm)	10	11.5	14	16	19	23	26.5	31	37
塑铝复合层热熔深度(mm)	2~3	2~3	2~3	2~3	2~3	2~3	2~3	2~3	2~3
加热温度(℃)	210±10	210±10	210±10	260±10	260±10	260±10	260±10	260±10	260±10
加热时间(s)	8	10	11	31	39	50	59	70	90
最长切换时间(s)	4	4	6	6	6	8	8	8	10
保持时间(s)	15	15	20	20	30	30	40	40	50
最短冷却时间(min)	2	2	4	4	4	6	6	6	6

注：1 本表所对应的环境温度为 23℃。在施工过程中，应根据环境温度变化等实际情况，适当延长加热时间、缩短转换时间。

2 加热时间可通过观察加热过程中熔池溢料"凸缘"的形成情况来确定，若熔池溢料"凸缘"均匀，饱满即达到熔接时间要求。

A.12.5 当达到加热时间后，应立即将管材与管件从加热模头上同时取下，并迅速将管材沿直线方向匀速插入管件内，外层 PE-RT 应熔进管件 2mm～3mm。

A.12.6 热熔连接时，当模头上有粘料残留时应及时清理。当清理不净或模头涂层破损时应及时更换。

A.12.7 在熔接过程中，可轴线方向校正接头，但不得旋转。

A.12.8 当 PE-RT 管与 PP-R 管连接时，应采用转换管件进行热熔连接。

A.13 塑铝稳态管法兰连接

A.13.1 应将无规共聚聚丙烯（PP-R）塑铝稳态管和耐热聚乙烯（PE-RT）塑铝稳态管专用金属法兰盘套在管材上。两个法兰面应垂直于管道轴线，并相互平行。

A.13.2 法兰紧固件宜采用金属材质，其规格应与法兰配套。

A.13.3 安装时螺栓方向应一致，对称紧固，紧固后的螺栓不得低于螺母。

A.13.4 连接管道的长度应准确。当紧固法兰时，不应使管道产生轴向拉力。

A.13.5 法兰连接的两边，应设置固定支墩、固定支、吊架等。

A.13.6 在连接蝶阀前，应验证蝶阀能完全打开。当不能完全打开时必须更换阀门或采用沟槽式管件连接。

A.14 内衬不锈钢复合钢管螺纹连接

A.14.1 管道切割应采用电动圆锯机、电动带锯机、砂轮切割机等机械切割方法。

A.14.2 切割端面应去除毛刺，并采用砂轮磨光。

A.14.3 套丝应采用自动套丝机，管螺纹应符合现行国家标准《55°密封管螺纹 第 2 部分：圆锥内螺纹与圆锥外螺纹》GB/T 7306.2 的规定。

A.14.4 套丝后应将金属管端的毛边修光，并清除管端和螺纹内的污物。

A.14.5 对管端、管螺纹清理后，可采用防锈密封胶和聚四氟乙烯生料带缠绕螺纹进行防腐、密封处理。连接前应在管端上标记拧入深度，并应符合现行行业标准《给水衬塑可锻铸铁管件》CJ/T 137 规定。

A.14.6 用螺纹连接的管道可采用给水衬塑可锻铸铁管件、衬不锈钢可锻铸铁管件、镀合金可锻铸铁管件、不锈钢管件。所采用的可锻铸铁管件应符合现行国家标准《可锻铸铁管路连接件》GB/T 3287 的规定。

A.14.7 管材与有内衬的可锻铸铁管件连接前，应检查管件内密封圈的位置。连接时，可先采用手工将管端螺纹拧入管件，在确认管件承口已拧入管端螺纹丝扣后，再用管钳拧紧管材的连接接头。拧紧螺纹时不得逆向旋转。

A.14.8 连接完成后，管材与管件连接处外露的螺纹、钳痕和表面损伤处，均应涂防腐胶或缠绕防腐密封带。

A.14.9 当在接头处采用厌氧密封胶做密封处理时，养护时间不得少于 24h，养护期间不得试压。

A.14.10 当内衬不锈钢复合钢管与给水栓、卫生器具和设备附件相连接时，应采用由管材生产厂提供的不锈钢或黄铜的专用配套内螺纹管接头。

A.15 内衬不锈钢复合钢管沟槽式连接

A.15.1 沟槽式管接头的工作压力等级应与管道系统的工作压力相同。

A.15.2 管道系统应采用配套的沟槽式管件和附件。

A.15.3 管材切割、沟槽加工、支管接头和安装等应符合国家现行相关标准的规定。

A.16 内衬不锈钢复合钢管法兰连接

A.16.1 法兰的压力等级应与管道系统的工作压力相同。

A.16.2 法兰与螺栓必须由管材生产厂配套提供。

A.16.3 安装法兰的管端的端面必须垂直于管道轴线。

A.16.4 当管端需要切割时，截管必须符合国家现行相关标准的规定。

A.16.5 当管端采用衬塑带颈螺纹法兰连接时，其螺纹的牙型应符合现行国家标准《55°密封管螺纹 第2部分：圆锥内螺纹与圆锥外螺纹》GB/T 7306.2的规定。

A.16.6 当管端采用突面板式法兰连接时，应对管端进行清理。

A.16.7 当采用法兰连接时，垫片和垫圈必须配套，且位置正确。

A.16.8 安装时螺栓方向应一致，对称紧固，紧固后的螺栓不得低于螺母。

A.16.9 连接管道的长度应准确。当紧固法兰时，不应使管道产生轴向拉力。

A.17 内衬不锈钢复合钢管焊接连接

A.17.1 焊接前的准备工作应符合下列规定：

1 管材切割和焊接坡口的加工应采用机械方法；

2 切割面应与管道轴线垂直，表面应平整光滑，无毛刺、飞边；焊接的坡口形式和尺寸应符合现行国家标准《工业金属管道工程施工规范》GB 50235的规定；

3 管端组对前应将坡口内外表面距管口不小于10mm范围内的污物、毛刺以及镀锌层等清理干净，且不得有裂纹、夹层等缺陷；

4 管道对接焊口的组对应做到内壁齐平，内壁错边量不宜超过不锈钢内衬的厚度，且不应大于1.2mm；

5 焊条在使用前应按规定进行烘干，使用过程中应保持干燥，焊条使用前应清除表面的油污等杂质。

A.17.2 管道的焊接应符合下列规定：

1 定位焊缝应采用与根部焊道相同的焊接材料和焊接工艺；

2 钢管宜采用手工电弧焊，对管内清洁要求较高且焊接后不易清理的管道，其焊缝底层应采用氩弧焊；

3 当采用底层氩弧焊焊接时，焊管内应充氩气；

4 手工氩弧焊应采用直流电源正接法，在保证焊缝良好熔合的条件下，宜采用多层小电流施焊。

A.17.3 对内衬不锈钢复合钢管，应采用309焊条先对不锈钢部分和不锈钢与碳钢的过渡部分进行施焊；焊接碳钢部分，应采用普通碳钢焊条用电弧焊焊接。

附录B 盘卷式铝塑复合管的调直、剪切和弯曲

B.0.1 管道公称直径不大于25mm的盘卷式铝塑复合管，可采用手工直接调直。对管道公称直径为32mm的盘卷式铝塑复合管，当用手工调直时应按下列步骤进行：

1 选择平整的场地；

2 将管子固定，滚动盘卷向前延伸；

3 压直管子，再用手工调直。

B.0.2 铝塑复合管的剪切应使用专用管剪或切管器。

B.0.3 铝塑复合管的弯曲应按下列步骤进行：

1 将弯管弹簧塞或弯管器放入管内拟弯曲部位；

2 用手均匀、缓慢施力于管道至弯曲，弯曲半径应大于或等于5倍的管道外径；

3 当弹簧塞或弯管器长度不够时，可采用钢丝接驳延长。

附录C 塑铝稳态管的卷削

C.0.1 塑铝稳态管的截管应符合下列规定：

1 截断工具应与管材轴线垂直；

2 管材截断后，应将管材端面的毛刺和碎屑清除干净。

C.0.2 塑铝稳态管的卷削应符合下列规定：

1 卷削器应采用PP-R/PE-RT稳态管卷削器，并应符合下列规定：

1）公称直径为20mm～32mm的管材，可采用带内导柱的手动卷削器或电动卷削器；

2）公称直径为40mm～63mm的管材，宜采用电动卷削器；

3）公称直径为大于63mm的管材，宜采用电动卷削器或卷削机。

2 将PP-R稳态管和PE-RT塑铝稳态管推入卷削器的卷削孔内卷削，卷削器出料槽中应有均匀的铝塑屑旋出；

3 在卷削时，管材端的截面应触到卷削器的内孔顶部；

4 塑铝稳态管的卷削尺寸应符合表 C.0.2 的规定。

表 C.0.2 塑铝稳态管的卷削尺寸

管道公称直径（mm）	卷削尺寸（mm）	
	内管最小卷削深度	卷削后的内管外径
20	≥10.0	19.8～20.1
25	≥11.5	24.8～25.1
32	≥14.0	31.8～32.1
40	≥16.0	39.8～40.1
50	≥19.0	49.9～50.1
63	≥23.0	62.9～63.1
75	≥26.5	74.9～75.1
90	≥31.0	89.8～90.1
110	≥37.0	109.8～110.1

本规程用词说明

1 为便于在执行本规程条文时区别对待，对要求严格程度不同的用词说明如下：

1）表示很严格，非这样做不可的：
正面词采用“必须”，反面词采用“严禁”；

2）表示严格，在正常情况下均应这样做的：
正面词采用“应”，反面词采用“不应”或“不得”；

3）表示允许稍有选择，在条件许可时首先应这样做的：
正面词采用“宜”，反面词采用“不宜”；

4）表示有选择，在一定条件下可以这样做的，采用“可”。

2 条文中指明应按其他有关标准执行的写法为“应符合……的规定”或“应按……执行”。

引用标准名录

1 《建筑给水排水设计规范》GB 50015

2 《工业金属管道工程施工规范》GB 50235

3 《建筑给水排水及采暖工程施工质量验收规范》GB 50242

4 《给水排水管道工程施工及验收规范》GB 50268

5 《可锻铸铁管路连接件》GB/T 3287

6 《设备及管道绝热技术通则》GB/T 4272

7 《用螺纹密封的管螺纹》GB/T 7306

8 《55°密封管螺纹　第 2 部分：圆锥内螺纹与圆锥外螺纹》GB/T 7306.2

9 《设备及管道保温设计导则》GB/T 8175

10 《卡箍式柔性管接头 技术条件》GB/T 8259

11 《卡箍式柔性管接头 型式与尺寸》GB/T 8260

12 《涂装前钢材表面锈蚀等级和除锈等级》GB/T 8923－1988

13 《突面带颈螺纹钢制管法兰》GB/T 9114

14 《平面、突面板式平焊钢制管法兰》GB/T 9119

15 《生活饮用水输配水设备及防护材料的安全性评价标准》GB/T 17219

16 《给水涂塑复合钢管》CJ/T 120

17 《给水衬塑可锻铸铁管件》CJ/T 137

18 《沟槽式管接头》CJ/T 156

19 《橡胶密封件　给、排水管及污水管道用接口密封圈　材料规范》HG/T 3091

20 《橡胶密封件——110℃热水供应管道的管接口密封圈——材料规范》HG/T 3097

中华人民共和国行业标准

建筑给水复合管道工程技术规程

CJJ/T 155—2011

条 文 说 明

修 订 说 明

《建筑给水复合管道工程技术规程》CJJ/T 155-2011，经住房和城乡建设部2011年2月11日以第915号公告批准、发布。

在规程编制过程中，编制组对我国建筑给水复合管道工程的设计、施工等进行了的调查研究，总结了给水复合管道在建筑给水工程建设中的实践经验，通过实验、验证取得了重要技术参数。

为便于广大设计、施工、科研、学校等单位有关人员在使用本规程时能正确理解和执行条文规定，《建筑给水复合管道工程技术规程》编制组按章、节、条顺序编制了本规程的条文说明，对条文规定的目的、依据以及执行中需注意的有关事项进行了说明。但是，本条文说明不具备与标准正文同等的法律效力，仅供使用者作为理解和把握标准规定的参考。

目　次

1 总 则

1.0.1 关于复合管的概念，塑料行业和结构专业有很大差异。

塑料行业的观点，认为两种不同材质复合而成的管材为复合管，如钢塑复合管。

结构专业的观点，认为两种不同材质复合，且共同受力的管材为复合管，如钢筋混凝土管。钢塑复合管中的衬塑钢管和涂塑钢管，钢管受力而塑料层不受力，不是复合管。

给水排水专业的观点，认为两种或两种以上的材料经复合工艺而成为整体的圆管，或两种或两种以上的材料或不同材质的同种材料组合而成的，整体共同受力的圆管为复合管。

按两种或两种以上的材料经复合工艺而成为整体的圆管这一概念，可列为复合管的管材有三种：

1 塑料管与塑料管的复合，如芯层发泡管；

2 金属管与塑料管的复合，如钢塑复合管；

3 金属管与金属管的复合，如双金属管。

但在我国，关于塑料管还有一条定义，即："与过水断面接触的材料为塑料；而塑料层厚度与壁厚之比60%以上时，为塑料管。"按此规定，塑料管与塑料管的复合，如芯层发泡管应纳入塑料管范畴；而塑料管与金属管的复合，如铝塑复合管，钢骨架塑料复合管也属于塑料管范畴。

因此复合管存在与塑料管的交叉，也存在与金属管的交叉（如塑覆铜管、覆塑不锈钢管划归复合管，还是划归金属管）。

经多次研究，列入本规程的复合管有：

①钢塑复合管：包括衬塑钢管、涂塑钢管和外覆塑复合管（外覆塑复合钢管就其实质不是衬塑钢管就是涂塑钢管）；

②钢塑复合压力管；

③不锈钢塑料复合管；

④钢骨架塑料复合管。包括钢丝网骨架塑料复合管和钢板孔网塑料复合管；

⑤铝塑复合管；

⑥塑铝稳态管；

⑦内衬不锈钢复合钢管。

无缝铝合金衬塑管也是复合管，但由于在本规程制订过程中，尚无相关的国家标准和行业标准，产品的应用面也不广，因此根据审查会审查意见未予列入规程。

与本规程同时下达的工程建设行业标准还有《建筑给水塑料管道工程技术规程》和《建筑给水金属管道工程技术规程》，在本规程未予列入的管材，可以在那两本规程中找到有关规定。

1.0.2 本条文所指的民用和工业建筑给水按用途区分有生活给水、生产给水和消防给水；按水质区分有生活饮用水、直饮水、再生水、杂用水等。

2 术语和符号

2.1 术 语

2.1.1 复合管分三大类：

1 塑料与塑料的复合，如纤维增强无规共聚聚丙烯复合管，这类复合管，已规定纳入《建筑给水塑料管道工程技术规程》；

2 金属与塑料的复合，如钢塑复合管、钢塑复合压力管、不锈钢塑料复合管、铝塑复合管、钢骨架塑料复合管等；

3 金属与金属的复合，如内衬不锈钢复合钢管。

本规程所规定的复合管，多数为金属与塑料的复合管。这类复合管兼有金属管强度高的特点，又有塑料管耐腐蚀的优点，但由于复合管是由两种材料复合而成的，不同材质的线膨胀系数相差很大，如复合工艺不好，会产生离层问题，同时也正由于是两种材料复合而成，因而在施工现场切割时，容易造成端口腐蚀等问题，这需引起注意。

金属与塑料的复合管，有的偏刚性，如钢塑复合管；有的偏塑性，如不锈钢塑料复合管、铝塑复合管、塑铝稳态管等；有的中性，如钢骨架塑料复合管。这在水压试验和支架设置时应予以区别。

3 材 料

3.1 管材和管件

3.1.1 钢塑复合压力管应符合现行行业标准《钢塑复合压力管》CJ/T 183的要求。衬塑钢管应符合现行行业标准《给水衬塑复合钢管》CJ/T 136的要求。涂塑钢管应符合现行行业标准《给水涂塑复合钢管》CJ/T 120的要求。不锈钢塑料复合管应符合现行行业标准《不锈钢塑料复合管》CJ/T 184的要求。

钢塑复合管的基管应符合现行国家标准《低压流体输送用焊接钢管》GB/T 3091、现行行业标准《低压流体输送管道用螺旋缝埋弧焊钢管》SY/T 5037、现行国家标准《输送流体用无缝钢管》GB/T 8163、《无缝钢管尺寸、外形、重量及允许偏差》GB/T 17395的要求。

钢丝网骨架塑料复合管应符合现行行业标准《给水用钢骨架塑料（聚乙烯）复合管》CJ/T 123、《钢丝网骨架塑料（聚乙烯）复合管材及管件》CJ/T 189的要求。钢板孔网骨架塑料复合管应符合现行有关标准的要求。

铝塑复合管应符合现行国家标准《铝塑复合管

第 1 部分：铝管搭接焊式铝塑管》GB/T 18997.1、《铝塑复合管 第 2 部分：铝管对接焊式铝塑管》GB/T 18997.2、现行行业标准《铝塑复合压力管（搭接焊）》CJ/T 108、《铝塑复合压力管（对接焊）》CJ/T 159、《内层热熔型铝塑复合管》CJ/T 193、《外层熔接型铝塑复合管》CJ/T 195 的要求。

塑铝稳态管应符合现行行业标准《无规共聚聚丙烯（PP－R）塑铝稳态管》CJ/T 210、《耐热聚乙烯（PE-RT）塑铝稳态复合管》CJ/T 238 的要求。

内衬不锈钢复合钢管应符合现行行业标准《内衬不锈钢复合钢管》CJ/T 192 的要求。

内衬不锈钢复合钢管的基管和衬管应符合现行国家标准《低压流体输送用焊接钢管》GB/T 3091、《输送液体用无缝钢管》GB/T 8163、《流体输送用不锈钢焊接钢管》GB/T 12771、现行行业标准《薄壁不锈钢管》CJ/T 151 的要求。

钢塑复合管管件应符合现行行业标准《给水衬塑可锻铸铁管件》CJ/T 137、《钢塑复合压力管用管件》CJ/T 253、《钢塑复合压力管用双热熔管件》CJ/T 237 的要求。

衬塑可锻铸铁管件的接口芯子可采用带螺纹和不带螺纹。管件采用螺纹连接时，管件的性能应符合《给水衬塑可锻铸铁管件》CJ/T 137－2008 对性能的要求。

可锻铸铁管路连接件应符合现行国家标准《可锻铸铁管路连接件》GB/T 3287 的要求。

钢丝网骨架塑料复合管管件和钢板孔网骨架塑料复合管管件应符合现行行业标准《给水用钢骨架塑料（聚乙烯）复合管件》CJ/T 124、《钢丝网骨架塑料（聚乙烯）复合管材及管件》CJ/T 189 的要求。

不锈钢塑料复合管管件应符合现行行业标准《不锈钢塑料复合管》CJ/T 184 的要求。

铝塑复合管管件应符合现行行业标准《铝塑复合管用卡压式管件》CJ/T 190、《铝塑复合管用卡套式铜制管接头》CJ/T 111、《铝塑复合管用钳压式管件》CJ/T 190 等的要求。

钢塑复合管的涂塑钢管由基管和涂层构成，衬塑钢管由基管和衬管构成。

对涂塑钢管有一种误解认为应该在镀锌管上再涂塑，实际上这种涂塑钢管没有不镀锌钢管的结合力好，因此规程推荐以焊接钢管或内壁不镀锌钢管为基管的涂塑钢管。

目前我们所见到的涂塑钢管有三种。一种是以焊接钢管为基管的涂塑钢管，第二种是以内外热镀锌钢管为基管的涂塑钢管，第三种是内壁不镀锌，外壁镀锌的钢管为基管的涂塑钢管。无论何种基管，在生产复合管时，基管内壁均需喷丸处理。

焊接钢管和焊接镀锌钢管在纵向焊缝处有一条焊筋，焊筋高于管内壁，对涂层与基管的结合不利，因此推荐采用无焊筋的焊接钢管和无焊筋的焊接镀锌钢管作为涂塑钢管的基管。

有无焊筋决定于焊接方式，焊接钢管目前国内都采用电阻感应焊，属于接触焊类型，在焊接时，断面要挤压，挤压出来的就成了焊筋。无焊筋的焊接钢管，有两种情况：一种是挤压不力，这会影响焊接强度；另一种是采用中频感应焊，经过切边，充气保护等工艺，焊接加热过程不氧化，不生成焊筋，这是本规程提倡的方式。

表面预处理过程是涂塑钢管在涂塑前的一道必经的工艺。经过了预处理就能保证涂塑钢管的基本质量要求，省却了这道工艺，对涂塑质量会有很大影响，而且这个影响在短时间内又难以察觉。考虑到表面预处理的重要性，有的认为应予以规定，但也有认为对此可不作具体规定。产品的优劣和是否达标，可按最终控制结果来确定。

内衬不锈钢复合钢管也是由基管和衬管构成，基管为钢管，衬管为薄壁不锈钢管。

内衬不锈钢复合钢管有四种工艺生产，分别为：缩径法、冷扩法、钎焊法和爆燃法。复合工艺要求基管和衬管完全贴合。

管件是与管材配套的零件，又称为管配件。复合管的管件比塑料管管件和金属管管件要复杂。因为塑料管和金属管是单一材料的，而复合管是两种或两种以上材质的材料复合成一体，既要考虑连接的可靠性和密封性能良好，又要考虑不能给管材的复合工艺带来负面效应。还要注意端口的防腐蚀。

3.1.2 涉及卫生性能检测的标准是《生活饮用水输配水设备及防护材料的安全性评价标准》GB/T 17219，管材、管件产品标准中所引用的“规范性引用文件”也是这个标准。

3.4 材料运输和储存

3.4.3 管端封堵，对不同管材有不同作用。有的是为了怕管端变形影响连接性能，如镀锌钢管的螺纹；有的是为了怕管材受冲击而导致破损，如 PVC－U 管；有的则是为了保护管材，不致出现端口离层问题，如钢塑复合管。因此本条予以强调端口的封堵问题。

4 设 计

4.1 一 般 规 定

4.1.1 对于复合管的工作压力有几种不同观点，一种认为应大于单一管件的工作压力，因为复合管是两种材质的管材复合在一起，强度有所增加；第二种观点认为，复合管是由两种材质的管材复合在一起，金属管强度高，塑料管强度低，应按塑料管考虑。而塑料管的强度与温度和工作压力值有关，一般情况按降一级；第三种观点是复合管只考虑单一管材受力，如钢塑复合管只考虑钢管受力，不考虑塑料管受力；复合管的强度不应低于复合管材中强度高的管材的工作压力，即不低于钢管的工作压力，本条文按产品标准标称的公称压力确定。

4.1.2 管材留槽敷设，对房屋结构会有一定影响，横向敷设比竖向敷设影响更大，对于承重墙尤其需要慎重。本条根据相关结构规范规定，对横管嵌入承重墙体内敷设，要求预留管槽，目的在于施工时不盲目开凿，要求控制横向长度，以减小对结构体的影响。

4.2 材 料 选 用

4.2.4 复合管材有用于冷水输送的，有用于热水输送的，用于热水输送的也可用于冷水输送，因此管材按输送介质的分类可分为两类，本条明确了可用于冷水输送、热水输送的复合管材。冷水指常温水，水温小于等于40℃的水；热水指经过加热后的水，即水温大于40℃的水。不同塑料层耐热性能不同，条文将耐热聚乙烯和聚丙烯分为一类。可用于70℃以下的热水；将交联聚乙烯和氯化聚氯乙烯分为一类，可用于90℃以下的热水。

4.2.5 不同类型的复合管，其公称压力引自各相关的产品国家标准和行业标准。

4.2.8 用于消防给水系统的复合管材，目前只有涂塑钢管。消防给水系统用复合钢管要通过高温试验，在高温条件下接口不渗漏，管内不会堵塞，因此对涂层的要求较高，应符合消防检测要求。

4.2.9 埋地敷设的管材，一是耐腐蚀性能要好，二是对环刚度要有要求，条文推荐钢骨架聚乙烯复合管，原因在于耐腐蚀性能好。

4.2.10 分水器配水方式最早用于塑料管，后扩大应用于铜管，现再扩大应用于复合管。有些复合管系盘管供货，如铝塑复合管。采用分水器配水是十分合适的。

分水器配水的优点是：

1 减少接口数量，减少接口处的渗漏；

2 减少卫生器具在使用时的互相影响，保持流量和压力的稳定；

3 当分支管维修时，对其他卫生器具的使用不会造成停水影响；

4 接卫生器具的分支管可以采取缩径措施，节省管材；

5 综合造价低。

因此分水器供水方式本规程予以推荐。

铝塑复合管的铝塑焊接方式有搭接焊和对接焊两种，国内生产的铝塑复合管基本上都为铝管搭接焊的铝塑复合管，条文对此予以明确。

4.4 管道布置和敷设

4.4.5 建筑给水无抗震规范，而2008年5月12日的汶川地震告诉我们，地震区在房屋不坍塌的情况下，加强管道抗震性能是非常重要的，对及早恢复震区正常生活具有关键作用。尤其是消防给水管道，对控制震后引起的火灾不可缺少。根据2008年8月我们对绵竹市、汉旺镇和都江堰市的管道调查，总体上认为，管材抗震性能有以下情况：

1 灰口铸铁管、PVC-U管抗震性能差，球墨铸铁管、PE管抗震性能好；

2 刚性接口抗震性能差，而柔性接口抗震性能好；

3 墙内敷设，管材容易在穿越楼板处断裂，而外墙外敷设可以避免这一情况；

4 管道穿越楼板处设有套管，套管与管道之间采用柔性材料填充对管材影响小，而采用刚性材料，容易损坏管道。

4.6 管 道 防 腐

复合管中的钢塑复合管和内衬不锈钢复合钢管外壁都为碳钢管，埋地敷设都涉及防腐问题。因此本节着重谈碳钢管埋地敷设时的外壁防腐。

4.6.1 复合管外壁为碳钢管采用涂刷涂料去防腐时，防腐施工工序可参考表1规定。

表1 钢管涂料防腐施工工序

刷油种类	镀锌钢管		钢管	
	无装饰与标志要求	有装饰与标志要求	无装饰与标志要求	有装饰与标志要求
底漆	不刷	专用底漆两遍	防锈漆两遍	防锈漆两遍
面漆（不保温）	不刷	色漆两遍	银粉漆两遍	色漆两遍
面漆（保温）	不刷	保温层外色漆两遍	不刷	保温层外色漆两遍

注：钢塑复合管的面漆，如无特殊要求时，可采用调合漆。

4.7 管 道 保 温

4.7.7 复合管是两种不同的材料复合而成，因此复合管的导热系数是两种不同材料的导热系数经加权平均后计算而得的数字，条文提供计算公式用以计算复合管的导热系数。

5 施 工

5.2 管 道 连 接

管道连接方式是施工章的主要内容，具体内容列为附录，条文只明确何种复合管材采用何种连接方式，见相应的附录。

5.2.9～5.2.12 涂塑钢管在运输和施工过程中，涂层有时会脱落，一旦脱落，钢管内壁直接接触介质，引起锈蚀，因此应进行现场修补，自 5.2.9 条～5.2.12 条都是关于现场补口，局部修补等方面的规定，修补有人工修补和设备现场修补两种，可根据不同情况选择采用。

5.5 管道试验、冲洗和消毒

5.5.1 水压试验在现行国家标准中已有规定，本规程不予重复。而在《建筑给水排水及采暖工程施工质量验收规范》GB 50242 中，水压试验针对不同管材，要求是不同的，偏塑性复合管可按 GB 50242 塑料管对待处置；偏刚性复合管可按 GB 50242 钢管对待处置，中性复合管可按 GB 50242 复合管对待处置。三者不可混淆。

中华人民共和国行业标准

城建档案业务管理规范

Code for management of urban construction archives

CJJ/T 158—2011

批准部门：中华人民共和国住房和城乡建设部

施行日期：2 0 1 1 年 1 0 月 1 日

中华人民共和国住房和城乡建设部
公　　告

第871号

关于发布行业标准《城建档案业务管理规范》的公告

现批准《城建档案业务管理规范》为行业标准，编号为 CJJ/T 158－2011，自 2011 年 10 月 1 日起实施。

本规范由我部标准定额研究所组织中国建筑工业出版社出版发行。

中华人民共和国住房和城乡建设部

2011年1月7日

前　言

根据原建设部《关于印发〈2006年工程建设标准规范制订、修订计划（第一批）〉的通知》（建标［2006］77号）的要求，规范编制组经广泛调查研究，认真总结实践经验，参考有关国际标准和国外先进标准，并在广泛征求意见的基础上，制定本规范。

本规范的主要技术内容是：总则、术语、基本规定、业务指导、收集与移交、整理、编目、统计、鉴定、保管与保护、电子文件与电子档案管理、声像档案管理、信息化与信息安全、档案编研、信息公开与服务、综合评估体系以及相关附录。

本规范由住房和城乡建设部负责管理，由住房和城乡建设部城建档案工作办公室负责具体技术内容的解释。执行过程中如有意见或建议，请寄送住房和城乡建设部城建档案工作办公室（地址：北京市海淀区三里河路9号，邮政编码：100835）。

本规范主编单位：住房和城乡建设部城建档案工作办公室
北京市城建档案馆

本规范参编单位：南京市城建档案馆
天津市城建档案馆
沧州市城建档案馆
江西省住房和城乡建设厅城建档案办公室

本规范参加单位：青岛市城建档案馆

本规范主要起草人员：姜中桥　周健民　刘福利　张　斌　刘志清　秦屹梅　白　石　王恩江　胡士刚　赵丹群

本规范主要审查人员：陈智为　洪立波　张世林　夏宏图　杨佳燕　何　伟　谭家发　黄伟明　权进立

目　次

Contents

1 总 则

1.0.1 为加强城乡建设档案（以下简称城建档案）工作的业务建设，提高城建档案的标准化、规范化、科学化管理水平，制定本规范。

1.0.2 本规范适用于城建档案管理机构、建设系统各行业管理部门和建设工程档案形成单位的城建档案业务管理工作。

1.0.3 城建档案业务管理除应符合本规范外，尚应符合国家现行有关标准的规定。

2 术 语

2.0.1 城乡建设档案 urban-rural development archives

在住房和城乡规划、建设和管理活动中直接形成的对国家和社会具有保存价值的文字、图纸、图表、声像、电子文件、实物等各种形式和载体的历史记录，简称城建档案。

2.0.2 城建档案业务管理 urban-rural development archives management

为管理城乡建设档案而开展的一系列活动，包括业务指导、收集与移交、整理、编目、统计、鉴定、保管与保护、电子文件与电子档案管理、声像档案管理、信息化和信息安全、档案编研、信息公开与服务、综合评估体系等。

2.0.3 建设工程文件 engineering document

在工程建设过程中形成的各种形式的信息记录，包括工程准备阶段文件、监理文件、施工文件、竣工图和竣工验收文件，简称工程文件。

2.0.4 建设工程档案 engineering archive

在工程建设活动中直接形成的具有保存价值的文字、图纸、图表、声像、电子文件、实物等各种形式和载体的历史记录，简称工程档案。

2.0.5 建设系统业务管理档案 administration archives of construction system

建设系统各行业管理部门（包括城乡规划、城市建设、村镇建设、建筑业、住宅房地产业、勘察设计咨询业、市政公用事业等行政管理部门，以及供水、排水、燃气、热力、园林、绿化、市容、环卫、规划、勘测、设计、监理、抗震、人防、拆迁等专业管理单位）在业务管理和业务技术活动中形成的对国家和社会具有保存价值的不同形式的历史记录。

2.0.6 城乡建设声像档案 audio-visual archives generated from urban and rural development

记录反映城乡面貌和城乡规划、建设和管理活动，具有保存价值的，用照片、影片、录音带、录像带、光盘、硬盘等记载的声音、图片和影像等历史记录。

2.0.7 城建档案管理机构 urban-rural development archives organization

指城乡建设（或规划）行政主管部门设置的负责管理本地区城建档案事业的机构，或者受城乡建设（或规划）行政主管部门委托管理本地区城建档案工作的机构，以及收集、保管和提供利用本地区城建档案的城建档案馆、城建档案室。

2.0.8 业务指导 guidance for archival works

城建档案管理机构依据有关城建档案的法律、法规、规章和业务标准，对下级城建档案机构、建设系统各行业管理部门、建设工程档案形成单位的档案形成、积累、整理、编目、归档、移交等业务，进行登记、告知、督促、检查、验收以及提供咨询、培训、示范等的过程。

2.0.9 接收 receive

城建档案馆或城建档案室按照规定收存有关单位移交的城建档案和有价值的历史资料的过程。

2.0.10 移交 transfer

建设系统各行业管理部门和建设工程档案形成单位按规定将城建档案报送城建档案管理机构保存的过程。

2.0.11 工程档案移交责任书 contract for transfering engineering archive

建设单位在办理建设工程规划许可证或建设工程施工许可证前，与当地城建档案管理机构签订的关于工程档案移交内容、移交期限、有关要求、双方责任等内容的协议。

2.0.12 建设工程档案预验收 pre-acceptance of enginering archive

城建档案管理机构按照有关规定，在工程竣工验收前，对建设工程档案的完整、准确、系统性进行验收和评价的过程，也可称工程档案专项验收。

2.0.13 建设工程档案接收证明书 certificate of receiving engineering archive

城建档案管理机构在接收到建设单位所移交的符合规定要求的建设工程档案后，向建设单位出具的档案交接文据。

2.0.14 征集 collection

城建档案管理机构向社会征收、收集散存与散失的城建档案和其他相关文献的活动。

2.0.15 总目录 sequential catalogue

城建档案管理机构按档案接收时间的先后顺序进行登记而形成的目录。

2.0.16 必备目录 pre-requisite catalogue

为确保在脱离计算机状况下仍能查找、检索档案，城建档案管理机构必须具备的档案目录。

2.0.17 城建档案信息化 informatization of urban-rural development archives

通过计算机管理软件的开发或商品软件的选用、硬件设备的配备、网络体系的建设（包括局域网的建设、与政府网的连接、国际互联网的利用）、管理方式的转变，以及工作流程的规范，应用现代信息技术，对档案信息资源进行全面收集、科学管理、系统开发，为社会提供方便、快捷、全面、系统的信息利用服务。

2.0.18 城建档案数字化 digitization of records

用计算机技术将传统的档案信息，包括文字、字符、数字、声音、图形、图像等转换为存储在磁带、磁盘、光盘等载体上并能被计算机识别的数字信号的处理过程。

2.0.19 城建档案编研 compilation and research

以城建档案为主要研究对象，对城市规划、建设和管理中经常需要利用的信息，按照一定题目，经过选材、加工、分析、编辑和研究，汇总成一定专题资料的研究性工作。

2.0.20 技术服务 technical service

根据用户需求，利用档案管理技术、数字化处理设备、声像设备和人才资源，为用户提供档案整理编目、档案数字化和声像档案制作等服务活动。

2.0.21 信息咨询服务 information consultation service

根据用户委托，利用各种信息处理技术，通过收集、加工、整理、汇总、分析馆藏档案信息和其他各类信息，提供档案信息增值服务，满足用户提出的信息需求的经济活动。

3 基本规定

3.0.1 城建档案管理机构的业务工作应包括下列内容：

1 业务指导；

2 档案收集与移交；

3 档案整理；

4 档案编目；

5 档案管理情况统计；

6 档案鉴定；

7 档案保管与保护；

8 电子文件与电子档案管理；

9 声像档案管理；

10 档案信息化建设与信息安全；

11 档案编研；

12 档案信息公开与服务；

13 档案管理综合评估。

3.0.2 城建档案馆、城建档案室应重点管理下列档案：

1 城乡建设工程档案，包括下列内容：

1）工业与民用建筑工程档案；

2）市政基础设施工程档案；

3）公用基础设施工程档案；

4）交通基础设施工程档案；

5）园林建设、风景名胜建设工程档案；

6）市容环境卫生设施建设工程档案；

7）城市防洪、抗震、人防工程档案；

8）军事工程中，除军事禁区和军事管理区以外的穿越城乡行政区域的地下管线走向和有关隐蔽工程的位置图。

2 建设系统各行业管理部门形成的建设系统业务管理档案和业务技术档案。

3 有关城乡规划、建设和管理的方针、政策、法规、计划方面的文件、科学研究成果和城乡历史、自然、经济等方面的基础资料。

3.0.3 城建档案管理机构除应配备工程建设、勘察测绘等专业人才外，还宜配备计算机、声像制作等专业技术人才。

3.0.4 建设系统各行业管理部门的档案机构应负责本单位城建档案的收集、积累、归档、保管和提供利用工作，并应将需要长期和永久保存的城建档案向城建档案管理机构移交。城市房地产权属档案由房地产权属档案管理机构负责管理。

3.0.5 工程勘测、设计、施工、监理等单位应做好工程档案的收集、积累、归档、保管等工作，并及时交建设单位汇总。

3.0.6 工程建设单位应设置档案保管场所，配备城建档案工作人员，及时收集、妥善保管工程建设过程中产生的档案材料，并应按有关规定向当地城建档案管理机构移交。

3.0.7 城建档案管理机构、建设系统各行业管理部门和建设工程档案形成单位配备的档案工作人员应定期接受岗位培训。

4 业务指导

4.1 原则与要求

4.1.1 业务指导应遵循统一、分级、分类和重点指导的原则。

4.1.2 业务指导应符合下列要求：

1 执行国家的法律、法规和规章，贯彻有关标准规范；

2 以服务基层、方便用户为导向，改进工作方式，加强调查研究；

3 采用现代化手段，不断提高公共管理水平和效能，为社会提供高效优质的服务。

4.2 类型与内容

4.2.1 业务指导应包括下列三种类型：

1 上级建设或规划行政主管部门的城建档案管

理机构对下级城建档案管理机构的指导；

2 城建档案管理机构对建设系统各行业管理部门城建档案工作的指导；

3 城建档案管理机构对建设工程档案形成单位的城建档案工作的指导。

4.2.2 上级建设或规划行政主管部门的城建档案管理机构对下级城建档案管理机构的业务指导应包括下列内容：

1 指导、帮助下级城建档案管理机构了解、掌握国家有关档案工作、城建档案工作的法律、法规和规章，掌握业务监督、检查和指导的基本方法；

2 帮助下级城建档案管理机构理解和掌握各项业务标准、技术规范，指导建立、健全和组织实施城建档案工作的各项规章制度与业务标准、技术规范；

3 对下级城建档案机构的具体业务工作进行协调、监督、检查和指导；

4 对下级城建档案机构的工作开展情况进行综合评估，并对存在的问题提出整改意见和建议；

5 对下级城建档案机构其他各项工作的指导，包括对城建档案理论与科学技术研究的指导、对城建档案工作人员培训和继续教育的指导、对城建档案宣传、出版工作的指导等。

4.2.3 城建档案管理机构对建设系统各行业管理部门的指导应包括下列内容：

1 指导各部门、各单位全面理解和掌握国家有关城建档案工作的方针政策和法律法规；

2 帮助各部门、各单位全面理解和掌握城建档案工作基本知识和业务标准、技术规范，对其档案工作人员进行业务培训；

3 指导制定城建文件材料管理工作的计划、制度、办法；

4 指导、检查文件材料的形成、积累和立卷工作；

5 指导案卷的归档与整理；

6 参加重要活动文件材料的收集和验收；

7 指导城建档案移交工作。

4.2.4 城建档案管理机构对建设工程档案形成单位的城建档案工作的指导应包括下列内容：

1 帮助各单位全面理解和掌握国家有关城建档案工作的法律、法规和规章，使各单位了解和掌握应承担的责任与要求；

2 与工程档案形成单位签订建设工程档案移交责任书，并事先告知工程档案移交的有关要求；工程档案移交责任书可按本规范附录A的内容签订；

3 帮助各单位理解和掌握城建档案工作基本知识和业务标准、技术规范，督促、指导各单位收集、汇总勘测、设计、施工、监理等过程中所形成的建设工程文件材料，并应符合国家现行标准《建设工程文件归档整理规范》GB/T 50328和《建设电子文件与电子档案管理规范》CJJ/T 117的规定；

4 指导建设、勘测、设计、施工、监理等单位落实档案管理人员，设置档案保管场所，建立健全档案工作制度，做好工程文件材料的形成、积累工作；

5 在建设工程竣工验收前，对建设工程档案进行预验收，审核其内在质量和外在质量，对预验收合格的，出具建设工程档案预验收认可文件（建设工程档案预验收意见书），作为建设工程规划验收、竣工验收和办理建设工程竣工备案手续的条件之一；对不符合要求的提出限期整改意见；建设工程档案预验收意见书可按本规范附录B填写；

6 指导档案预验收合格的建设单位办理档案移交手续，出具建设工程档案接收和移交证明书，工程档案接收和移交证明书可按本规范附录C开具，所附移交档案目录可按本规范附录D填写。

5 收集与移交

5.1 形成、积累与归档要求

5.1.1 城建档案形成单位的档案收集工作应按下列分工进行：

1 工程建设、勘测、设计、施工、监理等单位负责收集本单位在工程建设活动中形成的应归档的工程文件；

2 建设单位负责收集和汇总勘测、设计、施工、监理等单位移交的工程文件；

3 建设系统各行业管理部门的档案室负责收集本单位产生的应归档的业务管理文件。

5.1.2 城建档案形成单位应建立健全文件材料的形成、积累与归档的规章制度，明确归档途径与方法。

5.1.3 建设单位在工程招标及与勘测、设计、施工、监理等单位签订协议、合同时，应对工程文件的套数、费用、质量、移交时间等提出明确要求。

5.1.4 工程文件形成单位应将文件的形成、积累和归档纳入工程建设管理的各个环节，纳入有关人员的职责范围和考核内容中。

5.1.5 工程文件形成单位应明确专人负责收集和积累工程文件，做到工程文件的收集、整理、归档与建设工程的进度保持同步。

5.1.6 建设单位的档案部门应参加建设工程的竣工验收，检查档案的真实性、完整性、准确性和系统性，检查文件材料是否符合归档要求。

5.1.7 城建档案管理机构收集本行政区域内形成的建设工程档案、建设系统各行业管理部门形成的应永久和长期保管的业务管理档案，收集与归档的范围按本规范第3.0.2条执行。

5.1.8 归档文件应为原件，内容必须真实、准确，与工程实际相符。

5.1.9 归档文件的质量应符合下列规定：

1 归档文件的纸张应采用能够长期保存的韧性大、耐久性强的纸张；

2 归档文件应采用耐久性强的书写材料，不得使用易褪色的书写材料；

3 计算机输出文字和图件应使用激光打印，不宜使用色带式打印机、水性墨打印机和热敏打印机；

4 归档文件应字迹清楚，图样清晰，图表整洁，签字盖章手续应完备；

5 归档文件材料幅面尺寸规格宜为A4幅面，图纸宜采用国家标准图幅；

6 归档文件必须经过分类整理，并组成符合要求的案卷（册、盒）。

5.2 接收与移交

5.2.1 城建档案管理机构对建设系统业务管理档案的接收可按下列步骤进行：

1 拟定年度接收工作任务目标；

2 确定接收工作的重点及对象；

3 组织实施人员分工；

4 对拟接收档案的单位开展接收前的业务指导和服务；

5 审核准备移交的档案内容；

6 审核档案的内、外在质量；

7 核对移交清单与实物，填写建设系统业务管理档案接收和移交证明书，接收和移交证明书可按本规范附录E填写，所附移交档案目录可按本规范附录D填写；

8 双方在建设系统业务管理档案接收和移交证明书上签名盖章。

5.2.2 城建档案管理机构对建设工程档案的接收应按下列步骤进行：

1 核对档案移交目录和档案实物，填写建设工程档案接收和移交证明书，证明书可按本规范附录C开具，所附移交档案目录可按本规范附录D填写；

2 办理接收手续，双方在建设工程档案接收和移交证明书上签名盖章。

5.2.3 城建档案形成单位移交档案的时间应符合下列规定：

1 建设工程的勘测、设计、施工、监理等单位应在本单位承担的工程任务完成后，将本工程形成的文件立卷后向建设单位和本单位的档案机构移交；

2 建设单位对列入城建档案管理机构接收范围的工程，应在工程竣工验收后3个月内向当地城建档案管理机构移交；

3 地下管线工程档案应在工程竣工验收备案前向城建档案管理机构移交；

4 建设系统各行业管理部门形成的各种业务管理档案，应及时向本单位档案机构移交，并应在本单位保存使用1年～5年后，将需要永久和长期保管的档案向城建档案管理机构移交；

5 城市地下管线普查和测绘形成的地下管线档案，应在普查、探测结束后3个月内向城建档案管理机构移交；

6 地下管线专业管理单位每年应向城建档案管理机构报送一次更改、报废、补测部分或修测的地下管线现状图和资料。

5.2.4 接收和移交档案必须办理交接手续。

5.2.5 交接手续应符合下列规定：

1 交接双方必须根据档案移交目录核对，核对无误后在移交书上签名盖章；

2 建设系统业务管理档案接收和移交证明书、工程档案接收和移交证明书一式两份，一份由移交单位保存，一份由接收单位保存。

5.3 征　　集

5.3.1 城建档案管理机构对散存、散失的具有永久保存价值的城建档案，应予以征集，征集范围可包含下列内容：

1 历代形成的反映本城市（镇）自然面貌、发展变迁，记录各项工程建设的档案史料，包括图纸、图表、图书、报刊、画册、文件、报表、照片、录像带、电影拷贝、模型等；

2 对国家和社会具有保存价值或者应保密的档案；

3 城市历史、自然、经济等方面的基础资料。

5.3.2 城建档案征集的对象可包括有关部门、大专院校、科研部门、图书馆、史志办等相关单位，以及长期从事城乡规划、建设和管理活动的领导、专家、工程技术人员等。

5.3.3 城建档案管理机构征集档案可采用下列方法进行：

1 发布征集广告；

2 走访有关单位和相关人员；

3 接受捐赠；

4 接受寄存、代为保管；

5 收购、征购；

6 其他合法方式。

5.3.4 城建档案管理机构开展征集工作应符合下列规定：

1 应有2名以上工作人员共同进行；

2 征集城建档案时，征集人员应主动出示表明身份和工作任务的证明文件；

3 征集人员应自征集完成之日起10日内将征集到的城建档案交城建档案管理机构；

4 城建档案管理机构应将征集的档案登记造册；

5 对征集到的档案真伪或者价值有异议的，城建档案管理机构或者档案所有人可以提请城建档案鉴定委员会鉴定、评估；

6 城建档案鉴定委员会由当地城建档案管理机构聘请有相关知识的专家组成；鉴定、评估档案应有3名以上相关专家共同进行。

5.3.5 城建档案管理机构应鼓励单位和个人捐赠档案，可采用下列方式进行：

1 向捐赠者颁发档案捐赠证明；

2 明确捐赠者有优先和无偿利用所捐赠档案的权利；

3 明确在一定的时间范围内捐赠者对所捐赠档案有限制他人利用的权利。

6 整 理

6.1 整理的原则和内容

6.1.1 城建档案整理应遵循城建文件材料的自然形成规律，保持文件材料之间的有机联系，充分尊重和利用原有的整理基础，便于保管和提供利用。

6.1.2 整理工作应包括下列内容：

1 分类；

2 立卷；

3 案卷排列。

6.2 分 类

6.2.1 分类应遵循下列原则：

1 符合城建档案形成单位及其专业活动的性质和特点；

2 根据文件材料的内容，选择和运用适当的分类方法；

3 遵循文件材料的形成规律，保持文件材料的有机联系。

6.2.2 分类可采用下列方法：

1 年度分类法；

2 专业分类法；

3 工程（项目）分类法；

4 程序分类法；

5 问题分类法；

6 载体分类法；

7 权属分类法。

6.2.3 当文件材料较多时，应将年度、专业、工程（项目）、程序、问题等分类方法结合运用。可将年度、专业、工程（项目）相结合，形成“年度—专业—工程（项目）”分类法，也可将工程（项目）、程序、专业相结合，形成“工程（项目）—程序—专业”分类法。

6.2.4 业务管理档案宜采用“年度—专业—工程（项目）”分类法，或“年度—工程（项目）”、“年度—问题”分类法。

6.2.5 工程档案宜采用“工程（项目）—程序—专业”分类法。

6.3 立 卷

6.3.1 立卷应遵循下列原则：

1 遵循城建文件材料的形成规律，最大限度地保持卷内文件材料的完整、准确和系统；

2 遵循案卷内文件材料保存价值及密级大体相同的原则；

3 案卷不宜过厚，文字材料卷厚度不宜超过20mm，图纸卷厚度不宜超过50mm；

4 案卷内不应有重份文件，不同载体的文件应分别组卷。

6.3.2 立卷应按下列程序进行：

1 根据立卷原则，确定归入案卷的文件材料；

2 排列卷内文件材料；

3 案卷编目。

6.3.3 卷内文件材料的排列可采用下列方法：

1 按重要程度排列；

2 按时间顺序排列；

3 按文件材料之间的逻辑关系排列；

4 按文件材料的客观形成过程排列；

5 按文件材料所反映的对象在工程程序上的衔接关系排列。

6.3.4 卷内图纸的排列可采用下列方法：

1 按专业排列，同专业图纸按图号顺序排列；

2 按总体和局部的关系排列，反映总体、全局、系统的图纸在前，反映局部、单项的在后；

3 按比例尺排列。

6.3.5 文图混合组卷的，文字材料应排列在前，图纸应排列在后。

6.3.6 案卷的编目包括卷内文件页号、卷内目录、卷内备考表、案卷封面的编制等内容。具体编目方法应按现行国家标准《建设工程文件归档整理规范》GB/T 50328 的要求进行。

6.4 案卷的排列

6.4.1 单个工程的案卷，文件卷应排在前面，图纸卷排在后面；文件材料卷应按问题、时间或重要程度排列；图纸卷应按单位工程、分部工程和专业排列。

6.4.2 业务管理案卷可按文号（项目号）、程序、时间等排列。

7 编 目

7.1 编目工作的内容

7.1.1 城建档案管理机构、建设工程档案形成单位档案室、建设系统各行业管理部门档案室应对所存档案进行编目。

7.1.2 编目工作应包括城建档案著录、标引、目录组织等内容。

7.1.3 目录应包括下列种类：

1 工程（项目）目录、案卷目录和文件目录；

2 计算机机读目录、缩微目录、卡片式目录、书本式目录；

3 题名目录、责任者目录、分类目录、主题目录；

4 总目录、部门目录、特藏目录、联合目录；

5 公开目录、内部管理目录。

7.2 著 录

7.2.1 著录项目的划分与细则应按现行国家标准《城市建设档案著录规范》GB/T 50323的要求实施。

7.2.2 著录级别与著录详简级次、著录文字要求、著录信息来源等，应按现行国家标准《城市建设档案著录规范》GB/T 50323的要求实施。

7.2.3 著录格式应符合现行国家标准《城市建设档案著录规范》GB/T 50323的要求。

7.2.4 城建档案管理机构、建设工程档案形成单位档案室、建设系统行业（专业）管理部门档案室可根据城建档案信息管理、开发利用的需求，增加著录项目，加大著录深度，扩大著录范围。

7.2.5 城建档案管理机构、工程档案形成单位档案室、建设系统专业管理部门档案室的著录工作的组织管理应按下列方法进行：

1 应以现行国家标准《城市建设档案著录规范》GB/T 50323为基础，根据馆藏特点制定本单位的著录细则；

2 选择适当的著录级别，保证档案的检索深度；

3 确定恰当的工作环节开展著录工作，保证著录工作的正常开展。

7.3 档 案 标 引

7.3.1 档案标引可包括分类标引和主题标引。

7.3.2 分类标引应遵循下列原则：

1 以国家机构、社会组织从事社会实践活动的职能分工为基础，结合档案记述和反映的事物属性关系，并兼顾档案的其他特征；

2 城建档案管理机构应以城市建设档案分类大纲为依据，编制科学、切实可行的分类法则；

3 建设系统业务管理档案以及工程建设、勘测、设计、施工、监理等单位管理的城建档案分类由形成单位按照本单位制定的分类体系进行；

4 档案分类标引应充分考虑实际的检索需求和检索方式，根据档案的具体内容和社会需求，选定适当的标引深度；

5 档案分类标引必须按专指性的要求，分入恰当的类目，不得分入较宽的上位类或较窄的下位类；

6 档案分类标引应保持一致性。

7.3.3 主题标引应遵循下列规则：

1 应以现行国家标准《文献主题标引规则》GB/T 3860为依据，以《中国分类主题词表》为补充；

2 标引深度不宜超过10个主题词；

3 城建档案的主题标引对象应分为工程（项目）、案卷和文件三个层次；

4 主题标引应客观地揭示出城建档案所记载或论述的对象的主题概念；

5 城建档案的主题概念，是标引的主要概念和主要对象；

6 应采取概括的整体标引和重点性的分析标引相结合的原则，进行适度标引；

7 应尽可能保持中心主题标引与该档案主要分类标引的匹配；

8 使用关键词标引应严格控制。

7.3.4 标引应按下列步骤进行：

1 进行主题分析，包含下列内容：

1）审读档案；

2）阅读题名；

3）浏览正文；

4）查阅档案的外部特征。

2 进行概念转换，包含下列内容：

1）对分类标引进行概念转换，赋予分类标识；

2）对主题标引进行概念转换，赋予主题词或关键词。

3 进行审校。

7.3.5 档案标引应加强质量管理，保证标引的客观性、专指性、全面性、一致性与适当的标引深度。

7.3.6 保证标引工作质量可采取下列措施：

1 科学的组织管理标引工作；

2 提高标引人员的业务水平；

3 提高标引工具本身的质量。

7.4 目录的编制与组织

7.4.1 城建档案管理机构、建设工程档案形成单位档案室、建设系统各行业管理部门档案室对城建档案应建立一套科学合理的目录体系。

7.4.2 目录检索体系，应由两种以上目录（检索工具）构成，每一种目录应具有其他目录所不能替代的功能，形成覆盖馆藏全部档案的检索系统。

7.4.3 目录系统应能够从不同层次来揭示档案信息，提供方便、快捷、多途径的查询手段。各种目录特别是机读目录应简明易懂，使不同文化水平的利用者都能运用。

7.4.4 目录的编制应及时、准确，做到账物相符。

7.4.5 城建档案管理机构应根据需要编制各种专题

目录。

7.4.6 工程档案形成单位档案室、建设系统专业管理部门档案室应结合管理与利用工作的需要编制分类目录、总目录、专题目录等。

7.4.7 城建档案管理机构对所保存的城建档案必须编制必备目录。必备目录必须打印成册，妥善保管，并应及时更新。

7.5 必备目录

7.5.1 城建档案必备目录应包括城建档案总目录和城建档案分类目录。

7.5.2 城建档案总目录应按档案接收进城建档案馆或城建档案室的先后顺序，以工程（项目）或案卷为单位进行编制。城建档案总目录包括工程（项目）级总目录和案卷总目录两种，编制单位可根据实际情况选择其中一种。

工程（项目）级总目录应按本规范附录F编制；案卷总目录应按本规范附录G编制。

7.5.3 城建档案分类目录应包括工程（项目）级分类目录和案卷分类目录两种，编制单位可根据实际情况选择其中一种。

工程（项目）级分类目录应按本规范附录H编制；案卷分类目录应按本规范附录J编制。

7.5.4 工程档案形成单位和建设系统各行业主管部门的分类目录应根据国家和本单位有关规定编制；城建档案管理机构的分类目录应按城市建设档案分类大纲编制。

8 统 计

8.1 统计工作的任务和内容

8.1.1 统计工作的基本任务应为：对城建档案和城建档案工作的开展情况进行统计调查、整理、分析，提供统计数据和分析资料。

8.1.2 统计工作应包括下列主要内容：

1 统计调查；

2 统计整理；

3 统计分析；

4 统计年报。

8.2 统计工作的要求

8.2.1 城建档案统计工作应建立健全工作制度，指派专人从事城建档案统计工作。

8.2.2 城建档案统计数据应确保准确、真实。

8.2.3 统计工作应按照上级部门规定的统一方法、计量单位、报表格式进行。

8.2.4 统计报表应字迹工整、清晰，并应按上级部门规定的时间要求及时报送。

8.2.5 填写统计报表应认真、严谨，不得伪造。

8.2.6 各类档案统计报表及综合统计报表，除报上级部门外，本单位应留一份存档备查。

8.3 统计工作的步骤和方法

8.3.1 统计工作应按统计调查、统计资料整理、统计分析、汇总上报四个步骤进行。

8.3.2 统计调查应包括下列两种情况：

1 常规性统计，即对城建档案的构成数量、保管状况、鉴定情况，利用情况及机构队伍等基本情况进行的定期统计调查；

2 专门组织的统计，即为完成某种调查任务的需要而专门组织的一次性全面调查统计。

8.3.3 统计资料整理应包括下列内容：

1 城建档案统计分组，将被研究的城建档案工作现象总体按照一定的标志划分为若干个不同类型的组进行整理；

2 形成城建档案统计表。

8.3.4 统计分析可采用专题分析、综合分析、对比分析、分组分析等方法。

8.3.5 统计材料的汇总上报可根据要求采取下列方法：

1 逐级汇总上报；

2 集中汇总上报；

3 越级汇总上报。

8.4 主要统计报表

8.4.1 统计报表应包括城建档案工作基本情况统计报表、馆藏档案分类统计表、城建档案接收、移出、销毁统计表、城建档案鉴定情况统计表、城建档案整理情况统计表、城建档案利用情况统计表等，城建档案管理机构、建设工程档案形成单位档案室、建设系统行业（专业）管理部门档案室可根据工作需要选用。

8.4.2 城建档案工作基本情况统计报表内容应包括组织机构、人员状况、馆库面积、馆藏等情况统计，城建档案管理机构应按本规范附录K进行填写。

8.4.3 馆藏档案分类统计表内容应包括各类档案、资料的数量，可按本规范附录L填写。

8.4.4 城建档案接收、移出、销毁、现存情况统计表内容应包括各类城建档案的接收、移出、销毁、现存等数量的统计，可按本规范附录M填写。

8.4.5 城建档案鉴定情况统计表内容应包括各类城建档案的鉴定时间、划定的保管期限和密级、现有档案数量、已鉴定数量、未鉴定数量和销毁档案等，可按本规范附录N填写。

8.4.6 城建档案整理情况统计表内容应包括各类馆藏档案的数量及整理、鉴定情况，可按本规范附录P填写。

8.4.7 城建档案利用情况统计表内容应包括查档数量、查档单位分类、查档人员分类、查档用途分类等情况，以及出具证明、复制数量等情况，可按本规范附录Q填写。

9 鉴　　定

9.1 鉴定工作的内容

9.1.1 档案价值鉴定工作应包括下列主要内容：

1 制定价值鉴定的统一标准及各类档案的保管期限表；

2 具体分析档案的价值，划分和确定不同档案的保管期限；

3 将无保存价值的和保管期满的档案予以销毁；

4 确定归档文件的密级；

5 定期对所保管的档案进行降密与解密；

6 围绕上述工作而开展的一系列鉴定组织工作。

9.2 鉴定工作的要求

9.2.1 鉴定应从国家和社会的整体利益出发，用全面的、历史的、发展的观点判定档案的价值。

9.2.2 应对档案进行鉴定，可按本规范附录R填写城建档案鉴定表。

9.2.3 城建档案保存单位应定期开展鉴定工作，优化馆藏档案质量和馆藏结构。

9.3 鉴定的基本工作方法

9.3.1 档案鉴定宜采用直接鉴定法，即城建档案的鉴定人员通过直接审查城建档案材料的内容及各种特征来鉴定其保存价值和密级。

9.3.2 档案鉴定应依据城建档案保管期限表、档案密级及控制利用范围的规定，结合档案自身特点和状况，以及社会利用的需要等进行。

9.3.3 档案的价值可从下列方面进行分析：

1 档案的内容；

2 档案的来源、时间和形式等；

3 档案的完整程度。

9.4 档案室鉴定工作

9.4.1 建设系统各行业（专业）管理部门档案室、建设工程档案形成单位档案室的鉴定工作包括归档时对文件材料的鉴定和对所保管档案的鉴定两种工作。

9.4.2 档案鉴定工作应由档案室会同本单位技术负责部门、业务部门共同进行。

9.4.3 档案室应会同本单位技术负责部门、业务部门制定本单位文件材料归档范围、档案密级与保管期限表，经单位领导人批准后执行，并据此进行档案鉴定工作。

9.4.4 归档的案卷封面上必须注明密级与保管期限。

9.4.5 档案室在检查归档案卷质量时，应检查其密级与保管期限的准确性。

9.4.6 档案室应根据保管期限规定，每年或按规定时间将保管期满的档案调出，经本单位技术负责部门、业务部门、主管领导审阅，认定无需继续保存的，即可销毁。

9.4.7 档案室应根据保密规定，每3年～5年对档案密级进行一次鉴定，根据经济社会和科技发展形势，将可解密或降低密级的档案拣出，经主管部门和保密部门审阅批准后，方可解密或降密。

9.5 城建档案管理机构鉴定工作

9.5.1 城建档案管理机构的档案鉴定可包括对接收进馆档案的鉴定和对馆藏档案的鉴定两部分。

9.5.2 城建档案管理机构在档案接收进馆时，应对档案的密级、保管期限等进行审核鉴定。

9.5.3 城建档案馆的馆藏档案鉴定工作，应由专门的鉴定工作小组和鉴定委员会进行。

9.5.4 鉴定工作小组应由城建档案馆工作人员组成，其主要任务应包括下列内容：

1 根据城建档案保管期限表和有关法律、法规、规章和标准，制定详细的鉴定标准和工作方案；

2 对馆藏档案进行具体的鉴定工作；

3 列具拟降密、解密档案清册、拟销毁档案清册、拟开放档案目录、拟划控使用档案目录等；

4 撰写鉴定工作报告，写明鉴定工作过程、鉴定工作标准、拟降密解密档案内容分析、拟销毁档案内容分析、拟开放档案内容分析、拟划控使用档案内容分析，以及对重点、难点问题的处理意见等。

9.5.5 鉴定委员会由城建档案馆馆长、馆内有关业务人员、相关专业管理部门的代表以及与被鉴定档案有关的单位负责人（或代表）、有关专家参加。

9.5.6 鉴定委员会的工作应包括下列内容：

1 讨论、审查鉴定工作标准和工作方案；

2 讨论、审查鉴定工作报告和拟降密、解密档案清册、拟销毁档案清册、拟开放档案目录、拟划控使用档案目录等，必要时，还应直接审查或抽查有关档案；

3 形成鉴定委员会审查意见。

9.5.7 城建档案管理机构应将鉴定委员会审查意见、鉴定工作报告、拟降密或解密档案清册、拟销毁档案清册、拟开放档案目录、拟划控使用档案目录等，送档案形成单位征求意见。

9.5.8 档案形成单位反馈意见后，形成鉴定结果。

9.5.9 根据鉴定结果，对拟降密、解密、销毁的档案必须编制拟降密、解密、销毁档案报告和销毁清册，并应报有关部门审查；档案的降密、解密或销毁必须得到有关部门的批准。

9.6 档案的降密、解密与销毁

9.6.1 降密、解密、销毁和保管期限变更档案清册被批准后，应在相应的案卷封面上重新标注新的保管期限和密级，并应更改相应的各种目录、数据库记录等，使其与鉴定结果相一致。对确定失去保存价值的城建档案，按规定程序报批后，可剔除销毁。

9.6.2 降密、解密、销毁和保管期限变更档案清册应一式两份，一份留在城建档案管理机构永久保存，一份报上级主管机关及业务主管机关。

9.6.3 准备销毁的档案，在未批准前，应单独保管，以便审批时检查。

9.6.4 城建档案馆对确定销毁的城建档案应设定1年～2年的待销期，以免误销。

9.6.5 销毁时应在2名及以上监销人监督下，送指定单位销毁。销毁工作应注意保密与安全。销毁完毕后，监销人应在销毁报告上签字。

9.6.6 城建档案销毁后，应将销毁的档案从各种目录及数据库中注销。

10 保管与保护

10.1 档案室库房要求

10.1.1 建设系统各行业管理部门档案室应设有档案库房，库房面积应满足档案存储的需求。库房应与办公、查阅等用房分置。

10.1.2 库房应有良好的适宜保管档案的环境和条件，并应符合防火、防盗、防震、防高温、防潮、防霉、防尘、防光、防有害气体、防有害生物等要求。

10.1.3 库房应配置足够数量的档案柜、档案架，档案装具应符合现行行业标准《档案装具》DA/T 6的规定。

10.1.4 库房应配置吸尘器、温湿度测量仪、去湿机、空调等必要的保管设备。

10.2 工程建设中文件材料管理要求

10.2.1 工程现场或工程管理部门应设置临时档案库房，保管工程建设中产生的各种文件材料。

10.2.2 档案库房应符合防火、防盗、防潮、防高温、防鼠、防尘等要求，并应配置必要的、满足需要的档案装具。

10.2.3 工程现场或工程管理部门应配置满足档案收集、整理、保管、利用等工作开展的必要设备和工具。

10.3 城建档案管理机构用房、设备、装具要求

10.3.1 城建档案馆建筑设计应按现行行业标准《档案馆建筑设计规范》JGJ 25执行。

10.3.2 城建档案管理机构应按防火、防盗、防震、防高温、防潮、防霉、防尘、防光、防有害气体、防有害生物等要求配备档案防护设备。

10.3.3 城建档案管理机构应配备声像制作、电子档案管理等技术设备。

10.3.4 档案装具的制作应符合国家现行标准《建设工程文件归档整理规范》GB/T 50328和《档案装具》DA/T 6的规定。

10.4 城建档案管理机构日常设备管理要求

10.4.1 所有设备应登记造册，建立设备档案，统一管理，加强维护保养。

10.4.2 各种设备应确定专人使用和保养，应制定设备使用和维护保养制度，建立岗位责任制。

10.4.3 设备的维护保养制度应包括下列内容：

1 防火、防盗设备的定期检查、检测；

2 档案装具的定期除尘和检查维修；

3 消毒设备的定期检查维修以及防虫防霉药剂的更新；

4 声像设备的定期维护保养；

5 电子计算机系统的定期维护保养以及更新升级；

6 复印机、扫描仪等设备的定期维护保养。

10.4.4 设备的维修保养情况应作记录，并应存入设备档案备查。

10.4.5 各种设备的使用、操作人员应具有相应的专业知识或经过专业培训，确保设备正常使用，避免因操作不当而损坏设备。

10.4.6 各种设备用房均应配置通风及空调设备，安装防盗门窗，确保设备完好无损。

10.4.7 城建档案管理机构应加强电源线路的检查维修，避免因电源故障而损坏设备，当遇雷雨天气时，应及时断开相关设备的电源。

10.5 城建档案管理机构库房管理

10.5.1 库房管理工作应有专人负责。

10.5.2 库房应采取防火、防盗、防潮、防高温、防虫、防光、防鼠、防有害气体等防护措施。

10.5.3 有两个及以上库房的城建档案管理机构应进行库房编号，编号应采用流水号顺序编排。

10.5.4 库房内档案架、档案柜的排放和编号应符合下列规定：

1 应根据档案库房大小、形状、朝向合理排放和布置档案架、档案柜，应方便存放、便于通风和自然采光；

2 档案架、档案柜排列应与窗户垂直，架侧、柜侧与墙壁间距不应小于60cm，架背、柜背与墙壁之间的距离不应小于10cm，前排与后排间距应保持

1.0m～1.2m左右；

3 库内的档案架、档案柜应统一编号。编号宜自门口起从左至右流水编号，每个档案架、档案柜的栏也宜从左向右编号，每栏的格宜自上而下编号，并以标签的形式在架、柜上标出编号。

10.5.5 城建档案管理机构应编制档案存放位置索引，每个库房档案柜、档案架内档案存放的实际情况应绘成平面示意图，供保管和调卷人员使用。

10.5.6 调阅档案宜实行档案代卷卡制度，档案出库后将代卷卡放在被暂时移出档案的位置上，用以掌握档案的流动情况和随时做好安全检查工作。

10.5.7 城建档案装入档案柜或密集架时均应采用分类排列法或顺序排列法进行。

10.5.8 档案的排架和存放应符合下列规定：

1 绝密、重要以及珍贵的档案应与其他档案分开存放；

2 不同载体形式的档案应分库存放；

3 底图、地形图等应采用平放方式保存，板图可装在袋内或保护夹内，竖立放置或平放在柜架上；

4 录音录像、磁盘等磁性载体的档案应放入专门的档案柜中保管。

10.5.9 档案的摆放可分别采用下列方法：

1 竖放；

2 平放；

3 卷放。

10.6 保 护

10.6.1 不同载体档案的库房温湿度应符合表10.6.1的规定。

表10.6.1 档案库房温湿度控制标准

档案类型	温度	相对湿度	昼夜温度变化	相对湿度昼夜变化
纸质档案	14℃～24℃	45%～60%	±2℃	±5%
底片档案	13℃～15℃	35%～45%	±3℃	±5%
照片档案	14℃～24℃	45%～60%	±3℃	±5%
磁性载体档案	17℃～20℃	35%～45%	±3℃	±5%
光盘档案	14℃～24℃	45%～60%	±2℃	±5%

10.6.2 库房应进行不间断的温湿度测量、记录，温湿度记录应按本规范附录S登记。

10.6.3 控制档案库房温度、湿度，可分别采取下列措施：

1 当库内温度、湿度高于控制标准而库外温湿度较低时，应开窗通风，或使用通风机、风扇等进行通风；

2 当库内温度、湿度符合控制标准而库外温湿度较高时，应密闭窗门；

3 当库内湿度大于控制标准时，应采取通风、开启去湿机等方式减湿；

4 当库内湿度小于控制标准时，应使用加湿器、地面洒水等方式增湿；

5 当库内温度高于控制标准时，应使用空调设备降温；

6 当库内温度低于控制标准时，应使用空调设备增温。

10.6.4 新建库房竣工后，应经6～12个月干燥后方可投入使用。

10.6.5 档案防光应采取下列措施：

1 在档案的整理、保管和利用过程中应采取防光措施，减小光辐射的强度和辐照时间，以避光保存为宜，严禁在阳光下曝晒档案；

2 档案库房宜使用乳白色防爆灯罩的白炽灯，照度宜为30lx～50lx为宜，阅览室宜为75lx～100lx为宜。当采用荧光灯时，应有过滤紫外线和安全防火措施；

3 库房的窗洞面积应符合现行行业标准《档案馆建筑设计规范》JGJ 25的要求，窗户应采取不透光的窗帘、遮阳板、防紫外线玻璃等遮阳措施；

4 不宜在强光下长时间利用档案，珍贵档案原件复印次数不宜过多。

10.6.6 档案库房应采取防尘、防空气污染措施，并应符合下列规定：

1 当新建库房选址时，应远离锅炉房、厨房、有污染的车间等场所，并应提高档案库房周围的绿化覆盖率；档案库房所处地区及周围环境空气的质量，不应低于二级质量标准；

2 档案库房门窗应加装密封条，库房进风口处应设置净化空气装置和阻隔性质的微粒过滤器，净化和过滤库房空气；

3 库房维护结构的内层应选用质地坚硬耐磨的材料，或采用高分子涂料喷刷库房地面和墙面；

4 档案入库前应进行除尘消毒处理，工作人员入库应更换工作服；

5 应制定卫生清洁制度，清洁库房卫生应使用吸尘器，先吸门窗、地板，后吸柜架。

10.6.7 档案库房应采取防虫、防霉和防鼠害措施，并应符合下列规定：

1 档案入库前应进行灭菌消毒，防止带菌的档案入库污染其他档案；库房内严禁堆放杂物，严禁把食物带入库房内；新库房和新柜架启用前，应先使用药物进行密闭消毒；

2 加强库房温、湿度的控制和调节，库房温度、湿度应控制在本规范第10.6.1条规定的范围；

3 库房和办公用房应分设；

4 库房应使用防霉剂等药剂防霉；

5 库房应经常放置和定期更换防虫药物；

6 库房应安装纱门、纱窗，门窗应严密；

7 应做好库房虫情、鼠情观察记录工作，并应采取适当的消杀措施。

10.6.8 档案库房应采取防火、防盗措施，并应符合下列规定：

1 应加强防火意识教育，使每一位工作人员掌握防火、灭火知识和技术；

2 应制定防火、防盗制度，配备足够有效的灭火装置，安装防盗门和防盗栏，安装自动防火防盗报警系统；

3 库房内外严禁堆放易燃易爆物品，库房内严禁吸烟，严禁闲人进入；

4 应定期检查库内电器和电线老化程度，防止电器、电线老化引起火灾。

10.6.9 城建档案管理机构应对水灾、火灾、偷盗等突发事件制定应急预案。应急预案应包括领导小组及其职责、应急队伍及任务、应变程序启动及组织、抢救档案的先后顺序、搬运路线、转移后的管理及保护等内容。

10.7 缩 微

10.7.1 缩微拍摄的城建档案文件和图纸应为原件。通过数字胶片打印机制作缩微片时，应保证所用数据为原始数据。

10.7.2 城建档案缩微宜采用 35mm 卷片拍摄，工程图纸原件和拍摄工作应符合现行国家标准《技术图样与技术文件的缩微摄影 第1部分：操作程序》GB/T 17739.1 的要求。

10.7.3 缩微拍摄前应对原件的质量和数量进行审核。

10.7.4 缩微拍摄前应编制缩微目录。

10.7.5 缩微拍摄的影像排列顺序应分为片头区、原件区和片尾区。

10.7.6 需补拍时应作出更正说明；接续片的片尾片头应做拍摄标识符号；接片应符合现行国家标准《缩微摄影技术 有影像缩微胶片的连接》GB/T 12355 的规定。

10.7.7 缩微拍摄后应对缩微片进行质量检查，检查项目应包括密度值、解像力、硫代硫酸盐残留量和外观。其质量应符合现行国家标准《技术图样与技术文件的缩微摄影 第2部分：35mm 银—明胶型缩微品的质量准则与检验》GB/T 17739.2 和《缩微摄影技术 源文件第一代银—明胶型缩微品密度规范与测量方法》GB/T 6160 的规定。

10.7.8 向城建档案管理机构报送的城建档案缩微品应包含缩拍目录、补拍说明、更正说明、执行的技术标准。

10.7.9 缩微片应保存两套，一套为用于长期保存的母片，另一套为用于复制和使用的二代拷贝片。

10.7.10 缩微品的保管环境应保持恒温恒湿，其保存应符合现行国家标准《缩微摄影技术 银—明胶型缩微品的冲洗与保存》GB/T 15737 的要求，每年应抽取保管总量的20%对缩微片的情况进行检查。

10.8 修 复

10.8.1 档案修复应符合现行行业标准《档案修裱技术规范》DA/T 25 的规定，并应符合下列要求：

1 保持档案原貌；

2 不损坏档案原件；

3 有利于延长档案寿命。

10.8.2 档案修复前应做好下列准备工作：

1 登记；

2 检查；

3 除尘；

4 制定修复方案。

10.8.3 去污可采取下列方法：

1 机械去污；

2 水洗去污；

3 有机溶剂去污；

4 氧化去污。

10.8.4 去酸可采用下列方法：

1 液相去酸；

2 气相去酸。

10.8.5 档案加固可采用下列方法：

1 涂料加固；

2 丝网加固；

3 塑料薄膜加固。

10.8.6 档案修裱材料和技术方法应符合下列规定：

1 修裱应使用黏性适中、化学性能稳定、中性或微碱性、不易生虫、不易长霉、色白或无色透明，具有可逆性的粘合剂；

2 修裱用纸应选择有害杂质少、有较好的耐久性、纤维交织均匀、纸张薄而柔软、有一定强度、纸张呈中性或弱碱性的接近档案原件颜色的纸张；宜使用宣纸、毛边纸、棉纸、韩纸、云母原纸、卷烟纸等手工纸；

3 应针对档案残缺、破损情况采取适当的修裱方法，可选用补缺、溜口、加边、接后背、托裱等修裱方法；

4 修裱后的档案应经过干燥、修整。

10.8.7 档案字迹恢复可采用下列方法：

1 物理法显示字迹；

2 化学法恢复字迹。

10.8.8 档案修裱设备、工具、材料的准备与选择、修裱前期准备工作，以及档案修补技术、揭补技术、托裱技术、丝网加固技术、地图托裱技术等，应按现行行业标准《档案修裱技术规范》DA/T 25 执行。

11 电子文件与电子档案管理

11.1 电子文件与电子档案管理的基本要求

11.1.1 档案形成单位应制定电子文件管理制度和技

术措施，明确规定本单位电子文件归档的时间、范围、方式、技术环境、相关软件、版本、数据类型、格式、元数据、检测数据等归档要求，确保归档电子文件的质量。

11.1.2 档案形成单位档案机构工作人员应对电子文件的形成、收集、积累、鉴定、归档及归档后电子档案的保管、利用实行全过程管理与监控，保证管理工作的连续性，确保电子文件的真实性、完整性、有效性和安全。

11.1.3 电子文件形成部门和个人应积极协助和支持本单位档案机构开展电子文件归档管理的日常监督、指导及电子档案的保管、利用等工作。

11.1.4 城建档案管理机构配置的计算机等数字设备和应用软件，应能有效读取归档的电子文件。

11.1.5 档案形成、保管单位应确保电子文件真实性、完整性和有效性，并应采取下列措施：

1 从制度上和技术上采取与系统安全和保密等级要求相符的网络设备安全保证、数据安全保证、操作安全保证、身份识别方法等防范对策；

2 从电子文件形成开始，不间断地对有关处理操作进行登记管理；

3 通过软件系统设置采集元数据。

11.1.6 电子文件形成部门和个人应将已归档的电子文件保存至少1年。

11.1.7 归档的电子文件和电子档案应定期备份。

11.1.8 城建档案管理机构应对工程档案、业务管理档案形成单位电子文件的归档与管理工作进行监督和指导，并适时组织检查。

11.2 电子文件的收集与积累

11.2.1 建设电子文件的收集积累范围、要求、程序等，应按国家现行标准《建设工程文件归档整理规范》GB/T 50328 和《建设电子文件与电子档案管理规范》CJJ/T 117 的规定执行。

11.2.2 建设电子文件的代码标识、格式与载体要求，应按现行行业标准《建设电子文件与电子档案管理规范》CJJ/T 117 的规定执行。

11.2.3 电子文件的元数据应同电子文件一同收集。

11.2.4 对套用统一模板的电子文件，在保证能恢复原形态的情况下，其内容信息可脱离套用模板进行存储，被套用模板作为电子文件的元数据保存。

11.3 电子文件整理与归档的方式及要求

11.3.1 建设电子文件的整理、鉴定、归档、验收、移交等应按国家现行标准《建设工程文件归档整理规范》GB/T 50328 和《建设电子文件与电子档案管理规范》CJJ/T 117 的规定执行。

11.3.2 电子文件的保管期限和密级等级划分，应按现行国家标准《建设工程文件归档整理规范》GB/T 50328 执行。电子文件的背景信息和元数据的保管期限应与内容信息的保管期限一致。

11.3.3 电子文件整理时，每个工程（项目）应建立多级文件夹。

11.3.4 多级文件夹的建立可采用下列方法：

1 根据传统档案的立卷建立与之相应的文件夹；

2 按现行国家标准《建设工程文件归档整理规范》GB/T 50328 确定的文件次序建立多级文件夹。

11.3.5 文件夹及电子文件的命名应符合下列规定：

1 工程（项目）级文件夹应以该工程或项目的正式名称命名；

2 案卷级文件夹应以序号加案卷名称命名，序号为该案卷在该工程或项目档案中的排列次序，用3～5位数表示，不足以上位数的，填0补齐；

3 卷内电子文件应以序号加文件题名的方式命名，序号为该份（件）文件在本案卷（文件夹）中的排列次序号，用3位数表示，不足以上位数的，填0补齐，文件题名为该文件的题名或图名。

11.3.6 以工程或项目名命名的文件夹，应实际存放该工程或项目的所有电子案卷，每一个电子案卷文件夹内应存放该案卷的所有文件。

11.3.7 案卷的电子文件夹内除存放电子文件外，还应建立案卷封面、卷内文件目录和卷内备考表三个电子文件。卷内文件目录与卷内电子文件宜建立超级链接。

11.4 电子档案的管理与利用

11.4.1 电子档案的保管、存储、迁移、鉴定、利用、销毁、统计等管理应按现行行业标准《建设电子文件与电子档案管理规范》CJJ/T 117 的规定执行。

12 声像档案管理

12.1 收集范围与内容

12.1.1 城建档案管理机构应收集下列范围的声像档案：

1 记录城市规划、建设和管理的重大活动和事件的声像档案；

2 记录重要人物在本地区各种城市建设工作中的重大活动的声像档案；

3 记录国际间城市建设的各种交流活动的声像档案；

4 记录具有历史意义的建筑物、构筑物、名胜古迹、市容市貌的声像档案；

5 记录城市地理风貌特征，城乡建设前后面貌、景观，城市变迁及社会风情的声像档案；

6 记录自然灾害、城乡突发事件、抢险救灾的声像档案；

7 记录重大工程建设活动的声像档案；

8 其他具有长期保存价值的声像档案。

12.1.2 工程建设活动的声像档案收集范围，应包括下列内容：

1 反映工程原址、原貌及周边状况的声像档案；

2 记录工程建设活动的重大活动、重大事件，如拆迁情况、招商引资、签约仪式、工程招标与投标、奠基仪式等的声像档案；

3 记录基础施工过程中工程测量、放线、打桩、基槽开挖、桩基处理等关键工序的声像档案；

4 记录主体工程施工过程中施工现场整体情况，钢筋、模板、混凝土施工，隐蔽工程施工，内外装修装饰的声像档案；

5 反映工程采用的各种新技术、新材料、新工艺的声像档案；

6 记录工程重大事故第一现场、事故指挥和处理措施、处理结果等情况的声像档案；

7 记录工程验收情况、竣工典礼的声像档案；

8 反映竣工后的工程面貌的声像档案。

12.2 照片档案收集与归档要求

12.2.1 照片应主题明确，画面清晰完整，色彩还原准确，被摄主体不应有明显失真变形现象。

12.2.2 照片与底片应同时归档，归档的照片与底片影像应一致，且应有文字说明。

12.2.3 照片宜洗印成5英寸～7英寸的彩色照片。

12.2.4 数码照片的采集应使用 RAW、JPEG 或 TIFF 格式，其分辨率不得小于500万有效像素。

12.2.5 归档的数码照片不得经过后期加工。

12.2.6 数码照片的归档保存应选用一次性写入光盘作为载体，载体材料不能有磨损、划伤。

12.2.7 建设工程归档照片的数量视工程项目规模或性质而定，不宜少于10张。

12.3 录音、录像档案归档要求

12.3.1 录音录像档案归档前应进行筛选和鉴别，选择声音、画面清晰、完整，图像稳定、色彩真实，体现主题内容、主要人物、场景特色等主要因素的录音录像材料归档。

12.3.2 录像磁带制作应采用 PAL 制式和 MPEG-2 或 AVI 格式；录音应采用 MP3 或 WAV 格式。

12.3.3 向城建档案管理机构移交的录音、录像档案应为配有说明的原始素材，以及编辑后的录像专题片，载体为录音、录像带或光盘。

12.3.4 录音、录像材料的图像、声音质量应符合现行行业标准《标准清晰度数字电视节目录像磁带录制规范》GY/T 223 的规定。

12.3.5 专题录像片应结构完整，片长不应少于10min，并应附有解说词稿。

12.3.6 录音、录像载体应材质完好，不得有变形、断裂、发霉及磁粉脱落、磨损、划伤现象。

12.3.7 录音录像档案归档时，应经过相应设备的检测。

12.3.8 录音录像档案移交时，应按本规范第5章的规定执行。

12.4 声像档案整理

12.4.1 胶片照片的整理应符合现行国家标准《照片档案管理规范》GB/T 11821 的规定，并应符合下列规定：

1 照片的整理按单张或组（若干张有联系的照片）进行。

2 照片放置在照片档案袋中或固定在芯页上，底片装入半透明中性纸袋后再袋装或固定在芯页。

3 照片档案袋、芯页应填写题名、照片号、底片号、参见号、时间、摄影者、文字说明等内容，填写应符合下列规定：

1）题名应简明概括、准确反映照片的基本内容，可包括人物、时间、地点、事由等要素；

2）照片号应按照片保管单位制定的编目、分类法则进行编制；若采用照片、底片合一编号法，可不填写底片号；

3）底片号应按底片保管单位制定的编目、分类法则进行编制；没有底片的，可不填写；

4）参见号应填写与本张照片有密切联系的其他载体档案的档号；照片档案由档案室移交至档案馆后，应对其参见号进行核对，对与实况不符的应及时调整；

5）时间应填写照片的拍摄时间；

6）摄影者应填写个人姓名，必要时可加写单位；

7）文字说明应综合运用事由、时间、地点、人物、背景、摄影者等要素，概括揭示照片影像所反映的全部信息；或对题名未及内容作出补充。

4 胶片照片的分类组卷可选择采用下列方法进行：

1）按专题、事项或工程项目进行分类组卷；

2）按年度—事项或工程项目进行分类组卷；

3）按单张或组（若干张有联系的）进行分类组卷。

5 册内、卷内目录的编制应符合下列规定：

1）册内、卷内照片目录应由照片号、题名、时间、页号、底片号、备注等项目组成；

2）册内、卷内目录的条目应按照片号排序；

3）册内、卷内目录应位于册内最前面。

12.4.2 数码照片的整理应符合下列规定：

1 数码照片的整理可按专题——年度、事项——年度、工程项目——年度，或按年度——专题、年度——事项、年度——工程项目等建立分类方案，设置文件夹；每个文件夹下可以按具体的需要设置多级文件夹，最低一级文件内存放一组联系密切的数码照片；

2 对同一文件夹内的下一级文件夹可按专题、事项、工程项目或年度编号，并以序号加题名作为文件夹名称；

3 最低一级文件夹内的数码照片按形成的先后顺序进行重新编号，并以序号加照片题名作为文件名称；

4 数码照片归档时按年度刻制光盘，每张光盘中应编制文件夹目录、文件夹内照片目录、光盘说明文件。光盘说明文件应说明本光盘保存的内容、照片数量、密级、制作日期、制作者、光盘类型（CD-R、DVD）、光盘编号等。

12.4.3 录音、录像档案的整理应符合现行行业标准《磁性载体档案管理与保护规范》DA/T 15 的规定，并应符合下列规定：

1 录音、录像档案以一卷（盒）为一个保管单位；

2 每一个保管单位加以必要的文字说明，并与档案载体一同放在声像档案保管单位内；文字说明应包括：档号、题名、责任者（录制单位或个人）、录制时间、密级、保管期限等内容；

3 每一个保管单位内以单个专题片或每段录像素材、每段录音等为单位，填写卷内文件目录；

4 卷内文件目录应包括序号、责任者、内容、长度、地点、时间，并应符合下列规定：

1）序号填写盘内单份录音录像文件的排列顺序号；

2）责任者填写盘内单份录音录像文件的录制者（单位）；

3）内容填写盘内单份录音录像文件的内容名称；

4）长度填写该分镜头或录音文件的时间长度；

5）时间填写盘内各项内容的拍摄时间；

6）位置填写该项内容在盘中的具体位置，以分、秒、帧表示；

7）地点填写该录像文件的拍摄地点。

12.5 声像档案编目

12.5.1 照片档案应以照片的自然张或若干张（一组）为单位进行著录。

12.5.2 照片档案的著录项目应包括题名、照片号、底片号、时间、摄影者、备注、参见号、册号、页号、组内张数、主题词或关键词、密级、保管期限、类型规格、档案馆代号、文字说明等。

12.5.3 组合照片的著录应符合下列规定：

1 以一组照片为单位著录时，题名应根据题名拟写要素，简明概括、准确反映一组照片的基本内容；

2 以一组照片为单位著录时，照片号、底片号、页号均应著录起止号；时间应著录起止时间；参见号、摄影者可以著录多个。

12.5.4 录音、录像档案可按一卷（盒）或若干卷（盒）有联系的录音、录像带为一个单位进行著录，也可以按每段录像素材为单位，即以文件为单位著录。

12.5.5 录音、录像档案的著录项目应包括档号、题名、责任者、录制时间、长度、位置、地点、磁带编号、磁带规格、密级、保管期限、档案馆代号、主题词或关键词等。

12.5.6 声像档案著录与标引的方法和要求应按现行国家标准《城市建设档案著录规范》GB/T 50323 和本规范第 7 章的规定执行。

12.5.7 声像档案应编制必备目录、分类目录、主题目录、摄影者目录等。

12.5.8 照片档案的必备目录应由照片号、题名、时间、摄影者、底片号、备注等基本项目组成；录音、录像档案的必备目录应由档案号、题名、时间、长度、磁带编号、备注等组成。

12.6 声像档案保管

12.6.1 声像档案保管单位应购置相应的设备，为声像档案的保管提供良好的环境和条件。

12.6.2 声像档案入库前应进行检查，对已被污损的，应进行必要的技术处理。

12.6.3 录音、录像带、光盘等均应竖放在专用防磁柜内。

12.6.4 长期保存且不常用的录音、录像带应做到定期检查和重绕。

12.6.5 照片档案应定期检查，如发现有发黄、发霉、变质等现象，应及时采取措施加以补救。

12.6.6 珍贵的或经常使用的录音、录像档案以及录像专题片，应实行两套制保管，一套长期保管，另一套提供利用。

12.6.7 声像档案的保管和保护应按本规范第 10 章的规定执行。

13 信息化与信息安全

13.1 信息化建设的目标与要求

13.1.1 城建档案信息化建设的总体目标应以数字化城建档案管理机构建设为方向，以城建档案管理网络化建设为基础，以数字信息资源建设为核心，以城建档案信息资源的集成、可视化利用为目的，逐步建立起物理分散、逻辑集中、数量充足、内容丰富、结构合理、质量优化、富有特色的档案信息资源体系和社会服务体系。

13.1.2 城建档案信息化建设工作应与城乡建设和经济发展相适应，应与本地区的信息化工作相协调。

13.1.3 城建档案行业主管部门应制定信息化工作专项规划，城建档案管理机构应制定实施计划，做到统筹规划，分步实施。

13.1.4 信息化建设应做到应用技术先进、成熟，经济上合理可行，系统安全稳定可靠。

13.1.5 信息化建设应积极采用国际、国家标准，逐步建立城建档案信息化标准体系和管理规范。

13.1.6 城建档案的形成、保管单位应根据信息化建设工作的需要配置计算机设备、软件与网络设施，设置相应的岗位和管理人员，并建立计算机网络、设备、软件和数据库的运行管理制度，以及计算机系统和数据的安全、保密制度。

13.1.7 计算机等设备的配置应符合下列要求：

1 采用主流技术产品设备，性能稳定可靠，有良好的市场声誉和完善的售后服务；

2 产品具有良好的通用性、兼容性和可扩展性，易于系统升级和扩容；

3 产品易于维护；

4 关键硬件设备应有适当备份，主设备发生故障应不影响正常业务工作。

13.1.8 城建档案的形成单位应建立收集和移交电子档案的制度，并应明确专人负责电子文件积累、鉴定、著录、归档等工作，保证电子文件的原始、真实、完整、安全，及时整理形成电子档案。

13.1.9 城建档案管理机构应积极创造条件接收电子档案，重视和做好电子档案的保管和迁移工作，保证电子档案在保管期限内完整、真实、可用。

13.1.10 城建档案管理机构应定期对内部工作人员和城建档案形成单位的档案业务人员进行信息技术和相关法律法规及标准的培训。

13.1.11 城建档案管理部门应建立自己的档案网站。网站应提供政策法规、办事指南、开放档案目录查询等基本功能。

13.2 城建档案管理系统

13.2.1 城建档案的形成、保管单位应逐步开发、引进城建档案管理系统软件，开展城建档案工作管理和档案管理，管理系统的建设应符合下列要求：

1 城建档案管理系统的开发研制与功能设计应符合国家有关城建档案工作和计算机信息系统管理的法律法规和业务标准；

2 城建档案管理系统的研制、安装和使用，必须符合国家有关安全、保密法规与标准；

3 城建档案管理系统应具有良好的实用性、通用性及可扩展性，并做到界面友好，用语规范，操作简单，使用方便，功能齐全；

4 城建档案管理系统应考虑档案管理电子化、远程化、协同化、图文一体化的发展要求，加强系统开发集成，强化电子档案管理、远程管理、在线归档、与地理信息系统相结合等功能或预留相应接口；

5 城建档案管理系统应具备较强的数据独立性，确保在软、硬件环境发生变化时数据的完整、安全迁移及有效利用；

6 城建档案管理系统应具有完备的安装与使用技术资料；

7 城建档案管理系统应能够适应信息化工作的发展变化，其功能应逐步由单一的档案管理向本单位办公自动化、信息管理系统集成化发展；

8 城建档案管理系统应适应电子文件管理和数字城建档案馆建设的总体要求。

13.2.2 城建档案管理系统软件应具有以下基本功能：

1 具备数据管理、整理编目、检索查询、实体管理、安全保密、系统维护等基本功能，覆盖城建档案管理的接收、整理、保管、利用、鉴定、统计六大环节；

2 具有对纸质、缩微、声像等实体档案辅助管理功能，实现业务过程控制和计算机辅助作业；

3 具有接收电子文件和管理电子档案的能力，并具有保证电子文件真实性、完整性、有效性和安全性的措施；

4 应能管理现行行业标准《建设电子文件与电子档案管理规范》CJJ/T 117 所列格式的数据；

5 应能支持不同载体档案的数字化，可通过数据接口导入数据，可对不同格式的数据进行编辑处理，支持拷贝、打印、绘图等方式的数据输出；

6 城市地下综合管线数据管理系统应能管理城市基本比例尺地形图数据、地下综合管线图形与属性数据、规划路的红线数据、符号数据。其功能应以满足用户需要为标准，能实现地下管线数据随时更新，保证城市地下管线资料动态管理。

13.3 信息资源建设

13.3.1 城建档案的形成、保管单位应建立档案目录数据库，逐步实现馆藏档案的计算机检索。

13.3.2 城建档案管理机构应逐步建立本地区城建档案目录中心。

13.3.3 城建档案管理机构应以数字信息资源建设为基础，通过接收电子档案、档案著录、信息摘录、馆藏档案数字化等多种手段，逐步建立下列专题数据库：

1　城市基础地理信息数据库；

2　地下综合管线信息数据库；

3　建设用地规划审批档案数据库；

4　建设工程规划审批档案数据库；

5　房屋建筑工程档案信息数据库；

6　市政工程档案信息数据库；

7　城市规划成果数据库；

8　城市应急（民生）信息数据库；

9　声像资料数据库。

13.3.4　专题数据库建设应根据信息资源共建共享的原则，围绕城市规划、建设和管理的需要，与有关方面共同合作，充分利用已有的数据资源，实现城建档案信息资源建设与开发的优化。

13.4　城建档案数字化

13.4.1　城建档案管理机构应制定馆藏数字化计划，根据实际需要和经济能力，采取重点选择某类档案数字化、珍贵档案数字化等方式，把现有的实体档案资源转变成数字信息资源。

13.4.2　纸质档案数字化工作应符合下列规定：

1　扫描色彩模式采用黑白二值、彩色或灰度模式；

2　扫描分辨率参数大小应大于100dpi，以扫描后的图像清晰、完整、不影响图像的利用效果为准；

3　采用黑白二值模式扫描的图像文件，应采用TIFF格式存储，用Group4压缩；采用灰度模式和彩色模式扫描的文件，应采用JPEG格式存储；单份多页文件扫描图像、提供网络查询的扫描图像可存储PDF格式；

4　在保证扫描图像清晰可读的前提下，应选择适当的压缩率，尽量减小存储容量。

13.4.3　照片档案数字化应符合下列规定：

1　照片可按灰度或彩色模式进行扫描：黑白照片宜采用灰度模式扫描，彩色照片宜采用彩色模式扫描；

2　照片扫描分辨率必须大于或等于400dpi；底片扫描分辨必须大于或等于1500dpi；

3　采用灰度模式扫描的照片图像应以TIFF格式存储，采用LZW无损压缩；采用彩色模式扫描的照片图像应以JPEG格式存储，并应根据图像用途，选择适当的压缩率；

4　照片档案也可采用数码相机进行数字化，其分辨率不应低于500万像素。

13.4.4　音频视频档案数字化应符合下列规定：

1　音频档案数字化应选用44.1kHz作为声音采样标准，DVD中的声音应选用48kHz，文件存储应为WAV或MP3格式；

2　视频档案数字化应选用AVI、MPEG-2格式作为存储格式，分辨率（像素）宜为720×576，帧数宜为25帧/s，数据传输率不宜低于4Mb/s；

3　视频档案数字化宜使用非线性编辑机。

13.4.5　档案数字化应包括下列基本程序：

1　前期准备；

2　转换处理；

3　后期数据整理；

4　数据质检；

5　数据验收。

13.5　信 息 安 全

13.5.1　采用计算机管理城建档案的单位和部门，必须从组织制度、技术手段、管理手段上采取措施，保障城建档案的信息安全。

13.5.2　各单位和部门应采取下列措施，从组织和制度上保障信息安全：

1　设立计算机系统安全保密领导小组，对计算机系统安全保密工作进行领导、检查和监督；

2　建立、健全计算机系统运行与安全保密管理制度，有应对突发事件的预案，对关键岗位和人员建立相应的管理办法。

13.5.3　各单位和部门应采取下列技术和管理手段确保信息安全：

1　计算机机房建设应按国家有关标准进行设计、施工、安装，经有关部门验收合格后投入使用；计算机房应具备防盗、防火、防水、防雷、防磁、防鼠害等措施；

2　计算机机房应有出入管理制度，非机房管理人员进出应履行相关手续；

3　应对计算机及网络设备定期维护检修，有设备检修、维护记录，保证设备处于最佳运行状态；

4　内部局域网与外部互联网要进行物理隔离，计算机应安装杀毒软件；

5　软件使用前应进行全面的测试，软件应具备良好的容错能力，以确保发生误操作时计算机系统数据不被破坏和数据不发生丢失；

6　主要业务服务器宜双机热备份；数据应定期进行多重备份和异地存放，保证在发生不可预见故障后能及时、完整地恢复；

7　系统应能对提供利用过程跟踪监控，自动进行相关记录；

8　对数据库的用户应实行权限等级管理，严禁越权操作；密码应定期更换，对数据库的所有操作应有记录；机密数据应加密后传输；

9　数据提供利用时不宜向利用者提供全部利用方式；制作拷贝时必须在有效的监控下进行，不完全开放的档案数据不宜以拷贝方式提供利用。

13.5.4　系统安全管理人员应具有高度的责任意识和综合性知识，及时掌握新技术，提高处理计算机及网络故障的能力。

14 档案编研

14.1 档案编研的原则与要求

14.1.1 城建档案编研工作应紧密结合本地区规划、建设、管理和社会发展实际情况，分析研究本地区规划、设计、建设、管理以及社会公众对城建档案信息的需求状况、需求范围、需求类型、需求特点、需求程度，以此确定城建档案信息资源的建设内容，满足城市规划、建设、管理工作和社会公众的需要。

14.1.2 编研工作应充分应用信息技术手段，利用信息化建设的成果，发挥馆藏档案、专题数据库、计算机、网络的作用，利用相关部门和互联网上的信息资源，通过信息资源的有效整合，不断提高编研的水平和效能。

14.1.3 编研工作应确保国家科学技术机密和公共安全，处理好信息开发与知识产权保护的关系。

14.2 档案编研的内容和程序

14.2.1 城建档案编研可采取下列形式：

1 提供二次、三次文献服务；

2 开展统计汇编，即围绕某一专题、课题或根据某方面工作的需要，对原始数据进行综合、归纳、分析、筛选，提供反映规律性、本质性的信息；

3 开展定题汇编，根据用户需求，确定信息采集的范围和内容，并为用户提供有用信息汇编；

4 举办展览与陈列。

14.2.2 编研工作应按下列基本程序进行：

1 选择题目；

2 制定开发方案；

3 选择材料；

4 考证材料；

5 加工编排；

6 撰写序言；

7 编写文字注释；

8 审查与校核；

9 审定批准；

10 校对出版或公布。

15 信息公开与服务

15.1 城建档案信息公开

15.1.1 城建档案管理机构应与建设或规划行政主管部门政府信息公开工作主管机构联系，把城建档案管理机构作为政府信息公开的场所纳入本地区建设或规划行业政府信息公开工作体系。

15.1.2 城建档案管理机构应加强政府信息公开服务制度建设，明确服务程序、公开范围、公开方式和时限要求，切实保障公民、法人或者其他组织利用政府公开信息的权利。

15.1.3 城建档案管理机构应建立以现行公开文件为核心的建设系统政府信息收集制度和送交机制，明确建设系统各部门政府信息送交范围、内容、时间、渠道、形式、格式和手续，确保本地区建设或规划行政主管部门的政府信息能够全面、准确、及时接收入馆。

15.1.4 城建档案管理机构应采取下列措施提高信息公开工作水平：

1 设置信息公开查阅室；

2 编制建设系统政府信息目录；

3 配备计算机等现代化设施、设备；

4 以设立资料索取点、信息公告栏、电子信息屏等形式公开政府信息，不断优化查阅环境，提高服务水平；

5 加强档案网站建设和电子文件数据库建设，提供现场查阅及互联网查阅等手段。

15.2 城建档案的开放与控制利用

15.2.1 城建档案管理机构应根据国家关于档案保密、信息公开的有关规定和公共安全的有关要求，合理划定城建档案的开放和控制利用范围。

15.2.2 城建档案管理机构所藏档案，除未解密或需要控制使用的档案外，一般自形成之日起满30年应向社会开放，并公布开放档案目录。

15.2.3 对城建档案管理机构保存的涉及国家秘密、商业秘密、个人隐私、国家安全、公共安全、经济安全的档案，以及与城建档案形成单位和个人另有约定的，应实行控制利用。

15.3 提供利用服务

15.3.1 提供利用服务可采取下列方式：

1 档案馆内阅览；

2 档案复制；

3 档案证明；

4 档案展览与陈列；

5 网上发布档案信息；

6 档案信息咨询服务。

15.3.2 城建档案管理机构应设置业务部门和专职人员，配备阅览室和阅览设施，建立健全档案利用制度，编制必要的检索工具，为利用者利用档案提供方便。

15.3.3 城建档案管理机构对利用服务应定期进行定量统计，总结利用数量、利用效益，及时研究利用工作的特点和规律。

15.3.4 城建档案管理机构提供社会利用的档案，应逐步实现以复制件代替原件。复制形式的档案载有档案收藏单位法定代表人签名或者印章标记的，具有与档案原件同等的法律效力。

15.3.5 城建档案管理机构对寄存档案的提供利用，应征得档案所有者的同意。

15.3.6 提供控制利用范围的档案，除查验个人身份证之外，还应查验相关证明材料：

1 建筑物所有权人，利用其取得所有权的建筑物档案，应持有建筑物权属证明；

2 司法机关、行政机关在法定职责范围内利用城建档案，应出具单位介绍信；

3 建设单位、科研单位因工程建设、科学研究需利用建设项目及其周边或者沿线建筑物、构筑物、城市基础设施等未开放城建档案的，查阅人应出具单位介绍信和建设项目的审批文件；

4 国家与地方对提供控制利用范围的档案利用有法律规定的，应从其规定。

15.3.7 港、澳、台同胞和海外华侨利用已开放的城建档案，应经市有关行政主管部门介绍，说明利用人身份、利用档案的目的和范围；外国组织和个人利用已开放的城建档案，应按国家有关规定办理。

15.3.8 提供利用档案，应按下列程序办理：

1 查验利用者身份证明和其他相关证明文件；

2 要求利用者按本规范附录T填写城建档案资料查阅登记表；

3 检索、调档；

4 利用者阅览、复制；

5 要求利用者对档案利用效果进行登记或反馈。

15.4 技术服务

15.4.1 城建档案管理机构应充分利用自身拥有的档案信息数字化处理设备、先进的声像设备和人才资源，为用户提供档案信息咨询、档案整编、电子档案制作和声像档案制作等技术服务。

15.4.2 开展技术服务可采取下列形式：

1 城建档案信息咨询服务；

2 工程档案整编技术服务；

3 档案数字化加工和整编服务；

4 声像档案制作和编辑服务。

16 综合评估体系

16.1 综合评估内容

16.1.1 城建档案管理综合评估的主要对象应包括城建档案管理机构和建设系统各专业管理部门档案室或档案馆。

16.1.2 综合评估的内容应包括组织管理、档案干部队伍建设、业务指导、档案收集、档案整理、档案编目、档案统计、档案鉴定、档案保管、档案信息开发、信息化与信息安全、电子档案与声像工作、服务与利用、馆库设备管理等14个评估项目。

16.1.3 各评估项目的评估标准应按表16.1.3执行。

表16.1.3 各评估项目的评估标准

评估项目	评估标准		所占分值
1 组织管理	1.1 设置了专门的城建档案管理机构	1	7
	1.2 有满足开展工作需要的内部机构，职能覆盖城建档案管理的每个业务环节	2	
	1.3 城建档案工作列入上级建设（规划）行政主管部门年度工作计划和目标管理范围	1	
	1.4 工程档案、地下管线档案的报送要求，纳入上级主管部门的规划管理、工程建设管理程序	3	
2 档案干部队伍建设	2.1 人员规模、结构应满足工作开展需要，其中具有中级以上职称的员工人数占总数的30%以上；工程、测绘、计算机等技术人员占员工总数的50%以上	2	5
	2.2 工作人员文化程度全部达到高中以上；其中大专以上人员占全部员工70%以上	2	
	2.3 工作人员接受城建档案业务培训率达100%	1	
3 制度建设	3.1 制定了城建档案管理规定或办法；有保证地上工程档案和地下管线档案接收进馆的制度与措施	3	6
	3.2 制定了城建档案接收范围、移交要求以及业务流程	2	
	3.3 建立健全了城建档案接收、整理、借阅、统计、鉴定、销毁等项管理制度及岗位责任制	1	
4 业务指导	4.1 与建设系统各行政管理部门和各专业管理单位保持密切联系，对其进行经常性业务指导	1	6
	4.2 经常深入施工现场，对建设、施工单位的建设工程档案工作进行具体指导和工程档案技术交底；对列入收集范围的工程档案开展了预验收	2	

续表 16.1.3

评估项目	评估标准	所占分值	
4 业务指导	4.3 建立以城建档案管理机构为中心，以建设系统各单位档案室和下级建设（规划）主管部门城建档案管理机构为基础的城建档案管理网络；网络活动正常、联系紧密	2	6
	4.4 对城建档案工作人员定期组织业务交流和进行经常性的业务培训	1	
5 档案接收	5.1 馆藏档案门类齐全、结构合理。馆藏档案大城市不低于4万卷、中等城市不低于2万卷、小城市不低于1万卷、县不低于6千卷	2	10
	5.2 建馆以来大、中型建设项目和重点建设项目工程档案全部接收进馆	2	
	5.3 及时接收新铺设的地下管线档案，档案完整、准确，符合要求	2	
	5.4 按规定及时接收建设系统业务管理档案	2	
	5.5 接收与城市规划、建设和管理工作有关的图书、资料，馆藏资料占全部馆藏3%以上	1	
	5.6 接收归档的文件资料的制成材料、字迹符合档案保管要求，工程竣工图编制符合国家有关要求	1	
6 档案整理	6.1 档案整理、立卷符合国家有关标准和规范要求	2	4
	6.2 馆（室）藏各类档案、资料分类排列，整齐有序；无积存零散文件和未整理、编目、上架案卷	2	
7 档案编目	7.1 建有科学合理的目录体系，建有必备目录	2	4
	7.2 对馆藏档案进行了工程项目级和案卷级著录	2	
8 档案统计	8.1 建立了收进、移出、保管、利用等统计台账	1	2
	8.2 能快速统计出馆藏档案情况；按时完成上级下达的年度统计任务	1	
9 档案鉴定	9.1 按照规定制定和准确划分了档案保管期限和密级	2	3
	9.2 建立了档案鉴定销毁小组；对已到保管期限和解密期限档案进行了鉴定，销毁手续齐全，无泄密事件发生	1	

续表 16.1.3

评估项目	评估标准	所占分值	
10 档案保管与保护	10.1 有专用档案库房、独立的办公室和阅档室等技术用房；库房建设符合安全保管要求	2	15
	10.2 馆库面积特大城市13400m² 以上，大城市10800m² 以上，中等城市8800m² 以上，小城市6600m² 以上，县1200m² 以上	5	
	10.3 有满足工作需要的档案管理设备、保护设备，符合规范第10章的规定	3	
	10.4 建立库房温湿度记录制度；库房温湿度控制、库房管理、档案保护符合本规范第10章的规定；档案无丢失	3	
	10.5 有充裕的密集架、底图柜等档案装具，各类档案卷皮、卷盒等装具符合规范要求	2	
11 电子档案与声像档案	11.1 开展了建设工程电子档案的接收业务，并按《建设电子文件与档案管理规范》CJJ/T 117的要求进行管理	2	8
	11.2 有满足工作需要的声像设备，具备摄录、剪辑、制作能力	2	
	11.3 积累了大量有关城乡建设、工程建设等方面的照片和录像等档案资料	2	
	11.4 拍摄制作一定数量的电视专题片	2	
12 信息化与信息安全	12.1 采用计算机管理软件，对城建档案业务工作实行计算机管理	3	12
	12.2 建立了馆藏档案的电子目录，覆盖率大于80%，实现了计算机检索	3	
	12.3 开展了档案数字化工作	1	
	12.4 采用计算机管理软件，对地下管网档案信息实行动态管理	3	
	12.5 对档案管理软件、档案数据库、硬件设备及档案传送网络有严格的安全保护措施和保密管理制度	2	
13 信息开发	13.1 开发建立了规划审批成果数据库、建设用地规划审批成果数据库、地上建筑信息数据库、市政工程信息数据库、声像档案数据库等专题数据库	6	8
	13.2 根据实际工作需要，开展了编研工作，编有2个以上编研成果	2	

续表 16.1.3

评估项目	评 估 标 准	所占分值	
14 信息服务	14.1 查阅有登记；调卷快速、准确	3	10
	14.2 建立了档案利用信息反馈制度；汇编了档案利用效果实例	2	
	14.3 有城建档案陈列室、网站等对外宣传、发布信息的窗口和平台	3	
	14.4 开展了档案信息咨询、档案整编、档案数字化和声像档案制作等技术服务工作	2	
合计			100

16.2 综合评估等级划分

16.2.1 综合评估应采用打分制，满分为100分。

16.2.2 各评估项目所占分值按本规范表16.1.3确定。

16.2.3 综合评估等级宜划分为国家级城建档案管理单位和省级（含自治区、直辖市，下同）城建档案管理单位两个级别。

16.2.4 省级城建档案管理单位可划分为省城建档案管理示范单位、省一级城建档案管理单位、省二级城建档案管理单位、省三级城建档案管理单位4个等级。

16.2.5 各等级应达到的评估分数应符合表16.2.5的规定。

表 16.2.5 综合评估等级及应达到的分数标准

评 估 等 级	应达到的评估分数
国家级城建档案管理单位	95～100
省城建档案管理示范单位	90～94
省一级城建档案管理单位	85～89
省二级城建档案管理单位	80～84
省三级城建档案管理单位	75～79

16.2.6 综合评估75分以下的，应暂不予定级，待整改达到75分及以上后，可再行定级。

16.3 综合评估程序

16.3.1 申请评估的城建档案管理单位应按本规范表16.1.3进行自检自评。

16.3.2 当自检评分达到相应等级标准时，城建档案管理单位可向国家或地方住房和城乡建设行政主管部门提出评估申请。

16.3.3 住房和城乡建设行政主管部门接到评估申请后，应组织评估小组进行实地测评。

16.3.4 评估小组实地测评应按下列程序进行评估：

1 听取被评估单位自检评分情况汇报；

2 按本规范表16.1.3，结合实地核查，对被评估单位进行逐项评分；

3 评估小组进行综合评议，提出评估意见或结论。

16.3.5 评估小组应于评估结束后10日内将评估意见或结论报住房和城乡建设行政主管部门。住房和城乡建设行政主管部门应对被评估对象进行审核和认定。

附录A 建设工程档案报送责任书

报送档案单位：______________（以下简称甲方）

责任人：______________ 电话：__________

接收档案单位：__市、县城建档案馆（室）（以下简称乙方）

联系人：____________ 电话：__________

根据《中华人民共和国档案法》、《中华人民共和国城乡规划法》、《建设工程质量管理条例》、《科学技术档案工作条例》、《城市建设档案管理规定》、《城市地下管线工程档案管理办法》等法律、法规的规定，结合实际情况，为确保建设单位（甲方）在工程项目竣工验收合格后三个月内及时向乙方报送一套符合要求的建设工程档案，经甲乙双方协商一致，签订本责任书：

一、工程项目名称：

二、开、竣工日期：

______年__月__日至______年__月__日

三、甲方责任：

1. 领取建设工程规划许可证或建设工程施工许可证前，向工程项目所在地城建档案机构登记，并签订责任书；

2. 配备专（兼）职工作人员，及时收集积累、整理工程各环节的文件资料，并在工程竣工前及时通知乙方进行工程档案预验收；

3. 在工程项目竣工验收合格后三个月内，向乙方报送一套完整的工程档案；地下管线工程应在竣工验收后15个工作日内，向乙方报送一套完整的工程档案；如遇特殊情况，应向乙方提出延期报送申请，经乙方批准后在延期内报送；

4. 向城建档案管理机构报送的工程档案内容按文件规定执行；报送的工程档案应是原件，内容应当真实、准确，文字整洁，图表清晰，签章手续完备，制作和书写材料利于长期保存；案卷归档质量符合《建设工程文件归档整理规范》GB/T 50328的规定。

四、乙方责任：

1. 按国家有关规定，对该项建设工程文件材料的形成、积累、整理、归档及其城建档案报送、移交工作进行不定期的现场业务指导；

2. 向甲方提供建设工程档案的专业培训、技术咨询及其相关的服务性工作；

3. 收到甲方档案预验收申请后5个工作日内，

对该项工程的档案进行预验收；

4. 工程档案预验收合格后 2 个工作日内，出具档案预验收意见书；

5. 接收该项建设工程档案后，确保档案安全保管和向甲方提供利用。

五、违约责任：

根据《中华人民共和国城乡规划法》、《建设工程质量管理条例》等法律法规规定，甲方未按规定向乙方报送建设工程档案的，由________________责令改正，并处 1 万元以上 10 万元以下的罚款；对单位直接负责的主管人员和其他直接责任人员处单位罚款数额 5%以上 10%以下的罚款。

本责任书一式两份，双方各执一份，自签字之日起生效。

甲方单位（盖章）：　　　　　　乙方单位（盖章）：

单位负责人（签字）：　　　　　单位负责人（签字）：

年　月　日　　　　　　　　　　年　月　日

附录 B　建设工程档案预验收意见书

监督注册号：

验收编号：

工程名称		工程地点	
开工日期		竣工日期	
建设单位			
勘察单位		设计单位	
施工单位		监理单位	
建设工程规划许可证号		建设工程施工许可证号	
建筑面积	层数	结构类型	
基建负责人		电　话	
档案员姓名		电　话	

预验收意见：

经查验，该项建设工程档案基本符合《建设工程文件归档整理规范》GB/T 50328、《建设电子文件与电子档案管理规范》CJJ/T 117 以及__________等标准、文件规定，验收合格，特此证明。

请按规定抓紧向城建档案管理机构报送工程档案。

城建档案管理机构（盖章）

专项验收责任人签字：　　　　年　月　日

表格说明：

1　本意见书未经城建档案管理机构盖章无效；

2　本意见书不得涂改；

3　本意见书一式三份（市城市建设档案馆、建设单位、建设工程竣工备案部门各一份）；

4　本意见书为组织单位建设工程竣工验收、办理建设工程竣工备案手续的必要认可文件，不作为其他用途凭证。

附录 C　建设工程档案接收和移交证明书

编号

报送建设工程档案单位			
建设工程项目名称			
建设工程规划许可证号			
工程地点			
工程总投资（万元）		工程建筑面积（长度）	
开工日期		竣工日期	
报送建设工程档案情况	建设工程档案总数______卷（盒），其中： 文字材料______卷；图　纸______卷； 照　　片______张；录像带______盒； 其他材料______。 附：移交档案目录______份，共______页。		
报送单位（单位印章）： 报送单位法定代表人： 报送人（签字）：		接收单位（单位印章）： 接收人（签字）： 接收时间：	

说明：本证明书为城建档案管理机构接收城建档案的凭证，房产权属登记管理机构验证此证明书后办理产权证。

附录 D　移交档案目录

序号	案卷题名	编制日期	数量					备注
			文字材料（页）	图纸（张）	声像（盘）	电子文件	其他	

移交单位：　　　　　　　　接收单位：

移交人：　　移交日期：　　接收人：　　接收日期：

附录E　建设系统业务管理档案接收和移交书

编号：

________________向______移交________________档案共计____卷（盒），其中：文字材料______卷（盒），图纸______卷（盒），照片______张，录像带______盒，其他材料________________。

附：移交档案目录______份，共______页。

移交单位（单位印章）：

接收单位（单位印章或“城建档案接收专用章”）：

法定代表人（签字）：　　法定代表人（签字）：

移交人（签字）：　　接收人（签字）：

年　月　日　　　　年　月　日

说明：本移交书一式两份。一份由报送或移交单位保存，一份由接收单位保存。

附录F　城建档案工程（项目）级总目录

第____页

年		总登记号	档号	工程（项目）名称	档案数量			移交单位	移交日期	存放地址	备注
月	日				纸质（卷）	电子（M）	声像（盒）				

附录G　城建档案案卷总目录

第____页

年		总登记号	档号	案卷名称	卷内数量			编制单位	编制日期	保管期限	密级	备注
月	日				文字（页）	图纸（张）	声像（张）					

附录H　城建档案工程（项目）级分类目录

类别：________________　　第____页

序号	档号	工程（项目）题名	档案数量			移交单位	移交日期	存放地址	备注
			纸质（卷）	电子（M）	声像（盒）				

附录J　城建档案案卷分类目录

类别：________________　　第____页

序号	档号	案卷题名	卷内数量			编制单位	编制日期	保管期限	密级
			文字（页）	图纸（张）	声像（张）				

附录 K　城建档案工作基本情况统计报表（一）

________年度

机构名称	机构行政类别										机构规模类别						机构性质	
	副省级以上城建档案馆	地级市城建档案馆	地级市城建档案室	县级市城建档案馆	县级市城建档案室	县城建档案馆	县城建档案室	区城建档案馆	区城建档案室		大城市城建档案馆	中等城市城建档案馆	中等城市城建档案室	小城市城建档案馆	小城市城建档案室		独立法人单位	非独立法人单位

附录 K　城建档案工作基本情况统计报表（二）

续表

机构名称	机构情况						定编	现有人数	现有人员情况																经费来源		
	机构总数	城档办（处）与档案馆（室）合一机构	有建设信息中心机构	直接归口情况					女性	年龄			文化程度					专业结构			专业技术职务				全额拨款	差额拨款	自收自支
				建设局（委）	规划局	其他				50岁以上	35岁至50岁	35岁以下	本科以上	大专	中专	高中	初中及以下	档案专业	工程专业	其他	高级	中级	初级				

附录K　城建档案工作基本情况统计报表（三）

续表

机构名称	达标升级情况		举办培训情况		馆房面积		库藏档案与资料情况												
	国家级馆	省级馆（室）	期数	人数	库房	办公及技术用房	案卷总数	案卷排架长度	年增卷数	历史档案	底图	照片	录像带	录音带	电子文件	光盘	缩微胶片	城建资料	其他
	个	个	次	人	m^2	m^2	卷	m	卷	卷	张	张	盘	盘		盘	张	册	

附录K　城建档案工作基本情况统计报表（四）

续表

机构名称	现代化管理情况			本年度利用档案情况					本年度编研成果			
	已实现计算机目录检索的机构	已实现档案数字化管理的机构	已实现地下管线档案信息化管理的机构	利用档案	利用资料		产生经济效益		公开出版		内部参考	
	个	个	个	卷次	人次	册次	人次	万元	种	万字	种	万字

附录L 城建档案馆馆藏档案分类统计表

分类/数量/年度	A（卷）	B（卷）	C（卷）	D（卷）	E（卷）	F（卷）	G（卷）	H（卷）	I（卷）	J（卷）	K（卷）	L（卷）	M（卷）	N（卷）	O（卷）	P（卷）	Q（卷）	R					图书资料（册）	模型（个）	其他
																		照片（张）	缩微片（卷）	录音带（盒）	录像带（盒）	光盘（张）			

附录M 城建档案接收、移出、销毁、现存情况统计表

____________城建档案管理机构

时间	经办人	接收				移出				销毁				现存				备注
		案卷（卷）	电子文件	声像（盒）	其他	案卷（卷）	电子文件	声像（盒）	其他	案卷（卷）	电子文件	声像（盒）	其他	案卷（卷）	电子文件	声像（盒）	其他	

附录N 城建档案鉴定情况统计表

项目/数量/类别	总计						永久						长期						短期						备注
	案卷（卷）	底图（张）	照片（张）	录像片（盘）	电子文件	其他	案卷（卷）	底图（张）	照片（张）	录像片（盘）	电子文件	其他	案卷（卷）	底图（张）	照片（张）	录像片（盘）	电子文件	其他	案卷（卷）	底图（张）	照片（张）	录像片（盘）	电子文件	其他	

附录P 城建档案整理情况统计表

　　　　年度

分类 数量 状况	A（卷）	B（卷）	C（卷）	D（卷）	E（卷）	F（卷）	G（卷）	H（卷）	I（卷）	J（卷）	K（卷）	L（卷）	M（卷）	N（卷）	O（卷）	P（卷）	Q（卷）	R					电子文件	图书资料（册）	模型（个）	其他
																		照片（张）	缩微片（卷）	录音带（盒）	录像带（盒）	光盘（张）				
总数																										
已整理数																										
未整理数																										

附录Q 城建档案馆档案利用情况统计表

　　　　年度

季度	查档数量		查档单位分类（个）							查档人员分类					
	查档人次	查档卷次	规划部门	设计部门	科研部门	建设部门	施工部门	管理部门	其他	工程人员	设计人员	科研人员	编史人员	管理人员	其他
一季度															
二季度															
三季度															
四季度															
总计															

季度	查档用途分类（卷）									出具证明				复制			备注
	办理产权	规划设计	工程设计	施工	科研	编史修志	解决纠纷	工作查考	其他	份数	其中			合计（页）	图纸	文字材料	
											建筑面积（m^2）	土地面积（m^2）	管线长度（m）				
一季度																	
二季度																	
三季度																	
四季度																	
总　计																	

审核人：　　　　　　统计人：　　　　　　统计日期：

附录R 城建档案鉴定表

编号：________

案卷名称				档号	
项目名称				归档时间	
原保管期限		原密级		张数	
鉴定意见	鉴定人：________ 鉴定时间：________				
鉴定小组意见	鉴定小组负责人：________ 鉴定时间：________				
备注					

附录S 档案库房温湿度记录表

______号库房______ ______年______月

日期	天气情况	上午		下午		措施	效果	备注
		温度	湿度	温度	湿度			

附录T 城建档案资料查阅登记表

日期：________ 编号：________

查阅单位					查阅人	
证件编号		电话			职务	
查档目的						
查档内容						
调阅档案情况	档号	密级	批准人	复印（摘抄）内容与页数		
利用效果						
调档时间		接待人		批准人		
归卷时间		清点人		清点结果		
备注						

本规范用词说明

1 为便于在执行本规范条文时区别对待，对要求严格程度不同的用词，说明如下：

1）表示很严格，非这样做不可的：
正面词采用“必须”，反面词采用“严禁”；

2）表示严格，在正常情况下均应这样做的：
正面词采用“应”，反面词采用“不应”或“不得”；

3）表示允许稍有选择，在条件许可时，首先应这样做的：
正面词采用“宜”，反面词采用“不宜”；

4）表示有选择，在一定条件下可以这样做的，采用“可”。

2 条文中指明应按其他有关标准、规范执行的，写法为：“应符合……的规定”或“应按……执行”。

引用标准名录

1 《文献主题标引规则》GB/T 3860

2 《缩微摄影技术　源文件第一代银—明胶型缩微品密度规范与测量方法》GB/T 6160

3 《照片档案管理规范》GB/T 11821

4 《缩微摄影技术　有影像缩微胶片的连接》GB/T 12355

5 《缩微摄影技术　银—明胶型缩微品的冲洗与保存》GB/T 15737

6 《技术图样与技术文件的缩微摄影　第1部分：操作程序》GB/T 17739.1

7 《技术图样与技术文件的缩微摄影　第2部分：35mm银—明胶型缩微品的质量准则与检验》GB/T 17739.2

8 《城市建设档案著录规范》GB/T 50323

9 《建设工程文件归档整理规范》GB/T 50328

10 《档案馆建筑设计规范》JGJ 25

11 《建设电子文件与电子档案管理规范》CJJ/T 117

12 《档案装具》DA/T 6

13 《磁性载体档案管理与保护规范》DA/T 15

14 《档案修裱技术规范》DA/T 25

15 《标准清晰度数字电视节目录像磁带录制规范》GY/T 223

中华人民共和国行业标准

城建档案业务管理规范

CJJ/T 158—2011

条 文 说 明

制 定 说 明

《城建档案业务管理规范》CJJ/T 158－2011，经住房和城乡建设部2011年1月7日以第871号公告批准、发布。

本规范制定过程中，编制组对全国各地城建档案业务管理情况进行了广泛的调查研究，总结了我国城建档案业务管理工作的实践经验，对城建档案业务管理的内容做出了规定，明确了业务指导、档案收集与移交、档案整理、档案编目、档案统计、档案鉴定、档案保管与保护、电子文件与电子档案管理、声像档案管理、信息化与信息安全、档案编研、信息公开与服务、综合评估体系等工作内容的主要要求。

为便于广大城建档案馆、城建档案室、建设、监理、设计、施工等单位有关人员在使用本规范时能够正确理解和执行条文规定，《城建档案业务管理规范》编制组按章、节、条顺序编制了本规范的条文说明，对条文规定的目的、依据以及执行中需注意的有关事项进行了说明。但是，本条文说明不具备与规范正文同等的法律效力，仅供使用者作为理解和把握规范规定的参考。

目　次

1 总 则

1.0.1 加强城建档案工作的业务建设，提高城建档案的标准化、规范化、科学化管理水平，既是编制本规范的目的，也是本规范的指导思想。

1.0.2 城建档案管理机构是指城建档案管理处（办公室）、城建档案馆或城建档案室。

建设系统各行业管理部门是指城乡规划、城市建设、村镇建设、建筑业、住宅房地产业、勘测设计咨询业、市政公用事业等行政管理部门，以及供水、排水、燃气、热力、园林、绿化、市政、公用、市容、环卫、规划、勘测、设计、抗震、人防、拆迁等专业管理单位。

建设工程档案形成单位包括建设单位、勘测单位、设计单位、监理单位、施工单位等。

1.0.3 本规范编制的依据是现行国家有关城建档案工作的法律、法规、管理规范和技术标准，针对城建档案工作的全过程，故在实施中尚应执行《建设工程文件归档整理规范》GB/T 50328、《城市建设档案著录规范》GB/T 50323、《建设电子文件与电子档案管理规范》CJJ/T 117 及其他建设工程管理和档案管理方面的规范与技术标准。

2 术 语

本章中给出的 21 个术语，是本规范有关章节中引用的。除本规范使用外，还可以作为城建档案工作引用的依据。

本规范的术语是从本规范的角度赋予其涵义的，但涵义不一定是术语的定义。同时还分别给出了相应的推荐性英文术语，该英文术语不一定是国际上的标准术语，仅供参考。

3 基本规定

本章规定了城建档案管理机构、建设系统各行业管理部门的档案机构、档案形成单位以及建设、勘测、设计、施工、监理等建设工程档案形成单位在城建档案业务活动中的工作内容和基本要求。

4 业务指导

4.1 原则与要求

4.1.1 城建档案业务指导应统筹规划、统一工作制度，在统一组织协调下开展；应遵循一切从实际出发，实事求是，针对不同情况，提出不同要求，采取不同的措施和方法。

5 收集与移交

5.1 形成、积累与归档要求

5.1.8 城建档案是在城乡规划、建设和管理活动中直接形成的对国家和社会具有保存价值的文字、图纸、图表、声像、电子文件、实物等各种形式和载体的历史记录，是历史的记忆，因此归档文件应为原件，这是档案的基本要求；档案的凭证和依据属性，即法律效力性，要求其内容必须真实、准确，与实际相符，这样才能保证其是真实的记录历史，对国家和社会负责。

5.1.9 归档的文件是需要长期保存的，其书写材料应是耐久性强的碳素墨水、蓝黑墨水等；而易褪色的书写材料：红色墨水、纯蓝墨水、圆珠笔、复写纸、铅笔等不利于档案的长期保存，应避免使用。

5.2 接收与移交

5.2.4 建立和明确接收和移交档案的手续，是档案工作制度的重要内容。它有利于明确责任和义务，保证移交（接收）档案的质量。

5.3 征 集

5.3.1 城建档案管理机构征集档案是丰富馆藏的重要手段，也是维护历史记忆完整性的重要措施之一。

5.3.3 采用征集方法应注意下列事项：

1 属于集体、个人所有以及其他不属于国家所有的档案，档案所有人可以向城建档案馆寄存。接受寄存的城建档案馆与寄存人应当签订档案寄存书面协议。

2 属于集体、个人所有以及其他不属于国家所有的档案，档案所有人可以向城建档案馆出售。档案的收购价格，由城建档案馆与出售人协商确定。

3 属于集体、个人所有以及其他不属于国家所有的档案，由于保管条件恶劣或者其他原因可能严重损毁、灭失、丢失的，城建档案馆有权采取代为保管措施。

公布或者提供他人利用代为保管的档案，城建档案馆应当征得档案所有人的同意。

4 属于集体、个人所有以及其他不属于国家所有的档案，由于保管条件恶劣或者其他原因可能严重损毁、灭失、丢失的，档案所有人不愿向城建档案馆捐赠、寄存或者出售的，城建档案馆可以征购。征购档案的价格，由城建档案鉴定委员会评估确定。

6 整 理

6.1 整理的原则和内容

6.1.1 城建档案整理是根据文件材料之间的有机联

系，对城建档案进行排序、编目，使之有序化和系统化的过程。整理应遵循城建档案的自然形成规律，充分尊重和利用原有的整理基础，最大限度地保持城建档案之间的有机联系，便于保管和提供利用。

6.2 分　　类

本节所述分类是指对一个工程、项目的文件材料，或一个案卷内的文件材料，按文件的类型、载体、专业、权属、工程建设程序等进行分类组卷和卷内文件的归类、排列、组合。

6.3 立　　卷

6.3.1 建设工程档案的整理立卷按《建设工程文件归档整理规范》GB/T 50328 的规定执行。

6.3.3 文件材料排列应注意：

1 按重要程度排列是将重要的文字材料排列在前，次要的排列在后；

2 按时间顺序排列是按文件材料形成的时间或文件材料内容所反映的时间顺序排列；

3 按文件材料之间的逻辑关系排列，即同一事项的请示和批复、同一文件的印本与定稿、主件与附件不能分开，并按批复在前、请示在后，印本在前、定稿在后，主件在前、附件在后的顺序排列。

7 编　　目

7.1 编目工作的内容

7.1.3 各种目录具有不同的功能，城建档案形成和管理单位应根据档案管理和利用的深度与需要编制相应的目录。

7.2 著　　录

著录是在编制城建档案检索工具时，对城建档案的内容和形式特征进行分析、选择和记录的过程，是编目工作的内容之一。城建档案著录应按国家标准《城市建设档案著录规范》GB/T 50323 的规定执行。

7.3 档案标引

7.3.1 标引是对文件或案卷进行主题分析，并对主题分析的结果给予检索标识的过程，是编目工作的内容之一，是编制档案检索工具、为档案利用提供检索途径、进行档案管理的依据。

7.3.2 《城建档案分类大纲》由原建设部 1993 年发布。分类标引应注意：

1 凡一份文件或案卷涉及两个或两个以上主题者，除按第一主题或最重要的主题标出确切的分类号外，必要时可对其他主题附加相应的分类号；

2 当分类表中无恰当的类目时，可分入范围较大的类目（上位类）或与档案内容密切相关的类目；

3 档案分类标引应保持一致性。各种文本、载体类型的同一主题档案所标引的分类号应当一致。对难以分类和分类表上无恰当类目可归的档案，无论归入上位类或归入与其密切相关的类目，以及增设类目，都应做出记录，以后遇有类似情况，应按此处理。

7.3.3 主题标引应注意：

1 工程（项目）以工程建设单位的性质、行业分类、工程（项目）的类型或名称、档案的类型或属性分类等为主要对象；案卷应该在继承工程（项目）级的共性部分之外，增加反映案卷内容的部分；同样，文件应该在继承案卷的共性部分之外，进一步反映其主题概念。

2 关键词标引又称增词标引，是使用主题词表以外的、未经规范化处理的自然语言词，因此，使用关键词标引应严格控制。

7.3.4 本条说明标引应遵循的程序。

1 主题分析是档案标引的基础，是通过对档案的内容特征进行分析，准确提炼和选定主题概念的过程，应注意：

1）通过分析题名不能确定档案的确切内容和类别时，应浏览文件、案卷的正文，重点阅读文头、文尾、段落题名，必要时阅读批语、摘要、简介、目次、图表、备考表等内容，从而确定档案内容论述或涉及的主题；

2）查阅档案的外部特征，包括责任者、时间、密级等有助于明确档案的形成背景和作用范围，对于确定文件和案卷主题也有一定意义。

2 进行概念转换应注意：

1）标引词应选用档案主题词表中与档案主题概念直接相对应的、专指的主题词；当词表中没有与档案主题概念直接相对应的专指主题词时，应选用两个或两个以上的主题词进行组配标引；

2）主题标引和分类标引可以同时进行，也可以分别进行；

3）对单主题档案的概念转换，只要赋予相应的主题词和一个分类号标识即可；多个主题档案则需要分解为单主题，分别赋予其主题词和分类号标识形式。

3 审校是标引的最后一道工序，是确保标引质量的重要环节。

7.3.6 标引工作开展应注意：

1 应结合本单位城建档案工作实际和利用者检索习惯而制定标引工作细则，科学地组织管理标引工作。

2　标引人员应具备所标引档案的专业知识和档案学知识；熟悉本单位的档案标引工具；具有阅读、分析、概括、提炼档案主题和准确归类的能力；标引人员宜实行专业分工，并保持相对稳定。

3　开展标引工作的单位，在使用标引工具的过程中遇到的各种问题和处理方法要作记录，定期增补和修改标引细则，使之日臻完善。

7.4　目录的编制与组织

7.4.1　目录系统是档案编目成果的体现，是档案利用的媒介，是开展档案管理的工具，城建档案管理机构、建设工程档案形成单位档案室、建设系统各行业管理部门档案室应建立一套科学合理的目录体系，能够从工程项目、案卷、文件等不同层次和深度来揭示档案信息，并从专业、行业、地理、建筑物性质等方面提供方便、快捷的查询手段。

7.4.7　必备目录为城建档案管理机构必须编制的基本目录，是城建档案管理、预防突发事件的重要手段。

7.5　必备目录

城建档案必备目录是所有城建档案管理机构都必须编制并提供利用的检索工具。除必备目录外，城建档案管理机构应根据管理的需要编制其他目录。

8　统　计

8.1　统计工作的任务和内容

城建档案统计工作是为城建档案事业宏观管理的正确决策，为正确地制定城建档案工作的发展规划，指导、监督城建档案工作，以及总结城建档案业务管理和城建档案工作的经验教训，提供客观的指标数字依据。它是城建档案事业的一项重要的基础工作，是对城建档案业务和城建档案事业管理实行监督的有效手段。

8.3　统计工作的步骤和方法

8.3.4　城建档案统计分析是在大量统计资料、数字和数据的基础上，经过综合加工、分析而产生一种颇有说服力的档案统计信息，它融合数据、情况、问题、建议为一体，既有定量信息，又有定性信息，体现城建档案统计工作活动的最终成果，是实现城建档案统计工作对整个城建档案工作服务和监督的主要形式。

8.4　主要统计报表

8.4.2　城建档案工作基本情况统计，是城建档案工作的重要工作内容，是城乡建设活动管理的组成部分。它是各级城乡建设管理部门和城建档案管理机构认识和掌握城建档案工作状况、分析城建档案工作实际、制定城建档案发展规划的工具，是加强全国城建档案工作宏观指导，建立、健全和实现城建档案科学管理的重要措施。各级城建档案部门有责任提供城建档案事业发展的统计信息，按规定填报城建档案工作基本情况统计报表。

9　鉴　定

9.3　鉴定的基本工作方法

9.3.1　城建档案鉴定应采用直接鉴定法，并注意：

1　鉴定工作人员应根据鉴定档案价值的原则和标准，在直接审查档案实际情况后，再参照档案保管期限表的条款确定保管期限。

2　鉴定工作人员应逐件、逐页地审查档案，而不是仅仅根据案卷目录、卷内文件目录和案卷题名判定档案的价值。

9.4　档案室鉴定工作

9.4.4　为保障档案信息的安全，明确档案鉴定的成果，便于档案的保管和利用，归档的案卷封面上必须注明密级与保管期限。

9.5　城建档案管理机构鉴定工作

9.5.9　城建档案的降密、解密和销毁涉及国家信息的安全，必须谨慎从事，必须编制拟降密、解密、销毁档案报告和清册，报上级领导机关审查、批准后方可执行。

10　保管与保护

10.7　缩　微

10.7.3　缩微拍摄前对原件质量和数量进行审核，目的是为了确保所拍摄档案的完整和系统。

10.7.4　编制缩微目录既是缩微工作的基本依据，也是缩微工作的环节。

10.8　修　复

10.8.2　档案修复前，应做好下列准备工作：

1　登记是对档案名称、数量及页数、接收人的姓名、接收日期、档案损坏程度、技术处理要求等记录，以便明确工作对象、要求和责任。

2　检查是对制成材料如纸张材料、字迹水溶性以及档案破坏的性质和程度进行查验和记录，以便采用合适的修复材料和方法。

3　修复前要除去档案上的灰尘，以免灰尘污染档案。

11 电子文件与电子档案管理

11.1 电子文件与电子档案管理的基本要求

11.1.5 为确保电子文件真实性、完整性和有效性，电子文件形成和保管单位应采用：电子文件操作者的身份识别与权限控制、设置符合安全要求的操作日志、对电子文件采用可靠的防错漏和防调换的标记、电子印章、数字签名等安全防护技术措施。

11.3 电子文件整理与归档的方式及要求

11.3.4 工程（项目）档案的多级文件夹，可按纸质档案的立卷顺序建立，也可按《建设工程文件归档整理规范》GB/T 50328 中附录 A《建设工程文件归档范围和保管期限表》确定的文件顺序建立。

12 声像档案管理

12.1 收集范围与内容

12.1.1 城乡建设声像档案是城建档案的重要组成部分，是在城乡规划、建设和管理活动中直接形成的、具有保存价值的、应归档保存的照片、录音、录像、影片等影音图片，其真实、直观地反映城乡规划、建设管理活动的客观进程及变化，具有其他载体（如图纸、文字材料）无法比拟的优越性和不可替代性。城建档案的形成和保管单位都应重视城乡建设声像档案的收集，制定本单位详细的收集范围和内容。

12.1.2 建设工程声像档案是工程档案的重要组成部分，城建档案管理机构在对工程档案进行预验收时应审查其工程声像档案。

12.4 声像档案整理

12.4.1 胶片照片的整理，其分类组卷应注意：

1 按专题、事项或工程项目分类组卷时，对同一专题、事项或工程项目的照片按时间、重要程度进行排列；

2 按年度—事项或工程项目分类组卷时，对跨年度且不可分的照片，可按起始或结束年度进行归类；

3 按单张或组（若干张有联系的）进行管理时，即按单份文件方式管理照片时，应结合计算机管理系统的应用；

4 分类方案应保持前后一致，不应随意变动。

12.5 声像档案编目

12.5.2 照片的著录项目可以根据需要进行扩展。

12.5.4、12.5.5 录像（音）的著录项目可以根据需要进行扩展。

12.5.7 声像档案目录除必备目录外，其他目录由管理单位根据管理需要选择编制。

13 信息化与信息安全

13.3 信息资源建设

13.3.1 城建档案的形成、保管单位应建立档案目录数据库，以计算机辅助管理代替手工管理，逐步实现档案电子化，管理计算机化，归档、利用网络化。

13.3.3 城建档案管理机构在数字信息资源建设中，宜结合本地区、本馆的实际，逐步建立目录和全文专题数据库。

13.4 城建档案数字化

13.4.1 城建档案管理机构应根据实际需要和经济能力，以服务城建档案信息利用为目标，制定馆藏档案数字化计划，选择适宜的方式开展馆藏档案数字化工作。

13.5 信 息 安 全

13.5.1 信息安全是城建档案信息化建设和城建档案管理的重点，采用计算机管理城建档案的单位和部门，必须从组织制度、技术手段、管理手段上采取必要的措施，确保信息安全。

14 档 案 编 研

14.1 档案编研的原则与要求

14.1.1 城建档案编研工作应紧密结合本地区规划、建设、管理和社会发展实际情况，因地制宜、因馆制宜。

14.1.2 随着时代的发展，城建档案编研的手段和方法应不断创新，不断提高编研工作的水平和效能，以适应信息社会发展的要求。

14.1.3 城建档案编研应遵守保密的要求，涉及知识产权、保密规定、涉外政策、市场竞争的问题，不得违反有关法律法规的规定。编研成果可划分公开、内部等不同等级。

15 信息公开与服务

开展城建档案信息公开，提供城建档案为社会服务，既是城建档案工作的出发点，也是城建档案工作的最终目的。由于有些城建档案信息涉及国家秘密、商业秘密、个人隐私、国家安全、公共安全、经济安全等，因此，在城建档案信息公开和档案开放工作中应处理好开放与保密的关系。

中华人民共和国行业标准

城镇供水管网漏水探测技术规程

Technical specification for leak detection of water supply pipe nets in cities and towns

CJJ 159—2011

批准部门：中华人民共和国住房和城乡建设部

施行日期：2 0 1 1 年 1 0 月 1 日

中华人民共和国住房和城乡建设部
公　告

第874号

关于发布行业标准《城镇供水管网漏水探测技术规程》的公告

现批准《城镇供水管网漏水探测技术规程》为行业标准，编号为CJJ 159-2011，自2011年10月1日起实施。其中，第3.0.7、3.0.12、3.0.13、3.0.14条为强制性条文，必须严格执行。

本规程由我部标准定额研究所组织中国建筑工业出版社出版发行。

中华人民共和国住房和城乡建设部

2011年1月7日

前　言

根据住房和城乡建设部《关于印发〈2008年工程建设标准规范制订、修订计划（第一批）〉的通知》（建标［2008］102号）的要求，规程编制组经广泛调查研究，认真总结实践经验，参考有关国际标准和国外先进标准，并在广泛征求意见的基础上，制订了本规程。

本规程的主要技术内容是：1总则；2术语和符号；3基本规定；4流量法；5压力法；6噪声法；7听音法；8相关分析法；9其他方法；10成果检验与成果报告。

本规程中以黑体字标志的条文为强制性条文，必须严格执行。

本规程由住房和城乡建设部负责管理和对强制性条文的解释，由城市建设研究院负责具体技术内容的解释。执行过程中如有意见或建议，请寄送城市建设研究院（地址：北京市朝阳区惠新里3号，邮编：100029）。

本规程主编单位：城市建设研究院

本规程参编单位：中国城市规划协会地下管线专业委员会
保定市金迪科技开发有限公司
山东正元地理信息工程有限责任公司
成都沃特地下管线探测有限责任公司
雷迪有限公司
北京埃德尔黛威新技术有限公司
武汉科岛地理信息工程有限公司
北京富急探仪器设备有限公司
上海市自来水公司奉贤有限公司
南京市自来水总公司
深圳市市政设计研究院有限公司
深圳市大升高科技工程有限公司

本规程主要起草人员：宋序彤　李学军　梁德荣　何永恒　李　强　高　伟　陈海弟　丁克峰　郑小明　朱培元　王功祥　陈　鸿　巢民强　刘会忠　吴彬彬

本规程主要审查人员：刘志琪　李学义　冯一谦　王耀文　陈庆荣　王黎泉　李　智　周建中　徐少童　陈家骧　江贻芳

目 次

Contents

1 总 则

1.0.1 为规范城镇供水管网漏水探测方法，统一相关技术要求，提高漏水探测成效，减少漏损，制定本规程。

1.0.2 本规程适用于城镇供水管网的漏水探测。

1.0.3 城镇供水管网漏水探测应积极采用和推广经实践检验有效的新技术、新设备和新材料。

1.0.4 城镇供水管网漏水探测除应符合本规程外，尚应符合国家现行有关标准的规定。

2 术语和符号

2.1 术 语

2.1.1 城镇供水管网 water supply pipe nets in cities and towns

城镇辖区内的各种地下供水管道及其管件和管道设备。

2.1.2 供水管网漏水探测 leak detection of water supply pipe nets

运用适当的仪器设备和技术方法，通过研究漏水声波特征、管道供水压力或流量变化、管道周围介质物性条件变化以及管道破损状况等，确定地下供水管道漏水点的过程。

2.1.3 漏水点 leak point

经证实的供水管道泄漏处。

2.1.4 明漏点 visible leak

可直接确定的地下供水管道漏水点。

2.1.5 暗漏点 invisible leak

掩埋于地下，需要借助一定的手段和方法才可能确定的供水管道漏水点。

2.1.6 漏水异常 unverified leak

在探测过程中发现而未经证实的供水管道漏水现象。

2.1.7 漏水点定位误差 leak point locating error

探测确定的供水管道漏水异常点与实际漏水点的平面距离，以长度米表示。

2.1.8 漏水点定位准确率 leak point locating accuracy

实际漏水点数量与漏水异常点总数量之比，以百分数表示。

2.1.9 流量法 flow measurement method

借助流量测量设备，通过检测供水管道流量变化推断漏水异常区域的方法，分为区域装表法和区域测流法。

2.1.10 压力法 pressure measurement method

借助压力测试设备，通过检测供水管道供水压力的变化，推断漏水异常区域的方法。

2.1.11 噪声法 leak noise logging method

借助相应的仪器设备，通过检测、记录供水管道漏水声音，并统计分析其强度和频率，推断漏水异常管段的方法。

2.1.12 听音法 listening method

借助听音仪器设备，通过识别供水管道漏水声音，推断漏水异常点的方法。

2.1.13 相关分析法 leak noise correlation

借助相关仪，通过对同一管段上不同测点接收到的漏水声音的相关分析，推断漏水异常点的方法。

2.1.14 管道内窥法 closed circuit television inspection (CCTV) method

通过闭路电视摄像系统（CCTV）查视供水管道内部缺陷推断漏水异常点的方法。

2.1.15 探地雷达法 ground penetrating radar (GPR) method

通过探地雷达（GPR）对漏水点周围形成的浸湿区域或脱空区域的探测推断漏水异常点的方法。

2.1.16 地表温度测量法 thermography method

借助测温设备，通过检测地面或浅孔中供水管道漏水引起的温度变化，推断漏水异常点的方法。

2.1.17 气体示踪法 tracer gas method

在供水管道内施放气体示踪介质，借助相应仪器设备通过地面检测泄漏的示踪介质浓度，推断漏水异常点的方法。

2.1.18 成果检验 results verification

采用实地开挖等手段，对供水管网漏水探测确定的漏水异常点实施验证的过程。

2.2 符 号

2.2.1 压力

P_a——绝对压力值；

P——大气压；

P_t——测试压力值。

3 基本规定

3.0.1 城镇供水管网漏水探测应选择适宜的探测方法确定漏水位置。

3.0.2 城镇供水管网漏水探测应遵循下列原则：

1 应充分利用已有的管线和供水状况可靠的信息资料；

2 选用的探测方法应经济、有效；

3 复杂条件下宜采用多种方法综合探测；

4 应避免或减少对日常供水、交通等的影响。

3.0.3 城镇供水管网漏水探测的工作程序应包括：探测准备、探测作业、成果检验和成果报告。

3.0.4 探测准备应包括资料收集、现场踏勘、探测方法试验和技术设计书编制。探测准备应符合下列

规定：

1 应收集掌握供水管网现状资料，并收集探测区域相关的地形地貌、供水压力、供水量、供水用户和以往漏水探测成果等资料；

2 现场踏勘应实地调查供水管网现状，核实已有供水管网资料的可利用程度，查看管道腐蚀和附属设施的破损与漏水情况，供水管道附近地下排水管道中的水流变化情况及相关工作条件等；

3 探测方法试验宜选择有代表性的管段进行，并应通过试验评价探测仪器设备的适用性和探测方法的有效性；

4 技术设计书应在探测方法试验基础上编制，并宜包括下列内容：

1）探测的目的、任务、期限和范围；

2）工作条件和已有资料的分析；

3）探测方法选择及其有效性分析；

4）工作程序及技术要求；

5）人员组织及仪器设备；

6）施工进度计划；

7）质量与安全保证措施；

8）拟提交的成果资料；

9）存在问题与对策。

3.0.5 漏水探测作业应按照技术设计书要求组织实施，正确履行探测工作程序，及时采集、处理、分析、整理探测数据。当工作条件、工作任务或工作范围发生变化时，应适时修订技术设计书。

3.0.6 城镇供水管网漏水探测应健全质量保证体系，按照工作进度进行过程质量控制。当质量检查发现漏探或错探时，应及时分析原因并采取措施予以补救或纠正。质量检查应由不同人员完成。

3.0.7 城镇供水管网漏水探测使用的仪器设备应按照规定进行保养和校验。使用的计量器具应在计量检定周期的有效期内。

3.0.8 漏水探测作业应由具备相关资质的人员进行仪器设备的操作和维修。

3.0.9 应使用经鉴定或验证有效的软件进行漏水探测数据处理。

3.0.10 对漏水探测确认的漏水异常点，应按本规程附录A的要求及时填报。

3.0.11 漏水探测应根据开挖验证结果测量漏水点的定位误差并计算漏水点定位准确率，并应符合下列规定：

1 定位误差不宜大于1m；

2 准确率不应小于90%。

3.0.12 城镇供水管网漏水探测作业安全保护工作应符合现行行业标准《城市地下管线探测技术规程》CJJ 61的规定。打钻或开挖时，应避免破损供水管道及相邻其他管线或设施。

3.0.13 城镇供水管网漏水探测作业不得污染供水水质。

3.0.14 漏水探测作业时必须做好人身和现场的安全防护工作。漏水探测人员应穿戴有明显标志的工作服，夜间工作时必须穿反光背心；工作现场应设置围栏、警示标志和交通标志等。

4 流 量 法

4.1 一 般 规 定

4.1.1 流量法可用于判断探测区域是否发生漏水，确定漏水异常发生的范围；还可用于评价其他方法的漏水探测效果。

4.1.2 应结合供水管道实际条件，设定流量测量区域。

4.1.3 探测区域内及其边界处的管道阀门均应能有效关闭。

4.1.4 流量法可根据需要选择区域装表法或区域测流法。

4.1.5 流量法的流量仪表可采用机械水表、电磁流量计、超声流量计或插入式涡轮流量计等，其计量精度应符合现行行业标准《城市供水管网漏损控制及评定标准》CJJ 92的有关规定。

4.2 区域装表法

4.2.1 单管进水的区域应在区域进水管段安装计量水表。

4.2.2 多管进水的区域采用区域装表法时，除主要进水管外，其他与本区域连接管道的阀门均应严密关闭。主要进水管段均应安装计量水表。

4.2.3 安装在进水管上的计量水表应符合下列规定：

1 能连续记录累计量；

2 满足区域内用水高峰时的最大流量；

3 小流量时有较高计量精度。

4.2.4 探测时应在同一时间段读抄该区域全部用户水表和主要进水管水表，并分别计算其流量总和。当两者之差小于5%时，可不再进行漏水探测；当超过5%时，可判断为有漏水异常，并应采用其他方法探测漏水点。

4.3 区域测流法

4.3.1 探测区域内无屋顶水箱、蓄水设备或夜间用水较少区域的供水管网漏水探测宜采用区域测流法。每个探测区域宜符合下列条件之一：

1 区域内的管道长度为2km～3km；

2 区域内居民为2000户～5000户。

4.3.2 采用区域测流法宜选在夜间0：00～4：00期间进行探测，并应符合下列规定：

1 探测时应保留一条管径不小于50mm的管道进水，并应关闭其他所有进入探测区域管道上的阀门，在进水管道上安装可连续测量的流量仪表。

2 当单位管长流量大于 1.0m³/（km·h）时，可判断为有漏水异常。可选择关闭区域内相应阀门，再观测进水管道流量，根据关闭不同阀门前后的流量对比确定漏水管段。

5 压 力 法

5.1 一 般 规 定

5.1.1 压力法可用于判断供水管网是否发生漏水，并确定漏水发生的范围。

5.1.2 压力法使用的压力仪表计量精度应优于1.5级。

5.2 探 测 方 法

5.2.1 应根据供水管道条件布设压力测试点并编号。压力测试点宜布设在已有的压力测试点或消火栓上。

5.2.2 应测量每一个压力测试点的大气压或高程，并应根据供水管道输水和用水条件计算探测管段的理论压力坡降，绘制理论压力坡降曲线。

5.2.3 当在压力测试点上安装压力计量仪表时，应排尽仪表前的管内空气，并应保证压力计量仪表与管道连接处不漏水。

5.2.4 当采用压力法探测时，应避开用水高峰期，选择管道供水压力相对稳定的时段观测并记录各测试点管道供水压力值。

5.2.5 当采用压力法探测时，应将各测试点实测的管道供水压力值换算为绝对压力值或换算成同一基准高程的可比压力值，并绘制该管段的实测压力坡降曲线。

绝对压力值应按下式换算：

$$P_a = P + P_t \qquad (5.2.5)$$

式中：P_a——绝对压力值（MPa）；

P——压力测试点的大气压（MPa），当供水管道所处地形较平坦时，P 值可以忽略；

P_t——测试压力值（MPa）。

5.2.6 应对比管段实测压力坡降曲线和理论压力坡降曲线的差异，判定是否发生漏水。当某测试点的实测压力值突变，且压力低于理论压力值时，可判定该测试点附近为漏水异常区域。

6 噪 声 法

6.1 一 般 规 定

6.1.1 噪声法可用于供水管网漏水监测和漏水点预定位。

6.1.2 噪声法可采用固定和移动两种设置方式。当用于长期性的漏水监测与预警时，噪声记录仪宜采用固定设置方式；当用于对供水管网进行漏水点预定位时，宜采用移动设置方式。

6.1.3 噪声检测点的布设应满足能够记录到探测区域内管道漏水产生噪声的要求。检测点不应有持续的干扰噪声。

6.1.4 噪声记录仪应符合下列规定：

1 灵敏度不低于 1dB；

2 能够记录两种以上的噪声参数；

3 性能稳定，测定结果重复性好；

4 防水性能符合 IP 68 标准。

6.1.5 噪声记录仪的检验和校准应符合下列规定：

1 时钟应在探测前设置为同一时刻；

2 灵敏度应保持一致，允许偏差应小于 10%；

3 当采用移动设置方式探测时，应在每次探测前进行检验和校准；

4 当采用固定设置方式探测时，应定期检验和校准。

6.1.6 噪声法漏水探测的基本程序应符合下列规定：

1 设计噪声记录仪的布设地点；

2 设置噪声记录仪的工作参数；

3 布设噪声记录仪；

4 接收并分析噪声数据；

5 确定漏水异常区域或管段。

6.2 探 测 方 法

6.2.1 在探测区域供水管网图上应合理标注噪声记录仪布设的地点和编号。

6.2.2 应根据被探测管道的管材、管径等情况确定噪声记录仪的布设间距。噪声记录仪的布设间距应符合下列规定：

1 应随管径的增大而相应递减；

2 应随水压的降低而相应递减；

3 应随接头、三通等管件的增多而相应递减；

4 当噪声法用于漏点探测预定位时，还应根据阀栓密度进行加密测量，并相应地减小噪声记录仪的布设间距；

5 直管段上的噪声记录仪的最大布设间距不应超过表 6.2.2 的规定。

表 6.2.2 直管段上的噪声记录仪的最大布设间距（m）

管材	最大布设间距
钢	200
灰口铸铁	150
水泥	100
球墨铸铁	80
塑料	60

6.2.3 噪声记录仪的布设应符合下列规定：

1 宜布设在检查井中的供水管道、阀门、水表、消火栓等管件的金属部分；

2 宜布设于分支点的干管阀栓；

3 实际布设信息应在管网图上标注；

4 管道和管件表面应清洁；

5 噪声记录仪应处于竖直状态。

6.2.4 数据的接收与记录应符合下列规定：

1 接收机宜采用无线方式接收噪声记录仪的数据，并应准确传输到电脑的专业分析软件中；

2 噪声记录仪的记录时间宜为夜间 2：00～4：00。

6.2.5 探测前应选定测量噪声强度和噪声频率等参数，并应在所选定的时段内连续记录。

6.2.6 应分别对每个噪声记录仪的记录数据进行现场初步分析，推断漏水异常，并应符合下列规定：

1 根据所设定的具体参数确定漏水异常判定标准；

2 对于符合漏水异常判定标准的噪声记录数据，可认为该噪声记录仪附近有漏水异常。

6.2.7 应在现场初步分析的基础上对记录数据和有关统计图进行综合分析，推断漏水异常区域。

6.2.8 应根据同一管段上相邻噪声记录仪的数据分析结果确定漏水异常管段。

7 听 音 法

7.1 一 般 规 定

7.1.1 当采用听音法进行管道漏水探测时，应根据探测条件选择阀栓听音法、地面听音法或钻孔听音法。

7.1.2 采用听音法应具备下列条件：

1 管道供水压力不应小于 0.15MPa；

2 环境噪声不宜大于 30dB。

7.1.3 听音法所采用的仪器设备除应符合本规程第 3.0.7 条的规定外，听音杆宜具有机械放大功能，电子听漏仪还应符合下列规定：

1 具有滤波功能；

2 具有多级放大功能；

3 使用加速度传感器作为拾音器，其电压灵敏度应优于 $10mV/(m \cdot s^{-2})$。

7.1.4 当采用听音法进行管道漏水探测时，每个测点的听音时间不应少于 5s；对怀疑有漏水异常的测点，重复听测和对比的次数不应少于 2 次。

7.1.5 应采用复测与对比方式进行过程质量检查。检查时应随机抽取复测管段，且抽取管段长度不宜少于探测管道总长度的 20%。应重点复测漏水异常管段和漏水异常点。

7.2 阀栓听音法

7.2.1 阀栓听音法可用于供水管网漏水普查，探测漏水异常的区域和范围，并对漏水点进行预定位。

7.2.2 阀栓听音法可采用听音杆或电子听漏仪。

7.2.3 当采用阀栓听音法探测时，听音杆或传感器应直接接触地下管道或管道的附属设施。

7.2.4 当采用阀栓听音法探测时，应首先观察裸露地下管道或附属设施是否有明漏。发现明漏点时，应准确记录其相关信息。记录的信息应包括下列内容：

1 阀栓类型；

2 明漏点的位置；

3 漏水部位；

4 管道材质和规格；

5 估计漏水量。

7.2.5 当采用阀栓听音法探测时，应首先根据听测到的漏水声音，确认漏水异常管段，然后根据漏水声音的强弱和特征，并结合已有资料，推断漏水异常点。

7.3 地面听音法

7.3.1 地面听音法可用于供水管网漏水普查和漏水异常点的精确定位。

7.3.2 当采用地面听音法探测时，地下供水管道埋深不宜大于 2.0m。

7.3.3 地面听音法可使用听音杆或电子听漏仪。进行探测时，听音杆或拾音器应紧密接触地面。

7.3.4 当采用地面听音法进行漏水普查时，应沿供水管道走向在管道上方逐点听测。金属管道的测点间距不宜大于 2.0m，非金属管道的测点间距不宜大于 1.0m。漏水异常点附近应加密测点，加密测点间距不宜大于 0.2m。

7.3.5 当采用地面听音法进行漏水点精确定位或对管径大于 300mm 的非金属管道进行漏水探测时，宜沿管道走向成“S”形推进听测，但偏离管道中心线的最大距离不应超过管径的 1/2。

7.4 钻孔听音法

7.4.1 钻孔听音法可用于供水管道漏水异常点的精确定位。

7.4.2 钻孔听音法应在供水管道漏水普查发现漏水异常后进行。钻孔前应准确掌握漏水异常点附近其他管线的资料。

7.4.3 当采用钻孔听音法探测时，每个漏水异常处的钻孔数量不宜少于 2 个，两钻孔间距不宜大于 50cm。

7.4.4 钻孔听音法应使用听音杆，探测时听音杆宜直接接触管道管体。

8 相关分析法

8.1 一般规定

8.1.1 相关分析法可用于漏水点预定位和精确定位。

8.1.2 当采用相关分析法探测时，管道水压不应小于0.15MPa。

8.1.3 相关仪应具备滤波、频率分析、声速测量等功能。

8.1.4 相关仪传感器频率响应范围宜为 0Hz～5000Hz，电压灵敏度应大于 $100mV/(m.s^{-2})$。

8.2 探测方法

8.2.1 当采用相关分析法探测管径不大于 300mm 的管道时，相邻两个传感器的最大布设间距宜符合本规程表 6.2.2 的规定。布设间距应随管径的增大而相应地减小、随水压的增减而增减。

8.2.2 传感器的布设应符合下列规定：

1 应确保传感器放置在同一条管道上；

2 传感器宜竖直放置，并应确保与管道接触良好。

8.2.3 当采用相关分析法探测时，发射机与相关仪信号应能正常传输。

8.2.4 应准确测定两个传感器之间管段的长度。应准确输入管长、管材和管径等信息，并根据管道声波传播速度进行相关分析，确认漏水异常点。

8.2.5 当采用相关分析法探测时，应根据管道材质、管径设置相应的滤波器频率范围。金属管道设置的最低频率不宜小于 200Hz；非金属管道设置的最高频率不宜大于 1000Hz。

9 其他方法

9.1 管道内窥法

9.1.1 管道内窥法可用于使用闭路电视摄像系统（CCTV）查视供水管道内部缺损，探测漏水点。

9.1.2 闭路电视摄像系统（CCTV）的主要技术指标应满足下列条件：

1 摄像机感光灵敏度不应大于 3lux；

2 摄像机分辨率不应小于 30 万像素，或水平分辨率不应小于 450TVL；

3 图像变形应控制在±5% 范围内。

9.1.3 当采用管道内窥法探测时，应符合下列规定：

1 管道应停止运行，且排水至不淹没摄像头；

2 应校准电缆长度，测量起始长度应归零；

3 应即时调整探测仪的行进速度。

9.1.4 当采用推杆式探测仪探测时，应具备下列条件：

1 两相邻出入口（井）的距离不宜大于 150m；

2 管径和管道弯曲度不得影响探测仪的行进。

9.1.5 当采用爬行器式探测仪探测时，应具备下列条件：

1 两相邻出入口（井）的距离不宜大于 500m；

2 管径、管道弯曲度和坡度不得影响探测仪爬行器在管道内的行进。

9.2 探地雷达法

9.2.1 探地雷达（GPR）法可用于已形成浸湿区域或脱空区域的管道漏水点的探测。

9.2.2 采用探地雷达法应具备下列条件：

1 漏水点形成的浸湿区域或脱空区域与周围介质存在明显的电性差异；

2 浸湿区域或脱空区域界面产生的异常能在干扰背景场中分辨。

9.2.3 探地雷达探测设备除应满足本规程第 3.0.7 条的规定外，还应符合下列规定：

1 发射功率和抗干扰能力应满足探测要求；

2 采用的天线频率应与管道埋深相匹配。

9.2.4 探测前应进行方法试验、确定探测方法的有效性，并确定外业最佳工作参数。

9.2.5 当采用探地雷达法探测时，测点和测线布置应符合下列规定：

1 测线宜垂直于被探测管道走向进行布置，并应保证至少 3 条测线通过漏水异常区；

2 测点间距选择应保证有效识别漏水异常区域的反射波异常及其分界面；

3 在漏水异常区应加密布置测线，必要时可采用网格状布置测线并精确测定漏水浸湿区域或脱空区域的范围。

9.2.6 探测时，探地雷达系统应采用经方法试验确定的工作参数，并根据现场情况的变化及时调整工作参数。

9.2.7 根据外业记录数据质量，可选择必要的数据处理方法。

9.2.8 在分析各项参数资料的基础上进行资料解释时，应符合下列规定：

1 应按照从已知到未知、先易后难、点面结合、定性指导定量的原则进行；

2 应根据管道周围介质的情况、漏水可能的泄水通道及规模进行综合分析；

3 参与解释的雷达图像应清晰，解释成果资料应包括雷达剖面图像、管道的位置、深度及漏水形成的浸湿或脱空区域范围图。

9.3 地表温度测量法

9.3.1 地表温度测量法可用于因管道漏水引起漏水点与周围介质之间有明显温度差异时的漏水探测。

9.3.2 采用温度测量法探测供水管道漏水，应具备下列条件：

1 探测环境温度应相对稳定；

2 供水管道埋深不应大于1.5m。

9.3.3 地表温度测量法测量仪器可选用精密温度计或红外测温仪，除应满足本规程第3.0.7条的规定外，还应符合下列规定：

1 温度测量范围应满足－20℃～50℃；

2 温度测量分辨率应达到0.1℃；

3 温度测量相对误差不应大于0.5℃。

9.3.4 采用地表温度测量法探测前，应进行方法试验，并确定方法和测量仪器的有效性、精度和工作参数。

9.3.5 地表温度测量法的测点和测线布置应符合下列规定：

1 测线应垂直于管道走向布置，每条测线上位于管道外的测点数每侧不少于3个；

2 测点应避开对测量精度有直接影响的热源体；

3 宜采用地面打孔测量方式，孔深不应小于30cm。

9.3.6 当采用地表温度测量法探测时，应符合下列规定：

1 应保证每条测线管道上方的测点不少于3个；

2 当发现观测数据异常时，对异常点重复观测不得少于2次，并应取算术平均值作为观测值；

3 应根据观测成果编绘温度测量曲线或温度平面图，确定漏水异常点。

9.4 气体示踪法

9.4.1 气体示踪法可用于供水管网漏水量小，或采用其他探测方法难以解决时的漏水探测。

9.4.2 气体示踪法所采用的示踪介质应满足下列规定：

1 应无毒、无味、无色，不得污染供水水质；

2 应具有相对密度小、向上游离的特性，且穿透性强；

3 应易被检出；

4 应不易被土壤等管道周围介质所吸收；

5 应具备易获取、成本低、安全性高的特性。

9.4.3 气体示踪法仪器传感器的灵敏度应优于1mg/L。

9.4.4 探测前应计算待测供水管道的容积，应备足示踪气体。

9.4.5 在向待探测供水管道内输入示踪气体前，应关闭相应阀门，并应确保阀体及阀门螺杆和相关接口密封无泄漏。

9.4.6 不宜在风雨天气条件下采用气体示踪法进行探测。

9.4.7 应根据管道埋深、管道周围介质类型、路面性质、示踪介质从漏点逸出至地表的时间等因素确定气体示踪法的最佳探测时段。

9.4.8 环境许可时，宜沿管道走向上方钻孔取样检测示踪介质浓度；钻孔时不得破坏供水管道。

10 成果检验与成果报告

10.1 成果检验

10.1.1 供水管网漏水探测应通过开挖验证，计算漏水点定位误差和定位准确率等方式进行成果检验。

10.1.2 应按照本规程附录A记录标示的漏水异常点实施开挖验证。

10.1.3 经开挖验证后的漏水点应根据本规程第3.0.11条的规定测量漏水点定位误差，并在全部漏水异常点开挖验证后计算漏水点定位准确率。

10.1.4 开挖验证确认的漏水点，应现场拍摄漏水点的影像资料，并计量漏水量。

10.1.5 应按照本规程附录A的规定及时记录验证结果。

10.1.6 成果检验结果应作为探测成果报告内容的一部分。

10.2 成果报告

10.2.1 供水管网漏水探测作业和成果检验完成后，应编写供水管网漏水探测成果报告。

10.2.2 供水管网漏水探测成果报告应包括下列内容：

1 工程概况，应包括工程的依据、范围、内容、目的和要求；人员、仪器设备及计划安排；漏水探测区的基本情况；探测工作条件；相关探测工作量和开竣工日期等。

2 探测方法和仪器设备，探测作业依据的标准。

3 探测质量控制及检查。

4 漏水探测成果及成果检验。

5 存在的问题及处理措施。

6 供水管网漏水状况分析。

7 结论和建议。

8 探测工作相关记录、数据和资料。

9 相关附图与附表。

附录A 供水管网漏水探测漏水点记录表

表A 供水管网漏水探测漏水点记录表

填表日期 年 月 日

漏点编号		漏点位置	
管材		管径（mm）	
管道埋深（m）		管道埋设年代	
地面介质		管道破损形态	
探测方法和使用仪器简要说明			
漏水异常点简要说明（附位置示意图）			
开挖验证相关说明（漏水点照片，漏水点定位误差，计算漏水量等）			

开挖验证日期 年 月 日

探测人（签字）： 复核人（签字）：

本规程用词说明

1 为便于在执行本规程条文时区别对待，对要求严格程度不同的用词说明如下：

1） 表示很严格，非这样做不可的：
正面词采用"必须"，反面词采用"严禁"；

2） 表示严格，在正常情况下均应这样做的：
正面词采用"应"，反面词采用"不应"或"不得"；

3） 表示允许稍有选择，在条件许可时首先应这样做的：
正面词采用"宜"，反面词采用"不宜"；

4） 表示有选择，在一定条件下可以这样做的，采用"可"。

2 条文中指明应按其他有关标准执行的写法为:"应符合……的规定"或"应按……执行"。

引用标准名录

1 《城市地下管线探测技术规程》CJJ 61

2 《城市供水管网漏损控制及评定标准》CJJ 92

中华人民共和国行业标准

城镇供水管网漏水探测技术规程

CJJ 159—2011

条 文 说 明

制 定 说 明

《城镇供水管网漏水探测技术规程》CJJ 159－2011经住房和城乡建设部2011年1月7日以第874号公告批准、发布。

在规程编制过程中，编制组对我国城镇供水管网漏水探测技术工程的实践经验进行了总结，对各种城镇供水管道漏水探测的技术要求、方法及验收等分别作出了规定。

为便于广大设计、施工、科研、院校等单位有关人员在使用本规程时能正确理解和执行条文规定，《城镇供水管网漏水探测技术规程》编制组按章、节、条顺序编制了本规程的条文说明，对条文规定的目的、依据以及执行中需注意的有关事项进行了说明，还着重对强制性条文的强制性理由作了解释。但是，本条文说明不具备与标准正文同等的法律效力，仅供使用者作为理解和把握标准规定的参考。

目　次

1 总 则

1.0.1 本条阐述了编制本规程的目的和依据。本规程实施的直接作用是规范漏水探测行为，提高漏水探测功效，应达到的目的是减少漏水损失。《中华人民共和国水法》规定"供水企业和自建供水设施的单位应当加强供水设施的维护管理，减少水的漏失"。

1.0.2 本条阐述了本规程的适用范围。

1.0.3 本条阐述了在供水管道的漏水探测活动中应积极采用各种创新成果和相应的约束条件。

1.0.4 本条阐述了执行本规程与执行相关标准的关系。

3 基本规定

3.0.1 本条规定了城镇供水管网漏水探测的基本任务。

3.0.2 本条规定了城镇供水管网漏水探测应遵循的原则。城镇供水管网漏水探测为间接确定漏水点的过程，目前有效的技术方法多为物理探测手段，每一种方法都具有其局限性和条件适应性，所以在实施时应注意充分利用已有的管道和供水信息的各种相关资料，包括管径、管材、埋深、埋设年代、水压和流量等，以提高探测功效和成果的可靠程度。本条还特别提出条件复杂情况下单一方法难以达到探测效果时，应考虑采用两种或两种以上方法相互校核，以保证探测效果。此外，供水工作与生产生活密切相关，因此要求探测工作尽可能减少对供水和交通的影响。

3.0.3 本条规定了城镇供水管网漏水探测的基本工作程序。

3.0.4 探测准备是保证探测顺利进行的重要基础。本条对如何进行收集资料、现场踏勘、探测方法试验和技术设计书编制作了详细规定。

3.0.5 本条规定了城镇供水管网漏水探测应遵守技术设计书规定的要求。在探测作业中，可能遇到工作条件、工作任务或工作范围发生变化，这时应修订技术设计书，确保探测工作有效开展。

3.0.6 城镇供水管网漏水探测结果可能受环境条件、人为因素等影响，为保证探测成果质量，本条规定了健全质量保证体系和实施过程检查的要求，以减少或避免漏探、错探的发生。同时将质量检查作为探测技术工作的一部分，其资料要在探测成果中体现出来。

3.0.7 仪器设备是城镇供水管网漏水探测的必备工具，是获得可靠探测信息、保证探测质量和提高工作效率的基本保证。因此，本条规定探测仪器设备应性能稳定、状态良好，并要求对探测仪器按照规定进行保养、校验，特别是探测使用的压力计、流量计以及钢尺、皮尺等计量器具，为保证其精度可靠，应按照规定定期强检。此条为强制性条款。

3.0.8 为了保证发挥探测仪器设备的作用，本条规定了城镇供水管网漏水探测应正确操作和使用探测仪器设备的要求，并且规定了探测仪器操作和维修人员应具备相应的能力，不得随意进行。

3.0.9 城镇供水管网漏水探测现有技术方法中，有的需要借助软件进行数据处理，通过数据处理为资料分析推断提供依据。数据处理结果直接影响探测结果，为此要求使用的数据处理软件应经过鉴定，或者经过实际检验证明其有效。

3.0.10 本条规定了应及时、完整地填报本规程附录A《供水管网漏水探测漏水点记录表》中相关信息的要求。

3.0.11 漏水点定位误差和漏水点定位准确率是评价漏水探测质量的主要指标。漏水点定位误差不宜大于1m的规定是根据我国多年来的实践证明是合理、可行的。另外，由于我国不同地域间管道埋设情况差异较大，当影响探测因素较多时，其定位误差要求可适当放宽。

由于漏水探测受工作环境、仪器设备、技术方法、人为操作和漏水点本身特征等因素影响，并且探测主要采用地球物理专业方法，其漏水点定位是根据各种探测信息综合处理间接推断获得，按照误差理论和概率分布，可信区间应达到95%。本规程综合考虑了要求探测时建立完善的质量保证体系，加强探测过程质量控制，确保探测结果准确的要求，对照了英国、日本和中国台湾等国家和地区的标准，并考虑上述影响因素，确定放宽误差范围5%，规定漏水点定位准确率为90%。这一数据也是近10年来我国探测成果验收的一项较为通用的基本指标。

3.0.12 《城市地下管线探测技术规程》CJJ 61已对管线探测作业安全保护作出了相关规定，在进行供水管网漏水探测时应遵照执行。同时提出了在进行漏水探测时，不应损坏供水管道和周边地下管线和设施的要求。此条规定涉及人身和供水安全，是必须执行的强制性条款。

3.0.13 供水管网漏水探测作业有时会触及管道内部，甚至在管道内部布设和运行探测设备，置入示踪介质等。必须采取必要措施，包括探测后清洗管道等，从而保证供水时水质不被污染。此条款为强制性条款。

3.0.14 本条款对漏水探测现场工作人员着装、现场警示标志和必要围栏的设置等作出了严格的相关规定，对于保障现场工作人员、周边流动人员和交通安全都是十分必要的。此条规定涉及人身安全，是必须执行的强制性条款。

4 流 量 法

4.1 一般规定

4.1.1 本条阐明了流量法的适用范围。流量法是建立水量平衡，开展供水系统诊断分析（漏水存在与否、漏水程度和漏水在系统中分布情况），确定经济控漏水平的重要手段，是进行漏水探测的基础。还可通过漏水量的评估，评价其他相关方法探测漏水的效果。

4.1.2 本条规定了采用流量法探测漏水应设定流量测量区域的要求。

4.1.3 为了满足流量测量区流量测定的要求，本条规定相关阀门应能有效关闭。

4.1.4 本条说明流量法可采用的两种探测方法。

4.1.5 本条规定了流量法使用仪器的计量精度要求。

4.2 区域装表法

4.2.1 本条对单管进水区域进水管安装计量水表作出了规定。

4.2.2 本条规定了多管进水的区域应在保留的主要进水管上安装计量水表并关闭其他与外界连通管段上所有阀门的要求。

4.2.3 本条对进水管上安装的计量水表规定了基本要求。

4.2.4 本条规定了采用区域装表法进行漏水探测时，水表的读抄应保证在同一时段进行，这样，可以避免不同时间读取带来的误差。进水量与同期用水量的差值小于5%时可认为符合要求，可不再进行漏水探测。该项规定是引自现行行业标准《城市供水管网漏损控制及评定标准》CJJ 92的有关规定。进水量与用水量之比超过上述规定要求时，说明该区域可能有漏水，可利用听音法、相关分析法等其他方法进一步进行漏水探测。

4.3 区域测流法

4.3.1 本条规定了采用区域测流法的基本条件。该方法是利用测量探测区域夜间最小流量来判断漏水的方法。要求管道边界处阀门均能关闭。区域测流法一般选用2km～3km管道长度或2000户～5000户居民为一个流量测量区域，这样利于对区域内的漏水状况进行评价及方法实施。对于超过上述范围，又符合探测条件的地区可分为多个流量测量区域。另外，有屋顶水箱和蓄水设备的用户蓄水时，会对最小流量的测量造成较大影响，应该规避。

4.3.2 本条规定了区域测流法工作要求。测量时进入探测区域的供水全部经过不小于*DN*50的进水管道，进水管道安装能连续计量的流量计量仪表，一般采用电磁流量计。测量一段时间后，所测得的最低流量可视为该流量区域管网的漏水量或近似漏水量。

大量实践证明在流量测量区域内夜间测得单位管长最小流量大于$1.0m^3/(km \cdot h)$时，可认为该探测区域存在漏水异常。为寻找漏水管段，可采用关闭区内某些管段的阀门的方法，对比阀门关闭前后的流量，若关阀后流量仪表的单位流量明显减少，则表明该管段存在漏水，可再用听音法或其他方法，探测漏水点位置。

5 压力法

5.1 一般规定

5.1.1 本条规定了压力法的适用范围。

5.1.2 本条规定了压力法所使用压力仪表计量精度的基本要求。

5.2 探测方法

5.2.1 本条规定了压力法探测前布设压力测试点的有关要求。

5.2.2 本条规定了压力测试点布设后测定其高程、计算管段理论压力坡降以及绘制理论压力坡降曲线的要求。

5.2.3 本条规定了安装压力计量仪表的有关要求。

5.2.4 本条规定了测试点压力数据采集时段选择的要求。

5.2.5 本条规定了在探测区域地形变化较大的情况下应将实测压力换算为绝对压力值或换算成同一基准高程的可比压力值，以便于绘制该管段的压力坡降曲线。

5.2.6 本条规定了压力法判定管段存在漏水异常及确定漏水异常范围的方法。

6 噪声法

6.1 一般规定

6.1.1 本条规定了噪声法的适用范围。噪声法通过噪声记录仪记录供水管网的噪声并分析其强度和频率，从而进行供水管网漏水监测以及漏水点的预定位。

6.1.2 本条规定了噪声法的工作方式。固定方式一般应用于对供水管网漏水的长期监测；移动方式一般应用于对供水管网进行分区检测，实现漏水点预定位。

6.1.3 本条规定了噪声检测点的布设基本原则。布设的噪声检测点不应有持续的干扰噪声。

6.1.4 本条规定了噪声记录仪应具备的基本性能。

6.1.5 本条规定了噪声记录仪检验和校准的内容和周期。同步的时间、一致的灵敏度和正常的通信性能是噪声记录仪探测的基本条件，检验和校准时钟是为了保证所有噪声记录仪能够同步采集和记录噪声数据，检验和校准灵敏度是为了保证噪声数据的一致性和可比性。

6.1.6 本条规定了噪声法探测的基本程序。

6.2 探测方法

6.2.1 本条规定了噪声法探测前应在管网图上提前标注噪声记录仪布设的位置和编号。

6.2.2 本条规定了噪声记录仪的布设间距。布设间距主要取决于管材，其次应考虑管径、水压、管件、接口、分支管道、埋设环境等因素，以便于比较噪声记录仪的噪声强度和频率。噪声记录仪的最大布设间距为实践经验推荐值，参照英国、德国、日本等仪器厂家提供的标准制定。

6.2.3 本条规定了布设噪声记录仪的基本要求。由于噪声记录仪采用压电式加速度传感器，应在管道布设点上保持竖直状态，并应保证噪声记录仪、磁铁底座与管道金属部分的良好接触。

6.2.4 本条规定了数据的接收与记录的基本要求。

6.2.5 本条规定了噪声法测量的参数和记录要求。不同的噪声记录仪可选择的噪声测量参数不同，实际工作中应根据所使用的仪器进行选择。

6.2.6 本条规定了噪声法对噪声记录数据进行分析，以判定漏水异常的要求。漏水异常判定标准一般根据噪声记录仪记录的噪声强度、频率大小而确定。

6.2.7 本条规定了噪声法综合数据分析的方法和要求。由于噪声记录仪的不同，可提供分析的参数统计图不同，但是，最终要通过综合分析过程来判断漏水异常区域范围。

6.2.8 本条规定了噪声法确定漏水异常管段的方法和要求

7 听音法

7.1 一般规定

7.1.1 目前听音法可分为阀栓听音法、地面听音法和钻孔听音法，每种方法需要具备相应的条件。本条规定了应根据探测条件选择实施不同的听音法。

7.1.2 本条规定了听音法的应用条件。听音法是借助听音仪器设备，通过操作人员辨识漏水产生的噪声推断供水管道漏水位置的方法，因此，实施听音法要求在管道现状资料和供水信息资料基础上，为保证取得较为理想的探测效果，同时要求管道供水压力较大、环境相对安静。经实践总结，当管道供水压力不小于0.15MPa、环境噪声低于30dB时效果较好，否则难以取得理想的探测效果。漏水探测时，0.15MPa的供水压力略高于《城市供水企业资质标准》中“供水管干线末梢的服务压力不应低于0.12MPa”规定，但现在一般供水公司管道压力满足此压力值，不会因为漏水探测给供水企业增加负担。环境噪声较大时，无法在地面及阀栓等管道附属物上听取漏水点产生的噪声。供水管道埋深较大时，漏水噪声不易传到地表，且漏水噪声强度也会大大降低，造成听音困难，因而，运用听音法管道埋深不宜大于2m。

7.1.3 本条规定了听音法仪器设备的基本要求。听音杆分为普通听音杆和机械式听音杆。如果有条件，使用机械式听音杆效果更好。而对电子听漏仪除规定了其应具备的主要功能外，对其主要组成部分之一的拾音器也作了规定，拾音采用加速度传感器的好处已得到公认，其电压灵敏度达到10mV/(m·s^{-2})是最低要求，相当于0.1V/g。

7.1.4 本条规定了听音法每个测点的听音时间。听音法需要操作人员具有一定的听音经验，识别漏水声是关键。因此为保证听音法的探测效果，至少在每个测点上听测5s。实践证明，每个测点进行不少于2次的重复听测，并进行听测声音的对比，进行抽样检查，是保证阀栓听音法探测效果的有效措施。

7.1.5 本条规定了听音法过程质量检查的要求。20%的质量检查量，符合行业惯例，既可保证质检效果，又未大量增加探测人员的工作量。

7.2 阀栓听音法

7.2.1 本条规定了阀栓听音法的适用范围。

7.2.2 本条规定了阀栓听音法使用设备、仪器的要求。

7.2.3 本条规定了实施阀栓听音法的基本要求。地下管道上的附属设施是指阀门、消火栓、水表等。

7.2.4 供水管道明漏是阀栓听音法分析判断漏水的一个重要信息。本条规定了实施阀栓听音法时观察明漏和记录明漏点信息的要求。

7.2.5 阀栓听音法是利用听音杆或电子听漏仪，通过听音杆或拾音传感器直接接触裸露地下管道或消火栓、阀门、水表等附属物，根据听测到供水管道漏水产生的漏水声，可判断确定漏水的管段，缩小确定漏水点的范围。之后根据所听测到的漏水声音大小，结合已有资料推测可能漏水点距离听测点的远近。

7.3 地面听音法

7.3.1 本条规定了地面听音法的适用范围。

7.3.2 本条规定了地面听音法的应用条件。实践证明，当供水管道顶部埋深大于2.0m时，听音效果较差，不宜采用地面听音法探测。

7.3.3 本条规定了地面听音时，应将听音杆或拾音器紧密接触地面的基本要求。

7.3.4 本条规定了地面听音法进行供水管网漏水普查工作布置测点的要求。提出的金属和非金属管道测点间距的规定虽是经验推荐值，但是既可保证漏水异常发现率，又能降低探测人员工作强度。

7.3.5 本条规定了地面听音法进行漏水点精确定位，以及大口径非金属管道漏水探测的工作布置测点要求。

7.4 钻孔听音法

7.4.1 本条规定了钻孔听音法的适用范围。

7.4.2 本条规定了钻孔听音法的应用条件，其中要求掌握漏水异常点附近其他管线的资料，是为了防止在实施钻孔时损坏其他管线。

7.4.3 本条规定了钻孔听音法钻孔的要求。每个漏水异常点处的钻孔数不宜少于2个，为最低要求，因为单个钻孔无法比较漏水噪声强度大小与频率高低，进而无法进行漏水点定位。而两钻孔间距大于50cm又将影响漏水点定位误差。

7.4.4 本条规定了钻孔听音法使用和操作听音杆的质量控制要求。

8 相关分析法

8.1 一般规定

8.1.1 本条规定了相关分析法的适用范围。相关分析法是利用分析漏水噪声传到布设在管道两端传感器的相关时间差推算漏水点位置的方法。

8.1.2 漏水点产生的漏水声大小主要取决压力大小，从而影响传播距离，实践证明管道压力不应小于0.15MPa。

8.1.3 相关仪的使用会受到环境噪声和管道噪声的干扰。因此要求相关仪应具备下列基本性能：

1 滤波：滤波是选择漏水声波的频率范围，可采用自动滤波或手动滤波。如果所选滤波范围还有干扰，应采用陷波去除干扰，可保证较好的相关结果。

2 频率分析：显示各传感器频率信号，以便选择最佳滤波。

3 声速测量：相关仪内存的理论声速会与实际声速存在偏差，使漏水点定位也会存在偏差，现场实测管道的声速可提高漏水点定位精度。

8.1.4 本条规定了传感器频率响应范围和灵敏度的基本要求，是国内外供水行业通常使用的参数，是经实践检验必要、适当和可行的。

8.2 探测方法

8.2.1 漏水声传播距离受管材、管径、接口等影响，金属管道比非金属管道声波传播远，参照本条文规定的参数设置传感器，探测结果可获得较高的正确率。

8.2.2 本条文对传感器的布设提出了技术要求。传感器应置于管道、阀门或消火栓等附属设备上，用于探测漏水声信号。对声波传送差的管道（如大口径干管或塑料管等），相关仪探测效果不理想。此时应采用水听传感器。水听传感器可安装在消火栓、排气阀、流量计等的出水口。

8.2.3 本条规定了探测作业时应保证发射机与相关仪的信号正常传输。

8.2.4 相关仪必须输入两传感器之间管道长度、管材和管径，才能进行有效的相关测试，并给出准确漏水异常点距离。

8.2.5 本条说明了对金属管道或非金属管道宜采用的滤波器频率范围。

9 其他方法

9.1 管道内窥法

9.1.1 本条规定了管道内窥法的适用范围。

9.1.2 本条规定了管道内窥探测仪应具备的技术指标要求，这些技术指标是管道内窥探测仪器的基本要求，是非常必要的，实际工作中也是可行的。

9.1.3 本条规定了管道内窥探测的技术要求。管道内窥探测时，管道应停止运行，并且排水至不淹没摄像头。当探测仪行进过程中在局部被淹没时，应即时调整探测仪的行进速度，以保证图像清晰度。

9.1.4 本条明确了采用推杆式探测时管道应具备的条件。两相邻入口处（井）距离不宜大于150m，是由推杆式探测仪器推杆长度决定的。

9.1.5 本条明确了采用爬行器式探测时管道应具备的条件。两相邻入口处（井）距离不宜大于500m，是由爬行器式探测仪器线缆长度决定的。

9.2 探地雷达法

9.2.1 本条规定了探地雷达法的适用范围。该方法通过对由于管道漏水形成的浸湿区域或脱空区域的探测确定漏水点，为间接探测方法。

9.2.2 本条规定了采用探地雷达法应具备的条件。在供水管道位于地下水位以下或地下介质严重不均匀的地段不适宜采用此方法。

9.2.3 本条规定了探地雷达系统应具备的性能要求。

9.2.4 本条规定探测前，应在探测区或邻近的已知漏水点上进行方法试验，确定此种方法的有效性和仪器设备的工作参数。工作参数应包括工作频率、介电常数、时窗、采样间距等。

9.2.5 本条规定了探地雷达法测点和测线布局的技术要求。

9.2.6 本条明确探测时，探地雷达系统应采用通过方法试验确定的工作频率、介电常数、传播速度等；当探测条件复杂时，应选择两种或两种以上不同频率天线进行探测，并根据干扰情况及图像效果及时调整工作参数，以确保取得最佳的探测效果。

9.2.7 本条明确了现场地球物理条件可能影响外业记录数据的质量，通过必要的数据处理方法进行处理可提高图像的质量，便于目标异常的识别。数据处理方法可选取删除无用道、水平比例归一化、增益调整、地形校正、频率滤波、f-K 倾角滤波、反褶积、偏移归位、空间滤波、点平均等。

9.2.8 本条明确了雷达探测资料的解释原则、方法以及雷达资料解释的成果内容。

9.3 地表温度测量法

9.3.1 本条规定了地表测温法的适用范围。

9.3.2 本条明确了采用地表测温法探测供水管道漏水应具备的条件。供水管道埋深不应大于 1.5m 是经验推荐值。供水管道埋深较大时，漏水无法对地表温度造成影响或影响较小，因而无法进行探测。

9.3.3 本条明确了地表测温法测量仪器应具备的技术指标要求。这些技术指标是根据供水温度、环境温度及探测人员工作环境制定的，可满足探测供水管道漏水造成的温度变化。

9.3.4 本条规定了采用地表测温法探测前应进行方法和仪器的有效性试验。

9.3.5 本条规定了地表测温法测点和测线布置的方法。采用打孔测量方式，测量孔深不应小于 30cm，可剔除阳光、气温等环境因素的影响。

9.3.6 本条明确了地表测温法的探测方法和成果资料内容。其中，地表测温法探测时，保证每条测线管道上方的测点不少于 3 个，可保证发现管道不同部位漏水引起温度异常；发现观测数据异常时，应对异常点进行不少于 2 次的重复观测，取算术平均值作为观测值，可剔除随机干扰及误差。

9.4 气体示踪法

9.4.1 本条阐述了气体示踪法探测地下管道漏水的应用条件和适用范围。

9.4.2 本条阐述了气体示踪法所采用示踪介质应满足的要求。目前实践中较常采用氢气与氮气混合气体作为示踪介质，配比为氢气 5%，氮气 95%。

9.4.3 本条规定了气体示踪法所采用仪器设备的灵敏度要求。

9.4.4 本条规定了在实施气体示踪法探测前应计算待测供水管道的容积，准备好足够的示踪介质，保证示踪介质应有一定的浓度。

9.4.5 本条规定了气体示踪法检漏前应通过关闭阀门将待探测供水管道与其他管道隔开，保证被测管道充满示踪介质。

9.4.6 本条说明了适宜进行气体示踪法探测的气候条件。

9.4.7 本条说明了确定气体示踪法检测的最佳工作时段应注意的相关因素。

9.4.8 本条说明了为确保气体示踪法探测效果，在探测环境许可时，宜钻孔取样检测，并不破坏被探测管道。

10 成果检验与成果报告

10.1 成 果 检 验

10.1.1 本条规定了供水管网漏水探测成果检验的要求。成果检验是评价、认可探测结果的基本方式。

10.1.2 本条规定了开挖验证的依据要求。

10.1.3 本条规定了开挖验证了的漏水点应测量其定位精度和计算整体探测工作漏水点定位准确率的要求。

10.1.4 本条规定了开挖验证计量漏水流量和现场实地拍摄漏水点影像资料的要求。计量漏水流量应采取有效方法，目前计量方法有流量计实测、计时称量、计算或估算等。

10.1.5 本条规定了成果检验后应进行记录的要求。

10.1.6 本条规定了成果检验结果应作为探测成果报告内容的要求。

10.2 成 果 报 告

10.2.1 成果报告是漏水探测工作的技术总结，是研究和使用工程成果资料，了解工程概况、存在的问题及纠正措施的综合性资料，是项目成果资料的重要组成部分。因此，城镇供水管网漏水探测工程结束后，作业单位应编写成果报告。

10.2.2 本条规定了供水管网漏水探测成果报告应包括的内容。

中华人民共和国行业标准

公共浴场给水排水工程技术规程

Technical specification for public SPA pool Water supply and drainage engineering

CJJ 160—2011

批准部门：中华人民共和国住房和城乡建设部
施行日期：2 0 1 2 年 3 月 1 日

中华人民共和国住房和城乡建设部
公　　告

第 1062 号

关于发布行业标准《公共浴场给水排水工程技术规程》的公告

现批准《公共浴场给水排水工程技术规程》为行业标准，编号为 CJJ 160－2011，自 2012 年 3 月 1 日起实施。其中，第 6.2.3、6.2.12、7.1.1、7.1.5、12.6.3、13.5.1 条为强制性条文，必须严格执行。

本规程由我部标准定额研究所组织中国建筑工业出版社出版发行。

中华人民共和国住房和城乡建设部

2011 年 7 月 13 日

前　　言

根据住房和城乡建设部《关于印发〈2008 年工程建设标准规范制定、修订计划（第一批）〉的通知》（建标［2008］第 102 号）的要求，规程编制组经广泛调查研究，认真总结实践经验，参考有关国际标准和国外先进标准，并在广泛征求意见的基础上，编制本规程。

本规程的主要技术内容是：1. 总则；2. 术语和符号；3. 洗浴水质、水温；4. 浴池给水系统；5. 淋浴设计；6. 浴池设计；7. 浴池水消毒与水质平衡；8. 洗浴水加热；9. 设备和管材；10. 废水及余热利用；11. 设备机房；12. 施工及质量验收；13. 运行与管理；相关附录。

本规程中以黑体字标志的条文为强制性条文，必须严格执行。

本规程由住房和城乡建设部负责管理和对强制性条文的解释，由中国建筑设计研究院负责具体技术内容的解释。执行过程中如有意见或建议，请寄送中国建筑设计研究院（地址：北京市西城区车公庄大街 19 号　邮编：100044）。

本规程主编单位：中国建筑设计研究院
杭州萧宏建设集团有限公司

本规程参编单位：中国商业联合会沐浴专业委员会
华东建筑设计研究院有限公司
福建省建筑设计研究院
中建国际（深圳）设计顾问有限公司
深圳华森建筑与工程设计顾问有限公司
北京恒动环境技术有限公司
江苏恒泰泳池设备有限公司
英国百灵达（北京）有限公司
英国海诺威（北京）有限公司
深圳市极水实业有限公司
北京中日成其美环境科技发展有限公司
成都润兴消毒药业有限公司
上海玮发康体休闲设备有限公司

本规程主要起草人员：赵　锂　章铭荣　杨世兴　傅文华　赵　昕　周　蔚　高　峰　钱江峰　朱跃云　刘南征　冯旭东　王学良　王　珏　程宏伟　杨　澎　周克晶　陈　雷　陈征宇　范姝兴　徐　莹　陆本度　蔡文盛　李　波　陈鹤寿

本规程主要审查人员：左亚洲　徐　凤　吴　宁　郑克白　水浩然　任向东　吴俊奇　刘建华　史　斌　李文昌　费颖刚

目 次

Contents

1 总 则

1.0.1 为规范公共浴场给水排水工程的设计、施工、质量验收、运行维护及管理，满足洗浴要求，做到卫生健康、安全可靠、技术先进、经济合理，制定本规程。

1.0.2 本规程适用于新建、扩建和改建的营业性公共浴场和社团性公共浴场的给水排水工程设计、施工、质量验收、运行维护及管理。不适用于住宅浴池、海滨浴场、医疗机构的医学治疗浴池。

1.0.3 公共浴场的给水排水工程设计应与洗浴工艺、建筑、结构、空调、电气、景观、装修等相关专业设计以及经营管理单位密切配合，确保符合节水、节能、卫生环保、安全可靠、使用舒适等方面的规定。

1.0.4 公共浴场的给水排水工程的设计、施工、质量验收、运行维护及管理，除应执行本规程的规定外，尚应符合国家现行有关标准的规定。

2 术语和符号

2.1 术 语

2.1.1 公共浴场 community spa pool/bath facilities

为消费者提供淋浴、盆浴、池浴、药浴、温泉浴、按摩浴、桑拿浴和蒸汽浴等洗净或休闲保健服务的各种不同材质的成品型或土建型的热水浴池和温泉水浴池、浴房及配套设施的总称。

2.1.2 营业性公共浴场 commercial spa pool

服务于消费者的各类冷热水浴池、温泉浴池、按摩浴和淋浴等设施。

2.1.3 社团性公共浴场 corporate and academic spa pool

服务于机关、学校、工矿企业等职工（学员）或成员的各类淋浴、热水浴池和温泉浴池。

2.1.4 公共浴池 public spa pool

以健康、卫生、舒适为目的，配有循环管道和水处理设施，为消费者提供沐浴、水疗的冷热水和温泉水的浴池。

2.1.5 原水 raw water

城镇供应的生活饮用水和直接开采的未经处理的地下井水、温泉水、矿泉水。

2.1.6 矿泉水 mineral water

长期在地下深层浸泡使丰富的矿物质溶解在水中，形成含有一种或多种对人体没有危害和具有保健功能及医疗效果的不同矿物质和微量化学元素且未受污染的泉水、地下水。

2.1.7 温泉水 thermal or mineral water

自然涌出或人为抽取的、温度不低于34℃的矿泉水或有地热水汽的混合流体的地下水。

2.1.8 冷水浴池 cold water spa pool

水源为城镇自来水，并将其水温降低到7℃～13℃供入浴者使用的浴池。

2.1.9 温水浴池 warm water spa pool

水源为城镇自来水，并将其加热到35℃～38℃供入浴者使用的浴池。

2.1.10 热水浴池 hot water spa pool

水源为城镇自来水，并将其加热到40℃～42℃供入浴者使用的浴池。

2.1.11 二温浴池 spa pool with two different water temperatures

由温水浴池和冷水浴池组合的浴池。

2.1.12 三温浴池 spa pool with three different water temperatures

由温水浴池、冷水浴池和热水浴池组合的浴池。

2.1.13 按摩浴缸 whirlpool

设有座位、在池壁设有不同功能喷嘴喷射出高压水流、对入浴者身体有关部位进行冲击按摩达到放松肌肉、消除疲劳的水池。

2.1.14 按摩浴池 massage bathtub

池内设有座位，池内壁和池内底安装有不同功能的喷水嘴或喷气嘴喷射出高压水柱或气流、气水混合水流，能对入浴者身体不同部位进行冲击按摩，但不能在池内进行游泳和娱乐的水池。

2.1.15 温泉水浴池 nature water spa pool

使用温泉水作为洗浴用水的水池

2.1.16 药物浴池 herbal spa pool

在浴池的水中添加不同的、对人体健康无任何副作用的药物溶剂，使入浴者达到水疗和健身保养的目的。

2.1.17 桑拿浴 sauna

入浴者在专用的木制房内，自行向特殊的被电加热的块石浇水，产生一定温度和湿度的高温、高湿环境，使入浴者能消除疲劳、恢复精力的一种沐浴方式。

2.1.18 蒸汽浴 steam room

将专用的电蒸汽发生器所产生的高压蒸汽，利用管道送至专用的独立房间与其蒸汽进汽管相连接，对房间进行加热，使房内形成一定的高温、高湿环境，使入浴者迅速消除疲劳、恢复精力的一种沐浴方式。

2.1.19 蒸汽机房 steam generation room

为蒸汽浴室提供蒸汽的房间。位置在蒸汽浴室的旁边以方便随时维修和保养。房内配有电热蒸汽发生器和每个蒸汽室的温度调节器、压力表和缺水时能自动停机的装置。

2.1.20 洗浴人数负荷 maximum bathing load

在任何规定的时间和特定的时间段内，浴池中允许同时进行洗浴的最多人数。

2.1.21 成品型浴池 manufactured product spa pool

浴池循环水泵、过滤器、消毒装置、加热设备和控制系统与池体组装在一起成为产品的可供多人同时使用的整体性浴池。

2.1.22 土建型浴池 construction of spa pool

浴池池体为钢筋混凝土材质，内表面镶贴光洁、易清洁、不透水的装饰材料，且浴池循环水泵、过滤器、消毒装置、加热设备、控制系统等设于独立房间并与浴池分别建造，该型浴池可以同时容纳较多人浴者同时使用。

2.1.23 空气系统 air inlet system

为浴池水疗按摩喷嘴的气-水混合提供气源的供气装置或空气孔帽、输气管及控制的系统。

2.1.24 增压装置 pressurized equipment

独立于公共浴池循环的水过滤系统外的循环水泵，即用于臭氧消毒系统投加臭氧和用于池水分流加热补偿板式换热器阻力损失及浴池水疗喷嘴输气用的水泵或气泵。

2.1.25 加药装置 dosing equipment

放置杀菌用消毒剂及水质平衡用化学药剂的容器、专用泵、管道等设备，并可调节投加速率，能将化学药剂溶液投加到浴池循环水中的装置的总称。

2.1.26 冲击处理 shock dosing treatment

定期向公共浴池的池水中投加大量的化学氧化药剂，以破坏浴池水中和系统中的氨氮、军团菌及有机污染物的过程。

2.1.27 循环周期 circulation period

将公共浴池内的全部水量经过过滤、消毒、加热等设备，按工艺程序净化处理一次所需要的时间。

2.1.28 过滤周期 filtration period

公共浴池循环过滤系统运行中过滤设备进行反冲洗或清洁之间的运行时间。

2.1.29 循环式浴池 circulating mode spa pool

将浴池内的水用水泵抽出，经过过滤、消毒、加热等处理后所获得的水，再送回浴池可连续多日重复使用的浴池。

2.1.30 功能性循环系统 sub-cycle water system

为入浴者提供高压水流或气水混合流并独立于浴池水循环净化处理的循环供水系统及供气系统。

2.1.31 喷气系统 air blower system

为公共浴池气泡装置，水疗气-水合用按摩喷头提供气源的供气装置或进气帽、供气管道和附件等集成的总称。

2.1.32 化学清洗 chemical cleaning

利用化学药剂溶液对浴池水循环过滤系统内部的生物膜等粘着物进行冲刷，使其脱离所进行的消毒清洗工作的过程。

2.1.33 贮热水箱 heating storage tank

贮存热水浴池及温泉水浴池原水的水箱，水温宜为60℃，以降低军团菌繁殖的危险、方便调节洗浴用水的不均衡和对其进行循环加热或降温用的水箱。

2.1.34 调温水箱 water temperature adjust tank

贮存经余热利用或初次降温后的温泉原水，将水温调节到40℃～45℃，可供温泉浴池充水或补水的水箱，亦称供水水箱。

2.1.35 二次热源 secondary heating source

将高温温泉水经过热交换设备进行降温所获得的冷却热水，用于对公共浴池循环水及其他洗浴用水加热的热水。

2.1.36 热泵 heat pump

能将低温能源转换为高温能源的设备，是水源热泵、空气源热泵、地源热泵及多功能双向热导热泵的总称。

2.2 符 号

2.2.1 流量、流速

q_{cx}——公共浴池的循环流量；

q_g——计算管段的设计秒流量；

q_0——同类卫生器具一个卫生器具的给水额定流量；

q_x——热水系统的循环流量；

q_y——温泉的有效出水量。

2.2.2 热量、温度、比热

C——水的比热容；

Q_s——管道的热损失；

Q_J——温泉水加热所需的热量；

Q_y——温泉水可利用的有效热量；

t_w——温泉水原水温度；

t_{wr}——温泉浴池水的使用温度；

Δt——管道内热水的温度差；

ρ_l——冷水的密度；

ρ_r——热水（温泉水）的密度。

2.2.3 水泵扬程、水头损失

H_b——循环水泵的扬程；

h_{xp}——循环水量通过配水管网的沿程与局部水头损失；

h_{xh}——循环水量通过回水管网的沿程与局部水头损失。

2.2.4 几何特征

V——公共浴池的水容积；

V_f——反应罐的容积。

2.2.5 计算系数

b_j——卫生器具的同时给水百分数；

b_s——卫生器具的同时使用百分数；

α——附加系数。

2.2.6 其他

C_0——臭氧投加量；

C_c——淋浴器负荷能力；

$Dose_{ave}$——紫外线平均剂量；

I_{UV}——紫外线强度；

n——同类型卫生器具的数量；

n_c——淋浴器数量；

N——每天淋浴人数；

T_0——臭氧与水接触反应所需要的时间；

T_c——公共浴池的池水循环周期；

T_h——淋浴室每天开放的时间；

t——紫外线与水的接触时间。

3 洗浴水质、水温

3.1 浴用原水水质

3.1.1 公共浴场的生活用水水质应符合现行国家标准《生活饮用水卫生标准》GB 5749 的规定。

3.1.2 公共浴场的淋浴用水和热水浴池初次充水、浴池泄空后重新充水、正常使用过程中的补充水，其水质均应符合现行国家标准《生活饮用水卫生标准》GB 5749 的规定。

3.1.3 当公共浴场浴池水采用温泉水时，其水质应取得温泉水主管部门和卫生主管部门的认定。

3.1.4 温泉水不得作为淋浴、洗脸盆、卫生洁具及洗衣等用水器具的用水和饮用水。

3.1.5 当淋浴用水按 60℃计的用水量大于或等于 $10m^3/d$，且原水的碳酸盐硬度大于或等于 300mg/L 时，应进行阻垢或软化处理。

3.2 浴池水水质

3.2.1 公共浴池的池水水质允许限值和检验项目应符合现行行业标准《公共浴池水质标准》CJ/T 325 的规定。

3.2.2 公共热水浴池和温泉水浴池各种水质检测项目的检测方法应符合现行行业标准《公共浴池水质标准》CJ/T 325 的规定。

3.3 浴用水水温

3.3.1 公共浴场各种洗浴用水的水温，应根据当地气候条件、使用对象和使用目的按表 3.3.1 确定。

表 3.3.1 洗浴用水水温

序号	洗浴种类	水温（℃）
1	成人淋浴	37～40
2	运动员淋浴	35
3	幼儿淋浴	35
4	热水浴池	40～42
5	温水浴池	35～38
6	冷水浴池	7～13
7	药物浴池	37～38
8	特殊浴池	按使用要求确定
9	温泉贮热水箱	60
10	温泉调温水箱	40～45
11	烫脚池	45～50
12	洗脸盆、洗手盆	35～37

注：浴池的补充水水温应与相应浴池使用水温一致。

3.3.2 淋浴用水系统配水点的热水温度不宜低于 50℃。直接供热水的热水锅炉或水加热器、换热器的热水出水温度应根据被加热水的原水水质确定，但不宜低于 50℃。

4 浴池给水系统

4.1 系统划分和选择

4.1.1 以洗净为目的的淋浴用水系统，应采用生活给水系统直接供应的淋浴给水系统。

4.1.2 以休闲放松、养生保健、美容护肤、康复等为目的，并采用生活饮用水或温泉水为水源的浴池用水系统，应采用循环式浴池给水系统。

4.1.3 淋浴给水系统应与浴池给水系统和其他用水给水系统分开设置。

4.1.4 循环式浴池给水系统应设置浴池水循环的净化、加热和消毒等设备。

4.2 循环式浴池给水系统

4.2.1 循环式浴池给水系统的设置应符合下列规定：

1 浴池水宜采用顺流式循环给水系统。

2 多座浴池应各自设置独立的浴池水循环给水系统。

3 对池水容积不超过 $6m^3$ 的单座公共浴池，当符合下列规定时，数座公共浴池可共用一套循环给水系统：

1）各浴池最高水位相同；

2）各浴池水质、水温要求相同；

3）各浴池水的循环周期相同；

4）各浴池的使用功能相同。

4 以温泉水为水源的室内公共浴池，不宜设置气-水喷射系统。

4.2.2 浴池循环水系统的组成应符合下列规定：

1 温泉水浴池循环水系统应由浴池回水口、毛发聚集器、循环水泵、过滤器、消毒装置、加热设备、浴池给水口、仪表和附件以及相连接的管道组成；

2 热水浴池循环水系统应由浴池回水口、毛发聚集器、循环水泵、过滤器、消毒装置、加热设备、浴池进水口、水力按摩喷水嘴、风泵或吸气管、仪表和附件以及相连接的管道组成。

4.2.3 单座公共浴池的池水循环周期应根据使用性质、使用人数、池水容积、消毒方式、池水净化设备效率及运行时间等因素确定，并应符合下列规定：

1 当池水容积小于或等于 $6m^3$ 时，循环周期宜为0.3h～0.5h；

2 当池水容积为 $6m^3$～$10m^3$ 时，循环周期宜为 0.5h；

3 当池水容积为 10m³～15m³ 时，循环周期宜为1h；

4 当池水容积大于15m³ 时，循环周期不宜超过 2h；

5 休闲、嬉水类浴池的循环周期应按现行行业标准《游泳池给水排水工程技术规程》CJJ 122 的规定确定。

4.2.4 公共浴池循环水流量应按下式计算：

$$q_{cx}=\frac{\alpha\cdot V}{T_c} \qquad (4.2.4)$$

式中：q_{cx}——公共浴池的循环水流量（m^3/h）；

α——附加系数，可取 $\alpha=1.05\sim1.10$；

V——公共浴池的水容积（m^3）；

T_c——公共浴池的池水循环周期，应按本规程第 4.2.3 条的规定确定。

4.2.5 公共浴池的循环水管道设计应符合下列规定：

1 循环水管道应以不小于 0.2%的坡度坡向浴池水过滤设备，且管道不得有起伏现象；

2 循环回水管道应安装安全释放装置；

3 浴池与浴池之间不得设置连通管道。

4.2.6 循环式公共浴池每日补水量的确定应符合下列规定：

1 当浴池水容积小于或等于 10m³时，宜按浴池容积的 10%～15%计算；

2 当浴池水容积大于 10m³时，宜按浴池容积的 5%～10%计算；

3 当公共浴池的水质卫生限值超过本规程第 3.2.1 条的规定时，应进行补水稀释或彻底换水。

4.2.7 公共浴池补充水管的连接应符合下列规定：

1 温泉水浴池的补水管口应高出浴池最高水位 0.15m 以上，并以跌水方式进行补水，且补充水的出流不得产生水雾；

2 当热水浴池的补水管与浴池循环水管道连接时，应设置倒流防止器。

4.3 浴池循环水净化

4.3.1 公共浴池循环水净化处理工艺流程应根据原水水质、池水卫生标准、消毒剂类型及使用要求经技术经济比较后确定。

4.3.2 当过滤器过滤介质采用颗粒滤料时，宜选用颗粒过滤器池水净化工艺流程（图 4.3.2）。

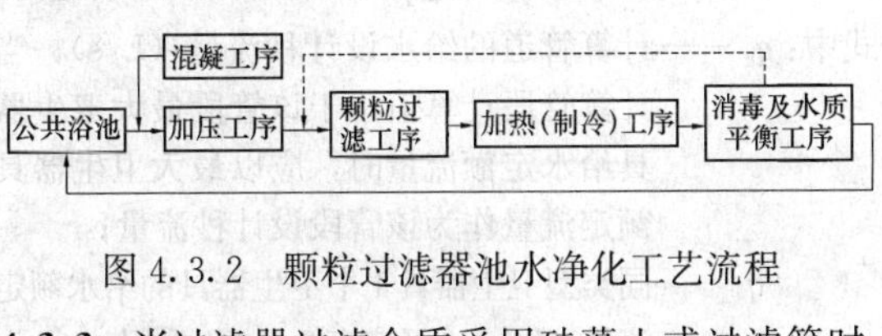

图 4.3.2 颗粒过滤器池水净化工艺流程

4.3.3 当过滤器过滤介质采用硅藻土或过滤筒时，宜采用硅藻土或滤筒池水净化工艺流程（图 4.3.3）。

4.3.4 使用功能和水质要求不同的浴池池水循环净化处理系统应分开设置，并应与浴池专业工艺设计密切配合，确保经济合理、安全适用。

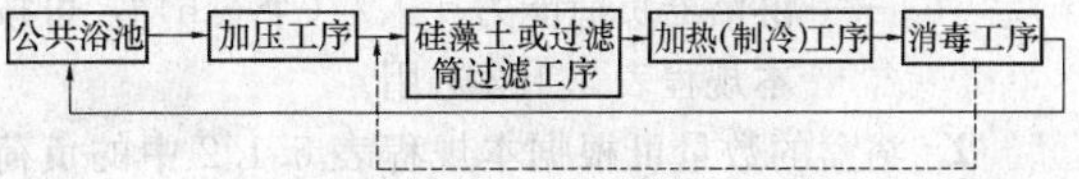

图 4.3.3 硅藻土或滤筒池水净化工艺流程

4.3.5 当热水浴池采用臭氧或紫外线消毒时，消毒工序中还应配备长效消毒剂投加系统。

5 淋浴设计

5.1 淋浴设施

5.1.1 公共浴场内的沐浴间除应设置淋浴器、洗脸盆外，还应根据使用对象设置浴盆、烘干设备等配套设施。

5.1.2 公共浴场的配套设施的负荷能力可按表 5.1.2 确定

表 5.1.2 公共浴场配套沐浴设施的负荷能力

序号	设施名称	设置方式		负荷能力［人/（个·h）］	备注
1	淋浴器	设在淋浴间内	有淋浴小间	1	以淋浴为主要沐浴方式
			有淋浴隔断间	2～3	
			无淋浴隔断间	2～3	
		附设在浴盆（浴池）间内	有淋浴隔断间	8～10	
			无淋浴隔断间	10～12	
2	浴盆	单浴盆单床间		1	—
		单浴盆集中更衣间		2	
		附设在浴池间或淋浴间内		根据浴池规模确定，但不少于2	
3	洗脸盆	单独盥洗间		8～12	—
		附设在浴池间或淋浴间内		10～16	
		附设在浴盆间内		2～4	

5.1.3 公共浴场内沐浴设施配置数量的计算确定应符合下列规定：

1 淋浴器的数量可按下式计算确定：

$$n_c=\frac{N}{T_hC_c} \qquad (5.1.3)$$

式中：n_c——淋浴器数量（个）；

N——每天淋浴人数（人）；

T_h——淋浴室每天开放时间（h），应根据浴室使用性质确定；当资料不全时，应按以下原则确定：居民区公共浴室宜按营业 8h～16h 计，单位内部职工或学员使用的公共浴室宜定时开放，按 2h～6h 计，洗浴中心开放时间可按 14h～24h 计；

C_c——淋浴器负荷能力［人/（个·h）］，可按本规程表 5.1.2 选用。

2 浴盆的数量可根据本规程表 5.1.2 中的负荷能力确定。

3 洗脸盆的数量可根据本规程表 5.1.2 中的负荷能力确定。

5.2 用水定额及流量计算

5.2.1 淋浴器冷水用水定额及小时变化系数应根据当地气候条件、适用对象、使用功能、生活习惯及使用方式等因素按表 5.2.1 确定。

表 5.2.1 淋浴器冷水用水定额及小时变化系数

序号	适用对象	单 位	最高用水定额（L）	使用时间（h）	小时变化系数 K_h
1	公共淋浴	每人每次	100	12	2.0～1.5
2	运动员淋浴	每人每次	30～40	4	3.0～2.0
3	健身中心	每人每次	30～50	12	1.5～1.2
4	幼儿园、托儿所	每人每次	15～20	2	2.5
5	洗浴中心	每人每次	150～200	10～12	2.0～1.5

5.2.2 淋浴热水（按 60℃计）用水定额应根据适用对象按表 5.2.2 确定。

表 5.2.2 淋浴热水（按 60℃计）用水定额

序号	适用对象	单位	最高用水定额（L）	使用时间（h）
1	公共淋浴室	每人每次	40～60	12
2	运动员淋浴室	每人每次	17～26	4
3	健身中心	每人每次	15～25	12
4	洗浴中心（淋浴、按摩池）	每人每次	70～100	
5	幼儿园、托儿所	每人每次	10～15	2

注：1 本规程表 5.2.1 中的用水定额已计入本表内的用水定额；
2 运动员淋浴按每场 4h 计。

5.2.3 公共浴场淋浴器、洗脸盆热水用水定额和水温，应根据当地气候条件、使用目的、适用方式等因素按表 5.2.3 确定。

表 5.2.3 公共浴场淋浴器、洗脸盆热水用水定额和水温

序号	适用对象及器具名称			热水用水定额（L/次）	热水用水定额（L/h）	水温（℃）
1	公共淋浴室	淋浴器	有淋浴小间	100～150	200～300	37～40
			有淋浴隔断	—	450～540	37～40
			无淋浴隔断	—	450～540	37～40
		洗脸盆		5	50～80	35
2	旅馆员工及宿舍浴室	淋浴器	有淋浴小间	70～100	210～300	37～40
			有淋浴隔断	—	450	37～40
			无淋浴隔断	—	450	37～40
		洗脸盆		3～5	50～80	35～37
3	体育场馆运动员淋浴	淋浴器		30	300	35
		洗脸盆		5	50～60	30
4	医疗建筑员工浴室	淋浴器		—	200～300	37～40
		洗脸盆		5	50～80	30
5	健身中心、洗浴中心	淋浴器		—	300～450	35～37
		洗脸盆		5～10	50～80	30
6	餐饮业浴室	淋浴室		40	400	37～40
		洗脸盆		3	60	35
7	托儿所	淋浴器		15	90	35
		洗脸盆		5～10	25	30
8	幼儿园	淋浴器		30	180	35
		洗脸盆		5～10	25	30
9	剧场演员集中浴室	淋浴器		60	200～400	37～40
		洗脸盆		5	80	35
10	厂矿企业浴室	一般车间	淋浴器	40	360～540	37～40
			洗脸盆	3	90～120	30
		脏车间	淋浴器	60	180～480	40
			洗脸盆	5	100～150	35

注：1 营房浴室按公共浴室考虑；
2 表中一般车间指《工业企业设计卫生标准》GBZ 1 中规定的 3、4 级卫生特征的车间，脏车间是指该标准中规定的 1、2 级卫生特征的车间。

5.2.4 公共浴场冲洗地面、墙面、浴池内表面等用水量，宜按 5L/(m²·d)～10L/(m²·d)计算。

5.2.5 公共淋浴室给水管道和热水管道的设计秒流量应按下式计算：

$$q_g = \Sigma q_0 n b_j \tag{5.2.5}$$

式中：q_g——计算管道的给水设计秒流量（L/s）；当计算管段计算值小于该管段最大卫生器具给水定额流量时，应以最大卫生器具额定流量作为该管段设计秒流量；

q_0——同类型卫生器具 1 个卫生器具的给水额定流量（L/s），可按表 5.2.5-1 采用；

n——同类型卫生器具的数量；

b_j——卫生器具的同时给水百分数，可按表 5.2.5-2 采用。

表 5.2.5-1 卫生器具给水的额定流量、当量、支管管径和最低水压

序号	卫生器具给水配件名称		额定流量（L/s）	卫生器具给水支管管径（mm）	满足额定流量所需最低水压（MPa）	备 注
1	淋浴器启闭阀		0.15 (0.10)	15	0.05～0.10	—
2	洗脸盆	单阀水嘴	0.15	15	0.05	用于淋浴室
		混合水嘴	0.15 (0.10)	15	0.05	
3	洗手盆	单阀水嘴	0.15	15	0.05	用于卫生间
		混合水嘴	0.15 (0.10)	15	0.05	
4	大便器	冲洗水箱浮球阀	0.10	15	0.02	—
		自闭式冲洗阀	1.20	25	0.10～0.15	
5	小便器自闭冲洗阀		0.10	15	0.05	—
6	地面冲洗水嘴		0.20	20	0.05	

注：1 表中括号内数值是供单独计算冷水给水管或单独计算热水给水管时使用的；

2 卫生器具给水配件最低水压和额定流量有特殊要求时，其数值应按所选产品要求确定。

表 5.2.5-2 公共浴场卫生器具同时给水百分数(%)

序号	卫生器具名称		公共淋浴室、工业企业生活间	体育场馆、健身中心、学校	影剧院、医院、疗养院	旅馆员工、宿舍建筑
1	淋浴器	单间	60～80	60～100	60～80	80
		有间隔	80	100	70～100	20～100
		无间隔	100	100		
2	洗脸盆		60～100	80	50	50
3	洗手盆		50	70(50)	50(20)	5～70
4	大便器冲洗水箱		20～30	20(70)	20(50)	20(70)
5	大便器自闭冲洗阀		1～2	5(2)	10(2)	2
6	小便器自闭冲洗阀		10	70(10)	50(10)	2～10

注：1 表中括号内数据适用于体育场运动员卫生间、影剧院化妆间；

2 公共浴室设有浴盆时，同时给水百分数按现行国家标准《建筑给水排水设计规范》GB 50015 的规定确定。

5.3 耗热量计算

5.3.1 公共淋浴室热水系统的设计小时耗热量，应按现行国家标准《建筑给水排水设计规范》GB 50015 的规定计算。

5.3.2 公共淋浴室的设计小时热水量应按现行国家标准《建筑给水排水设计规范》GB 50015 的规定计算。

5.4 管道系统

5.4.1 公共淋浴冷热水管道系统的设计应符合下列规定：

1 公共淋浴的管道应与其他用水设备的管道系统分开设置，并应采用机械循环方式；

2 公共淋浴的热水管道系统应确保用水器具开启阀门 5s 后能达到规定的水温要求；

3 对大型公共淋浴室，根据建筑平面布置、所处楼层、使用人数、人流交通及紧急疏散通道等因素，宜采用分区或分层供水管道系统；

4 宜采用淋浴器数量、水力条件相似的同程组团式管道布置；

5 当学校、宿舍、营房、厂矿生活间等公共淋浴室采用定时热水供应系统时，其循环流量应按热水循环管网全部水量每 1h 循环 2～4 次计算确定，热水循环水泵应按规定时间开启；

6 双管式热水供应系统的热水温度不得小于 50℃；

7 单管式热水供应系统的热水温度宜采用 42℃；

8 热水系统的管道流速宜按表 5.4.1 选用。

表 5.4.1 热水系统的管道流速

公称管径（mm）	15～20	25～40	≥50
流量（m/s）	≤0.8	≤1.0	≤1.2

5.4.2 淋浴器应采取下列措施稳定出水温度：

1 宜采用开式热水供应系统；

2 当淋浴器的数量超过 3 个时，其配水管宜布置成环状；

3 应控制淋浴器配水支管的沿程水头损失，并应符合下列规定：

1）当淋浴器数量小于或等于 6 个时，其配水支管的水头损失不应大于 0.03MPa/m；

2）当淋浴器数量大于 6 个时，其配水支管的水头损失不应大于 0.035MPa/m；

3）淋浴器配水支管的最小管径不得小于 25mm；

4）采用脚踏开关供冷水和热水的双管淋浴系统配水管网的最小管径不得小于 32mm。

5.4.3 对全日制热水供应的机械循环热水系统，其热水循环水泵应符合下列规定：

1 水泵的循环流量应按下式计算：

$$q_x = \frac{Q_s}{C\rho_r \Delta t} \quad (5.4.3\text{-}1)$$

式中：q_x——热水系统的循环流量（L/h）；

Q_s——管道的热损失（kJ/h）；单体建筑可按设计小时耗热量的3%～5%计，小区可按设计小时耗热量的4%～6%计；

C——水的比热，取C=4.187［kJ/（kg·℃）］；

ρ_r——热水密度（kg/L）；

Δt——管道内的热水温度差；单体建筑可取Δt＝5℃～10℃，多座浴场区可取Δt＝6℃～12℃。

2 水泵的扬程应按下式计算：

$$H_b = h_{xp} + h_{xh} \quad (5.4.3\text{-}2)$$

式中：H_b——循环水泵的扬程（kPa）；

h_{xp}——循环水量通过配水管网的沿程与局部水头损失（kPa）；

h_{xh}——循环水量通过回水管网的沿程与局部水头损失（kPa）。

3 循环水泵应选用高效、节能、低噪声及耐腐蚀的热水水泵，且水泵壳体耐压应为水泵扬程与水泵所承受的静水压力之和。

4 循环水泵应设置备用水泵，且应交替运行。

5 仅夜间停用的公共淋浴室热水供应系统的热水循环水泵，应采取由循环水泵前热水回水管水温控制运行的方式。

5.4.4 热水系统的管道敷设及阀门、附件、仪表等的设置，应符合现行国家标准《建筑给水排水设计规范》GB 50015的规定。

5.5 排水系统

5.5.1 公共浴场的洗浴废水应与生活粪便污水分流排出。

5.5.2 排水管道的设计秒流量应按现行国家标准《建筑给水排水设计规范》GB 50015的规定计算。

5.5.3 排水横管的坡度、最大充满度和水力计算应按现行国家标准《建筑给水排水设计规范》GB 50015的规定选用和计算。

5.5.4 公共淋浴室宜采用排水沟排水，并应符合下列规定：

1 排水沟不得设置在淋浴间的通道上；

2 排水沟宽度不得小于0.15m，起点有效水深不得小于0.05m，沟底坡度不得小于1%；

3 排水沟末端应设集水坑和活动格网或毛发聚集器，并应设置不小于150mm的水封装置；其排水管径应经计算确定且不得小于100mm；

4 排水沟应设置活动格栅盖板，格栅盖板应平整光洁、无毛刺、防滑，盖板表面应与地面相平。

5.5.5 当公共淋浴室采用地漏排水时，应符合下列规定：

1 地漏宜采用网框式地漏；

2 地漏的有效水封深度不得小于50mm；

3 地漏设置位置不得影响淋浴者的安全；

4 室内地面应坡向地漏且坡度不小于0.5%，地漏顶面应与所在处地面相平；

5 排水地漏直径宜按表5.5.5选用。

表5.5.5 公共淋浴室排水地漏直径选用

序号	淋浴器数量（个）	排水地漏直径（mm）	适用条件
1	1～2	50	无排水沟时
2	3	75	无排水沟时
3	4～5	100	无排水沟时
4	8	100	有排水沟时
5	大于8	以水力计算确定	有排水沟时

5.5.6 单座公共浴池泄空的时间不得大于2h，且泄空排水管应符合下列规定：

1 当单座浴池的容积小于或等于6m³时，泄空排水管管径不得小于50mm；

2 当单座浴池的容积大于6m³时，泄空排水管管径不得小于100mm；

3 泄空排水管管道上应设置控制阀门。

5.6 节水节能

5.6.1 公共淋浴的热水管网应设置回水管道并采用机械循环方式，循环管道供水管上不应连接其他器具。

5.6.2 在确保淋浴器出水温度的条件下，宜采用配有稳定热水温度装置的单管恒温热水供应系统。

5.6.3 控制淋浴器配水点的水压不应大于现行国家标准《建筑给水排水设计规范》GB 50015的规定值。

5.6.4 根据使用场所、使用要求，淋浴器的选用应符合下列规定：

1 营房、工业企业生活间、营业性淋浴室等，宜采用脚踏式淋浴器；

2 学校、宿舍等淋浴室，宜采用刷卡式或感应式淋浴器；

3 对出水温度有严格要求，设有冷、热水的双管供水的场所，宜采用恒温型淋浴器；

4 体育场馆、影剧院等场所，宜采用带限流装置的淋浴器。

5.6.5 供应淋浴热水的干管、配水干管应采取有效保温措施。

6 浴池设计

6.1 一般规定

6.1.1 根据使用性质、建筑面积、使用人数等因素，浴池可选用成品浴池或土建型浴池。

6.1.2 浴池水容积应按所设置的座位数确定，并应符合下列规定：

1 设计最大洗浴人数负荷不得小于 $0.92m^2$/人；

2 每座浴池的最小水容积不得小于 $1.60m^3$，最大水容积不宜超过 $100m^3$。

6.1.3 浴池宜采用高堰浴池，并应符合下列规定：

1 浴池内水深宜为 0.9m；当设置坐台时，坐台以上的水深宜为 0.40m～0.45m；

2 当有特殊要求并经主管部门同意时方可设计水深大于 0.9m 的浴池，且浴池水深不得超过 1.20m、坐台距浴池最高水位不得超过 0.60m；

3 当浴池水深超过 1.00m 时，应设置扶手；

4 当浴池出入口处的水深超过 0.60m 时，出入口处应设置扶手和出入用踏步。

6.1.4 当浴池与非竞赛用途的游泳池邻近设置时，其间距应大于 2.00m。

6.1.5 浴池周边地面和通道应设置排水沟，排水沟的构造及材质应符合下列规定：

1 排水沟的有效宽度和有效深度不应小于 0.15m；

2 排水沟的坡度不应小于 1%；

3 排水沟内壁和浴池周边地面应采用不透水、表面光洁、易于清洗的不变形材质；

4 排水沟格栅盖板应采用表面光洁、平整、牢固、不积污、易于清洗且对人体不造成伤害的材质；

5 浴池周边地面宜有 1% 的坡度坡向排水沟或排水地漏。

6.2 浴池设施

6.2.1 公共浴池应配置池水循环净化处理系统与浴池功能循环供水系统或供气系统。

6.2.2 公共浴池应根据浴池容积、使用性质、原水供水条件确定充水时间、泄空时间和充水温度，并应符合下列规定：

1 初次充水或泄空后再次充水的时间宜采用 0.5h～2.0h；

2 初次充水或泄空后再次充水的水温不宜高于 42℃；

3 浴池的泄空时间应符合下列规定：

1）当池水容积小于或等于 $10m^3$ 时，宜采用 0.5h～1.0h；

2）当池水容积大于 $10m^3$ 时，宜采用 1.0h～2.0h。

6.2.3 公共热水浴池充水和补水的进水口必须位于浴池水面以下，其充水和补水管道上应采取有效防污染措施。

6.2.4 公共浴池按摩喷头的设置应符合下列规定：

1 按摩喷头应根据使用功能沿池壁及池底成组布置，喷嘴距浴池坐台板或池壁的高度应根据水疗使用功能确定；

2 按摩喷头组沿池壁布置的间距不得小于 0.80m；

3 对面积小于 $4.0m^2$ 的方形浴池，按摩喷头组不得相对布置；

4 按摩喷头的出水量、最小出水压力和最高允许出水压力，应根据喷头形式、使用要求由专业公司提供；

5 按摩浴池按摩喷头的供水管宜采用环状管道布置方式。

6.2.5 当公共浴池设置喷气系统时，应符合下列规定：

1 气泡浴喷头应沿池壁或池底布置，其间距不应小于 1.00m；

2 气泡浴喷头的供气应由气泵提供，气泵容量应按浴池内全部气泡浴喷头开启所需气量计算确定；每个气泡浴喷头用气量应由专业公司提供；

3 气泵的安装位置应高于浴池水面 0.45m；当气泵位置低于浴池水面时，应采取防止浴池水倒流至气泵内的措施。

6.2.6 当公共浴池设置水-气合用按摩喷头时，应符合下列规定：

1 按摩喷头应采用按摩供水泵配带负压进气管供气；

2 负压进气管的管径应与喷头数量相匹配；

3 进气管的进气口应高出浴池水面 0.10m 以上，管口应设置防止杂物堵塞的进气帽。

6.2.7 气泵供气管和负压进气管的安装坡度不得小于 0.2% 且应坡向泄水装置，并应采取保证送入浴池的气体洁净、卫生、无污染的措施。

6.2.8 当公共浴池设置撇沫器时，应符合下列规定：

1 当浴池水采用顺流式循环系统时应设置撇沫器或溢流水槽；

2 当撇沫器自带溢流排水管时，其收集的水方可接入循环水系统的回水管；

3 撇沫器应具有自身的调节堰和易于取出的筛网或筛筐。

6.2.9 公共浴池循环进水口与出水口的布置应符合下列规定：

1 进水口与回水口的位置应满足浴池内循环水流能均匀有序流动、不出现短流和漩涡流的要求；

2 回水口不宜少于 2 个；回水口应设置格栅盖板，且格栅空隙的水流速度应控制在 0.2m/s～0.5m/s 的范围内；

3 进水口应设置在水面以下的池壁上，并应选择可调进水量且带有格栅保护盖的进水口；

4 进水口和回水口的格栅保护盖应有足够的强度和耐腐蚀性能，并不得对循环水造成二次污染。

6.2.10 当同一座公共浴池设有多种功能循环水系统时，应符合下列规定：

1 每组功能系统的管道应独立设置；

2 每组功能系统应在喷头附近设置高于浴池水面的触摸开关。

6.2.11 浴池的水泵、气泵、电热水器及水下照明等用电设备必须设置安全防护装置。

6.2.12 当公共浴池设有触摸开关时，应符合下列规定：

1 应具有明显的识别标志；

2 应具有延时设定功能；

3 应使用12V电压；

4 防护等级应为IP68。

6.2.13 公共浴池应设置下列装置并应符合下列规定：

1 应设置浴池水位监测和自动调节装置；

2 浴池临近1.5m范围内明装位置处应设置紧急停止循环水泵的按钮；

3 溢流式浴池循环系统应设置均衡水池，均衡水池有效容积应按工作水泵5min的流量确定，且不得小于系统设备、设施和管道的总水容积；

4 顺流式浴池循环系统应设置补水箱，补水箱有效容积不得小于2.0m³。

6.2.14 温泉水浴池应设置贮热水箱，并应符合下列规定：

1 贮热水箱的数量不应少于2座；

2 当温泉原水水温低于60℃时，应设置辅助加热装置；

3 当温泉原水水温大于或等于60℃时，应设置调温水箱，并设置消毒装置。

6.3 特殊浴设施

6.3.1 桑拿浴房和蒸汽浴房应设置下列给水排水管道和附件，并应符合下列规定：

1 每间桑拿房应设置给水龙头和*DN*50mm的密闭型排水地漏，且供水水质应符合现行国家标准《生活饮用水卫生标准》GB 5749的规定。

2 蒸汽浴房内应设置冲洗龙头和密闭型地面排水地漏。

3 蒸汽浴的蒸汽机房应符合下列规定：

1）蒸汽发生器应设置在距蒸汽房不超过3.0m的地方，并应方便操作和易于检修；

2）每座蒸汽浴房应设置单独的调温器、压力表，且必须安装缺水自动停机装置；

3）蒸汽发生器的给水管应设置过滤器和阀门，水源应采用符合现行国家标准《生活饮用水卫生标准》GB 5749要求的热水；

4）蒸汽发生器进水口处应设置信号阀；

5）蒸汽发生器至蒸汽房的给水管、蒸汽管等应采用铜管或不锈钢管；蒸汽管应水平设置在地面以上0.30m的位置处，其长度不宜超过3.0m，且管道上不得设置阀门；

6）蒸汽发生器上的安全阀排气和排水口排水应引至无人逗留处；

7）蒸汽浴房附近宜设置冷水或温水淋浴喷头。

6.3.2 当桑拿浴和蒸汽浴配套设置二温浴池和三温浴池时，应符合下列规定：

1 不同水温的水池应设置各自独立的循环水净化处理系统和水力按摩供水系统；

2 水池容积应按本规程第6.1节的有关规定确定；

3 池子应紧邻或靠近桑拿浴房和蒸汽浴房。

6.3.3 药物浴池的设计应符合下列规定：

1 投加到浴池内水中的药物品种、药物溶液的成分和浓度等必须取得卫生主管部门的批准；

2 药物浴池水中的药物浓度必须确保对入浴者健康不造成伤害；

3 药物浴池配置药浴的用水水质应符合现行国家标准《生活饮用水卫生标准》GB 5749的规定，药物浴水温和浴池形式应符合治疗病症的要求；

4 不同药物品种的浴池循环水系统应各自独立设置，并应符合下列规定：

1）浴池水系统应由循环水泵、加热器、给水口、回水口及连接它们的管道和控制装置组成；

2）药物浴池的水溶液温度不应超过40℃；

3）药物浴池给水口、回水口设置应符合本规程第6.2.9条的规定；

4）药物浴池的泄水管不得与排水管道直接连接。

6.3.4 幼儿园、养老院、精神病医院等特殊场所的热水管道和配水管件必须采取防烫伤措施。

7 浴池水消毒与水质平衡

7.1 一般规定

7.1.1 公共浴池循环水净化处理工艺流程中必须配套设置池水消毒工艺。

7.1.2 浴池水消毒所选用的消毒剂品种应获得卫生主管部门的批准。

7.1.3 浴池水消毒剂应符合下列规定：

1 应能快速杀灭浴池及管道系统内的致病微生物；

2 应具有持续消毒和氧化功能，并易溶于水；

3 用于温泉水浴池系统的消毒剂，不应改变温泉水的原水水质；

4 药品液体浓度应能被在线实时监测。

7.1.4 消毒剂和化学药品的投加应符合下列规定：

1 应将消毒剂及化学药品配制成一定浓度的液体，并经专用的投加装置投加在浴池的循环水中；

2 不同功能的公共浴池应各自设置独立的投加系统，不得混用及共用；

3 不应从公共浴池池水表面向浴池内投加。

7.1.5 公共浴池严禁采用液态氯和液态溴对池水进行消毒。

7.1.6 消毒剂投加设备的容量宜按满足对系统进行冲击处理的要求确定。

7.2 氯制药品消毒

7.2.1 当热水浴池水采用氯制药品消毒时，消毒剂投加装置的规模应按下列规定计算：

1 当以氯制药品为主对池水进行消毒时，宜按投加量2mg/L～3mg/L（以有效氯计）计算确定；

2 当采用氯与臭氧或紫外线组合系统对浴池水进行消毒时，宜按浴池内水中剩余游离氯浓度不大于0.5mg/L（以有效氯计）计算确定。

7.2.2 消毒剂溶液的投加浓度和投加方式应符合下列规定：

1 次氯酸钠消毒剂应配制成5%（以有效氯计）的浓度；

2 次氯酸钙消毒剂应配制成3%（以有效氯计）的浓度；

3 消毒剂应采用连续投加方式投加在加热设备之后或过滤设备之前的循环水管道中。

7.2.3 消毒剂溶液应采用自动连续的投加方式，并与浴池循环水泵水流开关连锁。

7.2.4 消毒剂投加装置应符合下列规定：

1 计量投加泵应能根据浴池水中允许消毒剂余量范围自动调节投加量并且波动较小；

2 控制装置应具有消毒剂量不足和设备故障的报警和切断装置运行的功能；

3 消毒剂溶液桶的容积应按满足浴池24h的用量确定；

4 次氯酸钙亦可采用比例式自动消毒器，但应设置旁通管；

5 计量泵、溶液桶、投加管及管件、阀门等均应具有对所用消毒化学药品的抗腐蚀能力。

7.3 臭氧消毒

7.3.1 臭氧发生器设备的产气量应按臭氧投加量0.2mg/L～0.4mg/L计算确定。

7.3.2 臭氧应采用负压方式投加在过滤设备之前或过滤设备之后的循环水管道上。

7.3.3 臭氧投加系统应符合下列规定：

1 臭氧消毒装置应由臭氧发生器、臭氧投加装置、在线混合器、臭氧与水接触反应罐等组成。

2 臭氧与水接触的反应罐容积应按下列公式计算：

$$V_{\mathrm{f}} = \frac{T_0}{60} q_{\mathrm{cx}} \quad (7.3.3\text{-}1)$$

$$T_0 \geqslant \frac{1.6}{C_0} \quad (7.3.3\text{-}2)$$

式中：V_{f}——反应罐的容积（m^3）；

C_0——臭氧投加量（mg/L）；

T_0——臭氧与水接触反应所需要的时间（min）；

q_{cx}——公共浴池循环水流量（m^3/h）。

3 臭氧投加应采用全自动控制，并与浴池循环水泵连锁。

4 输送臭氧的管道、阀门、附件及反应罐等应采用022Cr17Ni14Mo2（S31603）不锈钢等材质。

5 臭氧与水接触的反应罐的构造、耐压等应符合现行行业标准《游泳池给水排水工程技术规程》CJJ 122的规定。

6 当经过臭氧消毒的浴池水进入公共浴池时，其水中臭氧的剩余量不应大于0.05mg/L。

7.3.4 采用臭氧消毒的公共浴池，应采用臭氧与氯或溴相组合的浴池水消毒方式；其氯或溴消毒装置的容量应按冲击处理消毒的消毒剂用量计算确定，并应符合本规程第7.2.1条、第7.2.4条和第7.5.1条的规定。

7.4 紫外线消毒

7.4.1 紫外线消毒应为全流量式工艺流程。

7.4.2 当公共浴池采用紫外线消毒时，紫外线系统应符合下列规定：

1 宜采用中压紫外线发生器，紫外线剂量应按下列规定选用：

1）室内浴池为60mJ/cm²；

2）室外浴池为40mJ/cm²。

2 紫外线发生器的体积和所需灯管数量应按下式计算：

$$Dose_{\mathrm{ave}} = I_{\mathrm{UV}} t \quad (7.4.2)$$

式中：$Dose_{\mathrm{ave}}$——紫外线平均剂量（mJ/cm²），按本条第1款的规定选用；

I_{UV}——紫外线强度（mW/cm²）；

t——紫外线与水的接触时间（s）。

3 紫外线反应器宜配有在线紫外线强度监测器和自动清洗系统。

4 紫外线设备应有独立的控制系统，并能提供紫外线强度值、水温、灯管运行时间、灯管运行状态、流量等运行参数。

5 紫外线系统应具有紫外线强度不足、灯管异常、机械故障等提示或报警功能。

7.4.3 紫外线消毒设备的安装应符合下列规定：

1 紫外线消毒器的安装应使浴池循环水的水流

方向与紫外线灯管的长度方向相平行或垂直；

2 紫外线消毒器应安装在浴池循环水系统过滤设备之后、加热设备之前的循环水管道上，并应在该处设置旁通管；

3 紫外线消毒器的材质应为 022Cr17Ni14Mo2（SS316、S31603）不锈钢材质，且耐压不应小于 0.6MPa；

4 紫外线消毒器的电气装置应采取可靠的安全措施。

7.4.4 紫外线消毒器的出水口应设置安全过滤网。

7.4.5 当公共浴池采用紫外线消毒器时，应与具有持续消毒功能的长效化学药品消毒剂组合使用，其长效消毒剂的用量及消毒装置的配备应符合本规程第 7.2.1 条和第 7.2.4 条的规定。

7.5 其他消毒剂

7.5.1 当公共浴池采用溴氯海因作为消毒剂时，应符合下列规定：

1 投加设备的容量宜按溴氯海因投加量 8mg/L（以总溴计）计算确定；

2 溴氯海因的投加要求应符合本规程第 7.2.3 条的规定。

7.5.2 当公共浴池采用三氯异氰尿酸盐和二氯异氰尿酸钠进行消毒时，应符合下列规定：

1 二氯异氰尿酸钠和三氯异氰尿酸盐的投加装置规格应按投加量池水余氯不超过 2mg/L 计算确定；

2 当浴池水中的异氰尿酸浓度小于 40mg/L 时方可供入浴者使用；当浴池水中的异氰尿酸浓度超过 80mg/L 时，严禁浴池供入浴者使用；

3 三氯异氰尿酸盐的投加方式应符合本规程第 7.2.3 条和第 7.2.4 条的规定；

4 室内公共浴池不宜采用三氯异氰尿酸盐和二氯异氰尿酸钠进行消毒。

7.5.3 当公共浴池采用单过硫酸氢钾复合粉作为消毒剂时，应符合下列规定：

1 投加设备的容量应按单过硫酸氢钾投加量 1.0mg/L（以有效活性氧计）计算确定；

2 单过硫酸氢钾复合粉应配制成 3%～5%的溶液并采用湿式连续投加方式；

3 单过硫酸氢钾复合粉溶液宜投加在浴池循环水管道中；

4 单过硫酸氢钾复合粉消毒剂在浴池内水中的余量不应超过 0.5mg/L。

7.5.4 当公共浴池采用银离子消毒剂、阳离子消毒剂和光催化消毒剂时，应符合本规程第 7.6.5 条、第 7.6.6 条和第 7.6.7 条的规定。

7.6 温泉和药浴池水消毒

7.6.1 温泉水浴池和药浴池的池水宜选择不改变温泉原水水质和药物浴水水质的非氧化型消毒剂。

7.6.2 当温泉水采用氧化型消毒剂时，应符合下列规定：

1 应对温泉水的水质成分进行化验分析并确定温泉的类型；

2 应根据温泉和药浴水的成分选用不影响疗效的具有相容性的消毒剂。

7.6.3 当温泉水浴池采用臭氧消毒时，应符合下列规定：

1 应采用臭氧与氯系消毒剂联合消毒的方式；

2 臭氧发生和投加应采取防止溢出的可靠安全措施。

7.6.4 当温泉水浴池采用紫外线消毒时，应符合下列规定：

1 紫外线宜采用与氯系消毒剂联合消毒的方式；

2 温泉水中的铁、锰等重金属离子含量不宜超过 0.2mg/L；

3 温泉浴池池水的浑浊度不宜超过 5NTU。

7.6.5 当温泉水浴池采用阳离子消毒剂时，应符合下列规定：

1 阳离子消毒系统可单独完成杀菌消毒工作；

2 应及时排除浴池水中累积的油脂；

3 每周应定期对循环水净化处理系统和浴池池体清洗 1 次。

7.6.6 当温泉水浴池采用银离子消毒剂时，应符合下列规定：

1 适用于酸性温泉水浴池的消毒，但对含有硫化氢的温泉水不应采用；

2 应配置氯系消毒剂系统，该系统应在洗浴时间之外每日至少运行 2h 以上，且应保持浴池水中游离性余氯不小于 0.4mg/L。

7.6.7 当温泉水浴池采用光催化消毒时，应符合下列规定：

1 设置位置应防止阳光直射和水淋；

2 设备周围应无强电磁和振动干扰；

3 被消毒水的水质宜符合下列规定：

1）浑浊度不宜大于 5NTU；

2）悬浮固体不宜超过 10mg/L；

3）总硬度和总碱度之和不得超过 500mg/L；

4）水温不宜超过 40℃。

4 设备应具有自动冲洗的自洁功能。

7.7 水质平衡

7.7.1 热水浴池池水应进行水质平衡设计，并应符合下列规定：

1 浴池水 pH 的维持范围应符合下列规定：

1）当采用氯制品消毒时，pH 应在 7.2～7.8 范围内；

2）当采用其他消毒剂时，pH 应在 7.2～8.0

范围内。

2 浴池水的总碱度应维持在 80mg/L～120mg/L 范围内。

3 浴池水的钙硬度应维持在 100mg/L～200mg/L 范围内。

4 浴池水的溶解性总固体量不应超过原水溶解性总固体量加 1500mg/L。

7.7.2 热水浴池宜向浴池循环水中投加化学药剂使其水质达到化学平衡，并应符合下列规定：

1 当 pH 偏低时，宜向循环水中投加碳酸钠、碳酸氢钠等碱性化学药剂溶液；

2 当 pH 偏高时，宜向循环水中投加盐酸、硫酸氢钠等酸性化学药剂溶液；

3 当钙硬度偏低时，宜向循环水中投加氯化钙等化学药剂溶液；

4 当溶解性总固体含量偏高时，宜加入自来水稀释或泄空池水重新注入新鲜水。

7.7.3 热水浴池水质平衡使用的化学药剂应为经当地相关主管部门批准的化学药剂。

7.7.4 消毒剂和化学药剂的投加系统应符合下列规定：

1 不同消毒剂、化学药剂的投加系统应各自独立设置，且药剂溶液箱（桶）容积宜按 1d 的使用量确定；

2 应采用计量泵或自动投药器连续自动投加到浴池循环水管道内；

3 投加系统宜具有自动监测消毒剂、各种化学药剂运行参数和自动调节其投加量的功能；

4 长效消毒剂应投加到循环水系统加热设备之后或过滤器之前的循环给水管道内；

5 水质平衡化学药剂溶液应投加到循环水系统过滤设备之前的循环水管道内；

6 投加点应设置化学药剂溶液与循环水充分混合的装置，并应远离水质取样点；

7 输送不同消毒剂和化学药剂的管道和介质流向均应有明显的区别和流向标志；

8 不同化学药剂的管道布置应简短、顺畅、安全，并应方便安装和检修。

7.7.5 公共浴池池水净化处理中所使用的泡沫消除剂必须达到食品级要求。

8 洗浴水加热

8.1 洗浴水水温

8.1.1 公共淋浴和其他生活用水的水温应符合本规程第 5.2.2 条和第 5.2.3 条的规定。

8.1.2 热水浴池和温泉浴池的使用水温应按本规程第 3.3.1 条的规定确定。

8.1.3 温泉水原水温度、有效出水量和水质成分等，应经抽水试验和水质化验分析获得。当温泉原水水温超过 50℃时，应对其进行降温并在达到本规程第 3.3.1 条规定的浴池使用温度后方可使用。

8.2 热量计算

8.2.1 公共淋浴、盥洗和浴池入浴者冲洗用热水的需热量应按现行国家标准《建筑给水排水设计规范》GB 50015 的规定进行计算。

8.2.2 公共浴池的最大需热量应为每座浴池所需热量与系统的热损失之和，计算方法应符合下列规定：

1 每座浴池的需热量应按现行行业标准《游泳池给水排水工程技术规程》CJJ 122 中关于游泳池需热量的计算方法进行计算；

2 当温泉水原水水温低于 40℃时，原水所需热量应按本规程第 8.2.3 条规定的热量计算公式计算确定。

8.2.3 当温泉水原水水温低于 60℃时，应对温泉水进行加热，并应确保温泉水贮热水箱内的水温不低于 60℃，所需热量应按下式计算：

$$Q_{\rm J} = q_{\rm y} \cdot C(t_{\rm wr} - t_{\rm w}) \cdot \rho_{\rm r} \quad (8.2.3)$$

式中：$Q_{\rm J}$——温泉水加热所需的热量（kJ/h）；

$q_{\rm y}$——温泉的有效出水量（L/h）；

$t_{\rm wr}$——温泉浴池水的使用温度（℃）；

$t_{\rm w}$——温泉水原水温度（℃）；

C——水(温泉)的比热，取 C=4.187kJ/(kg·℃)；

$\rho_{\rm r}$——温泉水的密度，取 $\rho_{\rm r}$ = 0.98kg/L。

8.3 热源及加热方式

8.3.1 公共淋浴及其他生活用热水的热源应按现行国家标准《建筑给水排水设计规范》GB 50015 和现行行业标准《游泳池给水排水工程技术规程》CJJ 122 的规定选用。

8.3.2 公共浴池热源的选用应符合下列规定：

1 应充分利用高温温泉原水的富余热量；

2 应充分利用太阳能，并应设置辅助热源；

3 应充分利用热泵系统供热；

4 应首先采用全年供热的城镇、区域或建筑内的高温热水；

5 可采用电力。

8.3.3 当公共浴池采用热泵系统加热时，应符合下列规定：

1 加热量应遵循经济原则；

2 应满足热泵正常工作的气温和水温范围；

3 水流量应稳定，且每个循环的温升或温降宜为 4℃～5℃；

4 配套设备、设施应符合国家现行有关标准的规定；

5 在气候条件及室内环境合适的地区，宜优先选用空气源热泵、多功能热泵；

6 当最冷月平均气温大于或等于10℃时，可不设辅助加热系统，并应按最冷月平均温度计算热泵产热量；

7 当最冷月平均气温在0℃～10℃时，应设置辅助加热系统，并应按春、秋季节的月均温度计算热泵产热量；

8 浴池水初次加热时，应按热泵及辅助热源同时工作进行设计；

9 热泵所采用的冷媒应选择环保无污染产品。

8.3.4 当公共浴场采用太阳能加热系统时应符合下列规定：

1 太阳能日照时间应大于1200h/年，年太阳辐射量应大于4200MJ/m²，年最低气温不应低于-45℃；

2 太阳能系统的设计保证率不应小于40%，集热器的效率不应低于50%；

3 宜选用间接承压式太阳能加热系统，并应设置辅助加热系统；池水初次加热应按太阳能与辅助加热系统同时工作设计；

4 应符合现行行业标准《游泳池给水排水工程技术规程》CJJ 122的有关规定。

8.3.5 公共浴池的循环水系统宜采用将循环流量进行全部加热的加热方式。

8.3.6 当公共浴池的循环水系统采用分流量加热时，应符合下列规定：

1 被加热的水量不得小于循环水量的30%；

2 被加热的水与未加热的水应采取良好的混合措施。

8.4 加热和贮热设备

8.4.1 公共浴场加热设备及换热设备的产热量应满足本规程第5.3.1条和第8.2.3条所计算耗热量的要求。

8.4.2 加热设备应根据热源条件、耗热量、维护管理及卫生防菌等因素选择，并应符合下列规定：

1 热效率高、节能、体积小；

2 性能稳定、动作灵敏；

3 构造简单、安全可靠、维修保养方便。

8.4.3 公共淋浴与公共浴池的加热设备或换热设备应分开配置。

8.4.4 公共浴池池水加热设备的选型和配置应符合下列规定：

1 加热设备宜选用水-水板式换热器或电加热器；

2 加热及换热设备的容量应按初次加热时间不超过2h计算确定；

3 不同功能和不同水质浴池的加热或换热设备应分开设置；

4 公共浴池的加热设备及换热设备的出水管上均应配置自动限温控制装置，且误差不大于±1.0℃；

5 被加热热水的出水温度不应大于45℃；

6 闭式池水加热系统应设置膨胀罐或膨胀管。

8.4.5 公共淋浴宜选用半容积式换热设备或热水锅炉。

8.4.6 冷水浴池冷水的制备宜选用制冷机或热泵系统对池水进行降温，其选型和配置应符合下列规定：

1 制冷设备应按冷水浴池正常使用中维持冷水温度所需冷量确定，但冷水浴池初次冷却时间不应超过8h；

2 每座冷水浴池应独立设置制冷机组。

8.4.7 温泉浴池贮热水箱和调温水箱的设计应符合下列规定：

1 贮热水箱容积应按温泉出水量、浴池温泉水总补水量及每日需要重新更换温泉水的所有温泉浴池的总容积计算确定；

2 贮热水箱内的水温不得低于60℃；

3 温泉水的调温水箱的水温不宜低于42℃。

9 设备和管材

9.1 一 般 规 定

9.1.1 公共浴场给水排水系统配置的设备、设施和管材应符合下列规定：

1 性能参数和管道尺寸应满足系统供水量、循环水量等的要求；

2 材质应卫生清洁，并应确保输送水体不受二次污染；

3 耐压性能应确保系统安全运行，不得出现变形和渗漏。

9.1.2 公共浴池给水排水系统所用设备、设施、装置及管材等均应具有抗腐蚀、耐高温和耐低温等性能。

9.1.3 不同使用功能的公共浴池，其给水排水系统设备、设施、装置及管材等应分开设置。

9.1.4 公共浴池循环水处理系统的设备、设施、装置等应采用具有各项运行技术参数自动监测和控制的全自动控制系统。

9.2 过 滤 设 备

9.2.1 毛发聚集器的设置应符合下列规定：

1 毛发聚集器应安装在公共浴池循环水回水口与循环水泵吸水管之间的管道上；

2 毛发聚集器过滤筒（网）的开孔面积不得小于连接管管道截面面积的2.0倍，且开孔直径不宜大于2mm；

3 毛发聚集器的材质和构造应符合现行行业标

准《游泳池给水排水工程技术规程》CJJ 122的规定。

9.2.2 循环式公共浴池给水排水系统的过滤器选用应符合下列规定：

1 过滤器应采用压力过滤器，且滤后水质应符合本规程第3.2.1条的规定。

2 对循环水量大于或等于$20m^3/h$的公共浴池，过滤器不宜少于2台。

3 当选用颗粒过滤器时应符合下列规定：

1）过滤器的布水和配水应均匀；

2）滤料层的有效厚度不得小于450mm，且不均匀系数K_{80}不应大于1.6；

3）过滤器应具有反冲洗且能排除聚集在过滤介质表面污浊物质的功能；

4）过滤速度不宜超过20m/h；

5）根据浴池大小可设置混凝剂投加装置。

4 当选用硅藻土过滤器时应符合下列规定：

1）过滤速度应采用3m/h～5m/h；

2）硅藻土预涂膜厚度应均匀一致且不应小于2mm，单位面积硅藻土用量应为$0.5kg/m^2$～$1.0kg/m^2$；

3）硅藻土的卫生和化学特征应符合现行国家标准《硅藻土卫生标准》GB 14936和现行行业标准《食品工业用助滤剂硅藻土》QB/T 2088的规定；

4）宜采用牌号为700号的硅藻土助滤剂；

5）硅藻土过滤器反冲洗水应经分离残余硅藻土后方可排入排水管道。

5 不同公共浴池的过滤器应分开设置。

9.2.3 颗粒过滤器的过滤介质应采用微生物难以繁殖的天然石英砂，并应符合下列规定：

1 化学性能应稳定，不得对浴池水产生二次污染，不得危害入浴者健康；

2 应满足机械强度高、耐磨损、抗压性能好的要求；

3 不宜采用有微细空隙的滤料。

9.2.4 当压力过滤器进水与出水的压力差超过0.05MPa时应进行反冲洗，并应符合下列规定：

1 石英砂过滤器的反冲洗强度不得小于$12L/(s\cdot m^2)$；

2 硅藻土过滤器的反冲洗强度不得小于$3L/(s\cdot m^2)$；

3 过滤器反冲洗排水管道不得直接与其他排水管道连接。

9.2.5 当采用其他形式或过滤介质的过滤器时，应由专业公司提供技术参数，滤后水的浑浊度不得超过现行行业标准《公共浴池水质标准》CJ/T 325的规定。

9.2.6 过滤器的材质和构造应符合下列规定：

1 过滤器壳体应选用能抗氯离子腐蚀牌号的不锈钢材质；

2 当过滤器壳体采用碳钢材质时，内壁应涂刷或衬贴食品级树脂或其他耐腐蚀材料；

3 当过滤器壳体采用玻璃纤维材质时，应采取防温度变化及高浓度氯消毒剂对材质胀缩及老化等影响的措施；

4 过滤器的构造应符合现行行业标准《游泳池给水排水工程技术规程》CJJ 122的有关规定。

9.2.7 公共浴池所采用的金属过滤器应采取保温措施。

9.3 水泵和气泵

9.3.1 公共浴池循环水系统的循环水泵应根据水质选用高效、节能、低噪声、抗相应水质腐蚀、使用寿命长的产品，并应符合下列规定：

1 水泵流量不得小于本规程第4.2.4条规定的循环水流量；

2 水泵的扬程应为水泵送水几何高度、系统总阻力、出水所需流出压力等之和的1.10倍；

3 宜选用自带前置毛发聚集器的整体型、具有耐腐蚀功能的低转速水泵；

4 当水泵组数量按2台或2台以上同时工作配置时，可不设置备用水泵；

5 过滤器反冲洗用水泵，宜采用按工作泵并联运行的工况设计；

6 公共浴池的循环水泵应按自灌式进行设计，水泵吸水管内的水流速度宜为0.8m/s～1.2m/s，水泵出水管内的水流速度不宜大于2.0m/s；

7 每台水泵吸水管和出水管均应装设减振装置、阀门、真空压力表及压力表等配件；

8 水泵机组和管道均应采取减振和降低噪声的措施。

9.3.2 公共浴池按摩水泵的选择应符合下列规定：

1 按摩水泵的容量应根据浴池所采用的按摩喷嘴形式、数量、单个按摩喷嘴的流量计算确定；

2 按摩水泵吸水管内水流速度不应超过1.8m/s，按摩水泵出水管内的水流速度不宜超过3.0m/s。

9.3.3 当公共浴池设有气体喷射系统时，气泵的选择应符合下列规定：

1 气泵的供气量和供气压力应根据浴池中设置的喷嘴数、气床席位数、池底气泡箱等数量计算确定；

2 气泵的吸气口端应设置空气过滤装置，出口端应设置消声装置；

3 气泵供气量应可调，且供气压力应稳定，供气质量应洁净、无油污和无气味；

4 气泵运行时应噪声低、效率高、耐腐蚀、安全可靠，并应方便检查和维修。

9.3.4 设置气泵的房间应有良好的通风条件和卫生

环境。

9.4 消 毒 设 备

9.4.1 消毒剂和化学药剂投加泵的选择应符合下列规定：

1 氯消毒剂投加泵的容量应按冲击消毒杀菌投加量计算确定，其他加药泵的容量应按浴池最大药剂投加量计算确定；

2 加药泵的工作压力应满足循环水系统最大水压时所需药剂投加量的压力要求；

3 加药泵宜选用具有可调药剂投加量的电驱动隔膜式计量泵；

4 加药泵应采用高强度耐腐蚀材质。

9.4.2 紫外线消毒器的选择应符合下列规定：

1 紫外线消毒器的过流量不应小于浴池的循环流量；

2 腔体内过流液体不得出现短流和死角；

3 腔体内紫外灯套管的耐热温度不得低于45℃；

4 腔体材质应选用022Cr17Ni14Mo2（SS316L、S31603）牌号的不锈钢。

9.4.3 臭氧发生器的选型应符合下列规定：

1 臭氧发生器应按最大臭氧消毒投加量计算选定；

2 臭氧发生器应为臭氧发生、臭氧投加、臭氧气水混合等成套负压富氧制备臭氧的产品；

3 臭氧产量应稳定、高效并具有可调节功能；

4 臭氧发生器应有全自动控制功能和防泄漏、防漏电等完善的安全保护措施。

9.4.4 化学药品溶液容器及管道系统应符合下列规定：

1 化学药品的溶解桶与溶液桶宜分开设置；

2 化学药品溶液桶的有效容积应按每日化学药品的消耗量和本规程第7.2.2、7.5.1、7.5.3条规定的投加量计算确定；

3 化学药品的输运管道、附件、阀门等应采用耐压、耐相应化学药品腐蚀材质的制品。

9.5 换热、加热及制冷设备

9.5.1 温水浴池、热水浴池、公共淋浴和其他生活热水系统的加热或换热设备应选用抗氯离子和臭氧腐蚀的不锈钢材质。

9.5.2 温泉水浴池的加热、换热、贮热设备及相关配套设施，应根据温泉水的水质特性，选用022Cr17Ni14Mo2（S31603）不锈钢或钛金属等耐高温、耐腐蚀材质。

9.5.3 冷水浴池制冷机蒸发器宜选用022Cr17Ni14Mo2（S31603）牌号的不锈钢材质。

9.6 管材及附件

9.6.1 公共浴场给水排水系统使用的管材应符合下列规定：

1 应坚固耐用、无毒、卫生、不孳生细菌；

2 应耐高温、耐腐蚀、耐老化，内表面应光滑、不易结垢、不易生成生物膜；

3 管材与管件应相互匹配，应确保连接可靠、严密不渗漏；

4 管材与输送流体性质应兼容；

5 管道的耐压应按输送液体温度下的允许工作压力选择；

6 应便于施工安装和日常维修。

9.6.2 生活给水和热水浴池用水管道的材质选用应符合下列规定：

1 生活给水管道宜选用钢塑复合管、薄壁不锈钢管、薄壁铜管或给水塑料管；

2 生活热水管道和热水浴池循环水管道宜选用薄壁不锈钢管、热水用钢塑复合管或热水用塑料管。

9.6.3 温泉浴池循环水管道的选用应符合下列规定：

1 当温泉水水质为中性时，可采用薄壁不锈钢管、薄壁铜管或给水塑料管；

2 当温泉水水质为酸性或碱性时，宜采用给水塑料管；

3 当温泉水水温大于或等于40℃时，不得选用PVC-U给水塑料管或聚乙烯（PE）塑料管。

9.6.4 化学药品药剂溶液输送管，应根据化学药品和消毒剂的成分、浓度选用相应材质的全塑料管材。

9.6.5 臭氧气体输送管应选用牌号为022Cr17Ni14Mo2（S31603）的不锈钢管、氯化聚氯乙烯管（CPVC）及聚四氟塑料管。

9.6.6 公共浴场排水管的选用应符合下列规定：

1 淋浴排水、生活污水及废水宜选用柔性接口排水铸铁管、耐高温排水塑料管；

2 浴池泄水管宜与浴池循环水管管材相一致。

9.6.7 连接浴池循环水管道的阀门及所采用的垫圈等应密封性好、耐热、耐老化、耐各种化学物质腐蚀、不易繁殖细菌并方便更换。

9.6.8 设有喷气系统的按摩池的送气管宜选用氯化聚氯乙烯（CPVC）塑料管和管件。

9.7 设备和管道保温

9.7.1 淋浴热水给水干管、回水干管、立管、换热设备的热媒管和公共浴池冷水及热水的循环管道等均应进行保温。

9.7.2 金属过滤器、换热器、温泉贮热水箱和调温供水水箱等均应进行保温。

9.7.3 保温材料的选择应符合下列规定：

1 应具备导热系数小、密度小、强度高等性质，阻燃性能应符合防火要求；

2 用于金属管道的保温材料不应对金属产生腐蚀；

3 用于塑料管道的保温材料应为软质材料；

4 暗装在墙内的金属管道宜采用覆塑管道。

9.7.4 设备管道保温层的保护层应强度高、不软化、不脆化、化学性能稳定，并应具备防潮、防水、抗大气腐蚀性能，耐火等级不得低于 B_1 级。

9.8 水质监测和检测

9.8.1 公共浴池的水质监测和设备运行控制应符合下列规定：

1 池水水质宜采用自动监测系统；

2 池水净化处理和浴池功能给水系统宜采用自动控制系统。

9.8.2 公共浴池在线监测应由水质探头、控制器等组成，并应符合下列规定：

1 酸碱度（pH）探头、氧化还原电位（ORP）探头、余氯（Cl）探头、水温（t）探头、浊度计等应具备反应灵敏、耐腐蚀、易清洗等性质，监控范围和精度应符合设计要求。

2 水质监测设备应具备下列功能：

1）对酸碱度、氧化还原电位、余氯、水温、浊度等参数具有显示或参数设定功能；

2）根据设定上限和下限调节运行。

3 水质监测系统控制应符合下列规定：

1）应能通过显示、声响和连接外线等方式，对超出设定范围、投药过量等现象发出警报；

2）具有延迟启动加药泵和安全加药功能；

3）各种化学药品溶液投加泵应具有与浴池循环水泵连锁控制和人工现场控制功能；

4）设备本体应为耐腐蚀材质，并应配置透明外盖，防护等级应为IP65；

5）设备及配套装置等应能在高温、高湿环境条件下连续、高效、准确运行。

9.8.3 公共浴池在线水质检测装置和人工水质检测设备应具有性能稳定、操作简便、测试快速准确、测量项目全面、维护保养方便、适应高温高湿环境条件的特点以及防水防振功能，并应符合以下规定：

1 公共浴池应配备检测所用消毒剂残留量（游离性余氯、化合性余氯或总溴、臭氧等）和pH、总碱度、钙硬度等水质参数的人工检测设备。

2 公共浴池应配备可以测量氨氮、氰尿酸、浊度、二甲基海因、总溶解性固体、电导率、水温等水质指标的人工检测设备。

3 人工检测设备应与检测所需试剂及其他配件对应成套，所检测项目的量程和精度应符合下列规定：

1）检测游离性余氯和化合性余氯的范围应为0mg/L～5mg/L，检测误差不应大于0.05mg/L；

2）检测总溴的范围应为0mg/L～10mg/L，检测误差不应大于0.1mg/L；

3）检测pH的范围应为6.8～8.5，检测误差不应大于0.2pH；

4）检测氧化还原电位（ORP）的范围应为±900mV，检测误差不应大于20mV；

5）检测池水温度的范围应为0℃～100℃，检测误差不应大于0.1℃。

4 公共浴池水水质人工检查项目指标及检测频率应符合本规程表13.2.2的规定。

10 废水及余热利用

10.1 废水利用

10.1.1 公共浴场的废水应回收利用，并宜与建筑物内的其他废水一起进行处理和综合利用。

10.1.2 公共浴场应通过管道、排水沟、集水池及提升水泵等设施，将下列分散的废水排水集中收集并予以利用：

1 淋浴废水；

2 清洁浴池的废水；

3 清洗地面、墙面的废水；

4 浴池及各类热水箱的泄水。

10.1.3 公共浴池泄空和溢流排水、各类贮热水箱及加热设备的泄水和溢流排水等宜先经热回收降温后，再作为中水原水。

10.2 余热利用

10.2.1 当温泉水原水的水温高于50℃时，宜回收温泉水原水剩余热量，并应符合下列规定：

1 宜采用间接换热方式将高温温泉原水中的热量予以回收利用；

2 当间接式提取温泉水热量时，不得改变温泉水原水的性质。

10.2.2 当对原水温度高于50℃的温泉水进行余热利用时，可被利用的有效热量可按下式计算：

$$Q_y = q_y \cdot C \cdot (t_w - t_{wr}) \cdot \rho_r \quad (10.2.2)$$

式中：Q_y——温泉水可被利用的余热热量（kJ/h）；

q_y——温泉的有效出水量（L/h）；

C——水的比热[kJ/(kg·℃)]，可取 C = 4.187kJ/(kg·℃)；

t_w——温泉水原水温度（℃）；

t_{wr}——温泉水的使用温度（℃）；

ρ_r——温泉水的密度(kg/L)，取 ρ_r = 0.98kg/L。

10.2.3 公共浴场的下列余热宜收回并综合利用：

1 洗浴废水的余热；

2 高温高湿的室内空气；

3 高温温泉水的余热。

10.2.4 公共浴场余热回收利用系统宜设置备用热源。

10.2.5 当公共浴池余热回收获得的二次热源水温不超过60℃时，该热水应优先用于浴池循环水系统的循环水加热。

10.3 热回收方式及回收设备

10.3.1 根据温泉水原水温度、温泉浴场规模和使用要求等因素，公共浴池热回收方式的确定应符合下列规定：

1 规模较小的公共浴池宜采用换热器及热泵间接回收热量；

2 当温泉原水水温高于70℃时，宜采用多级换热器间接回收热量；

3 大型公共浴池宜采用热泵回收热量；

4 对舒适度要求较高的室内公共浴池场所，宜采用热泵回收热量。

10.3.2 热回收设备的选用应符合下列规定：

1 热回收设备应能效比高、性能稳定、技术参数准确、质量可靠；

2 设备机组所有水流过流部件应采用耐高温、耐腐蚀材质；

3 内置换热器应严密无渗漏；

4 冷媒应符合环境保护要求；

5 设备机组应具有可靠的水温控制、水流保护、过流保护、冷媒高低压保护和压缩机延时启动等功能。

10.3.3 当多台热回收设备并联运行时，其控制系统应能根据负荷情况进行自动加载或自动卸载。

11 设备机房

11.1 一般规定

11.1.1 设备机房应包括温泉蓄热池、温泉调温池、平衡水箱区、循环水泵和按摩泵区、过滤设备区、消毒设备间、加热设备区、风泵区、化学药品库房、电气用房、水质检测间、维修间等机房应采取建筑隔声措施。

11.1.2 设备机房的位置应按不同浴区临近布置，且机房地面标高宜保证浴池回水管高于过滤设备顶部，并应在系统中配管的适当位置设置泄水装置。

11.1.3 当设备机房集中设置时，不同浴池功能和水质的设备、设施在机房内应分区布置，且应按池水净化处理工艺流程顺序进行布置。

11.1.4 设备机房的设计应符合下列规定：

1 空间高度应满足设备安装、检修的要求；机房内应设置设备运输通道，且该通道应与建筑内通道相对应；

2 应具有良好的通风措施；室内温度不得低于5℃、最高温度不宜高于35℃；

3 机房内应具有良好的照明；

4 根据池水循环净化处理和消毒方式的要求，应设计地面排水；

5 所有设备、容器等均应设置在高出地面的基础上；

6 所有的转动设备基础及与其连接的管道应采取良好的隔振减噪措施。

11.2 水泵和过滤设备布置

11.2.1 过滤设备和与其连接的浴池回水口、毛发聚集器、循环水泵、管道等应有合理管道水流设计，并应设置事故排泄水装置。

11.2.2 过滤设备间的高度应符合下列规定：

1 过滤设备顶部应低于浴池底面；

2 过滤设备上部附件的最高点至建筑结构梁底的净距不得小于0.20m；

3 过滤器不得布置在建筑结构梁底的正下方。

11.2.3 机房内过滤设备、循环水泵等的布置应符合国家现行标准《建筑给水排水设计规范》GB 50015和《游泳池给水排水工程技术规程》CJJ 122的相关规定。

11.2.4 浴池水循环净化处理设备与浴池组合成的成品型浴池应设置可开启的设备检修孔。

11.3 加药间及药品贮存

11.3.1 加药间与化学药品贮存库应设置为各自独立又相毗邻的房间，并宜靠近循环水泵及过滤器间。

11.3.2 不同加药装置（加药泵、药液桶）之间的净距离不宜小于0.80m，加药间操作、运输通道的宽度不得小于1.00m。不同加药装置应设置明显标志。

11.3.3 化学药品贮存库的面积应根据当地化学药品的供应和运输条件等因素确定，但不得少于15d的浴池需求量，其贮存应符合下列规定：

1 不同品种的化学药品应分开放置，并应设置化学药品名称标志，相互之间的距离应符合化学药品产品说明的规定，并不宜小于1.00m；

2 化学药品应存放在柜架内或高于地面不少于0.10m的垫板上，不得堆放在地面上；

3 存放化学药品的容器应有清晰明显的药品名称、成分、有效期、存放要求和标志；

4 相互接触会产生危险后果的不同化学药品不得存放在同一房间；

5 不同化学药品的容器、用具等不得相互混用。

11.3.4 加药间及化学药品贮存库的设计应符合下列规定：

1 门窗、地面和墙面等均应采用耐化学药品腐蚀的材料；

2 房间不应有太阳光直射到化学药品上，且房间高度不宜小于3.0m；

3 房间应有良好的通风；当采用机械通风时，宜设置为独立的通风系统，其排风口与其他进风口或人员出入口的距离不得小于10.0m，且通风次数不应少于12次/h。

11.3.5 加药间宜设置紧急淋浴冲洗装置。

11.4 消毒设备用房

11.4.1 消毒设备在设备机房内应隔为独立的房间，并应与加药间相毗邻。

11.4.2 消毒设备间应设置独立的通风系统，并应保持房间内干燥、清洁。房间门窗、地面、墙面等材料应符合本规程第11.3.4条的规定。

11.4.3 氯系消毒设备、臭氧消毒设备的布置以及臭氧发生器房间的环境要求应符合现行行业标准《游泳池给水排水工程技术规程》CJJ 122的相关规定。

11.4.4 设有化学药剂投加装置的消毒设备间应设置紧急淋浴冲洗装置。

11.5 其他设备设施用房

11.5.1 浴池池水加热设备间应远离消毒设备间及化学药品贮存库。

11.5.2 浴池水质检测、设备控制和电气设备等用房应分开设置在单独的房间内，房间的位置和要求应符合现行行业标准《游泳池给水排水工程技术规程》CJJ 122的相关规定。

11.5.3 设备机房内应根据公共浴场设施的内容、规模设置相应面积的独立水质检测房间，并应符合下列规定：

1 应设置化验盆和化验台；

2 化验盆供水应符合现行国家标准《生活饮用水卫生标准》GB 5749的规定；

3 应有良好的照明和通风措施，并预留必要的电源插座；

4 化验间的面积不宜小于6.0m²。

11.5.4 设备机房内应设置维修检修用配件和工具的储存库，以及维修设备设施的房间或空地。

11.5.5 设置于设备机房的地面排水沟应设置格栅盖板；当排水不能自流排出建筑物外时，应设置潜水排污泵坑提升排除污废水。

12 施工及质量验收

12.1 施工准备

12.1.1 承担公共浴场给水排水工程施工的单位应具备健全的质量保证体系和工程质量检测制度，并应实施施工全过程质量控制和管理。

12.1.2 公共浴场给水排水工程的施工应依据经批准的工程设计文件和施工技术标准进行。设计修改应有设计单位出具的设计变更文件。

12.1.3 公共浴场给水排水工程的施工应编制施工组织设计或施工方案，并经工程监理单位和建设单位批准后方可实施。

12.1.4 公共浴场给水排水工程的施工单位应具有施工专用设备、配套设施、管道集成等安装施工设备及全套技术服务的相应技术能力。

12.1.5 工程技术人员应具备相应的专业技术资格和下列能力：

1 进行公共浴池给水排水工程深化设计的能力；

2 进行技术服务和培训操作人员的能力；

3 施工安装人员应具有本专业的安装技术资格。

12.1.6 公共浴场给水排水工程应按系统、区域、施工段或楼层等划分为分项工程。分项工程应划分成若干个检验批进行验收。

12.1.7 公共浴场给水排水工程与相关各专业之间应进行交接质量检验并经监理工程师认可，应形成记录。

12.2 设备材料管理

12.2.1 公共浴场给水排水工程所使用的主要材料、配件、器具和设备等均应符合国家现行产品标准的规定和设计要求，并均应附有中文质量合格证明文件。

12.2.2 所有材料、设备进场时应对其品种、规格、外观等进行开箱验收，应包装完好、表面无划痕及外力冲击破损，并应经监理工程师查核确认。

12.2.3 主要设备和器具应有完整的安装使用说明书。

12.2.4 管道系统中的阀门应在安装前进行壳体强度和密封性试验，试验数量和要求应符合现行国家标准《建筑给水排水及采暖工程施工质量验收规范》GB 50242的规定，并应按本规程附录A表A.0.2的格式填写阀门试验记录。

12.2.5 所有与浴池池水接触的设备、附件和材料，均应符合现行国家标准《生活饮用水输配水设备及防护材料的安全性评价标准》GB/T 17219的要求。

12.2.6 公共浴场给水排水工程所用管材、管件及附件的运输、搬运、存储应符合下列规定：

1 应包装良好、避免油污污染；搬运过程中不得抛、摔、滚、托，不得剧烈撞击，不得与尖锐物件碰撞；

2 管材应水平堆放在平整的地面或垫板上，堆放高度不应超过1.5m；管件应按箱码放整齐；

3 管材、管件及附件应存放在室内，应远离热源并防止阳光直射。

12.3 设备及配套设施安装

12.3.1 设备及配套设施基础的坐标、尺寸、标高、螺栓孔位置和混凝土强度均应符合设计文件的规定。

12.3.2 设备及配套设施安装前的准备工作应符合下列规定：

1 设备、设施及附件应完好齐全、无损伤，启闭部分应灵活；

2 设备、设施及附件的数量、技术参数和材质等均应符合设计要求；

3 与设备连接的管段上的各种阀门的重量不得承受在设备上，应另行设置支架。

12.3.3 多台设备、设施及附件等应按设计数量如数排列整齐、间隔均匀，附件安装高度应一致，与管道的连接应严密。当有保温和防腐要求时，应在水压试验合格后进行。

12.3.4 各种水泵的吸水口及进水口应安装可曲挠的橡胶接头或软短管，并应处于自然状态。加热及换热设备不得直接与非金属管道连接，两者之间应有不短于500mm的金属过渡管。公共浴场给水排水设备及配套设施安装前，应对其基础的混凝土强度等级（或砌体强度）、位置、尺寸和平整度进行检查，各项均应符合设计要求。

12.3.5 当对设备及配套设施进行现场运输和吊装时，应妥善保护，不得出现损伤；对于出厂已装配和调试完好的部分，不得随意拆卸搬运。

12.3.6 设备及配套设施的就位、找平、固定、安装精度应同时符合设计文件、安装使用说明书、现行国家标准《建筑给水排水及采暖工程施工质量验收规范》GB 50242的相关规定。

12.3.7 供热锅炉及辅助设备的安装应符合设计文件的要求和现行国家标准《建筑给水排水及采暖工程施工质量验收规范》GB 50242的有关规定。

12.3.8 用电设备的施工安装应符合现行国家标准《机械设备安装工程施工及验收通用规范》GB 50231、《电气装置安装工程低压电器施工及验收规范》GB 50254和《建筑电气工程施工质量验收规范》GB 50303的有关规定。

12.3.9 公共浴场卫生器具的安装应符合现行国家标准《建筑给水排水及采暖工程施工质量验收规范》GB 50242的有关规定。

12.3.10 转动设备的防噪减振装置应符合现行国家标准《民用建筑隔声设计规范》GB 50118的有关规定。

12.4 管道安装

12.4.1 各种预留套管、孔洞的位置、规格、尺寸、标高和数量等均应符合设计文件的规定。

12.4.2 公共浴场给水工程所采用的管道应符合下列规定：

1 管道、管件、阀门、附件的规格、尺寸、型号、材质和数量均应符合设计文件的规定；

2 当选用的管道、管件为塑料材质时，应采用相匹配的胶粘剂，并应具有质量保证书及质量检验合格证明。

12.4.3 管道安装应符合下列规定：

1 给水管、循环水管、加药管的安装坡度应符合设计文件的规定；当设计无规定时，应以0.2%～0.5%的坡度坡向泄水装置；

2 管道安装不得出现轴向扭曲、偏斜、错口或不同心等缺陷；

3 当成排管道平行敷设时，应排列整齐、相互平行并预留不小于150mm的安装操作距离；

4 管道、阀门安装允许偏差及检验方法应符合表12.4.3的规定；

5 当管道交叉时，外壁（含保温层）间距不应小于150mm；

6 管道标记应面向外侧；

7 在安装过程中，应对管口进行及时封堵保护；当有损坏时，应及时更换。

表12.4.3 管道、阀门安装允许偏差及检验方法

序号	检查项目		允许偏差	检验方法
1	主管垂直度		1 每1.0m高度不大于1.0mm； 2 总高度小于5.0m时，全高不大于10mm； 3 总高度大于或等于5.0m时，全高不大于20mm	拉线锤和尺量
2	横管水平度		1 每1.0m长度不大于1.0mm； 2 总长度小于25.0m时，全高不大于20mm； 3 总长度大于或等于25.0m时，全高不大于25mm	水平尺、拉线和尺量
3	成排管道间距		3mm	直尺尺量
4	交叉管道间距		10mm	直尺尺量
5		坐标	10mm	拉线和尺量
5		标高	10mm	水平尺、拉线和尺量

12.4.4 当对埋设管道进行隐蔽时，不得有坚硬物体和重物撞击、压伤管道；管道隐蔽之后，应在墙面或地面标明位置和走向，严禁在管道周围冲击钻孔或钉金属钉。

12.4.5 管道连接应符合下列规定：

1 塑料管和复合管与金属管、阀门、附件等的连接应采用专用管件连接，不得在塑料管上套丝。

2 塑料管断管应采用专用管剪或割刀，不得使用盘锯；断管切口应垂直管道轴线，且端面应平整、光洁、无毛刺。

3 当管道采用法兰连接时，应符合下列规定：

1）两法兰面应互相平行，并垂直管道轴线；

2）法兰孔数、空隙应与连接的设备、阀门、附件上已有法兰孔数、空隙相一致；

3）两法兰之间应设垫圈，垫圈厚度不得小于3mm；

4）紧固螺栓的规格、安装方向应一致，并应按对称位置均匀紧固螺栓。

4 当管道采用粘接、热熔连接时，应符合下列规定：

1）管口外部应进行坡口，坡角不宜小于20℃，坡口长度不宜大于4.0mm；

2）应测量核对管件承接口长度，并在管道插入端标出管道插入长度线；

3）管道粘接、热熔连接插入后保持的静置时间应符合相应材质管道的要求；

4）管道插入端和管件应采用洁净的棉纱或棉布擦净连接面上的污物；

5）热熔、电熔连接时的加热时间、电流、电压及连接工具等均应符合产品生产供应企业的要求。

5 当管道与设备、管道与管道连接在需要拆卸处采用非法兰连接时，应采用活接头连接方式。

12.4.6 加热设备、换热设备与塑料管道不得直接连接，应在设备接口管与塑料管道之间加设长度不小于500mm的金属过渡管段。

12.4.7 当管道穿池壁时，应预留防水套管；当管道穿墙或楼板时，应预留套管。

12.4.8 管道支架、吊架的安装应符合下列规定：

1 管道支架、吊架、管卡等应采用与管道材质相匹配的材质；

2 管道支架、吊架的位置应准确，埋设应平整；当多根管道共用支架、吊架时，应以最小管径的管道确定其位置；吊架的吊杆应垂直安装；

3 金属支架、管卡与塑料管道之间应设置橡胶或塑料带等软性隔离垫，并应确保管道与支架管卡的接触紧密，且能满足管道伸缩的要求；

4 阀门、法兰盘与设备连接处的管道支架、吊架应确保阀门等重量不承受在设备本体上；

5 管道三通、弯头、阀门、附件等部位应设固定支架；

6 公共浴室用房、设备机房等各种管道的立管上的管卡安装高度应统一；

7 固定在建筑结构上的管道支架、吊架不得影响结构安全。

12.4.9 管道支架、吊架的最大距离应按下列规定确定：

1 管径小于或等于300mm的金属管道和管径小于或等于110mm的塑料管道，应按现行国家标准《建筑给水排水及采暖工程施工质量验收规范》GB 50242的相关规定确定；

2 管径大于110mm的塑料管和现行国家标准《建筑给水排水及采暖工程施工质量验收规范》GB 50242中未列的金属管道，应由生产企业计算确定，并提供给施工安装单位进行安装。

12.4.10 塑料管道施工安装时，除应符合本规程第12.4.5条的规定外，还应符合下列规定：

1 管道、管件和胶粘剂应互相配套，操作时应涂刷均匀、适量，不得过量涂刷或漏涂；橡胶圈连接时，应检查密封圈质量，擦拭干净承口及插口的污物；当为异形圈时，方向不得装反，插入时应根据温度留出伸缩量；

2 盛装胶粘剂和清洁剂的容器应随开随用，不用时应立即关闭，不得使胶粘剂和清洁剂受潮或污染；

3 不得用手或不洁净的纤维涂刷胶粘剂；残留在管道接口处的胶粘剂和清洁剂应及时清除干净；

4 胶粘剂粘接接头不得在雨中或水中施工，且不应在低于5℃的环境中操作。

12.4.11 管道伸缩量补偿装置的设置应符合下列规定：

1 当管径小于50mm时，应利用自然弯转进行伸缩补偿；

2 当管径大于或等于50mm且直线长度较长时，应设置伸缩补偿器；

3 伸缩补偿器的形式、数量和间距，应由管道生产企业计算确定，并配套供应。

12.5 专用附件和配件

12.5.1 公共浴池的给水口、回水口、溢水口、泄水口、各种按摩喷头等的材质、数量、规格、工作压力、安装位置均应符合设计文件要求，并应固定牢靠，外表面应与池壁或池底的表面相平。

12.5.2 压力表、温度计、水质监测仪器、流量计等的刻度极限值、精度、材质和安装位置应符合设计文件的要求。

12.5.3 设备和管道上的安全阀、补偿器的型号、规格、公称压力、动作压力、安装位置均应符合设计要求。安装时应与所在管道保持同心，不得歪斜。但采用水平安装时，应与所在管道坡度相同。

12.5.4 毛发聚集器、管道除污器、倒流防止器、各种管道阀门的型号、规格、公称压力、安装位置及支撑架形式和材质等应符合设计要求。

12.5.5 管道除污器、毛发聚集器等应符合设计文件的要求，安装方向应正确，管道系统冲洗完成后应清除内部污物。

12.5.6 压力表应设置存水弯管，且压力表与存水弯管间应安装旋塞。温度计应有可靠的保护措施。

12.5.7 所有水质探测器均应插入流动介质内，且不得安装在管道转弯处。长效消毒剂探测器应安装在pH探测器的下游管道上，其间距不宜小于500mm。

12.5.8 各种阀门应按输送介质流向在关闭状态下进行安装，受力应均匀、不得强力连接。在安装前应做强度和严密性试验，试验抽检数量、试验压力、试验内容和质量要求，应符合现行国家标准《建筑给水排水及采暖工程施工质量验收规范》GB 50242的规定，并应按本规程附录表A.0.2的要求填写试验记录。

12.6 施工安全

12.6.1 施工安装所使用的热熔电熔工具、电动切割工具等，应符合现行行业标准《施工现场临时用电安全技术规范》JGJ 46的规定。

12.6.2 使用胶粘剂连接管道时应符合下列规定：

1 胶粘剂、清洁剂应远离火源，且应存放在儿童无法触及的地方；

2 操作现场应具有良好的通风；

3 施工操作人员操作时应佩戴防护眼镜和手套；

4 粘结施工时应严禁烟火；

5 施工现场的废弃材料应于每日施工项目结束后及时清除。

12.6.3 塑料管道严禁明火烘弯。已安装的塑料管道不得作为吊架、拉盘等功能使用。

12.6.4 埋设、嵌装的管道应符合本规程第12.4.4条的规定。

12.7 设备及设施检测和试验

12.7.1 公共浴场给水排水工程中的全数成品设备、设施、压力容器等应按下列规定进行检查：

1 应具有符合国家现行标准要求的质量检验报告及合格证书；

2 技术参数、数量和材质等应符合设计文件的要求；

3 外观表面应平整光洁、无裂纹、无砂眼及凹凸不平等缺陷；表面涂敷面层应耐腐蚀、对人体无危害，内表面涂敷层不得对水质产生二次污染。

12.7.2 各种水泵和其他转动设备等的安装质量在符合本规程第12.3节的规定后，应按下列规定检测试验：

1 机组运转应平稳、无异常声响；

2 机组进口及出口部位的各种阀门应启闭灵活且严密；

3 电动机温升等应符合国家现行相关产品标准的规定。

12.7.3 各种容器应逐一进行试验检查并应符合下列规定：

1 压力容器可以生产企业压力检验合格证书为准，不再进行单机试验；

2 非压力容器应全数进行灌水试验，向容器内注满洁净清水并静置24h后不渗漏为合格。

12.7.4 土建型的公共浴池、水池应在钢筋混凝土或砖砌池体的砂浆达到设计强度且防水层、防腐层、饰面层施工之前，按现行国家标准《给水排水构筑物工程施工及验收规范》GB 50141的规定进行浴池的满水试验。

12.7.5 各项验收均应按本规程附录表A.0.7填写分部工程质量验收记录。

12.8 管道检测和试验

12.8.1 公共浴场的给水排水系统的管道工程安装完成后，应在建设单位代表、施工监理、施工单位质量检查人员等全部在场的情况下，依据设计图纸和本规程第12.4节的要求，对管道安装质量全数进行检查和试验。

12.8.2 公共浴场的给水排水管道工程安装完成后，应按施工程序过程进行水压、闭水或灌水试验，并应符合下列规定：

1 生活给水管道系统、生活热水管道系统、浴池循环水管道系统、加药管道系统等应进行水压试验；

2 隐蔽或埋设的各种承压管道应在水压试验合格后，方可进行下一道工序的施工，并应确保管道不被损坏；

3 公共浴场的排水管道、浴池或水池、水箱等的泄水管应进行闭水或灌水试验；

4 生活给水管道系统、生活热水管道系统、浴池循环水管道系统、加药系统的管道在使用前，应对管道系统进行冲洗和消毒，并取样进行检验，在符合现行国家标准《生活饮用水卫生标准》GB 5749后方可投入使用。

12.8.3 管道系统的试验水压力应符合下列规定：

1 应符合设计文件规定的试验压力；

2 当设计未注明时，各种材质的管道系统试验压力应为管道系统工作压力的1.5倍，但最低试验压力不得小于0.6MPa；

3 工程中间隐蔽工程水压试验完成后，应按本规程附录A表A.0.3格式填写检验记录。

12.8.4 管道进行水压试验前具备的条件应符合下列规定：

1 管道应按系统全部安装完成；

2 管道的外观、位置、标高及其配套的坡度、标记、支架和吊架等均应符合设计文件和产品说明书的规定；

3 管道及管道连接处表面应洁净；

4 塑料管道系统应在安装完毕并在常温下养护24h，且经外观检查合格后，方可进行水压试验；

5 应关闭所有设备和管道连接的隔断阀门，封堵管道甩口，并打开管道系统上的管道阀门；

6 试验用压力表精度不应低于1.5级，最大量程应为试验压力的2倍，应在校验有效期内使用；压力表数量不应少于2块；压力表应安装在系统的最低部位，试验用压力表应设在试验加压泵附近；

7 试验用水应符合现行国家标准《生活饮用水卫生标准》GB 5749的规定；

8 水压试验时的环境温度不应低于5℃，冬季水压试验时应采取有效的防冻措施，并应在试验后立即泄空管内试验用水。

12.8.5 管道水压试验应符合下列规定：

1 应向管道内缓慢注满试验用水，并彻底排除管内空气；

2 用加压泵缓慢补水将压力升高至试验压力的升压时间不应少于10min。

12.8.6 金属管道水压试验应在试验压力值下观测10min，当压力降不超过0.02MPa时，应将试验压力降到管道系统的工作压力，并对管道系统进行检查，如无渗漏则判定为合格，并应按本规程附录表A.0.4的格式填写压力试验记录。

12.8.7 塑料管水压试验应进行1h的强度试验和2h的严密性试验，并应符合下列规定：

1 管道加压至规定的试验压力后，应停止加压并稳压1h，当压力下降不超过0.05MPa时可判定水压试验合格。

2 管道严密性试验应在水压试验合格后立即连续进行，并应将水压试验压力降低到管道工作压力的1.15倍的水压状态，稳压2h；当压力下降不超过0.03MPa且管道所有连接部位无渗漏时，可判定为严密性试验合格，并应按本规程附录表A.0.4的格式填写压力试验记录。

12.8.8 管道系统的各种阀门、附件、配件等应全数进行检查和验收，并应符合设计图纸、本规程第12.5节和现行国家标准《建筑给水排水及采暖工程施工质量验收规范》GB 50242的规定，同时应按本规程附录表A.0.2填写质量验收表。

12.9 系统功能检测试验

12.9.1 公共浴池的池水净化系统和功能循环水系统必须按分浴池、分系统进行全数检测试验和运行调试。

12.9.2 公共浴池水过滤净化系统的功能试验应符合下列规定：

1 系统功能检测试验应在各单项设备、设施、管道、阀门、附件及电气设备检测试验合格后进行；

2 水过滤设备的石英砂等过滤介质应进行清洗；

3 系统功能试验应在满设计负荷工况下进行，全系统连续运行时间不得少于72h；

4 系统功能检测试验时，应有当地质量监督部门、卫生监督部门和环境保护部门的有关人员参加并确认。

12.9.3 水净化系统功能检测和试验过程中，应对所用设备、配套装置、仪表以及控制设备的数据进行记录，并应符合下列规定：

1 循环流量、过滤速率、循环周期、反冲洗强度等应达到设计要求；

2 各种化学药品溶液浓度和投加量应达到设计要求；

3 过滤设备过滤效果、进水浑浊度、出水浑浊度、进水口氧化还原电位、出水口氧化还原电位等应达到设计要求；

4 各类仪表读数误差应达到设计要求；

5 控制设备及水质检测系统工作状况应达到设计要求；

6 转动设备的运行工况、电机温度、填料密封、振动、噪声、电动机电流电压等运行参数与设计和产品标牌的对比等应符合相应产品标准的要求；

7 水质应符合现行行业标准《公共浴池水质标准》CJ/T 325的要求；

8 臭氧发生器的电压、电流、频率、臭氧产量、臭氧浓度等工作参数均应达到产品标准要求。

12.9.4 给水排水系统管道的安全阀安装前应按设计文件规定的压力进行调试，调试时压力应稳定，每个安全阀启闭试验不得少于3次。

12.9.5 公共浴场配套设施管道系统的通水能力应按设计文件规定的允许同时使用的器具数量和配水件数量全部开放达到设计流量和水压的要求。

12.9.6 本规程本节各系统的功能验收，均应按本规程附录表A.0.7、表B.0.1和表B.0.2的规定填写水质及设备的验收记录。

12.10 分部工程质量验收

12.10.1 公共浴场给水排水工程的验收，应在施工安装单位自检合格后，再经建设单位验收认可。

12.10.2 公共浴场给水排水系统工程的建设单位应向主管部门、卫生部门和有关行业主管部门等正式申报工程验收，验收合格后方可投入使用。

12.10.3 公共浴场给水排水工程的质量验收应符合下列规定：

1 施工中间隐蔽工程验收、中间验收合格后方可实施下一个工序的施工和安装；

2 应进行设备、管道系统安装质量和阀门的水压试验、闭水试验、通水通球试验、灌水试验等验收；

3 应进行循环水过滤净化系统验收及水质验收；

4 应进行功能循环水系统、供气系统的负荷运行验收；

5 应进行水质监测系统及联动系统的动作测试验收；

6 应进行废水及余热利用系统的验收；

7 应进行其他工程设施验收。

12.10.4 工程验收应具备下列条件和技术文件资料：

1 施工图、竣工图及设计变更文件；

2 设备、配套装置、管材、管件、附件及器件等出厂合格证书和有关技术文件；

3 设备、配套装置、管材、管件、附件及器材等现场开箱、质量保证等检查验收记录；

4 设备进场复查和阀门等复检记录和报告；

5 设备及管道工程安装过程的各项试验和复检记录；

6 隐蔽工程验收记录；

7 管道和锅炉系统压力试验记录；

8 卫生监督部门出具的浴池水质检验合格报告；

9 系统及设备的使用、操作及维修说明书；

10 设备与电源、电气及控制、检测等有关工种联动运转及试验记录；

11 工程质量事故记录；

12 工程质量评定记录。

12.10.5 工程竣工验收应按本规程第12.10.4条的要求提供竣工技术文件及资料，并进行必需的复验和外观检查，应符合下列规定：

1 施工单位的水压试验资料应符合设计文件的要求；

2 隐蔽工程应提供原始记录并核对见证人签名；

3 当试验和监测资料不全或不符合规定时，应在验收时重新进行试验；

4 原始资料应齐全完整并应符合验收要求，可列入正式验收文件。

12.10.6 管道安装工程竣工验收应对下列项目的工程质量作出评定：

1 管道管径、标高、位置，管道变形补偿措施及工作压力的准确性；

2 管道上设置的各类阀门、附件、显示仪表、控制装置的安装位置、数量、规格、型号、参数、开启方向和标志的正确性、牢固性和在正常工作压力条件下开启、关闭的灵活性以及仪表指示的灵敏性；

3 管道连接点和接口的牢固、密封和洁净性；

4 浴池各种专用附件、给水口、排水口、回水口及格栅盖板的规格、型号、参数的正确性及牢固性。

12.10.7 设备安装工程竣工验收应对下列项目的工程质量作出评定：

1 设备及配套设施的数量、规格、型号、性能、参数及安装位置的正确性和牢固性；

2 设备及配套设备与管道连接的工艺顺序的正确性；

3 过滤、净化设备运行的容量、参数是否符合设计文件的要求；

4 检测监控系统的装置序列，以及控制设备、仪表的线路、按钮等正确性、牢固性和灵敏性，显示仪表、显示数字、符号清晰性和准确性；

5 各种消毒溶液的浓度、计量、投加量、自动调节性能的准确性和可靠性。

12.10.8 工程验收应出具工程验收报告。对于符合设计文件和国家现行标准规定的工程应判定为合格；对验收中提出的存在问题，应限期整改，经过整改后再次验收符合设计和标准要求的，判定为合格；对于不符合设计文件和国家现行标准要求的，应判定为不合格。

12.10.9 工程验收报告的格式应符合下列规定：

1 公共浴场单位工程、分部工程、分项工程的划分应符合表A.0.1的规定；

2 阀门强度和严密性试验记录格式应符合本规程附录A表A.0.2的规定；

3 隐蔽工程检测试验记录格式应符合本规程附录A表A.0.3的规定；

4 管道系统压力试验记录的格式应符合本规程附录A表A.0.4的规定；

5 安全阀最终调试记录的格式应符合本规程附录A表A.0.5的规定；

6 检验批工程质量验收记录的格式应符合本规程附录A表A.0.6的规定；

7 分项工程质量验收记录的格式应符合本规程附录A表A.0.7的规定；

8 施工现场质量管理检查记录应符合本规程附录A表A.0.8的规定；

9 工程交接检验书的格式应符合本规程附录A表A.0.9的规定。

12.10.10 公共浴场给水排水工程竣工验收后，建设单位应将有关设计资料、施工验收文件和技术资料立卷归档。

13 运行与管理

13.1 一般规定

13.1.1 公共浴场给水排水设备的运行和管理人员应符合下列规定：

1 浴池系统设备的操作和维护人员，应经过专业培训，并具有相应执业资格证；

2 每组设备运行、操作、维护、检修人员负责的公共浴池设备不宜超过3套。

13.1.2 特殊浴池应在明显位置公示下列内容：

1 温泉水的类型和成分特征；

2 药物浴池的药物名称及功能；

3 浴池的水温。

13.1.3 公共浴池投入使用后，设备操作人员应按本规程和有关部门的规定，对公共浴池的给水排水设备、系统进行运行操作、维护检修管理。

13.2 浴池水卫生管理

13.2.1 公共浴池的池水水质卫生标准、池水循环周期和补充水等应符合本规程第3.2.1条、第4.2.3条和第4.2.6条的规定。

13.2.2 公共浴池池水水质应按下列规定进行检测：

1 水质在线实时监测，应按本规程附录B中表B.0.1的格式和检测内容、频率的要求进行记录；

2 公共浴池水水质每日人工检测项目、检查频率应按表13.2.2规定的格式进行记录。

13.2.3 公共浴池的水质检查应按本规程附录B中表B.0.1、表B.0.2和表B.0.3的格式如实填写水质检查记录，并应保存3年以上。

表13.2.2 公共浴池水水质人工检查项目及检查频率记录

序号	项目	检查频率	检测结果	检测时间	
1	色度	每日不少于1次		时	
2	浑浊度	每日不少于1次		时	
3	pH	每日不少于2次		时	时
4	游离性余氯	每日不少于2次		时	时
5	化合性余氯	每日不少于2次		时	时
6	总溴	每日不少于2次		时	时
7	总碱度	每周不少于1次		年 月 日 时	
8	钙硬度	每次向池内注水时检查1次		年 月 日 时	
9	溶解性总固体	每周不少于1次		年 月 日 时	
10	氰尿酸	每周不少于1次		年 月 日 时	
11	臭氧	每日不少于2次		时	时
12	氧化还原电位	每日2次		时	时
13	二甲基海因	每月不少于1次		年 月 日 时	
14	菌落总数	每月不少于1次		年 月 日 时	
15	嗜肺军团菌	每半年不少于1次		年 月 日 时	
16	铜绿假单胞菌	每月不少于1次		年 月 日 时	
17	水温	每日不少于2次		时	时

检测记录人（签名）： 审核人：

注：1 序号14、15、16等3项，当地卫生监督部门有规定时，按当地卫生监督部门规定执行；

2 序号4、5、6、10、11、13等项根据浴池使用化学药品种类选检；

3 序号1要求仅对原水进行检查。

13.2.4 公共浴池池水的细菌和微生物应由当地卫生监督部门或疾病预防控制中心进行检测，检测频率和水样提取应符合当地卫生监督部门的规定。

13.3 浴池卫生管理

13.3.1 公共浴池和循环水净化处理系统的清洁处理应符合下列规定：

1 每周应对系统进行1次加氯量不小于10倍化合性余氯量的冲击消毒处理，且运行时间不应少于30min；

2 冲击消毒处理结束后，应将池水排空，并应采用符合现行国家标准《生活饮用水卫生标准》GB 5749要求的水对池体冲洗清洁；

3 清洁工作完成后，应重新向池内注入洗浴用水。

13.3.2 公共浴池周围带有格栅盖板的排水沟，应每周用生活给水清洗格栅盖板和排水沟1次，每月应以含有10mg/L的氯消毒剂的生活给水消毒1次。

13.3.3 平衡水箱应每周将池内存水泄空对箱内壁清洁1次，应每月对水箱内壁用10mg/L的氯消毒剂溶液消毒1次。

13.3.4 当公共浴池无人使用时间超过24h时，池水净化处理系统每日至少应运行2h。

13.4 设备运行及维护

13.4.1 公共浴池水循环净化处理系统工艺流程示意图应标示在设备机房明显的位置。

13.4.2 公共浴池的循环水净化处理系统宜24h连续运行。浴池不开放使用时间内，可2h将浴池内的水循环1次调整循环水泵的流量。

13.4.3 过滤设备维护应符合下列规定：

1 过滤器和毛发聚集器、循环管道内的浴池水与浴池内的洗浴水应每周进行1次彻底换水；

2 过滤器和循环管道应至少每周冲洗消毒1次；

3 毛发聚集器应每日清洗并消毒1次；

4 颗粒过滤器应每3个月对内部过滤介质检查1次，并补充损失的滤料；

5 硅藻土过滤器应每年对内部滤元进行清洗和消毒1次；

6 过滤器的反冲洗水应间接排入排水管道。

13.4.4 消毒设备的运行维护应符合下列规定：

1 消毒系统在浴池开放时应连续不间断地将消毒剂投加在浴池的循环水中；

2 消毒系统应与循环水泵的水流开关连锁；

3 消毒剂的投加量应确保浴池池水中消毒剂余量符合现行行业标准《公共浴池水质标准》CJ/T 325的规定；

4 消毒剂投加系统不得与其他化学药剂投加系统相互混用；

5 消毒剂和其他化学药剂溶液的配制浓度、用量应符合设计文件的要求；

6 消毒剂和其他化学药剂的投加泵、药剂溶液桶、注入装置、加药管连接状况、系统工况和药剂溶液桶液位应每日检查1次，并每周清洗1次。

13.4.5 公共浴池加热（换热）设备的运行与维护应符合下列规定：

1 每日开放使用前应对浴池水温度检查1次，确保浴池水温不超过42℃；

2 对电加热热水器或换热器等应每日对供电、漏电保护、温度控制等装置检查1次，并对系统运行参数进行记录；

3 加热设备、换热设备等应每年检修1次。

13.4.6 臭氧发生器及其配套设备、设施等运行状况应每日检查1次。设备运行参数应每4h记录1次。

13.4.7 人工水质检测仪器的维护保养应符合下列规定：

1 使用比色管时应保持内外壁干净、无指纹污渍、无明显划痕，每次使用完毕后应用纯净水清洗干净，并用不脱落纤维的软布或软纸擦拭干燥，妥善保存；

2 目测比色计的色盘应为耐磨材质制品，避免与腐蚀性化学物质接触且不得用尖锐物体刻画；

3 光度计使用应保持环境清洁、光线明亮，且不得用任何化学试剂清洁仪器；当长期不使用时，应将电池取出保存。

13.4.8 精确测量使用的光度计和电极法仪器的维护保养应符合下列规定：

1 电极应置于专用的电极贮存溶液中，不得使用脱离子水进行贮存；

2 每次使用完后，应使用脱离子水彻底清洗干净探头，清洗用溶液应为中性清洁剂溶液，并用软纸擦拭，不得用手指碰触玻璃膜，清洗后需对电极进行重新校准；

3 不得将任何化学试剂溅洒到仪器上，当不慎接触到化学试剂时，应立即用干净的软布擦拭干净；当长期不用时，应将电池取出。

13.5 安全防护

13.5.1 公共浴池水质检测余氯时应使用二乙基对苯二胺（DPD）试剂，不得使用二氨基二甲基联苯（OTO）试剂。

13.5.2 公共浴池设备运行操作人员配制化学药品溶液时，应采取下列防护措施：

1 穿戴防护服装；

2 佩戴防水手套；

3 佩戴防护眼镜；

4 佩戴防毒呼吸面具等。

13.5.3 水质检测用试剂、化学药品等应每周检查一次贮存有效期。水质检测试剂宜每年更新一次。

13.5.4 公共浴池池底回水口格栅护盖应每日检查一次固定牢固情况。

附录A 施工验收技术文件的内容和格式

A.0.1 公共浴场单位工程、分部工程、分项工程应按表A.0.1的规定划分。

表A.0.1 ____工程公共浴场给水排水工程分部、分项划分

分部工程	分项工程	验收批(部分)
生活给水系统	给水设备安装管道及配件安装、管道防腐、绝热	按卫生间、淋浴室、楼层、隐蔽部位分批
生活热水系统	管道及配件安装、辅助设备安装、防腐、绝热保温	
生活排水系统	管道及配件安装	
卫生洁具安装	卫生洁具安装、卫生洁具给水配件安装、卫生洁具排水管件及排水管安装	
中水管道系统	管道安装、中水处理设备	
循环水管道系统	管道及配件和阀门安装、给水口和回水口及泄水口安装	按每座浴池和相应配套设施分批
浴池水净化系统	水净化处理设备安装、各种附件及仪表安装、换热设备安装、系统调试、水质监测系统、防腐、功能检验	
浴池水功能循环水系统	供水、供气设备安装、各种按摩喷嘴安装、系统调试、功能检验	
温泉水系统	温泉水管道及配件安装、储热水池和调温水池安装、加热或降温设备	按每座水池和相应配套设备分批
公共浴池	按摩池、蒸汽浴、桑拿浴、药物浴等池体及相应浴池配套设施安装	按每座浴池分批

注：本表系按独立合同承建的公共浴池内容划分。

A.0.2 阀门强度和严密性的试验应由施工单位组织监理工程师进行试验，应按表 A.0.2 的格式填写记录并得出结论。

表 A.0.2 ____________工程阀门强度和严密性试验记录

工程名称						建设单位					
施工单位						监理单位					
型号规格	数量	工程压力(MPa)	强度试验				严密性试验				
			介质	压力(MPa)	时间(min)	结果	介质	压力(MPa)	时间(min)	结果	
结论：											
参加单位队员	施工单位					监理单位					
	质量检验员： 试验人员： 项目负责人： 年 月 日					监理工程师： 年 月 日					

A.0.3 隐蔽工程验收应由施工单位按表 A.0.3 的格式填写记录，掩蔽前应由施工单位组织监理单位、建设单位等进行验收，作出结论，并应由监理工程师填写验收结论。

表 A.0.3 ____________工程隐蔽管道工程检测试验记录

工程名称														
建设单位						设计单位								
监理单位						施工单位								
管道编号	设计参数				强度试验				严密性试验				防腐检查	
	管材	管径	试验介质	试验压力(MPa)	试验介质	试验压力(MPa)	试验时间(min)	结论意见	试验介质	试验压力(MPa)	试验时间(min)	结论意见	等级	结果
隐蔽前的检查														
隐蔽方法														
简图或说明														
验收结论														
施工单位签章：				监理单位签章：					建设单位签章：					
质量检验员 试验人员： 项目负责人： 年 月 日				监理工程师： 年 月 日					代表： 年 月 日					

A.0.4 管道系统压力试验应由监理单位组织施工单位、建设单位进行验收，施工单位应按表 A.0.4 的格式填写验收记录，并由监理单位填写验收结论意见。

表 A.0.4 ＿＿＿＿＿工程管道系统压力试验记录

工程名称												
建设单位							设计单位					
监理单位							施工单位					
管道编号	设计参数				压力试验				泄漏性/真空试验			
	管材	管径	流体介质	工作压力(MPa)	试验介质	试验压力(MPa)	试验时间(min)	试验结果	试验介质	试验压力(MPa)	试验时间(min)	试验结果
结论												
参加单位及人员	施工单位签章： 质量检验员 试验人员： 项目负责人： 年 月 日				监理单位签章： 监理工程师： 年 月 日				建设单位签章： 代表： 年 月 日			

A.0.5 安全阀最终调试应由监理单位组织施工单位、建设单位进行调试，并应由施工单位按表 A.0.5 的规定填写调试记录。

表 A.0.5 ＿＿＿＿＿工程所用安全阀最终调试记录

工程名称								
建设单位				监理单位				
设计单位				施工单位				
位号	规格型号	设计		调试			调校人	铅封人
		介质	开启压力(MPa)	介质	开启压力(MPa)	回座压力(MPa)		
建设单位签章： 代表： 年 月 日				监理单位签章： 代表： 年 月 日			施工单位签章： 检验员： 试验人员： 年 月 日	

A.0.6 公共浴场分项工程检验批质量验收应由监理工程师、建设单位项目负责人组织施工单位项目质量检查员等进行验收，并应由施工单位专业质量检查员按表 A.0.6 的规定填写验收记录。

表 A.0.6 ______工程检验批质量验收表

工程名称		施工单位		
分项工程名称		监理单位		
验收部位		执行规范名称及编号		
项　目	验收内容	《规范》质量规定（章、条、节、款）	施工单位检查评定结果	监理单位验收结果
●设备安装 ●管道及系统组件 ●压力容器 ●贮水容器				
一般项目				
施工单位检查评定结果				专业质量检查员： 年　月　日 项目专业技术质量负责人： （签章） 年　月　日
建设单位验收结论	项目负责人： （签章） 年　月　日		监理工程师验收结论： 监理工程师：　年　月　日	

A.0.7 分项工程质量验收应由监理工程师组织施工单位负责人、设计单位负责人、建设单位负责人进行验收，并按表 A.0.7 的规定填写记录。

表 A.0.7 ______工程分部工程质量验收表

工程名称		施工单位项目经理		
子分部工程名称		施工负责人		质检员
序号	分项工程名称	检验批数量	施工单位检查结果	监理（建设）单位验收
质量管理				
使用功能				
安全、卫生				
观感质量				
验收意见	专业施工单位	项目负责人：		年　月　日
	施工单位	项目负责人：		年　月　日
	设计单位	项目负责人：		年　月　日
	监理单位	项目负责人：		年　月　日
	建设单位	项目负责人：		年　月　日

A.0.8 施工现场质量管理检查记录应由施工单位按表 A.0.8 的格式填写，监理工程师和建设单位的项目负责人应进行检查，并作出检查结论。

表 A.0.8 ________工程施工现场质量管理检查结果

工程名称			
建设单位		项目负责人	
设计单位		项目负责人	
施工单位		项目负责人	
监理单位		监理工程师	
施工许可证号		开工日期	
序号	项目	内 容	
1	现场质量管理制度		
2	质量责任制		
3	操作上岗证书		
4	施工图审查情况		
5	施工组织设计、施工方案及审批		
6	施工技术标准		
7	工程质量检验制度		
8	现场材料、系统组件、设备的存放与管理		
9	其他		
检查结论	施工单位签章： 项目负责人： 年 月 日	监理单位签章： 监理工程师： 年 月 日	建设单位签章： 项目负责人： 年 月 日

A.0.9 工程交接检验书的格式应符合表 A.0.9 的规定。

表 A.0.9 ________工程交接检验书

工程名称		分项工程项目经理		
单项（位）工程名称：			交接日期：年 月 日	
工程内容：			验收结论	
1	分子项工程质量			
2	质量管理			
3	系统功能			
4	安全、卫生			
5	观感质量			
交接情况（符合设计的程度、主要缺陷及处理意见）：				
工程质量综合验收结论：				
建设单位签章： 代表： 年 月 日	监理单位签章： 代表： 年 月 日	设计单位签章： 代表： 年 月 日	承包单位签章： 代表： 年 月 日	

附录 B　浴池池水净化处理维护管理内容及格式

B. 0. 1　公共浴池水质监测每日记录的内容及格式应符合表 B. 0. 1 的规定。

表 B. 0. 1　××号浴池水质检测日记　　　____年____月____日

检测项目		余氯(mg/L)		总溴(mg/L)	pH	水温	臭氧(mg/L)		ORP读数(mV)	总碱度(mg/L)	浑浊度(NTU)	色度	补充水(m^3/d)	入浴负荷(人次)	溶解性总固体(mg/L)	氰尿酸(mg/L)	二甲基海因(mg/L)	细菌总数	总大肠菌群(MPN/100mL)	铜绿假单胞菌(CFU/100mL)	嗜肺军团菌(CFU/100mL)	耗氧量(高锰酸钾计)(mg/L)	钙硬度(mg/L)	备注
		游离氯	化合氯				泳池进水	泳池回水																
日期	时间	开放前 0.5h，然后每隔 2h								每日二次			每日一次		每周一次			每月至少一次					每次充水时测	
其他	设备故障检修																							
其他	浴池泄水																							
其他	浴池重新注水																							
其他	浴池冲击处理																							
其他	浴池清洗																							
其他	浴池检修																							

记录人：　　　　　　　　　　　　　　　　　　　　审核人：

B. 0. 2　浴池池水净化处理设备每日运行状况记录的内容及格式应符合表 B. 0. 2 的规定。

B. 0. 3　浴池水质和设备每日管理记录的内容及格式应符合表 B. 0. 3 的规定。

表 B. 0. 2　××号浴池池水净化处理设备运行状况日记

每次冲水时测　　　　　　　　　　　　　　____年____月____日

循环水泵运转数量			浴池循环流量(m^3/h)	循环周期(h)	过滤设备运转数量		过滤速度(m/h)	混凝剂			pH 调整剂			长效消毒剂			臭氧发生器			加（换）热设备温度控制装备
																	1 号机组 / 2 号机组			
1 号泵	2 号泵	3 号泵			1 号	2 号		品种	配置浓度（%）	投加量(mg/L)	品种	配置浓度（%）	投加量(mg/L)	品种	配置浓度（%）	投加量(mg/L)	产量(mg/L)	浓度(mg/L)	投加量(mg/L)	
每日记录二次								每日记录二次									浴池开放前 0.5h，然后每隔 4h			每周一次
辅助设备及附配件		气泵	每周一次																	
辅助设备及附配件		接地故障	每周一次																	
辅助设备及附配件		紧急电话	每周一次																	
辅助设备及附配件		紧急关泵按钮	每周一次																	
辅助设备及附配件		真空释放泵	每月一次																	
辅助设备及附配件	加药剂	混凝剂	每月一次																	
辅助设备及附配件	加药剂	酸碱剂	每月一次																	
辅助设备及附配件	加药剂	消毒剂	每月一次																	
辅助设备及附配件	附配件	布水口	每月一次																	
辅助设备及附配件	附配件	回水口	每月一次																	
辅助设备及附配件	附配件	供气口	每月一次																	
辅助设备及附配件	附配件	毛发聚集器	每月一次																	

记录人：　　　　　　　　　　　　　　　　　　　　审核人：

表 B.0.3　××号浴池水质和设备管理日检项目

年　月　日

序号	项目		是(√)/否(×)	操作人	记录人	备注
		室外气温(℃)				
		室内气温(℃)				
		池水温度(℃)				
		pH				
1	水质	ORP				
		余Cl				
		浊度				
		进场人数				
		入浴人数				
		Cl消毒剂				
2	药剂	混凝剂				
		pH调节剂				
3	过滤器	1号				
		2号				
		……				
4	水泵	1号				
		2号				
		……				
5	加热器	1号				
		2号				
		……				
6	消毒设备	臭氧发生器				
		计量泵				
		……				
7	附属设备	扶梯				
		布水口				
		回水口				
		排水口				
8	清洁	浴池地面				
		溢水格栅				
		更衣室				
		卫生间				
		毛发聚集器				

记录人:　　　　　　　　审核人:

本规程用词说明

1　为便于在执行本规程条文时区别对待，对要求严格程度不同的用词说明如下：

1）表示很严格，非这样做不可的：

正面词采用“必须”，反面词采用“严禁”；

2）表示严格，在正常情况下均应这样做的：

正面词采用“应”，反面词采用“不应”或“不得”；

3）表示允许稍有选择，在条件许可时首先应这样做的：

正面词采用“宜”，反面词采用“不宜”；

4）表示有选择，在一定条件下可以这样做的，采用“可”。

2　条文中指明应按其他有关标准执行的写法为：“应符合……的规定”或“应按……执行”。

引用标准名录

1《工业企业设计卫生标准》GBZ 1

2《建筑给水排水设计规范》GB 50015

3《民用建筑隔声设计规范》GB 50118

4《给水排水构筑物工程施工及验收规范》GB 50141

5《机械设备安装工程施工及验收通用规范》GB 50231

6《建筑给水排水及采暖工程施工质量验收规范》GB 50242

7《电气装置安装工程低压电器施工及验收规范》GB 50254

8《建筑电气工程施工质量验收规范》GB 50303

9《生活饮用水卫生标准》GB 5749

10《硅藻土卫生标准》GB 14936

11《生活饮用水输配水设备及防护材料的安全性评价标准》GB/T 17219

12《施工现场临时用电安全技术规范》JGJ 46

13《游泳池给水排水工程技术规程》CJJ 122

14《公共浴池水质标准》CJ/T 325

15《食品工业用助滤剂硅藻土》QB/T 2088

中华人民共和国行业标准

公共浴场给水排水工程技术规程

CJJ 160—2011

条 文 说 明

制 定 说 明

《公共浴场给水排水工程技术规程》CJJ 160－2011经住房和城乡建设部2011年7月13日以第1062号公告批准、发布。

在规程编制过程中，编制组对我国公共浴场给水排水工程的实践经验进行了总结，对公共浴场给水排水工程的设计、施工、质量验收及运行管理等分别作出了规定。

为便于广大设计、施工、科研、学校等单位有关人员在使用本规程时能正确理解和执行条文规定，《公共浴场给水排水工程技术规程》编制组按章、节、条顺序编制了本规程的条文说明，对条文规定的目的、依据以及执行中需注意的有关事项进行了说明，还着重对强制性条文的强制性理由作了解释。但是，本条文说明不具备与规程正文同等的法律效力，仅供使用者作为理解和把握规程规定的参考。

目　次

1 总 则

1.0.1 洗浴业已由过去单纯的清洁人体及消除身体疲劳的淡水洗澡堂功能，发展成为人们进行休闲放松、自我调节、修身减肥、养生护理、康复医疗等相结合的以水疗为主体的形式多样、水质不同的水力按摩池、药浴池、淋浴和按摩等具有多功能性、专业性、技术性等独特的和综合性服务功能的行业。

近些年来，洗浴已作为一个行业得到了迅猛发展。我国相继建设了一批不同规模的公共洗浴中心，特别是随着旅游事业的快速发展，引发了温泉水洗浴的开发热潮。由于我国目前尚无现代化的洗浴、健身等方面的给水排水专业规范，致使已建成的洗浴中心经营者为追求经济效益，管理不善，造成实际的洗浴水质与其对外宣传存在差距，而且浪费水资源。主管部门和监督部门缺乏相应的规范、标准作支持，给管理和监督带来困难。

为使给水排水专业在洗浴行业能为人们提供符合卫生要求的洗浴水质，应选用技术先进且质量合格的设备，进行规范化的管理，经营期间始终保持设备、设施等处于完好的状态从而不出现安全、卫生事故。因此，本规程坚持技术先进、安全可靠、卫生健康、经济合理、节能节水、环境优良、施工方便、易于维修保养等作为洗浴业设计、施工、操作运行、维修管理的基本原则。只有这样才能保证对洗浴行业进行科学的、规范化的运营管理，从而通过设备、设施系统完好运行为人们提供物质上和精神上得到完善享受的商品。

1.0.2 本条规定了本规程的适用范围。营业性和社团性公共浴场是指：

1 独立经营的城镇洗浴室、洗浴中心、温泉浴室及会所浴室；

2 在建旅馆、度假村、体育中心、健身中心、俱乐部、娱乐场所等建筑内的公共浴室、洗浴和水疗中心；

3 工矿企业、学校、军队营房等团体洗浴室。

本条还规定了本规程的不适用范围。由于医院、疗养院等医疗性机构所设置的以医学治疗、身体治疗为主要目的的浴池，对水质、水温、投加的药品具有治疗疾病的针对性，设计中不能完全套用本规程的规定，而应以医疗工艺要求与本规程相结合进行洗浴设计。旅馆客房内按摩池虽属公共使用，但与真正的公众使用尚不相同。本条对不适用范围进行了界定。

1.0.3 洗浴池的类型较多，如热水按摩池、温泉按摩池及其配套设施桑拿浴、蒸汽浴、坐浴、淋浴等，即使是温泉按摩池，也因所含矿物质成分不同，对按摩池的材质要求也不相同。同时为了创造良好的环境，也与建筑布局、空调通风、电气供电照明等方面有着不可分割的联系。所以，在进行设计时，应与条文规定的相关专业密切配合。

1.0.4 本规程属于专业规程，对公共浴池的水质卫生标准、系统设备配置和控制，以及为其服务的辅助设施如设备机房等方面作了规定，而对整体建筑内的给水排水专业的内容，如消防、卫生设施等内容未作规定。这些内容在现行国家或行业标准中作了规定，因此，为了不与其他现行国家或行业标准发生矛盾，设计时必须遵守其他现行国家或行业标准。

2 术语和符号

2.1 术 语

本规程是首次制定，由于目前国内从事公共洗浴场的专业公司较多，其术语较多，而且不同专业公司对同一个内容的用语也不尽相同。为此，本规程参照美国、英国、日本及澳大利亚等国家的“公共浴池、按摩池（SPAs）规范（规定）”规定的有关术语，结合我国的实际情况和习惯进行整理。

公共浴池、按摩池（SPAs）的种类繁多，据不完全统计有100多种，涉及的专业面较为广泛，本规程只列出了文中涉及的不同浴池与给水排水专业工程设计、施工安装、设备运行和维护管理的有关术语。

本规程术语以其在条文中出现的先后顺序排列，以便于从事浴池设计、科研、施工、学校等单位有关人员在使用本规程时能正确理解和执行条文的规定。

2.2 符 号

本节将本规程各计算公式中出现的符号全部列出，并一一说明了它们在本规程中所代表的涵义。符号按类别进行排列。

3 洗浴水质、水温

3.1 浴用原水水质

3.1.1、3.1.2 由于淋浴及浴池用水与人体接触紧密，为不对入浴者产生健康危害，本条规定了公共浴场的生活用水应符合现行国家标准《生活饮用水卫生标准》GB5749 的要求。

3.1.3 温泉是雨水渗入地面以下，在地下深层位置受地温加热及长期浸泡，使各种丰富的矿物质溶解在水中，使其含有一种或多种不同的矿物质、化学元素及放射性成分，达到或超过规定值、温度不低于34℃、对人体无害、具有一定医疗效果和保健功能的泉水。

我国对医疗温泉尚无国家及行业分类标准。仅在1982年青岛召开的全国疗养学术会议中对温泉提出了分类意见，如按涌出地面或抽出地面时的泉水温度可以分为5类，详见表1；如按水质可将其分为12类，详见表2；如按泉水的氢离子浓度可分为5类，详见表3。

表1　温泉的水温分类

序　号	名　称	泉水温度（℃）
1	冷泉	<25
2	微温泉	25～33
3	温泉	34～37
4	热泉	38～42
5	高热泉	≥43

表2　温泉的水质特征及医疗适应症

分类	名称	矿化度(g/L)	主要成分		特殊成分	浴用疗法适应症举例
			阴离子	阳离子		
一	氡泉	—	—	—	$Rn>3\times10^{-3}Ci/L$	高血压、冠心病、关节炎、皮炎等
二	碳酸泉	—	—	—	$CO_2>1000mg/L$	轻度冠心病、心肌炎、坐骨神经痛等
三	硫化氢泉	—	—	—	总硫量>2mg/L	早期脑血管硬化、关节炎、糖尿病等
四	铁泉	—	—	—	Fe^{2+}、$Fe^{3+}>10mg/L$	慢性皮肤病、贫血、各种疾病恢复等
五	碘泉	—	—	—	$I>5mg/L$	动脉硬化、甲状腺机能亢进、风湿关节炎等
六	溴泉	—	—	—	$Br>25mg/L$	神经官能症、植物神经紊乱、神经病、失眠等
七	砷泉	—	—	—	$As>0.7mg/L$	—
八	硅酸泉	—	—	—	$H_2SiO_2>50mg/L$	湿疹、牛皮癣、瘙痒症、阴道炎等
九	重碳酸盐泉	>1	HCO_3^-	Na^+、Ca^{2+}、Mg^{2+}	—	软化净化皮肤作用及湿疹、瘙痒症、溃疡等
十	硫酸盐泉	>1	SO_4^{2-}	Na^+、Ca^{2+}、Mg^{2+}	—	因阳离子不同适应症不同
十一	氯化物泉	>1	Cl^-	Na^+、Ca^{2+}、Mg^{2+}	—	湿疹、皮炎、慢性胃炎、不孕症、更年期综合症等
十二	淡泉	<1	—	—	—	因水温不同而适应症不同

《地热资源地质勘察规范》GB 11615－2010中关于温泉水的医疗水质标准如表4所示。

表3　温泉氢离子浓度分类

序　号	名　称	氢离子浓度（pH）
1	酸性	<3
2	弱酸性	3.1～6
3	中性	6.1～7.5
4	弱碱性	7.6～8.5
5	碱性	>8.5

注：该数据摘自日本资料。

表4　理疗热矿水水质标准

成分	有医疗价值浓度（mg/L）	矿水浓度（mg/L）	命名矿水浓度（mg/L）	矿水名称
二氧化碳	250	250	1000	碳酸水
总硫化氢	1	1	2	硫化氢水
氟	1	2	2	氟水
溴	5	5	25	溴水
碘	1	1	5	碘水
锶	10	10	10	锶水
铁	10	10	10	铁水
锂	1	1	5	锂水
钡	5	5	5	钡水
偏硼酸	1.2	5	50	硼水
偏硅酸	25	25	50	硅水
氡	37	47.14	129.5	氡水
温度（℃）	≥34	—	—	温水
矿化度	<1000	—	—	淡水

注：本表依据《天然矿泉水地质勘察规范》GB/T 13721－1992（附录B医疗矿泉水水质标准）略作修改，主要是取消了锰、偏砷酸、偏磷酸、镭等4个意义不明或对人体有害的矿水类型。

水力按摩池就是入浴者浸泡在浴池水中，利用不同的水温、不同的水压、不同的水质和水的浮力等对入浴者身体进行适当的冲击，达到消除身心疲劳、休闲、健身美肤和治疗某些疾病的功效。

温泉浴是矿泉水疗法最常用的形式，根据温泉水的性质、疾病的性质及患者的体质不同，采用盆浴或池浴，后者就是人们所说的泡温泉。因此，温泉水的医疗功能应当取得当地温泉水水源主管部门和医疗卫生部门的鉴定。

3.1.4　温泉水是稀少的具有较高水疗功能的宝贵水资源。淋浴用水仅为洗净功能或冲洗功能，而且又是一次性使用；如使用过温泉水后，人的皮肤会出现少量温泉水中的残留矿物质，待水分蒸发后会产生不舒适感，这些残留矿物质还需要用淡水予以冲洗。本条规定温泉水不能作为淋浴用水原水的目的：1）节约温泉水；2）满足当地温泉水资源的总量控制。

3.1.5 淋浴用水一般均为适宜人体的温热水，这就需要对淋浴用水进行加热。而水中的钙硬度在加热的过程中会不断将钙析出形成水垢，对使用和设备都会带来不利的影响。为避免这种现象，条文规定当淋浴原水碳酸盐硬度等于或高于300mg/L、60℃热水用水量超过10m³/d时，应对淋浴用水的原水进行阻垢缓蚀处理或软化处理。这一数据引自现行国家标准《建筑给水排水设计规范》GB 50015。

3.2 浴池水水质

3.2.1 热水浴池都配有池水循环净化处理系统，其目的就是为了保证入浴者的健康、卫生和舒适。根据我国现行行业标准《公共浴池水质标准》CJ/T 325的规定，为使设计人员方便设计，现将热水浴池（按摩池）的水质检测项目和限值予以引用，详见表5规定。

表5 热水浴池水质检测项目和限值

序号	项目	限值
1	浑浊度（NTU）	≤1
2	pH值（pH单位）	6.8～8.0
3	游离性余氯（使用氯类消毒剂时测定，mg/L）	0.4～1.0
4	化合性余氯（使用氯类消毒剂时测定，mg/L）	≤0.5
5	总溴（使用溴类消毒剂时测定，mg/L）	1.0～3.0
6	氰尿酸（使用二氯或三氯消毒时测定，mg/L）	≤100
7	二甲基海因（使用溴氯海因时测定，mg/L）	≤200
8	臭氧（使用臭氧消毒时测定） （O_3，水中，mg/L） （O_3，水面上，mg/m³）	 ≤0.05 ≤0.2
9	总碱度（mg/L）	80～120
10	钙硬度（以$CaCO_3$计，mg/L）	150～250
11	溶解性总固体（TDS，mg/L）	≤原水TDS+1500
12	氧化还原电位（ORP，mV）	≥650
13	菌落总数（36℃±1℃，48h，CFU/mL）	≤100
14	总大肠菌群（36℃±1℃，24h，MPN/100mL或CFU/100mL）	不得检出
15	嗜肺军团菌（CFU/200mL）	不得检出
16	铜绿假单胞菌（MPN/100mL或CFU/100mL）	不得检出

本规程第3.1.3条规定，温泉浴池水质的成分和浴用价值，应由相关主管部门认定，不属于本规程的规定内容。由于公共温泉浴池是各种不同人群在池内不同时间重复泡浴的，且浴池的水温较高，为防止交叉感染，本规程仅从卫生管理方面，将现行行业标准《公共浴池水质标准》CJ/T 325中温泉浴池水质卫生检测项目和限值予以引用，如表6所示。为保护人们泡浴过程不发生交叉感染，保护浴池的水质卫生极为重要。

表6 温泉水浴池水质检测项目和限值

序号	项目	限值
1	浑浊度（NTU）	≤1，原水与处理条件限制时为5
2	耗氧量（以高锰酸钾计，mg/L）	≤25
3	总大肠菌群（36℃±1℃，24h，MPN/100mL或CFU/100mL）	不得检出
4	铜绿假单胞菌（MPN/100mL或CFU/100mL）	不得检出
5	嗜肺军团菌（MPN/200mL或CFU/200mL）	不得检出

注：根据采用的消毒剂，按本规程条文说明表5的相关规定确定消毒剂的剩余浓度限值。

3.3 浴用水水温

3.3.1 公共浴池的使用水温，不同国家的水温标准不完全一致，如德国规定热水浴池水温为35℃～37℃，美国规定不超过40℃，加拿大纽芬兰和拉布拉多省规定池水温为36℃～38℃（2006年），加拿大和英国规定SPA pool水温最高为40℃。根据人的体质不同水温会有些变化，为此本条出于不同功能浴池（热水及温泉浴池、淋浴用途）对人体舒适度和安全等方面考虑，对浴用水水温作出了规定。由于温泉水的成分复杂，即使同一泉质的温泉水，在不同的水温条件，其医疗的作用和功能是不相同的。如在工程遇到医疗用途的温泉水浴池，其水温应按医疗工艺要求确定。

3.3.2 淋浴用水水温按使用人的体质不同而有所不同，在公共淋浴室中一般都采用双管（冷水管和热水管）供水系统供水，以方便淋浴者根据自身条件自行调节水温，为了防止淋浴水的忽冷忽热现象和军团菌的孳生，本条对淋浴配水点的最低水温作了规定。加热或换热设备的最高出水温度应根据被加热水的水质确定，但最低不宜低于50℃。

4 浴池给水系统

4.1 系统划分和选择

4.1.1 淋浴是指以卫生洗净为目的的集中式淋浴设

计，如厂矿企业的职工淋浴室、学校的学生淋浴室、军队营房的战士淋浴室、体育中心的运动员淋浴室、医院非传染病的集中淋浴室、洗浴中心配套淋浴室等。水源一般为符合《生活饮用水卫生标准》GB 5749要求的城市自来水或自备水源。其特点是使用后的水被排放而不能再次用于洗净淋浴。该给水系统一般由水加热设备、水软化设备（视需要设置）、淋浴莲蓬头以及连接这些设备、附件的管道组成。

4.1.2 公共浴池是利用水的温度、水的浮力、水流冲击等物理元素，使使用者在池水中通过消除疲劳、排除体内毒素而达到养生健身、美容护肤、康复治疗的目的。这种目的需要在洗浴池中利用池水的特性反复冲击才能达到。因此，水力按摩池应采用循环式浴池给水系统。

循环式浴池给水系统由毛发聚集器、循环水泵、过滤器、加热器（或换热器）、消毒装置、浴池给水口、浴池排水口以及连接这些设备、装置、附件的管道组成。

以养颜、护肤和治疗为目的的浴池，以淡水为水源，并向池水中投加一定量的药品、化学品，使使用者浸泡在池内享受这些物质带来的护肤、治疗效果。其特点是这类池水为一次性使用，待到浸泡时间达到要求，这些物质也就失去了它的功能，而应该全部排除掉。

该浴池水系统由水加热设备、给水龙头及连接他们的管道组成。由于该类浴池是间歇使用的，其热水供应可与淋浴水系统共用一组水加热设备。

4.1.3 由于浴池系统泄空水后重新注水时，其水量较大，容易造成管网水压力波动，致使淋浴器出水水温不稳定，如水温控制不好会发生烫伤事故。为此，本条规定淋浴用水系统应与其他用水系统分开设置。

4.1.4 在过去我国经济尚不发达，人民生活水平尚不高的条件下，公共浴池也没有配备池水净化、消毒装置，这是受历史条件所限，这种浴池水质、卫生较差。在我国经济快速发展、人民生活水平明显提高和人们的健康理念改变的现代条件下，为了保障入浴者的健康，防止入浴发生疾病交叉感染，故本条规定了公共浴室除了应设置浴池水净化和加热装置，还必须配套设置浴池的消毒装置。

4.2 循环式浴池给水系统

4.2.1 本条对循环式浴池给水系统的循环方式作了规定。

1 公共浴池推荐顺流式池水循环方式是为了节约水资源和能源，由于温泉的产水量不是无限的，如无节制地采用温泉水，会引起泉水水质淡化和海水化，甚至造成泉水枯竭，对水资源比较有限的地区很有意义。

我国水资源的分布很不均匀，少数地区的水资源比较丰富，但为了合理地利用水资源，所以不推荐采用直流式公共浴池池水循环方式，如有特殊需要，则应取得当地水资源主管部门的批准。

2 条文规定每座公共浴池应设置自己的独立循环给水系统，是为了保证按摩浴池的水质，防止交叉感染，方便经营管理和清洁卫生。

4 由于按摩浴池的池水温度一般维持在35℃～40℃范围内，如采用气-水喷射装置，会在浴池水中产生气泡，上升到浴池水面上就会破裂，造成军团菌四处飞溅，使入浴者吸入体内，给健康安全带来隐患。所以，为了防止军团菌的扩散污染，条文规定温泉水源的按摩浴池不宜设置气-水喷射系统。

4.2.2 本条规定了原水为温泉水浴池和原水为淡水的热水浴池的循环水系统的组成内容。

4.2.3 规定循环周期应考虑的因素包括：1）水的透明度；2）水的浑浊度；3）使用人数；4）消毒方法等。

本规程循环周期是参考美国、英国、日本及澳大利亚等国的标准确定。其中澳大利亚新南威尔士规定浴池和气泡池的循环周期不应超过1/3h（0.33h）；英国2009年修订版《游泳池池水处理和质量标准》则规定公共浴池的循环周期不超过6min；其他两个国家均规定浴池池水循环周期不超过0.5h。我国投入使用的公共浴池的容积较大，如完全套用国外规定将会增加运行成本。故根据国内工程实践，本规程以浴池的水容积为标准规定了浴池水的循环周期。

4.2.4 浴池循环水流量是计算浴池水净化处理设备容量的基本参数，它决定了净化处理系统的规模，它也是保证浴池池水符合卫生要求的依据之一。国内外已建成工程的实践证明该公式是可行的，故本规程予以推荐。

4.2.5 本条规定浴池循环水系统的设计原则：

1 本款是为了防止循环水管道凹凸造成水流不均匀和产生局部滞水现象造成军团菌的孳生而作出的规定。

2 浴池回水口发生堵塞，会使回水口产生极强负压抽吸情况时，从设计上为其提供释放负压而在浴池循环回水管安装安全释放阀或防抽吸循环水泵或防虹吸回水口等措施以确保池内入浴者的安全。

3 浴池与浴池之间不设连通管道是由于浴池水不能全部将连通管内的存水泄空造成军团菌的孳生和为了保证浴池水的有效循环，防止短流，所以条文规定各浴池之间不允许设置连通管。

4.2.6 本条为便于设计人员使用，是参照现行行业标准《游泳池给水排水工程技术规程》CJJ 122休闲戏水池按池水容积百分数规定的。

1 欧美国家是按入浴者每人34L～40L确定。

2 日本按下式计算温泉水浴池补水量：

$$q=\frac{K_{\mathrm{m}}}{K_1-K_2}=\frac{400}{25-10}=26.7\mathrm{L/人}$$

式中：q——有效补给水量（L/人）；

K_m——入浴者带入浴池的污物量（按高锰酸钾消耗量换算值：0.4g/人=400mg/人）；

K_1——浴池水的高锰酸钾消耗量允许值，K_1=25mg/人；

K_2——热水、原水的耗氧量(高锰酸钾消耗量计)暂定为10mg/L（不同泉质原水的耗氧量需经监测确定)。

4.2.7 本条规定温泉水浴池补水口高于浴池水面0.15m并采用跌水方式补水，目的是防止回流污染和为浴池使用者营造天然泉水的环境气氛。跌水高度较高时，如跌水处理不当会使高温泉水产生水雾孳生军团菌，故条文又作出了补水的出流不得产生水雾的规定。

4.3 浴池循环水净化

4.3.1 本条规定了确定公共浴池循环水净化处理工艺流程应该考虑的因素，确保达到浴池循环水净化的目的即去除水中的污浊物质和杀灭池水中的致病微生物。

4.3.2 本条规定了采用颗粒过滤介质过滤器时的池水净化处理工艺流程。颗粒滤料是指石英砂、无烟煤、沸石等。该条附图中的虚线表示消毒剂投加点也可以投加到过滤设备之前的循环水中，具体投加点的确定由设计确定。

4.3.3 本条规定了采用硅藻土作为过滤介质的过滤器或过滤筒过滤器时的池水净化处理工艺流程。过滤筒是指纸芯、纤维布或膜缠绕的过滤介质。该条附图中的虚线表示消毒剂投加点可以选在过滤设备之前，具体投加点由设计确定。

4.3.4 浴池的种类繁多，为了适应其功能和特点，并有效地控制不同功能浴池池水的温度、消毒剂浓度和不影响各自的使用及方便管理。因此，在进行设计时，应与浴池专业公司密切配合，将不同浴池的池水净化处理系统分开设置，以满足上述要求。

4.3.5 本条规定了消毒工序因消毒剂的选用不同应注意的问题。臭氧和紫外线这两种消毒方式没有持续消毒功能，为了保证洗浴者在水中不发生交叉感染，条文规定如采用这两种消毒方式对池水进行消毒，还应辅以具有长效消毒功能的化学药品消毒剂。

5 淋浴设计

5.1 淋浴设施

5.1.1、5.1.2 这两条规定引自《公共浴室给水排水设计规程》CECS 108：2000。表中的数据是对国内有关单位对国内集中公共淋浴室使用情况调查统计取得的数据。

5.1.3 本条规定了淋浴器设置数量计算公式，该公式引自《公共浴室给水排水设计规程》CECS 108：2000。

5.2 用水定额及流量计算

5.2.1～5.2.3 这三条规定了淋浴器等一次、一小时的热水用水量定额和热水水温在60℃时每日的用水量定额，供设计人员计算设备容量之用。

淋浴用水因其使用目的不同可以分为三种类型：1）洗净型淋浴，即以清洁人体皮肤污染，保持卫生为主要目的。如为城镇居民服务的公共浴室、宿舍员工公共浴室、医院非传染病人用公共浴室、大中学校学生浴室等；2）冲洗型淋浴，即以冲洗人体表面汗渍或某些微量化学残留物质为主要目的。如洗浴中心使用过桑拿浴设施或泡过温泉和热水按摩池的淋浴、使用过各种药物浴池、进行健身和运动员运动后、演员演出后、医院和餐饮业等员工交接班更衣、托儿所和幼儿园游戏后以及厂矿企业员工交接班等集中浴室；3）专用型淋浴，即以水疗或灭菌为主要目的。如医疗、制药业的无菌清洗和水疗冲击淋浴等。由于使用目的和要求的功能不同，其用水量定额也各不相同。

本规程就是根据上述特点，参照现行国家标准《建筑给水排水设计规范》GB 50015的有关规定，制定了不同使用功能的热水用水量定额。在使用本规程表5.2.2和表5.2.3时应注意这两个表中的定额均包括表5.2.1的定额在内。

5.2.5 本条规定了公共淋浴室冷水给水管和热水给水管的设计秒流量的计算公式和相应的计算参数。

在此，提醒设计人员应特别注意与建设单位、使用单位的沟通，了解拟要采购的淋浴器、洗手盆龙头等器具配水件的技术参数，因为国外这些器具所要的水压均大于0.2MPa，出水量比国产产品大2倍以上甚至更多，如按国内常规产品参数进行计算，就会造成系统远远不能满足使用要求。

5.3 耗热量计算

本节规定了公共淋浴室的设计小时耗热量的计算方法。它们是确定管径、水头损失、加热设备及储热设备、循环水泵容量和能力的依据。因此，设计人员计算时应注意本规程第5.2.5条条文说明所提出的问题，以免给设计带来缺陷。为方便设计使用，现将现行国家标准《建筑给水排水设计规范》GB 50015的具体计算公式摘录如下：

1 公共淋浴室热水系统的设计小时耗热量应按下式计算：

$$Q_h = \sum q_h C(t_r - t_l)\rho_r n b_s$$

式中：Q_h——设计小时耗热量（kJ/h）；

q_h——卫生器具的小时热水用水定额（kJ/h），

应按本规程表 5.2.2 采用；

C——水的比热［kJ/（kg·℃）］，取 $C=4.187$［kJ/（kg·℃）］；

t_r——使用热水的温度（℃），应按本规程表 5.2.3 采用；

t_l——被加热冷水的温度（℃），按当地最冷月平均水温计；如无水温资料时，按《建筑给水排水设计规范》GB 50015 的规定取用；

ρ_l——热水的密度（kg/L）；

n——同类型卫生器具的数量；

b_s——卫生器具的同时使用百分数，应按本规程表 5.2.5-2 采用。

2 公共淋浴室的设计小时热水量，按下式计算：

$$q_{rh}=\frac{Q_h}{(t_r-t_l)C\rho_r}$$

式中：q_{rh}——设计小时热水量（L/h）；

Q_h——设计小时耗热量（kJ/h），按本规程第 5.3.1 条计算；

t_r——设计热水温度（℃）；

t_l——设计冷水温度（℃）；

C——水的比热［kJ/（kg·℃）］，取 $C=4.187$［kJ/（kg·℃）］；

ρ_r——设计的热水密度（kg/L）。

5.4 管 道 系 统

5.4.1 本条规定了公共淋浴管道系统的设计原则。

1 为了保证淋浴供水管网的压力稳定，防止供水在瞬间失去平衡而造成淋浴水温忽冷忽热，将淋浴供水管网在加热设备机房就与其他用水设备如厨房、洗衣房、公共浴池等用水量大的管网分开设置，实践证明这样不仅能保证系统运行平衡，而且维护管理也方便简单。

2 该款规定用水器具开启阀开启后 5s 应达到规定水温，实际上是要求设置热水循环。淋浴供水管道设置循环管道的含义包括干管循环和支管循环。设置循环管的目的：1）节约用水：支管循环可以减少淋浴器使用初期大量放掉管内存留的冷水量，并能及时取得所需热水；2）保护消费者利益和节约用水，公共浴室为节约成本而采用了 IC 卡计量或计时经营方式，如不设计循环管则入浴者不仅不能及时取得热水，而且还要负担使用前放掉的不能使用的管内存有的冷水的费用，这显然是不合理的。如为计时 IC 卡，则会造成入浴者尚未完成洗浴，淋浴器 IC 卡到时而停止供水，这同样是不合理的。

3 大型公共淋浴室，一般指淋浴器的数量超过 100 个的淋浴室。为了保证供水安全和稳定，不因为局部管段出现故障影响较大范围的淋浴器使用。应根据淋浴器分布的区域、分布楼层、使用对象和洗浴方式等情况，采用相对能独立使用的分区、分层、分功能和分性别的供水系统，并设置各自的循环管道。

4 淋浴器推荐成组及比较规整的布置形式，这有利于分区供水的划分，能使同一组团内的管道布置相同或近似，有利于采用同程循环管路的布置，从而营造出相似的水力条件。这不仅有利于系统调试，而且能防止热水短路循环，保证热水的有效循环。

5 学校、宿舍、营房、厂矿企业生活间等公共浴室，由于不是全天开放，而每天仅在适当时间段连续开放约 2h～4h，为了节约能源，又能保证使用，在浴室开放前 15min～30min 开启水泵将管道系统的存水抽回进行加热是比较行之有效的方法。

6 双管式供水系统为保证淋浴器开启处冷、热水的有效混合，防止孳生军团菌，规定热水的供水温度不得小于 50℃。

7 单管式淋浴供水系统，为方便入浴者能及时获得所需要的水温要求，其供水温度应根据管道长度，严格控制热损失，以防止水温过高发生烫伤事故。但又要考虑管道的热量损失致使水温偏低，不能满足使用要求。故一般以冷、热水混合装置的出水温度以 42℃为宜，这就要求设计人员对供水管道进行合理的布置。

8 为了有效地控制管道内水的流速，防止水头损失过大，造成系统水压变化较大，实践证明，控制水流速度是有效措施之一。所以，本条对热水管的水流速度作了规定，该数据引自现行国家标准《建筑给水排水设计规范》GB 50015。

5.4.2 本条规定了稳定淋浴器出水水温的措施。

1 开式热水系统由于其配水点的水压稳定，如管道水力计算准确，能保证淋浴器的出水水温稳定。但该系统要设置冷水箱和热水箱，在城市建筑中要找到合适的位置难度较大。一般在学校、乡镇等地方独立建造的公共浴室可以采用。

2 多于 3 个淋浴器的配水管布置成环状后，会使各淋浴器组团形成环形双向供水，能够比较好地稳定水压，减少启闭淋浴器阀门时对相邻淋浴器的出水影响。

3 控制单位管道长度内水头损失的目的是：1）减少淋浴器组团配水管的压力波动；2）防止配水管管径过小。实践证明组团配水管采用不变管径，如变径其最小管径不小于 25mm，能取得较好的稳压、稳温效果。

4 稳定淋浴器出水温度还有其他的措施，如采用恒温水单管道系统或恒温式淋浴器等。

5.4.3 本条规定的全日制热水供应系统循环流量的计算公式引自现行国家标准《建筑给水排水设计规范》GB 50015。

5.5 排 水 系 统

5.5.1 公共淋浴室的淋浴废水，其污染程度较低，而且水量较大、排放时间集中。与生活粪便污水分开排放的优点是：1）经适当处理可以回收利用；2）减少对化粪池的冲击，保证了化粪池的处理效果。

5.5.2 本条规定了公共淋浴室排水管道系统设计秒流量计算方法。为方便使用，将具体计算公式引用如下：

$$q_u = \sum q_p n_0 b_p$$

式中：q_u ——计算管段的设计排水秒流量（L/s）；如计算流量小于一个大便器的排水量时，应按一个大便器的排水量计算；

q_p ——同类型卫生器具一个卫生器具的排水量（L/s），按本规程表5.2.5-1采用；

n_0 ——同类型卫生器具的数量（个）；

b_p ——卫生器具的同时排水百分数，按本规程第5.2.5条表5.2.5-2的规定选用，但大便器冲洗水箱的同时排水百分数按12%计算。

表7 卫生器具的排水量、当量和排水管管径

序号	卫生器具名称		排水流量（L/s）	当量	最小排水口管径（mm）
1	洗手盆（无塞）		0.10	0.30	32～40
2	洗脸盆（有塞）		0.25	0.75	32～40
3	淋浴器（单个）	无淋浴隔断	0.15	0.45	50
		有淋浴隔断	0.15	0.45	50
		有淋浴单间	0.15	0.45	50
4	大便器	高水箱	1.50	4.50	100
		低水箱	1.50	4.50	100
		冲落式	1.50	4.50	100
		虹吸式	2.00	—	100
		自闭式冲洗阀	1.50	4.50	100
5	小便器	自闭式冲洗阀	0.10	0.30	40～50
		感应式冲洗阀	0.10	0.30	40～50
6	浴盆		1.00	3.00	50

5.5.3 本条规定了排水横管管道的水力计算方法。为方便使用，则将具体计算公式引用如下：

$$q_u = A \cdot v$$

$$v = \frac{1}{n} R^{\frac{2}{3}} \cdot I^{\frac{1}{2}}$$

式中：q_u ——计算管段排水设计秒流量（m^3/s）；

A——管道在设计充满度时的水流断面积（m^2）；

v——流速（m/s）；

R——水力半径（m）；

I——水力坡度，采用排水管敷设坡度。

5.5.4 由于排水地漏的泄流水量不如排水沟通畅快速，为防止公共淋浴室含有洗浴液及人体油脂的洗浴废水在地面积存可能使入浴者出现摔滑危险，尽快排除洗浴废水是公共淋浴室应重视的重要问题。排水沟的优点：1）排水快速通畅；2）具有一定的容量；3）有利于污物的清通；4）方便排水系统维护管理。因此在公共淋浴室采用排水沟排水是比较合适的，本条从四个方面对公共淋浴室采用排水时，对排水沟的构造和注意问题作了具体的规定。

规定排水沟不应设在淋浴间的通道上，目的是防止入浴者滑倒摔伤。由于排水沟由建筑专业进行设计，本专业是资料提供方。因此，本条对此作出了规定，提醒本专业设计人员的注意。该资料应明确表示出排水沟的位置、断面尺寸、沟起点及终点标高。如采用地漏或毛发聚集坑则应标出位置，以方便建筑专业确定地面的坡度。如采用毛发聚集井，则应有不小于150mm深度的水封，淋浴排水中含有洗涤剂泡沫，计算管径应考虑这一特点。为此，规定淋浴室排水管径不小于100mm。

5.5.5 本条是根据公共淋浴室的洗浴废水特征，对地漏的形式、构造、设置位置、设置数量等方面作出了规定。

5.6 节水节能

5.6.1 规定淋浴热水供应管道采用机械循环方式的主要目的是：1）防止使用淋浴器排放管道存放部分冷水；2）保证淋浴者能及时取得淋浴所需热水。

5.6.2 单管供应满足淋浴所需水温的“恒温”热水，可以减少双管供水系统淋浴器调节水温而浪费的水。当然单管供“恒温”热水的系统应配置稳定热水温度的装置，如混水器、调温器等。

5.6.3 控制淋浴器的水压，保证淋浴器的出水量不超过额定流率也是节约用水的措施。《建筑给水排水设计规范》GB 50015规定的淋浴器配水阀处的水压是经过试验取得的数据，它既能满足淋浴者达到洗净目的所需的额定流率，又能满足淋浴者的舒适度要求。超出该规定就会多耗费不必要的水量。因此，控制水压是不可忽视的因素。

当然在洗浴中心，为了特殊需要如达到针刺按摩感的冲击淋浴，需要较大的水压，在设计中应予以特殊处理。

5.6.4 为了达到节约水的目的，条文针对不同使用场所、不同使用对象，推荐了应选用的淋浴器的形式，供设计参考。

5.6.5 为了减少热损失，节约能耗，条文规定热水干管、配水干管尽量进行保温，即使暗设在墙槽内的热水管也应采用外复塑料的管道，达到减少热损失的目的。

幼儿园、养老院、精神病院等特殊场所，因其使用者的自控能力差，其淋浴的水温要有严格的控制，确保入浴者不发生安全事故，因此规定此类场所应采取必要的防烫措施。

6 浴池设计

6.1 一般规定

6.1.1 浴池目前在国内有三种形式：

1 按摩浴缸：一般为家庭服务的单人或双人用，由搪瓷铸铁、亚克力及玻璃钢等材质制造的成品类型的按摩浴缸，体形较小，在一般情况下，它没有池水过滤净化系统，仅设有按摩喷嘴循环供水系统，使用完后就将池水排掉，下次使用时再重新充水。

2 成品型按摩浴池：一般由玻璃钢制造的体形较大的浴池，也有采用具有自然香味、自然防腐功能的特殊高级木材制造的浴池。它配备有循环水泵、池水过滤、消毒、加热、风泵或进气装置等系统，它分整体形和组装型两大类，规格可分为 2 人型、3 人型、4 人型及 6 人型供设计选用。

3 土建型按摩浴池：它是由钢筋混凝土建造，池内表面采用瓷砖或胶膜进行饰面，并配有池水的循环水泵、过滤设备、消毒设施、加热器、风泵或进气装置、按摩喷头及连接它们的管道等。其规模根据使用人数按本规程第 6.1.2 条的规定计算确定。

公共按摩浴池除具有公众性、团体性休闲功能之外，还具有某些交际功能。

6.1.2 本条规定了浴池池水容积的基本参数，设计可以此计算浴池的大小，同时也是开放时控制入浴池人数的指标。该参数是参照美国国家标准《公共按摩池标准》ANSI/NSPI－2（1999 年版）制定的。如果入浴人数较多，可以设置多座浴池。

6.1.3 本条规定了浴池宜尽量采用规则的平面形状，以方便布置，但有时由于建筑布局条件所限，或者为了吸引浴客而从环境美化装饰等因素考虑，采用不规则浴池平面形状，遇此情况，给水排水专业设计人员应从如下三个方面进行分析：1）确保使用者的安全不受影响；2）确保方便清洁卫生；3）确保循环水的水流合理均匀达到浴池的每个部位，水流不均匀的浴池池水极容易被污染和孳生细菌。

本条参考美国标准、日本标准，从安全和方便使用两个方面对浴池的水深和使用者入池时的进出口安全作了规定。如浴池有特殊使用要求，需要深的水深时，应取得主管部门的批准。

6.2 浴池设施

6.2.1 公共浴池的池水净化处理系统与浴池功能循环给水系统，对水量、水压和水质的要求各不相同。所以，两个管道系统应分开各自独立设置。

不同浴池的循环水系统、功能系统也应分开各自独立设置，不仅是为了方便使用，也为了便于检修。为此，各系统的设备、设施和管道等应设置标志，如设备、设施上悬挂标牌，管道上进行编号或书写名称等，使用、操作、管理时一目了然，不发生误操作。

6.2.3 为了保证公共浴池初次及泄空后再次充水，正常使用过程中的补充水的原水不被浴池水污染，本条对其接管进行了规定，并且作为强制性条文。

6.2.4、**6.2.5** 公共浴池的各种水力按摩喷头喷嘴形式多样，如腰部、肩部、臀部、脚底、大腿、小腿、脚踝、仰式气泡床等专用喷头，而且有组合布置的可能性，但这些喷头目前尚没有国家产品标准和行业产品标准，只有各生产厂家的企业标准，规程还不具备对其参数作具体规定的条件。而仅对入浴者使用方便和需注意的问题进行了规定，具体工程设计中，应与浴池专业公司密切配合。按摩喷头要求环状布置是为了减少阻力损失和各个喷头处的压力平衡。如气泵位置低于浴池水面，一般是将气泵与浴池的送气管设置成高于浴池水面的弯曲形状的虹吸破坏管，以防止浴池水的倒流影响风泵。

6.2.6、**6.2.7** 水-气合用喷头就是利用高速水流将气体带入浴池内形成水气混合的射流水柱对人体进行冲击按摩，故也有资料称这种喷头为“文丘里喷头”。由于是在喷头内以抽吸的方式将气体带入浴池内，故进气管内的气体成负压状，如管径不当会产生吸气噪声，这会对入浴者带来影响，故应充分注意。为了防止浴池水被吸入到气体管内，要求进气管口至少高出浴池水面 0.10m 以上，且管口能防止杂物堵塞，保证气体干净卫生，不会对浴池水带来二次污染，故其进气口的形式和安装位置选择应予以特别关注。

6.2.9 浴池进水口与出水口的位置应保证池水不发生死水区，保证池内水质均匀。这就要求设计师仔细研究池子形状与建筑梁柱的关系。在我国尚无防吸入和防涡流浴池回水口的情况，为了保证入浴者的安全，防止抽吸对入浴者造成溺水危害，条文对回水口格栅孔隙的水流速度和材质作了规定。

6.2.12 公共浴池的使用者一般都是浸没在浴池内的水中，与水、浴池本体及相关配套设施都是紧密接触的，入浴者操作触摸感应器有可能带有水滴。为防止电击入浴者安全事故的发生，将公共浴池用电设备的防漏电、防止对入浴者造成电击伤害和触摸开关的性能要求作为强制性条文。

6.2.13 由于每座浴池都各自设置专用池水循环净化系统。为确保浴池池水位，设置水位监测调节装置极为重要。为防止回水口抽吸力过大给入浴者造成伤害，在浴池附近设置紧急停泵按钮是极为必要的安全措施。

6.2.14 由于温泉的出水量有限，为了保护温泉资源并有效利用该资源，使恒定出水量的温泉水满足温泉浴池用水的不均衡和水温要求等特点，一般采用设置温泉水贮热水箱来适应这一特点。

1 为了方便定期对贮热水箱进行清洁、消毒，防止军团菌膜的形成，并确保进行前述维护管理时不影响浴池的正常使用，设置2台贮热水箱可以交替工作。

2 为了防止低于60℃的温泉水孳生军团菌，设置辅助加热设备，以确保贮热水箱内温泉水温维持在60℃以上。

3 对于温度高于60℃的温泉水，为了防止对浴池补水时烫伤入浴者和回收多余的热量，采用设置水温不高于45℃的调温水箱，以满足浴池补水要求，由于此温度条件是细菌滋生最佳温度，所以应配套设置消毒装置。

6.3 特殊浴设施

6.3.1 特殊浴系指国外浴种，如日式浴、泰式浴、土耳其浴、古罗马浴、石板浴等。本节仅对桑拿浴、蒸汽浴、药物浴进行原则规定。桑拿浴是供入浴者进行身体放松、消除疲劳的干蒸设施，它与蒸汽浴、水疗按摩配套应用，是现代酒店、洗浴、健身及俱乐部不可缺少的休闲设施。

1 桑拿浴是入浴者在桑拿房内用木勺从木桶中取水向电发热炉中的高温石块浇水产生水蒸气，使房间处于高温高湿的环境中，入浴者能迅速排出汗液，达到消除疲劳的目的。所以设置取水龙头和排除地面积水的地漏是必要的。

2 蒸汽浴房是拱形穹顶房间，且内表面光滑，在高温高湿环境条件下易产生凝结水滴，沿房顶、房壁向下流淌，所以地面应设置排水地漏。另外，为了保持蒸汽浴房内的洁净，在房内设置自动清洗器，以排除房间内多余的蒸汽。

3 蒸汽浴房的蒸汽发生器是安装在房外的，其产品有壁挂型及落地型可供选用。为确保安全运行，减少外部因素干扰，蒸汽浴房与蒸汽发生器之间的距离不超过3.0m，有利操作和检修。蒸汽发生器一般用电力作为能源。

1）供给蒸汽发生器的水源水质应符合《生活饮用水卫生标准》GB 5749，并且以热水最为理想。为保证蒸汽发生器的正常运行并达到最好效果，在蒸汽发生器的进水管上应装过滤器和阀门。

2）蒸汽发生器装设信号阀的目的是为了在特殊情况下能立即断水和切断电源以保护蒸汽发生器。

3）规定管材的目的是防止管道锈蚀影响供汽质量。

4）由于蒸汽温度较高，为了防止烫伤事故发生，对管道保温不可忽视。

5）淋浴是蒸汽浴的配套设施。

6.3.2 二温池和三温池是桑拿浴和蒸汽浴的配套设施，只有系统分开设置才能更好地实现人们差别洗浴的特殊要求。由于使用者是从桑拿浴房及蒸汽浴房出来后进入该池，所以它的位置应邻近桑拿浴房及蒸汽浴房，以方便入浴。

6.3.3 药物浴池是指在浴池中加入各种中药、香草、花瓣、芦荟、各种酒、盐等物质的溶剂。药物浴池的种类因其药物种类繁多而较多，但所用药物应绝对确保入浴者的安全，不对入浴者健康造成伤害，经营单位所使用的药物浴的药品种类及药液的浓度应取得医疗部门或沐浴主管部门的认可。

7 浴池水消毒与水质平衡

7.1 一般规定

7.1.1 公共浴池用水的水温一般在35℃～40℃之间，是各种细菌、微生物及军团菌等最适宜生长的温度，加之入浴者是浸泡在浴池内的水中，由于浴池的按摩喷头不断喷出较高水压的水柱对入浴者身体不同部位进行冲击，故使入浴者的汗液、皮屑、油脂等不断分泌，它们是造成浴池水污染的主要污染源。为了防止交叉感染和军团菌的孳生，必须向循环水中投加消毒剂，杀灭整个系统中的病原菌和病原微生物，防止某些疾病在洗浴者之间的传播，确保入浴者的健康不受伤害。所以，将浴池水必须设置消毒工艺确定为强制性条文。

7.1.3 在化学药品消毒剂中要满足该条全部要求是比较困难的。有些消毒剂只能做到其中的一项或两项，没有完全理想的消毒剂。每种消毒剂都有各自的优点和缺点，有些消毒剂在水中很快就被分解而不能保留在水中，没有持续消毒功能，即使有持续消毒功能的消毒剂，也在不断地减缓消毒功能。所以，观测和控制消毒剂的消毒能力是非常必要的。

温泉池由于水中含有某些矿物质、化学元素，选用的消毒剂不能因相互作用破坏温泉水水质，而失去医疗保健作用。据有关资料介绍，含有机物或铁、锰的温泉水用氯消毒会产生沉淀；含氨的温泉水用氯会产生化合性氯；酸性温泉水用氯会产生氯气；碱性温泉水用氯会降低消毒效果；含氯化物的温泉水用氯不会出现余氯。

7.1.4 本条是为了防止不同化学药品相互接触发生反应造成安全隐患而作出的要求。

7.1.5 氯气虽然具有较高的消毒效果，但环境及技术要求相对复杂。如果管理不善造成氯气泄漏，易带来严重的安全后果。对于人员相对较密集的公共洗浴场所，为确保入浴者的生命、财产安全，条文将公共浴池严禁采用液氯作为池水消毒剂作为强制性条文。

液态溴具有毒性和较强的腐蚀性，且非常危险，出现问题也很难以处理。从安全方面考虑，不允许在公共浴池中作为消毒剂使用，并将其列为强制性条文。

7.1.6 浴池水因其入浴人数变化，水中的消毒剂量也会发生变化。因此，消毒剂投加设备具有投加量的可调性是保证水质的条件，同时为了满足每周对浴池进行冲击消毒的需要而作出的规定。

7.2 氯制药品消毒

7.2.1 氯制药品消毒剂能广泛杀灭细菌和氧化有机物，并能持续消毒、防止交叉感染、价格便宜且设备操作简单，所以应用较广泛。

由于浴池的水温较高，适宜细菌生长，加之入浴者浸泡在池水之中，人体皮脂类有机物及汗液中的氮类有机物的存在，有利细菌的繁殖。如果浴池空间通风条件不畅，细菌生长很快；如果不尽快将其杀灭，会造成入浴者呼吸道、消化道及皮肤疾病的感染。为了快速杀灭浴池中的微生物，并在池水中保持适量的消毒剂含量，由于浴池的水温较高，故消毒剂投加量比游泳池更高一些。本条中氯制品消毒剂的投加量是根据国内一些按摩池的运行经验和国外相关规范提出的数据规定的。

氯制药品消毒剂一般指次氯酸钠（液体），有效氯浓度为8%～12%；次氯酸钙（片状、粉状，亦称漂白粉），有效氯浓度为60%～80%；三氯氰尿酸(片状、粉状),有效氯浓度为60%～90%。

7.2.2 本条对固体或液体氯消毒剂的消毒液配制浓度作出了规定。其目的是为了延长投加设备、管道及附件的使用寿命，因为它们易对设备、管道等造成腐蚀、堵塞。

7.2.3 为了保证公共浴池水中的剩余氯浓度保持在限值范围内，保证水质卫生标准，防止入浴者的交叉感染，规定公共浴池在开放使用过程中要连续不断地向循环水中投加消毒剂溶液。

同时为了防止浴池循环水泵停止运行，而加药泵继续运行，致使在水中积累过高浓度的消毒剂剂量给入浴者带来灼伤、中毒等安全隐患。所以，条文规定浴池循环水泵与加药泵联锁，即循环水泵启动，加药泵开启；循环水泵关闭，则加药泵也应随之停止运行。

7.3 臭 氧 消 毒

7.3.1 本条是参照美国、英国等国家的参数规定作为我国的参数。

7.3.2 臭氧是高效杀菌的氧化剂，不仅能有效杀死病原微生物、氧化浴池水中的有机物，而且还具有除味、除色、除臭、不产生三卤甲烷、不二次污染水质和增加浴池水中溶解氧功能。但臭氧又是一种有毒气体，水中及空气中的臭氧浓度超过一定限值后，对入浴者的身体有害。为了防止臭氧气体的泄漏，操作人员应按照安全条文规定对臭氧消毒剂采取负压制备和负压投加的方式向循环水中投加，确保安全。

7.3.3 为了充分发挥臭氧的氧化、消毒作用，它与被消毒水的充分混合、接触反应是极为重要的。本条规定的两者接触反应时间、反应罐容积的计算公式，这是最低要求。

美国 ANSI/NPSI-1（2003 年版）中对 SPAs 池水中的臭氧允许浓度未作规定，仅对 SPAs 池上方空气中的臭氧浓度规定为 0.1ppm（$0.2mg/m^3$）。英国 SPATA（游泳池协会）标准（2001 年版）有关 SPA pool 水质标准中规定采用臭氧消毒可采用去除臭氧系统和无臭氧去除系统（与氯或溴结合）。在任何一种系统中，水流回 SPA pool 时，需要确保回流水中的臭氧余量不超过 0.05mg/L。德国 DIN19643-1 (1997.4 版）规定游泳池和公共浴池采用臭氧消毒时，池内水中的臭氧浓度不超过 0.05mg/L。

据德国资料介绍：臭氧在空气中的分压是在水中的1/10，即臭氧在空气中的浓度为 0.05ppm×1/10＝0.005ppm。臭氧在水中 1ppm＝1mg/L，臭氧在空气中 1ppm ＝ 2.14mg/L。则 0.005ppm × 2.14 ＝ $0.01mg/m^3$。这个数值小于我国《室内空气中臭氧卫生标准》GB/T 18202－2000 关于室内空气中臭氧卫生标准 $0.1mg/m^3$ 的规定。

7.3.4 臭氧具有极强的氧化及消毒功能，但将它加入水中之后很快就被分解，所以就没有持续消毒功能。而浴池水温较高，入浴者身体分泌物较多，对水污染快。为了防止交叉感染，本条规定除臭氧消毒外还应配套长效消毒化学药品及组合的消毒方式，目的是提供一定量剩余消毒剂保持其持续的消毒功能并满足每周对公共浴池系统进行冲击氯消毒的需要。

7.4 紫外线消毒

7.4.1 紫外线消毒器由不同紫外灯管构成，它可分为低压紫外线灯管和中压紫外线灯管。由于低压紫外线灯管的功率小，而且又是 253.7nm 单谱段输出，所产生的剂量也较小，对于水质成分较复杂的公共浴池水杀菌能力极为有限，一般较少采用。中压紫外线灯管不仅功率高，而且又是多谱段并能连续输出，其剂量较高，杀菌效果较高。所以本条推荐公共浴池尽量采用中压紫外线消毒器，并对紫外线消毒器的参数和构造提出了具体要求。除条文中规定的要求外，实际工程采购时还应注意如下问题：1）确保水温在45℃之内，紫外线灯管的输出强度不受影响；2）紫外线灯管在生产厂保证使用寿命之内，它的剂量不得低于初始剂量的 70%；3）紫外线消毒器的构造应满足紫外线对被消毒水的照射无死角；4）配有石英套管、紫外线强度探头、自动清洗装置、过热保护、灯管使用小时计数器、水温探头等；5）确认供货商提供紫外线反应器内紫外线剂量、被处理水量和透光率等三者关系的计算流体力学性能曲线图；6）紫外线控制箱应具有灯管使用小时数、紫外线强度、低剂量紫外线报警、石英套管擦拭次数和电源开关指示灯显示，以及远距离控制和就地控制等功能。

7.4.2 为了保证紫外线的消毒效果更好，条文规定了紫外线消毒器的紫外线剂量和安装位置；其中室内浴池紫外线辐射剂量 $60mJ/cm^2$ 是引自英国《游泳池水处理和质量标准》（1999 年），室外游泳池紫外线辐射剂量 $40mJ/cm^2$ 是引自美国《自来水处理出水标准》（USEPA）。

7.4.3 紫外线消毒是一种物理消毒，它能有效杀灭公共浴池水中的细菌，特别对杀灭隐孢子虫、贾第鞭毛虫极为有效，而且不改变浴池水的水质。它与臭氧一样不具备持续消毒功能，所以，为了防止公共浴池发生交叉感染，保证入浴者的健康。条文规定紫外线消毒必须与具有持续消毒功能的消毒剂组合同时使用。在水处理系统中紫外线不仅起到杀菌作用，而且在公共浴池循环水处理的运行过程中还可以进一步降低长效消毒剂的投加量，另外波谱在 240nm 和 340nm 之间的紫外线光还具有分解氯胺的功能，这对防止公共浴池氯臭气味很有效果。要求紫外线消毒器与水流平行或垂直，是为了增加水与紫外线的接触时间，提高水接受紫外线的强度，从而确保紫外线的杀菌和降低氯胺的作用。本条第 3 款中“SS316”不锈钢牌号系英制，“S31603”不锈钢是我国对应英制“SS316”的最新牌号编号。

7.4.4 为了防止灯石英套管爆裂可能随水流入公共浴池对入浴者造成伤害，条文规定紫外线消毒器出口应装设过滤网。

7.5 其他消毒剂

7.5.1 溴是卤素元素之一，它的消毒原理与氯相似。在氯消毒系统中次氯酸（HClO）是主要的消毒成分，但使用溴氯海因消毒时，次溴酸是主要的消毒成分，并具有与氯一样的氧化有机物和杀死细菌的功能。本条是参照美国艾奥瓦州 2005 年“SPAs 运行管理规程”中关于公共按摩池池水中应有至少 4mg/L 的总溴余量确定按照投加量 8mg/L 进行设备容量的选型。同时该规程还规定，实际运行中溴的余量应控制在 2.0mg/L～3.5mg/L 范围为佳，这与世界卫生组织推荐的总溴含量不应超过 2.0mg/L～2.5mg/L 基本接近。如果过量投加，会使它的消毒功能减弱，出现类似氰尿酸的作用。由于公共 SPA 池一般不会发生入浴者吞咽现象，且溴酸根是一个不挥发的较大阴离子，通过皮肤吸收不是主要途径，所以世界有关国家用于室内公共 SPA pool。但当浴池水中总溴量超过 18mg/L 时，应停止使用浴池。

溴氯海因为颗粒状和块状，它与次氯酸钙一样有专用的自动投加装置，并连续运行。溴氯海因是酸性消毒剂，因此，要采取措施将浴池水 pH 控制在 7.2～8.0 范围内，以确保它的消毒效果。

使用溴氯海因、溴化钠等消毒剂，其成本比氯系消毒成本高，如果投加量控制不好，会造成水体呈绿色。溴氯海因消毒会产生二甲基海因副产物，它会在池水中产生积累，从而会引起入浴者皮肤炎或皮疹。因此对二甲基海因含量的检测和控制是应高度重视的，应严格按照《公共浴池水质标准》CJ/T 325 中的检测方法进行检测。

7.5.2 氰尿酸（二氯异氰尿酸钠和三氯异氰尿酸盐）是一种有机化合物，都是固体状。由于它们能提供游离性余氯的储备，因此消毒效果和氯一样有效。但是，如果氰尿酸过多，游离性氯被固定为含氯异氰尿酸，其浓度不断累积增加，反而降低了它的杀菌能力。所以，对浴池水中的氰尿酸浓度要有严格的限定，以确保其消毒效果。

由于存在上述弊端，美国一些州和澳大利亚一些州规定：异氰尿酸和异氰尿酸化合物不应用于公共浴池池水的消毒，特别不应用于室内公共浴池的池水消毒。

7.6 温泉和药浴池水消毒

7.6.1 温泉水和药浴水由于具有治疗某些疾病的效果，对健康极为有益，这也是温泉浴池深受人们欢迎的原因。但随着人们健康、卫生意识的不断增强，由于温泉水的类型较多，医疗效果各不相同，这在本规程条文说明表 2 中已有叙述。药物浴池的类型也不少，如各种中药浴池、香草浴池、各种酒浴、花瓣浴、牛奶浴、芦荟浴、死海浴等。在当前温泉浴和药物浴开发的热潮中，广大消费者对温泉浴池水中是否存在细菌及病原微生物、能否保持温泉水天然成分和药物成分以及经营者采用的消毒剂是否会破坏温泉水的独特性质等问题极为关注，这也是关系到温泉浴池和药物浴池产业能否健康发展的关键问题。

世界卫生组织（WHO）将消毒剂分为如表 8 所示的五种类型。

表 8 消毒剂的分类

类别	第一类	第二类	第三类	第四类	第五类
	氯系	二氧化氯	溴系	臭氧/紫外线	其他
药剂名称	氯气 次氯酸钠 次氯酸钙 电解产生氯 二氯异氰尿酸钠 三氯异氰尿酸盐	二氧化氯	溴气 次溴酸钠 溴氯海因	臭氧 紫外线	铜银离子 阳离子
特性	氧化性 有残余性	氧化性 有短残余性	氧化性 有残余性	氧化性/ 非氧化性 无残余性	非氧化性 有残余性

由表8可以看出，第五类消毒剂属于非氧化型消毒剂，它不改变和不损坏温泉水特有的还原性性质，属于还原性杀菌，也对人的皮肤不产生刺激，而且具有较长的持续消毒效果。银离子对碱性温泉效果较好，但对含有硫化氢的温泉水不适用。阳离子消毒剂杀菌速度比氧化型消毒剂慢，使用成本较高，但它的适用范围不受温泉类型影响。

7.6.2 本规程第7.6.1条条文说明中的表8所表示的第一类～第四类消毒剂均属于氧化型消毒剂，它们与温泉水的某些化学成分接触后会发生反应，会损坏温泉水的还原性的性质，破坏温泉水的治疗效果，与有机物接触会产生氯臭（结合氯）味，甚至会产生某些有害物质，如：

1 酸性温泉水采用氯系消毒药物消毒时，不仅严重腐蚀设备，而且会产生有毒的氯气；

2 碱性温泉水采用氯系消毒药物消毒时，会降低消毒效果；

3 温泉水一般有机物含量较多，臭氧消毒能有效分解这些有机物，但臭氧没有持续消毒功能，故应和氧化型消毒剂联合使用。臭氧是有害气体，为了不危害入浴者的健康，进入浴池水中的臭氧含量不得超过0.1mg/L，浴池水面上的空气中臭氧含量不得超过0.05mg/L。

据日本资料介绍：氯系氧化型消毒剂用于温泉水消毒虽对池水消毒杀菌、保持浴池水卫生有效，但它最大的弊端就是改变了温泉水原泉水水质的特性，改变了温泉水还原性的性质，不仅使其失去治疗效果，并且会带来以下不良后果：

1 温泉水中硫化氢等还原物质含量较高时，不仅氯消毒剂消耗很大，而且氯含量无法有效控制；

2 温泉水的pH>8的碱性泉及pH<5的酸性泉，对氯系消毒剂来讲是无效消毒区间；

3 温泉水中铁、锰等重金属含量高时，会造成浴池水变色和产生沉淀；

4 温泉水含有大量碳酸气体时，采用氯系消毒剂会使浴池水pH升高较多；

5 温泉水中含有腐殖酸、氨氮等有机物较多时，会使浴池水产生臭味，而且杀菌消毒效率降低。

7.6.3 臭氧的杀菌能力很强，并能分解水中的有机物，提高过滤器的过滤效果，且有净化空气的功效。但它属氧化型消毒剂，存在损坏温泉水还原性的性质，而且它又无持续消毒杀菌功能，故一定要与氯（溴）系消毒剂联合使用。

据美国、英国及日本等国资料介绍，采用臭氧消毒时要注意如下问题：1）由于臭氧是氧化性消毒剂，对温泉水的成分是否有破坏，对杀灭军团菌的能力等应进行事先的验证；2）无臭氧吸附系统时，浴池水中的浓度不应超过0.1mg/L，如与溴系消毒剂联合使用，浴池水中的臭氧浓度不超过0.2mg/L，特殊情况下不得超过0.5mg/L；3）浴池水表面上空气中的臭氧浓度不超过0.05mg/L。

7.6.4 紫外线消毒是物理消毒，是非氧化型消毒剂，它不会改变温泉水的水质，其杀菌能力也不受温泉水酸碱度的影响。由于紫外线无持续消毒功能，需要与氧化型消毒剂联合使用。紫外线可以分解化合物，能很好地消除氯消毒剂产生的氯臭气味。

温泉水由于含有某些矿物质，其水的浑浊度与色度较高，这就要求紫外线灯管在使用寿命范围内有不少于60mJ/cm^{2}的照射剂量，而且还要对紫外线的穿透率、照度比等进行事先验证。紫外线的输出受水温的影响较大，而温泉水浴池的水温均高于25℃，故使用时应与供货商共同商定最佳的规模和辐射量。

紫外线灯的强度会随着使用时间的增加而逐渐衰减，这就要求选用优质紫外线灯和石英套管。另外，由于温泉水的成分复杂，石英套管表面易结垢，所以经常清洁石英套管表面非常重要。建议选用配有在线自动清洗功能的紫外线设备。

7.6.5 阳离子消毒剂不会损坏温泉水的特性，具有持续杀菌消毒功能，对入浴者身体和环境均不产生危害。为了提高杀菌效果，要加强过滤器过滤效果的管理，以便及时消除浴池水中的油脂，同时还应每周对池体和系统清洁一次，防止生物膜的产生。

7.6.6 银离子消毒剂是还原性非氧化型消毒剂，不损坏温泉水特有的还原性质，对入浴者的身体不产生刺激，具有一定的持续消毒功能，对碱性温泉消毒效果较好，但它不适用于含有硫化氢的温泉水。

非氧化型消毒剂如银离子消毒剂、阳离子消毒剂、紫外线消毒及光触媒消毒等属于还原性消毒杀菌，不仅不损坏温泉水的特有的还原性的性质，而且对入浴者的皮肤不产生刺激，也不改变温泉水的颜色。因此，本规程推荐采用。

7.6.7 光触媒也称光催化，它是利用特殊的光催化净化材料，在紫外线光的照射下的光催化作用，将水中的细菌、藻类、微生物等杀灭或分解，而不改变水的物理化学特性，所以，在国外被广泛用于温泉水的消毒。该消毒设备是在二氧化钛（TiO_2）网表面包覆一层具有极大表面积的泡沫净化材料，如果被某些杂物包裹，清洗比较困难，所以，该设备对温泉水的浑浊度有一定的要求，使用时应与生产商密切配合。

7.7 水质平衡

7.7.1 公共浴池水的平衡就是要符合以下要求：1）防止污染，为入浴者提供舒适、安全的水；2）提高消毒剂杀菌消毒的效率；3）减少产生不需要的消毒副产物；4）防止对池体、设备、管道系统产生腐蚀、侵蚀及沾污、结垢等。本条规定了池水保持化学平衡的五个主要因素及参数。

1 pH反映SPA pool水质维持管理的重要参数。

pH维持在7.2～7.8之间，使池水接近中性，可以适用于各种化学药品消毒剂的最佳消毒效果。如pH低于7.2，则氯就会迅速消失，造成金属腐蚀，使入浴者眼睛不适；大多数消毒剂的消毒效果取决于pH。如pH高于7.8，不仅消毒效果差，而且会使氯的消耗量增加，水发生浑浊，造成设备、管道结垢，也会使入浴者眼睛不适和皮肤干燥。所以，为了保护池水系统的合理运行，根据池水pH的数值向池水投加适当的化学药品溶液，使池水的pH保持在7.2～7.8的范围内，不仅对消毒有利，而且能达到水质平衡，因此公共浴池的水质管理在使用中要密切关注池水pH是否达标。

2 总碱度是反映浴池水变化程度和舒适度的指标，如果低于80mg/L，对金属产生腐蚀，使pH不稳定，出现波动，也造成入浴者身体不适；如果总碱度高于200mg/L，则导致pH升高，造成水浑浊和系统结垢。在此，提醒浴池消毒系统操作者，本条本款的规定总碱度范围宜控制在80mg/L～120mg/L范围内是概括性的，实际运行中应根据不同的消毒剂控制，适当提高下限值，以取得最佳效果。

3 钙硬度低于100mg/L，会发生设备腐蚀、池体表面着色和侵蚀池壁砂浆；如硬度高于200mg/L，会发生系统结垢和池壁出现聚凝体物质，降低设备的运行效率。

4 总溶解性固体是反映池水透明度的一个指标，超过原水硬度加1500mg/L的限值，由于浴池的洗浴负荷与水容积的比率提高，特别是池水蒸发致使浴池水的有机污染、化学药剂残留增加，造成更高含量的悬浮物，从而影响消毒效果，甚至会造成水变色和产生异味。解决办法除了浴池水的循环周期不得超过0.5h外，还应保证浴池每周排空一次，并重新向浴池注入新鲜水，及时补充新鲜水是控制溶解性总固体的有效措施。

5 当温泉水和热水浴池的水温低于35℃时，会使入浴者不舒适；如果浴池水温高于42℃，造成池水蒸发量增加、浪费能源、增加系统结垢的速度，而且入浴者会感觉不舒适。

浴池水的浑浊度是反映水中悬浮物浓度的一个指标，也是评价水质的感官指标。现行行业标准《公共浴池水质标准》CJ/T 325中规定浴池水的浑浊度控制在1NTU以下：1）可以检查有无微粒存在，以保证消毒剂与微生物直接接触；2）方便入浴者估计水深；3）提高入浴者感官效果。

7.7.2 由于我国目前尚无用于公共浴池的各种化学药剂的目录，都是生产厂家自行向有关主管部门申报。公共浴池水温较高，且入浴者都是全身浸泡在水中，并享受水-气喷射冲击达到放松、消除疲劳目的，为保证入浴者的身心健康，不给入浴者带来卫生伤害，本条对水质平衡用化学药剂的选用作出了下列规定：

1 对入浴者健康不产生危害；

2 对浴池水不产生二次污染；

3 不与浴池水中有机物发生反应；

4 能快速溶于水。

7.7.4 对于公共浴池，由于池水容积较小，加之浴池附有各种水力按摩喷头，入浴者较多，致使浴池水的化学参数变化很快，只有对加药系统实施全自动控制才能适应这种使用特点。

为了防止不同化学药剂混用发生化学反应带来安全隐患，条文规定不同化学药剂投加系统不仅要分开设置而且要有明显的区别。

7.7.5 公共浴池初次充水或泄空清洁后再次充水，会产生泡沫。如掺有软化水或淋浴后的肥皂水，情况会更为严重。另外，当公共浴池由于池水蒸发或池水溶解性总固体（TDS）增加过多时，也会产生过多的泡沫，这时对入浴者会产生负面影响。遇此情况，应向池水中投加泡沫消除剂予以消除，否则会影响池水的观感质量。但为了不对入浴者带来健康伤害，泡沫消除剂必须满足食品级要求。

8 洗浴水加热

8.1 洗浴水水温

8.1.3 温泉水因其所在地区不同，埋藏深度不同，其原水水温、水质、蕴藏量等各不相同。设计应以实际试验资料为准进行设计，不得以临近温泉水质资料替代具体工程温泉水质。

8.2 热量计算

8.2.2 公共浴池的使用环境条件与游泳池相近，但公共浴池的使用水温较高，故本条规定了每座浴池的耗热量按《游泳池给水排水工程技术规程》CJJ 122中游泳池耗热量的计算方法进行计算。

如温泉原水温度低于浴池使用水温的要求，为保证入浴者的正常使用，应对其温泉原水进行加热，所需热量按本规程第8.2.3条规定公式进行计算。

8.2.3 本条规定了温泉水水温低于40℃不能满足使用要求及进行温泉水加热时的加热量计算公式。

由于水温在30℃～50℃之间是军团菌的最佳孳生环境，为了防止贮热水箱内壁繁殖军团菌，本条引用日本《关于预防军团菌必要措施的技术指南》的政府通告中的规定，为使贮热水箱内不产生军团菌，要求设置加热装置以保持箱内水温高于60℃的规定作为本条文的技术参数。

8.3 热源及加热方式

8.3.2 公共浴场是水和能源的消耗大户，为了节约能源，掌握温泉水的温度并了解其有无富裕热量可供利用，应作为选用热源的首要因素。如果温泉水无余热可利用，则再考虑城镇、区域或建筑物内的高温热水作为热源，只有前两项不存在的情况下，可以考虑电力作为能源。

8.3.3 根据公共浴池的工作特点，为了充分发挥热泵节能的优点，条文从技术上的可能性和经济上的合理性等方面综合考虑，对热泵使用条件、容量确定、辅助热源配置及热泵的形式、冷媒要求作了原则规定。

公共浴场规模不同，人员负荷变化大，当地的气候条件不一致，设计时应进行认真分析比较，以节约能源为原则，选用不同形式的热泵，条文对选用热泵应注意的问题作出了原则规定。

由于公共浴场的浴池水加热、生活用水加热的用热变化幅度较大，很不均匀，这就要求设计时首先要进行经济技术比较，并以经济性作为制定原则。

1 公共浴场的各类热泵多为非标准工况下工作的热泵，选型时应根据工程情况选用适用的工程工作气温、水温范围的热泵，以保证热泵正常运转，如有极端气温、水温工作范围，应与设备生产厂商充分协商，以便定向设计和生产制造。

2 热泵的水流量的稳定性对维持热泵正常运行很重要，为此，选型时应按每个循环的温升或温降4℃～5℃为宜。

3 当水体的温度低于8℃时应采取保护措施，以防冰堵发生。

4 进入热泵的热源水体不应含有大颗粒的杂质和可生长的生物体，以保证热泵的正常运行。

5 热泵用于温泉水时，由于温泉水水质的差别较大，不仅会出现化学腐蚀、生物腐蚀以及电化学腐蚀，而且也会产生水垢。这些现象将影响热泵的使用和换热效率。因此，其材质应具有良好的耐腐蚀、耐结垢的性能。

6 与热泵相配套的水泵、杂质过滤器、排气装置、水流指示器等设备、设施的质量，均应符合相应的标准、规范的要求。

8.3.4 本条对公共浴场采用太阳能加热系统的适用地区、系统主要参数及辅助热源的设置进行了规定，是为了达到节能、满足使用要求的目的。规定的参数引自《游泳池给水排水工程技术规程》CJJ 122。

8.3.5 公共浴池的容积较游泳池小，其循环水量不大，为了方便浴池水加热设备的选型，防止设备过小无法选型，所以本条推荐采用全流量加热方式。

8.4 加热和贮热设备

8.4.3 公共浴池的循环水系统因其供水及回水的温度差比较小，采用电加热器和水-水板式换热器有利于温度控制，而且每个浴池应各自独立设置，出水管限温控制器是防止水温过高发生烫伤入浴者的事故。

8.4.7 由于温泉水的原水量是均匀的，温泉水浴池的用水量不均衡且用水时间大都集中在上午10时至晚上12时，因此，设置贮水箱可以调节这种不均衡用水。

贮热水箱水温要求不低于60℃是为了防止军团菌的孳生繁殖。

除了贮热水箱，对高温温泉还应设调温水箱，以保证浴池在使用过程中补水以及泄空后重新注水的水温符合使用要求，一般调温水箱的水温为42℃～45℃，否则高温水易对入浴者造成烫伤隐患。调温水箱亦称供水水箱。

9 设备和管材

9.1 一般规定

9.1.2 公共浴池循环水处理系统为防止军团菌给入浴者健康造成危害，要求至少每周应以10mg/L～20mg/L高浓度的氯消毒剂进行消毒处理。而氯消毒剂具有较强的腐蚀性，为提高设备和管道的使用寿命，公共浴场给水排水系统所选用的给水排水设备、附件、管材、管件、仪器仪表和化学药品等均应符合国家现行的产品标准规定，防止发生安全事故，特别对于水质成分较为复杂的温泉水浴池循环水系统更为如此。

9.1.3 公共浴池的类型因其使用功能和水质要求各不相同，如各种药浴池、不同水温的浴池以及温泉浴池。同时为了某单座浴池进行维修保养时，不影响其他浴池的使用，也为了管理上的方便，条文作出了不同浴池的循环水系统应分开设置的规定。

9.1.4 公共浴池与游泳池相比较，其水容积较小，水温较高，洗浴负荷也存在变化，水质变化较快，则池水的消毒剂余量和化学药剂的用量也需要随时进行调整，确保浴池水的卫生标准，用人工投加和控制的方式是难以做到的，采用水质监测设施、装置自动控制并调节消毒剂及相关化学药剂的投加量是最有效的方法。

9.2 过滤设备

9.2.1 设置毛发聚集器是为了去除池水中的毛发、纤维及某些固体等杂物，防止其对后续的过滤设备、过滤介质层的破坏。毛发聚集器内应设置收集杂物的过滤筒，据有关资料介绍，过滤筒的开孔率应为22％～25％，开孔直径1.5mm，开孔间距宜为3mm。为了保证循环水系统的流量不受影响，条文对过滤筒的孔眼开孔面积与接管管道截面的关系参数作了规定。

9.2.2 为了保证浴池水的水洁净、透明和良好的视觉效果，所以必须对池水进行澄清过滤。因此，保持过滤器的过滤能力、过滤效果及用反冲洗的方式将粘附在过滤器内部孳生的军团菌和病原性微生物完全排除，故本条文对过滤器功能、过滤速度作了具体参数规定。

用于浴池水的过滤器按过滤介质区分有：1）颗粒过滤器；2）硅藻土过滤器；3）纤维布或纸芯过滤筒。后者因管理上存在问题，应用较少。

9.2.3 过滤器过滤介质的形状和材质与抑制微生物的繁殖关系重大。如多孔隙的无烟煤、陶瓷球或质量不好的石英砂等，因这些滤料具有微细的空隙，反冲洗时很难完全冲洗干净，会给微生物造成很大的繁殖机会。故条文对选用石英砂作滤料时应注意的问题作了规定。

9.2.5 本条所说的其他形式的过滤器是指桶式过滤及一体式过滤器，滤芯材质多种多样，如特质纸芯、纤维缠绕等，其他过滤介质，如玻璃球、沸石、磁铁砂等。

9.2.6 公共浴池的水温较高，一般为35℃～40℃。为防止病原微生物的繁殖，至少每周需对系统进行杀菌消毒一次。为保证设备和系统安全运行，不发生漏水现象，故条文对过滤器材质作出了具体要求。

目前市场上用于浴池的玻璃钢材质的过滤器品种较多，选用时应仔细了解和比较它们的耐压等级、耐热温度等级、过滤介质、耐腐蚀性能、抗老化性能及维修条件等。

9.3 水泵和气泵

9.3.1 为了保证公共浴池的水质，确保足够的浴池水被过滤去除杂质，首先应保证循环水泵的容量。为此，条文对循环水泵的选择作出了具体规定。

用于公共浴池循环水系统的循环水泵品种较多，适用的场合不完全一致。设计选用时要仔细分析比较。特别对于温泉池，因其水质成分差异较大，对金属水泵会形成多因素的腐蚀，这就更应仔细分析对比，以便选择合适的水泵。

据日本有关资料介绍，如果按温泉水的pH选泵，其不同的pH的温泉水可按表9选用。

表9 不同的pH温泉水适宜的水泵材质

温泉类型	pH	适宜的水泵材质
强酸性温泉	＜2	钛、衬橡胶、合成树脂、陶瓷
酸性温泉	2～4	不锈钢（SUS304、SUS316、SUS316L）、全青铜
弱酸性温泉	4～6	不锈钢（SUS304）、硅铸铁、全青铜、必要部分为青铜
中性温泉	6～7.5	全青铜、必要部分为青铜
弱碱性温泉	7.5～8.5	必要部分为青铜、全铸铁
碱性温泉	8.5～10	全铸铁、不锈钢（SUS304）
强碱性温泉	＞10	全铸铁、不锈钢（SUS304）

又据日本资料介绍，如按温泉水水质成分选泵，不同温泉水水质成分可按表10选用。

表10 不同温泉水质适宜的水泵材质

温泉水质分类	适宜的水泵材质
钠-氯化物温泉	青铜、不锈钢（SUS304、SUS316）、钛、硅铸铁
单纯温泉	铸铁、青铜
单纯硫温泉（含硫化氢型）	硅铸铁、钛、青铜
铁（Ⅱ）-硫酸盐温泉	不锈钢（SUS304、SUS316）、钛、硅铸铁
钙（镁）-碳酸氢盐温泉	铸铁、不锈钢（SUS304、SUS316）、钛、奥氏体铸铁
钠-碳酸氢盐温泉	铸铁、不锈钢（SUS304、SUS316）、钛

给水排水专业常用国产不锈钢新旧牌号对照详见表11。

表11 国产不锈钢新旧牌号对照表

序号	国产新牌号		国产旧牌号	
	新牌号	统一数字代号	旧牌号	统一数字代号
1	06Cr19Ni10[a]	S30408	0Cr18Ni19[a]	SUS304
2	022Cr19Ni10	S30403	00Cr19Ni10	SUS304L
3	06Cr17Ni12Mo2[a]	S31608	0Cr17Ni12 Mo2[a]	SUS316
4	022Cr17Ni14Mo2	S31603	00Cr17Ni14 Mo2	SUS316L

注：表中a表示为耐热钢或可作耐热钢使用。

温泉水与金属接触会产生腐蚀，温泉水中析出的气体也会产生腐蚀以及电腐蚀。如果上述因素相互叠加就会使其温泉水的腐蚀变得非常复杂。因此，为能够正确地选择水泵材质，最理想的办法就是在温泉现场用试验片实际进行侵蚀试验，以便取得确切依据。

公共浴池循环水泵要求设计成自灌式的规定是为保证循环水泵能够随时开启。

9.3.2、9.3.3 这些设备国内尚无国家及行业产品标准，而且浴池内的各种不同类型的喷嘴等设施也无国家及行业产品标准，目前市场上的这些产品均为企业自行生产的产品或是国外产品。气泵也称风泵或吹风机，该设备国内已有国产产品。

9.4 消毒设备

9.4.1 加药系统除加药泵按浴池最大药剂用量确定容量外，还应包括传感器、控制器、溶液投加注入器，配有搅拌设施的溶药桶或溶液桶及管道、阀门和附件的相互配套。溶液桶还应配套液位指示及最低液位报警、溶液浓度显示及沉积杂质排出管等。溶液桶的容积应按一天的需要量配备，其溶液应一次配制完成，以确保溶液的浓度均匀一致。

公共浴池所用化学药品均为不相容药品。为防止不安全，每种化学药品溶液的投加系统均应各自独立设置，不得相互合用及混用，但加药系统允许安装在同一房间内，且相互之间应保持必要的安全距离，方便操作和检修。

9.4.2 公共浴池的水温较高，并要求每周进行一次消毒清洗，故紫外线灯管的耐热性能和腔体材料对循环水的消毒效果和使用寿命至关重要。022Cr17Ni14Mo2 为国产不锈钢新编号，而旧牌号称 SUS316L 牌号不锈钢，它与英制 SS316L 不锈钢牌号相对应。

9.4.3 臭氧发生器应为成套产品是保证设备正常运行的条件。公共浴场的设备机房大多设在地下层，为保证臭氧浓度和防止臭氧泄露给人带来危害，建议选用负压制取臭氧的臭氧发生器，同时其臭氧产量是可调的，以适应洗浴人数的变化。为了保证设备的安全，除设备具有自动控制的各项保护功能外，臭氧发生器房间还应安装检测臭氧泄漏的装置。

9.4.4 为防止消毒剂杂质堵塞计量投加泵，在有条件时宜将化学药品溶解桶与溶液桶分开设置。溶液桶的容积按一天的用量配置可以保证溶液均匀性且每个溶解桶应带搅拌设施。其材质应为具有较强耐腐性能的材质制品。

9.5 换热、加热及制冷设备

9.5.1、9.5.3 由于这些热水系统的原水均符合现行国家标准《生活饮用水卫生标准》GB 5749 的要求，为了防止交叉感染，则向循环水中投加必要余量的氯（溴）长效消毒剂，特别是浴池要求定期地用超氯量（约 10mg/L ～15mg/L）进行冲击处理，再加之输送的水温较高，故条文推荐用抗氯牌号的不锈钢材质。条文中所述加热或换热设备包括各种加热炉、电加热器及各种形式的换热器和热泵等。

9.5.2 由于温泉水的成分比较复杂，水的 pH 相差也较大（详本规程第 3.1.3 条条文说明），为了保证给水排水系统有效运行，故条文推荐浴池循环水系统中的加热设备、换热设备、贮热水箱、调温水箱等采用较高等级的不锈钢材质和钛金属材质。

9.6 管材及附件

9.6.1 公共浴场的用水内容较多，水温要求、水质差异较大，故条文规定了管材的选用原则。

1 水温要求不同，如淋浴热水一般为 50℃～60℃，温泉原水一般为 40℃～80℃，浴池循环水水温一般为 36℃～40℃。如选用塑料管材时，应注意减少水温下降及不同流体温度对其耐压等级降低的影响。因为温度升高会使管道的耐压性能随之降低，选用时应充分考虑这一因素。据国内外相关资料介绍，有关塑料管不同使用温度与使用压力的关系如表 12 及表 13 所示。

表 12 给水硬聚氯乙烯管（PVC-U）不同使用温度与使用压力的关系

使用温度（℃）	≤20	20～30	30～40
使用压力（MPa）	1.0	0.87	0.74

表 13 聚丁烯管（PB）不同使用温度与使用压力的关系

使用温度（℃）	5～30	31～40	41～50	51～60	61～70	71～80	81～90
使用压力（MPa）	1.0	0.9	0.8	0.7	0.6	0.5	0.4

2 目前市场无论是金属管道还是非金属管道，其品种繁多，可供选择的空间较大，但是每种管道都有自己的专用配件和连接方法，相互之间一般均不兼容。为了保证工程质量，防止输送介质受到二次污染，管材应符合现行国家标准《生活饮用水输配水设备及防护材料的安全性评价标准》GB/T17219。

3 温泉水的成分复杂，含有较强的化学腐蚀与辐射腐蚀。只有耐腐蚀的管材能减少维修工作量并保持使用寿命，除此之外，还应注意对于不同金属管道、阀门等相连接处应采用绝缘接头，防止电位腐蚀。条文要求管道内表面光滑是防止内壁生成生物膜给军团菌营造繁殖的温床，同时也方便超氯消毒冲洗掉内壁的污物。

管道与设备、阀门的连接处所用垫片、垫圈等应具有足够的耐腐蚀性、耐热性及耐久性。特别应注意相同名称产品的不同成分。

9.6.3 温泉水具有较强的腐蚀性，且成分复杂，温度也不相同，选用管材时应特别予以注意。为方便选用，国产塑料管材的适用温度范围详见表 14，不同工作温度的折减系数见表 15，热水管不同温度级别时的最大工作压力详见表 16，供选用管材时参考。

PVC-U 给水塑料管、聚乙烯（PE）塑料管因耐高温性能及温度变化性能差，不适应公共浴池水温较大变化幅度而带来的管道胀缩特点，易使管道连接处产生松动，造成漏水，所以高温热水和温泉水不宜使用。

表 14 塑料管材适用温度

管材品种	PVC-U	PE	PP-R	PB	ABS	PVC-C
温度适用范围（℃）	−10～40	−40～45	0～80	−20～95	−40～80	−15～90
长期使用温度（℃）	≤40	≤40	≤70	≤75	≤40	≤75

表 15 全塑冷水管不同使用温度下工作压力的折减系数（*f*）

管道材质 \ 工作温度（℃）	<20	20～30	31～40
硬聚氯乙烯（PVC-U）管	1.0	0.87	0.74
丙烯腈-丁二烯-苯乙烯（ABS）管	1.0	0.80	0.63
聚乙烯（PE80＼PE100）管	1.0	0.87	0.74

表 16　全塑热水管不同级别时的最大工作压力（MPa）

管材品种 \ 管材级别	级别Ⅰ（60℃）				级别Ⅱ（70℃）			
	PVC-C	PB	PE-X	PE-RT	PVC-C	PP-R	PB	PE-X
S8 / SDR17	—	0.60	—	—	—	—	0.60	—
S6.3 / SDR13.6	0.60	0.80	0.65	—	0.60	—	0.80	0.60
S5 / SDR11	0.86	1.25	0.80	0.60	0.80	—	1.00	0.76
S4 / SDR9	1.08	1.60	1.00	0.72	1.00	—	1.25	0.89
S3.2 / SDR7.4	—	2.00	1.25	0.90	—	0.60	1.60	1.11
S2.5 / SDR6	—	—	—	1.16	—	0.80	—	—
S2 / SDR5	—	—	—	1.45	—	1.00	—	—

9.7　设备和管道保温

公共浴场的淋浴用水、浴池用水的水温基本上都超过35℃，高于室内气温，为减少洗浴水输送过程的热损失，节约能源和保证不影响入浴者的使用要求，对公共浴池的制热设备、蓄热设备和管道进行保温是必要的。本节仅对保温材料的选用作了原则规定。具体工程究竟选用何种材料，设计人应根据当地具体情况确定。

9.8　水质监测和检测

9.8.1　本条规定了水质监测和检测的设置原则，特别强调即使设有自动在线水质监测的情况下，还应配备必要的人工检测设施，两者不能互相替代。

9.8.2　为了使公共浴池有一个舒适、健康、卫生、清澈的水质，防止入浴者发生交叉感染，对浴池水进行全过程的在线监控，合理地、科学地控制消毒剂、化学药品的投加量，综合全面地、动态地对这些化学药品进行调节，确保浴池水质的健康、卫生和安全是极为必要的。为了实现这一全过程的监控，水质探头（亦称传感器）、在线仪表、PLC控制器应组合加药计量泵、液位、循环水泵、池水换热等设施，形成一个完整可靠、操作简便、数据准确且经济的水质在线监控系统。

现行行业标准《公共浴池水质标准》CJ/T 325中规定“氧化还原电位（ORP）应大于650mV”。ORP是表示水中氧化或还原能力的测量指标，是水中氧化或还原的电动势（电位），单位是毫伏特（mV），它已成为国际上反映游泳池和公共SPA pool水质标准的指标。

温泉水是隐藏在深层地下的水，因其长期在高温高压条件下，会有各种各样的矿物质溶解在水中，由于处在缺氧的环境，所以是属于还原性的，当这些水涌出或被抽出地面后，立即与大气中的氧气接触，即开始了它的氧化过程，在此期间由于压力下降，就引起溶解性气体的挥发和温度下降，泉水的成分就发生物理和化学变化，泉水就由地下的静态稳定变为动态不稳定，随着时间的增长最终成为氧化性的另一稳定的静态，这就是泉水的劣化过程。当泉水暴露在空气中或加入氧化性物质时，会有溶氧发生，则水中的ORP值会提升而趋向氧化态。因此，采用ORP检查温泉水的劣化行为已被接受。

9.8.3　小型公共浴池的人工水质检测的全套设备至少包括一个目测比色计、每个检测数相对应的标准色盘或色卡、比色管和反应所需的化学试剂。它是用比色盒、通过药剂与水样反应显色之后与标准色盘进行比色而得到浓度测量结果。它操作简单，能快速获得测试数据，但测试精度不高。

大型公共浴池、商业性公共浴池由于使用人数较多，为防止交叉感染，需要对浴池水质进行较精确的分析测试，对水质保护提供可靠依据，故应采用较精确的光度计和电极法的测试设备。光度计是通过化学药剂与水样反应显色后，测量溶液颜色的变化程度而获得被测物质的精确浓度。全套设备包括光度计、比色管和反应所需的化学药剂。

10　废水及余热利用

10.1　废 水 利 用

10.1.1　公共浴场的用水部位因其使用功能的不同，而分有较多的洗浴区，比较分散，为了最大程度的节约水资源，条文规定应将分散的废水采用排水沟或排水管收集到集水坑等，用潜水泵提升将其集中送至中水处理站进行适当处理后用于冲厕、洗车、绿化等。故本条规定了公共浴池应该从减少排放，充分利用所有的优质废水作为二次水资源。本条提醒设计人员应该回收废水，同时在设计中要充分注意公共浴场排水特点：1）分散性：由于浴池类型多，占用面积大，排水点分散；2）不均匀性：使用人数变化较大，排水量就不均匀，同时，每天都在营业结束后才对浴池、地面、排水沟等进行卫生清洗，因此排水量很不均匀；3）各类水池、水箱泄水不仅可回收水量，而且余热也可回收予以利用。

10.1.2　对于大型公共浴场较多的公共浴池和各类水箱的泄空排水宜采取降温回收余热的措施，以充分利用余热节约能源并将废水进行回收加以利用，以节约水资源。

10.2 余 热 利 用

10.2.1 根据本规程第3.3.1条的规定，温泉浴池的使用温度一般在35℃～42℃范围内，但温泉水的原水温度因地区、地层深度不同而变化较大。据了解，目前国内已开采的温泉水大多数在35℃～90℃之间，如温泉水出水温度为45℃，它与使用温度相差较小，回收利用率低，回收不一定经济。在此情况下可直接使用；如果温泉水原水水温高于50℃，它与温泉水浴池的使用水温温差较大，具有一定的回收利用价值，应将其多余热量予以回收利用。

10.2.3、10.2.4 公共浴场是热水消耗量比较大的场所，所排放的洗浴废水温度均高于30℃，并且由于浴池中热水的蒸发散热导致浴场内的温度和湿度增大，同时高温温泉原水又需要降温才能补充进入浴池。所以上述三种废热、余热均应考虑予以回收。

公共浴池排水进行余热回收应该考虑其水温、水质和流量等，因其使用负荷是不断变化的。同时要求如果进行热回收，为了克服回收热量不均衡、不稳定这一缺点，保证浴池的正常开放使用，条文规定应设置备用热源。

10.2.5 由于公共浴池的循环水系统的水温差比较小，水量亦小，为了保证被加热水和被加热设施（如石板浴等）的出水温度稳定，要求二次热源水的水温不应过高，本条参数是参照国外资料规定。

10.3 热回收方式及回收设备

10.3.2 由于公共浴池池水含有一定的化学药品残留，特别是温泉浴池的水质成分更为复杂，为防止被加热水或被降温水受到冷媒的污染，因此热回收设备的水流过流部件耐腐性能、设备构造的严密性能极为重要。

为了保护环境，条文规定热回收设备的冷媒应符合环境保护要求，据有关资料介绍，目前已采用的R-407c、R-410a、R-134a等冷媒的热回收设备机组对大气臭氧层的影响极小，符合国家环保政策要求。

热回收设备机组的热回收效率受水温影响较大，选用时根据工程具体情况要进行仔细的技术分析和经济比较。

11 设 备 机 房

11.1 一 般 规 定

11.1.2 大型浴场的浴池类型较多，占地面较大，为方便管理，保证使用，不同的浴区宜设置各自的设备机房，减少管道往返带来的阻力损失。由于在浴池系统中管道弯曲不平会使管内存水不能完全排除，致使军团菌在这些滞水区孳生，为了排除军团菌在循环系统孳生和形成生物膜的环境，这种环境只有在循环水回水管高于过滤设备时方有条件实现。

小型公共浴场，可以将不同浴池的设备设施集中在一个机房内，但为了方便管理，在机房内应分区布置各浴池的设备。

11.1.4 设备机房的高度应能保证设备的正确安装和检修。设备布置间距应保证工作人员正常操作的需要，同时为了方便设备、化学药品的正常运输，又不对机房设备运行和邻近房间产生干扰，机房内应留有物品运输通道，而且与建筑内的通行道相对应。

设备机房内的环境对保证设备良好运行、延长设备的使用寿命、保证化学药品有效成分和安全，特别在使用臭氧消毒的情况下，机房内的通风、气温、照明就应认真对待。

由于不同设备、设施的要求各不相同，故规程仅对环境作了原则规定。设计时应与生产企业加强联系，向相关专业提出具体要求。

设备机房为了保持良好的环境，需经常用水冲洗地面，为防止水对设备造成危害，设置高出地面100mm的基础顶面，其要求是本专业不可忽视的问题。

11.2 水泵和过滤设备布置

11.2.1、11.2.2 过滤设备包括毛发聚集器和主过滤器，是保证池水有良好透明度的重要设备。为了保证系统有合理的水流条件，其设备布置应尽量顺序安排，尽量减少迂回弯转。而且浴池水的水温较游泳池高出许多，为防止军团菌的孳生需要及时对过滤器经常的清洗、消毒，甚至频繁打开检修主交换过滤器的过滤介质，这就要求有足够的空间环境。条文中的建筑结构最低点是指结构梁的底面。

11.2.4 成品型公共浴池一般均将毛发聚集器、循环水泵、过滤器、加热（换热）器、消毒装置组装在浴池的侧下部，为了便于检查、维修等作业工作的开展，条文对成品浴池作了此项规定。

11.3 加药间及药品贮存

11.3.1 公共浴池循环水净化处理过程中除了向水中投加消毒剂，如次氯酸钠、次氯酸钙、氰尿酸及溴盐等外，还有为保持池水水质平衡而投加的其他一些化学药品，如增加碱度的碳酸氢钠、提高pH的碳酸钠、降低pH的盐酸或硫酸氢钠等，这些化学药品不仅都具有腐蚀性，而且相互混合会发生危险或对其他设备及建筑造成腐蚀，为了方便使用又不发生安全事故，条文规定药品贮存间应为单独的房间，不同化学药品也应分开各自独立存放，相互间应保持足够的安全间距。

11.3.2、11.3.3 加药装置包括溶液桶和药剂投加泵，为了安全及方便管理人员的操作，对加药装置的布置作出了量化要求，同时条文规定，应对不同加药装置的药剂溶液桶上标示出药品名称。贮存库的药品不仅要标示出药品名称，还建议标示出化学成分和有效期，目的是确保安全，也能提示操作人员使用时应按先进先出的原则，保证化学药品不会失效。

11.3.4 本规程第11.3.1条条文说明已说明化学药品不仅具有腐蚀性，而且也有有害气体产生，为了不让其扩散影响其他设备设施，本条要求加药间及药品贮存间宜设独立的通风换气系统。

为了防止对建筑的损坏，条文规定对建筑门、窗、墙面、地面的材质作了规定。这就要求给水排水专业设计应将此要求作为本专业技术要求提供给相关专业。

11.3.5 为了防止化学药剂配置操作人员在发生误操作或在设备运行过程中因意外出现泄漏喷溅到操作人员的身体上或眼部、面部，为不造成或尽量及时排除伤害，在加药间设置紧急淋浴和冲洗装置是很有必要的，该装置属实验室生产厂家的产品。

11.4 消毒设备用房

11.4.1 本条所述消毒设备是指氯气瓶、次氯酸钠制备设备、臭氧制备设备和反应设施以及二氧化氯制备设备。这些设备在生产消毒剂的过程中都会不同程度产生有害有毒气体，甚至有爆炸危险，故一般设在独立的房间内。

11.4.2 本条所述独立通风系统是指臭氧制备间，臭氧制备设备的产量、臭氧浓度、设备效率等均与环境条件如气温、湿度、卫生状况等关系密切。对其他消毒剂制备设备而言，“独立”是相对而言的，它们可与化学药品贮存间、化学药品投加间等共用一个系统。

11.4.4 同本规程第11.3.5条的条文说明。

11.5 其他设备设施用房

11.5.1 氯气瓶受热及阳光照射会发生爆炸，成品次氯酸钠受阳光照射会使有效含氯量衰减。故本条文规定池水加热设备或换热设备应远离消毒设备间和化学药品贮存的房间。

11.5.3 由于公共浴池的高温热水与人体紧密接触，对于池水水质的人工检测极为重要，为了保证水质检测的准确性，条文规定了应设置独立的水质检测房间及为满足水质检测应具备的条件。

12 施工及质量验收

12.1 施工准备

12.1.1 根据《建筑工程质量管理条例》（国务院279号令）和《建筑工程施工质量验收统一标准》GB 50300关于保证工程建设质量的要求，抓好工程施工企业对工程项目的质量管理，施工企业必须具备应有的施工技术标准，必需有工程质量检测仪器、设备以及合格的专业技术人员、质量监督人员和完善的质量保证管理体系，才能有效地实现对工程的过程质量控制。

12.1.2 根据《建筑工程质量管理条例》的精神，施工图设计文件必需经过审查并被批准后方能施工。如施工过程需修改设计，应经设计单位认可，并要求设计单位出具设计变更文件，这样的规定都是保证工程质量的基本要求。

12.1.3 由于公共浴池给水排水工程是整个工程项目中的一个分项目，需要各专业之间、工种之间的有效衔接，紧密配合，而编制施工方案或施工组织设计，目的是为了有效组织工程施工、正确指导施工、协调不同专业之间的相互配合、落实施工中间施工过程质量控制、明确质量验收标准，确保工程质量，同时也方便监理和建设单位的审查，是有利于相互遵守的基本要求。

12.1.4 公共浴池的给水排水工程涉及内容广泛、专业性较强、专用设备和配套设备复杂，根据统计，各种按摩浴池就有170多种。因此，在工程设计阶段不能对各项细部作出仔细规定，这就要求公共浴池给水排水施工企业必须要具有相应的施工安装资质，防止肢解发包给不具备施工资质的施工队，影响工程质量。所以，为了加强建筑安装市场管理而作了本条规定。同时，还应具有根据设计技术参数和业主要求进行公共浴池给水排水工程细化设计的能力，以及为工程业主培训操作这些设备的人员的能力。

12.1.5 公共浴池给水排水系统繁多，为方便施工，结合专业特点可以按系统、区域、施工段或楼层等划分为若干个分子项目工程。每个分子项目应按一个独立的检测批进行验收检查。

12.1.6 本条是为了解决施工安装过程中各相关专业之间的矛盾，落实施工中间过程的质量控制而作的规定。

12.2 设备材料管理

12.2.1 公共浴池给水排水工程中所采用的设备、配套设施、材料附件、器具等质量应符合现行国家产品质量标准的规定，这是从源头上保证工程质量的基本要求，由于有些专用设备尚无国家标准及行业标准，尚须采用国外产品，按目前现行市场管理体制，条文规定应有中文质量证明文件，以确保设备、材料等符合质量要求。

12.2.2 对进入施工现场的设备材料进行检查验收，对提高工程质量是非常必要的。除对品种、规格、外观加强验收外，还应对材料、附件、器具等包装表面情况和外力冲击等方面进行重点检查验收，并取得监理工程师检查确认。

12.2.3 进入施工现场的设备、配套设施及器具等，应配齐完整的安装使用说明书，这是抓好工程施工安装质量的重要环节。安装使用说明书是保证设备等能否正确安装、正确调试、正确使用的依据，也是设备、设施等运行调试能否达到使用功能的依据。因此，条文对此作了规定，以引起重视。

设备、设施、器具在运输过程中要采取有效措施进行保护，其目的是防止设备、设施、器具等被损坏或因雨淋而被腐蚀造成不必要的损失，这点应引起采购人员的高度重视。

12.2.4 条文作出如此规定，虽然会给施工单位增加一定的工作量，但由于目前国内生产阀门的厂家较多，阀门质量参差不齐，为了保证工程质量，这条规定还是很有必要的。一般情况下，国内大型企业及合资企业的阀门质量相对较好。

12.2.5 公共浴池池水是供使用者进行洗浴、休闲、健身和养生的水，对水质要求比较严格，公共浴池给水排水系统设备、设施、管道及材料对能否保证水质起着关键作用，为此，条文对其质量应达到的卫生安全性能标准作出了规定。供货商的相关产品均应送到当地卫生监督部门进行检测，并取得相应的质量合格证明。

加热设备或换热设备上的安全阀的定压值按设备的工作压力加 0.05MPa 进行启闭调试试验，以确保其安全、稳定和灵敏。

12.2.6 由于公共浴池给水排水管道中的塑料管道和管件，均属于热塑性塑料，抗冲击和抗紫外线性能不如金属管道。因此，条文规定在运输和贮存的过程中要防止划伤、摔伤、暴晒，降低管道、管件性能。贮存时应将用于冷水系统的管道、管件与用于热水系统的管道、管件及用于排水系统的管道、管件分开存放，并作好明显的区别标志，防止错用，同时，为了防止管道、管件受压变形，应水平堆放在平整的垫板上，而且堆放的高度也不宜超过 1.5m。随着室外温度升高管道强度不断降低，受紫外线照射后会导致老化、变色，影响管材的使用寿命，所以，贮存时应远离热源和防止阳光照射、暴晒。如果被油污特别是有机溶剂侵蚀，也会影响管道的使用寿命，为此，条文对塑料管的贮存作了具体规定。

12.3 设备及配套设施安装

12.3.1 设备基础的承载力、平整度对转动设备，如各种水泵、风泵的牢固可靠、运行平稳、减少振动和噪声极为重要。所以，安装之前按产品的说明书对设备进行检查是不可缺少的步骤。

12.3.2 本条是为了保证工程质量和系统施工完成后能顺利地进行运行和调试而作出的基本要求。

12.3.3 游泳池池水净化处理设备及相关配套设施、附件、各种仪表等应按照工艺流程的顺序如数安装，不得少装、漏装，而且安装方向要正确。同时本条还针对设备机房的设备布置提出要求，其目的是为了在管理上、设备操作上的方便和创造良好的环境条件。

公共浴池的循环水净化处理设备和配套设施要求严格按设计工艺流程进行安装，不得出现顺序、安装方向上的错误，特别是臭氧发生器和与其配套的设施、在线检测仪表、附件等位置的不正确，会影响出水水质和系统的控制精度。

12.3.5 建筑施工现场，不同专业工种都在交叉进行施工，难免会出现相互干扰，给设备运行造成隐患。为了保证设备完整和质量，对于出厂已组装好并经过检测试验的设备，条文规定在运输的过程中，应以原包装箱整体运输，不得将已组装好的设备拆卸搬运。

12.3.6 为方便应用，现将现行国家标准《建筑给水排水和采暖工程施工质量验收规范》GB 50242 中关于设备安装的允许偏差摘录于表 17。

表 17 设备设施安装的允许偏差表

序号	设备设施名称	项 目	允许偏差	检验方法
1	水泵 计量泵	泵体水平度	0.1mm/m	水平尺、塞尺
		泵体垂直度	0.1mm/m	吊线锤和尺量
		联轴器轴向倾斜度	0.8mm/m	水准仪、百分表（测微螺钉）和塞尺
		联轴器径向位移	0.1mm/m	
2	各种静置设备（过滤器、反应罐、水箱、换热器、加热器）	坐标	15mm	经纬仪、拉线和尺量
		标高	±5mm	水准仪、拉线锤和尺量
		垂直度	2mm/m	吊线锤和尺量
3	风泵 鼓风机	坐标	10mm	经纬仪、拉线和尺量
		标高	±5mm	水准仪、拉线锤和尺量

12.3.10 公共浴池一般都设在楼层内，其池水循环水泵、风泵、加药泵等转动设备的振动和噪声应限制在现行国家标准《民用建筑隔声设计规范》GB 50118 规定的范围内，为此，除了建筑专业采取必要的措施，给水排水专业应在设备源头加设减振基础、弹性管道支架和隔振软管等。

12.4 管 道 安 装

12.4.1 建筑给水排水工程是工程项目分部工程，而公共浴池又是建筑给水排水工程中的分项工程，而且与土建工种关系密切，为了确保施工质量，在进行管道工程安装时，核实各种预留孔洞、套管极为重要，也是不可缺少的施工程序。

12.4.2 目前用于公共浴池的管道、管件品种较多，如不锈钢管、铜管、优质承压塑料管、不承压塑料管等，而且各个生产厂家的规格尺寸不尽一致，其管道连接方法也不相同，所以采购的管道、管件及阀门等的规格、尺寸、性能都应符合设计文件及招标文件的要求，才能保证安装完成后满足系统通水能力的要求。

由于目前市场可供采购的管材种类较多，每种管材均有自己的专用管件和相应的连接方法，由于管件生产所需要的模具多、投资大、周期长，一些生产企业不愿意生产管件，加之管道采购中管件配套常被忽视。造成管材与管件不匹配，影响管道安装质量，因此，条文规定必须采用与管材相适应的管件，才能确保管道接口严密、不漏水。

12.4.3 本条规定了管道、阀门等施工安装中应该注意的问题，以及施工安装的坡度和所允许的误差，目的是当冲洗管道或检修、更换管道时能迅速排出管内积水，其数值参考现行国家标准《建筑给水排水及采暖工程施工质量验收规范》GB 50242 的规定。

12.4.4 埋设在建筑垫层内的管道要求画线安装是为了保证管道位置符合设计要求、方便检修更换，警示在管道周围进行钻孔或钉金属钉时保证管道不被损坏，同时为了防止弹性回复，应对埋设管道用轻质混凝土予以固定，在进行二次浇筑混凝土时应谨慎，防止尖锐固体损坏管道和管道发生位移。所以，在二次回填混凝土垫层时，应与土建施工单位密切配合。在二次回填混凝土垫层之前，应对管道进行严格的水压试验，确保管道及接口无渗漏现象。

12.4.5 管道的连接应保证严密不漏水，才能保证安全供水，这一点在前面已经有要求。本条是对不同管道连接方法以及连接时应注意的问题作了具体规定。

12.4.6 塑料管基本上都是热塑性塑料管、产品的性能受温度变化的影响较大，一般是随着温度的升高强度降低。温度变化可造成管道变形，出现管道接口漏水。目前市场上的大部分塑料管允许输送介质的温度小于45℃，而加热设备或换热设备都会达到或超过此温度。所以，条文作出了加设过渡管段的规定。

12.4.8、12.4.9 管道支架、吊架的安装要求，由如下因素决定：

1 管道支架与管材材质相一致，对金属管来讲防止电位腐蚀；

2 共架敷设管道支架按最小管线要求确定是为了防止管道弯曲变形造成管内滞气影响通水能力；

3 塑料管敷设在金属支架上时，为防止管道胀缩变形活动损伤管道，应在两者之间加隔离软垫；

4 管道的阀门较重，因此自阀门处应单设支架；

5 同一房间立管管卡在同一高度是从安全和整齐因素考虑提出的要求。

12.4.10 为确保塑料管连接牢固、严密不漏水、胶粘剂洁净有效、保护操作人员安全、防止滥用胶粘剂等给工程质量带来隐患，本条对其塑料管安装作出了规定。

12.4.11 由于目前市场上的管材种类、品种较多，补偿器形式各有不同，规程难以作出统一规定，规程在于提醒设计人员、采购和施工人员，要特别注意由于管道输送介质的温度、环境温度变化引起管道伸缩可能造成接口漏水的隐患。

12.5 专用附件和配件

12.5.1 专用配件是指公共浴池的给水口、回水口、泄水口、撇沫器等，是池水净化系统所不可缺少的组成部分。水力按摩喷头、气泡盒、气泡床、进气帽等是浴池功能系统的组成部分。这些配件的合理选用，对确保公共浴池的水质和功能的正常使用至关重要，设计者不可忽视。

附属配件是指为公共浴池服务的排水沟盖板、穿池壁的套管等，这对入浴者的安全和防止漏水极为重要。

12.5.2～12.5.4 各条中都是保证公共浴池正常使用的必要配件。条文是为了保护入浴者的安全而作出的规定。

附属附件是指池水净化处理系统和功能循环系统的阀门、仪器仪表、水质监测装置等，其精度和极限值是保证系统正常运行和浴池水质的关键，故施工安装时应对其一一进行核对。

12.5.5 为保证系统运行，提醒安装人员对有方向要求的附件、配件不能装错。

12.5.6 为了保证仪表真实反映系统压力和不被损坏而作的规定。

12.5.7 为了保证能检测到被测量介质的真实参数而作的规定

12.6 施 工 安 全

12.6.2 塑料套接口用胶粘剂和清洁剂属于易燃品，同时它又是有机溶剂，人体直接接触后会对皮肤、眼角膜等产生侵蚀伤害。所以，本条规定使用胶粘剂和清洁剂应采取必要的防护措施。

12.6.3 塑料管随着温度的升高强度随之降低，故条文规定施工过程中严格禁止明火煨弯，从而保证塑料管的强度不受影响。塑料管虽有一定的强度，但和金属管道相比还是较差的，所以，条文规定了应采取的防护措施。并将其列为强制性条文。

12.6.4 为了防止管道受外力变形开裂，以及防止埋设和嵌墙管道，在建设后进行二次装饰时，不被冲击钻打孔、钉金属钉损坏管道。

12.7 设备及设施检测和试验

12.7.1 条文中的成品设备是指单体设备，如水泵、过滤器、换热或加热器、臭氧发生器、紫外线消毒器、加药计量泵以及与其配套的仪表等。产品均应由生产企业按照国家或行业标准自行进行检查试验，并出具产品质量合格证书，如为进口产品应出具英文和中文两种文本的合格证书，并应到现场指导设备安装工作及进行单机现场测试，验证各项技术性能和参数与产品技术说明书相一致，确保设备质量。

12.7.4 土建型公共浴池一般由钢筋混凝土建造，对其进行满水试验是为了防止饰面完成后出现漏水给修补带来困难，同时因池表面材料与人体接触，故所用面饰材料不能对人体带来伤害。

12.8 管道检测和试验

12.8.1、12.8.2 管道检测试验以水压试验为重点，对管道、管道接口等的施工质量进行全面检查，是管道交付使用后不发生渗漏、输水畅通必不可少的工序，也是工程验收之前必须进行的试验项目之一。

12.8.4 管道水压试压应具备条文规定的条件方具有代表性和整体性，而且一般应以系统为单元进行检测和试验。

塑料管道为保证接口充分固化，为防止管道接口松动、脱口，应在安装完成24h后进行水压试验。

12.8.5 管道进行水压试验时，在快速高水压力的作用下会在管端产生一定的推力，致使管段产生位移，甚至会导致接口松动或脱口。所以，条文强调管道水压试验时要求加压水泵以不少于10min的时间慢慢地向管内注水加压，以确保管道安全试验压力的准确。

12.9 系统功能检测试验

12.9.1 公共浴池是人们进行休息、健身、水疗的场所，是为人服务的，应确保达到本规程第1.0.1条的基本要求，因此要保证其配备的设备、设施等的运行能真正满足使用要求，从而达到上述目标，为此须对各自系统进行全负荷的功能检测试验，以验证系统各项设计参数是否达到设计要求。

12.9.2、12.9.3 条文规定应对公共浴池循环水净化处理系统进行连续72h的满负荷运行试验并解决好如下问题：

1 检测池水净化处理工艺流程每个工艺设备和相关配套设施的参数是否满足设计要求，本规程第12.9.3条对此作了具体规定；

2 对循环水净化处理系统的运行调试，提出系统运行参数和设备运行操作规程。

3 确保系统运行循环水净化处理后的水质符合公共浴池水质卫生要求。

12.9.5 公共浴池的配套设施是指淋浴、卫生洁具等。

12.10 分部工程质量验收

12.10.1 工程质量验收制度是检验工程质量必不可少的一道程序，也是保证工程质量的一项重要措施。条文规定先经建设单位验收认可，目的是如发现某项目内容的质量不合格时，可在施工中进行纠正。

公共浴池给水排水工程验收包括中间验收和竣工验收。

中间验收是指埋设在地下、嵌埋在墙面内和埋设在建筑垫层内的管道。这些管道在隐蔽前都必须进行中间验收，全部合格后再回填沟槽，方可进行下一道工序的施工。

竣工验收是全面检查公共浴池给水排水工程是否符合工程质量标准，它不仅仅是对工程质量的判定结果，而且是产生质量问题的原因和不符合工程质量如何进行修补，使全部工程达到质量标准的要求，从而保证系统合理有效和安全运行，满足使用要求。

12.10.3 本条规定了竣工验收的主要内容，中间验收应按工程进度、本规程有关章节规定的质量标准进行验收，并按工程质量验收评定记录作出质量评定。

12.10.4 本条规定了竣工验收应具备和应提供的技术资料。

12.10.5 本条规定竣工验收应对施工单位提供各项资料进行核实，并进行必要的复检。

12.10.8、12.10.9 本条规定对本规程第10.10.3条至第10.10.7条规定的内容，经复检后是否符合设计文件要求和工程质量标准规定作出质量鉴定。

12.10.10 公共浴池给水排水工程竣工验收之后，建设单位应将本规程第12.10.4条～第12.10.9本条规定的各项文件、技术资料、竣工资料等进行整理、分类、立卷、归档，以方便工程投入使用后的维修管理，甚至为以后的改建或扩建创造条件，同时也为规程的修编提供依据。

13 运行与管理

13.1 一 般 规 定

13.1.1 为了保证对浴池池水净化处理系统有效、可靠和合理的运行，本条规定要求系统运行操作和管理人员必须熟悉池水净化处理系统的工艺流程、设备的技术性能、运行参数和操作技能，并能熟练掌握。同时要求具有一定的水处理基础知识。因此，技术培训是极为重要的，具有专业培训合格证是必需的。

13.1.2 温泉浴池由于泉水中含有一定的矿物质、微量元素以及其他的温度、浮力、压力等物理作用，对人体具有一定的渗透性，使人体能充分吸收那些稀有的矿物质，对入浴者产生良好的辅助治疗效果，具有养生、强生健体、护肤等功能，泡温泉的确能够治疗多种疾病，也能够防病健身，这就为人们追求生活品质、健康创造了条件，这也是近年来温泉旅游热的主要原因。但并不是凡为温泉水人人皆适用，而应根据入浴者的身体条件、皮肤肤质选择适宜的温泉水质，否则会带来适得其反的后果，也会给经营者带来不利。由于温泉浴的投入和回报较为迅速，致使市场上出现了"天然温泉"、"生态温泉"、"旅游温泉"、"医疗矿泉"、"矿泉SPA"，甚至有热水按摩池也号称"温泉"，入浴者很难得到正确判断信息，为了规范洗浴业市场，本条对温泉浴经营者作出了明示温泉水质成分的规定。

温泉不一定是矿泉，反之矿泉也不一定是温泉。矿泉是指泉水中所含有的盐类成分、矿化度、气体成分、微量元素以及放射性成分达到或超过规定值的泉水，而温泉是以矿泉水的温度进行界定的。到目前为止，我国对温泉尚无正式法规进行界定，仅于1982年在青岛市召开的"全国疗养学术会议"上对温泉进行了如下的界定和分类建议：

1 温泉定义：1）水温低于25℃称"冷泉"；2）水温为25℃～33℃者称"微温泉"；3）水温为34℃～37℃者称"温泉"；4）水温为38℃～42℃者称"热泉"；5）水温超过42℃者称"高热泉"。

2 医疗矿泉按其水质特点进行了如下分类：1）氡泉；2）碳酸泉；3）硫化氢泉；4）铁泉；5）碘泉；6）溴泉；7）砷泉；8）硅酸泉；9）重碳酸盐泉；10）硫酸盐泉；11）氯化物泉；12）淡泉。不同的泉质具有不同的适应病症，不同温泉水适用于不同人群，为防止入浴者误用，产生不良后果，明示温泉水的类型和温泉水的成分是非常重要的，绝不能忽视。

13.2 浴池水卫生管理

13.2.2 本条规定的水质检测项目和频率是摘自现行行业标准《公共浴池水质标准》CJ/T 325中规定的水质检验项目和检测频率，除表13.2.2中序号14、15、16三项，一般应按当地卫生监督部门的规定执行，对于其他各项，公共浴池经营者应从自身的角度对浴池水进行人工经营性检测的频率作出规定，确保浴池水符合卫生要求。而温泉水的医疗作用，不属于工程建设方面的职责，而应以卫生管理部门的规定为准则。

人工检查的取样要求和检测方法，应遵照现行行业标准《公共浴池水质标准》CJ/T 325的规定执行。

13.2.3 浴池经营者每次的检测结果都应如实地记录，本规程的记录表格形式仅作参考。为了对入浴者的健康负责，水质检测记录应至少保存3年。

13.3 浴池卫生管理

13.3.1 公共浴池的水温大多都保持在36℃～42℃范围，而此温度是军团菌最容易繁殖的温度，循环水系统的生物膜为军团菌提供了保护。过滤器的滤速小时最容易粘附污物和生物膜，利用正常设备运行投加的消毒剂用量是去除不掉生物膜的，只有投加超量的消毒剂，对系统进行反复冲洗，才能有效去除系统中设备和管道内的生物膜，从而防止军团菌的孳生、繁殖。冲击消毒冲洗频率以每天一次最佳，但至少应每周冲击消毒一次。

防止军团菌的繁殖也可以采用温度不低于60℃的热水对系统进行冲洗，该方法也是很有效的。

由于人们在入浴的时候会分泌出汗液、尿、氨成分，化妆品油脂、皮脂及其他有机溶解物等污物也会粘附在浴池的表面，因此，在冲击消毒时应该对浴池表面、给水口、回水口等进行刷洗清洁。所以，对系统进行冲击消毒应与浴池本身的清洁和换水相结合。

冲击消毒的循环水应排入污水管道，如要排入自然水体，应取得当地环境主管部门的批准。

条文各款的规定都是保证浴池安全、卫生、环保、防止军团菌孳生和入浴者交叉感染的必要措施。

13.3.2、13.3.3 公共浴池是人们休闲、健身、养生的场所，其场所内地面、设施的良好卫生环境能使入浴者的紧张、劳累心情得到缓解，也能消毒各种微生物的藏身之地。因此，条文对给水排水工程的排水沟、排水格栅盖板、平衡水箱等设施清洗频率、消毒液浓度等提出了具体要求。

13.3.4 公共浴池因故无人使用时，为了防止细菌微生物生长，保持池水适当的pH和消毒剂含量是运行保养的重点，它是预防整个系统藻类繁殖的关键。

13.4 设备运行及维护

13.4.1 对浴池循环水净化处理系统按照浴池数量或用途进行编号，并在设备机房内明显位置处标示出系统原理图，有利于操作人员的维修和运行管理，也方便对不同系统运行情况的记录。所有设备、设施和附件等的维修应严格按产品说明书进行。

13.4.2 规定公共浴池非入浴时间段中即夜间过滤设备也要运行，其目的是保证池水在规定的余氯浓度，抑制生物膜的生成。从节能因素考虑，在确保浴池水质的前提下，也可以将循环周期加长，减少循环水量。

13.4.3 公共浴池的循环水过滤设备的过滤介质表面最容易粘附污物和生物膜。因此条文规定要求对过滤设备进行定期反冲洗，确保过滤器的过滤效果。条文规定定期打开过滤器对过滤介质进行检查，是因为对过滤器的冲洗速度和时间掌握不好，过滤器内部容易产生泥块，这样不仅影响过滤器的过滤性能，还会成为孳生军团菌的温床。

13.4.4 公共浴池消毒装置的正常运行是保证池水水质卫生、防止交叉感染必不可少的重要措施。消毒装置的正常运行包括如下内容：1）消毒剂投加泵与过滤水泵连锁；2）与水质检测传感器连锁，随时调整消毒剂投加量；3）与水质平衡传感器连锁，确保池水水质处于平衡状态。这就要求操作人员对消毒系统每日进行至少一次巡视检查，特别要检查药剂注入点有无堵塞。

条文特别提醒操作人员注意消毒剂、水质平衡药剂投加系统不能相互混用、错用，是因为不同化学药品之间以及与消毒剂混用之后会产生化学反应产生对人有伤害的物质或气体，也会加速对系统的腐蚀，甚至造成系统不能运行。

对消毒和加药系统进行检查是为防止：1）药剂断供；2）加药喷嘴堵塞，从而导致加药系统停止工作而影响浴池水质。所以，条文规定每天要进行巡视，检查加药管有无堵塞、集气等弊病，并每周对系统进行清洗，以保证系统正常运行。

13.4.5 公共浴池的加热设备热源不同，形式会多种多样，但将温度控制在规定的误差范围是共同点。条文对采用电热水器的浴池企业提出应特别关注漏电保护，保证入浴者不受电击伤害。

13.4.7～13.4.8 公共浴池经营单位应配备相应的水质检测用仪器，以满足本规程第13.2.2条的规定，从而达到满足现行行业标准《公共浴池水质标准》CJ/T 325的规定，因此，对人工检测仪器的妥善保管和维护可保证其检测精度和延长使用寿命。当然，正确的操作仪器也不可忽视，由于这些人工检测用仪器的造价比较高，所以本节对于公共浴池经营单位购置的检测仪器使用完后的维护作了原则规定，目的是提醒使用者注意，在实际操作中，还应根据检测仪器特点和相应的产品说明书的要求使用操作和维护管理。

13.5 安全防护

13.5.1 该条等效引用美国规范，由于二氨基二甲基联苯（OTO，Orthotolidine），试剂是致癌物，对人体健康具有潜在危害，所以条文规定不得使用，并列为强制性条文。

13.5.2 公共浴池使用的次氯酸钠、次氯酸钙等与水质平衡用的酸类化学品反应会释放出有毒的氯气；氯化氢尿酸与碱或酸发生反应产生二氧化氯会发生爆炸；次氯酸钙与石油产品及酸接触形成混合物会突然爆炸。所以，本条规定使用化学药品时应采取必需的防护设施。

13.5.4 公共浴池的回水口与循环水泵吸水管直接连接，如果格栅盖板丢失或损坏，则水泵抽吸负压会对入浴者特别是儿童带来伤害危险，因此必须每天检查一次。

中华人民共和国行业标准

污水处理卵形消化池工程技术规程

Technical specification for egg-shaped digester of sewage treatment

CJJ 161—2011

批准部门：中华人民共和国住房和城乡建设部

实施日期：2 0 1 2 年 1 月 1 日

中华人民共和国住房和城乡建设部
公　告

第956号

关于发布行业标准《污水处理卵形消化池工程技术规程》的公告

现批准《污水处理卵形消化池工程技术规程》为行业标准，编号为CJJ 161－2011，自2012年1月1日起实施。其中，第3.1.1、3.1.2、3.1.5、4.1.4、4.3.1、4.4.1、7.1.3、7.1.5、7.7.23条为强制性条文，必须严格执行。

本规程由我部标准定额研究所组织中国建筑工业出版社出版发行。

中华人民共和国住房和城乡建设部

2011年3月15日

前　言

根据住房和城乡建设部《关于印发〈2008年工程建设标准规范制订、修订计划（第一批）〉的通知》（建标［2008］102号）的要求，规程编制组经广泛调查研究，认真总结实践经验，参考有关国际标准和国外先进标准，并在广泛征求意见的基础上，制定本规程。

本规程的主要技术内容是：1. 总则；2. 术语和符号；3. 材料；4. 结构设计；5. 构造要求；6. 防火、防腐、保温及饰面；7. 施工及质量验收。

本规程中以黑体字标志的条文为强制性条文，必须严格执行。

本规程由住房和城乡建设部负责管理和对强制性条文的解释，由中建八局第三建设有限公司负责具体技术内容的解释。执行过程中如有意见或建议，请寄送至中建八局第三建设有限公司（地址：南京市尧化门新尧路18号，邮政编码：210046）。

本规程主编单位：中建八局第三建设有限公司
中国建筑股份有限公司

本规程参编单位：中国建筑第八工程局有限公司
中国市政工程中南设计研究总院
上海市政工程设计研究总院（集团）有限公司
中国市政工程华北设计研究总院
同济大学
中建八局第二建设有限公司
中铁上海工程局市政工程有限公司
北京市市政四建设工程有限责任公司

本规程主要起草人员：王玉岭　戴耀军　肖绪文　程建军　沈兴东　薛伟辰　范民权　薛晓荣　彭春强　王长祥　马荣华　陈　军　刘雪平　马福利　苗冬梅　李忠卫　黄建勇　杨中源

本规程主要审查人员：刘志刚　王恒栋　王乃震　樊锦仁　王群依　焦永达　李　杰　冯　跃　高　海　王文治　许清风

目　次

Contents

1 总 则

1.0.1 为了规范污水处理卵形消化池工程的设计、施工及质量验收，做到技术先进、安全适用、经济合理，确保质量，制定本规程。

1.0.2 本规程适用于后张法预应力污水处理卵形消化池工程的设计、施工及质量验收。

1.0.3 建在地震区、湿陷性黄土或膨胀土等地区的预应力污水处理卵形消化池，除应符合本规程的规定外，尚应符合国家现行有关标准的规定。

1.0.4 污水处理卵形消化池工程的设计、施工及质量验收，除应符合本规程的规定外，尚应符合国家现行有关标准的规定。

2 术语和符号

2.1 术 语

2.1.1 卵形消化池 egg-shaped digester

由上下圆锥体及中部球壳组成的用于污泥消化处理的预应力蛋形构筑物。

2.1.2 变角张拉 stressing at an angle

预应力张拉作业受到空间限制，需要在张拉端锚具前安装变角块，使预应力筋改变一定的角度后进行张拉的工艺。

2.1.3 环梁基础 ring beam foundation

扩展部分构件的高度不小于宽度，可将上部结构传来的荷载通过向侧边扩展成一定底面积使作用在基底的压应力小于或等于地基土的允许承载力的基础。

2.1.4 环板基础 ring plate foundation

扩展部分构件的高度小于宽度，可将上部结构传来的荷载通过向侧边扩展成一定底面积使作用在基底的压应力小于或等于地基土的允许承载力的基础。

2.1.5 环锚 dogbone coupler

张拉端与锚固端集合在同一锚体上且适用于预应力卵形消化池环向预应力筋的游动锚具。

2.1.6 气密性试验 air tightness test

污水处理卵形消化池满水试验合格后，在设计水位条件下以空气为介质对其进行的密封功能性试验。

2.2 符 号

2.2.1 作用和作用效应

F_{ph}——等效水平环向侧压力标准值；

F_{pm}——预应力筋的平均张拉力；

G_{ik}——第 i 个永久作用的标准值；

M_k——结构自重及施工荷载的标准组合在计算截面产生的弯矩值；

N_k——结构自重及施工荷载的标准组合在计算截面产生的轴向力；

Q_{jk}——第 j 个可变作用的标准值；

R——结构构件抗力设计值；

S——作用效应的基本组合设计值；

S_d——作用效应的准永久组合设计值；

S_k——作用效应的标准组合设计值；

σ_c——在荷载效应标准组合作用下，计算截面的边缘混凝土法向应力；

σ_{cc}——相应施工阶段计算截面边缘纤维的混凝土压应力；

σ_{ct}——相应施工阶段计算截面边缘纤维的混凝土拉应力；

σ_{con}——预应力筋张拉控制应力；

σ_{li}——第 i 项预应力损失值；

σ_{pc}——扣除全部预应力损失后，计算截面上的有效预压应力；

σ_{pe}——预应力筋的有效预应力值。

2.2.2 材料性能

E_p——预应力筋的弹性模量；

f'_{ck}——与各施工阶段混凝土立方体抗压强度 f'_{cu} 相应的抗压强度标准值；

f_{cu}——混凝土立方体抗压强度；

f_{ptk}——预应力筋抗拉强度标准值；

f'_{tk}——与各施工阶段混凝土立方体抗压强度 f'_{cu} 相应的抗拉强度标准值。

2.2.3 几何参数

A_p——预应力筋的截面面积；

A_{ph}——高度方向每米内预应力筋的截面面积之和；

i——反弧及圆弧预应力筋中应力近似直线变化的斜率；

L——张拉端至锚固端之间的距离；

L_p——预应力筋的有效长度；

ΔL_c——混凝土构件在张拉过程中的弹性压缩值；

$\Delta L^0_{p_2}$——初应力以下的推算伸长值；

$\Delta L^0_{p_1}$——初应力至最大张拉力之间的实测伸长值；

l_1——预应力筋张拉端起点至反弯点的水平投影长度；

r——反弧及圆弧形曲线预应力筋的曲率半径；

r_h——壳体环向预应力筋水平半径；

W_0——验算边缘的换算截面弹性抵抗矩；

x——张拉端至计算截面的距离；

a——张拉端锚具变形和预应力筋内缩值；

θ——从张拉端至计算截面曲线部分切线夹角的总和。

2.2.4 计算系数及其他

γ_{Gi}——第 i 个永久作用的分项系数；

γ_{Qj}——第 j 个可变作用的分项系数；

C_{Gi}——第 i 个永久作用的作用效应系数；

C_{Qj}——第 j 个可变作用的作用效应系数；

ψ_c——可变作用的组合值系数；

ψ_{Qj}——第 j 个可变作用的准永久值系数；

μ——预应力筋与孔道壁或护套之间的摩擦系数；

k——考虑孔道或无粘结预应力筋每米长度局部偏差的摩擦系数；

$\eta_{\Delta t}$——卵形消化池池体壁面温差作用（包括湿度变化的当量温差）引起的内力折减系数；

η_{tr}——卵形消化池池体中面季节平均温差作用所引起的内力折减系数。

3 材 料

3.1 混 凝 土

3.1.1 污水处理卵形消化池的预应力结构混凝土强度等级不应低于 C40。其他非预应力结构构件混凝土强度等级不应低于 C30。

3.1.2 污水处理卵形消化池的混凝土应满足抗渗要求。混凝土的抗渗等级应通过试验确定，并应符合表 3.1.2 的规定。

表 3.1.2 污水处理卵形消化池的混凝土抗渗等级要求

最大水头与混凝土厚度的比值（i_w）	抗渗等级（P）
<10	P4
10～30	P6
>30	P8

注：抗渗等级 Pi 指龄期为 28d 的混凝土试件，施加 $i_w\times$ 0.1MPa 水压后满足不渗水指标。

3.1.3 最冷月平均气温低于－3℃的地区，外露卵形消化池的混凝土应具有良好的抗冻性能。对最冷月平均气温在－3℃～－10℃的地区，混凝土抗冻等级应采用 F150；对最冷月平均气温低于－10℃的地区，混凝土抗冻等级应采用 F200。

3.1.4 卵形消化池混凝土的水胶比不应大于 0.45。卵形消化池混凝土的碱含量不应高于 3.0kg/m³。

3.1.5 污水处理卵形消化池混凝土严禁采用含有氯盐配制的早强剂及早强减水剂。

3.2 钢 筋

3.2.1 卵形消化池中的非预应力钢筋应符合现行国家标准《混凝土结构设计规范》GB 50010 的有关规定。

3.2.2 预应力筋宜采用高强度低松弛预应力钢绞线，其性能应符合现行国家标准《预应力混凝土用钢绞线》GB/T 5224 的规定。常用预应力钢绞线的主要力学性能应按表 3.2.2 采用。

表 3.2.2 常用预应力钢绞线主要力学性能

预应力筋品种	公称直径 d (mm)	极限强度标准值 f_{ptk} (N/mm²)	抗拉强度设计值 f_{py} (N/mm²)	延伸率 $l_0\geqslant$500mm (%)	截面面积 (mm²)	公称质量 (g/m)	弹性模量 E_S (N/mm²)
钢绞线	9.5	1720	1220	≥3.5	54.8	430	1.95×10^5
		1860	1320				
		1960	1390				
	12.7	1720	1220		98.7	775	
		1860	1320				
		1960	1390				
	15.2	1570	1110		140	1101	
		1670	1180				
		1720	1220				
		1860	1320				
		1960	1390				
	15.7	1770	1250		150	1178	
		1860	1320				

注：当采用表列以外的其他预应力筋材料时，应符合国家现行相关标准的规定。

3.2.3 无粘结预应力筋的质量要求应符合现行行业标准《无粘结预应力钢绞线》JG 161 和《无粘结预应力筋专用防腐润滑脂》JG 3007 的规定。

3.3 预应力用锚具、夹具和连接器

3.3.1 卵形消化池预应力筋的锚具、夹具和连接器的性能和要求应符合国家现行标准《预应力筋用锚具、夹具和连接器》GB/T 14370 和《预应力筋用锚具、夹具和连接器应用技术规程》JGJ 85 的规定。

3.3.2 卵形消化池预应力筋-锚具组装件的锚固性能应符合下列规定：

1 预应力筋所采用锚具的静载锚固性能应同时符合下列规定：

$$\eta_a\geqslant 0.95 \quad (3.3.2\text{-}1)$$

$$\varepsilon_{apu}\geqslant 2.0\% \quad (3.3.2\text{-}2)$$

式中：η_a——预应力筋-锚具组装件静载试验测得的锚具效率系数；

ε_{apu}——预应力筋-锚具组装件达到实测极限拉力时的总应变。

2 预应力筋-锚具组装件的疲劳锚固性能，应通过试验应力上限取预应力钢材极限强度标准值 f_{ptk} 的

65%、疲劳应力幅度取 80N/mm²、循环次数为 200 万次的疲劳性能试验。

3.3.3 卵形消化池预应力筋锚具的选用，应根据预应力筋的品种、张拉应力值及工程应用环境条件选定；对于池壁的埋入式环向钢绞线，宜采用环型锚具。

3.4 其他材料

3.4.1 预应力混凝土用金属波纹管或塑料波纹管的尺寸和性能应符合现行行业标准《预应力混凝土用金属螺旋管》JG/T 3013 或《预应力混凝土桥梁用塑料波纹管》JT/T 529 的规定。

3.4.2 卵形消化池的混凝土表面防腐材料宜采用聚氨酯类有机材料或水泥基等无机材料，其性能应满足现行国家标准《建筑防腐蚀工程施工及验收规范》GB 50212 的规定。

3.4.3 卵形消化池的外保温材料应符合下列规定：

1 宜采用防火、隔热性能好、轻质、高效、环保的保温材料。

2 其燃烧性能等级应不低于 B_2。

3.4.4 预应力筋的孔道灌浆宜采用成品灌浆材料，且应采用第Ⅰ类水泥基灌浆材料，灌浆材料的性能应符合现行国家标准《水泥基灌浆材料应用技术规范》GB/T 50448 的规定。

3.4.5 卵形消化池的饰面材料可选用建筑外用彩色镀锌或镀铝锌压型钢板等轻质材料，其计算和构造应符合现行国家标准《冷弯薄壁型钢结构技术规范》GB 50018 的规定。

4 结构设计

4.1 一般规定

4.1.1 污水处理卵形消化池池体上、下锥体母线与水平面夹角宜取 45°，高度与最大内径之比宜为 1.50～1.75。

4.1.2 污水处理卵形消化池的安全等级应为二级，主体结构设计使用年限应为 50 年。

4.1.3 污水处理卵形消化池结构应采用以概率理论为基础的极限状态设计方法，以可靠度指标度量结构的可靠度，应采用以分项系数的设计表达式进行设计。

4.1.4 污水处理卵形消化池应根据承载能力极限状态及正常使用极限状态的要求，分别按下列规定进行计算和验算：

1 根据承载能力极限状态的要求，污水处理卵形消化池结构构件均应进行承载力（包括失稳）计算；必要时尚应进行结构的倾覆验算；当有抗震设防要求时，还应进行结构构件抗震的承载力验算。

2 根据正常使用极限状态的要求，对需要控制变形的结构构件应进行变形验算；对使用上要求不出现裂缝的构件，应进行混凝土拉应力验算；对使用上允许出现裂缝的构件，应进行裂缝宽度验算。

4.1.5 裂缝宽度验算应符合现行国家标准《给水排水工程构筑物结构设计规范》GB 50069 的规定。

4.1.6 污水处理卵形消化池应进行地基承载力验算及地基变形计算。地基承载力和变形验算以及基础设计，应按现行国家标准《建筑地基基础设计规范》GB 50007 的规定执行。若采用桩基础时，应符合现行行业标准《建筑桩基技术规范》JGJ 94 的规定。

4.1.7 卵形消化池基础的埋置深度应满足地基承载力、变形和稳定性的要求。宜为整个池体高度的 1/3～1/5。

4.1.8 根据不同地基，卵形消化池可采用环梁基础、环板基础、桩基基础等（图 4.1.8）。

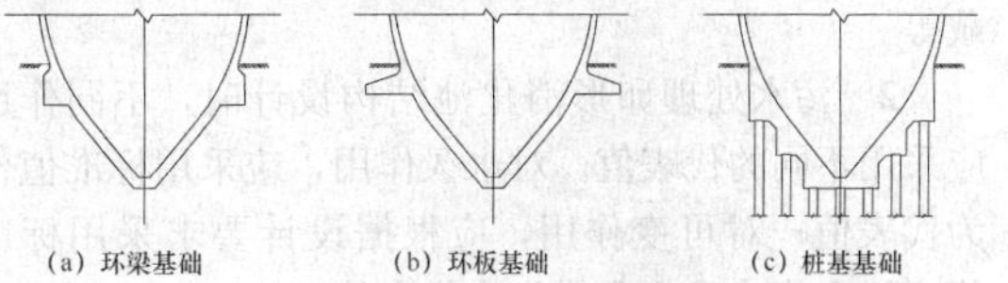

(a) 环梁基础　(b) 环板基础　(c) 桩基基础

图 4.1.8　卵形消化池基础形式

4.1.9 污水处理卵形消化池预应力混凝土结构，除应根据使用条件进行承载力计算及变形、抗裂、裂缝宽度和应力验算外，尚应按具体情况分别对制作、安装及预应力张拉等施工阶段进行验算。对承载能力极限状态，当预应力效应对结构有利时，预应力分项系数应取 1.0；不利时应取 1.2。对正常使用极限状态，预应力分项系数应取 1.0。

4.1.10 预应力钢筋的张拉控制应力值 σ_{con} 不宜超过 $0.75f_{ptk}$，且不应小于 $0.4f_{ptk}$。当符合下列条件之一时，张拉控制应力限值可提高 $0.05f_{ptk}$：

1 要求提高构件在施工阶段的抗裂性能而在使用阶段受压区内设置的预应力钢筋；

2 要求部分抵消由于应力松弛、摩擦、钢筋分批张拉等因素产生的预应力损失。

4.1.11 当卵形消化池池壁的环向和竖向均施加预应力时，池壁混凝土中的主压应力不应超过 $0.33f_{cu}$。

4.1.12 当施加预应力时，所需的混凝土立方体抗压强度应经计算确定，但不宜低于设计混凝土强度等级值的 75%。

4.1.13 预应力筋锚固端应进行混凝土局部受压承载力计算，并应配置间接钢筋，其体积配筋率不应小于 0.5%。

4.1.14 卵形消化池池壁应采取有效措施防止混凝土早期干缩和温（湿）度作用引起的混凝土开裂。

4.1.15 卵形消化池应考虑环向、径向预应力张拉施工顺序对预应力损失及对池体内力的影响，设计时应注明预应力筋张拉顺序和分批张拉施工的要求。

4.1.16 污水处理卵形消化池内力计算时应考虑壁面温（湿）差作用和季节温差作用。

4.1.17 计算卵形消化池池体壁面温差作用（包括湿度变化的当量温差）和中面季节平均温差作用所引起的结构内力时，内力折减系数可分别取 $\eta_{\triangle t}=0.65$、$\eta_{tr}=0.20$。

4.2 作用分类及组合

4.2.1 作用分类和作用代表值应符合下列规定：

1 卵形消化池结构上的作用可分为永久作用和可变作用两类。永久作用应包括结构自重、土的竖向压力和侧向压力、消化池内的盛水压力、永久设备自重、池内气体压力、结构的预加应力、地基的不均匀沉降等；可变作用应包括池顶活荷载、雪荷载、风荷载、地表或地下水压力（侧压力、浮力）、结构构件的温（湿）度变化作用、地面堆积荷载、施工荷载等。

2 污水处理卵形消化池结构设计时，不同作用应采用不同的代表值。对永久作用，应采用标准值作为代表值；对可变作用，应根据设计要求采用标准值、组合值或准永久值作为代表值。

3 当结构承受两种或两种以上可变作用，承载能力极限状态按作用效应基本组合计算或正常使用极限状态按作用效应标准组合验算时，应采用标准值和组合值作为可变作用代表值。可变作用的组合值应为可变作用的标准值乘以作用组合值系数。

4 当正常使用极限状态按作用效应准永久组合验算时，应采用准永久值作为可变作用代表值。可变作用的准永久值应为可变作用的标准值乘以准永久值系数。

4.2.2 永久作用标准值应符合下列规定：

1 结构自重的标准值可按结构构件的设计尺寸与相应材料的重度计算确定，各种材料的重度可按现行国家标准《建筑结构荷载规范》GB 50009 的规定采用。构件上设备转动部分的自重及其传递的轴向力应乘以动力系数后作为标准值，动力系数可取 2.0。

2 设备自重标准值可按设备样本提供的数据采用。

3 作用在消化池池壁的侧向土压力应按现行国家标准《给水排水工程构筑物结构设计规范》GB 50069 计算。

4 消化池内的盛水压力标准值应按设计水位的静水压力计算，水的重度可取 10.5kN/m^3。

5 施加在卵形消化池结构上的竖向和环向预应力值，应按预应力筋的张拉控制应力值扣除相应张拉工艺的各项应力损失采用，并应符合下列规定：

1）沿高度分段配置的环向预应力筋张拉时，对卵形消化池壳体产生的等效均布水平环向压力可按下式计算：

$$F_{ph}=\frac{\sigma_{pe}\times A_{ph}}{r_h} \tag{4.2.2}$$

式中：F_{ph}——高度方向每米等效水平环向压力标准值（N/mm^2）；

σ_{pe}——预应力筋的有效预应力值（N/mm^2）；

A_{ph}——高度方向每米内预应力筋的截面面积之和（mm^2/m）；

r_h——壳体环向预应力筋水平半径（mm）。

2）竖向预应力筋张拉时，对卵形消化池壳体产生的压力可按本规程式（4.2.2）等效成均布压力。

3）张拉端或锚固端施加的节点力应根据预应力筋面积及有效预应力值的乘积确定，其方向与端部承压板垂直。

6 消化气体压力标准值应根据工艺要求确定，宜为 $5\text{kN/m}^2\sim8\text{kN/m}^2$，试验压力宜为压力标准值的 1.5 倍。

4.2.3 可变作用标准值和永久值系数应符合下列规定：

1 池顶操作平台的活荷载标准值可取 5.0kN/m^2，准永久值系数可取 0.5，当实际使用活荷载大于上述值时，应按照实际情况采用。

2 雪荷载、风荷载的标准值及准永久值系数，应按现行国家标准《建筑结构荷载规范》GB 50009 的规定采用。

3 地表水或地下水对消化池的作用标准值应按现行国家标准《给水排水工程构筑物结构设计规范》GB 50069 的规定采用。

4 地面堆积荷载的标准值可取 10kN/m^2，其准永久值系数可取 0.5。

5 卵形消化池结构的温度变化作用（包括湿度变化的当量温差）标准值，应由池壁的壁面温（湿）差确定；池壁的壁面湿度当量温差 Δt 可按 5℃～10℃采用。

4.3 承载能力极限状态计算

4.3.1 污水处理卵形消化池结构构件按承载能力极限状态进行强度计算时，应符合下式的规定：

$$\gamma_0 S\leqslant R \tag{4.3.1}$$

式中：γ_0——结构重要性系数，宜取 1.0；

S——作用效应基本组合设计值；

R——结构构件抗力设计值，按现行国家标准《混凝土结构设计规范》GB 50010 的规定确定。

4.3.2 卵形消化池按承载能力极限状态进行强度计算时，作用效应组合设计值应按下列规定确定：

1 强度计算的作用效应基本组合应按下式计算：

$$S=\sum\gamma_{Gi}C_{Gi}G_{ik}+\gamma_{Q1}C_{Q1}Q_{1k}+\psi_c\sum\gamma_{Qj}C_{Qj}Q_{jk} \tag{4.3.2}$$

式中：G_{ik}——第 i 个永久作用的标准值；

γ_{Gi}——第 i 个永久作用的分项系数，当作用效应对结构不利时，对结构和设备自重应取 1.2，对其他永久作用应取 1.27；当作用效应对结构有利时，均应取 1.0；

Q_{1k}——第 1 个可变作用的标准值，当有地表水或地下水时，第一个可变作用应取地表水或地下水作用；

Q_{jk}——第 j 个可变作用的标准值；

γ_{Q1}——第 1 个可变作用分项系数，对地表水或地下水的作用取 1.27；

γ_{Qj}——第 j 个可变作用分项系数，除地表水或地下水作用外，各项可变作用的分项系数取 1.40；

C_{Gi}、C_{Q1}、C_{Qj}——分别为第 i 个永久作用、第 1 个可变作用和第 j 个可变作用的作用效应系数；

ψ_c——可变作用的组合值系数，取 0.9；当计算工况中只有一个可变作用时，取 1.0。

2 承载能力极限状态计算时，作用效应基本组合设计值应根据不同的荷载工况取不同的作用项目组合。不同的项目组合可按表 4.3.2 确定。

表 4.3.2 承载能力极限状态荷载作用组合表

工况	永久作用						可变作用						
	结构和设备自重 G_1	池内盛水压力 F_w	消化气体压力 q_a	环向预应力 F_{ph}	径向预应力 F_{pv}	土的侧向压力 $F_{ep,k}$	池顶活荷载 Q	风荷载 w	雪荷载 s	地下水压力 $q_{fw,k}$	地面堆积荷载 q_a	壁面温(湿)差作用 $F_{\triangle t}$	中面季节平均温差作用 F_{tr}
混凝土施工阶段	√							Δ				Δ	Δ
环向张拉阶段	√			√				Δ				Δ	Δ
径向张拉阶段	√			√	√			Δ				Δ	Δ
闭水闭气阶段	√	√	√	√	√			Δ				Δ	Δ
使用阶段	√	√	√	√	√	√	√	Δ	Δ	Δ	Δ	√	Δ
检修阶段	√			√	√	√	√	Δ	Δ	Δ	Δ	Δ	Δ

注：1 表中有"√"的作用为应予计算的项目；有"Δ"的作用为应按具体设计条件确定采用；

2 不同工况组合时，应考虑对结构的有利与不利情况分别采用分项系数；

3 池顶活荷载与雪荷载不同时组合，取二者的大值。

4.3.3 当卵形消化池承受地下水（含上层滞水）浮力时，应进行抗浮稳定验算。验算时各作用均应取标准值，抵抗力不应包括池内盛水的永久作用和消化池侧壁上的摩擦力，抗浮稳定性抗力系数不应小于 1.05。

4.4 正常使用极限状态验算

4.4.1 卵形消化池按正常使用极限状态设计时，应分别按作用效应的标准组合或准永久组合进行验算。结构的变形、抗裂度和裂缝宽度、应力计算值应满足相应的规定限值。

4.4.2 当卵形消化池结构构件处于轴心受拉或小偏心受拉时，应进行抗裂验算，应取作用效应的标准组合并应符合下列确定：

1 按正常使用极限状态验算时，作用效应标准组合的设计值应按下式计算：

$$S_k = \sum_{i=1}^{m} C_{Gi}G_{ik} + C_{Q1}Q_{1k} + \psi_c \sum_{j=2}^{n} C_{Qj}Q_{jk} \tag{4.4.2}$$

式中：S_k——作用效应的标准组合设计值。

2 按正常使用极限状态验算时，作用效应标准组合的设计值应按本规程表 4.3.2 选取不同的作用组合。

4.4.3 当卵形消化池结构构件处于受弯、大偏心受压或大偏心受拉时，应控制裂缝宽度，应取作用效应的准永久组合并应符合下列规定：

1 按正常使用极限状态验算时，作用效应准永久组合的设计值应按下式计算：

$$S_d = \sum_{i=1}^{m} C_{Gi}G_{ik} + \sum_{j=1}^{n} C_{Qj}\psi_{Qj}Q_{jk} \tag{4.4.3}$$

式中：S_d——作用效应的准永久组合设计值；

ψ_{Qj}——第 j 个可变作用的准永久值系数。

2 按正常使用极限状态验算时，作用效应准永久组合的设计值应选取不同的作用项目组合。

4.4.4 污水处理卵形消化池在工作状态下混凝土环向剩余压应力不应小于 0.3MPa。卵形消化池结构环向的抗裂度，应按荷载效应标准组合进行验算，并应符合下式规定：

$$\sigma_{pc} - \sigma_c \geqslant 0.3 \tag{4.4.4}$$

式中：σ_{pc}——计算截面扣除全部预应力损失后混凝土的有效预压应力（N/mm^2）；

σ_c——计算截面在荷载效应标准组合作用下的混凝土应力（N/mm^2）。

4.4.5 卵形消化池结构在预加应力作用下，混凝土竖向应符合下列规定：

1 空池状态下，最大裂缝宽度不应大于 0.15mm。

2 正常运行状态下（满池状态），截面边缘的混凝土法向应力符合下列规定：

$$\sigma_{ct} \leqslant f'_{tk} \tag{4.4.5-1}$$

$$\sigma_{cc} \leqslant 0.8f'_{ck} \tag{4.4.5-2}$$

$$\sigma_{cc} \text{ 或 } \sigma_{ct} = \sigma_{pc} + \frac{N_k}{A_0} \pm \frac{M_k}{W_0} \quad (4.4.5\text{-}3)$$

式中：σ_{cc}、σ_{ct}——相应阶段计算截面边缘纤维的混凝土压应力、拉应力（N/mm²）；

f'_{tk}、f'_{ck}——与各施工阶段混凝土立方体抗压强度 f'_{cu} 相应的抗拉强度标准值、抗压强度标准值；

N_k、M_k——结构自重及施工荷载的标准组合在计算截面产生的轴向力、弯矩值；

W_0——验算边缘的换算截面弹性抵抗矩。

4.5 预应力损失计算

4.5.1 预应力筋的有效预应力 σ_{pe} 应按下式计算：

$$\sigma_{pe} = \sigma_{con} - \sum \sigma_{li} \quad (4.5.1)$$

式中：σ_{con}——预应力筋张拉控制应力（N/mm²）；

σ_{li}——第 i 项预应力损失值（N/mm²）。

4.5.2 污水处理卵形消化池设计时，宜考虑下列各项预应力损失，且预应力筋的总损失设计取值不应小于 80N/mm²。

1 张拉端锚具变形和预应力筋内缩 σ_{l1}；

2 预应力筋的摩擦 σ_{l2}；

3 预应力筋的应力松弛 σ_{l3}；

4 混凝土的收缩和徐变 σ_{l4}；

5 预应力筋由于分批张拉引起的平均预应力损失 σ_{l5}；

6 变角垫块孔道引起的预应力损失 σ_{l6}。

4.5.3 预应力筋由于锚具变形和预应力筋内缩引起的预应力损失 σ_{l1}，应根据曲线预应力筋与导管或护套壁之间的反向摩擦影响长度 l_f 范围内的预应力筋变形值等于锚具变形和预应力筋内缩值的条件确定。预应力筋在反向摩擦影响长度 l_f 范围内的预应力损失值 σ_{l1} 可按下列公式计算：

1 反向圆弧布置（图 4.5.3-1，圆心角 $\theta \leqslant 90°$）

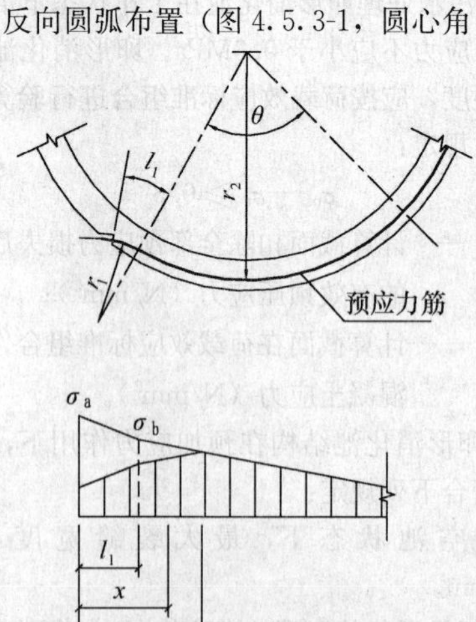

图 4.5.3-1 反向圆弧布置预应力筋的预应力损失 σ_{l1}

当 $x \leqslant l_1$ 时

$$\sigma_{l1} = 2i_1(l_1 - x) + 2i_2(l_f - l_1) \quad (4.5.3\text{-}1)$$

当 $l_1 < x \leqslant l_f$ 时

$$\sigma_{l1} = 2i_2(l_f - x) \quad (4.5.3\text{-}2)$$

反向摩擦影响长度 l_f（m）可按下列公式计算：

$$l_f = \sqrt{\frac{aE}{1000 i_2} + l_1^2 - \frac{i_1}{i_2} l_1^2} \quad (4.5.3\text{-}3)$$

$$i_1 = \sigma_a \left(k + \frac{\mu}{r_1}\right) \quad (4.5.3\text{-}4)$$

$$i_2 = \sigma_b \left(k + \frac{\mu}{r_2}\right) \quad (4.5.3\text{-}5)$$

式中：l_1——预应力筋张拉端起点至反弯点的水平投影长度（m）；

i_1、i_2——反弧及圆弧预应力筋中应力近似直线变化的斜率；

r_1、r_2——反弧及圆弧形曲线预应力筋的曲率半径（m）；

σ_a、σ_b——预应力筋在 a、b 点的应力；

μ——预应力筋与孔道壁或护套之间的摩擦系数，按本规程表 4.5.4 采用；

k——考虑孔道或无粘结预应力筋每米长度局部偏差的摩擦系数，按本规程表 4.5.4 采用；

x——张拉端至计算截面的距离（m）；

a——张拉端锚具变形和钢筋内缩值（mm），按本规程表 4.5.3 采用。

表 4.5.3 锚具变形和预应力筋内缩值 a（mm）

锚具类别		a
夹片式锚具	有顶压时	5
	无顶压时	6～8

注：1 表中锚具变形和预应力筋内缩值也可根据实测数据确定；

2 设计中应注明计算所采用的锚具变形和预应力筋内缩值。

2 环型锚具布置（图 4.5.3-2，圆弧对应的圆心角 $\theta \leqslant 90°$）

$$\sigma_{l1} = 2\sigma_{con} \cdot l_f (\mu/r + k)(1 - x/l_f) \quad (4.5.3\text{-}6)$$

反向摩擦影响长度 l_f（m）可按下式计算：

$$l_f = \sqrt{\frac{aE_p}{2 \times 1000 \sigma_{con} (\mu/r + k)}} \quad (4.5.3\text{-}7)$$

4.5.4 预应力筋与孔道壁或护套壁之间的摩擦引起的预应力损失 σ_{l2}，可按下列公式计算：

$$\sigma_{l2} = \sigma_{con}(1 - 1/e^{kx + \mu\theta}) \quad (4.5.4\text{-}1)$$

当 $kx + \mu\theta$ 不大于 0.3 时，σ_{l2} 可按下列近似公式计算：

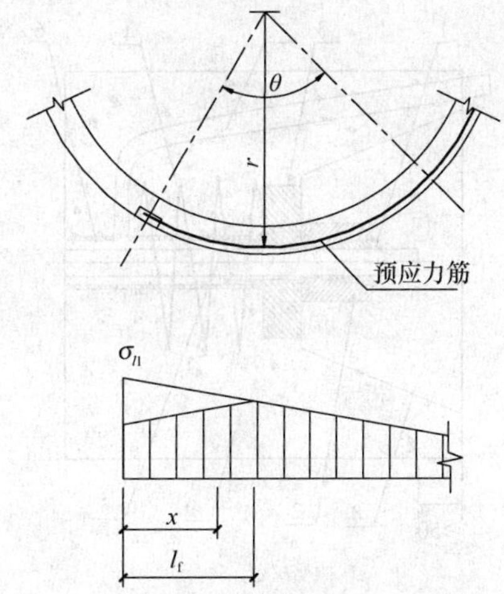

图 4.5.3-2　环锚预应力筋的预应力损失 σ_{l1}

$$\sigma_{l2} = (kx + \mu\theta)\sigma_{con} \qquad (4.5.4\text{-}2)$$

式中：x——从张拉端至计算截面的曲线长度（m），当计算池壁竖向预应力筋时可近似取曲线在纵轴上的投影长度（m）；

θ——从张拉端至计算截面曲线部分切线夹角的总和（rad）；

k——考虑孔道每米长度局部偏差的摩擦系数，可按本规程表 4.5.4 采用；

μ——预应力筋与孔道壁或护套壁之间的摩擦系数，可按本规程表 4.5.4 采用。

表 4.5.4　摩 擦 系 数

孔道成型方式或预应力筋种类	k	μ
预埋金属波纹管	0.0015	0.25
无粘结预应力钢绞线	0.004	0.09
塑料波纹管	0.0015	0.15

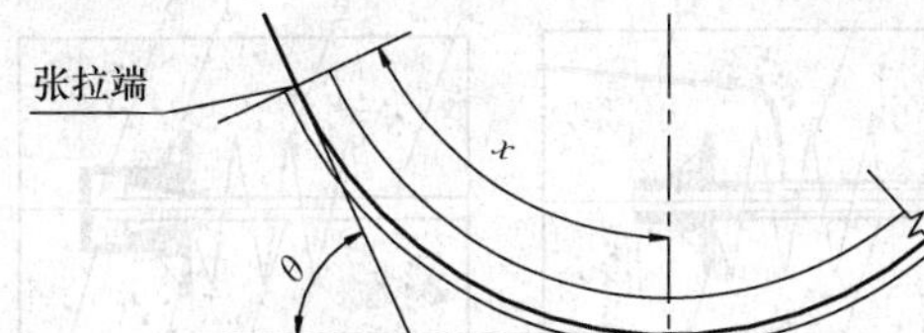

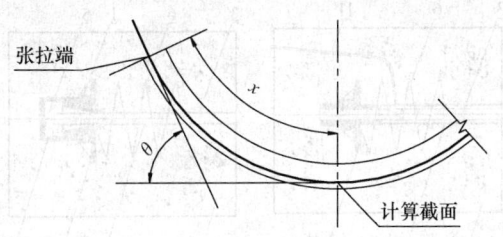

图 4.5.4　预应力筋摩擦损失计算

4.5.5　由于预应力筋的应力松弛引起的预应力损失值 σ_{l3} 可按下列公式计算：

当 $\sigma_{con} \leqslant 0.7f_{ptk}$ 时

$$\sigma_{l3} = 0.125(\sigma_{con}/f_{ptk} - 0.5)\sigma_{con} \qquad (4.5.5\text{-}1)$$

当 $0.7f_{ptk} < \sigma_{con} \leqslant 0.8f_{ptk}$ 时

$$\sigma_{l3} = 0.20(\sigma_{con}/f_{ptk} - 0.575)\sigma_{con} \qquad (4.5.5\text{-}2)$$

4.5.6　混凝土收缩、徐变引起受拉区纵向预应力筋的预应力损失值 σ_{l4} 可按下列公式计算：

$$\sigma_{l4} = (55 + 300\sigma_{pc}/f'_{cu})/(1 + 15\rho) \qquad (4.5.6\text{-}1)$$

式中：σ_{pc}——受拉区纵向预应力筋合力点处混凝土法向压应力；

f'_{cu}——施加预应力时的混凝土立方体抗压强度；

ρ——受拉区预应力筋和非预应力筋的配筋率。

$$\rho = (A_p + A_s)/A_n \qquad (4.5.6\text{-}2)$$

计算预应力筋合力点处混凝土法向压应力 σ_{pc} 时，预应力损失值仅考虑混凝土预压前（第一批）的损失 σ_{l1} 和 σ_{l2}；σ_{pc} 值不得大于 $0.5f'_{cu}$。

4.5.7　预应力筋分批张拉引起的平均预应力损失值 σ_{l5} 可按下式计算：

$$\sigma_{l5} = 0.5\alpha_E\mu_y\sigma_{con} \qquad (4.5.7)$$

式中：μ_y——预应力筋的配筋率；

α_E——钢筋弹性模量与混凝土弹性模量的比值。

4.5.8　变角垫块孔道引起的预应力损失 σ_{l6} 可通过现场摩阻试验确定，当缺乏试验资料时，无粘结预应力筋变角垫块摩阻损失可按表 4.5.8 确定。

表 4.5.8　变角垫块摩阻损失值

角度	15°	20°	25°	30°
摩阻损失	$2.7\%\sigma_{con}$	$3.0\%\sigma_{con}$	$3.5\%\sigma_{con}$	$4.5\%\sigma_{con}$

4.6　静 力 计 算

4.6.1　结构内力分析应按弹性体系计算，不考虑由非弹性变形所产生的塑性内力重分布。

4.6.2　卵形消化池为旋转薄壳结构，结构分析时，应符合下列规定：

1　应满足力学平衡条件；

2　应采用合理的材料或构件单元的本构关系。

4.6.3　卵形消化池的内力，宜用有限元方法计算。当采用有限元计算时，薄壳单元与实体单元（基础部分）的交接处应满足变形协调关系。

5　构 造 要 求

5.1　一 般 规 定

5.1.1　卵形消化池壳体内预应力筋宜采用水平环向与竖向正交布置。壳体厚度不宜小于 400mm。

5.1.2　水平环向预应力筋应布置在池壁外层非预应力筋内侧，竖向预应力筋宜布置在池壁截面中线位置，预应力筋应采用 S 筋进行定位，S 筋间距不应大于 600mm。

5.1.3　水平环向预应力筋宜分 2 段或 3 段分段布置，

2点或3点同步张拉，上下相邻两道预应力筋张拉点应呈60°（45°）或30°位置错开。

5.1.4 水平环向预应力筋的锚具应采用环型锚具，环型锚具应埋入池壁槽形穴位内，槽形穴位水平长度应留出安装转角张拉垫块的尺寸。

5.1.5 在卵形消化池人孔部位，当孔径不大于3倍池壁厚度时，预应力筋可分两侧绕过洞口铺设。移位后的各环向预应力筋的弯曲半径应大于3m。预应力筋与洞口边的净距不宜小于100mm，预应力筋孔道之间的净距不宜小于50mm。当孔径大于3倍池壁厚度时，可设置传力锚固架，锚固被孔洞截断的预应力筋。

5.1.6 预应力筋最小混凝土保护层厚度不应小于50mm。

5.1.7 卵形消化池池壁内非预应力钢筋应采用热轧带肋钢筋，单侧钢筋最小配筋率不应小于0.20%。

5.1.8 预应力筋锚固区混凝土内应设置锚垫板和螺旋加强钢筋。

5.2 无粘结预应力筋构造

5.2.1 无粘结预应力筋在池壁内的最小净距应满足施工要求，竖向预应力筋最大中心距不宜大于1400mm，环向预应力筋最大中心距不宜大于1000mm。

5.2.2 在预应力筋全长及锚具与连接套管的连接部位，外包材料均应连续、封闭且能防水。

5.3 有粘结预应力筋构造

5.3.1 预应力筋预留孔道之间的净距不应小于80mm。孔道至构件边缘的净距不应小于50mm，且不宜小于孔道直径的一半。

5.3.2 预应力筋预留孔道的直径应比预应力筋或需穿孔道的锚具或连接器的外径大10mm～15mm，且孔道面积宜取预应力筋面积的3.5倍～4.0倍。

5.3.3 预应力筋的灌浆孔道，应设置灌浆孔和排气孔，排气孔孔径不宜小于15mm，孔距不宜大于12m。

5.4 锚固端构造

5.4.1 夹片锚具系统张拉端可采用下列做法：

1 有粘结预应力筋张拉端的圆套筒式夹片锚具或垫板连体式夹片锚具的布置可采用凹进壳体混凝土表面的形式（图5.4.1-1）。

2 无粘结预应力筋张拉端垫板连体式夹片锚具的布置可采用凹进壳体混凝土表面的形式（图5.4.1-2）。

5.4.2 有粘结预应力筋固定端的挤压锚具或垫板连体式夹片锚具系统和无粘结预应力筋固定端的垫板连体式夹片锚具系统应埋设在消化池结构混凝土中（图5.4.2）。

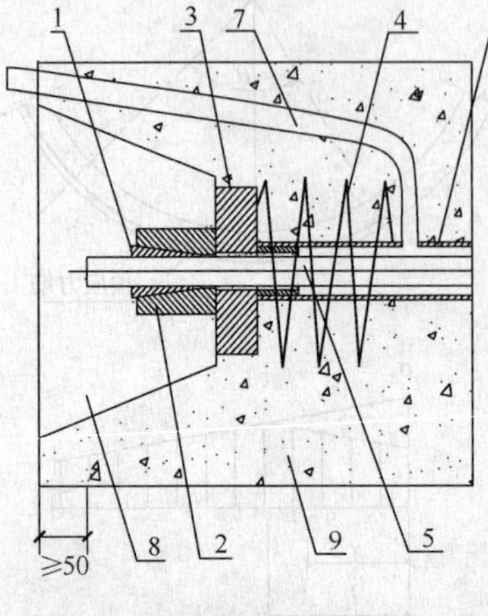

图5.4.1-1 有粘结预应力筋张拉端锚固系统构造示意

1—夹片；2—锚环；3—锚垫板；4—螺旋筋；5—钢绞线；6—孔道预埋管；7—灌浆管；8—细石混凝土或砂浆；9—结构混凝土

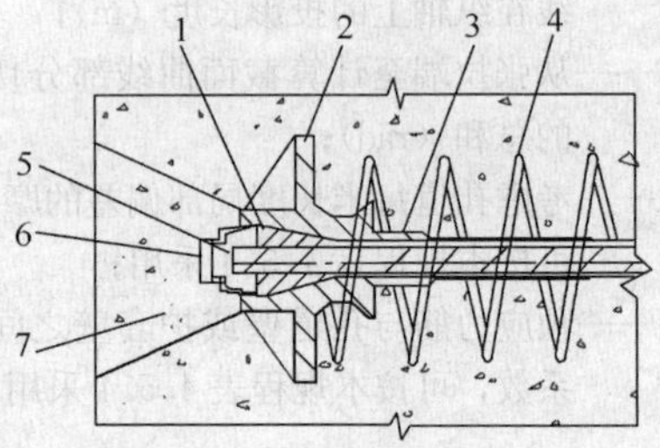

图5.4.1-2 无粘结预应力筋张拉端锚固系统构造示意

1—夹片；2—连体锚垫板；3—塑料密封套；4—螺旋筋；5—涂专用防腐油脂；6—密封盖；7—微膨胀混凝土或专用密封砂浆

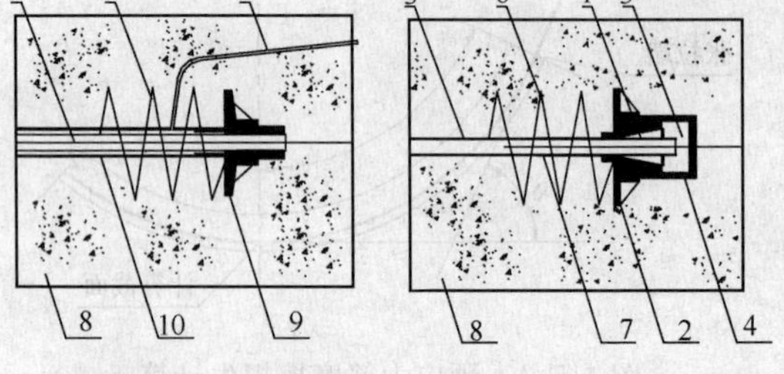

(a)有粘结筋锚固端构造 (b)无粘结筋锚固端构造

图5.4.2 固定端锚固系统构造

1—夹片；2—连体锚垫板；3—预应力筋；4—密封盖；5—防腐油脂；6—螺旋筋；7—塑料密封套；8—结构混凝土；9—挤压锚具；10—孔道预埋管；11—灌浆管

5.4.3 预应力筋锚具可采用环型锚具系统（图5.4.3）。

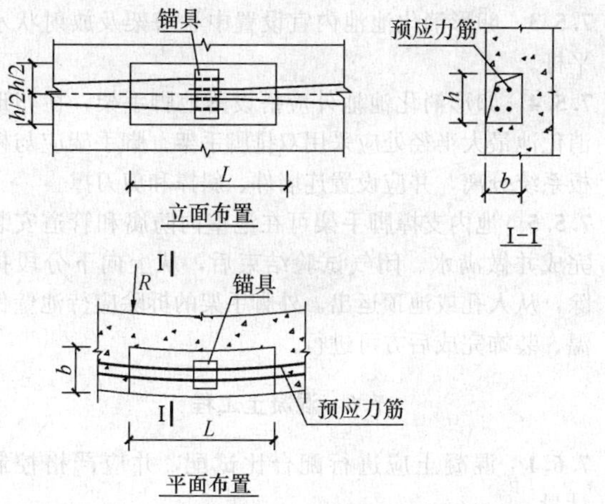

图 5.4.3 环型锚具系统构造

b—凹槽的深度；*h*—凹槽的高度；

R—池壁内半径；*L*—凹槽的长度

6 防火、防腐、保温及饰面

6.0.1 污水处理卵形消化池防火应符合下列规定：

1 污水处理卵形消化池设计应符合现行国家标准《建筑设计防火规范》GB 50016 的规定；

2 保温层及饰面材料的可燃性及氧指数、耐火极限应符合现行国家标准《建筑设计防火规范》GB 50016 的相关规定。

6.0.2 污水处理卵形消化池防腐应符合下列规定：

1 当卵形消化池池内接触的介质或池外地下水、土对混凝土及混凝土中钢筋具有腐蚀性时，应按现行国家标准《工业建筑防腐蚀设计规范》GB 50046 规定或根据专门试验确定防腐措施；

2 污水处理卵形消化池内壁液面以上及液面以下 2m 范围内应进行加强防腐处理，防腐等级可按强腐蚀要求执行，池壁其余部分均应进行防腐涂层处理。

6.0.3 污水处理卵形消化池保温应符合下列规定：

1 污水处理卵形消化池外表面应采用高发泡聚氨酯、玻璃棉、聚苯乙烯泡沫塑料等材料进行保温，保温层厚度不宜小于 100mm；

2 计算卵形消化池壁的壁面温差时应考虑保温层的隔热作用。

6.0.4 污水处理卵形消化池外饰面应符合下列规定：

1 所选用的饰面板、连接件应具有足够的承载力和刚度，且饰面板应具有良好的防水性能；

2 饰面构架的立柱与横梁在风荷载标准值作用下，钢型材的相对挠度不应大于 $l/300$（l 为立柱或横梁两支点间的跨度），绝对挠度不应大于 15mm，铝合金型材的相对挠度不应大于 $l/180$，绝对挠度不应大于 20mm；

3 饰面板应通过横梁、立柱、预埋件与主体结构连接，预埋件应在主体结构混凝土施工时准确埋入。

6.0.5 消化池应配备池内气体压力控制装置。

7 施工及质量验收

7.1 一般规定

7.1.1 承担污水处理卵形消化池施工的单位应具备相应的资质。

7.1.2 开工前应编制施工组织设计，关键的分项、分部工程应分别编制专项施工方案。施工组织设计和专项施工方案的编制应符合现行国家标准《建筑施工组织设计规范》GB/T 50502 的要求。施工组织设计和专项施工方案必须按规定程序审批。

7.1.3 污水处理卵形消化池施工过程质量控制应符合下列规定：

1 各分项工程施工完成后，应进行检验；

2 相关各分项工程之间，应进行交接检验；

3 隐蔽工程应在隐蔽前进行验收；

4 未经检验或验收不合格不得进行下道分项工程施工。

7.1.4 污水处理卵形消化池的平面控制网和主轴线应根据复核后的控制桩或坐标点准确地测量，标高控制网应根据复核后的水准点或高程点引测。施工测量的允许偏差应符合表 7.1.4 的规定。

表 7.1.4 施工测量允许偏差

项目		允许偏差
水准线路测量高程闭合差	平地	$\pm 20\sqrt{L}$(mm)
	山地	$\pm 6\sqrt{n}$(mm)
导线测量方位角闭合差		$\pm 40\sqrt{n}('')$
导线测量相对闭合差		1/3000
直接丈量测距两次校差		1/5000

注：1 *L* 为水准测量闭合线路的长度(km)；

2 *n* 为水准或导线测量的测站数。

7.1.5 污水处理卵形消化池所用主要原材料、半成品、构（配）件等产品，进入施工现场时必须进行进场验收。进场验收时，应检查每批产品的质量合格证书、性能检验报告、使用说明书等，并应按国家现行相关标准规定进行复验，验收合格后方可使用。

7.1.6 污水处理卵形消化池的施工及质量验收除应符合本规程规定外，尚应符合现行国家标准《给水排水构筑物工程施工及验收规范》GB 50141、《混凝土结构工程施工质量验收规范》GB 50204 和《城市污水处理厂工程质量验收规范》GB 50334 的相关规定。

7.1.7 施工过程中，各种材料应远离火源，并应指派专人负责施工现场的防火安全。

7.2 地基基础工程

7.2.1 污水处理卵形消化池地基与基础应严格按设计要求施工，并应符合现行国家标准《建筑地基基础工程施工质量验收规范》GB 50202 的有关规定。

7.2.2 污水处理卵形消化池土方应分层开挖、严禁超挖，开挖顺序应与设计工况相一致。

7.2.3 基坑开挖应确保其平面位置、水平标高和边坡坡度的准确。挖至设计标高后，应对坑底进行保护，经验槽合格后，及时进行垫层施工。

7.2.4 根据污水处理卵形消化池的基础结构特点，可按截面尺寸变化情况沿竖向分段施工。

7.3 钢 筋 工 程

7.3.1 卵形消化池环向钢筋应先预弯成型，误差应控制在 5mm 范围内，钢筋连接不应采用绑扎搭接接头，且接头宜相互错开。

7.3.2 钢筋安装时，宜设置承重定位支架，将竖向筋、环向筋和径向筋与支架点焊形成整体骨架体系。

7.3.3 池体孔洞等特殊部位钢筋应根据设计要求进行处理。

7.4 模 板 工 程

7.4.1 卵形消化池模板施工前，应根据结构形式、施工工艺、设备和材料等条件进行模板及其支架设计。模板及其支架的强度、刚度及稳定性必须满足要求。

7.4.2 卵形消化池模板体系可采用组合钢模和适量的特制异形钢模相组合而成，或采用专门的模架系统。当采用组合钢模时，应符合现行国家标准《组合钢模板技术规范》GB 50214 的规定。采用专门的模架系统应经专家论证。

7.4.3 模板安装的顺序应根据模板设计工艺进行确定，池体最大直径以下宜先安外模，后安内模（或吊模）；以上部分宜先安内模，后安外模。应采取有效的措施避免模板上浮和下滑。

7.4.4 封模前，应对钢筋（包括预应力筋）、预埋件和锚垫板等进行验收。

7.4.5 每段模板安装后，应检查曲率半径、壁厚、标高及内外高差等数据，经校正、加固，验收合格后，方可进行下一道工序。

7.4.6 水平构件模板应在混凝土强度达到设计要求后方可拆除。拆除顺序应根据模板的设计工艺确定。

7.5 脚手架工程

7.5.1 脚手架应根据结构特点、施工工艺、模板设计等情况进行确定。

7.5.2 脚手架应进行设计计算，并应符合国家现行相应标准的规定。

7.5.3 卵形消化池池内宜设置中心塔架及放射状水平杆。

7.5.4 卵形消化池池外应搭设落地脚手架，在卵形消化池最大半径处应采用双排脚手架。脚手架应与模板系统分离，并应设置连墙件、斜撑和剪刀撑。

7.5.5 池内支撑脚手架可在池壁内防腐和管道安装完成并做满水、闭气试验结束后，从上向下分段拆除，从人孔或池顶运出。外脚手架的拆除应待池壁保温、装饰完成后方可进行。

7.6 混凝土工程

7.6.1 混凝土应进行配合比试配，并应严格控制计量。

7.6.2 混凝土宜采用强制式搅拌机搅拌，泵送施工，混凝土坍落度不宜大于 180mm±20mm。

7.6.3 大体积混凝土施工前，应根据气温、使用的材料和现场条件进行热工计算，确定合理的浇筑顺序及有效的养护措施，且应符合现行国家标准《大体积混凝土施工规范》GB 50496 的规定。

7.6.4 混凝土浇筑应分层、对称、连续进行，且不得产生冷缝。分层浇筑高度应通过设计计算确定，且不宜大于 500mm。穿墙管件处、张拉端、锚固端及钢筋密集处混凝土应充分振捣密实。

7.6.5 卵形消化池不得留置垂直施工缝。壳体水平施工缝处应采取止水措施。水平施工缝留置部位应符合设计要求，并应符合下列规定：

1 避开池体结构主应力最大处；

2 处于模板分层处；

3 方便混凝土入模和振捣，便于施工处理。

7.6.6 施工缝处继续浇筑混凝土时，应符合下列规定：

1 已浇筑混凝土的抗压强度不应小于 2.5MPa；

2 施工缝处混凝土表面应凿毛和冲洗干净，并保持湿润，但不得积水；

3 浇筑前，施工缝处应先铺一层与混凝土强度等级相同的水泥砂浆，其厚度宜为 15mm～30mm；

4 混凝土应振捣密实，使新旧混凝土紧密结合。

7.6.7 混凝土浇筑完成后，应按施工方案及时采取有效的养护措施，养护时间不应少于 14d。

7.7 预应力工程

7.7.1 预应力筋进场时，应按现行国家标准《预应力混凝土用钢绞线》GB/T 5224 的规定抽取试件进行力学性能检验，其质量必须符合国家现行有关标准的规定。无粘结预应力筋还应按照现行行业标准《无粘结预应力钢绞线》JG 161 的规定对防腐润滑脂质量和护套厚度进行检验。

7.7.2 预应力筋使用前应进行外观检查，其质量应符合下列规定：

1 有粘结预应力筋展开后应平顺，不得有弯折，表面不应有裂纹、小刺、机械损伤、氧化铁皮和油污等；

2 无粘结预应力筋护套表面应光滑、无凹陷、无可见钢绞线轮廓、无裂缝、无气孔、无漏油、无明显皱褶和机械损伤，油脂应饱满，护套厚度应均匀，不得过松或过紧。

7.7.3 锚具、夹具和连接器进场后应对外观检查验收，核对数量、型号及相应配件，进场锚具应无锈蚀、机械损伤和裂纹，尺寸满足允许偏差，并应按要求取样复试其硬度、静载锚固试验等相关指标。

7.7.4 有粘结预应力筋施工中的预埋孔道可采用金属波纹管或塑料波纹管等，其规格应按照设计图纸要求采用，并应符合下列规定：

1 金属波纹管进场时外观检查应无锈蚀、孔洞和不规则的皱褶，咬口应无开裂脱扣等现象；

2 塑料波纹管管材内外壁不应有气泡、裂口、分解变色线及明显的杂质；内壁应光滑，不应有明显的波纹，外壁应均匀，管材的两端应平整并与轴线垂直。

7.7.5 预应力筋下料时应采用砂轮锯或切断机切断，不得采用电弧切割。

7.7.6 计算预应力筋的下料长度时，应根据设计的分段尺寸并考虑到工作锚的尺寸以及张拉千斤顶所需要的长度，当采用变角张拉时，尚应考虑变角块的长度。

7.7.7 无粘结预应力筋铺设前应仔细检查预应力筋外皮破损情况，严重破损的预应力筋应予以报废。当存在局部破损时，可用水密性胶带缠绕修补，胶带搭接宽度不应小于胶带宽度的1/2，缠绕层数不应少于2层，缠绕长度应大于破损长度每边50mm。

7.7.8 预应力筋端头锚垫板和螺旋筋的埋设位置应准确，可用螺栓固定于模板内表面。应确保锚垫板表面与浇筑混凝土表面平整，且应保持预应力筋与锚垫板板面垂直。

7.7.9 预应力筋端部为固定端，挤压锚具制作时压力表读数应符合操作说明书的规定，挤压后预应力筋外端应露出挤压套筒5mm～10mm。

7.7.10 有粘结预应力筋的孔道铺设，应符合下列规定：

1 孔道的规格、数量、位置和形状应符合设计要求；

2 预埋孔道安装前，应按设计要求确定预应力筋的曲线坐标位置，孔道的定位应牢固，浇筑混凝土时不应出现移位和变形；环向预应力筋孔道的水平位置允许偏差±5mm～±10mm；

3 孔道应平顺，波纹管孔道中心线与端部锚垫板面应保持垂直；孔道波纹管应密封良好，接头应严密不得漏浆，波纹管外径应与锚垫板口径配套，接头处应封裹严密；

4 孔道波纹管在安装过程中，应避免反复弯曲；当绕过洞口时，应根据设计要求的曲线平滑平稳过渡，并应避免电焊火花等造成损伤；

5 灌浆孔的设置应保证灌浆质量，灌浆孔间距不宜大于12m，灌浆孔和泌水孔的孔径应能保证浆液畅通，内径不宜小于15mm。

7.7.11 有粘结预应力筋穿束过程中应注意对孔道的保护，应避免孔道的移位和损伤。浇筑混凝土前穿入孔道的预应力筋应采取防锈蚀的措施。

7.7.12 无粘结预应力筋的铺设应符合下列规定：

1 无粘结预应力筋（束）在池体内的定位应牢固，浇筑混凝土时不应出现移位和变形，端部的预埋锚垫板应垂直于预应力筋；

2 当采取集束配置多根无粘结预应力筋时，应逐根理顺，不得相互扭绞；

3 在无粘结预应力筋绑扎以及其他焊接过程中应避免造成无粘结预应力筋的外皮损伤；

4 无粘结预应力筋固定端锚垫板应事先组装好，并按设计要求的位置可靠固定；当池体同一截面有多个固定端时，应适当错开布置。

7.7.13 预应力筋张拉时，混凝土强度应符合设计要求。张拉前应计算预应力筋张拉伸长值。

7.7.14 预应力筋采用变角张拉时，变角不宜超过30°。

7.7.15 预应力筋的张拉顺序和张拉工艺应符合设计要求。

7.7.16 预应力筋张拉控制应力应根据设计要求确定，对于后张法预应力筋，控制应力 σ_{con} 不宜大于 $0.75f_{ptk}$。当施工需要超张拉时，最大张拉应力不应超过 $0.8f_{ptk}$。

7.7.17 预应力筋当采用应力控制方法张拉时，应校核预应力筋的伸长值。当施工需超张拉时，预应力筋的张拉程序宜为：0→初应力→$0.6\sigma_{con}$→$1.0\sigma_{con}$→$1.03\sigma_{con}$（超张拉）→锚固。初应力取值应根据预应力筋的分段情况和布筋形状等具体条件确定，宜为 $(0.1\sim0.2)\sigma_{con}$，实际施工时应根据摩擦阻力等实际情况调整。

7.7.18 预应力筋张拉伸长值（ΔL_p^c）可按下式计算：

$$\Delta L_p^c=\frac{F_{pm}L_p}{A_pE_p} \qquad (7.7.18)$$

式中：F_{pm}——预应力筋的平均张拉力（kN），取张拉端的拉力与固定端（两端张拉时取跨中）扣除摩阻损失后拉力的平均值；

L_p——预应力筋的有效长度（mm）；

A_p——预应力筋的截面面积（mm^2）；

E_p——预应力筋的弹性模量（kN/mm^2）。

7.7.19 当采用张拉应力控制张拉时，宜在初应力为张拉控制应力10%左右时开始校核预应力筋的实际伸长值，分级记录。其实际伸长值（ΔL_{p}^{0}）可由量测结果按下式计算确定：

$$\Delta L_{p}^{0}=\Delta L_{p1}^{0}+\Delta L_{p2}^{0}-\Delta L_{c} \quad (7.7.19)$$

式中：ΔL_{p1}^{0}——初应力至最大张拉力之间的实测伸长值；

ΔL_{p2}^{0}——初应力以下的推算伸长值，可根据弹性范围内张拉力与伸长值成正比的关系推算确定；

ΔL_{c}——混凝土构件在张拉过程中的弹性压缩值。

7.7.20 预应力筋实际伸长值与计算伸长值的偏差不应超过±6%，当超出允许偏差时应停止张拉，经分析原因并采取措施后方可继续张拉。

7.7.21 在锚固阶段，张拉端锚具和预应力筋的内缩量应符合设计要求。当设计无具体规定时，其内缩量应符合现行行业标准《无粘结预应力混凝土结构技术规程》JGJ 92 的相关规定。

7.7.22 预应力筋张拉锚固后实际建立的预应力值与规定检验值的相对偏差不应超过±5%。

7.7.23 预应力筋张拉过程中应避免预应力筋断裂或滑脱。当发生断裂或滑脱时，其数量严禁超过结构同一截面预应力筋总根数的3%，且每束预应力筋中不得超过1根，当超过时应采取补救措施。

7.7.24 后张法有粘结预应力筋张拉完毕经检验合格后，应尽早孔道灌浆。灌浆时，应符合下列规定：

1 水平向孔道灌浆顺序宜先灌下层孔道，后灌上层孔道；

2 竖向孔道应自下向上压浆；灌浆应缓慢连续进行，并应排气通顺；

3 在灌满孔道封闭排气孔后，应再继续加压至0.5MPa～0.7MPa，稳压 1min～2min，然后封闭灌浆孔；

4 采用真空辅助孔道压浆时，尚应符合下列规定：

1) 宜采用塑料波纹管孔道，灌浆前应切除外露的多余钢绞线并进行封锚；

2) 灌浆时孔道真空度应达到－0.08MPa～－0.1MPa 并保持稳定，然后启动灌浆泵开始灌浆；

3) 水平向孔道应在一端抽真空，在另一端压浆；竖向孔道应在上端抽真空。压浆结束后，应稳压1min～2min。

7.7.25 预应力筋锚固后的外露部分应采用机械方法切割，其外露长度不应小于预应力筋直径的 1.5 倍，且不应小于 30mm。

7.7.26 无粘结预应力筋的封锚应符合设计要求，当设计无具体要求时，应符合下列规定：

1 在夹片及无粘结预应力筋端头外露部分应涂专用防腐油脂，并用密封盖进行封闭，该防护帽与锚具应可靠连接；

2 应采用后浇微膨胀混凝土或专用密封砂浆进行封闭，并在张拉完成 1 周后完成；

3 无粘结预应力筋及其两端的锚具系统组成的预应力筋组件应进行防水密封，并应采用与构件同强度等级的细石混凝土加以保护，封锚处混凝土保护层的厚度不应小于 50mm。

7.8 防腐、保温及饰面工程

7.8.1 防腐工程施工前应对基层进行检查。基层混凝土应坚固、密实，严禁渗漏，不得有起砂、脱壳、裂缝、蜂窝麻面等现象。消化池内壁防腐涂料的基面应干燥，湿度应符合相应材料的施工要求。

7.8.2 防腐涂料应喷涂均匀，涂层不应出现脱皮、漏刷、流坠、皱皮、厚度不均、表面不光滑等现象。防腐工程的施工和质量验收还应符合现行国家标准《建筑防腐蚀工程施工及验收规范》GB 50212 的规定。

7.8.3 板状保温材料施工时，板块上下层接缝应错开，接缝处嵌料应密实、平整。现浇整体保温层施工时，铺料厚度应均匀、密实、平整。

7.8.4 饰面工程施工时，龙骨及饰面板应根据池体各部位的尺寸进行放样、加工。安装应牢固准确，确保安全、耐久。

7.9 功能性试验

7.9.1 污水处理卵形消化池结构施工完毕后，应进行满水试验。满水试验应符合下列规定：

1 向池内注水应分 3 次进行，第 1 次注水为设计水深的1/2，其余 2 次注水为设计水深的 1/4；

2 满水试验合格标准为污水处理卵形消化池池壁不得出现渗漏。

7.9.2 满水试验合格后，还应进行气密性试验。检验方法和要求应按现行国家标准《给水排水构筑物工程施工及验收规范》GB 50141 的规定执行。

本规程用词说明

1 为便于在执行本规程条文时区别对待，对要求严格程度不同的用词说明如下：

1) 表示很严格，非这样做不可的：

正面词采用“必须”，反面词采用“严禁”；

2) 表示严格，在正常情况下均应这样做的：

正面词采用“应”，反面词采用“不应”或“不得”；

3) 表示允许稍有选择，在条件许可时首先应这样做的：

正面词采用“宜”，反面词采用“不宜”；

4) 表示有选择，在一定条件下可以这样做的，采用“可”。

2 条文中指明应按其他有关标准执行的写法为：“应符合……的规定”或“应按……执行”。

引用标准名录

1 《建筑地基基础设计规范》GB 50007
2 《建筑结构荷载规范》GB 50009
3 《混凝土结构设计规范》GB 50010
4 《建筑设计防火规范》GB 50016
5 《冷弯薄壁型钢结构技术规范》GB 50018
6 《工业建筑防腐蚀设计规范》GB 50046
7 《给水排水工程构筑物结构设计规范》GB 50069
8 《给水排水构筑物工程施工及验收规范》GB 50141
9 《建筑地基基础工程施工质量验收规范》GB 50202
10 《混凝土结构工程施工质量验收规范》GB 50204
11 《建筑防腐蚀工程施工及验收规范》GB 50212
12 《组合钢模板技术规范》GB 50214
13 《城市污水处理厂工程质量验收规范》GB 50334
14 《水泥基灌浆材料应用技术规范》GB/T 50448
15 《大体积混凝土施工规范》GB 50496
16 《建筑施工组织设计规范》GB/T 50502
17 《预应力混凝土用钢绞线》GB/T 5224
18 《预应力筋用锚具、夹具和连接器》GB/T 14370
19 《预应力筋用锚具、夹具和连接器应用技术规程》JGJ 85
20 《无粘结预应力混凝土结构技术规程》JGJ 92
21 《建筑桩基技术规范》JGJ 94
22 《无粘结预应力钢绞线》JG 161
23 《无粘结预应力筋专用防腐润滑脂》JG 3007
24 《预应力混凝土用金属螺旋管》JG/T 3013
25 《预应力混凝土桥梁用塑料波纹管》JT/T 529

中华人民共和国行业标准

污水处理卵形消化池工程技术规程

CJJ 161—2011

条 文 说 明

制 定 说 明

《污水处理卵形消化池工程技术规程》CJJ 161－2011经住房和城乡建设部2011年3月15日以第956号公告批准、颁布。

在规程编制过程中，编制组对我国污水处理卵形消化池工程的实践经验进行了总结，对污水处理卵形消化池工程的设计、施工及质量验收等分别作出了规定。

为便于广大设计、施工、科研、院校等单位有关人员在使用本规程时能正确理解和执行条文规定，《污水处理卵形消化池工程技术规程》编制组按章、节、条顺序编制了本规程的条文说明，对条文规定的目的、依据以及执行中需注意的有关事项进行了说明，还着重对强制性条文的强制性理由作了解释。但是，本条文说明不具备与规程正文同等的法律效力，仅供使用者作为理解和把握规程规定的参考。

目　次

1 总 则

1.0.1 制定本规程的目的，即规范污水处理卵形消化池工程的设计、施工及验收。

1.0.2 本规程的适用范围。本规程的直接服务对象是设计、施工和监理人员。

1.0.3 对承受偶然作用的或建造在特殊地基上的污水处理卵形消化池，其设计应遵照我国现行的相关标准执行，本规程不再重复规定。

1.0.4 本条规定了本规程和其他标准的关系。凡国家现行标准中已有明确规定的，本规程原则上不再重复。在设计、施工及验收中除应符合本规程的要求外，尚应满足国家现行有关标准的规定。

2 术语和符号

2.1 术 语

术语是根据本规程内容表达的需要而列出。尚有不少常用和重要的术语，在其他相关标准中已有规定，本规程不再重复。

2.2 符 号

符号主要根据现行国家标准《给水排水工程构筑物结构设计规范》GB 50069 和现行行业标准《无粘结预应力混凝土结构技术规程》JGJ 92 等给出。

3 材 料

3.1 混 凝 土

3.1.1 污水处理卵形消化池一般采用双向高强度低松弛预应力钢绞线，因此必须采用较高强度等级的混凝土，才可充分发挥两者的作用，大幅度提高承载力，有效地减少池壁厚度。其他非预应力结构构件混凝土强度等级根据《预应力混凝土结构抗震设计规程》JGJ 140 的要求确定不应低于 C30。

3.1.2 本规程根据《给水排水工程构筑物结构设计规范》GB 50069 的有关要求和污水处理卵形消化池的特点，确定卵形消化池应采用的抗渗等级。

3.1.3 本条与抗渗等级相似，用以控制混凝土必要的抗冻性能。结合规范《给水排水工程构筑物结构设计规范》GB 50069 的要求和污水处理卵形消化池的结构特点，确定卵形消化池应采用的抗冻等级。

3.1.4 本条文是依据《混凝土结构设计规范》GB 50010 和《混凝土结构耐久性设计规范》GB 50471，结合规程编制组对混凝土研究的结果提出。

3.1.5 氯盐早强剂是一种典型的强电质无机盐，易造成钢筋电化学腐蚀，破坏钢筋表面钝化膜，而且氯盐早强剂混凝土表面有析盐现象及对表面的金属装饰产生盐蚀，因此根据国内目前混凝土发生的问题并结合国内外同类产品技术说明增加此限制性条款。

3.2 钢 筋

3.2.2、3.2.3 本规程预应力筋推荐采用高强度低松弛预应力钢绞线，预应力筋的选取主要参考《预应力混凝土用钢绞线》GB/T 5224 和《无粘结预应力钢绞线》JG 161 等标准的有关规定。当工程中有特殊需要时，经供需双方同意也可采用表 3.2.2 所列规格和强度级别以外的预应力钢绞线。当工程设计或施工中需要时，钢绞线可采用实测的弹性模量。污水处理卵形消化池地下部分的钢绞线可采用缓粘结钢绞线。

3.3 预应力用锚具、夹具和连接器

3.3.1、3.3.2 本条主要参考标准《预应力筋用锚具、夹具和连接器》GB/T 14370 和《预应力筋用锚具、夹具和连接器应用技术规程》JGJ 85 等制定；对抗震设防烈度为 7 度以上的地区，预应力筋-锚具组装件还应满足循环次数为 50 次的周期荷载试验，试验应力上限为钢绞线极限强度标准值的 80%，应力下限为极限强度标准值的 40%。

3.3.3 本条综合了国内外近年来的使用经验，提供了选用污水处理卵形消化池预应力筋锚具的一般原则、方法及常用锚具的品种。

3.4 其 他 材 料

3.4.4 水泥基灌浆材料是一种由水泥、集料（或不含集料）、外加剂和矿物掺合料等原材料，经工业化生产的具有合理组分的干混料，加水拌合均匀后具有可灌注的流动性、微膨胀、高的早期和后期强度、不泌水等性能。本规程推荐使用成品灌浆材料。灌浆前宜选择有代表性的孔道进行灌浆试验。灌浆过程中，不得在水泥基灌浆材料中掺入其他外加剂、掺合料。

4 结 构 设 计

4.1 一 般 规 定

4.1.1 在考虑污泥搅拌效率及壳体受力条件的基础上，为便于池底排泥及满足上部集气、易清除浮渣的要求，卵形消化池池体上、下锥体母线与水平面夹角一般宜取 45°，卵形消化池中部为圆形球壳。

卵形消化池选型时应尽量使单位容积的表面积最小，以减少热能损失，达到良好的保温效果。根据国内已建工程的统计，卵形消化池的高度与最大内径之比宜为 1.50～1.75。

4.1.3 本规程按现行国家标准《建筑结构可靠度设

计统一标准》GB 50068采用荷载分项系数、材料分项系数、结构重要性系数进行设计。

4.1.4 本规程采用以概率论为基础的极限状态设计方法，明确规定了结构构件应满足承载能力和正常使用两种极限状态。

4.1.7 卵形消化池结构本体具有良好的受力特性，可根据地质情况采用环梁基础、环板基础或桩基础等。消化池的埋置深度是根据国内工程的实际情况而定的，一般埋深越深，则基础处理费用越高。

4.1.9 卵形消化池结构应根据混凝土结构施工、环向（竖向）预应力张拉顺序、闭水、闭气、正常运行时的实际情况，分别进行强度、抗裂度、裂缝、变形的计算。预应力张拉对池体底部的径向非预应力筋影响较大，故必须对施工阶段进行验算。

在承载能力极限状态下，预应力作用分项系数应按预应力作用的有利或不利，分别取1.0或1.2。当不利时，如后张法预应力混凝土构件锚头局压区的张拉控制应力，预应力作用分项系数应取1.2。在正常使用极限状态下，预应力作用分项系数通常取1.0。

4.1.10～4.1.13 本条是结合卵形消化池的特点，遵照《混凝土结构设计规范》GB 50010与《无粘结预应力混凝土结构技术规程》JGJ 92的规定制定的。

4.1.14 由于卵形消化池体积较大，在池体混凝土中，可掺入符合国家标准《混凝土外加剂应用技术规范》GB 50119规定的抗裂防水微膨胀外加剂，以提高混凝土的密实度、抗渗性及防腐蚀能力，补偿混凝土的收缩变形，可有效预防混凝土早期裂缝的产生。

另外，在池体混凝土中，亦可加入符合国家标准的钢纤维或聚丙烯有机纤维。将钢纤维或聚丙烯有机纤维均匀拌混于混凝土中，可有效抑制混凝土干缩、温（湿）度变化作用等因素引起的裂缝，阻止裂缝的形成与发展，改善混凝土的物理力学性能。

4.1.15 施工时，施加预应力的顺序对结构内力有较大影响，若对最大水平直径以下部分首先一次性施加全部环向预应力，则卵形消化池底部基础与上部壳体交接处的池壁外侧径向就会产生较大的弯矩。所以，在环向预应力筋张拉时，为避免上部壳体与下部基础块体交接处产生过大的外侧弯曲拉应力，同时为减少环向、径向预应力分批张拉时的相互影响，环向预应力筋宜采用隔圈往返张拉的工艺，首次张拉值宜为控制应力的60%～80%，然后张拉径向预应力筋，最后再对环向预应力筋进行隔圈往返补足张拉，使张拉值达到设计要求。这样，可避免基础块体外侧交接处配置过密的径向非预应力筋，同时减少预应力损失，使结构更趋合理。

4.1.16、4.1.17 计算壁面温差作用（包括湿度变化的当量温差）及中面季节平均温差作用所引起的结构内力时，由于混凝土收缩、徐变等因素的影响，能显著降低结构的温湿度效应，故内力折减系数一般可分别取 $\eta_{\Delta t}=0.65$、$\eta_{tr}=0.20$。

4.2 作用分类及组合

4.2.1～4.2.3 卵形消化池设计中遇到的各种作用，系根据现行国家标准《给水排水工程构筑物结构设计规范》GB 50069的规定，将作用区分为永久作用和可变作用。当平面布置有多个卵形消化池时，宜进行风洞试验。

在永久作用中，根据压应力相等的原则，给出了环向预应力和竖向预应力的等效均布荷载计算公式。

4.3 承载能力极限状态计算

4.3.1 明确了卵形消化池结构按极限状态方法设计，与现行国家标准《给水排水工程构筑物结构设计规范》GB 50069相衔接，结构的重要性在一般情况下为二级。

4.3.2 本条针对卵形消化池可能承受的作用，对按承载能力极限状态计算的作用效应组合作出了明确的规定，各种作用的分项系数系根据《给水排水工程构筑物结构设计规范》GB 50069的有关规定确定。

4.4 正常使用极限状态验算

4.4.1～4.4.3 按正常使用极限状态设计结构构件时，分别按作用效应的标准组合或准永久组合进行验算，条文中给出了作用效应组合的一般公式。

4.4.4 卵形消化池环向由抗裂度控制，环向预应力筋张拉时，当环向混凝土剩余压应力较大时，必然会引起基础块体与上部壳体交接处外侧径向弯矩增加，使此处非预应力筋用量增加，这显然是不经济的，故设计时可控制截面边缘的剩余压应力不小于0.3MPa即可。

4.4.5 卵形消化池在完成环向、竖向预应力张拉，且在空池时，为其最不利状态，此时允许池壁竖向出现裂缝，以减小池体钢筋用量；在正常运行时，即满池状态下，构件竖向应力将减小，为确保结构安全，对截面边缘的混凝土法向应力进行了限制。

4.5 预应力损失计算

4.5.1～4.5.7 本条是结合卵形消化池的特点，遵照《混凝土结构设计规范》GB 50010与《无粘结预应力混凝土结构技术规程》JGJ 92的规定制定。

4.5.8 卵形消化池壳体均不设锚固肋，环向、竖向预应力筋均需采用变角张拉工艺，故设计中必须考虑变角垫块孔道内的预应力损失。

变角垫块摩阻损失值与变角角度、变角垫块内孔道摩擦系数及预应力筋的张拉力有关。变角垫块制作时，其组装件孔道内应平顺光滑，以减小孔道摩擦所引起的预应力损失。表4.5.8中数值为部分已建工程的试验值。

4.6 静力计算

4.6.1 本条规定了卵形消化池结构内力分析时的基本要求，考虑到卵形消化池抗渗、闭水、闭气、耐久性的要求，不允许结构内力达到塑性重分布状态，明确按内力处于弹性阶段的弹性体系进行结构分析。

4.6.2、4.6.3 卵形消化池为环向、竖向均有曲率且池壁厚度远小于曲率半径的旋转薄壳结构，由于池壁厚度、曲率半径的变化，荷载分布的不均匀性，壳体除薄膜应力外，尚存在弯曲应力，理论上的解析很困难，因此，进行结构分析时，通常将池壁分割成变厚度的有限元壳体模型，采用有限元进行数值分析。另外其计算结果的正确性与所建立的有限元模型的合理性有着密切的关系，故必须对计算结果进行判别与校核。

5 构造要求

5.1 一般规定

5.1.1、5.1.2 条文主要对卵形消化池壳体内预应力筋的布置作出规定。卵形消化池环向预应力筋张拉时，为改善混凝土局部应力，预应力筋宜布设在池壁外侧。卵形消化池环向预应力筋张拉时，在壳体与下部块体交接处，壳体外侧将产生较大的径向拉应力，故竖向预应力筋宜在池壁截面中线位置且偏向外侧布置。

5.1.3 在卵形消化池预应力总损失中，σ_{l1}和σ_{l2}叠加值约占总损失的60%以上，环向预应力筋采用每圈分段同步张拉工艺张拉可减少预应力损失。另外通过分析，卵形消化池环向上下预应力筋张拉端锚固槽交错角取30°、45°、60°较为合理，这样，σ_{l1}和σ_{l2}所引起的预应力损失在每个循环段内叠加后的平均值较小，当张拉端交错角度取90°时，壳体受力的均匀性较差，建立的有效预应力将减少，和交错角30°、45°、60°布置时相比，循环段内环向平均预应力损失$\Sigma(\sigma_{l1}+\sigma_{l2})$在张拉端和预应力筋中部处将增加30%左右。

5.1.4 卵形消化池预应力筋锚具的选用，应根据预应力筋的品种、张拉力值及工程应用环境条件选定。对常用的钢绞线有粘结预应力筋，其张拉端宜采用垫板连体式夹片锚具；埋入式固定端锚具宜采用挤压锚具或垫板连体式夹片锚具；对无粘结预应力筋，其张拉端及埋入式固定端锚具均宜采用垫板连体式夹片锚具。对于池壁的埋入式环向钢绞线预应力筋，可采用环型锚具（连接器）。为避免锚固槽尺寸不足而引起预应力筋张拉施工困难，锚固槽设计时应充分考虑锚具、张拉设备和壳体混凝土施工引起的误差，预留必要的设备操作空间以保证张拉的顺利进行。

5.1.5 圆形孔洞和矩形孔洞相比，开洞处的应力集中较小，故卵形消化池开设孔洞时宜成圆形，并设置钢套管。孔洞边预应力筋的布设构造系根据国内外工程经验作出规定。下图1为预应力筋分两侧绕过洞口铺设的示意图。

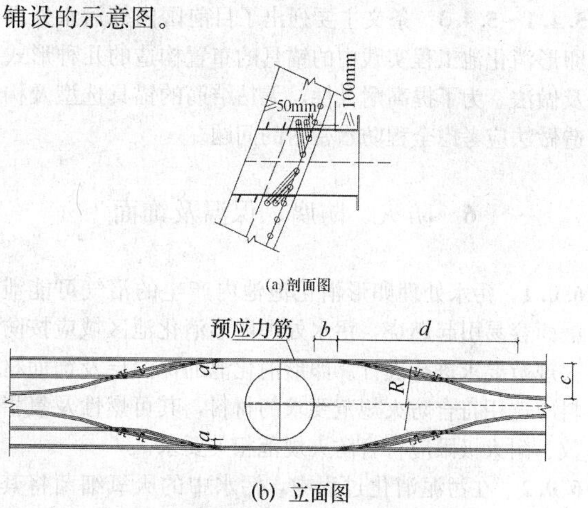

图1 洞口预应力移位布置示意

注：当$c:d>1:6$时，宜配置U形筋。

5.1.6 从结构耐久性要求考虑，规定了保护层的最小厚度。当地下水、土具有腐蚀性或处于沿海环境等恶劣条件时，保护层应适当增加。

5.1.7 为改善混凝土性能，使混凝土壁板具有必要的刚度和抗偶然偏心作用的能力，同时，卵形消化池壁板在预应力筋张拉前必须具有足够的强度，以抵抗前期温度作用和预应力张拉所引起的结构内力，故对钢筋的类别和最小配筋率提出了要求。

5.1.8 为了提高预应力锚固区混凝土的局部承压能力，本条规定预应力筋锚固区混凝土局部内应设置螺旋加强钢筋和锚垫板，且锚垫板与预应力筋（或孔道）在锚固区及其附近应相互垂直。

5.2 无粘结预应力筋构造

5.2.1 为建立壳体均匀有效的预压应力，避免预应力筋间距过大后出现径向弯矩，同时结合国内外的工程经验，对卵形消化池环向、径向预应力筋间距进行了限制。

5.2.2 国内外工程经验表明，应从无粘结预应力筋与锚具系统的张拉端及固定端组成的整体来考虑防腐蚀做法，本条根据《无粘结预应力混凝土结构技术规程》JGJ 92规定进行制定。

5.3 有粘结预应力筋构造

5.3.1、5.3.2 根据我国污水处理卵形消化池工程实践经验并结合理论分析，提出了有粘结预应力筋孔道的净间距和保护层最小厚度。有粘结预应力筋孔道的内径，应根据预应力筋根数、曲线孔道形状、穿筋难易程度等确定。预留孔道之间净距、孔径和灌浆孔、排气孔的要求是保证壳体混凝土浇筑和孔道灌浆质量的施工措施。

5.4 锚固端构造

5.4.1～5.4.3 条文主要列出了目前国内外污水处理卵形消化池工程实践中的锚具的布置构造的几种形式及做法。为了提高耐久性，无粘结筋的锚具选型及构造做法应考虑全程防水密封的问题。

6 防火、防腐、保温及饰面

6.0.1 污水处理卵形消化池池内产生的沼气可能泄漏而容易引起燃烧，污水处理卵形消化池区域应按防火规范要求进行设计。卵形消化池的保温层及饰面材料应选用符合防火规范要求的材料，其可燃性及氧指数、耐火极限应符合防火规范相关要求。

6.0.2 在污泥消化过程中，污水中的厌氧细菌将其中的硫酸盐转变为硫化氢，附着于混凝土壁面，同时，好氧菌又将硫化氢转化为硫酸，腐蚀混凝土，所以，卵形消化池内侧，特别是液面上下部分必须使用有高耐久性的抗酸防腐涂料，提高结构的耐久性。内防腐应进行必要的定期检查和维护。

6.0.3 污泥消化时，池内需要相对恒定的温度，另外，为避免壁面温差引起较大的壳体表面拉应力，卵形消化池外壁必须设置一定厚度的保温层。

6.0.4 污水处理卵形消化池的饰面板应根据面积、使用年限及性能要求，分别选用铝合金单板（简称单层铝板）、铝塑复合板、铝合金蜂窝板（简称蜂窝铝板）、不锈钢板。饰面板及横梁、立柱可按现行行业标准《金属与石材幕墙工程技术规范》JGJ 133 的规定进行设计。在重力荷载、设计风荷载、地震作用、温度作用和主体结构变形影响下，饰面构件应具有安全性。饰面进行温度作用效应计算时，所采用的年温度变化值可取 80℃。饰面的主要受力构件（横梁和立柱）及连接件、锚固件所承受的地震作用，应包括由饰面板传来的地震作用和由于横梁、立柱自重产生的地震作用，饰面在设防烈度地震作用下经修理后应仍能使用，在罕遇地震作用下骨架不得脱落。

6.0.5 在污泥消化过程中，池内会生产沼气，为安全起见，消化池应配备池内气体泄压控制装置。

7 施工及质量验收

7.1 一 般 规 定

7.1.1 本规程对承担污水处理卵形消化池施工和检测的单位的资质提出了要求，特别是预应力分项工程的施工应由专业化预应力施工单位承担。

7.1.2 本条规定了用于指导工程施工的施工组织设计以及关键的分项、分部工程专项施工方案编制要求和审批的规定。《建筑施工组织设计规范》GB/T 50502 对施工组织设计和专项施工方案编制的内容和审批的程序提出了具体规定。

7.1.3 本条为强制性条文，给出了污水处理卵形消化池施工过程质量控制的基本规定。强调了各分项工程应在施工完成进行检验（自检）、各分项工程之间应进行交接检验（互检）、所有隐蔽工程应进行隐蔽验收，规定未经检验或验收不合格不得进行下道分项工程施工。

7.1.4 本条列出污水处理卵形消化池施工测量的基本规定和允许偏差。

7.1.5 本条为强制性条文，规定污水处理卵形消化池所用的主要原材料、半成品、构（配）件等产品进入现场时必须进行进场验收，并按国家相关标准规定进行复验，验收合格后方可使用。

7.1.7 施工过程中，应对各种材料进行控制，配备足够的消防器材，严格动火审批程序。

7.2 地基基础工程

7.2.1～7.2.4 污水处理卵形消化池地基与基础施工前，必须根据基础结构图纸、地质勘察资料和现场施工条件，通过调查和计算，制定地下水控制、基坑支护、土方开挖和基础结构的施工方案。

7.3 钢 筋 工 程

7.3.1 本条主要对污水处理卵形消化池基础（地下部分）钢筋的制作安装作出了规定。

7.3.2、7.3.3 为了确保卵形消化池壳体钢筋的位置准确，可通过内部脚手架的径向钢管架设成环形支架，将结构钢筋绑扎在环形钢管上，支模板前将环形、径向钢管拆除。为了便于流水作业，池体钢筋支架应比结构钢筋安装高出 2～3 个施工段，钢筋绑扎作业面应比模板安装要高出一个施工段的距离。应设置足够的定位筋，确保钢筋位置准确。施工时，可对钢筋进行编号以便于钢筋绑扎安装。

7.4 模 板 工 程

7.4.1～7.4.6 卵形消化池体形独特，施工前应根据结构形式、施工工艺、设备和材料等条件进行模板及其支架设计，确保安全、可靠、适用。目前一般采用组合钢模和特制的异形钢模相互拼装而成的“异形模板体系”，也有工程的模板采用木板、复合板制作。模板内、外楞一般采用肋环（径向、环向）型模板框架体系，经向纵肋为主肋，沿卵形池母线方向分段，从下到上可交替使用，设计为定长、同曲率半径便于重复安装；环向肋为连系杆，每一环同一规格，赤道上下可对称重复应用。

在国内外也有工程采用大模板体系，由面板系统、支撑系统、操作平台系统及连接件等组成。大模板的面板应选用厚度不小于 5mm 的钢板制作，材质不应低于 Q235A 的性能要求，模板的肋和背楞宜采用型钢、冷弯薄壁型钢等制作，材质宜与钢面板材质同一牌号，以保证焊接性能和结构性能。大模板的支撑系统应能保持大模板竖向放置的安全可靠和在风荷载作用下的自身稳定性。组成大模板各系统之间的连接必须安全可靠。

7.5 脚手架工程

7.5.1、7.5.2 卵形消化池脚手架工程可结合模板系统，统一规划设置。设计时，应考虑到模板支架安装及其拆除、混凝土浇筑、预应力张拉、防腐、设备安装等所有工序的使用方便。

7.5.3 卵形消化池地面以下基础部分混凝土体积较大，内模系统主要承受浇筑混凝土时由混凝土侧压力产生的径向轴力和上浮力。故内模系统中间设中心塔架，水平杆呈放射状布置。地面以上壳体部分的支撑系统，除减少了部分斜杆及增加了立杆外，平面结构形式与地面以下基础部分基本相同。

中心塔架可采用钢管搭设而成，或者采用贝雷架构成塔架，且可作用辅助施工平台。

池内脚手架立杆底部位于曲面上时，立杆底部应与预埋在混凝土中的铁件进行焊接。立杆相互之间尚应增加拉结措施，防止立杆滑动。

7.5.4 卵形消化池外脚手架可采取外形为全封闭的内悬挑式脚手架体系。在卵形消化池最大半径处采用双排脚手架，下部增设一排收缩脚手架，上部沿着卵形消化池外壁的圆弧双曲变化搭设成悬挑式脚手架。外脚手架与模板系统分离，立杆间距可为 1.2m～1.5m，水平杆步距应不大于 1.8m，与池壁间距约 300mm，可利用对拉螺栓将连墙杆与池壁联系起来，并应设置横向斜撑和环向剪刀撑。为增加外架稳定性，必要时可设风缆、连墙（壳）件或与内架拉结等措施。每座卵形消化池的外脚手架上需搭设施工人员上下斜道。

7.6 混凝土工程

7.6.1、7.6.2 条文参考《给水排水构筑物工程施工及验收规范》GB 50141 的规定，对混凝土制备和施工提出了要求。

7.6.3 污水处理卵形消化池的基础承台一般属于大体积混凝土，因此本条文依据《大体积混凝土施工规范》GB 50496 的规定，对大体积混凝土施工提出了具体要求。

7.6.4 承压板后面混凝土的浇筑质量，直接关系到预应力筋的张拉效果。工程实践表明，穿墙管件处、张拉端、锚固端及钢筋密集处混凝土施工质量的好坏是关系到污水处理卵形消化池施工成败的关键。

7.6.5、7.6.6 条文规定了污水处理卵形消化池的主体结构施工缝的要求。一般情况下，卵形消化池底板和顶板为连续浇筑不留施工缝，壳体池壁可沿水平向划分成若干个施工段，施工缝处应设置止水带连续浇筑。

7.7 预应力工程

7.7.1～7.7.4 条文主要规定了有粘结、无粘结预应力筋以及锚具、夹具、连接器、波纹管的进场验收要求，由于卵形消化池预应力部分的重要程度很高，因此必须强化材料的进场验收。

7.7.5 电火花将损伤钢绞线和锚具，为此不得采用电弧切断预应力筋。

7.7.6 预应力筋下料前应根据预应力筋的布置曲线，并考虑张拉工艺的要求计算下料长度。当采用变角张拉时，尚应考虑变角块的长度。

7.7.7 根据以往的工程实践，无粘结预应力筋的轻微局部破损可采用局部修补的措施，但破损严重的应予以报废。由于卵形消化池使用环境等方面的影响，与民用工程中的类似情况相比，应采取更严格的控制措施。

7.7.11 预应力筋的穿束方法宜采用卷扬机整束牵引，束的前端应装有穿束网套或特制的牵引头，对于大批量的单根预应力筋宜采用穿束机穿束。竖向孔道的穿束，宜采用整束由下向上牵引工艺，也可采用单根由上向下控制放盘速度穿入孔道。对于预应力筋成束布置的情况，在穿束和布筋的过程中应注意防止钢绞线的扭绞。

7.7.15 本条规定预应力筋的张拉顺序和张拉工艺应严格按照设计要求实施。若设计没有规定时，宜先张拉环向预应力筋，后张拉竖向预应力筋。环向预应力筋可采用“隔一拉一”的方法由池底张拉到池顶，再由池顶张拉到池底的方法进行；竖向预应力筋可采用分批沿直径方向对称张拉的方法进行。

7.7.17 本条给出了工程中常用的预应力筋张拉程序，初应力的取值 $0.1\sigma_{con}$～$0.2\sigma_{con}$，实际施工时应根据摩擦阻力等实际情况调整。

7.7.23 污水处理卵形消化池对抗裂要求较高，发生预应力筋断裂的影响很大，尤其对于无粘结筋更是如此。因此，张拉中要适当控制张拉速度，并采取有效措施避免断筋的连锁发生。

7.7.24 灌浆及封锚能够保护预应力筋和锚具不受侵蚀，并使预应力筋和混凝土构件结合成一体。处于高应力状态的预应力筋易被腐蚀，应尽早灌浆。

7.7.26 本条文提出了对卵形消化池采用无粘结预应力筋时应有一套完整的防水密封装置，以保证无粘结预应力筋及其两端的锚具组成的预应力筋组件与外部腐蚀性介质完全隔离，从而有效地保证其耐久性和可靠性。

7.8 防腐、保温及饰面工程

7.8.1～7.8.3 污水处理卵形消化池的防腐与保温的施工，是保证正常运行的重要环节，因此防腐工程施工前应对基层进行检查。“板状保温材料”是指由生产厂家生产的板状保温产品；“现浇整体保温层”一般指在施工现场直接喷于消化池混凝土外表的聚氨酯发泡形成的整体保温层。

7.9 功能性试验

7.9.1、7.9.2 为满足污水处理卵形消化池在正常生产运行过程中不渗水、不漏气的设计要求，消化池完工后，每座池必须做满水及气密性试验。根据多年的对污水处理卵形消化池的研究结果，本规程对《给水排水构筑物工程施工及验收规范》GB 50141 的满水试验有关规定进行了修订。对污水处理卵形消化池来说，正确的注水要求应该是第一次注水为设计水深的1/2，其余两次注水为设计水深的1/4，每次注水后，应观测池体的沉降量，当沉降速率不大于0.1mm/d，方可继续注水。且提出满水试验合格标准为卵形消化池池壁不得出现渗漏。

中华人民共和国行业标准

城市轨道交通自动售检票系统检测技术规程

Technical specification for test technology of urban rail transit automatic fare collection system

CJJ/T 162—2011

批准部门：中华人民共和国住房和城乡建设部
施行日期：2 0 1 1 年 1 2 月 1 日

中华人民共和国住房和城乡建设部
公　告

第999号

关于发布行业标准《城市轨道交通自动售检票系统检测技术规程》的公告

现批准《城市轨道交通自动售检票系统检测技术规程》为行业标准，编号为CJJ/T 162－2011，自2011年12月1日起实施。

本规程由我部标准定额研究所组织中国建筑工业出版社出版发行。

中华人民共和国住房和城乡建设部

2011年4月22日

前　言

根据住房和城乡建设部《关于印发〈2008年工程建设标准规范制订、修订计划（第一批）〉的通知》（建标［2008］102号）的要求，规程编制组在深入调查研究，认真总结国内科研成果和大量实践经验，并在广泛征求意见的基础上，编制本规程。

本规程的主要内容是：总则、术语和缩略语、基本规定、通用检测项目、车票检测、读写器检测、自动检票机检测、半自动售票机检测、自动售票机检测、自动充值机检测、自动验票机检测、便携式验票机检测、编码分拣机检测、车站计算机系统检测、线路中央计算机系统检测、清分系统检测和联机检测等。

本规程由广州市地下铁道总公司负责具体技术内容的解释。执行过程中如有意见和建议，请寄送广州市地下铁道总公司（广州市中山五路219号中旅商业城16楼，邮政编码：510030）。

本规程主编单位：广州市地下铁道总公司

本规程参编单位：北京轨道交通路网管理有限公司
深圳市地铁集团有限公司
南京地下铁道有限责任公司
广州广电运通金融电子股份有限公司
中国铁路通信信号上海工程集团有限公司
三星数据系统（中国）有限公司
上海华腾软件系统有限公司
广州新科佳都科技有限公司
中国软件与技术服务股份有限公司
南京熊猫信息产业有限公司
高新现代智能系统股份有限公司

本规程主要起草人员：刘　靖　李宇轩　陈晋辉　刁　涛　蒋山山　陈静莎　黄旭宁　洪　澜　杨　阳　陈忠兴　王金利　张　莉　胡晖辉　申香梅　廖东玲　周世爽　佘才高　裴顺鑫　王　健　毛　建　陈　新　宋　维　赵晓蓉　黄智浩　金景满　全龙华　姜　安　郑学坤　韩　滨　郁　伟　林雪源　张　军　袁　东　于　海　胡剑峰　李瑗瑗

本规程主要审查人员：战明辉　王淑敏　潘晓军　郭建国　冯　娟　谢锡荣　陈浙宁　赵　昆　朱嘉斌　刘善勇

目 次

Contents

1 总 则

1.0.1 为统一城市轨道交通自动售检票系统的质量检测技术标准，提高轨道交通自动售检票系统检测工作的管理水平，制定本规程。

1.0.2 本规程适用于基于非接触式集成电路卡的城市轨道交通自动售检票系统，在自动售检票系统工程建设的定型、出厂、安装、验交以及日常维护等阶段的检测。

1.0.3 对城市轨道交通自动售检票系统的检测，除应执行本规程外，尚应符合国家现行有关标准的规定。

2 术语和缩略语

2.1 术 语

2.1.1 自动售检票系统 automatic fare collection system

基于计算机、通信、网络、自动控制等技术，实现自动售票、检票、计费、收费、统计、清分、管理等全过程的自动化系统。

2.1.2 付费区 paid area

指车站内各自动检票机与护栏合围形成的封闭区域。

2.1.3 非付费区 un-paid area

付费区以外的区域。

2.1.4 自动检票机 automatic gate machine

对车票进行检验和处理，放行或阻挡乘客出入付费区的设备。自动检票机分进站检票机、出站检票机和双向检票机三种类型。

2.1.5 半自动售票机 booking office machine

提供车票的发售、赋值、补充、更新、退款等业务处理功能的设备。

2.1.6 自动售票机 automatic ticket vending machine

用于现场自助发售、赋值有效车票，具备自动处理支付和找零功能的设备。

2.1.7 自动充值机 add value machine

向乘客提供自助赋值有效车票功能的设备。

2.1.8 自动验票机 automatic ticket checking machine

向乘客提供自助读取并显示车票使用信息的设备。

2.1.9 便携式验票机 portable card analyzer

用于车票信息读取和（或）检票功能的便携式手持设备。

2.1.10 车站终端设备 station level equipment

进行车票发售、进出站检票、充值、分析等读写交易处理的设备。

2.1.11 编码分拣机 encoder and sorter

用于车票编码和分拣的设备。

2.1.12 车站计算机系统 station computer system

用于管理车站的票务、设备运行、客流统计等的计算机系统。

2.1.13 线路中央计算机系统 line central computer system

用于管理一条或多条线路自动售检票系统的计算机系统。

2.1.14 清分系统 AFC central clearing system

具有发行和管理车票，对各线路的票、款进行结算，与城市公共交通卡进行清算分账等功能的系统。

2.1.15 无触点集成电路卡 contact-less integrated circuit card

卡的内部嵌装集成电路及天线，以非接触方式与外部专用读写器进行耦合操作的集成电路卡。

2.1.16 单程票 single journey ticket

不具有充值功能，一次性使用的车票。

2.1.17 储值票 stored value ticket

具有储值功能，可重复充值使用的车票。

2.1.18 安全存取模块 secure access module

一种能够提供必要的安全机制以防外界对终端所储存或处理的安全数据进行非法攻击的硬件加密模块。

2.1.19 黑名单 black list

根据业务规则对挂失车票和异常车票等进行特殊控制的数据列表。

2.1.20 正常服务模式 normal service mode

车站终端设备正常提供乘客服务的运营模式。

2.1.21 暂停服务模式 out of service mode

车站终端设备不提供任何乘客服务的运营模式。

2.1.22 限制服务模式 restricted service mode

车站终端设备只提供部分乘客服务的运营模式。

2.1.23 操作员登录模式 login mode

操作员输入正确的用户名和密码并成功登录系统后的系统模式。

2.1.24 操作员未登录模式 logout mode

操作员未成功登录系统的系统模式。

2.1.25 在线模式 online service mode

设备与上层系统通信正常时的运营模式。

2.1.26 离线模式 offline service mode

设备与上层系统通信中断时的运营模式。

2.1.27 维修模式 maintenance mode

车站终端设备向工作人员提供设备维护功能的运营模式。

2.1.28 时间免检模式 time override mode

当运营过程中发生特殊情况，导致大量车票因超过系统设置的乘车时间而无法出站时，根据业务规则对特定车站自动售检票系统设置的不校验车票乘车时间的运营模式。

2.1.29 日期免检模式 date override mode

当运营过程中发生特殊情况，导致大量车票因超过系统设置的有效期而无法进出站时，根据业务规则对特定车站自动售检票系统设置的不校验车票有效期的运营模式。

2.1.30 车费免检模式 fare override mode

当运营过程中发生特殊情况，列车越过某站后才停车，导致车票超乘而无法出站时，根据业务规则对特定车站自动售检票系统设置的不校验车费的运营模式。

2.1.31 模式敏感期 sensitive period of mode

特定运营模式在结束后，仍对自动售检票系统存在影响的一段时期。模式敏感期的持续时间可通过系统设置。

2.1.32 进出站次序免检模式 enter or exit override mode

当运营过程中发生特殊情况，需不必检票而能进出站时，根据业务规则对特定车站自动售检票系统设置的不校验车票进出站次序的运营模式。

2.1.33 列车故障模式 train disruption mode

当运营过程中发生列车故障时，根据业务规则对需要暂停运营服务的车站的自动售检票系统设置的运营模式。

2.1.34 紧急模式 emergency mode

当运营过程中发生紧急情况，需要紧急疏散乘客时，根据业务规则对车站自动售检票系统设置的紧急放行运营模式。

2.2 缩 略 语

ACC 清分系统（AFC central clearing system）

AFC 自动售检票系统（automatic fare collection system）

AGM 自动检票机（automatic gate machine）

AVM 自动充值机（add value machine）

BOM 半自动售票机（booking office machine）

ES 编码分拣机（encoder and sorter）

LCC 线路中央计算机系统（line central computer system）

PCA 便携式验票机（portable card analyzer）

SAM 安全存取模块（secure access module）

SC 车站计算机系统（station computer system）

SLE 车站终端设备（station level equipment）

TCM 自动验票机（ticket checking machine）

TVM 自动售票机（ticket vending machine）

3 基 本 规 定

3.0.1 AFC系统检测配合工程建设阶段，可分为型式检测、出厂检测、安装检测、验交检测和日常检测五种，并应符合下列规定：

1 样机设计在定型前，应通过型式检测方可投入批量生产。

2 批量生产后，在出厂前应通过出厂检测。

3 在现场安装后应通过安装检测。AFC系统的施工质量应符合现行国家标准《城市轨道交通自动售检票系统工程质量验收规范》GB 50381的有关规定。

4 在验收或移交前，应通过验交检测。

5 日常检查、维护时或应用软件在现场更新前，应进行日常检测。

3.0.2 AFC系统检测对象可分为车票和读写器检测、单机检测和联机检测三种。

3.0.3 各类AFC系统检测分类及其检测项目的内容要求应符合表3.0.3的规定。

表 3.0.3 检测分类及其检测项目

检测项目			相关条文	型式检测	出厂检测	安装检测	验交检测	日常检测
车票检测		物理特性	5.2	●	○	—	○	注3
		应用	5.3	●	○	—	○	
读写器检测		物理特性	6.1	●	○	○	○	注3
		应用	6.2	●	●	○	●	
单机检测	通用	外观与结构	4.1	●	○	○	○	注3
		环境	4.2	●	○	○	○	
		电磁兼容	4.3	●	○	—	○	
		安全	4.4	●	○	○	○	
单机检测	通用	数据接口	4.5、4.6	●	●	○	●	注3
		可靠性	4.7	●	—	—	○	
	AGM	功能	7.1	●	●	○	●	
		性能	7.2	●	●	○	●	
	BOM	功能	8.1	●	●	○	●	
		性能	8.2	●	●	○	●	
	TVM	功能	9.1	●	●	○	●	
		性能	9.2	●	●	○	●	
	AVM	功能	10.1	●	●	○	●	
		性能	10.2	●	●	○	●	
	TCM	功能	11.1	●	●	○	●	
		性能	11.2	●	●	○	●	
	PCA	功能	12.1	●	●	○	●	
		性能	12.2	●	●	○	●	
	ES	功能	13.1	●	●	○	●	
		性能	13.2	●	●	○	●	
	SC	功能	14.1	●	●	○	●	
		性能	14.2	●	●	○	●	
	LCC	功能	15.1	●	●	○	●	
		性能	15.2	●	●	○	●	
	ACC	功能	16.1	●	●	○	●	
		性能	16.2	●	●	○	●	
联机检测			17.0.3	●	○	○	●	注3

注：1 “●”表示应测的检测项目；“○”表示宜测的检测项目，实际检测的简化形式可由相关方确定；“—”表示可不测的检测项目；

2 单机检测的通用检测项目及其对具体单机的适用性见本规程第4章；

3 日常检测的内容要求本表未作规定，实际操作中可参照本表其他工程阶段和实际检测需要确定检测内容。

3.0.4 检测条件应包括环境条件和工作条件。环境条件包括气候条件、机械条件、电气条件和其他外部环境条件；工作条件包括受试设备自身条件、数据和其他辅助要素。本规程中，除另有说明，检测条件应符合下列规定：

1 环境条件应符合现行国家标准《城市轨道交通自动售检票系统技术条件》GB/T 20907 的相关规定。

2 受试设备应是完整的整机。

3 AFC 系统或设备涉及的工控设备、显示屏、打印设备、网络设备等标准化产品，除应符合本规程规定外，还应符合国家相关现行标准的规定。

4 车票、密钥、参数、应用软件、辅助设备或系统、检测辅助工具应按检测需要进行配备。配合检测的车票与密钥应符合设计要求。

5 单机检测时，宜使用相关仿真系统或仿真工具配合检测；联机检测时，宜全部使用真实设备作联机检测。

6 所有检测辅助工具、辅助设备或系统必须通过符合性检查，确认符合设计要求。常用的检测辅助工具应符合下列规定：

1）仿真系统：能按设计要求模拟与真实 AFC 设备进行数据交互，并对受试设备的接口数据，如报文、参数等传输和数据内容作出有效判断和校验，并能配合读写器制作满足各类测试场景需要的车票。

2）性能检测辅助工具：应能模拟多节点、大数据量的并发环境，记录受试设备的性能指标。

3）银行接口仿真工具：能按设计要求模拟与 AFC 系统互联的银行接口，并能验证 AFC 系统与银行系统间数据接口的正确性与合法性。

3.0.5 联机检测应在单机检测通过后进行。

3.0.6 检测结果的判定应符合下列规定：

1 对于单个检测项目，若检测结果符合要求，则认为该项目检测通过；若检测结果不符合要求，则认为该项目检测不通过。

2 对单个受试产品，若全部检测项目均通过，或参检各方明确的检测项目均通过，则认为该受试产品合格；否则，认为该受试产品不合格。

3.0.7 当有检测不通过时，应作相应整改，并重新检测相关检测项目。

3.0.8 检测的抽样技术应符合现行国家标准《计数抽样检验程序　第 1 部分　按接受质量限（AQL）检索的逐批检验抽样计划》GB/T 2828.1 的规定。

3.0.9 检测文档应符合下列规定：

1 检测文档应至少包括检测方案和检测报告。

2 检测方案应在检测前按项目工程阶段及其具体检测目的而制定，用于指导检测准备和实施阶段的工作；检测报告应详细记录检测过程及检测结果信息。

3 检测方案应包括下列主要内容：

1）检测任务名称、检测范围和目的、计划时间、任务负责人和参与者、检测管理部门。

2）检测条件要求、测试用例。

3）抽样组批要求。

4）检测结果的判定标准。

4 检测报告应包括下列主要内容：

1）检测日期、检测报告完成日期。

2）各检测项目的检测过程记录、结果明细与汇总。

3）检测过程中发现的问题。

4）检测结论。

5）检测负责人和参与者签章。

4 通用检测项目

4.1 外观与结构检测

4.1.1 设备表面不应有明显的凹痕、划伤、变形、污染、腐蚀等，表面涂镀层应均匀、不应起泡、龟裂和磨损；零部件应紧固无松动，键盘、开关及其他控制部件的控制应灵活可靠；设备的尺寸规格应符合设计要求。外观和结构检测应使用目测和尺量。

4.2 环境适应性检测

4.2.1 AFC 系统环境适应性检测项目应符合表 4.2.1 的规定。

表 4.2.1 AFC 系统环境适应性检测项目

通用检测项目	AGM	BOM	TVM	AVM	TCM	PCA	ES	SC	LCC	ACC
温湿环境适应性	●	●	●	●	●	●	●	●	●	●
防尘能力	●	●	●	●	●	●	●	—	—	—
防水能力	●	●	●	●	●	●	●	—	—	—
机械环境适应性	●	●	●	●	●	●	●	●	●	●
电源适应能力	●	●	●	●	●	●	●	—	—	—
后备电源	●	●	●	●	●	●	●	●	●	●

注：“●”表示适用的检测项目；“—”表示不适用的检测项目。

4.2.2 设备的温湿环境适应能力应符合现行国家标准《城市轨道交通自动售检票系统技术条件》GB/T 20907 的规定；在低温、高温和恒定湿热条件下设备应正常工作；低温、高温和恒定湿热储存后不应对设备造成影响。温湿环境适应性检测应符合下列规定：

1 低温适应性检测应符合现行国家标准《电工电子产品环境试验 第2部分：试验方法 试验A：低温》GB/T 2423.1的规定。

2 高温适应性检测应符合现行国家标准《电工电子产品环境试验 第2部分：试验方法 试验B：高温》GB/T 2423.2的规定。

3 恒定湿热适应性检测应符合现行国家标准《电工电子产品环境试验 第2部分：试验方法 试验Cab：恒定湿热试验》GB/T 2423.3的规定。

4.2.3 设备应按设计要求具备防水能力。滴水不应对受试设备产生以下影响：引起结构的损害；内部渗水；影响功能、电气、机械、性能。防水能力检测应符合现行国家标准《电工电子产品环境试验 第2部分：试验方法 试验R：水试验方法和导则》GB/T 2423.38的规定。

4.2.4 设备应按设计要求具备防尘能力。进入的砂尘不应对受试设备产生以下影响：活动部件卡死、摩擦活动部件、增加活动部件的质量而引起不平衡；危害电绝缘性、危害电性能、堵塞空气过滤器、降低热传导性能、干扰光学性能；诱发腐蚀或长霉、过热；磨损或腐蚀表面。防尘能力检测应符合现行国家标准《电工电子产品环境试验 第2部分：试验方法 试验L：砂尘试验》GB/T 2423.37的规定。

4.2.5 设备或系统应按设计要求具备机械环境适应能力；设备或系统在规定的包装运输过程中不应产生损伤；SLE应能承受工作环境中的机械应力。机械环境适应性检测应符合下列规定：

1 包装运输的机械环境检测应符合现行国家标准《包装 运输包装件 随机振动试验方法》GB/T 4857.23的规定。

2 工作的机械环境检测应符合现行国家标准《电工电子产品环境试验 第2部分：试验方法 试验Ea和导则：冲击》GB/T 2423.5、《电工电子产品环境试验 第2部分：试验方法 试验Eb和导则：碰撞》GB/T 2423.6、《电工电子产品环境试验 第2部分：试验方法 试验Fc和导则：振动（正弦）》GB/T 2423.10的规定。

4.2.6 设备和系统的电源适应能力应符合现行国家标准《城市轨道交通自动售检票系统技术条件》GB/T 20907对工作电压的规定。电源适应性检测应明确待测电压和频率的组合，在每种电压与频率的组合下，进行功能检测，观察受试设备对电源的适应能力。

4.2.7 设备和系统应按设计要求配置后备电源；外部供电中断时，后备电源启动，持续工作时间应符合设计要求或应在完成最后一笔交易后正常关闭；外部供电重新恢复时，后备电源应回到备用状态；外部供电异常不应影响受试设备工作；外部供电与后备电源之间的切换时间应符合设计要求。后备电源检测应符合下列规定：

1 重新恢复供电检测方法：关闭受试设备电源或中断对受试设备供电，重新开启受试设备系统电源或恢复对受试设备供电；观察受试设备。

2 不恢复供电检测方法：关闭受试设备系统电源或中断对受试设备供电，不再恢复供电；观察受试设备。

4.3 电磁兼容性检测

4.3.1 设备的无线电骚扰限值应符合现行国家标准《城市轨道交通自动售检票系统技术条件》GB/T 20907的规定。无线电骚扰检测应符合现行国家标准《信息技术设备的无线电骚扰限值和测量方法》GB 9254中A级的规定。

4.3.2 设备的谐波电流骚扰应符合现行国家标准《城市轨道交通自动售检票系统技术条件》GB/T 20907的规定。谐波电流骚扰检测应符合现行国家标准《电磁兼容 限值 谐波电流发射限值（设备每相输入电流≤16A）》GB/T 17625.1的规定。

4.3.3 设备的电磁敏感度应符合现行国家标准《城市轨道交通自动售检票系统技术条件》GB/T 20907的规定。电磁敏感度检测应符合现行国家标准《信息技术设备抗扰度限值和测量方法》GB/T 17618、《电磁兼容 试验和测量技术 静电放电抗扰度试验》GB/T 17626.2、《电磁兼容 试验和测量技术 射频电磁场辐射抗扰度试验》GB/T 17626.3、《电磁兼容 试验和测量技术 电快速瞬变脉冲群抗扰度试验》GB/T 17626.4、《电磁兼容 试验和测量技术 浪涌（冲击）抗扰度试验》GB/T 17626.5、《电磁兼容 试验和测量技术 射频场感应的传导骚扰抗扰度》GB/T 17626.6、《电磁兼容 试验和测量技术 工频磁场抗扰度试验》GB/T 17626.8、《电磁兼容 试验和测量技术 电压暂降、短时中断和电压变化的抗扰度试验》GB/T 17626.11的规定。

4.4 安全检测

4.4.1 设备的安全检测应符合现行国家标准《信息技术设备的安全》GB 4943的规定。

4.4.2 设备外壳防护等级宜不低于IP31，其安全防护能力检测应符合现行国家标准《外壳防护等级（IP代码）》GB 4208的规定。

4.5 内部数据接口检测

（Ⅰ）通信规则检测

4.5.1 系统或设备应能按设计要求发送会话请求和会话应答。链路会话规则检测应符合下列规定：

1 应明确受试设备发送会话请求的触发条件、受试设备发送会话应答的触发条件、与受试设备存在链路会话的辅助设备或系统。

2 应使用与受试设备互联的设备或系统，或使用仿真系统模拟与受试设备互联的设备或系统。

3 会话请求检测方法：触发受试设备发送会话请求；观察受试设备的响应情况。

4 会话应答检测方法：触发受试设备发送会话应答；观察受试设备的响应情况。

4.5.2 系统或设备应能按设计要求发送消息和接收消息。消息传输规则检测应符合下列规定：

1 应明确受试设备发送消息的触发条件、受试设备能接收的消息类型、与受试设备存在直接消息传输的互联设备或系统、受试设备与互联设备或系统的消息交互具体流程。

2 应使用与受试设备互联的设备或系统，或使用仿真系统模拟与受试设备互联的设备或系统。

3 消息接收检测方法：向受试设备发送消息；观察受试设备的响应情况。

4 消息发送检测方法：触发受试设备向互联设备或系统发送消息；观察受试设备的响应情况。

4.5.3 系统或设备对各类具体消息的传输流程应符合设计要求；消息传输流程应至少包括参数同步流程、参数版本查询流程、软件更新流程、软件版本查询流程、时间同步流程、命令响应、状态监控、交易类消息传输及其他消息传输。具体消息传输流程检测应符合下列规定：

1 应明确具体消息传输流程及其触发条件、与受试设备存在直接消息传输的辅助设备或系统。

2 应使用与受试设备互联的设备或系统，或使用仿真系统模拟与受试设备互联的设备或系统。

3 检测方法：应按设计要求，触发特定的消息传输流程；观察受试设备与互联设备或系统的数据交互情况。

4.5.4 当系统或设备处于离线模式时，应以离线数据形式传输相关数据，当处于在线模式时，也可通过离线数据形式传输相关数据；系统或设备对导出的离线数据应作加密，离线数据不能被篡改；系统或设备对导入的离线数据应能正确解密并识别。离线数据检测应符合下列规定：

1 应使用移动存储介质。

2 应使用与受试设备互联的设备或系统，或使用仿真系统模拟与受试设备互联的设备或系统。

3 应明确受试设备的模式、离线数据的类型及其内容；应准备待导入受试设备的离线数据。

4 离线数据导出检测方法：从受试设备导出离线数据到移动存储介质；使用普通编辑工具进行编辑；校验被修改后离线数据的合法性和有效性。

5 离线数据导入检测方法：通过移动存储介质将离线数据导入到受试设备中；查看受试设备对离线数据的识别和处理情况。

（Ⅱ）数据内容校验检测

4.5.5 系统或设备生成数据的格式与内容应符合设计要求。数据格式与内容检测应符合下列规定：

1 应明确待校验数据的类型、使受试设备发送相关待校验数据的触发条件。

2 其他检测条件应符合具体检测项目的检测要求。

3 检测方法：按本规程第4.5.1～4.5.4条执行；使用仿真系统解析、校验受试设备发出的各类数据。

4.5.6 系统或设备应具备数据容错能力；当接收到错误数据时，受试设备应按照设计要求处理相关数据，且不影响正常运行。数据容错检测应符合下列规定：

1 应明确具体数据类型、错误数据。

2 应准备待发送的错误数据。

3 检测方法：向受试设备发送错误报文；观察受试设备的响应情况。

（Ⅲ）性能检测

4.5.7 系统或设备的实时时间同步允许误差不宜大于2s。实时时间同步误差检测应符合下列规定：

1 应使用性能检测辅助工具。

2 应使用与受试设备互联的设备或系统，或使用仿真系统模拟与受试设备互联的设备或系统。

3 应重复检测并记录相关检测数据。

4 检测方法：使受试设备与互联设备或系统的时间产生误差，触发时间同步流程；计算时间同步完成后，下层设备或系统和上层系统两者时间的误差平均值。

4.5.8 系统或设备的数据按传输发生时间不同应包括定时传输数据和即时传输数据；定时传输数据，相邻节点间的数据传输间隔宜小于设计要求所规定的时间间隔；即时传输数据的上传时间，应在数据发生时即时上传。数据上传间隔时间检测应符合下列规定：

1 应使用性能检测辅助工具。

2 应使用与受试设备互联的设备或系统，或使用仿真系统模拟与受试设备互联的设备或系统。

3 应明确具体传输数据类型。

4 应重复检测并记录相关检测数据。

5 检测方法：进行相关业务操作，使下层设备或系统产生多条需上传的数据；计算上层系统收到的两次定时传输数据之间的时间间隔平均值；计算上层系统收到的两次即时传输数据之间的时间间隔平均值。

4.5.9 上层系统对SLE的状态与数据的查询时间应

符合设计要求。对SLE的状态与数据查询时间检测应符合下列规定：

1 应明确待查询数据的类型、SLE的类型和数量。

2 应使用上层系统，或使用仿真系统模拟上层系统，并使用SLE。

3 宜使用性能检测辅助工具；应重复检测并记录相关检测数据。

4 检测方法：在上层系统上分别查询SLE的状态及数据，记录从上层系统发出查询命令开始到收到查询结果的时间，记为对SLE的状态与数据查询时间；计算对SLE的状态与数据查询时间的平均值。

（Ⅳ）参数检测

4.5.10 系统或设备应能按设计要求同步当前参数和未来参数版本。参数版本同步检测应符合下列规定：

1 应准备待同步的当前参数和未来参数。

2 应明确具体的参数版本。

3 宜使用与受试设备互联的设备或系统，或使用仿真系统模拟与受试设备互联的设备或系统。

4 其他检测条件应符合具体检测项目的检测要求。

5 检测方法：编辑并设置上层系统的当前参数与未来参数；触发参数同步流程；观察受试设备的参数版本同步情况。

4.5.11 系统或设备应能按设计要求响应参数内容；主要参数应包括车票类参数、票价类参数、运营控制类参数、黑名单参数和操作员权限参数。参数应用检测应符合下列规定：

1 应准备待测参数。

2 应明确与待测参数相关的测试环境准备。

3 其他检测条件应符合具体检测项目的检测要求。

4 检测方法：按本规程相关功能检测项目的检测方法执行；观察受试设备对参数版本的生效及内容应用情况。

4.6 外部数据接口检测

4.6.1 AFC系统与银行系统的数据接口应符合设计要求。与银行系统的接口检测应符合下列规定：

1 应明确具体的受试设备、银行卡、测试车票的种类和状态、涉及银行支付的具体车票业务处理、需要银行授权的业务处理。

2 应使用银行接口或银行接口仿真系统。

3 权限检测方法：在受试设备上进行涉及银行接口的相关操作，观察受试设备对操作授权的响应情况。

4 SLE交易成功检测方法：在受试设备上进行银行卡支付方式的车票业务处理；观察交易完成情况。

5 SLE交易失败检测方法：在受试设备上进行银行卡支付方式的车票业务处理；银行接口仿真系统接收到终端设备的交易请求消息后不作交易响应，观察受试设备与银行接口仿真系统的交互情况。

6 ACC转账检测方法：在受试设备上对银行接口仿真系统发送资金转账信息；银行接口仿真系统接收到资金转账信息后返回转账处理结果；观察受试设备的响应情况。

4.6.2 AFC系统与外部清算系统的数据接口应符合设计要求。与外部清算系统的数据接口检测应符合下列规定：

1 明确具体的受试设备、受试设备与外部清算系统的各类数据交互流程及其触发条件、待交互数据类型。

2 应准备待交互数据。

3 检测方法：对受试设备待交互数据及其格式的合法性和有效性进行校验。

4.7 可靠性检测

4.7.1 在AFC系统工程建设的定型阶段，应进行可靠性检测；在验交阶段，宜进行可靠性检测。

4.7.2 可靠性检测应以统计原理为基础。

4.7.3 可靠性检测且假定相关检测对象具有恒定失效率，即可靠性特征量是具有指数分布的。可对可靠性的分布初始假设的有效性进行检验。

4.7.4 可靠性检测前，必须先明确故障或失效、预防性维修的定义、具体范围和内容，并应根据实际情况选择受试设备适用的可靠性特征量。

4.7.5 可靠性检测宜符合现行国家标准《设备可靠性试验　总要求》GB 5080.1、《设备可靠性试验　试验周期设计导则》GB 5080.2、《设备可靠性试验　推荐的试验条件》GB 7288.1、《设备可靠性试验　可靠性测定试验的点估计和区间估计方法（指数分布）》GB 5080.4、《设备可靠性试验　成功率的验证试验方案》GB 5080.5、《设备可靠性试验　恒定失效率假设下的失效率与平均无故障时间的验证试验方案》GB 5080.7、《设备维修性导则　第一部分：维修性导言》GB/T 9414.1、《设备维修性导则　第六部分：维修性检验》GB/T 9414.5、《设备维修性导则　第四部分：诊断测试》GB/T 9414.7的相关规定。

5 车票检测

5.1 一般规定

5.1.1 车票应采用非接触式集成电路卡。

5.1.2 车票按应用方式的不同，可分为储值票和单程票等；按封装形式的不同，可分为筹码型、卡片型或其他形式。

5.2 物理特性检测

5.2.1 如无特殊说明，车票物理特性检测应满足温度为20℃～26℃、相对湿度为40%～60%的环境条件。在车票物理特性检测前，受试车票应在温度为20℃～26℃、相对湿度为40%～60%的环境下放置24h。车票的物理特性检测项目适用性应符合表5.2.1的规定。

表 5.2.1 车票物理特性检测项目适用性要求

检测项目	相关条文	卡片型车票	筹码型或其他形式车票
重量	5.2.2	●	●
尺寸	5.2.3	●	●
翘曲	5.2.4	●	—
特定温湿条件下的尺寸稳定性和翘曲	5.2.5	●	●
剥离	5.2.6	●	●
粘连或并块	5.2.7	●	●
耐化学性	5.2.8	●	●
抗热性	5.2.9	●	●
弯曲韧性	5.2.10	●	—
动态弯曲应力		●	—
动态扭曲应力		●	—
紫外线	5.2.11	●	●
X射线		●	●
静电场		●	●
静磁场		●	●
交变电场		●	●
交变磁场		●	●

注："●"表示适用的检测项目；"—"表示不适用的检测项目。

5.2.2 车票的重量应符合设计要求，允许偏差不应大于5%。车票重量检测应符合下列规定：

1 应使用测量精度小于1%的电子天平。

2 应重复检测并记录相关检测数据。

3 检测方法：将受试车票放在测量设备上称量，记录受试车票重量；计算车票重量平均值。

5.2.3 车票的各尺寸应符合现行国家标准《城市轨道交通自动售检票系统技术条件》GB/T 20907的规定；对有字符凸印或凹印的车票，字符印刷起伏高度还应符合设计要求。车票尺寸检测应符合下列规定：

1 应使用带有平坦砧和直径在3mm～8mm范围内的轴心千分尺，按照现行国家标准《产品几何技术规范（GPS）技术产品文件中表面结构的表示法》GB/T 131表面粗糙度不大于3.2μm的水平刚性平台、测量精度为2.5μm的轮廓投影仪或具有同样精度的合适测量设备、2.0N～2.4N的负荷。

2 应重复检测并记录相关检测数据。

3 车票厚度检测方法：在受试车票的表面签名区、字符凸印或凹印、任何其他凹凸区域以外的位置上选取测量点，对筹码型车票应选取不少于3个测量点，对卡片型车票应在车票四个象限中各选取不少于1个测量点，卡片型车票象限的位置应符合图5.2.3的规定；用千分尺在选取的测量点上测量受试车票的厚度，千分尺的力应在3.5N～5.9N的范围内；记录受试车票厚度的最大值和最小值。

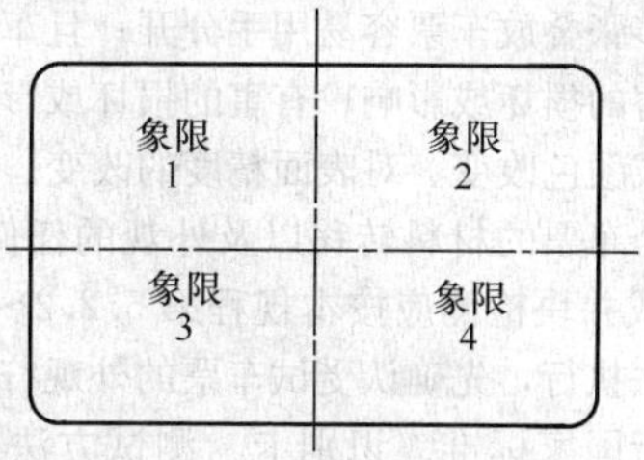

图5.2.3 卡片型车票象限分配

4 车票宽度、高度、切角半径、直径的检测方法：将受试车票放置在水平刚性平台上，且在2.0N～2.4N的负荷下整平；使用轮廓投影仪测量卡片型车票的高度、宽度和切角半径或筹码型车票的直径。

5 字符印刷起伏高度检测方法：使用千分尺测量受试车票上任何一个字符的凸起或凹下的高度，千分尺的力应在3.5N～5.9N的范围内；记录受试车票的字符印刷起伏高度。

5.2.4 车票的翘曲程度应符合设计要求。车票翘曲检测应符合下列规定：

1 应使用最小精度为0.01mm的轮廓投影仪或测量设备。

2 应重复检测并记录相关检测数据。

3 检测方法：将受试车票放在测量设备的水平刚性平台上，车票的边沿应搁置在该平台上，车票的翘曲对平台成凸形；从车票的正面测量，按图5.2.4的规定，在比例尺放大镜上读出最大位移点处的车票的翘曲值；计算车票翘曲平均值。

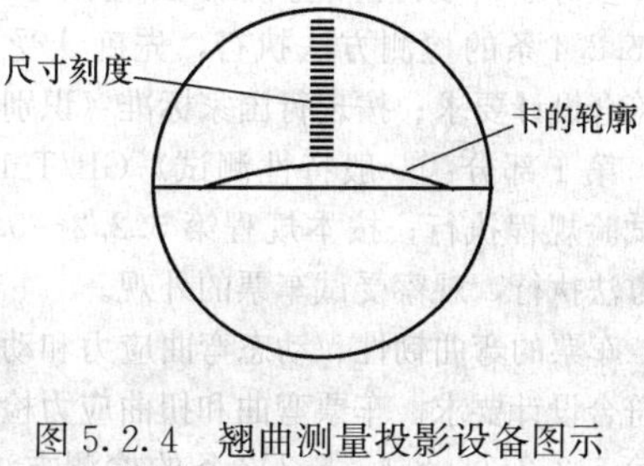

图5.2.4 翘曲测量投影设备图示

5.2.5 车票在日常运营中的温度和湿度条件下，其尺寸和平坦度应符合设计要求。车票温度和湿度条件下的尺寸稳定性和翘曲检测应按本规程第 5.2.3、5.2.4 条的检测方法执行，先确认受试车票的外观符合设计要求；按现行国家标准《识别卡 测试方法 第 1 部分：一般特性测试》GB/T 17554.1 的温室试验规程执行，在每种环境条件试验之后，均将受试车票放回到本规程第 5.2.1 条所规定的环境条件中，并按本规程第 5.2.3、5.2.4 条的检测方法执行，校验受试车票的外观。

5.2.6 车票的剥离强度应符合设计要求。车票剥离检测应符合现行国家标准《识别卡 测试方法 第 1 部分：一般特性测试》GB/T 17554.1 的规定。

5.2.7 车票在多张堆积存放的情况下应无粘连或并块现象；多张叠放车票容易用手分开；且车票外观不应存在有害的损坏或影响，有害的损坏或影响包括脱层、褪色或颜色改变、对表面精度的改变、从一个车票到另一个车票的材料转移以及外观的任何变形等。车票粘连或并块检测应按本规程第 5.2.2～5.2.4 条的检测方法执行，先确认受试车票的外观符合设计要求；按现行国家标准《识别卡 测试方法 第 1 部分：一般特性测试》GB/T 17554.1 的粘连或并块试验规程执行；再按本规程第 5.2.2～5.2.4 条的检测方法执行，校验受试车票的外观。

5.2.8 车票应能按设计要求承受日常运营中常见的化学条件。车票耐化学性检测应符合下列规定：

1 应根据现行国家标准《识别卡 测试方法 第 1 部分：一般特性测试》GB/T 17554.1 的规定和设计要求准备试验溶液、试验箱。

2 应根据溶液种类确定受试车票的数量。

3 每种试验应使用一个不同的受试车票。

4 检测方法：按本规程第 5.2.2～5.2.4、5.3.3 条的检测方法执行，先确认受试车票的外观和功能符合设计要求；按现行国家标准《识别卡 测试方法 第 1 部分：一般特性测试》GB/T 17554.1 的耐化学性试验规程执行；试验后，将受试车票从溶液或试验箱中取出后立即在蒸馏水中清洗，然后用吸水纸吸干；按本规程第 5.2.2～5.2.4、5.3.3 条的检测方法执行，校验受试车票的外观和功能。

5.2.9 车票在特定高温条件下的外观结构稳定性应符合设计要求。车票抗热检测方法应按本规程第 5.2.2～5.2.4 条的检测方法执行，先确认受试车票的外观符合设计要求；按现行国家标准《识别卡 测试方法 第 1 部分：一般特性测试》GB/T 17554.1 的抗热试验规程执行；按本规程第 5.2.2～5.2.4 条的检测方法执行，观察受试车票的外观。

5.2.10 车票的弯曲韧性、动态弯曲应力和动态扭曲应力应符合设计要求。车票弯曲和扭曲应力检测应按本规程第 5.2.2～5.2.4、5.3.3 条的检测方法执行，先确认受试车票的外观和功能符合设计要求；按现行国家标准《识别卡 测试方法 第 1 部分：一般特性测试》GB/T 17554.1 的相关试验规程执行；按本规程第 5.2.2～5.2.4、5.3.3 条的检测方法执行，校验受试车票的外观和功能。

5.2.11 车票对紫外线、X 射线、静电场、静磁场、交变电场、交变磁场等条件的适应性应符合设计要求，并应按本规程第 5.2.2～5.2.4、5.3.3 条的检测方法执行，先确认受试车票的外观和功能符合设计要求；按现行国家标准《识别卡 测试方法 第 1 部分：一般特性测试》GB/T 17554.1 的相关试验规程执行；按本规程第 5.2.2～5.2.4、5.3.3 条的检测方法执行，校验受试车票的外观和功能。

5.3 应用检测

5.3.1 储值票芯片存储容量不应小于 1kbyte；单程票芯片存储容量不应小于 512bit。

5.3.2 车票的应用文件应符合现行国家标准《城市轨道交通自动售检票系统技术条件》GB/T 20907 的规定。车票应用文件检测应符合下列规定：

1 应明确受试车票的种类和状态、应用文件具体内容、车票处理业务种类；应使用仿真系统；宜使用涉及车票处理业务的设备。

2 检测方法：按本规程涉及车票处理业务的 AFC 设备功能检测项目执行；使用仿真系统读取受试车票应用文件；校验受试车票的应用文件内容。

5.3.3 车票在 AFC 系统中的应用应符合设计要求。车票业务处理检测应符合下列规定：

1 应明确受试车票的种类和状态、车票处理业务种类；宜使用仿真系统；宜使用涉及车票处理业务的设备。

2 检测方法：按本规程涉及车票处理业务的 AFC 设备的功能检测项目执行；观察设备对受试车票的处理结果。

5.3.4 车票读写次数应符合现行国家标准《城市轨道交通自动售检票系统技术条件》GB/T 20907 的规定。车票读写次数检测应符合下列规定：

1 应明确受试车票的种类和状态、车票处理业务种类；宜使用仿真系统；宜使用涉及车票处理业务的设备。

2 检测方法：对同一张受试车票持续进行读写操作，读写次数应符合现行国家标准《城市轨道交通自动售检票系统技术条件》GB/T 20907 的规定；观察受试车票的处理情况。

6 读写器检测

6.1 一般规定

6.1.1 读写器的结构和外观、气候环境适应性、机械环境适应性应符合设计要求，其检测应符合现行行业标准《建设事业集成电路（IC）卡产品检测》CJ/T 243 和本规程第 4 章的相关规定。

6.1.2 读写器电源适应性、电磁兼容性、机具电气安全应符合设计要求，其检测应符合现行行业标准《建设事业集成电路（IC）卡产品检测》CJ/T 243 和本规程第 4 章的相关规定。

6.2 应用检测

6.2.1 读写器各 SAM 卡槽应能独立工作，各密钥系统互不干扰；读写器能分别对各密钥系统相应的车票进行业务处理。读写器 SAM 卡槽检测应符合下列规定：

1 应明确配合检测的 SAM 卡种类、测试车票的种类和状态、SAM 卡在读写器卡槽中的安装位置。

2 应使用读写器检测相关辅助工具。

3 检测方法：将不同的 SAM 卡同时安装在读写器的各卡槽中；在读写器上分别进行测试车票的读写操作；观察读写器对 SAM 卡的认证情况和车票业务处理情况。

6.2.2 车票和读写器的射频功率和信号接口、初始化和防冲突、传输协议等应符合现行行业标准《中国金融集成电路（IC）卡规范 第 8 部分：与应用无关的非接触式规范》JR/T 0025.8 的规定，相关检测应符合现行行业标准《建设事业集成电路（IC）卡产品检测》CJ/T 243 的规定。

6.2.3 读写器检测均应符合现行行业标准《建设事业集成电路（IC）卡产品检测》CJ/T 243 消费类终端应用的相关规定。

6.2.4 读写器的车票典型交易时间应符合设计要求。读写器的车票典型交易时间检测应符合下列规定：

1 应明确测试车票种类、车票交易类型、读写的具体车票信息。

2 应使用性能检测辅助工具；应重复检测并记录相关检测数据。

3 检测方法：在读写器上进行车票读写操作；记录读写器在脱机交易状态下，从车票被识别开始到所需信息被读取或数据写入车票的时间，即读写器典型交易时间，不包括发票打印时间、终端内存储交易数据的时间、数据下载和上传的时间；计算读写器的车票典型交易时间平均值。

6.2.5 车票最大读写距离检测应符合下列规定：

1 应明确配合检测的设备种类、车票种类；配合检测的设备应已安装读写器。

2 应使用标准长度度量工具。

3 应重复检测并记录相关检测数据。

4 车票与读写器的最大读写距离检测方法应符合现行行业标准《建设事业集成电路（IC）卡产品检测》CJ/T 243 的相关规定。

5 车票与设备的最大读写距离检测方法：在设备读写区域的表面进行车票读写操作；度量车票被识别时，从受试设备表面中心法线方向与车票的距离；计算车票最大读写距离平均值。

7 自动检票机检测

7.1 功能检测

7.1.1 AGM 应能正常启动和关闭；启动后应自动进入规定的运营模式；AGM 断电后，通行阻挡装置应解锁常开。AGM 启动与关闭检测应符合下列规定：

1 应明确受试设备启动和关闭的步骤。

2 宜使用 SC，或使用仿真系统模拟 SC。

3 启动检测方法：启动受试设备；观察受试设备的启动情况。

4 关闭检测方法：关闭受试设备或令受试设备断电；观察受试设备的关闭情况。

7.1.2 AGM 应能在规定时间内与 SC 完成时间同步；当与 SC 不同的时间误差对 AGM 造成的影响不同时，AGM 的响应应符合设计要求。AGM 时间同步检测应符合下列规定：

1 应明确时间同步的触发条件、时间误差的范围。

2 应明确受试设备的运营模式。

3 应使用 SC，或使用仿真系统模拟 SC。

4 检测方法：重新设定受试设备或 SC 的时间，使两者的系统时间产生误差；观察受试设备的时间同步情况。

7.1.3 AGM 应能在在线模式或离线模式下完成相应软件的更新；在线模式下，AGM 接收 SC 下发的待更新软件并完成更新后，还应向 SC 上传软件更新情况。AGM 软件更新检测应符合下列规定：

1 应准备待更新软件，并明确待更新软件的种类和版本、软件更新的触发条件。

2 应明确受试设备的运营模式。

3 应使用 SC，或使用仿真系统模拟 SC。

4 检测方法：在 SC 上向受试设备下发待更新软件，或在受试设备上导入待更新软件；观察受试设备的响应情况。

7.1.4 AGM 应能在在线或离线的情况下完成相应参数的同步；在线模式下，AGM 接收 SC 下发的待同步参数并完成同步后，还应向 SC 上传参数同步情况。AGM 参数同步检测应符合下列规定：

1 应准备待同步的参数，并明确待同步参数的种类和版本、参数同步的触发条件。

2 应明确受试设备的运营模式。

3 应使用 SC，或使用仿真系统模拟 SC。

4 检测方法：在 SC 上向受试设备下发待同步

参数，或在受试设备上导入待同步参数；观察受试设备的响应情况。

7.1.5 AGM应能按设计要求对进站车票进行合法性和有效性校验；对合法有效车票写入进站码并允许进站；对不合法或无效车票应禁止进站。AGM车票进站检票检测应符合下列规定：

1 应准备车票，并明确车票的种类和状态。

2 应明确受试设备的运营模式。

3 应使用AVM、BOM、ES、TVM，或使用仿真系统配合车票处理。

4 宜使用SC，或使用仿真系统模拟SC。

5 检测方法：在受试设备上对车票进行进站检票；观察受试设备的响应情况、车票处理情况。

7.1.6 AGM应能按设计要求对出站车票进行合法性和有效性校验；对合法有效车票写入出站码并允许出站；对不合法或无效车票应禁止出站。AGM车票出站检票检测应符合下列规定：

1 应准备车票，并明确车票的种类和状态。

2 应明确受试设备的运营模式。

3 应使用AVM、BOM、ES、TVM，或使用仿真系统配合车票处理。

4 宜使用SC，或使用仿真系统模拟SC。

5 检测方法：在受试设备上对车票进行出站检票；观察受试设备的响应情况、车票处理情况。

7.1.7 AGM应能按设计要求对黑名单车票进行加锁，并禁止通行。AGM车票加锁检测应符合下列规定：

1 应准备具有黑名单属性的车票，并明确车票的种类和状态。

2 应明确受试设备的运营模式。

3 应准备黑名单相关参数，并明确黑名单相关参数的内容。

4 宜使用BOM或仿真系统配合车票处理；宜使用SC，或使用仿真系统模拟SC。

5 检测方法：同步系统中包含车票物理卡号或逻辑卡号的黑名单相关参数；在受试设备上进行进站检票或出站检票；观察受试设备的响应情况、车票处理情况。

7.1.8 AGM在提供车票处理业务的相关模式下，应能按设计要求识别乘客各种通行行为，对正常的通行行为应予以通行，对异常的通行行为应禁止通行或报警提示；双向检票机还应具有同时进出时的防冲突机制。AGM通行逻辑检测应符合下列规定：

1 应准备有效车票，并明确车票的种类、数量和乘客的通行行为。

2 应明确受试设备的运营模式。

3 宜使用BOM或仿真系统配合车票处理。

4 宜使用SC，或使用仿真系统模拟SC。

5 检测方法：模拟现场乘客的通行行为；观察受试设备的处理情况、本机相关数据的记录。

7.1.9 AGM应能按设计要求识别回收票箱；在提供车票处理业务的相关模式下，当回收票箱间切换时，AGM应能正常运行；AGM应能按设计要求识别并提示回收票箱内车票数量的状态，当回收票箱将满时，应能发出相应提示，当一个回收票箱已满时，应能自动切换到另一未满回收票箱，当所有回收票箱均满，应能发出相应提示并拒绝继续回收车票；回收票箱总容量应符合设计要求。AGM回收车票检测应符合下列规定：

1 应准备不少于票箱最大容量要求数量的有效回收型车票。

2 应明确受试设备回收票箱的数量和回收票箱内的车票数量。

3 应明确受试设备的运营模式。

4 宜使用SC，或使用仿真系统模拟SC。

5 回收票箱识别检测方法：将回收票箱安装到受试设备上；观察受试设备对回收票箱的识别情况。

6 回收车票数量识别检测方法：分别模拟不同情况的回收票箱车票数量，持续进行车票回收操作；观察受试设备对不同车票数量的回收票箱的识别情况、响应情况。

7.1.10 AGM在在线模式下应能按设计要求向上层系统上传数据和响应上层系统下发的命令。AGM接受上层系统监控检测应符合下列规定：

1 应明确受试设备需上传的数据及其触发条件、受试设备需响应的上层系统命令。

2 应使用上层系统，或使用仿真系统模拟上层系统。

3 其他检测条件应符合具体检测项目的检测要求。

4 数据上传检测方法：按本规程第7.1节的相关检测方法执行；在上层系统上观察相应数据的上传情况。

5 命令响应检测方法：在上层系统向受试设备下发命令；观察受试设备对相应命令的响应情况。

7.1.11 AGM应能按设计要求对本机故障或异常进行监测或提示，并对非法操作进行报警；在维修模式下，还应能对本机相关数据进行查询，对本机参数进行配置，对模块单元进行测试。AGM本机监控检测应符合下列规定：

1 应明确受试设备待查询的数据、待配置的本机参数、待模拟的能被本机监测的故障或异常、待检测的模块单元、触发报警的操作。

2 应明确受试设备的运营模式。

3 宜使用SC，或使用仿真系统模拟SC。

4 其他检测条件应符合具体检测项目的检测要求。

5 故障或异常监控检测方法：模拟受试设备的

故障或异常；观察受试设备的响应情况。

6　报警机制检测方法：在受试设备上进行非法或未授权的操作；观察受试设备的响应情况。

7　数据管理检测方法：按本规程第7.1节的相关检测方法执行；在受试设备上对本机数据进行查询；观察查询结果。在受试设备上对本机配置参数进行设置；观察受试设备对配置参数的生效情况。

8　模块单元测试检测方法：在受试设备上对模块单元进行测试，观察模块单元的测试情况。

7.1.12　AGM应能通过设置或触发以进入或退出正常服务模式；设备对正常服务模式的响应应符合设计要求。AGM正常服务模式检测应符合下列规定：

1　应明确受试设备的当前运营模式、受试设备正常服务模式进入和退出的触发条件。

2　应使用SC，或使用仿真系统模拟SC。

3　其他检测条件应符合具体检测项目的检测要求。

4　正常服务模式进入检测方法：在受试设备处于非正常服务模式下，触发受试设备进入正常服务模式；观察受试设备的响应情况。

5　正常服务模式响应检测方法应符合本规程第7.1节的相关规定。

6　正常服务模式退出检测方法：在受试设备处于正常服务模式下，通过设置或触发以使受试设备退出正常服务模式；观察受试设备的响应情况。

7.1.13　AGM应能通过设置或触发以进入或退出暂停服务模式；AGM在暂停服务模式下不应提供任何车票处理业务。AGM暂停服务模式检测应符合下列规定：

1　应明确受试设备的当前运营模式、受试设备暂停服务模式进入和退出的触发条件。

2　应使用SC，或使用仿真系统模拟SC。

3　其他检测条件应符合具体检测项目的检测要求。

4　暂停服务模式进入检测方法：在受试设备处于非暂停服务模式下，通过设置或触发以使受试设备进入暂停服务模式；观察受试设备的响应情况。

5　暂停服务模式响应检测方法应符合本规程第7.1节的相关规定。

6　暂停服务模式退出检测方法：在暂停服务模式下，通过设置或触发以使受试设备退出暂停服务模式；观察受试设备的响应情况。

7.1.14　AGM应能通过设置或触发以进入或退出限制服务模式；AGM在特定的限制服务模式下，不提供相应的车票处理业务。AGM限制服务模式检测应符合下列规定：

1　应明确受试设备的当前运营模式、受试设备限制服务模式进入和退出的触发条件、限制服务模式的种类。

2　应使用SC，或使用仿真系统模拟SC。

3　其他检测条件应符合具体检测项目的检测要求。

4　限制服务模式进入检测方法：在受试设备处于非特定限制服务模式下，通过设置或触发以使受试设备进入特定的限制服务模式；观察受试设备的响应情况。

5　限制服务模式响应检测方法应符合本规程第7.1节的相关规定。

6　限制服务模式退出检测方法：在受试设备处于特定限制服务模式下，通过设置或触发以使受试设备退出该限制服务模式；观察受试设备的响应情况。

7.1.15　AGM应能通过设置或触发以进入或退出维修模式；设备对维修模式的响应应符合操作员权限规定。AGM维修模式检测应符合下列规定：

1　应明确受试设备的当前运营模式、受试设备维修模式进入和退出的触发条件。

2　应准备操作员参数，并明确操作员参数的内容。

3　宜使用SC，或使用仿真系统模拟SC。

4　其他检测条件应符合具体检测项目的检测要求。

5　维修模式进入检测方法：在受试设备处于非维修模式下，通过设置或触发以使受试设备进入维修模式；观察受试设备的响应情况。

6　维修模式响应检测方法应符合本规程第7.1节的相关规定。

7　维修模式退出检测方法：在受试设备处于维修模式下，通过设置或触发以使受试设备退出维修模式；观察受试设备的响应情况。

7.1.16　AGM应能通过设置或触发以进入或退出时间免检模式、日期免检模式、车费免检模式、进出站次序免检模式、列车故障模式和紧急模式等；对紧急模式还应能通过车站紧急按钮来触发；设备对各种运营模式和模式敏感期的响应应符合设计要求。AGM运营模式检测应符合下列规定：

1　应准备至少两个车站的进站检票机和出站检票机，明确受试设备的当前运营模式、受试设备相应特定运营模式进入和退出的触发条件。

2　应使用上层系统，或使用仿真系统模拟上层系统。

3　应使用BOM，或使用仿真系统配合车票处理。

4　其他检测条件应符合具体检测项目的检测要求。

5　特定运营模式进入检测方法：设置或触发某一车站进入特定运营模式；观察各受试设备的响应情况。

6　特定运营模式响应检测方法应符合本规程第

7.1节的相关规定。

7 特定运营模式退出检测方法：在特定运营模式下，设置或触发该车站退出相应运营模式；观察受试设备的响应情况。若系统存在模式敏感期，还应观察受试设备对相应模式敏感期的响应。

7.1.17 AGM应能通过设置或触发以进入或退出离线模式；离线模式不应影响受试设备的功能；受试设备应能按本地运营计划运行；离线模式期间受试设备相关数据应能在模式结束后上传上层系统。AGM离线模式检测应符合下列规定：

1 应明确受试设备的当前运营模式、受试设备离线模式进入和退出的触发条件。

2 应使用SC，或使用仿真系统模拟SC。

3 其他检测条件应符合具体检测项目的检测要求。

4 离线模式进入检测方法：在受试设备处于在线模式下，通过设置或触发以使受试设备进入离线模式；观察受试设备的响应情况。

5 离线模式响应检测方法应符合本规程第7.1节的相关规定。

6 离线模式退出检测方法：在受试设备处于离线模式下，通过设置或触发以使受试设备退出离线模式；观察受试设备的响应情况。

7.2 性能检测

7.2.1 AGM单张车票处理时间宜符合表7.2.1的规定。AGM单张车票处理时间检测应符合下列规定：

表7.2.1 AGM单张车票处理时间要求

项目		要求（s）
单张车票（回收型）成功处理时间	筹码型	≤0.8
	卡片型	≤0.8
单张车票（非回收型）成功处理时间		≤0.8

1 应准备车票，并明确车票的种类、状态和受试设备的类型。

2 应使用性能检测辅助工具。

3 应重复检测并记录相关检测数据。

4 单张车票（回收型）成功处理时间检测方法：使用回收型车票在受试设备上验票出站，记录从车票投入回收口后开始到通行阻挡装置完全响应并在乘客显示屏显示车票处理成功的时间，记为单张车票（回收型）成功处理时间；计算单张车票（回收型）成功处理时间的平均值。

5 单张车票（非回收型）成功处理时间检测方法：使用有效车票验票出站，记录从车票被识别开始到通行阻挡装置完全响应并在乘客显示屏显示车票处理成功的时间，记为单张车票（非回收型）成功处理时间；计算单张车票（非回收型）成功处理时间的平均值。

7.2.2 AGM通过能力应符合现行国家标准《城市轨道交通自动售检票系统技术条件》GB/T 20907的规定。AGM通过能力检测应符合下列规定：

1 应准备车票，并明确车票的种类、状态和受试设备的类型。

2 宜使用性能检测辅助工具。

3 应重复检测并记录相关检测数据。

4 门式AGM的通过能力检测方法：在受试设备上连续不间断地验票或投票并以正常速度通过，记录检测时间与最大的车票处理张数，记为每分钟能通过的人数；计算每分钟通过人数的平均值。

5 转杆式AGM的通行能力检测方法：在受试设备上连续不间断地验票或投票并推动转杆，记录检测时间与最大的车票处理张数，记为每分钟能通过的人数；计算每分钟通过人数的平均值。

7.2.3 AGM的通行人数识别数据准确率应符合设计要求。AGM通行人数识别数据准确率检测应符合下列规定：

1 应准备车票，并明确车票的种类、状态和受试设备的类型。

2 宜使用性能检测辅助工具。

3 检测方法：在受试设备上连续验票通行，通行人数识别数据准确率为受试设备记录通行人次与实际通行人次之比。

7.2.4 AGM应能按设计要求识别回收型车票，且不接收异物。AGM回收型车票识别能力检测应符合下列规定：

1 应准备车票和形如回收型车票的物体，并明确车票的种类、状态和受试设备的类型。

2 应重复检测并记录相关检测数据。

3 回收型车票识别率检测方法：在受试设备上连续向回收口投入正常可允许通行的回收型车票。回收型车票识别率为回收的车票数与投入的车票总数之比。

4 非车票识别检测方法：向受试设备回收口投入形如回收型车票的物体。

7.2.5 AGM的卡票率应符合设计要求。AGM卡票率检测应符合下列规定：

1 应准备车票，并明确车票的种类、状态和受试设备的类型。

2 检测方法：在受试设备上连续投入各种状态的回收型车票。卡票率为卡票次数与投入车票次数之比。

7.2.6 AGM的数据准确率应符合设计要求。AGM数据准确率检测应符合下列规定：

1 应准备车票，并明确车票的种类和状态。

2 宜使用SC，或使用仿真系统模拟SC。

3 检测方法：在受试设备上按本规程第7.1节

的相关检测项目执行。数据准确率为受试设备记录数据与实际操作数据比对的符合项数与比对数据项总数之比。

8 半自动售票机检测

8.1 功 能 检 测

8.1.1 BOM应能正常启动和关闭；启动后应自动进入规定的运营模式。BOM设备启动与关闭检测应符合下列规定：

1 应明确受试设备启动和关闭的步骤。

2 宜使用SC，或使用仿真系统模拟SC。

3 启动检测方法：启动受试设备；观察受试设备的启动情况。

4 关闭检测方法：关闭受试设备；观察受试设备的关闭情况。

8.1.2 BOM应能在规定时间内与SC完成时间同步。当与SC不同的时间误差对BOM造成不同的影响时，BOM的响应应符合设计要求。BOM时间同步检测应符合下列规定：

1 应明确时间同步的触发条件、时间误差的范围。

2 应明确受试设备的运营模式。

3 应使用SC，或使用仿真系统模拟SC。

4 检测方法：重新设定SC或受试设备的时间，使两者的系统时间产生误差；观察受试设备的时间同步情况。

8.1.3 BOM应能在在线模式或离线模式下完成相应软件的更新；在线模式下，BOM接收SC下发的待更新软件并完成更新后，还应向SC上传软件更新情况。BOM软件更新检测应符合下列规定：

1 应准备待更新软件，并明确待更新软件的种类和版本、软件更新的触发条件。

2 应明确受试设备的运营模式。

3 应使用SC，或使用仿真系统模拟SC。

4 检测方法：在SC上向受试设备下发待更新软件，或在受试设备上导入待更新软件；观察受试设备的响应情况。

8.1.4 BOM应能在在线模式或离线模式下完成相应的参数同步；在线模式下，BOM接收SC下发的待同步参数并完成同步后，还应向SC上传参数同步情况。BOM参数同步检测应符合下列规定：

1 应准备待同步参数，并明确待同步参数的种类和版本、参数同步的触发条件。

2 应明确受试设备的运营模式。

3 应使用SC，或使用仿真系统模拟SC。

4 检测方法：在SC上向受试设备下发待同步参数，或在受试设备上导入待同步参数；观察受试设备的响应情况。

8.1.5 BOM应能按设计要求对车票的信息进行读取，并显示车票的状态和交易等信息。BOM车票分析检测应符合下列规定：

1 应准备车票，并明确车票的种类和状态。

2 应明确受试设备的运营模式。

3 宜使用AGM、TVM、AVM、ES，或使用仿真系统配合车票处理。

4 检测方法：在受试设备上对车票进行分析；观察受试设备的响应情况。

8.1.6 BOM应能按设计要求发售车票。BOM车票发售检测应符合下列规定：

1 应准备车票，并明确车票的种类和状态。

2 应明确受试设备的运营模式。

3 宜使用AGM、TVM、AVM、ES，或使用仿真系统配合车票处理。

4 宜使用SC，或使用仿真系统模拟SC。

5 检测方法：在受试设备上对车票进行发售；观察受试设备的响应情况、车票处理情况。

8.1.7 BOM应能按设计要求对车票进行更新。BOM车票更新检测应符合下列规定：

1 应准备车票，并明确车票的种类和状态。

2 应明确受试设备的运营模式。

3 宜使用AGM、TVM、AVM、ES，或使用仿真系统配合车票处理。

4 宜使用SC，或使用仿真系统模拟SC。

5 检测方法：在受试设备上对车票进行更新；观察受试设备的响应情况、车票处理情况。

8.1.8 BOM应能按设计要求对储值票进行充值或充次。BOM车票充值或充次检测应符合下列规定：

1 应准备储值票，并明确车票的种类和状态。

2 应明确受试设备的运营模式。

3 宜使用AGM、TVM、AVM、ES，或使用仿真系统配合车票处理。

4 宜使用SC，或使用仿真系统模拟SC。

5 检测方法：在受试设备上进行储值票充值或充次；观察受试设备的响应情况、车票处理情况。

8.1.9 BOM应能按设计要求对超过有效期的车票进行延期。BOM车票延期检测应符合下列规定：

1 应准备车票，并明确车票的种类和状态。

2 应明确受试设备的运营模式。

3 宜使用AGM、TVM、AVM、ES，或使用仿真系统配合车票处理。

4 宜使用SC，或使用仿真系统模拟SC。

5 检测方法：在受试设备上进行车票延期；观察受试设备的响应情况、车票处理情况。

8.1.10 BOM应能按设计要求对车票进行退款。BOM车票退款检测应符合下列规定：

1 应准备车票，并明确车票的种类和状态。

2 应明确受试设备的运营模式。

3 宜使用 AGM、TVM、AVM、ES，或使用仿真系统配合车票处理。

4 宜使用上层系统，或使用仿真系统模拟上层系统。

5 检测方法：在受试设备上对车票进行退款；观察受试设备的响应情况、车票处理情况、与上层系统的交互。

8.1.11 BOM 应能按设计要求对黑名单储值票进行加锁和解锁。BOM 车票加锁和解锁检测应符合下列规定：

1 应准备具有黑名单属性的储值票，并明确车票的种类和状态。

2 应明确受试设备的运营模式。

3 应准备黑名单相关参数，并明确黑名单相关参数的内容。

4 宜使用 AGM、TVM、AVM、ES，或使用仿真系统配合车票处理。

5 宜使用 SC，或使用仿真系统模拟 SC。

6 车票加锁功能检测方法：同步系统中包含车票物理卡号或逻辑卡号的黑名单相关参数；在受试设备上进行车票分析；观察受试设备的响应情况、车票处理情况。

7 车票解锁功能检测方法：同步系统中不包含车票物理卡号或逻辑卡号的黑名单参数；在受试设备上进行车票解锁；观察受试设备的响应情况、车票处理情况。

8.1.12 BOM 应能按设计要求发售出站票。BOM 发售出站票检测应符合下列规定：

1 应准备待发售车票，并明确车票的状态、发售出站票的原因及其要求。

2 应明确受试设备的运营模式。

3 宜使用 AGM、TVM、AVM、ES，或使用仿真系统配合车票处理。

4 宜使用 SC，或使用仿真系统模拟 SC。

5 检测方法：在受试设备上发售出站票；观察受试设备的响应情况、车票处理情况。

8.1.13 BOM 应能按设计要求在在线模式下向上层系统上传数据和响应上层系统下发的命令。BOM 接受上层系统监控检测应符合下列规定：

1 应明确受试设备需上传的数据及其触发条件、受试设备需响应的上层系统命令。

2 应使用上层系统，或使用仿真系统模拟上层系统。

3 其他检测条件应符合具体检测项目的检测要求。

4 数据上传检测方法：按本规程第 8.1 节的相关检测方法执行；在上层系统上观察相应数据的上传情况。

5 命令响应检测方法：在上层系统向受试设备下发命令；观察受试设备对相应命令的响应情况。

8.1.14 BOM 应能按设计要求对本机数据进行管理、对本机故障或异常进行监测或提示，并对非法操作进行报警。BOM 本机监控检测应符合下列规定：

1 应明确受试设备待查询的数据、待配置的本机参数、车票的种类和状态、待模拟的能被本机监测的故障或异常、触发报警的操作。

2 应明确受试设备的运营模式。

3 宜使用 SC，或使用仿真系统模拟 SC；其他检测条件应符合具体检测项目的检测要求。

4 数据管理检测方法：按本规程第 8.1 节的相关检测方法执行，在受试设备上对本机数据进行查询，观察查询结果。在受试设备上对本机配置参数进行设置；观察受试设备对配置参数的生效情况。

5 故障或异常检测方法：模拟受试设备的故障或异常；观察受试设备的响应情况。

6 报警机制检测方法：在受试设备上进行非法或未授权的操作；观察受试设备的响应情况。

8.1.15 BOM 应能通过设置或触发以进入或退出操作员登录模式；操作员正常登录后，操作员权限的相应功能应可使用。BOM 操作员权限应用检测应符合下列规定：

1 应明确受试设备的当前运营模式、操作员登录模式进入和退出的触发条件。

2 应准备操作员参数，并明确操作员参数的内容。

3 宜使用 SC，或使用仿真系统模拟 SC。

4 其他检测条件应符合具体检测项目的检测要求。

5 操作员登录模式进入检测方法：在受试设备处于操作员退出登录模式下，在受试设备上进行登录；观察受试设备的响应情况。

6 操作员登录模式响应的检测方法应符合本规程第 8.1 节的相关规定。

7 操作员登录模式退出检测方法：在受试设备处于操作员登录模式下，直接退出登录，或持续不操作使系统自动退出登录；观察受试设备的响应情况。

8.1.16 BOM 应能通过设置或触发以进入或退出正常服务模式；系统对正常服务模式的响应应符合设计要求。BOM 正常服务模式检测应符合下列规定：

1 应明确受试设备的当前运营模式、受试设备正常服务模式进入和退出的触发条件。

2 应使用 SC，或使用仿真系统模拟 SC；其他检测条件应符合具体检测项目的检测要求。

3 正常服务模式进入检测方法：在受试设备处于非正常服务模式下，触发受试设备进入正常服务模式；观察受试设备的响应情况。

4 正常服务模式响应检测方法应符合本规程第

8.1节的相关规定。

5 正常服务模式退出检测方法：在受试设备处于正常服务模式下，通过设置或触发以使受试设备退出正常服务模式；观察受试设备的响应情况。

8.1.17 BOM应能通过设置或触发以进入或退出限制服务模式；BOM在特定的限制服务模式下，不提供相应的车票处理业务。BOM限制服务模式检测应符合下列规定：

1 应明确受试设备的当前运营模式、受试设备限制服务模式进入和退出的触发条件、限制服务模式的种类。

2 应使用SC，或使用仿真系统模拟SC。

3 其他检测条件应符合具体检测项目的检测要求。

4 限制服务模式进入检测方法：在受试设备处于正常服务模式下，通过设置或触发以使受试设备进入特定的限制服务模式；观察受试设备的响应情况。

5 限制服务模式响应检测方法应符合本规程第8.1节的相关规定。

6 限制服务模式退出检测方法：在特定的限制服务模式下，通过设置或触发以使受试设备退出该限制服务模式；观察受试设备的响应情况。

8.1.18 BOM应能通过设置或触发以进入或退出时间免检模式、日期免检模式、车费免检模式、进出站次序免检模式、列车故障模式和紧急模式等；设备对各种运营模式和模式敏感期的响应应符合设计要求。BOM运营模式检测应符合下列规定：

1 应准备至少两个车站的BOM，并明确受试设备的当前运营模式、受试设备相应特定运营模式进入和退出的触发条件。

2 应使用上层系统，或使用仿真系统模拟上层系统。

3 宜使用ES、AGM、TVM、AVM，或仿真系统配合车票处理；其他检测条件应符合具体检测项目的检测要求。

4 特定运营模式进入检测方法：设置或触发某一车站进入特定运营模式；观察受试设备的响应情况。

5 特定运营模式响应检测方法应符合本规程第8.1节的相关规定。

6 特定运营模式退出检测方法：在特定运营模式下，设置或触发该车站退出相应运营模式；观察受试设备的响应情况。若系统存在模式敏感期，还应观察受试设备对相应模式敏感期的响应。

8.1.19 BOM应能通过设置或触发以进入或退出离线模式；离线模式不应影响受试设备的功能；受试设备应能按本地运营计划运行；离线模式期间受试设备相关数据应能在模式结束后上传上层系统。BOM离线模式检测应符合下列规定：

1 应明确受试设备的当前运营模式、受试设备离线模式进入和退出的触发条件。

2 应使用SC，或使用仿真系统模拟SC。

3 其他检测条件应符合具体检测项目的检测要求。

4 离线模式进入检测方法：在受试设备处于在线模式下，通过设置或触发以使受试设备进入离线模式；观察受试设备的响应情况。

5 离线模式响应检测方法应符合本规程第8.1节的相关规定。

6 离线模式退出检测方法：在受试设备处于离线模式下，通过设置或触发以使受试设备退出离线模式；观察受试设备的响应情况。

8.2 性能检测

8.2.1 BOM的单张车票分析时间不宜大于0.5s。BOM单张车票分析时间检测应符合下列规定：

1 应准备车票，并明确车票的种类和状态。

2 宜使用性能检测辅助工具。

3 应重复检测并记录相关检测数据。

4 检测方法：在受试设备上分析单张车票，记录从按下分析功能键开始到乘客显示屏显示车票信息的时间，记为单张车票分析时间；计算单张车票分析时间的平均值。

8.2.2 BOM的单张车票处理时间不宜大于0.7s。BOM单张车票处理时间检测应符合下列规定：

1 应准备车票，并明确车票的种类和状态。

2 宜使用性能检测辅助工具。

3 应重复检测并记录相关检测数据。

4 检测方法：在受试设备上处理单张车票，记录从按下特定处理功能键开始到乘客显示屏提示处理已完成的时间，记为单张车票处理时间；计算单张车票处理时间的平均值。

8.2.3 BOM的数据准确率应符合设计要求。BOM数据准确率检测应符合下列规定：

1 应准备车票，并明确车票的种类和状态。

2 宜使用SC，或使用仿真系统模拟SC。

3 检测方法：在受试设备上按本规程第8.1节的相关检测项目执行。数据准确率为受试设备本机记录数据与实际操作数据比对的符合项数与比对数据项总数之比。

9 自动售票机检测

9.1 功能检测

9.1.1 TVM应能正常启动和关闭；启动后应自动进入规定的运营模式。TVM启动与关闭检测应符合下列规定：

1 应明确受试设备启动和关闭的步骤。

2 宜使用SC，或使用仿真系统模拟SC。

3 启动检测方法：启动受试设备；观察受试设备的启动情况。

4 关闭检测方法：关闭受试设备；观察受试设备的关闭情况。

9.1.2 TVM应能在规定时间内与SC完成时间同步；当与SC不同的时间误差对TVM造成不同的影响时，TVM的响应应符合设计要求。TVM时间同步检测应符合下列规定：

1 应明确时间同步的触发条件、时间误差的范围。

2 应明确受试设备的运营模式。

3 应使用SC，或使用仿真系统模拟SC。

4 检测方法：重新设定SC或受试设备的时间，使两者的系统时间产生误差；观察受试设备的时间同步情况。

9.1.3 TVM应能在在线模式或离线模式下完成相应软件的更新；在线模式下，TVM接收SC下发的待更新软件并完成更新后，还应向SC上传软件更新情况。TVM软件更新检测应符合下列规定：

1 应准备待更新软件，并明确待更新软件的种类和版本、软件更新的触发条件。

2 应明确受试设备的运营模式。

3 应使用SC，或使用仿真系统模拟SC。

4 检测方法：在SC上向受试设备下发待更新软件，或在受试设备上导入待更新软件；观察受试设备的响应情况。

9.1.4 TVM应能在在线模式或离线模式下完成相应的参数同步；在线模式下，TVM接收SC下发的待同步参数并完成同步后，还应向SC上传参数同步情况。TVM参数同步检测应符合下列规定：

1 应准备待同步参数，并明确待同步参数的种类和版本、参数同步的触发条件。

2 应明确受试设备的运营模式。

3 应使用SC，或使用仿真系统模拟SC。

4 检测方法：在SC上向受试设备下发待同步参数，或在受试设备上导入待同步参数；观察受试设备的响应情况。

9.1.5 TVM应能按设计要求发售车票。TVM车票发售检测应符合下列规定：

1 应完成TVM找零钱币补充与车票补充。

2 应准备用于购票的钱币，并明确钱币种类、金额和数量。

3 若TVM允许银行卡支付，应准备银行卡。

4 若TVM允许储值票支付，应准备储值票。

5 应明确受试设备的运营模式。

6 应明确购票或取消购票的操作步骤、支付方式、发售的票种和票价、目的车站和单次购票的车票张数等。

7 宜使用BOM或仿真系统配合车票处理；宜使用SC，或使用仿真系统模拟SC。

8 检测方法：在受试设备上进行购票；观察受试设备的响应情况、车票处理情况。

9.1.6 TVM应能按设计要求进行车票补充，TVM上记录的车票数量、打印单据显示的数值和实际补充数量应一致。TVM车票补充检测应符合下列规定：

1 应准备待补充的车票，并明确车票的种类和数量。

2 应明确受试设备的运营模式。

3 宜使用SC，或使用仿真系统模拟SC。

4 检测方法：在受试设备上进行车票补充；观察受试设备的响应情况。

9.1.7 TVM应能按设计要求进行找零钱币的补充，TVM上记录的钱币数量、打印单据显示的数值和实际补充数量应三者一致。TVM补充钱币检测应符合下列规定：

1 应准备补充的钱币。

2 应明确受试设备的运营模式。

3 应明确受试设备执行补币操作的步骤、补充钱币的类型和数量。

4 宜使用SC，或使用仿真系统模拟SC。

5 检测方法：在受试设备上进行钱币补充；观察受试设备的响应情况。

9.1.8 TVM应能按设计要求进行结算，对票箱或钱箱进行清空或更换。TVM结算检测应符合下列规定：

1 应明确受试设备结算操作的步骤。

2 应明确受试设备的运营模式。

3 宜使用SC，或使用仿真系统模拟SC。

4 其他检测条件应符合具体检测项目的检测要求。

5 检测方法：按本规程第9.1节的相关检测方法执行；在受试设备上进行结算，清空或更换票箱或钱箱；观察受试设备的响应情况。

9.1.9 TVM应能按设计要求识别找零钱箱、回收钱箱、补票箱或回收票箱；在提供车票处理业务的相关模式下，当钱箱或票箱切换时，TVM应能正常运行；TVM应能按设计要求识别并提示钱箱或票箱内的钱币数量或车票数量状态，当一个发售票箱或找零钱箱空时，TVM应能自动切换到另一发售票箱或找零钱箱；当所有发售票箱或找零钱箱已空或所有回收票箱或钱箱已满，TVM应能发出相应提示；找零钱箱、回收钱箱、补票箱或回收票箱的容量应符合设计要求。TVM票箱与钱箱检测应符合下列规定：

1 应准备车票和钱币，并明确车票和钱币的种类和数量。

2 应明确受试设备的运营模式。

3　应明确受试设备票箱或钱箱内的车票或钱币数量。

4　宜使用SC，或使用仿真系统模拟SC。

5　票箱或钱箱识别检测方法：将票箱或钱箱安装到受试设备上；观察受试设备对票箱或钱箱的识别情况。

6　票箱内车票数量和钱箱内钱币数量识别检测方法：分别模拟不同情况的票箱车票数量或钱箱钱币数量，持续投币并进行购票；观察受试设备对不同车票数量的票箱或不同钱币数量的钱箱的识别情况、响应情况。

9.1.10　TVM应能按设计要求在在线模式下向上层系统上传数据和响应上层系统下发的命令。TVM接受上层系统监控检测应符合下列规定：

1　应明确受试设备需上传的数据及其触发条件、受试设备需响应的上层系统命令。

2　应使用上层系统，或使用仿真系统模拟上层系统。

3　其他检测条件应符合具体检测项目的检测要求。

4　数据上传检测方法：按本规程第9.1节的相关检测方法执行；在上层系统上观察相应数据的上传情况。

5　命令响应检测方法：上层系统向受试设备下发命令；观察受试设备对相应命令的响应情况。

9.1.11　TVM应能按设计要求对本机故障或异常进行监测或提示并对非法操作进行报警；在维修模式下，还应能对本机数据进行管理，对本机参数进行配置，对模块单元进行测试。TVM本机监控检测应符合下列规定：

1　应明确受试设备待查询的数据、待配置的本机参数、待检测的模块单元、待模拟的能被本机监测的故障或异常、触发报警的操作。

2　应明确受试设备的运营模式。

3　宜使用SC，或使用仿真系统模拟SC。

4　其他检测条件应符合具体检测项目的检测要求。

5　数据管理检测方法：按本规程第9.1节的相关检测方法执行，在受试设备上对本机数据进行查询；观察查询结果。在受试设备上对本机配置参数进行设置；观察受试设备对配置参数的生效情况。

6　故障或异常检测方法：模拟受试设备的故障或异常；观察受试设备对故障或异常的监控情况。

7　模块单元测试检测方法：在受试设备上对模块单元进行测试；观察模块单元的测试情况。

8　报警机制检测方法：在受试设备上进行非法或未授权操作；观察受试设备响应情况。

9.1.12　TVM应能通过设置或触发以进入或退出正常服务模式；设备对正常服务模式的响应应符合设计要求。TVM正常服务模式检测应符合下列规定：

1　应明确受试设备的当前运营模式、受试设备正常服务模式进入和退出的触发条件。

2　应使用SC，或使用仿真系统模拟SC。

3　其他检测条件应符合具体检测项目的检测要求。

4　正常服务模式进入检测方法：在受试设备处于非正常服务模式下，触发受试设备进入正常服务模式；观察受试设备的响应情况。

5　正常服务模式响应检测方法应符合本规程第9.1节的相关规定。

6　正常服务模式退出检测方法：在受试设备处于正常服务模式下，通过设置或触发以使受试设备退出正常服务模式；观察受试设备的响应情况。

9.1.13　TVM应能通过设置或触发以进入或退出暂停服务模式；设备在暂停服务模式下不应提供任何车票处理业务。TVM暂停服务模式检测应符合下列规定：

1　应明确受试设备的当前运营模式、受试设备暂停服务模式进入和退出的触发条件。

2　应使用SC，或使用仿真系统模拟SC。

3　其他检测条件应符合具体检测项目的检测要求。

4　暂停服务模式进入检测方法：在受试设备处于非暂停服务模式下，通过设置或触发以使受试设备进入暂停服务模式；观察受试设备的响应情况。

5　暂停服务模式响应检测方法应符合本规程第9.1节的相关规定。

6　暂停服务模式退出检测方法：在受试设备处于暂停服务模式下，通过设置或触发以使受试设备退出暂停服务模式；观察受试设备的响应情况。

9.1.14　TVM应能通过设置或触发以进入或退出限制服务模式；在限制服务模式下，不提供相应的车票处理业务。TVM限制服务模式检测应符合下列规定：

1　应明确受试设备的当前运营模式、受试设备限制服务模式进入和退出的触发条件、限制服务模式的种类。

2　应使用SC，或使用仿真系统模拟SC。

3　其他检测条件应符合具体检测项目的检测要求。

4　限制服务模式进入检测方法：在受试设备处于非特定限制服务模式下，通过设置或触发以使受试设备进入特定的限制服务模式；观察受试设备的响应情况。

5　限制服务模式响应检测方法应符合本规程第9.1节的相关规定。

6　限制服务模式退出检测方法：在受试设备处于特定限制服务模式下，通过设置或触发以使受试设备退出该限制服务模式；观察受试设备的响应情况。

9.1.15 TVM应能通过设置或触发以进入或退出维修模式；设备对维修模式的响应应符合设计要求和操作员权限规定。TVM维修模式检测应符合下列规定：

1 应准备操作员参数，并明确操作员参数的内容。

2 应明确受试设备的当前运营模式、受试设备维修模式进入和退出的触发条件。

3 宜使用SC，或使用仿真系统模拟SC。

4 其他检测条件应符合具体检测项目的检测要求。

5 维修模式进入检测方法：在受试设备处于非维修模式下，通过设置或触发以使受试设备进入维修模式；观察受试设备的响应情况。

6 维修模式响应检测方法应符合本规程第9.1节的相关规定。

7 维修模式退出检测方法：在受试设备处于维修模式下，通过设置或触发以使受试设备退出维修模式；观察受试设备的响应情况。

9.1.16 TVM应能通过设置或触发以进入或退出时间免检模式、日期免检模式、车费免检模式、进出站次序免检模式、列车故障模式和紧急模式等，设备对各种运营模式和模式敏感期的响应应符合设计要求。TVM运营模式检测应符合下列规定：

1 应准备至少两个车站的TVM，并明确受试设备的当前运营模式、受试设备相应特定运营模式进入和退出的触发条件。

2 应使用上层系统，或使用仿真系统模拟上层系统。

3 应使用BOM，或使用仿真系统配合车票处理。

4 其他检测条件应符合具体检测项目的检测要求。

5 特定运营模式进入检测方法：设置或触发某一车站进入特定运营模式；观察受试设备的响应情况。

6 特定运营模式响应检测方法应符合本规程第9.1节的相关规定。

7 特定运营模式退出检测方法：在特定运营模式下，设置或触发该车站退出相应运营模式；观察受试设备的响应情况。若系统存在模式敏感期，还应观察受试设备对相应模式敏感期的响应。

9.1.17 TVM应能通过设置或触发以进入或退出离线模式；离线模式不应影响受试设备的车票处理业务功能；受试设备应能按本地运营计划运行；离线模式期间受试设备相关数据应能在离线模式取消后上传上层系统。TVM离线模式检测应符合下列规定：

1 应明确受试设备的当前运营模式、受试设备离线模式进入和退出的触发条件。

2 应使用SC，或使用仿真系统模拟SC。

3 其他检测条件应符合具体检测项目的检测要求。

4 离线模式进入检测方法：在受试设备处于在线模式下，通过设置或触发以使受试设备进入离线模式；观察受试设备的响应情况。

5 离线模式响应检测方法应符合本规程第9.1节的相关规定。

6 离线模式退出检测方法：在受试设备处于离线模式下，通过设置或触发以使受试设备退出离线模式；观察受试设备的响应情况。

9.2 性能检测

9.2.1 TVM单张车票发售时间宜符合表9.2.1的规定。TVM单张车票发售时间检测应符合下列规定：

表9.2.1 TVM单张车票发售时间要求

项目		要求(s)
投入硬币		≤3.5
投入纸币	无需找零	≤4.3
	需要找零	≤5.5

1 应完成TVM钱币补充与车票补充。

2 应准备用于购票的钱币。

3 应使用性能检测辅助工具。

4 应重复检测并记录相关检测数据。

5 检测方法：在受试设备上购买单张最低票价的车票，投入所需金额的钱币，记录从最后一张钱币投入后开始，或从完成投币后确认开始，到车票和找零钱币完全送出的时间，记为单张车票发售时间；计算单张车票发售时间的平均值。

9.2.2 TVM对硬币或纸币的适应能力（真币接收率和假币拒收率）应符合设计要求；参数设置允许接收的钱币币种应能被接收，未设置的钱币币种不能被接收；参数设置暂存数量的钱币应能被暂存，但不能再投入更多数量的钱币。TVM钱币适应能力检测应符合下列规定：

1 应完成TVM钱币补充与车票补充。

2 应按现行国家标准《人民币鉴别仪通用技术条件》GB 16999的规定准备用于测试的真币和假币样本。

3 应重复检测并记录相关检测数据。

4 真币接收率检测方法：连续向受试设备投入真币样本，记录接收的钱币数量与投入的真币总数。真币接收率为接收的钱币数量与投入的真币总数之比。

5 假币拒收率检测方法：连续投入多张假币样本，记录拒收的钱币数量与投入假币总数。假币拒收率为拒收的钱币数量与投入假币总数之比。

9.2.3 TVM钱币数据准确率应符合设计要求。TVM钱币数据准确率检测应符合下列规定：

1 应完成TVM钱币补充与车票补充。

2 应准备用于购票的钱币。

3 宜使用性能检测辅助工具。

4 检测方法：在受试设备上连续进行购票并投入钱币。钱币数据准确率为受试设备记录的钱币数据，与实际操作的钱币数据比对的符合项数与比对数据项总数之比。

9.2.4 TVM车票数据准确率应符合设计要求。TVM车票数据准确率检测应符合下列规定：

1 应完成TVM钱币补充与车票补充。

2 应准备用于购票的钱币。

3 若TVM允许银行卡支付，应准备银行卡。

4 若TVM允许储值票支付，应准备储值票。

5 应使用SC，或使用仿真系统模拟SC。

6 检测方法：在受试设备上连续进行购票。车票数据准确率为受试设备记录的数据，与实际操作数据比对的符合项数与比对数据项总数之比。

9.2.5 TVM发售车票产生的废票率应符合设计要求。TVM废票率检测应符合下列规定：

1 应完成TVM钱币补充与车票补充，并明确补充车票的状态。

2 应准备用于购票的钱币。

3 若TVM允许银行卡支付，应准备银行卡。

4 若TVM允许储值票支付，应准备储值票。

5 检测方法：在受试设备上连续进行购票。废票率为废票数量与发售车票总数之比。

9.2.6 TVM的卡票率应符合设计要求。TVM卡票率检测应符合下列规定：

1 应完成TVM钱币补充与车票补充。

2 应准备用于购票的钱币。

3 若TVM允许银行卡支付，应准备银行卡。

4 若TVM允许储值票支付，应准备储值票。

5 检测方法：在受试设备上连续进行购票。卡票率为卡票次数与实际需发售车票总数之比。

9.2.7 TVM的卡币率应符合设计要求。TVM卡币率检测应符合下列规定：

1 应完成TVM钱币补充与车票补充。

2 应准备用于购票的钱币。

3 投币卡币率检测方法：连续在受试设备上投入钱币进行购票。投币卡币率为卡币数与实际投入钱币数之比。

4 找零卡币率检测方法：连续在受试设备上进行需要找零的购票操作。找零卡币率为卡币数与需找零钱币总数之比。

9.2.8 TVM的数据准确率应符合设计要求。TVM数据准确率检测应符合下列规定：

1 应完成TVM钱币补充与车票补充。

2 应准备用于购票的钱币。

3 若TVM允许银行卡支付，应准备银行卡。

4 若TVM允许储值票支付，应准备储值票。

5 应使用SC，或使用仿真系统模拟SC。

6 检测方法：在受试设备上按本规程第9.1节的相关检测项目执行。数据准确率为受试设备记录数据与记录实际操作数据比对的符合项数与比对数据项总数之比。

10 自动充值机检测

10.1 功能检测

10.1.1 AVM应能正常启动和关闭；启动后应自动进入规定的运营模式。AVM启动与关闭检测应符合下列规定：

1 应明确受试设备启动和关闭的步骤。

2 应使用SC，或使用仿真系统模拟SC。

3 启动检测方法：启动受试设备；观察受试设备的启动情况。

4 关闭检测方法：关闭受试设备；观察受试设备的关闭情况。

10.1.2 AVM应能在规定时间内与SC完成时间同步；当与SC不同的时间误差对AVM造成不同的影响时，AVM的响应应符合设计要求。AVM时间同步检测应符合下列规定：

1 应明确时间同步的触发条件、时间误差的范围。

2 应明确受试设备的运营模式。

3 应使用SC，或使用仿真系统模拟SC。

4 检测方法：重新设定SC或受试设备的时间，使两者的系统时间产生误差；观察受试设备的时间同步情况。

10.1.3 AVM应能在在线模式或离线模式下完成相应软件的更新；在线模式下，AVM接收SC下发的待更新软件并完成更新后，还应向SC上传软件更新情况。AVM软件更新检测应符合下列规定：

1 应准备待更新软件，并明确待更新软件的种类和版本、软件更新的触发条件。

2 应明确受试设备的运营模式。

3 应使用SC，或使用仿真系统模拟SC。

4 检测方法：在SC上向受试设备下发待更新软件，或在受试设备上导入待更新软件；观察受试设备的响应情况。

10.1.4 AVM应能在在线模式或离线模式下完成相应的参数同步；在线模式下，AVM接收SC下发的待同步参数并完成同步后，还应向SC上传参数同步情况。AVM参数同步检测应符合下列规定：

1 应准备待同步的参数，并明确待同步参数的种类和版本、参数同步的触发条件。

2 应明确受试设备的运营模式。

3 应使用 SC，或使用仿真系统模拟 SC。

4 检测方法：在 SC 上向受试设备下发待同步参数，或在受试设备上导入待同步参数；观察受试设备的响应情况。

10.1.5 AVM 应能按设计要求进行储值票充值。AVM 车票充值检测应符合下列规定：

1 应准备用于支付的钱币。

2 应准备要待充值的储值票，并明确车票的种类和状态、充值或取消充值的操作步骤、支付方式、钱币的类型和金额、储值票的票种和充值金额。

3 应明确受试设备的运营模式。

4 若 AVM 允许银行卡支付，应准备银行卡。

5 宜使用 SC、BOM，或使用仿真系统模拟 SC、BOM。

6 检测方法：在受试设备上进行车票充值；观察受试设备的响应情况、车票处理情况。

10.1.6 AVM 宜具有对黑名单车票加锁功能，并禁止充值。AVM 车票加锁检测应符合下列规定：

1 应准备具有黑名单属性的车票，并明确车票的种类和状态。

2 应明确受试设备的运营模式。

3 应准备黑名单相关参数，并明确黑名单相关参数的内容。

4 宜使用 BOM 或仿真系统配合车票处理。

5 宜使用 SC，或使用仿真系统模拟 SC。

6 检测方法：同步系统中包含车票物理卡号或逻辑卡号的黑名单相关参数；在受试设备上进行车票充值；观察受试设备的响应情况、车票处理情况。

10.1.7 AVM 应能按设计要求识别钱箱；当钱箱已满，AVM 应能发出相应提示；各钱箱的容量应符合设计要求。AVM 钱箱检测应符合下列规定：

1 应准备储值票和钱币，并明确储值票的种类、钱币的种类和数量。

2 应明确受试设备钱箱内的钱币数量。

3 应明确受试设备的运营模式。

4 宜使用 SC，或使用仿真系统模拟 SC。

5 钱箱识别检测方法：将钱箱安装到受试设备上；观察受试设备对钱箱的识别情况。

6 钱箱内钱币数量识别检测方法：分别模拟不同情况的钱箱内钱币数量，持续投币进行车票充值；观察受试设备对钱箱不同钱币数量识别情况、响应情况。

10.1.8 AVM 应能按设计要求进行结算，对钱箱执行清空或更换操作。AVM 结算检测应符合下列规定：

1 应明确受试设备结算操作的步骤。

2 应明确受试设备的运营模式。

3 宜使用 SC，或使用仿真系统模拟 SC。

4 其他检测条件应符合具体检测项目的检测要求。

5 检测方法：按本规程第 10.1 节的相关检测方法执行；在受试设备上进行结算、清空或更换钱箱；观察受试设备的响应情况。

10.1.9 AVM 应能按设计要求在在线模式下向上层系统上传数据和响应上层系统下发的命令。AVM 接受上层系统监控检测应符合下列规定：

1 应明确受试设备需上传的数据及其触发条件、受试设备需响应的上层系统命令。

2 应使用上层系统，或使用仿真系统模拟上层系统。

3 其他检测条件应符合具体检测项目的检测要求。

4 数据上传检测方法：按本规程第 10.1 节的相关检测方法执行；在上层系统上观察相应数据的上传情况。

5 命令响应检测方法：在上层系统向受试设备下发命令，观察受试设备对相应命令的响应情况。

10.1.10 AVM 应能按设计要求对本机故障或异常进行监测或提示并对非法操作进行报警；在维修模式下，还应能对本机数据进行管理、对本机参数进行配置、对模块单元进行测试。AVM 本机监控检测应符合下列规定：

1 应明确受试设备待查询的数据、待配置的本机参数、待检测的模块单元、待模拟的能被本机监测的故障或异常、触发报警的操作。

2 应明确受试设备的运营模式。

3 宜使用 SC，或使用仿真系统模拟 SC。

4 其他检测条件应符合具体检测项目的检测要求。

5 数据管理检测方法：按本规程第 10.1 节的相关检测方法执行，在受试设备上对本机数据进行查询，观察查询结果。在受试设备上对本机配置参数进行设置；观察受试设备对配置参数的生效情况。

6 故障或异常检测方法：模拟受试设备的故障或异常；观察受试设备对故障或异常的监控情况。

7 模块单元测试检测方法：在受试设备上对模块单元进行测试；观察模块单元的测试情况。

8 报警机制检测方法：在受试设备上进行非法或未授权操作；观察受试设备响应情况。

10.1.11 AVM 应能通过设置或触发以进入或退出正常服务模式；设备对正常服务模式的响应应符合设计要求。AVM 正常服务模式检测应符合下列规定：

1 应明确受试设备的当前运营模式、受试设备正常服务模式进入和退出的触发条件。

2 应使用 SC，或使用仿真系统模拟 SC。

3 其他检测条件应符合具体检测项目的检测要求。

4 正常服务模式进入检测方法：在受试设备处于非正常服务模式下，触发受试设备进入正常服务模式；观察受试设备的响应情况。

5 正常服务模式响应检测方法应符合本规程第10.1节的相关规定。

6 正常服务模式退出检测方法：在受试设备处于正常服务模式下，通过设置或触发以使受试设备退出正常服务模式；观察受试设备的响应情况。

10.1.12 AVM应能通过设置或触发以进入或退出暂停服务模式；设备在暂停服务模式下不应提供任何车票处理业务。AVM暂停服务模式检测应符合下列规定：

1 应明确受试设备的当前运营模式、受试设备暂停服务模式进入和退出的触发条件。

2 应使用SC，或使用仿真系统模拟SC。

3 其他检测条件应符合具体检测项目的检测要求。

4 暂停服务模式进入检测方法：在受试设备处于非暂停服务模式下，通过设置或触发以使受试设备进入暂停服务模式；观察受试设备的响应情况。

5 暂停服务模式响应检测方法应符合本规程第10.1节的相关规定。

6 暂停服务模式退出检测方法：在受试设备处于暂停服务模式下，通过设置或触发以使受试设备退出暂停服务模式；观察受试设备的响应情况。

10.1.13 AVM应能通过设置或触发以进入或退出限制服务模式；在限制服务模式下，不提供相应的车票处理业务。AVM限制服务模式检测应符合下列规定：

1 应明确受试设备的当前运营模式、受试设备限制服务模式进入和退出的触发条件、限制服务模式的种类。

2 应使用SC，或使用仿真系统模拟SC。

3 其他检测条件应符合具体检测项目的检测要求。

4 限制服务模式进入检测方法：在受试设备处于非特定限制服务模式下，通过设置或触发以使受试设备进入特定的限制服务模式；观察受试设备的响应情况。

5 限制服务模式响应检测方法应符合本规程第10.1节的相关规定。

6 限制服务模式退出检测方法：在受试设备处于特定限制服务模式下，通过设置或触发以使受试设备退出该限制服务模式；观察受试设备的响应情况。

10.1.14 AVM应能通过设置或触发以进入或退出维修模式；设备对维修模式的响应应符合设计要求和操作员权限规定。AVM维修模式检测应符合下列规定：

1 应准备操作员参数，并明确操作员参数的内容。

2 应明确受试设备的当前运营模式、受试设备维修模式进入和退出的触发条件。

3 应使用SC，或使用仿真系统模拟SC。

4 其他检测条件应符合具体检测项目的检测要求。

5 维修模式进入检测方法：在受试设备处于非维修模式下，通过设置或触发以使受试设备进入维修模式；观察受试设备的响应情况。

6 维修模式响应检测方法应符合本规程第10.1节的相关规定。

7 维修模式退出检测方法：在受试设备处于维修模式下，通过设置或触发以使受试设备退出维修模式；观察受试设备的响应情况。

10.1.15 AVM应能通过设置或触发以进入或退出时间免检模式、日期免检模式、车费免检模式、进出站次序免检模式、列车故障模式和紧急模式等，设备对各种运营模式和模式敏感期的响应应符合设计要求。AVM运营模式检测应符合下列规定：

1 应准备至少两个车站的AVM，并明确受试设备的当前运营模式、受试设备相应特定运营模式进入和退出的触发条件。

2 应使用上层系统，或使用仿真系统模拟上层系统。

3 应使用BOM，或使用仿真系统配合车票处理。

4 其他检测条件应符合具体检测项目的检测要求。

5 特定运营模式进入检测方法：设置或触发某一车站进入特定运营模式；观察受试设备的响应情况。

6 特定运营模式响应检测方法应符合本规程第10.1节的相关规定。

7 特定运营模式退出检测方法：在特定运营模式下，设置或触发该车站退出相应运营模式，观察受试设备的响应情况。若系统存在模式敏感期，还应观察受试设备对相应模式敏感期的响应。

10.1.16 AVM应能通过设置或触发以进入或退出离线模式；离线模式不应影响受试设备的车票处理功能；受试设备应能按本地运营计划运行；离线模式期间受试设备相关数据应能在离线模式取消后上传上层系统。AVM离线模式检测应符合下列规定：

1 应明确受试设备的当前运营模式、受试设备离线模式进入和退出的触发条件。

2 应使用SC，或使用仿真系统模拟SC。

3 其他检测条件应符合具体检测项目的检测要求。

4 离线模式进入检测方法：在受试设备处于在线模式下，通过设置或触发以使受试设备进入离线模式；观察受试设备的响应情况。

5 离线模式响应检测方法应符合本规程第10.1节的相关规定。

6 离线模式退出检测方法：在受试设备处于离线模式下，通过设置或触发以使受试设备退出离线模式；观察受试设备的响应情况。

10.2 性能检测

10.2.1 AVM单张车票充值时间宜不大于3s。AVM单张车票充值时间检测应符合下列规定：

1 应准备待充值的有效储值票和钱币，并明确车票的种类、钱币的种类和数量。

2 宜使用性能检测辅助工具。

3 应重复检测并记录相关检测数据。

4 检测方法：在受试设备上充值单张储值票，记录从最后一张钱币投入后开始，或从完成投币并确认后开始，到乘客显示屏提示车票完成充值的时间，记为单张车票充值时间；计算单张车票充值时间的平均值。

10.2.2 AVM对纸币的适应能力（真币接收率和假币拒收率）应符合设计要求；参数设置允许接收的钱币币种应能被接收，未设置的钱币币种不能被接收；参数设置暂存数量的钱币应能被暂存，但不能再投入更多数量的钱币。AVM钱币适应能力检测应符合下列规定：

1 应准备待充值的有效储值票，并明确车票的种类。

2 应按现行国家标准《人民币鉴别仪通用技术条件》GB 16999的规定准备用于测试的真币和假币样本。

3 应重复检测并记录相关检测数据。

4 真币接收率检测方法：连续向受试设备投入真币样本，记录接收的钱币数量与投入的真币总数。真币接收率为接收的钱币数量与投入的真币总数之比。

5 假币拒收率检测方法：连续投入多张假币样本，记录拒收的钱币数量与投入假币总数。假币拒收率为拒收的钱币数量与投入假币总数之比。

10.2.3 AVM的数据准确率应符合设计要求。AVM数据准确率检测应符合下列规定：

1 应准备待充值的有效储值票和钱币，并明确车票的种类、钱币的种类和数量。

2 若AVM允许银行卡支付，应准备银行卡。

3 宜使用SC，或使用仿真系统模拟SC。

4 检测方法：在受试设备上按本规程第10.1节的相关检测项目执行。数据准确率为受试设备记录数据与实际操作数据比对的符合项数与比对数据项总数之比。

11 自动验票机检测

11.1 功能检测

11.1.1 TCM应能正常启动和关闭；启动后应自动进入规定的运营模式。TCM启动与关闭检测应符合下列规定：

1 应明确受试设备启动和关闭的步骤。

2 宜使用SC，或使用仿真系统模拟SC。

3 启动检测方法：启动受试设备；观察受试设备的启动情况。

4 关闭检测方法：关闭受试设备；观察受试设备的关闭情况。

11.1.2 TCM应能在规定时间内与SC完成时间同步；当与SC不同的时间误差对TCM造成的影响不同时，TCM的响应应符合设计要求。TCM时间同步检测应符合下列规定：

1 应明确时间同步的触发条件、时间误差的范围。

2 应明确受试设备的运营模式。

3 应使用SC，或使用仿真系统模拟SC。

4 检测方法：重新设定受试设备或SC的时间，使两者的系统时间产生误差；观察受试设备的时间同步情况。

11.1.3 TCM应能在在线模式或离线模式下完成相应软件更新；在线模式下，TCM接收SC下发的待更新软件并完成更新后，还应向SC上传软件更新情况。TCM软件更新检测应符合下列规定：

1 应准备待更新软件，并明确待更新软件的种类和版本、软件更新的触发条件。

2 应明确受试设备的运营模式。

3 应使用SC，或使用仿真系统模拟SC。

4 检测方法：在SC上向受试设备下发待更新软件，或在受试设备上导入待更新软件；观察受试设备的响应情况。

11.1.4 TCM应能在在线模式或离线模式下完成相应参数的同步；在线模式下，TCM接收SC下发的待同步参数并完成同步后，还应向SC上传参数同步情况。TCM参数同步检测应符合下列规定：

1 应准备待同步的参数，并明确待同步参数的种类和版本、参数同步的触发条件。

2 应明确受试设备的运营模式。

3 应使用SC，或使用仿真系统模拟SC。

4 本系统参数同步检测方法：在SC上向受试设备下发待同步参数，或在受试设备上导入待同步参数；观察受试设备的参数同步情况。

11.1.5 TCM应能按设计要求对车票的信息进行读

取，并显示车票的状态和交易等信息。TCM车票分析检测应符合下列规定：

1 应准备车票，并明确车票的种类和状态。

2 应明确受试设备的运营模式。

3 宜使用BOM、AGM、TVM、AVM、ES，或使用仿真系统配合车票处理。

4 检测方法：在受试设备上对车票进行分析；观察受试设备的响应情况。

11.1.6 TCM在在线模式下应能按设计要求向上层系统上传数据和响应上层系统下发的命令。TCM接受上层系统监控检测应符合下列规定：

1 应明确受试设备需上传的数据及其触发条件、受试设备需响应的上层系统命令。

2 应使用上层系统，或使用仿真系统模拟上层系统。

3 其他检测条件应符合具体检测项目的检测要求。

4 数据上传检测方法：按本规程第11.1节的相关检测方法执行；在上层系统上观察相应数据的上传情况。

5 命令响应检测方法：在上层系统向受试设备下发命令；观察受试设备对相应命令的响应情况。

11.1.7 TCM应能按设计要求对本机故障或异常进行监测或提示，并对非法操作进行报警；在维修模式下，还应能对本机相关数据进行查询、对本机参数进行配置。TCM本机监控检测应符合下列规定：

1 应明确受试设备待查询的数据、待配置的本机参数、车票的种类和状态、待模拟的能被本机监测的故障或异常、触发报警的操作。

2 应明确受试设备的运营模式。

3 宜使用SC，或使用仿真系统模拟SC。

4 故障或异常监控检测方法：模拟受试设备的故障或异常；观察受试设备的响应情况。

5 报警机制检测方法：在受试设备上进行非法或未授权的操作；观察受试设备的响应。

6 数据管理检测方法：在受试设备上对本机配置参数进行设置；观察受试设备对配置参数的生效情况。

11.1.8 TCM应能通过设置或触发以进入或退出正常服务模式；设备对正常服务模式的响应应符合设计要求。TCM正常服务模式检测应符合下列规定：

1 应明确受试设备的当前运营模式、受试设备正常服务模式进入和退出的触发条件。

2 应使用SC，或使用仿真系统模拟SC。

3 其他检测条件应符合具体检测项目的检测要求。

4 正常服务模式进入检测方法：在受试设备处于非正常服务模式下，触发受试设备进入正常服务模式；观察受试设备的响应情况。

5 正常服务模式响应检测方法应符合本规程第11.1节的相关规定。

6 正常服务模式退出检测方法：在受试设备处于正常服务模式下，通过设置或触发以使受试设备退出正常服务模式；观察受试设备的响应情况。

11.1.9 TCM应能通过设置或触发以进入或退出暂停服务模式；设备在暂停服务模式下不应提供任何车票处理业务。TCM暂停服务模式检测应符合下列规定：

1 应明确受试设备的当前运营模式、受试设备暂停服务模式进入和退出的触发条件。

2 应使用SC，或使用仿真系统模拟SC。

3 其他检测条件应符合具体检测项目的检测要求。

4 暂停服务模式进入检测方法：在受试设备处于非暂停服务模式下，通过设置或触发以使受试设备进入暂停服务模式；观察受试设备的响应情况。

5 暂停服务模式响应检测方法应符合本规程第11.1节的相关规定。

6 暂停服务模式退出检测方法：在暂停服务模式下，通过设置或触发以使受试设备退出暂停服务模式；观察受试设备的响应情况。

11.1.10 TCM应能通过设置或触发以进入或退出限制服务模式；TCM在特定的限制服务模式下，不提供相应的车票处理业务。TCM限制服务模式检测应符合下列规定：

1 应明确受试设备的当前运营模式、受试设备限制服务模式进入和退出的触发条件、限制服务模式的种类。

2 应使用SC，或使用仿真系统模拟SC。

3 其他检测条件应符合具体检测项目的检测要求。

4 限制服务模式进入检测方法：在受试设备处于正常服务模式下，通过设置或触发以使受试设备进入特定的限制服务模式；观察受试设备的响应情况。

5 限制服务模式响应检测方法应符合本规程第11.1节的相关规定。

6 限制服务模式退出检测方法：在特定的限制服务模式下，通过设置或触发以使受试设备退出该限制服务模式；观察受试设备的响应情况。

11.1.11 TCM应能通过设置或触发以进入或退出维修模式；设备对维修模式的响应应符合操作员权限规定。TCM维修模式检测应符合下列规定：

1 应明确受试设备的当前运营模式、受试设备维修模式进入和退出的触发条件。

2 应准备操作员参数，并明确操作员参数的内容。

3 应使用SC，或使用仿真系统模拟SC。

4 其他检测条件应符合具体检测项目的检测

要求。

5 维修模式进入检测方法：在受试设备处于非维修模式下，在受试设备上进行登录操作；观察受试设备的响应情况。

6 维修模式响应检测方法应符合本规程第 11.1 节的相关规定。

7 维修模式退出检测方法：在受试设备处于维修模式下，通过设置或触发以使受试设备退出维修模式；观察受试设备的响应情况。

11.1.12 TCM 应能通过设置或触发以进入或退出离线模式；离线模式不应影响受试设备的车票业务功能；受试设备应能按本地运营计划运行；离线模式期间受试设备相关数据应能在离线模式取消后上传上层系统。TCM 离线模式检测应符合下列规定：

1 应明确受试设备的当前运营模式、受试设备离线模式进入和退出的触发条件。

2 应使用 SC，或使用仿真系统模拟 SC。

3 其他检测条件应符合具体检测项目的检测要求。

4 离线模式进入检测方法：在受试设备处于在线模式下，通过设置或触发以使受试设备进入离线模式；观察受试设备的响应情况。

5 离线模式响应检测方法应符合本规程第 11.1 节的相关规定。

6 离线模式退出检测方法：在受试设备处于离线模式下，通过设置或触发以使受试设备退出离线模式；观察受试设备的响应情况。

11.2 性 能 检 测

11.2.1 TCM 单张车票分析时间宜符合表 11.2.1 的规定。TCM 单张车票分析时间检测应符合下列规定：

表 11.2.1 TCM 单张车票分析时间要求

项　目	要求（s）
单程票	≤0.3
储值票	≤0.5

1 应准备车票，并明确车票的种类和状态、受试设备的运营模式。

2 宜使用性能检测辅助工具。

3 应重复检测并记录检测数据。

4 检测方法：在受试设备上分析单张车票，记录从按下分析功能键开始或车票被识别开始到乘客显示屏显示车票信息的时间，记为单张车票分析时间；计算单张车票分析时间的平均值。

12 便携式验票机检测

12.1 功 能 检 测

12.1.1 PCA 应能正常启动和关闭。PCA 启动与关闭检测应符合下列规定：

1 应明确受试设备启动和关闭的步骤。

2 宜使用上层系统，或使用仿真系统模拟上层系统。

3 启动检测方法：启动受试设备；观察受试设备的启动情况。

4 关闭检测方法：关闭受试设备；观察受试设备的关闭情况。

12.1.2 PCA 应能通过相关同步软件完成软件更新。PCA 软件更新检测应符合下列规定：

1 应准备待更新软件，并明确待更新软件的种类和版本、软件更新的触发条件。

2 应明确受试设备的运营模式。

3 应使用上层系统，且在上层系统已安装相关同步软件。

4 检测方法：连接受试设备和上层系统；通过相关同步软件进行受试设备和上层系统的软件同步；观察受试设备的响应情况。

12.1.3 PCA 应能通过相关同步软件完成参数的同步。PCA 参数同步检测应符合下列规定：

1 应准备待同步参数，并明确待同步参数的种类和版本、参数同步的触发条件。

2 应明确受试设备的运营模式。

3 应使用上层系统，且在上层系统已安装相关同步软件。

4 检测方法：连接受试设备和上层系统；通过相关同步软件进行受试设备和上层系统的参数同步；观察受试设备的响应情况。

12.1.4 PCA 应能按设计要求对车票的信息进行读取，并显示车票的状态和交易等信息。PCA 车票分析检测应符合下列规定：

1 应准备车票，并明确车票的种类和状态。

2 宜使用 AGM、TVM、AVM、ES，或使用仿真系统配合车票处理。

3 检测方法：在受试设备上对车票进行分析；观察受试设备的响应情况。

12.1.5 PCA 应能按设计要求对车票进行合法性和有效性校验，并对合法有效车票写入进站码或出站码。PCA 检票检测应符合下列规定：

1 应准备车票，并明确车票的种类和状态。

2 宜使用 AGM、TVM、AVM、ES，或使用仿真系统配合车票处理。

3 检测方法：在受试设备上对车票进行检票；观察受试设备的响应情况、车票处理情况。

12.1.6 PCA 应能与上层系统进行相关数据交互。PCA 通信检测应符合下列规定：

1 应明确 PCA 与上层系统进行数据交互的触发条件、交互数据的种类。

2 应使用上层系统，且在上层系统已安装相关同步软件。

3 检测方法：连接受试设备和上层系统；模拟受试设备与上层系统产生数据交互的触发条件；观察受试设备的响应情况、与上层系统数据交互情况。

12.1.7 PCA应能对本机相关数据进行查询、对本机参数进行配置。PCA数据管理检测应符合下列规定：

1 应准备车票，并明确车票的种类和状态。

2 应明确待查询数据的种类、待配置的本机参数内容。

3 检测方法：按本规程第12.1.5条的检测方法执行；在受试设备上对本机数据进行查询，观察查询结果。在受试设备上对本机配置参数进行设置；观察受试设备对配置参数的生效情况。

12.2 性能检测

12.2.1 PCA单张车票分析时间检测应符合下列规定：

1 应准备车票，并明确车票的种类和状态。

2 宜使用性能检测辅助工具。

3 应重复检测并记录相关检测数据。

4 检测方法：在受试设备上分析单张车票，记录从按下分析功能键开始到乘客显示屏显示车票信息的时间，记为单张车票分析时间；应计算单张车票分析时间的平均值。

12.2.2 PCA单张车票处理时间检测应符合下列规定：

1 应准备车票，并明确车票的种类和状态。

2 宜使用性能检测辅助工具。

3 应重复检测并记录相关检测数据。

4 检测方法：在受试设备上进行单张车票检票，记录从按下特定处理功能键开始到显示屏提示处理已完成的时间，记为单张车票处理时间；应计算单张车票处理时间的平均值。

13 编码分拣机检测

13.1 功能检测

13.1.1 ES应能正常启动和关闭。ES启动与关闭检测应符合下列规定：

1 应明确受试设备启动和关闭的步骤。

2 宜使用上层系统，或使用仿真系统模拟上层系统。

3 启动检测方法：启动受试设备；观察受试设备的启动情况。

4 关闭检测方法：关闭受试设备；观察受试设备的关闭情况。

13.1.2 ES应能按设计要求进行系统时间同步。ES时间同步检测应符合下列规定：

1 应明确时间同步的触发条件、时间误差的范围。

2 应明确受试设备的运营模式。

3 应使用上层系统，或使用仿真系统模拟上层系统。

4 检测方法：重新设定受试设备或上层系统的时间，使两者的系统时间产生误差；观察受试设备的时间同步情况。

13.1.3 ES应能按设计要求进行软件更新。ES软件更新检测应符合下列规定：

1 应准备待更新软件，并明确待更新软件的种类和版本、软件更新的触发条件。

2 应明确受试设备的运营模式。

3 宜使用上层系统，或使用仿真系统模拟上层系统。

4 检测方法：在上层系统上向受试设备下发待更新软件，或在受试设备上导入待更新软件；观察受试设备的响应情况。

13.1.4 ES应能按设计要求进行相应参数的同步。ES参数同步检测应符合下列规定：

1 应准备待同步参数，并明确待同步参数的种类和版本、参数同步的触发条件。

2 应明确受试设备的运营模式。

3 应使用上层系统，或使用仿真系统模拟上层系统。

4 检测方法：在上层系统上向受试设备下发待同步参数，或在受试设备上导入待同步参数；观察受试设备的参数同步情况。

13.1.5 ES应能按设计要求对车票进行初始化。ES车票初始化检测应符合下列规定：

1 应准备车票，并明确车票的种类、状态和数量。

2 ES应完成车票补充。

3 应使用上层系统，或使用仿真系统模拟上层系统。

4 宜使用仿真系统配合车票处理。

5 检测方法：在上层系统向受试设备下发初始化订单；在受试设备上选择初始化订单，执行车票初始化；观察受试设备的响应情况、车票处理情况。

13.1.6 ES应能按设计要求对车票进行预赋值。ES车票预赋值检测应符合下列规定：

1 应准备车票，并明确车票的种类、状态和数量。

2 ES应完成车票补充。

3 应使用上层系统，或使用仿真系统模拟上层系统。

4 宜使用仿真系统配合车票处理。

5 检测方法：在上层系统向受试设备下发预赋

值订单；在受试设备上选择预赋值订单，执行车票预赋值；观察受试设备的响应情况、车票处理情况。

13.1.7 ES应能按设计要求对车票进行注销。ES车票注销检测应符合下列规定：

1 应准备车票，并明确车票的种类、状态和数量。

2 ES应完成车票补充。

3 应使用上层系统，或使用仿真系统模拟上层系统。

4 宜使用仿真系统配合车票处理。

5 检测方法：在上层系统向受试设备下发注销订单；在受试设备上选择注销订单，执行车票注销；观察受试设备的响应情况、车票处理情况。

13.1.8 ES应能按设计要求对车票进行重编码。ES车票重编码检测应符合下列规定：

1 应准备车票，并明确车票的种类、状态和数量。

2 ES应完成车票补充。

3 应使用上层系统，或使用仿真系统模拟上层系统。

4 宜使用仿真系统配合车票处理。

5 检测方法：在上层系统向受试设备下发重编码订单；在受试设备上选择重编码订单，执行车票重编码；观察受试设备的响应情况、车票处理情况。

13.1.9 ES应能按类型将车票分拣到多个票箱中，并显示车票分拣统计信息。ES车票分拣与分析检测应符合下列规定：

1 应准备车票，并明确车票的种类、状态和数量。

2 ES应完成车票补充。

3 宜使用仿真系统配合车票处理。

4 检测方法：在受试设备上选择分拣类型，设置出票箱类型与车票分拣数量；进行车票分拣；观察受试设备的响应情况。

13.1.10 ES应能按设计要求识别票箱；当多个票箱切换时，ES应正常运行；ES在一个出票箱已满时，应自动切换到另一未满出票箱；当所有票箱均已满，ES应发出相应提示。票箱容量应符合设计要求。ES票箱检测应符合下列规定：

1 应准备票箱最大容量要求数量的车票。

2 应准备受试设备设计要求数量的票箱。

3 宜使用上层系统，或使用仿真系统模拟上层系统。

4 票箱识别检测方法：将待测票箱安装到受试设备上；观察受试设备对票箱的识别情况。

5 多票箱切换检测方法：分别模拟不同情况的出票箱车票数量，持续进行制票或车票分拣；观察受试设备对不同车票数量的票箱识别情况、响应情况。

13.1.11 ES应能按设计要求对本机故障或异常进行监测或提示并对非法操作进行报警；还应能对本机相关数据进行查询、对本机参数进行配置、对模块单元进行测试。ES本机监控检测应符合下列规定：

1 应明确受试设备待查询的数据、待配置的本机参数、车票的种类和状态、待模拟的能被本机监测的故障或异常、待检测的模块单元、触发报警的操作。

2 应明确受试设备的运营模式。

3 应使用上层系统，或使用仿真系统模拟上层系统。

4 其他检测条件应符合具体检测项目的检测要求。

5 故障或异常监控检测方法：模拟受试设备的故障或异常；观察受试设备的响应情况。

6 报警机制检测方法：在受试设备上进行非法或未授权的操作；观察受试设备的响应。

7 数据管理检测方法：按本规程第13.1节的相关检测方法执行，在受试设备上对本机数据进行查询，观察查询结果。在受试设备上对本机配置参数进行设置；观察受试设备对配置参数的生效情况。

8 模块单元测试检测方法：在受试设备上对模块单元进行测试；观察模块单元的测试情况。

13.1.12 ES应能通过触发进入或退出操作员登录模式；操作员登录后，操作员权限的相应功能应可使用。ES操作员权限应用检测应符合下列规定：

1 应明确受试设备的当前运营模式、操作员登录模式进入和退出的触发条件。

2 应准备操作员参数，并明确操作员参数的内容。

3 应使用上层系统，或使用仿真系统模拟上层系统。

4 其他检测条件应符合具体检测项目的检测要求。

5 模式进入检测方法：在受试设备处于操作员退出登录模式下，在受试设备上进行登录；观察受试设备的响应情况。

6 模式响应的检测方法应符合本规程第13.1节的相关规定。

7 模式退出检测方法：在受试设备处于操作员登录模式下，直接退出登录，或持续不操作使系统自动退出登录；观察受试设备的响应情况。

13.2 性能检测

13.2.1 ES制票速度应符合设计要求。ES制票速度检测应符合下列规定：

1 应按设计要求准备ES单次制票的最大数量车票。

2 宜使用性能检测辅助工具。

3 宜使用上层系统，或使用仿真系统模拟上层系统。

4 应重复检测并记录相关检测数据。

5 检测方法：在受试设备上制票，记录从制票命令发出开始到最后一张车票完成制票的时间，记录本次制票共完成的车票数量；计算单张车票制票时间的平均值。

13.2.2 ES车票分拣速度应符合设计要求。ES车票分拣速度应符合下列规定：

1 应按设计要求准备ES单次分拣的最大数量车票。

2 宜使用性能检测辅助工具。

3 应重复检测并记录相关检测数据。

4 检测方法：在受试设备上分拣车票，记录从分拣命令发出开始到最后一张车票完成分拣的时间，记录本次分拣共完成的车票数量；计算平均单张车票分拣时间的平均值。

13.2.3 ES制票数据准确率应符合设计要求。ES制票数据准确率检测应符合下列规定：

1 应准备车票，并明确车票的种类、数量和状态。

2 宜使用上层系统，或使用仿真系统模拟上层系统。

3 检测方法：在受试设备上连续进行制票操作。制票数据准确率为受试设备实际完成制票相关数据与实际数据比对的符合项数与比对数据项总数之比。

13.2.4 ES车票分拣数据准确率应符合设计要求。ES分拣数据准确率检测应符合下列规定：

1 应准备车票，并明确车票的种类和状态。

2 检测方法：在受试设备上连续进行车票分拣操作。车票分拣数据准确率为受试设备实际完成拣票相关数据与实际数据比对的符合项数与比对数据项总数之比。

13.2.5 ES的卡票率应符合设计要求。ES卡票率检测应符合下列规定：

1 应准备车票，并明确车票的种类和状态。

2 宜使用上层系统，或使用仿真系统模拟上层系统。

3 检测方法：在受试设备上连续进行车票处理操作。卡票率为卡票次数与实际需要处理的车票总数之比。

14 车站计算机系统检测

14.1 功能检测

14.1.1 SC服务端应能正常启动和关闭。SC服务端启动与关闭检测应符合下列规定：

1 应明确受试设备启动和关闭的步骤。

2 宜使用SLE、LCC，或使用仿真系统模拟SLE、LCC。

3 启动检测方法：启动受试设备；观察受试设备的启动情况。

4 关闭检测方法：关闭受试设备，观察受试设备的关闭情况。

14.1.2 SC应能在规定时间内与LCC完成时间同步，并应能同步SLE时间；当与LCC不同的时间误差对SC造成影响不同时，SC的响应应符合设计要求。SC时间同步检测应符合下列规定：

1 应明确触发时间同步的条件、时间误差的范围。

2 应使用LCC，或使用仿真系统模拟LCC。

3 其他检测条件应符合具体检测项目的检测要求。

4 与上层系统时间同步的检测方法：重新设定LCC或受试设备系统时间，使两者的系统时间不一致；观察受试设备的时间同步情况。

5 与下层设备时间同步的检测方法应符合本规程第7～11章的时间同步检测相关规定。

14.1.3 SC应能在在线模式或离线模式下完成相应软件的更新；在线模式下，应向LCC上传软件更新情况；应能对下层设备软件进行更新。SC软件更新检测应符合下列规定：

1 应准备待更新软件，并明确待更新软件的种类和版本、软件更新的触发条件。

2 应使用LCC或仿真系统模拟LCC。

3 其他检测条件应符合具体检测项目的检测要求。

4 本系统软件更新检测方法：在LCC上向受试设备下发待更新软件，或在受试设备上导入待更新软件；观察受试设备响应情况。

5 对下层设备软件更新检测方法应符合本规程第7～12章的软件更新检测相关规定。

14.1.4 SC应能在在线模式或离线模式下完成相应参数的同步；在线模式下，应向LCC上传参数同步情况；应能对下层设备进行参数同步。SC参数同步检测应符合下列规定：

1 应准备待同步参数，并明确待同步参数的种类和版本、参数同步的触发条件。

2 应使用LCC或仿真系统模拟LCC。

3 其他检测条件应符合具体检测项目的检测要求。

4 本系统参数同步检测方法：在LCC上向受试设备下发待同步参数，或在受试设备上导入待同步参数；观察受试设备的响应情况。

5 对下层设备参数同步的检测方法应符合本规程第7～12章的参数同步检测相关规定。

14.1.5 SC应能对下层设备进行监控，包括接收上传的数据、对下层设备发送命令。SC对下层设备监控检测应符合下列规定：

1 应使用SLE，或使用仿真系统模拟SLE，并明确SLE的具体种类和数量。

2 其他检测条件应符合具体检测项目的检测要求。

3 检测方法：按本规程第7～12章接受上层系统监控检测的相关检测方法执行。在受试设备上同时对多个SLE发送控制命令；观察SLE的响应情况。在受试设备上设置相应车站的运营计划；观察受试设备和SLE的响应情况。

14.1.6 SC应能按设计要求启动运营结束程序完成相关业务处理并生成相关统计报表。SC运营结束程序检测应符合下列规定：

1 应准备运营数据，并明确数据的内容。

2 宜使用SLE、LCC，或使用仿真系统模拟SLE、LCC。

3 其他检测条件应符合具体检测项目的检测要求。

4 检测方法：按本规程第14.1节的相关检测方法执行，或在受试设备上直接导入运营数据；调整系统时间到运营结束时间；观察受试设备的响应情况。

14.1.7 SC应能按设计要求对相关数据进行备份，并可恢复数据。SC数据备份与恢复检测应符合下列规定：

1 应准备待备份数据，并明确数据的种类和数量。

2 宜使用SLE，或使用仿真系统模拟SLE。

3 其他检测条件应符合具体检测项目的检测要求。

4 检测方法：按本规程第14.1节的相关检测方法执行，或向受试设备直接导入相关数据，使用数据备份功能进行备份收集；将已成功完成备份的SC数据全部删除，再使用数据恢复功能从备份副本中还原SC数据；观察相应数据的备份与恢复情况。

14.1.8 SC应能按设计要求对本系统故障或异常进行监测或提示并对非法操作进行报警；应能对本系统数据进行管理，并对本系统参数进行配置。SC本系统监控检测应符合下列规定：

1 应明确待查询统计的数据及其查询统计条件、待配置的本系统参数、待模拟的能被本系统监测的故障或异常、触发报警的操作。

2 宜使用SLE、LCC，或使用仿真系统模拟SLE、LCC。

3 其他检测条件应符合具体检测项目的检测要求。

4 故障或异常检测方法：模拟受试设备的故障或异常；观察受试设备的响应情况。

5 报警机制检测方法：在受试设备上进行非法或未授权的操作；观察受试设备的响应情况。

6 数据管理检测方法：按本规程第14.1节的相关检测方法执行；在受试设备上对本系统数据进行查询统计，观察查询统计结果；在受试设备上生成各类统计报表，观察报表数据。在受试设备上对本系统配置参数进行设置，观察受试设备对配置参数的生效情况。

14.1.9 SC应能在在线模式下向上层系统上传数据和响应上层系统下发的命令。SC接受上层系统监控检测应符合下列规定：

1 应明确受试设备需上传的数据及其触发条件、受试设备需响应的上层系统命令。

2 应使用LCC，或使用仿真系统模拟LCC。

3 其他检测条件应符合具体检测项目的检测要求。

4 数据上传检测方法：按本规程第14.1节的相关检测方法执行；在LCC上观察相应数据的上传情况。

5 命令响应检测方法：在LCC上向受试设备下发命令；观察受试设备的响应情况。

14.1.10 SC应能通过设置或触发以进入或退出操作员登录模式；操作员正常登录后，操作员权限的相应功能应可使用。SC操作员权限应用检测应符合下列规定：

1 应明确受试设备的当前运营模式、操作员登录模式进入和退出的触发条件。

2 应准备操作员参数，并明确操作员参数的内容。

3 宜使用LCC，或使用仿真系统模拟LCC。

4 其他检测条件应符合具体检测项目的检测要求。

5 操作员登录模式进入检测方法：在受试设备处于操作员退出登录模式下，在受试设备上进行登录；观察受试设备的响应情况。

6 操作员登录模式响应检测方法应符合本规程第14.1节的相关规定。

7 操作员登录模式退出检测方法：在受试设备处于操作员登录模式下，直接退出登录，或持续不操作使系统自动退出登录；观察受试设备的响应情况。

14.1.11 SC应能通过设置或触发以进入或退出离线模式；离线模式不应影响受试设备的功能；受试设备应能按本地运营计划运作；离线模式期间受试设备相关数据应能在模式结束后上传上层系统。SC离线模式检测应符合下列规定：

1 应明确受试设备离线模式进入和退出的触发条件。

2 应使用LCC，或使用仿真系统模拟LCC。

3 其他检测条件应符合具体检测项目的检测要求。

4 离线模式进入检测方法：在受试设备处于在

线模式下，通过设置或触发以使受试设备进入离线模式，观察受试设备的响应情况。

5 离线模式响应检测方法应符合本规程第14.1节的相关规定。

6 离线模式退出检测方法：在受试设备处于离线模式下，通过设置或触发以使受试设备退出离线模式；观察受试设备的响应情况。

14.1.12 车站紧急按钮的按下或释放应能向SC发送紧急模式设置或取消命令，并触发相关SLE进入或退出紧急模式。车站紧急按钮检测应符合下列规定：

1 应明确车站的当前运营模式。

2 应使用SLE、LCC，或使用仿真系统模拟SLE、LCC。

3 紧急按钮启动检测方法：按下紧急按钮；观察受试设备与SLE的响应情况。

4 紧急按钮释放检测方法：释放紧急按钮；观察受试设备与SLE的响应情况。

14.2 性能检测

14.2.1 SC对本系统数据查询时间应符合设计要求。SC对本系统数据查询时间检测应符合下列规定：

1 宜使用性能检测辅助工具。

2 应准备待测数据，并明确数据的种类和数量。

3 宜使用SLE，或使用仿真系统模拟SLE。

4 应重复检测并记录相关检测数据。

5 检测方法：在受试设备上查询本系统所保存的数据，记录从查询命令发出开始到监控界面显示查询结果的时间，记为受试设备对本系统数据查询时间；计算对本系统数据查询时间平均值。

14.2.2 SC的运营结束处理时间应符合设计要求。SC运营结束处理时间检测应符合下列规定：

1 宜使用性能检测辅助工具。

2 应准备相关运营数据，并明确数据的种类和数量。

3 宜使用SLE、LCC，或使用仿真系统模拟SLE、LCC。

4 应重复检测并记录相关检测数据。

5 检测方法：调整系统时间至运营结束时间，记录从设置的运营结束时间到运营结束处理完毕的时间，记为受试设备运营结束处理时间；计算运营结束处理时间的平均值。

14.2.3 SC的数据准确率应符合设计要求。SC数据准确率检测应符合下列规定：

1 应准备车票，并明确车票的种类、状态和数量。

2 应准备待测数据，并明确数据的种类和数量。

3 应使用SLE，或使用仿真系统模拟SLE。

4 应重复检测并记录相关检测数据。

5 检测方法：按本规程第14.1.6条的检测方法执行，将SC所生成报表上的数据与设备实际发生数据进行比对。数据准确率为报表数据与设备实际发生数据之比。

15 线路中央计算机系统检测

15.1 功能检测

15.1.1 LCC服务端应能正常启动和关闭。LCC服务端启动与关闭检测应符合下列规定：

1 应明确受试设备启动和关闭的步骤。

2 宜使用SC、ACC，或使用仿真系统模拟SC、ACC。

3 启动检测方法：启动受试设备；观察受试设备的启动情况。

4 关闭检测方法：关闭受试设备；观察受试设备的关闭情况。

15.1.2 LCC应能在规定时间内，与ACC完成时间同步，并应能同步SC时间；当与ACC不同的时间误差对LCC造成不同的影响时，LCC的响应应符合设计要求。LCC时间同步检测应符合下列规定：

1 应明确触发时间同步的条件、时间误差的范围。

2 应使用ACC，或使用仿真系统模拟ACC。

3 其他检测条件应符合具体检测项目的检测要求。

4 与上层系统进行时间同步的检测方法：重新设定ACC或受试设备的时间，使两个系统时间产生误差；观察受试设备的时间同步情况。

5 对下层系统进行时间同步的检测方法应符合本规程第14.1.2条的规定。

15.1.3 LCC应能在在线模式或离线模式下完成相应软件的更新；在线模式下，应能向ACC上传软件更新情况；应能对下层设备和系统软件进行更新。LCC软件更新检测应符合下列规定：

1 应准备待更新软件，并明确待更新软件的种类和版本、软件更新的触发条件。

2 应使用ACC，或使用仿真系统模拟ACC。

3 其他检测条件应符合具体检测项目的检测要求。

4 本系统软件更新检测方法：在ACC上向LCC下发待更新软件，或在受试设备上导入待更新软件；观察受试设备的响应情况。

5 对下层系统和下层设备软件更新的检测方法应符合本规程第14.1.3条的规定。

15.1.4 LCC应能在在线模式或离线模式下完成参数同步；在线模式下，应能向ACC上传参数同步情况；应能对下层系统进行参数同步。LCC参数同步检测应符合下列规定：

1 应准备待同步的参数，并明确待同步参数的种类和版本、参数同步的触发条件。

2 应明确受试设备的运营模式。

3 应使用 ACC，或使用仿真系统模拟 ACC。

4 其他检测条件应符合具体检测项目的检测要求。

5 本系统参数同步检测方法：在 ACC 上向 LCC 下发待同步参数，或在受试设备上导入待同步的参数；观察受试设备的参数同步情况。

6 对下层系统参数同步的检测方法应符合本规程第 14.1.4 条的规定。

15.1.5 LCC 应能对相应线路的各级操作员权限进行管理，包括编辑和下发。LCC 操作员权限管理检测应符合下列规定：

1 应明确操作员的权限要求。

2 应使用 SLE、SC，或使用仿真系统模拟 SLE、SC。

3 检测方法：在受试设备上编辑并下发操作员权限或权限组合；观察 SC、SLE 对操作员权限的响应情况。

15.1.6 LCC 应能对下层设备和系统进行监控，包括接受上传的数据、对下层设备和系统发送命令。LCC 对下层设备和系统监控检测应符合下列规定：

1 应使用 SC，或使用仿真系统模拟 SC。

2 其他检测条件应符合具体检测项目的检测要求。

3 检测方法：按本规程第 14.1.9 条的检测方法执行。在受试设备上同时对多个 SC 或 SLE 发送命令；观察 SC 或 SLE 的响应情况。在受试设备上设置相应线路或车站的运营计划；观察相应线路或车站的响应情况。

15.1.7 LCC 应能按设计要求启动运营结束程序完成相关业务处理并生成相关统计报表。LCC 运营结束程序检测应符合下列规定：

1 应准备相关运营数据，并明确数据的种类和数量。

2 宜使用 ACC、下层系统和设备，或使用仿真系统模拟 ACC、下层系统和设备。

3 其他检测条件应符合具体检测项目的检测要求。

4 检测方法：按本规程第 15.1 节的相关检测方法执行，或在受试设备上直接导入相关数据；调整系统时间到运营结束时间；观察受试设备的响应情况。

15.1.8 LCC 应能按设计要求对相关数据进行备份，并可恢复数据。LCC 数据备份与恢复检测应符合下列规定：

1 应准备相关运营数据，并明确数据的种类和数量。

2 宜使用 SLE、SC，或使用仿真系统模拟 SLE、SC。

3 其他检测条件应符合具体检测项目的检测要求。

4 检测方法：按本规程第 15.1 节的相关检测方法执行，或在受试设备上直接导入相关数据，使用数据备份功能进行备份收集；将成功完成备份的数据全部删除，再使用数据恢复功能从备份副本中还原数据；观察相应数据的备份与恢复情况。

15.1.9 LCC 应能按设计要求对本系统的故障或异常进行监测或提示并对非法操作进行报警；应能对本系统数据进行管理，还应能对本系统参数进行配置。LCC 本系统监控检测应符合下列规定：

1 应明确待查询统计的数据及其查询统计条件、待配置的本系统参数、待模拟的能被本系统监测的故障或异常、触发报警的操作。

2 宜使用 SC、ACC，或使用仿真系统模拟 SC、ACC。

3 其他检测条件应符合具体检测项目的检测要求。

4 故障或异常检测方法：模拟受试设备的故障或异常；观察受试设备的响应情况。

5 报警机制检测方法：在受试设备上进行非法或未授权的操作；观察受试设备的响应情况。

6 数据管理检测方法：按本规程第 15.1 节的相关检测方法执行；在受试设备上对本系统数据进行查询统计；观察查询统计结果。在受试设备上生成各类统计报表，观察报表数据；在受试设备上对本系统配置参数进行设置；观察受试设备对配置参数的生效情况。

15.1.10 LCC 应能按设计要求在在线模式下向上层系统上传数据和响应上层系统下发的命令。LCC 接受上层系统监控检测应符合下列规定：

1 应明确受试设备需上传的数据及其触发条件、受试设备需响应的上层系统命令。

2 应使用 SLE、SC、ACC，或使用仿真系统模拟 SLE、SC、ACC。

3 其他检测条件应符合具体检测项目的检测要求。

4 数据上传检测方法：按本规程第 15.1 节的相关检测方法执行；在 ACC 上观察数据上传情况。

5 命令响应检测方法：在 ACC 上向受试设备下发命令；观察受试设备的响应情况。

15.1.11 LCC 应能通过设置或触发以进入或退出操作员登录模式；操作员正常登录后，操作员权限的相应功能应可使用。LCC 操作员权限应用检测应符合下列规定：

1 应明确受试设备的当前运营模式、操作员登录模式进入和退出的触发条件。

2 应准备操作员参数，并明确操作员参数的内容。

3 宜使用 ACC，或使用仿真系统模拟 ACC。

4 其他检测条件应符合具体检测项目的检测要求。

5 操作员登录模式进入检测方法：在受试设备处于操作员退出登录模式下，在受试设备上进行登录；观察受试设备的响应情况。

6 操作员登录模式响应的检测方法应符合本规程第 15.1 节的相关规定。

7 操作员登录模式退出检测方法：在受试设备处于操作员登录模式下，直接退出登录，或持续不操作使系统自动退出登录；观察受试设备的响应情况。

15.1.12 LCC 应能通过设置或触发以进入或退出离线模式；离线模式不应影响受试设备功能；受试设备应能按本地运营计划运作；离线模式期间受试设备相关数据应能在模式结束后上传上层系统。LCC 离线模式检测应符合下列规定：

1 应明确受试设备离线模式进入和退出的触发条件。

2 应使用 ACC，或使用仿真系统模拟 ACC。

3 其他检测条件应符合具体检测项目的检测要求。

4 离线模式进入检测方法：在受试设备处于在线模式下，通过设置或触发受试设备进入离线模式；观察受试设备的响应情况。

5 离线模式响应检测方法应符合本规程第 15.1 节的相关规定。

6 离线模式退出检测方法：在受试设备处于离线模式下，通过设置或触发以使受试设备退出离线模式；观察受试设备的响应情况。

15.2 性 能 检 测

15.2.1 LCC 对本系统数据查询时间应符合设计要求。LCC 对本系统数据查询时间检测应符合下列规定：

1 宜使用性能检测辅助工具。

2 应准备待查询数据，明确待查询数据的种类和数量。

3 应重复检测并记录相关检测数据。

4 检测方法：按本规程第 15.1.6 条的检测方法执行；记录从查询命令发出开始到监控界面显示查询结果的时间，记为受试设备对本系统数据查询时间；计算对本系统数据查询时间平均值。

15.2.2 LCC 的运营结束处理时间应符合设计要求。LCC 运营结束处理时间检测应符合下列规定：

1 宜使用性能检测辅助工具。

2 应准备相关运营数据，并明确数据的种类和数量。

3 宜使用 SLE、SC，或使用仿真系统模拟 SLE、SC。

4 应重复检测并记录相关检测数据。

5 检测方法：调整系统时间至运营结束时间，记录从运营结束时间到运营结束程序处理完毕的时间，记为受试设备运营结束处理时间；计算运营结束处理时间的平均值。

15.2.3 LCC 的数据准确率应符合设计要求。LCC 数据准确率检测应符合下列规定：

1 应准备车票，并明确车票的种类、状态和数量。

2 应准备待测数据，并明确数据的种类和数量。

3 应使用 SLE、SC，或使用仿真系统模拟 SLE、SC。

4 应重复检测并记录相关检测数据。

5 检测方法：按本规程第 15.1.7 条的检测方法执行，将 LCC 所生成报表上的数据与 SC 所生成报表上的数据进行比对。数据准确率为 LCC 报表数据与 SC 报表数据之比。

16 清分系统检测

16.1 功 能 检 测

16.1.1 ACC 服务端应能正常启动和关闭。ACC 服务端启动与关闭检测应符合下列规定：

1 应明确受试设备启动和关闭的步骤。

2 宜使用 LCC，或使用仿真系统模拟 LCC。

3 启动检测方法：启动受试设备；观察受试设备的启动情况。

4 关闭检测方法：关闭受试设备；观察受试设备的关闭情况。

16.1.2 ACC 应能同步下层设备和系统的时间。ACC 时间同步检测应符合下列规定：

1 应明确触发时间同步的条件。

2 应使用 LCC，或使用仿真系统模拟 LCC。

3 其他检测条件应符合具体检测项目的检测要求。

4 对下层系统进行时间同步的检测方法应符合本规程第 15.1.2 条的规定。

16.1.3 ACC 应能对本系统软件进行更新，并能对下层系统或设备软件进行更新。ACC 软件更新检测应符合下列规定：

1 应准备待更新软件，并明确待更新软件的种类和版本、软件更新的触发条件。

2 应使用下层系统和设备，或使用仿真系统模拟下层系统和设备。

3 其他检测条件应符合具体检测项目的检测要求。

4 本系统软件更新检测方法：在受试设备上导入待更新软件；观察受试设备的响应情况。

5 对下层系统或设备软件更新的检测方法应符合本规程第15.1.3条的规定。

16.1.4 ACC应能对运营参数进行管理，包括对参数进行版本管理、编辑，并能对下层系统进行参数同步。ACC参数管理检测应符合下列规定：

1 应准备待维护的参数，并明确参数的种类和版本、参数的具体内容、参数同步的触发条件。

2 应使用下层设备和系统，或使用仿真系统模拟下层设备和系统。

3 其他检测条件应符合具体检测项目的检测要求。

4 参数管理检测方法：在受试设备上进行参数编辑、版本管理；观察受试设备的处理情况。

5 对下层系统参数同步的检测方法应符合本规程第15.1.4条的规定。

16.1.5 ACC应能对本系统操作员权限或相应线网操作员权限进行管理，包括编辑和下发。ACC操作员权限管理检测应符合下列规定：

1 应明确操作员的权限要求。

2 应使用下层设备和系统，或使用仿真系统模拟下层设备和系统。

3 检测方法：在受试设备上编辑并下发操作员权限或权限组合；观察下层设备和系统、或受试设备本系统对操作员权限的响应情况。

16.1.6 ACC应能对密钥系统进行管理，包括密钥的生成、发行、使用、车票交易安全认证。ACC密钥管理检测应符合下列规定：

1 应准备与外部系统交互的数据，并明确数据的种类和数量。

2 应准备SAM卡，并明确密钥的种类及使用方式。

3 应使用下层设备和系统，并明确下层设备和系统的运营模式。

4 其他检测条件应符合具体检测项目的检测要求。

5 密钥生成检测方法：在受试设备上生成密钥；观察受试设备的处理情况。

6 密钥发行检测方法：在受试设备上生成下一级子密钥，观察受试设备的处理情况。

7 密钥使用检测方法：将受试设备发行的SAM卡安装到相关设备或系统上；下层设备应分别在在线模式和离线模式下按本规程涉及车票处理业务的AFC设备的功能检测方法执行，并模拟密钥使用过程中出现的各种情况；观察各设备和系统的处理情况。

8 密钥恢复检测方法：在受试设备上备份已生成的各组根密钥，同时删除；受试设备根据保存的密钥关键属性恢复所有应用根密钥，观察恢复后的密钥与备份密钥的比对结果。

9 车票交易安全认证检测方法：车站终端设备产生交易明细数据上传至受试设备，受试校验交易明细中的交易安全认证字段，观察校验结果。

16.1.7 ACC应能对车票进行管理，包括ES的制票管理、车票库存管理、车票信息查询等业务。ACC车票管理检测应符合下列规定：

1 应明确车票库存管理、车票信息管理种类和操作。

2 宜使用相关下层设备和系统，或使用仿真系统模拟下层设备和系统。

3 其他检测条件应符合具体检测项目的检测要求。

4 制票管理检测方法：在受试设备上进行制票订单维护；按本规程第13.1.5～13.1.8条的检测方法执行；观察受试设备的响应情况、与ES的交互情况。

5 车票库存管理检测方法：在受试设备上管理或查询统计各类车票的出库、入库、调配等信息；观察受试设备和下层系统的处理情况。

6 车票信息管理检测方法：在受试设备上对车票信息进行维护管理；观察受试设备响应情况。

16.1.8 ACC应能对下层设备和系统进行监控，包括数据接收及命令发送功能。ACC对下层设备和系统监控检测应符合下列规定：

1 应使用下层设备和系统，或使用仿真系统模拟下层设备和系统。

2 其他检测条件应符合具体检测项目的检测要求。

3 对下层设备和系统监控的检测方法应符合本规程第15.1.10条的规定。

16.1.9 ACC应能启动运营结束程序进行相关业务处理，包括能对相关数据校验、统计、对账、收益金额清分，生成统计报表；ACC运营结束程序检测应符合下列规定：

1 应准备相关数据，并明确数据的种类和数量、清分规则。

2 宜使用下层设备和系统，或使用仿真系统模拟下层设备和系统。

3 其他检测条件应符合具体检测项目的检测要求。

4 运营结束检测方法：按本规程第16.1节的相关检测方法执行，或在受试设备上直接导入相关数据；调整系统时间到运营结束时间；观察受试设备的响应情况。

5 清算检测方法：设定受试设备的清分规则；在受试设备上对相关数据进行清算操作；观察受试设备的处理情况。

6 对账检测方法：在受试设备上进行与外部系统的相关结算操作；观察受试设备与外部系统的交互情况。

16.1.10 ACC应能按设计要求对相关数据进行备份和恢复；当ACC系统故障时，备用系统能接管ACC所有功能；当ACC系统恢复正常时，应能从备用系统恢复相关数据，ACC系统功能恢复正常。ACC灾备检测应符合下列规定：

1 应明确待备份数据种类和数量、主备系统切换的触发条件及切换时系统的运行情况。

2 应使用下层设备和系统，或使用仿真系统模拟下层设备和系统。

3 其他检测条件应符合具体检测项目的检测要求。

4 检测方法：模拟受试设备发生故障，下层系统和设备持续运作；观察备用系统功能接管情况；排除受试设备故障；观察受试设备对相关数据的恢复情况、功能恢复情况。

16.1.11 ACC应能按设计要求对本系统的故障或异常进行监测或提示并对非法操作进行报警；应能对本系统数据进行管理，还应能对本地系统参数进行配置。ACC本地系统监控检测应符合下列规定：

1 应明确待查询统计的数据及其查询统计条件、待配置的本系统参数，和待模拟的能被本系统监测的故障或异常、触发报警的操作。

2 宜使用LCC，或使用仿真系统模拟LCC。

3 其他检测条件应符合具体检测项目的检测要求。

4 故障或异常检测方法：模拟受试设备的故障或异常；观察受试设备的响应情况。

5 报警机制检测方法：在受试设备上进行非法或未授权的操作；观察受试设备的响应情况。

6 数据管理检测方法：按本规程第16.1节的相关检测方法执行；在受试设备上对本系统数据进行查询统计，观察查询统计结果；生成各类统计报表，观察报表数据；在受试设备上对本系统配置参数进行设置；观察受试设备对配置参数的生效情况。

16.1.12 ACC应能通过设置或触发以进入或退出操作员登录模式；操作员正常登录后，操作员权限的相应功能应可使用。ACC操作员权限应用检测应符合下列规定：

1 应明确受试设备的当前运营模式、操作员登录模式进入和退出的触发条件。

2 应准备操作员参数，并明确操作员参数的内容。

3 其他检测条件应符合具体检测项目的检测要求。

4 操作员登录模式进入检测方法：在受试设备处于操作员退出登录模式下，在受试设备上进行登录；观察受试设备的响应情况。

5 操作员登录模式响应的检测方法应符合本规程第16.1节的相关规定。

6 操作员登录模式退出检测方法：在受试设备处于操作员登录模式下，直接退出登录，或持续不操作使系统自动退出登录；观察受试设备的响应情况。

16.1.13 在无ACC的情况下，LCC检测应按本规程第16.1.2～16.1.12条的规定执行。

16.2 性能检测

16.2.1 ACC对本系统数据查询时间应符合设计要求。ACC对本系统数据查询时间检测应符合下列规定：

1 宜使用性能检测辅助工具。

2 应准备待查询数据，并明确数据的种类和数量。

3 应重复检测并记录相关检测数据。

4 检测方法：按本规程第16.1.11条执行；在受试设备上查询本系统所保存的数据，记录从查询命令发出开始到监控界面显示查询结果的时间，记为ACC对本系统数据查询时间；计算对本系统数据查询时间平均值。

16.2.2 ACC的运营结束处理时间应符合设计要求。ACC运营结束处理时间检测应符合下列规定：

1 宜使用性能检测辅助工具。

2 应准备相关运营数据，并明确数据的种类和数量。

3 宜使用下层系统，或使用仿真系统模拟下层系统。

4 应重复检测并记录相关检测数据。

5 检测方法：按本规程第16.1.9条的检测方法执行，记录从运营结束时间开始到运营结束程序处理完毕的时间，记为受试设备运营结束处理时间；计算运营结束处理时间的平均值。

16.2.3 ACC的数据准确率应符合设计要求。ACC数据准确率检测应符合下列规定：

1 应准备车票，并明确车票的种类和状态。

2 应准备待测数据，并明确数据种类和数量。

3 应使用SLE、SC、LCC，或使用仿真系统模拟SLE、SC、LCC。

4 应重复检测并记录相关检测数据。

5 检测方法：按本规程第16.1.9条的检测方法执行，将ACC所生成报表上的数据与LCC所生成报表上的数据进行比对。数据准确率为ACC报表数据与LCC报表数据之比。

17 联机检测

17.0.1 按检测范围划分，AFC系统联机检测可分为车站级联机检测、线路级联机检测和线网级联机检测。

17.0.2 在进行联机检测前应进行综合布线和网络性能检测。综合布线的检测应符合现行国家标准《综合布线系统工程验收规范》GB 50312 的规定。网络性能检测应符合现行行业标准《IP 网络技术要求——网络性能测量方法》YD/T 1381 的规定。

17.0.3 联机检测应包括下列内容：

1 联机数据接口检测应符合本规程第 4.5、4.6 节的规定。

2 联机功能检测应符合表 17.0.3-1 的规定。

3 联机性能检测应符合表 17.0.3-2 的规定。

表 17.0.3-1 联机功能检测内容要求

联机检测项目	描述	序号	检测项目	相关条文	内容要求		
					车站级	线路级	线网级
启动	设备和系统的启动	1	ACC 服务端启动	16.1.1	—	—	●
		2	LCC 服务端启动	15.1.1	—	●	●
		3	SC 服务端启动	14.1.1	●	●	●
		4	SLE 启动	7.1.1 8.1.1 9.1.1 10.1.1 11.1.1 12.1.1	●	●	●
		5	ES 启动	13.1.1	—	●	●
同步与更新	联机设备和系统的时间同步	1	ACC 与 LCC 时间同步	16.1.2	—	—	●
		2	LCC 与 SC 时间同步	15.1.2	—	●	●
		3	SC 与 SLE 时间同步	14.1.2 7.1.2 8.1.2 9.1.2 10.1.2 11.1.2	●	●	●
		4	上层系统与 ES 时间同步	13.1.2	—	●	●
	联机设备和系统的参数同步	1	ACC 与 LCC 参数同步	16.1.4	—	—	●
		2	LCC 与 SC 参数同步	15.1.4	—	●	●
		3	SC 与 SLE 参数同步	14.1.4 7.1.4 8.1.4 9.1.4 10.1.4 11.1.4 12.1.3	●	●	●
		4	上层系统与 ES 参数同步	13.1.4	—	●	●
	联机设备和系统的软件更新	1	ACC 软件更新	16.1.3	—	—	●
		2	LCC 软件更新	15.1.3	—	●	●
		3	SC 软件更新	14.1.3	●	●	●
		4	SLE 软件更新	7.1.3 8.1.3 9.1.3 10.1.3 11.1.3 12.1.2	●	●	●
		5	ES 软件更新	13.1.3	—	●	●

续表 17.0.3-1

联机检测项目	描　述	序号	检测项目	相关条文	内容要求		
					车站级	线路级	线网级
车票业务处理前准备	设备和系统对各类车票业务处理前准备	1	ACC 操作员登录	16.1.5	—	—	●
		2	LCC 操作员登录	15.1.5	—	●	●
		3	SC 操作员登录	14.1.10	●	●	●
		4	TVM 补充车票、补充钱币	9.1.6 9.1.7	●	●	●
		5	BOM 操作员登录	8.1.15	●	●	●
		6	ES 操作员登录	13.1.12	—	●	●
SLE 在正常服务模式下的车票业务处理	正常服务模式下的正常乘客车票处理流程，包括车票的发售、充值、各类进站前处理、进站、各类出站前处理、出站	1	进入正常服务模式	7.1.12 8.1.16 9.1.12 10.1.11 11.1.8	●	●	●
		2	车票发售	8.1.6 9.1.5	●	●	●
		3	车票充值	8.1.8 10.1.5	●	●	●
		4	车票非付费区处理	8.1.5 8.1.7 8.1.9 8.1.10 11.1.5 12.1.4	●	●	●
		5	车票进站	7.1.5 7.1.8 12.1.5	●	●	●
		6	车票付费区处理	8.1.7 8.1.9 8.1.12	●	●	●
		7	车票出站	7.1.6 7.1.8 12.1.5	●	●	●
	正常服务模式下的其他乘客车票业务操作	8	黑名单加锁和解锁	7.1.7 8.1.11 10.1.6	●	●	●
SLE 在其他模式下的车票业务处理	其他模式下的车票处理流程参照正常服务模式下的车票处理流程	1	时间免检模式检测 日期免检模式检测 车费免检模式检测 进出站次序免检模式检测 列车故障模式检测 紧急模式检测	7.1.16 8.1.18 9.1.16 10.1.15	●	●	●
		2	限制服务模式检测	7.1.14 8.1.17 9.1.14 10.1.13 11.1.10	●	●	●

续表 17.0.3-1

联机检测项目	描述	序号	检测项目	相关条文	内容要求		
					车站级	线路级	线网级
SLE在其他模式下的车票业务处理	其他模式下的车票处理流程参照正常服务模式下的车票处理流程	3	离线模式检测	7.1.17 8.1.19 9.1.17 10.1.16 11.1.12	●	●	●
		4	维修模式检测	7.1.15 9.1.15 10.1.14 11.1.11	●	●	●
		5	暂停服务模式检测	7.1.13 9.1.13 10.1.12 11.1.9	●	●	●
上下层交互	下层设备或系统向上层系统上传数据；上层系统对下层设备或系统进行监控	1	ACC与LCC交互	15.1.10 16.1.8	—	—	●
		2	LCC与SC交互	14.1.9 15.1.6	—	●	●
		3	SC与SLE交互	7.1.10 8.1.13 9.1.10 10.1.9 11.1.6 12.1.6 14.1.5	●	●	●
本地管理	在处理相关业务后，联机设备或系统分别执行各自本地数据查询、统计及其他管理功能	1	ACC本系统监控	16.1.8	—	—	●
		2	LCC本系统监控	15.1.9	—	●	●
		3	SC本系统监控	14.1.8	●	●	●
		4	SLE本机监控	7.1.11 8.1.14 9.1.11 10.1.10 11.1.7	●	●	●
		5	ES本系统监控	13.1.11	—	●	●
运营结束处理	联机设备和设备在运营结束后的处理	1	ACC运营结束的处理	16.1.9	—	—	●
		2	LCC运营结束的处理	15.1.7	—	●	●
		3	SC运营结束的处理	14.1.6	●	●	●
		4	SLE结算处理	9.1.8 10.1.8	●	●	●
线网运营管理	ACC的各类线网管理业务	1	运营参数管理、操作员管理、车票管理、密钥管理、外部接口业务	16.1.4～16.1.8 16.1.10	—	—	●

续表 17.0.3-1

联机检测项目	描 述	序号	检测项目	相关条文	内容要求		
					车站级	线路级	线网级
线网运营管理	ES的各类制票分拣操作	2	车票初始化、预赋值、注销、重编码、分拣	13.1.5～13.1.9	—	●	●
灾备	各上层系统对运营数据的备份与恢复	1	ACC数据备份与恢复	16.1.10	—	—	●
		2	LCC数据备份与恢复	15.1.8	—	●	●
		3	SC数据备份与恢复	14.1.7	●	●	●

注：1 “●”表示适用的检测项目；“—”表示不适用的检测项目；

2 在无ACC的情况下，LCC检测还应符合本规程第16.1.2～16.1.12条的规定。

表 17.0.3-2 联机性能检测要求

联机检测项目	描 述	序号	具体检测项目	相关条文	内容要求		
					车站级	线路级	线网级
对下层设备或系统的查询时间	上层系统对下层设备和系统的数据查询响应速度	1	SC查询下层数据	4.5.9	●	—	—
		2	LCC查询下层数据		—	●	—
		3	ACC查询下层数据		—	—	●
数据上传间隔时间	下层设备和系统上传数据的时间间隔	1	SLE上传数据	4.5.8	●	—	—
		2	SC上传数据		—	●	—
		3	LCC上传数据		—	—	●
实时时钟同步误差	下层设备和系统在时钟同步后两者之间的误差值	1	SLE与SC时钟同步	4.5.7	●		
		2	SC与LCC时钟同步		—	●	—
		3	LCC与ACC时钟同步				●
运营结束处理时间	运营结束后对相关数据的处理	1	SC运营结束处理	14.2.2	●	—	—
		2	LCC运营结束处理	15.2.2	—	●	—
		3	ACC运营结束处理	16.2.2	—	—	●

注：“●”表示适用的检测项目；“—”表示不适用的检测项目。

本规范用词说明

1 为便于在执行本规程条文时区别对待，对要求严格程度不同的用词说明如下：

1） 表示很严格，非这样做不可的：
正面词采用“必须”，反面词采用“严禁”；

2） 表示严格，在正常情况下均应这样做的：
正面词采用“应”，反面词采用“不应”或“不得”；

3） 表示允许稍有选择，在条件许可时首先应这样做的：
正面词采用“宜”，反面词采用“不宜”；

4） 表示有选择，在一定条件下可以这样做的，采用“可”。

2 本规程中指明应按其他有关标准、规范执行的写法为“应符合……的规定”或“应按……执行”。

引用标准名录

1 《产品几何技术规范（GPS）技术产品文件中表面结构的表示法》GB/T 131

2 《电工电子产品环境试验 第2部分：试验方法 试验A：低温》GB/T 2423.1

3 《电工电子产品环境试验 第2部分：试验方法 试验B：高温》GB/T 2423.2

4 《电工电子产品环境试验 第2部分：试验方法 试验Cab：恒定湿热试验》GB/T 2423.3

5 《电工电子产品环境试验 第2部分：试验方法 试验Ea和导则：冲击》GB/T 2423.5

6 《电工电子产品环境试验 第2部分：试验方法 试验Eb和导则：碰撞》GB/T 2423.6

7 《电工电子产品环境试验 第2部分：试验方法 试验Fc和导则：振动（正弦）》GB/T 2423.10

8 《电工电子产品环境试验 第2部分：试验方法 试验L：砂尘试验》GB/T 2423.37

9 《电工电子产品环境试验 第2部分：试验方法 试验R：水试验方法和导则》GB/T 2423.38

10 《计数抽样检验程序 第1部分 按接受质量限（AQL）检索的逐批检验抽样计划》GB/T 2828.1

11 《外壳防护等级（IP代码）》GB 4208

12 《包装 运输包装件 随机振动试验方法》GB/T 4857.23

13 《信息技术设备的安全》GB 4943

14 《设备可靠性试验 总要求》GB 5080.1

15 《设备可靠性试验 试验周期设计导则》GB 5080.2

16 《设备可靠性试验 可靠性测定试验的点估计和区间估计方法（指数分布）》GB 5080.4

17 《设备可靠性试验 成功率的验证试验方案》GB 5080.5

18 《设备可靠性试验 恒定失效率假设下的失效率与平均无故障时间的验证试验方案》GB 5080.7

19 《设备可靠性试验 推荐的试验条件》GB 7288.1

20 《信息技术设备的无线电骚扰限值和测量方法》GB 9254

21 《设备维修性导则 第一部分：维修性导言》GB/T 9414.1

22 《设备维修性导则 第六部分：维修性检验》GB/T 9414.5

23 《设备维修性导则 第四部分：诊断测试》GB/T 9414.7

24 《人民币鉴别仪通用技术条件》GB 16999

25 《识别卡 测试方法 第1部分：一般特性测试》GB/T 17554.1

26 《信息技术设备抗扰度限值和测量方法》GB/T 17618

27 《电磁兼容 限值 谐波电流发射限值（设备每相输入电流≤16A）》GB/T 17625.1

28 《电磁兼容 试验和测量技术 静电放电抗扰度试验》GB/T 17626.2

29 《电磁兼容 试验和测量技术 射频电磁场辐射抗扰度试验》GB/T 17626.3

30 《电磁兼容 试验和测量技术 电快速瞬变脉冲群抗扰度试验》GB/T 17626.4

31 《电磁兼容 试验和测量技术 浪涌（冲击）抗扰度试验》GB/T 17626.5

32 《电磁兼容 试验和测量技术 射频场感应的传导骚扰抗扰度》GB/T 17626.6

33 《电磁兼容 试验和测量技术 工频磁场抗扰度试验》GB/T 17626.8

34 《电磁兼容 试验和测量技术 电压暂降、短时中断和电压变化的抗扰度试验》GB/T 17626.11

35 《城市轨道交通自动售检票系统技术条件》GB/T 20907

36 《综合布线系统工程验收规范》GB 50312

37 《城市轨道交通自动售检票系统工程质量验收规范》GB 50381

38 《建设事业集成电路（IC）卡产品检测》CJ/T 243

39 《中国金融集成电路（IC）卡规范 第8部分：与应用无关的非接触式规范》JR/T 0025.8

40 《IP网络技术要求——网络性能测量方法》YD/T 1381

中华人民共和国行业标准

城市轨道交通自动售检票系统检测技术规程

CJJ/T 162—2011

条 文 说 明

制 定 说 明

《城市轨道交通自动售检票系统检测技术规程》CJJ/T 162 - 2011，经住房和城乡建设部2011年4月22日以第999号公告批准、发布。

本规程制定过程中，编制组进行了大量的调查研究，总结了我国城市轨道交通自动售检票系统检测的实践经验，同时参考了国外先进技术法规、技术标准。

为便于广大设计、施工、科研、学校等单位有关人员在使用本规程时能正确理解和执行条文规定，《城市轨道交通自动售检票系统检测技术规程》编制组按章、节、条顺序编制了本规程的条文说明，对条文规定的目的、依据以及执行中需注意的有关事项进行了说明。但是本条文说明不具备与规程正文同等的法律效力，仅供使用者作为理解和把握规程规定的参考。

目　次

1 总 则

1.0.1 制定本规程的目的是为了统一城市轨道交通AFC系统的质量检测技术标准。对AFC系统检测工作的管理和工程项目相关方的职责并不作强制性规定。

1.0.2 本规程适用于AFC系统工程项目的前期规划设计和产品定型、产品生产和出厂、现场安装调试、项目验交、日常运营维护等相关阶段的所有检测工作，是轨道交通AFC系统工程项目相关单位、部门、机构开展检测工作的重要依据。本规程所涉及的AFC设备均为基于非接触式集成电路卡。

1.0.3 对于本规程执行相关标准的要求，由于AFC系统检测涉及面广，因此在执行本规程过程中，还应符合其他相关标准，包括AFC系统、环境、安全、电气、网络等相关现行国家、行业标准。

2 术语和缩略语

本章术语及其缩略语的制定，主要按照国家标准、行业标准、国际标准或国外标准、相关技术文件的优先等级，予以引用或参考。

2.1 术 语

2.1.1 依据现行国家标准《城市轨道交通自动售检票系统技术条件》GB/T 20907，AFC系统结构分为五个层次，第一层为车票；第二层为SLE；第三层为SC；第四层为LCC；第五层为ICCS。系统结构如图1所示。

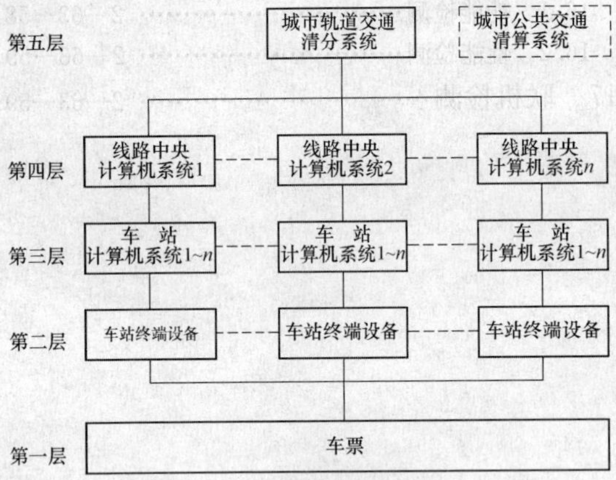

图1 系统结构图

2.1.2、**2.1.3** 对"非付费区"英文有"un-paid area"和"free area"两种，为了和"付费区（paid area)"、中文翻译"非付费区"对应，统一采用"un-paid area"。

2.1.4 目前，国内的自动检票机主要包括三种类型：进站检票机、出站检票机和双向检票机。通常，双向检票机可通过AGM本机设置或上层系统命令控制使其进入以下运营模式：只进模式（相当于进站检票机）、只出模式（相当于出站检票机）、双向模式（同时具备进站检票机和出站检票机的功能）。当为双向模式时，还具有对相向而行通行行为的防冲突机制。

通行阻挡装置的具体实现形式主要包括：扇门式、转杆式（跌落型、非跌落型）、拍打门式。

2.1.8 自动验票机在某些场合也称作自动查询机。

2.1.20～2.1.34 各种基本运营模式的定义。

3 基 本 规 定

3.0.1 《城市轨道交通自动售检票系统工程质量验收规范》GB 50381-2006仅规定了施工阶段质量控制的方法、程序、职责以及质量标准，即《城市轨道交通自动售检票系统工程质量验收规范》GB 50381仅适用于工程施工阶段的质量，并不涉及工程决策阶段的质量、勘察设计阶段的质量和运营维修阶段的质量。因此，本规程中涉及工程施工阶段的内容（如安装检测）除应符合本规程的规定外，还应符合《城市轨道交通自动售检票系统工程质量验收规范》GB 50381的规定。

检测分类的定义解释如下：

型式检测，是指按照规定的检测方法对产品/样品进行试验，以验证产品/样品是否符合设计要求。

出厂检测，是产品交货时必须进行的各项检验，以验证产品质量合格，满足交付使用。

安装检测，是对固定式使用的产品在现场安装后进行的检验，以确保产品安装后完好可用。

验交检测，是指产品在竣工验收时所进行的检测。

日常检测，是指在日常运营维护中所发生的检测。

3.0.8 抽样是指对多个产品所组成的批抽取其参与检测的若干受试样品，力求通过较少的受试样品的检测结果来反映该批产品的总体质量情况。由于抽样方法是依据对总体质量的要求而用数理统计理论所设计出来的，为保证检测结果更接近实际情况，执行过程中，应根据具体抽样方法的适用性、工程阶段特点、检测内容和检测场所等要求，选用相应的抽样方法。

4 通用检测项目

4.1 外观与结构检测

4.1.1 设备的外观和基本硬件结构的专门检测通常在设备到货后进行，但其他检测也可能需要校验该项目。

尺寸包括：设备的自身尺寸、设备的安装尺寸（如设备和周边物体的间距、AGM的通道间距等）。显然，在型式检测时进行设备的自身尺寸检测，而在设备现场安装后进行设备的安装尺寸检测。

4.2 环境适应性检测

4.2.2 本条“温湿环境适应性检测”侧重于校验设备在特定温湿条件下能否正常工作，或经过特定温湿条件的储存后能否正常工作。至于受试设备对特定温湿条件的耐久性检测，属于可靠性检测的范畴。因此本条中，对特定温湿条件下工作的检测持续时间，以受试设备及其试验空间温度达到稳定即可。由于可能存在相同内容的检测操作，实际中可考虑将本条和可靠性检测结合进行，以节省检测成本。

4.2.3 本条“防水检测”侧重于检测受试设备在运输或使用期间对自然降水的防护能力，但不包括有强风速的降水。若检测受试设备运输过程中的防水性，应注意把包装部分也看作受试设备的组成部分。至于对受试设备的外壳防护能力（包括防止水进入受试设备）等涉及设备安全方面的检测，则在第4.4.2条中描述。由于可能存在相同内容的检测操作，实际中可考虑将本条和第4.4.2条结合进行，以节省检测成本。

4.2.4 本条“防尘检测”侧重于检测受试设备在使用期间对空气中悬浮的砂尘的防护能力。至于对受试设备的外壳防护能力（包括接近受试设备危险部件的防护、防止固体异物进入受试设备）等涉及设备安全方面的检测，则在第4.4.2条中描述。由于可能存在相同内容的检测操作，实际中可考虑将本条和第4.4.2条结合进行，以节省检测成本。

4.2.5 本条“机械环境适应性检测”主要针对在车站现场使用的设备系统（其中又分为固定安装式和手持式两种）和包装运输阶段的所有设备系统，因此，对机械环境的要求也在《城市轨道交通自动售检票系统技术条件》GB/T 20907－2007的基础上相应作了细化。

同条文说明第4.2.2条所述，由于本条和可靠性检测可能存在相同内容的检测操作，实际中可考虑将本条和可靠性检测结合进行，以节省检测成本。

4.4 安全检测

4.4.2 见第4.2.3、4.2.4条的条文说明。

根据《外壳防护等级（IP代码）》GB 4208－2008的规定和第4.2.3、4.2.4条对设备的环境适应性要求，设备的外壳防护等级不宜低于IP31。

4.5 内部数据接口检测

4.5.9 在进行SLE的状态与数据查询时间检测时，在搭建的检测环境中，SLE必须使用真实设备；若在SC上进行检测，SC可以采用仿真系统模拟；若在LCC上进行检测，LCC可以采用仿真系统模拟，但SC必须使用真实系统。

4.6 外部数据接口检测

4.6.2 外部清算系统如城市一卡通清算系统等。

5 车票检测

5.1 一般规定

车票选型应选择非接触式集成电路卡（非接触式IC卡）。车票具体采用逻辑加密卡、CPU卡还是双界面卡，具体的应用类型（如员工票、乘次票）等，本规程不作详细要求。

5.2 物理特性检测

本规程的车票一般特性检测主要针对与应用（主要指读写器的交互）无关的项目。

5.3 应用检测

车票应用检测主要针对车票与读写器交互的过程中，自身体现的应用特性。

6 读写器检测

各检测项目及其检测方法，主要是依据《城市轨道交通自动售检票系统技术条件》GB/T 20907、《识别卡 测试方法 第1部分：一般特性测试》GB/T 17554.1、《建设事业集成电路（IC）卡应用技术》CJ/T 166、《建设事业集成电路（IC）卡产品检测》CJ/T 243标准中关于非接触式IC卡读写器（相关标准中称为“消费类IC卡终端”）适用的内容，结合国内主要地市供需各方对读写器或密钥系统检测的要求和相关技术资料而制定的。

6.1 一般规定

6.1.1 读写器的结构和外观检测应符合表1规定；气候环境检测应符合表2规定；机械环境检测应符合表3规定。当读写器安装到AFC设备上时，还应符合本规程第4章相关规定。

6.1.2 读写器的电源适应性检测应符合表4的规定；读写器的电磁兼容性检测应符合表5的规定；读写器的机具电气安全检测应符合表6的规定。当读写器安装到AFC设备上时，还应符合本规程第4章相关规定。

表 1　读写器结构和外观检测要求

检测项目	检测方法步骤	检测要求	检测结论
结构、外观检测	由检测人员目测或检测仪器检测	样品表面不应有明显的凹痕、划伤、裂缝、变形和污染等。表面镀层应均匀、不应有气泡、龟裂、脱落和磨损。金属零部件不应有锈蚀及其他机械损伤。样品的零部件应紧固无松动，安装可替换部件的接插件应能可靠连接，键盘、开关按钮和其他控制部件的控制应灵活可靠，布局应方便使用，对于便携式产品而言，除特殊按键外，各按键应平整一致，其压力离散型不应大于 0.3N，每个按键在规定的负荷条件下，通断寿命应大于 10^6 次。产品的标志、标注应符合国家有关规定的要求	符合或不符合

表 2　读写器气候环境检测要求

<table>
<tr><th>检测项目</th><th>检测方法步骤</th><th>检测要求</th><th>检测结论</th></tr>
<tr><td>工作温度下限检测</td><td rowspan="6">①确认所分配的样品工作正常；
②检查实验设备状态并确认状态设置正确；
③按照实验设备的操作规定，将样品正确装入实验设备，无误后启动设备进行试验；
④对测试结果进行判断、记录</td><td>按照现行国家标准《电工电子产品环境试验　第 2 部分：试验方法　试验 A：低温》GB/T 2423.1 中的“试验 Ad”或“试验 Ab”进行</td><td rowspan="6">符合或不符合</td></tr>
<tr><td>储存温度下限检测</td><td>按照现行国家标准《电工电子产品环境试验　第 2 部分：试验方法　试验 A：低温》GB/T 2423.1 中的“试验 Ab”进行</td></tr>
<tr><td>工作温度上限检测</td><td>按照现行国家标准《电工电子产品环境试验　第 2 部分：试验方法　试验 B：高温》GB/T 2423.2 中的“试验 Bd”或“试验 Bb”进行</td></tr>
<tr><td>储存运输温度上限检测</td><td>按照现行国家标准《电工电子产品环境试验　第 2 部分：试验方法　试验 B：高温》GB/T 2423.2 中的“试验 Bb”进行</td></tr>
<tr><td>工作条件下的恒定湿热检测</td><td rowspan="2">参照现行国家标准《电工电子产品环境试验　第 2 部分：试验方法　试验 Cab：恒定湿热试验》GB/T 2423.3 中的“试验 Ca”进行</td></tr>
<tr><td>储存运输条件下的恒定湿热检测</td></tr>
</table>

表 3　读写器机械环境检测要求

<table>
<tr><th>检测项目</th><th>检测方法步骤</th><th>检测要求</th><th>检测结论</th></tr>
<tr><td>振动检测</td><td rowspan="4">①确认所分配的样品工作正常；
②检查实验设备状态并确认状态设置正确；
③按照实验设备的操作规定，将样品正确装入实验设备，无误后启动设备进行试验；
④对测试结果进行判断、记录</td><td>按照现行国家标准《电工电子产品环境试验　第 2 部分：试验方法　试验 Fc 和导则：振动（正弦）》GB/T 2423.10 中的“试验 Fc”进行</td><td rowspan="4">符合或不符合</td></tr>
<tr><td>冲击检测</td><td>按照现行国家标准《电工电子产品环境试验　第 2 部分：试验方法　试验 Ea 和导则：冲击》GB/T 2423.5 中的“试验 Ea”进行</td></tr>
<tr><td>碰撞检测</td><td>按照现行国家标准《电工电子产品环境试验　第 2 部分：试验方法　试验 Eb 和导则：碰撞》GB/T 2423.6 中的“试验 Eb”进行</td></tr>
<tr><td>运输包装件跌落检测</td><td>按照现行国家标准《包装　运输包装件　跌落试验方法》GB/T 4857.2 标准的规定、运输包装件按现行国家标准《包装　运输包装件　温湿度调节处理》GB/T 4857.5 的要求</td></tr>
</table>

表 4　读写器电源适应性检测要求

检测项目	检测方法步骤	检测要求	检测结论
对直流样品的电源适应性检测	①确认所分配的样品工作正常； ②检查实验设备状态并确认状态设置正确； ③按照实验设备的操作规定，将样品正确装入实验设备，无误后启动设备进行试验； ④对测试结果进行判断、记录	对于直流电源供电的整机产品，原则上当电压在标称值±5%范围内时，产品工作应正常	符合或不符合
对交流样品的电源适应性检测		对于交流电源供电的整机产品，一般应在 220V±22V，50Hz±1Hz 条件下正常工作，电源插头试验按照《家用和类似用途插头插座　第 1 部分：通用要求》GB 2099.1 的规定进行	
对车载样品的电源适应性检测		对于直流电源供电的车载产品，当电压在标称值±5%范围内时，产品工作应正常，采用蓄电池供电有特殊要求的产品，应对电池的一些关键指标提出明确要求	

表 5　读写器电磁兼容性检测要求

检测项目	检测方法步骤	检测要求	检测结论
辐射骚扰检测	①确认所分配的样品工作正常； ②检查实验设备状态并确认状态设置正确； ③按照实验设备的操作规定，将样品正确装入实验设备，无误后启动设备进行试验； ④对测试结果进行判断、记录	应符合现行国家标准《信息技术设备的无线电骚扰限值和测量方法》GB 9254 中辐射骚扰限值的 A 级要求	符合或不符合
电源端子传导骚扰检测		应符合现行国家标准《信息技术设备的无线电骚扰限值和测量方法》GB 9254 中电源端子骚扰电压限值的 A 级要求（220V 或电源适配器供电时适用）	
静电放电抗扰度检测		应符合现行国家标准《信息技术设备抗扰度限值和测量方法》GB/T 17618、现行国家标准《电磁兼容　试验和测量技术　静电放电抗扰度试验》GB/T 17626.2 中的相关要求	
射频电磁场辐射抗扰度检测		应符合现行国家标准《信息技术设备抗扰度限值和测量方法》GB/T 17618、现行国家标准《电磁兼容　试验和测量技术　射频电磁场辐射抗扰度试验》GB/T 17626.3 中的相关要求	
电快速瞬变脉冲群抗扰度检测		应符合现行国家标准《信息技术设备抗扰度限值和测量方法》GB/T 17618、现行国家标准《电磁兼容　试验和测量技术　电快速瞬变脉冲群抗扰度试验》GB/T 17626.4 中的相关要求（220V 或电源适配器供电时适用）	
浪涌（冲击）抗扰度检测		应符合现行国家标准《信息技术设备抗扰度限值和测量方法》GB/T 17618、现行国家标准《电磁兼容　试验和测量技术　浪涌（冲击）抗扰度试验》GB/T 17626.5 中的相关要求（220V 或电源适配器供电时适用）	
射频场感应的传导骚扰抗扰度检测		应符合现行国家标准《信息技术设备抗扰度限值和测量方法》GB/T 17618、现行国家标准《电磁兼容　试验和测量技术　射频场感应的传导骚扰抗扰度》GB/T 17626.6 中的相关要求（220V 或电源适配器供电时适用）	
工频磁场抗扰度检测		应符合现行国家标准《信息技术设备抗扰度限值和测量方法》GB/T 17618、现行国家标准《电磁兼容　试验和测量技术　频磁场抗扰度试验》GB/T 17626.8 中的相关要求	
电压暂降、短时中断和电压变化抗扰度检测		应符合现行国家标准《信息技术设备抗扰度限值和测量方法》GB/T 17618、现行国家标准《电磁兼容　试验和测量技术电压暂降、短时中断和电压变化的抗扰度试验》GB/T 17626.11 中的相关要求（220V 或电源适配器供电时适用）	

表 6　读写器机具电气安全要求

检测项目	检测方法步骤	检测要求	检测结论
对地泄漏电流检测	①确认所分配的样品工作正常； ②检查实验设备状态并确认状态设置正确； ③按照实验设备的操作规定，将样品正确装入实验设备，无误后启动设备进行试验； ④对测试结果进行判断、记录	应符合现行国家标准《信息技术设备的安全》GB 4943 中的有关规定（220V 或电源适配器供电时适用）	符合或不符合
抗电强度检测		应符合现行国家标准《信息技术设备的安全》GB 4943 中的有关规定（220V 或电源适配器供电时适用）	
保护接地措施检测		应符合现行国家标准《信息技术设备的安全》GB 4943 中的有关规定（220V 或电源适配器供电时适用）	

6.2　应 用 检 测

6.2.3　读写器和车票的交易流程，除了包括《建设事业集成电路（IC）卡产品检测》CJ/T 243 所述的充值类和消费类的两大类交易外，还包括具体设计要求中，充值类中的发售、激活等，以及消费类的出站扣款、更新等具体交易流程。

6.2.4　典型交易时间的定义出自《建设事业集成电路（IC）卡应用技术》CJ/T 166。

7　自动检票机检测

7.1　功 能 检 测

7.1.1　启动和关闭的操作步骤确定既可以符合设计要求也可以故意违反操作规定，分别用于校验检测项目的正常用例和异常用例。SC 主要用于向 AGM 发送命令自动关闭或重启（如有此设计要求）、检测 AGM 启动和关闭时与 SC 的数据交互。

检测应观察 AGM 本机的具体响应、AGM 与 SC 的连接建立和数据交互。

出于消防安全考虑，AGM 在设备关闭、供电中断等情况下，通行阻挡装置应解锁常开（如：扇门和拍打门完全打开、转杆应跌落或转杆的电磁阀释放且转杆可转动），保证乘客能自由通行。

7.1.2　AGM 的时间同步触发条件至少包括：在线模式下更改 AGM 时间或更改 SC 时间。不同时间误差范围可能对 AGM 造成不同的影响，当 AGM 与 SC 的时间误差超过一定范围时，系统会采取特定的措施避免进行时间同步，而采用人工干预方式。SC 主要用于在 SC 上修改时间、检测 AGM 时间同步时与 SC 的数据交互情况。

检测应观察 AGM 的时间同步情况、AGM 与 SC 的数据交互情况。

7.1.3　待更新的软件版本可以选择高于、低于或等于当前版本。软件更新的触发条件至少包括：在 SC 上下发待更新软件；在线或离线模式下，在 AGM 上导入待更新软件。SC 主要用于配合软件更新、检测与 AGM 的数据交互过程。

检测应观察包括软件更新过程、软件生效情况以及 AGM 与 SC 的数据交互过程。

7.1.4　待更新的参数版本可以选择高于、低于或等于当前版本。参数同步的触发条件至少包括：在 SC 上下发待同步参数；在线或离线模式下，在 BOM 上导入待同步参数。SC 主要用于配合参数同步、检测 SC 与 BOM 的数据交互过程。

检测应观察 AGM 的参数同步过程、AGM 的参数生效情况、AGM 与 SC 的数据交互。

7.1.5、7.1.6　AGM 具有车票进站或出站处理这个功能的运营模式可能是在线模式或离线模式下的正常服务模式、限制服务模式、时间免检模式、日期免检模式、车费免检模式、进出站次序免检模式、列车故障模式等。应注意，上述运营模式下的车票进站或出站具体处理（包括车票特定信息的读取、校验判断、写入、是否回收等）应有所区别。AGM 车票进站或出站处理中，AGM 应校验车票的密钥、钱包、乘次、乘车时间限制、有效期、进出站标记、黑名单等属性。当上述属性的有效性校验均通过，AGM 应允许相应车票进站或出站，否则，应予以禁止。AVM、BOM、ES、TVM（或仿真系统）主要用于准备不同状态的车票、分析车票进站前后的状态。SC 主要用于在 SC 上观察 AGM 车票进站处理时的数据交互。

检测结果应观察 AGM 的乘客显示屏的显示信息、蜂鸣器的声音提示、相关指示灯的提示、通行阻挡装置的响应、对车票的读写处理、AGM 的内部数据记录、AGM 与 SC 的数据交互。

7.1.7　AGM 具有车票加锁处理功能的运营模式可能是在线模式或离线模式下的正常服务模式、限制服务模式、时间免检模式、日期免检模式、车费免检模式、进出站次序免检模式、列车故障模式等。应注意，上述运营模式可能会对加锁功能屏蔽。通常，储值票具有黑名单属性，单程票不具有黑名单属性。SC 主要用于同步 AGM 参数、观察 AGM 车票加锁处理时与 SC 的数据交互。BOM（或仿真系统）主要用于准备相关状态的车票、分析车票加锁前后的状态。可使用准备各种黑名单参数，至少应准备两套黑名单参数：用于加锁的包含测试车票物理卡号或逻辑卡号的黑名单参数和用于解锁的不包含测试车票物理卡号或逻辑卡号的黑名单参数。

检测应观察 AGM 对车票的加锁情况、AGM 与 SC 的数据交互。

7.1.8 对乘客通行行为的模拟，由于检测人员难以模拟所有通行行为的可能情况，因此实际操作中可按需模拟现场出现频率较高的几类通行行为，且以 AGM 能检测到的通行行为优先。如：单人通行（顺向、逆向）、多人通行（连续顺向、相向通行）、携带物品、尾随。若受试设备是双向检票机，应区分双向/只进/只出三种通行方向设置下对通行逻辑的检测。BOM（或仿真系统）主要用于各种状态车票的准备。SC 主要用于检测 AGM 车票进、出站处理时与 SC 的数据交互。

检测应观察 AGM 对乘客通行情况、AGM 本机的乘客通行记录、AGM 与 SC 的数据交互。

7.1.9 测试车票准备回收型车票，且数量不少于票箱最大容量要求。SC 主要用于检测 AGM 进行回收票箱识别和切换过程中与 SC 的数据交换。

检测结果应观察 AGM 对回收票箱的识别和自动切换响应以及 AGM 与 SC 的数据交互。

7.1.10 本条检测内容侧重为 AGM 与 SC 之间的各类接口。检测应尽可能覆盖接口所规范的内容，如接口协议、数据报文的内容、格式以及命令响应等。

7.1.11 本机监控检测应按设计要求覆盖本机能查询的数据、能被本机监控的故障或异常、能触发报警的操作、能在维修模式进行检测的模块单元或模块。检测结果的观察，应包括本机的数据查询结果、本机配置参数变更的响应、故障/异常/非法操作的响应、模块测试的响应。

7.1.12～7.1.17 AGM 的限制服务模式如：只检储值票模式、特殊通道模式、双向检票机的只进模式等。模式进入或退出的触发或设置包括：在 AGM 本机上直接设置、在上层系统上设置、设计要求规定的其他触发情况。模式敏感期为在特定模式被撤销后的一段有限日期内，SLE 的车票处理业务仍然有影响的时期。模式响应和模式敏感期的响应侧重于检测该模式下的各项 AGM 功能，部分功能按设计要求可能被禁用，或车票处理业务规则有所改变。上层系统（包括 SC、LCC、ACC）主要用于对 AGM 下发参数、运营模式控制命令、监控 AGM 的运营模式改变情况、接收 AGM 上传的数据信息、配合使 AGM 进入离线模式或在线模式。

检测结果应观察 AGM 对模式进入或退出的触发或设置的响应、AGM 在特定模式下的功能。

7.2 性能检测

7.2.1 单张车票处理时间检测的检测条件中，受试设备类型包括进站、出站和双向检票机等。

本条给出了单张车票处理的检测方法及相应的性能指标值。单张车票处理时间不仅指读写器对车票的读写过程，而是从乘客投入车票或将车票放置在设备的读写器上开始，到自动检票机的通行阻隔装置解锁或打开为止整个过程的时间。以乘客使用门式出站检票机成功出站为例，单张车票处理时间指标标称值的理论计算方法，是将整个过程的相关主要步骤分解，各步骤所需时间以串行方式累加（见表 7）。

表 7 单张车票验票出站处理步骤分解及时间

步骤描述	单程票	储值票
车票投入到读写器	≈0.2s	—
验票时间	≈0.2s	≈0.4s
通信阻隔装置打开	≈0.4s	≈0.4s
合计	≈0.8s	≈0.8s

注：表中的数据计算是基于逻辑加密卡考虑，若使用 CPU 卡时，相关数值可适当放宽。

由于整个单张车票处理过程所需时间非常短，应使用适当的性能检测辅助工具，如监测电流脉冲信号或开发专用软件监测设备系统内部运作等方法，才可相对准确地测量指标值。以上数值为理论值，实际检测中，会因不同的设备、车票种类而有较大差异。

7.2.3 AGM 的通行人数识别的测试有别于通行能力测试，着重于检验自动检票机对通行人数的识别与计算。检测过程中，模仿乘客的测试人员应当用各种通行方式，包括携带大件物品通行、孕妇通行、尾随通行、逆向通行，连续验票通行等方式，以便检验自动检票机对乘客行为的识别能力。

7.2.4 在检测 AGM 对乘客投放异物的识别能力时，应当使用与回收型车票大小、形状、厚度近似的物品，与真实车票混合使用。

7.2.5 在进行 AGM 的车票回收机构卡票率的性能检测时，车票的投放应当比乘客正常通行时的投放时间间隔稍短，以便更好检测其对车票的接收、释放性能。

8 半自动售票机检测

8.1 功能检测

8.1.1 BOM 启动和关闭的检测条件中，SC 主要用于校验 BOM 启动和关闭过程与 SC 之间的数据交互等。

检测应观察包括 BOM 本机的启动与关闭过程，

与SC的连接建立和数据交互过程。

8.1.2 BOM的时间同步触发条件至少包括：在线模式下更改BOM时间或更改SC时间。不同时间误差范围可能对BOM造成不同的影响，当BOM与SC的时间误差超过一定范围时，系统会采取特定的措施避免进行时间同步，而采用人工干预方式。SC主要用于更改时间，检测与BOM之间的相关数据交互。

检测应观察包括时间同步的过程、结果和BOM与SC的数据交互过程。

8.1.3 待更新的软件版本可以选择高于、低于或等于当前版本。软件更新的触发条件至少包括：在SC上下发待更新软件；在线或离线模式下，在BOM上导入待更新软件。SC主要用于配合软件更新，检测与BOM的数据交互过程。

检测应观察包括软件更新过程、软件生效情况以及BOM与SC的数据交互过程。

8.1.4 待更新的参数版本可以选择高于、低于或等于当前版本。参数同步的触发条件至少包括：在SC上下发待同步参数；在线或离线模式下，在BOM上导入待同步参数。SC主要用于配合参数同步，检测SC与BOM的数据交互过程。

检测应观察包括参数同步过程、参数生效情况以及BOM与SC的数据交互过程。

8.1.5～8.1.10 BOM可以在多种运营模式执行车票分析、发售、更新、充值、延期、退款等功能，如在线模式或离线模式下的正常服务模式、时间免检模式、日期免检模式、车费免检模式、进出站次序免检模式、列车故障模式等。应注意不同运营模式下的车票处理可能存在的区别，如车票的有效性判定、车票更新的费用等。ES、AGM、TVM、AVM（或仿真系统）主要用于准备不同状态的车票。SC主要用于检测BOM进行除分析操作外的车票处理时，SC与BOM的数据交互过程。

BOM进行车票发售、更新、充值、延期、退款时，应先校验车票的密钥、钱包、乘次、乘车时间限制、有效期、进出站标记、黑名单等属性，以校验车票是否具备处理条件，对不具备处理条件的车票不予处理并提示信息。

检测应观察BOM乘客显示屏的显示信息、对车票的读写处理、BOM的内部数据记录、BOM与SC的数据交互。

8.1.11 测试车票应选择具有黑名单属性的车票。通常，储值票具有黑名单属性，单程票不具有黑名单属性。至少应准备两套黑名单参数：用于加锁的包含测试车票物理卡号或逻辑卡号的黑名单参数和用于解锁的不包含测试车票物理卡号或逻辑卡号的黑名单参数。BOM具有车票加锁、解锁功能的运营模式可能是在线模式或离线模式下的正常服务模式、时间免检模式、日期免检模式、车费免检模式、进出站次序免检模式、列车故障模式等。ES、AGM、TVM、AVM（或仿真系统）主要用于准备不同状态的车票。SC主要用于在SC上同步BOM的黑名单相关参数，以及检测BOM车票加锁、解锁时与SC的数据交互过程。

检测应观察BOM对车票的加锁、解锁情况，BOM与SC的数据交互。

8.1.12 BOM可以在多种运营模式下执行发售出站票，如在线模式或离线模式下的正常服务模式、时间免检模式、日期免检模式、车费免检模式、进出站次序免检模式、列车故障模式等。应注意不同运营模式下的补票功能可能存在的区别，如补票时罚金的金额等。ES、AGM、TVM、AVM（或仿真系统）主要用于准备不同状态的车票。SC主要用于检测BOM执行发售出站票操作时与SC的数据交互过程。

检测过程应根据设计要求，针对不同的原因，发售各种出站票。

8.1.13 本条检测内容侧重为BOM与SC之间的各类接口。检测应尽可能覆盖接口所规范的内容，如接口协议、数据报文的内容、格式以及命令响应等。

8.1.14 本机监控检测应按设计要求覆盖本机能查询的数据、能被本机监控的故障或异常、能触发报警的操作。检测结果应观察本机的数据查询结果、对本机配置参数变更的响应、对故障/异常/非法操作的响应。

8.1.15 操作员登录模式的触发和退出条件至少包括：操作员使用用户名和密码登录；用户主动退出或被动退出（长时间不操作，系统自动取消登录模式）。操作员登录系统所使用用户名和密码及相应权限通常均以操作员参数的方式存放。应至少准备两个不同权限的用户。SC主要用于编辑操作员参数和下发参数，检测SC与BOM的数据交互过程。

操作员登录模式检测过程，分模式前、中、后三阶段检测。模式前的检测，主要针对系统对操作员所使用的合法或非法用户名、密码登录系统的响应情况；模式中的检测，主要检测用户在成功登录后，系统为用户分配的功能权限情况；模式后的检测，主要检测用户在退出登录后，系统的响应和BOM与SC的数据交互情况。

8.1.16～8.1.18 模式进入或退出的触发或设置包括：在BOM本机上直接设置、在上层系统上设置、设计要求规定的其他触发情况。模式敏感期为在特定模式被撤销后的一段有限日期内，SLE的车票处理业务仍然有影响的时期。模式响应和模式敏感期的响应侧重于检测该模式下的各项BOM功能，部分功能按设计要求可能被禁用，或车票处理业务规则有所改变。上层系统（包括SC、LCC、ACC）主要用于对BOM下发参数、运营模式控制命令、监控BOM的运营模式改变情况、接收BOM上传的数据信息、配合使 BOM 进入离线模式或在线模式。

检测应观察 BOM 对模式进入或退出的触发或设置的响应、BOM 在特定模式下的功能。

8.2 性能检测

8.2.3 BOM 的数据准确率检测，包括数据记录准确率和数据处理准确率。可以采用人工记录的所有业务操作数据，如发售记录、充值记录、行政处理记录等各类数据，并按检测项目手工计算或处理各类数据，与 BOM 系统的数据和处理结果进行准确率计算。

9 自动售票机检测

9.1 功能检测

9.1.1 TVM 启动和关闭的检测条件中，SC 主要用于校验 TVM 启动和关闭过程与 SC 之间的数据交互等。

检测应观察包括 TVM 本机的启动与关闭过程，与 SC 的连接建立和数据交互过程。

9.1.2 TVM 的时间同步触发条件至少包括：在线模式下更改 TVM 时间和更改 SC 时间。不同时间误差范围可能对 TVM 造成不同的影响，当 TVM 与 SC 的时间误差超过一定范围时，系统会采取特定的措施避免进行时间同步，而采用人工干预方式。SC 主要用于更改时间，检测与 TVM 之间的相关数据交互。

检测应观察包括时间同步的过程、结果和 TVM 与 SC 的数据交互过程。

9.1.3 待更新的软件版本可以选择高于、低于或等于当前版本。软件更新的触发条件至少包括：在 SC 上下发待更新软件；在线或离线模式下，在 TVM 上导入待更新软件。SC 主要用于配合软件更新，检测与 TVM 的数据交互过程。

检测应观察包括软件更新过程、软件生效情况以及 TVM 与 SC 的数据交互过程。

9.1.4 待更新的参数版本可以选择高于、低于或等于当前版本。参数同步的触发条件至少包括：在 SC 上下发待同步参数；在线或离线模式下，在 TVM 上导入待同步参数。SC 主要用于配合参数同步，检测 SC 与 TVM 的数据交互过程。

检测应观察包括参数同步过程、参数生效情况以及 TVM 与 SC 的数据交互过程。

9.1.5 TVM 可以在多种运营模式下执行车票发售功能，如在线模式或离线模式下的正常服务模式、时间免检模式、日期免检模式、车费免检模式、进出站次序免检模式、列车故障模式等。TVM 一般可选择目的车站和选择票价购票，当选择目的车站购票时，应对目的车站所在的价格区段进行考虑。SC 主要用于检测 TVM 车票发售时与 SC 的数据交互过程；BOM 或仿真系统主要用于对 TVM 发售车票的分析和校验。

检测应观察 TVM 乘客显示屏的显示信息、车票的发售结果、TVM 的内部数据记录、TVM 与 SC 的数据交互。

9.1.6、9.1.7 用于补充车票或钱币的数量应大于票箱的容量，票箱或钱箱的容量可通过本机配置参数进行设置。TVM 可以在多种运营模式执行车票、钱币补充操作，如在线模式或离线模式下的正常服务模式、时间免检模式、日期免检模式、车费免检模式、进出站次序免检模式、列车故障模式等。SC 主要用于检测 TVM 补充车票或钱币时与 SC 的数据交互过程。

检测结果应对实际补充的车票或钱币数量、打印单据上显示的数量及受试设备上记录的车票或钱币数量进行校验，并观察 TVM 与 SC 的数据交换情况。

9.1.8 TVM 可以在多种运营模式下进行结算，如在线模式或离线模式下的正常服务模式、时间免检模式、日期免检模式、车费免检模式、进出站次序免检模式、列车故障模式等。SC 主要用于检测 TVM 结算时与 SC 的数据交互过程。

检测应观察包括钱箱、票箱清空或更换过程、TVM 结算情况、票据打印情况以及 TVM 与 SC 的数据交换情况。

需要注意的是，TVM 中的打印机目前应用于两个功能，一个是用于银行卡充值功能相关数据的打印；另一个是用于地铁运营管理人员日常对库存和现金管理数据的打印。但由于这两个功能均不是 TVM 的必备功能，因此打印机不是 TVM 必设模块，因此 TVM 中打印相关的测试是可选内容。

9.1.9 目前 TVM 车票发售模块一般只设一个废票箱，在这种情况下，不需进行废票箱切换检测。

若设计要求有硬币找零和纸币找零时，应对 TVM 找零钱箱检测进一步分为硬币找零钱箱检测和纸币找零钱箱检测。

9.1.10 本条检测内容侧重为 TVM 与 SC 之间的各类接口。检测应尽可能覆盖接口所规范的内容，如接口协议、数据报文的内容、格式以及命令响应等。

9.1.11 本机监控检测应按设计要求覆盖本机能查询的数据、能被本机监控的故障或异常、能触发报警的操作、能在维修模式进行检测的模块单元或模块。

检测结果的观察，应包括本机的数据查询结果、本机配置参数变更的响应、故障/异常/非法操作的响应、模块测试的响应。

9.1.12～9.1.17 模式进入或退出的触发或设置包括：在 TVM 本机上直接设置、在上层系统上设置、设计要求规定的其他触发情况。模式敏感期为在特定模式被撤销后的一段有限日期内，SLE 的车票处理业务仍然有影响的时期。模式响应和模式敏感期的响应侧重于检测该模式下的各项 TVM 功能，部分功能按设计要求可能被禁用，如紧急模式下不能发售单程票。上层系统（包括 SC、LCC、ACC）主要用于对 TVM 下发运营模式控制命令、监控 TVM 的运营模式改变情况、接收 TVM 上传的数据信息、配合使 TVM 进入离线模式或在线模式。

检测应观察 TVM 对模式进入或退出的触发或设置的响应、TVM 在特定模式下的功能。

9.2 性能检测

9.2.1 单张车票的发售时间指标标称值的理论计算方法，是将整个过程的相关主要步骤分解，各步骤所需时间以串行方式累加（见表 8）。

以上数值为理论值，实际检测中，会因不同的设备、车票芯片种类而有较大差异。

表 8 单张车票发售步骤分解及时间

步骤描述	硬币购票	纸币购票（无找零）	纸币购票（需找零）
验币时间	≈1.7s	≈2.5s	
单程票从供票箱到读写区的时间	≈0.9s		
单程票发售时间	≈0.4s		
单程票从读写区到出票口时间	≈0.5s		
硬币入钱箱时间	—		—
硬币找零（供币及出币）时间	—		≈1.2s
合计	≈3.5s	≈4.3s	≈5.5s

注：表中的数据计算是基于逻辑加密卡考虑，若使用 CPU 卡时，相关数值可适当放宽。

9.2.2～9.2.8 TVM 的各种属于百分率类型的性能指标检测，如数据准确率、卡票率、卡币率、废票率等，宜采用人工记录的所有相关数据，并按检测项目进行手工计算或处理后，与 TVM 系统所记录的数据和处理结果进行比对。

10 自动充值机检测

10.1 功能检测

10.1.1 AVM 启动和关闭的检测条件中，SC 主要用于校验 AVM 启动和关闭过程与 SC 之间的数据交互等。

对检测结果的观察，应包括 AVM 本机的启动与关闭过程，与 SC 的连接建立和数据交互过程。

10.1.2 AVM 的时间同步触发条件至少包括：在线模式下更改 AVM 时间和更改 SC 时间。不同时间误差范围可能对 AVM 造成不同的影响，当 AVM 与 SC 的时间误差超过一定范围时，系统会采取特定的措施避免进行时间同步，而采用人工干预方式。SC 主要用于更改时间，检测与 AVM 之间的相关数据交互。

检测应观察包括时间同步的过程、结果和 AVM 与 SC 的数据交互过程。

10.1.3 待更新的软件版本可以选择高于、低于或等于当前版本。软件更新的触发条件至少包括：在 SC 上下发待更新软件；在线或离线模式下，在 AVM 上导入待更新软件。SC 主要用于配合软件更新，检测与 AVM 的数据交互过程。

检测应观察包括软件更新过程、软件生效情况以及 AVM 与 SC 的数据交互过程。

10.1.4 待更新的参数版本可以选择高于、低于或等于当前版本。参数同步的触发条件至少包括：在 SC 上下发待同步参数；在线或离线模式下，在 AVM 上导入待同步参数。SC 主要用于配合参数同步，检测 SC 与 AVM 的数据交互过程。

检测应观察包括参数同步过程、参数生效情况以及 AVM 与 SC 的数据交互过程。

10.1.5 AVM 可在多种运营模式下执行车票充值功能，如在线模式或离线模式下的正常服务模式、时间免检模式、日期免检模式、车费免检模式、进出站次序免检模式、列车故障模式等。SC 主要用于检测 AVM 车票充值时与 SC 的数据交互过程；BOM 主要用于对 AVM 充值车票的分析和校验。

检测方法中应对充值后总额大于充值上限的情况进行测试，观察受试设备的处理情况。

检测应观察 AVM 乘客显示屏的显示信息、车票的充值结果、AVM 的内部数据记录、AVM 与 SC 的数据交互。

10.1.8 AVM 可以在多种运营模式下进行结算，如在线模式或离线模式下的正常服务模式、时间免检模式、日期免检模式、车费免检模式、进出站次序免检模式、列车故障模式等。SC 主要用于检测 AVM 结算时与 SC 的数据交互过程。

检测应观察包括钱箱清空或更换过程、AVM 结算情况、票据打印情况以及 AVM 与 SC 的数据交换情况。

10.1.9 本条检测内容侧重为 AVM 与 SC 之间的各类接口。检测应尽可能覆盖接口所规范的内容，如接口协议、数据报文的内容、格式以及命令响应等。

10.1.10 本机监控检测应按设计要求覆盖本机能查询的数据、能被本机监控的故障或异常、能触发报警的操作、能在维修模式进行检测的模块单元或模块。检测结果的观察，应包括本机的数据查询结果、本机配置参数变更的响应、故障/异常/非法操作的响应、模块测试的响应。

10.1.11～10.1.16 模式进入或退出的触发或设置包括：在AVM本机上直接设置、在上层系统上设置、设计要求规定的其他触发情况。模式敏感期为在特定模式被撤销后的一段有限日期内，SLE的车票处理业务仍然有影响的时期。模式响应和模式敏感期的响应侧重于检测该模式下的各项AVM功能，部分功能按设计要求可能被禁用，如紧急模式下不能进行车票充值。上层系统（包括SC、LCC、ACC）主要用于对AVM下发运营模式控制命令、监控AVM的运营模式改变情况、接收AVM上传的数据信息、配合使AVM进入离线模式或在线模式。

检测应观察AVM对模式进入或退出的触发或设置的响应、AVM在特定模式下的功能。

10.2 性能检测

10.2.1 计算自动充值机对单张车票的充值时间是从用户投入最后一张纸币后开始计算，到乘客显示屏提示充值完成的时间。一般情况下，乘客都会使用100元或50元等面额较大的纸币来完成充值，且无需找零。因此，计算自动充值机车票充值时间，应以纸币充值来计算。车票充值时间指标标称值的理论计算方法，是将整个过程的相关主要步骤分解，各步骤所需时间以串行方式累加（见表9）。

表9 车票充值步骤分解及时间

步骤描述	纸币充值
验币时间	≈2.5s
储值票读写时间	≈0.5s
合计	≈3.0s

注：表中的数据计算是基于逻辑加密卡考虑，若使用CPU卡时，相关数值可适当放宽。

若使用银行储值卡充值，由于需要与银行系统进行数据交换，则充值时间会变得更长并缺乏可控性，因此本条不作定义。以上数值为理论值，实际检测中，会因不同的设备、车票种类而有较大差异。

10.2.3 AVM的数据准确率、假币拒收率等，宜采用人工记录的所有相关数据，并按检测项目进行手工计算或处理后，与AVM系统所记录的数据和处理结果进行比对。

11 自动验票机检测

11.1 功能检测

11.1.1 启动和关闭的操作步骤确定既可以符合设计要求也可以故意违反操作规定（如本规程第4.2.7条的后备电源检测），分别用于校验检测项目的正常用例和异常用例；SC主要用于命令TCM自动关闭或重启（如有此设计要求）、观察TCM启动和关闭过程与SC的数据交互。

检测应观察包括TCM本机启动和关闭过程，TCM与SC的连接建立和数据交互过程。

11.1.2 TCM的时间同步触发条件至少包括：在线模式下，更改TCM时间和更改SC时间。不同时间误差范围可能对TCM造成不同的影响，当TCM与SC的时间误差超过一定范围时，系统会采取特定措施避免进行时间同步，而采用人工干预方式。SC主要用于更改时间和数据交互检测。

检测应观察包括时间同步的过程、结果以及TCM与SC的数据交互过程。

11.1.3 待更新的软件版本可以选择高于、低于或等于相应软件的当前版本。软件更新的触发条件至少包括：在SC上下发待更新软件；在线或离线模式下，在TCM上导入待更新软件。SC主要用于配合软件同步和数据交互检测。

检测应观察包括软件更新过程、结果以及TCM与SC的数据交互过程。

11.1.4 待更新的参数版本可以选择高于、低于或等于相应参数的当前版本。参数同步的触发条件至少包括：在SC上下发待同步参数；在线或离线模式下，在TCM上导入待同步参数。SC主要用于配合参数同步和数据交互检测。

检测应观察包括参数同步过程、结果以及TCM与SC的数据交互过程。

11.1.5 TCM车票分析检测，应使用各种不同类型车票，包括如单程票、储值票、免费票、优惠票等，以及不同状态的车票，如有效、过期、黑名单、超时、超乘，还可以包括TCM不能读取的车票类型等。宜使用仿真系统来制作各种状态的车票。

11.1.6 本条检测内容侧重为TCM与SC之间的各类接口。检测应尽可能覆盖接口所规范的内容，如接口协议、数据报文的内容、格式以及命令响应等。

11.1.7 本机监控检测应按设计要求覆盖本机能查询的数据、能被本机监控的故障或异常、能触发报警的操作、能在维修模式进行检测的模块单元或模块。检测结果应观察TCM本机的数据查询结果、对可配置数据的响应、对故障/异常/非法操作的响应、模块检测。

11.1.8～11.1.12 模式进入或退出的触发或设置包括：在本机上直接设置、在上层系统上设置及设计要求规定的其他触发情况。模式敏感期为在特定模式被撤销后的一段有限日期内，SLE的车票处理业务仍然有影响的时期。模式响应和模式敏感期的响应侧重于检测该模式下的各项TCM功能，部分功能按设计要求可能被禁用，或车票处理业务规则有所改变。SC主要用于对TCM下发运营模式控制命令、监控

TCM的运营模式改变情况、接收TCM上传的数据信息、配合使TCM进入离线模式或在线模式等。

检测应观察TCM对模式进入或退出的触发或设置的响应、TCM在特定模式下的功能。

11.2 性 能 检 测

11.2.1 自动验票机的车票处理时间主要为车票的分析时间和信息查询显示时间。车票分析时间是车票读写器从识别到车票，直至从车票中读取车票信息的时间。车票验票时间分为对单程票和储值票的验票时间，指标标称值的理论计算方法，是将整个过程的相关主要步骤分解，各步骤所需时间以串行方式累加(见表10)。

表10 车票验票步骤分解及时间

步骤描述	单程票验票	储值票验票
车票分析时间	＜0.2s	≈0.4s
信息处理时间	≈0.1s	≈0.1s
合计	≤0.3s	≤0.5s

注：表中的数据计算是基于逻辑加密卡考虑，若使用CPU卡时，相关数值可适当放宽。

以上数值为理论值，实际检测中，会因不同的设备、车票种类而有较大差异。

12 便携式验票机检测

12.1 功 能 检 测

12.1.2、12.1.3、12.1.6 PCA与计算机的数据交互、信息传递都与常用的手机类似，需要通过特定的同步软件等来完成，因此检测前需要在计算机上安装特定的同步软件。

12.1.4、12.1.5 PCA车票分析、检票检测，应使用各种不同类型车票，包括如单程票、储值票、免费票、优惠票等，以及不同状态的车票，如有效、过期、黑名单、超时、超乘，还应包括PCA不能读取的车票类型等。宜使用仿真系统来制作各种状态的车票。

12.1.7 PCA本机数据管理检测，应按设计要求覆盖本机能查询的数据和可配置的参数。

13 编码分拣机检测

13.1 功 能 检 测

13.1.1 启动和关闭的操作步骤确定既可以符合设计要求也可以故意违反操作规定，分别用于校验检测项目的正常用例和异常用例；上层系统（ACC或LCC）主要用于检测ES启动和关闭过程与上层系统的数据交互等。

检测应观察包括ES本机的启动与关闭过程，ES与上层系统的连接建立和数据交互过程。

13.1.2 ES的时间同步触发条件至少包括：在线模式下，更改ES时间和更改上层系统时间。不同时间误差范围可能对ES造成不同的影响，当ES与上层系统的时间误差超过一定范围时，系统会采取特定措施避免进行时间同步，而采用人工干预方式。上层系统（ACC或LCC）主要用于更改时间和数据交互检测。

检测应观察包括时间同步的过程、结果以及ES与上层系统的数据交互过程。

13.1.3 待更新的软件版本可以选择高于、低于或等于相应软件的当前版本。软件更新的触发条件至少包括：在上层系统上下发待更新软件；在线或离线模式下，在ES上导入待更新软件。上层系统（ACC或LCC）主要用于配合软件同步和数据交互检测。

检测应观察包括软件更新过程、结果以及ES与上层系统的数据交互过程。

13.1.4 待更新的参数版本可以选择高于、低于或等于相应参数的当前版本。参数同步的触发条件至少包括：在上层系统上下发待同步参数；在线或离线模式下，在ES上导入待同步参数。上层系统（ACC或LCC）主要用于配合参数同步和数据交互检测。

检测应观察包括参数同步过程、结果以及ES与ACC或LCC的数据交互过程。

13.1.5～13.1.8 用于检测的车票应覆盖各种类型和各种状态。上层系统（ACC或LCC）用于下发车票初始化、预赋值、注销、重编码等订单；BOM或仿真系统用于校验ES车票初始化后的车票信息。

13.1.9 ES拣票的检测条件中用于检测的车票应覆盖各种类型和各种状态，检测时还应检测出票箱数量多于或少于需要分拣的车票种数等的情况。

13.1.11 本机监控检测应按设计要求覆盖本机能查询的数据、能被本机监控的故障或异常、能触发报警的操作、能在维修模式进行检测的模块单元或模块。检测结果应观察本机的数据查询结果、对可配置数据的响应、对故障/异常/非法操作的响应、模块检测。

13.1.12 操作员登录模式的触发条件主要是：操作员使用用户名和密码登录；退出模式的触发条件包括：用户主动退出或被动退出（长时间不操作，系统自动取消登录模式）。操作员登录系统所使用用户名和密码及相应权限通常均以操作员参数的方式存放。应至少准备两个不同权限的用户账号。上层系统(ACC或LCC）主要用于编辑操作员参数和下发参数，查看ES模式变化情况。

操作员登录模式检测过程，分模式前、中、后三阶段检测。模式前的检测，主要针对系统对操作员所使用的合法或非法用户名、密码登录系统的响应情况；模式中的检测，主要检测用户在成功登录后，系统为用户分配的功能权限情况；模式后的检测，即取消登录模式后，主要观察系统的响应和与上层系统的数据交互过程。

14 车站计算机系统检测

14.1 功 能 检 测

14.1.1 启动和关闭的操作步骤确定既可以符合设计要求也可以故意违反操作规定，分别用于校验检测项目的正常用例和异常用例；SLE 和 LCC 主要用于检测 SC 启动和关闭过程的数据交互等。

检测应观察包括 SC 本机的启动与关闭过程，SC 与 SLE、LCC 的连接建立和数据交互过程。

14.1.2 SC 的时间同步检测，应包括与 LCC 的时间同步以及与 SLE 的时间同步。SC 的时间同步触发条件至少包括：在线模式下，更改 SC 时间和更改 LCC 时间。不同时间误差范围可能对 SC 造成不同的影响，当 SC 与 LCC 的时间误差超过一定范围时，系统会采取特定措施避免进行时间同步，而采用人工干预方式。LCC 主要用于更改时间和数据交互检测。

检测应观察包括时间同步的过程、结果以及 SC 与 LCC 的数据交互过程。SC 通过对下层设备进行时间同步，可参照 SLE 时间同步检测的相关规定。

14.1.3 待更新的软件版本可以选择高于、低于或等于相应软件的当前版本。软件更新的触发条件至少包括：在 LCC 上下发待更新软件；在线或离线模式下，在 SC 上导入待更新软件。LCC 主要用于配合软件同步和数据交互检测。

检测应观察包括软件更新过程、结果以及 SC 与 LCC 的数据交互过程。SC 对下层设备进行软件更新，可参照 SLE 软件更新检测的相关规定。

14.1.4 待更新的参数版本可以选择高于、低于或等于相应参数的当前版本。参数同步的触发条件至少包括：在 LCC 上下发待同步参数；在线或离线模式下，在 SC 上导入待同步参数。LCC 主要用于配合参数同步和数据交互检测。

检测应观察包括参数同步过程、结果以及 SC 与 LCC 的数据交互过程。SC 对下层设备进行参数同步，可参照 SLE 参数同步检测的相关规定。

14.1.5、**14.1.9** 这两条是 SC 与下层设备和上层系统的接口检测，检测应涵盖接口所规范的内容，可按本规程相关设备的具体功能检测方法来完成。

14.1.6 待运营结束程序用数据是指 SC 在执行运营结束程序时，可能会使用到的各种数据。可以通过真实设备或仿真系统模拟设备产生，或通过已有历史数据产生等。SLE 主要用于产生运营结束程序所需数据，LCC 主要用于接收运营结束程序执行后需上传的数据。

检测应观察包括运营结束程序的执行全过程以及 SC 与 LCC 的数据交互过程。

14.1.7 待备份和恢复用数据是指 SC 在备份和恢复时，可能会使用到的各种数据。可以通过真实设备或仿真系统模拟设备产生，或使用已有的历史数据等。SLE 主要用于产生运营结束程序所需数据。

检测主要观察备份和恢复程序的执行全过程。

14.1.8 本机监控检测应按设计要求覆盖本机能查询的数据、能被本机监控的故障或异常、能触发报警的操作、能在维修模式进行检测的模块单元或模块。检测结果应观察本机的数据查询结果、对可配置数据的响应、对故障/异常/非法操作的响应、模块检测。

14.1.10 操作员登录模式的触发条件主要是：操作员使用用户名和密码登录；退出模式的触发条件包括：用户主动退出或被动退出（长时间不操作，系统自动取消登录模式）。操作员登录系统所使用用户名和密码及相应权限通常均以操作员参数的方式存放。应至少准备两个不同权限的用户账号。LCC 主要用于编辑操作员参数和下发参数，查看 SC 模式变化情况。

操作员登录模式检测过程，分模式前、中、后三阶段检测。模式前的检测，主要针对系统对操作员所使用的合法或非法用户名、密码登录系统的响应情况；模式中的检测，主要检测用户在成功登录后，系统为用户分配的功能权限情况；模式后的检测，即取消登录模式后，主要观察系统的响应和与 LCC 的数据交互过程。

14.1.11 SC 的离线模式是指 SC 与 LCC 间的通信中断。检测主要针对 SC 与 LCC 的通信中断恢复后，是否能按设计要求完成相关的数据补传、命令执行、软件、参数更新等操作。

14.2 性 能 检 测

14.2.1 SC 对系统数据查询速度的检测可采用在 SC 系统中嵌入性能检测辅助工具的方法来实现。

14.2.2 SC 完成运营作业程序时间检测，可利用作业日志中的时间标记来计算。

14.2.3 SC 的数据准确率主要指对系统存储的各类型数据的处理准确率，可以利用其输出的各种报表与手工核算数进行对比校验以完成数据准确率检测。

15 线路中央计算机系统检测

15.1 功 能 检 测

15.1.1 启动和关闭的操作步骤确定既可以符合设计要求也可以故意违反操作规定，分别用于校验检测项目的正常用例和异常用例；SC和ACC主要用于检测LCC启动和关闭过程的数据交互等。

检测应观察包括LCC本机的启动与关闭过程，LCC与SLE、ACC的连接建立和数据交互过程。

15.1.2 LCC时间同步检测应包括：与ACC的时间同步以及与SC的时间同步。LCC的时间同步触发条件至少包括：在线模式下，更改SC时间和更改ACC时间。不同时间误差范围可能对SC造成不同的影响，当SC与LCC的时间误差超过一定范围时，系统会采取特定措施避免进行时间同步，而采用人工干预方式。ACC主要用于更改时间和数据交互检测。

检测应观察包括时间同步的过程、结果以及LCC与ACC的数据交互过程。LCC通过SC对下层设备进行时间同步，可参照SC时间同步检测的相关规定。

15.1.3 LCC软件更新检测，应包括LCC本系统的软件更新，对SC或SLE的软件更新。待更新的软件版本可以选择高于、低于或等于相应软件的当前版本。软件更新的触发条件至少包括：在ACC上下发待更新软件；在线或离线模式下，在LCC上导入待更新软件。ACC主要用于配合软件更新和数据交互检测。

对检测结果的观察，应包括软件更新过程、结果以及LCC与ACC的数据交互过程。LCC通过SC对下层设备进行软件更新，可参照SC软件更新检测的相关规定。

15.1.4 参数同步检测，应包括对LCC的参数同步和对SC的参数同步。待更新的参数版本可以选择高于、低于或等于相应参数的当前版本。参数同步的触发条件至少包括：在ACC上下发待同步参数；在线或离线模式下，在LCC上导入待同步参数。ACC主要用于配合参数同步和数据交互检测。

检测应观察包括参数同步过程、结果以及LCC与ACC的数据交互过程。LCC通过SC对下层设备进行参数同步，可参照SC参数同步检测的相关规定。

15.1.5 检测前应当对权限进行组合分组，以覆盖多种情况和条件。SLE和SC用于配合测试，校验权限应用情况。

15.1.6、15.1.10 这两条是LCC与下层设备和上层系统的接口检测，检测应涵盖接口所规范的内容，可按本规程相关设备的具体功能检测方法来完成。

15.1.7 待运营结束程序用数据是指LCC在执行运营结束程序时，可能会使用到的各种数据。可以通过真实设备或仿真系统模拟设备产生，或通过已有历史数据产生等。SLE主要用于产生运营结束程序所需数据，ACC则用于接收运营结束程序执行后需上传的数据。

对检测结果的观察，应包括运营结束程序的执行全过程以及LCC与ACC的数据交互过程。

15.1.8 待备份和恢复用数据是指LCC在备份和恢复时，可能会使用到的各种数据。可以通过真实设备或仿真系统模拟设备产生，或使用已有的历史数据等。SLE主要用于产生运营结束程序所需数据。

检测观察主要针对备份和恢复程序的执行全过程。

15.1.9 本机监控检测应按设计要求覆盖本机能查询的数据、能被本机监控的故障或异常、能触发报警的操作、能在维修模式进行检测的模块单元或模块。检测结果应观察本机的数据查询结果、对可配置数据的响应、对故障/异常/非法操作的响应、模块检测。

15.1.11 操作员登录模式的触发条件主要是：操作员使用用户名和密码登录；退出模式的触发条件包括：用户主动退出或被动退出（长时间不操作，系统自动取消登录模式）。操作员登录系统所使用用户名和密码及相应权限通常均以操作员参数的方式存放。应至少准备两个不同权限的用户。ACC主要用于编辑操作员参数和下发参数，查看LCC模式变化情况。

操作员登录模式检测过程，分模式前、中、后三阶段检测。模式前的检测，主要针对系统对操作员所使用的合法或非法用户名、密码登录系统的响应情况；模式中的检测，主要检测用户在成功登录后，系统为用户分配的功能权限情况；模式后的检测，即取消登录模式后，主要观察系统的响应和与LCC的数据交互过程。

15.1.12 LCC的离线模式是指LCC与ACC间的通信中断。检测主要针对LCC与ACC的通信中断恢复后，是否能按设计要求完成相关的数据补传、命令执行、软件、参数更新等操作。

15.2 性能检测

15.2.1 LCC对系统数据查询速度的检测可采用在LCC系统中嵌入性能检测辅助工具的方法来实现。

15.2.2 LCC完成运营作业程序时间检测，可利用作业日志中的时间标记来计算。

15.2.3 LCC的数据准确率主要指对系统存储的各类型数据的处理准确率，可以通过核对SC报表与LCC报表来完成数据准确率检测。

16 清分系统检测

16.1 功能检测

16.1.1 启动和关闭的操作步骤确定既可以符合设计要求也可以故意违反操作规定，分别用于校验检测项目的正常用例和异常用例；LCC主要用于检测ACC启动和关闭过程的数据交互等。

检测应观察包括ACC本机的启动与关闭过程，

ACC 与 LCC 的连接建立和数据交互过程。

16.1.2 ACC 对下层设备、系统进行时间同步的检测可参照 LCC 时间同步检测的相关规定。

16.1.3 待更新的软件版本可以选择高于、低于或等于相应软件的当前版本。软件更新的触发条件是在 ACC 上导入待更新软件。LCC 主要用于配合软件同步和数据交互检测。

检测应观察包括软件更新过程、结果以及 ACC 与 LCC 的数据交互过程。ACC 通过 LCC 对下层系统或设备进行软件更新，可参照 LCC 软件更新检测的相关规定。

16.1.4 ACC 运营参数管理的检测，包括参数维护和对下层系统和设备进行参数同步两个方面内容。参数的维护包括参数编辑、版本管理。ACC 通过 LCC 对下层系统或设备进行参数同步，可参照 LCC 参数同步检测的相关规定。

16.1.5 检测前应当对权限进行组合分组，以覆盖多种情况和条件。LCC 用于配合测试，校验权限应用情况。

ACC 对 SC 及 SLE 的权限管理，可参照 LCC 权限管理检测的相关规定。

16.1.6 ACC 密钥检测，必须使用真实设备，当生成新的密钥后，车站设备进行车票业务，交易数据需要使用清分系统进行验证等来检验新密钥的可靠性和安全性。

16.1.7 ACC 车票库存管理、车票信息管理都是属于信息管理子系统，其检测都可按照相应设定的业务功能和流程来验证。但对于订单管理，除了业务子系统检测方法外，还涉及 ES 对订单的获取和执行，因此订单管理同时需要 ES 配合完成，可按照本规程 ES 相应车票处理功能的检测方法执行。

16.1.8 ACC 对下层系统、设备的监控检测主要针对 ACC 与 LCC 之间的数据接口方面的检测。下层系统和设备的操作可按本规程相应系统和设备的检测相关规定执行。

16.1.9 下层设备和系统包括 SLE、SC 和 LCC 等。检测用的数据可以通过真实设备或系统或仿真系统模拟设备或系统产生，或使用已有的历史数据等。检测应根据设计要求或测试需要选取或覆盖 ACC 的数据管理功能。

16.1.10 ACC 主备系统切换检测，主要是要检测主系统与备份系统切换、各项功能以及对下层系统、设备控制的平滑度、数据的可靠性等。下层设备和系统包括 SLE、SC 和 LCC 等。测试用数据可以通过真实设备或仿真系统模拟设备产生，或通过已有历史数据产生等。

16.1.11 本机监控检测应按设计要求覆盖本机能查询的数据、能被本机监控的故障或异常、能触发报警的操作、能在维修模式进行检测的模块单元或模块。检测结果应观察本机的数据查询结果、对可配置数据的响应、对故障/异常/非法操作的响应、模块检测。

16.1.12 操作员登录模式的触发条件主要是：操作员使用用户名和密码登录；退出模式的触发条件包括：用户主动退出或被动退出（长时间不操作，系统自动取消登录模式）。操作员登录系统所使用用户名和密码及相应权限通常均以操作员参数的方式存放。应至少准备两个不同权限的用户账号。

操作员登录模式检测过程，分模式前、中、后三阶段检测。模式前的检测，主要针对系统对操作员所使用的合法或非法用户名、密码登录系统的响应情况；模式中的检测，主要检测用户在成功登录后，系统为用户分配的功能权限情况；模式后的检测，即取消登录模式后，主要观察系统的响应和与 LCC 的数据交互过程。

16.2 性能检测

16.2.1 ACC 每日需处理的交易数据数以百万，所存储的历史数据则更多，因此 ACC 的数据查询处理性能集中体现在后台数据库的存储设计、管理和检索应用速度以及设备的性能上。

16.2.2 ACC 完成运营作业程序时间检测，可利用作业日志中的时间标记来计算。

16.2.3 ACC 的数据准确率主要指对系统存储的各类型数据的处理准确率，可以通过核对 LCC 报表与 ACC 报表来完成数据准确率检测。

17 联机检测

联机检测的目的一般用于校验同一车站、同一线路、同一线网的设备或系统间能否兼容协作。

17.0.1 联机检测的检测环境搭建要求如下：车站级检测仅需配置一个车站的设备；线路级检测，应配置同属一线路不少于两个车站的设备及 LCC；线网级检测，应配置不少于两条线路，每条线路不少于一个车站的设备及 LCC 和 ACC。车站的终端设备配置应按类型各准备不少于一套真实设备。

17.0.3 联机网络检测项目应当在设备安装前完成，不作为功能或性能检测的一部分。联机数据接口检测和联机性能检测，可作为独立的检测项目执行，也可嵌套在联机功能检测项目内，在检测执行过程中完成。表 17.0.3-1、表 17.0.3-2 中的检测内容和检测项目，均以正常检测顺序排列。

中华人民共和国行业标准

村庄污水处理设施技术规程

Technical specification of wastewater treatment facilities for village

CJJ/T 163—2011

批准部门：中华人民共和国住房和城乡建设部

施行日期：2 0 1 2 年 3 月 1 日

中华人民共和国住房和城乡建设部
公　　告

第 1069 号

关于发布行业标准《村庄污水处理设施技术规程》的公告

现批准《村庄污水处理设施技术规程》为行业标准，编号为 CJJ/T 163-2011，自 2012 年 3 月 1 日起实施。

本规程由我部标准定额研究所组织中国建筑工业出版社出版发行。

中华人民共和国住房和城乡建设部

2011 年 7 月 13 日

前　　言

根据住房和城乡建设部《关于印发〈2009 年工程建设标准规范制订、修订计划〉的通知》（建标[2009] 88 号）的要求，规程编制组经广泛调查研究，认真总结实践经验，参考有关国际标准和国外先进标准，并在广泛征求意见的基础上，制定本规程。

本规程的主要技术内容是：1. 总则；2. 术语和符号；3. 基本规定；4. 处理技术；5. 分散型污水处理；6. 集中型污水处理；7. 施工与质量验收。

本规程由住房和城乡建设部负责管理，由中国科学院生态环境研究中心负责具体技术内容的解释。在执行过程中如有意见或建议，请寄送中国科学院生态环境研究中心（地址：北京市海淀区双清路 18 号，邮编：100085）。

本规程主编单位：中国科学院生态环境研究中心（住房和城乡建设部农村污水处理技术北方研究中心）

本规程参编单位：重庆大学
同济大学
东南大学
北京建筑工程学院
北京市市政工程设计研究总院

本规程主要起草人员：杨　敏　刘俊新　杭世珺　陈梅雪　郭雪松　何　强　李　田　张亚雷　李先宁　马文林　柴宏祥　翟　俊

本规程主要审查人员：彭永臻　鞠宇平　王　淦　尘　峰　孙德智　陈少华　罗安程　高大文　贾立敏　唐志坚　高鹏杰

目　次

Contents

1 总　　则

1.0.1 为实现水体污染控制与治理目标，满足改善农村人居生态环境、提高人民健康水平的要求，制定本规程。

1.0.2 本规程适用于规划服务人口在5000人以下村庄以及分散农户新建、扩建和改建的生活污水（包括居民厕所、盥洗和厨房排水等）处理及其设施的设计、施工和质量验收。

本规程不适用于专业养殖户、农产品加工、工业园区及乡镇企业等产生的废水的处理。

1.0.3 村庄污水处理及其设施的设计、施工和质量验收除应符合本规程规定外，尚应符合国家现行有关标准的规定。

2 术语和符号

2.1 术　　语

2.1.1 黑水　black water

指居民厕所污水，包括粪便、尿液和冲厕污水。

2.1.2 灰水　grey water

指盥洗污水和厨房排水。

2.1.3 调节池　equalization basin

均衡水量和水质的构筑物。

2.1.4 传统活性污泥法　activated-sludge process

污水生物处理的一种方法。该法是在人工条件下，对污水中的微生物群体进行连续混合和培养，形成悬浮态的活性污泥，分解去除污水中的污染物。然后使污泥与水分离，大部分污泥回流至生物反应池，多余部分作为剩余污泥排出活性污泥系统。

2.1.5 分散型污水处理　on-site wastewater treatment

指村庄单户或多户的污水处理。

2.1.6 集中型污水处理　concentrated wastewater treatment

指村庄污水集中收集后进行的污水处理。

2.2 符　　号

L_a——进水 BOD_5 浓度；

L_e——设计出水 BOD_5 浓度；

M——BOD_5 负荷；

N_w——生物滤池滤料容积负荷率；

n——服务人数；

Q——每人每天污水量；

V——有效容积。

3 基本规定

3.0.1 村庄生活污水处理设施建设应以批准的当地水污染治理规划、国家有关村庄整治及新农村建设的政策为主要依据，应根据各地村庄的具体情况和要求，综合考虑经济发展与环境保护、污水的排放与利用等关系，充分利用现有条件和设施。

3.0.2 村庄生活污水处理应优先考虑资源化利用，并应符合国家现行相关标准的规定。

3.0.3 村庄生活污水的处理程度应根据国家现行排放标准确定。

3.0.4 村庄生活污水处理的模式应根据人口、地形地貌、地质特点、住宅分布及污水水质等情况确定，可采用集中型污水处理或分散型污水处理的模式。

3.0.5 村庄生活污水的处理应采用适合农村特征并与当地经济状况相适应的污水处理技术。

3.0.6 村庄生活污水的水质和水量宜以实测为基础分析确定。当无实测资料时，宜对当地用水现状、生活习惯、经济条件、地区规划等进行调查，并在此基础上确定。

3.0.7 村庄生活污水处理构筑物及化粪池应满足防水、防渗功能要求。

3.0.8 当采用生物法处理村庄生活污水时，产生的剩余污泥应定期处理和处置，对符合国家现行有关标准的应进行综合利用。

3.0.9 当村庄生活污水处理后的出水可能与人体接触或有其他安全要求时，应进行消毒处理。

3.0.10 村庄生活污水处理设施应定期维护管理，污水处理站应配备专人负责维护管理。

3.0.11 村庄生活污水处理设施位置的选择，应符合国家有关规定和相关规划的要求。

3.0.12 地埋式污水处理设备与饮用水井等取水构筑物的距离不得小于50m，且不得设置在水井上游。

3.0.13 村庄生活污水处理设施所产生臭气和噪声不应对人居环境产生影响。

3.0.14 当村庄生活污水水温低于4℃时，宜采用地埋式构筑物或采用其他保温设施。

3.0.15 村庄生活污水处理设施的池体可采用钢筋混凝土材质，设计、施工和质量验收应符合国家现行相关标准的规定；也可采用一体化处理设备。

3.0.16 村庄生活污水处理站供电可按三级负荷等级设计，重要地区的污水处理站宜按二级负荷等级设计。

4 处理技术

4.1 一般规定

4.1.1 根据当地的技术和经济条件，村庄生活污水处理技术可选用厌氧生物膜法、生物滤池、生物接触氧化法、氧化沟、传统活性污泥法、生物转盘、人工湿地、稳定塘、土地处理等。

4.1.2 当对处理后水质有特殊要求时，村庄生活污水的处理可选用其他适用技术。

4.2 厌氧生物膜法

4.2.1 厌氧生物膜法可用于村庄生活污水的初级处理。

4.2.2 厌氧生物膜池应设置于化粪池之后。

4.2.3 厌氧生物膜池中宜选用适宜的填料。

4.2.4 厌氧生物膜池的水力停留时间宜取 2d～5d，排泥间隔时间应取 3～12 个月。

4.3 生物接触氧化法

4.3.1 村庄分散型污水处理或村庄集中型污水处理可采用生物接触氧化法。

4.3.2 生物接触氧化池宜按照污染物的去除功能分为好氧池和缺氧池；当采用以脱氮为目标的工艺时，应在好氧池的基础上增加缺氧池。

4.3.3 生物接触氧化池的有效容积宜按下式计算：

$$V = 1000 \times Q \times n \times (L_a - L_e)/M \quad (4.3.3)$$

式中：V——生物接触氧化池的有效容积(m^3)；

Q——每人每天污水量[m^3/(人·d)]；

n——服务人数（人）；

L_a——进水 BOD_5 浓度(mg/L)；

L_e——出水 BOD_5 浓度(mg/L)；

M——BOD_5 容积负荷[$kgBOD_5/(m^3 \cdot d)$]，宜按表 4.3.3 确定。

表 4.3.3 生物接触氧化池 BOD_5 容积负荷

处理能力(m^3/d)		0.1～5	5～20	>20
好氧池Ⅰ		0.15～0.18	0.20～0.22	1.00～1.50
缺氧池+好氧池	好氧池Ⅱ	0.10～0.12	0.12～0.14	0.80～1.00
	缺氧池	0.06～0.08	0.10～0.14	1.00～1.50

注：好氧池Ⅰ为去除 COD 和 BOD_5 功能的处理方法，当有脱氮要求时将好氧池Ⅱ与缺氧池联合使用，反应池顺序为缺氧池、好氧池Ⅱ，并设置硝化液回流装置。

4.3.4 好氧生物接触氧化池（Ⅰ）污水的水力停留时间应取 1.0d～1.5d；曝气总时间应取 1.5h～3.0h，并宜采用间歇曝气方式，曝气时池中的溶解氧含量宜保持在 2.0mg/L～3.5mg/L。

4.3.5 村庄集中型污水处理的接触氧化池应设计成二段式。

4.4 生物滤池

4.4.1 村庄集中型污水处理可采用生物滤池工艺。

4.4.2 生物滤池可采用普通生物滤池、高负荷生物滤池或曝气生物滤池。

4.4.3 普通生物滤池应由池体、滤料、布水装置和排水系统组成，并应符合下列规定：

1 滤料宜采用碎石、卵石或炉渣，粒径宜为 25mm～100mm；

2 布水装置可采用固定式或移动式；

3 排水系统应设置渗水装置、集水沟和总排水沟。

4.4.4 高负荷生物滤池滤料粒径宜为 40mm～100mm，并宜采用旋转布水器。

4.5 氧化沟

4.5.1 村庄集中型污水处理可采用氧化沟工艺。

4.5.2 氧化沟沟渠可采用圆形沟道、椭圆形沟道、直沟道或其组合；沟道横断面可采用矩形、梯形或圆弧形。

4.5.3 氧化沟曝气设备除应具有良好的充氧性能外，还应具有混合和推流作用，设备选型时应确保充氧与混合、推流之间协调。

4.5.4 氧化沟的技术参数宜根据试验资料确定；当无试验资料时，应采用类似工程的数据或按下列规定确定：

1 污水停留时间宜为 6h～30h；

2 污泥龄宜为 10d～30d；

3 沟内流速宜为 0.25m/s～0.35m/s；

4 沟内污泥浓度宜为 2000mg/L～4000mg/L；

5 氧化沟工艺二沉池的表面负荷宜为 $0.5m^3/(m^2 \cdot h)$～$0.8m^3/(m^2 \cdot h)$；

6 一体化氧化沟固液分离器表面负荷宜为 $0.6m^3/(m^2 \cdot h)$～$0.9m^3/(m^2 \cdot h)$；

7 氧化沟沟渠断面的宽度宜为 1m～6m，氧化沟水深应根据曝气设备的性能参数确定。

4.6 生物转盘

4.6.1 村庄集中型污水处理可采用生物转盘。

4.6.2 村庄集中型污水处理宜采用单周多级转盘且不宜小于 3 级。

4.6.3 生物转盘的 BOD_5 面积负荷宜为 $6gBOD_5/(m^2 \cdot d)$～$30gBOD_5/(m^2 \cdot d)$。

4.7 传统活性污泥法

4.7.1 村庄集中型污水处理可采用传统活性污泥法。

4.7.2 当采用传统活性污泥法时，污水进入曝气池之前应设置初沉池。

4.7.3 曝气池的技术参数宜根据试验资料确定；当无试验资料时，应采用类似工程的数据或按下列规定确定：

1 污泥龄宜为 5d～15d；

2 污泥浓度宜为 2000mg/L～4000mg/L；

3 曝气池的溶解氧含量应大于 2mg/L；

4 当有脱氮要求时宜采用生物脱氮工艺，水力停留时间宜大于 8h。

4.8 污水自然生物处理技术

4.8.1 在有条件的地区，村庄生活污水处理可采用自然生物处理技术，并应与村庄整治、环境美化、水资源利用相结合。

4.8.2 自然生物处理技术可选用人工湿地技术、土地处理技术、稳定塘（氧化塘）处理技术等，并应符合现行行业标准《镇（乡）村排水工程技术规程》CJJ 124的有关规定。

4.8.3 当村庄生活污水进入自然生物处理技术单元前，除应经过化粪池或沼气池预处理外，还宜设置厌氧生物膜池作进一步处理。

4.8.4 自然生物处理技术应定期清淤和收割水生植物等，加强维护管理。

4.9 化学法除磷

4.9.1 当村庄生活污水经处理后出水总磷不能达到要求时，可采用絮凝沉淀化学法除磷。

4.9.2 絮凝沉淀化学法除磷的絮凝剂可选用铁盐絮凝剂、铝盐絮凝剂或石灰等。

4.9.3 当采用絮凝沉淀化学法除磷时，药剂的种类、剂量和投加点宜根据试验资料确定。当无试验资料时，可采用类似工程的数据或按下列规定确定：

1 当采用铝盐或铁盐时，投加混凝剂中所含的铝或铁与污水中总磷的摩尔比宜为1.5～3。

2 当采用石灰时，应投加400mg/L以上石灰，并应加25mg/L左右的铁盐，准确投加量宜通过试验确定。

4.10 消 毒 技 术

4.10.1 村庄生活污水处理的消毒技术可采用二氧化氯、漂白粉、含氯消毒药片或其他能达到消毒要求的消毒剂。

4.10.2 各种消毒剂的投加量宜根据试验确定。当采用生物处理技术时，出水的加氯量宜为5mg/L～10mg/L。

5 分散型污水处理

5.0.1 村庄分散型污水处理宜采用生物接触氧化法或自然生物处理技术。

5.0.2 当采用生物接触氧化法出水不能满足要求时，宜增加自然生物处理技术。

5.0.3 灰水可直接采用人工湿地进行处理后排放或综合利用。

5.0.4 污水进入生物接触氧化池前应进行预沉淀处理，可采用已建成的化粪池或沼气池作为沉淀处理单元，并应满足防水、防渗功能要求。

5.0.5 当以去除COD为目标时，村庄分散型污水处理设施可采用下列处理工艺流程（图5.0.5-1、图5.0.5-2）：

图5.0.5-1 以去除COD为目标的村庄分散型污水处理设施处理工艺流程模式1

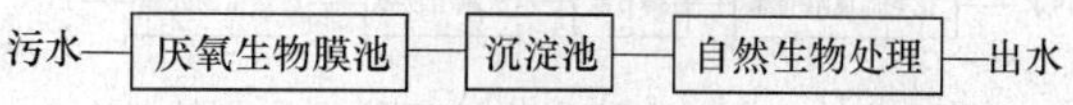

图5.0.5-2 以去除COD为目标的村庄分散型污水处理设施处理工艺流程模式2

5.0.6 当以去除COD和总氮为目标时，村庄分散型污水处理设施可采用以下处理工艺流程（图5.0.6）：

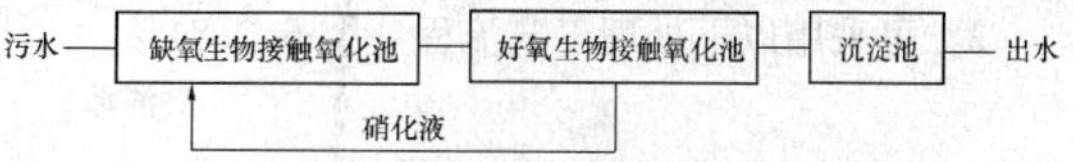

图5.0.6 以去除COD和总氮为目标的村庄分散型污水处理设施处理工艺流程

5.0.7 当排水有消毒要求时，应设置消毒池或使用含氯消毒药片。

6 集中型污水处理

6.0.1 当农户集中居住，污水便于统一收集时，经环境影响评价和技术经济比较后，宜采用集中型污水处理模式，统一修建污水处理站。污水处理站可采用一体化设备或工程构筑物。

6.0.2 村庄集中型污水处理宜采用生物接触氧化池、生物滤池、氧化沟、厌氧生物膜、人工湿地和稳定塘等技术。

6.0.3 污水进入污水处理站前应进行预沉淀处理，可采用已建成的化粪池或沼气池作为预沉淀处理单元。化粪池或沼气池应进行防水、防渗功能检查，当达不到相应要求时应进行改造。未经过化粪池或沼气池预处理的污水，宜在污水处理站前增加厌氧和除渣预处理单元。

6.0.4 污水处理站宜设置消毒单元。

6.0.5 污水处理站可根据需要设置调节池。

6.0.6 污水处理站的水泵和风机等设备宜采用一用一备。

6.0.7 以COD为主要去除目的的污水处理站宜符合下列规定：

1 以生物处理技术为主体的污水处理站可采用以下处理工艺流程（图6.0.7-1）：

2 以自然生物处理技术为主体的污水处理站可采用以下处理工艺流程（图6.0.7-2）：

6.0.8 有总氮去除要求的污水处理站，宜采用生物接触氧化池、生物滤池、氧化沟或其他技术组合，并应符合下列规定：

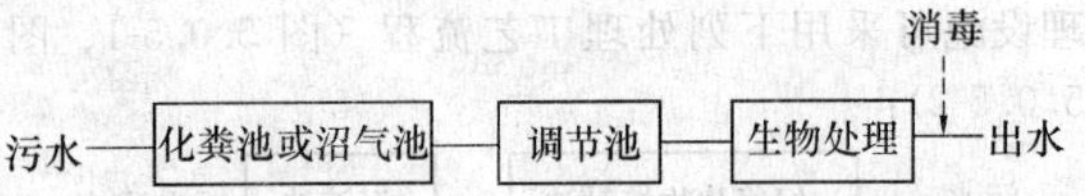

图 6.0.7-1 以生物处理技术为主体的污水处理站处理工艺流程

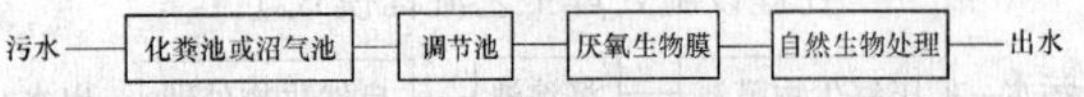

图 6.0.7-2 以自然生物处理技术为主体的污水处理站处理工艺流程

1 生物好氧处理单元溶解氧应保持在 2.0mg/L 以上，生物厌氧（缺氧）处理单元溶解氧应保持在 0.5mg/L 以下；

2 可采用以下处理工艺流程（图 6.0.8）：

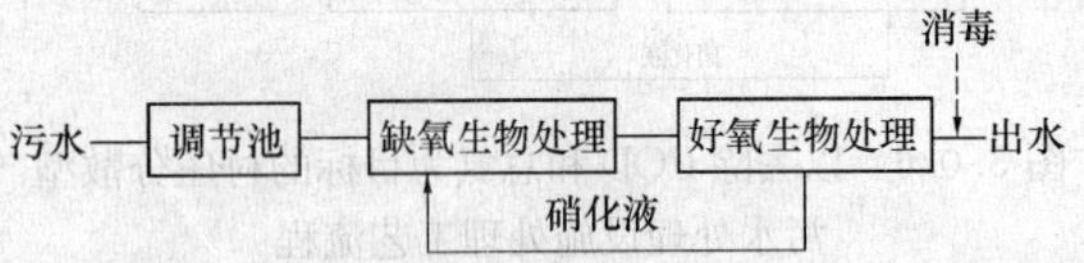

图 6.0.8 有总氮去除要求的污水处理站处理工艺流程

6.0.9 以去除 COD、总氮和总磷为目的的污水处理站，宜采用生物与自然生物技术组合，并应符合下列规定：

1 生物处理单元中的缺氧/厌氧生物处理单元宜采用生物膜单元；

2 好氧生物处理单元宜采用生物接触氧化池、生物滤池、氧化沟或其他技术；

3 自然生物处理单元宜采用人工湿地技术或土地渗滤等，并应以除磷和进一步提高出水水质为主；

4 可采用以下处理工艺流程（图 6.0.9）：

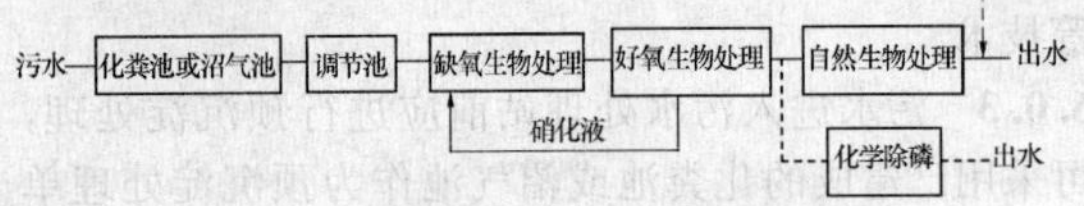

图 6.0.9 以去除 COD、总氮和总磷为目的的污水处理站处理工艺流程

7 施工与质量验收

7.1 一般规定

7.1.1 施工前，应根据当地的情况编制施工方案，经批准后方可实施。

7.1.2 施工中，应做好隐蔽工程的防水、防渗及防腐工程的质量验收。

7.1.3 管道工程施工与质量验收应符合现行行业标准《镇（乡）村排水工程技术规程》CJJ 124 的规定。

7.1.4 污水处理构筑物的施工与质量验收应符合现行国家标准《给水排水构筑物工程施工及验收规范》GB 50141 的有关规定。

7.1.5 经调试运行后的出水水质应符合设计出水水质要求。

7.1.6 污水处理工程竣工验收后，建设单位应将有关设计、施工与质量验收文件归档。

7.1.7 工程竣工验收后，应提供运行维护说明书。

7.2 施 工

7.2.1 集中型污水处理站的地面构筑物的施工应符合国家现行相关标准的规定。

7.2.2 分散型污水处理设施的施工应符合下列规定：

1 基坑开挖应保证足够的施工空间；应根据现场具体情况增加地基处理和维护设施或进行施工排水。

2 吊装一体化设备应保证水平；回填前应向设备内注满水。

3 排水管不得形成逆向反坡，且设备水位应高于受纳水体水位。

4 当鼓风机、水泵等附属设备安装在室外时，设备噪声及电气配置应符合国家现行相关标准的规定。

7.3 质量验收

7.3.1 村庄污水处理设施施工完成后必须竣工验收，竣工验收宜由建设单位组织设计、施工、管理（使用）、质量管理、监理和有关单位联合进行。

7.3.2 一体化设备竣工验收应核实竣工验收资料、检查主体设备及附属设备的运行情况。

本规程用词说明

1 为便于在执行本规程条文时区别对待，对要求严格程度不同的用词说明如下：

1）表示很严格，非这样做不可的：
正面词采用“必须”，反面词采用“严禁”；

2）表示严格，在正常情况下均应这样做的：
正面词采用“应”，反面词采用“不应”或“不得”；

3）表示允许稍有选择，在条件许可时首先应这样做的：
正面词采用“宜”，反面词采用“不宜”；

4）表示有选择，在一定条件下可以这样做的，采用“可”。

2 条文中指明应按其他有关标准执行的写法为：“应符合……的规定”或“应按……执行”。

引用标准名录

1 《给水排水构筑物工程施工及验收规范》GB 50141

2 《镇（乡）村排水工程技术规程》CJJ 124

中华人民共和国行业标准

村庄污水处理设施技术规程

CJJ/T 163—2011

条 文 说 明

制 定 说 明

《村庄污水处理设施技术规程》CJJ/T 163-2011，经住房和城乡建设部2011年7月13日以第1069号公告批准、发布。

本规程制定过程中，编制组系统研究了国内村庄生活污水处理技术的适用性、经济性及可行性，进行了全国村庄污水处理技术现状的调查，总结了不同经济水平、地域特征地区村庄分散型生活污水处理工程建设的实践经验，同时参考了美国《分散型污水处理手册》及日本《合并处理净化槽的构造方法》等国外相关文献。

为便于广大设计、施工、科研、学校等单位有关人员在使用本规程时能正确理解和执行条文规定，《村庄污水处理设施技术规程》编制组按章、节、条顺序编制了本规程的条文说明，对条文规定的目的、依据以及执行中需注意的有关事项进行了说明。但是本条文说明不具备与规程正文同等的法律效力，仅供使用者作为理解和把握规程规定的参考。

目　次

1 总 则

1.0.1 说明制定本规程的宗旨目的。

1.0.2 规定本规程的适用范围。

为促进我国农村环境保护与经济社会的协调发展，住房和城乡建设部发布了《村庄整治技术规范》GB 50445－2008，针对5000人以下的村庄生活污水处理，由于其处理技术和工艺与城镇相比有一定的区别，故编制本规程。

1.0.3 关于村庄污水处理设施建设尚应执行现行有关标准的规定。

3 基 本 规 定

3.0.1 村庄污水处理设施建设的原则。

我国目前有60万个行政村，而对生活污水进行某种程度处理的只占3％。随着农村生活水平的提高，水冲厕所在农户开始普及，洗涤用水增加，大量农村生活污水未经处理排出，已成为湖泊和河流富营养化等环境污染的主要原因之一。农村污水不治理，水体污染治理将事倍功半。另一方面，农村居民点分散，经济能力和管理能力低下，城市的污水处理技术和大规模的管网建设很难在农村实施。推广适合农村的分散型污水治理技术已十分迫切。与此同时，随着社会主义新农村建设的逐步推进，对于村容及周边卫生环境整治的需求也日益增强。与城市污水处理体系不同，大部分农村没有完善的排水管网体系，同时由于经济发展不平衡，村庄污水处理特别需要结合新农村建设的要求，将农村污染控制与村容整治、提高人居质量综合考虑。

根据目前农村污水处理现状，村庄污水处理应避免机械套用城镇污水处理工艺及其他已有工艺，并保障相应的出水水质要求。村庄污水处理应满足适用性、经济性的要求，充分利用已建排水设施，以降低投资成本。

3.0.2 根据农村的生产生活特征，生活污水中的污染物物质也是生产过程中的营养物质。因此，提倡污水的综合利用，不仅可以实现污水的原位消纳，还可实现污水的资源化利用。黑水、灰水分离的源分离技术可提高污水的资源化效率。在有条件的地区，黑水可通过堆肥、产沼气等资源化综合利用途径降低污水处理成本；灰水经处理后达到标准可回用或作为农灌用水。

3.0.3 污水的排放要求直接关系到污水处理程度和技术选择，因此，农村生活污水的排放要求需根据国家和地方的排放要求因地制宜地确定，以保证污染物消减目标的实现和降低成本。在没有排放要求的农村地区，针对地区的特征，建议按表1参考不同排水去向的排放要求。

表1 村庄污水排放执行的相关参照标准

排水用途	直接排放		灌溉用水		渔业用水	景观环境用水
参考标准	《污水综合排放标准》GB 8978－1996	《城镇污水处理厂污染物排放标准》GB 18918－2002	《农田灌溉水质标准》GB 5084－2005	《城市污水再生利用 农田灌溉用水水质》GB 20922－2007	《渔业水质标准》GB 11607－89	《城市污水再生利用 景观环境用水水质》GB/T 18921－2002

3.0.4、3.0.5 规定村庄生活污水处理技术选择的依据。

管网建设是污水处理系统投资的主要构成部分，村庄污水处理应进行技术经济比较后确定集中型处理或分散型处理的模式。主要技术经济指标包括：处理单位水量投资、处理单位水量电耗和成本、运行可靠性、管理维护难易程度、占地面积和总体环境效益等。

3.0.6 由于我国幅员辽阔，各地农村生活排水的水质和水量差异较大，因此，在核定水质和水量时，要根据村庄卫生设施水平、排水系统完善程度等因素确定。农村居民的排水量根据实地调查结果确定，在没有调查数据的地区，采取如下方法确定排水量：洗浴和冲厕排水量可按相应用水量的70％～90％计算，洗衣污水为用水量的60％～80％（洗衣污水室外泼洒的农户除外），厨房排水则需要询问村民是否有他用（如喂猪等），如果通过管道排放则按用水量的60％～85％计算。同时，还应考虑到随着新农村建设的推进，农民生活水平日益提高，部分发达地区农村的用水量已接近城市居民用水量，因此，在确定用水量时，可参考城市居民用水量酌情确定。一般取较低值。

3.0.7 有关设施防水、防渗及防腐处理的规定。

本规定主要为防止污水对地下水的污染。调查表明，当前绝大多数已建化粪池的农户没有进行防水处理，这一方面造成地下水污染，另一方面使得后续污水处理设施无法保证正常运行水量，因此作此条文规定。

3.0.8 关于生物法产生的剩余污泥的规定。定期可由市政槽车抽吸外运处理，其他有效的处置方式也可采用，符合国家现行有关标准的可用作农肥。

3.0.9 为保证人或牲畜的卫生安全，提出关于污水处理设置消毒设施的规定。

3.0.10 关于污水处理设施运行维护的规定。

目前国内已建农村污水处理设施难以达到设计效果的最大问题是运行管理缺失，因此，为保障污水处理设施的正常运行，必须做到单户及多户小型处理设施定期维护，定期维护包括对进出水质的检验、设备检修与保养等。村庄污水处理站需配备专人负责日常维护管理。

3.0.11 关于污水处理设施位置选择的规定。

3.0.12 关于污水处理设施与饮用水井等取水构筑物的安全距离的规定。

3.0.13 关于污水处理设施臭气和噪音污染防止的规定。

3.0.14 关于污水处理设施防冻的规定。

3.0.15 关于污水处理设施构筑物选择的规定。

3.0.16 关于污水处理设施用电的规定。

供电负荷等级应根据对供电可靠性的要求和终端供电在环境、经济上所造成损失或影响程度来划分。若突然中断供电，造成较大环境、经济损失的应采用二级负荷等级设计，如出水排入国家重点流域水源地上游以及旅游区等地区需要考虑按二级负荷等级计算。

4 处理技术

4.1 一般规定

4.1.1 关于污水处理设施采用单元技术选择的规定。

由于各地农村经济发展水平、环境保护及村庄整治要求不同，根据各地区污水处理规划目标，可以选择本规程规定的单元技术及组合工艺，如表2所示。

表2 村庄污水处理适宜技术及组合参考

编号	处理目标	处理工艺	适宜处理规模(m^3/d)				
			0.1～1	1～10	10～100	100～500	500以上
1	去除COD	生物接触氧化池	■	■	■	■	
		氧化沟				■	■
		传统活性污泥法				■	■
		人工湿地(灰水)	■	■	■		
		厌氧生物膜池＋人工湿地	■	■	■		
		生物滤池			■	■	
		生物转盘		■	■	■	
2	去除COD和TN	缺氧＋好氧生物接触氧化池	■	■	■	■	
		氧化沟			■	■	■
		活性污泥法脱氮工艺				■	■
		厌氧生物膜池＋人工湿地	■	■	■		
		生物转盘		■	■	■	
3	去除COD、TN和TP	缺氧/厌氧＋好氧生物接触氧化池＋人工湿地/土地处理			■	■	
		氧化沟＋人工湿地/土地处理				■	■
		活性污泥脱氮＋人工湿地/土地处理				■	■

4.1.2 关于有特殊出水水质要求时，污水处理设施采用单元技术选择的规定。

4.2 厌氧生物膜法

4.2.1 关于厌氧生物膜法适用范围的规定。

4.2.2 关于厌氧生物膜池工艺连接的规定。

4.2.3 厌氧生物膜池是通过在厌氧池内填充生物填料强化厌氧处理效果的一种厌氧生物膜技术。污水中大分子有机物在厌氧池中被分解为小分子有机物，能有效降低后续处理单元的有机污染负荷，有利于提高污染物的去除效果。正常运行时，厌氧生物膜池对COD和SS的去除效果可达到40%～60%。具有投资省、施工简单、无动力运行、维护简便的优点；池体可埋于地下，其上方可覆土种植植物，美化环境。该处理单元对氮磷基本无去除效果，出水水质较差，须接后续处理单元进一步处理后排放。厌氧生物膜池典型结构如图1所示。其中填充的填料应有利于微生物生长，易挂膜，且不易堵塞，从而提高厌氧池对BOD_5和悬浮物的去除效果。厌氧生物膜池的反应区悬挂填料，强化厌氧处理效果，下层布置为污泥储存区，兼具厌氧反应和沉淀双重功能。

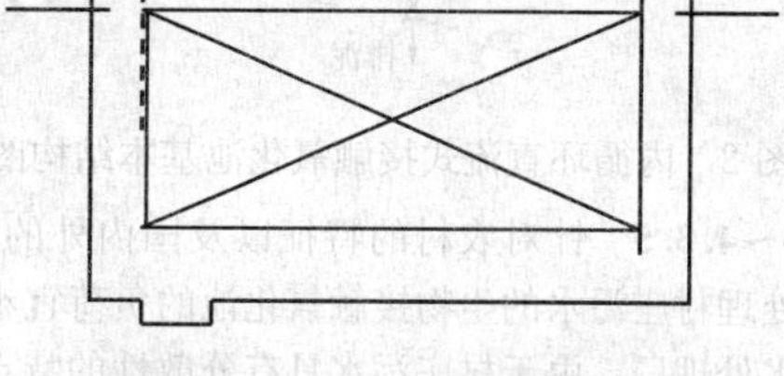

图1 厌氧生物膜池结构示意图

4.2.4 由于增加了填料，使微生物附着生长于填料上，脱落的生物膜污泥定期排放，其排泥时间可为3个月至12个月，具体可视污泥斗的容积和处理量而定。污泥斗的有效容积可取上层反应池有效容积的1/8～1/4。

4.3 生物接触氧化法

4.3.1 关于生物接触氧化法适用范围的规定。

4.3.2 生物接触氧化池是生物膜法的一种，主要是去除污水中的悬浮物、有机物、氨氮等污染物。生物接触氧化池工艺对水质、水量波动有较强的适应性，这已经在很多工程实际运行中得到证实。即使在运行时中断进水，对生物膜的净化功能也不会造成致命的影响，适合于村庄分散型污水处理。具有剩余污泥量低，易于沉淀，无污泥膨胀之忧，操作简单、运行方便、易于日常运行与维护等优点。

好氧生物接触氧化可去除COD，并将氨氮转化为硝酸盐氮，通过增加缺氧单元反硝化达到氮的去除。生物接触氧化池由池体、填料、支架及曝气装置、进出水装置以及排泥管道等部件组成。生物接触氧化池根据污水处理流程，可分为一级接触氧化、二级接触氧化和多级接触氧化。二级接触氧化和多级接触氧化可在各级接触氧化池中间设置中间沉淀池，延长接触氧化时间，提高出水水质。

根据曝气装置位置的不同，接触氧化池在形式上可分为分流式和直流式，分流式接触氧化池污水先在单独的隔间内充氧后，再缓缓流入装有填料的反应区，直流式接触氧化池是直接在填料底部曝气；若按水流特征，又可分为内循环和外循环式，内循环指单独在填料装填区进行循环，外循环指在填料体内、外形成循环。

内循环直流式接触氧化池的结构如图 2 所示。

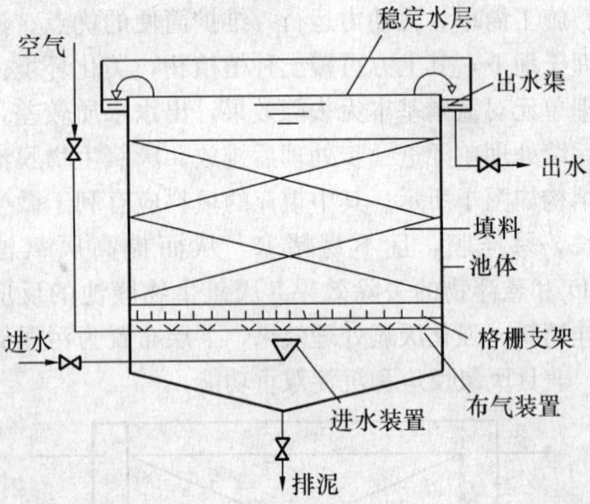

图 2　内循环直流式接触氧化池基本结构图

4.3.3～4.3.5　针对农村的特征以及国内外的经验，用于处理村庄污水的生物接触氧化池的负荷宜小于城市污水处理厂，由于村庄污水具有分散性的特点，特别是小规模的处理设施往往不能每天进行专业维护管理，因此，参考日本小型净化槽的设计标准，适当将 BOD_5 负荷降低，保证污水在生物处理单元的停留时间大于 24h，以提高处理设施的处理效果。20t/d 以上的村庄污水处理站设计时，应考虑运行模式，如采用与城镇污水处理厂相同的连续曝气方式，可按本规程表 4.3.3 中大于 20t/d 的负荷选取，如采用每日曝气 3h～4h 的间歇式运行，应采用处理能力为5t/d～20t/d 的参数设计。

本规程规定的生物接触氧化池的有效接触时间及曝气量为最低标准。设计和运行时，需要合理布置曝气系统，实现均匀曝气。正常运行时，需观察填料载体上生物膜生长与脱落情况，并通过适当的气量调节防止生物膜的整体大规模脱落。确定有无曝气死角，调整曝气头位置，保证均匀曝气。定期察看有无填料结块堵塞现象发生并予以及时疏通。

单户或多户规模的池体可用热塑性复合材料、PVC 塑料材料、玻璃钢等材质，村庄集中型污水处理站的接触氧化池体应采用钢板焊接制成或用钢筋混凝土浇筑砌成。

采用二段式时，污水在第一池内的接触反应时间占总时间的 2/3 左右，第二段占 1/3。

4.4　生 物 滤 池

4.4.1　关于生物滤池适用范围的规定。

4.4.2　生物滤池有多种形式，要根据水质和水量状况选择，规模较小的村庄，可以采用普通生物滤池或高负荷生物滤池；污水相对集中、规模相对较大并有一定管理能力的村庄，可以采用曝气生物滤池，因为曝气生物滤池效率高但运行管理相对要求也高。不同类型的生物滤池具体设计参数可参考《室外排水设计规范》GB 50014－2006。曝气生物滤池目前应用较多，池型、滤料大小、流态都有不同，应用时除参考规范外，也可借鉴已有成熟应用的新技术和参数。曝气生物滤池与活性污泥法的串联应用也是提高出水水质的重要工艺途径。

4.4.3　普通生物滤池基本构造的要求，实际应用时可在满足基本构造要求的前提下，因地制宜，尽量采用本地材料。

4.4.4　对高负荷生物滤池基本构造的要求，因为负荷高，BOD 容积负荷达到普通滤池的 6 倍～10 倍，因此填料粒径相对要大一些，以避免堵塞，同时增加空隙率提高充氧效果。

4.5　氧 化 沟

4.5.1　关于氧化沟适用范围的规定。

氧化沟处理规模过小会造成设备不匹配，导致处理费用过高。因此，处理规模宜在 $100m^3/d$ 以上。

4.5.2　关于氧化沟构型的规定。

4.5.3　关于氧化沟曝气设备的规定。

4.5.4　关于氧化沟参数的规定。

4.6　生 物 转 盘

4.6.1　关于生物转盘适用范围的规定。

4.6.2　生物转盘主要由盘体、氧化槽、转动轴和驱动装置等部分组成。在处理村庄污水应用的中小型转盘可由一套驱动装置带动一组（3～4）级转盘工作。

4.6.3　关于生物转盘参数的规定。转盘直径可为 2m～3m，盘片厚度为 1mm～15mm。盘体与氧化槽表面的净距离不小于 150mm。转盘的转速应为 0.8r/min～3.0r/min，线速度为 15m/min～18m/min。转盘浸没率为 20%～40%。

4.7　传统活性污泥法

4.7.1　关于传统活性污泥法使用范围的规定。

4.7.2、**4.7.3**　关于传统活性污泥法选用原则和参数的规定。

普通曝气池和活性污泥法脱氮工艺为活性污泥法，应用于有专人维护管理的小型污水处理站，其设计参数可参考《给水排水设计手册》(第二版)。

4.8 污水自然生物处理技术

4.8.1 自然生物处理技术适合我国大部分气温适宜的村庄的污水处理。北方寒冷的冬季，需注意防止内部结冰降低处理效率。

4.8.2 人工湿地技术、土地处理技术、稳定塘处理技术参考《镇（乡）村排水工程技术规程》CJJ 124－2008及其他相关标准。此外，人工湿地技术往往与其他环境工程技术配合使用。

4.8.3 人工湿地技术等自然生物处理技术需要适当的预处理单元，如化粪池、沉淀池或塘、油水分离器等，主要用于暂时储存污水，为污染物的后续净化提供充分的沉淀和净化空间。同时，村庄污水根据排水要求的不同，可以与村容村貌整治相结合，采用人工湿地等技术达到村庄环境美化的作用。

4.8.4 人工湿地的维护包括三个主要方面：水生植物的调整与重新种植、杂草的去除和沉积物的清除。当水生植物不适应生活环境时，需调整植物的种类，并重新种植；植物种类的调整需要适时变换水位；杂草的过度生长给湿地植物的生长带来了许多问题，需及时清除以增强湿地的净化功能和经济价值。实践证明，人工湿地的植被种植完成以后，就开始建立良好的植物覆盖，进行杂草控制是最理想的管理方式。在春季或夏季，建立植物床的前三个月，用高于床表面5cm的水深淹没可控制杂草的生长。当植物经过三个生长季节，就可以与杂草竞争；由于污水中含有大量的悬浮物，在湿地床的进水区易产生沉积物堆积。运行一段时间，需清除沉积物，以保持稳定的湿地水文水力及净化效果。

稳定塘是一种利用水体自然净化能力处理污水的自然生物处理设施，它的设计简单、费用低、运行方便，所需要的维护工作较少，很适于中低污染物浓度的生活污水处理。稳定塘应尽量远离居民点，而且应该位于居民点长年风向的下方，防止水体散发臭气和滋生的蚊虫的侵扰。稳定塘应防止暴雨时期产生溢流，在稳定塘周围要修建导流明渠将降雨时的雨水引开。暴雨较多的地方，衬砌应做到塘的堤顶以防雨水反复冲刷。塘堤为减少费用可以修建为土堤。塘的底部和四周可作防渗处理，预防塘水下渗污染地下水。防渗处理有黏土夯实、土工膜、塑料薄膜衬面等。稳定塘的日常维护中要注意保护塘内生物的生长，但也不能让水生生物过度生长，特别是藻类的快速繁殖会使出水水质下降。塘是否出现渗漏是检查的重点，要注意对塘的出入水量进行定期测量，以查看有无渗漏。如果周边有地下井，也可抽取地下水进行检测，查看是否受到塘水的下渗污染。

寒冷地区自然生物处理系统需考虑冬季处理效果的维持。

4.9 化学法除磷

4.9.1 化学除磷方法的适用范围。

4.9.2 絮凝沉淀法除磷工艺分为前置沉淀工艺、同步沉淀工艺和后沉淀工艺三种工艺流程。前置沉淀工艺宜采用铁盐或铝盐作为絮凝剂，将药剂加在污水处理厂沉砂池中，或加在沉淀池的进水渠中，形成的化学污泥在初沉池中与污水中的污泥一同排除。若二级处理采用生物滤池，不允许使用Fe^{2+}。同步沉淀工艺宜采用铁盐或铝盐作为絮凝剂。将药剂投加在曝气池进水、出水或二沉池进水中，形成的化学污泥同剩余生物污泥一起排除。该工艺会增加剩余污泥产量。后沉淀工艺宜采用石灰作为絮凝剂，并用铁盐作为助凝剂。在生物处理系统二沉池出水后另建混凝沉淀池，将药剂投在其中，形成单独的处理系统。当污水中磷的含量较高时，采用石灰法后沉淀工艺，石灰采用高纯度粒状石灰。

4.9.3 关于药剂投放的规定。

4.10 消 毒 技 术

4.10.1 污水经过二级处理后，水质已得到明显改善，不仅悬浮物、有机物、氨氮等污染物浓度大大降低，而且细菌等病原微生物也得到了一定程度的去除。但是细菌总数仍然较大，存在病原菌的可能性很大。因此在对细菌总数有严格要求的地区，需要增加消毒单元。特别是位于水源地保护区及其周边的农村地区，风景旅游区农村，夏季或流行病的高发季节更应严格进行消毒操作，减少疾病发生概率。消毒技术的选择要与农村经济和技术水平相适应。

4.10.2 有关消毒剂投加量的规定。

5 分散型污水处理

5.0.1 关于村庄污水小型处理设施的适用技术的说明。

5.0.2 关于小型污水处理设施的处理工艺的规定。

生物接触氧化池是生物膜法中的一种常用技术，具有出水稳定、耐冲击负荷、易操作管理等优点，尤其适合于小型污水处理工程。

小型污水处理设施出水采用自然生物技术进行进一步处理，最终出水可满足更高的排放标准要求。

5.0.3 强调了分质收集系统，灰水采用的简单处理方法以及综合利用的要求。

5.0.4 生物接触氧化池前须进行预沉淀的规定。

化粪池和沼气池具有良好的沉淀、厌氧消化功能，若有已建成的相关设施可以作为预沉淀处理单元，要注意已建池体的结构应满足防水防渗要求；调节池具有水质调节、预沉淀和厌氧消化功能，在无化粪池和沼气池设施的情况下要设置在一体化设施内。

对于地埋式设施的防水、防腐、防渗漏和满足结构安全等要求的规定。一体化小型设施的池壁可以采用玻璃钢、增强型复合材料等材质，并达到表3的要求。

表3 一体化设施池壁材料的主要技术参数

基本参数	数 值	单 位
壁厚	3.5～10	mm
基体材料的拉伸强度	≥90	MPa
基体材料的弯曲强度	≥135	MPa
基体材料的缺口冲击	≥35	kJ/m²
密封渗漏性	满水负荷，72h无渗漏	
耐酸性	pH5溶液中保持72h，试样无软化、起泡、开裂、溶出现象	
耐碱性	pH8溶液中保持72h，试样无软化、起泡、开裂、溶出现象	
耐温性	可在－20℃～60℃温度条件下正常使用	

5.0.5 关于以去除COD为目标的分散型污水处理设施工艺流程选择的规定。

5.0.6 关于以去除COD和总氮为目标的分散型污水处理设施工艺流程选择的规定。污水采用厌氧膜、好氧生物接触氧化及回流，同时满足COD和总氮的去除要求。

5.0.7 有关消毒的规定。

6 集中型污水处理

6.0.1 关于统一修建村庄集中型污水处理站的规定。

农户居住比较集中，且污水收集管道易于铺设情况下，经环境影响评价和技术比较后，宜采用集中处理模式，统一修建污水处理站，对污水进行集中处理。污水处理站可采用设备化或工程化。污水的相对集中处理有利于降低污水处理站的建设和运行成本，并对污水处理站实施有效的运行管理。

6.0.2 村庄集中型污水处理站的适宜技术应具有投资省、运行管理方便等优点，本规定中的技术经过工程实践，比较适合目前农村的特征。

6.0.3 关于污水预处理的规定。

若污水未经化粪池或沼气池预处理，在污水处理站前设置厌氧和除渣等预处理设施，以去除农户排放污水中含有的砂粒、泥渣、漂浮物等易堵塞物质，达到有效降低有机负荷和防止后续处理设施发生堵塞的目的。

6.0.4 关于污水处理站设置消毒单元的规定。

污水经生物处理后，其中仍存在大量的细菌等微生物，并有存在病原菌的可能，因此农村污水处理出水有较高安全要求时，在污水处理站后设置消毒单元对处理出水进行消毒再行排放。目前常用的消毒剂有漂白粉、氯片、次氯酸钠等。

6.0.5 关于设置调节池的规定。

6.0.6 关于污水处理站设备配置的规定。

为避免水泵、曝气及其他电力设备发生故障时污水无法得到有效处理及出现其他不利情况，这类设备宜采用一用一备。

6.0.7 关于以去除COD为主要目的的污水处理站的规定。

处理站以去除COD为主，此时，主体处理工艺可不必考虑硝化液的回流及设置除磷单元。污水处理站的主体技术采用自然生物处理技术，如人工湿地、土地处理、塘系统或其他技术时，前面的生物处理单元宜采用厌氧技术或其他技术，以有效降低后续自然生物处理单元的有机负荷，在应用人工湿地以及土地处理等技术时为避免或减缓基质的堵塞，应设置多级格栅或沉淀池等装置。处理规模低于$100m^3/d$并以生物技术为主体的污水站，宜采用生物接触氧化池、生物滤池技术；处理规模大于$100m^3/d$时，宜采用生物接触氧化池、生物滤池和氧化沟。为保证处理效果，宜好氧处理，好氧池溶解氧保持在2.0mg/L以上。

6.0.8 关于有脱氮要求的污水处理站的规定。

对于有脱氮要求的污水处理站需包括厌氧单元和好氧单元，并需要提供硝化液回流，回流比100%以上。该模式是典型的A/O法脱氮工艺，又称前置反硝化生物脱氮系统，也是目前采用比较广泛的一种脱氮工艺。

6.0.9 关于有脱氮除磷要求的污水处理站的规定。

处理规模低于$100m^3/d$，宜采用生物接触氧化池、生物滤池；处理规模大于$100m^3/d$时，宜采用生物接触氧化池、生物滤池或氧化沟。调节池可与厌氧生物膜单元合建。人工湿地中磷的去除主要通过湿地填料吸附、植物和微生物吸收的协同作用完成。以磷为主要去除目的的深度处理单元可采用除磷效果较好的垂直流人工湿地或组合式人工湿地。人工湿地主要设计参数可参照表4，或根据具体实验资料确定。

表4 用作深度处理的人工湿地的主要设计参数

单床最小表面积	≥20m²
COD表面负荷	≤16g/(m²·d)
最大日流量时的水力负荷	＜100mm/d～300mm/d或＜100L/(m²·d)～300L/(m²·d)

土地处理技术作为后续单元，可有效地通过土壤吸附和沉淀去除污水中的磷，被吸附而储存于土壤中的磷扩散、移动性微弱，不容易流失，总磷的去除效果一般较好。

在有条件的地区，也可采用化学除磷。

7 施工与质量验收

7.1 一般规定

7.1.1 关于施工前准备工作的规定。

7.1.2 关于施工中质量验收等的规定。

7.1.3 关于管道工程施工与质量验收的规定。

7.1.4 关于污水处理构筑物的施工与验收的有关规定。

7.1.5 关于工程竣工后出水水质的规定。

7.1.6 关于工程竣工后文件归档的规定。

7.1.7 关于工程竣工后的规定。

7.2 施 工

7.2.1 关于集中村污水处理站的地面构筑物的施工规定。

7.2.2 关于一体化小型设施施工的有关规定。

地埋式一体化小型设施的地基施工非常重要。地基应该选择在土质坚实、地下水位较低，土层底部没有地道、地窖、渗井、泉眼、虚土等隐患之处；而且设备与树木、竹林或池塘要有一定距离，以免树根、竹根扎入设备内或池塘涨水时造成设备漏水。在坑底作承重处理时，可在坑底密集地铺上一层卵石或碎石，使其能够让一体化设备保持水平以及承受其重量而不下沉。施工中，应使一体化设备保持水平，免于土压或其他压力引起壳体的变形和损坏。

电气安装应按照相关标准执行；其电源必须是防水且接地。因鼓风机或其他设备在运行时容易会发生振动或噪声，必须安装在基础经过处理的适当地方。

7.3 质量验收

7.3.1 关于验收组织的规定。

7.3.2 关于一体化设备竣工验收的规定。

中华人民共和国行业标准

盾构隧道管片质量检测技术标准

Standard for quality inspection of shield tunnel segment

CJJ/T 164—2011

批准部门：中华人民共和国住房和城乡建设部

施行日期：2 0 1 2 年 3 月 1 日

中华人民共和国住房和城乡建设部
公　告

第 1014 号

关于发布行业标准《盾构隧道管片质量检测技术标准》的公告

现批准《盾构隧道管片质量检测技术标准》为行业标准，编号为 CJJ/T 164-2011，自 2012 年 3 月 1 日起实施。

本标准由我部标准定额研究所组织中国建筑工业出版社出版发行。

中华人民共和国住房和城乡建设部

2011 年 5 月 10 日

前　言

根据住房和城乡建设部《关于印发〈2009 年工程建设标准规范制订、修订计划〉的通知》（建标[2009] 88 号）的要求，标准编制组经广泛调查研究，认真总结实践经验，参考有关国外先进标准，并在广泛征求意见的基础上，编制本标准。

本标准的主要技术内容是：1. 总则；2. 术语；3. 基本规定；4. 技术指标；5. 检验方法；6. 验收标准。

本标准由住房和城乡建设部负责管理，由广东省建筑科学研究院负责具体技术内容的解释。执行过程中如有意见或建议，请寄送广东省建筑科学研究院（地址：广州市先烈东路 121 号，邮政编码：510500）。

本标准主编单位：广东省建筑科学研究院
中铁二十五局集团有限公司

本标准参编单位：广州市地下铁道总公司
广州市建设工程质量监督站
广东华隧建设股份有限公司
广州安德建筑构件有限公司
广东省基础工程公司
北京港创瑞博混凝土有限公司
深圳海川实业股份有限公司

本标准主要起草人员：徐天平　王小青　杨国龙　李　健　冯国冠　王　洋　陈丽娜　苏振宇　蔡文胜　李　杰　赖伟文　吕志珩　邵孟新　杨思忠　黄永衡　黄威然　谭伟源　刘志峰　黎振东　霍志光

本标准主要审查人员：戎君明　蔡　健　邸小坛　张庆贺　王秀志　张柏林　张继清　罗世东　王清明　杨小礼　钱春阳

目　次

Contents

1 总 则

1.0.1 为加强盾构法隧道工程施工管理，统一盾构隧道管片质量检测和验收，保证检测准确可靠，制定本标准。

1.0.2 本标准适用于采用盾构法施工的盾构隧道混凝土管片和钢管片进场拼装施工前的检测和质量验收。

1.0.3 盾构隧道管片质量检测和验收除应执行本标准外，尚应符合国家现行有关标准的规定。

2 术 语

2.0.1 管片 segment

盾构隧道衬砌环的基本单元，包括混凝土管片和钢管片。

2.0.2 混凝土管片 concrete segment

以混凝土为主要原材料，按混凝土预制构件设计制作的管片。

2.0.3 钢管片 steel segment

以钢材为主要原材料，按钢构件设计制作的管片。

2.0.4 水平拼装检验 test of horizontal assembly

将两环或三环管片沿铅直方向叠加拼装，通过测量管片内径、外径、环与环、块与块之间的拼接缝隙，从而评价管片的尺寸精度和形位偏差。

2.0.5 渗漏检验 test of leakage

对混凝土管片外弧面逐级施加水压，观察水在混凝土管片内弧面及拼接面的渗透情况，评价管片抵抗水渗漏的能力。

2.0.6 抗弯性能检验 test of bending

对混凝土管片施加抗弯设计荷载，分析混凝土管片在抗弯荷载作用下的变形、管片表面裂缝的产生和变化，评价管片的抗弯性能。

2.0.7 抗拔性能检验 test of anti-pulling

对混凝土管片中心吊装孔的预埋受力构件进行拉拔试验，评价管片吊装孔的抗拔性能。

2.0.8 粘皮 peeling

混凝土表面的水泥砂浆层被模具粘去后留下的粗糙表面。

2.0.9 飞边 flash

模塑过程中溢入模具合模线或脱模销等间隙处并留在混凝土管片上的水泥砂浆。

2.0.10 拼接面 splicing surface

采用某种方式将盾构隧道管片连接起来，管片与管片之间的接触面。

2.0.11 环向 ring direction

盾构隧道管片拼装成环后，环的切线方向。

2.0.12 纵向 longitudinal direction

盾构隧道管片拼装后，环与环的中心连线方向。

2.0.13 渗漏检验装置 tester of leakage testing

在渗漏检验中，用于固定混凝土管片试件，并能在管片外弧面与试验架钢板之间形成密闭区间进行充水加压试验的试验台座。渗漏检验装置由检验架钢板、刚性支座、横压件、紧固螺杆、橡胶密封垫等组成。

3 基 本 规 定

3.0.1 盾构隧道管片检测，应在接受委托后，进行现场和有关资料调查，制定检测方案并确认仪器设备状况后进行现场检测，根据计算分析和结果评价判断是否进行扩大抽检，并应出具检测报告（见图3.0.1）。

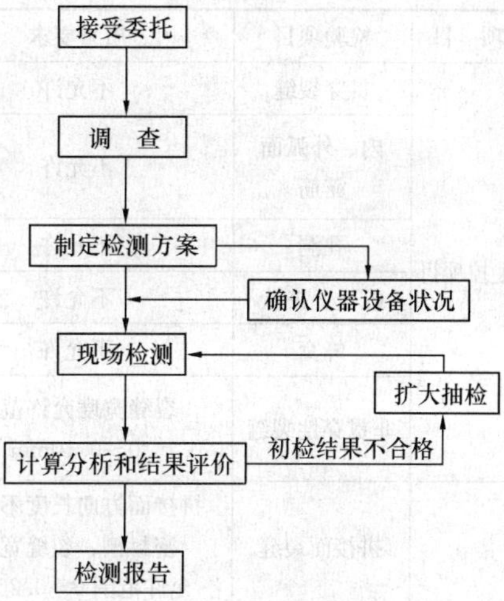

图 3.0.1 盾构隧道管片检测工作程序

3.0.2 从事盾构隧道管片质量检测的机构，应符合国家规定的有关结构构件检测资质条件要求。检测人员应经过培训并取得检测资格。

3.0.3 盾构隧道管片的检测数据应真实可靠，全面反映管片质量状况。检测所用的仪器设备应进行定期检定和校准，并应处于正常状态。仪器设备的测量精度应满足本标准相关章节的要求。

3.0.4 盾构隧道管片现场检测时，除应执行本标准的有关规定外，还应遵守国家有关安全生产的规定。检测区域应设置明显标志，并应采取适当措施保证检测人员和仪器设备安全。

3.0.5 混凝土管片外观、尺寸、水平拼装、渗漏、抗弯性能、抗拔性能检验的原始记录可按本标准附录A的格式记录。

3.0.6 盾构隧道管片检测报告应包含下列主要内容：

1 工程名称，委托单位名称，建设单位、设计单位、施工单位、管片生产单位及监理单位名称；

2　检测目的及依据的标准；

3　检测项目、检测数量及仪器设备；

4　检测结果与数据分析、检测结论；

5　检测日期和报告完成日期，检测单位，主要检测人员的签章；

6　检测数据图表和照片以及计算资料。

4　技 术 指 标

4.1　混凝土管片

4.1.1　混凝土管片的混凝土强度等级不应小于C50，且应符合设计要求。

4.1.2　混凝土管片应进行外观检验，外观的检验项目和质量要求应按表4.1.2确定。

表4.1.2　混凝土管片外观检验项目和质量要求

序号	项　目	检验项目	质量要求
1	主控项目	贯穿裂缝	不允许
2	主控项目	内、外弧面露筋	不允许
3	主控项目	孔洞	不允许
4	主控项目	疏松、夹渣	不允许
5	主控项目	蜂窝	不允许
6	一般项目	非贯穿性裂缝	裂缝宽度允许范围0～0.10mm
7	一般项目	拼接面裂缝	拼接面方向长度不超过密封槽，裂缝宽度允许范围0～0.20mm
8	一般项目	麻面、粘皮	表面麻面、粘皮总面积不大于表面积的5%
9	一般项目	缺棱掉角、飞边	应修补
10	一般项目	环、纵向螺栓孔	畅通、内圆面平整，不应有塌孔

4.1.3　混凝土管片应进行尺寸检验，尺寸的检验项目和允许偏差应按表4.1.3确定。

表4.1.3　混凝土管片尺寸的检验项目和允许偏差

序号	项目性质	检验项目	允许偏差（mm）
1	主控项目	宽度	±1
2	主控项目	厚度	+3，−1
3	一般项目	钢筋保护层厚度	±5

4.1.4　盾构隧道管片应进行水平拼装检验，水平拼装尺寸的检验项目和允许偏差应符合表4.1.4的规定。

表4.1.4　盾构隧道管片水平拼装尺寸的检验项目和允许偏差

序　号	检验项目	允许偏差（mm）
1	成环后内径	±2
2	成环后外径	+6，−2
3	环向缝间隙	0～2
4	纵向缝间隙	0～2

4.1.5　混凝土管片应进行管片渗漏检验，检验结果应满足设计要求。

4.1.6　混凝土管片应进行抗弯性能检验，检验结果应满足设计要求。

4.1.7　混凝土管片应进行吊装螺栓孔抗拔性能检验，检验结果应满足设计要求。

4.2　钢　管　片

4.2.1　钢管片材质应符合设计要求。

4.2.2　钢管片应进行外观检验，外观的检验项目和质量要求应按表4.2.2确定。

表4.2.2　钢管片外观检验项目和质量要求

序号	项　目	检验项目	质量要求
1	主控项目	裂缝	不允许
2	一般项目	锈蚀	符合现行国家标准《涂装前钢材表面锈蚀等级和除锈等级》GB 8923规定的C级及C级以上
3	一般项目	环、纵向螺栓孔	畅通、内圆面平整

4.2.3　钢管片应进行几何尺寸检验，尺寸的检验项目和允许偏差应符合表4.2.3的规定。

表4.2.3　钢管片尺寸的检验项目和允许偏差

序号	检验项目	允许偏差
1	宽度	±0.5mm
2	厚度	+3mm，−1mm
3	螺栓孔位及直径	±1mm
4	环面与端面、环面与内弧面的垂直度	2′
5	端面、环面平整度	0～0.2mm

4.2.4　钢管片应进行水平拼装检验，水平拼装尺寸允许偏差应符合本标准表4.1.4的规定。

4.2.5　钢管片应进行焊缝质量检验，焊缝质量应符合现行国家标准《钢结构工程施工质量验收规范》GB 50205的有关规定。

4.2.6　钢管片应进行涂层质量检验，涂层质量应符合现行国家标准《钢结构工程施工质量验收规范》GB 50205的有关规定。

5 检验方法

5.1 强度检验

5.1.1 混凝土管片的混凝土强度检验应以检查生产过程的试件强度试验报告为依据，且应采用回弹法或钻芯法对混凝土管片的混凝土强度进行抽样检验。

5.1.2 当采用回弹法检测混凝土管片的混凝土强度时，回弹法检验应按现行行业标准《回弹法检测混凝土抗压强度技术规程》JGJ/T 23 的规定执行。回弹操作面宜选择管片内弧面及管片拼接面。

5.1.3 当抽检混凝土管片的混凝土检验条件不符合现行行业标准《回弹法检测混凝土抗压强度技术规程》JGJ/T 23 有关规定或对回弹法结果有争议时，应采用钻芯法进行混凝土强度检验。钻芯法芯样试件制作及试验应符合国家现行有关标准的规定。

5.1.4 钢管片材质强度检验应检查生产过程的检验报告或生产厂家出具的产品质量证明文件，并应符合设计要求。

5.2 外观检验

5.2.1 混凝土管片裂缝检验应先采用目测，当发现裂缝时，应记录每条裂缝的位置、最大宽度和长度，并应按本标准表 4.1.2 判定裂缝类别。

裂缝的最大宽度应采用读数显微镜或裂缝宽度检测仪测量，精确至 0.01mm；裂缝长度宜采用钢直尺或钢卷尺测量，精确至 1mm。

5.2.2 混凝土管片内外弧面露筋检验应采用目测，发现露筋时应记录外露钢筋的位置及数量。

5.2.3 混凝土管片表面孔洞检验应采用目测，发现孔洞时应记录孔洞的位置及数量、每个孔洞的最大孔径和最大深度。

孔洞的最大孔径应采用钢直尺或钢卷尺测量，精确至 1mm；最大深度应采用钢直尺和深度游标卡尺测量，钢直尺沿着管片的纵向轴线紧贴在管片表面，然后用深度游标卡尺测量孔洞底部至管片表面的最大距离，精确至 1mm。

5.2.4 混凝土管片疏松、夹渣检验应采用目测，发现缺陷时应记录疏松、夹渣的位置及数量。

5.2.5 混凝土管片蜂窝检验应采用目测，发现蜂窝时应记录蜂窝的位置及数量。

5.2.6 混凝土管片麻面、粘皮检验应采用目测，发现缺陷时应记录麻面、粘皮的尺寸。

应采用钢直尺或钢卷尺测量麻面、粘皮的尺寸，精确至 1mm，并应按本标准附录 B 计算其面积。

5.2.7 混凝土管片缺棱掉角、飞边应采用目测，发现缺陷时应记录缺棱掉角、飞边的位置及数量。

5.2.8 钢管片表面裂缝应采用目测，当发现裂缝时，应记录每条裂缝的位置、最大宽度和长度。

裂缝的最大宽度应采用读数显微镜或裂缝宽度检测仪测量，精确至 0.01mm；裂缝长度宜采用钢直尺或钢卷尺测量，精确至 1mm。

5.2.9 钢管片表面锈蚀应采用目测，发现锈蚀时应记录锈蚀的位置及数量。

5.2.10 螺栓孔检测应先采用目测，再采用螺栓对混凝土管片和钢管片环向、纵向螺栓孔进行穿孔检验，并应记录螺栓穿孔检验、内圆面平整和螺栓孔塌孔情况。

5.3 尺寸检验

5.3.1 混凝土管片及钢管片的宽度检验应采用游标卡尺在内、外弧面的两端部及中部各测量 1 点，共 6 点，精确至 0.1mm。

5.3.2 混凝土管片及钢管片的厚度检验应采用游标卡尺在管片的四角及拼接面中部各测量 1 点，共 8 点，精确至 0.1mm。

5.3.3 混凝土管片的钢筋保护层厚度检验应符合现行行业标准《混凝土中钢筋检测技术规程》JGJ/T 152 的规定。当采用钢筋探测仪进行测量时，应在内弧面和外弧面各测量 5 点，精确至 1mm。当有争议时，可凿开混凝土保护层，应采用深度游标卡尺进行钢筋保护层厚度测量，精确至 0.1mm。

5.3.4 钢管片螺栓孔位及直径检验应采用游标卡尺测量，精确至 0.1mm。

5.3.5 钢管片的环面与端面、环面与内弧面的垂直度检验应采用靠尺和塞尺测量，并应计算钢管片环面与端面、环面与内弧面的夹角，精确至 30″。

5.3.6 钢管片的端面、环面平整度检验，应采用靠尺分别紧贴钢管片端面、环面的中部及端部，用塞尺塞入钢管片检验面与靠尺间的缝隙，精确至 0.02mm。

5.4 水平拼装检验

5.4.1 盾构隧道管片水平拼装检验时，可采用二环拼装或三环拼装，拼装时不应加衬垫。环宽大于或等于 2m 的管片宜按二环水平拼装进行检验，环宽小于 2m 的管片宜采用三环水平拼装进行检验。

5.4.2 盾构隧道管片成环后内径和成环后外径检验，应采用钢卷尺在同一水平测量断面上选择间隔约 45° 的四个方向进行测量（见图 5.4.2），精确至 1mm。

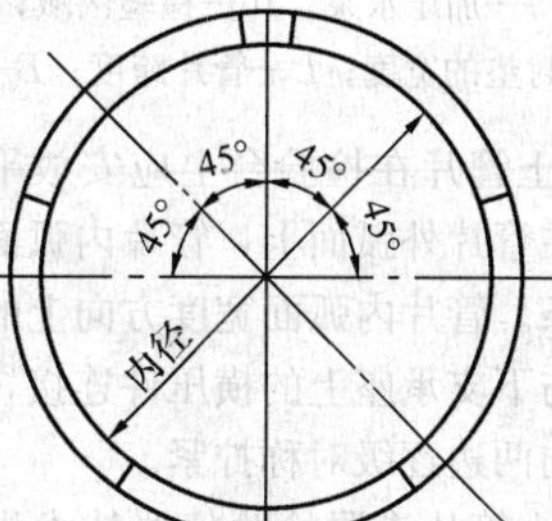

图 5.4.2 直径环向测点位置示意

5.4.3 盾构隧道管片的环向缝间隙和纵向缝间隙应全数检验，应先目测管片拼接处，选择较不贴合的接缝，然后用塞尺进行测量，两环之间的环向缝间隙应测量不少于 6 点，纵向缝间隙应每条缝测量不少于 2 点，精确至 0.1mm。

5.5 渗漏检验

5.5.1 混凝土管片渗漏检验装置（见图 5.5.1）应采用刚性支座，横压件、紧固螺杆及检验架钢板应有足够的刚度。

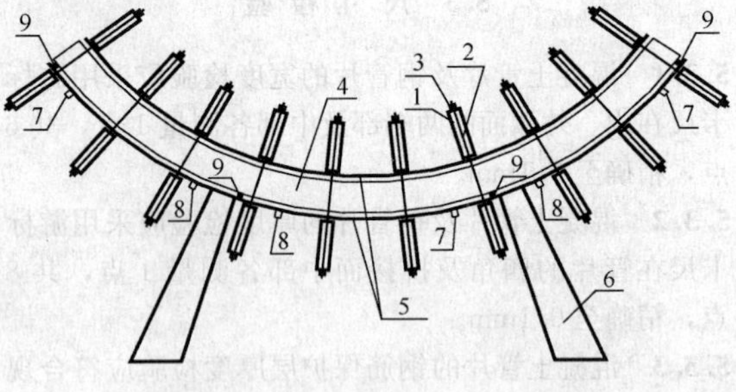

图 5.5.1 渗漏检验装置示意

1—横压件；2—紧固螺杆；3—螺母；4—管片；5—检验架钢板；6—刚性支座；7—泄压排水孔；8—加压进水孔；9—橡胶密封垫

5.5.2 渗漏检验装置应将混凝土管片外弧面等分为三个检验区域（见图 5.5.2），每个检验区域应分别布置进水孔和排水孔。检验架钢板与管片外弧面之间应采用橡胶密封垫密封，橡胶密封垫应沿三个检验区域边界布置。橡胶密封垫内侧距离管片侧边不应大于 100mm。

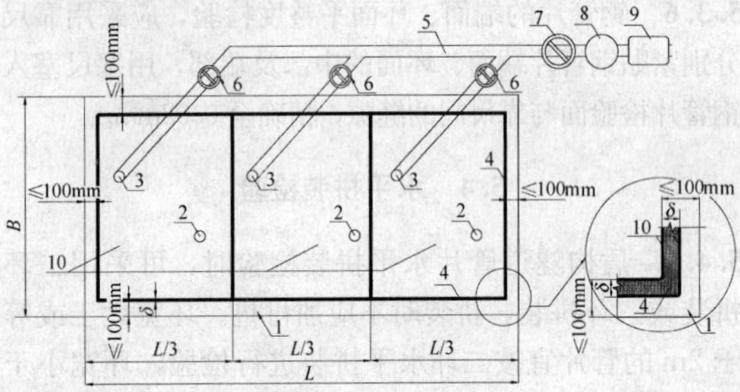

图 5.5.2 渗漏检验示意

1—管片；2—泄压排水孔；3—加压进水孔；4—橡胶密封垫；5—进水管；6—阀门；7—总阀门；8—压力表；9—加压水泵；10—检验区域；

δ—橡胶密封垫的宽度；L—管片跨度；B—管片宽度

5.5.3 混凝土管片在检验台上应安放平稳，密封橡胶垫应紧贴在管片外弧面上，管片内弧面与横压件间应垫放橡皮条。管片内弧面宽度方向上的横压件应采用紧固螺栓与下支承座上的横压件连接，用扭矩扳手从中间开始向两边逐级对称拧紧。

5.5.4 混凝土管片渗漏检验仪器技术指标应符合表 5.5.4 的规定。

表 5.5.4 渗漏检验仪器技术指标

仪器名称	技术指标		
	量程	分度值	精度
压力表	2.5MPa	0.05MPa	1.6 级
电子秒表	≥3h	1s	1 级
加压水泵	能保证连续加压		

5.5.5 渗漏检验前，应首先安装连接好渗漏检验装置，打开泄压排水孔，接通进水阀门，注入自来水，当泄压排水孔排水时关闭泄压排水孔，启动加压水泵，分级施加水压。检验应符合下列步骤：

1 按 0.05MPa/min 的加压速度，加压到 0.2MPa，稳压 10min，检查管片的渗漏情况，观察侧面渗透高度，作好记录；

2 继续加压到 0.4MPa、0.6MPa……，每级稳压时间 10min，直至加压到设计抗渗压力，稳压 2h，检查管片内弧面的渗漏情况，观察侧面渗透高度，作好记录；

3 稳压时间内，应保证水压稳定，出现水压回落应及时补压，保证水压保持在规定压力值；

4 混凝土管片渗漏检验过程中，若因橡胶密封垫不密实出现渗漏水时，应判定试验失败，重新检验。

5.6 抗弯性能检验

5.6.1 混凝土管片抗弯性能检验装置（见图 5.6.1）应符合下列规定：

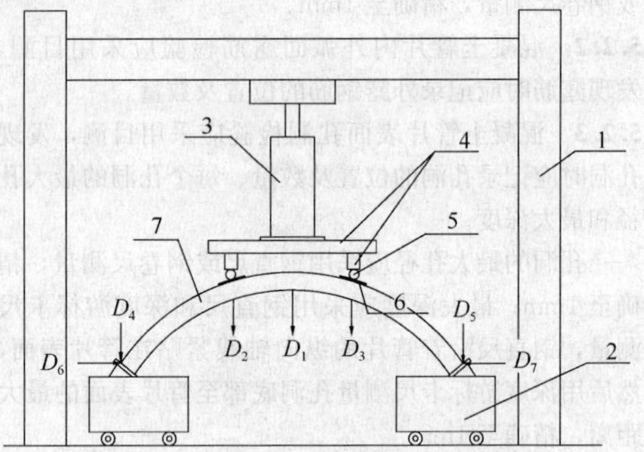

图 5.6.1 抗弯性能检验装置示意

1—加载反力架；2—活动小车；3—油压千斤顶；4—荷载分配梁；5—加压棒；6—橡胶垫；7—管片；D_1～D_7—位移测点

1 加载反力装置所能提供的反力不得小于最大试验荷载的 1.2 倍；

2 支承混凝土管片两端的活动小车车轮应能沿地面轨道滚动；

3 宜采用油压千斤顶进行加载、卸载；

4 施加给混凝土管片的抗弯荷载应通过荷载分配梁来实现，加载点取 1/3 管片跨度；

5 加压棒的长度应与管片宽度相等。

5.6.2 混凝土管片抗弯性能检验设备的安装应符合下列规定：

1 管片应平稳安放在检验架上，加载点上应垫上厚度不小于20mm的橡胶垫；

2 管片检验过程中，应布设挠度和水平位移测点（图5.6.2）。

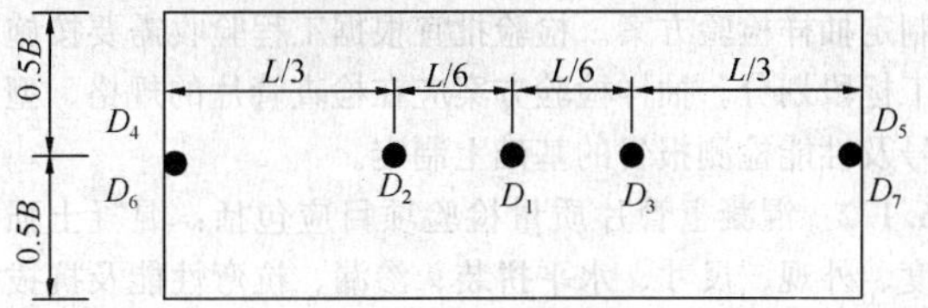

图5.6.2 抗弯性能检验位移测点示意

D_1～D_5—竖向位移测点；D_6、D_7—水平位移测点；

B—管片宽度；L—管片跨度

5.6.3 混凝土管片抗弯性能检验仪器技术指标应符合表5.6.3的规定。

表5.6.3 检验仪器技术指标

仪器名称	技术指标		
	量程	分度值	精度
荷载测量系统	500kN	0.5kN	1%
读数显微镜	10mm	0.01mm	0.01mm
百分表	30mm	0.01mm	1级
电子秒表	＞2h	1s	1s
油压千斤顶	500kN能保证连续加压		

5.6.4 混凝土管片抗弯性能检验仪器的选用应符合下列规定：

1 荷载测量系统可采用荷载测试仪直接测读，也可通过千斤顶油压表测量得到，油压表可采用指针油压表或数字压力表；

2 位移宜采用百分表测量，百分表可为机械百分表或数字百分表；

3 裂缝宜采用读数显微镜测量。

5.6.5 混凝土管片抗弯性能检验应采用分级加载方式，每级加载值应符合表5.6.5的规定，每级恒载时间不应少于5min，应记录每级荷载值作用下的各测点位移，并施加下一级荷载。

表5.6.5 抗弯性能检验加载值

荷载值 \ 分级	一级	二级	三级	四级	五级	六级	七级
分级加载值/设计荷载值	20%	20%	20%	20%	10%	5%	5%
累计加载值/设计荷载值	20%	40%	60%	80%	90%	95%	100%

5.6.6 当混凝土管片出现裂缝后，应持续荷载10min，观察混凝土管片裂缝的开展，并应取本级荷载值为开裂荷载实测值。

5.6.7 当加载至设计荷载时，应持续荷载30min，观察混凝土管片裂缝开展，记录最大裂缝宽度，随后卸载，终止检验。

5.6.8 抗弯性能检验的数据处理应符合下列规定：

1 每一级加载后的位移变量，应按下列公式计算：

$$W_1 = D_1 - (D_4 + D_5)/2 \tag{5.6.8-1}$$

$$W_2 = (D_2 + D_3)/2 - (D_4 + D_5)/2 \tag{5.6.8-2}$$

$$W_3 = (D_6 + D_7)/2 \tag{5.6.8-3}$$

式中：W_1——中心点竖向计算位移（mm）；

W_2——载荷点竖向计算位移（mm）；

W_3——水平点计算位移（mm）；

D_1——中心点竖向测量位移（mm）；

D_2、D_3——载荷点竖向测量位移（mm）；

D_4、D_5——端部中点竖向测量位移（mm）；

D_6、D_7——端部中点水平测量位移（mm）。

2 应绘制中心点位移、荷载点位移、水平点位移与荷载的关系曲线图。

3 应提供每级荷载作用下裂缝位置、长度和宽度的图表。

5.6.9 当出现下列情况之一时，检验失败，应重新检验：

1 位移变量曲线出现异常突变；

2 混凝土管片在加载点处出现局部破坏。

5.7 抗拔性能检验

5.7.1 混凝土管片应采用穿心式张拉千斤顶进行管片吊装孔的预埋受力构件抗拔性能检验。抗拔性能检验装置（见图5.7.1）中的承压钢板开孔直径应大于吊装孔直径5mm；橡胶垫厚度及承压钢板厚度不应小于10mm；管片内弧面与橡胶垫之间的空隙应填细砂找平。

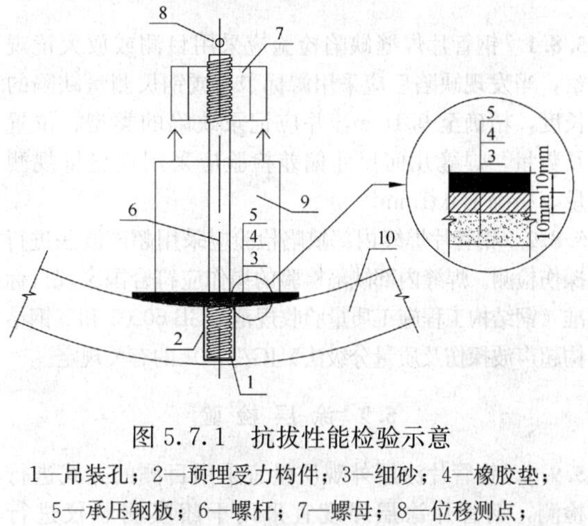

图5.7.1 抗拔性能检验示意

1—吊装孔；2—预埋受力构件；3—细砂；4—橡胶垫；5—承压钢板；6—螺杆；7—螺母；8—位移测点；9—穿心式张拉千斤顶；10—管片

5.7.2 混凝土管片抗拔性能检验设备的安装应按下列步骤进行：

1 先将螺杆旋入吊装孔螺栓管内，检查螺栓的旋入深度及垂直度；

2 将橡胶垫及承压钢板套进螺杆，然后安装穿心式张拉千斤顶，旋紧螺母，使管片、螺栓、螺杆、千斤顶、螺母连接成一整体；

3 安装荷载测试系统。

5.7.3 混凝土管片抗拔性能检验仪器的技术指标应符合表5.7.3的规定。

表5.7.3 检验仪器技术指标

仪器名称	技术指标		
	量程	分度值	精度
荷载测试系统	500kN	0.5kN	1%
读数显微镜	10mm	0.01mm	0.01mm
百分表	30mm	0.01mm	1级
电子秒表	>2h	1s	1s
油压千斤顶	500kN能保证连续加压		

5.7.4 混凝土管片抗拔性能检验应采用分级加载方式，每级加载值应符合表5.7.4的规定，每级持荷时间不应少于5min，应记录每级荷载作用下螺栓的位移量。

表5.7.4 抗拔性能检验加载值

荷载值 \ 分级	一级	二级	三级	四级	五级	六级	七级
分级加载值/设计荷载值	20%	20%	20%	20%	10%	5%	5%
累计加载值/设计荷载值	20%	40%	60%	80%	90%	95%	100%

5.7.5 当抗拔性能检验加载达到设计荷载时，应持续荷载30min，每5min测量一次位移，记录荷载和位移，终止试验并观察混凝土管片裂缝开展情况。

5.8 焊缝检验

5.8.1 钢管片焊缝缺陷检验应采用目测或放大镜观察，当发现缺陷后应采用游标卡尺或钢尺测量缺陷的长度，精确至0.1mm，并应记录缺陷的类型、位置及数量。焊缝几何尺寸偏差检验应采用焊缝量规测量，精确至0.1mm。

5.8.2 钢管片焊缝内部缺陷检验应采用超声波法进行探伤检测。焊缝内部缺陷检验的操作应符合国家现行标准《钢结构工程施工质量验收规范》GB 50205和《钢结构超声波探伤及质量分级法》JG/T 203的有关规定。

5.9 涂层检验

5.9.1 钢管片涂层外观质量宜采用目测的方式进行检测，钢管片涂层厚度宜采用干漆膜测厚仪进行检测。

5.9.2 钢管片涂层检验应符合现行国家标准《钢结构工程施工质量验收规范》GB 50205的有关规定。

6 验收标准

6.1 检验数量

6.1.1 盾构隧道管片的检验，应合理划分检验批，制定抽样检验方案。检验批宜根据工程验收需要按施工标段划分。抽样检验方案应在检查管片的规格、型号及性能检测报告的基础上制定。

6.1.2 混凝土管片质量检验项目应包括：混凝土强度、外观、尺寸、水平拼装、渗漏、抗弯性能及抗拔性能，抽样检验数量应符合表6.1.2规定。

表6.1.2 混凝土管片质量验收检验数量

序号	检验项目	抽样检验数量
1	混凝土强度	采用回弹法，回弹法抽检数量不少于同一检验批管片总数的5%
2	外观	每200环抽检1环，不足200环时按200环计
3	尺寸	
4	水平拼装	每1000环抽检1次，不足1000环时按1000环计
5	渗漏	每1000环抽检1块，不足1000环时按1000环计
6	抗弯性能	
7	抗拔性能	

注：外观及尺寸的检验应按标准块、邻接块、封顶块三种类型管片分别抽检；渗漏、抗弯性能检验宜选用标准块。

6.1.3 钢管片质量检验项目应包括：外观、尺寸、水平拼装、焊缝及涂层，抽样检验数量应符合表6.1.3规定。

表6.1.3 钢管片质量验收检验数量

序号	检验项目	抽样检验数量
1	外观	每100环抽检1环，不足100环时按100环计
2	尺寸	
3	水平拼装	每500环抽检1次，不足500环时按500环计
4	焊缝	每100环抽检1环，检验该环焊缝总数的1%，不足100环时按100环计
5	涂层	每100环抽检1环，不足100环时按100环计

注：外观及尺寸的检验应按标准块、邻接块、封顶块三种类型管片分别抽检。

6.2 判定标准

6.2.1 当采用回弹法对混凝土管片强度进行抽检时，应按现行行业标准《回弹法检测混凝土抗压强度技术规程》JGJ/T 23的规定，计算混凝土强度推定值。

当生产过程的混凝土试件强度试验报告评定为合格且回弹法抽检推定值或钻芯法芯样强度试验值满足设计强度要求时，应判定该检验批管片混凝土强度合格。

6.2.2 混凝土管片外观检验应按本标准表 4.1.2 指标判定，当主控项目无缺陷且一般项目缺陷不超过 2 项时，应判定该检验批管片外观质量合格。

6.2.3 混凝土管片的几何尺寸应按本标准表 4.1.3 规定的允许偏差进行判定。当混凝土管片宽度、厚度和钢筋保护层厚度检验均符合下列规定时，应判定该检验批管片几何尺寸合格：

1 管片各个测点的宽度检验结果不超过允许偏差，宽度的检验结果应判为合格。

2 管片各个测点的厚度检验结果不超过允许偏差，厚度的检验结果应判为合格。

3 管片钢筋保护层厚度检验应符合下列规定：

1）当全部钢筋保护层厚度检验的合格点率为 90%及以上时，钢筋保护层厚度的检验结果应判为合格；

2）当全部钢筋保护层厚度检验的合格点率小于 90%但不小于 80%时，可再抽取相同数量的管片进行检验；当按两次抽样总和计算的合格点率为 90%及以上时，钢筋保护层厚度的检验结果仍应判为合格；

3）每次抽样检验结果中不合格点的最大偏差均不应大于本标准表 4.1.3 规定允许偏差值的 1.5 倍。

6.2.4 混凝土管片水平拼装检验应按本标准表 4.1.4 规定的允许偏差进行判定，当成环后内径、成环后外径、环向缝间隙和纵向缝间隙的各个检测结果均符合本标准表 4.1.4 规定的允许偏差时，应判定该检验批管片水平拼装性能合格。

6.2.5 混凝土管片的抗渗性能应按以下规定进行判定：在设计抗渗压力下稳压 2h，管片内弧面不出现渗漏水现象，侧面渗水高度不超过 50mm，应判定该检验批管片抗渗性能合格。

6.2.6 混凝土管片的抗弯性能应按以下规定进行判定：加载达到设计荷载并持荷 30min 后，没有观察到裂缝或裂缝宽度不大于 0.2mm，应判定该检验批管片抗弯性能符合设计要求。

6.2.7 混凝土管片的抗拔性能应按以下规定进行判定：设计荷载下的最后三次所测位移，相邻两个位移差均小于 0.01mm，应判定该检验批管片预埋受力构件抗拔性能符合设计要求。

6.2.8 钢管片的外观质量应按本标准表 4.2.2 的规定的允许偏差进行判定，当主控项目无缺陷且一般项目缺陷不超过 1 项时，应判定该检验批钢管片外观质量合格。

6.2.9 钢管片尺寸偏差应按本标准表 4.2.3 的规定进行判定，当抽检钢管片尺寸偏差检验项目全数满足要求时，应判定该检验批合格。

6.2.10 钢管片的水平拼装结果应按本标准第 6.2.4 条的规定进行判定。

6.2.11 钢管片焊缝质量应按现行国家标准《钢结构工程施工质量验收规范》GB 50205 的规定进行判定。

6.2.12 抽检钢管片涂层质量应按现行国家标准《钢结构工程施工质量验收规范》GB 50205 的规定进行判定。

6.3 检验结果

6.3.1 同一检验批混凝土管片质量评定应符合下列规定：

1 当混凝土强度、外观、尺寸、水平拼装、渗漏、抗弯性能、抗拔性能检验均判定为合格时，应判定该检验批管片为合格。

2 当有一项性能指标不合格时，应针对不合格性能指标取双倍数量管片进行扩大检验，如扩大抽检合格，则去除抽检不合格管片，该检验批管片应判定为合格；若加倍抽样检验仍不合格，应对该检验批管片该项目逐一进行检验，合格者方可使用。

6.3.2 同一检验批钢管片质量评定应符合下列规定：

1 当外观、尺寸、水平拼装、焊缝、涂层检验均判定为合格时，应判定该检验批管片为合格。

2 当有一项性能指标不合格时，应针对不合格性能指标取双倍数量管片进行扩大检验，如扩大抽检合格，则去除抽检不合格管片，该检验批管片应判定为合格；若加倍抽样检验仍有不合格，应对该检验批管片该项目逐一进行检验，合格者方可使用。

附录 A 原始记录表格

A.0.1 混凝土管片外观检验可按表 A.0.1 记录。

表 A.0.1 混凝土管片外观检验原始记录表

工程名称			检验地点	
检验标准			管片生产单位	
检验日期			管片编号	
检验仪器			记录编号	
序号	项目	检验项目	检验情况	
1	主控项目	贯穿裂缝		
2		内、外弧面露筋		
3		孔洞		
4		疏松、夹渣		
5		蜂窝		
6	一般项目	非贯穿性裂缝		
7		侧表面裂缝		
8		麻面、粘皮		
9		缺棱掉角、飞边		
10		环、纵向螺栓孔		
检验：		校核：		

A.0.2 混凝土管片尺寸偏差检验可按表 A.0.2 记录。

表 A.0.2 混凝土管片尺寸偏差检验原始记录表

工程名称		检验地点	
检验标准		管片生产单位	
检验日期		管片编号	
检验仪器		记录编号	

序号	项　目	几何尺寸（mm）								备注
		测点1	测点2	测点3	测点4	测点5	测点6	测点7	测点8	
1	宽度									测 5 点
2	厚度									测 8 点
3	钢筋保护层厚度									内弧面测 5 点
										外弧面测 5 点

检验：　　　　校核：

A.0.3 混凝土管片水平拼装检验可按表 A.0.3 记录。

表 A.0.3 混凝土管片水平拼装检验原始记录表

工程名称		检验地点	
依据规范		生产单位	
检验日期		管片编号	
检验仪器		记录编号	

序号	项　目	几何尺寸（mm）						备注
		测点1	测点2	测点3	测点4	测点5	测点6	
1	成环后内径							测 4 点
2	成环后外径							测 4 点
3	环向缝间隙							每环测 6 点
4	纵向缝间隙							每缝测 2 点
	……							

检验：　　　　校核：

A.0.4 混凝土管片渗漏检验可按表 A.0.4 记录。

表 A.0.4 混凝土管片渗漏检验原始记录表

工程名称		检验地点	
检验标准		管片生产单位	
检验日期		管片编号	
检验仪器		记录编号	

次序	分级水压（MPa）	累计施加水压（MPa）	持荷时间（min）	侧面渗透高度（mm）	渗漏水现象	备注

检验：　　　　校核：

A.0.5 混凝土管片抗弯性能检验可按表 A.0.5 记录。

表 A.0.5 混凝土管片抗弯性能检验原始记录表

工程名称：	管片生产单位：	检验地点：
检验标准：	检验日期：	管片编号：
检验仪器：	记录编号：	

次序	分级荷载（kN）	累计外加荷载（kN）	持荷时间（min）	百分表读数（mm）							出现裂缝情况	备注
				D_1	D_2	D_3	D_4	D_5	D_6	D_7		

检验：　　　　校核：

A.0.6 混凝土管片抗拔性能检验可按表 A.0.6 记录。

表 A.0.6 混凝土管片抗拔性能检验原始记录表

工程名称				检验地点	
检验标准				管片生产单位	
检验日期				管片编号	
检验仪器				记录编号	
次序	分级荷载(kN)	累计外加荷载(kN)	持荷时间(min)	百分表读数(mm)	备注
检验：			校核：		

附录 B 麻面、粘皮面积的计算方法

B.0.1 当麻面、粘皮形状近似为圆形时，在其大约中心位置，测其相互垂直的纵、横两个方向的长度（见图 B.0.1），其面积应按下列公式计算：

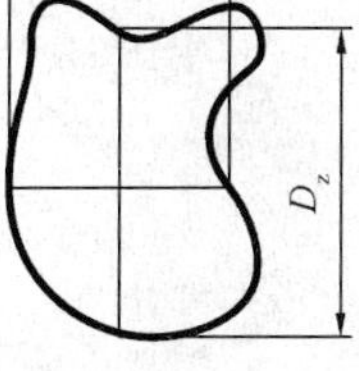

图 B.0.1 麻面、粘皮直径的测量图

$$D=\frac{D_h+D_z}{2} \quad (B.0.1\text{-}1)$$

$$S=\frac{\pi D^2}{4} \quad (B.0.1\text{-}2)$$

式中：D——麻面、粘皮平均直径（mm）；

S——麻面、粘皮面积（mm^2）；

D_h——麻面、粘皮横向直径（mm）；

D_z——麻面、粘皮纵向直径（mm）。

B.0.2 当麻面、粘皮形状近似为矩形时，应测最大长度 L、最大宽度 B_{max} 和最小宽度 B_{min}，取其平均宽度（见图 B.0.2），其面积应按下式计算：

$$S=L\frac{B_{max}+B_{min}}{2} \quad (B.0.2)$$

式中：S——麻面、粘皮面积（mm^2）；

L——麻面、粘皮长度（mm）；

B_{max}——麻面、粘皮最大宽度（mm）；

B_{min}——麻面、粘皮最小宽度（mm）。

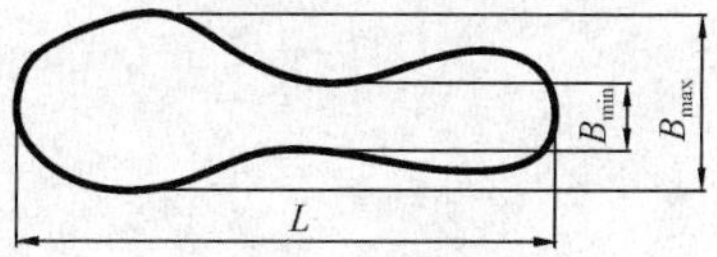

图 B.0.2 麻面、粘皮直径的测量图

B.0.3 当麻面、粘皮形状难以确定时，其面积应取本标准公式（B.0.1-2）与公式（B.0.2）计算所得的较大值。

本标准用词说明

1 为便于在执行本标准条文时区别对待，对要求严格程度不同的用词说明如下：

1）表示很严格，非这样不可的：
正面用词采用“必须”，反面词采用“严禁”；

2）表示严格，在正常情况下均应这样做的：
正面词采用“应”，反面词采用“不应”或“不得”；

3）表示允许稍有选择，在条件许可时首先应这样做的：
正面词用“宜”，反面词用“不宜”；

4）表示有选择，在一定条件下可以这样做的，采用“可”。

2 条文中指明应按其他有关标准执行的写法为：“应符合……的规定”或“应按……执行”。

引用标准名录

1 《钢结构工程施工质量验收规范》GB 50205

2 《涂装前钢材表面锈蚀等级和除锈等级》GB 8923

3 《回弹法检测混凝土抗压强度技术规程》JGJ/T 23

4 《混凝土中钢筋检测技术规程》JGJ/T 152

5 《钢结构超声波探伤及质量分级法》JG/T 203

中华人民共和国行业标准

盾构隧道管片质量检测技术标准

CJJ/T 164—2011

条 文 说 明

制 定 说 明

《盾构隧道管片质量检测技术标准》CJJ/T 164-2011，经住房和城乡建设部 2011 年 5 月 10 日以第 1014 号公告批准、发布。

为便于广大设计、施工、质监、质检、科研、学校等单位有关人员在使用本标准时能正确理解和执行条文规定，《盾构隧道管片质量检测技术标准》编制组按章、节、条顺序编制了本标准的条文说明，对条文规定的目的、依据以及执行中需注意的有关事项进行了说明。但是，本条文说明不具备与标准正文同等的法律效力，仅供使用者作为理解和把握标准规定的参考。

目　次

1 总 则

1.0.1 随着我国社会经济迅速发展，在轨道交通、公路、铁路、水利、电力、市政工程等建设工程中，地下隧道应用越来越广泛。目前，地下隧道施工方法主要有暗挖法、盾构法、沉管法。盾构法作为修建地下隧道的一种施工方法，具有技术先进、施工速度快、衬砌质量高、对环境影响小等优点。如在我国北京、上海、广州、深圳和南京等主要城市，已建和在建的地下隧道大都采用盾构法施工。

在盾构法施工隧道过程中，必须配套使用大量的拼装式管片，管片质量直接关系到隧道运营的安全性和维护成本，因此，必须对管片质量制定科学合理的检测方法。

对盾构隧道管片质量检验项目、检验方法及验收等进行科学、系统、全面的整理，制定本标准，对促进轨道交通工程建设发展，保障和提高盾构隧道管片质量具有指导意义。

1.0.2 本条规定了本标准的适用范围。盾构隧道管片拼装施工前，应按本标准进行第三方检测。按材料分类，盾构隧道管片可分为混凝土管片、钢管片和铸铁管片等；混凝土管片又可分为钢筋混凝土管片和纤维混凝土管片。目前我国盾构隧道管片主要采用钢筋混凝土管片，其使用率达 90%以上；少量工程也使用纤维混凝土管片；钢管片一般用在盾构隧道与联络通道接口处；铸铁管片在我国基本不采用。鉴于我国目前盾构隧道管片使用的实际情况，本标准针对混凝土管片和钢管片作出了规定。在执行本标准时，生产厂家还应按现行国家标准《预制混凝土衬砌管片》GB/T 22082 进行出厂检验。

2 术 语

本标准的术语是从结构工程现场检测的角度赋予其涵义，但涵义不一定是术语的定义。同时还给出了相应的推荐性英文术语，该英文术语不一定是国际上的标准术语，仅供参考。

2.0.1 盾构法施工的隧道衬砌由一环一环相互拼接而成。隧道衬砌环由若干块管片拼接而成，最后拼装成环的楔形管片称为封顶块，与之相连的两块称为邻接块，其余为标准块。目前，城市轨道交通隧道衬砌环的直径一般为 6m，城际轨道、公路隧道直径可达 12m。对于直径为 6m 的城市轨道交通工程，一般由 6 块混凝土管片拼成一环，简称为“3＋2＋1”模式，即一环管片由 3 块标准块，2 块邻接块，1 块封顶块构成（见图 1)。12m 的城际轨道公路隧道通常采用“6＋2＋1”模式。

2.0.4 实际施工是环与环之间进行轴向水平拼装，

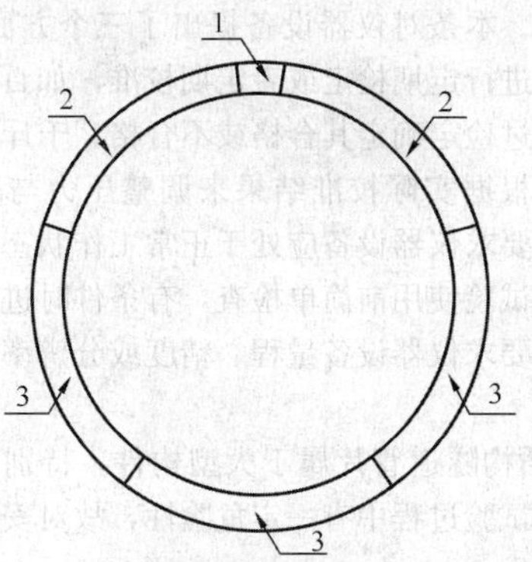

图 1 隧道衬砌环拼装示意

1—封顶块；2—邻接块；3—标准块

但在水平拼装检验时，为操作方便，规定沿铅直方向进行环与环叠加拼装。

2.0.8、2.0.9 这两条对混凝土管片的粘皮和飞边进行术语解释。混凝土管片的裂缝、露筋、蜂窝、麻面、夹渣等术语可参照《建筑结构检测技术标准》GB/T 50344 的有关规定。

2.0.10～2.0.12 管片拼装示意见图 2a。单块管片（见图 2b）表面由内弧面、外弧面和四个拼接面构成，其中拼接面又分两个端面和两个环面，环与环之间的拼接面对应的是环面，同一环中的拼接面对应的是端面。

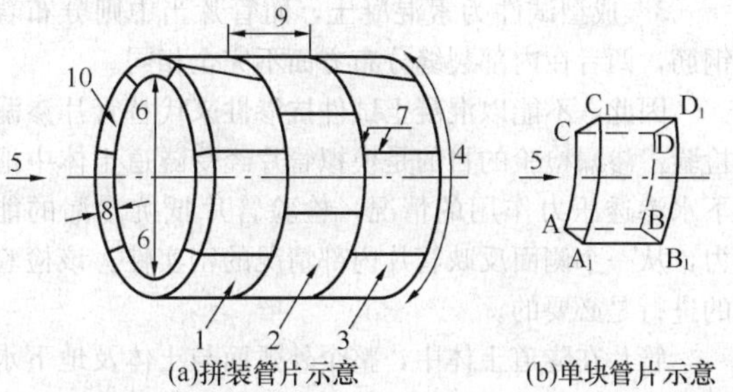

(a)拼装管片示意　　(b)单块管片示意

图 2 管片术语示意

1—第 $i-1$ 环管片；2—第 i 环管片；3—第 $i+1$ 环管片；4—环向；5—轴向或纵向；6—径向；7—管片拼接面；8—管片厚度；9—管片宽度；10—管片环面；ABCD—管片内弧面；$A_1B_1C_1D_1$—管片外弧面；AA_1BB_1、CC_1DD_1—管片端面；AA_1CC_1、BB_1DD_1—管片环面

3 基 本 规 定

3.0.1 盾构隧道管片检测程序是对检测工作全过程和几个主要阶段的阐述。

3.0.2 由于对盾构隧道管片的质量检测要求高，本条对从事管片检测工作的检测单位和检测人员提出了资质、资格要求。

3.0.3 影响检测数据的因素很多，其中测量仪器是关键因素。本条对仪器设备提出了三个方面的要求：一是要求进行定期检定或者定期校准，如百分表、秒表等应通过检定确定其合格或不合格，千斤顶等应进行校准，根据实际校准结果来调整压力与荷载的关系。二是要求仪器设备应处于正常工作状态，定期维护保养，试验使用前简单检查，有条件时进行期间核查。三是要求仪器设备量程、精度或分辨率应满足检测要求。

3.0.4 盾构隧道管片属于大型构件，特别是在进行结构性能试验过程中有一定危险性，故对安全及防护提出了要求。

3.0.6 本条规定了检测报告应包括的主要内容。

4 技术指标

4.1 混凝土管片

4.1.5 对于盾构隧道管片，其耐久性主要考察其结构整体的抗渗性，不同于在生产管片时对预留的混凝土试件的抗渗性能检测。基于以下原因：

1 混凝土试件抗渗性只表示管片所用的混凝土这种材质的检漏性，并不代表成型后的管片本身；

2 混凝土这种材料在成型为管片的过程中，其振捣密实性与试件成型时振捣密实性不一定完全相同；

3 成型试件为素混凝土，而管片当中则分布着钢筋，两者在内部裂缝分布方面不完全相同。

因此，不能以混凝土试件抗渗性来代替管片渗漏检验。渗漏检验的目的是模拟管片经受隧道土体中地下水渗透压力作用的情况，检验管片抵抗渗漏的能力，从一个侧面反映管片内部情况的密实性。该检验的进行是必要的。

管片在隧道土体中，整个外弧面与土体及地下水相接触，承受地下水渗透压力的作用，而检验中的管片其整个外弧面也承受一定的水压力的作用，两者的渗透状态比较吻合。因此，检验结果能较真实地反映管片承受地下水渗透的能力。

5 检验方法

5.1 强度检验

5.1.1 为了检验回弹法和钻芯法对混凝土管片混凝土强度检测的适用性，对出厂后拼装前的管片进行了现场试验，试验结果表明：1）回弹法在每测区的回弹平均值数值稳定，离散性很小，推定的混凝土强度值与实际相符；2）同一管片上钻芯得到的混凝土试件抗压强度值约有浮动，但也都与管片的实际强度相符；3）对同一混凝土管片同一位置分别进行回弹法和钻芯法检测，对比分析表明，回弹法推定的混凝土强度值略微大于钻芯法测定的强度值。以上试验表明，回弹法和钻芯法都适用于混凝土管片混凝土强度的检测。

5.1.2 采用回弹法检测混凝土管片的混凝土强度时，宜选择管片内弧面和拼接面（见图2）作为操作面，其原因为：1）混凝土管片的外弧面往往有一层较厚的砂浆抹面，回弹试验实测结果表明，管片外弧面的回弹值离散性较大，其推定混凝土强度值也与实际强度偏差较大；2）管片拼装施工后，外弧面就无法进行回弹法检测，因此，考虑到今后拼装和运营中的检测工作，也不宜将外弧面作为回弹检测操作面。

5.1.3 若采用钻芯法检测管片混凝土强度，为了便于修补，芯样高径比宜为1：1。

5.2 外观检验

5.2.1 裂缝类别分为贯穿裂缝、非贯穿性裂缝和拼接面裂缝三类。

5.3 尺寸检验

5.3.1、5.3.2 管片宽度及厚度的测量位置（见图3）。AA_1BB_1和CC_1DD_1为管片端部，EE_1FF_1为管片中部，AB方向为管片宽度方向，AA_1方向为管片厚度方向。

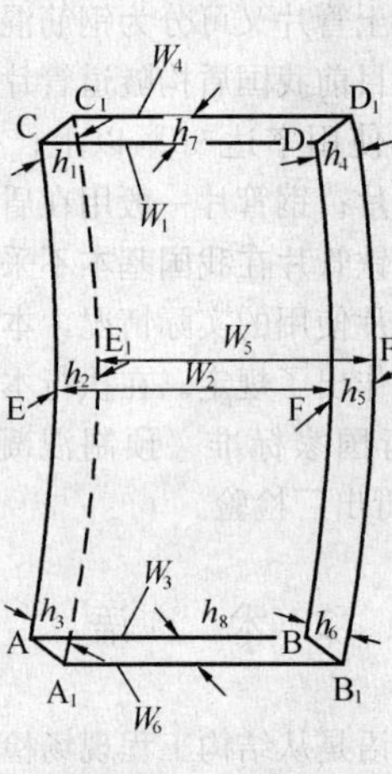

图3 管片宽度及厚度测量位置示意

ABCD—管片内弧面；$A_1B_1C_1D_1$—管片外弧面；$W_1 \sim W_6$—管片宽度测量位置；$h_1 \sim h_8$—管片厚度测量位置

管片宽度检测测量位置应选择$W_1 \sim W_6$；管片厚度检测测量位置应选择$h_1 \sim h_8$。

5.3.5、5.3.6 有关端面和环面的术语详见2.0.10～2.0.12条文说明。

5.4 水平拼装检验

5.4.1 当隧道仅在联络通道处使用钢管片，其余管片为混凝土管片的情况下，钢管片的水平拼装检测不受环宽的限制，可采用两环拼装检验。

5.4.3 我国目前盾构隧道管片使用形状基本上是圆形，管片拼装缝隙位置见图4。纵向缝间隙是指在同一环中，相邻两块管片之间的缝隙；环向缝间隙是指环与环之间的整条接触面间隙。

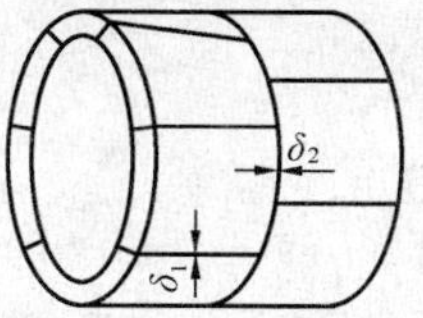

图 4　管片拼装缝隙位置示意

δ_1—纵向缝间隙；δ_2—环向缝间隙

5.5　渗 漏 检 验

5.5.3　在管片渗漏检验中，该试验装置由多颗紧固螺栓固定，在管片安装过程时容易因螺栓扭力差异较大而对管片造成破坏，导致试验失败。因此，在安装时采用扭矩扳手，能有效地阻止意外发生。

5.5.4　表 5.5.4 中的压力表的精度等级是以它的允许误差占表盘刻度值的百分数来划分的，其精度等级数越大允许误差占表盘刻度极限值越大。压力表的量程越大，同样精度等级的压力表，它测得压力值的绝对值允许误差越大。压力表的允许误差＝±量程×精度等级％。

本试验压力表的允许误差为 0.05MPa，同时量程刻度的极限值应为工作压力的 1.5 倍～3.0 倍，最好是 2 倍。参照此要求可选用其他规格的压力表。

5.6　抗弯性能检验

5.6.1　检验过程中，千斤顶的压力先通过荷载分配梁传递到加压棒上，再传递到管片上。加压棒是两根平行放置在管片外弧面上的圆钢，因此，管片的受力主要集中在两条相互平行的线上，方向竖直向下。管片在隧道围岩（或土体）中的受力情况是，管片环外的围岩（或土体）压力及地下水压力，分布在管片的整个外弧面上，作用力方向沿管片环的内径向。由此，管片抗弯性能检验过程中的受力情况与工作中管片的真实受力不完全相同。但对于管片这样的均质构件，在合力大小相同的情况下，集中荷载比均布荷载更容易使管片产生裂缝，说明检验中所取的荷载是偏于安全的，对保证施工安全及使用安全更有参考价值。

同时，检验过程中管片产生裂缝的走向分布，基本与受力线（两根平行加压棒）一致，而管片环在隧道中因注浆不饱满，隧道受到不均衡压力，进而在管片环的中部产生水平向的裂缝，这两者情况非常相似。因此，可认为该检验过程较近似地反映了管片在隧道围岩（或土体）中的受力情况。

5.6.8　在混凝土管片的抗弯性能检验过程中，管片若出现的裂缝较多，无法逐条记录时，可选择若干条具有代表性的主要裂缝进行记录。例如，首次出现的裂缝、长度和宽度比较大的裂缝等。

5.7　抗拔性能检验

5.7.2　本条第 3 款的荷载测试系统可采用荷载测试仪直接测读，也可通过千斤顶油压表测量得到，油压表可采用指针油压表或数字压力表。

6　验 收 标 准

6.2　判 定 标 准

6.2.2　管片外观质量从十个方面提出了质量要求，贯穿裂缝、内外表面露筋、孔洞、疏松夹渣、蜂窝、宽度超过 0.10mm 的非贯穿裂缝等六类缺陷是不允许存在的，若抽检发现有以上任一项缺陷应判定该检验批管片外观质量不合格。

6.2.5　观察管片渗漏情况主要从两个方向进行观察：一是在管片内弧面看是否有漏水现象，二是在管片拼接面观察是否有渗水现象，渗水高度是否超过 50mm。

6.2.6　该检验的目的是模拟管片在隧道土体中的受力情况。检验定性为结构性能检验，以验证其在规定的试验方法下的承载力是否符合设计要求，不验证管片极限承载能力，检验荷载不施加破坏荷载。

6.2.7　管片抗拔性能检验主要是检验吊装孔预埋受力构件是否能满足管片吊装时的施工要求，故检验荷载满足设计荷载即可，不需做破坏试验。

关于该方法的可行性，争议较少，一般认为该方法能较真实地反映出管片吊装孔预埋受力构件在施工吊装过程中受拉拔的情况。因为吊装孔预埋受力构件在施工吊装过程中受到的拉拔力主要是来自管片本身的自重，这个力是竖直方向，与吊装孔预埋受力构件受力方向一致，而试验过程与此比较吻合。

6.3　检 验 结 果

6.3.1、6.3.2　如果出现不合格的批次，应对管片逐一进行检验，检验合格的管片可用于施工，检验不合格的管片不得用于施工。

中华人民共和国行业标准

建筑排水复合管道工程技术规程

Technical specification for composite pipeline engineering of building drainage

CJJ/T 165—2011

批准部门：中华人民共和国住房和城乡建设部
施行日期：2 0 1 2 年 6 月 1 日

中华人民共和国住房和城乡建设部
公　告

第 1180 号

关于发布行业标准《建筑排水复合管道工程技术规程》的公告

现批准《建筑排水复合管道工程技术规程》为行业标准，编号为 CJJ/T 165－2011，自 2012 年 6 月 1 日起实施。

本规程由我部标准定额研究所组织中国建筑工业出版社出版发行。

中华人民共和国住房和城乡建设部

2011 年 11 月 22 日

前　言

根据住房和城乡建设部《关于印发〈2008 年工程建设标准规范制订、修订计划（第一批）〉的通知》（建标［2008］102 号）的要求，规程编制组经广泛调查研究，认真总结实践经验，参考有关国际标准和国外先进标准，并在广泛征求意见的基础上，编制本规程。

本规程主要技术内容是：1 总则；2 术语；3 材料；4 设计；5 施工；6 质量验收。

本规程由住房和城乡建设部负责管理，由中国建筑金属结构协会负责具体技术内容的解释。执行过程中如有意见或建议，请寄送中国建筑金属结构协会给水排水设备分会（地址：北京市海淀区紫竹院南路 18 号，邮编 100048）。

本规程主编单位：中国建筑金属结构协会
上海城建建设实业（集团）有限公司

本规程参编单位：杭州纯源钢塑管有限公司
上海昊力涂塑钢管有限公司
湖南珠华管业有限公司
天津市利达钢管有限公司
浙江鸿翔建设集团有限公司
徐水县兴华铸造有限公司
中建（北京）国际设计顾问有限公司

本规程主要起草人员：华明九　姜文源　曹　捩　刘彦菁　余　琼　周红锤　高　磊　范晓敏　孙桢祥　罗建群　于立新　徐　佳　吴克建

本规程主要审查人员：左亚洲　赵　锂　高　静　程宏伟　刘巍荣　郑克白　刘建华　任向东　王冠军　刘德军　关兴旺

目　次

Contents

1 总 则

1.0.1 为使建筑排水复合管道工程的设计、施工及质量验收，做到技术先进、安全适用、经济合理、确保工程质量，制定本规程。

1.0.2 本规程适用于新建、扩建、改建的民用和工业建筑生活排水系统和屋面雨水排水系统中使用涂塑钢管、衬塑钢管、涂塑铸铁管、钢塑复合螺旋管、加强型钢塑复合螺旋管的管道工程的设计、施工及质量验收。

1.0.3 建筑排水复合管道工程的设计、施工及质量验收除应符合本规程的规定外，尚应符合国家现行有关标准的规定。

2 术 语

2.0.1 钢塑复合螺旋管 steel-plastic complex spiral pipe

内衬塑料管的内壁有凸出三角形螺旋肋的衬塑钢管。

2.0.2 加强型钢塑复合螺旋管 strengthening steel-plastic complex spiral pipe

内衬塑料管的内壁的螺旋肋在数量和螺距方面作了强化处理的衬塑钢管。

2.0.3 涂塑复合铸铁管 coating plastic cast iron pipes

在铸铁管内（外）壁涂覆一定厚度塑料树脂层复合而成的管材。

2.0.4 涂塑复合铸铁管件 coating plastic cast iron fittings

在铸铁管件内（外）壁涂覆一定厚度塑料树脂层复合而成的管件。

3 材 料

3.1 管材和管件

3.1.1 建筑排水复合管道管材、管件的材质、规格、尺寸、技术要求等均应符合国家现行有关标准的规定。

3.1.2 用于生活排水系统的建筑排水复合管道的管材可采用涂塑钢管、衬塑钢管、涂塑铸铁管、钢塑复合螺旋管和加强型钢塑复合螺旋管等。

3.1.3 用于屋面雨水排水系统的建筑排水复合管道的管材可采用涂塑钢管、衬塑钢管和涂塑铸铁管。

3.1.4 建筑排水钢塑复合螺旋管（图 3.1.4-1）和加强型钢塑复合螺旋管（图 3.1.4-2）的规格尺寸，应符合表 3.1.4 的规定。

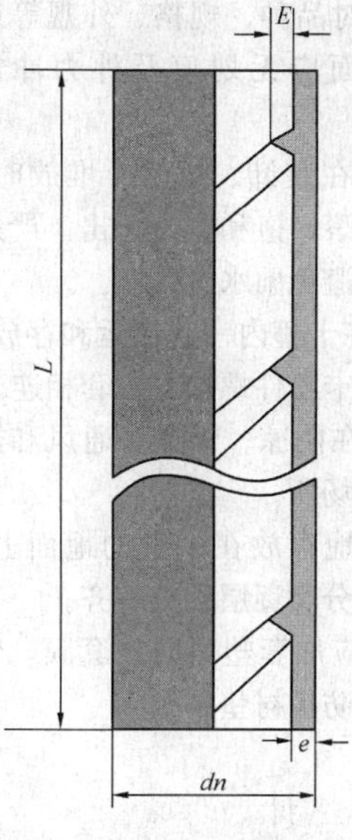

图 3.1.4-1 钢塑复合螺旋管

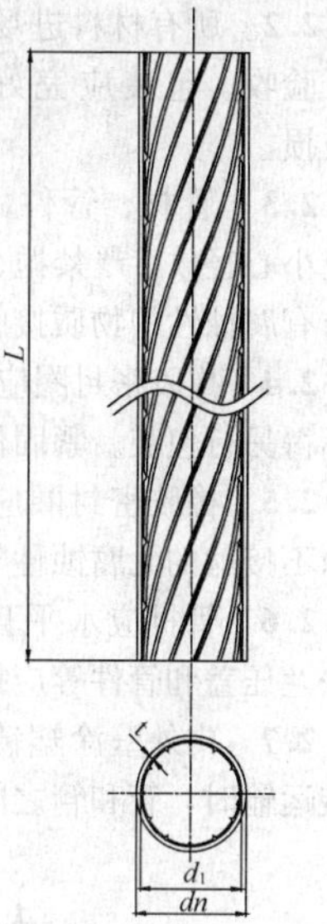

图3.1.4-2 加强型钢塑复合螺旋管

表 3.1.4 钢塑复合螺旋管规格尺寸（mm）

公称尺寸 DN	外径 dn	壁厚 t	长度 L 钢塑复合螺旋管	长度 L 加强型钢塑复合螺旋管
90	89.1	3.9	4000 或 6000	5500
110	114.3	4.7		

3.1.5 涂塑复合铸铁管材、管件应符合国家现行标准《排水用柔性接口铸铁管、管件及附件》GB/T 12772、《建筑排水用柔性接口承插式铸铁管及管件》CJ/T 178 和《建筑排水用卡箍式铸铁管及管件》CJ/T 177 的规定。涂塑复合铸铁管材、管件涂塑涂层性能和涂层厚度应符合国家现行相关标准的规定。

3.1.6 建筑排水复合管配用的管件应采用排水管件，不得采用给水管件。

3.1.7 建筑排水复合管配用的管件可采用普通排水管件，也可采用特殊排水管件。

3.1.8 管件材质宜与管材材质相同。

3.1.9 建筑排水复合管配用的普通排水管件和特殊排水管件的材质可采用铸铁材质或涂塑铸铁材质，也可采用衬塑、涂塑钢制管件。

3.1.10 当采用法兰压盖柔性连接和橡胶密封圈柔性承插连接时，管件宜采用全承插方式。

3.2 材料管理、运输和储存

3.2.1 建筑排水复合管道工程所使用的主要材料、成品、半成品和配件必须具有中文质量合格证明文件，规格、型号及性能检测报告应符合国家现行标准或设计文件的要求。

3.2.2 所有材料进场时应对品种、规格、外观等进行验收。包装应完好，表面应无划痕及外力冲击破损。

3.2.3 管材、管件、附件在装卸、运输、堆放时，应小心轻放，严禁抛、摔、滚、拖和剧烈撞击。严禁与有腐蚀性的物质接触，应避免雨水淋袭。

3.2.4 橡胶密封圈应放置在卡箍内一起储运和存放，不得另行包装。紧固件应与卡箍件螺栓孔松套相连。

3.2.5 橡胶密封圈应存放在阴凉、干燥、通风和热源不接触的无腐蚀性气体的场所。

3.2.6 管材应水平且规则地存放在平整的地面上。法兰压盖和管件等应按规格分类逐层码放整齐。

3.2.7 内外壁涂塑铸铁管应加套塑料防护套膜。包装运输时，管和管之间应加防护衬垫物。

4 设 计

4.1 一 般 规 定

4.1.1 建筑排水复合管可用于重力排放或压力排放的生活排水系统和屋面雨水排水系统。用于生活排水系统的建筑排水复合管可用于普通单立管排水系统、特殊单立管排水系统和有通气立管排水系统。用于屋面雨水排水系统的建筑排水复合管可用于重力流屋面雨水排水系统、半有压流屋面雨水排水系统和虹吸式屋面雨水排水系统。

4.1.2 建筑排水复合管可用于污水合流系统和污水分流系统。

4.1.3 建筑排水复合管可用于同层排水方式和异层排水方式。

4.1.4 建筑排水复合管宜用于下列场合：

1 对防火阻火要求较高时；

2 对降噪要求较高时；

3 对防腐要求较高时；

4 对强度要求较高时。

4.1.5 钢塑复合螺旋管和加强型钢塑复合螺旋管可适用于下列系统：

1 特殊管材单立管排水系统；

2 特殊管件和特殊管材单立管排水系统。

4.1.6 建筑排水复合管中的钢塑复合管（涂塑钢管或衬塑钢管）和涂塑复合铸铁管可用于排水立管和排水横管（横支管、横干管）。

4.1.7 钢塑复合螺旋管和加强型钢塑复合螺旋管可用于生活排水系统的立管，不得用于排水横管和雨水排水系统。当采用钢塑复合螺旋管或加强型钢塑复合螺旋管作为排水立管时，其与垂直线夹角不得大于1°。

4.1.8 当建筑排水复合管内衬硬聚氯乙烯（PVC-U）时，连续排水温度不应大于40℃，瞬时排水温度不应大于70℃。

4.1.9 当采用特殊单立管排水系统，且要求排水立管排水能力大，防火阻火要求较高时，应采用加强型钢塑复合螺旋管。

4.1.10 当建筑排水系统采用建筑给水复合管材时，其管壁厚度应经计算确定。

4.1.11 用于屋面雨水排水系统的钢塑复合管，其钢管壁厚应符合下列规定：

1 当灌水试验的灌水高度达到立管上部的雨水斗时，壁厚应按雨水立管水柱总高度计算；

2 当灌水试验按分段方式进行时，壁厚应按分段水柱垂直高度计算。

4.2 管道布置和敷设

4.2.1 建筑排水系统的管道布置应符合下列规定：

1 排水立管宜靠近排水量最大的排水点，排水立管宜敷设在管道井内。

2 排水立管不得穿越卧室、住宅客厅、餐厅、病房等对卫生、安静有较高要求的房间，并不宜靠近与卧室相邻的内墙。

3 排水横支管应减少转弯，排水横支管的长度不宜大于8m。

4 排水管道不得穿过沉降缝、伸缩缝、变形缝、烟道和风道；当排水管道必须穿过沉降缝、伸缩缝和变形缝时，应采取相应技术措施。

5 排水管道不得敷设在变配电间、电梯机房和通风小室内；排水管道不宜穿越橱窗、壁柜。

6 排水管道不得穿越生活饮用水池（箱）部位的上方。

4.2.2 排水系统的立管应设伸顶通气管。

4.2.3 排水立管不宜偏置，当必须偏置时，设置应符合下列规定：

1 排水立管小偏置时，应符合现行国家标准《建筑给水排水设计规范》GB 50015的规定。

2 排水立管大偏置时，可采取下列技术措施：

1）设置辅助通气管；

2）加大排水横干管直径；

3）增设伸顶通气管。

4.2.4 当建筑排水系统采用的大便器每次冲洗水量小于3L时，宜采用污、废水合流系统，大便器的位置宜设置于排水横支管的终端或直接接入排水立管。

4.2.5 管道布置的其他要求和附件的设置应符合现行国家标准《建筑给水排水设计规范》GB 50015的规定。

4.3 排水管道计算

4.3.1 生活排水立管的最大设计排水能力和重力流屋面雨水排水复合立管的泄流量应符合现行国家标准《建筑给水排水设计规范》GB 50015的有关规定。

4.3.2 压力流排水系统建筑排水复合管道水力计算，管道沿程水头损失和局部水头损失应按现行国家标准《建筑给水排水设计规范》GB 50015 的有关规定进行计算。

4.3.3 建筑排水复合管道重力流排水横管应按下列公式进行水力计算：

$$v = \frac{1}{n} R^{2/3} I^{1/2} \quad (4.3.3\text{-}1)$$

$$q_p = 1000 v \cdot A \quad (4.3.3\text{-}2)$$

$$R = A/X \quad (4.3.3\text{-}3)$$

式中：v——流速（m/s）；

q_p——管道排水能力（L/s）；

R——水力半径（m）；

X——湿周（m）；

I——水力坡度，采用排水管的坡度；

n——管道粗糙度，内衬、内涂塑料可取 0.009；

A——管道在设计充满度的水流过水断面积（m^2）。

4.3.4 卫生器具的排水流量、当量、排水管径以及建筑物生活排水设计秒流量的计算应符合现行国家标准《建筑给水排水设计规范》GB 50015 的有关规定。

4.3.5 建筑物内重力流生活排水复合管道的坡度和最大设计充满度宜按表 4.3.5 确定。

表 4.3.5 建筑物内重力流生活排水复合管道的坡度和最大设计充满度

管径	通用坡度	最小坡度	最大设计充满度
*DN*50	0.025	0.012	0.5
*DN*75	0.015	0.007	
*DN*100	0.012	0.004	
*DN*125	0.010	0.0035	
*DN*150	0.007	0.003	0.6
*DN*200	0.005	0.003	

4.3.6 生活排水复合管横管最小管径应符合现行国家标准《建筑给水排水设计规范》GB 50015 的相关规定。

4.3.7 屋面雨水设计流量应按现行国家标准《建筑给水排水设计规范》GB 50015 和《建筑与小区雨水利用工程技术规范》GB 50400 的有关规定计算确定。

4.3.8 室内重力流雨水排水复合管道横管的管内流速不宜小于 0.75m/s，悬吊管充满度不宜大于 0.8，埋地管（排出管）可按满流排水设计。

4.3.9 用于虹吸式屋面雨水排水管道系统的复合管道应按恒定流能量方程逐一对系统中各管路的水力工况和水力平衡进行精确计算。

5 施 工

5.1 一 般 规 定

5.1.1 建筑排水复合管道工程施工前应具备下列条件：

1 施工图和设计文件应齐全，已进行技术交底；

2 施工组织设计或施工方案已经批准；

3 施工人员已经专业培训；

4 施工场地的用水、用电、材料储放场地等临时设施能满足施工要求；

5 工程使用的管材、管件、附件、阀门等具有质量合格证书，其规格、型号及性能检测报告符合国家现行标准和设计的要求。

5.1.2 建筑排水复合管道工程与相关各专业之间，应进行交接质量检验，并应形成记录。

5.1.3 隐蔽工程应经验收各方检验合格后才能隐蔽，并应形成记录。

5.1.4 施工现场与材料储放场地温差较大时，应于安装前将管材和管件在现场放置一定时间，使其温度接近施工现场的环境温度。

5.1.5 管道安装前，应对管材、管件的适配性和公差进行检查。

5.1.6 管道安装间歇或完成后，敞口处应及时封堵。

5.1.7 在施工过程中，应防止管材、管件与酸、碱等有腐蚀性液体和污物接触。受污染的管材、管件，其内外污垢和杂物应清理干净后方可安装。

5.1.8 操作现场不得有明火，严禁对复合管材进行明火烘弯。

5.1.9 建筑排水复合管道施工除符合本规程外，还应符合现行国家标准《建筑给水排水及采暖工程施工质量验收规范》GB 50242 的规定和《给水排水管道工程施工及验收规范》GB 50268 的有关规定。

5.1.10 管道敷设的其他要求应符合国家现行标准《建筑给水排水设计规范》GB 50015、《建筑给水排水及采暖工程施工质量验收规范》GB 50242 和《建筑排水金属管道工程技术规程》CJJ 127 的规定。

5.2 管 道 连 接

5.2.1 管道系统的配管与连接应按下列步骤进行：

1 按设计图纸规定的坐标和标高线绘制实测施工图；

2 按实测施工图进行配管；

3 制定管材和管件的安装顺序，进行预装配；

4 进行管道连接。

5.2.2 建筑排水复合管道连接可采用下列连接方式：

1 法兰压盖连接；

2 橡胶密封圈承插连接；

3 卡箍连接；

4 沟槽连接；

5 法兰连接。

5.2.3 建筑排水钢塑复合管之间的连接可采用下列连接方式：

1 沟槽连接；

2 卡箍连接；

3 法兰连接。

5.2.4 建筑排水钢塑复合管、钢塑复合螺旋管和加强型钢塑复合螺旋管与铸铁管件或涂塑复合铸铁管件的连接可采用法兰压盖连接或卡箍连接。

5.2.5 当排水立管为钢塑复合管（涂塑钢管或衬塑钢管）、钢塑复合螺旋管、加强型钢塑复合螺旋管或涂塑复合螺旋管时，排水横管可采用铸铁管件或涂塑复合铸铁管件连接，连接方式可采用法兰压盖连接，橡胶密封圈内径应与相应管材的外径匹配。

5.2.6 虹吸式屋面雨水排水系统的负压管段不得采用沟槽式连接方式。

5.2.7 当排水温度较高时，连接方式应采用耐温密封圈。

5.2.8 当有抗震要求时，法兰压盖连接应符合现行行业标准《建筑排水用柔性接口承插式铸铁管及管件》CJ/T 178 的规定。

5.2.9 法兰压盖连接、卡箍式连接应符合本规程附录A的规定。截管、沟槽式连接、法兰连接应符合现行行业标准《建筑给水复合管道工程技术规程》CJJ/T 155 的规定。

5.2.10 管道系统下列部位和情况的接头宜采用加强型卡箍：

1 生活排水管道系统立管管道的转弯处；

2 屋面雨水排水系统的雨水斗接口处和管道转弯处；

3 管道末端堵头处；

4 无支管接入的排水立管和雨落管，且管道不允许出现偏转角时。

5.2.11 涂塑钢管如在运输、搬运、装卸、施工安装过程中造成涂层缺损时，应采用局部修补等方法来弥补涂层缺陷。

5.2.12 涂塑钢管的局部修补应符合下列规定：

1 缺陷部位所有的锈斑、鳞屑、污垢和其他杂质及松脱的涂层应予清除。

2 应将缺陷部位打磨成粗糙面。

3 应用干燥的布、干燥的压缩空气和刷子将灰尘清除干净。

4 在管道下沟前应根据受损涂层的厚度决定是否修补，如保留涂层的厚度达到原涂层厚度的70%以上，则可以不修补。但在防腐厂或发现的任何损伤都应进行相应的处理。如业主有特殊要求，应按照特殊要求处理。

5 直径小于或等于25mm的缺陷部位，应用塑料粉末生产商推荐的热熔修补棒、双组分环氧树脂涂料或聚乙烯补伤片或业主同意使用的同等物料进行局部修补。

6 直径大于25mm且面积小于250cm^{2}的缺陷部位，可用塑料粉末生产厂推荐的双组分环氧树脂涂料或聚乙烯粉末进行局部修补。

7 所修补的涂层应满足涂塑钢管出厂检验的相关规定。

8 涂塑钢管施工完成后应用电火花检漏仪对管道进行检查，发现有缺损处，应按有关规定进行修补。

5.2.13 涂塑复合铸铁管如在运输、搬运、装卸、截管、施工安装过程中造成涂层缺损或金属本体裸露时，应采用局部修补等方法来弥补涂层缺陷。

5.2.14 涂塑复合铸铁管的局部修补应符合下列规定：

1 局部修补部位包括截断管材后裸露金属的断口，运输、装卸及安装过程中涂层缺损部位。

2 局部修补部位所有的锈斑、鳞屑、污垢和其他杂质及松脱的涂层应予清除。

3 应将局部修补部位打磨成粗糙面。

4 应用干燥的布、干燥的压缩空气和刷子将灰尘清除干净。

5 截断口及缺损部位可用环氧粉末生产厂推荐的同种颜色的双组分环氧树脂涂料进行局部修补。

5.3 支吊架安装

5.3.1 建筑排水复合管道支吊架的形式、材质、尺寸、质量和防腐要求等应符合国家现行有关标准的规定，并应按设计要求安装牢固，位置应正确。

5.3.2 钢塑复合管、钢塑复合螺旋管和加强型钢塑复合螺旋管的支吊架设置和安装应符合现行国家标准《建筑给水排水及采暖工程施工质量验收规范》GB 50242 的规定。

5.3.3 涂塑复合铸铁管的支吊架设置和安装应符合现行行业标准《建筑排水金属管道工程技术规程》CJJ 127 的规定

5.3.4 虹吸式屋面雨水排水系统的支吊架设置和安装应符合国家现行有关标准的规定。

6 质量验收

6.1 一般规定

6.1.1 管道系统应根据工程性质和特点进行中间验收和竣工验收。中间验收、竣工验收前，施工单位应对施工质量进行自检。

6.1.2 分项工程应按系统、区域、施工段或楼层等划分。分项工程应划分成若干个检验批次进行验收。

6.1.3 工程验收应作好记录。验收合格后，建设单位应将有关文件、资料立卷归档。

6.1.4 工程验收时应具备下列文件：

1 施工图、竣工图及变更文件；

2 管材、管件及其他主要材料的出厂合格证；

3 中间试验和隐蔽工程验收记录；

4 工程质量事故处理记录；

5 分项、分部及单项工程质量验收记录；

6 管道系统的通水能力检验和水压试验记录。

6.2 验收要求

6.2.1 建筑排水复合管道工程生活排水系统的验收，主控项目应包括下列内容：

1 灌水试验；

2 敷设坡度；

3 通球试验。

6.2.2 建筑排水复合管道工程生活排水系统的验收，一般项目应包括下列内容：

1 检查口、清扫口设置；

2 检查井设置；

3 支吊架、卡箍设置和固定件间距；

4 通气管连接、出屋面高度和防雷装置设置；

5 排水管穿墙壁和穿基础连接；

6 排出管与检查井的连接；

7 排水管连接处管件采用；

8 管道安装允许偏差。

6.2.3 建筑排水复合管道工程雨水系统的验收，主控项目应包括下列内容：

1 灌水试验；

2 敷设坡度。

6.2.4 建筑排水复合管道工程雨水系统的验收，一般项目应包括下列内容：

1 雨水管的连接；

2 雨水斗连接管的固定；

3 检查口间距；

4 管道安装允许偏差。

6.2.5 压力流建筑排水复合管道工程的验收，主控项目应包括下列内容：

1 水压试验；

2 通水试验。

6.2.6 压力流建筑排水复合管道工程的验收，一般项目应包括下列内容：

1 管道间距和位置；

2 敷设坡度；

3 管道安装允许偏差；

4 管道支吊架安装。

6.2.7 建筑排水复合管道工程主控项目和一般项目的检验方法应符合现行国家标准《给水排水管道工程施工及验收规范》GB 50268和《建筑给水排水及采暖工程施工质量验收规范》GB 50242的规定。

附录A 复合管的连接要求

A.1 法兰压盖连接

A.1.1 法兰压盖连接应按下列步骤进行：

1 应使用自动金属锯床（电动弧锯床、移动式带形锯床、带锯）垂直锯断管材，操作时应注意不要对锯齿施加负载；

2 应采用锉刀等去除切断面上的毛刺和毛边，并应进行管内外两面的倒角，外部倒角应达到1mm以上；

3 应清除附着在管内外面及端面上的水分、锯屑、尘土及异物；

4 在连接管端处应对插入量作出标记，插入量应符合表A.1.1-1的规定；

表A.1.1-1 插入量（mm）

管径	50	75	90	110	160
插入量 s	37	42	46	52	64

5 对部件应进行组装，并应将法兰装入管内；

6 在垫层密封圈的内侧倒角部位应涂敷硅胶并进行防锈处理，硅胶不得涂敷在管子的外表面，不得涂敷在密封圈内侧；

7 硅胶涂敷量应符合表A.1.1-2的规定；

表A.1.1-2 硅胶涂敷量

管径（mm）	50	75	90	110	160
涂敷量（g/部位）	2.1	2.7	3.1	4.0	5.8

8 应将垫层密封圈套入管端，并应尽量套至底部，当管材难以套入时，可在管子表面涂敷少量的肥皂水再进行套入；

9 应将管材插入管件主体，并应拧紧紧固螺栓，扭矩不得大于表A.1.1-3的规定。

表A.1.1-3 扭 矩

管径（mm）	50	75	90	110	160
扭矩（kg·cm）	100	150	200	250	500

A.2 卡箍连接

A.2.1 卡箍连接应按下列步骤进行：

1 安装前，应将直管和管件内外污垢和杂物、接口处工作面上的泥沙等附着物清除干净。

2 连接时，应先取出卡箍内橡胶密封套；当卡箍为整圈不锈钢套环时，可将卡箍先套在接口一端的管材（管件）上。

3 在接口相邻管端的一端应套上橡胶密封套，并应使管口达到并紧贴在橡胶密封套中间肋的侧边上；应将橡胶密封套的另一端向外翻转。

4 应将连接管的管端固定，并应紧贴在橡胶密封套中间肋的另一侧边上；应再将橡胶密封套翻回套在连接管的管端上。

5 安装卡箍前，应将橡胶密封套擦拭干净；当卡箍产品要求在橡胶密封套上涂抹润滑剂时，可按产品要求涂抹；应采用卡箍生产厂配套提供的润滑剂。

6 在拧紧卡箍上的紧固螺栓前，应校准接头轴线使两管轴线在同一直线上；拧紧螺栓时，应分多次交替进行并使橡胶密封套均匀紧贴在管端外壁上。

本规程用词说明

1 为便于在执行本规程条文时区别对待，对要求严格程度不同的用词说明如下：

1）表示很严格，非这样做不可的：
正面词采用“必须”，反面词采用“严禁”；

2）表示严格，在正常情况下均应这样做的：
正面词采用“应”，反面词采用“不应”或“不得”；

3）表示允许稍有选择，在条件许可时首先应这样做的：
正面词采用“宜”，反面词采用“不宜”；

4）表示有选择，在一定条件下可以这样做的，采用“可”。

2 条文中指明应按其他有关标准执行的写法为“应符合……的规定”或“应按……执行”。

引用标准名录

1 《建筑给水排水设计规范》GB 50015

2 《建筑给水排水及采暖工程施工质量验收规范》GB 50242

3 《给水排水管道工程施工及验收规范》GB 50268

4 《建筑与小区雨水利用工程技术规范》GB 50400

5 《排水用柔性接口铸铁管、管件及附件》GB/T 12772

6 《建筑排水金属管道工程技术规程》CJJ 127

7 《建筑给水复合管道工程技术规程》CJJ/T 155

8 《建筑排水用卡箍式铸铁管及管件》CJ/T 177

9 《建筑排水用柔性接口承插式铸铁管及管件》CJ/T 178

中华人民共和国行业标准

建筑排水复合管道工程技术规程

CJJ/T 165—2011

条 文 说 明

制 定 说 明

《建筑排水复合管道工程技术规程》CJJ/T 165-2011，经住房和城乡建设部2011年11月22日以第1180号公告批准、发布。

在规程编制过程中，编制组对我国建筑排水复合管道工程的设计、施工等进行了调查研究，总结了复合管道在建筑排水工程建设中的实践经验，通过实验、验证取得了重要技术参数。

为便于广大设计、施工、科研、学校等单位有关人员在使用本规程时能正确理解和执行条文规定，《建筑排水复合管道工程技术规程》编制组按章、节、条顺序编制了本规程的条文说明，对条文规定的目的、依据以及执行中需注意的有关事项进行了说明。但是，本条文说明不具备与规程正文同等的法律效力，仅供使用者作为理解和把握规程规定的参考。

目　次

1 总 则

1.0.1 建筑排水复合管的应用晚于建筑排水金属管和建筑排水塑料管，应用范围和场所以及工程案例也少于金属管和塑料管。

建筑排水复合管的应用在很大程度上是基于以下原因：

1 防火阻火要求；

2 降噪要求；

3 防腐要求；

4 提高表面光洁度要求；

5 强度要求。

建筑排水复合管的主要缺点是价格高于建筑排水塑料管和铸铁管，但在一些标志性建筑中应用情况良好，如上海目前最高的公共建筑——环球金融中心和上海目前价格最贵的住宅——汤臣一品都采用了钢塑排水复合管。

1.0.3 截至目前，由于种种原因（包括立项的困难、专利的保护等）建筑排水复合管材、管件等尚无相应的产品国家标准和行业标准，而只有企业标准或国外标准或只有建筑给水复合管材、管件标准。因此条文只笼统地规定应符合现行产品标准的规定，而不能具体引用标准名称和标准编号。

2 术 语

2.0.2 普通型螺旋管 *dn*110mm 的管材，螺旋肋数量为 6 根，加强型螺旋管为 12 根。螺距普通型螺旋管为 1500mm～2500mm，加强型螺旋管为 600mm～760mm。因此加强型螺旋管在螺旋力度上有所加强，排水能力有所增加。

3 材 料

3.1 管材和管件

建筑排水钢塑复合螺旋管是钢管和螺旋管复合而成，钢管为基管在外侧，螺旋管为衬管在里侧，上有加工的凸出三角形的螺旋肋，螺旋管材质为 PVC-U。

加强型钢塑复合螺旋管是钢管和加强型螺旋管复合而成。钢管为基管，位于外侧；加强型螺旋管为衬管，在里侧，材质为 PVC-U。与钢塑复合螺旋管的区别在于螺旋肋的数量和螺距，由于螺旋肋数量的增加，又采用了短螺距技术，排水流量明显增大。

3.1.6 排水管材和给水管材除了耐压要求不同，管壁厚度有差别外，没有什么大的区别，将给水管材用于排水系统毫无问题，但是排水管件完全不同于给水管件，如三通，给水可以采用正三通，而排水为了排水通畅，应采用 TY 型三通、顺水三通，四通有时要采用直角四通，当横支管数量增多时，还有排水五通和排水六通管件。同样，异径管，给水是同心异径管，偏心异径管只用水泵吸水管上，而排水只能用偏心异径管，管顶平接。弯头，给水采用的是同径弯头，排水立管底部一般采用变径弯头，而且还是大曲率半径、变断面的变径弯头。因此排水系统只能采用排水管件，而不能采用给水管件。

3.1.7 普通单立管排水系统、双立管排水系统和三立管排水系统都采用普通管件，特殊单立管排水系统的立管采用特殊管件，其排水横管（横支管和横干管）也采用普通排水管件。

特殊管件目前主要有两大系列，苏维托单立管排水系统采用苏维托特殊管件，旋流器单立管排水系统采用旋流器特殊管件，旋流器又分普通型、加强型。加强型旋流器分导流叶片型旋流器和螺旋肋旋流器。

3.1.8 我国传统做法，塑料管材配套采用塑料管件，铸铁管材配套铸铁管件，这是条文规定的要求，但规范用语不用"应"而用"宜"，原因在于也允许管件材质不同于管材材质，如在日本采用塑料管材配用铸铁管件，以及复合管材配用铸铁管件，这对发挥不同材质特长和阻火防火极为有效，这种做法在我国也开始实施，如上海汤臣一品住宅、上海环球金融中心工程等。因此，允许管材和管件采用不同材质，但要保证接口的密封性能。

4 设 计

4.1 一 般 规 定

4.1.1 建筑排水系统按压力工况区分有重力流、压力流和真空流。建筑排水复合管目前主要用于重力排放的生活排水系统和虹吸式屋面雨水排水系统，由于钢塑复合管有较高的强度，因此也可以用于压力排放系统。但截至目前，尚不曾应用于真空排水系统，因此条文规定只限于重力排放和压力排放。

排水系统按立管数量区分有单立管排水系统、双立管排水系统和三立管排水系统。单立管排水系统为只有一根排水立管的系统；双立管排水系统为一根立管排水，一根立管通气的排水系统；三立管排水系统为污水排水立管和废水排水立管共用通气立管的排水系统。

单立管排水系统按管材和管件的不同，又分普通单立管排水系统和特殊单立管排水系统。采用普通管材和普通管件的排水系统为普通单立管排水系统。采用特殊管件或特殊管材，或同时采用特殊管件、特殊管材的排水系统为特殊单立管排水系统。

目前建筑排水复合管用于生活排水系统的主要为特殊单立管排水系统，如采用加强型钢塑复合螺旋管的 AD 型单立管排水系统，再如各种形式的特殊管件——加强型旋流器大多为涂塑复合铸铁管件。

我国涉及屋面雨水排水系统的国家标准有《建筑给水排水设计规范》GB 50015 和《建筑和小区雨水利用工程技术规范》GB 50400。而两本规范关于雨水系统的分类并不一致。GB 50015 只规定重力流和压力流；GB 50400 规定了重力流、半有压流和虹吸流。本条文采纳 GB 50400 的规定。

4.1.3 建筑排水按排水横支管敷设方式区分有同层排水方式和异层排水方式（又称为隔层排水方式、不同层排水方式、下层排水方式）。异层排水方式以前多用于计划经济的福利分房的住宅中，同层排水方式多用于市场经济的商品房的住宅中，当采用特殊单立管排水系统时，同层排水方式的特殊管件位置往往正处于楼板位置，此时，如采用建筑排水复合管件对阻火防火性能更为优越。

4.1.7 螺旋管只能用于排水立管，可以改变水流流态，改善排水管系水力工况，而不能用于排水横管（横支管和横干管），不然极易造成水流不畅和堵塞现象，雨水系统也不曾采用过螺旋管。

4.1.8 建筑排水复合管中的衬塑钢管或钢塑复合螺旋管、加强型钢塑复合螺旋管都内衬硬聚氯乙烯（PVC-U），而塑料对排水温度有一定要求，本条文的连续排水温度和瞬时排水温度根据《建筑排水塑料管道工程技术规程》CJJ/T 29 中硬聚氯乙烯（PVC-U）管的排水温度要求。

4.1.10 建筑给水复合管要承受内压和外压，内压力一般为 0.6MPa、1.0MPa、1.6MPa 和 2.5MPa，而建筑排水复合管一般用于重力排放系统，管壁厚度可以适当减薄，因此规定，管壁厚度应经计算重新确定。

另外市场上供应的建筑给水复合管的壁厚有按钢管单独受力计算，管壁不予减薄的，也有按钢塑共同受力，钢管壁厚予以减薄的，这是管壁厚度可供选择的可行性。

4.1.11 屋面雨水排水系统在系统验收时要做灌水试验，要求灌水高度至立管上部的屋面雨水斗位置，即管道要承受的静水压力为雨水立管水柱总高度，按上海中心建筑高度 632m 计，为 6.32MPa，显然一般建筑排水管材和接口是难以承受的，因此实际工程当超过一定高度时，都按欧洲标准分段进行灌水，即按协会标准《虹吸式屋面雨水排水系统技术规程》CECS 183：2005 的方法进行，每 30m 高度分段灌水。

5 施　工

5.2 管道连接

5.2.6 虹吸式屋面雨水排水系统在悬吊管接入排水立管处和排水立管的上部存在负压区，而沟槽式连接方式的密封圈为 C 型密封圈，靠正压保持密封状态，在负压作用下会破坏密封，从而改变管内压力工况，影响排水。因此，虹吸式屋面雨水排水系统的负压段不得采用沟槽式连接方式。

5.2.10 卡箍连接方式的优点是美观、安装方便、占用空间少，缺点是当内力较大时，会被冲开，因此在管道转弯处这些内压力较大的场所应采用加强型卡箍予以加强，防止脱落。加强型卡箍在产品标准中有具体规定。

中华人民共和国行业标准

城市桥梁抗震设计规范

Code for seismic design of urban bridges

CJJ 166—2011

批准部门：中华人民共和国住房和城乡建设部

施行日期：2 0 1 2 年 3 月 1 日

中华人民共和国住房和城乡建设部
公　　告

第 1060 号

关于发布行业标准《城市桥梁抗震设计规范》的公告

现批准《城市桥梁抗震设计规范》为行业标准，编号为 CJJ 166－2011，自 2012 年 3 月 1 日起实施。其中，第 3.1.3、3.1.4、4.2.1、6.3.2、6.4.2、8.1.1、9.1.3 条为强制性条文，必须严格执行。

本规范由我部标准定额研究所组织中国建筑工业出版社出版发行。

中华人民共和国住房和城乡建设部
2011 年 7 月 13 日

前　　言

根据原建设部《关于印发〈一九九八年工程建设城建、建工行业标准制订、修订项目计划〉的通知》（建标［1998］59 号）文的要求，标准编制组经广泛调查研究，认真总结实践经验，参考有关国际标准和国外先进标准，并在广泛征求意见的基础上，编制了本规范。

本规范的主要技术内容是：1. 总则；2. 术语和符号；3. 基本要求；4. 场地、地基与基础；5. 地震作用；6. 抗震分析；7. 抗震验算；8. 抗震构造细节设计；9. 桥梁减隔震设计；10. 斜拉桥、悬索桥和大跨度拱桥；11. 抗震措施。

本规范中以黑体字标志的条文为强制性条文，必须严格执行。

本规范由住房和城乡建设部负责管理和对强制性条文的解释，由同济大学负责具体技术内容的解释。执行过程中如有意见和建议，请寄送同济大学（地址：上海市四平路 1239 号，邮编：200092）。

本规范主编单位：同济大学

本规范参编单位：上海市政工程设计研究总院
上海市城市建设设计研究院
天津市政工程设计研究院
北京市市政工程设计研究总院

本规范主要起草人员：范立础　李建中（以下按姓氏笔画排列）
马　骉　王志强　包琦玮
叶爱君　刘旭锴　闫兴非
张　恺　张宏远　杨澄宇
沈中治　周　良　胡世德
徐　艳　袁万城　袁建兵
贾乐盈　郭卓明　都锡龄
曹　景　彭天波　程为和
管仲国

本规范主要审查人员：韩振勇　沈永林　刘四田
刘健新　孙虎平　李龙安
李承根　陈文艳　周　峥
秦　权　唐光武　谢　旭
鲍卫刚　魏立新

目　次

Contents

1 总 则

1.0.1 为使城市桥梁经抗震设防后，减轻结构的地震破坏，避免人员伤亡，减少经济损失，制定本规范。

1.0.2 本规范适用于地震基本烈度6、7、8和9度地区的城市梁式桥和跨度不超过150m的拱桥。斜拉桥、悬索桥和大跨度拱桥可按本规范给出的抗震设计原则进行设计。

1.0.3 桥址处地震基本烈度数值可由现行《中国地震动参数区划图》查取地震动峰值加速度，按表1.0.3确定。

表 1.0.3 地震基本烈度和地震动峰值加速度的对应关系

地震基本烈度	6度	7度	8度	9度
地震动峰值加速度	0.05g	0.10 (0.15)g	0.20 (0.30)g	0.40g

注：g为重力加速度。

1.0.4 城市桥梁抗震设计除应符合本规范外，尚应符合国家现行有关标准的要求。

2 术语和符号

2.1 术 语

2.1.1 地震动参数区划 seismic ground motion parameter zoning

以地震动峰值加速度和地震动反应谱特征周期为指标，将国土划分为不同抗震设防要求的区域。

2.1.2 抗震设防标准 seismic fortification criterion

衡量抗震设防要求的尺度，由地震基本烈度和城市桥梁使用功能的重要性确定。

2.1.3 地震作用 earthquake action

作用在结构上的地震动，包括水平地震作用和竖向地震作用。

2.1.4 E1地震作用 earthquake action E1

工程场地重现期较短的地震作用，对应于第一级设防水准。

2.1.5 E2地震作用 earthquake action E2

工程场地重现期较长的地震作用，对应于第二级设防水准。

2.1.6 地震作用效应 seismic effect

由地震作用引起的桥梁结构内力与变形等作用效应的总称。

2.1.7 地震动参数 seismic ground motion parameter

包括地震动峰值加速度、反应谱曲线特征周期、地震动持续时间和拟合的人工地震时程。

2.1.8 地震安全性评价 seismic safety assessment

地震安全性评价是指针对建设工程场地及其地震环境，按照工程的重要性和相应的设防风险水准，给出工程抗震设计参数以及相关资料。

2.1.9 特征周期 characteristic period

抗震设计用的加速度反应谱曲线下降段起始点对应的周期值，取决于地震环境和场地类别。

2.1.10 非一致地震动输入 nonuniform ground motion input

特大跨径桥梁抗震分析中，尤其是时程分析中各个桥墩基础处的地震动输入有所不同，反映了地震动场地的空间变异性。

2.1.11 场地土分类 site classification

根据地震时场地土层的振动特性对场地所划分的类型，同类场地具有相似的反应谱特征。

2.1.12 液化 liquefaction

地震中覆盖土层内孔隙水压急剧上升，一时难以消散，导致土体抗剪强度大大降低的现象。多发生在饱和粉细砂中，常伴随喷水、冒砂以及构筑物沉陷、倾倒等现象。

2.1.13 抗震概念设计 seismic conceptual design

根据地震灾害和工程经验等归纳的基本设计原则和设计思想，进行桥梁结构总体布置、确定细部构造的过程。

2.1.14 延性构件 ductile member

延性抗震设计时，允许发生塑性变形的构件。

2.1.15 能力保护设计方法 capacity protection design method

为保证在预期地震作用下，桥梁结构中的能力保护构件在弹性范围工作，其抗弯能力应高于塑性铰区抗弯能力的设计方法。

2.1.16 能力保护构件 capacity protected member

采用能力保护设计方法设计的构件。

2.1.17 减隔震设计 seismic isolation design

在桥梁上部结构和下部结构或基础之间设置减隔震系统，以增大原结构体系阻尼和（或）周期，降低结构的地震反应和（或）减小输入到上部结构的能量，达到预期的防震要求。

2.1.18 限位装置 restrainer

为限制梁墩以及梁台间的相对位移而设计的构造装置。

2.1.19 P-Δ效应 P-Δ effect

进行抗震反应分析时，考虑轴力作用和弯矩作用相互耦合的效应。

2.2 主 要 符 号

2.2.1 作用和作用效应

A——水平向地震动峰值加速度；

E_{hp}——墩身所承受的水平地震力；

E_{hau}——作用于台身重心处的水平地震力；

E_{ea}——地震主动土压力；

E_{w}——地震时，作用于桥墩的总动水压力；

E_{max}——固定支座容许承受的最大水平力；

E_{hzh}——地震作用效应、永久作用和均匀温度作用效应组合后板式橡胶支座或固定盆式支座的水平力设计值；

M_{sp}——上部结构的重力或一联上部结构的总质量；

M_{cp}——盖梁质量；

M_{p}——墩身质量；

M_{au}——基础顶面以上台身质量；

S_{max}——设计加速度反应谱最大值。

2.2.2 计算系数

η_2——阻尼调整系数；

C_e——液化抵抗系数；

α——土层液化影响折减系数；

K_E——地基抗震容许承载力调整系数；

K_A——非地震条件下作用于台背的主动土压力系数；

η_p——墩身质量换算系数；

η_{cp}——盖梁质量换算系数。

2.2.3 几何特征

d_0——液化土特征深度；

d_b——基础埋置深度；

d_s——标准贯入点深度；

d_u——上覆非液化土层厚度；

d_w——地下水位深度；

I_{eff}——截面有效抗弯惯性矩；

s——箍筋间距；

Σt——板式橡胶支座橡胶层总厚度；

θ——斜交角；

φ——曲线梁的圆心角。

2.2.4 材料指标

E_c——混凝土的弹性模量；

G_d——板式橡胶支座动剪变模量；

$[f_{aE}]$——调整后的地基抗震承载力容许值；

$[f_a]$——修正后的地基承载力容许值；

γ_s——土的重力密度；

γ_w——水的重力密度；

μ_d——支座摩阻系数。

2.2.5 设计参数

f_{kh}——箍筋抗拉强度标准值；

f_{yh}——箍筋抗拉强度设计值；

f_{cd}——混凝土抗压强度设计值；

f_{ck}——混凝土抗压强度标准值；

$f_{c,ck}$——约束混凝土的峰值应力；

K——延性安全系数；

L_P——等效塑性铰长度；

M_y——屈服弯矩；

Δ_u——桥墩容许位移；

θ_u——塑性铰区域的最大容许转角；

ϕ^o——桥墩正截面受弯承载能力超强系数；

ϕ_y——屈服曲率；

ϕ_u——极限曲率；

ρ_t——纵向配筋率；

ε_{su}^{R}——约束钢筋的折减极限应变；

ε_{lu}——纵筋的折减极限应变；

η_k——轴压比。

2.2.6 其他参数

g——重力加速度；

N_1——土层实际标准贯入锤击数；

N_{cr}——土层液化判别标准贯入锤击数临界值；

T——结构自振周期；

T_g——特征周期；

ξ——结构阻尼比。

3 基 本 要 求

3.1 抗震设防分类和设防标准

3.1.1 城市桥梁应根据结构形式、在城市交通网络中位置的重要性以及承担的交通量，按表3.1.1分为甲、乙、丙和丁四类。

表3.1.1 城市桥梁抗震设防分类

桥梁抗震设防分类	桥 梁 类 型
甲	悬索桥、斜拉桥以及大跨度拱桥
乙	除甲类桥梁以外的交通网络中枢纽位置的桥梁和城市快速路上的桥梁
丙	城市主干路和轨道交通桥梁
丁	除甲、乙和丙三类桥梁以外的其他桥梁

3.1.2 本规范采用两级抗震设防，在E1和E2地震作用下，各类城市桥梁抗震设防标准应符合表3.1.2的规定。

表3.1.2 城市桥梁抗震设防标准

桥梁抗震设防分类	E1地震作用		E2地震作用	
	震后使用要求	损伤状态	震后使用要求	损伤状态
甲	立即使用	结构总体反应在弹性范围，基本无损伤	不需修复或经简单修复可继续使用	可发生局部轻微损伤

续表 3.1.2

<table>
<tr><td rowspan="2">桥梁抗震设防分类</td><td colspan="2">E1 地震作用</td><td colspan="2">E2 地震作用</td></tr>
<tr><td>震后使用要求</td><td>损伤状态</td><td>震后使用要求</td><td>损伤状态</td></tr>
<tr><td>乙</td><td>立即使用</td><td>结构总体反应在弹性范围，基本无损伤</td><td>经抢修可恢复使用，永久性修复后恢复正常运营功能</td><td>有限损伤</td></tr>
<tr><td>丙</td><td>立即使用</td><td>结构总体反应在弹性范围，基本无损伤</td><td>经临时加固，可供紧急救援车辆使用</td><td>不产生严重的结构损伤</td></tr>
<tr><td>丁</td><td>立即使用</td><td>结构总体反应在弹性范围，基本无损伤</td><td>—</td><td>不致倒塌</td></tr>
</table>

3.1.3 地震基本烈度为 6 度及以上地区的城市桥梁，必须进行抗震设计。

3.1.4 各类城市桥梁的抗震措施，应符合下列要求：

1 甲类桥梁抗震措施，当地震基本烈度为 6～8 度时，应符合本地区地震基本烈度提高一度的要求；当为 9 度时，应符合比 9 度更高的要求。

2 乙类和丙类桥梁抗震措施，一般情况下，当地震基本烈度为 6～8 度时，应符合本地区地震基本烈度提高一度的要求；当为 9 度时，应符合比 9 度更高的要求。

3 丁类桥梁抗震措施均应符合本地区地震基本烈度的要求。

3.2 地 震 影 响

3.2.1 甲类桥梁所在地区遭受的 E1 和 E2 地震影响，应按地震安全性评价确定，相应的 E1 和 E2 地震重现期分别为 475 年和 2500 年。其他各类桥梁所在地区遭受的 E1 和 E2 地震影响，应根据现行《中国地震动参数区划图》的地震动峰值加速度、地震动反应谱特征周期以及本规范第 3.2.2 条规定的 E1 和 E2 地震调整系数来表征。

3.2.2 乙类、丙类和丁类桥梁 E1 和 E2 的水平向地震动峰值加速度 A 的取值，应根据现行《中国地震动参数区划图》查得的地震动峰值加速度，乘以表 3.2.2 中的 E1 和 E2 地震调整系数 C_i 得到。

表 3.2.2 各类桥梁 E1 和 E2 地震调整系数 C_i

<table>
<tr><td rowspan="2">抗震设防分类</td><td colspan="4">E1 地震作用</td><td colspan="4">E2 地震作用</td></tr>
<tr><td>6 度</td><td>7 度</td><td>8 度</td><td>9 度</td><td>6 度</td><td>7 度</td><td>8 度</td><td>9 度</td></tr>
<tr><td>乙类</td><td>0.61</td><td>0.61</td><td>0.61</td><td>0.61</td><td>—</td><td>2.2
(2.05)</td><td>2.0
(1.7)</td><td>1.55</td></tr>
<tr><td>丙类</td><td>0.46</td><td>0.46</td><td>0.46</td><td>0.46</td><td>—</td><td>2.2
(2.05)</td><td>2.0
(1.7)</td><td>1.55</td></tr>
<tr><td>丁类</td><td>0.35</td><td>0.35</td><td>0.35</td><td>0.35</td><td>—</td><td>—</td><td>—</td><td>—</td></tr>
</table>

注：括号内数值为相应于表 1.0.3 中括号内数值的地震调整系数。

3.3 抗震设计方法分类

3.3.1 甲类桥梁的抗震设计可参考本规范第 10 章给出的抗震设计原则进行设计。

3.3.2 乙、丙和丁类桥梁的抗震设计方法根据桥梁场地地震基本烈度和桥梁结构抗震设防分类，分为：A、B 和 C 三类，并应符合下列规定：

1 A 类：应进行 E1 和 E2 地震作用下的抗震分析和抗震验算，并应满足本章 3.4 节桥梁抗震体系以及相关构造和抗震措施的要求；

2 B 类：应进行 E1 地震作用下的抗震分析和抗震验算，并应满足相关构造和抗震措施的要求；

3 C 类：应满足相关构造和抗震措施的要求，不需进行抗震分析和抗震验算。

3.3.3 乙、丙和丁类桥梁的抗震设计方法应按表 3.3.3 选用。

表 3.3.3 桥梁抗震设计方法选用

地震基本烈度 \ 抗震设防分类	乙	丙	丁
6 度	B	C	C
7 度、8 度和 9 度地区	A	A	B

3.4 桥梁抗震体系

3.4.1 桥梁结构抗震体系应符合下列规定：

1 有可靠和稳定传递地震作用到地基的途径；

2 有效的位移约束，能可靠地控制结构地震位移，避免发生落梁破坏；

3 有明确、可靠、合理的地震能量耗散部位；

4 应避免因部分结构构件的破坏而导致整个结构丧失抗震能力或对重力荷载的承载能力。

3.4.2 对采用 A 类抗震设计方法的桥梁，可采用的抗震体系有以下两种类型：

1 类型Ⅰ：地震作用下，桥梁的塑性变形、耗能部位位于桥墩，其中连续梁、简支梁单柱墩和双柱墩的耗能部位如图 3.4.2 所示。

2 类型Ⅱ：地震作用下，桥梁的耗能部位位于桥梁上、下部连接构件（支座、耗能装置）。

3.4.3 对采用抗震体系为类型Ⅰ的桥梁，其盖梁、基础、支座和墩柱抗剪的内力设计值应按能力保护设计方法计算，根据墩柱塑性铰区域截面的超强弯矩确定。

3.4.4 对采用板式橡胶支座的桥梁结构，如在地震作用下，支座抗滑性能不满足本规范第 7.2.2 条和 7.4.5 条要求，应采用限位装置，或应按本规范第 9 章的要求进行桥梁减隔震设计。

3.4.5 地震作用下，如桥梁固定支座水平抗震能力不满足本规范第 7.2.2 条和 7.4.6 条要求，应通过计

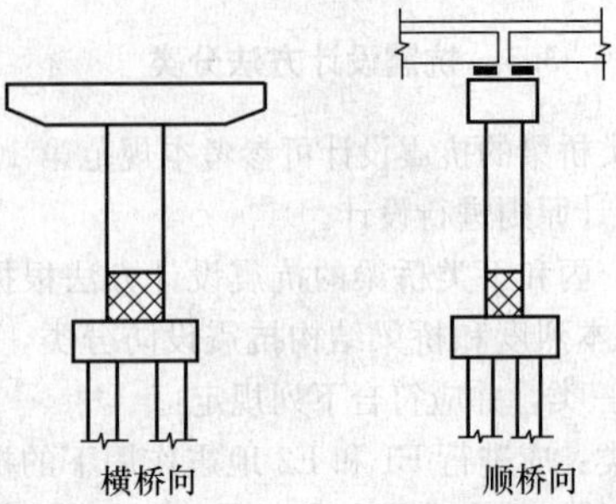

(a) 连续梁、简支梁单柱墩

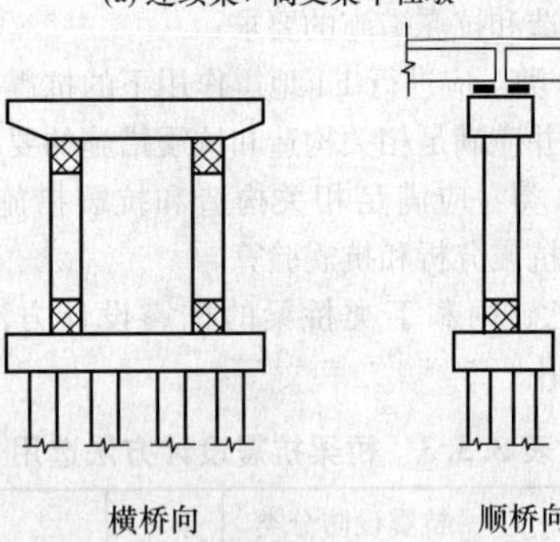

(b)连续梁、简支梁双柱墩

图 3.4.2　墩柱塑性铰区域

（图中：☒代表塑性铰区域）

算设置连接梁体和墩柱间的剪力键，由剪力键承受支座所受地震水平力或按本规范第 9 章的要求进行桥梁减隔震设计。

3.4.6　桥台不宜作为抵抗梁体地震惯性力的构件，桥台处宜采用活动支座，桥台上的横向抗震挡块宜设计为在 E2 地震作用下可以损伤。

3.4.7　当采用 A 类抗震设计方法的桥梁抗震体系不满足本规范第 3.4.2 条要求时，应进行专题论证，并必须要求结构在地震作用下的抗震性能满足本规范表 3.1.2 的要求。

3.5　抗震概念设计

3.5.1　对梁式桥，一联内桥墩的刚度比宜满足下列要求：

1　任意两桥墩刚度比：

1）桥面等宽：

$$\frac{k_i^e}{k_j^e} \geqslant 0.5 \tag{3.5.1-1}$$

2）桥面变宽：

$$\frac{k_i^e m_j}{k_j^e m_i} \geqslant 0.5 \tag{3.5.1-2}$$

2　相邻桥墩刚度比：

1）桥面等宽：

$$\frac{k_i^e}{k_j^e} \geqslant 0.75 \tag{3.5.1-3}$$

2）桥面变宽：

$$\frac{k_i^e m_j}{k_j^e m_i} \geqslant 0.75 \tag{3.5.1-4}$$

式中：k_i^e、k_j^e——分别为第 i 和第 j 桥墩考虑支座、挡块或剪力键后计算出的组合刚度（含顺桥向和横桥向），$k_j^e \geqslant k_i^e$；

m_i、m_j——分别为第 i 和第 j 桥墩墩顶等效的梁体质量。

3.5.2　梁式桥（多联桥）相邻联的基本周期比宜满足下式：

$$\frac{T_i}{T_j} \geqslant 0.7 \tag{3.5.2}$$

式中：T_i、T_j——分别为第 i 和第 j 联的基本周期（含顺桥向和横桥向），$T_j \geqslant T_i$。

3.5.3　对梁式桥，一联内各桥墩刚度相差较大或相邻联基本周期相差较大的情况，宜采用以下方法调整一联内各墩刚度比或相邻联周期比：

1　顺桥向，宜在各墩顶设置合理剪切刚度的橡胶支座，来调整各墩的等效刚度；

2　改变墩柱尺寸或纵向配筋率。

3.5.4　双柱或多柱墩在横桥向地震作用下，进行盖梁抗震设计时，应考虑盖梁可能会出现的正负弯矩交替作用。

4　场地、地基与基础

4.1　场　　地

4.1.1　桥位选择应在工程地质勘察和专项的工程地质、水文地质调查的基础上，按地质构造的活动性、边坡稳定性和场地的地质条件等进行综合评价，应按表 4.1.1 查明对城市桥梁抗震有利、不利和危险的地段，宜充分利用对抗震有利的地段。

表 4.1.1　有利、不利和危险地段的划分

地段类别	地质、地形
有利地段	无晚近期活动性断裂，地质构造相对稳定，同时地基为比较完整的岩体、坚硬土或开阔平坦密实的中硬土等
不利地段	软弱黏性土层、液化土层和严重不均匀地层的地段；地形陡峭、孤突、岩土松散、破碎的地段；地下水位埋藏较浅、地表排水条件不良的地段
危险地段	地震时可能发生滑坡、崩塌地段；地震时可能塌陷的暗河、溶洞等岩溶地段和已采空的矿穴地段；河床内基岩具有倾向河槽的构造软弱面被深切河槽所切割的地段；发震断裂、地震时可能坍塌而中断交通的各种地段

注：严重不均匀地层系指岩性、土质、层厚、界面等在水平方向变化很大的地层。

4.1.2　选择桥梁场地时，应符合下列要求：

1　应根据工程需要，掌握地震活动情况、工程地质和地震地质的有关资料，作出综合评价，使墩、台位置避开不利地段，当无法避开时，不宜在危险地段建造甲、乙和丙类桥梁；

2 应避免或减轻在地震作用下因地基变形或地基失效对桥梁工程造成的破坏。

4.1.3 桥梁工程场地土层剪切波速应按下列要求确定：

1 甲类桥梁，应由工程场地地震安全性评价工作确定；

2 乙和丙类桥梁，可通过现场实测确定。现场实测时，钻孔数量应为：中桥不少于1个，大桥不少于2个，特大桥宜适当增加；

3 丁类桥梁，当无实测剪切波速时，可根据岩土名称和性状按表4.1.3划分土的类型，并应结合当地的经验，在表4.1.3的范围内估计各土层的剪切波速。

表 4.1.3 土的类型划分和剪切波速范围

土的类型	岩石名称和性状	土的剪切波速范围（m/s）
坚硬土或岩土	稳定岩石、密实的碎石土	$v_s>500$
中硬土	中密、稍密的碎石土，密实、中密的砾、粗砂、中砂，$f_k>200$kPa的黏性土和粉土，坚硬黄土	$500\geqslant v_s>250$
中软土	稍密的砾、粗砂、中砂，除松散外的细砂和粉砂，$f_k\leqslant 200$kPa的黏性土和粉土，$f_k\geqslant 130$kPa的填土和可塑黄土	$250\geqslant v_s>140$
软弱土	淤泥和淤泥质土，松散的砂，新近沉积的黏性土和粉土，$f_k<130$kPa的填土和新近堆积黄土和流塑黄土	$v_s\leqslant 140$

注：f_k为由载荷试验等方法得到的地基承载力特征值（kPa），v_s为岩土剪切波速。

4.1.4 工程场地土分类应符合下列要求：

1 当工程场地为单一场地土时，场地类别应与场地土类别一致；

2 当工程场地内为多层场地土时，应以土层等效剪切波速和场地覆盖层厚度为定量标准。

4.1.5 工程场地覆盖层厚度的确定，应符合下列要求：

1 一般情况下，应按地面至剪切波速大于500m/s的坚硬土层或岩层顶面的距离确定；

2 当地面5m以下存在剪切波速大于相邻的上层土剪切波速的2.5倍的土层，且其下卧岩土的剪切波速均不小于400m/s时，可按地面至该土层面的距离确定；

3 剪切波速大于500m/s的孤石、透镜体，应视同周围土层；

4 土层中的火山岩硬夹层，应视为刚体，其厚度应从覆盖土层中扣除。

4.1.6 土层等效剪切波速应按下列公式计算：

$$v_{se}=d_{s0}/t \tag{4.1.6-1}$$

$$t=\sum_{i=1}^{n}(d_i/v_{si}) \tag{4.1.6-2}$$

式中：v_{se}——土层等效剪切波速（m/s）；

d_{s0}——计算深度（m），取覆盖层厚度和20m两者的较小值；

t——剪切波在地表与计算深度之间传播的时间（s）；

d_i——计算深度范围内第i土层的厚度（m）；

n——计算深度范围内土层的分层数；

v_{si}——计算深度范围内第i土层的剪切波速（m/s），宜采用现场实测方法确定。

4.1.7 工程场地类别，应根据土层等效剪切波速和场地覆盖层厚度划分为四类，并应符合表4.1.7的规定。当在场地范围内有可靠的剪切波速和覆盖层厚度值且处于表4.1.7所列类别的分界线附近时，允许按插值方法确定地震作用计算所用的特征周期值。

表 4.1.7 工程场地类别划分

等效剪切波速（m/s）	场地类别			
	Ⅰ类	Ⅱ类	Ⅲ类	Ⅳ类
$v_{se}>500$	0m	—	—	—
$500\geqslant v_{se}>250$	<5m	≥5m	—	—
$250\geqslant v_{se}>140$	<3m	3m～50m	>50m	—
$v_{se}\leqslant 140$	<3m	3m～15m	16m～80m	>80m

4.1.8 工程场地范围内分布有发震断裂时，应对断裂的工程影响进行评价，当符合下列条件之一者，可不考虑发震断裂对桥梁的错动影响：

1 地震基本烈度小于8度；

2 非全新世活动断裂；

3 地震基本烈度为8度、9度地区的隐伏断裂，前第四纪基岩以上的土层覆盖层厚度分别大于60m、90m；

4 当不能满足上述条件时，宜避开主断裂带，其避让距离宜按下列要求采用：

1）甲类桥梁应尽量避开主断裂，地震基本烈度为8度和9度地区，其避开主断裂的距离为桥墩边缘至主断裂带外缘分别不宜小于300m和500m；

2）乙、丙及丁类桥梁宜采用跨径较小便于修复的结构；

3）当桥位无法避开发震断裂时，宜将全部墩台布置在断层的同一盘（最好是下盘）上。

4.2 液 化 土

4.2.1 存在饱和砂土或饱和粉土（不含黄土）的地基，除6度设防外，应进行液化判别；存在液化土层的地基，应根据桥梁的抗震设防类别、地基的液化等级，结合具体情况采取相应的措施。

4.2.2 饱和的砂土或粉土（不含黄土），当符合下列条件之一时，可初步判别为不液化或不考虑液化影响：

1 地质年代为第四纪晚更新世（Q_3）及其以前时，7、8度时可判为不液化；

2 粉土的黏粒（粒径小于0.005mm的颗粒）含量百分率，7度、8度和9度分别不小于10、13和16时，可判为不液化土；

注：用于液化判别的黏粒含量系采用六偏磷酸钠作分散剂测定，采用其他方法时应按有关规定换算。

3 天然地基的桥梁，当上覆非液化土层厚度和地下水位深度符合下列条件之一时，可不考虑液化影响：

$$d_u > d_0 + d_b - 2 \quad (4.2.2\text{-}1)$$

$$d_w > d_0 + d_b - 3 \quad (4.2.2\text{-}2)$$

$$d_u + d_w > 1.5d_0 + 2d_b - 4.5 \quad (4.2.2\text{-}3)$$

式中：d_w——地下水位深度（m），宜按桥梁使用期内年平均最高水位采用，也可按近期内年最高水位采用；

d_u——上覆非液化土层厚度（m），计算时宜将淤泥和淤泥质土层扣除；

d_b——基础埋置深度（m），不超过2m应采用2m；

d_0——液化土特征深度（m），可按表4.2.2采用。

表4.2.2 液化土特征深度（m）

饱和土类别	地震基本烈度		
	7度	8度	9度
粉土	6	7	8
砂土	7	8	9

4.2.3 当初步判别认为需进一步进行液化判别时，应采用标准贯入试验判别法判别地面下15m深度范围内的液化；当采用桩基或埋深大于5m的基础时，尚应判别15m～20m范围内土的液化。当饱和土标准贯入锤击数（未经杆长修正）小于液化判别标准贯入锤击数临界值N_{cr}时，应判为液化土。当有成熟经验时，尚可采用其他判别方法。

在地面下15m深度范围内，液化判别标准贯入锤击数临界值可按下式计算：

$$N_{cr} = N_0[0.9 + 0.1(d_s - d_w)]\sqrt{3/\rho_c}\,(d_s \leqslant 15\text{m}) \quad (4.2.3\text{-}1)$$

在地面下15m～20m范围内，液化判别标准贯入锤击数临界值可按下式计算：

$$N_{cr} = N_0(2.4 - 0.1d_w)\sqrt{3/\rho_c}\,(15\text{m} < d_s \leqslant 20\text{m}) \quad (4.2.3\text{-}2)$$

式中：N_{cr}——液化判别标准贯入锤击数临界值；

N_0——液化判别标准贯入锤击数基准值，应按表4.2.3采用；

d_s——饱和土标准贯入点深度（m）；

ρ_c——黏粒含量百分率（%），当小于3或为砂土时，应采用3。

表4.2.3 标准贯入锤击数基准值 N_0

特征周期分区	7度	8度	9度
1区	6(8)	10(13)	16
2区和3区	8(10)	12(15)	18

注：1 特征周期分区根据场地位置在《中国地震动参数区划图》上查取。

2 括号内数值用于设计基本地震动加速度为0.15g和0.30g的地区。

4.2.4 对存在液化土层的地基，应探明各液化土层的深度和厚度，按下式计算液化指数，并按表4.2.4划分液化等级：

$$I_{lE} = \sum_{i=1}^{n}\left(1 - \frac{N_i}{N_{cri}}\right)d_i W_i \quad (4.2.4)$$

式中：I_{lE}——液化指数；

n——每一个钻孔深度范围内液化土中标准贯入试验点的总数；

N_i、N_{cri}——分别为i点标准贯入锤击数的实测值和临界值，当实测值大于临界值时应取临界值的数值；

d_i——i点所代表的土层厚度（m），可采用与该标准贯入试验点相邻的上、下两标准贯入试验点深度差的一半，但上界不高于地下水位深度，下界不深于液化深度；

W_i——i土层考虑单位土层厚度的层位影响权函数值（m^{-1}）。若判别深度为15m，当该层中点深度不大于5m时应采用10，等于15m时应采用零值，5m～15m时应按线性内插法取值；若判别深度为20m，当该层中点深度不大于5m时应采用10，等于20m时应采用零值，5m～20m时应按线性内插法取值。

表 4.2.4 液化等级

液化等级	轻　微	中　等	严　重
判别深度为 15m 时的液化指数	$0<I_{lE}\leqslant 5$	$5<I_{lE}\leqslant 15$	$I_{lE}>15$
判别深度为 20m 时的液化指数	$0<I_{lE}\leqslant 6$	$6<I_{lE}\leqslant 18$	$I_{lE}>18$

4.2.5 地基抗液化措施应根据桥梁的抗震设防类别、地基的液化等级，结合具体情况综合确定。当液化土层较平坦且均匀时可按表 4.2.5 选用抗液化措施，尚可考虑上部结构重力荷载对液化危害的影响，根据液化震陷量的估计适当调整抗液化措施。

表 4.2.5 抗液化措施

抗震设防类别	地基的液化等级		
	轻　微	中　等	严　重
甲、乙类	部分消除液化沉陷，或对基础和上部结构处理	全部消除液化沉陷，或部分消除液化沉陷且对基础和上部结构处理	全部消除液化沉陷
丙类	基础和上部结构处理，也可不采取措施	基础和上部结构处理，或更高要求的措施	全部消除液化沉陷，或部分消除液化沉陷且对基础和上部结构处理
丁类	可不采取措施	可不采取措施	基础和上部结构处理，或其他经济的措施

4.2.6 全部消除地基液化沉陷的措施，应符合下列要求：

1 采用长桩基时，桩端伸入液化深度以下稳定土层中的长度（不包括桩尖部分），应按计算确定；

2 采用深基础时，基础底面应埋入液化深度以下的稳定土层中，其深度不应小于 2m；

3 采用加密法（如振冲、振动加密、砂桩挤密、强夯等）加固时，应处理至液化土层下界，且处理后土层的标准贯入锤击数的实测值，应大于相应的临界值；加固后的复合地基的标准贯入锤击数可按下式计算，并不应小于液化标准贯入锤击数的临界值；

$$N_{com}=N_s[1+\lambda(\rho+1)] \tag{4.2.6}$$

式中：N_{com}——加固后复合地基的标准贯入锤击数；

N_s——桩间土加固后的标准贯入锤击数（未经杆长修正）；

λ——桩土应力比，取 2～4；

ρ——面积置换率。

4 用非液化土置换全部液化土层；

5 采用加密法或换土法处理时，在基础边缘以外的处理宽度，应超过基础底面下处理深度的 1/2 且不小于基础宽度的 1/5。

4.2.7 部分消除地基液化沉陷的措施，应符合下列要求：

1 处理深度应使处理后的地基液化指数不大于 5，对独立基础与条形基础，尚不应小于基础底面下液化土特征深度值和基础宽度的较大值；

2 加固后复合地基的标准贯入锤击数应符合本规范第 4.2.3 条的要求；

3 基础边缘以外的处理宽度，应符合本规范第 4.2.6 条的要求。

4.2.8 减轻液化影响的基础和上部结构处理，可综合考虑采用下列各项措施：

1 选择合适的基础埋置深度；

2 调整基础底面积，减少基础偏心；

3 加强基础的整体性和刚性；

4 减轻荷载，增强上部结构的整体刚度和均匀对称性，避免采用对不均匀沉降敏感的结构形式等。

4.3 地基的承载力

4.3.1 地基抗震验算时，应采用地震作用效应与永久作用效应组合。

4.3.2 地基抗震承载力容许值应按下式计算：

$$[f_{aE}]=K_E[f_a] \tag{4.3.2}$$

式中：$[f_{aE}]$——调整后的地基抗震承载力容许值；

K_E——地基抗震容许承载力调整系数，应按表 4.3.2 取值；

$[f_a]$——修正后的地基承载力容许值，应按现行行业标准《公路桥涵地基与基础设计规范》JTG D63采用。

表 4.3.2 地基土抗震承载力调整系数

岩土名称和性状	K_E
岩石，密实的碎石土，密实的砾、粗(中)砂，$f_k\geqslant 300$ 的黏性土和粉土	1.5
中密、稍密的碎石土，中密和稍密的砾、粗(中)砂，密实和中密的细、粉砂，$150\leqslant f_k<300$ 的黏性土和粉土，坚硬黄土	1.3
稍密的细、粉砂，$100\leqslant f_k<150$ 的黏性土和粉土，可塑黄土	1.1
淤泥，淤泥质土，松散的砂，杂填土，新近堆积黄土及流塑黄土	1.0

注：f_k 为由载荷试验等方法得到的地基承载力特征值（kPa）。

4.4 桩　基

4.4.1 E2 地震作用下，非液化土中，单桩的抗压承载能力可以提高至原来的 2 倍，单桩的抗拉承载力，可比非抗震设计时提高 25%。

4.4.2 当桩基内有液化土层时，液化土层的承载力(包括桩侧摩阻力)、土抗力(地基系数)、内摩擦角和内聚力等，可根据液化抵抗系数 C_e 予以折减，折减系数 α 应按表 4.4.2 采用。液化土层以下单桩部分的承载能力，可采用本规范第 4.4.1 条的规定；液化土层内及以上部分单桩承载能力不应提高。

$$C_e=\frac{N_1}{N_{cr}} \tag{4.4.2}$$

式中：C_e ——液化抵抗系数；

N_1、N_{cr} ——分别为实际标准贯入锤击数和标准贯入锤击数临界值。

表 4.4.2　土层液化影响折减系数 α

C_e	d_s (m)	α
$C_e \leqslant 0.6$	$d_s \leqslant 10$	0
	$10 < d_s \leqslant 20$	1/3
$0.6 < C_e \leqslant 0.8$	$d_s \leqslant 10$	1/3
	$10 < d_s \leqslant 20$	2/3
$0.8 < C_e \leqslant 1.0$	$d_s \leqslant 10$	2/3
	$10 < d_s \leqslant 20$	1

注：表中 d_s 为标准贯入点深度(m)。

5　地 震 作 用

5.1　一 般 规 定

5.1.1 各类桥梁结构的地震作用，应按下列原则考虑：

1 一般情况下，城市桥梁可只考虑水平向地震作用，直线桥可分别考虑顺桥向 X 和横桥向 Y 的地震作用；

2 地震基本烈度为 8 度和 9 度时的拱式结构、长悬臂桥梁结构和大跨度结构，以及竖向作用引起的地震效应很重要时，应考虑竖向地震的作用。

5.1.2 当采用反应谱法，考虑三个正交方向（顺桥向 X、横桥向 Y 和竖向 Z）的地震作用时，可分别单独计算 X 向地震作用在计算方向产生的最大效应 E_X、Y 向地震作用在计算方向产生的最大效应 E_Y 以及 Z 向地震作用在计算方向产生的最大效应 E_Z，计算方向总的设计最大地震作用效应 E 按下式计算：

$$E=\sqrt{E_X^2+E_Y^2+E_Z^2} \tag{5.1.2}$$

5.1.3 本规范地震作用采用设计加速度反应谱和设计地震动加速度时程表征。

5.1.4 对甲类桥梁，应根据专门的工程场地地震安全性评价确定地震作用。

5.2　设计加速度反应谱

5.2.1 水平向设计加速度反应谱谱值 S（图 5.2.1）可由下式确定：

$$S=\begin{cases}0.45S_{max} & T=0s\\ \eta_2 S_{max} & 0.1s<T\leqslant T_g\\ \eta_2 S_{max}\left(\dfrac{T_g}{T}\right)^{\gamma} & T_g<T\leqslant 5T_g\\ [\eta_2\, 0.2^{\gamma}-\eta_1(T-5T_g)]S_{max} & 5T_g<T\leqslant 6s\end{cases} \tag{5.2.1-1}$$

$$S_{max}=2.25A \tag{5.2.1-2}$$

式中：T_g ——特征周期（s），根据场地类别和地震动参数区划的特征周期分区按表 5.2.1 采用；计算 8、9 度 E2 地震作用时，特征周期宜增加 0.05s；

η_2 ——结构的阻尼调整系数，阻尼比为 0.05 时取 1.0，阻尼比不等于 0.05 时按本规范第 5.2.2 条计算；

A——E1 或 E2 地震作用下水平向地震动峰值加速度，按本规范第 3.2.2 条取值；

γ——自特征周期至 5 倍特征周期区段曲线衰减指数，阻尼比为 0.05 时取 0.9，阻尼比不等于 0.05 时按本规范第 5.2.2 条计算；

η_1 ——自 5 倍特征周期至 6s 区段直线下降段下降斜率调整系数，阻尼比为 0.05 时取 0.02，阻尼比不等于 0.05 时按本规范第 5.2.2 条计算；

T——结构自振周期（s）。

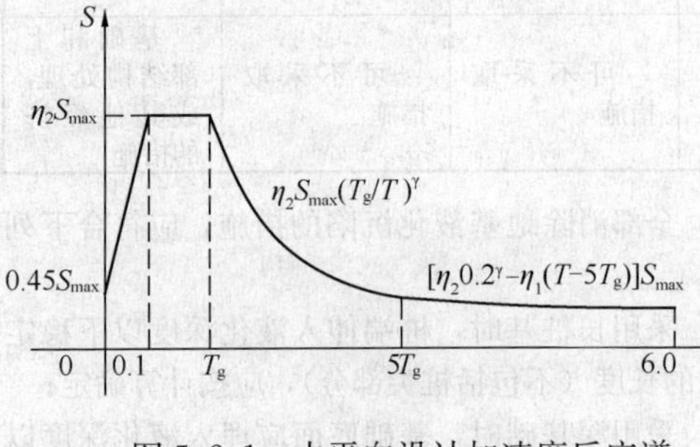

图 5.2.1　水平向设计加速度反应谱

表 5.2.1　特征周期值（s）

分　区	场地类别			
	Ⅰ	Ⅱ	Ⅲ	Ⅳ
1 区	0.25	0.35	0.45	0.65
2 区	0.30	0.40	0.55	0.75
3 区	0.35	0.45	0.65	0.90

5.2.2 当桥梁结构的阻尼比按有关规定不等于 0.05 时，地震加速度谱曲线的阻尼调整系数和形状参数应符合下列规定：

1 曲线下降段的衰减指数按下式确定：

$$\gamma=0.9+\frac{0.05-\xi}{0.5+5\xi} \tag{5.2.2-1}$$

式中：γ——曲线下降段的衰减指数；

ξ——结构实际阻尼比。

2 直线下降段下降斜率调整系数按下式确定：

$$\eta_1 = 0.02 + (0.05 - \xi)/8 \quad (5.2.2\text{-}2)$$

式中：η_1——直线下降段下降斜率调整系数，小于0时取0。

3 阻尼调整系数按下式确定：

$$\eta_2 = 1 + \frac{0.05 - \xi}{0.06 + 1.7\xi} \quad (5.2.2\text{-}3)$$

式中：η_2——阻尼调整系数，当小于0.55时，应取0.55。

5.2.3 竖向设计加速度反应谱可由水平向设计加速度反应谱乘以0.65得到。

5.3 设计地震动时程

5.3.1 已进行地震安全性评价的桥址，设计地震动时程应根据地震安全性评价的结果确定。

5.3.2 未进行地震安全性评价的桥址，可采用本规范设计加速度反应谱为目标拟合设计加速度时程；也可选用与设定地震震级、距离、场地特性大体相近的实际地震动加速度记录，通过时域方法调整，使其加速度反应谱与本规范设计加速度反应谱匹配。

5.4 地震主动土压力和动水压力

5.4.1 地震时作用于桥台台背的主动土压力可按下式计算：

$$E_{ea} = \frac{1}{2}\gamma_s H^2 K_A \left(1 + \frac{3A}{g}\tan\varphi_A\right) \quad (5.4.1\text{-}1)$$

$$K_A = \frac{\cos^2\varphi_A}{(1+\sin\varphi_A)^2} \quad (5.4.1\text{-}2)$$

式中：E_{ea}——作用于台背每延米长度上的地震主动土压力（kN/m），其作用点距台底0.4H处；

γ_s——土的重力密度（kN/m³）；

H——台身高度（m）；

K_A——非地震条件下作用于台背的主动土压力系数；

φ_A——台背土的内摩擦角（°）；

A——E1或E2地震作用下水平向地震动峰值加速度。

5.4.2 当判定桥台地表以下10m内有液化土层或软土层时，桥台基础应穿过液化土层或软土层；当液化土层或软土层超过10m时，桥台基础应埋深至地表以下10m处。其作用于桥台台背的主动土压力应按下式计算：

$$E_{ea} = \frac{1}{2}\gamma_s H^2 (K_A + 2A/g) \quad (5.4.2)$$

地震基本烈度为9度地区的液化区，桥台宜采用桩基。其作用于台背的主动土压力可按式（5.4.2）计算。

5.4.3 地震时作用于桥墩上的地震动水压力应分别按下列各式进行计算：

1 $\frac{b}{h} \leqslant 2.0$时：

$$E_w = 0.15\left(1 - \frac{b}{4h}\right)A\xi_h\gamma_w b^2 h/g \quad (5.4.3\text{-}1)$$

2 $2.0 < \frac{b}{h} \leqslant 3.1$时：

$$E_w = 0.075A\xi_h\gamma_w b^2 h/g \quad (5.4.3\text{-}2)$$

3 $\frac{b}{h} > 3.1$时：

$$E_w = 0.24A\gamma_w b^2 h/g \quad (5.4.3\text{-}3)$$

式中：E_w——地震时在$h/2$处作用于桥墩的总动水压力（kN）；

ξ_h——截面形状系数，矩形墩和方形墩，取$\xi_h=1$；圆形墩取$\xi_h=0.8$；圆端形墩，顺桥向取$\xi_h=0.9\sim1.0$，横桥向取$\xi_h=0.8$；

γ_w——水的重力密度（kN/m³）；

h——从一般冲刷线算起的水深（m）；

b——与地震作用方向相垂直的桥墩宽度（m），可取$h/2$处的截面宽度，对于矩形墩，取长边边长；对于圆形墩，取直径。

5.5 作用效应组合

5.5.1 城市桥梁抗震设计应考虑以下作用：

1 永久作用，包括结构重力、土压力、水压力；

2 地震作用，包括地震动的作用和地震土压力、水压力等；

3 在进行支座抗震验算时，应计入50%均匀温度作用效应；

4 对城市轨道交通桥梁，应分别按有车、无车进行计算；当桥上有车时，顺桥向不计算活载引起的地震作用；横桥向计入50%活载引起的地震力，作用于轨顶以上2m处，活载竖向力按列车竖向静活载的100%计算。

5.5.2 城市桥梁抗震设计时的作用效应组合应包括本规范第5.5.1条要求的各种作用之和，组合方式应包括各种作用效应的最不利组合。

6 抗 震 分 析

6.1 一 般 规 定

6.1.1 复杂立交工程应进行专门抗震研究。对墩高超过40m，墩身第一阶振型有效质量低于60%，且结构进入塑性的高墩桥梁，应进行专门研究。

6.1.2 抗震分析时，可将桥梁划分为规则桥梁和非规则桥梁两类。简支梁及表6.1.2限定范围内的梁桥属于规则桥梁，不在此表限定范围内的桥梁属于非规则桥梁。

表 6.1.2 规则桥梁的定义

参 数	参 数 值				
单跨最大跨径	≤90m				
墩高	≤30m				
单墩长细比	大于 2.5 且小于 10				
跨数	2	3	4	5	6
曲线桥梁圆心角 φ 及半径 R	单跨 $\varphi<30°$ 且一联累计 $\varphi<90°$，同时曲梁半径 $R\geqslant 20B_0$（B_0 为桥宽）				
跨与跨间最大跨长比	3	2	2	1.5	1.5
轴压比	<0.3				
任意两桥墩间最大刚度比	—	4	4	3	2
下部结构类型	桥墩为单柱墩、双柱框架墩、多柱排架墩				
地基条件	不易液化、侧向滑移或不易冲刷的场地，远离断层				

6.1.3 根据本规范第 6.1.2 条的规则桥梁和非规则桥梁分类，桥梁的抗震分析计算方法可按表 6.1.3 选用。

表 6.1.3 桥梁抗震分析方法

地震作用 \ 桥梁分类	采用 A 类抗震设计方法		采用 B 类抗震设计方法	
	规则	非规则	规则	非规则
E1 地震作用	SM/MM	MM/TH	SM/MM	MM/TH
E2 地震作用	SM/MM	MM/TH	—	—

注：TH 为线性或非线性时程计算方法；
SM 为单振型反应谱法；
MM 为多振型反应谱法。

6.1.4 E2 地震作用下，若大跨度连续梁或连续刚构桥（主跨超过 90m）墩柱已进入塑性工作范围，且桥梁承台质量较大，地震下承台质量惯性力对桩基础地震作用效应不能忽略时，应采用非线性时程分析方法进行抗震分析。

6.1.5 对 6 跨及 6 跨以上一联主跨超过 90m 连续梁桥，应采用非线性时程分析方法考虑活动支座摩擦作用效应，进行抗震分析。

6.1.6 对复杂立交工程、斜桥和非规则曲线桥，宜采用非线性时程分析方法进行抗震分析。

6.1.7 地震作用下，桥台台身地震惯性力可按静力法计算。

6.1.8 在进行桥梁抗震分析时，E1 地震作用下，桥梁的所有构件抗弯刚度均应按毛截面计算；E2 地震作用下，延性构件的有效截面抗弯刚度应按式（6.1.8）计算，对圆形和矩形桥墩，可按本规范附录 A 取值，但其他构件抗弯刚度仍应按毛截面计算：

$$E_c \times I_{eff} = \frac{M_y}{\phi_y} \qquad (6.1.8)$$

式中：E_c ——桥墩混凝土的弹性模量（kN/m^2）；

I_{eff} ——桥墩有效截面抗弯惯性矩（m^4）；

M_y ——等效屈服弯矩（kN·m），可按本规范第 7.3.8 条计算；

ϕ_y ——等效屈服曲率（1/m），可按本规范第 7.3.8 条计算。

6.1.9 在进行桥梁结构抗震分析时，地震动的输入宜按下列方式选取：

1 跨越河流的桥梁，地震动输入宜取一般冲刷线处场地地震动；

2 其他桥梁，地震动输入宜取地表处场地地震动。

6.2 建 模 原 则

6.2.1 在 E1 和 E2 地震作用下，一般情况下应建立桥梁结构的空间动力计算模型进行抗震分析，计算模型应反映实际桥梁结构的动力特性。规则桥梁可按本规范第 6.5 节的要求选用简化计算模型。

6.2.2 桥梁结构动力计算模型应能正确反映桥梁上部结构、下部结构、支座和地基的刚度、质量分布及阻尼特性，一般情况下应满足下列要求：

1 计算模型中的梁体和墩柱可采用空间杆系单元模拟，单元质量可采用集中质量代表；墩柱和梁体的单元划分应反映结构的实际动力特性；

2 支座单元应反映支座的力学特性；

3 混凝土结构的阻尼比可取为 0.05；进行时程分析时，可采用瑞利阻尼；

4 计算模型应考虑相邻结构和边界条件的影响，对于共同参与地震力分配的相邻结构，应考虑相邻结构边界条件的影响，一般情况应取计算模型左右各一联桥梁结构作为边界条件。

6.2.3 当进行直线桥梁地震反应分析时，可分别考虑沿顺桥向和横桥向两个水平方向地震动输入；当进行曲线桥梁地震反应分析时，宜分别沿相邻两桥墩连线方向和垂直于连线水平方向进行多方向地震输入，以确定最不利地震水平输入方向。

6.2.4 当进行非线性时程分析时，墩柱应采用能反映结构弹塑性动力行为的单元。

6.2.5 桥梁结构抗震分析时应考虑支座的影响。板式橡胶支座可采用线性弹簧单元模拟；其剪切刚度可按下式计算：

$$k = \frac{G_d A_r}{\Sigma t} \qquad (6.2.5)$$

式中：G_d ——板式橡胶支座的动剪切模量（kN/m^2），一般取 $1200kN/m^2$；

A_r ——橡胶支座的剪切面积（m^2）；

Σt ——橡胶层的总厚度（m）。

6.2.6 活动支座的摩擦作用效应可采用双线性理想弹塑性弹簧单元模拟，其恢复力模型见图 6.2.6，并应符合下列要求：

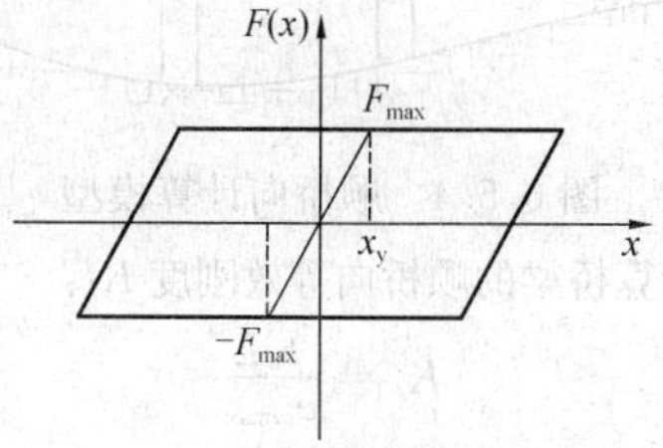

图 6.2.6 活动支座恢复力模型

1 活动支座临界滑动摩擦力 F_{max}（kN）：

$$F_{max} = \mu_d W \quad (6.2.6\text{-}1)$$

2 初始刚度：

$$k = \frac{F_{max}}{x_y} \quad (6.2.6\text{-}2)$$

式中：μ_d ——滑动摩擦系数，一般取 0.02；

W——支座所承担的上部结构重力（kN）；

x_y ——活动盆式支座屈服位移（m），取支座临界滑动时的位移，一般取 0.003m。

6.2.7 对采用桩基础的桥梁，计算模型应考虑桩土共同作用，桩土的共同作用可采用等代土弹簧模拟，等代土弹簧的刚度可采用 m 法计算。

6.2.8 当墩柱的计算高度与矩形截面短边尺寸之比大于 8 时，或墩柱的计算高度与圆形截面直径之比大于 6 时，应考虑 P-Δ 效应。

6.3 反 应 谱 法

6.3.1 当采用反应谱法计算时，加速度反应谱应按本规范第 5.2 节的规定确定。

6.3.2 当采用多振型反应谱法计算时，振型阶数在计算方向给出的有效振型参与质量不应低于该方向结构总质量的 90%。

6.3.3 振型组合方法应按下列规定采用：

1 一般可采用 SRSS 方法，按下式确定：

$$F = \sqrt{\Sigma S_i^2} \quad (6.3.3\text{-}1)$$

式中：F ——结构的地震作用效应；

S_i ——结构第 i 阶振型地震作用效应。

2 当结构相邻两阶振型的自振周期 T_m 和 T_n 接近时（$T_m > T_n$），即 T_n 和 T_m 之比 ρ_T 满足式（6.3.3-2），应采用 CQC 方法按式（6.3.3-3）计算地震作用效应：

$$\rho_T = \frac{T_n}{T_m} \geqslant \frac{0.1}{0.1+\xi} \quad (6.3.3\text{-}2)$$

$$F = \sqrt{\Sigma\Sigma S_i r_{ij} S_j} \quad (6.3.3\text{-}3)$$

$$r_{ij} = \frac{8\xi^2(1+\rho_T)\rho_T^{3/2}}{(1-\rho_T^2)^2 + 4\xi^2\rho_T(1+\rho_T)^2} \quad (6.3.3\text{-}4)$$

式中：ξ ——阻尼比；

ρ_T ——周期比；

r_{ij} ——相关系数。

6.4 时程分析法

6.4.1 地震加速度时程应按本规范第 5.3 节的规定选取。

6.4.2 时程分析的最终结果，当采用 3 组地震加速度时程计算时，应取各组计算结果的最大值；当采用 7 组及以上地震加速度时程计算时，可取结果的平均值。

6.5 规则桥梁抗震分析

6.5.1 对满足本规范第 6.1.3 条要求的规则桥梁可按本节分析方法，等效为单自由度体系，按单振型反应谱方法进行 E1 和 E2 地震作用下结构的内力和变形计算。

6.5.2 对简支梁桥，其顺桥向和横桥向水平地震力可采用下列简化方法计算，其计算简图如图 6.5.2 所示：

1 顺桥向和横桥向水平地震力可按下式计算：

$$E_{ktp} = SM_t \quad (6.5.2\text{-}1)$$

$$M_t = M_{sp} + \eta_{cp}M_{cp} + \eta_p M_p \quad (6.5.2\text{-}2)$$

$$\eta_{cp} = X_0^2 \quad (6.5.2\text{-}3)$$

$$\eta_p = 0.16(X_0^2 + X_f^2 + 2X_{f\frac{1}{2}}^2 + X_f X_{f\frac{1}{2}} + X_0 X_{f\frac{1}{2}}) \quad (6.5.2\text{-}4)$$

式中：E_{ktp} ——顺桥向作用于固定支座顶面或横桥向作用于上部结构质心处的水平力（kN）；

S ——根据结构基本周期，按本规范第 5.2.1 条计算出的反应谱值；

M_t ——换算质点质量（t）；

M_{sp} ——桥梁上部结构的质量（t），一跨梁的质量，对于轨道交通桥梁横桥向，还应计入 50% 活载质量；

M_{cp} ——盖梁的质量（t）；

M_p ——墩身质量（t），对于扩大基础，为基础顶面以上墩身的质量；

η_{cp} ——盖梁质量换算系数；

η_p ——墩身质量换算系数；

X_0 ——考虑地基变形时，顺桥向作用于支座顶面或横桥向作用于上部结构质心处的单位水平力在墩身计算高度 H 处引起的水平位移与单位力作用处的水平位移之比值；

X_f、$X_{f\frac{1}{2}}$ ——分别为考虑地基变形时，顺桥向作用于支座顶面上或横桥向作用于上部结构质心处的单位水平力在墩身计算高度 $H/2$ 处，一般冲刷线或基础顶面引起的水平位移与单位力作用处的水平位移之比值。

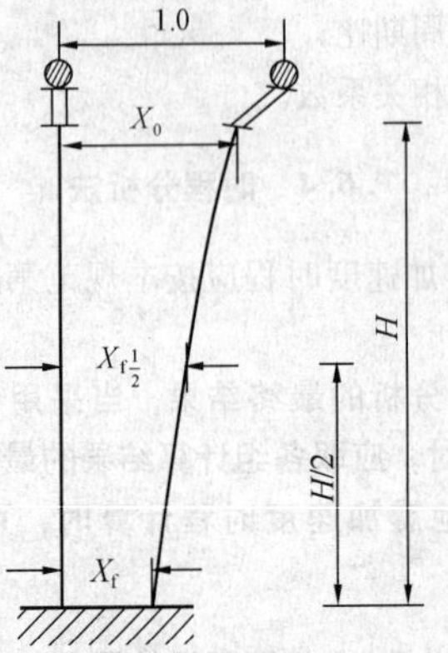

图 6.5.2　柱式墩计算简图

2　一般情况可按下式计算各简支梁桥的基本周期：

$$T_1 = 2\pi\sqrt{M_t\delta} \qquad (6.5.2\text{-}5)$$

式中：T_1——简支梁桥顺桥向或横桥向的基本周期（s）；

δ——在顺桥向或横桥向作用于支座顶面或上部结构质心上单位水平力在该处引起的水平位移（m/kN），顺桥和横桥方向应分别计算，计算时可按现行行业标准《公路桥涵地基与基础设计规范》JTG D63 的有关规定计算地基变形作用效应。

6.5.3　连续梁一联中一个墩采用顺桥向固定支座，其余均为顺桥向活动支座，其顺桥向地震反应可按下列公式计算：

1　顺桥向作用于固定支座顶面地震力可按下式计算：

$$E_{ktp} = SM_t - \sum_{i=1}^{N}\mu_i R_i \qquad (6.5.3\text{-}1)$$

$$M_t = M_{sp} + M_{cp} + \eta_p M_p \qquad (6.5.3\text{-}2)$$

2　顺桥向作用于活动支座顶面地震力可按下式计算：

$$E_{kti} = \mu_i R_i \qquad (6.5.3\text{-}3)$$

式中：M_t——支座顶面处的换算质点质量（t）；

M_{sp}——一联桥梁上部结构的质量（t）；

M_{cp}——固定墩盖梁的质量（t）；

M_p——固定墩墩身质量（t）；

R_i——第 i 个活动支座的恒载反力（kN）；

μ_i——第 i 个活动支座的摩擦系数，一般取 0.02。

6.5.4　采用板式橡胶支座的规则连续梁和连续刚构桥梁在顺桥向 E1 和 E2 地震作用下的地震反应可按以下简化方法计算：

1　建立结构计算模型，模型中应考虑上部结构、支座、桥墩及基础等刚度的影响，计算均布荷载 p_0 沿一联梁体轴线作用下结构的位移 $v_s(x)$，计算简图如图 6.5.4 所示。

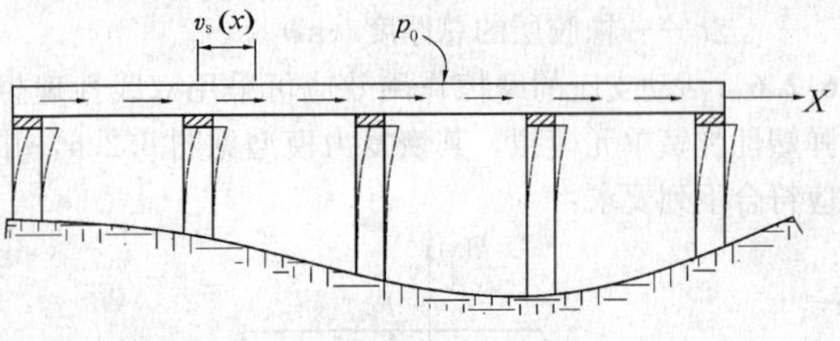

图 6.5.4　顺桥向计算模型

2　计算桥梁的顺桥向等效刚度 K_l：

$$K_l = \frac{p_0 L}{v_{s,max}} \qquad (6.5.4\text{-}1)$$

式中：p_0——均布荷载（kN/m）；

L——一联桥梁总长（m）；

$v_{s,max}$——p_0 作用下的最大水平位移（m）；

K_l——桥梁的顺桥向等效刚度（kN/m）。

3　计算结构周期 T：

$$T = 2\pi\sqrt{\frac{M_t}{K_l}} \qquad (6.5.4\text{-}2)$$

式中：M_t——一联桥梁总质量，应包含梁体质量，以及按本规范第 6.5.2 条墩身质量换算系数 η_p、盖梁质量换算系数 η_{cp} 等效的各墩身及其盖梁质量（t）。

4　计算地震等效均布荷载 p_e：

$$p_e = \frac{SM_t}{L} \qquad (6.5.4\text{-}3)$$

式中：p_e——地震等效静力荷载（kN/m）；

S——根据结构周期 T 计算出的反应谱值。

5　按静力法计算均布荷载 p_e 作用下的结构内力、位移反应。

6.5.5　规则连续梁和连续刚架桥，当全桥墩梁间横桥向没有相对位移时，在横桥向 E1 和 E2 地震作用下的地震反应，可按下列方法计算：

1　建立结构计算模型，在模型中应考虑上部结构、支座、桥墩及基础等刚度的影响，为了考虑相邻结构边界条件的影响，一般情况应取计算模型左右各一联桥梁结构作为边界条件。

2　计算均布荷载 p_0 沿计算模型（包含边界联）垂直梁体轴线方向作用下，计算联横桥向最大结构的位移 $v_s(x)$，计算简图如图 6.5.5 所示。

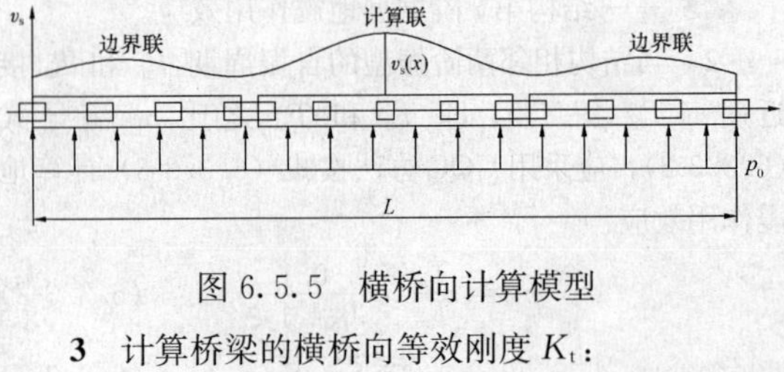

图 6.5.5　横桥向计算模型

3　计算桥梁的横桥向等效刚度 K_t：

$$K_t = \frac{p_0 L}{v_{s,max}} \qquad (6.5.5\text{-}1)$$

式中：p_0——均布荷载（kN/m）；

L——计算模型总长（包含左右边界联的长度）(m)；

$v_{s,max}$——p_0 作用下计算联最大横向水平位移(m)；

K_t——横桥向等效刚度（kN/m）。

4 计算结构周期 T：

$$T = 2\pi\sqrt{\frac{M_t}{K_t}} \quad (6.5.5\text{-}2)$$

5 计算地震等效均布荷载 p_e：

$$p_e = \frac{SM_t}{L} \quad (6.5.5\text{-}3)$$

式中：p_e——地震等效均布荷载（kN/m）。

6 按静力法计算均布荷载 p_e 作用下的结构内力、位移反应。

6.6 能力保护构件计算

6.6.1 在 E2 地震作用下，如结构未进入塑性，桥梁墩柱的剪力设计值，桥梁盖梁、基础和支座的内力设计值可采用 E2 地震作用的计算结果。

6.6.2 当桥梁盖梁、基础、支座和墩柱抗剪作为能力保护构件设计时，其弯矩和剪力设计值，应取与墩柱塑性铰区域截面超强弯矩所对应的弯矩和剪力值。

6.6.3 单柱墩塑性铰区域截面超强弯矩应按下式计算：

$$M_{y0} = \phi^0 M_u \quad (6.6.3)$$

式中：M_{y0}——顺桥向和横桥向超强弯矩；

M_u——按截面实配钢筋，采用材料强度标准值，在恒载轴力作用下计算出的截面顺桥向和横桥向受弯承载力；

ϕ^0——桥墩正截面受弯承载力超强系数，ϕ^0 取 1.2。

6.6.4 双柱和多柱墩塑性铰区域截面顺桥向超强弯矩可按本规范第 6.6.3 条计算，横桥向超强弯矩可按下列步骤计算：

1 假设墩柱轴力为恒载轴力。

2 按截面实配钢筋，采用材料强度标准值，按本规范式（6.6.3）计算出各墩柱塑性铰区域截面超强弯矩。

3 计算各墩柱相应于其超强弯矩的剪力值，并按下式计算各墩柱剪力值之和 V（kN）：

$$V = \sum_{i}^{N} V_i \quad (6.6.4)$$

式中：V_i——各墩柱相应于塑性铰区域截面的超强弯矩的剪力值（kN）。

4 将 V 按正、负方向分别施加于盖梁质心处，计算各墩柱所产生的轴力（如图 6.6.4 所示）。

5 将合剪力 V 产生的轴力与恒载轴力组合后，采用组合的轴力，重复步骤 2 和 4 进行迭代计算，直到相邻 2 次计算各墩柱剪力之和相差在 10%以内。

6 采用上述组合中的轴力最大压力组合，按步骤 2 计算各墩柱塑性区域截面超强弯矩。

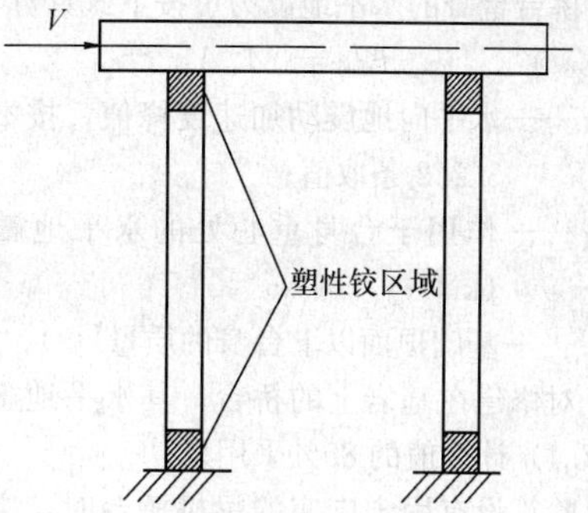

图 6.6.4 轴力计算模式

6.6.5 延性墩柱沿顺桥向和横桥向剪力设计值应根据塑性铰区域截面超强弯矩来计算。

6.6.6 固定支座和板式橡胶支座的水平地震设计力可按能力保护方法计算；当按能力保护方法计算时，支座在顺桥向和横桥向的地震水平力可分别直接取本规范第 6.6.5 条计算出的各墩柱沿顺桥向和横桥向剪力值。

6.6.7 延性桥墩的盖梁弯矩设计值 M_{p0}，应按下式计算：

$$M_{p0} = M_{hc}^{s} + M_G \quad (6.6.7)$$

式中：M_{hc}^{s}——墩柱顶端截面超强弯矩（应分别考虑正负弯矩）（kN·m）；

M_G——由结构恒载产生的弯矩（kN·m）。

6.6.8 延性桥墩盖梁的剪力设计值 V_{c0} 可按下式计算：

$$V_{c0} = \frac{M_{pc}^{R} + M_{pc}^{L}}{L_0} \quad (6.6.8)$$

式中：M_{pc}^{L}，M_{pc}^{R}——盖梁左右端截面按实配钢筋，采用材料强度标准值计算出的正截面抗弯承载力（kN·m）；

L_0——盖梁的净跨度（m）。

6.6.9 梁桥基础的弯矩、剪力和轴力的设计值应根据墩柱底部可能出现塑性铰处截面的超强弯矩、剪力设计值和墩柱恒载轴力，并考虑承台的贡献来计算。对双柱墩、多柱墩横桥向基础，应根据本规范式（6.6.4）计算出的各墩柱合剪力 V 作用在盖梁质心处在承台顶产生的弯矩、剪力和轴力。

6.6.10 对低桩承台基础，作用在承台的水平地震惯性力可用静力法按下式计算：

$$F_t = M_t A \quad (6.6.10)$$

式中：F_t——作用在承台中心处的水平地震力（kN）；

M_t——承台的质量（t）；

A——水平向地震动峰值加速度，按本规范第 3.2.2 条取值。

6.7 桥　　台

6.7.1 桥台台身的水平地震力可按下式计算：

$$E_{hau}=M_{au}A \qquad (6.7.1)$$

式中：A——水平向地震动加速度峰值，按本规范第3.2.2条取值；

E_{hau}——作用于台身重心处的水平地震作用力（kN）；

M_{au}——基础顶面以上台身的质量（t）。

1 对修建在基岩上的桥台，其水平地震力可按式（6.7.1）计算值的80%采用；

2 验算设有固定支座的梁桥桥台时，应计入由上部结构所产生的水平地震力，其值按式（6.7.1）计算，但 M_{au} 应加上一孔（简支梁）或一联（连续梁）梁的质量。

6.7.2 作用在桥台上的主动土压力和动水压力可按本规范第5.4节计算。

7 抗 震 验 算

7.1 一 般 规 定

7.1.1 城市梁式桥的桥墩、桥台、基础及支座等应作抗震验算。

7.1.2 在E1和E2地震作用下，各类城市桥梁的抗震验算目标应满足本规范表3.1.2的要求。

7.2 E1地震作用下抗震验算

7.2.1 采用A类抗震设计方法设计的桥梁，顺桥向和横桥向E1地震作用效应按本规范第5.5.2条组合后，应按现行行业标准《公路钢筋混凝土及预应力混凝土桥涵设计规范》JTG D62和《公路桥涵地基与基础设计规范》JTG D63相关规定验算桥墩、桥台的强度；采用B类抗震设计方法设计的桥梁，顺桥向和横桥向E1地震作用效应按本规范第5.5.2条组合后，应按现行行业标准《公路钢筋混凝土及预应力混凝土桥涵设计规范》JTG D62和《公路桥涵地基与基础设计规范》JTG D63相关规定验算桥墩、桥台、盖梁和基础等的强度。

7.2.2 采用B类抗震设计方法设计的桥梁，支座抗震能力可按下列方法验算：

1 板式橡胶支座的抗震验算：

1） 支座厚度验算

$$\Sigma t \geqslant \frac{X_E}{\tan\gamma}=X_E \qquad (7.2.2\text{-}1)$$

$$X_E=\alpha_d X_D+X_H+0.5X_T \qquad (7.2.2\text{-}2)$$

式中：X_E——考虑地震作用、均匀温度作用和永久作用组合后的支座位移（m）；

Σt——橡胶层的总厚度（m）；

$\tan\gamma$——橡胶片剪切角正切值，取 $\tan\gamma=1.0$；

X_D——E1地震作用下支座水平位移（m）；

X_H——永久作用产生的支座水平位移（m）；

X_T——均匀温度作用产生的支座水平位移（m）；

α_d——支座调整系数，一般取2.3。

2） 支座抗滑稳定性验算：

$$\mu_d R_b \geqslant E_{hzh} \qquad (7.2.2\text{-}3)$$

$$E_{hzh}=\alpha_d E_{hze}+E_{hzd}+0.5E_{hzt} \qquad (7.2.2\text{-}4)$$

式中：μ_d——支座的动摩阻系数，橡胶支座与混凝土表面的动摩阻系数采用0.15；与钢板的动摩阻系数采用0.10；

E_{hzh}——支座水平组合地震力（kN）；

R_b——上部结构重力在支座上产生的反力（kN）；

E_{hze}——E1地震作用下支座的水平地震力（kN）；

E_{hzd}——永久作用产生的支座水平力（kN）；

E_{hzt}——均匀温度引起的支座水平力（kN）；

α_d——支座调整系数，一般取2.3。

2 盆式支座和球形支座的抗震验算：

1） 活动支座

$$X_E \leqslant X_{max} \qquad (7.2.2\text{-}5)$$

2） 固定支座

$$E_{hzh} \leqslant E_{max} \qquad (7.2.2\text{-}6)$$

式中：X_{max}——活动支座容许滑动的水平位移（m）；

E_{max}——固定支座容许承受的水平力（kN）。

7.3 E2地震作用下抗震验算

7.3.1 E2地震作用下，应按式（7.3.4-1）验算桥墩墩顶的位移。对高宽比小于2.5的矮墩，可不验算桥墩的变形，但应按本规范第7.3.2条验算抗弯和抗剪强度。采用非线性时程进行地震反应分析的桥梁可按式（7.3.4-2）验算塑性转角。

7.3.2 对矮墩，顺桥向和横桥向E2地震作用效应和永久作用效应组合后，应按现行行业标准《公路钢筋混凝土及预应力混凝土桥涵设计规范》JTG D62相关规定验算桥墩抗弯和抗剪强度，在验算矮墩抗弯强度时，截面抗弯能力可采用材料强度标准值计算。

7.3.3 在进行桥墩位移验算时，按弹性方法计算出的地震位移应乘以考虑弹塑性效应的地震位移修正系数 R_d，地震位移修正系数 R_d 可按下式计算：

$$R_d=\left(1-\frac{1}{\mu_D}\right)\frac{T^*}{T}+\frac{1}{\mu_D}\geqslant 1.0,\ \frac{T^*}{T}>1.0 \qquad (7.3.3\text{-}1)$$

$$R_d=1.0,\ \frac{T^*}{T}\leqslant 1.0 \qquad (7.3.3\text{-}2)$$

$$T^*=1.25T_g \qquad (7.3.3\text{-}3)$$

式中：T——结构自振周期；

T_g ——反应谱特征周期；

μ_D ——桥墩构件延性系数；一般情况可取 3。

7.3.4 E2 地震作用下，应按下列公式验算顺桥向和横桥向桥墩墩顶的位移或桥墩塑性铰区域塑性转动能力：

$$\Delta_d \leqslant \Delta_u \quad (7.3.4\text{-}1)$$

$$\theta_p \leqslant \theta_u \quad (7.3.4\text{-}2)$$

式中：Δ_d ——E2 地震作用下墩顶的位移（cm）；若 E2 地震作用墩顶的位移是采用弹性方法计算，应乘以本规范第 7.3.3 条规定的地震位移修正系数；

Δ_u ——桥墩容许位移（cm），按本规范第 7.3.5 和 7.3.7 条计算；

θ_p ——E2 地震作用下，塑性铰区域的塑性转角；

θ_u ——塑性铰区域的最大容许转角，可按本规范式（7.3.6）计算。

7.3.5 单柱墩容许位移可按下式计算：

$$\Delta_u = \frac{1}{3}H^2 \times \phi_y + \left(H - \frac{L_p}{2}\right) \times \theta_u \quad (7.3.5\text{-}1)$$

$$L_p = 0.08H + 0.022 f_y d_{bl} \geqslant 0.044 f_y d_{bl} \quad (7.3.5\text{-}2)$$

式中：H ——悬臂墩的高度或塑性铰截面到反弯点的距离（cm）；

ϕ_y ——截面的等效屈服曲率（1/cm），一般情况下，可按本规范第 7.3.8 条计算；但对于圆形截面和矩形截面桥墩，可按本规范附录 B 计算；

L_p ——等效塑性铰长度（cm）；

f_y ——纵向钢筋抗拉强度标准值（MPa）；

d_{bl} ——纵向主筋的直径（cm）。

7.3.6 塑性铰区域的最大容许转角应根据极限破坏状态的曲率能力，按下式计算：

$$\theta_u = L_p(\phi_u - \phi_y)/K \quad (7.3.6)$$

式中：ϕ_u ——极限破坏状态的曲率能力（1/cm），一般情况下，可按本规范第 7.3.9 条计算；但对于矩形截面和圆形截面桥墩，可按本规范附录 B 计算；

K ——延性安全系数，取 2.0。

7.3.7 对双柱墩、排架墩，其顺桥向的容许位移可按本规范式（7.3.5-1）计算，横桥向的容许位移可在盖梁处施加水平力 F（图 7.3.7），进行非线性静力分析，当墩柱的任一塑性铰达到其最大容许转角或塑性铰区控制截面达到最大容许曲率时，盖梁处的横向水平位移即为容许位移。

注：最大容许曲率为极限破坏状态的曲率能力除以安全系数，安全系数取 2。

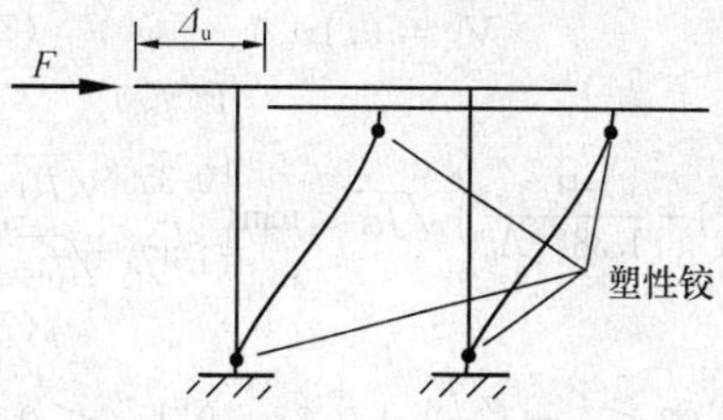

图 7.3.7 双柱墩的容许位移

7.3.8 截面的等效屈服曲率 ϕ_y 和等效屈服弯矩 M_y 可通过把实际的弯矩-曲率曲线等效为理想弹塑性弯矩-曲率曲线来求得，等效方法可根据图中两个阴影面积相等求得（图 7.3.8），计算中应考虑最不利轴力组合。

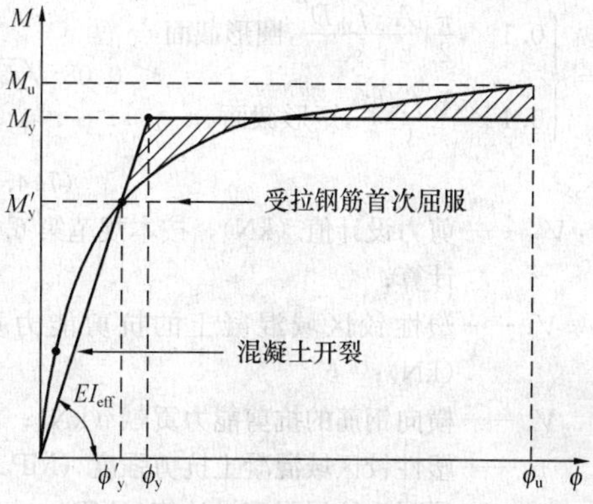

图 7.3.8 等效屈服曲率

7.3.9 极限破坏状态的曲率能力 ϕ_u 应通过考虑最不利轴力组合的 M-ϕ 曲线确定，为混凝土应变达到极限压应变 ε_{cu}，或纵筋达到折减极限应变 ε_{lu} 时相应的曲率。混凝土的极限压应变 ε_{cu} 可按下式计算：

$$\varepsilon_{cu} = 0.004 + \frac{1.4\rho_s \cdot f_{kh} \cdot \varepsilon_{su}^R}{f_{c,ck}} \quad (7.3.9)$$

式中：ρ_s ——约束钢筋的体积含筋率；

f_{kh} ——箍筋抗拉强度标准值（MPa）；

$f_{c,ck}$ ——约束混凝土的峰值应力（MPa），一般情况下可取 1.25 倍的混凝土抗压强度标准值；

ε_{su}^R ——约束钢筋的折减极限应变，$\varepsilon_{su}^R = 0.09$。

纵筋的折减极限应变 ε_{lu} 取为 0.1。

7.3.10 应根据本规范第 6.7 节计算出桥台的地震作用效应和永久作用效应组合后，按现行行业标准《公路钢筋混凝土及预应力混凝土桥涵设计规范》JTG D62－2004 相关规定验算桥台的承载能力。

7.4 能力保护构件验算

7.4.1 采用 A 类抗震设计方法设计的桥梁，其能力保护构件（墩柱抗剪、盖梁、基础及支座等）宜按本节方法进行抗震验算。

7.4.2 墩柱塑性铰区域沿顺桥向和横桥向的斜截面抗剪强度应按下列公式验算：

$$V_{c0} \leqslant \phi(V_c + V_s) \quad (7.4.2\text{-}1)$$

$$V_c = 0.1 v_c A_e \tag{7.4.2-2}$$

$$v_c = \begin{cases} 0, & P_c \leqslant 0 \\ \lambda\left(1+\dfrac{P_c}{1.38\times A_g}\right)\sqrt{f_{cd}} \leqslant \min\begin{cases}0.355\sqrt{f_{cd}}\\ 1.47\lambda\sqrt{f_{cd}}\end{cases}, & P_c > 0 \end{cases} \tag{7.4.2-3}$$

$$0.03 \leqslant \lambda = \frac{\rho_s f_{yh}}{10} + 0.38 - 0.1\mu_\Delta \leqslant 0.3 \tag{7.4.2-4}$$

$$\rho_s = \begin{cases} \dfrac{4A_{sp}}{sD'}, \text{圆形截面} \\ \dfrac{2A_v}{bs}, \text{矩形截面} \end{cases} \leqslant 2.4/f_{yh} \tag{7.4.2-5}$$

$$V_s = \begin{cases} 0.1\times\dfrac{\pi}{2}\dfrac{A_{sp}f_{yh}D'}{s}, \text{圆形截面} \\ 0.1\times\dfrac{A_v f_{yh} h_0}{s}, \text{矩形截面} \end{cases} \leqslant 0.08\sqrt{f_{cd}}A_e \tag{7.4.2-6}$$

式中：V_{c0}——剪力设计值（kN），按本规范第 6.6 节计算；

V_c——塑性铰区域混凝土的抗剪能力贡献（kN）；

V_s——横向钢筋的抗剪能力贡献（kN）；

v_c——塑性铰区域混凝土抗剪强度（MPa）；

f_{cd}——混凝土抗压强度设计值（MPa）；

A_e——核芯混凝土面积，可取 $A_e = 0.8A_g$（cm^2）；

A_g——墩柱塑性铰区域截面全面积（cm^2）；

μ_Δ——墩柱位移延性系数，为墩柱地震位移需求 Δ_d 与墩柱塑性铰屈服时的位移之比；

P_c——墩柱截面最小轴压力，对于框架墩横向需按本规范第 6.6.4 条计算（kN）；

A_{sp}——螺旋箍筋面积（cm^2）；

A_v——计算方向上箍筋面积总和（cm^2）；

s——箍筋的间距（cm）；

f_{yh}——箍筋抗拉强度设计值（MPa）；

b——墩柱的宽度（cm）；

D'——螺旋箍筋环的直径（cm）；

h_0——核芯混凝土受压边缘至受拉侧钢筋重心的距离（cm）；

ϕ——抗剪强度折减系数，$\phi = 0.85$。

7.4.3 根据本规范第 6.6 节计算的基础弯矩、剪力和轴力设计值和永久作用效应组合后，应按现行行业标准《公路桥涵地基与基础设计规范》JTG D63 进行基础强度验算。在验算桩基础截面抗弯强度时，截面抗弯能力可采用材料强度标准值计算。

7.4.4 根据本规范第 6.6 节计算的盖梁弯矩设计值、剪力设计值和永久作用效应组合后，应按现行行业标准《公路钢筋混凝土及预应力混凝土桥涵设计规范》JTG D62 验算盖梁的正截面抗弯强度和斜截面抗剪强度。

7.4.5 板式橡胶支座的抗震验算应符合下列要求：

1 支座厚度验算：

$$\Sigma t \geqslant \frac{X_B}{\tan\gamma} = X_B \tag{7.4.5-1}$$

$$X_B = X_D + X_H + 0.5X_T \tag{7.4.5-2}$$

式中：Σt——橡胶层的总厚度（m）；

$\tan\gamma$——橡胶片剪切角正切值，取 $\tan\gamma = 1.0$；

X_B——按照本规范第 6.6.6 条计算的支座水平地震设计力产生的支座水平位移、永久作用效应以及均匀温度作用效应组合后的支座水平位移；

X_D——按照本规范第 6.6.6 条计算的支座水平地震设计力产生的支座水平位移（m）；

X_H——永久作用产生的支座水平位移（m）；

X_T——均匀温度作用引起的支座水平位移（m）。

2 支座抗滑稳定性验算：

$$\mu_d R_b \geqslant E_{hzh} \tag{7.4.5-3}$$

$$E_{hzh} = E_{hze} + E_{hzd} + 0.5E_{hzt} \tag{7.4.5-4}$$

式中：μ_d——支座的动摩阻系数，橡胶支座与混凝土表面的动摩阻系数采用 0.15；与钢板的动摩阻系数采用 0.10；

E_{hzh}——按照本规范第 6.6.6 条计算的支座水平地震设计力、永久作用效应以及均匀温度作用效应组合后得到的支座的水平力设计值（kN）；

E_{hze}——按本规范第 6.6.6 条计算的支座水平地震设计力（kN）；

E_{hzd}——永久作用产生的支座水平力（kN）；

E_{hzt}——均匀温度作用引起的支座水平力（kN）。

7.4.6 盆式支座和球形支座的抗震验算应符合下列要求：

1 活动支座：

$$X_B \leqslant X_{max} \tag{7.4.6-1}$$

2 固定支座：

$$E_{hzh} \leqslant E_{max} \tag{7.4.6-2}$$

式中：X_{max}——活动支座容许滑动水平位移（m）；

E_{max}——固定支座容许承受的水平力（kN）。

8 抗震构造细节设计

8.1 墩柱结构构造

8.1.1 对地震基本烈度 7 度及以上地区，墩柱塑性铰区域内加密箍筋的配置，应符合下列要求：

1 加密区的长度不应小于墩柱弯曲方向截面边长或墩柱上弯矩超过最大弯矩 80%的范围；当墩柱

的高度与弯曲方向截面边长之比小于 2.5 时，墩柱加密区的长度应取墩柱全高；

2 加密箍筋的最大间距不应大于 10cm 或 $6d_{bl}$ 或 $b/4$（d_{bl} 为纵筋的直径，b 为墩柱弯曲方向的截面边长）；

3 箍筋的直径不应小于 10mm；

4 螺旋式箍筋的接头必须采用对接焊，矩形箍筋应有 135°弯钩，并应伸入核心混凝土之内 $6d_{bl}$ 以上。

8.1.2 对地震基本烈度 7 度、8 度地区，圆形、矩形墩柱塑性铰区域内加密箍筋的最小体积配箍率 ρ_{smin}，应按式（8.1.2-1）和式（8.1.2-2）计算。对地震基本烈度 9 度及以上地区，圆形、矩形墩柱塑性铰区域内加密箍筋的最小体积配箍率 ρ_{smin} 应比地震基本烈度 7 度、8 度地区适当增加，以提高其延性能力。

1 圆形截面：

$$\rho_{smin}=[0.14\eta_k+5.84(\eta_k-0.1)(\rho_t-0.01)+0.028]\frac{f_{ck}}{f_{hk}}\geqslant 0.004 \quad (8.1.2\text{-}1)$$

2 矩形截面：

$$\rho_{smin}=[0.1\eta_k+4.17(\eta_k-0.1)(\rho_t-0.01)+0.02]\frac{f_{ck}}{f_{hk}}\geqslant 0.004 \quad (8.1.2\text{-}2)$$

式中：η_k ——轴压比，指结构的最不利组合轴向压力与柱的全截面面积和混凝土轴心抗压强度设计值乘积之比值；

ρ_t ——纵向配筋率；

f_{hk} ——箍筋抗拉强度标准值（MPa）；

f_{ck} ——混凝土抗压强度标准值（MPa）。

8.1.3 墩柱塑性铰加密区以外区域的箍筋量应逐渐减少，但箍筋的体积配箍率不应少于塑性铰区域体积配箍率的 50%。

8.1.4 墩柱的纵向钢筋宜对称配置，纵向钢筋的面积不宜小于 $0.006A_g$，且不应超过 $0.04A_g$（A_g 为墩柱截面全面积）。

8.1.5 空心截面墩柱塑性铰区域内加密箍筋的构造，除满足对实体桥墩的要求外，还应配置内外两层环形箍筋，在内外两层环形箍筋之间应配置足够的拉筋（图 8.1.5）。

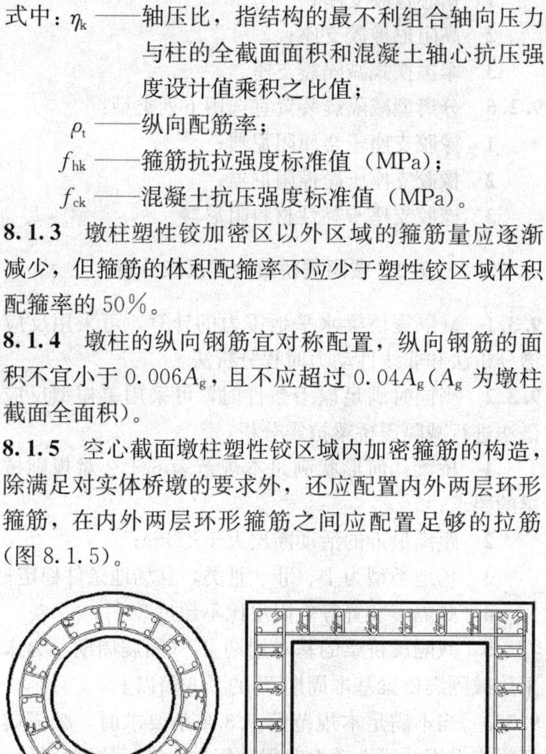

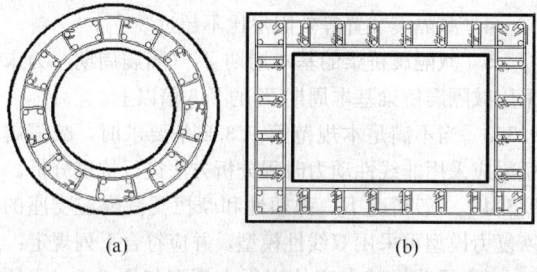

图 8.1.5 常用空心截面类型

8.1.6 墩柱的纵筋应延伸至盖梁和承台的另一侧面，纵筋的锚固和搭接长度应在现行行业标准《公路钢筋混凝土及预应力混凝土桥涵设计规范》JTG D62 要求的基础上增加 $10d_{bl}$（d_{bl} 为纵筋的直径），不应在塑性铰区域进行纵筋的连接。

8.1.7 塑性铰加密区域配置的箍筋应延伸到盖梁和承台内，延伸到盖梁或承台的距离不宜小于墩柱长边尺寸的 1/2，并不应小于 50cm。

8.2 节点构造

8.2.1 节点的主拉应力和主压应力可按下式计算：

$$\sigma_c,\sigma_t=\frac{f_v+f_h}{2}\pm\sqrt{\left(\frac{f_v-f_h}{2}\right)^2+v_{jh}^2} \quad (8.2.1\text{-}1)$$

$$v_{jh}=v_{jv}=\frac{V_{jh}}{b_{je}h_b}\times 10^{-3} \quad (8.2.1\text{-}2)$$

$$V_{jh}=T_c^t+C_c^b \quad (8.2.1\text{-}3)$$

$$f_v=\frac{P_c^b+P_c^t}{2b_bh_c}\times 10^{-3} \quad (8.2.1\text{-}4)$$

$$f_h=\frac{P_b}{b_{je}h_b}\times 10^{-3} \quad (8.2.1\text{-}5)$$

式中：σ_c，σ_t ——节点的名义主压应力和名义主拉应力（MPa）；

v_{jh} ——节点的水平方向名义剪应力（MPa）；

v_{jv} ——节点的竖直方向名义剪应力（MPa）；

V_{jh} ——节点的名义剪力（kN）（见图 8.2.1）；

T_c^t ——考虑超强系数 ϕ^0（$\phi^0=1.2$）的混凝土墩柱纵筋拉力（kN）（见图 8.2.1）；

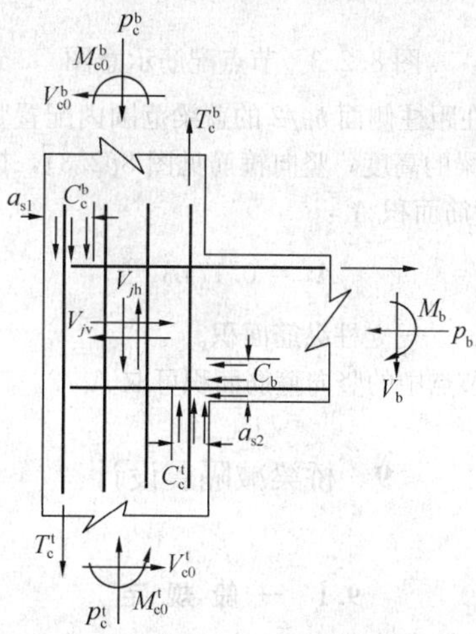

图 8.2.1 节点受力图

C_c^b ——考虑超强系数 ϕ^0（$\phi^0=1.2$）的混凝土墩柱受压区压应力合力（见图 8.2.1）；

f_v，f_h ——节点沿竖直方向和水平方向的正应力（MPa）；

b_{je}，h_b ——分别为横梁横截面的宽度和高度

（m）；

b_b，h_c——分别为上立柱横截面的宽度和高度（m）；

P_c^b，P_c^t——分别为上下立柱的轴力（kN）；

P_b——横梁的轴力（kN）（包括预应力产生的轴力）。

8.2.2 当主拉应力 $\sigma_t \leqslant 0.34\sqrt{f_{cd}}$（MPa），节点的水平向和竖向箍筋配置可按下式计算：

$$\rho_{smin}=\rho_x+\rho_y=\frac{0.34\sqrt{f_{cd}}}{f_{yh}} \quad (8.2.2)$$

8.2.3 当主拉应力 $\sigma_t > 0.34\sqrt{f_{cd}}$（MPa），应按下列要求进行节点的水平和竖向箍筋配置：

1 节点中的横向配箍率不应小于本规范第8.1.1、8.1.2条对于塑性铰加密区域配箍率的要求（横向箍筋的配置见图8.2.3）。

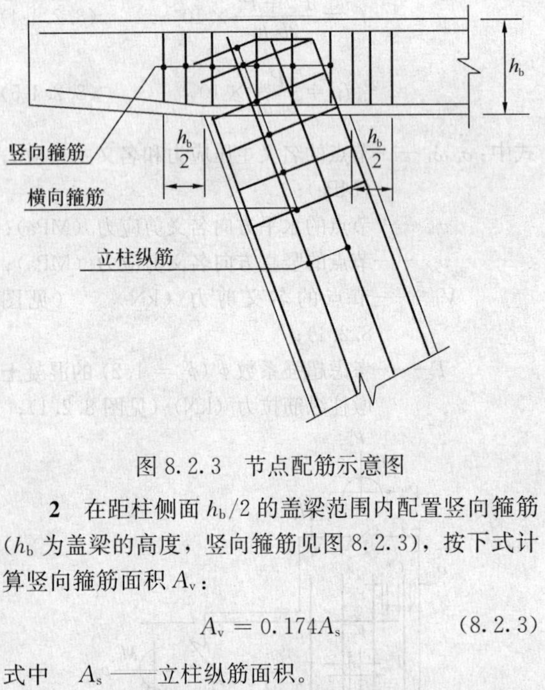

图8.2.3 节点配筋示意图

2 在距柱侧面 $h_b/2$ 的盖梁范围内配置竖向箍筋（h_b 为盖梁的高度，竖向箍筋见图8.2.3），按下式计算竖向箍筋面积 A_v：

$$A_v = 0.174A_s \quad (8.2.3)$$

式中 A_s——立柱纵筋面积。

3 节点中的竖向箍筋面积可取 $A_v/2$。

9 桥梁减隔震设计

9.1 一 般 规 定

9.1.1 下列条件下，不宜采用减隔震设计：

1 基础土层不稳定；

2 结构的固有周期比较长；

3 位于软弱场地，延长周期可能引起共振；

4 支座中出现负反力。

9.1.2 采用减隔震设计的桥梁可只进行E2地震作用下的抗震设计和验算。

9.1.3 桥梁减隔震设计，应满足下列要求：

1 桥梁减隔震支座应具有足够的刚度和屈服强度。

2 相邻上部结构之间应设置足够的间隙。

9.1.4 桥梁的其他抗震措施不得妨碍桥梁的正常使用及减隔震装置作用的效果。

9.2 减隔震装置

9.2.1 减隔震装置的构造应简单、性能可靠且对环境温度变化不敏感；减隔震装置应具有可替换性，并应进行定期维护和检查。

9.2.2 应通过试验对减隔震装置的变形、阻尼比等力学参数值进行验证。试验值与设计值的差别应在±10%以内。

9.2.3 应依据相关的检测规程，对减隔震装置的性能和特性进行严格的检测实验。

9.2.4 减隔震装置可分为整体型和分离型两类，两类减隔震装置水平位移从50%的设计位移增加到设计位移时，其恢复力增量不宜低于其上部结构重量的2.5%。

9.2.5 整体型减隔震装置宜选用下列类型：

1 铅芯橡胶支座；

2 高阻尼橡胶支座；

3 摩擦摆式减隔震支座。

9.2.6 分离型减隔震装置宜选用下列类型：

1 橡胶支座＋金属阻尼器；

2 橡胶支座＋摩擦阻尼器；

3 橡胶支座＋黏性材料阻尼器。

9.3 减隔震桥梁地震反应分析

9.3.1 减隔震桥梁水平地震力的计算，可采用反应谱分析法和非线性动力时程分析法。

9.3.2 当同时满足以下条件时，可采用单振型反应谱法进行减隔震桥梁抗震分析：

1 桥梁几何形状满足本规范表6.1.2对规则桥梁的要求；

2 距离最近的活动断层大于15km；

3 场地类型为Ⅰ、Ⅱ、Ⅲ类，且场地条件稳定；

4 减隔震装置等效阻尼比不超过30%；

5 减隔震桥梁的基本周期 T_1（隔震周期）为未采用减隔震桥梁基本周期 T_0 的2.5倍以上。

9.3.3 当不满足本规范第9.3.2条要求时，减隔震桥梁应采用非线性动力时程分析方法进行抗震分析。

9.3.4 一般情况下，弹塑性和摩擦类减隔震支座的恢复力模型可采用双线性模型，并应符合下列规定：

1 铅芯橡胶支座的恢复力模型如图9.3.4-1所示，其等效刚度和等效阻尼比分别为：

$$K_{eff}=F_d/D_d=Q_d/D_d+K_d \quad (9.3.4\text{-}1)$$

$$\xi_{eff}=\frac{2Q_d(D_d-\Delta_y)}{\pi D_d^2 K_{eff}} \quad (9.3.4\text{-}2)$$

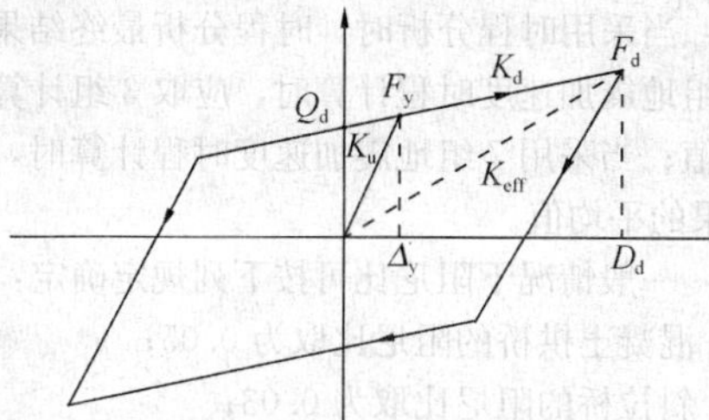

图 9.3.4-1 铅芯橡胶支座的恢复力模型

（图中：K_u —初始弹性刚度）

式中：D_d ——为铅芯橡胶支座的设计位移（m）；

Δ_y ——为铅芯橡胶支座的屈服位移（m）；

Q_d ——为铅芯橡胶支座的特征强度（kN）；

K_{eff} ——为铅芯橡胶支座的等效刚度（kN/m）；

K_d ——为铅芯橡胶支座的屈后刚度（kN/m）；

ξ_{eff} ——为铅芯橡胶支座的等效阻尼比。

2 摩擦摆式减隔震支座的恢复力模型如图 9.3.4-2 所示，屈后刚度为：

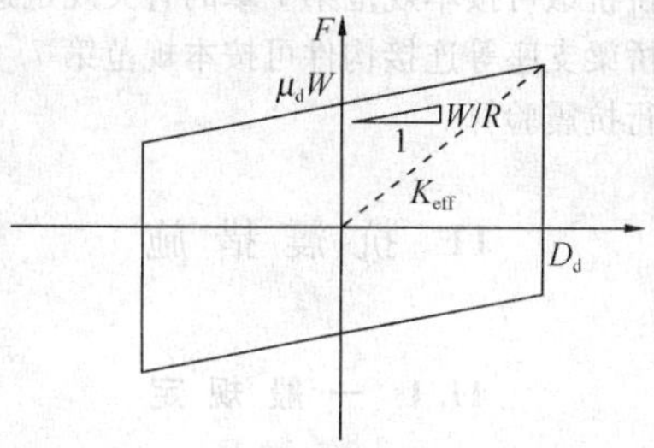

图 9.3.4-2 摆式支座的恢复力模型

$$K_d = \frac{W}{R} \tag{9.3.4-3}$$

等效刚度为：

$$K_{eff} = \frac{W}{R} + \mu_d \frac{W}{D_d} \tag{9.3.4-4}$$

等效阻尼比为：

$$\xi_{eff} = \frac{2}{\pi} \cdot \frac{\mu_d}{D_d/R + \mu_d} \tag{9.3.4-5}$$

式中：W——恒载作用下支座竖向反力（kN）；

R——为滑动曲面的曲率半径（m）；

D_d ——支座设计水平位移（m）；

μ_d ——为滑动摩擦系数。

9.3.5 采用单振型反应谱法进行减隔震桥梁抗震分析时，计算方法如下：

1 减隔震桥梁顺桥向、横桥向的水平地震力，可按下式计算：

$$E_{hp} = SM_t \tag{9.3.5-1}$$

2 梁体顺桥向和横桥向的位移可按下式计算：

$$D_d = \frac{T_{eq}^2}{4\pi^2} S \tag{9.3.5-2}$$

式中：S——相应于减隔震桥等效周期（顺桥向或横桥向），采用等效阻尼比修正的反应谱值；

M_t ——一联桥梁总质量，应包含梁体，以及按本规范第 6.5.2 条墩身质量换算系数 η_p、盖梁质量换算系数 η_{cp} 等效的墩身质量与盖梁质量（t）。

3 减隔震桥梁等效周期 T_{eq}（s），可按下式计算：

$$T_{eq} = 2\pi\sqrt{\frac{M_t}{\sum K_{eq,i}}} \tag{9.3.5-3}$$

$$\sum K_{eq,i} = \sum \frac{k_{eff,i} \cdot k_{p,i}}{k_{eff,i} + k_{p,i}} \tag{9.3.5-4}$$

式中：$K_{eq,i}$ ——第 i 桥墩、桥台与其上的减隔震装置等效刚度串联后的组合刚度值（kN/m）；

$k_{p,i}$ ——为第 i 桥墩、桥台的抗推刚度（kN/m）；

$k_{eff,i}$ ——为第 i 桥墩、桥台上减隔震装置的等效刚度（kN/m）。

4 减隔震桥梁等效阻尼比 ξ_{eq} 可根据第 i 个桥墩、桥台上减隔震装置的等效阻尼比 $\xi_{eff,i}$ 与第 i 个桥墩、桥台等效阻尼比 $\xi_{p,i}$，按下式计算：

$$\xi_{eq} = \frac{\Sigma k_{eff,i}(D_{d,i})^2\left(\xi_{eff,i} + \frac{\xi_{p,i}k_{eff,i}}{k_{p,i}}\right)}{\Sigma k_{eff,i}(D_{d,i})^2\left(1 + \frac{k_{eff,i}}{k_{p,i}}\right)} \tag{9.3.5-5}$$

式中：$D_{d,i}$ ——第 i 个桥墩、桥台上减隔震装置的水平设计位移（m）。

9.3.6 反应谱方法计算地震作用效应（内力、位移），可根据本规范第 6 章中有关条文确定。

9.3.7 采用反应谱分析方法计算作用在减隔震桥梁第 i 个墩台顶的水平地震力可按下式计算：

$$E_{ld,i} = k_{eff,i}\Delta_i \tag{9.3.7}$$

式中：$E_{ld,i}$ ——作用在第 i 个桥墩、桥台顶的水平地震力（kN）；

$k_{eff,i}$ ——第 i 个桥墩、桥台上减隔震支座的等效刚度（kN/m）；

Δ_i ——第 i 个桥墩、桥台上减隔震支座的地震水平位移（m）。

9.4 减隔震桥梁抗震验算

9.4.1 E2 地震作用下，桥梁墩台与基础的验算，应将减隔震装置传递的水平地震力除以 1.5 的折减系数后，按现行行业标准《公路钢筋混凝土及预应力混凝土桥涵设计规范》JTG D62 和《公路桥涵地基与基础设计规范》JTG D63 进行。

9.4.2 减隔震装置的验算应符合下列要求：

1 对橡胶型减隔震支座，E2 地震作用下产生的剪切应变必须在 250%以下，并应校核其稳定性；

2 非橡胶型减隔震装置，应根据具体的产品性能指标进行验算。

10 斜拉桥、悬索桥和大跨度拱桥

10.1 一般规定

10.1.1 斜拉桥、悬索桥和大跨度拱桥应采用对称的结构形式，上、下部结构之间的连接构造应均匀对称。

10.1.2 建在地震基本烈度 8 度、9 度地区的斜拉桥宜优先考虑飘浮体系方案；如飘浮体系导致梁端位移过大，宜采用塔、梁弹性约束或阻尼约束体系。

10.1.3 建在地震基本烈度 8 度、9 度地区的大跨度拱桥，主拱圈宜采用抗扭刚度较大、整体性较好的断面形式。当采用钢筋混凝土肋拱时，应加强横向联系。

10.1.4 建在地震基本烈度 8 度、9 度地区的下承式拱桥和中承式拱桥应设置风撑，应加强端横梁刚度。

10.1.5 主要承重结构（塔、墩及拱桥主拱）宜选择有利于提高延性变形能力的结构形式及材料，避免发生脆性破坏。

10.2 建模与分析原则

10.2.1 大跨度桥梁的地震反应分析可采用时程分析法和多振型反应谱法。

10.2.2 地震反应分析所采用的地震加速度时程、反应谱的频谱含量应包括结构第一阶自振周期在内的长周期成分。

10.2.3 地震反应分析时，采用的计算模型应真实模拟桥梁结构的刚度和质量分布及边界连接条件，并应满足下列要求：

1 计算模型应考虑相邻引桥对主桥地震反应的影响；

2 墩、塔、拱肋及拱上立柱可采用空间梁单元模拟；桥面系应根据截面形式选用合理计算模型；斜拉桥拉索、悬索桥主缆和吊杆、拱桥吊杆和系杆可采用空间桁架单元；

3 应考虑恒载作用下结构初应力刚度，拉索垂度效应等几何非线性影响；

4 当进行非线性时程分析时，支承连接条件应采用能反映支座力学特性的单元模拟，应选用适当的弹塑性单元进行模拟。

10.2.4 当采用桩基时，应考虑桩—土—结构相互作用对桥梁地震作用效应的影响。

10.2.5 反应谱分析应满足下列要求：

1 当墩、塔、锚碇基础建在不同土质条件的地基上时，可采用包络反应谱法计算；

2 当进行多振型反应谱法分析时，振型阶数在计算方向给出的有效振型参与质量不应低于该方向结构总质量的 90%，振型组合应采用 CQC 法。

10.2.6 当采用时程分析时，时程分析最终结果：当采用 3 组地震加速度时程计算时，应取 3 组计算结果的最大值；当采用 7 组地震加速度时程计算时，可取 7 组结果的平均值。

10.2.7 一般情况下阻尼比可按下列规定确定：

1 混凝土拱桥的阻尼比取为 0.05；

2 斜拉桥的阻尼比取为 0.03；

3 悬索桥的阻尼比取为 0.02。

10.3 性能要求与抗震验算

10.3.1 在 E1 地震作用下，结构不应发生损伤，保持在弹性范围内。

10.3.2 在 E2 地震作用下，主缆不应发生损伤，主塔、基础、主梁等重要结构受力构件可发生局部轻微的损伤，震后不需修复或简单修复可继续使用；边墩等桥梁结构中比较容易修复的构件可按延性构件设计，震后应能修复。

10.3.3 拱桥桥墩和拱上立柱、斜拉桥引桥桥墩和悬索桥引桥桥墩可按本规范第 7 章的有关规定进行抗震验算；桥梁支座等连接构件可按本规范第 7.4 节相关要求进行抗震验算。

11 抗震措施

11.1 一般规定

11.1.1 应采用有效的防落梁措施。

11.1.2 桥梁抗震措施的使用不宜导致桥梁主要构件的地震反应发生较大改变，否则，在进行抗震分析时，应考虑抗震措施的影响。抗震措施应根据其受到的地震作用进行设计。

11.1.3 过渡墩及桥台处的支座垫石不宜高于 10cm，且顺桥向宜与墩、台最外边缘平齐。

11.2 6 度区

11.2.1 简支梁梁端至墩、台帽或盖梁边缘应有一定的距离（图 11.2.1）。其最小值 a（cm）按下式计算：

$$a \geqslant 40 + 0.5L \qquad (11.2.1)$$

式中：L——梁的计算跨径（m）。

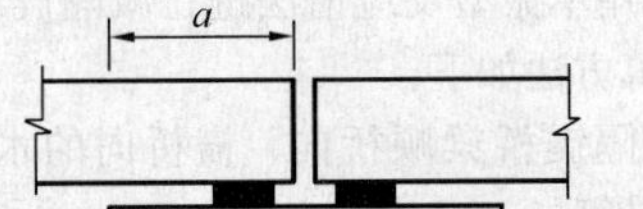

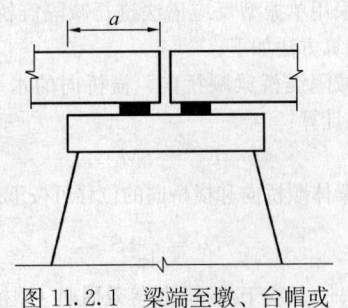

图 11.2.1 梁端至墩、台帽或盖梁边缘的最小距离 a

11.2.2 斜交桥梁（板）端至墩、台帽或盖梁边缘的最小距离 a（cm）（如图 11.2.2）应按式（11.2.2）和式（11.2.1）计算，取较大值。

$$a \geqslant 50L_{\theta}[\sin\theta - \sin(\theta - \alpha_{E})] \quad (11.2.2)$$

式中：L_{θ}——计算长度，对简支梁桥取其跨径（m）；

θ——斜交角（°）；

α_{E}——极限脱落转角（°），一般取 5°。

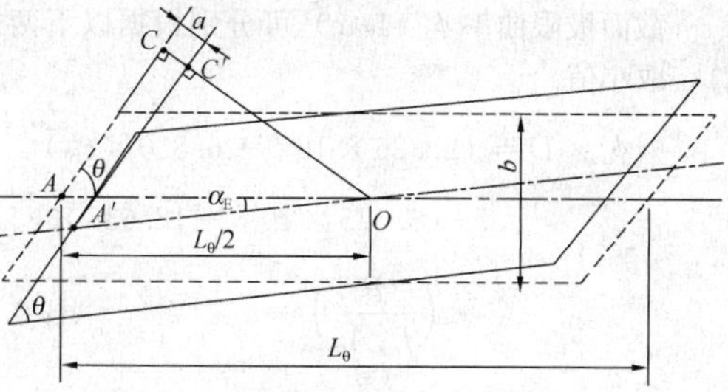

图 11.2.2　斜交桥最小边缘距离

11.2.3 曲线桥梁端至墩、台帽或盖梁边缘的最小距离 a（cm）（如图 11.2.3）应按式（11.2.3-1）和式（11.2.1）计算，取较大值。

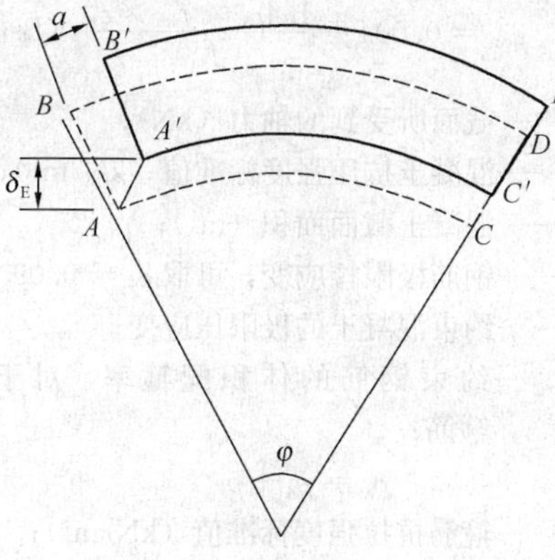

图 11.2.3　曲线桥最小边缘距离

$$a \geqslant \delta_{E}\frac{\sin\varphi}{\cos(\varphi/2)} + 30 \quad (11.2.3\text{-}1)$$

$$\delta_{E} = 0.5\varphi + 70 \quad (11.2.3\text{-}2)$$

式中：δ_{E}——上部结构端部向外侧的移动量（cm）；

φ——曲线梁的圆心角（°）。

11.3　7　度　区

11.3.1 7 度区的抗震措施，除应符合 6 度区的规定外，尚应符合本节的规定。

11.3.2 简支梁梁端至墩、台帽或盖梁边缘应有一定的距离，其最小值 a（cm）按下式计算：

$$a \geqslant 70 + 0.5L \quad (11.3.2)$$

11.3.3 拱桥基础宜置于地质条件一致，两岸地形相似的坚硬土层或岩石上。实腹式拱桥宜减小拱上填料厚度，并宜采用轻质填料，填料应逐层夯实。

11.3.4 在梁与梁之间，梁与桥台胸墙之间应加装橡胶垫或其他弹性衬垫。其构造示意如图 11.3.4-1、图 11.3.4-2 所示。

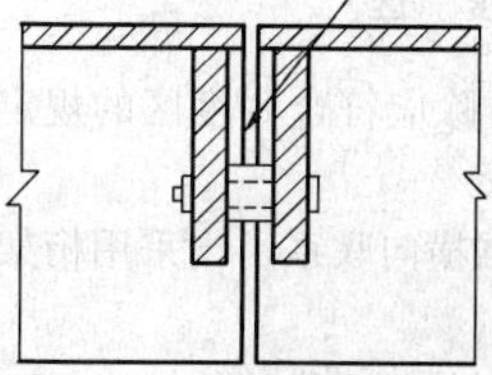

图 11.3.4-1　梁与梁之间的缓冲设施

1—弹性垫块

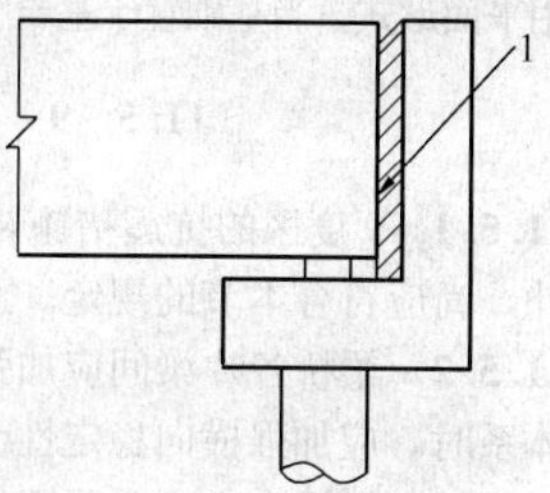

图 11.3.4-2　梁与桥台之间的缓冲设施

1—弹性垫块

11.3.5 桥梁宜采用挡块、螺栓连接和钢夹板连接等防止纵横向落梁的措施。

11.4　8　度　区

11.4.1 8 度区的抗震措施，除应符合 7 度区的规定外，尚应符合本节的规定。

11.4.2 应设置限位装置控制梁墩位移，常用的限位装置如图 11.4.2 所示。

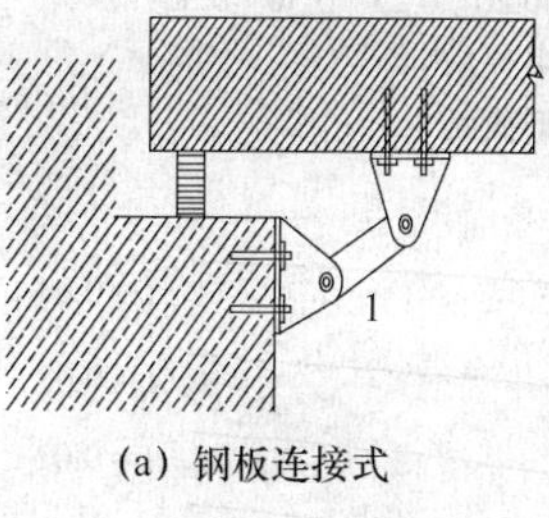

（a）钢板连接式

1—钢板限位装置

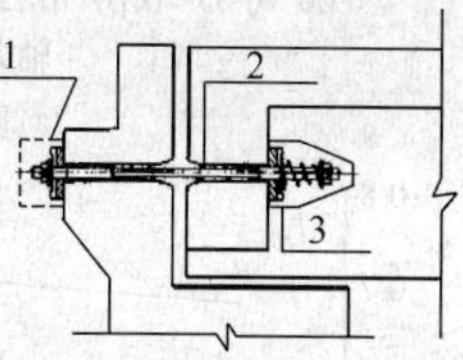

（b）预应力钢绞线连接式

1—防护混凝土；

2—连接钢绞线；3—保护帽

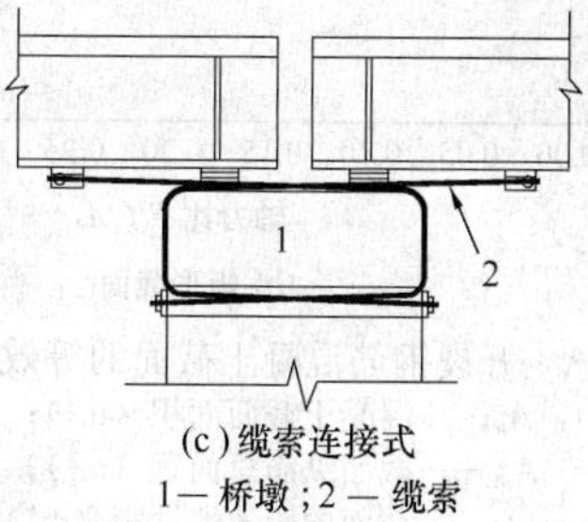

（c）缆索连接式

1—桥墩；2—缆索

图 11.4.2　常用限位装置

11.4.3 拱桥的主拱圈宜采用抗扭刚度较大、整体性较好的断面形式。当采用钢筋混凝土肋拱时，必须加强横向联系。

11.4.4 连续梁桥宜采取使上部构造所产生的水平地震荷载能由各个墩、台共同承担的措施。

11.4.5 连续曲梁的边墩和上部构造之间宜采用锚栓连接。

11.4.6 桥台宜采用整体性强的结构形式。

11.4.7 当桥梁下部为钢筋混凝土结构时，其混凝土强度等级不应低于 C25。

11.4.8 基础宜置于基岩或坚硬土层上。基础底面宜采用平面形式。当基础置于基岩上时，方可采用阶梯形式。

11.5 9 度 区

11.5.1 9 度区的抗震措施，除应符合 8 度区的规定外，尚应符合本节的规定。

11.5.2 梁桥各片梁间应加强横向联系。当采用桁架体系时，应加强横向稳定性。

11.5.3 梁桥支座应采取限制其竖向位移的措施。

附录 A 开裂钢筋混凝土截面的等效刚度取值

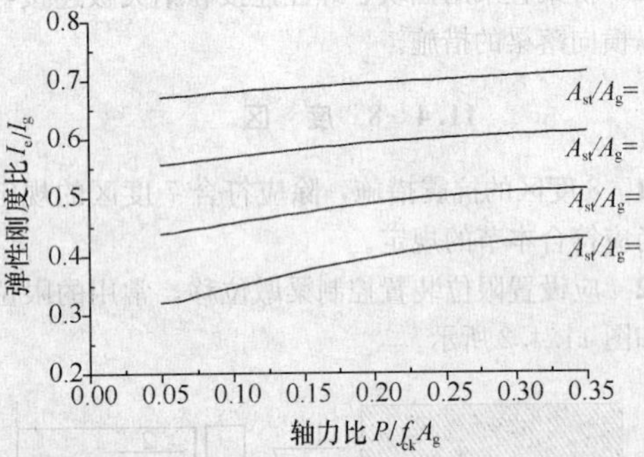

(a) 圆形截面

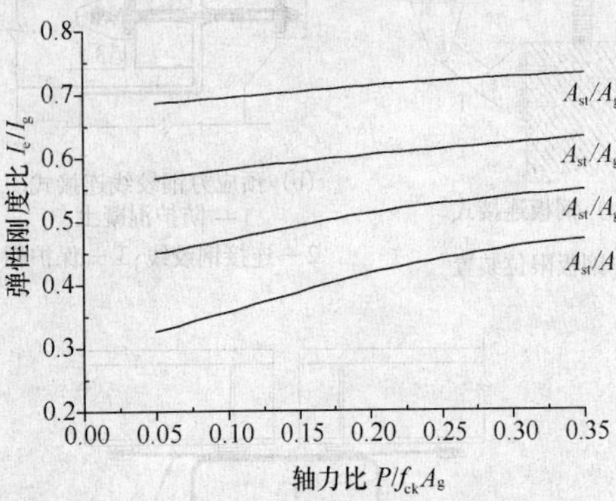

(b) 矩形截面

图 A 开裂钢筋混凝土截面的等效刚度

图中：A_g——混凝土截面面积（m^2）；

A_{st}——截面纵筋总面积（m^2）；

I_e——截面的等效惯性矩（m^4）；

I_g——毛截面惯性矩（m^4）；

f_{ck}——混凝土抗压强度标准值（kN/m^2）；

P——截面所受到的轴力（kN）。

附录 B 圆形和矩形截面屈服曲率和极限曲率计算

B.0.1 对圆形截面和矩形截面，其截面屈服曲率可按下式计算：

圆形截面：$\phi_y \times D = 2.213 \times \varepsilon_y$ (B.0.1-1)

矩形截面：$\phi_y \times b = 1.957 \times \varepsilon_y$ (B.0.1-2)

式中：ϕ_y——截面屈服曲率（1/m）；

ε_y——相应于钢筋屈服时的应变；

D——圆形截面的直径（m）；

b——矩形截面计算方向的截面高度（m）。

B.0.2 截面极限曲率应符合下列要求：

1 圆形截面：

截面极限曲率 ϕ_u（1/m）可分别根据以下两式计算，取小值。

$$\phi_u \times D = (2.826 \times 10^{-3} + 6.850 \times \varepsilon_{cu}) - (8.575 \times 10^{-3} + 18.638 \times \varepsilon_{cu}) \times \left(\frac{P}{f_{ck}A_g}\right) \quad \text{(B.0.2-1)}$$

$$\phi_u \times D = (1.635 \times 10^{-3} + 1.179 \times \varepsilon_s) + (28.739 \times \varepsilon_s^2 + 0.656 \times \varepsilon_s + 0.010) \times \left(\frac{P}{f_{ck}A_g}\right) \quad \text{(B.0.2-2)}$$

$$\varepsilon_{cu} = 0.004 + \frac{1.4\rho_s \times f_{kh} \times \varepsilon_{su}^R}{f_{c,ck}} \quad \text{(B.0.2-3)}$$

式中：P——截面所受到的轴力（kN）；

f_{ck}——混凝土抗压强度标准值（kN/m^2）；

A_g——混凝土截面面积（m^2）；

ε_s——钢筋极限拉应变，可取 $\varepsilon_s = 0.09$；

ε_{cu}——约束混凝土的极限压应变；

ρ_s——约束钢筋的体积配箍率，对于矩形箍筋；

$$\rho_s = \rho_x + \rho_y$$

f_{kh}——箍筋抗拉强度标准值（kN/m^2）；

$f_{c,ck}$——约束混凝土的峰值应力（kN/m^2），一般可取 1.25 倍的混凝土抗压强度标准值；

ε_{su}^R——约束钢筋的折减极限应变，$\varepsilon_{su}^R = 0.09$。

2 矩形截面：

截面极限曲率 ϕ_u（1/m）可分别根据以下两式计算，取小值。

$$\phi_u \times b = (4.999 \times 10^{-3} + 11.825 \times \varepsilon_{cu}) - (7.004 \times 10^{-3} + 44.486 \times \varepsilon_{cu}) \times \left(\frac{P}{f_{ck}A_g}\right) \quad \text{(B.0.2-4)}$$

$$\phi_u \times b = (5.387 \times 10^{-4} + 1.097 \times \varepsilon_s) + (37.722 \times \varepsilon_s^2 + 0.039\varepsilon_s + 0.015) \times \left(\frac{P}{f_{ck}A_g}\right) \quad \text{(B.0.2-5)}$$

本规范用词说明

1 为了便于在执行本规范条文时区别对待，对要求严格程度不同的用词说明如下：

1）表示很严格，非这样做不可的用词：

正面词采用“必须”；反面词采用“严禁”。

2）表示严格，在正常情况下均应这样做的用词：

正面词采用“应”；反面词采用“不应”或“不得”。

3）表示允许稍有选择，在条件许可时首先应这样做的用词：

正面词采用“宜”；反面词采用“不宜”。

4）表示有选择，在一定条件下可以这样做的，采用“可”。

2 规范中指定应按其他有关标准、规范执行，写法为：“应符合……的规定”或“应按……执行”。

引用标准名录

1 《公路钢筋混凝土及预应力混凝土桥涵设计规范》JTG D62

2 《公路桥涵地基与基础设计规范》JTG D63

中华人民共和国行业标准

城市桥梁抗震设计规范

CJJ 166—2011

条 文 说 明

修 订 说 明

《城市桥梁抗震设计规范》CJJ 166－2011，经住房和城乡建设部2011年7月13日以第1060号公告批准、发布。

现代化城市桥梁成为城市交通网络的枢纽工程，地位十分重要。至今，这些桥梁的抗震设计都是参照《铁路工程抗震设计规范》和《公路工程抗震设计规范》，它们与国际先进标准相比落后了两个台阶，已不适于现代化城市生命线工程的抗震设计要求。鉴于现代化城市桥梁无论从功能或体型构造都有显著特点，重视抗震设计，减轻地震灾害导致的经济损失，是编制本规范的意义所在。本规范在制定过程中，编制组进行了广泛的调查研究，认真总结了实践经验，同时参考有关国际标准和国外先进标准。

为便于广大设计单位有关人员在使用本规范时能正确理解和执行条文规定，《城市桥梁抗震设计规范》编写组按照章、节、条顺序编写了本规范的条文说明，对条文规定的目的、依据以及执行中需注意的有关事项进行了说明。但是，本条文说明不具备与标准正文同等的法律效力，仅供使用者作为理解和把握标准规定时的参考。

目　次

1 总 则

1.0.1 我国处于世界两大地震带即环太平洋地震带和亚欧地震带之间，是一个强震多发国家。我国地震的特点是发生频率高、强度大、分布范围广、伤亡大、灾害严重。几乎所有的省市、自治区都发生过六级以上的破坏性地震。自20世纪80年代以来，国内外发生的强烈地震，不仅造成了人员伤亡，而且造成了极大的经济损失。突发的强烈地震使建设成果毁于一旦，引发长期的社会政治、经济问题，并带来难以慰藉的感情创伤。公路桥梁是生命线系统工程中的重要组成部分，在抗震救灾中，公路交通运输网更是抢救人民生命财产和尽快恢复生产、重建家园、减轻次生灾害的重要环节。

1998年3月1日《中华人民共和国防震减灾法》颁布实施，对我国的防震减灾工作提出了更为明确的要求和相应的具体规定。在此后，国内外桥梁抗震技术有了长足进展，而且，从国外的情况来看，美国、日本等发达国家都有专门的桥梁抗震设计规范。因此，在广泛吸收、消化国内外先进的桥梁抗震设计成熟新技术基础上，首次编写我国《城市桥梁抗震设计规范》，供城市桥梁抗震设计时遵循。

1.0.2 本规范所指城市梁式桥包含双向主干道立交工程和城市轨道交通高架桥，由于在抗震分析方法、计算模型等方面增加了多振型反应谱和时程分析方法，因此对于《公路工程抗震设计规范》JTJ 004－89只适用跨度150m内的梁桥不再作要求。本规范中跨度大于150m的拱桥定义为大跨度拱桥，而跨度小于等于150m的拱桥定义为中、小跨度拱桥。

自20世纪90年代以来，我国桥梁建设发展非常快，修建了大量斜拉桥、悬索桥、拱桥等大跨径桥梁。因此本规范给出了斜拉桥、悬索桥、大跨度拱桥等的抗震设计原则供参考。

2 术语和符号

本章仅将本规范出现的、人们比较生疏的术语列出。术语的解释，其中部分是国际公认的定义，但大部分是概括性的涵义，并非国际或国家公认的定义。术语的英文名称不是标准化名称，仅供引用时参考。

3 基 本 要 求

3.1 抗震设防分类和设防标准

3.1.1 本规范从我国目前的具体情况出发，考虑到城市桥梁的重要性和在抗震救灾中的作用，本着确保重点和节约投资的原则，将不同桥梁给予不同的抗震安全度。具体来讲，将城市桥梁分为甲、乙、丙和丁四个抗震设防类别，其中甲类桥梁定义为悬索桥、斜拉桥和大跨度拱桥（跨度大于150m的拱桥定义为大跨度拱桥），这些桥梁承担交通量大，投资很大，而且在政治、经济上具有非常重要的地位；乙类桥梁为交通网络上枢纽位置的桥梁、快速路上的城市桥梁；丙类为城市主干路，轨道交通桥梁；丁类为除甲、乙、丙三类桥梁以外的其他桥梁。

3.1.2 条文中表3.1.2给出了各类设防桥梁在E1地震和E2地震作用下的设防目标。要求各类桥梁在E1地震作用下，基本无损伤，结构在弹性范围工作，正常的交通在地震后立刻得以恢复。在E2地震作用下，甲类桥梁可发生混凝土裂缝开裂过大，截面部分钢筋进入屈服等轻微损坏，地震后不需修复或经简单修复可继续使用；乙类桥梁可发生混凝土保护层脱落、结构发生弹塑性变形等可修复破坏，地震后数天内可恢复部分交通（可能发生车道减少或小规模的紧急交通管制），永久性修复后可恢复正常运营功能。

3.1.4 抗震构造措施是在总结国内外桥梁震害经验的基础上提出来的设计原则，历次大地震的震害表明，抗震构造措施可以起到有效减轻震害的作用，而其所耗费的工程代价往往较低。因此，本规范对抗震构造措施提出了更高和更细致的要求。

3.2 地 震 影 响

3.2.1、3.2.2 甲类桥梁（城市斜拉桥、悬索桥和大跨度拱桥），大都建在依傍大江大河的现代化大城市，它的特点是桥高（通航净空要求高）、桥长、造价高。一般都占据交通网络上的枢纽位置，无论在政治、经济、国防上都有重要意义，如发生破坏则修复困难，因此甲类桥梁的设防水准重现期定得较高，甲类桥梁设防的E1和E2地震影响，相应的地震重现期分别为475年和2500年；乙、丙和丁类桥梁的E1地震作用是在现行国家标准《建筑抗震设计规范》GB 50011－2001中的多遇地震（重现期63年）的基础上，考虑表1中的重要性系数得到的；乙、丙和丁类桥梁的E2地震作用直接采用现行国家标准《建筑抗震设计规范》GB 50011－2001中的罕遇地震（重现期2000年～2450年）。

表1 E1地震考虑的重要系数

乙类	丙类	丁类
1.7	1.3	1.0

3.3 抗震设计方法分类

3.3.1～3.3.3 参考现行国内外相关桥梁抗震设计规范，对于位于6度地区的普通桥梁，只需满足相关构造和抗震措施要求，不需进行抗震分析，本规范称此类桥梁抗震设计方法为C类；对于位于6度地区的乙类桥梁，7度、8度和9度地区的丁类桥梁，本规范仅要求进行 E1 地震作用下的抗震计算，并满足相关构造要求，这类抗震设计方法为 B 类；对于 7 度及 7 度以上的乙和丙类桥梁，本规范要求进行 E1 地震和 E2 地震的抗震分析和验算，并满足结构抗震体系以及相关构造和抗震措施要求，此类抗震设计方法为 A 类。采用 A、B 和 C 类抗震设计方法桥梁的抗震设计可参考图 1 所示流程进行。

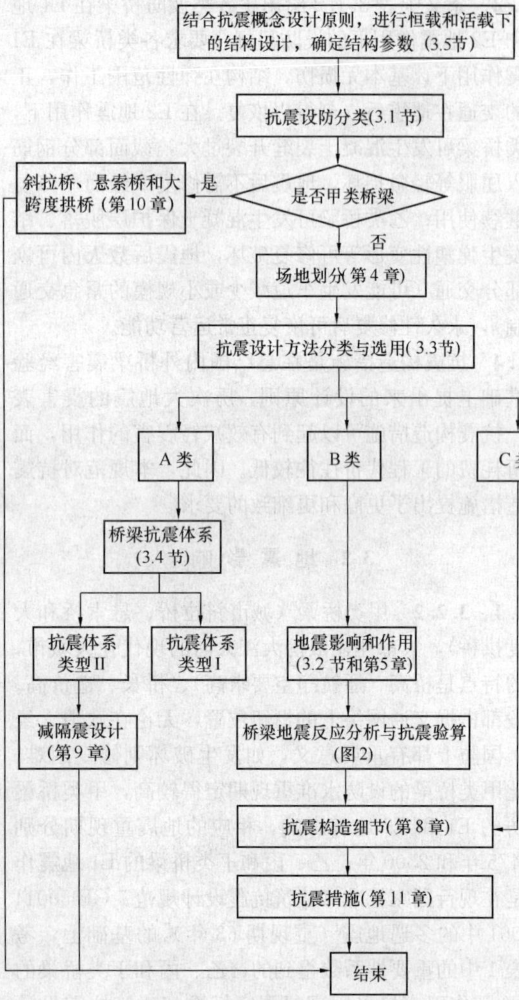

图 1　桥梁抗震设计流程

3.4　桥梁抗震体系

3.4.1　本条是在吸取历次地震震害教训基础上，为提高桥梁结构抗震性能，防止地震作用下桥梁结构整体倒塌破坏，切断震区交通生命线而规定的。

3.4.2　美国最新编制的《AASHTO Guide Specifications for LRFD Seismic Bridge Design》（2007 年版）明确提出了 3 种类型桥梁结构抗震体系，类型Ⅰ、类型Ⅱ和类型Ⅲ。其中类型Ⅲ主要是针对钢桥结构，由于本规范主要适用于混凝土桥，不引用。因此，参考美国《AASHTO Guide Specifications for LRFD Seismic Bridge Design》，明确提出 2 类梁式桥梁抗震体

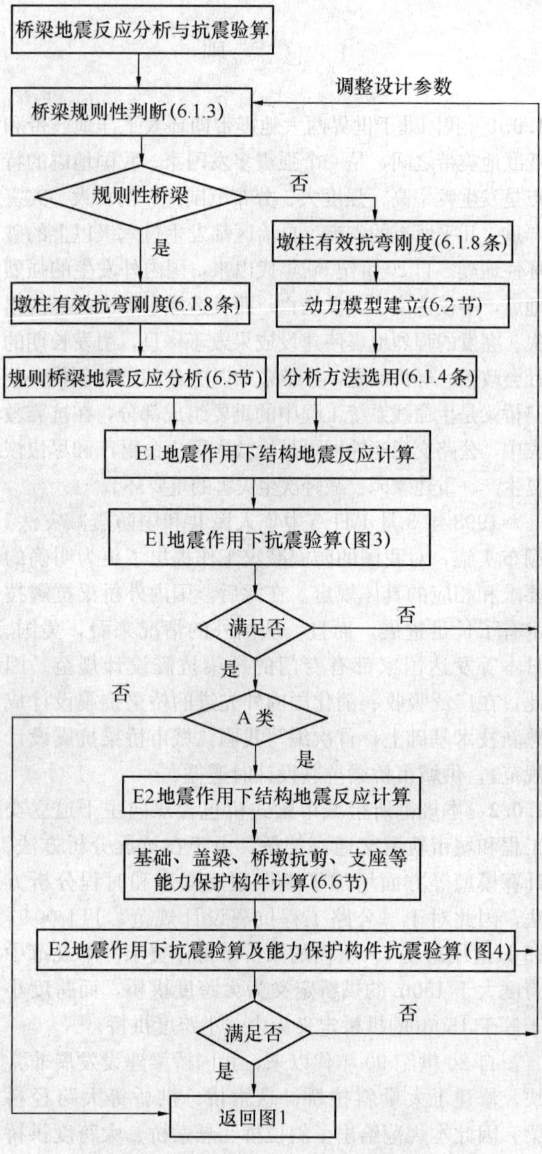

图 2　桥梁地震反应分析与抗震验算流程

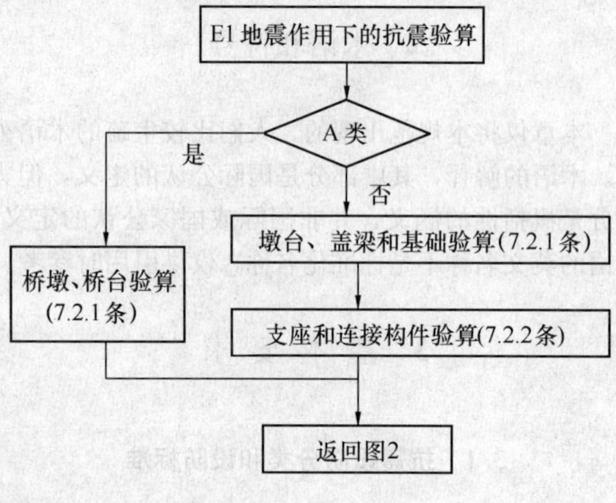

图 3　E1 地震作用下抗震验算流程

系。类型Ⅰ结构抗震体系实际上就是延性抗震设计，地震下利用桥梁墩柱发生塑性变形，延长结构周期，

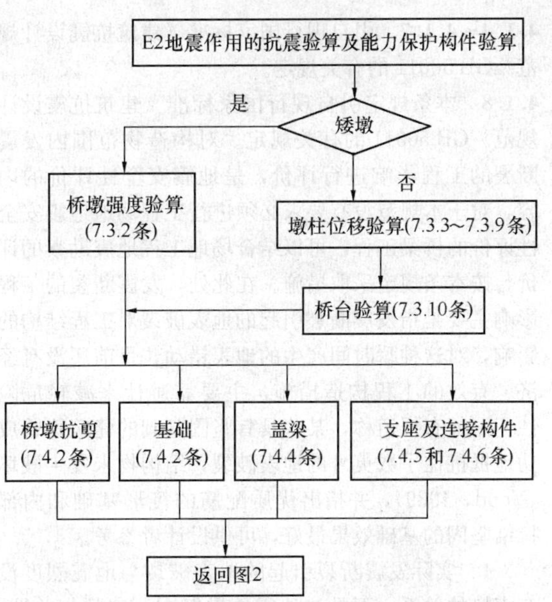

图4　E2地震作用下抗震验算流程

耗散地震能量。

类型Ⅱ结构抗震体系实际上就是减隔震设计，地震作用下，桥梁上、下部连接构件（支座、耗能装置）发生塑性变形，延长结构周期、耗散地震能量，从而减小结构地震反应。

3.4.3 1971年美国圣弗尔南多（San Fernand）地震爆发以后，各国都认识到结构的延性能力对结构抗震性能的重要意义；在1994年美国北岭（Northridge）地震和1995年日本神户（Kobe）地震爆发后，强调结构延性能力，已成为一种共识。为保证结构的延性，同时最大限度地避免地震破坏的随机性，新西兰学者Park等在20世纪70年代中期提出了结构抗震设计理论中的一个重要方法——能力保护设计方法（Philosophy of Capacity Design），并最早在新西兰混凝土设计规范（NZS3101，1982）中得到应用。以后这个原则先后被美国、欧洲和日本等国家的桥梁抗震规范所采用。

能力保护设计方法的基本思想在于：通过设计，使结构体系中的延性构件和能力保护构件形成强度等级差异，确保结构构件不发生脆性的破坏模式。基于能力保护设计方法的结构抗震设计过程，一般都具有以下特征：

1）选择合理的结构布局；

2）选择地震中预期出现的弯曲塑性铰的合理位置，保证结构能形成一个适当的塑性耗能机制；通过强度和延性设计，确保塑性铰区域截面的延性能力；

3）确立适当的强度等级，确保预期出现弯曲塑性铰的构件不发生脆性破坏模式（如剪切破坏、粘结破坏等），并确保脆性构件和不宜用于耗能的构件（能力保护构件）处于弹性反应范围。

具体到梁桥，按能力保护设计方法，应考虑以下几方面：

1）塑性铰的位置一般选择出现在墩柱上，墩柱作为延性构件设计，可以发生弹塑性变形，耗散地震能量；

2）墩柱的设计剪力值按能力设计方法计算，应为与柱的极限弯矩（考虑超强系数）所对应的剪力，在计算剪力设计值时应考虑所有塑性铰位置以确定最大的设计剪力；

3）盖梁、节点及基础按能力保护构件设计，其设计弯矩、设计剪力和设计轴力应为与柱的极限弯矩（考虑超强系数）所对应的弯矩、剪力和轴力；在计算盖梁、节点和基础的设计弯矩、设计剪力和轴力值时应考虑所有塑性铰位置以确定最大的设计弯矩、剪力和轴力。

3.4.4 我国中小跨度桥梁广泛采用板式橡胶支座，梁体直接搁置在支座上，支座与梁底和墩顶无螺栓连接。汶川地震等震害表明，这种支座布置形式，在地震作用下梁底与支座顶面非常容易产生相对滑动，导致较大的梁体位移，甚至落梁破坏。考虑到板式橡胶支座在我国中小跨度桥梁中的广泛应用，对于地震作用下，橡胶支座抗滑性能不能满足要求的桥梁，应采用墩梁位移约束装置，或按减隔震桥梁设计，以防止发生落梁破坏。

3.4.5 纵向地震作用下，多跨连续梁桥的固定支座一般要承受较大的水平地震力，很难满足条文第7.2.2和7.4.6条支座抗震性能要求，对于这种情况，如固定墩以及固定墩基础有足够的抗震能力，能满足相关抗震性能要求，可以通过计算设置剪力键，由剪力键承受支座所受地震水平力。

3.4.6 顺桥向，对于连续梁桥或多跨简支梁桥，我国一般都在桥台处设置纵向活动支座，因此，顺桥向地震作用下，梁体纵向惯性力主要由桥墩承受；横桥向，如在桥台处设置横向抗震挡块，横向地震作用下，梁体横向惯性力按墩、台水平刚度分配，由于桥台刚度大，将承受较大的横向水平地震力，因此建议桥台上的横向抗震挡块宜设计为在E2地震作用下可以破坏，以减小桥台所受横向地震力。但是，对于单跨简支梁桥，宜在桥台处采用板式橡胶支座，使两侧桥台能共同分担地震力。

3.5　抗震概念设计

3.5.1 刚度和质量平衡是桥梁抗震理念中最重要的一条。对于上部结构连续的桥梁，各桥墩高度宜尽可能相近。对于相邻桥墩高度相差较大导致刚度相差较大的情况，水平地震力在各墩间的分配一般不理想，刚度大的墩将承受较大的水平地震力，影响结构的整体抗震能力。刚度扭转中心和质量中心的偏离会在上部结构产生转动效应，加重落梁和碰撞等破坏风险。美国《AASHTO Guide Specifications for LRFD Seismic Bridge Design》明确给出了连续梁桥桥墩间刚度要求，本条直接引用。

3.5.2 梁式桥相邻联周期相差较大的情况会产生相邻联间的非同向振动（out-of-phase vibration），从而导致伸缩缝处相邻梁体间较大的相对位移和伸缩缝处碰撞。为了减小相邻联的非同向振动，美国《AASHTO Guide Specifications for LRFD Seismic Bridge Design》给出了规定，本条直接引用。

3.5.3 为保证桥梁刚度和质量的平衡，设计时应优先考虑采用等跨径、等墩高、等桥面宽度的结构形式。如不能满足，也可通过调整墩的直径和支座等方法来改善桥的平衡情况。其中，调整支座可能是最简单易行的办法了，效果也很显著。当采用橡胶支座后，由墩和支座构成的串联体系的水平刚度为：

$$k_t = \frac{k_z k_p}{k_z + k_p} \quad (1)$$

其中：k_t 是由墩和支座构成的串联体系的水平刚度，k_z 和 k_p 分别为橡胶支座的剪切刚度和桥墩的水平刚度。

水平地震力就是根据各墩串联体系的水平刚度按比例进行分配的。从上式可以看出，调整支座的刚度可以有效地调整各墩位处的刚度平衡。

4 场地、地基与基础

4.1 场 地

4.1.1 抗震有利地段一般系指：建设场地及其临近无晚近期活动性断裂，地质构造相对稳定，同时地基为比较完整的岩体、坚硬土或开阔平坦密实的中硬土等。

抗震不利地段一般系指：软弱黏性土层、液化土层和地层严重不均匀的地段；地形陡峭、孤突、岩土松散、破碎的地段；地下水位埋藏较浅、地表排水条件不良的地段。严重不均匀地层系指岩性、土质、层厚、界面等在水平方向变化很大的地层。

抗震危险地段一般系指：地震时可能发生滑坡、崩塌地段；地震时可能塌陷的暗河、溶洞等岩溶地段和已采空的矿穴地段；河床内基岩具有倾向河槽的构造软弱面被深切河槽所切割的地段；发震断裂、地震时可能坍塌而中断交通的各种地段。

4.1.3 对于甲类桥梁，本规范要求进行工程场地地震安全性评价。对于丁类桥梁，当无实测剪切波速时，可按条文中表 4.1.3 划分土的类型，条文中表 4.1.3 土的类型划分直接引用现行国家标准《建筑抗震设计规范》GB 50011 的有关规定。

4.1.4～4.1.7 引自现行国家标准《建筑抗震设计规范》GB 50011 的有关规定。

4.1.8 本条规定引自现行国家标准《建筑抗震设计规范》GB 50011 的有关规定。对构造物范围内发震断裂的工程影响进行评价，是地震安全性评价的内容，对于本规范没有要求必须进行工程场地地震安全性评价的桥梁工程，可以结合场地工程地震勘察的评价，按本条规定采取措施。在此处，发震断裂的工程影响主要是指发震断裂引起的地表破裂对工程结构的影响，对这种瞬时间产生的地表错动，目前还没有经济、有效的工程构造措施，主要靠避让来减轻危险性。国外有报道称，某些具有坚固基础的建筑物曾成功地抵抗住了数英寸的地表破裂，结构物未发生破坏（Youd，1989），并指出优质配筋的筏形基础和内部拉结坚固的基础效果最好，可供设计者参考。

1 实际发震断裂引起的地表破裂与地震烈度没有直接的关系，而是与地震的震级有一定的相关性。从目前积累的资料看，6 级以下的地震引起地表破裂的仅有一例，所以本款提的“地震基本烈度低于 8 度”，实质是指地震的震级小于 6 级。设计人员很难判断工程所面临的未来地震震级，地震烈度可以直接从地震区划图上了解到，本款的提法，便于设计人员使用。

2 在活动断层调查中取得断层物质（断层泥、糜棱岩）及上覆沉积物样本，可以根据已有的一些方法（C14、热释光等）测试断层最新活动年代。显然，活动断层和发震断裂，尤其是发生 6 级以上地震的断裂，并不完全一样，从中鉴别需要专门的工作。为了便于设计人员使用，根据我国的资料和研究成果，此处排除了全新世以前活动断裂上发生 6 级以上地震的可能性，对于一般的公路工程在大体上是可行性的。

3 覆盖土层的变形可以“吸收”部分下伏基岩的错动量，是指土层地表的错动会小于下伏基岩顶面错动的事实。显然，这种“吸收”的程度与土层的工程性质和厚度有关。各场地土层的结构和土质条件往往会不同，有的差别很大，目前规范中不能一一规定，只能就平均情况，大体上规定一个厚度。如上所述，此处提到的地震基本烈度 8 度和 9 度实质上是指震级 6.0 和 6.7，基岩顶面的错动量随地震震级的增加会有增大，数值大约在一米至若干米，土层厚度到底多大才能使地表的错动量减小到对工程结构没有显著影响，是一个正在研究中的问题。数值 60m 和 90m，是根据最近一次大型离心机模拟试验的结果归纳的，也得到一些数值计算结果的支持。

4 当不能满足上述条件时，宜采取避让的措施。避开主断裂距离为桥墩边缘至主断裂边缘分别为 300m 和 500m，主要的依据是国内外地震断裂破裂宽度的资料，取值有一定的保守程度。在受各种客观条件限制，难以避开数百米时，美国加州的相关规定可供参考：一般而言，场地的避让距离应由负责场地勘察的岩土工程师与主管建筑和规划的专业人员协商确定。在有足够的地质资料可以精确地确定存在活断层迹线的地区，且该地区并不复杂时，避让距离可规定为50英尺（约16m）；在复杂的断层带宜要求较大的避让距离。倾滑的断层，通常会在较宽且不规则的断层带内产生多处破裂，在上盘边缘受到的影响大、下盘边缘的扰动很小，避让距离在下盘边缘可稍小，上盘边缘则应较大。某些断层带可包含如挤压脊和凹陷之类的巨大变形，不能揭露清晰的断层面或剪切破碎带，应由有资质的工程师和地质师专门研究，如能保证建筑基础能抗御可能的地面变形，可修建不重要的结构。

4.2 液 化 土

引自现行国家标准《建筑抗震设计规范》GB 50011的有关规定。

4.3 地基的承载力

4.3.2 由于地震作用属于偶然的瞬时荷载，地基土在短暂的瞬时荷载作用下，可以取用较高的容许承载力。世界上大多数国家的抗震规范和我国其他规范，在验算地基的抗震强度时，对于抗震容许承载力的取值，大都采用在静力设计容许承载力的基础上乘以调整系数来提高。本条在原89规范基础上，参照现行国家标准《建筑抗震设计规范》GB 50011的有关规定，对地基土的划分作了少量修订。

4.4 桩 基

4.4.1 由于E2地震本身是罕遇地震，桩基础在短暂的瞬时荷载作用下，可以直接取用其极限承载力，而不考虑安全系数，因此单桩的抗压承载能力可以提高2倍。

4.4.2 直接引用现行国家标准《建筑抗震设计规范》GB 50011的有关规定。

5 地 震 作 用

5.1 一 般 规 定

5.1.1 本条对地震作用的分量选取作出了规定。

对于常规桥梁结构，通常可只考虑水平向地震作用，但对拱式结构、长悬臂桥梁结构和大跨度结构，竖向地震作用对结构地震反应有显著影响，应考虑竖向地震作用。

5.1.2 一般情况下，采用反应谱法同时考虑顺桥向X、横桥向Y与竖向Z的地震作用时，可分别计算顺桥向X、横桥向Y与竖向Z地震作用下的响应，其总的地震作用效应按本条规定进行组合。但对于双柱墩、桩基础，由于顺桥向X、横桥向Y地震作用下都可能在结构中产生轴力，对于这种情形，可不考虑顺桥向X地震作用产生的轴力与横桥向Y地震作用产生的轴力相组合。

5.2 设计加速度反应谱

5.2.1、5.2.2 引自现行国家标准《建筑抗震设计规范》GB 50011的有关规定。

5.2.3 主要参考现行行业标准《公路桥梁抗震设计细则》JTG/T B02的有关规定。

5.3 设计地震动时程

5.3.2 本条规定主要参考现行行业标准《公路桥梁抗震设计细则》JTG/T B02的有关规定简化而来。

5.4 地震主动土压力和动水压力

引自原《公路工程抗震设计规范》JTJ 004－89的相关规定。

6 抗 震 分 析

6.1 一 般 规 定

6.1.1 由于复杂立交工程（三向及以上主干道立交工程）的地震最不利输入方向和结构地震反应非常复杂，很难在规范中给出具体要求，需进行专门抗震研究。对于墩高超过40m，墩身第一阶振型有效质量低于60%，且结构进入塑性的高墩桥梁，由于墩身高阶振型贡献，现行常规的抗震验算方法会带来很大误差，应作专门研究。

6.1.2 为了简化桥梁结构的动力响应计算及抗震设计和校核，根据梁桥结构在地震作用下动力响应的复杂程度分为两大类，即规则桥梁和非规则桥梁。规则桥梁地震反应以一阶振型为主，因此可以采用本规范建议的各种简化计算公式进行分析。对于非规则桥梁，由于其动力响应特性复杂，采用简化计算方法不能很好地把握其动力响应特性，因此对非规则桥梁，本规范要求采用比较复杂的分析方法来确保其在实际地震作用下的性能满足设计要求。

显然，要满足规则桥梁的定义，实际桥梁结构应在跨数、几何形状、质量分布、刚度分布以及桥址的地质条件等方面服从一定的限制。具体地讲，要求实际桥梁的跨数不应太多，跨径不宜太大（避免轴压力过高），在桥梁顺桥向和横桥向上的质量分布、刚度分布以及几何形状都不应有突变，桥墩间的刚度差异不应太大，桥墩长细比应处于一定范围，桥址的地形、地质没有突变，而且桥址场地不会有发生液化和地基失效的危险等；对曲线桥，要求其最大圆心角应处于一定范围；对斜桥以及安装有减隔震支座和

(或）阻尼器的桥梁，则不属于规则桥梁。

为了便于实际操作，此处对规则桥梁给出了一些规定。迄今为止，国内还没有对规则桥梁结构的定义范围作专门研究，这里仅借鉴国外一些桥梁抗震设计规范的规定并结合国内已有的一些研究成果，给出条文中表 6.1.2 的规定。不在此表限定范围内的桥梁，都属于非规则桥梁。

6.1.3 E1 地震作用下，结构处在弹性工作范围，可采用反应谱方法计算，对于规则桥梁，由于其动力响应主要由一阶振型控制，因此可采用简化的单振型反应谱方法计算。E2 地震作用下，虽然容许桥梁结构进入弹塑性工作范围，但可以利用结构动力学中的等位移原则，对结构的弹性地震位移反应进行修正来代表结构的非线性地震位移反应，因此也可采用反应谱方法进行分析；但对于多联大跨度连续梁等复杂结构，只有采用非线性时程的方法才能正确预计结构的非线性地震反应。

6.1.4～6.1.6 对于多联大跨度连续梁桥、曲线桥和斜桥等复杂结构，采用反应谱方法很难正确预计其地震反应，应采用非线性时程分析方法进行地震反应。

6.1.7 一般情况下，桥台为重力式，其质量和刚度都非常大，为了和原《公路工程抗震设计规范》JTJ 004-89 衔接，可采用静力法计算。

6.1.8 E1 地震作用下结构在弹性范围工作，关注的是结构的强度，在此情况下可近似偏于安全地取桥墩的毛截面进行抗震分析（一般情况下，取毛截面计算出的结构周期相对较短，计算出的地震力偏大)；而 E2 地震作用下，容许结构进入弹塑性工作状态，关注的是结构的变形，对于延性构件取毛截面计算出的变形偏小，偏于不安全，因此取开裂后等效截面刚度是合理的。

6.2 建模原则

6.2.1、6.2.2 由于非规则桥梁动力特性的复杂性，采用简化计算方法不能正确地把握其动力响应特性，要求采用杆系有限元建立动力空间计算模型。正确地建立桥梁结构的动力空间模型是进行桥梁抗震设计的基础。为了正确反应实际桥梁结构的动力特性，要求每个墩柱至少采用三个杆系单元；桥梁支座采用支座连接单元模拟，单元的质量可采用集中质量代表（如图 5)。

阻尼是影响结构地震反应的重要因素，在进行非规则桥梁时程反应分析时，可采用瑞利阻尼假设建立阻尼矩阵。根据瑞利阻尼假设，结构的阻尼矩阵可表示为下式：

$$[C]=a_0[M]+a_1[K] \tag{2}$$

上式中：$[M]$ 和 $[K]$ 分别为结构的质量和刚度矩阵；a_0 和 a_1 可按下式确定：

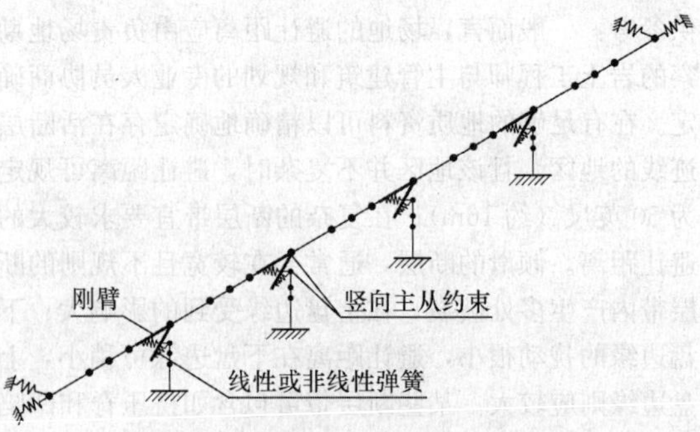

图 5 桥梁动力空间计算模型

$$\begin{Bmatrix}a_0\\a_1\end{Bmatrix}=\frac{2\xi}{\omega_n+\omega_m}\begin{Bmatrix}\omega_n\omega_m\\1\end{Bmatrix} \tag{3}$$

上式中：ξ 为结构阻尼比，对于混凝土桥梁 $\xi=0.05$；ω_n 和 ω_m 为结构振动的第 n 阶和第 m 阶圆频率，一般 ω_n 可取结构的基频，ω_m 取后几阶对结构振动贡献大的振型的频率。

在建立一般非规则桥梁动力空间模型时应尽量建立全桥计算模型，但对于桥梁长度很长的桥梁，可以选取具有典型结构或特殊地段或有特殊构造的多联梁桥（一般不少于 3 联）进行地震反应分析。这时应考虑邻联结构和边界条件的影响，邻联结构和边界条件的影响可以在所取计算模型的末端再加上一联梁桥或桥台模拟（如图 6 所示)。

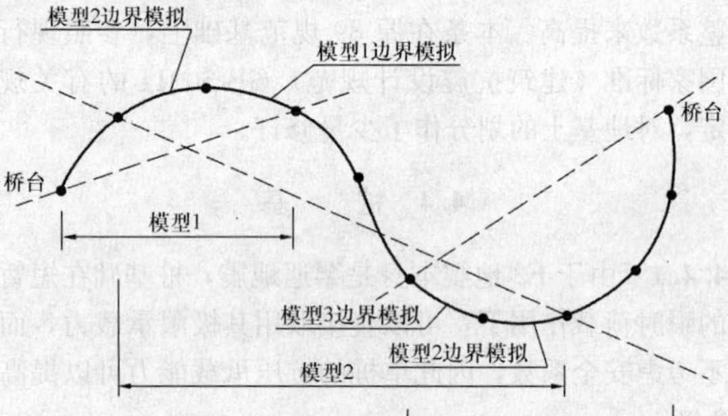

图 6 边界条件和后继结构的模拟

6.2.4 在 E2 地震作用下桥梁可以进入非线性工作范围，因此，在进行结构非线性时程地震反应分析时，梁柱单元的弹塑性可以采用 Bresler 建议的屈服面来表示（如图 7)，也可采用非线性梁柱纤维单元模拟。

6.2.5 大量板式橡胶支座的试验结果表明，板式橡胶支座的滞回曲线呈狭长形，可以近似作线性处理。它的剪切刚度尽管随着最大剪应变和频率的变化而变化，但对于特定频率和最大的剪切角而言，可以近似看作常数。因此，可将板式橡胶支座的恢复力模型取为线弹性。

6.2.6 活动盆式和球形支座的试验表明，当支座受到的剪力超过其临界滑动摩擦力 F_{max} 后，支座开始滑动，其动力滞回曲线可用类似于理想弹塑性材料的滞回曲线代表。

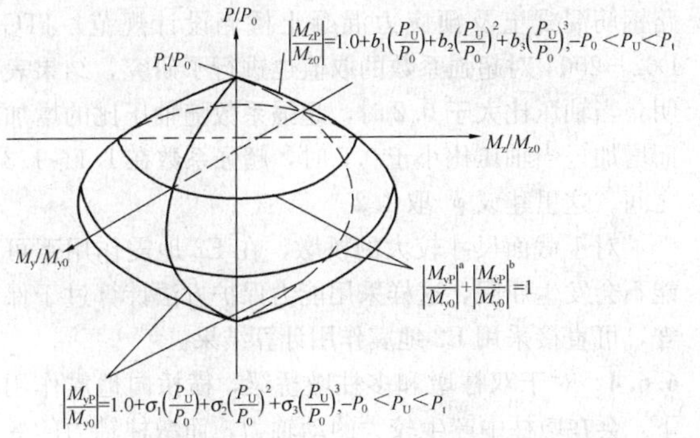

图 7　典型钢筋混凝土墩柱截面的屈服面

6.2.7 桥梁的下部结构处理通常为桥墩支承在刚性承台上，承台下采用群桩布置。因此，地震荷载作用下桥墩边界应是弹性约束，而不是刚性固结。对桩基边界条件进行精确模拟要涉及复杂的桩土相互作用问题，但分析表明，对于桥梁结构本身的分析问题，只要对边界作适当的模拟就能得到较满意的结果。考虑桩基边界条件最常用的处理方法是用承台底六个自由度的弹簧刚度模拟桩土相互作用（如图 8），这六个弹簧刚度是竖向刚度、顺桥向和横桥向的抗推刚度、绕竖轴的抗转动刚度和绕两个水平轴的抗转动刚度。它们的计算方法与静力计算相同，所不同的仅是土的抗力取值比静力的大，一般取 $m_{动}=(2\sim3)\ m_{静}$。

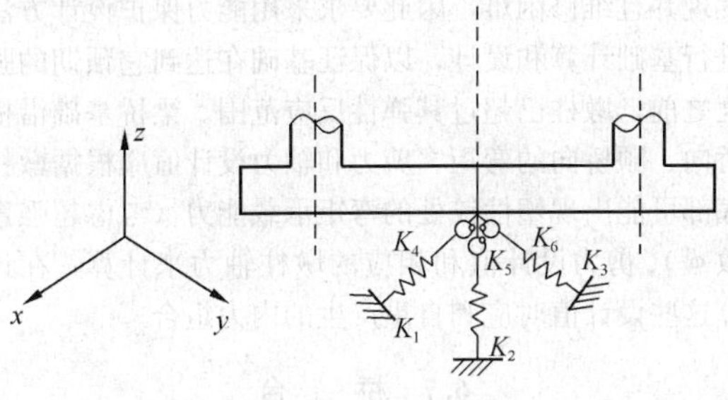

图 8　考虑桩-土共同作用边界单元

注：K_1、K_2、K_3 分别为 x、y、z 方向的拉压弹簧，K_4、K_5、K_6 分别为 x、y、z 方向的转动弹簧。

6.2.8 当桥墩的高度较高时，桥墩的几何非线性效应不能忽略，参考美国 CALTRANS 抗震设计规范，墩柱的计算长度与矩形截面短边尺寸之比大于 8，或墩柱的计算长度与圆形截面直径之比大于 6 时，应考虑 P-Δ 效应。

6.3　反 应 谱 法

6.3.1～6.3.3 自 1943 年美国 M. Biot 提出反应谱的概念，以及 1948 年美国 G. W. Housner 提出基于反应谱理论的动力法以来；反应谱分析方法在结构抗震领域得到不断完善与发展，并在工程实践中得到广泛应用。国内外许多专家学者对反应谱法进行了大量研究，并提出了种种振型组合方法。其中最简单而又最普遍采用的是 SRSS（Square Root of Sum of Squares）法，该法对于频率分离较好的平面结构具有很好的精度，但是对于频率密集的空间结构，由于忽略了各振型间的耦合项，故时常过高或过低地估计结构的反应。1969 年，Rosenblueth 和 Elorduy 提出了 DSC（Double Sum Combination）法来考虑振型间的耦合项影响，之后 Humar 和 Gupta 又对 DSC 法进行了修正与完善。1981 年，E. L. Wilson 等人把地面运动视为一宽带、高斯平稳过程，根据随机过程理论导出了线性多自由度体系的振型组合规则 CQC 法，较好地考虑了频率接近时的振型相关性，克服了 SRSS 法的不足。

6.4　时程分析法

6.4.2 一组时程分析结果只是结构随机响应的一个样本，不能反映结构响应的统计特性，因此，需要对多个样本的分析结果进行统计才能得到可靠的结果。本规范参照美国 AASHTO 规范给出了本规定。

6.5　规则桥梁抗震分析

6.5.1 规则桥梁的地震反应应以一阶振型为主，因此可以采用本规范建议的各种简化计算公式进行分析。

6.5.2 引自《公路工程抗震设计规范》JTJ 004－89 的有关规定，给出了规则梁桥桥墩顺桥向和横桥向水平地震力的计算公式。

在确定简支梁桥的基本周期和地震作用时，可按单墩模型考虑。对于墩身不高的简支梁，在确定地震作用时一般只考虑第 1 振型，而将高振型贡献略去不计。考虑到墩身在横桥向和顺桥方向的刚度不同，在计算时两个方向分别采用不同的振型。在确定了振型曲线 X_{1i} 之后（一般采用静力挠曲线），就可以应用能量法或代替质量法将墩身各分段重量核算到墩顶上。这样，在确定基本周期时，仍可以简化为单质点处理，避免了多质点体系基本周期计算十分繁杂的缺点。

6.5.3 连续梁桥顺桥向一般只设一个固定支座，其余均为纵向活动支座，因此顺桥向地震作用下结构地震反应可以简化为单墩模型计算，但应考虑各活动支座的摩擦效应。

6.5.4 对全联均采用板式橡胶支座的梁桥，首先采用静力方法，计算出结构考虑板式橡胶支座、墩柱和基础柔度的顺桥向静力等效水平刚度，在此基础上简化为单墩模型，计算出梁体质点所受地震顺桥向惯性力，然后采用静力法计算梁体惯性力产生的下部结构内力和变形。

6.5.5 一般情况下，梁式桥在横桥向，梁和墩之间采用刚性约束，对于规则性连续梁和连续刚架桥，主要是第一阶横向振型起主要贡献，因此可简化为单自由度模型计算。在横向模型简化时，本规范考虑相邻联的边界效应，采用静力方法计算横桥向水平等效刚度，利用单振型反应谱方法计算梁体横向地震惯性水平力，然后采用静力法计算梁体横向惯性水平力产生的下部结构内力和变形。

6.6 能力保护构件计算

6.6.1 在E2地震作用下，截面尺寸较大的桥墩可能不会发生屈服，这样采用能力保护方法计算过于保守，可直接采用E2地震作用计算结果。在判断桥墩是否屈服时，屈服弯矩可以采用行业标准《公路钢筋混凝土及预应力混凝土桥涵设计规范》JTG D62-2004中偏心受压构件的受弯承载能力近似代表，但计算偏心受压构件的受弯承载能力时应采用材料标准值。

6.6.2、6.6.3 钢筋混凝土构件的剪切破坏属于脆性破坏，是一种危险的破坏模式，对于抗震结构来说，墩柱剪切破坏还会大大降低结构的延性能力，因此，为了保证钢筋混凝土墩柱不发生剪切破坏，应采用能力保护设计方法进行延性墩柱的抗剪设计。根据能力保护设计方法，墩柱的剪切强度应大于墩柱可能在地震中承受的最大剪力（对应于墩柱塑性铰处截面可能达到的最大弯矩承载能力）；桥梁基础是桥梁结构最主要的受力构件，地震作用下，如发生损伤，不但很难检查，也很难修复，因此作为能力保护构件设计；桥梁支座若在地震中发生损伤或破坏，虽然震后可以维修和替换，但改变了结构传力途径，因此，按类型Ⅰ结构抗震体系设计的桥梁结构，应把支座作为能力保护构件设计，具有稳定传力途径，以达到桥梁墩柱等延性构件发生弹塑性变形、耗散地震能量的设计目标。

从大量震害和试验结果的观察发现，墩柱的实际受弯承载能力要大于其设计承载能力，这种现象称为墩柱抗弯超强现象（Overstrength）。引起墩柱抗弯超强的原因很多，但最主要的原因是钢筋在屈服后的极限强度比其屈服强度大许多和钢筋实际屈服强度又比设计强度大很多。如果墩柱塑性铰的受弯承载能力出现很大的超强，超过了能力保护构件所能承受的地震力，则将导致能力保护构件先失效，预设的塑性铰不能产生，桥梁发生脆性破坏。

为了保证预期出现弯曲塑性铰的构件不发生脆性的破坏模式（如剪切破坏、粘结破坏等），并保证脆性构件和不宜用于耗能的构件（能力保护构件）处于弹性反应范围，在确定它们的弯矩、剪力设计值时，采用墩柱抗弯超强系数ϕ^0来考虑超强现象。各国规范对ϕ^0取值的差异较大，对钢筋混凝土结构，欧洲规范（Eurocode 8：Part2，1998年）中ϕ^0取值为1.375，美国AASHTO规范（2004版）取值为1.25，而《Caltrans Seismic Design Criteria》（version 1.3）ϕ^0取值为1.2。同济大学结合我国行业标准《公路钢筋混凝土及预应力混凝土桥涵设计规范》JTG D62-2004对超强系数的取值也进行了研究，结果表明：当轴压比大于0.2时，超强系数随轴压比的增加而增加，当轴压比小于0.2时，超强系数在1.1～1.3之间。这里建议ϕ^0取1.2。

对于截面尺寸较大的桥墩，在E2地震作用下可能不会发生屈服，这样采用能力保护方法计算过于保守，可直接采用E2地震作用计算结果。

6.6.4 对于双柱墩和多柱墩桥梁，横桥向地震作用下，会在墩柱中产生较大的动轴力，而墩柱轴力的变化会引起钢筋混凝土墩柱抗弯承载力的改变，因此，本规范建议采用静力推倒方法（Pushover方法），通过迭代计算出各墩柱塑性区域截面超强弯矩。

6.6.7、6.6.8 双柱墩和多柱墩桥梁，横桥向地震作用下，钢筋混凝土墩柱作为延性构件产生弹塑性变形耗散地震能量，而盖梁、基础等作为能力保护构件，应保持弹性。因此，应采用能力保护设计方法进行盖梁的设计。根据能力保护设计方法，盖梁的抗弯强度应大于盖梁可能在地震中承受的最大、最小弯矩（对应于墩柱塑性铰处截面可能达到的正、负弯矩承载能力）。进行盖梁验算时，首先要计算出盖梁可能承受的最大、最小弯矩作为设计弯矩，然后进行验算。

6.6.9 由于在地震过程中，如基础发生损伤，难以发现并且维修困难，因此要求采用能力保护设计方法进行基础计算和设计，以保证基础在达到它预期的强度之前，墩柱已超过其弹性反应范围。梁桥基础沿横桥向、顺桥向的弯矩、剪力和轴力设计值应根据墩柱底部可能出现塑性铰处的弯矩承载能力（考虑超强系数ϕ^0）、剪力设计值和相应的墩柱轴力来计算，在计算这些设计值时应和自重产生的内力组合。

6.7 桥　　台

6.7.1 一般情况下，桥台为重力式桥台，其质量和刚度都非常大，为了和公路工程抗震设计规范衔接，可采用静力法计算。

7 抗 震 验 算

7.1 一 般 规 定

7.1.1 大量地震桥梁震害表明，地震作用下桥梁桥墩、桥台、基础及支座等是地震易损部位，应此，这些部位是桥梁抗震设计的重点部位。

7.2 E1地震作用下抗震验算

7.2.1 按A类抗震设计方法设计的桥梁需要进行两水平抗震设计，根据两水平抗震设防要求，在E1地震作用下要求结构保持弹性，基本无损伤，E1地震作用效应和相关荷载效应组合后，按行业标准《公路钢筋混凝土及预应力混凝土桥涵设计规范》JTG D62－2004 有关偏心受压构件的规定进行墩、台验算。

采用B类抗震设计方法设计的桥梁只考虑进行E1地震作用下的抗震验算。因此根据抗震设防要求，在E1地震作用下要求结构保持弹性，基本无损伤，E1地震作用效应和相应荷载效应组合后，按行业标准《公路钢筋混凝土及预应力混凝土桥涵设计规范》JTG D62－2004 有关规定进行验算。

7.2.2 由于采用B类抗震设计方法设计的桥梁只要求进行E1地震作用下的地震验算，但对于支座如只进行E1地震作用下的验算，可能在E2地震作用下发生破坏、造成落梁，对于支座需要考虑E2地震作用下不破坏。但为了简化计算，在进行采用B类抗震设计方法设计的桥梁的支座抗震验算时，虽然只进行E1地震作用下的地震反应分析，但采用一个支座调整系数 α_d 来考虑E2地震作用效应，通过大量分析，建议取 $\alpha_d = 2.3$。

如板式橡胶支座的抗滑性和固定支座水平抗震能力不满足本条的要求，应采用本规范第3.4.5、3.4.6条的规定。

7.3 E2地震作用下抗震验算

7.3.1 E2地震作用下，由于延性构件可以进入塑性工作，因此主要验算其极限变形能力是否满足要求，对于采用非线性时程分析方法进行地震反应分析的桥梁；由于可以直接得到塑性铰区域的塑性转动需求，因此可直接验算塑性铰区域的转动能力；对于矮墩，一般不作为延性构件设计，因此需要验算抗弯和抗剪强度。

7.3.2 地震作用下，矮墩的主要破坏模式为剪切破坏，即脆性破坏，没有延性。因此，E2地震作用效应和永久荷载效应组合后，应按行业标准《公路钢筋混凝土及预应力混凝土桥涵设计规范》JTG D62－2004 的相关规定验算桥墩的强度，但考虑到E2地震是偶遇荷载，可采用材料标准值计算。

7.3.3 大量理论和实验研究表明：地震作用下，当结构自振周期较长时，采用弹性方法计算出的弹性位移与采用非线性方法计算出的弹塑性位移基本相等，即等位移原理；但当结构周期比较短时，需要对弹性位移进行修正才能代表弹塑性位移。本条直接引用美国《AASHTO Guide Specifications for LRFD Seismic Bridge Design》的相关规定。

7.3.4 为了保证罕遇地震作用下，梁式桥、高架桥梁墩柱具有足够的变形能力而不发生倒塌，应验算墩柱位移能力或塑性铰区域塑性转动能力。

7.3.5、7.3.6 假设截面的极限曲率 ϕ_u 和屈服曲率 ϕ_y 在塑性铰范围内均匀分布（如图9），塑性铰的长度为 L_p，则塑性铰的极限塑性转角为：

$$\theta_u = (\phi_u - \phi_y) \cdot L_p / K \quad (4)$$

等效塑性铰长度 L_p 同塑性变形的发展和极限压

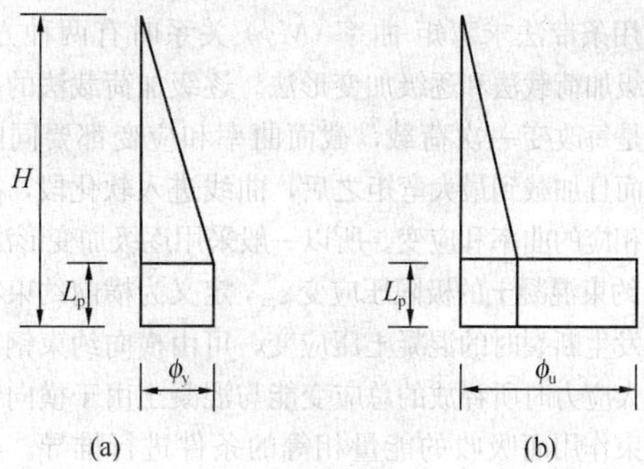

图9 曲率分布模式

（a）相应于钢筋屈服；（b）相应于极限曲率

应变有很大的关系，由于实验结果离散性很大，目前主要用经验公式来确定，本规范引用美国《AASHTO Guide Specifications for LRFD Seismic Bridge Design》的相关公式。

对于单柱墩，相应于塑性铰区域的塑性转动能力 θ_u 时墩顶的塑性位移为：

$$\Delta_\theta = \left(H - \frac{L_p}{2}\right) \times \theta_u \quad (5)$$

而相应于塑性铰区域屈服时的位移为：

$$\Delta_y = \frac{1}{3} H^2 \times \phi_y \quad (6)$$

由以上（5）、（6）式可得单柱墩墩顶相应于塑性铰区域达到塑性转动能力时的位移能力为：

$$\Delta_u = \frac{1}{3} H^2 \times \phi_y + \left(H - \frac{L_p}{2}\right) \times \theta_u \quad (7)$$

7.3.7 对于双柱墩横桥向，由于很难根据塑性铰转动能力直接给出计算墩顶的容许位移的计算公式，建议采用推倒分析方法，计算墩顶容许位移。

7.3.8、7.3.9 钢筋混凝土延性构件的塑性弯曲能力可以根据材料的特性，通过截面的弯矩-曲率（M-ϕ）分析来得到，截面的弯矩-曲率（M-ϕ）关系曲线，可采用条带法（如图10）计算，其基本假定为：

1）平截面假定；

2）剪切应变的影响忽略不计；

3）钢筋和混凝土之间无滑移现象；

4）采用钢筋和混凝土的应力-应变关系。

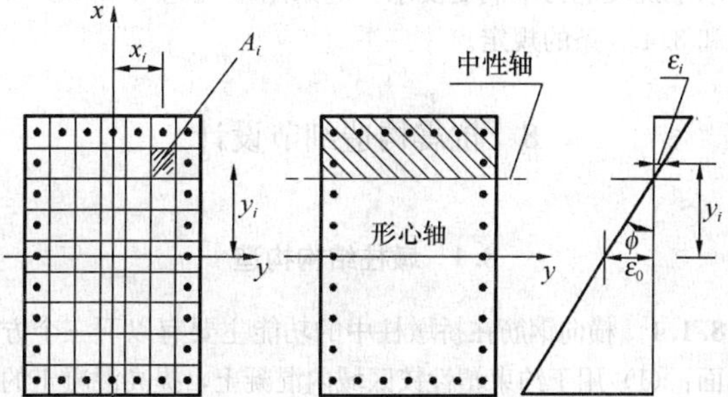

图10 计算简图

用条带法求弯矩-曲率（$M\phi$）关系时有两种方法，即逐级加荷载法和逐级加变形法。逐级加荷载法的主要问题是每改变一次荷载，截面曲率和应变都要同时改变，而且加载到最大弯矩之后，曲线进入软化段，很难确定相应的曲率和应变。所以一般采用逐级加变形法。

约束混凝土的极限压应变 ε_{cu}，定义为横向约束箍筋开始发生断裂时的混凝土压应变，可由横向约束钢筋达到最大应力时所释放的总应变能与混凝土由于横向钢筋的约束作用而吸收的能量相等的条件进行推导。美国 Mander 给出的混凝土极限压应变的保守估计为：

$$\varepsilon_{cu} = 0.004 + \frac{1.4\rho_s \cdot f_{kh} \cdot \varepsilon_{su}^{R}}{f_{c,ck}} \tag{8}$$

式中，$f_{c,ck}$ 为约束混凝土名义抗压强度。

7.4 能力保护构件验算

7.4.2 地震中大量钢筋混凝土墩柱的剪切破坏表明：在墩柱塑性铰区域由于弯曲延性增加会使混凝土所提供的抗剪强度降低。为此，各国对墩柱塑性铰区域的抗剪强度进行了许多研究，美国 ACI-319-89 要求在端部塑性铰区域当轴压比小于 0.05 时，不考虑混凝土的抗剪能力，新西兰规范 NZS－3101 中规定当轴压比小于 0.1 时，不考虑混凝土的抗剪能力。而我国《公路工程抗震设计规范》JTJ 004－89 没有对地震荷载作用下的钢筋混凝土墩柱抗剪设计作出特别的规定，工程设计中缺乏有效的依据，只能套用普通设计中采用的斜截面强度设计公式来进行设计和校核，存在较大缺陷。因此，采用美国《AASHTO Guide Specifications for LRFD Seismic Bridge Design》（2007 年版）的抗剪计算公式。

7.4.3、**7.4.4** 桥梁基础、盖梁以及梁体为能力保护构件，墩柱的抗剪按能力保护设计方法设计。为了保证其抗震安全要求其在 E2 地震作用下基本不发生损伤；可参照行业标准《公路钢筋混凝土及预应力混凝土桥涵设计规范》JTG D62－2004 和《公路桥涵地基与基础设计规范》JTG D63－2007 的相关规定进行验算，但考虑到地震是偶遇荷载，可采用标准值计算。

7.4.5、**7.4.6** 如板式橡胶支座的抗滑性和固定支座水平抗震能力不满足要求，应采用本规范第 3.4.5 条和 3.4.6 条的规定。

8 抗震构造细节设计

8.1 墩柱结构构造

8.1.1 横向钢筋在桥墩柱中的功能主要有以下三个方面：(1) 用于约束塑性铰区域内混凝土，提高混凝土的抗压强度和延性；(2) 提供抗剪能力；(3) 防止纵向钢筋压屈。在处理横向钢筋的细部构造时需特别注意。

由于表层混凝土保护层不受横向钢筋约束，在地震作用下会剥落，这层混凝土不能为横向钢筋提供锚固。因此，所有箍筋都应采用等强度焊接来闭合，或者在端部弯过纵向钢筋到混凝土核心内，角度至少为 135°。

为了防止纵向受压钢筋屈曲，矩形箍筋和螺旋箍筋的间距不应过大，Priestley 通过分析提出，建议箍筋之间的间距应满足下式：

$$s \leqslant \left[3 + 6\left(\frac{f_u}{f_y}\right)\right] d_{bl} \tag{9}$$

式中，f_y 和 f_u 分别为纵向钢筋的屈服强度和强化强度；d_{bl} 为纵筋的直径。

8.1.2 各国抗震设计规范对塑性铰区域横向钢筋的最小配筋率都进行了具体规定。下表 2 为美国 AASHTO 规范、欧洲规范 Eurocode 8、原《公路工程抗震设计规范》JTJ 004－89 及《建筑抗震设计规范》GB 50011 对横向钢筋最小配筋率的具体规定。同济大学通过大量的试验和分析，结合我国的实际情况，对横向钢筋最小配筋率进行了研究，并提出了相应的计算公式：

1 圆形截面：

$$\rho_{smin} = [0.14\eta_k + 5.84(\eta_k - 0.1)(\rho_t - 0.01) + 0.028]\frac{f_{ck}}{f_{hk}} \geqslant 0.004 \tag{10}$$

2 矩形截面：

$$\rho_{smin} = [0.1\eta_k + 4.17(\eta_k - 0.1)(\rho_t - 0.01) + 0.02]\frac{f_{ck}}{f_{hk}} \geqslant 0.004 \tag{11}$$

式中符号意义见本规范条文第 8.1.2 条。

若假定钢筋混凝土墩柱为矩形截面，混凝土的强度等级为 C30，箍筋的屈服应力为 240MPa，保护层混凝土厚度与截面尺寸之比为 1/20，则各国规范规定的最小配筋率和轴压比的关系如下表 2 所示。

表 2 各国规范对横向构造的规定

规 范	螺旋箍筋或圆形箍筋	矩形箍筋
美国 AASHTO 规范	$\rho_v = 0.45\frac{f'_c}{f_{yh}}\left[\left(\frac{A_g}{A_{he}}\right)-1\right]$ 或 $\rho_v = 0.12\frac{f'_c}{f_{yh}}$	$\rho_s = 0.3\frac{f'_c}{f_{yh}}\left[\left(\frac{A_g}{A_{he}}\right)-1\right]$ 或 $\rho_s = 0.12\frac{f'_c}{f_{yh}}$
欧洲规范 Eurocode 8	$\omega_{wd} \geqslant 1.90(0.15 + 0.01\mu_\phi)\frac{A_g}{A_{he}}(\eta_k - 0.08)$ 或 $\omega_{wd} \geqslant 0.18$	$\omega_{wd} \geqslant 1.30(0.15+0.01\mu_\phi)\frac{A_g}{A_{he}}(\eta_k - 0.08)$ 或 $\omega_{wd} \geqslant 0.12$
公路工程抗震设计规范		顺桥和横桥方向含箍率 $\rho_s = 0.3\%$
建筑抗震设计规范	$\rho_v = \lambda_v\frac{f'_c}{f_{yh}}$	$\rho_v = \lambda_v\frac{f'_c}{f_{yh}}$

注：A_g、A_{he} 分别为墩柱横截面的面积和核心混凝土面积（按箍筋外围边长计算）；f'_c 为混凝土强度，f_{yh} 为箍筋抗拉强度设计值；ρ_s 对于矩形截面为截面计算方向的配箍率，对于圆形截面为截面螺旋箍筋的体积配箍率，λ_v 为最小配箍特征值；ω_{wd} 为力学含箍率，$\omega_{wd} = \rho_s\frac{f'_c}{f_{yh}}$；$\mu_\phi$ 为截面曲率延性；η_k 为截面轴压比。

8.1.4、8.1.5 试验研究表明：沿截面布置若干适当分布的纵筋，纵筋和箍筋形成一整体骨架（如图12），当混凝土纵向受压、横向膨胀时，纵向钢筋也会受到混凝土的压力，这时箍筋给予纵向钢筋约束作用。因此，为了确保对核心混凝土的约束作用，墩柱的纵向配筋宜对称配筋。

纵向钢筋对约束混凝土墩柱的延性有较大影响，因此，延性墩柱中纵向钢筋含量不应太低。重庆交通科研设计院通过大量的理论计算和试验研究表明，如果纵向钢筋含量低，即使箍筋含量较低，墩柱也会表现出良好的延性能力，但此时结构在地震作用下对延性的需求也会很大，因此，这种情况对结构抗震也是不利的。但纵向钢筋的含量太高不利于施工，另外，纵向钢筋含量过高还会影响墩柱的延性，所以纵向钢筋的含量应有一个上限。各国抗震设计规范都对墩柱纵向最小、最大配筋率进行了规定（图11）：其中美国AASHTO规范（2004年版）建议的纵筋配筋率范围为0.01～0.008；我国《建筑抗震设计规范》GB 50011建议为0.008～0.004；我国《公路工程抗震设计规范》JTJ 004-89建议的最小配筋率为0.004，对最大配筋率没有规定。这里根据我国桥梁结构的具体情况，建议墩柱纵向钢筋的配筋率范围0.006～0.004。

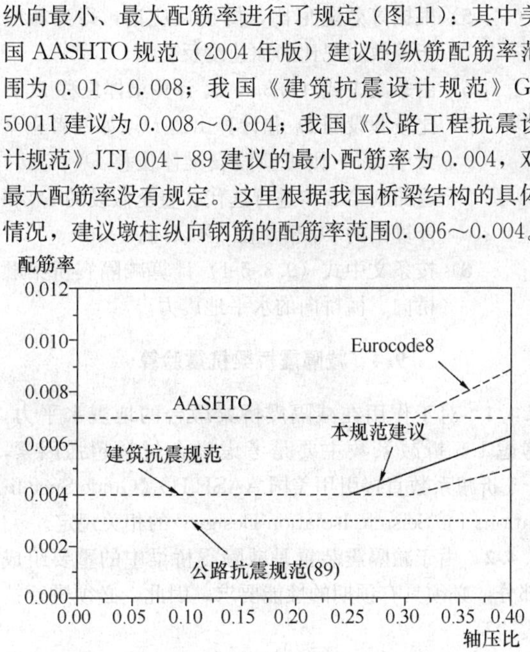

图11 最小配筋率比较示意图

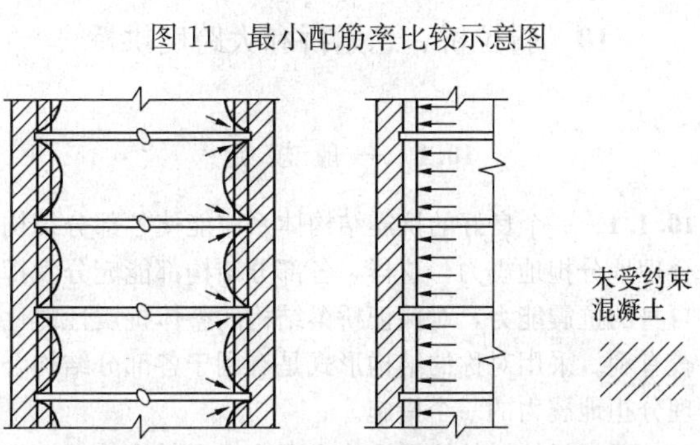

图12 柱中横向和纵向钢筋的约束作用

8.1.7 为了保证在地震荷载作用下，纵向钢筋不发生粘结破坏，墩柱的纵筋应尽可能地延伸至盖梁和承台的另一侧面，纵筋的锚固和搭接长度应在按行业标准《公路钢筋混凝土及预应力混凝土桥涵设计规范》JTG D62-2004的要求基础上增加$10d_{bl}$，d_{bl}为纵筋的直径，不应在塑性铰区域进行纵筋的搭接。

8.2 节点构造

我国对桥梁节点的抗震构造和性能研究不足，很少有试验资料可以借鉴。但历次地震震害都表明，桥梁节点是地震易损部位之一，因此本节直接采用美国《AASHTO Guide Specifications for LRFD Seismic Bridge Design》的相关规定。

9 桥梁减隔震设计

9.1 一般规定

9.1.1 在桥梁抗震设计中，引入减隔震技术的目的就是利用减隔震装置在满足正常使用功能要求的前提下，达到延长结构周期、消耗地震能量，降低结构的响应。因此，对于桥梁的减隔震设计，最重要的因素就是设计合理、可靠的减隔震装置并使其在结构抗震中充分发挥作用，即桥梁结构的大部分耗能、塑性变形应集中于这些装置，允许这些装置在E2地震作用下发生大的塑性变形和存在一定的残余位移，而结构其他构件的响应基本为弹性。

但是，减隔震技术并不是在任何情况下均适用。对于下列情况，不宜采用减隔震技术：基础土层不稳定，易于发生液化的场地；下部结构刚度小，桥梁结构本身的基本振动周期比较长；位于场地特征周期比较长，延长周期可能引起地基与桥梁结构共振，以及支座中出现较大负反力等。

9.1.2 对于采用减隔震设计的桥梁，即使在E2地震作用下，桥梁的耗能部位位于桥梁上、下部连接构件（支座、耗能装置）；上部结构、桥墩和基础不受损伤、基本在弹性工作范围，因此没有必要再进行E1地震作用下的计算。

9.1.3、9.1.4 桥梁减隔震设计是通过延长结构的基本周期，避开地震能量集中的范围，从而降低结构的地震力。但延长结构周期的同时，必然使得结构变柔，从而可能导致结构在正常使用荷载作用下结构发生有害振动，因此要求减隔震结构应具有一定的刚度和屈服强度，保证在正常使用荷载下（如风、制动力等）结构不发生屈服和有害振动。

同时，采用减隔震设计的桥梁结构的变形比不采用减隔震技术的桥梁大，为了确保减隔震桥梁在地震作用下的预期性能，在相邻上部结构之间应设置足够的间隙，因此必须对伸缩缝装置、相邻梁间限位装置、防落梁装置等进行合理的设计，并对施工质量给予明确规定。

9.2 减隔震装置

9.2.1 从桥梁减隔震设计的原理可知，减隔震桥梁耗能的主要构件是减隔震装置，而且，在地震中允许这些构件发生损伤。这就要求减隔震装置性能可靠，且震后可对这些构件进行维护。此外，为了确保减隔震装置在地震中能够发挥应有的作用，也必须对其进行定期的检查和维护。

9.2.2、9.2.3 由于减隔震装置是减隔震桥梁中的重要组成部分，它们必须具有预期的性能要求。因此，本规范要求在实际采用减隔震装置前，必须对预期减隔震装置的性能和特性进行严格的检测实验。原则上须由原型测试结果来确认隔震系统在地震时的性能与设计相符。检测实验包括减隔震装置在动力荷载和静力荷载下的两部分试验，并依据相关的试验检测条文、检测规程等进行。

9.2.4 地震作用下，为控制减隔震装置发生过大的位移，除要求提供减隔震装置阻尼外，同时要求减隔震装置具有一定的屈后刚度、提供自恢复力。本条规定直接采用美国 AASHTO《Guide Specifications for Seismic Isolation Design》的相关规定。

9.3 减隔震桥梁地震反应分析

9.3.1 由于弹性反应谱分析方法比较简洁，并已为大多数设计人员所熟悉，且在一定条件下，使用该分析方法进行减隔震桥梁的分析仍可得到较理想的计算结果，尤其在初步设计阶段，可帮助设计人员迅速把握结构的动力特性和响应值，因此，它仍是减隔震桥梁分析中一种十分重要的分析方法。但由于目前大多数减隔震装置的力学特性是非线性的，必须借助于等效线性化模型才能采用反应谱分析方法。由于减隔震装置的非线性特性，在分析开始时，减隔震装置的位移反应是未知的，因而其等效刚度、等效阻尼比也是未知的，所以弹性反应谱分析过程是一个迭代过程。正是由于减隔震装置的非线性特性以及减隔震桥梁响应对伸缩装置、挡块等防落梁装置的敏感性等因素，如果需要合理地考虑这些因素的影响时，宜采用非线性动力时程分析方法。

9.3.2、9.3.3 对于比较规则的减隔震桥梁，其地震反应可以用单振型模型代表，可采用单振型反应谱分析。但一定要注意，反应谱方法计算时，应采用等效刚度、等效阻尼比。

9.3.4 一般情况下，减隔震装置的恢复力模型可以用双线性模型代表，其主要设计参数有：特征强度、屈服强度、屈服位移和屈后刚度，根据这些参数可以计算减隔震装置在地震作用下的位移，可以计算等效刚度和等效阻尼比。

9.3.5 由于减隔震装置的非线性性能，采用反应谱分析时，减隔震装置的等效刚度、等效阻尼比随减隔震装置变形不同而变化，因此，当考虑减隔震装置的非线性滞回特性时需要用迭代法来求解地震反应。此外，目前规范大多数是针对普通桥梁的抗震设计给出设计谱的规定，即设计谱是针对阻尼比为 5% 给出的。但对于减隔震桥梁，减隔震装置处的耗能能力大，而其他耗能机理所耗能量相对比较少，导致整个体系耗能能力不再均匀，因此，减隔震桥梁各振动周期对应阻尼比是不相同的，基本周期（有时称为隔震周期）的阻尼比一般比较大，约 10%～20%，有时甚至更高，这就要求在反应谱分析过程中一方面要考虑不同振型采用不同的阻尼比，另一方面需考虑不同阻尼比对反应谱值的修正。

在采用单自由度反应谱分析时，具体求解过程为：

1）假设上部结构（梁体）的位移初始值 D_0；

2）按条文中式（9.3.5-4）计算等效刚度；

3）按条文中式（9.3.5-3）计算等效周期；

4）按条文中式（9.3.5-5）计算等效阻尼比；

5）根据等效阻尼比，修正反应谱，得到相应于等效阻尼比的加速度反应谱；

6）由条文中式（9.3.5-2）计算梁体位移 D_d；

7）比较假设的 D_0 和计算出的 D_d，如两者相差大于 5%，则重新假设梁体位移 $D_0 = D_d$，返回到第二步进行迭代，直至假设的 D_0 和计算出的 D_d 相差在 5%以内；

8）按条文中式（9.3.5-1）计算减隔震桥梁顺桥向、横桥向的水平地震力。

9.4 减隔震桥梁抗震验算

9.4.1 对于作用在减隔震桥梁墩台的地震水平力，考虑 1.5 折减系数主要是考虑墩台材料超强因素，1.5 折减系数直接引用美国 AASHTO《Guide Specifications for Seismic Isolation Design》的相关规定。

9.4.2 由于减隔震装置是减隔震桥梁中的重要组成部分，必须具有预期的性能要求。因此，必须进行抗震验算。

10 斜拉桥、悬索桥和大跨度拱桥

10.1 一般规定

10.1.1 一个良好的抗震结构体系应能使各部分结构合理地分担地震力，这样，各部分结构都能充分发挥自身的抗震能力，对保证桥梁结构的整体抗震性能比较有利。采用对称的结构形式是有利于各部分结构合理分担地震力的一个措施。

10.1.2 斜拉桥的抗震性能主要取决于结构体系。在地震作用下，塔、梁固结体系斜拉桥的塔柱内力与所有其他体系相比是最大的，在烈度较高的地区要避免采用。飘浮体系的塔柱内力反应较小，因此在烈度较高的地区应优先考虑，但飘浮体系可能导致过大的位移反应。这时，可在塔与梁之间增设弹性约束装置或阻尼约束装置，形成塔、梁弹性约束体系或阻尼约束体系，以有效降低地震位移反应。

10.1.3 拱桥的主拱圈在强烈地震作用下，不仅在拱平面内受弯，而且还在拱平面外受扭，当地基由于强烈地震产生不均匀沉陷时，主拱圈还会发生斜向扭转和斜向剪切。因此，大跨径拱桥的主拱圈宜采用抗扭刚度较大、整体性较好的断面形式。一般以采用箱形拱、板拱等闭合式断面为宜，不宜采用开口断面。当采用肋拱时，不宜采用石肋或混凝土肋，宜采用钢筋混凝土肋，并加强拱肋之间的横向联系，以提高主拱圈的横向刚度和整体性。

在拱平面内，从拱桥的振动特性看，拱圈与拱上建筑之间振动变形的不协调性将更加突出。为了消除或减少这种振动变形的不协调，宜在拱上立柱或立墙端设铰，允许这些部位有一些转动或变形。

10.1.4 在强烈地震作用下，为了保证大跨度拱桥不发生侧向失稳破坏，应采取提高拱桥整体性和稳定性的措施。如下承式和中承式拱桥设置风撑，并加强端横梁刚度；上承式拱桥加强拱脚部位的横向联系。

10.2 建模与分析原则

10.2.1 大跨度桥梁的结构构造比较复杂，因此地震反应也比较复杂，如高阶振型的影响不可忽略，多点非一致激励（包括行波效应）的影响可能较大等。在地震中较易遭受破坏的细部结构，其地震反应往往是由高阶振型的贡献起控制作用的。

反应谱方法概念简单、计算方便、可以用较少的计算量获得结构的最大反应值。但是，反应谱法是线弹性分析方法，不能考虑各种非线性因素的影响，当非线性因素的影响显著时，反应谱法可能得不到正确的结果，或判断不出结构真正的薄弱部位。

国内外大多数工程抗震设计规范中都指出，对于复杂桥梁结构的地震反应分析，应采用动态时程分析法。动态时程分析法可以精细地考虑桩-土-结构相互作用、地震动的空间变化影响、结构的各种非线性因素（包括几何、材料、边界连接条件非线性）以及分块阻尼等问题。所以，时程分析法一般认为是精细的计算方法，但时程分析法的结果，依赖于地震输入，如地震输入选择不好，也会导致结果偏小。

10.2.2 结构的动力反应与结构的自振周期和地震时程输入的频谱成分关系非常密切。大跨度桥梁大多是柔性结构，第一阶振型的周期往往较长。因此大跨度桥梁的地震反应中，第一阶振型的贡献非常重要，因此提供的地震加速度时程或反应谱曲线的频谱含量应包括第一阶自振周期在内的长周期成分。

10.2.3 桥梁结构的刚度和质量分布，以及边界连接条件决定了结构本身的动力特性。因此，在大跨度桥梁的地震反应分析中，为了真实地模拟桥梁结构的力学特性，所建立的计算模型必须如实地反映结构的刚度和质量分布，以及边界连接条件。建立大跨度桥梁的计算模型时，应满足以下要求：

1 大跨度桥梁结构主桥一般通过过渡孔与中小跨度引桥相连，因此主桥与引桥是互相影响的，另外，由于大跨度桥梁结构主桥与中小跨度引桥的动力特性差异，会使主、引桥在连接处产生较大的相对位移或支座损坏，从而导致落梁震害。因而，在结构计算分析时，必须建立主桥与相邻引桥孔（联）耦联的计算模型。大跨桥梁的空间性决定了其动力特性和地震反应的空间性，因而应建立三维空间计算模型。

2 大跨桥梁的几何非线性主要来自三个方面：①（斜拉桥、悬索桥的）缆索垂度效应，一般用等效弹性模量模拟；②梁柱效应，即梁柱单元轴向变形和弯曲变形的耦合作用，一般引入几何刚度矩阵来模拟，只考虑轴力对弯曲刚度的影响；③大位移引起的几何形状变化。但研究表明：大位移引起的几何形状变化对结构地震后影响较小，一般可忽略。

3 边界连接条件应根据具体情况进行模拟。反应谱方法只能用于线性分析，因此边界条件只能采用主从关系粗略模拟；而时程分析法可以精细地考虑各种非线性因素，因此建立计算模型时可真实地模拟结构的边界条件和墩柱的弹塑性性质。

10.2.5 当考虑地震动空间变化的影响采用反应谱分析时，欧洲规范对两个水平方向和竖向分量采用与场地相关的加权平均反应谱。考虑到加权平均反应谱计算相当复杂，因此，本规范建议偏安全地采用包络反应谱计算。

在大跨度桥梁的地震反应中，高阶振型的影响比较显著。因此，采用反应谱法进行地震反应分析时，应充分考虑高阶振型的影响，即所计算的振型阶数要包括所有贡献较大的振型。

由于反应谱法仅能给出结构各振型反应的最大值，而丢失了与最大值有关且对振型组合又非常重要的信息，如最大值发生的时间及其正负号，使得各振型最大值的组合陷入困境，对此，国内外许多专家学者进行了研究，并提出了种种振型组合方法。其中最简单而又最普遍采用的是 SRSS（Square Root of Sum of Squares）法，该法对于频率分离较好的平面结构具有很好的精度，但是对频率密集的空间结构，由于忽略了各振型间的耦合项，故时常过高或过低地估计结构的反应。1981 年，E. L. Wilson等人把地面运动视为一宽带、高斯平稳过程，根据随机过程理论导出了线性多自由度体系的振型组合规则 CQC 法，较好地考虑了频率接近时的振型相关性，克服了 SRSS 法的不足。目前，CQC 法以其严密的理论推导和较好的精度在桥梁结构的反应谱分析中得到越来越多的应用，而且已被世界各国的桥梁抗震设计规范所采用。因此，本规范建议采用较为成熟的 CQC 法进行振型组合。

10.2.6 时程分析的结果依赖于地震动输入，如地震动输入选择不好，则可能导致结果偏小，欧洲规范和美国AASHTO规范均规定，在时程分析时，采用的地震动输入时程应和设计反应谱兼容。同时美国AASHTO规范规定采用3组地震波参与计算时取反应的最大值验算，取7组波参与计算时取反应的平均值验算。因此本规范给出了和美国AASHTO规范相同的规定。

10.3 性能要求与抗震验算

10.3.1、10.3.2 为了实现条文中第10.3.1和10.3.2条规定的大跨度桥梁性能目标，可采用以下抗震验算方法：首先，将桥塔和桩截面划分为纤维单元（如图13所示），采用实际的钢筋和混凝土应力-应变关系分别模拟钢筋和混凝土单元。采用数值积分法进行截面弯矩-曲率分析（考虑相应的轴力），得到如图14所示的截面弯矩-曲率曲线。M'_y为截面最外层钢筋首次屈服时对应的初始屈服弯矩；M_u为截面极限弯矩；M_y为截面等效抗弯屈服弯矩，即把实际弯矩-曲率曲线等效为图中所示理想弹塑性恢复力模型时的等效抗弯屈服弯矩。

图13 截面纤维单元划分图

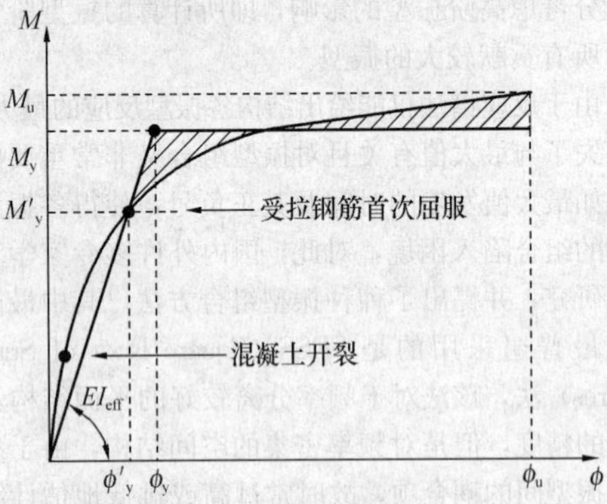

图14 弯矩-曲率曲线

1 E1地震作用下，桥塔截面和桩基截面要求其在地震作用下的截面弯矩应小于截面初始屈服弯矩（考虑轴力）M'_y。由于M'_y为截面最外层钢筋首次屈服时对应的初始屈服弯矩，因此当地震反应弯矩小于初始屈服弯矩时，整个截面保持在弹性，研究表明：截面的裂缝宽度不会超过容许值，结构基本无损伤，满足结构在弹性范围工作的性能目标。

2 E2地震作用下，桥塔截面和桩基截面要求其在地震作用下的截面弯矩应小于截面等效抗弯屈服弯矩M_y（考虑轴力）。M_y是把实际弯矩-曲率曲线等效为图中所示理想弹塑性双线性模型时得到的等效抗弯屈服弯矩。从理想弹塑性双线性模型看，当地震反应小于等效抗弯屈服弯矩M_y时，结构整体反应还在弹性范围。实际上，在地震过程中，对应于等效抗弯屈服弯矩M_y，截面上还是有部分钢筋进入了屈服，研究表明：截面的裂缝宽度可能会超过容许值，但混凝土保护层还是完好（对应保护层损伤的弯矩为截面极限弯矩M_u，$M_y \leqslant M_u$）。由于地震过程的持续时间比较短，地震后，由于结构自重，地震过程中开展的裂缝一般可以闭合，不影响使用，满足E2地震作用下局部可发生可修复的损伤，地震发生后，基本不影响车辆通行的性能目标要求。

3 在E2地震作用下，边墩等桥梁结构中较易修复的构件和引桥桥墩，按延性抗震设计，满足不倒塌的性能目标要求。

11 抗震措施

11.1 一般规定

11.1.1～11.1.3 由于工程场地可能遭受地震的不确定性，以及人们对桥梁结构地震破坏机理的认识尚不完备，因此桥梁抗震实际上还不能完全依靠定量的计算方法。实际上，历次大地震的震害表明，一些从震害经验中总结出来或经过基本力学概念启示得到的一些构造措施被证明可以有效地减轻桥梁的震害。如主梁与主梁或主梁与墩之间适当的连接措施可以防止落梁，但这些构造措施不应影响桥梁的正常使用功能，不应妨碍减隔震、耗能装置发挥作用。

如构造措施的使用导致桥梁地震响应定量计算的结果有较大的改变，导致定量计算结果失效，在进行抗震分析时，应考虑抗震措施的影响，抗震措施应根据其受到的地震力进行设计。

11.2 6 度 区

11.2.1～11.2.3 对于6度地区，考虑到地震作用较小，对直桥其搭接长度的相关公式在行业标准《公路桥梁抗震设计细则》JTG/T B02-01-2008相关公式的基础上进行了折减，曲桥和斜桥搭接长度的相关公式直接引用了行业标准《公路桥梁抗震设计细则》JTG/T B02－01－2008的相关公式。

11.3 7 度 区

11.3.3 本条直接引用了行业标准《公路桥梁抗震设计细则》JTG/T B02－01－2008的相关规定。

11.3.4、11.3.5 直接引用了原《公路工程抗震设计规范》JTJ 004－89的规定。

11.4 8 度 区

11.4.2 使用横向和纵向限位装置可以实现桥梁结构的内力反应和位移反应之间的协调，一般来讲，限位装置的间隙小，内力反应增大，而位移反应减小；相反，若限位装置的间隙大，则内力反应减小，但位移反应增大。横向和纵向限位装置的使用应使内力反应和位移反应二者之间达到某种平衡，另外桥轴方向的限位装置移动能力应与支承部分的相适应；限位装置的设置不得有碍于防落梁构造功能的发挥。

限位装置可使用与条文中图11.4.2类似的结构。

11.4.3～11.4.8 引用原《公路工程抗震设计规范》JTJ 004－89的规定。

11.5 9 度 区

11.5.2、11.5.3 引用原《公路工程抗震设计规范》JTJ 004－89的规定。

中华人民共和国行业标准

镇(乡)村绿地分类标准

Standard for green land classification of town and village

CJJ/T 168—2011

批准部门：中华人民共和国住房和城乡建设部
施行日期：2 0 1 2 年 6 月 1 日

中华人民共和国住房和城乡建设部
公　告

第1181号

关于发布行业标准《镇（乡）村绿地分类标准》的公告

现批准《镇（乡）村绿地分类标准》为行业标准，编号为CJJ/T 168－2011，自2012年6月1日起实施。

本标准由我部标准定额研究所组织中国建筑工业出版社出版发行。

中华人民共和国住房和城乡建设部

2011年11月22日

前　言

根据原建设部《关于印发〈二○○四年度工程建设城建、建工行业标准制订、修订计划〉的通知》（建标［2004］66号）的要求，标准编制组经广泛调查研究，认真总结实践经验，参考有关国内外先进经验，并在广泛征求意见的基础上，编制了本标准。

本标准的主要技术内容：1. 总则；2. 镇绿地分类；3. 村绿地分类；4. 镇（乡）村规划区绿地计算原则与方法。

本标准由住房和城乡建设部负责管理，由湖南城市学院负责具体技术内容的解释。执行过程中，如有关意见或建议，请寄送湖南城市学院（地址：湖南省益阳市益阳大道238号，邮编：413000），以供今后修订时参考。

本标准主编单位：湖南城市学院

本标准参编单位：黑龙江省城市规划勘测设计研究院
长安大学
河北农业大学
牡丹江市城市规划设计研究院
云南大学

本标准主要起草人员：赵运林　文　彤　吕文明　郑卫民　张　强　陈国平　贺正宜　陈　亮　刘伟业　刘乃齐　王　宁　李海波　陶英军　李　辉　王　巍　裴大英　张正国　喻　杰　付才江

本标准主要审查人员：张树林　王磐岩　刘晓明　任世英　徐　波　白伟兰　郑占峰　朱　虹　卢比志　熊　燕

目　次

Contents

1 总 则

1.0.1 为统一全国镇(乡)村绿地分类，科学地编制、审批、实施镇(乡)村绿地系统规划，规范绿地的规划、建设、保护和管理，优化镇(乡)村生态环境，促进镇(乡)村的可持续发展，制定本标准。

1.0.2 本标准适用于镇（乡）和村的绿地规划和管理。

1.0.3 乡绿地分类宜根据乡镇区实际情况按镇绿地或村绿地分类标准执行。

1.0.4 镇（乡）村绿地分类除执行本标准外，尚应符合国家现行有关标准的规定。

2 镇绿地分类

2.0.1 镇绿地应按主要功能进行分类，并应与镇用地分类相对应。

2.0.2 镇绿地分类应采用大类、小类两个层次。

2.0.3 镇绿地类别应采用英文字母与阿拉伯数字混合型代码表示。

2.0.4 镇绿地分类应符合表 2.0.4 的规定。

表 2.0.4 镇绿地分类

类别代码		类别名称	内容与范围	备 注
大类	小类			
G_1		公园绿地	向公众开放，以游憩为主要功能，兼具生态、美化等作用的镇区绿地	
	G_{11}	镇区级公园	为全体居民服务，内容较丰富，有相应设施的规模较大的集中绿地	包括特定内容或形式的公园以及大型的带状公园
	G_{12}	社区公园	为一定居住用地范围内的居民服务，具有一定活动内容和设施的绿地	包括小型的带状绿地
G_2		防护绿地	镇区中具有卫生隔离和安全防护功能的绿地	
G_3		附属绿地	镇区建设用地中除绿地之外各类用地中的附属绿化用地	
	G_{31}	居住绿地	居住用地中宅旁绿地、配套公建绿地、小区道路绿地等	
	G_{32}	公共设施绿地	公共设施用地内的绿地	
	G_{33}	生产设施绿地	生产设施用地内的绿地	
	G_{34}	仓储绿地	仓储用地内的绿地	
	G_{35}	对外交通绿地	对外交通用地内的绿地	
	G_{36}	道路广场绿地	道路广场用地内的绿地	包括行道树绿带、交通岛绿地、停车场绿地和绿地率小于65%的广场绿地等
	G_{37}	工程设施绿地	工程设施用地内的绿地	
G_4		生态景观绿地	对镇区生态环境质量、居民休闲生活、景观和生物多样性保护有直接影响的绿地	
	G_{41}	生态保护绿地	以保护生态环境，保护生物多样性，保护自然资源为主的绿地	包括自然保护区、水源保护区、生态防护林等
	G_{42}	风景游憩绿地	具有一定设施，风景优美，以观光、休闲、游憩、娱乐为主要功能的绿地	包括森林公园、旅游度假区、风景名胜区等
	G_{43}	生产绿地	以生产经营为主的绿地	包括苗圃、花圃、草圃、果园等

3 村绿地分类

3.0.1 村绿地应按主要功能进行分类。

3.0.2 村绿地分类应采用一个层次。

3.0.3 村绿地类别应采用英文字母与阿拉伯数字混合型代码表示。

3.0.4 村绿地分类应符合表3.0.4的规定。

表3.0.4 村绿地分类

类别代码	类别名称	内容与范围	备 注
G_1	公园绿地	向公众开放，以游憩为主要功能，兼具生态、美化等作用的绿地	包括小游园、沿河游憩绿地、街旁绿地和古树名木周围的游憩场地等
G_2	环境美化绿地	以美化村庄环境为主要功能的绿地	
G_3	生态景观绿地	对村庄生态环境质量、居民休闲生活和景观有直接影响的绿地	包括生态防护林、苗圃、花圃、草圃、果园等

4 镇(乡)村规划区绿地计算原则与方法

4.0.1 计算镇(乡)、村现状绿地与规划绿地的指标时，应分别采用相应的镇(乡)、村人口数据和用地数据；规划年限、镇(乡)村建设用地面积、规划人口应与镇(乡)村总体规划一致，统一进行汇总计算。

4.0.2 绿地应以绿化用地的平面投影面积为准，每块绿地只应计算一次。

4.0.3 绿地计算的所用图纸比例、计算单位和统计数字精确度均应与镇(乡)村规划相应阶段的要求一致。

4.0.4 镇区绿地的主要统计指标应按下列公式计算：

1 人均公园绿地面积：

$$A_{glm} = A_{tg1}/N_{tp} \quad (4.0.4\text{-}1)$$

式中：A_{glm}——人均公园绿地面积(m^2/人)；

A_{tg1}——镇区公园绿地面积(m^2)；

N_{tp}——镇区人口数量(人)。

2 绿地率：

$$\lambda_g = [(A_{tg1}+A_{tg2}+A_{tg3})/A_t]\times 100\% \quad (4.0.4\text{-}2)$$

式中：λ_g——绿地率(%)；

A_{tg1}——镇区公园绿地面积(m^2)；

A_{tg2}——镇区防护绿地面积(m^2)；

A_{tg3}——镇区附属绿地面积(m^2)；

A_t——镇区建设用地面积(m^2)。

4.0.5 村绿地的主要统计指标应按下列公式计算：

1 人均公园绿地面积：

$$A_{glm} = A_{vg1}/N_{vp} \quad (4.0.5\text{-}1)$$

式中：A_{glm}——人均公园绿地面积(m^2/人)；

A_{vg1}——村庄公园绿地面积(m^2)；

N_{vp}——村庄人口数量(人)。

2 绿地率：

$$\lambda_g = [(A_{vg1}+A_{vg2})/A_v]\times 100\% \quad (4.0.5\text{-}2)$$

式中：λ_g——绿地率(%)；

A_{vg1}——村庄公园绿地面积(m^2)；

A_{vg2}——村庄环境美化绿地面积(m^2)；

A_v——村庄建设用地面积(m^2)。

4.0.6 镇(乡)村建成区绿化覆盖率可作为镇(乡)村绿地建设的参考指标。

4.0.7 镇区绿地的数据计算应按表4.0.7的格式汇总。

表4.0.7 镇区绿地计算表

序号	类别代码	类别名称	绿地面积(m^2)		人均绿地面积(m^2/人)		绿地率(%)(绿地占镇区建设用地比例)	
			现状	规划	现状	规划	现状	规划
1	G_1	公园绿地						
2	G_2	防护绿地						
小计								
3	G_3	附属绿地						
中计								
4	G_4	生态景观绿地			—	—	—	—
合计					—	—	—	—

备注：___年现状镇区建设用地___ hm^2，现状人口___人；

___年规划镇区建设用地___ hm^2，规划人口___人。

4.0.8 村庄绿地的数据计算应按表4.0.8的格式汇总。

表4.0.8 村庄绿地计算表

序号	类别代码	类别名称	绿地面积(m^2)		人均绿地面积(m^2/人)		绿地率(%)(绿地占村庄建设用地比例)	
			现状	规划	现状	规划	现状	规划
1	G_1	公园绿地						
2	G_2	环境美化绿地						
小计								
3	G_3	生态景观绿地			—	—	—	—
合计					—	—	—	—

备注：___年现状村庄建设用地___ hm^2，现状人口___人；

___年规划村庄建设用地___ hm^2，规划人口___人。

本标准用词说明

1 为便于在执行本规程条文时区别对待，对于要求严格程度不同的用词说明如下：

1）表示很严格，非这样做不可的用词：
正面词采用“必须”；反面词采用“严禁”；

2）表示严格，在正常情况下均应这样做的用词：
正面词采用“应”；反面词采用“不应”或“不得”；

3）表示允许稍有选择，在条件许可时首先应这样做的用词：
正面词采用“宜”；反面词采用“不宜”；

4）表示有选择，在一定条件下可以这样做的用词，采用“可”。

2 条文中指明应按其他有关标准执行的写法为“应按……执行”或“应符合……的规定”。

中华人民共和国行业标准

镇（乡）村绿地分类标准

CJJ/T 168—2011

条 文 说 明

制 定 说 明

《镇(乡)村绿地分类标准》CJJ/T 168－2011，经住房和城乡建设部2011年11月22日以第1181号公告批准、发布。

本标准制定过程中，编制组进行了深入的调查研究，总结了我国镇(乡)村绿地规划、建设和管理方面的实践经验，同时参考了国外先进技术法规、技术标准，通过镇(乡)村绿地规划、建设和管理的实施，取得了镇(乡)村绿地分类的重要依据。

为便于广大镇(乡)村规划管理和园林绿化等单位的有关人员在使用本标准时能正确理解和执行条文规定，《镇(乡)村绿地分类标准》编制组按章、节条顺序编制了本标准的条文说明，对条文规定的目的、依据以及执行中需注意的有关事项进行了说明。但是本条文说明不具备与标准正文同等的法律效力，仅供使用者作为理解和把握标准规定的参考。

目　次

1 总 则

1.0.1 说明制定本标准的宗旨目的。本标准所称镇(乡)村绿地(以下简称“绿地”)是指以自然植被和人工植被为主要存在形态的镇(乡)村用地。它包含两个层次的内容：

1 镇(乡)镇区或村庄建设用地范围内用于绿化的土地；

2 镇(乡)镇区或村庄建设用地之外，对镇区或村庄生态、景观、安全防护、生产和居民休闲生活具有积极作用、绿化环境较好的区域。

这个概念建立在统筹城乡发展，充分认识镇(乡)村绿地生态功能、游憩功能、景观功能和生产功能等特点，镇(乡)村发展与环境建设互动的基础上，是对绿地的一种广义的理解，有利于建立科学的镇(乡)村绿地系统。

随着《中华人民共和国城乡规划法》的实施，统筹城乡发展、推进城乡一体化成为规划建设的重要内容。《中华人民共和国城乡规划法》提出要建立包括城镇体系规划、城市规划、镇规划、乡规划和村庄规划在内的城乡规划体系。与城乡规划体系相对应，作为专业规划，绿地系统规划也应该建立市域绿地系统规划及城区、镇、乡、村庄的绿地系统规划体系，不能只局限于规划建设用地范围内的绿地建设，应该考虑更大区域的生态环境建设。

目前我国的社会主义新农村建设正在深入推进，优化镇(乡)村人居环境，建设舒适、宜人的镇(乡)村公共环境已成为人们的共识。由于没有一个全国统一的镇(乡)村绿地分类标准和相应的规范，致使镇(乡)村绿地规划建设无标准和规范作为参考，绿地名称、规划建设和统计口径各不相同，不利于镇(乡)村的绿地规划建设工作的开展和可持续发展，因而迫切需要制定全国统一的镇(乡)村绿地分类标准。

1.0.2 规定本标准的适用范围。本标准适用于全国除县城之外的镇(乡)和村的绿地规划设计、建设管理和统计等工作。由于县级人民政府驻地镇与其他镇虽同为镇建制，但两者从其管辖的地域规模、性质职能、机构设置和发展前景来看却截然不同，两者并不处在同一层次。县级人民政府驻地镇执行《城市绿地分类标准》CJJ/T 85－2002，因而本标准不包括县城的范围。

1.0.3 根据我国国情，乡镇区人口规模、用地规模全国差异较大，东部地区和沿海城市乡镇区规模较大，基本上实行撤乡建镇体制；而西部省份乡镇区规模小，基本上相当于中心村的规模，因而乡绿地分类宜根据乡镇区规模大小，参照镇绿地或村绿地分类标准执行。

1.0.4 各个镇(乡)村在进行绿地的规划设计、建设管理及统计工作时，除执行本标准外，还应符合国家现行的与绿地相关的法律法规、技术标准。

2 镇绿地分类

2.0.1 本标准结合我国国情，根据各地区主要镇区的绿地现状和规划特点以及镇区建设发展的需要，以绿地的功能和用途作为分类的依据。由于同一块绿地同时可能具备生态、景观、游憩、防灾等多种功能，因此，以绿地的主要功能作为分类的主要依据。

与镇绿地相关的现行法规和标准主要有：《城市绿地分类标准》CJJ/T 85－2002、《镇规划标准》GB 50188－2007、《土地利用现状分类》GB/T 21010－2007 等。这些标准从不同角度对某些种类的绿地作了明确规定。从行业要求出发编制本标准时，与相关标准进行了充分协调。

2.0.2 本标准将镇绿地分为大类和小类两个层次，共 4 大类、12 小类，以反映镇绿地的实际情况以及镇绿地与镇区其他各类用地之间的层次关系，满足镇绿地的规划设计、建设管理，科学研究和统计等工作使用的需要。

2.0.3 为使分类代码具有较好的识别性，便于图纸、文件的使用和镇绿地的管理，本标准使用英文字母与阿拉伯数字混合型分类代码。镇绿地大类用英文 GREEN LAND(绿地)的第一个字母 G 和一位阿拉伯数字表示，小类各增加一位阿拉伯数字表示。如：G_1 表示公园绿地，G_{11} 表示公园绿地中的镇区级公园。

本标准同层级类目之间存在着并列关系，不同层级类目之间存在着隶属关系，即每一大类包含着若干并列的小类。

2.0.4 表 2.0.4 已就镇的各类绿地的名称、内容与范围作了规定，以下按顺序说明。

1 公园绿地：

1)关于“公园绿地”的说明，镇绿地采用“公园绿地”主要是充分体现绿地的功能和用途，适应绿地建设与发展的需要，有利于和《城市绿地分类标准》CJJ/T 85－2002 的衔接。

2)关于“公园绿地”的分类，镇“公园绿地”可进一步细分为镇区级公园、社区公园两小类，目的是针对公园绿地的服务对象和范围来划分。镇区级公园为全镇区居民服务，为镇区内面积较大，设施较齐全，内容较丰富的综合型绿地。社区公园为一定的地域，一定的人群服务，具有一定活动内容和设施的绿地。这样划分充分考虑了公园的服务半径和居民出行的需求，便于对公园进行有效的管理。

2 防护绿地：《镇规划标准》GB 50188－2007 规

定防护绿地是用于安全、卫生、防风等作用的绿地。其功能是对自然灾害和其他公害起到一定的防护或减弱作用，不宜兼作公园绿地。因所在位置和防护对象的不同，对防护绿地的宽度和种植方式的要求各异，可参照各省市的相关法规执行。镇区防护绿地参与镇区建设用地平衡，镇区外防护绿地纳入生态保护绿地范畴不参与镇区建设用地平衡。

3 附属绿地：附属绿地的分类与《镇规划标准》GB 50188－2007 中建设用地分类的大类相对应，既概念明确，又便于绿地的统计、指标的确定和管理上的操作。附属绿地因所附属的用地性质不同，而在功能用途、规划设计与建设管理上有较大差异，应符合相关规定要求。附属绿地不能单独参与镇区建设用地平衡。

4 生态景观绿地：生态景观绿地一般是位于镇区建设用地以外，对镇区生态、景观、安全防护和居民休闲生活具有积极作用、绿化环境较好或应当改造好的区域。它是镇区绿地的延伸，与建设用地内的绿地共同构成完整的绿地系统。生态景观绿地包括生态保护绿地、风景游憩绿地、生产绿地三小类。

1) 生态保护绿地是以保护生态环境，保护生物多样性，保护自然资源为主的绿地。它是维持自然生态环境，实现资源可持续利用的基础和保障，包括自然保护区、水源保护区、生态防护林等。

2) 风景游憩绿地是位于镇区建设用地以外的生态、景观、旅游和娱乐条件较好的区域，如森林公园、旅游度假区、风景名胜区等。这类绿地既可以影响镇区的景观风貌，为本镇区的居民提供良好的环境；也可为城市居民提供休闲、度假、娱乐的场所。由于此类绿地与镇区景观和居民的关系较为密切，故应当按规划和建设的要求保持现状或定向发展，一般不改变其土地利用现状分类和使用性质。

3) 生产绿地一般是位于镇区建设用地以外的苗圃、花圃、草圃、果园等用地，属于广义的绿地。此类绿地以生产经营为主，既为城市提供苗木，居民提供丰富的农产品，又影响着镇区的景观，同时具有一定的生态功能，应当按镇区规划和建设的要求保持现状或定向发展，一般不改变其土地利用现状分类和使用性质。

生态景观绿地不能替代或折合成为镇区建设用地中的绿地，它只是起到功能上的补充、景观上的丰富和空间上的延续等作用，使镇区能够在一个良好的生态、景观基础上进行可持续发展。这些类型绿地不参与镇区建设用地平衡，它的统计范围应与镇区总体规划用地范围一致。

3 村绿地分类

3.0.1 本标准结合我国国情，根据各地区主要村庄的绿地现状和规划特点以及村庄建设发展的需要，以绿地的功能和用途作为分类的依据。由于同一块绿地同时可能具备生态、景观、游憩、防灾等多种功能，因此以绿地的主要功能作为分类的主要依据。

3.0.2 本标准将村绿地分为一个层次，共 3 类，以反映村庄绿地的实际情况，满足村庄绿地的规划设计、建设管理、科学研究和统计等工作使用的需要。

3.0.3 本标准使用英文字母与阿拉伯数字混合型分类代码。村绿地分类用英文 GREEN LAND（绿地）的第一个字母 G 和一位阿拉伯数字表示。如：G_1 表示公园绿地。

3.0.4 表 3.0.4 已就村各类绿地的名称、内容与范围作了规定，以下按顺序说明。

1 公园绿地：根据《中华人民共和国城乡规划法》第十八条规定“村庄规划的内容应当包括公益事业等各项建设的用地布局、建设的要求”。其中“公益事业等各项建设的用地”应该包括村庄的公园绿地。随着全国新农村建设的开展，《村庄整治技术规范》GB 50445－2008 和各地制定的新农村建设导则对村庄公共环境提出了相应的要求，要求“靠近村委会、文化站及祠堂等公共活动集中的地段设置公共活动场所。公共活动场所整治时应保留现有场地上的高大乔木及景观良好的成片林木、植被，保证公共活动场所的良好环境；并配套设置坐凳、儿童游玩设施、健身器材、村务公开栏、科普宣传栏及阅报栏等设施，提高综合使用功能”。公共活动场所一般就是村中的公园绿地。因此村庄公园绿地设置是必须的，其在改善农村人居环境，提高居民生活质量等方面起到积极的作用。

实际调查中，许多条件较好的村庄结合村口和公共中心、村中的古树名木或沿主要道路和水系布置绿地，适当布置桌椅、儿童活动设施、健身设施等满足村民休息、娱乐需要。其规模一般不大，因地制宜建设，具有公园绿地的性质。

2 环境美化绿地：环境美化绿地以美化村庄环境为主要功能的绿地。一般村庄居民在房前屋后、水旁、路边、村庄周围即四旁进行绿化，栽植风水林，起到美化周围环境的作用，同时有利于改善居民的居住环境。

3 生态景观绿地：生态景观绿地一般位于村庄建设用地以外，包括生态防护林、苗圃、花圃、草圃、果园等。这类区域是维护自然生态环境的基础和保障，影响村庄的景观风貌，为居民提供良好的环境。由于上述区域与村庄景观和居民的关系较为密切，故应当按规划和建设的要求保持现状或定向发展，一般不改变其土地利用现状分类和使用性质。

4 镇（乡）村规划区绿地计算原则与方法

4.0.1 绿地作为镇（乡）村用地的一种类型，计算时应采用相应的镇（乡）村人口数据和用地数据，以利于用地指标的分析比较，增强绿地统计工作的科学性。

4.0.2 绿地面积应按绿化用地的平面投影面积进行计算，山丘、坡地不能以表面积计算。每块绿地只计算一次，不得重复。

4.0.4、4.0.5 为统一绿地主要指标的计算工作，有利于开展镇（乡）村间的比较研究，本标准对镇（乡）村绿地提出了人均公园绿地面积、绿地率两项主要的绿地统计指标的计算公式。两项指标的计算公式既可以用于现状绿地的统计，也可以用于规划绿地指标的计算，但计算时应符合本标准第4.0.1条的规定，即用于现状绿地统计时，采用镇区或村庄现状人口和现状建设用地数据；用于规划绿地指标计算时，采用镇区或村庄规划人口和规划建设用地数据，这些数据均应与镇（乡）村总体规划一致。

4.0.7 在表4.0.7中设"小计"项与《镇规划标准》GB 50188－2007中"绿地"一致；"中计"和"合计"项分别与《镇规划标准》GB 50188－2007"用地计算表"中的建设用地和规划区范围用地相对应。

4.0.8 在表4.0.8中设"小计"项与村庄建设用地计算表相对应，"合计"项与村庄规划区范围用地相对应。

中华人民共和国行业标准

地铁与轻轨系统运营管理规范

Code for operation management of Metro and LRT Systems

CJJ/T 170—2011

批准部门：中华人民共和国住房和城乡建设部

施行日期：2 0 1 2 年 4 月 1 日

中华人民共和国住房和城乡建设部
公　告

第 1129 号

关于发布行业标准《地铁与轻轨系统运营管理规范》的公告

现批准《地铁与轻轨系统运营管理规范》为行业标准，编号为 CJJ/T 170－2011，自 2012 年 4 月 1 日起实施。

本规范由我部标准定额研究所组织中国建筑工业出版社出版发行。

中华人民共和国住房和城乡建设部

2011 年 8 月 29 日

前　言

本规范是根据原建设部《关于印发〈2007 年工程建设标准规范制订、修订计划（第一批）〉的通知》（建标［2007］125 号）的要求，由住房和城乡建设部科技发展促进中心和广州市地下铁道总公司会同有关单位共同编制完成的。

本规范在编制过程中，编制组经过深入调查研究，认真总结了国内外地铁与轻轨系统运营管理的实践经验，并在广泛征求意见的基础上，最后经审查定稿。

本规范共分 9 章，主要技术内容是：总则；术语；基本规定；运营管理准则；运营组织；设备、设施的运行管理；设备、设施的维修与保养；人员培训；安全与应急管理。

本规范由住房和城乡建设部负责管理，住房和城乡建设部科技发展促进中心负责具体内容的解释。在执行过程中，请各单位结合地铁或轻轨运营管理实践，认真总结经验，如发现需要修改或补充之处，请将意见和建议寄到住房和城乡建设部科技发展促进中心（地址：北京市三里河路 9 号；邮政编码：100835），以供今后修订时参考。

本规范主编单位、参编单位、主要起草人和主要审查人：

主 编 单 位：住房和城乡建设部科技发展促进中心
广州市地下铁道总公司

参 编 单 位：深圳市地铁集团有限公司
中铁二院工程集团有限责任公司
南京市地下铁道总公司
上海申通地铁集团有限公司
北京地铁运营有限公司
重庆轨道交通（集团）有限公司
北京全路通信信号研究设计院有限公司
上海市隧道工程轨道交通设计研究院
天津市地下铁道总公司
深圳市地铁三号线投资有限公司
栢诚工程技术（北京）有限公司
香港铁路有限公司
上海申通轨道交通研究咨询有限公司
东莞市轨道交通有限公司

主要起草人：何宗华　陈　波　向　红　申大川　高　爽　黄维华　周　勇　许艳华　朱效洁　黄　照　张凌翔　陈策源　方从明　娄永梅　汤惠民　张　峰　宋国强　张伟国　黎锦雄　李义岭　陈　琪　肖世雄　张　岚　晏绍杰　李　英　周　捷　吴嘉华　吴道章　宋　键　陈菁菁　胡文伟

主要审查人：施仲衡　苗彦英　李耀宗　闫汝良　孙　章　佟丽华　蒋玉琨　毛　儒　安小芬　郑荣生　王维胜

目次

Contents

1 总 则

1.0.1 为建立我国城市地铁与轻轨系统运营管理的基本准则和保障体系，达到安全运营、高效运转和优质服务的运营目标，使运营单位确定运营管理模式有所遵循，制定本规范。

1.0.2 本规范适用于我国城市地铁与轻轨系统的运营管理，并可作为政府交通主管部门对运营单位的管理模式进行审批、监控和统计的依据。

1.0.3 地铁与轻轨系统的运营，应确保人身安全得到保护，满足公共卫生和生态环境标准规定的要求，切实做到以人为本，保障社会公共利益。

1.0.4 本规范的实施条件，应基于土建设施、运营设备和车辆均已符合设计和施工安装的相应技术规范要求，各项系统工程的安全评估程序均已完成，并已通过工程竣工验收。

1.0.5 地铁与轻轨系统的运营管理，除应符合本规范外，尚应符合国家现行有关标准的规定。

2 术 语

2.0.1 运营 operation

指地铁与轻轨运营单位直接为乘客服务的全方位工作，社会公益性客运活动的核心，企业社会效益和经济效益的主要体现。

2.0.2 运营单位 operation company

经营地铁与轻轨系统运营业务的经济实体。

2.0.3 运营管理 operation management

运营单位实施的运营调度、列车运行、车站管理和机电设备、土建设施的运行与维护以及客运服务等工作的总称。

2.0.4 运营组织 operation organization

运营单位对地铁与轻轨线路的列车运行、车站和客运服务、列车调度以及各机电系统的运行实施的有序管理。

2.0.5 行车组织 train operation

根据列车运行图，对地铁与轻轨线路及车站设施进行合理利用，并有效组织和指挥列车的运行过程。

2.0.6 运营线路 operation line

指列车运行服务的线路，包括双向线路与两端折返所需路段的里程总和。

2.0.7 运营里程 operation mileage

列车在运营线路上行驶的全部里程。

2.0.8 试运行 test run

在完成系统联合调试后，按照运营模式进行系统试运转、安全测试等。试运行期间列车不对外载客运行。

2.0.9 试运营 trial operation

通过系统试运行后，系统设施均已达到技术标准后的对外载客运营期。

2.0.10 正式运营 formal operation

通过系统试运营及国家各项验收后的正式运营。

2.0.11 运行周期 round trip time

运营列车沿运营线路往返运行一次的时间。对环形线路是指运营列车沿环线运行一圈的时间。

2.0.12 单程 single journey

运营列车沿线路的一个方向，从起点站至终点站的行程。

2.0.13 上行线/下行线 up line/down line

地铁与轻轨线路在制定行车组织规则时，原则上按线路走向划分上/下行线。东西走向的线路，相对于两个终端站，往东为上行，往西为下行；南北走向的线路，相对于两个终端站，往北为上行，往南为下行；环形线路，外环为上行，内环为下行。

2.0.14 运营事故 operation accident

在地铁与轻轨运营过程中，凡因违反规章制度、违反劳动纪律、技术设备不良及其他原因，造成人员伤亡、设备损坏、经济损失、影响正常运营或危及运营安全的事件。

2.0.15 运营安全 operation safety

地铁与轻轨处于正常运行状态，运营过程未发生不可接受的风险和损失。

2.0.16 调度 train service regulation

调度员按照既定的运营计划和列车运行图指挥列车运行，监控各类运营信息，准确掌握列车运营数据，随时解决运营中出现的事件。

2.0.17 乘客信息系统 passenger information system

为站内、车内乘客提供有关安全、运营及服务等综合信息的设备的总称。

2.0.18 列车单元 electric multiple unit

由动车和拖车连挂而成的基本列车单元。

2.0.19 列车 train

根据运营需要，由若干列车单元组成，包含车次号等身份信息，可供调度系统识别的客运列车和工程列车。

2.0.20 年开行列次 annual train trips

列车在以年为统计时段中为运送乘客而行驶的总次数，包括载客列数和不载客列数。单位：万列次/年。

2.0.21 年运营收入 annual operating revenue

运营单位在以年为统计时段中的票务收入和非票务收入总和。单位：百万元/年。

2.0.22 有责服务投诉率 passenger duty of complaint rate

统计期内对有效乘客投诉受理件数与客运量之比。单位：次/百万人次。

2.0.23 事故率 accident rate

指在统计期内的事故件数与列车公里数之比。

2.0.24 正点率 train punctuality rate

在统计期内准点列车次数与开行列车总数之比。

2.0.25 兑现率 train service delivery rate

在统计期内实际完成的开行列车次数与运行图的计划列车次数之比。

2.0.26 满载率 train capacity ratio

列车实际载客量与额定载客量之比。

2.0.27 年客运量 annual passenger statistics

年度运送乘客的总人次数（百万人次/年），包括付费乘客和非付费乘客（不含员工）人次。

2.0.28 日客运量 daily passenger statistics

日运送乘客的总人次数（万人次/日），包括付费乘客和非付费乘客（不含员工）人次。

2.0.29 站厅 concourse

车站内供乘客购票、检票、换乘的区域。

2.0.30 站台 platform

车站内与线路相邻，供乘客上下列车的平台。

2.0.31 付费区 paid area

乘客检票后进入的车站区域。

2.0.32 非付费区 unpaid area

车站内乘客进入入闸机前和已出出闸机后的公共区域。

2.0.33 控制保护区 railway protection zone

指地铁与轻轨地下车站与隧道结构外边线外侧50m内；地面和高架车站以及线路轨道结构外边线外侧30m内；出入口、通风亭、车辆段、控制中心、变电站、集中供冷站等建（构）筑物结构外边线外侧10m内；地铁与轻轨过江隧道结构外边线外侧100m范围内的区域。

3 基本规定

3.1 运营单位的基本要求

3.1.1 地铁与轻轨系统运营单位的组建，应经政府批准和授权。

3.1.2 地铁与轻轨系统的土建设施、运营设备和车辆，应经政府交通主管部门组织或授权代理机构验收合格并通过安全评价后，运营单位方可接收。

3.1.3 运营单位应为乘客提供安全可靠、高效便捷、功能完善、文明舒适的运营服务。

3.1.4 运营单位应设立行车、客运、设备、设施维护等运营保障的基础部门。

3.1.5 运营单位在试运行、试运营及正式运营之前，应制定相应的实施方案、操作流程、规章制度及各种应急预案。

3.2 运营单位接收运营的基本条件

3.2.1 接收运营的基本条件应符合下列要求：

1 地铁与轻轨的新建或改造工程交付运营前，运营单位应获得建设单位提交的政府主管部门关于规划、质量、安全、消防、环保和卫生等审查意见的批复文件，以及工程竣工验收报告；

2 地铁与轻轨的运营单位，在试运营前，应获得政府主管部门对试运营基本条件的批准文件，并应根据批准文件制定试运营计划、编制调试方案及应急处置预案；

3 列车试运行时，信号系统的列车自动保护应达到正常使用条件；

4 运营单位应在列车试运行考核合格后再组织试运营。

3.2.2 试运行应符合下列要求：

1 当分项设备系统已完成调试，且各项技术指标均达到设计标准后，应进行联合调试；

2 联合调试应由建设单位组织，运营、安监、施工、监理、设计及设备供应等相关单位参加，调试完成后应共同提出联合调试报告；

3 联合调试完成后，应对轨道、车辆、供电、通信信号、机电设备、屏蔽门等分项系统，进行综合试运行；

4 联合调试完成后，应进行列车试运行。试运行不应少于3个月，并应按编制的列车运行图指挥行车。

3.2.3 试运营准备应符合下列要求：

1 运营单位应根据接管的地铁或轻轨运营线路特征，制定相应的行车、客运服务、设备运行与维修保养等规章制度；

2 运营单位应编制试运营的设备故障、行车组织、客运服务、公共事件、自然灾害等应急预案；

3 运营单位应根据接管的地铁或轻轨实际情况，配备经过专业培训并通过考核的生产、技术及管理等工作人员；

4 运营单位应具备各种应急处理和救援抢险能力；

5 试运营期间，行车间隔不宜大于10min，每日运营时间不宜小于12h，信号系统应具备列车自动保护功能；

6 运营单位在组织试运营前，应进行运行图和行车能力验证，并对应急预案进行演练。

3.2.4 正式运营的基本条件应符合下列要求：

1 地铁或轻轨工程应已完成工程竣工验收，并应获得政府主管部门工程竣工验收鉴定书；

2 地铁或轻轨运营单位应已正式接管全部工程；

3 地铁或轻轨工程应已通过安全评价和消防、环保等专项验收；

4 地铁或轻轨工程应已经过不少于1年的试运营期；

5 地铁或轻轨运营单位，应按接管运营线路的规模，配备完整的岗位工作人员和生产办公设备。

3.3 运营单位完成运能指标的基本条件

3.3.1 运营单位接管运营后，应根据设计年度的运能要求，编制完成相应阶段的客运量指标计划，并应根据实际客运量增长情况，调整地铁或轻轨系统相应年度的运能规模，配置具体的车辆和机电设备。

3.3.2 运营车辆保有量，应按设计年度运能规模配置，当实际客运量规模达到设计年度计划时，应提前购置所需车辆，并应补充完善相应配套设施。

3.3.3 车辆维修与停放基地的土建和土建预留工程，应按远期规模验收。维修及停放能力，可随设计年度运能及实际车辆配置的需要设置。

3.3.4 信号、供电、售检票等系统设备，应满足各阶段的运营需求。

3.3.5 运营单位应按设计年度及实际运营需求，配备相应数量的行车、客运服务及维修保养等工作人员。

3.4 主要运营指标及评价要求

3.4.1 工作量指标应按下列计量单位符号进行统计：

1 年客运量应按“百万人次/年”标注；

2 日客运量应按“万人次/日”标注；

3 线路最高客运能力应按“万人次/高峰小时”标注；

4 年运营里程应按“车公里（列车公里）/年”标注；

5 日运营里程应按“车公里（列车公里）/日”标注；

6 年开行列次应按“万列次/年”标注；

7 年运营收入应按“百万元/年”标注；

8 牵引单位能耗应按“千瓦时/车公里”标注；

9 动力照明单位能耗应按“千瓦时/车公里”标注。

3.4.2 质量指标应按下列参数进行控制：

1 正点率应大于等于98%；

2 兑现率应大于等于99%；

3 有责服务投诉率应小于等于0.5次/百万人次；

4 售检票系统可靠性应大于等于98%。

3.4.3 运营安全指标应按下列计量单位符号进行统计：

1 一般事故发生率应按“次/年”标注；

2 较大事故发生率应按“次/年”标注；

3 重大事故发生率应按“次/年”标注；

4 特别重大事故发生率应按“次/年”标注；

5 责任乘客重伤发生率应按“次/百万人次”标注；

6 责任乘客死亡发生率应按“次/百万人次”标注。

3.4.4 其他指标应按下列计量单位符号进行统计：

1 线网运营线路总长度应按“km”标注；

2 线网通车线路总长度应按“km”标注；

3 编号运营线路长度应按“km”标注，并应按线路序号分别列出指标；

4 编号通车线路长度应按“km”标注，并应按线路序号分别列出指标。

3.4.5 运营单位应定期统计主要运营指标，并应及时进行分析评价，同时应按计划提出年度统计报告。

3.5 环 境 保 护

3.5.1 运营单位运营期间应防止对线路周边产生环境污染和生态破坏，并应符合下列要求：

1 地铁与轻轨车辆司机室和客室的噪声影响，应符合现行国家标准《城市轨道交通列车噪声限值和测量方法》GB 14892 的有关规定；

2 列车进出站平均等效声级和站台混响时间的噪声影响，应符合现行国家标准《城市轨道交通车站站台声学要求和测量方法》GB 14227 的有关规定；

3 列车运行及风亭、冷却塔的噪声影响，应符合现行国家标准《声环境质量标准》GB 3096 的有关规定；

4 列车运行引起的环境振动影响，应符合现行国家标准《城市区域环境振动标准》GB 10070 的有关规定；

5 列车运行引起的沿线建筑物振动与室内二次辐射噪声影响，应符合现行行业标准《城市轨道交通引起建筑物振动与二次辐射噪声限值及其测量方法标准》JGJ/T 170 的有关规定；

6 地下车站的环境空气质量，应符合现行国家标准《公共交通等候室卫生标准》GB 9672 的有关规定；

7 车站建筑装饰的装修材料有害物质释放量，应符合现行国家标准《建筑材料放射性核素限量》GB 6566 的有关规定；

8 地铁与轻轨系统的主要污染源如锅炉设备等的污染气体排放浓度，应符合现行国家标准《锅炉大气污染物排放标准》GB 13271 的有关规定；

9 地铁与轻轨系统的污水排放，应符合现行国家标准《污水综合排放标准》GB 8978 的有关规定；

10 列车运行及轨道沿线变电站所产生的电磁辐射影响，应符合现行国家标准《电磁辐射防护规定》GB 8702 的有关规定。

3.5.2 配套建设的环境保护设施，应在地铁或轻轨系统的试运营时同时投入使用。

3.5.3 运营单位在系统试运营期间，应对环境保护设施运行情况和环境影响情况，进行全面监测和分析。

3.5.4 运营单位的更新改造项目，应选用低噪声设备。

3.5.5 维修养护作业期间，应合理安排作业时间，并应避开运营繁忙时段，宜减少对正常运营工作的干扰，操作过程应采取控制现场环境污染不得超标的措施。

3.5.6 运营单位应对轨道结构减振产品性能进行跟踪检测，并应定期对钢轨进行打磨和整修。

3.6 节约能源

3.6.1 运营单位应制定节约能源的管理办法和有效技术措施，建立专项审查制度，按期完成规定的节能指标，确保节能计划的落实。

3.6.2 运营单位应对能耗重点项目（列车、机电设备和照明系统）的节能要求，制定专项的运行操作规程，建立持续跟踪评价和改进的机制。

3.6.3 运营单位在组织运营期间，应积极推行具有节能效果的新技术、新设备、新工艺和新材料的应用和研发。

3.7 资产管理

3.7.1 运营单位应建立资产管理体系，并应加以实施和维护。

3.7.2 运营单位应编制本企业的《国有资产评估管理报告书》，并应如实填写国家规定的“国有资产评估项目备案表”，同时应报送上级国有资产监督管理机构核准或备案。

3.7.3 涉及外包项目，应在资产管理体系中，制定有效识别该外包过程的规定。

3.7.4 运营单位在其管理的资产寿命周期内，应以最佳方式，控制风险和降低成本。

3.7.5 运营单位应制定以保障社会公益性国有资产保值增值为目标的资产管理章程，并应加以实施和维护。

3.7.6 运营单位应编制资产管理运作与维护手册，并应制定明确的作业程序，同时应定期测试作业程序的适用性和有效性。

4 运营管理准则

4.1 一般规定

4.1.1 运营单位管理的主要内容应包括地铁与轻轨系统总体资源的完整及安全、列车运行、客运服务和设备设施的维修保养，并应贯彻集中领导、统一指挥的原则，进行严谨而有序的运营组织。

4.1.2 运营单位应制定非正常情况和紧急情况下的运营组织管理模式。在非正常情况和紧急情况下，应保证救援人员快速到达施救地点。

4.1.3 运营单位的各级职能机构，应职责明确、接口清晰、岗位定员合理，并应制定可行的运营组织管理程序。

4.1.4 运营单位应制定切实可行的运营生产计划，应及时跟踪计划的执行情况，并应根据客流需求，不断对计划进行调整和优化。

4.2 管理目标

4.2.1 运营管理应坚持“以人为本、安全第一”的方针。

4.2.2 运营单位应奉行以社会效益为主、兼顾企业经营效益为目标的原则。

4.3 组织架构

4.3.1 组织架构整体方案应符合下列要求：

1 组织架构方案，应保证运营管理、运营生产、社会服务等目标的实现；

2 组织架构方案，应遵循集中领导、统一指挥、分工协作的原则。组织的各级机构，应层次合理、分工明确、管理范围适当。

3 组织架构方案，应根据工作任务实际状况，确定职能模块和组织规模，并应合理配置相应的岗位工作人员。

4.3.2 运营单位的组织架构基本形式应符合下列要求：

1 运营单位的组织架构，可采取集中制或分散制的管理方式，架构可采取直线制、直线职能制或事业部制等形式；

2 组织架构设置，应涵盖列车运行组织、客运服务组织、设备设施维护维修、人力资源、财务管理、物资管理和资源开发等内容；

3 运营单位的组织架构设置基本形式应符合图4.3.2的要求。

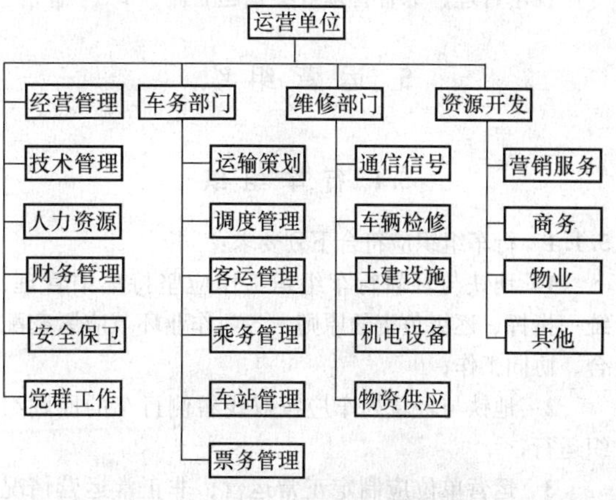

图4.3.2 运营单位的组织架构设置基本形式

4.4 运营单位的基本职责与权限

4.4.1 运营单位的职责应符合下列要求：

1 应制定合理、高效的规章制度；

2 应确保运营设备良好的运行质量；

3 应重视员工管理和培训；

4 应合理使用、维护运营资源，并应增收节支、挖潜节能；

5 应积极配合政府和民间组织的各种大型活动，并应加强与城市其他公交系统的协调与配合。

4.4.2 运营单位的权限应符合下列要求：

1 应有独立的企业经营管理和生产指挥权；

2 必要时，可向政府申请适当的财政补贴和供应特需资源；

3 遇突发事件时，应有权向政府应急机构提出支援要求；

4 对携带物品和违反乘车规定的乘客，应有权进行安全检查和治安处理；

5 在城市轨道交通线网规划和工程建设时，应有权参与和提出要求。

4.5 运营单位的岗位责任制

4.5.1 运营单位应建立岗位责任制，并应明确规定每个部门和每个岗位在运营管理期间应承担的工作内容、数量和质量标准，以及应有的工作权限和应负的责任。

4.5.2 岗位责任制应符合下列要求：

1 应坚持因事设岗、职责相称、任务清楚、要求明确等原则；

2 应与工作责任制相结合，把岗位责任落实到具体的工作目标责任中；

3 岗位责任制的实施，应纳入个人绩效的考核内容。

4.5.3 岗位责任制的岗位和工种，宜按生产操作、专业技术管理、综合管理等类别建立。

5 运营组织

5.1 行车组织

5.1.1 行车组织应符合下列要求：

1 地铁与轻轨行车组织工作应坚持集中管理、统一指挥、逐级负责的原则，各项作业环节应紧密配合、协同工作；

2 地铁与轻轨列车应按双线右侧行车的原则组织运行；

3 运营单位应制定正常运营、非正常运营情况下的行车组织、列车控制与运行管理模式，并应制定突发事件应急处置预案；

4 运营单位应根据行车线路的封闭方式、范围及线路条件、设备条件，制定相应的行车组织管理规则；

5 运营单位应根据全线客流断面和时段分布特征，制定合理的运营计划；

6 列车应按规定的列车运行图行车；非正常情况下控制中心应及时调整列车运行；必要时控制中心可授权实行降级控制运行；

7 应按规定的速度要求组织行车，列车运行不得超过允许的最高运行速度；

8 行车组织工作应实行24h工作制。

5.1.2 运行计划编制及实施应符合下列要求：

1 运营单位应根据线路设计运能和客流量现状需求，结合设备技术条件，编制运行计划；

2 运行计划应明确线路运营里程、开行列车对数、运营时间、区间运行时分、列车停站时分、列车折返时分等技术参数，以及列车运行限速、列车运行交路等技术要求；

3 在新线投入运营时，运营单位应根据客流预测设计资料，先确定客流量规模并配以适当的运行计划；当线路投入运营一段时间后，应再根据客流统计资料和客流预测量确定实际客流量规模，并应调整运行计划；

4 运营单位应通过自动售检票系统进行客流数据统计，并应定期对客流量进行统计、分析；

5 运营单位应根据已掌握的线路、客流、技术条件等资料，编制可预见的特殊运营情况下的临时运行计划，并应编制非正常情况下的运行预案；

6 运营单位各业务部门，应根据运行计划所规定的要求，制定相应的工作流程；

7 运营单位应制定列车运行计划，运行计划实施过程中不得随意更改，并应严格执行审批程序。

5.1.3 调度指挥模式应符合下列要求：

1 应根据运营线路的规模，设置一个或多个运营控制中心；地铁与轻轨线网应设置统一的应急指挥中心；

2 运营单位应根据运营业务需要，设置控制中心的调度员岗位，并应明确岗位工作职责和技能要求；

3 调度指挥系统，可按指挥区域分为控制中心调度、车站调度和车场调度，也可按专业划分为行车调度和设备调度；

4 运营单位应根据线路运营的特点，以及相关业务部门的工作计划，确定调度工作流程。

5.1.4 应急事件指挥应符合下列要求：

1 控制中心或专设的应急指挥中心应承担运营应急事件的指挥处置工作，并应服从线网应急指挥中心或市级应急指挥中心的协调指挥；

2 运营单位应制定应急事件的处置程序和规则，并应明确调度指挥职责和权限，同时应确定各相关部门的工作职责和技术要求。

5.1.5 运营信息管理应符合下列要求：

1 运营单位应制定运营信息的管理办法，并应明确责任部门和专职人员，同时应建立信息收集、分析、存查和公示的工作流程；

2 运营信息发布应由统一的部门和专人负责；

3 运营故障、突发事件以及灾害事件的信息上报及传递，应遵循“快速准确、有序汇报、协同配合、统一发布”的原则。

5.2 客运服务

5.2.1 客运服务原则应符合下列要求：

1 客运服务应以保障乘客安全与提高行车服务水平为原则；

2 运营单位应统一提供清晰可靠的乘客服务信息，并应设置标准的静态或动态标志系统，标志的设置应符合现行国家标准《城市轨道交通客运服务标志》GB/T 18574的有关规定；

3 运营单位应做好客运组织实施计划，在高峰时段或客流突发期间，应采取调整运行计划或必要的控制措施；

4 运营单位应制定各项客运服务的具体规章制度；

5 运营单位应根据客流现状合理配置相应的客运设备和车辆，并应根据客流统计与发展情况，及时进行必要的调整和补充计划；

6 客运服务应提供无障碍乘车设备，并应保证达到正常使用的条件；

7 运营单位应定期开展或委托第三方进行乘客满意度调查，应通过抽样调查和统计分析评价服务工作，并应对存在问题及时整改。

5.2.2 车站运行组织应符合下列要求：

1 车站服务设施与设备，应便于乘客使用，并应配置醒目的导向标志和说明；

2 车站的售检票、自动扶梯等服务设施及设备，应保证乘客的人身安全，并应明确显示相关的使用说明或设置必要的咨询服务；

3 相交运营线路之间的换乘，宜采用付费区内换乘方式，并应设置明确的换乘导向标志；

4 换乘车站应统一客运组织要求和客运服务措施，并应配置相同标准的客运服务设施及设备；

5 运营单位应设置受理乘客投诉和处理业务的专职机构和专职人员；

6 运营单位受理乘客投诉的程序和规定，应主动告知当事乘客，受诉单位应及时认真地受理乘客投诉问题，乘客投诉事件应及时上报有关管理部门，并应在规定时间内将投诉处理意见反馈给当事乘客，必要时应进行公示。

5.2.3 车站管理应符合下列要求：

1 车站服务管理应符合下列要求：

1）车站客运服务人员应做好对车站管理区域的巡查和管理；

2）车站客运服务人员应维持站台乘客的乘车秩序；

3）当发生突发事件时，车站客运服务人员应及时采取应急措施；

4）换乘站宜由一家运营单位统一管理，必须由不同运营单位共同管理时，则应建立共同遵守的统一管理模式，并应严格明确有关单位的管辖范围和职责。

2 车站售票管理应符合下列要求：

1）车站应提供自动售票、半自动售票或人工售票的服务；

2）车站应提供自动和半自动充值的服务；

3）车站应提供乘客进出站的自动检票或人工检票的服务；

4）车站应提供乘客退票、补票和故障车票处理的服务。

3 车站售检票系统管理应符合下列要求：

1）运营单位应制定车站售检票系统的定期维修保养规则，售检票设备应有日常维护和保洁制度；

2）运营单位应建立售检票系统的快速抢修机制，当设备发生故障时应及时修复；

3）运营单位应根据客流变化情况，及时进行售检票设备布局和数量的调整；

4）车站售票亭（处），应在规定位置张贴醒目的售票操作提示、票价表、票务处理须知等公示信息；

5）车站应有足够的车票储备和相当数量的备用零钞现金；

6）车站的单向检票机，对乘客应有明确、清晰的工作状态显示，双向检票机应能根据需要自动转换工作方向或由人工操作转换工作方向。

4 车站屏蔽门/安全门管理应符合下列要求：

1）屏蔽门/安全门系统在运营服务期间，应确保处于正常运行状态；

2）当屏蔽门/安全门系统在运营服务期间发生故障时，应及时采取应急措施。

5 车站自动扶梯与电梯管理应符合下列要求：

1）车站自动扶梯与电梯在运营时间内，应处于正常运转状态；

2）自动扶梯与电梯的日常开启和关闭，由车站值班员统一操作管理；

3）自动扶梯与电梯开启的次数和运转方向，可根据不同时段客流的流向需求，由车站值班人员负责控制和管理；

4）车站应在每天运营前30min，对自动扶梯与电梯进行例行安全检查；

5）发生火灾时，电梯应立即停止使用。自动扶梯应停止或向疏散客流方向开启运行。

6 车站监控系统管理应符合下列要求：

1）监控系统应保持良好的运行状态，应定期进行设备的检测、维护和保养，并制定完善的监控制度和作业规程，系统出现故障后，应及时修复；

2）在正常状态下，监控系统应按自动模式运行；

3）监控系统不能按自动模式运行时，应由车站值班人员人工操作运行并进行监控。

5.2.4 车站导向管理应符合下列要求：

1 车站导向应包括固定显示牌、临时标牌、电子显示牌和广播、视频系统等；

2 车站导向标志，应设在车站（包括通道、出入口）明显的位置，不得有其他障碍物阻挡导向标志的视觉效果；

3 临时导向标志的摆放，不得影响乘客的正常通行和紧急疏散；

4 车站临时导向设施的设置时间，不应超过3个月，当超过3个月时，应改为固定导向标志；

5 车站各类导向标志，应保持清晰、完整和处于正常的工作状态；

6 当车站需要改造布局和调整客流组织时，应及时对有关导向标志、标识进行相应的调整。

5.3 票务管理

5.3.1 票务管理应符合下列要求：

1 地铁与轻轨运营线网的票务管理，应以无触点集成电路卡为车票载体、以计算机及各种电子收费终端为核心，并应利用现代化局域网和远程网络技术为支撑；

2 运营单位应设置统一的票务管理部门，当运营线网由多家运营单位分别管理时，应设置具有票务清分功能的独立机构或部门，进行清分管理；

3 当一个城市有两条及以上地铁与轻轨线路同时运营时，票务系统应具备乘客一次购票（卡）可连续乘坐线网中不同线路的功能；

4 运营单位应采用统一的票卡技术标准和统一的票卡储存信息技术标准，并应采用统一的数据传输系统；

5 车站的购票系统，应具备硬币和纸币现金支付功能，并宜具备电子货币支付功能；

6 票务管理部门应制定票卡寿命周期内各环节的处理程序；

7 车站应负责车票的销售与充值、车票管理以及车票收入的管理。

5.3.2 票务政策应符合下列要求：

1 运营单位应遵循地铁与轻轨的公益性城市公共交通原则，并应与其他公共交通协调一致制定相应兼容的票务政策；

2 票制方案的选择，应合理反映乘客、企业和城市的条件，应选用单一票制或多级票制；

3 票价方案的制定，应遵循政府部门的政策，兼顾乘客、企业和国家三方的利益，并应保持运营企业的可持续发展。

5.3.3 制票中心的管理应符合下列要求：

1 制票中心应负责车票初始编码、库存、分发、数据统计等车票管理工作；

2 地铁与轻轨的车票，应采用可回收的无触点集成电路卡制作，并应符合现行国家标准《城市轨道交通自动售检票系统技术条件》GB/T 20907有关车票技术的规定；

3 对回收的车票应按类别进行分拣和质量检查，符合使用要求的车票，在清洗、消毒处理后可循环使用；不符合使用的车票，应作回收、销毁处理。

5.3.4 票务收益管理应符合下列要求：

1 运营单位应建立和健全票务收益的管理机制，应建立完善的审计和监管体系，并应加强对票款和车票的监管；

2 运营单位应与银行签订票款交接流程的管理规定，并应建立票款交接制度；

3 票务收益的分配，应根据线路投资来源的渠道差异，制定相应的收益分配原则，并应对各线路应有的收益，及时进行具体分配。

5.3.5 车站票务管理应符合下列要求：

1 车站应设置专用的票务管理工作用房，并应安排专人负责票务管理；

2 车站票务管理人员，应每天清点及核对车票，并应记录销售票数和收入票款的对应数据，同时应建立相应的财务账目；

3 车站提交给上级票务中心的票务数据，应负责对数据核实，并应确保报送数据准确无误。

5.3.6 票务安全管理应符合下列要求：

1 票务设备应具备现金识别和伪钞鉴别功能；

2 票务数据传输，应使用安全编码技术；

3 票务系统记录的客流、车票使用和财务数据，应有冗余备份和安全管理措施；

4 运营单位应制定车票的安全机制，并应符合现行国家标准《城市轨道交通自动售检票系统技术条件》GB/T 20907的有关规定。

5.4 列车运用及乘务管理

5.4.1 列车运用应符合下列要求：

1 列车在使用寿命周期内，应确保行车安全和人身安全；

2 列车上线前，应制定行车基本技术要求，并应核查乘客服务设施是否完整齐全，沿线安全设施应符合列车运行的要求；

3 列车应具备救灾、避灾、灾难防护、救助等装备和功能。

5.4.2 列车驾驶员应符合下列要求：

1 列车驾驶员应经身体检查并合格，并应经过安全驾驶等业务知识培训，应经考核合格后再持证上岗；

2 运营单位应定期安排驾驶员进行身体检查和心理测试，特殊情况时，可不定期进行身体检查，对不符合健康要求的驾驶员，应及时进行调整；

3 列车驾驶员应严格执行运营安全规章制度和安全操作规程，驾驶列车时不得从事与行车无关的活动；

4 列车驾驶员脱离驾驶岗位6个月以上者，以及发生过事故的列车驾驶员，应重新进行身体检查和心理测试，并应再次经培训考核合格后持证上岗；

5 列车出库前，驾驶员应对列车进行认真检查和调试，并应确认列车具备上线条件后，再启动列车。

5.4.3 乘务组织与管理应符合下列要求：

1 运营单位应按运行计划，制定合理的乘务组织计划；

2 乘务组织计划应保证运营线路的列车服务、工程车辆开行、列车调试等各类作业的需要；

3 列车驾驶员应具备有效驾驶证后再上岗操作，运营单位应定期组织技能鉴定；

4 列车驾驶员两次值乘之间，应保证充足的休息时间；

5 在线路起点和终点，应设置列车驾驶员休息、就餐、卫生等场所。当运营线路长度大于35km或全程运营时间超过1h的线路，宜在中间车站设置驾驶员轮乘休息设施。

5.5 车辆段及停车场的运用

5.5.1 车辆段及停车场，应满足运营线路配属车辆的检修和停放的功能要求，并应承担运营列车故障时的救援任务。

5.5.2 车辆段及停车场的组成应符合下列要求：

1 车辆段应由车场控制中心、检修主厂房（含大修、架修、定修、临修库）、运用列车停放库以及试车线、洗车线、镟轮库线、综合维修中心，物资总库和必要的管理用房和设施等组成；

2 停车场宜由停车/列检库、洗车线、维修工区、物资材料分库等组成。

5.5.3 车辆段及停车场设施、设备的配置，应符合下列要求：

1 车辆段及停车场应按设定的维修模式，配置相应的设施和检修设备，设施和设备的平面布置，应与车辆检修工艺流程相匹配，不得随意更改和调整，应经调试检查、验收合格后再投入使用；

2 车辆段应根据配属列车的技术特征，制定先进、合理的检修制度和检修工艺，并应按各级修程与工艺要求，对列车进行定期检修；

3 车辆段内的行车调度应对列车运行进行控制管理，行车调度和检修调度宜集中设置；

4 车辆段及停车场应具备列车清扫、洗涤的专用场所，并应根据洗车作业需要，合理配置相应的设施与设备；

5 车辆段内的试车线应保证处于正常工作状态，当试车线不能满足列车最高运行速度测试时，应按设计要求，选择适当的正线路段，并应利用运营空闲时段进行试车，应在试车达到相应标准后再上线载客运营；

6 车辆段内设置的物资总库，应满足全线运营材料需求，其中危险品存放应设专用仓库，并应制定严密的管理规章制度，同时应设专人严格管理；

7 车辆段应配备全线运营防灾所需的相应救援装备和器材，应包括救援专用轨道车辆和汽车，并应保持所有装备、器材和人员时刻处于正常工作状态；

8 车辆段及停车场宜设置大型物件运输出入的通道及装卸场地，并应保证其畅通。

5.5.4 车辆检修设备的使用管理应符合下列要求：

1 车辆检修设备应由专人负责管理，应建立设备台账、履历簿、操作手册，并应建立设备登记卡，对各类设备应分别制定管理规定，并应建立各级检修保养规程和工艺流程；

2 设备操作人员应持证上岗，应建立定期培训和复证制度，管理部门应严格贯彻执行；

3 车辆检修设备应保持良好状态，并应由专业人员保养维修，特种设备应由具备资质的专业单位负责保养维修，并应按规定进行安全检测；

4 检修设备上的计量器具，应根据规定的周期进行计量校核。

6 设备、设施的运行管理

6.1 一 般 规 定

6.1.1 机电设备安装就位后，应通过验收再投入正常使用，使用过程应保证不危害操作人员的人身安全。

6.1.2 机电设备应包括自动售检票系统、通风、空调与采暖系统、环境与设备监控系统、站台屏蔽门/安全门、自动扶梯、电梯、给水、排水及消防系统和火灾自动报警系统等。

6.1.3 凡允许乘客使用或操作的设备或装置，应便于操作，并应在近侧设置标识或使用说明。

6.1.4 机电系统设备应能在规定的使用年限内可靠

运转，系统设备不能满足使用需求时，应加强维修和制定更新改造计划。

6.1.5 机电设备应制定各系统的运行管理办法，并应明确系统故障处理原则，同时还应制定正常工作状态的标准模式，以及非正常工作状态的处理程序和措施。当机电设备故障时，应采用降级模式运行，并应按“先通后复”的原则，及时处理和维护。

6.1.6 车站控制室应设置综合后备控制盘，盘面应以火灾工况操作为主，其操作权限应高于运营控制中心，具体操作程序应简单明了。

6.1.7 运营单位应配置机电设备及土建设施正常运行管理必需的维护机构和维护设施，并应制定合理完善的保养与维修规则。

6.1.8 运营单位应建立专业机构，应定期或不定期地对机电设备和土建设施使用成果进行检验和考核，并应及时提出分析意见和评价。

6.2 车　　辆

6.2.1 车辆运行管理应符合下列要求：

1 车辆自投入运用至报废的寿命周期内，应确保人身安全、列车资产安全和环境影响安全；

2 车辆应采取减小车内的振动和噪声影响的技术措施；

3 列车应具备人工驾驶、自动驾驶和自动折返等运行模式，列车保护系统应安全可靠；

4 车辆不应发生因车内设备故障而导致的火灾，车外火灾时应具备疏散乘客的快速有效设施；

5 当两列车需要连挂运行时，相连两列车的司机室之间应设专用通信装置；

6 列车运行时，司机室与客室间有隔门时，隔门应保持锁闭状态，同时应设置紧急解锁装置；司机室与客室间无隔门时，司机操作台应设置盖板，在非驾驶端的司机操作台盖板应保持锁闭状态；

7 车辆的运用与检修人员，应负责车辆运用和检修状态的日常记录，并应建立专人统计资料和提出质量分析报告的工作机制。

6.2.2 车体部件运行管理应符合下列要求：

1 地铁车辆的外形轮廓尺寸，应符合现行行业标准《地铁限界标准》CJJ 96 的有关规定；

2 车体应有良好的密封性，应满足隔声、隔热及防火的要求，车内所有设施和零部件均应采用不燃或阻燃材料；

3 车体客室的地板面和踏步面与站台的高差和间隙，应保持在标准允许范围内；

4 客室车门应设自动控制和联锁的装置，并应具有防夹功能，每个车门内侧都应设置手动解锁开门装置，解锁手柄所在处应设明显告示和操作注意事项；

5 列车运行时所有车门应处于锁闭状态，车门未全部关闭时，列车应具有启动防护功能；

6 客室地板应具有防滑功能，客室内衬壁和通道处不得有尖角或突出物体，通道渡板承载能力应能满足 9 人/m^2 的载重要求；

7 客室与司机室应具有通风、制冷和采暖（如需要）设施，应按标准规定提供足够的新风和冷、暖温度，客室内任意两点间温度差，不应超过 3℃，当电源设备出现故障时，应急通风系统应能立即自动开启并向客室、司机室输送新风；

8 车辆转向架应能承受车体恒载和动载的作用，并应能同时承受列车走行过程中的各种动力及位移的荷载作用，当车辆悬挂损坏时，应具备安全的防脱轨功能；

9 车辆应具备相对独立又协调匹配的电制动和空气（摩擦）制动系统，常用制动应采用具有再生能源功能的电制动系统，空气（摩擦）制动应具有停放制动功能，当车辆处于超载状态停放在最大坡度下坡道上时，不得溜车；

10 当车辆的电制动失灵时，应由空气（摩擦）制动代替电制动所起的作用，并应及时退出运行回厂修复；

11 当空气压缩机出现故障又遇到电制动失效时，空气制动系统应能提供至少 5 次制动/缓解的能力；

12 客室内应配置紧急制动手动操作装置，该装置应具有自动报警功能，并应受列车驾驶员监控；

13 车辆的连接车钩，应能保持相邻车辆之间的固定距离，并应能有效传递和缓冲列车运行时所产生的纵向牵引（制动）力或冲击力，当使用全自动车钩时，应在连接处有明显标识；

14 车辆的连接车钩在事故状态下应有足够的强度和有效的能量吸收功能，当两列车相撞时，车钩应有效地吸收碰撞能量，当车钩能量吸收装置发生变形时，则应及时更换。

6.2.3 车载设备的运行管理应符合下列要求：

1 车载电气设备应具有良好的防水、防雪和防尘措施，易受短路影响的设备，应设置熔断器或自动保护开关；

2 车载电子、电气设备的安装，应有可靠的绝缘处理和接地保护；

3 客室内应有足够的照明设备，照度平均值不应小于 200lx，照明控制应由司乘人员操作，客室还应设置紧急照明设备，其数量不应少于正常照明设备的 1/3，并应直接由蓄电池 DC110V 直流母线供电，当正常照明中断时应能及时启用；

4 客室内应具有广播报站和广播服务设施，并应配置紧急通话装置；

5 司机室应配置不少于一个急救箱和一台灭火器，客室内应配置不少于两台灭火器和一个紧急锤。

6.3 信号系统

6.3.1 信号系统的运行应符合下列要求：

1 地铁与轻轨系统的运行管理模式及要求，应与选用的信号系统制式、功能及系统构成相符合；

2 信号系统的设置，应做到监控范围明确、功能适用，应能提供统一的信号显示和列车运行监控与安全防护，宜具有自动和手动控制功能以及功能降级运用的能力；

3 各级行车调度员，应充分利用信号系统的各项功能，积极组织行车、调车，以及完成车辆基地的列车/车辆运行、运营线路的行车与折返、车站下交及应急指挥等作业；

4 线路封闭的地铁与轻轨应运用列车自动防护系统；线路部分封闭的地铁与轻轨，应根据行车间隔、列车运行速度、线路封闭状态等运营条件，通过相应的技术手段实现列车运行的安全防护；

5 信号系统投入运用后，不得变更与行车安全有关的系统设备。必须变更时，应对变更部分及相关环节进行安全认证。

6.3.2 信号系统的运行管理应符合下列要求：

1 信号系统的构成，宜遵循集中管理与分散控制相结合的原则，运用控制优先等级时，应遵循人工控制优先于自动控制；

2 信号系统应以工程建设确定的完整系统作为正常运用构成模式，不应随意采用降级或后备运用模式，也不应将降级或后备运用模式作为运用的常态；

3 配备有列车运行安全防护系统的线路，应保证系统的正常运用；当系统失去安全防护功能时，应组织列车降速运行，其列车运行安全应由行车指挥人员及驾驶员负责；

4 涉及行车安全的系统及设备应按设定的硬件构成模式运用，不得减弱、更改配置；软件应进行版本管理，应保证使用的软件为确认后的最新版本；软硬件修改、变更，应经过审核、安全认证后再使用；

5 具有列车自动运行系统的线路，应保证列车自动运行系统功能处于可用状态；列车自动运行系统控制列车运行的过程中，驾驶员应监视线路环境及列车自动运行系统设备的状态，发现异常时，应及时转换至人工驾驶或采取其他应急操作；

6 自动化程度较高，与人工操作密切相关的信号各子系统及设备，应规定操作人员定期、定时实施在线操作；

7 具有无人驾驶系统功能的线路，应保证系统处于功能完整可用状态，并应根据系统功能及监控区域等条件，确立应急救援方案；

8 联锁设备故障，影响所辖车站进路办理，造成列车不能以正常交路运行时，应及时组织临时运行交路，并应同时开展设备维修工作；

9 以地面信号为主体信号时，在规定的显示距离内，不得有障碍物影响驾驶员的瞭望视野，确有瞭望障碍时，可设置复示信号；以车内信号为主体信号时，应按车内信号显示行车；

10 以地面信号为主体信号，且信号灭灯或显示意义不明时，应视为禁止信号；区间所设主体信号显示禁止信号或灭灯时，驾驶员应操控列车在信号机外方一度停车，经行车调度同意后，驾驶员可低速驾驶列车进入信号机内方，并应随时准备停车；进站信号机显示禁止信号或灭灯时，应实施引导作业进站；

11 列车配有作为主体信号的车内信号显示或采用安全防护、列车自动运行系统等设施，且遇有禁止信号或列车停车时，可按本规范第6.2.2条第10款的规定执行；

12 当线路与其他交通设有平交道口时，应维持平交道口设备的正常运用状态，并应保持道口信号清晰可见；列车接近平交道口时，应按规定要求降速，并应按信号显示行车，同时应随时准备停车；

13 信号系统的运用、操作与维护人员应负责系统设备运用状态记录，并应由专人归纳整理，同时应形成运用及故障统计报表。

6.4 通信系统

6.4.1 通信系统的运行应符合下列要求：

1 地铁与轻轨系统配置的专用通信系统，应具备全线运营调度指挥、信息传送和安全保障的功能，并可根据运营需求的变化，调整相关服务；

2 列车为无人驾驶运行模式时，车厢内设置的乘客与控制中心的通信联络装置，应实现值班人员与乘客的双向语音通信，值班人员与乘客通话应具有最高优先权；

3 通信系统应具有24h不间断运行的能力，运行时间应满足运营使用的具体要求，通信系统正常运行时，各项设备性能应达到设计要求，在非运营时间，部分终端设备可停用；

4 通信系统正常运行期间机房内无人值守时，各子系统应具备自诊断功能，并应具有远程集中网络管理功能，监视设备上应有必要的状态显示；

5 通信系统的关键控制设备可采用冗余保护，系统主要控制设备故障时，应具有系统保护功能；

6 操作和维修人员不得随意对系统设置进行修改和人为干预设备的正常运行，也不得随意在系统中使用与系统运行无关的存储介质及软件，维修人员应定期对系统的重要软件进行备份；

7 产品规定须设加锁、加封的通信设备，应确保加锁、加封，使用人员应负责保证其完整；当加封设备启封使用时，应登记；加封设备启封使用后，应及时通知维修人员加封；

8 非运营业务所需占用地铁或轻轨通信管孔、

设备等资源时，应经运营管理单位主管部门审核、批准。

6.4.2 通信子系统的运行管理应符合下列要求：

1 传输系统应具有光纤通路故障时的保护倒换功能；新增传输业务时，应避免影响既有业务的正常传输；

2 公务电话系统应根据用户需要合理分配通话资源，119、110 等关键号码应能保持无阻塞通话；应及时对数据记录进行增减、修改、索引管理等操作，不得随意更改用户数据，在数据更新时，不得影响系统的正常运行和正在进行的业务；

3 专用电话系统的调度电话、站内电话、站间电话，均应确保无阻塞通话；调度电话应主要包括行车、电力、防灾、环控等调度电话组，各调度分机应只能接入本调度电话组；站间电话、站内直通电话应只准许设定的电话用户之间通话；

4 应通过集中录音设备实时对指定的调度电话、无线调度电话、中心广播进行不间断录音，录音资料应至少保存 3 个月；

5 无线通信系统应满足行车安全、应急抢险的需要；无线调度电话应只允许控制中心调度员、车站行车值班员、车辆段、停车场调度员、列车驾驶员等之间的业务通话；

6 设置、使用和报废各类具有发射无线电信号的电话、遥控装置，应严格执行国家有关无线电管理的规定；

7 广播系统应保证控制中心调度员和车站值班员向乘客通告列车运行，以及安全、向导等服务信息，向工作人员发布作业命令和通知；

8 时钟系统应为工作人员、乘客及相关系统设备提供统一的标准时间信息；

9 闭路电视监视系统应确保为控制中心调度员、各车站值班员、列车驾驶员等提供有关列车运行、防灾、救灾及乘客疏导等方面的视觉信息；系统应进行不间断录像，录像资料应至少保存 7d；

10 乘客信息系统应确保信息发布的安全可靠，运营和紧急信息应优先播放；在灾害或发生突发事件时，可预先设定紧急灾难报警模式，并应通过自动或人工触发将相关信息发布至指定的终端显示屏；

11 通信电源系统应保证对通信设备不间断、无瞬变地供电。

6.5 供 电 系 统

6.5.1 供电设备应由外部电网或地铁、轻轨交通专用电网取得能源。

6.5.2 牵引供电系统应为一级负荷，变电所应有两路进线电源，故障情况下每路进线电源的容量应满足变电所全部一、二级负荷的供电要求。

6.5.3 供电系统应根据系统自身的外部电源、电缆线路及各设备的工况，以及行车和车站的运营模式和状态，确定相应的供电运行方式。

6.5.4 电力监控系统应符合下列要求：

1 电力监控系统应能执行远程操作和保护，并应能及时对供电系统的可靠度和安全度进行监测；

2 电力监控系统的操作功能，不应产生任何不安全因素；

3 电力监控系统应能记录任何异常的和不安全状态的信息，并应具有设备自检测功能和对供电系统执行定期检查的功能；

4 电力监控系统在故障情况下，应具备自动切除三级负荷设备的功能，并应具备就地操作转换开关和断路器等设备。

6.5.5 当运营控制中心和车站处于正常运营状态时，供电系统的外部电源、电缆线路和设备均应保持 24h 正常运行状态。

6.5.6 供电系统的容量应满足线路高峰小时最大列车行车对数的用电需求，并应满足车站动力、照明、设备同时使用的最大用电需求。接触网/轨的电能传输，应能满足列车的最高运行速度要求。照明应按设计规定使用，不应超负荷运行，照明线路未经批准不得任意改动。

6.5.7 动力照明系统应合理搭配配电系统的网络，并应设置各级保护。

6.5.8 凡有人员停留、通行和工作的场所，应设有常规照明及应急照明。

6.5.9 接触网/轨应能可靠地向列车馈电，并应满足列车最高运行速度的要求。接触网/轨首次送电前，应进行冷滑行试验。柔性悬挂接触线的最大磨耗量，不应超过接触线正常断面的 1/3，接触网长度应适当分段。

6.5.10 供电系统应具有完备的继电保护自动装置，设备故障时，应自动实现投/退保护功能。

6.5.11 供电系统应制定设备运行、巡视、标准化倒闸操作、系统事故处理及方法等规程。

6.5.12 低压 AC380/220V 插座的电源，应与照明分路供电，并应按规定标准使用，不应超负荷运行。

6.5.13 供电系统应采取多种节电措施，并应选用性能好、效率高、寿命长的节能设备和元件。

6.5.14 供电系统应建立完善的能源管理机制，并应对电能质量进行监测，同时应对电耗进行计量、统计、分析。用电单位和部门所用电源，未经批准，不得擅自增加负荷或向外单位转供电。

6.5.15 供电系统应配置电力调度指挥中心，并应执行统一调度管理模式。

6.5.16 各变电站正常运行时，应实行站区巡检制度。

6.5.17 杂散电流防护系统，应进行实时监测、数据上传、定期分析，并应按现行行业标准《地铁杂散电流腐蚀防护技术规程》CJJ 49 的有关规定进行维护和管理。

6.6 自动售检票系统

6.6.1 自动售检票系统的运行管理应符合现行国家标准《城市轨道交通自动售检票系统技术条件》GB/T 20907 的有关规定。

6.6.2 自动售检票系统，应满足高峰小时客流量的需要和各种运营模式的要求。出现非正常和紧急运营状态时，系统应转为相应的降级或紧急运行方式。

6.6.3 自动售检票系统，应 24h 不间断运行。

6.6.4 在供电中断或紧急情况下，所有检票机闸门均应处于自由释放状态。

6.6.5 自动检票机应有明显的工作状态显示屏，双向检票机应具备自动转换工作方向的功能或具有人工操作转变工作方向的功能，单向检票机也应有明显的工作状态显示屏。

6.6.6 售票机位置应设在客流不交织和干扰少的地方，并应具有较宽敞的购票空间，每处售票点的售票机不应少于两台。

6.6.7 自动售检票系统，应确保与城市轨道交通清分中心或城市公交一卡通系统的网络接口通畅。

6.7 空调、采暖及通风系统

6.7.1 地铁与轻轨系统封闭空间的环境，应采用空调、采暖及通风方式进行控制。控制方式的设置和设备配置，应充分利用自然冷、热源条件，并应符合现行行业标准《铁道客车空调机组》TB/T 1804 的有关规定。

6.7.2 空调、采暖及通风系统的运行，应确保隧道和车站内的环境温度、湿度和新鲜空气供应量，并应控制二氧化碳、粉尘等有害物质的浓度不得超标。

6.7.3 空调、采暖及通风系统运行管理部门应制定正常运营、列车阻塞、火灾和紧急情况下的各类通风模式，并应与环境、设备监控系统统一协调，同时应及时启动相应的监控模式。

6.8 综合监控系统

6.8.1 综合监控系统的监控对象应主要为空调、采暖及通风系统，并应具有同时监控给水排水、自动扶梯、电梯、照明、乘客导向、屏蔽门和防淹门等系统的功能。

6.8.2 综合监控系统，应具备对环境参数检测和统计的功能，并应通过耗能统计与分析，控制空调、采暖及通风系统的优化运行。

6.8.3 综合监控系统与火灾自动报警系统之间，应设置通信接口。防排烟系统与通风系统合用时，应由环境与设备监控系统统一监控。火灾工况应由火灾自动报警系统发布火灾模式指令，综合监控系统应优先执行相应的控制程序。

6.8.4 综合监控系统对事故通风和排烟系统的监控，应采取冗余措施。

6.8.5 综合监控系统应与空调、通风设备统一协调，并应根据列车、火灾的具体情况，启动相应的运行模式。

6.8.6 综合监控系统，应 24h 不间断运行。

6.8.7 综合监控系统的中央监控层、全线网络通信和车站计算机监控出现故障时，应各自具备可分别独立控制的降级运行模式。

6.9 站台屏蔽门/安全门

6.9.1 站台屏蔽门/安全门应在站台侧或轨道侧设置人工控制开关，并应在任何条件下均能手动打开或关闭每扇屏蔽门/安全门。

6.9.2 站台屏蔽门/安全门应具备系统级、站台级和手动操作三级控制方式。正常工作模式时，站台屏蔽门/安全门应由列车驾驶员或信号系统监控；站台屏蔽门/安全门处于不正常开关状态时，列车驾驶员应接到当事车站的特殊指令后再进站或启动离站。

6.9.3 当屏蔽门/安全门系统级控制不能正常运行时，可采用站台级控制模式，由列车驾驶员或站台工作人员，通过就地控制盘开/关屏蔽门/安全门。

6.9.4 站台屏蔽门/安全门的两端，应设专用的站台工作门。

6.9.5 区间隧道发生火灾等紧急情况时，应采用紧急控制模式打开屏蔽门/安全门，紧急事件处理后，应对此项操作进行核实、记录存档和恢复确认。

6.9.6 当车站站台发生火灾等紧急情况时，应采用屏蔽门/安全门不能开启的紧急控制模式。

6.10 自动扶梯、电梯

6.10.1 自动扶梯的运行应符合下列要求：

1 自动扶梯的运行方向应有明显醒目的指示牌，在自动扶梯两端应具备紧急停止开关，自动扶梯的出入口，应有开阔的空间；

2 自动扶梯、电梯及轮椅升降机，严禁运载其他物品；

3 自动扶梯、电梯及轮椅升降机，应定期对设备进行安全年检，并应在有关明显位置公布有效的《安全检验合格证》；

4 新增或大修后的自动扶梯和电梯，应具有当地技术质量监督主管部门颁发的《安全使用许可证》，并应张贴《安全检验合格证》后再投入运行。

6.10.2 电梯及轮椅升降机的运行应符合下列要求：

1 电梯及轮椅升降机的设置，应方便残疾人和弱势乘客的使用，操作装置应易于识别和便于操作；

2 电梯及轮椅升降机应运行平稳，不应产生急动或急停现象，发生紧急情况时，应能自动安全地运行到设定层，并应打开电梯门；

3 电梯门的朝向不应面向轨道一侧；

4 电梯轿箱内，应设紧急呼叫按钮，并应设专用通信设备；电梯受远程监控时，电梯内应设置录像监视装置，并应由值班员监控操作。

6.11 给水、排水及消防系统

6.11.1 给水系统的配置应保证任何情况下不间断地安全供水，给水系统的水量、水压和水质，均应满足地铁与轻轨系统生产、生活和消防用水的要求。

6.11.2 运营单位应定期对给水系统水质进行化验，水质不符合要求时，应及时上报主管部门，并应做好记录及存档。

6.11.3 地下车站及地下区间隧道的消防给水系统，应引接城市两路供水系统，当其中一路供水系统发生事故时，另一路供水系统应能满足全部消防用水量。

6.11.4 给水系统应按设计规定的方式运行。未经运营单位主管部门批准，不得任意改变给水管网上阀门的工作状态。

6.11.5 给水系统应建立完善的节能、节水管理机制。管网内的自来水未经批准，不得向外单位供水，应避免长流水及跑、冒、滴、漏等现象。

6.11.6 消防设施不得擅自停运或挪作他用，消防水泵应具有手动、自动和远动控制方式。每次消防灭火后，应及时对消防系统和加压泵进行全面检修，并应恢复正常运行状态。

6.11.7 排水系统及其设施的配置，应满足地铁与轻轨系统的污水、废水和雨水分流排放的要求，运营期间应保持持续、高效地运行。

6.11.8 排水管道应保持畅通。各集水池、化粪池应定期清除沉积物，并应定期对排放的各种污水和废水进行监测。

6.11.9 隧道口应设置排雨水泵站，雨水超过设计排水能力时，应及时采取相应的防洪措施。

6.11.10 空调冷却水应循环使用，不应直接排放。

6.11.11 站外地面给水排水系统及消防水设施，应确保完好，并应有明显标识。

6.12 火灾自动报警系统

6.12.1 火灾自动报警系统的设置与运行，应满足设计要求及消防规定。

6.12.2 火灾自动报警系统的报警探测器，应具有防止误报或漏报的功能，并应随环境条件变化及时调整和维护。

6.12.3 火灾自动报警系统对全线报警设备应具有远程软件下载、程序修改升级、软件维护、故障查询和软件故障处理等功能。

6.12.4 火灾自动报警系统所有设备在正常情况下应处于自动、联动位置。当系统处于不稳定时期或系统功能存在缺陷时，所有设备应调整为非联动位置；当报警主机故障时，应能通过后备控制盘对车站主要消防设备、设施进行控制。

6.13 土建设施

6.13.1 土建设施管理范围应包括轨道工程、路基工程、线路附属工程、区间隧道、区间桥梁、车站建筑、车辆段（停车场）、控制中心、变电所等房屋建筑等。

6.13.2 轨道工程的运行应符合下列要求：

1 应定期对轨道进行检测和维护，并应使轨道的标高、轨距始终保持在基准值的允许误差范围内；

2 轨道结构应保持设计要求的强度、刚度、耐久性和稳定性，并应定期进行检查和维护，轨道减振地段应保持减振和降噪措施的有效性，并定期检测；

3 道岔应定期进行检测和养护，道岔维修后，应及时组织轨道与信号的联合调试，并应确保道岔处于良好状态；当发现异常现象时，应立即查明问题并及时处理，并应经检测合格后再组织正常行车；

4 道岔与信号联合整治的管理工作，应纳入规范化和制度化的运作机制；

5 轨道线路的车挡应进行定期检测和维护，并应确保车挡处于良好的状态；当列车以设定的车速冲撞车挡时，应能承受和吸收其冲击能量阻挡列车至停止。

6.13.3 路基工程的运行应符合下列要求：

1 投入运营的路基工程，应定期检测、维修和保养，路基结构强度及变形应满足承载轨道结构和列车运行的要求；

2 路基工程的防水、排水设施应定期进行检查，并应确保防水、排水完好通畅。

6.13.4 线路附属工程的运行应符合下列要求：

1 线路附属工程应进行日常的巡视和定期检查，并应确保线路附属工程完好；

2 应定期检查线路标志的完整性、完好性、可视性和清晰度，安装位置不应影响列车驾驶员的瞭望。

6.13.5 正线土建工程的运行应符合下列要求：

1 隧道结构应进行定期检查和检测，并应确保隧道结构的强度、刚度和耐久性始终处于设计指标范围内，隧道结构的水渗漏量应保持不超标，必要时应对隧道结构进行补强或补漏；

2 高架桥梁及其相关部件应进行定期检查、检测和维护，并应确保桥梁结构的强度、刚度和耐久性始终处于设计指标范围内，桥梁结构的排水系统应及时检测和保持通畅；

3 车站建筑工程应定期进行检查和检测，并应确保结构的强度、刚度和耐久性始终处于设计指标范围内，地下结构防水排水的水渗漏量应保持不超标，必要时应对结构进行补强或补漏。地面结构防水、排水应及时检测和保持通畅。

6.13.6 车辆段（停车场）、控制中心、变电所等房屋建筑，应定期检查和维护。

6.13.7 土建设施的运行应符合下列要求：

1 土建设施项目应制定定期检测和日常检查的管理制度和操作规程，并应制定正常工作状态模式和非正常工作状态的处理措施；当设施出现非正常工作状态时，应及时进行专项检测和技术评价，并应根据评价结论，制定处理方案；

2 列车运行过程中遇到偶然事件和突发灾害而造成土建设施损坏时，列车驾驶员应立即向行车调度员报告和组织乘客疏散，主管部门应及时进行专项检测和技术评估，并应根据评价结论，制定处理方案。

7 设备、设施的维修与保养

7.1 一 般 规 定

7.1.1 设备、设施的维修与保养，应保证设备、设施运行的安全和可靠。

7.1.2 设备、设施的维修与保养工作，应坚持以预防为主、检修与保养并重和预防与整治相结合的原则，并应完善检测手段。

7.1.3 设备、设施的维修与保养，应确保各系统设备、设施始终处于良好的工作状态，各项技术指标和参数应保持在允许范围内。

7.1.4 设备、设施的维修与保养，应做到及时排除故障和有效恢复其正常使用功能，并应采取降低材料消耗和节约成本的措施。

7.1.5 设备、设施中涉及对运营安全有影响的部件，应根据其使用特点，建立检查、保养和维修的日常维护机制。

7.1.6 设备、设施的检查周期应根据设备、设施的可靠性和对运营安全的影响程度确定，并应按规定周期进行。

7.1.7 设备、设施应根据其特性制定维修与保养的标准模式，建立完善的质量保证体系，并应编制维修人员的配备和维修设备设施的设置方案。

7.1.8 设备、设施应根据其技术特点配置相应的通用工具和专用的维修设备。

7.1.9 设备、设施的维修与保养应建立基础资料档案管理制度，并应包括下列主要内容：

1 设备、设施维修保养手册；

2 操作手册；

3 竣工资料；

4 易损、易耗件目录；

5 采购合同技术内容；

6 安装调试验交手册、图纸；

7 培训手册；

8 部件拆装工艺和流程等。

7.1.10 设备、设施的维修管理制度应包括下列主要内容：

1 维修质量评估；

2 质量控制管理；

3 维修安全管理；

4 维修成本控制管理；

5 质量验收管理等。

7.1.11 设备、设施的维修计划应包括下列主要内容：

1 维修项目；

2 维修手段；

3 维修周期；

4 维修工时；

5 维修材料；

6 维修计划审核流程和备案制度等。

7.1.12 所有设备应建立台账，设备台账应标明设备的名称、数量、分布地点、接收时间、预计使用寿命、备品备件清单等内容，并应定期更新设备台账。

7.1.13 设备、设施的维修项目，应制定相应的维修作业规程，并应提出维修操作过程的质量保障要求。

7.1.14 设备、设施的维修过程，应及时填报维修记录，并应建立维修设备台账和故障记录等制度，同时应由专人负责做好日常维修记录，并应整理、归档。

7.1.15 设备、设施的维修与保养，宜采取多种渠道相结合的模式进行维修与保养。

7.1.16 设备检修的计量器具，应按规定的周期进行计量校核。

7.2 车辆的维修与保养

7.2.1 车辆维修模式应根据车辆的技术特征制定，并应确定其相应的修程，可采用日检、双周检、月检、年检（定修）、架修或大修等。

7.2.2 组建车辆维修班组时，应根据车辆的修程要求配置车辆维修班组和值班人员。

7.2.3 车辆的维修与保养，应加强与车载信号、通信等相关系统的协调与配合。

7.2.4 车辆维修设备的配置，应按基本需求、专业（工艺）需求和特殊需求的原则进行配置，配置的设备应具有先进性、专业性和安全可靠的性能。

7.2.5 车辆的维修与保养，应建立适应网络化规模的维修管理体制，并宜采用集约化、规模化和规范化的管理方式。

7.2.6 车辆的维修应建立车辆设备的维修基础资料档案管理制度，并应包括下列主要内容：

1 车辆维修与保养手册；

2 易损、易耗件目录；

3 说明部件功能的技术文件；

4　车辆电器部件接线图；

5　车辆各系统电路图；

6　车辆布线图；

7　车辆部件拆装工艺和流程等。

7.3　信号系统的维修与保养

7.3.1　信号系统的维修与保养应以质量管理为核心，并应以现代化维护手段，保持信号设备处于正常的运用状态。

7.3.2　信号系统的维修与保养工作，应采用“多巡多测、集中检修”的维修模式，应在提高基础设备可靠性的同时，逐步建立和完善信号设备监测系统、故障诊断系统和维护管理系统的计算机网络功能。

7.3.3　组建信号维修班组时，应根据信号设备沿线分散设置的特点，在车辆段基地、折返站、大型联锁集中站等处，配置信号维修班组和值班人员。

7.3.4　信号系统的维修与保养，应制定信号设备的维修保养计划，并应根据设备运行状况及故障情况及时调整和补充。

7.3.5　信号故障设备修复后，应检查相关设备、开关、铅封的状态，并应由当事检修人员负责复原。

7.3.6　信号系统的维修与保养应建立信号设备的维修基础资料档案管理制度，并应包括下列主要内容：

1　信号系统维修与保养手册；

2　信号系统部件功能描述；

3　信号系统配线图；

4　信号系统模块电路图；

5　信号系统设备台账；

6　信号系统软件版本台账；

7　信号设备易损件清单等。

7.4　通信系统的维修与保养

7.4.1　通信系统的维修与保养，应采用子系统逐级负责的原则，制定有关规章制度，并应执行标准化管理和加强基层工班建设。

7.4.2　组建通信维修班组时，应根据以中央通信可靠运行和故障处理需要为主，并应满足设备一般维护和故障处理的要求，同时应配置通信维修班组和值班人员。

7.4.3　通信维修班组应制定工作职责与维修管理办法，并应建立班组日常维修记录、设备及设备维修台账和故障记录等制度。

7.4.4　通信维修班组应配置所需的专用工具及测试设备。

7.4.5　通信设备应制定维修计划，并应确定设备检修项目的实施周期及有关故障情况等。

7.4.6　通信系统的维修与保养应建立通信维修设备的基础资料档案管理制度，并应包括下列主要内容：

1　通信设备维修与保养手册；

2　通信设备部件功能描述；

3　通信设备配线图；

4　通信设备模块电路图；

5　通信设备设备台账等。

7.5　供电系统的维修与保养

7.5.1　供电系统的维修与保养，应保持变电设备和牵引供电设备的完整和供电质量均衡。

7.5.2　供电系统的维修与保养应坚持质量为主、安全第一的原则，并应采用预防与整治相结合的维修模式，机械结构部分应实行计划性检修，电气结构应实行定期检测。

7.5.3　组建供电维修班组时，应根据供电设备沿线分散设置和维修作业要求快速反应的特点，配置供电维修班组和值班人员。

7.5.4　供电系统维修班组应制定工作职责与维修管理办法，并应建立班组日常维修记录、设备及设备维修台账、故障记录等制度。

7.5.5　供电系统的维修与保养应制定供电系统的设备维修计划和维修模式，并应确定设备检修项目的实施周期，同时应制定相应的修程，可采用日常保养、日常检修、小修、中修或大修。

7.5.6　运营单位应建立完善的能源管理机制，应对电能质量进行监测，并应对电度进行计量、统计和分析。

7.5.7　供电系统的维修与保养应建立供电维修设备的基础资料档案管理制度，并应包括下列主要内容：

1　供电系统维修与保养手册；

2　供电系统部件功能描述；

3　供电系统配线图；

4　供电系统模块电路图；

5　供电系统设备台账；

6　供电设备易损件清单等。

7.6　自动售检票系统的维修与保养

7.6.1　自动售检票系统的维修与保养，应维护组成系统的各类设备可靠运行，并应保证乘客自助购票和安全进、出站。

7.6.2　自动售检票系统的维修与保养，应坚持质量为主、安全第一的原则，经维修安装的设备应符合现行国家标准《城市轨道交通自动售检票系统工程质量验收规范》GB 50381的有关规定。

7.6.3　组建自动售检票系统的维修班组时，应根据客流量和设备分布特点配置维修班组和值班人员。

7.6.4　自动售检票系统维修班组应制定工作职责与维修管理办法，并应建立班组日常维修记录、设备及设备维修台账、故障记录等制度。

7.6.5　自动售检票系统的维修与保养，应制定自动售检票系统的设备维修计划和维修模式，并应确定设备检修项目的实施周期，同时应制定相应的修程，可采用月检、季度、年度检修或故障检修。

7.6.6 自动售检票系统的维修与保养，应建立自动售检票设备的基础资料档案管理制度，并应包括下列主要内容：

1 系统维修与保养手册；

2 系统部件功能描述；

3 系统配线图；

4 系统模块电路图；

5 系统设备台账等。

7.7 空调、采暖及通风系统的维修与保养

7.7.1 空调、采暖及通风系统的维修与保养，应能保证环控系统的正常运行，并应为乘客和工作人员提供舒适的候车和工作环境，同时应为设备正常工作提供必需的温、湿度环境。

7.7.2 空调、采暖及通风系统应制定设备维修计划和维修模式，并应贯彻以预防为主、养修并重的维修原则，应确定设备检修项目的实施周期，并应制定相应的修程，可采用日常巡检、月检、季度检修、半年检或年度检修。

7.7.3 空调、采暖及通风系统维修班组应制定工作职责与维修管理办法，并应建立班组日常维修记录、设备及设备维修台账、故障记录等制度。

7.7.4 组建空调、采暖及通风系统的维修班组时，应根据空调、采暖及通风系统全线分布的特点，采用分散设置的方式，配置维修班组和值班人员。

7.7.5 空调、采暖及通风系统的维修与保养，应建立空调、采暖及通风系统的基础资料档案管理制度，并应包括下列主要内容：

1 竣工图；

2 环控设备维修与保养手册；

3 操作手册；

4 设备及维修设备台账；

5 日常维修记录；

6 设备故障记录、分析、统计等。

7.8 综合监控系统的维修与保养

7.8.1 综合监控系统的维修与保养，应能保证监控作业的正常运行，并应充分发挥自动化技术的应用。

7.8.2 综合监控系统应制定设备的维修计划和维修模式，并应贯彻以预防为主、防治结合、养修并重的维修原则，应确定设备检修项目的实施周期，并应制定相应的修程，可采用日常巡检、月检、季度检修、半年检或年度检修。

7.8.3 综合监控系统维修班组应制定工作职责与维修管理办法，并应建立班组日常维修记录、设备及设备维修台账、故障记录等制度。

7.8.4 组建综合监控系统的维修班组时，应根据监控设备全线分布的特点，分区配置维修班组和值班人员。

7.8.5 综合监控系统的维修与保养，应建立综合监控系统的基础资料档案管理制度，并应包括下列主要内容：

1 竣工图；

2 系统设备维修与保养手册；

3 操作手册；

4 设备及维修设备台账；

5 日常维修记录；

6 设备故障记录、分析、统计等。

7.9 屏蔽门/安全门的维修与保养

7.9.1 屏蔽门/安全门的维修与保养，应能保证设备正常运行，并应与信号系统接口功能保持正常。

7.9.2 屏蔽门/安全门的维修与保养，应制定屏蔽门/安全门的维修计划和维修模式，并应贯彻以预防为主、防治结合、养修并重的维修原则，应确定设备检修项目的实施周期，并应制定相应的修程，可采用日常巡检、月检、季度检修、半年检、年度检修或五年检修。

7.9.3 组建屏蔽门/安全门的维修班组时，应根据全线车站分布的特点，采用分散方式配置维修班组和值班人员。

7.9.4 屏蔽门/安全门的维修与保养，应制定屏蔽门/安全门维修班组的工作职责与维修管理办法，并应建立班组日常维修记录、设备及设备维修台账、故障记录等制度。

7.9.5 屏蔽门/安全门的维修与保养，应建立屏蔽门/安全门的基础资料档案管理制度，并应包括下列主要内容：

1 竣工图；

2 屏蔽门/安全门设备维修与保养手册；

3 操作手册；

4 屏蔽门/安全门部件功能描述及部件接线图；

5 屏蔽门/安全门控制电路图；

6 设备故障记录、分析、统计等。

7.10 自动扶梯、电梯的维修与保养

7.10.1 自动扶梯、电梯的维修与保养，应能保证设备正常运行，并应保障乘客人身安全。

7.10.2 自动扶梯、电梯的维修与保养，应制定自动扶梯、电梯的设备维修计划和维修模式，并应贯彻以预防为主、防治结合、养修并重的维修原则，应确定设备检修项目的实施周期，并应制定相应的修程，可采用日常巡检、月检、季度检修、半年检或年度检修。

7.10.3 组建自动扶梯、电梯的维修班组时，应根据全线自动扶梯与电梯分布的特点，采用分散方式配置

维修班组和值班人员。

7.10.4 自动扶梯与电梯维修班组应制定工作职责与维修管理办法，并应建立班组日常维修记录、设备及设备维修台账、故障记录等制度。

7.10.5 自动扶梯、电梯的维修与保养，应建立自动扶梯、电梯的基础资料档案管理制度，并应包括下列主要内容：

1 竣工图；

2 系统设备维修与保养手册；

3 操作手册；

4 自动扶梯与电梯部件功能描述；

5 自动扶梯、电梯控制电路图及部件接线图；

6 设备故障记录、分析、统计等制度。

7.11 防淹门系统的维修与保养

7.11.1 防淹门系统的维修与保养，应能保证防淹门随时处于正常状态，并应在紧急情况下能正常工作。

7.11.2 防淹门系统的维修与保养，应制定防淹门系统设备的维修计划和维修模式，并应贯彻以预防为主、防治结合、养修并重的维修原则，应确定设备检修项目的实施周期，并应制定相应的修程，可采用日常巡检、半年检和年度检修。

7.11.3 组建防淹门系统的维修班组时，应根据防淹门全线布设的特点，采用分区集中设置的方式配置维修班组和值班人员。

7.11.4 防淹门系统的维修班组应制定工作职责与维修管理办法，并应建立班组日常维修记录、设备及设备维修台账、故障记录等制度。

7.11.5 防淹门系统的维修与保养，应建立防淹门系统的基础资料档案管理制度，并应包括下列主要内容：

1 竣工图；

2 系统设备维修与保养手册；

3 操作手册、设备及维修设备台账；

4 日常维修记录；

5 设备故障记录、分析、统计等。

7.12 线路工程的维修与保养

7.12.1 线路工程的维修与保养，应采用综合维修、经常保养和临时补修相结合的维修模式，并应有计划、有重点地进行维修。

7.12.2 线路工程的维修与保养，应制定线路工程的专项维修计划和维修模式，并应贯彻以预防为主、防治结合、养修并重的维修原则，应确定检修项目的实施周期，并应制定相应的修程，可采用日常巡检、半年检、年度检修和故障检修。

7.12.3 组建线路工程的维修班组时，应根据线路设备分散的特点，采用分散设置的方式配置维修班组和值班人员。

7.12.4 线路工程的维修班组应制定工作职责与维修管理办法，并应建立班组日常维修记录、设备及设备维修台账、故障记录等制度。

7.12.5 线路工程的维修与保养，应建立线路工程设备、设施的基础资料档案管理制度，并应包括下列主要内容：

1 线路工程竣工图纸；

2 线路维修设计；

3 施工技术；

4 设备性能指标说明及维修操作技能要求等。

7.13 土建设施的维修与保养

7.13.1 土建设施的维修与保养，应保持各项建筑物的完好和正常使用，并应采用日常保养、临时补修和综合维修相结合的维修模式。

7.13.2 土建设施的维修与保养，应制定土建设施的专项设施维修计划和维修模式，并应贯彻以预防为主、防治结合、养修并重的维修原则，应确定检修项目的实施周期，并应制定相应的修程，可采用日常巡检、半年检、年度检修或故障检修。

7.13.3 组建土建设施的维修班组时，应根据土建设施沿线连续和间断布局的特点，以及地段不同情况，合理配置维修班组和值班人员。

7.13.4 土建设施的维修班组应制定工作职责与维修管理办法，并应建立班组日常维修记录、设备及设备维修台账、故障记录等制度。

7.13.5 土建设施在使用过程中发现异常情况并影响运营时，在确定需要大修前，应由专业单位进行鉴定和论证，并应经专项设计批准后再开展大修工程的施工。

7.13.6 土建设施的维修与保养，应建立土建设施的基础资料档案管理制度，并应包括下列主要内容：

1 建筑物竣工图纸及设计说明；

2 工程维修竣工图纸；

3 房建维修设计；

4 施工技术及操作技能要求等。

8 人员培训

8.1 一般规定

8.1.1 运营单位应设立负责就业人员的从业资格审核和管理的专职的部门或机构，并应组织在岗人员进行业务技能和新技术的培训。

8.1.2 运营单位的年度教育培训经费，应确保不低于职工计税工资总额的2%。

8.1.3 运营单位应确保培训设施、设备的投入和使用。

8.1.4 运营单位应制定从业人员的培训计划，并应定期进行调查和分析培训需求，同时应对培训效果进行评估和考核。

8.1.5 特殊工种的运营从业人员，应获得国家特殊工种操作资格证书，并应由运营单位根据资格证书的有效期限，组织从业人员进行证件复核审查。

8.1.6 运营单位应定期组织从业人员进行运营安全教育和培训。

8.1.7 运营单位应根据岗位工作类别，组织定岗人员对专业操作技能和相应的安全规章制度进行培训。

8.1.8 当运营单位接收新设备和设施前，应获取工程建设单位或设备供货商提供的使用说明书、维护手册及相关技术资料，并应作为接管人员在接受专业培训时的主要教材。

8.1.9 对参与突发事件应急处理的从业人员，除应正规培训外，还应进行特种业务的培训和定期演练。

8.1.10 运营单位全体员工的培训记录，应设专案文档保存。

8.2 运营管理人员培训

8.2.1 控制中心人员培训应符合下列要求：

1 行车调度员应培训调度工作流程、行车组织规程、客运组织规程、施工管理规程、各类情况下的运营组织方案等；

2 电力调度员应培训电业安全规程、电力指挥规程、电力倒闸操作规程、电力事故处置流程等；

3 环控调度员应培训环控系统、屏蔽门系统、防灾报警系统、门禁系统及相关其他机电设备的管理规程，以及设备故障应急处置等。

8.2.2 票务中心人员培训应符合下列要求：

1 票务中心系统管理人员应培训主机系统软硬件配置管理、系统资源使用检查、系统备份/恢复策略、应用系统流程图及进程调用关系、应用系统目录结构、依存关系、应用系统安装、维护、操作步骤等系统管理以及突发事件应急处置等；

2 票务中心数据库管理人员应培训数据库的表结构和索引清单、表字段定义、系统存储过程清单、数据库参数定义、存储过程调用关系、系统报表清单、系统测试、系统备份及恢复策略等数据库管理以及突发事件应急处置等；

3 票务中心通信维护人员应培训中央系统供电电源、不间断电源技术、时钟接口、不间断电源与中央计算机通信接口工作原理、网络结构和设置、路由器设置及网络拓扑结构等通信系统维护以及突发事件应急处置等；

4 票务中心操作人员应培训票务系统的业务流程管理、车票安全发卡及密钥系统、票库物流管理、车票编码机操作使用，以及突发事件应急处置等；

5 票务清分中心人员应培训清分交易处理、清分结账和验证、结算及分账工作、系统保安以及突发事件应急处置等。

8.2.3 车站站务人员培训应符合下列要求：

1 车站站长应培训车站行车管理、客运管理、票务管理、施工管理、车站设施设备操作、员工管理、服务规范和突发事件应急处置等，车站站长还应持有地铁与轻轨固定消防设施操作证；

2 车站行车值班员（客运服务员）应培训接受车站行车管理、客运管理、票务管理、施工管理、车站设施设备操作、服务规范和突发事件应急处置等；

3 车站机电设备值班员应培训车站机电设施设备操作、车站环控系统、防灾报警系统和设备故障应急处置等，车站机电设备值班员，还应持有地铁与轻轨固定消防设施操作证；

4 站务员应培训客运服务规范、票务处理、紧急救助、车站紧急设备操作和突发事件应急处置等；

5 安全保卫人员应培训公共安全、地铁与轻轨运营安全、消防知识与技能和突发事件应急处置等。

8.2.4 列车驾驶员培训应符合下列要求：

1 列车驾驶员应培训地铁与轻轨系统基础知识、行车设备、设施基本知识和行车组织规程等，上岗前还应接受所驾驶车型的基本构造、驾驶手册、列车整备以及所行线路行车条件等内容的培训，列车驾驶员独立上岗前，应在具有相应等级资格的教练驾驶员指导下，进行驾驶列车实际运行累计不低于5000km的操作培训；

2 工程车驾驶员应培训地铁与轻轨系统基础知识、行车设备、设施基本知识、行车组织规程、工程车辆操作及维护、施工管理规程、施工作业规范、一般故障处理、所行线路相关行车条件及应急处置等。

8.2.5 车辆段/停车场信号控制室人员应培训站场管理制度、调车作业规范、断送电操作制度、行车组织规则和突发事件应急处置等。

8.2.6 运营职能管理部门人员应培训运营管理、行车组织规程、列车运行计划编制、客流统计与分析、电动列车及其他相关行车设备设施的基本知识、行车作业人员生产特点和突发事件应急处置等。

8.3 设备、设施维护人员培训

8.3.1 车辆维护人员应培训车辆机械构造、车辆电器设备、专业工具操作使用和车辆维修规程等。

8.3.2 信号系统维护人员应培训自动售检票系统、电源系统、车载设备和轨旁设备的维护规程和计算机网络维护与管理、专用仪器仪表使用和突发事件应急处置等。

8.3.3 通信系统维护人员应培训传输系统、电话系统、无线集群调度系统、时钟系统、闭路电视系统、广播系统、电源系统、乘客信息服务系统、通信综合网络管理系统、光缆/电缆通信系统维护保养通用规程、信息安全、用电安全、仪器仪表使用和突发事件应急处置等。

8.3.4 供电系统维修保养人员应培训电业安全规程、供电设备巡视流程、标准化电力倒闸操作规程、接触网/轨维护操作、电力监控系统维护操作和供电系统事故处置流程等，供电系统维修保养人员还应持有高压电工操作证。

8.3.5 机电系统维修保养人员应培训车站环控设备、防灾报警系统、屏蔽门系统、自动扶梯与电梯、售检票等相关专业的机电设备安全标准、技术规范和突发事件应急处置等；机电系统维修保养人员，还应持有低压电工操作证。

8.3.6 土建设施维护人员培训应符合下列要求：

1 线路维修保养人员应培训轨道设备结构、养护维修作业标准、行车安全限界、钢轨探伤、线路巡检、施工作业防护、养路机械、道床及线路排水等的相关基础知识和技术特性原理，并应接受灾害情况下的预防措施和应急处置等培训；

2 地下结构维修保养人员应培训地下结构、隧道结构、整体道床结构等的相关维修规程、检查方法、维修工艺工法，并应接受灾害情况下预防措施和应急处置等培训；

3 桥梁维修保养人员应培训高架桥梁、地面涵洞以及附属设施等的相关维修规程、检查方法和维修工艺等，并应接受灾害情况下的预防措施和应急处置等培训；

4 房屋建筑维修保养人员应培训房建结构、装饰以及运营附属设施等的相关规定、规范和技术措施，并应接受灾害情况下的预防措施和应急处置等培训。

8.4 仓储人员培训

8.4.1 仓库管理人员应培训仓库规划和制度建设、物资计划编制、仓库运作管理流程、物资配送发放运作管理流程、库存控制与管理和仓库管理信息系统等。

8.4.2 仓库保管员应培训仓库运作管理流程、仓库管理信息系统、呆废料及危险品的管理与防治、库存控制与管理、库用机具、设备的操作与维护和防火安全等。

8.4.3 物资采购人员应培训物资采购管理规程、谈判技巧、物资采购计划编制、供货商的选择与评估、物资质量、数量及进仓情况跟踪、相关财务制度和法律法规等。

9 安全与应急管理

9.1 一 般 规 定

9.1.1 地铁与轻轨系统的安全管理，应坚持“安全第一、预防为主、综合治理”的方针，并应确保乘客和员工人身安全。

9.1.2 运营单位应建立健全安全管理制度，并应制定运营安全生产目标。

9.1.3 地铁与轻轨系统投入正式运营前，应进行总体安全评价，并应分别对各有关专项工程进行安全条件论证和安全评价，凡配套安全设施不符合设计要求的工程项目，不得投入试运营。

9.1.4 地铁与轻轨系统试运营结束后，其设备、设施应达到正常运行状态，并应通过安全评价再投入正式运营。正式运营前，运营单位应向上级主管部门申报并经批复后实施。

9.1.5 新建、改建和扩建工程项目的安全设施，应与主体工程同时设计、同时施工、同时投入生产和使用。安全设施投资应纳入相应建设项目概算。

9.1.6 地铁与轻轨系统的运营用电、用水和通信等设备，应具备完善的安全防护设施。电力、供水和电信等相关管理部门应确保安全、优质的供应服务。

9.2 运营安全管理

9.2.1 运营安全管理机构应符合下列要求：

1 运营单位应接受各级政府安全生产监督管理部门的监督管理，并应承担地铁与轻轨系统运营安全的具体管理职责；

2 运营单位应设置各级安全生产管理机构，并应建立协调有序的组织架构及明确相应职责；

3 运营单位各级安全生产管理机构，应设置专/兼职的安全管理人员。

9.2.2 运营安全生产责任应符合下列要求：

1 运营单位应组织地铁与轻轨系统运营的安全工作；

2 运营单位应依法承担地铁与轻轨系统的运营安全责任；

3 运营单位对地铁与轻轨系统土建工程、车辆和其他运营设备，应定期进行维护、检查和及时维修更新，并应确保其处于安全状态；

4 运营单位对地铁与轻轨系统的关键部位和设备，应组织必要的运行监测工作，并应针对重点部位和重大隐患点制定运营安全对策；

5 运营单位应采取多种形式，经常向社会公众宣传有关安全运营的知识和法律规定；

6 当遇到严重影响地铁与轻轨系统运营安全的自然灾害、恶劣气候或突发事件时，运营单位应立即启动应急预案，组织停运或部分停运，并应及时报告政府主管部门和向社会公告。

9.2.3 运营安全职责应符合下列要求：

1 运营单位应建立健全安全责任制；

2 运营单位应组织制定安全管理规章制度和操作规程；

3 运营单位应投入必需的安全生产专项资金，并应保证资金投入的有效实施；

4 运营单位应督促检查本单位的运营安全工作，发现苗头应及时消除事故隐患；

5 运营单位应制定突发事件的应急处置方案和特殊情况的运营措施，并应组织实施；

6 运营单位应及时、如实地向上级有关部门报告运营安全事故真相和处理结果。

9.2.4 运营安全培训教育应符合下列要求：

1 运营单位应组织从业人员进行安全生产的教育和培训，凡未经培训或考核不合格的人员，不应上岗作业；

2 当采用新工艺、新技术、新材料和新设备时，专职从业人员应进行有针对性的安全生产专业培训，并应充分掌握和了解其安全技术特性。

9.2.5 运营单位应建立地铁与轻轨系统控制保护区的安全管理和监测机制。当控制保护区内有工程建设项目时，运营单位应参与运营安全防护方案的制定和审查论证。

9.2.6 运营事故管理应符合下列要求：

1 运营单位应根据运营规模和具体技术条件，并应按政府有关部门的规定，制定事故指标体系；

2 运营单位应按"四不放过"原则进行事故处理工作；

3 运营单位应根据事故等级的认定，对事故责任者给予相应的处罚，直至追究法律责任。

9.2.7 地面轨道线路两侧不得建造影响行车瞭望的建筑物和构筑物，且不得种植影响行车瞭望的树木。

9.2.8 在地铁与轻轨系统不停运情况下，需进行扩建、改建和设施改造时，运营单位应制定安全防护方案，并应报政府主管部门备案。

9.2.9 安全信息管理应符合下列要求：

1 运营单位应建立安全信息管理制度；

2 运营单位应建立安全信息发布程序，并应按政府主管部门文件要求及时发布安全信息；

3 运营单位应建立运营安全问题合理化建议的管理机制和处理程序。

9.3 运营安全措施

9.3.1 当客流量突发性激增并将危及运营安全时，运营单位应及时启动应急预案，并应采取限制客流量等维护运营安全的措施。

9.3.2 当运行列车处于地面或高架桥区段，且遇到雨、雪、雾、冰雹、台风、沙尘、结冰等恶劣气候影响运营安全时，运营单位应启动应急预案，并应按操作规程进行安全处置。

9.3.3 当发生地震、火灾或其他突发事件时，运营安全工作人员，应立即报警和疏散人员，并应采取相应的紧急救援措施。

9.3.4 在车站、列车上、线路、隧道及客流集散的其他运营场所，运营单位应选定醒目位置，设置导向、疏散、提示、警告、限制、禁止等安全标志，并应定期对各类安全标志进行检查和维修。

9.3.5 列车驾驶及安全运行应符合下列要求：

1 在正常情况下列车应按自动控制或自动保护模式运行，当人工操作驾驶列车运行时，应按规定速度平稳驾驶，严禁超速驾驶；

2 列车发生故障时，驾驶员应尽快进行应急处置，应按调度指令及时采取措施，并应在前方站或终点站退出列车服务；

3 列车运行过程中发生灾害时，驾驶员应立即报告控制中心，并应采取应急安全措施；

4 列车发生运营故障和突发事件时，驾驶员应及时通过列车广播向乘客说明情况。

9.3.6 运营期间发生故障或突发事件时，运营单位应及时通过广播、乘客信息系统等途径发布通告。

9.3.7 运营单位应定期对安防监控系统进行检查和维修，并应保证其状态完好和运行正常。

9.4 风险管理

9.4.1 运营单位应针对人、物、环境和管理体制等运营安全的风险因素，建立重大安全危险源台账，制定安全危险源监控管理制度，并应报政府安全生产监督管理部门备案。

9.4.2 运营单位应建立隐患管理制度，并应长期坚持开展隐患排查、治理监控的工作。

9.4.3 运营安全评价体系应符合下列要求：

1 运营单位应委托具有合法资质的第三方认证机构，协助建立地铁与轻轨系统运营安全的评价体系；

2 地铁与轻轨运营安全评价体系，应包括基础安全评价和事故风险水平评价；

3 运营单位应定期开展安全评价工作，涉及运营安全的关键因素，应分类分级进行评价；

4 评价内容与方法应符合现行国家标准《地铁运营安全评价标准》GB/T 50438的有关规定。

9.5 应急管理

9.5.1 运营单位应针对可能发生的灾害类型，建立事故应急救援体系，并应为预防设备故障、突发客流和恐怖袭击等所造成的非正常运营情况制定相应的应急处置预案，还应对不同事故的应急救援定期进行演练。

9.5.2 运营单位应建立应急救援组织，配置专（兼）职人员。

9.5.3 运营单位应组织应急救援人员，针对不同事故进行定期应急演练和参加社会应急联动演练，并应定期安排技术更新培训。

9.5.4 应急管理应符合下列要求：

1 运营单位应配置健全的应急处置设备和制定妥善管理机制，工作人员应进行应急处置培训，并应定期组织应急演练；

2 应急处置应按统一指挥和各负其责的原则进行，受损项目应按先维持通行后复原的办法应对正常运营；

3 当发生人员伤亡事故时，应先抢救伤员，并应将事态上报有关上级部门，同时应及时配合公安部门及上级安全部门进行现场勘察、检验；

4 运营单位在事故灾害处置过程中，应全力配合政府有关部门，做好灾害信息发布和必要的交通管制等工作，并应组织安排医疗卫生救助和社会力量参与抢险等活动。

本规范用词说明

1 为便于在执行本规范条文时区别对待，对要求严格程度不同的用词说明如下：

1）表示很严格，非这样做不可的用词：
正面词采用“必须”，反面词采用“严禁”；

2）表示严格，在正常情况均应这样做的用词：
正面词采用“应”，反面词采用“不应”或“不得”；

3）表示允许稍有选择，在条件许可时首先应这样做的用词：
正面词采用“宜”，反面词采用“不宜”；

4）表示有选择，在一定条件下可以这样做的用词，采用“可”。

2 条文中指明应按其他有关标准执行的写法为：“应符合……的规定”或“应按……执行”。

引用标准名录

1 《城市轨道交通自动售检票系统工程质量验收规范》GB 50381

2 《地铁运营安全评价标准》GB/T 50438

3 《声环境质量标准》GB 3096

4 《建筑材料放射性核素限量》GB 6566

5 《电磁辐射防护规定》GB 8702

6 《污水综合排放标准》GB 8978

7 《公共交通等候室卫生标准》GB 9672

8 《城市区域环境振动标准》GB 10070

9 《锅炉大气污染物排放标准》GB 13271

10 《城市轨道交通车站站台声学要求和测量方法》GB 14227

11 《城市轨道交通列车噪声限值和测量方法》GB 14892

12 《城市轨道交通客运服务标志》GB/T 18574

13 《城市轨道交通自动售检票系统技术条件》GB/T 20907

14 《城市轨道交通引起建筑物振动与二次辐射噪声限值及其测量方法标准》JGJ/T 170

15 《地铁限界标准》CJJ 96

16 《地铁杂散电流腐蚀防护技术规程》CJJ 49

17 《铁道客车空调机组》TB/T 1804

中华人民共和国行业标准

地铁与轻轨系统运营管理规范

CJJ/T 170—2011

条 文 说 明

制 定 说 明

《地铁与轻轨系统运营管理规范》CJJ/T 170－2011，经住房和城乡建设部 2011 年 8 月 29 日以第 1129 号公告批准、发布。

为便于广大地铁与轻轨运营管理、设计、施工、科研、学校等单位的有关人员，在使用本规范时，能正确理解和执行条文规定，《地铁与轻轨系统运营管理规范》编制组按章、节、条顺序，编制了本规范正文的条文说明，对条文规定的目的、依据以及执行中需注意的有关事项进行了说明。但是本条文说明不具备与规范正文同等的法律效力，仅供使用者作为理解和把握规范规定的参考。

目　次

1 总　　则

1.0.1 地铁与轻轨系统一旦建成通车，就必须保持系统的安全运营，除了应具有优质的工程结构与先进的机电设备外，还需要在运营组织和管理领域里建立一整套先进的、完善的技术保障体系和管理法则。为此，本条明确了本规范的编制目的，指出了达到安全运营、高效运转和优质服务的方向和目标。

1.0.3 本条规定了运营单位在执行客运服务过程中，必须做到保障人身及财产的安全，保护环境和满足人体卫生和健康不受侵犯，达到维护社会公共利益的目标。

1.0.4 运营单位对工程项目全面验收后，应确认全线土建设施、车辆和运营设备的功能均已正常，运行状态已保持稳定，运营安全保障措施均已落实，已满足本规范的实施条件，确保本规范的顺利实施。

2 术　　语

本章给出了有关地铁与轻轨运营的 33 条常用术语，由于运营管理规范是首次编制，相关的术语和定义，主要依据当前我国地铁运营管理的现状，参考和引用了现行城市轨道交通有关标准和资料，经归纳整理和筛选后，编入本规范。

本章术语的定义，适用于我国城市地铁与轻轨行业的客运规律，具有一定的普遍性和通用性，术语名词还给出了相应的英文对照用词，供选用参考。

3 基本规定

3.1 运营单位的基本要求

3.1.1 地铁与轻轨系统的安全运营是保证乘客生命安全和国家财产安全的前提。因此，负责运营管理的有关单位，应具有合法的资质，未经政府批准和授权是不能承担地铁与轻轨的运营任务。

3.1.2 车辆和运营设备、土建设施是否安全可靠，关系到地铁与轻轨系统能否安全运营及确保生命和财产安全的重大问题，涉及重要环节的交接认可，必须严格按照本条款规定执行。

3.1.5 地铁与轻轨系统是由多专业、多工种综合组建而成的系统工程项目，技术先进，管理复杂，需要运营单位统一协调，各部门紧密联系，协同动作，方能达到安全顺利运行的目的。为此，在各阶段运营之前，必须严格按照本条款规定执行，以确保系统有序而安全的运营。

3.2 运营单位接收运营的基本条件

3.2.1 地铁与轻轨工程，是投资巨大、技术先进和门类繁多的综合性系统工程，虽然有关建设单位已按国家规定完成了工程建设任务，但为了分清责任和检验工程质量，运营单位在受理运营前，必须严格按照本条款规定执行，以确保实施运营前，具备应有的基本条件。

3.2.2 为保证试运行期间，严格按设计规定的各项技术控制指标，满足试运营条件，实现系统设备达到充分磨合的要求，确保各系统的安全性、可靠性和可用性指标达到正式运营的设计标准。同时，还可利用联合调试的机会，在集中管理指导下，培养和提高运营管理人员的协同工作能力。

3.2.3 第 5 款　既保证了试运营既定目标的实现，又能在试运营期间满足乘客基本的出行需求。

3.7 资 产 管 理

3.7.4 运营单位应建立一套风险管理程序，以保持识别和评价与资产有关的风险问题，并制定必要的控制措施和相关的规章制度。识别和评价风险应考虑事件发生的概率，以及可能造成的后果，主要风险包括：①资产发生故障的风险；②运营风险，包括资产控制的失误、人为因素的影响及安全状态的表现；③自然灾害所构成的事故风险；④由于外部原因非运营单位可控制的因素形成的风险；⑤利益相关方面的冲突而可能形成的风险；⑥与资产相关的设计、规范、建造、采购、安装、测试、维修、退役和弃置等风险。

3.7.5 运营单位的资产管理章程，须保持与运营总体方针及风险管理相协调，要与运营单位的运营性质和规模相称，使单位领导层和相关员工（包括承包商在内），充分明确和了解本身在资产管理方面的责任。

3.7.6 运营单位所编制的“资产管理运作与维护手册”，是资产管理完整的记录文档和程序处理过程的标记，应记录有效的运作过程和存在问题（包括审核和评审结果的记录）。必须明确规定资产管理记录文档的保存期限和存放地点，并宜设专人管理和保护，以防损坏或丢失。

4 运营管理准则

4.1 一 般 规 定

4.1.1 为保证系统运行的协调一致，达到安全、准时、不间断地运送乘客的目的，应强调明确运营单位主要管理职责的内容，涉及主要内容的扩展和派生内容的管理也应纳入主要内容管理范围。

4.1.2 在正常运营管理模式的基础上，为确保安全第一和预防为主的目的，制定非正常情况下的降级运营组织预案和紧急情况下的救援抢险预案是极为重要的措施。

5 运营组织

5.1 行车组织

5.1.1 第1款 集中管理、统一指挥、逐级负责的原则，是为了保证下达行车命令的统一性和执行命令的层次性准确无误，这样才能更好地确保安全和分清责任。

第3款 应急处置预案是运营单位在非正常情况下正确、迅速处置事件的依据，在事件处置过程中，必须按照预案的要求严格执行。应急处置预案应定期进行修订和演练。

第4款 行车线路封闭的等级可分为全封闭独立路权、半封闭优先路权以及不封闭混合路权（此等级一般不出现在地铁、轻轨系统中）三种情况。运营单位应针对不同的线路封闭条件，制定相应的行车组织管理规则，如特殊地段的限速等要求；并针对站台是否安装屏蔽门、列车不停车过站等各种工况，制定相应的行车组织管理规则，如开、关列车门操作规则、越行列车过站限速等要求。

第5款 运营单位应根据客流统计数据，及时作出客流出行的特征分析及预判，定期调整运营计划，并应针对突发客流及时调整运营计划。

第6款 凡与列车运行有匹配关系的各专业部门，都必须根据列车运行图的要求，保证列车按图运行。负责指挥列车运行的控制中心，在非正常情况下，可调整列车运行秩序或下放控制权到车站。

5.1.2 第5款 "可预见的特殊运营情况"是指可能发生的大型活动所引发的突发客流或特殊的运营服务（如专列、包车等）。"非正常情况"是指故障、事故和灾害三种运营条件下的运营处置预案。

5.1.5 为了保证信息发布的准确性和及时性而制定的本条款。

5.2 客运服务

5.2.1 第1～4款 客运服务的四条原则，是从如何保证安全性、舒适性和准时性的角度，规定了运营单位在组织客运服务时必须遵循的原则，强调了衡量客运服务的重要标准是安全性、舒适性和准时性，每个运营单位必须严格遵照并强制执行。

第5款 运营单位应根据客流现状对客流发展所需的设备、设施的更新换代及增购作出预判，并及时提出调整、改造和增购计划，尤其是列车的更新增购计划，耗时较长，需经申请、审批、落实资金、制造、调试才能上线，需提前计划。

第6款 "无障碍乘车设备"是指在车站配置相关的无障碍设施（如盲道、扶手等）和设备（如牵引轮椅、直升电梯等），并保障相关设施、设备处于正常的工作状态。对于设施、设备缺失时，应提供必要的服务协助。

第7款 开展乘客满意度调查，是保障运营服务质量的根本，运营单位应该高度重视并严格遵照规定执行。

5.2.2 从车站运行组织、换乘站客流组织及乘客投诉处理三个方面对运营单位提出车站运行组织的流程、要求及处理过程。

5.2.3 第3款 在实际运营中，由于客流预测的不准确往往造成车站售检票设备设计不合理的情况，运营单位应根据客流变化情况，尽可能地调整和设置售检票设备的运行模式，再根据客流发展和车站客流特征，进行增加设备数量和设备布局的改造。

5.3 票务管理

5.3.1 第4款 当一个城市有两条及以上地铁与轻轨线路同时运营时，票务系统应具备线网一票（或一卡）通用功能，即乘客一次购票进入付费区后，在不同的线路之间换乘时无需再次购票或换票。

5.3.2 本条规定了制定票务政策的基本依据、方法和内容，具体票务政策的制定，还须结合各地轨道交通的实际情况及相关行业政策等多方因素来提出方案，并经当地政府主管部门批准后公布实施。

第1款 地铁与轻轨的票务管理，至少应具备线网内各线的票务清分功能和可扩展性，票务系统的硬件设备，应具有兼容性和资源共享的功能，软件须具有兼容性和可扩展性。

第2款 线网建设过程中，将有可能出现不同票务政策的线路，如机场快线、市域快线、有轨电车等等，需要按照线网中各线的票务关系和管理主体的不同情况，结合各线的票务管理规则进行管理。

5.3.3 票卡寿命周期内各环节应包括：制票、初始编码、充值、回收、清洗和销毁处理等环节。

5.3.4 本条规定了收益管理的相关内容和业务要求，具体还须结合票务政策、规章制度等基本原则，再行细化操作流程、加强过程控制，实现票务收益的安全管理。

5.3.5 本条规定了车站的车票安全管理内容，对车票的加封、开封、清点、交接、上交、借用及归还等各环节，提出了可操作性的具体要求。

5.3.6 本条规定了车站票务服务工的内容和要求，需要利用现代高新技术手段，不断提高服务技能，优化服务措施，落实服务水平的适时提升。

5.4 列车运用及乘务管理

5.4.1 为确保列车在寿命周期内正常运行时的行车安全、人身安全和环境安全，本规范规定了列车运用应达到的基本安全要求，同时列车应具有应急处理故障、事故和灾害的能力和安全保障措施。此条款涉及人身和车辆安全的重大问题，应严格遵守和强制执行。

5.4.3 应根据驾驶员的月度班次和每个班次中担当的列车车次，制定合理的驾驶员列车交路及排班表。驾驶员每月总走行公里数及工时，应符合劳动法规的要求，必须充分考虑驾驶员候班、交路时间及交接班的合理性。

5.5 车辆段及停车场的运用

5.5.3 第1款 为了优化工艺流程，确实需要对工艺流程和设备设施布局进行调整的，应列入技术改造项目，技术改造项目经评价后方可组织实施，技术改造后进行实施前，需经有关部门组织调试检查，验收合格后方可投入使用。

第8款 车辆段必须具备大型物件出入的运输条件，场地条件确实困难时，在需要大型物件运输时，可通过在不影响正常运营条件下，对车辆段设备、设施做局部的临时调整，以满足大型物件运输要求。

5.5.4 车辆段工艺设备系统一般包括三部分：轨道工程车辆，含轨道调车机车和维修特种工程车辆；地铁车辆检修专用设备，含洗车机、架车机、不落轮车床和车辆部件检修试验工装设备；通用设备，如机加工设备、厂内运输设备、起重设备、通用电气设备等。做好这些设备的使用管理和维护管理，保持其良好状态，是保证地铁车辆维修质量和效率的重要保障。本条对车辆检修设备使用管理作了一些基本规定，具体采用自检自修或委外维修等维修模式，目前国内地铁各不相同。各地铁与轻轨运营单位，可根据市场情况、本身设备和技术力量等因素，经过技术经济综合论证后，再行选择。

6 设备、设施的运行管理

6.2 车　　辆

6.2.1 第1款 车辆作为载人的移动设备在寿命周期内，应通过合理的维修保养，保持基本安全要求和操作性能。

第2款 在寿命周期内，应通过对车辆合理的维修保养，保持车辆设备的抗振减噪能力，确保始终处于国家现行有关标准规定的范围内。

第7款 车辆检修应有记录，并须根据车辆的运用和检修状态，定期进行车辆质量的分析，及时安排和调整修程，以确保车辆良好的技术状态，满足车辆质量检查的可追溯性。

6.2.2 第1款 车辆在寿命周期内应满足车辆限界的要求，限界是保障地铁安全运行，限制车辆断面尺寸的图形，地铁车辆运行中，无论空、重载状态，其外形轮廓尺寸都不得超出车辆限界，否则将可能酿成行车事故。

第4款 地铁车辆客室车门的障碍物检测功能，主要是防止车门在关闭时夹人夹物；手动解锁开门装置，是乘客在紧急情况下使用的开门装置，是保障人身安全的必备功能设施。

第5款 列车若在车门未关闭状态下运行，将处于乘客跌出车厢落入轨道的严重安全隐患状态，因此，行车控制中心和驾驶员在启动列车和在运行状态时，必须保证车门全部关闭。

第7款 考虑到司机与乘客的舒适性，应合理地控制好司机室、客室的进风口与出风口最大温差。当电源设备出现故障时，空调将停止工作，这时，应急通风系统应能立即自动开启并向客室、司机室输送新风，以减缓乘客的不适。

第8～11款 从列车运行安全的角度规定了车辆各主要系统应具备的基本功能。

6.2.3 第1款 车载电气设备应具有抗拒外界侵蚀的防护功能。车载应急照明、紧急通信的使用功能在车辆寿命周期内应保持正常状态。

第5款 车辆作为载人设备应配置相应的消防、急救、应急逃生的器材。

6.3 信 号 系 统

6.3.1 第1款 信号系统是与行车组织运行效率密切相关的系统设备，不同制式的信号系统具有不同的行车能力。不同制式的信号系统，虽然可以具有相近的功能，但实现的手段及优劣程度有很大差异。系统故障的降级模式及降级后实现的功能、可维持的运输能力也有所不同，包括维修方式、维修体制的建立，也会有很大区别，致使运行管理模式与要求也有所差异。

第3款 本款强调了地铁与轻轨的各级行车调度人员可通过信号系统实现的重要功能，以保证实现地铁与轻轨系统的正常与异常运用状态下的行车指挥作业。

第4款 线路封闭的地铁与轻轨交通系统，列车进入正线必须运用安全防护系统，如ATP（列车自动防护系统）模式。即要求列车进入正线之前，必须将驾驶模式切换至ATP或ATO（列车自动运行系统）模式。否则，列车不应进入正线运行。对于线路部分封闭的轻轨系统，通常控制中心不直接控制车站设施，信号设备一般无ATP/ATO功能，应根据需求设置必要的安全防护系统，如平交道口信号设备。

第5款 由于与行车安全有关的系统设备如联锁、列车自动防护系统在研发、生产过程及系统开通调试过程，经历了严格的安全论证及系统验收，可实现初、近、远期的运营安全并满足行车效率的要求。如因系统扩充、站型变更，不得不涉及有关系统的安全环节时，本款规定必须对相关部分进行试验及安全的再认证。

6.3.2 第1款 信号系统的构成宜遵循集中管理与分散控制相结合的原则，这是当前城市轨道交通行车指挥系统构成的通例，该构成模式较易实现车站环节独立于控制中心的操控，增加了系统的可用性，随着技术的发展不排除其他系统构成方式。对于线路部分封闭的轻轨信号系统，由于运用环境差异较大，系统也可不具备自动控制功能。

第2款 要求信号系统应以设计与实际配置的完整系统为正常运用系统，在开通阶段，应能实现建设阶段要求的水平等级，不应以后备模式或临时方案开通运行；采用规定的系统配置及经过调试开通验证的硬、软件系统，是保证运行安全和行车效率，考察系统稳定性、可用性及功能完善度的基础。本款及其他条款提及的后备模式，是目前城市轨道交通的习惯性提法，建议：如不是以独立系统构成的后备模式，宜纳入降级模式范畴。

第3款 强调设备安全防护的作用及安全防护系统失去安全防护功能时，行车人员及驾驶员的责任。本条款间接强调了涉及行车安全，无安全防护设备条件下的管理与培训及其实际演练的重要性。

第4款 涉及行车安全的系统及设备应具有安全认证，系统投入运营前，应经过调试与验收，并提供安全报告。即系统及设备已经过严格考验，并已证明可满足运用需求。因此，不应轻易变更或因维护不当致使系统失配。

第5款 ATO系统是有人监视下的列车自动运行系统，通常不具备线路状态检测功能，需要驾驶员对线路及ATO系统的状态进行监视。以保证发现异常时，实现列车控制过程的平顺转换。

第6款 信号系统中与人工操作密切相关、自动化程度高的子系统，如列车自动监控系统（ATS）、列车自动运行系统（ATO），为保持调度员、驾驶员等的操作熟练程度及处理应急事件的能力，规定操作人员，应定期、定时进行实际操作。对于降级或后备运用模式，也应进行实际演练。

第7款 无人驾驶系统属于复杂的大系统，系统的功能与运行模式已超出了信号系统的范围，功能完整是无人驾驶系统运用的基础。系统构成可包括正线、车辆基地等不同区域，这些区域因线路条件不同、运用环境不同，应急处理与救援方式也应有所不同。当列车是无人驾驶时，应设定故障列车在区间停车的应急救援和组织继续行车的方案。

第10款 区间信号机显示禁止信号，属非绝对停车信号，允许驾驶员驾驶列车在一度停车后以低速进入信号机内方，并随时准备停车。停车后经多少时间可再行启动，并越过显示禁止信号的信号机，应由运营调度部门决定，其参考值约为30s。在地铁，随时停车的速度通常为25km/h，轻轨系统可根据线路及车辆构成特点确定。

第12款 平交道口是涉及行车安全与人身安全最为重要的环节，必须维持设备的正常运用状态，保持道口及其信号清晰可见。列车接近平交道口必须按信号显示行车，按规定要求降速，并随时准备停车。

6.4 通信系统

6.4.1 当列车为无人驾驶状态，车内出现紧急事件时，应保证乘客与行车管理部门的及时通话，以便快速采取措施。

6.4.2 各款分述了对地铁与轻轨系统中，各通信子系统的基本运行需求及实现的主要功能。

6.13 土建设施

6.13.7 地铁与轻轨系统一旦投入运营，不得随意改动设计的线路及轨道工程，但确实由于地质条件引起结构和路基变形影响正常行车时，应进行充分的安全评价后，经专业设计单位作出相应整改方案并经审查和批准后，方能实施大修整改工程。

7 设备、设施的维修与保养

7.1 一般规定

7.1.6 设备、设施的检查周期不是一成不变的，应根据对运营安全影响的程度，设备、设施的使用年限，设备、设施维修保养水平，以及故障的历史记录等情况，经过综合分析后谨慎确定。

7.1.7 质量保证体系还应根据设备、设施的使用寿命，综合考虑新技术发展所带来的低成本替代的可能性，以及设备、设施随着使用年限增加，带来的维修与保养成本的增加，结合上述因素并与更新成本进行比较，确定设备、设施的更新计划。

7.2 车辆的维修与保养

7.2.1 车辆维修采用日常维修和定期检修相结合的检修制度，修程和检修周期一般由车辆制造商提供，在车辆质保期内严格按照车辆制造商的检修要求进行，在质保期后，车辆使用部门可根据实际的检修情况和车辆实际的运用状态，对检修修程进行调整或修改。

7.2.2 根据国内现有的地铁和轻轨车辆维修制度，车辆维修主要按照日常维修和定期检修制度执行，为此检修班组的职责分为：车辆的日常性检查和临修故障处理由轮值班负责；车辆的计划性维修（双周检、月检）由计划班负责；车辆的定期维修（年检）由定修班负责；车辆的架、大修工作由大修车间的各专业班组负责。

7.2.6 车辆维修设备、设施的基础资料，一般由车辆承包商提供，根据车辆的运用状态而建立的管理制度，对车辆的故障跟踪、质量控制和部件维修，将提供重要的基础数据支持。

7.3 信号系统的维修与保养

7.3.3 维修班组的设置应便于现场生产管理和设备安全的控制，每个工班管辖范围（作业长度范围）应均衡和分量适度，班组的控制管理，当条件成熟时应实行专业化管理。设置班组的沿线车站，应配备办公用房和必要的设施。班组配备的定员，应满足正常设备维修保养工作需要，设备技术状态劣化后，应适度增加定员。

7.3.4 信号系统的维修保养计划及检修计划的制定，原则上不能安排在运营时间内，此原则应同时兼顾其他需要使用信号设备作为安全防护的作业。

7.5 供电系统的维修与保养

7.5.2 "安全第一"的原则，不仅是乘客的安全、设备的安全，还包括检修人员的安全，所以，供电系统的检修作业要有完善的安全防护规章和制度，配备相应的安全保护设施和用具，并对进场作业和作业完成后离场，进行严格管理。

7.8 综合监控系统的维修与保养

7.8.1 综合监控系统，应确保系统采集的环境与信息的准确性、真实性和可靠性。监控系统的设备与环境需维修变更时，备件的代换品，应充分考虑不断提高系统的智能化程度和免维护性，做到系统故障的自诊断、系统设备的密封防尘运行。

7.12 线路工程的维修与保养

7.12.2 "防治结合"还要考虑到季节变化对线路的影响，针对不同季节制定不同的维修和保养方案。

7.12.3 维修班组的设置应便于现场生产管理和设备安全的控制，每个工班管辖范围（作业长度范围）应均衡和分量适度，班组的控制管理，当条件成熟时应实行专业化管理。设置班组的沿线车站，应配备办公用房和必要的设施。班组配备的定员，应满足正常设备维修保养工作需要，设备技术状态劣化后，应适度增加定员。

8 人员培训

8.1 一般规定

8.1.1 地铁与轻轨从业人员，必须定期接受业务技能和综合素质的教育培训，同时地铁与轻轨内关键的运营管理和维修保障岗位都必须持相应的证书才能上岗，而且持证人必须定期参加复证培训和考核，因此为了加强管理、协调平衡培训计划与内容，运营单位必须有专职的部门或机构负责教育培训工作。

8.2 运营管理人员培训

本节第8.2.1～第8.2.6条中提到的岗位为基本定义名称，各运营单位实际在岗位定编时会有差异，因此各运营单位在引用本规范确定培训要求时，应以条款描述的具体培训内容为准。条款提到的培训要求，为基本要求，各运营单位应结合实际，补充完善。

条款中提到的岗位名称为基本工种，各运营单位在岗位实际定编时会有差异，因此各运营单位在引用本规范确定培训计划时，应以条款描述的具体培训内容为准，条款所提的培训要求，亦为基本要求，各运营单位应结合实际补充完善。

8.2.4 电动列车驾驶员驾驶列车运行，应达到不低于5000km的驾驶实践培训，其计算标准是以列车驾驶员在完成必要的理论培训后，其在列车上的实际随车走行里程均计入，直至累计达到5000km。

8.3 设备、设施维护人员培训

本节第8.3.1～第8.3.6条中提到的岗位名称为基本工种，各运营单位在岗位实际定编时会有差异，因此各运营单位在引用本规范确定培训计划时，应以条款描述的具体培训内容为准。条款所提的培训要求，亦为基本要求，各运营单位应结合实际补充完善。

8.4 仓储人员培训

本节第8.4.1～第8.4.3条中提到的岗位名称为基本工种，各运营单位在岗位实际定编时会有差异，因此各运营单位在引用本规范确定培训计划时，应以条款描述的具体培训内容为准。条款所提的培训要求，亦为基本要求，各运营单位应结合实际补充完善。

9 安全与应急管理

9.1 一般规定

9.1.1 根据《中华人民共和国安全生产法》所制定安全管理方针，应针对地铁或轻轨系统整体的潜在风险，不论其严重性大小，安全管理都应做出全盘的考虑，包括人、物、环境、管理体制等因素，并优先考虑乘客及系统操作人员的安全，以防患于未然。

9.1.3 开展安全条件论证和完善安全评价制度，可确保新建地铁与轻轨系统投入正式运营前，查找系统的潜在风险，运营单位可针对风险采取措施，将未来运营风险减至最小限度。本条款规定涉及系统的整体安全问题，必须遵照执行。

9.1.6 根据《中华人民共和国安全生产法》的要求，建设项目的有关安全设施，应与主体工程同时立项设计，以确保安全设施具有足够的投资；从运营风险上考虑，可确保地铁或轻轨系统投入运营时已具备安全条件，避免投入运营后，再进行安全设施的施工。

9.2 运营安全管理

9.2.6 “四不放过”是指：①事故原因未分析清楚不放过；②事故责任者和群众未受到教育不放过；③没有防范措施不放过；④事故责任者未受到相应处分不放过。

9.2.8 具体情况按照各城市出台的有关轨道交通安全管理条例执行。

9.3 运营安全措施

9.3.5 本条强调说明了在列车故障、运行时，发生灾害及突发事件状况下，驾驶员应尽的职责要求。

9.4 风险管理

9.4.1 动态的交通运营系统都会存在影响安全的风险因素，为防止风险上升为事故的灾害状态，进行风险管理是运营单位至关重要的生产保障；对风险管理的重要性认识不足和忽视风险危害性的侥幸心理，都将对运营安全和生命财产的损害带来极大的影响。为此，应严格执行本条规定。

9.4.2 根据《中华人民共和国安全生产法》的要求，运营单位必须认真做好重大危险源的普查、登记、建档和监控工作，同时还要定期开展安全生产事故隐患排查和治理工作，坚持形成隐患排查、整改验收和督查的工作机制，及时消除安全隐患。

中华人民共和国行业标准

生活垃圾堆肥厂评价标准

Standard for assessment on municipal solid waste compost plant

CJJ/T 172—2011

批准部门：中华人民共和国住房和城乡建设部

施行日期：2 0 1 2 年 5 月 1 日

中华人民共和国住房和城乡建设部
公　　告

第 1194 号

关于发布行业标准《生活垃圾堆肥厂评价标准》的公告

现批准《生活垃圾堆肥厂评价标准》为行业标准，编号为 CJJ/T 172-2011，自 2012 年 5 月 1 日起实施。

本标准由我部标准定额研究所组织中国建筑工业出版社出版发行。

中华人民共和国住房和城乡建设部

2011 年 12 月 6 日

前　　言

根据原建设部《关于印发〈2007 年工程建设标准规范制订、修订计划（第一批）〉的通知》建标[2007] 125 号文的要求，标准编制组经广泛调查研究，认真总结实践经验，参考有关国际标准，并在广泛征求意见的基础上，编制了本标准。

本标准的主要内容是：1　总则；2　评价内容；3　评价方法。

本标准由住房和城乡建设部负责管理，城市建设研究院负责具体技术内容的解释。执行过程中如有意见或建议，请寄送城市建设研究院（地址：北京市西城区德胜门外大街 36 号 A 座 1118 室　邮编：100120）。

本标准主编单位：城市建设研究院

本标准参编单位：华中科技大学
北京市环境卫生科学研究所
百玛仕环境工程有限公司

本标准主要起草人员：郭祥信　徐文龙　王丽莉　陈朱蕾　吴文伟　高根树　黄文雄　张　波　张　俊　陆榆萍　施　剑　徐长勇

本标准主要审查人员：陈海滨　李国学　施　阳　邵立明　张　范　陈光荣　宫勃海　张　健　徐忠新

目　次

Contents

1 总 则

1.0.1 为规范生活垃圾堆肥厂（以下简称“堆肥厂”）工程的建设和运行管理，考核堆肥厂的实际建设和运行状况，提高我国堆肥厂的建设和运行水平，促进垃圾堆肥处理行业的健康发展，制定本标准。

1.0.2 本标准适用于新建及改扩建，并正式投入运行满一年以上的堆肥厂。分期建设的堆肥厂，可对已建成并正式投入运行满一年以上的分期工程进行评价。

1.0.3 堆肥厂的评价应以公正客观为原则，以工艺技术、装备水平、处理效果、污染控制、安全管理、资源利用等为重点。

1.0.4 堆肥厂的评价除应执行本标准的规定外，尚应符合国家现行有关标准的规定。

2 评价内容

2.0.1 堆肥厂评价对象应包括堆肥厂工程建设和运行管理。

2.0.2 堆肥厂工程建设水平评价应针对下列内容：

1 堆肥厂总体设计；

2 卸料进料系统；

3 垃圾分选系统；

4 垃圾发酵系统（包括主发酵设施、次级发酵设施）；

5 后处理设施；

6 通风除尘及除臭系统；

7 渗沥液处理设施。

2.0.3 堆肥厂运行管理水平评价应针对下列内容：

1 垃圾处理量；

2 垃圾分选效果；

3 垃圾发酵效果（包括主发酵、次级发酵）；

4 堆肥产品质量；

5 通风除尘除臭系统运行；

6 残余物处理；

7 环境监测；

8 综合管理；

9 运行费用到位情况。

3 评价方法

3.1 一般规定

3.1.1 堆肥厂评价应采用资料评价和现场核实相结合的方法。

3.1.2 堆肥厂评价应在分别对工程建设和运行管理评价的基础上，根据工程建设和运行管理的不同权重计算出综合评价得分，并根据综合评价得分和关键项得分最后确定评价等级。

3.2 工程建设水平评价

3.2.1 在对工程建设水平进行评价时，堆肥厂应提供（但不限于）下列文件和资料：

1 项目建议书及其批复；

2 可行性研究报告（或项目申请报告）及其批复（核准）文件；

3 环境影响评价报告及其批复文件；

4 厂址地质勘探资料；

5 设计文件、图纸（包括初步设计和施工图设计）及设计变更资料；

6 施工记录及竣工验收资料；

7 其他反映建设水平的资料。

3.2.2 堆肥厂工程建设水平评价打分应符合表3.2.2的要求。

3.2.3 堆肥厂工程建设水平评价实际打分应符合下列要求：

1 各评价子项的实际得分不得高于表3.2.2中所列的满分分值；

2 应根据评价子项的实际水平在表3.2.2中建议分值之间给出适当的分值。

表 3.2.2 堆肥厂工程建设水平评价打分

分项编号	分项名称	子项编号	子项名称	满分分值	子项水平描述	相应分值	实际打分
1-1	总体设计（10分）	1-1-1	工艺模式及流程	4	合理、顺畅、成熟、易控制污染、成功案例较多	4	
					不够合理、成功案例不多、过于简单、污染不易控制	2～3	
					有明显缺陷	0～1	
		1-1-2	车间布置	4	平面和竖向布置均合理	4	
					设备间过于紧凑或间距过大	1～3	
					有明显缺陷	0	

续表 3.2.2

分项编号	分项名称	子项编号	子项名称	满分分值	子项水平描述	相应分值	实际打分
1-1	总体设计（10分）	1-1-3	厂区总平面布置	2	充分利用地形、平面和竖向布置均合理、符合规范	2	
					平面或竖向布置有欠缺	1	
					有明显缺陷/有违反规范强制性条文	0	
1-2	卸料进料系统（4分）	1-2-1	卸料大厅	2	有封闭的卸料大厅	2	
					有卸料大厅，但不封闭	1	
					无卸料大厅	0	
		1-2-2	垃圾储坑（槽）	2	垃圾储坑（槽）有封闭措施	2	
					垃圾储坑（槽）无封闭措施	0	
1-3	垃圾分选系统（12分）	1-3-1	机械分选	8	粗、精分选设备配置齐全，设备组合合理，可以较好适应垃圾特性及其变化	8	
					分选设备配置基本齐全，设备组合基本合理，对垃圾特性变化的适应性有欠缺	4～7	
					分选设备配置有缺陷	0～3	
		1-3-2	人工分拣	4	人工分拣设施满足垃圾分类的需要，数量、工位设置合理	4	
					人工分拣设施数量、工位设置不能充分满足垃圾分类的需要	1～4	
					无人工分拣设施	0	
1-4	主发酵设施（30分）	1-4-1	主发酵设施（设备）配置	15	主发酵设施（设备）配置符合规范要求，设施可满足垃圾发酵周期和处理负荷调节的要求，其他成功案例较多	15	
					主发酵设施（设备）在处理负荷和发酵周期调节方面有欠缺，有其他成功案例但不多	6～14	
					主发酵设施（设备）有较大缺陷，无其他成功案例	0～5	
		1-4-2	供氧系统	10	供氧系统设计合理，设备配置先进，可实现自动控制	10	
					供氧系统设备配置水平一般，不能实现自动控制	5～9	
					供氧系统设备配置水平较差，有较大缺陷	0～4	
		1-4-3	水分调节设施	5	有水分调节设施	5	
					无水分调节设施	0	
1-5	次级发酵设施（15分）			15	工艺先进、设施设备能力充足、设计发酵周期满足堆肥物料腐熟的要求	15	
					工艺和设备配置有欠缺	5～14	
					工艺和设备配置有明显缺陷	0～5	

续表 3.2.2

分项编号	分项名称	子项编号	子项名称	满分分值	子项水平描述	相应分值	实际打分
1-6	后处理设施（4分）			4	有堆肥产品精加工设施和残余物处理设施，且配置合理	4	
					堆肥产品精加工设施和残余物处理设施不够完善	1～3	
					无堆肥产品精加工设施和残余物处理设施	0	
1-7	通风除尘除臭（15分）	1-7-1	通风	5	机械通风系统设计、设备配置合理，局部排风及空间全面排风布局合理，所选风机的风量和风压足够	5	
					机械通风系统设计、设备配置有欠缺，所选风机的风量或风压不能完全满足要求	1～4	
					无机械通风	0	
		1-7-2	除尘	5	除尘设施、设备处理能力充足，配置水平高	5	
					除尘设施、设备配置水平一般	1～4	
					无除尘设施	0	
		1-7-3	除臭	5	除臭设施、设备处理能力充足，工艺及设备配置合理	5	
					除臭设施、设备处理能力不完全满足要求，工艺及设备配置有欠缺	1～4	
					无除臭设施	0	
1-8	渗沥液处理（10分）			10	厂内建有渗沥液处理设施，设计排放标准符合规范要求或进入其他渗沥液处理设施	10	
					根据物料平衡和水平衡计算不产生渗沥液(渗沥液在调节水分时全部消纳)，且符合实际	10	
					有渗沥液简易处理设施或处理工艺有缺陷	1～5	
					无可靠的渗沥液处理设施和消纳措施	0	
合计	100			100	—	—	

3.3 运行管理评价

3.3.1 对运行管理进行评价时，堆肥厂应提供（但不限于）下列文件和资料：

1 全年垃圾进厂计量资料；
2 全年设备运行记录资料；
3 全年垃圾发酵温度记录资料；
4 全年电耗资料；
5 全年油耗记录资料；
6 全年除臭药剂使用记录资料；
7 全年环境监测资料；
8 全年渗沥液排放在线监测资料；
9 年运行时间记录资料；
10 全年停产检修记录资料；
11 各月份或季度的堆肥产品品质测定报告；
12 堆肥厂管理制度；
13 其他能反映堆肥厂运行管理水平的资料。

3.3.2 堆肥厂运行管理评价打分应符合表 3.3.2 的要求。

表 3.3.2 垃圾堆肥厂运行管理评价打分

分项编号	分项名称	子项编号	子项名称	满分分值	评价分项水平描述	相应分值	实际打分
2-1	垃圾处理量（5分）			5	年处理垃圾量不小于设计值的 90%	5	
					年处理垃圾量大于设计值的 60%，小于 90%	3	
					年处理垃圾量低于设计值的 60%	0	
2-2	分选效果（5分）			5	分选设备运行正常可靠，分选效果良好，无撒落物	5	
					设备故障较多，运行不够正常，分选效果一般	3～5	
					设备运行不正常，分选效果较差	0～3	
2-3	主发酵（15分）	2-3-1	好氧堆肥垃圾体内温度	10	达到 55℃以上并持续 5d 以上，或达到 65℃以上并持续 3d 以上	10	
					达不到上述温度和时间，或无测试数据而无法判断	0～9	
		2-3-2	发酵感观效果	5	发酵后水分明显减少，物料较松散，臭味较小	5	
					物料水分有所减少，有臭味	2～4	
					与发酵前的物料比改变不大，尚有较大臭味	0～2	
2-4	次级发酵（12分）	2-4-1	发酵后物料含水率	6	＜35%	6	
					≥35%～＜40%	4	
					≥40%	0	
		2-4-2	发酵后物料感观效果	6	松散、无臭、感观良好	6	
					松散性稍差，有轻微臭味	2～5	
					感观较差，有臭味	0～2	
2-5	堆肥产品质量（15分）	2-5-1	杂物含量	4	≤3%	4	
					＞3%～＜5%	2	
					≥5%	0	
		2-5-2	粒度	3	≤12mm	3	
					＞12mm	0	
		2-5-3	NPK 及有机质指标	4	全部符合《城镇垃圾农用控制标准》GB 8172 要求	4	
					1 项不符合标准要求	3	
					2 项不符合标准要求	2	
					3 项不符合标准要求	1	
					全都不符合标准要求	0	
		2-5-4	卫生指标（蛔虫卵死亡率及粪大肠菌值）	4	均符合《城镇垃圾农用控制标准》GB 8172 要求	4	
					1 项不符合标准要求	2	
					均不符合标准要求	0	
2-6	通风除尘除臭系统运行（12分）	2-6-1	通风除尘除臭系统运行情况	6	有完整的通风系统运行记录，车间内无粉尘、无臭味，除尘除臭设备运行良好，排放指标达标	6	
					通风系统运行记录不完整，通风及除尘除臭系统运行基本正常，排放指标有少量不达标	4～5	
					通风除尘除臭系统运行不够正常，较多排放指标不达标	0～3	

续表 3.3.2

分项编号	分项名称	子项编号	子项名称	满分分值	评价分项水平描述	相应分值	实际打分
2-6	通风除尘除臭系统运行（12分）	2-6-2	通风除尘除臭效果	6	车间内无扬尘、臭味轻微	6	
					车间内无扬尘、臭味明显	3	
					车间内有扬尘、有臭味	0～2	
2-7	残余物处理（8分）	2-7-1	不可堆肥可燃物处理	4	进入大型焚烧发电厂焚烧或综合利用	4	
					进入卫生填埋场处理	3	
					简易处理	0	
		2-7-2	不可堆肥无机物处理	4	综合利用	4	
					进入卫生填埋场处理	3	
					简易堆放	0	
2-8	环境监测（8分）	2-8-1	监测数据完整性	4	监测数据齐全，符合标准要求	4	
					监测数据不齐全	1～3	
					无监测数据	0	
		2-8-2	监测结果	4	监测结果全部达标	4	
					监测结果不达标率小于或等于20%	3	
					监测结果不达标率大于20%小于或等于50%	2	
					监测结果不达标率大于50%	0	
2-9	厂内综合管理（5分）			5	安全标志规范，管理制度完善，未发生过事故	5	
					安全标志不够规范，制度不够完善，未发生过事故	3	
					一年内发生过事故	0	
2-10	运行费用到位情况（15分）			15	达到设计成本的90%以上	15	
					达到设计成本的80%～90%	10～14	
					达到设计成本的80%以下	0～9	
合计	100			100	—	—	

3.3.3 堆肥厂运行管理评价的实际给分应符合下列要求：

1 评价子项的实际分值不得高于表3.3.2中分项名称所列的各项满分分值；

2 应根据评价子项的实际水平在满分分值以下给出适当的分值；

3 表3.3.2中所述的监测数据，应包括运行过程的日常监测数据和有资质的第三方监测数据。

3.4 综合评价

3.4.1 应根据堆肥厂的工程建设水平评价得分和运行管理评价得分及各自权重按下式计算堆肥厂的综合评价得分：

$$M = M_j \times f_j + M_y \times f_y \tag{3.4.1}$$

式中：M——综合评价分值；

M_j——工程建设水平评价得分；

M_y——运行管理评价得分；

f_j——工程建设权重系数，$f_j=0.4$；

f_y——运行管理权重系数，$f_y=0.6$。

3.4.2 堆肥厂综合评价等级确定应同时依据综合评价分值和关键分项评价分值，并应符合表3.4.2的要求：

表3.4.2 堆肥厂综合评价等级划分及其分值要求

等级划分	综合评价分值要求	关键分项最小分值要求				
		1-4分项	1-7分项	2-3分项	2-5分项	2-6分项
A级	$M\geqslant 85$	27	14	14	14	11
B级	$75\leqslant M<85$	25	12	12	13	10
C级	$60\leqslant M<75$	—	—	—	—	—
D级	$M<60$	—	—	—	—	—

综合评价分值应达到表3.4.2中要求的A级或B级分值，但任一个或多个关键分项分数未达到该级别

要求分值的，则应按关键分项分值达到的最低级别评定。

3.4.3 堆肥厂的无害化水平认定，应符合下列要求：

1 A级：达到了无害化处理；

2 B级：基本达到了无害化处理；

3 C级：未达到无害化处理，通过改进有希望达到无害化处理；

4 D级：未达到无害化处理，需关闭。

本标准用词说明

1 为便于在执行本标准条文时区别对待，对于要求严格程度不同的用词说明如下：

1） 表示很严格，非这样做不可的：
正面词采用“必须”，反面词采用“严禁”；

2） 表示严格，在正常情况下均应这样做的：
正面词采用“应”，反面词采用“不应”或“不得”；

3） 表示允许稍有选择，在条件许可时首先应这样做的：
正面词采用“宜”，反面词采用“不宜”；

4） 表示有选择，在一定条件下可以这样做的，采用“可”。

2 条文中指明应按照其他有关标准执行的写法为“应符合……的要求”或“应按……执行”。

引用标准名录

《城镇垃圾农用控制标准》GB 8172

中华人民共和国行业标准

生活垃圾堆肥厂评价标准

CJJ/T 172—2011

条 文 说 明

制 定 说 明

《生活垃圾堆肥厂评价标准》CJJ/T 172 - 2011 经住房和城乡建设部 2011 年 12 月 6 日以第 1194 号公告批准、发布。

为便于广大设计、施工、科研、学校等单位有关人员在使用本标准时能正确理解和执行条文规定，《生活垃圾堆肥厂评价标准》编制组按章、节、条顺序编制了本标准的条文说明，对条文规定的目的、依据以及执行中需注意的有关事项进行了说明。但是本条文说明不具备与标准正文同等的法律效力，仅供使用者作为理解和把握标准规定的参考。

目　次

1 总 则

1.0.1 堆肥是对生活垃圾中易腐有机垃圾无害化处理的有效方式之一。近些年国内建设了一批垃圾堆肥厂，所建的这些堆肥厂水平不一，对垃圾处理的无害化程度也有较大差别。有的堆肥厂不能正常运行，有的堆肥厂不能达到无害化处理要求。对这些堆肥厂进行全面评价，可以寻找差距，督促堆肥厂增加投入、提高运行水平，促进垃圾堆肥行业的健康发展。

1.0.2 由于堆肥厂评价内容包括建设水平和运行管理水平，而运行管理水平要靠长期的运行记录数据才能进行评价，一般来说，正式投入运行满一年以上的堆肥厂才能满足评价所需的数据，因此本条要求运行满一年以上的堆肥厂才能参加评价。

1.0.3 本条是堆肥厂评价应遵循的原则。

1.0.4 堆肥厂评价过程中要对照国家现行有关垃圾堆肥的标准规范，对相关内容的水平进行判断。主要标准规范如下：

1 《城市生活垃圾堆肥处理工程项目建设标准》

2 《城镇垃圾农用控制标准》GB 8172

3 《城市生活垃圾好氧静态堆肥处理技术规程》CJJ/T 52

4 《城市生活垃圾堆肥处理厂运行维护及其安全技术规程》CJJ/T 86

5 《环境卫生专用设备　垃圾堆肥》CJ/T 19

6 《城市生活垃圾堆肥处理厂技术评价指标》CJ/T 3059

7 《垃圾滚筒筛技术条件》CJ/T 5013.1

2 评 价 内 容

2.0.1 垃圾堆肥能否达到无害化要求，一方面要看堆肥厂的建设是否符合国家有关技术规范和标准，另一方面要看堆肥厂的运行管理是否符合国家有关技术规范、运行维护技术规程和污染控制标准。因此本条要求垃圾堆肥厂评价内容应包括垃圾堆肥厂工程建设水平和运行管理两部分。

2.0.2 本条规定了堆肥厂工程建设水平评价的内容。由于垃圾堆肥工艺模式很多，各工艺差别较大，各工艺间的工程建设水平可比性较差，因此本条只选择具有可比性、对堆肥处理比较重要的7项内容进行评价。

2.0.3 本条规定了堆肥厂运行管理水平评价的内容。堆肥厂运行管理是堆肥厂成功与否的关键，因此，本条对堆肥厂运行管理水平评价内容的要求较多。

3 评 价 方 法

3.1 一 般 规 定

3.1.1 由于评价内容和项目比较多，而且项目建设和日常运行的一些内容需要查阅设计、运行记录等资料，因此垃圾堆肥厂评价时先根据所提供资料进行评价打分，但提供的资料信息需要到现场考察核实。

3.1.2 垃圾堆肥厂的工程建设和运行管理是既相互联系又具有相对独立性的两个方面。将二者分别评价并根据权重进行综合打分，有助于全面反映垃圾堆肥厂的实际水平。

3.2 工程建设水平评价

3.2.1 工程建设评价主要是评价工程建设的水平，需从工程前期方案、工程设计和施工等方面评价，因此需要工程前期、工程设计和施工等方面的资料。

3.2.2 由于反映工程建设水平的内容较多，表3.2.2列出了既能反映工程建设水平又容易量化打分的一部分主要内容作为评价打分的项目。表中相应分值一栏所列分值是对应前一栏相应分项水平的应得分或打分范围，如果分项实际水平介于表中所述水平之间，则此项可在表中所列分值或打分范围之间打分。

表3.2.2中部分评价子项说明如下：

1-1 本项主要评价堆肥厂的总体设计，分三个子项进行考察，分别是工艺模式及流程、车间布置和厂区总平面布置。

工艺模式及流程子项主要是评价堆肥厂所选的堆肥工艺是否合理。堆肥工艺要根据垃圾成分、处理规模、当地经济及产业结构等情况选择。如某地实行了垃圾分类收集，大部分厨余垃圾实现了单独收集，则堆肥工艺中就不必设很多分选设备。如设了分选设备而很少使用，就是工艺流程设计不合理。

车间布置子项主要是评价堆肥车间布置是否合理或存在缺陷，包括平面布置和竖向布置。主要考察设备连接及衔接是否顺畅、物料输送及流向是否合理、设备间距是否符合规范要求等。如果有违反规范强制性条文的，按有明显缺陷考虑。

厂区总平面布置主要是考察堆肥厂全厂总平面布置。主要考察厂区各建（构）筑物及设备的平面和竖向布置是否合理，是否满足安全间距，是否违反规范一般条款和强制性条文。

本项需要评价专家根据有关标准及国内外普遍做法，结合自己的经验判断被评价堆肥厂总体设计是否合理或是否存在缺陷。

1-2 由于堆肥厂卸料进料阶段易于散发臭味，如控制不好会影响整个堆肥厂的形象和水平，因此本项对卸料进料系统进行评价。主要评价卸料大厅和垃圾储坑（槽）的封闭性。

1-3 本项是对垃圾分选系统的评价。主要评价机械筛分、人工分拣和精分选三类设施和设备。

机械筛分设备是指滚筒筛、振动筛、圆盘筛等粒度筛分设备，这些设备配置合理性主要是考察是否根据工艺要求、垃圾成分特点等配置设备；如垃圾中灰土较多，则配置细、粗两孔径筛分较为合理，细筛孔将灰土去除，粗孔径将不可堆肥物筛出，介于细筛孔和粗筛孔之间的物料（中粒度物料）则是堆肥物料。如果对于灰土较多的垃圾配置一种孔径的筛分，则筛分设备配置不够合理。

人工分拣是指配置的人工分拣设施情况，其配置合理性主要是考察人工分拣工位和人工分拣平台数量是否合理、通风系统是否配套、合理等。

精分选指对可回收物和堆肥产品进行分选。对可回收物的分选包括塑料、纸张、金属、玻璃等物质的分选；堆肥产品的分选是指通过细筛将杂质分选出去，使堆肥产品的粒度符合规范要求。

1-4 本项是评价主发酵设施的配置水平，主要从三个方面评价：

一是主发酵设施，不同的堆肥工艺具有不同的主发酵设施或设备。如静态好氧堆肥工艺的主发酵设施是发酵仓；动态好氧堆肥工艺的主发酵设施是达诺滚筒；半动态好氧堆肥工艺的主发酵设施是条形堆和翻堆机。主发酵设施（设备）配置的合理性主要考察设施（设备）的处理能力是否与全厂处理能力相匹配，设备或生产线数量是否具有备用性，设施或设备运行是否可靠，这种工艺模式的成功案例多少等。

二是供氧系统，好氧堆肥主要靠通风向垃圾供氧，不同的堆肥工艺具有不同的通风方式，通风系统的合理性主要考察通风设施供风量是否足够，是否能够做到均匀供风，供风量是否可以调节等。

三是水分调节设施，水分调节对垃圾的主发酵是比较重要的，因此本项把水分调节设施作为一个评价子项。

1-5 本项是对次级发酵设施的评价。次级发酵设施和设备配置的合理性主要考察发酵设施或设备的处理能力是否与全厂垃圾处理能力相匹配、设计发酵周期是否能满足堆肥物腐熟的要求等。

1-6 本项对后处理设施的评价主要是针对堆肥产品精加工和堆肥残余物处理。堆肥产品精加工只要求对堆成品进行细筛分，使产品粒度满足标准要求即可得满分。残余物处理是考察配置的处理设施是否能够将所有残余物进行有效的无害化处理。

1-7 通风除尘除臭对堆肥厂是很重要的，本项是对全厂的通风除尘除臭的合理性进行评价。主要是考察以下几个方面：

1）是否配备机械通风系统？通风设备能力是否充足？

2）通风设施的布置是否与堆肥工艺相匹配？

3）吸风口的布置是否与产尘（臭）部位相匹配？

4）车间内通风气流组织是否合理？

5）是否配备除尘除臭设施？

6）除尘除臭设施的处理能力和效率是否满足要求？

1-8 本项是对渗沥液处理设施的评价，对于渗沥液处理存在几种情况：第一种是堆肥厂配有完善的渗沥液处理设施；第二种是堆肥厂的渗沥液输送到附近填埋场的渗沥液处理站去处理，且填埋场的渗沥液处理站符合规范要求；第三种是将渗沥液送往城市污水处理厂或与城市污水处理厂连接的污水管网。这三种情况均给满分，但对于后两种情况要核实渗沥液出堆肥厂和进处理厂（站）厂的记录，确认渗沥液被有效处理，否则本项不能得分。对于一些北方地区的垃圾堆肥厂，由于气候干燥，垃圾渗沥液较少，在堆肥过程中渗沥液能够完全消纳，不必建设渗沥液处理设施。这种堆肥厂即使无渗沥液处理设施也不扣分，但这类堆肥厂在评价时要详细核实其渗沥液是否完全消纳。

3.2.3 本条提出堆肥厂工程建设水平评价时每项给分的原则：

1 各评价分项和子项的满分分值是根据该分项和子项对工程建设水平的影响权重和工程建设水平评价总分100分确定的，因此评价分项和子项的实际分值不得高于表中所列的满分分值。

2 由于评价子项的实际水平是多种的，为了使分值充分反映子项水平，因此本条规定可以在满分以下根据评价专家的判断给分。由于垃圾堆肥工艺模式较多，各工艺间差异较大，因此对于不同堆肥工艺的堆肥厂难以设定统一、具体的评价指标或条件，因此表3.2.2中有相当一部分评价子项要靠专家对该项的合理性、可靠性、安全性等进行评判打分。

3.3 运行管理评价

3.3.1 运行管理评价主要是评价堆肥厂运行管理过程中的垃圾无害化处理、二次污染控制、安全管理等水平，因此需提供运行管理方面相应的证明性材料。

3.3.2 由于反映运行管理水平的内容很多，表3.3.2列出了既能反映运行管理水平又容易量化打分的一部分主要内容作为评价打分的项目。表中相应分值一栏所列分值是对应前一栏相应分项水平的应得分，如果分项实际水平介于表中所述水平之间，则此项可在表中所列分值之间打分。

表3.3.2中部分评价子项说明如下：

2-1 实际垃圾处理量是考核堆肥厂是否正常运行的标志，本项将堆肥厂实际年垃圾处理量是否达到设计年垃圾处理量作为评分依据。

2-2 本项是评价分选系统分选效果的。由于不同堆肥厂所配套的分选工艺不同，对分选效果难以用统一的量化指标来评判，因此本项采用定性判断的方法进行打分。对于直接接收分选后垃圾或分类收集垃圾的堆肥厂，该项的评价根据进厂垃圾质量进行评价。本项需要评价专家根据自己的经验和国内外类似项目能够达到的最高水平来比较、判断、打分。

2-3 本项评价主发酵的效果，分两个子项进行评价，一个是垃圾堆体内温度是否达到规范要求，一是发酵后的物料感观效果。后者需要评价专家根据经验和国内外类似项目能够达到的最高水平来比较、判断、打分。

2-4 次级发酵主要目的就是将主发酵过程中未降解的一部分有机物进一步发酵。次级发酵的效果可以通过测试发酵后物料的腐熟度进行判断，但测试腐熟度的方法比较繁琐，且需要时间较长。因此，本项采用物料含水率和感观效果来判断次级发酵的效果。物料感观效果主要从粒度、色泽、气味等方面来判断。

2-5 本项从杂质含量、粒度、肥效指标及卫生指标四个方面评价堆肥产品的质量，其中杂质含量需符合《城镇垃圾农用控制标准》GB 8172 的要求，粒度、肥效指标及卫生指标三项需符合《城镇垃圾农用控制标准》GB 8172 和《城市生活垃圾堆肥处理厂技术评价指标》CJ/T 3059 要求。标准对于肥效指标的要求如下：总氮（以 N 计）≥0.5%；总磷（以 P_2O_5 计）≥0.3%；总钾（以 K_2O 计）≥1%；有机质（以 C 计）≥10%。对于卫生指标的要求如下：蛔虫卵死亡率 95%～100%；大肠菌值 10^{-1}～10^{-2}。

2-6 本项分两方面评价通风除尘除臭系统。一方面是评价通风除尘除臭系统有无正常运行；另一方面是通风除尘除臭的效果。

2-7 本项评价堆肥残余物的处理，主要是两种残余物，一种是不可堆肥可燃物，主要是一些塑料、橡胶、纸张、木块、织物等；另一种是不可堆肥无机物，主要是砖瓦块、金属、玻璃、陶瓷、灰土等。前者较好的处理办法就是综合利用或进入大型垃圾焚烧发电厂处理；后者较好的处理方法就是综合利用或卫生填埋。

2-8 本项是对堆肥厂环境监测水平的评价，一方面评价监测数据是否齐全，一方面评价监测结果的达标情况。

2-9 厂内综合管理是堆肥厂运行水平的重要体现，主要从管理制度、安全标识、厂区整洁和是否发生过事故等方面进行评价。

2-10 本项是对运行费落实情况进行的评价。垃圾堆肥厂主要是以处理垃圾为目的而非以生产肥料赚钱为目的。实践证明垃圾堆肥物的肥效是有限的，出售也是比较困难的，因此堆肥厂靠出售堆肥产品来维持堆肥厂运行是不可能的。堆肥厂的运行要靠政府的垃圾处理费才能维持。如果垃圾处理费不到位是很难保证堆肥厂良好运行的。本条提到的运行费到位率是指实际所花费用与设计时测算的或实际正常运行所需的运行费用之比。

3.3.3 本条提出堆肥厂运行管理水平评价时每项给分的原则：

1 各评价分项和子项的满分分值是根据该分项和子项对运行管理水平的影响权重和运行管理水平评价总分 100 分确定的，因此评价分项和子项的实际分值不得高于表 3.3.2 中所列的满分分值。

2 由于评价子项的实际水平是多种的，为了使分值充分反映子项水平，因此本条规定可以在满分以下根据评价专家的判断给分。

3.4 综 合 评 价

3.4.1 由于垃圾堆肥厂的建设均是纳入国家和地方政府的计划，按照国家相关标准和规范进行的，因此堆肥厂的工程建设大部分能达到要求。而各堆肥厂的运行管理则相差较大，因此本条将运行管理权重加大，定为 0.6，工程建设权重定为 0.4。

3.4.2 工程建设水平评价表 3.2.2 中 1-4 与 1-7 分项和运行管理水平评价表 3.3.2 中 2-3、2-5 与 2-6 分项均是垃圾堆肥厂建设和运行的关键内容，因此本条对 B 级以上堆肥厂认定时，除了要求综合评价分值满足要求外，上述四个关键分项的分值也应同时满足表 3.4.2 中的最小分值要求。

三、附录

工程建设国家标准与住房和城乡建设部行业标准目录

2011

工程建设国家标准目录

序号	标准编号	标准名称	出版社
1	GB/T 50001—2010	房屋建筑制图统一标准	计划
2	GBJ 2—1986	建筑模数协调统一标准	计划
3	GB 50003—2011	砌体结构设计规范	建工
4	GB 50005—2003（2005 年版）	木结构设计规范	建工
5	GB/T 50006—2010	厂房建筑模数协调标准	计划
6	GB 50007—2011	建筑地基基础设计规范	建工
7	GB 50009—2012	建筑结构荷载规范	建工
8	GB 50010—2010	混凝土结构设计规范	建工
9	GB 50011—2010	建筑抗震设计规范	建工
10	GBJ 12—1987	工业企业标准轨距铁路设计规范	计划
11	GB 50013—2006	室外给水设计规范	计划
12	GB 50014—2006（2011 年版）	室外排水设计规范	计划
13	GB 50015—2003（2009 年版）	建筑给水排水设计规范	计划
14	GB 50016—2006	建筑设计防火规范	计划
15	GB 50017—2003	钢结构设计规范	计划
16	GB 50018—2002	冷弯薄壁型钢结构技术规范	计划
17	GB 50019—2003	采暖通风和空气调节设计规范	计划
18	GB 20021—2001（2009 年版）	岩土工程勘察规范	建工
19	GBJ 22—1987	厂矿道路设计规范	计划
20	GB 50023—2009	建筑抗震鉴定标准	建工
21	GB 50025—2004	湿陷性黄土地区建筑规范	建工
22	GB 50026—2007	工程测量规范	计划
23	GB 50027—2001	供水水文地质勘察规范	计划
24	GB 50028—2006	城镇燃气设计规范	建工
25	GB 50029—2003	压缩空气站设计规范	计划
26	GB 50030—1991	氧气站设计规范	计划
27	GB 50031—1991	乙炔站设计规范	计划
28	GB 50032—2003	室外给水排水和燃气热力工程抗震设计规范	建工
29	GB/T 50033—2001	建筑采光设计标准	建工
30	GB 50034—2004	建筑照明设计标准	建工
31	GB 50037—1996	建筑地面设计规范	计划
32	GB 50038—2005	人民防空地下室设计规范	内部发行
33	GB 50039—2010	农村防火规范	建工
34	GB 50040—1996	动力机器基础设计规范	计划
35	GB 50041—2008	锅炉房设计规范	计划
36	GB 50045—1995（2005 年版）	高层民用建筑设计防火规范	计划
37	GB 50046—2008	工业建筑防腐蚀设计规范	计划
38	GB 50049—2011	小型火力发电厂设计规范	计划
39	GB 50050—2007	工业循环冷却水处理设计规范	计划

工程建设国家标准目录

序号	标 准 编 号	标 准 名 称	出版社
40	GB 50051—2002	烟囱设计规范	计划
41	GB 50052—2009	供配电系统设计规范	计划
42	GB 50053—1994	10kV 及以下变电所设计规范	计划
43	GB 50054—2011	低压配电设计规范	计划
44	GB 50055—2011	通用用电设备配电设计规范	计划
45	GB 50056—1993	电热设备电力装置设计规范	计划
46	GB 50057—2010	建筑物防雷设计规范	计划
47	GB 50058—1992	爆炸和火灾危险环境电力装置设计规范	计划
48	GB 50059—2011	35～110kV 变电站设计规范	计划
49	GB 50060—2008	3～110kV 高压配电装置设计规范	计划
50	GB 50061—2010	66kV 及以下架空电力线路设计规范	计划
51	GB/T 50062—2008	电力装置的继电保护和自动装置设计规范	计划
52	GB/T 50063—2008	电力装置的电测量仪表装置设计规范	计划
53	GBJ 64—1983	工业与民用电力装置的过电压保护设计规范	计划
54	GB/T 50065—2011	交流电气装置的接地设计规范	计划
55	GB 50067—1997	汽车库、修车库、停车场设计防火规范	计划
56	GB 50068—2001	建筑结构可靠度设计统一标准	建工
57	GB 50069—2002	给水排水工程构筑物结构设计规范	建工
58	GB 50070—2009	矿山电力设计规范	计划
59	GB 50071—2002	小型水力发电站设计规范	计划
60	GB 50072—2010	冷库设计规范	计划
61	GB 50073—2001	洁净厂房设计规范	计划
62	GB 50074—2002	石油库设计规范	计划
63	GBJ 76—1984	厅堂混响时间测量规范	建工
64	GB 50077—2003	钢筋混凝土筒仓设计规范	计划
65	GB 50078—2008	烟囱工程施工及验收规范	计划
66	GB/T 50080—2002	普通混凝土拌合物性能试验方法标准	建工
67	GB/T 50081—2002	普通混凝土力学性能试验方法标准	建工
68	GB/T 50082—2009	普通混凝土长期性能和耐久性能试验方法标准	建工
69	GB/T 50083—1997	建筑结构设计术语和符号标准	建工
70	GB 50084—2001（2005 年版）	自动喷水灭火系统设计规范	计划
71	GB/T 50085—2007	喷灌工程技术规范	计划
72	GB 50086—2001	锚杆喷射混凝土支护技术规范	计划
73	GBJ 87—1985	工业企业噪声控制设计规范	计划
74	GB 50089—2007	民用爆破器材工程设计安全规范	计划
75	GB 50090—2006	铁路线路设计规范	计划
76	GB 50091—2006	铁路车站及枢纽设计规范	计划
77	GB 50092—1996	沥青路面施工及验收规范	计划
78	GB 50093—2002	工业自动化仪表工程施工及验收规范	计划

工程建设国家标准目录

序号	标 准 编 号	标 准 名 称	出版社
79	GB 50094—2010	球形储罐施工规范	计划
80	GB/T 50095—1998	水文基本术语和符号标准	计划
81	GB 50096—2011	住宅设计规范	建工
82	GBJ 97—1987	水泥混凝土路面施工及验收规范	计划
83	GB 50098—2009	人民防空工程设计防火规范	计划
84	GB 50099—2011	中小学校设计规范	建工
85	GB/T 50100—2001	住宅建筑模数协调标准	建工
86	GB/T 50102—2003	工业循环水冷却设计规范	计划
87	GB/T 50103—2010	总图制图标准	计划
88	GB/T 50104—2010	建筑制图标准	计划
89	GB/T 50105—2010	建筑结构制图标准	建工
90	GB/T 50106—2010	给水排水制图标准	建工
91	GB/T 50107—2010	混凝土强度检验评定标准	建工
92	GB 50108—2008	地下工程防水技术规范	计划
93	GB 50109—2006	工业用水软化除盐设计规范	计划
94	GBJ 110—1987	卤代烷 1211 灭火系统设计规范	计划
95	GB 50111—2006（2009 年版）	铁路工程抗震设计规范	计划
96	GBJ 112—1987	膨胀土地区建筑技术规范	计划
97	GB 50113—2005	滑动模板工程技术规范	计划
98	GB/T 50114—2010	暖通空调制图标准	建工
99	GB 50115—2009	工业电视系统工程设计规范	计划
100	GB 50116—1998	火灾自动报警系统设计规范	计划
101	GBJ 117—1988	工业构筑物抗震鉴定标准	计划
102	GBJ 118—2010	民用建筑隔声设计规范	计划
103	GB 50119—2003	混凝土外加剂应用技术规范	建工
104	GB/T 50121—2005	建筑隔声评价标准	建工
105	GBJ 122—1988	工业企业噪声测量规范	计划
106	GB/T 50123—1999	土工试验方法标准	计划
107	GBJ 124—1988	道路工程术语标准	计划
108	GB/T 50125—2010	给水排水工程基本术语标准	计划
109	GB 50126—2008	工业设备及管道绝热工程施工及验收规范	计划
110	GB 50127—2007	架空索道工程技术规范	计划
111	GB 50128—2005	立式圆筒形钢制焊接油罐施工及验收规范	计划
112	GBJ 129—2011	砌体基本力学性能试验方法标准	建工
113	GBJ 130—1990	钢筋混凝土升板结构技术规范	建工
114	GB 50131—2007	自动化仪表工程施工质量验收规范	计划
115	GBJ 132—1990	工程结构设计基本术语和通用符号	计划
116	GB 50134—2004	人民防空工程施工及验收规范	计划
117	GB 50135—2006	高耸结构设计规范	计划

工程建设国家标准目录

序号	标准编号	标准名称	出版社
118	GB 50136—2011	电镀废水治理设计规范	计划
119	GB 50137—2011	城市用地分类与规划建设用地标准	建工
120	GB/T 50138—2010	水位观测标准	计划
121	GB 50139—2004	内河通航标准	计划
122	GB 50140—2005	建筑灭火器配置设计规范	计划
123	GB 50141—2008	给水排水构筑物施工及验收规范	建工
124	GBJ 142—1990	中、短波广播发射台与电缆载波通信系统的防护间距标准	计划
125	GBJ 143—1990	架空电力线路、变电所对电视差转台、转播台无线电干扰防护间距标准	计划
126	GB 50144—2008	工业建筑可靠性鉴定标准	建工
127	GB 50145—2007	土的工程分类标准	计划
128	GBJ 146—1990	粉煤灰混凝土应用技术规范	计划
129	GB 50147—2010	电气装置安装工程　高压电气施工及验收规范	计划
130	GB 50148—2010	电气装置安装工程　电力变压器、油浸电抗器、互感器施工及验收规范	计划
131	GB 50149—2010	电气装置安装工程　母线装置施工及验收规范	计划
132	GB 50150—2006	电气装置安装工程　电气设备交接试验标准	计划
133	GB 50151—2010	泡沫灭火系统设计规范	计划
134	GB/T 50152—2012	混凝土结构试验方法标准	建工
135	GB 50153—2008	工程结构可靠度设计统一标准	计划
136	GB 50154—2009	地下及覆土火药炸药仓库设计安全规范	计划
137	GB 50155—1992	采暖通风与空气调节术语标准	计划
138	GB 50156—2002（2006年版）	汽车加油加气站设计与施工规范	计划
139	GB 50157—2003	地铁设计规范	计划
140	GB 50158—2010	港口工程结构可靠性设计统一标准	计划
141	GB 50159—1992	河流悬移质泥沙测验规范	计划
142	GB 50160—2008	石油化工企业设计防火规范	计划
143	GB 50161—2009	烟花爆竹工程设计安全规范	计划
144	GBJ 50162—1992	道路工程制图标准	计划
145	GB 50163—1992	卤代烷1301灭火系统设计规范	计划
146	GB 50164—2011	混凝土质量控制标准	建工
147	GB 50165—1992	古建筑木结构维护与加固技术规范	建工
148	GB 50166—2007	火灾自动报警系统施工及验收规范	计划
149	GB 50167—1992	工程摄影测量标准	计划
150	GB 50168—2006	电气装置安装工程　电缆线路施工及验收规范	计划
151	GB 50169—2006	电气装置安装工程　接地装置施工及验收规范	计划
152	GB 50170—2006	电气装置安装工程　旋转电机施工及验收规范	计划
153	GB 50171—2012	电气装置安装工程　盘、柜及二次回线结线施工及验收规范	计划

工程建设国家标准目录

序号	标 准 编 号	标 准 名 称	出版社
154	GB 50172—2012	电气装置安装工程　蓄电池施工及验收规范	计划
155	GB 50173—1992	电气装置安装工程　35kV及以下架空电力线路施工及验收规范	计划
156	GB 50174—2008	电子信息系统机房设计规范	计划
157	GB 50175—1993	露天煤矿工程施工及验收规范	计划
158	GB 50176—1993	民用建筑热工设计规范	计划
159	GB 50177—2005	氢气站设计规范	计划
160	GB 50178—1993	建筑气候区划标准	计划
161	GB 50179—1993	河流流量测量规范	计划
162	GB 50180—1993（2002年版）	城市居住区规划设计规范	建工
163	GB 50181—1993（1998年版）	蓄滞洪区建筑工程技术规范	计划
164	GB 50183—2004	石油天然气工程设计防火规范	计划
165	GB 50184—2011	工业金属管道工程施工质量验收规范	计划
166	GB 50185—2010	工业设备及管道绝热工程施工质量验收规范	计划
167	GB 50186—1993	港口工程基本术语标准	计划
168	GB 50187—2012	工业企业总平面设计规范	计划
169	GB 50188—2007	镇规划标准	建工
170	GB 50189—2005	公共建筑节能设计标准	建工
171	GB 50190—1993	多层厂房楼盖抗微振设计规范	计划
172	GB 50191—2012	构筑物抗震设计规范	计划
173	GB 50193—1993（2010年版）	二氧化碳灭火系统设计规范	计划
174	GB 50194—1993	建设工程施工现场供用电安全规范	计划
175	GB 50195—1994	发生炉煤气站设计规范	计划
176	GB 50197—2005	煤炭工业露天矿设计规范	计划
177	GB 50198—2011	民用闭路监视电视系统工程技术规范	计划
178	GB 50199—1994	水利水电工程结构可靠度设计统一标准	计划
179	GB 50200—1994	有线电视系统工程技术规范	计划
180	GB 50201—1994	防洪标准	计划
181	GB 50201—2012	土方与爆破工程施工及验收规范	建工
182	GB 50202—2002	建筑地基基础工程施工质量验收规范	计划
183	GB 50203—2011	砌体结构工程施工质量验收规范	建工
184	GB 50204—2002（2010年版）	混凝土结构工程施工质量验收规范	建工
185	GB 50205—2001	钢结构工程施工质量验收规范	计划
186	GB 50206—2012	木结构工程施工质量验收规范	建工
187	GB 50207—2012	屋面工程质量验收规范	建工
188	GB 50208—2011	地下防水工程质量验收规范	建工
189	GB 50209—2010	建筑地面工程施工质量验收规范	计划
190	GB 50210—2001	建筑装饰装修工程质量验收规范	建工
191	GB 50211—2004	工业炉砌筑工程施工及验收规范	计划

工程建设国家标准目录

序号	标准编号	标准名称	出版社
192	GB 50212—2002	建筑防腐蚀工程施工及验收规范	计划
193	GB 50213—2010	矿山井巷工程质量验收规范	计划
194	GB 50214—2001	组合钢模板技术规范	计划
195	GB 50215—2005	煤炭工业矿井设计规范	计划
196	GB 50216—1994	铁路工程结构可靠度设计统一标准	计划
197	GB 50217—2007	电力工程电缆设计规范	计划
198	GB 50218—1994	工程岩体分级标准	计划
199	GB 50219—1995	水喷雾灭火系统设计规范	计划
200	GB 50220—1995	城市道路交通规划设计规范	计划
201	GB 50222—1995（2001 年版）	建筑内部装修设计防火规范	建工
202	GB 50223—2008	建筑工程抗震设防分类标准	建工
203	GB 50224—2010	建筑防腐蚀工程施工质量验收规范	计划
204	GB 50225—2005	人民防空工程设计规范	内部发行
205	GB 50226—2007（2011 年版）	铁路旅客车站建筑设计规范	计划
206	GB 50227—2008	并联电容器装置设计规范	计划
207	GB/T 50228—2011	工程测量基本术语标准	计划
208	GB 50229—2006	火力发电厂与变电所设计防火规范	计划
209	GB 50231—2009	机械设备安装工程施工及验收通用规范	计划
210	GB 50233—2005	110～500kV 架空送电线路施工及验收规范	计划
211	GB 50235—2010	工业金属管道工程施工规范	计划
212	GB 50236—2011	现场设备、工业管道焊接工程施工规范	计划
213	GB 50242—2002	建筑给水排水及采暖工程施工质量验收规范	建工
214	GB 50243—2002	通风与空调工程施工质量验收规范	计划
215	GB 50251—2003	输气管道工程设计规范	计划
216	GB 50252—2010	工业安装工程施工质量验收统一标准	计划
217	GB 50253—2003（2006 年版）	输油管道工程设计规范	计划
218	GB 50254—1996	电气装置安装工程低压电气施工及验收规范	计划
219	GB 50255—1996	电气装置安装工程电力变流设备施工及验收规范	计划
220	GB 50256—1996	电气装置安装工程起重机电气装置施工及验收规范	计划
221	GB 50257—1996	电气装置安装工程爆炸和火灾危险环境电气装置施工及验收规范	计划
222	GB 50260—1996	电力设施抗震设计规范	计划
223	GB 50261—2005	自动喷水灭火系统施工及验收规范	计划
224	GB/T 50262—1997	铁路工程基本术语标准	计划
225	GB 50263—2007	气体灭火系统施工及验收规范	计划
226	GB 50264—1997	工业设备及管道绝热工程设计规范	计划
227	GB/T 50265—2010	泵站设计规范	计划
228	GB/T 50266—1999	工程岩体试验方法标准	计划

工程建设国家标准目录

序号	标准编号	标准名称	出版社
229	GB 50267—1997	核电厂抗震设计规范	计划
230	GB 50268—2008	给水排水管道工程施工及验收规范	建工
231	GB/T 50269—1997	地基动力特性测试规范	计划
232	GB 50270—2010	输送设备安装工程施工及验收规范	计划
233	GB 50271—2009	金属切削机床安装工程施工及验收规范	计划
234	GB 50272—2009	锻压设备安装工程施工及验收规范	计划
235	GB 50273—2009	工业锅炉安装工程施工及验收规范	计划
236	GB 50274—2010	制冷设备、空气分离设备安装工程施工及验收规范	计划
237	GB 50275—2010	风机、压缩机、泵安装工程施工及验收规范	计划
238	GB 50276—2010	破碎、粉磨设备安装工程施工及验收规范	计划
239	GB 50277—2010	铸造设备安装工程施工及验收规范	计划
240	GB 50278—2010	起重设备安装工程施工及验收规范	计划
241	GB/T 50279—1998	岩土工程基本术语标准	计划
242	GB/T 50280—1998	城市规划基本术语标准	建工
243	GB 50281—2006	泡沫灭火系统施工及验收规范	计划
244	GB 50282—1998	城市给水工程规划规范	建工
245	GB/T 50283—1999	公路工程结构可靠度设计统一标准	计划
246	GB 50284—2008	飞机库设计防火规范	计划
247	GB 50285—1998	调幅收音台和调频电视转播台与公路的防护间距标准	计划
248	GB 50286—1998	堤防工程设计规范	计划
249	GB 50287—2006	水力发电工程地质勘察规范	计划
250	GB 50288—1999	灌溉与排水工程设计规范	计划
251	GB 50289—1998	城市工程管线综合规划规范	建工
252	GB 50290—1998	土工合成材料应用技术规范	计划
253	GB/T 50291—1999	房地产估价规范	建工
254	GB 50292—1999	民用建筑可靠性鉴定标准	建工
255	GB 50293—1999	城市电力规划规范	建工
256	GB/T 50294—1999	核电厂总平面及运输设计规范	计划
257	GB 50295—2008	水泥工厂设计规范	计划
258	GB 50296—1999	供水管井技术规范	计划
259	GB/T 50297—2006	电力工程基本术语标准	计划
260	GB 50298—1999	风景名胜区规划规范	建工
261	GB 50299—1999（2003 年版）	地下铁道工程施工及验收规范	计划
262	GB 50300—2001	建筑工程施工质量验收统一标准	建工
263	GB 50303—2002	建筑电气工程施工质量验收规范	计划
264	GB 50307—2012	城市轨道交通岩土工程勘察规范	计划
265	GB 50308—2008	城市轨道交通工程测量规范	建工

工程建设国家标准目录

序号	标 准 编 号	标 准 名 称	出版社
266	GB 50309—2007	工业炉砌筑工程质量验收规范	计划
267	GB 50310—2002	电梯工程施工质量验收规范	建工
268	GB 50311—2007	综合布线系统工程设计规范	计划
269	GB 50312—2007	综合布线系统工程验收规范	计划
270	GB 50313—2000	消防通信指挥系统设计规范	计划
271	GB/T 50314—2006	智能建筑设计标准	计划
272	GB/T 50315—2011	砌体工程现场检测技术标准	建工
273	GB 50316—2000（2008 年版）	工业金属管道设计规范	计划
274	GB 50317—2009	猪屠宰与分割车间设计规范	计划
275	GB 50318—2000	城市排水工程规划规范	建工
276	GB 50319—2000	建设工程监理规范	建工
277	GB 50320—2001	粮食平房仓设计规范	计划
278	GB 50322—2011	粮食钢板筒仓设计规范	计划
279	GB/T 50323—2001	城市建设档案著录规范	建工
280	GB 50324—2001	冻土工程地质勘察规范	计划
281	GB 50325—2010	民用建筑工程室内环境污染控制规范	计划
282	GB/T 50326—2006	建设工程项目管理规范	建工
283	GB 50327—2001	住宅装饰装修工程施工规范	建工
284	GB/T 50328—2001	建设工程文件归档整理规范	建工
285	GB/T 50329—2002	木结构试验方法标准	建工
286	GB 50330—2002	建筑边坡工程技术规范	建工
287	GB/T 50331—2002	城市居民生活用水量标准	建工
288	GB 50332—2002	给水排水工程管道结构设计规范	建工
289	GB 50333—2002	医院洁净手术部建筑技术规范	计划
290	GB 50334—2002	城市污水处理厂工程质量验收规范	建工
291	GB 50335—2002	污水再生利用工程设计规范	建工
292	GB 50336—2002	建筑中水设计规范	计划
293	GB 50337—2003	城市环境卫生设施规划规范	建工
294	GB 50338—2003	固定消防炮灭火系统设计规范	计划
295	GB 50339—2003	智能建筑工程质量验收规范	建工
296	GB/T 50340—2003	老年人居住建筑设计标准	建工
297	GB 50341—2003	立式圆筒形钢制焊接油罐设计规范	计划
298	GB 50342—2003	混凝土电视塔结构技术规范	计划
299	GB 50343—2004	建筑物电子信息系统防雷技术规范	建工
300	GB/T 50344—2004	建筑结构检测技术标准	建工
301	GB 50345—2012	屋面工程技术规范	建工
302	GB 50346—2011	生物安全实验室建筑技术规范	建工
303	GB 50347—2004	干粉灭火系统设计规范	计划
304	GB 50348—2004	安全防范工程技术规范	计划

工程建设国家标准目录

序号	标 准 编 号	标 准 名 称	出版社
305	GB/T 50349—2005	建筑给水聚丙烯管道工程技术规范	计划
306	GB 50350—2005	油气集输设计规范	计划
307	GB 50351—2005	储罐区防火堤设计规范	计划
308	GB 50352—2005	民用建筑设计通则	建工
309	GB 50353—2005	建筑工程建筑面积计算规范	计划
310	GB 50354—2005	建筑内部装修防火施工及验收规范	计划
311	GB/T 50355—2005	住宅建筑室内振动限值及其测量方法标准	建工
312	GB/T 50356—2005	剧场、电影院和多用途厅堂建筑声学设计规范	计划
313	GB 50357—2005	历史文化名城保护规划规范	建工
314	GB/T 50358—2005	建设项目工程总承包管理规范	建工
315	GB 50359—2005	煤矿洗选工程设计规范	计划
316	GB 50360—2005	水煤浆工程设计规范	计划
317	GB/T 50361—2005	木骨架组合墙体技术规范	计划
318	GB/T 50362—2005	住宅性能评定技术标准	建工
319	GB/T 50363—2006	节水灌溉工程技术规范	计划
320	GB 50364—2005	民用建筑太阳能热水系统应用技术规范	建工
321	GB 50365—2005	空调通风系统运行管理规范	建工
322	GB 50366—2005（2009 年版）	地源热泵系统工程技术规范	建工
323	GB 50367—2006	混凝土结构加固设计规范	建工
324	GB 50368—2005	住宅建筑规范	建工
325	GB 50369—2006	油气长输管道工程施工及验收规范	计划
326	GB 50370—2005	气体灭火系统设计规范	计划
327	GB 50371—2006	厅堂扩声系统设计规范	计划
328	GB 50372—2006	炼铁机械设备工程安装验收规范	计划
329	GB 50373—2006	通信管道与通信工程设计规范	计划
330	GB 50374—2006	通信管道工程施工及验收规范	计划
331	GB/T 50375—2006	建筑工程施工质量评价标准	建工
332	GB 50376—2006	橡胶工厂节能设计规范	计划
333	GB 50377—2006	选矿机械设备工程安装验收规范	计划
334	GB/T 50378—2006	绿色建筑评价标准	建工
335	GB/T 50379—2006	工程建设勘察企业质量管理规范	建工
336	GB/T 50380—2006	工程建设设计企业质量管理规范	建工
337	GB 50381—2010	城市轨道交通自动售检票系统工程质量验收规范	计划
338	GB 50382—2006	城市轨道交通通信工程质量验收规范	计划
339	GB 50383—2006	煤矿堤井下消防、洒水设计规范	计划
340	GB 50384—2007	煤矿立井井筒及硐室设计规范	计划
341	GB 50385—2006	矿山井架设计规范	计划
342	GB 50386—2006	轧机机械设备工程安装验收规范	计划
343	GB 50387—2006	冶金机械液压、润滑和气动设备工程安装验收规范	计划

工程建设国家标准目录

序号	标 准 编 号	标 准 名 称	出版社
344	GB 50388—2006	煤矿井下机车运输信号设计规范	计划
345	GB 50389—2006	750kV 架空送电线路施工及验收规范dℓ	计划
346	GB 50390—2006	焦化机械设备工程安装验收规范	计划
347	GB 50391—2006	油田注水工程设计规范	计划
348	GB 50392—3006	机械通风冷却塔工艺设计规范	计划
349	GB 50393—2008	钢质石油储罐防腐蚀工程技术规范	计划
350	GB 50394—2007	入侵报警系统工程设计规范	计划
351	GB 50395—2007	视频安防监控系统工程设计规范	计划
352	GB 50396—2007	出入口控制系统工程设计规范	计划
353	GB 50397—2007	冶金电气设备工程安装验收规范	计划
354	GB 50398—2006	无缝钢管工艺设计规范	计划
355	GB 50399—2006	煤碳工业小型矿井设计规范	计划
356	GB 50400—2006	建筑与小区雨水利用工程技术规范	建工
357	GB 50401—2007	消防通信指挥系统施工及验收规范	计划
358	GB 50402—2007	烧结机械设备工程安装验收规范	计划
359	GB 50403—2007	炼钢机械设备工程安装验收规范	计划
360	GB 50404—2007	硬泡聚氨酯保温防水工程技术规范	计划
361	GB 50405—2007	钢铁工业资源综合利用设计规范	计划
362	GB 50406—2007	钢铁工业环保保护设计规范	计划
363	GB 50408—2007	烧结厂设计规范	计划
364	GB 50410—2007	小型型钢轧钢工艺设计规范	计划
365	GB 50411—2007	建筑节能工程施工质量验收规范	建工
366	GB/T 50412—2007	厅堂音质模型试验规范	建工
367	GB 50413—2007	城市抗震防灾规划标准	建工
368	GB 50414—2007	钢铁冶金企业设计防火规范	计划
369	GB 50415—2007	煤矿斜井井筒及硐室设计规范	计划
370	GB 50416—2007	煤矿井底车场硐室设计规范	计划
371	GB 50417—2007	煤矿井下供配电设计规范	计划
372	GB 50418—2007	煤矿井下热害防治设计规范	计划
373	GB 50419—2007	煤矿巷道断面和交岔点设计规范	计划
374	GB 50420—2007	城市绿地设计规范	计划
375	GB 50421—2007	有色金属矿山排土场设计规范	计划
376	GB 50422—2007	预应力混凝土路面工程技术规范	计划
377	GB 50423—2007	油气输送管道穿越工程设计规范	计划
378	GB 50424—2007	油气输送管道穿越工程施工规范	计划
379	GB 50425—2008	纺织工业企业环境保护设计规范	计划
380	GB 50426—2007	印染工厂设计规范	计划
381	GB 50427—2008	高炉炼铁工艺设计规范	计划
382	GB 50428—2007	油田采出水处理设计规范	计划

工程建设国家标准目录

序号	标准编号	标准名称	出版社
383	GB 50429—2007	铝合金结构设计规范	计划
384	GB/T 50430—2007	工程建设施工企业质量管理规范	建工
385	GB 50431—2008	带式输送机工程设计规范	计划
386	GB 50432—2007	炼焦工艺设计规范	计划
387	GB 50433—2008	开发建设项目水土保持技术规范	计划
388	GB 50434—2008	开发建设项目水土流失防治标准	计划
389	GB 50435—2007	平板玻璃工厂设计规范	计划
390	GB 50436—2007	线材轧钢工艺设计规范	计划
391	GB 50437—2007	城镇老年人设施规划规范	计划
392	GB 50438—2007	地铁运营安全评价标准	建工
393	GB 50439—2008	炼钢工艺设计规范	计划
394	GB 50440—2007	城市消防远程监控系统技术规范	计划
395	GB/T 50441—2007	石油化工设计能耗计算标准	计划
396	GB 50442—2008	城市公共设施规划规范	建工
397	GB 50443—2007	水泥工厂节能设计规范	计划
398	GB 50444—2008	建筑灭火器配置验收及检查规范	计划
399	GB 50445—2008	村庄整治技术规范	建工
400	GB 50446—2008	盾构法隧道施工与验收规范	建工
401	GB 50447—2008	实验动物设施建筑技术规范	建工
402	GB/T 50448—2008	水泥基灌浆材料应用技术规范	计划
403	GB 50449—2008	城市容貌标准	计划
404	GB 50450—2008	煤矿主要通风机站设计规范	计划
405	GB 50451—2008	煤矿井下排水泵站及排水管路设计规范	计划
406	GB/T 50452—2008	古建筑防工业震动技术规范	建工
407	GB 50453—2008	石油化工建（构）筑物抗震设防分类标准	计划
408	GB 50454—2008	航空发动机试车台设计规范	计划
409	GB 50455—2008	地下水封石洞油库设计规范	计划
410	GB 50457—2008	医药工业洁净厂房设计规范	计划
411	GB 50458—2008	跨座式单轨交通设计规范	建工
412	GB 50459—2009	油气输送管道跨越工程设计规范	计划
413	GB 50460—2008	油气输送管道跨越工程施工规范	计划
414	GB 50461—2008	石油化工静设备安装工程施工质量验收规范	计划
415	GB 50462—2008	电子信息系统机房施工及验收规范	计划
416	GB 50463—2008	隔振设计规范	计划
417	GB 50464—2008	视频显示系统工程技术规范	计划
418	GB 50465—2008	煤炭工业矿区总体规划规范	计划
419	GB/T 50466—2008	煤炭工业供热通风与空气调节设计规范	计划
420	GB 50467—2008	微电子生产设备安装工程施工及验收规范	计划
421	GB 50468—2008	焊管工艺设计规范	计划

工程建设国家标准目录

序号	标 准 编 号	标 准 名 称	出版社
422	GB 50469—2008	橡胶工厂环境保护设计规范	计划
423	GB 50470—2008	油气输送管道线路工程抗震技术规范	计划
424	GB 50471—2008	煤矿瓦斯抽采工程设计规范	计划
425	GB 50472—2008	电子工业洁净厂房设计规范	计划
426	GB 50473—2008	钢制储罐地基基础设计规范	计划
427	GB 50474—2008	隔热耐磨衬里技术规范	计划
428	GB 50475—2008	石油化工全厂性仓库及堆场设计规范	计划
429	GB/T 50476—2008	混凝土结构耐久性设计规范	建工
430	GB 50477—2009	纺织工业企业职业安全卫生设计规范	计划
431	GB 50478—2008	地热电站岩土工程勘察规范	计划
432	GB/T 50479—2011	电力系统继电保护及自动化设备柜（屏）工程技术规范	计划
433	GB/T 50480—2008	冶金工业岩土勘察原位测试规范	计划
434	GB 50481—2009	棉纺织工厂设计规范	计划
435	GB 50482—2009	铝加工厂工艺设计规范	计划
436	GB 50483—2009	化工建设项目环境保护设计规范	计划
437	GB 50484—2008	石油化工建设工程施工安全技术规范	计划
438	GB/T 50485—2009	微灌工程技术规范	计划
439	GB 50486—2009	钢铁厂工业炉设计规范	计划
440	GB 50487—2008	水利水电工程地质勘察规范	计划
441	GB 50488—2009	腈纶工厂设计规范	计划
442	GB 50489—2009	化工企业总图运输设计规范	计划
443	GB 50490—2009	城市轨道交通技术规范	建工
444	GB 50491—2009	铁矿球团工程设计规范	计划
445	GB 50492—2009	聚酯工厂设计规范	计划
446	GB 50493—2009	石油化工可燃气体和有毒气体检测报警设计规范	计划
447	GB 50494—2009	城镇燃气技术规范	建工
448	GB 50495—2009	太阳能供热采暖工程技术规范	建工
449	GB 50496—2009	大体积混凝土施工规范	计划
450	GB 50497—2009	建筑基坑工程监测技术规范	计划
451	GB 50498—2009	固定消防炮灭火系统施工与验收规范	计划
452	GB 50499—2009	麻纺织工厂设计规范	计划
453	GB 50500—2008	建筑工程工程量清单计价规范	计划
454	GB 50501—2007	水利工程工程量清单计价规范	计划
455	GB/T 50502—2009	建筑施工组织设计规范	建工
456	GB/T 50504—2009	民用建筑设计术语标准	计划
457	GB 50505—2009	高炉煤气干法袋式除尘设计规范	计划
458	GB 50506—2009	钢铁企业节水设计规范	计划
459	GB 50507—2010	铁路罐车清洗设施设计规范	计划

工程建设国家标准目录

序号	标准编号	标准名称	出版社
460	GB 50508—2010	涤纶工厂设计规范	计划
461	GB/T 50509—2009	灌区规划规范	计划
462	GB/T 50510—2009	泵站更新改造技术规范	计划
463	GB 50511—2010	煤矿井巷工程施工规范	计划
464	GB 50512—2009	冶金露天矿准轨铁路设计规范	计划
465	GB 50513—2009	城市水系规划规范	计划
466	GB 50514—2009	非织造布工厂设计规范	计划
467	GB 50515—2010	导（防）静电地面设计规范	计划
468	GB 50516—2010	加氢站技术规范	计划
469	GB 50517—2010	石油化工金属管道工程施工质量验收规范	计划
470	GB/T 50518—2010	矿井通风安全装备标准	计划
471	GB 50520—2009	核工业铀水冶厂尾矿库、尾渣库安全设计规范	计划
472	GB 50521—2009	核工业铀矿冶工程设计规范	计划
473	GB/T 50522—2009	核电厂建设工程监理规范	计划
474	GB 50523—2010	电子工业职业安全卫生设计规范	计划
475	GB 50524—2010	红外线同声传译系统工程技术规范	计划
476	GB/T 50525—2010	视频显示系统工程测量规范	计划
477	GB 50526—2010	公共广播系统工程技术规范	计划
478	GB 50527—2009	平板玻璃工厂节能设计规范	计划
479	GB 50528—2009	烧结砖瓦工厂节能设计规范	计划
480	GB 50529—2009	维纶工厂设计规范	计划
481	GB 50530—2010	氧化铝厂工艺设计规范	计划
482	GB/T 50531—2009	建设工程计价设备材料划分标准	计划
483	GB 50532—2009	煤炭工业矿区机电设备修理设施设计规范	计划
484	GB 50533—2009	煤矿井下辅助运输设计规范	计划
485	GB 50534—2009	煤矿采区车场和硐室设计规范	计划
486	GB 50535—2009	煤矿井底车场设计规范	计划
487	GB 50536—2009	煤矿综采采区设计规范	计划
488	GB/T 50537—2009	油气田工程测量规范	计划
489	GB/T 50538—2010	埋地钢质管道防腐保温层技术标准	计划
490	GB/T 50539—2009	油气输送管道工程测量规范	计划
491	GB 50540—2009	石油天然气站内工艺管道工程施工规范	计划
492	GB 50541—2009	钢铁企业原料场工艺设计规范	计划
493	GB 50542—2009	石油化工厂区管线综合技术规范	计划
494	GB 50543—2009	建筑卫生陶瓷工厂节能设计规范	计划
495	GB 50544—2009	有色金属企业总图运输设计规范	计划
496	GB 50545—2010	110kV～750kV 架空输电线路设计规范	计划
497	GB/T 50546—2009	城市轨道交通线网规划编制标准	建工
498	GB 50547—2010	尾矿堆积坝岩土工程技术规范	计划

工程建设国家标准目录

序号	标 准 编 号	标 准 名 称	出版社
499	GB 50548—2010	330kV～750kV 架空输电线路勘测规范	计划
500	GB/T 50549—2010	电厂标识系统编码标准	计划
501	GB 50550—2010	建筑结构加固工程施工质量验收规范	建工
502	GB 50551—2010	球团机械设备安装工程质量验收规范	计划
503	GB/T 50552—2010	煤炭工业露天矿工程建设项目设计文件编制标准	计划
504	GB/T 50553—2010	煤碳工业选煤厂工程建设项目设计文件编制标准	计划
505	GB/T 50554—2010	煤碳工业矿井工程建设项目设计文件编制标准	计划
506	GB 50555—2010	民用建筑节水设计标准	建工
507	GB 50556—2010	工业企业电气设备抗震设计规范	计划
508	GB/T 50557—2010	重晶石防辐射混凝土应用技术规范	计划
509	GB 50558—2010	水泥工厂环境保护设计规范	计划
510	GB 50559—2010	玻璃工厂环境保护设计规范	计划
511	GB 50560—2010	建筑卫生陶瓷工厂设计规范	计划
512	GB/T 50561—2010	建材工业设备安装工程施工及验收规范	计划
513	GB/T 50562—2010	煤碳矿井工程基本术语标准	计划
514	GB/T 50563—2010	城市园林绿化评价标准	建工
515	GB/T 50564—2010	金属非金属矿山采矿制图标准	计划
516	GB 50565—2010	纺织工程设计防火规范	计划
517	GB 50566—2010	冶金除尘设备工程安装与质量验收规范	计划
518	GB 50567—2010	炼铁工艺炉壳体结构技术规范	计划
519	GB 50568—2010	油气田及管道岩土工程勘察规范	计划
520	GB 50569—2010	钢铁企业热力设施设计规范	计划
521	GB/T 50571—2010	海上风力发电工程施工规范	计划
522	GB/T 50572—2010	核电厂工程地震调查与评价规范	计划
523	GB 50573—2010	双曲线冷却塔施工与质量验收规范	计划
524	GB 50574—2010	墙体材料应用统一技术规范	建工
525	GB 50575—2010	1kV 及以下配线工程施工与验收规范	计划
526	GB 50576—2010	铝合金结构工程施工质量验收规范	计划
527	GB 50577—2010	水泥工厂职业安全卫生设计规范	计划
528	GB 50578—2010	城市轨道交通信号工程施工质量验收规范	计划
529	GB 50579—2010	航空工业理化测试中心设计规范	计划
530	GB 50580—2010	连铸工程设计规范	计划
531	GB 50581—2010	煤炭工业矿井监测监控系统装备配置标准	计划
532	GB 50582—2010	室外作业场地照明设计标准	建工
533	GB 50583—2010	选煤厂建筑结构设计规范	计划
534	GB 50584—2010	煤气余压发电装置技术规范	计划
535	GB 50585—2010	岩土工程勘察安全规范	计划
536	GB 50586—2010	铝母线焊接工程施工及验收规范	计划
537	GB/T 50587—2010	水库调度设计规范	计划

序号	标准编号	标准名称	出版社
538	GB 50588—2010	水泥工厂余热发电设计规范	计划
539	GB/T 50589—2010	环氧树脂自流平地面工程技术规范	计划
540	GB/T 50590—2010	乙烯基酯树脂防腐蚀工程技术规范	计划
541	GB 50591—2010	洁净室施工及验收规范	建工
542	GB 50592—2010	煤矿矿井建筑结构设计规范	计划
543	GB/T 50593—2010	煤炭矿井制图标准	计划
544	GB/T 50594—2010	水功能区划分标准	计划
545	GB 50595—2010	有色金属矿山节能设计规范	计划
546	GB/T 50596—2010	雨水集蓄利用工程技术规范	计划
547	GB/T 50597—2010	纺织工程常用术语、计量单位及符号标准	计划
548	GB 5050598—2010	水泥原料矿山工程设计规范	计划
549	GB 50599—2010	灌区改造技术规范	计划
550	GB/T 50600—2010	渠道防渗工程技术规范	计划
551	GB 50601—2010	建筑物防雷工程施工与质量验收规范	计划
552	GB/T 50602—2010	球形储罐γ射线全景曝光现场检测标准	计划
553	GB 50603—2010	钢铁企业总图运输设计规范	计划
554	GB/T 50604—2010	民用建筑太阳能热水系统评价标准	建工
555	GB/T 50605—2010	住宅区和住宅建筑内设施工程设计规范	计划
556	GB 50606—2010	智能建筑工程施工规范	计划
557	GB 50607—2010	高炉喷吹煤粉工程设计规范	计划
558	GB 50608—2010	纤维增强复合材料建设工程应用技术规范	计划
559	GB/T 50609—2010	石油化工工厂信息系统设计规范	计划
560	GB/T 50610—2010	车用乙醇汽油储运设计规范	计划
561	GB 50611—2010	电子工程防静电设计规范	计划
562	GB 50612—2010	冶金矿山选矿厂工艺设计规范	计划
563	GB 50613—2010	城市配电网规划设计规范	计划
564	GB 50614—2010	跨座式单轨交通施工及验收规范	建工
565	GB 50615—2010	冶金工业水文地质勘察规范	计划
566	GB 50616—2010	钢冶炼厂工艺设计规范	计划
567	GB 50617—2010	建筑电气照明装置施工与验收规范	计划
568	GB 50618－2011	房屋建筑和市政基础设施工程质量检测技术管理规范	建工
569	GB/T 50619—2010	火力发电厂海水淡化工程设计规范	计划
570	GB 50620—2010	粘胶纤维工厂设计规范	计划
571	GB/T 50621—2010	钢结构现场检测技术标准	建工
572	GB/T 50622—2010	用户电话交换系统工程设计规范	计划
573	GB/T 50623—2010	用户电话交换系统工程验收规范	计划
574	GB/T 50624—2010	住宅区和住宅建筑内通信设施工程设计规范	计划
575	GB/T 50625—2010	机井技术规范	计划

工程建设国家标准目录

序号	标准编号	标准名称	出版社
576	GB/T 50626—2010	住房公积金支持保障性住房建设项目贷款业务规范	建工
577	GB/T 50627—2010	城镇供热系统评价标准	建工
578	GB 50628—2010	钢管混凝土工程施工质量验收规范	建工
579	GB 50629—2010	板带轧钢工艺设计规范	计划
580	GB 50630—2010	有色金属工程设计防火规范	计划
581	GB 50631—2010	住宅信报箱工程技术规范	计划
582	GB 50632—2010	钢铁企业节能设计规范	计划
583	GB 50633—2010	核电厂工程测量技术规范	计划
584	GB 50634—2010	水泥窑协同处置工业废物设计规范	计划
585	GB 50635—2010	会议电视会场系统工程设计规范	计划
586	GB 50636—2010	城市轨道交通综合监控系统工程设计规范	计划
587	GB/T 50637—2010	弹体毛坯旋压工艺设计规范	计划
588	GB/T 50638—2010	麻纺织设备工程安装与质量验收规范计	计划
589	GB 50639—2010	锦纶工厂设计规范	计划
590	GB/T 50640—2010	建筑工程绿色施工评价标准	计划
591	GB 50641—2010	有色金属矿山井巷安装工程施工及验收规范	计划
592	GB 50642—2011	无障碍设施施工验收及维护规范	计划
593	GB 50643—2010	橡胶工厂职业安全与卫生设计规范	计划
594	GB/T 50644—2011	油气管道工程建设项目设计文件编制标准	计划
595	GB 50645—2011	石油化工绝热工程施工质量验收规范	计划
596	GB 50646—2011	特种气体系统工程技术规范	计划
597	GB 50647—2011	城市道路交叉口规划规范	计划
598	GB 50648—2011	化学工业循环冷却水系统设计规范	计划
599	GB/T 50649—2011	水利水电工程节能设计规范	计划
600	GB 50650—2011	石油化工装置防雷设计规范	计划
601	GB/T 50651—2011	煤炭工业矿区总体规划文件编制标准	计划
602	GB 50652—2011	城市轨道交通地下工程建设风险管理规范	建工
603	GB 50653—2011	有色金属矿山井巷工程施工规范	计划
604	GB 50654—2011	有色金属工业安装工程质量验收统一标准	计划
605	GB/T 50655—2011	化工厂蒸汽系统设计规范	计划
606	GB 50656—2011	施工企事业安全生产管理规范	计划
607	GB/T 50657—2011	煤炭露天采矿制图标准	计划
608	GB/T 50658—2011	煤炭工业矿区机电设备修理厂工程建设项目设计文件编制标准	计划
609	GB/T 50659—2011	煤炭工业矿区水煤浆工程建设项目设计文件编制标准	计划
610	GB 50660—2011	大中型火力发电厂设计规范	计划
611	GB 50661—2011	钢结构焊接规范	建工

工程建设国家标准目录

序号	标 准 编 号	标 准 名 称	出版社
612	GB/T 50662—2011	水工建筑物抗冰冻设计规范	计划
613	GB/T 50663—2011	核电厂工程水文技术规范	计划
614	GB/T 50664—2011	棉纺织设备工程安装与质量验收规范	计划
615	GB 50665—2011	1000kV 架空输电线路设计规范	计划
616	GB 50666—2011	混凝土结构工程施工规范	建工
617	GB 50667—2011	印染设备工程安装与质量验收规范	计划
618	GB/T 50668—2011	节能建筑评价标准	建工
619	GB 50669—2011	钢筋混凝土筒仓施工与质量验收规范	建工
620	GB/T 50670—2011	机械设备安装工程术语标准	计划
621	GB 50671—2011	飞机喷漆机库设计规范	计划
622	GB 50672—2011	钢铁企业综合污水处理厂工艺设计规范	计划
623	GB 50673—2011	有色金属冶炼厂电力设计规范	计划
624	GB/T 50675—2011	纺织工程制图标准	计划
625	GB/T 50676—2011	铀燃料元件厂混凝土结构厂房可靠性鉴定技术规范	计划
626	GB 50677—2011	空分制氧设备安装工程施工与质量验收规范	计划
627	GB 50678—2011	废弃电器电子产品处理工程设计规范	计划
628	GB 50679—2011	炼铁机械设备安装规范	计划
629	GB/T 50680—2012	城镇燃气工程术语标准	建工
630	GB 50681—2011	机械工业厂房建筑设计规范	计划
631	GB 50682—2011	预制组合立管技术规范	建工
632	GB 50683—2011	现场设备、工业管道焊接工程施工质量验收规范	计划
633	GB 50684—2011	化学工业污水处理与回用设计规范	计划
634	GB 50685—2011	电子工业纯水系统设计规范	计划
635	GB 50685—2011	传染病医院建筑施工及验收规范	建工
636	GB 50687—2011	食品工业洁净用房建筑技术规范	建工
637	GB 50688—2011	城市道路交通设施设计规范	计划
638	GB 50689—2011	通信局（站）防雷与接地工程设计规范	计划
639	GB 50690—2011	石油化工非金属管道工程施工质量验收规范	计划
640	GB/T 50691—2011	油气田地面工程建设项目设计文件编制标准	计划
641	GB/T 50692—2011	天然气处理厂工程建设项目设计文件编制标准	计划
642	GB 50693—2011	坡屋面工程技术规范	建工
643	GB 50694—2011	酒厂设计防火规范	计划
644	GB 50695—2011	涤纶、锦纶、丙纶设备工程安装与质量验收规范	计划
645	GB 50696—2011	钢铁企业冶金设备基础设计规范	计划
646	GB 50697—2011	1000kV 变电站设计规范	计划
647	GB 50698—2011	埋地钢质管道交流干扰防护技术标准	计划
648	GB 50699—2011	液压振动台基础技术规范	计划
649	GB/T 50700—2011	小型水电站技术改造规范	计划

工程建设国家标准目录

序号	标准编号	标准名称	出版社
650	GB 50701—2011	烧结砖瓦工厂设计规范	计划
651	9B50702—2011	砌体结构设加固设计规范	建工
652	GB/T 50703—2011	电力系统安全自动装置设计规范	计划
653	GB 50704—2011	硅太阳能电池工厂设计规范	计划
654	GB 50705—2012	服装工厂设计规范	计划
655	GB 50706—2011	水利水电工程劳动安全与工业卫生设计规范	计划
656	GB 50707—2011	河道整治设计规范	计划
657	GB/T 50708—2012	胶合木结构技术规范	建工
658	GB 50709—2011	钢铁企业管道支架设计规范	计划
659	GB 50710—2011	电子工程节能设计规范	计划
660	GB 50711—2011	冶炼烟气制酸设备安装工程施工规范	计划
661	GB 50712—2011	冶炼烟气制酸设备安装工程质量验收规范	计划
662	GB 50713—2011	板带精整工艺设计规范	计划
663	GB 50714—2011	钢管涂层车间工艺设计规范	计划
664	GB 50715—2011	地铁工程施工安全评价标准	计划
665	GB 50716—2011	重有色金属冶炼设备安装工程施工规范	计划
666	GB 50717—2011	重有色金属冶炼设备安装工程质量验收规范	计划
667	GB 50718—2011	建材工厂工程建设项目设计文件编制标准	计划
668	GB/T 50719—2011	电磁屏蔽室工程技术规范	计划
669	GB 50720—2011	建设工程施工现场消防安全技术规范	计划
670	GB 50721—2011	钢铁企业给水排水设计规范	计划
671	GB 50722—2011	城市轨道交通建设项目管理规范	建工
672	GB 50723—2011	烧结机械设备安装规范	计划
673	GB 50724—2011	大宗气体纯化及输送系统工程技术规范	计划
674	GB 50725—2011	液晶显示器件生产设备安装工程施工及验收规范	计划
675	GB 50726—2011	工业设备及管道防腐蚀工程施工规范	计划
676	GB 50727—2011	工业设备及管道防腐蚀工程施工质量验收规范	计划
677	GB 50728—2011	工程结构加固材料安全性鉴定技术规范	建工
678	GB 50729—2012	±800kV及以下直流换流站土建工程施工质量验收规范	计划
679	GB 50730—2011	冶金机械液压、润滑和气动设备工程施工规范	计划
680	GB/T 50731—2011	建材工程术语标准	计划
681	GB/T 50732—2011	城市轨道交通综合监控系统工程施工与质量验收规范	计划
682	GB/T 50733—2011	预防混凝土碱骨料应用技术规程	建工
683	GB 50734—2012	冶金工业建设钻探技术规范	计划
684	GB 50735—2011	铁合金工艺及设备设计规范	计划
685	GB 50736—2012	民用建筑供暖通风与空气调节设计规范	建工
686	GB 50737—2011	石油储备库设计规范	计划
687	GB 50738—2011	通风与空调工程施工规范	建工
688	GB 50739—2011	复合土钉墙基坑支护技术规范	计划
689	GB 50742—2012	炼钢机械设备安装规范	计划

工程建设国家标准目录

序号	标 准 编 号	标 准 名 称	出版社
690	GB/T 50744—2011	轧机机械设备安装规范	计划
691	GB 50745—2012	核电厂常规岛设计规范	计划
692	GB/T 50746—2012	石油化工循环水场设计规范	计划
693	GB 50747—2012	石油化工污水处理设计规范	计划
694	GB/T 50748—2011	选煤工艺制图标准	计划
695	GB 50749—2012	冶金工业建设岩土工程勘察规范	计划
696	GB 50750—2012	粘胶纤维设备工程安装与质量验收规范	计划
697	GB 50751—2012	医用气体工程技术规范	计划
698	GB 50752—2012	电子辐射工程技术规范	计划
699	GB 50753—2012	有色金属冶炼厂收尘设计规范	计划
700	GB 50754—2012	挤压钢管工程设计规范	计划
701	GB 50755—2012	钢结构工程施工规范	建工
702	GB/T 50756—2012	钢制储罐地基处理技术规范	计划
703	GB 50757—2012	水泥窑协同处置污泥工程设计规范	计划
704	GB 50758—2012	有色金属加工厂节能设计规范	计划
705	GB 50759—2012	油品装载系统油气回收设施设计规范	计划
706	GB/T 50760—2012	数字集群通信工程技术规范	计划
707	GB 50761—2012	石油化工钢制设备抗震设计规范	计划
708	GB 50762—2012	秸秆发电厂设计规范	计划
709	GB 50763—2012	无障碍设计规范	建工
710	GB 50764—2012	电厂动力管道设计规范	计划
711	GB 50765—2012	炭素厂工艺设计规范	计划
712	GB 50766—2012	水利水电工程压力钢管制作安装及验收规范	计划
713	GB/T 50768—2012	白蚁防治工程基本术语标准	建工
714	GB/T 50769—2012	节水灌溉工程验收规范	计划
715	GB 50771—2012	有色金属采矿设计规范	计划
716	GB/T 50772—2012	木结构工程施工规范	建工
717	GB 50773—2012	蓄滞洪区设计规范	计划
718	GB 50774—2012	±800kV 及以下换流站干式平波电抗器施工及验收规范	计划
719	GB/T 50775—2012	±800kV 及以下换流站换流阀施工及验收规范	计划
720	GB 50776—2012	±800kV 及以下换流站换流变压器施工及验收规范	计划
721	GB 50777—2012	±800kV 及以下换流站构支架施工及验收规范	计划
722	GB 50778—2012	露天煤矿岩土工程勘察规范	计划
723	GB 50779—2012	石油化工控制室抗爆设计规范	计划
724	GB/T 50785—2012	民用建筑室内热湿环境评价标准	建工
725	GB/T 50786—2012	建筑电气制图标准	建工
726	GB 50787—2012	民用建筑太阳能空调工程技术规范	建工
727	GB 50788—2012	城镇给水排水技术规范	建工

住建部工程建设建筑工程行业标准目录

序号	标准编号	标准名称	出版社
1	JGJ 1—1991	装配式大板居住建筑设计和施工规程	建工
2	JGJ 2—1979	工业厂房墙板设计与施工规程	建工
3	JGJ 3—2010	高层建筑混凝土结构技术规程	建工
4	JGJ 6—2011	高层建筑箱形与筏形基础技术规范	建工
5	JGJ 7—2010	空间网格结构技术规程	建工
6	JGJ 8—2007	建筑变形测量规程	建工
7	JGJ/T 10—2011	混凝土泵送施工技术规程	建工
8	JGJ 12—2006	轻骨料混凝土结构技术规程	建工
9	JGJ/T 14—2004	混凝土小型空心砌块建筑技术规程	建工
10	JGJ/T 15—2008	早期推定混凝土强度试验方法	建工
11	JGJ 16—2008	民用建筑电气设计规范	建工
12	JGJ/T 17—2008	蒸压加气混凝土建筑应用技术规程	建工
13	JGJ 18—2012	钢筋焊接及验收规程	建工
14	JGJ 19—2010	冷拔低碳钢丝应应用技术规程	建工
15	JGJ/T 21—1993	V型折板屋盖设计与施工规程	计划
16	JGJ 22—2012	钢筋混凝土薄壳结构设计规程	建工
17	JGJ/T 23—2011	回弹法检测混凝土抗压强度技术规程	建工
18	JGJ 25—2010	档案馆建筑设计规范	建工
19	JGJ 26—2010	严寒和寒冷地区居住建筑节能设计标准	建工
20	JGJ/T 27—2001	钢筋焊接接头试验方法标准	建工
21	JGJ/T 29—2003	建筑涂饰工程施工及验收规程	建工
22	JGJ/T 30—2003	房地产业基本术语标准	建工
23	JGJ 31—2003	体育建筑设计规范	建工
24	JGJ 33—2012	建筑机械使用安全技术规程	建工
25	JGJ 35—1987	建筑气象参数标准	建工
26	JGJ 36—2005	宿舍建筑设计规范	建工
27	JGJ 38—1999	图书馆建筑设计规范	建工
28	JGJ 39—1987	托儿所、幼儿园建筑设计规范	建工
29	JGJ 40—1987	疗养院建筑设计规范	建工
30	JGJ 41—1987	文化馆建筑设计规范	建工
31	JGJ 46—2005	施工现场临时用电安全技术规范	建工
32	JGJ 48—1988	商店建筑设计规范	建工
33	JGJ 49—1988	综合医院建筑设计规范	建工
34	JGJ 50—2001	城市道路和建筑物无障碍设计规范	建工
35	JGJ 51—2002	轻骨料混凝土技术规程	建工
36	JGJ 52—2006	普通混凝土用砂、石质量及检验方法标准	建工
37	JGJ/T 53—2011	房屋渗漏修缮技术规程	建工
38	JGJ 55—2011	普通混凝土配合比设计规程	建工
39	JGJ 57—2000	剧场建筑设计规范	建工

住建部工程建设建筑工程行业标准目录

序号	标 准 编 号	标 准 名 称	出版社
40	JGJ 58—2008	电影院建筑设计规范	建工
41	JGJ 59—2011	建筑施工安全检查标准	建工
42	JGJ 60—1999	汽车客运站建筑设计规范	建工
43	JGJ 61—2003	网壳结构技术规程	建工
44	JGJ 62—1990	旅馆建筑设计规范	计划
45	JGJ 63—2006	混凝土用水标准	建工
46	JGJ 64—1989	饮食建筑设计规范	建工
47	JGJ 65—1989	液压滑动模板施工安全技术规程	建工
48	JGJ 66—1991	博物馆建筑设计规范	建工
49	JGJ 67—2006	办公建筑设计规范	建工
50	JGJ 69—1990	PY 型预钻式旁压试验规程	建工
51	JGJ/T 70—2009	建筑砂浆基本性能试验方法标准	建工
52	JGJ 72—2004	高层建筑岩土工程勘察规程	建工
53	JGJ 73—1991	建筑装饰工程施工及验收规范	建工
54	JGJ 74—2003	建筑工程大模板技术规程	建工
55	JGJ 75—2003	夏热冬暖地区居住建筑节能设计标准	建工
56	JGJ 76—2003	特殊教育学校建筑设计规范	建工
57	JGJ/T 77—2010	施工企业安全生产评价标准	建工
58	JGJ 79—2002	建筑地基处理技术规范	建工
59	JGJ 80—1991	建筑施工高处作业安全技术规范	计划
60	JGJ 81—2002	建筑钢结构焊接技术规程	建工
61	JGJ 82—2011	钢结构高强度螺栓连接技术规程	建工
62	JGJ 83—2011	软土地区岩土工程勘察规程	建工
63	JGJ 84—1992	建筑岩土工程勘察基本术语标准	建工
64	JGJ 85—2010	预应力筋用锚具、夹具和连接器应用技术规程	建工
65	JGJ 86—1992	港口客运站建筑设计规范	计划
66	JGJ/T 87—2012	建筑工程地质勘探与取样技术规程	建工
67	JGJ 88—2010	龙门架及井架物料提升机安全技术规范	建工
68	JGJ 91—1993	科学实验建筑设计规范	建工
69	JGJ 92—2004	无粘结预应力混凝土技术规程	建工
70	JGJ 94—2008	建筑桩基技术规范	建工
71	JGJ 95—2011	冷轧带肋钢筋混凝土结构技术规程	建工
72	JGJ 96—2011	钢框胶合板模板技术规程	建工
73	JGJ/T 97—2011	工程抗震术语标准	建工
74	JGJ/T 98—2010	砌筑砂浆配合比设计规程	建工
75	JGJ 99—1998	高层民用建筑钢结构技术规程	建工
76	JGJ 100—1998	汽车库建筑设计规范	建工
77	JGJ 101—1996	建筑抗震试验方法规程	建工
78	JGJ 102—2003	玻璃幕墙工程技术规范	建工
79	JGJ 103—2008	塑料门窗安装及验收规程	建工
80	JGJ/T 104—2011	建筑工程冬期施工规程	建工
81	JGJ/T 105—1996	机械喷涂抹灰施工规程	建工
82	JGJ 106—2003	建筑基桩检测技术规范	建工

住建部工程建设建筑工程行业标准目录

序号	标准编号	标准名称	出版社
83	JGJ 107—2010	钢筋机械连接通用技术规程	建工
84	JGJ 108—1996	带肋钢筋套筒挤压连接技术规程	建工
85	JGJ 109—1996	钢筋锥螺纹接头技术规程	建工
86	JGJ 110—2008	建筑工程饰面砖粘结强度检验标准	建工
87	JGJ/T 111—1998	建筑与市政降水工程技术规范	建工
88	JGJ 113—2009	建筑玻璃应用技术规程	建工
89	JGJ 114—2003	钢筋焊接网混凝土结构技术规程	建工
90	JGJ 115—2006	冷轧扭钢筋混凝土构件技术规程	建工
91	JGJ 116—2009	建筑抗震加固技术规程	建工
92	JGJ 117—1998	民用建筑修缮工程查勘与设计规程	建工
93	JGJ 118—2011	冻土地区建筑地基基础设计规范	建工
94	JGJ/T 119—2008	建筑照明术语标准	建工
95	JGJ 120—2012	建筑基坑支护技术规程	建工
96	JGJ/T 121—1999	工程网络计划技术规程	建工
97	JGJ 122—1999	老年人建筑设计规范	建工
98	JGJ 123—2000	既有建筑地基基础加固技术规范	建工
99	JGJ 124—1999	殡仪馆建筑设计规范	建工
100	JGJ 125—1999（2004年版）	危险房屋鉴定标准	建工
101	JGJ 126—2000	外墙饰面砖工程施工及验收规程	建工
102	JGJ 127—2000（2006年版）	看守所建筑设计规范	建工
103	JGJ 128—2010	建筑施工门式钢管脚手架安全技术规范	建工
104	JGJ 129—2000	既有采暖居住建筑节能改造技术规程	建工
105	JGJ 130—2011	建筑施工扣件式钢管脚手架安全技术规范	建工
106	JGJ/T 131—2000	体育馆声学设计及测量规程	建工
107	JGJ/T 132—2009	居住建筑节能检验标准	建工
108	JGJ 133—2001	金属与石材幕墙工程技术规范	建工
109	JGJ 134—2010	夏热冬冷地区居住建筑节能设计标准	建工
110	JGJ 135—2007	载体桩设计规程	建工
111	JGJ/T 136—2001	贯入法检测砌筑砂浆抗压强度技术规程	建工
112	JGJ 137—2001（2002年版）	多孔砖砌体结构技术规范	建工
113	JGJ 138—2001	型钢混凝土组合结构技术规程	建工
114	JGJ/T 139—2001	玻璃幕墙工程质量检验标准	建工
115	JGJ 140—2004	预应力混凝土结构抗震设计规程	建工
116	JGJ 141—2004	通风管道技术规程	建工
117	JGJ 142—2004	地面辐射供暖技术规程	建工
118	JGJ 143—2004	多道瞬态面波勘察技术规程	建工
119	JGJ 144—2004	外墙外保温工程技术规程	建工
120	JGJ 145—2004	混凝土结构后锚固技术规程	建工
121	JGJ 146—2004	建筑施工现场环境与卫生标准	建工
122	JGJ 147—2004	建筑拆除工程安全技术规范	建工
123	JGJ 149—2006	混凝土异形柱结构技术规程	建工
124	JGJ 150—2008	擦窗机安装工程质量验收规程	建工
125	JGJ 151—2008	建筑门窗玻璃幕墙热工计算规程	建工

住建部工程建设建筑工程行业标准目录

序号	标准编号	标准名称	出版社
126	JGJ/T 152—2008	混凝土中钢筋检测技术规程	建工
127	JGJ 153—2007	体育场馆照明设计及检测标准	建工
128	JGJ/T 154—2007	民用建筑能耗数据采集标准	建工
129	JGJ 155—2007	种植屋面工程技术规程	建工
130	JGJ 156—2008	镇（乡）村文化中心建筑设计规范	建工
131	JGJ 157—2008	建筑轻质条板隔墙技术规程	建工
132	JGJ 158—2008	蓄冷空调工程技术规程	建工
133	JGJ 159—2008	古建筑修建工程施工与质量验收规范	建工
134	JGJ 160—2008	施工现场机械设备检查技术规程	建工
135	JGJ 161—2008	镇（乡）村建筑抗震技术规程	建工
136	JGJ 162—2008	建筑施工模板安全技术规范	建工
137	JGJ/T 163—2008	城市夜景照明设计规范	建工
138	JGJ 164—2008	建筑施工木脚手架安全技术规范	建工
139	JGJ 165—2010	地下建筑工程逆作法技术规程	建工
140	JGJ 166—2008	建筑施工碗扣式钢管脚手架安全技术规范	建工
141	JGJ 167—2009	湿陷性黄土地区建筑基坑工程安全技术规程	建工
142	JGJ 168—2009	建筑外墙清洗维护技术规程	建工
143	JGJ 169—2009	清水混凝土应用技术规程	建工
144	JGJ/T 170—2009	城市轨道交通引起建筑物振动与二次辐射噪声限值及其测量方法标准	建工
145	JGJ 171—2009	三岔双向挤扩灌注桩设计规程	建工
146	JGJ/T 172—2012	建筑陶瓷薄板应用技术规程	建工
147	JGJ 173—2009	供热计量技术规程	建工
148	JGJ 174—2010	多联机空调系统工程技术规程	建工
149	JGJ/T 175—2009	自流平地面工程技术规程	建工
150	JGJ 176—2009	公共建筑节能改造技术规范	建工
151	JGJ/T 177—2009	公共建筑节能检测标准	建工
152	JGJ/T 178—2009	补偿收缩混凝土应用技术规程	建工
153	JGJ/T 179—2009	体育建筑智能化系统工程技术规程	建工
154	JGJ/T 180—2009	建筑施工土石方工程安全技术规范	建工
155	JGJ/T 181—2009	房屋建筑与市政基础设施工程检测分类标准	建工
156	JGJ/T 182—2009	锚杆锚固质量无损检测技术规程	建工
157	JGJ 183—2009	液压升降整体脚手架安全技术规程	建工
158	JGJ 184—2009	建筑施工作业劳动防护用品配备用使用标准	建工
159	JGJ/T 185—2009	建筑工程资料管理规程	建工
160	JGJ/T 186—2009	逆作复合桩基技术规程	建工
161	JGJ/T 187—2009	塔式起重机混凝土基础工程技术规程	建工
162	JGJ/T 188—2009	施工现场临时建筑物技术规范	建工
163	JGJ/T 189—2009	建筑起重机械安全评估技术规程	建工
164	JGJ 190—2010	建筑工程检测试验技术管理规范	建工
165	JGJ/T 191—2009	建筑材料术语标准	建工
166	JGJ/T 192—2009	钢筋阻锈剂应用技术规程	建工
167	JGJ/T 193—2009	混凝土耐久性检验评定标准	建工

住建部工程建设建筑工程行业标准目录

序号	标准编号	标准名称	出版社
168	JGJ/T 194—2009	钢管满堂支架预压技术规程	建工
169	JGJ 195—2010	液压爬升模板工程技术规程	建工
170	JGJ 196—2010	建筑塔式塔式起重机安装、使用、拆卸安全技术规程	建工
171	JGJ/T 197—2010	混凝土预制拼装塔机基础技术规程	建工
172	JGJ 198—2010	施工企业工程建设技术标准化管理规范	建工
173	JGJ 199—2010	型钢水泥土搅拌墙技术规程	建工
174	JGJ/T 200—2010	喷涂聚脲防水工程技术规程	建工
175	JGJ/T 201—2010	石膏砌块砌体技术规程	建工
176	JGJ 202—2010	建筑施工工具式脚手架安全技术规范	建工
177	JGJ 203—2010	民用建筑太阳能光伏系统应用技术规范	建工
178	JGJ/T 204—2010	建筑施工企业管理基础数据标准	建工
179	JGJ/T 205—2010	建筑门窗工程检测技术规程	建工
180	JGJ 206—2010	海砂混凝土应用技术规范	建工
181	JGJ/T 207—2010	装配箱混凝土空心楼盖结构技术规程	建工
182	JGJ/T 208—2010	后锚固法检测混凝土抗压强度技术规程	建工
183	JGJ/T 209—2010	轻型钢结构住宅技术规程	建工
184	JGJ/T 210—2010	刚—柔性桩复合地基技术规程	建工
185	JGJ/T 211—2010	建筑工程水泥—水玻璃双液注浆技术规程	建工
186	JGJ/T 212—2010	地下工程渗漏治理技术规程	建工
187	JGJ/T 213—2010	现浇混凝土大直径管桩复合地基技术规程	建工
188	JGJ/T 214—2010	铝合金门窗工程技术规范	建工
189	JGJ 215—2010	建筑施工升降机安装、使用、拆卸安全技术规程	建工
190	JGJ/T 216—2010	铝合金结构工程施工规程	建工
191	JGJ 217—2010	纤维石膏空心大板复合墙体结构技术规程	建工
192	JGJ 218—2010	展览建筑设计规范	建工
193	JGJ 219—2010	混凝土结构用钢筋间隔件应用技术规程	建工
194	JGJ/T 220—2010	抹灰砂浆技术规程	建工
195	JGJ/T 221—2010	纤维混凝土应用技术规程	建工
196	JGJ/T 222—2011	建筑工程可持续性评价标准	建工
197	JGJ/T 223—2010	预拌砂浆应用技术规程	建工
198	JGJ 224—2010	预制预应力混凝土装配整体式框架结构技术规程	建工
199	JGJ/T 225—2010	大直径扩底灌注桩技术规程	建工
200	JGJ/T 226—2011	低张拉控制应力拉索技术规程	建工
201	JGJ 227—2011	低层冷弯薄壁型钢房屋建筑技术规程	建工
202	JGJ/T 228—2010	植物纤维工业灰渣混凝土砌块建筑技术规程	建工
203	JGJ/T 229—2010	民用建筑绿色设计规范	建工
204	JGJ 230—2010	倒置式屋面工程技术规程	建工
205	JGJ 231—2010	建筑施工承插型盘扣式钢管支架安全技术规程	建工
206	JGJ 232—2011	矿物绝缘电缆敷设技术规程	建工
207	JGJ/T 233—2011	水泥土配合比设计规程	建工
208	JGJ/T 234—2011	择压法检测砌筑砂浆抗压强度技术规程	建工
209	JGJ/T 235—2011	建筑外墙防水工程技术规程	建工

住建部工程建设建筑工程行业标准目录

序号	标准编号	标准名称	出版社
210	JGJ/T 236—2011	建筑产品信息系统基础数据规范	建工
211	JGJ 237—2011	建筑遮阳工程技术规范	建工
212	JGJ/T 238—2011	混凝土基层喷浆处理技术规范	建工
213	JGJ/T 239—2011	建（构）筑物移位工程技术规程	建工
214	JGJ/T 240—2011	再生骨料应用技术规程	建工
215	JGJ/T 241—2011	人工砂混凝土应用技术规程	建工
216	JGJ 242—2011	住宅建筑电气设计规范	建工
217	JGJ/T 244—2011	房屋建筑室内装饰装修制图标准	建工
218	JGJ/T 245—2011	房屋白蚁预防技术规程	建工
219	JGJ/T 246—2012	房屋代码编码标准	建工
220	JGJ 248—2012	底部框架—抗震墙砌体房屋抗震技术规程	建工
221	JGJ/T 249—2011	拱形钢结构技术规程	建工
222	JGJ/T 250—2011	建筑与市政工程施工现场专业人员职业标准	建工
223	JGJ/T 251—2011	建筑钢结构防腐蚀技术规程	建工
224	JGJ/T 252—2011	房地产市场基础信息数据标准	建工
225	JGJ 253—2011	无机轻集料砂浆保温系统技术规程	建工
226	JGJ/T 254—2011	建筑施工竹脚手架安全技术规范	建工
227	JGJ 255—2012	采光顶与金属屋面技术规程	建工
228	JGJ 256—2011	钢筋锚固板应用技术规程	建工
229	JGJ 257—2012	索结构技术规程	建工
230	JGJ/T 258—2011	预制带肋底板混凝土叠合楼板技术规程	建工
231	JGJ/T 259—2012	混凝土结构耐久性修复与防护技术规程	建工
232	JGJ/T 261—2011	外墙内保温工程技术规程	建工
233	JGJ/T 262—2012	住宅厨房模数协调标准	建工
234	JGJ/T 263—2012	住宅卫生间模数协调标准	建工
235	JGJ/T 264—2012	光伏建筑一体化系统运行与维护规范	建工
236	JGJ/T 265—2012	轻型木桁架技术规范	建工
237	JGJ 266—2011	市政架桥机安全使用技术规程	建工
238	JGJ/T 267—2012	被动式太阳能建筑技术规范	建工
239	JGJ/T 268—2012	现浇混凝土空心楼盖技术规程	建工
240	JGJ/T 269—2012	轻型钢丝网架聚苯板混凝土构件应用技术规程	建工
241	JGJ/T 271—2012	混凝土结构工程无机材料后锚固技术规程	建工
242	JGJ/T 272—2012	建筑施工企业信息化评价标准	建工
243	JGJ/T 273—2012	钢丝网架混凝土复合板结构技术规程	建工
244	JGJ/T 274—2012	装饰多孔砖夹心复合墙技术规程	建工
245	JGJ 276—2012	建筑施工起重吊装工程安全技术规范	建工
246	JGJ/T 277—2012	红外热像法检测建筑外墙饰面粘结质量技术规程	建工
247	JGJ 278—2012	房地产登记技术规程	建工
248	JGJ/T 279—2012	建筑结构体外预应力加固技术规程	建工
249	JGJ/T 280—2012	中小学校体育设施技术规程	建工
250	JGJ/T 281—2012	高强混凝土应用技术规程	建工
251	JGJ/T 282—2012	高压喷射扩大头锚杆技术规程	建工
252	JGJ/T 283—2012	自密实混凝土应用技术规程	建工

住建部工程建设城镇建设行业标准目录

序号	标准编号	标准名称	出版社
1	CJJ 1—2008	市政道路工程质量检验评定标准	建工
2	CJJ 2—2008	城市桥梁工程施工与质量验收标准	建工
3	CJJ 6—2009	城镇排水管道维护安全技术规程	建工
4	CJJ 7—2007	城市勘察物探规范	建工
5	CJJ/T 8—2011	城市测量规范	建工
6	CJJ 11—2011	城市桥梁设计规范	建工
7	CJJ 12—1999	家用燃气燃烧器具安装验收规程	建工
8	CJJ 13—1987	供水水文地质钻探与凿井操作规程	建工
9	CJJ 14—2005	城市公共厕所设计标准	建工
10	CJJ/T 15—2011	城市公共交通站、场、厂工程设计规范	建工
11	CJJ 17—2004	城市生活垃圾卫生填埋技术规范	建工
12	CJJ 27—2005	城镇环境卫生设施设置标准	建工
13	CJJ 28—2004	城镇供热管网工程施工及验收规范	建工
14	CJJ/T 29—2010	建筑排水塑料管道工程技术规程	建工
15	CJJ/T 30—2009	城市粪便处理厂运行、维护及其安全技术规程	建工
16	CJJ 32—2011	含藻水给水处理设计规范	建工
17	CJJ 33—2005	城镇燃气输配工程施工及验收规范	建工
18	CJJ 34—2010	城镇供热管网设计规范	建工
19	CJJ 36—2006	城镇道路养护技术规范	建工
20	CJJ 37—2012	城市道路工程设计规范	建工
21	CJJ 39—1991	古建筑修建工程质量检验评定标准（北方地区）	建工
22	CJJ 40—2011	高浊度水给水设计规范	建工
23	CJJ 43—1991	热拌再生沥青混合料路面施工及验收规程	建工
24	CJJ 45—2006	城市道路照明设计标准	建工
25	CJJ 47—2006	生活垃圾转运站技术规范	建工
26	CJJ 48—1992	公园设计规范	建工
27	CJJ 49—1992	地铁杂散电流腐蚀防护技术规程	建工
28	CJJ 50—1992	城市防洪工程设计规范	计划
29	CJJ 51—2006	城镇燃气设施运行、维护和抢修安全技术规程	建工
30	CJJ/T 52—1993	城市生活垃圾好氧静态堆肥处理技术规程	计划
31	CJJ/T 53—1993	民用房屋修缮工程施工规程	建工
32	CJJ/T 54—1993	污水稳定塘设计规范	
33	CJJ/T 55—2011	供热术语标准	建工
34	CJJ 56—1994	市政工程勘察规范	计划
35	CJJ 57—1994	城市规划工程地质勘察规范	计划
36	CJJ 58—2009	城镇供水厂运行、维护及安全技术规程	建工
37	CJJ 60—2011	城市污水处理厂运行、维护及其安全技术规程	建工
38	CJJ 61—2003	城市地下管线探测技术规程	建工
39	CJJ 63—2008	聚乙烯燃气管道工程技术规程	建工

住建部工程建设城镇建设行业标准目录

序号	标 准 编 号	标 准 名 称	出版社
40	CJJ 64—2009	城市粪便处理厂（场）设计规范	建工
41	CJJ/T 65—2004	市容环境卫生术语标准	建工
42	CJJ/T 66—2011	路面稀浆罩面技术规程	建工
43	CJJ 67—1995	风景园林图例图示标准	建工
44	CJJ 68—2007	城镇排水管渠与泵站维护技术规程	建工
45	CJJ 69—1995	城市人行天桥与人行地道技术规范	建工
46	CJJ 70—1996	古建筑修建工程质量检验评定标准（南方地区）	建工
47	CJJ 71—2000	机动车清洗站工程技术规程	建工
48	CJJ 72—1997	无轨电车供电线网工程施工及验收规范	建工
49	CJJ/T 73—2010	卫星定位城市测量技术规范	建工
50	CJJ 74—1999	城镇地道桥顶进施工及验收规程	建工
51	CJJ 75—1997	城市道路绿化规划与设计规范	建工
52	CJJ/T 76—2012	城市地下水动态观测规程	建工
53	CJJ/T 78—2010	供热工程制图标准	计划
54	CJJ/T 81—1998	城镇直埋供热管道工程技术规程	建工
55	CJJ/T 82—1999	城市绿化工程施工及验收规范	建工
56	CJJ 83—1999	城市用地竖向规划规范	建工
57	CJJ/T 85—2002	城市绿地分类标准	建工
58	CJJ/T 86—2000	城市生活垃圾堆肥处理厂运行维护及其安全技术规程	建工
59	CJJ/T 87—2000	乡镇集贸市场规划设计标准	建工
60	CJJ/T 88—2000	城镇供热系统安全运行技术规程	建工
61	CJJ 89—2012	城市道路照明工程施工及验收规范	建工
62	CJJ 90—2009	生活垃圾焚烧处理工程技术规范	建工
63	CJJ/T 91—2002	园林基本术语标准	建工
64	CJJ 92—2002	城市供水管网漏损控制及评定标准	建工
65	CJJ 93—2011	城市生活垃圾卫生填埋场运行维护技术规程	建工
66	CJJ 94—2009	城镇燃气室内工程施工及验收规范	建工
67	CJJ 95—2003	城镇燃气埋地钢质管道腐蚀控制技术规程	建工
68	CJJ 96—2003	地铁限界标准	建工
69	CJJ/T 97—2003	城市规划制图标准	建工
70	CJJ/T 98—2003	建筑给水聚乙烯类管道工程技术规程	建工
71	CJJ 99—2003	城市桥梁养护技术规范	建工
72	CJJ 100—2004	城市基础地理信息系统技术规范	建工
73	CJJ 101—2004	埋地聚乙烯给水管道工程技术规程	建工
74	CJJ/T 102—2004	城市生活垃圾分类及其评价标准	建工
75	CJJ 103—2004	城市地理空间框架数据标准	建工
76	CJJ 104—2005	城镇供热直埋蒸汽管道技术规程	建工
77	CJJ 105—2005	城镇供热管网结构设计规范	建工

住建部工程建设城镇建设行业标准目录

序号	标 准 编 号	标 准 名 称	出版社
78	CJJ/T 106—2010	城市市政综合监管信息系统技术规范	建工
79	CCJ/T107—2005	生活垃圾填埋场无害化评价标准	建工
80	CJJ/T 108—2006	城市道路除雪作业技术规程	建工
81	CJJ 109—2006	生活垃圾转运站运行维护技术规程	建工
82	CJJ 110—2006	管道直饮水系统技术规程	建工
83	CJJ/T 111—2006	预应力混凝土桥梁预制节段逐步跨拼装施工技术规程	建工
84	CJJ 112—2007	生活垃圾卫生填埋场封场技术规程	建工
85	CJJ 113—2007	生活垃圾卫生填埋场防渗系统工程技术规范	建工
86	CJJ/T 114—2007	城市公共交通分类标准	建工
87	CJJ/T 115—2007	房地产市场信息系统技术规范	建工
88	CJJ/T 116—2008	建设领域应用软件测评通用规范	建工
89	CJJ/T 117—2007	建设电子文件与电子档案管理规范	建工
90	CJJ/T 119—2008	城市公共交通工程术语标准	建工
91	CJJ 120—2008	城镇排水系统电气与自动化工程技术规程	建工
92	CJJ/T 121—2008	风景名胜区分类标准	建工
93	CJJ 122—2008	游泳池给水排水工程技术规程	建工
94	CJJ 123—2008	镇（乡）村给水工程技术规程	建工
95	CJJ 124—2008	镇（乡）村排水工程技术规程	建工
96	CJJ/T 125—2008	环境卫生图形符号标准	建工
97	CJJ/T 126—2008	城市道路清扫保洁质量与评价标准	建工
98	CJJ 127—2009	建筑排水金属管道工程技术规程	建工
99	CJJ 128—2009	生活垃圾焚烧厂运行维护与安全技术规程	建工
100	CJJ 129—2009	城市快速路设计规程	建工
101	CJJ 130—2009	燃气工程制图标准	建工
102	CJJ 131—2009	城镇污水处理厂污泥处理技术规程	建工
103	CJJ 132—2009	城乡用地评定标准	建工
104	CJJ 133—2009	生活垃圾填埋场填埋气体收集处理及利用工程技术规范	建工
105	CJJ 134—2009	建筑垃圾处理技术规范	建工
106	CJJ/T 135—2009	透水水泥混凝土路面技术规程	建工
107	CJJ 136—2010	快速公共汽车交通系统设计规范	建工
108	CJJ/T 137—2010	生活垃圾焚烧厂评价标准	建工
109	CJJ 138—2010	城镇地热供热工程技术规程	建工
110	CJJ 139—2010	城市桥梁桥面防水工程工程技术规程	建工
111	CJJ 140—2010	二次供水工程技术规程	建工
112	CJJ/T 141—2010	建设项目交通影响评价技术标准	建工
113	CJJ 143—2010	埋地塑料排水管道工程技术规程	建工
114	CJJ/T 144—2010	城市地理空间信息共享与服务元数据标准	建工

住建部工程建设城镇建设行业标准目录

序号	标 准 编 号	标 准 名 称	出版社
115	CJJ 145—2010	燃气冷热电三联供工程技术规程	建工
116	CJJ/T 146—2011	城镇燃气报警控制系统技术规程	建工
117	CJJ/T 147—2010	城镇燃气管道非开挖修复更新工程技术规程	建工
118	CJJ/T 148—2010	城镇燃气加臭技术规程	建工
119	CJJ 149—2010	城市户外广告设施技术规范	建工
120	CJJ 150—2010	生活垃圾渗沥液处理技术规范	建工
121	CJJ/T 151—2010	城市遥感信息应用技术规范	建工
122	CJJ 152—2010	城市道路交叉口设计规程	建工
123	CJJ/T 153—2010	城镇燃气标志标准	建工
124	CJJ/T 154—2011	建筑给水金属管道工程技术规程	建工
125	CJJ/T 155—2011	建筑给水复合管道工程技术规程	建工
126	CJJ/T 156—2010	生活垃圾转动站评价标准	建工
127	CJJ/T 157—2010	城市三维建模技术规范	建工
128	CJJ/T 158—2011	城建档案业务管理规范	建工
129	CJJ 159—2011	城镇供水管网漏水探测技术规程	建工
130	CJJ 160—2011	公共浴场给水排水工程技术规程	建工
131	CJJ 161—2011	污水处理卵形消化池工程技术规程	建工
132	CJJ/T 162—2011	城市轨道交通自动售检票系统检测技术规程	建工
133	CJJ/T 163—2011	村庄污水处理设施技术规程	建工
134	CJJ/T 164—2011	盾构隧道管片质量检测技术标准	建工
135	CJJ/T 165—2011	建筑排水复合管道工程技术规程	建工
136	CJJ 166—2011	城市桥梁抗震设计规范	建工
137	CJJ 167—2012	城市轨道交通直线电机牵引系统设计规范	建工
138	CJJ/T 168—2011	镇（乡）村绿地分类标准	建工
139	CJJ 169—2012	城镇道路路面设计规范	建工
140	CJJ/T 171—2012	风景园林标志标准	建工
141	CJJ/T 172—2011	生活垃圾堆肥厂评价标准	建工
142	CJJ/T 173—2012	风景名胜区游览解说系统标准	建工
143	CJJ 175—2012	生活垃圾卫生填埋气体收集处理及利用工程运行维护技术规程	建工
144	CJJ 176—2012	生活垃圾卫生填埋场岩土工程技术规范	建工
145	CJJ/T 177—2012	气泡混合轻质土填筑工程技术规程	建工
146	CJJ/T 178—2012	公共汽电车行车监控及集中高度系统技术规程	建工
147	CJJ/T 179—2012	生活垃圾收集站技术规程	建工